Quellen zur Geschichte Sibiriens und Alaskas aus russischen Archiven

Herausgegeben von

Wieland Hintzsche (Halle)

in Zusammenarbeit mit

Dittmar Dahlmann (Bonn) · Aleksandr Ch. Ėlert† (Novosibirsk)

Peter U. Møller† (Kopenhagen) · Thomas Müller-Bahlke (Halle)

Thomas Nickol (Göhren) · Ol'ga V. Novochatko (Moskau)

Nikolaj N. Pokrovskij† (Novosibirsk) · Paul Raabe† (Wolfenbüttel)

Ortrun Riha (Leipzig) · Vladimir S. Sobolev (St. Petersburg)

Irina V. Tunkina (St. Petersburg)

Band XIII

FRANCKESCHE STIFTUNGEN

Franckesche Stiftungen zu Halle
Archiv der Russischen Akademie der Wissenschaften
Zweigstelle Sankt Petersburg

Georg Wilhelm Steller

Flora Irkutiensis

Bearbeitet von

Wieland Hintzsche
unter Mitarbeit von
Heike Heklau

Teil 1

Verlag der Franckeschen Stiftungen zu Halle
Harrassowitz Verlag in Kommission
2025

Bibliografische Information der Deutschen Nationalbibliothek
Die Deutsche Nationalbibliothek verzeichnet diese Publikation in der Deutschen Nationalbibliografie; detaillierte bibliografische Daten sind im Internet über https://dnb.dnb.de abrufbar.

Bibliographic information published by the Deutsche Nationalbibliothek
The Deutsche Nationalbibliothek lists this publication in the Deutsche Nationalbibliografie; detailed bibliographic data are available on the Internet at https://dnb.dnb.de.

ISSN 2191-3374
ISBN 978-3-447-12384-6

Franckeplatz 1, Haus 37, 06114 Halle, produktsicherheit@francke-halle.de

https://www.francke-halle.de und https://www.harrassowitz-verlag.de

Gedruckt auf alterungsbeständigem Papier.
Printed in Germany.

Satz: Bernhard Sames (Magdeburg)
Gestaltung: Lutz Grumbach (Halle)
Druck: Druckwerk (Halle)

Georg Wilhelm Steller – Flora Irkutiensis.
Bearbeitet von Wieland Hintzsche unter Mitarbeit von Heike Heklau. Halle: Verlag der Franckeschen Stiftungen, 2025 (Quellen zur Geschichte Sibiriens und Alaskas aus russischen Archiven; XIII)

EINLEITUNG

Anfang des 18. Jahrhunderts initiierte der Zar ***Petr* I. *Alekseevič*** (1672–1725) im Rahmen seines großen Reformwerks zur Modernisierung des Russischen Reichs u. a. die Forschungsreise des Arztes **Daniel Gottlieb Messerschmidt** (1685–1735) in den Jahren 1720 bis 1727 (Messerschmidt 1962–1977) und die 1. *Kamčatka*expedition unter Leitung von **Vitus Bering** (1681–1741) in den Jahren 1725 bis 1730, die die Frage klären sollte, ob zwischen den östlichen Grenzen des Russischen Reichs und Amerika eine Landverbindung besteht (Fisher 1977; Kushnarev 1990). Zur Förderung der Wissenschaften wurde 1724/1725 die Petersburger Akademie der Wissenschaften gegründet.

Diesen Erkundungen folgte die wiederum unter der Leitung von Vitus Bering stehende 2. *Kamčatka*expedition von 1733 bis 1743 (Hintzsche/Nickol 1996). Die Aufgaben dieses aufwendigsten Forschungsunternehmens des 18. Jahrhunderts bestanden in der Erkundung und Kartierung der nördlichen und östlichen Küsten Sibiriens, in der Auffindung von Seewegen nach Amerika und Japan sowie in der Erforschung Sibiriens und seiner Völker. Zur Erforschung der Geschichte, der Völker und der Naturgeschichte Sibiriens wurde eine kleine Gruppe von Wissenschaftlern durch die Akademie der Wissenschaften entsandt, die unter Leitung der Professoren **Gerhard Friedrich Müller** (1705–1783) für Geschichte und Völkerkunde, **Johann Georg Gmelin** (1709–1755) für die Naturgeschichte und **Louis De l'Isle de la Croyère** (vor 1688 – 1741) für die Astronomie und Geographie stand, und im August 1733 aus Sankt Petersburg abreiste. Über *Tobol'sk*, der Hauptstadt des Sibirischen Gouvernements, gelangten sie nach *Irkuck* und im Jahr 1736 weiter nach *Jakuck*, wo sich G. F. Müller und J. G. Gmelin bis zum Sommer 1737 aufhielten. Über zahlreiche Zwischenstationen kehrten sie Anfang 1743 nach Sankt Petersburg zurück, wobei sie bis dahin zahllose Manuskripte mit den Ergebnissen ihrer Forschungsarbeiten verfaßt hatten.

Zur Unterstützung der Professoren wurde Ende 1737 der Adjunkt für Naturgeschichte der Petersburger Akademie der Wissenschaften **Georg Wilhelm Steller** (1709–1746) zur Expedition abgesandt. Steller stammte aus Windsheim in Franken, hatte in Wittenberg und Halle Theologie und Medizin studiert und hielt sich seit Ende 1734 in Sankt Petersburg auf (Stejneger 1936). Er erhielt in *Enisejsk* Anfang 1739 von G. F. Müller und J. G. Gmelin Instruktionen für die Weiterreise und trat diese am 6. März schließlich an, die ihn über *Kanskoj ostrog* und *Udinskoj ostrog* am 22. März nach *Irkuck*, der wichtigen Handelsstadt mit Sitz des Vizegouverneur, von der aus die östlichen und nordöstlichen Teile Sibiriens einschließlich von *Kamčatka* verwaltet wurden, führte. Die Beschreibung der Reise von *Enisejsk* nach *Irkuck* findet sich in Stellers Reisejournal (Hintzsche 2009).

Von *Irkuck* aus reiste er 1740 über *Jakuck* und *Ochock* nach *Kamčatka.* Im Jahr darauf folgte er der Einladung von Vitus Bering und nahm an dessen Reise nach Amerika teil. Nach kurzem Aufenthalt auf Alaska, einer verlustreichen Rückfahrt, Schiffbruch und Überwinterung auf einer unbewohnten, nach dem dort verstorbenen Vitus Bering benannten Insel, kehrte G. W. Steller 1742 mit den übrigen Überlebenden nach *Kamčatka* zurück. Bis 1744 setzte er seine Forschungsarbeiten auf der Halbinsel fort. Die Rückreise nach Sankt Petersburg konnte er jedoch nicht mehr vollenden; er starb 1746 in der Stadt *Tjumen'* nahe dem *Ural*gebirge.

Steller hatte die Absicht, sich nur kurze Zeit in *Irkuck* aufzuhalten, um dann die Weiterreise nach *Kamčatka* anzutreten. Wie aus den vorliegenden Dokumenten hervorgeht, gestaltete sich jedoch die Organisation der Transportmittel und des Proviants selbst bei wohlwollendem Verhalten des Vizegouverneurs gegenüber Steller schwieriger als vorgesehen, so daß dieser bald seine Pläne ändern mußte und die Weiterreise auf den Anfang des Jahres 1740 verschieben mußte. Mit hoher Intensität nutzte Steller die Zeit, in der er nicht mit administrativen Aufgaben belastet war, um Untersuchungen zur Geographie, zur Naturgeschichte, zur Völkergeschichte und zur Geschichte der Stadt in *Irkuck* und den umliegenden Gegenden auszuführen, er unternahm er eine längere Reise, die ihn vom 22. Juli bis Mitte September zum südöstlich vom *Bajkal*see gelegenen Ort *Barguzinskoj ostrog* führte. Von hier aus unternahm er zahlreiche Exkursionen in die Umgebung des Orts und zum *Bajkal*see. Im Vordergrund standen dabei Untersuchungen, die den Grundstock für sein botanisches Hauptwerk, die ‚Flora Irkutiensis' legten.

Ab dem 18. September 1739 bis Ende des Jahres hielt sich Steller wieder in *Irkuck* auf. Offensichtlich hatte er ursprünglich vor, sich länger im Trans*bajkal*gebiet aufzuhalten und noch bis zum Fluß *Vitim* zu reisen. Für die zeitige Rückkehr gab er in einem Brief an G. F. Müller vom 23. Dezember 1739 (Hintzsche 2001, Dokument 147, S. 391–397) u. a. folgende Gründe an: den zeitigen Wintereinbruch, die Krankheit des Malers **Johann Christian Berckhan**, Proviantmangel und den Mangel an Pferden. Der weitere Aufenthalt in *Irkuck* war vorwiegend der Bearbeitung der seit dem Frühjahr gemachten Beobachtungen und zusammengetragenen Sammlungen sowie der Ausarbeitung entsprechender Manuskripte gewidmet. Die Ergebnisse der botanischen Untersuchungen waren: die gesammelten Pflanzen und Stauden, die gesammelten Samen, die Beschreibung der Pflanzen (‚Flora Irkutiensis'), ein Verzeichnis der Samen, Pflanzenzeichnungen und ein entsprechendes Verzeichnis der Zeichnungen.

In einem Brief von G. W. Steller vom 17. November an J. G. Gmelin (Hintzsche 2001, Dokument 128, S. 339–356) führte dieser in 12 Punkten die Arbeiten des Sommers an. Er erwähnte das Kopieren der ersten 80 Seiten der ‚Flora Irkutiensis' durch den Studenten ***Aleksej Petrovič Gorlanov***, daß er 500 bis 600 Samen von vorher wenig oder nicht untersuchten Pflanzen zusammengetragen habe und daß 60 Zeichnungen fertiggestellt seien. Von den gesammelten Pflanzen würden die für J. G. Gmelin bereitliegen, von denen er mehr als zwei Exemplare hätte. Er erwähnte, daß er im Sommer Mangel an grauem Papier litt und chinesisches Papier ‚zusammenbettelte', um die gesammelten Pflanzen darin einzulegen und zu trocknen. Seine Absicht war es, nach dem Zufrieren des *Bajkal*sees nach *Kjachta* an der chinesischen Grenze zu reisen, um dort Papier zu kaufen. Die Reise erfolgte vom 1. bis 12. Februar 1740. Unabhängig davon forderte G. W. Steller in einem Brief vom 24. Dezember 1739 an **Johann Daniel Schumacher** (Hintzsche 2001, Dokument 151, S. 412–417) die Übersendung von 10 Ries grauem Papier durch die Akademie der Wissenschaften.

In einem kurz nach dem 17. November 1739 verfaßten Brief ohne Angabe des Tages an G. F. Müller (Hintzsche 2001, Dokument 129, S. 356–361) teilte G. W. Steller mit, daß eine Reinschrift der ‚Flora Irkutiensis' vorliege, jedoch noch mit der Urschrift verglichen werden müsse. Er übersende aber anbei das ‚Kräuter-Journal' (vielleicht AAW R. III, Op. 1, D. 162, Bll. 81r–96v; 3. Textversion, s. Anm. 54 in Nr. 17 der ‚Flora' und Anm 1. in A.), in dem allerdings nicht alle Pflanzen der ‚Flora' verzeichnet seien.

Am 15. Dezember 1739 übergab G. W. Steller der *Irkuck*er Provinzialkanzlei ein Promemoria (Hintzsche 2001, Dokument 139, S. 376), in dem er die Übergabe eines Pakets und von fünf durch ihn versiegelte Kästen für die Kunstkammer in Sankt Petersburg sowie eines Pakets für J. G. Gmelin und G. F. Müller mitteilt. Er verlangte in diesem Promemoria eine erneute Versiegelung durch die Kanzlei und die unverzügliche Absendung mit einem Eilkurier. Die Übergabe dieses Promemoria erfolgte am 17. Dezember (Punkt 19 des Rapports von G. W. Steller an den Senat in Sankt Petersburg vom 30. April 1740 (Hintzsche 2000a, Dokument 86, S. 158–180).

Mit dem Transport wurde durch die *Irkuck*er Provinzialkanzlei der Soldat ***Karp Legostaev*** beauftragt. Dieser erhielt dazu am 29. Dezember einen *ukaz* (Hintzsche 2001, Dokument 153, S. 419–420) und eine *podorožnaja* (Hintzsche 2001, Dokument 152, S. 417–419). Der ihm vorgeschriebene Reiseweg führte u. a. über *Krasnojarsk*, wo sich zu dieser Zeit J. G. Gmelin und G. F. Müller aufhielten.

Über die Absendung informierte G. W. Steller J. D. Schumacher (Brief vom 24. Dezember 1739; Hintzsche 2001, Dokument 151, S. 412–417) und den Präsidenten der Akademie, **Johann Albrecht von Korff**. Dem letzteren teilte er in einem Brief vom 23. Dezember 1739 (Hintzsche 2001, Dokument 146, S. 385–390) auch mit, was sich in welchen Kästen befand. Dies waren u. a. „1) Die Flora agri ircutiensis, hortensis et sylv[estris] nebst dem Catalogo seminum, et fruticum [...] missorum, ... dieses alles. lieget in einen Kasten. 2) der andere Kasten enthält 22 Classen aufgetroknete pflanzen nach der Methode Tourneforts rangiret ... 4) in den 4ten sind Bäumchen und Stauden, so wegen ihrer Bluthe schönheit und

Seltenheit, verdienen in gärten gepflanzt zu werden. ... 6) in den 6ten sind meistentheils, von allen pflantzen so in der Flora ircutiensi Beschrieben die reiffen Sahmen enthalten, nebst verschiedenen zwibeln und wurzeln." (a. a. O., S. 385–386). Eine ähnliche Mitteilung von G. W. Steller erging in einem Brief an J. G. Gmelin vom 23. Dezember 1739, der nur in einem Auszug in der Handschrift von J. G. Gmelin erhalten ist und den dieser am 23. Januar 1740 erhielt (Hintzsche 2001, Dokument 148, S. 397–398). G. W. Steller teilte u. a. mit „Hiermit uberschicke 1. Ein paquet, darinnen meine flora ... 2. unter Numero II die auffgetruckneten Kräuter in einem Kasten ... 3. in dem 3ten Kasten sind Vögel und eine Classe trockener Kräuter. 4. in dem 4ten Kasten sind die Stauden, so ad calcem florae meae [lat. – gegen den Schluß meiner Flora] specificiret nebst ... Bitte aber diese 4 Kästlein zusammt meinen observationen, wann sie selbe durchgelesen, in ein kleines Kästlein einZupacken und also an die Academie zu uberschicken. ... 6. in dem 6ten sind meine colligirte Saamen. beliebten der herr Doctor diese Sachen balde nach Petersburg Zu schicken, möchten sie vielleicht Zur rechten Zeit kommen, ... Die Kräuter könnten der herr Doctor wohl nach meinem catalogo [d. h. die ‚Flora Irkutiensis'] durchsehen. Ich laße nunmehro eben dasjenige exemplar vor den herrn Doctor abschreiben, und die Kräuter sollen nebst Chinesischem Papier mit bekommen. ... bitte auch innliegende 2 catalogi [d. h. ein Verzeichnis von Mineralien und ein Verzeichnis von Vögeln und anderen Tieren, Hintzsche 2001, Dokumente 149 und 150, S. 399–407 bzw. S. 407–412] in meine floram hinten annehen Zu laßen, damit sie in Petersburg wißen, was in jedem Kasten enthalten."

Der Soldat *Karp Legostaev* berichtete der Wojewodenkanzlei in *Krasnojarsk* am 23. Januar 1740 über seine Abfertigung durch G. W. Steller, seine Abreise aus *Irkuck* am 31. Dezember 1739, die Reise und seine Ankunft in *Krasnojarsk* am 23. Januar (Hintzsche 2000a, Dokument 21, S. 28). In einem Verzeichnis vom 23. Januar 1740 (Hintzsche 2000a, Dokument 22, S. 29–43) listete J. G. Gmelin die von G. W. Steller übersandten Schriften und Naturalien auf, gibt kurze Erklärungen dazu, schilderte kritisch den Zustand der Naturalien und machte Angaben über die Weitersendung nach Sankt Petersburg oder den Verbleib bei ihm. So sollten u. a. die getrockneten Pflanzen, ein Teil der Minerale sowie das Faß mit Fischen von G. F. Müller mitgenommen werden, während ein Teil der Samen zurückgehalten werden sollte, um diese später zu versenden. J. G. Gmelin und G. F. Müller bestätigten in einem Promemoria an die Wojewodenkanzlei von *Krasnojarsk* vom 25. Januar 1740 (Hintzsche 2000a, Dokument 24, S. 44–45) die Ankunft von *K. Legostaev* und teilten mit, daß nur ein Teil der Naturalien weiter nach Sankt Petersburg befördert zu werden braucht. In einer Ordre an G. W. Steller (Hintzsche 2000a, Dokument 25, S. 45–48) unterstellte J. G. Gmelin diesem die Absicht, daß er die genannte Sendung unter Umgehung des Senats und von ihm sowie G. F. Müller direkt an die Akademie der Wissenschaften senden wollte. Er warf ihm vor, überflüssige Sachen geschickt, viele davon falsch benannt und die Vögel schlecht präpariert zu haben, wofür er Rechenschaft von G. W. Steller verlangte. In einem *donošenie* an den Senat vom 26. Januar 1740 (Hintzsche 2000a, Dokument 26, S. 48–51) berichteten J. G. Gmelin und G. F. Müller darüber und teilten mit, daß die Beschreibungen, ein Teil der Samen und die Stauden mit der Post geschickt werden, während G. F. Müller einen weiteren Teil mit nach *Tobol'sk* nehmen und von dort zusammen mit anderen Dingen nach Sankt Petersburg schicken wird. Beschwerden über G. W. Steller und die Art und Weise der Versendung der Naturalien ergingen in einem Brief von J. G. Gmelin vom 26. Januar 1740 an den Präsidenten der Akademie der Wissenschaften J. A. von Korff (Hintzsche 2000a, Dokument 27, S. 52–54) und in einem Promemoria von J. G. Gmelin und G. F. Müller an die *Irkuck*er Provinzialkanzlei vom gleichen Tag (Hintzsche 2000a, Dokument 28, S. 54–56). Die Umstände der Sendung der Naturalien durch Steller und ihre Weiterleitung nach Sankt Petersburg wurde von J. G. Gmelin auch in seiner Reisebeschreibung dargestellt (Gmelin 1751–1752, 3. Theil, S. 361–364; s. auch: Hintzsche 2000a, Dokument 40, S. 68–70). G. W. Steller ließ die Vorwürfe von J. G. Gmelin nicht unerwidert. In Briefen an G. F. Müller vom 24. März 1740 (Hintzsche 2000a, Dokument 73, S. 124–133) bzw. den Präsidenten der Akademie der Wissenschaften J. A. von Korff vom 20. April 1740 (Hintzsche 2000a, Dokument 82, S. 148–153) widersprach er den Angaben von J. G. Gmelin und stellte seine Auffassung einschließlich der strittigen Frage seiner möglichen Unterstellung unter die beiden Professoren dar. Er legte dies auch in den Punkten 19 und 26 seines Rapports an den Senat vom 30. April 1740 (Hintzsche 2000a, Dokument 86, S. 158–180) dar. Von der Akademie der Wissenschaften erhielt G. W. Steller schließlich auf Grund eines aus dem Senat ergangenen *ukaz* an die Akademie vom 2. Juli 1740 (Hintzsche 2000a, Dokument 116, S. 255–256) am 18. Juli 1740 eine Ordre (Hintzsche 2000a, Dokument 123, S. 262), nach der er seine Sendungen nur über die beiden Professoren nach Sankt Petersburg schicken soll, diese ihn aber auch jederzeit darüber informieren sollen, wo sie sich aufhalten.

Die Weiterleitung der genannten Samen und Stauden mit der Post bis *Tomsk* sollte nach der Anforderung von J. G. Gmelin und G. F. Müller gemäß einem Promemoria an die Wojewodenkanzlei von *Krasnojarsk* vom 26. Januar 1740 (Hintzsche 2000a, Dokument 29, S. 56–57) durch den *Tomsk*er *syn bojarskoj* ***Afonasej Stepnoj*** erfolgen, von *Tomsk* aus sollten die Sachen dann mit der regulären Post weiter befördert werden. *A. Stepnoj* quittierte den Empfang der Sachen am 29. Januar 1740 (Hintzsche 2000a, Dokument 35, S. 61–62). Wie die Sibirische Gouvernementskanzlei in einem Promemoria an J. G. Gmelin vom 24. Februar 1740 (Hintzsche 2000a, Dokument 51, S. 91) mitteilte, gingen die

Sachen am 24. Februar 1740 in *Tobol'sk* ein und wurden mit einem Eilkurier weiter nach Sankt Petersburg abgefertigt.
G. F. Müller verließ am 2. Februar 1740 *Krasnojarsk* und erreichte am 14. Februar 1740 *Tomsk*. Die von ihm mitgenommenen Sachen (s. oben) übergab er dort zur Weiterleitung einem Postkurier, wobei dieser jedoch den Kasten mit den getrockneten Pflanzen von G. W. Steller nicht mitnahm (Brief von G. F. Müller an den Präsidenten der Akademie der Wissenschaften A. von Korff vom 22. Februar aus *Tomsk* (Hintzsche 2000a, Dokument 50, S. 90–91). Der Kasten mit den Pflanzen wurde später vom Wojewoden von *Tomsk* an die Sibirische Gouvernementskanzlei nach *Tobolsk* geschickt, wo er am 27. März 1740 eintraf. Dort wurde am 28. März 1740 der Soldat ***Ivan Vinokurov*** beauftragt, den Kasten mit einem *donošenie* (AAW F. 3, Op. 1, D. 816, Bl. 343r) und einem weiteren Paket zum *Sibirskoj prikaz* nach *Moskva* zu bringen, wo er am 14. Mai 1740 zur Weiterbeförderung (wiederum mit dem Soldaten *Ivan Vinokurov*) an die Akademie der Wissenschaften nach Sankt Petersburg übergeben wurde (Aktennotiz im Journal des *Sibirskoj prikaz* vom 16. Mai 1740: AAW F. 3, Op. 1, D. 816, Bl. 344r).
Der Botaniker der Akademie der Wissenschaften **Johann Amman** bestätigte am 30. Mai 1740 den Empfang des Kastens mit den getrockneten Pflanzen (AAW F. 21, Op. 5, D. 105, Bl. 11r; s. Anhang B.4.3.).
Die von G. F. Müller dem Postkurier übergebenen Samen gelangten über den *Sibirskoj prikaz* in *Moskva* an die Akademie der Wissenschaften in Sankt Petersburg, wo der Empfang am 16. April 1740 durch **Friedrich Gottfried Pauli** quittiert wurde (AAW F. 3, Op. 1, D. 816, Bl. 346r). Sie wurden an J. Amman übergeben, der dies am 21. April 1740 quittierte (AAW F. 21, Op. 5, D. 105, Bl. 10r; s. Anhang B.4.1.).
Die aus *Krasnojarsk* von G. F. Müller und J. G. Gmelin abgeschickten Naturalien und Schriften (einschließlich der von G. W. Steller) waren im Dirigierenden Senat in Sankt Petersburg eingetroffen und sollten gemäß *ukaz* vom 2. Juli 1740 (Hintzsche 2000a, Dokument 116, S. 255–256) an die Akademie der Wissenschaften übergeben werden, was am 3. Juli 1740 erfolgte (s. den Rapport der Akademie der Wissenschaften an den Senat vom 5. Juli 1740: Hintzsche 2000a, Dokument 118, S. 258). Was im einzelnen übergeben wurde, ist in einem Verzeichnis der Akademie der Wissenschaften vom 4. Juli 1740 (Hintzsche 2000a, Dokument 117, S. 256–257) niedergelegt. Die die Botanik betreffenden Dinge wurden an J. Amman übergeben, der den Empfang am 5. Juli 1740 quittierte (AAW F. 21, Op. 5, D. 105, Bl. 7r; s. Anhang B.4.4.). In einem Brief der Akademie der Wissenschaften an G. F. Müller und J. G. Gmelin vom 18. Juli 1740 (Hintzsche 2000a, Dokument 122, S. 261) wurde u. a. auch der Empfang bestätigt.
Außer der Sendung vom Dezember 1739 mit Schriften und Naturalien schickte G. W. Steller vor seiner Abreise aus *Irkuck* (5. März 1740: Hintzsche 2000,

S. 79) noch zweimal zur Botanik gehörende Sachen nach Sankt Petersburg. Zum einen waren dies Samen, die G. W. Steller von seiner Reise nach *Kjachta* mitgebracht hatte. Er schickte diese am 13. Februar 1740 mit einem Rapport (Hintzsche 2000a, Dokument 44, S. 79) und einem Verzeichnis (Hintzsche 2000a, Dokument 45, S. 80–85) an die Akademie der Wissenschaften nach Sankt Petersburg. Unter diesen von G. W. Steller vorwiegend im chinesisch-mongolischen Grenzgebiet, insbesondere am Fluß *Čikoj*, gesammelten Samen befanden sich auch solche, die ihm in *Kjachta* vom Apotheker **Peter Rosing** und vom Karawanenarzt **Carl Hencke** übergeben wurden. Einige Samen vom See *Baunt* stammten offensichtlich vom *služivoj* ***Aleksej Danilov***, der von G. W. Steller Ende August 1739 zur Suche nach einem blauen Farbstoff zum Fluß *Cypa* geschickt wurde, von wo er am 11. Februar 1740 nach *Irkuck* zurückkehrte. In der ihm übergebenen Instruktion vom 27. August 1739 (Hintzsche 2001, Dokument 112, S. 310–314) war er von G. W. Steller auch mit dem Sammeln von Pflanzen beauftragt worden.
In zwei Verzeichnissen der Akademie der Wissenschaften vom 11. und 13. Mai 1740 (Hintzsche 2000a, Dokument 90 und 91, S. 190–192) ist die Ankunft der Samensendung vom 13. Februar 1740, des Verzeichnisses der Samen und des Rapports von G. W. Steller vom 13. Februar 1740 in Sankt Petersburg verzeichnet. Die Samen waren an J. Amman übergeben worden, der den Empfang am 12. Mai 1740 quittierte (AAW F. 21, Op. 5, D. 105, Bl. 6r; s. Anhang B.4.2.).
Zum anderen schickte G. W. Steller nach Angaben in einem Verzeichnis von Naturalien von J. G. Gmelin vom Juni 1740 (Hintzsche 2000a, Dokument 106, S. 215–245) Pflanzen zur Weiterleitung am 4. März 1740 an J. G. Gmelin (s. auch das Promemoria von G. W. Steller an die *Irkuck*er Provinzialkanzlei vom 5. März 1740: Hintzsche 2000a, Dokument 66, S. 116). Diese trafen, übermittelt durch G. F. Müller, zusammen mit anderen Naturalien erst am 7. März 1741 in Sankt Petersburg ein (Hintzsche 2000a, S. 230).
Während seines Aufenthalts bei der Expedition beauftragte G. W. Steller immer wieder ihm unterstellte, aber auch andere Personen mit dem Sammeln von Pflanzen und Pflanzensamen, wenn diese beauftragt waren, an andere Orte zu reisen. Bei seinem Aufenthalt in *Irkuck* waren dies neben *Aleksej Danilov* (s. oben) u. a. auch der *služivoj* ***Fedot Klimovskoj***, der wegen einer privaten Angelegenheit nach *Nerčinsk* reisen wollte. Er erhielt am 27. August 1739 von G. W. Steller eine Instruktion (Hintzsche 2001, Dokument 113, S. 314–316), nach der er sich über verschiedene Erze und Minerale informieren, Pflanzen und Samen sammeln sowie Nachrichten über die Verwendung von Pflanzen als Nahrungs- und Arzneimittel einholen sollte. Bis Ende April 1740 war jedoch *F. Klimovskoj* noch nicht zurückgekehrt.
Nach den Angaben in einem Brief von G. W. Steller an G. F. Müller vom November 1739 (Hintzsche 2001, Dokument 129, S. 356–361) war auch vorgesehen, den

Berghauer ***Grigorej Samojlov*** erneut nach *Barguzinskoj ostrog* zu schicken, um ‚Bäume und Stauden' auszugraben, die im Sommer nicht beschafft werden konnten. Diese Reise ist jedoch vermutlich nicht zustande gekommen.
Den weiteren Verlauf seiner Reise von *Irkuck* bis nach *Kamčatka* beschrieb G. W. Steller in seinem Reisejournal (Hintzsche 2000, S. 77–216).
Am 24. März 1740 informierte G. W. Steller in einem Brief an G. F. Müller aus *Kirenskoj ostrog* (Hintzsche 2000a, Dokument 73, S. 124–133) u. a. über seine Abreise aus *Irkuck* und teilt diesem zu seiner Widmung und die Vidimation der ‚Flora Irkutiensis' mit „Was meine Dedication anbelangt, weis ich gar wohl ist nicht Staatsmäsig Verfaset aber wohl meine[n] absichte[n] gemäs[s] je weniger ich ansehe[n] besitze u[nd] ins Kunfftige haben soll, die ubersetzung gefiel dem herren Vice Guberneur sehr wohl, u[nd] bin ich folglich e<x>pensiret wen[n] auch einiges nicht paße[n] solte, da ich der Sprache [nicht] mächtig, sondern selbe aus dene[n] mir geschikte[n] ordern erst zu erlerne[n] gedenke, wenigstens weis ich schon jetzo, wie man ein[en] auf Rusisch zum Bärenhauter mache[n] kan. die fidimation ist nach dem sprichwort eingerichtet acti Labores jucundi, u[nd] wäre gut wen[n] ich ewig lustig in meine[n] Verichtung[en] seyn kön[n]te."
Die Anmerkungen zu den Pflanzen sind so strukturiert, daß versucht wurde, die von Steller angegebenen vorlinneischen Literaturquellen, insbesondere die nach **Joseph Pitton de Tournefort** (Tournefort 1700) zu zitieren. Von diesen ausgehend wurden Zitate angegeben, die zur Nomenklatur nach **Carl von Linné** führen. Ein wichtige Übergangsrolle spielt dabei die „Flora Sibirica" von J. G. Gmelin (Gmelin 1747–1769), durch dessen Hände sowohl die Manuskripte von G. W. Steller, als auch dessen Herbarbelege, gesammelten Samen und Zeichnungen gingen. Zahlreiche der von G. W. Steller beschriebenen Pflanzen finden sich bei J. G. Gmelin wieder. **Carl Friedrich von Ledebour** wiederum gab eine Neubewertung der Gmelinschen Beschreibungen (Ledebour 1841) und erläuterte dies u. a. in der vierbändigen „Flora Rossica ..." (1842–1853). Durch zahlreiche Zitate aus Schriften von C. von Linné, J. G. Gmelin und vielen weiteren Botanikern sowie Forschungsreisenden in Rußland und Sibirien wurden für die beschriebenen Pflanzen Angaben zusammengetragen über:
- deutsche Trivialnamen
- russische Namen
- Namen bei sibirischen und anderen Völkern
- ihre Giftigkeit
- ihre wirtschaftliche Verwendung einschließlich der bei sibirischen Völkern
- ihre Verwendung in der Volksmedizin der Russen und anderer Völker.

Die letzeren Angaben entsprechen auch den Interessen (Aufgaben), die D. G. Messerschmidt, J. G. Gmelin, G. W. Steller und andere Naturforscher bezüglich der von ihnen beschriebenen Pflanzen hatten.

Zusätzlich zu den genannten Litaraturzitaten werden für die von G. W. Steller beschriebenen Pflanzen Zitate aus bisher weitgehend unbekannten Archivmanuskripten (vorwiegend aus dem Archiv der Akademie der Wissenschaften, Zweigstelle Sankt Petersburg) angegeben, die von Teilnehmern der 2. *Kamčatka*-expedition oder von Wissenschaftlern, die direkt oder indirekt mit G. W. Steller in Beziehung standen, angegeben.
Die in den Anmerkungen zitierten Nachweise von Wörter der Sprachen sibirischen Völker werden in der Form der angegebenen Quellen (mit lateinischen oder kyrillischen Buchstaben und entsprechenden Sonderzeichen) wiedergegeben. Die Kategorisierung der Völkergruppen und ihrer Sprachen richtete sich ebenfalls nach den verwendeten Quellen, auch wenn bis heute für einzelne Völkergruppen Kontroversen unter den Ethnologen und Linguisten bestehen.

EDITIONSPRINZIPIEN

Die **äußere Beschreibung** des zur Textgrundlage gewählten Dokuments schließt ein:

- Beschreibung des Inhalts der entsprechenden Archiveinheit, in der sich das Dokument befindet
- Bearbeitungsvermerke auf dem Dokument
- sofern zugänglich Angaben zum Schreibmaterial, zum Papier und gegebenenfalls zum Zustand des Dokuments

Diese Beschreibung ist zusammen mit dem Nachweis von Varianten des Dokuments in einer Anmerkung enthalten, auf die im Dokumentenkopf verwiesen wird.

Jedes Dokument besteht aus einem **Kopf**, dem eigentlichen **Text** und **Anmerkungen**.

Der **Kopf** ist zusammengesetzt aus

- der laufenden *Nummer* des Dokuments,
- einem *Titel*, der den Charakter des Dokuments, den Urheber und das Entstehungsdatum bezeichnet; Angaben zur Entstehungsgeschichte des Dokuments finden sich in der Einleitung,
- *Angaben zum formalen Charakter* (Kopie, Konzept), falls dem Text keine endgültige Fassung von der Hand des Autors zu Grunde liegt, zum Schreiber und zur Unterfertigung,
- Bezeichnung der *Textgrundlage* durch die Angabe der verwahrenden Institution (Sigle) und Signatur

Textgestaltung der textkritsch bearbeiteten Dokumente:

- Der *Druck* folgt diplomatisch genau der jeweiligen handschriftlichen Vorlage. Da sich oft große und kleine Buchstaben hinsichtlich der Form und Schrifthöhe gleichen, sind besonders bei Wortanfängen auch andere Lesungen als die hier im Druck wiedergegebenen berechtigt. Im textkritischen Apparat wurde auf entsprechende Hinweise grundsätzlich verzichtet.
- Die *Abkürzungen* im Text wurden aufgelöst und die Auflösungen u. a. in halbe Klammern gefaßt" (z. B. „d⌈en⌉" für „d("); ausgenommen davon waren die Abkürzungen botanischer Werke in den lateinischen Texten. Diese wurden im Abkürzungsverzeichnis gesondert angegeben.
- Änderungen der *Schriftart* der Vorlage, d. h. lateinische Wörter in einer der Renaissancekursiven nachgebildeten Schriftart innerhalb eines deutschen Textes in Fraktur sowie der Wechsel der Schriftart innerhalb einzelner Wörter werden im Druck berücksichtigt. ‚Deutsche' Handschrift ist in Antiqua, ‚lateinische' kursiv gesetzt (z. B. „... je weniger unter so viele⌈n⌉ / *russi*sche⌈n⌉ *Experimente⌈n⌉* u⌈nd⌉ *Heroi*sch⌈en⌉ / *venus Mitt*eln noch eines bekand ...").
- Die *Zeilenenden* der handschriftlichen Vorlagen werden durch einen Schrägstrich „/" angedeutet, der bei Absätzen entfällt. Auf einen *Blattwechsel* der Vorlage verweist die von Schrägstrichen eingefaßte Bezeichnung des beginnenden Blattes (z. B. „... 1000 Nerpen oder See /156v/ hundfelle ...")
- Durch mechanische Beschädigung oder sonst schwer lesbare Textstellen sowie von den Urhebern der Vorlagen vergessene Buchstaben sind durch verschiedene Zeichen markiert (s. das Verzeichnis „**Abkürzungen, Siglen und Zeichen**").
- Der *textkritische Apparat* wird in Fußnoten gegeben, auf die innerhalb des Textes hochgestellte kleine Buchstaben, auf jeder Seite mit „a" beginnend, verweisen. In den Fußnoten sind die Texte des Bearbeiters kursiv gesetzt. Abkürzungen des Originals wurden im Apparat nicht immer aufgelöst, sondern mit typographischen Mitteln nachgestaltet (z. B. „d(" für „den", oder „gereu$_3$" für „gereuen"). Eindeutig falsche Wörter im Originaltext, die zu Sinnentstellungen führen, wurden im Text korrigiert, das ‚falsche' Wort wurde in der Fußnote angegeben. Die Bedeutung der im Apparat verwendeten Zeichen wird im Verzeichnis „**Abkürzungen, Siglen und Zeichen**" erklärt. Unterschiedliche Schriftarten der Vorlage werden bei den im Apparat wiederholten Textstellen nicht berücksichtigt.
- Hochgestellte Zahlen im Text verweisen auf Anmerkungen.

Die **Anmerkungen** folgen im Petitdruck immer nach dem Textende eines Dokuments oder Teildokuments. Sie sind für jeweils ein Dokument oder Teildokument durchgehend numeriert; im Kopf des Dokuments und im Text wird auf die

Nummer der Anmerkung in der obengenannten Weise verwiesen. Für Zitate innerhalb der Anmerkungen gilt:

- Die literarische Quelle wird durch eine *Einordnungsformel* angegeben, über die im Literaturverzeichnis das jeweilige Werk identifiziert werden kann. Die Einordnungsformel besteht aus dem Namen des Verfassers bzw. dem Kurztitel des Werks und dem Erscheinungsjahr.
- Verschiedene *Schriftarten* der Quelle des Zitats werden im Druck nicht berücksichtigt und *Abkürzungen* werden nicht immer aufgelöst, sondern oft typographisch nachgestaltet. In den Zitaten werden die Vorlagen diplomatisch genau wiedergegeben. Abkürzungen in Zitaten der Anmerkungen wurden nur zum Teil in das Verzeichnis „**Abkürzungen, Siglen und Zeichen**" aufgenommen.

Häufig wiederkehrende oder wichtige Begriffe werden im allgemeinen im **Glossar** erklärt.
Hingewiesen werden soll auch, daß die in den Anmerkungen zitierten Literaturquellen zu einem großen Teil kostenfrei im Netz verfügbar sind.
Eckige Klammern sind Einfügungen der Bearbeiter; kommen solche im Text oder in den Zitaten vor, ist dieses besonders gekennzeichnet.
In die **Register** wurden die im Text und den Anmerkungen vorkommenden Begriffe mit unterschiedlicher Schreibweise aufgenommen. Am Ende des Sachregisters (b für Pflanzen) sind die im Text und den Anmerkungen vorkommenden Wörter der Sprachen der sibirischen Völker verzeichnet.
Die beiden Textversionen der ‚Flora Irkutiensis' wurden von dem Studenten *Aleksej Gorlanov* angefertigt, wobei die Version 1 (AAW R. I, Op. 104, D. 4, Bll. 1r–188r) diplomatisch genau nach der handschriftlichen Vorlage, textkritsch mit Fußnoten auf der jeweiligen Seite bearbeitet, wiedergegeben wird. Auf Abweichungen im Text der 2. Textversion (AAW R. I, Op. 13, D. 37, Bll. 3r–121v) sowie Korrekturen und Randbemerkungen wird dann in den Anmerkungen hingewiesen. Es zeigte sich, daß sich in einer Reihe von Fällen in dem lateinischen Text kleinere Unregelmäßigkeiten (Fehler?) auftraten. Auch wenn beide Textversionen von G. W. Steller korrigiert wurden, kann nicht bestimmt werden, ob Steller selbst oder *A. Gorlanov* für diese Unregelmäßigkeiten verantwortlich waren. Diese Unregelmäßigkeiten bedingen, daß auch in der deutschen Übersetzung einige kleinere Zweideutigkeiten auftreten können.

Dank des Bearbeiters

Für Hilfe und zahlreiche wertvolle Hinweise bei der Bearbeitung des Bandes soll an dieser Stelle stellvertretend auch für weitere Kollegen sehr herzlich gedankt werden: Dr. Albert Krayer (Göttingen) und Dr. Reinhard Meisterfeld (Tübingen)

für Unterstützung bei der Übersetzung der lateinischen Texte, Prof. *Michail Petrovič Andreev* (Sankt Petersburg) und Prof. *Andrej Kirillovič Sytin* (Sankt Petersburg) bei der Klärung einiger botanischer Fragen.
Besonderer Dank gilt auch Bernhard Sames (Magdeburg) für die Umsetzung der Textdateien in eine druckfertige Form sowie dem Gestalter Lutz Grumbach (Halle) und Frau Metta Scholz (Halle) vom Verlag.

Wieland Hintzsche März 2024

ABKÜRZUNGEN, SIGLEN UND ZEICHEN

A. Asclepias
A. Androsace; Andreoskia; Alsine; Arenaria; Anemone; Adonis; Actaea; Anethum; Archangelica; Aulacospermum; Anticlea; Aconitum; Aquilegia; Antennaria; Artemisia; Aster; Achillea; Avena; Agrostis; Asplenium; Alnus
A. Alkannawurzel
A. Asoxa
a. an
A° / Aō. anno – Jahr
a. a. O. am angegebenen Ort
AAW Archiv der Russischen Akademie der Wissenschaften, Zweigstelle Sankt Petersburg
Abt. Abteilung
Adams. Adams, Michael Friedrich
ADANS. Adanson, Michel
adj. adjektiv
Ae. Aethusa
Aem. Macer Aemilus Macer
afrz. altfranzösisch
Ait. / AIT. Aiton, William
All. Allioni, Carlo Ludovico
All. / A. Allium
Allion. pedem. / Allion. Fl. pedemont. Allioni 1785; Allioni 1785a
AMM. Ruth. / Amman stirp. ruth. Amman 1739
Amoen. acad. Linné, Carl von „Amoenitates Academicae; ...“
Andrz. / ANDRZ. Andrzejowki, Antoni Lukianowicz
Anm. Anmerkung(en)
app. appendix
arab. arabisch
arinz. arinzisch (s. Glossar: Arinzen)
Aristoph. Aristophanes
Aristot. Aristoteles
Arm. / arm. / armen. / Armen. armenisch; Armenier
art. / Art. articulus
Astr. / A. Astragalus
Atr. / A. Atriplex
B. Bartsia; Barbarea; Botrychium; Boletus; Betula
barabinz. / barab. / Barab. barabinzisch (s. Glossar: Tataren)
Barrel. ic. / BARRELIER. ic. / Barr. ic. Barrelier 1714
BATSCH. Batsch, August Johann Georg Carl
baschk. / Baschk. baschkirisch
Bd. / Bde. Band; Bände
bearb. / Bearb. bearbeitet; Bearbeiter
BECK Beck, Günther, Ritter von Mannagetta und Lerchenau
G. BERG Berg, Gabriele
BERNH. Bernhardi, Johann Jacob

bes. besonders
Bess. / Besser. / BESS.
Besser, Wilibald Swibert Joseph Gottlieb von
Bge. / Bnge. / Bunge
Bunge, Alexander von
Bl. Blatt
Blackw. Blackwell, Elizabeth
Bll. Blätter
BNBM Biblioteca Nazionale Braidense Milano
Bocc. Boccone, Paulo
Bocc. Mus. part. 2. / Bocc. Mus. 2.
Boccone 1697a
Bocc. Rarior. Plant.
Boccone 1674
Boerh. lugd. Boerhaave 1720; Boerhaave 1720a
BORKHAUS. / Borkh. / BRKH.
Borkhausen, Moritz Balthasar
Borr. Borrer, William
Bot. Par. Vaillant 1727
BOUD. Boudier, Jean Louis Émile
Brass. / B. / Br.
Brassica
Breyn. Breyne, Jakob
BRID. Bridel, Samuel Élisée von
buchar. / Buch. / Buchar.
bucharisch (s. Glossar: Bucharen)
BULL. Bulliard, Jean Baptiste François Pierre
BUNG. Bunge, Alexander von
burjat. / B. / Burät. / Buraet. / Burätt.
burjatisch
Burs. Burser, Joachim
Buxb. / BVXB.
Johann Christian Buxbaum
Buxb. Halens. Buxbaum 1721
Bz. Bezirk
bzw. beziehungsweise
C. Campanula; Cortusa; Chrysoplenium; Castilleïa; Clinopodium; Camelina; Cardamine; Cerastium; Cibotium; Caltha; Comarum; Circaea; Cucubalus; Carduus; Centaurea; Carthamus; Calendula; Carex; Cornus; Crataegus; Camphorosma; Callitriche
Č. *Čast'* – russ. Teil, Stück; Archiveinheit
ca. circa
CAESALP. Caesalpinus, Andreas
Cam. Epit. Camerarius 1586
Candoll. Candolle, Augustin-Pyrame de
CAP. / cap. capitulum – Kapitel
CASS. Cassini, Alexandre Henri Gabriel de
Cat. Giss. / Cat. Giess.
Dillenius 1719
C. Bauhin Caspar Bauhin
C. B. Pin. / C. B. P. / C. BAUH. pin. / Bauh. pin. / Bauch. pin. / CBP. / C B P
Bauhin 1623
C. B. Prodr. Bauhin 1620
Chabr. Sciagraph. stirpium.
Chabrey 1666
Cel. der berühmte
cf. / Conf. confer – vergleiche
Ch. Chelidonium
Ch. / C. Chenopodium
Ch. / Cham. / CHAMISS.
Chamisso, Adelbert von

Chiw. chiwesisch (s. Glossar: Chiwa)
CLAIRVILL. Clairville, Joseph Philippe de
Chelid. Chelidonium
Clinop. Clinopodium
Clus. Hist. Clusius 1601
Clus. Pann. Clusius 1583
cm Zentimeter
Col. P. 1. / Col. part. 1. / Col. Part. 2. / Col. / Column. ecphr.
Columna 1616; Columna 1616a
Comm. Petr. Commentarii Academiae Scientiarum Imperialis Petropolitanae
COMMEL. Commmelin, Jan
Cornut. Cornut, Jacques Philippe
CRAMER. Cramer, Johann Andreas
CRANTZ. / Crantz.
Crantz, Heinrich Johann Nepomuk von
Cuc. max Cucurbita maxima
Cuc. Pepo / Cucurc. Pepo
Cucurbita Pep
D. Draba; Drosera; Dianthus; Delphinium; Dipsacus
D. *Delo* – russ. Akte, Aktenstück
D. / Dracoceph. / Drac. / Dr.
Dracocephalum
Dalech. Daléchamps, Jacques
DeC / Decand.
Candolle, Augustin-Pyrame de
DEC. Prodr. Candolle, Augustin Pyrame de „Prodromus systematis naturalis ...“
Desv. / DESF.
Desvaux, Nicaise Auguste

d. h. das heißt
d. i. das ist
Diar. diarium
DICKS. Dickson, James
DILL. Dillenius, Johann Jacob
Dill cat. Gies. Dillenius 1719
Dill. elth. Dillenius 1732
Dill. musc. Dillenius 1741
Dimin. / Demin. / dem.
Diminutiv
Diosk. / Dios. / Dioscorid.
Dioskurides, Pedanios
DÖRFELT Dörfelt, Heinrich
Don. / D. DON.
Don, David
DONK Donk, Marinus Anton
Dr. Doktor
dt. deutsch
Duch. Duchesne, Antoine Nicolas
W. Dyb. Dybowski, Wladislaw
E. Euphorbia; Epilobium; Echinops; Erigeron; Eriophorum; Equisetum, Ephedra
e. g. exempli gratia – zum Beispiel
EHRH. / Ehrh.
Ehrhart, Jakob Friedrich
Eq. Eqisetum
esthn. / Ehstn. estnisch
et al. et alii – und andere
etc. etcétera – und so weiter
e. V. eingetragener Verein
ewenk. ewenkisch (s. Glossar: Tungusen)
excl. exclusive – ausschließlich
Eyst. / BESL. Eyst.
Besler 1613
Ez. Einzahl – Singular

F. Foeniculum; Feuerschwamm
f. (und die) folgende (Seite)
f. femininum – weiblich
F. Fieber; febris
F. *Fond* - Archiveinheit höherer Ordnung
FALK Beitr. Falk 1785; Falk 1786; Falk 1786a
Fasc. fasciculus – Päckchen, Bündel
FAVRE Favre, Jules
ff. (und die) folgenden (Seiten)
Fig. /fig. figura – Abbildung
finn. / Finn. finnisch
Fisch. / F. E. L. Fischer Fischer, Friedrich Ernst Ludwig von
fl. flora
fl. fluvius – Fluß
Fl. ingr. *Krašeninnikov* 1761
Fl. taur. cauc. / Fl. t. c. / M. a Bieb. Fl. taur. cauc. Marschall von Bieberstein 1808a; Marschall von Bieberstein 1808; Marschall von Bieberstein 1819
fol. folio – Blatt
Forsk. Forsskål, Peter
FR. / Fries. / Fries Fries, Elias Magnus
Fröl. /Froel. / Fr. / FRÖL. Frölich, Josef Alois von
frz. / franz. / Frantz. französisch
FVCHS Fuchs, Leonhart
FUNK Funk, Heinrich Christian
G. / Gouv. Gouvernement
G. Gentiana; Gypsophila; Gossypium; Galium; Gallium; Geranium; Geum; Gnaphalium; Glyceria
g Gramm
Gärtn. / Gaertn. / GAERTN. Gärtner, Joseph
Gatt. Gattung
geb. geboren
Gen. Plur. Genitiv Plural
Georg. / georg. georgisch, Georgier (s. Glossar: georgisch)
GEORGI It. / Georgi itin. Georgi 1775
GEORGI Beschr. d. Russ. R. Georgi 1797–1802
GERB. Mosc. / Flora mosquensis Gerber, Traugott „Flora Moscuensis ..."
GERB. Tan. Gerber, Traugott „Flora Tanaensis ..."
Germ. germanis – germanisch, deutsch
C. GESN. Gesner, Conrad
gest. gestorben
gestr. gestrichen
GILB. Gilbertson, Robert L.
Gl. Glaux
GMEL. Fl. bad. / Gmel. Fl. Bad. Gmelin 1806a; Gmelin 1806; Gmelin 1808; Gmelin 1826
GMEL. Fl. sib. / GMEL. Flor. Sibir. / Gm. / Flor. Sibir. / GMEL. Sib. Gmelin 1747–1769
Gmelins sibir. Reise Gmelin 1751–1752
GOOD. Goodenough, Samuel

Gort. Gorter, David de
GORT. Fl. ingr.
Krašeninnikov 1761
GR. / gram. / Gram.
Gramen
Gr. Grad
gr. Gran
gr. / griech. / Griech.
griechisch
GRAY Gray, Samuel Frederick
Grieseb. / GRIESEB.
Grisebach, Heinrich August Rudolf
GRON. Virg. Gronovius, Jan Frederik „Flora Virginica“
Güldenst. / Gdst.
Güldenstedt, Johann Anton von
H. Hesperis; Holosteum; Hypericum; Heracleum; Hemerocallis; Hieracium; Hordeum
H. heilige
H. / Hyosc. Hyoscyamus
HABL. Hablitz, Carl Ludwig
Haenke. Haenke,Thaddäus Xaverius Peregrinus
HALL / Hall. Haller, Albrecht von
Hall. helv. / HALL. Helv. / HALL. Helu.
Haller 1742; Haller 1768; Haller 1768a; Haller 1768b
HAW. Haworth. Adrian Hardy
hb. herba
Hebr. hebräisch
Hedw. / HEDW.
Hedwig, Johann
Heinz. Heinzelmann, Johann Gottfried
HENN. Hennings, Paul Christoph
Herm. Hermann, Paul
HERM. lugdb.
Hermann 1687
HILL. Hill, John
HOFFM. / Hoffm. / Hoff.
Hoffmann, Georg Franz
holl. holländisch
Hook. / Hooker / HOOKER
Hooker, William Jackson
HOPPPE Hoppe, David Heinrich
Hornem. Hornemann, Jens Willken
Hort. ups. Linné 1748
Hort. Cath. Cupani 1696
Hr. / hr. Herr
H. R. Monsp. Magnol 1697
hrn. Herrn
Hrsg. Herausgeber
HUDS. Fl. angl.
Hudson 1762; Hudson 1778; Hudson 1778a; Hudson 1798
I. Iris; Inula; Iuncus
IACQ. Jacquin, Nicolaus Joseph von
Ibid. ibidem – ebenda
Ic. icon – Bild
Ind. index
indian. / Indian. Ind.
indianisch, d. h. indisch
Ind. Ien. / Ind. Jen. / GMEL. ind. ien.
Gmelin, Johann Georg „Index Plantarum ... ad Jeniseam fluvium ...“
Ind. Irc. / Ind. Ircutens.
Gmelin, Johann Georg „Index Plantarum ad Angaram et ...circa Ircutiam ...“

Ind. Irt. Gmelin, Johann Georg „Catalogus Plantarum ... ad Irtin fluuium ...“
ind. Len. / Ind. Len. / Ind. Lenens. Gmelin, Johann Georg „Index Vegetabilium ad Lenam fluvium ...“
Ind. TransBaic. Gmelin, Johann Georg „Catalogus Plantarum ... In regionibus Trans-Baikalensibus observatarum ...“
Ital. / ital. italienisch
I. B. / B. hist. Bauhin 1650; Bauhin 1651; Bauhin 1651a
J. Juncus; Juniperus
Jacq. Jacquin, Nicolaus Joseph von
JACQ. Collect. Jacquin 1789
jakut. / Jakut. / Jak. jakutisch
J. Bauhin / JB. Bauhin, Johann
Jh. / Jahrh. Jahrhundert
J. v. Chr. Jahre vor Christus
Joncq. Hort. Joncquet 1665
Juss. / ANT. JUSS. Jussieu, Antoine de
K. Koeleria
k. königliche
kaidin. kaidinisch (s. Glossar: Tataren)
KALLENB. Kallenbach, Franz Joseph
Kalm. Kalm, Pehr
kalm. / Kalm. Kalmuk. / Kalmuck. kalmykisch (s. Glossar: Kalmyken)
kamass. kamassisch, kamassinisch (s. Glossar: Samojeden)
kamtschadal. / Kamtsch. / Kamtschad. kamtschadalisch (s. Glossar: Kamtschadalen)
karagass. karagassisch (s. Glossar: Samojeden)
P. KARST. Karsten, Peter Adolf
katschinz. / katschinsk. katschinzisch (s. Glossar: Katschinzen)
kayserl. kayserlich
Kirg. / Kirgis. kirgisisch (s. Glossar: Kirgisen)
KIT. / Kitaib. Kitaibel, Paul
KLOTZSCH Klotzsch, Johann Friedrich
km Kilometer
kn. russ. *kniga* (Buch) – Archivsignatur
KOCH / Koch. Koch, Wilhelm Daniel Joseph
Koelle / Kölle Koelle, Johann Ludwig Christian
Koibal. koibalisch
KONR. Konrad, Paul
Korjäk. korjakisch (s. Glossar: Korjaken)
KOTL. Kotlaba, František
kotowz. kotowzisch (s. Glossar: Kotowzen)
Kraschen. / KRASCHENINNIKOW *Krašeninnikov, Stepan Petrovič*
KUMM. Kummer, Paul

KUNTH.	Kunth, Karl Sigismund
Kuntze	Kuntze, Carl Ernst Otto
Kuril.	kurilisch (s. Glossar: Kurilen)
L. / Linn.	Linné, Carl von
L.	Limnanthemum; Leonurus; Linaria; Lamium; Linum; Lilium; Lotus, Lappa; Lactuca; Ligularia; Lichen; Lycopodium; Lubomirskia; Lemna
Lam. / LAM.	Lamarck, Jean-Baptiste de Monet de
LAM. Encycl. méth.	Lamarck, Jean-Baptiste de Monet de „Encyclopédie méthodique. Botanique, ...“
LAMBOTTE	Lambotte, Jean Baptiste Émil
Lappl. / lapp.	lappländisch (s. Glossar: Lappen)
lat. / Lat.	lateinisch
Laxm.	Laxmann, Erich
Ledeb.	Ledebour, Carl Friedrich von
LEDEB. Fl. alt. / Ledebour fl. altaic.	Ledebour 1829; Ledebour 1830; Ledebour 1831; Ledebour 1833
Ledeb. fl. Ross.	Ledebour 1842; Ledebour 1844–1846; Ledebour 1846–1851; Ledebour 1853
LEPECH.	*Lepechin, Ivan Ivanovič*
Lett.	lettisch
LIB. / l. / lib.	liber – Buch
LINDL.	Lindley, John
LINK	Link, Johann Heinrich Friedrich
Linn. Flor. Lappon. / Fl. lapp.	Linné 1737a
Linné Fl. Suec.	Linné 1745; Linné 1755
LINN. h. Cliff. / Hort. cliff. /	Linné 1737
LIN. Hort. vps.	Linné 1748
L. MANT.	Linné 1771
Linn. Sp. pl.	Linné, Carl von: Species plantarum
LINN. Syst. veg.	Linné 1825; Linné 1825a; Linné 1826; Linné 1827
Link.	Link, Johann Heinrich Friedrich
LOB. Icon.	Lobelius 1581
Joh. Loes.	Loesel, Johannes
Loesel. Flor. Pruss. / Loesel. Fl. Pr.	Loesel 1703
loc. cit. / l. c.	loco citato – an der angegebenen Stelle
m.	masculinum – männlich
m	Meter
M.	Myosotis; Mentha; Mannschild; Menyanthes; Myriophyl(l)um; Montia; Majanthemum; Melilotus; Mulgedium; Muscus; Marchantia
MA	Massachusetts
Mapp. fl. Als.	Mappus 1742
Math. / Matth.	Mattioli, Pietro Andrea
mator. / mod.	matorisch (modorisch) (s. Glossar: Samojeden)
Med.	Medizin

Mém. de l'Acad. d. sc. de St. Petersbourg	Mémoires de l'Académie Impériale des Sciences de Saint-Pétersbourg
Menzel pugill. / Mentz. Pug. / Menz. pug.	Mentzel 1715a
Merr. P.	Merrett 1667
Mert.	Mertens, Karl Heinrich
MESS. / Messerschm.	Messerschmidt, Daniel Gottlieb
E. MEY.	Meyer, Ernst Heinrich Friedrich
mfrz.	mittelfranzösisch
mhd.	mittelhochdeutsch
Mich. / MICH.	Micheli, Pier Antonio
MILL	Miller, Philip(p)
MILL. Dict. / Mill. Dict.	Miller, Philip(p) „The gardeners dictionary. ...“
Min.	Minute(n)
Mitarb.	Mitarbeiter
Moksch.	mokschanisch
MNHch. / MNCH. / MOENCH. / Mönch.	Mönch, Conrad
Mongol.	mongolisch (s. Glossar: Mongolen)
MOQ.	Moquin-Tandon, Christian Horace Bénédict Alfred
Mordw. / mord. / Mord.	Mordwinen; mordwinisch
Moris.	Morison, Robert
Moris. hist.	Morison 1680; Morison 1699
MS. / Mst. / mss.	Manuskript
Murr.	Murray, Johann Andreas
MURRILL.	Murill, William Alphonso
Mz.	Mehrzahl – Plural
N	Norden
N.	Nicotiana; Nymphaea; Nardosmia; Normandina
NB	Notabene – merke wohl
N. B. / N. Br.	nördliche Breite
n. Chr.	nach Christus
NECK.	Necker, Noël Martin Joseph de
NEES.	Nees von Esenbeck, Christian Gottfried Daniel
Neilr.	Neilreich, August
N. F.	Neue Folge
(im) Nieders.	(im) Niedersächsischen
nlat.	neulateinisch
Nr. / n°. / n. / Nro.	Num(m)ero – unter der, mit der Nummer
N. O. / NO.	Nordosten
N. Sachs.	Nordsachsen
NYL.	Nylander, William
O.	Orobanche; Ocimum; Odontarrhena; Onobrychis; Orchis; Oxyria
O.	Osten
o. / od.	oder
o.	oben
oberd. / oberdt.	oberdeutsch
Obs. in hist. nat. / obs. in H. N. / Obs. in H. N.	Gmelin, J. G. „Observationes in historiam naturalem“
Ochot. / Flora ochotensis / och.	Steller, G. W. „Catalogus plantarum ab urbe Jacutia ad oceanum ...“
OED.	Oeder, Georg Christian

Officin. officinalis
O. L. östliche Länge
O. N. O. Ostnordost
Op. *Opis'* – russ. Verzeichnis, Bestandsverzeichnis; Archivsignatur
Orig. / O. Origanum
Osm. / O. Osmunda
Ost. / Ostjak. / ost. / ostj. / ostjak. ostjakisch
P. / Pl. Plantago
P. Patrinia; Panzeria; Primula; Phlox; Polemonium; Pinguicula; Pedicularis; Polygala; Psilonema; Potamogeton; Paris; Portulaca; Papaver; Pyrola; Potentilla; Peucedanum; Pisum; Ptarmica; Poa; Parietaria; Parmelia; Pinus; Prunus
p. pagina – Seite
PALLAS / Pall. / PALL. Pallas, Peter Simon
Pall. Astrag. Pallas 1800
PALL. Fl. ross. Pallas 1784; Pallas 1788
Pallas itin. Pallas 1771; Pallas 1773; Pallas 1776
Pall. n. nord. Beitr. Pallas, Peter Simon „Neue Nordische Beyträge ..."
Parck. / Parkh. / Park. Parkinson, John
PARK. th. Parkinson 1640
PATR. / Patr Patrin, Eugène Louis Melchior
P. DE BEAUV. / Beauv. Palisot de Beauvais, Ambroise Marie François Joseph
PECK Peck, Charles Horton
perm. / Perm. permisch
Pers. / pers. persisch
PERS. / Pers. Persoon, Christian Hendrik
Pers. Synops. Persoon 1801
Pfl. Pflanze
PILÁT Pilát, Albert
pl. pluralis - Plural, Mehrzahl
Plin. Plinius 2007
Pluk. Phytogr. / Plukn. Phytograph. / Pluk. phyt. / PLVCK. Alm. / Pluknet phyt. Plukenet 1696
Poir. / POIR. Poiret, Jean Louis Marie
Pol. Polytrichum
Pol. / Polyp. Polypodium
Pol. / P. / Polyg. Polygonum
Poln. polnisch
Portf. *portfel'* – russ. Aktenmappe; Teil der Archivsignatur
POUZAR Pouzar, Zdeněk
J. PRESL Presl, Jan Svatopluk
Prof. Professor
Pumpocol. pumpokolisch (s. Glossar: Ostjaken)
Pursh. / PURSCH. Pursh, Frederick Traugott
Quél. Quélet, Lucien
Q.M. Quadratmeile(n)

r recto folio – auf der ‚Rechtsseite', d. h. auf der Vorderseite
R. Ranunculus; Rumex; Rhododendron, Rubus; Rosa
R. *Razrjad* – russ. Abteilung, Klasse; Archivsignatur
Rad. Radix
Raj. Syn. Ray 1696
J. R. Method. Ray 1703
R. Br. / R. Brown. / R. BR. / Rob. Brown / Rob. Br.
Brown, Robert
REICHENB. / Reichenb. / REICH. / Reichb.
Reichenbach, Heinrich Gustav
Reneal. / Renealm.
Renaulme, Paul
Retz. Retzius, Anders Jahan
RGADA Russisches Staatliches Archiv für Alte Akten Moskau – *Rossijskij gosudarstvennyj archiv drevnych aktov*
Rich. / Richard
Richard, Louis Claude Marie
RIV. / Riv. Rivinus, August Quirinus
Riv. Mon. irr. / Riv. mon. / Rivin. monop.
Rivinus 1690
RIV. Pent. Rivinus 1699
Riv. tetrap. Rivinus 1691
RÖHL Röhling, Johann Christoph
röm. römisch
ROTH Roth, Albrecht Wilhelm
ROTH Tent. Fl. germ.
Roth 1789; Roth 1793; Roth 1800
Rottb. Rottbøll, Christen Friis
ROUSSELL Roussell, Henri François Anne de
ROYEN Royen, Adriaan van
ROY. pr. / Royen Pr.
Royen 1740
RUELLI Ruellius, Ioannes
RUPR. Ruprecht, Franz Joseph
Rupp. flor. / Rupp. flor. Jenens
Rupp 1726; Rupp 1745
russ. / Ruß. / R. / Russ.
russisch(e)
RYVARDEN Ryvarden, Leif Randulff
S. Scrophularia; Sysymbrium; Scutellaria; Salsola; Saxifraga; Sedum; Sagittaria; Sibbaldia; Scandix; Selinum; Saussurea; Sonchus; Scorzonera; Solidago; Secale; Scirpus; Spinacia; Salix; Spiraea; Sorbus; Salicornia
Sp. Spiraea
S. Saale
S. Süden
s seu; sive – oder
s. siehe
S. Seite
S Süden
SACC. Saccardo, Pier Andrea
Salisb. / SALISB.
Salisbury, Richard Anthony
samojed. samojedisch (s. Glossar: Samojeden)

Sc. Scabiosa
sc. scilicet – nämlich
SCHAEFF. / Schaeff. / SCHAEF.
Schaeffer, Jacob Christian
SCHEUCHZER. It.
Scheuchzer 1723
Schkuhr. / Schk.
Schkuhr, Christian
Schl. / SCHLECHTEND.
Schlechtendal, Diederich Franz Leonhard von
schott. schottisch
Schrad. Schrader, Heinrich Adolf
SCHREB. Schreber, Johann Christian Daniel Edler von
SCHREBER. spicil. / SCHREBER. Spicileg. Lips.
Schreber 1771
SCHULTZ Schultz, Franz Johann
Schwed. schwedisch
Schweigg. Schweigger, August Friedrich
Schweigger Koenigsb. Archiv
Schweigger 1812
Scopol. Scopoli, Giovanni Antonio
SCOP. Carn. Scopoli 1772; Scopoli 1772a
s. d. siehe dort
SEGU. veron. Séguier 1754
Sem. semen – Samen; Mz. semina
Ser. Seringe, Nicolas Charles
sib. sibirisch
Sibir. Sibirien
Sibth. Sibthorp, John
SIEGESB. Siegesbeck, Johann Georg
SIGISBECK. primit.
Siegesbeck 1736
Sims. / SIMS Sims, John
Sin. sinesisch, chinesisch
SINGER Singer, Rolf
Sloane Cat. Plant. Jam. / Sloan. jam.
Sloane 1696
SMITH / Sm. Smith, James Edward
Sp. Spalte
Sp. Sparganium
spätahd. spätalthochdeutsch
Spec. / sp. species (Art)
Spr. Gesch. d. Bot. II.
Sprengel 1818
SPRENG. / Spr.
Sprengel, Kurt Polycarp Joachim
SPRENG. Hist. r. herb.
Sprengel 1808
SPRENG. Umbellif.
Sprengel 1818a
St. Stück
St. Statice
St. / S. Sankt
st. starb
St. / S. Stellaria
STECHM. Stechmann, Johannes Paul
Stell. / St. Steller, Georg Wilhelm
STELL. Irc. / STEL. Irc.
Steller, Georg Wilhelm „Flora Irkutiensis“
Steph. Stephan, Christian Friedrich
Sterb. fung. Sterbeeck 1675
Stev. / Steven
Steven, Christian von
Sut. Sutherland, James
S. W. Südwesten
Sw. Swertia
S. W. / SW. Südwesten

Swarz / Swtz. / SWARTZ / Swartz / Sw.	Swartz, Olof Peter
Synon. / synon.	Synonym
T.	tomus, *tom* – Band
T.	Trientalis; Triglochin; Thalictrum; Trollius; Trifolium; Tussilago; Tanacetum
T. / tung.	tungusisch
t. /tab.	tabula – Tafel
Tabaern. / Tabern. Icon. / TABERN. Ic. / Tab. Ic. / TAB. / Tabern. Jc.	Tabernaemontanus 1590
Taf.	Tafel
taiginz.	taiginzisch (s. Glossar: Samojeden)
Tangut.	tangutisch
tatar. / tatt. / Tatt. / Tat. / tat. / Tatar.	tatarisch
Taur.	taurisch
Teleut.	teleutisch
Th.	Theil – Teil
Th.	Thermopsis
Thal.	Thal, Johann
Theophr.	Theophrast
THNBG.	Thunberg, Carl Peter
Tle.	Teile
TOURN. / Pit. Tournef.	Tournefort, Joseph Pitton de
Tourn. inst. I. R. H. / Inst. R. H. / Tour. i. r. h.	Tournefort 1700; Tournefort 1700a
Tr. / T.	Triticum
Trevir.	Treviranus, Ludolf Christian
TREW.	Trew, Christoph Jacob
Trif.	Trifolium
Tschas.	*časovnja*
tschatzk. / tschazk.	tschatzkisch, tschazkisch (s. Glossar: Tataren)
Tscher. / Tscherem. / tscherem. / tscher. / tscherem.	Tscheremissen; tscheremissisch
tschuw. / tschuwin. / Tschuw. / Tschuwass.	tschuwaschisch
Türk.	türkisch
Tungus. / tungus.	tungusisch (s. Glossar: Tungusen)
TURCZ. / Turcz.	*Turčaninov, Nikolaj Stepanovič*
Turn / Tur.	Turner, Dawson
U. / Urt.	Urtica
u.	und
u. a.	unter anderem
u. ä. m.	und ähnliches mehr
u. d. g.	und dergleichen
Ukinz.	ukinzisch
u. s. f.	und so fort
u. s. w.	und so weiter
u. Z.	unserer Zeit
v. / vid.	vide – siehe
v	verso folio – auf der Rück- oder Kehrseite
V.	Veronica; Veratrum; Viola; Vaccinium
VAHL.	Vahl, Martin Hendriksen
Vahl. Symb.	Vahl 1790
VAILL.	Vaillant, Sébastien
Val.	Valeriana
var.	varietas – Varietät
v. Chr.	vor Christus

VEB	Volkseigener Betrieb
Verb.	Verbascum
VENTEN. / VENT.	Ventenat, Étienne Pierre
vgl. / Vgl.	vergleiche
VILL.	Villars, Dominique
VITT.	Vittadini, Carlo
Vol.	volumen – Band
Volck. Norimb.	Volckamer 1700
vorlinn.	vorlinnneisch
v. u. Z.	vor unserer Zeit
W.	Werst
W.	Westen
W.	Woodsia
Wahlenb. lapp.	Wahlenberg 1812
WALDST.	Waldstein-Wartenberg, Franz ...
WALTH.	Walther, Friedrich Ludwig
Wassug.	wassuganisch
weibl.	weiblich
Weinm.	Weinmann, Johann Wilhelm
WIGG.	Wiggers, Friedrich Heinrich
Willd. / W.	Willdenow, Carl Ludwig
Wigg.	Wiggers, Friedrich Heinrich
WNW.	Westnordwest
wog.	wogulisch (s. Glossar: Ostjaken)
Wotjak. / wotj. / wotjak. / Wotj.	Wotjaken; wotjakisch (s. Glossar: Tscheremissen)
WSW.	Westsüdwest
WULFEN	Wulfen, Franz Xaver Freiherr von
Wz.	Wasserzeichen
Xen. Isid. Sibir. / MESS. Is. Sib.	Messerschmidt, D. G. „Isidis Sibiricae xenium ...“
z. B. / z. Beysp.	zum Beispiel
Zool.	Zoologie
Zus. / zus.	Zusammensetzung; zusammengesetzt
ZWING.	Zwinger(us), Jakob(us)
&	et – und
&c.	etcetera – und so weiter
lat. -	(ohne Wiederholung des Wortes; nach dem Trennstrich nur dt. Übersetzung) bedeutet: sprachlich richtiges Latein
lat. aaa -	(das vermeintlich richtige lateinische Wort; nach dem Trennstrich dt. Übersetzung) bedeutet: verderbtes lateinisches Wort
< >	konjekturale Zusätze (wobei schon die Lücke eine Konjektur des Hrsg. ist); außer bei Genaust 2005 und Messerschmidt 1962-1977
[[ ]]	konjekturale Streichungen
[...]	mechanisch bedingter Textverlust
[aaa]	in kritisch edierten Texten: Ergänzung bei mechanisch bedingtem Textverlust

[aaa]	in Übersetzungen und Anmerkungen: Ergänzung der Herausgeber
aaa	unsichere Lesung
|: aaa :|	marginaler Text ohne eindeutige Einordnungsvorgabe im Manuskript

℔ / ℔	libra – Pfund
∇	aqua
♀	weiblich
♂	männlich
♃	mehrjährige Pflanze
⊙	einjährige Pflanze

Abkürzungen botanischer Arbeiten im lateinischen Text, die nicht aufgelöst wurden

Agrostogr. Prodr.	Scheuchzer 1708
Scheuc<h>z. agrostogr. / Scheuchz. Agrostograph. / Scheuchz. agrostogr. / Scheuchzerij Agrostograph. / Scheuchzeri Agrostogr. / Scheuchz. Agrost. / Scheuchzeri Agrost.	Scheuchzer 1719
Barr. Icon.	Barrelier 1714; J. P. de Tournefort (in Tournefort 1700) zitiert die Bilder von Jacques Barrelier (‚Barrelieri Icones ...‘) nach Manuskripteinsicht in Paris, publiziert wurden sie erst im Jahr 1714 (Barrelier 1714)
Bocc. Mus. (Part. 1)	Boccone 1697
Bocc. Mus. (Part. 2; Teil 2 von ‚Museo di fisica‘)	Boccone 1697a
Bocc. rar. plant.	Boccone 1674
Bot. Monsp. / Bot. Monsp App. / Magn. monsp.	Magnol 1686
Breyn. Cent.	Breyne 1678
Buxb. Cent. 1.	Buxbaum 1728
Buxb. Cent. 2.	Buxbaum 1728a
Buxb. Cent. III.	Buxbaum 1729
Buxb. Cent. IV	Buxbaum 1733
Caesalp.	Caesalpinus 1583
Camerar. Epit.	Camerarius 1586
Catal. Altorff. / Fl. alt.	Hoffmann 1662
C. B. Pin. / C. B. P. / C. B.	Bauhin 1623
Prodr. C. B. / C. B. Prod. / C. B. Prodr.	Bauhin 1620
C. B. Theat. / C. B. Theatr. / C. B. Th.	Bauhin 1658
Chabr.	Chabrey 1666
Clus. Hist. / Clusii Hist. / Clusij Hist. / Clus. / Clus. Histor.	Clusius 1601
Clus. Pann. / Clus. Pannon. / Clus. Hist. pannon.	Clusius 1583

Col. P. 1. / Col. part. 1. /
Col. Part. 2. / Col.
Columna 1616; Columna 1616a
Dalechampii Lugd.
Daléchamps 1587
Dill. Cat. plant. / Dillen. /
Dill. / Dill. Catal. / Dill. Cat. /
Dill. cat. / Dill. cat. plant. /
Dill. flor. Gies. / C. G / Cat. Giss.
Dillenius 1719
Dod. Pempt. / Dodon. / Dod. /
DoD. Pempt. Dodoens 1616
Eph. N. C. Cent. 5 et 6
Dillenius 1717
H. Eyst. / Eyst.
Besler 1613
Ger. emac. Gerard 1636
GUETT. / GVETT.
Guettard, Jean-Étienne
H. Cathol. Cupani 1696
H. Edinb. Sutherland 1683
H. L. Bat. / H. Lugd. Bat. /
Hort. Lugd. Bat.
Hermann 1687
H. R. Monsp. Magnol 1697
H. R. Par. / H. R. P. / hort. Reg. Par.
Joncquet 1665
J. B. / Joh. B. / I. B.
Bauhin 1650; Bauhin 1651; Bauhin 1651a
Lobel. Lobelius 1655
Lob. Ic. / Lobel. Icon. / Lob. Icon.
Lobelius 1581
Lugd. Boerhaave 1720
Matth. / Math. Mattioli 1565
Mentz pugil. / Mentz. Pugill.
Mentzel 1715a
Merret(t) Merrett 1667
M. H. R. Bles. Morison 1669
Mor. Hist. Ox. / Mor. Hist. / Morison.
Hist. Oxon. / Mor. Hist. Oxon.
Morison 1680; Morison 1699; (Teil 1 ist nicht erschienen)
Mor. Umbell. Morison 1672
Mus. Petiv. Petiver1695
Parkins. Theat. bot. / Park. Theat. /
Parkins. Theath.
Parkinson 1640
Raii Cat. Plant. Angl.
Ray 1677
Raii H. / Raij Hist. / Raii Hist. /
Suppl. Hist. Raii
Ray 1686 (Tomus primus); Ray 1693 (Tomus secundus); Tomus secundus, London 1688; Tomus tertius, London 1704
Raii Meth. / Raii Meth. emend.
Ray 1703
Raii method. Graminum
Ray 1703, S. 167–187
Raii Syn. / Raii Synops. / Raii
Synopsis / Raij Syn.
Ray 1696
Riv. Irr. Rivinus 1699
Ruppij Flor. Ienens. / Rupp. flor. Jenens. /
Ruppii flo. Jen. / Ruppii flor. Jen.
Rupp 1718; Rupp 1726
Scheuchz. It. VII.
Scheuchzer 1723
Schwenkf. Schwenckfeld 1600
Sloan. Catal. Sloane 1696
Sterb. Sterbeeck 1675
Tab. Ic. / Tab(a)er. / Tabern. /
Tabern. Icon. / Tabern. icon.
Tabernaemontanus 1590

I. R. H. / T. i. r. h. / T. I. R. H. / Tourn. / Tournef. / Tourn. I. R. H. / Tour. I. R. H. / Tournef. I. R. H. / Inst. r. h.
Tournefort 1700; Tournefort 1700a

Tourn. Hist. plant. Paris.
Tournefort 1698

Tourn. Coroll. I. R. H. / Corol. I. R. H. / Cor. I. R. H. / Tourn. Corol.
Tournefort 1703

Transliterationstabelle für kyrillische Zeichen

kyrill.	Transkr.	kyrill.	Transkr.	kyrill.	Transkr.	kyrill.	Transkr.
А	*A*	а	*a*	Р	*R*	р	*r*
Б	*B*	б	*b*	С	*S*	с	*s*
В	*V*	в	*v*	Т	*T*	т	*t*
Г	*G*	г	*g*	У	*U*	у	*u*
Д	*D*	д	*d*	Ф	*F*	ф	*f*
Е	*E*	е	*e*	Х	*Ch*	х	*ch*
Ж	*Ž*	ж	*ž*	Ц	*C*	ц	*c*
З	*Z*	з	*z*	Ч	*Č*	ч	*č*
И	*I*	и	*i*	Ш	*Š*	ш	*š*
Й	*J*	й	*j*	Щ	*Šč*	щ	*šč*
К	*K*	к	*k*	Ъ	”	ъ	”
Л	*L*	л	*l*	Ы	*Y*	ы	*y*
М	*M*	м	*m*	Ь	’	ь	’
Н	*N*	н	*n*	Э	*Ė*	э	*ė*
О	*O*	о	*o*	Ю	*Ju*	ю	*ju*
П	*P*	п	*p*	Я	*Ja*	я	*ja*
і	*i*	ѣ	*e*				
І	*I*	ї	*i*				

LITERATUR

Abaeva 2004
Abaeva, Ljubov' Lubsanovna (Hrsg.) et al.: *Burjaty*. Moskau : *Nauka*, 2004

Abhandlungen 1775
Abhandlungen der freyen ökonomischen Gesellschaft in St. Petersburg zur Aufmunterung des Ackerbaues und der Hauswirthschaft in Rußland vom Jahre 1767. 6. Theil; Sankt Petersburg ; Riga ; Leipzig : Johann Friedrich Hartknoch, 1775

Actes 1891
Actes de la Sociedad Española de historia natural. in: Anales de la Sociedad Española de historia natural. T. 20; Madrid : I. Bolívar, 1891

Adelung 1793–1801
Adelung, Johann Christoph: Grammatisch-kritisches Wörterbuch der Hochdeutschen Mundart, ... 4 Bände; Leipzig : Breitkopf und [Gottfried Christoph] Härtel, 1793–1801

Ahlquist 1861
Ahlquist, August Engelbrekt: Versuch einer Mokscha-Mordwinischen Grammatik nebst Texten und Wörterverzeichniss ... Sankt Petersburg ; Riga ; Leipzig : Eggers et Comp. ; Samuel Schmidt ; David Leopold Voss, 1861

Ahlquist 1891
Ahlquist, August Engelbrekt: Wogulisches Wörterverzeichnis. Helsinki : Suomalaisen Kirjallisuuden Seuran Kirjapainossa (Suomalais-Ugrilaisen Seuran toimituksia 2), 1891

Aldrovandi 1638
Aldrovandi, Ulysses: De animalibvs insectis libri septem ... Bologna : Clemens Ferronius, 1638

Alksnis 1894
Alksnis, Jēkabs: Materialien zur lettischen Volksmedizin. S. 166–283 in: Kobert, Rudolf (Hrsg.): Historische Studien aus dem Pharmakologischen Institute der Kaiserlichen Universität Dorpat. Bd. IV, Halle S. : Tausch & Grosse, 1894

Allioni 1785
Allioni, Carlo: Flora Pedemontana ... Bd. I; Turin (Augusta Taurinorum) : Johannes Michael Briolus, 1785

Allioni 1785a
Allioni, Carlo: Flora Pedemontana ... Bd. II; Turin (Augusta Taurinorum) : Johannes Michael Briolus, 1785

Altschul 1864
Altschul, Elias: Real-Lexicon für homöopathische Arzneimittellehre, Therapie u. Arzneibereitungskunde. Sondershausen : Friedrich August Eupel, 1864

Amburger 1966
Amburger, Erik: Geschichte der Behördenorganisation Russlands

von Peter dem Grossen bis 1917. Leiden : Evert Jan Brill 1966 (Studien zur Geschichte Osteuropas, 10)

Amman 1739
Amman, Johann: Stirpium rariorum in Imperio Rutheno sponte provenientium icones et descriptiones ... Sankt Petersburg : Typographia Academiae Scientiarum, 1739

Amman 1741
Amman, Johann: De Meliloto siliqva membranacea compressa. In: Commentarii Academiae Scientiarum Imperialis Petropolitanae. T. VIII (für das Jahr 1736), S. 209–210, Sankt Petersburg : Typis Academiae, 1741

Amman 1744
Amman, Johann: De Alsinanthemo Thalii, seu Trientali herba Ioannis Bavhini, ... In: Commentarii Academiae Scientiarum Imperialis Petropolitanae. T. IX. (für das Jahr 1737), S. 310–313, Sankt Petersburg : Typis Academiae, 1744

Amman 1744a
Amman, Johann: De Betvla pvmila, folio svbrotundo. In: Commentarii Academiae Scientiarum Imperialis Petropolitanae. T. IX. (für das Jahr 1737), S. 314–315, Sankt Petersburg : Typis Academiae, 1744

Amman 1747
Amman, Johann: De filicastro, novo plantarvm genere, alissqve minvs notis rarioribvs filicvm speciebvs. In: Commentarii Academiae Scientiarum Imperialis Petropolitanae. T. X. (für das Jahr 1738), S. 278–302, Sankt Petersburg : Typis Academiae, 1747

Amman 1785
Amman, Johann: Johann Amman von dem neuen Pflanzengeschlechte Filicastrum, und einigen seltenern nicht sehr bekannten Arten von Farnkräutern. S. 405–429; In: Physikalische und medicinische Abhandlungen der Kayserlichen Akademie der Wissenschaften in Petersburg. 3. Band; Riga : Johann Friedrich Hartknoch, 1785

Anikin 2000
Anikin, Aleksandr Evgen'evič: *Ėtimologičeskij* slovar' *Russkich dialektov Sibiri.* Moskau ; *Novosibirsk* : *Nauka*, 2000

Anikin 2003
Anikin, Aleksandr Evgen'evič: *Ėtimologičeskij slovar' Russkich zaimstvovanij v jazykach Sibiri. Novosibirsk* : *Nauka*, 2003

Annales 1807
Annales du muséum d'histoire naturelle, ... Tome 9; Paris : Tourneisen Sohn, 1807

Annenkov 1858
Annenkov, Nikolaj Ivanovič: *Prostonarodnyja nazvanija russkich rastenij.* Moskau : *Universitetskaja tipografija*, 1858

Bachmann 1593
Bachmann, Georg: Exercitationes Philosophicae, ... Wittenberg :

Officina Cratoniana, 1593
Bacmeister 1777
Bacmeister, Johann Vollrath: Versuch über die Bibliothek und das Naturalien= und Kunst=Kabinet der Kaiserlichen Akademie der Wissenschaften in St. Petersburg. Sankt Petersburg : Johann Jakob Weitbrecht ; Johann Carl Schnoor 1777
Baillon 1876
Baillon, Henri Ernest: Dictionnaire de botanique. Bd. 1; Paris : Librairie Hachette et Cie, 1876
Barrelier 1714
Barrelier, Jacques: Plantae per Galliam, Hispaniam et Italiam observatae, iconibus aeneis exhibitae a R. P. Jacobo Barreliero Parisino, ... Opus posthumum, accurante Antonio de Jussieu ... in lucem editum, & ad recentiorum normam digestum. Cui accessit ejusdem auctoris specimen de insectis quibusdam marinis, mollibus, crustaceis & testaceis. Paris : Stephan Ganeau, 1714
Barrelier 1714a
Barrelier, Jacques: Icones plantarum per Galliam, Hispaniam et Italiam observatarum ... Paris : Stephan Ganeau, 1714
Basiner 1848
Basiner, Theodor Friedrich Julius: Naturwissenschaftliche Reise durch die Kirgisensteppe nach Chiwa. Sankt Petersburg : Verlag der Kaiserlichen Academie der Wissenschaften, 1848 (Baer, Karl Ernst von [Hrsg.]; Helmersen, Gregor von [Hrsg.]: Beiträge zur Kenntniss des Russischen Reiches und der angränzenden Länder Asiens. 15)
Bauhin 1620
Bauhin, Caspar: ΠΡΟΔΡΟΜΟΣ [Prodromos] theatri botanici Caspari Bavhini ... in qvo plantae svpra sexcentae ab ipso primùm descriptae cum plurimis figuris proponuntur. Frankfurt am Main : Paul Jacobi ; Johann Treudel, 1620
Bauhin 1623
Bauhin, Caspar: ΠΙΝΑΞ [Pinax] Theatri botanici Caspari Bavhini ... sive Index in Theophrasti Dioscoridis Plinii et botanicorvm qui à seculo scripserunt opera: plantarvm circiter sex millivm ab ipsis exhibitarvm nomina cvm earundem synonymiis & differentiis methodicè secundùm earum & genera & species proponens. Opus XL. annorvm hactenus non editum summoperè expetitum & ad auctores intelligendos plurimùm faciens. Galenus I. de Antid. V. medicus omnium stirpium, si fieri potest, peritiam habeat consulo: sin minus, plurimarum saltem, quibus frequenter utimur. Basileae : Ludwig König, 1623
Bauhin 1650
Bauhin, Johann ; Cherler, Johann Heinrich ; Chabrey, Dominique ; Graffenried, Franz Ludwig von: Historia plantarum vniversalis, nova, et absolvtissima ... Band I, Ebroduni : Typographia Caldoriana, 1650

Bauhin 1651
Bauhin, Johann ; Cherler, Johann Heinrich ; Chabrey, Dominique ; Graffenried, Franz Ludwig von: Historia plantarum vniversalis, nova, et absolvtissima ... Band III, Ebroduni : Typographia Caldoriana, 1651
Bauhin 1651a
Bauhin, Johann ; Cherler, Johann Heinrich ; Chabrey, Dominique ; Graffenried, Franz Ludwig von: Historia plantarum vniversalis, nova, et absolvtissima ... Band II; Ebroduni : Typographia Caldoriana, 1651
Bauhin 1658
Bauhin, Caspar: Caspari Bauhini ... Theatri botanici sive Historiae plantarum ... Basel : Johann König, 1658
Bauhin 1671
Bauhin, Caspar: Caspari Bauhini viri clariß. ΠΙΝΑΞ Theatri botanici sive Index in Theophrasti Dioscoridis Plinii et botanicorvm qui à seculo scripserunt opera. Plantarum circiter sex millivm ab ipsis exhibitarvm nomina cum earundem synonymijs & differentijs methodice secundùm genera & species proponens. Opus XL. annorum ... Basel : Johann König, 1671
Becher 1663
Becher, Johann Joachim: Parnassus Medicinalis Illustratus. Oder: Ein neues, und dergestalt, vormahln noch nie gesehenes Thier= Kräuter= Und Berg-Buch ... Ulm : Johann Görlin, 1663
Bechstein 1833
Bechstein, Johann Matthäus (Hrsg.) ; Behlen, Stephan (Hrsg.) : Desberger, Anton Friedrich A. (Hrsg.): Forstbotanik, 2. Theil ... Der Forstkräuterkunde erste Abtheilung. Die Forst=Phanerogamen enthaltend. Erfurt ; Gotha : Wilhelm Hennings, 1833
Bechstein 1833a
Bechstein, Johann Matthäus (Hrsg.) ; Behlen, Stephan (Hrsg.) : Desberger, Anton Friedrich A. (Hrsg.): Forstbotanik, 2. Theil ... Der Forstkräuterkunde zweite Abtheilung. Die Forst=Kryptogamen enthaltend. Erfurt ; Gotha : Wilhelm Hennings, 1833
Bechstein 1843
Bechstein, Johann Mathäus (Hrsg.) ; Behlen, Stephan (Hrsg.): Dr. J. M. Bechstein's Forstbotanik, oder vollständige Naturgeschichte der deutschen Holzgewächse und einiger fremden. Erfurt : Hennings u. Hopf, 1843
Becker 1818
Becker, Johann Herrmann: Versuch einer allgemeinen und besondern Nahrungsmittelkunde. ... 2. Theil, 1. Abtheilung; Stendal : Daniel Christian Franzen ; Johann Christian Grosse, 1818
Beckmann 1771
Beckmann, Johann (Hrsg.): Physikalisch=Oekonomische

Bibliothek … Bd. 2; Göttingen : Witwe Vandenhoeck u. Ruprecht, 1771
Beckmann 1793
Beckmann, Johann (Hrsg.): Physikalisch=ökonomische Bibliothek … Bd. 18, 1. Stück; Göttingen : Vandenhoeck u. Ruprecht, 1793
Beckmann 1799
Beckmann, Johann (Hrsg.): Physikalisch=ökonomische Bibliothek … Bd. 20; Göttingen : Vandenhoeck u. Ruprecht, 1799
Berchtold 1838
Berchtold, Friedrich von et al. Oekonomisch=technische Flora Böhmens. 2. Bd. 2. Abt. Prag : Thomas Thabor, 1838
Berg/Schmidt 1896
Berg, Otto Carl ; Schmidt, Carl Friedrich: Atlas der officinellen Pflanzen. Darstellung und Beschreibung der im Arzneibuche für das Deutsche Reich erwähnten Gewächse. Bd. 2; Leipzig : Arthur Felix, 1896
Berge/Riecke 1850
Berge, Friedrich ; Riecke, Victor Adolf: Giftpflanzenbuch oder allgemeine und besondere Naturgeschichte sämmtlicher inländischen sowie ausländischen phanerogamischen und kryptogamischen Giftgewächse, ... Stuttgart : Carl Peter Scheitlin und Friedrich Aaron A. Krais, 1850
Bergen 1750
Bergen, Karl August von (1704–1759): Flora Francofurtana ... Frankfurt an der Oder : Johann Christian Kleyb, 1750
Bernoulli 1857
Bernoulli, Carl Gustav: Die Gefässkryptogamen der Schweiz. Basel : Schweighauser'sche Buchdruckerei, 1857
Besler 1613
Besler, Basilius: Hortus Eystettensis, sive diligens et accurata omnium plantarum, florum, stirpium, ex variis orbis terrae partibus, singulari studio collectarum, quae in celeberrimis viridariis arcem episcopalem ibidem cingentibus hoc tempore conspiciuntur delineatio et ad vivum repraesentatio. Nürnberg, 1613
Biedenfeld 1848
Biedenfeld, Ferdinand von: Wörterbuch der Synonymen sämmtlicher Pflanzen des Zier-, Gemüse- und Landschaftsgartens ... 1. Band; Weimar : Bernhard Friedrich Voigt, 1848
Bischoff 1822
Bischoff, Gottlieb Wilhelm: Die botanische Kunstsprache in Umrissen, nebst erläuterndem Texte. Zum Gebrauch bei Vorlesungen und zum Selbstunterricht. Nürnberg : Johann Leonhard Schrag, 1822
Bischoff 1831
Bischoff, Gottlieb Wilhelm: Grundriß der medicinischen Botanik, ... Heidelberg : August Oßwald, 1831
Bischoff 1833
Bischoff, Gottlieb Wilhelm: Handbuch der botanischen

Terminologie und Systemkunde ... 1. Band; Nürnberg : Johann Leonhard Schrag, 1833
Bischoff 1835
Bischoff, Gottlieb Wilhelm: Bemerkungen über die Lebermoose, vorzüglich aus den Gruppen der Marchantieen und Riccieen, nebst Beschreibung mehrerer theils kritischer, theils neuer Arten ... S. 909–1088 in: Nova acta physico medica Academiae Caesareae Leopoldino-Carolinae naturae curiosorum. Bd. 17, 1. Abteilung; Breslau ; Bonn : Eduard Weber, 1835
Bischoff 1840
Bischoff, Gottlieb Wilhelm: Lehrbuch der Botanik. Dritten Bandes Zweyter Teil. Specielle Botanik. II. Stuttgart : E. Schweizerbart's Verlagshandlung, 1840 (Naturgeschichte der drei Reiche, bearb. von G. W. Bischoff et al., 6, 2, Specielle Botanik, II)
Bischoff 1857
Bischoff, Gottlieb Wilhelm ; Schmidt, Johann Anton: Wörterbuch der beschreibenden Botanik oder der Kunstausdrücke, welche zum Verstehen der phytographischen Schriften nothwendig sind. ... 2. Auflage, Stuttgart : E. Schweizerbart'sche Verlagshandlung, 1857 (Naturgeschichte der drei Reiche, bearb. von G. W. Bischoff et al., Anhang)
Bjurberg 1793
Bjurberg: IV. Beobachtungen einiger in der Kislarischen Gegend bemerkten Brandbeulen. S. 141–145 in: Neue Nordische Beyträge zur physikalischen und geographischen Erd= und Völkerbeschreibung, Naturgeschichte und Oekonomie (Hrsg. Peter Simon Pallas), 6. Band; Sankt Petersburg ; Leipzig : Johann Zacharias Logan, 1781
Boccone 1674
Boccone, Paolo: Icones & descriptiones rariorum plantarum Siciliae, Melitae, Galliae, & Italiae. ... Oxford : Theatrum Sheldonianum, 1674
Boccone 1697
Boccone, Paulo: Museo di fisica e di esperienze variato, e decorate di osservazioni natvrali, note medicinali, e ragionamenti secondo i principii de'moderni. Di Don Pavlo Boccone ... Venedig : Giovanni Baptista Zuccato, 1697
Boccone 1697a
Boccone, Paolo: Museo di piante rare della Sicilia, Malta, Corsica, Italia, Piemonte, e Germania ... Venedig : Giovanni Baptista Zuccato, 1697
Bock 1630
Bock, Hieronymus (Tragus): Kräutterbuch, ... Straßburg : Wilhelm Christian Glaser, 1630
Boehmer 1750
Boehmer, Georg Rudolf: Flora Lipsiae indigena. Leipzig : Johann Gottfried Dyck, 1750
Boerhaave 1720
Boerhaave, Herman: Index alter plantarum quae in horto Academico Lugduno-Batavo

aluntur ... Teil 1; Leiden : Pieter van der Aa, 1720

Boerhaave 1720a
Boerhaave, Herman: Index alter plantarum quae in horto Academico Lugduno-Batavo aluntur ... Teil 2; Leiden : Pieter van der Aa, 1720

Bogdanov 1997
Bogdanov, Andrej Ivanovič: *Opisanie Sanktpeterburga.* Sankt Petersburg : *Sankt-Peterburgskij filial Archiva Rossijskoj Akademii Nauk*, 1997

Boldyrev 1994
Boldyrev, Boris Vasil'evič (Hrsg.): *Russko-Ėvenkijskij slovar'. Novosibirsk* : *VO „Nauka"*, 1994

Bosing 1796
Bosing, Joseph: Physisch-therapeutische Erläuterung aller jener Arzneymitteln, welche in der neuen verbesserten österreichischen Provincial=Pharmakopöe enthalten sind. 1. Theil; Wien : Franz Joseph Rötzel, 1796

Brand 1766
Brand, Jacob Hieronymus: Jacob Hieronymus Brands/ M.D. vollständiges Kräuter, und Hausarzneybuch, ... Nürnberg : Jacob Seitz, 1766

Brandt/Ratzeburg 1834
Brandt, Johann Friedrich ; Ratzeburg, Julius Theodor Christian: Abbildung und Beschreibung der in Deutschland wildwachsenden und in Gärten im Freien ausdauernden Giftgewächse ... Berlin : August Hirschwald, 1834

Breyne 1678
Breyne, Jakob: Exoticarum aliarumque minus cognitarium plantarum centuria prima, ... Danzig : David Friedrich Rhete, 1678

Breyne 1689
Breyne, Jakob: Prodromus fasciculi rariorum plantarum secundus, exhibens Catalogum plantarum rariorum, Anno M.DC.LXXXIIX. ... Danzig : David Friedrich Rhetius, 1689

Brockhaus 1928–1935
Der große Brockhaus. 21 Bde. 15. Auflage; Leipzig : Friedrich Arnold Brockhaus, 1928–1935

Brokgauz/Efron 1991
Brockhaus, Friedrich Arnold (*Brokgauz, F. A.*) (Hrsg.); *Efron,* Il'ja *Abramovič* (Hrsg.): *Ėnciklopedičeskij slovar'.* 82 Bände (Nachdruck der Ausgabe Sankt Petersburg 1890–1904), *Jaroslav'* : Terra, 1990–1994

Bruhin 1864
Bruhin, Thomas von Aquin(as): Clavis ad Caspari Bauhini Pinacem theatri botanici. S. 128–142 in: Zeitschrift für die gesammten Naturwissenschaften. Berlin : Karl Wiegandt ; Karl Gustav Hempel, 1864

Brum 1842
Brum, Franz: Hilfsbuch bei Untersuchungen der Nahrungsmittel und Getränke, ... Wien : Selbstverlag, 1842

Bucharev 2004
Bucharev; *Ioann*: *Žitie vsech svjatych.* Moskau : *Pravoslavnyj*

Svjato-Tichonovskij *Gumanitarnyj Universitet*, 2004

Buc'hoz 1775
Buc'hoz, Pierre Joseph: Histoire universelle du règne végétal, ... T. 1; Paris : Brunet, 1775

Büsching 1768
Büsching, Anton Friedrich: D. Anton Friderich Büschings neue Erdbeschreibung Zweyter Theil, welcher Rußland, Preussen, Polen und Hungarn mit denen dazugehörigen und einverleibten Ländereyen, enthält. ... Schaffhausen : Benedict Hurter, 1768

Bunge 1874
Bunge, Alexander von: Species generis Oxytropis D. C. In: Mémoires de l'Académie Impériale des Sciences de Saint-Pétersbourg, VII. Serie; Tome XXII. Nr. 1, S. 1–166; Sankt Petersburg ; Riga ; Leipzig : Eggers et Comp. ; Samuel Schmidt ; Nikolai Georg Kymmel ; Leopold Voss, 1876

Burian 1870
Burian, Josef Johann: Das Getreide. Wien : Friedrich Beck, 1870

Buxbaum 1721
Buxbaum, Johann Christian: Enumeratio plantarum accvratior in agro Hallensi locisqve ... Halle : Renger, 1721

Buxbaum 1728
Buxbaum, Johann Christian: Plantarum minus cognitarum Centuria I. complectens plantas circa Byzantium et in Oriente observatas ... Sankt Petersburg : Typographia Academiae, 1728

Buxbaum 1728a
Buxbaum, Johann Christian: Plantarum minus cognitarum Centuria II. complectens plantas circa Byzantium et in Oriente observatas ... Sankt Petersburg : Typographia Academiae, 1728

Buxbaum 1728b
Buxbaum, Johann Christian: Nova plantarum genera. In: Commentarii Academiae Scientiarum Imperialis Petropolitanae. T. I (für das Jahr 1726), S. 241–245, Sankt Petersburg : Typis Academiae, 1728

Buxbaum 1729
Buxbaum, Johann Christian: Plantarum minus cognitarum Centuria III. complectens plantas circa Byzantium et in Oriente observatas ... Sankt Petersburg : Typographia Academiae, 1729

Buxbaum 1729a
Buxbaum, Johann Christian: Nova plantarum genera. In: Commentarii Academiae Scientiarum Imperialis Petropolitanae. T. II (für das Jahr 1727), S. 343–347, Sankt Petersburg : Typis Academiae, 1729

Buxbaum 1729b
Buxbaum, Johann Christian: Plantae dvbiae ad sva genera relatae. In: Commentarii Academiae Scientiarum Imperialis Petropolitanae. T. II (für das Jahr 1727), S. 369–371, Sankt Petersburg : Typis Academiae, 1729

Buxbaum 1732
Buxbaum, Johann Christian: Observationes circa qvasdam plantas Ingricas. In: Commentarii Academiae Scientiarum Imperialis Petropolitanae. T. III (für das Jahr 1728), S. 270–273, Sankt Petersburg : Typis Academiae, 1732

Buxbaum 1733
Buxbaum, Johann Christian: Plantarum minus cognitarum Centuria IV. complectens plantas circa Byzantium et in Oriente observatas ... Sankt Petersburg : Typographia Academiae, 1733

Buxbaum 1735
Buxbaum, Johann Christian: De fungoidibus pediculo donatis. In: Commentarii Academiae Scientiarum Imperialis Petropolitanae. T. IV (für das Jahr 1729), S. 281–283, Sankt Petersburg : Typis Academiae, 1735

Buxbaum 1740
Buxbaum, Johann Christian: Plantarum minus cognitarum Centuria V. complectens plantas circa Byzantium et in Oriente observatas ... Sankt Petersburg : Typographia Academiae, 1740

Caesalpinus 1583
Caesalpinus, Andreas: De plantis libri 16. Florenz : Giorgio Marescotti, 1583

Calwer 1852
Calwer, Carl Gustav: Landwirthschaftliche und technische Pflanzenkunde. 1. Abtheilung: Feld- und Gartengewächse. Stuttgart : Krais & Hoffmann, 1852

Camerarius 1586
Camerarius, Joachim: De plantis epitome vtilissima, … Frankfurt am Main : Johann Feyerabend, 1586

Camerarius 1588
Camerarius, Joachim et al. (Sammelband): Hortvs medicvs et philosophicvs: in quo plurimarum stirpium breves descriptiones, ... item Sylva Hercynia. sive Catalogus plantarum sponte nascentium In montibus, & locis vicinis Hercyniae, ... Frankfurt am Main : Johann Feyerabend, 1588

Campe 1810
Campe, Joachim Heinrich: Wörterbuch der deutschen Sprache. 4. Theil.; Braunschweig : Schulbuchhandlung, 1810

Candolle 1802
Candolle, Augustin Pyrame de: Astragalogia nempe astragali, biserrulae et oxytropidis, nec non phacae, colutae et lessertiae, historia iconibus illustrata. Paris : Jean-Baptiste Garnery, 1802

Candolle 1805
Candolle, Augustin Pyrame de ; Lamarck, Jean-Baptiste de Monet de: Flore française, … T. 2. Paris : Henri Agasse, 1805

Candolle 1805a
Candolle, Augustin Pyrame de ; Lamarck, Jean-Baptiste de Monet de: Flore française, … T. 3. Paris : Henri Agasse, 1805

Candolle 1810
Candolle, Augustin Pyrame de:

Observations sur les plantes composées ou syngenèses. ... Second mémoire. S. 181–208 in: Annales du muséum d'histoire naturelle, ... Tome 16; Paris : G. Dufour et Compagnie, 1810
Candolle 1818
Candolle, Augustin Pyrame de: Regni vegetabilis systema naturale, ... Bd. I; Paris ; Strasbourg ; London : Jean-Georges Treuttel ; Jean-Godefroy Würtz, 1818
Candolle 1818a
Candolle, Augustin Pyrame de: Versuch über die Arzneikräfte der Pflanzen ... Aarau : Heinrich Remigius Sauerländer, 1818
Candolle 1821
Candolle, Augustin Pyrame de: Regni vegetabilis systema naturale, ... Bd. II; Strasbourg ; London : Jean-Georges Treuttel ; Jean-Godefroy Würtz, 1821
Candolle 1824
Candolle, Augustin Pyrame de: Prodromus systematis naturalis regni vegetabilis, ... Teil 1; Paris : Jean-Georges Treuttel ; Jean-Godefroy Würtz, 1824
Candolle 1825
Candolle, Augustin Pyrame de: Prodromus systematis naturalis regni vegetabilis, ... Teil 2; Paris : Jean-Georges Treuttel ; Jean-Godefroy Würtz, 1825
Candolle 1828
Candolle, Augustin Pyrame de: Prodromus systematis naturalis regni vegetabilis, ... Teil 3; Paris : Jean-Georges Treuttel ; Jean-Godefroy Würtz, 1828
Candolle 1830
Candolle, Augustin Pyrame de: Prodromus systematis naturalis regni vegetabilis, ... Teil 4; Paris : Jean-Georges Treuttel ; Jean-Godefroy Würtz, 1830
Candolle 1836
Candolle, Augustin Pyrame de: Prodromus systematis naturalis regni vegetabilis, ... Teil 5; Paris : Jean-Georges Treuttel ; Jean-Godefroy Würtz, 1828
Candolle 1837
Candolle, Augustin Pyrame de: Prodromus systematis naturalis regni vegetabilis, ... Teil 6; Paris : Jean-Georges Treuttel ; Jean-Godefroy Würtz, 1837
Candolle 1838
Candolle, Augustin Pyrame de: Prodromus systematis naturalis regni vegetabilis, ... Teil 7; Paris : Jean-Georges Treuttel ; Jean-Godefroy Würtz, 1838
Candolle 1845
Candolle, Augustin Pyrame de: Prodromus systematis naturalis regni vegetabilis ... Teil 9; Paris : Fortin ; Victor Masson, 1845
Candolle 1849
Candolle, Augustin Pyrame de: Prodromus systematis naturalis regni vegetabilis ... Teil 13,2; Paris : Victor Masson, 1849
Candolle 1856
Candolle, Augustin Pyrame de: Prodromus systematis naturalis regni vegetabilis ... Teil 14; Paris : Victor Masson, 1856

Carl 1770
Carl, Joseph Anton: Joseph Anton Carls ... botanisch=medicinischer Garten, worinnen die Kräuter in nahrhafte, in heilsame, und in giftige eingetheilet sind. München ; Leipzig : Joseph Alois Crätz, 1770
Castrén 1855
Castrén, Matthias Alexander: M. Alexander Castrén's Wörterverzeichnisse aus den samojedischen Sprachen. [mit Wörtern verschiedener Samojedengruppen]; Leipzig : Zentralantiquariat der Deutschen Demokratischen Republik, 1969 (Schiefner, Anton [Hrsg.]: Nordische Reisen und Forschungen von Dr. M. Alexander Castrén ; 8) (Nachdruck der Ausgabe Sankt Petersburg 1855)
Castrén 1856
Castrén, Matthias Alexander: M. Alexander Castrén's Grundzüge einer tungusischen Sprachlehre nebst kurzem Wörterverzeichniss. [mit Wörtern verschiedener Tungusengruppen]; Sankt Petersburg : Kaiserliche Akademie der Wissenschaften, 1856 (Schiefner, Anton [Hrsg.]: Nordische Reisen und Forschungen von Dr. M. Alexander Castrén ; 9)
Castrén 1857
Castrén, Matthias Alexander: M. Alexander Castrén's Versuch einer burjätischen Sprachlehre nebst kurzem Wörterverzeichniss. [mit Wörtern verschiedener Burjatengruppen] (Schiefner, Anton [Hrsg.]: Nordische Reisen und Forschungen von Dr. M. Alexander Castrén ; 10); Sankt Petersburg : Kaiserliche Akademie der Wissenschaften, 1857
Castrén 1857a
Castrén, Matthias Alexander: M. Alexander Castrén's Ethnologische Vorlesungen über die Altaischen Völker nebst samojedischen Märchen und tatarischen Heldensagen ... (Schiefner, Anton [Hrsg.]: Nordische Reisen und Forschungen von Dr. M. Alexander Castrén ; 4); Sankt Petersburg ; Leipzig : Kaiserliche Akademie der Wissenschaften ; Eggers et Comp., 1857
Castrén 1858
Castrén, Matthias Alexander: M. Alexander Castrén's Versuch einer ostjakischen Sprachlehre nebst kurzem Wörterverzeichniss. [mit Wörtern verschiedener Ostjakengruppen]; (Schiefner, Anton [Hrsg.]: Nordische Reisen und Forschungen von Dr. M. Alexander Castrén ; 6); Sankt Petersburg : Kaiserliche Akademie der Wissenschaften, 1858
Castrén 1858a
Castrén, Matthias Alexander: M. Alexander Castrén's Versuch einer Jenissei-ostjakischen [mit Wörtern verschiedener *Enisej*-Ostjakengruppen] und kottischen Sprachlehre nebst Wörterverzeichnissen aus den genannten Sprachen. (Schiefner, Anton [Hrsg.]: Castrén, M. Alexander:

Nordische Reisen und Forschungen von Dr. M. Alexander Castrén ; Bd. 12) (Nachdruck der Ausgabe Sankt Petersburg 1858). Leipzig : Zentralantiquariat der Deutschen Demokratischen Republik, 1969

Čeremisov 1973
Čeremisov, *Konstantin Michajlovič*: *Burjatsko-Russkij slovar'*. Moskau : *Sovetskaja Ėnciklopedija*, 1973

Chabrey 1666
Chabrey, Dominique: Stirpium icones et sciagraphia ... Genf : Philippe Gamonet; Jacques de la Pierre, 1666

Clusius 1583
Clusius, Carolus: Caroli Clvsi Atrebatis Rariorum aliquot stirpium, per Pannoniam, Austriam, & vicinas quasdam provincias obseruatarum historia, qvatvor libris ... Antverpiae : Christophe Plantin, 1583

Clusius 1601
Clusius, Carolus: Caroli Clvsi Atrebatis ... Rariorum plantarum historia, ... Antverpiae : Jan Moretus, 1601

Columna 1616
Columna, Fabius: Fabii Colvmnae Lyncei Minvs cognitarvm rariorvmqve nostro coelo orientivm stirpivm ΕΚΦΡΑΣΙΣ. ... Teil I; Rom : Jacobus Mascardus, 1616

Columna 1616a
Columna, Fabius: Fabii Colvmnae Lyncei Minvs cognitarvm stirpivm pars altera. ... Rom : Jacobus Mascardus, 1616

Cordus 1561
Cordus Valerius: Val. Cordi Historiae Stirpivm Lib. IIII. ... S. 86–216 im Sammelband: In hoc volumine continentur Valerii Cordi Annotationes in Pedacii Dioscoridis Anazarbei de medica materia libros V ... Straßburg : Josias Rihel, 1561

Cornut 1662
Cornut, Jacques Philippe: Canadensium plantarum aliarumque nondum editarum, historia. Paris : Jean d'Houry, 1662

Courtin 1835
Courtin, Carl Joseph: Allgemeiner Schlüssel zur Waaren- und Producten-Kunde, ... Stuttgart ; Wien : Johann Scheible ; Carl Gerold, 1835

Crantz 1769
Crantz, Heinrich Johann Nepomuk: Classis cruciformium emendata ... Leipzig : Paul Kraus, 1769

Credner 1887
Credner, Rudolf: Die Reliktenseen. ... I. Teil. S. 1–110; In: Dr. A. Petermanns Mitteilungen aus Justus Perthes' Geographischer Anstalt. Hrsg. Alexander Supan; Ergänzungsband XIX, 1887–1888; Gotha : Justus Perthes, 1887

Crombie 1880
Crombie, James M.: On the Lichens of Dillenius's 'Historia Muscorum,' as illustrated by his herbarium. S. 553–581 in: The

Journal of the Linnean Society. Botany. Vol. XVII. London, 1880
Cupani 1696
Cupani, Francesco: Hortvs Catholicvs ... Neapel : Franciscus Benzi, 1696
Cuvier 1846
Cuvier, Georges: Das Thierreich geordnet nach seiner Organisation, ... 1. Theil; Berlin : Georg Reimer, 1846
Dal' 1880–1882
Dal', Vladimir: *Tolkovyj slovar' živago Velikoruskago jazyka.* 4 Bde. (Nachdr. der Ausg. Sankt Petersburg/Moskau 1880–182). *Moskva* : *Gosudarstvennoe izdatel'stvo inostrannych i nacional'nych slovarej*, 1955
Dale 1693
Dale, Samuel: Pharmacologia, seu Manuductio ad materiam medicam, ... London : Samuel Smith ; Benjamin Walford, 1693
Dale 1751
Dale, Samuel: Pharmacologia seu Manuductio ad materiam medicam: ... Leiden : Gerard Potuliet, 1751
Daléchamps 1587
Daléchamps, Jacques: Historia generalis plantarum, ... Teil 1; Lyon : Guillaume Rouillé, 1587
Dalibard 1749
Dalibard, Thomas François: Florae Parisiensis prodromus ou Catalogue des plantes qui naissent dans les environs de Paris, ... Paris : Laurent Durand ; Noël Jacques Pissot, 1749
Delarbre 1795
Delarbre, Antoine: Flore d'Auvergne, ou Recueil des plantes de cette ci-devant province; ... Clermont-Ferrand : B. Beauvert ; L. Deschamps, 1795
Demitsch 1889
Demitsch, Wassily (*Demič, Vasilij Fedorovič*): Russische Volksheilmittel aus dem Pflanzenreiche. In: Kobert, Rudolf (Hrsg.): Historische Studien aus dem Pharmakologischen Institute der Kaiserlichen Universität Dorpat. Bd. 1; Halle a. S. : Tausch & Grosse, 1889, S. 134–241
Dictionnaire 1819
Nouveau dictionnaire d'histoire naturelle, ... T. XXIX; Paris : Jean-François-Pierre Deterville, 1819
Dictionnaire 1823
Dictionnaire des sciences naturelles. T. XXVI. LEP=LIN. Strasbourg ; Paris : F. G. Levrault ; Le Normant, 1823
Dictionnaire 1822
Dictionnaire des sciences naturelles, ... T. XXV, LAA=LEO, Strasbourg ; Paris : F. G. Levrault ; Le Normant, 1822
Dierbach 1833
Dierbach, Johann Heinrich: Beiträge zu Deutschlands Flora ... 4. Theil; Heidelberg : Karl Groos, 1833
Dieterich 1799
Dieterich, Karl Friedrich: Carl Friedrich Dieterichs Pflanzenreich nach Carl von Linne's

Natursysteme. Band 2; Leipzig : Caspar Fritsch, 1799
Dietrich 1802
Dietrich, Friedrich Gottlieb: Vollständiges Lexicon der Gärtnerei und Botanik ... Bd. 1; Berlin : Gebrüder Gädicke, 1802
Dietrich 1802a
Dietrich, Friedrich Gottlieb: Vollständiges Lexicon der Gärtnerei und Botanik ... Bd. 2; Berlin : Gebrüder Gädicke, 1802
Dietrich 1803
Dietrich, Friedrich Gottlieb: Vollständiges Lexicon der Gärtnerei und Botanik ... Bd. 3; Weimar : Gebrüder Gädicke, 1803
Dietrich 1804
Dietrich, Friedrich Gottlieb: Vollständiges Lexicon der Gärtnerei und Botanik ... Bd. 4; Weimar : Gebrüder Gädicke, 1804
Dietrich 1805
Dietrich, Friedrich Gottlieb: Vollständiges Lexicon der Gärtnerei und Botanik ... Bd. 5; Berlin : Gebrüder Gädicke, 1805
Dietrich 1806
Dietrich, Friedrich Gottlieb: Vollständiges Lexicon der Gärtnerei und Botanik ... Bd. 6; Berlin : Gebrüder Gädicke, 1806
Dietrich 1807
Dietrich, Friedrich Gottlieb: Vollständiges Lexicon der Gärtnerei und Botanik ... Bd. 7; Berlin : Gebrüder Gädicke, 1807
Dietrich 1808
Dietrich, Friedrich Gottlieb: Vollständiges Lexicon der Gärtnerei und Botanik ... Bd. 8; Berlin : Gebrüder Gädicke, 1808
Dietrich 1809
Dietrich, Friedrich Gottlieb: Vollständiges Lexicon der Gärtnerei und Botanik ... Bd. 9; Berlin : Gebrüder Gädicke, 1809
Dietrich 1810
Dietrich, Friedrich Gottlieb: Vollständiges Lexicon der Gärtnerei und Botanik ... Bd. 10; Berlin : Gebrüder Gädicke, 1810
Dietrich 1815
Dietrich, Friedrich Gottlieb: Nachträge zum vollständigen Lexicon der Gärtnerei und Botanik ... Bd. 1, Abama bis Carduus. Berlin : Gebrüder Gädicke, 1822
Dietrich 1817
Dietrich, Friedrich Gottlieb: Nachtrag zum vollständigen Lexicon der Gärtnerei und Botanik ... Bd. 3, Diphylleia bis Hieracium. Berlin : Gebrüder Gädicke, 1817
Dietrich 1818
Dietrich, Friedrich Gottlieb: Nachtrag zum vollständigen Lexicon der Gärtnerei und Botanik ... Bd. 4, Higginsia bis Mertensis. Berlin : Gebrüder Gädicke, 1818
Dietrich 1819
Dietrich, Friedrich Gottlieb: Nachtrag zum vollständigen Lexicon der Gärtnerei und Botanik ... Bd. 5, Mesembrianthemum bis Pekea. Berlin : Gebrüder Gädicke, 1819

Dietrich 1820
Dietrich, Friedrich Gottlieb: Vollständiges Lexicon der Gärtnerei und Botanik. ... Bd. 1, 2. Auflage; Berlin : Gebrüder Gädicke, 1820
Dietrich 1822
Dietrich, Friedrich Gottlieb: Nachtrag zum vollständigen Lexicon der Gärtnerei und Botanik. ... Bd. 8, Scutellaria bis Tagetes; Berlin : Gebrüder Gädicke, 1822
Dietrich 1823
Dietrich, Friedrich Gottlieb: Nachtrag zum vollständigen Lexicon der Gärtnerei und Botanik. ... Bd. 9, Talauma bis Witheringia; Berlin : Gebrüder Gädicke, 1823
Dietrich 1825
Dietrich, Friedrich Gottlieb: Neuer Nachtrag zum vollständigen Lexicon der Gärtnerei und Botanik ... Bd. 1, Abelicea bis Bomarea. Berlin : Gebrüder Gädicke, 1825
Dietrich 1833
Dietrich, Albert: Flora regni Borussici. Flora des Königreichs Preussen oder Abbildung und Beschreibung der in Preussen wildwachsenden Pflanzen. Bd. 1; Berlin : Ludwig Oehmigke, 1833
Dietrich 1834
Dietrich, Albert: Flora regni Borussici. Flora des Königreichs Preussen oder Abbildung und Beschreibung der in Preussen wildwachsenden Pflanzen. Bd. 2; Berlin : Ludwig Oehmigke, 1834
Dietrich 1834a
Dietrich, Friedrich Gottlieb: Neuer Nachtrag zum vollständigen Lexicon der Gärtnerei und Botanik ... Bd. 3, Citrosma bis Eysenhardtia; Ulm : J. Ebner, 1834
Dietrich 1835
Dietrich, Albert: Flora regni Borussici. Flora des Königreichs Preussen oder Abbildung und Beschreibung der in Preussen wildwachsenden Pflanzen. Bd. 3; Berlin : Ludwig Oehmigke, 1835
Dietrich 1836
Dietrich, Albert: Flora regni Borussici. Flora des Königreichs Preussen oder Abbildung und Beschreibung der in Preussen wildwachsenden Pflanzen. Bd. 4; Berlin : Ludwig Oehmigke, 1836
Dietrich 1837
Dietrich, Albert: Flora regni Borussici. Flora des Königreichs Preussen oder Abbildung und Beschreibung der in Preussen wildwachsenden Pflanzen. Bd. 5; Berlin : Ludwig Oehmigke, 1837
Dietrich 1837a
Dietrich, Friedrich Gottlieb: Neuer Nachtrag zum vollständigen Lexicon der Gärtnerei und Botanik, ... Bd. 7, Picina bis Rytiphloco. Ulm : J. Ebner, 1837
Dietrich 1838a
Dietrich, Friedrich Gottlieb: Neuer Nachtrag zum vollständigen Lexicon der Gärtnerei und Botanik, ... Bd. 8, Sabal bis Tittmannia. Ulm : J. Ebner, 1838

Dietrich 1838b
Dietrich, Friedrich Gottlieb: Flora regni Borussici. Flora des Königreichs Preussen oder Abbildung und Beschreibung der in Preussen wildwachsenden Pflanzen. Bd. 6; Berlin : Ludwig Oehmigke, 1838
Dietrich 1838
Dietrich, Friedrich Gottlieb: Neuer Nachtrag zum vollständigen Lexicon der Gärtnerei und Botanik, ... Bd. 9, Tmesipteris bis Zymum und Anhang; Ulm : J. Ebner, 1838
Dietrich 1839
Dietrich, Albert: Flora regni Borussici. Flora des Königreichs Preussen oder Abbildung und Beschreibung der in Preussen wildwachsenden Pflanzen. Bd. 7; Berlin : Ludwig Oehmigke, 1839
Dietrich 1840
Dietrich, Albert: Flora regni Borussici. Flora des Königreichs Preussen oder Abbildung und Beschreibung der in Preussen wildwachsenden Pflanzen. Bd. 8; Berlin : Ludwig Oehmigke, 1840
Dietrich 1841
Dietrich, Albert: Flora regni Borussici. Flora des Königreichs Preussen oder Abbildung und Beschreibung der in Preussen wildwachsenden Pflanzen. Bd. 9; Berlin : Ludwig Oehmigke, 1841
Dietrich 1842
Dietrich, Albert: Flora regni Borussici. Flora des Königreichs Preussen oder Abbildung und Beschreibung der in Preussen wildwachsenden Pflanzen. Bd. 10; Berlin : Ludwig Oehmigke, 1842
Dietrich 1843
Dietrich, Albert: Flora regni Borussici. Flora des Königreichs Preussen oder Abbildung und Beschreibung der in Preussen wildwachsenden Pflanzen. Bd. 11; Berlin : Ludwig Oehmigke, 1843
Dietrich 1844
Dietrich, Albert: Flora regni Borussici. Flora des Königreichs Preussen oder Abbildung und Beschreibung der in Preussen wildwachsenden Pflanzen. Bd. 12; Berlin : Ludwig Oehmigke, 1844
Dillenius 1717
Dillenius, Johann Jacob: Dissertatio epistolarum de plantarum propagatione maxime capillarium et muscorum cum iconibus et descriptionibus herbarum aliquot novarum. S. 45–68, appendix; In: Academiae Caesareo-Leopoldinae Carolinae naturae curiosorum Ephemerides sive Observationum medico-physicarum ... Centuria V. et VI. cum appendice; Nürnberg : Melchior Gottfried Hain, 1717
Dillenius 1719
Dillenius, Johann Jacob: Catalogus plantarum sponte circa Gissam nascentium. ... Frankfurt am Main : Johann Maximilian von Sande, 1719

Dillenius 1732
Dillenius, Johann Jakob (Dillen): Hortus Elthamensis seu Plantarum rariorum quas in horto suo Elthami in Cantio coluit ... Jacobus Sherard ... Guilielmi P. M. frater, delineationes et descriptiones quarum historia vel plane non, vel imperfecte a rei herbariae scriptoribus tradita fuit. 2 Bände, London : Selbstverlag, 1732;

Dillenius 1741
Dillenius, Johann Jacob: Historia muscorum … Oxford : Theatrum Sheldonianum, 1741

Dioscorides 1902
Dioscorides Pedanios ; Berendes, Julius (Hrsg.): Des Pedanios Dioskurides aus Anazarbos Arzneimittellehre in fünf Büchern ... Stuttgart : Ferdinand Enke, 1902

Ditmar 1890
Ditmar, Karl von: Reisen und Aufenthalt in Kamtschatka in den Jahren 1851–1855. 1. Theil; Sankt Petersburg : Kaiserliche Akademie der Wissenschaften, 1890 (Schrenk, Leopold von [Hrsg.] ; Maximowicz, Carl Johann [Hrsg.]: Beiträge zur Kenntniss des Russischen Reiches und der angrenzenden Länder Asiens. 3. Folge, 7)

Dittrich 1841
Dittrich, Johann Georg: Systematisches Handbuch der Obstkunde ... 3. Band; Jena : Friedrich Mauke, 1841

Dodoens 1616
Dodoens, Rembert: Remberti Dodonaei Mechliniensis medici Caesarei Stirpivm historiae pemptades sex sive libri XXX. Variè ab avctore, paullo ante mortem, aucti & emendati. Antverpiae : Balthasar Moretus ; Jean Moretus, 1616

Du Roi 1800
Du Roi, Johann Philipp: Die Harbkesche wilde Baumzucht ... 2. Band; Braunschweig : Schulbuchhandlung, 1800

Dulk 1839
Dulk, Friedrich Philipp: Pharmacopoea Borussica. Die Preußische Pharmakopöe, ... 1. Theil; Leipzig : Leopold Voss, 1839

Dybowski 1880
Dybowski, Wladislaw: Studien über die Spongien des Russischen Reiches mit besonderer Berücksichtigung der Spongien-Fauna des Baikal-Sees. In: Mémoires de l'Académie Impériale des Sciences de Saint-Pétersbourg, VII. Serie; Tome XXVII. Nr. 6, S. 1–71; Sankt Petersburg ; Riga ; Leipzig : Eggers et Comp. ; Nikolai Georg Kymmel ; Voss Sortiment, 1880

Egli 1973
Egli, Johann Jakob: Nomina Geographica. (Nachdruck der Ausgabe Leipzig 1893), Hildesheim : Georg Olms, 1973

Ehrmann 1854
Ehrmann, Martin Salomon: Handbuch der Pharmakognosie, ... Wien : Selbstverlag, 1854

Elsholtz 1690
Elsholtz, Johann Sigismund: Neu angelegter Garten=Bau, … Frankfurt ; Leipzig : Rupert Völcker, 1690
Elsholtz 1715
Elsholtz, Johann Sigmund: Neu angelegter Garten=Bau, … Leipzig : Thomas Fritsch, 1715
Encyclopädie 1780
Deutsche Encyclopädie oder Allgemeines Real=Wörterbuch aller Künste und Wissenschaften ... 4. Band; Frankfurt am Main : Varrentrapp Sohn ; Wenner, 1780
Encyclopädie 1781
Deutsche Encyclopädie oder Allgemeines Real=Wörterbuch aller Künste und Wissenschaften ... 5. Band; Frankfurt am Main : Varrentrapp Sohn ; Wenner, 1781
Encyclopädie 1783
Deutsche Encyclopädie oder Allgemeines Real=Wörterbuch aller Künste und Wissenschaften ... 7. Band; Frankfurt am Main : Varrentrapp Sohn ; Wenner, 1783
Encyclopädie 1786
Deutsche Encyclopädie oder Allgemeines Real=Wörterbuch aller Künste und Wissenschaften ... 11. Band; Frankfurt am Main : Varrentrapp Sohn ; Wenner, 1783
Encyclopädie 1788
Deutsche Encyclopädie oder Allgemeines Real=Wörterbuch aller Künste und Wissenschaften ... 13. Band; Frankfurt am Main : Varrentrapp ; Wenner, 1788
Encyclopädie 1789
Deutsche Encyclopädie oder Allgemeines Real=Wörterbuch aller Künste und Wissenschaften ... 14. Band; Frankfurt am Main : Varrentrapp ; Wenner, 1789
Encyclopädie 1794
Deutsche Encyclopädie oder Allgemeines Real=Wörterbuch aller Künste und Wissenschaften ... 18. Band; Frankfurt am Main : Varrentrapp ; Wenner, 1794
Encyclopädie 1796
Deutsche Encyclopädie oder Allgemeines Real=Wörterbuch aller Künste und Wissenschaften ... 19. Band; Frankfurt am Main : Varrentrapp ; Wenner, 1796
Encyclopädie 1801
Deutsche Encyclopädie oder Allgemeines Real=Wörterbuch aller Künste und Wissenschaften ... 21. Band; Frankfurt am Main : Varrentrapp ; Wenner, 1796
Ephemeriden 1798
Allgemeine geographische Ephemeriden. ... 1. Band; Weimar : Verlag des Industrie-Comptoirs, 1798
Erman 1835
Erman, Georg Adolph: Reise um die Erde durch Nord-Asien und die beiden Oceane in den Jahren 1828, 1829 und 1830 ... Naturhistorischer Atlas. Berlin : Georg Reimer, 1835
Erman 1838
Erman, Georg Adolph: Reise um die Erde durch Nord-Asien und die beiden Oceane in den Jahren 1828, 1829 und 1830 ... Erste Abtheilung: Historischer Bericht. Zweiter Band. Reise von Tobolsk

bis zum Ochozker Meere im Jahre 1829. Berlin : Georg Reimer, 1838
Erman 1848
Erman, Georg Adolph: Reise um die Erde durch Nord-Asien und die beiden Oceane in den Jahren 1828, 1829 und 1830 ... Erste Abtheilung: Historischer Bericht. Dritter Band. Die Ochozker Küste, das Ochozker Meer und die Reisen auf Kamtschatka im Jahre 1829. Berlin : Georg Reimer, 1848
Ernsting 1770
Ernsting, Arthur Conrad: Nucleus totius medicinae quinque partitus. oder des vollkommenen und allezeit fertigen Apothekers ...; 2. Band; Lemgo : Friedrich Wilhelm Meyer, 1770
Ersch/Gruber 1818
Ersch, Johann Samuel (Hrsg.) ; Gruber, Johann Gottfried (Hrsg.): Allgemeine Encyclopädie der Wissenschaften und Künste ... 1. Theil; Leipzig : Johann Friedrich Gleditsch, 1818
Ersch/Gruber 1820
Ersch, Johann Samuel (Hrsg.) ; Gruber, Johann Gottfried (Hrsg.): Allgemeine Encyclopädie der Wissenschaften und Künste ... 4. Theil; Leipzig : Johann Friedrich Gleditsch, 1820
Ersch/Gruber 1820a
Ersch, Johann Samuel (Hrsg.) ; Gruber, Johann Gottfried (Hrsg.): Allgemeine Encyclopädie der Wissenschaften und Künste ... 5. Theil; Leipzig : Johann Friedrich Gleditsch, 1820
Ersch/Gruber 1832
Ersch, Johann Samuel (Hrsg.) ; Gruber, Johann Gottfried (Hrsg.): Allgemeine Encyklopädie der Wissenschaften und Künste ... 1. Section, 23. Theil; Leipzig : Friedrich Arnold Brockhaus, 1832
Ersch/Gruber 1836
Ersch, Johann Samuel (Hrsg.) ; Gruber, Johann Gottfried (Hrsg.): Allgemeine Encyklopädie der Wissenschaften und Künste ... 1. Section, 28. Theil; Leipzig : Friedrich Arnold Brockhaus, 1836
Ersch/Gruber 1839
Ersch, Johann Samuel (Hrsg.) ; Gruber, Johann Gottfried (Hrsg.): Allgemeine Encyklopädie der Wissenschaften und Künste ... 3. Section, 12. Theil; Leipzig : Friedrich Arnold Brockhaus, 1839
Ersch/Gruber 1840
Ersch, Johann Samuel (Hrsg.) ; Gruber, Johann Gottfried (Hrsg.): Allgemeine Encyklopädie der Wissenschaften und Künste ... 3. Section, 14. Theil; Leipzig : Friedrich Arnold Brockhaus, 1839
Ersch/Gruber 1840a
Ersch, Johann Samuel (Hrsg.) ; Gruber, Johann Gottfried (Hrsg.): Allgemeine Encyklopädie der Wissenschaften und Künste ... 1. Section, 33. Theil; Leipzig : Friedrich Arnold Brockhaus, 1840

Ersch/Gruber 1841
Ersch, Johann Samuel (Hrsg.) ; Gruber, Johann Gottfried (Hrsg.): Allgemeine Encyklopädie der Wissenschaften und Künste ... 1. Section, 35. Theil; Leipzig : Friedrich Arnold Brockhaus, 1841

Ersch/Gruber 1845
Ersch, Johann Samuel (Hrsg.) ; Gruber, Johann Gottfried (Hrsg.): Allgemeine Encyklopädie der Wissenschaften und Künste ... 3. Section, 20. Theil; Leipzig : Friedrich Arnold Brockhaus, 1845

Ersch/Gruber 1848
Ersch, Johann Samuel (Hrsg.) ; Gruber, Johann Gottfried (Hrsg.): Allgemeine Encyklopädie der Wissenschaften und Künste ... 3. Section, 24. Theil; Leipzig : Friedrich Arnold Brockhaus, 1848

Ersch/Gruber 1854
Ersch, Johann Samuel (Hrsg.) ; Gruber, Johann Gottfried (Hrsg.): Allgemeine Encyklopädie der Wissenschaften und Künste ... 1. Section, 58. Theil; Leipzig : Friedrich Arnold Brockhaus, 1854

Ersch/Gruber 1855
Ersch, Johann Samuel (Hrsg.) ; Gruber, Johann Gottfried (Hrsg.): Allgemeine Encyklopädie der Wissenschaften und Künste ... 1. Section, 60. Theil; Leipzig : Friedrich Arnold Brockhaus, 1855

Ersch/Gruber 1884
Ersch, Johann Samuel (Hrsg.) ; Gruber, Johann Gottfried (Hrsg.): Allgemeine Encyklopädie der Wissenschaften und Künste ... 2. Section, 35. Theil; Leipzig : Friedrich Arnold Brockhaus, 1884

Faber 1710
Faber, Basilius: Basilii Fabri Sorani Thesaurus eruditionis scholasticae ... Leipzig : Thomas Fritsch, 1710

Fähnrich 1844
Fähnrich, Anton: Pallas-Athene. Ein etymologisches Taschenbuch. 2. Heft; Gitschin : F. J. Kastranek, 1844

Falk 1785
Falk, Johann Peter: Beyträge zur topographischen Kenntniß des Rußischen Reichs. Bd. 1, Sankt Petersburg : Kayserliche Akademie der Wissenschaften, 1785

Falk 1786
Falk, Johann Peter: Beyträge zur topographischen Kenntniß des Rußischen Reichs. Bd. 2, Sankt Petersburg : Kayserliche Akademie der Wissenschaften, 1786

Falk 1786a
Falk, Johann Peter: Beyträge zur topographischen Kenntniß des Rußischen Reichs. Bd. 3, Sankt Petersburg : Kayserliche Akademie der Wissenschaften, 1786

Fée/Jourdan 1826
Fée, Antoine Laurent Apollinaire ; Jourdan, Antoine Jacques Louis: Code pharmaceutique, ou Pharmacopée française, ... Paris :

Corby ; Béchet jeune ; Crévot ; Gabon ; Fournier, aîné, 1826
Finke 1792
Finke, Leonhard Ludwig: Versuch einer allgemeinen medicinisch-praktischen Geographie, ... Bd. 2; Leipzig : Weidmannsche Buchhandlung, 1792
Fischer 1768
Fischer, Johann Eberhard: Sibirische Geschichte ... Sankt Petersburg : Kaiserliche Akademie der Wißenschaften, 1768
Fischer 1791
Fischer, Jakob Benjamin: Versuch einer Naturgeschichte von Livland. Königsberg : Friedrich Nicolovius, 1791
Fisher 1977
Fisher, Raymond Henry: Bering's voyages – wither and why. Seattle; London : University of Washington Press, 1977
Forsyth 1992
Forsyth, James: A history of the peoples of Sibiria – Russia's North Asian Colony 1581–1990. Cambridge : Cambridge University Press, 1992
Franckenau 1713
Franck von Franckenau, Georg: Flora Francica, oder Kräuter=Lexicon ... Leipzig : Johann Christian Martini, 1713
Franckenau 1716
Franck von Franckenau, Georg: Flora Francica rediviva, oder Kräuter=Lexicon ... Leipzig : Johann Christian Martini, 1716
Franckenau 1753
Franck von Franckenau, Georg: Flora Francica aucta, oder vollständiges Kräuter=Lexicon, ... Leipzig : Großische Handlung, 1753
Frege 1808
Frege, Christian August: Versuch eines allgemeinen botanischen Handwörterbuchs, ... Zeitz : Wilhelm Webel, 1808
Fremdwörterbuch 1961
Fremdwörterbuch; Leipzig : VEB Verlag Enzyklopädie, 1961
Freund 1844
Freund, Wilhelm: Wörterbuch der Lateinischen Sprache, ... Zweiter Band. Leipzig : Hahn'sche Verlagsbuchhandlung, 1844
Frischbier 1882
Frischbier Hermann: Preussisches Wörterbuch. ... 1. Band; Berlin : Verlag von Theodor Christian Friedrich Enslin ; Adolph Enslin, 1882
Frischbier 1883
Frischbier Hermann: Preussisches Wörterbuch. ... 2. Band; Berlin : Verlag von Theodor Christian Friedrich Enslin ; Richard Schoetz, 1883
Fuchs 1866
Fuchs, Josef: Katalog der Hölzer-Sammlung des allgemeinen österr. Apotheker-Vereines. Wien : Selbstverlag des Allgemeinen österreichischen Apotheker-Vereines, 1866
Garidel 1715
Garidel, Pierre Joseph: Histoire des plantes qui naissent aux

environs d'Aix ... Aix : Joseph David, 1715
Geiger 1839
Geiger, Philipp Lorenz: Pharmazeutische Botanik. 1. Hälfte. Heidelberg ; Wien : Christian Friedrich Winter ; Carl Gerold, 1839
Genaust 2005
Genaust, Helmut: Etymologisches Wörterbuch der botanischen Pflanzennamen. Hamburg : Nikol Verlagsgesellschaft, 2005
Geoffroy 1761
Geoffroy, Étienne François (Geoffroy, Stephan Franz): Abhandlung von der Materia Medica ... 3. Teil; Leipzig : Carl Ludwig Jacobi, 1761
Geoffroy 1763
Geoffroy, Étienne François (Geoffroy, Stephan Franz): Fortsetzung der Abhandlung von der Materia Medica ... 5. Teil; Leipzig : Witwe von Carl Ludwig Jacobi, 1763
Georges 1869
Georges, Karl Ernst: Ausführliches lateinisch-deutsches Handwörterbuch. ... Bd. 1, A–J; Leipzig : Hahn'sche Verlags-Buchhandlung, 1869
Georges 1869a
Georges, Karl Ernst: Ausführliches lateinisch-deutsches Handwörterbuch. ... Bd. 2, K–Z; Leipzig : Hahn'sche Verlags-Buchhandlung, 1869
Georgi 1775
Georgi, Johann Gottlieb: Bemerkungen einer Reise im Rußischen Reich. 2 Bde. Sankt Petersburg : Kayserl. Academie der Wissenschaften, 1775
Georgi 1776
Georgi, Johann Gottlieb: Beschreibung aller Nationen des Rußischen Reichs, ihrer Lebensart, Religion, Gebräuche, Wohnungen, Kleidungen und übrigen Merkwürdigkeiten. Zweite Ausgabe. Tatarische Nationen. Sankt Petersburg : Carl Wilhelm Müller, 1776
Georgi 1776a
Georgi, Johann Gottlieb: Beschreibung aller Nationen des Rußischen Reichs, ihrer Lebensart, Religion, Gebräuche, Wohnungen, Kleidungen und übrigen Merkwürdigkeiten. Erste Ausgabe. Nationen vom Finnichen Stamme. Sankt Petersburg : Carl Wilhelm Müller, 1776
Georgi 1790
Georgi, Johann Gottlieb: Versuch einer Beschreibung der Rußisch Kayserlichen Residenzstadt St. Petersburg und der Merkwürdigkeiten der Gegend. Sankt Petersburg : Carl Wilhelm Müller, 1790
Georgi 1797–1802
Georgi, Johann Gottlieb: Geographisch=physikalische und Naturhistorische Beschreibung des Rußischen Reichs zur Uebersicht bisheriger Kenntnisse von demselben. 3 Tle. u. Nachträge, Königsberg : Friedrich Nicolovius, 1797–1802
Gerard 1636
Gerard, John ; Johnson, Thomas:

The herball or generall historie of plantes. ... London : Adam Islip ; Joice Norton ; Richard Whitakers, 1636
Gérard 1761
Gérard, Louis: Flora Gallo-Provincialis, ... Paris : Jean-Baptiste-Claude Bauche,1761
Gerstfeldt 1858
Gerstfeldt, Johann Georg: Ueber die Bewohner des Amur-Landes. S. 581–594, 4. Heft in: Archiv für wissenschaftliche Kunde von Russland, Bd. 17; Hrsg. A. Erman; Berlin : Georg Reimer, 1858
Gesner 1561
Gesner, Conrad: Horti Germaniae. ... S. 236–287 im Sammelband: In hoc volumine continentur Valerii Cordi Annotationes in Pedacii Dioscoridis Anazarbei de medica materia libros V ... Straßburg : Josias Rihel, 1561
Gesner 1587
Gesner, Conrad ; Wolf Caspar: De stirpium collectione tabulae tum generales, tvm per duodecim menses, cum Germanicis nominibus, & alijs hactenus à nemine traditis, olim per Conradum Gesnerum conscriptae ac aeditae: nunc authoris opera locupletatae, & de novo in usum Pharmacopolarum luci datae, ... Zürich : Froschauer, 1587
Gesner 1770
Gesner, Conrad ; Schmidel, Casimir Christoph (Hrsg.).: Conradi Gesneri ... Historiae plantarum fasciculus secundus ... Nürnberg : Adam Ludwig Wirsing, 1770
Gilibert 1780
Gilibert, Jean Emmanuel: Observations sur les vertus médicinales de quelques plantes indigénes, dont les modernes ont ou méconnu ou négligé l'utilité. S. 39–46 der Historia in: Acta Academiae Scientiarum Imperialis Petropolitanae pro anno MDCCLXXVII. Pars posterior. Sankt Petersburg : Akademie der Wissenschaften, 1780
Gilibert 1795
Gilibert, Jean Emmanuel: Exercitia phytologica ... Bd. 1; Lyon : Franciscus Leclerc, 1795
Gilibert 1806
Gilibert, Jean Emmanuel: Histoire des plantes d'Europe et étrangeres ... Bd. 2; Lyon : Amable Leroy, 1806
Gleditsch 1753
Gleditsch, Johann Gottlieb: Methodvs fungorum exhibens genera, species et varietates ... Berlin : Realschule, 1753
Gleditsch 1766
Gleditsch, Johann Gottlieb: III. Betrachtung des nützlichen Bienenstandes in der Churmark Brandenburg. S. 53–133 in: Vermischte physicalisch=botanisch=oeconomische Abhandlungen. 2. Theil. Halle : Johann Jacob Curt, 1766
Gleditsch 1767
VII. Fortsetzung der vorläufigen Betrachtung über die Beschaffenheit der hohen und trocknen

Weide vor die Schaafe, in einigen Theilem der Mark Brandenburg *). S. 312–364 in: D. Johann Gleditschs ... Vermischte physicalisch=botanisch=oeconomische Abhandlungen. 3. Theil. Halle : Johann Jacob Curt, 1767

Gleditsch 1769
Gleditsch, Johann Gottlieb: Verzeichnis der gewöhnlichsten Arzneygewächse ihrer Theile und rohen Produkte, ... Berlin : Arnold Wever, 1769

Gleditsch 1773
Gleditsch, Johann Gottlieb: Pflanzenverzeichniß zum Nutzen und Vergnügen der Lust= und Baumgärtner und aller Liebhaber, ... Berlin : Haude und Spener, 1773

Gleditsch 1775
Gleditsch, Johann Gottlieb: Systematische Einleitung in die ... Forstwissenschaft. Bd. 1; Berlin : Arnold Wever, 1775

Gleditsch 1775a
Gleditsch, Johann Gottlieb: Systematische Einleitung in die ... Forstwissenschaft. Bd. 2; Berlin : Arnold Wever, 1775

Gleditsch 1777
Gleditsch, Johann Gottlieb: Vollständige theoretisch-praktische Geschichte aller in der Arzeney, Haushaltung und ihren verschiedenen Nahrungszweigen nützlich befundene Pflanzen ... 1. Band; Berlin ; Leipzig : Georg Jacob Decker, 1777

Gleditsch 1788
Gleditsch, Johann Gottlieb: Botanica medica, ... 1. Theil; Berlin : Friedrich Wilhelm Vieweg, der Jüngere; 1788

Gleditsch 1789
Gleditsch, Johann Gottlieb: Botanica medica, ... 2. Theil; Berlin : Friedrich Wilhelm Vieweg, der Jüngere; 1789

Glorez 1702
Glorez, Andreas: Continuation der vollständigen Hauß- und Landbibliothec, andrer Theil. ... Regensburg : Quirinus Heyl, 1702

Glorez 1719
Glorez, Andreas: Neuangeordnete vollständige Haus= und Land=Bibliotec, ... Nürnberg ; Frankfurt : Johann Christoph Lochner, 1719

Gmelin 1747–1769
Gmelin, Johann Georg: Flora Sibirica sive Historia plantarum Sibiriae. 4 Bde. Sankt Petersburg : Typographia Academiae Scientiarum, 1747–1769

Gmelin 1751–1752
Gmelin, Johann Georg: Reise durch Sibirien von dem Jahr 1733. bis 1743. 4 Theile. Göttingen : Vandenhoeck, 1751. (Haller, Albrecht von [Hrsg.]: Sammlung neuer und merkwürdiger Reisen zu Wasser und zu Lande; Teile 4–7)

Gmelin 1758
Gmelin, Philipp Friedrich et al.: Onomatologia medica completa seu Onomatologia historiae naturalis oder vollständiges Lexicon, das alle Benennungen

der Kunstwörter der Naturgeschichte nach ihrem ganzen Umfang erkläret ... Bd. 1; Ulm ; Frankfurt ; Leipzig : Johann Friedrich Gaum, 1758

Gmelin 1761
Gmelin, Philipp Friedrich et al.: Onomatologia medica completa seu Onomatologia historiae naturalis oder vollständiges Lexicon, das alle Benennungen der Kunstwörter der Naturgeschichte nach ihrem ganzen Umfang erkläret ... Bd. 2; Ulm ; Frankfurt ; Leipzig : Johann Friedrich Gaum, 1761

Gmelin 1768
Gmelin, Samuel Gottlieb: Observationes et descriptiones botanicae. In: Novi Commentarii Academiae Scientiarum Imperialis Petropolitanae. T. XII (für die Jahre 1766 und 1767), S. 508–521; Sankt Petersburg : Typis Academiae Scientiarum, 1768

Gmelin 1770
Gmelin, Samuel Gottlieb: Samuel Georg Gmelins, ... Reise durch Rußland zur Untersuchung der drey Natur=Reiche. Erster Theil. Reise von St. Petersburg biß nach Tscherkask, der Hauptstadt der Donischen Kosacken in den Jahren 1768. und 1769. Sankt Petersburg : Kayserliche Academie der Wißenschaften, 1770

Gmelin 1772a
Gmelin, Johann Friedrich: Onomatologia botanica completa, ... 1. Band; Frankfurt ; Leipzig, 1772

Gmelin 1772
Gmelin, Johann Friedrich: Onomatologia botanica completa, ... 2. Band; Frankfurt ; Leipzig, 1772

Gmelin 1773
Gmelin, Johann Friedrich: Onomatologia botanica completa, ... 3. Band; Frankfurt ; Leipzig, 1773

Gmelin 1773b
Gmelin, Johann Friedrich: Onomatologia botanica completa, ... 4. Band; Frankfurt ; Leipzig, 1773

Gmelin 1773a
Gmelin, Johann Friedrich: Onomatologia botanica completa, ... 5. Band; Frankfurt ; Leipzig, 1773

Gmelin 1774
Gmelin, Johann Friedrich: Onomatologia botanica completa, ... 6. Band; Frankfurt ; Leipzig, 1774

Gmelin 1774a
Gmelin, Samuel Gottlieb: Samuel Georg Gmelins, ... Reise durch Rußland zur Untersuchung der drey Natur=Reiche. Zweyter Theil. Reise von Tscherkask nach Astrachan und dem Aufenthalt in dieser Stadt . Von dem Anfang des Augusts 1769. bis zum fünften Junius 1770. Sankt Petersburg : Kayserliche Academie der Wissenschaften, 1774

Gmelin 1774b
Gmelin, Samuel Gottlieb: Samuel Georg Gmelins, ... Reise durch Rußland zur Untersuchung der

drey Natur=Reiche. Dritter Theil. Reise durch das nordliche Persien, in den Jahren 1770. 1771. bis im April 1772. Sankt Petersburg : Kayserliche Academie der Wissenschaften, 1774

Gmelin 1775
Gmelin, Johann Friedrich: Onomatologia botanica completa, ... 7. Band; Frankfurt ; Leipzig, 1775

Gmelin 1776
Gmelin, Johann Friedrich: Onomatologia botanica completa, ... 8. Band; Frankfurt ; Leipzig, 1776

Gmelin 1777
Gmelin, Johann Friedrich: Onomatologia botanica completa, ... 9. Band; Frankfurt ; Leipzig, 1777

Gmelin 1779
Gmelin, Johann Friedrich: Abhandlung von den Arten des Unkrauts auf den Aeckern in Schwaben ... Lübeck : Christian Gottfried Donatius, 1779

Gmelin 1784
Gmelin, Samuel Gottlieb: Samuel Georg Gmelins, Reise durch Rußland zur Untersuchung der drey Natur=Reiche. Vierter Theil. Reise von Astrachan nach Zarizyn und von da durch die Kumanische Steppe, über Mosdok zurük; imgleichen zweyte Persische Reise: in den Jahren 1772. und 1773. bis im Frühling 1774. Sankt Petersburg : Kayserliche Academie der Wissenschaften, 1784

Gmelin 1803
Gmelin, Johann Friedrich: Geschichte der Pflanzengifte, ... Nürnberg : Raspesche Buchhandlung, 1803

Gmelin 1806a
Gmelin, Karl Christian: Flora Badensis Alsatica ... T. I.; Karlsruhe : Christian Friedrich Müller, 1806

Gmelin 1806
Gmelin, Karl Christian: Flora Badensis Alsatica ... T. II.; Karlsruhe : Christian Friedrich Müller, 1806

Gmelin 1808
Gmelin, Karl Christian: Flora Badensis Alsatica ... T. III.; Karlsruhe : Christian Friedrich Müller, 1808

Gmelin 1826
Gmelin, Karl Christian: Flora Badensis Alsatica ... T. IV.; Karlsruhe : Christian Friedrich Müller, 1826

Gniditsch 1778
Gniditsch, Peter (*Gnedič, Petr Petrovič*): Von einigen Arzneymitteln und Krankheiten der russischen Völkerschaften ... Leipzig : Johann Gottlob Immanuel Breitkopf, 1778

Gorter 1781
Gorter, David de: Flora VII provinciarum Belgii foederati indigena. Harlem : C. H. Bohn & filium, 1781

Gouan 1762
Gouan, Antoine: Hortus Regius Monspeliensis, sistens plantas tum indigenas tum exotica ... Lyon : Frères de Tournes, 1762

Gouan 1765
Gouan, Antoine: Flora Monspeliaca, sistens plantas N°. 1850. ... Lyon : Bénédict Duplain, 1765
Gouan 1773
Gouan, Antoine: Illustrationes et observationes botanicae, ... Zürich : Hans Konrad von Orell ; Salomon Geßner ; Johann Rudolf Füßli et al., 1773
Gräfe 1829
Gräfe, Carl Ferdinand (Hrsg.) et al.: Encyclopädisches Wörterbuch der medicinischen Wissenschaften. Bd. 3, Antipathie – Attractio; Berlin : Johann Wilhelm Boike, 1829
Greville 1824
Greville, Robert Kaye: Scottish cryptogamic flora, ... Edinburgh ; London : MacLachlan & Stewart ; Baldwin ; Cradock & Joy, 1824
Grimm 1770
Grimm, Johann Friedrich Karl: Synopsis methodica stirpium agri Isenacensi continuata. S. 79–158 in: Nova acta physico medica Academiae Caesareae Leopoldino-Carolinae natvrae curiosorvm exhibentia ephemerides ... T. 4; Nürnberg : Wolfgang Schwarzkopf, 1770
Grimm 1991
Grimm, Jacob ; Grimm, Wilhelm: Deutsches Wörterbuch. 33 Bände. Gütersloh : Bertelsmann Club GmbH, 1991
Grotjan 1766
Grotjan, Johann August: Physikalischer Winter=Belustigungen Zweiter Theil, ... Nordhausen : Johann Heinrich Groß, 1766
Güldenstedt 1772
Güldenstedt, Johann Anton von: Krascheninnikovia, novum plantarum genus. In: Novi Commentarii Academiae Scientiarum Imperialis Petropolitanae. T. XVI (für das Jahr 1771), S. 548–560; Sankt Petersburg : Typis Academiae Scientiarum, 1772
Hahnemann 1793
Hahnemann, Samuel: Apothekerlexikon. 1. Theil, 1. Abtheilung; A–E.; Leipzig : Siegfried Lebrecht Crusius, 1793
Hahnemann 1795
Hahnemann, Samuel: Apothekerlexikon. 1. Theil, 2. Abtheilung; F–K; Leipzig : Siegfried Lebrecht Crusius, 1795
Hahnemann 1798
Hahnemann, Samuel: Apothekerlexikon. 2. Theil, 1. Abtheilung; L–P; Leipzig : Siegfried Lebrecht Crusius, 1798
Hahnemann 1799
Hahnemann, Samuel: Apothekerlexikon. 2. Theil, 2. Abtheilung; Q–Z; Leipzig : Siegfried Lebrecht Crusius, 1799
Hajdú/Domokos 1987
Hajdú, Péter ; Domokos, Péter: Die uralischen Sprachen und Literaturen. Hamburg : Helmut Buske Verlag, 1987
Hall 1821
Hall, Herman Christiaan van: Specimen botanicum, ... Utrecht : Abraham van Paddenburg, 1821

Halle 1793
Halle, Johann Samuel: Die Deutsche Giftpflanzen, zur Verhütung der tragischen Vorfällle in den Haushaltungen, ... Wien : Johann Thomas Edler von Trattnern, 1793
Haller 1742
Haller, Albrecht von: Enumeratio methodica stirpium Helvetiae indigenarum. ... Tomus 1. Göttingen : Abraham Vandenhoeck, 1742
Haller 1768
Haller, Albrecht von: Historia stirpium indigenarum Helvetiae inchoata. T. 1; Bern : Societas Typographica, 1768
Haller 1768a
Haller, Albrecht von: Historia stirpium indigenarum Helvetiae inchoata. T. 2; Bern : Societas Typographica, 1768
Haller 1768b
Haller, Albrecht von: Historia stirpium indigenarum Helvetiae inchoata. T. 3; Bern : Societas Typographica, 1768
Haller 1773
Haller, Albrecht von: Epistolarum ab eruditis viris ad Alb. Hallerum scriptarum. Pars I. Latinae. Vol. II. Epistolae 195. ad 404. Scriptae ab anno MDCCXL. ad annum MDCCXLVIII. Bern : Societatis Typographica, 1773
Haller 1773a
Haller, Albrecht von: Epistolarum ab eruditis viris ad Alb. Hallerum scriptarum. Pars I. Latinae. Vol. I. Epistolae CXCIV. Scriptae ab anno MDCCXXVII. ad annum MDCCXXXIX. Bern : Societatis Typographica, 1773
Hayne 1805
Hayne, Friedrich Gottlob: Getreue Darstellung und Beschreibung der in der Arzneykunde gebräuchlichen Gewächse, ... 1. Band; Berlin : Selbstverlag, 1805
Hayne 1809
Hayne, Friedrich Gottlob: Getreue Darstellung und Beschreibung der in der Arzneykunde gebräuchlichen Gewächse, ... 2. Band; Berlin : Selbstverlag, 1809
Hayne 1813
Hayne, Friedrich Gottlob: Getreue Darstellung und Beschreibung der in der Arzneykunde gebräuchlichen Gewächse, ... 3. Band; Berlin : Selbstverlag, 1813
Hayne 1816
Hayne, Friedrich Gottlob: Getreue Darstellung und Beschreibung der in der Arzneykunde gebräuchlichen Gewächse, ... 4. Band; Berlin : Selbstverlag, 1816
Hayne 1817
Hayne, Friedrich Gottlob: Getreue Darstellung und Beschreibung der in der Arzneykunde gebräuchlichen Gewächse, ... 5. Band; Berlin : Selbstverlag, 1817
Hayne 1819
Hayne, Friedrich Gottlob:

Getreue Darstellung und Beschreibung der in der Arzneykunde gebräuchlichen Gewächse, ... 6. Band; Berlin : Selbstverlag, 1819

Hayne 1821
Hayne, Friedrich Gottlob: Getreue Darstellung und Beschreibung der in der Arzneykunde gebräuchlichen Gewächse, ... 7. Band; Berlin : Selbstverlag, 1821

Hayne 1822
Hayne, Friedrich Gottlob: Getreue Darstellung und Beschreibung der in der Arzneykunde gebräuchlichen Gewächse, ... 8. Band; Berlin : Selbstverlag, 1822

Hayne 1825
Hayne, Friedrich Gottlob: Getreue Darstellung und Beschreibung der in der Arzneykunde gebräuchlichen Gewächse, ... 9. Band; Berlin : Selbstverlag, 1825

Hayne 1827
Hayne, Friedrich Gottlob: Getreue Darstellung und Beschreibung der in der Arzneykunde gebräuchlichen Gewächse, ... 10. Band; Berlin : Selbstverlag, 1827

Hayne 1830
Hayne, Friedrich Gottlob: Getreue Darstellung und Beschreibung der in der Arzneykunde gebräuchlichen Gewächse, ... 11. Band; Berlin : Selbstverlag, 1830

Hayne 1833
Hayne, Friedrich Gottlob: Getreue Darstellung und Beschreibung der in der Arzneykunde gebräuchlichen Gewächse, ... 12. Band; Berlin : Selbstverlag, 1833

Hayne 1837
Hayne, Friedrich Gottlob: Getreue Darstellung und Beschreibung der in der Arzneykunde gebräuchlichen Gewächse, ... 13. Band; Berlin : Selbstverlag, 1837

Hedwig 1789
Hedwig, Johann: Microscopisch-analytische Beschreibungen und Abbildungen neuer und zweifelhafter Laub-Moose ... Leipzig : Johann Gottfried Müller, 1789

Heklau/Dörfelt 2017
Heklau, Heike ; Dörfelt, Heinrich: Die Pilze in der unveröffentlichten Flora des Baikalgebietes von Georg Wihelm Steller (1709–1746). S. 23–77 in: Zeitschrift für Mykologie, Bd. 83, Nr. 1; Karlsruhe : Deutsche Gesellschaft für Mykologie e. V., 2017

Helimski 1987
Helimski, Eugene: Two Mator-Taigi-Karagas vocabularies from the 18th century. S. 49–84 in: Aikakauskirja Journal de la Société Finno-Ugrienne, Bd. 81, Helsinki : Suomalais-Ugrilainen Seura, 1987

Helimski 2003
Helimski, Eugen (Hrsg.) ; Katz, Hartmut (Hrsg.): Gerhard

Friedrich Müller – Nachrichten über Völker Sibiriens (1736–1742). Hamburg, 2003 (Hamburger Sibirische und Finnougrische Materialien; 2)
Helmersen 1852
Helmersen, G. von: Alexander Lehmann's Reise nach Buchara und Samarkand in den Jahren 1841 und 1842. ... Sankt Petersburg : Verlag der Kaiserlichen Academie der Wissenschaften, 1852 (Baer, Karl Ernst von [Hrsg.]; Helmersen, Gregor von [Hrsg.]: Beiträge zur Kenntniss des Russischen Reiches und der angränzenden Länder Asiens.17)
Helwing 1712
Helwing, Georg Andreas: Flora quasimodogenita, sive Enumeratio aliquot plantarum indigenarum in Prussia, ... Danzig : Johann Daniel Stolle, 1712
Henckel 1733
Henckel, Johann Friedrich: De plantis Sinensium, ad confinia Siberiae australis nuper observato. S. 354–356 in: Acta physico-medica Academiae Caesareae Leopoldino-Carolinae Naturae Curiosorum exhibentia ephemerides sive observationes historias et experimenta ... Bd. 3; Nürnberg : Wolfgang Moritz Endter ; Julius Arnold Engelbrecht, 1733
Henrici 1894
Henrici, Anton Alfred von: Weitere Studien über Volksheilmittel verschiedener in Russland lebender Völkerschaften. S. 1–165 in: Kobert, Rudolf (Hrsg.): Historische Studien aus dem Pharmakologischen Institute der Kaiserlichen Universität Dorpat. Bd. IV, Halle S. : Tausch & Grosse, 1894
Herder 1864
Herder, Ferdinand von: Plantae Raddeanae monopetalae. Die Monopetalen Ostsibiriens, des Amurlandes, Kamtschatka's und des Russischen Nordamerika's, nach den im Herbarium des Kaiserlichen botanischen Gartens befindlichen, von G. Radde und vielen Anderen gesammelten Pflanzen, ... S. 190–235 in: Bulletin de la Société Impériale des Naturalistes de Moscou. ... Tome XXXVII. Année 1864. Moskau : Université Impériale, 1864
Herder 1868
Herder, Ferdinand von: Plantae Raddeanae monopetalae. Die Monopetalen Ostsibiriens, Baicaliens, Dauriens, des Tschucktschen-Landes, des arctischen Sibiriens, Kamtschatka's und der Russischen Mandshurei, nach den im Herbarium des Kaiserlichen botanischen Gartens befindlichen, von G. Radde und vielen Anderen gesammelten Pflanzen, ... S. 1–53 in: Bulletin de la Société Impériale des Naturalistes de Moscou. Tome XLI. Année 1868. No. III. Moskau : Université Impériale, 1868
Hermann 1687
Hermann, Paul: Horti Academici

Lugduno-Batavi catalogus exhibens plantarum omnium nomina, quibus ab anno MDCLXXXI ad annum MDCLXXXVI hortus fuit instructus ut & plurimarum in eodem cultarum & à nemine hucusque editarum descriptiones & icones. Leiden : Cornelius Boutesteyn, 1687

Hermann 1698
Hermann, Paul: Paridisus Batavus, ... Leiden : Abraham Elzevier, 1698

Heym 1796
Heym, Johann: Versuch einer vollständigen geographisch-topographischen Encyklopädie des Russischen Reichs nach alphabetischer Ordnung. Göttingen : Johann Christian Dieterich, 1796

Heyse 1848
Heyse, Johann Christian August ; Heyse, Karl Wilhelm Ludwig: Allgemeines verdeutschendes und erklärendes Fremdwörterbuch ... Hannover : Hahnsche Hof=Buchhandlung, 1848

Hintzsche 2000
Hintzsche, Wieland (Bearb.) et al.: Georg Wilhelm Steller / *Stepan Krašeninnikov* / Johann Eberhard Fischer – Reisetagebücher 1735 bis 1743. Halle: Verlag der Franckeschen Stiftungen, 2000 (Quellen zur Geschichte Sibiriens und Alaskas aus russischen Archiven, 2)

Hintzsche 2000a
Hintzsche, Wieland (Bearb.) ; Nickol, Thomas (Bearb.) ; *Novochatko, Ol'ga Vladimirovna* (Bearb.): Georg Wilhelm Steller – Briefe und Dokumente 1740. Halle : Verlag der Franckeschen Stiftungen, 2000 (Quellen zur Geschichte Sibiriens und Alaskas aus russischen Archiven, 1)

Hintzsche 2001
Hintzsche, Wieland (Bearb.) et al.: Georg Wilhelm Steller – Briefe und Dokumente 1739. Halle: Verlag der Franckeschen Stiftungen, 2001 (Quellen zur Geschichte Sibiriens und Alaskas aus russischen Archiven, 3)

Hintzsche 2009
Hintzsche, Wieland (Bearb.) ; Heklau, Heike (Mitarb.): Georg Wilhelm Steller / Johann Eberhard Fischer – Reisetagebücher 1738 bis 1745. Halle : Verlag der Franckeschen Stiftungen, 2009 (Quellen zur Geschichte Sibiriens und Alaskas aus russischen Archiven, 7)

Hintzsche/*Ėlert* 2010
Hintzsche, Wieland (Bearb.) ; *Ėlert, Aleksandr Christianovič* (Bearb.) ; Heklau, Heike (Mitarb.): Gerhard Friedrich Müller – Ethnographische Schriften I. Halle : Verlag der Franckeschen Stiftungen, 2010 (Quellen zur Geschichte Sibiriens und Alaskas aus russischen Archiven, 8)

Hintzsche/Nickol 1996
Hintzsche, Wieland (Hrsg.) ; Nickol, Thomas (Hrsg.): Die Große Nordische Expedition : Georg Wilhelm Steller (1709–1746) – ein

Lutheraner erforscht Sibirien und Alaska. Gotha : Perthes, 1996
Hintzsche/Nickol 1996a
Hintzsche, Wieland (Bearb.) ; Nickol, Thomas (Bearb.): Monumenta Sibiriae : Quellen zur Geschichte Sibiriens und Alaskas aus russischen Archiven. Gotha : Perthes, 1996
Hintzsche/Nickol 1997
Hintzsche, Wieland ; Nickol, Thomas: Eine Topographie der Stadt *Tobol'sk* von Gerhard Friedrich Müller. S. 79–93 in: Donnert, Erich (Hrsg.); Europa in der Frühen Neuzeit : Festschrift für Günter Mühlpfordt. Band 3; Weimar ; Köln ; Wien : Böhlau Verlag, 1997
Historie 1750
Allgemeine Historie der Reisen zu Wasser und Lande; oder Sammlung aller Reisebeschreibungen, welche bis itzo in verschiedenen Sprachen von allen Völkern herausgegeben worden, ... 6. Band; Leipzig : Arkstee und Merkus, 1750
Hoffmann 1662
Hoffmann, Moritz: Florae Altdorffinae deliciae sylvestres sive Catalogus plantarum in agro Altdorffino locisque vicinis sponte nascentium ... Altdorf : Georg Hagen, 1662
Hoffmann 1784
Hoffmann, Georg Franz: Enumeratio Lichenum iconibus et descriptionibus illustrata ... Faszikel 1; Erlangen : Wolfgang Walther, 1784
Hoffmann 1785
Hoffmann, Georg Franz: Enumeratio Lichenum iconibus et descriptionibus illustrata ... Faszikel 2; Erlangen : Wolfgang Walther, 1785
Hoffmann 1787
Hoffmann, Georg Franz: Vegetabilia cryptogama; Erlangen : Johann Jacob Palm, 1787
Hoffmann 1789
Hoffmann, Georg Franz: Nomenclator Fungorum. Pars 1. Agarici. ... Verzeichniß der Schwämme, Erster Theil. Blätterschwämme ... Berlin : Joachim Pauli, 1789
Holl 1833
Holl, Friedrich: Wörterbuch deutscher Pflanzen=Namen, ... Erfurt : Georg Adam Keyser, 1833
Hovorka/Kronfeld 1908
Hovorka von Zderas, Oskar ; Kronfeld, Adolf: Vergleichende Volksmedizin – Eine Darstellung volksmedizinischer Sitten und Gebräuche, Anschauungen und Heilfaktoren, des Aberglaubens und der Zaubermedizin ... 1. Band; Stuttgart : Strecker & Schröder, 1908
Hudson 1762
Hudson, William: Flora Anglica; ... London : Eigenverlag, 1762
Hudson 1778
Hudson, William: Flora Anglica; ... T. I; London : Eigenverlag, 1778
Hudson 1778a
Hudson, William: Flora Anglica;

... T. II; London : Eigenverlag, 1778
Hudson 1798
Hudson, William: Flora Anglica; ... London : Robert Faulder et al., 1798
Hübner 1712
Hübner, Johann: Curieuses Natur=Kunst=Gewerck= und Handlungs= Lexicon, ... Leipzig : Johann Friedrich Gleditsch und Sohn, 1712
Inventory 1929
United States Department of Agriculture Inventory No. 90. Washington, D. C., 1929
Jacquin 1776
Jacquin, Nicolaus Joseph von: Florae Austriacae, sive Plantarum selectarum in Austriae Archiducatu sponte crescentium, … Bd. 4; Wien : Joseph Michaelis Gerold, 1776
Jacquin 1778
Jacquin, Nicolaus Joseph von: Florae Austriacae, sive Plantarum selectarum in Austriae Archiducatu sponte crescentium, … Bd. 5; Wien : Joseph Michaelis Gerold, 1778
Jacquin 1789
Jacquin, Nicolaus Joseph von: Collectanea ad botanicam, chemiam et historiam naturalem, spectantia … Bd. 3; Wien : Wappler, 1789
Johnstone 1661
Johnstone, John: Johannis Jonstoni, Doctoris Medici, Notitia regni mineralis seu subterraneorum catalogus, cum praecipuis differentiis. Leipzig : Jacob Trescher, 1661
Joncquet 1665
Joncquet, Denis: Hortus Regius. Paris : Edmond Couterot ; I. (Jean) Couterot, 1665
Jussieu 1714
Jussieu, Antoine de: Description du Coryspermum hyssopifolium, plante d'un nouveau genre. S. 187–189 der ‚Mémoires ...' (getrennte Seitenzählung in ‚Histoire ...' und ‚Mémoires ...') in: Histoire de l'Académie Royale des Sciences Année M. DCCXII. [1712] avec les Mémoires de mathématique & de physique, pour la même année. ... Paris : l'Imprimerie Royale, 1714
Jussieu 1731
Jussieu, Antoine de: Description du Coryspermum hyssopifolium, plante d'un nouveau genre. S. 185–186 der ‚Mémoires ...' (getrennte Seitenzählung in ‚Histoire ...' und ‚Mémoires ...') in: Histoire de l'Académie Royale des Sciences Année M. DCCXII. [1712] avec les Mémoires de mathématique & de physique, pour la même année. ... Paris : l'Imprimerie Royale, 1731
Jussieu 1740
Jussieu, Antoine de: Description du Coryspermum hyssopifolium, plante d'un nouveau genre. S. 244–246 der ‚Mémoires ...' (getrennte Seitenzählung in ‚Histoire ...' und ‚Mémoires ...') in: Histoire de l'Académie Royale des Sciences Année M. DCCXII. [1712] avec les Memoires de mathematique & de

physique, pour la même année. ... Amsterdam : Pierre de Coup, 1740

Kegel 1992
Kegel, Johann Karl Ehrenfried ; Gülden, Werner Friedrich (Hrsg.): Forschungsreise nach Kamtschatka : Reisen und Erlebnisse des Johann Karl Ehrenfried Kegel von 1841 bis 1847 ... Köln ; Weimar ; Wien : Böhlau Verlag, 1992

Kentmann 1565
Kentmann, Johann: Io. Kentmani Dresdensis Medici Nomenclaturae Rerum fossilium, quae in Misnia praecipue, & in alijs quoque regionibus inueniuntur. In: De omni rerum fossilium genere, gemmis, lapidibus, metallis, et huiusmodi, libri aliquot, plerique nunc primum editi. Opera Conradi Gesneri ... Zürich : Iacobus Gesnerus, 1565

Klaproth 1815
Klaproth, Julius von: Dr. J. A. Güldenstädt's Reisen nach Georgien und Imerethi. ... Berlin : Maurersche Buchhandlung, 1815

Klaproth 1831
Klaproth, Heinrich Julius: Asia Polyglotta. Paris : Heideloff & Campe, 1831

Kleinert/Possart 1863
Kleinert, Georg Otto ; Possart Alphons: Homöopathische Arzneimittellehre aller in den Jahren 1860–[18]62 geprüften Mittel. Der homöopathische Arzneimittellehre 3. Theil. Nordhausen : Adolph Büchting, 1863

Klepikov 1959
Klepikov, Sokrat Aleksandrovič: Filigrani i štempeli na bumage russkogo i innostrannogo proizvodstva XVII–XX *veka.* Moskau *: Izdatel'stvo Vsesojuznoj knižnoj palaty*, 1959

Knapp 1877
Knapp, Josef Arnim: Zur Verbreitung der Veronica grandis Fisch. S. 362–366 in: Österreichische botanische Zeitschrift, Bd. 27, 1877

Knauth 1688
Knauth, Christoph: Enumeratio plantarum circa Halam Saxonum ... Leipzig : Erben von Friedrich Lanckisch, 1688

Koelle/Ellrodt 1798
Koelle, Johann Ludwig Christian ; Ellrodt, Theodor Christian: Flora des Fürstenthumes Bayreuth, ... Bayreuth : Johann Andreas Lübecks Erben, 1798

Kölpin 1779
Kölpin, Alexander Bernhard: Praktische Bemerkungen über den Gebrauch der Sibirischen Schneerose in Gichtkrankheiten; S. 9–115 in: Medicinisch= Praktische Bemerkungen (Hrsg. A. B. Kölpin); 1. Heft; Berlin ; Stettin : Friedrich Nicolai, 1779

Köppen 1889
Köppen, Friedrich Theodor: Geographische Verbreitung der Holzgewächse des europäischen Russlands und des Kaukasus.

2. Theil; Sankt Petersburg : Kaiserliche Akademie der Wissenschaften (Schrenk, Leopold von [Hrsg.]; Maximowicz, Carl Johann [Hrsg.]: Beiträge zur Kenntniss des Russischen Reiches und der angrenzenden Länder Asiens. 3. Folge, 6), 1889

Kolb 1829
Kolb, Joseph Nikolaus: Bromatologie oder Übersicht der bekanntesten Nahrungsmittel der Bewohner der verschiedenen Welttheile. ... 2. Theil; Hadamar : Verlage der neuen Gelehrten-Buchhandlung, 1829

Krašeninnikov 1949
Krašeninnikov, Stepan: *Opisanie zemli Kamčatki s priloženiem raportov, donesenij i drugich neopublikovannych materialov. Moskva* : *Izdatel'stvo Glavsevmorputi*, 1949

Krašeninnikov 1750
Krašeninnikov, Stepan Petrovič: Descriptiones rariorvm plantarvm. In: Novi Commentarii Academiae Scientiarum Imperialis Petropolitanae. T. I (für die Jahre 1747 und 1748), S. 375–384; Sankt Petersburg : Typis Academiae Scientiarum, 1750

Krašeninnikov 1755
Krašeninnikov, Stepan Petrovič: *Opisanie zemli Kamčatki.* 2 Bände. (Nachdr. der Ausg. *Sanktpeterburg* 1755). Sankt Petersburg ; *Petropavlovsk-Kamčatskij* : *Nauka, Kamšat,* 1994

Krašeninnikov 1761
Krašeninnikov, Stepan Petrovič ; Gorter, David de: Flora Ingrica ex schedis Stephani Krascheninnikow ... confecta et propriis obseruationibus aucta a Davide de Gorter ... Sankt Petersburg : Typis Academiae Scientiarum, 1761

Krašeninnikov 1766
Krašeninnikov, Stepan Petrovič (Krascheninnikow, Stephan): Opisanie zemli Kamtschatki ... d. i. Beschreibung des Landes Kamtschatka ... Lemgo : Meyer, 1766

Krebel 1858
Krebel, Rudolph: Volksmedicin und Volksmittel verschiedener Völkerstämme Russlands. Leipzig ; Heidelberg : C. F. Wintersche Verlagshandlung, 1858

Krebel 1862
Krebel, Rudolph: Der Scorbut in geschichtlich-literarischer, pathologischer, prophylactischer und therapeutischer Beziehung. Leipzig : Rudolph Hartmann, 1862

Krocker 1790
Krocker, Anton Johann: Flora silesiaca renovata, emendata continens plantas Silesiae indigenas, ... Bd. II; Breslau : Wilhelm Gottlieb Korn, 1790

Krombholz 1832
Krombholz, Julius Vincenz von: Naturgetreue Abbildungen und Beschreibungen der essbaren, schädlichen und verdächtigen Schwämme. 2. Heft; Prag :

J(ohann) G(ottfried) Calve'sche Buchhandlung, 1832

Krombholz 1841
Krombholz, Julius Vincenz von: Naturgetreue Abbildungen und Beschreibungen der essbaren, schädlichen und verdächtigen Schwämme. 6. Heft; Prag : J(ohann) G(ottfried) Calve'sche Buchhandlung, 1841

Krombholz 1841a
Krombholz, Julius Vincenz von: Naturgetreue Abbildungen und Beschreibungen der essbaren, schädlichen und verdächtigen Schwämme. 7. Heft; Prag : J(ohann) G(ottfried) Calve'sche Buchhandlung, 1841

Krombholz 1843
Krombholz, Julius Vincenz von: Naturgetreue Abbildungen und Beschreibungen der essbaren, schädlichen und verdächtigen Schwämme. 8. Heft; Prag : J(ohann) G(ottfried) Calve'sche Buchhandlung, 1841

Krombholz 1846
Krombholz, Julius Vincenz von: Naturgetreue Abbildungen und Beschreibungen der essbaren, schädlichen und verdächtigen Schwämme. 10. Heft; Prag : J(ohann) G(ottfried) Calve'sche Buchhandlung, 1846

Krünitz 1773–1858
Dr. Johann Georg Krünitz's ökonomisch=technische Encyklopädie, oder allgemeines System der Staats=, Stadt=, Haus= und Landwirthschaft, und der Kunstgeschichte ...; 242 Bde. Berlin : Joachim Pauli, 1773–1858

Kudrjavcev/Vendrich 1971
Kudrjavcev, Fedot Aleksandrovič ; *Vendrich, German Aleksandrovič*: *Irkutsk – Očerki po istorii goroda.* Irkutsk : *Vostočnosibirskoe knižnoe izdatel'stvo*, 1971

Kulikauskene 1996
Kulikauskene, Nadežda Vasil'evna: *Letopis' goroda Irkutska* XVII–XIX vv. Irkutsk : *Vostočno-Sibirskoe knižnoe izdatel'stvo,* 1996

Kushnarev 1990
Kushnarev, Evgenii Grigor'evich; Crownhart-Vaughan, E. A. P. (Hrsg.): Bering's search for the strait – The First Kamchatka Expedition 1725–1730. Portland : Oregon Historical Society, 1990

Lamarck 1778
Lamarck, Jean-Baptiste de Monet de: Flore Françoise ou description succincte de toutes les plantes qui croissent naturellement en France, ... T. 3; Paris : L'Imprimerie Royale, 1778

Lamarck 1778a
Lamarck, Jean-Baptiste de Monet de: Flore Françoise ou description succincte de toutes les plantes qui croissent naturellement en France, ... T. 1, mit: Méthode analytique, S. 1–130 (gesonderte Numerierung); Paris : L'Imprimerie Royale, 1778

Lamarck 1783
Lamarck, Jean-Baptiste de Monet

de: Encyclopédie méthodique. Botanique, ... T. 1; Paris ; Lüttich : Charles-Joseph Panckoucke ; Clément Plonteux, 1783
Lamarck 1789
Lamarck, Jean-Baptiste de Monet de: Encyclopédie méthodique. Botanique, ... T. 3; Paris ; Lüttich : Charles-Joseph Panckoucke ; Clément Plonteux, 1789
Lamarck 1798
Lamarck, Jean-Baptiste de Monet de: Encyclopédie méthodique ... Botanique, ... T. 4; Padua, 1798
Lamarck 1804
Lamarck, Jean-Baptiste de Monet de: Encyclopédie méthodique. Botanique, ... T. 6; Paris : Henri Agasse, 1804
Lamarck 1810
Lamarck, Jean-Baptiste de Monet de: Encyclopédie méthodique. Botanique, ... Supplément, T. 1; Paris : Henri Agasse, 1810
Lamarck/Candolle 1815
Lamarck, Jean-Baptiste de Monet de ; Candolle, Augustin Pyrame de: Flore Française, ou descriptions succinctes de toutes les plantes qui croissent naturellement en France, ... T. 3; Paris : Jacques Desray, 1815
Langstedt 1801
Langstedt, Friedrich Ludwig: Allgemeines botanisches Repertorium ... Bd. 1; Nürnberg : Raspesche Buchhandlung, 1801
Langstedt 1805
Langstedt, Friedrich Ludwig: Allgemeines botanisches Repertorium ... Bd. 2; Nürnberg : Raspesche Buchhandlung, 1805
Larber 1829
Larber, Giovanni: Sui funghi saggio generale ... Bassano : Tipografia Baseggio, 1829
Laxmann 1774
Laxmann, Erich (Erik): Descriptionum plantarum sibiricarum continuatio. In: Novi Commentarii Academiae Scientiarum Imperialis Petropolitanae. T. XVIII (für das Jahr 1773), S. 526–533; Sankt Petersburg : Typis Academiae, 1774
Laxmann 1777
Laxmann, Erich (Erik): VI. Rede des Herrn Pastor Laxmann in der Versammlung der freyen ökonomischen Gesellschaft. S. 86–92; In: Abhandlungen der freyen ökonomischen Gesellschaft in St. Petersburg ... vom Jahre 1768; 10. und 11. Theil; Sankt Petersburg ; Riga ; Leipzig : Johann Friedrich Hartknoch, 1777
Ledebour 1815
Ledebour, Carl Friedrich von: Decades sex plantarum novarum in Imperio Rossica indigenarum ...; S. 514–578 (der Mémoires ...; getrennte Seitenzählung in ‚Histoire ...‘ und ‚Mémoires ...‘) in: Mémoires de l'Académie Impériale des Sciences de S^{t}. Petersbourg. Tome V. avec l'histoire de l'Académie pour l'année 1812. Sankt Petersburg : Akademie der Wissenschaften, 1815

Ledebour 1829
Ledebour, Carl Friedrich von ; Bunge, Alexander von ; Meyer, Karl Anton: Flora Altaica. Tomus I. (Classis I.–V.); Berlin : Georg Andreas Reimer, 1829
Ledebour 1830
Ledebour, Carl Friedrich von ; Bunge, Alexander von ; Meyer, Karl Anton: Flora Altaica. Tomus II. (Classis VI.–XIV.); Berlin : Georg Andreas Reimer, 1830
Ledebour 1831
Ledebour, Carl Friedrich von ; Bunge, Alexander von ; Meyer, Karl Anton: Flora Altaica. Tomus III. (Classis XV.–XVIII.); Berlin : Georg Andreas Reimer, 1831
Ledebour 1833
Ledebour, Carl Friedrich von ; Bunge, Alexander von ; Meyer, Karl Anton: Flora Altaica. Tomus IV. (Classis XIX.–XXIV. adiutis filicibus.); Berlin : Georg Andreas Reimer, 1833
Ledebour 1841
Ledebour, Carl Friedrich von: Commentarius in J. G. Gmelini Floram sibiricam. S. 43–138 in: Denkschriften der Königlich-Bayerischen Botanischen Gesellschaft zu Regensburg; Bd. 3; Regensburg : Julius Heinrich Demmler, 1841
Ledebour 1842
Ledebour, Carl Friedrich von: Flora Rossica sive Enumeratio plantarum in totius Imperii Rossici ... Vol. I.; Stuttgart : E. Schweizerbart, 1842
Ledebour 1844–1846
Ledebour, Carl Friedrich von: Flora Rossica sive Enumeratio plantarum in totius Imperii Rossici ... Vol. II.; Stuttgart : E. Schweizerbart, 1844–1846
Ledebour 1846–1851
Ledebour, Carl Friedrich von: Flora Rossica sive Enumeratio plantarum in totius Imperii Rossici ... Vol. III.; Stuttgart : E. Schweizerbart, 1846–1851
Ledebour 1853
Ledebour, Carl Friedrich von: Flora Rossica sive Enumeratio plantarum in totius Imperii Rossici ... Vol. IV.; Stuttgart : E. Schweizerbart, 1853
Lehmann 1820
Lehmann, Johann Georg Christian: Monographia generis Potentillarum ... Hamburg : Hoffmann und Campe, 1820
Leighton 1874
Leighton, William Allport: Lichenological Memorabilia Nr. 3: Hellbom's Lichens of Lule Lapmark. *). S. 148–149 in: Botanischer Jahresbericht. ... (Hrsg. Leopold Just), 1. Jahrgang 1873; Berlin : Gebrüder Borntrӓger, 1874
Lémery 1721
Lémery, Nicolas: Herrn Nicolai Lemery ... Vollständiges Materialien=Lexicon, ... ins Hochteutsche übersetzt von Christoph Friedrich Richtern ... Leipzig : Johann Friedrich Braun, 1721
Lenz 1831
Lenz, Harald Othmar: Die nützlichen und schädlichen

Schwämme, ... Gotha : Friedrich Gottlieb Becker, 1831
Leopold 1728
Leopold, Johann Dietrich: Deliciae sylvestres Florae Ulmensis, ... Ulm : Johann Conrad Wohler, 1728
Lepechin 1774
Lepechin, Iwan (*Lepechin, Ivan Ivanovič*): Tagebuch der Reise durch verschiedene Provinzen des Russischen Reiches in den Jahren 1768 und 1769. Erster Theil, Altenburg : Richterische Buchhandlung, 1774
Lepechin 1775
Lepechin, Iwan (*Lepechin, Ivan Ivanovič*): Tagebuch der Reise durch verschiedene Provinzen des Russischen Reiches im Jahr 1770. Zweyter Theil, Altenburg : Richterische Buchhandlung, 1775
Lepechin 1783
Lepechin, Iwan (*Lepechin, Ivan Ivanovič*): Tagebuch der Reise durch verschiedene Provinzen des Russischen Reiches im Jahr 1771. Dritter Theil, Altenburg : Richterische Buchhandlung, 1783
Lepechin 1787
Lepechin, Iwan (*Lepechin, Ivan Ivanovič*): Reflexions, sur la nécessité d'étudier la vertu des plantes indigènes. S. 83–110 der Historia für 1783 in: Nova Acta Academiae Scientiarum Imperialis Petropolitanae, T. 1; Sankt Petersburg : Akademie der Wissenschaften, 1787
Lepechin 1797
Lepechin, Iwan (*Lepechin, Ivan Ivanovič*): Polygonum species nova, descripta ..., S. 414–416 in: Nova Acta Academiae Scientiarum Imperialis Petropolitanae, T. 10; Sankt Petersburg : Akademie der Wissenschaften, 1797
Lepechin 1798
Lepechin, Iwan (*Lepechin, Ivan Ivanovič*): Epilobii species nova descripta. S. 370–371 in: Nova Acta Academiae Scientiarum Imperialis Petropolitanae, T. 11; Sankt Petersburg : Akademie der Wissenschaften, 1798
Lepechin 1801
Lepechin, Jo(h)annes (*Lepechin, Ivan Ivanovič*): Typha Laxmanni proposita ..., S. 84 der Histoire de l'Académie Impériale des sciences. Année MCCXCIV. (eigenständige Paginierung) und S. 335–336 in: Nova Acta Academiae Scientiarum Imperialis Petropolitanae, T. 12; Sankt Petersburg : Akademie der Wissenschaften, 1801
Lerche 1763
Lerche, Johann Jakob: Anmerkungen über Herrn D. Schobers Memorabilia Russico-Asiatica zu Anfang dieses Bandes. In: Sammlung Rußischer Geschichte. Bd. 7, 5.–6. Stück, S. 531–546; Sankt Petersburg : Kayserliche Academie der Wissenschaften, 1763
Lesseps 1791
Lesseps, Jean Baptiste Barthelemy de: Herrn von Lesseps ... Reise durch Kamtschatka und Sibirien nach Frankreich. ... S. 1–302 in: Magazin von merkwür-

digen neuen Reisebeschreibungen ... 4. Band. Berlin : Vossische Buchhandlung, 1791
Leuchs 1825
Leuchs, Johann Carl: Vollständige Farben= und Färbekunde; ... 1. Band; Nürnberg : Contor der alllgemeinen Handlungs= Zeitung, 1825
Leunis 1860
Leunis, Johannes ; Roemer, Friedrich Adolph: Synopsis der drei Naturreiche. ... 1. Theil. Zoologie; Hannover : Hahn'sche Hofbuchhandlung, 1860
Leunis 1877
Leunis, Johannes ; Roemer, Friedrich Adolph: Synopsis der drei Naturreiche. ... 2. Theil. Botanik; Hannover : Hahn'sche Hofbuchhandlung, 1877
Leysser 1783
Leysser, Friedrich Wilhelm von: Flora Halensis ... Halle : Christian Gottlob Täubel, 1783
Lexikon 1837
Deutsches Universal=Conversationslexikon ... 1. Band, A–B. Leipzig : Belgische Buchhandlung, 1837
Lindern 1728
Lindern, Franz Balthasar von: Tournefortius Alsaticus cis et trans Rhenanus, sive Opusculum botanicum ... Straßburg : Heinrich Leonhard Stein, 1728
Lindern 1747
Lindern, Franz Balthasar von: Hortus Alsaticus plantas in Alsatia nobili, ... Straßburg : Johannes Beck, 1747
Link 1844
Link, Johann Heinrich Friedrich: Jahresbericht über die Arbeiten für physiologische Botanik in den Jahren 1842 und 1843, ... Berlin : Nicolai'sche Buchhandlung, 1844
Linnaea 1842
„Index octavum seminum, quae hortus botanicus Imperialis Petropolitanum pro mutua commutatione offfert. Accedunt animadversiones botanicae nonnullae. (a. 1841. 8vo.)“; S. 154–177 im „Litteratur-Bericht zur Linnaea für das Jahr 1742.“ der „Linnaea. Ein Journal für die Botanik ... Bd. 16, 1842, Halle a. d. Saale“
Linné 1737
Linné, Carl von: Hortus Cliffortianus ... Amsterdam, 1737
Linné 1737a
Linné, Carl von: Flora Lapponica ... Amsterdam : Salomon Schouten, 1737
Linné 1745
Linné, Carl von: Flora Svecica ... Leiden : Conrad Wishoff ; Georg Jacob Wishoff, 1745
Linné 1748
Linné, Carl von: Hortus Upsaliensis, ... Vol. I; Stockholm : Laurentius Salvius, 1748
Linné 1753
Linné, Carl von: Species plantarum, ... Bd. II.; Stockholm : Laurentius Salvius, 1753
Linné 1755
Linné, Carl von: Flora Svecica, ... Stockholm : Laurentius Salvius, 1755

Linné 1761
Linné, Carl von: Nitraria planta obscvra explicata ... In: Novi Commentarii Academiae Scientiarum Imperialis Petropolitanae. T. VII. (für die Jahre 1758 und 1759), S. 315–320; Sankt Petersburg : Typis Academiae Scientiarum, 1761

Linné 1771
Linné, Carl von: Mantissa plantarum altera generum editionis VI. & specierum editionis II. Stockholm : Laurentius Salvius, 1771

Linné 1777a
Linné, Carl von: Des Ritters Carl von Linné, ... vollständiges Pflanzensystem nach der dreyzehnten lateinischen Ausgabe ... Erster Theil. Von den Palmbäumen und andern Bäumen. Nürnberg : Gabriel Nicolaus Raspe, 1777

Linné 1777
Linné, Carl von: Des Ritters Carl von Linné, ... vollständiges Pflanzensystem nach der dreyzehnten lateinischen Ausgabe ... Zweyter Theil. Von den Bäumen. Nürnberg : Gabriel Nicolaus Raspe, 1777

Linné 1778
Linné, Carl von: Des Ritters Carl von Linné, ... vollständiges Pflanzensystem nach der dreyzehnten lateinischen Ausgabe ... Dritter Theil. Von den Gesträuchen. Nürnberg : Gabriel Nicolaus Raspe, 1778

Linné 1779a
Linné, Carl von: Des Ritters Carl von Linné, ... vollständiges Pflanzensystem nach der dreyzehnten lateinischen Ausgabe ... Vierter Theil. Von den Gesträuchen. Nürnberg : Gabriel Nicolaus Raspe, 1779

Linné 1779
Linné, Carl von: Des Ritters Carl von Linné, ... vollständiges Pflanzensystem nach der dreyzehnten lateinischen Ausgabe ... Fünfter Theil. Von den Kräutern. Nürnberg : Gabriel Nicolaus Raspe, 1779

Linné 1780
Linné, Carl von: Des Ritters Carl von Linné, ... vollständiges Pflanzensystem nach der dreyzehnten lateinischen Ausgabe ... Sechster Theil. Von den Kräutern. Nürnberg : Gabriel Nicolaus Raspe, 1780

Linné 1781
Linné, Carl von: Des Ritters Carl von Linné, ... vollständiges Pflanzensystem nach der dreyzehnten lateinischen Ausgabe ... Siebenter Theil. Von den Kräutern. Nürnberg : Gabriel Nicolaus Raspe, 1781

Linné 1782
Linné, Carl von: Des Ritters Carl von Linné, ... vollständiges Pflanzensystem nach der dreyzehnten lateinischen Ausgabe ... Achter Theil. Von den Kräutern. Nürnberg : Gabriel Nicolaus Raspe, 1782

Linné 1782a
Linné, Carl von ; Schreber, Johann Christian Daniel (Hrsg.): Mantissa editioni qvartae Materiae medicae ... Erlangen : Wolfgang Walther, 1782
Linné 1783a
Linné, Carl von: Des Ritters Carl von Linné, ... vollständiges Pflanzensystem nach der dreyzehnten lateinischen Ausgabe ... Neunter Theil. Von den Kräutern. Nürnberg : Gabriel Nicolaus Raspe, 1783
Linné 1783
Linné, Carl von: Des Ritters Carl von Linné, ... vollständiges Pflanzensystem nach der dreyzehnten lateinischen Ausgabe ... Zehnter Theil. Von den Kräutern. Nürnberg : Gabriel Nicolaus Raspe, 1783
Linné 1784
Linné, Carl von: Des Ritters Carl von Linné, ... vollständiges Pflanzensystem nach der dreyzehnten lateinischen Ausgabe ... Eilfter Theil. Von den Zwiebelgewächsen. Nürnberg : Gabriel Nicolaus Raspe, 1784
Linné 1785
Linné, Carl von: Des Ritters Carl von Linné, ... vollständiges Pflanzensystem nach der vierzehnten lateinischen Ausgabe ... Zwölfter Theil. Von den Gräsern. Nürnberg : Gabriel Nicolaus Raspe, 1785
Linné 1786
Linné, Carl von: Des Ritters Carl von Linné, ... vollständiges Pflanzensystem nach der vierzehnten lateinischen Ausgabe ... Dreyzehnter Theil, erster Band. Von den cryptogamischen Gewächsen. Nürnberg : Gabriel Nicolaus Raspe, 1786
Linné 1787
Linné, Carl von: Des Ritters Carl von Linné, ... vollständiges Pflanzensystem nach der vierzehnten lateinischen Ausgabe ... Dreyzehnter Theil, zweeter Band. Von den cryptogamischen Gewächsen. Nürnberg : Gabriel Nicolaus Raspe, 1787
Linné 1797–1830
Linné, Carl von ; Willdenow, Carl Ludwig (Hrsg.): Species plantarum ... 6 Bände; Berlin : Gottfried Karl Nauck, 1797–1830
Linné 1805
Linné, Carl von ; Mouton-Fontenille de la Clotte, Marie Jacques Philippe (Hrsg.): Système des plantes, ... Lyon : Jean-Marie Bruyset ; Jean François-Anne Buynand des Échelles, 1805
Linné 1819
Linné, Carl von et al.: Systema vegetabilium secundum classes ordines genera species. ... Bd. 5; Stuttgart : Johann Georg Cotta, 1819
Linné 1820
Linné, Carl von et al.: Systema vegetabilium secundum classes ordines genera species. ... Bd. 6; Stuttgart : Johann Georg Cotta, 1820

Linné 1824
Linné, Carl von: Mantissa in volumen secundum systematis vegetabilium ... Stuttgart : Johann Georg Cotta, 1824
Linné 1825
Linné, Carl von ; Sprengel, Kurt (Hrsg.): Systema vegetabilium. Bd. 1; Göttingen : (Heinrich) Dieterich, 1825
Linné 1825a
Linné, Carl von ; Sprengel, Kurt (Hrsg.): Systema vegetabilium. Bd. 2; Göttingen : (Heinrich) Dieterich, 1825
Linné 1826
Linné, Carl von ; Sprengel, Kurt (Hrsg.): Systema vegetabilium. Bd. 3; Göttingen : (Heinrich) Dieterich, 1825
Linné 1827
Linné, Carl von ; Sprengel, Kurt (Hrsg.): Systema vegetabilium. Bd. 4, Teil 1; Göttingen : (Heinrich) Dieterich, 1827
Linné/Halenius 1751
Linné, Carl von ; Halenius Jonas P.: Plantae Camschatcenses rariores. …; S. 332–364 in: Linné, Carl von – Amoenitates Academicae; seu Dissertationes variae, …; Vol. 2; Stockholm : Laurentius Salvius, 1751
Linné/Hornborg 1785
Linné, Carl von ; Hornborg, Johannes: CLXII. Planta Cimicifuga ...; S. 193–204 in: Linné, Carl von – Amoenitates Academicae, seu Dissertationes variae, ... Vol. 8; Erlangen : Johann Jacob Palm, 1785
Linné/Martin 1745
Linné, Carl von ; Martin, Roland: Dissertatio botanica, qua plantae Martino-Burserianae explicantur, ... Uppsala, 1745
Linné/Martin 1787
Linné, Carl von ; Martin, Roland: VI. Plantae Martino-Burserianae ... S. 141–171 in: Linné, Carl von – Amoenitates Academicae, seu Dissertationes variae, ... Vol. 1, 3. Ausgabe; Erlangen : Johann Jacob Palm, 1787
Lippold 1831
Lippold, Julius Friedrich: Neues Handbuch des verständigen Gärtners, oder neue Umarbeitung des Taschenbuchs des verständigen Gärtners von 1824. ... Stuttgart ; Tübingen : Johann Georg Cotta, 1831
Litvinov 1909
Litvinov, Dmitrij Ivanovič: *Bibliografija flory Sibiri.* In: *Trudy Botaničeskago Muzeja Imperatorskoj Akademii Nauk. Vypusk V.* Sankt Petersburg : *Tipografija Imperatorskoj Akademii Nauk*, 1909
Litvinov 1922
Litvinov, Dmitrij Ivanovič: Betula divaricata Led.; S. 193–198 in: *Botaničeskie materialy gerbarija glavnogo Botaničeskogo sada R. S. F. S. R.*; T. III, *vypusk* 49–50, 16. December
Lobelius 1570
Obel, Matthias de l' (Lobelius) ; Pena, Pierre: Stirpium adversaria nova, perfacilis vestigatio ... London : Thomas Purfoot, 1570

Lobelius 1581
Obel, Matthias de l' (Lobelius): Plantarvm sev stirpivm icones. Antverpiae : Christophe Plantin, 1581
Lobelius 1655
Obel, Matthias de l' (Lobelius): Stirpium illustrationes. ... London : Joseph Kirton, 1655
Lochner 1716
Lochner, Johann Heinrich ; Lochner, Michael Friedrich: Rariora Musei Besleriani quae olim Basilius et Michael Rupertus Besleri collegerunt, ... Nürnberg, 1716
Loesel 1703
Loesel, Johannes: Flora Prussica, ... Königsberg : Hieronymus Georgi, 1703
Loiseleur-Deslongchamps 1807
Loiseleur-Deslongchamps, Jean-Louis-Auguste: Flora Gallica, seu Enumeratio plantarum in Gallia spontè nascentium. 2. Teil; Paris : Mathieu Migneret ; Joseph Gabon, 1807
Lowe 1842
Lowe, Ferdinand: Wenjaminow über die Aleutischen Inseln und deren Bewohner. S. 459–495 in: Archiv für wissenschaftliche Kunde von Russland, Bd. 2; Hrsg. Georg Adolph Erman; Berlin : Georg Reimer, 1842
Ludovici 1754
Ludovici, Carl Günther: Eröffnete Akademie der Kaufleute, oder vollständiges Kaufmanns= Lexicon, ... 3. Theil; Leipzig : Bernhard Christoph Breitkopf, 1754
Lueder 1780
Lueder, Franz (Hrsg.): Vollständige Anleitung zur Wartung aller in Europa bekannten Küchengewächse, ... Lübeck : Christian Gottfried Donatius, 1780
Lukina 1982
Lukina, Tat'jana Arkad'evna: *G.-V. Steller o narodnom medicine Sibiri.* S. 127–148 in: *Strany i narody vostoka, Vyp.* XXIV, *kniga* 5, Moskau : *Nauka*, 1982
Maack/Ruprecht 1858
Maack, Richard ; Ruprecht, Franz Joseph: Die ersten botanischen Arbeiten über das Amurland. S. 191–275 in: Archiv für wissenschaftliche Kunde von Russland, Bd. 17; Hrsg. Georg Adolph Erman; Berlin : Georg Reimer, 1857
Magnol 1686
Magnol, Pierre: Botanicvm Monspeliense. sive Plantarum circa Monspelium nascentium index. In quo plantarum nomina meliora seliguntur: loca, in quibus plantae spontè adolescunt, tum à prioribus botanicis, tum ab authore observata indicantur: & praecipuae facultates traduntur. Adduntur variarum plantarum descriptiones & icones. Cum appendice quae plantas de novo repertas continet, & errata emendat. ... Montpellier : Daniel Pech, 1686
Magnol 1697
Magnol, Pierre: Hortus regius Monspeliensis, sive Catalogus

Plantarum quae in horto regio Monspeliensi demonstrantur. Montpellier : Honoré Pech, 1697
Maksimovich/Ruprecht 1858
Maksimovich, Carl Johann ; Ruprecht, Franz Joseph: Die ersten botanischen Arbeiten über das Amurland. S. 104–144 in: Archiv für wissenschaftliche Kunde von Russland, Bd. 17, Hrsg. A. Erman; Berlin : Georg Reimer, 1857
Maly 1864
Maly, Josef Karl: Oekonomisch= technische Pflanzenkunde. ... Wien : Wilhelm Braumüller, 1864
Mappus 1742
Mappus, Markus ; Ehrmann, Johann Christian: Marci Mappi ... Historia plantarum alsaticarum ... Straßburg : Johann Daniel Dulsecker, 1742
Marperger 1708
Marperger, Paul Jacob: Das in Natur= und Kunst=Sachen Neu= eröffnete Kauffmanns=Magazin, ... Hamburg : Benjamin Schiller, 1708
Marperger 1716
Marperger, Paul Jacob: Vollständiges Küch= und Keller=Dictionarium, ... Hamburg : Benjamin Schillers Wittwe, 1716
Marschall von Bieberstein 1806
Marschall von Bieberstein, Friedrich August von: Sur les genres Salsola, Anabasis et Polycnemum, ...; S. 132–154 in: *Zapiski obščestva ispytatelej prirody*, ... (Bulletin de la Société Impériale des Naturalistes de Moscou.) ... T. I. Moskau : Druckerei der Universität, 1806
Marschall von Bieberstein 1808a
Marschall von Bieberstein, Friedrich August von: Flora Taurico-Caucasica exhibens stirpes phaenogamas, in Cherso-neso Taurica et regionibus Caucasicis sponte crescentes. T. I; *Char'kov* : Typis Academicis, 1808
Marschall von Bieberstein 1808
Marschall von Bieberstein, Friedrich August von: Flora Taurico-Caucasica exhibens stirpes phaenogamas, in Chersoneso Taurica et regionibus Caucasicis sponte crescentes. T. II; *Char'kov* : Typis Academicis, 1808
Marschall von Bieberstein 1819
Marschall von Bieberstein, Friedrich August von: Flora Taurico-Caucasica. T. III; *Char'kov :* Typis Academicis, 1819
Martini 1786
Martini, Friedrich Heinrich Wilhelm: Allgemeine Geschichte der Natur in alphabetischer Ordnung; ... 6. Theil; Berlin : Joachim Pauli, 1786
Martinière 1744
La Martinière, Antoine-Augustin Bruzen de: Historisch-Politisch-Geographischer Atlas der gantzen Welt; oder Grosses und vollständiges Geographisch- und Critisches Lexicon ... 1. Theil, A.; Leipzig : Johann Samuel Heinsius, 1744

Martinière 1745
La Martinière, Antoine-Augustin Bruzen de: Historisch-Politisch-Geographischer Atlas der gantzen Welt; oder Grosses und vollständiges Geographisch- und Critisches Lexicon ... 3. Theil, C.; Leipzig : Johann Samuel Heinsius, 1745

Martinière 1745a
La Martinière, Antoine-Augustin Bruzen de: Historisch-Politisch-Geographischer Atlas der gantzen Welt; oder Grosses und vollständiges Geographisch- und Critisches Lexicon ... 4. Theil, D. E. F.; Leipzig : Johann Samuel Heinsius, 1745

Martinière 1746
La Martinière, Antoine-Augustin Bruzen de: Historisch-Politisch-Geographischer Atlas der gantzen Welt; oder Grosses und vollständiges Geographisch- und Critisches Lexicon ... 6. Theil, I.–LL.; Leipzig : Johann Samuel Heinsius, 1746

Martinière 1747a
La Martinière, Antoine-Augustin Bruzen de: Historisch-Politisch-Geographischer Atlas der gantzen Welt; oder Grosses und vollständiges Geographisch- und Critisches Lexicon ... 7. Theil, Lo.–M.; Leipzig : Johann Samuel Heinsius, 1747

Martinière 1747
La Martinière, Antoine-Augustin Bruzen de: Historisch-Politisch-Geographischer Atlas der gantzen Welt; oder Grosses und vollständiges Geographisch- und Critisches Lexicon ... 8. Theil, N.–Ph.; Leipzig : Johann Samuel Heinsius, 1747

Martinière 1748
La Martinière, Antoine-Augustin Bruzen de: Historisch-Politisch-Geographischer Atlas der gantzen Welt; oder Grosses und vollständiges Geographisch- und Critisches Lexicon ... 10. Theil, SAO.–SZY.; Leipzig : Johann Samuel Heinsius, 1748

Marzell 1943–1977
Marzell, Heinrich: Wörterbuch der deutschen Pflanzennamen. 5 Bände; Leipzig : S. Hirzel ; Franz Steiner, 1943–1979

Materialy 1885–1900
Materialy dlja istorii Imperatorskoj Akademii Nauk. 10 Bde; Sankt Petersburg *: Tipografija Imperatorskoj Akademii Nauk*, 1885–1900

Mattioli 1565
Mattioli, Pietro Andrea: Commentarii in sex libros Pedacii Dioscoridis Anazarbai de materia medica ... Venedig : Vincenzo Valgrisi, 1565

Mattioli 1586
Mattioli, Pietro Andrea ; Camerarius, Joachim: De plantis epitome vtilissima, Petri Andreæ Matthioli Senensis, medici excellentissimi, &c. Novis iconibvs et descriptionibus pluribus nunc primum diligenter aucta, a D. Ioachimo Camerario medico inclytæ reip. Noribergensis. ... Frankfurt am Main : Johann Feyerabend, 1586

Mattioli 1678
Mattioli, Pietro Andrea ; Verzascha, Bernhard ; Joachim Camerarius: Neu Vollkommenes Kräuter=Buch ... Basel ; Frankfurt am Main ; Amsterdam : Jeremias Mitz Erben ; Heinrich Wettstein, 1678
Meese 1760
Meese, David: Flora frisica ... Franeker : Jacob Brouwer, 1760
Meinshausen 1871
Meinshausen, Karl Friedrich: Nachrichten über das Wilui-Gebiet in Ostsibirien ... Sankt Petersburg : Kaiserliche Akademie der Wissenschaften, (Baer, Karl Ernst von [Hrsg.]; Helmersen, Gregor von [Hrsg.]: Beiträge zur Kenntniss des Russischen Reiches und der angrenzenden Länder Asiens. 26), 1871
Ménage 1750
Ménage, Gilles: Dictionnaire etymologique de la langue françoise, ... T. 2; Paris : Antoine-Claude Briasson, 1750
Mentzel 1682
Mentzel, Christian: Index nominum plantarum universalis, ... Berlin : Selbstverlag, 1682
Mentzel 1715
Mentzel, Christian: Lexicon plantarum polyglotton universale, ... Berlin : Christoph Gottlieb Nicolai, 1715
Mentzel 1715a
Mentzel, Christian: Pugillus plantarum rariorum. 13 unpaginierte Seiten und 13 Tafeln mit Abbildungen am Anfang aus: Mentzel 1715
Merrett 1667
Merrett, Christopher: Pinax rerum naturalium britannicarum, continens vegetabilia, animalia, et fossilia, ... London : Thomas Roycroft, 1667
Messerschmidt 1962–1977
Messerschmidt, Daniel Gottlieb: Forschungsreise durch Sibirien 1720–1727. 5 Teile. Berlin : Akademie-Verlag, 1962–1977 (Quellen und Studien zur Geschichte Osteuropas; 8)
Meyen 1841
Meyen, Franz Julius Ferdinand ; Nees von Esenbeck, Christian Gottfried: Pflanzen-Pathologie. Lehre von dem kranken Leben und Bilden der Pflanzen ... Berlin : Haude und Spener, 1841
Meyer 1752
Meyer, Johann Daniel: Vorstellung allerhand Thiere mit ihren Gerippen Zweyter Theil ... Nürnberg : Andreas Bieling, 1752
Meyer 1846
Meyer, Carl Anton: Versuch einer Monographie der Gattung Ephedra, ... Sankt Petersburg : Kaiserliche Akademie der Wissenschaften, 1846
Michaelis 1805
Michaelis: Antwort auf die Bemerkungen des Herrn Rathsapotheker Schröder im XIII. Bd. 1. St. des Journals der Pharmacie. S. 270–321 in: Journal der Pharmacie ... 13.

Band, 2. Stück; Leipzig : Siegfried Lebrecht Crusius, 1805
Micheli 1729
Micheli, Pier Antonio: Nova plantarum genera ... Florenz : Bernardo Paperini, 1729
Middendorff 1851
Middendorff, Alexander Theodor von (Hrsg.): Reise in den äussersten Norden und Osten Sibiriens während der Jahre 1843 und 1844. Bd. III. Über die Sprache der Jakuten. ... von Otto Böthlingk. 2 Theile; Sankt Petersburg : Kaiserliche Akademie der Wissenschaften, 1851
Middendorff 1856
Middendorff, Alexander Theodor von (Hrsg.): Reise in den äussersten Norden und Osten Sibiriens während der Jahre 1843 und 1844. ... Bd. I. Theil 2. Botanik. Sankt Petersburg : Buchdruckerei der Kaiserlichen Akademie der Wissenschaften, 1856
Middendorff 1864
Middendorff, Alexander Theodor von (Hrsg.): Reise in den äussersten Norden und Osten Sibiriens während der Jahre 1843 und 1844. ... Bd. IV. Theil 1. Uebersicht der Natur Nord- und Ost-Sibiriens. Vierte Lieferung; Die Gewächse Sibiriens. Sankt Petersburg : Buchdruckerei der Kaiserlichen Akademie der Wissenschaften, 1864
Middendorff 1867
Middendorff, Alexander Theodor von (Hrsg.): Reise in den äussersten Norden und Osten Sibiriens während der Jahre 1843 und 1844. ... Bd. IV. Übersicht der Natur Nord- und Ost-Sibiriens. Theil 1. Einleitung, Geographie, Hydrographie, Orographie, Geognosie, Klima und Gewächse. Sankt Petersburg : Buchdruckerei der Kaiserlichen Akademie der Wissenschaften, 1867
Middendorff 1870
Middendorff, Alexander Theodor von: Die Barabá. In: Mémoires de l'Académie Impériale des Sciences de Saint-Pétersbourg, VII. Serie; Tome XIV. Nr. 9, S. 1–78; Sankt Petersburg ; Riga ; Leipzig : Eggers et Comp. ; Nikolai Georg Kymmel ; David Leopold Voss, 1870
Middendorff 1875
Middendorff, Alexander Theodor von (Hrsg.): Reise in den äussersten Norden und Osten Sibiriens während der Jahre 1843 und 1844. ... Bd. IV. Übersicht der Natur Nord- und Ost-Sibiriens. Theil 2. Die Thierwelt Sibiriens. Die Eingeborenen Sibiriens. Sankt Petersburg : Buchdruckerei der Kaiserlichen Akademie der Wissenschaften, 1875
Miklucho-Maklaj 1870
Miklucho-Maklaj, Nikolaj Nikolaevič: Über einige Schwämme des Nördlichen Stillen Oceans und des Eismeeres, ... In: Mémoires de l'Académie Impériale des Sciences de Saint-Pétersbourg, VII. Serie; Tome XV.

Nr. 3, S. 1–24; Sankt Petersburg ; Riga ; Leipzig : Eggers et Comp. ; Nikolai Georg Kymmel ; David Leopold Voss, 1870
Miller 1722
Miller, Joseph: Botanicum officinale; ... London : E. B. Bell ; John Senex ; William Taylor ; John Osborn, 1722
Miller 1735
Miller, Philip(p): The gardeners dictionary: ... Vol. II; London : Selbstverlag, 1735
Miller 1750
Miller, Philip(p): Das englische Gartenbuch oder Philipp Millers ... Gärtner=Lexicon, ... 1. Theil; Nürnberg : Johann Georg Lochner, 1750
Miller 1751
Miller, Philip(p): Das englische Gartenbuch oder Philipp Millers ... Gärtner=Lexicon, ... 2. Theil; Nürnberg : Johann Georg Lochner, 1751
Miller 1754a
Miller, Philip(p): The gardeners dictionary. ... Vol. II; London : Selbstverlag, 1754
Miller 1754
Miller, Philip(p): The gardeners dictionary. ... Vol. III; London : Selbstverlag, 1754
Miller 1758
Miller, Philip(p): Das englische Gartenbuch, oder Philipp Millers ... Gärtner=Lexicon, ... 3. Theil; Nürnberg : Johann Georg Lochner, 1758
Miller 1766
Miller, Philip(p): Anleitung zu der Pflanzung und Wartung der vornehmsten Küchengewächse. Aus Hrn. Ph. Millers englischem Gärtner=Lexico; ... Bern : Neue Buchhandlung, 1766
Miller 1768
Miller, Philip(p): The gardeners dictionary ... London : Selbstverlag, 1768
Miller 1769
Miller, Philip(p): Allgemeines Gärtner=Lexicon ... 1. Theil; Nürnberg : Johann Adam Lochner, 1769
Miller 1772
Miller, Philip(p): Allgemeines Gärtner=Lexicon ... 2. Theil; Nürnberg : Johann Adam Lochner, 1772
Miller 1776a
Miller, Philip(p): Allgemeines Gärtner=Lexicon ... 3. Theil; Nürnberg : Felßeckeriche Buchhandlung, 1776
Miller 1776
Miller, Philip(p): Allgemeines Gärtner=Lexicon ... 4. Theil; Nürnberg : Felßeckeriche Buchhandlung, 1776
Miller 1807
Miller, Philip(p): The gardener's and botanist's dictionary; ... Vol. II. Part I. K–P; London : F. C. und J. Rivington u. a., 1807
Mills 1767
Mills, John: Vollständiger Lehrbegriff von der praktischen Feldwirthschaft, ... 3. Band. Wien : Johann Thomas (Edler von) Trattnern, 1767

Moench 1777
Moench, Conrad. Enumeratio plantarum indigenarum Hassiae praesertim ... Bd. 1; Kassel : Selbstverlag, 1777
Montrezor 1890
Montrezor, V.: *Obozrenie rastenij, ... (prodolženie)*. S. 457–546 in: *Zapiski Kievskago obščestva estestvoispytatelej. Tom* X, *Vypusk* 3; *Kiev* : *I. N. Kušnerev*, 1890
Morison 1669
Morison, Robert: Hortus regius Blesensis auctus, cum notulis durationis & charactismis plantarum tam additarum, quam non scriptarum; ... London : Thomas Roycroft, 1669
Morison 1672
Morison, Robert: Plantarum umbelliferarum distributio nova, per tabulas cognationis et affinitatis ex libro naturae observata & detecta. Oxford : Theatrum Sheldonianum, 1672
Morison 1680
Morison, Robert: Plantarum historiae universalis Oxoniensis pars secunda seu Herbarum distributio nova, ... Oxford : Theatrum Sheldonianum, 1680
Morison 1699
Morison, Robert: Plantarum historiae universalis Oxoniensis pars tertia seu Herbarum distributio nova, ... Oxford : Theatrum Sheldonianum, 1699
Moritzi 1832
Moritzi, Alexander: Die Pflanzen der Schweiz, ... Chur : Simeon Benedict, 1832
Müller 1737
Müller, Gerhard Friedrich: Geographie und Verfassung von Kamtschatka aus verschiedenen schriftlichen= und mündlichen Nachrichten, gesammlet zu Jakuzk, 1737. S. 1–58 als Anhang in: Steller 1774; als Manuskript vom 21. September 1737: AAW F. 21, Op. 5, D. 59, Bll. 84r–144v
Müller 1750
Müller, Gerhard Friedrich (*Miller*, *Gerard Friderik*): *Opisanie Sibirskago carstva i vsech proizšedšich v nem del, ... Kniga pervaja*; Sankt Petersburg : *Imperatorskaja Akademija Nauk*, 1750
Müller 1760
Müller, Gerhard Friedrich: Nachrichten von der Handlung in Sibirien. In: Sammlung Rußischer Geschichte. Bd. 3, 5.–6. Stück, S. 413–612; Sankt Petersburg : Kayserliche Academie der Wissenschaften, 1760
Müller 1761–1762
Müller, Gerhard Friedrich: Sibirische Geschichte. 1.–5. Buch; In: Sammlung Rußischer Geschichte, Bd. 6, 2.–6. Stück; Sankt Petersburg : Kayserliche Academie der Wissenschaften, 1761–1762
Müller 1777
Müller, Otto Frederik (Hrsg.): Icones plantarum sponte nascentium in regnis Daniæ et Norvegiæ, et in ducatibus Slesvici, Holsatiæ et Oldenburg:

ad illustrandum opus de iisdem plantis, regio jussu exarandum, Flora Danicæ nomine inscriptum; ... Volumen quartum, continens fasciculos X. XI. XII. seu tabulas DXLI–DCCXX. Kopenhagen : Martin Hallager, 1777

Münchhausen 1770
Münchhausen, Otto von (Hrsg.): II. Ausführliches Verzeichniß aller Bäume und Stauden, welche in Deutschland in freyer Luft fortkommen, oder als solche angesehen werden können. S. 79–368 in: Der Hausvater, 5. Theil, 1. Stück; Hannover : Nicolaus Förster und Sohns Erben, 1770

Munkácsi 1896
Munkácsi, Bernát: A votják nyelv szótára. Magyar Tudományos Akadémia, Budapest, 1896

Murray 1778
Murray, Johann Andreas: Observationes botanicae in stirpes quasdam minus cognitas. S. 34–49 in Novi commentarii Societatis Regiae Scientiarum Gottingensis, Bd. 8 (für 1777); Göttingen : Johann Christian Dieterich, 1778

Murray 1782
Murray, Johann Andreas: Arzneyvorrath oder Anleitung zur praktischen Kenntniß der einfachen, zubereiteten und gemischten Heilmittel. Bd. 2; Braunschweig : Waisenhausbuchhandlung, 1782

Myreeva 2004
Myreeva, Anna Nikolaevna (Hrsg.): *Ėvenkijsko-Russkij slovar'. Novosibirsk* : *Nauka*, 2004

Neilreich 1866
Neilreich, August: Die botanischen Leistungen des Dr. Burser und des Conte Marsigli in Nieder-Oesterreich. S. 389–412 in: Verhandlungen der kaiserlich-königlichen zoologisch-botanischen Gesellschaft in Wien. Jahrgang 1866. XVI. Band. Wien : Wilhelm Ritter von Braumüller, 1866

Nemnich 1793a
Nemnich, Philipp Andreas: Allgemeines Polyglotten=Lexicon der Naturgeschichte. ... 1. Lieferung; A=Can. Hamburg ; Halle : Philipp Andreas Nemnich ; Johann Jacob Gebauer, 1793

Nemnich 1793
Nemnich, Philipp Andreas: Allgemeines Polyglotten-Lexicon der Naturgeschichte. 2. Lieferung; CAP=FUS. Hamburg ; Halle : Philipp Andreas Nemnich ; Adam Gottlieb Böhme, 1793

Nemnich 1794
Nemnich, Philipp Andreas: Allgemeines Polyglotten-Lexicon der Naturgeschichte. 3. Lieferung; G=N. Hamburg ; Leipzig : Philipp Andreas Nemnich ; Adam Friedrich Böhme, 1794

Nemnich 1795
Nemnich, Philipp Andreas: Allgemeines Polyglotten-Lexicon der Naturgeschichte. 4. Lieferung; O=Z. Hamburg ; Leipzig :

Philipp Andreas Nemnich ; Adam Friedrich Böhme, 1795
Nestler 1816
Nestler, Christian Gottfried: Monographia De Potentilla præmissis nonnullis observationibus circa familiam Rosacearum, ... Argentoratum (Strasbourg) ; London : Jean-Georges Treuttel ; Jean-Godefroy Würtz ; Ambroise Firmin Didot, 1816
Niceus 1800
Niceus, Christian Friedrich: Pharmakologisches Lexikon oder medicinische und chirurgische Heilmittellehre ... 1. Band; Mainz ; Hamburg : Gottfried Vollmer, 1800
Nickol/Hintzsche 2002
Nickol, Thomas ; Hintzsche, Wieland: Dialektik und Humor am Rande: Georg Wilhelm Stellers (1709–1746) Vidimation einer Abschrift seiner Flora Irkutiensis. S. 53–66 in: (Kästner, Ingrid [Hrsg.] : Engelhardt, Dietrich von [Hrsg.] Deutsch-russische Beziehungen in Medizin und Naturwissenschaften; 5; Aachen : Shaker, 2002)
Oeder 1766
Oeder, Georg Christian (Hrsg.): Abbildungen der Pflanzen, welche in den Königreichen Dännemark und Norwegen, in den Herzogthümern Schleßwig und Holstein, und in den Graffschaften Oldenburg und Delmenhorst wild wachsen: zu Erläuterung des unter dem Titel Flora Danica, … veranstalteten Werkes … Band 2, IV.–VI. Heft; Kopenhagen : Nicolaus Möller, 1766
Oelke 1970
Oelke, Eckhard: Der alte Bergbau um Schwenda und Stolberg/Harz. In: Hercynia, N. F. 7, S. 337–354, Halle, 1970
Ohlert 1871
Ohlert, Arnold: Zusammenstellung der Lichenen der Provinz Preussen. S. 1–51 in: Schriften der Königlichen physikalisch-ökonomischen Gesellschaft zu Königsberg. 11. Jahrgang. 1871. Königsberg : Wilhelm Koch, 1871
Okladnikov 1968–1969
Okladnikov, Aleksej Pavlovič et al. (Hrsg.): *Istorija Sibiri s drevnejšich vremen do našich dnej.* 5 Bände; *Leningrad* : *Nauka*, 1968–1969
Onomatologia 1755
Onomatologia medica completa oder Medicinisches Lexicon ... Ulm ; Frankfurt am Main ; Leipzig : Johann Friedrich Gaum, 1755
Opisanie 1834
Opisanie monastyrej v Rossijskoj Imperii nachodjaščichsja, ... Moskva : *Tipografija S. Selinanovskago*, 1834
Pallas 1771
Pallas, Peter Simon: Reise durch verschiedene Provinzen des Rußischen Reichs. 1. Theil; Sankt Petersburg : Kayserliche Akademie der Wissenschaften, 1771

Pallas 1773
Pallas, Peter Simon: Reise durch verschiedene Provinzen des Rußischen Reichs. 2. Theil; Sankt Petersburg : Kayserliche Akademie der Wissenschaften, 1773
Pallas 1776
Pallas, Peter Simon: Reise durch verschiedene Provinzen des Rußischen Reichs. 3. Theil; Sankt Petersburg : Kayserliche Akademie der Wissenschaften, 1776
Pallas 1776a
Pallas, Peter Simon: Sammlungen historischer Nachrichten über die Mongolischen Völkerschaften ... Erster Theil; Sankt Petersburg : Kayserliche Akademie der Wissenschaften, 1776
Pallas 1778
Pallas, Peter Simon: Reise durch verschiedene Provinzen des Russischen Reichs in einem ausführlichen Auszuge. Dritter Theil in denen Jahren 1772–1773. Frankfurt ; Leipzig : Johann Georg Fleischer, 1778
Pallas 1781
Pallas, Peter Simon: IV. Vergleichung einiger in Schweden, Rußland, Sibirien und den daran gränzenden Wüsteneyen bemerkten tödtlichen Krankheiten, die man füglich unter dem Namen der Brandbeulen zusammenfassen kann. S. 113–131 in: Nordische Beyträge zur physikalischen und geographischen Erd= und Völkerbeschreibung, Naturgeschichte und Oekonomie (Hrsg. Peter Simon Pallas), 1. Band, 1. Stück; Sankt Petersburg ; Leipzig : Johann Zacharias Logan, 1781
Pallas 1781a
Pallas, Peter Simon: 14. Aus Berichten des Translateurs Jährig von Jenataefka zu verschiedenen Zeiten. S. 163f. in: Nordische Beyträge zur physikalischen und geographischen Erd= und Völkerbeschreibung, Naturgeschichte und Oekonomie (Hrsg. Peter Simon Pallas), 1. Band, 1. Stück; Sankt Petersburg ; Leipzig : Johann Zacharias Logan, 1781
Pallas 1784
Pallas, Peter Simon: Flora Rossica seu stirpium Imperii Rossici per Europam et Asiam indigenarum descriptiones et icones iussu et auspiciis Catharinae II. Augustae. Tomi I. Pars I. Sankt Petersburg : Typographia Imperialis Johann Jakob Weitbrecht, 1784
Pallas 1788
Pallas, Peter Simon: Flora Rossica seu stirpium Imperii Rossici per Europam et Asiam indigenarum descriptiones et icones jussu et auspiciis Catharinae II. Augustae. Tomi I. Pars II. Sankt Petersburg : Typographia Imperialis, 1788
Pallas 1788a
Pallas, Peter Simon: Extrait des lettres de Mrs. Järig & Hablitzl', lues à l'Académie, le 1er Decembre, ... S. 81–86 der Historia für

1785 in: Nova Acta Academiae Scientiarum Imperialis Petropolitanae, T. 3, Sankt Petersburg : Akademie der Wissenschaften, 1788
Pallas 1800
Pallas, Peter Simon: Species Astragalorum descriptae et iconibus coloratis illustratae. Leipzig : Gottfried Martini, 1800
Pallas 1811–1831
Pallas, Peter Simon: Zoographia Rosso-Asiatica, sistens omnium animalium in extenso Imperio Rossico et adjacentibus maribus observatorum recensionem, domicilia, mores et descriptiones, anatomen atque icones plurimorum. Vol. I–III. St. Petersburg : Officina Caesarea Academiae scientiarum, 1811–1831
Parkinson 1629
Parkinson, John: Paradisi in sole paradisus terrestris. ... London : Humphrey Lownes ; Robert Young, 1629
Parkinson 1640
Parkinson, John: Theatrum botanicum: the theater of plants. or, An herball of a large extent ... London : Thomas Cotes, 1640
Parlatore 1858
Parlatore, Filippo: Flora Italiana, ... Vol. III; Florenz : Felice Le Monnier, 1858
Paulet 1793
Paulet, Jean-Jacques: Traité des champignonsn ... T. I. Paris : l'Imprimerie ... du Louvre, 1793
Pawlowski 1859
Pawlowski, Iwan Jakowlewitsch (*Pavlovskij, Ivan Jakovlevič*): Vollständiges Russisch=Deutsches Wörterbuch. 2 Teile; Riga : Nikolai Georg Kymmel, 1859
Pawlowski 1902
Pawlowski, Iwan Jakowlewitsch (*Pavlovskij, Ivan Jakovlevič*): Deutsch-Russisches Wörterbuch. Riga ; Leipzig : Nikolai Georg Kymmel ; Carl Friedrich Fleischer, 1902
Pawlowski 1952
Pawlowski, Iwan Jakowlewitsch (*Pavlovskij, Ivan Jakovlevič*): Russisch-Deutsches Wörterbuch. 2 Teile, Nachdruck der 3. Auflage; Leipzig : VEB Bibliographisches Institut, 1952
Pekarskij 1958–1959
Pekarskij, *Ėduard Karlovič*: *Slovar' jakutskogo jazyka.* 3 Bände. 2. Aufl. *Leningrad* : *Akademija Nauk SSSR*, 1958–1959
Pennant 1787
Pennant, Thomas: Thiergeschichte der nördlichen Polarländer. 1. Theil; Leipzig : Siegfried Lebrecht Crusius, 1787
Perrot 1833
Perrot, Claude: Praktisches Handbuch der Farbenbereitung. Oder gründlich Anweisung, alle in der Oel-, Wasser-, Tusch-, Pastell-, Emaille-, Seiden- und Wachsmalerei gebräuchliche Farben zu bereiten und anzuwenden, nebst den in dieser Hinsicht gemachten neuesten Verbesserungen und Entdeckungen. Für Farbenbereiter und Maler.

2. Auflage. Quedlinburg ; Leipzig : Gottfried Basse, 1833

Persoon 1801
Persoon, Christian Hendrik: Synopsis methodica fungorum. ... Göttingen : Heinrich Dieterich, 1801

Petiver1695
Petiver, James: Musei Petiveriani centuria prima [– decima], rariora naturae ... London : Samuel Smith ; Benjamin Walford, 1695

Pierer 1857–1865
Pierer's Universal-Lexikon der Vergangenheit und Gegenwart oder Neuestes encyclopädisches Wörterbuch der Wissenschaften, Künste und Gewerbe. 19 Bde. 4. Aufl. Altenburg : Pierer, 1857–1865

Pilletier 1610
Pilletier, Gaspard: Plantarum, tum patriarum, tum exoticarum in Walchria, Zeelandia, insula nascentium synonymia. Middelburg : Richard Schilders, 1610

Plenck 1784
Plenck, Joseph Jakob Edler von: Bromatologia seu Doctrina de esculentis et potulentis. Wien : Rudolf Gräffer, 1784

Plieninger 1861
Plieninger, Wilhelm Heinrich Theodor: Joannis Georgii Gmelini ... Reliquias quae supersunt commercii epistolici cum Carolo Linnaeo, Alberto Hallero, Guilielmo Stellero et al., ... Stuttgart : C. F. Hering, 1861

Plinius 2007
Möller, Lenelotte (Hrsg.) ; Vogel, Manuel (Hrsg.): Die Naturgeschichte des Caius Plinius Secundus. 2 Bände; Wiesbaden : marixverlag, 2007

Plukenet 1696
Plukenet, Leonard: Almagestum botanicum sive Phytographiæ Pluc'netianæ onomasticon methodo syntheticâ digestum ... London : Selbstverlag, 1696

Pollini 1822
Pollini, Ciro: Flora Veronensis quam in prodromum florae Italiae septentrionalis ... Bd. 1; Verona : Societas Typographica, 1822

Pollini 1822a
Pollini, Ciro: Flora Veronensis quam in prodromum florae Italiae septentrionalis ... Bd. 2; Verona : Societas Typographica, 1822

Polunin 1788a
Polunin, Fedor Afanas'evič: *Novyj i polnyj geografičeskij slovar' Rossijskago gosudarstva, ili leksikon*, ... Teil 1; Moskau : *Universiteskaja tipografija*, 1788

Polunin 1788
Polunin, Fedor Afanas'evič: *Novyj i polnyj geografičeskij slovar' Rossijskago gosudarstva, ili leksikon*, ... Teil 2; Moskau : *Universiteskaja tipografija*, 1788

Polunin 1789
Polunin, Fedor Afanas'evič: *Novyj i polnyj geografičeskij slovar' Rossijskago gosudarstva, ili leksikon*, ... Teil 5; Moskau : *Universiteskaja tipografija*, 1789

Polunin 1789a
Polunin, Fedor Afanas'evič: *Novyj i polnyj geografičeskij slovar' Rossijskago gosudarstva, ili leksikon*, ... Teil 6; Moskau : *Universiteskaja tipografija*, 1789

Polunin/Müller 1773
Polunin, Fedor Afanas'evič ; Müller, Gerhard Friedrich (Hrsg.): *Geografičeskij leksikon Rossijskago gosudarstva*, ... Moskau : Kaiserliche Universität Moskau, 1773

Pomay 1767
Pomay, François: Le grand dictionnaire royal en trois langues, savoir la françoise, la latine et l'allemande, ... Partie I. Augsburg ; Frankfurt ; Leipzig : Matthäus Rieger, 1767

Presl 1836
Presl, Carl Bořiwog: Bemerkungen über den Bau der Blumen der Balsamineen; S. 2–54 in: Abhandlungen der königlich böhmischen Gesellschaft der Wissenschaften ; N. F. [= 4. Folge], 5, 1837; Prag : Gottlieb Haase Söhne, 1836

Protokoly 1897–1900
Protokoly Zasedanij Konferencii Imperatorskoj Akademii Nauk s 1725 *po* 1803 *goda.* 3 Bände. St. Petersburg : *Tipografija Imperatorskoj Akademii Nauk*, 1897–1900

Purton 1821
Purton, Thomas: An appendix to the Midland Flora; ... Vol. III, Part II. London : Longman et al., 1821

Rabenhorst 1889
Rabenhorst, Ludwig ; Luerssen, Christian: Kryptogamen-Flora … 3. Band. Die Farnpflanzen … Leipzig : Eduard Kummer, 1889

Rabenhorst 1890
Rabenhorst, Ludwig ; Limpricht, Karl Gustav: Kryptogamen-Flora … 4. Band. Die Laubmoose ... 1. Abtheilung; Leipzig : Eduard Kummer, 1890

Rabenhorst 1895
Rabenhorst, Ludwig ; Limpricht, Karl Gustav: Kryptogamen-Flora … 4. Band. Die Laubmoose ... 2. Abtheilung; Leipzig : Eduard Kummer, 1895

Radde 1861
Radde, Gustav Ferdinand Richard ; Regel, Eduard August: Reisen in den Süden von Ost-Sibirien im Auftrage der Kaiserlichen Russischen Geographischen Gesellschaft ausgeführt in den Jahren 1855–1859 ... Botanische Abtheilung. ... Bd. 1; Moskau : Buchdruckerei der Kaiserlichen Universität, 1861

Radius 1821
Radius, Justus: Dissertatio de Pyrola et Chimophila. ... Leipzig : C. H. F. Hartmann, 1821

Radloff 1968
Radloff, Wilhelm: Aus Sibirien – Lose Blätter aus meinem Tagebuche. 2 Bände, (Nachdruck der Ausgabe Leipzig 1893); Oosterhout : Anthropological Publications, 1968

Ray 1677
Ray, John: Catalogus plantarum Angliæ, et insularum adjacentium: tum indigenas, tum in agris passim cultas complectens. ... London : Andrew Clark, 1677
Ray 1686
Ray, John: Historia plantarum species hactenus editas aliasque insuper multas noviter inventas & descriptas complectens. In qua agitur primò de plantis in genere, earúmque partibus, accidentibus & differentiis; deinde genera omnia tum summa tum subalterna ad species usque infimas, notis suis certis & characteristicis definita, methodo naturae vestigiis insistente disponuntur; species singulae accurate describuntur, obscura illustrantur, omissa supplentur, superflua resecantur, synonyma necessaria adjiciunctur; vires denique & usus recepti compendiò traduntur. ... Tomus primus. London : Henry Faithorne ; John Kersey, 1686
Ray 1693
Ray, John: Joannis Raii Historiae plantarum tomus secundus: cum duplici indice; generali altero nominum & synonymorum praecipuorum; altero affectuum & remediorum: accessit nomenclator botanicus Anglo-Latinus. London : Samuel Smith ; Benjamin Walford, 1693
Ray 1694
Ray, John: Stirpium Europaearum extra Britannias nascentium sylloge. ... London : Samuel Smith ; Benjamin Walford, 1694
Ray 1696
Ray, John: Synopsis methodica stirpium Britannicarum, ... London : Samuel Smith ; Benjamin Walford, 1696
Ray 1703
Ray, John: Joannis Raji Societatis Regiae Socii, Methodus plantarum emendata et aucta. In quâ notae maxime characteristicae exhibentur, quibus stirpium genera tum summa, tum infima cognoscuntur & à se mutuo dignoscuntur, non necessariis omissis. Accedit Methodus graminum, juncorum et cyperorum specialis. Eodem Auctore. London : Samuel Smith ; Benjamin Walford, 1703
Ray 1704
Ray, John: Joannis Raii, Societatis Regiae Socii, Historiae plantarum. tomus tertius: qui est supplementum duorum praecedentium: species omnes vel omissas, vel post volumina illa evulgata editas, praeter innumeras fere novas & indictas ab amicis communicatas complectens: cum Synonymis necessariis, et usibus in cibo, medicina, & mechanicis: addito ad opus consummandum generum indice copioso. Accessit Historia stirpium ins. Luzonis & reliquarum Philippinarum a R. P. Geo. Jos. Camello, Moravo-Brunensi, S. J. conscripta. Item D. Jos. Pitton Tournefort, M. D.

Parisiensis, & in Horto Reg. botanices professoris, Corollarium Institutionum Rei Herbariae. London : Samuel Smith ; Benjamin Walford, 1704
Ray 1724
Ray, John: Synopsis methodica stirpium Britannicarum: ... Editio tertia; London : William Innys ; John Innys, 1724
Ray 1733
Ray, John: Joannis Raji Societatis Regiae Socii, Methodus plantarum emendata et aucta. In quâ notae maxime characteristicae exhibentur, quibus stirpium genera tum summa, tum infima cognoscuntur & à se mutuo dignoscuntur, non necessariis omissis. Accedit Methodus graminum, juncorum et cyperorum specialis. Eodem Auctore. London : Christian Andreas Myntsing, 1733
Reichardt 1868
Reichardt, Heinrich Wilhelm: Bemerkungen zu Neilreich's Abhandlung [s. Neilreich 1866] über die botanischen Leistungen Burser's und Marsigil's in Nieder-Oesterreich von P. Th. A. Bruhin. S. 51–52 in: Sitzungsberichte der Verhandlungen der kaiserlich-königlichen zoologisch-botanischen Gesellschaft in Wien. Jahrgang 1868. XVIII. Band. Wien : Wilhelm Ritter von Braumüller, 1868
Reichenbach 1853
Reichenbach, Heinrich Gustav: Die Cynarocephalen und Calendulaceen der deutschen Flora. Leipzig : Ambrosius Abel, 1853
Reichert 1879
Reichert, Karl W. G. Ritter von: Ein Beitrag zur Geschichte der Moxa. Inaugural-Dissertation ... Leipzig : J. B. Hirschfeld, 1879
Richter 1827
Richter, Georg August: Ausführliche Arzneimittellehre. ... 2. Band; Berlin : August Rücker, 1827
Richter 1832
Richter, Georg August: Ausführliche Arzneimittellehre. ... 3. Band; Wien : Michael Lechner, 1832
Richter 1832a
Richter, Georg August: Ausführliche Arzneimittellehre. ... Supplement-Band; Berlin : August Rücker, 1832
Richter 1832b
Richter, Georg August: Ausführliche Arzneimittellehre ... 2. Band; Wien : Michael Lechner, 1832
Richter 1832c
Richter, Georg August: Ausführliche Arzneimittellehre. ... 1. Band; Wien : Michael Lechner, 1832
Richter 1840
Richter, Hermann Eberhard Friedrich: Caroli Linnaei systema, genera, species plantarum ... sive Codex botanicus Linnaeanus ... Leipzig : Otto Wigand, 1840
Riedel 1769
Riedel, Johann Christoph: Johann Christoph Riedels verbessertes

und vermehrtes Gartenlexicon ...; Nordhausen : Carl Gottfried Groß, 1769
Rivinus 1690
Rivinus, Augustus Quirinus: D. A. Q. R. Ordo plantarum quae sunt flore irregulari monopetalo. Leipzig : Christoph Fleischer, 1690
Rivinus 1691
Rivinus, Augustus Quirinus: D. A. Q. R. Ordo plantarum quae sunt flore irregulari tetrapetalo. Leipzig : Christoph Fleischer, 1691
Rivinus 1699
Rivinus, Augustus Quirinus: D. A. Q. R. Ordo plantarum quae sunt flore irregulari pentapetalo. Leipzig : Johann Heinrich Richter, 1699
Röhling 1800
Röhling, Johann Christoph: Moosgeschichte Deutschlands 1. Theil; Bremen : Friedrich Wilmans, 1800
Röhling 1823
Röhling, Johann Christoph: Deutschlands Flora. ... Bd. 1; Frankfurt am Main : Friedrich Wilmans, 1823
Röhling 1826
Röhling, Johann Christoph: Deutschlands Flora. ... Bd. 2; Frankfurt am Main : Friedrich Wilmans, 1826
Röhling 1831
Röhling, Johann Christoph: Deutschlands Flora. ... Bd. 3; Frankfurt am Main : Friedrich Wilmans, 1831
Röhling 1833
Röhling, Johann Christoph: Deutschlands Flora. ... Bd. 4; Frankfurt am Main : Friedrich Wilmans, 1833
Röhling 1839
Röhling, Johann Christoph ; Koch, Wilhelm Daniel Joseph: J. C. Röhlings Deutschlands Flora. ... Bd. 5; Frankfurt am Main : Friedrich Wilmans, 1839
Röper 1840
Röper, Johannes August Christian: Verzeichniß der Gräser Mecklenburgs. Rostock : Adlers Erben, 1840
Röper 1843
Röper, Johannes August Christian: Zur Flora Mecklenburgs. Rostock : G. B. Leopold, 1843
Rosenthal 1862
Rosenthal, David August: Synopsis plantarum diaphoricarum. Systematische Uebersicht der Heil-, Nutz- und Giftpflanzen aller Länder. Erlangen : Ferdinand Enke, 1862
Roth 1789
Roth, Albrecht (Albert) Wilhelm: Tentamen florae Germanicae. Tomvs II; Pars prior; Leipzig : I. (Johann?) G. Müller, 1789
Roth 1793
Roth, Albrecht (Albert) Wilhelm: Tentamen florae Germanicae. Tomvs II; Pars secunda; Leipzig : I. (Johann) G. Müller, 1793
Roth 1800
Roth, Albrecht (Albert) Wilhelm: Tentamen florae Germanicae. Tomvs III; Pars prior; Leipzig : Bibliopolio Gleditschiano, 1800

Roth 1827
Roth, Albrecht (Albert) Wilhelm: Enumeratio plantarum phaenogamarum ... Pars prima, sectio posterior; Leipzig : Johann Friedrich Gleditsch, 1827
Roucel 1803
Roucel, François Antoine: Flore du Nord de la France, ... Bd. 2; Paris : Witwe Richard, 1803
Royen 1740
Royen, Adrian van: Florae Leydensis prodromus, ... Leiden : Samuel Luchtmans, 1740
Ruchte 1869
Ruchte, Sebastian: Repetitorium der Botanik: Vierundvierzig Fragen aus der Botanik für Mediziner und Pharmazeuten. München : J. J. Lentner'sche Buchhandlung, 1869
Rudolph 1766
Rudolph, Daniel Gottlob: Hand=Buch oder kurze Anweisung wie man Naturalien=Sammlungen mit Nutzen betrachten soll ... Leipzig : Johann Gottlob Rothe, 1766
Rupp 1718
Rupp, Heinrich Bernhard: Henr. Bernh. Rvppii Flora Ienensis sive enumeratio plantarum, ... Frankfurt ; Leipzig : Ernestus Claudius Bailliar, 1718
Rupp 1726
Rupp, Heinrich Bernhard: Henr. Bernh. Rvppii Flora Ienensis sive enumeratio plantarum, ... Frankfurt ; Leipzig : Ernestus Claudius Bailliar, 1726
Rupp 1745
Rupp, Heinrich Bernhard ; Haller, Albrecht von: Flora Ienensis Henrici Bernhardi Rvppii ... Jena : Christian Heinrich Cuno, 1745
Ruprecht 1845
Ruprecht, Franz Joseph: Distributio cryptogamarum vascularium in Imperio Rossico. S. 1–56 in: Beiträge zur Pflanzenkunde des Russischen Reiches. 3. Lieferung; Sankt Petersburg : Kaiserliche Akademie der Wissenschaften, 1845
Ruprecht 1869
Ruprecht, Franz Joseph: Flora Caucasi. Pars 1. In: Mémoires de l'Académie Impériale des Sciences de St.-Pétersbourg, VIIe Série, Tome XV, N° 2., S. 1–302; Sankt Petersburg ; Riga ; Leipzig : Eggers et Comp. et al., 1872
Russow 1900
Russow, Friedrich Nikolaus (*Russov, Fedor Karlovič*) (Hrsg.): Beiträge zur Geschichte der ethnographischen und anthropologischen Sammlungen der Kaiserlichen Akademie der Wissenschaften zu St.-Petersburg. ... Sankt Petersburg : Kaiserliche Akademie der Wissenschaften, 1900
Ryčkov 1770
Ryčkov, Nikolaj Petrovič: *Žurnal ili dnevnyja zapiski putešestvija kapitana Ryčkova po raznym provincijam Rossijskago gosudarstva*, 1769 *i* 1770 *godu*. Sankt Petersburg : Kaiserliche Akademie der Wissenschaften, 1770

Ryčkov 1774
Rytschkow, Nikolaus (*Ryčkov, Nikolaj Petrovič*): Herrn Nikolaus Rytschkow kaiserl. rußischen Capitains Tagebuch über seine Reise durch verschiedene Provinzen des rußischen Reichs in den Jahren 1769. 1770. und 1771 ... Riga : Johann Friedrich Hartknoch, 1774

Sachs 1980
Sachs, Hannelore ; Badstübner, Ernst ; Neumann, Helga: Christliche Ikonographie in Stichworten. Leipzig : Koehler & Amelang, 1980

Safronov 1957
Safronov, Fedot Grigor'evič: *Gorod Jakutsk v* XVII – *načale* XIX *vekov. Jakutsk* : *Jakutskoe knižnoe izdatel'stvo*, 1957

Saint-Lager 1880
Saint-Lager, Jean Baptiste: Réforme de la nomenclature botanique. S. 1–154 in: Annales de la Société Botanique de Lyon septième année. – 1878–1879; Lyon : Société Botanique, 1880

Šangin 1793
Šangin, Petr Ivanovič (Schangin, Peter Iwanowitsch): Beschreibung einer merkwürdigen mineralogisch botanischen Reise im höchsten Altaischen Gebürge. S. 27–118 in: Neue Nordische Beyträge zur physikalischen und geographischen Erd= und Völkerbeschreibung, Naturgeschichte und Oekonomie (Hrsg. Peter Simon Pallas), 6. Band; Sankt Petersburg ; Leipzig : Johann Zacharias Logan, 1793

Ščeglov 1993
Ščeglov, Ivan Vasil'evič: *Chronologičeskij perečen' važnejšich dannych iz istorii Sibiri* 1032–1882 *gg.*; *Surgut* : *Severnyj dom*, 1993

Schäffer 1662
Schäffer, Carl: Deliciae botanicae Hallenses seu Catalogus plantarum indigenarum quae in locis herbosis, pratensibus, montosis, ... Halle : Christoph Salfeld, 1662

Schaeffer 1800a
Schaeffer, Jacob Christian ; Persoon, Christian Hendrik: Fvngorum qvi in Bavaria et Palatinatv circa Ratisbonam nascvntvr ... T. 3; Erlangen : Johann Jacob Palm, 1800

Schaeffer 1800
Schaeffer, Jacob Christian ; Persoon, Christian Hendrik: Fvngorum qvi in Bavaria et Palatinatv circa Ratisbonam nascvntvr ... T. 4; Erlangen : Johann Jacob Palm, 1800

Scheller 1805
Scheller, Immanuel Johann Gerhard: Imman. Joh. Gerhard Schellers ausführliches und möglichst vollständiges deutsch=lateinisches Lexicon ... Leipzig : Caspar Fritsch, 1805

Scheuchzer 1708
Scheuchzer, Johannes: Agrostographiae Helveticae prodromus sistens binas graminum Alpinorum hactenus non descriptorum,

& quorundam ambiguorum decades. Zürich : Selbstverlag, 1708

Scheuchzer 1719
Scheuchzer, Johannes: Agrostographia sive Graminum, Juncorum, Cyperorum, Cyperoidum, iisque affinum Historia. Zürich : Hans Heinrich (II.) Bodmer, 1719

Scheuchzer 1719a
Scheuchzer, Johannes: Operis agrostographici idea ... Zürich : Hans Heinrich (II.) Bodmer, 1719

Scheuchzer 1723
Scheuchzer, Johann Jakob: ΟΥΡΕΣΙΦΟΙΤΗΣ [Ouresiphoites] Helveticus, sive Itinera per Helvetiae alpinas regiones facta annis MDCCII. MDCCIII. MDCCIV. MDCCV. MDCCVI. MDCCVII. MDCCIX. MDCCX. MDCCXI ... Leiden : Pieter van der Aa, 1723

Scheuchzer 1775
Scheuchzer, Johannes: Joh. Scheuchzeri Agrostographia sive graminum, juncorum, cyperorum, cyperoidum, iisque affinum historia. ... Zürich : Hans Konrad von Orell ; Salomon Geßner ; Johann Rudolf Füßli, 1775

Schkuhr 1801
Schkuhr, Christian: Beschreibung und Abbildung der theils bekannten, theils noch nicht beschriebenen Arten von Riedgräsern ... Wittenberg : Selbstverlag, 1801

Schlechtendal 1816
Schlechtendal, Dietrich Friedrich Carl von: XXVII. Uebersicht der in Willdenows Pflanzensammlung aufbewahrten Potentillen. S. 283–297 in: Der Gesellschaft naturforschender Freunde zu Berlin Magazin für die neuesten Entdeckungen in der gesammten Naturkunde. 7. Jahrgang; Berlin : Realschulbuchhandlung, 1816

Schmid/Curtmann 1856
Schmid, E. F. ; Curtmann, Wilhelm Jakob: Das Pflanzenreich. I. Theil. Darmstadt : Johann Philipp Diehl, 1856

Schmidel 1783
Schmidel, Casimir Christoph: Icones plantarum et analyses partium aeri incisae atque vivis coloribus insignitae ... Nürnberg : Felsecker, 1783

Schmidlin 1771a
Schmidlin, Johann Joseph: Catholicon ou Dictionnaire universel de la langue françoise ... [Teil] A Hamburg ; Leipzig : Isaac Estienne ; Christian Gottlob Hilscher, 1771

Schmidlin 1772
Schmidlin, Johann Joseph: Catholicon ou Dictionnaire universel de la langue françoise ... [Teil] I; Hamburg ; Leipzig : Isaac Estienne ; Christian Gottlob Hilscher; 1772

Schmidlin 1772a
Schmidlin, Johann Joseph: Catholicon ou Dictionnaire universel de la langue françoise ... [Teil] H; Hamburg ; Leipzig : Isaac Estienne ; Christian Gottlob Hilscher; 1772

Schmidt 1868
Schmidt, Friedrich: Reisen im Amur-Lande und auf der Insel Sachalin, ... In: Mémoires de l'Académie des Sciences de St.-Pétersbourg, VIIe Série, Tome XII, N° 2., S. 1–224, Sankt Petersburg, 1868

Schmidt 1872
Schmidt, Friedrich: Wissenschaftliche Resultate der zur Aufsuchung eines angekündigten Mammutcadavers von der Kaiserlichen Akademie der Wissenschaften an den unteren Jenissei ausgesandten Expedition. In: Mémoires de l'Académie des Sciences de St.-Pétersbourg, VIIe Série, Tome XVIII, N° 1., S. 1–168, Sankt Petersburg, 1872

Schmieder 1717
Schmieder, Sigismund: Schediasma curiosum pathologico-medicum de polypo oesophagi vermi-formi rarissimo, a quotidiano pulveris sternutatorii Hispanici, vulgo spaniol abusu progenito ... Delitzsch : Christian Vogelsang, 1717

Schneider 1806
Schneider, Johann Gottlob: Kritisches Griechisch-Deutsches Wörterbuch ... 2. Band Λ–Ω. Jena ; Leipzig : Friedrich Frommann, 1806

Schrader 1799
Schrader, Heinrich Adolf: Abermalige Revision der Gattung Usnea in des Herrn Professor's Hoffmann Flora Deutschlands zweiten Theile. ... Göttingen : Johann Christian Dieterich, 1799

Schrader 1806
Schrader, Heinrich Adolf: Flora Germanica. T. 1. Göttingen : Heinrich Dieterich, 1806

Schreber 1760
Schreber, Daniel Gottfried; Sammlung verschiedener Schriften, welche in die öconomischen, Policey= und cameral=, auch andere verwandte Wissenschaften einschlagen. 6. Theil; Halle : Johann Jacob Curt, 1760

Schreber 1769
Schreber, Johann Christian Daniel: D. Johann Christian Daniel Schrebers ... Beschreibung Gräser nebst ihren Abbildungen nach der Natur. 1. Theil; Leipzig : Siegfried Lebrecht Crusius, 1769

Schreber 1770
Schreber, Johann Christian Daniel: D. Johann Christian Daniel Schrebers Botanisch= Oeconomische Beschreibung und Abbildungen der Gräser 2ten Theils 1ste Ausgabe ... von der 21sten bis zur 24sten Platte. Leipzig : Siegfried Lebrecht Crusius, 1770

Schreber 1771
Schreber, Johann Christian Daniel: Spicilegium florae Lipsicae. Leipzig : Bibliopolio Dykiana, 1771

Schröter 1782
Schröter, Johann Samuel: Lithologisches Real= und Verballexikon, ... Bd. 5; Frankfurt am Main : Varrentrapp Sohn ; Johann Conrad Wenner, 1782

Schultz 1792
Schultz, Franz Johann: Abbildung der inn= und ausländischen Bäume, Stauden und Sträuche, ... 2. Band; Wien : Rudolph Sammer, 1792
Schwabe 1871
Schwabe, Hermann (Hrsg.): J. C. Nelkenbrecher's allgemeines Taschenbuch der Münz-, Maaß- und Gewichtskunde, ... Berlin : Georg Reimer, 1871
Schweigger 1812
Schweigger, August Friedrich: Bemerkungen auf einer botanischen Reise von Königsberg über Pillau längst dem Strande nach Memel. S. 206–235 in: Königsberger Archiv für Naturwissenschaft und Mathematik, Bd. 1, Königsberg : Friedrich Nicolovius, 1812
Schwenckfeld 1600
Schwenkfeld, Caspar: Stirpium & fossilium Silesiae catalogus. ... Leipzig : David Albrecht, 1600
Scopoli 1772
Scopoli, Giovanni Antonio: Flora carniolica exhibens plantas carniolae indigenas ... Bd. 1; Wien : Johann Paul Krauss, 1772
Scopoli 1772a
Scopoli, Giovanni Antonio: Flora carniolica exhibens plantas carniolae indigenas ... Bd. 2; Wien : Johann Paul Krauss, 1772
Séguier 1754
Séguier, Jean-François: Plantarum quae in agro Veronensi reperiuntur supplementum seu volumen tertium. ... Verona : Antonio Andreoni, 1754
Semenov 1863
Semenov-Tjan'-Šanskij, Petr Petrovič: *Geografičesko-statističeskij slovar' Rossijskoj Imperii. T.* 1; Sankt Petersburg : *Tipografia V. Bezobrazova i komp.*, 1863
Semenov 1865
Semenov-Tjan'-Šanskij, Petr Petrovič: *Geografičesko-statističeskij slovar' Rossijskoj Imperii.* T. 2; *Sankt Petersburg* : *Tipografia V. Bezobrazova i komp.*, 1865
Semenov 1867
Semenov-Tjan'-Šanskij, Petr Petrovič: *Geografičesko-statističeskij slovar' Rossijskoj Imperii. T.* 3; Sankt Petersburg : *Tipografia V. Bezobrazova i komp.*, 1867
Semenov 1873
Semenov-Tjan'-Šanskij, Petr Petrovič: *Geografičesko-statističeskij slovar' Rossijskoj Imperii. T.* 4; Sankt Petersburg : *Tipografia V. Bezobrazova i komp.*, 1873
Semenov 1885
Semenov-Tjan'-Šanskij, Petr Petrovič: *Geografičesko-statističeskij slovar' Rossijskoj Imperii. T.* 5; Sankt Petersburg : *Tipografia V. Bezobrazova i komp.*, 1885
Siegesbeck 1731
Siegesbeck, Johann Georg: Botanische Anmerckung von der sogenannten Herba Noli me tangere, oder Balsamina flore

luteo. S. 548–552 in: Miscellanea physico-medico-mathematica, oder, angenehme, curieuse und nützliche Nachrichten ... 1727 (Hrsg. Andreas Elias Büchner); Erfurt : Carl Friedrich Jungnicol, 1731

Siegesbeck 1736
Siegesbeck, Johann Georg: Primitiae florae Petropolitanae sive Catalogus plantarum … Riga : Samuel Lorenz Frölich, 1736

Sievers 1796
Sievers, Johann August Carl: Sievers Briefe aus Sibirien. S. 149–370 in: Neue Nordische Beyträge zur physikalischen und geographischen Erd= und Völkerbeschreibung, Naturgeschichte und Oekonomie (Hrsg. Peter Simon Pallas), 7. Band; Sankt Petersburg ; Leipzig : Johann Zacharias Logan, 1796

Sims 1818
Sims, John: Curtis's botanical magazine; ... Vol. 45; London : Sherwood et al., 1818

Sloane 1696
Sloane, Hans: Catalogus plantarum quae in insula Jamaica sponte proveniunt, vel vulgò coluntur, cum earundem synonymis & locis natalibus; adjectis aliis quibusdam quae in insulis Maderae, Barbados, Nieves, & Sancti Christophori nascuntur. Seu Prodromi historiae naturalis Jamaicae pars prima. London : D. Brown, 1696

Slovar' 1793
Slovar' Akademii Rossijskoj, Teil IV; M–R; Sankt Petersburg : Kaiserliche Akademie der Wissenschaften, 1793

Slovar' 1975
Slovar' Russkogo jazyka XI–XVII *vv. Vypusk* 1, (*А–Б*). Moskau : *Nauka*, 1975

Slovar' 1975a
Slovar' Russkogo jazyka XI–XVII *vv. Vypusk* 2, (*В–ВОЛОГА*). Moskau : *Nauka*, 1975

Slovar' 1977
Slovar' Russkogo jazyka XI–XVII *vv. Vypusk* 4, (*G–D*). Moskau : *Nauka*, 1977

Slovar' 1979
Slovar' Russkogo jazyka XI–XVII *vv. Vypusk* 6, (*Z–I*). Moskau : *Nauka*, 1979

Slovar' 1980
Slovar' Russkogo jazyka XI–XVII *vv. Vypusk* 7, (*K–Kragujar'*). Moskau : *Nauka*, 1980

Slovar' 1981
Slovar' Russkogo jazyka XI–XVII *vv. Vypusk* 8, (*K–L*). Moskau : *Nauka*, 1981

Slovar' 1984
Slovar' Russkogo jazyka XVIII *veka. Vypusk* 1, (*A–Bezpristrastie'*); Leningrad : *Nauka*, 1984

Slovar' 1985
Slovar' Russkogo jazyka XVIII *veka. Vypusk* 2 (*Bezpristrastnyj–Vejėr*); Leningrad : *Nauka*, 1985

Slovar' 1988
Slovar' Russkogo jazyka XVIII *veka. Vypusk* 4 (*Vozduch–Vypis'*); Leningrad : *Nauka*, 1988
Slovar' 1989
Slovar' Russkogo jazyka XVIII *veka. Vypusk* 5, (*Vypit'–Gryzt'*); Leningrad : *Nauka*, 1989
Slovar' 1991
Slovar' Russkogo jazyka XVIII *veka. Vypusk* 6 (*Gryzt'sja–Drevnyj*). Leningrad : *Nauka*, 1991
Slovar' 1991a
Slovar' Russkogo jazyka XI–XVII *vv. Vypusk* 17, *Pomaranec–Potišati*). Moskau : *Nauka*, 1991
Slovar' 1992
Slovar' Russkogo jazyka XVIII *veka. Vypusk* 7 (*Drevo–Zalež'*). Sankt Petersburg : *Nauka*, 1992
Slovar' 1995
Slovar' Russkogo jazyka XI–XVII *vv. Vypusk* 20; *Prisvoenie–Pročnutisja*). Moskau : *Nauka*, 1995
Slovar' 1997
Slovar' Russkogo jazyka XI–XVII *vv. Vypusk* 22; *Raskidatisja–Rjaščenko*). Moskau : *Nauka*, 1997
Slovar' 1997a
Slovar' Russkogo jazyka XVIII *veka. Vypusk* 9, *Iz–Kasta*. Sankt Petersburg : *Nauka*, 1997
Slovar' 1998
Slovar' Russkogo jazyka XVIII *veka. Vypusk* 10, *Kastal'skij–Krepostca*. Sankt Petersburg : *Nauka*, 1998
Slovar' 2000
Slovar' Russkogo jazyka XVIII *veka. Vypusk* 11, *Krepost'–L'njanoj*. Sankt Petersburg : *Nauka*, 2000
Slovar' 2001
Slovar' Russkogo jazyka XVIII *veka. Vypusk* 12, *L'stec–Molvotvorstvo*. Sankt Petersburg : *Nauka*, 2001
Slovar' 2002
Slovar' Russkogo jazyka XI–XVII *vv. Vypusk* 26, *Snu'–Sparyvati*. Moskau : *Nauka*, 2002
Slovar' 2004
Slovar' Russkogo jazyka XVIII *veka. Vypusk* 14, *Naprolet–Hepocelovanie*. Sankt Petersburg : *Nauka*, 2004
Slovar' 2011
Slovar' Russkogo jazyka XVIII *veka. Vypusk* 18, *Otkrytie–Pena*. Sankt Petersburg : *Nauka*, 2011
Slovar' 2011a
Slovar' Russkogo jazyka XVIII *veka. Vypusk* 19, *Penat–Plangerd*. Sankt Petersburg : *Nauka*, 2011
Slovar' 2015
Slovar' Russkogo jazyka XI–XVII *vv. Vypusk* 30, *Tom–Uberečisja*. Moskau; Sankt Petersburg : *Nestor-Istorija*, 2015
Smith 1811
Smith, James Edward: English botany; … Vol. XXXIV. London : R. Taylor and Co., 1811
Smolitsch 1990
Smolitsch, Igor (*Smolič, Igor' Kornil'evič*); Freeze, Gregory L. (Hrsg.): Geschichte der russischen

Kirche. Band 2 (Torke, Hans-Joachim [Hrsg.]: Forschungen zur osteuropäischen Geschichte, Bd. 45), Wiesbaden : Otto Harassowitz, 1990

Spielmann 1766
Spielmann, Jacob Reinbold ; Guérin, Franciscus Antonius: Dissertatio medicae de Vegetabilibus venenatis Alsatiae ... Straßburg : Johann Heinrich Heitz, 1766

Spiski 1871
Spiski naselennych mest Rossijskoj Imperii, ... LX. *Tobol'skaja gubernija*. Sankt Petersburg : *Central'nyj statističeskij komitet ministerstva vnutrennych del*, 1871

Sprengel 1808
Sprengel, Kurt Polycarp Joachim: Historia rei herbariae. Amsterdam : Taberna libraria et artium 1808

Sprengel 1818
Sprengel, Kurt Polycarp Joachim: Geschichte der Botanik. 2. Teil; Altenburg ; Leipzig : Friedrich Arnold Brockhaus, 1818

Sprengel 1818a
Sprengel, Kurt Polycarp Joachim: Species umbelliferarum minus cognitae, ... Halle : Johann Gottfried Renger, 1718

Ståhlberg 2006
Ståhlberg, Sabira; Svanberg, Ingvar: Sarana in Eurasian folk botany. In: Suomalais-Ugrilaisen Seuran Aikakauskirja (Journal de la Société Finno-Ugrienne, Bd. 91, 2006, S. 133–157

Stechmann 1775
Stechmann, Johannes Paul: Dissertatio inavgvralis ... de artemiis ... Göttingen : Friedrich Andreas Rosenbusch, 1775

Steinitz 1966–1993
Steinitz Wolfgang: Dialektologisches und etymologisches Wörterbuch der ostjakischen Sprache. Lieferung 1–15; Berlin : Akademie-Verlag, 1966–1993

Stejneger 1936
Stejneger, Leonhard: Georg Wilhelm Steller : The pioneer of Alaskan natural history. Cambridge, MA : Harvard UP, 1936

Steller 1768
Steller, Georg Wilhelm: IV. Gesamlete Nachrichten von den gewöhnlichsten Arzneymitteln und Krankheiten der Kamtschadalen. In: Stralsundisches Magazin ... Bd. 1, 2. Stück, S. 168–178; Berlin ; Stralsund : Gottlieb August Lange, 1768

Steller 1769
Steller, Georg Wilhelm: Nachricht von dem ökonomischen Gebrauch des wilden Bärenklaues (Sphondylium) und einiger andern Kräuter und Gewächse bey den Kamtschadalen. In: Stralsundisches Magazin ... Bd. 1, 5. Stück, S. 411–434; Berlin ; Stralsund : Gottlieb August Lange, 1769

Steller 1774
Steller, Georg Wilhelm: Beschreibung von dem Lande Kamtschatka ... Frankfurt ; Leipzig : Johann Georg Fleischer, 1774

Stepanov 1966
Stepanov, Nikolaj Nikolaevič (Hrsg.) ; *Okladnikov, Aleksej Pavlovič* (Hrsg.): *S. P. Krašeninnikov v Sibiri – Neopublikovannye materialyi.* Moskau ; Leningrad : *Nauka*, 1966

Stephanus 1572
Stephanus, Henricus (Etienne, Henri II.): Θησαυρὸς τῆς Ελληνικῆς γλώσσης Thesaurus Graecae linguae. (4 Teile); Genf 1572

Sterbeeck 1675
Sterbeeck, Franciscus van: Theatrum fungorum oft het tooneel der campernoellien ... Antwerpen : Joseph Jacobs, 1675

Strahlenberg 1730
Strahlenberg, Philipp Johann von: Das Nord= und Ostliche Theil von Europa und Asia ... Stockholm : 1730

Streinz 1862
Streinz, Wenzel Matern: Nomenclator fungorum exhibens ordine alphabetico nomina tam generica quam specifica ac synonyma a scriptoribus de scientia botanica fungis imposita, ...Wien : Karl Gorischek, 1862

Strumpf 1855
Strumpf, Ferdinand Ludwig: Systematisches Handbuch der Arzneimittellehre. Bd. 2; Berlin : Theodor Christian Friedrich Enslin, 1855

Stuckenberg 1844
Stuckenberg, Johann Christian: Hydrographie des Russischen Reiches ... 2. Band; Sankt Petersburg : Buchdruckerei der Kayserlichen Akademie der Wissenschaften, 1844

Stuckenberg 1848
Stuckenberg, Johann Christian: Hydrographie des Russischen Reiches ... 5. Band; Sankt Petersburg : Druckerei des Staabes der Militair-Lehr-Anstalten, 1848

Sukačev 1902
Sukačev, Vladimir Platonovič (Hrsg.): *Pervoe stoletie Irkutska.* Sankt Petersburg : *Tip. M. P. S.*, 1902

Sutherland 1683
Sutherland, James: Hortus medicus Edinburgensis: or, A catalogue of the plants in the Physical Garden at Edinburgh; ... Edinburgh : Erbe von Andrew Anderson, 1683

Sytin 2002
Sytin, Andrej Kirillovič: Karl von Linnés Klassifizierung russischer Pflanzen. S. 443–447 in: Donnert, Erich (Hrsg.); Europa in der Frühen Neuzeit : Festschrift für Günter Mühlpfordt. Band 6; Weimar ; Köln ; Wien : Böhlau Verlag, 2002

Tabernaemontanus 1590
Tabernaemontanus (Jacobus Theodorus): Eicones plantarum, seu stirpium, arborum nempe, fructicum, herbarum, fructuum, lignorum, radicum, omnis generis; tam inquilinorum, quam exoticorum: ... Frankfurt am Main : Nicolaus Basse, 1590

Tabernaemontanus 1731
Tabernaemontanus (Jacobus Theodorus): Neü vollkommen Kräuter=Buch ... Basel : Johann Ludwig König, 1731
Tausch 1828
Tausch, Ignaz Friedrich: I. Diagnoses plantarum minus cognitarum e Flora Sibirica Gmelini. ... S. 481–488 in: Flora oder Botanische Zeitung. 11. Jahrgang, Regensburg, 1828
Tausch 1839
Tausch, Ignaz Friedrich: Ueber Aster Novae-Angliae L. und einige verwandte Arten. S. 75–80 in: Flora oder allgemeine botanische Zeitung. 22. Jahrgang, Regensburg, 1839
Thal 1588
Thal, Johann (Thalius): Sylva Hercynia, sive Catalogus plantarum sponte nascentium in montibus, et locis vicinis Hercyniae, ... in: Camerarius 1588
Tournefort 1694
Tournefort, Joseph Pitton: Elemens de botanique, ov methode pour connoître les plantes. Paris : L'Imprimerie Royale, 1694
Tournefort 1698
Tournefort, Joseph Pitton: Histoire des plantes qui naissent aux environs de Paris, ... Paris : L'Imprimerie Royale, 1698
Tournefort 1700
Tournefort, Joseph Pitton: Institutiones rei herbariae. Band 1. Paris : Typographia Regia, 1700
Tournefort 1700a
Tournefort, Joseph Pitton: Institutiones rei herbariae. Band 2. Paris : Typographia Regia, 1700
Tournefort 1703
Tournefort, Joseph Pitton: Corollarium institutionum rei herbariae, in quo plantae 1356. munificentiâ Ludovici Magni in Orientalibus regionibus observatae recensentur, & ad genera sua revocantur. Paris : Typographia Regia, 1703
Tournefort 1707
Tournefort, Joseph Pitton: Etablissement de quelques nouveaux genres de plantes. S. 310–316 der ‚Mémoires ...' (getrennte Seitenzählung in ‚Histoire ...' und ‚Mémoires ...') in: Histoire de l'Academie Royale des Sciences. Année MDCCV. [1705] avec les Memoires de mathematique & de physique, pour la même année. ... Amsterdam : Gerard Kuyper, 1707
Tragus: s. Bock, Hieronymus
Trautvetter 1837
Trautvetter, Ernst Rudolph von: Grundriss einer Geschichte der Botanik in Bezug auf Russland. Sankt Petersburg : Kaiserliche Akademie der Wissenschaften, 1837
Trautvetter 1883
Trautvetter, Ernst Rudolph von: Incrementa florae phaenogamae Rossicae ... S. 298–576 in: Acta Horti Petropolitani. Tomus VIII. Fasciculus II. Sankt Petersburg : Brüder Schumacher, 1883

Trommsdorff 1806
Trommsdorff, Johann Bartholomäus: Allgemeines pharmazevtisch chemisches Wörterbuch ... Band 1; A–E; Erfurt : Henning, 1806
Trommsdorff 1807
Trommsdorff, Johann Bartholomäus: Allgemeines pharmazevtisch chemisches Wörterbuch ... Band 2, 1. Abtheilung; F–I; Erfurt : Henning, 1807
Trommsdorff 1812
Trommsdorff, Johann Bartholomäus: Allgemeines pharmazevtisch chemisches Wörterbuch ... Band 3. N – S; Erfurt : Henning, 1812
Trommsdorff 1813
Trommsdorff, Johann Bartholomäus: Allgemeines pharmazevtisch chemisches Wörterbuch ... Band 4. T–Z; Erfurt : Henning, 1813
Turčaninov 1837
Turčaninov, Nikolaj Stepanovič: Catalogus plantarum in regionibus Baicalensibus, et Dahuria sponte crescentium. Moskau, 1837
Turčaninov 1844
Turczaninow, Nicolai (*Turčaninov, Nikolaj Stepanovič*): Flora Baicalensi-Dahurica, seu descriptio plantarum in regionibus cis- et transbaicalensibus atque in Dahuria sponte nascentium. S. 221–275; In: Bulletin de la Société Impériale des Naturalistes de Moscou. ... Tome XVII. Année 1844. Moskau : Auguste-René Semen, 1844
Turčaninov 1842–1845
Turczaninow, Nicolai (*Turčaninov, Nikolaj Stepanovič*): Flora Baicalensi-Dahurica seu Descriptio plantarum in regionibus cis- et trans-Baicalensibus atque in Dahuria sponte nascentium. Bd. I; Moskau : Auguste-René Semen, 1842–1845
Turčaninov 1856
Turczaninow, Nicolai (*Turčaninov, Nikolaj Stepanovič*): Flora Baicalensi-Dahurica seu Descriptio plantarum in regionibus cis- et trans-Baicalensibus atque in Dahuria sponte nascentium. Bd. II; Moskau : Kaiserliche Universität, 1856
Turčaninov 1857
Turczaninow, Nicolai (*Turčaninov, Nikolaj Stepanovič*): Addenda, emendanda ad Floram Baicalensi-Dahuricam. S. I–LXI in: Bulletin de la Société Impériale des Naturalistes de Moscou. ... Tome XXX. Année 1857. Moskau : Université Impériale, 1857
Vahl 1790
Vahl, Martin Henrichsen: Symbolae botanicae, sive plantarum, tam earum, quas in itinere, inprimis orientali, collegit Petrus Forskål, ... Pars prima; Kopenhagen : Nicolaus Møller und Sohn, 1790
Vaillant 1721
Vaillant, Sébastien: Suite de l'etablissement de nouveaux

caracteres de plantes à fleurs composées. Classe II. Des corymbiferes. S. 277–318 der ‚Mémoires ...' (getrennte Seitenzählung in ‚Histoire ...' und ‚Mémoires ...') in: Histoire de l'Académie Royale des Sciences Année M.DCCXIX. [1719] avec les Memoires de mathematique & de physique, pour la même année. ... Paris : l'Imprimerie Royale, 1721

Vaillant 1721a
Vaillant, Sébastien: Caracteres de quatorze genres de plantes, ... S. 9–47 der ‚Mémoires ...' (getrennte Seitenzählung in ‚Histoire ...' und ‚Mémoires ...') in: Histoire de l'Académie Royale des Sciences Année M.DCCXIX. [1719] avec les Memoires de mathematique & de physique, pour la même année. ... Paris : l'Imprimerie Royale, 1721

Vaillant 1722
Vaillant, Sébastien: Suite des corymbiferes, ou de la seconde classe des plantes a fleurs composées. S. 277–339 der ‚Mémoires ...' (getrennte Seitenzählung in ‚Histoire ...' und ‚Mémoires ...') in: Histoire de l'Académie Royale des Sciences Année M.DCCXX. [1720] avec les Memoires de mathematique & de physique, pour la même année. ... Paris : l'Imprimerie Royale, 1722

Vaillant 1723
Vaillant, Sébastien: Etablissement de nouveaux caracteres de trois familles ou classes de plantes à fleurs composees; savoir, des gynarocephales. des corymbiferes. et des cichoracées. S. 181–243 der ‚Mémoires ...' (getrennte Seitenzählung in ‚Histoire ...' und ‚Mémoires ...') in: Histoire de l'Académie Royale des Sciences Année M.DCCXVIII. [1718] avec les Memoires de mathematique & de physique, pour la même année. ... Amsterdam : Pierre de Coup, 1723

Vaillant 1723a
Vaillant, Sébastien: Suite de l'etablissement de nouveaux caracteres de plantes à fleurs composées; Classe II. Des Corymbiferes. S. 365–420 der ‚Mémoires ...' (getrennte Seitenzählung in ‚Histoire ...' und ‚Mémoires ...') in: Histoire de l'Académie Royale des Sciences Année M.DCCXIX. [1719] avec les Memoires de mathematique & de physique, pour la même année. ... Amsterdam : Pierre de Coup, 1723

Vaillant 1723b
Vaillant, Sébastien: Suite de l'establissement de nouveaux caracteres de plantes à fleurs composées. S. 174–224 der ‚Mémoires ...' (getrennte Seitenzählung in ‚Histoire ...' und ‚Mémoires ...') in: Histoire de l'Académie Royale des Sciences Année M.DCCXXI. [1721] avec les Memoires de mathematique & de physique, pour la même

année. ...; Paris : l'Imprimerie Royale 1723
Vaillant 1724
Vaillant, Sébastien: Suite des corymbiferes, ou de la seconde classe des plantes a fleurs composées. S. 357–439 der ‚Mémoires ...' (getrennte Seitenzählung in ‚Histoire ...' und ‚Mémoires ...') in: Histoire de l'Académie Royale des Sciences Année M.DCCXX. [1720] avec les Memoires de mathematique & de physique, pour la même année. ... Amsterdam : Pierre de Coup, 1724
Vaillant 1724a
Vaillant, Sébastien: Suite de l'etablissement de nouveaux caracteres de plantes. S. 172–215 der ‚Mémoires ...' (getrennte Seitenzählung in ‚Histoire ...' und ‚Mémoires ...') in: Histoire de l'Académie Royale des Sciences Année M.DCCXXII. [1722] avec les Memoires de mathematique & de physique, pour la même année. ... Paris : l'Imprimerie Royale, 1724
Vaillant 1725
Vaillant, Sébastien: Suite de l'etablissement de nouveaux caracteres de plantes à fleurs composées. S. 227–292 der ‚Mémoires ...' (getrennte Seitenzählung in ‚Histoire ...' und ‚Mémoires ...') in: Histoire de l'Académie Royale des Sciences Année M.DCCXX. [1721] avec les Memoires de mathematique & de physique, pour la même année. ... Amsterdam : Pierre de Coup, 1725
Vaillant 1727
Vaillant, Sébastien: Botanicon Parisiense ... Leiden ; Amsterdam : Jean Verbeek et al., 1727
Vaillant 1727a
Vaillant, Sébastien: Suite de l'etablissement de nouveaux caracteres de plantes. S. 233–292 der ‚Mémoires ...' (getrennte Seitenzählung in ‚Histoire ...' und ‚Mémoires ...') in: Histoire de l'Académie Royale des Sciences Année M.DCCXXII. [1722] avec les Memoires de mathematique & de physique, pour la même année. ... Amsterdam : Pierre de Coup, 1727
Vaillant 1741
Vaillant, Sébastien: Etablissement de nouveaux caracteres de trois familles ou classes de plantes à fleurs composees; sçavoir, des cynarocephales. des corymbiferes. et des cichoracées. S. 143–191 der ‚Mémoires ...' (getrennte Seitenzählung in ‚Histoire ...' und ‚Mémoires ...') in: Histoire de l'Académie Royale des Sciences Année M.DCCXVIII. [1718] avec les Memoires de mathematique & de physique, pour la même année. ... Paris : l'Imprimerie Royale, 1741
Vaillant 1754
Vaillant, Sébastien: Fortsetzung der neuen Kennzeichen der Pflanzen mit zusammengesetzeten Blumen. Andere Classe der Corymbiferarum, die zusammengesetzete, scheiben-

förmige Blumen tragen. S. 333–377 in: Der Königl. Akademie der Wissenschaften in Paris Anatomische, Chymische und Botanische Abhandlungen, Fünfter Theil, welche die Jahre von 1718 bis mit 1721 in sich hält. Breslau : Johann Jacob Korn, 1754

Vaillant 1755
Vaillant, Sébastien: Fortsetzung der neuen Kennzeichen der Pflanzen. S. 131–174 in: Der Königl. Akademie der Wissenschaften in Paris Anatomische, Chymische und Botanische Abhandlungen, Sechster Theil, welche die Jahre von 1722 bis mit 1726 in sich hält. Breslau : Johann Jacob Korn, 1755

Valentini 1719
Valentini, Michael Bernhard: Viridarium reformatum, seu regnum vegetabile, ... Frankfurt am Main : Anton Heinscheidt, 1719

Vasilevič 1958
Vasilevič, Glafira Makar'evna: *Ėvenkijsko-Russkij slovar'.* Moskau : *Gosudarstvennoe izdatel'stvo inostrannych i nacional'nych slovarej*, 1962

Vasmer 2008
Vasmer, Max: Russisches etymologisches Wörterbuch. Band III Sta–Ÿ; Heidelberg : Universitätsverlag Winter, 2008

Vincent 1715
Vincent, Levinus: Wondertooneel der Natuur, ... 2. Band; Amsterdam : Eigenverlag, 1715

Vlangali 1856
Vlangali, Aleksandr Georgievič (Wlangali): Wlangali's Reise nach der östlichen Kirgisen-Steppe. Sankt Petersburg : Verlag der Kaiserlichen Academie der Wissenschaften, 1848 (Baer, Karl Ernst von [Hrsg.]; Helmersen, Gregor von [Hrsg.]: Beiträge zur Kenntniss des Russischen Reiches und der angränzenden Länder Asiens. 20), 1856

Volckamer 1700
Volckamer, Johann Georg: Flora Noribergensis sive Catalogus plantarum in agro Noribergensi tam sponte nascentium, ... Nürnberg : Michaellianis (Wolfgang Michahelles), 1700

Voltelen 1797
Voltelen, Floris Jacobus: Pharmacologiae universae; Pars I. Leiden : Johannes van Thoir, 1797

Wagenitz 1996
Wagenitz, Gerhard: Wörterbuch der Botanik ... Jena ; Stuttgart ; Lübeck ; Ulm : Gustav Fischer, 1996

Wahlenberg 1812
Wahlenberg, Göran: Flora Lapponica ... Berlin : Taberna libraria scholae realis, 1812

Wahlenberg 1820
Wahlenberg, Göran: Flora Upsaliensis enumerans plantas circa Upsaliam sponte crescentes ... Uppsala, 1820

Wahlenberg 1824
Wahlenberg, Göran: Flora Svecica ...; Bd. 1; Uppsala : Palmblad & C., 1824

Wahlenberg 1833
Wahlenberg, Göran: Flora Svecica ...; Bd. 2; Uppsala : Palmblad & C., 1833
Walther 1793
Walther, Friedrich Ludwig: Theoretisch=praktische Handbuch der Naturgeschichte der Holzarten ... Bayreuth : Johann Andreas Lübecks Erben, 1793
Weinmann 1737
Weinmann, Johann Wilhelm: Phytanthoza-Iconographia, sive Conspectus ... Vol. I; Regensburg : Hieronymus Lentz, 1737
Weinmann 1739
Weinmann, Johann Wilhelm: Phytanthoza-Iconographia, sive Conspectus ... Vol. II; Regensburg : Hieronymus Lentz, 1739
Weinmann 1742
Weinmann, Johann Wilhelm: Phytanthoza-Iconographia, sive Conspectus ... Vol. III; Regensburg : Hieronymus Lentz, 1742
Weinmann 1745
Weinmann, Johann Wilhelm: Phytanthoza-Iconographia, sive Conspectus ... Vol. IV; Regensburg : Heinrich Georg Neubauer, 1745
Weinmann 1748
Weinmann, Johann Wilhelm: Taalryk register der plaat-ofte figuur-beschryvingen der bloemdragende gewassen, ... 3. Band; Amsterdam : Zacharias Romberg, 1748
Wepfer 1716
Wepfer, Johann Jakob: Historia cicutae aquaticae, ... Basel : Episcopiana, 1716
Wibmer 1831
Wibmer, Karl: Die Wirkung der Arzneimittel und Gifte im gesunden thierischen Körper. ... Bd. 1, A–B. München : Literarisch-artistische Anstalt, 1831
Wibmer 1832
Wibmer, Karl: Die Wirkung der Arzneimittel und Gifte im gesunden thierischen Körper. ... Bd. 2, C–G. München : Literarisch-artistische Anstalt, 1832
Wibmer 1842
Wibmer, Karl: Die Wirkung der Arzneimittel und Gifte im gesunden thierischen Körper. ... Bd. 5, S–Z. München : Literarisch-artistische Anstalt, 1842
Wiedemann 1851
Wiedemann, Ferdinand Johann: Grammatik der wotjakischen Sprache nebst einem kleinen wotjakisch-deutschen und deutsch-wotjakischen Wörterbuche ... Reval : Franz Ferdinand Kluge ; Carl Ström, 1851
Wiedemann 1865
Wiedemann, Ferdinand Johann: Grammatik der Ersa-Mordwinischen Sprache nebst einem kleinen mordwinisch-deutschen und deutsch-mordwinischen Wörterbuch. In: Mémoires de l’Académie Impériale des Sciences de Saint-Pétersbourg, VII. Serie; Tome IX. Nr. 5,

S. 1–261; Sankt Petersburg ; Riga ; Leipzig : Eggers et Comp. ; Samuel Schmidt ; Nikolai Georg Kymmel ; Leopold Voss, 1865

Wiedemann 1880
Wiedemann, Ferdinand Johann: Syrjänisch-deutsches Wörterbuch [enthält auch permische Wörter] nebst einem wotjakisch-deutschen im Anhange ... Sankt Petersburg ; Riga ; Leipzig : Eggers et Comp. ; J. Glasunow; Nikolai Georg Kymmel ; Leopold Voss ; G. Haessel, 1865

Wilbrand 1819
Wilbrand, Johann Bernhard: Handbuch der Botanik nach Linnés System ... Bd. 2; Gießen : Georg Friedrich Heyer, 1819

Willdenow 1787
Willdenow, Carl Ludwig: Florae Berolinensis Prodomus ... Berlin : Wilhelm Vieweg, 1787

Willdenow/Link 1833
Willdenow, Carl Ludwig ; Link, Heinrich Friedrich (Hrsg.): Grundriss der Kräuterkunde ... Berlin : Haude und Spenersche Buchhandlung ; Siegfried Julius Josephy, 1833

Willemet 1805
Willemet, Rémi: Phytographie encyclopédique, ... Nancy : François Guivard, 1805

Willkomm 1886–1892
Willkomm, Heinrich Moritz: Illustrationes Florae Hispanice insularumque Balearium. T. II. Stuttgart : E. Schweizerbart, 1886–1892

Willkomm 1893
Willkomm, Heinrich Moritz: Supplementum PRODROMI Florae Hispanicae ... Stuttgart : E. Schweizerbart, 1893

Winkler 1842
Winkler, Eduard: Vollständiges Real-Lexikon der medicinisch-pharmaceutischen Naturgeschichte und Rohwaarenkunde. ... Bd. II, M–Z; Leipzig : Friedrich Arnold Brockhaus, 1842

Withering 1776
Withering, William: A botanical arrangement of all the vegetables naturally growing in Great Britain. ... Bd. 2; Birmingham : Myles Swinney, 1776

Witsen 1785
Witsen, Nicolaas: Noord en Oost Tartaryen ... Amsterdam : François Halma, 1785

Wittenheim 1833
Wittenheim, Otto Baron von: Allgemeiner Ueberblick der verschiedenen Arrondissements, in welche das Russische Reich hinsichtlich seiner Land= und Wasserverbindungen gegenwärtig eingetheilt ist, ... Riga ; Dorpat : Eduard Frantzen, 1833

Wittstein 1847
Wittstein, Georg Christian: Vollständiges etymologisch-chemisches Handwörterbuch. ... 1. Band. A–L. München : Johann Palm, 1847

Wittstein 1852
Wittstein, Georg Christian: Etymologisch-botanisches Handwörterbuch. ... Ansbach : Carl Junge, 1852

Woenig 1886
Woenig, Franz: Die Pflanzen im alten Aegypten ... Leipzig : Wilhelm Friedrich, 1886
Wörterbuch 1835
Deutsch=Russisches Wörterbuch ... 2. Theil, L–Z; Sankt Petersburg : J. Brieff, 1835
Woyt 1761
Woyt, Johann Jacob: Gazophylacium medico-physicum oder Schatz=Kammer medizinisch= und natürlicher Dinge, ... Leipzig : Lankisch, 1761
Wredow 1850
Wredow, Johann Christian Ludwig: J. C. L. Wredow's Gartenfreund ... Berlin : Rudolph Gärtner, 1850
Wulfen 1858
Wulfen, Franz Xaver ; Fenzl, Eduard von (Hrsg.) ; Graf, Rainer (Hrsg.): Franz Xaver Freiherrn von Wulfen's Flora Norica phanerogama. Wien : Carl Gerold's Sohn, 1858
Zedler 1732–1750
Zedler, Johann Heinrich (Hrsg.): Grosses vollständiges Universal-Lexicon Aller Wissenschaften und Künste ... 64 Bände. Halle : Johann Heinrich Zedler, 1732–1750
Zeitfuchs 1717
Zeitfuchs, Johann Arnold: Stolbergische Kirchen= und Stadt=Historie, ... Frankfurt am Main ; Leipzig : Andreas Schallen 1717
Zigra 1839
Zigra, Johann Hermann: Dendrologisch-öconomisch-technische Flora der im russischen Kaiserreiche bis jetzt bekannten Bäume und Sträucher ... 1. Band; Dorpat : Lindfors Erben, 1839
Zwinger 1696
Zwinger, Theodor ; Verzascha, Bernhard: Theatrum botanicum, das ist: Neu vollkommenes Kräuter-Buch ... Basel : Jacob Bertsche, 1696
Zwinger 1744
Zwinger, Theodor: Theatrum botanicum, das ist: vollkommenes Kräuter-Buch ... Basel : Hans Jacob Bischoff, 1744

Georg Wilhelm Steller

Flora Irkutiensis

A. Georg Wilhelm Steller
Flora Irkutiensis

in der Handschrift von *Aleksej Gorlanov*; Quelle[1]: AAW R. I, Op. 104, D. 4, Bll. 1r–188r

A.1. Vorrede und Widmunng der „Flora Irkutiensis"

/1r/

Praefamen

Sisto hic floram seu Enumerationem plan- / tarum 1152 *in agro Ircutiensi excursione / ad* 300 *stadia Russica instituta collecta- / rum partim non dum descriptarum par- / tim* [cog]*nitarum ne autem rem alienam / administrasse videar tum Kamtschat- / kam destinatus uni agro solummodo / deinde commoraturus, velut man- / dati immemor censer, in limine par- / tim quae generatim circa hanc floram / monenda habeo una qua ratione hic / labor susceptus exponere consultum /* [d]*uxi Adveni Ircutiae*[a] *sub finem / Martij mensis a Honoratissimis domi- / nis Professoribus Müllero & Gmelino. / Jenisea huc ablegatus quo è cancella- / ria provinciae Ircutiensis mandatum / generale, salaria, navigiolum pro me et / mea societate obtineam his vero obten- / tis Jacutiam concedam ad iter illud / Ochotiense molestiarum plenissimum / me primo vere accingam ita sane* /1v/ *ac jussus cepi, reliquum* [aest]*atem temporis / observationibus tripliciorum regnum concer- / nentibus dicabam D*[..n]*it me ab ini- / tio generosus simul*[…] *sagacissi- / mus mihiq[ue] faventissimus dominus / de Bibikow gubernator huius pro- / vinciae se quidem nulla* [im…at] *et / revera praestitit) mihi mo*[…] */ positurum, impossibili autem* [fore] */ citius Ochotium abire* [...]*dia / aestate sive primo vere anni* 1740 */ me jn viam darem, navigiola, scili- / cet nec dum exstructa esse nec com- / meatum eo tempore ad Len am / comparari posse, succurrebat* […] */ super Domini Doctoris Gmelini* […] */ defessam jndustriam mihi ni[-] / hil ad Lenam reliquisse laboris / ut et desiderium Dominorum Pro- / fessorum de lustrandis lacus Baj- / kal litoribus et locis circa Bargu- / sinense munimentum scripsi hinc meum / propositum tam Excellentissimo Do- / mino Praesidi Academiae, quam Do-* /2r/ *minis Professoribus, ac interea tempo- / ris quod apud animum meum sta- / tueram, pro viribus mejs cepi agere, / ita ut sub finem Julij enumera- / tionem plantarum, fossilium, ani- / malium circa Ircutiam quaqua- / versum ad* 60 *stadia jam absolu- / tam haberem abii dein ad lacum / Baikal, litora, rupes ferme insu- /*

---

[a] Ircutiae *verbessert aus* am

perabiles lustrabam, Bargusinum / fluvium ascendi ad munimentum / usq[ue], Studioso ibi cum instructio- / ne relicto, quo quae posset, Histo- / riam Tungusorum concernentia ex- / piscaretur, ipse petii vastos de- / sertorum campos, rupes altitudi- / ne omnes, quas hactenus videre / licuit altitudine superantes. Imo[a] */ cogitabam ad deserta circa Jera- / winense munimentum & ad fontes / Witimi fluvii migrare, eo quod / fossilium*[b] *quorundam nonvulga- / rium fama animum ea loca lust-* /2v/ *randa penitius jncenderat, detinuit / autem me tempestas autumnalis / pariter ac vires prostratae, quasq[ue] / his molestijs non sufficere facile / intelligebam, redij igitur Ircutiam / insulam Olchon per quinque dies in / via lustrabam Ircutiae*[c] *autem cir- / ca medium Novembris e diario meo / floram hanc contexere coepi, neque / mihi laterem lavasse hac in re vi- / deor, praecipue cum Domino Doctori / Gmelino itinera continua non conce- / debant unius loci historiam ple- / nariam quantum una aestate fie- / ri potest contexere, dein quod / mihi semper desideratum fuerat / in Scriptoribus Indiae ac Americae / Thesauros describentibus, quod ra- / riorum saltim quibus Europa caret / mentionem fecerint, quaeve vero / illis oris cum Europa communia / sint, omiserint cum tamen utrumq[ue]* /3r/ *faciat, quo*[d] *quis sibi de regione quadam / veram et adaequatam ideam for- / met tali vero ut ut exiguo labore*[e] *uno veluti*[f] *ictu tot fal- / sissimae literati orbis sub clemen- / tiori coelo minus clementes suspicio- / nes prosternentur, quibus et me la- / borasse diu*[g] *doleo, quasi Scilicet hae o- / rae omnibus carerent vegetabili- / bus culinae ac oeconomiae medi- / cae inservientibus, cum tamen*[h] *ex his pa- / gellis cuivis jntellectu facillimum / erit, non tantum multas plantas / apud nos in hortis solerter cultas / & quarum patria hodienum igno- / ratur his locis natales debere, ve- / rum nec respuere solum Asiaticum / Septentrionale quaevis linguae grata / obsonia ministrare, cum olim de / Brassica rapa, raphano, cepa et / allio in Sibiria comedendis*[i] *jam / animum desponderam et Petropo- / li illis bucca vehementer mota*[j] *valedixissem* /3v/ *adjeci*[k] *hinc enarrationem, / tam florum quam obsoniorum / quot quot mihi in hortis videre li- / cuit neq[ue] haec hortorum lustratio / mihi fraudi erat, cum multa exo- / tica e seminibus sinensibus hic / laete germinantia viderem, quae / non parum historiam loci per omnia / ferme Sinizantis. illustrabant ac si- / mul docent, qua ratione Moscuae / urbis desiderium hic locorum leve- / tur, ita & constabit plurima olera, / obsonia, plurimas plantas, quibus / nos Europaej delectamur eodem / modo apud Sinenses*[l] *occurrere. / Utile jucundo mixtum videbis, si / ut commodum jmperii postulat, of- / ficinae pharmaceuticae, aliquando / hic locorum stabiliendae forent. / Habebunt in promptu quae e tri- /*

---

[a] Imo *verbessert aus* a̱ [b] fossilium *verbessert aus* fossili[.]um [c] Ircutiae *verbessert aus* [.] [d] quo *nachträglich eingefügt* [e] labore *über der Zeile* [f] veluti *unter der Zeile* [g] diu *über der Zeile* [h] tamen *über der Zeile* [i] comedendis *verbessert aus* comedendo [j] mota *über der Zeile* [k] *vor* adjeci *gestr.* mota pone [l] Sinensis *verbessert aus* L

plici regno necessaria huc per jm- / mensum spatium mittenda, quae non / jmo quae succedanea aliquibus, quibus /4r/ *Asiaticae hae terrae carent esse pos- / sent. Bene Observavit Clarissimus / D[ominus] D[octor] Gmelin Chamomillam plan- / tam per omnia trivia orbis vul- / gatissimam magni jn medicina u- / sus hic non esse, huic autem com- / mode substitui posse Leucanthe- / mum matricariae folio ita et / Veronicae a Tobolio huc usq[ue] exu- / lanti Veronica Chamaedrios folio / ut et Veronica incana feliciter / substitui poterit. Deniq[ue] vide lo- / ca haec tali inopia*[a] *neutiquam / laborare, ne officinis in Russia / vel si placebit in Germania vel / Europa utilia jmpertire possint, nec / emptores deerunt si commen- / datores erunt, quod ad me, non / parum, in hoc desudo at usum / Empiricum plantarum tam a Rus- / sis quam gentilibus explorem, quo / addito aliquando levi Chymico exa- / mine una fidelia duae dealbari / possent parietes. Plantas digessi* /4v/ *Methodo Tournefortii incognitas autem vel / dubias mihi (omni librorum penu desti- / tuto) mitto ac insimul rogo, quo ubi er / raverim Amice alii me corrigant flo- / ramq[ue] meam obeliscis suis dignentur, / congessi hunc in finem semina maxi- / ma cura, bene matura non in parva / copia, ut quae e descriptionibus me- / is, quibus aestate parum vacare / licuit peti non possint, è plantis / ipsis satis intelligantur, semina non / parcae*[b] *manu mitto, quo vere et au- / tumno seri possint, inq[ue] diversis locis / ita & unius plantae semina tribus / quatvorve vicibus mitto, prout diver- / so tempore collegi nec piguit varieta- / tum semina seorsim mittere, quo sata / in horto indicent*[c]*; Num diversae re- / vera species, num vero varietates sal- / tim sint? Nomina chartis inscripta non / Aestimanda sunt ob id, quod solus cum / meo Diario in sylvis et pratis ob- / errans. Nomina ut memoriae pla- / cebant saltim jnscriberem non / ut post liminis e Tournefortio florae* /5r/ *meae inserui verum numerus semper / subscriptus aspiciendus, inq[ue] flora e- / volvendus erit, semina multa ab aliis / collecta obtinui non visis plantis, / quae ut accepi, mitto, alia ipse collegi / e plantis jam pene emarcidis ibiq[ue] / solum quid suspicatus fuerim, in / dicavi, si quae desiderabuntur, aut / quaedam semina non germinabunt, / rogo, quo mihi singulis annis Cata- / logus mittatur, quo denuo colligi pos- / sint si non prius saltim me reduce, / ut et eorum quae abunde Petropoli / e plantis*[d] *satis colliguntur, ita moles / mittendorum minor et labor utiliori- / bus rebus jmpendi poterit, nec suo de- / stituerentur commodo, si residua. se- / mina singula una cum capsulis deli- / nearentur ita ut cuicunq[ue] generi fo- / lium unum destinaretur, hac enim / ratione jmposterum certitudo plan- / tarum firmiori niteretur talo. Si / quis certe solo Tournefortio instru- / ctus vel sola Absinthia Asiatica prae / datur vel Astragalos aut Alsines / Species quantum foliis et flore* /5v/ *conveniunt, nec quomodo ovariis seu semini- / bus*

---

[a] inopia *verbessert aus* ẹ [b] parcae *verbessert aus* i [c] indicent *verbessert aus* [.] [d] plantis *verbessert aus* [.]

distinguantur, aspicit, sua luce videbit / Tournefortij nomina & synonima tam bona / non esse, quin meliora fieri non possent, / neq⌈ue⌉ errata peregrinantium hoc saltim Au- / tore instructorum tanta non esse quin non / mereantur veniam. Plantas siccatas mi- / sissem plures, nec mihi voluptas colligendi, / exsiccandi affigendi defuit, nisi Char- / tae bibulae defectus ulteriorem dili- / gentiam inhibuisset, nec quidquam hac / vice transmittere potuissem, nisi pro / more jncolarum et mea flora sini- / zasset i⌈d⌉ e⌈st⌉ Sinensi veste induta. Petro- / polin jam abiret, quam adventantem / benevole suscipere nec de collectore / aliter sentire rogo, quam quod majori / subinde industria reliquarum provin- / ciarum plantas colligere vobisq⌈ue⌉ com- / municare vehementer flagret.

/6r/

Vir Generose Nobilissime Alexi Georgij / fili de Bibikow Suae / Imperatoriae Majesta- / tis à publicis consiliis / Vice Gubernator Ircuti- / ensis Provinciae Meri- / tissime Patrone ac fau- / tor aeternum colende.	Прево⌈з⌉ходительный высокоблаго- / ро⌈д⌉ный Господинъ Ея императорскаго / величества Статский совѣтни⌈къ⌉ [2] / и иркуцкой Провинцій вицегубер- / наторъ[3] Милостивѣйшій мои Г⌈осу⌉д⌈а⌉рь и Бла- / годѣтель Алексѣй Юрьевичь.
Quantum cura & adju- / mento Tuo me in stadio / Botanico circa Ircutiam / currentem aeque ac in ob- / servationibus Historiam / animalium concernentibus / juvaveris, oblivisci non de- / beo antequam hanc flo- / ram Petropolin mittam / et ipse abeam, ne mihi aeq⌈ue⌉ / ac illi ingratitudinis ma- / cula affricata utriq⌈ue⌉ in fau- / stum iter ominer. Imme- / mor sane essem mei ipsi- / us nisi recorder, quoties me / ipsum evagantem comiter	Какь ваше превозходительство / тщаниемъ и радѣниемъ ваши⌈м⌉ / вь ботаническомъ упражненій / около Иркуцка мнѣ вспоможеніе / чинить такъ и вь наблюдени⌈ях⌉ / кь jсторій j описанию звѣрей при / на⌈д⌉лежащихъ изволили, забвенію / предать не долженъ, донележе оное / мое описаніе вь Санктпетербургъ / не пошлю и самъ не отбуду, даб⌈ы⌉ / какъ мнѣ такъ и оному неблаго- / дарности и нещастливаго пути / знакъ не произшелъ. вь за⌈б⌉веніе бъ / по⌈д⌉линно я самъ пришe⌈л⌉, ежели ⌈б⌉ того / не упомянулъ. Коль кратъ вы и са- / ми купно со мною трудились и / вездѣ мнѣ вспоможеніе чинить

/6v/

comitatus, ubicunq⌈ue⌉ locorum me /	инымъ приказывали. По / истинѣ

juvare alios admonueris. Pro- / pria imo Tua curiositas tanta / erat, quantus fervor, quo mej / voti ex asse ubivis compos fi- / am. Est ergo in quo non solus / ego sed & Academia Scientia- / rum Tibi gratias aget, quo & / alii Provinciarum et urbium / administratores ad similia lau- / de dignissima velut stimulo / concitati Tuo exemplo exciten- / tur. Nec mihi vitio vertetur / si spolia haec tuo auspicio in / Ircutiensi provincia collecta / cum gratiarum plenissima / laude Tua nomini inscripta ve- / lut tui instantis in Russiam / adventus prodromum & nunci- / um Tibi iam cito ablegandum / tradam, cum voto, quo ipse Vir / Generosissime illum cito se- / qui Moscuam, dilectam Genero- / sam familiam Patronos ac / amicos tuos salvus, sospes, hila- / ris videas. Interea summum	такова самая / ваша любопытность къ / тому была какова горячесть, / что[a] мое желанїе въ мое⌈м⌉ / делѣ по⌈д⌉линно исполнило⌈сь⌉ / ј такъ убо есть, за кото- / рою не токмо Я но и Ака- / демiя Наук вамъ благода- / рить Будеть отъ чего и при- / су⌈д⌉ствующїе при провiн- / цiяхъ и города⌈х⌉ подобны⌈м⌉ / образомъ, яко бы поваше⌈му⌉ / примѣру побуждаеми полу- / чать. Ниже во что мнѣ / вмѣнится, что Я вашего / Прево⌈з⌉ходительства щастiе⌈м⌉ / при Иркуцкой провiнцiи соб- / ранное сь достодолжною хва- / лою вашему имени припи- / сано, которое такь какь на- / ступающаго вашего въ / россию прибытiя Пре⌈д⌉воз- / вѣстителя [?] и вѣстника ва⌈м⌉ / вь скороси вручю съ таки⌈м⌉ / желанiемъ, что⌈б⌉ по тому ј / сами ваше прево⌈з⌉ходительство / в Москву слѣдовать щастливо / и любезную вашу Благородную фа / мiлiю Благодѣтеле⌈й⌉ ј вашихъ

/7r/

Numen precor, quo meis vo- / tis clementer annuat, Teq⌈ue⌉ / Vir Generose, qui ani- / mum meum measq⌈ue⌉ actio- / nes omnimode perspectas / habes, me è Kamtschatka / reducem quohic comple- / xus fauore, eodem in / Russia dignari velis. Vale	друзей вь здравiй радости и бла- / гополучiй увидѣть сподобились. / вь Протче⌈м⌉ всевышняго Бога Про- / шу даб⌈ы⌉ мое[b] прошенiе милости- / но услыша⌈л⌉ а васъ Превозходи- / тельный Господинъ, которы⌈й⌉ / меня мое желанїе и дѣйствїя / довольно Присмотрѣть изволили / по возвращенїй моемъ съ Камчат- / ки прошу, такую ⌈ж⌉ благопрiятность / и любовь мнѣ показывать и въ /

[a] что verbessert aus [.] [b] *nach* мое *gestr.* мое

	россій какою здѣсь вами удостое⌈н⌉ / остаюсь.
Vir Generose *Nobilissime* *Sum Tuus* *Ad omnia obsequia* *paratissimus servus*	Превозходительный высоко- / благоро⌊д⌉ный Господинъ. Вашего Превозходительства / покорнѣйшій Слуга

Georg Wilhelm Steller

A.2. Übersetzung von Vorrede und Widmung

/1r/

Vorrede

Ich stelle diese Flora oder Aufzählung von 1152 Pflanzen vor, die im Gebiet von *Irkuck* bei einem Streifzug, der im Umkreis von 300 russischen Stadien durchgeführt wurde, gesammelt wurden und die teils noch nicht beschrieben, teils bekannt waren. Um aber nicht den Anschein zu erwecken, ich hätte mich um eine fremde Angelegenheit gekümmert, und, da ich damals nach *Kamčatka* gesandt war und dann zehn Monate nur in dem einen Gebiet bleiben sollte, nicht gleichsam als pflichtvergessen betrachtet zu werden, hielt ich es für ratsam, zu Beginn darzulegen, was ich teils im allgemeinen hinsichtlich dieser Flora zu bemerken habe, und im gleichen Zuge, aus welchem Grund diese Arbeit unternommen wurde. Ich kam nach *Irkuck* Ende März, von den hochgeehrten Herren Professoren Müller und Gmelin von *Enisejsk* hierher abgeordnet, wo ich von der Kanzlei der Provinz *Irkuck* einen umfassenden Auftrag, Soldgelder und eine kleines Schiff für mich und meine Gesellschaft erhalten, mich nach deren Erhalt nach *Jakuck* wenden und mich im zeitigen Frühjahr für jenen von Beschwernissen übervollen Weg nach *Ochock* rüsten sollte. /1v/ So nahm ich in der Tat auch die Befehle entgegen, die übrige Zeit aber widmete ich die drei Naturreiche betreffenden Beobachtungen. Der von Beginn an großzügige und zugleich sehr scharfsinnige und mir sehr gewogene Herr von *Bibikov*, der Gouverneur dieser Provinz, unterrichtete mich, daß er mir (wie er es auch tatsächlich gehalten hat) gewiß zu keiner Zeit Hindernisse in den Weg legen werde, daß es aber unmöglich sein werde, schneller nach *Ochock* abzureisen, gleichviel ob ich mich mitten im Sommer oder zu Beginn des Frühjahrs 1740 auf den Weg machte. Die Schiffe seien nämlich noch nicht gebaut, noch sei es möglich, daß zu dieser Zeit Verkehr zum *Lena*[-Strom] durchgeführt werden könnte. Darüber hinaus kam in den Sinn, daß mir der unermüdliche Eifer des Herrn Doktor Gmelin am *Lena*[-Strom] nichts an Arbeit übriggelassen hatte, sowie auch das Anliegen der Herren Professoren, daß die Ufer des Sees *Bajkal* und die Gegenden bei *Barguzinskoj ostrog* bereist werden sollten. Ich schrieb daher meinen Vorschlag sowohl seiner Exzellenz, dem Präsidenten der Akademie, wie auch den Herren /2r/ Professoren und begann in der Zwischenzeit, die ich bei mir festgesetzt hatte, nach meinen Kräften tätig zu sein, so daß ich Ende Juli die Aufzählung der Pflanzen, Fossilien und Tiere im Umkreis von 60 Stadien rings um *Irkuck* bereits abgeschlossen hatte. Dann reiste ich ab zum See *Bajkal*, durchwanderte die Gestade und nahezu unüberwindliche Felsschluchten. Ich folgte dem *Barguzin*[-Strom] flußaufwärts bis zum *ostrog*, lies dort einen Studenten mit dem Auftrag zurück, soweit er könnte, alles die Geschichte der Tungusen Betreffende auszuforschen. Ich selbst wandte mich nach den unermeßlichen Steppenebenen und Felsengebirgen hin, die alle, die mir bisher zu sehen vergönnt war, an Höhe übertrafen. Ja, ich gedachte sogar zu den Steppen bei *Eravninskoj ostrog* und den Quellen des *Vitim*[-Stroms] zu wandern, weil die Kunde von gewissen außergewöhnlichen Fossilien das Verlangen, diese Gegenden zu bereisen, /2v/ im Innersten entzündet hatte. Es hielt mich aber die herbstliche Witterung ab und gleichermaßen auch die am Boden liegenden Kräfte, die diesen Beschwernissen nicht gewachsen gewesen wären, wie ich leicht einsah. Ich ging also nach *Irkuck* zurück und wanderte unterwegs fünf Tage lang über die Insel *Ol'chon*. In *Irkuck* aber begann ich etwa Mitte November aus meinem Tagebuch diese Flora zu verfassen, und es scheint mir, ich hätte mich in dieser Sache nicht vergeblich bemüht, besonders weil Herrn Doktor Gmelin seine ständigen Reisen es nicht erlaubten, die Geschichte eines Ortes so vollständig, wie es in einem Sommer möglich ist, zu verfassen. Dann weil es für mich bei den Verfassern von Handbüchern über Indien und Amerika immer ein Mangel war, daß sie nur die Seltenheiten erwähnt haben, die es in Europa nicht gibt, die Dinge aber, die jene Gegenden mit Europa gemeinsam haben, ausgelassen haben, während doch beides tun sollte, /3r/ wer sich von irgendeiner Gegend eine zutreffende und angemessen Vorstellung bilden will. Mit einer solchen sehr geringen Mühe werden wie auf einen Streich so viele sehr falsche, von der gebildeten Welt unter einem milderen Himmel unterhaltene weniger milde Mutmaßungen zunichte gemacht, mit welchen auch ich bedauerlicher Weise lange beladen war, wie zum Beispiel, daß es in diesen Gegenden keine Pflanzen gäbe, die als Speise oder zu medizinischem Gebrauch dienen könnten, während doch aus diesen bescheidenen Seiten für jeden sehr leicht zu verstehen sein wird, daß nicht allein viele bei uns in Gärten mit Geschick angebaute Pflanzen, deren Heimat heute unbekannt ist, diesen Orten ihre Herkunft verdanken, sondern daß sie auch den nordasiatischen Boden nicht ablehnen und jeder Zunge als willkommene Speisen dienen, während ich einst nicht die Erwartung hatte, in Sibirien Brassica rapa, Raphanus, Cepa und Allium essen zu können und diesen in Petersburg mit heftig bewegten Wangen Lebewohl gesagt hatte. Infolgedessen /3v/ fügte ich die Aufzählung sowohl der Blumen als auch der Speisepflanzen bei, soviel mir in den Gärten zu sehen möglich war, und diese Durchwanderung der Gärten war für mich nicht von Nachteil, weil ich viele exotische Pflanzen sah, die aus chinesischen Samen hier üppig sproßten, die die Geschichte des Ortes, der im ganzen einen ziemlich chinesischen Eindruck machte, nicht wenig erhellten und zugleich lehren, auf welche Weise dem Bedarf der Stadt *Moskva* hierzulande abgeholfen werden könnte. So wird auch feststehen, daß die meisten Gemüse und Speisen, die meisten Pflanzen, deren wir Europäer uns erfreuen, gleichermaßen auch bei den Chinesen vorkommen. Das Nützliche wird man mit dem Angenehmen verbunden sehen, wenn, wie es der Nutzen des Reiches erfordert, die Apotheken dereinst hierzulande einen festen Platz haben werden. Man wird die notwendigen Dinge aus dem dreifachen Reich der Natur parat haben, die bisher über eine ungeheure Entfernung geschickt werden mußten und die keineswegs gleichsam an die Stelle von solchen treten können, /4r/ die diese asiatischen Gegenden entbehren. Gut hat der sehr berühmte Herr Doktor Gmelin beobachtet, daß die Kamille (Chamomilla), eine Pflanze, die an allen Wegkreuzungen des Erdkreises die allergewöhnlichste ist, hier in der Medizin nur wenig gebraucht wird, daß an ihre Stelle aber bequem das Leucanthemum matricariae folio treten kann. So wird auch an die Stelle der Veronica, die von *Tobol'sk* bis hierher verbannt ist, die Veronica Chamaedrios folio oder die Veronic incana mit Erfolg treten können. Und beachte schließlich, daß diese Gegenden keineswegs an einem solchen Mangel leiden, daß sie den Apotheken in Rußland oder, wenn es beliebt, in Deutschland oder Europa nicht nützliche Dinge zukommen lassen könnten, und es werden die Käufer nicht ausbleiben, wenn es Förderer gibt. Was mich betrifft, so habe ich mich nicht wenig darin abgemüht, den erfahrungsbasierten Gebrauch der Pflanzen sowohl von den Russen als auch den verwandten Völkern zu erkunden. Wird dazu noch irgendwann eine einfache chemische Untersuchung hinzugefügt, können aus einem Topf zwei Wände geweißt werden. Die Pflanzen habe ich eingeteilt /4v/ nach der Methode Tourneforts, mir unbekannte aber oder zweifelhafte (ich hatte ja keinerlei Büchervorrat) schicke ich und bitte zugleich, daß, wo ich geirrt habe, andere mich freundschaftlich korrigieren und meine Flora ihrer Obelisken für würdig erachten. Zu diesem Zweck habe ich mit größter Sorgfalt wohlgereifte Samen gesammelt und das nicht in kleiner Menge, so daß, was aus meinen Beschreibungen, mit denen mich zu beschäftigen im Sommer nur wenig möglich war, nicht entnommen werden kann, aus den Pflanzen selbst hinreichend verstanden werde. Ich schicke die Samen nicht mit sparsamer Hand, weshalb sie im Frühjahr und im Herbst auch an verschiedenen Orten gesät werden können.

So schicke ich auch die Samen einer Pflanze drei- oder viermal, je nachdem ich sie zu unterschiedlicher Zeit gesammelt habe und es hat nicht gereut, die Samen der Varietäten gesondert zu schicken. Daher werden sie, im Garten ausgesät, anzeigen, ob es sich tatsächlich um verschiedene Species oder nur um Varietäten handelt. Die auf den Papieren verzeichneten Nummern brauchen nicht berücksichtigt zu werden, weil ich, allein mit meinem Tagebuch in Wäldern und Wiesen umherschweifend, die Namen lediglich so aufschrieb, wie es dem Gedächtnis angenehm war, nicht, wie ich sie heimgekehrt aus dem Tournefort in meine Flora /5r/ einfügte: Vielmehr wird immer die daruntergeschriebene Nummer zu betrachten und in der Flora auszuwerten sein. Ich habe viele von anderen gesammelte Samen erhalten, ohne die Pflanzen gesehen zu haben. Diese schicke ich, wie ich sie erhielt. Andere habe ich selbst gesammelt von bereits fast verwelkten Pflanzen, und dort habe ich nur angegeben, was ich vermutet hatte. Wenn noch weitere Samen gewünscht werden oder manche nicht keimen, so bitte ich, daß mir in den einzelnen Jahren eine Liste geschickt wird, nach der sie erneut gesammelt werden können, wenn ich nicht zuvor zurückgekommen bin. Ebenso wünsche ich auch eine Liste derjenigen, die in Petersburg von den gesäten Pflanzen reichlich gesammelt werden. So wird die Masse der zu schickenden kleiner werden und die Arbeit an nützlichere Dinge gewendet werden können. Und die übrigen einzelnen Samen würden nicht um ihren Nutzen gebracht werden, wenn sie zusammen mit den Kapseln abgezeichnet werden würden, so daß jeder Gattung ein Blatt zugeordnet würde. Auf diese Weise würde die Bestimmung der Pflanzen sich künftig auf eine sicherere Grundlage stützen. Wenn jemand, der zuverlässig nur mit dem Tournefort ausgestattet ist, entweder nur Exemplare von Absinthium Asiaticum ergattert oder solche von Astragalus oder Alsine zu Gesicht bekommt, Arten, die in Blättern und Blüten /5v/ übereinstimmen und sich nicht, wie hinsichtlich der Ovarien und der Samen, unterscheiden, der wird mit eigenen Augen gewahr werden, daß Tourneforts Namen und Synonyme nicht so gut sind, als daß sie nicht noch besser sein könnten, und daß die Irrtümer der Reisenden, die nur mit diesem Autor ausgestattet sind, nicht so groß sind, als daß sie keine Entschuldigung verdienten. Getrocknete Pflanzen hätte ich noch mehr geschickt, und es hat mir nicht an der Neigung zum Sammeln, Trocknen und Zusammenheften gefehlt, wenn nicht das Fehlen von Löschpapier eine weitergehende Sorgfalt verhindert hätte. Und ich hätte dieses Mal gar nichts schicken können, wenn nicht auch meine Flora nach Art der Einheimischen chinesisiert, d. h. in ein chinesisches Gewand gekleidet, schon nach Petersburg abginge. Ich wünsche, daß man sie, wenn sie ankommt, wohlwollend aufnimmt und daß man über den Sammler nicht anders denkt, als daß er heftig darauf brennt, mit nachfolgend noch größerem Eifer die Pflanzen der übrigen Provinzen zu sammeln und Euch zu übermitteln.

/6r/

Hochedler und sehr berühmter Alexius, Sohn des Georgius, von Bibikov, Ihrer Kaiserlichen Majestät Staatsrat und Vizegouverneur der Provinz *Irkuck*, sehr verdienstvoller Schirmherr und ewig zu verehrender Förderer Wieviel Du mit Deiner Sorge und Unterstützung mir, als ich auf der botanischen Rennbahn rund um *Irkuck* lief, und ebenso bei den die Naturgeschichte der Tiere betreffenden Beobachtungen geholfen hast, darf ich nicht vergessen, bevor ich diese Flora nach Petersburg schicke und selbst abreise, damit ich nicht, indem mir und ebenso jener der Makel der Undankbarkeit anhaftet, uns beiden einen unheilvollen Weg heraufbeschwöre. In der Tat wäre ich meiner selbst nicht eingedenk, wenn ich mich nicht erinnerte, wie oft Du mich, wenn ich selbst hinauszog, wohlgemut begleitet und dabei allerorten andere mich zu unterstützen ermahnt hast. Ja, Deine eigene Neugierde war so groß wie der Eifer, wodurch ich überall meinen Wunsch vollständig erlangte. Worin nicht nur ich, sondern auch die Akademie der Wissenschaften Dir dankbar sein werden, ist also das, wodurch auch andere Verwalter von Provinzen und Städten zu ähnlichen äußerst lobenswerten Unternehmungen, wie durch einen Stachel angetrieben, durch dein Beispiel ermuntert werden mögen. Und es möge mir nicht als Fehler ausgelegt werden, wenn ich diese Beutestücke, die unter Deiner Aufsicht	Euer Exzellenz, Hochedler Herr Staatsrat Ihrer Kaiserlichen Majestät und Vizegouverneur der *Irkuck*er Provinz Mein allergnädigster Herr und Wohltäter *Aleksej Jur'evič* Die durch Euer Exzellenz mir mit Sorgsamkeit und Fürsorge bei den botanischen Arbeiten in der Umgebung von *Irkuck* gewährte Unterstützung, die Sie auch geruhten, für das zur Naturgeschichte und Beschreibung von Tieren Gehörende zu gewähren, darf nicht in Vergessenheit geraten, bevor ich nicht diese meine Beschreibung nach Sankt Petersburg schicke und selbst abreise, damit mir dies nicht zum Zeichen für Undankbarkeit und eine unglückliche Reise werden möge. Ich würde selbst in Vergessenheit geraten, wenn ich nicht erwähnen würde, wie oft Sie sich zusammen mit mir bemüht haben und auch stets anderen befohlen haben, mir Hilfe zu gewähren. /6v/ Es ist wahrhaftig so, daß Ihr Interesse und der Eifer, meine Wünsche in meinen Angelegenheiten genau zu erfüllen, so war, so daß Ihnen aus diesem Grund nicht nur ich, sondern auch die Akademie der Wissenschaften dafür dankbar sein werden. Dies kann in den Provinzen und Städten in ähnlicher Weise nach Ihrem Beispiel kaum erwartet werden können. Auch sehe ich es als meine Pflicht an, das unter Euer Exzellenz Aufsicht in der *Irkuck*er Provinz Gesammelte mit gebührendem Lob Ihrem Namen zuzuschreiben,

in der *Irkuck*er Provinz gesammelt wurden, mit dem vollständigsten Deinem Namen eingeschriebenen Lob für die Gunstbezeigungen gleichsam als von Dir schon bald abzusendender Vorläufer und Bote Deiner bevorstehenden Ankunft in Rußland überbringe, mit dem Wunsch, daß Du, edelster Mann, selbst jenem bald nachfolgen und *Moskva*, die teure hochedle Familie, Deine Schirmherren und Freunde, sicher, wohlbehalten und vergnügt antreffen mögest. Inzwischen flehe ich das höchste Wesen an, daß es meine Wünsche gnädig bewillige und Du, edler Mann, der meinen Sinn und meine Handlungen in jeder Weise genau kennst, mich, wenn ich von *Kamčatka* zurückkehre, der gleichen Gunst, mit der du mich hier umgeben hast, in Rußland würdigen wollest. Lebe wohl, hochedler und sehr berühmter Mann. Ich bin dein zu aller Gefolgschaft sehr bereiter Diener	welches so als Vorbote von Euer Exzellenz bevorstehender Ankunft in Rußland bald überbracht wird, verbunden mit dem Wunsch, daß Euer Exzellenz glücklich nach *Moskva* gelangen und sich darauf vorbereiten können, Eure edle liebenswürdige Familie, die Wohltäter und Ihre /7r/ Freunde in Gesundheit, Freude und Glück zu sehen. Weiterhin bitte ich den allerhöchsten Gott, daß er meine Bitte gnädig erhöre, und ich bitte darum, daß Euer Exzellenz und Herr, der geruhte, meine Wünsche und Handlungen zu beaufsichtigen, nach meiner Rückkehr von *Kamčatka* mir gleiches Wohlwollen und Liebe erweisen möge und ich in Rußland wie hier in Ihrer Wertschätzung verbleibe. Euer Exzellenz, Hochedler Herr, Euer Exzellenz untertänigster Diener

Georg Wilhelm Steller

[1] Maße: 32 x 22 cm; zur Vidimation s. Anhang B.1.; auf Bl. 1r über dem Text „Steller Flora Ircutiensis", rechts marginal „св. 104", oben links „Praes. d. 12. Jul. 1740.", darunter „D.", darunter „P. I. опись 104, дело 4.", unten links ein Archivstempel und oben rechts „Flora Ircutens."
weitere Versionen des Textes (ohne Vorrede, Widmung und Vidimation):
a) AAW R. I, Op. 13, D. 37, Bll. 3r–122v (2. Textversion) – in der Handschrift von *Aleksej Gorlanov*; auf Bl. 1r des Manuskripts oben links „Flora Ircutensis / G. W. Stelleri / ad quam spectant XLVI Icones.", oben rechts „N 13[b] L.", darunter vier russische Wörter und darunter ein moderner Archivstempel sowie „N° 37.", auf Bl. 2r „No. 37."
b) AAW R. III, Op. 1, D. 162, Bll. 81r–96v (3. Textversion, s. Anm. 54 in Nr. 17 der Flora); unvollständige Kurzform mit Numerierung, Namen der Pflanze und teilweisem Literaturverweis; nur Nr. 27–62, Nr. 132–163, Nr. 362–408, Nr. 563–586, Nr. 673–720, Nr. 810–827, Nr. 862–907, Nr. 949–961, Nr. 992–996, Nr. 1011–1034B und Nr. 1108–1145

[2] Staatsrat (Geheimer Rat, Geheimrat, Wirklicher Staatsrat): Nach der Rangtabelle von 1722 für den Zivildienst gehörte ein Geheimer Rat (Geheimrat) zu Rangklasse 4, wurde jedoch ab 1724 eine Stufe höher gestellt. Vom Jahr 1724 an wurde ein Staatsrat in die 5. Rangklasse, ein Wirklicher Staatsrat in die 4. Rangklasse eingeordnet (Amburger 1966, S. 55).

[3] Vizegouverneur (von *Irkuck*): Bis 1731 (nach Gmelin 1751–1752, 2. Theil, S. 9f. bis 1726 oder 1727) wurde *Irkuck* von Wojewoden geleitet, im Jahr 1731 wurde ein Vizegouverneur eingesetzt, der dem Gouverneur des Sibirischen Gouvernements in *Tobol'sk* unterstellt war. Ab 1737 (nach Amburger 1966, S. 404 im Jahr 1736) wurde ein Vizegouverneur für Ostsibirien eingesetzt, der direkt dem *Sibirskoj prikaz*, der Institution zur Territorialverwaltung Sibiriens unterstellt war. Als Vizegouverneure wirkten u. a. *Aleksej Jur'evič Bibikov* (1737 bis 1740) und danach Lorenz Lange (1740 bis 1752) (*Sukačev* 1902, S. 140ff.). „Die Stadt Irkutzk hat einen Unterstatthalter, welchem die ganze Provinz unterworfen ist. Unter ihm stehen die Woewoden von Selenginsk, Nertschinsk, Ilimsk, Jakutzk, und die Befehlshaber von Ochotzk und Kamtschatka. ...“ (Gmelin 1751–1752, 2. Theil, S. 163)

A.3. Klasse 1–5

/8r/

Flora Irkutjensis ordine Inst[itutionum] Rei Herb[ariae]
CLASSIS I.
HERBAE ET SUffrutices
flore monopetalo campaniformi.
SECTIO II.
Pistillo abeunte in fructum mollem

1.	*Polygonatum latifolium flore majore / odoro C. B. P. Tourn. sp[ecies]* 6. *Polygona- / tum floribus è singularibus pedi- / culis. Polygonatum latifolium flo- / re majore odoro, e singulis foliorum / alis solitario*[a] *D[ominis] D[octoris] Gmelin[i] Ind[icis] Plant[arum] / Len[ensium]*[1] *Planta haec copiosissima in mon- / tosis ad Angaram et omnem Bai / kal floret sub finem Maij. Radice / nititur alba tereti horizontaliter in / terra repente multasq[ue] fibras albas / deorsum demittente, ipsa tot ace- / tabulis et fossulis non excavata, ut / Polygonatum latifolium vulgare C. / B. P. Tournef. spec[ies]* 1.[2] *Caulis cubitalis / nec raro sesquicubitum superans, te- / res, angularis, glaber, ad radicem can- / didus, dein subrubens, abhinc viridis / tunica e primo geniculo orta, alba, / nonnihil purpurascente cinctus*[b] *fo- / lia glabra, nervosa, quam in vulgari / latiora. É singulis alis flos unicus / unciali pediculo haerens*[c] *modo e- / rigitur, modo deorsum pendet. Flores / caeteroquin Polygonati vulgaris at / majores sunt, apertura floris pal-*

/8v/

Flora Irkutjensis ordine Inst[itutionum] Rei Herb[ariae]
CLASSIS I.

	lidissime viret.
2.	*Polygonatum latifolium, flore gemello / odoro, cum priori eodem tempore / locoq[ue] occurrit, tantoq[ue] numero differt / a priori foliis minus latioribus nec / ita rugosis et*[d] *flore gemello, occurrunt / non raro in uno exemplare modo flo- / res solitarij modo gemelli.*
3.	*An Polygonatum latifolium minus flo- / re majore C. B. Prodr.* 136. *Tourn. spec[ies] /* 8.[3] *Abunde inveni in rupibus ad Sinum / lacus Baikal Peschtschana Guba di- / ctum ad*[e] *insulam Olchon et circa Bar- /*

---

[a] $_{\text{solitari}}$o *verbessert aus* a [b] $_{\text{cin}}$c$_{\text{tu}}$s *verbessert aus* $_{\text{cin}}$gi$_{\text{tu}}$r [c] $_{\text{haerens}}$ *verbessert aus* in$_{\text{haerens}}$ [d] et *über der Zeile* [e] ad *über der Zeile*

	gusinum defloruerat, jam et fructum / absolverat. Huius baccae collectae sed / cum antecedentibus confusae sunt, / dodrantem altitudine raro superat. / Folia lata, flores partim solitarii par- / tim gemelli, ut è fructu cognovi e / longis pediculis pendent, mihi saltem / varietas videtur ob loci siccitatem / contingens.[4]

SECTIO III.
De herbis flore monopetalo cam- / paniformi quarum[a] *pistillum abit*[b] */ in fructum siccum seu testam uni- / capsularem [et] multicapsularem*
GENUS II.

4.	*Gentiana rupestris folio Plantaginis / angustifoliae flore albo diaphano stri- / is [et] punctis coeruleis vario*[5].

/9r/

Florae Irkutjensis ordine Inst[itutionum] Rei Herb[ariae]
CLASSIS I.

	Gentianam hanc in vertice rupium altissi- / marum circa Bargusinum hinc inde / perpetua nive rigentium inveni die / 21. *Aug[usti] Radice nititur è fibris mul- / tis teretibus candidis et diaphanis con- / stante sub musco ibidem dimidiam ul- / nam superante latente, e corona radicis / folia in orbem sparguntur numerosissi- / ma diversae longitudinis, longissima* 5, */ brevissima duos pollices non excedunt; / lata ad summum* $^{3}/_{10}$ *pollicis hinc an- / gusta, glabra, nervosa costa ipsa radi- / ci adnata* 5. 6. *ad* 8 *fasciculatim ex / uno ramulo prodeunt, flavoviridia, qua- / lis plantarum in hybernaculis asserva- / tarum color primo vere esse solet; e / medio foliorum caules surgunt flavo- / virides, teretes, geniculati pro anno- / sitate plantae modo* 4. 3. 2 *aut uni- / cus saltim* 2. 3. *imo* 5 *pollices alti. / Ad singula genicula caulis duo ex adver- / so alterno ordine eriguntur folia, pa- / rum alia, sub florendi tempus puni- / cea vel cum*[c] *laevi rubore vivebant*[d] *et / jam*[e] *pene emarcida erant. E summo / caule surgunt* 1. 2. 3. 4 *ad* 5 *flores si- / bi invicem arcte accumbentes fasci- / culosi, flores sunt campaniformes, pa- / tentes multifidi, sesquipollices longi, to- / tidemq[ue] expanso et discisso flore in sum-*

[a] $_{qu}$ar$_{u}$m *verbessert aus* $_{qu}$[.]$_{u}$s [b] $_{a}$b$_{it}$ *verbessert aus* v [c] c$_{um}$ *verbessert aus* [.] [d] viv$_{ebant}$ *verbessert aus* [...] [e] *nach der* 2. *Textversion* (*s. Anm.* 1 *in A*) ‚... cum laevi virore rubebant, et jam ...', dt. ‚bei geringer Vitalität rot waren ...'

/9v/

Flor<a>e Irkutjensis ordine Inst⌈itutionum⌉ Rei Herb⌈ariae⌉
CLASSIS I.

	mitate lati, calyce monophyllo albo, su- / perius quinquies diviso, inferius tubula- / to et diaphano comprehensi. floris, fun- / do adnascuntur 5 *stamina trigona, py- / ramidata, apices versus acuminata et / acuta, itidem diaphana modice coe- / rulescentia, quibus apices citrini colo- / ris secundum longitudinem implan- / tantur, e medio horum surgit pistil- / lum fusiforme ovato-acuminatum, / pollicare, violaceum quod*[a] *sub me- / dium Septembris abit in testam mem- / branaceam, intra suas valvas ge- / minas semina continentem fusca / papaveracea, Ut gentianarum,*[b] *huic / inter omnes mihi cognitas plan- / tas color plane peculiaris, qui nec / albus nec ochroleucus dici potest, ve- / rum vesicae instar anemiae piscium / diaphanus, striis ⌈et⌉ punctis partim plum- / beis lividis, partim viridibus intermix- / tis*[c] *vari⌈us⌉*[d] *Ita ⌈et⌉ loci natalis facies non sine / stupore et admiratione summa ad no- / ctis*[e] *usq⌈ue⌉ umbram ab ulteriori*[f] *contem- / platione arcentem a me contemplaba- / tur. Rupes videlicet ad minimum /* 2000 *orygias*[6] сажень[7] *Russis elata, undiq⌈ue⌉ / praerupta ⌈et⌉ inaequalis nive septentrionem*

/10r/

Florae Irkutjensis Ordine[g] *Inst⌈itutionum⌉ Rei Herb⌈ariae⌉*
CLASSIS I.

	versus aeterna tecta, oras summas la- / rix pumila folio non deciduo[h8], *Betula pu- / mila*[9], *Alnus*[10], *Salix*[11] *iam non saliens, sed / humillime in terra repens, velut sertum / senile caluitium cingunt, ipsum pla- / num, seu*[i] *vertex rupis* 3 *circiter stadia / Russica longum*[j], *unam latum*[k], *nec planta / elata, nec arbor*[l] *ornat, sed musci*[m] *solum- / modo canescentis continua serie*[n] *velu- / ti stragulo*[o] *cooperitur, altitudine dimi- / diam ulnam superante. In ipso meditul- / lio saxa ingentis molis protuberant in / circulum intra haec lacus purissima / lympha refertus, at piscibus et omnibus*[p] */ insectis orbus, diametro unius leucae*[12] */ Russicae. Inter haec saxa ad lacus / ripam muscosam haec provenit Gentia- / nae circa hanc aliae sed valde diminu- / tae proveniunt Plantae, ut Geum / foliis*

---

[a] quad [b] $_{\text{gentiana}}$rum *verbessert aus* ẹ [c] $_{\text{intermixt}}$i$_{\text{s}}$ *verbessert aus* a [d] variq *über der Zeile* [e] $_{\text{nocti}}$s *verbessert aus* ṛụ [f] $_{\text{ulteriori}}$ *verbessert aus* $_{\text{ulteriori}}$s [g] O$_{\text{rdine}}$ *verbessert aus* [.] [h] $_{\text{decidu}}$o *verbessert aus* s [i] $_{\text{se}}$u *verbessert aus* d [j] $_{\text{longu}}$m *verbessert aus* s [k] $_{\text{latu}}$m *verbessert aus* s [l] $_{\text{arbo}}$r *verbessert aus* s [m] $_{\text{mus}}$ci *verbessert aus* [.]e [n] $_{\text{serie}}$ *verbessert aus* $_{\text{serie}}$s [o] $_{\text{stragul}}$o *verbessert aus* e [p] $_{\text{o}}$mni$_{\text{b}}$us *verbessert aus* r[..] e

	pulchre denticulatis[13]*, Androsace*[14]*, / Caryophyllata Alpina Chamaedris folio*[15]*, / Arenaria*[16]*, Pedicularis Achilleae folio*[17] */ tantum autem ob*[a] *loci altitudinem / a naturali degenerarunt, facie, ut aegre / non pro diversis habeantur, ipsis*[b] *e fissu- / ris saxorum Betula pumila folio rotun- / do et altera folio acuminato*[18]*, salix folio / oblongo*[c] *serrato crispo inferius*[19] *descri- / bendae enascuntur; Omnes plantae jam*

/10v/

Florae Irkutjensis ordine Instit[utionum] Rei Herb[ariae]
CLASSIS I.

	non virent, sed ob austrum pallent, fla- / vent vel ob formae exilitatem ve- / lut rubore suffunduntur, ipse ob ae- / ris levitatem lociq[ue] raram faciem / velut vigilans grate somniabar et / plane me ita dispositum sensi, qua- / lis fuisse recordor, cum prima vice / Stalbergae[20] *profundo metallifodina- / rum stalbergensium immersus ter- / rae in terranea spectarem. Septent- / rionem lustranti mihi, Nix rubini in- / star splendens, solisq[ue] radios aere pu- / rissimo reflectens e longinquo intu- / enti iridis colores ostendebat, ita / ut haec attonitus videns verum esse / memineram, quae olaus de nive rub- / ra tradidit, neq[ue] me quidquam affi- / ciebat, nisi quod Rubinos hos aqueos / Gazophylacio artis et naturae aca- / demico*[d][21] *ejusq[ue] spectatoribus curiosis / colligere et communicare impossibi- / le vidissem, eodem tempore consor- / tio meo rustico per microscopium / vermiculos pulicum instar forma [et] / colore. An Oryps*[22] *Aristotelis [et] Bartho- / lini? ostenderam, qui licet nostri / laboris curiosi plerumq[ue] irrisores; / hanc tamen paucissimis visam rem*

/11r/

Florae Irkutjensis ordine I[nstitutionum] R[ei] H[erbariae]
CLASSIS I.

	nostras germanorum inventiones satis / laudare non poterant, longius procedenti- / bus occurrebant, cornua hinc inde va- / riae molis, varia Rangiferorum anima- / lium[e] *quippe hic locorum ineunte ve- / re, spolia*[23] *haec senium exuentes velut / gratiae pignora cano huic seni relin- / quere solent, quod*[f] *hyeme musco suo / largiter aluerit. Ita, et*[g] *aquilinarum / unguium saevities in tot cruentatis*[h] */ muscoq[ue] implexis*

[a] o$_{b}$ *verbessert aus* a [b] $_{ips}$is *verbessert aus* ae [c] ob$_{longo}$ *verbessert aus* [..] [d] $_{a}$c$_{ademico}$ *verbessert aus* S [e] $_{animali}$u$_{m}$ *verbessert aus* s [f] quad [g] e$_{t}$ *verbessert aus* [.] [h] $_{cruentat}$i$_{s}$ *verbessert aus* e

	avium plumis cerni- / tur. Ascendentes rupem comitabatur / nebula densissima, quae vero cum / ad verticem perveneramus Solis / radijs discussa, nosq[ue] postquam disparu- / erat intus sudore perfusos[a] *exterius / rore suo irrigaverat. Phoenomenon / illud quasi montes tempore matutino / vel pluviae fumum emitterent, jam / aliter ac antea credideram se habere / comperi Aër*[b] *nempe multis humori- / bus gravidus*[c] *ac gravis dum se demit / tit et a ventis*[d] *e*[e] *vallibus flante / agitatur, paralaxi*[24] *ad montes vicinos / veluti oculorum terminum refertur, / Ros autem [et] pluvia in montosis locis / citius decidit, quam in camporum planis*

/11v/

Florae Irkutjensis Ordine Inst[itutionum][f] *Rei Herb[ariae]*
CLASSIS I.

	id, quod[g] *ad oculum apparebat cum nebu- / la discussa non procul a vertice abe- / ram ante me gramina jam madescebant / cum a tergo sicca spatia distincte discer- / nere valerem, ita et in vertice constitu- / tus aer jam purissimus erat, fumantem / autem aerem supra Bargusinum fluvi- / um in forma nubis caliginosae oblongae / cernebamus, quae in medio clara erat, ubi / opposito vallo duorum excelsorum mon- / tium parallela erat, quantum autem mon- / tibus ipsis appositis parallela et para- / laxi*[25] *ad eas referebatur, fumans visa, ita / [et] observabam qua ratione nubes gravida / a ventis agitata et librata sensim de- / mittebatur et disparuerat, supra fluvi- / um autem quantum immediate huic im- / minebat omnium tardissime resolveba- / tur, quod*[h] *ascensui reciproco vaporum / tribuo nec raro contingere solet, ut ali- / quoties observaram dum in flumini- / bus versarer, ut per aliquot momenta nu- / bes in forma pluviae decidat in flumina, / quae in continente sub forma roris mane / decidit, ita [et] tempore pluviae pluvia pri- / or tantillum in fluminibus quam in con- / tinente observatur, cujus rei, ratio jam jn*

[a] perfusos *verbessert aus* i [b] Aër *verbessert aus* s [c] gravidus *verbessert aus* a [d] ventis *verbessert aus* ventris [e] e *verbessert aus* a [f] Inst. *verbessert aus* i [g] quad [h] quad

/12r/

Florae Irkutjensis ordine Inst[itutionum] Rei Herb[ariae]
CLASSIS I.

	propatulo erit. Conversus facie ad la- / cum Bajkal quanta rupis altitudo / sit inde colligere licebat, quod[a] non / tantum promontorium Swjatoi Nos / dictum verum insulam Olchòn versus / septentrionem et Tunkinskinenses / rupes trans Baikalem 100 *circiter / stadia ab urbe Ircutia distantes in / conspectum venirent, sed ne longius / abripiar[b], plura monebo in historia / fossilium circa lacum Baikal[26]. Plan- / ta haec russis[c] ignorata intensissi- / mi amaroris est, inq[ue] memet ipso / quantum valeat viribus experi- / mento didici reversus Irkutiam / ob mutatam dictae rationem et au- / tumnale sedentarium vitae genus / appetitus prostrationem virium in- / signe decrementum et languorem[d] sen- / tiebam, ita [et] poplites ascensione / non poetica sed Satyrica rupium et / montium dolebant et tumescebant. / Usus hoc infuso florum Gentianae / per aliquot dies non solum tumor / et dolor poplitis cessabat, appetitus / redibat urinaq[ue] turbida, alba, qualis*

/12v/

Florae Irkutjensis ordine inst[itutionum] R[ei] H[erbariae]
CLASSIS I.

	oedematosorum[e27] esse solet. copiose excerne- / batur.
Fig[ura] 1.	*Semen huius plantae rarae in mea absen- / tia mense Septembri colligere jussi / [et] optime maturum transmissum / obtinuj Irkutiae, et quo Petropoli / laete sàta germinent[f] Opto[28]. figura / sistit plantam in naturali magni- / tudine.*
5.	*Gentiana major purpurea C. B. P.* 187. / *Gentiana magna flore purpureo J. B.* / 3 521.[29] *Planta haec copiose occurit / circa Bargusinum et ad lacum Bai- / kal in humidioribus pratis. Radice / nititur crassa, flava, palmari, re- / ticulata intense[g] amara, quae in / defectu Gentianae rubrae[30], huic com- / mode substituj posset. Caules emit- / tit.* 5 *ad* 10. *cubitales teretes, ge- / niculatos, folia partim, e corona / radicis bina alterno ordines è / caulis geniculis prodeunt, quorum / priora non raro pedalia oblonga, pul- / chre nervosa [et] viridia, aversa par- / te albentia, ubi latissima pollicem / raro excedentia, apicem versus a- / cuminata folia solummodo ad / caulem*

[a] quad [b] abripiar *verbessert aus* p [c] russis *verbessert aus* e [d] languorem *verbessert aus* u [e] vedemasotorum
[f] germinent *über der Zeile* [g] intense *verbessert aus* s

	his brevoria, in summo

/13r/

Florae Irkutjensis ordine Inst[itutionum] Rei Herb[ariae]
CLASSIS I.

	caule vel unus vel duo enascuntur / florum verticilli, flores ipsi mag- / nitudine et figura Gentianae cruciatae[31] */ floribus simillimi*[a]*. Tota planta in / signiter amara, floret Julio, semen / perficit sub initium Septembris, colle- / gi optime maturum et transmisi.*
6.	*Gentiana cruciata C. B. P.* 188. *Gentiana / III cruciata Clus. Hist.* 313.[32] *Copiose / occurrit in pratis et sylvis ad lacum / Baikal circa Irkutiam et ad Bargusi- / num fluvium. Floret Julio, semen ab- / solvit sub finem Augusti.*
7.	*Gentiana procumbens salicis folio glabro*[33]*. / Haec planta humi in orbem sparsa, circa / Irkutiam [et] Bargusinum in sylvis occur- / rens. Radice nititur pollicari, palmum / longa ad coronam crassiori et latiori. / Caules cubitales* 15 *ad* 20 *spargit tere- / tes, flavovirides, geniculatos ad singu- / la genicula folia prodeunt bina pul- / chro viridia oblonga et angusta, apice / acuta, glabra, salicis Amerinae*[b34] *foliorum*[c] */ aemula, in summitate partim uno, partim / gemino ordine enascuntur, flores coeru- / lei modo singuli modo plures in fascicu- / lum collecti calathianae seu Pneumonan- / the Cordi*[35] *floribus forma et structura / simillimi. floret Julio. Semen perfi / cit sub initium Septembris, quod trans- / misi.*
8.	*Gentiana angustifolia, autumnalis major.*

/13v/

Florae Irkutjensis ordine Inst[itutionum] Rei Herb[ariae]
CLASSIS I.

	C. B. P. 188. *Gentiana palustris angusti / folia ejusdem. Calathiana quibusdam / radice perpetua sive palustris J. B.* 3. / 524. *Pneumonanthe Cordi.*[36] *Abunde oc- / currit in pratis et sylvis circa Irkutiam / et lacum Baikal. floret Julio et Aug[usto] / semen perficit Septembri. Huius folia ex / adverso bina angusta valde acumina- / ta et acuta, raro vel*

[a] simillimi *verbessert aus* similliS [b] Amerinae *verbessert aus* AmeriCanae [c] foliorum *verbessert aus* i

	nunquam 4 / pollices excedere solent. Flores par- / tim uno, partim gemino imo[a] terno ordinein verticillis[b] / posita occurrunt. Ad alas foliorum / plerumq[ue] fasciculosi.
9.	*Gentiana humilis flore fasciculoso magno / purpureo folio angusto[37]. Planta haec / frequentissima in apertis desertorum / campis siccioribus ad Buguldeichae / fluvij ostium in lacum Baikal et / ad Bargusinum fluvium[c] inq[ue] deserto / Kunkurkinensi. Floret sub finem / Julii. semina perficit sub finem / septembris. Radice nititur fibrosa, ra- / ro altitudine palmum superat. / Saepius ad duos tresve solummodo[d] / pollices assurgit[e] crebro humi / procumbit folia pulchre viridia, / glabra, acuminata, angusta Pneumonan- / thes[38] foliis simila[f] at breviora. Dupli- / cis generis, quae e corona[g] radicis pro- / deunt 5. 6 ad 8 in fasciculum collecta*

/14r/

Florae Irkutjensis ordine Inst[itutionum] Rei Herb[ariae]
CLASSIS I.

	terrae insternuntur, quae ad caulem / his duplo vel triplo angustiora, duo / semper ex adverso. posita. flores Cala- / thianae[39] floribus structura [et] magni- / tudine similes eleganter purpurei, in- / terdum singuli, in singulis plantis ple- / rumq[ue] autem terno ordine[h], posita ad alas / foliorum et in summitate occurrere / solent, pari amaritie ut et reliquae / Gentianae gaudent, eademq[ue]. Sweroboi[40] / nomine a Ruthenis honoratur.
10.	*Gentiana coerulea oris pilosis T. i. r. h. Gen- / tianella caerulea oris pilosis C. B. / P. 188. Gentianella coerulea, fimbri- / ata angustifolia autumnalis Col. P. / 1. 222.[41] copiosissime haec planta oc- / currit in palustribus ad Angaram, / lacum Baikal Bargusinum fluvium; / floret sub finem Julii semen ma- / turat citius ac[i] reliquae Gentianae / omnes hucusq[ue] recensitae, sub ini- / tium scilicet augusti collegi huius / bonam copiam et transmisi. russis audit LudiK[42], / nec amat[ur] in pratis eo quod[j] jumenta eam valde abhorrent.[k]*
11.	*Gentiana coerulea oris pilosis minor[43]. Haec / species cum priori per omnia exactissi / me conspirat. Eodem tempore floret, / Eodemq[ue] loco cum priori occurrit ad / Telonii domum Nikolskaia Sastawa / dictum. Cum vero priori[l],*

---

[a] i_{mo} *verbessert aus* p̲ [b] ordinein verticillis *rechts von der Zeile* [c] $_{fluvi}$um *verbessert aus* [..] [d] $_{solummod}$o *verbessert aus* I [e] $_{assurgit}$ *verbessert aus* $_{assurgit}$ur [f] si$_{mi}$l$_{la}$ *verbessert aus* ae$_{m}$u$_{la}$ [g] $_{coron}$a *verbessert aus* o [h] ordine *über der Zeile* [i] a$_{c}$ *verbessert aus* [.] [j] quad [k] *von* russis audit *bis* abhorrent. *nachträglich eingefügt* [l] $_{priori}$ *verbessert aus* $_{priori}$bus

	omnibus[a] *partibus / minor sit et frequenter occurrat.*

/14v/

Florae Irkutjensis Ordine Inst[itutionum] Rei Herb[ariae]
CLASSIS I.

	Nullam rationem video, quae quo mi- / nus peculiaris judicetur species / prohibeat, talis et ad omnem Bai- / kalem deinceps occurrebat.
12.	*Gentiana alpina pumila Centaurii mi- / noris folio T. I. R. H. Gentianella / Alpina aestiva Centaureae mino- / ris folijs C. B. P.* 188.[44] *Florere in / cipit sub finem jul[ii] abunde oc- / currit*[b] *circa Ircutiam ad lacum / Baikal et ad Bargusinum fluvi- / um. Flos intense purpureus / exiguus, petala corolla. Lychnidum*[45] */ more pilosa circumvallantur, par- / te interna, quae, an in illa quae / circa Petripolin et Krasno selo / in pratis occurrit, pariter adsit, / jam non bene memini, semina hinc / collegi et transmisi.*[46]
13.	*An Gentianella omnium minima T. i. r. h. species ultima et C. B. Prod.* 97[c]*? / flore albo*[47]*. Plantula haec perpul- / chra ab*[d] *initio Maij ad initium Ju- / nij circa Ircutiam in udis et uli- / ginosis pratis ad Irkutum [et] Ka- / ja rivum Irkutum intrantem / ad lacum et Bargusinum fluvi / um in flore occurrens, altitudi- / ne nunquam duos pollices superat / Radice nititur dimidium pollicEm*[e]

/15r/

Florae Irkutjensis Ordine Inst[itutionum] Rei Herb[ariae]
CLASSIS I.

	longa, tenui, fibrosa, alba aut lutes- / cente, in aliquibus caules protru- / dit 3. 4. 5. *ad* 8. *imo* 10, *ut plu- / rimum autem* 5 *aut* 6 *tantum, / foliola inferna tres lineas longa, / duas lata crassiuscula, rotundo acu- / minata, Alsines mediae*[48] *aemula at / minora multum, limbo albido mem- / branaceo cincta, florem versus subin- / de minora et ad Singula genicula / bina exadverso alterno ordine. Cau- / lis ter ut plurimum geniculatus, / fistulosus teres summum caulem / occupat Calyx pentagonus inferne / tubulatus superne quinquifidus / albide viridis, dimidium circiter pol- / licem longus, huic innidulatur flos / campaniformis tubulatus quinquifi- / dus, florendi tempore expansus et / Stellae in modum repandus albus, / costa media expansionum prone /*

[a] omnibus *über der Zeile* [b] occUrrit *verbessert aus* [.] [c] 97 *verbessert aus* 3 [d] ab *verbessert aus* [.]
[e] pollicEm *verbessert aus* u

	virente, et supine albide viridi eo / quod radios intercedit candidissimo, / sole splendente flos expanditur ves- / peri et noctu clauditur, floris tubu- / li fundo quinque pallidissime lutes- / centia accreta, stamina totidem apici- / bus onusta, è horum medio surgit

/15v/

Florae Irkutjensis ordine Inst[itutionum] Rei Herb[ariae]
CLASSIS I.

Fig[ura] 2 *Tab[ula]* 12.	*pistillum ovato acuminatum fusifor- / me e viridi lutescens in floris tubulo / velut in vagina strictim accumbente / absconditum, in testam abiens bival- / vem, unicapsularem, seminibus foetam / exiguis placentae mediante filo affi- / xis plurimis fuscis, per maturita- / tem sub medium Junii dehiscente / testa prociduis. Huius, semen colle- / ctum transmittitur. Figura sistit / plantulam naturali magnitudine / a. testam. b. semina.*
14.	*Gentianella omnium minima, flore pallide / coerulescente*[49]*. Cum priori pari numero eo- / demq[ue] loco et tempore occurrit, imo in / aliquibus locis ut pote prope molendi- / num*[a] *ad Uschakowkam et pagum / Archipraesulis*[50] *Schilkina sola haec / occurrere, solet, et huius semen bene / maturum transmittitur.*
15.	*Gentianella verna omnium minima penta- / gona flore coeruleo*[51]*. Haec elegans et aspectu jucundissima / plantula iisdem locis cum priori / Sed*[b] *magis elatis gaudens. florere in- / cipit sub medium Maij et in flo- / re deprehenditur ad Septembris usq[ue] / medium ita ut sub finem Junii ma- / tura*

/16r/

Florae Irkutjensis ordine Instit[utionum] Rei Herb[ariae]
CLASSIS I.

Fig[ura] 3. *Tab[ula]* 11.[c]	*semper semina una cum novellis flori- / bus occurrant. pro diversitate tem- / poris [et] loci externa facie mirum / luxuriat. Primo vere e terra prodit. / Caulis foliosus pentagonus interdum / unus, interdum* 4. 5. *aut* 6. *ramulis / circumdatus, quorum extremi brevio- / res, medius altior esse solet. Flores / pulcherrimi coerulei, prioribus ex- / acte similes, stellae in modum ex- / pansi et repandi, folia autem ferme / trigona*

---

[a] molendinum *verbessert aus* a [b] Sed *verbessert aus* t [c] Fig. 3. Tab. 11. *rechts marginal*

	intense viridia, densoq[ue] agmi- / ne ad caulem posita sunt, tota planta[a] *raro du- / as pollices excedere solet. Huius / semina optime matura, diverso tem- / pore collecta transmittuntur. / Huius etiam delineationem fieri cu- / ravi; a.) indicat plantulam naturali / magnitudine, b.) florem ad perpendi- / culum discissum, ut stamina cum / apicibus suis appareant. c.) testam / seminalem d.) semina ipsa.*

SECTIO III.
GENUS V.

16.	*Convolvulus major albus C. B. P.* 294. *Con- / volvulus major J. B.* 2. 154. *T. I. R. H. / spec[ies]* 1.[52] *Passim inter salices*[53] *ad Irkutum*

/16v/

Florae Irkutjensis ordine Inst[itutionum] Rei Herb[ariae]
CLASSIS I.

	et circa lacum Baikal. floret / sub finem Junij
17.	*Convolvulus minor arvensis flore roseo / C. B. P.* 294. *Helxine Cissampelos / multis sive Convolvulus minor J. / B.* 2. 157.[54] *floret mense Julio in / collibus declivibus circa Turtsche- / ninow Saymka.* 4 *stadia ab Oioz / Ki Sloboda.*
18.	*Convolvulus Elatines folio acuminato / et ad basin aurito, floribus speci- / osis rosejs*[55]. *Planta haec in monto- / sis ad Angaram et rupibus steri- / libus florens. Radice nititur lon- / ga, sarmentosa, geniculata, alba / repente, initio Junij foliis in turionem*[b] */ ari*[c56] *more convolutis e terra pro- / dit citoq[ue] incrementa sumens. Circa / initium Julii jam pedalis imo bi- / pedalis cernitur, ubi aut humi re- / pit, aut vicinas plantas amplexans / erigitur, caulis teres striis pro- / minentibus, non nihil angulosus, / obsolete viridis, pilosus, folia e- / mittit ad caulem nullo ordine, sin- / gularia, dimidium pollicem lata / sesquipollices longa, pediculis bre- / vibus erecta, ad basin auriculatae*

---

[a] tota planta *über der Zeile* [b] turionem *nachträglich eingefügt* [c] ari *verbessert aus* [..]i

/17r/

Florae Irkutjensis Ordine Inst[itutionum] Rei Herb[ariae]
CLASSIS I.

	apicem versus sensim acuminata, ru- / gosa, pilosa, herbide viridia, aversa par- / te fere canescentia, Elatines[a] *folio*[b] *a- / cuminato in basi auriculato flore*[c] *luteo / C. B. P.* 253. *seu Linariae T. I. R. H. spec[ies] /* 12.[57] *ex asse mentientia. Pediculi folio- / rum ad summum caulem usq[ue] aequali a / se invicem intervallo distant, dimidi- / um scilicet circiter pollicem. Ex alis / foliorum circa finem Junii pedicu- / li eriguntur* 1 *et* 2 *pollices longi, / flores singuli sustentantes singulos / campaniformes monopetales speci- / osos, erectos aut nonnihil versus ter- / ram reclinatos rosei coloris* 1½ *polli / cem in diametro latos, ad basin flo- / ris quinque eriguntur stamina un- / ciam unam longa, alba,*[d] */ nonnihil versus apices purpuras- / centia, quibus totidem stamina alba / longa, secundum longitudinem im- / plantantur. Stamina haec circum- / dant pistillum pollicare, album*[58]*, teres, calycis fundo infixum, quod / in fructum abit membranaceum / unicapsularem, semina continentem*

/17v/

Florae Irkutiensis ordine Inst[itutionum] Rei Herb[ariae]
CLASSIS I.

	quae et qualia nescio, cum ante me- / um reditum Ircutiam elaberentur / et ob collectoris ibi relicti negligen- / tiam non colligerentur. Singulae / autem hae partes continentur in / calyce viridi glabro, quem ad pedi- / culi insertionem[e] *duo / foliola flavo-viridia ad basin ambi- / unt. Icon exhibet plantam magni- / tudine naturali. Calyces quidem tradi- / tas accepi a collectore meo, at nihil / in illis invenio seminibus simile, / nihilo tamen minus transmittere / volui, raro plures simul uno*[f] *aut*[g] */ duobus efflorescunt flores raroque / biduum superviventes his emarcidis / alii succedunt.*
19.	*Tithymalus tuberosa oblonga radice. C. / B. P. T. I. R. H. sp[ecies]* 46.[59] *Planta haec in / montosis ad Angaram [et] omnem Bai / kal frequens, radicis forma admodum / variat, quaedam radicem pyrifor- / mem obtinent fibris paucis hinc / inde propullutantibus stipatam / aliae*

---

[a] ElatineS *verbessert aus* n [b] foliO *verbessert aus* [.] [c] flore *verbessert aus* [...] [d] *nach* alba, *gestr.* nonnihil / versus terram reclinatos rosei colo- / ris 1½ pollicem in diametro latos, / ad basin floris quinque eriguntur. / Stamina unciam unam longa alba [e] *vor* insertionem *gestr.* pentaphylli [f] *nach* uno *gestr.* allt [g] aut *über der Zeile*

	napiformi bifida gaudent. / Radices foris fuscae, fuscedine / abrasa spadiceae sunt, intus sub- / stantia medullari alba farctae / succum ex albo virentem sauciatae

/18r/

Florae Irkutiensis Ordine Inst[itutionum] Rei Herb[ariae]
CLASSIS I.

	fundunt, glutinosum valde lentum [et] / aerem. Caules protrudit. dodrantales / pedales, imo pro aetatis, ratione longi- / ores, teretes, virides, intus farctos, pi- / losos, folia alterno ordine jn caule ob- / longa, apice subrotunda, nervo media / albo instructa, pilosa.
20.	*Tithymalus Myrsinites latifolius C. B. / P. 290. Tithymalus Myrsinites J. B. [et] / Tabern.*[60] *hinc inde sed raro circa Te- / lonii domum occurrit Nikolsky sa- / stawa dictam. floret Junio [et] Julio.*
21.	*Tithymalus Myrsinites angustifolius / C. B. Esula degener Rivini T. I. R. / H. spec[ies]* 31.[61] *In montosis ad Anga- / ram, qua itur ad Roswodnaja pa- / gum, item in montibus ad Uschakov- / Kam, sed et haec species parce admo- / dum visitur.*
22.	*Tithymalus maritimo affinis Linariae / folio C. B. P.* 291. *Tithymalus Amyg- / daloides angustifolius Tabern.*[62] *Plan- / ta haec perennis, floret circa medium / Junii ad angaram admodum fre- / quens est. Radice nititur tenui, fi- / lum crassius vix superante, foris / spadicea, intus alba, tres plerumque / caules emittit. Folia Linariae*[63] *fo- / liis figura simillima, ut plurimum / obscure rubent.*

/18v/

Florae Irkutiensis ordine Inst[itutionum] Rei Herb[ariae]
CLASSIS I.

23.	*Tithymalus tuberosa, oblonga radice, / foliis longioribus angustioribus et / rarioribus. Suspicor varietatem sal- / tim esse spec[iei] N[umer]o* 19[64]
24.	*Glaux maritima C. B. P. p[agina]* 215. *Glaux / exigua maritima J. B.* 3. 373.[65] *Abun- / da occurrit ad Medwedew Saym- / ka et ad Bargusinum fluvium, i- / tem in apertis desertorum campis / salis efflorescentia candidis. Floret / Junio. semina perficit sub finem / Aug[usti]* collegi et transmitto.
25.	*Apocynum rupestre polyanthos flore / persico folio angustissimo denticu- / lato*[66]. *Haec planta altissimarum ru- / pium ad Angaram*

	calvitiem / stadia XII. ab urbe Irkutia secundo / amne spectabilem reddens. Incipit / florere sub initium[a], */ continuat ad finem usque Junij, a / pedali ad cubitalem exsurgit alti- / tudinem, imo quo altior in rupi- / bus locatur eo altior surgit. Ra- / dice nititur dodrantali, digitum / crassa, foris cinerea, intus alba / satis succida, saporis dulcis, odo- / ris nullius emjnentis sub terra / arenosa saxis superinstrata ho- / rizontaliter serpente. Caules pro-*

/19r/

Florae Irkutiensis Inst[itutionum] Rei Herb[ariae]
CLASSIS I.

	trudit modo unum, modo duos, modo / tres, in quibusdam individuis ra- / mosos, in aliis simplices. Caules ipsi / teretes erecti fusco-virides, geni- / culati et quousq[ue] floribus orbi eo / et foliis destituuntur, circa me- / dium caulem è singulis geniculis / pediculus erigitur, qui in infimo / caule duos tresve pollices, in me- / dio unum, in summo vero vix / dimidium longus, supremus flo- / rum corymbus ipsum caulem / terminat. E singulis pediculis 10 / 12. 15. *alii teneriores prodeunt / pediculi purpurascentes, dimidio / pollice circiter longiores, Singuli / Singulos sustinent flores in corym- / bum dispositos modo erectos, modo / pendulos. Flores singuli calyce / cinguntur monophyllo quinqui- / fido radioso, multis brevibus pi- / lis hirsuto. flores sunt monope- / tali campaniformes, inferius tu- / bulati, superius quinquifidi et ro- / tatorum florum in modum expan- / si elegantissimi purpurantis. co-*

/19v/

Florae Irkutjensis Ordine Inst[itutionum] Rei Herb[ariae]
CLASSIS I.

	loris, qualis in Persicae floribus / esse solet. Pistillum centrum[b] *flo- / ris pertundens* 5 *staminibus / latis, pistillo ipso arcte accum- / bentibus cingitur, hasq[ue] partes om- / nes vagina purpurea, apice quin- / quifida. ambit, floremq[ue] a calyce / abruptum ac inversum, veluti / infundibuli formem exhibet. flore / ablato rudimenta duarum va- / ginularum in conspectum ve- / niunt, non licuit autem ut ut / solerter quaesiverim post re- / ditum meum Irkutiam fru- / ctum maturum invenire et de- / scriptioni addere. Foliola parce / admodum in hac planta occur- / runt, ad singulos scilicet pedicu- / lorum exortus florum*

[a] *nach* initium *gestr.* sub initium [b] centrum *verbessert aus* [.]

	umbellam / sustinentes bina exadverso bre- / via et angusta, ad oras denti- / culata occurrunt. In summo / caule fasciculi aliquot foliorum / singularibus pediculis fulti visun- / tur. *Procuravi huius plantae pulchrae*

/20r/

Florae Irkutiensis Ordine Inst[itutionum] rei herb[ariae]
CLASSIS I.

	et quoad meum nosse nondum de- / scriptae delineationem, plantam na- / turali magnitudine optime reprae- / sentantem. Hoc insuper addere de- / buj plantam discissam, primo ve- / ro[67] *lacteum quidem succum fun- / dere at parcissimum et vix ob- / servabilem.*
26.	*Apocynum rupestre Lauandulae folio / flore flavescente*[68]*. Planta haec in as- / peris montosis et apricis ad An- / garam et trans Baikalem occur- / rens. Floret circa finem junii, radice / nititur longa, duas interdum ulnam supe- / rante sarmentosa, alba, tenuj ac tereti ho- / rizontaliter in terra repente, nec eam a- / deo profunde subeunte. Caules e radice per- / enni prodeunt, unus, duo, tres ad* 5. 6 *et /* 8 *pedem nunquam excendentes, folia bina / semper alterno ordine in caule sibi op- / ponuntur longa, angusta, levia, glabra, / Lavandulae folio referentia, e folio- / rum alis pediculi eriguntur teretes / unciales, ex his denuo alii quam plu- / rimi breviores, singuli singulos flo- / res sustinentes in fasciculum con- / fertim congestis*[69]*, flos est monopetalos / campaniformis quinquifidus late / patens flavescens, quoad pistilli*

/20v/

Florae Irkutjensis ordine Inst[itutionum] Rei Herb[ariae]
CLASSIS I.

	staminum structuram coincidit cum / praecedenti; Calyx viridis glaber mo- / nophyllus quinquifidus, pistillum, quod / florem pertundit una parte abit in / fructum oblongum a basi ad apicem / dehiscentem ac multa semine foetum / pappis instructo, quae omnia in u / num corpus turundae[a] *simile colliguntur. / semina ipsa lata punicea, pappi argen- / teo*[b] *splendore superbiunt. fructus ses- / quipollicem longus, qualem exhibet / Tournef. Tab[ula]* 21[70]*. folia et caulis discis- / sus lac fundit parcum lentum ve- / luti filamenta exsudans, huius plan- / tae delineationem fieri curavi. Plan- / tam naturali magnitudine exhiben- /*

---

[a] turundae *verbessert aus* e; r *über der Zeile* [b] argenteo *verbessert aus* i

	tem a.) est planta. b.) fructus c.) / volumen seminum d.) semen. cum / pappo suo, ita et semina transmitto / bene matura, collecta sub initium / Septembris in deserto KunKurKinensi.
27.	*Tamnoides scandens altissimum. folio um- / bilicato anguloso, semine alato*[71]. *Planta haec perennis in Montosis ad / Angaram e regione pagi Schilkina ut / et prope Malaia Roswodnajà, florens / sub finem Maii. Radice serpit lon- / gissima, tereti, lignosa, foris fusca, / intus alba, multis fibris stipata. / Ubi caules emittit, calami anseri- / ni crassitie, deinde sensim aucto*

/21r/

Florae Irkutjensis Ordine Inst[itutionum] Rei Herb[ariae]
CLASSIS I.

	Cygni calamum crassitie superat, duas / imo tres ulnas longa sarmenta e / mittit, seu caules sarmentosos duos / ad quinque repentes in terra vel vi- / cinas arbores et frutices amplexan- / tes et scandentes ad viri altitudinem / sarmenta ipsa teretia glabra, viticu- / lis seu claviculis carentia 5. 6. *et* 10 */ sibi saepe mutuo serpentum more / simplexa, una cum pediculis folio- / rum e viridi rubentia foliis quan- / plurimis diversaeq[ue] magnitudinis / Convolvuli majoris*[72] *more luxuriat, / quae inferius folia, longioribus pe- / diculis tres pollices longis insident, / ipsaq[ue] amplissima sunt, quo altio- / ra folia et longius a radice remo- / ta, eo breviores pediculi et, mino- / ra folia in apice minima [et] fere / triangularia; folia ampla glabra, / intense viridia, aceris*[73] *foliorum / more angulosa, aversa parte non- / nihil albicantia umbilicata. Caulis / scilicet, ut in Hydrocotyle*[74]*, folium / ipsum pertundit non ad oras in- / trat. Ex alis pediculorum folia sus / tinentium, pediculi alii dimidium*

/21v/

Florae Irkutiensis ordine Inst[itutionum] rei herb[ariae]
CLASSIS I.

	pollicem longi prodeunt, floresq[ue] mo- / nopetalos campaniformes. Tintin- / nabuli more patentes et multifi- / dos inferius quinque vel sex[a] *et / sensim versus superiora pauciores / pendulos e viridi albentes unam / saltim lineam in diametro latos / sustinet, intus copiosis stamini- / bus apicibus flavis onustis refer- / tos. Pistillum quantum in exiguo / et*

[a] sex *verbessert aus* [.]

	tenero flore acie oculorum ad / vertere potui. Abit in baccam mem- / branaceam seminibus puniceis per / exiguis alatis foetam semen subfi- / nem Aug⌈usti⌉ effundentem et dehinc cum / planta integra marcescentem, post / meum reditum Irkutiam circa / medium septembris qua potui so- / lertia et labore fructum quae- / sivi, at nihil simile inveni, terra / autem quaquaversum collecta et / cribro repurgata semina pauca / hucdum subministrabat quorum / figuram vide in tabula c.) a.) ex / hibet plantae ramum b.) flo- / rem. | : *paucos dies antequam floram hanc petropolim mitterem / deprehendi, me omni labore frustrato turpiter de / ceptum esse, seminaq⌈ue⌉*[a] *allata non hujus plantae / semina sed betulae*[75] *esse, quae huic plantae im⌈m⌉ine / bat seminaq⌈ue⌉ sua effunderat* :|[b]

/22r/

Florae Irkutjensis ordine Inst⌈itutionum⌉ Rei herb⌈ariae⌉
CLASSIS I.

28	*Malva vulgaris flore*[c] *majore folio si- / nuato J. B. 2. 949.*[76] *Ubiq⌈ue⌉ in hortis / Irkutiae et in pagis circa Irkuti- / am ⌈et⌉ lacum Baikal. semine e chi- / na alato luxuriat. Hoc certe quod*[d] */ mireris est. his in locis neq⌈ue⌉ ullam / Malvae Altheae*[77], *Alceae*[78] *et abutili*[79] */ speciem vel unicam saltim spon- / taneam inveniri, imo saepius to- / ta genera deficere, alias contra / plantas rariores, ut Astragalus*[80], */ Absinthium*[81] *tot luxuriare specie- / bus, haec certe res altioris inda- / ginis mihi*[e] *videtur, et ubi de con- / stitutione et indole terrae Sibi- / ricae ejusq⌈ue⌉ differentia ab aliis / locuturus ero, rationes et quid / mihi visum fuerit suppeditabo, / emollientibus*[82] *enim plantis et / mucilaginosis*[83] *fere tota desti- / tuitur Sibiria.*
29.	*Malva foliis crispis C. B. P.* 315[84] *et / haec in hortis abunde occurrit / e semine itidem e China allato.*
30.	*Malva rosea folio subrotundo flore / dilutius rubente C. B. P. 315. T. / I. R. H. spec⌈ies⌉* 1.[85] *Et haec planta pari / modo in hortis colitur.*
31.	*Ketmia Sinensis fructu subrotundo / flore simplici T. I. R. H. p⌈agina⌉* 100.[86] *Haec*

[a] $\text{se}_{\text{minaq)}}$ *verbessert aus* [..] [b] *von* paucos dies antequam *bis* seminaq sua effunderat *unten marginal in der Handschrift von Georg Wilhelm Steller* [c] $_{\text{f}}\text{lo}_{\text{re}}$ *verbessert aus* [...] [d] quad [e] $_{\text{mih}}\text{i}$ *verbessert aus* [.]

/22v/

Florae Irkutjensis ordine Inst[itutionum] Rei herb[ariae]
CLASSIS I.

	[[*Haec*]] *planta in hortis Domini Vice / Gubernatoris*[87] *et quorundam mer- / catorum laete ad modum flore- / bat. semine ex china allato.*
32.	*Xylon sive Gossypium herbaceum J. / B.* 1. 343.[88] *semine ex China allato / Irkutiae in hortis quidem laete germinarat*[a] */ at*[b] *neq[ue] florem neq[ue] fru- / ctum perfecerat.*
33.	*Cucumis sativus vulgaris, maturo fru- / ctu subluteo C. B. P.* 310.[89] Огурцы[90] */ Russis. Ubiq[ue] per sibiriam in hor- / tis colitur ad Kirengam usq[ue].*
34.	*Cucumis flexuosus C. B. P.* 310. *Cucu- / meres longissimi J. B.* 2. 247.[91] */ semine e china allato laete admo- / dum germinabat Irkutiae fru- / ctusq[ue] longissimos producebat.*
35.	*Pepo oblongus C. B. P.* 311.[92] тыква[93] *Rus- / sis abunde in hortis colitur.*
36.	*Anguria Citrullus dicta C. B. P.* 312. *T. / sp[ecies]* 1.[94] *semine è China*[c] *allato in hor- / tis variorum florem et fructum / produxerat at non perfecerat, at- / tentatum est fenestris e glacie Ma- / riae*[95] *adornatis colorem* [sic!] *Augere at / frustraneo conatu, neve enim ter- / ram calefieri ajunt, qua re autem / quaeve*[d] *subsit ratio hucdum non perspicio.*

/23r/

Florae Irkutjensis ordine Inst[itutionum] Rei Herb[ariae]
CLASSIS I.

37	*Campanula serpilli folio C. B. P. et / Buxb[aumii]*[96] *Copiose floret sub initium / Junij in montibus sylvosis circa / Irkutiam et lacum Baikal ad putri / das*[e] *arborum dejectarum radices.*
38	*Campanula minor rotundifolia, Alpina C. / B. P. Campanula minor rotundioribus / imis foliis Clus. Hist.*[97] *Ubiq[ue] è rupi- / bus circa Irkutiam et lacum Bai- / kal crescit. floret Junio Julio [et] / Augusto.*
39	*Campanula Lini folio, flore coeruleo*[98] *ab / unde circa Irkutiam et lacum Bai / kal. floret cum praecedenti et / omnino diversa species est. Nullibi / enim occurrebat foliis rotundio- / ribus imis, ut antecedens.*
40.	*Campanula Lini folio, flore albo*[99]. *Prae / cedentis diversa utiq[ue]*

---

[a] germinarat *rechts von der Zeile* [b] *vor* at *gestr.* florebat [c] Ch_{ina} *verbessert aus* s [d] quaeve *links von der Zeile* [e] $_{\text{put}}\text{ri} / \text{d}_{\text{as}}$ *verbessert aus* $_{\text{put-}} / \text{rit}_{\text{as}}$

	species, mul- / toties enim occurrebat. floret / cum praecedenti
41.	*Campanula Persicae folio Clus. Hist. / CLXXI.*[100] *In montosis ad Anga- / ram et lacum Baikal. floret Ju- / nio Julio*
42.	*An Campanula angustifolia pumila Mo- / nanthos Lusitanica T. I. R. H. p⌈agina⌉* 112.[101] */ Radice nititur alba napiformi*[102] *pol- / licari, folia alit. abundantissima / atriplicis*[103] *modo leviter sinuata.*

/23v/

Florae Irkutjensis Ordine Instit⌈utionum⌉ Rei Herb⌈ariae⌉
CLASSIS I.

	utrimq⌈ue⌉ viridia pollicem longa duas / lineas lata densissime conferta. In- / summitate flos unicus coeruleus e / rectus magnitudine ⌈et⌉ figura antece- / dentis speciei flori similis tota / planta 4. *circiter pollices alta uni- / ca saltem vice ad lacum Baikal / sub finem Julii in flore occurrebat.*
43.	*Campanula foliis Echij C. B. P*[rodromus] *p⌈agina⌉* 36.[104] *Co- / piosissima est in montibus et pra- / tis ad Angaram et ad omnem / Baikalem. floret sub initium / Julii ad medium Augusti*
44	*Campanula foliis Echii fl⌈ore⌉ albo*[105]. *Praece- / dentis varietas aliquoties occurre- / bat cum antecedenti.*
45.	*Campanula pratensis flore conglomerato / C. B. P.* 94. *Trachelium minus mul- / tis J. B.* 2. 800.[106] *frequens ad An- / garam et lacum Baikal. floret Jul⌈io⌉*
46	*Campanula vulgatior foliis Urticae C. / B. P.* 94[107] *frequens circa Irkutiam / et ad lacum Baikal floret cum ante- / cedentibus*
47	*Aparine vulgaris C. B. P.* 334[108] *Ubiq⌈ue⌉ per si- / biriam frequens.*
48.	*Gallium album vulgare Tournef. I. R. H. / spec⌈ies⌉*2 *Mollugo montana angustifo- / lia vel Gallium album latifolium / C. B. P.* 334.[109] *Floret Jun⌈io⌉ Jul⌈io⌉ circa*

/24r/

Florae Irkutjensis ordine Inst⌈itutionum⌉ Rei Herb⌈ariae⌉
CLASSIS I.

	Irkutiam et lacum Baikal.
49.	*Gallium luteum C. B. P.* 335[110] *cum praecedenti*
50.	*Cruciata glabra C. B. P.* 335. *Rubia quadrifo- / lia, glabra angustifolia J. B.* 3. 717.[111] *Russis /* Марио́на корень[112] *Abunde circa Irkutiam / et lacum Baikal*
51.	*Cruciata palustris alba T. i. R. H. Gallium pa- / lustre album C. B. P.*

	335.[113] *frequens in om- / nibus rivulis et circa stagna. Floret Ju- / nio Julio.*

1 „[species 6] Polygonatum latifolium, flore majore, odoro C. B. Pin. 303. Polygonatum floribus ex singularibus pediculis J. B. 3. 529. Polygonatum latifolium 2. Clus. Hist. 276." (Tournefort 1700, S. 78, Genus II. „Polygonatum. Seau de Salomon."); „7. POLYGONATUM latifolium, flore majore odoro. C. B. P. Breitblätterige Schminckwurz, mit grosser wohlriechender Blume." (Miller 1751, S. 156); „2. CONVALLARIA foliis alternis, floribus ex alis LINN. h. Cliff. 124. I. Pedunculis vnifloris. Polygonatum latifolium flore maiore odoro C. B. P. 303. Polygonatum floribus e singularibus pediculis I. B. III. 529. II. Pedunculis multifloris. Polygonatum latifolium vulgare C. B. P. 303. ..." (Gmelin 1747–1769, Bd. I, S. 34f.); „2. Convallaria foliis alternis, floribus exalis. I. Pedunculis unifloris [=] Convallaria Polygonatum L.! II. Pedunculis multifloris [=] Convallaria multiflora L.!" (Ledebour 1841, S. 49); „3) Weißwurz. Convallaria Polygonatum. ... Convallaria foliis alternis, amplexicaulibus; caule ancipiti; pedunculis axillaribus, subunifloris. LINN. Syst. veg. p. 275. ... Polygonatum latifolium vulgare, et Polygonatum latifolium flore maiore odorato. C. BAUH. pin. 303, 305. ... Sie wird insgemein Weißwurz, Schminkwurz, Salomonssiegel, im Lateinischen Sigillum Salomonis ... genennet. ... Ihre Wurzel ... wird unter dem Namen, Radix sigilli Salomonis, in der Arzneykunst vornehmlich äusserlich in Wunden, Quetschungen und Entzündungen als ein linderndes, auflösendes und zertheilendes Mittel gebraucht; sie dient auch als Schminkmittel ... nach der Erfahrung des Frauenzimmers in Rußland. ..." (Linné 1780, S. 333f.); „[Polygonatum] latifolium, flore majore odorato; latifolium flore majore odoro, bedeutet bey Barrelier und C. Bauhin die Weiswurz." (Gmelin 1775, Sp. 247); „5. CONVALLARIA Polygonatum. ... Polygonatum caule simplici, anguloso, cernuo, foliis ovato-lanceolatis, rigidis, alis unifloris. Hall. helv. n. 1242. ... Polygonatum latifolium, flore majore odoro. Bauh. pin. 303. Barrel. ic. 711. ... Weisswurz Mayblümchen. W. ..." (Linné 1797–1830, Bd. II, Teil 1, S. 161f.); „1242. POLYGONATUM caule simplici, anguloso, cernuo, foliis ovato lanceolatis, rigidis, alis unifloris. ... Polygonatum latifolium, flore majore, odorato BARRELIER. ic. 711. ... II. Polygonatum latifolium minus, flore majore C. B. Prodr. p. 136. &c. ..." (Haller 1768a, S. 119); „274. CONVALLARIA foliis alternis, floribus ex alis. Hort. cliff. 124. ... α Polygonatum latifolium vulgare. Bauh. pin. 303. ... γ Polygonatum latifolium, flore majore odoro. Bauh. pin. 303. ... Pharmac. SIGILLI SALOMONIS Radix. ..." (Linné 1745, S. 97f.); „294. CONVALLARIA (Polygonatum) ... Polygonatum latifolium minus, flore majore. Bauh. prodr. 139. pin. 303. Polygonatum latifolium, flore majore odoro. Bauh. pin. 303. ..." (Linné 1755, S. 109f.); „4) Vielblumige Zaucken. Convallaria multiflora. ... Convallaria foliis alternis, amplexicaulibus; caule tereti; pedunculis axillaribus, multifloris. LINN. Syst. veg. p. 276. ..." (a. a. O., S. 334f.); „Schminkwurz, Weiswurz. Polygonatum. Sigillum Salomonis, ist also benamet worden, weil die Knoten der Wurzel einigermassen einem Siegel gleichen. ... Es sind der Schminkwurz einige Sorten: 1. Die gemeine breitblätterichte Schminkwurz. Polygonatum latifolium vulgare. ..." (Riedel 1769, S. 751ff.); „Das XXXXVII. Capitel. Weißwurtz. Polygonatum. ... Erstlich ist bekannt die grosse breitblätige [sic!] Weißwurtz/ Polygonatum latifolium vulgare, Sigillum Salomonis. ... Die gemeine schmalblätige Weißwurtz/ Polygonatum latifolium flore majore odoro, ist der ersten fast gleich/ allein die Blätter sind länger/ ... Die Weißwurtz/ davon die Wurtzel meistens gebraucht werden/ führet ein flüchtig scharffes Saltz bey sich/ und hat dadurch die Eigenschafft/ zu warmen/ zu zertheilen/ faule garstige Schäden/ Geschwär und Wunden zu säubern/ die unreine Haut rein zu machen. ..." (Glorez 1702, S. 302); „SIGILLUM SALOMONIS, seu Polygonatum, ... Weiß=Wurtz, Germ. ... Dioscorides gibt ihr den

Nahmen von denen mannigfaltigen Gelencken der Wurzel. ... Die Weiß=Wurtz besitzet eine auflösende und reinigende Krafft, dahero soll sie mit Wein gekocht und innerlich gebraucht sowohl den Urin als Stein treiben, den weissen Fluß stillen, und die Brüche heilen; ... sie gibt ein bewerthes Schminck=Mittel ab, und dienet die Flecken im Gesicht, Flechten Sommer=Sprossen, Blättergen und andern scharbockischen Ausschlag zu vertreiben. ... sie wird auch zum Zeitigen und Eyter=machen als ein Brey=Umschlag genutzet. ..." (Weinmann 1745, S. 334f.); „POLYGONATUM seu SIGILUM SALOMONIS. ... teutsch, Weißwurtzel, Schminckwurzel. ... Polygonatum kommt von πολὺ, multum, viel, und γόνυ, genu, Knie, als ob man wolte sprechen, ein Kraut mit vielen Knien; dieweil die Wurtzel dieses Krautes so knotig ist. Sigillum Salomonis heisset es darum, dieweil die Knoten an der Wurtzel ein solch Zeichen weisen, das einem Siegel oder Pitschaft nicht unähnlich siehet." (Lémery 1721, Sp. 899f.); „Convallária ... Name von L. 1735 als Ableitung von Lilium convallium ... Gen. Plur. zu lat. convallis <hohler Talkessel, hohe Talwände>; nach dem Standort in Tieflagen sommerwarmer Eichen- und Buchenwälder, ..." (Genaust 2005, S. 174f.); „Convallālaria L. (Sarmentaceae). Zus. aus convallis (Thal) u. λειριον (Lilie), in Bezug auf Standort und den angenehmen Geruch der Blume." (Wittstein 1852, S. 224)

J. G. Gmelin: „Index Vegetabilium ad Lenam fluvium nascentium, Annis CIↃIↃCCXXXVI. [1736] CIↃIↃCCXXXVII [1737] observatorum" – AAW R. I, Op. 13, D. 42, Bll. 1r–116v; weitere Textversionen des Manuskripts: AAW R. I, Op. 105, D. 10, Bll. 1r–45r, in der Handschrift von J. G. Gmelin, AAW R. I, Op. 105, D. 10^{a}, Bll. 1r–70v; Anfang bis Nr. 99 fehlt und AAW F. 21, Op. 5, D. 124, Bll. 13r–134v (russische Übersetzung); Im genannten Manuskript kommt „Polygonatum ..." nicht vor, jedoch in folgenden Manuskripten: „508. Polygonatum latifolium, flore majore odoro, petiolo longiori haerente. Convenit ipsi cum Polygonato latifolio, flore majore odoro C. B. P. ... Eadem planta etiam ad Lenam crescit, et in ind. Len. omissa est. ..." (AAW R. I, Op. 105, D. 12, Bl. 24r; s. Anm. 54 in Nr. 17); „964. Polygonatum latifolium, flore majore odoro, petiolo longiori haerente Ind. Irc. nº 508. ..." (AAW R. I, Op. 105, D. 1^{a}, Bl. 99v, s. Anm. 29 in Nr. 5); „Polygonatum latifolium, flore magno odoro C. B. P. ..." (AAW R. I, Op. 105, D. 2, Bl. 1r, s. Anm. 54 in Nr. 17); „2. Polygonatum latifolium flore majore odoro C. B. P. 303. Polygonatum floribus ex Singularibus pediculis J. B. 3. 529" (Bl. 2r in J. G. Heinzelmann: „Flora Tatarica, seu Plantae in itinere Moscuâ Ufam, Ufa Orenburgum ..." oder „Catalogus plantarum ..." von 1736 – AAW R. I, Op. 19, D. 1, Bll. 1r–11v, weitere Textversionen des Manuskripts: AAW R. I, Op. 19, D. 1, Bll. 12r–27r, AAW R. III, Op. 1, D. 28, Bll. 1r–19r, AAW R. I, Op. 6, D. 40, Bll. 2r–19v sowie Bll. 21r–40v und unpaginiert im „Catalogus plantarum" der Linnean Society London (s. Anm. 107 in Nr. 46); „2. Polygonat. latif. fl. maj odoro C. B. P. 303 2. – floribq ex singul. pediculis J. B. 3. 529" (G. W. Steller nach J. G. Heinzelmann Bl. 15r in: AAW R. I, Op. 81, D. 23, Bll. 2r–160r – Reisejournal von Georg Wilhelm Steller 1737–1739; im Reisejournal befinden sich u. a. in Moskau angefertigte Auszüge der „Flora Tatarica ..." von J. G. Heinzelmann, a. a. O., Bll. 5r–6r (s. weiter oben), der „Flora Moscuensis ..." von T. Gerber, a. a. O., Bll. 15r–21r (s. Anm. 6 in Nr. 55) und „Consignatio plantarum quarundam in itinere a Petropoli Tomskoen usq) collectarum exsiccatarum & transmissarum Petropolin. d." von G. W. Steller, a. a. O., Bll. 136v–143r; „95. Convallaria folijs alternis; floribus ex alis Linn. h. cliff. 124. Polygonatum latifolium vulgare. B. Pin. 303. Tourn. inst. 78 Boerh. lugd. 2. p. 64. 1. Polygonatum floribus ex singularibus pediculis B. hist. 3 p. 529 ..." (Bl. 11v in J. G. Gmelin: „Catalogus plantarum, quas 1743 florentes vidi" – AAW R. I, Op. 13, D. 20, Bll. 2r–112v, von J. G. Gmelin im Manuskript zum nicht publizierten Band 5 der „Flora Sibirica", AAW R. I, Op. 13, D. 33, auch als „Fl. Petr." und „Flor. Petrop." bezeichnet); „Polygonatum latifolium vulgare (Tournefortii sp. 1), officinalis ..." (Messerschmidt 1962–1977, Bd. 4, S. 201 in „Catalogus plantarum inter Jeniseam [*Enisej*] et Ketam [*Ket'*] fluvios ...", a. a. O., S. 201–209)

2 „[species 1] Polygonatum latifolium, vulgare C B. Pin. 303. Polygonatum vulgò sigillum Salomonis J. B. 529. Polygonatum Math. 954. Seau de Salomon." (Tournefort 1700, S. 78, Genus II. „Polygonatum. Seau de Salomon."); „Polygonatum latifolium, vulgare C. B. P. p. 303. ... Germani Weiß=Wurtz appellant. ..." (Rupp 1726, S. 38); s. Anm. 1

3 „[species 8] Polygonatum latifolium, minus, flore majore C. B. Prod. 136. Pin. 303." (Tournefort 1700, S. 78, Genus II. „Polygonatum. Seau de Salomon."); „Das XXXXVII. Capitel. Weißwurtz. Polygonatum. ... Die Baßlerische Weißwurtz/ Polygonatum latifolium minus, flore majore. ..." (Glorez 1702, S. 302); „3. POLYGONATUM latifolium minus, flore majore. C. B. P. Kleine breitblätterige Schminckwurz, mit grosser Blume." (Miller 1751, S. 156); „3. Polygonatum latifolium minus flore majori odorato Barr. ic. ..." (AAW R. I, Op. 13, D. 19, Bl. 11r, s. Anm. 54 in Nr. 17); s. Nr. 1

4 Randbemerkung in der 2. Textversion (s. Anm. 1 in A.) in der Handschrift von G. W. Steller: „jam prorsus cor / rupta erat"

5 „75. GENTIANA floribus terminantibus diaphanis, GM. Inst. [müßte heißen: Mst.] Gentiana rupestris, folio plantaginis angustifoliae, flore albo diaphano, striis et puntis caeruleis vario, STELL. Irc. 4. Non videtur haec planta, nisi varietas. G. pneumonanthes esse, loco suo natali producta. Sed quemadmodum illa singularia multa habet, susius hic e flora STELLERI ircutiensi, quae ad historiam ipsius pertinent, adferre, lectori non displicebit, iungendo optimi auctoris descriptionem; ita autem ille: Gentiana haec in vertice rupium altissimarum circa Bargusinum ... Ad haec saxa, et muscosam lacus, ripam haec nostra Gentiana prouenit, et circa illam aliae minutae plantae, vt Geum foliis pulchre denticulatis, Androsace, Cariophyllata alpina chamaedris folio, Arenaria, Pedicularis achilleae folio, ..." (Gmelin 1747–1769, Bd. IV, S. 106ff.), nahezu identisch auf Bll. 53r–53v (nur das Ende von Nr. 75) in: AAW R. I, Op. 104, D. 14 – s. Anm. 32 in Nr. 6; „75. Gentiana floribus terminantibus diaphanis [=] Gentiana frigida Haenke. β. algida Pall.!" (Ledebour 1841, S. 123); „3.) Dedüpfelter Genzian. Gentiana punctata. ... Gentiana floribus terminantibus diaphanis. GMEL. Fl. Sib. 4. p. 106. ... In Sibirien giebt es eine Varietät ... von dieser, welche ebenfalls sehr bitter ist, gebraucht Herr Steller selbst einmahl das Decokt der Wurzel mit grossem Nuzen in einer cachectischen Krankheit, welche er sich theils durch vieles Sitzen, theils durch mühsames Besteigen steiler Berge zugezogen, und wobey er grosse Mattigkeit, Geschwulst und Schmerzen in den Knieen, und keinen Appetit zum Essen hatte." (Linné 1779, S. 850f.); „4. GENTIANA punctata. ... G. major, flore punctato. Bauh. pin. 187. ... G. minor pallida punctis distincta. Bauh. hist. 3. p. 521. ... Punctirter Entzian. W. ..." (Linné 1797–1830, Bd. I, Teil 2, S. 1333); „Die officinelle Droge, Radix Gentianae, wird ausser von Gentiana lutea auch von G. pannonica, G. purpurea und G. punctata genommen, welche von den Völkerschaften Russlands zu Heilzwecken nicht gebraucht werden. ..." (Henrici 1894, S. 40); „816. GENTIANA punctata. Linn. Punktirter Enzian. ... Synon. Gentiana punctata Linn. Sp. pl. I. 329. ..." (Röhling 1826, S. 336f.); „820. GENTIANA frigida. Hänke. Durchscheinender Enzian. ..." (a. a. O., S. 339f.); „31. G[entiana] frigida (HAENCKE in JACQ. Collect. II. 13) ... γ. algida: ... G. algida. PALL. Fl. ross. II. p. 107, t. 95. ... LEDEB. Fl. alt. I, p. 281. ... G. punctata. GEORGI It. I, p. 203. ... G. floribus terminalibus diaphanis. GMEL. Fl. sib. IV, p. 106, Nr. 75. ..." (Ledebour 1846–1851, S. 65f.); „GENTIANA algida. Tab. XCV. GENTIANA corollis quinquedentatis campanulatis sessilibus punctatis, foliis radicalibus fasciculatis. Pallas itin. III. app. p. 724. n. tab. L. fig. 2. Georgi itin. p. 203. Gentiana floribus terminantibus diaphanis Gmelin. flor. sib. IV. p. 106. n. 75. Gentiana alpina, corolla alba diaphana, striis et punctis coeruleis varia Steller. MS. Rossice Goretschafka vel Sokolnitza snjegovaja (Горечавка или Сокол[ь]ница снѣговая [russ. *gorečavka ili* (*oder*) *sokol'nica snegovaja*]). ... G. adscendenti proxime affinis et similis, essentialibus tamen notis et male itidem a Gmelino pro varietate

G. Pneumonanthis, a Linneo autem G. punctatae, habetur. ...“ (Pallas 1788, S. 107); „82. GENTIANAE punctatae affinis, alpina albiflora. Tab. L. fig. 2. Gentiana floribus terminantibus diaphanis GMEL. Flor. Sibir. IV. p. 106. ...“ (Pallas 1776, S. 724); „Gentiana punctata L. Auf den Ufern des Bargusinflusses unter dem Ostrog in grosser Menge. Gentiana, floribus terminalibus, diaphanis Gm. 4. p. 106. no. 75. an varietas punctatae? Diese überaus schöne Pflanze mit grossen, milchweissen blaugeflammten Bluhmen ist nur auf dem höchsten Rücken des Gebürges, welches die Witim= und Bargusinflüsse theilt, auf Stellen wo noch, doch nur krüppligtes Holz wächst. ... Im Ausgange Augusts, da schon mehrmal Schnee gefallen war, blüheten die meisten, und viele hatten noch uneröffnete Knospen.“ (Georgi 1775, S. 203); „10. GENTIANA algida ... Häutiger Enzian. W. Pall. Fl. Ross. Tab. 95. p. 107. R. Goretschawka Snegowaja. ...“ (Georgi 1797–1802, Theil 3, S. 832f.); „2) GENTIANA ALGIDA. Pall. ... G. algida. Pall. Fl. ross. II. p. 107. tab. 95. G. punctata var. Pall. it. III. app. p. 724. No. 82. t. L. f. 2. – Gmel. Fl. sib. IV. p. 106. ...“ (Ledebour 1829, S. 281); „Entian, Entzian, große gelbe Berg=Entian, Bitter=Wurtz, Fieber=Wurtz, Lat. Gentiana, ... Die Wurtzel ist so dick, als eine Faust ... und trefflich bitter vom Geschmack. ... In denen Apothecken braucht man vornehmlich die Wurtzel; diese hat eine Kraft zu wärmen, zu trucknen, zu eröffnen, dünn zu machen, zu verzehren, das unreine, scharffe und saure Geblüt zu reinigen, den Schweiß zu treiben, und aller Fäulung zu widerstehen. ...“ (Zedler 1732–1750, Bd. 8, Sp. 1290ff.); „Gentiāna L. (Gentianeae). Nach GENTIUS, einem illyrischen Fürsten 500 J. v. Chr. (Bundesgenosse des macedonischen Perseus, vom Prätor Anicius besiegt), der die gelbe Gentiana gegen Pest empfahl. (Plin. XXV. 34).“ (Wittstein 1852, S. 385)

„7. Gentiana rupestris folio Plantaginis angustifoliae flore albo diaphano strijs & punctis coeruleis varia Fl. irc. n° 4.“ mit der links marginalen Anm. von J. G. Gmelin „Ic. St.“ (Bl. 49v in einem Manuskript in der Handschrift von J. G. Gmelin zur „Flora Sibirica“[?] – AAW R. I, Op. 13, D. 67, Bll. 1r–129v); „1 Gentiana rupestris folio Plantaginis angustifoliae flore albo diaphano striis & punctis coeruleis varia, planta haec 1739 in vertice praealtarum rupium ad Bargusinum observata, ...“ (AAW R. I, Op. 104, D. 25, Bl. 1r, s. Anm. 61 in Nr. 21); „3. Gentiana rupestris folio Plantaginis angustifoliae, flore albo diaphano strijs & punctis coeruleis vario Fl. Irc. 4.“ (Bl. 1r in J. G. Gmelin: „Register der Kräuter, deren Saamen, Wurtzeln oder Stauden in der Rückreise [von G. W. Steller] zu colligiren sind“ vom 22. November 1743 – AAW R. I, Op. 105, D. 16, Bll. 1r–3r mit Nr. 1–155 in der Handschrift von J. G. Gmelin); weitere Kopien in: AAW F. 1, Op. 2–1743, D. 11, Bll. 78r–81v (Nr. 1–157), a. a. O., Bl. 82r (nur Nr. 1–9) und a. a. O., Bll. 83r–88v (Nr. 1–155); Im Oktober 1743 wurde in der Akademie der Wissenschaften beschlossen, für J. E. Fischer und G. W. Steller eine Instruktion zu verfassen, nach der u. a. niedergelegt sein sollte, was auf der Rückreise von der Expedition noch erledigt werden muß, wobei der Botaniker J. G. Siegesbeck auch noch einige seltene sibirische Pflanzen verlangt hatte (*Materialy* 1885–1900, Bd. 6, S. 577ff. und Stejneger 1936, S. 422ff.). „... Es wurde daher beschlossen, an den herrn Steller zu schreiben, dass er die seltenen pflanzen, welche hr. Siegesbeck noch aus Sibirien verlangte, auf der rückreise sammeln möchte. Herr Siegesbeck übergab zu dem ende ein verzeichnis von 109 sibirischen pflanzen, welche in dem botanischen garten der academie in St. Petersburg fehlten [vermutlich „Plantae Sibiricae, quae desiderantur in Hortum Academicum Petropolitanum.“ – AAW F. 1, Op. 2–1743, D. 11, Bll. 19r–22v]. Dieses verzeichniss sollte dem herrn Gmelin mitgetheilt und alsdann an hrn. Steller geschickt werden. Hierauf übergab auch hr. Gmelin den 22 november ein verzeichniss von pflanzen, welches der für hrn. Steller entworfenen instruction sollte beigefügt werden [s. die Angabe weiter oben]. Herr Siegesbeck unterredete den 5 december deswegen mit herrn Gmelin und zeigte verschiedene pflanzen an, die in dem gedachten verzeichnisse sollten hinzugesetzt werden. Da indessen hr. Gmelin in einem neuen verzeichnisse verschiedene pflanzen weggelassen hatte, ... so versprach jener die ursachen anzuzeigen, warum er dieselben ausgelassen habe. Dieses that er in einer sogenannten historie, [„Historie was bißhero wegen des an herrn Adjunctum Steller abzuschickenden Catalogi Plantarum Sibiricarum geschehen ist." – AAW F. 1, Op. 2–1743, D. 12, Bll. 18r–19v vom 16. Dezember 1743 und „Verzeichniß der Kräuter, so ich in meinem an herrn Steller abzuschickenden Catalogo außen gelaßen, mit den ursachen.", a. a. O., Bll. 20r–21v] ... Endlich übergab auch noch herr Siegesbeck seine antwort [„Antwort auf die so genandte Historie etc. des h(D. Gmelins." vom 23. Dezember 1743 – AAW F. 1, Op. 2–1743, D. 12, Bll. 42r–50r] auf die sogenannte historie des hrn. Gmelin von dem an den adjuncten Steller zu schickenden catalogo plantarum und stellete darin vor, dass hr. Gmelin seinen catalogum plantarum, statt sich freundschaftlich mit ihm zu besprechen, eigenmächtig verstümmelt habe. ..." (*Materialy* 1885–1900, Bd. 6, S. 588ff.); s. Anhang B.5. Nr. 26 und B.6.18.

6 „1. Eine Klafter (Orgya), oder die Länge des männlichen Körpers, wenn er das höchste Maaß der Größe erreicht hat, welches 6 Fuß beträgt. Die beiden ausgestreckten Arme, von einem Mittelfinger zum andern, geben gewöhnlich diese Länge." (Bischoff 1822, S. 5); Faden (Klafter) – s. Glossar: Faden

7 russ. – *sažen'*; s. Glossar: *sažen'*

8 „Pinus Larix ... Lerchen=Fichte. Lerchenbaum. Lerche. ..." (Georgi 1797–1802, Theil 3, S. 1313ff.)

9 „27. Betula foliis orbiculatis. Linn. Flor. Lappon. No. 345. ... Betula pumila Loesel. Flor. Pruss. ... Zwergbirke. Moor= oder die kleine Sumpfbirke. ..." (Gleditsch 1775, S. 408); s. auch Nr. 1079 und Nr. 1080

10 „Alnus. Aune. ..." (Tournefort 1700, S. 587); „3. Betula Alnus ... Erlen=Birke. Erle. Schwarze Erle. ..." (Georgi 1797–1802, Theil 3, S. 1291f.)

11 „Salix. Saule. ..." (Tournefort 1700, S. 590ff.); „Weide, Weidenbaum, ... Latein Salix, ..." (Zedler 1732–1750, Bd. 54, Sp. 226ff.)

12 Leuca – altes gallisches Wegemaß von 1½ römischen Meilen = 2,22 km; Unter russischer Leuca ist vermutlich eine Meile (russ. *levka* o. *leuka*) mit 3000 Schritten zu verstehen (*Slovar'* 1981, S. 185).

13 „Geum, Merzwurz, Benedictwurz, Benedictenkraut, Heil aller Welt, Garoffel, ist nicht nur ... der Beyname, den Linné seiner siebenzehenden Art des Steinbrechs gibt, ... Linné aber, Haller, Royen, Gronov und Miller einer Gattung Pflanzen mit vielen Staubwegen ... beylegen ..." (Gmelin 1773b, Sp. 421)

14 „Androsace, Mannsschild, Seenabelkraut, ... bey Tournefort, Boerhaave, Ludwig, van Royen, und Linné ist es der Name einer Gattung Pflanzen mit fünf Staubfäden und einem Staubwege, ..." (Gmelin 1772a, Sp. 487f.)

15 s. Nr. 398

16 „Arenaria; bedeutet bey J. Bauhin den knotigen Spark, ... bey Rupp aber, Royen und Linné eine Gattung Pflanzen mit zehen Staubfäden und drey Staubwegen, ..." (Gmelin 1772a, Sp. 724)

17 „Pedicularis, Pedicularia, Läusekraut, Rodel, ist by den meisten neuern Schriftstellern eine Gattung Pflanzen mit zwey ungleich langen Paren von Staubfäden, ... Tournefort und Boerhaave vereinigen mit dieser Gattung noch einige Arten des Hanenkamms; ..." (Gmelin 1774, Sp. 846); s. auch Nr. 133 und Nr. 134

18 s. Anm. 9 in Nr. 4; s. Nr. 1079 und Nr. 1080

19 s. Anm. 11 in Nr. 4

20 s. Glossar: Stalberga

21 s. Glossar: Kunstkammer

[22] „ENTOMOLOGIE, ... die fußlosen Landbewohner ... zerfallen [nach Ulisse Aldrovandi] ... in die Binnenwürmer (Vermes), welche sich je nach ihrer Entstehung in die des Menschen, der Thiere, Pflanzen, Steine und Metalle sondern, in den Bohrwurm (Teredo), ... Orips (Würmer, die im Schnee entstehen, also auch wol Insektenlarven) und Limax. ...“ (Ersch/Gruber 1841, S. 93ff.); „DE ORIPE. Cap. IX. ORIPAS vocat Theophanes apud Strabonem Vermes in niue nascentes. ...“ (Aldrovandi 1638, S. 700); „Orips is een worm, die in de sneeuw groeit, een sneeuwworm. ... Aristoteles zeide, dat ‘er eenige Insecten ook gebooren worden uit dem droesem van azijn. ...“ (Vincent 1715, S. 15); „Von den Klassifikationsversuchen Aldrovand’s hat nur seine Vertheilung der Insekten einigen Werth; diese ist folgende: ... Apoda: Vermes ... Teredo; Lumbricus; Orips s. Vermis (in) nive natus (an Boreus hyemalis, femina aut Podura plumbea ?? ...“ (Cuvier 1846, S. 904)

[23] „Spolĭum, n. pl. Spolĭa od. Spolĭen, lat. der Raub, die Beute; bes. erbeutete Rüstungen, Waffen &c. als Siegeszeichen; ... Spolĭen, auch die ritterlichen Ehrenzeichen, als Schild, Helm &c. ...“ (Heyse 1848; S. 777)

[24] „Parallaxe, ... Lat. parallaxis, heißt im allgemeinen der Unterschied oder die Entfernung zweyer optischer Orte eines Objects, welches aus zwey verschiedenen Standpuncten betrachtet wird. Wenn nämlich ein Körper C Fig. 6314. von den zwey Endpuncten einer Linie GH betrachtet wird, so wird er von den zwey Zuschauern an zwey ganz verschiedene Orte hin referirt. Der Beobachter in G setzt ihn nach F, und der in H setzt ihn nach A. Und der Bogen AF, oder der Winkel ACF, oder auch sein Vertikalwinkel GCH heißt die Parallaxe. ...“ (Krünitz 1773–1858, Bd. 107, S. 449ff.)

[25] s. Anm. 25 in Nr. 4

[26] In einer Aufzählung seiner Arbeiten des Jahres 1739 (s. den Brief an J. G. Gmelin vom 17. November 1739 – Dokument 128 in: Hintzsche et al. 2001, S. 339ff.) führt G. W. Steller u. a. die Arbeit „Historia mineralium circa Ircutiam et lacum Baikal“ (lat. – Beschreibung der Minerale um *Irkuck* und den See *Bajkal*) an, die vermutlich identisch mit der Arbeit „Catalogus fossilium circa Ircutiam“ (AAW R. I, Op. 13, D. 54 – vermißt) ist.

[27] „Oedema, s. Wassergeschwulst.“ (Krünitz 1773–1858, Bd. 104, S. 69); „Wassergeschwulst, eine durch Ansammlung seröser oder serös=lymphatischer Flüssigkeiten im erweiterten Zellgewebe der äußern Haut herbeigeführte, ... äußerlich wahrnehmbare Geschwulst, ...“ (a. a. O., Bd. 234, S. 178ff.)

[28] in der 2. Textversion (s. Anm. 1 in A.): „germinent vehementer opto“

[29] „[species 2] Gentiana major, purpurea C. B. Pin. 187. Gentiana magna, flore purpureo J. B. 3. 521. Gentiana major, purpureo flore 1. Clus. Hist. 312.“ (Tournefort 1700, S. 80, Genus II. „Gentiana. Gentiane.“); „2.) Purpurrother Genzian. Gentiana purpurea. ... Gentiana maior purpurea. C. BAUH. pin. 187. ...“ (Linné 1779, S. 849f.); „2. GENTIANA purpurea. ... G. major purpurea. Bauh. pin. 187. ... G. magna flore purpureo et albo. Bauh. hist. 3. p. 521. ... Rother Entzian. W. ...“ (Linné 1797–1830, Bd. I, Teil 2, S. 1331f.);

„731. An Gentiana major purpurea C. B. P? ... Forte Fl. Irc. n$^{\underline{o}}$ 5. Descriptio tantum magnitudinis foliorum huic non convenit.“ (Bl. 85v in J. G. Gmelin: „Index Plantarum Anno CIƆIƆCCXXXIX. [1739] ad Jeniseam fluvium inter Mangaseam urbem et Sajanense munimentum observatarum, cum descriptionibus rariorum et novarum. Huic indici passim suis locis intersperguntur plantae Selengia acceptae.“ – AAW R. I, Op. 105, D. 1^{a}, Bll. 1r–121v, abgekürzt von J. G. Gmelin als „Ind. Ien.“); Im genannten Manuskript fehlen die Beschreibungen von ca. 180 Pflanzen, die aber fast alle in AAW R. I, Op. 105, D. 1, Bll. 1r–87v (Konzept des gleichen Manuskripts ohne Ende in der Handschrift von J. G. Gmelin) enthalten sind; „2 An Gentiana major purpurea C. B. P? Ind. Jen. n°. 731. Forte Fl. Irc. n°. 5.“ (AAW R. I, Op. 13, D. 67, Bl. 49v, s. Anm. 5 in Nr. 4)

30 „1.) Gelber Genzian. Gentiana lutea. ... Diese Pflanze, deren Wurzel in den Apotheken unter dem Namen Gentiana rubra gebräuchlich ist, wächst auf hohen Gebirgen ... Sie wird insgemein grosser gelber Genzian oder Enzian, gemeiner Enzian, Bitterwurzel ... genennet. ...“ (Linné 1779, S. 847ff.); „Die genau untersuchte und jetzt noch officinelle Species, ich meine die Gentiana lutea (s. rubra), ist eine Alpenpflanze und spielt in Russland als Volksheilmittel meines Wissens keine Rolle. ... Gentiana lutea kommt bereits bei Dioscorides ... vor (7, Bd. I, p. 164). Dieser Autor und Plinius (XXV, 7, 34) schätzen[1)] ihre Wirkung gegen Geschwüre, Blutungen und Wunden, innerlich bei Unterleibs- und Uterinkrankheiten sehr hoch. ...“ (Henrici 1894, S. 40f.)

31 s. Nr. 6

32 „[species 12] Gentiana cruciata C. B. Pin. 188. Gentiana major seu vulgi cruciata J. B. 3. 522. Gentiana iij Cruciata Clus. Hist. 313.“ (Tournefort 1700, S. 81, Genus II. „Gentiana. Gentiane.“); „GENTIANA. CAP. XV. ...“ mit der Abbildung „Gentiana III. Cruciata.“ auf S. 313 (Clusius 1601, S. 311ff.); „71. GENTIANA corollis quadrifidis, imberbibus, sessilibus, LIN. Sp. pl. 1. p. 334. n. 15. Gentiana cruciata, BAVH. pist. [sic!] 188. ...“ (Gmelin 1747–1769, Bd. IV, S. 104), nahezu identisch auf Bl. 52r in: AAW R. I, Op. 104, D. 14, Bll. 1r–89v – unvollständiges Manuskript von Bd. IV der „Flora Sibirica; „71. Gentiana corollis quadrifidis imberbis sessilibus [=] Gentiana cruciata L.!“ (Ledebour 1841, S. 123); „28.) Kreuzwurz. Gentiana Cruciata. ... Gentiana cruciata. C. BAUH. pin. 188. ... Diese Art, welche insgemein unter dem Namen Kreuzwurz oder Modelgeer bekannt ist, wächst ebenfalls in ganz Europa ...“ (Linné 1779, S. 867f.); „9. GENTIANA cruciata. ... G. corollis quadrifidis imberbibus, floribus verticillatis sessilibus. sp. pl. 334. ... G. tertia cruciata. Clus. hist. 1. p. 313. ... Kreuz Entzian. W. ...“ (Linné 1797–1830, Bd. I, Teil 2, S. 1334f.); „GENTIANA cruciata. GENTIANA corollis quadrifidis, floribus verticillatis sessilibus, caule folioso. Lin. syst. pl. I. p. 645. sp. 28. ... Rossice Goretschafka vel Sokolnitza krestobrasnaja (Горечавка или Сокол[ь]ница крестобразная [russ. *gorečavka ili* (russ. oder) *sokol'nica krestobraznaja*]); vulgo Sokolei perelet (Соколей перелетъ [russ. *sokolej perelet*]). ...“ (Pallas 1788, S. 108); „25. Gentiana cruciata L. und 26. Gentiana barbata Fröl. (Gentian.). Im G. Perm gilt der Kreuzenzian als ein gutes Mittel gegen Druck im Epigastrium, Magenstörung, Fieber und Würmer, wobei hauptsächlich ein Wasserinfus der Pflanze zur Anwendung gelangt; ... Nach Romanowsky ist der Kreuz-Enzian als Branntweinaufguss oder als wässriges Infus der Wurzel und des Krautes ein Volksheilmittel gegen Cholera und Magendarmkrankheiten ... – Ferner spielt die Gentiana cruciata in der Volksmedizin eine Rolle gegen Wunden, Schnittwunden, Rückenschmerzen ..“ (Henrici 1894, S. 39ff.); „Gentiana cruciata (Dennaja [russ. *dennaja* (*Ryčkov* 1770, S. 56)]“ (Georgi 1775, S. 818); „1) Eine Pflanze, Namens Dennajä (gentiana, Enzian). Sie wird von dem gemeinen Volke wider Herzweh und Herzensangst gebraucht. Zum Gebrauche bey der Cur wird sie folgendergestalt zugerichtet. Wenn dieses Gewächse reift: so sammlet man es, und trocknet es an der Sonne. Ist es dürre worden: so stößt man es in einem Troge, und siebt es durch ein enges Sieb. Hierauf schüttet man Quas dazu und rührt es um, läßt es einige Zeit stehn, ... und giebt es denen zu trinken, die über Herzbrechen oder sonst einen Schmerz am Herzen klagen.“ (*Ryčkov* 1774, S. 60); „313. Gentiana Cruciata. Lin. Syst. Pl. I. 645. sp. 28. ... Ruß. Sokolei Pirelit. ...“ (Falk 1786a, S. 144); „5. GENTIANA cruciata L., ... Kreuz=Enzian. W. R. Sokoloi Perelest. ...“ (Georgi 1797–1802, Theil 3, S. 831f.); „GENTIANA (Cruciata) ... Linn. Spec. pl. 231. n. 20. Gentiana cruciata. Bauh. pin. 188. ... Соколей перелѣтъ [russ. *sokolej perelet*] Russ. ...“ (*Krašeninnikov* 1761, S. 41); russ. *sokolij perelet* – Volksname für Gentiana cruciata L. Gentiana Pneumonanthe L. und verschiedene andere Pflanzen (*Brokgauz/Efron* 1991, Bd. 60, S. 724); Gentiana cruciata L. – russ. *sokolij perelet*, *lichodej*, *iskopyt'*, *vasilisa*, *kazak*, *semiugodnik*, *uraznaja*, *tovstuška* bzw. *sinie petuški* (*Annenkov* 1858, S. 45, Nr. 505); „Entian, ... Creutz=Entian, Creutz=Wurtz, (weil die Wurtzel in der Mitten

creutz=weiß durchstochen ist, oder weil die Blätter Creutz=weiß an den Stengeln sitzen) ...“ (Zedler 1732–1750, Bd. 8, Sp. 1290ff.)

„730. Gentiana cruciata procumbens longo folio ... Fl. Irc. nº 6.“ (AAW R. I, Op. 105, D. 1[a], Bl. 85v, s. Anm. 29 in Nr. 5); „* Gentiana cruciata C B P. ...“ (AAW R. I, Op. 105, D. 2, Bl. 1r, s. Anm. 54 in Nr. 17); „346. Gentiana cruciata procumbens longo folio Ind. TransBaic. ... Ircutiae dicitur зверобои. [*zveroboi*; russ. *zveroboj*; s. Nr. 8]“ mit der links marginalen Anm. von J. G. Gmelin „h(Steller nen̄t diese Speciem n°. 5 Gentiana major purpurea C. B. P. [s. Nr. 5] n°. 6 welche eben diese ist, wird Gentiana cruciata C. B. P. genan̄t“ und der Anm. „vid. Ic.“ (AAW R. I, Op. 105, D. 12, Bl. 14v, s. Anm. 54 in Nr. 17); „3. Gentiana Cruciata C. B. P. 188: – Gentiana minor Seu vulgi Cruciata. J. B. 3. 522.“ (AAW R. I, Op. 19, D. 1, Bl. 2r, s. Anm. 1 in Nr. 1); „3 Gentiana cruciata. C. B. P.“ (G. W. Steller nach J. G. Heinzelmann: AAW R. I, Op. 81, D. 23, Bl. 15r, s. Anm. 1 in Nr. 1); „2 Gentiana cruciata C. B. Pin. ...“ (AAW R. I, Op. 104, D. 25, Bl. 1r, s. Anm. 61 in Nr. 21); „1. Gentiana cruciata procumbens longo folio pr. Ind. Fl. Irc. n°. 6.“ mit der links marginalen Anm. von J. G. Gmelin „vid. Ic.“ (AAW R. I, Op. 13, D. 67, Bl. 49v, s. Anm. 5 in Nr. 4); „Gentiana cruciata (Tournefortii sp. 12), sylvii ...“ (Messerschmidt 1962–1977, Bd. 4, S. 201, s. Anm. 1 in Nr. 1); „1120. Gentiana floribus confertis terminatricibus, corollis quadrifidis imberbibus interjecto denticula. Linn. h. Cliff. 81. Gentiana cruciata Bauh. Pin. 188. Finn. Kùrre heinè (Herba Cruris)“ (AAW R. I, Op. 13, D. 20, Bl. 102r, s. Anm. 1 in Nr. 1); „1. Gentiana cruciata C. B. P. 188.“ (Bl. 1r in: „Catalogus Plantarum Horti Academici Petropolitani An 1739 et 1740.“ mit der rechts marginalen Anm. „D. Ox.“ – AAW R. I, Op. 13, D. 16, Bll. 1r–34r); „Gentiana cruciata C. B. P. Sem. Heinz.“ (AAW R. III, Op. 1, D. 162, Bl. 21v, s. Anm. 54 in Nr. 17); „LII. Gentiana T. 80. 40. B. I. 204. Стара ду[б]ка. [russ. *stara dubka*] 1 Gentiana cruciata C. B. P. ...“ (Bl. 8v in T. Gerber „Flora Moscuensis ...“, s. Anm. 6 in Nr. 55); „Gentiana Стара дувка [*stara duvka*] „ (G. W. Steller nach T. Gerber: AAW R. I, Op. 81, D. 23, Bl. 5v, s. Anm. 1 in Nr. 1); russ. *starodubka* – Gentiana, Enzian (Pawlowski 1952, S. 1554)

33 „6. Gentian procumbens, Salicis folio glabro Fl. Irc. n°. 7.“ (AAW R. I, Op. 13, D. 67, Bl. 49v, s. Anm. 5 in Nr. 4)

34 s. Nr. 1085

35 zu Calathiana und Pneumonanthe s. Nr. 8

36 „[species 18] Gentiana angustifolia, autumnalis, major C. B. Pin. 188. Gentiana palustris, angustifolia Ejusd. Gentianae species, Calathiana quibusdam, radice perpetua, sive palustris J. B. 3. 524. Pneumonanthe Tabern. Icon. 787.“ (Tournefort 1700, S. 81, Genus II. „Gentiana. Gentiane.“); „DE PNEVMONANTE, id est Lungenblüme. ... CAP. CLI. ...“ (Cordus 1561, S. 162); „3. GENTIANA floribus terminatricibus raris, corollis erectis plicatis, foliis linearibus. Gentiana angustifolia autumnalis major. Bauh. pin. 188. ... Gentiana palustris angustifolia. Bauh. pin. 188. ... Pneumonanthe cordi. Lob. hist. 166. ... Campanula autumnalis. Dod. pempt. 168. ...“ (Linné 1737, S. 80); „5.) Lungenblume. Gentiana Pnevmonanthe. ... Gentiana corollis quinquefidis campanulatis, oppositis, pedunculatis, foliis linearibus. LINN. Syst. veg. p. 221. ... Gentiana floribus terminalibus raris, corollis erectis plicatis, foliis linearibus. Hort. Cliff. 80. ... Gentiana angustifolia autumnalis maior, et Gentiana palustris angustifolia. C. BAUH. pin. 188. Campanula autumnalis. DOD. pempt. 198. Pnevmonanthe LOB. Icon. 309. ... Diese Pflanze hat einen sehr bittern Geschmack, und wird in den Kräften dem Tausendgüldenkraut gleich geachtet, und von einigen auch als ein Wundmittel gepriesen.“ (Linné 1779, S. 851f.); „Gentiana Pneumonanthe, ... Lungenblume, deren Blätter gleichbreit, und deren Blumenkronen in fünf Abschnitte zerspalten und glokenförmig sind, und einander auf Stielen gerade gegen über stehen, groser schmalblätterichter Herbstenzian; ...“ (Gmelin 1773b, Sp. 309f.); „12. GENTIANA Pneumonanthe. ... G. floribus terminalibus raris, ... Hort. cliff. 80. ... G. angustifolia autmnalis

major. Bauh. pin. 188. G. palustris angustifolia. Bauh. pin. 188. ... Gemeiner Entzian. W. ..." (Linné 1797–1830, Bd. I, Teil 2, S. 1336); „... als was man mir [bei der Stadt *Murom*] von der Gentiana Pneumonanthe versichert hat, mit deren in Milch abgekochten Blumen man bey Kindern und Hunden allerly convulsivische Zufälle soll vertreiben können." (Pallas 1771, S. 36); „GENTIANA Pneumonanthe. GENTIANA corollis quinquefidis quinquedentatis campanulatis oppositis pedunculatis, foliis lanceolato-linearibus. Lin. syst. plant. I. p. 638. sp. 5. Flor. dan. t. 269. Rossice Goretschafka lugowaja (Горечавка луговая [russ. *gorečavka lugovaja*], vulgo Kuritschjae slepota (Куричья слѣпота [russ. *kurič'ja slepota*]). ..." (Pallas 1788, S. 105f.); „Gentiana Pneomonanthe [sic!] (Mladentschewska trawa [russ. *mladenčestvaja trava*?])" (Georgi 1775, S. 818); „307. Gentiana Pnevmonanthe. Lin. Syst. Pl. I. 638. sp. 5. ... Gmel. Flor. Sib. 4. t. 51. Ruß. Sibirskii Kolokol. [russ. *Sibirskij kolokol*] (Gloke). ..." (Falk 1786, S. 143); „8. GENTIANA Pneumonanthe ... Gemeiner Enzian. W. R. Goretschawka lugowaja. [russ. *gorečavka lugovaja*] ... Der Absud des blühenden Krautes ist ein ziemlich allgemeines Hausmittel wider die fallende Sucht." (Georgi 1797–1802, Theil 3, S. 832); Gentiana Pneumonanthe L. – russ. *sazany, razstrel, sinie kolokol'čki* bzw. *morskie kolokol'čiki* (*Annenkov* 1858, S. 46, Nr. 508); „24. Gentiana Pneumonanthe (Gentian.). ... Nach Krebel gebraucht man diese Pflanze gegen Epilepsie (20, p. 144). – Ferner wird sie gegen Aneurysmen und als Prophylacticum gegen Hydrophobie ... angewandt (23, p. 93). – Nach Annenkow gebraucht man die Gentiana Pneumonanthe innerlich gegen Trauma, gegen Erkältung, gegen Leibschmerzen, bei schweren Geburten und Fieber ... ferner gegen Ohrensausen und Scrophulose (27, p. 155). – Nach Romanowsky wird die Abkochung dieser Species gegen Cholera und Magendarmkrankheiten als Thee getrunken ..." (Henrici 1894, S. 39); „70. GENTIANA corollis quinquefidis, campanulatis, oppositis, pedunculatis, foliis linearibus, LIN. Sp. pl. 1. p. 330. n. 5. T. LI. A. Gentiana palustris angustifolia, BAVH. pin. 188. ... Ruthenis звѣробой [russ. *zveroboj*] dicitur, et reliquarum plantarum instar, quae eodem nomine donantur, in verberibus contusionibusque forma decocti vsurpatur. ..." (Gmelin 1747–1769, Bd. IV, S. 103), nahezu identisch auf Bl. 52r in: AAW R. I, Op. 104, D. 14 – s. Anm. 32 in Nr. 6; „70. Gentiana corollis quinquefidis campanulatis oppositis, foliis linearibus. t. LI. f. A. [=] Gentiana decumbens L.!" (Ledebour 1841, S. 122); „GENTIANA DECUMBENS. Linn. ... G. decumbens. L. suppl. p. 174. G. ascendens. Pall. Fl. ross. II. p. 106. t. 94. G. Pneumonanthe. Gmel. Fl. sib. IV. p. 103. No. 70. t. 51. fig. A. (excl. synon.) ..." (Ledebour 1829, S. 280f.); Gentiana decumbens L. – russ. *žil'ži-ombo*, bzw. *zveroboj* (*Annenkov* 1858, S. 46, Nr. 506); „11. GENTIANA adscendens. ... G. (decumbens) corollis quinquefidis campanulatis, foliis radicalibus lanceolatis longissimis, caule decumbente. Lin. suppl. 174. G. (adscendeus [sic!]) corollis quinquefidis campanulatis opposite sessilibus, foliis radicalibus fasciculatis. Pall. ross. 2. p. 106. t. 94. * Gmel. sib. 4. p. 103. t. 51. f. 4. (exclusis synonymis.) Krummstieliger Entzian. W. ..." (Linné 1797–1830, Bd. I, Teil 2, S. 1335f.); „GENTIANA adscendens. Tab. XCIV. GENTIANA corollis quinquefidis quinquedentatis campanulatis opposite sessilibus, foliis radicalibus fasciculatis. Gmelin. Flor. sib. IV. p. 103. n. 70. tab. 51. fig. A. (falso pro Pneumonanthe). Gentiana decumbens Linn. supplem. plant. p. 174. Rossice Goretschafka vel Sokolnitza sibirskaja (Горечавка или Сокол[ь]ница сибирская [russ. *gorečavka ili sokol'nica sibirskaja*], in Sibiria Sweroboi lasorevoi (Зверобой лазоревой [russ. *zveroboj lazorevoj*]). Tangutis Dshil-dshi-ngong-ba. ..." (Pallas 1788, S. 106); „CCLXVIII. Gentiana palustris angustifolia C. B. Pin. 188. ... Pneumonanthe Tab. lib. 2. fol. 466. ... Pneumonanthe Cordi Lob. Obs. fol. 166. Calathiana viola autumnalis. Gesn. hort. 251. Lungenblumen Tab. blauer Tarant Nostratibus. ..." (Loesel 1703, S. 102); „Calathiana autumnalis; also nennt Gesner die Lungenblume. – verna; bedeutet bey ihm den Frühlingsenzian; bey Dalechamp die Lungenblume. – viola autumnalis; hierunter versteht Gesner die letztere. – viola autumnalis minor; ist bey ihm eben diese. – viola in pratis udis: also nennen sie Dodonäus und Dalechamp." (Gmelin 1772, Sp. 380); „Pneumonanthe; ist nicht nur die Benennung, unter welcher Pena und Cordus den Himmelstengel Lobel aber, Theodor und Gerard die Lungenblume verstehen, und der Beyname, welchen Linné der lezten gibt, ..." (Gmelin 1775, Sp. 186f.); Als *zveroboj* werden auch andere Pflanzenspecies wie z. B. Hypericum perfoliatum, Hypericum quadrangulum, Hyssopus officinalis, Caltha palustris und Menyanthes trifioliata bezeichnet. Den Namen *zveroboj* mit einem adjektivischen Zusatz (z. B. *drevesnyj z.*, *želtyj z.*, *kamennyj z.* usw.) tragen im Russischen weitere Species (*Dal'* 1880–1882, T. I, S. 674; Pawlowski 1952, S. 457f.). Die meisten dieser Pflanzen wie auch verschiedene Gentiana-Species fanden Anwendung in der russischen Volksmedizin (Henrici 1894, S. 38ff. u. Demitsch 1889, S. 187ff., S. 215ff.)

„734. Gentiana breviori et laetius viridi durioriq₃ Salicis folio, flore punctato. Fl. Irc. n° 8. ..." (AAW R. I, Op. 105, D. 1[a], Bll. 86r–86v, s. Anm. 29 in Nr. 5); „Gentiana angustifolia, autumnalis major C. B. P. ..." (AAW R. I, Op. 104, D. 8, Bl. 8r, s. Anm. 18 in Nr. 452); „5. Gentiana breviori & laetius viridi durioriq₃ Salicis folio, flore punctato Ind. Jen. n°. 734. Fl. Irc. n°. 8." (AAW R. I, Op. 13, D. 67, Bl. 49v, s. Anm. 5 in Nr. 4); „4 Pneumonanthe Tabaern." (G. W. Steller nach J. G. Heinzelmann: AAW R. I, Op. 81, D. 23, Bl. 15r, s. Anm. 1 in Nr. 1); „4. Gentiana angustifolia autumnalis major C. B. P. 188. Gentiana Palustris angustifolia Ejusd. Pneumonanthe Tabernm Ic. 787: –" (AAW R. I, Op. 19, D. 1, Bl. 2r, s. Anm. 1 in Nr. 1; „10. Gentiana angustifolia autumnalis major C B P. 188 ..." (Bl. 9v in J. G. Gmelin: „Catalogus plantarum quas in itinere Kamtschatkiensi a Petropoli usque ad Twer consignavit." – AAW R. I, Op. 104, D. 17, Bll. 9r–16r, 1. Ab–schnitt des Anfangsteils [?] der „Observationes in historiam naturalem" von J. G. Gmelin – a. a. O., Bll. 1[a]r–8r; eine weitere Textversion des Anfangsteils der „Observationes ..." (einschließlich des „Catalogus"): AAW R. III, Op. 1, D. 162, Bll. 61r–73v und die russische Übersetzung des Anfangsteils der „Observationes ..." AAW F. 3, Op. 1, D. 2331, Bll. 292r–310v); „2. Gentiana angustifolia, autumnalis major. C. B. P. 188." mit der rechts marginalen Anm. „Hort. Sam." (AAW R. I, Op. 13, D. 16, Bl. 1r, s. Anm. 32 in Nr. 6)

37 vielleicht „3. Der große, purpurfarbe Berg=Entzian mit Schwalbenwurtz=Blättern: Gentiana Asclepiadis folio, C. B. P. ..." (Zwinger 1744, S. 758); „4.) Schwalbenwurzblätterichter Genzian. Gentiana Asclepiadea. ... Gentiana corollis quinquefidis, campanulatis; oppositis, sessilibus; foliis amplexicaulibus. LINN. Syst. veg. p. 221. ... Gentiana Asclepiadis folio. C. BAUH. pin. 187. ..." (Linné 1779, S. 851); „*7. GENTIANA asclepiadea. ... G. asclepiadis folio. Bauh. pin. 187. ... Schwalbenwurzartiger Entzian. W. ..." (Linné 1797–1830, Bd. I, Teil 2, S. 1334); „GENTIANA asclepiadea. GENTIANA corollis quinquefidis campanulatis oppositis sessilibus, foliis amplexicaulibus. Lin. syst. plant. I. p. 437. sp. 4. ... Rossice Goretschafka bessylnaja (Горечавка безъсильная [russ. *gorečavka bezsil'naja*]). ..." (Pallas 1788, S. 102)

„4. Gentiana Asclepiadis folio angusto & longo, minor Ind. Jen. n°. 733. Forte Fl. Irc. n°. 9." (AAW R. I, Op. 13, D. 67, Bl. 49v, s. Anm. 5 in Nr. 4); „224. Gentiana Asclepiadis folio angusto et longo. ... Incolis Звѣеробои [*zveroboi*; russ. *zveroboj*; s. Nr. 8] dicitur, et reliquarum instar, quae eodem nomine donantur, in verberibus contusionibusq₃ in forma decocti usurpatur." mit der rechts marginalen Anm. auf Bl. 32r „Tab. XXIII. A." (AAW R. I, Op. 13, D. 42, Bll. 32r–32v, s. Anm. 1 in Nr. 1); „345. Gentiana Asclepiadis folio angusto & longo ..." (AAW R. I, Op. 105, D. 12, Bl. 14v, s. Anm. 54 in Nr. 17); „732. Gentiana Asclepiadis folio angusto et longo Ind. Len. n°. 224. ... 733. Gentiana Asclepiadis folio angusto et longo, minor. ... Gentiana Fl. Irc. n° 9. huic eadem esse videtur, sed radicem fibrosam in hac specie non vidi, interdum vero in foramina secta occurrit." (AAW R. I, Op. 105, D. 1[a], Bll. 85v–86r, s. Anm. 29 in Nr. 5)

38 „Pneumonānthe SCHM. (Gentianeae). Zus. aus πνευμα (Luft, Wind) und ἀνθη (Blume); die Blumenkrone ist bauchig aufgeblasen. Man wandte die Pflanze auch gegen Krankheiten der

Lunge (πνευμωγ) an.“ (Wittstein 1852, S. 708); „PNEVMONANTHE. ... heisset also Lungen=Blume, welche Benennung einer Gattung Entian beygelegt wird, ...“ (Zedler 1732–1750, Bd. 28, Sp. 905); s. Nr. 8

39 „CALATHIANA (Dalech., ex Bory, Dict. III, 37). Nom ancien du Gentiana Pneumonanthe L. ...“ (Baillon 1876, S. 552); s. Nr. 8

40 russ. *zveroboj*; s. Nr. 8

41 „[species 11] Gentiana caerulea, oris pilosis. Gentianella caerulea, oris pilosis C. B. Pin. 188. Gentianula lanugine ad singulorum foliorum floris lacinias donata, flore quadripartito J. B. 3. 525. Gentianella caerulea, fimbriata, angustifolia autumnalis Col. Part. 1. 222.“ (Tournefort 1700, S. 81, Genus II. „Gentiana. Gentiane.“); „Gentianella caerulea fimbriata angustifolia Autumnalis. Cap. LXXVIX. ...“ (Columna 1616, S. 222f.) und die Abbildung „Gentianella caerulea fimbriata Autumn.“ auf S. 221; „VII. Gentianella caerulea oris pilosis. Gentianella caerulea fimbriata angustifolia autumnalis, Col.“ (Bauhin 1623, S. 188); „27.) Gefranzter Genzian. Gentiana ciliata. ... Gentiana floribus quadrifidis margine ciliatis. LINN. Syst. veg. p. 223. ... Gentiana angustifolia autumnalis minor. C. BAUH. pin. 188. Gentianella caerulea oris pilosis. Ibid. Gentianella caerulea fimbriata angustifolia autumnalis. COLUMN. Ecphr. 1. p. 222. t. 221. f. 1. ...“ (Linné 1779, S. 867); „Gentiana ciliata, corollis quadrifidis, margine ciliatis; Himmelsstengel, dessen Blumenkronen in vier Abschnitte zerspalten sind, und einen breiten Rand haben; blauer Enzian mit harigem Rande; ... Er heißt bey ... Tournefort: Gentiana caerulea oris pilosis; ...“ (Gmelin 1773b, Sp. 321f.); „73. GENTIANA corollis quadrifidis, margine ciliatis, LIN. Sp. pl. 1, p. 334. n. 24. Gentiana caerulea oris pilosis, I. R. H. et BAVH. pin. 108. [sic!] Gentiana caerulea florum marginibus pilosis, foliis angustissimis gramineis, AMM. Ruth. 2. Eadem pumila. ...“ (Gmelin 1747–1769, Bd. IV, S. 105), nahezu identisch auf Bl. 52v [nur der Anfang] in: AAW R. I, Op. 104, D. 14 – s. Anm. 32 in Nr. 6; „2. GENTIANA caerulea, florum marginibus pilosis, foliis angustissimis, gramineis. ...“ (Amman 1739, S. 1f.); „73. Gentiana corollis quadrifidis margine ciliatis [=] Gentiana detonsa Fries β. barbata Froel.! (Gentiana barbata Froel. – Willd. sp. pl. I. 1352. – Gentiana ciliata L. – Willd. sp. pl. I. 1351. et Pall. Fl. ross. II. (ed. min.) 201.)“ (Ledebour 1841, S. 123); Gentiana barbata. Fr. – russ. *dykdė* (*Annenkov* 1858, S. 45, Nr. 503); „52. GENTIANA ciliata. ... Gentianella coerulea fimbriata angustifolia autumnalis. Column. ecphr. 1. p. 222. f. 1. ... Gefranzter Entzian. W. ...“ (Linné 1797–1830, Bd. I, Teil 2, S. 1351f.); „*54. GENTIANA barbata. G. corollis quadrifidis, ... Froelich. Gent. p. 114. n. 45.* Gentiana ciliata. Pall. ross. 2. p. 101. t. 92. f. 2. a.* G. corollis quadrifidis margine ciliatis. Gmel. sib. 4. p. 105. G. coerulea florum marginibus pilosis, foliis angustissimis gramineis. Amm. ruth. 2. Bärtiger Entzian. W. ...“ (a. a. O., S. 1352); „80) G[entiana] detonsa Fries. ... β. barbata Froelich. ... G. ciliata Pallas. Diese Form wächst auf dem Ural, in etwas salzigen Sümpfen auf dem Altai in einer Höhe von 1200–4500 Fuß, im östlichen Sibirien, ...“ (Ersch/Gruber 1854, S. 255f.); „GENTIANA ciliata. Tab. XCII. fig. 2. ab. GENTIANA corollis quinquefidis, incisuris ciliatis. Lin. syst. plant. I. p. 465. sp. 27. Flor. dan. t. 317. Gmelin. Flor. sib. IV. p. 105. n. 73. Rossice Goretschafka vel Sokolniza ljesnaja (Горечавка или Сокол[ь]ница лѣсная [russ. *gorečavka ili sokol'nica lesnaja*]). ... „ (Pallas 1788, S. 101); „21. GENTIANA ciliata ... Gefranzter Enzian. W. R. Goretschawka lesnaja. Pall. Fl. Ross. T. 92. f. 2. ...“ (Georgi 1797–1802, Theil 3, S. 835); „3. Art. G. ciliata. Gefranzter Enzian. (Linné.) ... Synonyme: G. corollis quadrifidis margine ciliatis. (... Gmel. sib. 4. p. 105. n.73. ...) ... Gentianella coerulea fimbriata angustifolia autumnalis. (Column. ecphr. Barrel.) ... Vulgärnamen: Himmelsschlüssel. ...“ (Bechstein 1833, S. 553f.)

„8. Gentiana coerulea oris pilosis I. R. H. & prior. Ind. Jen. n°. 735. Fl. Irc. n°. 10.“ mit der links marginalen Anm. von J. G. Gmelin „vid. Ic.“ (AAW R. I, Op. 13, D. 67, Bl. 49v, s. Anm. 5 in Nr. 4); „735. Gentiana coerulea oris pilosis I. R. H. et prior. ind. ut et Fl. Irc.“ mit der links marginalen

Anm. „Vid. Ic.“ (AAW R. I, Op. 105, D. 1ª, Bll. 86v–87r, s. Anm. 29 in Nr. 5); „3 Gentiana caerulea oris pilosis. T. i. r. h. ...“ (AAW R. I, Op. 104, D. 25, Bl. 1r, s. Anm. 61 in Nr. 21); „223. Gentiana coerulea, oris pilosis I. R. H. ...“ (AAW R. I, Op. 13, D. 42, Bl. 32r, s. Anm. 1 in Nr. 1); „347. Gentiana coerulea, oris pilosis I. R. H. ...“ (AAW R. I, Op. 105, D. 12, Bl. 14v, s. Anm. 54 in Nr. 17)

42 russ. *ljutik*; Als *ljutik* werden auch verschiedene Pflanzenspecies z. B. von Ranunculus, Aconitum, Pyrola und Anemone mit meist giftigem Saft bezeichnet (*Dal'* 1880–1882, T. II, S. 285; Pawlowski 1952, S. 648; *Slovar'* 2001, S. 23).

43 „4 Gentiana coerulea oris pilosis minor, ... vid Flor. ircut. No. 11.“ (AAW R. I, Op. 104, D. 25, Bl. 1r, s. Anm. 61 in Nr. 21); „9. Gentiana coerulea oris pilosis minor Fl. Irc. no. 11.“ (AAW R. I, Op. 13, D. 67, Bl. 49v, s. Anm. 5 in Nr. 4); s. Nr. 10

44 „[species 9] Gentiana Alpina, pumila, Centaurii minoris folio. Gentianella Alpina, aestiva, Centaureae minoris foliis C. B. Pin. 188. Gentianella fugax quinta Clusii, flore caeruleo, colore elegantissimo J. B. 3. 527.“ (Tournefort 1700, S. 81, Genus II. „Gentiana. Gentiane.“); „7. Gentiana Alpina, pumila, Centaurii minoris folio. T. loc. cit. Gentianella Alpina, aestiva, Centaureae minoris foliis. C. B. P. loc. cit. Gentianella, fugax, quinta Clusii, flore coeruleo, colore elegantissimo. J. B. 3. 527. ...“ (Zwinger 1744, S. 758); „4. GENTIANA ALPINA PUMILA, CENTAURII MINORIS FOLIO. Inst. 81“ (Vaillant 1727, S. 79); „15. Schnee=Genzian. Gentiana nivalis. ... Gentiana corollis quinquefidis, infundibuliformibus ramis unifloris, alternis. LINN. Syst. veg. p. 212. ... Gentiana alpina aestiva, centaurii minoris folio. C. Bauh. pin. 188. ... Gentiana fugax quinta. CLUS. hist. 1. p. 315. ...“ (Linné 1779, S. 858); „[Gentiana] alpina aestiva centaureae minoris foliis; bedeutet bey C. Bauhin den Schneeenzian.“ (Gmelin 1773b, Sp. 329); „Gentiana fugax, quinta Clusii, flore caeruleo, colore elegantissimo, hierunter versteht er [d. h. J. Bauhin] den Schneeenzian.“ (a. a. O., Sp. 331); „Gentiana nivalis, ... Schneeenzian, dessen Blumenkronen in fünf Abschnite zerspalten, und trichterförmig sind, und dessen Aeste nur eine Blume tragen, und wechselsweise sehen; jähriger Enzian mit dem Tausendguldenblatte, ... Er heißt bey Tournefort: Gentiana alpina pumila, centaurii minoris folio; ...“ (a. a. O., Sp. 314f.); „827. GENTIANA nivalis. Linn. Schnee-Enzian. ...“ (Röhling 1826, S. 345f.); „33. GENTIANA nivalis. ... G. alpina aestiva, centaureae minoris folio. Bauh. pin. 188. ... Gentianella fugax quinta Clusii flore coerulea colore elegantissimo. Bauh. hist. 3. p. 257. fig. minor. ... Schnee Entzian. W. ...“ (Linné 1797–1830, Bd. I, Teil 2, S. 1344f.); „25.) Bitterer Genzian. Gentiana Amarella. ... Gentiana corollis quinquefidis, hypocrateriformibus, fauce barbatis. LINN. Syst. veg. p. 222. Hort. Cliff. 81. Fl. Suec. 229. ... Gentiana pratensis flore lanuginoso, ... C. BAUH. pin. 188. ... Diese Art, welche von einigen Kälberschiß genennet wird, ... Diese Pflanze ist bitter, und soll in den Kräften mit dem Tausendguldenkraut übereinkommen.“ (Linné 1779, S. 865f.); „[Gentiana] Amarella, ... bitterer Enzian, dessen Blumenkronen in fünf Abschnitte zerspalten und präsentirtellerförmig sind, und in ihrem Schlunde einen Bart haben; Kälberschis; ... Es heißt bey ... C. Bauhin: ... Gentiana pratensis flore lanuginoso; ...“ (Gmelin 1773b, Sp. 319f.); Gentiana Amarella L. – russ. *starodubka*, *naročnaja trava* bzw. *tirlič'* (*Annenkov* 1858, S. 45, Nr. 502); „831. GENTIANA Amarella. Linn. Bittrer Enzian. ...“ (Röhling 1826, S. 348f.); „39. GENTIANA Amarella. ... G. corollis hypocrateriformbus barbatis. Hort. cliff. 81. Fl. suec. 229. ... Seitenblütiger Entzian. W. ...“ (Linné 1797–1830, Bd. I, Teil 2, S. 1347); „74. GENTIANA corollis quinquefidis hypocrateriformibus fauce barbatis, LIN. Sp. pl. 1. p. 334. n. 22. Gentiana pratensis, caule lanuginoso, BAVH. pin. 158. Ind. Irc. 349. Ien. 738. Eadem pumila. T. LI. B. Gentiana pumila, centaurii minoris folio, flore piloso, Ind. Len. 225. STELL. Ochot. 5. 78. ...“ (Gmelin 1747–1769, Bd. IV, S. 106); „74. Gentiana corollis quinquefidis hypocrateriformibus, fauce barbatis [=] Gentiana Amarella L.! (ex syn. Linn.) [;] I. Eadem pumila. t. LI. f. B. [=]

Gentiana tenella Fries.!“ (Ledebour 1841, S. 123); „61. G[entiana] TENELLA (Fries in act. Hafn. 10. p. 436. t. 2. f. 6. a. 1770), ... Fl. dan. t. 318. ... Gmel. sib. 4. t. 51. f. B. ...“ (Candolle 1845, S. 98)

„738. An Gentiana pratensis flore lanuginoso C. B. P.? Ind. Irc. ... Flores inter chartam siccati caeruliores evadunt, et purpura fere exuuntur. Fl. Irc. n° 12.“ (AAW R. I, Op. 105, D. 1^{a}, Bl. 87v, s. Anm. 29 in Nr. 5); „349. An Gentiana pratensis flore lanuginoso C. B. P? ...“ mit der rechts marginalen Anm. von J. G. Gmelin „Stell. n°. 12 ist eben so, nur daß selbiger blau ist Er neñt es Gentiana alpina pumila Centaurij minoris folio I R. H“ (AAW R. I, Op. 105, D. 12, Bl. 15r, s. Anm. 54 in Nr. 17); „10. An Gentiana pratensis, flore lanuginoso C. B. P? Ind. Irc. n°. 349. Jen. n°. 738. Fl. Irc. n°. 12.“ (AAW R. I, Op. 13, D. 67, Bl. 49v, s. Anm. 5 in Nr. 4); „5 Gentiana alpina pumila centaurii minoris folio T. i. r. h. ...“ (AAW R. I, Op. 104, D. 25, Bl. 1r, s. Anm. 61 in Nr. 21); „225. Gentiana pumila, Centaurij minoris folio, flore piloso. ...“ mit der links marginalen Anm. „Tab XXIII. B.“ (AAW R. I, Op. 13, D. 42, Bl. 32v, s. Anm. 1 in Nr. 1);

45 „Lýchnis <Lichtnelke> ...“ (Genaust 2005, S. 355)

46 Randbemerkung in der 2. Textversion (s. Anm. 1 in A.) in der Handschrift von G. W. Steller: „D. D. Gme / lino hir / suta vocat)“

47 „[species 19] Gentiana omnium minima. Gentianella omnium minima C. B. Prod. 97. Pin. 188. J. B. 3. 528.“ (Tournefort 1700, S. 81, Genus II. „Gentiana. Gentiane.“); „5. Die kleineste Berg=-Entzian/ Gentianella omnium minima, ...“ (Glorez 1719, S. 357); „5. Die kleinste Berg=Entzian/ Gentianella omnium minima, C. B. ... Bey den Mahlzeiten vermischt man ein wenig Kraut unter die Speiß/ die Gäste damit zu betriegen/ und ein Gelächter bey dem Tisch zu erwecken/ wie solches Conradus Gesnerus ... berichtet/ und derohalben Bitterwurtz nennet. Von dieser kleinen Entzian werden noch über die zwölff Geschlechte gefunden ...“ (Zwinger 1696, S. 632); „12.) Zwerg=Genzian. Gentiana pumila. ... Gentiana corolla quinquefida, infundibiliformi, subserrata; foliis lanceolato-linearibus. LINN. Syst. veg. p. 221. ... Gentianella omnium minima. C. BAUH. prodr. p. 97. ...“ (Linné 1779, S. 856f.); „[Gentiana] pumila, Zwergenzian, mit lanzenförmig=-gleichbreiten Blättern, und einer trichterförmigen, in fünf Abschnitte zerspaltenen und zimlich sägenartig gezahnten Blumenkrone; ...“ (Gmelin 1773b, Sp. 325); „*34. GENTIANA pumila. G. corolla quinquefida infundibuliformi subserrata, foliis lanceolato-linearibus. ... Zwerg-Entzian. W. ...“ (Linné 1797–1830, Bd. I, Teil 2, S. 1345); „76. GENTIANA corollis quinquefidis, infundibuliformibus sessilibus, foliis margine membranaceis, LIN. Sp. pl. 1. p. 332. n. 14. T. LIII. f. 1. Gentiana humilis aquatica verna, GM. Obs. in hist. nat. 80. AMM. Ruth. 4. t. 1. t. [sic!] 1. Gentiana omnium minima montana, GM. Ind. Ieo. [sic!] 337. I. Eadem flore albo. ...“ (Gmelin 1747–1769, Bd. IV, S. 110f.), nahezu identisch auf Bl. 53v in: AAW R. I, Op. 104, D. 14 – s. Anm. 32 in Nr. 6; „76. Gentiana corollis quinquefidis, infundibuliformibus sessilibus, foliis margine membranaceis (excl. ic. t. LIII. f. 1.) [=] Gentiana aquatica L.!“ (Ledebour 1841, S. 123); „4. GENTIANA humilis, aquatica, verna Gmel. Tab. 1. ...“ (Amman 1739, S. 4f.); „16.) Wasser=Genzian. Gentiana aquatica. ... Gentiana corollis quinquefidis infundibuliformibus, sessilibus; terminalibus; foliis margine membranaceis. LINN. Syst. veg. p. 222. ... Gentiana humilis aquatica verna. AMM. Ruth. p. 4. t. 1. f. 1. ...“ (Linné 1779, S. 859); „Gentiana aquatica, ... Wasserenzian, dessen trichterförmige Blumenkronen an dem Gipfel des Stengels vest aufsizen, und dessen Blätter einen hautigen Rand haben; ... er heißt ... by Amman: Gentiana humilis aquatica verna.“ (Gmelin 1773b, Sp. 315); „35. GENTIANA aquatica. ... Gentiana qinquefidis ... Sp. pl. 322. Pall. fl. ross. 2. p. 109. t. 97. f. 2. ... G. humilis aquatica verna. Amm. ruth. 4. t. 1. f. 1. ... Wasser-Entzian. W. ...“ (Linné 1797–1830, Bd. I, Teil 2, S. 1345f.); „GENTIANA aquatica. Tab. XCVII. fig. 2. Gentiana corollis tubulosis quinquefidis quinquedentatis terminalibus, foliis imbricatis margine membranaceis. Lin. syst. pl. I. p. 641. sp. 16. Amman stirp. ruth. p. 4. tab. 1.

fig. 1. Gmelin flor. sib. IV. p. 110. n.76. Rossice Goretschafka vel Sokolnitza kolorjetschnaja (Горечавка или Сокольница колорѣчная [russ. *gorečavka ili sokol'nica koloreč naja*]). ... in Dauuria sub plebejo nomine Starodubka (Стародубка [russ. *starodubka*]) pro medicamento domestico vernelai colligitur. ...“ (Pallas 1788, S. 109f.)
„13. An Gentianella omnium minima I. R. H? flore albo Fl. Irc. n°. 13.“ mit der links marginalen Anm. von J. G. Gmelin „Ic. St.“ (AAW R. I, Op. 13, D. 67, Bl. 49v, s. Anm. 5 in Nr. 4); „736. Gentiana humilis aquatica verna Obs. in H. N. Lxxx. ... Fl. Irc. n° 13 et 14.“ (AAW R. I, Op. 105, D. 1ª, Bl. 87r, s. Anm. 29 in Nr. 5); „+4. Gentiana humilis aquatica verna Amm. 4. quae forte eadem cum Gentianella 14. 15. Fl. Irc.“ (AAW R. I, Op. 105, D. 16, Bl. 1r, s. Anm. 5 in Nr. 4); „* Gentiana humilis aqvatica, verna. Obs. Lxxx. ...“ (AAW R. I, Op. 105, D. 2, Bl. 1r, s. Anm. 54 in Nr. 17); „LXXX. Gentiana humilis, aquatica, verna, ...“ mit der rechts marginalen Anm. auf Bl. 34r „Vid. Fig.“ (AAW R. I, Op. 105, D. 8ª, Bll. 34r–34v, s. Anm. 46 in Nr. 79); s. Anhang B.5. Nr. 24 und und B.6.3

48 s. Nr. 281

49 s. auch Nr. 13

50 Erzbischof *Innokentij* II. (*Nerunovič*)

51 „348. Gentiana omnium minima montana. An Alsine Spergulae facie minima seminibus marginatis Tourn? Ind. Irt. An Gentiana omnium minima I. R. H? ...“ mit der rechts marginalen Anm. von J. G. Gmelin „wird von St. n°. 15 genañt Gentianella verna ōium minima pentagona flore caeruleo“ (AAW R. I, Op. 105, D. 12, Bl. 15r, s. Anm. 54 in Nr. 17); „An Alsine Spergulae facie minima, seminibus marginatis Tourn? ...“ (AAW R. I, Op. 104, D. 8, Bl. 11r, s. Anm. 18 in Nr. 452); „6 Gentiana verna ōīūm minima pentagona flore caeruleo. Flor. ircut. No. 15 ...“ (AAW R. I, Op. 104, D. 25, Bl. 1r, s. Anm. 61 in Nr. 21); „14. Gentiana omnium minima montana Ind. Irc. n°. 348 Ind. Jen. n°. 737. Fl. Irc. n°. 15.“ (AAW R. I, Op. 13, D. 67, Bl. 49v, s. Anm. 5 in Nr. 4); „737. Gentiana omnium minima, montana Ind. Irc. n°. 348. ... Fl. Irc. n° 15. ...“ mit der rechts marginalen Anm. „vid. Ic.“ (AAW R. I, Op. 105, D. 1ª, Bl. 87r, s. Anm. 29 in Nr. 5); s. Nr. 13 u. Nr. 14 sowie Anhang B.5. Nr. 25 und B.6.4.

52 „[species 1] Convolvulus major, albus C. B. Pin. 294. Convolvulus major J. B. 2. 154. Smilax laevis, major Dod. Pempt. 392. Grand Liseron.“ (Tournefort 1700, S. 82, Genus V. „Convolvulus. Liseron.“); „Convolvulus major, albus C. B. P. p. 294. ... Germanicorum nominat: große Winde, Zaun=Glocke ...“ (Rupp 1726, S. 22); „53. CONVOLVVLVS foliis sagittatis, postice truncatis, pedunculis tetragonis vnifloris, LIN. Sp. pl. 1. p. 218. n. 2. ROY. p. 427. Conuoluulus major albus, BAVH. pin. 294. ...“ (Gmelin 1747–1769, Bd. IV, S. 96), nahezu identisch auf Bl. 50r in: AAW R. I, Op. 104, D. 14 – s. Anm. 32 in Nr. 6; „53. Convolvulus foliis sagittatis postice truncatis, pedunculis tetragonis unifloris. [=] Convolvulus sepium L.!“ (Ledebour 1841, S. 121); „2.) Zaun=Winde. Convolvulus sepium. ... Convolvulus foliis sagittatis, postice truncatis; pedunculis tetragonis, unifloris. LINN. Syst. veg. p. 168. ... Convolvulus maior albus. C. BAUH. pin. 294. ... Diese Art wird auch Hekenwinde, Zaungloke, große weisse Winde genennet, ... Der milchigte Saft ... soll ... purgiren. Auch die Wurzel soll nach einigen purgiren; ...“ (Linné 1779, S. 518f.); „Convolvulus sepium, ... Zaunwinde, ... Hekenwinde; Bärwinde; grose weise Winde; Zaungloke; ... ihre Wurzeln sind dik, weiß, und nach Linne's Vermuthung abführend ... ihres Krauts bedienen sich einige in Breyumschlägen, als eines zertheilenden und schmerzstillenden Mittels: Man kann sie auch zu Lauberhütten gebrauchen: ...“ (Gmelin 1773, Sp. 71f.); „2. CONVOLVULUS sepium. ... C. major album. Bauh. pin. 294. ... Zaun Winde. W. ...“ (Linné 1797–1830, Bd. I, Teil 2, S. 844f.); „2) Convolvulus sepium. [Convolvulus major; convolvulus major albus; Convolvulus; ...] Deutsch. Die Zaunwinde; die Heckenwinde, die Bärwinde, die grosse weisse Winde, Weissglocke, Zaunglocke, Glockenblume, Brunstock; Windenkraut. ...“

(Nemnich 1793, Sp. 1209f., eckige Klammern im Text); Convolvulus sepium L. – s. Calystegia sepium (*Annenkov* 1858, S. 33, Nr. 337); Calystegia sepium R. Br. – russ. *v'junok* bzw. *poviličnŏye kolokol'čiki* (a. a. O., S. 26, Nr. 240); „Winde, Windekraut, ... Des wi<l>den Windekrauts sind dreyerley Arten; ... Die erste wird in der Artzeney gebraucht, ... In Wasser oder Wein gesotten und davon getrunken, führet sie die wässerigte Feuchtigkeit mit Macht aus. ... Ein Bad davon stillet die Harnwinde, und lindert die Stein=Schmertzen. Die Blumen, in Oel gesotten; sind gut wider die Lähmungen. ... Das Wort Convolvulus kommt von Convolvere, sich winden, und sind diese Gewächse darum mit diesem Nahmen beleget worden: weil sie sich um die dabey stehenden Gewächse zu winden und zu drehen pflegen.“ (Zedler 1732–1750, Bd. 57, Sp. 675ff.)

„6. Convolvulus major albus C. B. P. 294. ...“ (AAW R. I, Op. 13, D. 67, Bl. 55r, s. Anm. 5 in Nr. 4); „Convolvulus maior albus C. B. P. ...“ (AAW R. I, Op. 105, D. 2, Bl. 1v, s. Anm. 54 in Nr. 17); „411. Convolvulus major albus C. B. P. ...“ (AAW R. I, Op. 105, D. 12, Bl. 20v, s. Anm. 54 in Nr. 17); „17. Convolvulus major albus C B P ...“ (AAW R. I, Op. 104, D. 17, Bl. 10r, s. Anm. 36 in Nr. 8); „Convolvulus major albus C B P. Russ. дикїи хмѣль [russ. *dikij chmel'*] ubique.“ (AAW R. I, Op. 104, D. 8, Bl. 8r, s. Anm. 18 in Nr. 452); „1038. Convolvulus folijs cordato-oblongis, postice truncatis, calycibus duplici bractea succinctis. Convolvulus major albus C. B. Bas. 85. ...“ (AAW R. I, Op. 13, D. 42, Bl. 95r, s. Anm. 1 in Nr. 1)

53 s. Anm. 11 in Nr. 4; „Salix. Saule. ...“ (Tournefort 1700, S. 590ff.)

54 „[species 20] Convolvulus minor, arvensis, flore roseo C. B. Pin. 294. Helxine Cissampelos multis, sive Convolvulus minor J. B. 2. 157. Smilax laevis, minor Dod. Pempt. 793. petit liseron.“ (Tournefort 1700, S. 83, Genus V. „Convolvulus. Liseron.“); „Convolvulus seu Smilax ... III. Convolvulus minor arvensis. ... Variat flos colore, qui vel candidus, vel roseus, vel albus cum purpureo umbilico, vel punicantibus lineis aspertis, vel purpureus radiis albis pict.“ (Bauhin 1623, S. 294f.); „Convolvulus minor, arvensis, flore roseo C. B. P. p. 294. ... Winde.“ (Rupp 1726, S. 22); „b) Convolvulus arvensis. [Convolvulus minor; arvensis; vulgaris; purpureus] Deutsch. Die Ackerwinde, Feldwinde; kleine Feldwinde, kleine Winde. Kornwinde, Sandwinde, Wegewinde, Erdwinde, ... Sie umschlingt alle Gewächse, wenn sie welche erreichen kann. Durch diese windende Eigenschaft wird sie für die Getreide- und Feldfrüchte ein nachtheiliges Unkraut. Blätter und Samen haben eine gelinde abführende Eigenschaft. ...“ (Nemnich 1793, Sp. 1204f., eckige Klammern im Text); „Helxine. ... Die mehresten alten Schriftsteller verstehn darunter das gewöhnliche Glaskraut, Glaswurz, Mauerkraut, .. helxine-cissampelos bedeutet beym Dodoens und Dalechamp die Buchwinde, (Vogelzunge, wild Heidekorn, Heidelwinde, Schwarzwinde), ...“ (Schmidlin 1772a, S. 108); „52. CONVOLVVLVS foliis sagittatis vtrinque acutis, pedunculis vnifloris, LIN. Sp. pl. 1. p. 218. n. 1. EI. Hort. Cliff. 66. ROY. pr. 427. Conuoluulus minor aruensis, BAVH. pin. 294. ...“ (Gmelin 1747–1769, Bd. IV, S. 95), nahezu identisch auf Bl. 50r in: AAW R. I, Op. 104, D. 14 – s. Anm. 32 in Nr. 6; „52. Convolvulus foliis sagittatis utrinque acutis, pedunculis unifloris [=] Convolvulus arvensis L.!“ (Ledebour 1841, S. 121); „1.) Acker=-Winde. Convolvulus arvensis. ... Convolvulus foliis sagittatis, utrinque acutis, pedunculis subunifloris. LINN. Syst. veg. p. 168. ... Convolvulus minor arvensis. C. BAUH. pin. 294. ... Diese Art ... wird auch Feldwinde, Erdwinde, Sandwinde, Teufelsdarm, kleine Winde, kleine Feldwinde genennet, ...“ (Linné 1779, S. 517f.); „1. CONVOLVULUS arvensis. ... C. minor avensis. Bauh. pin. 294. .. Acker Winde. W. ...“ (Linné 1797–1830, Bd. I, Teil 2, S. 844); „[Convolvulus] arvensis, ... Akerwinde, ... Feldwinde; Erdwinde; Päthenwinde; Sandwinde; kleine Winde; kleine Feldwinde; Teufelsdarm; ... ihr Kraut ist bitter, und ist von einigen für ein Wundmittel, von andern für ein auflösendes, und von noch andern für ein schmerzstillendes Mittel gehalten worden; ...“ (Gmelin 1773, Sp. 70f.); „38) Ackerwinde, ... Pätenwinde, ... kleine wilde Winde, Convolvulus arvensis, ... Sie enthält einen milchweissen, bittern und etwas scharfen Saft, welcher auf den

Stuhlgang treibt; man gebraucht sie in einigen Gegenden als ein Wundmittel; einige Aerzte empfehlen ihren äusserlichen Gebrauch, um aufzulösen und andere, um den Schmerzen zu stillen. ...“ (Gmelin 1779, S. 48f.); wotjakisch punî–śul – Convolvulus arvensis, Ackerwinde (Munkácsi 1896, S. 599); ersanisch tšeireń kaŕks – Convolvulus arvensis L., Ackerwinde (Wiedemann 1865, S. 176); syrjänisch oš-žynjan– Convolvulus arvensis, Ackerwinde (Wiedemann 1880, S. 456)

„835. Convolvulus Sagittaria folijs angustis, minor, flore purpureo. Convolvulus Ind. Irc. n°. 443 & Fl. Irc. n° 17. Est certissima ab utroq$_3$ pro quo Stellerus & ego habuimus, distincta species. ... Convolvulus Ind. Irc. n°. 442. qui idem est cum Convolvulo Fl. Irc. n°. 18. ...“ (AAW R. I, Op. 105, D. 1, Bl. 67v, s. Anm. 29 in Nr. 5); „3. Convolvulus Sagittariae folijs angustis minor, flore purpureo. Ind. Jen. n°. 835. Ind. Irc. n°. 443. Fl. Irc. n°. 17.“ mit der links marginalen Anm. von J. G. Gmelin „Icon.“ (AAW R. I, Op. 13, D. 67, Bl. 54v, s. Anm. 5 in Nr. 4); „443. An Convolvulus arvensis minimus D. Dent R. Syn. II. 157. 3? Idem forte cum Convolvulo minimo, angusto auriculato folio Bocc. T. 33 Ind. TransBaic. ...“ (Bl. 21r in J. G. Gmelin: „Index Plantarum ad Angaram et praecipue circa Ircutiam urbem, ut & ad Tunguscam fluvios aestate anni CIƆIƆCCXXXVIII. [1738] observatarum cum descriptionibus novarum & rariorum. Intersperguntur & suis locis recensentur plantae aliunde ab amicis acceptae.“ – AAW R. I, Op. 105, D. 12, Bll. 1r–46r, Manuskript in der Handschrift von J. G. Gmelin; es fehlen Nr. 257 und Nr. 258; das Manuskript wird von J. G. Gmelin abgekürzt als „Ind. Irc.“; eine unvollständige Kopie des Manuskripts befindet sich in AAW R. I, Op. 105, D. 4^{a}, Bll. 9r–67v); „Convolvulus minimus, angusto auriculato folio, Boccon. T. 33. ...“ (Bl. 1v in: „Catalogus Plantarum Aestate Anni MDCCXXXV. In regionibus Trans-Baikalensibus observatarum per Joann Georg Gmelin.“ – AAW R. I, Op. 105, D. 2, Bll. 1r–21r; weitere Textversionen in: AAW F. 21, Op. 5, D. 98, Bll. 11r–18v, Bll. 21r–37v und AAW R. I, Op. 104, D. 9, Bll. 1r–29r; im Manuskript AAW R. I, Op. 105, D. 2, Bl. 22v „Index rerum quae e vegetabilium genere transmittantur.“); „Convolvulus minor, arvensis flore roseo, foliis auritis. Sem. Messerschm.“ (Bl. 21v in einem Konvolut von zum Teil unvollständigen Verzeichnissen von Pflanzen und Samen nicht in jedem Fall klarer Herkunft, das Karl Ernst von Baer 1848 aus nach dem Brand in der Kunstkammer 1747 erhalten gebliebenen Manuskripten zusammengestellt hat – AAW R. III, Op. 1, D. 162, Bll. 1r–112r; zu den genannten Manuskripten gehören u. a. a) Bll. 15r–29r: „Catalogus plantarum, quae in Horto Academico A°. 1736 Satae fuerunt.“ von J. Amman, b) Bll. 30r–35v: „Catalogus plantarum in Horto Academico Petropolitano cultarum Anno 1737.“ von J. Amman, c) Bll. 61r–73v: Kopie des Verzeichnisses wie in AAW R. I, Op. 104, D. 17, Bll. 1^{a}r–8r, s. Anm. 36 in Nr. 8), d) Bll. 97r–108v: unvollständiges Pflanzenverzeichnis unbekannter Herkunft, e) Bll. 109r–110v: unvollständiges Pflanzenverzeichnis unbekannter Herkunft, f) Bll. 111r–111v: Verzeichnis von Samen, die an Philip Miller nach Chelsea geschickt wurden, g) Bll. 4r–6v: Pflanzenverzeichnis unbekannter Herkunft ohne Anfang; h) Bll. 51r–60v: Teil eines Manuskriptes von Gmelin 1747–1769, Bd. II mit kleinen Abweichungen (z. B. in der Numerierung), auch abweichend vom Manuskript R. I, Op. 105, D. 28 – s. Anm. 61 in Nr. 21); „Convolvulus minor, arvensis, flore roseo. Inst. r. h. 83. n°. 99.“ (Bl. 2r in T. Gerber: „Catalogus Plantarum circa Moscuam crescentium.“ von 1742? – AAW R. I, Op. 13, D. 19, Bll. 2r–7r; a. a. O., Bll. 8r–21r – verschiedene Pflanzenverzeichnisse u. a. von J. G. Gmelin)

55 „54. CONVOLVVLVS foliis sagittato-acuminatis, postice auriculatis, floribus ex alis foliorum solitariis T. XLVIII. Conuoluulus elatines folio acuminata, et ad basin aurito, floribus speciosis roseis, STELL. Irc. 18. ...“ (Gmelin 1747–1769, Bd. IV, S. 96), nahezu identisch auf Bll. 50r–50v in: AAW R. I, Op. 104, D. 14 – s. Anm. 32 in Nr. 6; „54. Convolvulus foliis sagittato-acuminatis postice auriculatis, floribus ex alis foliorum solitariis. t. XLVIII. f. 1. [=] Convolvulus arvensis L. ε. sagittatus!“ (Ledebour 1841, S. 121); „12. C[onvolvulus] arvensis (L. SP. 218) ... ε. sagittatus

(LEDEB. l. c. ...) ... C. sagittato-acuminatis postice auriculatis, floribus ex alis foliorum solitariis. GMEL. Fl. sib. IV, p. 96, Nr. 54, ..." (Ledebour 1846–1851, S. 91f.); Convolvulus arvensis L. – russ. *povilika, povoj, popenok, poveličnye kolokol'čiki, v'junok, berezka, povitucha, povelica* bzw. *povitel'* (*Annenkov* 1858, S. 32, Nr. 336);
„442. An Convolvulus Sagittariae folijs flore purpureo Wheleri Pluk. Phytogr. Tab. 85. Fig. 3. I. R. H? ..." mit der links marginalen Anm. von J. G. Gmelin auf Bl. 20v „wird von St. n°. 18 genan̄t Convolvulus Elatines folio acuminato et ad basin aurito, floribus speciosis roseis" (AAW R. I, Op. 105, D. 12, Bll. 20v–21r, s. Anm. 54 in Nr. 17); „4. An Convolvulus Sagittariae folijs flore purpureo. Wheleri Pluk. Phytogr. 85. Fig. 3. I. R. H? Ind. Irc. n°. 442. Fl. Irc. n°. 18." mit der links marginalen Anm. von J. G. Gmelin „Ic. St." (AAW R. I, Op. 13, D. 67, Bl. 54v, s. Anm. 5 in Nr. 4); „40 An convolvulus Sagittariae foliis, flore purpureo wheleri Plukn. Phytograph. i. r. h. ..." (Bl. 1v in J. G. Gmelin: „Index vegetabilium Sibiricorum quorum descriptiones factae sunt icones vero adhuc desiderant) ..." – AAW R. I, Op. 105, D. 19, Bll. 1r–2r); „33. Convolvulus sagittariae foliis fl. purpureo Plukenet. sed videtur Tua potius esse convolvulus Pluk. phyt. 85. f. 4. cum folia minus postice auriculata in Tua sint. Convolvulus foliis sagittato-subhastatis, caule villoso. dicas quot flores in pedunculo singulo, an solitarii, an multi. (? C. sagittifolius Mich. Fl. sib. IV. 96. nr. 54 C. arvensis L. var. ε. sagittatus? ..." (C. von Linné in einem Brief an J. G. Gmelin vom 24. August 1748 – Plieninger 1861, S. 92); „5. Convolvulus major folio auriculato flore purpureo. So in Irkutzk auff den Bergen wachßt. Fl. Irc. 18." (AAW R. I, Op. 105, D. 16, Bl. 1r, s. Anm. 5 in Nr. 4); s. Nr. 17 sowie Anhang B.5. Nr. 13 und B.6.21.

56 „Arum. Pied de Veau. ..." (Tournefort 1700, S. 158ff.); „Arum, Aron Offic. ... Deutsch Aron, Aron=Wurtz ... Magen=Wurtzel, Fieber=Wurtzel, Zehr=Wurtz. ... Die erste Sorte wird genennet ... Arum vulgare non maculatum, C. B. ... Die andere Sorte heisset Arum venis albis, C. B. ... Die Wurtzeln werden im Mertz gesammlet, aufgetrocknet und fürnemlich zur Artzeney gebraucht. Sie sind hitziger und trockner Natur, verdünnen und zertheilen den zähen, groben und kalten Schleim im Leibe, und sind ein herrliches Scharbocks=Mittel; eröffnen und lösen auf alle innerliche Verstopffungen, reinigen und verbessern das versaltzene scharffe Geblüt, räumen die Brust, befördern den Auswurff, dienen in der Engbrüstigkeit und Keichen, ... Sie stillen den alten eingewurtzelten Husten, machen Lufft auf der Brust, und nutzen in der Schwind= oder Lungensucht, ..." (Zedler 1732–1750, Bd. 2, Sp. 1754ff.)

57 „[species 12] Linaria segetum, Nummulariae aurito & villoso, flore luteo. Elatine folio acuminato, in basi auriculato, flore luteo C. B. Pin. 253. Elatine folio acuminato, in basi auriculato, flore luteo C. B. Pin. 253. Elatine foemina, folio anguloso J. B. 3. 372. Elatines altera Icon. Dod. Pempt. 42." (Tournefort 1700, S. 169, Genus II. „Linaria. Linaire."); „3) Erdwinde. Antirrhinum Elatine. Elatine folio acuminato in basi auriculato, flore luteo. C. BAUH. pin. p. 253. ... Linaria segetum nummulariae folio aurito & villoso, flore luteo TOURNEF. Inst. R. H. p. 169. ... wird von einigen als ein Wundkraut angepriesen. Auch in alten Schäden und fressenden krebshaften Geschwüren, in Blut= und andern Flüssen, so wie bei Augenentzündungen soll der ausgepreßte Saft sich wirksam bewiesen haben. ..." (Linné 1782, S. 53f.); „ELATINE, teutsch, Ehrenpreiß Weiblein, ist ein Kraut, oder Gewächs, welches Ray und auch Tournefort unter die Linarien gerechnet haben, und dessen es drey Sorten giebet. ...Die andere Sorte wird genannt Elatine folio acuminato, in basi auriculato, flore luteo, C. B. ... Linaria segetum Nummulariae folio aurito & villoso, flore luteo, Pit. Tournef. ... Diese Kräutlein ... reinigen, sind gut zu den Wunden, desgleichen den Durchlauff zu verstellen, zu den Gebrechen der Augen und zu den Geschwüren." (Lémery 1721, Sp. 419f.); „LINARIA. ... teutsch, Leinkraut, Flachskraut. ... Linaria kommt von Linum, dieweil die Blätter dieses Krautes wie am Lein aussehen." (a. a. O., Sp. 651f.)

58 in der 2. Textversion (s. Anm. 1 in A.): „altum"

59 „[species 45] Tithymalus tuberosa pyriformi radice C. B. Pin. 292. Apios J. B. 3. 666. Tithymalus tuberosa radice, Ischas Clus. Hist. cxc. [species 46] Tithymalus tuberosa oblonga radice C. B. Pin. 292. Apios sive Ischas altera J. B. 3. 667. Ischas altera Clus. Hist. cxcj." (Tournefort 1700, S. 87, Genus VI. „Tithymalus. Titimale."); „Das LXII. Capitel. Erdbyr. Apios. ERdbyr heisst Lateinisch/ Apios, Tithymalus tuberosus, deren seynd: die Erdbyr mit ablanger Wurtzel/ Tithymalus tuberosâ oblongâ radice, ..." (Glorez 1702, S. 388); „CAPUT CXXL. Erdbirne. Apios. Lateinisch, Apios, Tithymalus tuberosus. Geschlecht und Gestalt. 1. Die gemeine Erdbirne: Apios, J. B. 3. 606. Raj. H. 870. Tithymalus tuberosâ, pyriformi radice, C. B. P. 292. T. 87. ... 2. Erdbirne mit ablanger Wurtzen: Tithymalus tuberosa, oblongâ radice, C. B. ..." (Zwinger 1744, S. 1181); „Tithymalus tuberosa oblonga radice; bedeutet bei C. Bauhin eine Spielart der candischen Euphorbie mit länglichter Wurzel. [Tithymalus] tuberosa pyriformi radice; tuberosa radice; Hierunter verstehen J. Bauhin und Clusius die candische Euphorbie." (Gmelin 1777, Sp. 161); „Euphorbie. Euphorbia. LINN. Gen. pl. n. 609. ... Beym Tournefort und anderen Botanisten führt diese Gattung den Namen Tithymalus; ... enthalten alle einen häufigen milchigten Saft, welcher meistens von einer scharfen, ätzenden, heftig purgirenden Eigenschaft ist, daher sie sonsten auch insgemein Wolfsmilch genennet werden. ..." (Linné 1781, S. 33); „37) Candische Euphorbie. Euphorbia Apios. ... Euphorbia umbella quadrifida, bifida, involucellis reniformibus, primis obcordatis. Sp. pl. 656. ... Tithymalus tuberosa radice pyriformi. C. BAUH. pin. 292. CLUS. hist. 2. p. 190. ... Diese Art ist auf verschiedenen griechischen Inseln, vornehmlich auf der Insel Creta oder Candien zu Hause; und soll nach einigen das Apios des Dioscorides seyn. ..." (a. a. O., S. 63f.); „EUPHORBIUM. Euphorbium ... ist ein hartziges, gelbes Gummi, ... Es tringet aus den Rissen, die sie in einen Baum oder ferula gemacht, so eben diesen Namen führet, und von den heutigen Botanicis unter die Sorten des Tithymali gestellet worden ist. ... Dieses Gummi hat seinen Namen von dem Euphorbius, der des Königes Juba Medicus gewesen, erhalten, als welcher dasselbige zu erst gebrauchet und den Kayser Augustum damit curiret hat." (Lémery 1721, Sp. 441f.); „[Euphorbia] Apios, ... candische Euphorbie, deren Blumendolde in vier entzweygespaltene kleinere gespalten, und deren besondere Hüllen nierenförmig, die erste aber umgekehrt herzförmig sind; Wolfsmilch mit einer knotigen birnförmigen Wurzel; ..." (Gmelin 1773, Sp. 917f.); „79. EUPHORBIA Apios. .... Tithymalus tuberosa pyriforma radice. Bauh. pin. 292. ... Cretische Wolfsmilch. W. ..." (Linné 1797–1830, Bd. II, Teil 2, S. 907); „Euphōrbia L. (Euphorbiaceae). Nach EUPHORBOS, dem Leibarzte des Königs Juba von Mauritanien (um 54 v. Chr.) benannt (Plin. XXV. 38). ..." (Wittstein 1852, S. 351); „Tithȳmalus HAW. (Euphorbiaceae). Τιθυμαλος, Collectivname der Alten für die Euphorbia-Arten, offenbar zus. aus τιτθη (Brustwarze) und μαλος (schädlich), weil diese Pflanzen, wie die mütterliche Brust, Milch geben, welche aber scharf und schädlich ist." (a. a. O., S. 883); „Tithymalus; ist der Gattungsname, den Adanson der Euphorbie, Tournefort aber, Börhaave und Haller denen Arten dieses Geschlechts beylegen, welche unzertheilte wechselsweise stehende Blätter haben." (a. a. O., Sp. 143); „TITHYMALUS. ... teutsch, Wolffsmilch. ... Diese Pflanze ... führet viel scharffes Saltz und Oel. Sie purgiert gewaltig, und wird deshalben innerlich gar nicht gebraucht: Sie kan zu Vertreibung der Haare und der Schwinden dienen. ..." (Lémery 1721, Sp. 1142f.)

„+7. Tithymalus tuberosa oblonga radice C. B. Fl. Irc. 19." (AAW R. I, Op. 105, D. 16, Bl. 1r, s. Anm. in Nr. 4); „574. Tithymalus Peplus dictus, caule simplici et hirsuto, ampla radice. Tithymalus n$^{\underline{o}}$. 242. Ind. Irc. et Tithymalus tuberosa oblonga radice C. B. P. Fl. Irc. n$^{\underline{o}}$ 19 et forte etiam 23. ..." (AAW R. I, Op. 105, D. 1^{a}, Bl. 69v, s. Anm. 29 in Nr. 5); „242. An Tithymalus Hibernicus Merr. P. Raj. Syn. III. 312? ..." (AAW R. I, Op. 105, D. 12, Bl. 9r, s. Anm. 54 in Nr. 17); „2. Tithymalus Peplus dictus, caule simplici et hirsuto, ampla radice Ind. Jen. n°. 574. ..." (AAW R. I, Op. 13, D. 67, Bl. 39r, s. Anm. 5 in Nr. 4); „LXIV. Tithymalus T. 85. 18. B. 1. 255.

волчье молоко [russ. *volč'e moloko*]. ...“ (Bll. 9v–10r in T. Gerber „Flora Moscuensis ...“, s. Anm. 6 in Nr. 55); „Tithymalus Волчее молоко [russ. *volčee moloko*]“ (G. W. Steller nach T. Gerber: AAW R. I, Op. 81, D. 23, Bl. 5v, s. Anm. 1 in Nr. 1); russ. *vol'če moloko* – Euphorbia esula, Wolfsmilch, Eselsmilch (Pawlowski 1952, S. 341); russ. (adj.) *volčij* bzw. *volčej* – Wolfs- ; russ. *moloko* – Milch; „Tithymalus tuberosâ pyriformi radice, Kirgisicus. An – Tithymalus tuberosâ pyriformi radice C. B. Pin. 292. Tournefort. Sp. 45? ...“ (Bl. 65r in D. G. Messerschmidt: „Index Botanicus Siberiae; ...“ – AAW F. 98, Op. 1, D. 19, Bll. 1r–83r); „59.) Rad. Tithymali tuberosi pyriformi radice, quae Apios Officinarum C. B. et Tournef. Sp. 45. ...“ (AAW F. 98, Op. 1, D. 21, Bl. 147v – D. G. Messerschmidt im 14. Rapport von 1724, Bll. 146r–161v)

60 „[species 21] Tithymalus Myrsinites, latifolius C. B. Pin. 290. Tithymalus Myrsinites J. B. 3. 674. Tithymalus Myrsinites 1. Tab. Icon. 591.“ (Tournefort 1700, S. 86, Genus VI. „Tithymalus. Titimale.“); „Tithymalis Myrsinites I. Myrthen Wolffsmilch. I.“ (Abbildung in: Tabernaemontanus 1590, S. 591); „18. EUPHORBIA inermis, foliis confertis superioribus reflexis latioribus lanceolatis, umbella universali trifido: partialibus bifidis. Tithymalis myrsinites. Bauh. hist. 3. p. 675. ... Tithymalus myrsinites legitimus. Clus. hist. 2. p. 189. Tithymalus myrsinites latifolius. Bauh. pin. 290. ... α Tithymalus myrsinites angustifolius. Bauh. pin. 290. ...“ (Linné 1737, S. 199); „Stachelblätterichte Euphorbie. Euphorbia Myrsinites. ... Euphorbia umbella suboctofida, bifida, involucellis subovatis; foliis spatulatis, patentibus, carnosis, mucronatis, margine scabris. LINN. Syst. veg. p. 378. ... Euphorbia inermis, foliis superioribus reflexis latioribus lanceolatis, umbella universali trifida, partialibus bifidis. Hort. Cliff. 199. ... Tithymalus Myrsinites latifolius. C. BAUH. pin. 290. Tithymalus Myrsinites legitimus. CLUS. hist. 2. p. 189. ...“ (Linné 1781, S. 80f.); „[Tithymalus] myrsinites latifolius, myrsinites legitimus, myrsinites, myrtifolius, foemina repens Dioscoridis; myrsinites primus; hierunter verstehen C. Bauhin, Clusius, Pena und Theodor die calabrische Euphorbie.“ (Gmelin 1777, Sp. 156f.); „Euphorbia myrsinites, umbella suboctofida: bifida; involucellis subovatis, foliis spatulatis patentibus carnosis mucronatis margine scabris, calabrische Euphorbie, ... breitblätterichte Myrtenwolfsmilch, ...“ (Gmelin 1773, Sp. 928f.); „115. EUPHORBIA myrsinites. ... E. inermis, ... Hort. cliff. 199. ... Tithymalus myrsinites latifolius. Bauh. pin. 290. Tithymalus myrsinites legitimus. Clus. hist. 2. p. 189. ... Südliche Wolfsmilch. W. ...“ (Linné 1797–1830, Bd. II, Teil 2, S. 921f.); „Mýrsine ... Name von L. <gr. myrsínē, myrrhínē <Myrtenzweig, Myrtenkranz> ... – myrsinites ... <myrtenblättrig>. das Artepitheton erscheint primär bei der Wolfsmilch-Art, vorlinn. als Tithymalus Myrsinites latifolia, C. Bauhin, Pinax 290 <gr. myrsinítes <eine Euphorbia-Art> (Diosk.), wie gleichlautendes m. <mit Myrte gewürzter Wein; ein Edelstein> Ableitung von gr. mýrsinos ...“ (Genaust 2005, S. 406f.); s. auch Nr. 21

61 „[species 31] Tithymalus Myrsinites, angustifolius C. B. Pin. 290. Tithymalus Myrsinites ij. Tabern. Icon. 592.“ (Tournefort 1700, S. 86, Genus VI. „Tithymalus. Titimale.“); „5. EUPHORBIA foliis oblonge ellipticis, obtusis, glabris, ramis alternis, supra interdum vmbellatis, petalis florum lunatis. Tab. XCV. Fig. 2. ? Tithymalus foliis subhirsutis, ad caulem ellipticis, cymbis florum perfoliatis, leuissime bifidis, petalis lunatis, acutis HALL. Helv. 190. Nisi hirsutia requireretur, omnino. j. Idem folis oblique cordatis, scabiosis. jj. Idem ramis supremis in arcum flexis, rubentibus. ... Planta haec in omni Sibiria frequentissima etiam ad Aldanum a STELLERO sub nomine Tithymali myrsinitis angustifolii C. B. recensita sub finem Aprilis in montosis, Iunio in humilioribus locis florere incipit. ... Vix dubitare licet, quin b. MESSERSCHMID hunc intelligat sub nomine tithymali foliis pini, forte DIOSCORIDIS pithyusae B. pin. 292. quem in montosis locis Kirgisiae, ad Arbati et Tomi fluuii tractus prouenire memoriae prodidit. Icon nostra varietatem j. exhibet.“ (Gmelin 1747–1769, Bd. II, S. 231ff.), nahezu identisch auf Bll. 135v–137r in: AAW R. I, Op. 105, D. 28, Bll. 1r–275r – Manuskript von Bd. II der „Flora Sibirica; „26.

[Tithymalus] foliis Pini; fortè Dioscoridis Pithyusa; C. B. Pin. 292 & Tournefort Spec. 37. Pithyusa et Esula minor, Officin. ...“ (Bl. 96v in D. G. Messerschmidt „Sibiria perlustrata ...“ – AAW F. 98, Op. 1, D. 22, Bll. 2r–394r); „I. Tithymalus foliis pini, fortè Dioscoridis Pityusa. ...“ (Bauhin 1623, S. 292); „[species 37] Tithymalus foliis Pini, fortè Dioscoridis Pithyusa. C. B. Pin. 292. Tithymalo Cyparissiae similis, Pityusa multis J. B. 3. 665. Tithymalus Pineae Lob. Icon. 357.“ (Tournefort 1700, S. 86, Genus VI. „Tithymalus. Titimale.“); „5. Euphorbia foliis oblonge ellipticis obtusis glabris, ramis alternis, supra interdum umbellatis, petalis florum lunatis. t. XCV. f. 2. (excl. synon.) [=] Euphorbia Esula L.! [s. Nr. 22]“ (Ledebour 1841, S. 121); „Tithymalus Myrsinites angustifolius T. sive 2. Tab. hist. Ic. 8. 989. Wolfs=Milch, mit schmahlen Myrten=Blättern, auf dürren Weiden, ...“ (Lindern 1747, S. 196); „[Tithymalus] angustifolius; so nennt C. Bauhin eine Abänderung der calabrischen Euphorbie mit schmäleren Blättern.“ (Gmelin 1777, Sp. 156); „... Wolfsmilcharten. Es gibt sieben Tithymalosarten, ... Der andere, weibliche, oder Myrtites, heisst auch Karyites oder Myrsinites; ...“ (Dioscorides 1902, S. 458); die Abbildung „Esula degener“ auf Tafel 113 (Rivinus 1691); ESVLA punctis croceis notata C. B. Esula degener Rivini ...“ (Rupp 1726, S. 218f.); „Degener, was sich ausartet. Esula degener, die Wolfsmilch ausser ihrer Art oder ohne Blüte und Frucht.“ (Woyt 1761, Sp. 667); „Tithymalus Cyparissias foliis punctis croceis notatis C. B. ... Wolffsmilch mit fleckichten Blättern. ... Est Esula degener Rivini. ...“ (Mappus 1742, S. 306); „ESULA. ... teutsch, kleine Wolffsmilch, Teuffelsmilch. Ist eine Gattung des Tithymali, ... Zur Artzney wird die Rinde von seiner Wurtzel gebrauchet: ... Sie dient zur Wassersucht, zur Schlafsucht, zur Wahnsinnigkeit, und andern dergleichen Kranckheiten, welche von den groben Feuchtigkeiten zu entstehen pflegen.“ (Lémery 1721, Sp. 439); „Ēsula HAW. (Euphorbiaceae). Vom celtischen esu (scharf); die Pflanze hat einen scharfen Milchsaft.“ (Wittstein 1852, S. 338)

„15) Tithymalus Myrsinites angustifolius. C. B. ...“ (AAW R. I, Op. 104, D. 25, Bl. 3r); Die Beschreibung der 1740 gesammelten Pflanzen (AAW R. I, Op. 104, D. 25, Bll. 1r–38v) sandte G. W. Steller in einer ersten Fassung unter dem Titel „Catalogus plantarum ab urbe Jacutia ad oceanum usq) observatarum“ mit einem Brief (AAW F. 1, Op. 3, D. 31, Bll. 152r–152v u. 155r–156r) am 1. März 1741 an den Präsidenten der Akademie der Wissenschaften. An anderer Stelle bezeichnet Steller diese Beschreibungen als „Catalogus plantarum anni 1740“ (z. B. AAW F. 1, Op. 3, D. 31, Bl. 153v) oder „descriptionum plantarum a Jacutia ochotium collectarum“ (AAW F. 21, Op. 5, D. 114, Bl. 80r). Im Vorwort der „Flora Rossica“ von P. S. Pallas (Pallas 1784) werden sie als „Enumeratio plantarum a Lena usque ad mare Ochotense observatarum“, von J. G. Gmelin in der „Flora Sibirica“ (Gmelin 1747–1769) abgekürzt als „Ochot.“ und von *D. I. Litvinov* (*Litvinov* 1909, S. 277f.) als „Flora ochotensis“ bezeichnet; s. auch Nr. 20 u. Nr. 22

62 „[species 32] Tithymalus Amygdaloides, angustifolius Tabern. Icon. 591. Tithymalo maritimo affinis, Linariae folio C. B. Pin. 291. Alypum Cam. Epit. 985. Alypum Mathioli Tithymalis affine. J. B. 3. 676.“ (Tournefort 1700, S. 86, Genus VI. „Tithymalus. Titimale.“); „Tithymalis Amygdaloides angustifolius. Wolffsmilch mit schmalen Mandelblettern.“ (Abbildung in: Tabernaemontanus 1590, S. 591); „11. Die Leinkraut=blättige Wolfs=Milch ... Tithymalo maritimo affinis, Linariae folio ... Tith. amygdaloides, angustifolius, Tab. Jc. 591. ...“ (Zwinger 1744, S. 1176); „Die kleine Wolfsmilch mit dem Mandelblatt; ... Tithymalo maritimo affinis Linariae folio, C. B. P. 291. ... Tithymalus Amygdaloides angustifolius, Tabern. icon. 591. Inst. R. H. 86. ... Die ganze Pflanze giebt Milchsaft, und Caspar Bauhin merket an, daß man sie vor der Blüthe von dem Leinkraut (Linaria) durch nichts unterscheiden kann, als durch ihren Milchsaft; ...“ (Geoffroy 1763, S. 290); „22. EUPHORBIA inermis, foliis setaceo-linearibus confertis, umbella universali multifida: partialibus ramose bifidis. ... α Tithymalo maritimo affinis, linariae folio. Bauh. pin. 291. ...“ (Linné 1737, S. 200); „56) Wolfsmilch. Euphorbia Esula. ... Euphorbia

umbella multifida, bifida involucellis subcordatis, petalis subbicornibus; ramis sterilibus; foliis uniformibus. LINN. Syst. veg. p. 377. ... Tithymalus Amygdaloides angustifolius. TABERN. Ic. 541. ... Tithymalo maritimo affinis, Linariae folio. C. BAUH. pin. 291. ... Diese Pflanze hat keinen Geruch, enthält aber einen sehr scharfen Milchsaft; ... Man kann mit ihrem Milchsaft Warzen und Hühneraugen vertilgen, und auf der Haut Blasen ziehen; ihre Saamen sind ebenfalls stark purgirend, und betäuben auch die Fische, daher sie von den Fischern zu dieser Absicht gebraucht werden. Die Wurzel soll noch schärfer purgiren, als die übrige Pflanze. ..." (Linné 1781 S. 77f.); „111. EUPHORBIA Esula. E. umbella multifida: ... Amoen. acad. 3. p. 127. ... Gemeine Wolfsmilch. W. ..." (Linné 1797–1830, Bd. II, Teil 2, S. 919f.); „Euphorbia Esula, ... Eselsmilch, mit vielspaltiger, zweyspaltiger Blumendolde, zimlich herzförmigen besonderen Hüllen, meistens zweyhörnigen Blumenblättern, unfruchtbaren Aesten, und einförmigen Blättern; Wolfsmilch; Teufelsmilch; ... sie ist, besonders in ihrer Rinde eines der gewaltsamsten Purgiermittel, ... und wird ... bey hartnäkigen Wassersuchten oder viertägigen Wechselfiebern von einigen verordnet; ... der scharfe Milchsaft ... taugt, Warzen und Hüneraugen zu vertreiben, ..." (Gmelin 1773, Sp. 926f.); Euphorbia Esula L. – russ. *moločnik, volč'e moloko* bzw. *moločaj* (*Annenkov* 1858, S. 42, Nr. 460)

„Tythymalus [sic!] Amygdaloides angustifolius Tab. Ic. ..." (AAW R. I, Op. 104, D. 8, Bll. 9v–10r, s. Anm. 18 in Nr. 452); „339. Tithymalus amygdaloides angustifolius. Tab. Ic. Passim." (AAW R. I, Op. 13, D. 42, Bl. 60v, s. Anm. 1 in Nr. 1); „Tithymalus amygdaloides angustifolius Tabernm: Tithymalo maritimo affinis linariae folio C. B. P. ..." (Bl. 17r in T. Gerber: „Flora Wolgensis, ..." – AAW R. I, Op. 68, D. 2, Bll. 1ᵃr–18r); „LXIV. Tithymalus T. 85. 18. ... 3. Tithymalus amygdaloides angustifolius Tab. T. 86. Tithymalo maritimo afinis Linariae folio C. B. P. 291. Esula folio amygdali angusto Rupp Fl. Jen. p. 220. ..." (Bll. 9v–10r in T. Gerber „Flora Moscuensis ...", s. Anm. 6 in Nr. 55); s. auch Nr. 20 u. Nr. 21

63 „Linaria. Linaire. ..." (Tournefort 1700, S. 168ff.); „LINARIA. ... teutsch, Leinkraut, Flachskraut. ..." (Lémery 1721, Sp. 651f.)

64 s. Nr. 19

65 „[species 1] Glaux maritima C. B. Pin. 215. Glaux exigua, maritima J. B. 3. 373. Lob. Icon." (Tournefort 1700, S. 88, Genus VII. „Glaux."); „Glavx exigva maritima. ... Latinè Glaux & Glax: Gall. Herbe au laict: Germ. Milchkraut ..." (Bauhin 1651, S. 373); „38. GLAVX LIN. Sp. pl. 1. 301. n. 1. ROY. lugd. 417. ..." (Gmelin 1747–1769, Bd. IV, S. 87, nahezu identisch auf Bl. 47v in: AAW R. I, Op. 104, D. 14 – s. Anm. 32 in Nr. 6; „38. Glaux [=] Glaux maritima L.!" (Ledebour 1841, S. 120); „1. GLAUX. Glaux maritima. Bauh. pin. 215. ... Glaux exigua maritima. Bauh. hist. 3. p. 373. ..." (Linné 1737, S. 43); „Milchkraut. Glaux. ... Es ist von dieser Gattung nur folgende einzige Art bekannt. 1.) Seestrands=Milchkraut. Glaux maritima. LINN. Syst. veg. p. 207. Sp. pl. 301. Hort. Cliff. 43. ... Glaux maritima C. BAUH. pin. 215. TOURNEF. inst. t. 60. ... Diese Pflanze ist gesund, entweder als Gemüse oder als Salat zu essen; und soll die Eigenschaft haben, den Säugenden die Milch zu vermehren, daher sie den Namen hat." (Linné 1779, S. 737f.); „1. GLAUX maritima. Glaux. Hort. cliff. 43. ... Gmel. sib. 4. p. 87. ... G. maritima. Bauh. pin. 215. ... Meerstrands Milchkraut. W. ..." (Linné 1797–1830, Bd. I, Teil 2, S. 1210); „1) GLAUX MARITIMA. Linn. ... M. a Bieb. Fl. taur. cauc. I. p. 175. No. 438. ... Glaux. Gmel. Fl. sib. IV. p. 87. No. 38. ..." (Ledebour 1829, S. 274); „647. Glaux L. ... 1. G. maritima L. SP. 301. ... M. a BIEB. Fl. t. c. I. p. 175. ... LEDEB. Fl. alt. I, p. 274. ... Glaux ... GMEL. Fl. sib. IV, p. 87, Nr. 38. ..." (Ledebour 1846–1851, S. 23f.); „438. GLAUX maritima. Glaux. Linn. ed. Willd. 1. p. 1210. ... Gmel. sib. 4, p. 87. n. 38. ..." (Marschall von Bieberstein 1808a, S. 175); „Glaux maritima; Seestrandsmilchkraut, Schielkraut; ... Es heißt bey ... C. Bauhin: Glaux maritima." (Gmelin 1773b, Sp. 443); „Seeschellkraut a) |: a) Glaux maritima. :|" (Lepechin 1774, S. 214);

„Milchkraut. Diesen Nahmen führen verschiedene Pflanzen, ... 3. Ist es ein Nahme der Pflanzengattung Glaux. ... Es ist bis jetzt nur eine Art bekannt, nähmlich Meerstrands=Milchkraut, See=-Milchkraut, auch Schielkraut, ... Glaux maritima. Bauh. ...“ (Krünitz 1773–1858, Bd. 90, S. 641f.); „GLAUX MARITIMA Linné. MEERSTRANDS-GLAUX. ... Gl. maritima Linné Fl. Suec. 199. 210. ... Kann als Salat benutzt werden. Das Vieh frisst es gern, und soll es ein die Milch beförderndes Mittel sein. Deutsche Namen: Milchkraut, Salzkraut, Mutterkraut.“ (Dietrich 1840, Nr. 512); „GLAUX. Glaux maritima, C. B. Pit. Tournef. ... teutsch, Milchkraut. ... Es wird sehr dienlich erachtet den säugenden Weibern die Milch zu vermehren, wann es abgesotten oder auch in Suppen gebrauchet wird. Glaux kommet von γάλα, lac, Milch von wegen dieses Krautes Kraft die Milch zu mehren.“ (Lémery 1721, Sp. 493f.); „Glaux L. (Primulaceae). Von γλαυκος [d. h. blaugrün, graugrün] ...“ (Wittstein 1852, S. 390)

„16) Glaux maritima. C. B. Pin p. 215 ...“ (AAW R. I, Op. 104, D. 25, Bl. 3r, s. Anm. 61 in Nr. 21); „742. An Glaux latiore folio, Thuringiaca C. B. P. Ind. Irc n° 357. ... Fl. Irc. n° 24. 743. An Glaux? ...“ (AAW R. I, Op. 105, D. 1^{a}, Bll. 87v–88r, s. Anm. 29 in Nr. 5); „357. An Glaux latiore folio, Thuringiaca C. B. P. 215? ...“ mit den rechts marginalen Anm. von J. G. Gmelin „vid. Ic.“ und „Steller. nen̄t es Glaux maritima C. B. P.“ (AAW R. I, Op. 105, D. 12, Bl. 18r, s. Anm. 54 in Nr. 17); „927. Glaux.“ (Bl. 18r in einem Samenverzeichnis (von ca. 950 Pflanzen), die u. a. 1737 und 1738 von D. G. Messerschmidt, J. G. Gmelin, G. W. Steller und J. G. Heinzelmann nach Sankt Petersburg geschickt worden sind – AAW R. I, Op. 15, D. 3, Bll. 1r–18r; eine unvollständige Kopie des Manuskripts: a. a. O., Bll. 20r–35v); „2. An Glaux? Ind. Jen. n°. 743. 3. Glaux maritima C. B. P. 215. Folia longiora & pro ratione angustiora sunt Thuringiacae. ...“ (AAW R. I, Op. 13, D. 67, Bl. 50r, s. Anm. 5 in Nr. 4)

66 „22. ASCLEPIAS foliis ex lineari-lanceolatis, floribus vmbellatis, vmbellis alternis, erectis, caule erecto, GMELIN T. XLII. Apocynum rupestre polyanthos, flore persico, folio angustissimo denticulato STELL. Irc. 25. STELLERVS hanc plantam altissimarum rupium ad Angaram calui–tiem stadia XII. ab vrbe Ircutia vestire vidit, ...“ (Gmelin 1747–1769, Bd. IV, S. 78f.), nahezu identisch auf Bll. 44r–44v in: AAW R. I, Op. 104, D. 14 – s. Anm. 32 in Nr. 6; „22. Asclepias foliis ex lineari lanceolatis, floribus umbellatis, umbellis alternis erectis, caule erecto. t. XLII. [=] Cynanchum roseum R. Br.! (Asclepias purpurea Pall. it. III. 260.)“ (Ledebour 1841, S. 119); „1. C[ynoctonum] roseum (DECAISNE in DEC. Prodr. VIII, p. 532) ... Asclepias purpurea. PALL. It. III, p. 260. 320. 425. Asclepias rubra. SIEVERS in Pall. n. nord. Beitr. VII, p. 329. Asclepias davurica. WILLD. Spec. pl. I, p. 1272. ... GEORGI Beschr. d. Russ. R. III, 4. p. 814. Asclepias purpurascens. GEORGI Beschr. d. Russ. R. III, 4. p. 813 (non alior). Asclepias foliis ex lineari-lanceolatis, ... GMEL. Fl. sib. IV, p. 78, Nr. 22, t. 42. Cynanchum roseum. R. Br. l. c. p. 47. ...“ (Ledebour 1846–1851, S. 47); „Asclepias purpurea (*)| : Asclepias foliis ex lineari-lanceolatis, floribus vmbellatis, vmbellis alternis erectis, caule erecto Flor. Sibir. Vol. IV. p. 78. n. 22. tab. 42. :| „ (Pallas 1776, S. 260); „6. ASCLEPIAS dauurica ... Daurische Schwalbenwurz. W. ... Auch beyde letzern [d. h. Asclepias dauurica und Asclepias sibirica] haben anwendbare Saamenwolle und Stängel, da durch Rotten, Brechen, Hecheln – ein hanfähnliches Gespinst geben; ...“ (Georgi 1797–1802, Theil 3, S. 814); „2. ASCLEPIAS purpurascens L. ... Röthliche Schwalbenwurz. W. ...“ (a. a. O., S. 813); „*34. ASCLEPIAS davurica. A. foliis linearibus subulatis piloso-ciliatis oppositis, umbellis pedunculatis axillaribus, calycibus pilosis. W. Davurische Schwalbenwurz. W. ...“ (Linné 1797–1830, Bd. I, Teil 2, S. 1272); „35. Asclepias davurica. Willd. Davurische Schwalbenwurz. ...“ (Dietrich 1802, S. 772); „Asclēpias L. (Asclepiadeae). Nach Ἀκληπιος (Aesculap), dem Gotte der Heilkunde, oder nach ASCLEPIADES, einem berühmten Arzte aus Prusa in Bithynien, der um 100 v. Chr. in Rom lebte.“ (Wittstein 1852, S. 75); Asclepias – russ. *stručkovatoe zel'e*, *lastočnik* bzw. *čertova boroda* (*Annenkov* 1858, S. 20, Nr. 149); „Apōcynum L.

(Apocyneae). Zus. aus ἀπο (von, weg) und κυων (Hund), d. h. eine Pflanze, von der man die Hunde fern halten soll, weil ihr Milchsaft sie tödtet." (a. a. O., S. 63); „Cynānchum L. (Asclepiadeae). Zus. aus κυων (Hund) und ἀκχειν (würgen), soll auf Hunde tödtlich wirken. Vielleicht wurde es auch gegen angina der Hunde angewendet." (a. a. O., S. 254); „Cynōctonum GM. (Carisseae). Zus. aus κυων (Hund) und κτεινειν (tödten); ist den Hunden schädlich. Cynōctonum E. MEY. (Asclepiadeae). Wie vorige Gattung. Gehörte früher zu Cynanchum." (a. a. O., S. 254); „Apocynum, ... T. Hunds=Kohl, Hunds=Kraut, Hunde=Gift, Hunds=Milch, Milch=Kraut, ... Die in der Frucht befindliche Wolle oder Houatte dienet, die Kleider damit zu füttern: auch stopfen die Einwohner die Betten damit aus. * Die Benennungen ... rühren daher, weil die Alten glaubten, daß dieses Gewächs die Hunde tödte. ..." (Krünitz 1773–1858, Bd. 2, S. 289ff.); „Apocynum, ... Wenn man seine Bläter zusammen und als wie einen Umschlag aufleget, sollen sie die kalten Geschwülste zertheilen. Der Saft macht die Haare ausfallen, und ist ein gut Mittel wider die Raude und andere Unreingkeiten der Haut, wann er äusserlich gebrauchet wird: allein tödtlich, wenn man ihn innerlich gebrauchen wolte, ..." (Zedler 1732–1750, Bd. 2, Sp. 853); „Apocynum, ... Tournefort und Boerhaave vereinigen unter diesem Namen die Gattungen des Hundekohls und Hundewürgers, und alle Arten der Aesculapischen Pflanze, ..." (Gmelin 1772a, S. 649f.); Apocynum – russ. *tajna trava* (*Annenkov* 1858, S. 17, Nr. 117); „Asclepias, bedeutet bey den meisten ältern Schriftstellern die Schwalbenwurz; bei Tournefort und Boerhaave die Gattung der Stapelischen Pflanze, die Schwalbenwurz, und einige andere Arten der Aesculapischen Pflanze; ..." (a. a. O., Sp. 822f.); „ASCLEPIAS L., Schwalbenwurz. W. ..." (Georgi 1797–1802, Theil 3, S. 812); „Pfersichbaum, Pfirschbaum, Pfersingbaum, Pfirsingbaum, Lateinisch Persica, ..." (Zedler 1732–1750, Bd. 27, Sp. 1422ff.)

„1104. Apocynum rupestre, polyanthos, flore persico, folio angustissimo denticulato. Fl. Irc. n° 25. ..." (AAW R. I, Op. 105, D. 1ª, Bl. 117r, s. Anm. 29 in Nr. 5); „1 Apocynum rupestre, polyanthos, flore persico, folio angustissimo, denticulato Fl. Irc. n°. 25." mit der rechts marginalen Anm. „Ic. St." (AAW R. I, Op. 13, D. 67, Bl. 74r, s. Anm. 5 in Nr. 4); „8. Apocynum rupestre polyanthos, flore persico, folio angustissimo, denticulato Fl. Irc. 25." (AAW R. I, Op. 105, D. 16, Bl. 1r, s. Anm. 5 in Nr. 4); s. Anhang B.5. Nr. 15 und B.6.2

67 in der 2. Textversion (s. Anm. 1 in A.): „vere"

68 „21. ASCLEPIAS foliis reuolutis lineari lanceolatis oppositis, ternatisque caule decumbente, LIN. [Tab. XLI.] Asclepias montana humilis, radice longius proserpente, lini foliis, MESSERSCHM. AMM. Ruth. 10. Asclepias caule procumbente herbaceo foliis, ex lineari lanceolatis, floribus subsolitariis, GM. Mst. Apocinum rupestre lauendulae folio, flore flavescente, STELL. Irc. 26. ..." (Gmelin 1747–1769, Bd. IV, S. 77f.), nahezu identisch auf Bll. 43v–44r in: AAW R. I, Op. 104, D. 14 – s. Anm. 32 in Nr. 6; „21. Asclepias foliis revolutis lineari-lanceolatis oppositis ternatisque, caule decumbente. t. XLI. (in textu omissa.) [=] Cynanchum sibiricum R. Br.!" (Ledebour 1841, S. 119); „4. V[incetoxicum] sibiricum (DECAISNE in DEC. Prodr. VIII, p. 525) ... Asclepias sibirica. L. ... WILLD. spec. pl. I, p. 1272. ... Asclepias montana humilis, ... AMMAN. ruth. p. 8, Nr. 10. Asclepias foliis revolutis lineari-lanceolatis ... GMEL. Fl. sib. IV, p. 77, Nr. 21, t. 41. ... Cynanchum sibiricum ... LEDEB. Fl. alt. I, p. 279. ..." (Ledebour 1846–1851, S. 46); „Vincetōxicum MNHch. [Conrad Mönch?] (Asclepiadeae). Zus. aus vincere (besiegen) und toxicum (Gift); man hielt es für ein Mittel gegen Gifte." (Wittstein 1852, S. 924); „3) CYNANCHUM SIBIRICUM. R. Brown. ... Asclepias sibirica. L. ... Asclepias foliis revolutis lineari-lanceolatis ... Gmel. Fl. sib. IV. p. 77. No. 21. ..." (Ledebour 1829, S. 279f.); „Asclépias. ... die äskulapische Pflanze. ... Die Arten werden abgetheilt: I. ... II. deren Blätter zurückgerollte Seiten haben, (foliis lateribus revolutis). III. ... ad II. ... q) Asclepias sibirica (foliis revolutis lineari-lanceolatis oppositis ternisque, caule decumbente), die sibirische äsk. Pfl. mit zurückgerollten

gleichbreit=lanzettförmigen, einander gegenüberstehenden Blättern, die je drey und drey beysammensitzen, und einem niederliegenden Stamme. ..." (Schmidlin 1771a, S. 526ff.); „19.) Siberische Aesculapie. Asclepias Sibirica. ... Asclepias foliis revolutis, lineari-lanceolatis, oppositis ternisque; caule decumbente. LINN. Syst. veg. p. 214, Sp. pl. 315. GMEL. Fl. Sib. 4. p. 77. n. 21. Asclepias montana humilis, radice longius proserpente, Lini foliis. AMM. Ruth. 10. ..." (Linné 1779, S. 790); „Asclepias sibirica, ... sibirische Aesculapische Pflanze, deren Stamm darnieder liegt, und deren Blätter umgerollt, und gleichbreit=lanzenförmig sind, und paarweise, oder zu dreyen stehen; ... sie heißt bey Messerschmid und Ammann: Asclepias montana humilis radice longius proserpente, lini foliis; ..." (Gmelin 1772a, Sp. 833); „33. ASCLEPIAS sibirica. A. foliis revolutis lineari-lanceolatis ... Gmel. sib. 4. p. 77. n. 21. A. montana humilis, ... Amm. ruth. 10. ... Sibirische Schwalbenwurz. W. ..." (Linné 1797–1830, Bd. I, Teil 2, S. 1272); „34. Asclepias sibirica. L. Sibirische Schwalbenwurz. ..." (Dietrich 1802, S. 771); „10. ASCLEPIAS montana, humilis, radice longius proserpente, Lini foliis. Messerschm." (Amman 1739, S. 8); „Lavandula L., Lavendel. ..." (Georgi 1797–1802, Theil 3, S. 1080f.)
„2. Apocynum rupestre Lavandulae folio, flore flavescente Fl. Irc. n°. 26. ..." mit der rechts marginalen Anm. „Ic. St." (AAW R. I, Op. 13, D. 67, Bl. 74r, s. Anm. 5 in Nr. 4); „244. Planta Resedae cognata. ..." mit den links marginalen Anm. von J. G. Gmelin auf Bl. 9v „vid. Icon." und „Ist von St. genañt Apocynum rupestre Lavandulae folio, flore flavescente." (AAW R. I, Op. 105, D. 12, Bll. 9v–10r, s. Anm. 54 in Nr. 17), „vid. Ic." (links marginal a. a. O., Bl. 9v); „718. Asclepias caule procumbente, herbaceo, folijs lineari lanceolatis, floribus sub. solitarijs Planta Resedae cognata Ind. Irc. n°. 244. Apocynum rupestre Lavandulae folio flore flavescente Flor. Irc. n°. 26." (AAW R. I, Op. 13, D. 42, Bl. 67r, s. Anm. 1 in Nr. 1); s. Anhang B.5. Nr. 14

69 in der 2. Textversion (s. Anm. 1 in A.): „congestos"

70 „Apocynum. Apocin" (Tournefort 1700a, Tafel 21)

71 „86. MENISPERMVM foliis peltatis angulosis, LIN. h. Cliff. 140. Suec. 91. ROY. pr. 228. GRON. Virg. 153. Menispermum Canadense scandens, vmbilicato folio, TOVRN. act. 1705. p. 311. DILL. gen. 150. Hedera monophyllos, conuoluuli foliis, virginiana, PLVCK. Alm. 181. t. 36. f. 2. Hedera Virginiana Clematis facie, radice flauescente, HERM. lugdb. 306. Cissampelos siue Malaccocissos Rupp. IEN. ed. HALL. p. 67. Tamnoides, MESS. Diar. Mst. Tamnoides scandens altissimum, folio vmbilicato, anguloso, semine alato, STELL. Irc. 27. ... Pistillum STELLERVS non describit, qui solum florentem plantam in montosis locis Ircutiae vrbis ad Angaram fluuium e regione pagi Schilcinae vt et propre pagum, paruam Roswodnaiam, sub finem Maii obseruauit. ... B. MESSERSCHMIDVS in iisdem fere locis plantam obseruauit, in quibus nos, scilicet in vallibus Dabuthis fluuii." (Gmelin 1747–1769, Bd. III, S. 107ff.); „86. Menispermum foliis peltatis angulosis. (excl. synon. praeter Stelleri) [=] Menispermum davuricum DeC! (Menispermum canadense L. – Willd. sp. pl. IV. 824.)" (Ledebour 1841, S. 90); „CISSAMPELOS, sive Malaccocissos. Clematis hederae folio, flore minore herbaceo Ammanni p. 342. ..." (Rupp 1726, S. 53); „1. M[enispermum] CANADENSE (Lin. spec. 1468.) ... 2. M[enispermum] DAURICUM. (DC. syst. 1. p. 540.*) ..." (Candolle 1824, S. 102f.); „Menispermum Canadense, scandens umbilicato folio. Clematis hederacea perennis, Virginiana, umbilicato folio, papposo flore H R Par. Clematis Hederae folio H R. Bles. Mor." (Tournefort 1707, S. 311); „MENISPERMUM. g. pl. 306. 1. MENISPERMUM foliis peltatis angulosis. Menispermum canadense scandens, umbilicato folio. Tournef. act. 1705. p. 311. Dill. gen. 150. Cissampelos sive Malacocissos. Rupp. jen. 53. ..." (Linné 1737, S. 140); „Mondsaame. Menispermum. LINN. Gen. pl. num. 1039. 1.) Canadischer Mondsaamen. Menispermum Canadense. ... Menispermum foliis peltatis, cordatis, subrotundo-angulatis. LINN. Syst veg. p. 748. Sp. pl. 1468. Hort. Cliff 140. ... Menispermum Canadense scandens. umbilicato folio. TOURNEF. Act. par 1705. p. 311. ... Diese

nieren= oder halbmondförmige Figur der Beere und ihres Saamens ist die Ursache, warum diese Pflanze im Lateinischen Menispermum, auf deutsch Mondsaame ... genennet werden. ..." (Linné 1779a, S. 611ff.); „Menispermum canadense, foliis peltatis cordatis subrotundo-angulatis; canadischer Mondsamen, ... Schildkraut; schlingendes canadisches Mondsamenkraut; Er ... taugt wegen seiner grosen Blätter zu Lauberhütten, besonders zu Sommerlauben und kleinen Terrassen, ..." (Gmelin 1774, Sp. 77); „MENISPERMUM canadense. ... Menispermum canadense scandens, umbilicato folio. Tournef. act. 1705. p. 311. ... Canadischer Mondsame. W. ..." (Linné 1797–1830, Bd. IV, Teil 2, S. 824); „M[enispermum] davuricum (Dec. Syst. I, p. 540) ... M. davuricum. Dec. Prodr. I, p. 102. ... M. foliis peltatis angulosis. GMEL. Fl. sib. III, p. 107. Nro. 86. (excl. synon. praeter Stelleri). M. Tamni foliis AMMAN. ruth. p. 92. Nro. 118. ..." (Ledebour 1842, S. 78); Menispermum davuricum Dec. – russ. *belyj chmel'* bzw. *dikoj chmel'* (*Annenkov* 1858, S. 60, Nr. 699); „118. MENISPERMON Tamni foliis. Hanc plantam Messerschmidius in Diario suo sub Tamnoidis titulo sequentibus describit verbis. ..." (Amman 1739, S. 92f.); „1. Canadischer Mondsame. Menispermum Canadense, ... Linn. ... Der Nahme ... ist nach der willdenowschen Beschreibung windend, und klettert an zwölf Fuß hoch, daher wird er auch zu Lauben und dunkeln Gängen genommen, die er sehr schattig macht. .... Viele preisen dieses Mondsamenkraut an, um nackte Mauern oder andere unangenehme Gegenstände zu bedecken, ..." (Krünitz 1773–1858, Bd. 93, S. 387ff.); „Menispērmum T. (Menispermeae). Zus. aus μηνις (Halbmond) und σπερμα (Same); die Frucht ist halbmond- oder vielmehr nierenförmig." (Wittstein 1852, S. 570)

„287. Tamnoides scandens. Hederae folio et facie. ... Tamnoides Fl. Irc. nº 27. huic, tanquam non dubito, idem est." (AAW R. I, Op. 105, D. 1ª, Bll. 25v–26r, s. Anm. 29 in Nr. 5); „287. Tamnoides scandens, altissimum, folio umbilicato, anguloso, semine alato fl. Irc. nº. 27." mit der rechts marginalen Anm. „Cerasus vid. LXX." (AAW R. I, Op. 13, D. 67, Bl. 20r, s. Anm. 5 in Nr. 4); „12. Tamnoides scandens altissimum, folio umbilicato, anguloso, semine alato Fl. Irc. 27." (AAW R. I, Op. 105, D. 16, Bl. 1r, s. Anm. 5 in Nr. 4); „61.) Rad. Tamnoides cauliculis prolixis scandentibus, claviculis carens, foliis alternatim singularibus, ..." (AAW F. 98, Op. 1, D. 21, Bl. 147v, s. Anm. 59 in Nr. 19); „Tamnoïdes folio umbilicato in tandum anguloso plerumq$_3$ Convolvuli simili, fl. albo, baccis nigris." (AAW F. 98, Op. 1, D. 19, Bl. 65r, s. Anm. 59 in Nr. 19); „12. September 1722 ... Inzwischen wurde mir die vorigen Tages observierte Pflanze gebracht und kurz also beschrieben: Tamnoides radice longissime serpente lignosa, ..." (Messerschmidt 1962–1977, Bd. 1, S. 316); s. Anhang B.5. Nr. 8

72 s. Nr. 16

73 „Acer. Erable. ..." (Tournefort 1700, S. 615); „ACER. ... teutsch, der Ahorn/ Ahornbaum. ..." (Lémery 1721, Sp. 9)

74 „Hydrocotyle. ..." (Tournefort 1700, S. 328); „Hydrocotyle vulgaris Linn. Sumpf= oder Wasser=-Nabelkraut; ..." (Krünitz 1773–1858, Bd. 27, S. 477)

75 „Betula. Bouleau. ..." (Tournefort 1700, S. 588); „Betula L., Birke. ..." (Georgi 1797–1802, Theil 3, S. 1287ff.)

76 „[species 20] Malva vulgaris, flore majore, folio sinuato J. B. 2. 949. Malva sylvestris, folio sinuato C. B. Pin. 314. Malva sylvestris, major Tabern. Icon. 768. Mauve." (Tournefort 1700, S. 95, Genus I. „Malva. Mauve."); „MALVA SYLVESTRIS. ... Malva sylvestris folio sinuato. C. Bauh. pin. p. 314. Buxb. Halens. p. 206. Rupp. Jen. p. 13. ... Wald-Malve, wilde Malve, St. Johannispapppel, Hanfpappel, grosse Rosspappel, grosse Hasenpappel. ..." (Hayne 1809, Nr. 28); „MALVA sylvestris folio sinuato C. B. P. Malva sylvestris major Tab. ... Hasen=Pappeln. ..." (Rupp 1726, S. 10); „2. Die Roß=Pappel: Malva sylvestris folio sinuato, C. B. P. ... Die Wurtzel ist lang, weiß oder gelb, eines süßlich= schleimigen Geschmacks." (Zwinger 1744, S. 662); „13) Waldmalve. Malva sylvestris. ... Malva caule erecto herbaceo, foliis septemlobatis acutis,

pedunculis petiolisque pilosis, LINN. Syst. Veg. p. 520. ... Malva sylvestris, folio sinuato. C. BAUH. pin. 314. ... Man nennt diese zum Unterschied der letzten, Roßpappel, Hanfpappel und wilde rothe Pappel. ... Der Saame davon ... wird im Dekokt als ein erweichendes, und besonders bei Nierenentzündungen, Schmerzen linderndes Mittel gebraucht. Aus den Blumensammeln die Bienen vielen Stof zu Wachs und Honig.“ (Linné 1782, S. 455); „Malva sylvestris, ... wilde Malve, ... Waldmalve; Hasenpappel; Rospappel; Pappelkraut; Pappeln; gemeine Pappel mit groser Blume; ... Sie heißt bey ... C. Bauhin: Malva sylvestris, folio sinuato; ...“ (Gmelin 1773a, Sp. 955f.); „43. MALVA sylvestris. ... M. sylvestris, folio sinuato. Bauh. pin. 314. ... Wald-Malve. W. ...“ (Linné 1797–1830, Bd. III, Teil 1, S. 787); „7. M[alva] sylvestris (L. SP. 969) ... M. sylvestris. DEC. Prodr. I, p. 432. ... LEDEB. Fl. alt. III, p. 233. ... M. caule erecto herbaceo, foliis septemlobatis, acutis, pedunculis petiolisque pilosis. GMEL. Fl. sib. III, p. 276. Nr. 9. ...“ (Ledebour 1842, S. 435); „32. M[alva] SYLVESTRIS (Lin. sp. 969.) ...“ (Candolle 1824, S. 432); „9. MALVA caule erecto herbaceo, foliis septemlobatis, acutis, pedunculis petiolisque pilosis, LIN. sp. 2. p. 969. n. 13. ... STELLERVS quidem putat, id fieri e semine sinico adlato, et in hortis sato, vnde in terram incultam transportentur. Sed de hoc certo non constat.“ (Gmelin 1747–1769, Bd. III, S. 276); „9. Malva caule erecto herbaceo, foliis septemlobatis acutis, pedunculis petiolisque pilosis [=] Malva sylvestris L.!“ (Ledebour 1841, S. 109); „1) MALVA SYLVESTRIS. Linn. ... M. sylvestris. Linn. Willd. Spc. pl. III. p. 787. Decand. Prodr. I. p. 432. Nro. 32. ... Malva caule erecto herbaceo, ... Gmel. Fl. sib. III. p. 276. No. 9. ...“ (Ledebour 1831, S. 233f.); „Malva ... Teutsch Pappeln, ... Der Safft wird sonderlich wider die hinfallende Seuche gerühmet ... Aeusserlich werden die Pappeln zu denen erweichenden und Schmertz stillenden Umschlägen, Clystieren und Bädern genommen: sie heilen auch derer Wespen und Bienen Stiche, wie auch andere Wunden, frisch aufgelegt ...“ (Zedler 1732–1750, Bd. 19, Sp. 803ff.); „Mālva L. (Malvaceae). Von μαλαχη und dieses von μαλακος (weich); diese Pflanzen haben erweichende Eigenschaften, auch meist weichanzufühlende Blätter.“ (Wittstein 1852, S. 554)

„621. Malva caule erecto, folijs ferme palmatis obsolete serratis. Linn. h. cliff. 347. Malva vulgaris, flore maiore, foliis sinuato. B. Hist. 2. pp. 949 Boerh. lugd. 1. p. 268.“ (AAW R. I, Op. 13, D. 42, Bl. 60r, s. Anm. 1 in Nr. 1); „2. Malva vulgaris flore majore, folio sinuato. J. B. 2. 949.“ mit der rechts marginalen Anm. „Herb. m.“ (AAW R. I, Op. 13, D. 16, Bl. 2r, s. Anm. 32 in Nr. 6); „Malva vulgaris flore majore, folio sinuato J. B. P. 2. p. 949.“ (AAW R. III, Op. 1, D. 162, Bl. 17r, s. Anm. 54 in Nr. 17); „5. Malva vulgaris, flore majore, folio sinuato J. B. 2. 949. Malva sylvestris, folio sinuato C. B. P. 314. Malva sylvestris, procerior Dod. Pempt. 653. ...“ (a. a. O., Bl. 98r, s. Anm. 54 in Nr. 17); „Malva vulgaris flore majore, folio sinuato J. B. Ind. Irc. & Transbaic.“ (AAW R. I, Op. 13, D. 67, Bl. 44v, s. Anm. 5 in Nr. 4); „– Malva vulgaris, flore majore folio sinuato J. B. ...“ (AAW R. I, Op. 104, D. 8, Bl. 8v, s. Anm. 18 in Nr. 452); „Malva vulgaris flore majore, folio sinuato J. B. ...“ (AAW R. I, Op. 105, D. 2, Bl. 1v, s. Anm. 54 in Nr. 17)

77 „Althaea, althea, abiscus, ibiscus, bismalva, malvaviscus, Althee, Eibischwurz, Heylwurz. ...“ (Onomatologia 1755, Sp. 59f.); „Althaea. Guimauve. ...“ (Tournefort 1700, S. 97); „ALTHAEA. ... teutsch, Eibisch. Das ist ein Malven oder Pappelgeschlecht, ...“ (Lémery 1721, Sp. 39f.); „Althaēa L. (Malvaceae). Von ἀλθαινειν (helfen, heilen), in Bezug auf ihre arzneiliche Wirkung.“ (Wittstein 1852, S. 33)

78 „Alcea. ...“ (Tournefort 1700, S. 97f.); „ALCEA. ... teutsch, Fellriß. ... Es giebet allerhand Arten dieses Krautes, sind aber alle mit einander nur darinne von dem Pappelkraute unterschieden, daß ihre Blätter gar tieff eingeschnitten seyn. ...“ (Lémery 1721, Sp. 30); „Alcea vulgaris, Fellriß, Flugwurzel, Augenpappeln, Siegmarswurtz; ...“ (Krünitz 1773–1858, Bd. 1, S. 486); „Alcēa L.

(Malvacae. Von ἀλκη (Stärke), αλκεειν (helfen, heilen), in Bezug auf die Wirkung." (Wittstein 1852, S. 27)

79 „Abutilon. ..." (Tournefort 1700, S. 99); „ABUTILON. ... teutsch, die Sammtpappel. ..." (Lémery 1721, Sp. 4); „Abūtilon DILL. (Malvaceae). Zus. aus ἀ (nicht), βοῦς (Stier), und τΐλος (Durchfall), d. h. ein Mittel gegen den Durchfall des Rindviehes." (Wittstein 1852, S. 3)

80 „Astragalus. Astragale. ..." (Tournefort 1700, S. 415ff.); „Astragalus, ... T. Wirbel=Kraut, Christians=Wurzel, Knollen=Kraut, Erd=Möhren. ..." (Krünitz 1773–1858, Bd. 2, S. 619ff.)

81 „Absinthium. Absinte. ..." (Tournefort 1700, S. 457ff.); „ABSINTHIUM. ... teutsch, die gemeine Wermuth. ..." (Lémery 1721, Sp. 3f.)

82 „Emollientia, sind erweichende Mittel, da man, vermöge ihrer gelinden Wärme und Feuchtigkeit, die harten und geschwollenen Theile erweichen kan; Man nimmt sie ad Fotus, Cataplasmata, Decocta &c. Solche aber sind: radic. alth. Lilior. albor. Bryon. Malv. herb. alth. Branc. vrsin. Malu. Melilot, Mercurial Betonic. sem. ..." (Zedler 1732–1750, Bd. 8., Sp. 1020)

83 „Mucago, Mucilago, ein Schleim, oder eine zähe schleimichte Feuchtigkeit; solche ist dreyerley, ... 3) künstliche, welche durch Hülffe eines hierzu dienlichen Wassers aus einigen Saamen, als Cydoniorum, Psyllii, &c. Wurtzeln, als rad. Alth. &c. und Tragacanth gezogen werden." (Zedler 1732–1750, Bd. 4., Sp. 3)

84 „[species 19] Malva foliis crispis C. B. Pin. 315. Malva crispa J. B. 2. 952. Malva crispatis oris. Lob. icon. 651. Mauve frisée." (Tournefort 1700, S. 95, Genus I. „Malva. Mauve."); „7. Malva foliis angulatis crispis, floribus ad alas glomeratis. Malva crispa. Bauh. pin. 2. p. 952. ... Malva foliis crispis. Bauh. pin. 315. ..." (Linné 1737; S. 347); „42. M[alva] CRISPA. (Lin. sp. 970.) caule erecto, foliis angulatis dentatis crispis glabris, floribus axillaribus sessilibus. ..." (Candolle 1824, S. 433); „17) Krause Malve. Malva crispa. ... Malva caule erecto, foliis angulatis crispis, floribus axillaribus glomeratis. LINN. Syst. Veg. p. 520. ... Malva foliis crispis. C. BAUH. pin. 315. ..." (Linné 1782, S. 457f.); „[Malva] crispa, caule erecto, foliis angulatis crispis, floribus axillaribus glomeratis; krause Malve, ... krause Pappel; gefüllte Pappel, ..." (Gmelin 1773a, Sp. 957f.); „47. MALVA crispa. ... M. foliis crispis. Bauh. pin. 315. ... Krausblättrige Malve. W. ..." (Linné 1797–1830, Bd. III, Teil 1, S. 789); „14. M[alva] crispa (L. SP. 970) ... M. crispa. Dec. Prodr. I, p. 64. ..." (Ledebour 1842, S. 437); Malva crispa L. – russ. *skuločnik* bzw. *gordovina* (*Annenkov* 1858, S. 58, Nr. 678); „5. Krause Malve ... Malva foliis crispis. Bauh. pin. 315. – Diese Pflanze ist eigentlich in Syrien zu Hause, wird aber auch schon in Deutschland wild gefunden. In den Gärten, wo sie wegen ihrer zierlich gekräuselten Blätter gezogen wird, erreicht sie am gewöhnlichsten die Höhe von fünf bis sechs Schuhen. ..." (Krünitz 1773–1858, Bd. 83, S. 491)

„Malva foliis crispis C. B. P. 315." (AAW R. III, Op. 1, D. 162, Bl. 16v, s. Anm. 54 in Nr. 17); „4. Malva foliis crispis C. B. P. 1315. [sic!]" (a. a. O., Bl. 98r, s. Anm. 54 in Nr. 17); „656. Malva foliis crispis C. B. P. 315. ..." (AAW R. I, Op. 105, D. 1ª, Bl. 77v, s. Anm. 29 in Nr. 5); „452. Malva crispa Parck." (AAW R. I, Op. 15, D. 3, Bl. 9r, s. Anm. 65 in Nr. 24); „23. Malva fol. crispis. C. B. P." (Bl. 2v in T. Gerber nach J. G. Heinzelmann: „Flora Samariensis Tatarica seu Plantae quas circa Samaram urbem et fluvium Aō. 1737, collegit." – AAW R. I, Op. 104, D. 13, Bll. 1r–8v)

85 „[species 1] Malva rosea, folio subrotundo, flore dilutius rubente C. B. Pin. 315. Malva rosea sive hortensis, flore carneo J. B. 2. 951. Malva arborea sive hortensis Tabern. Icon. 765. Malva hortensis, flore simplici incarnato Eyst. Rose d'outre-mer ou de tremier." (Tournefort 1700, S. 94, Genus I. „Malva. Mauve."); „VII. Malva rosea folio subrotundo. ... Flores candidi, rubentes, modò saturatiùs, modò dilutiùs, aliâs purpurae modo relucentes: & ex rubro nigricantes ..." (Bauhin 1623, S. 315); „Malva rosea folio subrotundo. C. B. P. p. 315. ... Germ. Stock=Rosen, Mund=-Rosen; ..." (Rupp 1726, S. 11); „14. Die Garten=Pappel: Malva hortensis, seu rosea, J. B. 2. 951.

Raj. H. 600. rosea folio subrotundo, C. B. P. 315. T. 94. ... Man nennet diese Arten Ernd= Herbst= und Winter=Rosen, denn sie blühen am meisten in der Ernde bis in den Winter. ...“ (Zwinger 1744, S. 663); „1. Alcea foliis sinuato-angulosis. Malva rosea, folio subrotundo. Bauh. pin. 315. ... Moris. hist. 1. p. 524. ... Malva hortensis. Dod. pempt. 652. Malva rosea, folio subrotundo, flore dilutius rubente. Tournef. inst. 94. ...“ (Linné 1737, S. 348); „1) Rosenpappel. Alcea rosea. ... Alcea foliis sinuato-angulatis. LINN. Syst. Veg. p. 519. ... Hort. Cliff. 348. ... Malva rosea folio subrotundo. C. BAUH. pin. 315. Malva hortensis. DOD. pempt. 652. ... Man nennt sie ... im deutschen Herbstrose oder Rosenpappel. ... Da die Blumen eine erweichende und zugleich gelind anziehende Kraft besitzen, so dienen sie daher in Entzündungen und Geschwüren des Halses. Man braucht sie auch wider die Rose, in Form eines Breyumschlages.“ (Linné 1782, S. 445f.); „[Malva] rosea folio subrotundo; hierunter versteht C. Bauhin die Rosenpappel.“ (Gmelin 1773a, Sp. 967); „Alcea rosea, foliis sinuato-angulosis, Rosenpappel, mit ausgehölt ekigen Blättern; gemeine Rosenpappel, gemeine Gartenpappel, Pappelrose, Mundrose, gewöhnl. Herbstrose ... ihre Blumen sind erweichend und gelind anziehend; und daher in unterschiedenen Entzündungen und Geschwüren sehr dienlich; ...“ (Gmelin 1772a, Sp. 241f.); „*7. ALTHAEA rosea. ... Alcea (rosea) foliis sinuato-angulosis. Hort. cliff. 348. ... Malva roseo folio subrotundo. Bauh. pin. 315. ... Stockrosen Eibisch. W. ...“ (Linné 1797–1830, Bd. III, Teil 1, S. 773); „7. Althaea rosea Willd. Stockrosen=Eibisch, große Garten=Malve; Gartenalcee; Glockenrose; Herbstrose; Gartenpappelblumen. ... Alcea rosea. Linné. ...“ (Dietrich 1802, S. 236ff.); „2. Althaea rosea Cav., in Chiwa Gül Bachmal genannt.“ (Basiner 1848, S. 239); „803. Alcea rosea. Lin. Syst. Plant. III. p. 342. sp. 1. ... Ruß. Roscha [russ. *roža*].“ (Falk 1786, S. 221); „1. Die Herbstrose, Rosenpappel, gemeine Stockrose, Althaea rosea, foliis quinque- s. septemlobo-angulatis. Willd. Spec. plant. Tom, III. P. I. p. 773. ... Malva rosea folio subrotundo. C. Bauhin pin. 315. ...“ (Krünitz 1773–1858, Bd. 107, S. 374); „1. ALCEA rosea ... Rosen=Herbstblume. Stockrose. Die abgestandenen Stängel geben durch Rotten, Brechen, Hecheln, – hanfähnlichen Bast zu Seilen und Gespinnst.“ (Georgi 1797–1802, Theil 3, S. 1153f.)

„1. Malva rosea, folio subrotundo, flore saturatius rubente C. B. P. 1315 [sic!] Malva, folio subrotundo, rosea, flore pleno dilutius rubente C. B. P. 315. seu Malva rosea, folio subrotundo, flore pleno, incarnato. C. B. P. 315.“ (AAW R. III, Op. 1, D. 162, Bl. 98r, s. Anm. 54 in Nr. 17); „11. Malva rosea folio subrotundo. C. B. P. 315“ mit der rechts marginalen Anm. „Peking.“ (AAW R. I, Op. 13, D. 16, Bl. 2v, s. Anm. 32 in Nr. 6); „569. Alcea folijs sinuato-angulosis Linn. h. Cliff. 348. Malva rosea folio subrotundo B. Pin. 315. ...“ (AAW R. I, Op. 13, D. 20, Bl. 57r, s. Anm. 1 in Nr. 1)

86 „[species 12] Ketmia Sinensis, fructu subrotundo, flore simplici. Althea arborea, rosea Sinensis, flore simplici. H. L. Bat. Rosa Sinensis, quinquefolia Ferr. Flor. 493.“ (Tournefort 1700, S. 100, Genus VI. „Ketmia.“); „Ketmia Sinensis, fructu subrotundo, flore simplici Inst. R. H. Die sinesische Rose.“ (Miller 1751, S. 600); „3. HIBISCUS foliis cordato-quinquangularibus obsolete serratis. Ketmia sinensis, fructu subrotundo, flore simplici. Tournef. inst. 100. ... Althaea arborea: Rosa sinensis. Moris. hist. 2. p. 530. ...“ (Linné 1737, S. 349); „9.) Veränderlicher Hibiscus. Hibiscus mutabilis. ... Hibiscus foliis cordato-quinquangularibus obsolete serratis, caule arboreo. LINN. Syst. veg. p. 523. ... Hort. Cliff. 349 ... Althaea arborea Rosa Sinensis. MORIS. hist. 2. p. 530. S. 5. t. 18. f. 2. ... Die Blumen ... geben den Namen der Pflanze durch die stete Veränderung ihrer Farbe; denn sie sind anfänglich, wann sie aufgehen, weiß, hernach werden sie fleischfärbig und rosenroth, und zuletzt, ehe sie abfallen, purpurroth. ...“ (Linné 1779a, S. 154f.); „Hibiscus mutabilis, ... veränderlicher Ibisch, mit baumartigem Stamm, und herzförmig= fünfekigen und stumpf=sägenartig gezahnten Blättern; sinesische Rose; Rose aus Martinique; ...“ (Gmelin 1773b, Sp. 812); „31. HIBISCUS mutabilis. ... H. foliis cordato-quinquangularibus ...

Hort. ups. 205. Hort. cliff. 349. …Veränderlicher Hibiscus. W. …" (Linné 1797–1830, Bd. III, Teil 1, S. 817f.); „Ketmie, eine von Tournefort also genannte Pflanzen=Gattung, welche zur Familie der Malvengewächse, und auch syrische Pappel, Eibisch oder Ibisch, von Linné Hibiscus genannt wird. ... 6. Veränderliche sinesische Ketmie, heißt auch die sinesische Rose, ... Ketmia sinensis fructu subrotundo Tourn. ... Hibiscus mutabilis, foliis cordato-quinquangulosibus obsolete serratis, caule arboreo L. ..." (Krünitz 1773–1858, Bd. 37, S. 86ff.); „Hibiscus <Straucheibisch, Roseneibisch> lat. hibiscum ..." (Genaust 2005, S. 288f.); „Kētmia T. (Malvaceae). Syrischer Name." (Wittstein 1852, S. 485); „Hibīscus L. (Malvaceae). Ἴβισκος (Diosc. III. 163. Plin. XIX. 27. XX. 14, unsere Altheaea offinalis) …" (a. a. O., S. 441)

87 *Aleksej Jur'evič Bibikov*

88 „[species 4] Xylon sive Gossypium herbaceum J. B. 1. 343." (Tournefort 1700, S. 101, Genus VII. „Xylon. Cotton."); „Sonsten hat es noch eine Art der Baumwolle, welche nicht auf einem Baume. … sondern auf einem Kraut wächßt, … Gossipium frutescens semine albo, C. B. P. loc. cit. Xylon s. Gossipium herbaceum, J. B. 1. 343. … Die Bluhmen sind gelb, … daraus hernach runde Früchte werden, die … sich allgemächlich von einander thun: Darinn ist die Wolle verborgen, welche … theils bereitet, theils unbereitetet verkauft, und zu mancherley Dingen gebraucht wird. …" (Zwinger 1744, S. 637); „GOSSYPIUM. Lin. Gen. Plant. 755. (845.) Xylon. Tourn. Inst. R. H. 101. tab. 27. Baumwolle. Cotton. ... 1. GOSSYPIUM (Herbaceum) foliis quinquelobis, caule herbaceo laevi. Hort. Upsal. 203. Baumwolle mit Blättern, die vier Lappen haben, und einen glatten grasartigen Stengel. ... Die gemeine grasartige Baumwolle. ..." (Miller 1772, S. 383ff.); „1.) Krautartige Baumwolle. Gossypium herbaceum. ... Gossypium foliis quinquelobis, subtus eglandulosis; caule herbaceo. LINN. Syst. veg. p. 522. ... Gossypium herbaceum. MILL Dict. n. 1. ... Xylon. TOURNEF. inst. 101. t. 27. ... Diese Art liefert die gemeine Baumwolle, ... deren weitläufiger Nutzen zu allerhand Zeuchen und Kleidungsstücken bekannt ist; ... Die Früchte sind ungefehr so groß, als welsche Nüsse ... und sind sehr fest mit der Wolle ... ausgestopft. Diese Wolle ... sammlet man zu gehöriger Zeit, und reiniget sie von den Saamen, welche ölicht sind, und insgemein zu Mästung des Viehes dienen; ..." (Linné 1779a, S. 143f.); „Gossypium, Gossypion, Gossipium, …[Gossypium] herbaceum, … krautartige Baumwolle, … Baumwolle; gemeine krautartige Baumwolle; … die süse schleimige und nahrhafte Samen … geben auch, so wie das daraus gepreßte fette Oel … denen Aerzten ein erweichendes und linderndes Mittel; …" (Gmelin 1773b, Sp. 509ff.); „1. GOSSYPIUM herbaceum. … G. frutescens, semine albo. Bauh. pin. 430. … Krautartige Baumwolle. W. …" (Linné 1797–1830, Bd. III, Teil 1, S. 803); „1. G[ossypium] herbaceum (L. SP. 975) … G. herbaceum. DEC. Prodr. I, p. 456. …" (Ledebour 1842, S. 438); „Baumwolle Gossyp. herbaceum L. Tat. Mammok, Georg. Bamby und Bamba, Armen. Panbach, Buchar. Pachta, Indian. Kopa ziehen viele Armenianer und Tataren, aber nur auf kleinen Gartenfeldern; nirgends ins Große. …" (Falk 1785, S. 89); „2. Baumwolle (Gossypium herbaceum L. in Chiwa Kowatscha genannt) wird ganz allgemein angebaut, .." (Basiner 1848, S. 238); „XYLON. ... teutsch/ Baumwollenstaude oder Strauch. ... Der Same ist gut für die Brust und Engbrüstigkeit/ für den Husten/ macht Appetit zur Venuslust/ heilet die Wunden/ dienet wider die rothe Ruhr ... Xyla kommt von ... ich schabe, kratze ab, weil sie die Baumwolle von der Frucht gleichsam abschaben und abkratzen müssen." (Lémery 1721, Sp. 1215f.); „GOSSYPIUM herbaceum ... Krautartige Baumwollpflanze. R. die Saamenwolle: Klobtschatnaja Bumaga [russ. *chlopčat(n)aja bumaga* – Pawlowski 1952, S. 1698]. Tat. Manuk und Pambuk. ... Sie wird in Georgien, vorzüglich am untern Kur bey Salien und weiter östlich häufig, und auch im übrigen Kaukasus gebauet. ... die bey Orenburg und Astrachan sind wieder eingegangen, ob man gleich bey der Aehnlichkeit dieser und der Kaspischen Gegenden ein gedeyliches Fortkommen erwarten konnte. ... Die Bucharey, Chiwa und andere morgenländische Freystaaten bauen sie häufig und

führen uns die Baumwolle roh und verarbeitet zu. ..." (Georgi 1797–1802, Theil 3, S. 1155f.); Gossypium – russ. *chlopčatnik* bzw. *chlopčataja bumaga* (*Annenkov* 1858, S. 47, Nr. 526) „1. Xylon sive Gossypium herbaceum J. B. 1. 343." mit der rechts marginalen Anm. „H. Ph.." (AAW R. I, Op. 13, D. 16, Bl. 3r, s. Anm. 32 in Nr. 6); „63. Xylon seu Gossypium herbaceum J. B." (AAW R. III, Op. 1, D. 162, Bl. 101r, s. Anm. 54 in Nr. 17)

89 „[species 1] Cucumis sativus, vulgaris, maturo fructu subluteo C. B. Pin. 310. Cucumis vulgaris, viridis J. B. 2. 245. Cucumis vulgaris Dod. Pempt. 662. Concombre." (Tournefort 1700, S. 104, Genus V. „Cucumis. Concombre."); „I. Cucumis sativus vulgaris. ... Fructus maturus subluteus est: habetur & totus albus." (Bauhin 1623, S. 310); „Cucumis vulgaris, sativus, maturo fructu subluteo & albo C. B. Pin. 310. ... Germ. Gurcken, Cucumern. ..." (Rupp 1726, S. 41); „1) Die gemeine Gurke, gemeine Saatgurke, zahme Gurke, Cucumer, Kümmerling, ... Cucumis sativus vulgaris C. Bauh. .. Von dieser gemeinen Gurke hat man mehrere Varietäten. 1) Cucumis sativus vulgaris, maturo fructu subluteo C. Bauh. Gemeine Gurke. ... Ihre Früchte sind anfangs grün, und wenn sie reif sind, goldgelb. ..." (Encyclopädie 1788, S. 553f.); „8) Gemeine Gurken. Cucumis sativus. ... Cucumis foliorum angulis rectis, pomis oblongis scabris. LINN. Syst. Veg. p. 726. ... Cucumis sativus vulgaris C. BAUH. pin. 310. ... Diese, welche unsere gemeine Gurke, oder wie sie insgemein genennt wird, Kümmerling, ist, ... Die jungen Gurken macht man mit Eßig und Gewürze ein, und nennt sie Eßiggurken. ... Die etwas größeren werden mit einer Salzbrühe und verschiedenen Gewürzen eingemacht, und heisen Salzgurken: ... Selten gebraucht man sie als Arzney. Der Gurkensaft, den schon Oribasius wider die Schwindsucht empfahl, wird itzt wieder ... dawider gerühmet. Ein nach dem Blutspeien Schwindsüchtiger heilte sich durch den Genuß roher und geschälter Gurken, ..." (Linné 1783, S. 252f.); „Cucumis sativus, ... zahme Gurken, ... Cucumern; Kümmerlinge; ... ihre kühlende Früchte ... genießt man roh zum Fleisch, ... sie haben schon durch einen sehr häufigen Genuß Bauchflüsse erregt, durch welche die hartnäkigste Krankheiten, eine langwührige Schwermuth und Wassersucht geheilt worden sind ..." (Gmelin 1773, Sp. 353ff.); „13. Cucumis sativus. ... C. sativus vulgaris. Bauh. pin. 310. ... Gemeine Gurke. W. ..." (Linné 1797–1830, Bd. IV, Teil 1, S. 615); „In den hiesigen Küchengärten [der Gegend am *Terek*] ... findet man ... Gurken, Cucumis Sativ. L., Rußisch Ogurzi, die durch ganz Rußland bey allen Nazionen beliebt sind, und die Tataren Kiar, Kalmüken Chaja, Georg. Kiteri, Armen. Karan, Indianer Kira, Tscherem. und Wotjak. Kijar, Mordw. Kujar, und Tschuwaschen Chijar nennen, allgemein; sie bleiben daselbst sehr klein, sind aber von sehr milden Geschmack." (Falk 1785, S. 90); wotjakisch kijar – Gurke (Munkácsi 1896, S. 170); Cucumis sativus L. – russ. *ogurcy* bzw. *zyrki* (*Annenkov* 1858, S. 35, Nr. 376); „44. Cucumis sativus L. (Cucurbit.). Im G. Tambow legt man bei Kopfschmerzen saure Gurken auf die Stirn. (7.) – Im G. Jekaterinoslaw werden die getrockneten Schalen der reifen Gurken bei Frostbeulen äusserlich gebraucht. ... Der frische Gurkensaft wirkt innerlich leicht abführend und harntreibend; äusserlich angewandt macht er die Haut weiss und weich ... Wir sehen, dass die Gurkenschalen äusserlich bei Frostbeulen, Sommersprossen etc. angewandt werden. Viel interessanter ist der innere Gebrauch der aus den Gurken bereiteten Lake. Dieselbe wird ... als ein unschädliches Abführ- und Magenmittel gelobt. Sie wird vom Volke ferner bei Blutungen getrunken, ..." (Demitsch 1889, S. 199ff.); „Cucumis sativus ... Gemeine Gurke. R. Ogurza. Tat. Chyjar. ... Die gemeinen Gurken sind ein allgemein beliebtes Naschwerk, und theils Zubiß und Speise für sich und bey andern Gerüchten, vorzüglich des gemeinen Mannes, der sie in jedem Alter der Frucht roh aus der Hand, und am allermeisten mit Salz eingemacht isset. Man findet sie daher fast in allen Bauergärten, und oft häufig. Sie kommen auch, und fast täglich, als Gurkensallat, Essig, und meistens als Salzgurken auf die vornehmsten Tafeln, ..." (Georgi 1797–1802, Theil 3, S. 1324f.); mokschanisch kuyar – Gurke (Ahlquist 1861, S. 194); ersanisch kujar – Gurke (Wiedemann 1865, S. 202); wotjakisch kijar – Gurke

(Wiedemann 1851, S. 310); syrjänisch öguretš – Gurke (Wiedemann 1880, S. 214); „Cūcumis L. (Cucurbitaceae). Von cucuma (ein ausgehöhltes Gefäss) und dieses vom celtischen cucc (hohl, bauchig), in Bezug auf die Form der Frucht, oder weil ihr Genuss eine Auftreibung des Bauches bewirkt." (Wittstein 1852, S. 245)

„Febris acutis curatio altera Tomiensium incolarum in hoc consistit, inferunt aegrotum in balneum, beneq$_3$ a sudore madidum, cucumeribus salitis frigidissimis per totum corpus terunt et fricant, lecto dehinc rursus com̄endant, deq$_3$ insecutura proxime Sanitate nulli dubitantes." (AAW R. I, Op. 104, D. 18, Bl. 15r, s. Anm. 20 in Nr. 632); „2. Cucumis sativus vulgaris, maturo fructu subluteo. C. B. P. 310." (AAW R. I, Op. 13, D. 16, Bl. 3r, s. Anm. 32 in Nr. 6); „Cucumis sativus vulgaris, maturo fructu subluteo Tournef. Sp. i. ..." (Bl. 28 r in D. G. Messerschmidt „SPECIMEN HISTORIAE NATURALIS ... PLANTARUM circa Tobolskiam nascentium, & qvarundam aliarum in itinere per Russiam observatarum SYLLOGE." – AAW F. 98, Op. 1, D. 20, Bll. 26r–31r – Teil des 4. Rapports von 1720); „Cucumis sativus vulgaris maturo fructu subluteo T. Sp. i. ..." (AAW F. 98, Op. 1, D. 19, Bl. 11r, s. Anm. 59 in Nr. 19); „1.) Cucúmis sativás vulgaris, maturo fructu subluteo Tournef. Sp. i." (Bl. 211v im Reisejournal von D. G. Messerschmidt vom 11. Juli 1726 – AAW F. 98, Op. 1, D. 5); „Cucumis sativus vulgaris, maturo fructu subluteo (Tournefortii sp. 1), Off." (Messerschmidt 1962–1977, Bd. 4, S. 201, s. Anm. 1 in Nr. 1)

90 russ. *ogurcy* (Ez. *ogurec*)

91 [species 3] Cucumis flexuosus C. B. Pin. 310. Cucumeres longissimi J. B. 2. 247. Cucumis oblongus Dod. Pempt. 662." (Tournefort 1700, S. 104, Genus V. „Cucumis. Concombre."); „10) Bognige Gurke. Cucumis flexuosus. ... Cucumis foliis angulatis sublobatis, pomis cylindricis sulcatis curvatis. LINN. Syst. Veg. p. 727. ... MILL. Dict. n. 2. Cucumis flexuosus. C. BAUH. pin. 310. Cucumis oblongus. I. BAUH. hist. 2. p. 247. ... Sie hat drey bis vier Schuh lange, schlangenartig gekrümmte Früchte. ..." (Linné 1783, S. 254); „Cucumis flexuosus, ... türkische Gurke, deren Blätter Winkel oder Spuren von Lappen haben, und deren Früchte walzenförmig, gefurcht und gekrümmt sind; lange türkische Cucumern; ..." (Gmelin 1773, Sp. 361); „15. CUCUMIS flexuosus. ... C. flexuosus. Bauh. pin. 310. ... Gebogene Gurke. W. ..." (Linné 1797–1830, Bd. IV, Teil 1, S. 615); „Gurke. Cucumis, ... 2) die bogichte Gurke, Cucumis flexuosus Linn. ... Linné beschreibt sie unter dem Namen Cucumis foliis angulatis sublobatis, pomis cylindricis sulcatis curvatis. Richtiger ist aber die Millersche Beschreibung: Cucumis, foliorum angulis rectis, pomis longissimis glabris. ... Bey den Autoren findet sich diese Art noch unter folgenden Benennungen angeführt: ... Die türkische Gurke, lange türkische Cucumer, lange glatte Gurke, ..." (Encyclopädie 1788, S. 553ff.)

92 „[species 1] Pepo oblongus C. B. Pin. 311. Pepo major, oblongus Dod. Pempt. 665." (Tournefort 1700, S. 105, Genus VII. „Pepo."); „Pepo oblongus C. B. P. 311. ... In hortis passim, ubi Kürbisse appellant. ..." (Rupp 1726, S. 42); „CUCURBITA. g. pl. 738. ... 2. CUCURBITA seminum margine integro tumido. ... α Pepo oblongus. Bauh. pin. 311. ..." (Linné 1737; S. 451f.); „3) Pfebe. Cucurbita Pepo. ... Cucurbita foliis lobatis pomis laevibus. LINN. Syst. Veg. p. 726. ... Cucurbita seminum margine tumido. Hort. Cliff. 452. ... Pepo oblongus, rotundus. TOURNEF. Inst. R. H. 105. ... Pepo major oblongus et rotundus, major et minor. DOD. pempt. 665; ... β) Pepo oblongus. C. BAUH. pin. 311. Die Kerne werden, gleich den gemeinen Kürbiskernen, unter die sogenannten lindernden und beruhigenden Emulsionen verordnet. Ihr süßes gemäßigtes Mark enthält ein dickes fette und schweres Oel, ... Dergleichen Emulsionen werden innerlich und äuserlich gebraucht: innerlich unter andern bey hitzigen Entzündungsfiebern, Wallen des Blutes und Saamens, bey Blutstürzen, Raserey und mehrern Zufällen, ... Aeusserlich werden sie zuweilen bey Augenentzündungen verordnet, ... auch bey anhaltendem Kopfweh, ... An Orten wo die Kürbiße gebauet werden, läßt man, aus den Kernen ein süßes wohlschmeckendes Oel schlagen, welches in Speisen

verbraucht wird." (Linné 1783, S. 239ff.); „Cucurbita Pepo, foliis lobatis, pomis laevibus; Pfeben, deren Blätter in Lappen zertheilt, und deren Früchte glatt sind; Pfebenkürbis; Kürbis; Kürbsen; Peponen; … Sie taugt zu Lauberhütten; … man genießt das kühlende und blähende Mark ihrer Früchte in Fleischbrühen, oder mit Milch zu einem Brey gekocht; ihre Samen geben ein wohlschmekendes süses Oel, und mit Wasser eine kühlende, feuchte, lindernde und nährende Milch. …" (Gmelin 1773, Sp. 365f.); „8. CUCURBITA Pepo. … β. Pepo oblongus Bauh. pin. 311. … Garten-Kürbis. W. …" (Linné 1797–1830, Bd. IV, Teil 1, S. 609); „46. Cucurbita maxima Duch. (Cucurbit.). 47. Cucurbita Pepo L. (Cucurbit.). Unter Cuc. Pepo verstehen wir den gewöhnlichen Kürbis und unter Cuc. max. den Riesenkürbis. ... wird den Kürbisssamen harntreibende, abführende und mit andern Zusätzen sogar expectorirende Eigenschaft zugeschrieben. Der dick eingekochte Kürbissaft mit Scammonium und Honig wurde als starkes Purgirmittel eingegeben. ... Im Kaukasus ... wird das Fleisch der Kürbisse zu Kataplasmen auf Furunkel und dergleichen benutzt[1]) – Im G. Mohilew werden die Samen von Cucurb. Pepo bei Bandwürmern nüchtern gegessen. – Auch in anderen Ortschaften Russlands gelten dieselben für ein gutes wurmtreibendes Mittel. ..." (Demitsch 1889, S. 202); „Cucurbita Pepo ... Gemeiner Kürbiß. Pfebe=Kürbiß. Pfebe. R. Tykwa. Tat. Kabak. ... Die reife Frucht wird für sich oder mit Grütze oder Mehl oder Mehl in Wasser oder Milch zu einem Brey gekocht, und ist so eine beliebte ländliche Speise. Auch in Sibirien bauet man sie in den Kreisen des gemäßigten Landstrichs. ..." (Georgi 1797–1802, Theil 3, S. 1321); mokschanisch tikla – Kürbis (Ahlquist 1861, S. 198); wotjakisch kaun – Kürbis (Wiedemann 1851, S. 309); syrjänisch tykva– Kürbis (Wiedemann 1880, S. 384); bucharisch kadu bzw. baderank – Kürbis (Klaproth 1831, S. 242 bzw. S. 250); „Cucūrbita L. (Cucurbitaceae). Zus. aus Cucumis und orbis (Kreis, Rundung) wegen der kugelrunden Form der Frucht." (Wittstein 1852, S. 245); „Pēpo T. (Cucurbitaceae). Πεπων (Melone), von πεπων (reif, mürbe, von πεπειν: kochen)." (a. a. O., S. 669); „PEPO. ... teutsch, Pheben. ... Das Fleisch der Frucht erquicket, befeuchtet und lindert. Der Samen wird, als einer von den vier grossen kühlenden Samen, zu eröffnenden, für die Brust dienend= und stärckenden emulsionibus und decoctis gebrauchet: es bringet auch ein wenig Schlaf. Die Wurtzel trocknet und dienet zu den Wunden. ..." (Lémery 1721, Sp. 852f.)

93 russ. *tykva*

94 „[species 1] Anguria Citrullus dicta C. B. Pin. 312. Citrullus folio Colocynthidis secto, semine nigro, quibusdam Anguria J. B. 235. Anguria, Cucumis, Citrulus [sic!] Dod. Pempt. 664." (Tournefort 1700, S. 106, Genus IX. „Anguria."); „3. CUCURBITA seminum margine basi dilatato. Anguria, Cucumis, Citrullus. Dod. pempt. 664. Anguria Citrullus dicta. Bauh. pin. 312. Tournef. inst. 106. …" (Linné 1737, S. 452); „6) Wassermelone. Cucurbita Citrullus. ... Cucurbita foliis multipartitis. LINN. Syst. Veg. p. 726. ... Cucurbita seminum margine basi dilatato. Hort. Cliff. 452. ... Anguria Citrullus dicta C. BAUH. pin. 312. ... im deutschen [heißen sie] Citrullen oder Angurien, nach dem lateinischen Anguria, welches aus dem arabischen herstammt, und so viel als rund anzeiget. ... Die kurze Zeit hindurch, in der sie da ist, wird sie wider das hitzige Fieber gebraucht, ... Ihr Saame ist eyrund, ... Wegen seines Oels nimmt man ihn zu Emulsionen. Trocken geniesen ihn die Chineser, wenn sie auf den Strassen spatzieren gehen, zum Zeitvertreib und als ein abkühlendes Mittel. Von den Aerzten wird er mit zu den vier großen kühlenden Saamen genommen." (Linné 1783, S. 242f.); „[Cucurbita] Citrullus, foliis multipartitis, Wassermelone, deren Blätter in viele Stüke zertheilt sind; … das Mark ihrer Frucht ist süs, wässericht und blähend; man genießt sie daher wegen ihrer allzu starken kühlenden Kraft gemeiniglich mit Gewürzen: …" (Gmelin 1773, Sp. 367ff.); „12. CUCURBITA Citrulllus. … C. seminum margine basi dilatato. Hort. cliff. 452. … Anguria Citrullus dicta. Bauh. pin. 312. … Wassermelonen-Kürbis. W. …" (Linné 1797–1830, Bd. IV, Teil 1, S. 610); „45. Cucurbita Citrullus L. (Cucurbit.).

Die Wassermelone, welche auch als Cucumis Citrullus Séringe bezeichnet wird, ist ein unter dem Namen Arbuse in Russland sehr beliebtes Genussmittel. Goldstaub empfahl auf Grund zahlreicher Versuche an Wassersüchtigen den Arbusensaft als Diureticum. ... Die trockene Arbusenschale dagegen gilt als Stopfmittel bei Durchfall. ...“ (Demitsch 1889, S. 201); „3. CUCURBITA Citrullus ... Wasser=Kürbiß. Arbusen=Kürbiß. Arbuse. Wasser=Melone. R. Arbus [russ. *arbuz*]. Tat. Kurbus. ... Sie werden in den südöstlichen Gouvernements des südlichen und gemäßigten Landstrichs in offnen Feldern und Gärten, theils in großer Menge gebauet, ... Aus Saamen von ein und derselben Arbuse haben die erzielten bald weißes bald röthliches Fleisch. Beyde sind ein süß=säuerlich beliebtes Naschwerk und für viele auch Speise. ...“ (Georgi 1797–1802, Theil 3, S. 1322f.); „Arbusen (Cucurbita Citrullus L.) gedeyen hier [d. h. bei *Caricyn*] vorzüglich ... Diese Frucht, die in der Ukraine am untern Dniepr, am Terek, an der Wolga von Saratow hinab, am Uralfluß unter Orenburg und überhaupt im südlichen Rußlande in ungehäurer Menge in offenen Steppen gebauet wird, ... Sie ... haben weiß und die Besten röthlich, sehr wäßerigt, külend, süßes Fleisch. ... Diese so delikate und gesunde Frucht hat bisher wenig andern Nutzen als zu Naschwerk; doch verstehen einige sie als Früchte mit Salz oder Eßig, oder in ihren eigenen Saft einzumachen oder auch zu haltbaren Muus einzukochen. ...“ (Falk 1785, S. 121); „3. Wassermelonen oder Arbusen (Cucurbita Citrillus L., in Chiwa Charpus genannt) werden weniger geschätzt und daher auch weniger angebaut, obwohl sie gleichfalls äusserst saftig, süss, wohlschmeckend und unschädlicher als die Melonen sind.“ (Basiner 1848, S. 234); „CITRULLUS. ... teutsch, eine Citrulle, Angurie. ... Das Fleisch der Citrullen befeuchtet, dienet der Brust, erfrischet, ist gut die innerliche Hitze in den Gedärmen zu stillen, ... Der Citrullensamen ist einer von den vier grossen kühlenden Samen: befeuchtet, ist zur Brust gut, erfrischet und stillet die Schmertzen. ... Citrullus kommt von citreo colore, von der Citronengelben Farbe, dann die Citrulle kriegt eine eine solche Farbe, wann sie zeitig worden.“ (Lémery 1721, Sp. 319f.); ersanisch dyńa – Melone (Wiedemann 1865, S. 217); „Angūria L. (Cucurbitaceae). Von ἀγγούριον (Wassermelone) und diese von ἄγγος (Gefäss, hohler Körper), in Bezug auf die Form der Frucht.“ (Wittstein 1852, S. 50); „Citrullus NECK. (Cucubitaceae). Dimin. von Citrus d. h. krautartige Pflanze, deren Früchte kugelrund sind und ein citronen- oder orangegelbes Fleisch haben.“ (a. a. O., S. 203)

„12. Anguria Citrullus dicta C. B. P. 312.“ (AAW R. III, Op. 1, D. 162, Bl. 103r, s. Anm. 54 in Nr. 17); „1. Anguria Citrullus dicta C. B. P. 312.“ (AAW R. I, Op. 13, D. 16, Bl. 3v, s. Anm. 32 in Nr. 6)

95 russ. – *sljuda* (Aluminiumsilikatminerale mit Schichtstrukturen); „Glimmer. ... R. Sluda. Art. 1. Blättriger Glimmer. Fensterglimmer. Mica vitr. moscowiticum. ...“ (Georgi 1797–1802, Theil 3, S. 236ff.); „Glimmer, ... Wo er in großen Blättern vorkommt, wie in Sibirien u. Peru, benutzt man ihn zu Fensterscheiben (Russisches Glas, Moskauer Glas), ... Früher belegte man mit seinen Glimmerblättchen Heiligenbilder (daher der Name Marienglas oder Frauenglas) ...“ (Pierer 1857–1865, Bd. 7, S. 408f.); vgl. aber die ähnlich verwendete glasklare Form des Minerals Gips (wasserhaltiges Calciumsulfat) Marienglas; „Gyps. ... Art. 4. Selenit. Selenitgyps. Fraueneis. ... Einige Landsleute nutzen die Selenitblätter als Fensterglas, er steht aber wegen seiner Weiche, und weil er von Rissen eine getrübte Oberfläche bekommt, auch wegen seiner leichten Zerbrechlichkeit dem Fensterglimmer ... weit nach. ...“ (Georgi 1797–1802, Theil 3, S. 125ff.); „Gyps ... a) Gypsspath (Marienglas, Fraueneis, Frauenglas), in dünne Platten spaltbar, ...“ (Pierer 1857–1865, Bd. 7, S. 809f.); „Erd=Glaß, Frauen=Eiß, Unser Frauen=Eiß. Lateinisch Lapis specularis, Glacies Mariae, Aphro Selenon ist ein platter, doch auch weisser, gläntzender und wie Glaß durchsichtiger Stein, bißweilen streiffig, bald groß, bald klein. In seiner Mitten hat er die Figur des Mondes: Er kan in viele dünne Täfflein und Blätter zerleget und gerissen werden, so an Statt des Glases zu Fenstern gebrauchet werden können, dergleichen in etlichen Kirchen zu sehen sind. Wie

dann auch einige glauben, daß die Mutter=Gottes dergleichen Glaß gehabt habe, dahero es auch Marien=Glaß ... heisset ..." (Zedler 1732–1750, Bd. 8, Sp. 1563f.)

96 „[species 70] Campanula Serpillifolia C. B. Pin. 93. Prodr. 35. J. B. 2. 816." (Tournefort 1700, S. 112, Genus I. „Campanula. Campanule."); „XXV. Campanula serpillifolia. ..." (Bauhin 1623, S. 93); „Describit et delineat C. Bauhinus in Prodr. Campanulae speciem quam nominat Campanulam serpillifoliam, quae etiam sub Campanulae speciebus recensetur a Tournefortio in Inst Occurrit haec copiose in sylvis uliginosis circa Petropolim, ... Abiecto igitur Capanulae [sic!] nomine Serpillifoliam vocare visum est." (Buxbaum 1729a, S. 346); „4. LINNAEA floribus geminatis, LINN. Lapp. 210. T. n. f. 4. h. Cliff. 320. Suec. 522. cum icone ampliore et perfectiore Spec. plant. Tom. II. p. 880. n. 1. ROY. pr. 236. HALL. Helv. 608. Campanula serpyllifolia, B. pr. 35. f. 35. pin. 93. I. B. II. 816. aliorumque plurimorum auctorum. Serpillifolia, BVXB. in Comm. Petr. p. 346. ..." (Gmelin 1747–1769, Bd. III, S. 128f.); „4. Linnaea floribus geminatis [=] Linnaea borealis L.!" (Ledebour 1841, S. 91); „Linnäe. Linnaea. ... Herr D. Gronov nannte diese Gattung zu Ehren des ... Herrn Archiaters Carl von Linne. ... 1) Nordische Linnäe. Linnaea borealis. mit gedoppelten Blumen, Linnaea floribus geminatis. LINN. Syst. Veg. p. 478. ... GMEL. Sib. 3. p. 128. n. 4. ... TOURNEF Inst. 112 ... Campanula serpyllifolia. BAUH. pin 93. ... Serpyllifolia BUXB. act. 2 p. 346. t. 21. Obolaria SIGISBECK. primit. 79. Valerianella nemorosa repens, ... AMANN ruth. 19 ... Sie besitzt eine verdünnende, urintreibende, etwas anziehende Kraft, welche sich schon durch den bittern Geschmack verräth. Das gemeine Volk in Angermannland bedient sich des Dekokts, als Bähung im rhevmatischen Gliederreissens als eines der geschwinden Mittel mit ziemlichem Erfolg. In Schweden selbst ist der Absud dieser Pflanze mit Milch wider eben dieses Uebel als ein sicheres Specifikum bekannt. ... Gmelin aber in der Fl. Sib. T. 3. p. 128. will das Gegentheil bemerkt haben. ..." (Linné 1782, S. 135ff.); „Linnaea, Linne'ische Pflanze, ist bey denen meisten Schriftstellern eine Gattung Pflanzen mit zween langen und zween kurzen Staubfäden mit bedekten Samen; ... Man kennt bisher nur eine Art, welche den Beynamen: borealis, die mitternächtliche hat, ... ihre Blumen kommen wegen ihrem Geruch in die schwedische Confecten ..." (Gmelin 1773a, Sp. 667f.); „[Campanula] serpyllifolia; hierunter versteht C. Bauhin die Linne'ische Pflanze." (Gmelin 1772, Sp. 459); „1. LINNAEA borealis. ... Valerianella nemorosa repens. Amman. ruth. n. 27. Obolaria. Siegesb. prim. 79. Serpillifolia Buxb. act. 2. p. 346. t. 21. ... Nordische Linnea. W. ..." (Linné 1797–1830, Bd. III, Teil 1, S. 340); „27. VALERIANELLA nemorosa, repens, foliis Vitis Idaeae minoribus, flore subrubente, semine vmbilicato, hirsuto, oblongo Messerschm. ..." (Amman 1739, S. 19f.); „Obolaria. Campanula Serpilli folio. C. B. Prodr. Serpillifolia Buxbaum Commentar. Acad. Scientiar. Petropol. Tom. II.pag. 346. ..." (Siegesbeck 1736, S. 79f.); „1) LINNAEA BOREALIS. Linn. L. borealis. Linn. Willd. Spec. pl.III. p. 340. ... Linnaea floribus geminatis. Gmel. Fl. sib. III. p. 128. No. 4. ..." (Ledebour 1830, S. 464); „1. L[innaea] borealis. L. SP. 880. ... L. floribus geminatis. GMEL. Fl. sib. III, p. 128, Nr. 4. ..." (Ledebour 1844–1846, S. 392); „Waldthee q) |: q) Linnaea borealis. :|" (Lepechin 1783, S. 68); „1. LINNAEA borealis ... Nördliche Linnee. ..." (Georgi 1797–1802, Theil 3, S. 1110f.); „CAMPANULA. ... teutsch, Glockenblume, die grössere. ... Es hält an, reiniget, und führet ab, ist gut zu den Wunden, wie auch zu Entzündung des Mundes und des Halses. Campanula heist soviel als eine kleine Glocke: welcher Name ihm dessentwegen ist gegeben worden, weil seine Blumen als wie kleine Glocken sehen." (a. a. O., Sp. 213); Linnaea borealis L. – russ. *lesnoj čaj* bzw. *volosjanik* (*Annenkov* 1858, S. 56, Nr. 646); Campanula – russ. *kolokol'čik* (a. a. O., S. 26, Nr. 242); „Campānula L. (Campanulaceae). Dimin. con campana (Glocke) in Bezug auf die Form der Krone." (Wittstein 1852, S. 150); „Obolāria L. (Rhinanteae). Von ὀβολος (eine kleine Münze); die obern Blätter dieser Pflanze sind rund und fast kupferroth. Obolāria SIEGESB. (Caprifoliaceae). wie vorige Gattung in Bezug auf die rundliche Form der Blätter." (a. a. O., S. 623); „Valeriāna L.

(Valerianeae). Von valere (gesund, kräftig seyn), in Bezug auf ihre Heilkräfte. … Valerianēlla MNCH. (Valerianeae). Aus Arten der Valeriana etc. gebildete Gattung.“ (a. a. O., S. 917)

„17) Campanula serpilli folio. C. B. Pin ...“ (AAW R. I, Op. 104, D. 25, Bl. 3r, s. Anm. 61 in Nr. 21); „Campanulla [sic!] Serpylli folia [sic!] C. B.“ (AAW R. III, Op. 1, D. 162, Bl. 22v, s. Anm. 54 in Nr. 17); „193. Linnaea floribus geminatis Linn. flor. 250. t. 12. f. 4. h. Cliff. 320 Serpillifolia Buxb. act. 2. p. 346. t. 21. Campanula serpillifolia B. Pin. 93. Prodr. 35. Moris. Hist. 2. p. 456. S. s. t. 2. f. 19 Tourn. inst. 112.“ (AAW R. I, Op. 13, D. 20, Bl. 20r, s. Anm. 1 in Nr. 1); „LXII Campanula T. 108. 37. B. I. 247. колоко⌈ль⌉чик полево⌈и⌉ [*kolokol'čik polevoi*; russ. *polevoj* – Feld-] ... 12 Campanula Serpillifolia C. B. P. J. B. 2. 816. T. 112. Obolaria Siegesb. Flore albo, fundo purpureo.“ (Bll. 10r–10v in T. Gerber „Flora Moscuensis ...“, s. Anm. 6 in Nr. 55); russ. *kolokol'čiki* – Campanula, Glockenblume (Pawlowski 1952, S. 341); russ. *kolokol'čik* – (u. a.) Campanula (*Dal'* 1880–1882, T. II, S. 139); „Campanula Колаколчики [russ. *kolakolčiki*]“ (G. W. Steller nach T. Gerber: AAW R. I, Op. 81, D. 23, Bl. 5v, s. Anm. 1 in Nr. 1)

97 „XX. Campanula minor rotundifolia vulgaris. ... Campanula minor rotundifolia, Lob. Lugd. ...“ (Bauhin 1623, S. 93); die Abbildung „Campanula minor alpina rotundioris folijs.“ (Clusius 1601, S. CLXXIII; ab Buch IV gesonderte Seitennumerierung mit römischen Zahlen); „Campanula minor, rotundifolia, alpina C. B. P. Campanula minor rotundioribus imis foliis Clus. Histor. CLXXIII. flore albo & aquato variat. ...“ (Rupp 1726, S. 24); „Campanula minor rotundifolia vulgaris C. B. Pin. 93. … Wiesenglöcklein/ blaue Buschglöcklein …“ (Mappus 1742, S. 50f.); „305. CAMPANULA rotundifolia foliis radicalibus reniformibus, caulinis linearibus. Linn. Sp. pl. 1. p. 232. … Campanula minor rotundifolia vulgaris. Bauh. pin. p. 93. – Mapp. fl. Als. p. 50. … Germ. Rundblättrige Glockenblume. …“ (Gmelin 1806a, S. 466f.); „Campanula alpina rotundifolia minor T. seu altera IB. 2. 797. sive Campanula minor alpina rotundioribus imis foliis Clus. hist. CLXXIII. rund blättrichte Glöcklein, …“ (Lindern 1747, S. 213); „9. Art. C[ampanula] rotundifolia. Rundblätterige Glockenblume. (Linné.) ... Synonyme: … C. minor rotundifolia vulgaris. (Bauch. pin. 93.) … C. minor rotundifolia alpina. (Bauch. pin. 93.) … Vulgärnamen: Buschglocke. …“ (Bechstein 1833, S. 578f.); „9. CAMPANULA foliis radicalibus reniformibus, caulinis linearibus. Fl. lapp. 83. Campanula minor rotundifolia vulgaris. Bauh. pin. 93. … Campanula minor alpina, rotundioribus imis foliis. Clus. hist. 173. …“ (Linné 1737, S. 65); „4.) Rundblätterichte Glocken. Campanula rotundifolia. ... Campanula foliis radicalibus reniformibus; caulinis linearibus. LINN. Syst. veg. p. 173. ... Cliff. 65. ... Campanula minor rotundifolia vulgaris. C. BAUH. pin. 93. b) Campanula minor rotundifolia alpina. C. BAUH. pin. 93. prodr. 34. t. 34. c) Campanula alpina Linifolia caerulea. C. BAUH. pin. 93. ... Diese Blumen geben für die Mahler eine grüne Saftfarbe.“ (Linné 1779, S. 571f.); „Campanula rotundifolia, foliis radicalibus reniformibus, caulinis linearibus, rundblätterichte Glockenblume, … Milchglöklein; kleine Wiesenglöklein; kleine blaue Glasglöklein; kleine wilde Rapunzel; …“ (Gmelin 1772, Sp. 418f.); „12. CAMPANULA rotundifolia. … C. minor rotundifolia vulgaris. Bauh. pin. 93. … C. minor rotundifolia alpina. Bauh. pin. 93. prodr. 34. t. 34. … Rundblättrige Glockenblume. W. …“ (Linné 1797–1830, Bd. I, Teil 2, S. 892f.); „1) CAMPANULA ROTUNDIFOLIA. Linn. … Campanula foliis radicalibus reniformibus caulinis linearibus. Gmel. Fl. sib. III. p. 161. No. 30. …“ (Ledebour 1829, S. 238f.); „30. CAMPANVLA foliis radicalibus reniformibus caulinis linearibus, Fl. lapp. 83. fl. suec. 176. H. Vps. 65. ROY. Lugd. 247. spec. Tom. I. 232. n. 3. Campanula minor rotundifolia vulgaris, B. pin. 93. I. Eadem floribus albis. II. Eadem floribus radicalibus ouatis, floribus minoribus. …“ (Gmelin 1747–1769, Bd. III, S. 161f.); „30. Campanula foliis radicalibus reniformibus, caulinis linearibus [=] Campanula rotundifolia L.!“ (Ledebour 1841, S. 93); „27. C[ampanula] rotundifolia (L. SP. 232) … C. rotundifolia. … LEDEB. Fl. alt. I.

p. 238 ex parte. ...“ (Ledebour 1844–1846, S. 888f.); „729. Campanula rotundifolia L.“ (*Turčaninov* 1837, S. 12)

„18.) Campanula minor rotundifolia alpina C. B. P. ...“ (AAW R. I, Op. 104, D. 25, Bl. 3r, s. Anm. 61 in Nr. 21); „332. Campanula Alpina, rotundifolia, minor C. B. Prodr. ...“ (AAW R. I, Op. 13, D. 42, Bl. 58v, s. Anm. 1 in Nr. 1); „842. Campanula Alpina rotundifolia minor. C. B. P. ...“ (AAW R. I, Op. 105, D. 1, Bl. 67v, s. Anm. 29 in Nr. 5); „LXII Campanula ... 2 Campanula vulgaris minor, folijs imis rotundioribus sinuatis, non serratis floribus caeruleis M. H. 2. 456. B. n. 10. Campanula minor rotundifolia vulgaris C. B. P. 93.“ (Bll. 10r–10v in T. Gerber „Flora Moscuensis ...“, s. Anm. 6 in Nr. 55)

98 „19. Die Bergglöcklein=Bluhme, mit Flachs=Blättern und Himmel=blauer Bluhmen: Campanula alpina linifolia coerulea, C. B. Prodr. 34. T. 111. ... Campanula linifolia coerulea, vel Rapunculus campanulatus linifolius, J. B. 2. 797. ...“ (Zwinger 1744, S. 460); „Campanula linifolia caerulea, vel Rapunculus campanulatus linifolius. Bauh. hist. 2. p. 977.“ (*Krašeninnikov* 1761, S. 32); „Campanula Linifolia caerulea, vel Rapunculus Campanulatus Linifolius. ...“ (Bauhin 1651a, S. 797f.); „[Campanula] linifolia; linifolia caerulea; Linifolia caerulea, vel rapunculus campanulatus linifolius; ... bedeutet bey Scopoli und beyden Bauhinen die leinblätterichte Abart der rundblätterichten Glockenblume.“ (Gmelin 1772, S. 454); „TAB. CLXXXIX. Campanula alpina linifolia coerulea. C. B. Prodr. 34. Campanula, rotundifoliae, varietas γ. Linn. Sp. pl. 232.“ (Oeder 1766, S. 4); „26. C[ampanula] linifolia (LAM. Encycl. méth. I, p. 579) ... β. ... C. rotundifolia. LEDEB. Fl. alt. I, p. 238 ex parte. ...“ (Ledebour 1844–1846, S. 888); „728. CAMPANULA LINIFOLIA Lam. ... C. linifolia ... Ledeb. fl. Ross. II. II. p. 888. ... C. rodundifolia [sic!] γ. Linn. sp. 232. C. rotundifolia Turcz. Cat. pl. Baic. n. 729. ... In lapidosis sylvaticis prope Ircutam alibique in locis similibus; in arenosis ad Baicalem prope monasterium Possolskoy (specimina plerumque uniflora) ...“ (*Turčaninov* 1856, Fasc. 2, S. 185f.); „LINUM. ... teutsch, Lein, Flachs. ...“ (Lémery 1721, Sp. 653f.); „Rapunzel, der, aus dem Lat. Rapunculus, ein Nahme verschiedener Pflanzen, deren Blätter und Wurzeln gemeiniglich als ein Salat gegessen werden. I. Einige Arten der Glockenblumen, ...“ (Krünitz 1773–1858, Bd. 120, S. 646ff.)

„840. Campanula Persicae folio, altera Ind. irc. ... Impropria Persicae folio dicitur Fl. Irc. n° 39.“ (AAW R. I, Op. 105, D. 1, Bl. 67v, s. Anm. 29 in Nr. 5); „445. Campanula Persicae folio altera Ind. Len. ...“ mit der rechts marginalen Anm. von J. G. Gmelin auf Bl. 21r „St. n°. 39 Campanula Lini folio, flore coeruleo.“ (AAW R. I, Op. 105, D. 12, Bl. 21r, s. Anm. 54 in Nr. 17); „331. Campanula Persicae folio altera obs. in H. N. ... (a) Sunt capitula (b) semina.“ mit der rechts marginalen Anm. auf Bl. 58r „Tab. XLII.“ (AAW R. I, Op. 13, D. 42, Bll. 58r–58v, s. Anm. 1 in Nr. 1); „7. Campanula Persicae folia altera Obs. in H. N.“ (Bl. 1r in J. G. Gmelin: „Index Seminum aestate Anni CIƆIƆCCXXXVII [1737] collectorum et d. XIX. Septembr Petropolin transmissorum.“ – AAW R. I, Op. 14, D. 8, Bll. 1r–2v; im gleichen Manuskript ein „Catalogus seminum tansmissorum.“ von Johann Amman vom 4. März 1737 (Bl. 4r), ein Verzeichnis von J. G. Gmelin „Register der Wurtzeln“ (Bl. 14r) und „Register der Saamen“ (Bll. 14r–15r) mit der Quittierung des Gärtner Johann Philipp Sturm über die Übergabe an den botanischen Garten der Akademie vom 11. Januar 1742 sowie die Beschreibung von Zeichnungen einiger Naturalien von J. G. Gmelin? von 1738 (Bll. 16r–18v); „4. Campanula Linifolia, rara, flore caeruleo J. B. 2. 797. I. R. H. Ind. Jen. n°. 839. 5. Campanula Persicae folio altera Ind. pr. Fl. Irc. n°. 39. Ind. Jen. [sic!] n°. 331. vid. XVII.“ mit der rechts marginalen Anm. „vid. Ic.“ (AAW R. I, Op. 13, D. 67, Bl. 55r; s. Anm. 5 in Nr. 4); „839. Campanula Linifolia, rara, flore caeruleo J. B. 2. 797. I. R. H. ...“ (AAW R. I, Op. 105, D. 1, Bl. 67v, s. Anm. 29 in Nr. 5); s. Nr. 38

99 s. Nr. 39

100 „[species 46] Campanula Persicae folio Clus. Hist. clxxj. Campanula angustifolia, caerulea J. B. 2. 803. Rapunculus Persicifolius, magno flore C. B. Pin. 93.“ (Tournefort 1700, S. 111, Genus I. „Campanula. Campanule.“); die Abbildung „Campanula Persicae folio.“ (Clusius 1601, S. CLXXI; ab Buch IV gesonderte Seitennumerierung mit römischen Zahlen); „Campanula Persicae folio Clus. Hist. CLXXI. Campanula angustifolia coerulea J. B. 2. 803. ... Waldglocken Waldglöcklein. ...“ (Mappus 1742, S. 50); „Campanula persicae folio. Clus. Hist. Glockenblume mit Pfersichblättern.“ (Miller 1751, S. 584); „5. CAMPANULA PERSICAE FOLIO. Clus. Hist. 171. ... Campanula angustifolia, caerulea. J. B. 2. pag. 803. ...“ (Vaillant 1727, S. 27); „7. CAMPANULA foliis lineari-lanceolatis crenatis, caule longissimo simplici, floribus raris. ... Campanula persicae folio. Clus. hist. 2. p. 171. Campanula angustifolia caeruleo. Bauh. hist. 2. p. 803. ...“ (Linné 1737, S. 65); „29. CAMPANVLA foliis radicalibus obouatis, caulilinis [sic!] lanceolato-linearibus, subserratis, sessilibus remotis, LINN. fl. suec. 179. spec. 1. p. 264. Campanula foliis lineari-lanceolatis crenatis, caule longissimo, simplicissimo floribus raris, LINN. vir. cl. 17. H. CLIFF. 65. ROY. Lugdb. 245. Rapunculus persici foliis magno flore, B. pin. 93. Campanula persicae folio, CLVS. p. 171. β. Rapunculus nemorosus angusti folius, magno flore, maior, B. pin. 93. ...“ (Gmelin 1747–1769, Bd. III, S. 161); „29. Campanula foliis radicalibus obovatis, caulinis lanceolato-linearibus subserratis sessilibus remotis [=] Campanula persicifolia L.!“ (Ledebour 1841, S. 93); „25. CAMPANULA nemorosa angustifolia, magno flore, major. Inst. R. H. Die grosse Waldglockenblume, mit schmalem Blatt; und grosser Blume.“ (Miller 1750, S. 163); „7.) Pfersichblätterichte Glocken. Campanula Persicifolia. ... Campanula foliis radicalibus obovatis; caulinis lanceolato-linearibus, subserratis, sessilibus, remotis. LINN. Syst. veg. p. 173. ... Campanula Persicifolia nostras. LOB. Ic. 327. CLUS. Hist. p. 171. ... Diese Art ... man nennet sie insgemein Waldrapunzel. Sie enthält auch einen weissen Milchsaft, ... Die junge Blätter dieser Pflanze sind für die Schaafe ein nahrhaftes Futter, und vermehren ihnen die Milch. ...“ (Linné 1779, S. 574f.); „[Campanula] persicifolia, ... Glockenblume mit Pfersichbaumblättern, ... grose schmalblätterichte Waldrapunzel; grose Schellen, ... ihre junge Blätter geben denen Schafen eine nahrhafte Speise, und vermehren ihnen die Milch: ...“ (Gmelin 1772, Sp. 420f.); „26. CAMPANULA persicifolia. ... C. foliis lineari-lanceolatis crenatis, ... Hort. cliff. 65. ... Rap. nemorosus II. Tabern. p. 411. R. ... Pfersichblättrige Glockenblume. W. ...“ (Linné 1797–1830, Bd. I, Teil 2, S. 897f.); „21. C[ampanula] persicifolia (L. SP. 232) ... C. foliis radicalibus obovatis, ... GMEL. Fl. sib. 161, Nr. 29. ...“ (Ledebour 1844–1846, S. 885f.); „4. Die Glockenblume mit Pfirsichbaumblättern; große schmalblätterige Waldrapunzel, Campanula persicifolia Linn. ...“ (Krünitz 1773–1858, Bd. 19, S. 178); „Persica. Pêcher. ...“ (Tournefort 1700, S. 624f.); „Pfersichbaum, Pfirschbaum, Pfersingbaum, Pfirsingbaum, Lateinisch Persica, ...“ (Zedler 1732–1750, Bd. 27, Sp. 1422ff.); Campanula persicifolia L. – russ. *kotelyčki* (*Annenkov* 1858, S. 26, Nr. 246)

„20) Campanula Persicae folio Clus. hist. ...“ (AAW R. I, Op. 104, D. 25, Bl. 3r, s. Anm. 61 in Nr. 21); „12. Campanula Persicae folio Clus. ...“ (AAW R. I, Op. 13, D. 67, Bl. 93r, s. Anm. 5 in Nr. 4); „7. Campanula Persicae folio Cl. Hist. CLXXI.“ (AAW R. III, Op. 1, D. 162, Bl. 103r, s. Anm. 54 in Nr. 17); „Campanula Persicaefolia. Lob. hist. 177. et Inst. r. h. n°. 80.“ (AAW R. I, Op. 13, D. 19, Bl. 2r, s. Anm. 54 in Nr. 17); „195. Campanula folijs lineari-lanceolatis caule longi crenatis caule longissimo simplicissimo floribus raris. Lin. vir. 17 h. Cliff. 65. Campanula Persicaefolia Lob. hist. 177. Moris. hist. 2. p. 452. Ss. t. 1. f. 2. Campanula Persicaefolia Lob. flore coeruleo. Boerh. lugd. 1. p. 248. ...“ (AAW R. I, Op. 13, D. 20, Bl. 20r, s. Anm. 1 in Nr. 1); „* Campanula persicafolia flore albo Eyst. I. R. H. ...“ (AAW R. I, Op. 105, D. 2, Bl. 2r, s. Anm. 54 in Nr. 17); „Campanula nemorosa, angustifolia, magno flore, minor I. R. H. ...“ (a. a. O., Bl. 1v); „15 Campanula persicae folio Clus. Hist. angustifolia coérulea JB. 16 Campanula nemorosa angustifolia parvo fl. ins<t>. r. h. Rapunculq nemorosq III. Tabaern.“ (G. W. Steller nach

J. G. Heinzelmann: AAW R. I, Op. 81, D. 23, Bl. 15r, s. Anm. 1 in Nr. 1); „15. Campanula Persicae folio Clus. hist. C.L.XXI 16. Campanula nemorosa angustifolia, parvo flore Inst. r. h. 111. Rapunculus nemorosus iij. Tab. Ic. 412:“ (AAW R. I, Op. 19, D. 1, Bl. 2v, s. Anm. 1 in Nr. 1; „841. Campanula nemorosa angustifolia parvo flore I. R. H. ind. Irc. n°. 446. ... Fl. Irc. n° 41.“ (AAW R. I, Op. 105, D. 1, Bl. 67v, s. Anm. 29 in Nr. 5); „6. An Campanula nemorosa angustifolia parvo flore I. R. H? Ind. Irc. n°. 446. Jen. n°. 841.“ (AAW R. I, Op. 13, D. 67, Bl. 55r, s. Anm. 5 in Nr. 4); „446. An Campanula nemorosa angustifolia parvo flore I. R. H? ...“ mit der rechts marginalen Anm. von J. G. Gmelin auf Bl. 21r „Campanula Persicae folio Clus. H. CLXXI.“ (AAW R. I, Op. 105, D. 12, Bll. 21r–21v, s. Anm. 54 in Nr. 17); s. auch Anm. 107 in Nr. 46; „– Campanula nemorosa, angustifolia parvo flore IRH ...“ (AAW R. I, Op. 104, D. 8, Bl. 8r, s. Anm. 18 in Nr. 452); „22) Campanula nemorosa angustifolia parvoflore Tour. flor. coeruleo ...“ (AAW R. I, Op. 104, D. 25, Bl. 3r, s. Anm. 61 in Nr. 21); „26. CAMPANULA nemorosa angustifolia, parvo flore. Inst. R. H. Die schmalblätterige Waldglockenblume, mit kleiner Blume.“ (Miller 1750, S. 163); „LXII Campanula ... 1 Campanula persica folio Lobelij, flore caeruleo M. H. 2. 452. B. n. 2. Rapunculus persicifolius magno flore C. B. P. 93.“ (Bll. 10r–10v in T. Gerber „Flora Moscuensis ...“, s. Anm. 6 in Nr. 55); s. auch Nr. 46

101 „[species 78] Campanula angustifolia, pumila, monanthos, Lusitanica.“ (Tournefort 1700, S. 112, Genus I. „Campanula. Campanule.“); „Campanula angustifolia pumila monanthos lusitanica, ist Tourneforts zwey und achtzigste Art; sie kommt aus Portugal, und ist niedrig; hat schmale Blätter, und trägt nur eine Blume auf einem Stamm.“ (Gmelin 1772, S. 448); „Monanthae, nach Wachendorf, Gewächse mit einfachen Blüthen, wenn nähmlich jede einzelne Blüthe entweder auf einem Blumenstiele, oder auf dem Blumenboden aufsitzt.“ (Krünitz 1773–1858, Bd. 93, S. 101)

102 „Napus. Navet. ...“ (Tournefort 1700, S. 229); „NAPUS. ... teutsch, Steckrübe. ...“ (Lémery 1721, Sp. 770f.)

103 „Atriplex. Arroche. ...“ (Tournefort 1700, S. 505); „ATRIPLEX. ... teutsch, Melde, ...“ (Lémery 1721, Sp. 123f.)

104 die Abbildung „Campanula folijs Echij“ (Bauhin 1620, S. 36); „Campanula foliis echii C. B. Pr. p. 36. ubi elegans figura, ut & in Chabraeo Sciagraph. p. 265. sub titulo trachelii altissimi, hirsuti; ...“ (Rupp 1726, S. 23); „X. Campanula folijs Echij. ...“ (Bauhin 1623, S. 94); „13. Das Berg=-Halskraut mit Ochsenzungen=Blättern: Campanula foliis Echii. C. B. Prodr. 36. ...“ (Zwinger 1744, S. 464); „19.) Sträußige Glocken. Campanula thyrsoidea. ... Campanula hispida; racemo ovato-oblongo, terminali; caule simplicissimo; foliis lanceolato-linearibus. LINN. Syst. veg. p. 714. ... Campanula foliis Echii. C. BAUH. pin. 94. ... ihr schöner aufrechter Stengel [ist] mit zahlreichen Blättern und Blumen besetzt, welche letztere ... weiß sind, ...“ (Linné 1779, S. 585); „Campanula thyrsoides, hispida; racemo ovato-oblongo terminali, caule simplicissimo, foliis lanceolato-linearibus; crainische borstige Glockenblume, ... ihre Blumen sind weiß, ... sie heißt bei C. Bauhin: Campanula foliis echii; ...“ (Gmelin 1772, Sp. 432f.); „45. CAMPANULA thyrsoidea. ... C. foliis echii. Bauh. pin. 94. ... Strausblütige Glockenblume. W. ...“ (Linné 1797–1830, Bd. I, Teil 2, S. 905); „18. CAMPANULA thyrsoides L. ... Strausblütige Glockenblume. ...“ (Georgi 1797–1802, Theil 3, S. 775); „ECHIUM. .... teutsch, wilde Ochsenzunge. ...“ (Lémery 1721, Sp. 418f.)

„25) Campanula foliis Echii C. B. P. ...“ (AAW R. I, Op. 104, D. 25, Bl. 3v, s. Anm. 61 in Nr. 21)

105 s. Nr. 43; „26) Campanula foliis Echij flore candido, ...“ (AAW R. I, Op. 104, D. 25, Bl. 3v, s. Anm. 61 in Nr. 21)

106 „[species 31] Campanula pratensis, flore conglomerato C. B. Pin. 94. Trachelium minus multis J. B. 2. 800. Cervicaria minor Dod. Pempt. 164. Rapunculus sylvestris, umbellatus 2 Thal. Icon.

viij." (Tournefort 1700, S. 110, Genus I. „Campanula. Campanule."); „24. Das kleine Hals=Kraut mit gebüschelter Bluhme: Trachelium sive Campanula pratensis flore conglomerato, C. B. P. 94. ... Trach. minus multis, J. B. 2. 800. ..." (Zwinger 1744, S. 466); „25. CAMPANVLA caule angulato simplici, floribus sessilibus, capitulo terminali, LINN. vir. cl. 16. suec. 188. sp. 1. 235. n. 17. ROY. lugd. 245. Trachelium pratense flore conglomerato, MORIS. hist. ox. 401. s. 5. Tab. 4. fig. 43. Campanula pratensis flore conglomerato, C. B. P. 94. TOVRN. inst. 110. I. Eadem floribus albis, H. R. P. ..." (Gmelin 1747–1769, Bd. III, S. 157); „25. Campanula caule angulato simplici, floribus sessilibus, capitulo terminali [=] Campanula glomerata L.!" (Ledebour 1841, S. 93); „17. Knaulartige Glocken. Campanula glomerata. .... Campanula caule simplici, angulato; floribus sessilibus, capitulo terminali. LINN. Syst. veg. p. 174. ... Campanula pratensis, flore conglomerato. C. BAUH. pin. 94. ... Diese Art heißt auch kleines Halskraut, ... Das Vieh frißt diese Pflanze nicht." (Linné 1779, S. 583f.); „4. CAMPANULA foliis lanceolato-ovatis crenatis, ramis capitulo florali terminatis. Campanula pratensis, flore conglomerato. Bauh. pin. 94. ... Trachelium pratense, flore conglomerato. Moris. hist. 2. p. 401. ... Trachelium minus multis. Bah. hist. 2. p. 800. ..." (Linné 1737, S. 64); „Campanula glomerata, ... angehäufte Glokenblume, ... klein Halskraut; ..." (Gmelin 1772, Sp. 430f.); „42. CAMPANULA glomerata. ... C. caule angulato simplici, ... Gmel. sib. 3. p. 157. n. 25. ... C. pratensis, flore conglomerato. Bauh. pin. 94. ... Trachelium minus multis. Bauh. hist. 2. p. 300. R. ... Knaulblütige Glockenblume. W. ..." (Linné 1797–1830, Bd. I, Teil 2, S. 903f.); „4) CAMPANULA GLOMERATA. Linn. ... Campanula caule angulato simplici, ... Gmel. Fl. sib. III. p. 157. No. 25. ..." (Ledebour 1829, S. 241f.); „13. C[ampanula] glomerata (L. SP. 235) ... C. caule angulato, simplici, ... GMEL. Fl. sib. III, p. 157, Nr. 25. ..." (Ledebour 1844–1846, S. 880f.); „8. Die büschelige Glockenblume; kleines Halskraut, Campanula glomerata Linn. Campanula pratensis flore conglomerato C. B. ... Aus den Blumen sammeln die Bienen Stoff zu Wachs und Honig. Zum Futter taugt sie nicht." (Krünitz 1773–1858, Bd. 19, S. 179); „CAMPANVLA (glomerata) ... Linn. Spec. pl. 166. n. 19. ... Campanula pratensis, flore conglomerato. Bauh. pin. 94. Примочная трава [russ. *primočnaja trava*] Russ. ..." (*Krašeninnikov* 1761, S. 35); Campanula glomerata L. – russ. *pritočnik*, *primočnaja trava* bzw. *sinij zveroboj* (*Annenkov* 1858, S. 26, Nr. 244); „Trachēlium L. (Campanulaceae). Von τραχυς (rauh), in Bezug auf die steifhaarigen Blätter; oder von τραχηλος (Hals), wurde gegen Halsweh gebraucht." (Wittstein 1852, S. 887)

„447. Campanula pratensis flore conglomerato C. B. P. ... j. Eadem flore albo. jj. Eadem floribus singularibus per caulem sparsis. Cum priori. jjj. Eadem caule circa medium diviso. ..." (AAW R. I, Op. 105, D. 12, Bl. 21r, s. Anm. 54 in Nr. 17); „6. Campanula pratensis, flore conglomerato C. B. P. 94." (AAW R. III, Op. 1, D. 162, Bl. 103r, s. Anm. 54 in Nr. 17); „59. Campanula pratensis flore conglomerato C. B. P. 13. n. 29" (AAW R. I, Op. 104, D. 13, Bl. 3r, s. Anm. 84 in Nr. 29); „748. Campanula floribus sessilibus, congestis, latioribus foliis insidentibus. Hall. Alp 492. Campanula pratensis flore conglomerato. C. B. ..." (AAW R. I, Op. 13, D. 20, Bl. 69r, s. Anm. 1 in Nr. 1); „Campanula pratensis, flore conglomerato. B. Pin. 94. et Inst. r. h. n°. 101. [sic!]" (AAW R. I, Op. 13, D. 19, Bl. 2r, s. Anm. 54 in Nr. 17); „15 Campanula pratensis fl. conglomerato. C. B. Tracheliū minq JB." (G. W. Steller nach J. G. Heinzelmann: AAW R. I, Op. 81, D. 23, Bl. 15r, s. Anm. 1 in Nr. 1); „14. Campanula pratensis, flore conglomerato C. B. P. 94. Trachelium minus multis J. B." (AAW R. I, Op. 19, D. 1, Bl. 2v, s. Anm. 1 in Nr. 1); „9. Campanula pratensis flore conglomerato CBP ..." (AAW R. I, Op. 104, D. 17, Bl. 9v, s. Anm. 36 in Nr. 8); „8. Campanula pratensis flore conglomerato C. B. P. j. Eadem flore albo. jj. Eadem floribus singularibus per caulem sparsis. Flores majores. ..." (AAW R. I, Op. 13, D. 67, Bl. 55r, s. Anm. 5 in Nr. 4); „333. Campanula pratensis flore conglomerato C. B. P. ..." (AAW R. I, Op. 13, D. 42, Bl. 58v, s. Anm. 1 in Nr. 1); „843. Campanula pratensis flore conglomerato C. B. P. ... j. Eadem flore albo. ... jj. Eadem floribus singularibus per caulem sparsis. ..." (AAW R. I, Op. 105, D. 1, Bl. 68r, s. Anm. 29 in Nr. 5); „LXII Campanula ... 11 Campanula pratensis flore conglomerato C. B. P. 94. B. n. 29. Trachelium minus multis J. B. 2. 800." (Bll. 10r–10v in T. Gerber „Flora Moscuensis ...", s. Anm. 6 in Nr. 55); s. auch Nr. 37

107 „[species 6] Campanula vulgatior, foliis Urticae vel major & asperior C. B. pin. 94. Campanula major & asperior, folio Urticae J. B. 2. 805. Cervicaria major Dod. Pempt. 164." (Tournefort 1700, S. 109, Genus I. „Campanula. Campanule."); „VII. Campanula vulgatior folijs vrticae, vel major & asperior. ..." (Bauhin 1623, S. 94); „Campanula vulgatior, foliis urticae, vel major & asperior C. B. P. p. 94. ..." (Rupp 1726, S. 23); „18. CAMPANVLA foliis radicalibus ex cordato ouatis, caulinis lanceolatis, saepe serratis, floribus nutantibus, Tab. XXVI. Campanula foliis lanceolatis, caulinis acute serratis, floribus paniculatis, nutantibus, LINN. Spec. 1. 233. n. 9. Vps. 41. n. 5. I. Campanula vrticae folio oblongo, minus aspero, profunde serrato, floribus caeruleis, pendulis, calyce non reflexo, radice recta, Rapae simili, teretiuscula, non fibrata, succida, esculenta, MESS. AMM. Ruth. p. 12. Campanula vrticae angustioribus foliis, glabris rigidisque, AMM. Ruth. n. 15. p. 10. Campanula rapuntii folio, floribus pallide caerulescentibus, pendulis, GERB. Tan. Campanula vulgatior foliis vrticae, C. B. P. STELLER. Irc. 46. II. Campanula vrticae foliis, glabra, floribus minoribus pendulis, AMM. Ruth. n. 17. p. 11. Campanula Persicae folio, CLVSII H. STELL. Irc. 41. [s. Nr. 41] ... Tataris e. g. Crasnoiarensibus, Belinger, Assanis Hingana, Baschciris Atlyk dicitur. Tatari plantam ipsam Saba vocant. ... A Iaico ad Lenam fluuium et in campis vsque transbaicalensibus indigena planta est. GERBERVS in campis apricis Tauronensibus legit. ..." (Gmelin 1747–1769, Bd. III, S. 148ff.); „Beling ir. Eine Wurtzel, so die Katschinzi eßen." (J. G. Gmelin in: AAW F. 21, Op. 5, D. 73, Bl. 273r); „18. Campanula foliis radicalibus ex cordato ovatis, caulinis lanceolatis saepe serratis, floribus nutantibus. t. XXVI. (excl. var. ramosa.) [=] Adenophora Lamarckii. Fisch." [;] var. ramosa [=] Adenophora lilifolia Ledeb. (si haec re vera ab A. Lamarckii separanda est.)" (Ledebour 1841, S. 92); „17. CAMPANULA Vrticae foliis, glabra, floribus minoribus, pendulis. ... Forte haec eadem est cum Campanula Vrticae folio oblongo, minus aspero, profunde serrato, floribus caeruleis, pendulis, calyce non reflexo, radice recto, Rapae simili, teretiuscula, non fibrata, succida, esculenta Messerschm. ..." (Amman 1739, S. 11f.); „15. CAMPANULA Vrticae angustioribus foliis, glabris, rigidisque. ..." (a. a. O., S. 10); „5. Juli 1724 ... Sonst stand auch sehr häufig am Kornfelde ... Campanula Urticae folio oblongo minus aspero, profunde serrato, floribus coeruleis pendulis calyce non retroflexo, radice recta Rapae simili teretiuscula, non fibrata, succide esculenta (an Tournefortii sp. 11?. ..." (Messerschmidt 1962–1977, Bd. 3, S. 75f.); „Campanula Urticae angustioribus foliis glabris rigidisq) Amm. Descr. p. 10." (Bl. 17v in: J. G. Siegesbeck „Catalogus Plantarum Sibiricarum quae hoc tempore habentur in Horto Academico." vom 31. Januar 1746 – AAW F. 1, Op. 2–1746, D. 1, Bll. 17r–20v); „1369 Campanula rapuntii folio, fl. pallide caerulescentibus pendulis. ..." (T. Gerber in „FLORA TANAENSÌS Par Provinciam Woronicensem a Tawrow ad Tanaim majorem et Per tractum Bielgrodensem ad Tanaim minorem collectarum et siccatarum opera" von 1741 oder 1742, unpaginiert, in einem Konvolut botanischer Manuskripte verschiedener Autoren aus der Linnean Society London mit der Aufschrift „J[ames] E[dward] Smith Catalogus Plantarum"; eine Kopie des Manuskripts stellte freundlicherweise Dr. Markus Rentsch, Görlitz, zur Verfügung); „10.) Lilienblätterichte Glocken. Campanula Liliifolia. [sic!] ... Campanula foliis lanceolatis, caulinis acute serratis; floribus paniculatis nutantibus. LINN. Syst. veg. p. 173. ... Campanula Urticae foliis glabra, floribus minoribus pendulis. AMM. Ruth. 11. n. 17. Camp. fol. radic. ex cordato-ovatis, caul. lanceol. saepe serratis, flor. nutantibus. GMEL. Fl. Sib. 3. p. 148. t. 26. ... Ihre Wurzel ist im Frühling, ... sehr mürb, süß, zart, und saftig, schmackhaft und angenehm zu essen; wenn man sie wie Rüben kocht, wie Herr Gmelin selbst die Probe gemacht hat, ... und ist

daher bey den Einwohnern in Siberien überall sehr beliebt.“ (Linné 1779, S. 577f.); „Campanula lilifolia, … Glockenblume mit Lilienblättern, … sie wird auch von den Einwohnern … im Frühling, ehe sie Stengel treibt, wie Stekrüben, gekocht, und gegessen; …“ (Gmelin 1772, Sp. 425); „30. CAMPANULA lilifolia. … C. radicalibus ex cordato-ovatis, … Gmel. sib. 3. t. 26. C. urticae foliis glabra, floribus minoribus pendulis. Amm. ruth. p. 11. n. 17. C. urticae angustioribus foliis, glabris rigidisque. Amm. ruth. 10. n. 15. Gmel. … Lilienblättrige Glockenblume. W. …“ (Linné 1797–1830, Bd. I, Teil 2, S. 899); „[Campanula] lilifolia L. … Die Wurzeln haben ein Ansehen und Geschmack etwas ähnliches mit Palsternack, und werden von Buräten, noch mehr aber von Tungusen unter dem Nahmen Iksi gegraben, oder auch auch aus Mauselöchern genommen.“ (Georgi 1775, S. 201); „Da der Kumisschlauch zwar den Durst löscht, aber nicht … den Hunger stillt, so helfen sie [d. h. die Barabinzen] sich des Sommers mit … Glockenblumenwurzeln ([barabinzisch] Attik. Campanula lileifolia L. [sic!]) …“ (Georgi 1776, S. 194); „… eine Art von der Glockenblume mit dem Lilienblat c) |: c) Campanula lilifolia, russ. Kolokoltschik lileelistnoi. [russ. *kolokol'čik lileelistnoj*] :|“ (Lepechin 1774, S. 115); „229. Campanula lilifolia. Lin. Sp. 10. Gmel. Flor. Sib. 3. t. 26. Barab. Arlik. … Diese schöne Pflanze … ist vorzüglich in Sibirien häufig, daher die Barabinzen u. a. die Palsternak ähnlichen, weißen, mehligen, wohlschmeckenden Wurzeln zum Wintervorrath einsammlen können. Sie kochen sie an Fleisch und auch für sich.“ (Falk 1786, S. 127f.); „10. CAMPANULA lilifolia L. … Lilienförmige Glockenblume. Tat. die Wurzel Atlik, die Pflanze Saba. Gm. Fl. Sib. 4. T. 26. … Die Wurzel ist … für sich, oder besser noch an Fleisch gekocht, eine wohlschmeckende, gesunde, nährende Speise, … Alle Sibiriaken und auch viele Russen graben sie daher im Frühlinge, (weil sie im Sommer ihre Milde und Saftigkeit verliehrt) alle nennen sie Atlik. Auch in den Magazinen der Erdmäuse findet man Atlik häufig. …“ (Georgi 1797–1802, Theil 3, S. 774); „Ūrtica T. (Urticeae). Von urere (brennen); die Blätter erzeugen wegen ihrer äusserst spitzen Stacheln und der daraus sich ergiessenden sauren Flüssigkeit auf der Haut einen brennenden Schmerz.“ (Wittstein 1852, S. 914); „URTICA. ... teutsch, Nessel, ...“ (Lémery 1721, Sp. 1203); „LILIUM. ... teutsch, Lilie, ...“ (a. a. O., Sp. 646f.); „7. A[denophora] lilifolia (LEDEB. …) … A. communis. … LEDEB. Fl. alt. I, p. 246. … Campanula liliifolia. [sic!] L. SP. 233. … Campanula foliis radicalibus ex cordato ovatis, … GMEL. Fl. sib. III, p. 148, Nr. 18, t. 26. Campanula Urticae foliis glabris, … AMMAN. ruth. p. 11, Nr. 17. …“ (Ledebour 1844–1846, S. 894f.); „10. A[denophora] Lamarckiii (FISCH. l. c. p. 168). … LEDEB. Fl. alt. I, p. 245. … Campanula Urticae angustioribus foliis, glabris, rigidisque. AMMAN. ruth. p. 10, Nr. 15. …“ (a. a. O., S. 895f.); „2) ADENOPHORA LAMARCKII. Fisch. … Campanula foliis radicalibus cordato-ovatis, … Gmel. Fl. sib. III. p. 148. No. 28. t. XXVI. Campanula Urticae angustioribus foliis, glabris, rigidisque. Amman. ruth. 15. …“ (Ledebour 1829, S. 245); „4) ADENOPHORA COMMUNIS. Fisch. …“ (a. a. O., S. 246); „34. Campanula floribus fere sessilibus saepe secundis, foliis radicalibus petiolatis ex cordato etc. plantam non novi; et difficile subspicatis subsessilibus secundis, foliis ovato-oblongis crenatis, radicalibus petiolatis. (Ad quamnam Campanulae speciem synonymia Linnaei quadret haud sane prospexeris. Forsan inter varietas latet ad Fl. sib. III. 148. nr. 18 a Gmelino relatas. Sed neque ad C. lilifoliam L. Adenophoram lilifoliam Ledeb. neque Adenoph. Lamarkii Fisch. accedit, quas ad icon Gmelini Tab. 22. ejusque var. ramosam Cel. Ledeb. conjicit.)“ (C. von Linné in einem Brief an J. G. Gmelin vom 24. August 1748 – Plieninger 1861, S. 92)

„– Campanula vulgatior folijs urticae major et asperior CBP. ...“ (AAW R. I, Op. 104, D. 8, Bl. 8r, s. Anm. 18 in Nr. 452); „Campanula vulgatior foliis Urticae, vel major et asperior. C. B. P. ...“ (AAW R. I, Op. 105, D. 2, Bl. 2r, s. Anm. 54 in Nr. 17); „2. Campanula vulgatior, foliis Urticae, vel major et asperior C. B. P. 94.“ (AAW R. III, Op. 1, D. 162, Bl. 103r, s. Anm. 54 in Nr. 17); „57. Campanula vulgatior, foliis urticae, vel major et asperior, C. B. P. 13. n. 19.“

(AAW R. I, Op. 104, D. 13, Bl. 3r, s. Anm. 84 in Nr. 29); „Campanula vulgatior, foliis Urticae vel major et asperior. B. Pin. 94. et Inst. r. h. n°. 50.“ (AAW R. I, Op. 13, D. 19, Bl. 2r, s. Anm. 54 in Nr. 17); „605. Campanula caule angulato, calycibq pedunculatis, simplicibus laciniatis ciliatis. Linn. vir. 16. Campanula folijs radicalibq cordatis, calycibq Linn. h. Cliff. 64. Campanula vulgatior, folijs urticae vel maior et asperior B Pin. 94. Boerh. lugd. 1. p. 249. ...“ (AAW R. I, Op. 13, D. 20, Bl. 59r, s. Anm. 1 in Nr. 1); „LXII Campanula ... 8 Campanula vulgatior folijs urticae, vel major & asperior C. B. P. 94. B. n. 19. Flore caeruleo.“ (Bll. 10r–10v in T. Gerber „Flora Moscuensis ...“, s. Anm. 6 in Nr. 55)

108 „[species 1] Aparine vulgaris C. B. Pin. 334. Aparine J. [B.] 3. 713. Dod. Pempt. 353.“ (Tournefort 1700, S. 114, Genus II. „Aparine. Gratteron.“); „Aparine vulgaris C. B. P. p. 334. ... Klebkraut, Zaunreiß, Klebrich.“ (Rupp 1726, S. 4); „42. GALIVM foliis octogonis lanceolatis carinatis, scabris, retrorsum aculeatis, geniculatis, villosis, fructu hispido, LINN. Spec. 1. p. 157. n. 22. Aparine vulgaris, B. pin. 334. ...“ (Gmelin 1747–1769, Bd. III, S. 168); „42. Galium foliis octonis lanceolatis carinatis scabris retrorsum aculeatis geniculatis villosis, fructu hispido [=] Galium Aparine L.!“ (Ledebour 1841, S. 94); „1. APARINE foliis lanceolatis. Aparine vulgaris. Bauh. pin. 334. ...“ (Linné 1737, S. 34); „23.) Klebkraut. Galium Aparine. ... Galium foliis octogonis, lanceolatis, carinis scabris retrorsum aculeatis; fructibus hispidis. LINN. Syst. veg. p. 127. ... Diese Pflanze ... wird im Lateinischen auch Asperugo oder Philantropos ... und im Deutschen Klebkraut, genennet, und hat diesen Namen durchgängig davon, weil sie sich wegen der kleinen Häkchen oder rückwärts liegenden Stachelchen, womit ihre Stengel und Saamen besetzt sind, gern an die Kleider der vorübergehenden, und an die Hand derer, die sie berühren hänget. ...“ (Linné 1779, S. 294f.); „[Galium] Aparine, ... Klebkraut, mit rauhen Gelenken, mit Borsten besezten Früchten, und lanzenförmigen, mit einer Rükenschärfe versehenen, rauhen, und nach hinten zu stachlichten Blättern, welche zu acht stehen; Nabelsamen; ...“ (Gmelin 1773b, Sp. 262f.); „43. GALIVM Aparine. ... Aparine foliis lanceolatis. Hort. Cliff. 34. Aparine vulgaris. Bauh. pin. 334. ... Kletterndes Labkraut. W. ...“ (Linné 1797–1830, Bd. I, Teil 2, S. 597f.); „3) GALIUM APARINE. Linn. ... G. foliis octogonis lanceolatis carinatis scabris ... Gmel. Fl. sib. III. p. 168. No. 142. ...“ (Ledebour 1829, S. 133f.); „40. G[alium] Aparine (L. SP. 157. ... G. foliis octogonis lanceolatis carinatis, scabris, ... GMEL. Fl. sib. III, p. 168, No. 42. ...“ (Ledebour 1844–1846, S. 419f.); „80) Klebkraut, Nabelsaamen; Galium Aparine, ... Seine Wurzel kann zur rothen Farbe gebraucht werden; wenigstens hat sie einem Hünchen, das man einige Zeitlang damit gefüttert hat, die Knochen roth gefärbt; alles Vieh, und auch die Gänse fressen sein Kraut gerne, und eben dieses haben die ältere Aerzte, als ein kühlendes befeuchtendes Mittel in vielen Krankheiten angepriesen. Seine Saamen soll man statt des Caffees gebrauchen können. ...“ (Gmelin 1779, S. 95f.); „Apārine MOENCH. (Rubiaceae). Von ἀπαιρειν (ergreifen); die Blätter hängen sich vermöge ihrer kleinen Häckchen gern an die Kleider.“ (Wittstein 1852, S. 60); „Gālium L. (Rubiaceae). Von γαλα (Milch), in Bezug auf die Eigenschaft und frühere Anwendung des Krauts, die Milch zum Gerinnen zu bringen; daher der Name ‚Labkraut‘ “ (a. a. O., S. 379); „Lab=Kraut, ... Den Nahmen Lab=Kraut führt diese Pflanzen=Gattung deswegen, weil die Blätter derselben ... die Milch laben, d. i. gerinnen machen, ... Von eben dieser Wirkung hat die Pflanze den lateinischen Nahmen Galium oder Gallium, ...“ (Krünitz 1773–1858, Bd. 58, S. 12); „APARINE sive ASPERUGO. ... teutsch, Klebkraut. ... Es führet ab, zertheilet und machet schwitzen, widerstehet dem Gift, innerlich wird es wider die Pocken und bösen Fieber gebraucht. ...“ (Lémery 1721, Sp. 69f.); Galium Aparine L. – russ. *povelika*, *sobaki* bzw. *koški* (*Annenkov* 1858, S. 44, Nr. 492);

„33 Aparine vulgaris CBP ...“ (AAW R. I, Op. 104, D. 17, Bl. 10v, s. Anm. 36 in Nr. 8); „3. Aparine vulgaris. ...“ (AAW R. I, Op. 13, D. 67, Bl. 38v, s. Anm. 5 in Nr. 4); „238. Aparine vulgaris C. B. P. ...“ (AAW R. I, Op. 105, D. 12, Bl. 9r, s. Anm. 54 in Nr. 17)

109 „[species 2] Gallium album, vulgare. Mollugo montana, angustifolia, vel Gallium album, latifolium C. B. Pin. 334. Gallium album J. B. 3. 721. Mollugo vulgatior Herbariorum, Galion album quorundam Lob. Icon. 802.“ (Tournefort 1700, S. 115, Genus III. „Gallium. Caillelait.“); „II. Mollugo montana angustifolia, vel Gallium album, latifolium.“ (Bauhin 1623, S. 334); „5. GALIUM foliis pluribus acutis, caule flaccido. Gallium album vulgare. Tournef. inst. 105. ... Mollugo montana angustifolia, vel Gallium album latifolium. Bauh. pin. 334. ...“ (Linné 1737, S. 34); „12.) Weisses Labkraut. Galium Mollugo. Mollugo montana angustifolia ramosa s. Galium album latifolium, C. BAUH. pin. 334. ... wird insgemein weiß Waldstroh oder Wellstroh, auch Megerkraut und Butterstiel genennet. ... Ihre Wurzel färbet ebenfalls die Knochen der Thiere roth, wenn man sie häufig zu fressen gibt.“ (Linné 1779, S. 287f.); „Galium Mollugo, ... breitblätterichtes Labkraut, ... weis Megerkraut, weis Waldstroh; Wellstroh; Megerkraut; Butterstiel; man gebraucht sie auch statt des wahren Labkrautes in denen Apotheken, und schreibt der Conserve ihrer Blumen, oder einem Aufgusse davon eine besondere Kraft wider die fallende Sucht und das Podagra zu; ...“ (Gmelin 1773b, Sp. 258f.); „23. GALIUM Mollugo. ... G. foliis pluribus acutis, ... Hort. cliff. 34. ... Mollugo montana angustifolia ramosa, s. Gallium album latifolium. Bauh. pin. 334. ... Weisses Labkraut. W. ...“ (Linné 1797–1830, Bd. I, Teil 2, S. 590f.); „4. G[alium] Mollugo (L. SP. 155) ...“ (Ledebour 1844–1846, S. 407); „Galium mollugo L. T. Rokto. ...“ (Georgi 1775, S. 199); „... verschiedene Arten von wilder Färberröthe, als Waldstroh; und Waldmeister i) deren sich die Szirjäner so wie die Tschuwaschen und Morduaner zum Färben bedienen, ... |: i) Galium mollugo asperula tinctoria :|“ (Lepechin 1783, S. 167); „14. Weißes oder breitblättriges Lab=Kraut, weißes Meger= oder Meier=Kraut, weißer Butter=Stiel, weißes Wald=Stroh, ... Gallium album vulgare Tourn. ... Die ganze Pflanze ... soll ... Kräfte wider die Epilepsie besitzen. ... Nach Pallas Berichte färbt man in Rußland ... die Wolle mit Carduus heterophyllus zuerst gelb, und aldann mit dem weißen Lab=Kraute hochroth.“ (Krünitz 1773–1858, Bd. 58, S. 24ff.); „GALIVM (Mollugo) ... Linn. Spec.. pl. 107. n. 12. ... Gallium album vulgare. Tourn. inst. 105. Сыворочная трава [russ. *syvoročnaja trava*] Russ. ...“ (*Krašeninnikov* 1761, S. 22); „11. GALIUM Mollugo L. ... Weißes Labkraut. W. R. Siworodnaja Trawa. ...“ (Georgi 1797–1802, Theil 3, S. 730); Gallium Mollugo L. – russ. *marena*, *povilica*, *povelika polevaja* bzw. *perenoj* (*Annenkov* 1858, S. 45, Nr. 494); „mollúgo (Galium) <Wiesen-Labkraut>: Artepitheton vorlinn. als Gallium album latifolium, ...“ (Genaust 2005, S. 390); „Mollūgo L. (Portulaceae). Von mollis (weich, zart), zunächst in Bezug auf Galium Mollugo. Die Gattung Mollugo L. ist in Bezug auf die quirlständigen und zarten Blätter dem Galium Mollugo ähnlich.“ (Wittstein 1852, S. 589)

„368. Galium caule quadrangulo ... folijs octonis, glabris, acuminatis Hall. Alp. 461. Rubia sylvestris levis C. B. Bas. p. 94. Gallium album vulgare. T. ...“ (AAW R. I, Op. 13, D. 20, Bl. 38v, s. Anm. 1 in Nr. 1); „796. Galium folijs pluribus acutis caule flaccido Linn. h. Cliff. 34. Gallium album vulgare Tourn. inst. 105. Mollugo vulgatior R. hist. 481. ...“ (a. a. O., Bl. 72v); „29) Gallium album vulgare. Tour. i. r. h. ...“ (AAW R. I, Op. 104, D. 25, Bl. 3v, s. Anm. 61 in Nr. 21); „Gallium album, vulgare. Inst. r. h. 105. no. 59.“ (AAW R. I, Op. 13, D. 19, Bl. 2r, s. Anm. 54 in Nr. 17); „23 Gallium album vulgare I. r. h.“ (G. W. Steller nach J. G. Heinzelmann: AAW R. I, Op. 81, D. 23, Bl. 15r, s. Anm. 1 in Nr. 1); „23. Gallium Album vulgare Inst. r. h.“ (AAW R. I, Op. 19, D. 1, Bl. 2v, s. Anm. 1 in Nr. 1); „31 Gallium album vulgare IRH ...“ (AAW R. I, Op. 104, D. 17, Bl. 10v, s. Anm. 36 in Nr. 8); „9. Gallium album vulgare I. R. H. ...“ (AAW R. I, Op. 13, D. 67, Bl. 38v, s. Anm. 5 in Nr. 4); s. auch Nr. 47

110 „[species 3] Gallium luteum C. B. Pin. 335. Gallion verum J. B. 3. 720. Gallium Dod. Pempt. 355." (Tournefort 1700, S. 115, Genus III. „Gallium. Caillelait."); „Gallium luteum C. B. ... Germ. Meyer=Kraut, Lab=Kraut, unser Frauen Bett=Stroh, Wald=Stroh." (Rupp 1726, S. 2); „47. GALIVM foliis octonis linearibus sulcatis, ramis floriferis breuibus, LINN. h. Cliff. 34. Suec. 116. ROY. lugdb. 256. LIN. Sp. pl. 1. 155. n. 12. Galium luteum, B. pin. 335. ..." (Gmelin 1747–1769, Bd. III, S. 170); „47. Galium foliis octonis linearibus sulcatis, ramis floriferis brevibus [=] Galium verum L.!" (Ledebour 1841, S. 94); „1. GALIUM foliis plurimis linearibus ramis brevibus floriferis. … Gallium verum. Bauh. hist. 3. p. 720. Gallium luteum. Bauh. pin. 375. …" (Linné 1737, S. 34); „11.) Wahres oder gelbes Labkraut. Galium verum. ... Galium foliis octonis; linearibus, sulcatis; ramis floriferis brevioribus: LINN. Syst. veg. p. 127. ... Galium luteum. C. BAUH. pin. 335. ... Diese Art wird insgemein auch Waldstroh, Bettstroh, gelbes Frauenbettstroh ... genennet. ... Sie soll ... an einigen Orten zum Gerinnen der Milch beym Käsemachen gebraucht werden, wovon sie auch im Deutschen, Französischen und Englischen den Namen Labkraut führet; ... Man rühmt sie, insonderheit ihren ausgepreßten Saft, in hysterischen Krankheiten, und Gichtern, ja so gar wider die fallende Krankheit selbst. Man kan auch mit dem Kraute wollenes Garn gelb, und mit der Wurzel roth färben, ... auch färbt die Wurzel die Knochen der Thiere roth, wie Färberröthe." (Linné 1779, S. 286f.); „Galium vernum, … wahres Labkraut, … Meyerkraut; Waldstroh; Bettstroh; gelbes Frauenbettstroh; … sein Kraut ist etwas sauer, zusammenziehend und troknend, und ehmals in Flechten, von einigen auch in der fallenden Sucht gerühmt worden; … und man hat ehmals die ganze Sträuse in Muterbeschwerden empfolen, …" (Gmelin 1773b, Sp. 256f.); „[Gallium] luteum, so nennen Pena, Thalius und C. Bauhin das wahre Labkraut." (a. a. O., Sp. 270); „22. GALIVM verum. … G. luteum. Bauh. pin. 335. … Gelbes Labkraut. W. …" (Linné 1797–1830, Bd. I, Teil 2, S. 590); „10) GALIUM VERUM. … G. foliis octonis linearibus sulcatis, … Gmel. Fl. sib. III. p. 170. No. 47. …" (Ledebour 1829, S. 138); „G[alium] verum (L. SP. 155.) … G. foliis octonis linearibus sulcatis, … GMEL. Fl. sib. III. p. 170, Nr. 47. …" (Ledebour 1844–1846, S. 414f.); „GALIUM L., Labkraut. W. R. Podmoriunik. [russ. *podmarennik*] … 10. GALIUM verum L. … Gelbes Labkraut. R. Roschotnik. …" (Georgi 1797–1802, Theil 3, S. 729f.); „12. Wahres oder gelbes Lab=Kraut, oder schlechtweg Lab=Kraut, Mayer, Meier, Meier=Kraut, Megerkraut, gelbes Megerkraut, gelbes Wald= Wall= oder Weg=Stroh, Bett=Stroh, Unser Lieben Frauen Bett=Stroh, gelbes Frauen=Bettstroh, gelber Butterstiel, Blutstiel, ... Gallium luteum C. B. ..." (Krünitz 1773–1858, Bd. 58, S. 17ff.); Galium verum L. – russ. *žovtenka kaška* bzw. *marena* (*Annenkov* 1858, S. 45, Nr. 499)

„941. Galium folijs pluribus linearibus, ramis brevibus floriferis Linn. vir. 9. h. Cliff. 34. Gallium luteum B. Pin. 375. ..." (AAW R. I, Op. 13, D. 20, Bl. 85v, s. Anm. 1 in Nr. 1); „30) Gallium luteum C. B. Pin. ..." (AAW R. I, Op. 104, D. 25, Bl. 3v, s. Anm. 61 in Nr. 21); „Gallium luteum. C. B. P. ..." (AAW R. I, Op. 105, D. 2, Bl. 2r, s. Anm. 54 in Nr. 17); „20 Gallium luteum C. B. P." (G. W. Steller nach J. G. Heinzelmann: AAW R. I, Op. 81, D. 23, Bl. 15r, s. Anm. 1 in Nr. 1); „20. Gallium luteum C. B. P. 335. Gallium verum JB. 720 Gallium Dod. Pempt. 355" (AAW R. I, Op. 19, D. 1, Bl. 2v, s. Anm. 1 in Nr. 1); „236. Galium luteum C. B. P. ..." (AAW R. I, Op. 105, D. 12, Bl. 9r, s. Anm. 54 in Nr. 17); „564. Gallium luteum C. B. P. ..." (AAW R. I, Op. 105, D. 1[a], Bl. 69r, s. Anm. 29 in Nr. 5); „3. Juli 1724 ... 7.) Gallium luteum (Caspar Bauhini et Tournefortii sp. 3); ..." (Messerschmidt 1962–1977, Bd. 3, S. 72); s. auch Nr. 47

111 „[species 2] Cruciata glabra C. B. Pin. 335. Rubia quadrifolia, glabra, angustifolia J. B. 3. 717." (Tournefort 1700, S. 115, Genus IV. „Cruciata. Croisete."); „12. Die vierblättige, glatte Ferber=-Röthe mit schmalen Blättern: Rubia quadrifolia, glabra, angustifolia. J. B. 3. 717. ... Cruciata, glabra C. B. P. 335. ..." (Zwinger 1744, S. 876); „Glatte Vaillante. Valantia glabra. ... Valantia floribus masculis quadrifidis, pedunculis dichotomis aphyllis, foliis ovalibus ciliatis. LINN. Syst.

Veg. p. 762. ... Cruciata glabra eiusd. [d. h. Caspar Bauhin] pin. 335. ..." (Linné 1783, S. 314f.); „[Cruciata] glabra; hierunter versteht C. Bauhin die glatte Vaillantische Pflanze." (Gmelin 1773, Sp. 329); „[Valantia] glabra, floribus masculis quadrifidis, pedunculis dichotomis aphyllis, foliis ovalibus ciliatis; glatte Vaillantische Pflanze, ..." (Gmelin 1777, Sp. 403f.); „VALANTIA glabra. ... Cruciata glabra. Bauh. pin. 335. ... Glatte Vaillantie. W. ..." (Linné 1797–1830, Bd. IV, Teil 2, S. 952); „31. G[alium] vernum (SCOPOL. Fl. Carniol. I, p. 99, t. 2) ... G. vernum ... LEDEB. Fl. alt. I, p. 132. ... Valantia glabra. L. SP. 1491. ..." (Ledebour 1844–1846, S. 417); „1) GALIUM VERNUM. Scopoli. ..." (Ledebour 1829, S. 132f.); „4. VALANTIA glabra ... Glatte Valantie. ..." (Georgi 1797–1802, Theil 3, S. 1366); „Rūbia T. (Rubiaceae). Von ruber (roth), in Bezug auf die rothe Farbe der Wurzel und ihre Anwendung zum Rothfärben." (Wittstein 1852, S. 774); „Vaillāntia DC. (Rubiaceae). Nach SEBASTIAN VAILLANT, geboren 1669 zu Vigny bei Pontoise, Demonstrator der Botanik zu Paris, starb 1722; schrieb: Botanicon Parisiense. Er hielt zuerst den Blumenstaub für männlichen Samen, und nicht, wie Tournefort, für Excremente der Blume. Valāntia T. = Vaillantia." (a. a. O., S. 916f.); „CRUCIATA. ... teutsch, gülden Waldmeister. ... Cruciata kommt von crux, ein Creutz, dieweil die Blätterlein an diesem Kraute creutzweis geordnet sind." (Lémery 1721, Sp. 368); „RUBIA. .... teutsch, Röthe, Färberröthe, ..." (a. a. O., Sp. 960f.); „3. Juli 1724 ... 8.) Cruciata glabra (Caspar Bauhini, Tournefortii sp. 2); ..." (Messerschmidt 1962–1977, Bd. 3, S. 72)

„31) Cruciata glabra C. B. Pin. 335. маріона корень [russ. *mariona koren'*] ..." (AAW R. I, Op. 104, D. 25, Bl. 3v, s. Anm. 61 in Nr. 21); „51.) Rad. Maronnae Russorum; Cruciata glabra C. B. et Tournef. Sp. 2. Rubia quadrifolia glabra angustifolia J. B. ... (: Tungusis ad Chatangam seu Nisna-Tunguskam fluvium dicitur Ühlock, ... :)" (AAW F. 98, Op. 1, D. 21, Bl. 147v, s. Anm. 59 in Nr. 19); „Cruciata glabra (Tournefortii sp. 2), Sylv." (Messerschmidt 1962–1977, Bd. 4, S. 201, s. Anm. 1 in Nr. 1); s. auch Nr. 47

112 russ. *mariona koren'*, nach G. W. Steller „Mollugo montana Marjenne Korennie ..." (lat. – Berg-Mollugo, *marennoe koren'e* bzw. *marennyj koren'*) (AAW F. 21, Op. 5, D. 113, Bl. 101v); russ. *marena* oder *mariona koren* – Galium rubioides, Rubia tinctorum, krautartige Pflanze mit einer Wurzel von roter Farbe und Verwendung als Färbemittel und in der Medizin (*Slovar'* 2001, S. 68); russ. *koren'*, *koren'e* – Wurzel, Wurzelwerk; *marena* – verschiedene Species von Rubia, Asperula u. Galium (*Dal'* 1880–1882, T. II, S. 299; Pawlowski 1952, S. 658); „Galium L., Labkraut. ... 1. Galium rubioides ... Rötheartiges Labkraut. ... Die Wurzeln der Waldmeister= (Asperula) und Labkrautarten (Galium) sind zasericht, roth und rothfärbend, nur wegen verschiedener Größe und Färbekraft verschieden. Sie sind ein fast allgemeines Material für Hausfärberey auf roth, besonders für Wolle, und Russen, Polen, Tatarn, Finnen und überhaupt alle ansässige Nationen nicht nur, sondern auch viele der nomadisirenden in Rußland und Sibirien verwenden sie zur Rothfärberey. ..." (Georgi 1797–1802, Theil 3, S. 729ff.)

113 „[species 8] Cruciata palustris, alba. Gallium palustre, album C. B. Pin. 335. Gallium album Tabern. Icon. 151." (Tournefort 1700, S. 115, Genus IV. „Cruciata. Croisete."); „35. Galium palustre. L. Sumpfliebendes Labkraut; weiß Sumpf=Waldstroh; Sumpf=Meyerkraut. ... Cruciata palustris alba. Tournef. inst. 115. ..." (Dietrich 1804, S. 273); „Gallium album palustre, floribus albis campaniform. s. Cruciata palustris alba. T. weiß Meyerkraut/ weiß Wallstroh/ ..." (Lindern 1728, S. 77); „44. GALIVM foliis quaternis obouatis inaequalibus, caulibus diffusis, LINN. fl. Suec. n. 119. Sp. pl. 1. p. 153. n. 3. Galium caulibus diffusis, foliis quaternis verticillatis, LIN. Lapp. 52. Galium palustre album, B. pin. 335. Cruciata palustris alba, TOVRN. inst. 115. ..." (Gmelin 1747–1769, Bd. III, S. 169); „44. Galium foliis quaternis obovatis inaequalibus, caulibus diffusis [=] Galium palustre L.!" (Ledebour 1841, S. 94); „2.) Sumpf=Labkraut. Galium palustre. ... Galium quaternis, obovatis, inaequalibus; caulibus diffusis. LINN. Syst. veg. p. 126. Galium

palustre album. C. BAUH. pin. 335. Cruciata palustris alba. TOURNEF. inst. 115. ..." (Linné 1779, S. 280f.); „Galium palustre, ... Sumpflabkraut, ... weisses Sumpffrauenbettstroh; ..." (Gmelin 1773b, S. 252); „2. GALIVM palustre. ... G. palustre album. Bauh. pin. 335. Cruciata palustris alba Tournef. inst. 115. R. ... Sumpf Labkraut. W. ..." (Linné 1797–1830, Bd. I, Teil 2, S. 585); „6) GALIUM PALUSTRE Linn. ... G. foliis quaternis obovatis inaequalibus, ... Gmel. Fl. sib. III. p. 169. No. 44. ..." (Ledebour 1829, S. 135); „8. G[alium] palustre (L. SP. 153.) ... G. foliis quaternis obovatis inaequalibus, ... GMEL. Fl. sib. III, p. 169, Nr. 44. ..." (Ledebour 1844–1846, S. 408f.); „3. Sumpf=Labkraut, Wasser=Meierkraut, weißes Sumpf=Frauenbettstroh, ... Cruciata palustris alba Tourn. ..." (Krünitz 1773–1858, Bd. 58, S. 13); Galium palustre L. – russ. *marena* (*Annenkov* 1858, S. 45, Nr. 495)
„935. Galium altissimum, folijs quaternis obtusis Hall. 461. Cruciata palustris alba I. R. H. ..." (AAW R. I, Op. 13, D. 20, Bl. 85r, s. Anm. 1 in Nr. 1); „32) Cruciata palustris alba T. i. r. h. Gallium palustre album C. B. Pin ..." (AAW R. I, Op. 104, D. 25, Bl. 3v, s. Anm. 61 in Nr. 21); s. auch Nr. 47 u. Nr. 50

[/24r/]

[Florae Irkutjensis ordine Inst⌈itutionum⌉ Rei Herb⌈ariae⌉
CLASSIS I.]

CLASSIS SECUNDA
de
Herbis et suffruticibus flore mo- / nopetalo infundibuliformi ⌈et⌉ / rotato
SECTIO I.

52	*Menyanthes palustre, latifolium et triphyl- / lum T. I. R. H. spec⌈ies⌉* 1.[1] *Trifolium Tibe- / rinum*[a] *recentissum D⌈ominis⌉ D⌈octoris⌉ Siegesbekii*[2] / *frequens in palustribus circa Irkutiam*
53.	*Nicotiana minor C. B. P.* 170. *Priapeia qui- / busdam Nicotiana minor J. B.*[3] *In hortis / Irkutiae frequens, semine ex China / allato.*
54.	*Hyoscyamus vulgaris vel niger C. B. P.* 169[4] / *Abunde circa Irkutiam ⌈et⌉ lacum Bai- / kal. Russis audit* белена[5].
55.	*Androsace minima alba, subrotundis fo-*

/24v/

Florae Irkutjensis ordine Inst⌈itutionum⌉ Rei Herb⌈ariae⌉
CLASSIS II.

	lijs glabra[6]. *Cuius iconem ⌈et⌉ descriptio- / nem dedit D⌈ominus⌉ D⌈octor⌉ Gmelin in indice Plan- / tarum Lenensium N⌈umer⌉o* 233.[7] *frequens / circa Irkutiam, in pratis sylvarum / ad omnem Baikal. Floret Jun⌈io⌉ Jul⌈io⌉ / ⌈et⌉ Augusto. semina collecta mittun- / tur.*
56.	*Androsace angustifolia glabra folio sub- / rotundo*[8] *floret vere et aestate Ubiq⌈ue⌉ / circa Irkutiam et ad omnem Bai- / kal. Huius semina mittuntur.*
57	*Androsace folio glabro oblongo multiflora*[9] / *cum praecedenti pari copia occurrit, cuius / forse solummodo varietas.*
58	*Androsace folio angusto glabro acuto et serrato*[10] / *cum priori pari copia occurrit. Huius folia / acuminata ⌈et⌉ ad oras nonnihil serrata vel / potius denticulata sunt, florum copia ⌈et⌉ / forma, item caulium proceritate et mul- / titudine coincidit cum antecedenti / huius semina mittuntur.*
59.	*Androsace Musci aut parvi sedi facie*[11]. *Haec / planta in siccissimis montibus et rupi- / bus pariter ac in humilioribus siccis a- / renosis desertorum campis ad lacum / Baikal frequenter occurrit folia in / capitulum globosum collecta habet, dis- / positione et structura sedi*

[a] T$_{\text{iberinum}}$ *verbessert aus* t

	foliis simil- / lima villosa exigua, e horum medio cauli- / culi unus duo tres surgunt sesqui pollices

/25r/

Florae Irkutjensis ordine Inst[itutionum] Rei Herb[ariae]
CLASSIS II.

	ut plurimum longi floribus 3. 4. 5. *Onus- / ti flores lactei candidissimi coloris sunt, / ac una, saltim apparuerunt vice. Pistillum / abit in fructum globosum calyce involutum, / superius capitello munitum, quod sub semi- / nis maturitatem decidit. semina optime ma- / tura diversoq[ue] tempore collecta mittuntur.*
60.	*Androsace prolifera duplici florum corolla, una / intra folia sessili, altera ex hac in altum / surgente*[12] *ob soli conditionem humidio- / rem*[13] *varietas censenda est, Licet copio- / sissime occurrat in sylvis montosis cir- / ca templum Crucis*[a] Крестъ[14] *dictum / floret cum praecedenti fere per to- / tam aestatem.*
61	*Androsace polyflora monstrosa, caule la- / tissimo.*[15] *Cum praecedenti occurrit, cau- / lis ordinarie, filum crassius, aequans / in hac varietate ita intumuit, ut ses- / qui lineas latus evaserit, jn huius / summitate corolla florum densissima / prodiit.*
62.	*Androsace prolifera triplici et quadruplici / florum corolla*[16]*, prima florum corolla / intra folia sessilis in caule simplici / non ramoso postquam ad* 4 *et* 5 *polli- / ces in altum surrexit, denuo foliorum / nodus plane talis, qualis ad caput / radicis conspicitur, e caule ambigit*[b]

/25v/

Florae Irkutjensis ordine Inst[itutionum] Rei Herb[ariae]
CLASSIS II.

	florum corolla alia intra folia sessili / prolifer[c] *intra folia*[d] *et flores dupli- / ces denuo prodeunt umbellae, quarum / tertia foliorum rursum nodis floribusq[ue] / intra folia sessilis prolifer, quarta / autem florum umbella amoene pur- / purascens*[e] *prolifera inq[ue]* 4*ta hac con- / tignatione solummodo flores naturali / apparent magnitudine, reliqui flo- / res omnes ut pote densissime confer- / ti minutissimi sunt, nec semina pro- / ducunt, caeteroquin hoc observatu / dignum has varietates omnes, quas / si vellem vel ad* 20 *augere facile / possem, in nulla alia*

---

[a] Crucis *verbessert aus* K [b] ambigit *verbessert aus* [.]m[..]git [c] prolifer *verbessert aus* proliferi [d] folia *verbessert aus* o [e] purpurascens *verbessert aus* [.]

	specie occurre- / re, quam in Androsace folio angus- / to glabro acuto [et] serrato[17], *cujus etiam / folia sola interdum rubere solent / una cum varietatibus suis, cum / reliquarum specierum folia perpe- / tuo viridia occurrant. Utuntur Russi / Androsaces*[18] *decocto in prolapsu in- / testinorum hernioso neq[ue] sine mag- / no levamine in Gonorrhoea*[19], *si forte / constantes quaedam varietates na- / tura esse vellet, non dubito quin ex / semine collecto, licet ab mutiplices / labores confuso invicem in itineribus*

/26r/

Florae Irkutjensis ordine Inst[itutionum] Rei Herb[ariae]
CLASSIS II.

	eandem scenam Petropoli in hortis / sata lusura sint.
63.	*Primula veris folio amplissimo subro- / tundo laciniato mellis*[a] *favi odore*[20]. *Haec plan- / ta pulcherrima [et] jucundi odoris ad / Maximichae*[b] *fluvii ostium in lacum / Baikal in sylvis circa medium Aug[usti] / absq[ue] flore inveniebatur, hinc ob flo- / rem non conspectum ad interim / ita nominare placuit, donec ex exem- / plaribus siccis Petripolin una / cum semine optime*[c] *maturo mis- / sis D[ominus] D[octor] Ammannus*[21] *statuere velit, / An non ut cum D[omino] D[octore] Gmelino*[22] *suspi- / cor Cortusa Mathioli flore rubro I. / R. H.*[23] *sit aut quo nomine alio ve- / nire debeat. Hinc et a prolixa de- / scriptione lubens abstineo*
64.	*Primula veris rubro flore Clus. Hist. CCC. / T. I. R. H. spec[ies] 8. Verbasculum um- / bellatum alpinum minus C. B. P. / 242. Primula veris minor J. B.*[24] *Copio- / sissime floret in pratis cis Angaram / et Irkutum, item ad omnem Baikal. / circa medium Maij ad medium Junij. / Planta haec pulchra aspectu, in pratis hu- / midioribus ubertim florens, ad diver- / sam altitudinem assurgit, variaq[ue] fa-*

/26v/

Florae Irkutjensis Ordine Inst[itutionum] Rei Herb[ariae]
CLASSIS II.

	cie ludit, nunquam tamen dimidium / pedem superare visa est, commu- / nissime tres quatvorve solummodo / attingit pollices pro soli conditione / florumq[ue] copia. Plantae scilicet plu- / res caules

[a] mellis *über der Zeile* [b] Maximichae *verbessert aus* [..] [c] optime *verbessert aus* [.]

	protrudentes mediam / saltem pauciores vel unicum indi- / catam altitudinem attingere so- / lent. Radicibus nituntur tenuis- / simis albis, modo perpendiculari- / ter modo horizontaliter terrae in / haerentibus. folia primo vere pro- / trudit quam plurima, caulem circa / in orbem[a] *triplici ordine posita, ita / ut infimus ordo Androsaces folio- / rum modo terrae incumbat, alter / ad caulem surrectus, reliquos / amplitudine superans, tertius / flore jam aperto caulem proxime / cingat, hicq⌈ue⌉ omnium minimus / est. folia singula pallide virent / aversaq⌈ue⌉ parte sulphurei coloris / aspergine veluti irrorata, pulchre / nervosa, ambitu levissime mucro- / nata, apicem versus acuminata / crassiuscula valerianellae*[25] *folia*

/27r/

Florae Irkutiensis Ordine Inst⌈itutionum⌉ Rei Herb⌈ariae⌉
CLASSIS II.

	aemulantia. E medio caulis exsurgunt / modo unus, duo tres pluresve teretes / succulenti, glabri, pallide virides pri- / mulae florum umbellam sustinen- / tes flores monopetali, hypocrater- / formes[26] *inferius tubulati superius / quinquifidi et expansi purpura mo- / do intensiori modo remissiori ni- / tentes, calycibus suis viridibus ad / expansionem floris pertingentibus / pentagonis, superne quinquifidis / inhaerentes. Pistillum infimae flo- / ris parti clavi instar infixum su- / perne* 4 *flavis staminibus brevissi- / mis floris tubulo adnatis circumda- / tum, apicibus suis amplis*[27]*. Tubu- / lus floris infra*[b] *stamina sensim / contractior evadit, tandemq⌈ue⌉ a pistil- / lo perforatur qui testulaeq⌈ue⌉ seminali*[c] */ oblongae globulo in vertice munito / seu capitello insistit. semina fundit / quam plurima minuta, quae op- / time matura transmitto, odore / fere nullo sapore autem grato et / dulci nostrae Primulae assimila- / tur. Huius Iconem vide in Tab⌈ula⌉*

/27v/

Florae Irkutjensis ordine Inst⌈itutionum⌉ Rei Herb⌈ariae⌉
CLASSIS II.

65	*Primula veris albo flore Clusii Hist. /* 300. *Verbasculum umbellatum al- / pinum, majus C. B. P. p⌈agina⌉* 242 *T<o>urn. / sp⌈ecies⌉* 9.[28] *Floret sub finem Maij in / pratis montosis ad Irkutum floris / colore solummodo differt a praece- / denti. Huius figuram vide Tab⌈ulam⌉ Plan- / tam*

---

[a] orbem *über der Zeile* [b] infra *verbessert aus* t [c] seminali *verbessert aus* [..]

	naturali magnitudine refe- / rentem.
66.[a]	*Primula veris rubro flore unico vel dup- / lici folio subrotundo utrimq[ue] viridi*[29] */ haec utiq[ue] diversa multum species / quae palustris dici posset, eo quod / in irriguis locis semper occurrit. / Irkutiae in pratis ad pontem subli- / cium, qua itur Katschegam<,> ad lacum / Baikal inter saxa in litore iacentium, / et ab aspergine humidarum*[b] *ut et / ad ostia Buguldeichae, Maximichae / et Bargusini fluviorum ostii*[c30] *in lacum / differentiam jndicat. Titulus flores / scilicet pauciores, folia teneriora*[31] *[et] / subrotunda*[d] *aut*[e] *caule tenujori gaudet / huius fig[urame] vid[e] Tab[ula]* *semina bene matura insimul mittunt[ur] / floret sub initium Junij semen per- / ficit sub initium Aug[usti].*

/28r/

Florae Irkutjensis ordine Inst[itutionum] Rei Herb[ariae]
CLASSIS II.

67.[f]	*Primula veris pumila, flore unico folio / praelongo subrotundo. Plantula haec / semel tantum musco innata occur- / rebat ad Irkutum et forte varietas / solummodo speciei* 8 *Tourn. I. R. H.*[32]
68[g]	*Primula veris folio oblongo angusto / nonnihil laciniato.*[33] *Inveni hanc spe- / ciem cum jam semen absolvisset / ad Buguldeichae fluvii ostium / in lacum Baikal et ad littora / lacus inter saxa a Listwenisch- / noj jnsula ad Maximichae flu- / vij ostium usq[ue] in lacum semina / bene matura transmitto.*
69.[h]	*Plantago latifolia glabra C. B. P.* 189 */ Tourn. I. R. H. sp[ecies]* 1.[34] *In pratis et ad / vias circa Irkutiam et lacum Bai- / kal floret initio Junij*
70[i]	*Plantago latifolia glabra minor C. B. P. /* 189.[35] *Cum praecedenti in pratis sicci- / oribus.*
71.[j]	*Plantago latifolia glabra minor C. B. P. /* 189.[36] *Cum praecedenti in pratis sicci- / oribus.* |: *Planta in describendo / ex inadvertentia bis / posita.* :|[k37]
72[l]	*Plantago angustifolia major C. B. P.* 189.[38] */ In pratis et hortis Irkutiae.*
73.[m]	*Plantago angustifolia minor Tabern. / Icon.* 732[39] *Passim circa Irkutiam / et lacum*

---

[a] $_{6}$6 *verbessert aus* 5 [b] $_{\text{humid}}$a$_{\text{rum}}$ *verbessert aus* o [c] ostii *über der Zeile* [d] *nach* subrotunda *gestr.* & [e] aut *über der Zeile* [f] $_{6}$7 *verbessert aus* 6 [g] $_{6}$8 *verbessert aus* 7 [h] $_{6}$9 *verbessert aus* 8 [i] $_{70}$ *verbessert aus* 69 [j] $_{7}$1 *verbessert aus* 0 [k] Planta in describendo / ex inadvertentia bis / posita *rechts marginal zu Nr.* 70 *und Nr.* 71 [l] $_{7}$2 *verbessert aus* 1 [m] $_{7}$3 *verbessert aus* 2

/28v/

Florae Irkutjensis ordine Inst⌈itutionum⌉ Rei Herb⌈ariae⌉
CLASSIS II.

74[a]	*Plantago latifolia sinuata C. B. P.* 189. / *Tournef. spec⌈ies⌉* 2.[40] *Foliorum amplitudi- / ne vehementer luxuriat, habui, qua la- / titudine dodrantem superabant*[b]. *Crescit / ad Miliuschina pagum* 8 *stadia a mu- / nimento Bargusinensi.*
75[c]	*An Plantago lato, sanguineo folio H. R. Monsp.*[41] / *frequentissima est haec species in de- / serto KunKurKinensi* 40 *stadia a mu- / nimento Bargusinensi ad lacum sal- / sum. Radix fibrosa, folia surrecta ri- / gida, glabra, venosa rubicunda, florem / non vidi at semina bene*[d] *matura / transmitto.*
76[e].	*Plantago maritima foliis graminejs. Coro- / nopus maritima nostras J. B.*[42] *cum prae- / cedenti eodem loco occurrit. Huius / radix digiti, crassitie ad dimidium / pedem recta in limum sale floridum / descendit, intus alba ⌈et⌉ succulenta fo- / lia longa*[f] *graminea canaliculata spicas e- / mittit quam plurimas. Equis vehe- / menter expetitur semen bene ma- / turum collegi ⌈et⌉ transmisi.*
77	*Plantaginella palustris C. B. P. p⌈agina⌉* 190.[43] *Hanc / plantam flore monopetalo quinquifido / gaudentem. Huc retuli ob id, quod nes- / ciam quorsum Tournefortius retule- / rit vel an recensuerit Licet huc non*

/29r/

Florae Irkutjensis ordine Instit⌈utionum⌉ Rei Herb⌈ariae⌉
CLASSIS II.

	spectet, ob id autem quod non tantum / ubivis ad flumina et in Palustribus / Sibiriae sed et Russiae et Petropoli / frequentissima[g]: *prolixe describere / nolui.*
78[h]	*Valeriana palustris, maior. C. B. P.*[44] *Rus- / sorum* землянóй лáдонъ[45]. *Passim circa / Irkutiam et lacum Baikal in agris monti- / bus et pratis udis occurrit floret Junio se- / men papposum absolvit sub initium Aug⌈usti⌉*
79.[i]	*Scutellaria Valerianae folio flore flavo D⌈ominis⌉ D⌈octoris⌉ Gmel⌈ini⌉ / Index plant⌈arum⌉ Lenensium*[46], *qui huius descriptio- / nem uberrimam et Iconem dedit. Floret / Julio in montosis ad Angaram et lacum /*

---

[a] $_{7}$4 *verbessert aus* 2̣ [b] $_{\text{supera}}$ba$_{\text{nt}}$ *verbessert aus* [..] [c] $_{7}$5 *verbessert aus* [.] [d] b$_{\text{ene}}$ *verbessert aus* [.] [e] $_{7}$6 *verbessert aus* 5̣ [f] longa *über der Zeile* [g] $_{\text{frequenti}}$ssima *verbessert aus* $_{\text{frequentis}}$ [h] $_{7}$8 *verbessert aus* 7 [i] $_{7}$9 *verbessert aus* 8̣

	Baikal. semina bene matura mittuntur.
80[a]	*Borrago floribus coeruleis J. B.* 3. 574.[47] *In hor- / tis Irkutiae.*
81[b]	*Buglossum arvense, annuum*[c] *Lithospermi / folio T. I. R. H. Lappula Rivini.*[48] *Abundan- / ter circa Irkutiam et omnem Baikalem.*
82[d]	*Buglossum arvense annuum, Lithospermi / folio, flore albo.*[49] *Rarius occurrit, ac prae- / cedentis saltim varietas est.*
83[e]	*An Buglossum angustifolium minus C. B. P.*[50] / *Planta haec in litore arenoso A Listwe- / nischnoi insula ad Bargusini fluvij os- / tium frequentissima. semina collegi be- / ne matura* ⌈*et*⌉ *transmitto.*
84.[f]	*Pulmonaria Italorum ad Buglossum acce- / dens J. B.* 3. 595.[51] *Frequens circa Irku- / tiam et Baikalem floret Maio.*

/29v/

Florae Irkutjensis ordine Inst⌈*itutionum*⌉ *Rei Herb*⌈*ariae*⌉
CLASSIS II.

85	*Lithospermum palustre minus flore caeruleo / T. I. R. H. sp*⌈*ecies*⌉ 5. *p*⌈*agina*⌉ 137. *Echium scorpio- / ides, palustre C. B.*[52] *Floret circa Irkuti- / am in irriguis sub finem Maij. Huius / folia glabra* ⌈*et*⌉ *multum viridiora sunt, / quam arvensis*[53]
86[g].	*Lithospermum palustre minus flore albo / Tournefortii sp*⌈*ecies*⌉ 6.[54] *Cum priori simuli* ⌈*et*⌉ */ frequenter occurrit.*
87[h].	*Lithospermum palustre minus, flore purpu- / rascente.*[55] *Praecedentis varietas.*
88[i].	*Lithospermum arvense minus spec*⌈*ies*⌉ 4. *Tourn.*[56] */ In agris et arenosis montibus circa / Irkutiam et lacum Baikal. floret to- / ta aestate.*
89[j].	*Lithospermum arvense minus, flore pur- / purascente*[57]. *Prioris varietas.*
90[k].	*An Lithospermum alpinum*[l] *tomentosum / minimum spec*⌈*ies*⌉. 7. *Tourn. Echium Scorpi- / oides alpinum tomentosum nanum / supinum Bocc. Mus.*[58] *Abunde occurrit / in siccis campis deserti Kunkurki- / nensis. Raro*[m] *duos superat pollices. / folia habet angustissima tomentosa*[n], *flo- / rem non vidi, semina autem benè ma- / tura mittuntur.*
91.[o]	*Lithospermum majus erectum C. B. P.* 258. / *Lithospermum sive Milium solis J. B.*[59] */ Abunde ad radices Montium ad Anga- / ram et UschaKowKam ut et circa la- / cum Baikal in rupibus floret Majo*

[a] 80 *verbessert aus* 7[.] [b] $_{8}$1 *verbessert aus* 0 [c] $_{annu}$u$_{m}$ *verbessert aus* [.] [d] $_{8}$2 *verbessert aus* 1 [e] $_{8}$3 *verbessert aus* 2 [f] $_{8}$4 *verbessert aus* [.] [g] $_{8}$6 *verbessert aus* 5 [h] $_{8}$7 *verbessert aus* 6 [i] $_{8}$8 *verbessert aus* 7 [j] $_{8}$9 *verbessert aus* [.] [k] 90 *verbessert aus* [..] [l] $_{a}$l$_{pinum}$ *verbessert aus* [.] [m] R$_{aro}$ *verbessert aus* [.] [n] $_{tomento}$s$_{a}$ *verbessert aus* r [o] $_{9}$1 *verbessert aus* [.]

/30r/

florae Irkutjensis Ordine Inst[itutionum] Rei Herb[ariae]
CLASSIS II.

	[et] Junio. semina maturat Augusto.
92[a].	*Plumbago Psyllii folio, flore rubro*[60]*. Planta / haec postquam defloruerat, non tan- / tum, verum jam semen excusserat. / In montosis e regione Thermarum / Bargusinensium 2 stadia a muni- / mento deprehensa. Per aliquot dies me / suspensum dedit, donec per aspera [et] / praecipitia reptans una vice floren- / tem in vertice rupis deprehenderem, / Pictori*[61] *è vestigio mittebam et post / aliquot dies in alia rupe duas adhuc / florentes inveneram et una cum / 25 seminibus optime maturis. flo- / re gaudet monopetalo campanifor- / mi rotato, plano, Caryophylli*[62] *instar / expanso et quinquifido purpureo, in- / ferius tubulato. Tubulus unam lineam / è calyce eminet, deinceps ab illo am- / plexatur et ad marcorem usq[ue] retinetur. / Pistillum è calyce ortum ad floris usq[ue] / expansionem pertingit et abit deinde / in fructum ovato-acuminatum ad ple- / nariam maturitatem usq[ue] in calyce abs- / conditum. Calyx oblongus, viridis*[b]*, qualis / ferme. Primulae*[63] *supernè*[c] *quinquifidus*

/30v/

Florae Irkutiensis ordine Inst[itutionum] Rei Herb[ariae]
CLASSIS II.

	folia sicca longa, angusta, graminea / Psyllii foliis similia, tria quaternave / ex una vagina prodeunt alterno ordi- / ne; caulis tener, sarmentosus, siccus [et] / geniculatus. Planta integra interdum re- / pit, interdum erecta cernitur, nec radix / gracilis et infirma quin perennet mihi / facile persuadebit. Circa medium Aug[usti] iam / emarcida, seminaq[ue] jam omnia tunc ex- / cussa erant. figuram plantae naturali mag- / nitudine vide in Tab[ulam] ...[64]
93[d]	*Lysimachia lutea major, quae Dioscoridis / C. B. P. 245. Tourn. spe[cies] 1.*[65] *Circa Ir- / kutiam [et] lacum Baikal passim floret / Junio [et] Jul[io].*
94[e]	*Lysimachia foliis ternis.*[66]
95	*Eadem quaternis.*[67]
96[f]	*Eadem quinis.*[68] *Varietates saltem, non diversae / species sunt.*

---

[a] ${}_{9}$2 *verbessert aus* 1 [b] ${}_{\text{virid}}$is *verbessert aus* [..] [c] ${}_{\text{sup}}$e${}_{\text{rnè}}$ *verbessert aus* 1. [d] ${}_{9}$3 *verbessert aus* 2 [e] ${}_{9}$4 *verbessert aus* [.] [f] ${}_{9}$6 *verbessert aus* 5.

97[a]	*Lysimachia bifolia flore globoso luteo C. B. P. / 245.*[69] *Abunde circa stagna ad Anga- / ram [et] UschaKowKam.*
98.[b]	*Lysimachia folio angusto, flore luteo*[70]*. Caule / surgit tereti glabro, cubitali, simplici / è quo per intervalla aequaliter distan- / tia, bina exadverso prodeunt folia / duos vel duos cum dimidio pollice / longa, unam tertiam pollicis lata*

/31r/

Florae Irkutjensis Ordine Inst[itutionum] Rei herb[ariae]
CLASSIS II.

	hinc oblonga, angusta, acuminata, laete vi- / ridia, tam è summo caule quam alis / foliorum pediculi surgunt sesqui pol- / lices longi, flores sustinentes luteas Lysi- / machiae foliorumq[ue] solummodo angustia / a specie 1. *Tournef. I. R. H.*[71] *discrepan- / tia. Floret Junio Julio et Augusto. / Ad Angaram et circa Baikalem inq[ue] / desertorum campis. Semina mittuntur / benè matura.*
99[c]	*Veronica foliis Chamaedrios altera Ruppij / Flor. Ienens. p[agina]* 198[72] *Tournefortio non / recensita. Differt ab ejus specie* 39[73] */ quod huius flos totus coeruleus foliaq[ue] / minus dissecta, quin potius elegan- / ter crenata. floret sub finem Maij / in pratis ad Angaram et circa tem- / plum crucis*
100[d]	*An Veronica supina facie Teucrij praten- / sis Lob. Icon. Chamaedris spuria major, / angustifolia C. B. P. spec[ies]* 23. *Tournef.*[74] */ obstat, quod erecta semper, non vero / supina occurrat. floret in pratis cum praecedenti.*
101.[e]	*Veronica spicata lanuginosa et incana / floribus coeruleis*[75]*. Ab initio Julij ad me- / dium Aug[usti] in montosis ad Angaram / et lacum ut et in desertorum campis / planis abundanter occurrit, in flore, / semen absolvit sub initum Septembris / quod*[f] *bene maturum transmitto.*

/31v/

Florae Irkutiensis ordine Inst[itutionum] Rei Herb[ariae]
CLASSIS II.

102.	*Veronica spicata, lanuginosa [et] incana flori- / bus albis*[76]*, cum antecedenti eodem loco / et tempore occurrit.*

---

[a] $_9$7 *verbessert aus* 6 [b] $_9$8 *verbessert aus* 7 [c] $_9$9 *verbessert aus* [.] [d] $_1$00 *verbessert aus* [..] [e] $_{10}$1 *verbessert aus* [.] [f] quad

103[a]	*Veronica spicata lanuginosa [et] incana floribus / phoeniceis*[77]. *cum antecedenti occurrit, ac / saltem varietates sunt.*
104[b]	*Veronica spicata latifolia C. B. P.*[78] *In monto- / sis sylvis ad Angaram, ut et in pratis / frequens. floret Junio Jul[io].*
105	*Veronica spicata foliis circa caulem qui- / nis Ind[icis] Plant[arum] Lenensium D[ominis] D[octoris] Gmel[ini]*[79] */ Abunde ad Angaram et fluvios hanc / subeuntes Capsula seminalis à vero- / nicarum fructu differt et salicariae*[80] */ fructuj similis. Semen bene matu- / rum mitto*[c].
106[d]	*Veronica spicata foliis circa caulem senis*[81] */ praecedentis varietas. Cum priori / occurrit.*
107[e]	*Veronica aquatica major, folio oblongo / Mor. Hist. Oxon. Part.* 2. 323. *Anagallis / aquatica major folio oblongo C. B. P. /* 252.[82] *Copiose ad stagna circa pagum / Roswodnaja floret Junio [et] Julio.*
108[f]	*Veronica aquatica minor, folio oblongo / T. I. R. H.*[83] *Cum praecedenti occurrit.*
109[g]	*Veronica aquatica major, folio subrotun- / do Mor. Hist. Oxon.*[84] *Ibidem eodemq[ue] / tempore floret et in rivulis conval- / lium ad lacum Baikal. Rutheni circa / Udinium*[85] *multa de hac planta fabulantur,*

/32r/

Florae Irkutjensis ordine Inst[itutionum] Rei Herb[ariae]
CLASSIS II.

	magnarum virium esse praedicant, hyemali / tempore circa Nativitatis Christi festum / florere, non[86] *advertunt autem reliquas / plantas omnes in rivulis hyemali gla- / cie non constrictis perpetuo virescere / ut et Sisymbrii*[87] *species quaedam.*
110	*Veronica aquatica minor folio subrotun- / do*[88] *Mihi* 4 *hac species ad duas sal- / tem reducendae videntur.*
111.[h]	*Veronica serpilli folio Crenato exactè Simi- / lis est Veronicae pratensis Serpilli folio / C. B. P.* 247.[89] *Ob id autem quod non recor- / der, an vulgaris folia crenata sint. Se- / mina matura transmitto. Nullibi in Sibi- / ria vidi, nisi in excelsis rupibus* 10 *stadia / a munimento Bargusinensi ad Bannoi ri- / vi fontes sub finem Aug[usti] jam tota e- / marcida erat.*
112.[i]	*Chrysosplenium foliis minoribus subrotundis / Tourn. I. R. H.*[90] *Abunde ubivis in Sibiria / circa Irkutiam et lacum Bajkal. Pri- / mo Vere*[j] *floret*
113.[k]	*Polemonium vulgare coeruleum T. I. R. H. spec[ies] /* 1. *Valeriana coerulea*[l]

---

[a] 103 *verbessert aus* 2 [b] 104 *verbessert aus* 2 [c] mitto *verbessert aus* a [d] 106 *verbessert aus* 5 [e] 107 *verbessert aus* 6 [f] 108 *verbessert aus* 7 [g] 109 *verbessert aus* [.] [h] 111 *verbessert aus* 0 [i] 112 *verbessert aus* 1 [j] Vere *verbessert aus* f [k] 113 *verbessert aus* 2 [l] coerulea *verbessert aus* [.]

	C. B. P. 164.[91] *Abun- / de in sylvis et pratis circa Irkutiam ⌈et⌉ / lacum Baikal.*
114.[a]	*Polemonium vulgare, album*[92] *Cum praeceden- / ti, at rarissime occurrit.*

/32v/

Florae Irkutjensis ordine Inst⌈itutionum⌉ Rei Herb⌈ariae⌉
CLASSIS II.

115[b]	*Verbascum mas latifolium luteum C. B. P. /* 239.[93] *In hortis quorundam Irkutiae, spon- / te nulla huius generis species neq⌈ue⌉ ad / omnem lacum occurrit, Copiosa contra / est ad Tasejeva fluvium, Jeniseam / ⌈et⌉ circa Tomsky.*
116[c]	*Solanum scandens seu Dulcamara C. B. P. /* 167.[94] *Copiosissima planta haec circa Ir- / kutiam prope Roswodnaja et lacum / Baikal. floret Junio Julio.*
117[d]	*Nymphoides aquis innatans T. I. R. H. / spec⌈ies⌉* 1. *Nymphaea lutea minor, flore / fimbriato C. B.*[95] *Ad Bargusinum fluvium / integra saepe stagna occupat. floret / Jun⌈io⌉ Jul⌈io⌉ ⌈et⌉ Aug⌈usto⌉.*
118[e]	*Moschatellina foliis fumariae bulbosae J. B. /* 3. 206.[96] *frequentissima est circa Irku- / tiam, praecipue in sylva ad UschaKow- / Kam et ad omnem Baikal*[f]*. Floret / primo vere.*
119[g].	*Pimpinella Sanguisorba major C. B. P.* 160[97] */ frequentissima circa Irkutiam et lacum.*
120[h]	*Pimpinella major, rigida, praealta, auri- / culata Sabauda Bocc. Mus. Part⌈is⌉* 2. 19[98] */ frequentissima in pratis*[i] *et montosjs / locis circa Irkutiam. Floret sub finem / Junij. semen perficit sub initium*[99] *Sep- / tembris collegi et bene maturum com- / munico.*

/33r/

Florae Irkutjensis Ordine Inst⌈itutionum⌉ Rei Herb⌈ariae⌉
CLASSIS II.

121[j]	*Tetragonanthos elatior D⌈ominis⌉ D⌈octoris⌉ Gmelini Ind⌈icis⌉ / Plant⌈arum⌉ Lenens⌈ium⌉ Quadruncinata D⌈ominis⌉ D⌈octoris⌉ Mess⌈erschmidii⌉*[100] */ a quatuor uncis ad basin floris pro- / minulis. Abunde crescit circa Irku- / tiam, omnem Baikal et ad Bargu- / sinum*

---

[a] $_{11}$4 *verbessert aus* 3 [b] $_{11}$5 *verbessert aus* 4 [c] $_{11}$6 *verbessert aus* 5 [d] $_{11}$7 *verbessert aus* [.] [e] $_{11}$8 *verbessert aus* 7 [f] $_{\text{Baika}}$l *verbessert aus* s [g] $_{11}$9 *verbessert aus* 8 [h] $_{12}$0 *verbessert aus* [.] [i] $_{\text{prat}}$i$_{\text{s}}$ *verbessert aus* j [j] $_{12}$1 *verbessert aus* [.]

	fluvium. Dedit huius uber- / rimam descriptionem ⌈et⌉ figuram / D⌈ominus⌉ D⌈octor⌉ Gmelin. Semina matura fi- / unt sub initum ⌈Septe⌉mbr⌈is⌉ et transmit- / tuntur.
122[a]	*Tetragonanthos humilior Valerianellae / folio*[101]. *Planta haec in sylvarum hu- / miliorum Betuletorumq⌈ue⌉ praecipue / locis umbrosis gramineis et ad ar- / borum radices. sub finem Maij flo- / rens. Primo vere e terra prodi- / ens, valerianellam exacte mentitur. / Radice nititur duos pollices longa, / napiformi, calami columbini cras- / sitie, foris lutescente, parum fibro- / sa recta in terram demissa, insi- / pida et jnodora, circa medium / Maij cauliculos raro tres pollices / superantes emittit,* 4 5 6. 7 *ra- / mosos*[b] *bis vel ter geniculatos, an- / gulosos, ad exortum rubentes dein / virentes, parvi fruticuli specie*

/33v/

Florae Irkutjensis ordine Inst⌈itutionum⌉ Rei Herb⌈ariae⌉
CLASSIS II.

	Ex infimo geniculo tres ferme per- / petuo ordine egrediuntur ramuli / et ex his ad secundum geniculum / deinceps plures ex his ramulis ad / foliorum alas surgunt pediculi / dimidium pollicem plus minus lon- / gi, floribus ut et in summo caule / onusti[c], *folia superiora. Anagallidis*[102] */ folia referunt, ut plurimum dimidi- / um pollicem longa et unam terti- / am ubi latissima lata sunt, caete- / rum utrimq⌈ue⌉ acuminata, pulchre / nervosa ⌈et⌉ viridia. Flores in summi- / tate caulium dispositi, citius infe- / rius positis efflorescunt. flos ipse / in calyce simplici ad pediculi inser- / tionem usq⌈ue⌉ quadrifido contentus*[d], *ip- / se monopetalus rotatus est, quat- / vor scilicet petalis ad centrum usq⌈ue⌉ / fissis constans albis, in aliis palli- / dissime coerulescentibus, è medio floris / surgit pistillum, quale in Gentianis*[103] */ bivalve, fusiforme, acuminatum at / brevius, duos in singula valva seminum / papaveraceis*[104], *similium ordines servans*

/34r/

Florae Irkutjensis ordine Inst⌈itutionum⌉ Rej Herb⌈ariae⌉
CLASSIS II.

	placentae intermediae mediante filo / affixos, pistillum circumstant, sta- / mina quatuor viridia, apicibus rub- / ris onusta, flos autem non decidit / sed ad seminis maturationem per- / sistens marcescit. Petala singula hoc / peculiare habent, duobus scilicet fos- / sulis punctulorum

---

[a] $_{12}$2 *verbessert aus* 1 [b] $_{ramos}$o$_{s}$ *verbessert aus* [.] [c] $_{on}$usti *verbessert aus* [....] [d] $_{content}$u$_{s}$ *verbessert aus* [.]

	instar in interna / unguium parte excavata sunt, quae / in externa unguium parte gibbae[a] *non- / nihil eminent. Semina huius plantae / aegerrime obtinui; quam primum e- / nim matura evaserunt, testa dehis- / cit, flos invertitur, seminaq[ue] minuta / fusca effunduntur. Crescit in sylva / ad Uschakowkam frequenter, frequentius circa Oiok cum Androsace / hirsuta rotundifolia*[105]*.*

GENUS novum.

123[b].	*Gentianoides stellatum Gratiolae folio, flore / coeruleo*[106]*. Planta haec in palustribus / ad Angae fluvij ostium in lacum / Baikal et deinceps Bargusini oc- / currens floret, ab initio mensis Aug[usti] / ad medium Septembris, varia*[c] *magnitu- / dine*[d] *occurrit inveni, quae duos / pollices non excederent, alias autem / 6 imo 8 pollices altas*[e] *valde ramosas*[f]

/34v/

Florae Irkutjensis ordine Inst[itutionum] Rei Herb[ariae]
CLASSIS II.

	et permultis floribus donatas[g]*. Radi- / ce gaudet fibrosa, alba, tenui*[h] *le- / viter saltim in musco haerente. / caules emittit modo unum duos, mo- / do tres [et] quatuor, plerumq[ue] dodranta- / les et palmares rectos, geniculatos, / quadrangulos, in quibusdam virides / in aliis leviter et obsolete purpuras- / centes. Ad singula caulis genicula / bina surgunt folia alterno ordine / aequali distantia a se invicem / remota, foliola herbide viridia, ut- / rimq[ue] glabra, gratiolae foliis simil- / lima sunt, in summitate expanditur / flos speciosus caeruleus monopetalus / rotatus ad centrum floris usq[ue] in 5 / aequalia segmenta utrimq[ue] acuminata / sectus, [et] ita a Gentianis*[107] *flore mo- / nopetalo campaniformi gaudentibus / seiunctus, flos tamen calyce abrepto / integer persistit, subtus e coeruleo / virescit, diameter floris ferè polli- / caris nullo interveniente tubulo ca- / lyci stellato quinquefolio florem no[n]- / nihil eminente insidet. Pistillum in / medio, qualis in Gentianis esse solet.*

---

[a] gibbae *verbessert aus* e [b] 123 *verbessert aus* 2 [c] varia *verbessert aus* variae [d] magnitudine *verbessert aus* [.] [e] altos [f] ramosos [g] donatas *verbessert aus* o [h] tenui *verbessert aus* [.]

/35r/

Florae Irkutjensis ordine Inst[itutionum] Rei Herb[ariae]
CLASSIS II.

	fusiforme, ovato acuminatum coeruleum / in aliis coeruleo-viridescens (Stahlgrün[108]) / *quod deinde abit in testam bivalvem / unicapsularem, seminibus foetam exi- / guis, per maturitatem fuscis et de- / hiscente testa deciduis. Pistillum cir- / cumstant* 5. *stamina teretia e coeru- / leo-viridescentia, apicibus onusta vi- / ridibus in aliis aquate coeruleis, sin- / gulis petalis ad ungues duo extantia / foliola albicantia, carinata appendun- / tur, quae coniunctim circa pistillum / corollam Lychnidum*[109] *more efformant, / flores in aliis singuli in aliis plures /* 7. 8. *ad* 10 *omnes eriguntur e pedi- / culis dimidium pollicem plus minus / longis ex alis foliorum prodeuntibus.* *Gentianoides igitur est plantae genus flore / rotato, fructu [et] semine externaq[ue] facie / antequam flos expanditur Gentianae.* *Differt à Tetragonantho flore in segmen- / ta*[110] *diviso et late expanso dein quod cal- / caribus vel huius rudimentis saltim / fossulis scilicet destituatur. Huius / jconem fieri curavi magnitudine natura- / li a.*) *sistit integram plantam, b.*) *pis- / tillum ita [et] semina optime matura transmitto.*

1 „[species 1] Menyanthes palustre, latifolium & triphyllum. Trifolium palustre, majus rotundiore folio C. B. Pin. 327. Trifolium majus Tabern. Icon. 520. [species 2] Menyanthes palustre, angustifolium & triphyllum. Trifolium palustre, minus acutiore folio C. B. Pin. 327. Trifolium fibrinum Tabern. Icon. 521. Menyanthes Americanum, Nymphaeae folio, flore albo Plum.“ (Tournefort 1700, S. 117, Genus II. „Menyanthes. Meniante.“); „3. Der Wasser= oder Biberklee: Trifolium fibrinum, Tab. Trif. palustre, C. B. P. 327. … Menyanthes palustre, latifolium, triphyllon. T. 117. B. J. A. I. 205. … Menyanth. palustr. angustifol. triphyll. T. B. J. A. locis citatis. Varietas est prioris. …“ (Zwinger 1744, S. 900); „1. MENYANTHES PALUSTRE LATIFOLIUM ET TRIPHYLLUM. Inst. … MENYANTHES PALUSTRE ANGUSTIFOLIUM ET TRIPHYLLUM Inst. varieté du premier.“ (Vaillant 1727, S. 126); „MENYANTHES TRIFOLIATA Linné. DREIBLÄTTERIGE MENYANTHES. … Die sehr bitteren Blätter dieser Pflanze werden als Herba Trifolii fibrini in der Medizin gebraucht. Deutsche Namen: Fieberklee, Bitterklee, Zottenblume, Magenklee, Dreiblatt, Wiesenmangold, Sumpfklee, Scharbocksklee, Bocksbohne, Biberklee, Wasserklee, Lungenklee, Kreuzwurz, Klappen, Monatsblume.“ (Dietrich 1838b, Nr. 404); „1. MENYANTHES foliis ternatis. Fl. lapp. 80. Menyanthes palustre latifolium & triphyllum. Tournef. inst. 117. … Trifolium palustre. Bauh. pin. 327. … α Trifolium palustre angustifolium & triphyllum. Tournef. inst. 117. …“ (Linné 1737, S. 52f.); „55. MENYANTHES foliis ternatis, LIN. Sp. pl. 1. 208. n. 3. cum syn. Menyanthes palustre, triphyllum, latifolium et angustifolium, I. R. H. 115. [sic!] Nascitur in omni Sibiria.“ (Gmelin 1747–1769, Bd. IV, S. 97), nahezu identisch auf Bl. 50v in: AAW R. I, Op. 104, D. 14 – s. Anm. 32 in Nr. 6; „55. Menyanthes foliis ternatis [=] Menyanthes trifoliata L.!“ (Ledebour 1841, S. 121); „3.) Dreyblätterichte

Zotenblume. Menyanthes trifoliata. Mit dreyfachen Blättern. Menyanthes foliis ternatis. LINN. Syst. veg. p. 164. ... Hort. Cliff. 52. ... TOURNEF. inst. 117. ... Diese Pflanze ... wird in den Apotheken gebraucht, und ist insgemein unter dem Namen Trifolium aquaticum, oder Trifolium fibrinum, Biberklee, Fieberklee, Wasserklee, Schaarbocksklee, bekannt. ... für Menschen ist sie in Krankheiten, ... als in kalten Fiebern, Cachexie und Wassersucht, schleimichter Engbrüstigkeit, Hypochondrie, Gelbsucht, Gliederweh, Podagra, Schaarbock, und bößartigen äusserlichen Geschwüren ein treffliches Arzneymittel, ..." (Linné 1779, S. 481f.); „Menyanthes trifoliata, ... Biberklee, mit dreyfachen Blättern; Fieberklee; Wasserklee; Scharboksklee; Dreyblatt; Zottenblume; Klappe; ... er besizt auch, in Absicht auf die menschliche Gesundheit, stärkende, eröffnende, und den Schleim zertheilende Kräfte, ... und ist ... in dem Scharbok, in der Milzsucht, in der Gicht und dem Podagra, in anfangenden Wassersuchten, in einer allgemeinen Schwachheit der vesten Theile, in alten Geschwüren, in dem Stein, und in Krankheiten der Brust und der Haut gröstentheils mit Vortheil gebraucht worden; ..." (Gmelin 1774, Sp. 101f.); „4. MENYANTHES trifoliata. M. foliis ternatis. ... Hort. cliff. 52. ... Trifolium palustre. Bauh. pin. 327. .. Dreyblättrige Zottenblume. W. ..." (Linné 1797–1830, Bd. I, Teil 2, S. 811f.); „1. L. M[enyanthes] trifoliata. L. SP. 208. ... LEDEB. Fl. alt. I, p. 221. ... M. foliis ternatis. GMEL. Fl. sib. IV, p. 97, Nr. 55. ..." (Ledebour 1846–1851, S. 76f.); „27. Menyanthes trifoliata L. ... Schon Pallas erwähnt den Fieberklee, indem er sagt, dass er von den Mokschanern zu Umschlägen bei Entzündungen und ‚innerlich in Tränken bei Wassergeschwülsten' gebraucht wird (3, Bd. I, p. 72). – Im G. Perm ist der Fieberklee ein Mittel gegen Brust- und Bauchkrankheiten; gegen ‚Schwäche im Magen' kaut man dort die rohe Wurzel der Pflanze und verschluckt den Speichel ... Ausserdem wird Menyanthes trifoliata gegen Schwindsucht (im G. Kostroma), Durchfall, Husten, Bruch, Zahnschmerz etc. gebraucht (27, p. 216). Der Fieberklee wird also vom Volke Russlands vorherrschend innerlich verwendet und zwar bei Fieber, Brust- und Magendarmkrankheiten, hydropischen Geschwülsten etc. Aeusserlich gebraucht man ihn gegen Entzündungen. ..." (Henrici 1894, S. 41ff.); „216. Menyanthes trifoliata. Lin. sp. 3. ... Dreyblatt, Bieberklee. Ruß. Trilistnik [russ. *trilistnik*], und Swerobei. [russ. *zveroboj*] ..." (Falk 1786, S. 126); „2. MENYANTHES trifoliata L. ... Dreyblättrige Zottenblume. Biberklee. R. Wachta, auch Trilistnik, (Dreyblatt), ... Im nordwestlichen Rußlande werden die Wurzeln hie und da zu Nothspeise benutzt, sie sind aber schwer zu sammeln, nicht verschlagsam und müssen durchs Sieden im Wasser von ihrer Herbigkeit befreyet werden." (Georgi 1797–1802, Theil 3, S. 765); „Fieber=Klee, ... Bitterklee, Bocksbohne, Dreyblatt, Dreykohl, Klappen, Kreutzwurtz, Lungenklee, Magenklee, Monathsblume, Scharbocksklee, Sumpfklee, Wasserdreyblatt, Wasserklee, Ziegenklappen, Zottenblume ... Menyanthes trifoliata foliis ternatis Linn. ..." (Krünitz 1773–1858, Bd. 13, S. 333ff.); „MENYANTHES (trifolia) foliis ternatis. Linn. Lapp. 80. Cliff. 52. ... Trifolium palustre. Bauh. hist. 2. p. 389. Трилистникъ водяной [russ. *trilistnik vodjanoj*] siue Вахта [russ. *vachta*] Russ. ..." (*Krašeninnikov* 1761, S. 30); Menyanthes trifoliata L. – russ. *žabnik*, *bobovnik*, *troelistki*, *vachta trifol'*, *mesjačnik*, *zveroboj*, *vodjanoj trilistnik*, *strela*, *pavun*, *tavun* bzw. *bobrovik* (*Annenkov* 1858, S. 60, Nr. 705); russ. *vachta* – Menyanthes, Zottenblume; russ. *vachta trilistnaja* – Menyanthes trifoliata (dreiblätterige Zottenblume, Bitterklee) (Pawlowski 1952, S. 104); „Menyānthes L. (Gentianaceae). Nimmt man diese Schreibart (statt Menianthes) als richtig an, so dürfte das Wort zusammengesetzt seyn aus μηνυειν (anzeigen) und ἀνθη (Blüthe), die eine Pflanze, welche durch ihre weisse Blüthen verborgene Sümpfe anzeigt." (Wittstein 1852, S. 571); „Trifōlium L. (Papilionaceae). Zus. aus tres (drei) und folium (Blatt), d. h. jeder Blattstiel trägt meist 3 Blätter (folia ternata.)" (a. a. O., S. 897)

„68. Menyanthes folijs ternatis Linn. flor. 80 h. Cliff. 52. Menyanthes palustre latifolium et triphyllum Tourn. inst. 117. Boerh. lugd. 1. p. 205." (AAW R. I, Op. 13, D. 20, Bl. 7v, s. Anm. 1

in Nr. 1); „33) Menyanthes palustre latifolium & triphyllum Tour. i. r. h. ...“ (AAW R. I, Op. 104, D. 25, Bl. 3v, s. Anm. 61 in Nr. 21); „Menyanthes palustre, latifolium et triphyllum. Inst. r. h. 117. n°. 140.“ (AAW R. I, Op. 13, D. 19, Bl. 2r, s. Anm. 54 in Nr. 17); „27 Menyanthes. T.“ (G. W. Steller nach J. G. Heinzelmann: AAW R. I, Op. 81, D. 23, Bl. 15v, s. Anm. 1 in Nr. 1); „27. Menyanthes palustre Latifolium & triphyllum Inst. r. h. 117 Trifolium paLustre majus, rotundiore folio C. B. P. 327.“ (AAW R. I, Op. 19, D. 1, Bl. 2v, s. Anm. 1 in Nr. 1); „XLIII. Menyanthes. T. 117. 15. B. 1. 205. вахта [russ. *vachta*]. 1 Menyanthes palustre latifolium triphyllon T. 117. B. n. 1. Trifolium palustre C. B. P. 237. Trifolium fibrinum off.“ (Bl. 7v in T. Gerber „Flora Moscuensis ...“, s. Anm. 6 in Nr. 55); „Menyanthes тіхта [russ. *tichta*]“ (G. W. Steller nach T. Gerber: AAW R. I, Op. 81, D. 23, Bl. 5v, s. Anm. 1 in Nr. 1)

2 Johann Georg Siegesbeck

3 „[species 4] Nicotiana minor C. B. Pin. 170. Priapeia quibusdam, Nicotiana minor J. B. 3. 630. Dubius Hyosciamus luteolus, Solanifolius Lob. Icon. 269.“ (Tournefort 1700, S. 117, Genus III. „Nicotiana. Nicotiane ou Tabac.“); „Petum Rivini. Nicotiana minor C. B. Pin. 170. ... Germ. Türckischer Toback.“ (Rupp 1726, S. 19); „2. NICOTIANA foliis ovatis. Nicotiana minor. Bauh. pin. 170. ...“ (Linné 1737, S. 56f.); „3.) Bauren=Taback. Nicotiana rustica. ... Nicotiana foliis petiolatis, ovatis, integerrimis; floribus obtusis. LINN. Syst. veg. p. 185. ... Nicotiana foliis ovatis. Hort. Cliff. 56. ... Nicotiana minor. C. BAUH. pin. 170. ...“ (Linné 1779, S. 657); „Nicotiana rustica, ... türkischer Tabak, ... Baurentabak; kleiner Tabak; gemeiner englischer Tabak; ... Er hat mit dem gemeinen Kräfte, Gebrauch, Art der Fortpflanzung und Behandlung gemein, ...“ (Gmelin 1774, Sp. 453); „3. NICOTIANA rustica. ... T. foliis ovatis. Hort. cliff. 56. ... N. minor. Bauh. pin. 170. ... Bauern Taback. W. ...“ (Linné 1797–1830, Bd. I, Teil 2, S. 1014); „NICOTIANA rustica L. ... Bauern=Tabak. ... Außer schöngelben Blumen ist er von gleichsam traurigem Ansehn, von widrigem und starkem Geruch, und fettig klebricht, auch weit narkotischer, als der Gemeine.“ (Georgi 1797–1802, Theil 3, S. 787); „Nicotiāna L. (Solaneae). Nach JEAN NICOT, geb. 1530 in Nimes, gest. 1600 [?] in Paris, französischem Gesandten am portugiesischen Hofe, der 1560 die Samen dieser Pflanze nach Frankreich brachte und 1564 das Rauchen der Blätter einführte.“ (Wittstein 1852, S. 616); „2) Der Asiatische Tabak, Türkische Tabak, gemeine Englische Tabak, Bauerntabak, wilder Tabak, Nicotiana rustica, foliis petiolatis ovatis integerrimis, floribus obtusis. Lin. Spec. plant. Tom. I., p. 258. ...“ (Krünitz 1773–1858, Bd. 179, S. 24ff.); „NICOTIANA. ... Tabac. ... Die dritte [‚Hauptgattung‘] wird genannt Nicotiana minor, C. B. Pit. Tournef. Raji Hist. Priapeia, quibusdam Nicotiana minor, J. B. ... Alle Arten des Tabacs ... purgiren mit grosser Heftigkeit von oben und unten. Sie werden zum Schlage gebrauchet, zur Lähmung der Glieder, zur Schlafsucht, zur Muttererstickung, und zum keuchen und kurzen Athem. Sie werden eingegeben und als Clystire beygebracht. Sie werden wider die Zahnschmertzen aufgeleget und geschmauchet. ...“ (Lémery 1721, Sp. 781f.); Nicotiana rustica – russ. *tjutjun* (*Annenkov* 1858, S. 62, Nr. 705)

„2. Nicotiana minor, C. B. P. 170“ (AAW R. I, Op. 13, D. 16, Bl. 5r, s. Anm. 32 in Nr. 6); „612. Nicotiana folijs ovatis Linn. h. cliff. 56. Nicotiana minor B. P. 170.“ (AAW R. I, Op. 13, D. 20, Bl. 59v, s. Anm. 1 in Nr. 1); „38 Nicotiana minor. C. B. P. 170. ...“ (Bl. 2v in: „Plantae anno 1741 ex horto Academico decerptae et exsiccatae.“ – AAW R. III, Op. 1, D. 98, Bll. 1r–4v)

4 „[species 1] Hyoscyamus vulgaris vel niger C. B. Pin. 169. Hyoscymus vulgaris J. B. 3. 627. Hyoscyamus niger Dod. Pempt. 450. Jusquiame ou Hannebane.“ (Tournefort 1700, S. 118, Genus IV. „Hyoscyamus. Jusquiame.“); „Hyoscyamus vulgaris vel niger C. B. P. 169. ... Bilsen=Kraut. ...“ (Rupp 1726, S. 200); „48. HYOSCYAMVS floribus amplexicaulibus, sinuatis, floribus sessilibus, LIN. Sp. pl. 1. p. 257. n. 1. R. pr. 422. Hyoscyamus vulgaris et niger, BAVH. pin. 169. Nascitur in omni Sibiria et Russice белена трава [russ. *belena trava*] dicitur. Rutheni per Russiam

et Sibiriam folia et flores cum radicibus balneorum fornacibus superiniciunt, aut propter iocum aut propter alias rationes, quo lauantes in balneo in sopporem, integrum nyctimeron durantem, aut vesaniam ludicram ad aliquot horas coniiciant. MESSERSCHM. puluere huius plantae in dentes cariosos insperso, iidem contra dolores inde orientes vtuntur ID." (Gmelin 1747–1769, Bd. IV, S. 93), nahezu identisch auf Bl. 49v in: AAW R. I, Op. 104, D. 14 – s. Anm. 32 in Nr. 6; „48. Hyoscyamus foliis amplexicaulibus sinuatis, floribus sessilibus [=] Hyoscyamus niger L.!" (Ledebour 1841, S. 121); „HYOSCYAMUS foliis amplexicaulibus. Hyoscyamus vulgaris & niger. Bauh. pin. 169. Hyoscyamus vulgaris. Bauh. hist. 3. p. 627. ..." (Linné 1737, S. 56); „HYOSCYAMUS NIGER. ... Hyoscyamus vulgaris et niger. C. Bauh. pin. 169. ... Schwarzes Bilsenkraut Bilsensamen, Bilsenbohne, Saubohne, Hühnergift, Hühnertod, Teufelsauge, Zigeunerkorn, Zigeunerkraut, Tollkraut, Schlafkraut, Rindswurz. ... Der Hyoscyamus niger besitzt einen betäubenden Geruch und faden Geschmack; er gehöret zu den betäubenden Giften, und zwar ist er so reichhaltig an narkotischem Grundstoffe, dass er, sogar in nicht zu grosser Menge genossen, Zuckungen, Wahnsinn, Raserey, Lähmungen, und andre gefährliche, ja selbst tödliche Nervenzufälle hervorbringt. ..." (Hayne 1805, Nr. 28); „1.) Schwarzes Bilsenkraut. Hyoscyamus niger. ... Hyoscyamus foliis amplexicaulibus, sinuatis, floribus sessilibus. LINN. Syst. veg. p. 184. ... Hyoscyamus vulgaris et niger. C. BAUH. pin. 169. ..." (Linné 1779, S. 641ff.); „[Hyoscyamus] niger, ... schwarzes Bilsenkraut, ... gemeines Bilsenkraut; ...man hat sie auch in Gestalt eines Rauchs in Zahnschmerzen und Winterbeulen angerühmt; ... neuerlich aber hat der kayserl. Leibarzt Herr von Störk ... gezeigt, daß eben diese Pflanze ... in der Schwermuth, in der Milzsucht, in der Raserey, in der fallenden Sucht, in Gichtern, in Krämpfen, bey heftigen Schmerzen, in gewaltsamen Husten ... ein vorzügliches Mittel seye; ..." (Gmelin 1773b, Sp. 981ff.); „1. HYOSCYAMUS niger. H. foliis amplexicaulibus sinuatis, ... Hort. cliff. 56. ... Gmel. sib. 4. p. 93. H. vulgaris et niger. Bauh. pin. 169. ... Schwarzes Bilsenkraut. W. ..." (Linné 1797–1830, Bd. I, Teil 2, S. 1020); „1. HYOSCYAMUS NIGER. Linn. ... Hyoscyamus foliis amplexicaulibus, ... Gmel. Fl. sib. IV. p. 83. ..." (Ledebour 1829, S. 228); „1. H[yoscyamus] niger (L. SP. 257) ... H. foliis amplexicaulibus sinuatis, ... GMEL. Fl. sib. IV, p. 93, Nr. 48. ..." (Ledebour 1846–1851, S. 183f.); „248. Hyoscyamus niger. Lin. Syst. Pl. I. p. 499. sp. 1. ... Tolle Bilse. Ruß. Belena. ..." (Falk 1786, S. 132); „Bilsenkraut, Rasewurzel, Rindswurzel, Sau=Bohne, Schlafkraut, Schweinsbohne, Teufels=Augen, Tollkraut, Zigeunerkraut, ... 1. Das gemeine schwarze Bilsenkraut, Hyoscyamus vulgaris vel niger, C. B. P. ..." (Krünitz 1773–1858, Bd. 5, S. 305ff.); „HYOSCYAMUS. ... teutsch, Bilsenkraut, ... Die erste [Sorte] heisset ... Hyoscyamus vulgaris vel niger, C. B. Pit. Tournef. ... Die andre wird genannt Hyoscyamus albus J. B. ... Sie machen schläfrig, dumm und dämisch, stillen die Schmertzen, und sind den Thieren, die sie fressen, oftmahls tödlich. Aeusserlich werden sie zu Pflastern und Salben, zu Oelen und zur Bähung gebraucht. ..." (Lémery 1721, Sp. 556f.) „Hyoscyamus L., Bilsenkraut. R. Belena. ... 1. Hyoscyamus niger L. ... Schwarzes Bilsenkraut. R. Blekota. Georg. Nelzora ... Die betäubende Kraft der ganzen Pflanze bey Menschen und Thieren ist hier von mehrerer Anwendung als Hausmittel. Muthwillige legen es in den Badestuben unter die Bänke oder auch ins Wasser, wenn sie bey den Badenden einen schweren, langen Schlaf zu Begünstigung ihrer Absichten zuwege bringen wollen. ..." (Georgi 1797–1802, Theil 3, S. 783f.); „52. Hyoscyamus niger L. ... Das Bilsenkraut (Hyosc. niger) wird in Russland Zahnkraut genannt, da seine Samen fast überall von den Volksärzten bei Zahnschmerzen gebraucht werden. Diese Anwendung findet sich schon in den alten russischen Heilbüchern angeführt. ..." (Demitsch 1889, S. S. 208ff.); „Hyoscy̅amus L. (Solaneae). Zus. aus ὑς (Schwein) und κυαμος (Bohne); die (mit einer Menge kleiner Samen angefüllte) Kapsel hat Aehnlichkeit mit einer Bohne, ist aber eine ungeniessbare, giftige (auch den Schweinen schädliche!) Frucht." (Wittstein 1852, S. 462); „HYOSCYAMVS (niger) foliis amplexicaulibus. Linn.

Cliff. 56. Suec. 199. ... Hyoscyamus vulgaris. Bauh. hist. 3. p. 627. Беленà [russ. *belena*] Russ. ...“ (*Krašeninnikov* 1761, S. 36f.); Hyosciamus niger L. – russ. *blekota*, *belena*, *zubnik* bzw. *delimian* (*Annenkov* 1858, S. 50, Nr. 558); wotjakisch piń- turîm – russ. *belena*, Hyoscymus niger (Munkácsi 1896, S. 567)

„Hyosciamum una cum radicibus foliis et floribus Rutheni per Russiam et Sibiriam Balneorum fornacibus superinjiciunt aut propter jocum aut propter alias rationes, quo lavantes in balneo in soporem integrum nictimeron durantem aut vesaniam ludicram ad aliquot horas conjiciant, Ruthenis herba audit пелина драва [*pelina drava*, d. h. russ. *belena trava*].“ (AAW R. I, Op. 104, D. 18, Bl. 4v, s. Anm. 20 in Nr. 632); „1. Hyoscyamus vulgaris vel niger. C. B. P. 169.“ (AAW R. I, Op. 13, D. 16, Bl. 5r, s. Anm. 32 in Nr. 6); „140. Hyoscyamus folijs amplexicaulibus, corollis infundibiliformibq Hyoscyamus folijs amplexicaulibus Lin. h. cliff. 56. Hyoscyamus vulgaris et niger B. Pin. 169. Boerh. lugd. 1. p. 229. ...“ (AAW R. I, Op. 13, D. 20, Bl. 15v, s. Anm. 1 in Nr. 1); „Hyoscyamus vulgaris vel niger, Tournef. Spec. 1. ...“ (AAW F. 98, Op. 1, D. 20, Bl. 28v, s. Anm. 90 in Nr. 33); „Hyoscyamus vulgaris vel niger, T. Sp. i. ...“ (AAW F. 98, Op. 1, D. 19, Bl. 25r, s. Anm 59 in Nr. 19); „Hyosciamus vulgaris vel niger. C. B. P. ...“ (AAW R. I, Op. 105, D. 2, Bl. 2r, s. Anm. 54 in Nr. 17); „28 Hyosciamus vulgaris s. niger C. B. P.“ (G. W. Steller nach J. G. Heinzelmann: AAW R. I, Op. 81, D. 23, Bl. 15v, s. Anm. 1 in Nr. 1); „28. Hyoscyamus Vulgaris vel niger C. B. P. 169. Hyoscyamus vulgaris JB. 3. 627.“ (AAW R. I, Op. 19, D. 1, Bl. 2v, s. Anm. 1 in Nr. 1); „11. Hyosciamus vulgaris vel niger CBP ... Russ. бѣлина [russ. *belina*] Incolae retulerunt, plantam comedentes in insaniam labi, imo si planta lapidibus candentibus in balneis usos, sanam mentem ad tempus perdere. ...“ (AAW R. I, Op. 104, D. 17, Bl. 9v, s. Anm. 36 in Nr. 8); „Hyosciamus vulgaris vel niger C. B. P. Hyosciamus folijs amplexicaulibus Linn. h. Cliff. 56. ...“ (AAW R. I, Op. 13, D. 67, Bl. 54v, s. Anm. 5 in Nr. 4); „434. Hyosciamus vulgaris vel niger C. B. P. ...“ (AAW R. I, Op. 105, D. 12, Bl. 20v, s. Anm. 54 in Nr. 17); „999. Hyoscyamus vulg.“ (AAW R. I, Op. 15, D. 3, Bl. 18v, s. Anm. 65 in Nr. 24); „Hyosciamus vulgaris vel niger CBP Ruß. бѣлена [russ. *belena*] ...“ (AAW R. I, Op. 104, D. 8, Bl. 8r, s. Anm. 18 in Nr. 452); „830. Hyosciamus vulgaris vel niger C. B. P. ...“ (AAW R. I, Op. 105, D. 1ª, Bl. 94v, s. Anm. 29 in Nr. 5); „100. Hiosciamus vulgaris vel niger. C. B. P. 169. B. n. 1.“ (AAW R. I, Op. 104, D. 13, Bl. 3v, s. Anm. 84 in Nr. 29); „CLXXIV Hyosciamus T. 117. 42. B. I. 229. Бѣлена [russ. *belena*]. 1. Hyoscyamus vulgaris vel niger. C. B. P. 169. B. n. 1. Rivin. monop.“ (Bl. 21r in T. Gerber „Flora Moscuensis ...“, s. Anm. 6 in Nr. 55); „Hyosciamus Белен⌈н⌉а [russ. *belenna*]“ (G. W. Steller nach T. Gerber: AAW R. I, Op. 81, D. 23, Bl. 5v, s. Anm. 1 in Nr. 1)

5 russ. *belena*; russ. *belena*, *blekot* u. *blekota* – Hyoscyamus, Hyoscyamus niger (*Dal'* 1880–1882, T. I, S. 96, S. 155; Pawlowski 1952, S. 62 u. S. 95)

6 „24. CORTVSA calycibus corollam excedentibus, LIN. AMM. ac. 2. p. 240. Sp. pl. 1. p. 26. n. 2. T. XLIII. f. 1. Androsace pumila hirsuta hederae terrestris folio, GM. Ind. Irc. 406. Androsace minima alba, foliis glabris, STELL. Irc. n. 55. ...“ (Gmelin 1747–1769, Bd. IV, S. 79f.; abweichender Text und ohne Bezug zu Steller auf Bl. 45r in: AAW R. I, Op. 104, D. 14 – s. Anm. 32 in Nr. 6); „24. Cortusa calycibus corollam excedentibus t. XLIII. f. 1. [=] „Androsace Gmelini Gärtn.!“ (Ledebour 1841, S. 119); „2. CORTUSA calycibus corollam excedentibua. ...“ (Linné/Halenius 1751, S. 340f.); „2. CORTUSA Gmelini. C. calycibus excedentibus. Amoen. acad. 2. p. 340. Gmel. sib. 4. p. 79. t. 43. f. 1. ... Sibirische Cortuse. W. ...“ (Linné 1797–1830, Bd. I, Teil 2, S. 807); „4) ANDROSACE GMELINI. GAERTN. ... Cortusa Gmelini. Linn. amoen. acad. II. p. 340. Cortusa calycibus corollam excedentibus. Gmel. Fl. sib. IV. p. 79. No. 24. t. XLIII, f. 1. ...“ (Ledebour 1829, S. 217); „14. A[ndrosace] Gmelini (GÄRTN. de fr. et sem. pl. 1, p. 232) ... A. Gmelini. ... LEDEB.Fl. alt. I, p. 217. ... Cortusa Gmelini. L. Amoen. acad. II,

p. 340. … Cortusa calycibus corollam excedentibus. GMEL. Fl. sib. IV, p. 79, Nr. 24, t. 43, f. 1. …" (Ledebour 1846–1851, S. 21); „2.) Siberische Cortuse. Cortusa Gmelini. ... Cortusa calycibus corollam excedentibus. LINN. Syst. veg. p. 163. ... GMEL. Fl. Sib. 4. p. 79. t. 43. f. 1. ..." (Linné 1779, S. 472); „Cortusa Gmelini, calycibus corollam excedentibus; Gmelins Cortuse, …" (Gmelin 1773, Sp. 201); s. auch „25. ANDROSACE foliis lanceolatis denticulatis, glabris, perianthiis, angulatis, corolla breuioribus, LIN. Sp. pl. 1. 203. n. 2. T. XLIII. A. B. Alsine verna androsaces capitulis, BAVH. pin. 251. Alsine adfinis androsace dicta minor, ib. ID. Alsine minor androsaces alterius Matthioli facie, ID. ib. Androsace montana flore minore, BVXB. Comm. pet. II. p. 369. T. XXIV. f. 4. Androsace coronopie foliis glabra, flosculis ex verticilli foliosi vmbilico pluribus, albis, MESS. AMM. 22. Androsace 55. 56. 57. 58. 60. 61. 62. STELL Irc. Samolus Ruthenica polygoni folio flore albo, GERB. Mosc. I. Eadem foliis petiolatis rotundioribus T. II. Androsace alba folio latiusculo dentato, GM. Ind. Irc. 404. [s. Nr. 56] Ien. 811. [s. Nr. 56] ... Russice перелойная трава [russ. *perelojnaja trava*] dicitur, vtunturque planta in morbo, a quo nomen fortita est, vt et in variis pecorum morbis, vocant quoque eam грыжная трава [russ. *gryžnaja trava*], florentem colligunt, siccant et in decocto contra fluorem album et gonorrhoeam adhibent." (Gmelin 1747–1769, Bd. IV, S. 80f.), nahezu identisch auf Bl. 45v in: AAW R. I, Op. 104, D. 14 – s. Anm. 32 in Nr. 6; „25. Androsace foliis lanceolatis denticulatis glabris, perianthiis angulatis, corolla brevioribus. t. XLIII. f. 2. A. [=] Androsace septentrionalis L.! [;] I. Eadem foliis petiolatis rotundioribus. f. 2. B. [=] Androsace lactiflora Fisch!" (Ledebour 1841, S. 119); „XLVII Samolus … 2 Samolus Ruthenica Polygoni folio flore albo" (Bl. 8r in T. Gerber „Flora Moscuensis seu Consignatio plantarum quae sponte circa Moscuam crescunt et quae exoticae in horto Medico Moscuensi aluntur." von 1736, 83 Bll., Manuskript der Biblioteca Nazional Braidense in Milano (Mailand) mit der Signatur BNBM AE. XI. 18; nach Trautvetter 1837, S. 67, „Flora mosquensis"; eine Kopie des Manuskripts stellte freundlicherweise Dr. Markus Rentsch, Görlitz, zur Verfügung); „3. Nördliche Androsace. Androsace Septentrionalis. ... Androsace foliis lanceolatis, dentatis, glabris; perianthiis angulatis, corolla brevioribus. LINN. Syst. veg. p. 162. … GMEL. Sib. 4. p. 80. ... Androsace montana, flore minore. BUXB. Act. petrop. 2. p. 369. t 23. f. 2. [s. Buxbaum 1729b] … Alsine verna, Androsaces capitulis. C. B. BAUH pin. 251. ..." (Linné 1779, S. 462f.); „[Androsace] septentrionalis, … mitternächtlicher Mannsschild, … sie heißt bey Buxbaum: Androsace montana, flore minore; …" (Gmelin 1772a, Sp. 488f.); „2) ANDROSACE SEPTENTRIONALIS. Linn. ... Androsace foliis lanceolatis denticulatis, ... Gmel. Fl. sib. IV. p. 80. No. 25. t. XLIII. f. 2A. Androsace montana flore minore, Buxb. Comment. petrop. 11. [sic.!] p. 369. t. XXIV. f. 4. ... 3) ANDROSACE FILIFORMIS. Retz. ... Androsace septentrionalis var. I. foliis petiolatis rotundioribus. Gmel. Fl. sib. IV. p. 81 (No. 25) t. XLIV. fig. 4. ..." (Ledebour 1829, S. 215f.); „*3. ANDROSACE filiformis. … A. foliis petiolatis rotundioribus. Gmel. sib. 4. p. 81. t. 44. f. 4. Fadenförmiges Mannsschild. W. … 4. ANDROSACE septentrionalis. A. foliis lanceolatis dentatis glabris, … Gmel. sib. 4. t. 43. f. 1. AB. … A. montana, flore minore. Buxb. act. 2. p. 369. t. 23. f. 2. … β. Var. foliis petiolatis rotundioribus. Gmel. l. c. t. 43. f. 2. R. … Nördliches Mannsschild. W. …" (Linné 1797–1830, Bd. I, Teil 2, S. 797f.); „8. A[ndrosace] lactiflora (PALL. It. III, p. 244. 253) … A. lactiflora. FISCH. Cat. h. gorenk. a. 1868, p. 30. … A. Coronopi foliis, glabra, flosculis ex verticilli foliosi umbilico pluribus, albis. MESSERSCHM. in AMMAN. ruth. p. 13, Nr. 22. … 9. A[ndrosace] septentrionalis (L. SP. 203) … LEDEB. Fl. alt. I, p. 215. ... A. montana flore minore. BUXBAUM in Comment. Acad. petropol. II, p. 369, t. 23, f. 2. A. foliis lanceolatis denticulatis glabris, … GMEL. Fl. sib. IV, p. 80, Nr. 25, t. 43, f. 2 A. …" (Ledebour 1846–1851, S. 18ff.); „22. ANDROSACE Coronopi foliis, glabra, flosculis ex verticilli foliosi vmbilico pluribus, albis Messerschm. …" (Amman 1739, S. 13ff.); „Alsīne … Von ἄλσος (Hain), in Bezug auf den

Standort.“ (Wittstein 1852, S. 32); „Andrōsace L. (Primulaceae). Zus. aus ἀνηρ (Mann) und σακο; (Schild); man hat die breiten abgerundeten und concaven Blätter einiger Arten mit dem Schilde der Alten verglichen. Offenbar aber verstanden die Alten unter diesem Namen eine ganz andere blattlose Pflanze mit schildähnlichen Kapseln (s. Plin. XXVII. 9.)“ (a. a. O., S. 47); „Cortūsa L. (Primulaceae). Nach JAK. ANT. CORTUSI, st. 1593 [?] als Direktor des botanischen Gartens zu Padua; schrieb eine Beschreibung dieses Gartens. Er war der Erste, mit dem die schon von den alten Griechen zuweilen geübte Sitte, Pflanzen nach Personen zu benennen (z. B. Chironia, Achillea), wieder eingeführt wurde; sein Freund Matthiolus erzeigte ihm nämlich diese Ehre, weil er die Pflanze entdeckt hatte.“ (a. a. O., S. 230); „Sāmolus T. (Primulaceae). Zus. aus den celtischen san (heilsam) u. mos (Schwein); die alten Gallier gebrauchten dieses Kraut gegen Krankheiten der Schweine und des Rindviehs (Plin. XXIV. 63.); die angebliche Ableitung von der Insel Samos ist falsch.“ (a. a. O., S. 782); „Andrósace <Mannssschild>: ...“ (Genaust 2005, S. 62); „Cortúsa <Glöckel, Heilglöckchen>: Name bereits vorlinn. ... nach Cortusi, Giacomo Antonio ...“ (a. a. O., S. 179); „CORTUSA. ... Es hält an und dienet zu den Wunden, stillet die Schmertzen, stärcket die Nerven: man braucht es zu den Brustgeschwüren, den Durchfall und das Bluten zu verstellen, auch das Gehirn zu stärcken. Es wird innerlich und äusserlich gebraucht. ...“ (Lémery 1721, Sp. 354); „ALSINE. ... teutsch, Hünerbiß, Hünerdarm, ... Es befeucheet [sic!], erfrischet, lindert, macht dicke, und stillet den goldnen Aderfluß: mildert auch die Schmertzen, wann es gekocht und gebrauchet, oder äusserlich aufgeleget wird. Alsine kömmt von dem Griechischen Wort ... lucus, ein Wald, Gebüsch, weil dieses Kräutlein gern in dicken niedrigen Gebüsche und andern schattigen Orten pfleget zu wachsen. ...“ (a. a. O., Sp. 39); Androsace septentrionalis L. – russ. *naščitnica*, *tverdočašennik*, *perelomnaja trava*, *perelom*, *rezucha*, *perelojnaja trava* bzw. *gryžnaja trava* (*Annenkov* 1858, S. 15, Nr. 92); Cortusa – russ. *lečucha* bzw. *zar žiza* (a. a. O., S. 34, Nr. 351); „Andrōsace L. (Primulaceae). Zus. aus ἀνης und σακο; (Schild); man hat die breiten, abgerundeten und concaven Blätter einiger Arten mit dem Schilde der Alten verglichen. Offenbar aber verstanden die Alten unter diesem Namen eine ganz andere blattlose Pflanze mit schildähnlichen Kapseln (s. Plin. XXVII. 9).“ (Wittstein 1852, S. 47)

„406. Androsace pumila, hirsuta, Hederae terrestris folio. ...“ mit den rechts marginalen Anm. von J. G. Gmelin „St. neñt n°. 55 Androsace minima alba, subrotundis folijs glabra“ und „vid. Ic.“ (AAW R. I, Op. 105, D. 12, Bl. 18r, s. Anm. 54 in Nr. 17); „6. Androsace pumila, hirsuta, Hederae terrestris folio Ind. Irc. n°. 406. Androsace folijs cordatis crenatis.“ (AAW R. I, Op. 13, D. 67, Bl. 53v, s. Anm. 5 in Nr. 4); „1. Androsace minima, foliis subrotundis glabra. Gmel.“ mit der rechts marginalen Anm. „Lena fl.“ (AAW R. I, Op. 13, D. 16, Bl. 5r, s. Anm. 32 in Nr. 6); „4. Androsace minima, subrotundis foliis glabra.“ (AAW R. I, Op. 14, D. 8, Bl. 1r, s. Anm. 98 in Nr. 39); „Alsine affinis Androsace dicta minor C. B. Eandem ego plantam obs. XXX in hist. nat. sub nomine Androsaces alpinae perennis, angustifoliae, glabrae et multiflorae. I. R. H. descripsi, sed post secundas cogitationes me deceptum fuisse video. Diu etiam habui pro Alsine verna Androsaces capitulis C. B. Pr. vel ut Buxbaumius vocat, Androsace montana flore minore et hanc sententiam amplecterer, nisi haec subhirsuta esset, cum nostra levissima sit. ...“ (AAW R. I, Op. 105, D. 2, Bl. 2v, s. Anm. 54 in Nr. 17); „40) Androsace minima alba subrotundis foliis glabra ind plantarum Lenens. No. 233. ...“ (AAW R. I, Op. 104, D. 25, Bl. 5v, s. Anm. 61 in Nr. 21); „13. Androsace minima, alba, subrotundis folijs, glabra Fl. Irc. 55. [sic!]“ (AAW R. I, Op. 105, D. 16, Bl. 1r, s. Anm. 5 in Nr. 4)

7 „233. Androsace minima alba subrotundis foliis, glabra. ...“ mit der links marginalen Anm. „Tab. XXIV“ (AAW R. I., Op. 105, D. 10^{a}, Bll. 17v–18r, s. Anm. 1 in Nr. 1)

8 „811. Androsace alba, folio latiusculo, dentato Ind. Irc. n°. 404. ... Fl. Irc. n° 56.“ (AAW R. I, Op. 105, D. 1, Bl. 65r, s. Anm. 29 in Nr. 5); „404. Androsace alba, folio latiusculo, dentato.

Androsace minima, alba, subrotundio folijs Ind. Len. ..." mit der links marginalen Anm. von J. G. Gmelin auf Bl. 17v „St. n°. 56. Androsace angustifolia glabra folio subrotundo" (AAW R. I, Op. 105, D. 12, Bl. 17v, s. Anm. 54 in Nr. 17); „1 Androsace alba, folio latiusculo, dentato Ind. Irc. n°. 404. Jen. n°. 811." mit der links marginalen Anm. von J. G. Gmelin „Androsace calycibus fructuum flore non superantibus folijs pedunculatis dentatis „ und „vid. Ic." (AAW R. I, Op. 13, D. 67, Bl. 53v, s. Anm. 5 in Nr. 4); s. Nr. 55

9 s. Nr. 55

10 „405. Androsace alba, folio angusto & dentato, magno flore. An Androsace montana flore minore Buxb. Comm. Ac. Sc. Petr. Tom. II. p. 369? Ic. ..." mit den links marginalen Anm. von J. G. Gmelin auf Bl. 17v „St. n°. 58. Androsace folio angusto glabro acuto & serrato." und „vid. Ic." (AAW R. I, Op. 105, D. 12, Bll. 17v–18r, s. Anm. 54 in Nr. 17); „18. Androsace calycibus fructuum flore minore superantibus dentatis folijs sessilibus Androsace calice fructus parvo Fl. Lapp. 48. Androsace alpina perennis, angustifolia, glabra & multiflora I. R. H. Ind. Irt. Androsace alba folio angusto & dentato, magno flore Ind. Irc. n°. 405. Alsine verna Androsaces capitulis B. Pr. Androsace minima Parkh. Androsace montana flore minore Buxb. Comm. Tom. II. p. 369. Tab. 23. f. 2 minus bona ..." (AAW R. I, Op. 13, D. 20, Bl. 3r, s. Anm. 1 in Nr. 1); „5. Androsace alba, folio angusto et dentato, magno flore. Ind. Irc. n°. 405 (AAW R. I, Op. 13, D. 67, Bl. 53v, s. Anm. 5 in Nr. 4); „7. Androsace montana flore minore Comm. Petr. Tom. II. p. 369. ..." (a. a. O., Bl. 53v); s. auch Buxbaum 1729b und Nr. 55

11 „27. ANDROSACE foliis pilosis, perianthiis hirsutis. LIN. Sp. pl. 1. p. 203. n. 3. Sedum minus IX s. alpinum III. CLVS. Hist. LXI. GM. Ind. transb. Androsace montana perennis muscoides, Ind. Ien. Androsace musci aut parui sedi facie, STELL. Irc. 59. ..." (Gmelin 1747–1769, Bd. IV, S. 82), nahezu identisch auf Bll. 46r–46v in: AAW R. I, Op. 104, D. 14 – s. Anm. 32 in Nr. 6; „27. Androsace foliis pilosis, perianthiis hirsutis [=] Androsace villosa L.!" (Ledebour 1841, S. 119); „4.) Haarige Androsace. Androsace villosa. ... Androsace foliis pilosis; perianthiis hirsutis. LINN. Syst. veg. p. 162. ..." (Linné 1779, S. 463f.); „Androsace villosa, foliis pilosis, perianthiis hirsutis; zotiger Mannsschild, mit harigen Blättern, und zotigen Blumendeken; ..." (Gmelin 1772a, Sp. 489); „579. ANDROSACE villosa. Linn. Zottiger Mannsschild. ... Triv. und and. Namen. Haariger Mannsharnisch. Rauher Mannsharnisch. ..." (Röhling 1826, S. 99f.); „6. ANDROSACE villosa. ... Rauhes Mannsschild. W. ..." (Linné 1797–1830, Bd. I, Teil 2, S. 798f.); „ANDROSACE VILLOSA Linn. ... Androsace foliis petiolatis, perianthiis hirsutis. Gmel. Fl. sib. IV. p. 82. No. 27. ..." (Ledebour 1829, S. 217f.); „6. A[ndrosace] villosa (L. SP. 203) ... LEDEB. Fl. alt. I, p. 217 (excl. var. β.). ... A. foliis pilosis, perianthiis hirsutis. GMEL. Fl. sib. IV, p. 82, Nr. 27. ..." (Ledebour 1846–1851, S. 17f.); „4. ANDROSACE villosa L. ... Rauher Mannsschild. ..." (Georgi 1797–1802, Theil 3, S. 761); „Mūscus von μοσχος (junger Sprössling), um auf das Zarte dieser Pflanzen hinzudeuten." (Wittstein 1852, S. 599); „Sēdum L. (Crassulaceae). Von sedere (sitzen), die meisten Arten wachsen nämlich platt auf der Erde; die Blätter der grössern Arten legt man zur Beruhigung (ad sedandum) auf Wunden." (a. a. O., S. 806); „Moos, Mos, Moß. Lateinisch Muscus. ..." (Zedler 1732–1750, Bd. 21, Sp. 1436ff.); „SEDUM. ... teutsch/ grosse Hauswurtz/ Hauslaub. ..." (Lémery 1721, Sp. 1034)

„* Sedum minus IX sive alpinum III Clus. Hist. LXI. Sedum alpinum minimum, foliis cinereis, flore candicante J. B. ..." mit der links marginalen Anm. auf Bl. 6v „vid. Fig." (AAW R. I, Op. 105, D. 2, Bll. 6v–7r, s. Anm. 54 in Nr. 17); „813. Androsace montana perennis Muscoides Ind. Len. n°. 230. ... Fl. Irc. n° 59." (AAW R. I, Op. 105, D. 1, Bl. 65v, s. Anm. 29 in Nr. 5); „2. Androsace montana perennis Muscoides. Sedum minus IX. Clus. Hist. lxj. obs. in H. N." (AAW R. I, Op. 14, D. 8, Bl. 1r), s. Anm. 98 in Nr. 39); „230. Androsace montana perennis Muscoides. Sedum minus IX. Clus. Hist. Ded. huius figuram in Catalogo plantarum CIƆIƆCCXXXV [1735] characteris tunc temporis ignarus. ..." (AAW R. I, Op. 13, D. 42, Bll. 33v–34r, s. Anm. 1 in Nr. 1); „403. Androsace Alpina perennis, angustifolia, glabra & multiflora I. R. H. Ind. prior. Passim sed raro." mit der links marginalen Anm. von J. G. Gmelin „St. n°. 59. Androsace Musci aut parvi Sedi facie" (AAW R. I, Op. 105, D. 12, Bl. 17v, s. Anm. 54 in Nr. 17); „402. Androsace montana perennis Muscoides Ind. Len. ..." (a. a. O., Bl. 17v); s. auch Nr. 58

12 s. Nr. 55

13 in der 2. Textversion (s. Anm. 1 in A.): „humiliorum"

14 russ. *Krest*

15 s. Nr. 55

16 s. Nr. 55

17 s. Nr. 58

18 Androsace lactea zum Beispiel fand in der russischen Volksmedizin Anwendung bei Harnbeschwerden (Krebel 1858, S. 146).

19 „TRIPPER, m., gonorrhoea. ... drüpper ..." (Grimm 1991, Bd. 22, Sp. 650f.); „Gonorrhöe ... 2) (Tripper, Blenorrhoea urethrae, Chaudepisse), Entzündung der Schleimhaut der Harnröhre, ..." (Pierer 1857–1865, Bd. 7, S. 468f.)

20 „23. CORTVSA calycibus corolla breuioribus, LIN. Sp. pl. 1. p. 26. n. 1. Cortusa Matthioli, CLVS. Hist. 1. p. 307. Primula veris folio amplissimo subrotundo, laciniato, mellis odore, STELL. Irc. 63. ..." (Gmelin 1747–1769, Bd. IV, S. 79), nahezu identisch auf Bl. 44v in: AAW R. I, Op. 104, D. 14 – s. Anm. 32 in Nr. 6; „23. Cortusa calycibus corolla brevioribus [=] Cortusa Matthioli L.!" (Ledebour 1841, S. 119); „6. Der breitblättige Berg=Sanickel, Wundglöcklein, Heil=Glöcklein, Alp=Sanickel, H. Dreyfaltigkeit=Glöcklein: Sanicula montana, latifolia, lasciniata, C. B. P. ... Cortusa Matthioli. Clus. H. 307. ... Auricula Ursi laciniata, seu Cortusa Matthioli, flore rubro. T. 121. ... hat auch von den Hirten wahrgenommen, daß er ein treflich heilsames Wund=Kraut seye, alle Schäden und Wunden zu heilen, so man von dem ausgepreßten Safte dieses Krauts in dieselbige treuffet. ..." (Zwinger 1744, S. 991); „[species 19] Auricula Ursi laciniata seu Cortusa Mathioli, flore rubro. Sanicula montana, latifolia, laciniata C. B. Pin. 243. ... Cortusa Mathioli Clus. Hist. 307." (Tournefort 1700, S. 121, Genus VII. „Auricula Ursi. Oreille d'Ours."); „2. CORTUSA foliis cordatis petiolatis. ... Cortusa matthioli. Clus. hist. 1. p. 307. Auricula ursi laciniata seu Cortusa matthioli, flore rubro. Tournef. inst. 121. ... Sanicula montana latifolia sinuata. Bauh. pin. 243. ..." (Linné 1737, S. 50); „1.) Europäische Cortuse. Cortusa Matthioli. ... Cortusa calycibus corolla brevioribus. LINN. Syst. veg. p. 163. ..." (Linné 1779, S. 472); „[Cortusa] Matthioli, calycibus corolla brevioribus; Matthiols Cortuse, ... Matthiols Bergsanikel; ... Sie heißt bey Clusius: Cortusa Matthioli; ..." (Gmelin 1773, Sp. 200f.); „[Auricula] ursi laciniata s. Cortusa Matthioli flore rubro; hierunter versteht er [d. h. Tournefort] die rothe Spielart [von Matthiols Cortuse]." (Gmelin 1772a, Sp. 1031f.); „1. CORTUSA Matthioli. C. calycibus corolla brevioribus. ... Gmel. sib. 4. p. 79. ... C. matthioli. Clus. hist. 1. p. 307. ... Europäische Cortuse. W. ..." (Linné 1797–1830, Bd. I, Teil 2, S. 807); „1) CORTUSA MATTHIOLI. Linn. ... Cortusa calycibus corolla brevioribus. Gmel. Fl. sib. IV. p. 79. No. 23. Primula veris folio amplissimo subrotundo, laciniato, mellis odore. Steller. Ic. 63. ..." (Ledebour 1829, S. 206); „1. C[ortusa] Matthioli. L. SP. 206. ... LEDEB. Fl. alt. I. p. 206. ... C. calycibus corolla brevioribus. GMEL. Fl. sib. IV, p. 79, Nr. 23. ..." (Ledebour 1846–1851, S. 22); „PRIMULA VERIS. ... teutsch, Himmelschlüssel, Schlüsselblumen. ... Es dienet zur Stärckung des Hauptes, der Nerven und Gelencke, zu Flüssen, zum Schlag, wann es innerlich und äusserlich aufgelegt wird. Primula veris ist es genennet worden, dieweil es eines von den ersten ist, die im Frühlinge zu blühen pflegen." (Lémery 1721, Sp. 914f.); „SANICULA. ... teutsch, Sanickel. ... Es hält an, heilet, ist ein gut Wundkraut, reiniget, dient zu innerlichen und äusserlichen Geschwüren,

das Bluten zu verstellen und zu den Brüchen; ... Sanicula kommt von sanando, heilen, her, weil dieses Kraut zu vielen Kranckheiten dienlich ist." (a. a. O., Sp. 999); „AURICULA URSI. ... teutsch, Bärjenickel, Bährenöhrlein/ Auricul. ... Es ist gut zum Stein und Gries, abgesotten gebraucht. Es wird ein Wasser daraus auf gewöhnliche Weise destilliret; dessen bedienen sich die Spanier zum Husten; daher sie auch dem Kraute den Titel yerva tussera, Hustenkraut, geben. Auricula ursi heist es, dieweil man haben will, ob sollte eine Gleichheit wischen den Blättern dieses Gewächses und den Bährenohren zu befinden seyn." (a. a. O., Sp. 129f.); „Prīmula L. (Primulaceae). Von primus (der erste), weil sie einer der Erstlinge des Frühlings ist." (Wittstein 1852, S. 385, S. 726); „Auricula T. (Primulaceae). Dimin. von auris (Ohrläppchen) in Bezug auf die Form der Blätter." (a. a. O., S. 86); „Sanīcula L. (Umbelliferae). Von sanare (heilen); war früher als Wundmittel u. s. w. sehr im Rufe." (a. a. O., S. 783)
„35) Auricula ursi laciniata seu cortusa Mathioli flore rubro. i. r. h. et D. D. Gmel. ind. Plant Len. ... haec planta ao. 1739 in Flor. ircutiensi a me dicta Primula veris folio amplissimo subrotundo laciniato favi odore. ..." (AAW R. I, Op. 104, D. 25, Bll. 3v–4r, s. Anm. 61 in Nr. 21); „807 Cortusa procerïor. An Cortusa Mathioli, ceu Clusius describit, nulla omnino differentiam novi praeteream, quam titulus indicat, ... Fl. Irc. n°. 63." (AAW R. I, Op. 105, D. 1, Bll. 64r–64v, s. Anm. 29 in Nr. 5); „1 Cortusae procerior Ind. Jen. n°. 807." mit der rechts marginalen Anm. von J. G. Gmelin „vid. I." (AAW R. I, Op. 13, D. 67, Bl. 53r, s. Anm. 5 in Nr. 4); „26 An auricula ursi laciniata seu cortusa Mathioli flore rubro i. r. h." (AAW R. I, Op. 105, D. 19, Bl. 1v, s. Anm. 55 in Nr. 18); „75. An Auricula ursi laciniata seu Cortusa Mathiol. flore rubro I. R. H? Ind. Len. 228." (AAW R. I, Op. 13, D. 20, Bl. 8r, s. Anm. 1 in Nr. 1); „228. An Auricula ursi laciniata Seu Cortusa Mathioli flore rubro I. R. H. ..." (AAW R. I, Op. 13, D. 42, Bll. 32v–33v, s. Anm. 1 in Nr. 1); „XXXVII. Primula veris T. 124. 47. B. I. 198. буковица бѣлая [russ. *bukovica belaja*]. ..." (Bl. 7r in T. Gerber „Flora Moscuensis ...", s. Anm. 6 in Nr. 55); „Primula veris Буквица бѣлаѣ [russ. *bukvica belae*]" (G. W. Steller nach T. Gerber: AAW R. I, Op. 81, D. 23, Bl. 5v, s. Anm. 1 in Nr. 1); russ. *bukvica belaja* bzw. *bukovica belaja* – Primula veris (Pawlowski 1952, S. 86 u. S. 87)

21 Johann Amman

22 Johann Georg Gmelin

23 „[species 19] Auricula Ursi laciniato seu Cortusa Mathioli, flore rubro. Sanicula montana, latifolia, laciniata C. B. Pin. 243. Cortusa J. B. 3. 499. Cortusa Mathioli Clus. Hist. 307." (Tournefort 1700, S. 121, GENUS VII. „Auricula Ursi. Oreille d'Ours."); s. Anm. 20 in Nr. 63

24 „[species 8] Primula veris rubro flore Clus. Hist. 300, Verbasculum umbellatum, Alpinum, minus C. B. Pin. 242. Primula veris minor, purpurascens J. B. 3. 498." (Tournefort 1700, S. 124, Genus II. „Primula veris. Primevere."); „PRIMVLA VERIS. CAP. VIII. ..." mit der Abbildung „Primula veris rubro flore" auf S. 300 (Clusius 1601, S. 300ff. in Buch III; ab Buch IV gesonderte Seitennumerierung mit römischen Zahlen); „Primvla veris minor purpurascens. ... kreutzblümen, & klein rot schlüsselblumen ..." (Bauhin 1651, liber XXX, S. 498f.); „29. PRIMVLA foliis crenatis glabris, limbo florum plano, LIN. Sp. pl. 1. 205. n. 2. I. Foliis infra veluti farina adspersis. T. XLIV. III. Primula veris rubro flore, CLVS. Hist. 300. STEL. Irc. 64. Floribus albis, STEL. Irc. 65. II. Foliis vtrinque viridibus T. XLIV, 114. [?] III. Foliis vtrinque viridibus, admodum serratis. ..." (Gmelin 1747–1769, Bd. IV, S. 83); „29. Primula foliis crenatis glabris, limbo florum plano [=] Primula farinosa L.! [;] I. Foliis infra veluti farina adspersis. t. XLIV. f. 3. [=] Primula farinosa L. var. grandiflora? – An forte n. sp. corollarum limbo majore, calyce breviore aliisque forsan notis in planta viva eruendis dignoscendo? [;] II. Foliis utrinque viridibus t. XLIV. f. 2. [=] Primula longiscapa Ledeb. (ex Bunge Enam. alt. 10.)? (Primula longifolia M. a Bieb. Fl. t. c. I. 139.) [;] III. Foliis utrinque viridibus admodum serratis.[=] Primula auriculata Lam.? (Primula longifolia M. a Bieb. t. c.) [;] t. XLIV. f. 4. (in textu omissa.) [=] Androsace filiformis Retz.!" (Ledebour

1841, S. 120); „4. PRIMULA foliis glabris, rugosis, subtus farinosis, umbellifera. ... Primula veris rubro flore CLUS. ... Hist. p. 300. ... Verbasculum umbellatum alpinum minus C. B. ... II. Majus & albo flore. Primula veris albo flore CLUS. ... Hist. p. 300. ...“ (Haller 1742, S. 484); „1. PRIMULA foliis crenatis glabris, limbo florum plano. … Primula vero rubro flore. Tournef. inst. 124. Clus. hist. p. 300. … Verbasculum umbellatum alpinum minus. Bauh. pin. 242. α Primula veris albo flore. Clus. hist. 1. p. 300. Tournef. 124. Verbasculum alpinum umbellatum majus. Bauh. pin. 242. …“ (Linné 1737, S. 50); „2. Mehlichte Schlüsselblume. Primula farinosa. ... Primula foliis crenatis, glabris; florum limbo plano. LINN. Syst. veg. p. 162. ... Verbasculum umbellatum alpinum minus. C. BAUH. pin. 242. ... Diese Pflanze heißt wegen ihrer Schönheit bey den Engländern Bird-eye, Vogelauge, und ist eine ungemeine Zierde der Felder …“ (Linné 1779, S. 468); „Primula farinosa, … meelige Schlüsselblume, … Lerchenblümle; … Sie heißt bey … Clusius, Gerard und du Bry: Primula veris, rubro flore.“ (Gmelin 1775, Sp. 397f.); „4. PRIMVLA farinosa. … P. foliis crenatis plano, florum limbo plano. Hort. cliff. 50. … Gmel. sib. 4. p. 83. t. 44. f. 3. … Verbasculum umbellatum alpinum minus. Bauh. pin. 242. … Mehlblättrige Primel. W. …“ (Linné 1797–1830, Bd. I, Teil 2, S. 802); „5. PRIMULA AURICULATA. Lam. … P. auriculata Lam. ill I. p. 429. No. 1931. … Primula foliis crenatis glabris, limbo florum pleno. Gmel. Fl. sib. 83. n. 29. var. III. … 6) PRIMULA LONGISCAPA. Ledeb. …“ (Ledebour 1829, S. 211ff.); „8. P[rimula] auriculata (LAM. It. I, p. 429, Nr. 1931. …) … P. longifolia. M. a Bieb. Fl. t. c. I, p. 139 (excl. syn. GMEL. var. II et icon.) non 422. … P. auriculata. LEDEB. Fl. alt. I, p. 211. … 9. P[rimula] longiscapa (LEDEB. in Mém. de l’Acad. d. sc. de St. Petersbourg V, p. 520 a. 1814) … P. longiscapa. LEDEB. Fl. alt. I, p. 212. … P. foliis crenatis glabris, limbo florum plano. Var. II. foliis utrinque viridibus. GMEL. Fl. sib. IV, p. 83, Nr. 29, t. 44, f. 3. … 10. P[rimula] farinosa (L. SP. 205) ... P. foliis crenatis glabris, limbo florum plano. Var. I foliis infra veluti farina adspersis. GMEL. Fl. sib. IV, p. 83, Nr. 29, t. 44, f. 2 (non 3). …“ (Ledebour 1846–1851, S. 11ff.); „13. A[ndrosace] filiformis (Retz. Obs. II, p. 10) … LEDEB. Fl. alt. I, p. 216. … A. foliis lanceolatis denticulatis, glabris, perianthiis angulatis corollae brevioribus. I. foliis petiolatis rotundioribus. GMEL. Fl. sib. IV, p. 81, Nr. 25, t. 44, f. 4 (non T. II, uti in textu legitur). …“ (a. a. O., S. 21); „763. PRIMULA FARINOSA L. … P. farinosa Linn. sp. 205. …“ (*Turčaninov* 1856, Fasc. 2, S. 228f.); „4) Mehlblättrige Primel oder Schlüsselblume. ... Primula foliis crenatis, glabris, florum limbo plano. Linn. Syst. veg. p. 162. ... Primula veris rubro flore Clus. Pann. 340. Verbasculum umbellatum alpinum minus. C. Bauh. pin. 242. ... ihre Blätter sind auf der untern Fläche, so wie den Blumenschaft, und die Blumenstielchen und Kelche mit einem weißen Staube oder Mehl bestreuet. ... Das Mehl, womit die Blätter und Stängel bedeckt sind, wird von den Türken in Augenkrankheiten gebraucht.“ (Krünitz 1773–1858, Bd. 117, S. 390f.)

„804. Primula veris rubro flore Clus. H. CCC. ... Fl. Irc. n° 64. 65.“ (AAW R. I, Op. 105, D. 1ª, Bl. 93r, s. Anm. 29 in Nr. 5); „401. Primula veris flore rubro Clus. H. 300. ...“ (AAW R. I, Op. 105, D. 12, Bl. 17v, s. Anm. 54 in Nr. 17); „2. Primula veris rubro flore Clus. H. CCC. prior. Ind. Fl. Irc. n°. 64. 65. j. Eadem albo flore Fl. Irc. n°. 65. Ic. St. „ mit der rechts marginalen Anm. von J. G. Gmelin „Ic. St.“ (AAW R. I, Op. 13, D. 67, Bl. 78r, s. Anm. 5 in Nr. 4); „41) Primula veris rubro flore Clusii hist Tourn. i. r. h. spec. 8 ...“ (AAW R. I, Op. 104, D. 25, Bl. 5v, s. Anm. 61 in Nr. 21); „1151. Primula folijs crenatis glabris Linn. vir. 12. h. Cliff. 50.1., Primula veris rubro flore Tourn. inst. 124. Clus. hist. 1. p. 300. ...“ (AAW R. I, Op. 13, D. 20, Bl. 105v, s. Anm. 1 in Nr. 1); „* Primula veris rubro flore Cl. Hist. „ (AAW R. I, Op. 105, D. 2, Bl. 2r, s. Anm. 54 in Nr. 17); „11. Primula veris rubro flore Clus. Hist.“ (AAW R. I, Op. 14, D. 8, Bl. 1r, s. Anm. 98 in Nr. 39); „1. Primula Veris rubro flore. Clus. Hist. 300.“ mit der rechts marginalen Anm. „Lena fl.“ (AAW R. I, Op. 13, D. 16, Bl. 5r, s. Anm. 32 in Nr. 6); „Primula veris rubro flore Clusii. Tournefort. Sp. 8. ...“ (AAW F. 98, Op. 1, D. 20, Bl. 29v, s. Anm. 89 in Nr. 33); „Primula veris rubro flore Clusii. T. Sp. 8. ..." (AAW F. 98, Op. 1, D. 19, Bl. 44r, s. Anm. 59 in Nr. 19); „229 Primula veris rubro flore Clusji Hist. 300. ..." (AAW R. I, Op. 13, D. 42, Bl. 33v, s. Anm. 1 in Nr. 1); „10. Forte Primula veris rubro flore, foliis utrinq$_3$ viridibus." (Bl. 11r in AAW R. I, Op. 15, D. 1, Bll. 1r–18r – Verzeichnisse von in Sankt Petersburg eingetroffenen Samen (vorwiegend von J. G. Gmelin) mit Bll. 2r–3v: „Catalogus derer Semina welche d(14$^{d(}$ Junj. 1739 aus Sibirien allhier angelangt sind."; Bll. 4r–9v: „Index Seminum aestate 1740 collectorum"; Bll. 10r–11v: „Catalogus derer Semina welche d(21d(Febr. 174<0>. aus Krasnojarskoe sind geschikt word("; Bll. 12r–13v u. Bll. 14r–17r (Kopie von Bll. 12r–13v): „Index Seminum ad Jeniensam fluvium et qvidem in superiori regione anno 1739. collectorum, qvae d. 30. Maji 1740 Petropolin mittuntur."; Bl. 18r: „Catalogus derer Saamen welche ... d(8$^{d(}$ 1741 gesäet worden."; s. Nr. 65 u. Nr. 63 sowie Anhang B.5. Nr. 30 und B.6.6.

25 „Valerianella. Mache. ..." (Tournefort 1700, S. 132f.); „VALERIANELLA, ... Valerianella bedeutet so viel, als kleine Valeriana, weil dieses Kraut der Valeriana oder dem Baldrian ähnlich siehet." (Zedler 1732–1750, Bd. 46, Sp. 295)

26 „Crater, Κρατηρ, heist gemeiniglich ein weiter Becher; Rulandus beschreibt ihn als einen oben weiten und unten engen Kessel." (Zedler 1732–1750, Bd. 6, Sp. 1541)

27 in der 2. Textversion (s. Anm. 1 in A.): „onustis"

28 „[species 9] Primula veris albo flore Clus. Hist. 300, Verbasculum Alpinum, umbellatum, majus C. B. Pin. 242." (Tournefort 1700, S. 124, Genus II. „Primula veris. Primevere."); „PRIMVLA VERIS. CAP. VIII. ..." mit der Abbildung „Primula veris albo flore" auf S. 300 (Clusius 1601, S. 300ff. in Buch III; ab Buch IV gesonderte Seitennumerierung mit römischen Zahlen); „[Primula] veris, albo flore; hierunter verstehen Clusius und Gerard eine Spielart der meeligen Schlüsselblume mit weisser Blume [d. h. Nr. 64]" (Gmelin 1775, Sp. 406f.); „Keyserlein. C. B. P. 242. v. Verbasculum alpinum umbellatum majus. ..." (Mentzel 1682, S. 167)

„42) Primula veris albo flore clusii cum praecedenti." (AAW R. I, Op. 104, D. 25, Bl. 5v, s. Anm. 61 in Nr. 21); s. Nr. 63 u. Nr. 64 sowie Anhang B.5. Nr. 31 und B.6.7.

29 „30. PRIMVLA foliis ouatis glabris, integerrimis, vmbellis paucifloris nutantibus T. XLVI. f. 1. Primula veris rubro flore, longo pediculo insidente, et folio vtrinque viridi Ind. Ien. 806. Primula veris rubro flore, vnico vel duplici folio, subrotundo, vtrinque viridi, STELL. Irc. 66. ..." (Gmelin 1747–1769, Bd. IV, S. 83f.), nahezu identisch ohne Anfang auf Bl. 47r in: AAW R. I, Op. 104, D. 14 – s. Anm. 32 in Nr. 6; „30. Primula foliis ovatis glabris integerrimis, umbellis paucifloris nutantibus t. XLVI. [=] Primula sibirica Jacq.!" (Ledebour 1841, S. 120); „7) PRIMULA SIBIRICA. Jacq. ... P. sibirica Jacq. Misc. austr. I.. p. 161. ... P. rotundifolia. Pall. it. III. p. 223. ... Primula foliis ovatis glabris, integerrimis, umbellis paucifloris nutantibus. Gmel. Fl. sib. IV. p. 83. No. 30. ..." (Ledebour 1829, S. 213f.); „*18. PRIMVLA sibirica. P. foliis integerrimis ovatis longe petiolatis, ... Jacq. misc. 1. p. 161. P. foliis ovatis glabris integerrimis, umbellis paucifloris nutantibus. Gmel. sib. 4. p. 83. t. 46. f. 1. Sibirische Primel. W." (Linné 1797–1830, Bd. I, Teil 2, S. 806); „761. PRIMULA SIBIRICA Jacq. ... Primula foliis ovatis glabris, .. Gmel. fl. Sib. IV. p. 83. t. XLVI. f. 1. ..." (*Turčaninov* 1856, Fasc. 2, S. 226); „12. P[rimula] sibirica (JACQ. Miscell. I, p. 161) ... α. genuina ... P. sibirica. ... LEDEB. Fl. alt. I, p. 213 ... P. foliis ovatis glabris integerrimis, ... GMEL. Fl. sib. IV, p. 83, Nr. 30, t. 46, f. 1. β. brevicalyx ... Hinc P. gigantea JACQ. Misc. I, p. 160 a P. sibirica non differe videtur. Synonymis igitur addenda essent: P. foliis ovatis glabris, supra serrato-dentatis, umbellis paucifloris, erectis. GMEL. Fl. sib. IV, p. 84, Nr. 31. ..." (Ledebour 1846–1851, S. 14f.); „31. PRIMVLA foliis ouatis glabris, supra serrato-dentatis, vmbellis paucifloris, erectis. ... Icon STELLERIANA perdita est, ..." (Gmelin 1747–1769, Bd. IV, S. 84f.), nahezu identisch als Nr. 32 auf Bll. 47r–47v in: AAW R. I, Op. 104, D. 14 – s. Anm. 32 in Nr. 6; „31. Primula foliis ovatis glabris supra serrato-dentatis, umbellis

paucifloris erectis [=] Primula gigantea Jacq. (mihi ignota.)“ (Ledebour 1841, S. 120); „*12. PRIMVLA gigantea. … P. foliis ovatis glabris supra serrato-dentatis, umbellis paucifloris erectis. Gmel. sib. 4. p. 84. Höchste Primel. W. …“ (Linné 1797–1830, Bd. I, Teil 2, S. 805); „10. PRIMULA gigantea Willd. I. 805. Sp. 12. Höchste Primel. W. .. 11. PRIMULA sibirica Willd. I. 806. Sp. 18. Sibirische Primel. W. Gm. Sib. 4. T. 46. F. 1. …“ (Georgi 1797–1802, Theil 3, S. 764); „9. Primula gigantea. Jacq. misc. 1. p. 160. Höchste Primel. ...“ (Dietrich 1807, S. 511f.)
„806. Primula veris rubro flore longo pediculo insidente et folio utrinque viridi. ... Fl. Irc. n° 66. Selengia etiam transmissa est, quae omnino huic convenit, nisi quod flos videatur esse minor, ejusq$_3$ laciniae minus hiante divisura sectae. ...“ (AAW R. I, Op. 105, D. 1ª, Bll. 93r–93v, s. Anm. 29 in Nr. 5); „4. Primula veris rubro flore, longo pediculo insidente & folio utrinque viridi Ind. Jen. n°. 806.“ mit der rechts marginalen Anm. von J. G. Gmelin „Ic. meus & Stell.“ (AAW R. I, Op. 13, D. 67, Bl. 78r, s. Anm. 5 in Nr. 4); „43) Primula veris rubro flore folio subrotundo utrimq$_3$ viridi glabro. Flor. ircut. No. 66. ...“ (AAW R. I, Op. 104, D. 25, Bl. 5v, s. Anm. 61 in Nr. 21); „15. Primula veris rubro flore unico vel duplici, folio subrotundo, utrinq$_3$ viridi Fl. Irc. 66.“ (AAW R. I, Op. 105, D. 16, Bl. 1r, s. Anm. 5 in Nr. 4); s. auch Nr. 63

30 in der 2. Textversion (s. Anm. 1 in A.) ohne „ostii“

31 in der 2. Textversion (s. Anm. 1 in A.): „tenuiora“

32 s. Nr. 64

33 s. auch Nr. 63

34 „[species 1] Plantago latifolia, glabra C. B. Pin. 189. Plantago maxima, Hispanica Corn. 162. Plantain de marais.“ (Tournefort 1700, S. 126, Genus III. „Plantago. Plantain.“); „Plantago latifolia, glabra, C. B. Pin. 189. ... Wegerich, Wegebreit, breiter Wegerich.“ (Rupp 1726, S. 69); „Der 1. breite Wegrich ist der allergröste, Frantzösische Wegrich: Plantago latifolia glabra, C. B. P. 189. ...“ (Zwinger 1744, S. 674); „1. PLANTAGO foliis ovatis. … Plantago latifolia sinuata. Bauh. pin. 189. … α Plantago latifolia glabra minor. Bauh. pin. 189. … β Plantago latifolia glabra. Bauh. pin. 189. …“ (Linné 1737, S. 36); „1.) Großer Wegerich. Plantago major. ... Plantago foliis ovatis, glabris; scapo tereti; spica flosculis imbricatis. LINN. Syst. veg. p. 131. Hort. Cliff. 43. [sic!] ... Plantago latifolia sinuata. C. BAUH. pin. 189. ... b) Plantago latifolia glabra minor. C. BAUH. pin. 189. ... Diese Pflanze ... wird insgemein breiter Wegerich ... genennet. ... Die Wurzel, die Blätter und die Saamen dieser Pflanze haben eine kühlende und gelinde zusammenziehende Eigenschaft; und werden aus diesem Grunde in der Arzneykunst wider Blutflüsse, Bauchflüsse, wider die Schwindsucht und kalte Fieber gerühmet. Die Blätter sind auch ein gutes Futter für das Vieh; und die Saamen den Canarienvögeln eine angenehme und gesunde Speise.“ (Linné 1779, S. 311f.); „Plantago major, … groser Wegerich, … breiter Wegerich; groser Wegbreit; ihre Wurzel, ihre Samen, vorzüglich aber ihre Blätter … sind … sowohl innerlich als äuserlich … in dem Samenflusse, in der Schwindsucht, und selbst in der geilen Seuche verordnet worden; …“ (Gmelin 1775, Sp. 152f.); „[Plantago] latifolia glabra; bedeutet bey C. Bauhin eine Spielart des grosen Wegerichs mit sehr langen Blattstielen und Blumenähren. [Plantago] latifolia glabra minor; so nennt C. Bauhin eine kleinere Spielart des grosen Wegerichs.“ (a. a. O., Sp. 168); „1. PLANTAGO maior. P. foliis ovatis glabris, scapo tereti, spica flosculis imbricatis. … Gmel. sib. 4. p. 71. n. 2. t. 35. 36. … P. latifolia sinuata. Bauh. pin. 189. β. P. latifolia glabra minor. Bauh. pin. 189. … Groser Wegetritt. W. …“ (Linné 1797–1830, Bd. I, Teil 2, S. 641); „Flor. Germ. p. 60. n. 1. Plantago maior. P. foliis ouatis glabris, scapo tereti, spica flosculis imbricatis. LINN. Syst. Plant. T. 1. p. 319. ... P. latifolia glabra. C. Bauh. pin. p. 189. ... β. latifolia glabra minor. Plantago latifolia glabra minor. C. Bauh. pin. p. 189. ... γ. latifolia sinuato. Plantago latifolia sinuata. C. Bauh. pin. p. 189. [s. Nr. 74] ...“ (Roth 1789. S. 169f.); „PLANTAGO MAJOR. … Plantago latifolia glabra. C. Bauh. pin. p. 189. … β. … Plantago latifolia sinuata. C. Bauh. pin.

p. 189. … δ. … Plantago latifolia glabra minor. C. Bauh. p. 189. … Grosser Wegetritt, breiter Wegetritt, rother Wegerich, Wegebreit, Vergeblatt, Wegeblatt, Partenblatt, Ballenkraut, Schafzunge. … in ältern Zeiten waren Wurzel, Blätter und Samen, Radix, Folia s. Herba et Semen Plantaginis majoris vel latifoliae, gebräuchlich …“ (Hayne 1817, Nr. 13); s. auch Nr. 74; „2. PLANTAGO foliis ouatis glabris, scapo tereti, spica flosculis imbricatis, LIN. Sp. pl. 1. 163. 1. T. XXXV et XXXVI. ...“ (Gmelin 1747–1769, Bd. IV, S. 71), nahezu identisch auf Bl. 40r in: AAW R. I, Op. 104, D. 14 – s. Anm. 32 in Nr. 6; „2. Plantago foliis ovatis glabris, scapo tereti, spica flosculis, imbricatis. (excl. iconibus.) [=] Plantago major L.! [;] t. XXXV. [=] Plantago maxima Jacq.! [;] t. XXXVI. [=] Plantago exaltata Hornem.!“ (Ledebour 1841, S. 118); *4. PLANTAGO maxima. … Plantago (maxima) … Jacq. ic. rar. 1. t. 26. Collect. 1. p. 82. * Plantago Gmel. sib. 4. p. 71. t. 35. Groesster Wegetritt. W. …“ (Linné 1797–1830, Bd. I, Teil 2, S. 642); „1) PLANTAGO MAJOR. Linn. … 2) PLANTAGO ASIATICA. Linn. … Pl. foliis ovatis glabris, scapo angulato, spica flosculis distinctis. Gmel. Fl. sib. IV. p. 71. No. 3. t. XXXVII. … 3) PLANTAGO EXALTATA. Hornem. … Plantago. Gmel. Fl. sib. IV. p. 71. No. 2. t. XXVI. (excl. synon. Linnaeano et t. XXXV. Pl. maximam repraesentante.) … 4) PLANTAGO MAXIMA. Jacq. … Plantago Gmel. p. 71. No. 2. t. XXXV. (excl. synon. Linnaeano et t. XXXVI. Pl. exaltatam spectante.) …“ (Ledebour 1829, S. 143ff.); „2. [müßte heißen: 3.] ? PLANTAGO foliis ouatis glabris, scapo angulato, spica flosculis distinctis, LIN. Sp. pl. 1. p. 163. n. 2. T. XXXVII. Plantago latifolia minor, subhirsuta, spica densa, Ind. Inn. [müßte heißen: Jen.] …“ (Gmelin 1747–1769, Bd. IV, S. 71f.), nahezu identisch unter Nr. 3? auf Bll. 40r–40v in: AAW R. I, Op. 104, D. 14 – s. Anm. 32 in Nr. 6; „3. Plantago foliis ovatis glabris, scapo angulato, spica flosculis distinctis t. XXXVII. [=] Plantago asiatica L.!“ (Ledebour 1841, S. 118); „3. PLANTAGO asiatica. P. foliis ovatis glabris, scapo angulato, spica flosculis distinctis. Gmel. sib. 4. n. 2. [sic!] t. 37. … Asiatischer Wegtritt. W. …“ (Linné 1797–1830, Bd. I, Teil 2, S. 642); „4. P[lantago] major (L. SP. 163) … LEDEB. Fl. alt. I, p. 143. … P. foliis ovatis, glabris, … GMEL. Fl. sib. IV, p. 71, No. 2 (excl. iconibus). …“ (Ledebour 1846–1851, S. 476ff.); „9. P[lantago] asiatica (L. SP. 163) … Plantago. Gmel. Fl. Sib. IV, t. 36. …“ (a. a. O., S. 479); „11. P[lantago] maxima (AIT. h. kew. I, p. 151) … Plantago. GMEL. Fl. sib. IV, t. 35. …“ (a. a. O., S. 480); „165. Plantago major. Lin. Syst. Plant. I. p. 319. sp. 1. … Breiter Wegebreit. Ruß. Popuschnik, Kalm. Tschur, Kirgis. Bako Dsiape. … Die Blätter sind bey fast allen Nazionen als ein Wundmittel im Gebrauch. Die Kalmüken verbinden mit den bloßen frisch gequetschten Blättern; die Kirgisen machen aus den gequetschten Blättern und Saigatalg eine Salbe.“ (Falk 1786, S. 116); „Die Blätter vom breiten Wegerich e) |: e) Plantago latifolia, russ. Poputnik :| sind [in *Arzamas*] bey allen Wunden ohne Ausnahme heilsam; das Würzelgen aber ist den Kindbetterinnen nach der Geburt dienlich, wenn sie der Blutfluß schwächt.“ (Lepechin 1774, S. 45); „PLANTAGO L. Wegetritt. W. R. Poputnik. … 1. PLANTAGO major L. … Großer Wegetritt. R. Poputnik und Podoroschnik. [russ. *poputnik* u. *podorožnik* (*Slovar'* 1991a, S. 104)] … Gm. Fl. Sib. 4. T. 35. 36. … Fast alle Nationen nutzen die Blätter als Wundkraut, welches sie gequetscht, oder auch den Brey mit Fett zu Salbe gemacht, auflegen. 2. PLANTAGO asiatica L. … Asiatischer Wegetritt. Gm. Fl. Sib. T. 27. [sic!] … 3. PLANTAGO maxima L. Willd. Spec. Pl. I. 642. Sp. 4. Gm. Fl. Sib. 4. T. 35. Größester Wegetritt. W. …“ (Georgi 1797–1802, Theil 3, S. 736f.; „Plantāgo L. (Plantagineae). Zus. aus planta (Fusssohle) und agere (führen), wegen der Aehnlichkeit der an den Boden gedrückten Blätter einiger Arten (bes. Pl. major) mit Fussstapfen. Linné gibt eine sehr gewagte Etymologie; er setzt nämlich den Namen zus. aus plant (Pflanze) und tangere (berühren), d. h. eine Pflanze, welche sich weich und sanft anfühlet.“ (Wittstein 1852, S. 700); „PLANTAGO (maior) foliis ouatis glabris, scapo tereti, spica flosculis imbricatis. Linn. Spec. pl. 112. n. 1. Suec. 129. Plantago latifolia sinuata. Bauh. pin. 189. ... Russice Попутникъ [russ. *poputnik*] dicitur.“ (*Krašeninnikov*

1761, S. 24); „PLANTAGO. ... teutsch, Wegbreit, ... Die Arten des Wegebreits sind ziemlich ungeschmack, doch schmecken sie ein wenig sauer und anziehend. ... Sie reinigen, sind gut zu Wunden und halten an: sie werden zum Durchlauff gebraucht, zum Bluten und zu den Gebrechen der Augen. Plantago kommt von planta, eine Pflanze, ein Gewächs, oder Kraut: als ob man wolte sagen, ein Kraut, das wegen seiner sonderbahren Kraft also genennet wird. ...“ (Lémery 1721, Sp. 889ff.); Plantago major L. – russ. *podorožnik krupnyj*, *putnik* bzw. *poputnik* (*Annenkov* 1858, S. 69, Nr. 817); wotjakisch pužî-kwar – Plantago major, Wegetritt (Munkácsi 1896, S. 597); ersanisch kelev lopat – Plantago major L. (Wiedemann 1865, S. 132); syrjänisch siśka lap-korturyn – Plantago major (Wiedemann 1880, S. 382)

„1. Plantago latifolia glabra C. B. P. 189. Ind. Jen. n°. 815.“ (AAW R. I, Op. 13, D. 67, Bl. 54r, s. Anm. 5 in Nr. 4); „281. Plantago latifolia glabra C. B. P. ...“ (AAW R. I, Op. 13, D. 42, Bl. 45r, s. Anm. 1 in Nr. 1); „46) Plantago latifolia glabra C. B Pin ...“ (AAW R. I, Op. 104, D. 25, Bl. 5v, s. Anm. 61 in Nr. 21); „10. Forte Plantago latifolia glabra. C. B. P.“ (AAW R. I, Op. 14, D. 8, Bl. 1r), s. Anm. 98 in Nr. 39); „2. Plantago latifolia glabra. C. B. P. 189.“ mit der rechts marginalen Anm. „Len fl.“ (AAW R. I, Op. 13, D. 16, Bl. 5r, s. Anm. 32 in Nr. 6); „815. Plantago latifolia glabra C. B. P. 189. ...“ (AAW R. I, Op. 105, D. 1, Bl. 65v, s. Anm. 29 in Nr. 5)

35 „[species 10] Plantago latifolia, glabra, minor C. B. Pin. 189. Plantago latifolia, minor J. B. 3. 505. Tabern. Icon. 731.“ (Tournefort 1700, S. 126, Genus III. „Plantago. Plantain.“); „3. Der gemeine, breite Wegrich: Plantago latifolia glabra minor, C. B. P. ... [die Blätter] sind rauch, haarig, ... und einer Zunge ähnlich, daher man ihn Schaafzunge nennet. ...“ (Zwinger 1744, S. 674); „Plantago latifolia, glabra, minor C. B. Pin. 189. Plantago latifolia, minor J. B. 3. 505. ... Kleiner glatter breiter Wegerich. ...“ (Mappus 1742, S. 242)

„17. Plantago latifolia, glabra minor C. B. P.“ (AAW R. III, Op. 1, D. 162, Bl. 108r, s. Anm. 54 in Nr. 17); „Plantago latifolia glabra minor (Tournefortii sp. 10)“ (Messerschmidt 1962–1977, Bd. 4, S. 201, s. Anm. 1 in Nr. 1); s. Nr. 69

36 s. Nr. 70

37 in der 2. Textversion (s. Anm. 1 in A.) nur rechts marginal von Nr. 70: „70 & 71 haec planta in de- / scribendo bis / posita“

38 „[species 13] Plantago angustifolia, major C. B. Pin. 189. Plantago lanceolata J. B. 3. 505. Plantago minor Dod. Pempt. 107.“ (Tournefort 1700, S. 127, Genus III. „Plantago. Plantain.“); „5. Der gemeine, schmale oder spitzige Wegrich: Plantago angustifolia major C. B. P. 189. ... Wird also genannt, wegen seinen schmalen und spitzigen Blättern, ...“ (Zwinger 1744, S. 675); „Plantago angustifolia major T. ... Spitzer Wegerich ...“ (Lindern 1728, S. 49f.); „* Plantago angustifolia, major C. B. Pin. 189. ... Spitz Wegerich. ...“ (Mappus 1742, S. 243); „4. PLANTAGO ANGUSTIFOLIA MAJOR. C. B. Pin. ...“ (Vaillant 1727, S. 160); „Flor. Germ. p. 61. n. 3. Plantago lanceolata. P. foliis lanceolatis, spica subouata nuda, scapo angulato. Linn. Syst. Plant. T. 1. p. 321. ... Plantago angustifolia maior. C. Bauh. pin. p. 189. ... P. lanceolata. I. Bauh. hist. 3. p. 505. ... P. angustifolia minor. C. Bauh. pin. p. 189. ...“ (Roth 1789, S. 171f.); „3. PLANTAGO foliis lanceolatis, spica fera ovata. Plantago angustifolia major. Bauh. pin. 189. ...“ (Linné 1737, S. 36); „6. Spitziger Wegerich. Plantago lanceolata. ... Plantago foliis lanceolatis; spica subovata, nuda; scapo angulato. LINN. Syst. veg. p. 131. ... Planta[go] angustifolia maior. C. BAUH pin. 189. ... Diese Art, welche auch kleiner oder schmaler Wegerich genennet wird, ...“ (Linné 1779, S. 315); „Plantago lanceolata, ... spitziger Wegerich, ... kleiner Wegerich; schmaler Wegerich; langblätterichter Wegerich; Hunderibbe; ... Er heißt bey C. Bauhin: Plantago angustifolia major ...“ (Gmelin 1775, Sp. 156f.); „8. PLANTAGO lanceolata. P. foliis lanceolatis, ... Hort. cliff. 36. ... P. angustifolia maior. Bauh. pin. 189. ... β. ... P. angustifolia minor. Tabern. 732. R. ... Lanzenblättriger Wegerich. W. ...“ (Linné 1797–1830, Bd. I, Teil 2, S. 643f.);

„13. P[lantago] lanceolata (L. SP. 164) …“ (Ledebour 1846–1851, S. 481ff.); „167. Plantago lanceolata. Lin. sp. 6. … Ruß. Uschik. …“ (Falk 1786, S. 116); russ. *uzik* – Plantago lanceolata (Pawlowski 1952, S. 1648); „5. PLANTAGO lanceolata L. … Spitzer Wegetritt. W. R. Lestownik. …“ (Georgi 1797–1802, Theil 3, S. 737); Plantago lanceolata L. – russ. *arženik*, *podorožnik* bzw. *poputnik* (*Annenkov* 1858, S. 69, Nr. 816)

„Plantago angustifolia major. C. B. P. ...“ (AAW R. I, Op. 105, D. 2, Bl. 2v, s. Anm. 54 in Nr. 17); „Plantago angustifolia maior (Tournefortii sp. 17), Off.“ (Messerschmidt 1962–1977, Bd. 4, S. 201, s. Anm. 1 in Nr. 1); „32. Plantago angustifolia major. C. B. P.“ (AAW R. I, Op. 104, D. 13, Bl. 2v, s. Anm. 84 in Nr. 29); „XXXVIII. Plantago T. 126. 48. B. II. 100 quoniam ad vias crescit. попутникъ [russ. *poputnik*]. ... 6 Plantago angustifolia major. C. B. P. 189. B. n. 9. узикъ [russ. *uzik*]“ (Bl. 7r in T. Gerber „Flora Moscuensis ...“, s. Anm. 6 in Nr. 55); „plantago папушникъ [*papušnik*]“ (G. W. Steller nach T. Gerber: AAW R. I, Op. 81, D. 23, Bl. 6r, s. Anm. 1 in Nr. 1); s. auch Nr. 73

39 „[species 20] Plantago angustifolia, minor Tabern. Icon. 732. Plantaginis lanceolata species minima J. B. 3. 505.“ (Tournefort 1700, S. 127, Genus III. „Plantago. Plantain.“); „3. Plantago angustifolia minor. Kleiner Spitziger Wegerich“ (Abbildung in: Tabernaemontanus 1590, S. 732); „Plantago angustifolia, minor Tabern. Icon. 732. … Klein spitziger Wegerich. …“ (Mappus 1742, S. 243); „10. Plantago angustifolia minor. C. B. P. T. 127. Plantaginis lanceolatae species minima. J. B. 3. 505. …“ (Zwinger 1744, S. 675); „4. PLANTAGO ANGUSTIFOLIA MAJOR. C. B. Pin. … * PLANTAGO ANGUSTIFOLIA MINOR. Tab. Icon. 732.“ (Vaillant 1727, S. 160); „Plantago angustifolia minor, C. B. & Tab. Schmall=blättriger wegerich der kleine. …“ (Elsholtz 1715, S. 245); „[Plantago] angustifolia minor; so nennen Theodor, Gerard und C. Bauhin eine kleinere Spielart des spitzigen Wegerichs mit niedrigem Stengel.“ (Gmelin 1775, Sp. 166)

„19. Plantago angustifolia, minor Tabern Ic.“ (AAW R. III, Op. 1, D. 162, Bl. 108r, s. Anm. 54 in Nr. 17); s. Nr. 72

40 „[species 2] Plantago latifolia, sinuata C. B. Pin. 189. Plantago major, folio glabro, non laciniato ut plurimùm J. B. 3. 502. Plantago major Dod. Pempt. 107.“ (Tournefort 1700, S. 126, Genus III. „Plantago. Plantain.“); „2. Der große, rothe Wegrich: Plantago latifolia sinuata, C. B. P. ...“ (Zwinger 1744, S. 674); „* Plantago latifolia, sinuata C. B. Pin. 189. … breit Wegerich mit geschweiften Blättern. …“ (Mappus 1742, S. 242); „1. PLANTAGO LATIFOLIA SINUATA. C. 189. …“ (Vaillant 1727, S. 160); „Plantago latifolia sinuata C. B. P. ... Wegebreit. ...“ (Buxbaum 1721, S. 262)

„282. An Plantago latifolia Sinuata C. B. P. ...“ (AAW R. I, Op. 13, D. 42, Bll. 45r–45v, s. Anm. 1 in Nr. 1); „409. An Plantago latifolia sinuata C. B. P? Passim“ (AAW R. I, Op. 105, D. 12, Bl. 18r, s. Anm. 54 in Nr. 17); „2. An Plantago latifolia sinuata C. B. P. 189? Ind. Irc. n°. 409. Ind. Jen. n°. 816. Plantago folijs ovatis Linn. h. Cliff. 36. ...“ (AAW R. I, Op. 13, D. 67, Bl. 54r, s. Anm. 5 in Nr. 4); „669 Plantago folijs ovatis. Linn. h. Cliff. 36. Plantago latifolia sinuata. B. P. 189. Boerh. lugd. 2. p. 100. ...“ (AAW R. I, Op. 13, D. 20, Bl. 63r, s. Anm. 1 in Nr. 1); „1. Plantago latifolia sinuata C. B. P. 189.“ mit der rechts marginalen Anm. „Len[.] fl.“ (AAW R. I, Op. 13, D. 16, Bl. 5r, s. Anm. 32 in Nr. 6); „816. An Plantago latifolia sinuata C. B. P. 189? Ind. Irc. n°. 409. ...“ (AAW R. I, Op. 105, D. 1, Bl. 65v, s. Anm. 29 in Nr. 5); „Plantago latifolia sinuata (Tournefortii sp. 2), Off.“ (Messerschmidt 1962–1977, Bd. 4, S. 201, s. Anm. 1 in Nr. 1); „331. Plantago latifolia sinuata, C B. P.“ (AAW R. I, Op. 104, D. 13, Bl. 2v, s. Anm. 84 in Nr. 29); „829. Plantago, an latifolia sinuata C B P?“ mit der rechts marginalen Anm. „ad Lena fl. lecta“ (AAW R. I, Op. 15, D. 3, Bl. 15v, s. Anm. 65 in Nr. 24); „50. Plantago latifolia sinuata C B P ...“ (AAW R. I, Op. 104, D. 17, Bl. 11r, s. Anm. 36 in Nr. 8); „32 Plantago latifolia sinuata C. B. P.“ (G. W. Steller nach J. G. Heinzelmann: AAW R. I, Op. 81, D. 23, Bl. 15v,

s. Anm. 1 in Nr. 1); „32. Plantago latifolia sinuata C B P. 189 Plantago minor, folio glabro, non laciniato ut plurimum J.B. 3. 502." (AAW R. I, Op. 6, D. 40, Bl. 23v, s. Anm. 1 in Nr. 1); „XXXVIII. Plantago ... 1 Plantago latifolia sinuata C. B. P. 189. B. n°. 3." (Bl. 7r in T. Gerber „Flora Moscuensis ...", s. Anm. 6 in Nr. 55); s. Nr. 69

41 „[species 3] Plantago lato, sanguineo folio H. R. Monsp." (Tournefort 1700, S. 126, Genus III. „Plantago. Plantain."); „Plantago lato sanguineo folio. ..." (Magnol 1697, S. 160); „[Plantago] lato sanguineo folio; bedeutet bey [Pierre] Magnol eine andere [Abart des großen Wegerichs] mit breiten und blutrothen Blättern." (Gmelin 1775, Sp. 169)
„4. An Plantago lato sanguineo folio H. R. Monsp. I. R. H? Ind. Jen. n°. 818." mit der links marginalen Anm. von J. G. Gmelin „vid. Ic." (AAW R. I, Op. 13, D. 67, Bl. 54r, s. Anm. 5 in Nr. 4); „818. An Plantago lato sanguineo folio H. R. Monsp. I. R. H? ..." (AAW R. I, Op. 105, D. 1, Bl. 65v, s. Anm. 29 in Nr. 5); „XXXVIII. Plantago ... 3 Plantago lato sanguineo folio. H. R. Monsp. B. n°. 6." (Bl. 7r in T. Gerber „Flora Moscuensis ...", s. Anm. 6 in Nr. 55); s. Nr. 69

42 „[species 28] Plantago maritima, major, tenuifolia. Coronopus maritimus, major C. B. Pin. 190. Coronopus maritima, nostra J. B. 3. 511. Plantago angustifolia Dod. Pempt." (Tournefort 1700, S. 127, Genus III. „Plantago. Plantain."); „Plantago maritima, foliis gramineis. Coronopus maritima nostras J. B. & Chabraei. ..." (Rupp 1726, S. 70); „12.) Seestrands Wegerich. Plantago maritima. ... Plantago foliis semicylindraceis integerrimis, basi lanatis; scapo tereti. LINN. Syst. veg. p. 132. ... ist ein gutes Futter für das Rindvieh; auch ißt sie das Volk mit Oel und Eßig, als Salat. ..." (Linné 1779, S. 318f.); „Plantago maritima, ... Seewegerich, man speißt sie in America in Suppen, und als Salat: Er heißt bey ... Tournefort: Plantago maritima major tenuifolia, ..." (Gmelin 1775, Sp. 159); „[Coronopus] marinus; maritima major; marititimus nostras; hierunter verstehen J. Camerer, C. und J. Bauhin den Seestrandswegerich." (Gmelin 1773, Sp. 195); „19. PLANTAGO maritima. P. foliis semicylindraceis ... Roth. germ. I. 61. II. 172. ... Coronopus maior. Bauh. pin. 190. ... Meerstrands Wegetritt. W. ..." (Linné 1797–1830, Bd. I, Teil 2, S. 647); „8) PLANTAGO MARITIMA. Linn. ... Plantago. Gmel. Fl. sib. IV. p. 72. No. 4. (excl. synon. Halleri.) ..." (Ledebour 1829, S. 148); „26. P[lantago] maritima (L. SPEC. 165) ... LEDEB. Fl. alt. I, p. 148. ... P. foliis linearibus, spica oblonga. GMEL. Fl. sib. IV, p. 72, No. 4 (excl. synon. HALLER). ..." (Ledebour 1846–1851, S. 485f.); „4. PLANTAGO foliis linearibus, spica oblonga, HALL. Helu. 371. Plantago gramineo folio, maior, I. R. H. Ind. Ien. 823. ... STELLERVS etiam in campis apricis konkurkinensibus ad lacum salsum inuenit." (Gmelin 1747–1769, Bd. IV, S. 72), nahezu identisch auf Bl. 40v in: AAW R. I, Op. 104, D. 14 – s. Anm. 32 in Nr. 6; „4. Plantago foliis linearibus, spica oblonga. (excl. syn HALLERI.) [=] Plantago maritima L.! (Plantago alpina L. – Willd. sp. pl. I. 645." (Ledebour 1841, S. 118); „10.) Alpen=Wegerich. Plantago alpina. ... Plantago foliis linearibus, planis; scapo tereti, hirsuto, spica oblonga erecta. LINN. Syst. veg. p. 132. ... Diese Art wächst auf den Alpen und in Oesterreich und der Schweiz, woselbst sie von den Hirten Nadelgras genennet wird. ..." (Linné 1779, S. 317f.); „Flor. Germ. p. 61. n. 4. Plantago maritima. P. foliis semicylindraceis integerrimis basi lanatis, scapo tereti. Linn. Syst. Plant. T. I. p. 322. ... P. maritima foliis gramineis. Rupp. Ien. p. 88. ..." (Roth 1789, S. 172f.); „15. PLANTAGO alpina. P. foliis linearibus planis, ... Gmel. sib. 4. p. 72. ... Alpen Wegetritt. W. ..." (Linné 1797–1830, Bd. I, Teil 2, S. 645f.); „Krähen=Zehe, an einigen Orten ein Nahme des Wasser=Wegerichs, Plantago maritima L. welcher auch Raben=Fuß genannt wird." (Krünitz 1773–1858, Bd. 46, S. 544); „... von dem Nutzen des Strandwegerichs, Plantago maritima, welche Pflanze die fetten Ufer, wo die gewöhnlichen Pflanzen, Sandhaber u. d. nicht wachsen können, wider das Wegspühlen sichert. Sie liebt Salzwasser, und je mehr Schlamm vom Wasser abgesetzt wird, desto höher wächst sie. Dort [d. h. in Schleswig-Holstein] heißt sie Sud. Sie wird auch von reichen Leuten gerne wie Kohl gegessen ..." (Beckmann 1799, S. 427); „Corōnopus

HALL. (Cruciferae). Zus. aus κορωνη (Krähe) und ποῦς (Fuss), in Bezug auf die Form und Stellung der tiefeingeschnittenen Blätter. Corōnopus (Plantagineae. Wie vorige Gattung." (Wittstein 1852, S. 229)

„190. Plantago folijs linearibus scapo longissimo, spica tereti erecta. Plantago gramineo folio major I. R. H." (AAW R. I, Op. 13, D. 20, Bl. 19v, s. Anm. 1 in Nr. 1); „52. Plantago gramineo folio major. I. R. H? ..." (AAW R. I, Op. 15, D. 1, Bl. 13r, s. Anm. 24 in Nr. 64); „823. An Plantago Gramineo folio major. I. R. H? ..." (AAW R. I, Op. 105, D. 1, Bl. 66v, s. Anm. 29 in Nr. 5); „– Plantago gramineo folio major Tourn. ..." (AAW R. I, Op. 104, D. 8, Bl. 2v, s. Anm. 18 in Nr. 452)

43 „Plantaginella. Plantaginella palustris J. R. Method. p. 112. & C. B. P. p. 190. ..." (Rupp 1726, S. 18); „Limosellamus nostras aquatica. Plantaginella palustris. Deutsch. Das Sumpfkraut. ..." (Nemnich 1794, Sp. 416); „MENYANTHOIDES VULGARIS. ... plantaginella palustris. C. B. Pin. 190. ..." (Vaillant 1727, S. 126); „1) Europäische Sumpfpflanze. Limosella aquatica. mit lanzettförmigen Blättern, Limosella foliis lanceolatis. LINN. Syst. Veg. p. 479. ... GMEL. Sib. 4. p. 72. n. 5. ... Plantaginella palustris. BAUH. pin. 190. ... Menyanthoides vulgaris. VAILL. paris. 126. ..." (Linné 1782, S. 141f.); „5. LIMOSELLA LIN. Sp. pl. 2. 881. 1. Cum Syn. Plantaginella palustris Moris. Hist. 3. p. Cos. [d. h. 605] S. 15. t. 2. f. 1. STELLER. Irc. 77. Ochot. 48. ..." (Gmelin 1747–1769, Bd. IV, S. 72f.), nahezu identisch auf Bll. 40v–41r in: AAW R. I, Op. 104, D. 14 – s. Anm. 32 in Nr. 6; „5. Limosella [=] Limosella aquatica L.! (Limosella aquatica L. β. biflora – Wahlenb. lapp. 171.)" (Ledebour 1841, S. 118); „1. LIMOSELLA aquatica. ... Limosella ... Gmel. sib. 4. p. 72. n. 5. ... Plantaginella palustris. Bauh. pin. 190. ... Wasser-Limoselle. W. ..." (Linné 1797–1830, Bd. III, Teil 1, S. 341f.); „1. LIMOSELLA AQUATICA. Linn. ... L. aquatica. Linn. Willd. Spec. pl. III. p. 341. ... Limosella. Gmel. Fl. sib. IV. p. 72. No. 5. ..." (Ledebour 1830, S. 463); „741. Limostella. [sic!] L. 1. L. aquatica. L. SP. 881. ... LEDEB. Fl. alt. II, p. 463. Limosella. GMEL. Fl. sib. IV, p. 72, Nr. 5. ..." (Ledebour 1846–1851, S. 226); „LIMOSELLA AQUATICA Linné. WASSER-LIMOSELLE. ... Deutsche Namen: Sumpfkraut, gemeines Sumpfpflänzchen." (Dietrich 1842, Nr. 654); „1) Art. L[imosella] aquatica. Wasser=-Sumpfkraut. (Linné.) ... Synonyme: ... Pl[antaginella] palustris. (Bauh. pin. 190. Moris.) ..." (Bechstein 1833, S. 497f.); Limosella – russ. *strikun* bzw. *lužajnik* (*Annenkov* 1858, S. 56, Nr. 644); „Limosēlla L. (Scrophularineae). Von limosus (sumpfig); wächst in Sümpfen." (Wittstein 1852, S. 526); „Plantaginēlla VAILL. (Scrophularineae). Hat den Habitus einer kleinen Plantago. = Limosella L." (a. a. O., S. 700)

„48) Plantaginella palustris C. B P. ..." (AAW R. I, Op. 104, D. 25, Bl. 5v, s. Anm. 61 in Nr. 21); „Plantaginella palustris C. B. P. 190. ..." (AAW R. I, Op. 13, D. 67, Bl. 53v, s. Anm. 5 in Nr. 4); „34. Plantaginella palustris C. B. P. Dill. Cat. Giss. p. 190" (AAW R. I, Op. 104, D. 13, Bl. 2v, s. Anm. 84 in Nr. 29); „34 Plantaginella palustris C. B. P. Dill cat. Gies. p. 190" (G. W. Steller nach J. G. Heinzelmann: AAW R. I, Op. 81, D. 23, Bl. 24r, s. Anm. 1 in Nr. 1)

44 „[species 19] Valeriana palustris, major C. B. Pin. 164. Valeriana palustris, major, profunde laciniata. C. B. Prodr. 86." (Tournefort 1700, S. 132, Genus IV. „Valeriana. Valeriane."); „VI. Valeriana palustris major: quae 1. in Prod. ..." (Bauhin 1623, S. 164f.); „Valeriana palustris, major C. B. Pin. 164. ... Großer Wasser=Baldrian. ..." (Mappus 1742, S. 317); „1. VALERIANA, floribus triandris foliis omnibus pinnatis, LINN. h. Cliff. 15. Suec. 30. Spec. Tom. I. p. 45. n. 5. ROY. pr. 234. HALL. Helv. 662. Phu Germanicum, FVCHS p. 857. Valeriana syluestris. Cliff. Hist. p. LX. Valeriana syluestris, LOB. ic. p. 715. Valeriana syluestris maior, C. B P. 164. TOUVRN. I. R. H. 132. Valeriana syluestris magna, aquatica, I. B. III. p. 2. p. 210. α) Foliis angustioribus. Valeriana syluestris maior montana, C. B. P. 165. β) Foliis latioribus splendentibus. Valeriana palustris maior profunde laciniata, C. B. P. p. 86. Valeriana Riv. Mon. irr. Tab. I. ...

Per omnem Sibiriam indigena est, maxime incolis celebrata propter virtutem antepilepticam, qua et per omnem Russiam magnam promerita est famam. Russ. dicitur земляной ладанъ [russ. *zemljanoj ladan*].“ (Gmelin 1747–1769, Bd. III, S. 120f.); „1. Valeriana floribus triandris, foliis omnibus pinnatis [=] Valeriana officinalis L. (Valeriana dubia Bunge in Fl. alt. I. 52.)“ (Ledebour 1841, S. 91); „5.) Gewöhnlicher oder officineller Baldrian. Valeriana officinalis. ... Valeriana floribus triandris; foliis omnibus pinnatis LINN. Syst. veg. p. 72. ... Diese Art wird auch wilder Baldrian, großer wilder Baldrian, großer Sumpfbaldrian, Katzenbaldrian, Katzenwurzel, Augenwurzel, und Theriakskraut genennet; ... Die Wurzel dieser Pflanze ... verdient den Namen eines besondern krampfstillenden und nervenstärkenden Mittels; und hat sich so gar wider die fallende Sucht sehr oft kräftig erwiesen, ...“ (Linné 1779, S. 178ff.); „3. Valeriana officinalis L. ... Gemeiner Baldrian. R. Semliany Ladan. ... Die Wurzel ist an vielen Orten Hausmittel wider Krämpfe, Würmer, und verschiedene kennen auch ihre Würkung wider Motten, und zu Köder für einiges Wild.“ (Georgi 1797–1802, Theil 3, S. 661f.); „50. Valeriana officinalis. Lin. Syst. Plant. I. p. 86. sp. 5. ... Balderjan, Ruß. Maun, auch Baldirjan. ...“ (Falk 1786, S. 100); „Valeriana (officinalis) floribus triandris foliis omnibus pinnatis. Linn. Spec. pl. 31. n. 5. ... Булдырянъ [russ. *buldyrjan*] siue Маунъ [russ. *maun*] Russ. ...“ (*Krašeninnikov* 1761, S. 5f.); „Baldrian e) | : e) Valeriana officinalis :| , dessen Wurzel wirklich wie Weihrauch riecht, ist ebenfalls beym Herzweh gut.“ (Lepechin 1783, S. 125); „29. Valeriana officinalis L. Ledeb. fl. alt. I. p. 52. ... Ledeb. fl. ross. II. pag. 438. ...“ (Herder 1864, S. 228ff.); „2) VALERIANA DUBIA Bge. *) ... V. officinalis. Falk. topogr. Beytr. II. No. 50? Valeriana floribus triandris foliis omnibus pinnatis. Gmel. Fl. sib. III. p. 120. No. 1. (excl. syn.) ...“ (Ledebour 1829, S. 52f.); „16. V[aleriana] officinalis (L. SP. 45) ... GORTER Fl. ingr. p. 5. ... LEPECH. It. III, p. 125. ... FALK Beitr. II. p. 50. ... GEORGI Beschr. d. Russ. R. III, 4. p. 661. ... V. floribus triandris, foliis omnibus pinnatis. GMEL. Fl. sib. III, p. 120, Nr. 1. ...“ (Ledebour 1844–1846, S. 438f.); „6. VALERIANA officinalis. .... Gmel. sib. 3. p. 120. ... V. palustris major. Bauh. pin. 164. prodr. 86. ... Gemeiner Baldrian. W. ...“ (Linné 1797–1830, Bd. I, Teil 1, S. 177); „VALERIANA OFFICINALIS. Valeriana (officinalis) floribus triandis, foliis omnibus pinnatis. Linn. Spec. plant. ed. Willd. T. I. p. 177. ... Valeriana palustris major. C. Bauh. pin. p. 164. podr. 86. ... Gemeiner Baldrian, wilder Baldrian, grosser Wasserbaldrian, Wiesenbaldrian, Katzenbaldrian, wilder Bertram, Augenwurz, Mundwurz, Katzenwurz, Theriakwurz, Maria-Magdalenenwurz, Denmark, St. Gürgenskrant [sic!]. ... Die Valeriana officinalis ist in Rücksicht ihrer Wurzel als ein sehr geschätztes Arzneymittel bekannt, ...“ (Hayne 1813, Nr. 32); „Valeriana officinalis. floribus triandris, foliis omnibus pinnatis; gewöhnlicher Baldrian, ... groser Baldrian, Kazenbaldrian; Kazenwurzel; Augenwurzel; Theriakskraut; ... Seine Wurzel hat eine vorzügliche Kraft auf die Nerven, und leistet in Krankheiten, die von Unordnungen in diesen herkommen, trefliche Dienste; vornemlich aber in der fallenden Sucht, selbst in derjenigen, welche von Würmern und vom allzuhäufigen Beyschlafe kommt: ...“ (Gmelin 1777, Sp. 407ff.); „85. Valeriana officinalis L. s. Val. minor (Valerian.). 86. Valeriana Phu L. s. Val. major (Valerian.). Nach Lepechin ist Val. offic., der kleine Baldrian, ein im G. Perm bei Magenschmerzen gebrauchtes Volksmittel. ... Die Wurzeln der Val. Phu, des grossen Baldrian, wird von den Baschkiren als ein treffliches Fiebermittel gerühmt; ... Im G. Mohilew wird ihre Wurzel nicht nur bei Fieber, sondern auch bei Bauchschmerzen, Hysterie, Krämpfen und Typhus angewandt. ... Valeriana dient dem Volke innerlich als Fieber-, Magen- und antispasmodisches Mittel. ...“ (Demitsch 1889, S. 237f.); „VALERIANA officinarum. Baldrian. ... Valeriana palustris major Casp. Bauh. pin. 164. ... Die Apotheke sammlet davon nichts als die Wurzel, ... Die Kräfte, welche diese Wurzel ... in dem menschlichen Körper äussert, sind stark bewegende, reizende und nervenstärkende Kräfte, und sie gehört in der Lehre der Arzneymittel mit Recht unter die besten alexipharmaca und nervina. ... Die Aerzte geben sie mit

Nutzen in faulen und bösartigen Fiebern, in hartnäckigen rheumatischen Zufällen, hartnäckigen Wechselfiebern und in der Epilepsie. ...“ (Gleditsch 1788, S. 231ff.); Valeriana officinalis L. – russ. *zemljanoj ladan, maun, gluchoj serpij, marijan, valeriana, stojan, lichoradočnaja, digol, ladan lesnoj* bzw. *baldyr'jan* (*Annenkov* 1858, S. 98, Nr. 1160); Valeriana dubia Bnge. – russ. *bambaj* bzw. *stepnaja sveča* (a. a. O., S. 98, Nr. 1159); Valeriana Phu L. – russ. *zemljanoj ladan* (a. a. O., S. 98, Nr. 1161); „Valeriāna L. (Valerianeae). Von valere (gesund, kräftig seyn), in Bezug auf ihre Heilkräfte. HORAT. VALERIANI schrieb: Catalogus plantarum horti Firmani 1812.“ (Wittstein 1852 S. 917)

„Valeriana palustris major. C. B. P.“ (AAW R. I, Op. 105, D. 2, Bl. 2v, s. Anm. 54 in Nr. 17); „Valeriana palustris major C B P ...“ (AAW R. I, Op. 104, D. 8, Bl. 4v, s. Anm. 18 in Nr. 452); „74. Valeriana palustris major. C. B. P. ...“ (AAW R. I, Op. 105, D. 12, Bl. 4r, s. Anm. 54 in Nr. 17); „49) Valeriana palustris major. C. B. P. ...“ (AAW R. I, Op. 104, D. 25, Bl. 6r, s. Anm. 61 in Nr. 21); „87 Valeriana palustris maior C. B. P. Passim Russis ЗЕмлянои Ладанъ. [russ. *zemljanoi ladan*]“ (AAW R. I, Op. 13, D. 42, Bl. 10v, s. Anm. 1 in Nr. 1); „CXVIII Valeriana T. 131. T. 131. 52. B. I. 73. Булырянъ. маунъ. Зе[м]ляно[и] Ладанъ [russ. *bulyrjan*; *maun* und *zemljanoi ladan*]. ...“ (Bl. 16r in T. Gerber „Flora Moscuensis ...“, s. Anm. 6 in Nr. 55); russ. *buldyr'jan* – Valeriana, Valeriane, Baldrian (Pawlowski 1952, S. 67); russ. *maun* – Valeriana officinalis, gemeiner Baldrian, Katzenwurzel (a. a. O., S. 663); russ. *zemljanoj ladan* – Valeriana officinalis, gemeiner Baldrian, Katzenwurz (a. a. O., S. 614); russ. *ladan zemljanoj* u. *mjaun* – Valeriana (*Dal'* 1880–1882, T. II, S. 232); russ. u. a. *baldyr'jan, buldyr'jan, baldrian, baldrijan* – Valeriana (*Slovar'* 1984, S. 132); „Valeriana Булдырбинъ [*buldyrbin*]“ (G. W. Steller nach T. Gerber: AAW R. I, Op. 81, D. 23, Bl. 5r, s. Anm. 1 in Nr. 1)

45 russ. *zemljanoj ladon* (*Slovar'* 2000, S. 105); „Unter die häufig auf den Feldern der isetskischen Provinz wachsenden Kräuter welche itzt blühten, gehört der heilsame Baldrian (Valeriana phu), den man hier wegen seiner starkriechenden Wurzel, welche das hiesige Landvolk ihren mit Zuckungen oder epileptischen Zufällen behafteten Kindern roh oder getrocknet einzugeben pflegt, Erdweyrauch (Semljänoi Ladan [russ. *zemljanoj ladan*]) nennet.“ (Pallas 1773, S. 100)

46 „89 Scutellaria Valerianae folio. Valeriana lutea procerior Obs. in hist. N. Russice propter foliorum aliquam cum sorbo aucuparia similitudinem hic locorum рябинка [russ. *rjabinka*] dicitur. ...“ mit der links marginalen Anm. auf Bl. 10v „Tab. VIII.“ (AAW R. I, Op. 13, D. 42, Bll. 10v–12r, s. Anm. 1 in Nr. 1); „5. Scutellaria lutea procerior valerianae folio. Valeriana lutea procerior obs. in Hist. N.“ (AAW R. I, Op. 14, D. 8, Bl. 1r, s. Anm. 98 in Nr. 39); „* Valeriana lutea procerior. obs. in hist. nat. LXXXIII. ...“ (AAW R. I, Op. 105, D. 2, Bl. 2v, s. Anm. 54 in Nr. 17); „196 Scutellaria Valerianae folio.“ (AAW R. I, Op. 15, D. 1, Bl. 10r, s. Anm. 24 in Nr. 64); „357. Scutellaria Valerianae folio Ind. Len. ...“ (AAW R. I, Op. 105, D. 1, Bl. 24v, s. Anm. 29 in Nr. 5); „Scutellaria Valerianae folio Ind. Len. ...“ (AAW R. I, Op. 105, D. 12, Bl. 4r, s. Anm. 54 in Nr. 17); „51) Scutellaria Valerianae folio flore flavo D. D Gmelin. ...“ (AAW R. I, Op. 104, D. 25, Bl. 6r, s. Anm. 61 in Nr. 21); „705 Scutellaria Valerianae folio. Ind. Len. 89. ...“ (AAW R. I, Op. 13, D. 20, Bll. 65v–66r, s. Anm. 1 in Nr. 1); „1. Scutellaria Valerianae folio Ind. Len. n°. 89. Valeriana lutea procerior Obs. in H. N. LXXXIII. ...“ (AAW R. I, Op. 13, D. 67, Bl. 23v, s. Anm. 5 in Nr. 4); „LXXXIII. Valeriana lutea, procerior.“ (Bl. 35v in J. G. Gmelin: „Observationes in HISTORIAM NATURALEM.“ – AAW R. I, Op. 105, D. 8ª, Bll. 1r–100v, Nr. LXIV – Nr. CCVIII, ohne Nr. LXXIX., Nr. CCIV. u. Nr. CCV., sowie AAW R. I, Op. 105, D. 8, Bll. 1r–48v – Nr. LXIV–Nr. LXXVIII und Nr. LXXXVII–Nr. CLXIV); s. auch Nr. 78

vermutlich „3. VALERIANA floribus tetrandis subaequalibus, seminibus scutatis. Valeriana floribus tetrandis aequalibus, foliis pinnatifidis seminibus palea ouali adnatis, LINN. Vps. p. 13. n. 2. Spec. Tom. I. p. 48. n. 18. α) Procerior, foliis omnibus plerumque pinnatifidis, Tab. XXIV.

Valerianella procera, folio varie secto semine galericulato, MESS. AMM. Ruth. p. 19. n. 26. Comment. Soc. Reg. Sc. Gott. Tom. I. Valerianella tetrastemon, semine foliolo innato Comment. Reg. S. Gotting. T. 1. p. 207. T. IX. β) Humilior, foliiis radicalibus integris aut varie serratis et incisis. Valerianella flore luteo non galericulato, foliis partim integris, partim laciniatis, MESS. Diar. Valeriana lutea humilis, GMEL. AMM. Ruth. p. 18. n. 25. T. III. LINN. Sp. pl. T. I. p. 34. n. 16. ... STELLERVS tamen in montosis locis Angarae et lacus Baicalis natam obseruauit, forte, quia ista loca non sunt sterilia, passimque syluosa. ... Russico nomine рябика [russ. *rjabika*] – vocatur, omnium fere plantarum instar, quarum foliarum dispositio cum foliis siliquam habet similitudinem. ..." (Gmelin 1747–1769, Bd. III, S. 123ff.); „2. VALERIANA floribus tetrandis aeqalibus, foliis pinnatifidis, seminibus paleo ovali adnatis. Valeriana lutea humilis. Amm. ruth. 18. n. 25. tab. 3. ..." (Linné 1779, S. 13); „25. VALERIANA lutea, humilis Gmel. Tab. III. ... 26. VALERIANELLA procera folio varie secto, semine galericulato Messerschm. ..." (Amman 1739, S. 18f.); „3. VALERIANA floribus tetrandis subaequalibus, seminibus scutatis. α) Procerior, foliis omnibus plerumque pinnatifidis [=] Patrinia rupestris Juss.! (non Fl. alt., quae est P. intermedia R. et Sch. [;] β) Humilior, foliiis radicalibus integris aut varie serratis et incisis. [=] Patrinia sibirica Juss.!" (Ledebour 1841, S. 91); „25. Patrinia sibirica Juss. (= P. sibirica Fisch. in litt. et in herb. = Valeriana lutea humilis Ammann.) Ledeb. fl. ross. II. p. 426. Ledeb. fl. alt. I. p. 131. Amman stirp. rar. ruth. pag. 18. No. 25. tab. III. ... 26. Patrinia rupestris Juss. Ledeb. fl. ross. II. p. 427. ..." (Herder 1864, S. 223ff.); „1) PATRINIA RUPESTRIS Juss. ... Valeriana sibirica. Linn. Spec. pl. I. p. 48. No. 18 – Willd. Spec. pl. I. p. 81. No. 20. Valeriana floribus tetrandis subaequalibus seminibus scutatis. α) Procerior foliis omnibus plerumque pinnatifidis. Gmel. Fl. sib. II. p. 123. Tab. XXIV. ... Valeriana procera etc. Messerschm. in Amm. ruth. p. 19. no. 26. ... 2) PATRINIA SIBIRICA. Juss. ... Valeriana sibirica. β) humilior. Gmel. Fl. sib. III. p. 123. No. 3. Valeriana ruthencica. Willd. sp. pl. I. p. 181. No. 21. Valeriana lutea humilis. Amm. R. p. 18. n. 25. Tab. III. ..." (Ledebour 1829, S. 130ff.); „1. P[atrinia] sibirica (JUSSIEU l. c.) ... P. sibirica ... LEDEB. Fl. alt. I, p. 131. ...Valeriana sibirica. ... FALK Beitr. II. p. 100. ... Valeriana ruthenica. WILLD. Spec. pl. I, p. 181. – GEORGI Beschr. d. Russ. R. III, 4. p. 663. ... Valeriana floribus tetrandis subaequalibus, seminibus scutatis β. humilior, foliis radicalibus, integris aut varie serratis et inciso. GMEL. Fl. sib. III, p. 123, Nr. 3. Valeriana lutea humilis. AMMAN. ruth. p. 18, Nr. 25, t. 3. ... 2. P. intermedia (R. et SCH. Syst. veg. III, p. 90) ... 3. P. rupestris (JUSS. l. c. – non Fl. alt.) ...Valeriana sibirica. WILLD. Spec. pl. I, p. 181 p. 181 (non L.). – GEORGI Beschr. d. Russ. R., 4. p. 663. Valeriana floribus tetrandis subaequalibus, seminibus scutatis. α. procerior, foliis omnibus plerumque pinnatifidis. GMEL. Fl. sib. III, p. 123. Nr. 3, t. 24. ... Valeriana procera, folio varie secto, semine galericulato. MESSERSCM. sp. AMMAN. ruth. p. 19, Nr. 26. ..." (Ledebour 1844–1846, S. 426f.); „12. VALERIANA sibirica L., ... Sibirischer Baldrian. R. Räbika. Gm. Sib. 3. T. 24. ... 13. VALERIANA ruthenica Willd. p. 181. Sp. 22. Russischer Baldrian. ..." (Georgi 1797–1802, Theil 3, S. 663f.); „53. Valeriana sibirica. Lin. Syst. Plant. I. 91. sp. 20. ..." (Falk 1786, S. 100); „20. VALERIANA sibirica. ... Gmel. sib. 3. p. 123. t. 24. ... Sibirischer Baldrian. W. ... *21. VALERIANA ruthenica. ... V. lutea humilis. Amman ruth. 18. n. 25. t. 3. * Russischer Baldrian. W. ..." (Linné 1797–1830, Bd. I, Teil 1, S. 181); „[Valeriana] sibirica, floribus tetrandis aequalibus, foliis pinnatifidis, seminibus paleae ovali adnatis; sibirischer Baldrian, ... er wächst in Sibirien auf Feldern wild ... Er heißt bey Ammann: Valeriana lutea humilis." (Gmelin 1777, Sp. 417); Patrinia rupestris Juss. a) procerior – russ. *rjabika* (*Annenkov* 1858, S. 66, Nr. 773); „Scutellāria L. (Labiatae). Von scutella, Dimin. von scutra (Schüssel), in Bezug auf die Form des Kelchs, welcher einer Tasse mit Henkel ähnlich ist." (Wittstein 1852, S. 804); „Patrīnia DON, JUSS. (Valerianeae). Nach EUG. LUDW. M. PATRIN, geb. 1742 zu Lyon, Naturforscher, bereiste Deutschland, Böhmen, Ungarn, Polen, 1781 Sibirien und untersuchte 8 Jahre lang die

Gebirge Nordasiens, kehrte 1787 nach Petersburg und dann nach Paris zurück, st. 1814 [?] zu St. Vallier bei Lyon.“ (a. a. O., S. 661)

47 „[species 1] Borrago floribus caeruleis J. B. 3. 574. Buglossum latifolium, Borrago flore caeruleo C. B. Pin. 256. Buglossum sive Borrago Matth. 1186. Bourrache à leur bleuë.“ (Tournefort 1700, S. 133, Genus I. „Borrago. Bourrache.“); „Borrago floribvs caervleis & albis. ... Officinis Borrago dicitur: Germanis Burratsch ...“ (Bauhin 1651, liber XXXIII, S. 574ff.); „1. BORRAGO calycibus patentibus LINN. Cliff. p. 44. ... Borrago floribus coeruleis ... I. B. III. p. 574. ... IRH. ...“ (Haller 1742, S. 524f.); „BORRAGO, (oder Borago, welches fast eben so viel heisset, als Courage, Muth, weil dieses Kraut die Lebensgeister so rege machet, oder erquicket.) Borrage. ... Borretsch. ... Die Sorten sind: 1. BORRAGO floribus coeruleis. J. B. Der gemeine Borretsch, mit blauen Blumen. ...“ (Miller 1750, S. 134); „1. BORRAGO calycibus patentibus. ... Borrago floribus caeruleis & albis. Bauh. hist. 3. p. 574. Borrago floribus caeruleis. Tournef. inst. 133. ...“ (Linné 1737, S. 44f.); „1.) Gewöhnlicher Boretsch. Borago officinalis. ... Borago foliis omnibus alternis; calycibus patentibus. LINN. Syst. veg. p. 159. Sp. pl. 197. Hort. Cliff. 44. ... Diese Pflanze ... wird insgemein Borago oder auch Borrago, im Deutschen Boretsch, Borretsch, Borragen ... genennet. ... Sie wird ... als ein trefliches Mittel im Seitenstechen, und andern Krankheiten, die mit innerlicher Hitze begleitet sind, empfohlen; auch kan sie aus eben diesem Grund in der Hypochondrie und melancholischen Krankheiten gute Dienste leisten. Unter den Zubereitungen ist wohl der ausgepreßte Saft am vorzüglichsten; man kan sie auch als Gemüse oder Salat speisen.“ (Linné 1779, S. 438f.); „1. BORAGO officinalis. ... B. calycibus patentibus. Hort. Cliff. 4. ... Gemeine Boretsche. W. ...“ (Linné 1797–1830, Bd. I, Teil 2, S. 776); „[Borago] officinalis, foliis omnibus alternis, calycibus patentibus; gewöhnlicher Boretsch, ... Burretsch; Boragen; gemeiner Boretsch; ... die ganze Pflanze ist saftreich und kühlend, ... sie ist nicht nur von Boerhaave in Entzündungskrankheiten, sondern auch besonders in hizigen Brustkrankheiten von Lieutaud äuserst empfohlen worden ...“ (Gmelin 1772, Sp. 164f.); „567. BORAGO officinalis. Linn. Gebräuchliche Borretsche. ... Syn. Borago officinalis Linn. Sp. pl. I. 197. Willd. Spec. I. a. pag. 776. ... Gemeine Boragen. Borres. Herzensfreude, Wohlgemuth. ...“ (Röhling 1826, S. 86); „Borragen, Borretsch, Borres, Borgelblumen, Burretsch, Herzblümlein, Herzfreude, Wohlgemuth, L. Borrago, ... Der Borrage wird mehr zur Arzenei, als in der Küche, gebraucht. Indessen kann man ihn doch mit gutem Nutzen, unter andern Kräutern zu den Suppen und auf andere Weise an den Speisen, gebrauchen; ...“ (Krünitz 1773–1858, Bd. 6, S. 142ff.); „BORRAGO. Borrago floribus caeruleis & albis, J. B. ... Es mildert die Schärffe des Blutes und der andern Feuchtigkeiten im Leibe, indem es vermittelst seines schleimichten Saftes das Saltz verdicket und fesselt: es eröffnet den Leib.“ (Lémery 1721, Sp. 179f.); Borrago officinalis L. – russ. *buračnik* bzw. *ogurečnaja trava* (*Annenkov* 1858, S. 23, Nr. 203); „Borágo <Borretsch>: vorlinn. Belege wie Borrago floribus albis/coeruleis, J. Bauhin III 33,574 ... gehen zurück über afrz. borrace(s) <Borretsch> ...“ (Genaust 2005, S. 103f.)

„1. Borrago floribus caeruleis J. B. 3. 574.“ (AAW R. I, Op. 13, D. 16, Bl. 6r, s. Anm. 32 in Nr. 6); „17. Borrago floribus coeruleis J. B. 3. 574“ (AAW R. III, Op. 1, D. 162, Bl. 108v, s. Anm. 54 in Nr. 17); „593. Borrago' calycibq patentibq. Linn. h. cliff. 44. Borrago floribq coeruleis Tourn. inst.133. Boerh. lugd. 1. p. 188.“ (AAW R. I, Op. 13, D. 20, Bl. 58r, s. Anm. 1 in Nr. 1)

48 „[species 20] Buglossum arvense, annuum, Lithospermi folio. Lithospermum arvense, radice rubra C. B. Pin. 258. Lithospermum nigrum quibusdam, flore albo, semine Echii J. B. 2. 592. Echioides alba Col. Part. 1. 185.“ (Tournefort 1700, S. 134, Genus II. „Buglossum. Buglose.“); „Echioides flore albo Rivini. ... Buglossum arvense, annuum, lithospermifolio. Tournefort. Instit. p. 134. ... Schminck=Wurtz.“ (Rupp 1726, S. 176f.); „Lappvla Rivini, Lappula rusticorum:

Lugdunens. Cynoglossum minus C. B. P. & J. B. ...“ (a. a. O., S. 9f.); „XIV. Die Acker=Ochsen=-Zung/ oder BUGLOSSUM ARVENSE ANNUUM, LITHOSPERIM Folio, welches andere das Lithospermum mit der rothen Wurtzel nennen ...“ (Valentini 1719, S. 66); „2. Der Perle=Hirs, oder wilde Meer=Hirs: ... Buglossum arvense, annuum, Lithosperm. folio T. 134. ...“ (Zwinger 1744, S. 957); „Buglossum arvense annuum, Lithospermi folio Inst. R. Herb. Lithospermum arvense, radice rubra C. B. Pin. 258. ... Gremil, kleine rothe Ochsenzunge mit weissen Blumen/ wilder Meerhirse/ Perlkraut mit rother Wurtzel. ...“ (Mappus 1742, S. 44); „3. LITHOSPERMUM seminibus rugosis, corollis vix calycem superantibus LINN. Cliff. p. 46. ... Buglossum arvense annuum lithospermi folio ... I. R. H. ... II. ... Echium pumilum album C. B. ...“ (Haller 1742, S. 518f.); „3. LITHOSPERMUM seminibus rugosis, corollis vix calycem tuberantibus. Lithospermum arvense, radice rubra. Bauh. pin. 258. ... Buglossum arvense annuum, lithospermi folio. Tournef. inst. 134. ... 4. LITHOSPERMUM seminibus echinatis. Lappula rivini. Rupp. jen. 9. ...“ (Linné 1737, S. 46); „2.) Acker=Steinsaame. Lithospermum arvense. ... Lithospermum seminibus rugosis, corollis vix calycem superantibus LINN. Syst. veg. p. 156. Sp. pl. 190 Hort. Cliff. 46. ... HALL. Helv 518. ... Die Wurzel dieser Pflanze gibt eine schöne rothe Farbe, und wird daher frisch ... von den Bauernmädchen in Finn= und Lappland zur Schminke gebraucht. ...“ (Linné 1779, S. 410f.); „2. LITHOSPERMUM arvense. ... Lithospermum arvense, radice rubra. Bauh. pin. 258. ... Acker Steinsaame. W. ...“ (Linné 1797–1830, Bd. I, Teil 2, S. 751); „1) LITHOSPERMUM ARVENSE. Linn. ... Lithospermum seminibus rugosis, corollis calycem vix superantibus. Gmel. Fl. sib. IV. p. 74. No. 10. ...“ (Ledebour 1829, S. 174); „10. LITHOSPERMVM seminibus rugosis, corollis calycem vix superantibus, LIN. Sp. pl. 1. p. 190. n. 2. ROY. prod. 405. Tab. XXXVIII. Lappula Riuini Ind. Irc. 252. Eadem flore albo. ...“ (Gmelin 1747–1769, Bd. IV, S. 74), nahezu identisch auf Bl. 41v in: AAW R. I, Op. 104, D. 14 – s. Anm. 32 in Nr. 6; „10. Lithospermum seminibus rugosis, corollis calycem vix superantibus. (excl. syn. Linn. et Royen., nec non t. XXXVIII.) [=] Lithospermum tenuiflorum L.?“ (Ledebour 1841, S. 118); „14. LITHOSPERMUM tenuiflorum. ... Kleinblütiger Steinsame. W. ...“ (Linné 1797–1830, Bd. I, Teil 2, S. 755); „700. Lithospermum. L. (excl. spec.) ... 1. L. arvense (L. SP. 190) ... 2. L. tenuiflorum ... L. arvense. LEDEB.Fl. alt. I. p. 174 (excl. syn praeter GMEL.). ... L. seminibus rugosis, corollis calycem vix superantibus. GMEL. Fl. sib. IV, p. 74. Nr. 10 (excl. ic. t. 38 et synon.). ...“ (Ledebour 1846–1851, S. 129f.); „Lithospermum arvense, seminibus rugosis, corollis vix calycem superantibus. Akersteinsamen, ... Feldhirse mit einer rothen Wurzel; wilde Steinhirse; falsche Meerhirse; wilde Rothwurz; wilder Steinsamen; rothe Ochsenzunge; Schminkwurzel; ... Seine frische Wurzel färbt roth, ... andere färben damit die Butter roth, und rühmen sie alsdenn in dem Seitenstechen; ... Er heißt bey ... C. Bauhin: Lithospermum arvense, radice rubra; ...“ (Gmelin 1773a, Sp. 711ff.); „BUGLOSSUM. ... teutsch, Ochsenzunge. ... Es dienet die Brust feuchte zu halten: mildert die Schärffe des Geblüts und reiniget dasselbe: stärcket das Hertz und machet lustig. ...“ (Lémery 1721, Sp. 190); „LITHOSPERMUM. ... teutsch, Meerhirse, Steinsamen. ... Der Samen dienet den Stein in den Nieren und in der Blase zu brechen und zu zermalmen, den Urin zu treiben ...“ (a. a. O. Sp. 657); „Láppula <Igelsame>: Demin. zu lat. lappa <Klette> ...“ (Genaust 2005, S. 326); „Buglōssum (Asperifoliae). Zus. aus βοῦς (Ochse) und γλωσσα (Zunge); die Blätter sind breit, lang und rauh wie eine Ochsenzunge.“ (Wittstein 1852, S. 129); „Lithospērmum T. (Asperifoliae). Zus. aus λιδος (Stein) und σπερμα (Same); die Samen gleichen kleinen Steinchen.“ (a. a. O., S. 530); „Lāppula MNCH. (Asperifoliae). Dimin. von Lappa (Klette); wollhaarige Kräuter mit Früchtchen (Samen), welche rauh wie Kletten sind. ...“ (a. a. O., S. 499)

„53) Buglossum arvense annuum Lithospermi folio, T. i. r. h. Lappula Rivini, ...“ (AAW R. I, Op. 104, D. 25, Bl. 6r, s. Anm. 61 in Nr. 21); „252. Lappula Rivini. Buglossum angustifolium semine echinato I. R. H. Cynoglossum minus, flore & folio Lithospermi Ind. Len. ... j. Eadem flore albo.“ (AAW R. I, Op. 105, D. 12, Bl. 10r, s. Anm. 54 in Nr. 17); „36 Buglossum angustifolium Semine echinato Inst. r. h. 134. Cynoglossum minus C. B P. 257 J. B. 3. 600.“ (AAW R. I, Op. 6, D. 40, Bl. 24r, s. Anm. 1 in Nr. 1); „37 Buglossum angustifolium semine echinato i. r. h. Cynogloss minq C. B.“ (G. W. Steller nach J. G. Heinzelmann: AAW R. I, Op. 81, D. 23, Bl. 15v, s. Anm. 1 in Nr. 1); „35 Buglossum angustifolium, semine echinato, Cynoglossum minus C. B. P. 257. ex Siberia.“ (AAW R. III, Op. 1, D. 98, Bl. 2v, s. Anm. 2 in Nr. 53); „Buglossum angustifolium Semine echinato Inst. r. h. Sem. Heinz.“ (AAW R. III, Op. 1, D. 162, Bl. 19r, s. Anm. 54 in Nr. 17); „Buglossum angustifolium, semine echinato Inst. r. h.“ (a. a. O., Bl. 21v); „2. Buglossum angustifolium, semine echinato. Inst. r. h. 134.“ (AAW R. I, Op. 13, D. 16, Bl. 6r, s. Anm. 32 in Nr. 6); „428. Buglossum angustifolium, Semine echinato Inst. [Dill. Ox.?]“ (AAW R. I, Op. 15, D. 3, Bl. 8v, s. Anm. 65 in Nr. 24); „117. Lappula Riv: D. 4 Aug(.“ (AAW R. I, Op. 15, D. 1, Bl. 6r, s. Anm. 24 in Nr. 64); „594. Lappula Rivini Ind. Irc. n°. 252. ...“ (AAW R. I, Op. 105, D. 1, Bl. 46v, s. Anm. 29 in Nr. 5); „[3.] Lappula Rivini Ind. Irc. n°. 252. Cynoglossum Ind. Len. n°. 132. ...“ (AAW R. I, Op. 13, D. 67, Bl. 40v, s. Anm. 5 in Nr. 4); „132 Cynoglossum minus, flore et folio Lithospermi. An Cynoglossum Lithospermi folio Hispanicum I. R. H? ...“, mit der rechts marginalen Anm. „Tab XIII.“ (AAW R. I, Op. 13, D. 42, Bl. 18r, s. Anm. 1 in Nr. 1); „293. Lithospermum seminibus echinatis. Linn. h. Cliff. 46. Lappula Rivini. Rupp. flor. 9“ mit der rechts marginalen Anm. „H. A. b. sylv.“ (AAW R. I, Op. 13, D. 20, Bl. 32r, s. Anm. 1 in Nr. 1)

49 „54) Buglossum arvense añuum Lithospermi folio flore albo, ...“ (AAW R. I, Op. 104, D. 25, Bl. 6r, s. Anm. 61 in Nr. 21); s. Nr. 81

50 „[species 10] Buglossum angustifolium, minus C. B. Pin. 256. Buglossum vulgare, minus J. B. 3. 578. Echii facie Buglossum minimum, flore rubente Lob. Icon. 576.“ (Tournefort 1700, S. 134, Genus II. „Buglossum. Buglose.“); „2. Die schmal-blättige, kleine, zahme Ochsen=Zunge: Buglossum angustifolium, minus, C. B. P. T. ...“ (Zwinger 1744, S. 1014); „6. Anchusa angustifolia. L. Schmalblättrige Ochsenzunge. ...“ (Dietrich 1802, S. 428); „BUGLOSSUM a) TOURNEFORT. t. 53. ANCHUSA Linn. n. 182. ... Buglossum angustifolium minus C. B. I. R. H. ... Anchusa racemis subnudis conjugatis LINN. I. p. 191. ...“ (Haller 1768. S. 265f.); „1. ANCHUSA foliis lanceolatis, spicis imbricatis secundis. ... Buglossum angustifolium majus. Bauh. pin. 256. ... γ Buglossum angustifolium minus. Bauh. pin. 256. ...“ (Linné 1737, S. 46f.); „13. ANCHVSA foliis lanceolatis, spicis imbricatis secundis, LIN. Sq. [sic!] pl. 1. p. 191. n. 1. Eadem flore albo. Buglossum syluestre flore albo folio angustiore, GERB. Tan. ...“ (Gmelin 1747–1769, Bd. IV, S. 74), nahezu identisch auf Bll. 41v–42r in: AAW R. I, Op. 104, D. 14 – s. Anm. 32 in Nr. 6; „13. Anchusa foliis lanceolatis, spicis imbricatis secundis [=] Anchusa officinalis L.? [;] Eadem flore albo [=] Anchusa ochroleuca M. a Bieb.!“ (Ledebour 1841, S. 119); „1. Gewöhnliche Ochsenzunge. Anchusa officinalis. ... Anchusa foliis lanceolatis; spicis imbricatis, secundis. LINN. Syst. veg. 156. Sp. pl.191. Hort. Cliff. 46. ... Diese Pflanze, welche in den Apotheken ehmalen gebräuchlich war, und insgemein den Namen Buglossum, Ochsenzunge, gemeine oder deutsche Ochsenzunge, führet, ... man kann sie im Frühling als Gemüse kochen. Börhave hat ihren ausgepreßten Saft, als ein kühlendes und gelinde eröfnendes Mittel, wider das Seitenstechen, und in großer Menge gegeben, in der Melancholie empfohlen. 2.) Schmalblätterichte Ochsenzunge. Anchusa angustifolia. ... Anchusa racemis subnudis, conjugatis. LINN. Syst. veg. p. 156. ... Buglossum angustifolium minus. C. BAUH. pin. 256. ... In den Eigenschaften und Kräften kommmt diese Art mit der vorhergehenden überein.“ (Linné 1779, S. 415ff.); „3. ANCHVSA officinalis. ... A. foliis lanceolatis, spicis imbricatis secundis. Hort. cliff. 46. ... Gmel. sib. 4. p. 74. n. 13. ... Gemeine Ochsenzunge. W. ... 5. ANCHUSA angustifolia. ... A. racemis subnudis

conjugatis. ... Buglossum angustifolium minus. Bauh. pin. 256. ... Schmalblättrige Ochsenzunge. W. ...“ (Linné 1797–1830, Bd. I, Teil 2, S. 756f.); „696. Anchusa L. ... Anchusa officinalis (L. SP. 191) ... A. angustifiolia ... GEORGI Beschr. d. Russ. R. III, 4. p. 752. ... A. foliis lanceolatis, spicis imbricatis secundis. GMEL. Fl. sib. IV, p. 74, Nr. 13 (excl. pl. fl. albo). ... 5. A. ochroleuca (M. a BIEB. ...) ... A. foliis lanceolatis, spicis imbricatis secundis, flore albo. GMEL. Fl. sib. IV, p. 74, Nr. 13. ... Variat floribus coerulescentibus et roseis“ (Ledebour 1846–1851, S. 117ff.); „[Anchusa] officinalis, ... gewöhnliche Ochsenzunge, ... teutsche Ochsenzunge, grose Ochsenzunge; ... die angenehme Farbe ihrer Blumen hat ehemals Anlaß gegeben, diese unter die herzstärkende Mittel zu zählen, so wie man auch ihre Wurzeln und Blätter in den Apotheken aufbehalten hat; zu unsern Zeiten bedienen sich aber die Aerzte dieser Pflanze sehr selten, welche in ihrem Geruch, Geschmak, Wirkungen und chemische Auflösung nichts als eine geringe kühlende Kraft zeiget: ... Anchusa angustifolia, racemis subnudis conjugatis; schmalblätterichte Ochsenzunge, mit zimlich grosen geparten Blumentrauben; ...“ (Gmelin 1772a, Sp. 466ff.); „273. ANCHUSA officinalis foliis lanceolatis, spicis imbricatis, secundis. Linn. Sp. pl. 1. p. 185. ... Germ. Gemeine Ochsenzunge. ... Pharm. BUGLOSSI Radix; Herba; Flores. ... 274. ANCHUSA angustifolia racemis subnudis, conjugatis. Linn. Sp. pl. p. 191. ... Buglossum angustifolium minus. C. Bauh. pin. p. 256. ... Germ. Schmalblättrige Ochsenzunge. ...“ (Gmelin 1806a, S. 417ff.); „ANCHUSA OFFICINALIS Linné. OFFICINALE ANCHUSE. ... A. officinalis Linné Fl. suec. 152. 161. ... Var. β. angustifolia; ... In der Medizin wurden ehemals Wurzel, Blätter und Blumen unter den Namen Radix, Herba et Flores Buglossi gebraucht. Die jungen Blätter werden in Schweden als Gemüse und Salat genossen, und auch dort mit Allaun vermischt, zum Grünfärben benutzt. Als Viehfutter ist die Pflanze nur jung zu gebrauchen. Die Wurzel färbt roth. Deutsche Namen: Gemeine Ochsenzunge, rothe, deutsche oder grosse Ochsenzunge, Augenzier, Liebäugel, Bauernboretsch, Steinblümchen, Alcanna, gemeine Schminkwurz.“ (Dietrich 1835, Nr. 199); „ANCHVSA (officinalis) foliis lanceolatis, spicis imbricatis secundis. Linn. Cliff. 46. ... Волóвой языкъ [russ. *volovoj jazyk*] Ruth. ...“ (*Krašeninnikov* 1761, S. 27f.); „1. ANCHUSA officinalis L., ... Gemeine Ochsenzunge. Georg. Basu sin am. ... Die rothfärbende Oberhaut der Wurzeln ist vieler Orten ländliche Schminke. Man beleckt die Wurzeln und reibt dann die Backen mit denselben. 2. ANCHUSA angustifolia L., ... Schmalblättrige Ochsenzunge. ...“ (Georgi 1797–1802, Theil 3, S. 752); „XVI. Mittel gegen den Biss toller Thiere. ... 21) Anchusa officinalis. Im Twerschen gebraucht man das Pulver ... auf Butterbrod, oder in Branntwein und trinkt dabei die starke Abkochung. Die Bisswunde wird mit Lauge ausgewaschen und dannn mit dem Pulver bestreut. ...“ (Krebel 1858, S. 182ff.); Anchusa officinalis L. – russ. *volovik*, *volovij jazyk*, *vologlodka*, *červjanica*, *rumjanka*, *osliny usta* bzw. *utič'i gnezdyški* (*Annenkov* 1858, S. 15, Nr. 88); „Anchūsa L. (Asperifoliae). Von άγχουσα (Schminke, von άγχοειν ... rothfärben) wegen der Anwendung der Wurzel. ...“ (Wittstein 1852, S. 45)

„184. Anchusa folijs lanceolatis, spicis imbricatis secundis. Lin. h. cliff. 46. Bugloss(angustifolium maius flore coeruleo. Tourn. inst. 256 [?] Boerh. lugd. 1. p. 188. j. Eadem flore albo. ij. Eadem caule magis erecto floribus majoribus violaceis. ...“ (AAW R. I, Op. 13, D. 20, Bl. 19r, s. Anm. 1 in Nr. 1); „1362. Buglossum sylv: flore albo, folio angustiore. ....“ (T. Gerber in „Flora Tanaensis ...“, s. Anm. 107 in Nr. 46); s. auch Nr. 81

51 „[species 1] Pulmonaria Italorum ad Buglossum accedens J. B. 3. 595. Symphytum maculosum sive Pulmonaria latifolia C. B. Pin. 259. Pulmonaria vulgaris, maculoso folio Clus. Hist. clxix.“ (Tournefort 1700, S. 136, Genus V. „Pulmonaria. Pulmonaire.“); „Pvlmonaria Italorvm ad Buglossum accedens. ... Pulmonaria Germanicè Lungenkraut, Fleckenkraut ...“ (Bauhin 1651, liber XXXIII, S. 595f.); „1. Pulmonaria foliis radicalibus ovato-cordatis. ... Pulmonaria italorum ad buglossum accedens. Bauh. hist. 3. p. 595. Symphytum maculosum, seu Pulmonaria latifolia.

Bauh. pin. 259. ...“ (Linné 1737, S. 44); „2.) Gewöhnliches Lungenkraut. Pulmonaria officinalis. ... Pulmonaria foliis radicalibus, ovato-cordatis, scabris. LINN. Syst. veg. p. 158. ... Symphytum maculosum s. Pulmonaria latifolia. C. BAUH. pin. 259. ...“ (Linné 1779, S. 427f.); „2. PVLMONARIA officinalis. P. foliis radicalibus ovato-cordatis scabris. Hort. cliff. 44. Symphytum maculosum s. Pulmonaria latifolia. Bauh. pin. 259. ... Gemeines Lungenkraut. W. ...“ (Linné 1797–1830, Bd. I, Teil 2, S. 768); „702. Pulmonaria L. (excl. spec.). ... 1. P. officinalis (L. SP. 294) ... GORTER Fl. ingr. p. 28. ... FALK Beitr. II, p. 123 ...“ (Ledebour 1846–1851, S. 136f.); „[Pulmonaria] officinalis, foliis radicalibus ovato-cordatis scabris, gewöhnliches Lungenkraut, dessen Wurzelblätter rauh, und eyrund=herzförmig sind; Lungenkraut; geflekt Lungenkraut; ... Sie heißt bey ... J. Bauhin: Pulmonaria Italorum ad buglossum accedens, bey C. Bauhin: Pulmonaria latifolia, ...“ (Gmelin 1775, S. 515ff.); „1. Art. P[ulmonaria] officinalis. Offizinelles Lungenkraut. (Linné.) ... Synonyme: ... Symphytum maculosum s. p. latifolia (Bauch. pin. 259.) ... Literatur: Lin. sp. pl. ed. Willd. I. p. 768. ... Hort. cliff. 44. ...“ (Bechstein 1833, S. 528f.); „PULMONARIA OFFICINALIS. ... Pulmonaria (officinalis) foliis radicalibus ovato-cordatis scabris. Linn. Spec. plant. ed. Willd. T. I. p. 768. ... Gemeines Lungenkraut breitblättriges Lungenkraut, grosses Lungenkraut, Backkraut, unser lieben Frauen Milchkraut, blaue Schlüsselblumen, kleine Wallwurz, scharfe Ochsenzunge, Waldochsenzunge, Hirschkohl, Hirschmangold ... Die Blätter der Pulmonaria officinalis ... sind unter dem Namen Herba Pulmonariae maculosae officinell, ... ob ihm gleich in ältern Zeiten sehr unverdient Heilkräfte gegen die Heiserkeit, gegen das Blutspeyen, ja selbst gegen die eyternde Lungenschwindsucht zugeschrieben wurden. ...“ (Hayne 1809, Nr. 44); „Pulmonaria (officinalis) foliis radicalibus ouatocordatis scabris. Linn. Spec. pl. 135. ... Медуница. [russ. *medunica*] Russ. ...“ (*Krašeninnikov* 1761, S. 28); „200. Pulmonaria officinalis. Lin. sp. 2. ... Fleckigt Lungenkraut. Ruß. Meduniza. Tat. Koiwiek. ...“ (Falk 1786, S. 123); „PULMONARIA offic. Lungenkraut. ... Primula veris flore coeruleo. ... Als ein äußerliches Arzneymittel betrachtet, verdient sie ... unsere Aufmerksamkeit; da sie sich hier als ein erweichendes und linderndes Mittel zeigt. Man kann sich derselben unter den cataplasmatibus et balneis vulnerarii, so wie unter den schysmatibus emollientibus mit Nutzen bedienen, ...“ (Gleditsch 1788, S. 59ff.); „Milch=Kraut (Unser Frauen) Flecken=Kraut, Fleckicht Lungenkraut, (wegen seiner weiß-fleckichten Blätter, ... und weil es wie eine Lunge aussiehet, ... Hirsch=Mangolt, blaue Schlüsselblume ... Backkraut, klein Wallwurtz oder Beinwelle, Wald=Ochsen=Zunge. ... Pulmonaria Italorum ad Buglossum accedens, J. B. symphytum maculosum oder Pulmonaria latifolia C. B. ... Es ist ein herrlich Wundkraut, heilet und hefftet die Wunden und faule Geschwüre, äusserlich und innerlich gebraucht, und widerstehet alle Fäulung. Ist sonderlich gut in Lungen=Kranckheiten, und thut gleichsam Wunder darinnen, wenn man es offte gebrauchet. ...“ (Zedler 1732–1750, Bd. 21, Sp. 157f.); Pulmonaria officinalis L. – russ. *medunica*, *medunka*, *rjast*, *ščemelina*, *posečnaja*, *belostojka*, *sinen'kij korešok* bzw. *kon'ba* (*Annenkov* 1858, S. 76, Nr. 889); „Pulmonāria T. (Asperifoliae). Von pulmo (Lunge); das Kraut war schon in alten Zeiten als Heilmittel gegen Lungenkrankheiten im Gebrauch.“ (Wittstein 1852, S. 740); „Symphytum L. (Asperifoliae). Von συμφυτος (zusammengewachsen), in Bezug auf die frühere Anwendung der Pflanze (besonders der Wurzel) zum Heilen von Wunden. ...“ (a. a. O., S. 857)

„251. Pulmonaria folio non maculoso Clus. Hist. CIxix. Cynoglossum majus vulgare. C. B. P. Ind. Len. Pulmonaria alpina folijs mollibus subrotundis, flore caeruleo Tourn. Ind. Irt. Russ. медуница. [russ. *medunica*] ...“ mit der rechts marginalen Anm. von J. G. Gmelin „Pulmonaria Italorum ad Buglossum accedens J B 3 5[95] Stell n° 84“ (AAW R. I, Op. 105, D. 12, Bl. 10r, s. Anm. 54 in Nr. 17); „1. Pulmonaria folio non maculoso Clus. H. CIxix & Ind. Irc. n°. 251. Томii шемела [russ. *šemela*] ... 2. Pulmonaria folio non maculoso, subtus rubente. ...“ (AAW R. I, Op. 13, D. 67, Bl. 40v, s. Anm. 5 in Nr. 4); „131 Cynoglossum maius vulgare C. B. P. ...“

(AAW R. I, Op. 13, D. 42, Bl. 18r, s. Anm. 1 in Nr. 1); „43. Cynoglossum majus vulgare C B P. 257 Cynoglossum vulgare J. B. 3. 598. „ (AAW R. I, Op. 6, D. 40, Bl. 24v, s. Anm. 1 in Nr. 1); „43 Cynoglossum majus vulgare C. B. P.“ (G. W. Steller nach J. G. Heinzelmann: AAW R. I, Op. 81, D. 23, Bl. 15v, s. Anm. 1 in Nr. 1); „Cynoglossum majus vulgare C B P. Sem. ex Sibiria & Tataria.“ (AAW R. III, Op. 1, D. 162, Bl. 22r, s. Anm. 54 in Nr. 17); „Cynoglossum majus vulgare. C. B. P. Passim.“ (AAW R. I, Op. 105, D. 2, Bl. 2v, s. Anm. 54 in Nr. 17); „313„ d. [18]„ [September 1724] Sem. Cynoglossi majoris vulgaris. Tournef. Sp. 1.“ (AAW F. 98, Op. 1, D. 23, Bl. 9v; s. Anm. 49 in Nr. 653); „– Pulmonaria alpina folijs mollibus subrotundis, flore caeruleo Tourn. Russ. медуница. [russ. *medunica*] ...“ (AAW R. I, Op. 104, D. 8, Bl. 5v, s. Anm. 18 in Nr. 452); „590. Pulmonaria folio non maculoso Clus. H. CIxix et Ind. Irc. n°. 251. ... Fl. Irc. nº 84.“ (AAW R. I, Op. 105, D. 1^{a}, Bl. 71v, s. Anm. 29 in Nr. 5); „57. Pulmonaria folio non maculoso Clus. ... 59. Cynoglossum majus vulgare C. B. P. n. 1.“ (AAW R. I, Op. 104, D. 13, Bl. 2r, s. Anm. 84 in Nr. 29); „Pulmonaria folio non maculoso. Clus. hist. 169. et Inst. r. h. n°. 10.“ (AAW R. I, Op. 13, D. 19, Bl. 2v, s. Anm. 54 in Nr. 17); „116. Pulmonaria folio non maculoso ...“ (AAW R. I, Op. 15, D. 1, Bl. 6r, s. Anm. 24 in Nr. 64)

52 „[species 5] Lithospermum palustre, minus, flore caeruleo. Echium Scorpioides, palustre C. B. Pin. 254. Echium Scorpioides, solisequum, flore majore, caeruleo J. B. 3. 589.“ (Tournefort 1700, S. 137, Genus VI. „Lithospermum. Gremil, ou Herbe aux perles.“); „Lithospermum palustre, minus, flore coeruleo Inst. R. Herb. Echium Scorpioides palustre C. B. Pin. 254. Echium Scorpioides solisequum, flore majore, coeruleo J. B. 3. 589. Blauer Augentrost/ Vergiß mein nicht/ Je länger je lieber/ nostratibus Wassermaußöhrlein mit blauen Blumen/ Wasserscorpiongraß. ...“ (Mappus 1742; S. 179f.); „75. MYOSOTIS glabra pratensis. Dill. giss. 67. ... Lithospermum palustre minus, flore caeruleo. Tournef. inst. 137. ... Echium scorpioides palustre. Bauh. pin. 254. ...“ (Linné 1737a, S. 47); „1.) Scorpionartiges Mausohr. Myosotis Scorpioides. ... Myosotis seminibus laevibus; foliorum apicibus callosis. LINN. Syst. veg. p. 155. ... Echium Scorpioides palustre. C. BAUH. pin. 254. ...“ (Linné 1779, S, 404ff.); „1. MYOSOTIS scorpioides. M. seminibus laevibus, caule subsimplici, foliis lanceolatis obtusis. W. M. seminibus laevibus, foliorum apicibus callosis. ... Fl. suec. 149. 157. ... Gmel. sib. 4. p. 73. ... Sumpf Mauseohr. W. ...“ (Linné 1797–1830, Bd. I, Teil 2, S. 746f.); „8. MYOSOTIS seminibus nudis, foliorum apicibus callosis, LIN. Sp. pl. p. 188. 1. Cum Syn. Eadem foliis glabris, LIN. loc. cit. In omni Sibiria prouenit et Russico nomine измоденъ полевой [russ. *izmoden polevoj*] dicitur, multi vsus in quoui obscuro morborum genere, in primis etiam in symtomatibus luis venereae. ...“ (Gmelin 1747–1769, Bd. IV, S. 73), nahezu identisch auf Bl. 41r in: AAW R. I, Op. 104, D. 14 – s. Anm. 32 in Nr. 6; „8. Myosotis seminibus nudis, foliorum apicibus callosis [=] Myosotis palustris With. cum aliis speciebus confusa.“ (Ledebour 1841, S. 118); „7) MYOSOTIS PALUSTRIS. With. ... Gmelinus Fl. sib. IV. p. 73. No. 8. plures species confudisse videtur.“ (Ledebour 1829, S. 189); „706. Myosotis. L. (excl. spec.). ... 1. M. palustris (WITHER. ...) ... LEDEB. Fl. alt. I, p. 189. ... M. scorpioides β. palustris. L. SP. 188. .... M. seminibus nudis, foliorum apicibus callosis. GMEL. Fl. sib. IV, p. 73, Nr. 8 (plur. spec. confusae videntur). ...“ (Ledebour 1846–1851, S. 142f.); „385. Myosotis palustris. Withering. ... Sumpf=Mauseohr. ... Myosotis palustris Linn. syst. ed. Gmel. ... Ledebour fl. altaic., p. 189. n. 7. ... Myosotis scorpioides Willd. sp. pl. 1. p. 746. ...“ (Berchtold 1839, S. 111ff.); „[Lithospermum] palustre minus, flore caeruleo, bedeutet bei ihm [d. h. Caspar Bauhin] das scorpionartige Sumpfmausöhrgen.“ (Gmelin 1773a, S. 717); „191. Myosotis scorpioides. Lin. Syst. Plant. I. p. 383. sp. 1. α. arvensis β. palustris. ... Palustr. Ruß. Nesabut Mena. ...“ (Falk 1786, S. 122); „13) Kleines Vergiß mein nicht, Je länger je lieber, scorpionartiges Ackermausöhrchen; Myosotis scorpioides arvensis, ... Man schreibt ihm eine nährene Kraft zu, und Gohl hat seine Blätter zerquetscht und lau aufgelegt

in einer feuchten Augenentzündung empfohlen. ..." (Gmelin 1779, S. 21f.); „2. MYOSOTIS scorpioides. L. ... β. palustris. Sumpf=Mäuseohr. W. Vergißmeinnicht. R. Nesabad Meja. ..." (Georgi 1797–1802, Theil 3, S. 750); russ. *nezabudka, nezabud'menja, nezabud' menja, ne zabud' menja* – Vergißmeinnicht, Myosotis (*Slovar'* 2004, S. 183f.); „MYOSOTIS (scorpioides) ... Linn. Spec. pl. 131. n. 1. ... α. Myosotis (arvensis) ... β. Myosotis (palustris) ... Скорпїонная трава [russ. *skorpionnaja trava*] Russ. ..." (*Krašeninnikov* 1761, S. 27); „Mäuseohr, ... 2. Eine Pflanzengattung, Myosotis Linn. deren Arten zum Teil kleine runde Blätter haben, die den Ohren der Mäuse etwas ähnlich sind. ... (1) Sumpf=Mäuseohr, Scorpions=Mäuseohr, Mausohr, Mäuseöhrchen, Mäuseöhrlein, Vergiß mein nicht. Myosotis scorpioides, seminibus laevibus, caule subsimplici, foliis lanceolatis obtusis. Willd. Spec. Plant. Tom. I. p. 746. .." (Krünitz 1773–1858, Bd. 86, S. 162ff.); „Myosotis scorpioïdes: ... 2) ... lithospermum palustre minus, flore coeruleo et albo, ... Man hat sie bei Augenkrankheiten empfohlen; ... Deutsch: Vergiss mein nicht, Ackermäuseohr, Sumpfmäuseohr, blauer Augentrost. ..." (Langstedt 1805, S. 336); Myosotis palustris With. – russ. *izmoden polevoj, volosovaja, gorljanka* bzw. *nezabudka* (*Annenkov* 1858, S. 61, Nr. 715); „Myosōtis L. (Asperifoliae). Zus. aus μυς (Maus) und οὑς (Ohr), in Bezug auf die Form der Blätter." (Wittstein 1852, S. 601); „Ēchium L. (Asperifoliae). Von ἔχις (Natter), die Samen haben Aehnlichkeit mit dem Kopfe einer Natter und der Stängel ist gefleckt wie die Haut dieses Tieres." (a. a. O., S. 312f.)

„Lithospermum palustre minus, flore coeruleo Tourn. ubique Russ. воробево семя [russ. *vorobevo semja*]" (AAW R. I, Op. 104, D. 8, Bl. 5v, s. Anm. 18 in Nr. 452); „125 Lithospermum palustre minus flore coeruleo I R. H. Passim. Russis воробьево семя [russ. *vorob'evo semja*]" (AAW R. I, Op. 13, D. 42, Bl. 16r, s. Anm. 1 in Nr. 1); „56) Lithospermum palustre minus flore coeruleo T. i. r. h. ..." (AAW R. I, Op. 104, D. 25, Bl. 6r, s. Anm. 61 in Nr. 21); „15. Lithospermum palustre minus flore coeruleo Tourn. ..." (AAW R. I, Op. 104, D. 17, Bl. 10r, s. Anm. 36 in Nr. 8); „249. Myosotis folijs glabris Lin. h. cliff. 46. Scorpiurus perennis floribus majoribus Hall. Alp. 520. Lithospermum palustre minus Tourn. inst. 137" mit der links marginalen Anm. „Sylv. d. 20 Jun." (AAW R. I, Op. 13, D. 20, Bl. 27v, s. Anm. 1 in Nr. 1); vgl. „Myosotis glabra, palustris, et major Cat. Giss. Ind. Jen. 595." (AAW R. I, Op. 13, D. 67, Bl. 40v, s. Anm. 5 in Nr. 4)

53 vgl. Nr. 81

54 „[species 6] Lithospermum palustre, minus, flore albo. Echium Scorpioides, palustre flore niveo C. B. Pin. 254. Echium Scorpioides, solisequum, flore majore, albo J. B. 3. 589." (Tournefort 1700, S. 137, Genus VI. „Lithospermum. Gremil, ou Herbe aux perles."); „Lithospermum palustre, minus, flore albo Inst. R. Herb. Echium scorpioides, palustre, flore niveo C. B. Pin. 254. Echium Scorpioides solisequum flore majore albo J. B. 3. 589. ..." (Mappus 1742, S. 180); „[Lithospermum] palustre minus, flore albo, so nennt er [d. h. Tournefort] eine Abart des scorpionartigen Sumpfmäuseöhrgens mit weisser Blume." (Gmelin 1773a, Sp. 717)

„57) Lithospermum palustre minus flore albo Tour. spec. 6. ..." (AAW R. I, Op. 104, D. 25, Bl. 6v, s. Anm. 61 in Nr. 21); „126. Lithospermum palustre minus flore albo I. R. H. ..." (AAW R. I, Op. 13, D. 42, Bl. 16v, s. Anm. 1 in Nr. 1); s. auch Nr. 85

55 „58) Lithospermum palustre minus flore purpurascente. ..." (AAW R. I, Op. 104, D. 25, Bl. 6v, s. Anm. 61 in Nr. 21); s. Nr. 85 u. Nr. 86

56 „[species 4] Lithospermum arvense, minus, floribus luteis vel luteo-caeruleis." (Tournefort 1700, S. 137, Genus VI. „Lithospermum. Gremil, ou Herbe aux perles."); „Lithospermum arvense, minus Inst. R. Herb. Echium scorpioides arvense C. B. Pin. 254. ... Blaue Maußöhrlein. ..." (Mappus 1742, S. 179); „3. LITHOSPERMUM ARVENSE MINUS. ... LITHOSPERMUM ARVENSE, MINUS, FLORIBUS LUTEIS, VEL LUTEO-CAERULEIS. Inst. Scorpiurus arvensis hirsutus flosculis minoribus luteolis. 2. Hist. Ox. 3. 451. ..." (Vaillant 1727, S. 119);

„149. MYOSOTIS foliorum apicibus callosis. ... α. Myosotis foliis hirsutis. Hort. cliff. 45. ... β. Myosotis foliis glabris. Hort. cliff. 46. ...“ (Linné 1745, S. 53); „1. MYOSOTIS foliis hirsutis, Myosotis hirsuta arvensis major Dill. gis. 55. Fl. lapp. 74. ... Lithospermum arvense minus. Tournef. inst. 137. ... Echium scorpioides arvense. Bauh. pin. 254. ...“ (Linné 1737, S. 45f.); „2. MYOSOTIS arvensis. ... M. foliis hirsutis. Hort. cliff. 46. [sic!] ... Echium scorpioides arvense. Bauh. pin. 254. ... Acker Mauseohr. W. ...“ (Linné 1797–1830, Bd. I, Teil 2, S. 747); „3) MYOSOTIS ARVENSIS. Sibth. ... 4) MYOSOTIS INTERMEDIA. Link, ... α. grandiflora. ... β. parviflora. ...“ (Ledebour 1829, S. 187f.); „7. M[yosotis] intermedia (LINK ...) ... M. intermedia. ... LEDEB. Fl. alt. I, p. 187 (excl. var. α.) ... M. scorpioides α. arvensis. L. SP. 188. ... M. arvensis. WILLD. spec. pl. I, p. 747. ... LEDEB. Fl. alt. I, p. 187. ...“ (Ledebour 1846–1851, S. 146); „[Lithospermum] arvense minus, also nennt er [d. h. Sebastian Vaillant] das scorpionartige Akermausöhrgen.“ (Gmelin 1773a, Sp. 716)

„59) Lithospermum arvense minus Tourn. Spec. 4. ...“ (AAW R. I, Op. 104, D. 25, Bl. 6v, s. Anm. 61 in Nr. 21); „127. Lithospermum arvense minus I R. H. ...“ (AAW R. I, Op. 13, D. 42, Bl. 16v, s. Anm. 1 in Nr. 1); „40. Lithospermum arvense minus Inst. r. h. 137. Echium scorpioides arvense C. B. P. 254.“ (AAW R. I, Op. 6, D. 40, Bl. 24r, s. Anm. 1 in Nr. 1); „40. [Lithospermum] arvense minq i. r. h. Echium scorpioid arv. C. B.“ (G. W. Steller nach J. G. Heinzelmann: AAW R. I, Op. 81, D. 23, Bl. 15v, s. Anm. 1 in Nr. 1); „16 Lithospermum arvense minus Inst. r. h. 137. Cl. II. S. IV. g. 5.“ (AAW R. III, Op. 1, D. 98, Bl. 1v, s. Anm. 3 in Nr. 53); „3. Lithospermum arvense minus. Inst. r. h. 137.“ (AAW R. I, Op. 13, D. 16, Bl. 6r, s. Anm. 32 in Nr. 6); „76. Myosotis folijs hirsutis. Lin. h. Cliff. 45. Lithospermum arvense minq Tourn. inst. 137. H. A. d. 29 Maj. ...“ (AAW R. I, Op. 13, D. 20, Bl. 8r, s. Anm. 1 in Nr. 1); „Lithospermum arvense, minus. Inst. r. h. 137. n°. 61 et. 152.“ (AAW R. I, Op. 13, D. 19, Bl. 2v, s. Anm. 54 in Nr. 17); „16. Lithospermum arvense minus I R H ...“ (AAW R. I, Op. 104, D. 17, Bl. 10r, s. Anm. 36 in Nr. 8); s. Nr. 85

57 s. Nr. 88

58 „[species 7] Lithospermum Alpinum, tomentosum, minimum. Echium Scorpioides, Alpinum, nanum, supinum Bocc. Mus. Part. 2. 149. Echium Scorpioides, Alpinum, tomentosum, nanum, supinum Ejusd. Tab. 107.“ (Tournefort 1700, S. 137, Genus VI. „Lithospermum. Gremil, ou Herbe aux perles.“); „Echium scorpioides, Alpinum, nanum, supinum. ...“ und die Abbildung auf Tafel 107 (Boccone 1697a, S. 149); „* 3. MYOSOTIS nana. ... Lithospermum alpinum tomentosum minimum. Tournef. inst. 137. ... Zwerg Mauseohr. W. ...“ (Linné 1797–1830, Bd. I, Teil 2, S. 747f.); „[Lithospermum] alpinum tomentosum minimum, bedeutet bey Tournefort eine ganz kleine, hochblaue und filzige Spielart desselbigen von denen Alpen.“ (Gmelin 1773a, Sp. 716)

„599. Lithospermum Alpinum, tomentosum, minimum. I. R. H. et prior. Ind. ... Eadem planta Selengia transmissa est. Fl. Irc. n° 90.“ (AAW R. I, Op. 105, D. 1ª, Bl. 72v, s. Anm. 29 in Nr. 5); „250. Lithospermum Alpinum tomentosum minimum I. R. H. ...“ (AAW R. I, Op. 105, D. 12, Bl. 10r, s. Anm. 54 in Nr. 17); „60) an Lithospermum alpinum tomentosum minimum flor. ircut. No. 90. ...“ (AAW R. I, Op. 104, D. 25, Bl. 6v, s. Anm. 61 in Nr. 21); „128. Lithospermum Alpinum tomentosum minimum I. R. H. ...“ (AAW R. I, Op. 13, D. 42, Bl. 16v, s. Anm. 1 in Nr. 1); „1. Lithospermum alpinum tomentosum minimum I. R. H. ...“ (AAW R. I, Op. 13, D. 67, Bl. 41r, s. Anm. 5 in Nr. 4); „* Lithospermum alpinum tomentosum, minimum. I. R. H. ...“ (AAW R. I, Op. 105, D. 2, Bl. 2v, s. Anm. 54 in Nr. 17); „28. Mai 1724 ... Lithospermum alpinum tomentosum minimum (an Tournefortii sp. 7?); ...“ (Messerschmidt 1962–1977, Bd. 3, S. 38)

59 „[species 1] Lithospermum majus, erectum C. B. Pin. 258. Lithospermum sive Milium solis J. B. 3. 590. Lithospermum minus Dod. Pempt. 83. Gremil, Herbe aux perles.“ (Tournefort 1700, S. 137, Genus VI. „Lithospermum. Gremil, ou Herbe aux perles.“); „Lythospermvm sive Milivm

solis. ... Lithospermo minore, Miglio saluativo, seu Milium Solis. Germ. klein Meerhirse seu Steinsamen. ...“ (Bauhin 1651, liber XXXIII, S. 590ff.); „2. LITHOSPERMUM seminibus laevibus, corollis vix calycem superantibus. Lithospermum majus erectum. Bauh. pin. 258. ... Lithospermum seu Milium solis. Bauh. hist. 3. p. 590. ...“ (Linné 1737, S. 46); „1.) Gewöhnlicher Steinsaame. Lithospermum officinale. ... Lithospermum seminibus laevibus; corollis vix calycem superantibus; foliis lanceolatis. LINN. Syst. veg. p. 156. ... Lithospermum majus erectum. C. BAUH. pin. 258. TOURNEF. inst. 137. ... Diese Pflanze ... wird in den Apotheken Milium Solis, im Deutschen insgemein Meerhirse, Steinhirse, Perlenhirse, ... genennet. ... Die schöne, sehr glatte, harte, und glänzendweise Saamen werden von älteren Aerzten als ein trefliches harntreibendes und steinzermalmendes Mittel empfohlen; die neuere aber halten sie, als mildernd, vor tauglicher in der Ruhr; ...“ (Linné 1779, S. 409f.); „1. LITHOSPERMUM officinale. L. seminibus laevibus, ... Hort. cliff. 46. ... L. majus erectum. Bauh. pin. 258. ... Gemeiner Steinsaame. W. ...“ (Linné 1797–1830, Bd. I, Teil 2, S. 751); „9. LITHOSPERMVM seminibus laeuibus, corollis vix calycem superantibus, foliis lanceolatis, LIN. Sp. pl. 1. p. 189. n. 1. ROY. Lugd. 6. 405. In omnis Sibiria habitat et Russice воробьево семья [russ. *vorob'evo sem'ja*] dicitur.“ (Gmelin 1747–1769, Bd. IV, S. 73), nahezu identisch auf Bl. 41v in: AAW R. I, Op. 104, D. 14 – s. Anm. 32 in Nr. 6; „9. Lithospermum seminibus laevibus, corollis vix calycem superantibus, foliis lanceolatis [=] Lithospermum officinale L.!“ (Ledebour 1841, S. 118); „2) LITHOSPERMUM OFFICINALE. Linn. ... Lithospermum seminibus laevibus, ... Gmel. Fl. sib. IV. p. 73. No. 9. ...“ (Ledebour 1829, S. 174f.); „4. L[ithospermum] officinale (L. SP. 189) ... LEDEB. Fl. alt. I, p. 174. ... L. seminibus laevibus, ... GMEL. Fl. sib. IV, p. 73, Nr. 9. ...“ (Ledebour 1846–1851, S. 130f.); „[Lithospermum] officinale, seminibus laevibus, ... gewöhnlicher Steinsamen, ... grösere aufrechtstehende Perlenhirse; Steinhirse; ... haben sie [d. h. die Samen] die Aerzte der ältern Zeiten, ... als ein harntreibendes Mittel in verschiedenen Krankheiten der Harnwege, auch zur Beförderung der Geburt, und in dem täglichen Fieber mit Wasser oder Wein abgesotten angerühmt; ...“ (Gmelin 1773a, Sp. 710f.); „LITHOSPERMUM OFFICINALE. ... Lithospermum majus erectum. C. Bauh. pin. p. 258. ... Gemeiner Steinsame, Steinhirse, Meerhirse, Sonnenhirse, Perlhirse, Vogelhirse, Waldhirse, Meergries, Marienthränen, Perlkraut, weisser Steinbrech, wilder Thee. ... Die kleinen, sehr harten Nüsse dieses Gewächses waren in frühern Zeiten als Arzneymittel bekannt, und wurden Semen Lithospermi s. Milii solis genannt. ... Die Alten hielten diese sogenannten Samen für tauglich bey Steinschmerzen und zum Abführen des Grieses aus der Blase, so wie sie auch in der Ruhr von ihnen für wirksam gehalten wurden; ...“ (Hayne 1819, Nr. 29); „Perlhirsensteinsamen. Lithospermum officinale L. ... Die Samen (Sem. Lithospermi seu Milii solis) sind klein, rund, eiförmig, sehr hart, und mit einer perlfarbnen, glänzenden harten Schale bedeckt, die einen süssen öligen Kern einschliesst. ...“ (Trommsdorff 1812, S. 126); „... wo uns am Fuß derselben [Berge] der Apothekersteinsaamen a) |: a) Lithospermum officinale, russ. worob'inoe Semjä (Sperlingssaamen) :| in reichlichem Ueberfluß aufstieß. ... Es ist zwar nicht zu läugnen, daß der Steinsaamen mit Nutzen gebraucht werden kann, um Oel daraus zu schlagen, ... Steinsaamen zu säen, weiß ich nicht, ob es rathsam seyn dürfte, denn diese Saat wuchert nicht sonderlich, und würde folglich nicht sehr ergiebig seyn. ...“ (Lepechin 1774, S. 114f.); „1. LITHOSPERMUM officinale L. ... Gemeiner Steinsaamen. R. Worobei Semia. (Sperlingssaamen.) ... Die rothe Oberhaut der federartigen Wurzel dient dem ländlichen Frauenzimmer als Schminke.“ (Georgi 1797–1802, Theil 3, S. 751); „1. Die kleinblumige Steinhirse mit glatten Samen; große aufrecht stehende oder gerade Perl=Hirse mit kleinen gelben Blumen; Marienthränen, Meergries, Perlkraut, Sonnenhirse, weißer Steinbrech, Vogelhirse, ... Lithospermum maius erectum C. B. ... Sie [d. h. die Samen] geben ein ziemlich gutes Mehl, woraus Brod gebacken werden kann. ...“

(Krünitz 1773–1858, Bd. 23, S. 804ff.); Lithospermum officinale L. – russ. *vorob'inoe semja* bzw. *derebjanka* (*Annenkov* 1858, S. 56, Nr. 650)

„249. Lithospermum majus erectum C. B. P. Perquam copiose. Haec planta Russis dicitur Воробьево Семья [russ. *vorob'evo sem'ja*], non Lithospermum palustre, [s. Nr. 85] ut alibi tradidi. ..." (AAW R. I, Op. 105, D. 12, Bl. 10r, s. Anm. 54 in Nr. 17); „61.) Lithospermum majus erectum C. B. ..." (AAW R. I, Op. 104, D. 25, Bl. 6v, s. Anm. 61 in Nr. 21); „2. Lithospermum majus erectum C. B. P. 258. ... 3. Lithospermum seminibus laevibus, corollis vix calycem superantibus, folijs linearibus Royen. Pr. 405. Buglossum luteum annuum minimum I. R. H. ..." (AAW R. I, Op. 13, D. 67, Bl. 41r, s. Anm. 5 in Nr. 4); „39 Lithospermum majus, erectum C B. P. 258. Lithospermum seu milium solis J. B. 3. 590." (AAW R. I, Op. 6, D. 40, Bl. 24r, s. Anm. 1 in Nr. 1); „39 Lithospermum majus erectum C. B. P." (G. W. Steller nach J. G. Heinzelmann: AAW R. I, Op. 81, D. 23, Bl. 15v, s. Anm. 1 in Nr. 1); „Lithospermum majus, erectum C. B. P. Sem. ab eodem. [d. h. von J. G. Heinzelmann]" (AAW R. III, Op. 1, D. 162, Bl. 21v, s. Anm. 54 in Nr. 17); „Lithospermum maius erectum C. B. P. Passim." (AAW R. I, Op. 105, D. 2, Bl. 2v, s. Anm. 54 in Nr. 17); „185 Lithospermum seminibus laevibus, corollis vix calycem superantibus, folijs lanceolatis. Lithospermum maius erectum. B. Pin. 258. Boerh. lugd. 1. p. 190. H. m. Lithospermum folijs subtus nervosis, floribus in foliorum ális exeuntibus Hall. Alp. 560" (AAW R. I, Op. 13, D. 20, Bl. 19r, s. Anm. 1 in Nr. 1); „600. Lithospermum majus erectum. C. B. P. 258. ..." (AAW R. I, Op. 105, D. 1[a], Bl. 72v, s. Anm. 29 in Nr. 5); „58. Lithospermum majus erectum. C. B. P." (AAW R. I, Op. 104, D. 13, Bl. 2r, s. Anm. 84 in Nr. 29); „Lithospermum majus erectum C. B. Pin. 258. Tournef. Sp. 1. ... Russis Semen dicitur воровьеи Семей. [russ. *vorov'ei semej*?] Semen Furtivum; Semen Passerinum. Sperlings=Saat." (AAW F. 98, Op. 1, D. 19, Bl. 31v, s. Anm. 59 in Nr. 19); „Milium Solis. vid. Lithospermum" (a. a., O., Bl. 35r)

60 „39. PHLOX foliis linearibus villosis, pedunculis ternis, LIN. Am. ac. 2. p. 243. Sp. pl. 217. n. 9. T. XLVI. II. Alisma cariophilleis foliis, GM. Ind. Len. 335. Plumbago psyllii folio, flore rubro, STELL. Irc. 92. ..." (Gmelin 1747–1769, Bd. IV, S. 87f.), nahezu identisch in: AAW R. I, Op. 104, D. 14, Bl. 48r – s. Anm. 32 in Nr. 6; „39. Phlox foliis linearibus villosis, pedunculis ternis. t. XLVI. f. 2. [=] Phlox sibirica L.?" (Ledebour 1841, S. 120); „9.) Sibirische Flammenblume. Phlox Sibirica. ... Phlox foliis lanceolatis, villosis; pedunculis ternis. LINN. Syst. veg. p. 167. Sp. pl. 217. Amoen. acad. 2. p. 342. GMEL. Fl. Sib. 4. p. 87. t. 46. f. 2. ..." (Linné 1779, S. 515f.); „11. PHLOX sibirica. P. linearibus villosis, pedunculis ternis. ... Gmel. sib. 4. p. 87. t. 46. f. 2. ... Sibirische Flammenblume. W. ..." (Linné 1797–1830, Bd. I, Teil 2, S. 842); „681. PHLOX. L. ... 1. P. sibirica (L. SP. 217) ... P. foliis linearibus villosis, pedunculis ternis. GMEL. Fl. sib. IV, p. 87, Nr. 39, t. 46, f. 2. ..." (Ledebour 1846–1851, S. 82f.); „9. Sibirische Flammenblume, deren Blätter gleichbreit und rauch sind, und deren Blumenstiele zu drey stehen; Phlox (Sibirica) foliis linearibus villosis, pedunculis ternis Linn. Man findet sie in dem mitternächtlichen Asien wild." (Krünitz 1773–1858, Bd. 14, S. 38); „PSYLLIUM. ... teutsch, Flöhkraut, ... Psyllium kommt von ... pulex, Floh, dieweil der Samen dieses Krautes bald eine solche Gestalt und Farbe hat, als wie ein Floh." (Lémery 1721, Sp. 919f.); „Phlox L. (Polemoniaceae). Von φλοξ (Flamme, Feuer), in Bezug auf die feurig-rothe Farbe der Blüthen mehrerer Arten. ..." (Wittstein 1852, S. 683); „Plumbāgo L. (Plumbagineae). Zus. aus plumbum (Blei) und agere (führen), d. h. eine Pflanze, welche in der Wurzel ein Fett enthält, das den Händen eine bleigraue Farbe ertheilt, oder deren Wurzel gegen Zahnschmerz gekauet, die Zähne bleigrau färbt. ..." (a. a. O., S. 708)

„62). Plumbago Psyllii folio flore rubro. Florae ircut. No. 92." (AAW R. I, Op. 104, D. 25, Bl. 6v, s. Anm. 61 in Nr. 21); „+16. Plumbago Psyllij folio, flore rubro Fl. Irc. 92." (AAW R. I, Op. 105, D. 16, Bl. 1r, s. Anm. 5 in Nr. 4); „831. Alisma caryophyllaeis foliis Ind. Len. n$^{\underline{o}}$. 335... Fl. Irc. n. 92." (AAW R. I, Op. 105, D. 1[a], Bl. 94v, s. Anm. 29 in Nr. 5); „335. Alisma

Caryophyll[a]eis foliis. ..." mit der links marginalen Anm. auf Bl. 59v „Tab. XLIII." (AAW R. I, Op. 13, D. 42, Bll. 59v–60r, s. Anm. 1 in Nr. 1); „Alisma caryophyllaeis folijs Ind. Len. n°. 335. Plumbago Fl. Irc. n°. 92. ..." mit der links marginalen Anm. „vid. Ic. m. et St." (AAW R. I, Op. 13, D. 67, Bl. 54v, s. Anm. 5 in Nr. 4); s. Anhang B.5. Nr. 20

61 Johann Christian Berckhan

62 „Caryophyllus. Oeillet. ..." (Tournefort 1700, S. 329ff.); „Caryophyllus, ... Teutsch Näglein, Nelcken, Würtz=Näglein, Würtz=Nelcken, ..." (Zedler 1732–1750, Bd. 5, Sp. 1185ff.)

63 s. Nr. 63 bis Nr. 68

64 Randbemerkung in der 2. Textversion (s. Anm. 1 in A.) in der Handschrift von G. W. Steller: „D. D. Gmelino / vocat) Alis / ma Caryo / phylleis / foliis"

65 „[species 1] Lysimachia lutea, major, quae Dioscoridis C. B. Pin. 245. Lysimachia lutea J. B. 2. 901. Lysimachium legitimum Dod. Pempt. 84." (Tournefort 1700, S. 141, Genus I. „Lysimachia. Corneille."); „Lysimachia lutea. I. Lysimachia lutea major: quae Dioscoridis. ... Foliis nunc ternis, nunc quaternis, nunc binis reperitur." (Bauhin 1623, S. 245); „1. LYSIMACHIA LUTEA MAJOR, QUAE DIOSCORIDIS. C. B. Pin. 245. LYSIMACHIA LUTEA MAJOR, QUAE DIOSCORIDIS, FOLIIS TERNIS. C. B. Pin. ... * LYSIMACHIA LUTEA MAJOR, QUAE DIOSCORIDIS, FOLIIS QUATERNIS. C. B. Pin. * LYSIMACHIA LUTEA MAJOR, QUAE DIOSCORIDIS, FOLIIS QUINIS. C. B. Pin. ..." (Vaillant 1727, S. 123); „34. LYSIMACHIA paniculata, racemis terminalibus, LIN. Sp. pl. p. 209. n. 1. Lysimachia lutea maior, BAUH. piu. [sic!] 245. ..." (Gmelin 1747–1769, Bd. IV, S. 86); nahezu identisch in: AAW R. I, Op. 104, D. 14, Bl. 47v – s. Anm. 32 in Nr. 6; „34. Lysimachia paniculata, racemis terminalibus [=] Lysimachia vulgaris L.!" (Ledebour 1841, S. 120); „3. LYSIMACHIA foliis lanceolatis, corymbo terminatrici. Fl. lapp. 81. Lysimachia lutea major. Bauh. pin. 245. ... α Lysimachia lutea major, quae dioscoridis, foliis ternis. Tournef. inst. 245. β Lysimachia lutea major, quae dioscoridis, foliis quaternis. Tournef. inst. 245. γ Lysimachia lutea major, quae dioscoridis, foliis quinis. Tournef. inst. 245. ..." (Linné 1737, S. 51f.); „1.) Gemeine Lysimachia. Lysimachia vulgaris. ... Lysimachia paniculata, racemis terminalibus. LINN. Syst. veg. p. 165. ... Lysimachia lutea, quae Dioscor<i>-dis. C. BAUH. pin. 245. ... Diese Pflanze, welche insgemein Weiderich, großer, gelber Weiderich ... genennet wird. ... Diese Pflanze hat gelinde anziehende Kräfte, ist aber heut Zu Tag in der Arzneykunst nicht mehr gebräuchlich." (Linné 1779, S. 488f.); „1. LYSIMACHIA vulgaris. ... L. foliis lanceolatis, corymbo terminali. Fl. lapp. 81. Hort cliff. 50. L. lutea major. Bauh. pin. 245. ... Gemeine Lysimachie. W. .... Variat foliis binis, ternis, quaternis. ..." (Linné 1797–1830, Bd. I, Teil 2, S. 816); „3. L[ysimachia] vulgaris (L. SP. 209) ... L. paniculata, racemis terminalibus. GMEL. Fl. sib. VI, [sic!] p. 86, Nr. 34. ..." (Ledebour 1846–1851, S. 27f.); „[Lysimachia] vulgaris paniculata: racemis terminalibus; gemeine rispenförmige Lysimachie, ... gemeiner gelber Weiderich; gröserer gelber Weiderich des Dioscorides; ... die ältere Aerzte haben ihr Kraut unter die äuserliche und innerliche Wundmittel gezählt; man hat auch einem Rauch davon die Kraft zugeschrieben, Schlangen zu vertreiben und Fliegen zu tödten, ... Sie heißt bey ... C. Bauhin: Lysimachia lutea major, quae Dioscoridis; ..." (Gmelin 1773a, Sp. 903f.); „LYSIMACHIA VULGARIS. ... Lysimachia lutea major C. Bauh. pin. p. 245. ... Gemeine Lysimachie, gelber Weiderich, grosser Weiderich, Weidenkraut, Esswurzel. ... Der Nahme Lysimachia soll von dem Könige Lysimachus in Sicilien, dem Sohne des Agathocles, hergenommen seyn, indem man meinte, das er diese Pflanze zuerst aufgefunden habe. ... Man sammelte ehedem wohl mehr als jetzt das Kraut und die Blumen, Herba et Flores Lysimachiae. Beide wurden sowohl innerlich als auch äusserlich als Wundmittel gebraucht. ..." (Hayne 1822, Nr. 15); „Lysimachia (vulgaris) paniculata, racemis terminalibus. Linn. Spec. pl. 146. n. 1. ... Вербейник [russ. *verbejnik*] Russ. ..." (*Krašeninnikov* 1761, S. 30f.); „218. Lysimachia vulgaris. Lin. Syst. Pl. I. p. 419. sp. 1. ... Ruß. Werbuinik. ..."

(Falk 1786, S. 126); „1, Gemeine Lysimachie, gemeines Ruh[r]kraut, großer, gelber Weiderich, Lysimachia vulgaris, paniculata, racemis terminalibus. Linn. ... Wenn sie noch jung ist, ist sie ein gutes Futter für das Rindvieh und für Ziegen, aber Schafe, Pferde und Schweine fressen sie nicht. ... Das Mark der Stängel wird in Kamtschatka als eine angenehme Speise gegessen. ...“ (Krünitz 1773–1858, Bd. 82, S. 120f.); „1. LYSIMACHIA (Vulgaris) paniculata, racemis terminalibus. Lin. Sp. Plant. 209. Kolbigter Weidrich mit Blumenbüscheln am Ende der Stengel. Lysimachia lutea, maior, quae Dioscoridis. C. B. P. 245. Der größere gelbe Weidrich des Dioscorides.“ (Miller 1772, S. 880); „LYSIMACHIA. ... teutsch, gelber Weiderich. ... Es hält starck an und dient gut zu den Wunden: es wird zur rothen Ruhr gebraucht und zu dem Bluten, reiniget und schliesset die Wunden. Lysimachia kommt von Lysimacho, dieweil Lysimachus, ein König in Sicilien, dieses Kraut zuerst in Brauch gebracht.“ (Lémery 1721, Sp. 675); Lysimachia – russ. *bažanovec* bzw. *verbejnik* (*Annenkov* 1858, S. 58, Nr. 668); Lysimachia vulgaris L. – russ. *verbejnik* (a. a. O., S. 58, Nr. 671); „Lysimācha L. (Lysimachieae). Nach Lysimachus, Feldherr Alexander des Grossen, nach dessen Tode Herr des macedonischen Thraciens, der die Pflanze entdeckt haben soll (Plin. XXV. 35. XXVI. 83[.] 93). ...“ (Wittstein 1852, S. 543)

„353. Lysimachia lutea major, quae Dioscoridis C. B. P.“ (AAW R. I, Op. 105, D. 12, Bl. 15v, s. Anm. 54 in Nr. 17); „235. Lysimachia lutea maior, quae Dioscoridis C. B P.“ (AAW R. I, Op. 13, D. 42, Bl. 34v, s. Anm. 1 in Nr. 1); „44. Lysimachia lutea major quae Dioscoridis C B. P. 245. Lysimachia lutea J. B. 2. 901.“ (AAW R. I, Op. 6, D. 40, Bl. 24v, s. Anm. 1 in Nr. 1); „44. Lysimachia lutea major Dioscor. C. B P.“ (G. W. Steller nach J. G. Heinzelmann: AAW R. I, Op. 81, D. 23, Bl. 15v, s. Anm. 1 in Nr. 1); „401. Lysimachia folijs ovato-lanceolatis, floribus ad sum̄os ramos spicatis. Hall. Alp. 486. Lysimachia lutea major, quae Dioscoridis C. Bas. p. 70.“ mit der rechts marginalen Anm. „Sylv. d. 26 Jun.“ (AAW R. I, Op. 13, D. 20, Bl. 42r, s. Anm. 1 in Nr. 1); „4. Lysimachia lutea major, quae Dioscoridis C. B. P. Ind. Irc. n°. 353.“ (AAW R. I, Op. 13, D. 67, Bl. 50r, s. Anm. 5 in Nr. 4); „* Lysimachia lutea major, quae Dioscoridis C B. P. ...“ (AAW R. I, Op. 105, D. 2, Bl. 2v, s. Anm. 54 in Nr. 17); „248„ d. 9„ [September 1724] Sem. Lysimachiae Luteae majoris, qvae Dioscoridis; C. B. et Tournef. Sp. 1.“ (AAW F. 98, Op. 1, D. 23, Bl. 7v, s. Anm. 49 in Nr. 653); „Lysimachia lutea maior, quae Dioscoridis (Tournefortii sp. 1), Offic.“ (Messerschmidt 1962–1977, Bd. 4, S. 201, s. Anm. 1 in Nr. 1); „Lysimachia lutea major, quae Dioscorid) B. Pin. 245 et Inst. r. h. n°. 44.“ (AAW R. I, Op. 13, D. 19, Bl. 2v, s. Anm. 54 in Nr. 17); „13. Lysimachia lutea major, quae Dioscoridis C B P ...“ (AAW R. I, Op. 104, D. 17, Bll. 9v–10r, s. Anm. 36 in Nr. 8); „Lysimachia lutea, major, Dioscorīdis; Tournef. Spec. 1. ...“ (AAW F. 98, Op. 1, D. 20, Bl. 29r, s. Anm. 89 in Nr. 33); „35. Lysimachia lutea major quae Discordis [sic!] C. B. P. fol. ternis, binis, quaternis var.“ (AAW R. I, Op. 104, D. 13, Bl. 2v, s. Anm. 84 in Nr. 29); „741. Lysimachia lutea major, quae Dioscoridis, foliis ternis et quaternis C. B. P. ...“ (AAW R. I, Op. 105, D. 1[a], Bl. 87v, s. Anm. 29 in Nr. 5); „Lysimachia lutea major C. B. P. ...“ (AAW R. I, Op. 68, D. 2, Bl. 12v, s. Anm. 62 in Nr. 22); „Lysimachia lutea, major Dioscoridis. T. sp. 1. ...“ (AAW F. 98, Op. 1, D. 19, Bl. 31r, s. Anm. 59 in Nr. 19)

66 „[species 2] Lysimachia lutea, major, quae Dioscoridis, foliis ternis C. B. Pin. 245.“ (Tournefort 1700, S. 141, Genus I. „Lysimachia. Corneille.“); „[Lysimachia] lutea major, quae Dioscoridis, foliis ternis, bedeutet bey ihm [d. h. Tournefort] eine andere [gemeine Lysimachie] mit dreyfachen Blättern.“ (Gmelin 1773a, Sp. 913)

„354. Lysimachia lutea, quae Dioscoridis, folijs ternis C. B. P.“ (AAW R. I, Op. 105, D. 12, Bl. 15v, s. Anm. 54 in Nr. 17); „236. Lysimachia lutea major quae Dioscoridis foliis ternis C. B. P.“ (AAW R. I, Op. 13, D. 42, Bl. 34v, s. Anm. 1 in Nr. 1); „45. Lysimachia lutea major quae Dioscorid. foliis ternis C B. P. 245.“ (AAW R. I, Op. 6, D. 40, Bl. 24v, s. Anm. 1 in Nr. 1); „45 [Lysimachia] foliis. ternis. C. B P.“ (G. W. Steller nach J. G. Heinzelmann: AAW R. I,

Op. 81, D. 23, Bl. 15v, s. Anm. 1 in Nr. 1); „Lysimachia lutea quae Dioscoridis, foliis ternis C B. P. ...“ (AAW R. I, Op. 105, D. 2, Bl. 2v, s. Anm. 54 in Nr. 17); „– Lysimachia lutea major, quae Dioscoridis, folijs ternis C B P ubique.“ (AAW R. I, Op. 104, D. 8, Bl. 8v, s. Anm. 18 in Nr. 452); „3. Lysimachia lutea major, quae Dioscoridis, foliis ternis & quaternis C. B. P. Ind. Jen. 741. Irc. n°. 354 & 355. ...“ (AAW R. I, Op. 13, D. 67, Bl. 50r, s. Anm. 5 in Nr. 4); „16. September 1725 ... Von Kräutern brachte mir mein Dentschik Andree ... Und Lysimachiam luteam maiorem, quae Dioscoridis, folio terno (Tournefortii sp. 2), ...“ (Messerschmidt 1962–1977, Bd. 4, S. 234); s. Nr. 93

67 „[species 3] Lysimachia lutea, major, quae Dioscoridis, foliis quaternis C. B. Pin. 245.“ (Tournefort 1700, S. 141, Genus I. „Lysimachia. Corneille.“); „[Lysimachia] lutea major, quae Dioscoridis, foliis quaternis, hierunter versteht er [d. h. Tournefort] eine andere [gemeine Lysimachie] mit vierfachen Blättern.“ (Gmelin 1773a, Sp. 913)

„355. Lysimachia lutea major, quae Dioscoridis, folijs quaternis C. B. P. ...“ (AAW R. I, Op. 105, D. 12, Bl. 15v, s. Anm. 54 in Nr. 17); „237. Lysimachia lutea maior quae Dioscoridis foliis quaternis C. B. P. ...“ (AAW R. I, Op. 13, D. 42, Bl. 34v, s. Anm. 1 in Nr. 1); „46. Lysimachia lutea major, quae Dioscorid. foliis quaternis C B. P. 245.“ (AAW R. I, Op. 6, D. 40, Bl. 24v, s. Anm. 1 in Nr. 1); „46 [Lysimachia foliis] 4ternis“ (G. W. Steller nach J. G. Heinzelmann: AAW R. I, Op. 81, D. 23, Bl. 15v, s. Anm. 1 in Nr. 1); s. Nr. 93 u. Nr. 94

68 „[species 4] Lysimachia lutea, major, quae Dioscoridis, foliis quinis.“ (Tournefort 1700, S. 141, Genus I. „Lysimachia. Corneille.“); s. Nr. 93

69 „[species 8] Lysimachia bifolia, flore globoso, luteo C. B. Pin. 245. Lysimachia altera, lutea Lobelio, flore quasi spicato J. B. 2. 902. Lysimachia lutea, altera aut Lysimachia Salicaria Lob. Icon. 263. Part. 2.“ (Tournefort 1700, S. 141, Genus I. „Lysimachia. Corneille.“); „IV. Lysimachia bifolia flore globoso luteo. ...“ (Bauhin 1623, S. 245); „36. LYSIMACHIA racemis lateralibus pedunculatis. Lysimachia bifolia flore globoso, luteo, BAVH. pin. 242. ...“ (Gmelin 1747–1769, Bd. IV, S. 87), nahezu identisch in: AAW R. I, Op. 104, D. 14, Bl. 47v – s. Anm. 32 in Nr. 6; „36. Lysimachia racemis lateralibus pedunculatis [=] Lysimachia thyrsiflora L.!“ (Ledebour 1841, S. 120); „5. LYSIMACHIA ex alis foliorum thyrsifera. Fl. lapp. 82. Lysimachia biflora, flore globoso luteo. Bauh. pin. 245. ...“ (Linné 1737, S. 52); „4.) Sträußige Lisimachie. Ly<si>machia Thyrsiflora. ... Lysimachia racemis lateralibus, pedunculatis. LINN. Syst. veg. p. 165. ... Lysimachia bifolia, flore globoso luteo. C. BAUH. pin. 242. ...“ (Linné 1779, S. 491f.); „7. LYSIMACHIA thyrsiflora. L. racemis lateralibus pedunculatis. Gmel. sib. 4. p. 87. n. 36. ... L. bifolia, flore globoso luteo. Bauh. pin. 242. ... Büschelblütige Lysimachie. W. ...“ (Linné 1797–1830, Bd. I, Teil 2, S. 818); „2) LYSIMACHIA THYRSIFLORA. Linn. ... Lysimachia racemis lateralibus pedunculatis. Gmel. Fl. sib. IV. p. 87. No. 36. ...“ (Ledebour 1829, S. 207f.); „649. Naumburgia. Mönch. ... 1. N. thyrsiflora. ... Lysimachia thyrsiflora. L. SP. 209. ... Lysimachia racemis lateralibus pedunculatis. GMEL. Fl. sib. IV, p. 87, Nr. 36. ...“ (Ledebour 1846–1851, S. 25f.); „Naumbūrgia MNCH. (Primulaceae). Nach JOH. SAMUEL NAUMBURG, Professor der Botanik zu Erfurt, der 1798 ein Lehrbuch der Botanik herausgab.“ (Wittstein 1852, S. 609); „Lysimachia thy[r]siflora, ... Lysimachie mit spizigen Sträusen, ... zweyblätterichter Weiderich mit gelber kugelrunder Blume; Sumpflysimachsskraut; ... Sie heißt bey ... C. Bauhin: Lysimachia bifolia, flore globoso luteo; ...“ (Gmelin 1773a, Sp. 906f.); „220. Lysimachia thyrsiflora. Lin. sp. 4. ... Ruß. Bolotnoi Tschai [russ. *bolotnoj čaj*] ...“ (Falk 1786, S. 126); „4. LYSIMACHIA thyrsiflora L., ... Büschelblumige Lysimachie. R. Bolotnoi Tschai (Sumpfthee) ...“ (Georgi 1797–1802, Theil 3, S. 766); „2) Büschelblättrige Lysimachie, Sumpf=Lysimachie, Lysimachia thyrsiflora, racemis lateralibus, pedunculatis. Linn. Lysimachia bifolia, flore globoso luteo. Bauh. pin. 242. ... Sie wird übrigens von den Ziegen gefressen, von dem Rindvieh den Schafen und Pferden kaum, von den

Schweinen aber gar nicht.“ (Krünitz 1773–1858, Bd. 82, S. 121f.); „2. LYSIMACHIA (Thyrsifolia) racemis lateralibus pedunculatis. Lin. Spec. Plant. 147. Weidrich mit Seitenblumenähren die auf Stielen wachsen. Lysimachia bifolia flore globoso, luteo. C. B. P. 242. Zweyblättriger Weidrich, mit einer gelben kugelrunden Blume.“ (Miller 1772, S. 880)

„64) Lysimachia bifolia flore globoso luteo C. B. Pin ...“ (AAW R. I, Op. 104, D. 25, Bl. 6v, s. Anm. 61 in Nr. 21); „352. Lysimachia bifolia, flore globoso, luteo C. B. P. ...“ (AAW R. I, Op. 105, D. 12, Bl. 15v, s. Anm. 54 in Nr. 17); „234. Lysimachia bifolia flore globoso luteo C. B. P. ...“ (AAW R. I, Op. 13, D. 42, Bl. 34r, s. Anm. 1 in Nr. 1); „2. Lysimachia bifolia, flore globoso luteo C. B. P. ...“ (AAW R. I, Op. 13, D. 67, Bl. 50r, s. Anm. 5 in Nr. 4); „* Lysimachia bifolia, flore globoso, luteo. C. B. P. ...“ (AAW R. I, Op. 105, D. 2, Bl. 3r, s. Anm. 54 in Nr. 17); „202. Lysimachia racemis simplicibus lateralibq Lin. [...] 13 h. cliff. 52. 5. Lysimachia bifolia flore globoso luteo. B. Pin. 245.“ (AAW R. I, Op. 13, D. 20, Bl. 21r, s. Anm. 1 in Nr. 1); „740. Lysimachia bifolia, flore globoso luteo C. B. P. ...“ (AAW R. I, Op. 105, D. 1ª, Bl. 87v, s. Anm. 29 in Nr. 5); „47. Lysimachia bifolia flore globoso luteo C B P ...“ (AAW R. I, Op. 104, D. 17, Bl. 11r, s. Anm. 36 in Nr. 8)

70 „356. Lysimachia lutea, Salicis folio. ...“ mit der links marginalen Anm. von J. G. Gmelin auf Bl. 15v „Lysimachia folio angusto, fl. luteo St. n°. 98.“ (AAW R. I, Op. 105, D. 12, Bll. 15v–[...], s. Anm. 54 in Nr. 17); „1. Lysimachia lutea, Salicis folio Ind. Irc. n°. 356. Fl. Irc. n°. 98.“ (AAW R. I, Op. 13, D. 67, Bl. 50r, s. Anm. 5 in Nr. 4)

vermutlich „35. LYSIMACHIA foliis subquaternis, pedunculis verticillatis vnifloris, LIN. Sp. pl. 1. p. 210. n. 6. Lysimachia lutea II. CLVS. Hist. 2. p. 52. f. 2. Lysimachia salicis folio, AMM. Ruth. 28. et Ind. Irc. Deserta ad Angaram et in regionibus transbaicalensibus habitat.“ (Gmelin 1747–1769, Bd. IV, S. 86f.), nahezu identisch auf Bl. 47v in: AAW R. I, Op. 104, D. 14 – s. Anm. 32 in Nr. 6; „35. Lysimachia foliis subquaternis, pedunculis verticillatis unifloris. (excl. synon. praeter Ammann.) [=] Lysimachia davurica Ledeb.! (Lysimachia punctata L. – Willd. sp. pl. I. 819.)“ (Ledebour 1841, S. 120); „28. LYSIMACHIA lutea, salicis folio. A Lysimachia lutea majori C. B. P. differt foliis angustis, vix vnciae trientem latis, glabris; floribus minoribus, laxius dispositis. Ex Dauria misit Gmelinus.“ (Amman 1739, S. 20); „Lysimachia lutea Salicis angustis foliis. Ist ein Nahme, so weder in h(Doctor Ammans buch noch sonsten in den Sibirischen Catalogis vorkom̃t; In des h(Doctor Ammans buch aber ist nº 28 eine Lysimachia lutea Salicis folio, welche vielleicht h(Doctor Siegesbeck verstehet; diese aber ist in dem Academischen Garten vorhanden.“ (AAW F. 1, Op. 2–1743, D. 12, Bl. 21r, s. Anm. 5 in Nr. 4); „Daß ferner die Lysimachia lutea Salicis folio Am̃. Descr. p. 20 in Academischen Garten schon vorhanden seyn soll, ist eine Unwarheit, indem es vielmehr die Lysimachia vulgaris foliis binis sibi oppositis ist. Da ich aber indeßen eine würckliche, und gantz diverse Sibirische Speciem Lysimachiae, Salicis foliis angustis, et floribus paucioribus gaudentem gesehen, so habe mit gutem bedacht das Wort angusti beygefüget, um h(Stellern desto deutlicher verstehen Zu geben, welche Pflantze ich eigentlich meine. Und hätte dahero h(D. Gmelin mit seiner unnützen und unbefugten Censur hier abermahls nur Zu hause bleiben können.“ (AAW F. 1, Op. 2–1743, D. 12, Bl. 49r, s. Anm. 5 in Nr. 4); „4. LYSIMACHIA foliis lanceolatis, floribus solitariis. Lysimachia lutea, foliis nigris punctis notatis. Bauh. pin. 245. ... Lysimachia lutea 2. Clus. hist. 2. p. 52. ...“ (Linné 1737, S. 52); „6.) Gedüpfelte Lysimachie. Lysimachia punctata. ... Lysimachia foliis subquaternis, subsessilibus; pedunculis verticillatis, unifloris. LINN. Syst. veg. p. 65. .... Lysimachia lutea minor, foliis nigris punctis notatis. C. BAUH. pin. 245. ...“ (Linné 1779, S. 493); „9. LYSIMACHIA punctata. L. foliis subquaternis subsessilibus, ... Gmel. sib. 4. p. 86. n. 35. ... L. lutea salicis folio. Amm. ruth. p. 2. n. 28. R. ... L. lutea II. Clus. hist. 2. p. 52. f. 2. ... Punctirte Lysimachie. W. ...“ (Linné 1797–1830, Bd. I, Teil 2, S. 819); „2. L[ysimachia] davurica (LEDEB. ...) ... L. lutea, salicis folio. AMMAN.

ruth. p. 20, Nr. 28. Lysimachia. GMEL. Fl. sib. IV, p. 86, Nr. 35 (excl. synon. praeter AMMAN). ...“ (Ledebour 1846–1851, S. 27); „[Lysimachia] punctata, ... gedüpfelte Lysmachie, ... kleiner gelber Weiderich mit Blättern, die schwarze Flecken haben; ... Sie heißt bey C. Bauhin: Lysimachia lutea minor, foliis nigris punctis notatis, ...“ (Gmelin 1773a, Sp. 907f.)

71 s. Nr. 93

72 „VERONICA foliis chamaedryos Riv. Alsine chamaedrifolia, flosculis pediculis oblongis insidentibus C. B. P. 250. Alsine serratom folio, glabro. I. B. 3. 360. ... VERONICA foliis chamaedryos altera, nondum descripta. Differt a praecedente [d. h. Veronica foliis chamaedryos Riv.] non solum floris colore, qui est totus coeruleus, sed foliorum minus dissectorum elegantibus crenis. ...“ (Rupp 1726, S. 198); vgl. „9. VERONICA foliis alternis cordatis crenatis, floribus solitariis. Veronica fl. chamaedrios. Riv. mon. 149. ... Alsine chamaedrifolia, flosculis pediculis oblongis insidentibus. Bauh. pin. 250. ...“ (Linné 1737, S. 9); „29.) Acker=Ehrenpreiß. Veronica agrestis. ... Veronica foliis alternis cordatis crenatis, floribus solitariis. LINN. Hort. Cliff. 9. Alsine Chamaedryfolia, flosculis pediculis oblongis insidentibus. C. BAUH. pin. 250 ...“ (Linné 1779, S. 80f.); „30) Ackerehrenpreis, kleiner Ehrenpreis mit Gamanderleinblättern, Hühnerdarm mit Gamanderlein Blättern, kleiner Meyer; Veronica agrestis, ... Er giebt ein frühes Futter für die Schaafe. ...“ (Gmelin 1779, S. 40f.); „Ehrenpreis, L. Veronica, ... , ein Pflanzengeschlecht, von dem man an 50 Gattungen zählet, ... Der Ehrenpreis wird, wegen seiner vielen heilsamen Kräfte, auch Grundheil, Heil aller Welt, Heil aller Schäden, Viehwurz, Wundkraut &c. genannt. ... Er trocknet, reiniget, erwärmet, zertheilet und heilet ... Besonders wird er in der Lungenschwindsucht, trockenem Husten, Keichen oder Engbrüstigkeit, zehrenden Fiebern, Verstopfungen der Drüsen, der Leber und überhaupt aller Eingeweide &c. für höchst tauglich gepriesen. ... Der Ehrenpreis ist nicht nur der Gesundheit der Menschen nützlich, sondern auch dem Viehe sehr zuträglich; besonders halten ihn die Schafe für einen Leckerbissen. ...“ (Krünitz 1773–1858, Bd. 10, S. 191ff.); „Verōnica L. (Rhinantheae). Angeblich das veränderte Betonica; beide Pflanzen werden nämlich von den alten Schriftstellern vereinigt. Wahrscheinlicher zus. aus verus (wahr) und Unicus (einzig), weil man sich übertriebene Ideen von ihren Heilkräften machte. ...“ (Wittstein 1852, S. 921)

73 „[species 39] Veronica flosculis oblongis pediculis insidentibus, Chamaedryos folio Mor. Hist. Oxon. Part. 2. 322. Alsine Chamaedryfolia, flosculis pediculis oblongis insidentibus C. B. Pin. 250. Alsine serrato folio, glabro J. B. 3. 366. Alsine spuria, altera Dod. Pempt. 31.“ (Tournefort 1700, S. 145, Genus IV. „Veronica. Veronique.“)

74 „[species 23] Veronica supina, facie Teucrii pratensis Lob. Icon. 473. Chamaedrys spuria, angustifolia J. B. 3. 285. Chamaedrys spuria, major, angustifolia C. B. Pin. 249.“ (Tournefort 1700, S. 144, Genus IV. „Veronica. Veronique.“); „Veronica supina facie Teucrij pratensis. T. 557.“ (Lobelius 1581, S. 473.); „Veronica supina, facie Teucrii pratensis Lob. Jcon. 473. ... Chamaedrys spuria, major, angustifolia C. B. Pin. 249. Falsch=Wiesen=Gamander, wilder Ehren=Preiß mit schmalen Blättern. ...“ (Mappus 1742, S. 322); „21. VERONICA supina, facie teucrii pratensis. Lob. Icon. Niedriger Ehrenpreis, so wie Wiesenbaumgamanterlein aussiehet.“ (Miller 1751, S. 388); „19.) Edler Ehrenpreiß. Veronica Teucrium. ... Veronica racemis lateralibus longissimis; foliis ovatis, rugosis, dentatis, obtusiusculis; caulibus procumbentibus. LINN. Syst. veg. p. 57. ... Chamaedrys spuria maior angustifolia ibid. [d. h. C. Bauhin „Pinax“] ... Diese Pflanze ist unter dem Namen Teucrium verum von einigen Aerzten sehr zum Gebrauch in der Arzneykunst empfohlen worden; und sie übertrift an Kräften den gemeinen officinellen Ehrenpreiß allerdings weit.“ (Linné 1779, S. 72f.); „33. VERONICA Teucrium. ... Chamaedrys spuria major angustifolia. Bauh. pin. 248. ... Gamander Ehrenpreis. W. ...“ (Linné 1797–1830, Bd. I, Teil 1, S. 66); „13) VERONICA TEUCRIUM L. ... α. latifolia. ... β. intermedia. ... γ. angustifolia. ...“ (Ledebour 1829, S. 40); „V[eronica] latifolia (L. SP. 28). ... V. Teucrium L. SP. 16? ... LEDEB.

Fl. alt. I, p. 40 var. α. ...“ (Ledebour 1846–1851, S. 239f.): „[Veronica] Teucrium, ... gamanderartiger Ehrenpreis, ... Wiesenehrenpreis; falscher Gundermann; groser Erdbathengel; ... Er zieht gelinde zusammen, und kan mit eben dem Nuzen, wie der gewöhnliche Ehrenpreis, auch als Thee gebraucht werden; ...“ (Gmelin 1777, Sp. 481f.); Veronica latifolia L. – russ. *zmeinaja trava, mironnik, zmeinyj ukus, sinie cvetki, zornik* bzw. *zmeinaja golovka* (*Annenkov* 1858, S. 99, Nr. 1171); „Teūcrium L. (Labiatae). Nach dem trojanischen Prinzen Teucer, der den Gebrauch dieser Pflanze zuerst empfohlen habe (Plin. XXV. 20. XXVII. 17). ...“ (Wittstein 1852, S. 873); „CHAMAEDRYS. ... teutsch, Gamanderlein, Erdweihrauch. ... Es zertheilet und öffnet, treibet den Schweiß, ist gut wider die Gicht und zu den Wunden: es hebet die Verstopfungen, befördert bey Weibern die Zeit, stärckt die Gelencke, und hält die alten Schäden rein. ...“ (a. a. O., Sp. 288f.)

„54. Veronica supina facie Teucrii pratensis Lob. Ic. 473. Chamaedrijs spuria angustifol. J. B. 3. 285. Chamaedrijs spuria major angustifolia C B P. 249.“ (AAW R. I, Op. 6, D. 40, Bl. 25r, s. Anm. 1 in Nr. 1); „54 [Veronica] supina Teucrii pratensis tab.[sic!] Ic. 473 Chamaedris spuria angustifolia J. B. „ (G. W. Steller nach J. G. Heinzelmann: AAW R. I, Op. 81, D. 23, Bl. 15v, s. Anm. 1 in Nr. 1); „2. Veronica supina, facie Teucriij pratensis Lob. Ic. ...“ (AAW R. I, Op. 104, D. 17, Bl. 9r, s. Anm. 36 in Nr. 8)

75 „30. VERONICA spicata, lanuginosa et incana, floribus caeruleis. Gmelino haec audit: Veronica spicata minor, angustifolia incana. ... Est vero et alia Veronica Bellidis folio major, cujus folia Bellidis similia sed majora Salviae foliis, ...“ (Amman 1739, S. 21ff.); „35. VERONICA spicis terminalibus foliis oppositis crenatis obtusis, caule erecto tomentoso, LIN. Sp. pl. 1. p. 14. n. 6. Veronica spicata minor, angustifolia incana, GMEL. obs. 35. Veronica spicata subincana et lanuginosa, elatior folio latiore, EI. Ind. Irc. 383. Veronica spicata, lanuginosa et incana, floribus caeruleis, AMM. ruth. 30. Veronica bellidis folio maior, MESS. AMM. ruth. 23. I. Eadem floribus albis. ...“ (Gmelin 1747–1769, Bd. III, S. 220); „35. Veronica spicis terminalibus, foliis oppositis crenatis obtusis, caule erecto tomentoso [=] Veronica incana L.!“ (Ledebour 1841, S. 101); „6.) Bestäubter Ehrenpreiß. Veronica incana. ... Veronica spicis terminalibus; foliis opositis, crenatis, obtusis; caule erecto, tomentoso. LIN. Syst. veg. p. 56. ... GMEL. Fl. Sib. 4. [sic!] p. 220. n. 35. ... An den Enden der Stengel und Zweige entspringen einzelne oder mehrere Aehren meistens dunkelblauer, selten weisser Blumen, ...“ (Linné 1779, 61f.); „6. VERONICA incana. ... Gmel. sib. 3. p. 220. n. 35. ... V. bellidis folio major. Amm. ruth. p. 23. ... V. spicata lanuginosa et incana floribus coeruleis. Amm. ruth. 30. ... Grauer Ehrenpreis. W. ...“ (Linné 1797–1830, Bd. I, Teil 1, S. 56); „4) VERONICA INCANA L. ... Veronica spicis terminalibus etc. Gmel. Fl. sib. III. p. 220. No. 35. ...“ (Ledebour 1829; S. 32); „V[eronica] incana (L. SP. 14) ... V. spicata lanuginosa et incana, floribus caeruleis. AMMAN. ruth. p. 23, Nr. 30. V. spicis terminalibus, ... GMEL. Fl. sib. III, p. 220, Nr. 35. ...“ (Ledebour 1846–1851, S. 235); „Veronica incana, ... bestäubter Ehrenpreis, ... kleiner ukrainischer, wolliger, weißgrauer, Ehrenpreis mit blauen Blumenähren; ...“ (Gmelin 1777, Sp. 472); „5. VERONICA incana L., ... Grauer Ehrenpreis. Staubgraue Weronica. ...“ (Georgi 1797–1802, Theil 3, S. 647); „Bestaubter Ehrenpreis, Veronica incana Linn. Mill. dict. n. 12. Wolliger oder Sibirischer Ehrenpreis. ...“ (Encyclopädie 1783, S. 1043)

„65) Veronica spicata lanuginosa & incana floribus caeruleis, ...“ (AAW R. I, Op. 104, D. 25, Bl. 6v, s. Anm. 61 in Nr. 21); „1. Veronica spicata lanuginosa et incana, floribus spicatis caeruleis. Stirp. rar.“ mit der rechts marginalen Anm. „Tat. Sib.“ (AAW R. I, Op. 13, D. 16, Bl. 6v, s. Anm. 32 in Nr. 6); „Veronica spicata lanuginosa & incana. Sem. ab Heinz. allata sunt.“ (AAW R. III, Op. 1, D. 162, Bl. 18r, s. Anm. 54 in Nr. 17); „746. Veronica spicata subincana et lanuginosa, elatior et folio latiore Ind. Irc. No. 383. ... Eadem Selengia transmissa est nondum florens. Fl. Irc. 101.“ (AAW R. I, Op. 105, D. 1^{a}, Bl. 88r, s. Anm. 29 in Nr. 5); „383. Veronica spicata minor angustifolia incana Obs. in H. N. xxxv. ...“ (AAW R. I, Op. 105, D. 4ª, Bl. 43r, s. Anm. 54 in Nr. 17); „XXXV. Veronica spicata, minor, angustifolia, incano. ...“ mit der rechts marginalen Anm. „vid. Fig.“ (AAW R. I, Op. 105, D. 7, Bl. 9r, s. Anm. 57 in Nr. 616); „845. Veronica Spicata lanuginosa & incana [Num. Gmel.] 17.“ (AAW R. I, Op. 15, D. 3, Bl. 16r, s. Anm. 65 in Nr. 24); „+ Veronica Spicata lanuginosa & incana. ...“ (Bll. 4v–5r in einem Auszug von J. Amman? mit botanischen Beschreibungen aus Manuskripten von D. G. Messerschmidt aus den Jahren 1723 und 1724 – AAW R. I, Op. 15, D. 14, Bll. 1r–15r); „Veronica spicata lanuginosa et incana, floribus coeruleis. Am̃. Descr. p. 21.“ (AAW F. 1, Op. 2–1746, D. 1, Bl. 20v, s. Anm. 107 in Nr. 46)

76 s. Nr. 101

77 s. Nr. 101

78 „[species 4] Veronica spicata, latifolia C. B. Pin. 246. Veronica major, latifolia, foliis splendentibus & non splendentibus J. B. 3. 283. Veronica 1, erectior, latifolia Clus. Hist. 346.“ (Tournefort 1700, S. 143, Genus IV. „Veronica. Veronique.“); „2. Der gerade, breitblättrige Ehrenpreis: Veronica spicata, latifolia C. B. P. ...“ (Zwinger 1744, S. 798); „5.) Langblätterichter Ehrenpreiß. Veronica longifolia. ... Veronica spicis terminalibus; foliis oppositis, lanceolatis, serratis, acuminatis. LINN. Syst. veg. p. 56. ... Veronica spicata latifolia. C. BAUH. pin. 246. ... b) Veronica spicata longifolia altera. AMM. Ruth. 26. c) Veronica spicata, Urticae folio. Ibid. ...“ (Linné 1779, S. 61); „34. VERONICA spicata longifolia altera. ... 35. VERONICA spicata Vrticae folio. ...“ (Amman 1739, S. 26f.); „1) VERONICA LONGIFOLIA L.*) ... V. spicis terminalibus, foliis ternis inaequaliter serratis. Gmel. Fl. sib. III. p. 218. No. 32. (excl. var. et syn. Amman.) V. spicata longiflora altera Amman ruth. No. 34. ...“ (Ledebour 1829, S. 26ff.); „32. VERONICA spicis terminalibus, foliis ternis inaequaliter serratis, LIN. Sp. pl. 1. p. 13. n. 4. Veronica spicata longifolia altera, AM. ruth. 34. Veronica spicata vrticae folio, AM. ruth. 35. Veronica foliis saepe ternis, LIN. Vir. Cliff. 2. H. Cliff. 7. ROY. lugdb. 301. I. Eadem foliis verticillatis, pluribus ouatis obtusis, spicis ex supremo verticillo, quinque aut sex. Veronica foliis latis verticillatim positis, spicis pluribus gracilibus et breuibus, STELL. Irc. 382. [sic!; s. weiter unten] ...“ (Gmelin 1747–1769, Bd. III, S. 218f.); „32. Veronica spicis terminalibus, foliis ternis inaequaliter serratis [=] Veronica longifolia L.! Veronica maritima L. – Willd. sp. pl. I. 55. – Veronica spuria M. a Bieb. Fl. t. c. I. 6.)“ (Ledebour 1841, S. 101); „3. VERONICA spuria. ... Mittlerer Ehrenpreis. W. ... 4. VERONICA maritima. ... V. spicis terminalibus, ... Gmel. sib. 3. p. 218. ... Amm. ruth. n. 34. et 35. ... Meer Ehrenpreis. ... 5. VERONICA longifolia. ... V. spica latifolia. Bauh. pin. 264. ... β. V. spicata longifolia altera. Amm. ruth. 26. γ. V. spicata, urticae folio. Amm. ruth. 26. ... Langblättriger Ehrenpreis. W. ...“ (Linné 1797–1830, Bd. I, Teil 1, S. 55ff.); „V[eronica] spuria (L. SP. 13) ... M. a BIEB. Fl. t. c. I, p. 6; ... 7. V[eronica] longifolia (L. SP. 13) ... V. grandis. FISCH. ex SPRENG. n. Entdeck. II, p. 122. ... V. spicis terminalibus, foliis ternis, inaequaliter serratis. GMEL. Fl. sib. III, p. 218, Nr. 32. V. foliis oppositis, ovatis ex inciso-serratis, caule erecto. GMEL. Fl. sib. III, p. 219, Nr. 34? ...“ (Ledebour 1846–1851, S. 231ff.); „34. VERONICA foliis oppositis ouatis ex inciso-serrato, caule erecto. Veronica spicata, Bugulae subhirsuto folio, flore albo et carneo, GM. obs. 86. AM. ruth. 31. ...“ (Gmelin 1747–1769, Bd. III, S. 219f.); „34. Veronica foliis oppositis ovatis ex inciso serratis, caule erecto [=] Veronica grandis Fisch.? (Veronica hybrida L. – Georgi Beschrbg. d. russ. R. Nachtr. 256.)“ (Ledebour 1841, S. 101); „31. VERONICA spicata, Bugulae subhirsuto folio, albo et carneo flore Gmel. ...“ (Amman 1739, S. 23f.); „8. VERONICA hybrida. ... Bastard Ehrenpreis. W. ...“ (Linné 1797–1830, Bd. I, Teil 1, S. 57); „Von F. E. L. Fischer zuerst benannt und von Curt Sprengel im Jahre 1821 beschrieben, wurde Veronica grandis ... N. Turczaninow erkannte wieder die Fischer'sche Pflanze ... um sie später für eine Var. der V. longifolia zu erklären ... während Ledebour weiter ging und sie mit V. longifolia einfach

zusammenwarf (Fl. ross. III. i. 232–233). ..." (Knapp 1877, S. 362f.); „Veronica spuria, ... unächter Ehrenpreis, ... groser staudiger Wiesenehrenpreis mit schmalen Blättern; ... [Veronica] maritima, ... Meerstrandsehrenpreis, ... Veronica longifolia, ... langblätterichter Ehrenpreis, ... groser Wiesenehrenpreis; groser staudiger Wiesenehrenpreis mit breiten Blättern; ... Er heißt bey ... C. Bauhin: Veronica spicata latifolia. ... Veronica hybrida, ... Bastartehrenpreis, ..." (Gmelin 1777, Sp. 470ff.); „3. VERONICA (Longifolia) spicis terminalibus, foliis oppositis lanceolatis serratis, acuminatis. Hort. Upsal. 7. Ehrenpreiß mit Blumenähren am Ende der Stengel, und scharf zugespitzten, sägeförmig gezähnten Blättern, die lanzenförmig sind, und gegen einander über stehen. ..." (Miller 1776, S. 605f.); „Der breit= oder lang=blätterige Ehrenpreis, mit langen blauen Blumenähren, Veronica spicata latifolia, s[.] longifolia, ..." (Krünitz 1773–1858, Bd. 10, S. 195); Veronica longifolia L. – russ. *egor'evo kop'e*, *sinie cvetki*, *zmejka* bzw. *zmeinaja trava* (*Annenkov* 1858, S. 100, Nr. 1172); s. auch Nr. 99

„66) Veronica Spicata latifolia C. B. Pin ..." (AAW R. I, Op. 104, D. 25, Bl. 6v, s. Anm. 61 in Nr. 21); „Veronica spicata latifolia C B P.Tourn. ..." (AAW R. I, Op. 104, D. 8, Bl. 8v, s. Anm. 18 in Nr. 452); „1. Veronica spicata longifolia I. R. H. pr. ind. Fl. Irc. 104. Veronica folijs saepius ternis Linn. vir. 2. h. Cliff. 7. ..." (AAW R. I, Op. 13, D. 67, Bl. 50v, s. Anm. 5 in Nr. 4); „4. Veronica spicata longifolia altera Obs. in H. N. LXXXIV. Polystachia est & folijs latioribus ..." (a. a. O., Bl. 50v); „5. Veronica spicata longifolia, flore dilutiore Ind. Irc. n°. 381. Folia angustiora. Fl. Irc. n°. 104." (a. a. O., Bl. 50v); „6. Veronica latis folijs, verticillatim positis, spicis pluribus gracilibus & brevibus Ind. Irc. n°. 382." (a. a. O., Bl. 50v); „10. Veronica spicata, Bugulae subhirsuto folio, albo & carneo flore Obs. in H. N. LXXXVI." (a. a. O., Bl. 50v); „21. Veronica folijs oppositis, caule folijs terminal) Veronica spicata, latifolia C. B. P. 246. ..." (a. a. O., Bl. 95v); „49. Veronica spicata longifolia Inst. r. h. 143. Lysimachia spicata coerulea C B P. 246. 50. Veronica spicata latifolia C B P. 246. Veronica I erectior latifol. Clus. Hist. 346." (AAW R. I, Op. 6, D. 40, Bl. 24v, s. Anm. 1 in Nr. 1); „49 [Veronica] spicata longifolia i. r. h. 143. 50 [Veronica] spicata latifolia C. B. P." (G. W. Steller nach J. G. Heinzelmann: AAW R. I, Op. 81, D. 23, Bl. 15v, s. Anm. 1 in Nr. 1); „3. Veronica spicata longifolia Inst. r. h. 143." mit der rechts marginalen Anm. „Samara." (AAW R. I, Op. 13, D. 16, Bl. 6v, s. Anm. 32 in Nr. 6); „745. Veronica spicata longifolia I. R. H. ... Fl. Irc. 104." (AAW R. I, Op. 105, D. 1ª, Bl. 88r, s. Anm. 29 in Nr. 5); „430 Veronica spicata longifolia Inst. r. h. Heinz." (AAW R. I, Op. 15, D. 3, Bl. 8v, s. Anm. 65 in Nr. 24); „665. Veronica folijs saepius ternis Linn. vir. 2. h. cliff. 7. Veronica spicata longifolia. Tourn. inst. 143. Helw. suppl. 651. t. 3 Boerh. lugd. p. 224. Variat folijs binis et non ternis. ..." mit der links marginalen Anm. „Sylv. d. 26 Jun." (AAW R. I, Op. 13, D. 20, Bl. 62v, s. Anm. 1 in Nr. 1); „Veronica spicata longifolia I. R. H. * Veronica spicata longifolia altera. Obs. in Hist. Nat. LXXXIV. ... * Veronica spicata Bugulae subhirsuto folio, albo et carneo flore. obs. in hist. nat. LXXXVI. ..." (AAW R. I, Op. 105, D. 2, Bl. 3r, s. Anm. 54 in Nr. 17); „40. Veronica spicata longifolia T. B. n. 3." (AAW R. I, Op. 104, D. 13, Bl. 2v, s. Anm. 84 in Nr. 29); „LXXXIV. Veronica spicata, longifolia, altera. ..." mit der rechts marginalen Anm. „vid. fig." (Bl. 36r in: R. I, Op. 105, D. 8ª, s. Anm. 46 in Nr. 79); „LXXXVI. Veronica spicata, Bugulae subhirsuto folio. albo et carneo flore. ..." (Bll. 36v–37r in: R. I, Op. 105, D. 8ª, s. Anm. 46 in Nr. 79); „380. Veronica spicata longifolia I. R. H. ... 381. Veronica spicata longifolia, flore dilutiori. ... 382. Veronica latis folijs, verticillatim positis, spicis pluribus gracilibus et brevibus. ..." (AAW R. I, Op. 105, D. 4ª, Bll. 42v–43r, s. Anm. 54 in Nr. 17); „19. Veronica spicata Bugulae subhirsuto folio, albo & carneo flore Amm. 31." (AAW R. I, Op. 105, D. 16, Bl. 1r, s. Anm. 5 in Nr. 4); „Veronica spicata Bugulae subhirsuto folio, albo et carneo flore." (AAW F. 1, Op. 2–1743, D. 11, Bl. 19r, s. Anm. 5 in Nr. 4); „37. Veronica spicata Bugulae subhirsuto, folio albo & carneo flore. ..." (AAW R. I, Op. 105, D. 19, Bl. 1v, s. Anm. 55 in Nr. 18); „Veronica spicata Bugulae subhirsuto folio. Am̃. Descr. p. 23.“ (AAW F. 1, Op. 2–1746, D. 1, Bl. 20v, s. Anm. 107 in Nr. 46)

79 „310. Veronica spicata altissima, foliis verticillatim dispositis obs. in H. N. ...“ (AAW R. I, Op. 13, D. 42, Bl. 48v, s. Anm. 1 in Nr. 1); „LXXXV. Veronica spicata altissima folijs verticillatim dispositis.“ (AAW R. I, Op. 105, D. 8ª, Bll. 36r–36v, s. Anm. 46 in Nr. 79); „6. Veronica spicata, altissima, foliis verticillatim dispositis obs. in H. N.“ (AAW R. I, Op. 14, D. 8, Bl. 1r), s. Anm. 98 in Nr. 39); „379. Veronica spicata altissima folijs verticillatim dispositis obs. in H. N. LXXXV. ...“ (AAW R. I, Op. 105, D. 4ª, Bl. 42v, s. Anm. 54 in Nr. 17); „9. Veronica spicata altissima folijs verticillatim dispositis Obs. in H. N. LXXXV. Fl. Irc. n°. 105. & 106.“ (AAW R. I, Op. 13, D. 67, Bl. 50v, s. Anm. 5 in Nr. 4); „265. Veronica folijs sex ad octo. Veronica spicata, altissima folijs verticillatim dispositis Amm. desc. 29. Tab. IV. ...“ (AAW R. I, Op. 13, D. 20, Bl. 29r, s. Anm. 1 in Nr. 1); „2. Veronica spicata altissima, foliis verticillatim dispositis. Gmel.“ mit der rechts marginalen Anm. „Dauria“ (AAW R. I, Op. 13, D. 16, Bl. 6v, s. Anm. 32 in Nr. 6); „* Veronica spicata altissima, foliis verticillatim dispositis obs. in hist. nat. LXXXV. ...“ (AAW R. I, Op. 105, D. 2, Bl. 3r, s. Anm. 54 in Nr. 17); „Veronica spicata altissima, foliis verticillatim dispositis. Am̃. Descr. p. 20.“ (AAW F. 1, Op. 2–1746, D. 1, Bl. 20v, s. Anm. 107 in Nr. 46)
„31. VERONICA foliis sex aut pluribus, verticillatim caulem ambeuntibus. Veronica spicata altissima, foliis verticillatim dispositis, GM. obs. 85. AMM. ruth. p. 20. t. 4. Veronica spicata, foliis circa caulem quinis et senis, STELL. Irc. 105 et 106. Veronica spicis terminalibus, foliis septenis verticillatis, caule subhirto, LINN. sp. pl. 1. p. 12. n. 1. ... Folia numero variant quina, sena, sept- oct- et nouena obseruaui, sena omnium frequentissime.“ (Gmelin 1747–1769, Bd. III, S. 217f.); „31. Veronica foliis sex aut pluribus, verticillatim caulem ambeuntibus [=] Veronica sibirica L.!“ (Ledebour 1841, S. 100); „29. VERONICA spicata, altissima, foliis verticillatim dispositis Gmel. Tab. IV. ...“ (Amman 1739, S. 20f.); „1.) Siberischer Ehrenpreiß. Veronica Sibirica. ... Veronica spicis terminalibus; foliis septenis, verticillatis, caule subhirto. LINN. Syst. veg. p. 56. ... Veronica spicata altissima, foliis verticillatim dispositis. AMM. Ruth. 20. t. 4. GMEL. Fl. Sib. 4. [sic!] p. 217. n. 31. ...“ (Linné 1779, S. 58f.); „1. VERONICA sibirica. V. spicis terminalibus, foliis septenis verticillatis, caule subhirto. Gmel. sib. 3. p. 217. .... Sibirischer Ehrenpreis, W. ...“ (Linné 1797–1830, Bd. I, Teil 1, S. 54); „743. Veronica. L. ... 1. V. sibirica (L. SP. 12) ... V. foliis sex aut pluribus verticillatim caulem ambeuntibus. GMEL. Fl. sib. III, p. 217, Nr. 31. V. spicata altissima, foliis verticillatim dispositis. AMMAN. ruth. p. 20, Nr. 21, t. 4. ...“ (Ledebour 1846–1851, S. 229); „Veronica sibirica, ... sibirischer Ehrenpreis, ... Er heißt bey Ammann: Veronica spicata altissima, foliis verticillatim dispositis.“ (Gmelin 1777, Sp. 469); s. auch Nr. 106

80 „Salicaria. ...“ (Tournefort 1700, S. 253f.); „SALICARIA, ... teutsch, brauner Weiderich. ... Wann die Blüte vergangen ist, so folget ihr an statt der Frucht eine Hülse, in zwey Fach abgetheilt, voll zarte Samen. ... TOURNEFORT hat dieses Gewächse Salicaria genennet von Salix, Weide; dieweil es insgemein in Weidigten oder unter den Weiden zu wachsen pflegt.“ (Lémery 1721, Sp. 986)

81 s. Nr. 105

82 „[species 33] Veronica aquatica, major, folio oblongo Mor. Oxon. Part. 2. 323. Anagallis aquatica, major, folio oblongo C. B. Pin. 252. Anagallis aquatica, flore caeruleo, folio oblongo, major J. B. 3.791. Berula major Tabern. Icon. 719.“ (Tournefort 1700, S. 145, Genus IV. „Veronica. Veronique.“); „25. Veronica aquatica major folio oblongo, nobis. ...“ (Morison 1680, S. 323); „Veronica aquatica, minor, folio subrotundo Inst. R. H. Anagallis aquatica major, folio subrotundo C. B. Pin. 252. ... Kleine Bachbungen mit rundlichten Blättern. ... Veronica aquatica, major, folio

oblongo Mor. Hist. Oxon. Part. 2. 323. Anagallis aquatica, major, folio oblongo C. B. Pin. 252. ... Bachbungen mit langlichten rothen Blättern. ...“ (Mappus 1742, S. 323); „BAchbungen, Wasserbungen, heißt Lateinisch, Beccabunga, Anagallis aquatica, ... 2. Die Bachpungen mit ablangen Blättern, welche in ... einer größern und kleinern Art erscheinet: Anagallis aquatica, major & minor, folio oblongo, C. B. P. ... Veronica aquatica, folio oblongo, major & minor, ...“ (Zwinger 1744, S. 821); „27. VERONICA aquatica major, folio oblongo. Mor. Hist. Grosser Wasserehrenpreis, oder Bachbungen mit rundlichtem Blat.“ (Miller 1751, S. 388); „5. VERONICA foliis oppositis laevibus crenatis, floribus laxe spicatis ex alis. Veronica aquatica major, folio subrotundo. Tournef. inst. 145. ... Anagallis aquatica major, folio subrotundo. Bauh. pin. 252. ... α Veronica aquatica minor folio subrotundo. Tournef. inst. 145. β Veronica aquatica major, folio oblongo. Moris. hist. 2. p. 323. s. 3. t. 24. f. 25. ... γ Veronica aquatica minor, folio oblongo. Tournef. inst. 145. ...“ (Linné 1737, S. 8); „17.) Wasser=Gauchheil. Veronica Anagallis aquatica. ... Veronica racemis lateralibus; foliis lanceolatis serratis, caule erecto. LINN. Syst. veg. p. 57. Sp. pl. 16. ... GMEL. Fl. Sib. 4. [sic!] p. 224. n. 42. ... Anagallis aquatica major, folio oblongo. C. BAUH. pin. 252. ... Diese Art, welche man auch schmalblätterigte Bachbungen nennet, ...“ (Linné 1779, S. 71); „42. VERONICA racemis lateralibus, foliis lanceolatis-serratis, caule erecto, LIN. Sp. pl. 1. p. 16. n. 16. Veronica aquatica longo latoque folio, flosculis pallidis, GM. Irc. n. 385. Veronica aquatica foliis ouatis acuminatis, ex alis racemosa, HALL. helv. 528. ...“ (Gmelin 1747–1769, Bd. III, S. 224); „42. Veronica racemis lateralibus, foliis lanceolatis serratis, caule erecto [=] Veronica Anagallis L.!“ (Ledebour 1841, S. 101); „31. VERONICA Anagallis, V. racemis lateralibus, ... Gmel. sib. 3. p. 224. ... Anagallis aquatica major, folio oblongo. Bauh. pin. 252. .... Wasser-Ehrenpreis. W. ...“ (Linné 1797–1830, Bd. I, Teil 1, S. 65); „11) VERONICA ANAGALLIS L. ... V. racemis lateralibus, ... Gmel. sib. III. p. 224. No. 42. ...“ (Ledebour 1829, S. 37f.); „10. V[eronica] Anagallis (L. SP. 16) ... V. racemis lateralibus, ... GMEL. Fl. sib. III, p. 124, Nr. 42. ...“ (Ledebour 1846–1851, S. 236); „Veronica Anagallis aquatica, ... Wassergauchheil, ... schmalblätterichte Bachbungen; ... Es kommt, so wie in ihren Arzneykräften, ... sehr nahe mit den Bachbungen überein; ...“ (Gmelin 1777, Sp. 480f.); „VERONICA ANAGALLIS. ... α. major. Veronica aquatica major, folio oblongo. ... Anagallis aquatica major folio oblongo. C. Bauh. 252. ... β. minor. Veronica aquatica minor folio oblongo. ... Anagallis aquatica minor folio oblongo. C. Bauh. pin. p. 252. ... Wasser-Ehrenpreis, Wassergauchheil, kleiner Bachbungen, langblättriger Bachbungen, schmalblättriger Bachbungen. ... Die Veronica Anagallis kann, da sie eben so wie die Veronica Beccabunga im Wasser wächst, leicht mit dieser, die als Arzneymittel bekannt ist, verwechselt werden; ...“ (Hayne 1816, Nr. 1); Anagallis – russ. *porčenaja, počešnaja pomošč’, vorob’inoe proso, očnyj cvet* bzw. *um i razum* (*Annenkov* 1858, S. 15, Nr. 85); „Anagāllis L. (Primulaceae). Von ἀναγελαειν (lachen); sie wurden nämlich früher für ein Mittel zur Erregung von Munterkeit gehalten. ...“ (Wittstein 1852, S. 43)

„384. Veronica aquatica major folio oblongo Hist. o. P. 2. 323.“ (AAW R. I, Op. 105, D. 4^a, Bl. 43r, s. Anm. 54 in Nr. 17); „67) Veronica aquatica major folio oblongo Tour. i. r. h. ...“ (AAW R. I, Op. 104, D. 25, Bl. 6v, s. Anm. 61 in Nr. 21); „309. Veronica aquatica maior folio oblongo Mor. H. O. Part 2. 323 I. R. H. ...“ (AAW R. I, Op. 13, D. 42, Bl. 48v, s. Anm. 1 in Nr. 1); „13. Veronica aquatica major folio oblongo H. Ox. P. II. 323. I. R. H. Ind. Jen. n°. 751. ...“ (AAW R. I, Op. 13, D. 67, Bl. 50v, s. Anm. 5 in Nr. 4); „751. Veronica aquatica major, folio oblongo Hist. Ox. P. II. 323. I. R. H. ...“ (AAW R. I, Op. 105, D. 1^a, Bl. 89r, s. Anm. 29 in Nr. 5)

83 „[species 34] Veronica aquatica, minor, folio oblongo. Anagallis aquatica, minor, folio oblongo C. B. Pin. 252. Anagallis aquatica, flore purpurascente, folio oblongo, minor J. B. 3. 791. Anagallis aquatica, minor ij Tabern. Icon. 718.“ (Tournefort 1700, S. 145, Genus IV. „Veronica. Veronique.“); „Beccabunga folio oblongo, minor. Veronica aquatica minor, folio oblongo Tournefort. ...

Beccabunga dicitur a voce germanica Bach=Bohnen, ..." (Rupp 1726, S. 199); „Veronica aquatica, minor, folio oblongo Jnst. R. H. Anagallis aquatica, minor, folio oblongo C. B. Pin. 252. ..." (Mappus 1742, S. 323); „[Veronica] aquatica minor, folio oblongo; bedeutet bey Tournefort eine kleinere Abänderung des Wassergauchheils." (Gmelin 1777, Sp. 493); „Beccabūnga (Scrophularineae). Latinisirt vom deutschen Bachbungen, d. h. eine in Bächen wachsende Pflanze." (Wittstein 1852, S. 98); „28. VERONICA aquatica minor, folio oblongo. Mor. Hist. Kleiner Wasserehrenpreis, mit dem länglichten Blat." (Miller 1751, S. 388); s. Nr. 107

84 „[species 31] Veronica aquatica, major, folio subrotundo Mor. Oxon. Part. 2. 323. Anagallis aquatica, major, folio subrotundo C. B. Pin. 252. Berula seu Anagallis aquatica Tabern. Icon. 719. Anagallis aquatica, folio rotundiore, major J. B. 3. 791." (Tournefort 1700, S. 145, Genus IV. „Veronica. Veronique."); „24. Veronica aquatica major folio subrotundo, nobis. ..." (Morison 1680, S. 323); „Beccabunga officinarum. Veronica aquatica major, folio subrotundo C. B. P. 252. ... Bach=Bungen. ..." (Rupp 1726, S. 199); „1. Die Bachbungen mit rundlichen Blättern, ... Anagallis aquatica, major, folio subrotundo, C. B. P. 252. ... Veronica; aquatica; major; folio subrotundo. M. H. 2. 323. T. 145. ... Item Anagallis aquatica, minor, folio subrotundo. C. B. P. ... Veronica aquat. min. fol. subrotundo. ... Dies Kraut hat keinen sonderlichen Geschmack, doch ziehet es sich endlich auf eine kleine Schärffe, oder fast unempfindliche Bitterkeit. ..." (Zwinger 1744, S. 821); „24. VERONICA aquatica major, folio subrotundo Mor. Hist. Grosser Wasserehrenpr<e>is, mit rundlichtem Blat, insgemein Bachbungen. ..." (Miller 1751, S. 388); „81. VERONICA Beccabunga racemis lateralibus, foliis ovatis planis, caule repente. Fl. suec. 14. ... Anagallis aquatica major (et minor), folio subrotundo. Bauh. pin. 252. ... VSVS: Scorbutus. ..." (Linné 1782a, S. 40)

„56 Veronica aquatica major folio subrotundo Mor. Hist Ox. p. 2. 323. Anagallis ▽ca maj. fol. subrotundo C B P. 252" (AAW R. I, Op. 6, D. 40, Bl. 25r, s. Anm. 1 in Nr. 1); „56 Veronica aquatica major folio [sub]rotundo Mor. hist. oxon." (G. W. Steller nach J. G. Heinzelmann: AAW R. I, Op. 81, D. 23, Bl. 16r, s. Anm. 1 in Nr. 1); „Veronica aquatica major folio subrotundo. Mor. Hist. ox. ..." (AAW R. I, Op. 105, D. 2, Bl. 3r, s. Anm. 54 in Nr. 17); „Veronica aquatica major folio subrotundo Mor. Hist. ox. part 2. 322. [sic!] ..." (AAW R. I, Op. 104, D. 8, Bl. 8v, s. Anm. 18 in Nr. 452); „49. Veronica aquatica minor fol: subrotundo T." (AAW R. I, Op. 104, D. 13, Bl. 2v, s. Anm. 84 in Nr. 29); „Veronica aqvatica minor folio oblongo T. 145. B. n. 16. ..." (AAW R. I, Op. 68, D. 2, Bl. 17v, s. Anm. 62 in Nr. 22); s. Nr. 107

85 vermutlich *Verchneudinsk*; s. Glossar: *Verchneudinsk*

86 in der 2. Textversion (s. Anm. 1 in A.) ohne „non"

87 „Sisymbrium. ..." (Tournefort 1700, S. 225f.); „Rauke, der Name einer Pflanzengattung, von welcher es mehrere ... Arten gibt, Sisymbrium Linn. ..." (Krünitz 1773–1858, Bd. 121, S. 154ff.)

88 „[species 32] Veronica aquatica, minor, folio subrotundo. Anagallis aquatica, minor, folio subrotundo C. B. Pin. 252. Anagallis aquatica, flore caeruleo, foliolo rotundiore, minor J. B. 3. 790." (Tournefort 1700, S. 145, Genus IV. „Veronica. Veronique."); „26. VERONICA aquatica minor, folio subrotundo. Inst. R. H. Kleiner Wasserehrenpreis mit rundlichtem Blat." (Miller 1751, S. 388); „[Veronica] aquatica minor, folio subrotundo; Hierunter versteht er [d. h. Tournefort] eine kleinere Spielart der Bachbungen." (Gmelin 1777, Sp. 493)

„68) Veronica aquatica minor folio subrotundo. Flor. ircut. No 110. ..." (AAW R. I, Op. 104, D. 25, Bl. 6v, s. Anm. 61 in Nr. 21); „Veronica aquatica minor, folio subrotundo (Tournefortii sp. 32), Off." (Messerschmidt 1962–1977, Bd. 4, S. 201, s. Anm. 1 in Nr. 1); s. Nr. 107 und Nr. 109

89 „[species 10] Veronica pratensis, Serpillifolia C. B. Pin. 247. Veronica foemina quibusdam, aliis Betonica Pauli Serpillifolia J. B. 3. 285. Veronica pratensis Dod. Pempt. 41." (Tournefort 1700, S. 144, Genus IV. „Veronica. Veronique."); „VI. Veronica pratensis serpillifolia. ..." (Bauhin

1623, S. 247); „Veronica pratensis, Serpillifolia C. B. Pin. 247. ... Klein Wiesen=Ehren=Preiß. ...“ (Mappus 1742, S. 322); „39. VERONICA racemo terminali subspicato, foliis ouatis glabris crenatis, LIN. Sp. pl. 1. p. 15. n. 14. Veronica pratensis serpillifolia, BAVH. pin. 247. Veronica foliis ouatis raro crenatis, floribus longe spicatis, glabris, fructu bifido, HALL. helv. 533. ...“ (Gmelin 1747–1769, Bd. III, S. 223); „39. Veronica racemo terminali subspicato, foliis ovatis glabris crenatis [=] Veronica serpyllifolia L.!“ (Ledebour 1841, S. 101); „15. Quendelblätterichter Ehrenpreiß. Veronica Serpillifolia. ... Veronica racemo terminali subspicato; foliis ovatis, glabris, crenatis. LINN. Syst. veg. p. 56. ... Veronica pratensis Serpyllifolia, C. BAUH pin. 247. ...“ (Linné 1779, S. 68f.); „28. VERONICA serpillifolia. V. racemo terminali subspicato, ... Gmel. sib. 3. p. 223. n. 39. ... V. pratensis serpillifolia. Bauh. pin. 247. ... Quendelblättriger Ehrenpreis. W. ...“ (Linné 1797–1830, Bd. I, Teil 1, S. 64); „9) VERONICA SERPYLLIFOLIA L. ... Veronica racemo terminali subspicato, ... Gmel. Fl. sib. III. p. 223. No. 39. ...“ (Ledebour 1829, S. 36f.); „36. V[eronica] serpyllifolia (L. SP. 15) ... V. racemo terminali subspicato, ... Gmel. Fl. sib. III, p. 223, Nr. 39. ...“ (Ledebour 1846–1851, S. 248f.); „Veronica serpylllifolia, ... Ehrenpreis mit Quendelblättern, ... gemeiner glatter Feldehrenpreis, kleiner glatter Feldehrenpreis, ...“ (Gmelin 1777, Sp. 478f.); „SERPYLLUM. ... teutsch, Quendel, ist ein Kraut, dessen es viele Arten giebet ...“ (Lémery 1721, Sp. 1043f.)
„69) Veronica serpilli folio crenato. Flor ircut. No. 111. ...“ (AAW R. I, Op. 104, D. 25, Bl. 6v, s. Anm. 61 in Nr. 21); „749. Veronica pratensis Serpilli folia C. B. P. 247. ...“ (AAW R. I, Op. 105, D. 1ª, Bl. 88v, s. Anm. 29 in Nr. 5); „11. Veronica pratensis Serpillifolia C. B. P. 247. Ind. Jen. n°. 749.“ (AAW R. I, Op. 13, D. 67, Bl. 50v, s. Anm. 5 in Nr. 4); „26. Veronica pratensis s. Serpillifolia C. B. P. 247.“ (Bl. 115r in einem Verzeichnis getrockneter Pflanzen, die mit einem Rapport von *St. P. Krašeninnikov* vom 1. Juni 1744 an die Akademie übergeben wurden – AAW F. 3, Op. 1, D. 797, Bll. 114v–115r; eine Kopie dieses Verzeichnisses a. a. O, Bll. 116r–116v)

90 „[species 2] Chrysosplenium foliis minoribus, subrotundis. Saxifraga rotundifolia, aurea, minor, Montis aurei H. R. Par.“ (Tournefort 1700, S. 146, Genus V. „Chrysosplenium.“); „2. CHRYSOSPLENIVM Tabernaem. Hist. 1224. ... Chrysosplenium foliis oppositis. Linn. Sp. Pl. 1. pag. 569. ... Chrysosplenium foliis minoribus subrotundis. Tourn. Inst. R. Hb. 146. ... Gülden Milzkraut, mit runden paarweise stehenden Blättern. Eyerkraut, Steinkresse.“ (Gleditsch 1777, S. 342f.); „2) Kleineres Milzkraut. Chrysosplenium oppositifolium. mit gerade gegen einander über stehenden Blättern, Chrysosplenium foliis oppositis. LINN Syst. veg. p. 342. ... Chrysosplenium s. Saxifraga aurea. TABERN Hist. 1224. ... Diese beede Pflanzen [d. h. diese und Chrysosplenium alternifolium (Grösseres Milzkraut)] wachsen in ganz Europa, ... Man nennet sie insgemein Milzkraut, ingleichen Goldmilz, golden oder gülden Milzkraut, gülden Leberkraut, Goldveilgen, gülden Steinbrech, Steinkresse; und im lateinischen Chrysosplenium, oder Saxifraga aurea, oder Hepatica aurea, und Nasturtium petraeum. ... Beede Pflanzen sind saftig, ... sie erzeigen ... als auflösende und gelinde stärkende Mittel in Husten und Engbrüstigkeit, in Verstopfungen der Eingeweide des Unterleibes, und in Krankheiten der Harnwege eine nicht geringe Wirksamkeit, ...“ (Linné 1780, S. 510ff.); „5. C[hrysosplenium] oppositifolium (L. SP. 569) caule tetra- v. hexaphyllo, ...“ (Ledebour 1844–1846, S. 227); „Gegenblattgoldmilz, Chrysosplenium oppositifolium, L. ... Ehedem wendete man die ... Blätter (hb. Saxifragae aureae, Chrysosplenii) gegen Leber= und Milzverstopfungen, auch gegen den Nierenstein an; man weiß nicht mit welchem Erfolge?“ (Hahnemann 1795, S. 340); „CHRYSOSPLENIUM OPPOSITIFOLIUM Linné. PAARBLÄTTERIGES CHRYSOSPLENIUM. ... Diese Pflanze hat dieselben Eigenschaften, wie die vorige [d. h. Chrysosplenium alternifolium Linné] und wurde auch ehedem eben so benutzt. Deutsche Namen: Paarblätteriges Milzkraut, gemeines Milzkraut, kleiner Goldsteinbrech, römischer Steinbrech.“ (Dietrich 1836, Nr. 242); „Chrysosplenium oppositifolium, foliis

oppositis, Goldmilz mit Blättern, welche einander gerade gegen über stehen; ..." (Gmelin 1772, Sp. 941); „2. CHRYSOSPLENIUM oppositifolium L. R. 2. Sp. 2. Gegenblättriges Milzkraut. ..." (Georgi 1797–1802, Theil 3, S. 962); „2. CHRYSOSPLENIUM oppositifolium. ... Chrysosplenium 1. Saxifraga aurea. Tabern. hist. 1224. Saxifraga aurea. Dod. pempt. 316. ... Paarblättriges Milzkraut. W. ..." (Linné 1797–1830, Bd. II, Teil 1, S. 638); vgl. aber „17. CHRYSOSPLENIVM foliis alternis, HALL. Helu. 189. LINN. Sp. p. 1. p. 569. n. 1. Saxifraga aurea, DOD. Lugd. p. 1113. I. B. III. p. 707. Sedum palustre luteum, maius, foliis longis pediculis insidentibus, MOR. ox. III. p. 477. s. 12. t. 8. f. 8. Chrysosplenium foliis amplioribus auriculatis, TOVRN. I. R. H. 146. etc. Chrysosplenium foliis pediculis longis insidentibus, EIVSD. ib. Chrysosplenium, LINN. h. Cliff. 149. SUEC. 317. ROY. pr. p. 209. ..." (Gmelin 1747–1769, Bd. III, S. 29f.); „17. Chrysosplenium foliis alternis [=] Chrysosplenium alternifolium L.!" (Ledebour 1841, S. 85); „1. CHRYSOSPLENIUM foliis alternis. Eyerkraut C. GESN. ... Saxifraga aurea Dodonaei ...." (Haller 1742, S. 189); „1. Grösseres Milzkraut. Chrysosplenium alternifolium. mit wechselsweise stehenden Blättern. Chrysosplenium foliis alternis. LINN. Syst. veg. p. 342. ... Chrysosplenium foliis pediculis longis insidentibus. TOURNEF. inst. 146. ..." (Linné 1780, S. 510); „1. CHRYSOSPLENIUM alternifolium. ... C. foliis alternis. ... Gmel. sib. 3. p. 29. ... C. foliis pediculis oblongis insidentibus. Tournef. inst. 146. ... Wechselblättriges Milzkraut. W. ..." (Linné 1797–1830, Bd. II, Teil 1, S. 637f.); „3 C[hrysosplenium] alternifolium (L. SP. 569) caule uni- v. paucifolio, ... C. foliis alternis GMEL. sib. III, p. 29, Nr. 17. ..." (Ledebour 1844–1846, S. 226f.); „Wechselblattgoldmilz, Chrysosplenium alternifolium, L. ... Die ... saftigen Blätter (Hb. Chrysosplenii, Saxifragae aureae, Nasturtii petraei) ... sind hie und da in Milz= (?) und Leberverstopfungen, in (unbestimmten) Brustkrankheiten, in Husten und Engbrüstigkeit und als Harn treibendes Mittel von der Empirie gepriesen worden." (Hahnemann 1799, S. 399); „CHRYSOSPLENIUM ALTERNIFOLIUM Linné. WECHSELBLÄTTERIGES CHRYSOSPLENIUM. ... Das etwas scharfschmeckende Kraut soll genossen, heftiges Erbrechen erregen. Ehemals war es als Herba Chrysosplenii, s. Nasturtii petraci [sic!], s. Saxifragae aureae, s. Hepaticae aureae officinell. Deutsche Namen: wechselblättriges Milzkraut, Goldmilz, golden Milzkraut, (diese Benennungen sollen keine Übersetzung des Namens Chrysosplenium sein, sondern nur die Heilkräfte der Pflanze andeuten, die in früheren Zeiten als ein vorzügliches Mittel gegen Milz- und Leberkrankheiten gebraucht wurde); golden Leberkraut, golden Steinbrech, Goldveilchen, Steinkresse." (Dietrich 1836, Nr. 241); „[Chrysosplenium] alternifolium, foliis alternis; Goldmilz mit wechselsweise stehenden Blättern; ..." (Gmelin 1772, Sp. 940f.); „2) CHRYSOSPLENIUM ALTERNIFOLIUM. Linn. ... Chrysosplenium foliis alternis. Gmel. Fl. sib. III. p. 29. No. 17. ..." (Ledebour 1830, S. 115); Chrysosplenium alternifolium L. – russ. *zolotjanka*, *moden*, *pervocvetka*, *selennik* bzw. *jaičnik* (*Annenkov* 1858, S. 30, Nr. 302); „Chrysosplēnium L. (Saxifrageae). Zus. aus χρυσοῦς (goldfarbig) und σπλην (Milz), d. h. eine Pflanze mit gelben Blumen, welche ein gutes Mittel bei Milzkrankheiten ist." (Wittstein 1852, S. 198); „Saxīfraga L. (Saxifrageae). Zus. aus saxum (Stein, Fels) und frangere (zerbrechen); die meisten Arten lieben steinige Standorte und hieraus schloss man, dass sie ein gutes Mittel gegen den Blasenstein seyen." (a. a. O., S. 788)

„809. Chrysosplenium folijs minoribus subrotundis I. R. H. ..." (AAW R. I, Op. 105, D. 1, Bl. 65r, s. Anm. 29 in Nr. 5); „79) Chrysosplenium foliis minoribq subrotundis Tour. i. r. h. ..." (AAW R. I, Op. 104, D. 25, Bl. 7r, s. Anm. 61 in Nr. 21); „413. Chrysosplenium folijs minoribus subrotundis I. R. H. ..." (AAW R. I, Op. 105, D. 4[a], Bl. 45v, s. Anm. 54 in Nr. 17); „Chrysosplenium folijs minoribus subrotundis I. R. H. ..." (AAW R. I, Op. 13, D. 67, Bl. 53r, s. Anm. 5 in Nr. 4); „* Chrysosplenium foliis minoribus subrotundis. I. R. H. ..." (AAW R. I, Op. 105, D. 2, Bl. 3r, s. Anm. 54 in Nr. 17); „280. Chrysosplenium foliis minoribus subrotundis I. R. H. ... Russis мѣсячная & Грыжная трава [russ. *mesjačnaja & gryžnaja trava*]“ (AAW R. I, Op. 13, D. 42, Bl. 45r, s. Anm. 1 in Nr. 1)

91 „[species 1] Polemonium vulgare, caeruleum. Valeriana caerulea C. B. Pin. 164. Valeriana Graeca quorundam, colore caeruleo J. B. 3. Part. 2. 212. Valeriana Graeca Dod. Pempt. 352.“ (Tournefort 1700, S. 146, Genus VI. „Polemonium.“); „Polemonium vulgare coeruleum. Inst. R. H. Griechischer Baldrian mit blauer Blume.“ (Miller 1751, S. 586); „1. POLEMONIUM. Fl. lapp. 86. Polemonium vulgare caeruleum. Tournef. inst. 252. ... Valeriana caerulea. Bauh. pin. 164. ...“ (Linné 1737, S. 63f.); „1.) Blaues Sperrkraut. Polemonium caeruleum. ... Polemonium foliis pinnatis; floribus erectis; calycibus tubo corollae longioribus. LINN. Syst. veg. p. 172. Polemonium vulgare caeruleum et album. TOURNEF, inst. 146. Valeriana caerulea. C. BAUH. pin. 164. ... GMEL. Fl. Sib. 4. p. 103. t. 50. ... vermuthlich wegen der Farbe, und aufrechten Stellung der Blumen wird diese Pflanze von den Engländern Jacobsleiter oder Himmelsleiter genennet. ... In Rußland und Siberien wird diese Pflanze Werchowoi ladan genennet; die Einwohner daselbst gebrauchen sie in Umschlägen zur Erweichung und Zeitigung venerischer schmerzhafter Geschwulsten, und streuen auch das Pulver davon in venerische Geschwüre.“ (Linné 1779, S. 566f.); „1. POLEMONIUM coeruleum. ... Polemonium. ... Hort. cliff. 163. [sic!] ... Valeriana coerulea. Bauh. pin. 164. ... β. Polemonium calycibus lanatis. Gmel. sib. 4. p. 103. t. 50. ... Blaues Sperrkraut. W. ...“ (Linné 1797–1830, Bd. I, Teil 2, S. 886); „69. POLEMONIVM foliis pinnatis; floribus erectis calicibus corollae tubo longioribus, LIN. Sp. pl. 1. p. 230. n. 1. I. Caulicibus et calycibus lanatis. T. L. Russice верьховой ладанъ [russ. *ver'chovoj ladan*] dicitur., in vlceribus lui venereae natales debentibus, pulverem inspergunt, aut et doloribus passim in corpore ortis, ubi luis suspicio est, cataplasma ex hac planta imponunt, vbi vlcus breui maturari, atque rumpi adseuerant. ...“ (Gmelin 1747–1769, Bd. IV, S. 103), nahezu identisch auf Bl. 52r in: AAW R. I, Op. 104, D. 14 – s. Anm. 32 in Nr. 6; „69. Polemonium foliis pinnatis; floribus erectis calycibus corollae tubo longioribus [=] Polemonium coeruleum L.! [;] I. Caulibus et calycibus lanatis. t. L. [=] Polemonium lanatum Pall. it. III. 335. [sic!] (Polemonium coeruleum L. β. Willd. sp. pl. I. 886.)“ (Ledebour 1841, S. 122); „1) POLEMONIUM COERULEUM. Linn. ... Polemonium foliis pinnatis, ... Gmel. Fl. sib. IV. p. 103. No. 69. (excl. var. et icone.) ...“ (Ledebour 1829, S. 232f.); „682. Polemonium. L. ... 1. P. coeruleum (L. SP. 230) ... α. vulgare: ... P. foliis pinnatis, floribus acutis, calycibus corollae tubo longioribus. GMEL. Fl. sib. IV, p. 103, Nr. 69 (excl. var. I). ... β. acutiflorum ... γ. ovatum: ... † grandiflorum: ... Polemonium. GMEL. Fl. sib. IV, p. 103, Nr. 69. I. caulibus et calycibus lanatis, t. 50. ...“ (Ledebour 1846–1851, S. 83f.); „[Polemonim] caeruleum, ... blauer griechischer Baldrian, ... griechischer Baldrian; ... Er heißt bey ... Tournefort: Polemonium vulgare caeruleum.“ (Gmelin 1775, Sp. 207f.); „626. POLEMONIUM coeruleum. Linn. Blaues Sperrkraut. ... Synon. Polemonium coeruleum Linn. Spec. pl. I. 230. (mit Ausschluss der Abart β). Tr. u. a. N. Griechischer Baldrian. Himmelsleiter. Jacobsleiter. Blaues Sperrkraut. ... Abänderungen: β mit weissen Blumen: die weisse.“ (Röhling 1826, S. 145f.); „POLEMONIVM (caeruleum) foliis pinnatis; floribus terminalibus erectis, calycibus corollae tubo longioribus. Linn. Syst. 925. ... Polemonium vulgare caeruleum. Tourn. inst. 146. ... Грецкой балдырянъ [russ. *Greckoj baldyrjan*] Russ. ...“ (*Krašeninnikov* 1761, S. 32); „Baldrian, (fremder, unächter,) Lateinisch, Polemonium, Polemonium vulgare coeruleum, Pit. Tournefort. ... Valeriana coerulea C. B. ... Es reiniget und dienet zu denen Wunden, wird aber zur Artzeney gar nicht gebraucht. ...“ (Zedler 1732–1750, Bd. 3, Sp. 204); „VALERIANA. ... teutsch, Baldrian, ist ein Kraut, dessen es drey Hauptgattungen giebet, die zu der Artzney gebrauchet werden. ...“ (Lémery 1721, Sp. 1164f.); Polemonium coeruleum L. – russ. *troecvetka*, *verchovoj ladon*, *martilova*, *sorokopritočnaja*, *dvusnl* [?], *sinjucha*, *bran'* bzw. *bukit* (*Annenkov* 1858, S. 70, Nr. 826); „Polemōnium T. (Polemoniaceae). Plinius (XXV. 28.) leitet den Namen ab von πολεμος (Krieg), weil die Pflanze

Ursache eines Krieges zwischen mehreren Königen, welche sich die Entdeckung ihrer med. Kräfte zugeschrieben hätten, geworden sey; ...“ (Wittstein 1852, S. 713)

„57 Polemonium vulgare coeruleum Inst. r. h. 146. Valeriana Graeca Dod. pempt. 352.“ (AAW R. I, Op. 6, D. 40, Bl. 25r, s. Anm. 1 in Nr. 1); „57 Polemonium vulgare coeruleum i. r. h.“ (G. W. Steller nach J. G. Heinzelmann: AAW R. I, Op. 81, D. 23, Bl. 16r, s. Anm. 1 in Nr. 1); „6 Polemonium vulgare coeruleum. Inst. r. h. p. 146.“ (AAW R. III, Op. 1, D. 98, Bl. 1r, s. Anm. 3 in Nr. 53); „Polemonium vulgare coeruleum Inst. r. h. 146.“ (AAW R. III, Op. 1, D. 162, Bl. 16v, s. Anm. 54 in Nr. 17); „1. Polemonium vulgare caeruleum. Inst. r. h. 146.“ mit der rechts marginalen Anm. „Petrop.“ (AAW R. I, Op. 13, D. 16, Bl. 6v, s. Anm. 32 in Nr. 6); „Polemonium vulgare coeruleum I. R. H. ...“ (AAW R. I, Op. 105, D. 2, Bl. 3r, s. Anm. 54 in Nr. 17); „947. Polemonium vulgare.“ (AAW R. I, Op. 15, D. 3, Bl. 17v, s. Anm. 65 in Nr. 24); „84. Polemonium Vulgare.“ (AAW R. I, Op. 15, D. 1, Bl. 2v, s. Anm. 24 in Nr. 64); „99. Polemonium Linn. flor. 86. h. cliff. 63. Polemonium vulgare coeruleum. Tourn. inst. 146 Boerh. lugd. 1. p. 252. ... a) Idem flore albo.“ (AAW R. I, Op. 13, D. 20, Bl. 12r, s. Anm. 1 in Nr. 1); „Polemonium vulgare, coeruleum. Inst. r. h. 146. n°. 47.“ (AAW R. I, Op. 13, D. 19, Bl. 2v, s. Anm. 54 in Nr. 17); „832. Polemonium vulgare coeruleum I. R. H. ...“ (AAW R. I, Op. 105, D. 1ª, Bl. 94v, s. Anm. 29 in Nr. 5); „71) Polemonium vulgare coeruleum T. i. r. h. ...“ (AAW R. I, Op. 104, D. 25, Bl. 7r, s. Anm. 61 in Nr. 21); „438. Polemonium vulgare caeruleum I. R. H. ...“ (AAW R. I, Op. 105, D. 12, Bl. 20v, s. Anm. 54 in Nr. 17); „Polemonium vulgare flore coeruleo T. ...“ (AAW R. I, Op. 68, D. 2, Bl. 14r, s. Anm. 62 in Nr. 22); „Polemonium vulgare flore coeruleo; Valeriana Graeca qvorundam; Tournefortii Spec. 1. ...“ (AAW F. 98, Op. 1, D. 20, Bl. 29v, s. Anm. 89 in Nr. 33); „Polemonium Vulgare coeruleum seu Valeriana graeca qvorundam. T. sp. 1. ...“ (AAW F. 98, Op. 1, D. 19, Bl. 44r, s. Anm. 59 in Nr. 19); „Polemonium vulgare coeruleum (Tournefortii sp. 1), Off.“ (Messerschmidt 1962–1977, Bd. 4, S. 201, s. Anm. 1 in Nr. 1); „1. Polemonium vulgare coeruleum I. R. H. ...“ (AAW R. I, Op. 13, D. 67, Bl. 54v; s. Anm. 5 in Nr. 4); „214„ d. 31„ [August 1724] [Sem.] Polemonii vulgaris coerulei; Tournef. Sp. 1. Polemonii Off.“ (AAW F. 98, Op. 1, D. 23, Bl. 6v, s. Anm. 49 in Nr. 653); „No. 9. Polemonium vulgare coeruleum T. 146.“ (AAW F. 3, Op. 1, D. 797, Bl. 114v, s. Anm. 89 in Nr. 111); „336. Polemonium vulgare coeruleum I. R. H. ...“ (AAW R. I, Op. 13, D. 42, Bl. 60r, s. Anm. 1 in Nr. 1); „Polemonium vulgare coeruleum Tourn. ...“ (AAW R. I, Op. 104, D. 8, Bl. 8v, s. Anm. 18 in Nr. 452)

92 „[species 2] Polemonium vulgare, album. Valeriana Graeca quorundam, colore albo J. B. 3. Part. 2. 212. Valeriana alba C. B. Pin. 164.“ (Tournefort 1700, S. 146, Genus VI. „Polemonium.“); „Polemonium vulgare album. Inst. R. H. Griechischer Baldrian mit weisser Blume.“ (Miller 1751, S. 586); „183. POLEMONIUM (caeruleum) ... Polemonium vulgare caeruleum. Tournef. inst. 252. ... β. Polemonium vulgare album. Tournef. inst. 146. ...“ (Linné 1755, S. 65)

„2. Polemonium vulgare album. Inst. r. h. 146.“ (AAW R. I, Op. 13, D. 16, Bl. 6v, s. Anm. 32 in Nr. 6); s. Nr. 113

93 „[species 1] Verbascum mas, latifolium, luteum C. B. Pin. 239. Verbascum vulgare, flore luteo, magno, folio maximo J. B. 3. App. 871. Verbascum latius Dod. Pempt. 143. Moéne, Bouillon blanc.“ (Tournefort 1700, S. 146f., Genus VII. „Verbascum. Bouillon blanc.“); „Verbascum mas, latifolium, luteum C. B. P. ... Woll=Kraut, Königs=Kertze, Fackel=Kraut. ...“ (Rupp 1726, S. 195); „* Verbascum mas, latifolium, luteum C. B. Pin. 239. ... Wollkraut=Männlein, Königs=-Kertzen, Kertzen=Kraut, ...“ (Mappus 1742, S. 319); „1.) WOLLKRAUT. Verbascum Thapsus. ... Verbascum foliis decurrentibus, utrinque tomentosis; caule simplici. LINN. Syst. veg. p. 183. ... Verbascum mas latifolium luteum C. BAUH. pin. 239. ... Diese Art ... wird im Deutschen insgemein weisses Wollkraut, Königskerze, Kerzenkraut, Fakelkraut ... genennet. ... Alle Theile dieser Pflanze haben eine erweichende, lindernde, und gelinde schmerzstillende Kraft; und

vornämlich werden die Wurzeln und Blumen in der Arzneykunst gebraucht. ... Von den Saamen, wenn man sie ins Wasser wirft, werden die Fische dergestalt betäubt, daß man sie mit den Händen fangen kann; ..." (Linné 1779, S. 621ff.); „1. VERBASCUM Thapsus. V. foliis decurrentibus utrinque tomentosis, caule simplici. ... Gmel. sib. 4. p. 91. ... V. mas latifolium luteum. Bauh. pin. 239. ... Gemeine Königskerze. W. ..." (Linné 1797–1830, Bd. I, Teil 2, S. 1001); „45. VERBASCVM foliis vtrinque tomentosis decurrentibus, LIN. Sp. pl. 1. p. 252. n. 1. Verbascum mas latifolium luteum, BAVH. pin. 239. Verbascum latius dod. pempt. 143. Idem spica multiplici. ... Incolis степной зверобой [russ. *stepnoj zveroboj*] dicitur, et contra omnis generis morbos valere creditur." (Gmelin 1747–1769, Bd. IV, S. 91), nahezu identisch auf Bl. 49r in: AAW R. I, Op. 104, D. 14 – s. Anm. 32 in Nr. 6; „45. Verbascum foliis utrinque tomentosis decurrentibus [=] Verbascum Thapsus L.!" (Ledebour 1841, S. 121); „1) VERBASCUM THAPSUS. Linn. ... Verbascum foliis utrinque tomentosis decurrentibus. Gmel. Fl. sib. IV. p. 91. No. 415. ..." (Ledebour 1829, S. 230f.); „731. Verbascum L. ...1. V. Thapsus (L. SP. 252) ... V. foliis utrinque tomentosis decurrentibus. Gmel. Fl. sib. IV, p. 91, Nr. 45. ..." (Ledebour 1846–1851, S. 193f.); „[Verbascum] Thapsus, ... Wollkraut, ... weiß Wollkraut; Fakelkraut; Königskerze; ... Es besizt in Blättern und Blumen erweichende, lindernde und schmerzstillende Kräfte, und wird in solchen Absichten in verschiedenen Krankheiten, und unter mancherley Gestalten äuserlich und innerlich gebraucht; ... die Wolle, womit seine ganze Oberfläche bekleidet ist, empfelen einige statt der sinesischen Moxa; seine Blumen ... färben Wolle und Baumwolle mit einer blaßgelben Farbe, ..." (Gmelin 1777, Sp. 440ff.); „Königskerze, Verbascum thapsus, L. ... Man hat sich der ... Blumen (flor. Verbasci) als einen Schmerz und Krampf lindernden Mittels, vorzüglich bei Husten, Stuhlzwang und blinder Goldader bedient, ... Die ... Blätter (fol. Verbasci) besitzen eine ähnliche nur weit schwächere Kraft. ... Die Landleute legen sie auf Entzündungsgeschwülste. Die Alten brauchten auch die Wurzel, ... um Schmerzen zu stillen, Bauch= und Blutflüsse zu hemmen, und gegen das viertägige Fieber. ..." (Hahnemann 1795, S. 479f.); „VERBASCVM (Thapsus) foliis decurrentibus vtrinque tomentosis. Linn. ... Spec. pl. 177. n. 1. Verbascum mas latifolium luteum. Bauh. pin. 239. Царски Скипетръ [russ. *carski skipetr*] siue Медвѣжье ухо [russ. *medvež'e ucho*] Russ. ..." (*Krašeninnikov* 1761, S. 36); „242. Verbascum Tapsus. Lin. Syst. Pl. I. p. 452. sp. 1. ... Königskerze. Ruß. Zaarskii Skipetr. (Zaarenzepter) auch Korowiak. [russ. *korov'jak* bzw. *korovjak*] ..." (Falk 1786, S. 131); „1. VERBASCUM Thapsus L., ... Gemeine Königskerze. R. Zarskoi Skipetr, (Zaren=Zepter). ... In Sibirien, wo man es Stepnoi Sweroboi (Steppen=-Johanniskraut) nennet, ist es ein allgemein innerlich= und äußerliches Heilmittel. Die Wolle von zerstampften, trockenen Blättern wird als Zunder benutzt." (Georgi 1797–1802, Theil 3, S. 781); „87. Verbascum Thapsus L. ... Die Esten halten Verb. Thapsus in Ehren und gebrauchen seine Blumen mit Milchrahm zu Salbe gekocht gegen Ausschläge aller Art; in Butter geknetet wird die Pflanze ... den Kindern bei Husten gegeben. ... Der Blütenthee wird ferner bei Hämoptoë, Hämorrhoiden und Durchfällen getrunken. ... Die Verbascumarten werden vom Volke innerlich vorherrschend bei Brustkrankheiten gebraucht; äusserlich sind sie ein Wundmittel ..." (Demitsch 1889, S. 238f.); „VERBASCUM. ... teutsch, Wollkraut, Königskerze. ... Es reiniget, lindert die Schmertzen, hält an, zertheilet, stillet den Durchfall, mildert die Schmertzen der Mastkörner, wenn es drauf geleget wird. Verbascum, quasi barbascum, weil dieses Krautes seine Blätter rauch sind und als ob sie von Tuche wären. ..." (Lémery 1721, Sp. 1169f.); Verbascum Thapsus L. – russ. *medvež'e ucho*, *dyvina*, *sukonce*, *sukno*, *stepnoj zveroboj*, *carskij skipetr*, *verbišnik*, *korovnik* bzw. *carskaja svečka* (*Annenkov* 1858, S. 99, Nr. 1166); „Verbāscum L. (Scrophularineae). Das veränderte barbascum, von barba (Bart), in Bezug auf die Behaarung der Pflanze." (Wittstein 1852, S. 920)

„87 Verbascum mas latifolium luteum C. B. P. 239. I. r. h. Cl. II. S. VI. g. 7.“ (AAW R. III, Op. 1, D. 98, Bl. 4v, s. Anm. 3 in Nr. 53); „Verbascum mas. latifolium luteum C B.“ (AAW R. III, Op. 1, D. 162, Bl. 33v, s. Anm. 54 in Nr. 17); „1. Verbascum mas latifolium luteum. C. B. P. 239.“ mit der rechts marginalen Anm. „Dill. ox.“ (AAW R. I, Op. 13, D. 16, Bl. 6v, s. Anm. 32 in Nr. 6); „972. Verbascum folijs utrinq) tomentosis decurrentibus Linn. vir. 13. Verbascum mas latifolium luteum B. pin. α) Multiplici spica. H. m.“ (AAW R. I, Op. 13, D. 20, Bl. 92v, s. Anm. 1 in Nr. 1); „829. Verbascum mas latifolium luteum C. B. P. ...“ (AAW R. I, Op. 105, D. 1[a], Bl. 94v, s. Anm. 29 in Nr. 5); „436. Verbascum mas, latifolium, luteum CB.“ (AAW R. I, Op. 15, D. 3, Bl. 8v, s. Anm. 65 in Nr. 24); „Verbascum mas latifolium luteum C B P. ...“ (AAW R. I, Op. 104, D. 8, Bl. 8v, s. Anm. 18 in Nr. 452); „2. Verbascum mas latifolium luteum C. B. P 1 Ind. Jen. n°. 829. ...“ (AAW R. I, Op. 13, D. 67, Bl. 54v, s. Anm. 5 in Nr. 4); „LXIII Verbascum T. 146. 61. B. I. 227. ме[д]вежи ушко [*medveži uško*] vulgatius ца[р]скои Скипет[р] [*carskoi skipetr*] 1 Verbascum mas latifolium luteum C. B. P. 239. B. n. 1. ......“ (Bl. 9v in T. Gerber „Flora Moscuensis ...“, s. Anm. 6 in Nr. 55); „Verbascum медве[ж]ее ушко [*medvežee uško*] auricula ursi“ (G. W. Steller nach T. Gerber: AAW R. I, Op. 81, D. 23, Bl. 5v, s. Anm. 1 in Nr. 1); russ. *medvež'e uško* – Primula auricula, Aurikel (Pawlowski 1952, S. 665); russ. *medvež'e ucho* – Verbascum thapsus, gemeines Wollkraut, Himmelsbrand, Königskerze, Löwenfackel (a. a. O., S. 665); russ. *medvežij* (adj.) – Löwen-; russ. *uško* – Öhrlein, kleines Ohr; russ. *ucho* – Ohr; russ. *carskij skipetr* – Verbascum thapsus, gelbe Königskerze (Pawlowski 1952, S. 1709); russ. *carskij* bzw. *carskoj* (adj.) – Zaren-; russ. *skipetr* – Zepter

94 „[species 8] Solanum scandens seu Dulcamara C. B. Pin. 167. Glycypicros sive amara dulcis J. B. 2. 109. Dulcamara Dod. Pempt. 402.“ (Tournefort 1700, S. 149, Genus I. „Solanum. Morelle.“); „4. SOLANUM caule inermi perenni flexuoso, foliis superioribus hastatis. Solanum scandens vel Dulcamara. Bauh. pin. 167. Tournef. inst. 149. ... Glycypricos sive Amara dulcis. Bauh. hist. 2. p. 109. ...“ (Linné 1737, S. 60); „4.) Bittersüß. Solanum Dulcamara. ... Solanum caule inermi, frutescente, flexuoso; foliis superioribus hastatis; racemis cymosis LINN. Syst. veg. pag. 187. ... Solanum scandens s. Dulcamara. C. BAUH. pin. 167. TOURNEF. inst 140. ... besitzen die Wurzeln und Stämme ... in Aufgüssen oder Decocten innerlich gebraucht, sehr heilsame, auflösende und blutreinigende Kräfte; und haben sich mehrmalen dadurch in schleimichter Engbrüstigkeit, in der Gelbsucht und Wassersucht, in mancherley, selbst krebsartigen Geschwüren, Raude und andern Unreinigkeiten der Haut, wie auch in rhevmatischen und arthritischen Krankheiten wirksam bewiesen; ...“ (Linné 1778, S. 207ff.); „15. SOLANUM Dulcamara. ... S. caule inermi frutescente flexuoso, ... Hort. cliff. 60. ... Gmel. sib. 4. p. 94. ... S. scandens s. Dulcamara. Bauh. pin. 167. ... Kletternder Nachtschatten. W. ...“ (Linné 1797–1830, Bd. I, Teil 2, S. 1028f.); „728. Solanum L. ... 1. S. Dulcamara (L. SP. 266). ... 2. S. persicum (WILLD. ex R. et Sch. Syst. veg. IV, p. 652) ... S. persicum. LEDEB. Fl. alt. I, p. 237. ... S. caule inermi frutescente flexuoso, foliis superioribus hastatis, racemis cymosis. GMEL. Fl. sib. IV, p. 94, Nr. 50 (excl. synon.). ...“ (Ledebour 1846–1851, S. 187f.); „2) SOLANUM PERSICUM. Willd. ...“ (Ledebour 1829, S. 237f.); „50. SOLANVM caule inermi, frutescente, flexuoso, foliis superioribus hastatis, racemis cymosis, LIN. Sp. pl. 1. p. 264. 5. ROY. l. 224. Solanum scandens seu dulcamara, BAVH. pin. 167. Tarae [d. h. in *Tara*] медвежïе ягоды [russ. *medvežie jagody*] dicitur, et incolae herbam atque baccas maturas aut immaturas conscindunt, pabulo equorum immiscent, vt eos contra bubones conseruent, vel has maturent, purificentque posteriori etiam in casu baccas quoque solas, in mortario contusas, buboni adplicant. ...“ (Gmelin 1747–1769, Bd. IV, S. 94f.), nahezu identisch auf Bl. 50r in: AAW R. I, Op. 104, D. 14 – s. Anm. 32 in Nr. 6; „50. Solanum caule inermi frutescente flexuoso, foliis superioribus hastatis, racemis cymosis [=] Solanum Dulcamara L.!“ (Ledebour 1841, S. 121); „[Solanum] Dulcamara, ... Bittersüß, ... Hirschkraut; Waldnachtschatten;

steigender Nachtschatten; Alpranken; Je länger je lieber; ... Man kann ihn zur Bekleidung grüner Wände, und noch besser zum Austroknen der Sümpfe und zur Errichtung nüzlicher Dämme in Wäldern gebrauchen: die Schafe lassen ihn stehen, und dreysig seiner Beeren haben einen Hund innerhalb drey Tagen getödtet, ... indessen überzeugen uns die Erfahrungen groser Aerzte ... daß wir ... [ein] Mittel in hartnäkigen Wechselfiebern, in hizigen Krankheiten der Brust, ... in Krankheiten der Haut, ... in krebsartigen Geschwüren, in der Wassersucht, in der Gelbsucht, in dem Scharbock, in der Lustseuche, in Flüssen, in Gliederreissen, und in harten Auswüchsen der Knochen haben: ..." (Gmelin 1776, Sp. 610ff.); „SOLANVM (Dulcamara) caule inermi frutescente flexuoso, foliis superioribus hastatis, racemis cymosis. Linn. Spec. pl. 185. n. 2. ... Glycypicros s. amara dulcis. Bauh. hist. 2. p. 109. Сладка и горька [russ. *sladka i gor'ka*] Russ. ..." (*Krašeninnikov* 1761, S. 37); „SOLANUM. ... Solanum Dulcamara. Solanum scandens seu Dulcamara. C. Bauh. pin. p. 167. ... Klettender Nachtschatten, Waldnachtschatten, rother steigender Nachtschatten, Bittersüss, Alfranken, Alpalfranken, Alpalfrankenkraut, Hinschkraut, Hirschkraut, wilde Stickwurz, Mäuseholz, Scheissbeere, je länger je lieber. ..." (Hayne 1809, Nr. 39); „1. SOLANUM Dulcamara L., ... Kletternder Nachtschatten. R. Solotucha [russ. *zolotucha*], auch Glistnik. [russ. *glistnik*] ... Der Absud ist ein Hausmittel wider den Spulwurm (R. Glist [russ. *glista*]), und so oft von Wirkung, daß die Pflanze auch davon (Glistnik) benamet wird. Gm." (Georgi 1797–1802, Theil 3, S. 788); „254. Solanum Dulcamara. Lin. Syst. Plant. I. p. 511. sp. 4. Ruß. Solotucha und Sorotschie Jagodi [russ. *soroč'i jagody*] d. i. Elsterbeeren. ... Kameele und Ziegen freßen das Kraut. In Sibirien werden Beeren und Kraut zerpulvert, Kindern als Wurmmittel mit Honig gegeben." (Falk 1786, S. 133); „Mittel gegen Brustschmerzen: ... Aus Solanum dulcamara wird ein Thee gekocht und getrunken. ..." (Alksnis 1894, S. 184); „Mittel gegen Zahnschmerzen: ... Schmerzen die Zähne, so soll man sie mit Daphne Mezereum stechen; dann werden sie langsam von selbst bersten und ausfallen. – Eben dasselbe bewirke Solanum Dulcamara. ..." (a. a. O., S. 207f.); „4) Wurmkrankheit. .... Gegen Spulwürmer den Aufguss von Dulcamara (auch in Ehstland). ..." (Krebel 1858, S. 132); „XVII. Mittel bei Pustula maligna contagiosa, Carbunculus contagiosus. Pestis Sibirica. ... 8) Am Ui rühmt man Umschläge aus dem Pulver der Dulcamara, Salmiak, Hefen und Hafermehl, oder auch das Aufbinden eines lebenden Frosches auf die Pustel." (a. a. O., S. 192ff.); „Der Abhang und Grund bey den meisten Gruben oder Erdfälle ist mit Gesträuch bedeckt, ... wozwischen der rankende Nachtschatten (Dulcamara) sich herumschlingt, den die Jaikischen Kasaken, als ein grosses, in verborgenen Krankheiten dienliches Mittel rühmten. ..." (Pallas 1771, S. 405); „DULCAMARA officinarum. ... Solanum scandens sive dulcamara Casp. Bauh. pin. 167. ... Schon die Aerzte in den ältern Zeiten bedienten sich der obern getrockneten Stengel und Blumenstiele, der getrockneten Rinde der Wurzel. ... und schrieben ihnen ... eröfnende, schleimauflösende, verdünnenden und gelinde schmerzstillende Kräfte zu. ... Alle neuern Erfahrungen bestätigen die ganz vortrefliche verdünnende, auflösende, eröfnende, schweis= und besonders die harntreibende Kraft dieser Wurzel. Von der guten Wirkung, die sie bey der Engbrüstigkeit von Schwäche und Verschleimung leistet, ist der schon alte Name Hinschkraut entstanden; den Hinsch hieß bey den Deutschen in einigen Gegenden so viel als Engbrüstigkeit von Verschleimung. ... Ferner haben sich die guten Folgen gezeigt bey der Lungensucht; bey abzehrenden und Wechselfiebern, so wie bey Bauchflüssen, ... In der Vieharzeney sind Stengel und Rinde mit Honig vermischt ein altes und bewährtes Mittel ... Des widrigen Geruchs wegen, hat dieses Gewächse den Namen Mäuseholz erhalten. ..." (Gleditsch 1788, S. 327ff.); „Solanum dulcamara. L. Woronji Jagody. [russ. *voron'i jagody*] ... Ein berufener Irkutzkischer Quacksalber heilte alle Arten von Blutflüssen, wie er behauptete sicher und bald durch ein Decoct, daß er von den Stängeln, Blättern und Beeren dieser Pflanze in einem verklebten Topfe bereitete, und als Thee warm trinken ließ. Dem Vieh gab er bloß eine grössere Menge." (Georgi 1775, S. 202);

„SOLANUM. ... teutsch, Nachtschatten. ... Solanum kommmt von solari, stärcken, weil dieses Kraut die Feuchtigkeiten in dem Leib ruhig macht und stärcket. ...“ (Lémery 1721, Sp. 1059f.); „DULCAMARA. ... teutsch, Je länger je lieber, ... Dulcamara, Dulcis amara und Amara dulcis wird es genannt, weil seine Rinde süß und bitter schmeckt. ...“ (a. a. O., Sp. 412f.); Solanum Dulcamara L. – russ. *glistovnik*, *žovtyj paslen*, *glistnik*, *voron'i jagody*, *zolotucha*, *medvež'i jagody*, *soroč'i jagody* oder *gadjuč'i jagody*, *pasmurnica* bzw. *zaplicha* (*Annenkov* 1858, S. 88, Nr. 1040); Solanum persicum W. – russ. *sladkaja trava* (a. a. O., S. 88, Nr. 1043)

„47 Solanum Scandens seu Dulcamara. C. B. P. 167 I. r. h. Cl. II. S. VII. g. 1.“ (AAW R. III, Op. 1, D. 98, Bl. 3r, s. Anm. 3 in Nr. 53); „Solanum scandens vel Dulcamara. Inst. r. h. 149. n°. 21.“ (AAW R. I, Op. 13, D. 19, Bl. 2v, s. Anm. 54 in Nr. 17); „875. Solanum scandens seu Dulcamara C. B. P. 167. ...“ (AAW R. I, Op. 105, D. 1, Bl. 69v, s. Anm. 29 in Nr. 5); „– Solanum scandens seu Dulcamara C B P ...“ (AAW R. I, Op. 104, D. 8, Bl. 7v, s. Anm. 18 in Nr. 452); „73) Solanum scandens seu Dulcamara C. B. Pin. 167 ...“ (AAW R. I, Op. 104, D. 25, Bl. 7r, s. Anm. 61 in Nr. 21); „461. Solanum scandens seu Dulcamara C.B. P. ...“ (AAW R. I, Op. 105, D. 4^{a}, Bl. 47r, s. Anm. 54 in Nr. 17); „Solanum scandéns, seu Dulcamara officinarum flore Violaceo; Tournefort. Sp. ...“ (AAW F. 98, Op. 1, D. 20, Bl. 30v, s. Anm. 90 in Nr. 33); „Solanum scandens seu Dulcamara officin. Dale 270. ...“ (AAW F. 98, Op. 1, D. 19, Bl. 58r, s. Anm. 59 in Nr. 19); „Solanum scandens seu Dulcamara C. B. P. 167. In Russia береска [russ. *beroska*]. ...“ (AAW R. I, Op. 13, D. 67, Bl. 56v, s. Anm. 5 in Nr. 4); „285. Solanum Scandens Seu Dulcamara C. B. P. ...“ (AAW R. I, Op. 13, D. 42, Bl. 45v, s. Anm. 1 in Nr. 1); „19. August 1723 ... Von Kräutern fand sich hieselbst ... Solanum scandens seu Dulcamara (C. B., Tournefortii sp. 8).“ (Messerschmidt 1962–1977, Bd. 2, S. 117); „31. August 1725 ... brachten mir ... radices Solani scandentis Dulcamarae (Tournefortii sp. 8); ...“ (Messerschmidt 1962–1977, Bd. 4, S. 222f.); „Solanum scandens seu Dulcamara, coerulea (Tournefortii sp. 8), Off.“ (Messerschmidt 1962–1977, Bd. 4, S. 201, s. Anm. 1 in Nr. 1); „187„ d. [31]„ [August 1725] [Rad.] Solani scandentis, seu Dulcamara C B et Tourn. Sp. 8.“ (AAW F. 98, Op. 1, D. 23, Bl. 18r, s. Anm. 49 in Nr. 653); „C Solanum T. 148. 62. B. II. 67. ме[д]вежы ягоды. [*medvežy jagody*]. 1. Solanum scandens vel Dulcamara C. B. P. 167. B. n. 1. Кисло и сла[т]ко [russ. *kislo i slatko*].“ (Bl. 14r in T. Gerber „Flora Moscuensis ...“, s. Anm. 6 in Nr. 55); „Solanum scandens Кисло и слатко [russ. *kislo i slatko*] Solanum медвежки ягод [*medvežki jagod*] ursinae baccae“ (G. W. Steller nach T. Gerber: AAW R. I, Op. 81, D. 23, Bl. 6r, s. Anm. 1 in Nr. 1); russ. *paslen sladkojagodnyj* u. *paslen želtyj* – Solanum dulcamara, bittersüßer Nachtschatten (Pawlowski 1902, S. 949); russ. *medvež'i jagody* – Arctostaphylos officinalis, Bärentraube (Pawlowski 1952, S. 665); russ. *medvežij* (adj.) – Bären-; russ. *jagody* (Ez. *jagoda*) – Beeren; „61 Solanum Scand. C. B.“ (G. W. Steller nach J. G. Heinzelmann: AAW R. I, Op. 81, D. 23, Bl. 16r, s. Anm. 1 in Nr. 1); „61. Solanum Scandens seu dulceamara. C. B P. 167. Glisipicros. [müßte heißen: Glycipicros] S. amara dulcis. J. B. 2. 109.“ (AAW R. III, Op. 1, D. 28, Bl. 5r, s. Anm. 1 in Nr. 1)

vgl. aber „1. ARBVTVS caulibus procumbentibus, foliis integerrimis, LIN. fl. lapp. 62. t. b. f. 3. Sp. pl. 1. 566. n. 15. ROY. LNGD. [sic!] 440. Vua vrsi, CLVS. Hist. 1. p. 63. OED. dan. t. 33. Radix idaea putata et vua vrsi, BAVH. Hist. 1. p. 524. In omni Sibiria nascitur, non tamen admodum copiose. Ibidem толокилика [russ. *tolokilika*] in Russia медвежїе ягоды [russ. *medvežie jagody*] dicta. ...“ (Gmelin 1747–1769, Bd. IV, S. 118) und russ. *medvež'i jagody* – Arbutus Uva ursi (*Krašeninnikov* 1761, S. 64f.)

95 „[species 1] Nymphoides aquis innatans. Nymphaea lutea, minor, flore fimbriato C. B. Pin. 194. Nymphaea minor, lutea, flore fimbriato J. B. 3. 772.“ (Tournefort 1700, S. 153f., Genus VI. „Nymphoides.“); „c) Menyanthes nymphoïdes. Nymphaea lutea minor flore fimbriato. Deutsch. Die seerosenartige Monathsblume, oder Zottenblume; Kleine Seekannen. ... Die Blätter und Stiele

dieser Wasserpflanze werden in Japan zu Suppen gegessen.“ (Nemnich 1794, S. 555); „NYMPHAEA, Nymphon, ... Seebluhm/ Seepuppe/ Seepompen/ Wassermänchen/ Haarstrauch. Germ. ...“ (Mentzel 1715, S. 214); „3. Nymphaea lutea minor, flore fimbriato. J. B. Die kleine gelbe Seeblume, mit verbrähmter Blume. ...“ (Miller 1751, S. 81); „1.) Seeblumenartige Zotenblume. Menyanthes Nymphoides. ... Menyanthes foliis cordatis, integerrimis; corollis ciliatis. LINN. Syst. veg. p. 164. ... Nymphaea lutea minor, flore fimbriato. C. BAUH. pin. 194. ...“ (Linné 1779, S. 479f.); „56. MENYANTHES foliis cordatis integerrimis, corollis ciliatis, LIN. pl. 1. p. 207. n. 1. cum syn. Nymphoides aquis innatans, I. R. H. 115. [müßte heißen: 153] ...“ (Gmelin 1747–1769, Bd. IV, S. 97), nahezu identisch auf Bl. 50v in: AAW R. I, Op. 104, D. 14 – s. Anm. 32 in Nr. 6; „56. Menyanthes foliis cordatis integerrimis corollis ciliatis [=] Limnanthemum nymphoides Link!“ (Ledebour 1841, S. 121); „91. ERYTHRAEA. RICHARD. (B.) ... Menyanthes foliis cordatis integerrimis, ... Gmel. Fl. sib. IV. p. 97. No. 56. ...“ (Ledebour 1829, S. 221f.); „680. Limnanthemum. S. G. GMEL. ... 1. L. nymphoides. ... L. peltatum. S. G. GMEL. l. c. Menyanthes nymphoides. L. SP. 207. Menyanthes foliis cordatis integerrimis, corollis ciliatis. GMEL. Fl. sib. IV, p. 97, Nr. 56. ... Schweykerta nymphoides. GMEL. Fl. bad. I, p. 447. ...“ (Ledebour 1846–1851, S. 77f.); „1. MENYANTHES nymphoides. M. foliis cordatis integerrimis, ... Gmel. sib. 4. p. 97. ... Nymphaea lutea minor, flore imbricato. Bauh. pin. 194. ... Seeblumenartige Zottenblume. W. ...“ (Linné 1797–1830, Bd. I, Teil 2, S. 810f.); „[Nymphaea] lutea minor, flore fimbriato; also nennt C. Bauhin die seerosenartige Monatsblume.“ (Gmelin 1774, Sp. 488); „Menyanthes, Menoanthes, Menianthes, Zotenblume, Monatsblume, ... [Menyanthes] nymphoides, foliis cordatis integerrimis, corollis ciliatis; seerosenartige Monatsblume, ...“ (a. a. O., Sp. 100f.); „293. SCHWEYCKHERTA Nymphoides foliis cordatis integris. ... Nymphaea lutea minor, flore fimbriato. Bauh. pin. 194. ... Germ. Seeblumenartige Schweyckerte. Seerosenartige Zottenblume. ...“ (Gmelin 1806a, S. 448f.); „Das Wasser war an vielen Orten mit seeblumenartigem Sumpfklee d) bedeckt, dessen Blätter die Einwohner sammlen und zu Bähungen brauchen wenn das Vieh einen Schlag bekommen hat, daß es davon an einem Gliede schwillt. ... |: d) Menyanthes nymphoides, russ. Pawun. [russ. *pavun*] :|“ (Lepechin 1774, S. 259); „215. Menyanthesi [sic!] nymphoides. Lin. Syst. Pl. I. p. 415. sp. 1. ... Kirgis. Tombyjok. ...“ (Falk 1786, S. 126); „1. MENYANTHES nymphoides L., ... Seeblumenartige Zottenblume. W. R. Pawun. Tat. Tambyjok. ...“ (Georgi 1797–1802, Theil 3, S. 765); „Nymphoides, Nymphoides aquis innatans, Pit. Tournefort. Nymphaea lutea flore fimbriato, C. B. J. B. Ein Wassergewächs, welches die Schriftsteller unter die Nixblumen gerechnet. ... Dieses Gewächs ... reiniget, erfrischet, hält an, machet dicke, dienet das Bluten zu stillen, die Schärfe des Geblütes zu mildern, und Schlaf zu machen, ... Nymphoides kömmt von Nymphaea, weil dieses Gewächs der Nixblume so gar ähnlich siehet.“ (Zedler 1732–1750, Bd. 24, Sp. 1758f.); „NYMPHOIDES. Nymphoides aquis innatans, Pit. Tournef. Nymphaea lutea flore fimbriato. C. B. J. C. Ist ein Wassergewächse, welches die Scribenten unter die Seeblumen gestellet. ... Nymphoides kommt von Nymphaea, weil dieses Gewächse der Seeblume so gar ähnlich sieht.“ (Lémery 1721, Sp. 794f.); „NYMPHAEA. ... teutsch, Seeblume, Nixblume, ist ein Wassergewächse, dessen es zwey Sorten giebet. ... Die Seeblume ist darum Nymphaea betittelt worden, dieweil sie in denen pflegt zu wachsen, in denen sich, wie die Poeten fabuliret, die Nymphen aufgehalten haben.“ (a. a. O., Sp. 793f.); „Nymphaēa NECK. (Nymphaeaceae). Vom Nympha, Νυμφη (Nymphe, hier Wassernymphe), wegen des Vorkommens dieser Pflanze in Wasser. Die Alten fabelten, sie sey aus einer vor Eifersucht gegen Herkules gestorbenen Nymphe entstanden (Plin. XXV. 37). ... Nymphōides T. (Gentianeae). Zus. aus Nymphaea und είδειν (ähnlich sein); ...“ (Wittstein 1852, S. 622); „Limnānthemum GMEL. (Gentianeae). Zus aus λιμνη (Sumpf) und άνδεμον (Blume), in Bezug auf den Standort. ...“ (a. a. O., S. 525); „Menyānthes L. (Gentianeae). Nimmt man diese Schreibart (statt Menianthes) als richtig an, so dürfte das Wort zusammengesetzt seyn aus μηνυειν (anzeigen) und ἀνδη (Blüthe), d. i. eine Pflanze, welche durch ihre weisse Blüthen verborgene Sümpfe anzeigt." (a. a. O., S. 571); „Schweykērta GM. (Gentianae). Nach J. M. SCHWEYKERT, schrieb: Verzeichniss der Pflanzen des botanischen Gartens zu Karlsruhe 1791." (a. a. O., S. 799); „Erythraēa RICH. (Gentianeae). Von ἐρυδρος (roth), in Bezug auf die Farbe der Blumen." (a. a. O., S. 336)

„Nymphoides aquis innatans I. R. H. ..." (AAW R. I, Op. 105, D. 2, Bl. 3r, s. Anm. 54 in Nr. 17); „803. Nymphoides aquis innatans I. R. H. ..." (AAW R. I, Op. 105, D. 1[a], Bl. 93r, s. Anm. 29 in Nr. 5); „74) Nymphoides aquis iñatans. Tour. i. r. h. ..." (AAW R. I, Op. 104, D. 25, Bl. 7r, s. Anm. 61 in Nr. 21); „462. Nymphoides aquis innatans I. R. H. ..." (AAW R. I, Op. 105, D. 4[a], Bl. 47r, s. Anm. 54 in Nr. 17); „286. Nymphoides aquis innatans I. R. H. ..." (AAW R. I, Op. 13, D. 42, Bl. 45v, s. Anm. 1 in Nr. 1); „Nymphoides aqvis innatans Tournef. Spec. 1. & Nymphaea lutea parva Dodon. Pempt. 586. ..." (AAW F. 98, Op. 1, D. 19, Bl. 39r, s. Anm 59 in Nr. 19); „Nymphoides aquis innatans (Tournefortii sp. 1), Sylv." (Messerschmidt 1962–1977, Bd. 4, S. 201, s. Anm. 1 in Nr. 1)

96 „Moschatellina foliis Fumariae bulbosae J. B. 3. 206. Ranunculus nemorosus, Muscatellina dictus C. B. Pin. 178. Minimus Ranunculus Septentrionalium, herbido muscoso flore, & Muscatella Cordi Lob. Icon. 674." (Tournefort 1700, S. 156, Genus VIII. „Moschatellina."); „10. Kleinste Hol=Wurz: Ranunculus nemorosus muscatellina dictus, C. B. P. ..." (Zwinger 1744, S. 733); „Moschatellina foliis Fumariae bulbosae J. B. 3. 206. Ranunculus nemorosus, Muscatellina dictus. C. B. Pin. 178. ... Bisam Hanenfuß/ Bisamkraut/ Waldrauch/ Moschatelle. ..." (Mappus 1742, S. 199); „Moschatellina foliis fumariae bulbosae. I. B. Bisamkräutlein mit Blättern des bollenwurzlichen Erdrauchs." (Miller 1751, S. 589); „1. ADOXA. Moschatellina foliis fumariae bulbosae. Bauh. hist. 3. p. 206. Tournef. inst. 156. ... Ranunculus nemorosus Moscatellina dictus. Bauh. pin. 178. ..." (Linné 1737, S. 153); „1) Gemeines Bisemkraut. Adoxa Moschatellina. LINN. Syst. veg. p. 315. ... Ranunculus nemorosus, Moschatellina dictus. C. BAUH. pin. 178. ... Die ganze Pflanze gibt, insonderheit zur Blüthzeit, einen angenehmen bisamartigen Geruch von sich; und deswegen wird sie Bisamkräutlein, Bisam=Hahnenfuß, ... genennet. ... Die reife Beere schmecken, wie Erdbeeren." (Linné 1780, S. 465f.); „1. ADOXA Moschatellina. ... Ranunculus nemorosus Moschatellina dictus. Bauh. pin. 178. ... Gemeines Bisamkraut. W. ..." (Linné 1797–1830, Bd. II, Teil 1, S. 472); „1) ADOXA MOSCHATELLINA. Linn. ... Willd. Spec. pl. II. p. 472. ... Adoxa. Gmel. Fl. sib. III. p. 165. No. 39. ..." (Ledebour 1830, S. 87); „39. ADOXA, Linn. h. Cliff. 253. ROY. pr. 252. ..." (Gmelin 1747–1769, Bd. III, S. 165); „39. Adoxa [=] Adoxa Moschatellina L.!" (Ledebour 1841, S. 94); „444. Adoxa L. ... 1. A. Moschatellina. L. SP. 527. ... Adoxa. GMEL. Fl. sib. III, p. 165, Nr. 39. ..." (Ledebour 1844–1846, S. 381f.); „Adoxa, Bisamkräutlein, Bisamhahnenfus, ... der Ritter Linné hat nur eine einige Art davon, welcher er den Beynamen Moschatellina gibt, ... die bolligte zahnartige Wurzel, die man ehemals unter die Wundarzneyen gezählt hat, ..." (Gmelin 1772a, Sp. 134f.); „611. ADOXA Moschatellina. Linn. ... Ranunculus nemorosus Moschatellina dictus. Bauh. pin. 178. ... Germ. Bisamkräutlein. Bisamhahnenfuss. Bisam-Erdrauch. ... Pharm. MOSCHATELLINAE Radix. Tota plantula moschum subredolens, leniter adstringentes vires habet; olim inter vulnerarias numerabatur." (Gmelin 1806, S. 186f.); „ADOXA MOSCHATELLINA Linné. BISAMDUFTENDE ADOXA. ... Die Wurzel wurde ehemals unter dem Namen Radix Moschatellinae in der Medizin gebraucht. ... Deutsche Namen: Bisamkraut, Bisam-Erdrauch, Bisam-Hahnenfuss, Waldrauch." (Dietrich 1834, Nr. 105); „Bisam=Kräutlein, Moschatellina foliis Fumariae bulbosae, J. B. Pit. Tournef. ... Die Wurzel reiniget, zertheilet und ist gut zu Wunden. Moschatellina kommt von Moschus, Mosch, Bisam, als ob es heissen solte ein kleines, bisamirtes Kräutlein, oder das wie Bisam rüchet." (Zedler 1732–1750, Bd. 3, Sp. 1933); Adoxa moschatellina L. – russ. *pižmačka* bzw. *kuroslep* (*Annenkov* 1858,

S. 11, Nr. 27); „Adōxa L. (Saxifrageae). Von ἄδοξος (unberühmt, unscheinbar); Linné spielte damit auf seine Gegner an, welche diese Pflanze als Beweis für die Unhaltbarkeit seines Systems anführten, weil sie keine Blüthen habe; letztere sind aber in der That vorhanden, obwohl klein und von der Farbe der Blätter, daher nicht sogleich in die Augen fallend." (Wittstein 1852, S. 18) „876. Moschatellina folijs Fumariae bulbosae J. B. III. 206. ..." (AAW R. I, Op. 105, D. 1, Bl. 69v, s. Anm. 29 in Nr. 5); „76) Moschatellina foliis fumariae bulbosae J. B. 3. ..." (AAW R. I, Op. 104, D. 25, Bl. 7r, s. Anm. 61 in Nr. 21); „465. Moschatellina folijs Fumariae bulbosae J. B. ..." (AAW R. I, Op. 105, D. 4[a], Bl. 47r, s. Anm. 54 in Nr. 17); „Moschatellina folijs Fumariae bulbosae J. B. III. 206. ..." (AAW R. I, Op. 13, D. 67, Bl. 56v, s. Anm. 5 in Nr. 4); „299. Moschatellina foliis Fumariae bulbosae J. B. ..." (AAW R. I, Op. 13, D. 42, Bl. 47r, s. Anm. 1 in Nr. 1); „Moschatellina foliis Fumariae bulbosae (Tournefortii sp. 1), Sylv." (Messerschmidt 1962–1977, Bd. 4, S. 201, s. Anm. 1 in Nr. 1)

97 „[species 1] Pimpinella sanguisorba, major C. B. Pin. 160. Sanguisorba major, flore spadiceo J. B. 3. Part. 2. 120. Pimpinella sive Sanguisorba, major Math. 1033." (Tournefort 1700, S. 156, Genus I. „Pimpinella. Pimprenelle."); „Sanguisorba major, pratensis. Pimpinella sanguisorba major C. B. Pin. 160. ... Germ. Blut=Kraut, Biebernell, Wiesen=Knöpffe." (Rupp 1726, S. 50); „1. SANGUISORBA spicis ovatis. Sanguisorba major pratensis. Rupp. jen. 50. ... Pimpinella sanguisorba major. Bauh. pin. 160. ..." (Linné 1737, S. 37); „1.) Gewöhnliches Sperbenkraut. Sanguisorba officinalis. ... Sanguisorba spicis ovatis. LINN. Syst. veg. p. 133. Sp. pl. 169. Hort. Cliff. 39. ... Pimpinella sanguisorba maior. C. BAUH. pin. 160. ... b) Pimpinella maior rigida, praealta, auriculata, subnuda. [sic!] BOCC. Mus. 2. p. 19. t. 7. ... Diese Pflanze ... hat wegen einiger Aehnlichkeit ihrer Blätter mit den Blättern des Speyerling= oder Sperberbaums den Namen Sperbenkraut, ... große Bibernell, falsche oder wilde Bibernell, welsche Bibernell, Blutkraut, Wiesenknopf, ... Diese ganze Pflanze, und vornämlich ihre Wurzel hat eine zusammenziehende Eigenschaft; und letztere wird daher im Blutspeyen, Durchlauf, und andern Fällen, wo dergleichen Mittel nöthig sind, angepriesen. ..." (Linné 1779, S. 330ff.); „Pimpinella maior, rigida, praealta, Auriculata, Sabauda. ..." (Boccone 1697a, S. 19 und die Abbildung „Pimpinella auriculata Sabauda rigida" auf Tafel 9); „1. SANGVISORBA officinalis. S. spicis ovatis. Hort. cliff. 39. [müßte heißen: 37] ... Gmel. sib. 3. p. 141. ... β Pimpinella maior rigida praealta auriculata subnuda. [sic!] Bocc. mus. 2. p. 19. t. 7. ... Gemeiner Wiesenknopf. W. ..." (Linné 1797–1830, Bd. I, Teil 2, S. 653f.); „13. SANGVISORBA spicis ouatis, LINN. Spec. 169. n. 1. H. Cliff. 37. act. Stockh. 1741. p. 187. Suec. 130. ROY. pr. 240. Pimpinella syluestris siue anguisorba maior, DOD. Pempt. 105. Pimpinella sanguisorba maior, B. pin. 160. Pimpinella tetrastemon, foliis oblonge cordatis, spica breui, HALL. Helv. 409. I. Eadem altissima, spicis ouatis et longis cylindricis. Pimpinella maior, rigida, praealta auriculata, sabauda, BOCC. MVS. Part. 2. 19. TOVRN. I. R. H. 157. II. Eadem altissima spicis florum conglomeratis. Pimpinella maior Hispanica altera conglomerata flore, H. R. P. TOVRN. I. R. H. 157. ... Russico nomine черноголовка [russ. *černogolovka*] (tschernogolovka), capitulum nigrum a spicae adultioris colore, vt et шнурок [russ. *šnurok*] (Schnurok) nescio ex qua causa dicitur. Iacutiae incolis Russicis мышьякъ [russ. *myš'jak*] (Myschjak) dicitur, quia radix muribus in penum hiemalem seruit. Iacuti sua lingua Emüjack vocant, et penum radicum a muribus collectarum studiose venantur, vt et ipsi cupediarum murinarum sine labore fodiendi compotes fiant. ... Tatari, non minus radicibus vescuntur, et sua lingua Söden vocant. Russici autem incolae decocto radicis in diarrhoea et dysenteria vtuntur." (Gmelin 1747–1769, Bd. III, S. 141ff.); „13. Sanguisorba spicis ovatis [=] Sanguisorba carnea Fisch.! (Sanguisorba officinalis L. – Willd. sp. pl. I. 653.)" (Ledebour 1841, S. 92); „1) SANGUISORBA CARNEA. Fisch. ... Sanguisorba spicis ovatis varietas II. altissima spicis florum conglomeratis. Gmel. Fl. sib. III. p. 142. No. 13. (excl. synon.) ..." (Ledebour 1829, S. 141); „265. Sanguisorba. L. ...

1. S. officinalis (L. SP. 169) ... S. carnea. FISCH. ex LINK. ... S. spicis ovatis. GMEL. Fl. sib. III, p. 141, Nr. 13. ..." (Ledebour 1844–1846, S. 27); „[Pimpinella] sanguisorba major; bedeutet bey ihm [d. h. C. Bauhin] den gewöhnlichen Wiesenknopf." (Gmelin 1775, Sp. 51); „Die Jakuten eßen noch verschiedene andere wurtzeln, die dene) übrigen Völker) nicht beKannt sind, und bey denen Jakuten folgende benennunge) führen: ... 2. Ümüjach ... Der h) D. Gmelin, welcher sich die Wurtzeln mit dene) Kräuter) Bringen Lassen, hat ... das andere Vor Pimpinella Sanguisorba Major C. B. P. ... erKannt." (G. F. Müller in: RGADA F. 181, Op. 16, D. 1386, Č. 1, Bl. 148r–148v); jakut. „ымыjах" – russ. *černogolovnik*; Sanguisorba officinalis L. (Pekarskij 1958–1959, Bd. III, Sp. 3794f.); „1. Sanguisorba officinalis L., ... Gemeiner Wiesenknopf. W. R. Tscherno Golowka [russ. *černogolovka*]. ... Die Wurzeln sind bey Russen Hausmittel wider Durchfälle; die Jakuten und andere Sibiriaken essen sie, und suchen zu diesem Zweck die Magazine der Erdmäuse auf, welche für den Winter mit guten Vorräthen von diesem und andern eßbaren Wurzelwerk gefüllet sind." (Georgi 1797–1802, Theil 3, S. 739); „Sanguisorba officinalis. ... Deutsch. Der Wiesenknopf; Grosse Wiesenpimpernelle, Falsche, welsche, grosse, rothe Bibernelle, Bübernelle, Blutkraut, Bluttröpfchen, Drachenblut, Braune Leberblume, Grosses Sperberkraut, Sperbenkraut, Herrgottsbärtchen, Grosses Kölbleinkraut, Wurm-Wurz, Pferdewurmskraut, Wiesenkraut. ... Jakut. Emüjak, die Russen daselbst Myschjak ... Wegen ihrer blutstillenden Kraft soll die Pflanze den Namen Sanguisorba erhalten haben." (Nemnich 1795, Sp. 1221); Sanguisorba officinalis L. – russ. *černogolovka*, *snurok*, *myš'jak*, *katyški*, *kótočki*, *suchozolotica* bzw. *rjadovik* (*Annenkov* 1858, S. 84, Nr. 985); „Pimpinēlla L. (Umbelliferae). Von bipinnula und dieses zus. aus bis (doppelt) und pennula oder pinnula, Dimin. von penna oder pinna (Flügel), d. h. doppelt geflügelt, in Bezug auf die Blätter." (Wittstein 1852, S. 694)

„604. Sanguisorba spicis ovatis. Lin. h. cliff. 37. Sanguisorba maior pratensis. Rupp. flor. 50. Pimpinella sanguisorba maior. B. Pin. 160 Pimpinella spica brevi rubra. Boerh. lugd. 2. p. 99." (AAW R. I, Op. 13, D. 20, Bl. 59r, s. Anm. 1 in Nr. 1); „Pimpinella sangvisorba maior. C. B. P. ..." (AAW R. I, Op. 105, D. 2, Bl. 3r, s. Anm. 54 in Nr. 17); „826. Pimpinella sanguisorba major C. B. P. ..." (AAW R. I, Op. 105, D. 1[a], Bl. 94r, s. Anm. 29 in Nr. 5); „– Pimpinella Sanguisorba major C B P. ..." (AAW R. I, Op. 104, D. 8, Bl. 5r, s. Anm. 18 in Nr. 452); „7. Pimpinella sanguisorba major C. B. P. n. 2." (AAW R. I, Op. 104, D. 13, Bl. 2r, s. Anm. 84 in Nr. 29); „77) Pimpinella sanguisorba major C. B. P. ..." (AAW R. I, Op. 104, D. 25, Bl. 7r, s. Anm. 61 in Nr. 21); „Pimpinella sanguisorba major C. B. Pin. 160. Tournef. Sp. 1. ..." (AAW F. 98, Op. 1, D. 19, Bl. 45v, s. Anm 59 in Nr. 19); „123. Pimpinella sanguisorba maior C. B. P. Jacuti radicem colligunt et recentem comedunt. ... A Jacutis Emüiach a Russis черноголовка [russ. *černogolovka*]; et quia murium pabulum est, мышякъ [russ. *myšjak*] dicitur." (AAW R. I, Op. 13, D. 42, Bl. 16r, s. Anm. 1 in Nr. 1); „1. Pimpinella sanguisorba major C. B. P." mit der links marginalen Anm. „1. Tattaris Söden dicit(ejusq) radix comeditur." (AAW R. I, Op. 13, D. 67, Bl. 54v, s. Anm. 5 in Nr. 4); „231„ d [6]„ [September 1724] [Sem.] Pimpinellae sangvisorbae majoris C. B. et Tournef. Sp. 1." (AAW F. 98, Op. 1, D. 23, Bl. 7r, s. Anm. 49 in Nr. 653); „19. August 1723 ... Von Kräutern fand sich hieselbst Pimpinella sanguisorba maior (C. B. et Tournefortii sp. 1); ..." (Messerschmidt 1962–1977, Bd. 2, S. 117); „24. August 1723 ... Von Kräutern sahe ich ... Pimpinellam sanguisorbam maiorem (Tournefortii sp. 1); ..." (a. a. O., S. 120)

98 „[species 2] Pimpinella major, rigida, praealta, auriculata, Sabauda Bocc. Mus. part. 2. 19. Pimpinella auriculata, Sabauda, rigida Ejusd. Tab. 9." (Tournefort 1700, S. 157, Genus I. „Pimpinella. Pimpenelle."); „PIMPINELLA major, praealta, auriculata Sabauda. Bocc. Mus. Grosse hohe Pimpinelle, mit geöhrten Blättern." (Miller 1751, S. 141); „[Pimpinella] major rigida praealta auriculata sabauda, bedeutet bey Boccone eine hohe Spielart des gewöhnlichen Wiesenknopfs." (Gmelin 1775, Sp. 49f.)

„63. Pimpinella major, rigida, praealta, auriculata Sabaud. Bonon [sic!] Mus. P. 2. 19." (AAW R. I, Op. 6, D. 40, Bl. 25v, s. Anm. 1 in Nr. 1); „63 Pimpinella major rigida praealta auriculata Sabauda Boccon Mus." (G. W. Steller nach J. G. Heinzelmann: AAW R. I, Op. 81, D. 23, Bl. 16r, s. Anm. 1 in Nr. 1); „Pimpinella major praealta, rigida, auriculata, Sabauda Bon [sic.!] Sem. ab eodem. [d. h. von Heinzelmann]" (AAW R. III, Op. 1, D. 162, Bl. 22r, s. Anm. 54 in Nr. 17); s. Nr. 119

99 in der 2. Textversion (s. Anm. 1 in A.): „finem"

100 „240. Tetragonanthos Hyperici folio. ..." (AAW R. I, Op. 13, D. 42, Bll. 34v–35v, s. Anm. 1 in Nr. 1); „Tetragonanthus Hyperici folio.+" (AAW F. 1, Op. 2–1746, D. 1, Bl. 20r, s. Anm. 107 in Nr. 46); „350. Tetragonanthos elatior, flore calcaribus donato. Tetragonanthos Hyperici folio Ind. Len. ..." mit den rechts marginalen Anm. von J. G. Gmelin auf Bl. 15r „Tetragonanthos elatior St. 121." und „vid. Ic." (AAW R. I, Op. 105, D. 12, Bll. 15r–15v, s. Anm. 54 in Nr. 17); „11) Tetragonanthos. elatior D. D. Gmelini ind Plantar. Len. et Florae meae ircut. ..." (AAW R. I, Op. 104, D. 25, Bl. 2r, s. Anm. 61 in Nr. 21); „1. Tetragonanthos elatior, flore calcaribus donato Ind. vid. Ic. Irc. n°. 350." (AAW R. I, Op. 13, D. 67, Bl. 50r, s. Anm. 5 in Nr. 4); „80. SWERTIA corollis quadrifidis, quadricornibus, LIN. Amm. ac. 2. p. 344. Sp. pl. I. p. 328. n. 4. T. LIII. 4. Swertia corollis quadrifidis, nectario incuruo ad singulas lacinias, GM. Inst. [müßte heißen: Mst.] Tetragonanthos elatior, flore calcaribus donato Ind. Irc. 350. STELL. Irc. 12I. Tetragonanthos hyperici folio, ind. Len. 240. ..." (Gmelin 1747–1769, Bd. IV, S. 114f.), nahezu identisch auf Bl. 54v in: AAW R. I, Op. 104, D. 14 – s. Anm. 32 in Nr. 6; „20. Tetragonanthos Hyperici folio." (AAW R. I, Op. 14, D. 8, Bl. 1r), s. Anm. 98 in Nr. 39); „1. Tetragonanthos Hyperici foliis Gmel." mit der rechts marginalen Anm. „Ochota." (AAW R. I, Op. 13, D. 16, Bl. 8r, s. Anm. 32 in Nr. 6)

„80. Swertia corollis quadrifidis quadricornibus t. LIII. f. 3. (nec 4.) [=] Halenia sibirica Borkh.!" (Ledebour 1841, S. 123); „4.) Gehörnte Swertie. Swertia corniculata. Mit viertheiligen, vierhörnigen Blumen, Swertia corollis quadrifidis. LINN. Syst. veg. p. 220. ... GNEL. [sic!] Fl. sib. 4. p. 114. t. 53. f. 3. ..." (Linné 1779, S. 845); „4. SWERTIA corniculata. S. corollis quadrifidis quadricornibus. Amoen. acad. 2. p. 344. * Gmel. sib. 4. p. 114. t. 53 f. 4. Pall. ross. 2. p. 99. t. 90. f. 1. * ... Vierhörnige Swertie. W. ..." (Linné 1797–1830, Bd. I, Teil 2, S. 1330); „3) SWERTIA CORNICULATA. Linn. ... Pall. Fl. ross. II. p. 99. t. 90. f. 1. Swertia corollis quadrifidis, quadricornibus. Gmel. Fl. sib. IV. p. 114. 180. ... Tetragonanthus elatior. Stell. irc. 122. [sic!] Halenia sibirica. Borkh. in Röm. Arch. I. p. 25. ..." (Ledebour 1829, S. 292); „676. Halenia. BORKHAUSEN. in RÖMER Arch. I, p. 25. ... 1. H. sibirica (BORKHAUS. l. c.) ... Swertia corniculata. L. Amoen. acad. II, p. 317. ... Swertia corollis quadrifidis quadricornibus. GMEL. Fl. sib. IV, p. 114, Nr. 80, t. 53 (nec 4). Quadruncinata folio et fauci Gentianae coeruleae oris pilosis, flore luteo. MESSERSCHMIDT ex AMMAN ruth. p. 2, Nr. 3. ..." (Ledebour 1846–1851, S. 73f.); „2. GENTIANA caerulea, florum marginibus pilosis, foliis angustissimis, gramineis. ... 3. Aliam adhuc praecedenti valde similem ex eodem loco habemus, ... quam Messerschmidius in Diario suo Germanico idiomate sic describere videtur: Quadruncinata foliis et facie Gentianae caeruleae oris, pilosis, ..." (Amman 1739, S. 1ff.); „SWERTIA corniculata. Tab. XC. fig. 1. SWERTIA corollis urceolatis basi corniculatis. Lin. syst. pl. I. p. 636. sp. 3. Gmelin Flor. sib. IV. p. 114. t. 53. fig. 4. Quadruncinata foliis et facie Gentianae ciliatae Messerschmid. hodeget. MS. Amman stirp. ruth. p. 2. n. 3. Rossice Svertzia borowaja (Сверцïя боровая [russ. *svercija borovaja*]); vulgo Sveroboi bjeloi (Звѣробой бѣлой [russ. *zveroboj beloj*]). ..." (Pallas 1788, S. 99f.); „[Swertia] corniculata, corollis quadrifidis quadricornibus; gehörnte Swertische Pflanze, deren Blumenkronen in vier Abschnitte gespalten sind, und vier Hörner haben; ..." (Gmelin 1776, Sp. 809); „2. SWERTIA corniculata L., ... Vierhörnige Swertie. W. Pall. Fl. Ross. T. 90 F. 1. p. 99. R. Sweroboi beloi. ..." (Georgi 1797–1802, Theil 3, S. 830); „25. Juli 1722 [in der Nähe des Flusses *Beloj Ijus*] ... Umb 11 Uhr passierte ich eine plaine ..., auf welcher ... ich ein ganz besonderes Kraut observierte ... welches ich bei keinem Botanico bisher rezensiert gefunden und ... dahero auch ad interim mit eigenem Namen Quadruncinata benennet wurde oder Quadruncinata foliis et facie Gentianae, coeruleae oris pilosis, flore luteo; ad Tournefortii classem 3, sectionem 6, genus 1 zu referieren. ...“ (Messerschmidt 1962–1977, Bd. 1, S. 278ff.); „15. August 1724 ... Ich observierte ... meine Quadruncinatam Gentianae folio, flore herbaceo (vide die *** 1722 et die *** Decembris 1723), und zwar sehr häufig, stehen, ihr semen aber war noch nicht reif. ...“ (Messerschmidt 1962–1977, Bd. 3, S. 113); „Swertia tua corollis quadricornibus quam sub novo genere descripsit D. Kalm (Swertia corniculata L. Halenia sibirica Borkh. quam Fl. sib. IV. 114. nr. 80. refert.).“ (C. von Linné in einem Brief an J. G. Gmelin vom 3. Mai 1751 – Plieninger 1861, S. 106); „... längst den Wäldern wuchs ... Sumpf=Basilisk f) ... |: f) Swertia corniculata, vid. tab. 5. :|“ (Lepechin 1783, S. 52); „L’exacte & sçavant voyageur Steller ... nous assure qu’il n’y croît point, à proprement parler, de plante antifébrile, ni aucune qui soit vomitive, par la raison que ni les habitans du pays, ni les étrangers qui le fréquentent, n’en on bésoin (a). ... |: (a) Feu le Professeur Kracheninnikoff ... en décrivant les maladies, qui regnent au Kamtchatka, ne fait point du tout mention de fiévres; & les nouvelles les plus récentes ... assurent que ces maladies sont inconnües aux habitants de cette contrée. Quoique plusieurs plantes amère, comme le grande Gentiane (Gentiana campestris) qu’on employe au Kamtchatka sous le nom de thé d’Ochotsk, & d’autres plantes de cette espèce, telles que ... la Suertia corniculata &c. puissent par leur amertume dissiper les humeurs fébriles; il n’est pas encore bien sur que ces plantess aient la force d’assoupir l’agitation des nerfs, en quoi consiste le cure parfaite des fiévres. ... :|“ (Lepechin 1787, S. 99f.); „Swértia <Tarant>: Name von L. nach Swert (Sweerts), Emanuel, 1552–1612, holl. Gärtner, ...“ (Genaust 2005, S. 622); „Halēnia BRKH. (Gentianeae). Nach JON. HALEN, der über kamtschatkische Pflanzen schrieb.“ (Wittstein 1852, S. 414)

101 „79. SWERTIA corollis quadrifidis ecornibus, LIN. Am. ac. 2. p. 345. Sp. pl. 1. p. 320. n. 5. T. LIII. 2. 3. Tetragonanthos humilis, GM. Ind. Irc. 351. Tetragonanthos humilis, valerianae [im Manuskript: Valerianellae] folio, STELL. Irc. 122. ...“ (Gmelin 1747–1769, Bd. IV, S. 113f.), nahezu identisch auf Bl. 54r in: AAW R. I, Op. 104, D. 14 – s. Anm. 32 in Nr. 6; „79. Swertia corollis quadrifidis ecornibus. t. LIII. f. 2. (nec 3.) [=] Anagallidium dichotonum Grieseb.!“ (Ledebour 1841, S. 123); „5.) Zweytheilige Swertie. Swertia dichotoma. Mit viertheiligen, ungehörnten Blumen, Swertia corollis quadrifidis, ecornibus. LINN. Syst. veg. p. 220. Sp. pl. 329. Amoen. acad. 2. p. 345. MEL. Sib. 4. p. 113. t. 53. f. 2. ...“ (Linné 1779, S. 846); „5. SWERTIA dichotoma. ... S. corollis quadrifidis ecornibus. Amoen. acad. 2. p. 345. Gmel. sib. 4. p. 113. t. 53. f. 3. Pall. ross. 2. p. 100. t. 91. ... Gabelförmige Swertie. W. ...“ (Linné 1797–1830, Bd. I, Teil 2, S. 1330); „2) SWERTIA DICHOTOMA. Linn. ... Sw. dichotoma ... Pall. Fl. ross. II. p. 100. t. 91. f. 3. Swertia corolllis quadrifidis ecornibus. Gmel. Fl. sib. IV. p. 113. No. 79. t. LIII. f. 2. Tetragonanthos humilis. Stell. ircut. 122. ...“ (Ledebour 1829, S. 291f.); „673. Anagallidium. GRIESEB. ... 1. A. dichotoma. GRIESEB. l. c. p. 312. ... Swertia dichotoma. L. ... Swertia corollis quadrifidis ecornibus. GMEL. Fl. sib. IV, p. 113, Nr. 79, t. 53, f. 2. (nec 3). ...“ (Ledebour 1846–1851, S. 72); „SWERTIA dichotoma. Tab. XCI. Swertia corollis campanulatis ecornibus. Lin. Syst. pl. I. p. 636. sp. 5. Gmelin fl. sib. IV. p. 113. tab. 53. fig. 3. Rossice Svertzia selenaja (Сверцїя селеная [russ. *svercija selenaja*]). ...“ (Pallas 1788, S. 100); „[Swertia] dichotoma, corollis quadrifidis ecornibus; zweitheilige Swertische Pflanze, deren Blumenkronen in vier Abschnitte gespalten und ohne Hörner sind: ...“ (Gmelin 1776, Sp. 809f.); „3. SWERTIA dichotoma L., ... Gabelförmige Swertie. W. Pall. Fl. Ross. T. 91. ...“ (Georgi 1797–1802, Theil 3, S. 830f.); „Anagallīdium GRIESEB. (Gentianaceae). Ist der Anagallis ähnlich. [s. Anm. 82 in Nr. 107]“ (Wittstein 1852, S. 53);

„351. Tetragonanthos humilis. ...“ mit den links marginalen Anm. von J. G. Gmelin „Tetragonanthos humilior Valerianellae folio St. n°. 122.“ und „vid. Ic.“ (AAW R. I, Op. 105, D. 12, Bl. 15v, s. Anm. 54 in Nr. 17); „17. Tetragonanthos humilior Valerianellae folio Fl. Irc. 122.“ (AAW R. I, Op. 105, D. 16, Bl. 1r, s. Anm. 5 in Nr. 4); „2. Tetragonanthos humilis Ind. Irc. n°. 351.“ mit der rechts marginalen Anm. „vid. Ic.“ (AAW R. I, Op. 13, D. 67, Bl. 50r; s. Anm. 5 in Nr. 4); „3. Tetragonanthos humilis flore aquate coeruleo. ...“ (a. a. O., Bl. 50r); zu Valerianella s. Anm. 25 in Nr. 64

102 „Anagallis. Mouron. ...“ (Tournefort 1700, S. 142f.); „ANAGALLIS. ... teutsch, Gauchheil, ... Seine Blätter sind klein, schier gantz rund, und stehen in die Länge an den Stengeln hin, zwey und zwey gegen einander über, schmecken scharff und bitter. ...“ (Lémery 1721, Sp. 53f.)

103 s. Nr. 4 bis Nr. 12

104 „Die Familie der Mohngewächse (Papaveraceae) enthält krautartige Gewächse, in allen ihren Theilen einen Milchsaft führend und mit abwechselnden, mehr oder weniger getheilten Blättern, lange, einblüthige Blütenstiele, einen zweiblätterigen hinfälligen Kelch und gewöhnlich nur vier, dabei regelmässige und freie Blumenblätter. ...“ (Ruchte 1869, S. 235f.)

105 „14. Androsace hirsuta rotundifolia Wachsßt an den Seen bey Irkutzk“ (AAW R. I, Op. 105, D. 16, Bl. 1r, s. Anm. 5 in Nr. 4); vgl. auch „Mannschild. (Androsace.) ... 2. Zottiger M. (A. hirsuta. M.) ...“ (Moritzi 1832, S. 119f.)

106 „78. SWERTIA corollis quinquefidis, foliis lanceolato linearibus, LIN. Sp. pl. 1. p. 328. n. 3. T. LII. t. 2. [?] Gentiana flore rotato, GM. Ind. Ien. 739. Gentianoides stellatum, gratiolae folio flore caeruleo, STELL. Irc. 123. Ochot. 13. Planta haec in palustribus ad ANGARAE fluuii ostium in lacum Baical et deinceps Bargusini occurrens, ...“ (Gmelin 1747–1769, Bd. IV, S. 112f.), nahezu identisch auf Bl. 54r in: AAW R. I, Op. 104, D. 14 – s. Anm. 32 in Nr. 6; „73. Swertia corollis quinquefidis, foliis lanceolato-linearibus. t. LIII. f. 1. (non t. LII. f. 2., uti textus habet.) [=] Pleurogyne rotata Grieseb.! (Gentian sulcata Bunge in alt. I. 290.)“ (Ledebour 1841, S. 123); „3.) Radförmige Swertie. Swertia rotata. Mit fünftheiligen Blumen; und lanzenförmig=gleichbreiten Blättern, Swertia corollis quinquefidis, foliis lanceolato=linearibus. LINN. Syst. veg. p. 221. Sp. pl. 328. GMEL. Fl. Sib. 4. p. 112. t. 53. f. 1. ...“ (Linné 1779, S. 844f.); „51. GENTIANA rotata. ... Swertia (rotata) corollis quinquefidis, ... Sp. pl. 328. Gmel. sib. 4. p. 112. t. 52. f. 2. ... Radförmiger Entzian. W. ...“ (Linné 1797–1830, Bd. I, Teil 2, S. 1351); „18) GENTIANA SULCATA. W. ... Swertia rotata. ... Gmel. Fl. sib. IV. p. 112. No. 78. t. 53. fig. 1. ...“ (Ledebour 1829, S. 290); „672. Pleurogyne. ESCHSCHOLTZ. ... 1. P. rotata (GRIESEB. Gentian. p. 309) ... Swertia rotata. L. SP. 328. ... Swertia corollis 5fidis, foliis lanceolato-linearibus. GMEL. Fl. sib. IV, p. 112, t. 53, f. 1 (nec. t. 52, f. 2, quae in textu citatur). ... Gentiana rotata. ... GEORGI Beschr. d. Russ. R. III, 4. p. 834 (pro parte). ... Gentiana sulcata. WILLD. Spec. pl. I, p. 1351. ... LEDEB. Fl. alt. I, p. 290. ...“ (Ledebour 1846–1851, S. 70f.); „SWERTIA rotata. Tab. LXXXIX. SWERTIA corollis paniculatis, foliis lanceolatis. Lin. syst. pl. I. p. 636. Sp. 3. Gmelin fl. sib. IV. p. 112. tab. 52. fig. 2. ... Rossice Swertzia lasorevaja (Сверцїа лазоревая [russ. *svercia lazorevaja*]); vulgo Sweroboi lasorevoi (ЗвѣробоЙ лазоревой [russ. *zveroboj lazorevoj*]). ...“ (Pallas 1788, S. 98f.); „Swertia rotata, corollis quinquefidis, foliis lanceolato-linearibus; radförmige Swertische Pflanze, deren Blätter lanzenförmig gleichbreit, und deren Blumenkronen in fünf Abschnitte gespalten sind; ...“ (Gmelin 1776, Sp. 809); „20. GENTIANA rotata ... Swertia rotata ... Pall. Flor. Ross. Cent. 1. fasc. 2. p. 89. Gm. Sib. 4. T. 52. f. 2. Radförmiger Enzian. W. ...“ (Georgi 1797–1802, Theil 3, S. 834f.); „GRATIOLA. ... teutsch, Erdgalle, wild Aurin, Gottes Gnad. ... Gratiola, vel gratia Dei, ist es wegen seiner sonderlichen Kraft genennet worden, die es besitzet. ...“ (Lémery 1721, Sp. 501f.); „Pleurōgyne ESCHSCHOLZ (Gentianeae). Zus. aus πλευρα (Seite, Rippe) und γυνη (Weib); ...“ (Wittstein 1852, S. 706)

„13) Gentianoides stellatum Gratiolae folio flore caeruleo Florae ircut. No 123 ...“ (AAW R. I, Op. 104, D. 25, Bl. 2v, s. Anm. 61 in Nr. 21); „+18. Gentianoides Stellatum Gratiolae folio flore caeruleo Fl. Irc. 123.“ (AAW R. I, Op. 105, D. 16, Bl. 1r, s. Anm. 5 in Nr. 4); „739. Gentiana flore rotato. Gentianoides Fl. Irc. N° 123. ... Haec partim in supplementum descriptionis Stellerianae, partim ut indicarem, quibus in rebus mea descriptio recessit, addere volui. ...“ (AAW R. I, Op. 105, D. 1ª, Bl. 87v, s. Anm. 29 in Nr. 5); s. Anhang B.5. Nr. 49

[107] s. Nr. 4 bis Nr. 12

[108] „stahlgrün (atro-virens), dunkles Grün, etwas ins Blaue fallend.“ (Bischoff 1822, S. 85); „STAHL-GRÜN, adj. sive tunkelgrün, ... als polierter stahl, der im feur grün angelaufen, ...“ (Grimm 1991, Bd. 17, Sp. 575)

[109] „Lychnis, Lychnis, eine Tournefortische und Linnèische Pflanzengattung, ... Im Deutschen führt sie verschiedene Nahmen, als Lichtrose, Lichtnelke, Wiederstoß, ...“ (Krünitz 1773–1858, Bd. 82, S. 95ff.)

[110] in der 2. Textversion (s. Anm. 1 in A.): „in 5 segmenta“

/35v/

Florae Irkutjensis ordine I⌈nstitutionum⌉ R⌈ei⌉ H⌈erbariae⌉
CLASSIS III.

De
Herbis ⌈et⌉ suffruticibus flore mo-
nopetalo anomalo.

124[a]	*Arisarum seu Dracunculus palustris <, sive> ra- / dice arundinacea Plinii C. B. P.* 193.[1] */ Floret circa initium Junii in palust- / ribus ad Angaram et quaquaversum / circa lacum Baikal easdem vires, / quas Ari vulgaris*[2] *radices obtinent, / illas in huius speciei seminibus in- / venies, radix enim medulla far- / cta, spongiosa, his usibus prae- / sertim in pulvere non apta.*
125[b]	*Scrophularia nodosa foetida C. B. P. /* 235[3] *Occurrit hinc inde circa Irku- / tiam floret Julio.*
126[c]	*Scrophularia Melissae folio T. I. R. H. / Scrophularia Scorodoniae*[d] *folio Mor. / Hist. Oxon. Part. II.* 482.[4] *Haec plan- / ta perennis admodum fruticosa in / arenosis litoribus lacus Baikal oc- / currit, primum visa ad sinum Pesch- / tschana Guba dictum et abhinc quo- / usq⌈ue⌉ perveni, ubiq⌈ue⌉. Radice nititur / pro annositate plantae ad coronam / modo pugnum, modo pollicem crassa / dodrantali lignosa, tereti, foris fusca,*

/36r/

Florae Irkutjensis ordine Inst⌈itutionum⌉ Rei Herb⌈ariae⌉
CLASSIS III.

	intus flavescente, multis fibris stipa- / ta serio[e] *valde confecta radice du- / os dodrantes longa in arenam / levem*[f] *demittitur. Caules modo u- / num modo ad* 30 *partim erigit par- / tim super terram in orbem spargit / pedales et cubitales, Juniores scilicet / plantae caules sparsos, seniores / erectos firmioresq⌈ue⌉ servant, cau- / les ab exortu ultra dimidium pur- / purascunt, reliquum viret folia e- / mittit quam plurima glabra her- / bide viridia, ambitu serrata*[g]*, in / quibusdam levi*[h] *purpura aspersa, / pediculis uncialibus*[i] *fulta, alternoq⌈ue⌉ / ordine bina semper è caule tere- / ti anguloso plerumq⌈ue⌉ hexangulo pro- / deunt, folia maxima* 1½ *unciam / aequant et dimidiam latitudine, / reliqua, flores versus, sensim*

[a] $_{12}$4 *verbessert aus* 3̣ [b] $_{12}$5 *verbessert aus* 4 [c] $_{12}$6 *verbessert aus* 5 [d] Scoradonicae [e] $_{ser}$io *verbessert aus* e[.] [f] $_{le}$v$_{em}$ *verbessert aus* w [g] $_{ser}$r$_{ata}$ *verbessert aus* [.] [h] $_{levi}$ *verbessert aus* $_{levi}$s [i] $_{unci}$a$_{libus}$ *verbessert aus* [.]

	bre- / viora [et] angustiora Melissae folia / benè referentia, caulis unam ter- / tiam Scrophulariae flores pedicu- / lis uncialibus erecti occupant / emarcido flore succedit fructus / rotundo-acuminatus primo viridis

/36v/

Florae Irkutiensis ordine Instut[ionum] Rei Herb[ariae]
CLASSIS III.

	maturitate[a] *purpurascens, senio con / fectus albus, bifariam dehiscens septo / intermedjo in duo loculamenta divi- / sus seminibus foetus quam plurimis / nigricantibus minutis ovatis. floret / ab initio Junij ad medium Julij. se- / mina, quae matura communico, ab- / solvit sub initium Augusti.*
127	*Pinguicula Gesneri J. B.* 3. 546. *Sanicu- / la montana, flore calcari donato / C. B. P.* 243. *Pinguicula Clusij Hist.*[5] */ In summis rupium planitiebus gra- / mineis ad insulam Olchon Lacus Baj- / kal occurrebat, at tota jam emar- / cida circa medium ferme Septembr[is].*
128	*Antirrhinoides Linariae folio argenteo / flore flavo*[6]. *Planta haec primum / ad Buguldeichae fluvij ostium in la- / cum Baikal occurrebat, ac deinde / quaquaversum ad Bargusini fluvij / ostium deprehensa. Provenit tam / in rupibus siccioribus quam in sic- / cis planitiebus desertorum. floret / Junio [et] Julio. semen perficit sub / finem Aug[usti] Messerschmidij*[b] *forte. / Cymbaria*[7] *a fructus forma duas sibi / invicem*[c] */ superimpositas*[d] *coagmentatas cymbas mentiente.*

/37r/

Florae Irkutjensis Ordine Inst[itutionum] Rei Herb[ariae]
CLASSIS III.

	Planta haec palmaris, radice nititur / fibrosa, lignosa, sicca, leviter in sabulo / haerente caules emittit tres, sex, octo / teretes incanos palmum plus minus / longos parvi fruticuli specie; in caule / bina semper alterno ordine erigun- / tur folia, pollicem plus minus longa / unamq[ue] lineam lata, apice acuta, nul- / lis pediculis fulta incana, argen- / tea, Linariae foliis similia tam / in summo caule quam ex alis folio- / rum flores surgunt admodum spe- / ciosi modo bini, modo quaterni for- / ma crucis sibi invicem oppositi[e] */ flos flavus una cum tubulo pollicem / unum longus superna expansione / fere dimidium latus monopetalus /*

---

[a] *vor* maturitate *gestr.* per [b] Messerschmidij *verbessert aus* us [c] invicem *rechts von der Zeile*
[d] superimpositas *links von der Zeile* [e] oppositi *verbessert aus* [.]

	anomalos personatus in duo labia dis- / tinctus, quorum superius duobus / aequalibus segmentis bifidum infe- / riori labio[a] *ter diviso angustiori*[b] *[et] / breviori*[c], *e fundo*[d] *floris è calyce / surgit pistillum dilutius flavum / litui*[8] *instar. quantum prominet, incur- / vum sursumq[ue] reflexum hoc ambiunt*

/37v/

Florae Irkutjensis ordine Inst[itutionum] Rei Herb[ariae]
CLASSIS III.

	4 *stamina apicibus onusta albentia li / teram S latinorum forma exprimen- / tia*[e], *quorum duo sursum totidemq[ue] deor- / sum curvaturis suis spectant, pis- / tillum abit in testam ovato-acumi- / natam a latere nonnihil compressam / septo intermedio in duo loculamenta / divisam et seminibus foetam pla- / centae affixis, hac partes omnes*[f] */ continentur in calyce tereti, anguloso, / argenteo, multifido antirrhinoides / vocavi hanc plantam ob floris si- / militudinem, quam cum Antirrhino*[9] */ habet, ob fructus structuram au- / tem ut genus sub alternum distin- / guere debuj, hinc definitio generi- / ca sequens emergit*[10]
129.[g]	*Antirrhinoides est plantae genus flore monope- / talo anomalo*[h] *inferne tubulato superne / personato in duo inaequalia labia distincto, / quorum superius bifidum inferius am- / plius [et] trifidum, e calyce autem tereti / anguloso, quinquifido surgit pistillum pos- / ticae floris parti ad instar clavi infixum / quod deinde abit in fructum seu testam / ovato-acuminatam, septo intermedio in / duo loculamenta divisam seminibus foe- / tam ovato-acuminatis compressis median- / te filo placentae*[i] *affixis*[11]. *Huius semina op-*

/38r/

Florae Irkutjensis Ordine Inst[itutionum] Rei Herb[ariae]
CLASSIS III.

	time matura mittuntur.
130[j]	*Linaria vulgaris lutea*[12], *passim circa Irku- / tiam et lacum floret Junio [et] Julio*
131[k]	*An Linaria flore pallido, rictu aureo C. B. P. / 213.*[13] *Floret circa finem Junij circa / pagum Roswodnaja, folia huius quam / in vulgari*[14] *latiora*

[a] labio *verbessert aus* [.] [b] angustiori *verbessert aus* [..] [c] breviori *verbessert aus* [..] [d] fundo *verbessert aus* us [e] exprimentia *verbessert aus* experientia; exprimentia *über der Zeile* [f] omnes *verbessert aus* r [g] 129 *verbessert aus* 6 [h] anomalo *verbessert aus* a [i] placentae *verbessert aus* o [j] 130 *verbessert aus* 29 [k] 131 *verbessert aus* 0

	sunt. flos brevior, / coloris sulphurei, rictus autem auran- / tio se colore commendat. Huius semi- / na mittuntur.
132[a]	*Linaria pumila, flore parvo, calyce floris / hirsuto*[15]*. In calvis rupibus insulae Ol- / chon frequens*[b]*. Semina huius bene / matura mitto. Ob multa tunc tem- / poris negotia descriptionem concin- / nare non potui.*
133[c]	*Pedicularis montana Achilleae folio, am- / pliori crispo, flore ochroleuco*[16]*. Plantam / hanc sub finem Julii in montosis cir- / ca Listwenischnoie Simowie ad la- / cum Baikal* 60 *stadia ab urbe Irkutia. / Dum jam semen maturum erat, depre- / hendi et deinceps frequenter circa / lacum jnveni. Plerumq[ue] haec planta / pedalis est, radice nititur crassa fus- / ca, fibrosa folia tam è radice quam / è caule tereti, viridi incerto positu / emittit. Folia inferiora dodrantalia, / valdè lacinata Achilleae foliis*[17] *latiora*

/38v/

Florae Irkutjensis Ordine Instit[utionum] Rei Herb[ariae]
CLASSIS III.

	at quadantenus divisuris suis ad haec / accedentia, potissimum quae florum / spicae proximiora iis, ad radicem / multum breviora et angustiora. / singulae folii divisurae seu pinnulae / in spinulam brevissimam debilem, lu- / tescentem desinunt, aversamq[ue] par- / tem versus reflexae, folii superficiem / crispam efficiunt, flores in spicam / densam alterno positu[d] *congesti, quan- / tum in exsiccato flore cognoscere po- / tui, ochroleuci sunt. Vasculum semina- / le, quod floris antea calyx fuit sur- / rectum ovatum, quinque divisuris su- / perius patens, extrorsum modice re- / clinatum, intus seminibus spadiceis / parvis plenum, ad singulos florum / calyces foliolum breve a costa lata / enatum calycem extrorsum amplexans / positum, quod quantum calycem supe- / rat tenuissime divisum, haecq[ue] folia spi- / cam foliosam admodum decoramq[ue] effi- / ciunt. Suspicor hanc illam esse*[e] *plantam, / quam D[ominus] D[octor] Gmelin in indice plantaram / Lenensium descriptam et Icone ad- / umbratam misit sub nomine Pedicu- / laris montanae flore ochroleuco albove*[18] */ semina huius bene matura communicantur.*

[a] $_{13}$2 *verbessert aus* 1 [b] $_{f}$r$_{equens}$ *verbessert aus* [.] [c] $_{13}$3 *verbessert aus* 2 [d] $_{posit}$u *verbessert aus* i [e] $_{ess}$e *verbessert aus* [.]

/39r/

florae Irkutjensis ordine Inst⌈itutionum⌉ Rei Herb⌈ariae⌉
CLASSIS III.

134[a].	*Pedicularis montana Achilleae folio, pu- / mila*[19]. *semen plantae penitus jam / emarcidae collectum communico. In / veni in vertice rupium perpetua ni- / ve rigentium* 10 *stadia a munimento / Bargusinensi d⌈ie⌉* 21. *Aug⌈usti⌉ duos tresve / pollices ut ut copiosa ibidem nunquam / superare visa. Suspicor autem hanc / potius soli diversitatem esse, quicquid / autem sit, seminibus satis patebit, / an revera distincta species sit.*
135[b].	*Pedicularis palustris, rubra, elatior Raij / Hist* 770[20] *frequentissima occurrit in / udis et uliginosis per Russiam sibiri- / am ad Bargusinense munimentum usq⌈ue⌉ / floret Julio Aug⌈usto⌉.*
136[c]	*Pedicularis palustris rubra, repens, / pusilla*[21]. *Collegi huius semen d⌈ie⌉* 21 / *Aug⌈usti⌉ circa stagnum in vertice ru- / pis*[22], *cuius uberiorem mentionem fe- / ci sub Gentiana*[23] *vix pollicem supe- / rabat et humi repebat, an revera / distincta species? semina sata doce- / bunt, reliquum, planta jam tota sicca- / ta erat.*
137[d]	*Pedicularis floribus spicatis ochroleucis / neq⌈ue⌉ de hac planta jam marcore / corrupta praeter semen maturum*

/39v/

Florae Irkutjensis ordine Inst⌈itutionum⌉ Rei Herb⌈ariae⌉
CLASSIS III.

	d⌈ie⌉ 29. *Aug⌈usti⌉ in deserto Kunkurkinensi / quidquam vidi, Memini autem me*[e] *illam / priori anno florentem vidisse circa / Japantschin ⌈et⌉ Tiumen urbem*[24]. *semi- / na sata docebunt, quaenam ex Tourne- / fortio descriptis speciebus sit, an / vero prorsus nova.*
138[f]	*Pedicularis Nigellastri folio*[25], *praeter se- / men maturum in caule siccato nihil / vidi, folia autem sicca, nigra ad Ni- / gellastri folia accedere videbantur*[26]. / *Ovaria coma*[27] *purpurascente ambi- / ebantur Melampyri*[28] *in modum, a quo / tamen fructu ipso et semine differt. / semen ad Euphrasiae*[29] *semen potius / accedere videtur, collegi d⌈ie⌉* 29 *Aug⌈usti⌉ / in optima maturitate, qualis inde / enascatur planta, e quonam*[g] *rebaptisan- / da nomine rescire aveo a Clar⌈issimo⌉ / D⌈omino⌉*

[a] $_{13}$4 *verbessert aus* 3 [b] $_{13}$5 *verbessert aus* 4 [c] $_{13}$6 *verbessert aus* 5 [d] $_{13}$7 *verbessert aus* 6 [e] me *über der Zeile* [f] $_{13}$8 *verbessert aus* 7 [g] $_{quo}$nam *verbessert aus* $_{quo}$

	D[octore] Ammanno[30]*. Provenit ad / Inam fluvium* 12 *stadia a Bar- / gusinensi munimento, una*[a] *vice*[b] */ solummodo occurrebat.*
139[c]	*Pedicularis Alpina filicis*[d] *folio major / C. B. P.* 163. *Tourn. I. R. H.*[31] *Floret / circa initium Julij in pratis con*

/40r/

Florae Irkutjensis Ordine Inst[itutionum] Rei Herb[ariae]
CLASSIS III.

	vallium circa Irkutiam qua Urik itur. / Pinnulae foliorum ad oras serratae, / flos sulphurei coloris. Calyx superius / dentatus. Planta bi imo tricubitalis. / semina optimè matura communico.
140[e].	*Pedicularis Alpina folio Ceterak. C. B. P. /* 163.[32] *floret initio Julij in udis pratis / et salicetis circa Irkutiam et ad lacum / Baikal, item ad rivulos prope Oiok et / Posolski Monastyrskaia Saimka, qua / itur ad Lenam fluvium.*
141[f].	*Pedicularis folio Angusto serrato flore pur- / pureo rubro cujus D[ominus] D[octor] Gmelin*[33] *Ico- / nem et descriptionem dedit. Floret in / pratis ad Angaram sub initium / Julij semina huius collecta communico.*
142[g]	*Pedicularis folio angusto serrato flore / carneo*[34]*. Hoc colore prope Bretschalo- / wo simowie in via versus Nikol- / skaja Sastawa. Occurrebat conti- / nuo, sub finem Julij Priori*[h] *rubra / non conspecta, ut totus in eo sim*[i] */ diversam utiq[ue] speciem esse.*
143[j].	*Pedicularis folio angusto, serrato, flore / candido*[35]*, una vice saltim occurrebat, / exsiccata autem amisso candore. Ne- / scio, quorsum degeneraverit et quo- / nam coloris nomine appellanda; va- / rietas potius quam diversa species / censenda.*

/40v/

florae Irkutjensis Ordine Instit[utionum] Rej Herb[ariae]
CLASSIS III.

144[k]	*Pedicularis lutea, pratensis vel Crista Galli / C. B. P.*[36] *Ubiq[ue] circa Irkutiam. Rictu / gaudet violaceo, calyces autem perpe- / tuo glabri sunt, ita, ut non possit / esse pedicularis pratensis lutea ere- / ctior, calyce floris hirsuto T[ournefortii] sp[ecies]* 2.[37]

[a] una *verbessert aus* imo [b] $_{vi}$ce *verbessert aus* ae [c] $_{13}$9 *verbessert aus* 8 [d] f$_{ilices}$ *verbessert aus* s [e] $_{1}$40 *verbessert aus* 39 [f] $_{14}$1 *verbessert aus* 0 [g] $_{14}$2 *verbessert aus* 1 [h] P$_{riori}$ *verbessert aus* [.] [i] $_{s}$i$_{m}$ *verbessert aus* [.] [j] $_{14}$3 *verbessert aus* 2 [k] $_{14}$4 *verbessert aus* 3

145[a]	*An Crista Galli angustifolia, montana C. B. / P*[rodromus] *p*[agina] 86.[38] *floret haec planta in convalli- / bus, montium*[b] *occidentalibus ad Anga- / ram. floret circa medium Junij. semen / absolvit circa finem Julii. Radice ni- / titur napiformi, inferius bifida, / plerumq*[ue] *alba*[c] *lignosa, pollicari, recta, / in terram demissa. Caules emittit è / corona radicis* 3. 4. 6 *ad* 10 *ramosos / valdè aliosq*[ue] *magno protrudentes / numero, fruticuli cuiusdam potius / quam plantae specie, caules ad dimi- / dium fere leviter purpurascentes, tere- / tes pilosi. folia prodeunt hinc inde / in caule supine*[d] *sordide et obscure / purpurascentia, subtus viridia filicis*[39] */ foliorum more alia pulchre laciniata / majora, nempè ad radicem et in caule / medio, reliqua obtuse serrata. Flores / in singulorum ramosum summitatibus / vel è foliorum alis vel in spica seorsim*

/41r/

Florae Irkutiensis[e] *ordine Inst*[itutionum] *Rei herb*[ariae]
CLASSIS III.

	prodeunt, quidam pallide flavi, quidam / fere spadicei coloris. Labium inferius / tripartitum, flavum, purpureisq[ue] *pun- / ctulis leviter varium, media fissura / excavata, leviter prominente et deor- / sum flexa, superius labium galeatum / et ad latera compressum sordide fla- / vum; intus purpurascens e supre- / ma parte galeae eminet. Pistillum in / filamentum desinens et unci in mo- / dum*[f] *incurvum*[g], *quod quatuor stamina / alba, apicibus flavis onusta circum- / stant, quorum duo internae parti flo- / ris quo galeam spectant, duo, quo / labia inferiora spectat, infima par- / te accreta sunt. Huius semen in op- / tima maturitate collectum communico.*
146[h].	*Melampyrum cristatum flore albo et purpu- / reo Tourn. I. R. H. spec*[ies] 3[40] *in pratis sylvo- / sis ad lacum Baikal aliquoties sed raro / occurrebat floret Junio* [et] *Julio.*
147[i]	*Euphrasia officinarum C. B. P.* 233.[41] *fre- / quens circa Irkutiam et lacum Bai- / kal in pratis. floret Junio Jul*[io].
148[j].	*Euphrasia ramosa pratensis flore albo. Eyst. / Tourn. spec*[ies] 2.[42] *Cum praecedenti varietas*

[a] 145 *verbessert aus* 4 [b] montium *verbessert aus* [.] [c] *nach* alba *gestr.* , [Komma] [d] supine *verbessert aus* [.] [e] Irkutiensis *verbessert aus* [..] [f] modum *verbessert aus* [.] [g] incurvum *verbessert aus* [.] [h] 146 *verbessert aus* 5 [i] 147 *verbessert aus* 6 [j] 148 *verbessert aus* 7

/41v/

Florae Irkutiensis ordine Inst[itutionum] Rei Herb[ariae]
CLASSIS III.

	potius, quam diversa species est.
149[a]	*Euphrasia minus ramosa, flore ex coeruleo / purpurascente Eyst.*[43] *frequens ad radices / montium circa Irkutiam et lacum / Baikal, quo iure dicatur non ramosa / non capio, tot enim ramis interdum lu- / xuriat, ut fruticulum potius referat, / et hic locorum ferè cubitalem non / raro inveni. Huius semina mittuntur. / floret cum praecedentibus*
150[b]	*Polygala major C. B. P.* 215. *Tourn. spec[ies] /* 1.[44] *Abundè circa Irkutiam et lacum / floret Junio [et] Julio. semen maturat / sub finem Aug[usto].*
151[c]	*Polygala major alba Tabern. / icon.* 829 *T. / spec[ies]* 2.[45] *Cum priori frequens.*
152[d]	*Polygala major purpurea Tabern. Icon.* 830. */ Tourn. spec[ies]* 3.[46] *Cum priori occurrit.*
153[e]	*Polygala vulgaris C. B. P.* 215. *Polygalon / multis J. B.*[47] *cum praecedenti*
154[f]	*Polygala alba Tabern. Icon.*[48] *Cum praeceden- / ti, at rarior.*
155[g]	*Polygala purpurea Tabern. Tourn. sp[ecies]* 6.[49] *Cum / praecedenti, at rarior.*
156[h]	*Polygala major spica laxiori labio inferi- / ori intense coeruleo tenuissime et / latissime*[50] *fimbriato*[51]. *Planta haec perennis*

/42r/

Florae Irkutjensis[i] *Ordine Inst[itutionum] Rei herb[ariae]*
CLASSIS III.

	sub initium Junii in montosis ad An- / garam et lacum Baikal florens. Ra- / dice nititur sex imo septem uncias / longa, lignosa, tereti, foris sordide lu- / tescente, intus alba, recta in terram / demissa, multis fibris stipata, Caules / emittit pedales 10 12 *ad* 18, *ad exor- / tum leviter purpurascentes abhinc / pallidè virentes, teretes, erectos ad / unam quartam inferius foliis nudos / abhinc emittentes singula, ordine alter- / no, nullo pediculo fulta, inferius mi- / nutissima Myrtacea oblonga, florum / spicam versus sensim majora [et] la- / tiora quam in polygala*

---

[a] 149 *verbessert aus* 8 [b] 150 *verbessert aus* 49 [c] 151 *verbessert aus* 0 [d] 152 *verbessert aus* 1 [e] 153 *verbessert aus* 2 [f] 154 *verbessert aus* 3 [g] 155 *verbessert aus* 4 [h] 156 *verbessert aus* 5 [i] Irkutjensis *verbessert aus* Irkutensis

	vulgari[52]. *E / summitate caulis pediculus erigitur / foliis orbus,* 6. 9 *et plures flores / pediculis brevibus unam lineam cir- / citer longis appensos sustentans, caly- / cis fructus forma et color idem, ac / in vulgari, alae autem floris labium / superius utrimq⌈ue⌉ cingentes, cum levissi- / ma purpura cinerascunt, cum in vul- / gari labio ipso concolores sint. Labi- / um inferius superiori quadruplo*

/42v/

Florae Irkutjensis Ordine Inst⌈itutionum⌉ Rei herb⌈ariae⌉
CLASSIS III.

	amplius magis fimbriatum et spe- / ciosum, coeruleum, inferiores flores / multo citiores efflorescunt, quam / superiores. semina bene matura com- / municantur.
157[a]	*Orobanche subcoeruleo flore sive II Clusij*[53] */ Inveni florentem d⌈ie⌉* 1. *Aug⌈usti⌉ ad Angae / fluvii ostium in lacum Baikal.*
158[b]	*Orobanche Lusitanica flore atropur- / pureo.*[54] *floret sub initium Julii in / montosis ad Angaram, huius radix*[c] *verti- / cilli*[55] *in modum rotunda spadicea*[d], *squamosa, squa / mis firmiter sibi invicem accretis, / fibras deorsum emittit itidem spa- / diceas, surgit caulis florifer ad pe- / dalem altitudinem digiti medii cras- / sitie, intus medulla flavescente suc- / culenta farctus, flores interdum / dimidium interdum unam solummodo / tertiam caulis occupant, atro-purpu- / rej sunt. Pistillum floris probosci- / dem Elephanti benè refert, folio- / rum solummodo rudimenta appa- / rent ceu*[e] *folia*[f] *abortiva caulemq⌈ue⌉ / squamosum*[g] *effingunt, ut in Tussi- / lagine*[56] *et Petasitide*[57].

/43r/

Florae Irkutjensis Ordine Inst⌈itutionum⌉ Rei herb⌈ariae⌉
CLASSIS III.

159[h].	*Orobanche ramosa floribus subcoeruleis / C. B. P.* 88.[58] *Huius flores pallide ad / modum coerulei sunt. Rami è me- / dietate caulis surgunt duo. Occure- / bat sub finem Junij in Montosis ad / Angaram è regione pagi Schilkina.*
160[i].	*Orobanche flore candido*[59], *una saltem / vice*[j] *inveni d⌈ie⌉* 1. *Aug⌈usti⌉ ad radices / rupis iuxta Angae ostium in la- / cum. Huius iconem fieri*

---

[a] $_{15}$7 *verbessert aus* 6 [b] $_{15}$8 *verbessert aus* 7 [c] radix *über der Zeile* [d] spadicea *über der Zeile* [e] $_{ce}$u *verbessert aus* [.]; *nach* ceu *gestr.* (facta) [f] folia *über der Zeile* [g] $_{squamos}$u$_{m}$ *verbessert aus* a [h] $_{15}$9 *verbessert aus* 8 [i] $_{1}$60 *verbessert aus* 59 [j] $_{vi}$c$_{e}$ *verbessert aus* [.]

	curavi / Tab[ula] ...
161[a]	*Orobanche major Caryophyllum olens / Tourn. sp[ecies]* 1.[60] *In colle arenoso intra / Wosnesenskiensae*[b] *monasterium / et pagum Archiepiscopi*[61] *Schilkina.*

[1] „IV. Dracunculus palustris, sive radice arundinacea, Plinii. ..." (Bauhin 1623, S. 195); „ARISARVM Rivini Dracunculus palustris, sive radice arundinacea Plinii C. B. P. 193. ..." (Rupp 1726, S. 203f.); „2. CALLA foliis cordatis, spatha plana, spadice undique hermaphrodito. ... Dracunculus palustris sive radice arundinacea plinii. Bauh. pin. 195. ..." (Linné 1737, S. 436); „2) Sumpf=-Schlangenkraut. Calla palustris. mit herzförmigen Blättern, einer flachen Blumenscheide, und einer Kolbe, welche allenthalben mit Zwitterblümgen besetzt ist, Calla foliis cordatis, spatha plana, spadice undique hermaphrodito. LINN. Syst. Veg. p. 691. Sp. Pl. p. 1373. Hort. Cliff. 436. ... GMEL. Sib. I. p. 1. ... Dracunculus palustris s. radice arundinacea. C. BAUH. pin. 195. ... Man hat in theuern Zeiten in Schweden aus der Wurzel Brod gebacken, ... sie soll übrigens dem Gifte widerstehen und schweißtreibend seyn, wird aber in der Arzneywissenschaft wenig oder gar nicht gebraucht." (Linné 1783, S. 154f.); „2. CALLA palustris. C. foliis cordatis, ... Hort. cliff. 436. ... Gmel. sib. 1. p. 1. ... Dracunculus palustris s. radice arundinacea. Bauh. pin. 195. ... Gemeines Schlangenkraut. W. ..." (Linné 1797–1830, Bd. II, Teil 1, S. 290); „1. CALLA PALUSTRIS. Linn. ... C. palustris. Linn. Willd. Spec. pl. II. p. 290. ... Calla foliis cordatis, ... Gmel. Fl. sib. I. p. 1. No. 2. ..." (Ledebour 1833, S. 178); „115. Calla L. (excl. spec.) ... 1. C. palustris (L. Spec. 1373) ... C. foliis cordatis, ... GMEL. Fl. sib. I, p. 1, No. 2. ..." (Ledebour 1853, S. 11f.); „Calla palustris, foliis cordatis, ... Sumpfcalla, ... Man kann daraus ... Brod baken ..." (Gmelin 1772, Sp. 400); „2. CALLA foliis cordatis, spatha plana, spadice vndique hermaphrodito LINN. h. Cliff. 436. Dracunculus palustris, siue radice arundinacea Plinii C. B. P. 195. Arum palustre radice arundinacea BOERH. Lugdb. II. 74. ..." (Gmelin 1747–1769, Bd. I, S. 1f.); „2. Calla foliis cordatis, spatha plana, spadice undique hermaphrodito [=] Calla palustris L.!" (Ledebour 1841, S. 47); „1038. Calla palustris. Lin. Syst. Plant. IV. p. 75. sp. 2. ... Ruß. Smei Trawa (Schlangenkraut) auch Lapuschnik. [russ. *lapušnik*] Baschk. Jurmadan. ... Die knolligen Wurzeln sollen in der nordlichen Wologdaischen Statthalterschaft bey fehlenden Getraide, wie in Finnland, verspeiset und besonders zur Verlängerung des Mehles angewendet werden; roh aber hat die Wurzel eine etzende Schärfe, und gießt man den ersten Absud weg, so bleibt eine sehr erdigte, schlecht nährende Substanz nach." (Falk 1786, S. 249); „CALLA (palustris) foliis cordatis, ... Linn. Cliff. 436. ... Gmel. sib. 1. p. 1. ... Змей трава [russ. *zmej trava*] item напутникъ белой [russ. *naputnik beloj*] Russ. ..." (*Krašeninnikov* 1761, S. 147); „CALLA PALUSTRIS. ... Calla (palustris) foliis cordatis, spatha plana, spadice undique hermaphrodito. Linn. Spec. plant. ... Gemeines Schlangenkraut, Sumpfschlangenkraut, Wasserschlangenkraut, Wasserschlangenwurz, Wassernatterwurz, Drachenschwanz, Froschlöffel, Froschkraut, Klappenkraut. ..." (Hayne 1816, Nr. 5); „1. CALLA palustris Willd. 2. 290. sp. 2. ... Gemeines Schlangenkraut. Sumpfkalle. Deutscher Aron. R. Lapuschnik beloi. Finn. Wetica. ... Die Wurzelknollen dieses in Norden häufigen Gewächses sind von herbem Geschmack, den sie aber in Brühen mit siedendem Wasser verlieren und denn als eine mehlige, nährende Speise nützen. Als solche nutzt man sie in Finnland, Archangel – bey Misernten, und kocht sie für sich, oder trocknet sie auch stark, damit man sie ... zu Mehlspeisen und Nothbrod verwenden könne. Brod aus gleichen Theilen Getreide und Schlangenkrautwurzeln mit viel Sauerteig ist recht gut, aber auch aus diesen Wurzeln ohne Mehl ists genießbar und nährend."

[a] 161 *verbessert aus* 0 [b] Wosnesenskiensae *verbessert aus* Wosnesensk[·]enSe

(Georgi 1797–1802, Theil 3, S. 926); „DRACUNCULUS. ... teutsch, Drachenwurtz, Schlangenkraut. ... Die Wurtzel purgiret, löset den zähen, dicken Schleim und Rotz: führet auch das Wasser ab. ... Seine Blätter reinigen und dienen zu den Wunden, auch sollen sie gut seyn wider den Gift und die Schlangenbisse. Die Namen hat dieses Kraut wegen seines Stengels bekommen, als welcher, als wie eine Schlangenhaut, mit allerhand bunten Flecken gesprenckelt ist. ...“ (Lémery 1721, Sp. 410); Calla palustris L. – russ. *zmeevik, krasucha, ozernyj vtchovnik, chlebnica, zmej trava, petuški, zmejka, bolotnaja trava, bobovnik* bzw. *belokryl'nik* (*Annenkov* 1858, S. 25, Nr. 234); „Cálla <Sumpfcalla, Schlangenwurz>: der von L. geprägte Artname Calla palustris ... hat sich bislang einer überzeugenden Deutung entzogen; ...“ (Genaust 2005, S. 117); „Arīsarum T. (Aroideae). Zus. aus άρι (sehr) und Arum, nicht weil die Pflanze grösser als das Arum, sondern weil sie schärfer ist.“ (Wittstein 1852, S. 69)

„73. Calla folijs cordatis, spatha plana, spadice undique hermaphrodito. Lin. h. cliff. 436 Arum palustre, radice arundinacea. Boerh. lug. 2 p. 74“ (AAW R. I, Op. 13, D. 20, Bl. 7v, s. Anm. 1 in Nr. 1); „81) Arisarum seu Dracunculq palustris radice arundinaceae Plinii – C. B. P. ...“ (AAW R. I, Op. 104, D. 25, Bl. 8v, s. Anm. 61 in Nr. 21); „326. Dracunculus palustris sive radice arundinacea Plinij C. B. P. ...“ (AAW R. I, Op. 105, D. 4^{a}, Bl. 38v, s. Anm. 54 in Nr. 17); „284 Dracunculus palustris sive radice arundinacea Plinij C. B. P. ...“ (AAW R. I, Op. 13, D. 42, Bl. 45v, s. Anm. 1 in Nr. 1)

2 s. Anm. 56 in Nr. 18

3 „[species 1] Scrophularia nodosa, foetida C. B. Pin. 235. Scrophularia vulgaris & major J. B. 3. 421. Scrophularia Dod. Pempt. 50. grande Scrofulaire.“ (Tournefort 1700, S. 166, Genus III. „Scrophularia. Scrofulaire.“); „Scrophularia nodosa, foetida C. B. P. 235. ... Braun=Wurtz, oder schwartzer Nacht=Schatten, Knoten=Kraut. ...“ (Rupp 1726, S. 196); „1. SCROPHULARIA foliis cordatis oppositis, racemo terminatrici. Scrophularia nodosa foetida. Bauh. pin. 235. Moris. hist. 2. p. 482. s. 5. t. 8. f. 3. Boerh. lugd. I. p. 234. ...“ (Linné 1737, S. 322); „2) Knotige Braunwurz. Scrophularia nodosa. mit herzförmigen dreynervichten Blättern, und einem stumpfeckigten Stamme, Scrophularia foliis cordatis trinervatis, caule obtusangulo. LINN. Syst. Veg. p. 468. ... Scrophularia nodosa foetida. BAUH. pin. p. 295. ... Auch wird sie von einigen Kopfwurz, Knotenwurz, schwarzer Nachtschatten, groß Feigenkraut genennt. ... Wurzeln und Blätter haben ... erweichende zertheilende Kräfte. Man rühmt sie in Kröpfen, harten Geschwulsten, und allen krebsartigen Geschwüren. Der Saamen dieser Pflanze wird als ein Pulver gegen die Spulwürmer gegeben. ...“ (Linné 1782, S. 91f.); „3. SCROPHVLARIA foliis cordatis trineruatis, caule acutangulo, LIN. Sp. pl. 2. p. 863. n. 2. Scrophularia nodosa foetida, BAVH. pin. 235. ...“ (Gmelin 1747–1769, Bd. III, S. 194); „3. Scrophularia foliis cordatis trinervatis, caule acutangulo [=] Scrofularia nodosa L.! (Scrofularia aquatica L. – M. a Bieb. Fl. t. c. II. 76.)“ (Ledebour 1841, S. 98); „2. SCROPHULARIA nodosa. S. foliis cordatis trinervatis, caule obtusangulo. ... Gmel. sib. p. 193. [?] ... S. nodosa foetida Bauh. pin. 235. ... Gemeine Braunwurz. W. ... 3. SCROPHULARIA aquatica. ... Wasser-Braunwurz. W. ...“ (Linné 1797–1830, Bd. III, Teil 1, S. 270); „1) SCROFULARIA NODOSA. Linn. ... S. nodosa Linn. Willd. Spec. pl. III. p. 270. ... S. aquatica. Patrin ... Scrofularia foliis cordatis trinervatis, caule acutangulo. Gmel. Fl. sib. III. p. 194. No. 3. ...“ (Ledebour 1830, S. 439ff.); „10. S[crophularia] aquatica (L. SP. 864) ... M. a BIEB. Fl. t. c. p. 76. ... 11. S[crophularia] nodosa (L. SP. 863) ... S. foliis cordatis trinervatis, ... GMEL. Fl. sib. IV, p. 194, No. 3. ...“ (Ledebour 1846–1851, S. 218f.); „[Scrophularia] nodosa, foliis cordatis trinervatis, caule obtusangulo; knotige Braunwurz, ... Braunwurz; Fischwurz; Kropfwurz; Rankenwurz; Feigwarzenwurz; Sauwurz; Saukraut; ... Sie heißt ... bey C. Bauhin: Scrophularia nodosa foetida; ...“ (Gmelin 1776, Sp. 365f.); „SCROPHVLARIA (nodosa) ... Scrophularia nodosa foetida Bauh pin. 235. Норичникъ [russ. *noričnik*] siue Сабачья голова [russ. *sabač'ja golova*]

Russ.“ (*Krašeninnikov* 1761, S. 99); „728. Scrophularia nodosa. Lin. Syst. Plant. III. p. 145. sp. 2. ... Ruß. Naryschnik und Sabatschia Golowa. ...“ (Falk 1786, S. 211); „2. SCROPHULARIA nodosa ... Knotenwurzliche Braunwurz. R. Narischnik. ... 3. SCROPHULARIA aquatica ... Wasser=Braunwurz. ...“ (Georgi 1797–1802, Theil 3, S. 1108f.); „2) Schlangen- Tarantel- und Spinnenbiss. ... Im Witebskischen dient als Geheimmittel Scrophularia nodosa als Abkochung innerlich und äusserlich die zerkochte Wurzel als Umschlag.“ (Krebel 1858, S. 176); „XVI. Mittel gegen den Biss toller Thiere. ... Die vorzüglichsten [Gegenmittel] sind: ... 2) Scrophularia nodosa. ... Bei der Anwendung schneidet man die Wurzel ab, trocknet sie auf einer heissen Pfanne und pulverisirt sie. Von diesem Pulver erhält der Gebissene eine Messerspitze voll in einem Esslöffel Wasser. ...“ (a. a. O., S. 182ff.); „SCROPHULARIA. ... teutsch, Braunwurtz, ist ein Kraut, dessen es allerhand Arten giebet. ... Die erste wird genannt ... Scrophularia nodosa foetida, C. B. Pit. Tournefort. ... Es zertheilet, ist ein gut Wundkraut und macht dünne. Aeusserlich wird es zu kröpfigten Schäden und zu Wunden gebraucht. Scrophularia ist es deshalb betitelt worden, dieweil es zu den Kröpfen, auf lateinisch Scrophulae genannt, gut ist. Oder, weil seine Wurtzel, wegen ihrer Knoten, wie voll Kröpfe ist. ...“ (Lémery 1721, Sp. 1029f.); Scrophularia nodosa L. – russ. *zolotušnik*, *sorokonedužnik*, *sobač'ja golova*, *zavalec*, *rannik*, *norica*, *noročnik*, *podtynnik*, *koričnik*, *zobnyj koren'*, *starovina* bzw. *krasnyj koren'* (*Annenkov* 1858, S. 85f., Nr. 1007)

„20. Scrophularia nodosa, foetida C. B. P. 235.“ (AAW R. III, Op. 1, D. 162, Bl. 105v, s. Anm. 54 in Nr. 17); „924. Scrophularia nodosa foetida C. B. P. 235. ...“ (AAW R. I, Op. 105, D. 1, Bl. 72v, s. Anm. 29 in Nr. 5); „501. Scrop<h>ularia nodosa foetida. C. B. P.“ (AAW R. I, Op. 104, D. 13, Bl. 4r, s. Anm. 84 in Nr. 29); „67 Scrophularia nodosa foetida C. B. P.“ (G. W. Steller nach J. G. Heinzelmann: AAW R. I, Op. 81, D. 23, Bl. 16r, s. Anm. 1 in Nr. 1); „67. Scrophularia nodosa foetida C B P. 235. Scrophularia vulgaris et major J B. 3. 421.“ (AAW R. I, Op. 6, D. 40, Bll. 25v–26r, s. Anm. 1 in Nr. 1); „490. Scrophularia nodosa foetida C. B. P. ...“ (AAW R. I, Op. 105, D. 4^{a}, Bl. 48v, s. Anm. 54 in Nr. 17); „1. Scrophularia nodosa foetida C. B. P. 235. ...“ (AAW R. I, Op. 13, D. 67, Bl. 60r, s. Anm. 5 in Nr. 4); „203. Scrophularia folijs cordatis oppositis, racemo terminatrici. Lin. h. cliff. 322. Scrophularia nodosa foetida. B. Pin. 235. Boerh. lugd. I. p. 234. Moris. hist. 2. p. 482. S. 5. t. 8. f. 3. ...“ (AAW R. I, Op. 13, D. 20, Bl. 21r, s. Anm. 1 in Nr. 1); „CLXXV. Scrophularia. T. 166. 74. B. I. 234. Подбородочная трава или собачья голова. [russ. *podborodočnaja trava ili* (russ. *ili* – oder) *sobač'ja golova*; russ. *podborodočnyj* (adj.) – Kinn-; russ. *trava* – Kraut] 1. Scrophularia nodosa foetida. C. B. P. 235. B. n. 3. ...“ (Bl. 21r in T. Gerber „Flora Moscuensis ...“, s. Anm. 6 in Nr. 55); russ. *sobač'ja golova* – gemeine knotige Braunwurz; Feigenwarzenwurz, Sauwurz, Wurmwurz (Pawlowski S. 1511); russ. *noričnik* – Scrophularia? Braunwurz (a. a. O., S. 824); „Scrophularia Норишникъ [russ. *norišnik* ?]“ (G. W. Steller nach T. Gerber: AAW R. I, Op. 81, D. 23, Bl. 5v, s. Anm. 1 in Nr. 1)

4 „[species 8] Scrophularia Melissae folio. Scrophularia Scorodoniae folio Mor. Hist. Oxon. Part. 2. 482.“ (Tournefort 1700, S. 166, Genus III. „Scrophularia. Scrofulaire.“); „5. Scrophularia Scorodoniae foliis, nobis. ...“ (Morison 1680, S. 482); „Scrophularia scorodoniae folio. Mor. Hist. Feigenwarzenkraut mit dem Waldsalbeyblat.“ (Miller 1751, S. 590); „5) Melissenblätterichte Braunwurz. Scrophularia Scorodonia. mit herzförmigen doppelt sägeartig gezähnten Blättern, und eine mit Blättern untermengte zusammengesetzte Blumentraube, Scrophularia foliis cordatis duplicato-serratis, racemo composito foliis interstincto. LINN. Syst. Veg. p. 469. ... GMEL. Sib. 3. p. 195. n. 5. ... Scrophularia melissae folio. TOURNEF. inst. 166 ...“ (Linné 1782, 95f.); „5. SCROPHVLARIA foliis cordatis duplicato-serratis, racemo composito, ROY. lugdb. 294. LIN Sp. pl. 2. p. 864. n. 5. Scrophularia scorodoniae folio. MORIS. 2. p. 482. s. 5. t. 35. f. 6. Scrophularia melissae folio, TOVRN. Inst. 166. STELL. Irc. Plantam hanc B. STELLER ad lacum Baikal obseruauit; quae de illa memoriae reliquit, sequentibus Lector, accipe. Perennis et

admodum fruticosa in arenosis littoribus lacus BAIKAL occurrit, primum visa ad sinum Pestschana Guba dictum, et abhinc vbique. ..." (Gmelin 1747–1769, Bd. III, S. 195f.); „5. Scrophularia foliis cordatis duplicato-serratis, racemo composito (excl. synon. praeter Stelleri.) [=] Scrofularia incisa Weinm.! (Scrofularia Scorodonia L.? – Willd. sp. pl. III. 271. – Scrofularia nodosa L. – Wahlenb. lapp. 172.)" (Ledebour 1841, S. 98); „6. SCROPHULARIA Scorodonia. ... S. foliis cordatis duplicato-serratis, ... Gmel. sib. 3. p. 195. n. 5? ... S. scorodoniae folio. ... Moris. hist. 2. p. 482. ... Melissenblättrige Braunwurz. W. ..." (Linné 1797–1830, Bd. III, Teil 1, S. 271f.); „7. S[crophularia] Scorodonia (L. SP. 864) ... GEORGI (Beschr. d. Russ. R. III, 4. p. 1109) plures species confudisse videtur." (Ledebour 1846–1851, S. 216f.); „13. S[crophularia] incisa (WEINM. ...) ... S. incisa. LEDEB. Fl. alt. II, p. 442. ... S. foliis duplicato-serratis, ... GMEL. Fl. sib. III, p. 95, Nr. 5 (excl. synon. praeter STELLERI). S. montana, humilis, ... MESSERSCHM. in AMMAN. ruth. p. 31, Nr. 39. ..." (a. a. O., S. 219f.); „39. SCROPHULARIA montana, humilis, angusto, serrato, crassiusculo folio, semine quam in nodosa majore Messerschm. ..." (Amman 1739, S. 31); „3) SCROFULARIA INCISA. Weinm." (Ledebour 1830, S. 442f.); „Scrophularia scorodonia; foliis cordatis duplicato-serratis, racemo composito foliis interstincto; portugiesische Braunwurz, deren Blätter herzförmig sind, und an ihrem Rande gedoppelte sägeartige Zähne haben, und deren Blumen an zusammengesezten durch Blätter unterschiedenen Traubenkämmen stehen; ..." (Gmelin 1776, Sp. 368); „4. SCROPHULARIA Scorodonia ... Knoblauchartige Braunwurz. ..." (Georgi 1797–1802, Theil 3, S. 1109); „Waldsalbey=Braunwurz. (Scrophularia scorodonia Linn. Scroph. melissae folio Tourn. ...) ..." (Encyclopädie 1780, S. 327); „MELISSA. ... teutsch, Melisse, Citronenmelisse. ..." (Lémery 1721, Sp. 718); „SCORODONIA. ... teutsch, Waldsalbey. ..." (a. a. O., Sp. 1024)

„24. Scrophularia Melissae folio Fl. Irc. 126." (AAW R. I, Op. 105, D. 16, Bl. 1r, s. Anm. 5 in Nr. 4); „3. Scrophularia Melissae folio I. R. H. Fl. Irc. n°. 126. ..." (AAW R. I, Op. 13, D. 67, Bl. 60r, s. Anm. 5 in Nr. 4)

5 „[species 1] Pinguicula Gesneri J. B. 3. 546. Sanicula montana, flore calcari donato C. B. Pin. 243. Pinguicula Clus. Hist. 310." (Tournefort 1700, S. 167, Genus IV. „Pinguicula. Grassete."); „Pinguicula uel Liparis uocari potest: propter pinguia & tenera folia, ..." (Gesner 1561, S. 272); „PINGVICVLA. CAP. XIIII. ..." (Clusius 1601, S. 310f.); „Pinguicula Gesneri J. B. 3. 546. ... Butterwurtz/ Schneewurtz mit blauen Blumen. ..." (Mappus 1742, S. 240f.); „Fettkraut. Pinguiculo. ... Diese Gattung hat ihren Namen Pinguiculo, Fettkraut, oder Fettblatt, ... weil die Pflanzen gleichsam mit Butter oder Fett beschmieret, und ganz fettig anzufühlen sind. ... 2.) Gemeines Fettkraut. Pinguiculo vulgaris. ... Pinguiculo nectario cylindraceo, longitudine petali. LINN. Syst. veg. p. 61. ... Sanicula montana, flore calcaris donato. C. BAUH. pin. 243. ... Pinguicula Gesneri J. BAUH. Hist. 3. p. 546. ..." (Linné 1779, S. 110ff.); „44. PINGVICVLA nectario cylindraceo longitudine pedali, [sic!] LIN. Sp. pl. 1. p. 25. n. 2. ..." (Gmelin 1747–1769, Bd. III, S. 225); „44. Pinguicula nectario cylindraceo longitudine petali [=] Pinguicula vulgaris L.!" (Ledebour 1841, S. 101); „2. PINGUICULA vulgaris. ... P. nectario cylindraceo longitudine petali. ... Gmel. sib. 3. p. 225. ... Gemeines Fettkraut. W. ..." (Linné 1797–1830, Bd. I, Teil 1, S. 110); „640. Pinguicula L. ... 1. P. vulgaris (L. SP. 25) ... P. nectario cylindraceo longitudine petali. GMEL. Fl. sib. III, p. 225, Nr. 44. ..." (Ledebour 1846–1851, S. 2f.); „[Pinguicula] vulgaris, ... gemeines Fettkraut, ... Fettkraut; Butterkraut; Butterblume; Butterwurz; Kiwizfett; ... diese Pflanze ... ist von den ältern Aerzten als ein gelinde abführendes Mittel in der Schwindsucht, in Brüchen, in Wunden, in Verstopfungen der Eingeweide unter zerschiedenen Gestalten verordnet worden; ..." (Gmelin 1775, Sp. 56f.); „1. PINGUICULA vulgaris L., ... Gemeines Fettkraut. ... Im Russischen Finnlande, so wie in Schweden, wird das Kraut zu Sülzmilch, Schwed., Tat. Miölk, benutzt. Man legt die frischen Blätter auf eine Seihe von Leinwand, und gießt die

frischgemolkene, noch wärmliche Milch darüber. ..." (Georgi 1797–1802, Theil 3, S. 654); „Gemeines Fettkraut, gemeiner Schmeerwurz, Butterblume, Kiwitzfett, Hutblume, Pinguicula vulgaris, néctario cylindraceo longitudine petali. Fl. lapp. 11. ... Man eignet dieser Pflanze verschiedene Arzeneykräfte zu. Sie soll im Absud laxiren und den Schleim abführen; auch soll sie gegen die Schwindsucht und Lungensucht dienlich seyn. Außerlich wird sie als ein heilendes Wundmittel gebraucht; ..." (Krünitz 1773–1858, Bd. 146, S. 524ff.)

„30. Pinguicula Gesneri J. B. 3. 546." (AAW R. III, Op. 1, D. 162, Bl. 105v, s. Anm. 54 in Nr. 17); „1. Pinguicula Gesneri. J. B. 3. 546." (AAW R. I, Op. 13, D. 16, Bl. 8r, s. Anm. 32 in Nr. 6); „896. Pinguicula Gesneri J. B. III. 546. Ind. Irc. n°. 415. ..." (AAW R. I, Op. 105, D. 1, Bl. 70v, s. Anm. 29 in Nr. 5); „82) Pinguicula gesneri. J. B. ..." (AAW R. I, Op. 104, D. 25, Bl. 8v, s. Anm. 61 in Nr. 21); „415. Pinguicula Gesneri J. B. III. 546. ..." (AAW R. I, Op. 105, D. 4^{a}, Bl. 45v, s. Anm. 54 in Nr. 17); „239. Pinguicula Gesneri J. B. „ (AAW R. I, Op. 13, D. 42, Bl. 34v, s. Anm. 1 in Nr. 1); „Pinguicula Gesneri J. B. III. 546. Ind. Irc. n°. 415 ..." (AAW R. I, Op. 13, D. 67, Bl. 57v, s. Anm. 5 in Nr. 4); „18. An Pinguicula Gesn?" (AAW R. I, Op. 14, D. 8, Bl. 1r), s. Anm. 98 in Nr. 39); „68. Pinguicula Gesneri J B. 3. 546. Sanicula montana flore calcari donata C B P. 243." (AAW R. I, Op. 6, D. 40, Bl. 26r, s. Anm. 1 in Nr. 1); „68 Pinguicula Gesneri J. B." (G. W. Steller nach J. G. Heinzelmann: AAW R. I, Op. 81, D. 23, Bl. 16r, s. Anm. 1 in Nr. 1)

6 „8. CYMBARIA daurica pumila incana Linariae folio, magno flore luteo, guttato, MESS. Xen. Isid. Sibir. AMM. ruth. p. 36. Tom. I. fig. 2. Chamaeiasma, GMEL. Ms. Phyloma Linariae folio, GMEL. mst. obseru. in hist. nat. n. 87. Anthirr<in>oides Linariae folio argenteo, flore flauo, STELL. Irc. Cymbaria, LINN. sp. pl. 2. p. 861. n. 1. Plantam propono, quam primus MESSERSCHMIDIVS inuenit, PATRVVS postea in montosis Schilkae et Arguni fluuiorum legit, STELLERVS vero non solum ad Baikal, sed et quaquauersum ad Bargusini fluuii ostium deprehendit, quamque AMMANVS ex doctorum horum peregrinatorum communicatis exhibuit; sciendum enim est, styrpes illius ruthenicas non nisis primas illas descriptiones esse, quas PATRVVS academiae misit collatas cum Mstis. B. MESSERSCHMIDII. ..." (Gmelin 1747–1769, Bd. III, S. 198ff.); „8. Cymbaria daurica pumila incana Linariae folio, magno flore luteo, guttato [=] Cymbaria davurica L.!" (Ledebour 1841, S. 99); „Nachenkraut. Cymbaria. ... Wegen der Gestalt der Saamengehäuse, welche zwey nahe an einander gestellte Nachen vorstellen, führt dieses Geschlecht diesen Namen; ... 1) Sibirisches Nachenkraut. Cymbaria daurica. LINN. Syst. Veg. p. 467. ... GMEL. Sib. 3. p. 198. n. 8. Cymbaria daurica pumila incana, linariae folio, magno flore luteo guttato. AMMAN. ruthen. 47. t. 1. f. 2. ..." (Linné 1782, S. 86f.); „1. CYMBARIA daurica. Cymbaria. ... Gmel. sib. 3. p. 198. n. 8. C. daurica pumila incana, ... Amm. ruth. 47. t. f. 2. ... Sibirisches Nachenkraut. W. ..." (Linné 1797–1830, Bd. III, Teil 1, S. 262); „751. Cymbaria L. ... 1. C. davurica (L. SP. 861) ... C. davurica pumila incana ... MESSERSCHM. in Amman. ruth. p. 36, No. 47, t. 1, f. 2. – GMEL. Fl. sib. III, p. 198, No. 8. ..." (Ledebour 1846–1851, S. 264); „Cymbaria daurica. Deutsch. Das Nachenkraut. ... Eine mit Antirrhinum nahe verwandte Pflanze; wächst in den gebirgigten und steinigten Gegenden Siberiens; führt den Namen von der Gestalt ihres Samens." (Nemnich 1793, Sp. 1339); „1. CYMBARIA dauurica ... Daurische Nachenblume. ..." (Georgi 1797–1802, Theil 3, S. 1108); „47. CYMBARIA, Auctore Messerschmidio, ... Vnica hujus generis nobis nota species est, quae a Messerschmidio vocatur: CYMBARIA Daurica, pumila, incana, Linariae folio, magno flore luteo, guttato Tab. I. Fig. 2. ANTIRRHINOIDES vel potius CYMBARIA, scribit idem in Xenio Isidis Sibiricae, ..." (Amman 1739, S. 35ff.); „LINARIA. ... teutsch, Leinkraut, Flachskraut. ... (Lémery 1721, Sp. 651f.); „Cymbāria L. (Scrophularineae). Von χυμβος (Höhlung); die Krone ist rachenförmig, ihre Röhre ist oben aufgeblasen." (Wittstein 1852, S. 253)

„926. Phyteoma Linariae foliis Obs. in H. N. LXXXVII. ... Fl. Irc. n° 128." (AAW R. I, Op. 105, D. 1ª, Bl. 95r, s. Anm. 29 in Nr. 5); „* Phyteoma Linariae foliis. obs. in Hist. Nat. LXXXVII. ..." (AAW R. I, Op. 105, D. 2, Bl. 3v, s. Anm. 54 in Nr. 17); „Fructus Phyteomatis Linariae folio." (a. a. O., Bl. 22v unter „Index rerum quae e vegetabilium genere transmittuntur."); „LXXXVII. Phyteoma Linariae folijs. ..." mit der rechts marginalen Anm. auf Bl. 37r „Vid. fig." (Bll. 37r–37v in: R. I, Op. 105, D. 8ª, s. Anm. 46 in Nr. 79); „Phyteoma Linariae folijs obs. in H. N. LXXXVII. Antirrhinoides Fl. Irc. n°. 128." mit der rechts marginalen Anm. „vid. Ic." (AAW R. I, Op. 13, D. 67, Bl. 60r, s. Anm. 5 in Nr. 4); „357. Phyteuma Linariae foliis Gem. Cymbaria Messer." mit der rechts marginalen Anm. „Gmel. Davur." (AAW R. I, Op. 15, D. 3, Bl. 7r, s. Anm. 65 in Nr. 24); „321„ d. 23„ [September 1724] Sem. Antirrhinoidis vel Cymbariae Dauricae, pumilae, incanae, Linariae folio, magno flore luteo intus guttato. ... Antirrhinoïdes vel Cÿmbaria, plantae genus, ... Antirrhinoïdes vel Cymbaria species unica nota: Antirhinoïdes vel Cymbaria Davurica pumila, incana, Linariae folio, magno flore luteo guttato; recensita" (AAW F. 98, Op. 1, D. 23, Bll. 10r–10v, s. Anm. 49 in Nr. 653); „Cymbaria Davurica etuv. Messerschm. Phyteuma Linariae foliis Gmel. Sem. tum Messerschmidiana tum Gmeliniana non gliverunt." (AAW R. III, Op. 1, D. 162, Bl. 16r, s. Anm. 54 in Nr. 17); „1. Cymbaria Mess. Phyteoma Linariae foliis. Gmel." (AAW R. I, Op. 13, D. 16, Bl. 8v, s. Anm. 32 in Nr. 6); „31. Cymbaria Amm. 47." (AAW R. I, Op. 105, D. 16, Bl. 1v, s. Anm. 5 in Nr. 4); „Cymbaria." (AAW F. 1, Op. 2–1743, D. 11, Bl. 19v, s. Anm. 5 in Nr. 4)

7 „Cymba (lat.), 1) Kahn, Nachen; ..." (Pierer 1857–1865, Bd. 4, S. 610); „Cymbĭum (röm. Ant.), mit breitem Rande versehenes Trinkgeschirr." (a. a. O., S. 610); „Cymbaria, Nachenkraut, ist bey Linné, Adanson, Ammann, ... eine Gattung Pflanzen mit zwey ungleich langen Paren von Staubfäden mit bedekten Samen; deren Blumenkelch in viele gleichbreite Späne getheilt ist, und deren Samenkapsel nur eine Zelle hat: ..." (Gmelin 1776, Sp. 424); „CYMBARIA, Auctore Messerschmidio, est plantae genus flore monopetalo anomalo, tubulato, personato, in duo labia distincto, quorum superius bifidum est, inferius tripartitum, vtrumque reflexum. ..." (Amman 1739, S. 35f.)

8 „Lituus, ein etwas krumm gebogner Stock, dessen sich zu Rom die Augures bedienten, womit sie den Himmel allezeit in gewisse Regiones oder Gegenden abtheilten, aus denen nach ihrer Einbildung die eine vor die Römer die andere vor die Fremden, oder vor die Feinde, sonderlich aber eine glücklich, die andere unglücklich seyn sollte; ..." (Zedler 1732–50, Bd. 17, Sp. 1709f.)

9 „Antirrhinum. Mufle de Veau. ..." (Tournefort 1700, S. 167f.); „ANTIRRHINUM. ... teutsch, Löwenmaul, Dorant. Ist ein Gewächse, davon Johann. Bauhinus dreyerley Gattungen giebt. Das erste ... Seine Blumen sitzen eben um die Spitzen der Stengel herum, sind leibfarben oder weiß, länglicht, oder wie ein kleines Röhrlein formiret, welches an dem einen Ende wie eine Kalbsnase oder Löwenschnauze siehet, ... Die zweyte Sorte heist Anarrhinum, auch Lychnis sylvestris, Dioscor. ... Seine Blumen sind wie die gelben Nelcken formiret, jedoch viel kleiner und purpurfarbig. ... Das dritte heist Anarrhinum seu Lychnis agria, Plin. ... Seine Blume vergleicht sich mit den Hyacinthen, ..." (Lémery 1721, Sp. 68)

10 Randbemerkung in der 2. Textversion (s. Anm. 1 in A.) in der Handschrift von G. W. Steller: „D. D. Gmelin / Phyteo / ma Linariae / folio"

11 s. Nr. 128

12 „[species 26] Linaria vulgaris, lutea, flore majore C. B. Pin. 212. Linaria lutea, vulgaris J. B. 3. 456. Linaria prima Dod. Pempt. 183. Linaire commmune ou Lin sauvage. ... [species 28] Linaria vulgaris, lutea, flore minore C. B. Pin. 213." (Tournefort 1700, S. 170, Genus II. „Linaria. Linaire."); „* Linaria vulgaris, lutea, flore majore C. B. Pin. 212. ... Leinkraut/ Garnkraut/ wild Flachs. ... Linaria vulgaris lutea, flore minore C. B. Pin. 213. ..." (Mappus 1742, S. 175f.);

„Linaria vulgaris lutea, flore majore T. & IB. 3. 456. ... Lein=Kraut, mit schönen grosen gelben Blumen, ... Linaria vulgaris lutea flore minore T. ...“ (Lindern 1747, S. 164); „1. LINARIA vulgaris lutea, flore majore. C. B. P. Gemeines gelbes Flachskraut, mit grosser Blume.“ (Miller 1750, S. 519); „31) Gemeines Leinkraut. Antirrhinum Linaria. ... Antirrhinum foliis lanceolato-linearibus confertis, caule erecto, spicis terminalibus, sessilibus, floribus imbricatis. LINN. Syst. Veg. p. 466. ... GMEL. Sib. 3. p. 196. ... Linaria vulgaris lutea flore maiore. BAUH. pin. 212. ... Diese Art, welche auch Flachskraut, oder Frauenflachs genennt wird, ... man hat es [d. h. das Leinkraut] ehedem innerlich und äusserlich verordnet. Innerlich gebraucht, soll es sehr stark auf den Urin und Stuhlgang treiben, äusserlich erweicht, lindert, zertheilt und stillt es die Schmerzen, unter verschiedenen Zubereitungen und Mischungen. So ist die Leinkrautsalbe besonders in der blinden goldenen Ader berühmt; ...“ (Linné 1782, S. 73ff.); „55. ANTIRRHINUM Linaria. A. foliis lanceolato-linearibus confertis, ... Gmel. sib. 3. p. 196. ... Linaria vulgaris lutea, flore majore. Bauh. pin. 212. ... Gemeines Löwenmaul. W. ...“ (Linné 1797–1830, Bd. III, Teil 1, S. 253f.); „4. L[inaria] vulgaris (MILL. Dict. Nr. 1) ... L. acutiloba. FISCH. mas. – LEDEB. Fl. alt. II, p. 444. ... Antirrhinum Linaria L. SP. 858. ... Antirrhinum foliis lanceolato-linearibus, ... GMEL. Fl. sib. IV, p. 196, Nr. 6 (plures species confusae videntur). ...“ (Ledebour 1846–1851, S. 206f.); „2) LINARIA ACUTILOBA. Fisch. ... L. acutiloba. Fisch. ex Reichenb. pl. crit. V. p. 14. ...“ (Ledebour 1830, S. 444f.); „6. ANTIRRHINVM foliis lanceolato-linearibus, caule erecto, spicis terminalibus sessilibus, floribus imbricatis, LINN. Sp. pl. 2. p. 858, n. 33. ROX. lugd. 297. ... γ. Linaria lato longoque lini folio, flore pallido, rictu aureo, multiflora. ... „ (Gmelin 1747–1769, Bd. III, S. 196f.); „6. Anthirrhinum foliis lanceolato-linearibus, caule erecto, spicis terminalibus sessilibus, floribus imbricatis [=] Linaria vulgaris Bauh.! [;] γ. Linaria lato longoque Lini folio, flore pallido, rictu aureo, multiflora [=] Linaria acutiloba Fisch.]“ (Ledebour 1841, S. 99); „29) Flachskraut, gemeines gelbes Flachskraut, Leinkraut, Frauenflachs, Marienflachs, Krötenflachs, Harnkraut, groß Harnkraut, Antirrhinum Linaria, ... Man hat ihm von langen Zeiten her eine harntreibende und gelinde abführende Kraft zugeschrieben, und es daher nicht nur innerlich in mehreren Krankheiten, vorzüglich aber in der Gelbsucht, sondern auch äußerlich als ein erweichendes, linderndes und schmerzstillendes Mittel, vornehmlich in der güldenen Ader empfohlen. ...“ (Gmelin 1779, S. 39f.); „22. Antirrhinum folijs lanceolato-linearibus confertis, caule erecto spicis terminatricibus sessilibus, floribus imbricatis“ mit der links marginalen Anm. „vid. LXXVIII.“ (AAW R. I, Op. 13, D. 67, Bl. 60v, s. Anm. 5 in Nr. 4); „3. Linaria lato longoque Lini folio, flore pallido, rictu aureo, multiflora Ind. Jen. n°. 929. ...“ (a. a. O., Bl. 60r); „Antirrhinum Linaria, ... Flachskraut ... Harnkraut, gros Harnkraut, Leinkraut, Frauenflachs, Marienflachs, Krötenflachs, gemeines gelbes Flachskraut; ...“ (Gmelin 1772a, Sp. 621f.); „LINARIA VULGARIS. ... Linaria vulgaris lutea, flore majore. C. Bauh. pin. p. 212. ... Gemeiner Frauenflachs, Marienflachs, Catharinenflachs, Waldflachs, Mauerflachs, Krötenflachs, wilder Flachs, flachsartiges Löwenmaul, Flachskraut, Leinkraut, Ackerleinkraut, Stockkraut, Nabelkraut, Stallkraut, Harnkraut, Feigwarzenkraut. ... Es ist harntreibend und purgierend. Man lobte es in der Wassersucht und Gelbsucht, ...“ (Hayne 1819, Nr. 33); „Leinkraut, Leinblatt, Frauenflachs, Flachskraut, Waldflachs, wilder Flachs, Marienflachs, Krötenflachs, Hanfkraut, Nabelkraut, Catharinenblume, Stallkraut, Harnkraut, Hundskopf, wegen einiger Gestalt der Blumen, ferner Feigblattern= oder Feigwarzenkraut, weil die daraus verfertigte Salbe die Schmerzen der goldenen Ader lindert, lat. Antirrhinum Linaria Linn, ... 1) Linaria (Vulgaris) ... Linaria vulgaris lutea, flore majore. C. B. P. 212. Das gemeine gelbe Leinkraut mit einer großen Blume.“ (Krünitz 1773–1858, Bd. 76, S. 368ff.); „12. ANTIRRHINUM Linaria ... Leinähnliches Löwenmaul. R. Len Dikoi und Schabrei. ...“ (Georgi 1797–1802, Theil 3, S. 1107); „ANTIRRHINVM (Linaria) ... Linaria vulgaris lutea, flore maiore. Bauh. pin. 212. Дикой ленъ [russ. *dikoj len*] Russ. ...“ (*Krašeninnikov*

1761, S. 99); Linaria vulgaris Mill. – russ. *len dikij, medunika, poskripnjak, vyžlik, ščelčok, žolunic, vnutrennik, kotovyja jaica, putnik, plotik, lenok* bzw. *vydol'nik* (*Annenkov* 1858, S. 56, Nr. 645); Anthyrrinum – russ. *vyžlin, vyžlina, žabrej, žabra* bzw. *l'vovy usta* (a. a. O., S. 17, Nr. 112)

„Antīrrhinum L. (Personatae). Zus. aus ἀντι (ähnlich) und ρις (Nase), in Bezug auf die eigenthümliche Form der Blumenkrone." (Wittstein 1852, S. 58); „Lināria T. (Scrophularineae). Von linum (Lein), in Bezug auf die leinähnlichen Blätter." (a. a. O., S. 526)

„22. Linaria vulgaris, lutea, flore majore C. B. P. 212." (AAW R. III, Op. 1, D. 162, Bl. 106r, s. Anm. 54 in Nr. 17); „69. Linaria vulgaris lutea, flore majore C B P. 212. Linaria lutea vulgaris J B. 3. 456." (AAW R. I, Op. 6, D. 40, Bl. 26r, s. Anm. 1 in Nr. 1); „1. Linaria vulgaris lutea, flore majore. C. B. P. 212." (AAW R. I, Op. 13, D. 16, Bl. 8r, s. Anm. 32 in Nr. 6); „* Linaria vulgaris lutea, flore minore C. B. P. ..." (AAW R. I, Op. 105, D. 2, Bl. 3v, s. Anm. 54 in Nr. 17); „Linaria vulgaris, lutea, flore majore. B. Pin. 212. et Inst. r. h. n°. 30." (AAW R. I, Op. 13, D. 19, Bl. 2v, s. Anm. 54 in Nr. 17); „– Linaria vulgaris lutea flore majore C B P. ..." (AAW R. I, Op. 104, D. 8, Bl. 8v, s. Anm. 18 in Nr. 452); „502. Linaria vulgaris lutea flor. majore C. B. P. n. 6." (AAW R. I, Op. 104, D. 13, Bl. 4r, s. Anm. 84 in Nr. 29); „84. Linaria vulgaris lutea, flore majore C. B P. ..." (AAW R. I, Op. 104, D. 17, Bl. 13r, s. Anm. 36 in Nr. 8); „Linaria vulgaris lutea flore majore. C. B. P. 212. ..." (AAW R. I, Op. 68, D. 2, Bl. 12r, s. Anm. 62 in Nr. 22); „83) Linaria vulgaris lutea ..." (AAW R. I, Op. 104, D. 25, Bl. 8v, s. Anm. 61 in Nr. 21); „69 Linaria vulgaris lutea fl. majore C. B." (G. W. Steller nach J. G. Heinzelmann: AAW R. I, Op. 81, D. 23, Bl. 16r, s. Anm. 1 in Nr. 1); „Linaria vulgaris lutea, flore majore. T. Sp. 26. ..." (AAW F. 98, Op. 1, D. 19, Bl. 31r, s. Anm. 59 in Nr. 19); „Linaria vulgaris lutea, flore majore; Tournefort. Spec. 26. ..." (AAW F. 98, Op. 1, D. 20, Bl. 28v, s. Anm. 90 in Nr. 33); „8. Juli 1723 ... Ich fand hieselbst ... Linariam vulgarem flore luteo minore (Tournefortii sp. ***); ..." (Messerschmidt 1962–1977, Bd. 2, S. 86f.); „Von Kräutern sahe ich ... Linariam vulgarem luteam, flore maiore (C. B. et Tournefortiis sp. 26); ..." (a. a. O., S. 120); „10. Juli 1725 ... Von plantis fand sich ... Linaria vulgaris flore luteo minore (Tournefortii sp. 28); ..." (Messerschmidt 1962–1977, Bd. 4, S. 156); „Linaria vulgaris lutea maior (Tournefortii sp. 26), Off. Linaria vulgaris lutea minor (Tournefortii sp. 28), Sylv." (Messerschmidt 1962–1977, Bd. 4, S. 202, s. Anm. 1 in Nr. 1); „CLXXVI. Linaria T. 168.76. B. 1. 231. дикои ленъ [*dikoi len*; russ. *dikoj len*]. 1. Linaria vulgaris lutea flore maiore. C. B. P. 212. B. n. 6." (Bl. 21r in T. Gerber „Flora Moscuensis ...", s. Anm. 6 in Nr. 55); russ. *dikij len* – (u. a.) Linaria vulgaris, Leinkraut (Pawlowski 1952, S. 622); russ. (adj.) *dikij* bzw. *dikoj* – wild; „Linaria ленокь дикои [russ. *lenok' dikoi*]" (G. W. Steller nach T. Gerber: AAW R. I, Op. 81, D. 23, Bl. 5v, s. Anm. 1 in Nr. 1); russ. *lenok* – dem. von *len* (Pawlowski 1952, S. 623)

13 „[species 29] Linaria flore pallido, rictu aureo C. B. Pin. 213. Linaria Pannonica, flore luteo, minore quàm in vulgari J. B. 3. 458. Linaria Pannonica 1 Clus. Hist. 322." (Tournefort 1700, S. 170, Genus II. „Linaria. Linaire."); „12. Das Ungarische Lein=Kraut mit bleichen Bluhmen: Linaria pallido, rictu aureo, C. B. P. ..." (Zwinger 1744, S. 1165); „Linaria flore pallido, rictu aureo C. B. Pin. 213. ... Linaria Pannonica I. Clus Hist 322. ..." (Mappus 1742, S. 176); „Linaria flore pallido rictu aureo T. sive Linaria Pannonica 1. Clus. hist. 322. Lein oder Flachs=Kraut, mit bleich gelben Blumen, ..." (Lindern 1747, S. 164); „29) Ginsterblätterichtes Löwenmaul. Antirrhinum genistaefol. ... Antirrhinum foliis lanceolatis acuminatis, panicula virgata flexuosa. LINN. Syst. Veg. p. 466. ... Linaria flore pallido: rictu aureo. BAUH. pin. 213. ..." (Linné 1782, S. 72f.); „53. ANTIRRHINUM genistifolium. ... Linaria flore pallido: rictu aureo. Bauh. pin. 213. Linaria pannonica 1. Clus. hist. 1. p. 321. ... Ginsterblättriges Löwenmaul. W. ..." (Linné 1797–1830, Bd. III, Teil 1, S. 252); „[Antirrhinum] genistifolium, ... Dorant mit Gensterblättern, mit lanzenförmigen scharf zugespitzten Blättern und einer ruthenartig gebogenen Blumenrispe; ..." (Gmelin 1772a, Sp. 619f.); „1) LINARIA GENISTAEFOLIA. Mill. ... Antirrhinum genistaefolium. Linn.

Willd. Spec. pl. III. p. 252. ..." (Ledebour 1830, S. 443f.); „9. L[inaria] genistaefolia (MILL. ...) ... L. Isatidis folio, flore luteo. AMMAN. ruth. p. 31, Nr. 40. Antirrhinum genistaefolium. L. SP. 858. ..." (Ledebour 1846–1851, S. 209); „40. LINARIA Isatidis folio, flore luteo. ... Ex Sibiria Gmelinus misit. Messerschmidius eandem in Diario sui recenset sub titulo Linariae procerae, latifoliae, floribus vulgari similibus luteis, testa seminali majusculo, ..." (Amman 1739, S. 31f.); „30. August 1723 ... Linaria procera latifolia, floribus vulgari similibus luteis, testa seminali maiuscula ..." (Messerschmidt 1962–1977, Bd. 2, S. 124); „bb) Antirrh. genistifolium, (foliis lanceolatis acuminatis, panicula virgata flexuosa); oder Linaria genistae folio glauco, flore luteo ... oder Linaria flore pallido, rictu aureo Bauh. ..." (Schmidlin 1771a, S. 373); „940.** ANTIRRHINUM genistaefolium foliis lanceolatis acuminatis, panicula virgata flexuosa. Linn. Sp. pl. 2. p. 858. ... Germ. Günsterblättriges Löwenmaul. ..." (Gmelin 1826, S. 453f.)

„13 Linaria flore pallido, rictu aureo, elatior. Inst. r. h. 170." (AAW R. III, Op. 1, D. 98, Bl. 1v, s. Anm. 3 in Nr. 53); „18. Linaria flore pallido, rictu aureo, elatior Tourn. i. r. h. 170." (AAW R. III, Op. 1, D. 162, Bl. 106r, s. Anm. 54 in Nr. 17); „2. Linaria flore pallido rictu aureo. C. B. P. 213" mit der rechts marginalen Anm. „Lena fl." (AAW R. I, Op. 13, D. 16, Bl. 8r, s. Anm. 32 in Nr. 6); „– Linaria flore pallido, rictu aureo C B P. ..." (AAW R. I, Op. 104, D. 8, Bl. 8v, s. Anm. 18 in Nr. 452); „84) Linaria pallido flore rictu aureo. Casp. Bauh. & Flor. ircut. No. 131. ..." (AAW R. I, Op. 104, D. 25, Bl. 8v, s. Anm. 61 in Nr. 21); „491. Linaria flore pallido, rictu aureo C. B. P. ..." (AAW R. I, Op. 105, D. 4[a], Bl. 48v, s. Anm. 54 in Nr. 17); „927. Linaria lato Linifolia, flore pallido, rictu aureo. ... Haec species inter Ircutenses plantas ad n[um] 491 relata fuit. ..." (AAW R. I, Op. 105, D. 1[a], Bl. 95r, s. Anm. 29 in Nr. 5); „938. Linaria flore pallido rictu àureo, infimis foliis latioribus, superioribus angustioribus. ... 939. Linaria flore pallido, rictu aureo, Polygala folio. ... 940. Linaria flore pallido, rictu aureo, supina et repens. ... 941. Linaria flore pallido rictu aureo erecta, radice repente. ... 943. Linaria flore pallido, rictu aureo, radice repente, elatior et folio angustiore pallidioreque. ..." mit der links marginalen Anm. „Vid. Ic." auf Bl. 97v neben Nr. 941 (AAW R. I, Op. 105, D. 1[a], Bll. 96v–98r, s. Anm. 29 in Nr. 5); „12. Linaria flore pallido, rictu aureo, infimis foli[o] latioribus. superioribus angustioribus Ind. Jen. n°. 938. 13. Linaria flore pallido, rictu aureo, Polygalae folio Ind. Jen. n°. 939. 14. Linaria flore pallido, rictu aureo, supina et repens Ind. Jen. n°. 940. ... 15. Linaria flore pallido, rictu aureo, erecta, radice repente Ind. Jen. n°. 941. ... 17. Linaria flore pallido, rictu aureo, radice repente elatior & folio angustiore pallidioreque Ind. Jen. n°. 943." (AAW R. I, Op. 13, D. 67, Bl. 60v, s. Anm. 5 in Nr. 4); „319 Linaria flore pallido, rictu aureo C. B. P. ..." (AAW R. I, Op. 13, D. 42, Bll. 51r–51v, s. Anm. 1 in Nr. 1)

14 s. Nr. 130

15 „7. ANTIRRHINVM foliis linearibus semicylindraceis, carnosis. Linaria pumila supina lutea, BAVH. pin. 213. GERB. Trans. [?] Linaria pumila flore paruo, calice floris hirsuto, STELL. Irc. 132. Antirrhinum foliis subquaternis linearibus caule diffuso, floribus recuruato, LINN. sp. pl. 2. p. 856. n. 24?..." (Gmelin 1747–1769, Bd. III, S. 197f.); „7. Antirrhinum foliis linearibus semicylindraceis, carnosis [=] Linaria Loeselii Schweigg. α. minor!" (Ledebour 1841, S. 99); „15) Rücklings liegendes Löwenmaul. Antirrhinum supinum. ... Antirrhinum foliis subquaternis linearibus, caule diffuso, floribus racemosus, calcari recto. LINN. Syst. Veg. p. 465. ... Linaria pumila supina lutea. BAUH. pin. 213. ..." (Linné 1782, S. 61f.); „29. ANTIRRHINUM supinum. ... Linaria pumila supina lutea. Bauh. pin. 213. ... Niedriges Löwenmaul. W. ..." (Linné 1797–1830, Bd. III, Teil 1, S. 243); „6) LINARIA LOESELII. Schweigg. ... L. Loeselii. Schweigger Koenigsb. Archiv I. p. 228. ... α. minor: caule subsimplici racemo paucifloro. Antirrhinum foliis linearibus semicylindraceis carnosis. Gmel. Fl. sib. III. p. 197. No. 7. ..." (Ledebour 1830, S. 447ff.); „6. L[inaria] odora (CHAV. Monogr. p. 136) ... L. Loeselii. SCHWEIGG. in

KÖNIGSB. Arch. I, p. 228. – LEDEB. Fl. alt. II, p. 447. ... Antirrhinum, supinum. ... Antirrhinum foliis linearibus, ... GMEL. Fl. sib. III, p. 97, Nr. 7. ..." (Ledebour 1846–1851, S. 207f.); „Antirrhinum supinum, foliis subquaternis linearibus, caule diffuso, floribus racemosus, calcari recto; schleichender Dorant, dessen Blätter gleichbreit und meistens vierfach sind, dessen Stamm sich weit ausbreitet, und dessen Blumen gleichsam in Traubenkämme sich vereinigen, und einen geraden Sporn haben; ..." (Gmelin 1772a, Sp. 617)

„* Linaria pumila supina, lutea. C. B. P. ..." (AAW R. I, Op. 105, D. 2, Bl. 3v, s. Anm. 54 in Nr. 17); „20. Linaria pumila. flore parvo, calyce floris hirsuto Fl. Irc. n°. 132." (AAW R. I, Op. 13, D. 67, Bl. 60v; s. Anm. 5 in Nr. 4); „CLXXVI. Linaria ... 1. Linaria pumila supina lutea. C. B. P. 213. B. n. 9." (Bl. 21r in T. Gerber „Flora Moscuensis ...", s. Anm. 6 in Nr. 55)

16 „19. PEDICVLARIS alpina foliis alternis pinnatis, pinnulis pinnatis, floribus ochroleucis rostratis in spicam congestis, HALL. helv. 620. t. 15. SAVV. monsp. 247. Pedicularis montana maior, latiore Achillaeae folio, GMEL. Ind. Ien. 953. Pedicularis montana maior, Achillaeae folio glabra eademque spica arctiore et flore maiore, ID. l. c. 956. Pedicularis montana, minor, angustiore Achillaeae folio, ID. l. c. 954. Pedicularis montana Achilleae folio ampliori crispo, flore ochroleuco, STELL. Irc. n 85. [sic!] Pedicularis caule simplici, calycibus crenatis, corollis galea rostrato-aduncis, LINN. sp. pl. p. 245. n. 14. ... Prouenit ad Lenam fluuium, Ircutiae STELLERVS obseruauit." (Gmelin 1747–1769, Bd. III, S. 208f.); „19. Pedicularis alpina, foliis alternis pinnatis, pinnulis pinnatis, floribus ochroleucis rostratis in spicam congestis [=] Pedicularis comosa L.!" (Ledebour 1841, S. 99); „1. PEDICULARIS alpina, foliis alternis, pinnatis, pinnulis pinnatis, floribus ochroleucis rostratis, in spicam congestis ..." (Haller 1742, S. 620f.); „875. PEDICULARIS COMOSA Linn. ... P. alpina foliis alternis, pinnatis, pinnulis pinnatis, floribus ochroleucis rostratis in spicam congestis. Gmel. fl. Sib. III. p. 268. [sic!] ..." (*Turčaninov* 1856, Fasc. 2, S. 369f.); „229. PEDICULARIS comosa ... Pedicularis caule simplici, spica foliosa, corollis galea acuta emarginata, calycibus quinquedentatis. LINN. syst. 12. p. 407. ... 231. PEDICULARIS tuberosa. ... Pedicularis caule simplici, floribus spicatis rostratis, calycibus glabris. HALL. hist. 1. n. 323. Pedicularis alpina, foliis alternis pinnatis, pinnulis pinnatis, floribus ochroleucis rostratis in spicam congestis, HALL. Helv. 600. [sic!] tab. 15. ..." (Allioni 1785, S. 64); „13) Zopfiges Läusekraut. Pedicularis comosa. ... Pedicularis caule simplici, spica foliosa, corollis galea acuto emarginata, calycibus quinquedentatis. LINN. Syst. Veg. p. 462. ..." (Linné 1782, S. 36f.); „16) Dickwurzlichtes Läusekraut. Pedicularis tuberosa. ... Pedicularis caule simplici, calycibus cristatis, corollis galea rostrato-adunca. LINN. Syst. Veg. p. 462 Sp. Pl. p. 847. Pedicularis caule simplici, floribus spicatis, rostratis, calycibus glabris. HALL. helv. nr. 323. ..." (a. a. O., S. 38); „323. PEDICULARIS caule simplici, floribus spicatis, rostratis, calycibus glabris Enum. n. 1. t. X. de pedicul. n. 11. ..." (Haller 1768, S. 140); „28. PEDICULARIS tuberosa. ... Dickwurzliches Läusekraut. W. ..." (Linné 1797–1830, Bd. III, Teil 1, S. 217f.); „34. PEDICULARIS comosa. ... Schopfblütiges Lausekraut. W. ... Varietates sequentes vidi: ... 2) Foliis pracedentis sed laciniis dentatis, caule humiliori, spica ovata, e Sibiria. ..." (a. a. O., S. 220f.); „11) PEDICULARIS COMOSA. Linn. ... P. comosa. var. 2. Willd. Spec. pl. III. p. 220. No. 19. ..." (Ledebour 1830, S. 432f.); „43. P[edicularis] comosa (L. SP. 847) ... P. tuberosa. ... P. alpina, foliis alternis, pinnatis, ... GMEL. Fl. sib. III, p. 268, No. 19. ..." (Ledebour 1846–1851, S. 292f.); „[Pedicularis] comosa, ... italiänisches Läusekraut, ... [Pedicularis] tuberosa, caule simplici, calycibus crenatis, corollis galea rostrato adunca, knolliges Läusekraut, dessen Stengel einfach, dessen Blumenkelche gekerbt sind, und dessen obere Lippe an der Blumenkrone einen gekrümmten Schnabel hat; ... Es heißt bey ... Hallern: Pedicularis alpina, foliis alternis pinnatis: pinnulis pinnatis, floribus ochroleucis rostratis in spicam congestis; ..." (Gmelin 1774, Sp. 854f.); „12. PEDICULARIS comosa ... Schopfförmiges Läusekraut. ... 14. PEDICULARIS tuberosa ... Knollwurzliches Läusekraut. ..."

(Georgi 1797–1802, Theil 3, S. 1104); „PEDICULARIS. ... teutsch, Läusekraut. ... Es dienet das Bluten zu verstellen, wie ingleichen den monatlichen Fluß und die goldne Ader, wenn es abgesotten gebraucht wird. Aeusserlich gebraucht, soll es gut seyn zu Wunden und Fisteln. Pedicularis kommt von pediculus, Laus, weil man hat vorgegeben, das Vieh, das dieses Kraut gefressen, würde voller Läuse. ..“ (Lémery 1721, Sp. 848); Pedicularis – russ. *sokorica, bachromočnik* bzw. *mytnik* (*Annenkov* 1858, S. 67, Nr. 774); „Pediculāris L. (Rhinantheae). Von pediculus (Laus, abgeleitet von pes: wegen der vielen Füsse dieses Thiers), in Bezug auf die (frühere) Anwendung der Pflanze gegen Läuse. Man bezog den Namen wohl zunächst auf die Form der Samen, sowie auf die runzeligen Blätter, welche aussehen, als wenn sie voller Läuse wären; und dieses Aussehen leitete wahrscheinlich auf die erwähnte Anwendung.“ (Wittstein 1852, S. 663); „Achillēa Vaill. (Compositae). Nach ACHILLES, einem Schüler Chiron's, der ihre Anwendung in der Medicin zuerst gelehrt haben soll. ...“ (a. a. O., S. 5f.)

„85) Pedicularis montana Achilleae folio ampliori crispo flore ochroleuco flor ircut. No. 133. D. D. Gmelin ind plant Lenens. No. 323. ...“ (AAW R. I, Op. 104, D. 25, Bl. 8v, s. Anm. 61 in Nr. 21); „953. Pedicularis montana, major, latiore Achilleae folio. ... 954. Pedicularis montana minor, angustiore Achilleae folio. ... Hanc speciem sistit Tab. XXXVI. Len. ic. 955. Pedicularis montana minor, latiore et tenuius diviso Achilleae folio. ... 956. Pedicularis montana major, Achilleae folio glabra. ... Quatuor hae Pedicularis species promiscue inter Mangaseam et Jeniseam urbes proveniebant. ... Tres priores sub uno eodemq$_3$ nomine Ind. Len. nº 323 comprehendi, quibus et duas alias tunc temporis admiscui, quarum una est Pedicularis montana major, Achilleae folio glabra, spica florum arctiore et flore majore, altera Pedicularis montana major, folio pinnato.“ (AAW R. I, Op. 105, D. 1ª, Bll. 98v–99r, s. Anm. 29 in Nr. 5); „5. Pedicularis montana major, latiore Achilleae folio Ind. Jen nº. 953. 6 Pedicularis montana minor, latiore & tenuius diviso Achilleae folio Ind. Jen. 955. 7. Pedicularis montana minor, angustiore Achilleae folio Ind. Jen. nº. 954. 8. Pedicularis montana major, Achilleae folio glabra. Ind. Jen. nº. 956. 9. Pedicularis montana major, Achilleae folio, glabra spica florum arctiore & flore majore Ind. Jen. nº. 956 ... 10. Pedicularis montana major, folio pinnato Ind. Jen. no. 956.“ mit den rechts marginalen Anm. „vid. Ic.“ bei Nr. 7 und „vid. XIV.“ bei Nr. 8 (AAW R. I, Op. 13, D. 67, Bl. 61r, s. Anm. 5 in Nr. 4)

17 „ACHILLEA. ... Das ist eine Sorte der Jacobaea, oder ein Gewächse, welches aus seiner Wurtzel einen Haufen dünner und gerader Blätter treibet, welche dem Stabwurtzkraute, dem Männlein, ähnlich sehen und grün sind; ...“ (Lémery 1721, Sp. 14f.)

18 „323. Pedicularis montana flore ochroleuco albove. ... j Eadem humilior, Achillaeae folio. ... Hanc varietatem icon sistit, in qua (a) florem separatim spectatum exhibet, (b) embryonem fructus (c) fructum maturum (d) semina.“, auf Bl. 52v links marginal „Tab. XXXVIA.“ (AAW R. I, Op. 13, D. 42, Bll. 52v–53v, s. Anm. 1 in Nr. 1); „499. Pedicularis montana, flore ochroleuco, albove. Varietas elatior Ind. Len. ...“ (AAW R. I, Op. 105, D. 4ª, Bl. 49v, s. Anm. 54 in Nr. 17); „19 Forte Pedicularis montana flore ochroleoco albove. Ind. Len. plant.“ (AAW R. I, Op. 15, D. 1, Bl. 2r, s. Anm. 24 in Nr. 64)

19 vgl. Nr. 133

20 [species 29] Pedicularis palustris, rubra, elatior Raii Hist. 770.“ (Tournefort 1700, S. 173, Genus IV. „Pedicularis. Pediculaire.“); „A. 6. Pedicularis palustris, rubra, elatior Raii Hist.“ (Ray 1686, S. 770); „PEDICULARIS (palustris) caule ramoso, calycibus calloso-punctatis, corollis labio obliquis. Linn. mat. med. 314. Spec. pl. 607. n. 1. Suec. 551. Pedicularis palustris rubra elatior. Tourn. inst. 173. ...“ (*Krašeninnikov* 1761; S. 98); „2. das purpur=rothe Wasser=Rödelkraut, welches viel größer ist, als das vorige [d. h. Pedicularis pratensis rubra, vulgaris] und ein haariges Kelchlein trägt: Pedicularis palustris, rubra elatior, Raj. H. ...“ (Zwinger 1744, S. 1036);

„1) Sumpf=Läusekraut. Pedicularis palustris. ... Pedicularis caule ramoso, calycibus cristatis calloso punctatis, corollis labio obliquis. LINN Syst. Veg. p. 461. ... [Pedicularis] pratensis rubra elatior. RAI hist. 700. [?]...“ (Linné 1782, S. 27f.); „1. PEDICULARIS palustris. ... P. caule ramoso, calycibus cristatis calloso-punctatis, corollis labio obliquis. ... P. pratensis rubra elatior. Rai. hist. 700. ... Sumpf Lausekraut. W. ...“ (Linné 1797–1830, Bd. III, Teil 1, S. 202f.); „5) PEDICULARIS PALUSTRIS. Linn. ... Pedicularis caule ramoso calycibus bifidis crenatis. Gmel. Fl. sib. III. p. 203. No. 14. ...“ (Ledebour 1830, S. 428); „27. P[edicularis] palustris (L. SPEC. 845) ... P. caule ramoso, calycibus bifidis crenatis. GMEL. Fl. sib. III, p. 203, n. 14. ...“ (Ledebour 1846–1851, S. 283f.); „14. PEDICVLARIS caule ramoso, calycibus bifidis crenatis, LINN. fl. suec. 505. HALL. helv. 621. cum synon. Pedicularis caule ramoso, calycibus calloso punctatis, corollis labio obliquis, LINN. sp. pl. 2. 845. n. 1. ... Varietatem floribus candidis, ad Angaram fluuium STELLERVS legit. ...“ (Gmelin 1747–1769, Bd. III, S. 203); „14. Pedicularis caule ramoso, calycibus bifidis crenatis [=] Pedicularis palustris L.!“ (Ledebour 1841, S. 99); „[Pedicularis] palustris, ... Sumpfläusekraut, ... Sumpfrodel; groser staudiger Rodel; groș Fistelkraut; ... Gleditsch hat an dem Kraute eine äzende Schärfe beobachtet; alles Vieh, die Ziegen ausgenommen, läßt es stehen, ... Es heißt bey ... Rai: Pedicularis palustris rubra elatior; ...“ (Gmelin 1774, Sp. 846f.); „867. PEDICULARIS PALUSTRIS Linn. ... Pedicularis caule ramoso, ... Gmel. fl. Sib. III. p. 203. ...“ (*Turčaninov* 1856; Fasc. 2, S. 362f.); „1) Läusekraut, Sumpfläusekraut, braun Läusekraut, Rodel, groser staudiger Rodel, Sumpfrodel, gros Fistelkraut, Pedicularis palustris Linn. ... vermuthlich kann auch sie, wie andere scharfe Gewächse, vornemlich in äuserlichen Krankheiten, welche dergleichen erfordern, gebraucht werden.“ (Gmelin 1803, S. 210f.); „7) Prolapsus uteri. ... Im Smolenskischen Gouvernement gebraucht man die Abkochung von Pedicularis palustris, an andern Orten die von Statice speciosa.“ (Krebel 1858, S. 135f.); „PEDICULARIS PALUSTRIS. ... Pedicularis (palustris) caule ramoso, calycibus cristatis calloso punctatis, corollis labio obliquis. Linn. Spec. plant. ed. 2. T. II. p. 845. ... Sumpf-Lausekraut, Sumpfrodel, brauner Rodel, purpurfarbiges Rödelkraut, grosses Fistelkraut. ... In ältern Zeiten war das Kraut, Herba Pedicularis ... als Arzneymittel bekannt. Es ist zusammenziehend, scharf, und soll ... als ein reinigendes, austrocknendes Mittel bei fistulösen Geschwüren angewendet worden seyn, ...“ (Hayne 1822, Nr. 33); „1. Sumpf=-Läuse=Kraut, ... braune Rodel, Sumpf=Rodel, großer standiger Rodel, purpurfarbiges Rödelkraut mit zweyspaltigem Kelche, großes Fistelkraut, Pedicularis palustris, caule ramoso, calycibus cristatis calloso-punctatis, corollis labio obliquis. Linn. ... Pedicularis palustris rubra elatior Raj. ...“ (Krünitz 1773–1858, Bd. 66, S. 279ff.)

„952. Pedicularis palustris rubra elatior. R. Hist. 770. ...“ (AAW R. I, Op. 105, D. 1^{a}, Bl. 98v, s. Anm. 29 in Nr. 5); „502. Pedicularis palustris rubra elatior Raj. Hist. 770. Ind. Len. ...“ (AAW R. I, Op. 105, D. 4^{a}, Bl. 49v, s. Anm. 54 in Nr. 17); „96) Pedicularis palustris rubra elatior Raii hist. 770. ...“ (AAW R. I, Op. 104, D. 25, Bl. 9r, s. Anm. 61 in Nr. 21); „4. Pedicularis palustris rubra elatior R. Hist. 770. pr. Ind. ...“ mit der rechts marginalen Anm. „vid. Ic.“ (AAW R. I, Op. 13, D. 67, Bl. 61r, s. Anm. 5 in Nr. 4); „327. An Pedicularus palustris, rubra, elatior Rai. Hist. 770? ... Si bene memini, eadem est, quam ad Jamischam lacum observatam in indice plantarum Irtensium nescio sub quo nomine consignavi. (a.) fructus est maturus. (b.) semina.“, auf Bl. 55v links marginal „Tab. XXXIX.“ (AAW R. I, Op. 13, D. 42, Bll. 55v–56r, s. Anm. 1 in Nr. 1)

21 „13. PEDICVLARIS caule ramoso, floribus solitariis, calycibus quinquefidis, crenatis, LINN. sp. pl. 2. p. 845. n. 2. cum synon. Pedicularis palustris rubra, repens, pusilla, STELL. Irc. n. 136. STELLERVS in regione Ircutiae vrbis circa stagnum, in vertice alicuius rupis inuenit, longitudine vix pollicis vnius, humi repentem.“ (Gmelin 1747–1769, Bd. III, S. 203); „13. Pedicularis caule ramoso, floribus solitariis, calycibus quinquefidis crenatis. [=] Pedicularis sylvatica L. (ex Steven Monogr. in act. mosq. VI. 45.)“ (Ledebour 1841, S. 99); „15. Pedicularis palustris, rubra, repens,

pusilla Fl. Irc. n°. 136." (AAW R. I, Op. 13, D. 67, Bl. 61r, s. Anm. 5 in Nr. 4); „504. PEDICULARIS caule ramoso, floribus solitariis, calycibus quinquefidis, crenatis. Pedicularis caule ramoso procumbente, floribus sparsis obtusis. Hall. helv. 622. Pedicularis caule ramoso, floribus solitariis remotis. Fl. lapp. 241. Hort. cliff. 326. ... Pedicularis pratensis purpurea. Bauh. pin. 163. ..." (Linné 1745, S. 183); „1. PEDICULARIS caule ramoso, floribus solitariis remotis. Pedicularis pratensis purpurea. Bauh. pin. 163. ..." (Linné 1737, S. 326); „2) Wald=Läusekraut. Pedicularis sylvatica. ... Pedicularis caule ramoso, calycibus oblongis angulatis laevibus, corollis labio cordato. LINN. Syst. Veg. p. 461. ... Pedicularis caule ramoso, procumbente, foliis pinnatis, pinnis dentatis. HALL. helv. nr. 321. ... weil der Saft dieser Pflanze, ... dennoch ein heilendes, austrocknendes und reinigendes Mittel in fistelartigen Geschwüren abgebe. Deßgleichen soll er auch den Harn treiben, und die ganze Pflanze, in rothem Wein gekocht, dem allzustarken Abgang der monatlichen Reinigung Einhalt thun." (Linné 1782, S. 28f.); „2. PEDICULARIS sylvatica. ... P. caule ramoso, procumbente, foliis pinnatis, pinnis dentatis. Hall. helv. n. 321. ... Wald Lausekraut. W. ..." (Linné 1797–1830, Bd. III, Teil 1, S. 203f.); „28. P[edicularis] sylvatica (L. SP. 845) ... Synonymon GMELINI: P. caule ramoso, ... Fl. sib. III, p. 203, n. 13, ..." (Ledebour 1846–1851, S. 284); „Pedicularis sylvatica, ... Waldläusekraut, ... Waldrodel; Akerrodel; ... so haben sie doch ältere und neuere Aerzte, sowohl äuserlich als ein heilendes, troknendes und besonders in ihrem ausgepreßten Safte, als ein reinigendes Mittel, als auch innerlich, theils in der gleichen Absicht, theils um auf den Harn zu treiben, verordnet: ..." (Gmelin 1774, Sp. 847f.); „222. PEDICULARIS sylvatica. Pedicularis caule ramoso, calycibus oblongis angulatis laevibus, corollis labio cordato. Linn. spec. p. 845. Pedicularis caule ramoso procumbente, foliis pinnatis, pinnis dentatis. HALL. hist. tom. 1. n. 321. Pedicularis caule ramoso procumbente, floribus sparsis obtusis. HALL. Helv. 622. ..." (Allioni 1785, S. 62)

„133 Pedicularis caule ramoso, floribus solitarijs remotis Linn. flor. 241. h. Cliff. 326. Pedicularis pratensis purpurea B. Pin. 136. [sic!] ..." (AAW R. I, Op. 13, D. 20, Bl. 14v, s. Anm. 1 in Nr. 1)

22 G. W. Steller hielt sich am 21. August 1739 in bzw. bei *Barguzinsk* auf.

23 s. Nr. 4

24 vermutlich „... Die wälder sind mit de) schonst) grase bewachse) u. observirte hieselbst zum erste) pedicularen flore ochroleuco ..." (G. W. Steller am 17. Juni 1738 in der Nähe von *Turinsk* (*Epančin*): AAW R. I, Op. 81, D. 23, Bl. 78r, s. Anm. 1 in Nr. 1) und „... u. observirte zum erste) pedicularem ochroleucam, ... welche hauffiger noch auf dem Wege nach Tumeen an der Landstrase anzutreffen, Besonders hauffig. 30. werst Von Tumeen ab ..." (G. W. Steller am 18. Juni 1738: a. a. O., Bl. 79v); s. auch Nr. 133

25 „11. BARTSIA foliis lanceolatis indiuisis, floralibus incisis, Tab. 42. Pedicularis foliis Lini angustioribus, TOVRN. I. R. H. 172. Ind. Len. n. 322. Pedicularis Nigellastri folio, STELL. Irc. 138. Bartsia foliis alternis bidentatis, LINN. AMM. ac. 2. p. 256. Bartsia foliis alternis lanceolatis integerrimis, floralibus ouatis, dentatis. LINN. sp. pl. 2. p. 839. n. 2. ..." (Gmelin 1747–1769, Bd. III, S. 201f.); „11. Bartsia foliis lanceolatis indivisis, floralibus incisis [=] Castilleja sibirica Lindl.!" (Ledebour 1841, S. 99); „Bartsche. Bartsia. ... Diese Gattung hat Linne zu Ehren des preußischen Gelehrten Johann Bartsch also benennt, ... 2) Bleiche Bartsche. Bartsia pallida. ... Bartsia foliis alternis lanceolatis integerrimis, floralibus ovatis, dentatis. LINN. Syst. Veg. p. 459. ... Bartsia foliis lanceolatis indivisis, floralibus incisis. GMEL. Sib. 3. p. 201. no. 11. ..." (Linné 1782, S. 1ff.); „2. BARTSIA pallida. ... B. foliis lanceolatis indivisis, floribus incisis. Gmel. sib. 3. p. 201. n. 11. t. 42. ... Bleiche Bartsie. W. ..." (Linné 1797–1830, Bd. III, Teil 1, S. 186); „1) CASTILLEÏA SIBIRICA. Lindl. ... C. sibirica. Lindl. Bot. reg. 925. ... Bartsia pallida. Linn. Willd. Spec. pl. III. p. 186. Bartsia foliis lanceolatis indivisis, floralibus incisis. Gmel. Fl. sib. III.

p. 201. No. 11. t. XLII. ..." (Ledebour 1830, S. 421); „745. Castilleja. L. fil. ... 1. C. pallida ... C. sibirica. ... LEDEB. Fl. alt. II, p. 421. ... Bartsia pallida. L. ... Bartsia foliis lanceolatis indivisis, ... GMEL. Fl. sib. III, p. 201, No. 211, [sic!] t. 42. ..." (Ledebour 1846–1851, S. 257f.); „[Pedicularis] foliis lini angustioribus, so nennt Tournefort den Augentrost mit Leinblättern." (Gmelin 1774, Sp. 859); „[Bartsia] pallida, foliis alternis lanceolatis integerrimis: floralibus ovatis dentatis; blasse Bartsche Pflanze, deren Blätter lanzenförmig sind, einen glattem Rand haben, und wechselsweise stehen, diejenige aber zunächst an den Blumen eyrund und gezahnt sind; ..." (Gmelin 1772, Sp. 31f.); „1. BARTSIA pallida ... Gelbliche Bartsie. Gm. Sib. 3. T. 42. ..." (Georgi 1797–1802, Theil 3, S. 1098); „Nigēlla T. (Ranunculaceae). Dimin. von niger (schwarz), in Bezug auf die Farbe des Samens. ... Nigellāstrum MNCH. Zus. aus Nigella und astrum (Stern, Bild, Abbild); ..." (Wittstein 1852, S. 617); „Castillēia MUT. (Personatae). Nach dem spanischen Botaniker CASTILLEJO benannt." (a. a. O., S. 164)

„13. An Pedicularis folijs Lini angustioribus I. R. H? Ind. ... 14. Pedicularis Nigellastri folio Fl. Irc. n°. 138. ..." mit der rechts marginalen Anm. „vid. Ic." neben Nr. 13 (AAW R. I, Op. 13, D. 67, Bl. 61r, s. Anm. 5 in Nr. 4); „15. Pedicularis foliis Lini angustioribus I. R. H?" (AAW R. I, Op. 14, D. 8, Bl. 1r), s. Anm. 98 in Nr. 39); „86) an Pedicularis foliis lini angustioribq i. r. h. Ind. Plant. Len. D D. Gmel No. 322. falso nomine recensui in Flor. ircut. sub titulo Melampyri nigellastri folio. e curatiori inspectione edoctus sum Pedicularis speciem esse et forte eam quam d. d Gmelin putat. ..." (AAW R. I, Op. 104, D. 25, Bl. 8v, s. Anm. 61 in Nr. 21); „322. An Pedicularis foliis Lini angustioribus I. R. H? ... Icon Sistit plantam, spica florum ochrolevca, cui sub litera (a) Spica adiecta est, qualem ab initio descripsi. b. flos est et inilloxlabium superius, b. inferius Cecq calyx (d) folium, quale Singulis floribus sub est, a calyce reflexum (e) fructus inmaturus. (f) fructus maturus. (g) semina.", auf Bl. 51v links marginal „Tab. XXXV." (AAW R. I, Op. 13, D. 42, Bll. 51v–52v, s. Anm. 1 in Nr. 1); „3. Pedicularis foliis Lini angustioribus Inst. r. h. 172." mit der rechts marginalen Anm. „Lena." (AAW R. I, Op. 13, D. 16, Bl. 8v, s. Anm. 32 in Nr. 6)

26 „Nigellastrum, ein alter Nahme des gemeinen Radens, Agrostemma Githago Linn., ..." (Krünitz 1773–1858, Bd. 102, S. 609); „1) Kornraden. Agrostemma Githago ... Sie ist ein Sommergewächs; und hat einen ... Stengel, mit gerade gegen einander über stehenden, ungestielten, schmalen, spitzigen, ungezähnten, ungefehr drey Zoll langen und nur zwo Linien breiten Blättern. ..." (Linné 1780, S. 656f.)

27 „Coma, der Schopf, 1) ein Büschel von Deckblättern (Brakteen) oder auch von verkümmerten Blüthen, welcher den Gipfel eines Blüthenstandes einnimmt und über die Blüthen hinausragt, ... 3) ein Haarbüschel, welcher den Samen einer mehrsamigen Frucht krönt, daher Samenschopf (Coma seminalis) genannt ..." (Bischoff 1857, S. 29)

28 „Melampyrum. ..." (Tournefort 1700, S. 173); „MELAMPYRUM. ... teutsch, Kuhweitzen, Wachtelweitzen. ..." (Lémery 1721, Sp. 713f.)

29 „EUPHRASIA. ... teutsch, Augentrost. ..." (Lémery 1721, Sp. 442)

30 Johann Amman

31 „[species 22] Pedicularis Alpina, Filicis folio, major C. B. Pin. 163. Pedicularis major Dalechampii J. B. 3. 438. Pedicularis major, Alpina Lugd. 1138." (Tournefort 1700, S. 173, Genus IV. „Pedicularis. Pediculaire."); „14) Blätterichtes Läusekraut. Pedicularis foliosa. ... Pedicularis caule simplici, spica foliosa, corollis galea obtusissima integra, calycibus quinquedentatis. LINN. Syst. Veg. p. 462. ... Pedicularis alpina, filicis folio, maior. BAUH. pin. p. 163. ..." (Linné 1782, S. 37); „16. PEDICULARIS foliosa. ... P. alpina filicis folio major. Bauh. pin. 163. ... Beblättertes Lausekraut. W. ..." (Linné 1797–1830, Bd. III, Teil 1, S. 211); „20. PEDICULARIS uncinata. ... P. caule simplicis, foliis pinnatifidis, ... Gmel. sib. 3. p. 209. t. 45.* P. filicis folio lutea, spica florum praelonga. Gmel. Irc. 504. Hakenförmiges Lausekraut. W. ..." (a. a. O., S. 213f.); „Pedicularis

folioso, ... blattreiches Läusekraut, ... Es heißt bey C. Bauhin: Pedicularis alpina, filicis folio major; ..." (Gmelin 1774, Sp. 855f.); „20. PEDICVLARIS caule simplici, foliis pinnatifidis, pinnulis arctis, spica florum longissima. Tab. XLV. Pedicularis filicis folio lutea, spica florum praelonga, GMEL. Irc. 504. Pedicularis alpina, filicis folio maior, STELL. Irc. 139. ..." (Gmelin 1747–1769, Bd. III, S. 209f.); „20. Pedicularis caule simplici, foliis pinnatifidis, pinnulis arctis, spica florum longissima. t. XLV. [=] Pedicularis proboscidea Stev.! (Pedicularis uncinato Steph. – Willd. sp. pl. III. 213. – Pedicularis altissima Pall. it. III. 297.)" (Ledebour 1841, S. 100); „8) PEDICULARIS PROBOSCIDEA. Stev. ... P. proboscidea. Stev. l. c. p. 33. No. 21. ... Pedicularis caule simplici, ... Gmel. Fl. sib. III. p. 209. No. 20. t. XLV. ... 9) PEDICULARIS UNCINATA. Steph. ... P. uncinata. Steph. in Willd. Spec. pl. III. p. 213. No. 20. ... P. altissima. Pall. it. III. p. 297. (excl. synon. Gmel. ad calcem paginae alleg.), 317 et 318. ..." (Ledebour 1830, S. 430f.); „20. P[edicularis] proboscidea (Stev. l. c. p. 33) ... LEDEB. Fl. alt. II, p. 430. ... 21. P[edicularis] uncinata (STEPH. in WILLD. Sp. pl. III, p. 213) ... P. uncinata. ... LEDEB. Fl. alt. II, p. 431. ... P. altissima. PALL. It. III, p. 297. 317 (partim, quia cum praecedente confusa) 319. ... P. caule simplici, ... GMEL. Fl. sib. III, p. 209, n. 20, t. 45 (ex loco natali v. supra). ..." (Ledebour 1846–1851, S. 279f.); „In der finstern, von Bergen eingeschloßnen und sumpfigen Waldung um die Angarische Mündung blühte ... Pedicularis altissima (*) |: (*) Pedicularis caule simplici, foliis pinnatifidis, pinnulis arctis, spica florum longissima Flor. Sibir. III. p. 209. n. 20. tab. 45. :|" (Pallas 1776, S. 297); „879. PEDICULARIS UNCINATA ... Pedicularis caule simplici, foliis pinnatifidis, pinnulis arctis, spica florum longissima. Gmel. fl. Sib. III. p. 209. f. 45. ..." (*Turčaninov* 1856; Fasc. 2, S. 373); „15. Blattreiches Läusekraut, dessen Stängel einfach, dessen Blumenähre blattreich ist, dessen Blumenkelche fünf Zähne, und dessen Blumenkronen eine ganz stumpfe obere Lippe haben, ... Pedicularis alpina, filicis folio maior C. B. ..." (Krünitz 1773–1858, Bd. 66, S. 289); „13. PEDICULARIS foliosa ... Blättriges Läusekraut. ..." (Georgi 1797–1802, Theil 3, S. 1204); „20. PEDICULARIS altissima Gm. Fl. Sib. 3. p. 209. 20. T. 45. Hohes Läusekraut. ..." (a. a. O., S. 1205f.); „FILIX. ... teutsch, Fahrenkraut, oder Farnkraut, Farn, ..." (Lémery 1721, Sp. 459f.)

„951. Pedicularis filicis folio, lutea, spica florum praelonga Ind. Irc. N$^{\underline{o}}$ 504. ... Fl. Irc. n$^{\underline{o}}$ 139." (AAW R. I, Op. 105, D. 1^{a}, Bl. 98v, s. Anm. 29 in Nr. 5); „504. Pedicularis Filicis folio, lutea, spica florum praelonga. ..." mit der links marginalen Anm. von J. G. Gmelin auf Bl. 23v „Pedicularis Alpina Filicis folio major C. B. P, St. 139." (AAW R. I, Op. 105, D. 12, Bll. 23v–24r, s. Anm. 54 in Nr. 17); „vid. Ic." (links marginal a. a. O., Bl. 23v); „3. Pedicularis Filicis folio lutea, spica florum praelonga Ind. Irc. n°. 504. Fl. Irc. n°. 139. ..." mit der rechts marginalen Anm. „vid. Ic." (AAW R. I, Op. 13, D. 67, Bl. 61r, s. Anm. 5 in Nr. 4); „Pedicularis Alpina foliis Filicis [?] C. B. Pin. 163. & Tourn. Sp. 23. ..." (AAW F. 98, Op. 1, D. 19, Bl. 45r, s. Anm. 59 in Nr. 19); „* Pedicularis alpina Filicis folio major C. B. P. et minor eiusdem. ..." (AAW R. I, Op. 105, D. 2, Bl. 3v, s. Anm. 54 in Nr. 17); „17. An Pedicularis Alpina Filicis folio minor C. B." (AAW R. I, Op. 14, D. 8, Bl. 1r, s. Anm. 98 in Nr. 39)

32 „[species 24] Pedicularis Alpina, folio Ceterac C. B. Pin. 163. Herba foliis Aspleno persimilis Gesn. Fract. 65." (Tournefort 1700, S. 173, Genus IV. „Pedicularis. Pediculaire."); „IV. Pedicularis alpina folio ceterach. ..." (Bauhin 1623, S. 163); „3. SCEPTRUM CAROLINUM. Rudb. iter. t. 1. Fl. lapp. 234. t. 4. f. 4. ... Pedicularis alpina, folio ceterach. Helw. flor. 39. ..." (Linné 1737, S. 326); „CLXIX. Pedicularis Alpina, folio Ceterac, C. B. Pin. 163. ..." (Helwing 1712, S. 39); „4) Karls Scepter. Pedicularis Sceptrum Carolinum. ... Pedicularis caule simplicissimo, floribus terno-verticillatis, corollis clausis, calycibus cristatis, capsulis regularibus. LINN. Syst. Veg. p. 461. ... Hort. Cliff. 326. ... Pedicularis capsulis subrotundis regularibus. GMEL. Sib. 3. p. 206. Nr. 17. ... Rudbeck der Vater gab zuerst dieser Pflanze den Namen Antirrhinum, der

jüngere Rudbeck aber, dessen Sohn, nannte sie, dem schwedischen Könige Carl dem XII. zu Ehren, Karls Scepter. ... Für itzo ist kein besonderer Gebrauch von dieser Pflanze bekannt, ausser daß das Landvolk von Transtadt die pulverisirten Saamen in den Mund nimmt, um den heftigen Zahnschmerzen damit zu lindern." (Linné 1782, S. 30f.); „17. PEDICVLARIS capsulis subrotundis regularibus, ROY. lugd. 299. Pedicularis caule simplici, floribus terno-verticillatis, corollis clausis, calycibus crenatis capsulis regularibus, LINN. fl. suec. 806. ... Sceptrum Carolinum AVCTORVM. Pedicularis dentis Leonis flore maximo, caule lanuginoso, GMEL. Ind. Ien. et Len. ..." (Gmelin 1747–1769, Bd. III, S. 206); „17. Pedicularis capsulis subrotundis regularibus [=] Pedicularis Sceptrum Carolinum L.!" (Ledebour 1841, S. 99); „7. PEDICULARIS Sceptrum Carolinum. ... P. capsulis subrotundis regularibus. ... Gmel. sib 3. p. 206. n. 17. Sceptrum carolinum ... Hort. cliff. 326. ... Scepterförmiges Lausekraut. W. ..." (Linné 1797–1830, Bd. III, Teil 1, S. 206f.); „59. P[edicularis] Sceptrum (L. SP. 845) ... P. capsulis subrotundis, regularibus. GMEL. Fl. sib. III, p. 206, No. 17. ..." (Ledebour 1846–1851, S. 302f.); „Pedicularis Sceptrum Carolinum, caule simplici, floribus terno-verticillatis, corollis clausis, calycibus crenatis, capsulis regularibus; Carls Scepter, ... Es heißt bei C. Bauhin: Pedicularis alpina folio ceterac; und bey Royen: Pedicularis capsulis subrotundis." (Gmelin 1774, Sp. 849f.); „885. PEDICULARIS SCEPTRUM Linn. ... Pedicularis capsulis subrotundis regularibus Gmel. fl. Sib. III. p. 205. [sic!] ..." (*Turčaninov* 1856; Fasc. 2, S. 378); „4. PEDICULARIS Sceptrum Caroli, ... Schwedisches Läusekraut. Schönstes Läusekraut. ... Die schönste Art ihres Geschlechts. ..." (Georgi 1797–1802, Theil 3, S. 1102); „Karl's Scepter, ... Schwedisches Läusekraut; Pedicularis Sceptrum Carolinum, caule simplici, floribus terno-verticillatis, corollis clausis, calycibus crenatis, capsulis regularibus Linn. Pedicularis alpina, folio Ceterac J. B. Pedicularis capsulis subrotundis Royen. ..." (Krünitz 1773–1858, Bd. 6, S. 283); s. aber auch „9) Feuerrothes Läusekraut. Pedicularis flammea. ... Pedicularis caule simplici, foliis pinnatis retro-imbricatis. LINN. Syst. Veg. p. 462. ... Pedicularis alpina folio Ceterach. BAUH. pin. p. 163. GMEL. Sib. 3. p. 212. ..." (Linné 1782, S. 33f.); „226. PEDICULARIS flammea. Pedicularis caule simplici, foliis pinnatis retro imbricatis. LINN. spec. 846. ... Pedicularis alpina folio Ceterach. BAUH. pin. 663. [sic!] ..." (Allioni 1785, S. 63); „24. PEDICULARIS flammea. ... P. caule simplici, ... Gmel. sib. 3. 212. ... Allion ped. n. 226. ... Pedicularis alpina folio ceterach. Bauh. pin. 163. ... Feuerfarbenes Lausekraut. W. ..." (Linné 1797–1830, Bd. III, Teil 1, S. 215f.); „24. PEDICVLARIS caule erecto non ramoso, pennis [sic!] foliorum retrouersis imbricatis. HALL. helv. 622. Pedicularis caule simplici foliis pinnatis retro imbricatis, LINN. Sp. pl. 2. p. 846. n. 9. Ad Bielam fluuium STELLERVS collegit." (Gmelin 1747–1769, Bd. III, S. 212); „24. Pedicularis caule erecto non ramoso, pinnis foliorum retroversis imbricatis [=] Pedicularis versicolor Wahlenb.! (Pedicularis flammea L. – Willd. sp. pl. III. 215. – Pedicularis flammea L. β. major Wahlenb. lapp. 168." (Ledebour 1841, S. 100); „17) PEDICULARIS VERSICOLOR. Wahlenb. ... Pedicularis caule erecto, non ramoso, ... Gmel. Fl. sib. III. p. 212. No. 24. ..." (Ledebour 1830, S. 437); „54. P[edicularis] flammea (L. SP. 846) ... P. flammea. WILLD. Spec. pl. III, p. 215 (excl. synon. pract. Linn. et Fl. dau.?) ... 55. P[edicularis] versicolor (WAHLENB. Fl. helvet. p. 118 (non Fl. suec.) ... P. caule erecto, non ramoso, ... GMEL. Fl. sib. III, p. 212, No. 24. ..." (Ledebour 1846–1851, S. 300f.); „Pedicullaris flammea, ... feuriges Läusekraut, ..." (Gmelin 1774, Sp. 852); „882. PEDICULARIS VERSICOLOR Wahlenb. ... P. caule erecto non ramoso, ... Gmel. fl. Sib. III. p. 212. ..." (*Turčaninov* 1856; Fasc. 2, S. 375f.); „8. PEDICULARIS flammea ... Feuerrothes Läusekraut. ..." (Georgi 1797–1802, Theil 3, S. 1103); „Céterach <Schriftfarn>: Name zuerst als Ceterach Officinarum, C. Bauhin, Pinax 354 = Asplenium sive Cet<e>rach, J. Bauhin III 37, 740, sodann als Asplenium ceterach L., das über mfrz. cétérach <ds.> auf eine arab. Quelle zurückgeht, ..." (Genaust 2005, S. 144)

„500. Pedicularis Dentis Leonis folio, flore maximo Ind. Len. ...“ mit der links marginalen Anm. von J. G. Gmelin „Pedicularis Alpina folio Ceterac C. B. P. St. 140.“ (AAW R. I, Op. 105, D. 12, Bl. 23v, s. Anm. 54 in Nr. 17); „* Pedicularis alpina folio Ceterac C. B. P. ...“ (AAW R. I, Op. 105, D. 2, Bl. 4r, s. Anm. 54 in Nr. 17); „326. Pedicularis Dentis Leonis folio, flore maximo. ... (a.) flos Singulariter spectatus. (b.) fructus iunior (c) Idem maturus. (d.) Semina.“, auf Bl. 55r mit der rechts marginalen Anm. „Tab. XXXVIII.“ (AAW R. I, Op. 13, D. 42, Bll. 55r–55v, s. Anm. 1 in Nr. 1); „12. Pedicularis Dentis Leonis folio, flore maximo ...“ mit der rechts marginalen Anm. „Ic.“ (AAW R. I, Op. 13, D. 67, Bl. 61r, s. Anm. 5 in Nr. 4); „201. Pedicularis Dentis Leonis folio. ...“ (AAW R. I, Op. 15, D. 1, Bl. 7v, s. Anm. 24 in Nr. 64)

33 „503. Pedicularis folio pulchre serrato Ind. Len. ...“ mit der links marginalen Anm. von J. G. Gmelin „Pedicularis folio angusto serrato flore purpureo rubro & carneo & candido nº. 141. 142. 143. St.“ (AAW R. I, Op. 105, D. 12, Bl. 23v, s. Anm. 54 in Nr. 17); „949. Pedicularis folio pulchre serrato Ind. prior. Fl. Irc. nº 141. 142. 143. ... Eadem Selengia transmissa est.“ (AAW R. I, Op. 105, D. 1ª, Bl. 98r, s. Anm. 29 in Nr. 5); „1. Pedicularis folio pulchro serrato Ind. pr. Fl. Irc. nº. 141, 142. 143. Черно Черноголовникъ [russ. *černo černogolovnik*]. ...“ mit der rechts marginalen Anm. „vid. Ic.“ (AAW R. I, Op. 13, D. 67, Bl. 61r, s. Anm. 5 in Nr. 4); „328. Pedicularis folio pulchre serrato. ... (a.) est flos separatim exhibitus. (b.) fructus rudimentum. j. Eadem carneo floris colore. ij. Eadem candido floris colore. utrinqȝ haec varietas non rara.“, mit der rechts marginalen Anm. auf Bl. 56r „Tab. XL.“ (AAW R. I, Op. 13, D. 42, Bll. 56r–57r, s. Anm. 1 in Nr. 1); „102) Pedicularis folio pulchre serrato, flore purpureo rubro D. D. Gmel. ind. Len. No. 328 ...“ (AAW R. I, Op. 104, D. 25, Bl. 10r, s. Anm. 61 in Nr. 21); „195 Pedicularis folio pulchre serrato.“ (AAW R. I, Op. 15, D. 1, Bl. 10r, s. Anm. 24 in Nr. 64); „137. Pedicularis folio pulchre serrato hirsuto.“ (a. a. O., Bl. 11v); „27. +Pedicularis elatior latifolia, floribus purpureis Amm. descr. 42. Fl. Irc. 141. 142. 143.“ (AAW R. I, Op. 105, D. 16, Bl. 1r, s. Anm. 5 in Nr. 4); „Pedicularis elatior latifolia, floribus purpureis.“ (AAW F. 1, Op. 2–1743, D. 11, Bl. 19v, s. Anm. 5 in Nr. 4)

„16. PEDICVLARIS caule simplici, foliis lanceolatis crenatis, crenis serratis, floribus resupinatis, Tab. XLIV. Pedicularis elatior latifolia, floribus purpureis, AMM. ruth. 42. Pedicularis folio pulchre serrato purpureo, STELL. Irc. 141. Pedicularis caule simplicissimo, foliis lanceolatis serratis crenulatis, floribus resupinatis, LINN. sp. pl. 2 p. 846. n. 6. I. Eadem floribus carneis, II. Eadem floribus lacteis. ... planta quamuis quae Russis черно черноголовникъ [russ. *černo černogolovnik*] dicitur, ...“ (Gmelin 1747–1769, Bd. III, S. 204f.); „16. Pedicularis caule simplici, foliis lanceolatis crenatis, crenis serratis, floribus resupinatis. t. XLIV. [=] Pedicularis resupinata L.! [;] I. Eadem floribus carneis. II. Eadem floribus lacteis. [=] Pedicularis obliqua Adami in act. mosquens. IX. 247?“ (Ledebour 1841, S. 99); „42. PEDICULARIS elatior, latifolia, floribus purpureis. ... In Argunensium officinarum campis legit Gmelinus“ (Amman 1739, S. 32f.); „6) Umgewendetes Läusekraut. Pedicularis resupinata. ... Pedicularis caule simplici, foliis lanceolatis serratis crenulatis, floribus resupinatis. LINN. Syst. Veg. p. 461. Sp. Pl. p. 846. GMEL. Sib. 3. p. 204. t. 44. Diese Art wurde bisher nirgends als in Sibirien angetroffen. ... Nach gibt es eine Spielart, mit weißen und fleischfarbenen Blumen.“ (Linné 1782, S. 32); „6. PEDICULARIS resupinata. ... P. caule simplici, ... Gmel. sib. 3. p. 204. t. 44.* P. elatior latifolia, floribus purpureis. Amm. ruth. 42. ... Verkehrtes Lausekraut. W. ...“ (Linné 1797–1830, Bd. III, Teil 1, S. 206); „6) PEDICULARIS RESUPINATA. Linn. ... Pedicularis caule simplici, ... Gmel. Fl. sib. III. p. 204. No. 16. t. XLIV. Pedicularis elatior, ... Amman. ruth. p. 32. No. 42. ...“ (Ledebour 1830, S. 429); „6) P[edicularis] lapponica (L. Sp. 847) ... P. obliqua. ADAMS. ... LEDEB. Comm. in GMEL. p. 89 (nec tamen GMEL. Fl. sib. III, p. 204, n. 16, II). ... 24. P[edicularis] resupinata (L. SP. 846) ... P. elatior, latifolia, ... AMMAN ruth. p. 32, n. 42. P. caule sumplici foliis lanceolatis, ... GMEL. Fl. sub. III, p. 204, n. 16, tab. 41. ...“ (Ledebour 1846–1851, S. 281f.); „[Pedicularis] resupinata, ... sibirisches Läusekraut, mit einfachem Stengel, lanzenförmigen, sägenartig, gezahnten und fein gekerbten Blättern, mit rückwärts liegenden Blumen; ..." (Gmelin 1774, Sp. 850f.); „884. PEDICULARIS RESUPINATA Linn. ... Pedicularis caule simplici foliis lanceolatis crenatis, crenis serratis, floribus resupinatis Gmel. fl. Sib. III. p. 204. Flores purpurei, variantes albi." (*Turčaninov* 1856, Fasc. 2, S. 377); „6. PEDICULARIS resupinata. ... Verkehrtblättriges Läusekraut. ..." (Georgi 1797–1802, Theil 3, S. 1103); „Umgewandtes oder sibirisches purpurrothes Läuse=Kraut, ... Pedicularis resupinata, caule simplici, foliis lanceolatis serratis crenulatis, floribus resupinatis Linn. ..." (Krünitz 1773–1858, Bd. 66, S. 284); „12) Lappländisches Läusekraut. Pedicularis lapponica. ... Pedicularis caule simplici, foliis pinnatifidis serratis, calycibus bifidis obtusis. LINN. Syst. Veg. p. 562. ..." (Linné 1782, S. 36); „9. PEDICULARIS lapponica. ... P. caule simplici, foliis pinnatifidis ... Sp. pl. 847. ... Lappländisches Lausekraut. W. ..." (Linné 1797–1830, Bd. III, Teil 1, S. 207); „Pedicularis lapponica, ... lappländisches Läusekraut, dessen Stengel einfach, dessen Blätter in sägenartig=gezahnte Querstüke zertheilt, und dessen Blumenkelche entzweygespalten und stumpf sind; ..." (Gmelin 1774, Sp. 854); „881. PEDICULARIS LAPPONICA Linn. ... P. Lapponica Linn. sp. 847 ..." (*Turčaninov* 1856, Fasc. 2, S. 374f.); „11. PEDICULARIS lapponica ... Lappländisches Läusekraut. ..." (Georgi 1797–1802, Theil 3, S. 1103); Pedicularis resupinata L. – russ. *černogolovnik* (*Annenkov* 1858, S. 67, Nr. 775)

34 „103) Pedicularis eadem [s. in Nr. 141 Anm. 33 unter „102) Pedicularis folio ..."] flore carneo cum priori cujus varietas" (AAW R. I, Op. 104, D. 25, Bl. 10r, s. Anm. 61 in Nr. 21); s. Nr. 141

35 „104) Pedicularis eadem [s. in Nr. 141 Anm. 33 unter „102) Pedicularis folio ..."] flore candido cum priori cujus varietas" (AAW R. I, Op. 104, D. 25, Bl. 10r, s. Anm. 61 in Nr. 21); s. Nr. 141

36 „[species 1] Pedicularis pratensis, lutea vel Crista galli C. B. Pin. 163. Crista galli foemina J. B. 3. 436. Crista galli Dod. Pempt. 556." (Tournefort 1700, S. 172, Genus IV. „Pedicularis. Pediculaire."); „Pedicularis pratensis, lutea, vel crista Gallis C. B. Pin. 163. ... Gelber Hanenkamm/ Rödelkraut/ Wiesenrödel mit gelben Blumen. ..." (Mappus 1742, S. 232); „1. RHINANTHUS corollarum labio superiore breviore. Fl. lapp. 248. Pedicularis pratensis lutea; vel Crista galli. Bauh. pin. 163. ..." (Linné 1737, S. 325); „3. RHINANTHUS corollarum labio superiore compresso breviore. Fl. lapp. 248. Fl. suec. 503. Hort. Cliff. 325. ... Pedicularis pratensis lutea s. Crista galli. Bauh. pin. 163. β. Crista galli angustifolia montana. Bauh. pin. 163. prodr. 86. ..." (Linné 1753, S. 603); „1. RHINANTHUS (Crista galli) corollarium labio superiore compresso, breviore. Flor. Lap. 248. Rhinanthus mit einer zusammengepreßten obern Lippe. Pedicularis lutea, vel crista galli. C. B. P. 136. Gelbes Wiesenläuskraut, oder der gelbe Hahnenkamm." (Miller 1776a, S. 817); „3) Hahnenkamm. Rhinanthus Crista Galli. ... Rhinanthus corollis labio superiore compresso breviore LINN. Syst. Veg. p. 459. ... Pedicularis pratensis lutea s. Crista galli BAUH. pin. 163. ... Dieses ... Unkraut wird von den Holländern geele Ratelen oder Lousewort, Läusekraut, genannt, ... Den ersten Namen hat es, weil man den Saamen in den Gehäusen bey der Bewegung rütteln hört, daher es denn auch im Deutschen die Namen Klapper, Ackerrodel, Klapperkraut etc. hat, den zweyten, weil man mit dem Saamen, in Wasser gekocht, Wanzen und andere schädliche Insekten tödten soll. Hahnenkamm nennt man es wegen den großen eyförmigen sägenartig gezähnten Deckblättern, zwischen den Blumen. ... Es sind bisher noch keine Arzneykräfte von dieser Pflanze bekannt, ... Alectorolophus calycibus hirsutis. HALL. helv. nr. 314. ... Rhinanthus Alectorolophus corollarum labio superiore compresso breviore, calycibus villosis. POLLICH. palat. nr. 580. Diese besonders merkwürdige Abweichung verdient allerdings als eine eigene Art angemerkt zu werden. ..." (Linné 1782, S. 6ff.); „3. RHINANTHUS Crista galli. ... Pedicularis pratensis lutea s. Crista galli. Bauh. pin. 163. ... Rhinanthus (Alectorolophus) corollarum labio superiore compresso breviore, calycibus villosis. Pollich. pal. n. 580. ... Gemeiner Klappertopf. W. ..." (Linné 1797–1830, Bd. III, Teil 1, S. 188f.); „1) ALECTOROLOPHUS CRISTA GALLI. M.

a BIEB. ... Rhinanthus Crista galli. Linn. Willd. Spec. pl. III. p. 188. ... Rhinanthus corollarum labio superiore breviore. Gmel. Fl. sib. III. p. 202. No. 12. ...“ (Ledebour 1830, S. 419); „753. Rhinanthus. L. (excl. spec.) ... 1. R. Crista galli. L. SP. 840. ... R. corollarum labio superiore breviore. GMEL. Fl. sib. III, p. 202, No. 12. Alectorolophus Crista galli. M. a BIEB. Fl. t. c. II, p. 68. ...“ (Ledebour 1846–1851, S. 265f.); „12. RHINANTHVS corollarum labio superiore breviore, LINN. Lapp. 248. H. Cliff. 325. sp. pl. 2. p. 840. n. 3. ROY. lugd. 248. ...“ (Gmelin 1747–1769, Bd. III, S. 202f.); „12. Rhinanthus corollarum labio superiore breviore [=] Alectorolophus Crista galli M. a Bieb.!“ (Ledebour 1841, S. 99); „Rhinanthus Crista galli, ... gemeiner Hahnenkamm, ... gelb Läuselkraut; gelb Rödelkraut; Geelrodel; Wiesenrodel; Akerrodel; Klapperkraut; klingender Hans; Glitsch; Glitscher; Klapper; Klaffer; ...“ (Gmelin 1775, Sp. 839ff.); „1. Art. R[hinanthus] crista galli. Gemeiner Hahnenkamm. (Linné.) ... Synonyme: ... β. Crista galli angustifolia montana. (Bauch. pin. 163. prod. 86.) ... Vulgärnamen: Wiesenglitscher. Gemeiner Klappertopf. ...“ (Bechstein 1833, S. 426ff.); „Fl. Germ. p. 264. n. 1. RHINANTHUS Crista Galli. ... Pedicularis pratensis lutea sive Crista Galli. C. BAUH. pin. p. 163. ... Variat 1. Foliis lineari-lanceolatis. Crista Galli angustifolia, montana. C. BAUH. pin. p. 163. prodr. p. 86. ...“ (Roth 1793, S. 52f.); „3. Rhinanthus Crista galli. L. Gemeiner Klappertopf; behaarter Hahnenkamm; Klapperkraut; Glitscher ... Der Saame, wenn er mit dem Getreide gemahlen wird, giebt dem Brode Festigkeit und eine blaue Farbe, ...“ (Dietrich 1808, S. 137f.); „II. Mittel in Brustkrankheiten. ... Bei Heiserkeit gebraucht der Ehste den Aufguss verschiedener Campanula–Arten, Rhinanthus crista.“ (Krebel 1858, S. 125f.); „Hahnekammrodel, Rhinanthus crista galli, L. ... Das etwas adstringirend bitterlich schmeckende (überflüssige Kraut (hb. cristae galli) ist in ältern Zeiten für anhaltend und trocknend gehalten worden.“ (Hahnemann 1793, S. 394); „709. Rhinanthus Crista galli. Lin. Syst. Plant. III. p. 106. Hahnenkam. Ruß. Klopownik [russ. *klopovnik*]. ...“ (Falk 1786, S. 209); „3. RHINANTHUS Crista galli ... Gemeiner Hahnenkamm. R. Klopownik (Klapperkraut), und Gmelnik [russ. *chmel'nik*?] ...“ (Georgi 1797–1802, Theil 3, S. 1099); „CRISTA GALLI. ... teutsch, Hanenkamm. ... Crista galli heist es, dieweil die Blätter an diesem Kraut bey nahe eine Gestalt haben, als wie ein Hanenkamm.“ (Lémery 1721, Sp. 363f.); „Rhinānthus L. (Rhinantheae). Zus. aus ριν (Nae) und ἄνδος (Blume), in Bezug auf die Gestalt der Blumenkrone.“ (Wittstein 1852, S. 760)

„950. Pedicularis lutea vel crista galli, major et elatior, calyce glabro, rictus limbo violaceo Ind. Irc. No. 497. Fl. Irc. n° 144. ...“ (AAW R. I, Op. 105, D. 1ª, Bl. 98v, s. Anm. 29 in Nr. 5); „Pedicularis pratensis lutea vel Crista galli. C. B. P. Passim.“ (AAW R. I, Op. 105, D. 2, Bl. 3v, s. Anm. 54 in Nr. 17); „71 Pedicularis pratensis lutea, vel crista galli C B P. 163. Crista galli foemina J B. 3. 436.“ (AAW R. I, Op. 6, D. 40, Bl. 26r, s. Anm. 1 in Nr. 1); „71. Pedicularis pratensis lutea vel. Crista gallii J. B.“ (G. W. Steller nach J. G. Heinzelmann: AAW R. I, Op. 81, D. 23, Bl. 16r, s. Anm. 1 in Nr. 1); „497. Pedicularis lutea vel crista Galli, major & elatior, calice glabro, rictus limbo violaceo. Pedicularis pratensis lutea vel Crista galli, galea versicolore Ind. Len. Glabritie calicis a Crista Galli mare J. B. differre videtur. ...“ mit der links marginalen Anm. von J. G. Gmelin auf Bl. 23v „Pedicularis lutea, pratensis [ve]l. crista Galli C. B. P. St. n°. 144.“ (AAW R. I, Op. 105, D. 12, Bl. 23v, s. Anm. 54 in Nr. 17); „41. Pedicularis lutea vel Crista galli major et elatior calice glabro, rictus limbo violaceo. Eadem qvae galea versicolore Ind. Len.“ (AAW R. I, Op. 15, D. 1, Bl. 11v, s. Anm. 24 in Nr. 64); „325. Pedicularis pratensis lutea, vel Crista Galli, galea versicolore. ... (aa) fructus (b.) Calyx paulo distractus, ut fructus melius conspici possit. (c.) semina.“, auf Bl. 54v links marginal „Tab. XXXVII.“ (AAW R. I, Op. 13, D. 42, Bll. 54v–55r, s. Anm. 1 in Nr. 1); „Pedicularis pratensis lutea vel crista galli C B P. passim:“ (AAW R. I, Op. 104, D. 8, Bl. 9r, s. Anm. 18 in Nr. 452); „20 Pedicularis pratensis lutea vel crista galli C B P ...“ (AAW R. I, Op. 104, D. 17, Bl. 10r, s. Anm. 36 in Nr. 8); „2. Pedicularis.

lutea vel Crista Galli, major et elatior calice glabro, rictus limbo violaceo Ind. Irc. n°. 497. Fl. Irc. n°. 144. ..." mit der rechts marginalen Anm. „vid. Ic." (AAW R. I, Op. 13, D. 67, Bl. 61r, s. Anm. 5 in Nr. 4); „90) Pedicularis pratensis lutea vel Crista galli ..." (AAW R. I, Op. 104, D. 25, Bl. 9r, s. Anm. 61 in Nr. 21); „40. Pedicularis pratensis, lutea vel Crista galli C. B. P. 163." (AAW R. III, Op. 1, D. 162, Bl. 106v, s. Anm. 54 in Nr. 17); „197. Rhinanthus corollarum labio superiore breviore. Linn. flor. 248 h. cliff. 325. Pedicularis pratensi lutea vel crista galli Bauh. Pin. 163. Tourn. inst. 172. Boerh. Lugd. I. p. 235. ..." (AAW R. I, Op. 13, D. 20, Bl. 20v, s. Anm. 1 in Nr. 1); „Pedicularis pratensis lutea vel crista galli (Tournefortii sp. 1), Sylv." (Messerschmidt 1962–1977, Bd. 4, S. 202, s. Anm. 1 in Nr. 1)

37 „[species 2] Pedicularis pratensis, lutea, erectior, calyce floris hirsuto. Crista galli mas J. B. 3. 43. Pedicularia lutea Tabern. Icon. 791." (Tournefort 1700, S. 172, Genus IV. „Pedicularis. Pediculaire."); „Alectorolophus calycibus hirsutis. HALL. helv. nr. 314. ... Pedicularis pratensis lutea, erectior; calyce floris hirsuto. TOURNEF. Inst p. 172. ... Diese besonders merkwürdige Abweichung verdient allerdings als eine eigene Art angemerkt zu werden. ... Sie unterscheidet sich vorzüglich von dem gemeinen Hahnenkamm durch ihre überaus haarige Kelche, welche bey der gemeinen Sorte glatt sind. ..." (Linné 1782; S. 7)
„39. Pedicularis pratensis, lutea, erectior, calyce floris hirsuto Tourn. I. r. h. 172" (AAW R. III, Op. 1, D. 162, Bl. 106v, s. Anm. 54 in Nr. 17)

38 „Crista Galli, angustifolia, montana, serotina. Crista galli angustifolia, montana C. B. P. p. 86. ..." (Rupp 1726, S. 194); „II. Crista galli angustifolia montana ..." (Bauhin 1620, S. 86); „Pedicularis angustifolia, montana Inst. R. Herb. Crista Galli angustifolia, montana C. B. Prodr. 86. ..." (Mappus 1742, S. 232); „[species 6] Pedicularis angustifolia, montana. Crista galli angustifolia, montana C. B. Prodr. 86." (Tournefort 1700, S. 172, Genus IV. „Pedicularis. Pediculaire."); „15. PEDICVLARIS caule ramoso, calycibus oblongis quinquefidis crenatis, floribus laxe spicatis. Tab. XLIII. Pedicularis folio Cederach, [sic!] colore floris vario, GMEL. Ind. cen. 374. [müßte heißen: Ind. Jen. 957; s. unten] Crista galli, STELL. Irc. n. 145. ..." (Gmelin 1747–1769, Bd. III, S. 203f.); „15. Pedicularis caule ramoso, calycibus oblongis, quinquefidis crenatis, floribus laxe spicatis. t. XLIII. [=] Pedicularis euphrasioides Steph.! (Pedicularis paniculata Pall. it. III. 34.; 265.)" (Ledebour 1841, S. 99); „*3. PEDICULARIS euphrasioides. .. P. caule ramoso, ... Gmel. sib. 3. p. 203. t. 43. ... Augentrostartiges Lausekraut. W. ..." (Linné 1797–1830, Bd. III, Teil 1, S. 204f.); „Unter den Kräutern der Ebne merke ich an: ... Pedicularis laponica, hirsuta und paniculata (*) |: (*) Flor. Sibir. III. p. 203. tab. 43. fig. 1. :| alle nicht über eines Fingers lang, ..." (Pallas 1776, S. 33f.); „29. P[edicularis] euphrasioides (STEPH. in WILLD. Sp. pl. III, p. 204) ... P. paniculata. PALL. It. III, p. 34. ... P. caule ramoso, ... GMEL. Fl. sib. III, p. 203, n. 15, t. 43. ..." (Ledebour 1846–1851, S. 284f.); „868. PEDICULARIS EUPHRASIOIDES Steph. ... P. paniculata Pall. itin. III. p. 34. ... P. caule ramoso, ... Gmel. fl. Sib. III. p. 203. ..." (*Turčaninov* 1856, Fasc. 2, S. 363f.); „19. PEDICULARIS paniculata Gm. Fl. Sib. 3. p. 203. 15. T. 45. Büschelrispiges Läusekraut. ..." (Georgi 1797–1802, Theil 3, S. 1105); „19. Pedicularis euphrasioides W. 3. 204. Pedicularis paniculata. Gm. Sib. 3. 293. T. 43. Augentrostartig Läusekraut." (Georgi 1797–1802, Nachträge, S. 282); „CETERACH. ... teutsch, Miltzkraut. ... Ceterach ist ein Arabischer Name. ..." (Lémery 1721, Sp. 282)
„957. Pedicularis folio Ceterac, colore floris vario Ind. prior. ... Fl. Irc. n° 145." (AAW R. I, Op. 105, D. 1ª, Bl. 99r, s. Anm. 29 in Nr. 5); „11. Pedicularis folio Ceterac, colore floris vario Ind. pr. Crista Galli Fl. Irc. n°. 145." mit der rechts marginalen Anm. „vid. Ic." (AAW R. I, Op. 13, D. 67, Bl. 61r, s. Anm. 5 in Nr. 4); „498. Pedicularis folio Ceterac, colore floris vario Ind. Len. ..." mit der links marginalen Anm. von J. G. Gmelin „An Crista galli angustifolia montana C. B. P? St. n°. 145." (AAW R. I, Op. 105, D. 12, Bl. 23v, s. Anm. 54 in Nr. 17); „324. Pedicularis folio

Ceterac, colore floris vario. ... (a) fructus immaturus, (b) idem maturus, (c.) semina.“, auf Bl. 53v links marginal „Tab. XXXVI.“ (AAW R. I, Op. 13, D. 42, Bll. 53v–54v, s. Anm. 1 in Nr. 1); „14. Pedicularis foliis Ceterach, colore vario.“ (AAW R. I, Op. 14, D. 8, Bl. 1r), s. Anm. 98 in Nr. 39); „93) an Crista galli angustifolia montana C. B. Pin. Flor. ircut. No 145 ...“ (AAW R. I, Op. 104, D. 25, Bl. 9r, s. Anm. 61 in Nr. 21); s. Nr. 144

39 „FILIX. ... teutsch, Fahrenkraut, oder Farnkraut, Farn, ...“ (Lémery 1721, Sp. 459f.)

40 „[species 3] Melampyrum cristatum, flore albo & purpureo J. B. 3. 440.“ (Tournefort 1700, S. 173, Genus V. „Melampyrum.“); „5. Der purpuricht=gelbe Mohren=Weitzen: Melampyrum cristatum, flore albo & purpureo. J. B. 3. 330. ...“ (Zwinger 1744, S. 1036); „1) Kammartige Fleischblume. Melampyrum cristatum. ... Melampyrum spicis quadrangularibus: bracteis cordatis compactis denticulatis imbricatis. LINN. Syst. Veg. p. 460. ...“ (Linné 1782, S. 16f.); „1. MELAMPYRUM cristatum. M. spicis quadrangularibus: bracteis ... Fl. Suec. 510; 545. ... M. luteum angustifolium. Bauh. pin. 234. ... Kammförmiger Wachtelweizen. W. ...“ (Linné 1797–1830, Bd. III, Teil 1, S. 197f.); „1) MELAMPYRUM CRISTATUM. Linn. M. spicis quadrangularibus, bracteis ... M. cristatum. Linn. Willd. Spec. pl. III. p. 197. ...“ (Ledebour 1830, S. 439); „756. Melampyrum L. ... 1. M. cristatum (L. SP. 842) ...“ (Ledebour 1846–1851, S. 304); „MELAMPYRUM CRISTATUM Linné. KAMMÄHRIGES MELAMPYRUM. ... Deutsche Namen: kammähriger Wachtelweizen, kämmiger Kuhweizen.“ (Dietrich 1836, Nr. 269); „927. MELAMPYRUM cristatum spicis quadrangularibus, ... Linn. Sp. pl. 2. p. 842. ... Germ. Kammförmiger Wachtelweizen. Kammförmige Fleischblume. ...“ (Gmelin 1806, S. 675f.); „Melampyrum cristatum, ... hanenkammartiger Kuhweizen, mit vierekigen Blumenähren, deren herzförmige und fein gezakte Blattdeken vest, und, wie Dachziegel, auf einander liegen; hanenkammartige Fleischblume; schmalblätterichter gelber Kuhweizen; ...“ (Gmelin 1774, Sp. 31f.); „1. MELAMPYRUM cristatum ... Kammförmiger Kuhweizen. ...“ (Georgi 1797–1802, Theil 3, S. 1100); „1. Hahnenkammartiger Kuh=Weizen, ... schmahlblätteriger gelber Kuh=Weizen, Melampyrum cristatum, flore purpureo & albo J. B. ... Melampyrum cristatum, spicis quadrangularibus: bracteis cordatis compactis denticulatis imbricatis Linn. ...“ (Krünitz 1773–1858, Bd. 54, S. 697ff.); Melampyrum – russ. *mar'jannik* bzw. *ognecvetnik* (*Annenkov* 1858, S. 67, Nr. 689); „Melāmpyrum T. (Rhinantheae). Zus. aus μελας (schwarz) und πυρον (Korn, Weizen); der Same hat in der Form Aehnlichkeit mit Getreidekörnern, aber keine schwarze Farbe, sondern besitzt nur die Eigenschaft, wenn er unter das Getreidemehl kommt, das Brot zu schwärzen“ (Wittstein 1852, S. 565)

„Melampyrum cristatum flore purpureo. ...“ (AAW R. I, Op. 68, D. 2, Bl. 13r, s. Anm. 62 in Nr. 22); „Melampyrum cristatum flore albo & purpureo I. R. H. Fl. Irc. n°. 146.“ (AAW R. I, Op. 13, D. 67, Bl. 61v, s. Anm. 5 in Nr. 4); „45. Melampyrum cristatum, flore albo et purpureo J. B. 3. 440.“ (AAW R. III, Op. 1, D. 162, Bl. 106v, s. Anm. 54 in Nr. 17); „73 Melampyrum cristatum flore albo et purpureo. J B. 3. 440.“ (AAW R. I, Op. 6, D. 40, Bl. 26r, s. Anm. 1 in Nr. 1); „73 Melampyrum cristatum fl. albo & purpureo. J. B.“ (G. W. Steller nach J. G. Heinzelmann: AAW R. I, Op. 81, D. 23, Bl. 16r, s. Anm. 1 in Nr. 1)

41 „[species 1] Euphrasia officinarum C. B. Pin. 233. Euphrasia J. B. 3. 432. Dod. Pempt. 54. Eufraise.“ (Tournefort 1700, S. 174, Genus VI. „Euphrasia. Eufraise.“); „Euphrasia officinarum C. B. P. 233. ... Augen=Trost. ...“ (Rupp 1726, S. 195); „* Euphrasia Officinarum C. B. Pin. 233. Euphrasia J. B. 3. 432. ... Augentrost mit bläulichten Blümlein. ...“ (Mappus 1742, S. 103); „1. EUPHRASIA OFFICINARUM. C. B. Pin. 233. parvo flore. ...“ (Vaillant 1727, S. 51); „1. Der gemeine Augentrost: Euphrasia vulgaris, Park. Euphr. officinarum, C. B. P. 223. ...“ mit der Abbildung „Gemeiner Augentrost. Euphrasia vulgaris.“ auf der gleichen Seite (Zwinger 1744, S. 1053); „EUPHRASIA. ... Augentrost. ... Die Sorten sind: 1. EUPHRASIA officinarum. C. B. P.

Gemeiner Augentrost. 2. EUPHRASIA ramosa pratensis, flore albo. Hort. Eyst. Aestiger Augentrost mit weisser Blume. 3. EUPHRASIA minus ramosa, flore ex coeruleo purpurascente. Hort. Eyst. Der kleinere ästige Augentrost, mit purpurfarber Blume. ..." (Miller 1750, S. 306f.); „25. EVPHRASIA foliis ouatis lineatis acute dentatis, LIN. fl. suec. 2. p. 841. n. 2. Euphrasia officinarum, BAVH. pin. 233. Euphrasia minor., DILL. ad p. 53 Euphrasia, CAM. ep.767. I. Eadem flore candido. Nascitur vbique tam in Russia, quam in Sibiria omni. GMEL. Ind. Ien. [Nr. 944] Vel caulis simplex est, vel ramosus. ..." (Gmelin 1747–1769, Bd. III, S. 212f.); „25. Euphrasia foliis ovatis lineatis acute dentatis [=] Euphrasia officinalis L.!" (Ledebour 1841, S. 100); „1. Euphrasia caule ramoso, foliis ovatis acute dentatis. Fl. lapp. 247. Euphrasia officinarum. Bauh. pin. 233. ... α Euphrasia ramosa pratensis, flore albo. Tournef. inst. 174. β Euphrasia minus ramosa, flore ex coeruleo-purpurascente, Tournef. ..." (Linné 1737, S. 325); „2) Officineller Augentrost. Euphrasia foliis ovatis lineatis, acute dentatis. LINN. Syst. Veg. p. 460 ... GMEL. Sib. 3. p. 212. ... Euphrasia officinarum. BAUH. pin. 233. ... Es giebt auch verschiedene Abänderungen mit weisser, gelber und purpurblauer Blume." (Linné 1782, S. 11f.); „2. EUPHRASIA officinalis. ... E. foliis ovatis argute [sic!] dentatis. Fl. lapp. 247. ... Gmel. sib. 3. p. 212. ... E. officinarum. Bauh. pin. 233. ... Gemeiner Augentrost. W. ..." (Linné 1797–1830, Bd. III, Teil 1, S. 193); „CXVIII. Gattung. Euphrasia. Augentrost. Zahntrost. ... 1. Art. E. officinalis. Weißer Augentrost. (Linné.) ... (Das Gewächs gehört zu den Arzneikräutern.) ..." (Bechstein 1833, S. 419ff.); „750. Euphrasia. L. (ex[c]l. spec.). ... 1. E. officinalis (L. SP. 841) ... α. latifolia: ... E. tatarica. FISCH ex SPRENGEL. Syst. Veg. II, p. 777. – LEDEB. Fl. alt. II, p. 423. ... β. vulgaris: E. officinalis. L. l. c. ... LEDEB. Fl. alt. II, p. 422. ... E. foliis ovatis lineatis acute dentatis. GMEL. Fl. sib. III, p. 212, No. 25. ..." (Ledebour 1846–1851, S. 262ff.); „1) EUPHRASIA OFFICINALIS. Linn. ... α. nemorosa: ... β. intermedia: ... Euphrasia foliis ovatis lineatis acute dentatis. Gmel. Fl. sib. II, p. 212, No. 25. ... 2) EUPHRASIA TATARICA. Fisch. ... E. tatarica. Fisch. ex Spreng. Syst. veg. II. p. 777. No. 26. ..." (Ledebour 1830, S. 422f.); „[Euphrasia] officinalis, ... gewöhnlicher Augentrost, ... Augentrost; weisser Augentrost; ... die ganze Pflanze, welcher man ehmals wegen der angenehmen Farbe ihrer Blume besondere Kräfte in Augenkrankheiten zugeschrieben hat, ist jährig, ... Sie heißt bey ... C. Bauhin: Euphrasia officinarum, ..." (Gmelin 1773, Sp. 939f.); „EUPHRASIA OFFICINALIS ... Gemeiner Augentrost, weisser Augentrost, Augendienst, weisse Leuchte, weisse Tageleuchte, Lichtertag, Hirnkraut. ... Man sammelte sie ehedem ... unter dem Nahmen Herba Euphrasiae. ... Wenn sie aber auch von vielen ältern Ärzten beym Dunkelwerden der Augen, beim Triefen, bey der Entzündung und dem Eitern derselben, ja sogar beym grauen Staar gepriesen worden ist: so scheint dies alles nur auf Irrthum und Vorurtheil sich zu gründen, ..." (Hayne 1825, Nr. 8); „EVPHRASIA (officinalis) ... Linn. Lapp. 247. ... Euphrasia officinarum. Bauh. pin. 233. Очная помочь [russ. *očnaja pomoč'*] Russ. ..." (*Krašeninnikov* 1761, S. 97); „1. EUPHRASIA officinalis ... Gemeiner Augentrost. R. Otschnaja Pomotsch. ..." (Georgi 1797–1802, Theil 3, S. 1100); „Der weiße, gemeine oder officinelle Augentrost, Euphrasia officinarum C. B. ... seine Blumen ... bald ganz weiß, bald ganz purpurblau, bald ganz gelb; ... Man gebrauchte diese Pflanze ehedem häufig bey Augenkrankheiten , ... daher sie auch den Nahmen Augentrost, Augenkraut, oder Augendienst, Ophthalmica, Planta ocularis, bekommen hat. ... Sonst wird diese Pflanze von Einigen auch Hirnkraut genannt, weil man sie ehedem sehr in Krankheiten des Haupts rühmte. ..." (Krünitz 1773–1858, Bd. 11, S. 699ff.); Euphrasia officinalis L. – russ. *dvenadcatilapočnik*, *zmeevec*, *svetlik*, *glaznica*, *očnaja pomošč'* bzw. *očanka* (*Annenkov* 1858, S. 42, Nr. 465); syrjänisch jen-ju-turyn – Euphrasia officin., Augentrost (Wiedemann 1880, S. 382); „Euphrāsia L. (Scrophularineae). Von εύφρασια (Frohsinn, Freude) in Bezug auf die dieser Pflanze lange Zeit zugeschriebenen wunderbar heilsamen Wirkungen gegen Augenkrankheiten." (Wittstein 1852, S. 351)

„944. Euphrasia officinarum C. B. P. 223. [sic!] ..." (AAW R. I, Op. 105, D. 1[a], Bl. 98r, s. Anm. 29 in Nr. 5); „29. Euphrasia off C B P ..." (AAW R. I, Op. 104, D. 17, Bl. 10v, s. Anm. 36 in Nr. 8); „107) Euphrasia officinarum C. B. ..." (AAW R. I, Op. 104, D. 25, Bl. 10r, s. Anm. 61 in Nr. 21); „493. Euphrasia officinarum C. B. P. ..." (AAW R. I, Op. 105, D. 4[a], Bl. 48v, s. Anm. 54 in Nr. 17); „320. Euphrasia officinarum. C. B. P. Variat albo flore colore, & labio inferiori in medio macula crocea notata. ..." (AAW R. I, Op. 13, D. 42, Bl. 51v, s. Anm. 1 in Nr. 1); „* Euphrasia officinarum C. B. P. ..." (AAW R. I, Op. 105, D. 2, Bl. 4r, s. Anm. 54 in Nr. 17); „Euphrasia Officinarum (Tournefortii sp. 1), Offic." (Messerschmidt 1962–1977, Bd. 4, S. 202, s. Anm. 1 in Nr. 1); „Euphrasia officinarum C. B. P. 233. j. Eadem ramosa ..." (AAW R. I, Op. 13, D. 67, Bl. 61r, s. Anm. 5 in Nr. 4); „48. Euphrasia officinarum C. B. P. 233." (AAW R. III, Op. 1, D. 162, Bl. 106v, s. Anm. 54 in Nr. 17); „390. Euphrasia folijs ovatis acute dentatis, Linn. vir 61. flor. 247. hort. 325. Euphrasia off. B. Pin. 233. Moris hist. 3. p. 430. S II. t. 24. f. 1. Boerh. lugd. I. p. 235. ..." (AAW R. I, Op. 13, D. 20, Bl. 41r, s. Anm. 1 in Nr. 1); „74. Euphrasia officinarum C B P. 233 Euphrasia J B. 3. 432." (AAW R. I, Op. 6, D. 40, Bl. 26r, s. Anm. 1 in Nr. 1); „74 Euphrasia officinar(C. B. P." (G. W. Steller nach J. G. Heinzelmann: AAW R. I, Op. 81, D. 23, Bl. 16r, s. Anm. 1 in Nr. 1); „Euphrasia officinarum. B. Pin. 233 et Inst. r. h. n°. 117." (AAW R. I, Op. 13, D. 19, Bl. 2v, s. Anm. 54 in Nr. 17); „CLXXX. Euphrasia T. 174. 78. B. I. 235. Очная помочь [russ. *očnaja pomoč'*; russ. *očnaja* – Augen-; russ. *pomoč'* – Hilfe]. 1. Euphrasia off. C. B. P. 233. B: n: 1. Riv." (Bl. 22r in T. Gerber „Flora Moscuensis ...", s. Anm. 6 in Nr. 55); russ. *očnaja trava* bzw. *očanka* – Euphrasia, Augentrost (Pawlowski 1952, S. 979 bzw. S. 977); „Euphrasia очная помащъ [*očnaja pomašč*] oculo(auxilium" (G. W. Steller nach T. Gerber: AAW R. I, Op. 81, D. 23, Bl. 5v, s. Anm. 1 in Nr. 1)

42 „[species 2] Euphrasia ramosa, pratensis, flore albo Eyst." (Tournefort 1700, S. 174, Genus VI. „Euphrasia. Eufraise."); „III. Euphrasia seu Euphragia ramosa, pratensis, flore albo. ... Germ. Staudechter Augentrost mit weissen blumen. ..." (Besler 1613, Classis Aestiva, Ordo 5, [?] Fol. 13. [Tafel 147]); „Euphrasia ramosa, pratensis, flore albo Eyst. Tab. 147. ... Augentrost mit weissen Blumen." (Mappus 1742, S. 103); „5. Euphrasia ramosa, pratensis, flore albo. H. Eyst. T. 174. [?] B J. A. I. 236." (Zwinger 1744, S. 1053); „3. EUPHRASIA MAJOR, AMPLO FLORE ALBO. Euphrasia ramosa pratensis, flore albo. Eyst. Tab. 147." (Vaillant 1727, S. 51); „CLXXX. Euphrasia 4. Euphrasia ramosa pratensis flore albo. B. n. 3", s. Anm. 6 in Nr. 55); s. Nr. 147

43 „[species 3] Euphrasia minus ramosa, flore ex caeruleo purpurascente Eyst." (Tournefort 1700, S. 174, Genus VI. „Euphrasia. Eufraise."); „IV. Euphrasia, minus, ramosa, flore coeruleo purpurascente ... Germ. Augentrost/ mit purpurblawlechten blumen." (Besler 1613, Classis Aestiva, Ordo 5, [?] Fol. 13, [Tafel 147]); „Euphrasia minus ramosa, flore ex caeruleo purpurascente Eyst. Tab. 147. ... Est Euphrasia Rivini. ... Descript. in Bot. Paris." (Mappus 1742, S. 103); „* 2. EUPHRASIA MAJOR FLORE AMPLO EX CAERULEO PURPURASCENTE. ... Euphrasia Rivini. Icon. 1. Euphrasia minus ramosa, flore ex caeruleo purpurascente. Eyst. Tab. 147. ..." (Vaillant 1727, S. 51); „6. Euphrasia minus ramosa, flore ex coeruleo purpurascente. H. Eyst. T. loc. cit." (Zwinger 1744, S. 1053); s. Nr. 147

44 „[species 1] Polygala major C. B. Pin. 215. Polygala vulgaris, major J. B. 3. 387. Polygala major, caerulea Tabern. Icon. 829." (Tournefort 1700, S. 174, Genus VII. „Polygala."); „Polygala major C. B. P. 215. ... Creutz=Blümgen. ..." (Rupp 1726, S. 204); „1. POLYGALA foliis lineari-lanceolatis, caulibus procumbentibus annuis. ... Polygala vulgaris. Bauh. pin. 215. ... Polyganon multis. Bauh. hist. 2. [sic!] pp. 385. ... δ Polygala alba. Tournef. inst. 174. ..." (Linné 1737, S. 352); „586. POLYGALA foliis lineari-lanceolatis caulibus diffusis herbaceis. ... Hort. cliff. 352. ... Polygala vulgaris. Bauh. pin. 215. ... δ Polygala alba. Tournef. inst. 174. ..." (Linné 1745, S. 211f.); „6) Gemeine Polygala. Polygala vulgaris. ... Polygala floribus cristatis racemosis, caulibus herbaceis

simplicibus procumbentibus, foliis lineari-lanceolatis. LINN. Syst. Veg. p. 531. ... Hort. Cliff. 352. ... β. Polygala maior. C BAUH. pin. 215. ... Polygala vulgaris. C. BAUH. pin. 215. ... Sie hat im deutschen verschiedene Namen, als: Milchblume, Kreutzblümchen, Natterzünglein, Ramsel, Himmelfarthsblümchen, und Herrgottsbärtlein; ... Die Blumen ... sind roth, weiß, blau, auch fleischfarben. ... In Frankreich sollen verschiedene Aerzte, ... die Wurzel dieser Pflanze, und besonders ihre Rinde? als ein den Auswurf, den Stuhlgang, Schweiß und Harn beförderndes Mittel, in Brustentzündungen, trocknen Husten, Schwindfiebern und Schwindsucht, mit glücklichen Erfolg gebraucht haben. ... Andere haben sie auch in der Wassersucht, in dem Podagra, und in der Absicht stockendes Blut zu zertheilen, mit Nutzen gebraucht. ..." (Linné 1782, S. 486ff.); „6. POLYGALA vulgaris. ... P. foliis lineari-lanceolatis, ... Hort. cliff. 352. ... P. major. Bauh. pin. 215. P. vulgaris major 2. Clus. hist. 1. p. 325. Vaill. paris. 161. t. 32. f. 1. β. P. vulgaris. Bauh. pin. 215. ... Gemeine Polygala. W. ..." (Linné 1797-1830, Bd. III, Teil 2, S. 873); „82. POLYGALA floribus cristatis, racemosis, caulibus herbaceis, simplicibus, procumbentibus, foliis lineari-lanceolatis, LIN. Sp. pl. 2. p. 986. n. 1. Polygala vulgaris maior, VAILL. par. s. 32. f. 1. Eadem caulibus ramosis. Polygala ramosa maioribus calycis lobis purpurascentibus Ind. Ien. 948. Cum omnibus suis varietatibus in omni Sibiria copiose prouenit, Russice изтодъ дерево [russ. *iztod derevo*] dicitur et sub decocti forma in lue venerea vsurpatur." (Gmelin 1747–1769, Bd. IV, S. 63f.), nahezu identisch auf Bl. 35v in: AAW R. I, Op. 104, D. 14 – s. Anm. 32 in Nr. 6; „82. Polygala floribus cristatis racemosis, caulibus herbaceis, simplicibus, procumbentibus, foliis lineari-lanceolatis (excl. synon. Linn. et Vaill.) [=] Polygala comosa Schkuhr.!" (Ledebour 1841, S. 117); „1) POLYGALA COMOSA. Schkuhr. ... P. comosa. Schkuhr II. p. 324. t. CXCIV. ..." (Ledebour 1831, S. 247); „5. P[olygala] vulgaris (L. SP. 986) ... 6. P[olygala] comosa (SCHKUHR. ...) ... P. floribus cristatis racemosis, ... GMEL. Fl. sib. IV, p. 63. Nr. 82 (excl. synon. LINN. et VAILL.). ..." (Ledebour 1842, S. 270f.); „Polygala vulgaris, ... gemeine Creuzblume, ... Himmelfarthsblume; Natterblume; Ramselblume; Milchblume; Milchwurz; Ramsel; ... Man hat die Wurzel ... als ein den Auswurf, den Stulgang, den Schweiß und den Harn gelinde beförderndes Mittel ... in dem Seitenstich, in trokenen Husten, in Schwindfiebern, und in der Schwindsucht gebraucht, ... andere haben sie auch in der Wassersucht, in dem Podagra, und in der Absicht, stokendes Blut zu zertheilen, mit Nuzen verordnet: ... Sie heißt bey Hallern: ... Polygala omnibus acutis; ... bey ... C. Bauhin: Polygala major; ..." (Gmelin 1775, Sp. 226f.); „1. POLYGALA foliis omnibus acutis. ... Polygala major purpurea TAB. p. 830. ... Polygala major C. B. I. R. H. Rupp &c. ... Polygala foliis lineari lanceolatis caulibus diffusis herbaceis LINN. Cliff. p. 352. ..." (Haller 1742, S. 606); „1672. ... Polygala vulgaris. C. Bauh. pin. 215. ... Polygala purpurea. Tabern. icon. 831. Polygala alba. Tabern. icon. 831. ..." (Gilibert 1806, S. 332); „2071. POLYGALA vulgaris. Linne. Gemeine Kreuzblume. ... 2072. POLYGALA comosa. Schkuhr. Schopfige Kreuzblume. ... Die Polygala comosa kommt wie die P. vulgaris unter verschiedenen Formen vor, ..." (Röhling 1839, S. 69ff.); „POLYGALA VULGARIS Linné. GEMEINE POLYGALE. ... P. vulgaris Linné Flor. Suec. 586. 632. Willd. spec. plant. 3. p. 873. ... Diese Pflanze hat einen bittern Geschmack und ist die eigentlich officinelle Herba Polygalae amarae; ... Deutsche Namen: Bittere Kreuzblume." (Dietrich 1836, Nr. 276); „POLYGALA COMOSA Schkuhr. SCHOPFBLÜTHIGE POLYGALA. ... Deutsche Namen: Geschopfte Kreuzblume." (a. a. O., S. 279); Polygala L. – russ. *istod*, *mlečnik* bzw. *mnogomlečnik* (*Annenkov* 1858, S. 70, Nr. 827); „Polȳgala (Polygalaceae). Zus. aus πολυς (viel) u, γαλα (Milch), weil mehrere Arten die Sekretion der Milch bei Kühen etc. befördern sollen." (Wittstein 1852, S. 716)

„– Polygala major C B P. passim." (AAW R. I, Op. 104, D. 8, Bl. 9r, s. Anm. 18 in Nr. 452); „75 Polygala maior C B P. 215 Polygala vulgaris major J B. 3. 387." (AAW R. I, Op. 6, D. 40, Bl. 26r, s. Anm. 1 in Nr. 1); „75 Polygala major C. B. P." (G. W. Steller nach J. G. Heinzelmann:

AAW R. I, Op. 81, D. 23, Bl. 16r, s. Anm. 1 in Nr. 1); „948. Polygala ramosa, majoribus calycis lobis purpurascentibus. ...“ (AAW R. I, Op. 105, D. 1[a], Bl. 98r, s. Anm. 29 in Nr. 5)

45 „[species 2] Polygala major, alba Tabern. Icon. 829.“ (Tournefort 1700, S. 174, Genus VII. „Polygala.“); „Polygala maior alba. Großweiß Creutzblum.“ (Abbildung in Tabernaemontanus 1590, S. 829); „Polygala major alba T. Kreutz Blümlein, mit weisen Blumen, Ic. I. Tab. hist. 1212. ...“ (Lindern 1747, S. 178); „2. POLYGALA major alba. Tabern. Grosse, weisse, Kreutzblume“ (Miller 1751, S. 154); „57 Polygala major, alba Tab. Ic. 829“ (AAW R. III, Op. 1, D. 162, Bl. 107r, s. Anm. 54 in Nr. 17); „1144. POLYGALA AUSTRIACA Cranz. An Polygala paniculata? an Sibirica Linn.? An varietas Polygalae vulgaris? ... Polygala major alba. Tabern. ...“ (Krocker 1790, Pars II, S. 148); „750. POLYGALA amara: floribus cristatis racemosis, alis calycinis corollam subaequantibus demum capsula sessili suborbiculata brevioribus, foliis infimis obovatis obtusis, radice subrepente. Linn. spec. ed. 2. p. 987. ... P. austriaca Crantz austr. p. 439. t. 2. f. 4. ...“ (Wahlenberg 1824, S. 444f.); „POLYGALA AMARA. ... Polygala amara Linn. Syst. nat. ed. X.T. II. p. 1154. ed. X. T. II. p. 470. Willd. Spec. plant. T. III. p. 872. ... α. austriaca ... Polygala austriaca Cranz Stirp. austr. fascic. 5 t. II. ... Polygala amara Linn. kommt unter drei Formen vor, ... Man sammelt für den Arzneigebrauch die ganze Pflanze, ... Sie wirkt zusammenziehend, reizend, besonders auf die Schleimhaut der Luftwege und wird daher gegen hartnäckigen Husten, Brustcatarrhe, Wassersucht und Verdauungsschwäche empfohlen. ...“ (Hayne 1837, Nr. 22); „5) Bittere Polygala. Polygala amara. Polygala floribus cristatis racemosis, caulibus erectiusculis, foliis radicalibus obovatis maioribus. LINN. Syst. Veg. p. 531. ...“ (Linné 1782, S. 482ff.); „5. POLYGALA amara. ... P. floribus cristatis racemosis, caulibus erectiusculis, foliis radicalibus obovatis majoribus. Sp. pl. 987. ... Bittere Polygala. W. ...“ (Linné 1797–1830, Bd. III, Teil 2, S. 872f.) „8. P[olygala] amara (L. SP. 997.) ... α. parviflora: ... P. foliis imis subrotundis, superioribus angustis acutis. GMEL. Fl. sib. IV, p. 64. Nr. 83. ...“ (Ledebour 1842, S. 272); „83. POLYGALA foliis imis subrotundis, superioribus angustis, auctis, HALL. Helu. 606. ...“ (Gmelin 1747–1769, Bd. IV, S. 64), nahezu identisch auf Bl. 35v in: AAW R. I, Op. 104, D. 14 – s. Anm. 32 in Nr. 6; „83. Polygala foliis imis subrotundis, superioribus angustis acutis [=] Polygala amara L.“ (Ledebour 1841, S. 117); „Polygala amara, ... bittere Creuzblume, ... Sie besizt mit der gemeinen [d. h. Polygala vulgaris, ...] gleiche, aber etwas stärkere Arzneykräfte, ...“ (Gmelin 1775, Sp. 227); „1. POLYGALA amara ... Bitterer Ramsel. ...“ (Georgi 1797–1802, Theil 3, S. 1159); Polygala amara L. et comosa Schk. – russ. *sorokopritočnik* bzw. *istod derevo* (*Annenkov* 1858, S. 70, Nr. 828)

46 „[species 3] Polygala major, purpurea Tabern. Icon. 830.“ (Tournefort 1700, S. 174, Genus VII. „Polygala.“); „3. Polygala maior purpurea. Groß Purpurrot Creutzblum.“ (Abbildung in: Tabernaemontanus 1590, S. 830); „Polygala major purpurea Tab. hist. Ic. 3. 1212. rothe Creutz=Blümlein.“ (Lindern 1747, S. 178)

„Polygala major, purpurea Tab. Ic. 830.“ (AAW R. III, Op. 1, D. 162, Bl. 106v, s. Anm. 54 in Nr. 17); „76 Polygala maior purpurea Tabern. Ic. 830.“ (AAW R. I, Op. 6, D. 40, Bl. 26r, s. Anm. 1 in Nr. 1); „76. [Polygala] purpurea Tabaern. 830.“ (G. W. Steller nach J. G. Heinzelmann: AAW R. I, Op. 81, D. 23, Bl. 16r, s. Anm. 1 in Nr. 1); s. Nr. 150

47 „[species 4] Polygala vulgaris C. B. Pin. 215. Polygalon multis J. B. 3. 386. Polygala caerulea Tabern. 831.“ (Tournefort 1700, S. 174, Genus VII. „Polygala.“); „POLYGANON MVLTIS. CAP. CXLVI“ (Bauhin 1651, liber XXIX, S. 386f.); „Polygala vulgaris C. B. Pin. 215. Polygalon multis J. B. 3. 386. Polygala coerulea Tabern. Icon. 831. Gemeine Creutzblümlein. ...“ (Mappus 1742, S. 243f.); „Polygala vulgaris T. sive Polygalon multis IB. 3. 386. vel Polygala coerulea Tab. hist. Ic. 5. 1213. gemeine blaue Creutz=Blümlein, ...“ (Lindern 1747, S. 179); „3. POLYGALA vulgaris. C. B. P. Gemeine blaue Kreutzblume“ (Miller 1751, S. 154)

„945. Polygala vulgaris C. B. P. 215. ... 946. Polygala vulgaris spica acrctiore et flore minore. ...“ (AAW R. I, Op. 105, D. 1[a], Bl. 98r, s. Anm. 29 in Nr. 5); „494. Polygala vulgaris C. B. P. ...“ (AAW R. I, Op. 105, D. 4[a], Bl. 48v, s. Anm. 54 in Nr. 17); „Polygala vulgaris C. B. Pin. 215. & Tournef. Spec. 4. ...“ (AAW F. 98, Op. 1, D. 19, Bl. 44v, s. Anm. 59 in Nr. 19); „Polygala vulgaris C. B. P. B. n. 1. ...“ (AAW R. I, Op. 68, D. 2, Bl. 14r, s. Anm. 62 in Nr. 22); „1. Polygala vulgaris C. B. P. 215 Ind. Jen. 945. ... 2. Polygala vulgaris spica arctiore et flore minore Ind. Jen. n°. 946. ...“ mit der rechts marginalen Anm. „vid. Ic.“ (AAW R. I, Op. 13, D. 67, Bl. 61r, s. Anm. 5 in Nr. 4); „* Polygala vulgaris C. B. P. Passim. Eadem flore albo et carneo. Cum priori.“ (AAW R. I, Op. 105, D. 2, Bl. 4r, s. Anm. 54 in Nr. 17); „321. Polygala vulgaris C. B. P. ...“ (AAW R. I, Op. 13, D. 42, Bl. 51v, s. Anm. 1 in Nr. 1); „58 Polygala vulgaris C. B. P. 215.“ (AAW R. III, Op. 1, D. 162, Bl. 107r, s. Anm. 54 in Nr. 17); „Polygala vulgaris. Bauh. Pin. 215 et Inst. r. h. flore caeruleo. n°. 25.“ (AAW R. I, Op. 13, D. 19, Bl. 2v, s. Anm. 54 in Nr. 17); „Polygala vulgaris, coerulea (Tournefortii sp. 4), Offic.“ (Messerschmidt 1962–1977, Bd. 4, S. 202, s. Anm. 1 in Nr. 1);; s. Nr. 150

48 „[species 5] Polygala alba Tabern. Icon. 831.“ (Tournefort 1700, S. 174, Genus VII. „Polygala.“); „6. Polygala purpurea. [und] Polygala alba. Braun Creutzblümlein. [und] Weiß Creutzblümlein.“ (Abbildung in: Tabernaemontanus 1590, S. 831); „Polygala alba T. & Tab. hist. Ic. 7. 1213. Kreutz=Blümlein mit weisen Blumen, ...“ (Lindern 1747, S. 179); „4. POLYGALA alba. Tabern. Weisse, gemeine Kreutzblume“ (Miller 1751, S. 154)

„358. [Polygala] flor. albo. T.“ (AAW R. I, Op. 104, D. 13, Bl. 4r, s. Anm. 84 in Nr. 29); „Polygala alba Tabern. Icon. 831. Tournef. Sp. 5. Polygala albis floribus Lobel. Icon. 417. ...“ (AAW F. 98, Op. 1, D. 19, Bl. 46r, s. Anm. 59 in Nr. 19); s. Nr. 150

49 „[species 6] Polygala purpurea Tabern. Icon. 831.“ (Tournefort 1700, S. 174, Genus VII. „Polygala.“); „Polygala purpurea Tabern. Icon. 831. Rothe Creutzblumen. ...“ (Mappus 1742, S. 244); „Polygala purpurea T. & Tab. hist. Ic. 6. 1213. rothe Creutz=Blümlein, ...“ (Lindern 1747, S. 179)

„947. Polygala purpurea Tab. Ic. 831. ...“ (AAW R. I, Op. 105, D. 1[a], Bl. 98r, s. Anm. 29 in Nr. 5); „495. Polygala purpurea Tab. Ic. 831. ...“ (AAW R. I, Op. 105, D. 4[a], Bl. 49r, s. Anm. 54 in Nr. 17); „Polygala purpurea Tabernaem. Icon: 831. Tournef. Sp. 6. Polygala rubeis floribq Lobel. Icon. 417. ...“ (AAW F. 98, Op. 1, D. 19, Bl. 46r, s. Anm. 59 in Nr. 19); „3. Polygala purpurea Tab. Ic. 831. Ind. Jen. 947. ...“ (AAW R. I, Op. 13, D. 67, Bl. 61r, s. Anm. 5 in Nr. 4); s. Nr. 154 und Nr. 150

50 in der 2. Textversion (s. Anm. 1 in A.): „levissime“

51 „84. POLYGALA floribus cristatis, racemo laterali nudo, caulibus herbaceis, foliis lanceolatis LIN. Sp. pl. p. 987. n. 6. T. XXXII. Polygala ramosa flore tenuissime laciniato, GM. Irc. 496. Polygala maior spica laxiore, labio inferiori intense caeruleo, leuissime et tenuissime fimbriato, STELL. Irc. 156. Polygala multicaulis AMM. Ruth. 143. 144. 145. [sic!] ...“ (Gmelin 1747–1769, Bd. IV, S. 64), nahezu identisch auf Bll. 35v–36r in: AAW R. I, Op. 104, D. 14 – s. Anm. 32 in Nr. 6; „84. Polygala floribus cristatis, racemo laterali nudo, caulibus herbaceis, foliis lanceolatis. t. XXXII. (excl. synon. Amman. 44. et 45, quae ad P. tenuifoliam pertinent.) [=] Polygala sibirica L.!“ (Ledebour 1841, S. 117); „43. POLYGALA multicaulis, longius radicata, floribus ex foliorum alis. ... 44. POLYGALA multicaulis, angustissimis foliis, floribus carneis. ... 45. POLYGALA ramosa, angusto praelongo folio, flore caeruleo, pulcherrime fimbriato Diar. Messerschm. ...“ (Amman 1739, S. 33f.); „9) Sibirische Polygala. Polygala sibirica. ... Polygala floribus cristatis, racemo laterali nudo, caulibus herbaceis, foliis lanceolatis LINN. Syst. Veg. p. 531. ... GMEL. Sib. 4. p. 64. t. 32. Polygala multicaulis AMM. ruth. n. 43. 44. 45. ...“ (Linné 1782, S. 489f.); „21. POLYGALA sibirica. ... P. floribus cristatis, ... Gmel. sib. 4. p. 64. t. 32. P. multicaulis ... Amm. ruth. p. 33. n. 43. ... Sibirische Polygala. W. ...“ (Linné 1797–1830, Bd. III,

Teil 2, S. 879); „2) POLYGALA SIBIRICA. Linn. ... Polygala floribus cristatis, ... Gmel. Fl. sib. IV. p. 64. No. 84. t. XXXII. Polygala multicaulis, ... Amman. ruth. p. 33. No. 43. ...“ (Ledebour 1831, S. 248f.); „135. Polygala L. .... 1. P. sibirica (L. SP. 987) ... α. latifolia: ... P. floribus cristatis, ... GMEL. Fl. sib. IV, p. 64. Nr. 84. t. 32 (excl. syn. AMMAN. Nr. 44. 45). P. multicaulis. AMMAN. ruth. p. 33. Nr. 43. ... β. angustifolia: ... Polygala. AMMAN. ruth. p. 34. Nr. 44. 45. ...“ (Ledebour 1842, S. 269); „[Polygala] sibirica racemo laterali nudo, caulibus herbaceis, foliis lanceolatis, sibirische Creuzblume, ... Sie heißt bey Ammann: Polygala multicaulis.“ (Gmelin 1775, Sp. 228f.); „811. Polygala sibirica. Lin. sp. 9. ... Die Wurzel ist am Ansehen und Geschmack der P. Senega viel ähnlicher, als der von Polygala vulgaris n. 810. und wird ihr wahrscheinlich auch in ihren Heilkräften mehr gleichen, welches Aerzte doch versuchen solten.“ (Falk 1786, S. 222); „3. POLYGALA sibirica ... Sibirischer Ramsel. Gm. Fl. Sib. 4. p. 64. T. 32. ...“ (Georgi 1797–1802, Theil 3, S. 1159)
„948. Polygala ramosa, majoribus calycis lobis purpurascentibus. A Polygala Ind. Irc. n°. 496 quae eadem est cum Polygala Fl. Irc. n° 156. differt; quod minus ramosa sit, et quod duo majores calycis lobi eo colore gaudeant, quo Polygala purpurea et caulibus non rotundis, sed compressis, foliorq3 longioribus. ...“ (AAW R. I, Op. 105, D. 1ª, Bl. 98r, s. Anm. 29 in Nr. 5); „4. Polygala ramosa minoribus calycis lobis purpurascentibus Ind. Jen. 948. ... 5. Polygala ramosa, flore tenuissime laciniato Ind. Irc. n°. 496. Fl. Irc. n°. 156. Polygala annua erecta &. Ind. Transbaic. ...“ mit der rechts marginalen Anm. „vid. Ic.“ neben Nr. 5 (AAW R. I, Op. 13, D. 67, Bl. 61r, s. Anm. 5 in Nr. 4); „496. Polygala ramosa, flore tenuissime laciniato. Polygala annua erecta &c. Ind. Transbaic. ...“ mit den rechts marginalen Anm. von J. G. Gmelin „Polygala major spica laxiori labio inferiori intense coeruleo tenuissime & latissime fimbriato St. 156.“ und „vid. Ic.“ (AAW R. I, Op. 105, D. 12, Bl. 23r, s. Anm. 54 in Nr. 17); „Polygala annua erecta, angustifolia, floribus coloris obsoleti carneis lineis virgatis. Bot. Monsp. ...“ (AAW R. I, Op. 105, D. 2, Bl. 4r, s. Anm. 54 in Nr. 17)

52 s. Nr. 153

53 „[species 5] Orobanche subcaeruleo flore sive ij Clus. Hist. 271.“ (Tournefort 1700, S. 176, Genus IX. „Orobanche.“); Orobanche II wird kurz beschrieben auf S. 271 in „LEIMODORON. CAP. LXII. ...“ (Clusius 1601, S. 270f.); „28. OROBANCHE caule simplicissimo, supra florifero. Orobanche maior, caryophyllum olens, B. pin. 87. Orobanche caule simplici, albido, foliis sub flore longioribus, HALL. helv. 610. Orobanche caule simplicissimo pubescente, staminibus subexsertis, LIN. Sp. pl. 2. 882. n. 2. I. Eadem floribus caeruleis laxe spicatis. Orobanche flore atro caeruleo, spica florum laxiore, longiore et angustiore, GMEL. Ind. Ien. n. 902. Orobanche subcaeruleo flore, siue secunda, CLVS. STELL. Irc. 157. Orobanche caule simplici caeruleo, foliis sub floribus breuioribus, HALL. Helv. 610. II. Eadem floribus caeruleis in spicam densissimam congestis. Orobanche flore atro-caeruleo, spica florum compacta pyramidali, GMEL Ind. Ien. n. 901. III. Eadem floribus albidis. Orobanche flore candido, STELL. Irc. 160. ... Var. I. ... STELLERVS ad Angae fluuii ostium in lacum Baikal legit. ... Var. IIIiam ad radices rupis iuxta Angae ostium in lacu Baikal STELLERVS inuenit.“ (Gmelin 1747–1769, Bd. III, S. 214ff.); „28. Orobanche caule simplicissimo, supra florifero. (excl. var. I. II. III. et syn. plur.) [=] Orobanche caryophyllacea Sm.! [;] t. XLVI. f. 1. (in textu praetermissa) [=] Phelipaea lanuginosa C. A. Meyer! (Orobanche coerulea Vill. – Willd. sp. pl. III. 352.)“ (Ledebour 1841, S. 100); „1. OROBANCHE caule simplici. Orobanche major garyophyllum olens. Bauh. pin. 87. ... Orobanche flore majore. Bauh. hist. 2. p. 780. ...“ (Linné 1737, S. 321); „561. OROBANCHE (major) caule simplicissimo pubescente, staminibus inclusis. Spec. plant. 632. Orobanche caule simplicissimo. Hort. cliff. 321. ... Orobanche major, garyophyllum olens. Bauh. pin. 88. ...“ (Linné 1755, S. 219); „Große Sommerwurz. Orobanche maior. ... Orobanche caule simplicissimo pubescente,

staminibus subexsertis, LINN. Syst. Veg. p. 479. Sp. Pl. p. 882. Hort. Cliff. 321. ... GMEL. Fl. Sib. 3. p. 214. ... Orobanche maior caryophyllum olens. BAUH. pin. p. 87. ... Von ihrer Art zu wachsen, ist vermuthlich auch der griechische Name Orobanche hergenommen, weil sie durch ihr schmarozerartiges Wachsthum dem Orobus und andern hülsentragenden Pflanzen den Saft entzieht, und selbige dann tödet. Deswegen wird sie im deutschen Ervenwürger ... genennt. ... Diese Art zieht sehr zusammen, und ist von einigen Aerzten als ein Wundmittel empfohlen worden, ... auch soll eine Conserve und Syrup zu haben seyn, welche mit Spleen und Milzsucht behafteten dienlich seyn soll. ..." (Linné 1782, S. 147ff.); „1. OROBANCHE major. ... O. caule simplicissimo pubescente, staminibus subexsertis. Sp. pl. 882. ... O. caule simplicissimo. Hort. cliff. 321. ... Grosse Sommerwurz. W. ..." (Linné 1797–1830, Bd. III, Teil 1, S. 347f.); „*3. OROBANCHE Caryophyllacea. O. caule simplici, ... Smith Act. Soc. Lin. Lond. 4. p. 169. * ... O. major garyophyllum olens. Bauh. pin. 87. Nelkenduftende Sommerwurz. W ..." (a. a. O., S. 348f.); „13. OROBANCHE coerulea. ... O. (coerulea) ... Vill. delph. 2. p. 406. ... O. floribus coeruleis laxe spicatis. Gmel. sib. 3. p. 215. t. 46. f. 1. ... Blaue Sommerwurz W. ..." (a. a. O., S. 352); „1) OROBANCHE CARYOPHYLLACEA. Sm. ... Orobanche caule simplicissimo, supra florifero. Gmel. Fl. sib. III. p. 214. No. 28 (excl. omn. var.) ..." (Ledebour 1830, S. 452ff.); „1) PHELIPAEA LANUGINOSA. C. A. Meyer. ... Orobanche caule simplicissimo, supra florifero. Gmel. Fl. sib. III. p. 214. No. 28. t. XLVI. f. 1. ..." (a. a. O., S. 460f.); „14. O[robanche] elatior (SUTT. in Transact. soc. Linn. IV, p. 178, t. 17) ... O. major. L. Fl. suec. p. 561. ..." (Ledebour 1846–1851, S. 319); „8. O[robanche] Galii (DUBY Bot. gall. I, p. 349) ... O. caryophyllacea. SMITH ... O. caule simplicissimo, supra florifero. GMEL. Fl. sib. III, p. 214, No. 28 (excl. varr. I, II, III et synon. plur.). ..." (a. a. O., S. 317); „757. Phelipaea. TOURNEF. ... 1. P. lanuginosa (C. A. Meyer in LEDEB. Fl. alt. p. 460. ...) ... Orobanche caule simplicissimo, supra florifero. GMEL. Fl. sib. III, p. 214, No. 28, varr. I et II, t. 46, f. 1 (in textu neglecta). ..." (a. a. O., S. 310f.); „Orobanche major, ... grose Sonnenwurz, ... Schmeerwurz; Maiwurz; Ervenstrang; ... sie zieht stark zusamen, und ist von einigen Aerzten als ein Wundmittel empfolen worden: ... Sie heißt bey ... C. Bauhin: Orobanche major garyophyllum olens; ..." (Gmelin 1774, Sp. 668); „1. OROBANCHE major ... Großer Ervenwürger. ..." (Georgi 1797–1802, Theil 3, S. 1111); „Phelipaēa THNBG. (Balanophoreae). Nach LOUIS u. HIER. PHELIPEAUX, französischen Marinebeamten." (Wittstein 1852, S. 680)

„901. Orobanche flore atro-caeruleo, spica florum compacta, pyramidali. Orobanche subcaeruleo flore sive ij Clus. H. 271. Ind. prior. (sed male.) Forte Fl. Irc. n°. 157. Saltim ad me privatim missum a Stellero exemplum sub n°. 158. hujus plantae est." (AAW R. I, Op. 105, D. 1, Bl. 71r, s. Anm. 29 in Nr. 5); „462. Orobanche subcaeruleo flore sive ij. Clus. Hist. 271 ..." (AAW R. I, Op. 13, D. 42, Bl. 94r, s. Anm. 1 in Nr. 1); „– Orobanche subcoeruleo flore siue ij. Clus. Hist. ..." (AAW R. I, Op. 104, D. 8, Bl. 9r, s. Anm. 18 in Nr. 452); „79. Orobanche subcoeruleo flore S ij Clusij Hist. 271" (AAW R. I, Op. 6, D. 40, Bl. 26v, s. Anm. 1 in Nr. 1); „417. Orobanche subcaeruleo flore sive ij Clus. H. 271. ..." (AAW R. I, Op. 105, D. 4ª, Bl. 45v, s. Anm. 54 in Nr. 17); „79 Orobanche subcoeruleo fl. sp. II Clus." (G. W. Steller nach J. G. Heinzelmann: AAW R. I, Op. 81, D. 23, Bl. 16r, s. Anm. 1 in Nr. 1); „108) Orobanche subcoeruleo flore sive II. Clus. ..." (AAW R. I, Op. 104, D. 25, Bl. 10r, s. Anm. 61 in Nr. 21); s. auch Nr. 161

54 „[species 3] Orobanche Lusitanica, flore atropurpureo." (Tournefort 1700, S. 176, Genus IX. „Orobanche."); „29. OROBANCHE caule simplicissimo, vltra dimidium florifero. Tab. XLVI. 2. Orobanche flore rubente minore, caule crassissimo, toto squamis lecto, GMEL. Ind. Ien. n. 899. Orobanche lusitanica, flore atro-purpureo, T. I. R. H. GMEL. Ind. Len. 483. [sic!] STELL. Irc. 158. ... STELLERVS in montosis ad Angaram sub initium Iulii florentem legit." (Gmelin 1747–1769, Bd. III, S. 216f.); „29. Orobanche caule simplicissimo ultra dimidium florifero. t. XLVI.

f. 2. [=] Boschniakia glabra Bung. (Orobanche rossica Ch. et Schl. in Linnaea III. 132.)! (Lathraea Squamaria L. – M. a Bieb. Fl. t. c. II. 71.)“ (Ledebour 1841, S. 100); „4) Eigentliche Schuppenwurz. Lathraea squamaria. ... Lathraea caule simplicissimo, corollis pendulis: labio inferiore trifido. LINN. Syst. Veg p. 461 ... Man nennt selbige so wie die vorige [d. h. Orientalische Schuppenwurz. Lathraea Anblatum.] Anblatum, Ohnblatt vielleicht besser, weil der Stamm blätterlos ist. ... Sie wird von wenigen wider die hinfallende Sucht, besonders in dem Freiß der Kinder angerathen; ...“ (Linné 1782, S. 23f.); „3. LATHRAEA Squamaria. L. caule simplicissimo, ... Fl. suec. 518. 550. ... Gemeine Schuppenwurz. W. ...“ (Linné 1797–1830, Bd. III, Teil 1, S. 201); „759. Boschniaka. C. A. MEYER ... 1. B. glabra ... Orobanche rossica. CHAMISS. et SCHLECHTEND. in Linnaea III, p. 132. ... Orobanche caule simplicissimo, ultra dimidium florifero. GMEL. Fl. sib. III, p. 216, No. 29, t. 46, f. 2. ... 760. Lathraea L. ... 1. Lathraea Squamaria (L. SP. 848) ...“ (Ledebour 1846–1851, S. 323f.); „[Orobanche] lusitanica, flore atropurpureo, bedeutet bey Tournefort eine portugiesische Art der Sonnenwurz mit schwarzrother Blume.“ (Gmelin 1774, Sp. 671); „1. Art. L[athraea] squamaria. Gemeiner Schuppenschwanz. (Linné.) ...“ (Bechstein 1833, S. 399); „7) Geschwüre. ... Die Koloschen ... legen die Wurzel und Kraut von Boschniaka glabra mit gleichen Theilen Harz von Pinus Mert. et Sitch. auf.“ (Krebel 1858, S. 179f.); „5) Menstruation befördernde Mittel. In Kleinrussland gebraucht man den Aufguss von Lathraea squamaria mit Wasser oder Branntwein zu einigen Spitzgläsern täglich. ...“ (a. a. O., S. 135); „*LATHRAEA (Squamaria) caule simplicissimo, ... Linn. Suec. 550. ... Петровъ крестъ [russ. *Petrov krest*] Russis. ...“ (*Krašeninnikov* 1761, S. 98); „718 Lathraea Squamaria. Lin. Syst. Pl. III. p. 113. sp. 4. ... Ruß. Petrow Krest. ...“ (Falk 1786, S. 210); „3. LATHRAEA Squamaria ... Gemeine Schuppenwurz. R. Petrow Krest. ...“ (Georgi 1797–1802, Theil 3, S. 1102); „Lathraēa L. (Orobancheae). Von λαδραιος (verborgen); der grössere Theil der Pflanze steckt unter der Erde.“ (Wittstein 1852, S. 502)

„27 An orobanche Lusitanica flore atro purpureo“ (AAW R. I, Op. 105, D. 19, Bl. 1v, s. Anm. 55 in Nr. 18); „899. Orobanche flore rubente minore, caule crassissimo, toto squamis tecto. An Orobanche Lusitanica flore atro-purpureo I. R. H? Ind. Len. n°. 483. [müßte heißen: 463; s. weiter unten] ... Fl. Irc. n° 158. ...“ mit der links marginalen Anm. auf Bl. 70v „vid. Ic.“ (AAW R. I, Op. 105, D. 1, Bll. 70v–71r, s. Anm. 29 in Nr. 5); „1. Orobanche flore rubente minore, caule crassissimo, toto squamis tecto Ind. Jen. n°. 899. j. Eadem elatior. An Orobanche Lusitanica flore atro-purpureo J. R. H? Ind. Len. n°. 483.“ [müßte heißen: 463; s. weiter unten] mit der links marginalen Anm. „vid. Ic.“ (AAW R. I, Op. 13, D. 67, Bl. 57v, s. Anm. 5 in Nr. 4); „463. An Orobanche Lusitanica flore atro-purpureo I. R. H? ...“ (AAW R. I, Op. 13, D. 42, Bll. 94r–94v, s. Anm. 1 in Nr. 1); „109) Orobanche Lusitanica flore atropurpureo Flor. ircut. N. 158 ...“ (AAW R. I, Op. 104, D. 25, Bl. 10r, s. Anm. 61 in Nr. 21); „29. Orobanche Lusitanica flore atropurpureo Fl. Irc. 158.“ (AAW R. I, Op. 105, D. 16, Bl. 1v, s. Anm. 5 in Nr. 4)

55 „Verticillus, der Quirl oder Wirtel, eine Stellungsweise der Blätter, Blüthen und anderer Pflanzentheile, wobei dieselben seitlich so um ihre gemeinschaftliche Achse geordnet sind, daß die Stellen ihres Ursprungs jedesmal in gleicher Höhe liegen und in eine rechtwinkelig auf der Achse stehende Ebene fallen. ...“ (Bischoff 1857, S. 180)

56 „Tussilago. Pas d'Asne. ...“ (Tournefort 1700, S. 487); „TUSSILAGO. ... teutsch, Huflattig. ... Tussilago bedeutet so viel als ein Kraut, das wider den Husten gut ist. ...“ (Lémery 1721, Sp. 1160f.)

57 „Petasites. Petasite. ...“ (Tournefort 1700, S. 451); „PETASITES. ... teutsch, Pestilentzwurtz, ...“ (Lémery 1721, Sp. 860f.)

58 „VI. Orobanche ramosa. ... Variat: floribus aliquando caeruleis, aliquando purpurascentibus, aliquando subalbidis, & libenter inter Cannabem nascitur. ...“ (Bauhin 1623, S. 88); „Orobanche

ramosa, floribus purpurascentibus C. B. Pin. 88. ... Ervenwürger/ Hanfwürger. ... Orobanche ramosa, floribus subalbidis C. B. Pin. 88. ... Orobanche ramosa, floribus caeruleis C. B. Pin. 88. ...“ (Mappus 1742, S. 226); „30. OROBANCHE corollis quinquefidis, caule ramoso, LINN. Sp. pl. 2. p. 882. n. 4. Orobanche ramosa, B. pin. 88. Orobanche ramosa, floribus subcaeruleis, STEL. Irc. 159. ... STELLERVS in montosis ad Angaram e regione pagi Schilkinga [sic!] inuenit.“ (Gmelin 1747–1769, Bd. III, S. 217); „30. Orobanche corollis quinquefidis, caule ramoso [=] Orobanche ramosa L.! (ex M. a. Bieb. Fl. t. c. III. 418.)“ (Ledebour 1841, S. 100); „2. OROBANCHE caule ramoso. ... Orobanche ramosa, floribus purpurascentibus. Tournef. inst. 176. ... α Orobanche ramosa, floribus coeruleis. Tournef. β Orobanche ramosa, floribus subalbidis. Tournef. ...“ (Linné 1737, S. 321); „5) Aestige Sommerwurz. Orobanche ramosa. ... Orobanche caule ramoso, corollis quinquefidis. LINN. Syst. Veg. p. 480. ... Orobanche ramosa. C. BAUH. 88. ...“ (Linné 1782, S. 151f.); „13. OROBANCHE ramosa. .... O. caule ramoso. Hort. cliff. 321. ... Aestige Sommerwurz. W. ...“ (Linné 1797–1830, Bd. III, Teil 1, S. 353f.); „8. P[helipaea] ramosa (C. A. MEYER Ind. cauc. p. 104) ... Orobanche ramosa. L. SP. 882. ... Orobanche corollis quinquefidis, caule ramoso. GMEL. Fl. sib. III, p. 217, No. 30? ...“ (Ledebour 1846–1851, S. 313); „[Orobanche] ramosa, ... ästige Sonnenwurz, ... kleine Sommerwurz; Hanfmann; Hanfmänngen; Hanfwürger; ... Sie heißt bey ... C. Bauhin: Orobanche ramosa; ...“ (Gmelin 1774, Sp. 669); „956. OROBANCHE ramosa caule ramoso, corollis quinquefidis. Linn. Sp. l. 2. p. 882. ... Orobanche ramosa floribus purpurascentibus-subalbidis-et caruleis. Bauh. pin. 8. – Mapp. fl. Als, p. 226. ... Germ. Hanftod. Hanfwürger. ...“ (Gmelin 1806, S. 716f.); „OROBANCHE RAMOSA Linné. ÄSTIGE OROBANCHE. .. Wächst auf Hanf und besonders auf Taback, wo dieser gebaut wird, oft in grosser Menge. ...“ (Dietrich 1836, Nr. 250); „2) Zweigichte Sonnenwurz oder Sommerwurz, Orobanche ramosa, caule ramoso, corollis quinquefidis. Linn. Spec. plant. Tom. II. p. 882. ... In Frankreich nennt man diese Pflanze Wolfskraut, Herbe de Loup; dann Stierkraut, Herbe de Taureau, weil man vorgiebt, daß wenn die Kühe davon gefressen haben, sie augenblicklich nach dem Stiere Verlangen tragen. ...“ (Krünitz 1773–1858, Bd. 155, S. 724f.); „4. OROBANCHE ramosa ... Zweigiger Ervenwürger. Hanfwürger. ... auf der Wurzel des Hanfes, der Wicken, Lathyrus.“ (Georgi 1797–1802, Theil 3, S. 1111f.)

59 „5. Orobanche flore candido. ...“ (AAW R. I, Op. 13, D. 67, Bl. 57v, s. Anm. 5 in Nr. 4); s. Nr. 157 und Anhang B.5. Nr. 42

60 „[species 1] Orobanche major, Garyophyllum olens C. B. Pin. 87. Orobanche flore majore J. B. 2. 780. Limodoron sive Orobanche Dod. Pempt. 552.“ (Tournefort 1700, S. 175, Genus IX. „Orobanche.“); „Orobanche major, garyophyllum olens C. B. P. ... Sonnen=Wurtzel. ...“ (Buxbaum 1721, S. 246f.); „Orobanche major, Caryophyllum olens C. B. Pin. 87. ... Sommerwurtz / wohlriechende Orobanche, Ervenwürger. ...“ (Mappus 1742, S. 226); „1. OROBANCHE caule simplici. Orobanche major garyophyllum olens. Bauh. pin. 87. ...“ (Linné 1737, S. 321); „1. Die erste Art der Sommer=Wurtz: Orobanche major garyophyllum olens, C. B. P. 87. ... Zu denen Zeiten DIOSCORIDIS wurde es wie andere Koch=Kräuter genossen, und wie Spargeln gesodten.“ (Zwinger 1744, S. 450); „1) Größere Sonnenwurz oder Sommerwurz, größerer Ervenwürger, ... Orobanche major garyophyllum oleus. [sic!] Bauh. pinn. 87. ... Sie ist eine Schmarotzerpflanze, die sich von dem Safte der andern nützlichen Pflanzen nährt, oder ihnen die Nahrung entzieht. ...“ (Krünitz 1773–1858, Bd. 155, S. 723f.); „Caryophylláceae ... Caryophyllata ... abgeleitet von lat. caryophyllon, garyophyllon ...“ (Genaust 2005, 131f.)

„2. Orobanche major Garyophyllum olens C. B. P. 87. ...“ (AAW R. I, Op. 13, D. 67, Bl. 57v, s. Anm. 5 in Nr. 4); „Orobanche major, Garyophyllum olens. C. B. P. ...“ (AAW R. I, Op. 105, D. 2, Bl. 4r, s. Anm. 54 in Nr. 17); „900. Orobanche major, Garyophyllum olens C. B. P. 87. ...“ mit der rechts marginalen Anm. „Orobanche I. Clus. H. 270.“ (AAW R. I, Op. 105, D. 1, Bl. 71r,

s. Anm. 29 in Nr. 5); „418. Orobanche major, Garyophyllum olens C. B. P. 87. ...“ (AAW R. I, Op. 105, D. 4[a], Bl. 45v, s. Anm. 54 in Nr. 17); „98. Orobanche major gariophyllum olens C. B. P.“ (AAW R. I, Op. 104, D. 13, Bl. 3v, s. Anm. 84 in Nr. 29); „78. Orobanche major Garyophyllum olens C. B. P.“ (G. W. Steller nach J. G. Heinzelmann: AAW R. I, Op. 81, D. 23, Bl. 16r, s. Anm. 1 in Nr. 1); „– Orobanche major Garyophyllum olens CBP. ...“ (AAW R. I, Op. 104, D. 8, Bl. 9r, s. Anm. 18 in Nr. 452); „78. Orobanche major Garyophillum olens C B P. 87. Orobanche flore majore J B. 2. 780.“ (AAW R. I, Op. 6, D. 40, Bl. 26v, s. Anm. 1 in Nr. 1); „Orobanche major, Caryophyllum olens, C. B. Pin. 87. Tournefort. Sp. 1. Tattaris in Ys-Beltyr Ballgóode; ...“ (AAW F. 98, Op. 1, D. 19, Bl. 41v, s. Anm. 59 in Nr. 19); s. Nr. 157

61 *Innokentij* II. (*Nerunovič*)

[/43r/]

[Florae Irkutjensis Ordine Inst[itutionum] Rei herb[ariae]
CLASSIS III.]

CLASSIS IV.
de
Herbis et suffruticibus flore mono-
petalo labiato.

162.	*Phlomis herbacea Hormini foliis, floribus / parvis villosissimis ex carneo viola- / ceis caulibus purpurascentibus. Galeop- / sis maxima Hormini folio Buxb. Cent. /* 1. *p[agina]* 4. *Tab[ula]* 6.[1] *frequentissima plan- / ta circa Irkutiam et in apertis / desertorum campis ad et trans / lacum floret Julio, semen absolvit*

/43v/

Florae Irkutjensis Ordine Inst[itutionum] Rei herb[ariae]
CLASSIS IV.

	sub finem Aug[usti] Huius semina mitto
163[a]	*Cassida montana foliis integris et cre- / natis D[omini] D[octoris] Gmelini Index plant[arum] Len[ensium] / N[umer]o* 135.[2] *Huius iconem et des- / criptionem dedit.*
164[b]	*Cassida palustris repens et minus ra- / mosa, flore purpurascente. Dill. Cat. plant. p[agina]* 122. *Scutellaria folio / non serrato Rivini.*[3] *Ubiq[ue] ad rivu- / los [et] fontes prope oiok floret / sub initium Julij*
165[c]	*Lamium vulgare album sive Archange- / lica flore albo Parkins. Theat. bot. / Tourn. sp[ecies]* 4.[4] *frequens circa Irkuti- / am [et] lacum Baikal.*
166[d]	*Lamium folio caulem ambiente minus / C. B. P.* 231.[5] *In agris et hortis cir / ca Urik sloboda* 18 *stadia ab Irku- / tia.*
167[e]	*Moldavica Melissae folio, flore pur- / pureo*[6]. *Abunde in montosis ad / Angaram [et] lacum Baikal. Incipit / jam circa Udinense munimen- / tum* 400 *stadia ab urbe Irkutia. / Huius semina benè matura com- / munico.*[7]
168[f]	*Moldavica eadem flore carneo*[8]. *Raro / occurrit et praecedentis saltim*

[a] $_{16}$3 *verbessert aus* 2 [b] $_{16}$4 *verbessert aus* 3 [c] $_{16}$5 *verbessert aus* 4 [d] $_{16}$6 *verbessert aus* 5 [e] $_{16}$7 *verbessert aus* 6 [f] $_{16}$8 *verbessert aus* 7

/44r/

Florae Irkutjensis[a] *Ordine Inst⌈itutionum⌉ Rei Herb⌈ariae⌉*
CLASSIS IV.

	varietas censenda.
169[b]	*Moldavica Melissae folio profundius secto*[9]. */ frequenter*[10] *ad lacum Baikal. Haec / species cum superiori occurrit, flore / tantillum ampliori et foliis profundi- / us incisis differt. Huius semina ma- / tura mitto. floret cum praecedenti.*
170[c]	*Ruyschiana floribus coeruleis, seu Pseudo- / chamaepitis Muntingii. Chamaepitis au- / striaca Clus. Hist. CLXXXIV*[11] *flore / coeruleo. Copiose provenit circa Irku- / tiam et lacum Baikal. floret circa / medium Junii ad finem fermè Ju- / lii. Huius semina mitto.*
171. *A*:	*Ruyschiana eadem floribus candidis*[d12] */ Prioris varietas. Raro occurrit / cum praecedenti.*[13]
B. 171.	*Ruyschia- / na eadem floribus carneis.*[e14]
172[f]	*Boguldea Chamaedryos folio duriori subtus / incano flore coeruleo*[15] *Boguldea mihi interea vocatur planta, / quae ob structuram floris peculiarem, / ad nullum hactenus cognitum genus / Classis IV. T. I. R. H.*[16] *referri po- / tuit, donec forte è semine Petropolin / misso, et planta ibidem enata*[g], *aut meae / sententiae accedere aut sub alterno no- / mine alio quopiam appellare, aliis / visum fuerit. Crescit in montosis cal-*

/44v/

Florae Irkutjensis[h] *Ordine Inst⌈itutionum⌉ Rei herb⌈ariae⌉*
CLASSIS IV.

	careis iuxta ostium Buguldeichae fluvij / lacum Baikal subeuntis 186 *stadia ab / Irkutia. Planta haec perennis loca a- / mat arenosa, calcaria; sicca et aprica, / radice nititur pro annositate plantae / ad coronam modo pollicem modo ca- / lamum cygni crassa, palmum circiter / permultis fibris arenam vel lapides / subeunte, ramos spargit permultos / non tantum in arena repentes sed quos- / dam ad florum usq⌈ue⌉ spicas, sub ea de- / litescentes, novisq⌈ue⌉ fibris e caulibus / emissis, radices denuo agentes, e ra- / mulis bina semper alterno ordine pro- / deunt. folia inferius pediculis dimidi- / um pollicem longis, flores versus sen- / sim brevioribus erecta, pilosis, palli- / de viridibus, folia raro dimidium pol- / licem longitudine unamq⌈ue⌉ tertiam / pollicis*

---

[a] Irkutjensis *verbessert aus* Irkutensis [b] 169 *verbessert aus* 8 [c] 170 *verbessert aus* 69 [d] *nach* candidis *in eckigen Klammern, d. h. gestr.* coeruleis [e] B. 171. Ruyschia- / na eadem floribus carneis. *rechts marginal* [f] 172 *verbessert aus* 1 [g] enata *verbessert aus* e [h] Irkutjensis *verbessert aus* Irkutensis

	latitudine excedunt, supinè / intense viridia, aversa parte incana, / pulchre superficietim sulcata, du- / riuscula, rigida ambitu profunde / aequalibus laciniis divisa forma / folia chamaedrios[17], *laciniis Myrti*[18] *quer / cus*[a19] *folio referentia, Lavandulae*[20]

/45r/

Florae Irkutiensis[b] *Ordine Inst⌈itutionum⌉ Rei herb⌈ariae⌉*
CLASSIS IV.

	odore et sapore aromatico insigniter / imbuta. In summitate caulium humi- / fusorum 4 5 *ad sex folia locantur; / è quorum centro spica florum ip- / sum caulem terminans enascitur. / spicae ipsae ad singulos florum ordines / folia angustiora purpurascentia in- / terseminatur; spica plerumq⌈ue⌉ polli- / cem longa et tantum in diametro / crassa. Flores intense coerulei, mo- / nopetali, irregulares ad classis IV sect⌈io⌉ / III. Tournef. i. r. h.*[21] *spectantes superius / scilicet labium surrectum inferiori / angustius, ac cochlearis instar exca- / vatum, bifidum*[c], *divisuris*[d] *obtusis, / rotundioribus, labium integrum nisi / diducatur mentiens, inferius labium / in tres partes dividitur, media am- / pliori ⌈et⌉ cordiformi. E calyce surgit / pistillum coeruleum*[e] *è flore pro- / minens, superius labium versus re- / flexum, quod ambiunt quatuor sta- / mina brevia, apicibus minutis spadiceis / onusta, floris tubulo inferius accre- / ta, labii superioris cochlear occu-*

/45v/

Florae Irkutiensis[f] *Ordine Inst⌈itutionum⌉ Rei Herb⌈ariae⌉*
CLASSIS IV.

	pantia. Pistillum 4 *embryonibus sti- / patum, quae matura transeunt in to- / tidem semina oblonga, trigona. Calyx / superius quinquepartitus, tubulatus, / dein teres, striatus, et multis pilis / hirtus, divisura calycis axin spectan- / te latiori, reliquis acutioribus et / Angustioribus. Floret ab initio Junij / ad medium Julij, Augusto absolvit. se- / mina, quae bene matura collegi ⌈et⌉ / transmisi.*

Definitio generica

	Boguldea est plantae genus flore mo- / nopetalo, labiato, cuius labium

[a] quercus *verbessert aus* [..] [b] Irkutiensis *verbessert aus* [..] [c] bifidum *verbessert aus* c [d] divisuris *verbessert aus* e [e] coeruleum *verbessert aus* a [f] Irkutiensis *verbessert aus* [.]

	superi- / us surrectum nonnihil ⌈et⌉ obtuse bi- / fidum, cochlearis instar excavatum; / inferius in tres partes divisum, me- / dia Ampliori semicirculari vel leviter / cordiformi, è calyce autem quinque par- / tito tereti surgit pistillum posticae / floris parti ad instar clavi infixum, / ac 4 *veluti embryonibus stipatum, qui / deinde abeunt in totidem semina ob- / longa, fusca, trigona, in capsula quae / floris calyx fuit, recondita. His notis*

/46r/

Florae Irkutiensis[a] *ordine Inst⌈itutionum⌉ Rei Herb⌈ariae⌉*
CLASSIS IV.

	addendum, flores semper in spicam cras- / sam disponi. Boguldea[b] *vocatur à / fluvio Buguldeicha ad cuius ostium / Occurrit.*
173[c]	*Boguldea erecta flore magno purpuro-coe- / ruleo, Betonicae foliis longis, pediculis / insidentibus*[22]. *Planta haec occurrebat / d⌈ie⌉* 21. *Aug⌈usti⌉* 1739 *in convallibus intra / altissimos rupes ad Bannoi*[d] *rivi fon- / tes* 10 *stadia à munimento Bargusi- / nensi ad fontes. semen perfece- / rat. jn vertice florentem huc dum sese / obtulit. Radice nititur fibrosa, fusca, / sub musco saxis superinstrato repen- / te; Ipsa planta dimidium pedem alta, / erecta, foliis pediculis dimidium pedem / circiter longis erectis partim*[23] *humifu- / sis, caulem*[e] *unum modo duos / ambientibus Betonicae officinarum foliis / exacte similibus*[24], *pulchre venosis, et viri- / dibus, ambitu crenatis superbit. Cau- / les quadranguli, pallide virides, dimi- / dium*[f] *circiter pedem*[g] *longi, genicu- / lati, interNodiis*[h] *aequalibus spatiis / A se invicem distantibus, ad singu- / la internodia duo ex adverso alter- / no ordine in caule eriguntur / folia ab iis quae e corona radicis*

/46v/

Florae Irkutiensis Ordine Inst⌈itutionum⌉ Rei Herb⌈ariae⌉
CLASSIS IV.

	prodeunt, plane diversa, a circulari fi- / gura paululum aberrantia, immediate / absq⌈ue⌉ pediculo è caulis geniculis enata, / ambitu profunde serrata, leviter hir- / suta: Intra has foliorum alas in sum- / mitate caulis flores in verticillum / plane, ut in Ruyschiana

---

[a] Irkutiensis *verbessert aus* e [b] Boguldea *verbessert aus* a [c] 173 *verbessert aus* 2 [d] Bannoi *verbessert aus* [.] [e] *nach* caulem *gestr.* modo [f] dimidium *verbessert aus* [.] [g] pedem *verbessert aus* [....] [h] interNodiis *verbessert aus* [..]

	disponuntur. / flores ampli, erecti, purpuro coerulei, / monopetali, anomali, labiati; supe- / rius labium fornicatum, inferiori / tantillum imminens, cordis forma / bifidum, divisuris obtusis rotun- / datis, Labium inferius in tres / partes divisum, media excavata et / bifida, cui reliquae duae divisura ad / latera alarum instar adhaerescunt, / at breviores sunt. Floris tubulo, ubi di- / latari[a] *incipit*, 4 *stamina alba accreta, / apicibus coeruleis onusta, superius. / Uncinata, et sub labio superiori quidem / recondita, at deorsum inferius labium / curvata, intra haec stamina pistillum / latet, apice bifidum, divisuris refle- / xis, quatuor embryonibus in totidem / semina oblonga nigra*[b] *abeuntibus stipatum, / inq[ue] calyce ad maturitatem usq[ue] reCon- / ditis et levi attrectatione prociduis*

/47r/

Florae Irkutiensis[c] *Ordine Inst[itutionum] Rei Herb[ariae]*
CLASSIS IV.

	adde labium superius pilis coerulescen- / tibus hirtum esse, in duas areolas dispo- / sitis, singula singulam occupante divi- / suram, inferius autem labium media / sua excavata parte albet, purpureisq[ue] / rubentibus punctulis aspersum. Su- / perhas fauces versus intimiores bar- / bulae duae utrimq[ue] pilosae altae[25] *ap- / parent. Calyx purpurascens, hirsutus, / quinquepartitus, divisura axin floris / spectante duplo latiori, adde, et in / quibusdam superioris labii divi- / suras marcore imminente sursum re- / flecti Moldavicae*[26] *instar, flore autem / rigente cochlearis in modum veluti / in Lamio*[27] *excavari*[d]*; forte ambo una / cum Ruyschiana ad unum genus spe- / ctant, quod ob*[e] *Ruyschianae floris et in- / dicis Boerhave*[28] *absentiam jam ex- / plorare nequeo; quorsum autem / Tournefortius Chamaepitin Austriacam / Clusii*[29] *retulerit, huc dum non invenij / in I. R. H. semina huius bene ma- / tura insimul communicantur.*[30]
174[f]	*Galeopsis procerior, foetida, spicata T. i. r. h. / sp[ecies]* 1. *Lamium maximum sylvaticum, foe-*

---

[a] dilatari *verbessert aus* [..] [b] nigra *über der Zeile* [c] Irkutiensis *verbessert aus* Irkutensis [d] excavari *verbessert aus* [.] [e] ab [f] 174 *verbessert aus* 3

/47v/

Florae Irkutjensis Ordine Inst[itutionum] Rei Herb[ariae]
CLASSIS IV.

	tidum C. B. P. 231.[31] *Ad sepes et in salicetis / floret. Junio [et] Julio*
175[a]	*Galeopsis procerior, caliculis aculeatis flore / purpurascente I. R. H.*[32] *Ubiq[ue] per Sibiriam / copiose. Floret cum praecedenti.*
176[b]	*Galeopsis patula segetum, flore purpu- / rascente I. R. H.*[33] *Ubiq[ue] in agris circa / Irkutiam et ad vias.*
177[c].	*Galeopsis altera caliculis aculeatis, flore / flavescente Tourn. I. R. H. spec[ies] 4.*[34] *Huius / barba ex purpureo, luteo et albo elegan- / tissime variegata. In hortis quorundam / jncolarum Irkutiae observaram, for- / tasse semen inter alia semina oleracea / è Russia allatum, hucusq[ue] enim nullibi*[d] *locorum / quae in sibiria lustravi spontanea / comparuit.*
178[e].	*Cardiaca J. B. 3. 320 Dod. Pempt. Tourn. / I. R. H. spec[ies] 1.*[35] *frequens ad sepes inq[ue] / collibus praecipuè*[f] *circa Malaia Ros- / wodnaja. floret circa medium Junij.*
179[g]	*Mentha aquatica seu pulegium vulgare / I. R. H.*[36] *Ubiq[ue] in locis aquosis et ad / rivulos circa Irkutiam et lacum Bai- / kal.*
180[h]	*Mentha arvensis verticillata hirsuta J. / B. Calamintha arvensis verticillata / C. B. P. 229*[37] *In hortis et arvis ut et*

/48r/

Florae Irkutjensis ordine Inst[itutionum] Rei Herb[ariae]
CLASSIS IV.

	in salicetis circa Irkutiam abunde flo- / ret Julio; assurgit a pedali ad cubita- / lem altitudinem. Caulis quadrangulus, / hirsutus, folia oblonga herbide viridia, / ambitu crenata, ad foliorum alas flo- / res verticillatim disponuntur palli- / de coerulei, horum labium superi- / us nonnihil fornicatum, inferius / tripartito divisum, segmentis aequa- / libus florem fere rotatum men- / tientibus, calyce comprehenduntur / quinquifido, pediculo unam line- / am longo insistente, odor totius / plantae menthae crispae[38] *in mo- / dum valde fragrans, mentha cri- / spa autem hic locorum non habetur.*
181[i].	*An Marrubiastrum Cardiacae folio Bocc. / Mus. Part[is] 2. Tab[ula] 98 T. I. R. H. sp[ecies] 5.*[39] */ Planta haec d[ie] 1. Aug[usti] occurrebat in /*

[a] $_{17}$5 *verbessert aus* 4 [b] $_{17}$6 *verbessert aus* 5 [c] $_{17}$7 *verbessert aus* 6 [d] nullibi *über der Zeile* [e] $_{17}$8 *verbessert aus* 7 [f] $_{\text{praeci}}$Puè *verbessert aus* [.] [g] $_{17}$9 *verbessert aus* 8 [h] $_{1}$80 *verbessert aus* 79 [i] $_{18}$1 *verbessert aus* 0

	flore, ad Angae fluvij ostium in la- / cum Baikal, planta ferme ad cubita- / lem assurgit altitudinem, multum / ramosa est, fruticuli in modum, caules / quadranguli, folia albide viridia rugo- / sa, Cardiacae[40] *foliorum instar ad sin- / gulos verticillos ex adverso alterno / ordine bina. flos magnus candidus*

/48v/

Florae Irkutjensis ordine Inst[itutionum] Rei herb[ariae]
CLASSIS IV.

	una cum tubulo plus uncium lon- / gus; superius[a] *labium cochlearis / instar excavatum densissima can- / dida lanugine undiq[ue] obsitum [et] / amoene hirsutum. Labium infe- / rius in tres partes dividitur, me- / dia tantillum prominente cordifor- / mi candidi coloris multisq[ue] purpu- / reis lineis è floris*[b] *tubulo ad la- / bii inferioris oras excurrentibus / variegatur. Calyx floris hirsutus, / pentagonus, quinquifidus aculeatus / et sex plerumq[ue] flores quino vel seno / ordine ad caulem in verticillum / disponuntur. Huius delineationem / fieri curavi. Plantam naturali mag- / nitudine sistentem. semina collegi / [et] transmisi*
182[c]	*Lycopus palustris, glaber Tourn. I. R. H. sp[ecies]* 1. */ Marrubium palustre glabrum. C. B. P.* 230[41] */ In palustribus ad Bargusinum fluvium / floret Julio.*
183[d]	*Clinopodium Origano simile elatius majore / folio C. B. P.* 225.[42] *In sylvis montosis / circa athanasii Dementiew Saimka /* 60 *stadia ab urbe Irkutia, qua ad / Lenam itus, floret Junio [et] Julio.*

/49r/

Florae Irkutjensis[e] *ordine Inst[itutionum] Rei herb[ariae]*
CLASSIS IV.

184[f].	*Clinopodium arvense, Ocimi facie C. / B. P.* 225. *Acinos multis J. B.* 3. */ Tourn. I. R. H. Spec[ies]* 4.[43] *Cum priori / occurrit in montibus calcareis / vel siccis, limo constantibus. Flo- / ret cum priori*
185[g]	*Serpillum vulgare minus.*[44] *frequentissi- / me occurrit in montosis circa Ir- / kutiam et lacum Baikal ut et ad / omnem Lenam. Deficit plane ad / Irtisch [et] obii tractum a Tobolio / Tarigum*[h45] *usque*

---

[a] superius *verbessert aus* [.] [b] floris *verbessert aus* [.] [c] 182 *verbessert aus* 1 [d] 183 *verbessert aus* 2 [e] Irkutjensis *verbessert aus* Irkutensis [f] 184 *verbessert aus* 3 [g] 185 *verbessert aus* 4 [h] Tarigum *verbessert aus* T[..]ri[...]

186[a]	*Serpillum Angustifolium hirsutum C. B. / P. 220. Serpillum pannonicum III. Clus. / Hist. 360.*[46] *Incipit ad sinum lacus / Baikal Peschtschana guba dictum / et deinceps ad munimentum Bar- / gusinense. Constanter cum priori / occurrit in locis arenosis et cal- / careis siccioribus.*
187[b]	*Serpillum vulgare flore albo H. Edinb. / Tourn. I. R. H. spec[ies] 5.*[47] *frequens cir- / ca munimentum Bargusinense.*
188[c]	*Serpillum vulgare flore carneo*[48] *cum / priori frequenter occurrit*[d] *Vari- / etas*[e] *Tourn[efortio] non descripta Russis / audiunt hae*[f] *species* Богородская Трава[49].

/49v/

Florae Irkutjensis Ordine Inst[itutionum] Rei Herb[ariae]
CLASSIS IV

189[g].	*Satureia sativa Tourn. I. R. H. et I. B.*[50] */abundè in hortis circa Irkutiam Rus- / si plantam siccam cucumeribus*[51] *et / brassicae*[52] *muria conditae condimen- / ti instar addere solent.*
190[h].	*An Lavandula folio dissecto C. B. P. 216 / Lavandula multifido folio J. B. 3. / 281. Clus. Hist. 345.*[53] *Crescit copio- / sissima in pratis siccioribus deser- / torum, qua itur ad Lenam ubi mul- / tum humilior inq[ue] montosis ad Anga- / ram et lacum Baikal multum alti- / or et ramosior. floret sub initium / Julii semina maturat sub initium / Septembris. Radice nititur fibrosa, / lignosa, foris nigra intus alba, cau- / les emittit modo unum modo duos / tres pluresve, interdum cubitales in- / terdum pedales, quadrangulos, pilis / hirtos, pallide virides, ramosos, in / summitate spica florum verticilla- / tim ad caulem posita onustos, spicae / autem caulem terminantes longiores, / quae in ramis, dimidium breviores, / è corona radicis bina prodeunt / folia reliquis in caule minora*

/50r/

Florae Irkutiensis[i] *Ordine Inst[itutionum] Rei Herb[ariae]*
CLASSIS IV.

	quinquifida at non admodum profunde / laciniata, abhinc per[j] *sesquiuncialia in- / tervalla sena vel septena prodeunt / folia, omnino quinquifida, duo semper / exadverso posita, et ex alis horum duo /*

---

[a] $_{18}$6 *verbessert aus* 5 [b] $_{18}$7 *verbessert aus* 6 [c] $_{18}$8 *verbessert aus* 7 [d] $_{occurr}$i$_{t}$ *verbessert aus* e [e] V$_{arietas}$ *verbessert aus* [.] [f] $_{ha}$e *verbessert aus* ec [g] $_{18}$9 *verbessert aus* 8 [h] $_{1}$90 *verbessert aus* 89 [i] $_{Irkut}$i$_{ensis}$ *verbessert aus* [.] [j] $_{pe}$r *verbessert aus* [.]

	plerumq[ue] alia trifida minora et pe- / diculi insimul unciam unam vel / duas longi spica florum breviori / onusti, flores labium superius bifi- / dum divisuris acuminatis neq[ue] quan- / tum ego videre potui surrectum, in- / ferius autem trifidum, media divi- / sura ampliori excavata et in cor- / dis formam emarginata. Pistillum / quod quatuor stamina caerulea a- / picibus purpureis onusta ambiunt / 4 seminibus stipatur. Calyx mono- / phyllus, quinquifidus, hirsutus, stri- / atus inferne viridis, superne coe- / rulescens, singulis spicae verticillis / foliola e viridi nigricantia subster- / nuntur. Odor plantae magis ad / mentham[54] quam ad Lavendulam ac- / cedit. Irkutienses[a] plantae folia et / flores spiritu frumenti infundere ad / solem digerrere inq[ue] balneis fornacum

/50v/

Florae Irkutjensis Ordine Inst[itutionum] Rei Herb[ariae]
CLASSIS. IV.

	lapidibus candentibus superinsperge- / re solent, sudanti autem in hoc balneo / certum pollicentur auxilium in febri tertiana[b55]. *Huius / semina bene matura communico.*
191[c].	*An Lavandula folio rarius nec ita pro- / funde dissecto*[56], *huius inferiora fo- / lia fere integra ad oras tantum ser- / rata sunt, pari copia cum priori / occurrit, et huius semina mittun- / tur sed ex inadvertentia in iti- / nere cum prioris speciei seminibus / confusa sunt.*
192.[d]	*Origanum sylvestre Cunila bubula Plinij / C. B. P. 223. Tourn. I. R. H. spec[ies]* 1.[57] / *abunde*[58] *circa Irkutiam [et] lacum Bai- / kal Russis audit* душница[59].
193[e].	*Ballote Math.* 825 *Tourn. I. R. H. spec[ies]*/1. *Marrubium nigrum foetidum, / Ballote Dioscoridis C. B. P.* 230[60] *ad / sepes circa Roswodnaja floret Jun[io] / [et] Julio.*
194[f].	*Chamaedris montana, odorata flore minore / coeruleo cannabis folio.*[61] *Planta haec in asperis apricis et mon- / tosis ad Angaram [et] circa lacum Baj- / kal florens*[g] *Junio [et] Julio. Radice / nititur exigua, fibrosa, alba, sicca,*

[a] $_{\text{Irkut}}$iens$_{\text{ses}}$ *verbessert aus* C[..] [b] in febri tertiana *über der Zeile* [c] $_{19}$1 *verbessert aus* 0 [d] $_{19}$2 *verbessert aus* 1 [e] $_{19}$3 *verbessert aus* 2 [f] $_{19}$4 *verbessert aus* 3 [g] frorens

/51r/

florae Irkutiensis[a] *Ordine Inst[itutionum] Rei Herb[ariae]*
CLASSIS IV.

	leviter sabulo et glareae inhaeren- / te, plantam tamen erectam sem- / persustinentes[62]*, statim à radice fo- / lia eriguntur pediculis semiunciam / longis, cauli quadrangulo laevi, viri- / di sulcato adnata, trifida, ambitu / serrata, Cannabis erratici*[63] *foliis si- / millima, supine herbide viridia sub- / tus cum levi obsoleta purpurascen- / tia. Ex alis foliorum utrimq[ue] ad Cau- / lem*[b] *surgunt pediculi unciales nec / raro longiores, virides, quadrati, flo- / res pedicularibus denuo dimidi- / am unciam longis pediculis fultos / sustinentes flores, modo singuli*[c] *modo / bini et terni uni insident pediculo, / flos labiatus, labium autem in- / ferius in quinq[ue] partes divisum, / media ampliori cochlearis in- / star excavata, integra, Labii ve- / ro superioris locum obtinent / stamina, pistillum in horum me- / dio prominent quatuor, semini- / bus subrotundis insidet, calyce tu- / bulato, quinquifido, viridi innidu- / lantibus. Flos perparvus est, li- / neam unam vix longus. Planta*

/51v/

Florae Irkutiensis Ordine Inst[itutionum] Rei herb[ariae]
CLASSIS IV.

	haec est fragrantissima, talemq[ue] of- / fert naribus gratiam, qualem Me- / lissa[64] *Basilico*[65] *in societatis fasci- / culum allecto. Caules semine maturo / per totum coerulescunt* wie ange- / lauffener[d] Stahl[66]. *Huius semina bene / matura mittunt[ur].*

1 „Tab. VI. Galeopsis maxima foliis Hormini. ...“ u. die (unpaginierte) Abbildung auf Tafel VI. (Buxbaum 1728, S. 4); „73. PHLOMIS inuolucri radiis setaceis, foliis ex cordato-lanceolatis. Galeopsis maxima, foliis Hormini, BVXB. Cent. 1. Tab. 6. GMEL. obs. XXXIX. Phlomis Hormini folio, floribus paruis suaue rubentibus villosissimis, AMM. ruth. 48. Phlomis vrticae foliis glabra, Id. n. 49. Phlomis inuolucris hispidis subulatis, foliis cordatis scabris, caule herbaceo, LIN. Sp. pl. 2. p. 819. n. 8. Tatari Kongrolos (herba cum tuberibus) Russorum nonnulli утиная трава [russ. *utinaja trava*], alii запья трава [russ. *zap'ja trava*] vocant.“ (Gmelin 1747–1769, Bd. III, S. 241f.); „73. Phlomis involucri radiis setaceis, foliis ex cordato lanceolatis [=] Phlomis tuberosa L.!“ (Ledebour 1841, S. 104); „48. PHLOMIS Hormini folio, floribus paruis, suaue rubentibus, villosissimis. ... 49. PHLOMIS Vrticae foliis glabra. ...“ (Amman 1739,

[a] Irkutiensis *verbessert aus* Irkutensis [b] Caulem *verbessert aus* [..] [c] singuli *verbessert aus* [....] [d] angelauffener *verbessert aus* angelauff[·]n[··]

S. 39ff.); „8) Knollichte Phlomis. Phlomis tuberosa. ... Phl. involucris hispidis, subulatis; foliis cordatis, scabris; caule herbaceo. LINN. S. v. p. 450. ... Phlomis, Urticae foliis, glabra. AMM Ruth. 40, 39. Galeopsis maxima, foliis Hormini. BUXB. Cent. I. p. 4. t. 6. ...“ (Linné 1781, S. 507); „14. PHLOMIS tuberosa. ... P. involucri radiis setaceis, ... Gmel. sib. 3. p. 241. n. 73. ... P. urticae foliis, glabra. Amm. ruth. 49. ... Knollige Phlomis. W. ...“ (Linné 1797–1830, Bd. III, Teil 1, S. 122f.); „2) PHLOMIS TUBEROSA. Linn. ... Galeopsis maxima, foliis Hormini. Buxb. Cent. I. p. 4. t. VI. Phlomis involucri radiis setaceis, ... Gmel. Fl. sib. III. p. 241. No. 73. Phlomis Urticae foliis, glabra. Amman. ruth. p. 40. No. 49. ...“ (Ledebour 1830, S. 412f.); „4. P[hlomis] tuberosa (L. SPEC. p. 819) ... P. Urticae foliis glabra. AMMAN. ruth. p. 40, No. 59. [sic!] P. involucri radiis setaceis, ... GMEL. Fl. sib. III, p. 241, No. 73. ...“ (Ledebour 1846–1851, S. 437); „Phlomis tuberosa, ... knollige Phlomis, ... Sie heißt bey ... Ammann: Phlomis urticae foliis, glabra.“ (Gmelin 1774, Sp. 1000); „1717. PHLOMIS tuberosa. Linn. Knolliges Filzkraut. ...“ (Röhling 1833, S. 301f.); „5. PHLOMIS (Tuberosa) involucris hispidis subulatis, foliis cordatis scabris, caule herbaceo. Hort. Upsal. 171. ... Jerusalems Salbey mit einem glatten Nesselblat.“ (Miller 1776a, S. 538); „PHLOMIS TUBEROSA Lin. ... dessen an dem dicken ästigen, fast holzigen Wurzelstock zahlreich hängende Knollen von den Kalmücken sowol roh oder zubereitet gegessen, als auch als gelind adstringirendes Mittel bei Geschwüren, Brüchen u. s. w. und die Blätter im Aufguß in der Ukraine als Volksmittel gegen anhaltende Durchfälle und Ruhren angewendet werden.“ (Ersch/Gruber 1848, S. 280); „3) Durchfall und Ruhr. Der gemeine Mann in Russland trinkt dagegen ... einen gesättigten Aufguss von Phlomis tuberosa, ...“ (Krebel 1858, S. 131); „17) Scropheln. ... In Sibirien gegen Drüsengeschwülste in der Leistengegend die Wurzel von Phlomis tuberosa ...“ (a. a. O., S. 140); „Er rühmte ... die Wurzeln der Phlomis tuberosa, als ein Mittel wider Geschwulst der Drüsen in den Weichen; ...“ (Pallas 1773, S. 191); „Sie [d. h. die Kalmyken] sammlen sonst noch einige wilde Wurzeln zur Speise, dergleichen sind die Knoten von der Phlomis tuberosa, welche sie bodmon sok nennen, trocknen, pülvern, und mit Milch zu einem Brey kochen; ...“ (Pallas 1771, S. 319); „Phlomis tuberosa L. R. Utinaja Trawa. ... Die Knollen der Wurzeln, deren bisweilen bis 30. an einander gereihet sind, stehen hier [d. h. im *Bajkal*-Gebiet] als ein Souverain=Mittel wieder Bruchschaden in guten Ruf. Man läßt einem so unglücklichen Kinde täglich 1. bis 2. Knollen roh in seiner gewöhnlichen Speise nehmen. Ein Erwachsener verzehret jeden Tag 4. bis 6. Nach 14., höchstens 20tägigem Gebrauch soll sich der Bruch gewiß verlieren. Der Hr. Vice=Gouverneur von Lange soll die Kraft dieses Mittels in China erlernt haben.“ (Georgi 1775, S. 222f.); „Unter den verwelkten und von dem Morgenfrost gerührten Pflanzen, fiel es nicht schwer noch den türkischen Bund a) und die knollige Phlomis b) zu erkennen, von welchen beyden die Baschkiren die Wurzeln zur Speise gebrauchen, wie wir die gebackenen Rüben: die Knollen der letztern aber geben auch eine Art Mehl, die von ihnen zu ihrem Salma*) gebraucht wird. ... |: b) Phlomis tuberosa, russ. Szap'jä. *) Eine Mehlspeise der Tatarn und Baschkiren, welche von dem Hrn. Verfasser im 2ten Theil unter dem 5. Jun. 1770. S. 107 des russischen Originals beschrieben wird. Hr. Prof. Pallas sagt Th. 1. S. 95 es ist ein bey den Tatarn und Tschuwaschen gleich gewöhnliches Gericht von Mehlklößen, die mit Wasser und Butter gekocht werden. Ueb. :|“ (Lepechin 1774, S. 119); „... Jetzo schicke eine getrocknete Wurzel Orbyk*) welche von den gemeinen Tataren am Irtisch gleichfalls gegessen wird. Ich weiss aber nicht – von was für einem Kraute sie ist, ... |: Anm. Gmelins: Galeopsis Hormini folio Buxb. (Fl. sib. III. 241. nr. 73. Phlomis tuberosa L. P.) :|“ (G. F. Müller in einem Brief an J. G. Gmelin, empfangen am 25. Januar 1741 – Plieninger 1861, S. 190); „695. Phlomis tuberosa. Lin. sp. 8. Buxb. Cent. I. t. 6. Ruß. Tschuschebarnik und Sapia. ... An der Orenburgschen Linie wurden die Wurzelknollen in Wasser gesotten und dieses Wasser als ein Purgirmittel gebraucht. Die nachbleibenden Knollen sind denn nicht nur eßbar, sondern sogar bey den Sibiriaken eine übliche Speise.“

(Falk 1786, S. 208); russ. *čuževarnik*, *zap*, *zapnik*, *zap'ja-trava*, *utinaja-trava*, *mladenčeskaja* bzw. *christov-pososok* – Phlomis tuberosa (*Dal'* 1880–1882, T. IV, S. 613); „PHLOMIS tuberosa ... Orlowia russica Güldenst. ... Knollwurzliche Phlomis. R. Utinaja, auch Sapija Trawa. ... Tat. Kongralos. ... Wirft man die Wurzelknollen in siedendes Wasser, so verlieren sie ihre Schärfe und das Wasser wird ein Purgiermittel. ... Sie dient daher den Kalmücken, Ostiaken, Tschulymschen und andern Tataren, für sich in Wasser oder Milch, oder an Fleisch gekocht zur Speise. ..." (Georgi 1797–1802, Theil 3, S. 1089f.); Phlomis tuberosa L. – russ. *zap*, *zap'ja trava*, *utinaja trava* bzw. *mladenčeskaja trava* (*Annenkov* 1858, S. 68, Nr. 793); „Phlōmis L. (Labiatae). Von φλομος, φλομις (Verbascum) und dieses von φλοξ (Flamme), weil die dickwolligen Blätter des Verbascum in alten Zeiten zu Lampendochten dienten (Plin. XXV. 74). Mehrere Arten der Gattung Phlomis haben durch ihre grossen dickwolligen Blätter viel Aehnlichkeit mit Verbascum-Arten; ..." (Wittstein 1852, S. 682f.)

„XXXIX. An Galeopsis maxima folijs Hormini. Buxb. cent. 1. Tab VI? ..." mit der rechts marginalen Anm. „vid. fig." (AAW R. I, Op. 105, D. 7, Bl. 10r, s. Anm. 57 in Nr. 616); „67. Galeopsis maxima hormini folio tuberosa." (AAW R. I, Op. 15, D. 1, Bl. 2v, s. Anm. 24 in Nr. 64); „39. Galeopsis maxima, Hormini folio tuberosa. Ind. Len. n°. 140." (a. a. O., Bl. 12v); „4. Galeopsis maxima, Hormini folio tuberosa Ind. Len. n°. 140. An Galeopsis maxima folijs Hormini Buxb. Cent. I. Tab. VI Obs. in H. N. XXXIX. Forte et Galeopsis maxima folijs Hormini Buxb. Ind. TransBaic. Tattaris dicitur Kóngrosot (трава съ шишками.) [russ. *trava s šiškami*; dt. – Kraut mit Beulen] ..." (AAW R. I, Op. 13, D. 67, Bl. 42r, s. Anm. 5 in Nr. 4); „* Galeopsis maxima foliis Hormini Buxb. Cent. I. Tab. VI. ..." (AAW R. I, Op. 105, D. 2, Bll. 4r–4v, s. Anm. 54 in Nr. 17); „140. Galeopsis maxima, Hormini folio, tuberosa. Mirum quantum convenit cum Galeopside maxima Hormini folio Buxb. Cent. I Tab VI. ... Russicis incolis Decoctum vero herbae indoloribus lumborum & Spinae dorsi hauritur, herbaq; cocta in forma cataplasmatis applicatur. Dicitur Russis утиная трава [russ. *utinaja trava*] & землание орѣшки [*zemlanie oreški*; russ. *zemljanye oreški*]" (AAW R. I, Op. 13, D. 42, Bl. 20r, s. Anm. 1 in Nr. 1); „268. Galeopsis maxima Hormini folio tuberosa Ind. Len." (AAW R. I, Op. 105, D. 4ª, Bl. 34r, s. Anm. 54 in Nr. 17); „616. Galeopsis maxima, Hormini folio tuberosa. Ind. Len. n°. 140. ..." (AAW R. I, Op. 105, D. 1ª, Bl. 74v, s. Anm. 29 in Nr. 5); „– An Galeopsis maxima, folijs Hormini Buxb. Cent. I. Tab. VI. ..." (AAW R. I, Op. 104, D. 8, Bl. 6r, s. Anm. 18 in Nr. 452); „315. Galeopsis Hormini folio. Buxb. An Phlomis involucri radijs setaceis hispidis Linn. h. Cliff. 315? Phlomis Hormini folio floribus parvis suave rubentibus, vilosissimis Amm. descr. 48. et & Phlomis Urticae folijs glabra Ej. n°. 49." (AAW R. I, Op. 13, D. 20, Bl. 33v, s. Anm. 1 in Nr. 1); „76. Phlomis herbacea hormini fol. floribq parvis villosissimis, caulibus purpurascentibus, Galeopsis maxima, fol. hormini Buxb: Cent. 1. pag. 4. Tab. 6." (AAW R. I, Op. 104, D. 13, Bl. 3v, s. Anm. 84 in Nr. 29); „81. Phlomis herbacea, Hormini foliis, floribus parvis, villosissimis, ex carnea violaceis, caulibus purpurascentibus. 82. Phlomis herbacea urticae folio." (AAW R. I, Op. 6, D. 40, Bl. 26v, s. Anm. 1 in Nr. 1); „81. Phlomis herbacea hormini foliis, floribq parvis villosisimu) ex carneo violaceis caulibq purpurascentibq, Galaeopsis maxima fol. Hormini Buxb. Cent. 1. p. 4. 7. [?] 51. 82 Phlomis herbaceo urticae folio." (G. W. Steller nach J. G. Heinzelmann: AAW R. I, Op. 81, D. 23, Bl. 16v, s. Anm. 1 in Nr. 1); „110) Galeopsis maxima Hormini folio Buxbaum. Centur ..." (AAW R. I, Op. 104, D. 25, Bl. 10v, s. Anm. 61 in Nr. 21)

2 „135. Cassida montana, foliis integris et crenatis, radice tenui alba. Cassida montana foliis integris Obs. in Hist. Nat. ... Semina (a) ab initio flava et ad sensum laevia, maturitate fusca & granulata evadunt. Vide Iconem", mit der links marginalen Anm. auf Bl. 18v „Tab. XV." (AAW R. I, Op. 13, D. 42, Bll. 18v–19r, s. Anm. 1 in Nr. 1); vermutlich „51. SCVTELLARIA foliis lanceolatis crenulatis, floribus gemell[i]s, t. XLVII. Cassida montana foliis oblongis crenatis, AMM.

Ruth. p. 43. n. 55. I. Eadem flore albo. Cassida montana, angustifolia, alba, semine nigro, MESS. AM. ruth. p. 41. n. 51. ...“ (Gmelin 1747–1769, Bd. III, S. 229); „51. Scutellaria foliis lanceolatis crenulatis, floribus gemellis [=] Scutellaria scordiifolia Fisch.!“ (Ledebour 1841, S. 102); „55. CASSIDA montana, foliis oblongis crenatis Gmel. ...“ (Amman 1739, S. 43); „51. CASSIDA montana, angustifolia, alba, semine nigro MESSERSCHM. ...“ (a. a. O., S. 41); „2) SCUTELLARIA ADAMSII. Spreng. ... S. Adamsii. Spreng. Syst. veg. II. p. 701. No. 14. ... Scutellaria foliis lanceolatis crenulatis, floribus gemellis ... Gmel. Fl. sib. III. p. 229. No. 51. t. XLVII.? ... An S. scordiifolia Fisch. in Spreng. Syst. veg. IV. 2. p. 225. ...“ (Ledebour 1830, S. 393); „8. S[cutellaria] scordiifolia (FISCH. Ind. h. petropol. p. 62.) ... S. foliis lanceolatis crenulatis, floribus gemellis. GMEL. Fl. sib. III, p. 229, No. 51, t. 47. Cassida montana, foliis oblongis crenatis. AMMAN. ruth. p. 43, No. 55. Cassida montana, angustifolia, alba, semine nigro. MESSERSCHM. ap. AMMAN. ruth. p. 41, No. 51. ...“ (Ledebour 1846–1851, S. 398); „CASSIDA. ... teutsch, Fleckenkraut. ... Es reiniget, ist gut zu den Wunden, eröffnet und trocknet, stillet den Durchfall. Fabius Calumna hat es deswegen Cassida genannt weil seine Samencapsel die Gestalt eines Helms führet, der auf lateinisch Cassis genennet wird.“ (Lémery 1721, Sp. 253f.)

„25. Cassida montana foliis integris obs. in H. N.“ (AAW R. I, Op. 14, D. 8, Bl. 1v), s. Anm. 98 in Nr. 39); „XC. Cassida montana folijs oblongis crenatis. ...“ (R. I, Op. 105, D. 8^{a}, Bl. 38v, s. Anm. 46 in Nr. 79); „605. Cassida montana foliis integris et crenatis, radice tenui alba prior. ind. ...“ (AAW R. I, Op. 105, D. 1^{a}, Bl. 73r, s. Anm. 29 in Nr. 5); „1. Cassida montana foliis integris Gmel.“ (AAW R. I, Op. 13, D. 16, Bl. 9r, s. Anm. 32 in Nr. 6); „4. Cassida montana folijs integris & crenatis radice tenui alba pr. Ind. ...“ mit der links marginalen Anm. „vid. Ic.“ (AAW R. I, Op. 13, D. 67, Bl. 41v, s. Anm. 5 in Nr. 4); „* Cassida montana foliis oblongis crenatis. Obs. in Hist. nat. XC. ...“ (AAW R. I, Op. 105, D. 2, Bl. 4r, s. Anm. 54 in Nr. 17); „260. Cassida montana folijs integris et crenatis, radice tenui alba Ind. Len. ...“ (AAW R. I, Op. 105, D. 4^{a}, Bl. 34r, s. Anm. 54 in Nr. 17); „111) Cassida montana foliis integris & crenatis D D. Gmelin ind. plant. Lenens. No. 135. ...“ (AAW R. I, Op. 104, D. 25, Bl. 10v, s. Anm. 61 in Nr. 21); „295. Scutellaria foliis cordato-lanceolatis obtusis ut plurimum integris. Cassida montana, foliis oblongis crenatis. Am. Stirp. p. 43.“ (AAW R. I, Op. 13, D. 20, Bl. 32r, s. Anm. 1 in Nr. 1)

3 „Cassida palustris repens & minus ramosa, flore purpurascente: Scutellaria folio non serrato Riv. Irr. M. ...“ (Dillenius 1719, S. 122); die Abbildung „Scutellaria fol. non serrato“ auf Tafel 77 (Rivinus 1690); „Der himmel=blaue Weiderich: Lysimachia coerulea, galericulata, vel Gratiola coerulea, C. B. P. 246. ... Cassida palustris, vulgatior, flore coeruleo. T. 182. ... Ein paar Hände voll dieses Krauts in zwey Maaß Wasser gesodten, und davon nach belieben getruncken, soll das dreytägige Fieber vertreiben, daher er von THEODORO TABERNAEMONTANO, Tertianaria, dreytägig Fieber=Kraut, genennt wird. ...“ (Zwinger 1744, S. 975); „[species 5] Cassida palustris, vulgatior, flore caeruleo. ...“ (Tournefort 1700, S. 182, Genus VI. „Cassida. La Toque.“); „48. SCVTELLARIA foliis cordato-lanceolatis crenatis, floribus axillaribus, LIN. Sp. pl. 2. p. 835. n. 5. ROY. lugdb. 320. Lysimachia caerulea galericulata, s. gratiola caerulea, BAVH. pin. 246. Cassida palustris vulgatior flore caeruleo. TOVRN. Inst. R. H. Cassida vulgari similis humilior, GM. Ind. Len. 133. Cassida vulgari similis ramosa et humilior, GMEL. Ind. Ien. 608. Cassida palustris repens et minus ramosa, flore purpurascente, DILL. Cat. pl. p. 122. STELL. Irc. 164. Cassida moldaricae [sic!] folio, AMM. Ruth. 53. ...“ (Gmelin 1747–1769, Bd. III, S. 227f.); „48. Scutellaria foliis cordato-lanceolatis crenatis, floribus axillaribus [=] Scutellaria galericulata L.!“ (Ledebour 1841, S. 102); „53. CASSIDA Moldauicae folio. ...“ (Amman 1739, S. 42); „6) Gemeines Helmkraut. Scutellaria galericulata. ... Scutellaria foliis cordato-lanceolatis, crenatis; floribus axillaribus. LINN. Syst. veg. p. 457. ... Sie wird auch Tertianaria, Tertiankraut, oder Fieberkraut genennet; weil sie in dreytägigen Fiebern von besonderer Wirksamkeit seyn soll. ...“

(Linné 1781, S. 571f.); „6. SCUTELLARIA galericulata. S. foliis cordato-lanceolatis crenatis, ... Gmel. sib. 3. p. 227. ... Gemeines Helmkraut. W. ...“ (Linné 1797–1830, Bd. III, Teil 1, S. 173); „1) SCUTELLARIA GALERICULATA. Linn. ... Scutellaria foliis cordato-lanceolatis crenatis, ... Gmel. Fl. sib. III. p. 227. No. 48. ...“ (Ledebour 1830, S. 392f.); „9. S[cutellaria] galericulata (L. SP. p. 835) ... S. foliis cordato-lanceolatis crenatis, ... GMEL. Fl. sib. III, p. 227, No. 48. ... Cassida Moldavica folio. AMMAN. ruth. p. 42, No. 53. ...“ (Ledebour 1846–1851, S. 398f.); „[Scutellaria] galericulata, foliis cordato-lanceolatis crenatis; floribus axillaribus; helmförmiges Schildkraut, ... Es hat einen Geruch, wie Knoblauch, und einen bittern Geschmak, und ist daher, wenigstens frisch, dem Viehe zuwider; in seinen Heilskräften kommt es dem Lachenknoblauch sehr nahe, ...“ (Gmelin 1776, Sp. 377f.); „913. SCUTELLARIA GALERICULATA Linn. ... Scutellaria foliis cordato-lanceolatis crenatis, floribus axillaribus. Gmel. fl. Sib. III. p. 227. ...“ (*Turčaninov* 1856, S. 418); „... wie die Mongolen ihre Leder blos dadurch bereiten, daß sie die Häute mit Milch walken. ... Um dem Leder das Ansehn eines schönen grünen Saffians zu geben, bestreuen sie jedes ausgebreitete Fell mit einigen Händen voll von den frischen blauen Blumen des auch in Teutschland wachsenden Fieberkrauts, Scutellaria galericulata, und zerquetschen sie mit der Hand oder durch Drehen mit dem Felle selbst. Diese Färbung wiederholen sie, und überstreichen sie dann mit schwachem Alaunwasser. Ein solches Leder hat anfänglich eine schöne helblaue Farbe, welche sich aber an der Luft sehr bald in das schönste und dauerhafteste Grün verändert, ...“ (Beckmann 1793, S. 168f.); „... Fieberkraut l), wird von den Bauern [beim Fluß *Kama*] im Fieber gebraucht, ... |: l) Scutellaria galericulata. :|“ (Lepechin 1783, S. 120); „Fieberkraut b) soll [bei *Perm'*] in Seuchen, vors Herzweh und vor den Schlag gut, vorzüglich aber neuen Ehemännern dienlich seyn. |: b) Scutellaria galericulata. :|“ (a. a. O., S. 124); „4. SCUTELLARIA galericulata .. Schild=Helmkraut. ...“ (Georgi 1797–1802, Theil 3, S. 1066f.); Scutellaria galericulata L. – russ. *likoradočnaja trava*, *serdečnaja*, *polevoi zveroboj*, *gorbatka* bzw. *klobučka* (*Annenkov* 1858, S. 86, Nr. 1008); „Scutellāria L. (Labiatae). Von scutella, Dimin. von scutra (Schüssel), in Bezug auf die Form des Kelchs, welcher einer Tasse mit Henkel ähnlich ist.“ (Wittstein 1852, S. 804)

„1. Cassida palustris vulgatior, flore coeruleo I. R. H. Scutellaria folijs cordato-lanceolatis crenatis. Linn. Lapp. 339. ... 2. Cassida vulgari similis humilior Ind. Len. n°. 133. ... 3. Cassida vulgaris similis, ramosa & humilior Ind. Jen. n°. 608. ...“ mit der links marginalen Anm. „vid. Ic.“ neben Nr. 4 (AAW R. I, Op. 13, D. 67, Bl. 41v, s. Anm. 5 in Nr. 4); „Cassida palustris, vulgatior, flore coeruleo. C. B. P. ...“ (AAW R. I, Op. 105, D. 2, Bl. 4r, s. Anm. 54 in Nr. 17); „259. Cassida palustris vulgatior flore caeruleo I. R. H. ...“ (AAW R. I, Op. 105, D. 4^a, Bl. 34r, s. Anm. 54 in Nr. 17); „229. Scutellaria folijs cordato-lanceolatis, crenatis Lin. flor. 239. h. cliff. 316. Cassida palustris vulgatior, flore coeruleo. inst. 182 Boerh. lugd. I. p. 177. ...“ (AAW R. I, Op. 13, D. 20, Bl. 24r, s. Anm. 1 in Nr. 1); „608. Cassida vulgari similis, ramosa et humilior. ... In Regione Sajanensis munimenti Messerschmidius Cassidam latifoliam, Menthae facie, semine flavicante collocat, sub qua hanc forte speciem intelligit.“ (AAW R. I, Op. 105, D. 1^a, Bl. 73r, s. Anm. 29 in Nr. 5); „133. Cassida vulgari Similis, humilior. ... Vide iconem.“, mit der rechts marginalen Anm. auf Bl.18r „Tab. XIV.“ (AAW R. I, Op. 13, D. 42, Bll. 18r–18v, s. Anm. 1 in Nr. 1); „112) Cassida palustris repens et minus ramosa flore purpurascente acute Dill. Cat. plant. p. 122. ...“ (AAW R. I, Op. 104, D. 25, Bl. 10v, s. Anm. 61 in Nr. 21)

4 „[species 4] Lamium vulgare, album sive Archangelica, flore albo Park. Theat. 604. Lamium album, non foetens, folio oblongo C. B. Pin. 231. Galeopsis sive Vrtica iners, floribus albis J. B. 3.322. Vrtica iners sive Lamium primum Dod. Pempt. 153.“ (Tournefort 1700, S. 183, Genus I. „Lamium.“); „3. Lamium vulgare album sive Archangelica flore albo. White Archangell. ...“ (Parkinson 1640, S. 604ff.); „Lamium vulgare, album, sive archangelica, flore albo Parkinson.

Theatr. 604. ... Germ. taube Nesseln. ...“ (Rupp 1726, S. 181); „70. LAMIVM foliis cordatis acuminatis, petiolatis, verticillis viginti floris, LINN. sp. pl. 2. p. 809. n. 5. Lamium vulgare s. Archangelica flore albo, PARK. th. 604. ...“ (Gmelin 1747–1769, Bd. III, S. 240); „70. Lamium foliis cordatis acuminatis petiolatis, verticillis vigintifloris [=] Lamium album L.!“ (Ledebour 1841, S. 104); „5) Weisser Bienensaug. Lamium album. ... L. foliis cordatis, acuminatis, serratis, petiolatis; verticillis vigintifloris. LINN. S. veg. p. 445. ... Sie wird insgemein todte oder taube Nessel, goße oder weisse Taubnessel ... genennet. ... Die Blätter ... werden in der Arzneykunst innerlich als ein besonders stärkendes Mittel wider den weissen Fluß, und äusserlich zu Zertheilung harter Geschwulsten, und als ein Wundmittel gerühmet. ...“ (Linné 1781, S. 462f.); „6. LAMIUM album. L. foliis cordatis acuminatis serratis petiolatis, verticillis vigintifloris. Hort. cliff. 314. ... Weisser Bienensaug. W. ...“ (Linné 1797–1830, Bd. III, Teil 1, S. 88); „1) LAMIUM ALBUM. Linn. ... Lamium foliis cordatis acuminatis, ... Gmel. Fl. sib. III. p. 240. No. 70. ...“ (Ledebour 1830, S. 406f.); „5. L[amium] album (L. SPEC. p. 809) ... L. foliis cordatis acuminatis, ... GMEL. Fl. sib. III, p. 240, No. 70. ...“ (Ledebour 1846–1851, S. 429); „[Lamium] album, foliis cordatis acuminatis petiolatis; verticillis vigintifloris; weisse Taubnessel, ... Bienensaug; weisse Bienensaug; Wurmnessel; todte Nessel; große taube Nessel; Erzengel ... Sie ist daher von den ältern Aerzten unter zerschiedenen Gestalten in Wunden, in dem weissen Flusse, und in Kröpfen empfolen worden, und wird auf dem Lande in dem Halswehe gebraucht. ... Sie heißt ... bey Parkinson: Lamium vulgare album s. archangelica flore albo.“ (Gmelin 1773a, Sp. 294f.); „11. Frauenkrankheiten. ... Mittel gegen Fluor albus: Häufige Verwendung daggen findet Lamium album in Form eines spirituösen Auszuges. ...“ (Alksnis 1894, S. 230f.); „Die Einwohner der gilanischen Alpen bedienen sich täglich neben ihrer gewöhnlichen Speise des Plows, nämlich eines Zugemüses, welches sie aus folgenden Kräuter verfertigen. ... dem Lamium album (**) Pers. Kargasina, ... Sie sammlen die jungen Pflanzen von diesen Kräutern, kochen dieselben erstlich schlechtweg in Wasser ab, und stoßen sie nachgehends in Butter. ... |: (**) Lamium fol. cordat. acuminatis, serratis, petiolatis verticillis vigintifloris. Linn. syst. nat. II. p. 393. 5. :|“ (Gmelin 1784, S. 180f.); „3. LAMIUM album ... Weißblümiger Bienensaug. Gemeine taube Nessel. ...“ (Georgi 1797–1802, Theil 3, S. 1084); „Lamium, ... teutsch, taube Nessel, todte Nessel, ... Lamium kommt von dem Griechischen Wort Λάμια, das bedeutet ein Kobolt, ... damit man die Kinder zu fürchten macht, als ob er sie fressen wollte. Es ist aber die taube Nessel darum Lamium genannt worden, weil ihre Blüthe wie eine Larve eines solchen Gespensts aussehen soll ...“ (Zedler 1732–1750, Bd. 16, Sp. 323ff.); Lamium – russ. *jasnotka* (*Annenkov* 1858, S. 53, Nr. 602); Lamium album L. – russ. *gluchaja belaja krapiva*, *volšebnaja krapiva* bzw. *kurič'ja slepota* (a. a. O., S. 53, Nr. 603)

„1. Lamium vulgare album sive Archangelica flore albo Park. Th. 604.“ mit der rechts marginalen Anm. „vid. Ic.“ (AAW R. I, Op. 13, D. 67, Bl. 41v, s. Anm. 5 in Nr. 4); „Lamium vulgare album. sive Archangelica flore albo. Park. Theat. ...“ (AAW R. I, Op. 105, D. 2, Bl. 4r, s. Anm. 54 in Nr. 17); „263. Lamium vulgare album sive Archangelica flore albo Park. Th. 604. I. R. H. ...“ (AAW R. I, Op. 105, D. 4^{a}, Bl. 34r, s. Anm. 54 in Nr. 17); „612. Lamium vulgare album, sive Archangelica flore albo Park. Th. 604 I. R. H. ...“ (AAW R. I, Op. 105, D. 1^{a}, Bl. 73v, s. Anm. 29 in Nr. 5); „137 Lamium vulgare album sive Archangelica flore albo Park. Theat. 604. I. R. H. ...“ (AAW R. I, Op. 13, D. 42, Bl. 19v, s. Anm. 1 in Nr. 1); „Lamium vulgare album sive Archangelica flore albo Park ...“ (AAW R. I, Op. 104, D. 8, Bl. 6r, s. Anm. 18 in Nr. 452); „90 Lamium vulgare album Seu Archangelica flore albo Barck. [sic!] Theat. 604. Lamium album non foetens. folio oblongo C B P. 231.“ (AAW R. I, Op. 6, D. 40, Bl. 27r, s. Anm. 1 in Nr. 1); „90 Lamium vulg. alb. C B. Pin.“ (G. W. Steller nach J. G. Heinzelmann: AAW R. I, Op. 81, D. 23, Bl. 16v, s. Anm. 1 in Nr. 1); „Lamium vulgare album seu Archangelica, flore albo, Parkinsoni (Tournefortii sp. 4), Off.“ (Messerschmidt 1962–1977, Bd. 4, S. 202, s. Anm. 1 in Nr. 1); „278„ d.

[15. September 1724]„ [Sem.] Lamii vulgaris albi; seu Archangelicae flore albo Park. et T. sp. 4." (AAW F. 98, Op. 1, D. 23, Bl. 8r, s. Anm. 49 in Nr. 653); „CXXI Lamium T. 183. 8. B. I. 157. ..." (Bl. 16v in T. Gerber „Flora Moscuensis ...", s. Anm. 6 in Nr.55); „Lamium Куричаи слепата [*kuričai slepata*] gallinarum occoecatis quam vocem Sibérienses Frangulae falso tribuunt. ..." (G. W. Steller nach T. Gerber: AAW R. I, Op. 81, D. 23, Bl. 5r, s. Anm. 1 in Nr. 1); russ. *kurjač'ja slepota* – Lamium purpureum; Purpurnessel (Pawlowski 1952, S. 1499); russ. *kurič'ja slepota* – Lamium purpureum foetidum, folio subrotundo, seu Galeopsis dioscoridi. Bauh. pin. 230. (*Krašeninnikov* 1761, S. 93); „24. August 1722 ... fand sich ... Lamium Archangelica dictum, flore albo (Tournef., Sp. ***) etc. etc." (Messerschmidt 1962–1977, Bd. 1, S. 303)

5 „[species 7] Lamium folio caulem ambiente, minus C. B. Pin. 231. Galeopsis sive Vrtica iners, minor, folio caulem ambiente J. B. 3. App. 853. Morsus Gallina folio Hederulae, alterum Lob. Icon. 463." (Tournefort 1700, S. 184, Genus I. „Lamium."); „1. LAMIUM foliis floralibus sessilibus amplexicaulibus obtusis. Lamium, folio caulem ambiente, minus. Bauh. pin. 231. ..." (Linné 1737, S. 314); „7) Ungestielter Bienensaug. Lamium amplexicaule. ... L. foliis floralibus sessilibus, amplexicaulibus, obtusis. LINN. S. v. p. 446. ... Lam. folio caulem ambiente, majus et minus. C. BAUH. pin. 231. ..." (Linné 1781, S. 464); „12. LAMIUM amplexicaule. ... L. folio caulem ambiente, minus. Bauh. pin. 231. ..." (Linné 1797–1830, Bd. III, Teil 1, S. 90f.); „1. L[a-mium] amplexicaule (L. SPEC. p. 809) ... L. foliis floralibus sessilibus amplexicaulibus, obtusis. GMEL. Fl. sib. III, p. 240, No. 71. ..." (Ledebour 1846–1851, S. 427); „71. LAMIVM foliis floralibus sessilibus amplexicaulicus [sic!] obtusis, LINN. sp. pl. 2. p. 809. n. 7. ..." (Gmelin 1747–1769, Bd. III, S. 240); „71. Lamium foliis floralibus sessilibus amplexicaulibus obtusis [=] Lamium amplexicaule L.!" (Ledebour 1841, S. 104); „Lamium amplexicaule, foliis floralibus sessilibus amplexicaulibus obtusis; Taubnessel mit Blättern, die den Stengel umfassen, ... kleine taube Akernessel mit Gundelrebenblättern; kleine rothe Bienensaug; ... Sie heißt ... bey C. Bauhin: Lamium folio caulem ambiente minus." (Gmelin 1773a, Sp. 296f.); „19) Kleine taube Ackernessel mit Gundelrebenblättern, ... Lamium amplexicaule, ... Sie hat Geruch und vermuthlich auch Kräf-te, mit den übrigen Arten dieses Geschlechts gemein; die Schaafe fressen sie gerne. ..." (Gmelin 1779, S. 27f.); „b) Lamium amplexicaule. ... Deutsch. Die taube Nessel mit Blättern, die den Stengel umfassen; Die stiellose Taubnessel; Kleine taube Nessel, Kleiner rother Bienensaug, Taube Nessel mit zweyerley Blättern, Katzenauge. ..." (Nemnich 1794, Sp. 317); „5. LAMIUM amplexicaule ... Anschliesendblättriger Bienensaug. ..." (Georgi 1797–1802, Theil 3, S. 1084)

„CXXI Lamium ... 3. Lamium folio caulem ambiente minus C. B. P. 232. B. n°. II." (Bl. 16v in T. Gerber „Flora Moscuensis ...", s. Anm. 6 in Nr. 55)

6 „272. Ocimoides flore dilutiore, inodorum. Admodum simile est Ocimo Moldavicae flore Ind. Len. & ejusdem etiam generis. ... In Icone flos separatim a latere exhibetur, uti apparet labio inferiori explicato." mit der rechts marginalen Anm. von J. G. Gmelin „Moldavica Melissae folio, fl. purpureo" und der Anm. „vid. Ic." (AAW R. I, Op. 105, D. 12, Bl. 11r, s. Anm. 54 in Nr. 17); „623. Ocimoides suave odorum, folio ad oras spinoso. Moldavica Betonicae folio flore caeruleo. I. R. H. Ind. Trans. Baic. ... 624. Ocimoides flore dilutiore, inodorum. Ind. Irc. n° 272. ... Fl. Irc. n° 167." (AAW R. I, Op. 105, D. 1ª, Bl. 75r, s. Anm. 29 in Nr. 5); „1. Ocimoides suave odorum, folio ad oras spinoso Ind. Jen. n°. 623." (AAW R. III, Op. 1, D. 162, Bl. 42v, s. Anm. 54 in Nr. 17); „Moldavica Betonicae folio, flore caeruleo Inst. r. h." (a. a. O., Bl. 33r); „3. Ocimoides flore dilutiore, inodorum Ind. Irc. n°. 272. ... j. Idem flore albo. ... Fl. Irc. n°. 167. ij. Idem flore carneo Fl. Irc. n°. 168." mit der links marginalen Anm. „vid. Ic." (AAW R. I, Op. 13, D. 67, Bl. 42v, s. Anm. 5 in Nr. 4); s. auch „113) Moldavica melissae folio flore magno coeruleo 114) Moldavica melissae folio flore magno candido 115) Moldavica melissae folio flore candido. ... diversa videt) florum magnitudine tam ab ea No. 167. quam. 169 Florae Ircutiensis." (AAW R. I,

Op. 104, D. 25, Bl. 10v, s. Anm. 61 in Nr. 21); „2. [Samen von] Ocimoides inodorum prior. Ind.“ (AAW R. I, Op. 14, D. 8, Bl. 14r, s. Anm. 98 in Nr. 39); „149 Ocimum Moldavica flore. Moldavica Betonicae folio, flore coeruleo I. R. H. Ind. Plant. 1735. ...“ (AAW R. I, Op. 13, D. 42, Bll. 21r–21v, s. Anm. 1 in Nr. 1); „18. Ocimum Moldavice flore inodorum Ind. Irc.“ (AAW R. I, Op. 15, D. 1, Bl. 10r, s. Anm. 24 in Nr. 64)

„54. DRACOCEPHALVM floribus verticillatis, bracteis lanceolatis integerrimis, foliis oblongis, superioribus integris, floribus nutantibns, [sic!] T. XLIX. Horminum syluestre, Lauendulae flore, B. pin. 239. Moldauica Betonicae folio, flore caeruleo, TOVRN. I. R. H. 184. Moldauica betonicae folio, floribus minoribus pendulis, AMM. ruth. 44. n. 57. Ocimum moldauicae folio, GMEL. ind. Len. 149. Ocimoides flore dilutiore inodorum, GMEL. ind. irc. 272. Dracocephalum floribus verticillatis, bracteis oblongis ouatis integerrimis, corollis maiusculis nutantibus, LINN. hort. Vps. 167. sp. pl. 2. p. 832. n. 12. I. Eadem flore carneo. II. Eadem flore albo. ...“ (Gmelin 1747–1769, Bd. III, S. 231f.); „54. Dracocephalum floribus verticillatis, bracteis lanceolatis integerrimis, foliis oblongis, superioribus integris, floribus nutantibus. f. XLIX. [=] Dracocephalum nutans L.!“ (Ledebour 1841, S. 102); „13) Nickender Drachenkopf. Dracocephalum nutans. ... Dracoceph. floribus verticillatis; bracteis oblongis, ovatis, integerrimis; corollis majusculis, nutantibus. LINN. Syst. veg. p. 455. ...“ (Linné 1781, S. 550f.); „17. DRACOCEPHALUM nutans. ... D. floribus verticillatis, ... Gmel. sib. 3. p. 231. t. 49. Moldavica betonicae folio flore coeruleo. I. R. H. 184. Moldavica betoni[c]ae folio, ... Amm. ruth: 44. n. 57. ... Hängender Drachenkopf. W. ...“ (Linné 1797–1830, Bd. III, Teil 1, S. 156f.); „5) DRACOCEPHALUM NUTANS. Linn. ... Dracocephalum floribus verticillatis, bracteis lanceolatis, integerrimis, foliis oblongis, superioribus integris, floribus nutantibus. Gmel. Fl. sib. III. p. 231. No. 54. t. XLIX. Moldavica Betonicae folio, ... Amman. ruth. p. 44. No. 57. ...“ (Ledebour 1830, S. 386f.); „13. D[racocephalum] nutans (L. SPEC. p. 831) ... D. floribus verticillatis, ... GMEL. Fl. sib. III, p. 231, No. 54, t. 49. ... Moldavica Betonicae folio, ... AMMAN. ruth. p. 44, No. 57. ...“ (Ledebour 1846–1851, S. 387); „[Dracocephalum] nutans, ... schwankender Drachenkopf, ... ihr Geruch [ist], wann man sie zwischen denen Fingern zerreibt, durchdringend, wie bey der gewöhnlichen Melisse, doch etwas schwächer; ...“ (Gmelin 1773, Sp. 663f.); „5) DRACOCEPHALUM NUTANS. Linn. ... Dracocephalum floribus verticillatis, bracteis lanceolatis, integerrimis, foliis oblongis superioribus integris, floribus nutantibus. Gmel. fl. sib. III. p. 231. t. 49. ...“ (*Turčaninov* 1856, S. 429); „8. DRACOCEPHALUM nutans ... Ueberhangender Drachenkopf. Gm. Sib. 3. T. 49. Pall. Fl. Ross. T. 2. P. 1. ...“ (Georgi 1797–1802, Theil 3, S. 1095); „Dracocéphalum <Drachenkopf>: Name schon vorlinn. ... nach dem Vergleich der zweilippigen Krone mit den älteren Darstellungen von Drachenköpfen ...“ (Genaust 2005, 216; „Ócimum <Basilikum, Basilienkraut>: lat. ōcimum <Basilikum, O. basilicum> (Plin. 19, 17; ...) ... wohl aus dem Orient (die Heimat ist nicht sicher bekannt) nach Griechenland eingeführt ...“ (a. a. O., S. 429); „Moldāvica MNCH. (Labiatae). Ist in der Moldau einheimisch. Gehört zu Dracocephalum.“ (Wittstein 1852, S. 588); „577. Dracocephalum floribus verticillatis, folijs ovato-lanceolatis Linn. h. Cliff. 308. Moldavica Betonicae folio, flore caeruleo Tourn. inst. 482.“ (a. a. O., Bl. 57v); „57. MOLDAUICA Betonicae folio, floribus minoribus, caeruleis, pendulis. ... 58. MOLDAUICA Betonicae folio, floribus minimis pallide caeruleis. ...“ (Amman 1739, S. 44ff.); „α. Moldavica betonicae folio, floribus coeruleis Amm. (Fl. sib. III. 231. nr. 54. Dracocephalum nutans. L.) β. Moldavica betonicae folio, floribus minoribus pallide coeruleis Amm. (... Fl. sib. III. 233. nr. 55. Dracocephalum thymiflorum L.) ...“ (C. von Linné in einem Brief an J. G. Gmelin vom 24. Juni 1745 – Plieninger 1861, S. 43)

„Moldavica Betonicae folio, floribus minoribus coeruleis, pendulis. Amm. Descr. p. 44. Moldavica Betonicae folio, floribus minimis pallide coeruleis. Amm. Descr. p. 40.“ (AAW F. 1, Op. 2–1746, D. 1, Bl. 19r, s. Anm. 107 in Nr. 46); „* Moldavica Betonicae folio, flore caeruleo.

I. R. H. ...“ (AAW R. I, Op. 105, D. 2, Bl. 4r, s. Anm. 54 in Nr. 17); „375. Moldavica folio, floribus minimis, pallidis.“ mit der rechts marginalen Anm. „Heinz. Tat.“ und „379. Moldavica Betonicae folio, floribus minoribus, caeruleis, pendulis. n.“ mit der rechts marginalen Anm. „[Gmel. Dav.]“ (AAW R. I, Op. 15, D. 3, Bl. 7v, s. Anm. 65 in Nr. 24); „1. Moldavica Betonicae folio, flore caeruleo. Inst. r. h. 134.“ (AAW R. I, Op. 13, D. 16, Bl. 9v, s. Anm. 32 in Nr. 6); „332. Moldavica Betonicae folio fl. coeruleo T. B. n. 1. Cedronella Riv. mon.“ (AAW R. I, Op. 104, D. 13, Bl. 8r, s. Anm. 84 in Nr. 29); „3. Moldavica Betonicae foliis, floribus caeruleis pendulis.“ mit der rechts marginalen Anm. „[Dauria]“ (a. a. O., Bl. 9v); „4. Moldavica Betonicae foliis, floribus minimis, pallide.“ mit der rechts marginalen Anm. „Tataria“ (a. a. O., Bl. 9v); „80. Dracocephalum floribus verticillatis, pendulis, folijs inferioribus cordatis crenatis Ocymoides flore dilutiore inodoro. Indicis Irkutensis 272 Moldavica Betonicae folio, floribus minoribus, coeruleis, pendulis. Amman. descr. 57. p. 44. et 45. ...“ mit der links marginalen Anm. „vid. Ic. Amm.“ (AAW R. I, Op. 13, D. 20, Bl. 8v, s. Anm. 1 in Nr. 1)

7 Randbemerkung in der 2. Textversion (s. Anm. 1 in A.) in der Handschrift von G. W. Steller: „D. D. / Gmel / ocimoi / des“

8 s. Nr. 167

9 „53. DRACOCEPHALVM floribus verticillatis, foliis ex ouato-lanceolatis, bracteis longe ciliatis. Melissa moldauica epit. 576. Melissa peregrina, folio oblongo, BAVH. pin. 229. Moldauica foliis longioribus, profunde et raro serratis, GMEL. mst. Transb. Moldauica betonicae humilis et non nisi rubente flore, GMEL. irc. 265. Moldauica melissae folio, profundius secto, STELL. irc. 169. Dracocephalum floribus verticillatis, bracteis lanceolatis, serraturis capillaceis, LINN. sp. pl. 2. p. 30. n. 9. I. Eadem foliis infra incisis spinosis. Ocimoides suaue odorum, folio ad oras spinoso, GMEL. ind. ien. 623. ...“ (Gmelin 1747–1769, Bd. III, S. 230f.); „53. Dracocephalum floribus verticillatis, foliis ex ovato lanceolatis, bracteis longe ciliatis. [=] Dracocephalum Moldavica L.! [;] I. Eadem foliis infra incisis spinosis. [=] Dracocephalum foetidum Bunge? (D. Moldavica L. var.)“ (Ledebour 1841, S. 102); „9) Moldauischer Drachenkopf. Dracocephalum Moldavica. ... Drac. floribus verticillatis; bracteis lanceolatis, serraturis capillaceis. LINN. Syst. veg. p. 454. ... Melissa peregrina, folio oblongo. C. BAUH. pin. 229. ... Diese ist ... als eine Arzneypflanze, in Europa in den Gärten gezogen, und insgemein die türkische Melisse oder Citronenkraut genennet. ...“ (Linné 1781, S. 548); „14. DRACOCEPHALUM Moldavica. ... D. floribus verticillatis, ... Gmel. sib. 3. p. 230. R. ... Türkischer Drachenkopf. W. ...“ (Linné 1797–1830, Bd. III, Teil 1, S. 155f.); „4. DRACOCEPHALUM FOETIDUM. Bunge. ...“ (Ledebour 1830, S. 386); „15. D[racocephalum] Moldavica (L. SPEC. p. 830) ... D. floribus verticillatis, ... GMEL. Fl. sib. III, p. 230, No. 53. ... Moldavica minor, canescens, Chamaedryos folio. AMMAN. ruth. p. 43, No. 56, t. 7, f. 1. ...“ (Ledebour 1846–1851, S. 388f.); „56. MOLDAVICA minor, canescens, Chamaedryos folio Tab. VII. F. I. Gmelinus hanc sub titulo Moldauicae foliis longioribus, profunde et raro serratis ita describit: ...“ (Amman 1739, S. 43f.); „Dracocephalum Moldavica, ... türkische Melisse, mit quirlförmigen Blumen, ... Bastartmelisse; Citronenkraut; ... diese Pflanze ... kann als ein nervenstärkendes Mittel in allen Fällen verordnet werden, wo die gewöhnliche Melisse gebraucht wird; ihre Blumen geben den Bienen sehr vielen Honig: ...“ (Gmelin 1773, Sp. 662); „Dracocephalum Moldavica ... Melissa peregrina folio oblongo. C. Bauh. pin. p. 229. ... Türkischer Drachenkopf, moldauischer Drachenkopf, fremde Melisse, Citronenkraut, ... Von dem Dracocephalum Moldavica ist das Kraut unter dem Nahmen Herba Melissae turcicae in dem Arzneyvorrath bekannt geworden. ...“ (Hayne 1822, Nr. 32); Dracocephalum Moldavica L. – russ. *tureckaja melissa* (*Annenkov* 1858, S. 38, Nr. 411)

„265. Moldavica Betonicae folio, humidis et rubente flore. ...“ (AAW R. I, Op. 105, D. 4ª, Bl. 34r, s. Anm. 54 in Nr. 17); „Moldavica folijs longioribus profunde & raro serratis Obs. in

H. N. n°. XCI. Moldavica Melissae folio profundius secto Fl. Irc. n°. 169" (AAW R. I, Op. 13, D. 67, Bl. 42r, s. Anm. 5 in Nr. 4); „XCI. Moldavica folijs longioribus profunde et raro serratis." mit der links marginalen Anm. auf Bl. 38v „Vid. fig." (R. I, Op. 105, D. 8ª, Bll. 38v–39r, s. Anm. 46 in Nr. 79); „Moldavica foliis longioribus, profunde & raro serratis Gmel. Sem. ex Davuria missa sunt." (AAW R. III, Op. 1, D. 162, Bl. 17r, s. Anm. 54 in Nr. 17); „* Moldavica foliis longioribus, profunde et raro serratis. vid. obs. XCI. ..." (AAW R. I, Op. 105, D. 2, Bl. 4r, s. Anm. 54 in Nr. 17); „Semen Moldavicae foliis longioribus, profunde et raro serratis." (a. a. O., Bl. 22v); s. Nr. 167

10 in der 2. Textversion (s. Anm. 1 in A.): „frequentior"

11 „CHAMAEPITYS AVSTRIACA. CAP. VII." (Clusius 1601, S. clxxxiiij–clxxxv; ab Buch IV gesonderte Seitennumerierung mit römischen Zahlen); „Erdpin. Chamaepytis. Nahmen. ERdpin, Feld=Cypressen, Jelänger=Jelieber, oder Schlag=Kräutlein, ... Lateinisch Chamaepitys, ... 2. Der Oestreichische Erdpin: ... Chamaep. Austriaca. Clus. H. CLXXXV. ..." (Zwinger 1744, S. 965f.); „5) Oesterreichischer Drachenkopf. Dracocephalum Austriacum. ... Dracoceph. floribus spicatis; foliis bracteisque linearibus, partitis, spinosis. LINN. Syst. veg. p. 454. ... Ruyschiana hirsuta, foliis laciniatis. AMM Ruth. 50. ... Chamaepithys Austriaca. CLUS. hist. p. 185. ..." (Linné 1781, S. 545f.); „9. DRACOCEPHALUM austriacum. ... Ruyschiana hirsuta, foliis laciniatis. Amm. ruth. 50. ... Chamaepitys austriaca. Clus. hist. 2. p. 185. ... Oestreichischer Drachenkopf. W. ..." (Linné 1797–1830, Bd. III, Teil 1, S. 153); „18. D[racocephalum] austriacum (L. SPEC. p. 829) ... Ruyschiana hirsuta, foliis laciniatis. AMMAN. ruth. p. 50, No. 65. ..." (Ledebour 1846–1851, S. 390); „65. RUYSCHIANA hirsuta, foliis laciniatis. ... Prioris synonyma sunt: Pseudo-Chamaepitys Riv. ... Posteriori vero Chamaepitys Austriaca Clus. Hist. CLXXXV. ..." (Amman 1739, S. 50f.); „Dracocephalum austriacum floribus spicatis, foliis bracteisque linearibus partitis spinosis, österreichischer Drachenkopf, ... er ... hat eine grose blaue Blume." (Gmelin 1773, Sp. 660); „Die hier in Sibirien so gemeine Ruyschiana, welche mit vielen andern Kräutern Sweroboi und zwar Sinei (der blaue) [russ. *sinij zveroboj*] benannt wird, diente, ... wider allerley innerliche Gebrechen und Unpäßlichkeiten. ..." (Pallas 1773, S. 191); „Ruy̆schia JACQ. (Guttiferae). Nach FRIEDR. RUYSCH, geb. 1628 [?] im Haag, Arzt daselbst, 1665 Professor der Anatomie und 1685 auch Professor der Botanik in Amsterdam, st. 1731. ... Ruyschiāna MILL. (Labiatae). Wie vorige Gattung." (Wittstein 1852, S. 776)

„1. Ruyschiana flore caeruleo magno Boerh. Ind. alt. 1. 172." mit der rechts marginalen Anm. „Tat. Sib. Daur." (AAW R. I, Op. 13, D. 16, Bl. 9v, s. Anm. 32 in Nr. 6); „Ruyschiana Boerh ind alt. ..." (AAW R. I, Op. 68, D. 2, Bl. 15r, s. Anm. 62 in Nr. 22); „93 Ruyschiana flore coeruleo magno Boerh. Ind. alt. 1. p. 172. Hyssopus Austriaca magno flore, folio Chamaepytidis H. L. B. Chamaepytis coerulea Austriaca C B P. 250 Pseudo Chamaepitis Rivini." (AAW R. I, Op. 6, D. 40, Bl. 27r, s. Anm. 1 in Nr. 1); „93 Ruyschiana. fl. coeruleo. magno. Boerh. ind. PseudoCham. austr. Müntingii." (G. W. Steller nach J. G. Heinzelmann: AAW R. I, Op. 81, D. 23, Bl. 16v, s. Anm. 1 in Nr. 1); „116) Ruyschiana floribq coeruleis ..." (AAW R. I, Op. 104, D. 25, Bl. 10v, s. Anm. 61 in Nr. 21); „24. Chamaepytis Austriaca Clus." (AAW R. I, Op. 14, D. 8, Bl. 1v, s. Anm. 98 in Nr. 39); „136. Aiuga Hyssopi foliis glabris. Hyssopastrum flore caeruleo obs. in H. N. Chamaepitys Austriaca Clus. Hist. CLXXXIV. Descriptioni ad Irtin factae haec addo. ..." (AAW R. I, Op. 13, D. 42, Bll. 19r–19v, s. Anm. 1 in Nr. 1); „1. Ajuga Hyssopi folijs glabris pr. ind. [.] D. 11 Jun. 1741. j. Eadem floribus carneis Fl. Irc n°. 171." (AAW R. I, Op. 13, D. 67, Bl. 41v, s. Anm. 5 in Nr. 4); „6. Ajuga Hyssopi foliis" (AAW R. I, Op. 15, D. 1, Bl. 2r, s. Anm. 24 in Nr. 64); „121. Ajuga Hyssopi foliis glabris Ind. Len." (a. a. O., Bl. 6r); „43. Ajuga Hyssopi folijs glabris Ind. Len. Irc. et Jen." (a. a. O., Bl. 13r); „261. Ajuga Hyssopi folijs glabris Ind. Len. ..." (AAW R. I, Op. 105, D. 4ª, Bl. 34r, s. Anm. 54 in Nr. 17); „609. Ajuga Hyssopi foliis glabris. prior ind. ...“ (AAW R. I, Op. 105, D. 1ª, Bl. 73r, s. Anm. 29 in Nr. 5); „– Hyssopastrum floribus magnis vid. obs.“ (AAW R. I, Op. 104, D. 8, Bl. 5v, s. Anm. 18 in Nr. 452); „XXXVIII. Hyssopastrum floribus magnis. ...“ mit der links marginalen Anm. auf Bl. 9v „vid. Fig.“ (AAW R. I, Op. 105, D. 7, Bll. 9v–10r, s. Anm. 57 in Nr. 616); „Ruyschiana hirsuta, foliis laciniatis.“ (AAW F. 1, Op. 2–1743, D. 11, Bl. 20r, s. Anm. 5 in Nr. 4); „Ruyschiana hirsuta, foliis laciniatis Amm. 65. Hiervon ist noch biß dato kein anderer locus natalis als österreich bewust.“ (AAW F. 1, Op. 2–1743, D. 12, Bl. 20r, s. Anm. 5 in Nr. 4); „Aster acaulos hirsutus, ... Ruyschiana hirsuta sind Gewächse, welche h(D. Gmelin in Sibirien nicht finden könne, woraus aber gar nicht folget, daß solche Gewächse nicht gleichwohl darinnen solten können gefunden werden. Man laße nur erst einmahl noch mehrere Botanicos nach Sibirien gehen, sie werden gewiß genug noch viel mehrere Gewächse entdeken, als h(D. Gmelin darinne) entdecket hat. ...“ (AAW F. 1, Op. 2–1743, D. 12, Bl. 47r, s. Anm. 5 in Nr. 4)

12 s. Nr. 170

13 Randbemerkung links in der 2. Textversion (s. Anm. 1 in A.) in der Handschrift von G. W. Steller: „D. D. audit / Horminum / hederae ter / restris foliis“

14 s. Nr. 170

15 „58. DRACOCEPHALVM floribus ex verticillato-spicatis, foliis cordatis sinuato-pinnatifidis. Tab. LII. Saluia minor folio hederae terrestris, elegantiore, GMEL. Ind. Irc. 258. Boguldea chamaedrys folio duriore, subtus incano, flore caeruleo, STELL. Irc. 172. Dracocephalum foliis pinnato-sinuatis obtusis, floralibus spicatis villosis coloratis, LINN. Vps. 165. Dracocephalum floribus spicatis, foliis cordatis sinuato-pinnatis, LINN. sp. pl. 2. p. 829. n. 3. ...“ (Gmelin 1747–1769, Bd. III, S. 235f.); „58. Dracocephalum floribus ex verticillato spicatis, foliis cordatis sinuato-pinnatifidis. t. LII. [=] Dracocephalm pinnatum L.!“ (Ledebour 1841, S. 103); „3) Gefiederter Drachenkopf. Dracocephalum pinnatum. ... Dracocephalum floribus spicatis; foliis cordatis, pinnato-sinuatis, LINN. Syst. veg. p. 454. ... GMEL. Fl. Sib. 3. p. 235. t. 52. ... Sie ist eine darniederliegende Staude; und hat einen Geruch, wie Lavendel, und einen sehr gewürzhaften Geschmack. ...“ (Linné 1781, S. 544); „4. DRACOCEPHALUM pinnatum. ... D. floribus ex verticillato spicatis, ... Gmel. sib. 3. p. 235. n. 58. tab. 52. ... Eichenblättriger Drachenkopf. W. ...“ (Linné 1797–1830, Bd. III, Teil 1, S. 150f.); „2) DRACOCEPHALUM PINNATUM. Linn. ... Dracocephalum floribus ex verticillato-spicatis, foliis cordatis sinuato-pinnatifidis. Gmel. Fl. sib. III. p. 235. ...“ (Ledebour 1830, S. 383f.); „4. D[racocephalum] pinnatum (L. SPEC. p. 829) ... D. floribus ex verticillato spicatis, ... GMEL. Fl. sib. III, p. 235, No. 58, t. 52. ...“ (Ledebour 1846–1851, S. 383f.); „[Dracocephalum] pinnatum, ... gefiederter Drachenkopf, ... seine Blätter riechen nach Lavendel, und schmecken sehr gewürzhaft, ...“ (Gmelin 1773, Sp. 658f.)

„258. Salvia minor folio Hederae terrestris, elegantiori. ...“ (AAW R. I, Op. 105, D. 4ª, Bl. 33v, s. Anm. 54 in Nr. 17); „117) Salvia minor hederae terrestris folio, ...“ (AAW R. I, Op. 104, D. 25, Bl. 10v, s. Anm. 61 in Nr. 21); „3. Boguldea Chamaedryos folio duriori, subtus incano, flore coeruleo Fl. Irc. nº. 172.“ (AAW R. I, Op. 13, D. 67, Bl. 41v, s. Anm. 5 in Nr. 4)

16 „CLASSIS IV. DE HERBIS ET SUFFRUTICIBUS, Flore monopetalo, labiato. ...“ (Tournefort 1700, S. 177ff.)

17 „CHAMAEDRYS. ... teutsch, Gamanderlein, Erdweihrauch. ... Die Blätter sind klein, stehen von einander, zwey und zwey, eins dem andern bey nahe gegen über; übrigens sind sie länglicht, veste, rauch, gezackt, als wie das Eichenlaub, von bittern Geschmack, ein wenig scharff und würtzhaftig. ...“ (Lémery 1721, Sp. 288f.)

18 „Myrtus. Mirte. ...“ (Tournefort 1700, S. 640); „MYRTUS. ... teutsch, kleiner Myrten, kleinblättriger Myrten. ... Einige wollen, Myrtus habe seinen Ursprung von einer Atheniensischen Jungfrau

Myrsine empfangen, welche, wie die Fabel meldet, nach ihrem Tode von der Pallas, welche sie lieb hatte, in diesen Strauch verwandelt worden.“ (Lémery 1721, Sp. 766f.)

19 „Quercus. Chêne. ...“ (Tournefort 1700, S. 582f.); „QUERCUS. ... teutsch, Eiche, Eichbaum. ...“ (Lémery 1721, Sp. 975f.)

20 „LAVANDULA. ... teutsch, Lavendel, ... Das gantze Kraut, absonderlich die Blüte, giebt einen starcken, würtzhaftigen und gar annehmlichen Geruch von sich, der alle Orte, wo man sie hinlegt, durchräuchert. Der Geschmack ist etwas bitter. ...“ (Lémery 1721, Sp. 618ff.)

21 „SECTIO III. De Herbis flore monopetalo, labiato, cujus labium superiorus erectum est. ...“ (Tournefort 1700, S. 191ff.)

22 „56. DRACOCEPHALVM floribus verticillatis foliis oblongis obtusis ex sinuato-crenatis, bracteis oblongis, GMEL. Mst. Dracocephalum floribus verticillatis, foliis ouatis inciso-crenatis, bracteis lanceolatis integerrimis, LINN. sp. pl. 2. p. 830. n. 8. An Horminum orientale betonicae folio angustiore et inodoro, TOVRN. cor. I. R. H. 10? GMEL. ind. irc. 257. Boguldea erecto, flore magno purpureo caeruleo, Betonicae foliis, longis pediculis insidentibus, STELL. Irc. n. 173. ... Forte est potius Moldauica orientalis, Betonicae folio, flore magno violaceo. TOVRN. Cor. 11. Intra valles rupium Bargusinensium et earum, quae existunt ad Maiam et Indomam [sic!] b. STELLERVS observant.“ (Gmelin 1747–1769, Bd. III, S. 233f.); „56. Dracocephalum floribus verticillatis, foliis oblongis obtusis ex sinuato crenatis, bracteis oblongis [=] Dracocephalum altaiense Laxm.! (Dracocephalum grandiflorum L. – Willd. sp. pl. III. 154.“ (Ledebour 1841, S. 103); „7) Großblumiger Drachenkopf. Dracocephalum grandiflorum. ... Dr. floribus verticillatis, foliis ovatis, incisis, crenatis; bracteis lanceolatis, integerrimis. LINN. Syst. veg. p. 454. ... GMEL. Fl. Sib. 3. p. 233. ...“ (Linné 1781, S. 547); „11. DRACOCEPHALUM grandiflorum. ... D. floribus verticillatis, ... Gmel. sib. 3. p. 233. n. 56 ... Grossblütiger Drachenkopf. W. ... 12. DRACOCEPHALUM altaiense. ... D. (altaiense) foliis crenatis, ... Laxmann Nov. Comment. Petrop. 15. (1770) p. 556. t. 29. f. 3. * ... Altaischer Drachenkopf. W. ...“ (Linné 1797–1830, Bd. III, Teil 1, S. 154f.); „3) DRACOCEPHALUM ALTAIENSE. Laxm. ... D. grandiflorum Linn. suppl. 274. ... Descriptio Gmelini Fl. sib. III. p. 233. No. 56. omnino quadrat plantam altaicam, ita ut superfluum censeam, descriptionem hic adjungere; ...“ (Ledebour 1830, S. 384f.); „8. D[racocephalum] altaiense (LAXMANN in nov. Comment. Acad. petropol. XV, p. 556, t. 29, f. 3) ... D. floribus verticillatis, ... GMEL. Fl. sib. III, p. 233, No. 56 (excl. synon. et pl. a Stellero ...). ... 9. D[racocephalum] grandiflorum (L. SPEC. 830) ... D. floribus solitariis, caule procumbente, foliis lanceolatis, supra inciso-crenatis. GMEL. Fl. sib. III, p. 237, No. 61. ...“ (Ledebour 1846–1851, S. 385f.); „[Dracocephalum] grandiflorum, floribus verticillatis, foliis ovatis inciso-crenatis, bracteis lanceolatis integerrimis; grosblumiger Drachenkopf, mit quirlförmigen Blumen, eyrunden und eingeschnitten=gekerbten Blättern, und lanzenförmigen und glattrandigen Blattdeken; ... Sie heißt bey J. G. Gmelin: Dracocephalum floribus verticillatis, foliis oblongis obtusis, ex sinuato-crenatis, bracteis oblongis.“ (Gmelin 1773, Sp. 661); „61. DRACOCEPHALVM floribus solitariis, caule procumbente, foliis lanceolatis, supra inciso-crenatis. ... E seminibus STELLERIANIS inter Iacutiam et Ochotium collectis in horto Academico prouenit et viget.“ (Gmelin 1747–1769, Bd. III, S. 237f.); „61. Dracocephalum floribus solitariis, caule procumbente, foliis lanceolatis supra inciso-crenatis [=] Dracocephalum grandiflorum L.! (Dracocephalum Stellerianum Hiltebr. Monogr. gen. Dracocephali 65.)“ (Ledebour 1841, S. 103)

„644. Dracocephalum floribus verticillatis, foliis lanceolatis, floralibus oblongis. Linn. h. Cliff. 308. Moldavica Orientalis Betonicae folio, flore magno violaceo. Tourn. Cor. 11.“ (AAW R. I, Op. 13, D. 20, Bl. 61v, s. Anm. 1 in Nr. 1); „1197. Dracocephalum floribus solitariis, caule procumbente, foliis lanceolatis, supra inciso crenatis. ... Ex seminibus Stellerianis inter Jacutiam & Ochotium collectis in horto Academico enata est.“ (a. a. O., Bll. 111v–112r); „14. Moldavica orientalis Betonicae folio, flore magno violaceo I. R. H. Coroll. p. 11." (AAW F. 3, Op. 1, D. 797, Bl. 114v, s. Anm. 89 in Nr. 111); „257. An Horminum Orientale Betonicae folio angustiore et inodoro Cor. I. R. H? ..." (AAW R. I, Op. 105, D. 4ª, Bl. 33v, s. Anm. 54 in Nr. 17); „4. Boguldea erecta flore magno purpuro-coeruleo, Betonicae folijs, longis pediculis insidentibus Fl. Irc. n°. 173." (AAW R. I, Op. 13, D. 67, Bl. 41v, s. Anm. 5 in Nr. 4); „32. Boguldea erecta, flore magno, purpureo-coeruleo, Betonicae folijs, longis pediculis insidentibus Fl. Irc. 173." (AAW R. I, Op. 105, D. 16, Bl. 1v, s. Anm. 5 in Nr. 4)

23 in der 2. Textversion (s. Anm. 1 in A.): „partim, partim"

24 „1) Gewöhnliche Betonien. Betonica officinalis. ... Sie treibt aus einer perennirenden Wurzel aufrecht, einen bis zween Schuh hohe, mit wenigen Blättern besetzte Stengel; die untere Blätter stehen auf langen Stielen, und sind herzförmig=eyrund, stumpf, am Rande gezähnt, bey dritthalb Zoll lang und anderthalb Zoll breit, die obere aber sind kleiner, und haben kürzere, und die zunächst an den Blumen stehende fast gar keine Stiele. ..." (Linné 1781, S. 468f.)

25 in der 2. Textversion (s. Anm. 1 in A.): „albae", d. h. weißen

26 „Moldavica. ..." (Tournefort 1700, S. 184)

27 „Lamium. ..." (Tournefort 1700, S. 183f.)

28 Boerhaave, Herman: Index plantarum, quae in horto academico Lugduno Batavo reperiuntur. Conscriptus ab Hermanno Boerhaave. Leiden : Cornelis Boutesteyn, 1710; Weitere Ausgaben (‚Index alter plantarum ... ') erschienen 1720 und 1727 in Leiden.

29 s. Nr. 170

30 Randbemerkung in der 2. Textversion (s. Anm. 1 in A.) in der Handschrift von G. W. Steller: „D. D. Gmelin / audit Sal / via"

31 „[species 1] Galeopsis procerior, foetida, spicata. Lamium maximum, sylvaticum, foetidum C. B. Pin. 231. Galeopsis sive Vrtica iners, magna, foetidissima J. B. 3. App. 853. Vrtica Herculea Tabern. Icon. 536." (Tournefort 1700, S. 185, Genus IV. „Galeopsis."); „Die große Taubnessel, ... Galeopsis procerior, foetida, spicata, Inst. R. H. 231. Lamium maximum, Sylvaticum foetidum C. B. P. 231. .... Die große Taubnessel hat einen stinkenden bituminösen Geruch und einen grunichten, etwas salzichten und ein wenig zusammenziehenden Geschmack. ... Sie ist wundheilend, löset die Geschwulst auf und lindert die Schmerzen. Die Bauren pflegen das Infusum von den Blättern und Blumen im Seitenstechen, Nierenweh und wider die Kröpfe zu geben. ..." (Geoffroy 1761, S. 793ff.); „GAleopsis procerior, foetida, spicata Inst. R. Herb. Lamium maximum, sylvaticum, foetidum C. B. Pin. 231. ... Stinckende grosse Waldnessel. ..." (Mappus 1742, S. 119); „Galeopsis procerior foetida, spicata. Inst. R. H. Gemeine, taube Heckennnessel." (Miller 1751, S. 588); „Stachys. Stachys. ... Diese Gattung wird von andern Roßpoley, oder Andorn, oder Bulkiskraut genennet. ... 1) Waldstachys. Stachys sylvatica. ... Stachys verticillatis sexfloris, foliis cordatis, petiolatis. LINN. Syst. veg. p. 442. ... Lamium maximum sylvaticum foetidum. C BAUH. pin. 231. Galeopsis procerior foetida spicata. TOURNEF. inst. 185. ... Sie wird auch große stinkende Taubnessel oder Stucknessel genennet; ... Vaillant rühmt sie frisch zerquetscht als ein vortreffliches zertheilendes Mittel in Umschlägen wider Geschwulsten; und andere ein Oel ... in Heilung der Wunden, vorzüglich der Nerven und Spannadern. Tournefort meldet, das gemeine Volk in Frankreich gebrauche einen Thee von den Blättern und Blumen mit Nutzen innerlich wider Colik und Steinschmerzen, Drüsengeschwulsten und Seitenweh; ..." (Linné 1781, S. 472ff.); „1. STACHYS sylvatica. ... Lamium maximum sylvaticum foetidum. Bauh. pin. 231. ... Stinkender Ziest. W. ..." (Linné 1797–1830, Bd. III, Teil 1, S. 97); „1) STACHYS SYLVATICA. Linn. ..." (Ledebour 1830, S. 407f.); „8. S[tachys] sylvatica (L. SPEC. p. 811) ..." (Ledebour 1846–1851, S. 413f.); „[Stachys] sylvatica, ... Bienensaug, ... Stuknessel; grose stinkende Taubnessel; ... einige suchen darvon ein Mittel, die Kornwürmer von den Kornböden abzuhalten, und das Vieh

von den Bremen und [[und]] Wespen zu befreyen: ... wann man seine Stengel troknet, röstet, und wie Hanf, behandelt, so läßt sich eine grünbraune Wolle daraus gewinnen, und aus dieser veste, gleiche, oder etwas wollige Fäden spinnen, ...“ (Gmelin 1776, Sp. 734f.); „[Galeopsis] procerior foetida spicata; hierunter versteht er [d. h. Tournefort] die Biensaug.“ (Gmelin 1773b, Sp. 249); „893. STACHYS sylvatica ... Linn. Sp. pl. 2. p. 811. ... Galeopsis procerior, foetida spicata. Tournef. inst. 185. ... Germ. Waldnessel. Stinknessel. ... Pharm. LAMII SYLVATICI FOETIDI Herba. ... Oleum foliis infusum ad Tendinum vulnera curanda velet, Hall. l. c. Herbae decoctum olim in lienis affectibus, Arthritide et Podagra commandabant. ...“ (Gmelin 1806, S. 624f.); „Waldbulkis. Stachys sylvatica L. ... Das Kraut (Hb. Galeopsidis, urticis inertis, magnae foetidissimae, Lamii sylvatici maximi) ... besitzt einen widrigen, stinkenden Geruch, und etwas falzichten Geschmack. Es war vormal officinell.“ (Trommsdorff 1813, S. 143f.); „Der Mäusepfeffer, ... eine Art der Roßpoley, von einem üblen Geruche und einem scharfen brennenden Geschmack, mit welcher man die Ratzen und Mäuse vergiften kann; Stachys silvatica L. Bienensaug, Läusekraut, Speichelkraut, Stephans=Körner.“ (Adelung 1793–1801, 3. Bd., S. 126); „STACHYS SYLVATICA Linné. WALD-STACHYS. ... Die Pflanze hat zwar einen etwas unangenehmen Geruch, wird aber doch von den Kühen gefressen. Mit den Blättern kann man grün auch gelb färben. Die Stengel, wie Hanf bearbeitet, geben ein sehr feines, weisses Garn. Deutsche Namen: Wald-Ziest, Waldnessel, Rossnessel, Stinknessel, grosse Stinknessel, Scharlachnessel, Heckennessel, Taubnessel, Krötennessel, Gottesvergess, Bulkikskraut, Schnappen.“ (Dietrich 1834 Nr. 123); „STACHYS SYLVATICA. ... Stinkende Ziest, stinkender Waldandorn, taube Nessel, todte Nessel, Waldnessel, Scharlachnessel, Stucknessel, Krötennessel, Krötenkraut, Balbiskraut, Schnoppen, Bienensang. ...“ (Hayne 1816, Nr. 11); „GALEOPSIS. ... teutsch, taube Nessel, ... Es dienet den Durchfall anzuhalten, und den weisen Fluß, den Urin zu treiben, zu der Miltzbeschwerung, wann es abgesotten gebraucht und aufgeleget wird. Galeopsis kommt von γαλῆ, felis, eine Katze, dann es soll die Blüte dieses Krautes als wie ein Katzenkopf aussehen.“ (Lémery 1721, Sp. 479f.); Stachys – russ. *živučka* bzw. *čistec* (*Annenkov* 1858, S. 90, Nr. 1068); „Stāchys L. (Labiatae). Von σταχυς (Aehre); der Blüthenstand ist ährenartig.“ (Wittstein 1852, S. 836)

32 „[species 2] Galeopsis procerior, caliculis aculeatis, flore purpurascente. Vrtica aculeata, foliis serratis C. B. Pin. 232. Cannabis sylvestris quorundam, Vrtica inerti affinis I. B. 3. App. 854. Cannabis sylvestris, spuria altera, Lamium quorundam Lob. Icon. 527.“ (Tournefort 1700, S. 185, Genus IV. „Galeopsis.“); „Galeopsis procerior, caliculis aculeatis, flore purpurascente Inst. R. Herb. ... Hanffkraut mit rothen Blumen / stachelichte Ackernessel / Nesselhanff. ...“ (Mappus 1742, S. 119); „491. GALEOPSIS ramis summis strigosis. Hort. cliff. 314. ... Galeopsis corolla rubra aut alba. Fl. lapp. 237. Galeopsis procerior, caliculis aculeatis, flore purpurascente. Tournef. inst. 185. ... Lamium cannabinum aculeatum, flore specioso luteo, lobis purpureis. Pluk. alm. 204. t. 41. f. 4. ...“ (Linné 1745, S. 178); „2) Breitblätterichter Hohlzahn. Galeopsis Tetrahit. ... Galeopsis corolla rubra aut alba. Fl. Lapp. 237. Galeopsis ramis summis strigosis. Hort. Cliff. 314. ...“ (Linné 1781, S. 466f.); „3. GALEOPSIS Tetrahit. ... G. ramis summis strigosis. Hort. cliff. 314. ... Gemeiner Hohlzahn. W. ...“ (Linné 1797–1830, Bd. III, Teil 1, S. 92f.); „1) GALEOPSIS TETRAHIT. Linn. ... Galeopsis internodiis caulinis superne incrassatis, verticillis summis contiguis. Gmel. Fl. sib. III. p. 240. Nr. 69. ...“ (Ledebour 1830, S. 406); „3. G[aleopsis] Tetrahit (L. SPEC. p. 810) ... G. internodiis caulinis superne incrassitis, ... GMEL. Fl. sib. III, p. 240, No. 69. ... γ. pubescens (BENTH. l. c.) ... G. cannabina. GMEL. Fl. bad. II, p. 623 (non aliorum). ...“ (Ledebour 1846–1851, S. 420ff.); „69. GALEOPSIS internodiis caulinis superne incrassatis, verticillis summis contiguis, LINN. sp. pl. 2. p. 870. n. 2. Galeopsis foliis et caule fulcrato-hispidis, flore duplo calyce longiore, HALL. h. 644. ...“ (Gmelin 1747–1769, Bd. III, S. 240);

„69. Galeopsis internodiis caulinis superne incrassatis, verticillis summis contiguis. [=] Galeopsis Tetrahit L.!“ (Ledebour 1841, S. 104); „Galeopsis Tetrahit, ... hanfartiges Kazengesicht, ... stachlichter Holzahn; grose Hanfnessel mit grosen Blumen; gemeine taube Nessel mit dem Hanfblatte; ... sie heißt ... bey Tournefort: Galeopsis procerior, caliculis aculeatis, flore purpurascente; ...“ (Gmelin 1773b, Sp. 244f.); „8921. GALEOPSIS cannabina ... Galeopsis Tetrahit. β. ... Linn. Sp. plant. 2. p. 810. ... Germ. Nesselhanf mit grössern Blumen. ...“ (Gmelin 1806, S. 623f.); „21) Große Hanfnessel mit großen Blumen, ... Galeopsis Tetrahit, ... diese Pflanze gebrauchen einige wider das Seitenstechen. ...“ (Gmelin 1779, S. 29f.); „4. Galeopsis Tetrahit. L. Gemeiner Hohlzahn; gemeiner breitblättriger Hohlzahn; Hanfnessel. ...“ (Dietrich 1804, S. 263f.); „GALEOPSIS Tetrahit. Lin. Syst. plantar. t. III.–52. Galeopsis procerior, caliculis aculeatis, flore purpurascente. TOURN. Inst. 185. β. Galeopsis altera, caliculis acleatis, flore flavescente. Ibid. ...“ (Roucel 1803, S. 21f.); „GALEOPSIS (Tetrahit) internodiis superne incrassatis, ... Linn. Spec. pl. 579. n. 2. ... Разноцвѣтная кропива siue Петушьи головки [russ. *raznocvetnaja kropiva* oder *petuš'i golovki*] Russ. ...“ (*Krašeninnikov* 1761, S. 93f.); „2. GALEOPSIS Tetrahit .... Stachelkelchiger Hohlzahn. ... Der Saame giebt ein gepreßtes gutes Brennöl.“ (Georgi 1797–1802, Theil 3, S. 1085); Galeopsis Tetrahit L. – russ. *pitul'nik*, *kurjatnik*, *petuš'i golovki*, *konopel'nik*, *badylek*, *žabrik*, *dikaja konoplja*, *gluchaja krapiva*, *košečij vid*, *polyj zub*, *tovstuška*, *žabrej*, *suč'e vymja*, *zjabra* bzw. *pikul'nik* (*Annenkov* 1858, S. 44, Nr. 489)

„1. Galeopsis procerior caliculis aculeatis flore purpurascente I. R. H. vid. Ind. 1733. ... Galeopsis sum̄is strigosis Linn. h. Cliff. 314. ...“ mit der rechts marginalen Anm. „vid. LXVI. vid. Ic.“ (AAW R. I, Op. 13, D. 67, Bl. 42r, s. Anm. 5 in Nr. 4); „II. Galeopsis procerior, caliculis aculeatis, flore purpurascente Tourn. Inst? ...“ mit den links marginalen Anm. „Fig. III.“ und „d. 13. & 14. Aug.“ (AAW R. I, Op. 104, D. 17, Bl. 7v, s. Anm. 36 in Nr. 8); „Galeopsis procerior foetida, spicata. Inst. r. h. no. 11.“ (AAW R. I, Op. 13, D. 19, Bl. 3r, s. Anm. 54 in Nr. 17); „266. Galeopsis procerior, caliculis aculeatis, flore purpurascente. I. R. H. ...“ (AAW R. I, Op. 105, D. 4^{a}, Bl. 34r, s. Anm. 54 in Nr. 17); „118) Galeopsis procerior caliculis aculeatis flore purpurascente i. r. h. ...“ (AAW R. I, Op. 104, D. 25, Bl. 10v, s. Anm. 61 in Nr. 21); „615. An Galeopsis procerior, caliculis aculeatis, flore purpurascente I. R. H.? ...“ (AAW R. I, Op. 105, D. 1^{a}, Bll. 74r–74v, s. Anm. 29 in Nr. 5); „617. Galeopsis procerior, caliculis aculeatis flore purpurascente I. R. H. Et Ind. Irc.“ (a. a. O., Bl. 74v); „138. Galeopsis procerior caliculis aculeatis, flore purpurascente I. R. H. ...“ (AAW R. I, Op. 13, D. 42, Bl. 20r, s. Anm. 1 in Nr. 1); „6. Lamium cannabino folio, flore amplo luteo, labio purpureo R. Syn. II. 129. 8. ...“ (a. a. O., Bl. 97r); „391. Galeopsis ramis summis strigosis. Lin. h. cliff. 314. Cannabina flore purpurascente Boerh. lugd. I. p. 159 Galeopsis folijs & fulcrato caule hispidis, flore duplo calyce longiore Hall. Alp. 644. ...“ (AAW R. I, Op. 13, D. 20, Bl. 41r, s. Anm. 1 in Nr. 1)

33 „[species 6] Galeopsis patula segetum, flore purpurascente. Sideritis arvensis, angustifolia, rubra C. B. Pin. 233. Ladanum segetum, flore rubro quorundam J. B. 3. 855. Alyssum Galeni, flore purpureo Tabern. Icon. 541.“ (Tournefort 1700, S. 185, Genus IV. „Galeopsis.“); „Galeopsis patula segetum, flore purpurascente Inst. R. Herb. ... Purpurrothe Alyssen/ Kornwut ...“(Mappus 1742, S. 119); „492. GALEOPSIS ramis summis pubescentibus. Hort. cliff. 314. ... Galeopsis patula segetum flore purpurascente. Tournef. inst. 185. ... Sideritis arvensis angustifolia rubra. Bauh. pin. 233. ...“ (Linné 1745, S. 178f.); „1) Schmalblätterichter Hohlzahn. Galeopsis Ladanum. ... Galeopsis ramis summis pubescentibus Hort. Cliff. 314. ... Sideritis arvensis angustifolia rubra. C. BAUH. pin. 233. ...“ (Linné 1781, S. 465f.); „1. GALEOPSIS Ladanum. ... Sideritis arvensis angustifolia rubra. Bauh. pin. 233. ... Schmalblättriger Hohlzahn. W. ...“ (Linné 1797–1830, Bd. III, Teil 1, S. 91); „2. G[aleopsis] Ladanum (L. SPEC. p. 810) ... G. internodiiis caulinis aequalibus, verticillis omnibus remotis. GMEL. Fl. sib. III, p. 240, No. 68. ...“ (Ledebour 1846–

1851, S. 420); „[Galeopsis] Ladanum, Feldkazengesicht, ... Kornwut, kleine Hanfnessel; kleine rothe Hanfnessel; roth Alyssenkraut; rothes schmalblätterichtes Feldeisenkraut; ... an seinen Blumen holen die Bienen Stoff zu Honig; es heißt bey ... Tournefort: Galeopsis patula segetum, flore purpurascente; ...“ (Gmelin 1773b, Sp. 243f.); „68. GALEOPSIS internodus caulinis aequalibus, verticillis omnibus remotis, LINN. sp. pl. 2. p. 870. n. 1. Galeopsis foliis longe ellipticis subhirsutis, HALL. helv. 645. ...“ (Gmelin 1747–1769, Bd. III, S. 240); „68. Galeopsis internodiis caulinis aequalibus, verticillis omnibus remotis [=] Galeopsis Ladanum L.“ (Ledebour 1841, S. 104); „GALEOPSIS LADANUM Linné. ACKER-GALEOPSIS. ... Deutsche Namen: Hohlzahn, kleine Hanfnessel, Kornwuth, Ackerglied, Katzengesicht, blaue Taubennessel, Feldelsenkraut, roth Alyssenkraut, Acker- oder brauner Andorn u. s. w.“ (Dietrich 1834, Nr. 74); „3. Galeopsis Ladanum. L. Schmalblättriger Hohlzahn; Feldhohlzahn. ...“ (Dietrich 1804, S. 263); „679. Galeopsis Ladanum. Lin. Syst. Plant. III. p. 51. sp. 1. Ruß. Pitulnik. ...“ (Falk 1786, S. 206); „1. GALEOPSIS Ladanum ... Feld=Hohlzahn. Feld= todte Nessel. R. Pitulnik. ...“ (Georgi 1797–1802, Theil 3, S. 1085); Galeopsis Ladanum L. – russ. *zolotnik*, *pitul'nik* bzw. *kurjatnik vonjučij* (*Annenkov* 1858, S. 44, Nr. 488); russ. *pitul'nik* – Galeopsis ladanum (*Slovar'* 1793, Sp. 826); „Siderītis L. (Labiatae). Von σιδρος (Eisen), d. h. Heilmittel für Wunden, welche durch Eisen entstanden sind. ...“ (Wittstein 1852, S. 813)

„3. Galeopsis patula segetum, flore purpurascente I. R. H. ...“ (AAW R. I, Op. 13, D. 67, Bl. 42r, s. Anm. 5 in Nr. 4); „23. Galeopsis patula segetum flore purpurascente IRH ...“ (AAW R. I, Op. 104, D. 17, Bl. 10r, s. Anm. 36 in Nr. 8); „139. Galeopsis patula segetum flore purpurascente I. R. H. ...“ (AAW R. I, Op. 13, D. 42, Bl. 20r, s. Anm. 1 in Nr. 1); „71. Galeopsis patula segetum fl. Purpurascente T. B. n. 3. Ladanum segetum Riv:“ (AAW R. I, Op. 104, D. 13, Bl. 3v, s. Anm. 84 in Nr. 29); „618. Galeopsis patula segetum, flore purpurascente. I. R. H. Et prior. Ind.“ (AAW R. I, Op. 105, D. 1^{a}, Bl. 74v, s. Anm. 29 in Nr. 5); „968. Galeopsis ramis summis pubescentibus Linn. h. Cliff. 314 Galeopsis patula segetum flore purpurascente Tourn. inst. 185 ...“ (AAW R. I, Op. 13, D. 20, Bl. 87v, s. Anm. 1 in Nr. 1); „Galeopsis patula segetum, flore purpurascente. Inst. r. h. 185. n°. 98.“ (AAW R. I, Op. 13, D. 19, Bl. 3r, s. Anm. 54 in Nr. 17); „Galeopsis patula segetum, flore purpurascente Tourn. ubique.“ (AAW R. I, Op. 104, D. 8, Bl. 6r, s. Anm. 18 in Nr. 452); „– Sideritis arvensis angustifolia rubra CBP. ...“ (a. a. O., Bl. 6v)

34 „[species 4] Galeopsis altera, caliculis aculeatgis, flore flavescente. Vrtica aculeata, foliis serratis, altera C. B. Pin. 232. Cannabis sylvestris, spuria, tertia Lob. Icon. 528.“ (Tournefort 1700, S. 185, Genus IV. „Galeopsis.“); „Galeopsis altera, caliculis aculeatis, flore flavescente. Inst. R. Herb. ... Wilder Hanf/ stachelichte Ackernessel.“ (Mappus 1742, S. 119); „* 3. GALEOPSIS ALTERA, CALICULIS ACULEATIS, FLORE FLAVESCENTE. I. R. H. 185. Lamium Cannabinum aculeatum flore specioso luteo, labiis purpureis. Pluk. Phytogr. Tab. 41. fig. 4. ...“ (Vaillant 1727, S. 77); „[Galeopsis] altera calyculis aculeatis flore flavescente; bedeutet bey Tournefort das schöne Kazengesicht.“ (Gmelin 1773b, Sp. 245); s. Nr. 175

35 „[species 1] Cardiaca J. B. 3. 320. Dod. Pempt. 94. Lob. Icon. 516. Marrubium Cardiaca dictum, fortè 1 Theophrasti C. B. Pin. 230. Agripaume.“ (Tournefort 1700, S. 186, Genus VI. „Cardiaca. Agripaume.“); „De Cardiaca. CAP. IX. ...“ (Dodoens 1616, S. 94); „Cardiaca I. B. 3. 320. ... Hertz=Gespann, Hertz=Gesperr, Wolffs=Fuß, Wolffs=Trapp. ...“ (Rupp 1726, S. 184); „4. LEONURUS foliis caulinis lanceolatis trilobis. Cardiaca. ... Bauh. hist. 3. pp. 320. ... Dod. pempt. 94. ...“ (Linné 1737, S. 313); „1) Herzgespann. Leonurus Cardiaca. ... Leonurus foliis caulinis lanceolatis, trilobis. LINN. Syst. veg. p. 449. ... Cardiaca ... TOURNEF. inst. 186. t. 87. DOD. pempt. 94. ... Diese Pflanze, welche unter dem Namen Cardiaca, Herzgespann, oder Herzkraut, allgemein bekannt ist, ... man hat ihr ehemalen wider Herzklopfen und Magenweh ganz vorzügliche Kräfte zugeschrieben, ... Andere rühmen sie auch wider die Milzsucht und Mutterkrankheit, die Blumen

geben den Bienen Stoff zu Honig." (Linné 1781, S. 497ff.); „2. LEONURUS Cardiaca. ... L. foliis caulinis lanceolatis trilobis. Hort. cliff. 313. ... Gmel. sib. 3. p. 238. ... Gemeiner Wolfstrapp. W. ..." (Linné 1797–1830, Bd. III, Teil 1, S. 114f.); „794. Leonurus L. ... 1. L. Cardiaca (L. SPEC. p. 817) ... L. foliis caulinis lanceolatis, trilobis. GMEL. Fl. sib. III, p. 38 [sic!], No. 62. ..." (Ledebour 1846–1851, S. 422f.); „Leonurus Cardiaca, ... Herzgespann, ... Herzkraut; Herzgespankraut; Wolfstrappe; ... Seinem bittern Kraute hat man ehmals besondere Kräfte in der Milzsucht und Mutterweh, und die alte Weiber in dem Herzklopfen und Magendrüken der Kinder zugeschrieben; ..." (Gmelin 1773a, Sp. 415f.); „62. LEONVRVS foliis caulinis lanceolatis trilobis, ROY. lugd. 312. LINN. sp. pl. 2. p. 817. n. 1. Cardiaca, FVCHS. hist. 395. Marrubium cardiaca dictum, BAVH. pin. 230. Leonurus foliis trilobatis, HALL. helv. 639. I. Idem foliis et caule glaberrimis. ..." (Gmelin 1747–1769, Bd. III, S. 238); „62. Leonurus foliis caulinis lanceolatis trilobis [=] Leonurus Cardiaca L." (Ledebour 1841, S. 103); „Herzspannlöwenschwanz, Leonurus cardiaca L. ... besitzt einige stärkende Eigenschaften, und ist ehedem für Harn und Monatszeit treibend, Wurm tödtend und Brustschleim lösend, auch für dienlich in Milzsucht und Hysterie gehalten worden. ..." (Hahnemann 1795, S. 415); „LEONURUS CARDIACA. ... Gemeiner Wolfstrapp, Wolfsfuss, Löwenschwanz, Herzkraut, Herzgesperr, Herzgespann, Herzgespannkraut, wildes Mutterkraut. ... In ältern Zeiten bewahrte man in den Apotheken von dem Leonorus Cardiaca das Kraut unter dem Nahmen Herba Cardiacae auf, ... so wie denn auch wohl seine Kraft den Schleim aufzulösen, den Harn zu treiben und das Herzklopfen zu stillen noch zu bezweifeln ist. ..." (Hayne 1813, Nr. 41); „691. Leonurus Cardiaca. Lin. Syst. Plant. III. ... Herzgespannkraut Ruß. Dikaja Kropiwa [russ. *dikaja kropiva*]. ... Verschiedene Tataren sammlen des Herbstes das abgestandene Kraut trocknen es an der Luft stark aus, zerklopfen, brechen und schwingen es, wodurch sie eine Flachs=, oder Hampfart dem Baschkirischen Neßelhampf in allem gleich erhalten, es spinnen u. s. f." (Falk 1786, S. 207); „Herzgespann g), dessen Aufguß wird für ein zuverläßiges Mittel wider den tollen Hundsbiß gehalten; ..." (Lepechin 1774; S. 47); „1. LEONURUS Cardiaca ... Hanfartiger Löwenschwanz. Herzgespannkraut. ... Kraut und Stängel färben olivenbräunlich. Viele Tataren lassen die des Herbstes abgestandenen Stängel an der offnen Witterung rotten, und trocknen, brachen, kämmen und spinnen sie dann auf Spindelm wie Hanf zu Garn, Zwirn und Leinwand." (Georgi 1797–1802, Theil 3, S. 1088); Leonurus cardiaca L. – russ. *gluchaja krapiva*, *bolyšaja* [sic!] *gluchaja krapiva*, *l'vino chvostka*, *serdečnik*, *strelebnaja* bzw. *serdečnaja trava* (*Annenkov* 1858, S. 54, Nr. 626); „Cardĭaca T. (Labiatae). Von καρδιακος (herzstärkend) und diess zus aus καρδια (Herz) und άκη (Heilmittel); wirkt herzstärkend. Deutsch: Herzgespann." (Wittstein 1852, S. 156); „Leonūrus L. (Labiatae). Zus. aus λεων (Löwe) und ούρα (Schwanz), in Bezug auf die (ziemlich entfernt liegende!) Aehnlichkeit der achselständigen Blüthenbüschel mit der Quaste des Löwenschweifs." (a. a. O., S. 510)

„119) Cardiaca J B. ..." (AAW R. I, Op. 104, D. 25, Bl. 10v, s. Anm. 61 in Nr. 21); „1. Cardiaca J. B. 3. 320." (AAW R. I, Op. 13, D. 16, Bl. 9v, s. Anm. 32 in Nr. 6); „81. Cardiaca J. B. 3. 320." (AAW R. I, Op. 104, D. 13, Bl. 3v, s. Anm. 84 in Nr. 29); „91 Cardiaca JB. 3. 320 Marrubium, Cardiaca dictum forte 1. Theophrasti CBP. 230." (AAW R. I, Op. 6, D. 40, Bl. 27r, s. Anm. 1 in Nr. 1); „91. Cardiaca J. B." (G. W. Steller nach J. G. Heinzelmann: AAW R. I, Op. 81, D. 23, Bl. 16v, s. Anm. 1 in Nr. 1); „363. Leonurus folijs caulinis quinquelobis. Cardiaca Dod. Pempt. 94. ... Idem folijs glabris & floribus albis. Idem folijs glabris & floribus carneis." (AAW R. I, Op. 13, D. 20, Bl. 38r, s. Anm. 1 in Nr. 1); „Cardiaca J. Bauhini (Tournefortii sp. 1), Off." (Messerschmidt 1962–1977, Bd. 4, S. 202, s. Anm. 1 in Nr. 1); „CXXXIV. Cardiaca T. 186. 87. B. I. 180. 1 Cardiaca J. B. 3. 320. B. n. j. Riv. flore carneo." (Bl. 17v in T. Gerber „Flora Moscuensis ...", s. Anm. 6 in Nr. 55); „Cardiaca Глухаи крапива. [*gluchai krapiva*]" (G. W. Steller nach T. Gerber: AAW R. I, Op. 81, D. 23, Bl. 5v, s. Anm. 1 in Nr. 1); russ. *gluchaja krapiva* – Leonurus cardiaca (Pawlowski 1902, S. 691)

36 „[species 19] Mentha aquatica seu Pulegium vulgare. Pulegium latifolium C. B. Pin. 222. Pulegium J. B. 3. Part. 2. 256. Dod. Pempt. 282. Pouliot." (Tournefort 1700, S. 189f., Genus X. „Mentha. Menthe."); „*Mentha aquatica seu Pulegium vulgare Inst. R. Herb. ... Poley. ..." (Mappus 1742, S. 192); „6. Mentha verticillatis, foliis ovatis obtusis vix crenatis. Mentha aquatica, seu Pulegium vulgare. Tournef. inst. 189. Pulegium latifolium. Bauh. pin. 222. ..." (Linné 1737, S. 307); „14) Poley. Mentha Pulegium. ... Pulegium latifolium. C. BAUH. pin. 222. ... Sie wird der gemeine oder breitbläterichte Poley ... genennet. ... man braucht sie in der Arzneykunst vornehmlich als ein kräftiges auflösendes und stärkendes Mittel in Brust= und Mutterkrankheiten, ... Der Name Pulegium (von Pulex) soll daher kommen, weil man die Flöhe damit vertreiben kann, wenn man sie entweder anzündet und damit räuchert, ..." (Linné 1781, S. 453f.); „20. MENTHA Pulegium. M. floribus verticillatis, ... Hort. cliff. 307. ... Poley-Münze.W. ..." (Linné 1797–1830, Bd. III, Teil 1, S. 82); „9. M[entha] Pulegium (L. SPEC. 807) ... M. exigua. PALL. It. III, p. 559. ..." (Ledebour 1846–1851, S. 340); „Mentha Pulegium, ... Herzpoley; ... man hat ihn ... in einer Sprachlosigkeit, in dem Stuhlzwang, in Wunden, in Brustkrankheiten, und hauptsächlich in Verstopfungen der monatlichen Reinigung ... wirksam befunden ... Er heißt bey Tournefort: Mentha aquatica sive Pulegium vulgare, ..." (Gmelin 1774, Sp. 89f.); „Man fähret dahin durch verschiedne Gründe, wo Mentha exigua, indem sie alles bedeckt und also von den Pferden zertreten wurde, die Luft mit ihrem Geruch erfüllte. ..." (Pallas 1776, S. 559); „PULEGIUM VULGARE Miller. GEMEINES PULEGIUM. ... Mentha Pulegium Linné spec. plant. 807. ... Die Pflanze hat einen sehr gewürzhaften Geruch und war besonders in früherer Zeit als Herba Pulegii ein geschätztes Arzeneimittel; jetzt wird es wenig oder gar nicht mehr gebraucht. Deutsche Namen: Poley, Herzpoley, Flöhkraut." (Dietrich 1837, Nr. 312); „15. Mentha Pulegium L. (Labiat.). Im Kaukasus ist diese Pflanze, welche wir Polei oder Flohkraut nennen, ein Bestandtheil des Pulvis haemostaticus (Blätter und Stengel mit gebranntem Knochen). ... Im Kreise Nertschinsk gebraucht man die drei Species Pulegium, viridis und arvensis gegen Scrophulose, sie dienen auch als ein Mittel gegen Erkältung, ... im G. Jaroslawl wird Polei gegen Angina warm mit Honig getrunken; gegen Kurzathmigkeit und Magenschwäche trinkt man ein Infus und legt einen warmen Umschlag auf's Herz ..." (Henrici 1894, S. 27ff.); „Poley, Boley, Herzpoley, Flöhkraut, Lateinisch Pulegium, ... ist ein Kraut, dessen es zwey Sorten giebt. Die erste wird genennet ... Mentha aquatica seu Pulegium vulgare, Tournef. Der Poley hat mit der Müntze eine grosse Gleichheit, die Gebrechen des Gehirns zu heben, saget Plin Lib. XX. c. 14. ... Der Poley ist ein rechtes Mutterkraut, so den unfruchtbaren Weibern ungemein dienlich, und dem Gehirne und Hertzen sehr angenehm ist. Es wärmet und trocknet, macht dünne, öffnet und zertheilet, thut sehr gut zu Mutter=Beschwerungen, befördert kräfftiglich die monatliche Reinigung, die Geburt und Nachgeburt, und treibet auch die todte Geburt; benimmt den Schwindel, den Eckel und Unwillen des Magens, reiniget die Brust von allem dicken, zähen Schleime und mildert den Husten, treibet den Harn und Stein, und heilet die Wasser= und Gelbsucht; ..." (Zedler 1732–1750, Bd. 28, Sp. 1159ff.); „8. MENTHA exigua ... Kleine Münze. ... 9. MENTHA Pulegium ... Poley=Münze. Poley. ..." (Georgi 1797–1802, Theil 3, S. 1083); „MENTHA. ... teutsch, Gartenmüntze. ... Mentha kommt von Mens, das Gemüth, die Gedancken: weil dieses Kraut das Gehirne stärcket und zugleich gute Gedancken oder gut Gedächtniß macht." (Lémery 1721, Sp. 722f.); „PULEGIUM. ... teutsch, Poley, ist ein Kraut dessen es zwey Sorten giebet. ... Der Poley öffnet, machet dünne, zertheilet, treibt die Winde, dient zu der Colic, die Reinigung der Weiber zu erregen, und das Haupt zu stärcken. Pulegium kommt von pulex, Floh, dann der Sage nach, soll der Rauch von diesem Kraute die Flöhe vertreiben. ..." (a. a. O., Sp. 921f.); Mentha – russ. *mjata* bzw. *beriak* (*Annenkov* 1858, S. 60,

Nr. 700); Mentha Pulegium L. – russ. *polij* (a. a. O., S. 60, Nr. 702); „Mēntha L. (Labiatae). Von μινδη. Die Dichter fabelten, MENTHA, Tochter des Cocytus, sey in diese Pflanze verwandelt worden.“ (Wittstein 1852, S. 571)

„270. Mentha aquatica seu Pulegium vulgare I. R. H. ...“ (AAW R. I, Op. 105, D. 4ª, Bl. 34v, s. Anm. 54 in Nr. 17); „Mentha aquatica seu Pulegium vulgare I. R. H. ...“ (AAW R. I, Op. 105, D. 2, Bl. 4v, s. Anm. 54 in Nr. 17); „621. Mentha aquatica, seu Pulegium vulgare I. R. H.“ (AAW R. I, Op. 105, D. 1ª, Bl. 74v, s. Anm. 29 in Nr. 5); „1. Mentha aquatica seu Pulegium vulgare I. R. H.“ (AAW R. I, Op. 13, D. 67, Bl. 42r, s. Anm. 5 in Nr. 4); „142. Mentha aquatica Seu Pulegium vulgare I. R. H. ... Мята [russ. *mjata*]. ...“ (AAW R. I, Op. 13, D. 42, Bl. 20v, s. Anm. 1 in Nr. 1); „Mentha aquatica seu Púlegium vulgare Tournef. Spec. 19. ...“ (AAW F. 98, Op. 1, D. 20, Bl. 29r, s. Anm. 89 in Nr. 33); „Mentha aquatica, seu Pulegium vulgare. T. Sp. 19. & 20. ... Tattaricè Koärckbuun.“ (AAW F. 98, Op. 1, D. 19, Bl. 35r, s. Anm. 59 in Nr. 19); „19. August 1723 ... Von Kräutern fand sich hieselbst ... Mentha aquatica seu Pulegium vulgare (Tournefortii sp. 19); ...“ (Messerschmidt 1962–1977, Bd. 2, S. 117); „Mentha aquatica seu Pulegium vulgare (Tournefortii sp. 19), Off.“ (Messerschmidt 1962–1977, Bd. 4, S. 202, s. Anm. 1 in Nr. 1)

37 „[species 10] Mentha arvensis, verticillata, hirsuta J. B. 3. Part. 2. 217. Calamintha arvensis, verticillata C. B. Pin. 229. Calamintha arvensis 1 Tabern. Icon. 352.“ (Tournefort 1700, S. 189, Genus X. „Mentha. Menthe.“); „Mentha arvensis, verticillata, hirsuta. J. B. 3. Part. 2. 217. ... Gewürbelte Ackermüntz/ Ackernept/ ...“ (Mappus 1742, S. 193); „5. MENTHA floribus verticillatis, foliis ovatis acutis serratis. Mentha arvensis verticillata hirsuta. Bauh. hist. 2. pp. 217. Moris. hist. 3. p. 369. s. 11. t. 7. f. 5. ...“ (Linné 1737, S. 307); „11) Ackermünze. Mentha arvensis. ... M. floribus verticillatis; foliis ovatis, acutis, serratis; staminibus corollam aequantibus LINN. S. v. p. 444. ... Mentha arvensis verticillata procumbens. MORIS. hist. 3. p. 369. S. 11. t. 7. f. 5. Calamintha arvensis verticillata. C. BAUH. pin. 229. ... Sie hat mit andern Arten dieser Gattung die Eigenschaft gemein, daß sie das Gerinnen der Milch verhindert; ...“ (Linné 1781, S. 451f.); „17. MENTHA arvensis. ... Calamintha arvensis verticillata. Bauh. pin. 229. ... Acker-Münze. W. ...“ (Linné 1797–1830, Bd. III, Teil 1, S. 80f.); „3) MENTHA ARVENSIS. Linn. ... Mentha spicis verticillatis, ... Gmel. Fl. sib. III. p. 247. No. 85. ...“ (Ledebour 1830, S. 400); „6. M[entha] arvensis (L. SP. 806) ... M. floribus verticillatis, ... GMEL. Fl. sib. III, p. 247, No. 85. ...“ (Ledebour 1846–1851, S. 388f.); „Mentha arvensis, ... Akermünze, ... kleine Feldmünze; ... Sie heißt ... bey J. Bauhin: Mentha arvensis verticillata hirsuta; ...“ (Gmelin 1774, Sp. 87f.); „85. MENTHA foliis verticillatis, foliis ouatis acutis serratis, staminibus corollam aequantibus, LIN. sp. pl. 2. p. 806. n. 9. Mentha aruensis verticillata procumbens, MOR. s. 11. t. 7. f. 5. ...“ (Gmelin 1747–1769, Bd. III, S. 247); „85. Mentha floribus verticillatis, foliis ovatis acutis serratis, staminibus corollam aequantibus [=] Mentha arvensis L.!“ (Ledebour 1841, S. 105); „17) Ackermünze, kleine Ackermünze, ... Sie besitzt mit diesem ganzen Geschlechte reizende, erhitzende und zertheilende Kräfte, und Lobel empfielt sie besonders in dem beschwerlichen Harnen. ...“ (Gmelin 1779, S. 25f.); „MENTHA ARVENSIS Linné. ACKER-MÜNZE. ... Es hat diese Menthe auch einen strengen Geruch, der aber eben nicht sehr angenehm ist. Sie war ehemals auch, wie die anderen als Herba Menthae equinae s. sylvestris officinell. Deutsche Namen: Acker-Münze, Kornmünze, kleine Feldmünze, wilder Poley, wilder Balsam, und ebenfalls Rossmünze und Pferdemünze.“ (Dietrich 1837, Nr. 314); „... Bachmünze g), ... |: g) Mentha arvensis. :|“ (Lepechin 1783, S. 144); „674. Mentha arvensis. Lin. sp. II. ... Feldmünze. Ruß. Miata Polewaja [russ. *mjata polevaja*]. ...“ (Falk 1786, S. 205); „MENTHA (aruensis) floribus verticillatis, ... Linn. Spec. pl. 577. n. 6. ... Mentha aruensis verticillatis hirsuta. Bauh. hist. 3. p. 217. Мята [russ. *mjata*] Russ. ...“ (*Kraševinnikov* 1761, S. 92); „CALAMINTHA. .... teutsch, Ackermüntz, Kornmüntz. ...“ (Lémery 1721, Sp. 203); Mentha arvensis L. – russ. *mjata dikaja*, *mjata polevaja*, *perekop*,

gluchaja mjata, dragoljub bzw. *konskaja mjata* (*Annenkov* 1858, S. 60, Nr. 701); „Calamīntha LK. (Labiatae). Zus. aus καλος (schön, gut) und μινδη (Minze); soll die Schlangen vertreiben.“ (Wittstein 1852, S. 137)

„93. Mentha arvensis verticillata hirsuta, J. B. 3. 217.“ (AAW R. I, Op. 104, D. 13, Bl. 3v, s. Anm. 84 in Nr. 29); „95. Mentha arvensis verticillata hirsuta JB 3. 217. Calamintha arvensis verticillata CBP. 229.“ (AAW R. I, Op. 6, D. 40, Bl. 27v, s. Anm. 1 in Nr. 1); „95 Mentha arvensis verticillata hirsuta J B. Calamintha. C. B.“ (G. W. Steller nach J. G. Heinzelmann: AAW R. I, Op. 81, D. 23, Bl. 16v, s. Anm. 1 in Nr. 1); „Mentha arvensis, verticillata B. Pin. 229. et Inst. r. h. n°. 146.“ (AAW R. I, Op. 13, D. 19, Bl. 3r, s. Anm. 54 in Nr. 17); „622. Mentha arvensis verticillata. C. B. P. 229. ...“ (AAW R. I, Op. 105, D. 1ª, Bll. 74v–75r, s. Anm. 29 in Nr. 5); „2. Mentha arvensis verticillata C. B. P. 229. j. Eadem flore suturiore, folioque latiore et molliore. ...“ (AAW R. I, Op. 13, D. 67, Bl. 42r, s. Anm. 5 in Nr. 4); „Mentha arvensis verticillata hirsuta, folio oblongo, acuto et leviter crenato, flore dilutè purpureo; odore acri aromatico. Tournef. Sp. 10. ...“ (AAW F. 98, Op. 1, D. 19, Bl. 35r, s. Anm. 59 in Nr. 19); „570. Mentha floribus verticillatis, folijs ovatis acute serratis Linn. h. cliff. 307. Mentha arvensis verticillata hirsuta B. hist. 3. pp. 217. ...“ (AAW R. I, Op. 13, D. 20, Bl. 57r, s. Anm. 1 in Nr. 1); „Mentha arvensis verticilllata hirsuta J. B. ...“ (AAW R. I, Op. 105, D. 2, Bl. 4v, s. Anm. 54 in Nr. 17); „145. Mentha arvensis verticillata hirsuta J. B. ...“ (AAW R. I, Op. 13, D. 42, Bl. 20v, s. Anm. 1 in Nr. 1); „Mentha arvensis verticillata hirsuta. JB. ...“ (AAW R. I, Op. 104, D. 8, Bl. 6r, s. Anm. 18 in Nr. 452)

38 „Mentha acuta s. crispa, Balsamita, ... Müntz=Balsam. ... dienet dem schwachen Magen, wider dessen Cruditäten, wider den Schlucksen, Brechen, Blöhungen, Soot, Schärffe, Choleram, ...“ (Franckenau 1713, S. 226f.); „5) Krause Münze. Mentha crispa. ... Sie ... wird ... schon lange in Europa überall häufig in den Gärten gezogen, und daher auch gemeine oder Gartenmünze genennet; ... Die frische sowol als getrocknete Pflanze hat bekanntlich einen starken, angenehmen, balsamischen, oder gewürzhaften Geruch und Geschmack, und letzterer macht im Munde einen dauerhaften erwärmenden Eindruck; ...“ (Linné 1781, S. 446f.)

39 „[species 5] Marrubiastrum Cardiacae folio Bocc. Mus. Part. 2. Tab. 98.“ (Tournefort 1700, S. 190, Genus XI. „Marrubiastrum.“); „Marrubiastrum angusto, Cardiacae foglio, viridi. ...“ (Boccone 1697a, S. 136); die Abbildung „Marrubiastrum Cardiacae folio“ befindet sich a. a. O. auf Tafel 98; „4. MARRUBIASTRUM, folio cardiacae. Boc. Mus. Schwarzer Andorn, mit Herzgespanblättern. ...“ (Miller 1751, S. 10); „72. PHLOMIS foliis multifidis, Tab. LIV. Ballote foliis geranii batrachioidis, AMM. ruth. n. 59. p. 47. Ballota foliis palmatis dentatis, caule lanato, LINN. sp. 2. 815. n. 3. Lamium album lanuginosum, marrubii facie, Ind. Ien. 614. Marrubiastrum cardiacae folio, STELL. Irc. 181. ...“ (Gmelin 1747–1769, Bd. III, S. 241); „72. Phlomis foliis multifidis. t. LIV. [=] Panzeria lanata Pers.!“ (Ledebour 1841, S. 104); „2) Unächter oder falscher Andorn. Leonurus Marrubiastrum. ... L. foliis ovatis lanceolatisque, serratis; calycibus sessilibus, spinosis. LINN. S. v. p. 499. ... Marrubiastrum, foliis Cardiacae BOCC. Mus. 2. p. 120. [?] t. 98. ...“ (Linné 1781, S. 499); „3. LEONURUS Marrubiastrum. ... L. foliis ovatis lanceolatisque serratis, ... Sp. pl. 817. ... Marrubiastrum foliis cardiacae. Bocc. mus. 2. p. 120. t. 98. ... Andornartiger Wolfstrapp. W. ...“ (Linné 1797–1830, Bd. III, Teil 1, S. 115); „3. BALLOTA lanata. ... Phlomis foliis multifidis. Gmel. sib. 3. p. 241. n. 72. t. 54. Ballote foliis geranii batrachioides. Amm. ruth. 47. ... Wollige Ballote. W. ...“ (a. a. O., S. 108); „1) LEONURUS MARRUBIASTRUM Linn. ... Chaiturus leonuroides. Ehrh. ...“ (Ledebour 1830, S. 408f.); „1) PANZERIA LANATA Pers. P. lanata. Pers. Synops. II. p. 126. ... Ballota lanata.Linn. Willd. Spec. pl. III. p. 108. ... Phlomis foliis multifidis. Gmel. Fl. sib. III. p. 241. No. 72. t. LIV. Ballota foliis Geranii Batrachioidis. Amman. ruth. p. 47. No. 59. ...“ (a. a. O., S. 410f.); „4. L[eonurus] Marrubiastrum (L. SPEC. p. 817) ... Chaiturus Marrubiastrum. EHRH. ... Chaiturus leonuroides. WILLD. ...“

(Ledebour 1846–1851, S. 424f.); „6. L[eonurus] lanatus (PERS. Syn. II, p. 126) ... Ballote foliis Geranii Batrachioidis. AMMAN ruth. p. 47, No. 59. ... Phlomis foliis multifidis. GMEL. Fl. sib. III, p. 241, No. 72, t. 54. ...“ (a. a. O., S. 425f.); „59. BALLOTE foliis Geranii Batrachioidis Gmel. ...“ (Amman 1739, S. 47f.); „Leonurus Marrubiastrum, ... unächter Andorn, ... die Schafe fressen ihn nicht, als wenn er sehr jung ist.“ (Gmelin 1773a, Sp. 416); „[Marrubiastrum] cardiacae foliis; bedeutet bey Boccone Linne's dritte Art des Löwenschwanzes.“ (a. a. O., Sp. 1005); „LEONURUS MARRUBIASTRUM Linné. MARRUBIUMARTIGER LEONURUS. ... Deutsche Namen: Andornartiger Katzenschwanz, andornartiger Bärenschweif, andornartiger Wolfstrapp.“ (Dietrich 1837, Nr. 354); „3. BALLOTA lanata ... Wollige Ballote. Gm. Sib. 3. T. 54. ...“ (Georgi 1797–1802, Theil 3, S. 1087); „2. LEONURUS Marrubiastrum ... Andornartiger Löwenschwanz. ...“ (a. a. O., S. 1088); „MARRUBIASTRUM. teutsch, schwartzer Andorn. ... Marrubiastrum kommt von Marrubium, Andorn, dieweil die Blüten an diesem Kraute den Blüten des Andorns ähnlich sehen.“ (Lémery 1721, Sp. 701); „Chaiturus MNCH. (Labiatae). Zus. aus χαιτη (Mähne) und οὐρα (Schwanz). Abtheilung der Gattung Leonurus ...“ (Wittstein 1852, S. 182); „Panzēria W. (Cassieae). Nach G. WOLFG. FRANZ PANZER, geb. 1755 in der Pfalz, Arzt in Hersbruck bei Nürnberg, st. 1829, tüchtiger Insektologe, besorgte auch die 7 letzten Bände des botanischen Theils von Houttuyns Natuurlyke historie, die 1777–88 zu Nürnberg erschien. Panzēria MNCH. (Labiatae). Wie vorige Gattung.“ (a. a. O., S. 656)

„79. Marrubiastrum cardiacae fol. Boec. [sic!] Muss. P. 2. T. 98. B. n. 6.“ (AAW R. I, Op. 104, D. 13, Bl. 3v, s. Anm. 84 in Nr. 29); „72. Marrubiastrum Cardiacae folio. In. r. h. CL. IV.“ (AAW R. III, Op. 1, D. 98, Bl. 4r, s. Anm. 3 in Nr. 53); „– 20. Marrubiastrum Cardiacae folio Bocc. Mus.“ (AAW R. I, Op. 15, D. 3, Bl. 1r, s. Anm. 65 in Nr. 24); „97. Marrubiastrum Cardiacae folio Bocc. Mus. P. 2. T. 98“ (AAW R. I, Op. 6, D. 40, Bl. 27v, s. Anm. 1 in Nr. 1); „97 Marrubiastrum Cardiacae folio Bocc. Mus“ (G. W. Steller nach J. G. Heinzelmann: AAW R. I, Op. 81, D. 23, Bl. 16v, s. Anm. 1 in Nr. 1); „1. Marrubiastrum Cardiacae folio. Boc. Mus. P. 2. Tab. 98.“ mit der rechts marginalen Anm. „Heinz. Samar.“ (AAW R. I, Op. 13, D. 16, Bl. 10r, s. Anm. 32 in Nr. 6); „614. Lamium album lanuginosum, Marrubii facie. ... Fl. Irc. n° 181. Forte et Lamium Ind. Irc. n°. 264. eadem planta“ (AAW R. I, Op. 105, D. 1^{a}, Bl. 74r, s. Anm. 29 in Nr. 5); „264. Lamium album lanuginosum, folio rotundo, pulchre laciniato. ...“ (AAW R. I, Op. 105, D. 4^{a}, Bl. 34r, s. Anm. 54 in Nr. 17); „3 Lamium album lanuginosum, Marrubij facie Ind Jen. n°. 614. Marrubiastrum Fl. Irc. n°. 181. Forte Lamium Ind. Irc. n°. 264.“ mit den links marginalen Anm. von J. G. Gmelin „Icon meus & Stell.“ und „vid. XXI.“ (AAW R. I, Op. 13, D. 67, Bl. 41v, s. Anm. 5 in Nr. 4); „2. Ballote folijs Geranij Batrachioidis Obs. in H. N. XCII.“ (a. a. O., Bl. 42r); „XCII. Ballote folijs Geranij Batrachioidis. ....“ (Bll. 39r–39v in: R. I, Op. 105, D. 8^{a}, s. Anm. 46 in Nr. 79); „Ballote foliis Geranii Batrachioides. Am̄. Description. p. 47.“ (AAW F. 1, Op. 2–1746, D. 1, Bl. 17v, s. Anm. 107 in Nr. 46); „1188. Marrubiastrum Cardiacae folio ...“ (AAW R. I, Op. 13, D. 20, Bll. 109v–110r, s. Anm. 1 in Nr. 1); „706. Lamium album, lanuginosum, Marrubii facie Ind. Jen. 614. ...“ (a. a. O., Bl. 66r); „38. Lamium album, lanuginosum Marrubii facie I. Jen. n°. 614“ (AAW R. I, Op. 15, D. 1, Bl. 12v, s. Anm. 24 in Nr. 64); „16. Ballote Stirp. rar. n. 59.“ (Bl. 1r in einem Verzeichnis von getrockneten Pflanzen, Nr. 1 bis Nr. 31, und Samen (Nr. 32 bis Nr. 37, die J. Amman mit einem Brief am 18. November 1740 an C. von Linné schickte – AAW R. I, Op. 74^{a}, D. 31, Bll. 1r–1v; Konzept/Kopie des Briefes a. a. O., Bll. 4r–5v); s, Anhang B.5. Nr. 16

40 s. Nr. 178; „1) Herzgespann. Leonurus Cardiaca. ... Cardiaca ... TOURNEF. inst. 186. t. 87. ... Sie treibt aus einer perennirenden Wurzel einen ... Stengel mit ... gestielten, runzlichten, auf beyden Flächen etwas haarigen, zum Theil über drey Zoll langen und dritthalb Zoll breiten Blättern; die

unterste Blätter sind herzförmig eyrund, ... die oberste Blätter aber sind nur in drey lanzenförmige, spitzige, unzertheilte und ungezähnte Lappen gespalten. ...“ (Linné 1781, S. 497ff.)

41 „[species 1] Lycopus palustris, glaber. Marrubium palustre, glabrum C. B. Pin. 230. Marrubium aquaticum quorundam J. B. 3. 318. Marrubium aquatile Dod. Pempt. 595.“ (Tournefort 1700, S. 191, Genus XII. „Lycopus.“); „1. LYCOPUS. Lycopus palustris glaber. Tournef. inst. 191. ... Marrubium palustre glabrum. Bauh. pin. 230. ...“ (Linné 1737, S. 11); „1.) Der europäische Wolfsfuß. Lycopus Europaeus. ... Lycopus foliis sinuato-serratis. LINN. Syst. veg. p. 63. ... Marrubium palustre glabrum. C. BAUH. pin. 230. ... Lycopus palustris glaber. TOURNEF. inst. 191. ... Die Pflanze, welche man auch Sumpfandorn oder Wasserandorn zu nennen pflegt, ... Der Saft dieser Pflanze gibt der Leinwand und andern Sachen eine schwärzliche Farbe, ...“ (Linné 1779, S. 131f.); „1. LYCOPUS europaeus. L. foliis sinuato-serratis. ... Gmel. sib. 3. p. 248. ... Marrubium palustre glabrum . Bauh. pin. 230. ... Gemeines Zigeunerkraut. W. ...“ (Linné 1797–1830, Bd. I, Teil 1, S. 120f.); „1) LYCOPUS EUROPAEUS L. ... Lycopus foliis sinuato-serratis. Gmel. Fl. sib. III. p. 248. No. 88. ...“ (Ledebour 1829, S. 18); „770. Lycopus. L. ... 1. L. europaeus (L. SP. 30) ... L. foliis sinuato-serratis. GMEL. Fl. sib. III, p. 248. No. 88. ...“ (Ledebour 1846–1851, S. 341); „Lycopus europaeus, ... europäischer Wolfsfuß, ... europäischer Sparrfaden; Sumpfandorn; Wasserandorn; ... sein Saft färbt schwärzlicht, und vest auf Leinwand; noch besser aber ist es, wann man ihn troknet und mit Eisenvitriol kocht: ...“ (Gmelin 1773a, Sp. 901); „1. Art. L[ycopus] europaeus. Gemeiner Wolfsfuß. (Linné.) ... Vulgärnamen: Wasserandorn. Zigeunerkraut. Literatur: ... Gmelin. sib. 3. p. 248. ...“ (Bechstein 1833, S. 434); „88. LYCOPVS foliis sinuato-serratis, LIN. Sp. 1. 30. 1. ...“ (Gmelin 1747–1769, Bd. III, S. 248); „88. Lycopus foliis sinuato-serratis [=] Lycopus europaeus L.!“ (Ledebour 1841, S. 105); „Lycopus, ... Deutsch Wasser=-Andorn. Ein Kraut, dessen es gar vielerley Sorten giebt, ... Die erste heisset: Lycopus palustris glaber, Pit. Tournefort. ... Sie reinigen, halten an und erfrischen, stillen den Durchlauff und das Bluten. ...“ (Zedler 1732–1750, Bd. 18, Sp. 1455f.); „1. LYCOPUS europaeus L., ... Gemeines Zigeunerkraut. Die feste, schwärzliche Farbe des Krautsaftes und des Absudes des Krautes für Wolle und Leinwand, wenn sie mit Eisenvitriol gebeizet worden, ist meines Wissens in Rußland nicht bekannt; es scheint aber unter den schwärzlichen Schminken unserer Zigeuner zu seyn.“ (Georgi 1797–1802, Theil 3, S. 655); Lycopus europaeus L. – russ. *krapiva bolotnaja* bzw. *krapčatka* (*Annenkov* 1858, S. 58, Nr. 666); „Lycōpus L. (Labiatae). Zus. aus λυκος (Wolf) und πους (Fuss), in Bezug auf die Stellung der Blüthen oder besser: auf die tief (zehenförmig) eingeschnittenen Blätter.“ (Wittstein 1852, S. 542)

„Lycopus palustris glaber. Tournef. Spec. 1. ...“ (AAW F. 98, Op. 1, D. 19, Bll. 31v–32r, s. Anm. 59 in Nr. 19); „1034. Lycopus Magn. Char. p. 100. Linn. Cliff. p. 11. Roy. 326. Hall. 660. Lycopus palustris glaber Tourn. I. R. H. ...“ (AAW R. I, Op. 13, D. 20, Bl. 94v, s. Anm. 1 in Nr. 1); „– Lycopus palustris glaber Tourn. ...“ (AAW R. I, Op. 104, D. 8, Bl. 6r, s. Anm. 18 in Nr. 452); „Lycopus palustris glaber. I. R. H. ...“ (AAW R. I, Op. 105, D. 2, Bl. 4v, s. Anm. 54 in Nr. 17)

42 „[species 1] Clinopodium Origano simile, elatius, majore folio C. B. Pin. 225. Clinopodium quorundam, Origani facie J. B. 3. Part. 2. 250. Acinos Lob. Icon. 504.“ (Tournefort 1700, S. 195, Genus V. „Clinopodium.“); „I. Clinopodium Origano simile. ... Duplex est: elatius majore folio ...“ (Bauhin 1623, S. 224f.); „Clinopodium origano simile, elatius C. B. P. 225. ... Wirbel=Dosten. ...“ (Rupp 1726, S. 188); „1. Der gemeine Wirbeldost: Clinopodium Origano simile, C. B. P. 225. ...“ (Zwinger 1744, S. 880f.); „1. CLINOPODIUM foliis ovatis, capitulis verticillatis. Clinopodium Origano simile. Bauh. pin. 225. ... elatius majore folio. Boerh. lugdb. 1. p. 158. ...“ (Linné 1737, S. 305); „1) Gemeine Wirbelborsten. Clinopodium vulgare. ... Clinop. capitulis subrotundis, hispidis, bracteis setaceis. LINN. Syst. veg. p. 452. ... Clinopodium, origano simile. C. BAUH. 224. ...

Diese Pflanze, welche insgemein Wirbeldosten oder falsche Bergmünze genennet wird, ..." (Linné 1781, S. 516f.); „1. CLINOPODIUM vulgare. ... C. foliis ovatis, capitulis verticillatis. Hort. cliff. 305. ... Gemeine Wirbelborste. W. ..." (Linné 1797–1830, Bd. I, Teil 1, S. 131); „9. C[alamintha] Clinopodium (BENTH. in DEC. Prodr. XII, p. 233) ... Clinopodium vulgare. L. Spec. p. 821. ... Clinopodium capitulis subrotundis hispidis, bracteis setaceis. GMEL. Fl. sib. III, p. 244, No. 79. ..." (Ledebour 1846–1851, S. 355f.); „[Clinopodium] vulgare, ... gemeine Wirbeldoste, ... kleine Bergmünze; gemeine englische Basilie, falscher Waldpoley; ... Ihr Kraut ist etwas gewürzhaft, ..." (Gmelin 1772, Sp. 1079f.); „79. CLINOPODIVM capitulis subrotundis hispidis, bracteis setaceis, LIN. Sp. pl. 2. 821. n. 1. Clinopodium verticillis densis, dissitis foliis e menta, ouatis acuminatis, HALL. Helv. 653. ..." (Gmelin 1747–1769, Bd. III, S. 244f.); „79. Clinopodium capitulis subrotundis hispidis, bracteis setaceis [=] Clinopodium vulgare L.!" (Ledebour 1841, S. 104); „CLINOPODIUM VULGARE Linné. GEMEINES CLINOPODIUM. ... Herba Clinopodii majoris war officinell. Die ganze Pflanze hat einen angenehm gewürzhaften Geruch; die Blätter geben einen guten Thee und können als Gewürz zu Speisen benutzt werden. Deutsche Namen: Weichborste, Wirbeldost, Wirbelborste, Hauptdost, Wilddost, kleiner Dost, wilder Majoran, kleiner Wohlgemuth, Bettfuss, Bergmünze, wilde Basilien, englische Basilien, falscher Waldpoley." (Dietrich 1834, Nr. 124); „1. CLINOPODIUM vulgare ... Gemeiner Wirbelstern. ..." (Georgi 1797–1802, Theil 3, S. 1091); „Clinopodium, ... teutsch, Wirbel=Dost, Würbel=Dost, wilde Basilie. Ist ein Kraut, dessen es unterschiedliche Gattungen giebet, ... Die erste heisset: ... Clinopodium Origano simile, C. B. Pit. Tournef. ... Sie halten etwas an, trocknen, zertheilen, machen zeitig, stärcken das Gehirn und die Gedärme, befördern auch der Weiber Reinigung. ..." (Zedler 1732–1750, Bd. 6, Sp. 427f.); „Clinopōdium L. (Labiatae). Zus. aus κλινη (Bett) und πους (Fuss), in Bezug auf die Blüthen, die in Quirlen stehend wie auswärtsstehende Bettfüsse (Bettfusssrollen) aussehen." (Wittstein 1852, S. 207)

„1062. Clinopodium folijs ovatis, capitulis verticillatis Linn. h. Cliff. 3[0]5. Clinopodium Origano simile B. pin. 225. ..." (AAW R. I, Op. 13, D. 20, Bl. 98r, s. Anm. 1 in Nr. 1); „Clinopodium origano simile elatius majore folio C. B. P. ..." (AAW R. I, Op. 68, D. 2, Bl. 6r, s. Anm. 62 in Nr. 22); „Clinopodium Origano simile, elatius, majore folio. B. Pin. 225 et Inst. r. h. No. 52." (AAW R. I, Op. 13, D. 19, Bl. 3r, s. Anm. 54 in Nr. 17)

43 „[species 4] Clinopodium arvense, Ocimi facie C. B. Pin. 225. Acinos multis J. B. 3. Part. 2. 259. Ocimum sylvestre, Acinos Dod. Pempt. 280." (Tournefort 1700, S. 195, Genus V. „Clinopodium."); „2. Der wilde Feld=Wirbeldost: Clinopodium arvense, Ocymi facie. C. B. P. T. ..." (Zwinger 1744, S. 881); „6. THYMUS caulibus vix ramosis, foliis ovatis serratis acutis, pedunculis pluribus unifloris. Acinos multis. Bauh. hist. 3. pp. 259. ... Clinopodium arvense, ocymi facie. Bauh. pin. 225. Tournef. inst. 195. ..." (Linné 1737, S. 306); „4) Acinos. Thymus Acinos. ... Thymus floribus verticillatis, pedunculis unifloris; caule erecto, subramoso; foliis acutis, serratis. LINN. Syst. veg. p. 453. ... Acinos multis. I. BAUH. hist. 3. p. 259. Clinopodium arvense, Ocymi facie. C. BAUH. pin. 225. ... Sie wird auch basilienartiger Thymian, oder Bergbasilien, oder blauer Bergthymian genennet; ..." (Linné 1781, S. 532); „10. THYMUS Acinos. ... T. caulibus vix ramosis, ... Hort. cliff. 306. ... Clinopodium arvense, ocymi facie. Bauh. pin. 225. ... Acker-Thymian. W. ..." (Linné 1797–1830, Bd. III, Teil 1, S. 142); „5. [sic!] C[alamintha] Acinos (CLAIRVILL. ...) ... Thymus Acinos. L. Spec. p. 826. ..." (Ledebour 1846–1851, S. 353f.); „[Clinopodium] arvense, ocymi facie; bedeutet bey C. Bauhin die vierte Art des Thymians nach Linné." (Gmelin 1772, Sp. 1082); „Thymus Acinos, ... basilienartiger Thymian, ... blauer Bergthymian; Steinpolei; Bergbasilen; ... sein angenehmer gewürzhafter Geruch läßt uns allerdings nervenstärkende Kräfte darinn hoffen: ..." (Gmelin 1777, Sp. 122); „[Acinos] multis, ist bey J. Bauhin die vierte Art des Thymians nach Linné." (Gmelin 1772a, Sp. 85); „ACINOS THYMOIDES

Moench. FELD-ACINOS. ... Thymus Acinos Linné Fl. suec. 487. Willd. spec. plant. 3. p. 142. ... Die ganze Pflanze hat einen angenehmen, nicht sehr starken Geruch. Ehmals wurde Herba Acinos in der Medizin gebraucht. Deutsche Namen: Ackerthymian, Steinquendel, Steinpoley, Bergbasilien, wilde Basilien, kleine Bergmünze, Feldysop, wilder Kirchysop." (Dietrich 1835, Nr. 213); „CLINOPODIUM. ... teutsch, Wirbeldost, wilde Basilie. Ist ein Kraut, dessen es unterschiedliche Gattungen giebet. ... Die andere heist ... Clinopodium arvense Ocimi facie, C. B. Pit. Tournef. ... Sie halten etwas an, trocknen, zertheilen, machen zeitig, stärcken das Gehirn und die Gedärme, befördern auch der Weiber Reinigung. ..." (Lémery 1721, Sp. 320ff.); „Thymian, ... Lateinisch, Thymus, ... Es hat der Thymus einen etwas bittern und scharffen Geschmack: wärmet und trocknet, machet dünne und zertheilet, eröffnet allerhand innerliche Verstopffungen, ... bewahret vor dem Schwindel, vertreibet die Ohnmachten, indem er die Lebensgeister erquicket; ... Die Köche würtzen viele Speissen mit dem Thymian ab ... Das Wort Thymian kommt von ... odor, der Geruch, weil dieses Kraut sehr starck zu rüchen pfleget: oder, von ... spiritus animalis, der Lebensgeist dieweil der Thymian die Lebensgeister ersetzen kan. ..." (Zedler 1732–1750, Bd. 43, Sp. 2044ff.); „Ācinos P. (Labiatae). Von ἄκινος (Korn); wahrscheinlich in Bezug auf die aus (4) Körnern bestehende Frucht." (Wittstein 1852, S. 7); „Thȳmus L. (Labiatae). Offenbar von δυμος (Kraft, Muth), in Bezug auf die erregende, stärkende Wirkung; ..." (a. a. O., S. 880)

„Clinopodium arvense, Ocimi facie. C. B. Pin. 225. & Tournefort. Spec. 4. ..." (AAW F. 98, Op. 1, D. 19, Bl. 11v, s. Anm. 59 in Nr. 19); „25 Clinopodium arvense ocymi facie CBP. 225. ..." (AAW R. I, Op. 104, D. 17, Bl. 10r, s. Anm. 36 in Nr. 8); „104. Acinos multis JB. 3. p. 2. 259. Clonopodium [sic!] arvense Ocymi facie. CBP. 225." (AAW R. I, Op. 6, D. 40, Bl. 28r, s. Anm. 1 in Nr. 1); „104 acinos multis. J B." (G. W. Steller nach J. G. Heinzelmann: AAW R. I, Op. 81, D. 23, Bl. 17r, s. Anm. 1 in Nr. 1); „1. Acinos multis. J. B. 3. P. 2. 259." mit der rechts marginalen Anm. „Sibiria." (AAW R. I, Op. 13, D. 16, Bl. 10r, s. Anm. 32 in Nr. 6); „389. Acinos JB." (AAW R. I, Op. 15, D. 3, Bl. 8r, s. Anm. 65 in Nr. 24); „Acinos J. B. ex Seminibus in Sibiria a Gmelino lectis." (AAW R. III, Op. 1, D. 162, Bl. 18r, s. Anm. 54 in Nr. 17)

44 „[species 4] Serpillum vulgare, minus C. B. Pin. 220. Serpillum vulgare J. B. 3. Part. 2. 269. Dod. Pempt. 277." (Tournefort 1700, S. 197, Genus VIII. „Serpillum. Serpolet."); „Serpillum vulgare, minus C. B. P. 220. ... Germ. Quendel, Quenelchen, Feld=Quendel, Feld=Kümmel. ..." (Rupp 1726, S. 189); „2. THYMUS repens, folis planis, floribus verticillato spicatis. ... Serpyllum vulgare minus. Bauh. pin. 220. ... α Serpyllum vulgare majus. C. B. ... ε Serpyllum foliis citri odore C. B. ..." (Linné 1737, S. 306); „477. THYMUS floribus capitatis, caulibus repentibus, foliis planis obtusis basi ciliatis. Thymus repens foliis planis, ... Hort. cliff. 306. Serpyllum vulgare minus. Bauh. pin. 220. Serpyllum vulgare. Dod. pempt. 277. ... β Serpyllum vulgare flore albo. Tournef. inst. 197. ... Pharmac. SERPYLLI Herba, Conserva, Aqua, Oleum." (Linné 1745, S. 173f.); „1) Quendel. Thymus Serpyllum. ... Thymus floribus capitatis; caulibus repentibus; foliis planis, obtusis, basi ciliatis. LINN. Syst. veg. p. 452. ... Hort. Cliff. 306. ... Serpyllum vulgare DOD. pempt. 277. ... Serpyllum vulgare majus et minus. Serp. angustifolium hirsutum et glabrum. Serp. foliis citri colore. C. BAUH. pin. 220. ... Sie wird insgemein Quendel oder Künlein; ... wilder Thymian ... genennet. ... Ausserdem, daß sich dieses edle Gewächs durch seinen Geruch empfiehlt, und den Bienen durch seine Blumen einen vortrefflichen Honig in Menge verschaffet, dienet es auch in der Arzneykunst als eines der vozüglichsten, besonders einheimischen, nervenstärkenden Mittel sowol innerlich als äusserlich. Linnäus hat einen Thee davon wider Kopfweh nach einem Rausch mit Nutzen brauchen gesehen." (Linné 1781, S. 529f.); „81. THYMVS floribus capitatis, caulibus decumbentibus, foliis planis obtusis, basi ciliatis, LIN. Sp. pl. 2 p. 825. n. 1. Serpyllum vulgare, DOD. pempt. 277. Serpyllum vulgare minus, BAVH. pin. 220. Thymus repens, foliis planis, floribus verticillato spicato, ROY. Lugd. 325. Thymus

verticillis in summis ramis congestis, foliis ouatis, basi ciliatis, flore minore, HALL. helv. 654. 1. THYMUS verticillis in summis ramis congestis, foliis ouatis, basi ciliatis, flore maiore, HALL. helv. 655. Serpyllum vulgare maius, BAVH. pin. 220. 2. THYMUS verticillis in summis ramis congestis, foliis ouatis et caule hirsutis, HALL. helv. 655. Serpyllum ramosissimum hirsutum, angustifolium, flosculis violaceis, AMM. Ruth. 67. [sic!] 3. SERPYLLVM foliis citri odore, BAVH. pin. 220. Thymus Ericae folio, odore Lauendulae, capitulis florum purpureis, GERB. Tan. Mst. Serpylllum odoratissimum glabrum, longiore angustioreque folio, AMM. ruth. 67. 4. Thymus verticillis in summis ramis congestis foliis ouato et caulibus hirsutissimis, flore maiore. Serpyllum angustifolium hirsutum, BAVH. pin. 220. STELL. irc. 186. Varietates hae omnes pluresqe minoris momenti aliae in omni Sibiriae copiose occurrunt. ... Russis hae varietates communi nomine Bogorodskaja Trawa [russ. *bogorodskaja trava*] veniunt." (Gmelin 1747–1769, Bd. III, S. 245f.); „81. Thymus floribus capitatis, caulibus decumbentibus, foliis planis obtusis basi ciliatis. var. 1. [=] Thymus Serpyllum L. [;] var. 2. [=] Thymus angustifolius Schreb. (Thymus hirsutus M. a Bieb. Fl. t. c. II. 59.) [;] var. 3. [=] Thymus Marschallianus Willd. [;] var. 4. [=] Thymus hirsutus M. a Bieb.?" (Ledebour 1841, S. 104); „1. THYMUS Serpyllum. T. floribus capitatis, ... Flor. suec. 477, 535. ... T. repens. foliis planis, ... Hort. cliff. 306. ... Serpyllum vulgare minus. Bauh. pin. 220. Serpyllum vulgare. Dod. pempt. 277. ... β. Serpyllum vulgare majus. Bauh. pin. 220. ... δ. Serpylllum foliis citri odore. Bauh. pin. 220. ... Feld-Thymian. W. ..." (Linné 1797–1830, Bd. III, Teil 1, S. 138); „*8. THYMUS Marschallianus. W. ... Marschallscher Thymian. W. ..." (a. a. O., S. 141); „1) THYMUS MARSCHALLIANUS. Willd. ... Th. Marschallianus. Willd. Spec. pl. III. p. 141. ... Thymus. Gmel. Fl. sib. III. p. 245 et 246. No. 81. var. 3. ... 2) THYMUS ANGUSTIFOLIUS. Schreb. ... Th. angustifolius. Schreb. Fl. erlang. p. 18. ... Thymus. Gmel. Fl. sib. III. p. 245 et 246. No. 81. var. 2. Serpyllum ramosissimum hirsutum, ... Amman. ruth. p. 52. No. 68. ... 3) THYMUS SERPYLLUM. Linn. ... Th. serpyllum Linn. Willd. Spec. pl. III. p. 138. ... Thymus floribus capitatis, ... Gmel. Fl. sib. III. p. 245. No. 81. var. 1. ..." (Ledebour 1830, S. 390f.), „67. SERPYLLUM odoratissimum, glabrum longiore angustioreque folio. ... 68. SERPYLLUM ramosissimum, hirsutum, angustifolium, flosculis violaceis. ..." (Amman 1739, S. 52f.); „772. Thymus. L. (excl. spec.). ... 1. Serpyllum (L. SP. 815) ... T. floribus capitatis, ... GMEL. Fl. sib. III, p. 245, No. 81. α. Chamaedrys. ... β. angustifolius: ... Serpylllum odoratissimum, ... AMMAN. ruth. p. 52, No. 67. Thymus. GMEL. l. c. p. 246, var. 2. γ. vulgaris ... T. Serpyllum. ... GEORGI Beschr. d. Russ. R. III, 5. p. 1092. ... LEDEB. Fl. alt II, p. 391. ... Thymus. GMEL. l. c. var. 1. ... δ. latifolius: ... ε. villosus: ... Thymus. GMEL. l. c. p. 246, var. 4. ... ζ. Marschallianus: ... T. Marschallianus. WILLD: Spec. pl. III, p. 141. ... LEDEB. Fl. alt. II, p. 390. ... Thymus. GMEL. l. c. p. 216, var. 3. η. odoratissimus: ... Serpyllum ramosissimum, ... AMMAN. ruth. p. 52, No. 58. ..." (Ledebour 1846–1851, S. 344ff.); „Thymus Serpyllum, ... Quendel, ... Feldquendel; Feldkümmel; Künlein; wilder Thymian; wilder Poley; ... Sein Oel, welches mit andern ähnlichen wohlriechenden Oelen seine Arzneykräfte gemein hat, ... gibt durch gewisse Kunstgriffe eine Art von Kampfer: ..." (Gmelin 1777, Sp. 119f.); „[Serpyllum] angustifolium glabrum; hierunter versteht C. Bauhin eine andere [Abänderung des Quendels] mit schmalen glatten Blättern. [Serpyllum] angustifolium hirsutum; so nennt er [d. h. C. Bauhin] eine andere [Abänderung des Quendels] mit schmalen zotigen Blättern. ... [Serpyllum] foliis citri odore; bedeutet bey C. Bauhin eine andere [Spielart des Quendels], welche nach Citronen riecht. ... [Serpyllum] vulgare; so nennen Dodonäus, Gerard und J. Bauhin den Quendel. ... [Serpyllum] vulgare minus; bedeutet bey C. Bauhin den Quendel." (Gmelin 1776, Sp. 465ff.); „125. Thymus floribus capitatis, ... Linn. Fl. Suec. 477. Thymus repens, foliis planis, ... Linn. Cliff. 306. ... Serpillum vulgare minus C. B. P. 220. Tourn. 197. Boerh. I. 155. Varietatum copia insignis auctorumque nomina confusa. Var. 1) Serpillum vulgare majus C. B. P. 2) Serpillum vulgare flore albo Tourn.

... Quendel, Feldkümmel. ...“ (Boehmer 1750, S. 56); „606. Thymian (Thymus). ... 1. Quendel (Serpyllum T.), ... β. Gemeiner großer Quendel (Serpyllum vulgare majus). γ. Gemeiner kleiner Quendel (Serpyllum vulgare minus), mit wolligen Blumenköpfchen. δ. Schmalblättriger zottiger Quendel (Serpyllum angustifolium hirsutum). ε. Citronen=Quendel, deren Blätter einen citronenartigen Geruch haben (Serpyllum foliis citri odore). ... Der Quendel ist eine vortreffliche Gewürz= und Campherpflanze; sie treibet Schweiß, stärket das Haupt und die Nerven; in den Apotheken wird ein Wasser und Spiritus daraus bereitet. Der Citronen=Quendel ist der angenehmste. ...“ (Dieterich 1799, S. 199f.); „THYMUS SERPYLLUM ... Feld-Thymian, wilder Thymian, Feldkümmel, Reinkümmel, Quendel, Quänlein, Feldpoley, wilder Poley, Kühnlein, Kündel, Kündelkraut, Hühnerkraut, Hübnerkohl. [sic!] ... Man sammelt von diesem kleinen Strauche die blühenden Zweige und bewahrt sie in dem Arzneyvorrath unter dem Namen Herba Serpylli auf, ... dieses Gewächs ... wird auch als solches theils zu Kräuterkissen, theils zu Weinaufgüssen angewandt, ...“ (Hayne 1830, Nr. 1); „THYMVS (Serpyllum) floribus ... Богородская Трава [russ. *bogorodskaja trava*] Russ. ...“ (*Krašeninnikov* 1761, S. 95); Als *bogorodskaja trava* werden verschiedene Pflanzenspecies wie zum Beispiel die von Thymus mit Thymus Serpillum (Serpillum vulgare), Helichrysum arenaria (*Dal'* 1880–1882, T. I, S. 105; Pawlowski 1952, S. 68) und nach J. G. Gmelin Lavandula angustifolia (AAW R. I, Op. 104, D. 8, Bl. 5v) sowie Serpillum vulgare majus, flore purpureo (AAW R. I, Op. 105, D. 2, Bl. 4v) bezeichnet. „Thymus L., Thymian. 1. Thymus Serpyllum ... Quendel=Thymian. Quendel. R. Schadownik [russ. *šadovnik*]. ...“ (Georgi 1797–1802, Theil 3, S. 1092f.); „Thymus serpyllum (bogorodskaja trawa) hat, wie in ganz Sibirien, so auch hier, einen weit verbreiteten Ruf als Mittel gegen die periodische Trunksucht (sapoi).“ (Schmidt 1872, S. 85); „24) Quendel, ... Thymus serpyllum, ... Er ist sehr gewürzhaft und bitter, und kann innerlich und äußerlich, als Thee, als gebranntes Wasser, in Blähungen, Clystieren und Bädern, in allen Fällen mit Vortheil gebraucht werden, wo die Natur der Krankheit nerven= und magenstärkende, reizende, erhitzende und zertheilende Mittel erfordert; ...“ (Gmelin 1779, S. 33f.); „20. Serpyllum vulgare s. Thymus serpyllum L. ... Der Quendel steht, wie wir sehen, beim Volke in Ehren und wird gegen die heterogensten Krankheiten sowohl innerlich als auch äusserlich gebraucht. ... Wir sind geneigt, den Volksgebrauch dieses Mittels gegen Erkältung, Brust- und Leibschmerzen, Husten und Magendarmkrankheiten auf die Wirkung des aetherischen Oeles zu beziehen, ...“ (Henrici 1894, S. 35ff.); Thymus Serpyllum L. – russ. *čebrec*, *perec borovoj*, *bogorodskaja trava*, *čobrik*, *čaber* bzw. *čobor* (*Annenkov* 1858, S. 94, Nr. 1109); Thymus Serpyllum L. v. Marschallianus – russ. *čepčik* (a. a. O., S. 94, Nr. 1110; „Serpȳllum T. (Labiatae). ‘Ερπυλλον von ἑρπειν (kriechen), in Bezug auf den kriechenden Stängel.“ Wittstein 1852, S. 810)

„120) Serpillum vulgare minus ...“ (AAW R. I, Op. 104, D. 25, Bl. 10v, s. Anm. 61 in Nr. 21); „626. Serpillum vulgare minus. C. B. P. ...“ (AAW R. I, Op. 105, D. 1ª, Bl. 75r, s. Anm. 29 in Nr. 5); „630. Serpillum vulgare majus. C. B. P. 220. ...“ (a. a. O., Bl. 75r); „1. Serpillum vulgare minus C. B. P. ... Thymus repens, folijs planis, floribus verticillato-spicatis Linn. h. Cliff. 306. ... 4. Serpillum folijs Citri odora. C. B. P. 220. Ind. Jen. 629. 5. Serpillum vulgare majus C. B. P. 220.“ (AAW R. I, Op. 13, D. 67, Bl. 42v, s. Anm. 5 in Nr. 4); „101. Serpyllum folijs Citri odore CBP. 220 Serpyllum citri odore JB. 3. p. 2. 270.“ (AAW R. I, Op. 6, D. 40, Bl. 27v, s. Anm. 1 in Nr. 1); „101. Serpillum foliis Citri odore C. B.“ (G. W. Steller nach J. G. Heinzelmann: AAW R. I, Op. 81, D. 23, Bl. 16v, s. Anm. 1 in Nr. 1); „147. Serpillum vulgare minus C. B. P. ...“ (AAW R. I, Op. 13, D. 42, Bl. 20v, s. Anm. 1 in Nr. 1); „22. Mai 1724 ... In den Ritzen der Steine wuchsen hin und wieder hübsche, doch sehr wenige Kräuter, nämlich: ... (3.) Serpillum vulgare minus (Tournefortii sp. 4.), ...“ (Messerschmidt 1962–1977, Bd. 3, S. 30ff.); „24. Mai 1724 ... Meistens stand hieselbst ... Serpillum vulgare minus; ...“ (a. a. O., S. 33f.); „1. Serpillum foliis

Citri odore C. B. P. 220." mit der rechts marginalen Anm. „Ucrainia" (AAW R. I, Op. 13, D. 16, Bl. 10r, s. Anm. 32 in Nr. 6); „2. Serpyllum angustifolium odoratissimum Gmel." mit der rechts marginalen Anm. „Sibiria." (a. a. O., Bl. 10r); „Serpylllum foliis Citri odore C B. P. sem. ab eod. [d. h. J. G. Heinzelmann]" (AAW R. III, Op. 1, D. 162, Bl. 22r, s. Anm. 54 in Nr. 17); „1606. Thymus ericae folio, odore lavendulae, capitulis fl(purpureis. ..." (T. Gerber in „Flora Tanaensis ..."; s. Anm. 107 in Nr. 46); „CXLI Serpillum T: 196. 93. B. I. 155. Богороцкая трава [russ. *bogorockaja trava*]. 1 Serpillum vulgare majus C. B. P. 220. B. n. 1. 2 Serpillum vulgare minus C. B. P. 220. B. n. 2. ..." (Bl. 18r in T. Gerber „Flora Moscuensis ...", s. Anm. 6 in Nr. 55); „Serpillum погороцкаи трава [sic!] [*pogorockai trava*]" (G. W. Steller nach T. Gerber: AAW R. I, Op. 81, D. 23, Bl. 5r, s. Anm. 1 in Nr. 1)

45 in der 2. Textversion (s. Anm. 1 in A.): „Tiumen", d. h. *Tjumen'*

46 „[species 11] Serpillum angustifolium, hirsutum C. B. Pin. 220. Serpillum angusto, lanuginosoque folio J. B. 3. Part. 2. 270. Serpillum Pannonicum, iij Clus. Hist. 360." (Tournefort 1700, S. 197, Genus VIII. „Serpillum. Serpolet."); „SERPYLLUM. CAP. LIII. ..." und die Abbildung „Serpyllum Pannonicum III." auf S. 360 (Clusius 1601, S. 358ff.); „[Serpyllum] pannnonicum tertium; bedeutet bey ihm [d. h. Clusius] eine andere [Spielart des Quendel] mit schmalen und zotigen Blättern." (Gmelin 1776, Sp. 467); s. Nr. 185

47 „[species 5] Serpillum vulgare, flore albo H. Edinb." (Tournefort 1700, S. 197, Genus VIII. „Serpillum. Serpolet."); „S. Serpyllum vulgare flore albo. Mother of Thyme with white flowers." (Sutherland 1683; S. 317); s. Nr. 185

48 s. Nr. 185

49 russ. *bogorodskaja trava*

50 „Satureia sativa J. B. 3. 272. Satureia hortensis sive Cunila sativa Plinii C. B. Pin. 218. Satureia Dod. Pempt. 289." (Tournefort 1700, S. 197, Genus IX. „Satureia. Sarriete."); „Satureja sativa. I. B. 2. [müßte heißen: 3] 272. ... Saturey, Zatrey." (Rupp 1726, S. 189); „5. THYMUS erectus annuus, foliis lancolato-linearibus, ... Satureja hortensis. Bauh. pin. 218. Satureja sativa, Bauh. hist. 3. pp. 272. Tournef. inst. 197. ..." (Linné 1737, S. 306); „5) Gartensaturey. Satureja hortensis. Thymus erectus annuus, foliis lanceolato-linearibus. LINN. Hort. Cliff. 306. Satureja hortensis. C. BAUH. pin. 218. ... wird daher auch Sommersaturey, ingleichen gemeine Saturey, Bohnenkraut, Sergenkraut, Pfefferkraut ... genennet. ... man braucht sie vornehmlich in der Küche und Haushaltung, als ein Gewürz zu Bohnen, Kohl und verschiedenen andern Gemüsen, aber auch in der Arzneykunst kann sie mit Nutzen als ein stärkendes, auflösendes, und harntreibendes Mittel gebraucht werden." (Linné 1781, S. 416); „8. SATUREJA hortensis. ... S. hortensis. Bauh. pin. 218. ... Thymus erectus annuus, ... Hort. cliff. 306. ... Gemeines Pfefferkraut. W. ..." (Linné 1797–1830, Bd. III, Teil 1, S. 45); „1) SATUREJA HORTENSIS. Linn. ... S. hortensis. Willd. Sp. pl. III. p. 45. ..." (Ledebour 1830, S. 397f.); „733. Satureja L. (excl. spec.) ... 1. S. hortensis (L. Spec. p. 795) ..." (Ledebour 1846–1851, S. 349); „[Satureja] hortensis, ... Gartensaturei, ... Saturei; gemeiner Saturei; Bohnenkraut; ... Er hat einen bittern etwas scharfen Geschmak, und einen zimlich starken gewürzhaften Geruch, der so wie seine nervenstärkende, reizende, erhizende, und die Verdauung befördernde Kraft auf einem herrschenden Geist ... beruht ..." (Gmelin 1776, Sp. 216f.); „Satureja sativa s. hortensis, ... Hyssopus agrestis, Saturey, Senger=Kraut, Sadaney, Saturon, Satermann, Pfeffer=Kraut. Das Kraut und Blumen sind warm und trocken im dritten Grad, verdünnen, eröffnen, zertheilen, dienen wider allerhand Beschwerungen und Rohigkeit des Magens, schlechten Appetit, in Brust=Beschwerungen, Engbrüstigkeit, treiben die Winde und stärcken das Gesicht. Aeuserlich aber zertheilen sie die Schwulsten, lindern Schmertzen in Ohred [sic!] und tödten die Flöhe. ..." (Franckenau 1716, S. 511); „3. Satureia hortensis L., in Chiwa Gül Reihan." (Basiner 1848, S. 239); „2. SATUREJA hortensis ... Garten=Saturey. R. Tscheber [russ.

čaber]. ... Als Würze und Arzney in vielen Polnischen, Lievländischen und einigen Russischen Gärten." (Georgi 1797–1802, Theil 3, S. 1079); „SATUREJA HORTENSIS. ... Gemeines Pfefferkraut, Pfefferkraut, Garten-Saturey, gemeiner Sommersaturey, Satermann, Zwiebelysop, Bohnenkraut, Käsekraut, Sergenkraut, Künel, Josephle. ... Es gehört zu den ätherisch-öhligen Mitteln, an denen es in dem Arzneyvorrathe nicht fehlt. Man gebraucht es daher mehr in der Küche, wo es zu Beförderung des Verdauens beyträgt. ..." (Hayne 1819, Nr. 9); „Bohnen=Kraut, Saturey, Sadaney, Saturon, ... Sengenkraut, Garten=Ysop, Winter=Ysop, Kaps=Ysop, Zwiebel=-Ysop, Joseple (weil sich die Blätter mit dem gemeinen Ysop vergleichen, oder ein kleiner Ysop ist) Hüner=Füll, ... Kölle Lateinisch ... Satureja Sativa, I. B. ... Es wärmet sonst und trucknet, öffnet und zertheilet, erwecket Lust zum Essen, erwärmet den Magen, befördert die Dauung stillet das Brechen, lindert die Colic, ... Aeußerlich zertheilet es Beulen und Geschwulste, wie auch die Schmertzen derer Ohren, und hilfft wieder das Hüfft=Weh. ... Ehe in Deutschland der Pfeffer und ander Gewürtz bekannt worden, haben sich die Leute mit solchen Küchen=Kräutern beholffen, und die Speisen damit abgewürtzet, auf daß sie der Magen desto beßer verdauen möchte. ... Aem. Macer. 23. bezeugt, daß dieses Kraut seinen Namen von denen Satyris bekommen habe (als solte man sprechen Satyreja). ... Andre leiten das Wort Satureja, von saturare, sättigen, weil das Kraut unter die Speisen genommen wird. ..." (Zedler 1732–1750, Bd. 4, Sp. 444f.); Satureja hortensis L. – russ. *čaber* (*Annenkov* 1858, S. 84, Nr. 989)

„– Satureja Sativa J. B. ..." (AAW R. I, Op. 104, D. 8, Bl. 5v, s. Anm. 18 in Nr. 452); „Satureja sativa J. B. 3. 272. & Tournef. Spec. 1. ..." (AAW F. 98, Op. 1, D. 19, Bl. 58v, s. Anm. 59 in Nr. 19); „69 Satureia Sativa. J. B. 3. 272. I. r. h. Cl. IV. S. III. g. 9." (AAW R. III, Op. 1, D. 98, Bl. 4r, s. Anm. 3 in Nr. 53)

51 „Cucumis. Concombre. ..." (Tournefort 1700, S. 104); „CUCUMER sive CUCUMIS. teutsch, Gurcken/ Cucumern/ Augurcken, Kümmerlinge. ... Cucumis sive cucumer, kommt von curvatura, quasi curviner, dieweil die Stengel dieses Gewächses krumm sind." (Lémery 1721, Sp. 373)

52 „Brassica. Chou. ..." (Tournefort 1700, S. 219f.); „BRASSICA. .. teutsch, Kohl, ..." (Lémery 1721, Sp. 182ff.)

53 „[species 7] Lavandula folio dissecto C. B. Pin. 216. Lavendula multifido folio J. B. 3. 281. Clus. Hist. 345." (Tournefort 1700, S. 198, Genus XI. „Lavandula. Lavande."); „LAVENDVLA MVLTIFIDO FOLIO. CAP. XLIII. ..." und die Abbildung „Lavendula multifido folio." auf der gleichen Seite (Clusius 1601, S. 345); „76. LAVENDVLA foliis ouatis, saepe lobatis, Tab. LV. Betonica sibiriensis, folio laciniato odorato, WALTH. hort. p. 122. t. 70. Spica odore per grato, A. N. C. V. III. p. 355. n. 16. Lauendula montana foliis valerianellae varie secto caeruleo, MESS. AMM. ruth. 69. Lauendula folio quinquefido, segmentis latioribus diuiso, palludiore flore caeruleo, GMEL. Ind. Ien. n. 633. Lauendula folio rarius nec ita profunde dissecto, STELL. Irc. 191. Lauendula sisymbrii latiore et hirsuto folio, GM. Irc. 275. An lauendula folio dissecto, STELL. Irc. 190. ... Ircutienses folia et flores cum spiritu frumenti infusa ad solem digerunt, inque balneis fornacum, lapidibus candentibus superinfundere solent, sudanti autem hoc in balneo, febre tertiani laboranti, certum auxilium pollicentur. STELL a medicastris quibusdam увышная трава [russ. *uvyšnaja trava*] dicitur, eiusque vsus in forma decocti ad Gonorrhoeam fluxumque album mulierum commendatur. ..." (Gmelin 1747–1769, Bd. III, S. 242ff.); „69. LAUENDULA montana, folio Valerianellae varie secto, caerulea Messerschm. Sub Menthae titulo Gmelinus ex montosis Dauriae herbam misit, ..." (Amman 1739, S. 53f.); „76. Lavandula foliis ovatis saepe lobatis. t, LV. [=] Nepeta lavandulacea L.!" (Ledebour 1841, S. 104); „2. LAVENDULA foliis pinnato-pinnatifidis. Lavendula multifido folio. Clus. hist. 1. p. 345. Lob. hist. 236. Bauh. hist. 3. pp. 281. ... Lavendula folio dissecto. Bauh. pin. 216. ..." (Linné 1737, S. 303); „2.) Vielspaltiger Lavendel. Lavandula multipartita. ... Lavandula foliis duplicato-pinnatifidis. LINN Syst. veg. p. 443. ...

Lavandula folio dissecto. C. BAUH. pin. 216. Lavandula multifido folio. CLUS Hist. 1. p. 345. ...“ (Linné 1779a, S. 43); „26. NEPETA multifida. ... Lavandula foliis ovatis saepe lobatis. Gmel. sib. 3. p. 242. t. 55. Lavandula montana, ... Amm. ruth. 69. ... Vielspaltige Katzenmünze. W. ...“ (Linné 1797–1830, Bd. III, Teil 1, S. 58); „6. LAVANDULA multifida. ... L. foliis duplicato-pinnatifidis. ... Hort. cliff. 303. ... L. folio dissecto. Bauh. pin. 216. Tournef. inst. 198. ... Vielspaltiger Lavendel. W. ...“ (a. a. O., S. 61f.); „7) NEPETA LAVANDULACEA. Linn. ... N. multifida. Linn. Willd. Spec. pl. III. p. 58. Lavandula foliis ovatis, ... Gmel. Fl. sib. III. p. 242. No. 76. t. LV. Lavandula montana, ... Messerschm. ap. Amman. ruth. p. 53. No. 69. ...“ (Ledebour 1830, S. 404f.); „782. Nepeta L. ... 2. N. lavandulacea (LINN. f. Suppl. p. 272). ... N. multifida. L. SPEC. p. 799. ... Lavandula montana, ... MESSERSCHM. sp. AMMAN. ruth. p. 53, No. 69. Lavandula foliis ovatis, ... GMEL. Fl. sib. III, p. 242, No. 76, t. 55. ...“ (Ledebour 1846–1851, S. 372f.); „Lavandula multifida, ... vielspaltiger Lavendel, ... Lavendel mit zerschnittenem Blatte; ... Es heißt bey ... C. Bauhin: Lavandula folio dissecto; bey Clusius, Lobeln, Dalechamp und J. Bauhin: Lavandula multifido folio; ...“ (Gmelin 1773a, Sp. 359f.); „Auch Nepeta multifida war hin und wieder zu sehen; sie hatte hier, so wie ich auch am Jenissei bemerkt habe, einen so starken und einnehmenden Lavendel=Geruch, daß selbiger den Kopf geschwind einnimmt und gleichsam trunken macht, wenn man die Pflanze reibt und etwas länger daran riecht. Im Altaischen Gebürge habe ich diesen Geruch an eben dem Kraute weder so heftig, noch so angenehm befunden. ...“ (Pallas 1773, S. 652f.); „6. NEPETA multifida ... Vieltheilige Katzenmünze. Gm. Sib. 3. T. 55. ...“ (Georgi 1797–1802, Theil 3, S. 1080); „670. Nepeta multifida. Lin. sp. 14. Gmel. Flor. Sib. 3. t. 55. Ruß. Sweroboi [russ. *zverobój*]. In allen Sibirischen Steppen häuffig.“ (Falk 1786, S. 205); „23) Vielspaltige Katzenmünze, Dauurische Kazenmünze, Nepeta multifida Linn. ... Lavendula foliis ovatis saepe lobatis Gmel. fl. sib. 3. p. 242. t. 55. ... Lavendula folio rarius nec ita profunde dissecto. Steller Irc. 191. ... Die Bewohner von Irkutsk brauchen die Pflanze als ein Mittel gegen Tertianfieber, und zwar auf folgende Art: sie bereiten aus den Blättern und Blumen mit Weingeist eine Tinctur durch Hülfe der Sonnenwärme; diese Tinctur gießen sie sodann in ihren Badstuben auf glühende Steine, worauf der Kranke, welcher hierher gebracht worden, in einen sehr starken Schweiß verfällt und zuverläßig das Fieber verheren soll. Der innerliche Gebrauch eines Decocts von dem Kraut wird als ein Mittel bey der Gonorrhoe und dem weißen Fluß empfohlen.“ (Encyclopädie 1796, S. 394f.); „2. Der Lavendel mit zerschnittenem Blatte, oder der gefiederte oder vielspaltige Lavendel, ... Lavandula folio dissecto C. B. Lavandula multifido folio Clus. ...“ (Krünitz 1773–1858, Bd. 66, S. 559f.); „LAVANDULA. ... teutsch, Lavendel, ... die Blüten werden zu der Arzney gebraucht. Sie dienen zur Stärckung des Gehirns und der Nerven: werden beym Schlag und Lähmung der Glieder gebrauchet, wider die Schlafsucht und fallende Seuche, zu den Flüssen. Sie treiben die Winde und Blähungen, ... Sie werden innerlich und äusserlich gebraucht. Lavandula kommt von lavando, waschen, her, weil der gemeine Lavendel zu den Fuß= und andern Bädern gebraucht wird ...“ (Lémery 1721, Sp. 618f.); „Nēpeta L. (Labiatae). Nach der etrurischen Stadt Nepe (Nepet oder Nepete, jetzt Nepi) benannt, wo die Pflanze häufig wild wächst.“ (Wittstein 1852, S. 613)

„27. Juli 1722 ... Hier fand sich sehr häufig ein schönes Kraut, welches dem Lavendul ... in allen Stücken, sonderlich aber im Geruch, fürtrefflich nahekame, aber in den Blättern ganz unterschieden ware, welche teils breit und rundlich oder ovaligt waren und am Rande sehr grob eingekerbet, teils auch tiefe lacinias hatten. Die Blume war blau und ganz kleine, in ebensolche Spicis wie der gemeine Lavendul, so daß ich dafür hielte, daß es Lavendula folio dissecto Bauhini et Tournef., Sp. 7. sein möchte, auch seinen Saat in meinem Seminario ... beigeleget.“ (Messerschmidt 1962–1977, Bd. 1, S. 283); „24. August 1722 ... fand sich ... ingleichen an Lavendula, folio dissecto (C. B. Pin. et Tournef., Sp. ***?); ...“ (a. a. O., S. 303); „242„ d. [8. September 1724]„ [Sem.]

Lavendulae montanae, folio Valerianellae variè secto, coeruleae." " (AAW F. 98, Op. 1, D. 23, Bl. 7r, s. Anm. 49 in Nr. 653); „61.„ d. [8. September 1724]„ [Semen] Lavendulae montanae, folio Valerianellae variè secto, coeruleae. „ " (a. a. O., Bl. 25r); „25. Lavandula folijs duplicato-pinnatifidis Linn. vir. 6. h. Cliff. 303. Lavandula folio dissecto B. Pin. 216. ..." (AAW R. I, Op. 13, D. 20, Bl. 3r, s. Anm. 1 in Nr. 1); „110. Lavandula folijs duplicato-pinnatifidis Linn. vir. 6. h. Cliff. 303. Lavandula folio dissecto B. pin. 216. ..." (a. a. O., Bl. 12v); „1. Lavendula folio dissecto. C. B.P. 216." mit der rechts marginalen Anm. „Dill. Ox." (AAW R. I, Op. 13, D. 16, Bl. 10r, s. Anm. 32 in Nr. 6); „2. Lavendula multifida flore coeruleo." (a. a. O., Bl. 10r); „Lavandula folio dissecto C B P." (AAW R. III, Op. 1, D. 162, Bl. 27v, s. Anm. 54 in Nr. 17); „390. Lavendula folio dissecto CBP." (AAW R. I, Op. 15, D. 3, Bl. 8r, s. Anm. 65 in Nr. 24); „633. Lavandula folio quinquifido, flore albente. ... Stellerus in Flor. Irc. n. 190 recensuit." (AAW R. I, Op. 105, D. 1ª, Bll. 75r–75v, s. Anm. 29 in Nr. 5); „40. Lavandula folio qvinqvifido, flore albente Ind. Jen. nº. 633. cum alio semine verticillatae pariter et spicatae plantae." (AAW R. I, Op. 15, D. 1, Bl. 12v, s. Anm. 24 in Nr. 64); „275. Lavandula Sisymbrij latiore et hirsuto folio. Mentha sylvestris longiore folio C. B. P. Ind. Len. ..." mit der links marginalen Anm. von J. G. Gmelin auf Bl. 11v „An Lavandula folio dissecto C. B. P? St. 190" mit der links marginalen Anm. „vid. Ic." (AAW R. I, Op. 105, D. 12, Bl. 11v, s. Anm. 54 in Nr. 17); „271. Mentha sylvestris foliis longiore. C. B. P. ..." (AAW R. I, Op. 105, D. 4ª, Bl. 34v, s. Anm. 54 in Nr. 17); „143. Mentha sylvestris longiore folio C. B. P. ..." (AAW R. I, Op. 13, D. 42, Bl. 20v, s. Anm. 1 in Nr. 1); „Mentha sylvestris, longiore folio C. B. P. ..." (AAW R. I, Op. 105, D. 2, Bl. 4v, s. Anm. 54 in Nr. 17)

54 „Mentha. Menthe. ..." (Tournefort 1700, S. 188ff.); s. Anm. 36 in Nr. 179

55 „Fieber (Febris). I. Krankheitszustand od. Symptome einer krankhaften Veränderung im Körper, welche sich gewöhnlich durch beschleunigten Puls, Hitze, wohl auch mit Frost ... kund gibt. ... Wechselfieber (Kaltes F., Frieren, F. intermittens), besteht aus einzelnen Fieberanfällen (Paroxysmen), mit einer jedesmal mitten inne liegenden fieberfreien Zeit (Apyrexie), ist ausgezeichnet durch, in der Regel stärkeren u. länger dauernden Frost, als er bei andern F=n vorkommt, welchem eine heftige Hitze folgt, die in einen allgemeinen, mehrere Stunden anhaltenden, sauer riechenden Schweiß übergeht ... Das Wechselfieber ist bald eintägiges F. (F. intermittens quotidiana), wo alle 24 Stunden, bald dreitägiges F. (F. i. tertiana), wenn nur den 3. Tag, bald viertägiges F. (F. i. quartana), wenn nur den 4. Tag ein Anfall eintritt. ..." (Pierer 1857–1865, Bd. 6, S. 264ff.)

56 s. Nr. 190

57 „[species 1] Origanum sylvestre, Cunila bubula Plinii C. B. Pin. 223. Origanum vulgare, spontaneum J. B. 3. 236. Origanum sylvestre Dod. Pempt. 285." (Tournefort 1700, S. 198f., Genus XII. „Origanum. Origan."); „Origanum sylvestre, cunila bubula Plinii C. B. P. 223. ... Dosten, Wohlgemuth, Orant." (Rupp 1726, S. 191); „Die sogenannte Ochsen-Cunila²) |: ²) Cunila bubula. Ein Origanum, und wahrscheinlich ebenso alle folgende Cunilae. :| trägt einen dem Polei ähnlichen Samen, welcher gekauet auf Wunden gelegt und am fünften Tage wieder abgenommen wird. Gegen Schlangenbisse wird er in Wein getrunken und zerrieben aufgelegt, auch reibt man solche Wunden damit ein. ..." (Plinius 2007, Bd. 2, 20. Buch, S. 34); „1. Die gemeine oder wilde Dosten: Origanum vulgare, spontaneum, J. B. 3. 236. ... Cunula bubula Plinii, C. B. P. 223. T. 198. ..." (Zwinger 1744, S. 804); „5. Origanum foliis ovatis, spicis laxis erectis confertis paniculatim digestis. Origanum sylvestre Bauh. pin. 223. ... Origanum vulgare spontaneum. Bauh. hist. 3. p. 236. ...." (Linné 1737, S. 305); „7) Gemeine Dosten. Origanum vulgare. ... Orig. spicis

subrotundis, paniculatis, conglomeratis; bracteis calyce longioribus, ovatis, LINN. Syst. veg. p. 452. ... Origanum sylvestre s. vulgare. Hort. Cliff. 305. ... C. BAUH. pin. 223. ... Sie wird auch braune Doste, Walddoste, wilde Doste, Wohlgemuth ... genennet. ... In der Arzneykunst dienet sie als ein hitziges, auflösendes und stärkendes Mittel in mancherley Krankheiten, und wird von einigen auch als Gewürze zu den Speisen gebraucht; ... Auch kann man die Wolle schön hellrothbraun damit färben." (Linné 1781, S. 525f.); „10. ORIGANUM vulgare. ... O. foliis ovatis, ... Hort. cliff. 305. ... O. sylvestre. Bauh. pin. 243. ... Gemeiner Dosten. W. ..." (Linné 1797–1830, Bd. III, Teil 1, S. 135); „1) ORIGANUM VULGARE. Linn. ... Origanum spicis subrotundis ... Gmel. Fl. sib. III. p. 224. No. 78. ..." (Ledebour 1830, S. 396f.); „1. O[riganum] vulgare (L. Sp. 824) ... O. spicis subrotundis, ... GMEL. Fl. sib. III, p. 224, No. 78. ..." (Ledebour 1846–1851, S. 343f.); „Origanum vulgare, ... gemeine Dosten, ... Dosten, braune Doste; Walddoste; Wolgemuth; wilder Majoran; ... sie hat einen angenehmen Geruch, und einen scharfen, beizenden, gewürzhaften Geschmak; auf diesen Eigenschaften ... beruhen ihre zertheilende, auflösende Kräfte, welche in dem Mutterweh, in der Engbrüstigkeit, in der Gelbsucht, und in der Verstopfung der monathlichen Reinigung, als Thee oder als Bad, angerühmt werden; ... in Schweden bedient man sich des Krauts statt des Majorans in Suppen, und bereitet auch daraus einen Thee, der dem Theeboe sehr nahe kommt; ..." (Gmelin 1774, Sp. 641ff.); „78. ORIGANVM spicis subrotundis paniculatis conglomeratis, bracteis calyce longioribus, ouatis, LIN. Sp. pl. 2. p. 824. n. 7. Origanum syluestre, BAVH. pin. 223. ... Duschniza Russis audit." (Gmelin 1747–1769, Bd. III, S. 244); „78. Origanum spicis subrotundis paniculatis conglomeratis, bracteis calyce longioribus ovatis [=] Origanum vulgaris L.!" (Ledebour 1841, S. 104); „19. Origanum vulgare L. ... Das Origanum vulgare wird vom Volke innerlich als Antihystericum, Emmenagogum, gegen weissen Fluss, Husten, Schwerathmigkeit, Nerven- und Magendarmkrankheiten gebraucht. Aeusserlich dient es zur Wundbehandlung und zur Behandlung gewisser Hautkrankheiten. ... Auch bei nervösem Kopfschmerz, Unterleibsstockungen, Hysterie, Asthma, Krämpfen während des Monatsflusses etc. und ausserdem äusserlich als haarwuchsbeförderndes Mittel, bei Quetschungen, Zahncaries u. s. w. wurde Origanum vulgare gebraucht ..." (Henrici 1894, S. 33ff.); „Mittel gegen Leibschmerzen: ... Asperula wird mit Branntwein ausgezogen und das Extract zu Wasser geträufelt. Dieses benutzt man gegen Schmerzen im Leibe. – Ebenso behandelt und benutzt man Origanum vulgare. ..." (Alksnis 1894, S. 187ff.); „ORIGANUM VULGARE ... Origanum sylvestre, Cunila bubula Plinii. C. Bauh. pin. p. 223. ... Gemeiner Dosten, brauner Dost, Walddoste, wilde Doste, Wohlgemuth, wilder Majoran, Orant, Costenz, Schusterkraut. ... Das Origanum vulgare wird im blühenden Zustande gesammelt, ... Man wendet dieses Kraut, als ätherisch-öhliges Mittel, nur äusserlich in Kräuterküssen an, wo es auflösend und zertheilend, wie andre ähnliche Mittel wirkt, ..." (Hayne 1822, Nr. 8); „ORIGANVM (vulgare) ... Origanum syluestre. Bauh. pin. 223. Душица [russ. *dušica*] Russ. ..." (*Krašeninnikov* 1761, S. 95); russ. *dušica* – Origanum, Dosten, Wohlgemuth (Pawlowski 1952, S. 344); „698. Origanum vulgare. Lin. Syst. Pl. III. p. 78. sp. 7. ... Brauner Dost. Ruß. Duschiza und Drok [russ. *drok*]. Tat. Kaus Baun. ... Die Pflanze mit Blättern und Blumen ist ein fast allgemein Farbematerial des Rußischen Landvolks. Viele Tataren nutzen die Blätter als Thee." (Falk 1786, S. 208); „3. ORIGANUM vulgare ... Gemeiner Dost. Brauner Dost. R. Duschiza. ... Eine häusliche Färbe=, Arzeney= und Theepflanze. Roth färbt man in Wolgadörfern ... mit derselben ... In Tobolsk färbt man mit Dost und Schleißwasser zwar nur schlecht, aber fast schwarz. Auch zum Baumfärben wird er benutzt. An einigen Orten werden die Blätter statt Thee angewendet.“ (Georgi 1797–1802, Theil 3, S. 1092); Origanum vulgare L. – russ. *dušica, ladonka, mjata lesnaja, dušica borovaja, blošnica, zenovka* bzw. *materinka* (*Annenkov* 1858, S. 64, Nr. 751); „Orīganum L. (Labiatae). Zus. aus όρος (Berg) u. γανος (Schmuck), in Bezug auf seinen Standort und Geruch.“ (Wittstein 1852, S. 638)

„91. Origanum sylv. cunila, bubula Plin. C. B. P.“ (AAW R. I, Op. 104, D. 13, Bl. 3v, s. Anm. 84 in Nr. 29); „148. Origanum Sylvestre, Cunila bubula Plinji C. B. P. ...“ (AAW R. I, Op. 13, D. 42, Bl. 21r, s. Anm. 1 in Nr. 1); „103. Origanum sylvestre, Cunila Bubula Plinii CBP 223. Origanum vulgare spontaneum JB. 3. 236.“ (AAW R. I, Op. 6, D. 40, Bl. 27v, s. Anm. 1 in Nr. 1); „103 Origanum vulgare.“ (G. W. Steller nach J. G. Heinzelmann: AAW R. I, Op. 81, D. 23, Bl. 17r, s. Anm. 1 in Nr. 1); „– Origanum vulgare spontaneum JB. ...“ (AAW R. I, Op. 104, D. 8, Bl. 6r, s. Anm. 18 in Nr. 452); „Origanum sylvestre, Cunila bubula Plin. B. Pin. 223. et Inst. r. h. n°. 68.“ (AAW R. I, Op. 13, D. 19, Bl. 3r, s. Anm. 54 in Nr. 17); „Origanum Sylvestre, Cunicula bubula Plinii C. B. P. ...“ (AAW R. I, Op. 105, D. 2, Bl. 4v, s. Anm. 54 in Nr. 17); „276. Origanum sylvestre, Cunila bubula Plinij C. B. P. ...“ (AAW R. I, Op. 105, D. 4ª, Bl. 35v, s. Anm. 54 in Nr. 17); „2. Origanum sylvestre, Cunila bubula Plinij Ind. Irc. & Len.“ mit der rechts marginalen Anm. „2. d. 27 Jun. 1740.“ (AAW R. I, Op. 13, D. 67, Bl. 43r, s. Anm. 5 in Nr. 4); „Origanum Sylvestre, cunila bubula Plinii C. B. P. ...“ (AAW R. I, Op. 68, D. 2, Bl. 13v, s. Anm. 62 in Nr. 22); „1. Origanum vulgare spontaneum J. B. 3. 236.“ mit der rechts marginalen Anm. „H. Samar.“ (AAW R. I, Op. 13, D. 16, Bl. 10r, s. Anm. 32 in Nr. 6); „Origanum sylvestre, Cunila bubula, Plinii (Tournefortii sp. 1), Off.“ (Messerschmidt 1962–1977, Bd. 4, S. 202, s. Anm. 1 in Nr. 1); „CLV Origanum T. 198. 94. B. I. 179. душица [russ. *dušica*] 1. Origanum sylvestre. Cunila bubula Plin. C. B. P. 223. B. n. 4. Origanum off. Riv.“ (Bl. 19r in T. Gerber „Flora Moscuensis ...“, s. Anm. 6 in Nr. 55); „Origanum Душица [russ. *dušica*] herba odorifera.“ (G. W. Steller nach T. Gerber: AAW R. I, Op. 81, D. 23, Bl. 5v, s. Anm. 1 in Nr. 1)

58 in der 2. Textversion (s. Anm. 1 in A.) nach „abundè“: „occurrit“

59 russ. *dušnica* (*Slovar'* 1977, S. 392) o. *dušica*; Als *dušica* werden verschiedene Pflanzenspecies wie zum Beispiel die von Origanum mit Origanum vulgare, Calamintha clinopodium (*malaja dušica* bzw. *gluchaja dušica*), Anthoxanthum odoratum (*Dal'* 1880–1882, T. I, S. 505; Pawlowski 1952, S. 344, *Brokgauz/Efron* 1991, Bd. 21, S. 296) und Mentastrum (AAW F. 21, Op. 5, D. 73, Bl. 270r) bezeichnet.

60 „[species 1] Ballote Math. 825. Marrubium nigrum, foetidum, Ballote Dioscoridis C. B. Pin. 230. Marrubium nigrum sive Ballote J. B. 3. 318.“ (Tournefort 1700, S. 185, Genus III. „Ballote.“); „BALLOTE. CAP. C. ...“ (Mattioli 1565, S. 825f.); „Ballote Matthioli 825. ... Germ. schwartzer Andorn.“ (Rupp 1726, S. 182); „57. DRACOCEPHALVM verticillis pedunculo communi eleuatis secundis. Tab. LI. An Ballote Matth. 825. I. R. H. 184. t. 85. GMEL. Ind. Ien. 620. Cataria montana foliis veronicae pratensis, BUXB. Cent. III. p. 25. I. L. Chamaedrys vrticae folio viridi. GMEL. Ind. Ien. 536. [sic!] Nepeta 3. H. Vps. 164. Dracocephalium floribus subuerticillatis, pedunculis bifidis secundis, foliis cordato oblongis acuminatis nudis, LINN. sp. pl. 2. p. 830. n. 7. ...“ (Gmelin 1747–1769, Bd. III, S. 234f.); „57. Dracocephalum verticillis pedunculo communi elevatis secundis. t. LI. [=] Dracocephalum sibiricum L.!“ (Ledebour 1841, S. 103); „Cataria montana, folio Veronicae pratensis. ...“ (Buxbaum 1729, S. 27f.); „1. BALLOTA. ... Marrubium

nigrum foetidum. Bauh. pin. 230. ...“ (Linné 1737, S. 311); „1) Schwarze Ballote. Ballota nigra. ... Ballota foliis cordatis, indivisis, serratis; calycibus acuminatis. LINN. Syst. veg. p. 448. ... Marrubium nigrum foetidum. C. BAUH. pin. 230 ... TOURNEF. inst. t. 85. ... Sie wird insgemein ... Ballote, oder schwarzer und stinkender Andorn ... genennet. ... Rajus empfiehlt ihren innerlichen Gebrauch wider hypochondrische und vornehmlich hysterische Krankheiten, und andere ihren äusserlichen im Podagra; ...“ (Linné 1781, S. 485); „1. BALLOTA nigra. ... Ballota. Hort. cliff. 311. ... Marrubium nigrum foetidum. Bauh. pin. 230. ... Schwarze Ballote. W. ...“ (Linné 1797–1830, Bd. III, Teil 1, S. 107f.); „13. DRACOCEPHALUM sibiricum. ... D. verticillis pedunculo ... Gmel. sib. 3. p. 234. t. 51. ... Sibirischer Drachenkopf. W. ...“ (a. a. O., S. 155); „9) DRACOCEPHALUM SIBIRICUM. Linn. ... D. sibiricum. Linn. Willd. Spec. pl. III. p. 155. ... Dracocephalum verticillis pedunculo communi elevatis secundis. Gmel. Fl. sib. III. p. 234. No. 57. t. LI. ...“ (Ledebour 1830, S. 389); „1. B[allota] nigra (L. SPEC. p. 814) ...“ (Ledebour 1846–1851, S. 434); „13. N[epeta] macrantha (FISCH in BENTH. Lab. p. 482) ... Dracocephalum sibiricum. L. Spec. 830. ... LEDEB. Fl. alt. II, p. 389. ... Dracocephalum verticillis ... GMEL. Fl. sib. III, p. 234, No. 57, t. 51. ...“ (a. a. O., S. 378); „Ballote nigra, foliis cordatis indivisis serratis, calycibus acuminatis; schwarze Ballote, ... sie hat einen unangenehmen Geruch, und leistet daher gute Dienste in Mutterbeschwerden und der Milzsucht; man braucht sie auch äuserlich, um Schmerzen zu stillen ...“ (Gmelin 1772, Sp. 10); „BALLOTA VULGARIS Link. GEMEINE BALLOTE. ... B. nigra Linné spec. plant. ed. 2. p. 814. ... In früheren Zeiten wurde sie [d. h. die Pflanze] auch als Arzneimittel gebraucht. Deutsche Namen: Schwarzer oder stinkender Andorn.“ (Dietrich 1834, Nr. 133); „BALLOTA ... Deutsch. Die Ballote; die Zahnlose. ... Ballote ist ein griechisches Wort, und gleichbedeutend mit marrubium nigrum. ...“ (Nemnich 1793a, Sp. 576); Ballota nigra L. – russ. *čarnokudrennik, krapiva gluchaja* bzw. *belokudrennik* (*Annenkov* 1858, S. 21, Nr. 178); „Ballōta L. (Labiatae). Von βαλλείν (rejicere, zurückwerfen), wegen des widrigen Geruchs der Ballota nigra (βαλλωτη der Alten). ...“ (Wittstein 1852, S. 91); „Catāria T., MNCH. (Labiatae). Von catus (Kater); die Katzen sind sehr gierig nach dieser Pflanze, zerreissen sie und wälzen sich darauf herum.“ (a. a. O., S. 165); „Dracocēphalum L. (Labiatae). Zus. aus δρακων (Drache, Schlange) und κεφαλη (Kopf), in Bezug auf die rachenförmige Krone.“ (a. a. O., S. 301)

„620. An Ballote Math. 825. I. R. H. ...“ (AAW R. I, Op. 105, D. 1ª, Bl. 74v, s. Anm. 29 in Nr. 5); „636. Chamaedrys Urticae folio viridi. ...“ mit der rechts marginalen Anm. „vid. Ic.“ (AAW R. I, Op. 105, D. 1, Bl. 50r, s. Anm. 29 in Nr. 5); „Chamaedrys Urticae folio viridi Ind. Jen.“ mit der rechts marginalen Anm. „vid. Ic.“ (AAW R. I, Op. 13, D. 67, Bl. 43r, s. Anm. 5 in Nr. 4); „260. Teucrium floribus ex alis superioribus pedunculo communi confertis, versus summitatem caulis spicatis. Cataria montana, folio Veronicae pratensis Buxb. Cent. III. 27. Tab. L. Chamaedrys Urticae folio viridi Ind. Jen. 626. [müßte 636. heißen; s. o.] Moldavica Scrophulariae folio. Amm.“ (AAW R. I, Op. 13, D. 20, Bl. 28v, s. Anm. 1 in Nr. 1); „Ballote Matthioli 825. & Tournef. Spec. 1. ...“ (AAW F. 98, Op. 1, D. 19, Bl. 7r, s. Anm. 59 in Nr. 19); „Ballote Math. B. n. 1.“ (AAW R. I, Op. 68, D. 2, Bl. 4v, s. Anm. 62 in Nr. 22); „Ballote Mathioli (Tournefortii sp. 1), Off.“ (Messerschmidt 1962–1977, Bd. 4, S. 202, s. Anm. 1 in Nr. 1)

[61] in der 2. Textversion (s. Anm. 1 in A.) nach ‚folio. ‘ in der Handschrift von G. W. Steller: ‚D. D. Gmelin Verbena‘

„89. AMETHYSTEA, LIN. Sp. 1. p. 30. 1. Amethystina montana erecta, foliis exiguis digitatis, trifidis serratis, flosculis cum coma e caeruleo-ianthinis, MESS. AMM. ruth. 70. Chamaedrys montana odorata, flore minore caeruleo, cannabis folio, STELL. Irc. 194. ...“ (Gmelin 1747–1769, Bd. III, S. 248); „89. Amethystea [=] Amethystea coerulea L.!“ (Ledebour 1841, S. 105); „1.) Die blaue Amethystene. Amethystea caerulea. LINN. Syst. veg. p. 63. ... Amethystina montana erecta, foliis exiguis digitatis trifidis serratis, flosculis cum coma e caruleo-janthinis. AMM. Ruth. 4. ... GMEL. Fl. sib. 3. p. 248. n. 89. ...“ (Linné 1779, S. 133f.); „1. AMETHYSTEA coerulea. Amethystea. ... Gmel. sib. 3. p. 248. n. 89. ... Amethystina montana erecta, ... Amm. ruth. 70. ... Sibirischer Bläuling. W. ...“ (Linné 1797–1830, Bd. I, Teil 1, S. 121f.); „AMETHYSTEA CAERULEA L. ... Gmel. Fl. sib. III. p. 248. No. 87. – Amman. ruth. p. 70. ...“ (Ledebour 1829, S. 19f.); „801. Amethystea. L. ... 1. A. coerulea. L. SPEC. p. 30. ... Amethystea. GMEL. Fl. sib. III, p. 248, No. 89. Amethystina montana, ... MESSERSCHM. in AMMAN ruth. p. 54, No. 70. ...“ (Ledebour 1846–1851, S. 441); „70. AMESTYSTINA montana, erecta, foliis exiguis digitatis, trifidis, serratis, flosculis cum coma in caeruleo janthinis Messerschm. ...“ (Amman 1739, S. 54); „Amethystea, Ametystea, Amethyste, ist eine Gattung Pflanzen mit zween Staubfäden und einem Staubwege, deren Blumenkrone fünfspaltig ist, ... der Ritter Linné hat nur eine Art, welcher er den Beynamen: die blaue gibt, ... Amethystina montana erecta, ... also bestimmen Haller und Amman eben diese Pflanze.“ (Gmelin 1772a, Sp. 415f.); „Amethystea caerulea L. An der Angara und dem Baikal. Steller. Sehr häufig bey Nikolskaja Sastawa.“ (Georgi 1775, S. 196); „1. AMETHYSTEA caerulea ... Sibirischer Bläuling, W. Blaue Amethyste. ...“ (Georgi 1797–1802, Theil 3, S. 656); „Chamāedryon SER. (Spireaceae). Zus. aus χαμαι (klein) u. δρυς (Eiche); Sträucher mit Blättern ähnlich denen der Eiche. Chamāedrys T. (Labiatae). Wie vorige Gattung.“ (Wittstein 1852, S. 183); „Amethȳstea L. (Labiatae). Von ἀμεδυστος (ein blauvioletter Edelstein), wegen der blaugefärbten Blumenstiele, der um ihnen stehenden Blätter, des Kelchs und der Krone. ...“ (a. a. O., S. 37)

„265“ d. [13. September 1724]“ Sem. Amethȳstinae montanae erectae, foliis exiguis digitatis trifidis serratis, flosculis cum comâ in coeruleo ïanthinis; Tourn. Cl. 4. „ “ (AAW F. 98, Op. 1, D. 23, Bl. 7v, s. Anm. 49 in Nr. 653); „635. Verbena Calaminthae facie Ind. Irc. n$^{\underline{o}}$ 278. ... Fl. Irc. n$^{\underline{o}}$ 194.“ (AAW R. I, Op. 105, D. 1^{a}, Bl. 75v, s. Anm. 29 in Nr. 5); „278. Verbena Calaminthae facie. ... E Diario Messerschmidij a D. Stellero nomen plantae supra Krasnojarium nascentis communicatum accepi: ...“ mit den links marginalen Anm. von J. G. Gmelin auf Bl. 11v „Chamaedris, montana odorata, flore minore caeruleo Cannabis folio St. 194.“ und „vid. Ic.“ (AAW R. I, Op. 105, D. 12, Bll. 11v–12r, s. Anm. 54 in Nr. 17); „726. Amethystina Mess. Verbena Calaminthae facie Ind. Jen. 635. Irc. 278. ...“ (AAW R. I, Op. 13, D. 20, Bl. 68r, s. Anm. 1 in Nr. 1); „Amethystina. Amm. Descr. p. 54.“ (AAW F. 1, Op. 2–1746, D. 1, Bl. 17r, s. Anm. 107 in Nr. 46); „29. Amethystina Mess. Stirp. rar.“ (AAW R. I, Op. 74^{a}, D. 31, Bl. 1v, s. Anm. 39 in Nr. 181)

62 in der 2. Textversion (s. Anm. 1 in A.): „semper sustinente“

63 „[species 2] Cannabis erratica C. B. Pin. 320. Cannabis foemina J. B. 3. 447. Cannabis sterilis Dod. Pempt. 535.“ (Tournefort 1700, S. 535, Genus V. „Cannabis. Chanvre.“); „CANNABIS. ... teutsch, der Hanff. ... Dieses Kraut wird in zwey Geschlechter eingetheilet: in Männlein und Weiblein, oder in fruchtbares und unfruchtbares. ... Der Hanff, das Weiblein, heist Cannabis

sterilis, Dod. Cam. ... Cannabis erratica, C. B. ...“ (Lémery 1721, Sp. 224f.); „1. Gemeiner Hanf. Cannabis sativa. ... Cannabis erratica. C. BAUH.pin. 320. ... Man nennt die männliche Pflanze im deutschen insgemein Fimmel, tauber Hanf, Femel, und die weibliche grüner Hanf, später Hanf, Bästling. ... Die Blätter haben lange Stiele, und bestehen wiederum aus drey, fünf oder sieben kleineren langen lanzettförmigen scharf zugespitzten am Rande sägenartig gezähnten Blätchen, wovon die äusern kürzer als die andern, das mittelste aber das gröste und breiteste ist. ...“ (Linné 1783, S. 267ff.); Cannabis sativa L. – russ. *konoplja* bzw. *konopel'* (*Annenkov* 1858, S. 27, Nr. 249)

64 „Melissa. Melisse. ...“ (Tournefort 1700, S. 193); „MELISSA. ... teutsch, Melisse, Citronenmelisse. ...“ (Lémery 1721, Sp. 718)

65 „Basilicum, ... Teutsch Basilie, ... Basilien=Kraut, ... Das Wort Basilicum kommt von ... König, als wollte man sagen, ein königliches Kraut, wegen seines herrlichen Geruchs und Kräffte. ...“ (Zedler 1732–1750, Bd. 12, Sp. 598ff.)

66 „Anlaufen, ... Polirten Stahl blau anlaufen lassen, ihm durch das Ausglühen auf der Oberfläche eine blaue Farbe geben. ...“ (Adelung 1793–1801, 1. Bd., S. 331ff.)

[/51v/]

CLASSIS V.
de
Herbis et suffruticibus flo-
re polypetalo cruciformi.

195[a].	*Isatis sylvestris vel angustifolia C. B. P. / 113. Isatis sive Glastum spontaneum / J. B. 2. 909.*[1] *floret Junio ⌈et⌉ Julio. semi- / na maturat sub medium et finem / Aug⌈usti⌉ primum occurrit ad ripam An- / garae prope Schtscherbakowo Si- / mowie* 40 *stadia ab Irkutia ab- / hinc abundè circa omnem lacum, / folia huius* [[*a*]] *maxima palmum lon- / ga, sesquipollices lata, ad basin val- / de auriculata, apicem versus acumi- / nata glauca, glabra, quin imo tota / facie floris foliorum caulis ramosi*[b] / *valde ad sativam accedit, ut dubitem, an non haec ipsa nostra po- / tius sativa sit, quam*[c] *in Turingia o- / lim in agris satam vidi.*

/52r/

Florae Irkutjensis ordine Inst⌈itutionum⌉ Rei herb⌈ariae⌉
CLASSIS V.

196[d]	*Thlaspi arvense siliquis latis C. B. P.* 105. / *Thlaspi cum siliquis latis.*[2] *Abunde cir- / ca telonij*[e] *domum ad Lacum Bai- / kal Nikolskaia sastawa dictam. flo- / ret Majo et Junio.*
197[f]	*Nasturtium sylvestre tenuiter incisum / minori fructu Tournef. Iberis Math. /* 293.[3] *Floret Junio et Julio in siccio- / ribus et apricis locis circa molendi- / nam ad Uschakowkam, item jn / via ad Lenam et circa lacum / Baikal undiq⌈ue⌉*
198[g]	*Nasturtium hortense vulgatum C. B. P. /* 103. *Tourn. I. R. H. sp⌈ecies⌉* 1.[4] *Abunde in / Omnibus hortis incolarum Irkutiae.*
199[h]	*Cochlearia folio cubitali Tourn. I. r. h. spec⌈ies⌉ ult⌈ima⌉ Raphanus rusticanus / C. B. P.* 96.[5] *Abunde in hortis circa / Irkutiam et lacum Baikal. sponte / circa Jakutiam*[i]. *Ex huius foliorum / contusorum succo primo vere pi- / ctor unus et sacerdos Irkutiae do- / cuit colorem eleganter viridem pa- / rare, viridi e floribus Ireos*[6] *parato / nihil*

---

[a] $_{19}$5 *verbessert aus* 4 [b] *nach* ramosi *in eckigen Klammern (Kennzeichnung des Schreibers A. Gorlanov für Streichung)* ad modum [c] $_{\text{qua}}$m *verbessert aus* [.]i [d] $_{19}$6 *verbessert aus* 5 [e] telonij *verbessert aus* [......]m [f] $_{19}$7 *verbessert aus* 6 [g] $_{19}$8 *verbessert aus* 7 [h] $_{19}$9 *verbessert aus* 8 [i] $_{\text{J}}$a$_{\text{kutiam}}$ *verbessert aus* [.]

	omnino inferiorem sive oleo / sive aqua illum diluere velit. Expe- / rimentum hoc attentatum in a- / liquibus plantis a Pictore Berkhan[7], / *quin commendetur, meruit.*

/52v/

Florae Irkutjensis Ordine Inst⌈itutionum⌉ Rei Herb⌈ariae⌉
CLASSIS V.[a]

200[b]	*Bursa pastoris major folio non sinuato / C. B. P.* 108. *Tournef. I. R. H. spec⌈ies⌉* 1.[8]
201[c].	*Bursa pastoris maior folio sinuato C. B. P.*[9] / *Ambae tam in hortis quam locis gra / mineis ubivis circa Irkutiam et la- / cum frequenter occurrunt. florent / ab initio Junij ad finem Augusti.*
202[d]	*Alysson Veronicae folio I. R. H. Bursa pasto- / ris <major> loculo oblongo C. B. Tourn. spec⌈ies⌉* 14.[10] / *Haec planta magnitudine et ramosi- / tate mirum varians. Quam primum / nix sub medium aut finem Aprilis / Omnis disparuit tam in humiliori- / bus, quam montosis siccis et pinguio- / ribus locis frequentissima et abhinc / ad Aug⌈usti⌉ initium passim florens com- / paret Irkutiae vitium hortorum. Huius / semina mittuntur, hinc à prolixa de- / scriptione abstineo.*
203[e]	*Alysson segetum foliis auriculatis acutis / flore et semine majore Tourn. Myagrum / Chabraei Myagrum sativum C. B. P.*[11] *fre- / quens in arvis et ad vias circa Irku- / tiam floret Junio.*
204[f]	*Alysson segetum foliis auriculatis latiori- / bus flore luteo. Huius folia utrinque / aspera, auriculata, latitudine pollicem / superantia, apicem versus sensim acu- / minata, nec ita ut in priori acuta. / Caulis teres, fistulosus, radix alba, na-*

/53r/

Florae Irkutjensis ordine Inst⌈itutionum⌉ Rei herb⌈ariae⌉
CLASSIS V.

	piformis, calami cygni crassitie. floret / cum praecedenti circa medium Junij. An / Alysson segetum elatius, foliis auricu- / latis, flore et semine minore Tournef. / An Myagrum sylvestre C. B.[12]
205[g].	*Alysson foliis globulariae affine D⌈omini⌉ D⌈octoris⌉ / Gmel⌈ini⌉ ind⌈icis⌉ plant⌈arum⌉ Lenens⌈ium⌉*[13] *floret pri- / mo vere in apertis et siccioribus de- / sertorum campis, qua itur ad Lenam / florem non vidi. semina*

[a] V. *verbessert aus* [.] [b] 200 *verbessert aus* 199 [c] $_{20}$1 *verbessert aus* 0 [d] $_{20}$2 *verbessert aus* 1 [e] $_{20}$3 *verbessert aus* 2 [f] $_{20}$4 *verbessert aus* 3̣ [g] $_{20}$5 *verbessert aus* 4̣

	autem pauca / septo huc dum adhaerentia collegi a / planta tota jam exsiccata circa me / dium Junii
206[a]	*Alysson incanum luteum serpilli folio ma- / jus Tourn. I. R. H. spec[ies]* 2[14] *In rupibus / ad lacum Baikal. Abunde floret tota / aestate. huius semina communico.*
207[b]	*Alysson incanum serpilli folio minus Tourn. I. R. H. spec[ies]* 3 *Thlaspi Alysson dictum / campestre minus C. B. P.* 107.[15] *In arenosis / locis ad lacum floret cum praecedenti / et huius semina mittuntur.*
208[c].	*Alysson Alpinum hirsutum, luteum Tourn. / I. R. H. sp[ecies] XI. Sedum Alpinum hirsutum / luteum C. B. P.* 284.[d] *Sedum petraeum / montanum Lob. Icon.* 381.[16] *In arenosis / sylvis elatioribus ad radices rupium / Bargusinensi munimento imminen- / tium Sub initium Augusti tota jam / pene defloruerat, seminaq[ue] bene ma- / tura communicaverat quae simul*

/53v/

Florae Irkutjensis Ordine Instit[utionum] Rej Herb[ariae]
CLASSIS V.

	mittuntur. In[e] *arena radice lignosa, te- / reti, lutescenti nititur, ramos quaqua- / versum sparsos, fere ad flores usq[ue] are- / na obrutos, flos luteus omnino non dis- / crepans à praecedenti, folia autem ob- / longa, una tertia pollicis nonnihil lon- / giora, acuta, angusta, utrimq[ue] incana, / a radicis corona ad flores usq[ue] densis- / sime caulem quaquaversum posita, / more sedi vermicularis*[17]
209[f]	*Alysson fruticosum incanum minus, fo- / lio flore albo, Omnino diversa spe- / cies est ab Alysso fruticoso incano / Tourn. I. R. H. sp[ecies]* 10.[18] *Huius enim folia / angustiora multum, nec planta ad tan- / tam altitudinem assurgit. Provenit / in rupibus ad portam dictam rupi- / um*[19] *X stadia a Peschtschana Guba. flo- / ret sub initium Aug[usti], ita [et] ad insu- / lam Olchon et Bargusini, semen au- / tem maturum nec initio Septembris / obtinere potui.*
210[g].	*Brassica alba vel viridis C. B. P. Brassica / alba vulgaris J. B.* 2. 829.[20] *Abundanter / Irkutiae et ad lacum Baikal. Colitur / in hortis [et] agris.*
211[h].	*Brassica capitata alba, capite minori et / densiori ingrica*[21] *in hortis incolarum / Irkutiae largiter copo*rischer[22] kleiner Kopf / kohl.

[a] $_{20}$6 *verbessert aus* 5 [b] $_{20}$7 *verbessert aus* 6 [c] $_{20}$8 *verbessert aus* 7 [d] 108 [e] I$_{n}$ *verbessert aus* i [f] $_{20}$9 *verbessert aus* 8 [g] $_{2}$10 *verbessert aus* 09 [h] $_{21}$1 *verbessert aus* 0

/54r/

Florae Irkutjensis[a] *ordine Inst[itutionum] Rei herb[ariae]*
CLASSIS V.

212[b]	*Brassica alba crispa C. B. Brassica Sa- / bauda*[23] *rugosa J. B.*[24] *In*[c] *hortis D[omini] Vice- / Gubernatoris*[25] *et praecipuorum jnco- / larum.*
213[d]	*Brassica capitata, rubra C. B. P.* [26] *In hortis / D[omini] Vice gubernatoris*[27] *et incolarum fre- / quens.*
214[e]	*Brassica gongylodes C. B. P.* 111. *Brassi- / ca caulorapa J. B.*[28] *In horto D[omini] Vice / Gubernatoris*[29] *laete proveniebat.*
215[f]	*Brassica cauliflora C. B.*[30] *Chartiviol*[31] */ In horto Domini Vice Gubernatoris*[32].
216.[g]	*An Leucoium angustifolium Alpinum / flore sulphureo H. R. P. Tourn. I. R. / H. spec[ies] Ult[ima]*[33] *Abundè floret à Bugul- / deichae fluvii ostio usq[ue] ad insu- / lam Olchon et abhinc Bargusinum / usq[ue]. Pro soli conditione modo cubi- / talis, modo bicubitalis, folia ere- / cta, ad caulem angusta, canescen- / tia, unciam unam et sesqui uncias / longa, modo ramosa valde, modo / ramis carens, flores pediculis di- / midium unciam longis, tam in sum- / mo caule quam ramis* 6. 7. *et / plures apparent leucoii coloris / sulphurei, pistillum abit in sili- / quam longam, teretem, cylindraceam*

/54v/

Florae Irkutjensis[h] *Ordine Inst[itutionum] Rei Herbariae*
CLASSIS V.

	septo intermedio discriminatam, se- / minibus foetam septo adhaerentibus / oblongis marginatis flavis. Semina be- / nè matura mittuntur.
217[i]	*Hesperis sylvestris inodora C. B. P. Hespe- / ris pannonica inodora J. B.* 3. *Clusii / Hist.*[34] *Ad Angaram et lacum Baikal / passim floret Junio Julio. semen per- / ficit sub medium Augusti.*
218[j].	*Hesperis forte eadem, ramosior*[35]. *In palustri- / bus cum priori.*
219[k].	*An Hesperis maritima, supina, exigua Tourn. / I. R. H. Leucoium marinum, parvum, / folio virente, crassiusculo J. B.*[36] *Huius / folia in orbem sparsa, circulare in / terra spatium occupantia, intense vi- / rent, oblonga et multis papillis aspe- / ra sunt; Caulis in alis intra folia sessi-*

[a] Irkutjensis *verbessert aus* Irkutensis [b] 212 *verbessert aus* 1 [c] In *verbessert aus* i [d] 213 *verbessert aus* 2 [e] 214 *verbessert aus* 3 [f] 215 *verbessert aus* [g] 216 *verbessert aus* 5 [g] Irkutjensis *verbessert aus* Irkut[.]nsis [h] 217 *verbessert aus* 6 [i] 217 *verbessert aus* 6 [j] 218 *verbessert aus* 7 [k] 219 *verbessert aus* 8 [l] B. *verbessert aus* [.]

	/ lis cum flore brevissimus, in aliis un- / cialis, raro autem tres quatuorve un- / cias superare visa est flores leviter / odorati, purpurei rubentes, ut et si- / liquae levi et obscura purpurascen- / tia aspersae, semina oblonga lutea, / bene matura collecta communican- / tur; ut caulis altitudine ita et fo- / lia angustia [et] latitudine insigniter va- / riant. Provenit in rupibus ad lacum

/55r/

Florae Irkutjensis Ordine Inst[itutionum] Rei Herb[ariae]
CLASSIS V

	Bajkal inq[ue] desertorum campis pla- / nis et apertis. Ubivis circa lacum, / quousq[ue] perveni.
220[a]	*Hesperis lutea, siliquis strictissimis. Tourn. I. R. H. sp[ecies] XI. Draba lutea siliquis / strictissimis C. B. P.* 110. *Arabis Cam. / Epit.*[37] *Ad Angaram et lacum Baikal / floret Julio. semen absolvit sub finem Aug[usti] eaq[ue] mittuntur benè / matura.*
221[b]	*Hesperis Leucoii folio non serrato, si- / liqua quadrangula Tourn. I. R. H. H[erbariae] Leu- / coium luteum sylvestre, angustifoli- / um C. B. P.* 202.[38] *Abunde et ubivis / locorum per Russiam et Sibiriam / multisq[ue] varietatibus pro soli condi- / tione ludit. Arva*[c] *requieta hic loco- / rum ea, veluti sata abundant.*
222[d]	*Hesperis montana Psyllii folio hirsuto, / flore purpurascente exiguo*[39]. *Planta / haec abunde provenit in montosis / asperis et apricis ad Angaram. flo- / ret circa finem Junii. Surgit par- / tim ramosa parum, partim ramis / destituta ad cubitalem altitudinem. / Nititur radice alba, lignosa, napifor- / mi, calamum columbinum crassa, / Caulis teres, pallidè viridis, pilosus,*

/55v/

Florae Irkutjensis Ordine Inst[itutionum] Rei Herb[ariae]
CLASSIS V.

	foliis angustissimis asperis, nonnihil [et] / pilosis quam plurimis, Psyllii[40] *foliis si- / milibus, nullo ordine et absq[ue] pediculo / è caule quaquaversum prodeuntibus / denso agmine circumdatus, tam in / summitate caulis, quam ramulorum / flores apparent* 4. 5 *ad* 8. *parvi, vix / lineam longi, tetrapetali, crucifor- / mes, leviter purpurascentes, pistil- / lum deinde abit in siliquam unciam / unam longam, teretem*

[a] $_{2}$20 *verbessert aus* 19 [b] $_{22}$1 *verbessert aus* 0 [c] $_{Ar}$v$_{a}$ *verbessert aus* [.] [d] $_{22}$2 *verbessert aus* 1

	cylindraceam, / septo intermedio in duo loculamenta / divisam, seminibus foetam oblongis / maturis, circa initium Aug[usti] collegi / pauca quaedam semina circa medi- / um septembris septo huc dum post / reditum meum Irkutiam adhae- / rentia, ob id autem, quod nec folii / amplius vestigium apparebat, du- / bius sum, an revera huius plantae / semen sit qualecunq[ue] autem sit com- / municare voluj.
223[a]	*Hesperis montana Psyllii folio valde ramosa, / flore purpurascente ampliori*[41]. *Planta / haec admodum ramosa, interdum procum- / bens, interdum erecta, fruticuli parvi / in modum superba. Provenit in locis / sabulosis, montosis, imo praeruptis. / Radice nititur tenuj, lignosa, parum*

/56r/

Florae Irkutjensis ordine Instit[utionum] Rei Herb[ariae]
CLASSIS V.

	fibrosa, sicca, palmum circiter longa, / ramis luxuriat 4. *ad* 8. 12. *et* 20, *fo- / lia unciam longa herbide viridia an- / gusta, Psyllii foliis aemula, carinata, / caulis [et] rami teretes, virides pilis [et] / spinulis tenerrimis purpureis asperi, / pariter ac siliquae, quae tamen rario- / res, imo plane saepe deficiunt, in plan- / tis humilioribus tenerioribus copiosiores / autem oculos feriunt, in ramosioribus / et adultioribus in summitate caulium / [et] ramorum flores locantur, quini seni / pluresve purpurei modo intensius, mo- / do remissius, flores autem externi citius / efflorescunt interioribus*[b] *tetrapetali / regulares cruciformes sunt expansi, / tres ferme lineas lati, floribus succe- / dunt, siliquae longae teretes, Cylindra- / ceae, asperae septo intermedio valvis / utrimq[ue] paralelo in duo loculamenta di- / visae, seminibus foetae oblongis flavis, / quod maturatur sub finem Augusti, / quae optime matura collecta commu- / nico una cum delineatione. Plantam / naturali magnitudine sistentem a.) / planta, b.) siliqua. c.) semen.*
224[c].	*Hesperis montana Polemonij folio, flore / albo, siliqua brevi, quadrangula*[42]. *Haec*

/56v/

Florae Irkutjensis[d] *Ordine Inst[itutionum] Rei herb[ariae]*
CLASSIS V.

	Tournefortio nondum descripta species. floret / Junio ad medium Julii.

---

[a] 223 *verbessert aus* 2 [b] interioribus *verbessert aus* [.]nferioribus [c] 224 *verbessert aus* 3 [d] Irkutjensis *verbessert aus* Irkutensis

	semen absolvit sub / initium Augusti. Occurrit in asperis, apricis / et sterilioribus praeruptis rupibus ad An- / gae fluvii ostium in lacum Baikal perennat. / Radice nititur pro annositate plantae modo / calamum anserinum, modo pollicem crassa, / recta in sabulum petrarumve fissuras / demissa, foris fusca, intus alba, succida satis, / fibrose non nihil; statim a radice folia e- / mittit 8, 10 *pluresve Polemonii instar / profunde ad nervum usq[ue] laciniata, hinc / veluti pinnata, pallide viridia, hirsutie / canescentia, intra folia surgunt, modo / unas modo duo tresve caules dodran- / tales, modo erecti, modo procumbentes: / singuli in* 5 *seu* 6 *ramos divisi, teretes, / et ad florum exortus usq[ue] foliosi, flores / duas tertias caulis occupant, singuli pe- / diculis tres lineas longis insistunt alys- / si fruticosi*[43] *in modum* 8 10 *in unum co- / rymbum collecti, summo cauli et ramis / jnsjdent*[a] *flores albi, candidi, potius tet- / rapetali regulares cruciformes, calyci / tetraphyllo insident albicanti, flore / expanso deorsum flexo. E medio floris / surgit pistillum quatvor staminibus / albidis, totidem apicibus onustis cinctum, / quod abit in siliquam brevem* 3 4 *lineas / longam quadrangulam, ab utraque parte*

/57r/

Florae Irkutjensis[b] *Ordine Inst[itutionum] Rei herb[ariae]*
CLASSIS V.

	acuminatam, septo intermedio valvis ut- / rimq[ue] parallela[c] *in duo loculamenta distin- / ctam, seminibus ternis aut quaternis / puniceis foetam, unicum saltim exem- / plar in flore inveni in summo*[d] *vertice / rupis, cum reliquorum omnium semi- / na jam pene excussa erant, ita ut e- / xiguam seminis copiam difficilli- / mo labore colligerem, quae vero opti- / me matura sunt huius igitur plan- / tae Icon Petripoli curatior fieri po- / terit*[e]*, mihi enim in itinere non licuit / Pictori tradere, nec ob plantam jam / pene emarcidam placuit.*
225[f].	*Hesperis montana Bellidis minoris folio / glabro*[44]*. Planta jam plane exsiccata / erat. Radice nititur calamum anseri- / num crassa, fibrosa, fusca, folia alit / triplicis generis, quae e radice prodeunt / oblonga apice subrotunda sunt, quodam- / modo accedentia ad Conyzae caeruleae / acris C. B.*[45] *folia alia bellidis*[46] *folia refe- / runt, quae vero caulem cingunt et / amplexantur, a basi auriculata in / acumen surgunt, caules emittit duos / tresve simplices, flores nullo labore / obtinere*

[a] jnsjdent *verbessert aus* [....] [b] Irkutjensis *verbessert aus* Irkutensis [c] parallela *über der Zeile* [d] summa
[e] poterit *verbessert aus* [.]poterit [f] 225 *verbessert aus* 4

	potui. semina solummodo / pauca eaq[ue] optime matura collegi / sub initium Aug[usti] ad Angae fluvij

/57v/

Florae Irkutjensis[a] *Ordine Inst[itutionum] Rei herb[ariae]*
CLASSIS V.

	ostium ad lacum Baikal et insulam / Olchón, quae communico, ut plantae in- / de enatae jcon fieri possit. Capsulae / seminales ejusdem structurae sunt / quam antecedentis, valvas autem / quod attinet, non vidi.
226[b].	*Turritis Lob. Ic.* 220. *Brassica sylvest- / ris, hispida, non ramosa C. B. P.* 112. / *Turritis vulgatior J. B.*[47] *frequens in / montosis ad Angaram. Floret Junio / Julio.*
227[c]	*Turritis foliis inferioribus cichoraceis / caeteris perfoliatae Tourn. I. R. H. / cui et audit Leucojum Hesperidis / folio*[48] *frequens in hortis et agris / circa Irkutiam et lacum Baikal. / ramositate multum variat floret / sub initium Julij*[49]
228[d].	*Turritis Leucoii folio Tourn. I. R. H. sp[ecies] /* 4. *Myagrum siliqua longa C. B. P. /* 109[50] *In arvis circa Irkutiam flo- / ret Julio*
229[e]	*Cardamine pratensis magno flore pur- / purascente T. I. R. H. spec[ies]* 1. *Nasturti- / um pratense magno flore C. B. P.* 104.[51] */ floret Majo ad medium Junij in pratis / udis circa Urik et pagum Smolenskaia*
230[f].	*Cardamine pratensis magno flore albo Tourn. I. / R. H. spec[ies]* 2.[52] *Saltim prioris diversitas / censenda. Rarior cum priori.*

/58r/

Florae Irkutjensis[g] *ordine Inst[itutionum] Rei herb[ariae]*
CLASSIS V.

231[h]	*Cardamine pratensis parvo flore T. I. R. H.*[53] */ Huius folia rotundiora. Floret sub fi- / nem Maii in udis ad Uschakowkam.*
232[i]	*Eadem flore albo*[54]. *Prioris diversitas*
233[j].	*An Cardamine Alpina minor Resedae foliis / flore purpurascente. T. I. R. H. spec[ies]* 9[k].[55] */ Abundè in udis ad Uschakowkam floret / circa initium Maii unaq[ue] ex primis plan- / tis Irkutiae florentibus. Surgit ad dod- / rantalem altitudinem. Radice nititur, / fibrosa, alba, quibus fibris*

[a] Irkutjensis *verbessert aus* Irkutensis [b] 226 *verbessert aus* 5 [c] 227 *verbessert aus* 6 [d] 228 *verbessert aus* 7 [e] 229 *verbessert aus* 8 [f] 230 *verbessert aus* 29 [g] Irkutjensis *verbessert aus* Irkutensis [h] 231 *verbessert aus* 0 [i] 232 *verbessert aus* 1 [j] 233 *verbessert aus* 2 [k] 9 *verbessert aus* [.]

	bulbuli mul- / ti albi cordiformes vel dentibus in- / fantum caninis similes adhaerent, ad / radicem nulla folia apparent, in caule / vero uno vel gemino posita ad sum- / mum bina exadverso trifida ⌈et⌉ quinqui- / fida herbide viridia divisura ad re- / sedae folia accedentia. Sapor plantae / amarus, acris. Nasturtinis mihiq⌈ue⌉ ad / Acetaria primo vere serviebat. se- / men, ut ut potui solertia quaesivi / nunquam autem obtinere potui / ob siliquarum vim ingentem elasti- / cam. Iconem fieri curavi plantae / naturali magnitudine.
234[a].	*Cardamine alpina minor, Resedae foliis / flore albo*[56] *et haec saltim prioris vari- / etas*

/58v/

Florae Irkutjensis[b] *Ordine Inst⌈itutionum⌉ Rei herb⌈ariae⌉*
CLASSIS V.

	putanda, pariq⌈ue⌉ obvenit copia.
235[c].	*Sisymbrium aquaticum Math.* 487. *Nas- / turtium aquaticum, supinum C. B. / P.*[57] *Copiose in rivulis Biriusam flu- / vium intrantibus Mense Martio ob- / servabatur circa Irkutiam autem / et lacum Baikal nullibi observa- / tum.*
236[d].	*Sisymbrium Erucae folio glabro flore luteo / Tourn. Eruca latifolia lutea sive Bar- / barea C. B. P. p⌈agina⌉* 98[58] *in palustribus ad / Uschakowkam et Angaram. floret / Junio et Julio. Plantam inveni in / aliquibus locis eandem*[e] *vix palmum / superantem in aliis contra cubita- / lem et bicubitalem ramosiorem / et minus ramosam.*
237[f].	*Sisymbrium aquaticum Raphani folio sili- / qua*[g] *breviori Tourn. Raphanus aqua- / ticus alter C. B. P. p⌈agina⌉* 97. *D⌈omini⌉ D⌈octoris⌉ Gmelini / Alysson aquaticum foliis variis*[59] *ad / Bargusinum fluvium*
238[h].	*Sisymbrium aquaticum foliis in profundas / lacinias divisis siliqua breviori Tourn. / sive Raphanus aquaticus foliis in pro- / fundas lacinias divisis C. B. P.*[60] *floret / Junio et Julio. frequens per omnem / quo hac tenus veni Sibiriam.*
239[i]	*Sisymbrium palustre, repens, Nasturtii folio*

[a] $_{23}$4 *verbessert aus* 3 [b] $_{Irkut}$j$_{ensis}$ *verbessert aus* $_{Irkutensis}$ [c] $_{23}$5 *verbessert aus* 4 [d] $_{23}$6 *verbessert aus* 5 [e] $_{eand}$e$_{m}$ *verbessert aus* [.] [f] $_{23}$7 *verbessert aus* 6 [g] $_{siliq}$u$_{a}$ *verbessert aus* [.] [h] $_{23}$8 *verbessert aus* 7 [i] $_{23}$9 *verbessert aus* 8

/59r/

Florae Irkutiensis Ordine Inst[itutionum] Rei Herb[ariae]
CLASSIS V.

	Tournef. I. R. H.[61] *Passim circa Irkuti- / am ad rivulos. floret sub initium Julii / Huius siliquae nonnihil ac praecedentis / speciei longiores.*
240[a]	*Sisymbrium annuum Absinthii minoris / folio T. I. R. H. spec[ies] ult[ima] Nasturtium / sylvestre tenuissime divisum C. B. P. /* 105. *Sophia Chirurgorum Lob. Icon.*[62] *fre- / quentissimum per omnem, sibiriam / floret Junio Julio in locis ruderatis / ad vias et in collibus siccioribus.*
241[b]	*An Sisymbrium Pyrenaicum latifolium / purpurascente flore. T. I. R. H. sp[ecies]* 2 */ p[agina]* 226.[63] *Ad rivulos et fontes conval- / lium ad Angaram circa Nikolskaia / Sastawa et ad omnem Baikal. Flo- / ret circa finem Julii, Semen perfi- / cit*[64] *sub finem Aug[usti] Sapor est Nas- / turtii aquatici*[65] *at multum acrior, / mihiq[ue] non raro in acetariis Sisym- / brii aquatici*[66] *vicibus fungebatur, / ardorem autem insignem deinceps / persentiscebam in ventriculo, inve- / ni prima vice nondum florentem /* 1738[67] *ad rivulos convallium intra / montes Werchoturienses, forsan / Sisymbrium Dentariae facie D[omini] / D[octoris] Gmel[ini] ind[icis] Plant[arum] Lenens[ium] N[umer]o* 380.[68] */ Huius semina matura mitto.*

/59v/

Florae Irkutjensis[c] *ordine Inst[itutionum] Rei herb[ariae]*
CLASSIS V.

242[d]	*Eruca saxatilis foliis Conyzae coeruleae / acris*[69]. *De hac planta d[ie]* 21. *Aug[usti] prae- / ter folia iam emarcida nihil vidi. se- / men ex arena multo labore collegi et / sub hoc nomine communico. Radix al- / ba fibrosa, folia emarcida, Erucae / saporem fervidum linguae imprimunt / ita et siliquae ad Erucae siliquas ac- / cedunt. Crescit e saxis sterilibus ad / Bannoi rivi fontes; inq[ue] altissimis / rupibus, de quibus egi sub Gentiana*[70] */ è semine bene maturo qualis plan- / ta proditura rescire aveo à. Cl[arissimo] D[omino] / D[octore] Ammanno*[71].
243[e].	*Sinapi arvense praecox semine nigro Mor. / Hist. Oxon. Part. II.* 216. *Rapistrum / Arvorum Lob. Icon.*[72] *In hortis et arvis / circa Roswodnaia. Floret Jun[io] Jul[io] / Germanis dicitur* Hederich.

[a] $_{2}$40 *verbessert aus* 39 [b] $_{24}$1 *verbessert aus* 0 [c] $_{\text{Irkut}}$J$_{\text{ensis}}$ *verbessert aus* $_{\text{Irkutensis}}$ [d] $_{24}$2 *verbessert aus* 1
[e] $_{24}$3 *verbessert aus* 2

244[a]	*Rapa sativa, rotunda radice rubra Russi- / ca*[73]. *Abunde in agris et hortis Irku- / tiae et circa lacum vidi, quae* 8 *lib- / ras pendebant.*
245[b].	*Rapa sativa rotunda, radice foris et in- / tus flavescente C. B. P.* 90.[74] *Cum prae- / cedenti*
246[c].	*Rapa sativa oblonga seu foemina C. B. / P.* 90.[75] *E semine sinensi Irkutiae in / hortis crescit et sub finem Junij / iam ad pondus* 4. 5. *librarum excreverat.*

/60r/

Florae Irkutjensis[d] *Ordine Inst⌈itutionum⌉ Rei Herb⌈ariae⌉*
CLASSIS V.

247[e].	*Napus sativa, radice alba* Mayrüben[f76]. *Ir- / kutiae in horto Domini vice Gubernato- / ris*[77].
248[g]	*Napus sylvestris C. B. P.* 95. *Bunias sylvestris / Lobelio*[78] *in hortis et arvis circa Irkuti- / am. floret Junio.*
249[h]	*Raphanus albus oblongus*[79] *In hortis Irku- / tiae et circa lacum in pagis*
250[i]	*Raphanus niger oblongus.*[80] *Cum priori.*
251[j]	*Raphanus minor oblongus C. B. P.* 96. *Radi- / cula sativa minor Dod. Pempt.*[81]
252[k]	*Raphanus minor oblongus seu radicula sa- / tiva minor, extus et intus purpurea / Sinensium In hortis incolarum Irku- / tiae Semine è China allato. Crevit no- / va prorsus species. Huius semen mitto.*
253[l]	*Hypecoon tenuiore folio C. B. P.* 172. *Alte- / rum Dioscoridis Cuminum sylvestre si- / liquosum Lob. Icon.*[82] *Huius semina curi- / osa facie se commendant* 12 *angulis / angulosa, benè matura communico. / Floret Julio. Semen perficit sub fi- / nem Aug⌈usti⌉ Provenit in arenosis ad / lacum Baikal et munimentum / Bargusinense.*
254[m]	*Chelidonium majus vulgare C. B. P.* 144.[83] *Ab- / unde in montosis et sylvis ad Anga- / ram et circa lacum Baikal. floret / sub initium Junii Semen maturat / circa medium Julii*
255[n].	*Potamogeton foliis pennatis Tourn. ⌈et⌉ Merret*

[a] $_{24}$4 *verbessert aus* 3 [b] $_{24}$5 *verbessert aus* 4 [c] $_{24}$6 *verbessert aus* 5 [d] Irkutjensis *verbessert aus* Irkutensis [e] $_{24}$7 *verbessert aus* 6 [f] Mayrüben *verbessert aus* e [g] $_{24}$8 *verbessert aus* 7 [h] $_{24}$9 *verbessert aus* 8 [i] $_{2}$50 *verbessert aus* 49 [j] $_{25}$1 *verbessert aus* 0 [k] $_{25}$2 *verbessert aus* 1 [l] $_{25}$3 *verbessert aus* 2 [m] $_{25}$4 *verbessert aus* 3 [n] $_{25}$5 *verbessert aus* 4

/60v/

Florae Irkutjensis[a] *Ordine Inst[itutionum] Rei herb[ariae]*
CLASSIS V.

	Millefolium aquaticum pennatum, spicatum / C. B. P[rodromus] 73.[84] *In stagnis ad Angaram circa / Roswodnaja et ad Uschakowkam, item / circa Bargusinum.*
256[b]	*Potamogeton foliis pennatis alterum et / surrectius, ad nodos florens. Millefolium / alterum aquaticum flosculis ad foliorum / nodos C. B. P.*[85] *Cum praecedenti. Floret / Junio.*
257[c]	*Potamogeton foliis crispis sive Lactuca Ra- / narum C. B. P.* 193.[86] *Folia huius sunt / oblonga, crispa, acuminata, ad basin / aurita, singula in caule diaphana. flo- / res fert in summitate circa finem / Junii cum priori.*
258[d]	*Potamogeton pusillum gramineo folio, cau- / le rotundo Raii Hist* 190.[87] *Cum priori*
259[e]	*Potamogeton rotundifolium C. B. P.* 193. *Po- / tamogeton rotundiori folio J. B.*[88] *cum pri- / ori.*
260[f].	*An Potamogeton Alpinum plantaginis folio / T. I. R. H. sp[ecies]* 3.[89] *folia huius palmum / longa, digitum fere lata, glabra, pulchre / nervosa, inferius auriculata, superne / acuminata pediculis longissimis, cubi- / tum superantibus pendentia et flavi- / cantia, florem non vidi. sub initium Aug[usti] / inveni in Bargusin fluvio.*
261[g].	*Herba Paris Dod. Pempt.*[90]
262[h].	*Eadem tribus foliis*[91].

/61r/

Florae Irkutjensis[i] *Ordine Inst[itutionum] Rei herb[ariae]*
CLASSIS V

263[j]	*Eadem quinis et senis*[92]
264[k].	*Herba paris prolifera*[93]. *E medio videlicet /* 4 *inferiorum foliorum pediculus / innascitur pollicem longus, cui aljas*[l] */ fructus innasci solet, loco fructus / autem denuo* 4. *folia tantillum mi- / nora enascuntur. Circa Irkutiam ra- / ram hanc varietatem inveni.*

---

[a] $_{\text{Irku}}$J$_{\text{ensis}}$ *verbessert aus* $_{\text{Irkutensis}}$ [b] $_{25}$6 *verbessert aus* 5 [c] $_{25}$7 *verbessert aus* 6 [d] $_{25}$8 *verbessert aus* 7 [e] $_{25}$9 *verbessert aus* 8 [f] $_{2}$60 *verbessert aus* 59 [g] $_{26}$1 *verbessert aus* 0 [h] $_{26}$2 *verbessert aus* 1 [i] $_{\text{Irku}}$J$_{\text{ensis}}$ *verbessert aus* $_{\text{Irkutensis}}$ [j] $_{26}$3 *verbessert aus* 2 [j] $_{26}$4 *verbessert aus* 3 [l] $_{a}$lja$_{s}$ *verbessert aus* [...]

1 „[species 2] Isatis sylvestris vel angustifolia C. B. Pin. 113. Isatis sive Glastum spontaneum J. B. 2. 909. Isatis sylvestris Dod. Pempt.“ (Tournefort 1700, S. 211, Genus IV. „Isatis. Pastel.“); „Isatis, sive Glastrum sativa et spontanea. ... Germ. wild weid, ...“ (Bauhin 1651a, liber XXI, S. 909f.); „3. ISATIS foliis radicalibus crenatis, caulinis sagittatis, siliculis oblongis, ROY. lugd. 330. Isatis syluestris s. angustifolia, BAVH. pin. 113. Myagrum monospermum, GM. Irt. ... A quibusdam лѣтнякъ [russ. *letnjak*] vocatur, et sub forma cataplasmatis vlceribus apertis adplicatur. Puluis quoque plantae vlceri inspergitur.“ (Gmelin 1747–1769, Bd. III, S. 250); „3. Isatis foliis radicalibus crenatis, caulinis sagittatis, siliculis oblongis [=] Plures species confusae. (Isatis tinctoria L. – Willd. sp. pl. III. 420. et M. a Bieb. Fl. t. c. II. 91.)“ (Ledebour 1841, S. 105); „1.) Europäischer Waid. Isatis tinctoria. ... Isatis foliis radicalibus crenatis: caulinis sagittatis, siliculis oblongis. LINN. Syst. Veg. p. 505. ... GMEL. Sib. 3. 250. ... Isatis sylvestris s. angustifolia. C. BAUH. pin. 113. ... Diese Pflanze, welche man insgemein Waid, Weid, Weede und Färberweid nennt, ... Dies also aus den Waidballen zubereitete Farbe färbet an sich himmelblau, ist aber auch der Grund der schwarzen und aller dunkeln Farben; und wird von Schwarz= und Waidfärbern, zum Färben der Wolle, Tücher und wollenen Zeuge gebraucht. ...“ (Linné 1782, S. 373ff.); „1. ISATIS tinctoria. I. foliis radicalibus crenatis: ... Gmel. sib. 3. p. 250. n. 64. ... I. sylvestris s. angustifolia. Bauh. pin. 113. ... Färber-Waid. W. ...“ (Linné 1797–1830, Bd. III, Teil 1, S. 420f.); „9. I[satis] tinctoria (L. SP. 936) ... J. G. GMEL. Fl. sib. II, p. 250. Nro. 3, ab auctor. ad I. tinctoriam laudat., verosimiliter plures species confudit.“ (Ledebour 1842, S. 212); „[Isatis] tinctoria, ... Färberwaid, ... ehemals von den Aerzten in zerschiedenen Krankheiten, in Blutflüssen, in der Milzsucht, in der Gelbsucht, und in der Schwermuth verordnet worden ist, ...“ (Gmelin 1773a, Sp. 118ff.); „789. Isatis tinctoria. Lin. Syst. Plant. III. p. 289. sp. 1. ... Färberweid. ... Obgleich der einheimische Weid ... für unsere Färber nichts verschlägt; so könnten wir doch eine einheimische Pflanze sehr leicht in Menge, die die fremde Einfuhr entbehrlich machte, selbst kultiviren, wovon ein Kaufmann bey Pensa [russ. *Penza*] durch seine Pflanzung eine überzeugende Probe giebt. ...“ (Falk 1786, S. 218f.); „1. Isatis tinctoria ... Färber=Waid. ... Die Mordwinen machen ihre blaue Waidbrühe mit Malz und Wasser durch Gährung, und beizen das Linnen vorher mit Alaun. Da der wilde Waid nicht für den Verbrauch verschlägt, so richtete ein Pensaischer Kaufmann eine Waidpflanzung von 500 Deßätinen Land ein, die auch guten Fortgang hatte. Als aber der Unternehmer statt Waid, dem Thüringschen ähnlich zu gewinnen, Indigo machen wollte, gieng die Pflanzung zu Grunde ...“ (Georgi 1797–1802, Theil 3, S. 1147); „Isatis siue Glastum, ... Teutsch, Waid, Weid, Weyd, Zahmer=Weid, Weid=Kraut ... in Teutschland aber um Jülich und denene benachbarten Orten, wie auch um Erfurt und in Thüringen wird es mit grossem Fleisse gezeuget, und schreibet Colerus ... daß die Thüringer jährlich von Waid mehr Geld lösen, als von denen übrigen Früchten allen zusammen. ... Ist ein gut Wund=Kraut, heilet und hefftet frische Wunden, und allerhand faule, flüßige Schäden; ... Aus diesem Kraute wird ein Extract gemachet ... er siehet dem Inde, ... was seine Farbe anbetrifft, so ziemlich gleich. ...“ (Zedler 1732–1750, Bd. 14, Sp. 1326ff.); Isatis – russ. *letnjak* (*Annenkov* 1858, S. 51, Nr. 582); Isatis tinctoria L. – russ. *vajda* (a. a.O., S. 51, Nr. 583); „Īsatis L. (Cruciferae). Von ἰσαζειν (gleichmachen, sc. die Haut); diese Pflanze galt in älteren Zeiten als ein vorzügliches innerliches und äusserliches Mittel gegen Hautkrankheiten.“ (Wittstein 1852, S. 477); „Glāstum RUPP. (Cruciferae). Von κλαιειν (weinen, beweinen, traurig seyn)?, also Trauerkraut. Plinius sagt nämlich im XXII. B. 2. Cap. seiner Naturgeschichte: ‚In Gallien heisst ein dem Wegebreit ähnliches Kraut Glastum; mit diesem färben sich die alten und jungen Weiber in Britannien bei gewissen religiösen Handlungen den ganzen Körper nach Art der Mohren und gehen dann nackend umher.‘ Die hier gemeinten religiösen Handlungen beziehen sich höchst wahrscheinlich auf Todesfälle. ...“ (a. a. O., S. 390); „Myāgrum L. (Cruciferae). Zus. aus μυια (Fliege) und ἀγρος (Fänger, Falle), vielleicht weil die Blüthe sich schliesst, wenn ein Insekt

hineinkriecht? Einige Species sollen klebrig seyn und könnten daher als Falle für Insekten dienen.“ (a. a. O., S. 600)

„122) Isatis sylvestris vel angustifolia. C. B. P. Flor. ircut. 195. ...“ (AAW R. I, Op. 104, D. 25, Bl. 11r, s. Anm. 61 in Nr. 21); „27. An Isatis sylvestris vel angustifolia C. B. P?“ (AAW R. I, Op. 14, D. 8, Bl. 1v, s. Anm. 98 in Nr. 39); „1005. An Isatis sylvestris vel angustifolia C. B. P? Ind. Len. n$^{\underline{o}}$ 354. ...“ (AAW R. I, Op. 105, D. 1^{a}, Bl. 103v, s. Anm. 29 in Nr. 5); „354. An Isatis Sylvestris vel angustifolia C. B. P? ...“ mit der links marginalen Anm. auf Bl. 63v „Tab. XLVIII.“ (AAW R. I, Op. 13, D. 42, Bll. 63v–64r, s. Anm. 1 in Nr. 1); „538. An Isatis sylvestris vel angustifolia C. B. P. Ind. Len. ...“ (AAW R. I, Op. 105, D. 4^{a}, Bl. 55v, s. Anm. 54 in Nr. 17); „Isatis sylvestris vel angustifolia. C. B. P. Passim. Tradidi hanc Catalogo superioris anni pro Myagro Monospermo J. B.“ (AAW R. I, Op. 105, D. 2, Bl. 5r, s. Anm. 54 in Nr. 17); „Isatis sylvestris vel angustifolia C. B. P. Ind. Len. n°. 354. ...“ mit der links marginalen Anm. „vid. Ic.“ (AAW R. I, Op. 13, D. 67, Bl. 65v, s. Anm. 5 in Nr. 4); „1. Isatis sylvestris vel angustifolia C. B. P. 113“ mit der rechts marginalen Anm. „Lena fl.“ (AAW R. I, Op. 13, D. 16, Bl. 11r, s. Anm. 32 in Nr. 6); „1. Myagrum monospermon, latifolium C. B. P. 109. Pr. 57.“ (a. a. O., Bl. 11r); „Isatis Sylvestris vel angustifolia C B. P. 113 Sem. a Gmel. ex Sibiria miss.“ (AAW R. III, Op. 1, D. 162, Bl. 15r, s. Anm. 54 in Nr. 17); „Myagrum monospermum latifolium CBP.“ (a. a. O., Bl. 21r); „– Myagrum monospernon JB. ...“ (AAW R. I, Op. 104, D. 8, Bl. 9v, s. Anm. 18 in Nr. 452); „313. Myagrum monospermon latifolium CBP.“ mit der rechts marginalen Anm. „Dill. Ox.“ (AAW R. I, Op. 15, D. 3, Bl. 6v, s. Anm. 65 in Nr. 24); „92. Isatis“ (AAW R. I, Op. 15, D. 1, Bl. 11r, s. Anm. 24 in Nr. 64)

2 „[species 3] Thlaspi arvense, siliquis latis C. B. Pin. 105. Thlaspi cum siliquis latis J. B. 2. 923. Thlaspi latius Dod. Pempt. 712.“ (Tournefort 1700, S. 212, Genus I. „Thlaspi.“); „Thlaspi arvense, siliquis latis C. B. P. 105. ... Pfennig=Kraut, ...“ (Rupp 1726, S. 66); „Thlaspi arvense, siliquis latis C. B. Pin. 105. ... Wilder Bauren=Senff mit breiten Schotten, breit Däschel=Kraut. ...“ (Mappus 1742, S. 301); „1. Das erste Acker=Besemkraut, Brillen=Kraut: Thlaspi arvense siliquis latis, C. B.P. 105. ...“ (Zwinger 1744, S. 502); „8. THLASPI siliculis orbiculatis, foliis oblongis dentatis glabris, ROY. lugdb. 333. LIN. Sp. 2. 901. n. 2. Thlaspi aruense siliquis latis, BAVH. pin. 105. ...“ (Gmelin 1747–1769, Bd. III, S. 253); „8. Thlaspi siliculis orbiculatis, foliis oblongis dentatis glabris [=] Thlaspi arvense L.!“ (Ledebour 1841, S. 106); „2. THLASPI siliculis orbiculatis, foliis oblongis dentatis glabris. Fl. lapp. Thlaspi arvense, siliquis latis. Bauh. pin. 105. ... Thlaspi cum siliquis latis. Bauh. hist. 2. p. 923. ...“ (Linné 1737, S. 330); „251. THLASPI siliquis orbiculatis, foliis oblongis glabris. Thlaspi aruense, siliquis latis. Bauh. pin. 105. ...“ (Linné 1737a, S. 209); „2) Acker=Täschelkraut. Thlaspi arvense. ... Thlaspi siliculis orbiculatis, foliis oblongis dentatis glabris. LINN. Syst. Veg. p. 490. ... Diese Art, welche auch Bauernsenf, Bauernkresse und Pfennigkraut genennt wird, ... Die Saamen ... werden zu Zertheilung des geronnenen Geblüts, wider das Hüftweh und andere rhevmatische Zufälle gerühmt. ... Es vertreibt die Kornwürmer von den Böden, und die Wanzen aus den Zimmern, ...“ (Linné 1782, S. 224f.); „3. THLASPI arvense.T. siliculis orbiculatis, ... Hort. cliff. 330. ... T. arvense, siliquis latis. Bauh. pin. 105. ... Acker Täschelkraut. W. ...“ (Linné 1797–1830, Bd. III, Teil 1, S. 442f.); „2) THLASPI ARVENSE. Linn. ... Thlaspi No. 8. Gmel. Fl. sib. III. p. 253. ... ß. ... Th. baicalense. Dec. Prodr. I. p. 175. ...“ (Ledebour 1831, S. 94f.); „4. T[hlaspi] arvense (L. SP. 901) ... T. siliculis orbiculatis, ... GMEL. Fl. sib. III, p. 253. Nro. 8. ...“ (Ledebour 1842, S. 162f.); „[Thlaspi] arvense, ... Baurensenf, ... breiter Baurensenf; breit Taschenkraut, Pfenningkraut; ... Die Alten zählten es unter die schweiß= und harntreibende Mittel, und glaubten vornemlich von dem Samen, daß er geronnenes Geblüt auflöse; eben diese Samen sollen ... den schwarzen und weissen Kornwurm abhalten, und auch die Wanzen aus den Bettern vertreiben: ...“ (Gmelin 1777, Sp. 86f.); „5. Thlaspi arvense. L. Acker-

liebendes Täschelkraut; Acker=Pfennigkraut; Bauernsenf; Bauernkresse. ... Die Saamen ... werden von ältern Schriftsteller als ein heilsames Mittel wider Hüftweh und ähnliche Zufälle, besonders zur Zertheilung des geronnenen Geblüts gerühmt. ..." (Dietrich 1810, S. 2f.); „747. Thlaspi arvense. Lin. Syst. Plant. III. p. 222 sp. 2. ... Ruß. Klopez [russ. *klopec*]. ..." (Falk 1786, S. 214); „1. THLASPI arvense ... Acker=Tasche. R. Klopez und Komelek [russ. *komelek*]. ..." (Georgi 1797–1802, Theil 3, S. 1121); „1) Das Ackertäschelkraut, Taschenkraut, der Bauernsenf, Thlaspi arvense, ... Linn. In der Medizin bediente man sich besonders der Samen, wegen ihres scharfen und durchdringenden Geschmacks, zu einem erregenden Mittel, besonders um den Urin und das Monatliche zu treiben, auch das verdickte Blut zu zertheilen und die inneren Geschwüre zur Reife zu bringen und zu reinigen. ..." (Krünitz 1773–1858, Bd. 184, S. 389f.); Thlaspi arvense L. – russ. *žabnaja*, *talaban*, *verednik*, *denežnik*, *jarutka*, *červičnik* bzw. *goličon* (*Annenkov* 1858, S. 94, Nr. 1108); „Thlāspi L. (Cruciferae). Θλασπι von δλαειν (zerquetschen), in Bezug auf die linsenförmigen, flach zusammengedrückten Samen; auch die Schoten sind platt, gleichsam zusammengequetscht." (Wittstein 1852, S. 877)

„123) Thlaspi arvense siliquis latis C. B. P. ..." (AAW R. I, Op. 104, D. 25, Bl. 11r, s. Anm. 61 in Nr. 21); „355. An Thlaspi arvense Siliquis latis C. B. P? ..." mit der rechts marginalen Anm. auf Bl. 64r „Tab. XLIX." (AAW R. I, Op. 13, D. 42, Bll. 64r–64v, s. Anm. 1 in Nr. 1); „1006. Thlaspi arvense siliquis latis C. B. P. ..." (AAW R. I, Op. 105, D. 1^{a}, Bl. 103v, s. Anm. 29 in Nr. 5); „315. Thlaspi arvense Siliquis latis. CBP." (AAW R. I, Op. 15, D. 3, Bl. 6v, s. Anm. 65 in Nr. 24); „108. Thlaspi arvense siliquis latis CBP. 105 Thlaspi cum siliquis latis JB. 2. 923." (AAW R. I, Op. 6, D. 40, Bl. 28r, s. Anm. 1 in Nr. 1); „108 Thlaspi arvense siliquis latis C. B. P." (G. W. Steller nach J. G. Heinzelmann: AAW R. I, Op. 81, D. 23, Bl. 17r, s. Anm. 1 in Nr. 1); „35. Thlaspi siliculis orbiculatis, folijs oblongis dentatis, glabris Linn. flor. 250. H. Cliff. 330. Thlaspi arvense siliquis latis B. Pin. 105." (AAW R. I, Op. 13, D. 20, Bl. 3v, s. Anm. 1 in Nr. 1); „1. Thlaspi arvense siliquis latis C. B. P. ... Thlaspi siliculis orbiculatis, folijs oblongis dentatis, glabris Linn. Lapp. 251." mit der links marginalen Anm. „vid. Ic." (AAW R. I, Op. 13, D. 67, Bl. 65v, s. Anm. 5 in Nr. 4); „11. Thlaspi arvense siliquis latis C. B. [P.]" (AAW F. 3, Op. 1, D. 797, Bl. 114v, s. Anm. 89 in Nr. 111); „1. Thlaspi arvense, siliquis latis. C. B. P. 105." (AAW R. I, Op. 13, D. 16, Bl. 11r, s. Anm. 32 in Nr. 6); „Thlaspi arvense, siliquis latis. B. Pin. 105. et Inst. r. h. n°. 75." (AAW R. I, Op. 13, D. 19, Bl. 3r, s. Anm. 54 in Nr. 17); „28. An Thlaspi arvense siliquis latis C. B. P?" (AAW R. I, Op. 14, D. 8, Bl. 1v, s. Anm. 98 in Nr. 39); „539. Thlaspi arvense siliquis latis C. B. P. ..." (AAW R. I, Op. 105, D. 4^{a}, Bl. 55v, s. Anm. 54 in Nr. 17); „5. September 1723 ... fand sich ... Thlaspi arvense siliquis latis, flore albo minutulo (B. C. et Tournefortii sp. 3), dessen Saat ich endlich auch einsammlen konnte, wiewohl es nicht völlig reif ware. ..." (Messerschmidt 1962–1977, Bd. 2, S. 127f.)

3 „[species 6] Nasturtium sylvestre, tenuiter incisum, minori fructu. Iberis Nasturtii folio C. B. Pin. 97. Iberis Math. 293." (Tournefort 1700, S. 214, Genus II. „Nasturtium. Cresson."); „IBERIS. CAP. CXLVII. ..." (Mattioli 1565, S. 293f.); „IBERIS Matthioli 293. Iberis nasturtii folio C. B. P. 97. ... Germ. Hunde=Seich ab odore rusticis dicitur." (Rupp 1726, S. 67); „Nasturtium sylvestre tenuiter incisum, minori fructu Inst. Rei Herbar. ... Besamkraut. ..." (Mappus 1742, S. 209); „5. LEPIDIUM foliis radicalibus dentato-pinnatis, ramiferis linearibus integerrimis. Nasturtium sylvestre, osyridis folio. Bauh. pin. 105. ... α Iberis nasturtii folio. Bauh. pin. 97. ..." (Linné 1737, S. 331); „16) Stinkkresse. Lepidium ruderale. ... Lepidium floribus diandris apetalis, foliis radicalibus dentato-pinnatis, ramiferis linearibus integerrimis. LINN. Syst. Veg. p. 490. ... Hort. Cliff. 331. ... Nasturtium sylvestre, osyridis folio. C. BAUH. pin. 105. ... Das ganze Gewächs hat ... einen höchst widerlichen, unangenehmen Geruch, und soll, um Wanzen zu vertreiben, gar wohl gebraucht werden können. Einer der gewöhnlichsten Benennungen dieser Art ist Hundeseuche."

(Linné 1782, S. 220f.); „10. LEPIDIVM floribus diandris apetalis, foliis radicalibus dentato-pinnatis, ramiferis linearibus integerrimis, LIN sp. 2. p. 900. n. 14. ROY. pr. 335. Thlaspi montanum flore minimo, GM. Irc. 540. ...“ (Gmelin 1747–1769, Bd. III, S. 254); „10. Lepidium floribus diandris apetalis, foliis radicalibus dentato-pinnatis, ramiferis linearibus integerrimis [=] Lepidium ruderale L.!“ (Ledebour 1841, S. 106); „23. LEPIDIUM ruderale. ... Nasturtium sylvestre, osyridis folio. Bauh. pin. 105. ... Stink-Kresse. W. ...“ (Linné 1797–1830, Bd. III, Teil 1, S. 440); „8) LEPIDIUM RUDERALE. Linn. ... Lepidium No. 10. Gmel. Fl. sib. III. p. 254. ...“ (Ledebour 1831, S. 195f.); „8. L[epidium] ruderale (L. SP. 900) ... Lepidium floribus diandris apetalis, ... GMEL. Fl. sib. III, p. 254. Nro. 10. ...“ (Ledebour 1842, S. 204f.); „[Nasturtium] sylvestre, osyridis folio; hierunter versteht C. Bauhin die Hundeseuche.“ (Gmelin 1774, Sp. 429); „Lepidium ruderale, ... Hundeseuche, ... An einigen Orten genießt man ihr herbes Kraut als Salat.“ (Gmelin 1773a, Sp. 424); „4) Wechselfieber. ... 17) Lepidium ruderale. ... Der gemeine Mann trinkt von einem gesättigten Aufguss 1 Tasse Morgens und Abends und ausserdem während des Paroxismus einige Tassen. ...“ (Krebel 1858, S. 119ff.); „LEPIDIUM RUDERALE Linné. GEMEINES LEPIDIUM. ... Die Pflanze hat, besonders wenn die Sonne darauf scheint, einen höchst widerlichen Geruch. Deutsche Namen: Schutthafen-Kresse, Stinkkresse, klein Besenkraut.“ (Dietrich 1841, Nr. 624); „14. Unvollkommene Kresse, Stink=Kresse, sonst wilde Kresse, Besen=Kraut oder Hunde=Seiche genannt; ... Nasturtium syluestre, osyridis folio C. B. ...“ (Krünitz 1773–1858, Bd. 48, S. 631f.); „8) LEPIDIUM RUDERALE. Linn. ... Lepidium No. 10. Gmel. Fl. sib. III. p. 254. ...“ (Ledebour 1831, S. 195f.); „NASTURTIUM. ... teutsch, Kresse, Gartenkresse. ... Es zertreibt, machet dünne, reiniget, eröffnet, dient wider den Scorbut, reinigt das Geblüt, macht einen leichtem Athem, ... Nasturtium quasi nasitorium, von nasus, die Nase, dieweilen die Kresse in der Nase pflegt zu kützeln, wann sie macht, daß einer niesen muß. ...“ (Lémery 1721, Sp. 775f.); „LEPIDIVM (ruderale) ... Linn. Spec. pl. 645. ... Дикой кресъ [russ. *dikoj kres*] Russ. ...“ (*Krašeninnikov* 1761, S. 102); „7. LEPIDIUM ruderale ... Wege=Kresse. R. Dikoi Kres. ...“ (Georgi 1797–1802, Theil 3, S. 1120); Lepidium – russ. *žerucha* (*Annenkov* 1858, S. 54, Nr. 627); Lepidium ruderale L. – russ. *lichoradočnaja trava*, *vonjučka*, *vonjučee zel'ečko* bzw. *klopovnik* (a. a. O., S. 55, Nr. 629); „Lepīdium L. (Cruciferae). Von λεπις. (Schuppe), in Bezug auf die Form der Schötchen; man wandte die Pflanze auch gegen schuppige Haut an, wozu wohl die Form der Schötchen Veranlassung gab.“ (Wittstein 1852, S. 511)

„124) Nasturtium sylvestre tenuiter incisum minori fructu Tourn. Iberis Math. 293. ...“ (AAW R. I, Op. 104, D. 25, Bl. 11r, s. Anm. 61 in Nr. 21); „1007. Thlaspi montanum flore minimo Ind. Irc. n° 540. ...“ (AAW R. I, Op. 105, D. 1ª, Bl. 103v, s. Anm. 29 in Nr. 5); „2. Thlaspi montanum flore minimo Ind. Irc. n°. 540 Jen. n°. 1007.“ (AAW R. I, Op. 13, D. 67, Bl. 65v, s. Anm. 5 in Nr. 4); „540. Thlaspi montanum, flore minimo. ...“ (AAW R. I, Op. 105, D. 4ª, Bl. 55v, s. Anm. 54 in Nr. 17); „35. Nasturtium sylvestre tenuiter incisum, minori fructu IRH ...“ (AAW R. I, Op. 104, D. 17, Bl. 10v, s. Anm. 36 in Nr. 8)

4 „[species 1] Nasturtium hortense, vulgatum C. B. Pin. 103. Nasturtium vulgare J. B. 2. 912. Nasturtium hortense Dod. Pempt. 711.“ (Tournefort 1700, S. 213, Genus II. „Nasturtium. Cresson.“); „Nasturtium hortense, vulgatum C. B. P. 103. ... Garten=Kresse.“ (Rupp 1726, S. 66); „4. LEPIDIUM foliis oblongis varie divisis vel incisis. Nasturtium vulgare. Bauh. hist. 2. p. 912. Nasturtium hortense vulgatum Bauh. pin. 103. Tournef. inst. 212. ...“ (Linné 1737, S. 331); „9) Garten=Kresse. Lepidium sativum. ... Lepidium floribus tetradynamis, foliis oblongis multifidis. LINN. Syst. Veg. p. 490. ... Nasturtium hortense vulgatum. BAUH. pin. 103. ... Insgemein wird diese Kresse wegen ihres erfrischenden, blutreinigenden, antiscorbutischen Eigenschaften, als ein besonderes Beyeßen, oder selbst als Salat, mit Oel und Eßig genossen. ... Die Blätter so wie die Saamen werden, um das Geblüt zu reinigen, und den Urin und Monatzeit zu treiben, gebraucht,

vornehmlich aber werden sie wider den Scharbock und verschiednen Hautkrankheiten mit dem besten Erfolg angerathen. ...“ (Linné 1782, S. 215f.); „10. LEPIDIUM sativum. ... Nasturtium hortense vulgatum. Bauh. pin. 103. ... Garten-Kresse. W. ...“ (Linné 1797–1830, Bd. III, Teil 1, S. 435); „6. L[epidium] sativum (L. SP. 899) ...“ (Ledebour 1842, S. 203); „[Lepidium] sativum, ... gemeine Kresse: ... Ihr Kraut gibt im Winter und Frühling einen sehr guten Salat, ... es hat ... vorzügliche Kräfte wider den Scharbok, und andere Unreinigkeiten und Schärfen des Geblüts: ...“ (Gmelin 1773a, Sp. 420f.); „LEPIDIUM SATIVUM. ... Garten-Kresse, gemeine Kresse, zahme Kresse. ... Dem Geruche und Geschmacke nach, kommt dieses Gewächs mit den meisten der Familie der Kreuzblumen, zu der es gehört, überein. Man rechnet es daher auch zu den gelind reizenden und harntreibenden Mitteln, die wider den Scharbock angewendet werden. ...“ (Hayne 1819, Nr. 11); „4. LEPIDIUM sativum ... Garten=Kresse. ... Als Küchenkraut baut man sie hie und da, doch nun wenig in Gärten.“ (Georgi 1797–1802, Theil 3, S. 1119f.); „8. Garten=Kresse, gemeine Kresse, Sommer=Kresse, auch nur schlechthin Kresse; Nasturtium hortense vulgatum C. B. ... Die Garten=Kresse ist sowohl in der Küche, als auch in der Apotheke, bekannt. ... Die Blätter der Kresse besitzen einige Schärfe, reizen den Geschmack, stärken den Magen, und sind, wie auch die Samen, ein zertheilendes, eröffnendes und blutreinigendes Mittel, und werden daher vorzüglich bey Verstopfung der Eingeweide mit Nutzen gebraucht. ...“ (Krünitz 1773–1858, Bd. 48, S. 613ff.); Lepidium sativum L. – russ. *kress-salat* (*Annenkov* 1858, S. 55, Nr. 630); „216. Lepidium folijs oblongis multifidis. Lin. vir. 63. hort. Cliff. 331. 4. Nasturtium hortense vulgatum. B. Pin. 103. Tourn. inst. 212. Boerh. lugd. 2. p. 8. ...“ (AAW R. I, Op. 13, D. 20, Bl. 23r, s. Anm. 1 in Nr. 1); „694 Lepidium folijs oblongis varie divisi vel incisis. Linn. h. cliff. 231. [sic!] Nasturtium hortense vulgatum B. Pin. 103.“ (a. a. O., Bl. 64v)

5 „[species 9] Cochlearia folio cubitali. Raphanus rusticanus C. B. Pin. 96. Raphanus sylvestris sive Armoracia multis J. B. 2. 851. Raphanus rusticanus, crassâ, Lapathi folio Lob. Icon. 328.“ (Tournefort 1700, S. 215, Genus IV. „Cochlearia. Herbe aux Cuilliers.“); „Armoracia Rivini. Cochleari folio cubitali Tournef. Instit. p. 215. ... Germ. Meer=Rettich, Kreen, ...“ (Rupp 1726, S. 67); „15. COCHLEARIA foliis radicalibus lanceolatis crenatis caulinis incisis, ROY. l. 336. LIN. Sp. pl. 2. p. 904. n. 6. Raphanus rusticana, BAVH. pin. 96.“ (Gmelin 1747–1769, Bd. III, S. 256); „15. Cochlearia foliis radicalibus lanceolatis crenatis, caulinis incisis [=] Cochlearia Armoracia L. (e synon. a Gmelino allegatis.)“ (Ledebour 1841, S. 106); „6) Meerrettig. Cochlearia Armoracia. ... Cochlearia foliis radicalibus lanceolatis crenatis, caulinis incisis. LINN. Syst. Veg. p. 492. ... Raphanus rusticanus. C. BAUH. pin. 96. ...“ (Linné 1782, S. 237f.); „8. COCHLEARIA Armoracia. ... Raphanus rusticanus. Bauh. pin. 96. ... Meerrettigs Löffelkraut. W. ...“ (Linné 1797–1830, Bd. III, Teil 1, S. 451); „12. C[ochlearia] Armoracia (L. SP. 904) ... C. foliis radicalibus lanceolatis crenatis, ... GMEL. Fl. sib. III, p. 256. Nro. 15? ...“ (Ledebour 1842, S. 159); „Cochlearia Armoracia, ... Meerrettig, ... Kreen; ... seine Heilskräfte sind ... ausführlich beschrieben; ...“ (Gmelin 1772, Sp. 1112f.); „COCLEARIA ARMORACIA. ... Meerrettigs-Löffelkraut, Meerrettig, Kreen. ... Die Wurzeln der Cochlearia Armoracia ist im frischen Zustande reizend und harntreibend. ... Äusserlich dient die geriebene Wurzel auf die Haut gelegt, als ein wirksames Zugmittel, wo man äussern Reiz und durch diesen Ableitung bewirken will, wie z. B. bey soporösen Krankheiten, Zahnschmerzen u. s. w. ...“ (Hayne 1817, Nr. 29); „Hingegen erfuhr ich in dieser Stadt [d. h. in *Toržok*] etwas anders, das mir gar angenehm war. Ich sahe nemlich von einem Russen aus dem Meerrettig ein Oel abziehen, das er хрѣновое масло [russ. *chrenovoe maslo*] nannte. Er wußte mir mit andern, seine gute Würkung in Gliederschmerzen, scorbutischen Zufällen, Geschwüren, alten Schäden u. s. w. nicht genung zu beschreiben. Es wird innerlich zu einem halben Quentchen eingenommen und auch äußerlich die kranke Theile damit beschmieret. ...“ (Gmelin 1770, S. 11f.); „751. Cochlearia Armoracia. Lin. Syst. Pl. III. p. 228. sp. 6. ...

Meerretig. Ruß. Chrenok und Chren [russ. *chrenok* und *chren*]. Tat. Tabiran. Wotj. Utrossi. Mordw. Krion. Kalm. Guschun und Chaltachan. Armen. Chardat. ..." (Falk 1786, S. 214f.); „6) Cochlearia Armoracia, Meerrettig=Löffelkraut. (Meerrettig, Marrettig, Merrettig, Bauernrettig, Krain, Kreen, Kren, Green, Merrich, Bauernsenf; ... Raphanus rusticanus Bauhin. pin. 96. ... Die Wurzel wird ihres flüchtigen, scharfen, salzigen Saftes wegen mit Recht unter die antiscorbutischen Arzeneyen gerechnet, aber auch häufig in der Küche an Fleisch= und Fischspeisen gebraucht. ... Auch geben die Russen das Oehl im Scorbut, Rheumatismen und bösartigen Geschwüren zu 30 Tropfen und schmieren es auch äußerlich auf, ..." (Krünitz 1773–1858, Bd. 80, S. 155ff.); Cochlearia Armoracia L. – russ. *chren* (*Annenkov* 1858, S. 32, Nr. 325); mokschanisch kušma – Meerrettich (Ahlquist 1861, S. 160); ersanisch kŕon – Meerrettich (Wiedemann 1865, S. 238); syrjänisch kren – Meerettich (Wiedemann 1880, S. 122); „Cochleāria T., L. (Cruciferae). Von cochlear, κοχλιαριον (Löffel), in Bezug auf die Form der Blätter." (Wittstein 1852, S. 211)

„5. Circa Moscuam et Casimov. [russ. *Kasimov*] Russi e radicibus Raphani rusticani seu Armoraciae in pollinem comminutis oleum destillatione per descensum praeparant Гренова масла [*grenova masla* d. h. russ. *chrenovoe maslo*] dictum, quod in arthritite Scorbutica eximie laudatur, interne, et externe usurpatum." (AAW R. I, Op. 104, D. 18, Bl. 1r, s. Anm. 20 in Nr. 632); „356. Cochlearia folio cubitali I. R. H. хрѣ́нъ [russ. *chren*] ..." (AAW R. I, Op. 13, D. 42, Bl. 64v, s. Anm. 1 in Nr. 1); „125) Cochlearia folio Cubitali Tour. i. r. h." (AAW R. I, Op. 104, D. 25, Bl. 11r, s. Anm. 61 in Nr. 21); „1009. Cochlearia folio cubitali I. R. H. ..." (AAW R. I, Op. 105, D. 1[a], Bl. 104r, s. Anm. 29 in Nr. 5); „543. Cochlearia folio cubitali I. R. H. ..." (AAW R. I, Op. 105, D. 4[a], Bl. 56r, s. Anm. 54 in Nr. 17)

6 „IRIS NOSTRAS. ... teutsch, gemeine blaue Schwerdtlilie. ... Der Titel Iris ist darum diesem Gewächse zu Theil worden, von wegen seiner Blumen ihrer Farben, welche einem Regenbogen, der lateinisch Iris heist, nicht gar unähnlich sehen." (Lémery 1721, Sp. 582); „Iris, 1) Pflanzengattung aus der Familie der Irideae, ... I. germanica, mit nach außen gebogenen dunkelblauen Zipfeln, welche durch Maceration u. Behandlung mit Kalk eine grüne Saftfarbe (Liliengrün) geben, ..." (Pierer 1857–1865, Bd. 9, S. 58)

7 Johann Christian Berckhan

8 „[species 1] Bursa pastoris major, folio non sinuato C. B. Pin. 108." (Tournefort 1700, S. 216, Genus VI. „Bursa Pastoris. Tabouret."); „Bursa pastoris major, folio non sinuato C. B. Pin. 108. Hirten=Tasche, Täschel=Kraut, Beutelschnitter=Kraut." (Rupp 1726, S. 67); „Das große Täschel=Kraut: Bursa pastoris major folio sinuato; & folio non sinuato; C. B. P. 108. T. 216. B. J. A. II. 9. Bursa pastoris J. B. 2. 936. ..." (Zwinger 1744, S. 509); „9. THLASPI siliculis obcordatis, foliis radicalibus pinnatifidis, LIN. Sp. 2. p. 903. n. 10. ROY. lugd. 374. HALL. helv. 545. Bursa pastoris maior, folio non sinuato, BAVH. pin. 108. STELL. Irc. 200. GM Ien. 1010. Bursa pastoris maior, folio sinuato, BAVH. pin. 108. STELL. Irc. 201. ..." (Gmelin 1747–1769, Bd. III, S. 253f.); „9. Thlaspi siliculis obcordatis, foliis radicalibus pinnatifidis [=] Capsella Bursa pastoris Moench.!" (Ledebour 1841, S. 106); „10) Gemeinstes Täschelkraut. Thlaspi Bursa pastoris. ... Thlaspi siliculis obcordatis, foliis radicalibus pinnatifidis. LINN. Syst. Veg. p. 491. ... Bursa pastoris maior folio sinato. C. BAUH. pin. 108. ... γ. Bursa pastoris maior folio non sinuato. C. BAUH. pin. 108. ... jedes Schöttchen entspricht dem gewöhnlichen Namen dieses Gewächses Hirtentasche vollkommen. ... Man eignete ihr in den ältern Zeiten blutstillende Kräfte zu, ... Das Rindvieh frißt sie nicht gerne, die Schaafe aber desto lieber, ..." (Linné 1782, S. 231f.); „13. THLASPI Bursa pastoris. ... Bursa pastoris major, folio sinuato. Bauh. pin. 108. ... γ. Bursa pastoris major, folio non sinuato. Bauh. pin. 108. ... Gemeines Täschelkraut. W. ..." (Linné 1797–1830, Bd. III, Teil 1, S. 447f.); „1) CAPSELLA BURSA PASTORIS. Mönch. ... Thlaspi No. 9. Gmel. Fl. sib. III. p. 253. ..." (Ledebour 1831, S. 198); „97. Capsella. VENTEN. ... 2. C. Bursa

pastoris ... Thlaspi Bursa pastoris. GORTER. Fl. ingr. p. 103. ... Thlaspi siliculis obcordatis, foliis radicalibus pinnatifidis. GMEL. Fl. sib. III, p. 253. Nro. 9. ...“ (Ledebour 1842, S. 199f.); „[Bursa] pastoris major; ... major folio non sinuato; hierunter verstehen Plukenet und C. Bauhin eben dieses [d. h. das gemeine Hirtentäschlein]. (Gmelin 1772, sp. 322)“; „7. Capsella Bursa pastoris Moench. (Crucifer.). Nach Deriker wird das Hirtentäschelkraut, und zwar Kraut und Blumen, im G. Orenburg gegen hartnäckige Uterinblutungen gebraucht ... Nach Rosenthal ist es in Russland ein Volksmittel gegen Wechselfieber ... Annenkow führt eine Masse Namen für dieses Pflanze an, was zweifellos darauf hinweist, dass das Volk grosses Interesse für diese Pflanze besitzt. ... Die Bursa pastoris nimmt also als blutstillendes und antifebriles Mittel unsere Aufmerksamkeit in Anspruch. Auch in anderen Ländern ist sie als blutstillendes Mittel bekannt ... Die deutschen Namen Blutwurz und Blutkraut sprechen unzweifelhaft für die Anwendung des Mittels vom deutschen Volk als Hämostaticum. ...“ (Henrici 1894, S. 17ff.); „CAPSELLA BURSA PASTORIS Mönch. HIRENTASCHEN-CAPSELLA. ... Ehemals wurde die Pflanze als Herba Bursae pastoris in der Medizin gebraucht; auch können die jungen Blätter als Salat gegessen werden. Deutsche Namen: Täschelkraut, Hirtentasche, Säckelkraut. Säckel, Beutelschneiderkraut, Dachskraut, Blutkraut.“ (Dietrich 1841, Nr. 600); „6. THLASPI Bursa pastoris. L. Gemeines Täschelkraut; Hirtentasche; Seckelkraut. ... Im frischen Zustande hat diese Pflanze einen schwachen, beissenden, etwas zusammenziehenden Geschmack, deswegen wurde sie auch ehedem, vielleicht mehr als jetzt, in den Apotheken gebraucht.“ (Dietrich 1810, S. 3f.); „BURSA PASTORIS.... teutsch, Täschelkraut. ... Es hält an, trocknet, ist gut zu Wunden und Stillung des Durchfalls und Blutstürtzungen. ...“ (Lémery 1721, Sp. 193f.); „750. Thlaspi Bursa Pastoris. Lin. sp. 10. ... Täschelkraut. Ruß. Jerschow Glas und Koschelek. ...“ (Falk 1786, S. 214); „... Hirtentasche (Thlaspi bursa pastoris (***) pers. Galischtara) ... |: (***) Thlaspi siliculis obcordat. fol. radicul. pinnatifidis. Linn. syst. nat. p. 434. n. 10. :|“ (Gmelin 1784, S. 181); „THLASPI (Bursa pastoris) ... Linn. Spec. pl. 647. n. 9. ... Ежовъ глазъ [russ. *ežov glaz*] siue Пастушьи сумки [russ. *pastuš'i sumki*] siue Кашелекъ [russ. *kašelek*] Russ. ...“ (*Krašeninnikov* 1761, S. 103); „Capsēlla VENT. (Cruciferae). Dimin. von capsa, καψα (Kasten, Kapsel); die Schoten haben die Form einer Tasche (Hirtentasche).“ (Wittstein 1852, S. 155)

„357. Bursa pastoris, maior, folio non Sinuato C. B. P. ...“ (AAW R. I, Op. 13, D. 42, Bl. 64v, s. Anm. 1 in Nr. 1); „127) Bursa pastoris major folio non sinuato C B. Pin ubivis abunde. 128) Bursa pastoris major folio non sinuato e candido & viridi vario, ...“ (AAW R. I, Op. 104, D. 25, Bl. 11r, s. Anm. 61 in Nr. 21); „1. Bursa Pastoris major folio non sinuato C. B. P. Ind. Jen. n°. 1010. Irc. n°. 544.“ mit der links marginalen Anm. „vid. Ic.“ (AAW R. I, Op. 13, D. 67, Bl. 65v, s. Anm. 5 in Nr. 4); „1010. Bursa pastoris major folio non sinuato C. B. P. ...“ (AAW R. I, Op. 105, D. 1^{a}, Bl. 104r, s. Anm. 29 in Nr. 5); „544. Bursa pastoris major folio non sinuato C. B. P. ...“ (AAW R. I, Op. 105, D. 4^{a}, Bl. 56r, s. Anm. 54 in Nr. 17); „111 Bursa pastoris major folio non sinuato CBP. 108“ (AAW R. I, Op. 6, D. 40, Bl. 28r, s. Anm. 1 in Nr. 1); „110 Bursa pastoris major folio non sinuato C. B. P.“ (G. W. Steller nach J. G. Heinzelmann: AAW R. I, Op. 81, D. 23, Bl. 17r, s. Anm. 1 in Nr. 1); „CCXXVIII. Bursa Pastoris T. 216. 103. B. II. 9. чижевъ глазь [*čižev glaz'*; russ. *čižev glaz*] 1. Bursa Pastoris major folio non sinuato. C. B. P. 108. B. n. 1.“ (Bl. 27r in T. Gerber „Flora Moscuensis ...“, s. Anm. 6 in Nr.55); „Bur[sa P]astoris Чижовъ глаç [russ. *čižov glas*] oculus acanthis“ (G. W. Steller nach T. Gerber: AAW R. I, Op. 81, D. 23, Bl. 6r, s. Anm. 1 in Nr. 1)

9 „[species 2] Bursa pastoris major, folio sinuato C. B. Pin. 108. Bursa pastoria J. B. 2. 936. Pastoria Bursa Dod. Pempt. 103. Tabouret, Boursa à berger.“ (Tournefort 1700, S. 216, Genus VI. „Bursa Pastoris. Tabouret.“); „[Bursa] pastoris major folio sinuato; ist bey C. Bauhin die Abart des Hirtentäschleins mit ausgehölten Blättern.“ (Gmelin 1772, sp. 322)

„129. Bursa pastoris major folio sinuato C. B. Pin ...“ (AAW R. I, Op. 104, D. 25, Bl. 11r, s. Anm. 61 in Nr. 21); „125. Brusa [sic!] Pastoris major fol. sinuato C. B. P.“ (AAW R. I, Op. 104, D. 13, Bl. 4v, s. Anm. 84 in Nr. 29); „Bursa pastoris major, folio sinuato. T. Sp. 2. ...“ (AAW F. 98, Op. 1, D. 19, Bl. 7r, s. Anm. 59 in Nr. 19); „Bursa pastoris major folio sinuato; Tournef. Sp. 2. ...“ (AAW F. 98, Op. 1, D. 20, Bl. 27v, s. Anm. 89 in Nr. 33); „2. Bursa pastoris major folio sinuato C. B. P. Ind. Irc. n°. 545. j. Eadem folio pulchre dentato“ mit der links marginalen Anm. neben j. „vid. Ic.“ (AAW R. I, Op. 13, D. 67, Bl. 65v, s. Anm. 5 in Nr. 4); „1. Bursa pastoris major folio sinuato. C. B. P. 108.“ mit der rechts marginalen Anm. „Hort. Sam.“ (AAW R. I, Op. 13, D. 16, Bl. 11r, s. Anm. 32 in Nr. 6); „Bursa pastoris major folio sinuato C B P. ...“ (AAW R. I, Op. 104, D. 8, Bl. 9v, s. Anm. 18 in Nr. 452); „545. Bursa Pastoris major folio sinuato C. B. P. „ (AAW R. I, Op. 105, D. 4^{a}, Bl. 56r, s. Anm. 54 in Nr. 17); „27. Juli 1723 ... Von Kräutern observierte ... Item Bursa pastoris maior folio sinuato (Tournefortii sp. 2); ...“ (Messerschmidt 1962–1977, Bd. 2, S. 103f.); „CCXXVIII. Bursa Pastoris ... 2. Bursa Pastoris major folio sinuato. C. B. P. 108. B. n. 2.“ (Bl. 27r in T. Gerber „Flora Moscuensis ...“, s. Anm. 6 in Nr.55); s. Nr. 200

10 „[species 14] Alysson Veronicae folio. Bursa pastoris major, loculo oblongo C. B. Pin. 108. Bursa pastoria sublongo loculo affinis, pulchra planta J. B. 2. 938. Draba minima, muralis, discoides Col. Part. 1. 274.“ (Tournefort 1700, S. 217, Genus I. „Alysson.“); „Das große Täschel=Kraut mit ablangen Täschlein: Bursa pastoris major loculo oblongo, C. B. P. ...“ (Zwinger 1744, S. 509); „9. ALYSSON Veronicae folio. Tourn. 217. Alyssen mit dem Ehrenpreisblat.“ (Miller 1750, S. 31); „7. DRABA caule ramoso, foliis cordatis dentatis amplexicaulibus, ROY. l. 333. LIN. Sp. pl. 2. p. 897. n. 4. Bursa pastoris maior loculo oblongo, B. pin. 32. [sic!] TOVRN. inst. 14. Alysson folio Veronicae, floribus luteis, BVXB. COMM. PETR. T. III. 273. Alysson Veronicae folio elatius, flore luteo minore, GM. Irc. 548. STELL. Irc. 202. Alysson Veronicae folio humilius, flore luteo maiore, GM. Irc. 548. ...“ (Gmelin 1747–1769, Bd. III, S. 253); „7. Draba caule ramoso, foliis cordatis dentatis amplexicaulibus (excl. synon. praeter auctor. Fl. ross.) [=] Draba lutea Gilib. β. longipes (Draba nemoralis Ehrh. – M. a Bieb. Fl. t. c. II. 95.)“ (Ledebour 1841, S. 106); „Postremo mentio facienda est plantae Liuonicac, quae Alyssi species et Alysso folio Veronicae Tournefortii simillima, sed flores fert luteos. Quod cum constater faciat, merito pro noua habetur specie. ...“ (Buxbaum 1732, S. 273); „525. DRABA caule ramoso, foliis cordatis amplexicaulibus dentatis. ... Bursa pastoris major, loculo oblongo. Bauh. pin. 108. ...“ (Linné 1745, S. 191); „6) Mauer=Hungerblümchen. Draba muralis. ... Draba caule ramoso, foliis ovatis sessilibus dentatis. LINN. Syst. Veg. p. 489. ... GMEL. Sib. 3. p. 253. ... BUXB. act. petrop. 3. p. 273. ... Bursa pastoris maior loculo oblongo. C. BAUH. pin. 108. ... Alysson veronicae folio. TOURNEF. Inst. R. H. p. 217. ...“ (Linné 1782, S. 206f.); „12. DRABA muralis. ... Bursa pastoris major loculo oblongo. Bauh. pin. 108. ... Mauer Hungerblümchen. W. ...“ (Linné 1797–1830, Bd. III, Teil 1, S. 429); „10) DRABA LUTEA. Gilib. ... β. longipes: ... Draba No. 7. Gmel. Fl. sib. III. p. 253. (excl. synon. Royen., Linn., Bauhin et Tournef.) Alyssi species ... Buxb. in Comm. Petropol. III. p. 273. ... 11) DRABA NEMOROSA. Linn. ... D. nemoralis. Ehrh. Beytr. VII. p. 154. ...“ (Ledebour 1831, S. 83ff.); „40. D[raba] nemorosa (L. SPEC. ed. 1. p. 643) ... α. lejocarpa: ... D. lutea. ... GMEL. Fl. alt. III, p. 83. ... D. caule ramoso, ... GMEL. Fl. sib. III, p. 253. Nro. 7 (excl. synon. exceptis auctor. Fl. ross.), Alyssi species flore luteo. BUXB. Comment. Ac. petropol. III, p. 273. β. hebescarpa: ... D. nemorosa. ... LEDEB. Fl. alt. III, p. 85. ... 41 D[raba] muralis (L. SP. 643) ...“ (Ledebour 1842, S. 154f.); „[Bursa] pastoris major hisuta capsula oblonga; pastoris major loculo oblongo; bedeutet bey Morison und C. Bauhin das Mauerhungerblümlein.“ (Gmelin 1772, Sp. 322); „[Draba] muralis; ist bey Linné und Millern eine Spielart des Hainhungerblümleins.“ (Gmelin 1773, Sp. 651); „[Draba] nemorosa, caule ramoso, foliis ovatis sessilibus dentatis; Hainhungerblümlein, mit ästigem Stamm und eyrunden,

vestaufsitzenden und gezahnten Blättern; ..." (a. a. O., Sp. 648f.); „4. DRABA (Muralis) caule ramoso, foliis cordatis dentatis amplexicaulibus. Prod. Leyd. 33. Draba mit einem ästigen Stengel, und herzförmigen gezahnten Blättern, welche die Stengel umfaßen. Alysson Veronicae folio. Tourn. Inst. R. H. 217. Berufskraut mit dem Ehrenpreisblat." (Miller 1772, S. 71); „Alýssum <Steinkraut>: lat. alysson <Pfl., die gegen Hundebisse hilft> (Plin. 24,95)< gr. álysson <Pfl., deren Same als Mittel gegen die Tollwut gebraucht wurde>. ..." (Genaust 2005, S. 54); „búrsa (Codium): lat. bursa, byrsa <Fell> < gr. býrsa <abgezogene Haut, Balg> ... búrsa-pastóris (Capsella) <Hirtentäschel>: Name schon vorlinn. ... zu bursa und lat. pastor, Gen. pastōris < Hirte>; die verkehrtherzförmigen Schötchen werden mit den aus Fell gefertigten Umhängetaschen mittelalt. Hirten verglichen." (a. a. O., S. 111); Alyssum – russ. *torica, kašik, ikotnaja trava* bzw. *buračok* (*Annenkov* 1858, S. 14, Nr. 69); Draba – russ. *suchorebrica* (a. a. O., S. 38, Nr. 410); „Drāba L. (Cruciferae). Von δραβη (scharf, brennend), in Bezug auf den Geschmack der Blätter. ..." (Wittstein 1852, S. 301)

„112. Alysson Veronicae folio Inst. r. h. 217. Bursa pastoris major loculo oblongo CBP. 108." (AAW R. I, Op. 6, D. 40, Bl. 28v, s. Anm. 1 in Nr. 1); „112. Alyssum veronicae folio i. r. h. Bursa pastoris major loculo oblongo C. B. P." (G. W. Steller nach J. G. Heinzelmann: AAW R. I, Op. 81, D. 23, Bl. 17r, s. Anm. 1 in Nr. 1); „Alysson Veronicae folio Tourn. ..." (AAW R. I, Op. 104, D. 8, Bl. 9r, s. Anm. 18 in Nr. 452); „548. Alysson Veronicae folio, flore luteo. Alysson incanum luteum, Serpilli folio majus I. R. H. [s. auch Nr. 206] priorum Ind. An Alysson folio Veronicae, floribus luteis Buxb. Comm. Ac. Sc. Petr. Tom. III. p. 273? ..." (AAW R. I, Op. 105, D. 12, Bl. 28r, s. Anm. 54 in Nr. 17); „130) Alysson Veronicae folio i r h. Flor ircut. No 202 ..." (AAW R. I, Op. 104, D. 25, Bl. 11v, s. Anm. 61 in Nr. 21); „1017. Alysson Veronicae folio latius, flore luteo minore Ind. Irc. Fl. Irc. nº 548. ... 1018. Alysson Veronicae folio humilius, flore luteo majore. Ind. Irc. nº. 16. ..." (AAW R. I, Op. 105, D. 1ª, Bl. 104v, s. Anm. 29 in Nr. 5); „5. Alysson Veronicae folio elatius, flore luteo minori Ind. Irc. nº. 548 Jen. nº. 1017. ... 6. Alysson Veronicae folio humilius, flore luteo majore Ind. Irc. ib. ..." (AAW R. I, Op. 13, D. 67, Bl. 66r, s. Anm. 5 in Nr. 4)

11 „[species 15] Alysson segetum, foliis auriculatis, acutis. Myagrum sativum C. B. Pin. 109. Myagrum dictum Camelina J. B. 2. 892. & Myagrum Turcicum Ejusd. 2. 893. Myagrum sativum C. B. Pin. 109. Camelina sive Myagrion Dod. Pempt. 532." (Tournefort 1700, S. 217, Genus I. „Alysson."); „Alyssum segetum, foliis auriculatis, acutis, flore & semine majore. Tournef. Myagrum Chabraei. Myagrum sativum C. B. P. 109. ... floret Jun. & Jul. Lein=Dotter, Flachs= Dotter. Dotter. ..." (Rupp 1726, S. 69); „MYAGRVM: Germ. Leindotter, Flachskraut ..." (Chabrey 1666, S. 283); „541. MYAGRUM siliculis obverse ovatis pedunculatis. Hort. cliff. 328. Myagrum sylvestre. Bauh. pin. 109. ... Alysson segetum, foliis auriculatis acutis. Tournef. inst. 217. ..." (Linné 1745, S. 197); „6) Zahme Leindotter. Myagrum sativum. ... Myagrum siliculis obovatis pedunculatis polyspermis. LINN. Syst. Veg. p. 488. ... Fl. Suec. 541, ... GMEL. Sib. 3. p. 249. ... Myagrum sylvestre. BAUH. pin. 109. ... Myagrum sativum BAUH. pin. 109. ... Man nennt sie ... Flachsdotter, Leindotter, Dotterkraut, Finkensaamen, kleiner Oelsaamen. ... Man rühmt diese Art in Wein gekocht bey Entzündungen der Augen, ..." (Linné 1782, S. 191ff.); „7. MYAGRUM sativum. ... M. siliculis obovatis ... Gmel. sib. 3. p. 249. ... Myagrum sylvestre, Bauh. pin. 109. ... Gemeiner Leindotter. W. ..." (Linné 1797–1830, Bd. III, Teil 1, S. 408); „1. MYAGRVM siliculis obouatis pedunculatis polyspermis, ROY. l. 330. LIN. Sp. pl. 2. p. 894. n. 6. Alysson segetum foliis auriculatis acutis, TOVRN. inst. 217. BOERH. lugd. 2. p. 4. GM. Ind. Ien. 1019. 1. Idem pumilum. 2. Idem foliis et caulibus hirsutissimum. ... Varietatem II. STELLERVS in Kamtschatca legit, et praeter id, quod maxime hirsuta sit, foliis etiam gaudet valde laciniatis." (Gmelin 1747–1769, Bd. III, S. 249); „1. Myagrum siliculis obovatis pedunculatis polyspermis [=]

Camelina sativa Crantz! [;] var. 2. Idem foliis et caulibus hirsutissimum. [=] Tetrapoma paniculata Desv.!" (Ledebour 1841, S. 105); „2) CAMELINA SATIVA. Crantz. ... Myagrum No. 1. Gmel. Fl. sib. III. p. 249. (excl. var. 2, ...) ..." (Ledebour 1831, S. 178f.); „94. Camelina. CRANTZ. ... 1. C. sativa (CRANTZ. Fl. austr. I, p. 18) ... Myagrum siliculis obovatis ... GMEL. Fl. sib. III, p. 249. Nro. 1 (excl. var. 2). ..." (Ledebour 1842, S. 196); „[Myagrum] sativum, ... zamer Leindotter, ... zamer groser Dotter; Dort; kleiner Oelsamen; Finkensamen; ... Man rühmt ihn ... in Entzündungen der Augen; ... man kann auch daraus ein sehr gutes mildes Oel pressen, das ... sowol in der äuserlichen und innerlichen Arzneykunst, als ein erweiterndes und linderndes Mittel, als auch in der Haushaltung zu Salat, zu Brühen, zu Lampen u. d. g. ohne Beschwerlichkeit gebraucht werden kannn, ..." (Gmelin 1774, Sp. 323ff.); „CAMELINA SATIVA Crantz. GEBAUTE CAMELINA. ...Wegen der sehr ölreichen Samen pflegt man die Pflanze in manchen Gegenden im Grossen anzubauen, da das Öl sehr gut ist und nicht gerinnt. Ehemals wurden auch Kraut und Samen als Herba et Semen Sesami vulgaris vel Camelinae in der Medizin gebraucht. Deutsche Namen: Gemeiner Leindotter, Flachsdotter, Dotterkraut, Dotterlein, Dotter, Dort, kleiner Ölsamen, Finkensamen." (Dietrich 1843, Nr. 757); „115) Wilder Leindotter, wilder großer Dotter, Dort, kleiner Oelsaamen, Finkensaamen, Flachsdotter; Myagrum sativum, ... diese [d. h. die Samen] sind nicht nur ein sehr angenehmes Futter für die Vögel, und von den ältern Griechen wegen ihres angenehmen Geschmacks unter das Brod gemengt, auch in andern Ländern statt des Leinsaamens gebraucht worden, ..." (Gmelin 1779, S. 146f.); „Leindottermönch, Moenchia sativa, Gm. ... sonst Myagrum sativum, L. genanntes Sommergewächs, ... Der länglichte röthliche Samen (Sem. Myagri, Camelinae) hat einen kreßartigen, schleimigen Geschmack, und ist in Breiumschlägen ehedem als ein erweichendes, kühlendes Mittel äußerlich, so wie im Absude innerlich als ein linderndes gebraucht worden, ..." (Hahnemann 1798, S. 21f.); „736. Myagrum sativum. Lin. Syst. Plant. III. p. 208. sp. 6. Ruß. Ryschik [russ. *ryžik*]. ... Am Irtisch sammlet man den Saamen und preßet ein zum Speisen und Brennen sehr nützliches Oel, ..." (Falk 1786, S. 213); „5. MYAGRUM sativum ... Lein=Dotter. Gemeiner Dotter. ... R. Rischik. ... In Klein= und Weiß=Rußland, auch in einigen Kreisen der Gouvernements des neuen Rußlands wird Leindotter der Oelschlägerey wegen ins Feld gesäet und nach Umständen 5 bis 15faltig geerntet. Der Saame giebt den 6ten auch 5ten Theil eines guten Speise=, Brenn= und Anstrich oder Firnißöles; es wird bald ranzig, auch ist die Farbe desselben bräunlich gelb. Die Farbe zu verbessern, sieden es die Kleinrussen mit Asche, davon es weißlich und helle wird. ..." (Georgi 1797–1802, Theil 3, S. 1115ff.); Camelina sativa Crantz. – russ. *režucha*, *žabnik zelenyj*, *kaška* bzw. *ryžik* (*Annenkov* 1858, S. 26, Nr. 241); „Camēlina CRNTZ. (Cruciferae). Zus. aus χαμαι (niedrig) und λινον (Lein), d. h. eine Pflanze, welche den Lein niederdrückt, sie ist nämlich dem Leine nachtheilig." (Wittstein 1852, S. 149); „Tetrapōma TURCZ. (Cruciferae). Zus. aus τετρα (vier) und πωμα (Becher, Dekel). = Tetacellium." (a. a. O., S. 872)

„321. Alysson Segetum foliis auriculatis, acutis Inst." (AAW R. I, Op. 15, D. 3, Bl. 6v, s. Anm. 65 in Nr. 24); „29. Alysson segetum, foliis auriculatis acutis I. R. H." (AAW R. I, Op. 14, D. 8, Bl. 1v, s. Anm. 98 in Nr. 39); „Alysson Segetum, foliis auriculatis acutis Inst. r. h." (AAW R. III, Op. 1, D. 162, Bl. 20v, s. Anm. 54 in Nr. 17); „549. Alysson segetum, folijs auriculatis, acutis I. R. H. ..." (AAW R. I, Op. 105, D. 12, Bl. 28r, s. Anm. 54 in Nr. 17); „27. Forte Alysson segetum folijs auriculatis acutis I. R. H. ..." (AAW R. I, Op. 15, D. 1, Bl. 10r, s. Anm. 24 in Nr. 64); „1019. Alysson segetum foliis auriculatis, acutis I. R. H. ..." (AAW R. I, Op. 105, D. 1[a], Bl. 104v, s. Anm. 29 in Nr. 5); „8. Alysson segetum folijs auriculatis acutis I. R. H. ... Myagrum siliculis obverse ovatis, lateribus depressis Linn. h. Cliff. 328. ..." (AAW R. I, Op. 13, D. 67, Bl. 66r, s. Anm. 5 in Nr. 4); „2. Alysson segetum foliis auriculatis, acutis. Inst. r. h. 217." (AAW R. I, Op. 13, D. 16, Bl. 11v, s. Anm. 32 in Nr. 6); „954. Myagrum siliculis obverse ovatis, lateribus depressis Linn. h. Cliff. 328. Alysson segetum folijs auriculatis acutis Tourn. inst. 217. ...“ (AAW R. I, Op. 13, D. 20, Bl. 86r, s. Anm. 1 in Nr. 1); „360. Alysson segetum foliis auriculatis acutis I. R. H. ...“ (AAW R. I, Op. 13, D. 42, Bl. 64v, s. Anm. 1 in Nr. 1); „CCXXIII. Alysson. T. 216. 104. B. II. 3. ... 2. Alysson segetum foliis auriculatis acutis. T. 217. B. n. 13. Myagrum sativum C. B. P. 109. 3. Alyssum segetum foliis auriculatis acutis, fructu majori. T. 217. ...“ (Bl. 26v in T. Gerber „Flora Moscuensis ...“, s. Anm. 6 in Nr. 55)

12 „Alyssum segetum, elatius, foliis auriculatis, flore & semine minore, Tournef. an Myagrum sylvestre C. B. vid. J. B. & Chabraeus. ...“ (Rupp 1726, S. 69); „III. Myagrum sylvestre. ...“ (Bauhin 1623, S. 109); „[Alysson] segetum elatius, foliis auriculatis, flore & semine minore; so nennt Rupp eine erhabene Spielart des zahmen Leindotters.“ (Gmelin 1772a, Sp. 365); „Myagrum sylvestre; sylvestre s. pseudomyagrum; tertium in arvis; turcicum; so nennen C. und J. Bauhin, Parkinson und J. Camerer die wilde Spielart des zahmen Leindotters.“ (Gmelin 1774, Sp. 327); „1. ALYSSON foliis scabris, sagittatis, leviter dentatis. Myagrum sativum C. B. P. &c. Myagrum Turcicum I. B. II. p. 893. Myagrum sylvestre C. B. ... Alysson segetum elatius foliis auriculatis flore & semine minore RUPP. p. 69. ...“ (Haller 1742, S. 537); s. Nr. 203

13 „362. Alysson foliis Globulariae affine. Perquam convenit cum Thlaspi alpino minori capitulo rotundo C. B. Raj Hist. 821. ...“ (AAW R. I, Op. 13, D. 42, Bl. 64v–65r, s. Anm. 1 in Nr. 1)

„Das liegende Besemkraut: Thlaspi Alpinum Bellidis coeruleae folio, C. B. P. 106. montanum Glasti folio minus, ... Thlaspi foliis Globulariae J. B. 2. 926. ... Hat viele schwartz=grüne, kleine, dicke und etwas breite, rundliche, kaum Zoll lange Blätter, die auf der Erde ligen, an Zoll langen oder längeren Stielen hangen, und sich den Himmel=blauen Maßlieben=Blättern vergleichen, ...“ (Zwinger 1744, S. 505); „12. LEPIDIVM foliis cordatis, superioribus amplexicaulibus, HALL. helv. 546. Tab. LVII. Bursa pastoris montana globulariae folio, TOVRN. Inst. 216. Alysson foliis globulariae adfine [sic!], GMEL. ind. Len. 362. ...“ (Gmelin 1747–1769, Bd. III, S. 254f.); „12. Lepidium foliis cordatis, superioribus amplexicaulibus. t. LVI. f. 1. (non LVII. ut in textu legitur.) [=] Thlaspi cochleariforme DeC.! (Hutchinsia hastulata DeC. Syst. II. 388. – Thlaspi montanum L. – M. a Bieb. Fl. t. c. II. 100. – Lepidium thlaspidioides Pall. it. III. 161.)“ (Ledebour 1841, S. 106); „7) Berg=Täschelkraut. Thlaspi montanum. ... Thlaspi siliculis obcordatis, foliis glabris: radicalibus subcarnosis obovatis integerrimis; caulinis amplexicaulibus, corollis calyce maioribus. LINN. Syst. Veg. p. 491. ... Thlaspi montanum glastifolio minus. C. BAUH. pin. 106. ...“ (Linné 1782, S. 228f.); „9. THLASPI montanum. ... T. montanum, glasti folio, minus. Bauh. pin. 106. ... Berg-Täschelkraut. W. ...“ (Linné 1797–1830, Bd. III, Teil 1, S. 445f.); „4) THLASPI MONTANUM. Linn. ...“ (Ledebour 1831, S. 97ff.); „9. T[hlaspi] montanum (L. SP. 902) ... 10. T[hlaspi] cochleariforme (DEC. Syst. II, p. 381. ...) ... T. montanum. GEORGI It. I, p. 224. LEDEB. Fl. alt. III, p. 97. Lepidium thlaspidioides. PALL. It. III, p. 161. 194. Lepidium foliis cordatis, superioribus amplexicaulibus. GMEL. Fl. sib. III, p. 254. Nro. 12. t. 56. f. 1. (non t. 57, ut in textu legitur). ...“ (Ledebour 1842, S. 164); „2. T[hlaspi] hastulatum (STEVEN) ... Hutchinsia hastulata. DEC. Prodr. I, p. 178. (excl. syn. Gmelini). ...“ (a. a. O., S. 162); „Thlaspi montanum, ... Bergtasche, ... heißt bey ... C. Bauhin: Thlaspi alpinum belloidis caeruleo folio; ...“ (Gmelin 1777, Sp. 90f.); „Den 16ten [April 1772] fieng ... auf der feuchten Niedrigung [bei *Selenginsk*] aber Lepidium thlaspidioides (*) welches auf allen ofnen Gebürgen in Dauurien und am Jenisei eins der ersten Frühlingsblümchen ist, seine Blüthen zu zeigen an. ... |: (*) Lepidium foliis cordatis, superioribus amplexicaulibus Hall. helv. p. 546. Flor. Sibir. III. p. 254. n. 12. tab. 56 fig. 1. :|“ (Pallas 1776, S. 161); „1. LEPIDIUM caule erecto, foliis cordatis, superioribus amplexicaulibus. ... Bhlaspi [sic!] alpinum Bellidis coeruleae foliis C. B. ... Thlaspi foliis globulariae I. B. II. p. 926. ... Bursa pastoris montana folioo globulariae I. R. H. ...“ (Haller 1742, S. 546); „[species 5] Bursa pastoris montana, Globulariae folio. Thlaspi Alpinum, Bellidis caerulea folio C. B. Pin. 106. Thlaspi foliis

Globulariae J. B. 2. 926. ...“ (Tournefort 1700, S. 216, Genus VI. „Bursa Pastoris. Tabouret.“); „Hutchīnsia R. BR. (Cruciferae). Nach der Irländerin HUTCHINS, welche die Alpen fleissig besuchte und in der cryptogamischen Pflanzenkunde sehr bewandert war.“ (Wittstein 1852, S. 455)

„540. Thlaspi montanum, flore minimo. ...“ (AAW R. I, Op. 105, D. 12, Bl. 27v, s. Anm. 54 in Nr. 17); „1011. Bursa pastoris montana Globulariae folio I. R. H. et Ind. Transbaic. ...“ (AAW R. I, Op. 105, D. 1[a], Bl. 104r, s. Anm. 29 in Nr. 5); „1015. Alysson foliis Globulariae affine Ind. Len. n[o] 362. ...“ (a. a. O., Bl. 104r); „1007. Thlaspi montanum flore minimo Ind. Irc. n[o] 540. ...“ (a. a. O., Bl. 103v); „4. Alysson folijs Globulariae affine Ind. Len. n[o]. 362. Jen. n[o]. 1015. Bursa pastoris montana Globulariae folio Ind. Transb. ...“ (AAW R. I, Op. 13, D. 67, Bl. 66r, s. Anm. 5 in Nr. 4); „2. Thlaspi montanum flore minimo Ind. Irc. n[o]. 540 Jen. n[o]. 1007.“ (a. a. O., Bl. 65v); „* Bursa pastoris montana, Globulariae folio. I. R. H. Thlaspi montanum II. Clus. Hist. CXXXI. ...“ (AAW R. I, Op. 105, D. 2, Bl. 5r, s. Anm. 54 in Nr. 17); „42 Alysson foliis globulariae affine“ (AAW R. I, Op. 105, D. 19, Bl. 1v, s. Anm. 55 in Nr. 18)

14 „[species 2] Alysson incanum, luteum, Serpilli folio, majus. Thlaspi minus quibusdam, aliis Alysson minus J. B. 2. 928. Thlaspi Alysson dictum, campestre, majus C. B. Pin. Alyssum minimum Clus. Hist. cxxxiij.“ (Tournefort 1700, S. 217, Genus I. „Alysson.“); „ALYSSUM incanum, luteum, serpilli folio majus & ALYSSUM incanum, luteum, serpilli folio minus Tournefort. ... Thlaspi alyssum dictum, campestre majus & minus C. B. P. 107. Klein Schild-besen=Kraut. Alyssum minimum Clusii Hist. CXXXIII. ...“ (Rupp 1726, S. 68); „1. ALYSSON INCANUM, LUTEUM, SERPILLI FOLIO, ANNUUM. Alysson incanum, luteum, Serpilli folio, majus & minus. J. R. H. 217. ... 2. ALYSSON PERENNE MONTANUM INCANUM. Inst. 217. ...“ (Vaillant 1727, S. 10); „6. CLYPEOLA siliculis bilocularibus ouatis dispermis, LIN. Sp. pl. 2. p. 910. n. 2 Thlaspi alyssum dictum campestre maius, BAVH. pin. 31. Thlaspi alyssum dictum, campestre minus, BAVH. pin. 31. Alysson incanum luteum, serpillifolio maius, TOVRN. Inst. 217. STELL. Irc. 206. Alysson incanum serpillifolio minus, TOVRN. inst. 217. STELL. Irc. 207. GMEL. Ien. 1016. Clypeola siliculis bilocularibus tetraspermis, LINN. h. Cl. 329. ROY. l. 332. Clypeola annua, siliqua biloculari emarginata, stylo breui, HALL. helv. 540. ...“ (Gmelin 1747–1769, Bd. III, S. 252); „6. Clypeola siliculis bilocularibus ovatis dispermis (excl. synon.) [=] Alyssum lenense Adams.? (Alyssum campestre L. cum affinibus conjunct. – M. a Bieb. Fl. t. c. II. 105. – Ptilotrichum elongatum? C. A. Meyer in Fl. alt. III. 67.“ (Ledebour 1841, S. 105); „2. CLYPEOLA siliculis bilocularibus tetraspermis. Alysson incanum luteum, serpilli folio, majus Tournef. inst. 217. ... Alysson minimum. Clus. hist. 2. p. 133. ... α Thlaspi Alysson dictum campestre minus. Bauh. pin. 107. ...“ (Linné 1737, S. 329); „8) Deutsches Steinkraut. Alyssum calycinum. ... Alyssum caulibus herbaceis, staminibus omnibus dentatis, calycibus persistentibus. LINN. Syst. Veg. p. 493. ... Clypeola siliculis bilocularibus tetraspermis. Hort. Cliff. 329. ... Thlaspi Alysson dictum campestre maius. C. BAUH. pin. 107. ...“ (Linné 1782, S. 251); „16. ALYSSUM calycinum. ... Clypeola siliculis ... Hort. cliff. 329. Thlaspi Alysson dictum campestre majus. Bauh. pin. 107. ... Kelchfrüchtiges Steinkraut. W. ...“ (Linné 1797–1830, Bd. III, Teil 1, S. 464f.); „2) ALYSSUM ALTAICUM. C. A. Meyer. ... α. dasycarpum: ... β. leiocarpum: ...“ (Ledebour 1831, S. 55ff.); „2) PTILOTRICHUM ELONGATUM. C. A. Meyer. ... Specimina possidemus e regionibus transbaicalensibus, plantae altaicae simillima. ...“ (a. a. O., S. 66f.); „65. Psilonema. C. A. Meyer. ... 1. P. calycinum (C. A. Meyer in Bullet. de l'Acad. des scienc. de St. Petersburg. VII, p. 132) ... α. calycibus persistentibus. A[lyssum] calycinum. L. SP. 908 ... β. calycibus subdeciduis, fructibus majoribus. A[lyssum] campestre. M. a BIEB. Fl. t. c. II, p. 105. ...“ (Ledebour 1842, S. 137); „2. A[lyssum] Fischerianum (DEC. Syst. II, p. 311. – Prodr. I, p. 162) ... A. lenense. DEC. Prodr. I, p. 161 ... A. altaicum. C. A. Meyer in LEDEB. Fl. alt. III,

p. 55. ... Clypeola siliculis bilocularibus ovatis dispermis. GMEL. Fl. sib. III, p. 252. Nro. 6. (excl. synon.)? α. dasycarpum: ... β. leiocarpum: ..." (a. a. O., S. 138); „198. Alyssum lenense Adams. ... DC. prodr. I. pag. 161. ... A. Fischerianum Ledeb. fl. ross. I. pag. 138. ... A. altaicum C. A. M. in Ledb. fl. alt. III. pag. 55. ... 199. Alyssum Fischerianum DC. syst. II. pag. 311. DC. prodr. I. pag. 162. ..." (Radde 1861, S. 179f.); „1274. ALYSSUM campestre. ... A. caule herbaceo, ... Linn. ed. Willd. 3. p. 467. ... A. calycinum. ... Gmel. sib. 3. p. 252. n. 6. ..." (Marschall von Bieberstein 1808, S. 105f.); „21. ALYSSUM campestre, A. caule herbaceo, staminibus stipatis pari setarum, calycibus deciduis. Sp. pl. 909. ... Feld-Steinkraut. W. ..." (Linné 1797–1830, Bd. III, Teil 1, S. 467); „5. Alyssum lenense Adams. Lenasches Steinkraut. ..." (Dietrich 1825, S. 179); „1924. ALYSSUM calycinum. Linne. Kelchfrüchtiges Steinkraut. ... Synop. [sic!] Alyssum calycinum Linn. Sp. pl. 2. p. 908. Willd. Sp. pl. 3. p. 464. ... A. campestre MBieberst. Fl. taur. cauc. p. 105. ... 1925. ALYSSUM campestre Linn. Sp. pl. 2. p. 909. Willd. Sp. pl. 3. p. 467. ... Anm. MBieberstein trägt in der Flora taur. cauc. unter dem Namen Alyssum campestre das A. calycinum Linn. vor, ohne Zweifel weil Linne die Staubgefässe gezähnt nennt. .." (Röhling 1833, S. 584ff.); „2. CLYPEOLA siliculis bilocularibus tetraspermis. Lin. Hort. Cliff. Kleiner Bauernsenf, dessen Schoten zwey Zellen haben, die vier Saamenkörner enthalten." (Miller 1758, S. 69); „Alysson, Alyssum. ... Zu den grasartigen alyssis gehören: ... h) Alyssum calycinum (caulibus herbaceis, staminibus, omnibus dentatis, calycibus persistentibus); dieses ist Thlaspi alysson, campestre dictum Bauh. oder Alysson minimum Clus. ..." (Schmidlin 1771a, S. 269f.); „3. Art. A[lyssum] calycinum. Gemeines Steinkraut. (Linné.) ... Alysson minimum. (Clus. hist. 2. p. 133.) ..." (Bechstein 1833, S. 905f.); „6. ALYSSUM calycinum ... Scharfblättriges Steinkraut. ... 8. ALYSSUM campestre ... Heide=Steinkraut. ..." (Georgi 1797–1802, Theil 3, S. 1125f.); „Psilonēma C. A. MEYER (Cruciferae). Zus. aus ψιλος (nackt, kahl) u. νημα (Faden); die Staubgefässe sind einfach, die Nabelschnüre fadenförmig u. frei." (Wittstein 1852, S. 732); „Ptilōtrichum C. A. MEYER (Cruciferae). Zus. aus πτιλον (Flügel, Flaumfeder) und δριξ (Haar); Pflanzen mit federigästiger Pubescenz." (a. a. O., S. 739f.); „Clypēola LINN. (Cruciferae. Dimin. von clypeus (Schild), in Bezug auf die Form der Schötchen." (a. a. O., S. 209)

„547. Alysson perenne, montanum, incanum I. R. H. ..." mit der rechts marginalen Anm. von J. G. Gmelin „Alysson incanum luteum Serpilli folio majus I. R. H. St. n°. 206" (AAW R. I, Op. 105, D. 12, Bl. 28r, s. Anm. 54 in Nr. 17); „1. Alysson perenne montanum, incanum I. R. H. ... Alyssum folijs lanceolatis obtusis incanis, caulibus procumbentibus, radice perenni Linn. h. Cliff. 332. ..." (AAW R. I, Op. 13, D. 67, Bl. 66r, s. Anm. 5 in Nr. 4); „131 Alyssum incanum luteum serpilli folio majus, ..." (AAW R. I, Op. 104, D. 25, Bl. 11v, s. Anm. 61 in Nr. 21); „113. Alysson perenne montanum, incanum Inst. r. h. 217 Thlaspi montanum luteum JB. 2. 928." (AAW R. I, Op. 6, D. 40, Bl. 28v, s. Anm. 1 in Nr. 1); „113. Alyssum pereñe montanum i. r. h. incanum Thlaspi mont. lut. J B." (G. W. Steller nach J. G. Heinzelmann: AAW R. I, Op. 81, D. 23, Bl. 17r, s. Anm. 1 in Nr. 1); „124 alysson incanum luteum Serpilli folio majus T. 217 I. r. h." (G. W. Steller nach J. G. Heinzelmann: a. a. O., Bl. 24v); „1012. Alysson perenne montanum incanum I. R. H. ... „ (AAW R. I, Op. 105, D. 1ª, Bl. 104r, s. Anm. 29 in Nr. 5); „359. Alysson incanum, luteum, Serpilli folio maius I. R. H. ..." (AAW R. I, Op. 13, D. 42, Bl. 64v, s. Anm. 1 in Nr. 1); „524. Alysson incanum luteum serpilli folio majus T. 217. B. n. 3." (AAW R. I, Op. 104, D. 13, Bl. 4v, s. Anm. 84 in Nr. 29); „Alysson incanum, luteum, serpilli folio, maius I. R. H. ..." (AAW R. I, Op. 105, D. 2, Bl. 5r, s. Anm. 54 in Nr. 17); s. auch Nr. 208 „[species 3] Alysson incanum, Serpilli folio, minus. Thlaspi Alysson dictum, campestre minus C. B. Pin. 107." (Tournefort 1700, S. 217, Genus I. „Alysson."); „1016. Alysson incanum, Serpilli folio minus I. R. H. ..." (AAW R. I, Op. 105, D. 1ª, Bl. 104v, s. Anm. 29 in Nr. 5); „7. Alysson incanum, Serpilli folio minus I. R. H. ...“ (AAW R. I, Op. 13, D. 67, Bl. 66r, s. Anm. 5 in Nr. 4); s. Nr. 206

16 „[species 11] Alysson Alpinum, hirsutum, luteum. Sedum Alpinum, hirsutum, luteum C. B. Pin. 284. Sedum petraeum, montanum Lob. Icon. 381.“ (Tournefort 1700, S. 217, Genus I. „Alysson.“); „Sedum petraeum montanum. A. 163. T. 464.“ (Lobelius 1581, S. 381); „3. ALYSSON Alpinum hirsutum luteum. Tourn. Alyssen mit haarigen Blättern.“ (Miller 1750, S. 31); „4. ALYSSVM ramulis suffruticosis diffusis, foliis punctato-echinatis, LIN. Sp. pl. 2. p. 907. n. 2. IACQ. Vind. p. 258. n. 56. cum descr. bona. Alyssum foliis lanceolatis obtusis incanis, caulibus procumbentibus, radice perenni, LIN. h. Cliff. 332. ROY. l. 331. 1. Thlaspi montanum luteum, BAVH. hist. 2. p. 928. t. 929. 2. Alysson perenne montanum incanum folio angustiore et densius congesto, GM. Ind Ien. n. 1013. 3. Alysson alpinum hirsutum luteum, STELL. Irc. n. 208. (Hoc TOVRNEFORTII synonymon STELLERVS huc retulit, illique iunxit illud BAVHINI: Secundum alpinum hirsutum luteum, Pin. 108. quae vtraque magis ad Drabam alpinam spectare videntur.) ...“ (Gmelin 1747–1769, Bd. III, S. 250f.); „4. Alyssum ramulis suffruticosis diffusis, foliis punctato-echinatis. (excl. synon.) [=] Odontarrhena tortuosa C. A. Meyer? (Alyssum montanum L. – Willd. sp. pl. III. 466. et M. a Bieb. Fl. t. c. II. 104.“ (Ledebour 1841, S. 105); „ALYSSUM foliis lanceolatis obtusis incanis, caulibus procumbentibus, radice perenni. Alysson perenne montanum incanum. Tournef. inst. 217. Thlaspi montanum luteum. Bauh. hist. 2. p. 928. ...“ (Linné 1737, S. 332); „1) Hauswurzartiges Hungerblümchen. Draba aizoides. ... Draba scapo nudo simplici, foliis ensiformibus carinatis ciliatis. LINN. Syst. Veg. p. 489. Mant. Pl. I. p. 91. ... Alyssum hirsutum alpinum luteum. TOURNEF. ... Sedum alpinum hirsutum luteum. BAUH. pin. 284. ... Sie ist der eigentlichen Alpenart (Drab. alpin.) überaus ähnlich, unterscheidet sich aber durch glatte, nachenförmige, gleichbreite, gefranzte Blätter, ...“ (Linné 1782, S. 202f.); „1. DRABA aizoides. ... Alyssum alpinum hirsutum luteum. T. Mill. dict. ... Sedum alpinum hirsutum luteum. Bauh. pin. 284. ... Immergrünes Hungerblümchen. W. ...“ (Linné 1797–1830, Bd. III, Teil 1, S. 424f.); „19. ALYSSUM montanum. ... A. caulibus herbaceis diffusis, foliis sublanceolatis punctato-echinatis. ... Gmel. sib. 3. p. 250. ... A. foliis lanceolatis obtusis incanis, ... Hort. cliff. 332. ... Thlaspi montanum luteum. Bauh. hist. 2. p. 928. t. 929. prodr. 49. ... Berg-Steinkraut. W. ...“ (a. a. O., S. 466); „*9. ALYSSUM serpyllifolium. A. caulibus suffruticosis erectis, foliis incanis inferioribus obovatis, superioribus lanceolatis, racemis corymbosis confertis. W. ... Quendelblättriges Steinkraut. W. ...“ (a. a. O., S. 462); „1) ODONTARRHENA TORTUOSA. C. A. Meyer. ... A. serpyllifolium. M. a Bieb. Fl. taur. cauc. II. p. 103. (excl. synon. Desf. et Willd.) ...“ (Ledebour 1831, S. 60f.); „1268. ALYSSUM serpillifolium. ... A. caulibus suffruticosis erectis, foliis incanis: ... Linn. ed. Willd. 3. p. 462. Desfont. atl. 2. p. 70. ...“ (Marschall von Bieberstein 1808, S. 103); „67. Odontarrhena. C. A. MEYER. ... 2. O. alpestris: ... Odontarrhena tortuosa. C. A. MEYER in LEDEB. Fl. alt. III, p. 60. ... Alyssum serpyllifolium. M. a BIEB. Fl. t. c. II, p. 103; ... Alyssum ramulis suffruticosis diffusis, ... GMEL. Fl. sib. III, p. 250. Nro. 4 (excl. syn.). ...“ (Ledebour 1842, S. 141f.); „Draba aizoides, scapo nudo simplici, foliis ensiformibus ciliatis, carina laevi; Berghungerblümlein, ...“ (Gmelin 1773, Sp. 650); „964. DRABA aizoides ... Linn. Mant. gr. ... Alyssum alpinum hirsutum luteum. Tournef. inst. p, 217. ... Germ. Gelbblühendes Felsenhungerblümlein. ...“ (Gmelin 1808, S. 15f.); „2. Art. D[raba] aizoides. Immergrünes Hungerblümchen, ... Synonyme: D. scapo nudo simplici, foliis ensiformibus carinatis ciliatis. (Mant. 91. ..) ... Sedum alpinum hirsutum luteum. (Bauch. pin. 284.) ...“ (Bechstein 1833, S. 911f.); „1. DRABA aizoides ... Sedumartiges Hungerblümchen. ...“ (Georgi 1797–1802, Theil 3, S. 1118); „SEDUM. ... teutsch/ grosse Hauswurz/ Hauslaub. ... Sedum kommt her von sedendo, sitzen / weil dieses Gewächse auf den Mauern und auf den Dächern / auf welchen es zu wachsen pfleget/ gleichsam zu sitzen scheinet. Oder / à sedando, vom

hindern, stillen/ weil es die Schmertzen und Entzündungen stillet. ...“ (Lémery 1721, Sp. 1034); „Odontärrhena C. A. MRY. (Cruciferae). Zus. aus ὀδους (Zahn) und ἀρρην (Männchen); die Staubgefässe haben zahnartige Anhänge.“(Wittstein 1852, S. 625)

„12. Mai 1724 ... (Alysson Serpillifolium luteum.) Item Alysson incanum rigidiusculum oblongo Serpilli folio, pumilum, flore luteo (an Alyssum incanum Serpilli folio minus Tournefortii sp. 3? Alysson officinarum?) ...“ (Messerschmidt 1962–1977, Bd. 3, S. 15ff.); „1013. Alysson perenne montanum, incanum, folio angustiore et densius congesto. ... Fl. Irc. n$^{\underline{o}}$ 208.“ (AAW R. I, Op. 105, D. 1^{a}, Bl. 104r, s. Anm. 29 in Nr. 5); „2. Alysson perenne montanum, incanum, folio angustiore & densius congesta Ind. Jen. n°. 1013.“ (AAW R. I, Op. 13, D. 67, Bl. 66r, s. Anm. 5 in Nr. 4); „358. Alysson perenne, montanum, incanum I. R. H. ...“ (AAW R. I, Op. 13, D. 42, Bl. 64v, s. Anm. 1 in Nr. 1); „* Alysson alpinum hirsutum, luteum I. R. H. ...“ (AAW R. I, Op. 105, D. 2, Bl. 5r, s. Anm. 54 in Nr. 17); s. auch Nr. 206

17 „Sedum acre L. Scharfe oder Kleine Fetthenne, Scharfer Mauer- oder Steinpfeffer, ... Die Blätter stehen an den sterilen Stengelästen dicht dachziegelig und zugleich schraubenförmig in 6 Reihen, ... Ehedem war das frische Kraut, Herba recens Sedi acris s. Sedi minoris s. Sedi vermicularis ... officinell. ... Man wendete früherhin das zerquetschte Kraut oder den ausgepressten Saft äusserlich gegen faulige und fressende Geschwüre, Kopfgrind und selbst gegen Krebs und innerlich ... gegen Scorbut, Epilepsie und andern Krampfformen an. ...“ (Winkler 1842, S. 607f.)

18 „[species 10] Alysson fruticosum, incanum. Thlaspi fruticosum, incanum C. B. Pin. 108. Thlaspi capsulis sublongis, incanum J. B. 2. 929. Thlaspi incanum. Mechliniense Lob. Icon. 216.“ (Tournefort 1700, S. 217, Genus I. „Alysson.“); „6. ALYSSON fruticosum, incanum. Tourn. 217. Graue staudige Alyssen.“ (Miller 1750, S. 31); „5. ALYSSVM caule erecto, foliis lanceolatis incanis integerrimis, floribus corymbosis, ROY. l. 331. LIN. Sp. pl. 2. 908. n. 6. Thlaspi incanum machliniense, [s. Glossar: Mecheln] LOB. ic. 216. CLVS. hist. 2. p. 132. Thlaspi capsulis sublongis incanum, BAVH. hist. 2. 929. Thlaspi fruticosum incanum, B. pin. 108. Alysson fruticosum incanum, TOVRN. inst. 217. STELL. Irc. 209. ...“ (Gmelin 1747–1769, Bd. III, S. 251f.); „5. Alyssum caule erecto, foliis lanceolatis incanis integerrimis, floribus corymbosis [=] Berteroa incana DeC.!“ (Ledebour 1841, S. 105); „2. ALYSSUM caule erecto, foliis lanceolatis incanis integerrimis, floribus corymbosis. Alysson fruticosum incanum. Tournef. inst. 217. ... Thlaspi fruticosum incanum. Bauh. pin. 108. ... Thlaspi incanum machliniense. Clus. hist. 2. p. 132. ...“ (Linné 1737, S. 332); „6) Bestäubtes Steinkraut. Alyssum incanum. ... Alyssum caule erecto foliis lanceolatis incanis integerrimis, floribus corymbosis, petalis bifidis. LINN. Syst. Veg. p. 493. ... Hort. Cliff. 332. ... GMEL. Sib. 3. p. 252. ... Thlaspi fruticosum incanum C. BAUH. pin. 108. Thlaspi fruticosum incanum machliniense. CLUS. hist. 2. p. 132. .. Diese Pflanze ist ein gutes Futter für die Schaafe, und giebt den Bienen Stof zu Wachs. ...“ (Linné 1782, S. 249f.); „13. ALYSSUM incanum. Alyssum caule erecto, ... Hort. cliff. 332. ... Thlaspi fruticosum incanum. Bauh. pin. 108. Thlaspi incanum machliniense. Clus. hist. 2.p. 132. ... Graues Steinkraut. W. ...“ (Linné 1797–1830, Bd. III, Teil 1, S. 463f.); „1) BERTEROA INCANA. Dec. ... Alyssum incanum. M. a. Bieb. Fl. taur. cauc. II. p. 104. ... Alyssum No. 5. Gmel. Fl. sib. III. p. 251. ...“ (Ledebour 1831, S. 47f.); „61. Berteroa. Dec. ... 1. B. incana (DEC. Syst. II, p. 291. ...) ... B. incana. ... LEDEB. Fl. alt. III, p. 196. ... Alyssum incanum. ... Alyssum caule erecto, ... GMEL. Fl. sib. III, p. 251. Nro. 5. ...“ (Ledebour 1842, S. 134f.); „Alysson fruticosum incanum, bedeutet bey beyden [d. h. Boerhaave und Tournefort] die bestäubte Alyssen.“ (Gmelin 1772a, Sp. 363); „Alyssum incanum, caule erecto, foliis lanceolatis incanis integerrimis, ... bestäubte Alyssen, ... weisses Schildbesemkraut, weisse Wegkresse, weisser Baurensenf; ... sie ist ein gute Futer für die Schafe, ...“ (a. a. O., Sp. 369f.); „1271. ALYSSUM incanum. A. caule erecto, ... Gmel. sib. 3. p. 251. n. 5. ...“ (Marschall von Bieberstein 1808, S. 104); „1928. FARSETIA

incana. Brown. Graue Farsetie. ... Synon. Alyssum incanum Linn. Sp. pl. 2. p. 879. ... Berteroa incana DeCand. Syst. 2. p. 291. ..." (Röhling 1833, S. 588f.); „BERTEROA INCANA Mönch. GRAUE BERTEROA. ... B. incana De Cand. syst. veg. 2. p. 291. ... Alyssum incanum Linné Fl. suec. 528. 582. ... Farsetia incana Rob. Br. in hort. Kew. ed. 2. IV. p. 97. ... Deutsche Namen: Bestaubtes Steinkraut, weisse Wegkresse, grosses Schildsamenkraut, weisser Bauernsenf, weisses Alyssenkraut." (Dietrich 1841, Nr. 623); „... Alyssum incanum (Dikaja Rjäbina) [russ. *dikaja rjabina*], ..." (Georgi 1775, S. 818); „Berterōa DC. (Cruciferae). Nach C. GUISEPP. BERTERO, einem Piemontesen, der in Westindien und Südamerika 2 Jahre botanisirte und Decandolle, Balbis und Sprengel viele neue Pflanzen lieferte." (Wittstein 1852, S. 103); „Farsētia TURR. (Cruciferae). Nach PH. FARSETI, venetianischem Botaniker benannt." (a. a. O., S. 362)
„753. Alysson fruticosum incanum Inst. r. h." (AAW R. I, Op. 15, D. 3, Bl. 14r, s. Anm. 65 in Nr. 24); „Alysson fruticosum incanum Inst. r. h. ab eod. [d. h. J. G. Heinzelmann]" (AAW R. III, Op. 1, D. 162, Bl. 22r, s. Anm. 54 in Nr. 17); „37. Allisum fruticosum incanum I. R. H. ..." (a. a. O., Bl. 62v); „114. Alysson fruticosum incanum Inst. r. h. 217. Thlaspi fruticosum incanum CBP. 108 Thlaspi capsulis sublongis incanum JB. 2. 929." (AAW R. I, Op. 6, D. 40, Bl. 28v, s. Anm. 1 in Nr. 1); „114. Alyssum fruticosum incanum i. r. h." (G. W. Steller nach J. G. Heinzelmann: AAW R. I, Op. 81, D. 23, Bl. 17r, s. Anm. 1 in Nr. 1); „Alysson fruticosum incanum I. R. H. ..." (AAW R. I, Op. 13, D. 67, Bl. 65v, s. Anm. 5 in Nr. 4); „Alysson fruticosum incanum. Inst. r. h. 217. n°. 20." (AAW R. I, Op. 13, D. 19, Bl. 3r, s. Anm. 54 in Nr. 17); „1. Alysson fruticosum incanum." mit der rechts marginalen Anm. „Tataria" (AAW R. I, Op. 13, D. 16, Bl. 11v, s. Anm. 32 in Nr. 6); „523. Alysson fruticosum incanum T. 217. B. n. 6." (AAW R. I, Op. 104, D. 13, Bl. 4v, s. Anm. 84 in Nr. 29); „217. Phyllanthera siliculis turgidis. Alysson fruticosum incanum Tourn. inst. 217. ex recensione Amman. ..." (AAW R. I, Op. 13, D. 20, Bl. 23v, s. Anm. 1 in Nr. 1); „CCXXIII. Alysson. T. 216. 104. B. II. 3. ... 1. Alyssum fruticosum incanum. T. 217. B. n. 6. Thlaspi fruticosum incanum C. B. P. 108. ..." (Bl. 26v in T. Gerber „Flora Moscuensis ...", s. Anm. 6 in Nr. 55); „Alyssum fruticosum incanum ibid" (G. W. Steller nach T. Gerber: AAW R. I, Op. 81, D. 23, Bl. 6r, s. Anm. 1 in Nr. 1)

19 s. Glossar: *Ol'chonskie vorota*

20 „[species 3] Brassica alba vel viridis C. B. Pin. 111. Brassica alba, vulgaris J. B. 2. 829. Brassica vulgaris, sativa Dod. Pempt. 621. Chou blond." (Tournefort 1700, S. 219, Genus I. „Brassica. Chou."); „Brassica alba, vel viridis C. B. P. ... Sauer=Kraut." (Rupp 1726, S. 58); „7. Der gemeine, grüne Kohl, oder der grün=weiße, glatte Kohl: Brassica alba vel viridis, C. B. P. 111. ..." (Zwinger 1744, S. 521); „1. BRASSICA radice caulescente tereti carnoso. ... α Brassica vulgaris sativa.. Dod. pempt. 621. Brassica alba vel viridis. Bauh. pin. 111. β Brassica capitate alba. Bauh. pin. 111. γ Brassica undulata. Reneal. spec. 131. Brassica alba crispa. Bauh. pin. 111. Brassica sabauda. Dod. pempt. 624. δ Brassica capitata rubra. Bauh. pin. 111. ... η Brassica cauliflora. Bauh. pin. 111. ..." (Linné 1737, S. 338f.); „7) Küchen=Kohl. Brassica oleracea. ... Brassica radice caulescente tereti carnosa. LINN. Syst. Veg. p. 503. ... ß. Brassica (oleracea viridis) alba vel viridis. C. BAUH. pin. 111. Grüner Wirsching. γ. Brassica (oleracea rubra) capitata rubra. C. BAUH. pin. 111. Rother Kopfkohl. δ. Brassica (oleracea capitata) capitata alba. C. BAUH. pin. 111. Weisser Kopfkohl. ε. Brassica (oleracea subnuda) alba crispa. C. BAUH. pin. 111. Brassica undulata. Renealm. spec. 103. Savoyer Kohl oder weisser Wirsching. ... ι. Brassica (oleracea botrytis) cauliflora. C. BAUH. pin. 111. ... Blumenkohl, Käsekohl. ... λ. Brassica (oleracea gongylodes) Gongylodes. C. BAUH. pin. 111. ... Brassica caulo-Rapa. I. BAUH. hist. 2 p. 829. Caulo-Rapum, CAM. epit. 251. Kohlrabe. ..." (Linné 1782, S. 343ff.); „8. BRASSICA oleracea. B. radice caulescente tereti carnosa. Hort. cliff. 338. ... β. Brassica (olerac. viridis) alba vel viridis. Bauh. pin. 111. γ. Brassica (oleracea rubra) capitata rubra. Bauh. pin. 111. δ. Brassica (oleracea

capitata) capitata alba. Bauh. pin. 111. ... ε. Brassica (oleracea sabauda) alba crispa. Bauh. pin. 111. Brassica undulata. Renealm. spec. 113. ... θ. Brassica (oleracea botrytis) cauliflora. Bauh. pin. 111. ... λ. Brassica (olerac. gongylodes) gongylodes. Bauh. pin. 111. ... Brassica caulo-Rapa. Bauh. hist. 2. p. 829. Caulo-Rapum. Cam. epit. 251. ... Garten-Kohl. W. ...“ (Linné 1797–1830, Bd. III, Teil 1, S. 548f.); „Brassica oleracea, radice caulescente tereti carnosa; Küchenkohl, ... diese Pflanze gibt guten Brandewein, und hat sehr viele Abänderungen, ... Brassica alba vel viridis: grüner Wirsching; er wird als ein Zugemüß genossen, ...“ (Gmelin 1772, Sp. 183f.); „Brassica, ... 2) Brassica alba vel viridis, C. B. Pit. Tournefort. ... Brassica alba vulgaris J. B. ... Teutsch Köl, Kohl, Weiß=Kohl, Kohl=Kraut, Gemeiner Weiß= oder Grün=Kohl, Glatter Kohl, Blade=Kohl, Kompst, Blätter=Kohl, Kompse=Kohl. ...“ (Zedler 1732–1750, Bd. 4, Sp. 1109ff.); „BRASSICA oleracea ... Gemeiner Kohl. R. Kapusta [russ. *kapusta*]. Tat. Kapsta. Finn. Koal. ... Der Küchen=Kohl, auch der gemeinste ist seit Alters ein fremdes Kulturprodukt, welches sich mit unserm Klima bis in den kalten Landstrich verträgt. .... Von den gebaueten oder Garten=Kohlarten ist der a. Weiße Kopfkohl (Brassica oleracea capitata) R. Kapusta belaja [russ. *kapusta belaja*], im ganzen Rußlande ein Gegenstand der Kultur, ... Die Weißkohlkultur ist seit Alters üblich, und der gesäuerte, geschnittene und zerhackte Kohl. (R. Kapusta kislaja) [russ. *kapusta kislaja*] und die säuerlichen Kohlsuppen (R. Schtschi) [russ. *šči*] uralte Nationalspeisen, die bey den niedern Klassen der Einwohner täglich, im Mittelstande und bey Ausländern oft zu Tische kommen, und auch auf den vornehmsten Tafeln nicht selten erscheinen. b. Rother Kopfkohl (Brassica capitata rubra) R. Kapusta krasnaja [russ. *kapusta krasnaja*], und c. Grüner= und Braunkohl (Brass. olerac. viridis) werden ebenfalls überall, doch wenger häufig gebaut und gescharbt, oder in Blättern, wie Spinat gegessen. ... d. Kohlrabi über der Erde (Brassica gongylodes) und e. Kohlrabi unter der Erde; Kohlrübe (Brassica Napobrassica ...) sind in den Gärten ... auch ziemlich gangbar. ... f. Savoyer= oder Wirsig=, Feder=, Kraus= und Blumenkohl (Brassica selenisia, sabellica, laciniata et botrytis ...) waren im alten Rußlande sonst nur in den Gärten der Residenzen und der Herrschaften, ... g. Gemeiner grüner Kohl ist selbst in den Bauergärten seltener, als der weiße.“ (Georgi 1797–1802, Theil 3, S. 1140ff.); mokschanisch kapstā – Kohl (Ahlquist 1861, S. 198); ersanisch kapsta – Kohl (Wiedemann 1865, S. 212); ersanisch ašo kapsta – Weißkohl (Wiedemann 1865, S. 255); wogulisch kapstịn – Kohl (Ahlquist 1891, S. 14); syrjänisch kapusta – Kohl (Wiedemann 1880, S. 93); „Brāssica L., PLIN. (Cruciferae). Vom celtischen bresic (Kohl). Man leitet auch ab von βραζειν (kochen), also Kochkraut, Speisekraut; ferner (nach Varro) von praesecare (vornwegschneiden), weil man die Blättern von Stängel zur Benutzung abschneidet.“ (Wittstein 1852, S. 122)

„133) Brassica alba vel viridis. ...“ (AAW R. I, Op. 104, D. 25, Bl. 11v, s. Anm. 61 in Nr. 21)

21 vermutlich eine Varietät von: „Brassica capitata alba C. B. P. 111. J. B. 826. ... Kohl, Kohl=Kraut, Kappis=Kraut, Haupt=Kraut.“ (Rupp 1726, S. 58); „Brassica capitata alba; gemeiner weisser Kohl, weisser Kopfkohl; man genießt ihn nicht nur als Salat, sondern auch ... als Zugemüß; man macht ihn im Herbst mit Salz ein, wodurch er in eine Gährung kommt, und durch den sauren Geschmak, den er davon erhält, Sauerkraut genennt wird: ...“ (Gmelin 1772, Sp. 185); „Der weiße Kopf=Kohl, weißer Kohl, Weiß=Kohl, Weiß=Kraut, weißes Sommerkraut, im g. L. auch Capiskraut, Cappeskraut, Capuskraut, Kabis, Kappes, Kappis, Kappis=Kohl, Kappis=Kraut ... Brassica capitata alba C. B. ... Der weiße, der rothe und der blaue Kopf=Kohl sind nur der Farbe nach unterschieden, doch ist der Gebrauch nicht einerley. ...“ (Krünitz 1773–1858, Bd. 42, S. 383ff.); „Brassica, ... 1) ... Brassica capitata alba, C. B. J. B. ... Pit. Tournef. Teutsch Weiß=Kraut, Kraut=-Häupt, Weisser Kopf=Kohl, Weiß Cappers=Kohl, Kappus=Kraut, Schlüß=Kraut, (weil sich dessen Blätter in Köpffe schlüssen), Haupt=Kohl, ... Gesottenes Cappis=Kraut ist gut wieder die geschwollenen Brüste der Weiber, ...“ (Zedler 1732–1750, Bd. 4, Sp. 1109ff.); „II. Ueber den

Landbau in Ingermanland, und besonders in der koporischen Gegend. ... Der koporische Weiskohl wird seiner Härte und Festigkeit wegen gleichfalls allem andern rußischen Kohl vorgezogen, ... III. Von dem koporischen Weißkohl. Die Bauren in der koporischen Gegend ziehen sehr wichtige Vortheile von dem Anbau ihres Weißkohles, weil sie fast allein, Petersburg, Narva und Cronstadt mit dieser Waare versorgen. ..." (Abhandlungen 1775, S. 30ff.); zu „ingrisch" s. Glossar: Ingrier „Brassica capitata alba, Caspar Bauhini (Tournefortii sp. 1), Off." (Messerschmidt 1962–1977, Bd. 4, S. 202, s. Anm. 1 in Nr. 1); s. Nr. 210

22 s. Glossar: coporisch

23 s. Glossar: Savoyen

24 „[species 5] Brassica alba, crispa C. B. Pin. 111. Brassica Sabauda, rugosa J. B. 2. 828. Brassica Sabauda Dod. Pempt. 624. Chou frisé, blanc."; (Tournefort 1700, S. 219, Genus I. „Brassica. Chou."); „Brassica alba, crispa C. B. ... Wirsching, ..." (Rupp 1726, S. 59); „[Brassica] alba crispa, Savoyerkohl, Wersich, Wersekohl, weisser Wirsching; man genießt ihn im Winter, als ein Zugemüß; ..." (Gmelin 1772, Sp. 185f.); „Der Savoyer Kohl, gelber Savoyer Kohl, weißer Wirsing, Ulmer=Kraut, ... Brassica alba crispa C. B. ..." (Krünitz 1773–1858, Bd. 42, S. 526ff.); „Brassica, ... 3) Brassica alba crispa, C. B. Pit. Tournef. Brassica Sabaudi, Dod. ... Teutsch Savoyer=Kohl, Krauß=Kohl, Welsch=Kohl, Wersich=Kohl, Werse=Kohl. ..." (Zedler 1732–1750, Bd. 4, Sp. 1109ff.); s. Nr. 210

25 *Aleksej Jur'evič Bibikov*

26 „[species 7] Brassica capitata, rubra C. B. Pin. 111. J. B. 2. 831. Brassica rubra, capitate Dod. Pempt. 621. Chou pommé, rouge." (Tournefort 1700, S. 219, Genus I. „Brassica. Chou."); „Brassica capita rubra C. B. P. ... Germ. Rother Kopff=Kohl." (Rupp 1726, S. 59); „[Brassica] capitata rubra; rother Kohl; rother Kopfkohl; ... Sein Kraut wird meist als Salat genossen; in einigen Ländern auch als Zugemüß." (Gmelin 1772, Sp. 184f.); „Der wegen seiner rothen Rippen so genannte rothe Kohl, rothe Kopf=Kohl, rothes Kappes=Kraut, rother brabanter Cappus, oder der braune Kohl der Franzosen, Brassica rubra, Brassica capitata rubra C. B. ... Der rothe Kopf=-Kohl besitzt sehr viele medicinische Kräfte. Man braucht ihn mit vielem Nutzen in Lungen= und Brust=Krankheiten. Er öffnet den Leib und ist versüßend. ..." (Krünitz 1773–1858, Bd. 42, S. 521ff.); „Brassica, ... 4) Brassica capitata rubra, C. B. J. B. Pit. Tournef... Teutsch Rother Capppus, Rother= oder Brauner Kopf=Kohl. ..." (Zedler 1732–1750, Bd. 4, Sp. 1109ff.); s. Nr. 210

27 *Aleksej Jur'evič Bibikov*

28 „[species 8] Brassica gongylodes C. B. Pin. 111. Brassica caulorapa J. B. 2. 829. Brassica caule Rapum gerens Dod. Pempt. 625. Chou Rave." (Tournefort 1700, S. 219, Genus I. „Brassica. Chou."); „Brassica gongylodes C. B. P. 111. ... Kohl=Raben, quasi Kohl=Rüben, quia naturae quasi mediae videtur inter caulem sive brassicam & rapum. ..." (Rupp 1726, S. 59); „[Brassica] gongylodes, ... Kohlrabe, ... wilder Stekrübenkohl; Stekrübenkohl; ... Man ... genießt nicht nur ihre Wurzel, sondern auch ihre Blätter, als Frühlings= und Wintersalat, oder als Zugemüs; ... Aus den Samen kann man auch ein Oel pressen: Sie heißt bey ... J. Bauhin: Brassica caulorapa; bey C. Bauhin: Brassica gongylodes; ..." (Gmelin 1772, Sp. 193f.); „Die Kohl=Rübe über der Erde, Ober=Kohlrübe, Kohl=Rabi (*), Ober=Kohlrabi, Kopf=Kohlrabi, ... Brassica oleracea gongylodes Linn. ... ist eine Art von Kohl, welcher einen dicken runden Strunk oder Stängel, gleich einer Rübe, hat, ..." (Krünitz 1773–1858, Bd. 42, S. 526ff.); „Brassica, ... 8) Brassica raposa s. caule rapum gerens, Dod. Brassica rapicaulis, Cam. Brassica gongylodes, C. B. Moris. Brassica caulorape, J. B. ... Teutsch Rübe=Kohl, Kohl=Rübe, Kohl=Rapi, ..." (Zedler 1732–1750, Bd. 4, Sp. 1109ff.)

„971. Brassica caulorapae. ... 992. Brassica caulorapa." (AAW R. I, Op. 15, D. 3, Bl. 18r, s. Anm. 65 in Nr. 24); s. Nr. 210

29 *Aleksej Jur'evič Bibikov*

30 „[species 9] Brassica cauliflora C. B. Pin. 111. Brassica multiflora J. B. 2. 828. Brassica florida, botrytis Lob. Icon. 245. Chou fleur. (Tournefort 1700, S. 219, Genus I. „Brassica. Chou."); „Brassica cauliflora C. B. ... Germ. Blumen=Kohl, & Chartiviol." (Rupp 1726, S. 59); „[Brassica] botrytis, ... Blumenkohl, ... Käsekohl, Carviol, Broccoli; ... diese Art heißt bey ... C. Bauhin: Brassica cauliflora." (Gmelin 1772, Sp. 191f.); „Der Blumen=Kohl, ist eine Art Kopf=Kohl, welche auf Stängeln, die aus der Mitte der innern Blätter hervor kommen, eine Menge weißer schmackhafter Blumen trägt, ... Weil die Blumen dieses Kohles einiger Maßen wie gekäsete Milch aussehen, so wird er im Oberdeutschen auch Käse=Kohl, sonst aber auch mit einem ausländischen Worte Carfiol, Carviol, Chartifior, oder Caulfior, und in der Schweitz Kardiviol, welch letztere Benennungen vermuthlich aus dem Ital. Cavolo-fiore, Caulifiori verderbt sind genannt; Brassica cauliflora ... C. B. ..." (Krünitz 1773–1858, Bd. 42, S. 565ff.); „Brassica, ... 6) Brassica cauliflora, Dod. C. B. Moris. Pit. Tournef. ... Teutsch Blumen=Kohl, Carfiol, Caul=Fior, Käse=Kohl. ..." (Zedler 1732–1750, Bd. 4, Sp. 1109ff.)
„970. Brassica cauliflora." (AAW R. I, Op. 15, D. 3, Bl. 18r, s. Anm. 65 in Nr. 24); s. Nr. 210

31 „Chartiviol, (botan.) Sie ist ein Synonimum des Blumenkohls." (Encyclopädie 1781, S. 475)

32 *Aleksej Jur'evič Bibikov*

33 „[species 36] Leucoium angustifolium, Alpinum, flore sulphureo H. R. Par." (Tournefort 1700, S. 222, Genus II. „Leucoium. Giroflier ou Violier."); „Leucoïum angustifolium Alpinum flore sulphureo." (Joncquet 1665, S. 104); „19. LEUCOJUM angustifolium Alpinum, flore sulphureo. H. R. Par. Schmalblätteriger Veil derer Alpen, mit schwefelgelber Blume." (Miller 1750, S. 502); „2) Alpen=Levkoie. Cheiranthus alpinus. ... Cheiranthus foliis linearibus integris subtomentosis, caule ramoso, LINN. Syst. Veg. p. 500. ... Levcoium angustifolium alpinum, flore sulphureo. TOURNEF. Inst. R. H. 222. ... Diese ... unterscheidet sich von der vorigen [Cheiranthus erysimoides; s. Nr. 221] durch schmälere, grauere Blätter, größere Blumen und dünnere Schotten. ..." (Linné 1782, S. 311); „3. CHEIRANTHUS alpinus. C. foliis linearibus integris subtomentosis. Mant. 93. Fl. lapp. ed. Smith p. 224. Gebirgs-Leucoje. W. ..." (Linné 1797–1830, Bd. III, Teil 1, S. 515); „3) ERYSIMUM ALTAICUM. C. A. Meyer. ... E. lanceolato affine, radice crassa perenni, floribus majoribus. Dec. Syst. nat. II. p. 503. Cheiranthus alpinus. Falk. topogr. Beytr. II. p. 2216. ..." (Ledebour 1831, S. 153ff.); „9. E[rysimum] altaicum (C. A. MEYER in LEDEB. Fl. alt. III, p. 153) ... E. lanceolato affine, radice crassa perennis, floribus majoribus. Dec. Syst. II, p. 503. ... Cheiranthus alpinus. FALK. Beitr. II, p. 216. Hesperis foliis linearibus, ... GMEL. Fl. sib. III, p. 261. Nro. 20 (excl. syn. AMMAN. ruth. Nro. 76 et 77). ..." (Ledebour 1842, S. 188); „20. HESPERIS foliis linearibus, siliquis glabris. Hesperis angustifolia incana, foliis amplis luteis siliquis breuioribus, AMM. ruth. 77. Hesperis eadem siliquis longioribus, AMM. ruth. 76. I. Eadem caule latissimo. ... An haec planta forte Cheira<n>thus erysimoides LINNEO est?" (Gmelin 1747–1769, Bd. III, S. 261f.); „20. Hesperis foliis linearibus, siliquis glabris. (excl. synon. Amm. ruth. 76. [Erysimum Andrzeiowskianum. Bess.?] et 77. [Syrenia siliculosa. Andrz.?] [eckige Klammern im Text!]) [=] Erysimum altaicum C. A. Meyer?" (Ledebour 1841, S. 107); „773. Cheiranthus alpinus. Lin. Syst. Plant. III. p. 262. sp. 2. Flor. Austr. t. 74. ..." (Falk 1786, S. 216); „76. HESPERIS angustifolia, incana, floribus amplis, luteis, siliquas longioribus. Gmelino haec audit: Hesperis foliis caryophyllaeis; ... 77. HESPERIS angustifolia, incana, floribus amplis luteis, siliquis breuioribus. ..." (Amman 1739, S. 56ff); „[Leucoium] angustifolium alpinum flore sulphureo, bedeutet bey Tournefort und Allioni die Alpenlevkoje" (Gmelin 1773a, Sp. 443); „Cheiranthus alpinus, foliis linearibus intgris subtomentosis; Alpenlevkoje, ...

schmalblätterichte Mauerblume von den Alpen mit schwefelgelber Blume; ..." (Gmelin 1772, Sp. 866); „4. CHEIRANTHUS (Angustifolium) foliis linearibus, unguibus petalorum calyce longioribus. Cheiranthes mit schmalen Blättern, und längern Nägeln der Blumenblätter, als der Kelch ist. Leucojum angustifolium Alpinum, flore sulphureo. H. R. Par. Die schmalblätterige Mauerblume von den Alpen, mit einer schwefelgelben Blume." (Miller 1769, S. 672); „f. Schmahlblätterige, strohgelbe, oder schwefelgelbe Viole, Cheiranthus alpinus, foliis linearibus integris subtomentosis, caule ramoso Linn. ..." (Krünitz 1773–1858, Bd. 58, S. 511); „LEUCOIUM. ... teutsch, weiß, roth und purpurfarbene Rohrveilgen oder Levcoien. ... Die Blumen reinigen, machen dünne, eröffnen, dienen zu Stärckung des Haupts, und der Weiber Reinigung zu befördern. Leucoium kommt von λευκὸν ἴον viola alba, eine weisse Veilge. Vielleicht, daß dieser Titel deswegen diesem Gewächse ist gegeben worden, dieweil seine Stengel und Blätter weiß sind; dann die Blumen sind nicht alemahl weiß." (Lémery 1721, Sp. 633f.); Cheiranthus – russ. *levkoj* (*Annenkov* 1858, S. 30, Nr. 294); „Cheirānthus L. (Cruciferae). Zus aus χειρ (Hand) und ἀνδος (Blüthe), d. h. eine Pflanze, welche man ihrer schönen, angenehm riechenden Blüthen wegen gern in der Hand hält." (Wittstein 1852, S. 187); „Erȳsimum L. (Cruciferae). Von ἐρυειν (retten, helfen), in Bezug auf die heilsamen Wirkungen." (a. a. O., S. 336)

„134) An Levcojum angustifolium alpinum flore sulphureo H. R. Par. et Flor ircut. No. 216. ..." (AAW R. I, Op. 104, D. 25, Bl. 11v, s. Anm. 61 in Nr. 21); „558. Hesperis lutea folijs caryophyllaeis, Obs. in H. N. CXV. ..." mit der links marginalen Anm. von J. G. Gmelin „An Levcojum angustifolium Alpinum flore sulphureo H. R. P? St. 216." (AAW R. I, Op. 105, D. 12, Bl. 28v, s. Anm. 54 in Nr. 17); „CXV. Hesperis folijs Caryophyllaeis. ..." (AAW R. I, Op. 105, D. 8[a], Bl. 47v, s. Anm. 46 in Nr. 79); „1026. Hesperis lutea foliis caryophyllaeis Obs. in H. N. Cxv. ... Fl. Irc. n[o] 216." (AAW R. I, Op. 105, D. 1[a], Bll. 105r–105v, s. Anm. 29 in Nr. 5); „8. Hesperis lutea folijs caryophyllaeis Obs. in H. N. CXV. Ind. Jen. n°. 1026. Fl. Irc. n°. 216." (AAW R. I, Op. 13, D. 67, Bl. 66v, s. Anm. 5 in Nr. 4); „6. Hesperis foliis Caryophyllaeis Gmel." mit der rechts marginalen Anm. „Sibiria" (AAW R. I, Op. 13, D. 16, Bl. 11v, s. Anm. 32 in Nr. 6); „896. Hesperis caule ramosissimo, folijs lanceolatis integerrimis. Hesperis angustifolia incana, floribus amplis luteis Amm. ic. & descr. 76. 77. ..." (AAW R. I, Op. 13, D. 20, Bl. 81v, s. Anm. 1 in Nr. 1); „* Hesperis foliis Caryophyllaeis obs. in Hist. Nat. CXV. Tradidi hanc superiori anno pro Leucoio luteo sylvestri Clus. J. B. ..." (AAW R. I, Op. 105, D. 2, Bl. 5r, s. Anm. 54 in Nr. 17); „43. Hesperis folijs caryophyll[a]eis ..." (AAW R. I, Op. 105, D. 19, Bl. 2r, s. Anm. 55 in Nr. 18); „Hesperis foliis Caryophyllaeis Gmel. Sem ex Davuria." (AAW R. III, Op. 1, D. 162, Bl. 16r, s. Anm. 54 in Nr. 17); „Hesperis foliis caryophyllaeis Gmel." (a. a. O., Bl. 35r); „37. Hesperis angustifolia incana, floribus amplis luteis Amm. 76 & 77. Fl. Irc. 216." (AAW R. I, Op. 105, D. 16, Bl. 1v, s. Anm. 5 in Nr. 4)

34 „[species 8] Hesperis sylvestris, inodora C. B. Pin. 202. Hesperis Panonnica, inodora J. B. 2. 878. Hesperis 3 Clus. Hist. 297." (Tournefort 1700, S. 222, Genus III. „Hesperis Juliane vel Juliene."); „HESPERIS. CAP. V. ..." mit der Abbildung „Hesperis III." auf S. 297 (Clusius 1601, S. 296f.); „5. Die fremde Abend=Viole ohne Geruch: Hesperis Pannonica inodora, J. B. 2. 878. ... Nach der Alten Meynung wärmet und trocknet die Abend=Viole sehr, ... Sie hat ... die Tugend und Eigenschaft zu lösen, zu eröffnen, den zähen Schleim zu erdünneren, durch den Harn und Schweiß zu treiben, den schweren Athem zu erleichteren, und die monatliche Reinigung der Weibern zu beförderen. ..." (Zwinger 1744, S. 514); „2. HESPERIS caule simplici, foliis ovato-lanceolatis denticulatis. ... Hesperis hortensis. Bauh. pin. 202. ... Viola matronalis. Dod. pempt. 161. ..." (Linné 1737, S. 335); „3) Geruchloser Nachtveil. Hesperis inodora. ... Hesperis caule simplici erecto, foliis subhastatis dentatis, petalis obtusis. LINN. Syst. Veg. p. 501. ... Hesperis sylvestris inodora. C. BAUH. pin. 202. Hesperis tertia. CLUS. hist. I. p. 297. ..." (Linné 1782, S. 325f.);

„3. HESPERIS matronalis. H. caule simplici erecto, foliis ovato-lanceolatis denticulatis, petalis mucrone emarginatis. Hort. cliff. 335. ... Gmel. sib. 2. p. 259. n. 18. t. 58. ... H. hortensis. Bauh. pin. 202. Viola matronalis Dod. pempt. 161. β. Hesperis (sibirica) caule simplici, foliis lanceolatis dentato-serratis, petalis obtusissimis integris. Sp. pl. ed. 2. p 927. Gmel. sib. 3. p. 260. n. 19. Amm. ruth. n. 73. et 74. ... Rothe Nachtviole. W. ... 4. HESPERIS inodora. ... H. sylvestris inodora. Bauh. pin. 202. ... Hesperis 3. Clus. hist. 1. p. 297. ... Geruchlose Nachtviole. W. ..." (Linné 1797–1830, Bd. III, Teil 1, S. 531); „18. HESPERIS caule simplici erecto, foliis ouato-lanceolatis denticulatis, petalis mucrone emarginatis, ROY. lugd. 338. LINN. sp. pl. 2. p. 927. n. 2. Tab. LVIII. Viola matronalis, DOD. pemt. [sic!] 161. Hesperis hortensis, BAVH. pin. 202. Hesperis purpureo flore, folio pallido et minus serrato, GMEL. Ind. Len. 368. 1. Eadem flore candido. 2. Eadem flore dilutissime purpurea. ... 19. HESPERIS caule simplici, foliis lanceolatis, vix dentatis, siliquis virgatis. Hesperis pilosa, minor, angustifolia, floribus amplis, purpureis, AMM. ruth. 73. Hesperis purpurea minor, angusto, crasso et piloso Leucoii folio, GM. Ind. Iend. [sic!] 1022. [s. Nr. 219] Hesperis purpurea elatior, piloso, crasso et plerumque dentato folio, GM. Ind. Jen. 1024. Hesperis purpurea elatior, angusto, crasso, et piloso Leucoii folio. GM. Ind. Ien. 1023. Sinapi foliis leuiter serratis, angustis, flore rubente, GM. Ind. Irt. Hesperis caule simplici, foliis lanceolatis dentato-serratis, petalis obtusissimis integris, LIN. Sp. pl. 2. p. 927. n 3. I. Eadem floribus albis. Hesperis minima angustifolia, incana et pilosa, floribus albis, AMM. ruth. 74. ..." (Gmelin 1747–1769, Bd. III, S. 259ff.); „18. Hesperis caule simplici erecto, foliis ovato-lanceolatis denticulatis, petalis mucrone emarginatis. t. LVIII. (excl. synon. praeter Gmel. Ind. Len.) [=] Hesperis sibirica L.! (Hesperis matronalis L. – Willd. sp. pl. III. 531.) [;] 19. Hesperis caule simplici, foliis lanceolatis vix dentatis, siliquis virgatis. (excl. synon. Linn. nec non Amm. ruth. 74, varietati I. adscript.) [=] Hesperis aprica Poir.! (Hesperis sibirica L. – C. A. Meyer in Fl. alt. III. 115. – Hesperis inodora L. – M. a Bieb. Fl. t. c. II. 123. (Ledebour 1841, S. 107); „73. HE[S]-PERIS pilosa, minor, angustifolia, floribus amplis, purpureis. ... 74. HESPERIS minima, angustifolia incana, et pilosa, floribus albis. 75. HESPERIS hirta, pumila, angustissimis foliis, floribus purpurascentibus. ..." (Amman 1739, S. 55f.); „1315. HESPERIS inodora. H. caule simplici erecto, foliis subhastatis dentatis, petalis obtusis. Linn. ed. Willd. 3. p. 531. ... Gmel. sib. 3. p. 260. n. 19. ... H. syluestris inodora. C. B. ... H. pannonica inodora. J. Bauh. hist. 2. p. 878. H. tertia. Clus. hist. I. p. 297. β. foliis latioribus, ramosior, hispida. ... H. sibirica Linn. spec. ed. 2. p. 927 ad hanc potius quam ad H. matronalem reuocanda esse videtur." (Marschall von Bieberstein 1808, S. 123); „1) HESPERIS SIBIRICA. Linn. ... H. sibirica. Linn. Sp. pl. ed. II. p. 927. ... H. matronalis β. Willd. Sp. pl. III. p. 531 (excl. synon. Amman.) Hesperis No. 19. Gmel. Fl. sib. III. p. 260. (excl. synon. Ammani, Gmel. Ind. Jen. 1022. et Gmel. Ind. Irc. nec non (ut viedetur) var. β.). Huc forsan spectat Gmel. Fl. sib. III. t. 58. ... 2) HESPERIS APRICA. Poir. ... Hesperis pilosa, ... Amman. ruth. p. 55. ..." (Ledebour 1831, S. 115ff.); „85. Hesperis L. ... 2. H. matronalis (L. SP. 927) ... α. siliquis glabris. ... H. inodora. L. – M. a BIEB. Fl. t. c. II, p. 123. 462. (excl. pl. taurica?) ... β. siliqua glanduloso-pilosis. ... H. sibirica. L. ... LEDEB. Fl. alt. III, p. 115. ..." (Ledebour 1842, S. 171f.); „4. H[esperis] aprica (POIRET. Encycl. meth. suppl. III, p. 194) ... LEDEB. Fl. alt. III, p. 117. ... Hesperis caule simplici, ... GMEL. Fl. sib. III, p. 260. Nro. 19 (excl. synon. LINN. nec non AMM. ruth. p. 55. Nro. 74, var. I. adscript. Hesperis pilosa, ... AMMAN. ruth. p. 55. Nro. 73. ..." (a. a. O., S. 173); „[Hesperis] matronalis, ... Matronalnachtviole, ... Schotenviole; Matronenblume; Pfingstviolen; Gartennachtviole mit purpurrother Blume; ... Hesperis sibirica, ... sibirische Nachtviole, ... Hesperis inodora, ... geruchlose Nachtviole, ... wilde Nachtviole ohne Geruch; ... Sie heißt bey ... C. Bauhin: Hesperis sylvestris inodora." (Gmelin 1773b, Sp. 795ff.); „Die von Linnee [sic!] sogenannte Hesperis inodora (oder geruchlose Nachtviole) hat zwar bey Tag keinen, Nachts aber einen überaus angenehmen Geruch, und wird deswegen ... die schöne wohlriechende Nachtviole mit stumpfen Blumenblättern genennt. ..." (Schmidlin 1772, S. 402); „HESPERIS. ... teutsch, Mutterveilgen, Frauenveilgen, Nachtviolen. ... Hesperis kommt von ἕσπερα, vesper der Abend: weil man in acht genommen hat, daß dieses Kraut nach Untergang der Sonnen, weit stärker reucht, als wie bey Tage. ..." (Lémery 1721, Sp. 532); Hesperis matronalis L. – russ. *nočnaja krasavica* (*Annenkov* 1858, S. 49, Nr. 548) „336. Hesperis sylvestris inodora C.B. P." (AAW R. I, Op. 15, D. 3, Bl. 7r, s. Anm. 65 in Nr. 24); „Hesperis sylvestris inodora C. B. P." (AAW R. III, Op. 1, D. 162, Bl. 26v, s. Anm. 54 in Nr. 17); „1023. Hesperis purpurea elatior, angusto, crasso et piloso Leucoji folio. ... 1024. Hesperis purpurea elatior, piloso, crasso et plerumq₃ dentato folio. ..." (AAW R. I, Op. 105, D. 1ª, Bll. 104v–105r, s. Anm. 29 in Nr. 5); „1033. Hesperis purpureo flore, folio pallido et minus serrato. Ind. prior. ... J. Eadem flore candido. ..." (a. a. O., Bl. 106r); „15. Hesperis purpureo flore, folio pallido & minus serrato Ind. Len. nº. 368. j. Eadem flore candido Ind. Jen. nº. 1033 ..." mit der links marginalen Anm. „vid. Ic." (AAW R. I, Op. 13, D. 67, Bl. 66v, s. Anm. 5 in Nr. 4); „2. Hesperis sylvestris inodora. C. B. P. 202." (AAW R. I, Op. 13, D. 16, Bl. 11v, s. Anm. 32 in Nr. 6); „85 Cheiranthus folijs lanceolatis, acutis, carnosis, hispidis. Hesperis purpurea minor, angusto, crasso et piloso Levcoii folio. Index Jen. 1022. [s. Nr. 219] Hesperis purpurea elatior angusto, crasso et piloso Levcoii folio. Ejusd. ind. 1023. Hesperis purpurea elatior piloso crasso et plerumque dentato folio Ejusd. ind. 1024. Hesperis pilosa, minor, angustifolia floribus amplis purpureis. Amman. descript. 73 p. 55. Hesperis minima angustifolia incana et pilosa floribus albis ejusd. amman. 74. Hesperis hirta pumila angustissimis folijs floribus purpurascentibus eiusd. amman. 75. ..." (AAW R. I, Op. 13, D. 20, Bll. 9r–9v, s. Anm. 1 in Nr. 1); „XLIII. Sinapi folijs leviter serratis, flore rubente. ..." (AAW R. I, Op. 105, D. 7, Bl. 11r, s. Anm. 57 in Nr. 616); „368 Hesperis purpureo flore, folio pallido & minus serrato. Est forte medium quoddam genus inter Hesperidem hortensem flore purpureo & Hesperidem sylvestrem inodoram C. B. P. ...", mit der links marginalen Anm. auf Bl. 67v „Tab LII." (AAW R. I, Op. 13, D. 42, Bll. 67v–68r, s. Anm. 1 in Nr. 1)

35 s. Nr. 217

36 „[species 15] Hesperis maritima, supina, exigua. Leucoium marinum, parvum, folio virente, crassiusculo J. B. 2. 877." (Tournefort 1700, S. 223, Genus III. „Hesperis Juliane vel Juliene."); „8. HESPERIS maritima, supina, exigua. Tourn. Der niedrige, am Meer wachsende Nachtveil." (Miller 1750, S. 404); „6) Seestrands=Levkoie. Cheiranthus maritimus. ... Cheiranthus foliis ellipticis obtusis nudis scabriusculis, caule diffuso scabro. LINN. Syst. Veg. p. 500. ... Cheiranthus foliis lanceolatis acutiusculis, caule diffuso antheris eminentibus. Amoen. acad. 4. p. 280*. MILL. Dict. n. 12. Hesperis maritima supina exigua. TOURNEF. Inst. R. H. p. 224. ..." (Linné 1782, S. 313f.); „13. CHEIRANTHUS maritimus. ... C. foliis acutiusculis, ... Amoen. acad. 4. p. 280, ... Hesperis maritima supina exigua. Tournef. inst. 224. ... Meerstrands-Leucoje. W. ..." (Linné 1797–1830, Bd. III, Teil 1, S. 518f.); „[Cheiranthus] maritimus, caule ramoso diffuso, foliis lanceolatis acutiusculis, antheris eminentibus; Seestrandslevkoje, ... jährige Zwerglevkoje; virginische Levkoje; ... Man gebraucht sie oft zu Einfassung der Rabatten, ..." (Gmelin 1772, Sp. 859f.); „12. CHEIRANTHVS (Maritimus) foliis lanceolatis acutiusculis, caule diffuso, antheris eminentibus. Amoen. Acad. 4. p. 280. Cheiranthus mit spitzigen, lanzenförmigen Blättern, einem zerstreuten Stengel, mit erhabnen Kölblein. Hesperis maritima, supina, exigua. Tourn. Inst. 233. [sic!] Kleiner, niedriger Meerfrauenveil, insgemein die Zwerg oder virginische Leucoje genannt." (Miller 1769, S. 672f.); „6. Die Seestrands=Levkoje. Cheiranthus maritimus. Linn. .... In einigen Stücken abweichend von dieser ist diejenige Seestrands=Levkoje, welche ... in Tournef. Inst. R. H. p. 224 unter dem Nahmen: Hesperis maritima supina, exigua vorkommt.

Diese hat lanzettförmige etwas zugespitzte Blätter, einen weitschweifigen Stängel, und aus der Blume hervorragende Staubbeutel. ..." (Krünitz 1773–1858, Bd. 77, S. 439ff.)

„1022. Hesperis purpurea minor, angusto crasso et piloso Leucoji folio. Hesperis maritima angustifolia incana I. R. H. Ind. Trans-Baic. sed male, uti monuit olim D. D. Am̃an. ... Folia succulenta ... superne et ad oras longis albis ... Forte Fl. Irc. nº 219." (AAW R. I, Op. 105, D. 1^{a}, Bl. 104v, s. Anm. 29 in Nr. 5); „* Hesperis maritima angustifolia incana. I. R. H. ..." (AAW R. I, Op. 105, D. 2, Bl. 5r, s. Anm. 54 in Nr. 17); „* Hesperis maritima angustifolia incana. I. R. H. ..." (AAW R. I, Op. 105, D. 2, Bl. 5r, s. Anm. 54 in Nr. 17)

37 „[species 11] Hesperis lutea, siliquis strictissimis. Draba lutea, siliquis strictissimis C. B. Pin. 110. Arabis à quibusdam dicta planta Cam. Epit. 342. Draba lutea quibusdam J. B. 2. 870." (Tournefort 1700, S. 222, Genus III. „Hesperis Juliane vel Juliene."); „ARABIS, siue Draba, ... Germanis, Türckisch Kreß. ..." (Mattioli 1586, S. 341f.); „5. Der haarig=blättige Hederich: Arabis quorundam, Camer. Epit. 542. Draba lutea strictissimis, C. B. P. 110. ..." (Zwinger 1744, S. 487f.); „12. HESPERIS lutea, siliquis strictissimis. Inst. R. H. Gelber Frauenveil, mit sehr schmalen Schoten." (Miller 1758, S. 139); „24. TVRRITIS foliis radicalibus sinuato-dentatis hispidis, superioribus linearibus, integerrimis, T. LIX. Hesperis lutea siliquis strictissimis, TOVRN. I. R. H. 222? ..." (Gmelin 1747–1769, Bd. III, S. 264); „24. Turritis foliis radicalibus sinuato-dentatis hispidis, superioribus linearibus, integerrimis. t. LIX. (excl. synon. Tournef.) [=] Arabis crassifolia Ledeb.! ..." (Ledebour 1841, S. 107); „5. SISYMBRIUM foliis lanceolatis dentato-serratis. Hesperis lutea, siliquis strictissimis. Tournef. inst. 222. ... Draba lutea quibusdam. Bauh. hist. 2. p. 870. Arabis a quibusdam dicta planta. Cam. epit. 342. ..." (Linné 1737, S. 337); „25) Rauke mit senkrecht stehenden Schotten. Sisymbrium strictissimum. ... Sisymbrium foliis lanceolatis dentato-serratis caulinis LINN. Syst. Veg. p. 499. ... Draba lutea strictissimis. C. BAUH. pin. 110. ..." (Linné 1782, S. 302); „46. SISYMBRIUM strictissimum. S. foliis lanceolatis dentato-serratis caulinis. Hort. cliff. 337. ... Draba lutea, siliquis strictissimis. Bauh. pin. 110. Arabis qibusdam dicta planta. Cam. epit. 342. ... Steifstielige Rauke. W. ..." (Linné 1797–1830, Bd. III, Teil 1, S. 506); „19. A[rabis] crassifolia (LEDEB. in Denkschr. d. bot. Ges. zu Regensb. III, p. 107) ... Turritis foliis radicalibus sinuato-dentatis hispidis, superioribus linearibus integerrimis. GMEL. Fl. sib. III, p. 264. Nro. 24. t. 59 (excl. syn. TOURNEF.) ..." (Ledebour 1842, S. 122f.); „Arabis quibusdam dicta planta; so nennt J. Camerer die Rauke mit senkrechtstehenden Schoten." (Gmelin 1772a, Sp. 683); „Sisymbrium strictissimum, foliis lanceolatis dentato-serratis caulinis; senkrechte Rauke, mit lanzenförmigen und sägenartig=-gezanten Stammblättern; ..." (Gmelin 1776, Sp. 581); „6. Art. S[isymbrium] strictissimum. Steifstielige Rauke. ..." (Bechstein 1833, S. 895f.); „1006.* SISYMBRIUM strictissimum ... Linn. Sp. pl. 2. p. 922. ... Draba lutea siliquis strictissimis. Bauh. pin. p. 110. ... Germ. Steifstengliche Rauke. ..." (Gmelin 1826, S. 495f.); „Arabis. ... Arabis quibusdam dicta planta Cam. ist das Sisymbrium strictissimum Linn. (Tetrad. siliqu.) oder die Rauke mit senkrecht stehenden Schoten. ..." (Schmidlin 1771a, S. 430); Arabis – russ. *postenka*, *postennik*, *rezucha*, *greča vysokaja* bzw. *budra-trava* (*Annenkov* 1858, S. 17, Nr. 119); Sisymbrium – russ. *guljavnik* (a. a. O., S. 87, Nr. 1036); „Ārabis L. (Cruciferae), d. h. eine aus Arabien stammende Pflanze, was aber auf unsere Arten keineswegs passt; eher könnte man den Namen so deuten: Pflanzen, welche trockene und steinige Standorte lieben, und daher in Arabien vorzüglich häufig anzutreffen sind. ..." (Wittstein 1852, S. 65)

„1027. Hesperis lutea siliquis strictissimis I. R. H. ..." (AAW R. I, Op. 105, D. 1^{a}, Bl. 105v, s. Anm. 29 in Nr. 5); „9. Hesperis lutea siliquis strictissimis I. R. H. Sisymbrium folijs lanceolatis dentato-serratis Linn. h. Cliff. 337. ..." (AAW R. I, Op. 13, D. 67, Bl. 66v, s. Anm. 5 in Nr. 4)

[38] „[species 12] Hesperis Leucoii folio non serrato, siliquâ quadrangulâ. Leucoium luteum, sylvestre, angustifolium C. B. Pin. 202. Leucoium luteum, sylvestre Clusii J. B. 2. 873. Leucoium sylvestre Tabern. Icon. 310.“ (Tournefort 1700, S. 223, Genus III. „Hesperis Juliane vel Juliene.“); „4. Die wilde Bergviole mit schmalen Blättern: Leucoium luteum, silvestre, angustifolium, C. B. P. 202. ... Die Bluhmen der gelben Nelcken=Violen ... haben also die Eigenschaft zu wärmen, zu trocknen, des Haupts Flüsse zu zertheilen, das Hertz zu stärcken, Schmertzen zu stillen, zu erweichen, zu zertheilen, zu säubern, zu heilen, ...“ (Zwinger 1744, S. 933); „17. HESPERIS foliis longioribus glabris, rariter dentatis, HALL. helv. 563. Leucoium syluestre, CLVS. hist. p. 299. t. 310. Hesperis leucoii folio non serrato, siliqua quadrangula, TOVRN. inst. 223. folio serrato, ibid. – humilior et folio ampliore, GM. Ind. Ien. 1029. Hesperis leucoii folio non serrato, fruticosa, GMEL. Ind. Ien. 1030. Hesperis Leucoii folio non serrato, fruticosa, dura asphodeli radice, GMEL. Ind. Ien. 1031. - - virgis simplicibus, ibid. n. 1032. Erysimum foliis lanceolatis serratis, ROY. lugd. 343. LINN. sp. pl. 2. p. 923. n. 6. ...“ (Gmelin 1747–1769, Bd. III, S. 258f.); „17. Hesperis foliis longioribus glabris, rariter dentatis. excl. synon. plur.) [=] Erysimum Marschallium Andrz.?“ (Ledebour 1841, S. 107); „1) Hederichartige Levkoie. Cheiranthus erysimoides. ... Cheiranthus foliis lanceolatis dentatis nudis, caule recto simplicissimo, siliquis tetragonis. LINN. Syst. Veg. p. 499. ... Levcoium luteum sylvestre angustifolium. C. BAUH. pin. 202. ...“ (Linné 1782, S. 310); „1. CHEIRANTHUS erysimoides. ... Leucoium luteum sylvestre angustifolium. Bauh. pin. 202. ... Hederichartige Leucoje. W. ...“ (Linné 1797–1830, Bd. III, Teil 1, S. 514f.); „6. ERYSIMUM MARSCHALLIANUM. Andrz. ... Hesperis. No. 17. Gmel. Fl. sib. III. p. 258? (excl. forsan synon. plur.) ...“ (Ledebour 1831, S. 158f.); „17. E[rysimum] Marschallianum (ANDRZ. ...) ... LEDEB. Fl. alt. III, p. 158. ... Hesperis foliis longioribus glabris, rariter dentatis. GMEL. Fl. sib. III, p. 258. Nro. 17 (excl. syn. praeter Gmelini)? ...“ (Ledebour 1842, S. 190); „Cheiranthus, Levcoje, Negeleinveil, Mauerblume, ... [Cheiranthus] erysimoides, foliis lanceolatis dentatis nudis, caule erecto, siliquis tetragonis; hederichartige Levcoje, mit lanzenförmigen, gezahnten und blosen Blättern, einem aufrechten Stamm, und vierekigen Schoten; ...“ (Gmelin 1772, Sp. 857f.)
„1028. Hesperis Leucoji folio non serrato, siliqua quadrangula I. R. H. ... 1029. Hesperis Leucoji folio non serrato, siliqua quadrangula, humilior et folio ampliore. ...“ (AAW R. I, Op. 105, D. 1[a], Bl. 105v, s. Anm. 29 in Nr. 5); „137.) Hesperis Levcoii folio non serrato siliqua quadrangula Tour. i. r. h. ...“ (AAW R. I, Op. 104, D. 25, Bl. 12r, s. Anm. 61 in Nr. 21); „– Hesperis Leucoij folio non serrato, siliqua quadrangula Tourn. ...“ (AAW R. I, Op. 104, D. 8, Bl. 9r, s. Anm. 18 in Nr. 452); „557. Hesperis Levcoji folio non serrato, siliqua quadrangula I. R. H. ...“ (AAW R. I, Op. 105, D. 12, Bl. 28v, s. Anm. 54 in Nr. 17); „115. Hesperis Leucoii folio non serrato siliqva qvadrangula. Inst. r. h. 223. Leucoium luteum sylvestre angustifolium C. B. P. 202.“ (AAW R. III, Op. 1, D. 28, Bl. 7v, s. Anm. 1 in Nr. 1); „Hesperis Leucoji folio serrato, siliqua quadrangula. Inst. r. h. 223. n°. 42.“ (AAW R. I, Op. 13, D. 19, Bl. 3r, s. Anm. 54 in Nr. 17); „Hesperis Leucoii folio non serrato, seliqua quadrangula Inst. r. h.“ (AAW R. III, Op. 1, D. 162, Bl. 22r, s. Anm. 54 in Nr. 17); „115 Hesperis Leucoji folio non serrato siliqua quadrangula i. r. h.“ (G. W. Steller nach J. G. Heinzelmann: AAW R. I, Op. 81, D. 23, Bl. 17r, s. Anm. 1 in Nr. 1); „10. Hesperis Levcoji folio non serrato, siliqua quadrangula I. R. H. Est Levcoj. Cheiranthi species. ... 11. Hesperis Levcoji folio non serrato, siliqua quadrangula, humilius & folio ampliore. Ind. Jen. n°. 1029. 12. Hesperis Levcoji folio non serrato, fruticosa Ind. Jen. n°. 1030. 13. Hesperis Levcoji folio non serrato, fruticosa, dura Asphodeli radice Ind. Jen. n°. 1031. 14. Hesperis Levcoji folio non serrato, fruticosa virgis simplicibus Ind. Jen. n°. 1032. ...“ mit der links marginalen Anm. neben Nr. 14 „Icon.“ (AAW R. I, Op. 13, D. 67, Bl. 66v, s. Anm. 5 in Nr. 4); „1. Hesperis Levcoji folio non serrato, siliqua quadrangula. Inst. r. h. 223.“ (AAW R. I, Op. 13, D. 16, Bl. 11v, s. Anm. 32 in Nr. 6);

„369. Hesperis Levcoij folio non serrato, Siliqua quadrangula I. R. H. ..." (AAW R. I, Op. 13, D. 42, Bl. 68r, s. Anm. 1 in Nr. 1); „CCXLIII. Hesperis. T. 222. 108. B. II. 19. ... 5. Hesperis levcoji folio non serrato, siliqua quadrangula. T. 223. B. n. 10. Levcojum luteum silvestre angustifolium. C. B. P. 202." (Bll. 29v–30r in T. Gerber „Flora Moscuensis ...", s. Anm. 6 in Nr. 55); „Hesperis Levcoii folio non serrato siliqua quadrangula свербива гусъ [*sverbiva gus*] herba co[...]a Scabiem" (G. W. Steller nach T. Gerber: AAW R. I, Op. 81, D. 23, Bl. 6r, s. Anm. 1 in Nr. 1)

39 „1025. Hesperis exiguo flore rubello, folio crasso Linariae. Ind. Irc. n° 556. ... Species elatior, et alia illi simillima, sed palmum vix superans. Fl. Irc. n° 222. ..." (AAW R. I, Op. 105, D. 1ª, Bl. 105r, s. Anm. 29 in Nr. 5); „556. Hesperis exiguo flore rubello, folio crasso Linariae. ..." mit der links marginalen Anm. auf Bl. 56v „vid. Ic." (AAW R. I, Op. 105, D. 4ª, Bll. 56v–57r, s. Anm. 54 in Nr. 17); „5. Hesperis exiguo flore rubello, folio crasso Linariae. Ind. Irc. n°. 556. Ind. Jen. n°. 1025. Fl. Irc. n°. 222. j. Eadem humilior Ind. Jen. ib." mit der links marginalen Anm. „vid. Ic." (AAW R. I, Op. 13, D. 67, Bl. 66v, s. Anm. 5 in Nr. 4); „39 Hesperis montana Psyllij folio hirsuto, flore purpurascente exiguo Fl. Irc. 222." (AAW R. I, Op. 105, D. 16, Bl. 1v, s. Anm. 5 in Nr. 4)

40 „Psyllium. Herbe aux puces. ..." (Tournefort 1700, S. 128f.); „PSYLLIUM. ... teutsch, Flöhkraut, ist ein Kraut, von dem es dreyerley Gattungen giebet. Die erste heisset Psyllium primum, Ang. ... Seine Blätter sind länglicht und schmal, spitzig und rauch, eingekerbt und äderig, auch ein wenig zerschnitten, wie die am Krähenfuß. ... Psyllum kommt von ψύλλα, pulex, Floh, dieweil der Samen dieses Krautes bald eine solche Gestalt und Farbe hat, als wie ein Floh." (Lémery 1721, Sp. 919f.)

41 „38. SISYMBRIVM foliis linearibus integerrimis, pedunculis glutinoso-hispidis, LIN. Sp. pl. 2. p. 912. n. 25. Hesperis caule ramosissimo foliis linearibus, pedunculis hispidis, GM. Mst. Tab. LXIII. Hesperis montana psyllii folio, valde ramoso, flori amplo purpurascente, STELL. Irc. 223. I. Idem floribus luteis. ..." (Gmelin 1747–1769, Bd. III, S. 270f.); „38. Sisymbrium foliis linearibus integerrimis, pedunculis glutinoso-hispidis. t. LXIII. [=] Andreoskia integrifolia DeC.! [;] I. idem floribus luteis [=] Sisymbrium lineare DeC. (Syst. II. 464., ubi errore typogr. t. 62. legitur.)" (Ledebour 1841, S. 108); „26) Sibirische Rauke. Sisymbrium integrifolium. ... Sisymbrium foliis linearibus integerrimis, pedunculis glutinoso hispidis. LINN. Syst. Veg. p. 499. Sp. Pl. p. 922. GMEL. Sib. 3. p. 270. t. 63. ..." (Linné 1782, S. 302f.); „51. SISYMBRIUM integrifolium. S. foliis linearibus integerrimis, ... Gmel. sib. 3. p. 270. t. 63. ... Ganzblättrige Rauke. W. ..." (Linné 1797–1830, Bd. III, Teil 1, S. 508); „2. D[ontostemon] integrifolius: ... Sisymbrium integrifolium. L. SP. 922. ... Andreoskia integrifolia. DEC. Prodr. I, p. 190. ... Hesperis hirta, pumila, ... AMMAN. ruth. p. 55. Nro. 75. Sisymbrium foliis linearibus ... GMEL. Fl. sib. III, p. 270. Nro. 38. t. 63. (excl. var. I). ..." (Ledebour 1842, S. 174f.); „75. HESPERIS hirta, pumila, angustissimis foliis, floribus purpurascentibus. ..." (Amman 1739, S. 55f.); „[Sisymbrium] integrifolium, ... Rauke mit unzertheilten Blättern, ..." (Gmelin 1776, Sp. 581); „LI. ANDREOSKIA. ... 1. A. INTEGRIFOLIA, foliis linearibus integerrimis, ramis pedicellisque glandulosis pilosisque, siliquis glandulosis. ... Sisymbrium integrifolium Lin! spec. 922. ..." (Candolle 1824, S. 190); „7. S[isymbrium] LINEARE (DC. syst. 2. p. 464.*) foliis linearibus integris hispidulis, caule hispido, siliquis glabris tenuissimis. – in Sibiria. S. n. 38. var. floribus luteis Gmel. fl. sib. 3. p. 271. t. 62. [sic!] ..." (a. a. O., S. 191); „3. Sisymbrium lineare Candoll. Linienförmige Rauke. Cheiranthus leptophyllus Willd. herb. ..." (Dietrich 1838a, S. 288); „18. SISYMBRIUM integrifolium ... Ganzblättrige Rauke. Gm. Sib. 3. T. 63. ..." (Georgi 1797–1802, Theil 3, S. 1131); „Sisy̆mbrium L. (Cruciferae). Σισυμβριος, vielleicht zus. aus συς (Schwein) und ἤμβριος (Regen, Nässe), d. h. eine Pflanze, welche an nassen Plätzen (Pfützen, in welchen die Schweine gern

herumwühlen) wächst; ...“ (Wittstein 1852, S. 817); „Dontōstemon ANDRZ. (Cruciferae). Zus. aus ήδους (Zahn) und στημων (Staubfaden); die längeren Staubfäden sind paarweise verwachsen oder innen mit einem Zahne versehen.“ (a. a. O., S. 299)

„6. Hesperis montana Psyllij folio, valde ramosa, flore purpurascente ampliori Fl. Irc. n°. 223.“ mit der links marginalen Anm. „Ic. St.“ (AAW R. I, Op. 13, D. 67, Bl. 66v, s. Anm. 5 in Nr. 4); „Hesperis hirta pumila angustissimis foliis, floribus purpurascentibus.“ (AAW F. 1, Op. 2–1743, D. 11, Bl. 20r, s. Anm. 5 in Nr. 4); s. Anhang B.5. Nr. 53

42 „36. SISYMBRIVM foliis pinnatis, pinnis integerrimis confluentibus, siliquis breuioribus. Sisymbrium montanum, incano nasturtii hortensis folio, GM. Ind. Ien. 1042. Hesperis montana polemonii folio, flore albo, siliqua breui quadrangula. STELL. Irc. 224. ...“ (Gmelin 1747–1769, Bd. III, S. 269f.); „36. Sisymbrium foliis pinnatis, pinnis integerrimis confluentibus, siliquis brevioribus [=] Smelowskia cinerea C. A. Meyer!“ (Ledebour 1841, S. 108); „*30. SISYMBRIUM album. S. foliis albido-pubescentibus pinnatis, foliolis obtusis basi attenuatis. W. Sisymbrium album. Pall. it. 3. app. n. 102. t. U.* S. foliis pinnatis, pinnis integerrimis confluentibus, siliquis brevioribus. Gmel. sib. 3. p. 269. Weisse Rauke. W. ...“ (Linné 1797–1830, Bd. III, Teil 1, S. 501); „SMELOWSKIA CINEREA. ... Sisymbrium album. Pall. it. III. p. 739. App. N. 102. t. U. fig. 1. ... Sisymbrium foliis pinnatis, ... Gmel. Fl. sib. III. p. 269. No. 36. ...“ (Ledebour 1831, S. 171f.); „5. H[utchinsia] alba (BUNGE ...) ... Sisymbrium album. PALL. It. III, p. 293. 739. ... WILLD. Sp. pl. III, p. 501. ... Smelowskia cinerea. C. A. MEYER in LEDEB. Fl. alt. III, p. 171. ... Sisymbrium foliis pinnatis, ... GMEL. Fl. sib. III, p. 269. Nro. 36. ...“ (Ledebour 1842, S. 201f.); „102. SISYMBRIVM album. Tab.U. fig. 1. Sysimbrium fol. pinnatis, pinnis integerrimis, confluentibus, siliquis breuioribus GMEL. Flor. Sibir. II. p. 269. n. 36. ...“ (Pallas 1776, S. 739); „Smelōwskia C. A. MEY. (Cruciferae). Nach T. SMELOWSKI, russischem Botaniker; schrieb: Philosophia botanica Linnei 1800.“ (Wittstein 1852, S. 818)

„1042. Sisymbrium montanum, incano Nasturtii hortensis folio. ... Fl. Irc. n° 224.“ (AAW R. I, Op. 105, D. 1ª, Bl. 107r, s. Anm. 29 in Nr. 5); „138) Hesperis montana Polemonii folio flore albo. siliqua brevi quadrangula Flor ircut. No 224. ...“ (AAW R. I, Op. 104, D. 25, Bl. 12r, s. Anm. 61 in Nr. 21); „7. Sisymbrium montanum, incano Nasturtij hortensis folio. Ind. Jen. n°. 1042. Hesperis Fl. Irc. n°. 224.“ (AAW R. I, Op. 13, D. 67, Bl. 67r, s. Anm. 5 in Nr. 4)

43 s. Nr. 209

44 „7. Hesperis montana Bellidis minoris folio glabro Fl. Irc. n°. 225.“ (AAW R. I, Op. 13, D. 67, Bl. 66v, s. Anm. 5 in Nr. 4); „40. Hesperis montana Bellidis minoris folio glabro Fl. Irc. 225.“ (AAW R. I, Op. 105, D. 16, Bl. 1v, s. Anm. 5 in Nr. 4)

45 s. Nr. 711

46 „Bellis. Pâquerete. ...“ (Tournefort 1700, S. 490f.); „BELLIS. ... teutsch, Tausendschön, auch Gänseblümlein. Das ist ein kleines niedriges Kräutlein, dessen Blätter klein, und länglicht, glatt, vorne rund und dicke sind, liegen auf der Erde herum, einige sind ausgezackt, andere aber gantz. ... Es ist kühlend, anhaltend; heilend und gut zu den Wunden, auch dienlich den Durchlauff und das Bluten zu stillen; wie ingleichen zu Entzündungen der Augen. Bellis soll von dem Worte bellus, schön, lieblich, herkommen, weil dieses Gewächses Blumen gar annehmlich sind.“ (Lémery 1721, Sp. 156f.)

47 „[species 1] Turritis Lob. Icon. 220. Brassica sylvestris, hispida non ramosa C. B. Pin. 112. Edit. 2. Brassica sylvestris, foliis integris & hispidis C. B. Pin. 112. Edit. 1. Turritis vulgatior J. B. 2. 836.“ (Tournefort 1700, S. 223, Genus IV. „Turritis.“); „Turritis. T. 262.“ (Lobelius 1581, S. 220); „IX. Brassica sylvestris hispida non ramosa. ...“ (Bauhin 1671, S. 112); „IIX. Brassica sylvestris folijs integris & hispidis. ...“ (Bauhin 1623, S. 112); „Turritis Lob. Jcon. 220. ... Turritis vulgatior J. B. 2. 836. Thurnkraut. ...“ (Mappus 1742, S. 313); „7. Der wilde Kohl mit gantzen

Blättern: Turritis vulgatior, J. B. 2. 836. ...“ (Zwinger 1744, S. 524); „Turritis Offic. Ger. Turritis vulgatior J. Bauh. ... Brassica silvestris hispida non ramoso C. Bauh. Thurm=Senff, wilder Kohl mit scharffen Blättern.“ (Franckenau 1716, S. 585f.); „22. TVRRITIS foliis omnibus hispidis, caulinis amplexicaulibus, ROY. t. 339. LIN. sp. 2. p. 930. n. 2. Turritis foliis asperis dentatis, caule simplici, HALL. helv. p. 561. n. 3. ...“ (Gmelin 1747–1769, Bd. III, S. 263); „22. Turritis foliis omnibus hispidis, caulinis amplexicaulibus [=] Arabis hirsuta Scop.!“ (Ledebour 1841, S. 107); „2) Zolliges Thurmkraut. Turritis hirsuta. ... Turritis foliis omnibus hispidis, caulinis amplexicaulibus. LINN. Syst. Veg. p. 502. ... GMEL. Sib. 3. p. 263. ...“ (Linné 1782, S. 335f.); „4. TURRITIS hirsuta. ... T. foliis omnibus hispidis, ... Hort. cliff. 339. ... Gmel. sib. 3. p. 263. ... Haariges Thurmkraut. W. ...“ (Linné 1797–1830, Bd. III, Teil 1, S. 543f.); „3) ARABIS HIRSUTA. Scop. ... Turritis hirsuta. Linn. ... Turritis. No. 22. Gmel. Fl. sib. III. p. 263. (excl. patr. Kamtschatka.) α. sagittata: ... Turritis hirsuta. M. a Bieb. Fl. taur. cauc. II. p. 127. III. p. 449. ...“ (Ledebour 1831, S. 23ff.); „6. A[rabis] hirsuta (SCOP. Fl. carn. II, p. 30) ... Turritis hirsuta. ... M. a BIEB. Fl. t. c. II, p. 127; ... Turritis foliis omnibus hispidis, ... GMEL. Fl. sib. III, p. 263. Nro. 22. ...“ (Ledebour 1842, S. 118f.); „1324. TURRITIS hirsuta. T. foliis omnibus hispidis: ... Linn. ed. Willd. 3. p. 543. ... Gmel. sib. 3. p. 263. ...“ (Marschall von Bieberstein 1808, S. 127); „[Turritis] hirsuta, foliis omnibus hispidis, caulinis amplexicaulibus; zotiges Thurmkraut, dessen Blätter insgesammt mit Borsten besezt sind, und die obere den Stengel umfassen; ... Es heißt bey ... J. Bauhin: Turritis vulgatior.“ (Gmelin 1777, Sp. 334f.); „Ep. XXIV. ... Turritis f. hispidis etc. Non differt a Turritide vulg. ramosa 144. (T. hirsuta L. Arabis hirsuta Scop. Fl. sib. III. 263. nr. 22.).“ (A. von Haller in einem undatierten Brief an J. G. Gmelin – Plieninger 1861, S. 155f.); „15) Würmer. ... Die Ehsten geben den Samen von Turritis hirsuta und die Blüthen und Samen von Tanacetum vulgare. ...“ (Krebel 1858, S. 139f.); „2. TURRITIS hirsuta ... Rauhes=Thurmkraut. ... die des Herbstes abgestandenen Stängel ... geben durch Rotten an der Luft oder im Wasser, Brechen und Hecheln einen dem Hanfe ähnlichen Bast zu Gespinnst und Gewebe.“ (Georgi 1797–1802, Theil 3, S. 1137); „TURRITIS, Turritis, Lob. Jc. Pit. Tournef. Turritis vulgatior, J. B. ... Thurmsenf, ... Es zertreibet, eröfnet, zertheilet die Winde und treibet den Schweiß. Turritis kommt von Turris, Thurn, dieweil will vorgegegeben werden, als ob der Gipffel dieses Krauts als wie ein Thurn aussähe. Der Saft von diesem Kraute wird von einigen wieder die Geschwüre des Mundes, ingleichen die Würmer im Leibe zu tödten gerühmet....“ (Zedler 1732–1750, Bd. 45, Sp. 2019); „THURM, Turm, m. turris ... formen mit auslautendem n, m: ... spätahd. mhd. turn und so noch oberd. (GÖTHE schrieb noch 1805 thurn, ...) ...“ (Grimm 1991, Bd. 21, Sp. 466ff.)

„1046. Turritis foliis inferioribus cichoraceis, caeteris Perfoliatae. I. R. H. ... Fl. Irc. n$^{\underline{o}}$ 226.“ (AAW R. I, Op. 105, D. 1^{a}, Bl. 107r, s. Anm. 29 in Nr. 5); „560. Turritis folijs inferioribus cichoraceis, caeteris Perfoliatae I. R. H. ...“ mit der links marginalen Anm. von J. G. Gmelin „Turritis Lob. Ic. 220 St. 226.“ (AAW R. I, Op. 105, D. 12, Bl. 28v, s. Anm. 54 in Nr. 17); „Turritis folijs inferioribus cichoraceis, caeteris Perfoliatae I. R. H. Fl. Irc. n°. 226. Est Brassica radice caule tenui foliis omnibus uniformibus, cordatis sessilibus Linn. h. Cliff. 339. ...“ (AAW R. I, Op. 13, D. 67, Bl. 67r, s. Anm. 5 in Nr. 4); „1. Turritis. Lob. Ic. 220.“ (AAW R. I, Op. 13, D. 16, Bl. 11v, s. Anm. 32 in Nr. 6); „945. Turritis folijs radicalibus dentatis hispidis, caulinis integerrimis amplexicaulibus glabris Linn. h. Cliff. 339. Turritis folijs inferioribus cichoraceis, caeteris perfoliate Tourn. inst. 224 H. m.“ (AAW R. I, Op. 13, D. 20, Bl. 89v, s. Anm. 1 in Nr. 1); s. auch Nr. 248; „371. Turritis Lob. Ic. ...“ (AAW R. I, Op. 13, D. 42, Bl. 68r, s. Anm. 1 in Nr. 1); „* Turritis Lob. Ic. ...“ (AAW R. I, Op. 105, D. 2, Bl. 5r, s. Anm. 54 in Nr. 17); „923. Turritis Lob.“ mit der rechts marginalen Anm. „Petropol.“ (AAW R. I, Op. 15, D. 3, Bl. 17r, s. Anm. 65 in Nr. 24); „174. Sem. an Turritis est N. 18. ...“ (AAW R. I, Op. 15, D. 1, Bl. 3r, s. Anm. 24 in Nr. 64); „178. Sem. Turritis maxima ...“ (a. a. O., Bl. 3r); „118. Turritis Lob. Ic. 220. Turritis vulgatior JB. 2. 836." (AAW R. I, Op. 6, D. 40, Bl. 28v, s. Anm. 1 in Nr. 1); „118. Turritis Lob. Ic. 220" (G. W. Steller nach J. G. Heinzelmann: AAW R. I, Op. 81, D. 23, Bl. 17r, s. Anm. 1 in Nr. 1); „139.) Turritis Lob. icon. 220 ..." (AAW R. I, Op. 104, D. 25, Bl. 12v, s. Anm. 61 in Nr. 21); „19. Turritis?" (AAW R. I, Op. 74^a, D. 31, Bl. 1r, s. Anm. 39 in Nr. 181)

48 „[species 6] Turritis foliis inferioribus Cichoraceis, caeteris Perfoliatae. Brassica sylvestris, foliis circa radicem Cichoraceis C. B. Pin. 112. Sinapi album Lugd. 1168." (Tournefort 1700, S. 224, Genus IV. „Turritis."); „[species 23] Leucoium Hesperidis folio. Glastifolia Cichoroides J. Bauhini & Turritis 2 Clusio J. B. 2. 836. Turrita major Plateau Clus. Hist. cxxvj." (a. a. O., S. 221, Genus II. „Leucoium. Giroflier ou Violier."); „Turritis foliis inferioribus cichoraceis caeteris perfoliata Tournefort. Instit. p. 224. ... Tournefortius, uti inspicienti patebit, ex una hac planta duas fecit. Thurm=Senff, Thurm=Kraut, Thurm=Kohl." (Rupp 1726, S. 61); „283. Turritis foliis radicalibus dentatis hispidis, ... Linn. Cliff. 339. ... Turritis foliis inferioribus cichoraceis, ... Tourn. 224. ... Thurmsenff, Thurmkohl. ..." (Boehmer 1750, S. 120); „Arabis turrita. Leucoïum hesperidis folio. Tournef. ... Deutsch. Das thurnförmige Gänsekraut; Das gemeine Gänsekraut, oder unächte Thurnkraut; Die Leucoje mit dem Blatt der Nachtviole. ..." (Nemnich 1793a, S. 395); „23. TVRRITIS foliis radicalibus dentatis hispidis, caulinis integerrimis, amplexicaulibus glabris, LINN. sp. pl. 2. p. 900. n. 1. ROY. Turritis foliis inferioribus cichoraceis, ceteris perfaliatae, [sic!] I. R. H. ..." (Gmelin 1747–1769, Bd. III, S. 263f.); „23. Turritis foliis radicalibus dentatis hispidis, caulinis integerrimis, amplexicaulibus glabris [=] Turritis glabra L.!" (Ledebour 1841, S. 107); „1. Turritis foliis radicalibus dentatis hispidis, caulinis integerrimis amplexicaulibus glabris. Turritis foliis inferioribus cichoraceis, caeteris perfoliatae. Tournef. inst. 224. ... α Leucojum hesperidis folio. Tournef. inst. 221. ..." (Linné 1737, S. 339); „1) Glattes Thurmkraut. Turritis glabra. ... Turritis foliis radicalibus dentatis hispidis, caulinis integerrimis amplexicaulibus glabris. LINN. Syst. Veg. 502. ... Diese Art, welche auch Waldkohl, wilder Kohl und Bergkreße genennt wird, ... Das Kraut schmeckt wie Kreße und ist ein gutes Futter für die Schaafe. Aus den Blumen haben die Bienen Stof zu Wachs und Honig." (Linné 1782, S. 334f.); „10) Krummschottiges Gänsekraut. Arabis Turrita. .... Leucoium hesperidis folio. TOURNEF. Inst. R. H. p. 221. ..." (a. a. O., S. 333f.); „1. TURRITIS glabra. T. foliis radicalibus dentatis hispidis, ... Hort. cliff. 339. ... Glattes Thurmkraut. W. ..." (Linné 1797–1830, Bd. III, Teil 1, S. 542f.); „19. ARABIS Turrita. ... Leucoium hesperidis folio. Tournef. inst. 221. ... Thurmkrautartiges Gänsekraut. W. ..." (a. a. O., S. 541f.); „1) TURRITIS GLABRA. Linn. ... Turritis No. 23. Gmel. Fl. sib. III. p. 263. ..." (Ledebour 1831, S. 15); „50. Turritis Dillen. ... 1. T. glabra (L. SP. 930) ... LEDEB. Fl. alt. III, p. 15. ... T. foliis radicalius dentatis hispidis, ... GMEL. Fl. sib. III, p. 263. Nro. 23. ..." (Ledebour 1842, S. 116); „16. A[rabis] Turrita (L. SP. 930) ... Dec. Prodr. I, p. 146. ..." (a. a. O., S. 122); „Turridis [sic!] glabra, ... glattes Thurmkraut, ... Thurmsaat; Thurnkohl; Waldkohl; ... Es schmekt, wie Kresse, und gibt ... ein gutes Futer für die Schafe; ..." (Gmelin 1777, Sp. 334); „[Arabis] turrita, ... gemeines unächtes Thurnkraut; ... Levkoje mit dem Nachtveielblatte; ..." (Gmelin 1772a, Sp. 681f.); „TURRITIS GLABRA Linné. KAHLE TURRITIS. ... Deutsche Namen: Kahles oder glattes Thurmkraut, Thurmsenf, Thurmkohl, Waldkohl, wilder Kohl, Bergkresse." (Dietrich 1842, Nr. 687); „CICHORIUM. ... teutsch, Cichorien, Hindläuffe, Sonnenwend, Wegweis, Wegwart. ... Es eröffnet und reiniget, hebt die Verstopfungen und reinigt das Geblüt: insonderheit wird es zu den Leberkranckheiten gebrauchet. Cichorium kommt von κιχείω, invenio, ich finde, weil dieses Kraut überall im Felde und in Gärten zu finden ist. ..." (Lémery 1721, Sp. 307); Turritis glabra L. – russ. *usovnaja* bzw. *vjažečka* (*Annenkov* 1858, S. 96, Nr. 1142); „Cichōrium T. (Compositae). Zus. aus κιειν (gehen) und χωριον (Acker), weil es meist an Ackerrändern wächst. ..." (Wittstein 1852, S. 200)

„140) Turritis foliis inferioribq cichoraceis caeteris perfoliatae Tourn. i. r. h. ...“ (AAW R. I, Op. 104, D. 25, Bl. 12v, s. Anm. 61 in Nr. 21); „3. Levcojum Hesperidis folio I. R. H. Ind. Jen. 1056 [müßte heißen: 1052] ... 4. Levcojum Hesperidis hortensis sature viridi & minus hirsuto folio Ind. Irc. n°. 555. Turritis Fl. Irc. n°. 227. j. Idem caulibus violaceis Ind. Jen. n°. 1054. [müßte heißen: 1053] ...“ (AAW R. I, Op. 13, D. 67, Bl. 67v, s. Anm. 5 in Nr. 4); „1052. Leucojum Hesperidis folio., I. R. H. ... 1053. Leucojum Hesperidis hortensis viridi et minus hirsuto folio Ind. Irc. n°. 555. ... J. Idem caulibus violaceis. ...“ (AAW R. I, Op. 105, D. 1^{a}, Bl. 108v, s. Anm. 29 in Nr. 5); „5. Levcojum Hesperidis folio Inst. r. h.“ mit der rechts marginalen Anm. „Lena fl.“ (AAW R. I, Op. 13, D. 16, Bl. 11v, s. Anm. 32 in Nr. 6); „366. Levcoium Hesperidis folio I. R. H. ... 367. Levcoium Hesperidis hortensis hirsuto folio. ...“, mit der rechts marginalen Anm. auf Bl. 67r neben Nr. 367. „Tab. LI.“ (AAW R. I, Op. 13, D. 42, Bl. 67r–67v, s. Anm. 1 in Nr. 1); „554. Levcojum Hesperidis folio I. R. H. Ind. Len. ...“ (AAW R. I, Op. 105, D. 12, Bl. 28v, s. Anm. 54 in Nr. 17); „555. Levcojum Hesperidis hortensis sature viridi et minus hirsuto folio. A priori differt ...“ mit den links marginalen Anm. von J. G. Gmelin „Turritis folijs inferioribus cichoraceis, caeteris ꝑfoliata I. R. H. St. 227.“ und „555. Est Turritis latifolia hirsuta, siliquis pendulis. Amm. Descrip. 79. quae est Erysimi species ...“ (a. a. O., Bl. 28v); „79. TURRITIS latifolia, hirsuta, siliquis pendulis. ...“ (Amman 1739, S. 58); s. auch Nr. 226

49 Zusatz in der 2. Textversion (s. Anm. 1 in A.): „D. D. Gmelin audit Levcojum Hesperidis / hortensis sature viridi et minꝰ hirsuto folio Tourn. bis hanc plantam di / verse no / mine re / censet“

50 „[species 4] Turritis Leucoii folio. Myagrum siliquâ longâ C. B. Pin. 109. Myagro affinis planta, siliquis longis J. B. 2. 894. Myagrum II Lobelii Tabern. Icon. 866.“ (Tournefort 1700, S. 224, Genus IV. „Turritis.“); „1. ERYSIMUM foliis integris lanceolatis. Fl. lapp. 263. ... Myagrum siliqua longa. Bauh. pin. 109. ... Turritis leucoji folio. Tournef. inst. 224. ...“ (Linné 1737, S. 337); „5) Levkoienartiger Hederich. Erysimum cheiranthoides. ... Erysimum foliis lanceolatis integerrimis, siliquis patulis. LINN. Syst. Veg. p. 499. ... Myagrum siliqua longa. C. BAUH. pin. 109. ...“ (Linné 1782, S. 308f.); „6. ERYSIMUM cheiranthoides. E. foliis lanceolatis integerrimis, siliquis patulis. ... Hort. cliff. 377. ... Myagrum siliqua longa. Bauh. pin. 109. ... Leucojenartiger Hederich. W. ...“ (Linné 1797–1830, Bd. III, Teil 1, S. 511); „4. ERYSIMUM CHEIRANTHOIDES. Linn. ...“ (Ledebour 1831, S. 155f.); „12 E[rysimum] cheiranthoides (L. SP. 923) ... LEDEB. Fl. alt. III, p. 155. ...“ (Ledebour 1842, S. 189); „[Turritis] leucoji folio; so nennt Tournefort den levcojenartigen Hederich.“ (Gmelin 1777, Sp. 336); „[Erysimum] cheiranthoides, ... levcojenartiger Hederich, dessen Blätter lanzenförmig sind, und einen glatten Rand haben, und dessen Schoten von dem Stamm abstehen; ..“ (Gmelin 1773, Sp. 853f.); „[Myagrum] siliqua longa; hierunter versteht er [d. h. C. Bauhin] den levcojenartigen Hederich.“ (Gmelin 1774, Sp. 326f.); „4. Art. E[rysimum] cheiranthoides. Levkojenartiger Hederich. (Linné.) ... Vulgärnamen: Schotendotter. ...“ (Bechstein 1833, S. 887f.); „ERYSIMUM. ... teutsch, Dotterkraut, Wegesenff. ... Es zertreibet, reiniget, eröffnet, macht auswerffen, und einen leichten Athem: es ist gut zu den Wunden. Der Samen wird zur Engbrüstigkeit gebrauchet, zum Scorbut und zum Stein. ...“ (Lémery 1721, Sp. 437f.); Erysimum cheiranthoides L. – russ. *naryžnaja* bzw. *struč'ki gor'kie* (*Annenkov* 1858, S. 41, Nr. 455)

„1051. Leucojum vernum, album, majus, non repens Ind. Len. n° 365. ... Fl. Irc. n° 228.“ (AAW R. I, Op. 105, D. 1^{a}, Bl. 108v, s. Anm. 29 in Nr. 5); „365. Levcoium vernum album maius, non repens. Cum Draba ij Clus. maximam affinitatem habet, ...“ (AAW R. I, Op. 13, D. 42, Bll. 66r–67r, s. Anm. 1 in Nr. 1); „552. Levcojum vernum, album, majus, non repens Ind. Len. ...“ mit der links marginalen Anm. von J. G. Gmelin „Turritis Levcoji folio I. R. H. St. n°. 228“ (AAW R. I, Op. 105, D. 12, Bl. 28v, s. Anm. 54 in Nr. 17); „2. Levcojum vernum album, majus, non repens

Ind. Len. n°. 365. Jen. 1051. Turritis Fl. Irc. n°. 228. ..." (AAW R. I, Op. 13, D. 67, Bl. 67v, s. Anm. 5 in Nr. 4); „7. Levcojum vernum album, majus. Gmel." mit der rechts marginalen Anm. „[Lena fl.]" (AAW R. I, Op. 13, D. 16, Bl. 11v, s. Anm. 32 in Nr. 6); „45 Levcojum vernum album majus, non repens, Ircutiae" (AAW R. I, Op. 105, D. 19, Bl. 2r, s. Anm. 55 in Nr. 18); „141) Turritis Levcoii folii Tour. i. r. h. ..." (AAW R. I, Op. 104, D. 25, Bl. 12v, s. Anm. 61 in Nr. 21)

51 „[species 1] Cardamine pratensis, magno flore purpurascente. Nasturtium pratense, magno flore C. B. Pin. 104. Iberus Fuchsii sive Nasturtium pratense, sylvestre J. B. 2. 899. Flos Cuculi Dod. Pempt. 592." (Tournefort 1700, S. 224, Genus V. „Cardamine."); „Cardamine pratensis, magno flore, purpurascente Tournef. Inst. ... Gauchblume ... Cardamine pratensis, magno flore, albo Tournef. Inst. est varietas praecedentis ..." (Buxbaum 1721, S. 54); „Cardamine pratensis, magno flore purpurascente Inst. R. Herb. ... Wiesenkresse mit grossen leibfarben Blumen. ..." (Mappus 1742, S. 52); „1. CARDAMINE foliis pinnatis, caule erecto. Fl. lapp. 258. Cardamine pratensis, magno flore purpurascente. Tournef. inst. 224. ... Nasturtium pratense, magno flore. Bauh. pin. 104. ... α Cardamine pratensis, magno flore albo. Tournef. ..." (Linné 1737, S. 336); „13) Wiesen=Schaumkraut. Cardamine pratensis. ... Cardamine foliis pinnatis: foliolis radicalibus subrotundis: caulinis lanceolatis. LINN. Syst. Veg. p. 497. ... Nasturtium pratense, magno flore. C. BAUH. pin. 104. ... Im deutschen wird sie Gugucksblume oder Gauchblume genennt, weil man besonders auf dieser Art jenen durch die Schaumcikade erregten Schaum gewahr wird. Man hat das junge Kraut wider den Scharbock gerühmt, ..." (Linné 1782, S. 279f.); „19. CARDAMINE pratensis. ... C. foliis pinnatis, caule erecto. ... Hort. cliff. 336. ... Nasturtium pratense, magno flore. Bauh. pin. 104. ... Wiesen-Schaumkraut. W." (Linné 1797–1830, Bd. III, Teil 1, S. 487); „4) CARDAMINE PRATENSIS. Linn. ... Cardamine No. 39. Gmel. Fl. sib. III. p. 271. ..." (Ledebour 1831, S. 37f.); „9. C[ardamine] pratensis (L. SP. 915.) ... LEDEB. Fl. alt. III, p. 37. ... C. foliis pinnatis, ... GMELIN Fl. sib. III, p. 271. Nro. 39. ..." (Ledebour 1842, S. 125f.); „[Cardamine] pratensis, ... Wiesenkresse, ... Gauchblume; Wiesengauchblume; braune Kresse; wilde Kresse; ... Man hat das junge Kraut wider den Scharbok gerühmt, doch wollen einige die Brunnkresse weit vorziehen; in ihren Blumen hat Heberden eine Kraft, gichterische Bewegungen zu dämpfen, gefunden: ..." (Gmelin 1772, Sp. 512f.); „[Nasturtium] pratense, magno flore, hierunter versteht C. Bauhin die Wiesenkresse." (Gmelin 1774, Sp. 427); „39. CARDAMINE foliis pinnatis, foliolis radicalibus subrotundis, caulinis lanceolatis, LIN. Sp. 2. p. 915. n. 13. ..." (Gmelin 1747–1769, Bd. III, S. 271); „39. Cardamine foliis pinnatis, foliolis radicalibus subrotundis, caulinis lanceolatis. [=] Cardamine pratensis L.!" (Ledebour 1841, S. 108); „CARDAMINE PRATENSIS. ... Wiesen-Schaumkraut, Wiesenkresse, Feldkresse, wilde Kresse, branne [sic!] Kresse, Gauchblume, Guckgucksblume. ... Von der Cardamine pratensis sind Kraut und Blumen, Herba et Flores Cardamines dem Arzneyvorrath einverleibt worden. ... Man hat sie in Krämpfen, bey convulsivischen Zufällen und bey dem Veiztanze ... oft mit vielem Nutzen gebraucht, ... Das Kraut hielt man bloss für ein antiscorbutisches Mittel. ..." (Hayne 1817, Nr. 30); „1. CARDAMINE (Pratensis) ... Lin. Sp. Plant. 656. Die Kresse mit gefiederten Blättern, deren Lappen unten rundlich, diejenigen aber, so an den Stengeln stehen, lanzenförmig sind. Cardamine pratensis, magno flore purpurascente. Tourn. Inst. 224." (Miller 1769, S. 538); „e) Cardamine pratensis. ... Deutsch. Die Wiesenkresse, die Mattenkresse; Feldkresse, wilde Kresse, braune Kresse; die Fachmünze; die Gauchblume, die Wiesengauchblume, die Kuckucksblume; Oestreich Süsse Brunnkresse. ..." (Nemnich 1793, Sp. 868f.); „Flor. Germ. p. 288. n. 6. CARDAMINE pratensis. ... C. pratensis magno flore purpurascente. ... BUXB. Halens. p. 54. ... Variat Flore albo. Cardamine pratensis, magno flore, albo. ... BUXB. Halens. p. 54." (Roth 1793, S. 120f.); „Noch eine Art Brunnen=Kresse findet man, welche auf Lateinisch Cardamine. Cardamine pratensis

magno flore, Pit. Tournef. ... genennet wird. ... Es führet viel Feuchtigkeit, Oel und flüchtiges Saltz, eröffnet und ist gut zum Stein und Scharbock.“ (Zedler 1732–1750, Bd. 4, Sp. 1612f.); „CARDAMINE. ... teutsch, Brunnenkresse. ... Cardamine kommt von Cardamum, das heisset auch so viel als Kresse.“ (Lémery 1721, Sp. 238f.); „Cardāmine L. (Cruciferae). Von Καρδαμον Diosc. ... Καρδαμον ist zus. aus καρδια (Herz) und δαμαειν (bändigen), weil es herzstärkende Wirkung besitzt.“ (Wittstein 1852, S. 156)

„373. Cardamine pratensis, magno flore purpurascente I. R. H. J. Eadem flore albo. ...“ (AAW R. I, Op. 13, D. 42, Bl. 68v, s. Anm. 1 in Nr. 1); „562. Cardamine pratensis magno flore purpurascente I. R. H. j Eadem albo flore. ...“ (AAW R. I, Op. 105, D. 12, Bl. 29r, s. Anm. 54 in Nr. 17)

52 „[species 2] Cardamine pratensis, magno flore albo. Nasturtium pratense, magno flore prorsus albo C. B. Pin. 194.“ (Tournefort 1700, S. 224, Genus V. „Cardamine.“); „Cardamine pratensis magno flore albo Inst. R. Herb. ...“ (Mappus 1742, S. 52)

„1. Cardamine pratensis magno flore albo I. R. H. ...“ (AAW R. I, Op. 13, D. 67, Bl. 67v, s. Anm. 5 in Nr. 4); „1047. Cardamine pratensis magno flore albo I. R. H. ...“ (AAW R. I, Op. 105, D. 1^{a}, Bll. 107r–107v, s. Anm. 5 in Nr. 5); „Cardamine pratensis, magno flore albo I. R. H. Eadem flore purpurascente. ...“ (AAW R. I, Op. 105, D. 2, Bl. 5r, s. Anm. 54 in Nr. 17); „Cardamine pratensis magno flore albo Tourn. ...“ (AAW R. I, Op. 104, D. 8, Bl. 9v, s. Anm. 18 in Nr. 452); s. Nr. 229

53 „[species 4] Cardamine pratensis, parvo flore. Nasturtium pratense, parvo flore C. B. Pin. 104. Prodr. 44.“ (Tournefort 1700, S. 224, Genus V. „Cardamine.“); „2. Der Wiesen=Kreß mit kleiner Bluhme: .. Cardamine prat. parv. flore. T. ...“ (Zwinger 1744, S. 494); „10) Kleinblumichtes Schaumkraut. Cardamine parviflora. ... Cardamine foliis pinnatis exstipulatis, foliolis lanceolatis obtusis, floribus corollatis. LINN. Syst. Veg. p. 497. ... Nasturtium pratense parvo flore. C. BAUH. pin. 104. ... Cardamine pratensis parvo flore. TOURNEF. Inst. R. H p 224. ...“ (Linné 1782, S. 277f.); „14. CARDAMINE parviflora. ... Sisymbrium pinnis foliorum pinnatis, ... Gmel. sib. 3. p. 270. t. 64. ... Nasturtium pratense, parvo flore. Bauh. prod. 44. ... Kleinblütiges Schaumkraut. W. ...“ (Linné 1797–1830, Bd. III, Teil 1, S. 485f.); „6) CARDAMINE PARVIFLORA. Linn. ... Sisymbrium pinnis foliorum pinnatis, ... Gmel. Fl. sib. III. p. 270. No. 37. t. 64. ...“ (Ledebour 1831, S. 39f.); „16. C[ardamine] parviflora (L. SP. 919) ... LEDEB. Fl. alt. III, p. 39. ... Sisymbrium pinnis foliorum pinnatis, ... GMELIN Fl. sib. III, p. 270. Nro. 37. t. 64. ...“ (Ledebour 1842, S. 128); „Cardamine parviflora, ... Bergkresse mit kleinen Blumen, ... Sie heißt bey Tournefort: Cardamine pratensis parvo flore; ...“ (Gmelin 1772, Sp. 511); „37. SISYMBRIUM pinnis foliorum pinnatis, pinnulis linearibus, glaberrimis. Tab. ...“ (Gmelin 1747–1769, Bd. III, S. 270); „37. Sisymbrium pinnis foliorum pinnatis, pinnulis linearibus glaberrimis. t. LXIV. [=] Cardamine parviflora L.!“ (Ledebour 1841, S. 108); „Kleinblümige Gauchblume. (Cardamine parviflora L. ...) ...“ (Encyclopädie 1786, S. 118); „10. Gauchblume, deren Blätter gefiedert sind, und keine Ansätze, aber lanzenförmige und stumpfe Blättlein, und deren Blumen Kronen haben, Cardamine (parviflora) foliis pinnatis exstipulatis, foliolis lanceolatis obtusis, floribus corollatis Linn. Cardamine pratensis parvo flore Tourn. ...“ (Krünitz 1773–1858, Bd. 16, S. 485)

„4. Cardamine pratensis parvo flore. I. R. H. Ind. Irc. n°. 563. j. Eadem flore albo. ...“ (AAW R. I, Op. 13, D. 67, Bl. 67v, s. Anm. 5 in Nr. 4); „143) Cardamine pratensis parvo flore Tour. i. r. h. ...“ (AAW R. I, Op. 104, D. 25, Bl. 12v, s. Anm. 61 in Nr. 21); „563. Cardamine pratensis, parvo flore I. R. H. ...“ (AAW R. I, Op. 105, D. 12, Bl. 29r, s. Anm. 54 in Nr. 17)

54 s. Nr. 231

55 „[species 9] Cardamine Alpina, minor, Resedae foliis. Nasturtium Alpinum, minus Resedae foliis C. B. Pin. 104. Prodr. 45.“ (Tournefort 1700, S. 225, Genus V. „Cardamine.“); „1. Der erste Berg=Kreße: Nasturtium alpinum minus Resedae foliis, C. B. P. 104. pr. 45. Cardamine Alpina

minor Resedae foliis, Park. Raj. H. 817. T. 225. B. J. A. II. 17. ...“ (Zwinger 1744, S. 494); „9. CARDAMINE Alpina minor, resedae folio Tourn. Kleine Alpenkresse mit Harnkrautblättern.“ (Miller 1750, S. 170); „41. CARDAMINE foliis trifidis acutis, laciniis integris vel incisis, caule erecto. Tab. LXV. Cardamine alpina minor resedae foliis, flore purpurascente, TOVRN. I. R H. eademque flore albo, STELL. Irc. 233. 234. ...“ (Gmelin 1747–1769, Bd. III, S. 272); „41. Cardamine foliis trifidis acutis, laciniis integris vel incisis, caule erecto. t. LXV. (excl. synon. Tournef.) [=] Dentaria tenuifolia Ledeb.!“ (Ledebour 1841, S. 108); „5) Waublätterichtes Schaumkraut. Cardamine resedifolia. ... Cardamine foliis inferioribus indivisis, superioribus trilobis pinnatisque. ... Nasturtium alpinum minus resedae folio. C. BAUH. pin. 104. prodr. 45. t. 45. ...“ (Linné 1782, S. 274f.); „6. CARDAMINE resedifolia. ... Nasturtium alpinum minus; resedae folio. Bauh. pin. 104. prod. 45. t. 45. ... Resedablättriges Schaumkraut. W. ...“ (Linné 1797–1830, Bd. III, Teil 1, S. 482f.); „1) DENTARIA TENUIFOLIA. Ledeb. ... Cardamine foliis trifidis acutis, ... Gmel. Fl. sib. III. p. 272. No. 41. tab. LXV. (excl. syn. Tournef.) ...“ (Ledebour 1831, S. 43f.); „7. D[entaria] tenuifolia (LEDEB. ...) ... LEDEB. Fl. alt. III, p. 43. ... Cardamine foliis trifidis acutis, ... GMEL. Fl. sib. III, p. 272. Nro. 41. t. 65. (excl. syn. TOURNEF.) ...“ (Ledebour 1842, S. 130); „Cardamine resedifolia, foliis inferioribus indivisis, superioribus trilobis pinnatisque, Bergkresse mit Harnkrautblättern, ... sie heißt bey Tournefort: Cardamine alpina minor resedae foliis; ...“ (Gmelin 1772, Sp. 509); „950. CARDAMINE resedifolia. ... Cardamine foliis superioribus trilobis, inferioribus indivisis, pinnatisque. LINN. syst. 12. p. 438. ... Cardamina alpina minor resedae foliis. TOURN. inst. 225. Nasturtium alpinum minus resedae foliis. BAUH. prodr. 45. ...“ (Allioni 1785, S. 261); „5. Gauchblume, deren untere Blätter unzertheilt, die obern aber dreylappig und gefiedert sind, Cardamine (resedifolia) foliis inferioribus indivisis, superioribus trilobis pinnatisque Linn. Cardamine alpina major resedae foliis Tourn. ...“ (Krünitz 1773–1858, Bd. 16, S. 483f.); „993.** CARDAMINE resedifolia ... Linn. Syst. Veg. p. 498. ... Nasturtium alpinum minus resedae folio. Bauh. prodr. 45. tab. 45. ... Germ. Resedablättrige Cardamine. ...“ (Gmelin 1826, S. 480f.); „RESEDA. ... Ist ein Kraut ... mit Blättern besetzet, die eins ums andere daran stehen, gar tieff zerschnitten seyn, kraus oder wellenweise ausgeschweifft, von Farbe dunckelgrün, nd schmecken als wie sonst die Küchenkräuter schmecken. ... Reseda kommt von sedare stillen, dann Plinius vermeldet, daß dieses Kraut vor diesem zu Milderung der Schmertzen und der Entzündung gebrauchet worden.“ (Lémery 1721, Sp. 949); „Dentāria L. (Cruciferae). Von dens (Zahn); die Wurzel ist mit zahnförmigen Schuppen besetzt, welche die Ansätze der Blattstiele der alten Blätter sind.“ (Wittstein 1852, S. 270)

„1048. Cardamine minor trifolia, inferioribus foliis viridibus Fumariae Ind. Irc. n° 564. ... Fl. Irc. n° 233.“ (AAW R. I, Op. 105, D. 1ª, Bl. 107v, s. Anm. 29 in Nr. 5); „564. Cardamine minor, trifolia, inferioribus folijs viridibus Fumariae. Cardamine alpina 1 trifolia Clus. H. Cxxvij. Ind. Len. sed male. ...“ mit der rechts marginalen Anm. von J. G. Gmelin „An Cardamine Alpina minor Resedae fol. fl. purpurascente I. R. H. St. 233. sub quo nomine ... praecedens species missa“ (AAW R. I, Op. 105, D. 12, Bl. 29r, s. Anm. 54 in Nr. 17); „374. Cardamine Alpina Clus. Hist. CXXVII. ...“ (AAW R. I, Op. 13, D. 42, Bl. 68v, s. Anm. 1 in Nr. 1); „41. Cardamine Resedae folijs Fl. Irc. 233.“ (AAW R. I, Op. 105, D. 16, Bl. 1v, s. Anm. 5 in Nr. 4); „2. Cardamine minor trifolia, inferioribus folijs viridibus Fumariae Ind. Irc. n°. 564. Fl. Irc. n°. 233 ...“ (AAW R. I, Op. 13, D. 67, Bl. 67v, s. Anm. 5 in Nr. 4); „144) Cardamine alpina Resedae fol. Tour. i. r. h. ...“ (AAW R. I, Op. 104, D. 25, Bl. 12v, s. Anm. 61 in Nr. 21)

56 s. Nr. 233

57 „[species 1] Sisymbrium aquaticum Math. 487. Nasturtium aquaticum, supinum C. B. Pin. 104. Sisymbrium Cardamina, sive Nasturtium aquaticum J. B. 4. 834. Cresson d’eau.“ (Tournefort 1700, S. 226, Genus VII. „Sisymbrium.“); „SISYMBRIVM. CAP. CXXI. ...“ (Mattioli 1565,

S. 484ff.) mit der Abbildung „SISYMBRIVM AQVATICVM.“ auf S. 487; „Sisymbrium aquaticum Matthioli 487. ... Brunnen=Kresse ...“ (Rupp 1726, S. 63); „Der große Brunn=Kreß: Nasturtium aquaticum majus, Nasturtium aquaticum supinum, C. B. P. 104. ... Sisymbrium aquaticum Matth. 487. T. 226. ...“ (Zwinger 1744, S. 496); „1. SISYMBRIUM foliis pinnatis, foliolis subcordatis. Sisymbrium aquaticum. Tournef. inst. 226. ... Nasturtium aquaticum supinum. Bauh. pin. 104. ...“ (Linné 1737, S. 336); „1) Brunnenkresse. Sisymbrium Nasturtium. ... Sisymbrium siliquis declinatis, foliis pinnatis: foliolis subcordatis. LINN. Syst. Veg. p. 497. ... Nasturtium aquaticum supinam. C. BAUH. pin. 104. ... Sie wird mit bestem Erfolg wider scorbutische Anfälle gebraucht; ... Eben dieser [Saft] wird ferner innerliche Verstopfungen zu eröfnen, Harn, Grieß und Stein zu treiben und die Würmer zu tödten, empfohlen. ...“ (Linné 1782, S. 283ff.); „1. SISYMBRIUM Nasturtium. S. siliquis declinatis, ... Hort. cliff. 336. ... Nasturtium aquaticum supinum. Bauh. pin. 104. ... Quellen-Rauke. W. ...“ (Linné 1797–1830, Bd. III, Teil 1, S. 489); „48. Nasturtium. R. BR. ... 1. N. officinale ... Sisymbrium Nasturtium. M. a BIEB. Fl. t. c. III, p. 438. ... Sisymbrium Nasturtium aquaticum. ... S. G. GMEL. It. I, p. 116. ... Sisymbrium foliis pinnatis angulosis, ... GMEL. Fl. sib. III, p. 268. Nro. 34. ...“ (Ledebour 1842, S. 111f.); „[Nasturtium] aquaticum supinum, hierunter versteht C. Bauhin die Wasserkresse.“ (Gmelin 1774, Sp. 423); „Sisymbrium Nasturtium, ... Brunnkresse, mit gefiederten Blättern, ... Jung hingegen ist sie ein treflliches [sic!], reizendes, eröfnendes, die natürliche Ausdünstung beförderndes und der Fäulniß mit Macht widerstehendes Mittel; daher wird ein damit angegossener Thee, oder auch der Geist, ... und vorzüglich der aus dem frischen Kraute ausgepreßte frische Saft in Verstopfungen und Verhärtungen der Eingeweide, in der Milzsucht, in verschiedenen Krankheiten der Brust und vornemlich in dem Scharbok empfolen, ...“ (Gmelin 1776, Sp. 569f.); „34. SISYMBRIUM foliis pinnatis angulosis, floribus super folia vix elatis, HALL. helv. 549. Sisymbrium siliquis declinatis, foliis pinnatis, foliolis subcordatis, LIN. Sp. 2. p. 316. n. 1. ...“ (Gmelin 1747–1769, Bd. III, S. 268f.); „34. Sisymbrium foliis pinnatis angulosis, floribus super folia vix elatis [=] Nasturtium officinale R. Br.“ (Ledebour 1841, S. 108); „5. SISYMBRIUM foliis pinnatis, angulosis, floribus super folia vix elatis. ... Sisymbrium aquaticum MATTH. p. 487. ... Nasturtium aquaticum supinum C. B. Bas. p. 29. ... Scirrhos etiam viscerum, morborumque chronicorum profundas radices incidendo resolvit. Infusum theiforme ad morbos pectoris, & hypochondrorum laudatur. Succus cum sale ammoniaco destillatus inter antiscorbutica est ex vehementioribus.“ (Haller 1742, S. 549); „1283*. SISYMBRIUM Nasturtium. ... Linn. ed. Willd. 3. p. 489. ... Gmel. sib. 3. p. 268. n. 34. ...“ (Marschall von Bieberstein 1819, S. 438f.); „Der Wassergressig (Sisymbr. Nasturtium aquatic.) ... trug reiffe Saamen. Die Blumen=Blättchen sind um die Hälfte grösser, als die Abtheilungen des Kelchs; diese auch bey veralteten Pflanzen beständig gerade, so wie jene meistens zurückgeschlagen sind.“ (Gmelin 1770, S. 116); „Brunnenkreßrauke, Sisymbrium nasturtium L. ... dessen ... Blätter (fol. herb. nasturtii aquatici) zerrieben einen starken, flüchtig beißenden Geruch, und einen beißend bittern Geschmack haben. ... der frisch ausgepreßte Saft ... welcher sich ... gegen alle sumpfigen Gegenden eigne von Unthätigkeit des lymphatischen Systems entstehende Krankheiten dienliches, diuretisches Mittel beweist. ...“ (Hahnemann 1793, S. 162f.); „SISYMBRIUM NASTURTIUM. ... Nasturtium aquaticum supinum. C. Bauh. pin. p. 104. Quellen-Rauke, Brunnenkresse, Bornkresse, Wasserkresse. ... Das Sisymbrium Nasturtium ist reizend und harntreibend und als antiscorbutisches Mittel bekannt. Man giebt es als Conserve, als Salat oder auch den ausgepressten Saft desselben ...“ (Hayne 1817, Nr. 32); „1. SISYMBRIUM Nasturtium. ... Kreß=Rauke. Brunnenkreß. R. Scheruga [russ. *šerucha*]. ...“ (Georgi 1797–1802, Theil 3, S. 1129)

„1049. Sisymbrium folijs pinnatis, angulosis, floribus super folia vix elatis Hall. Alp. 549. Nasturtium aquaticum supinum C. B. Bas. p. 29. ...“ (AAW R. I, Op. 13, D. 20, Bl. 97r, s. Anm. 1

in Nr. 1); „Sisymbrium aquaticum Math. 487. ...“ (AAW R. I, Op. 105, D. 2, Bl. 5r, s. Anm. 54 in Nr. 17)

58 „[species 3] Sisymbrium Erucae folio glabro, flore luteo. Eruca lutea, latifolia, sive Barbarea C. B. Pin. 98. Barbarea J. B. 2. 868. Dod. Pempt. 712.“ (Tournefort 1700, S. 226, Genus VII. „Sisymbrium.“); „4. St. Barbara=Kraut: Eruca lutea latifolia s. Barbarea, C. B. P. 98. ...“ (Zwinger 1744, S. 481); „5. ERYSIMUM foliis basi pinnato-dentatis, apice subrotundis. Fl. lapp. 264. Sisymbrium erucae folio glabro, flore luteo. Tournef. inst. 226. ... Eruca lutea latifolia sive Barbarea. Bauh. pin. 98. ...“ (Linné 1737, S. 338); „264. ERYSIMUM foliis basi pinnato-dentatis, apice subrotundis. ... α. Sisymbrium erucae folio glabro, flore luteo. Tournef. inst. 226. Eruca lutea latifolia seu Barbaraea. Bauh. pin. 98. ...“ (Linné 1737a, S. 215); „2) Barbenkraut. Erysimum barbarea. ... Erysimum foliis lyratis extimo subrotundo. LINN. Syst. Veg. p. 499. Sp. Pl. p. 922. Fl. Suec. 957; 599. Fl. lapp. 264. Hort. Cliff. 338. ... Eruca latifolia seu Barbarea. C. BAUH. pin. 98. ... Man gebraucht sie [d. h. die Blätter] daher innerlich wider den Scharbock und die anfangende Wassersucht. Der ausgepreßte Saft wird äußerlich in Wunden und alten Geschwüren angerühmt. Die Saamen zählt man unter die eröfnenden und den Stein auflösenden Mittel. ... Man nennt sie im deutschen auch Winterkresse. ...“ (Linné 1782, S. 305f.); „2. ERYSIMUM Barbarea. ... E. foliis basi pinnato dentatis apice subrotundis. ... Hort. cliff. 338. ... Eruca lutea latifolia s. Barbarea. Bauh. pin. 98. ... Stumpfblättriger Hederich. W. ...“ (Linné 1797–1830, Bd. III, Teil 1, S. 509); „1) BARBAREA VULGARIS. R. Brown. ... Erysimum Barbarea. ... Gmel. Fl. sib. III. p. 268. ...“ (Ledebour 1831, S. 10f.); „49. Barbarea. R. BR. ... 1. B. vulgaris (R. BR. Hort. kew. ed. 2. IV, p. 109) ... LEDEB. Fl. alt. III, p. 10. ... GMEL. Fl. sib. III, p. 268. Nro. 33. ...“ (Ledebour 1842, S. 114); „Erysimum Barbarea, ... Barbenkraut, ... Winterkresse; gemeine Winterkresse; ... man kann auch die Blätter ... als ein Zugemüß, gekocht, oder als Salat geniesen; ...“ (Gmelin 1773, Sp. 852); „Sisymbrium erucae folio glabro, flore luteo; bedeutet bey ihm [d. h. Tournefort] das Barbenkraut.“ (Gmelin 1776, Sp. 583); „33. SISYBRIVM foliis pinnatis, prima extrema amplissima, subrotunda, HALL. helv. 549. Erysimum foliis lyratis extremo subrotundo, LIN. sp. 2. p. 922. n. 2. ...“ (Gmelin 1747–1769, Bd. III, S. 268); „33. Sisymbrium foliis pinnatis, pinna extrema amplissima [=] Barbarea vulgaris R. Br.“ (Ledebour 1841, S. 108); „2. ERYSIMUM (Barbarea) foliis lyratis extimo subrotundo. Flor. Suec. 567. Wegsenf mit harpfenförmigen Blättern, von denen der äußere Abschnitt rundlich ist. Sisymbrium erucae folio glabro flore. Tourn. Inst. R. H. 226. Winterkreße mit einem weisen Senfblat.“ (Miller 1772, S. 145); „BARBAREA VULGARIS Rob. Brown. GEMEINE BARBAREA. ... Erysimum Barbarea ... Willd. spec. plant. 3. p. 509. ... Das junge, etwas bittere Kraut ... wird in mehreren Gegenden als Salat gegessen. Ehemals wurde das Kraut auch als Herba Barbareae in der Medizin gebraucht. Deutsche Namen: Barbenkraut, St. Barbernkraut, Winterkresse, gelber Beyfuss, Wassersenf, schnöder Senf.“ (Dietrich 1838b, Nr. 421); „1. Art. E[rysimum] barbarea. Stumpfblätteriger Hederich. (Linné.) ... Vulgärnamen: Barbarakraut. Barbenkraut. Winterkresse. ...“ (Bechstein 1833, S. 884f.); „2. ERYSIMUM Barbarea ... Barben=Hederich. ... Winter=Kresse. ... Ein gutes, doch wenig gebräuchliches Salat=Kraut, welches, wenn es einmahl im Garten ist, selbst wuchert.“ (Georgi 1797–1802, Theil 3, S. 1132); „... Das Barbenkraut, die Winterkresse, gemeine Winterkresse, gemeiner Wegesenf, Erysimum Barbarea, foliis lyratis, extimo subrotundo, Linn. ... Sie ist in skorbutischen Krankheiten, besonders bei gelinden Fällen, die sich durch ein geringes schwinden des Zahnfleisches und Bluten desselben, zeigen, zu empfehlen, ...“ (Krünitz 1773–1858, Bd. 153, S. 225f.); „Barbara Offic. ... Eruca lutea, latifolia sive Barbarea. C. B. ... Teutsch Winter=Kresse, (weil sie im Winter an statt der Kressen oder Raucken zum Salat gebraucht wird,) Senff=Kraut, S. Barben= oder S. Barbar=Kraut, Stein=Kraut, (weil es den Stein treibt,) breitblättige Winter=Raucke, Wasser=Senff. ... ist ein gut Miltz= Scharbocks= und Wund=Kraut;

dienet zur Colic, die von Lenden=Stein herrühret, und wird innerlich und äusserlich gebrauchet. ...“ (Zedler 1732–1750, Bd. 3, Sp. 394f.); „Barbārea R. BR. (Cruciferae). Nach der heiligen BARBARA, (aus Nicomedien in Kleinasien um 300 n. Chr.) benannt.“ (Wittstein 1852, S. 93) „1038. Sisymbrium Erucae folio glabro, flore luteo I. R. H. Ind. Irc. nº 566.“ (AAW R. I, Op. 105, D. 1^{a}, Bl. 107r, s. Anm. 29 in Nr. 5); „145) Sisymbrium Erucae folio glabro flore luteo Tour i. r. h ...“ (AAW R. I, Op. 104, D. 25, Bl. 12v, s. Anm. 61 in Nr. 21); „3. Sisymbrium Erucae folio glabro, flore luteo I. R. H. Ind. Jen. n°. 1038. Irc. n°. 566. ... Erysimum foliis basi pinnato-dentatis, apice subrotundis Linn. Lapp. 264. ...“ (AAW R. I, Op. 13, D. 67, Bl. 67r, s. Anm. 5 in Nr. 4); „566. Eruca lutea seu Barbarea C. B. P. ...“ (AAW R. I, Op. 105, D. 12, Bl. 29v, s. Anm. 54 in Nr. 17); „Sisymbrium Erucae folio glabro, flore luteo (Tournefortii sp. 4), Off.“ (Messerschmidt 1962–1977, Bd. 4, S. 202, s. Anm. 1 in Nr. 1); „28. Juli 1725 ... Am Zelte observirte ... Sysimbrium Erucae folio glabro, flore luteo (Tournefortii sp. 3); ...“ (a. a. O., S. 177f.)

59 „[species 7] Sisymbrium aquaticum, Raphani folio, siliquâ breviori. Raphanus aquaticus, alter C. B. Pin. Edit. 1. 97. Prodr. 38. Raphanus aquaticum, Rapistri folio C. B. Pin. Edit. 2. 97. Rapistrum aquaticum Tabern. Icon. 408.“ (Tournefort 1700, S. 226, Genus VII. „Sisymbrium.“); „Sisymbrium aquaticum, raphani folio, siliqua breviori Tournefortii. ... Wasser=Kresse, Wasser=-Rettich.“ (Rupp 1726, S. 63); „3. SISYMBRIUM AQUATICUM RAPHANI FOLIO, SILIQUA BREVIORI. Inst. 226. Raphanus aquaticus alter. C. B. Pin. Edit. 1. 97. ...“ (Vaillant 1727, S. 185); „Sisymbrium aquaticum, Raphani folio, siliqua breviori J. R. H. ... Wasser=Heyderich, Wasser=-Rettich, Wasser=Kreß, Wasser=Radis, wilder Rettich. ...“ (Mappus 1742, S. 289); „31. SILYMBRIVM [sic!] siliquis globosis. Alyssum aquaticum, foliis variis, GMEL. Ind. Len. 364. ...“ (Gmelin 1747–1769, Bd. III, S. 267f.); „31. Sisymbrium siliquis globosis [=] Nasturtium natans DeC.!“ (Ledebour 1841, S. 108); „3. SISYMBRIUM foliis simplicibus dentatis serratis. Sisymbrium raphani folio, siliqua breviore. Tournef. inst. 226. ... Raphanus aquaticus alter. Bauh. prod. 38. ... 4. SISYMBRIUM foliis infimis capillaceis, summmis pinnatifidis. ... Raphanus aquaticus, foliis in profundas lacinias divisis. Bauh. pin. 97. prod. 38. ...“ (Linné 1737, S. 337); „3) Sumpf= Wasser= und Landraucke. Sisymbrium amphibium. ... Sisymbrium siliquis declinatis oblongo-ovatis: foliis pinnatifidis serratis. LINN Syst. Veg. p. 497. ... α) Sumpf=Rauke. Sisymbrium palustre. Sisymbrium foliis pinnatifidis serratis. Fl. Suec. 551; ... Hort. Cliff. 337. ... Raphanus aquaticus, foliis in profundas lacinias divisis. C. BAUH. pin. 97 prodr. 38. t. 38. ... β) Wasser=-Raucke. Sisymbrium aquaticum. Sisymbrium foliis simplicibus dentatis serratis Hort. Cliff. 336. [?] ... Raphanus aquaticus alter. C. BAUH. prodr. 38. t. 38. γ) Land=Rauke. Sisymbrium terrestre. Sisymbrium aquaticum, foliis variis. VAILL. paris. 185. ... Sie sind alle drey sehr scharf vom Geschmack, besonders die letztere, welche, wegen ihrer erwärmenden Eigenschaften, öfters von den Apothekern statt des Pfefferkrauts nach Lobel gesammelt wird. Die Saamen haben mit dem schwarzen Senf vieles gemein; die Wurzeln können im Frühjahr statt Radieschen gegesssen werden; ...“ (Linné 1782, S. 286f.); „4. SISYMBRIUM amphibium. α. Sisymbrium palustre. S. foliis infimis capillaceis, ... Hort. cliff. 337. ... β. Sisymbrium aquaticum. S. foliis simplicibus dentatis serratis. Hort. cliff. 336. [sic!] ... Raphanus aquaticus alter. Bauh. prodr. 38. t. 38. γ. Sisymbrium terrestre. ... Wasser-Rauke. W. ...“ (Linné 1797–1830, Bd. III, Teil 1, S. 491); „1) COCHLEARIA AQUATICA. C. A. Meyer. ... Nasturtium amphibium. Dec. Prodr. I. p. 138. ... Sisymbrium amphibium. Dec. Prodr. I. p. 138. ... Sisymbrium amphibium. M. a Bieb. Fl. taur. cauc. II. p. 110. ... 2) COCHLEARIA NATANS. C. A. Meyer. ... Nasturtium natans. Dec. Prodr. I. p. 139. ... Sisymbrium siliquis globosis. Gmel. Fl. sib. III. p. 267. No. 31. ...“ (Ledebour 1831, S. 88ff.); „15. C[ochlearia] amphibia: ... α. siliculis ellipticis. Cochlearia aquatica. C. A. MEYER in LEDEB. Fl. alt. III, p. 88. Sisymbrium amphibium. ... M. a BIEB. Fl. t. c. II, p. 110; ... Nasturtium amphibium. DEC. Prodr. I, p. 138. ... β. siliculis suborbiculatis. Cochlearia natans.

C. A. MEYER in LEDEB. Fl. alt. III, p. 90. Nasturtium natans. DEC. Syst. II, p. 198. – Prodr. I, p. 139. ... Sisymbrium siliquis globosis. GMEL. Fl. sib. III, p. 2567. Nro. 31. ....“ (Ledebour 1842, S. 160); „Sisymbrium palustre, folis pinnatifidis serratis; Sumpfrauke, ... Wasserrettig mit zerrissenen Blättern; ... [Sisymbrium] aquaticum, folis simplicibus dentatis serratis; Wasserrettig, ... Wassermeerrettig; Wassersenf; Wasserhederich; ... [Sisymbrium] terrestre, Landrauke, ...“ (Gmelin 1776, Sp. 572); „[Sisymbrium] aquaticum raphani folio, siliqua breviore; hierunter versteht er [d. h. Tournefort] den Wasserrrettich.“ (a. a. O., Sp. 582); „1285. SISYMBRIUM amphibium. S. siliquis declinatis oblongo-ouatis, ... Linn. ed. Willd. 3. p. 491. ...“ (Marschall von Bieberstein 1808, S. 110); vgl. aber „*3. SISYMBRIUM palustre. S. siliquis declinatis oblongo-ovatis, foliis pinnatifidis serratis, petalis calyce brevioribus. ... S. aquaticum foliis in profundas lacinias divisis. Tournef. inst. 226. ... Raphanus aquaticus, foliis in profundas lacinias divisis. Bauh. pin. 97. prodr. 38. Sumpf-Rauke. W. ...“ (Linné 1797–1830, Bd. III, Teil 1, S. 490f.) und „1286. SISYMBRIUM palustre. S. siliquis declinatis oblongo-ouatis, foliis pinnatifidis serratis, petalis calyce breuioribus. Linn. ed. Willd. 3. p. 490. ... Raphanus aquaticus foliis in profundas lacinias diuisis. C. Bauh. prodr. p. 38. ...“ (Marschall von Bieberstein 1808, S. 111); „Sisymbrium aquaticum raphani folio, siliqua breviore T. sive Rapistrum aquaticum, Tab. hist. 1. 792. Wasser=-Kresse, oder Hederich, ...“ (Lindern 1747, S. 97f.); „3. Sisymbrium amphibium. L. Wasserliebende Rauke; gelber Wasserrettig. ... Man hat zwei Abänderungen angezeigt, die sich durch die Blätter und durch den Stand der Blumentrauben unterscheiden.“ (Dietrich 1809, S. 249f.)

„Sisymbrium aquaticum raphani folio siliqua breviore. T. 226. B. N 7. ...“ (AAW R. I, Op. 68, D. 2, Bl. 16r, s. Anm. 62 in Nr. 22); „364. Alysson aquaticum foliis variis. ...“ (AAW R. I, Op. 13, D. 42, Bll. 65v–66r, s. Anm. 1 in Nr. 1); „44. Alysson aquaticum foliis variis“ (AAW R. I, Op. 105, D. 19, Bl. 2r, s. Anm. 55 in Nr. 18); „10. Alysson aquaticum folijs varijs Ind. Len. n°. 364. ...“ (AAW R. I, Op. 13, D. 67, Bl. 66r, s. Anm. 5 in Nr. 4); „551. Alysson aquaticum folijs varijs Ind. Len. An Raphanus aquaticus folijs in profundas lacinias divisis C. B. P? ...“ (AAW R. I, Op. 105, D. 12, Bl. 28r, s. Anm. 54 in Nr. 17); „1021. Alysson aquaticum foliis variis Ind. Len. n. 364 ...“ (AAW R. I, Op. 105, D. 1ª, Bl. 104v, s. Anm. 29 in Nr. 5)

60 „[species 9] Sisymbrium aquaticum, foliis in profundas lacinias divisis, siliquâ breviori. Raphanus aquaticus, foliis in profundas lacinias divisis C. B. Pin. 97. Prodr. 38.“ (Tournefort 1700, S. 226, Genus VII. „Sisymbrium.“); „4. SISYMBRIUM AQUATICUM FOLIIS IN PROFUNDAS LACINIAS DIVISIS, SILIQUA BREVIORI. Inst. 226. Raphanus aquaticus, foliis in profundas lacinias divisis. C. B. Pin. 97. ...“ (Vaillant 1727, S. 185); „Sisymbrium aquaticum, foliis in profundas lacinias divisis, siliqua breviori J. R. H. ... Wasser=Hederich, Wasser=Rettich. ...“ (Mappus 1742, S. 289); „[Sisymbrium] aquaticum foliis in profundas lacinias divisis, siliqua breviori; bedeutet bey Tournefort die Sumpfrauke.“ (Gmelin 1776, Sp. 582); „3. SISYMBRIVM (Amphibium) siliquis declinatis, oblongo-ovatis, foliis pinnatifidis serratis. Lin. Sp. Plant. 657. Sisymbrium mit länglichten, eyrunden, niedergebogenen Schotten, mit gefiedert spitzigen, sägeförmig gezähnten Blättern. Raphanus aquaticus, foliis in profundas lacinias divisis. C. B. P. 97. Wasserrettig mit tief zerschnittenen Blättern.“ (Miller 1776, S. 231); „99. SISYMBRIUM palustre siliquis declinatis oblongo-ovatis, ... Raphanus aquaticus foliis in profundas lacinias divisis. Bauh. Prodr. p. 38. Icon. ... Germ. Sumpf-Kresse. Sumpf-Rauke. Sumpf-Senf. ...“ (Gmelin 1808, S. 61f.); „SISYMBRIUM, ... Sisymbrium aquaticum, foliis in profundas lacinias divisis, Siliqua breviori, Pit. Tournef. ... Es eröfnet trefflich, reiniget, ist gut, den Harn zu treiben, den Nieren= und Blasenstein zu zermalmen und abzuführen, zum Lendenschmertze, Scorbute und Wassersucht, wenn es innerlich gebrauchet wird. ...“ (Zedler 1732–1750, Bd. 37, Sp. 1835)

„1. Sisymbrium aquaticum foliis in profundas lacinias divisis, siliqua breviori. Inst. r. h. 226.“ (AAW R. I, Op. 13, D. 16, Bl. 12r, s. Anm. 32 in Nr. 6); „526. Sisymbrium aquaticum fol. in in profundas lacinias divisis siliqua breviore T. B. n. 8." (AAW R. I, Op. 104, D. 13, Bl. 4v, s. Anm. 84 in Nr. 29); „Sisymbrium aquaticum, foliis in profundas lacinias divisis, siliqua breviori I. R. H. ..." (AAW R. I, Op. 105, D. 2, Bl. 5r, s. Anm. 54 in Nr. 17); „Sysimbrium [sic!] aquaticum, folijs in profundas lacinias divisis, siliqua breuiori Tourn. ..." (AAW R. I, Op. 104, D. 8, Bl. 9v, s. Anm. 18 in Nr. 452); „146) Sisymbrium aquaticum foliis in profundas lacinias divisis siliqua breviori Tourn. ..." (AAW R. I, Op. 104, D. 25, Bl. 12v, s. Anm. 61 in Nr. 21); s. Nr. 237

61 „[species 10] Sisymbrium palustre, repens, Nasturtii folio. Eruca palustris & Nasturtii folio, siliquâ oblongâ C. B. Pin. 98. Eruca palustris, minor Tabern. Icon. 447. Eruca quibusdam sylvestris, repens, flosculo luteo J. B. 2. 866." (Tournefort 1700, S. 226, Genus VII. „Sisymbrium."); „5. SISYMBRIUM palustre repens, Nasturtii folio. Inst. R. H. Wassersenff." (Miller 1751, S. 263); „2. SISYMBRIUM foliis pinnatis, foliolis lanceolatis serratis. Sisymbrium palustre repens, folio nasturtii. Tournef. inst. 226. ... Eruca quibusdam sylvestris repens, flosculo luteo. Bauh. hist. 2. p. 866. ..." (Linné 1737, S. 336); „2) Wilde Rauke. Sisymbrium sylvestre. ... Sisymbrium siliquis declinatis oblongo-ovatis, foliolis lanceolatis serratis. LINN. Syst. Veg. p. 497. ... Hort. Cliff. 336. ... Eruca quibusdam sylvestris repens, flosculo luteo. I. BAUH. hist. 2. p. 866. ..." (Linné 1782, S. 285f.); „2. SISYMBRIUM sylvestre. S. siliquis declinatis, foliis pinnatis: ... Gmel. sib. 3. p. 268. ... Eruca quibusdam sylvestris repens, flosculo luteo. Bauh. hist. 2. p. 866. ... Wald-Rauke. W." (Linné 1797–1830, Bd. III, Teil 1, S. 489f.); „2. N[asturtium] sylvestre (R. BR. Hort. kew. ed. 2. IV, p. 110) ... Sisymbrium sylvestre. ... M. a BIEB. Fl. t. c. II, p. 110. ... Sisymbrium siliquis declinatis, ... GMEL. Fl. sib. III, p. 268. Nro. 32. ..." (Ledebour 1842, S. 112); „Sisymbrium sylvestre, ... wildwachsende Rauke, ... Sie heißt bey ... Tournefort: Sisymbrium palustre repens, nasturtii folio." (Gmelin 1776, Sp. 571); „32. SISYMBRIVM siliquis declinatis, foliis pinnatis, foliolis lanceolatis serratis, ROY. l. 341. LINN. sp. pl. 2. p. 916. n. 4. Eruca quibusdam syluestris, repens flosculo luteo, BAVH. hist. 2. p. 806. 1. Idem foliis amplioribus glabris. 2. Idem foliis amplioribus hirsutis. ..." (Gmelin 1747–1769, Bd. III, S. 268); „32. Sisymbrium siliquis declinatis, foliis pinnatis, foliolis lanceolatis serratis [=] Nasturtium sylvestre R. Br. (ex Willd. sp. pl. III. 489. et M. a Bieb. Fl. t. c. II. 110.)" (Ledebour 1841, S. 108); „1284. SISYMBRIUM syluestre. ... S. siliquis declinatis, ... Linn. ed. Willd. 3. p. 489. ... Gmel. sib. 3. p. 268. n. 32. ..." (Marschall von Bieberstein 1808, S. 110); „2. Wald=Rauke, wilde Rauke. Sisymbrium sylvestre, mit niedergebogenen länglich=eyrunden Schotten, und lanzettförmig sägeartig gezähnten Blättchen. ..." (Krünitz 1773–1858, Bd. 121, S. 155)

„1040. Sisymbrium palustre repens, Nasturtii folio. I. R. H. & Ind. Irc. n° 565. ... Forte est Sisymbrium aquaticum foliis in profundas lacinias divisis I. R. H. ..." (AAW R. I, Op. 105, D. 1^{a}, Bl. 107r, s. Anm. 29 in Nr. 5); „5. Sisymbrium palustre repens Nasturtij folio I. R. H. Ind. Jen. 1040 Irc. n°. 565. ... Sisymbrium folijs pinnatis, foliolis lanceolatis serratis Linn. h. Cliff. 136. [sic!] ..." (AAW R. I, Op. 13, D. 67, Bl. 67r, s. Anm. 5 in Nr. 4)

62 „[species 13] Sisymbrium annuum, Absinthii minoris folio. Nasturtium sylvestre, tenuissimè divisum C. B. Pin. 105. Seriphium Germanicum sive Sophia quibusdam J. B. 2. 886. Sophia Chirurgorum Lob. Icon. 738." (Tournefort 1700, S. 226, Genus VII. „Sisymbrium."); „Sophia Chirurgorum. L. 426. T. 901." (Lobelius 1581, S. 738); „Accipitrina Rivini & Loniceri. Sisymbrium annuum, absinthii minoris folio Tournefort. Instit. p. 226. ... Germ. Well=Saamen, Besen=-Kraut, Sophien=Kraut." (Rupp 1726, S. 64); „9. SISYMBRIUM corollâ calice minore, foliis multifidis linearibus. Fl. lapp. 261. Sisymbrium annuum, absinthii minoris folio. Tournef. inst. 228. ... Sophia chirurgorum. Lob. hist. 426. ... Seriphium germanicum, Sophia quibusdam. Bauh. hist. 2. p. 886. ..." (Linné 1737, S. 337); „18) Sophienkraut. Sisymbrium Sophia. ... Sisymbrium petalis calyce minoribus, foliis decomposito pinnatis. LINN. Syst. Veg. p. 498. ... Nasturtium sylvestre tenuissime divisum. C. BAUH. pin. 105. Sophia chirurgorum. LOB. Ic. 378. ... Die

gewöhnlichsten Namen sind im Deutschen: Sophienkraut, groß Besemkraut und Wellsaamen. ... Die Saamen ... ziehen stark zusammen, stillen den Durchlauf und rothe Ruhr, treiben den Urin und den Stein, sind den Würmern zuwider und halten die Geschwüre rein. Sie werden auch als ein Vieharzneimittel bey dem Durchlauf der Rinder mit Vortheil gebraucht. ...“ (Linné 1782, S. 298f.); „29. SISYMBRIUM Sophia. ... Nasturtium sylvestre tenuissime divisum. Bauh. pin. 105. Sophia chirurgorum. Lob. ic. 378. [sic!] ... Feinblättrige Rauke. W. ...“ (Linné 1797–1830, Bd. III, Teil 1, S. 500f.); „5) SISYMBRIUM Sophia. Linn. ... M. a Bieb. Fl. taur. cauc. II. p. 113. ...“ (Ledebour 1831, S. 135f.); „13. S[isymbrum] Sophia (L. SP. 922) ... M. a BIEB. Fl. t. c. II, p. 213. ... LEDEB. Fl. alt. III, p. 135. ...“ (Ledebour 1842, S. 180f.); „[Sisymbrium] Sophia, ... Sophienkraut, ... Wellsamen; Besemkraut; ... ihre Samen ... sollen, unter das Schießpulver gemischt, seine donnernde Kraft verstärken: Die Alten schrieben ihnen zusammenziehende Kräfte zu, und zählten es unter ihre Wundkräuter; den Samen rühmten sie ... als ein schweißtreibendes Mittel, auch in dem Durchlauf, in dem Fieber, in dem Stein, ... Sie verordneten auch den damit gekochten Wein, um geronnenes Geblüt auszuwaschen, überhaupt um Wunden zu reinigen und zu heilen: ...“ (Gmelin 1776, Sp. 578f.); „1290. SISYMBRIUM Sophia. S. petalis calyce minoribus, ... Linn. ed. Willd. 3. p. 500. ...“ (Marschall von Bieberstein 1808, S. 113); „SISYMBRIUM SOPHIA. ... Sisymbrium (Sophia) ... Linn. Spec. plant. ed. Willd. T. III. p. 500. ... Feinblättrige Rauke, Sophienkraut, grosses Besemkraut, Habichtskraut, Warmkraut, Wurmsamen, Wollsamen, Wellsamen. ... Man sammelte in ältern Zeiten von diesem Gewächse das Kraut und den Samen, Herba et Semen Sophiae s. Sophia chirurgorum. Es wurde im frischen Zustande als ein Wundmittel gebraucht, ... Auch wird es in Gothland innerlich wider hysterische Zufälle gebraucht. Ein Aufguss oder eine Abkochung von demselben ist bey Bauchflüssen und beym Blutspeyen gegeben worden. Der Same wird in einem Theil von Schweden wider die Ruhr gebraucht. Man hielt ihn auch für ein Mittel, welches wider die Nieren- und Blasensteine dienlich sey. Auch wider die Würmer hat man ihn gerühmt. ...“ (Hayne 1817, Nr. 33); „767. Sisymbrium Sophia, Lin. sp. 18. ... Ruß. Guliawnik und Sfrutschatoi Galjawnik. ...“ (Falk 1786, S. 216); „Wir ... lernten ... viele gebräuchliche und größtentheils unschädliche Mittel kennen, als Wellsaamen d), welchen man einweicht und wider den Scharbock trinkt; ... |: d) Sisymbrium Sophia, russ. struitschatoi Guljäwnik. :|“ (Lepechin 1774, S. 46); russ. *guljavnik* – Sisymbrium; russ. *guljavnik strujčatyj* – Sisymbrium Sophia (Pawlowski 1952, S. 282); russ. *guljavik* und *Sofiina trava* – Sisymbrium Sophia (Wörterbuch 1835, Sp. 1062); „1. Art. S[isymbrium] Sophia. Feinblätterige Rauke. (Linné.) ... Vulgärnamen: Sophienkraut. Besenkraut: ...“ (Bechstein 1833, S. 890f.); „Sisymbrium Sophia L., die Sophienrauke, auch grosses Besenkraut oder Wurmkraut genannt, war als Herba Sophiae chirurgorum früher officinell und geniesst ... grosses Ansehen als Wundmittel. Die Abkochung der Blätter diene gegen Diarrhöe, Blutspeien und Leukorrhöe, die Samen gegen Fieber, Nierenleiden und Eingeweidewürmer, bei Steinbeschwerden und Wassersucht. Auch äusserlich zur Reinigung von Wunden käme das Mittel in Betracht. ...“ (Henrici 1894, S. 58); „SOPHIA. ... Sophia Chirurgorum, Lob. Icon. Sisymbrium annuum Absynthii minoris folio, Pit. Tournef. ... teutsch, Habichtsamen. ... Es trocknet und hält an: der Samen stillet den Durchfall und die rothe Ruhr, die Blutstürtzung und den weissen Fluß, wie auch den Tripper. ... Sophia kommt von σοφία, sapientia, Weißheit, Klugheit, weil dieses Kraut vor diesen von den klügsten und verständigsten Chirurgis ist zur Blutstillung gebrauchet worden.“ (Lémery 1721, Sp. 1063f.); Sisymbrium Sophia L. – russ. *eločka*, *gorčica polevaja*, *kudravec* bzw. *červjačnik* (*Annenkov* 1858, S. 88, Nr. 1038); „Sophīa HALL (Cruciferae). Sophia sc. chirurgorum (Weisheit der Chirurgen), d. h. eine in der Chirurgie brauchbare Pflanze; sie diente nämlich früher als Wundkraut.“ (Wittstein 1852, S. 821f.)

„1041. Sisymbrium annuum, Absinthii minoris folio. I. R. H. ...“ (AAW R. I, Op. 105, D. 1[a], Bl. 107r, s. Anm. 29 in Nr. 5); „567. Sisymbrium annuum, Absinthij minoris folio I. R. H. ...“ (AAW R. I, Op. 105, D. 12, Bl. 29v, s. Anm. 54 in Nr. 17); „2. Sisymbrium annuum, Absinthii minoris foliis. Inst. r. h. 226.“ (AAW R. I, Op. 13, D. 16, Bl. 12r, s. Anm. 32 in Nr. 6); „463. Sisymbrium corollis calyce minoribq, folijs multifidis linearibq Lin. h. cliff. 337. flor. 261. Sisymbrium annuum, absinthii minoris folio. Tourn. inst. 228. [sic!] Boerh. lugd. 2. p. 16.“ (AAW R. I, Op. 13, D. 20, Bl. 46v, s. Anm. 1 in Nr. 1); „38 Sisimbrium annuum absinthij minoris folio. I. R. H. ...“ (AAW R. III, Op. 1, D. 162, Bl. 62v, s. Anm. 54 in Nr. 17); „147) Sisymbrium annuum absinthii, minoris folio T. i. r. h. ...“ (AAW R. I, Op. 104, D. 25, Bl. 12v, s. Anm. 61 in Nr. 21); „Sisymbrium annuum Absinthii minoris folio (Tournefortii sp. 13), Off.“ (Messerschmidt 1962–1977, Bd. 4, S. 202, s. Anm. 1 in Nr. 1); „25 Sisymbrium annuum, absinthii minoris folio. Sophia Chirurgorum. Lob. Icon. 738. ad Sananda vulnera. CL.V. S. W. g7. I. r. h.“ (AAW R. III, Op. 1, D. 98, Bl. 2r, s. Anm. 3 in Nr. 53); „Sisymbrium annuum, absinthii minoris folio. T. Sp. 13. Sophia Chirorgorū Lobel. & Dodon. ...“ (AAW F. 98, Op. 1, D. 19, Bl. 58r, s. Anm. 59 in Nr. 19); „38. Sisymbrium annuum, absinthij minoris folio IRH ...“ (AAW R. I, Op. 104, D. 17, Bl. 10v, s. Anm. 36 in Nr. 8)

63 „[species 2] Sisymbrium Pyrenaicum, latifolium, purpurascente flore. Nasturtium Pyrenaicum, aquaticum Par. Bat.“ (Tournefort 1700, S. 226, Genus VII. „Sisymbrium.“); „33. Cardamine latifolia. ... Nasturtium Pyrenaicum aquaticum latifolium purpurascente flore. Herm. par. p. 203. t. 69. Sisymbrium Pyrenaicum latifolium purpurascente flore. Tourn! inst. 226. ...“ (Candolle 1821, S. 362f.); „NASTURTIUM Pyrenaicum aquaticum latifolium purpureascente flore. ...“ (Hermann 1698, S. 203f.) mit der Abbildung „NASTURTIUM Pyrenaicum aquaticum.“ vor S. 203; „14) Bitteres Schaumkraut. Cardamine amara. ... Cardamine foliis pinnatis, axillis stoloniferis. LINN. Syst. veg. p. 497. ... Cardamine foliis pinnatis, foliolis subrotundis angulosis. HALL. helv. n. 474. ... Nasturtium pyrenaicum aquaticum latifolium, purpurascente flore. HERM. parad. 203. t. 203. ... Nasturtium aquaticum majus & amarum. C. Bauh. pin. 204. ... Es ist nicht zu läugnen, daß diese Pflanze, wegen ihres bittern und scharfen Geschmackes, eben so gute und starke Wirkung gegen den Scharbock beweise, als die eigentliche Brunnkresse. ...“ (Linné 1782, S. 281); „474. CARDAMINE foliis pinnatis, subrotundis, angulosis. ... Nasturtium aquaticum majus & amarum C. B. Prodr. p. 45. bene. ... Cardamine foliis pinnatis axillis stoloniferis. LINN. II. p. 915. ...“ (Haller 1768, S. 206); „20. CARDAMINE amara. ... C. foliis pinnatis, foliolis subrotundis angulosis. Hall. helv. n. 474. ... Nasturtium aquaticum majus et amarum. Bauh. pin. 204. ... Bitteres Schaumkraut. W. ...“ (Linné 1797–1830, Bd. III, Teil 1, S. 488); „2) CARDAMINE AMARA. Linn. ... Cardamine No. 40. Gmel. Fl. sib. III. p. 271. ...“ (Ledebour 1831, S. 35f.); „4. C[ardamine] amara (L. SP. 915) ... LEDEB. Fl. alt. III, p. 35. ... C. foliis pinnatis, axillis stoloniferis. GMEL. Fl. sib. III, p. 271. Nro. 40. ...“ (Ledebour 1842, S. 124); „40. CARDAMINE foliis pinnatis, axillis stolloniferis, [sic!] LIN. Sp. pl. 2. p. 915. n. 14. Nasturtium aquaticum maius et amarum, BAVH. pin. 104. Cardamine foliis pinnatis, pinnis subrotundis angulosis, HALL. helv. 558. ...“ (Gmelin 1747–1769, Bd. III, S. 271); „40. Cardamine foliis pinnatis, axillis stoloniferis [=] Cardamine amara L.!“ (Ledebour 1841, S. 108); „3. CARDAMINE foliis pinnatis pinnis subrotundis angulosis. ... Nasturtium aquaticum majus & amarum C. B. Prodr. p. 45. ...“ (Haller 1742, S. 558f.); „[Nasturtium] pyrenaicum aquaticum latifolium, purpurascente flore, also nennt Hermann Linne's achte Art der Bergkresse.“ (Gmelin 1774, Sp. 428); „Cardamine amara, ... Bitterkresse, ... bittere Gauchblume; ... sie ... kommt in ihrer Kraft wider den Scharbok mit der Brunnkresse überein; Man kann sie, wie die Wiesenkresse, jung, als Salat geniesen: ...“ (Gmelin 1772, Sp. 513); „9. CARDAMINE amara ... Bittere=Gauchblume. ...“ (Georgi 1797–1802, Theil 3, S. 1129); „CARDAMINE AMARA. ... Nasturtium aquaticum majus

et amarum. C. Bauh. pin. p. 204. Bitteres Schaumkraut, Bitterkresse, bittere Gauchblume. ... Sie ist von bitterm Geschmack und enthält auch den scharfen Grundstoff, der sich, ... durch den stechenden Geruch zu erkennen giebt. Sie gehört zu den antiscorbutischen Mitteln und ist als solches ehedem ... durch Missgriff statt des Sisymbrium Nasturtium angewendet worden. ..." (Hayne 1817, Nr. 31); „Cardamine (amara) foliis pinnatis, axillis stoloniferis. Linn. Spec. pl. 656. n. 12. ... Бронкресъ Russ. [russ. *bronkres*]" (*Krašeninnikov* 1761, S. 104f.); vgl. aber „8) Schöllkrautblätterichtes Schaumkraut. Cardamine chelidonia. ... Cardamine foliis pinnatis: foliolis quinis incisis. LINN. Syst. Veg. p. 497. ... PALL. It. 3. p. 34. LEPECHIN. it. 1. p. 243. Nasturtium pyrenaeorum aquaticum latifolium, purpurascente flore. HERM. parad. 203. tab. 204. ..." (Linné 1782, S. 276); s. auch Anm. 68; „10. CARDAMINE chelidonia. ... C. foliis pinnatis, foliolis quinis incisis. Sp. pl. 914. ... Schöllkrautblättriges Schaumkraut. W. ..." (Linné 1797–1830, Bd. III, Teil 1, S. 484f.); „[Sisymbrium] pyrenaicum latifolium, purpurascente flore; so nennt Tournefort die Schwalbenbergkresse." (Gmelin 1776, Sp. 584); „5. [Cardamine] Chelidonia, foliis pinnatis: foliolis quinis incisis; Schwalbenbergkresse, ..." (Gmelin 1772, Sp. 510); „5. CARDAMINE chelidonia ... Schöllkrautblättrige Gauchblume. ..." (Georgi 1797–1802, Theil 3, S. 1128); Cardamine amara L. – russ. *red'ka dikaja* (*Annenkov* 1858, S. 27, Nr. 258)

„42 Sisymbrium latifolium purpurascente flore Fl. Irc. 241." (AAW R. I, Op. 105, D. 16, Bl. 1v, s. Anm. 5 in Nr. 4)

64 in der 2. Textversion (s. Anm. 1 in A.): „maturat"

65 „Nasturtium Aquaticum. ..." (Bauhin 1623, S. 104); „NASTURTIUM AQUATICUM. ... teutsch, Brunnenkresse. ... Es zertreibet, macht dünne, reiniget, eröffnet, zertheilet, dient den Nierenstein zu brechen, die Verstopfungen auf die Seite zu schaffen, der Weiber Zeit zu befördern, zum Scorbut und Gebrechen der Miltz. Es wird innerlich gebrauchet und auch äusserlich, zu Gurgelwasser und als ein niesen machend Mittel." (Lémery 1721, Sp. 776f.); „Die Brunn=Kresse ist ein Gewächs, welches allenthalben und fast von jedermann sehr geschätzt und genossen wird. ... Es gibt eigentlich eine doppelte Art, nähmlich: die wilde Brunn=Kresse, Nasturtium aquaticum syluestre, ... und die kleine Brunn=Kresse, Nasturtium aquaticum sativum, s. minus, ... Denn die wilde hat einen sehr bittern, scharfen und beißenden Geschmack, ... Die kleine hingegen schmeckt viel angenehmer und gelinder, ..." (Krünitz 1773–1858, Bd. 48, S. 649f.)

66 s. Nr. 235, Nr. 237 u. Nr. 238

67 G. W. Steller reiste im Mai/Juni 1738 von *Solikamsk* über *Verchotur'e* nach *Tobol'sk* und überquerte dabei das Gebirge von *Verchotur'e*.

68 „380. Sisymbrium Dentariae facie. ..." (AAW R. I, Op. 13, D. 42, Bl. 69v, s. Anm. 1 in Nr. 1)

„35. SISYBRIVM foliis pinnatis, pinnis ouatis serratis. Tab. LXII. Sisymbrium dentariae facie, GM. Ind. Len. 380. Sisymbrium dentariae facie, elatius, folio ampliore et viridiore, GM. Ind. Ien. 1037. ..." (Gmelin 1747–1769, Bd. III, S. 269); „35. Sisymbrium foliis pinnatis, pinnis ovatis serratis. t. LXII. [=] Cardamine macrophylla W.!" (Ledebour 1841, S. 108); „12. CARDAMINE macrophylla. W. C. foliis pinnatis, foliolis quinis, septenisve ovatis acuminatis inaequaliter dentatis. W. Cardamine chelidonia. Pall. it. 3. p. 34. Lepich. it. 1. p. 243. Sisymbrium foliis pinnatis, pinnis ovatis serratis. Gmel. sib. 3. p. 269. ... Grossblättriges Schaumkraut. W." (Linné 1797–1830, Bd. III, Teil 1, S. 484f.); „5) CARDAMINE MACROPHYLLA. W. ... Sisymbrium foliis pinnatis, pinnis ovatis serratis. Gmel. Fl. sib. III. p. 29. No. 35. t. 62 ..." (Ledebour 1831, S. 38f.); „18. C[ardamine] macrophylla (WILLD. Spec. pl. III, p. 484) ... LEDEB. Fl. alt. III, p. 38. ... C. chelidonia. PALL. It. III. p. 34. 316. – LEPECH. It. I, p. 243? ... Sisymbrium foliis pinnatis, pinnis ovatis serratis. GMEL. Fl. sib. III, p. 269. Nro. 35. t. 62. ..." (Ledebour 1842, S. 128f.)

„1036. Sisymbrium Dentariae facie Ind. Len. 380. ... 1037. Sisymbrium Dentariae facie elatius et folio ampliore viridioreq₃ ... Fl. Irc. nº 241. sub quo numero praecedens etiam planta intelligenda est. ...“ (AAW R. I, Op. 105, D. 1[a], Bll. 106v–107r, s. Anm. 29 in Nr. 5); „1. Sisymbrium Dentariae facie. Ind. Len. n°. 380. i. j. Flore fere albo. ... 2. Sisymbrium Dentariae facie elatius & folio ampliore viridioreque Ind. Jen. n°. 1037. ...“ (AAW R. I, Op. 13, D. 67, Bl. 67r, s. Anm. 5 in Nr. 4)

69 „ERUCA. ... teutsch, Raucken oder Rauckenkraut, weisser Gartensenff, ... Die Raucke dient zum zertreiben, zum dünne machen, den Schleim aufzulösen, den Samen zu erwecken, und niesen zu erregen. Eruca kommt von rodere, nagen, weil dieses Kraut einen scharffen, beissenden Geschmack hat. ...“ (Lémery 1721, Sp. 433f.); „CONYZA. ... teutsch, Dörrkraut, Mückenkraut, Dörrwurtz. ... Conyza kommt von κωνώψ, culex, eine Mücke, weil dieses Kraut mit seinem Geruch die Mücken vertreiben soll. ...“ (Lémery 1721, Sp. 335f.); „[Conyza] caerulea; caerulea acris; hierunter verstehen Theodor und C. Bauhin das scharfe Altmannskraut.“ (Gmelin 1773, Sp. 121); „CCIX. Gattung. Erigeron. Flöhkraut. ... Verschiedene Namen: Altmannskraut. Berufkraut. Beschreikraut. ... 2. Art. E. acre. Scharfes Berufkraut. (Linné.) ... Synonyme: ... Conyza coerulea acris. (Bauch. [sic!] pin. 265.) ...“ (Bechstein 1833, S. 679ff.); „6. Die Himmel=blaue Dürrwurtz: Conyza coerulea acris, C. B. P. 265. ...“ (Zwinger 1744, S. 931); „... Conyza coerulea acris C. B. Pin. 265. ... Scharff=ackersternkraut. ... kleine blaue Dürrwurtz/ Beruffkraut. ...“ (Mappus 1742, S. 32); Eruca – russ. *roket* (*Annenkov* 1858, S. 41, Nr. 450)

70 s. Nr. 4

71 Johann Amman

72 „[species 3] Sinapi arvense, praecox, semine nigro Mor. Hist. Oxon. part. 2. 216. Rapistrum flore luteo, foliis incisis vel sinuatis C. B. Pin. 95. J. B. 2. 844. Rapistrum arvorum Lob. Icon. 198.“ (Tournefort 1700, S. 227, Genus IX. „Sinapi. Moutarde.“); „7. Sinapi arvense praecox semine nigro, nobis. ...“ (Morison 1680, S. 216f.); „Rapistrum aruorum. L. 99. T. 236.“ (Lobelius 1581, S. 198); „3. SINAPIS siliquis multangulis toroso-turgidis rostro proprio longioribus. Sinapi arvense praecox, semine nigro. Moris. hist. 2. p. 216. ... Rapistrum arvorum. Lob. hist. 99. f. 1. ...“ (Linné 1737, S. 338); „1) Acker=Senf. Sinapis arvensis. ... Sinapis siliquis multangulis toroso-turgidis, rostro ancipite longioribus. LINN. Syst. Veg. p. 503. ... Hort. Cliff. 338. ... Sinapi arvense praecox semine nigro. TOURNEF. Inst. R. H. p. 227. ... Rapistrum arvorum. LOB. Ic. 98. ... Sie wird im Deutschen Hederich, falscher Hederich, wilder Senf, schwarzer Feldsenf ... genennt. ... In Ansehung ihrer Heilkräfte kommt sie einigermassen dem Erysimo officinali bey, sie ist eßbar, und wird in theils Orten Schwedens, wie Kohl zugerichtet; auch ist sie ein gutes Futter für Schaafe und Rindvieh. Der Saame vertritt die Stelle des schwarzen Senfs, und gibt Oel, ...“ (Linné 1782, S. 350f.); „1. SINAPIS arvensis. S. siliquis multangulis toroso-turgidis ... Hort. cliff. 338. ... Rapistrum flore luteo. Bauh. pin. 95. ... Acker-Senf. W. ...“ (Linné 1797–1830, Bd. III, Teil 1, S. 554); „1. S[inapis] arvensis (L. SP. 933) ... β. siliquis retrorsum hispidis. ... M. a BIEB. Fl. t. c. II, p. 128; ...“ (Ledebour 1842, S. 218); „[Sinapis] arvensis, ... Akersenf, ... wilder früher Akersenf; Feldsenf; schwarzer Feldsenf; wilder Senf; Triller; gelber Hederich; falscher Hederich; ... Er kommt in seinen Arzneykräften mit gewöhnlichen Hederich überein; ...“ (Gmelin 1776, Sp. 555ff.); „[Sinapi] arvense praecox, semine-nigro; so nennt Morison den Akersenf.“ (Gmelin 1776, Sp. 552); „1328. SINAPIS aruensis. ... Linn. ed. Willd. 3. p. 554. ...“ (Marschall von Bieberstein 1808, S. 128f.); „SINAPIS ARVENSIS. ... Sinapis (arvensis) siliquis multangulis, toroso-turgidis rostro ancipite longioribus. Linn. Spec. plant. ed. Willd. T. III. p. 554. ... Acker-Senf, wilder Feldsenf, wilder Triller, Hederich, falscher Hederich. ...“ (Hayne 1809, Nr. 14); „SINAPIS ARVENSIS Linné. ACKER-SENF. ... Von diesem so häufig in unseren Feldern wildwachsenden Senf werden die jungen Blätter in manchen Gegenden als Salat benutzt. ... In der Medizin wurden die Samen ehemals als Semen Rapistri arvorum gebraucht. Deutsche Namen: Wilder Senf, ... Küdig oder Kiedig.“ (Dietrich 1838b, Nr. 431); „1. SINAPIS arvensis ...

Acker=Senf. ... Der Saame giebt ein gutes gepreßtes Speise= und Brennöl, und die nachgebliebenen Oelkuchen dienen zu Tischsenf." (Georgi 1797–1802, Theil 3, S. 1143); russ. *dikaja gorčica* – Sinapis arvensis (Wörterbuch 1835, Sp. 1062); „2. Der Ackerkohl, oder Ackersenf, wilder früher Ackersenf, Feldkohl, Feldsenf, schwarzer Feld=Senf, Schüttsenf, Wegesenf, wilder Senf, ... Sinapis aruense praecox, semine nigro Moris. ... führt in Obersachsen gleichfals den Nahmen des Hederiches, falscher Hederich, gelber Hederich. ..." (Krünitz 1773–1858, Bd. 22, S. 655ff.); „SINAPI. ... teutsch, Senff, ... Die Samen des Senffes ... werden zur Artzney gebraucht. Sie zertreiben, machen dünne, eröffnen, machen guten Appetit, zertreiben die dicken Feuchtigkeiten und zermalmen den Nierenstein. Sie werden für das viertägige Fieber gebrauchet, ... Sie werden zu Pulver zerstossen, innerlich und äusserlich gebraucht. ..." (Lémery 1721, Sp. 1052ff.); „Sināpis L. (Cruciferae). Von σιναπι, σινηπι, σινηπυ, von ναπυ (Senf); die erste Silbe σι sollte wahrscheinlich nur als Augmentativum dienen, um die Schärfe des Senfs noch mehr hervorzuheben. ..." (Wittstein 1852, S. 815)

„215 Sinapis Siliquis multangulis, toroso-turgidis, rostro proprio longioribus. Lin. h. cliff. 338. Rapistrum flore luteo B. hist. 2. p. 844. ..." (AAW R. I, Op. 13, D. 20, Bl. 23r, s. Anm. 1 in Nr. 1); „Rapistrum arvense, folio auriculato, acuto Inst. r. h." (AAW R. III, Op. 1, D. 162, Bl. 21r, s. Anm. 54 in Nr. 17); „314. Rapistrum arvense, folio auriculato Inst. r. h." (AAW R. I, Op. 15, D. 3, Bl. 6v, s. Anm. 65 in Nr. 24); „– An sinapi arvense praecox, semine nigro, folijs integris Tourn? ..." (AAW R. I, Op. 104, D. 8, Bl. 9r, s. Anm. 18 in Nr. 452); „Rapistrum arvense, folio auriculato, acuto CBP. ..." (a. a. O., Bl. 9v)

73 vermutlich „[species 4] Rapa sativa, rotunda, radice puniceâ C. B. Pin. 90." (Tournefort 1700, S. 229, Genus XI. „Rapa. Rave."); „I. Rapa sativa rotunda. ... Variat colore externo radicis, viridi, candido, puniceo, obsoletè nigricante: habentur aliquando in Alsatia, quae foris & intus flavescunt: ..." (Bauhin 1623, S. 89f.); „2. BRASSICA radice caulescente orbiculari depresso carnoso. ... α Rapa sativa rotunda. Bauh. pin. 89. ... β Rapa sativa oblonga seu foemina. Bauh. pin. 90. ..." (Linné 1737, S. 339); „6) Rübe. Brassica Rapa. ... Brassica radice caulescente orbiculari depressa carnosa. LINN. Syst. Veg. p. 503. Sp. Pl. p. 931. Hort. Cliff. 339. ... Rapa sativa rotunda. C. BAUH. pin. 89. ... Rapa sativa oblonga s. femina. C. BAUH. pin. 89. ... im Deutschen ist sie unter dem Namen der Rübe bekannt genug. ... daß diese [Wurzel] bald mehrere und gute Nahrung gibt, bald ... Blähungen treibet, und den Harn befördert. Man gebraucht sie sowohl frisch als getrocknet, und mehr unter den äußerlichen Hausmitteln als in den Apotheken, ohngeachtet sie daselbst noch die Anzahl überflüßiger Arzneymittel vermehret. ... Die alten wusten schon von Rüben, von vierzig, funfzig, auch sechzig Pfund schwer zu sprechen. ... Der Saame wird noch zuweilen, um das Blut zu reinigen, zu verdünnen und den Schweiß und Ausbruch von mancherley Ausschlägen zu befördern gebraucht. ..." (Linné 1782, S. 341ff.); „7. BRASSICA Rapa. ... B. radice caulescente orbiculari depressa carnosa. Hort. cliff. 339. ... Rapa sativa rotunda. Bauh. pin. 89. ... Rüben-Kohl. W. ..." (Linné 1797–1830, Bd. III, Teil 1, S. 548); „1) BRASSICA CAMPESTRIS. Linn. ... M. a Bieb. Fl. taur. cauc. II. p. 127. ..." (Ledebour 1831, S. 212); „111 Brassica L. ... 1. B. Rapa (L. SP. 931) ... B. campestris. ... M. a BIEB. Fl. t. c. II, p. 127. ... LEDEB. Fl. alt. III, p. 212. ... B. radice cauleque tenui, ... GMEL. Fl. sib. III, p. 267. Nro. 30. ..." (Ledebour 1842, S. 216f.); „Brassica Rapa, radice caulescente orbiculari depressa carnosa; Rüben, Kohl, mit einer tellerrunden, plattgedrukten, fleischigen Wurzel, welche einen Stamm treibt; wilde Rübe, Stekrübe; ... ihre Wurzel ist ... bald weiß, bald grün, bald purpurroth bald schwärzlicht, bald durchaus gelb; ... ihre Wurzel ist ... nicht nur in unsern Küchen, sondern auch als ein sehr gutes Futer für alles melkende Vieh, besonders für Schafe bekannt; ..." (Gmelin 1772, Sp. 182f.); „Rapa sativa rotunda, radice candida; ist bey Tournefort eine andere [Rübe] mit runder weisser Wurzel, oder die Mairübe." (Gmelin 1775, Sp. 754); „Rapa. Die Rübe. ... 3.) Rapa sativa rotunda, radice

puniceo. C. B. P. Runde Gartenrübe mit purpurfarber Wurzel.“ (Miller 1766, S. 208); „30. BRASSICA radice cauleque tenui, foliis omnibus vniformibus, cordatis sessilibus, ROY. l. 344. LIN. sp. 2. p. 931. n. 2. ...“ (Gmelin 1747–1769, Bd. III, S. 267); „30. Brassica radice cauleque tenui, folis omnibus uniformibus cordatis sessilibus. [=] Brassica campestris L.“ (Ledebour 1841, S. 108); „4. BRASSICA radice & caule tenui, folis omnibus uniformibus cordatis sessilibus. Brassica campestris perfoliata, flore luteo. Loes. pruss. 19. ... α Brassica campestris perfoliata, flore albo. Bauh. pin. 112. ... β Brassica campestris perfoliata, flore purpureo. Bauh. pin. 112. ...“ (Linné 1737, S. 339); „2) Feld=Kohl. Brassica campestris. ... Brassica radice cauleque tenui, foliis caulinis uniformibus cordatis sessilibus. LINN. Syst. Veg. p. 502. ... Hort. Cliff. 339. ... Brassica campestris perfoliata, flore luteo. LOES. pruss. 29. ... Ueberhaupt ist das ganze Gewächs seiner Blume wegen zur Bienenzucht sehr nützlich. Auch wird dieser Feldkohl in einigen Gegenden, unter dem Namen des gemeinen Winter= und Sommerrübsaamens (Brassica napus sylvestri) gebauet.“ (Linné 1782, S. 338f.); „3. BRASSICA campestris. ... B. radice cauleque tenui, ... Hort. cliff. 339. ... B. campestris perfoliata, flore luteo. Loes. pruss. 29. ... Feld-Kohl. W. ...“ (Linné 1797–1830, Bd. III, Teil 1, S. 546); „[Brassica] campestris, radice cauleque tenui, folis caulinis uniformibus cordatis sessilibus, Feldkohl, ... wilder Durchwachskohl mit Stekrübenblättern; ... diese Art heißt bey Löseln: Brassica campestris perfoliata, flore luteo.“ (Gmelin 1772, Sp. 179f.); „1326. BRASSICA campestris. ... Linn. ed. Willd. 3. p. 546. ... Br. campestris perfoliata, flore luteo. Loes. pruss. 29. ...“ (Marschall von Bieberstein 1808, S. 127f.); „1022.* BRASSICA campestris radice cauleque tenui, ... Linn Sp. pl. 2. p. 931. ... Brassica campestris perfoliata flore luteo. Loes. Fl. Pruss. p. 29. ... Germ. Kohlsat. Kolsat. Colza. ... Ex seminibus, bonae notae oleum unguinosum pressione obtinetur. ...“ (Gmelin 1826, S. 509f.); „781. Brassica campestris Lin. Syst. Plant. III. p. 276. sp. 2. ... Feldkohl, Ackerkohl. Ruß. Ryschik [russ. *ryžik*], auch Surepiz [russ. *surepica*], Gortschiza [russ. *gorčica*] und Gortschewnik. ... in Sibirien bis an den Ob und am Irtisch in einigen Jahren im Getraide so häufig, daß er es erstickt. Auf solche Fälle erndtet man den Ackerkohl behutsam und presset aus dessen Saamen ... ein sehr gutes Speis= und Brennöl (Ryschesnaja Masla [russ. *ryžikovoe maslo*?].“ (Falk 1786, S. 217); „2. BRASSICA campestris ... Feld=Kohl. R. Repa Obiknowennaja ...“ (Georgi 1797–1802, Theil 3, S. 1138); „BRASSICA Rapa ... Rüben=Kohl. Gemeine Rübe. R. Repa Obyknowennaja [russ. *repa obyknovennaja*]. Finn. Nauris, Tat. Schatkar. ... a. Die gemeine, weiße, größere und kleinere Rübe ... Sie geben ... einen in der Küche sehr brauchbaren Syrup, ... b. Die gelben, hier sogenannten Finnischen Rüben (R. Repa tschuchonskaja [russ. *repa čuchonskaja*]) werden vorzüglich von den Kareliern, Ingriern, Tscheremissen und andern Finnischen Nationen ... gebaut. ... Die Finnischen Rüben haben in St. Petersburg, wo sie als Gemüse, Brey, gefüllt, gebacken, gebraten ... so sichern Absatz, daß der Ueberfluß den Bauern sichere Einnahme gewährt. ...“ (a. a. O., S. 1139f.); „Brassica Rapa. L. Rübe, Rübkohl, Wasserrübe, Saatrübe, Steckrübe, gemeine weiße Rübe, weiße Rübe ... Stoppel=, Stuppelrübe ... Bau= und Brachrüben ... Geschaben legt man die weiße Rübe als kühlendes Mittel auf Brandschäden, gebraucht den Saft und die Abkochung auch zuweilen innerlich und als Gurgelwasser. Man besitzt von den weißen Rüben eine ziemliche Anzahl von Spielarten, die sich durch Gestalt, Größe ... Farbe und Geschmack auszeichnen ... 1. Lange Rübe. Brassica Rapa oblonga. DeC. Brassica Rapa sativa oblonga. ... Längliche Rübe, Guckelrübe, Kühhorn, lange Futterrübe. ... 2. Runde Rübe. Brassica Rapa sativa rotunda. ... Mairübe, Frührübe, Tellerrübe, abgeplattete Rübe, ... a) weiße runde Rübe. Brassica Rapa sativa rotunda, radice candida. Frührübe, Tellerrübe, Mairübe, frühe platte Mairübe (bei Hamburg), frühe glatte weiße Rübe, frühe hollandische Rübe, Brüsseler weiße Rübe (in Belgien), weißliche Rübe, ... Die Wurzel dieser Rübe ... gibt ein frühes und schmackhaftes Gemüse, wird auch wie Bohnen mit Salz und Gewürze eingemacht ... b) Rothe runde Rübe. Brassica Rapa sativa rotunda, radice punicea. Englische runde rothköpfige Rübe, purpurrothe Rübe, rothköpfige Rübe, frühe platte rothe Rübe, Schweizerrübe. ... d) Gelbe runde Rübe. Brassica Rapa sativa rotunda, radice foris et intus flavescente. Gelbe Weißrübe, runde gelbe Mairübe (bei Tübingen), gelbe holländische Rübe, Brüsseler gelbe Rübe, gelbliche Rübe, gelbe Rübe. ... Sie gibt ein sehr wohlschmeckendes Gemüse, ist ein gutes Viehfutter und soll der Butter eine gelbe Farbe mittheilen. ..." (Calwer 1852, S. 24ff.); „Der Rübekohl, die weißen Feldrüben, weißen Rüben, Brassica rapa Linn., eine Pflanzengattung, die Linné zu den Kohlarten (Brassica) rechnet. ... Die Saatrüben, Herbstrüben. Sie sind viel wässeriger als alle Arten der Steckrüben und werden dieserhalb auch Wasserrüben genannt. Hauptarten hiervon sind: 1) Die runden Rüben, Wasserrüben, ... Rapa sativa rotunda. Bauh. pin. 89. ... Arten dieser Rüben: ... c) Die rothköpfigte Rübe, Brassica rapa rotunda radice punicea. ... d) Die gelbe holländische Rübe, Brassica rapa, rotunda radice foris et intus flavescente. ... 2) Die langen Rüben, Rapa radice oblonga carnosa; ... Diese Arten machen eine spindelförmige Wurzel, die unten spitzig zuläuft und in die Pfahlwurzel allmählig übergeht. Arten dieser Rübe: a) Die Guckelrübe, oder Guckrübe Brassica rapa sativa oblonga, seu femina. Bauh. pin. 90." (Krünitz 1773–1858, Bd. 128, S. 158ff.); Braasica [sic] Rapa L. – russ. *repa* (*Annenkov* 1858, S. 23, Nr. 207); mokschanisch räps – Rübe (Ahlquist 1861, S. 202); ersanisch räps – Rübe (Wiedemann 1865, S. 227); wotjakisch scharci – Rübe (Wiedemann 1851, S. 372); wogulisch šortue, súrten bzw. sürxen – Rübe (Ahlquist 1891, S. 54); syrjänisch śortni – Rübe (Wiedemann 1880, S. 297); ostjakisch ṡatxan, tatarisch ṡalgan – Rübe (Castrén 1858, S. 88); „Rāpa T. (Cruciferae). Vom celtischen rab (Rübe); ραπυς, ραφος bei den Griechen." (Wittstein 1852, S. 752)

„Rapa sativa rotunda, radica candida (Tournefortii sp. 1), Off. Rapa sativa rotunda, radice punicea (Tournefortii sp. 4), Sylv." (Messerschmidt 1962–1977, Bd. 4, S. 202, s. Anm. 1 in Nr. 1); „149) Rapa sativa rotunda radice candida C. B. P. 150) Rapa sativa rotunda radice punicea C. B. P. ..." (AAW R. I, Op. 104, D. 25, Bl. 12v, s. Anm. 61 in Nr. 21)

74 „[species 5] Rapa sativa, rotunda, radice foris & intus flavescente C. B. Pin. 90." (Tournefort 1700, S. 229, Genus XI. „Rapa. Rave."); „Rapa. Die Rübe. ... 5.) Rapa sativa rotunda, radice foris & intus flavescente. C. B. P. Runde Garte[n]rübe, mit einer wurzel, so innen und aussen gelb ist." (Miller 1766, S. 208)

„Rapa sativa rotunda, radice foris et intus flavicante (Tournefortii sp. 5), Sylv." (Messerschmidt 1962–1977, Bd. 4, S. 202, s. Anm. 1 in Nr. 1); „Rapa sativa, rotunda, radice foris et intus flavescente CBP. ..." (AAW R. I, Op. 104, D. 8, Bl. 9r, s. Anm. 18 in Nr. 452); s. Nr. 244

75 „[species 6] Rapa sativa, oblonga, seu foemina C. B. Pin. 90." (Tournefort 1700, S. 229, Genus XI. „Rapa. Rave."); „II. Rapa sativa oblonga, seu foemina. ..." (Bauhin 1623, S. 90); „Rapa. Die Rübe. ... 6.) Rapa radice oblonga, seu foemina. C. B. P. Die länglichte Rübe, das Weiblein." (Miller 1766, S. 208f.); s. Nr. 244

76 „[species 1] Napus sativa, radice albâ C. B. Pin. 95. Napus J. B. 2. 842. Dod. Pempt. 674." (Tournefort 1700, S. 229, Genus XII. „Napus. Navet."); „3. BRASSICA radice caulescente fusiformi. Napus sylvestris. Bauh. pin. 95. ... α Napus sativa. Bauh. pin. 95. ..." (Linné 1737, S. 339); „5) Rübesaamen. Brassica Napus. ... Brassica radice caulescente fusiformi. LINN. Syst. Veg. p. 503. ... Hort. Cliff. 339. ... GMEL. Sib. 3. p. 267. ... Napus sylvestris. C. BAUH. pin. 95. ... Napus. DOD. pempt. 674. Bunias sylvestris Napus flore luteo. LOB. ic 200. ... β. Napus sativa. C. BAUH. pin. p.95. ... Ihre gewöhnliche Benennungen sind im Deutschen: Rübs, Sommerrübs, Rübsaamen, Rübesaat, Oelsaamen, wilde Steckrübe, französische oder pariser Rübe, auch in unseren Gegenden fette Rübe; ... man rechnete diese Art, wegen des daraus zubereitenden Oels, ehedem unter die Arzneygewächse, ..." (Linné 1782, S. 340f.); „29. BRASSICA radice caulescente fusiformi, ROY. l. 344. LINN. sp. 2. p. 931. n. 3. Napus syluestris, BAVH. pin. 95. ..." (Gmelin 1747–1769, Bd. III, S. 267); „29. Brassica radice caulescente fusiformi. [=] Brassica

Napus L." (Ledebour 1841, S. 108); „Brassica Napus, ... Rübsamen, Kohl mit einer spindelförmigen Wurzel, welche einen Stamm treibt; Sommerrübsamen, Rübesat, Rübsen, Rabsamen, Oelsamen, Stekrüben; ... der Same ... gibt ein Oel, das man statt anderer Fette gebrauchen kann; die Oelkuchen sind für Pferde und Kühe gesund und nährend; ..." (Gmelin 1772, Sp. 180ff.); „Rübe. BRASSICA RAPA (*). Linn. Sp. Pl. 931. und BRASSICA NAPUS. Linn. l. c. ... 3. Märksche Rüben, Rapa radice caulescente fusiformi; ... Napus sativa, radice alba. Bauh. pin. 95. ..." (Lueder 1780, S. 683); „3) Die Märkschen Rüben, Brassica napus, radice fusiformi. Linn. Spec. plant. p. 931. Rapa napus. Mill. Dict. n. 3. Napus sativa, radice alba Bauh. pin. 95. ..." (Krünitz 1773–1858, Bd. 128, S. 161); „BRASSICA (Napus) radice caulescente fusiformi. Linn. Cliff. 339. ... Napus syluestris. Bauh. hist. 3. p. 843. Дикая рѣпа [russ. *dikaja repa*] Russ ..." (*Krašeninnikov* 1761, S. 108); „a) Die May=, Scheibel= oder Tellerrübe, holländische Rübe, Brassica rapa, radice candida utrimque compressa." (Krünitz 1773–1858, Bd. 128, S. 161); Brassica Napus L. – russ. *surepica* bzw. *raps* (*Annenkov* 1858, S. 23, Nr. 206)

„1. Napus sativa. C. B. P. 95." (AAW R. I, Op. 13, D. 16, Bl. 12r, s. Anm. 32 in Nr. 6); „1. Napus sylvestris C. B. P. ... Brassica radice caulescente fusiformi Linn. H. Cliff. 339. ..." (AAW R. I, Op. 13, D. 67, Bl. 67r, s. Anm. 5 in Nr. 4); „218. Brassica radice caulescente fusiformi Linn. h. Cliff. 339. Napus sylvestris B. Pin. 95. ..." (AAW R. I, Op. 13, D. 20, Bl. 23v, s. Anm. 1 in Nr. 1); „121. Napus J. B. 842. Dod. Pempt. 674." (AAW R. I, Op. 6, D. 40, Bl. 29r, s. Anm. 1 in Nr. 1); „121. Napus JB." (G. W. Steller nach J. G. Heinzelmann: AAW R. I, Op. 81, D. 23, Bl. 17r, s. Anm. 1 in Nr. 1); s. auch Nr. 244

77 *Aleksej Jur'evič Bibikov*

78 „[species 5] Napus sylvestris C. B. Pin. 95. J. B. 2. 843. Bunias sylvestris, Napus flore luteo Lob. Icon. 200." (Tournefort 1700, S. 229, Genus XII. „Napus. Navet."); „Bunias siluestris, Napus flore luteo. T. 238." (Lobelius 1581, S. 200); „Napus sylvestris C. B. P. 95. J. B. 2. 843. ... Rube=Saat, Rübsen; ..." (Rupp 1726, S. 65)

„2. Napus sylvestris flore albo Ind. Len. n°. 382 Ind. Jen. n°. 1045 est Turritis folijs radicalibus dentatis hispidis, caulinis integerrimis amplexicaulibus glabris Linn. h. Cliff. 339. quae ..." mit der rechts marginalen Anm. „vid. Ic." (AAW R. I, Op. 13, D. 67, Bl. 67r, s. Anm. 5 in Nr. 4); „1044. Napus sylvestris C. B. P. ... 1045. Napus sylvestris flore albo. Ind. Len. n° 382. ..." (AAW R. I, Op. 105, D. 1ª, Bl. 107r, s. Anm. 29 in Nr. 5); „151) Napus sylvestris C. B. Pin ..." (AAW R. I, Op. 104, D. 25, Bl. 13r, s. Anm. 61 in Nr. 21); „568. Napus sylvestris C. B. P. ..." (AAW R. I, Op. 105, D. 12, Bl. 29v, s. Anm. 54 in Nr. 17); „382. Napus sylvestris, flore albo. ... 383. Napus sylvestris C. B. P. ..." mit der links marginalen Anm. auf Bl. 70v neben Nr. 382 „Tab LV." (AAW R. I, Op. 13, D. 42, Bll. 70v–71r, s. Anm. 1 in Nr. 1); „Napus sylvestris C B. P. ..." (AAW R. I, Op. 104, D. 8, Bl. 9r, s. Anm. 18 in Nr. 452); s. Nr. 226 und Nr. 247

79 „– Rettig Raphanus albus" (Marperger 1708, S. 1392); „Rättich. ... Rättich/ Raphanus, ... Es seynd vielerley Geschlecht Rättich/ darunter die gemeinste die schwarze und weisse Rättich seynd." mit den Abbildungen „RAPHANUS ALBUS, weisser Rättich." und „RAPHANUS NIGER, schwartzer Rättich." auf S. 166 (Becher 1663, S. 166f.); „Rettich. CAPVT XXXI. ... die wurtzeln haben nicht einerley gestalt / dann etliche sind weiss ... Widerumb sind etliche schwartzlecht ... Etliche haben schöne gelblichte wurtzel. ..." mit den gleichen Abbildungen wie in Becher 1663, S. 166 unter den Bezeichnungen „I. Weisser Rettich. I. Rhaphanus albus." und „II. Schwartzer Rettich. II. Raphanus niger." auf S. 190 (Mattioli 1678, S. 189ff.); „CAPUT. LX. ... Rettich heißt ... Lateinisch, Raphanus, Radicula. ... Sonsten sind die bekandtesten Species der Rettiche: Als ... 3. Raphanus niger, C. B. P. ... 4. Raphanus minor oblongus, C. B. P. ... Der Rettich ... hat ... die Eigenschaft, allen Schleim der Brust zu erdünneren und zu verzehren, den Athem zu erleichtern, den Harn und Sand zu treiben, die Steine der Nieren zu ermalmen und in Sand zu verlassen; auch

die Dünung des Magens zu stärcken, den verstopften Miltz und Leber zu eröfnen. ...“ mit den gleichen Abbildungen wie in Becher 1663, S. 166 unter den Bezeichnungen „I. Weißer Rettich. I. Rapunculus [sic!] albus.“ und „II. Schwartzer Rettich. II. Raphanus niger.“ auf S. 470 (Zwinger 1744, S. 470ff.); vgl. „5. RAPHANUS albus. Raphanus siliquis hispidis: rostro obliquo longissimo. ...“ (Crantz 1769, S. 109); vermutlich eine Varietät von Raphanus sativus L. (Nr. 251); mokschanisch šapa-räps bzw. šapa-ŕaks – Rettich (Ahlquist 1861, S. 202); ersanisch kšuman – Rettich (Wiedemann 1865, S. 226); wotjakisch kuschman – Rettich (Wiedemann 1851, S. 371); syrjänisch kušman – Rettich (Wiedemann 1880, S. 129); „Ráphanus <Rettich>: lat. raphanus <Rettich, Raphanus sativus> ... auch <Kohl> (gedeutet als Brassica cretica; Frisk 2,645), <Rettich> (Aristot.) neben häufigerem raphanis <ds.> ...“ (Genaust 2005, S. 528)

„152.) Raphanus longus albus. ...“ (AAW R. I, Op. 104, D. 25, Bl. 13r, s. Anm. 61 in Nr. 21)

80 „Mittel gegen Halsschmerzen: ... Gegen Reizhusten bei Laryngitis wird aus der zerriebenen Wurzel von Raphanus niger der Saft ausgepresst und mit Honig theelöffelweise zweimal täglich genommen.“ (Alksnis 1894, S. 183); s. Nr. 249; vermutlich eine Varietät von Raphanus sativus L. (Nr. 251)

81 „[species 4] Raphanus minor, oblongus C. B. Pin. 96. Raphanus J. B. 2. 846. Radicula sativa, minor, Dod. Pempt. 676.“ (Tournefort 1700, S. 229, Genus XIII. „Raphanus. Raifort.“); „De Raphanide, siue Radicula. CAP. V. ...“ (Dodoens 1616, S. 676f.) mit der Abbildung „Radicula satiua minor.“ auf S. 676; „Raphanus minor, oblongus C. B. ... Vere seritur & vulgo Radießgen, quasi parvus raphanus vocatur. ...“ (Rupp 1726, S. 57); „1. RAPHANUS siliquis teretibus bilocularibus. α Raphanus minor oblongus. Bauh. pin. 96. ... Radicula sativa minor. Dod. pempt. 676. ... γ ... Raphanus sive Radicula sativa. Dod. pempt. 76. ... ε Raphanus niger. Bauh. 96. ...“ (Linné 1737, S. 340); „1) Zahmer Rettig. Raphanus sativus. ... Raphanus siliquis teretibus, torosis, bilocularibus. LINN. Syst. Veg. p. 504. ... Hort. Cliff. 340. ... Raphanus minor oblongus. C. BAUH. pin. 96. β. Raphanus niger, pin 96. γ. Raphanus chinensis annuus oleiferus. ... Unter diese Art gehören die wilden und zahmen Rettige, ... die Saamen besitzen eröfnende, harntreibende Kräfte, ... Die Wurzel ... befördert öfters die Verdauung, und stärket den Magen. Die jungen Wurzeln sind antiscorbutisch, ...“ (Linné 1782, S. 358ff.); „1. RAPHANUS sativus. ... R. siliquis teretibus torosis bilocularibus. Hort. cliff. 340. ... R. minor oblongus. Bauh. pin. 96. ... β. R. niger. Bauh. pin. 96. γ. R. chinensis annuus oleiferus. ... Rüben-Rettig. W. ...“ (Linné 1797–1830, Bd. III, Teil 1, S. 560); „120. Raphanus. TOURNEF. ... 1. R. sativus (L. SP. 935) ...“ (Ledebour 1842, S. 225); „1. RAPHANUS sativus ... Garten=Rettig. R. Retka. a. Schwarzer, gemeiner Rettig. R. Retka. ... b. Weißer von geringerer Schärfe. Man findet ihn in sehr vielen Russischen Bauergärten ... und isset die Wurzel roh. ...“ (Georgi 1797–1802, Theil 3, S. 1144); russ. *red'ka*, *redka* bzw. *retka* – Raphanus (*Slovar'* 1997, S. 132f.); „30. Raphanus sativus L. (Ranunc.). ... Diese Pflanze ... soll wie der Meerrettig die Verdauung befördern, local auf eiternde Geschwüre günstig einwirken etc. – Einreibungen mit Rettig bei rheumatischen Schmerzen sind beim russischen Volke etwas Gewöhnliches. ... Krebel führt das Mittel bei Husten an. ... Den Rettigsaft nimmt man bei Wassersucht, Catarrhen der Luftwege und Verdauungsstörungen ein. ... Im G. Perm trinkt man denselben bei Schmerzen in der Herzgrube. ... Bei Husten der Kinder wird vom russischen Volke fast überall in Russland der Rettigsaft ... verwendet. ...“ (Demitsch 1889, S. 177f.); „Radies, Radieß, ... Raphanus minor oblongus, C. B. ... Radicula sativa minor, Dod. langer Rettig, süsser Rettig, Stengelrettig, ... Die zarten Blätter von den Radiesgen öffnen die verstopffte Leber und Miltz, Radiessaft mit Malvasier oder Spanischem Weine eingenommen, befördert den verhaltenen Urin und treibet den Stein. ...“ (Zedler 1732–1750, Bd. 30, Sp. 534); „1. RAPHANUS officinalis. Raphanus siliquis teretibus torosis bilocularibus. ... β. Raphanus niger. C. B. pin. 96. γ. Raphanus Chinensis annuus oleiferus. ...“ (Crantz 1769, S. 108); „Radis. RAPHANUS SATIVUS

RADICULA. Linn. ... Radisgen, Rettisgen, Raphanellen, Monath=Rettig, Monath=Radis. ... 1. Langer Radis, Raphanus siliquis teretibus torosis bilocularibus (†) Hort. Cliff. 340. ... |† Nach dem Linné ist dieses nicht der Caracter des langen Radis allein, sondern auch des runden, und langrunden Radis, wie auch des langen, runden und langrunden Rettigs. |" (Lueder 1780, S. 642); „Rettig. RAPHANUS SATIVUS (*), (Sommerrettig,) & HIEMALIS, (Winterrettig.) Linn. ... Rüberettig, zahmer Rettig. ... 2. Langrunder schwarzer Winterrettig. Raphanus radice fusiformi; Raphanus Niger. ... Bauh. pin. 96. ... | (*) Raphanus sativus, Linn. Sp. Pl. 335. ... dessen Caracter ist Raphanus siliquis teretibus torosis bilocularibus. Hort. cliff. 340. begreift unter sich den Sommerrettig, den Winterrettig, und den Radis, welche Linn. ... durch den Zusatz aestivus, hiemalis, und Radicula unterscheidet. ... |" (a. a. O., S. 662); Raphanus sativus L. – russ. *red'ka* (*Annenkov* 1858, S. 78, Nr. 918); wotjakisch kušman – Raphanus sativus, Rettich (Munkácsi 1896, S. 219); s. auch Nr. 250

82 „[species 2] Hypecoon tenuiore folio. Hypecoi altera species C. B. Pin. 172. Alterum Dioscoridis Cuminum, sylvestre, siliquosum Lob. Icon. 473. [müßte heißen: 743]" (Tournefort 1700, S. 230, Genus II. „Hypecoon."); „Alterum Diosc. Cuminum, siluest. siliquosum. T. 906." (Lobelius 1581, S. 743); „II. Hypecoi altera species. ... Cuminum alterum Dioscor. syl. siliquorum, Lob. icon." (Bauhin 1623, S. 172); „2. Der wilde Kümmel, mit langen, krummen Schoten: ... Hyp. alter, Dioscoridis, Cuminum sylvestre siliquosum. Lob. Jc. 473 [müßte heißen: 743] ..." (Zwinger 1744, S. 1074); „HYPECOON. ... HYPECOON tenuiore folio. Tourn. Schmalblätteriges Hypecoon. Der Safft dieser Pflanzen ist gelb, auch behaupten von ihm einige grosse Aerzte, er habe eben die Wirckung, wie das Opium." (Miller 1750, S. 419); „2.) Hängende Lappenblume. Hypecoum pendulum. ... Hypecoum siliquis cernuis, teretibus, cylindricis. LINN. Syst. veg. p. 140. ... Alterum Dioscoridis Cuminum sylvestre siliquosum. LOB. Icon. 343. ..." (Linné 1779, S. 377f.); „3. HYPECOVM pendulum. ... H. siliquis cernuis teretibus cylindricis. Hort. ups. 31. ... Hypecoi altera species. Bauh. pin. 172. ... Hängende Lapppenblume. W. ..." (Linné 1797–1830, Bd. I, Teil 2, S. 705); „Hypecoum pendulis, sliquis cernuis teretibus cylindricis, hangende Lappenblume, ... schmalblätterichtes Hypecoum; ..." (Gmelin 1773b, Sp. 995); vgl. aber „91. HYPECOVM siliquis arcuatis, compressis, articulatis, LIN. Sp. pl. 2. p. 181. n. 1. Hypecoum, BAVH. pin. 172. ..." (Gmelin 1747–1769, Bd. IV, S. 69), nahezu identisch auf Bl. 39r in: AAW R. I, Op. 104, D. 14 – s. Anm. 32 in Nr. 6; „91 Hypecoum siliquis arcuatis compressis articulatis. (excl. syn. Linn.) [=] Hypecoum pendulum L. (ex M. a Bieb. Fl. t. c. III. 114.) (Hypecoum procumbens L. – DeC. Syst. II. 101.)" (Ledebour 1841, S. 117); „42. Hypecoum. L. ... 1. H. caucasicum (G. D. J. KOCH. in litt.) ... H. pendulum *) |: * H. pendulum. L. differre videtur: stylis in fructu erecto-conniventibus, stigmatibus subdeciduis. :| ... M. a BIEB. Fl. t. c. I, p. 116; III, p. 114. ... H. procumbens. S. G. GMELIN It. II, p. 197. H. (siliquis arcuatis compressis articulatis.) GMEL. Fl. sib. IV, p. 69. Nro. 91. (excl. syn. Linn.) ..." (Ledebour 1842, S. 93f.); „295. HYPECOUM pendulum. H. siliquis cernuis teretibus cylindricis, ... Linn. ed. Willd. 1. p. 705. ..." (Marschall von Bieberstein 1808a, S. 116); „295. HYPECOUM pendulum. ... H. procumbens. Gmel. jun. it. 2. p. 197. Gmel. sib. p. 96. [sic!] n. 91. (exclusis synonymis). ..." (Marschall von Bieberstein 1819, S. 114); „... und das Hypecoum procumbens. Folgende Beschreibung kann statt eines Zusatzes der von mir in dem vierten Theil der sibirischen Flora p. 69. n. 91. von dieser Pflanze geschehenen Anzeige dienen. Radix perpendicularis, alba, flauescente, epidermide tecta, simplex, saporis nauseosi. ..." (Gmelin 1774a, S. 197); „1.) Darniederliegende Lappenblume. Hypecoum procumbens. ... Hypecoum siliquis arcuatis, compressis, articulatis LINN. Syst. veg. p. 140. ..." (Linné 1779, S. 377); „1. HYPECOVM procumbens. ... H. siliquis arcuatis compressis articulatis. Hort. ups. 31. ... Liegende Lappenblume. W. ..." (Linné 1797–1830, Bd. I, Teil 2, S. 704); „[Hypecoum] procumbens, siliquis arcuatis compressis articulatis, gestrekte Lappenblume, ... groser Hornkümmel; groser

Schotenkümmmel; breitblätterichtes Hypecoum; der gelbe ... Saft dieser Pflanze soll mit dem Mohnsafte gleiche Würkung äusern; ...“ (Gmelin 1773b, Sp. 994f.); „2) Hypecoum pendulum, siliquis cernuis teretibus cylindricis, hangender Hornkümmel; hangende Lappenblume; schmalblättriges Hypecoum, mit rundlichen cylindrischen Schoten, die ihre Spitze gegen die Erde herunter richten; ...“ (Schmidlin 1772a, S. 336); „Nickkümmelhorn. Hypecoum pendulum L. ... Die gegliederte, widderhornähnliche Schote und der gelbe Same (Siliqua et semen Hypecoi tenuifolii) waren vormals offizinell.“ (Trommsdorff 1812, S. 47); „80. HYPECOON tenuifolium, siliquis erectis teretibus. Tab. IX. Sub titulo tenuiore folio Inst. r. h. 230, specimina sicca cum seminibus Gmelinus ex Dauria misit. In catalogo plantarum in transbaikalensibus regionibus obseruatarum idem sequentia notat ad pulchellam hancce plantulam spectantia: ...“ (Amman 1739, S. 58ff.); „92. HYPECOVM siliquis erectis, teretibus, torulosis, LIN. Sp. pl. 2. p. 181. Hypecoum tenuifolium, siliquis erectis teretibus, AMM. Ruth. 80. T. IX. ...“ (Gmelin 1747–1769, Bd. IV, S. 69f.), nahezu identisch auf Bll. 39r–39v in: AAW R. I, Op. 104, D. 14 – s. Anm. 32 in Nr. 6; „92. Hypecoum siliquis erectis teretibus torulosis [=] Hypecoum erectum L.!“ (Ledebour 1841, S. 117); „3.) Aufrechte Lappenblume. Hypecoum erectum. ... Hypecoum siliquis erectis, teretibus, torulosis. LINN. Syst. veg. p. 140. .... Hypecoum tenuifolium, siliquis erectis teretibus Amm. Ruth. 58. t. 9. ... Sie ... enthalten einen gelben Saft, ... vor welchem ... einige angesehene Aerzte behaupten, daß er eben die Wirkung thue, wie das Opium.“ (Linné 1779, S. 378); „4. HYPECOVM erectum. ... H. siliquis erectis teretibus torulosis. Amm. ruth. 58. t. 9. ... Aufrechte Lappenblume. W. ...“ (Linné 1797–1830, Bd. I, Teil 2, S. 705); „[Hypecoum] erectum, siliquis erectis teretibus torulosis, aufrechte Lappenblume, ... Hypecoum mit gerade stehenden kegelförmigen Schoten; ... Sie heißt bey Ammann: Hypecoum siliquis erectis teretibus; ...“ (Gmelin 1773b, Sp. 995); Hypecoum – russ. *rogastik* (*Annenkov* 1858, S. 50, Nr. 560); „Hypēcoum L. (Papaveraceae). Zus. aus ὑπηχεῖν (klingen), in Bezug auf das Klappern der Samen in der reifen Frucht.“ (Wittstein 1852, S. 463)

„904. Hypecoon tenuiore folio I. R. H. & Ind. TransBaic. ... Fl. Irc. n°. 253. 905. Hypecoon tenuiore folio elatius. ...“ (AAW R. I, Op. 105, D. 1, Bl. 71r, s. Anm. 29 in Nr. 5); „* Hypecoon tenuiore folio I. R. H. ...“ mit der rechts marginalen Anm. auf Bl. 5r „vid. Fig:“ (AAW R. I, Op. 105, D. 2, Bll. 5r–5v, s. Anm. 54 in Nr. 17); „1. Hypecoon tenuiore folio I. R. H. Fl. Irc. n°. 253.“ (AAW R. I, Op. 13, D. 67, Bl. 58r; s. Anm. 5 in Nr. 4); „806. Hypecoon tenuifolium, siliquis erectis teretibus Amm. descr. n°. 80. Ic. Tab. IX. ...“ (AAW R. I, Op. 13, D. 20, Bl. 73v, s. Anm. 1 in Nr. 1)

83 „[species 1] Chelidonium majus, vulgare C. B. Pin. 144. Chelidonia J. B. 3. 482. Chelidonium majus Dod. Pempt. 48. Chelidoine ou grande Eclaire.“ (Tournefort 1700, S. 231, Genus I. „Chelidonium. Chelidoine ou Eclaire.“); „Chelidonium, sive chelidonia J. B. 3. 482. ... Chelidonium vulgare majus C. B. P. 144. ... Schell=Kraut, Gold=Wurtz, ...“ (Rupp 1726, S. 56); „7. CHELIDONIVM pedunculis vmbellatis, LIN. Sp. pl. 1. p. 723. n 1. Chelidonium maius vulgare I. R. H. Omn. Ind. ...“ (Gmelin 1747–1769, Bd. IV, S. 180), nahezu identisch auf Bl. 75r in: AAW R. I, Op. 104, D. 14 – s. Anm. 32 in Nr. 6; „7. Chelidonium pedunculis umbellatis [=] Chelidonium majus L.!“ (Ledebour 1841, S. 131); „1.) Großes Schöllkraut. Chelidonium maius. ... Chelidonium pedunculis umbellatis. LINN. Syst. veg. p. 406. ... Chelidonium maius vulgare. C. BAUH. pin. 144. ... Sie wird insgemein Schöllkraut, oder Schölkraut, Schölwurz, Schwalbenkraut ... genannt. ... Man hält sie für ein sehr kräftiges auflösendes, und harntreibendes Mittel; und empfiehlt sie in der Gelbsucht, Cachexie und Wassersucht, und einige Gattungen der Auszehrung; einige rühmen sie auch wider den Stein und das Podagra. ...“ (Linné 1781, S. 189ff.); „1. CHELIDONIUM majus. C. pedunculis umbellatis. Mat. med. 134. ... C. majus vulgare. Bauh. pin. 144. ... Gemeines Schoellkraut. W. ...“ (Linné 1797–1830, Bd. II, Teil 2, S. 1141f.); „1) CHELIDONIUM

MAJUS. Linn. ... M. a Bieb. Fl. taur. cauc. II. p. 2. No. 1025. ... Chelidonium pedunculis umbellatis. Gmel. Fl. sib. IV. p. 180. No. 7. ..." (Ledebour 1830, S. 271f.); „38. CHELIDONIUM. L. ... 1. C. majus (L. SP. 723) ... LEDEB. Fl. alt. II, p. 271. ... C. pedunculis umbellatis. GMEL. Fl. sib. IV, p. 180. Nro. 7. ..." (Ledebour 1842, S. 91); „[Chelidonium] majus, pedunculis umbellatis; gros Schölkraut, dessen Blumenstiele Dolden bilden; ... die Wurzel ist ... voll von einem goldgelben, scharfen, beizenden Safte ... und den man ehmals in Augengeschwüren und den anfangenden Staar empfolen hat, und mit Wasser verdünnt gebrauchen muß; ..." (Gmelin 1772, Sp. 870f.); „1025. CHELIDONIUM majus. Ch. pedunculis umbellatis. Linn. ed. Willd. 2. p. 1141. ... Gmel. sib. 4. p. 180. n. 7. ..." (Marschall von Bieberstein 1808, S. 2); „39. Chelidonium majus L. (Papaver.) ... Die Wurzel kaue man bei Zahnschmerzen: eine Abkochung des Krautes beseitige innerlich gebraucht Gelbsucht. ... Das Schöllkraut wird ferner äusserlich bei ‚venerischen' Wunden, Krätze, Scrophulose und dergleichen, innerlich gegen Fieber gebraucht. ... Nach Sljunin soll das Chelid. majus von den Tartaren als Emmenagogum angewandt werden. ... Das Chelid. majus spielt in der russischen Volksmedicin eine sehr wichtige Rolle. Der Name dessselben, das leibreinigende Kraut, unter welchem es fast überall in Russland bekannt ist, zeigt uns kurz und deutlich die äussere Anwendung des Schöllkrauts. Man behandelt mit dem Safte dieser Pflanze alle möglichen Hautleiden und sogar Hornhautflecke. Weniger wichtig scheint der innere Gebrauch des Mittels zu sein. Hier kommen nur Leberkrankheiten in Betracht; ausserdem soll es abortiv und emmenagogisch wirken. ..." (Demitsch 1889, S. 191ff.); „2) Abtreiben der Frucht. In Russland benutzt man dazu ... den frisch ausgepressten Saft von Chelidonium majus. ..." (Krebel 1858, S. 134); „10) Krankheiten der Mamma. ... Bei Milchknoten macht man auch Umschläge aus Chelidonium majus in Milch gekocht. ..." (a. a. O., S. 137f.); „... man reibt sie [d. h. die Warzen] ... mit dem frischen Saft von Chelidonium majus, ..." (a. a. O., S. 156f.); „4) Cataracta. ... Gegen Cataracta gebraucht man in Russland ... Succus Chelidonii majoris in das Auge getröpfelt." (a. a. O., S. 159); „X. Mittel gegen Hydrops, Scorbut, Stomacace und Aphthen. In Russland gebraucht man gegen Oedem Chelidonium majus. ..." (a. a. O., S. 161ff.); „XI. Mittel bei Blutflüssen. ... Der frisch ausgepresste Saft von Chelidonium majus galt auch für blutstillend. ..." (a. a. O., S. 164); „Mittel gegen Ekzme überhaupt: Die Haut wird mit dem Saft von Chelidonium majus eingerieben. ..." (Alksnis 1894, S. 203); „Warzen. ... Warzen können durch den gelbrothen Saft von Chelidonium majus vernichtet werden. ..." (a. a. O., S. 214); „Blutiger Harn und Harnbeschwerden. ... Tritt im Harn der Kühe Blut auf, so giebt man ihnen ... Chelidonium majus. ..." (a. a. O., S. 240f.); „CHELIDONIUM. ... Chelidonium (majus) pedunculis umbellatis. Linn. ... Gemeines Schöllkraut, grosses Schöllkraut, Schönkraut, Spinnkraut, Schwalbenkraut, Maykraut, Augenkraut, Gilbkraut, Lichtkraut, Blutkraut, Schöllwurz, Gelbwurz, Gottesgabe, Herrgottsblatt. ... Von dem Chelidonium majus sind Wurzel und Kraut, Radix et Herba Chelidonii majoris, als Arzneymittel bekannt. ... Das Kraut ist von minderer Wirksamkeit als die Wurzel; beyde aber gehören wegen des scharfen Saftes zu den reizenden, harn- und schweisstreibenden Mitteln, und man will sie daher in der Gelbsucht und Wassersucht mit Nutzen angewendet haben. Auch hat man den Saft äusserlich gegen Warzen, bey alten Geschwüren und bey flechtenartigen Hautausschlägen gebraucht. ..." (Hayne 1816, Nr. 6); „CHELIDONIUM MAJUS officin. Schöllkraut. Schellkraut. Schielkraut. Groß=Schöllkraut. Groß=Schwalbenkraut. Schwalbenwurzel. Augenkraut. Schinnkraut. Gilbwurzel. Goldwurzel. ... Das Schöllkraut gehört daher unter unsere medicamenta amaroacria, die, in dosi refracta gebraucht, wirksame eröfnende Mittel sind. ... Die Alchymisten ... vermutheten vom Schöllkraut nicht geringe Dinge. Der goldgelbe Saft desselben war für ihre Goldsucht viel zu merkwürdig. Sie glaubten in ihm den lapidem philosophorum zu finden, ..." (Gleditsch 1788, S. 194ff.); „1. CHELIDONIUM majus L. ... Großes Schölkraut. R. Lastowiznaja Tschistak. ... Die Pflanze ist giftartig. Kraut und Wurzeln derselben färben mit

Asche gelb.“ (Georgi 1797–1802, Theil 3, S. 1041); „CHELIDONIUM (maius) pedunculis vmbellatis. Lin. Spec. pl. 505. n. 1. ... Чистякъ большой [russ. *čistjak bol'šoj*] siue ластовичная трава [russ. *lastovičnaja trava*] Russ. ...“ (*Krašeninnikov* 1761, S. 83); „CHELIDONIUM. ... teutsch, Schölkraut, ... Das Wort Chelidonium und das Wort Chelidonia haben einerley Ursprung. ...“ (Lémery 1721, Sp. 296); Chelidonium majus L. – russ. *čistjak*, *čistucha*, *želtomoločnik*, *gladušnik*, *lastovičnik*, *želtušnik*, *rozapast*, *svetlaja*, *čistotel* bzw. *jaskolka* (*Annenkov* 1858, S. 30, Nr. 295); „Chelidōnium L. (Papaveraceae). Von χελιδονιον (Schwalbe); als Ursache dieses Namens gibt Plinius an, die Pflanze blühe bei Ankunft der Schwalben und welke bei ihrem Wegzuge; auch gebrauchten die Schwalben dieselbe als Augenmittel. ...“ (Wittstein 1852, S. 188)

„1. Chelidonium majus vulgare. I. R. H. “ (AAW R. I, Op. 13, D. 67, Bl. 58r, s. Anm. 5 in Nr. 4); „171. Chelidonium majus ...“ (AAW R. I, Op. 15, D. 1, Bl. 7r, s. Anm. 24 in Nr. 64); „522. Chelidonium majus vulg. C. B. P.“ (AAW R. I, Op. 104, D. 13, Bl. 4v, s. Anm. 84 in Nr. 29); „122. Chelidonium majus vulgare CBP. 144. Chelidoniae. JB. 3. 482“ (AAW R. I, Op. 6, D. 40, Bl. 29r, s. Anm. 1 in Nr. 1); „122 Chelidon. majus“ (G. W. Steller nach J. G. Heinzelmann: AAW R. I, Op. 81, D. 23, Bl. 17r, s. Anm. 1 in Nr. 1); „Chelidonium maius vulgare. C B P. Russ. Чистатель [russ. *čistatel*]. ...“ (AAW R. I, Op. 105, D. 2, Bl. 5v, s. Anm. 54 in Nr. 17); russ. *čistotel* – „Name versch. Pflanzen, nam. Chelidonium majus“ (Pawlowski 1952, S. 1732); „Chelidonium maius vulgare (Tournefortii sp. 1), Off.“ (Messerschmidt 1962–1977, Bd. 4, S. 202, s. Anm. 1 in Nr. 1); „Chelidonium majus vulgare CBP. ...“ (AAW R. I, Op. 104, D. 8, Bl. 9v, s. Anm. 18 in Nr. 452); „153.) Chelidonium majus vulgare. C. B. Pin ...“ (AAW R. I, Op. 104, D. 25, Bl. 13r, s. Anm. 61 in Nr. 21); „419. Chelidonium majus vulgare C. B. P. ...“ (AAW R. I, Op. 105, D. 12, Bl. 18v, s. Anm. 54 in Nr. 17); „903. Chelidonium majus vulgare C. B. P. ...“ (AAW R. I, Op. 105, D. 1, Bl. 71r, s. Anm. 29 in Nr. 5); „54 Chelidonium majus vulgare. C. B. P. 144. I. r. h. CL. V. L. VI. gl“ (AAW R. III, Op. 1, D. 98, Bl. 3r, s. Anm. 3 in Nr. 53); „384. Chelidonium maius vulgare C. B. P. ...“ (AAW R. I, Op. 13, D. 42, Bl. 71r, s. Anm. 1 in Nr. 1); „61. Chelidonium majus vulgare C. B. P. ...“ (AAW R. I, Op. 104, D. 17, Bl. 11v, s. Anm. 36 in Nr. 8); „Chelidonium majus folio laciniato, Quercui aemulo, petalis florum integris. Messer. ...“ (AAW R. I, Op. 15, D. 14, Bl. 3r, s. Anm. 75 in Nr. 101); „CCXIV. Chelidonium T. 231. 116. B. 1. 305. 1. Chelidonium majus vulgare C. B. P. 144. M. H. 2. 257. B. n. 1.“ (Bl. 26r in T. Gerber „Flora Moscuensis ...“, s. Anm. 6 in Nr. 55)

84 „[species 12] Potamogeton foliis pennatis. Millefolium aquaticum, pennatum, spicatum C. B. Prodr. 73. Millefolium pennatum, aquaticum J. B. 3. 783.“ (Tournefort 1700, S. 233, Genus I. „Potamogeton.“); „Potamogeiton ...“ (Merrett 1667, S. 97); „Potamogeton foliis pennatis Tournefort. & Merret. in Pin. Millefolium aquaticum, pennatum, spicatum C. B. Pr. 73. Millefolium pennatum, aquaticum J. B. 3. 783. Germ. Säusam. ...“ (Rupp 1726, S. 52); „27. MYRIOPHILLVM floribus masculis interrupte spicatis, LINN. h. Cliff. 446. Suec. 781. El. Sp. pl. 2. p. 1409. n. 1. ROY. pr. 213. Tab. nostr. V. fig. 2. Millefolium aquaticum pennatum spicatum, B. pin. 141. Pr. 73. fig. 1. Myriophillum vulgare maius, VAILL. act. 1719. p. 30. Pentapteris scapo florigero nudo, HALL. Helv. 201. ...“ (Gmelin 1747–1769, Bd. III, S. 35f.); „27. Myriophyllum floribus masculis interrupte spicatis [=] Myriophyllum spicatum L.!“ (Ledebour 1841, S. 85); „1. MYRIOPHYLLUM floribus masculis interrupte spicatis. ... Potamogeton foliis pennatis. Tournef. inst. 233. ... Millefolium aquaticum pennatum spicatum. Bauh. pin. 141. prodr. 73. f. 1. ...“ (Linné 1737, S. 446); „1) Aehrenförmiges Federkraut. Myriophyllum spicatum. ... Myriophyllum floribus masculis interrupte spicatis. LINN. Syst. veg. p. 856. ... Potamogeton foliis pennatis. TOURNEF. Inst. R. H. p. 238. ... Man nannte sie ehehin insgemein Wassertausendblat, oder Wassergarbe, ... zuweilen auch Teichfenchel, Wasserfuchsschwanz, Fuchswedel, Wassergarn, Sausaamen, Federball, und Federkraut. ... Kein Vieh rührt diese Pflanze an, auch ist sie sonst von keinem besondern

Nutzen. ..." (Linné 1786, S. 317f.); „1. MYRIOPHYLLUM spicatum. ... M. floribus masculis interrupte spicatis. Hort. cliff. 446. ... Gmel. 3. p. 35. t. 5. f. 2. ... Millefolium aquaticum pennatum spicatum. Bauh. pin. 141. prodr. 73. t. 73. ... Aehrenblüthiges Federkraut. W. ..." (Linné 1797–1830, Bd. IV, Teil 1, S. 406); „1. MYRIOPHYLLUM SPICATUM. Linn. ... M. spicatum. Linn. Willd. spec. pl. IV. p. 406. ... Myriophyllum floribus masculis interrupte spicatis. Gmel. Fl. sib. III. p. 35. No. 27. t. V. f. 2. ..." (Ledebour 1833, S. 243f.); „289. Myriophyllum. L. ... 2. M. spicatum (L. SP. 1410) ... LEDEB. Fl. alt. IV, p. 243. ... M. floribus masculis interrupte spicatis. GMEL. Fl. sib. III, p. 35. Nr. 27. t. 5. f. 2. ..." (Ledebour 1844–1846, S. 118f.); „[Potamogeton] foliis pinnatis [sic!]; hierunter versteht Tournefort den ährenförmigen Federball." (Gmelin 1775, Sp. 364); „[Myriophyllum] spicatum, floribus masculis interrupté spicatis, ährenförmiger Federball, dessen männliche Blumen in unterbrochenen Aehren beysamen stehen; ..." (Gmelin 1774, Sp. 338f.); „POTAMOGETON. ... teutsch, Samkraut. ... Es erfrischet, machet dicke, hält an, ist gut zur rothen Ruhr, wann es abgesotten gebrauchet wird. Es wird auch äusserlich zu Flechten und anderer Unreinigkeit der Haut gebrauchet. ..." (Lémery 1721, Sp. 911f.); „MILLEFOLIUM. ... teutsch, Schafgarbe. ... Millefolium heist es, von wegen der so grossen Anzahl seiner Blätter. ..." (a. a. O., Sp. 730f.); Myriophyllum L. – russ. *urut'* (*Annenkov* 1858, S. 61, Nr. 717); Potamogeton – russ. *žagla*, *rdest* bzw. *rdestnik* (a. a. O., S. 72, Nr. 854); „Potamogēton L. (Potamogetoneae). Zus. aus ποταμος (Fluss) und γειτων (Nachbar, Verwandter); wächst im Wasser." (Wittstein 1852, S. 723); „Myriophȳllum L. (Halorageae). Zus. aus μυριος (unzählig) und φυλλον (Blatt); die Blätter sind in zahlreiche haarförmige Theile zerschnitten." (a. a. O., S. 603)

„157) Potamogeton foliis peñatis. T. i. r. h. ..." (AAW R. I, Op. 104, D. 25, Bl. 13r, s. Anm. 61 in Nr. 21)

85 „Potamogeton foliis pennatis, alterum & surrectius ad nodos florens. Millefolium aquaticum, flosculis ad foliorum nodos C. B. ... Tournefortio in institutionibus dicitur Potamogeton flosculis ad foliorum nodos pag. 233." (Rupp 1726, S. 53); „[species 11] Potamogeton flosculis ad foliorum nodos. Millefolium aquaticum, flosculis ad foliorum nodos C. B. Pin. 141. ..." (Tournefort 1700, S. 233, Genus I. „Potamogeton."); „III. Millefol. aquat. flosculis ad foliorum nodos. ..." (Bauhin 1623, S. 141); „28. MYRIOPHILLVM floribus omnibus verticillatis, LINN. h. Cliff. 446. Suec. 782. EI. Sp. pl. 2. p. 1410. n. 2. ROY. prodr. 213. Myriophyllum aquaticum minus, CLVS. H. CCLII. Millefolium aquaticum, flosculis ad foliorum nodos, B. pin. 141. Potamogeton flosculis ad foliorum nodos, TOVRN. I. R. H. 233. Pentapterophyllum aquaticum, floribus ad foliorum nodos, DILL. gen. 125. RAI. Syn. III. 316. Pentapteris floribus foliis insidentibus, HALL. Helv. 203. I. Foliis quaternis, pinnis superiorum breuissimis. Potamogeton pinnatum, flosculis ad foliorum nodos quaternis, BUXB. Cent. V. p. 8. Tab. XVI." (Gmelin 1747–1769, Bd. III, S. 36f.); „28. Myriophyllum floribus omnibus verticillatis [=] Myriophyllum verticillatum L." (Ledebour 1841, S. 85); „2. MYRIOPHYLLUM floribus omnibus verticillatis. Potamogeton flosculis ad foliorum nodos. Tournef. inst. 233. ... Millefolium aquaticum, flosculis ad foliorum nodos. Bauh. pin. 141. ..." (Linné 1737, S. 446); „2) Quirlförmiges Federkraut. Myriophyllum verticillatum. ... Myriophyllum floribus omnibus verticillatis hermaphroditis. LINN Syst. veg. p. 856. ... Hort. Cliff. 446. ... GMEL. sib. 3. p. 36. ... Millefolium aquaticum, flosculis ad foliorum nodos. C. BAUH. pin. 141. ..." (Linné 1786, S. 318f.); „2. MYRIOPHYLLUM verticillatum. ... M. floribus omnibus verticillatis hermaphroditis. Hort. cliff. 446. ... Gmel. sib. 3. p. 36. ... Millefolium aquaticum, flosculis ad foliorum nodos. Bauh. pin. 141. ... Wirtelblüthiges Federkraut. W. ..." (Linné 1797–1830, Bd. IV, Teil 1, S. 407); „289. Myriophyllum. L. ... 1. M. verticillatum (L. SP. 1410) ... M. a BIEB. Fl. t. c. III, p. 620. ... M. floribus omnibus verticillatis. GMEL. Fl. sib. III, p. 36. Nr. 28. ..." (Ledebour 1844–1846, S. 118); „Myriophyllum verticillatum, floribus omnibus verticillatis hermaphroditis, quirlförmiger Federball, dessen Blumen insgesammt Zwitter sind, und in Wirteln um

den Stengel herum stehen; ..." (Gmelin 1774, Sp. 339); „1910*. MYRIOPHYLLUM verticillatum. M. foliis pinnatis capillaceis, ... Linn. ed. Willd. 4. p. 407. ... Gmel. sib. 3. p. 36. n. 28. ..." (Marschall von Bieberstein 1819, S. 620); „Potamogeton flosculis in foliorum alis. Novum esset Potamogeton non spicatum dari. Sed vide ex notis Tuis annon sit aliqua Elatine (? E. alsinastrum L. verticillata Gilib.). Nam certe serpyllifoliae (Elatine hydropiper L. serpyllifolia praeter folia valde similis est. (Est sane Fl. sib. III. 36. nr. 28. Myriophyllum verticillatum L.)" (A. von Haller in einem undatierten Brief an J. G. Gmelin – Plieninger 1861, S. 136f.); „2. MYRIOPHYLLUM verticillatum ... Quirlförmige Wassergarbe. ..." (Georgi 1797–1802, Theil 3, S. 1299)

„156) Potamogeton flosculis ad foliorum nodos. T. i. r. h. ..." (AAW R. I, Op. 104, D. 25, Bl. 13r, s. Anm. 61 in Nr. 21)

86 „[species 5] Potamogeton foliis crispis, sive Lactuca ranarum C. B. Pin. 193. Fontinalis crispa J. B. 3. 778. Tribulus aquaticus, minor, Quercus floribus Ger. emac. 824." (Tournefort 1700, S. 233, Genus I. „Potamogeton."); „23 POTAMOGETON foliis lanceolatis, alternis, vndulatis, ROY, pr. 212. LINN. Sp. pl. 1. p. 183. n. 5. Potamogeton foliis crispis, s. lactuca ranarum, B. pin. 193. ... In stagnis ad Angaram circa Roswodnaium pagum et ab Vschacovcam amnem et ad Bargusinum fluuium b. STELLERVS obseruauit. Ego nusquam vidi." (Gmelin 1747–1769, Bd. III, S. 33f.); „23. Potamogeton foliis lanceolatis alternis undulatis [=] Potamogeton crispus L." (Ledebour 1841, S. 85); „5. Krauses Samkraut. Potamogeton crispum. ... Potamogeton foliis lanceolatis, alternis oppositisve, undulatis, serratis. LINN. Syst. veg. p. 141. ... Potamogeton foliis crispis, s. Lactuca ranarum. C. BAUH. pin. 193. ..." (Linné 1779, S. 385); „7. POTAMOGETON crispum. P. foliis lanceolatis alternis ... Gmel. sib. 3. p. 33. n. 23. ... P. foliis crispis s. Lactuca ranarum ... Bauh. pin. 193. .... Krausblättriges Saamenkraut. W. ..." (Linné 1797–1830, Bd. I, Teil 2, S. 714f.); „14. P[otamogeton] crispus (L. Spec. 183) ... M. a BIEB. Fl. t. c. I, p. 117. P. foliis lanceolatis, alternis, undulatis. GMEL. Fl. sib. III, p. 33, No. 23. ..." (Ledebour 1853, S. 28f.); „[Potamogeton] crispum, ... krauses Samkraut, mit lanzenförmigen, wellenförmig aufgeworfenen, sägeartig gezanten, und wechselsweise stehenden Blättern; ..." (Gmelin 1775, Sp. 358f.); „299. POTAMOGETON crispum. P. foliis lanceolatis alternis ... Linn. ed. Willd. I. p. 714. ... Gmel. sib. 3.p. 33. n. 23. ..." (Marschall von Bieberstein 1808a, S. 117); „3. Potamogeton crispum. L. Krausblättriges Saamkraut; kleiner Brunnen= oder Teichampfer; Froschlättig. ..." (Dietrich 1807, S. 469); „Samenkraut, Samkraut, ... 1) Krausblättriges Samenkraut, kleiner Brunnen= oder Teichampfer, Froschlattig; Potamogeton crispum, ... Gmel. sib. 3., p. 33, n. 23. ..." (Krünitz 1773–1858, Bd. 135, S. 371f.)

„155) Potamogeton foliis crispis sive lactuca ranarum C. B. ..." (AAW R. I, Op. 104, D. 25, Bl. 13r, s. Anm. 61 in Nr. 21)

87 „[species 10] Potamogeton pusillum, Gramineo folio, caule rotundo Raii Hist. 190." (Tournefort 1700, S. 233, Genus I. „Potamogeton."); „A. 8. Potamogiton [sic!] pusillum gramineo folio, caule rotundo. Small Grass=leaved Pondweed. ..." (Ray 1686, S. 190); „12.) Kleines Samkraut. Potamogeton pusillum. ... Potamogeton foliis linearibus, oppositis alternisque, distinctis, basi patentibus; caule tereti. LINN. Syst. veg. p. 141. ... Potamog. pusillum, gramineo folio breviore. VAILL. paris. t. 32. f. 4. ..." (Linné 1779, S. 389f.); „14. POTAMOGETON pusillum. ... P. pusillum, gramineo folio breviore. Vaill. paris. t. 32. f. 4. ... Kleinstes Saamenkraut. W. ..." (Linné 1797–1830, Bd. I, Teil 2, S. 717); „5) POTAMOGETON PUSILLUS. Linn. ... M. a Bieb. Fl. taur. cauc. I. p. 117. ... Potamogeton foliis linearibus, ... Gmel. Fl. sib. III. p. 33. No. 22. ..." (Ledebour 1829, S. 159); „18. P[otamogeton] pusillus (L. Spec. p. 184) ... M. a BIEB. Fl. t. c. I, p. 117. ... LEDEB. Fl. alt. I, p. 159. ... P. foliis linearibus, ... GMEL. Fl. sib. III, p. 33, No. 22. ..." (Ledebour 1853, S. 29f.); „Potamogeton pusillum, foliis linearibus oppositis alternisque, distinctis: basi patentibus, caule tereti; ... Es heißt bey ... Rai: Potamogeton pusillum, folio gramineo, caule rotundo" (Gmelin

1775, Sp. 363); „30. POTAMOGETON pusillum. P. foliis linearibus ... Linn. ed. Willd. I. p. 717. ... Gmel. sib. 3. p. 33. n. 22. Vaill. paris. t. 32. f. 4. ...“ (Marschall von Bieberstein 1808a, S. 117); „22. POTAMOGETON foliis linearibus oppositis alternisque, distantibus, basi patentibus, caule tereti, LINN. Suec. 147. EI. Sp. pl. I. p. 184. n. 12. Potamogeton minimum capillaceo folio, B. pin. 193. Pr. 101. Potamogeton gramineum tenuifolium, LOES. Pruss. p. 206. ic. 67. Potamogeton pusillum, folio gramineo breuiore, VAILL. Par. Tab. XXXII. f. 4. Potamogeton foliis linearibus alternis, remotis, ROY. pr. 213. Potamogeton caule terete, foliis angustissimis, spica minima, HALL. Helv. 201. ...“ (Gmelin 1747–1769, Bd. III, S. 33); „22. Potamogeton foliis linearibus oppositis alternisque distantibus basi patentibus, caule tereti [=] Potamogeton pusillus L.!“ (Ledebour 1841, S. 85)

„5. Potamogeton folijs linearibus alternis remotis Royen Pr. 213. Potamogeton pusillum, gramineo folio caule tereti R. Syn. 190. ...“ (AAW R. I, Op. 13, D. 67, Bl. 41r, s. Anm. 5 in Nr. 4)

88 „[species 1] Potamogeton rotundifolium C. B. Pin. 193. Potamogeton rotundiori folio J. B. 3. 776. Potamogeiton. Spicata Tabern. Icon. 739.“ (Tournefort 1700, S. 233, Genus I. „Potamogeton.“); „Potamogeton rotundifolium C. B. P. 193. ... Germ. Saam=Kraut. ...“ (Rupp 1726, S. 51); „24. POTAMOGETON foliis oblongo-ouatis, petiolatis, LINN. h. Cliff. 40. EI. Sp. pl. 1. p. 182. n. 1. ROY. pr. 212. HALL. Helv. 199. Potamogeton, FUCHS. p. 651. Potamogeton rotundifolium, B. pin. 193. ...“ (Gmelin 1747–1769, Bd. III, S. 34); „24. Potamogeton foliis oblongo-ovatis petiolatis [=] Potamogeton natans L.!“ (Ledebour 1841, S. 85); „1. POTAMOGETON foliis oblongo-ovatis petiolatis. ... Potamogeton rotundiore folio. Bauh. hist. 3. p. 776. Potamogeton rotundifolium. Bauh. pin. 193. ...“ (Linné 1737, S. 40); „1.) Schwimmendes Samkraut. Potamogeton natans. Potamogeton foliis oblongo-ovatis, petiolatis, natantibus. LINN. Syst. veg. p. 141. ... Potamogeton rotundifolium. C. BAUH pin. 193. ... Die Wasser, worinn diese Pflanzen wachsen, sind den Fischen, besonders den Karpfen, vorzüglich angenehm. Sie haben eine kühlende Eigenschaft, und werden von den Schaafen nicht gefressen.“ (Linné 1779, S. 380ff.); „1. POTAMOGETON natans. P. foliis oblongo-ovatis petiolatis natantibus. Hort. cliff. 40. ... Gmel. sib. 3. p. 34. ... P. rotundifolium. Bauh. pin. 193. ... Schwimmendes Saamenkraut. W. ...“ (Linné 1797–1830, Bd. I, Teil 2, S. 712f.); „1) POTAMOGETON NATANS. Linn. ... Potamogeton No. 24. Gmel. Fl. sib. III. p. 34. ...“ (Ledebour 1829, S. 156f.); „1. P[otamogeton] natans (L. Spec. 182) ... LEDEB. Fl. alt. I, p. 156. ... P. foliis oblongo-ovatis, petiolatis. GMEL. Fl. sib. III, p. 34, No. 24. ...“ (Ledebour 1842, S. 23); „... schwimmend Saamkraut e), |: e) Potamogeton natans, russ. Medwesh'e ucho. [russ. *medvež'e ucho*] :| kocht und trinket man [in *Arzamas*] wider den Scharbock; ...“ (Lepechin 1774, S. 47); „1. POTAMOGETON natans L., ... Schwimmmendes Saamenkraut. ... Die Wurzeln machen an einander gereihet weiße Knollen von Größe der Haselnüsse, die als Naschwerk gegessen werden.“ (Georgi 1797–1802, Theil 3, S. 745f.); „188. Potamogeton natans. Lin. sp. 1. ... Die Wurzeln des P. natans sind zum Theil an einander gereihete Knollen, die in Uralskoe Gorodok Knaben aus dem durch niedrig Wasser entblößten Flußuferschlamm samleten. Sie wurden daselbst und überhaupt an der Linie als Naschwerk roh oder in Asche wie Kastanien gebraten, unter dem Namen Tablaki gegeßen. Sie schmeckten roh Nußkernen etwas ähnlich und würden wahrscheinlich im Kohl die fremden Kastanien sehr guth vertreten.“ (Falk 1786, S. 121); „[Potamogeton] natans, foliis oblongo-ovatis petiolatis natantibus; schwimmendes Samkraut, mit länglicht=eyrunden, gestielten und schwimmenden Blättern; Seesalden; Fluskraut; ...“ (Gmelin 1775, Sp. 356f.); „2) Schwimmendes Samenkraut, Flußkraut, Saulöffel, Weiherblätter; Potamogeton natans, ... die Wurzeln sollen den am Jaikflusse wohnenden Völkern zur Speise dienen; auch den Schweinen soll diese Pflanze ein gutes Futter seyn.“ (Krünitz 1773–1858, Bd. 135, S. 372f.); Potamogeton natans L. – russ. *vodjanaja kapusta* (*Annenkov* 1858, S. 73, Nr. 855)

„2. Potamogeton rotundifolium C. B. P. Ind. Irc. 255." (AAW R. I, Op. 13, D. 67, Bl. 41r, s. Anm. 5 in Nr. 4); „4. Potamogeton folijs oblongo ovatis petiolatis. Linn. h. Cliff. 40. Potamogeton rotundifolium B. Pin. 193. ..." (a. a. O., Bl. 41r); „154) Potamogeton rotundifolium. C. B. P. ..." (AAW R. I, Op. 104, D. 25, Bl. 13r, s. Anm. 61 in Nr. 21); „Potamogeton rotundifolium C. B. P." (AAW R. I, Op. 105, D. 2, Bl. 5v, s. Anm. 54 in Nr. 17)

89 „[species 3] Potamogeton Alpinum, Plantaginis folio. Fontinalis lucens, major J. B. 3. 777." (Tournefort 1700, S. 233, Genus I. „Potamogeton."); „25. POTAMOGETON foliis lanceolatis in petiolos desinentibus, LINN. Cliff. 40. El. Sp. pl. 1. p. 183. n. 4. El. Suec. 141. ROY. pr. 212. Potamogeton alpinum plantaginis folio, TOVRN. I. R H 233. Potamogeton aquis immersum, folio pellucido, lato, oblongo, acuto, R. Hist. 188. Potamogeton foliis ouatis longissimis pediculatis, HALL Helv. 199. I. Idem foliis variis. ..." (Gmelin 1747–1769, Bd. III, S. 34f.); „25. Potamogeton foliis lanceolatis in petiolum desinentibus [=] Potamogeton lucens L.!" (Ledebour 1841, S. 85); „2. Potamogeton foliis lanceolatis in petiolos desinentibus. ..." (Linné 1737, S.40); „4.) Leuchtendes Samkraut. Potamogeton lucens. ... Potamogeton foliis lanceolatis, planis, in petiolos desinentibus LINN. Syst. veg. p. 141. ... sie macht in gedachten Wassern öfters starke Gebüsche, welche den Hechten und Karpfen einen angenehmen Aufenthalt verschaffen, worinn sie sich verbergen, und ihren Laich ausschütten können, und wird daher im Elsaß Hechtlock genennet. ..." (Linné 1779, S. 384f.); „6. POTAMOGETON lucens. P. foliis lanceolatis planis in petiolos desinentibus. Hort. cliff. 40. ... Gmel. sib. 3. p. 34. ... Glänzendes Saamenkraut.W. ..." (Linné 1797–1830, Bd. I, Teil 2, S. 714); „3. POTAMOGETON LUCENS. Linn ... Potamogeton foliis lanceolatis in petiolos desinentibus, Gmel. Fl. sib. III. p. 34. No. 25. (excl. var. I. forsan P. heterophyll. spect.) ..." (Ledebour 1829, S. 158); „11. P[otamogeton] lucens (L. Spec. 183) ... LEDEB. Fl. alt. I, p. 158. ... P. foliis lanceolatis, in petiolum desinentibus. GMEL. Fl. sib. III, p. 34, No. 25. ..." (Ledebour 1853, S. 26f.); „Potamogeton lucens, ... leuchtendes Samkraut, dessen Blätter lanzenförmig und platt sind, und sich in Blattstiele verlieren; .." (Gmelin 1775, Sp. 358); „Potamogeton f. lanceolatis in petiolos desinentibus – est Potamogeton aquis innatans fol. pellucido lato oblongo acuto. Raj. (Fl. sib. III. 34. nr. 25. P. lucens L.)" (A. von Haller in einem undatierten Brief an J. G. Gmelin – Plieninger 1861, S. 137); „3) Glänzendes Samenkraut, leuchtendes Samenkraut, Hechtlock, Hechtkraut; Potamogeton lucens, ..." (Krünitz 1773–1858, Bd. 135, S. 373)

„619. Potamogeton folijs lanceolatis in petiolos desinentibq. Linn. h. cliff. 40. Potamogeton folijs angustis splendentibq B. Pin. 193 Potamogeton aquis immersum, folio pellucido lato, oblongo, acuto. Raj Syn. 148. Boerh. lugd. II. p. 197." (AAW R. I, Op. 13, D. 20, Bl. 60r, s. Anm. 1 in Nr. 1)

90 „Herba Paris Dod. Pempt. 444. J. B. 3. 613. Solanum quadrifolium, bacciferum C. B. Pin. 167." (Tournefort 1700, S. 233, Genus I. „Herba Paris."); „De herba Paride. CAP. XV. ...." (Dodoens 1616, S. 444f.); „Paris Rivini. Herba paris Tournefort. & officinarum Dod. Pempt. 444. ... Einbeer, Wolffs=Beer Germanis. ..." (Rupp 1726, S. 74); „CAPUT LXI. Einbeere. Herba Paris. ... Lateinisch, Aconitum solaniferum, ... Einbeere hat einen glatten, runden Stengel, ... An der Mitte desselbigen stehen gemeiniglich vier schöne, grüne Blätter, bisweilen drey, fünf oder sechs, wie ein Stern von einander gesetzt. ... Einbeer=Kraut ist kalter und trockener Natur, führet etwas öhlichten, schlaf=bringenden Saltzes mit sich, dadurch es die Tugend hat die Lebens=Geister zu hemmen, Schmertzen zu stillen, Entzündungen zu vertheilen, und Schlaf zu bringen. ..." (Zwinger 1744, S. 1095f.); „1. PARIS foliis quaternis. Fl. lapp. 155. Paris rivini. Rupp. jen. 74. Herba paris. ... Bauh. hist. 3. p. 613. ... Dod. pempt. 444. ... Solanum quadrifolium bacciferum. Bauh. pin. 167. ..." (Linné 1737, S. 153); „1) Vierblätterichte Einbeere. Paris quadrifolia. LINN Syst. veg. p. 315. ... Herba Paris. DOD. pempt. 444. TOURNEF. inst. 233. t. 117. ... Diese Pflanze ... wird insgemein Wolfsbeer oder Einbeer ... genennet. ... Einige empfehlen ihren innerlichen Gebrauch in

Schmerzen, Gichtern, Wahnwitz und Raserey, und auch den äusserlichen wider Entzündungen; ..." (Linné 1780, S. 463f.); „1. PARIS quadrifolia. P. foliis quaternis. Fl. lapp. 155. ... Hort. cliff. 153. ... Solanum quadrifolium bacciferum. Bauh, pin. 167. Herba Paris. ... Bauh. hist. 3. p. 613. ... Vierblättrige Einbeere. W. ..." (Linné 1797–1830, Bd. II, Teil 1, S. 471f.); „1) PARIS QUADRIFOLIA. Linn.*) ... Willd. Spec. pl. II. p. 471. ... Paris foliis quaternis. Gmel. Fl. sib. IV. p. 176. No. 94. ... |: *) Species ulteriori Sibiriae indigena est: PARIS OBOVATA. m. P. foliis quinis obovatis acuminatis, floribus decandris tetragynis, ... :|" (Ledebour 1830, S. 88f.); „969. Paris L. ... 1. P. quadrifolia (L. Spec. 527) ... LEDEB. Fl. alt. II, p. 88. ... P. foliis quaternis. GMEL. Fl. sib. IV, p. 176, No. 94 (verosimiliter cum aliis speciebus commixt.). ..." (Ledebour 1853, S. 119f.); „[Paris] quadrifolia, vierblätterichte Einbeere; ... ihre Blätter ... stehen meistens zu vier, aber auch zu drey, zu fünf, zu sechs, zu acht und zu zwölf ... um den Stengel herum; ... den Samen gebrauchten sie [d. h. die älteren Ärzte] innerlich in der Tollheit, und wider eingenommene Gifte: Ihre Blätter können in der Färberey gebraucht werden, ..." (Gmelin 1774, Sp. 804f.); „[Solanum] quadrifolium bacciferum; so nennt C. Bauhin die vierblätterichte Einbeere." (Gmelin 1776, Sp. 640); „94. PARIS foliis quaternis, LIN. Lapp. 155. ..." (Gmelin 1747–1769, Bd. IV, S. 176), nahezu identisch auf Bl. 74r in: AAW R. I, Op. 104, D. 14 – s. Anm. 32 in Nr. 6; „94. Paris foliis quaternis [=] Paris quadrifolia L." (Ledebour 1841, S. 130); „PARIS. III. Botanik. ... Es sind nur drei Arten dieser Gattung bekannt: 1) P. quadrifolia L. ... teutsch: Einbeere, Steinbeere, Wolfsbeere, Sauauge; ... mit ... gegliederter Wurzel, aus welcher ein einfacher, glatter Stengel mit vier quirlförmig gestellten (seltener drei, fünf, sechs bis neun) ... Blättern ... P. obovata Ledebour (monogr. t. 1.) und P. hexaphylla Chamisso (Linnaea VI. p. 586) sind Abarten mit abweichendem Zahlenverhältnisse. ... Die Wurzel, das Kraut und die Beeren (radix, herba et baccae Paridis, ... sind seit dem Mittelalter officinell. Die Blätter wirken in größern Gaben drastisch purgirend, in kleineren ... gelten sie für ein schmerzstillendes, schweißtreibendes, abführendes Mittel; ... Als Hausmittel hat man sie äußerlich gegen torpide Geschwüre und ihren Saft bei chronischen Schleimflüssen der Augenlider angewendet. ... Die gepulverte Wurzel ... ist ein sicheres Brechmittel; man gebrauchte sie gegen Kolik, Manie, Krämpfe und Keuchhusten. ... 3) P. incompleta M. v. B. (Fl. taur. cauc. I. p. 306. P. apetala Hoffmann, Demidovia polyphylla Hoffman u. Fischer), in Kaukasien, mit zehn quirlförmigen Blättern, ..." (Ersch/Gruber 1839, S. 108f.); „XVII. Mittel bei Pustula maligna contagiosa, Carbunculus contagiosus, Pestis Sibirica. ... 10) Die Ehsten legen entweder in der Asche gebackene Zwiebeln auf die blaue Blatter ... oder zerquetschtes Kraut von Paris quadrifolia. ..." (Krebel 1858, S. 192ff.); „464. Paris quadrifolia. Lin. Syst. Plant. II. 221. sp. 1. ... Einbeerkraut. Ruß. Woronei Glas (Krähenauge). Tat. Barüjus ..." (Falk 1786, S. 172f.); „1. Paris quadrifolia L. ... Vierblättrige Einbeere. R. Worobei Glas [russ. *vorobej glaz*] (Sperlingsauge). ..." (Georgi 1797–1802, Theil 3, S. 944); „Paris quadrifolia L. R. Woronei Glas (Rabenauge). ... fast gewöhnlicher mit 5. als 4. Blättern." (Georgi 1775, S. 209); „Paris. (quadrifolia) Linn. Spec. pl. 367. ... Вороней глазъ [russ. *voronej glaz*] Russ. ..." (*Krašeninnikov* 1761, S. 62); „PARIS. ... Paris quadrifolia. Solanum quadrifolium bacciferum; Solanum tetraphyllum (Aconitum salutiferum), Herba paris. Deutsch. Die Einbeere; Einbeerkraut, Wolfsbeere, Pariskraut, Augenkraut, Sternkraut, Gutblatterkraut, Saukraut, Sauauge. ... Eine übelriechende Pflanze, ... hat in der Medizin ihren Nutzen, muss aber innerlich mit Vorsicht gebraucht werden; sie wird von den Schafen und Ziegen gefressen; das Kraut giebt eine hochrothe Farbe." (Nemnich 1795, Sp. 861f.); „Einbeere, ... Herba Paris, Offic. Matth. Dod. ... Ihre Blätter ... stehen meist zu 4, aber auch zu 3, 5, 6, 8 und 12 wie im Kreise, ohne Stiele um den Stengel herum. ... sie tödtet die Hühner, und ihr innerlicher Gebrauch hat auch bey Menschen einen Magenkrampf und Erbrechen erregt. Die ältern Aerzte haben ihren äußerlichen Gebrauch in Pest=Beulen und Entzündungen angerühmt, ..." (Krünitz 1773–1858, Bd. 10, S. 362ff.); „Einbeer, Einbeer=Kraut, (weil es mitten auf dem Stengel ein einiges schwartz=braunes rundes Beerlein bringet,) ... Wolffs=Beer, weil man es für das Gifft=Kraut, Aconitum, mit welchem man die Wölffe und andere Thiere tödtet, gehalten hat. ... Man braucht aber vornehmlich die schwartzen Beerlein, welchen eine sonderliche Krafft wider Gifft, Pest und gifftige Kranckheiten zugeschrieben wird. ...“ (Zedler 1732–1750, Bd. 8, Sp. 531ff.); Paris quadrifolia L. – russ. *voron'i jagody*, *volč'i jagody*, *odnojagodnik*, *voroniy glaz*, *p'janica* bzw. *natjagač* (*Annenkov* 1858, S. 66, Nr. 768); wotjakisch kwaka-śin – Paris quadrifolia, Einbeerkraut (Munkácsi 1896, S. 230)

„Herba Paris. Dod. Pempt. ...“ (AAW F. 21, Op. 5, D. 98, Bl. 15v, s. Anm. 54 in Nr. 17); „Herba Paris J. B. III. 613. j. Eadem trifolia. ij. Eadem quinquefolia ...“ (AAW R. I, Op. 13, D. 67, Bl. 56v, s. Anm. 5 in Nr. 4); „123. Herba Paris Dod. Pempt. 444. J. B. 3. 613. Solanum quadrifolium bacciferum CBP. 167.“ (AAW R. I, Op. 6, D. 40, Bl. 29r, s. Anm. 1 in Nr. 1); „123 Herba Paris.“ (G. W. Steller nach J. G. Heinzelmann: AAW R. I, Op. 81, D. 23, Bl. 17r, s. Anm. 1 in Nr. 1); „Herba Paris Dod. Pempt. ...“ (AAW R. I, Op. 104, D. 8, Bl. 7v, s. Anm. 18 in Nr. 452); „467. Herba Paris Dod. Pempt. ... j. Eadem Trifolia ij. Eadem Quinquefolia.“ (AAW R. I, Op. 105, D. 12, Bl. 22r, s. Anm. 54 in Nr. 17); „882. Herba Paris J. B. III. 613. ... j. Eadem quinquefolia.“ (AAW R. I, Op. 105, D. 1, Bl. 70r, s. Anm. 29 in Nr. 5); „53. Paris folijs quaternis Linn. flor. 155. Herba paris Tourn. Inst. 233.“ (AAW R. I, Op. 13, D. 20, Bl. 6r, s. Anm. 1 in Nr. 1); „301. Herba Paris Dod. Pempt. ... Magis occurrit quinque, sex et octo foliis quam quaternis.“ (AAW R. I, Op. 13, D. 42, Bl. 47r, s. Anm. 1 in Nr. 1); „30. Herba Paris Dod. Pempt. ...“ (AAW R. I, Op. 104, D. 17, Bl. 10v, s. Anm. 36 in Nr. 8); „530. Paris Dod. T.“ (AAW R. I, Op. 104, D. 13, Bl. 4v, s. Anm. 84 in Nr. 29); „Herba Paris (Tournefortii sp. 1), Off.“ (Messerschmidt 1962–1977, Bd. 4, S. 202, s. Anm. 1 in Nr. 1); „CCLIII. Paris T. 233. 117. B. II. 72. вороней глазъ [russ. *voronej glaz*]. 1. Herba Paris J. B. 3. 613. B. n. 1. tetraphylla. Solanum quadrifolium bacciferum C. B. P. 167. 2. Herba Paris pentaphylla. 3. Herba Paris hexaphylla.“ (Bl. 30v in T. Gerber „Flora Moscuensis ...“, s. Anm. 6 in Nr. 55); „Herba Paris Вороньи глаза̣ [russ. *voron'i glaza*] i. e. oculi cornicis“ (G. W. Steller nach T. Gerber: AAW R. I, Op. 81, D. 23, Bl. 6r, s. Anm. 1 in Nr. 1)

91 „Paris foliis ternatis. (Trillium sessile L. ...).“ (C. von Linné in einem Brief an J. G. Gmelin vom 29. Oktober 1750 – Plieninger 1861, S. 102); „Paridem foliis ternis (Trillium sessile L. ... sed neque in Fl. sib. enumeratum neque ex Sibiria notum. Igitur planta Stelleri (non Lerchei) non nisi T. erectum L. cum sessili ex Virginia et Canada noto confusum, huc quadrare videtur.).“ (C. von Linné in einem Brief an J. G. Gmelin vom 3. Mai 1751 – Plieninger 1861, S. 105); „3) Ungestieltes Dreyblatt. Trillium sessile. ... Trillium flore sessili erecto. LINN. Syst. Veg. p. 287. ... Paris foliis ternatis, flore sessili erecto. GRON. uirg. 44. ...“ (Linné 1784, S. 510); „3. TRILLIUM sessile. ... Paris foliis ternatis, flore sesseli erecto. Gron. virg. 44. ... Sitzendes Dreyblatt. W. ...“ (Linné 1797–1830, Bd. II, Teil 1, S. 272); „[Trillium] sessile, flore sessili erecto; dreyblätterichter Nachtschatten, mit vest sizender und aufrechter Blume; ...“ (Gmelin 1777, Sp. 276); „2) Sitzendes Trillium oder Dreiblatt, stielloses Trillium, Trillium sessile, flore sessili erecto. Linn. Spec. plant. Tom. I. p. 484. ... Diese Pflanze hat dreizählige Blätter, breit=ovale gespitzte Blättchen, fest sitzende aufrechte Blumen, purpurrothe Kronenblätter, und kugelrund=niedergedrückte Beeren. ...“ (Krünitz 1773–1858, Bd. 188, S. 95); s. Nr. 261

92 „2. P[aris] obovata (LEDEB. l. c. p. 6 c. icone) foliis quinis (rarius quaternis-octonis) obovato-oblongis v. obovato-ellipticis acuminatis, ... LEDEB. Fl. alt. II, p. 88 in adnot. ... 3. P[aris] hexaphylla (CHAMISSO in Linnaea VI, p. 586) foliis senis oblongis utrinque acuminatis, ... 5. P[aris] incompleta (M. a BIEB. Fl. t. c. I, p. 306; III, p. 287) foliis senis ... P. apetala. HOFFM. ... P. octophylla. HOFFM. ... Demidowia polyphylla. HOFFM. ... Herba Paris orientalis, ... TOURNEF. Cor. p. 17. ...“ (Ledebour 1853, S. 120f.); „757. PARIS incompleta. ... Herba Paris orientalis, ... Tournef. cor. p. 17. ...“ (Marschall von Bieberstein 1808a, S. 306); „757. PARIS incompleta. ... P.

(apetala) foliis octonis, ... Hoffm. ... P. octophylla. Hoffm. ... Demidouia polyphylla. Hoffm. ...“ (Marschall von Bieberstein 1819, S. 287); „(312) 1. Paris hexaphylla Cham. in: Linnaea VI. p. 586. – Ledeb. Fl. ross. IV. p. 120. ...“ (Middendorff 1856, 2. Abtheilung, S. 91)
„531. Paris pentaphylla.“ (AAW R. I, Op. 104, D. 13, Bl. 4v, s. Anm. 84 in Nr. 29); s. Nr. 261

93 vgl. „PARIS. III. Botanik. ... Es sind nur drei Arten dieser Gattung bekannt: ... 2) P. verticillatis Marschall von Bieberstein (P. polyphylla Smith), im östlichen Sibirien ... hat acht quirlfömige Blätter; ...“ (Ersch/Gruber 1839, S. 108f.); „4. P[aris] verticillatis (M. a BIEB. Fl. t. c. IIII, p. 287) foliis octonis ellipticis oblongisve subacuminatis, ...“ (Ledebour 1853, S. 121); „* PARIS (verticillata) foliis octonis, inuolucro flore petaloideo triplo longiore. In P. quadrifolia inuolucrum flore paullo, nec duplo longius est: foliolis minoribus angustioribusque.“ (Marschall von Bieberstein 1819, S. 287); s. Nr. 261

A.4. Klasse 6–11

[/61r/]

CLASSIS VI.
de
HERBIS [et] SUFFRUTICIBUS
flore rosaceo[a].

265[b]	*Amaranthus maximus C. B. P.* 120. *Bli- / tum maximum sive, / semine albo J. B.*[1] *In hortis incolarum / Irkutiae. Amaranthus major*
266[c]	*Portulaca latifolia sive sativa C. B. P.* 288[d].[2] */ In hortis Irkutiae.*
267[e].	*Papaver horti Elthamensis, colore flavo*[3]. */ Circa Irkutiam [et] lacum Baikal. Abun- / de floret Jun[io] Jul[io] Augusto. Huius semi- / na mitto.*
268[f].	*Papaver idem flore albo.*[4] *Prioris varietas / Cum praecedenti.*
269[g]	*Papaver hortense semine albo. Sativum / Dioscor[idis] C. B. P.* 170.[5] *In hortis è Chinen- / si semine.*
270[h].	*Papaver hortense, flore pleno violaceo hort / Reg. Par.*[6] *floret Jul[io] et Aug[usto] in hortis.*
271[i].	*Papaver hortense semine nigro C. B. P.*[7] *Cum / praecedenti.*

/61v/

Florae Irkutjensis[j] *Ordine Inst[itutionum] Rei herb[ariae]*
CLASSIS VI

272[k].	*Papaver cristatum, floribus et semine al- / bum C. B. P.*[8] *In hortis.*
273[l].	*Papaver cristatum floribus ex albo et / rubeo mixtum*[9] *In hortis*

Sequuntur 1 *Alsines species*
petalis integris.
melioris distinctionis ergo sub Arenariae no<->
mine.

274[m].	*Arenaria Hyperici folio. Alsine Hyperici folio / D[omini] D[octoris] Vaillant[ii]*[10] *Ubiq[ue] in pratis et locis gra- / mineis circa Irkutiam et lacum Bai- / kal floret sub initium Junii. Huius / semina mittuntur.*[11]

[a] rosaceo *verbessert aus* [.] [b] 265 *verbessert aus* 4 [c] 266 *verbessert aus* 5 [d] 258 [e] 267 *verbessert aus* 6 [f] 268 *verbessert aus* 7 [g] 269 *verbessert aus* 8 [h] 270 *verbessert aus* 69 [i] 271 *verbessert aus* 0 [j] Irkutjensis *verbessert aus* Irkutensis [k] 272 *verbessert aus* 1 [l] 273 *verbessert aus* 2 [m] 274 *verbessert aus* 2

275[a].	*Arenaria verna strictissimo folio. Alsine / tenuifolia Chabraei.*[12] *Provenit in sylvis / siccioribus et arenosis circa Irkutiam / floret sub finem Maii. Huius vasculum / seminale ovatum, apice tribus apertu- / ris dehiscens. Huius semina mittuntur.*
276[b].	*Arenaria pusilla teretifolia minima, capsu- / la seminali ovata.*[13] *Huius iconem dedi / Tab[ula] ... Inveni d[ie]* 21. *Aug[usti] in rupe al- / tissima ad Bannoi rivi fontes, de qua / egi sub gentiana*[14]. *Radice nititur exi- / gua multum fibrosa, folia ad radicem / prodeunt quam plurima* $^{3}/_{10}$ *pollicis cir- / citer longa, caules emittit singulos* 1½ */ pollicem altos geniculatos teretes, ca- / pillares, foliolis exadverso binis alterno / ordine foliosos Singuli caules singulis*

/62r/

Florae Irkutiensis[c] *Ordine Inst[itutionum] Rei Herb[ariae]*
CLASSIS VI.

	floribus onerantur pentapetalis, regu- / laribus rosaceis. Petala ipsa exigua in- / tegra alba sunt.
277[d].	*Arenaria Laricis folio, major. Alsine Saxa- / tilis Laricis folio major et maiori flo- / re*[e] *T. I. R. H. Auricula muris pul- / chro flore, folio tenuissimo*[15] *jam deflo- / ruerat. Semina huius mittuntur. Pro- / venit in rupibus circa Listwenischnoie / Simowje.*
278[f].	*Arenaria Laricis folio minor. Alsine saxati- / lis Laricis folio minor et minori flore / Tournef. I. R. H.*[16] *Abunde in rupibus Olchon / insulae lacus Baikal. floret Julio. Semen / perficit Augusto exeunte. Huius semina / mittuntur.*
279[g].	*Arenaria verna, fugax, glabra, bifolia. Caryo- / phyllus arvensis umbellatus folio / glabro C. B. P.* 210.[17] *Floret Maio circa / Irkutiam.*
280[h].	*Arenaria arvensis vulgatior. Alsine sper- / gula dicta major C. B. P.* 251.[18] *Circa Ir- / kutiam [et] lacum in arvis floret Julio / et Augusto.*

Alsines species petalis bifidis.

281[i].	*Alsine media C. B. P. Alsine vulgaris sive / Morsus Gallinae J. B. Alsine officina- / rum T. I. R. H.* Мокрица[19] *Russorum*[20]. */ Tumores oedematosos*[j] *parti affectae / superimposita abigit vel repellit certo*

[a] 275 *verbessert aus* 4 [b] 276 *verbessert aus* 5 [c] Irkutiensis *verbessert aus* Irkutensis [d] 277 *verbessert aus* 6 [e] flore *verbessert aus* [.] [f] 78 *verbessert aus* 7 [g] 279 *verbessert aus* 8 [h] 280 *verbessert aus* 79 [i] 281 *verbessert aus* 0 [j] oedematosos *verbessert aus* oed[.]mat[....]

/62v/

Florae Irkutjensis[a] *ordine Inst⌈itutionum⌉ Rei Herb⌈ariae⌉*
CLASSIS VI.

	Russorum experimento. Abunde circa Ir- / kutiam et lacum Baikal.
282[b]	*Alsine Nemorensis foliis strictissimis mul- / tiflora et multicaulis nondum descri- / pta Rupp. flor. Jenens. p⌈agina⌉* 87.[21] *floret / circa finem Maii in sylvis uliginosis / ad pontem sublicium*[22]*, qua itur Ka- / tschegam, ut et Bargusini è regione / fontis calidi. semina huius transmisi*
283[c].	*Alsine verna, glabra, floribus umbellatis / albis T. sp⌈ecies⌉* 12.[23] *floret sub finem Maii / in pratis udis ad Irkutum.*
284[d]	*Alsine pratensis, gramineo folio ampli- / ore* [[*folio*]] *T. I. R. H. Caryophyllus arvensis / glaber, flore majore J. B.*[24] *Ubiq⌈ue⌉ circa Ir- / kutiam in sylvis et dumetis. floret Ma- / jo et Junio.*
285[e]	*Alsine pratensis gramineo folio angustiori. / Tournef. I. R. H. spec⌈ies⌉* 15.[25] *Cum praecedenti / eodem loco et tempore pariq⌈ue⌉ copia floret*
286[f]	*Alsine aquatica media C. B. P.* 251. *Alsine lon- / gifolia uliginosis proveniens locis J. B. /* 3. 365. *Alsine fontana Tabernem. Icon. /* 712.[26] *floret Maio ⌈et⌉ Junio circa Molendi- / nam ad Uschakowkam.*
287[g]	*An Alsine Lini folio Mentz pugil.*[27] *Cum prio- / ri occurrit in palustribus*
288[h]	*An Alsine palustris Serpilli folio Bocc. rar. / plant* 48.[28] *frequens*[i] *ad Uschakowkam floret Junio.*

/63r/

Florae Irkutjensis[j] *Ordine Inst⌈itutionum⌉ Rei Herbariae*
CLASSIS VI.

289[k].	*An Alsine Alpina Serpilli folio, multicaulis / et multiflora Bocc⌈onis⌉?*[29] *Abunde Occurrit / in rupibus ad lacum Baikal. floret Jul⌈io⌉ / et Augusto. semen, quod optimè matu- / rum transmitto maturat sub initi- / um ⌈Septe⌉mbr⌈is⌉. Planta est perpulchra, / fruticuli globosi facie, ramos* 60 *et / plures spargit, flores albi rosacei / petala non nihil bifida, albi coloris / folia bina exadverso bina Alsines me- / diae*[30] *foliis simillima; Capsula semina- / lis ovata terna semper maiuscula / spadicea. semina includens.*
290[l].	*Alsine maxima Solanifolja Mentz Pugill. / Tab⌈ula⌉* 2. *Tourn. I. R. H. sp⌈ecies⌉* 2.[31] *Planta / est cubitalis, caules spargit genjculatos / teretes*

---

[a] Irkutjensis *verbessert aus* Irkutensis [b] 282 *verbessert aus* 1 [c] 283 *verbessert aus* 2 [d] 284 *verbessert aus* 3 [e] 285 *verbessert aus* 4 [f] 286 *verbessert aus* 5 [g] 287 *verbessert aus* 6 [h] 288 *verbessert aus* 7 [i] frequenS *verbessert aus* [.] [j] rkutjensis *verbessert aus* Irkutensis [k] 289 *verbessert aus* 8 [l] 290 *verbessert aus* 89

	leviter, hirsutos, è singulis geni- / culis folia prodeunt exadverso. bina / Solani[32] *folia aemulantia. E superioribus / foliorum alis pediculi eriguntur* 4 *aut /* 5[33] *longi, nudi flores peculiari- / bus denuo uncialibus pediculis fultos / sustinentes. Flos ipse pentapetalus ro- / saceus, petala singula candida, bifida / ad uniuscuiusq[ue] petali unguem duo lo- / cantur stamina alba, apices flavas / sustinentia; Pistillum abit in fructum / seu capsulam ovatam membrana- / ceam, viridem, dimidiam unciam lon-*

/63v/

Florae Irkutjensis ordine Inst[itutionum] Rei Herb[ariae]
CLASSIS VI.

	gam intus multa sat semina foventem, / Superius è capsula eminet pistillum in / sex filamenta divisum. Omnia haec / continentur in calyce pentaphyllo viri- / di, in aliis in eadem planta hexaphyllo.[34]
291[a].	*Alsine altissima nemorum C. B. P.* 250. *T. sp[ecies]* 1.[35] *Planta haec in montosis ad Anga- / ram media via inter Irkutiam [et] Roswod- / naja. Cum Tamnoide*[36] *sub finem Junii in / flore occurrens. florum petalis gaudet / lacteis planè, bifidis, caules* 4 5 *ad* 8 */ ex una radice prodeuntes, teretes, fistulosi, / geniculati, ad singula genicula tres cir- / citer uncias a se invicem distantia, / duo sibi exadverso nullo pediculo ful- / ta eriguntur folia oblonga, lata, glab- / ra, Brassicae*[37] *virore insignia, Lychnidis / Vaccariae Dodon.*[38] *foliis per omnia Si- / millima*[39], *ascendit ad cubitalem imo bi- / cubitalem altitudinem. Huius semina / benè matura mittuntur.*
292[b].	*Alsine montana, latifolia, flore laciniato / C. B. Pin.* 251. *Alsine Hederacea mon- / tana maxima Col. part* 1. 290.[40] *Flo- / ret circa medium Julii in palustribus / inaequalibus locis ad Angaram prope / pagum Kryschenowska; ubi aut in terrae*

/64r/

Florae Irkutjensis[c] *Ordine Inst[itutionum] Rei Herb[ariae]*
CLASSIS VI.

	repit, aut Pentaphylloidi fruticoso Ebo- / racensi[41] *adhaerere solet. Caule nititur admo- / dum fragili, geniculato, hirsuto, folia itidem / hirsuta, pallide viridia, ad cubitalem ple- / rumq[ue] altitudinem assurgere multisq[ue] ra- / mis luxuriare solet. Petala floris lactea, / in*

---

[a] 291 *verbessert aus* 0 [b] 292 *verbessert aus* 1 [c] Irkutjensis *verbessert aus* Irkutensis

	quinque profundas lacinias divisa, ca- / lyci quinquifido innidulantur. Ad singula / petala duo locantur stamina, apicibus / flavicantibus onusta. Pistillum quadrifi- / dum apice, abit in fructum membranace- / um unicapsularem subrotundum. semina / maturantur sub finem Augusti

Sequuntur Alsines species, flore tetrapetalo spergulae dictae

293[a].	*Alsine pusilla graminea flore tetrapetalo T. I. / R. H. Saxifraga Graminea pusilla, flore / parvo tetrapetalo Raii Hist.*[42] *Alsinella mus- / cosa aliis frequens circa Irkutiam et lacum / Baikal. floret Junio Jul[io] in uliginosis.*
294[b].	*Myosotis arvensis subhirsuta, flore maiore*[c] *T. I. R. H.*[43] *Abunde Maio et Junio circa Irkuti- / am in agris floret.*
295[d].	*Myosotis arvensis hirsuta, parvo flore T. / Alsine hirsuta, vasculo corniculato flore / minore, auricula*[44] *muris quorundam flore / parvo, vasculo tenui longo J. B.*[45] *Floret / Irkutiae sub finem Maii. Planta haec / radice nititur tenui, lignosa, alba Chordae quintae*[e46]

/64v/

Florae Irkutjensis[f] *Ordine Inst[itutionum] Rei Herb[ariae]*
CLASSIS VI.

	crassitie, sesqui pollices longa, recta in terram / demissa, caules emittit 2. 4. 5. *tres circiter / uncias altos teretes, pilosos*[g] *rubentes, fo- / liolis oblongis acuminatis hirsutis, pal- / lide viridibus caulemq[ue] amplexantibus bi- / nis sibi semper oppositis vestitos, et ex / alis foliorum alia denuo at minuta e- / grediuntur folia in summitate tres com- / muniter apparent flores, duo absq[ue] pedi- / culo è caule immediate enascuntur, ter- / tius in summitate caulem ipsum termi- / nans, pediculo longiori insidet. Calyx vi- / ridis, quinquifidus, ad fundum fere scis- / sus. Floris petala lactea, bifida, obiter / inspiciente decem facile ob profundam*[h] */ scissuram videntur.*
296[i]	*Myosotis pumila et procumbens glabro brevi, / gramineo folio D[omini] D[octoris] Gmelini. Ind[icis] plant[arum] / Lenens[ium]*[47] *Copiose in*

---

[a] $_{2}$93 *verbessert aus* [.]2 [b] $_{29}$4 *verbessert aus* 3 [c] m$_{aiore}$ *verbessert aus* [.] [d] $_{9}$5 *verbessert aus* 4 [e] $_{q}$u$_{intae}$ *verbessert aus* i [f] $_{Irkut}$j$_{ensis}$ *verbessert aus* $_{Irkutensis}$ [g] $_{pilos}$o$_{s}$ *verbessert aus* [.] [h] rofundan [i] $_{29}$6 *verbessert aus* [.]

	siccioribus gramineis / locis circa Irkutiam et lacum Baikal / obvenit. floret ferme tota aestate. Huius / semina benè matura mitto.
297[a].	*Alsinastrum Kali folio D[omini] D[octoris] Gmelini Ind[icis] Pl[antarum] / Lenens[ium] N[umer]o* 248. *Tab[ula]* 27.[48] *qui huius de- / scriptionem et Iconem dedit. Floret ab- / unde in desertis et collibus circa lacum / Baikal.*

/65r/

Florae Irkutjensis ordine Inst[itutionum] Rej Herb[ariae]
CLASSIS VI.

298[b]	*Alsinanthemos Thalii Trientalis Cordi [et] Ri- / vini. Pyrola Alsines flore Europaea ma- / jor.*[49] *Frequens in sylvis circa Irkutiam / et lacum Baikal. Floret Junio Julio. Plan- / tam hanc huc*[c] *retuli, non quod huc spectet, sed / quod Tournefortius non dum genus quod- / dam ei locum tribuere voluerit. Spectat / enim ad plantas flore regulari rotato / ibiq[ue] inserere obliviscebar.*
299[d].	*Ros solis folio oblongo, perennis Tour. I. R. H. / spec[ies]* 4. *Rorella longifolia perennis Ra- / ii Synops.* 227.[50] *Affatim in uliginosis in- / aequalibus locis iuxta pontem subli- / cium*[51], *qua itur Katschegam.*
300[e].	*Parnassia palustris et vulgaris Tourn. I. R. H. / Gramen Parnassi, albo, simplici flore C. B. P. /* 309.[52] *Abundè in palustribus circa Irkutiam / et lacum Baikal floret Julio et Augus- / to Russis audit* Перелóйна трáва[53] *eo quod / gonorrhoeam*[54] *ea sanari perhibent, quae / illis* Перелóй[55] *audit, nec sinè successu ad- / hibetur benè enim abstergit.*
301[f].	*Kali spinosum foliis longioribus et angustio- / ribus Tournef. I. R. H. spec[ies]* 2. *Tragus spinosus / Mathioli.*[56] *Huius semina mittuntur.*
302[g]	*Geum montanum folio subrotundo amplissimo / flore roseo specioso*[57]. *Planta haec altissimorum montium juga / aeq[ue] / ac tenebricosas angustasq[ue] valles in-*

[a] $_2$97 *verbessert aus* [..] [b] $_{29}$8 *verbessert aus* 7 [c] huc *über der Zeile* [d] $_{29}$9 *verbessert aus* 8 [e] 300 *verbessert aus* 299 [f] $_{30}$1 *verbessert aus* 0 [g] $_{30}$2 *verbessert aus* 1

/65v/

Florae Irkutjensis[a] *Ordine Institutionum Rei Herbariae*
CLASSIS VI.

	habitans ad lacum Baikal quaquaversum ad / Angaram è regione Bretschalowa Simowie / ad Irkutum stadia 50 *ab urbe Irkutia. / Radice nititur pollicem crassa* 3. 4. *pedes / longa sub musco et terra saxis instrata / leviter saltim haerente fibrisq[ue] rarioribus / repente. Radix foris fusca, intus candida, / substantia medullari farcta, odoris nullius, / saporis amarissimi admodum adstringen- / tis. Folia emittit sub initium Mensis Maij / crassa, rigida, parva, subrotunda leviter / ambitu mucronata Pyrolae*[58] *aemula, mul- / tis validisq[ue] fibris a costa oras versus / excurrentibus intertexta, supinè intense / viridia laevigata, veluti splendentia, a / versa parte nonnihil pallidiora, dum / adoleverunt circa initium Julii, sex / digitos absq[ue] pediculo circiter longa, imo / multoties multo longiora,* 5 *cum dimidio, / ubi latissima, lata. Pediculi foliorum ean- / dem fermè semper cum foliis obti- / nent longitudinem; teretes sunt, ad* 1 */ pollicem ab exortu abhinc qua caulem / spectant carinati, extrorsum vero rotun- / di pulchre cum rubore virides et vali- / di, triplicis quovis tempore generis et / aetatis folia deprehenduntur. Novella*

/66r/

Florae Irkutjensis[b] *ordine Institut[ionum] Rei herb[ariae]*
CLASSIS VI.

	primo vere prodeuntia minora, dein / folia à priori anno residua maxi- / ma, crassissima, nec a hyemis rigore / hucdum laesa, solum, quod hinc indè / rubrae maculae instantis morbi et / marcescentiae prodigia appareant; / deniq[ue] superioris anni emarcida, fus- / ca et veluti coriacea folia. sub ini- / tium Maii caulis teres, rotundus / pro aetate plantae 4. 5. 6. *pollices / jmo non raro cubitum altus, suave / rubens, succulentus, in summitate / floribus rosei coloris quam plurimis / speciosissimis onustus. singuli flores / è pediculis rubris* $^{3}/_{10}$ *pollices longis / velut è racemis deorsum pendent, / unumq[ue] latus spectant. Flos ipse ro- / saceus est, calyx integer, superius / quinquies scissus viridis, è floris me- / dio surgit pistillum bicorne flavi- / cans, quod abit in fructum oblon- / gum, bicornem, bicapsularem semi- / na minutissima foventem spadicea, / placentae jmmediatè affixa. Pistil- / lum cingunt*

---

[a] Irkutjensis *verbessert aus* Irkutensis [b] Irkutjensis *verbessert aus* Irkutensis

	stamina decem alba ca- / lycis fundo adnata, totidem apicibus / flavicantibus onusta, infima sua

/66v/

Florae Irkutjensis[a] *Ordine Instit⌈utionum⌉ Rei herb⌈ariae⌉*
CLASSIS VI.

	parte secundum longitudinem stamini- / bus implantatae, flores omnes nutantes / tintinnabuli formam obtinent. folia pri- / mi ⌈et⌉ secundi anni amaricant et mitius mul- / to, radice adstringunt insuper pulchro viro- / re decorantur, emaracida autem superio- / ris aut tertii anni,[b] *colore suo / omni orbata, coriacea, fusca, a*[59] *frigore et / nive mitiora reddita inserviunt. Russis / ad Angaram et circa lacum Baikal ut / et Lenae, Witimi, Selengae Irkuti accolis / loco Theae Sinensis; folia scilicet à ner- / vo seu Costa*[c] *media abrasa*[d] *aheno in / ijciunt, aqua frigida affusa ad ignem po- / nunt et aliquoties ebullire sinunt, deinceps / bibunt; color non tantum The Boy*[60] *colo- / rem exprimit, verum ⌈et⌉ sapore ad vilio- / ris notae Theam accedit, ut propria ex- / perientia edoctus, terrestre tamen quid / piam sapit. Russi valdè commendant / hunc potum alvi profluvio laborantibus*[e]*, / totam plantam ut et potum indè pa- / ratum* Баданъ[61] *nominare solent. Amat / haec*[f] *planta*[g] *imprimis foueas, ahenis ana- / logas, in ipsorum montium jugis crebro / obvias, quas totas quantasquantas*[h] *veluti suas / occupare solet. Semen benè maturum / diversis temporibus ac locis collegi inq⌈ue⌉ / magna copia communico; Nec dubito, si*

/67r/

Florae Irkutjensis[i] *Ordine Inst⌈itutionum⌉ Rei herb⌈ariae⌉*
CLASSIS VI.

	umbroso cuidam loco, simul ac muscoso / humido, infra saxorum frustis strato com- / mittentur, quin non laete germinent. / Icon plantam[62] *sistit magnitudine natu- / rali a.) planta, b.) pistillum. c.) fructus, / d.) semen.) e.) folium emarcidum.*
303[j]	*Geum rotundifolium maius Tournef. Sanicula mon- / tana rotundifolia maior C. B. P. 243. Sa- / nicula montana II. Clus. Hist. 307*[63] *abundè / ad rivulos è montium convallibus elaben- / tibus ac Angaram*

---

[a] Irkutjensis *verbessert aus* Irkutensis [b] *nach* anni, *gestr.* emarcida [c] Costa *verbessert aus* [.] [d] brasa *verbessert aus* o [e] laborantibus *verbessert aus* r [f] haec *verbessert aus* [.] [g] lanta *verbessert aus* [.] [h] uantasquantas *über der Zeile* [i] Irkutjensis *verbessert aus* Irkutensis [j] *verbessert aus* 2

	subeuntibus è regio- / ne hybernaculi Bretschalowo Simowie / dicti ad Telonii domum usq[ue] Nikolskaia / Sastawa dictam, ita et ad omnes tor- / rentes Lacum Baikal et Bargusinum / intrantes abunde, cubitum non raro su- / perare visa est floret Junio Julio se- / men perficit sub finem Julii et circa / initium Aug[usti] Huius bonam copiam / communico.
304[a].	*Geum palustre folio minus circinato, pul- / chre serrato*[64] *floret Junio et Julio è / rupibus madidis ad Angaram. Prove- / nit autem*[65] *ad ripas torrentium et / rivorum citato impetu super saxa*[b] *cur- / rentium circa Nikolskaia sastawa, / [et] Munimentum Bargusinense se- / mina maturat sub finem Julii. Huius*

/67v

Florae Irkutjensis[c] *ordine Inst[itutionum] Rei herb[ariae]*
CLASSIS VI

	bonam copiam mitto.
305[d].	*Geum palustre folio angusto, brevi, pulchre / denticulato flore Guttato. D[ominus] D[octor] Gmel[ini] qui / huius iconem procuravit et descriptio- / nem in indice plant[arum] Lenens[ium] N[umer]o* 313.[66] *hoc / solummodo monere debui me*[e] *illud*[f] */ nunquam in palustribus verum sem- / per in rupibus vel locis elatioribus / invenisse incipit ad hybernaculum List- / wenischnoje simowie dictum*[g] */ et abhinc ad Baikalem in rupibus ad / Bargusinense munimentum usq[ue] fre- / quentissimum floret Junio. semen ma- / turat sub initium Aug[usti] huius seminis / optime maturi bonam misi copiam.*
306[h]	*Geum folio angusto brevi pulchre / denticulato, floribus intra folia sessilibus, / flores solummodo pediculo destituuntur / et intra folia sedent, totaq[ue] planta vix / sesqui-pollices superat, reliquum per om- / nia exactissimè conspirat cum anteceden- / ti. Provenit abundè in siccioribus et / montosis locis circa Bargusinum et / ad Bannoi rivi fontes.*
307[i]	*Geum saxatile, folio angusto brevi pulchre / denticulato, minimum, foliolis sedi / facie in capitulum congestis, haec / non varietas, verum diversa omnino*

[a] 30~~3~~4 *verbessert aus* 3 [b] super saxa *verbessert aus* supersaxa [c] Irkutjensis *verbessert aus* Irkutensis [d] 305 *verbessert aus* 4 [e] *nach* me *gestr.* enim [f] illud *über der Zeile* [g] *nach* dictum *gestr.* incipit [h] 306 *verbessert aus* 5 [i] 307 *verbessert aus* 6

/68r/

Florae Irkutjensis[a] *Ordine Inst⌈itutionum⌉ Rei herb⌈ariae⌉*
CLASSIS VI.

	species est, uti absentia punctulorum seu / guttarum floris, foliorum parvitas- / et sedi[67] *facie in capitulum sphaericum / collectio et tota planta cum Geo pa- / lustri*[68] *comparata satis evincit, adde, / tanquam luculentissimum differentiae / specificae testimonium, ea pari copia / cum praecedentibus occurrere. Crescit ad / fontes Bannoi rivi X stadia à muni- / mento Bargusinensi. floret Junio / Julio. semina maturat circa finem / Aug⌈usti⌉ collegi ea optimè matura, ac / simul mitto.*
308[b]	*Saxifraga rotundifolia alba C. B. P. Saxifra- / ga alba radice granulosa*[69] *J. B.*[70] *In mon- / tosis et rupibus ad Angaram. floret sub / finem Maij*
309[c]	*Hypericum ramosum folio lato, glauco, punctato / nec perforato, caule compresso glabro*[71]*. floret / circa finem Junii in montosis ad Anga- / ram supra urbem Irkutiam Huius se- / men mitto hinc et à prolixa descri- / ptione abstineo.*
310[d]	*Hypericum minus erectum C. B. P. 279. / Hypericum pulchrum Tragi J. B. 3. 383.*[72] */ floret circa finem Junii In montosis sylvis ad Angaram.*
311[e].	*Ascyrum erectum Salicis folio, magno / flore Tournef. I. R. H. sp⌈ecies⌉ 3.*[73] *in sylvis ⌈et⌉ / montibus sylvosis, ut et in pratis syl- / varum*

/68v/

Florae Irkutjensis[f] *ordine Instit⌈utionum⌉ Rei herb⌈ariae⌉*
CLASSIS VI.

	circa Irkutiam et lacum Baikal. flo- / ret circa initium Julii. Semen matu- / rat sub initium Septembris. Huius matu- / ra semina mitto.
312[g]	*Pyrola rotundifolia maior flore suave ru- / bente odoro. Haec planta circa finem / Maii in sylvis circa Irkutiam abundè / florens; diversa omnino ex Clar⌈issimi⌉ D⌈omini⌉ D⌈octoris⌉ / Gmel⌈ini⌉ et mea observatione indicanda / species. floret enim longè maturior quam / Pyrola rotundifolia major C. B. P.*[74] *nec tunc / temporis haec occurrit, sed hac efflorescen- / te illa iam tota defloruit, deindè odor sua- / vis, id persuadet, adde, semina terna majus- / cula, hoc vero ulteriori comprobatione in- / diget, eo quod semen omnimodè maturum / mihi Bargusini commoranti, inspicere ac / penitius examinare non licuit*

---

[a] Irkutjensis *verbessert aus* Irkutensis [b] 308 *verbessert aus* 7 [c] 309 *verbessert aus* 8 [d] 310 *verbessert aus* 09 [e] 311 *verbessert aus* 0 [f] Irkutjensis *verbessert aus* Irkutensis [g] 312 *verbessert aus* 1

313[a].	*Pyrola rotundifolia major C. B.*[75] *frequens in / sylvis. floret circa medium Junii*
314[b]	*Pyrola rotundifolia minor Tournefortio non / descripta,*[76] *florem non vidi. Suspicor an / non forte Pyrola flore viridi C[aroli] Schefferi / et Knauthii*[c] *in enumeratione plantarum / circa Halam Saxonum vel Clus. Hist. / pannon.*[77] *p[agina]* 504. 505.[78]
315[d].	*Pyrola minima vel 4ta Clus. pann. Pyrola / minima H. Eyst. et Rivini Monanthos*[79], */ quam iam priori anno ad Obium ob- / servatam et exsiccatam misi*[80]. *In pa-*

/69r/

Florae Irkutjensis[e] *Ordine Instit[utionum] Rei herb[ariae]*
CLASSIS VI.

	lustribus circa Oiok floret Junio. Haec / et petripoli in sylva ad finem viae / Perspectiu dictae.
316[f]	*Pyrola folio mucronato serrato C. B. P. /* 191. *Pyrola II tenerior Clus. Hist. CXVII.*[81] */ In sylvis circa Irkutiam et lacum Bai- / kal abundè floret circa finem Junij.*
317[g].	*Ledum Rosmarini folio Tabern. Ledum / Silesiacum Clus. Pannon. Rosmari- / num sylvestre Matth[ioli]*[82] *In sylvis circa / Irkutiam et lacum Baikal abundè / floret Junio. Russis audit* Багу́ль- / никъ[83]. *Russi illud aqua infundere, co / quere et ad sanitatem, ut aiunt, bi- / bere solent. Bratti autem [et] Tungusi / illud semper igni adiiciunt in Tugu- / riis, mihiq[ue] affirmarunt, se illud odo- / ris gratia agere, suspicor autem, re- / ligiosi aut superstitiosi quidpiam / subesse, quod forte in posterum rescis- / cam*[h].
318[i].	*Polyfolia Buxbaum Act[orum] Acad[emiae] Scient[iarum] / Petrop[olitanae]*[84] *Abundè in palustribus circa / Irkutiam [et] lacum Baikal.*
319[j].	*Chamaedaphne Buxbaumii*[85]. *Cum praeceden- / ti. Hae tres plantae indissolubili soci- / etatis vinculo semper una occurrunt, / neq[ue] ego propterea eas disgregare vo- / lui, licet ad characterem nunquam / probè attenderim.*
320[k].	*Nymphaea alba maior C. B. P.* 193.[86] *Ab-*

[a] $_{31}$3 *verbessert aus* 2 [b] $_{31}$4 *verbessert aus* 3 [c] Knanthii [d] $_{31}$5 *verbessert aus* 4 [e] $_{Irkut}$j$_{ensis}$ *verbessert aus* $_{Irkutensis}$ [f] $_{31}$6 *verbessert aus* 5 [g] $_{31}$7 *verbessert aus* 6 [h] $_{resciscа}$m *verbessert aus* ri [i] $_{31}$8 *verbessert aus* 7 [j] $_{31}$9 *verbessert aus* 8 [k] $_{3}$20 *verbessert aus* 19

/69v/

Florae Irkutjensis[a] *Ordine Inst⌈itutionum⌉ Rei herb⌈ariae⌉*
CLASSIS VI.

	undè in stagnis ad Angaram et Bargu- / sinum. Floret Junio et Julio.
321[b]	*Nymphaea lutea major C. B. P.* 193.[87] *Cum / praecedenti eodem loco et tempore / in flore occurrit.*
322[c]	*Sedum flores tanquam in clava gerens, lu- / tescens D⌈omini⌉ D⌈octoris⌉ Gmel⌈ini⌉ ind⌈icis⌉ Plant⌈arum⌉ Lenens⌈ium⌉ /* 415[88] *Ubiq⌈ue⌉ in montosis ad Angaram / et ad lacum Baikal floret Jul⌈io⌉. se- / men, quod maturum mitto, absolvit / circa medium ⌈Septe⌉mbr⌈is⌉.*
323[d].	*Sedum flores tanquam in clava gerens, folio / longo ⌈et⌉ angusto. Cum priori occurrit, / et*[89] *Clar⌈issimo⌉ D⌈omino⌉ D⌈octori⌉ Gmelino ambo descri- / ptione et icone illustrata.*[90]
324.	*Sedum montanum humile, folio angusto / non dentato, spica florum simplici lutes- / cente*[91]. *Planta ultra tres aut* 4 *pollices ad / summum raro assurgit, folia angusta, / oblonga, herbide viridia, glabra non den- / tata, in capitulum rarius disposita / caulis foliosus, flores structura, mag- / nitudine et colore cum priori con- / veniunt. Crescit in collibus siccioribus / desertorum circa Woroschilow Sa- / imka* 56 *stadia ab urbe Irkutia / ⌈et⌉ circa Bargusinense munimentum. / floret Augusto.*
325.	*Sedum montanum, humile, folio angusto / non dentato, spica florum multiplici*

/70r/

Florae Irkutjensis[e] *Ordine Inst⌈itutionum⌉ Rei herb⌈ariae⌉*
CLASSIS VI.

	ramosa[92], *cum priori iisdem locis, eodemq⌈ue⌉ / tempore in flore occurrit et convenit, / spica solummodo florum ramosa, val- / de, et*[f] *multiplici*[g] 2 *digitos longa et to- / tidem lata*[[.]] *differt*[h]
326	*Anacampseros vulgo faba crassa J. B. / Telephium vulgare C. B. P.* 287[93] *ad / lacum Baikal Passim occurrit, flore / flavescente.*
327	*Anacampseros purpurea J. B.*[94] *frequens / ad Angaram et lacum Baikal In / montosis aeque ac in pratis.*
328	*Anacampseros flavo flore D⌈omini⌉ D⌈octoris⌉ Gmel⌈ini⌉ / Obs⌈ervationum⌉ in H⌈istoriam⌉ N⌈aturalem⌉*[95] *Abunde ad Anga- / ram et*

[a] Irkutjensis *verbessert aus* Irkutensis [b] 321 *verbessert aus* 0 [c] 322 *verbessert aus* 1 [d] 323 *verbessert aus* 2
[e] Irkutjensis *verbessert aus* Irkutensis [f] et *über der Zeile* [g] multiplici *verbessert aus* ex [h] differt (*in der Handschrift von G. W. Steller) nachträglich eingefügt*

	lacum Baikal. Floret Jul⌈io⌉ / semen, quod benè maturum mitto, / absolvit circa initium Septembr⌈is⌉.
329.	*Ulmaria Clus. Hist. Barba caprae / floribus compactis C. B. P.* 164.[96] *Abundè / in pratis circa Irkutiam et lacum / Baikal. floret circa medium Junij*
330	*Ulmaria sylvarum folio latiori digitato. D⌈omini⌉ D⌈octoris⌉ / Gmel⌈ini⌉ ind⌈icis⌉ Plant⌈arum⌉ Lenens⌈ium⌉*[97] *Ubi videbis ico- / nem et descriptionem. Abundè in sylvis / humidioribus et ad rivos sylvarum circa / Irkutiam et lacum Baikal. Huius se- / men optimè maturum collegi ⌈et⌉ trans- / misi*
331.	*Barba Caprae floribus oblongis C. B. P.* 163.[98] */ In sylvis ad lacum Baikal Passim flo- / ret sub finem Junij*

/70v/

Florae Irkutjensis[a] *ordine Inst⌈itutionum⌉ Rei herb⌈ariae⌉*
CLASSIS VI.

332[b].	*Juncago palustris et vulgaris Tourn. I. R. / H. Gramen Junceum spicatum seu Tri- / glochin C. B. P.*[99] *Abundè in udis pratis / et rarioribus*[100] *sylvis ad Uschakowkam / et lacum Baikal. floret circa medium / Junii*
333.	*Juncago altera D⌈omini⌉ D⌈octoris⌉ Gmel⌈ini⌉ ind⌈icis⌉ Plant⌈arum⌉ Lenens⌈ium⌉*[101] */ Cum priori abunde occurrit. Huius semen / maturum collectum transmitto*
334.	*Geranium Batrachoides Acon<i>ti folio, flore / coeruleo C. B. P. Tour. I. R. H. sp⌈ecies⌉* 1.[102] *folia / huius valde hirsuta. Planta ad cubi- / tum et altior surgit Huius stamina / coerulea sunt.*
335	*Geranium Batrachoides floribus minori- / bus intensius coeruleis Huius floris / stamina lateritii coloris sunt, reliqua / omnia conveniunt.*
336	*Geranium Batrachoides flore albo*[103]*, in omni- / bus cum priori exactè convenit, flo- / rum saltim pediculi magis quam in / priori ruffescunt, flos albus. Inveni / abundè florentem d⌈ie⌉* 5 *Jun⌈ii⌉ circa Piwo- / warichae viduae Saymkam in sylvis*
337	*Geranium Batrachoides flore majore coeru- / leo, folio rugosiori*[104]*. Radice fibrosa ruf- / fescente in montibus ad Angaram / e regione*[c] *pagi Schilkina.*

[a] Irkutjensis *verbessert aus* Irkutensis [b] 332 *verbessert aus* 2 [c] regione *verbessert aus* e

/71r/

Florae Irkutjensis[a] *ordine Inst[itutionum] Rei Herbariae*
CLASSIS VI.

338	*An Geranium latifolium longissima acu. Ge- / ranium Creticum annuum haem[[m]]atodes / Lobelio.*[105] *Abundè in sylvis. floret circa initium Junii. Huius semina mitto.*
339	*An Geranium Columbinum annuum, minus, / folio tenuius laciniato, flore pediculo lon- / gissimo insistente Moris Hist. Ox. p.* 2 / 512. *Geranium columbinum dissectis / foliis, pediculis florum longissimis Raij / Hist.* 1059[106] *In agris et hortorum areis, item / ad radices montium ad Angaram flo- / ret Junio et Julio. Huius semina mit- / tuntur.*
340.	*Geranium columbinum majus vulgatius*[107] */ floris colore admodum variat haec / species.*[108]
341.	*Geranium Cicutae folio inodorum C. B. P.* 319.[109] */ Huius flores parvi, coerulei, pistilli apex / stellatus, rostrum seminis sesquiuncias / longum floret Jun[io] et Jul[io] ad Kudam / amnem, in locis argillaceis, caules ra- / mosos valdè geniculatos purpurascentes, / cubitales et procumbentes in terra spar- / git, spatium unius ulnae occupantes. / Huius semina mittuntur.*
342.	*An Geranium Cicutae folio erectum, Romanum / Bocc. Mus. Part.* 2. 93.[110] *Provenit in desertis / apricis et aridis locis circa Athanasii*

/71v/

Florae Irkutjensis[b] *ordine Inst[itutionum] Rei Herb[ariae]*
CLASSIS VI.

	Dementiew Sajmka[c]. *Huius folia mul- / tum breviora, erecta, pallidius viridia. / Floret Junio.*
343.	*Geranium cicutae folio minus et supinum / C. B. P.* 319.[111] *Ad Kudam amnem qua i- / tur ad Lenam. floret cum praeceden- / tibus*
344	*Geranium Aconiti folio humilius. Huius / flores parvi coerulei, longissimo pe- / diculo insidentes instar Geranii colum- / bini*[112]
345	*Geranium Malvae folio, rotundo flore, pallide / coeruleo*[113], *initio Septembris, cum omnes / Geranij species non solum defloruerant, / sed jam penè semen excusserant. Inveni / hucdum laete florentem in rupe altissi- / ma ad Bargusinense munimentum.*
346	*Geranium Batrachoides Gratia Dei Germa- / norum C. B. P.* 318.[114] *Abunde in flore oc- / currebat in pratis ad radices monti- / um ad*

---

[a] Irkutjensis *verbessert aus* Irkutensis [b] Irkutjensis *verbessert aus* Irkutensis [c] Sajmka *verbessert aus* Sajmkam

	Angaram è regione pagi Schil- / kina circa medium Julij
347	*Thalictrum majus, siliqua angulosa aut / striata C. B. P.*[115] *Ubiq[ue] in sylvis et pra- / tis floret circa finem Junij*
348.	*Thalictrum maius non striatum C. B. P /* 336.[116] *cum praecedenti*
349.	*Thalictrum*[a] *minus C. B. P. Tourn. I. R. / H. sp[ecies]* 16.[117] *floret Julio in montosis ad Angaram*

/72r/

Florae Irkutjensis[b] *Ordine Inst[itutionum] Rei herb[ariae]*
CLASSIS VI.

350.	*Thalictrum minimum foetidissimum C. B. P. /* 337.[118] *floret circa initium Julii in collibus / circa Oiok et in rupibus ad lacum Bai- / kal sylvae instar. Floris*[c] *stamina atro- / rubentia, cerasorum acidorum in mo- / dum folia rugosa ac glutinosa contrita / foetore fere ad geranium robertianum*[119] */ accedunt. Huius semina mittuntur.*
351.	*Thalictrum pusillum aquilegiae folio glauco / rigido. Haec species occurrit in deser- / torum campis, qua itur ad Lenam, flo- / ris*[d] *vestigia nec dum circa initium / Julii apparebant. Repit in terra vel pa- / rum ad*[e] *horizontem erigitur, palmum / nunquam superat, caulis et folia glauca, / forma ad Aquilegiae*[120] *folia accedunt, at / multo teneriora, rigida satis sunt. Prae- / cipue frequens occurrit circa Posolskoi / Monastir Saimka* 50[121] *stadia ab urbe / Irkutia ad viam*
352	*Butomus flore roseo Tourn. I. R. H.*[122] *In pa- / lustribus et stagnis iuxta Bargusinum / fluvium floret Julio.*
353[f].	*Helleborus niger Ranunculi folio flore / globoso maiore Tourn. I. R. H. Ranuncu- / lus montanus Aconiti folio, flore globoso / C. B. P.* 182. *Trollius J. B.*[123] *tota prata occu- / pat circa Irkutiam revera hae<c> distincta*

/72v/

Florae Irkutjensis[g] *Ordine Inst[itutionum] Rei Herbariae*
CLASSIS VI.

	species est, ab ea, quae in Russia et Ger- / mania crescit, Huius floris color scilicet / aurantius seu aureus, germanicus[h] *lu- / teus, Ranunculi more, quo vero hoc me- / lius innotescat. semina benè matura / misi in horto serenda. floret circa ini- / tium Junij*

---

[a] Thalictrum *verbessert aus* [.] [b] Irkutjensis *verbessert aus* Irkutensis [c] Floris *verbessert aus* f [d] floris *verbessert aus* e [e] ac [f] 353 *verbessert aus* 2 [g] Irkutjensis *verbessert aus* Irkutensis [h] germanicus *verbessert aus* leus

354.	*Helleborus niger Ranunculi folio, flore glo- / boso minore.*[124] *Varietas solummodo nec pro / diversa specie habenda, ut Tournefortius / censet. si hoc aliquid ad rem faceret vel /* 30 *species ex una eademq[ue] planta effin- / gere, quis facile posset. Occurrebat mi- / hi flore valdè pleno iterum petalis / laciniatis, rursum humilis, flore intra fo- / lia sessili constantior*[a] *est sequens va- / rietas*
355.	*Helleborus niger Ranunculi folio tenuius / laciniato flore globoso maiore*[125]. *Ad rivos / sylvarum densarum opacarumq[ue]. Hu- / ius semina mitto. Occurrebat ad lacum / Baikal et Bargusini Aug[usti] sub finem, / sed et haec forte varietas, solum quod cul- / tura seminum innotescet.*
356.	*Veratrum flore subviridi Tourn. I. R. H. sp[ecies] /* 1. *Helleborus albus flore subviridi C. / B. P.* 186.[126] *Abundè per omnem sibi- / riam in pratis ad Irkutum et An- / garam circa lacum frequens huius*

/73r/

Florae Irkutjensis[b] *Ordine Instit[utionum] Rei Herb[ariae]*
CLASSIS VI.

	semina mittuntur
357.	*Veratrum flore atro-rubente Tourn. I. R. / H. sp[ecies]* 2. *Helleborus albus flore atro- / rubente*[c] *C. B. P.* 186.[127] *Montosa magis / amat loca. Ambo florent circa Jni / tium*[d] *mensis Julii. Huius folia lon- / giora, acutiora et rariora*[e] *in*[f] *cau- / le sunt*[g], *ad helleborinen*[128] *magis acce- / dentia. Huius semina mittuntur. Rus- / sis audit* Чемерúца[129] *pari moto ac praecedens*[130]
358.	*Populago flore majore Tourn. I. R. H. Cal- / tha palustris flore simplici C. B. P.*[131] *Ni- / hil frequentius Majo et Junio ad flu- / viorum et stagnorum ripas circa Ir- / kutiam.*
359.	*Populago flore minore varietas Tourn.* 2.[132] *ad / Uschakowkam fere haec sola occurrit. / floret cum priori.*
360.	*Populago fumariae foliis Clar[issimi] D[omini] D[octoris] Gmel[ini]*[133] */ et haec planta satis abundè luxuriat / circa Irkutiam ferè ubiq[ue] locorum / tam in campis quam in hortis bis imo / in anno è semine circa finem Junii / mature elapso renascitur et floret, / uti Bargusini observaram. Huius se- / mina mittuntur.*
361.	*Thalictrioides glutinosum foetidissimum*

[a] constantior *verbessert aus* [..] [b] Irkutjensis *verbessert aus* Irkutensis [c] atrorubente *verbessert aus* [.] [d] nitium *verbessert aus* julia [e] *nach* rariora *gestr.* j[..] [f] n *über der Zeile* [g] caule sunt *verbessert aus* caulesunt

/73v/

Florae Irkutjensis[a] *ordine Instit⌈utionum⌉ Rei herb⌈ariae⌉*
CLASSIS VI.

	amplissimis foliis Ind⌈icis⌉ Plant⌈arum⌉ Lenens⌈ium⌉ D⌈omini⌉ / D⌈octoris⌉ Gmelini N⌈umer⌉o 426. *Tab⌈ula⌉ LXVI.*[134] *Abunde / circa Irkutiam et lacum Baikal floret / initio Julii. semen perficit sub finem Aug⌈usti⌉ / Huius semina matura mittuntur*
362.	*Paeonia foliis lobatis flore dilutè purpureo D⌈omini⌉ / D⌈octoris⌉ Gmelini index Pl⌈antarum⌉ Len⌈ensium⌉ N⌈umer⌉o* 429[135] *Abunde ad / Angaram in montosis e regione Bretschalow / simowie floret Junio. semina maturat sub / initium Augusti. huius semina mittuntur. / Russis* Марьино коре́нье[136] *solent eam spiritui / simplici frumento iniicere, ne hyemè è loco / in lacum trahis transportatus congelet et / a frigore corrumpatur.*
363.	*Anemone sylvestris alba major C. B. P. Anemo- / ne alba magna, plurima parte anni florens / J. B. Anemone Sylvestris Clus.*[137] *Abundè circa Ir- / kutiam et lacum Baikal. Floret circa finem / Maij. Huius semina papposa transmitto. Huius / flos plerumque est pentapetalus, interdum et / pluribus ludit. Petala supine candida, sub- / tus ad caulis insertionem nonnihil rubentia / hirsuta, quodammodo, stamina flava, radix / foris spadicea, intus alba. semen lanugine / Gossypii*[138] *instar lanuginosum. Hinc Borometz / Chirurgorum*[139]*, cum jam Sophiam chirurgorum*[b][140] */ habeamus.*
364.	*An Anemone foliosa flore albo H. R. Par. Anemo- / ne multiflora D⌈omini⌉ D⌈octoris⌉ Gmelini*[141]*. Huius flores inter- / dum coeruleis lineis variegantur, pediculis*

/74r/

Florae Irkutjensis[c] *ordine Inst⌈itutionum⌉ Rei Herb⌈ariae⌉*
CLASSIS VI.

	dimidium pollicem longis et longioribus saepe / insident, ad quorum exortum è summo cau- / le folium, Geranii Batrachoidis[142] *folio simile / caulem cingit, caulis teres, calami anserini / crassitie, viridis, pilis hirtus, intus fistu- / losus abunde in montosis circa Irkutiam / et lacum Baikal. Huius semina, mittuntur*[d]

---

[a] IrkutJensis *verbessert aus* Irkutensis [b] chirurgOrum *verbessert aus* a [c] IrkutJensis *verbessert aus* Irkutensis [d] mittuntur *verbessert aus* [...]

365	*Anemone multiflora humilis serotina. Haec / planta in flore observata d[ie]* 21 *Aug[usti] in sum- / mo rupis vertice X stadia a Bargusinen- / si munimento. folia huius tenui et pulch- / rius laciniata sunt quam in praecedente / neq[ue] ultra dimidium pedem facile assur- / gere visa. semina* 8 *d[ie] [Septe]mbr[is] collecta mit- / tuntur, ex quibus satis apparebit, num re- / vera distincta species aut ob loci natalis / solummodo in conditum faciem varietas / sit.*
366.	*Anemonoides flore majore Dillenii nov[i] gen[eris] / Anemone nemorosa flore majore C. B. P. /* 176.[143] *Huius semina non sunt papposa. Floret / sub finem Maii in pratis et sylvis humidi- / oribus circa Irkutiam. Huius semina prio- / ri anno missa sunt.*
367.	*Pulsatilla folio crassiore et majore flore C. B. P. /* 177[144] *Abundè floret in montibus ad An- / garam è regione pagi Schilkina circa / initium Maii huius semina mittuntur.*

/74v/

Florae Irkutjensis[a] *Ordine Inst[itutionum] Rei Herb[ariae]*
CLASSIS VI.

368.	*Pulsatilla folio Anemones secundae sive sub- / rotundo C. B. P.* 177.[145] *Huius flos flavus / occurrit cum priori Irkutenses vocant / Tulipanem*[146] *et indè credo rumor Tulipas*[147] */ in sibiria crescere. floret cum praeceden- / ti et ubivis locorum circa Irkutiam, / Eius semina mittuntur. Varietates / huius sunt*
369.	*Pulsatilla eadem flore albo*[148]
370.	*Pulsatilla eadem flore coerulescente*[149]
371.	*Pulsatilla eadem flore rubente leviter*[150]
372.	*Pulsatilla Apii folio autumnalis C. / B. P.*[151] *Si haec, quam mitto, illa / species est melius vocaretur Pul- / satilla aconiti folio, quippe ad huius / folia propius*[b] *multo accedunt. floret / Julio et Aug[usto] flos intus flavescens, / extus obsolete violaceus. Radix mag- / na, foris spadicea intus alba, folia / satis*[152] *rigida,*
373.	*Pulsatilla Dauci folio flore coerulescente, / florentem una saltem vice inveni, in / semine autem frequenter occurrebat / in siccioribus locis, quaquaversum / circa lacum Baikal à Buguldeichae / fluvii ostio, item Bargusinii. Huius / semina mittuntur. folia exacte Dau- / ci sativi*[153] *folia referunt, solummodo / molliora sunt.*

---

[a] Irkutjensis *verbessert aus* Irkutensis [b] propius *verbessert aus* e

/75r/

Florae Irkutjensis[a] *ordine Inst⌈itutionum⌉ Rei herb⌈ariae⌉*
CLASSIS VI.

374.	*Ranunculus phragmites albus, vernus*[154], *Occur- / rebat sub finem Maii in sylvis circa / Bretschalowo simowie et in via, qua / itur a Nikolskaia sastawa ad hyber- / naculum Listwenischnoje Simowie / at mihi omnino*[b] *diversa species vi- / detur. florum petala enim angustiora / breviora, ochroleuca magis, quam alba / sunt, ut vel siccam intuenti plantam / patebit.*
375.	*Ranunculus palustris folio sagittato ma- / ximo T. I. R. H. Sagitta aquatica major / C. B. P.* 194.[155] *In palustribus cis Angaram / media via inter urbem ⌈et⌉ Wosnesense*[c] */ monasterium. Ubiq⌈ue⌉ in palustribus ut / et circa lacum Baikal. floret circa / finem Junij*
376.	*Ranunculus palustris folio sagittato minori / Tour. I. R. H. Sagitta aquatica minor la- / tifolia C. B. P.*[156] *Cum praecedenti*
377.	*Ranunculus palustris folio sagittato angus- / tiori T. I. R. H. Sagitta aquatica minor / angustifolia C. B. P.*[157] *Inter arundines*[158] */ et Cyperoidis*[d] *gramina*[159] *ad Uschakowkam / e regione Piwowarichae viduae Saym- / kam ut et in stagnis ad Bargusinum / fluvium.*
378.	*Ranunculus Asari folio flore albo. Ra-*

/75v/

florae Irkutjensis[e] *Ordine Inst⌈itutionum⌉ Rei herb⌈ariae⌉.*
CLASSIS VI.

	nunculus populaginis folio fl⌈ore⌉ albo D⌈omini⌉ D⌈octoris⌉ / Gmel⌈ini⌉ Obs⌈ervationum in⌉ H⌈istoriam⌉ N⌈aturalem⌉[160] *qui*[f] *eam*[g] *icone / illustravit. Copiose satis occurrit in / stagnis ad Uschakowkam. Huius semi- / na benè matura mitto.*
379.	*Ranunculus nemorosus vel sylvaticus folio / rotundo C. B. P. spec⌈ies⌉* 14. *Tourn. I. R. H. / Ranunculus auricomus Clus⌈ii⌉*[?] *dulcis Tra- / gi Lobel. Icon.* 669.[161] *floret sub initium / Maii Ubiq⌈ue⌉ in pratis praesertim ad U- / schakowkam folia inferiora populaginis*[162] */ sunt, integra subrotunda, ea, quae in cau / le gallii*[163] *in modum tenuiter divisa.*
380.	*Ranunculus Myrrhidis foliis Hellebori nigri / radice*[164]. *floret circa medium ad finem / Maii in montosis locis ad Irkutum / et Kaiae fluvii*[h] *Ostium*[i] *in Irkutum, / item è regione Medwedew Saymka*[j]: */ Quoniam D⌈ominus⌉ D⌈octor⌉ Gmelin plantam deli- / neandam dedit absq⌈ue⌉*

---

[a] Irkutjensis *verbessert aus* Irkutensis [b] omnino *verbessert aus* [.] [c] osnesense *verbessert aus* koi [d] Cyperoidis *verbessert aus* e [e] Irkutjensis *verbessert aus* Irkutensis [f] *nach* qui *gestr.* et [g] eam *verbessert aus* i [h] fluvii *verbessert aus* [.] [i] Ostium *verbessert aus* [..] [j] Saymka *verbessert aus* saymkae

	flore, una cum / flore quo fiat curavi et semina in- / simul matura mitto. Huc refer, quo / priori anno de differentia a Ra- / nunculo foeniculaceis foliis Hellebori / nigri radice monuj[165]
381.	*Ranunculus vernus rotundifolius major / T. I. R. H. Chelidonia rotundifolia ma- / jor C. B. P.*[166] *In humidioribus locis ad Anga- / ram et Irkutum floret circa medium / Maij*

/76r/

Florae Irkutjensis[a] *Ordine Inst⌈itutionum⌉ Rei herb⌈ariae⌉*
CLASSIS VI.

382.	*Ranunculus vernus rotundifolius minor / Tourn. I. R. H. spec⌈ies⌉* 20 *Scrophularia / minor sive Chelidonium minus vulgo / dictum J. B.*[167] *ubiq⌈ue⌉ circa Irkutium / floret Mense*[168] *Maio*
383.	*Ranunculus Hederae folio palustris pu- / sillus fl⌈ore⌉ luteo. An Ranunculus ar- / vensis parvus, folio trifido. Ranun- / culus minimus, apulus*[b] *columnae*[169] */ floret sub finem Maii in sicciori- / bus et palustribus locis ad Anga- / ram. Huius semina mittuntur.*[170]
384.	*Ranunculus plantaginis folio, foliis par- / tim integris, partim apice bifido*[c] *vel / trifido*[d][171]*, Licet divisura foliorum cum / antecedenti quodammodo conveniat, / diversa tamen species est, eo quod / folia quadruplo vel quintuplo majora / semper erecta, ut et flores multo ma- / jores et caulis dimidio pede altior / plerumq⌈ue⌉ sit. Inveniuntur etiam mul- / ta exemplaria, in quibus folia omnia / integra nec apice divisa sunt. Prove- / nit in deserto Kunkurkinensi* 30 */ stadia a Bargusinensi munimento / ad lacum salsum. Huius semina mit- / tuntur.*

/76v/

Florae Irkutjensis[e] *Ordine Inst⌈itutionum⌉ Rei herbariae*
CLASSIS VI.

385.	*Ranunculus arvensis, echinatus C. B. P. Ra- / nunculus aruorum Lobelii*[172]*. Passim circa / Irkutiam et lacum Baikal. floret sub / initium Junii*
386.	*Ranunculus pratensis, erectus, dulcis C. / B. P. Ranunculus dulcis Tabern. sive / Batrachium salutiferum*[173] *floret Majo / ⌈et⌉ Junio circa Irkutiam et lacum Baikal.*
387.	*Ranunculus palustris Apii folio C. B. P.*[174] *folia / sunt apii*[175]*, caules*

[a] Irkutjensis *verbessert aus* Irkutensis [b] apulus *verbessert aus* o [c] bifido *verbessert aus* is [d] trifido *verbessert aus* [..] [e] rkutjensis *verbessert aus* Irkutensis

	intus fistulosi, radices / numerosissimae albae, teretes, sub terra / in orbem sparsae. floret Maio, Junio Jul⌈io⌉ / ubivis in palustribus circa Irkutiam / ⌈et⌉ lacum Baikal.
388.	*Ranunculus pratensis, erectus, acris C. B. P.*[176] */ Radices huius dodrantales, albae, caules*[a] */ exterius hirsuti intus fistulosi, folia / in tres*[b] *amplas et rigidas la- / cinias divisa; singulae divisurae in / tres denuo minores laciniatae. frequens / circa Irkutiam et lacum Baikal*
389.	*Ranunculus montanus folio Aconiti / magno flore C. B. P. Ranunculus mag- / nus valdè hirsutus flore luteo J. B.*[177] */ floret in montosis ad Angaram sub / finem Maij*
390.	*Ranunculus aquaticus capillaceus C. B. P. /* 180[178] *In palustribus ad Angaram flo- / ret Junio.*

/77r/

Florae Irkutjensis[c] *Ordine Instit⌈utionum⌉ Rei Herb⌈ariae⌉*
CLASSIS VI.

391[d]	*Ranunculus aquaticus folio rotundo et ca- / pillaceo C. B. P.* 180. *Ranunculus aquati- / lis albus tenuifolius J. B.*[179] *Cum praecedenti / ad Uschakowkam et circa Bolschaia Ros- / wodnaja in stagnis.*
392.	*Ranunculus aquatilis albus, fluitans, Peu- / cedani foliis H. Lugd. Bat.*[180] *In stagnis ad / Angaram. floret Junio.*
393.	*Ranunculus ad singula genicula radices a- / gens Buxb.*[181] *totas cespites tegit. Ad An- / garam frequens, ubivis per Russiam et / Sibiriam. floret Junio Julio.*
394[e].	*Ranunculus pratensis, repens hirsutus C. / B. P. Ranunculus repens flore luteo / simplici J. B. Ranunculus pratensis / reptante cauliculo Lob.*[182] *In hortis et / arvis. floret Julio.*
395.	*Ranunculus longifolius palustris maior C. B. P. / Lingua Plinii J. B.*[183] *Inter Cyperoides*[184] *ad U- / schakowkam* 12 *stadia ab urbe Irkutia, / quae loca hic locorum minus recta So- / lonzi*[185] *vocant spectant illa loca ad / Boriss Dementiew.*
396	*Clematitis sive flammula repens C. B. P.*[186] */ ubivis in sylvis circa Irkutiam et lacum / Baikal. Huius semina mittuntur flo- / ret Junio Julio.*
397[f].	*Caryophyllata vulgaris C. B. P.*[187] *Ubiq⌈ue⌉ circa Irkutia / ⌈et⌉ lacum Baikal floret Iunio et Julio.*

---

[a] caules *verbessert aus* [..] [b] *nach* tres *gestr.* angustas [c] Irkutjensis *verbessert aus* Irkutensis [d] 391 *verbessert aus* [.] [e] 94 *verbessert aus* 2. [f] 397 *verbessert aus* 0.

/77v/

Florae Irkutjensis[a] *ordine Inst⌈itutionum⌉ Rei herb⌈ariae⌉*
CLASSIS VI.

398.	*Caryophyllata montana Chamaedryos*[b] *folio / longiori, viscosa. An Caryophyllata Alpi- / na Chamaedryos folio Mor. Hist. Ox. Part. / 2 432. Chamaedrys Alpina Cisti flore / C. B. P.* 248[188] *vide D⌈omini⌉ D⌈octoris⌉ Gmel⌈ini⌉ ind⌈icem⌉ Pl⌈antarum⌉ Len⌈ensium⌉ et Tab⌈ulam⌉*[189] *Deprehendi in flore et semine / simul in saxis praeruptis ad Angae fluvii / ostium in lacum Baikal, praecipue ad hu- / ius litus dextrum, hic non possum, non*[c] *quin / naturae compendium mirabundus laudem; / quippe quod in praeruptarum Petrarum / ascensu periculoso et molesto Botano- / philo sudorem abundè fluentem plan- / tis diversissimae aetatis oblatis largi- / ter compensat. Non raro sed frequenter / accidebat, ut, dum ad radices monti- / um semina plantarum Maio ⌈et⌉ Junio / florentium colligerem summe matura / floris videndi desiderio flagrans, ve- / luti parum recreatus, summa iuga ⌈et⌉ / vertices rupium peterem, ibiq⌈ue⌉ plantas / laetissime florentes hucdum invenirem / quae inferius iam pene flore et semine / absoluto contabuerant. Ita et succulen- / tae plantae ad radices rupium maiores / ascensu successive minores in ipso autem*

/78r/

Florae Irkutjensis ordine Instit⌈utionum⌉ Rej Herb⌈ariae⌉
CLASSIS VI.

	cacumine veluti diversae species essent, / pusillae apparent. Aridiores[d] *contra. / Plantae scenam hanc perversam ludunt, / inq⌈ue⌉ locis*[e] *celsissimis ad triplam saepe / altitudinem assurgunt; Hinc et diversae / magnitudinis plantarum semina collecta / mitto, ac in posterum scire aveo*[f] *an*[g] */ in hortis sata. Lusus hi cessent vel con- / tinuent, ex quo de differentia specie- / rum in majores et minores in posterum / tutius suffragium ferri poterit. Ita ⌈et⌉ / quod*[h] *mireris hoc est plantas in Italia, / Sicilia, Hispania in alpibus et montosis / locis crescentes hic locorum in pratis, ut / Violarum Alpinarum species collegi*[i] *et / vice versa, ex quo patet quam impro- / prie nominibus plantarum loci na- / talis conditio adjungitur, quae potius / ad descriptionem plantae spectat, ac / Botanophilo saepius plantam revera / eandem dubiam reddere solet.*

---

[a] Irkutjensis *verbessert aus* Irkutensis [b] Chamadryos *verbessert aus* i [c] non *über der Zeile* [d] Aridiores *verbessert aus* [.] [e] ocis *verbessert aus* at [f] *nach* aveo *gestr.* etiam [g] an *rechts von der Zeile* [h] quad [i] collegi *verbessert aus* i

399.	*Caryophyllata eadem flore albo, humilior / folio longiori*[190] *Occurrebat d[ie]* 21. *Aug[usti] / in summa rupium vertice* 10 *stadia / à munimento Bargusinensi, de qui- / bus vide sub Gentiana*[191]. *Huius semina / separatim mitto, mihi ob loci conditio- / nem raram rara solummodo diversitas / videtur.*

/78v/

Florae Irkutjensis[a] *ordine Instit[utionum] Rei Herb[ariae]*
CLASSIS VI.

400.	*Fragaria vulgaris C. B. P. Fragaria ferens / fraga rubra J. B.*[192] *Copiosa circa Ir- / kutiam et lacum Baikal. floret cir- / ca medium Maij, fructum maturat / circa initium Julii Russis* Землянúца[193].
401.	*Fragaria fructu albo C. B. P. fragaria ferens / fraga alba J. B.*[194] *Russis* Глубнúца[195]. *Cum / praecedenti [et] in hortis sed rarior.*
402.	*Fragaria flore luteo C. B. P.* 327.[196] *Abundè / floret Majo, Junio [et] Julio circa Ir- / kutiam, lacum Baikal et munimentum / Bargusinense. semen maturat circa Ini- / tium Jul[ii]*
403	*Fragaria sterilis sylvestris sericea seu jn- / cana Mor. Hist. Oxon. Part.* 2 *p[agina]* 187. / *Fragariae affinis sericea, incana C. / B. P.* 327. *Tournefortii I. R. H. spec[ies] /* 15.[b197] *Totos cespites occupat. In campis / planis desertorum, qua itur ad Le- / nam, circa Irkutiam, lacum Baikal / Bargusini floret à Julio ad initium*[198] */ Septembris.*
404.	*Fragaria hirsuta procumbens, folio subtus argen- / teo, flore luteo*[199] *Radice nititur foris rubente / fibrosa, folia supinè herbide virent, cum levi hir- / sutie subtus incana alba sunt. flos luteus major / quam in fragaria vulgari*[200]. *Huius iconem fieri curavi / plantam magnitudine naturali satis bene expri- / mentem floret Julio [et] Aug[usto] in sylva caedua*[201] */ circa Bargusinense munimentum.*

/79r/

Florae Irkutjensis[c] *ordine Inst[itutionum] Rei Herb[ariae]*
CLASSIS VI.

405.	*Fragaria palustris erecta, folio utrinq[ue] vi- / ridi, flore minori luteo*[202]. *Occurrit in / palustribus circa munimentum Bar- / gusinense, planta est dodrantalis ere- / cta, valdè ramosa, parvi fruticuli / specie folia ad caulem singula fraga- / riae flore luteo C. B. P.*[203] *foliis simillі- / ma, at*

---

[a] Irkutjensis *verbessert aus* Irkutensis [b] 8. [c] Irkutjensis *verbessert aus* Irkutensis

	angustiora multum. floret / Jul[io] Semina maturat sub finem Aug[usti] / Huius semina collecta mitto. forte / Fragariae flore luteo C. B. P.[204] *solum- / modo varietas est.*
406.	*Fragaria rupium humilis et procumbens folio glab- / ro, viridi, apice bis vel ter diviso, flore / minuto luteo*[205]. *Planta haec intra valles / celsissimarum praeruptarum perpe- / tuaq[ue] nive rigentium rupium mense / ut è maturo semine colligo junio flo- / rens. Radice nititur intra saxa spar- / sim delitescente, multum fibrosa, cirrosa, / tenui, foris nigricante palmum longa. Ad / horizontem super saxa spargit caules* 10 */ imo* 20 *pro annositate plantae procum- / bentes, foliosos, folia terna, pediculo semper / unum*[206] *aut sesquipollices ut plurimum longo / insident, ita ut duo coniugata tertium intra / haec trifolii*[207] *aut fragariae*[208] *more ipsum pediculum / terminet. Singula folia dimidium circiter polli- / cem longa, cordata, pulchre viridia et venosa*

/79v/

Florae Irkutjensis[a] *Ordine Instit[utionum] Rei Herb[ariae]*
CLASSIS VI.

	utrinq[ue] glabra, ad oras solummodo pilis exiguis / hirsuta, apice serrato seu ter diviso. flores pe- / diculis pollicem unum aut ad summum duos / longis erecti, fasciculatim intra foliorum / exortus delitescentes minuti sunt, lutei, unam / solummodo quartam pollicis in diametro / unà cum calyce latis rosacei, pentapetalo / Petala singula calycis Pentaphylli[209] *fo- / liolis expansis minora et ita disposita / ut singula duo inter calycis folia locen- / tur. Stamina numero quinque pusilla / viridia, apicibus luteis minutis renifor- / mibus onusta, ad petalorum ungues loca- / ta, flore emarcido, calyx denuo contra- / ctus, semina nuda in capitulum collecta / ad plenariam maturitatem usq[ue] servat / semina sub medium et finem Aug[usti] / matura evadunt, fusca sunt et ex / rotundo ovata. Haec optimè matura / communico, ut plantae Icon Petripo- / li fieri possit.*
407	*An fragaria sterilis alpina caulescens*[b] */ H. R. P. Fragaria pentaphylli fructu / M. H. R. Bles. Pentaphylloides fraga- / ria<e> folio Bot. Monsp.*[210] *Planta haec ex / altissimis et sterilibus rupibus enas- / cens d[ie]* 21 *Aug[usti] defloruerat et jam / tota sicca et emarcida erat. Radice nititur foris spadicea, intus alba lig- / nosa*

---

[a] Irkutjensis *verbessert aus* Irkutensis [b] caulescens *verbessert aus* eru

/80r/

Florae Irkutjensis[a] *ordine Inst[itutionum] Rei Herb[ariae]*
CLASSIS VI

	calamum anserinum crassa, curvata, mul- / tum intra saxorum fissuras haerente. Ju- / niores plantae, folia longis pediculis insi- / stentia, statim ad horizontem emittunt / erecta; annosiores contra plantae caule / surgunt sicco superioris et prioris anni / pediculorum fragmentis undiq[ue] confertim / stipato folia profert satis multa, pedi- / culis longis erecta fragariae primae / spec[iei] T. I. R. H.[211] *forma [et] magnitudine / per omnia simillima, exceptis oris argu- / tius serratis nec obtusis et quod aver- / sa parte prorsus incana et argentea / sint. Tota planta emarcida rubet; ea / autem rubedo infusione aquae perit / aquam*[b] *tingit, planta autem nativo / virore praedita ex hoc balneo emergit / ut in siccis exemplaribus aliquibus vi- / dere est semen huius plantae benè ma- / turum collegi et transmisi.*
408	*Quinquefolium maius repens C. B. P.* 325 / *Pentaphyllum sive quinquefolium*[c] *vul- / gare repens J. B.*[212] *Crescit in montosis locis / circa Irkutiam. Floret circa medium Junii / Planta saepius cubitum longa in terra repit / caulis geniculatus ruber e geniculis* 1. 2. 3. 4. / *uncias ase in vicem distantibus. folia emittit*

/80v/

Florae Irkutiensis Ordine Instit[utionum] Rei Herb[ariae]
CLASSIS VI.

	Quinquefolii herbide viridia, glabra, ad pe- / diculum usq[ue] incisa et in 5 *segmenta di- / visa, pediculis tenuibus insistentia, floris / pediculi partim unciam unam partim du- / as longi pariter cum foliorum pediculis / ex uno geniculo prodeunt. Flores sustinent / pentapetalos rosaceos luteos. Mihi dubium / obortum non leve, an haec illa planta?, / nova potius species videtur, quod ob i- / conum jnopiam aliis diiudicandam re- / linquo*
409.	*Pentaphylloides rectum, fruticosum Eboracense*[213] / *Mor. Hist. Oxon. Part.* 2 193. *Pentaphylloi- / des fruticosum Raii Cat. Plant. Angl.*[214] *Ab- / unde circa Irkutiam et lacum Baikal / tam in siccioribus, quam palustribus flo- / ret Junio, Julio Augusto, imo flores et se- / mina matura Augusto semper in una ea- / demq[ue] planta occurrunt*[d], *quare Tournefortius / non fruticibus accenseat hanc plantam / non video, et vel*

---

[a] Irkutjensis *verbessert aus* Irkutensis [b] aquam *verbessert aus* e [c] quinquefolium *verbessert aus* [.] [d] occurrunt *verbessert aus* a

	ex hoc patet monente Ra- / io male in methodo adcurata. Frutices a / plantis et suffruticibus sejungi quod limites / nulli[a] *evidentes adsint semen huius benè / maturum mittitur.*
410.	*Pentaphylloides argenteum alatum seu Po- / tentilla Tour. I. R. H.*[215] *Ubivis copiose circa Ir- / kutiam et lacum Baikal floret circa me-*

/81r/

Florae[b] *Irkutiensis Ordine Instit⌈utionum⌉ Rei Herb⌈ariae⌉*
CLASSIS VI

	dium Junij.
411.	*Pentaphylloides palustre rubrum Tourn. I. R. / H.*[216] *frequens circa Irkutiam et lacum / Baikal. floret Junio et Julio*
412.	*Pentaphylloides erectum J. B. Quinquefoli- / um fragiferum C. B. P.*[217] *Passim circa Irku- / tiam et lacum Baikal. floret sub initium / Junii.*
413.	*Pentaphylloides orientale supinum, foliis alatis / bifidis vel trifidis Cor. I. R. H.*[218] *Nihil frequen- / tius circa Irkutiam et lacum Baikal / floret sub finem Maii ad medium Aug⌈usti⌉ / Huius semina mittuntur.*
414	*Pentaphylloides supinum*[219] *Passim circa / Irkutiam et lacum Baikal Tour⌈nefortii⌉ sp⌈ecies⌉* 2.
415	*Pentaphylloides erectum flore minori sulphu- / reo in rupibus insulae Olchon*[c] *jam deflo- / ruerat. semen* 10 *⌈Septe⌉mbr⌈is⌉ collectum mittit⌈ur⌉.*
416	*Pentaphylloides supinum Pimpinellae folio / et facie differt a Tournefortii erecto Pim- / pinellae folio et facie*[220], *quod semper humi- / fusa occurrat, nunquam erecta. Flos lu- / teus est et perparvus. Huius iconem fi- / eri curavi Plantam naturali magnitudi- / ne exprimentem*[d] *a.) Planta, b.) flos. / c.) / calyx. d. semen ita et semina bene ma- / tura mitto. Floret Bargusini Jun⌈io⌉ Jul⌈io⌉*

/81v/

Florae Irkutiensis ordine Inst⌈itutionum⌉ Rei Herb⌈ariae⌉
CLASSIS VI

	semina perficit sub finem Augusti
417	*Pentaphylloides humifusum Potentillae / facie, folio subtus hirsuto. Plantam / hanc absq⌈ue⌉ flore et semine inveni d⌈ie⌉ / 6. sept⌈embris⌉ ad fluvium Bargusinum.*
418.	*Pentaphylloides erectum, hirsutum et incanum / Potentillae folio*[221].

[a] nulli *verbessert aus* [.] [b] Florae *verbessert aus* es [c] Olchon *verbessert aus* c [d] exprimentem *verbessert aus* [....]

	Inveni hanc plantam / d⌈ie⌉ 10 *⌈Septe⌉mbr⌈is⌉ in rupibus insulae Olchon / lacus Baikal. Planta est perennis, radi- / ce nititur calamum anserinum, crassa, / foris spadicea intus alba ad duos tresve / pollices in saxorum fissuras demissa / folia emittit* 8 10 *pediculis* 12 *unciam / longis hirsutis valdè fulta. folia quat- / uor imo quinque coniugationibus / pinnata, uno foliolo summum. terminan- / te pediculum Potentillae analoga*[222], *vil- / losa valde et hirsuta, aversa parte alba / lanugine densa obsita; intra folia è co- / rona*[a] *radicis emittit caules* 2. 3. 4. *spa- / diceos, parcius hirsutos teretes genicula- / tos, ad singula genicula folium unum pe- / diculo* ½ *pollicem longo erigitur inferio- / ribus è radice prodeuntibus, minus in*[b] */ sum⌈m⌉itate caulium* 6. 7. 8 *digitos longo- / rum flores proveniunt, quos videre / non licuit; Calyci monphyllo et mul- / tifido hirsuto insidentes. semen absolvit*

/82r/

Florae Irkutiensis Ordine Inst⌈itutionum⌉ Rei Herb⌈ariae⌉
CLASSIS VI.

	circa finem Aug⌈usti⌉ semina benè matu- / ra collegi et communico.
419.	*Pentaphylloides an Quinquefolium folio / argenteo C. B. P.* 325. *Pentaphyllum / rectum foliis profundè sectis subtus / argenteis flore luteo J. B.*[223] *frequens / circa Irkutiam et lacum Baikal flo- / ret sub finem Junii. Huius semina mit- / tuntur mihi differe*[c] *videtur a quinq⌈ue⌉folio / folio argenteo*
420	*Pentaphylloides an Quinquefolium monta- / num, erectum, hirsutum luteum C. / B. P.*[224] *Passim circa Irkutiam et lacum / Baikal. folia huius, Pentaphylloidis ma- / gis sunt, quam Quinquefolii, ut inspi- / cienti patebit.*
421.	*Pentaphylloides tenuifolium flore par- / vo purpurascente*[225]. *Planta haec per- / ennis in montosis, asperis, apricis et / lapidosis ad Angaram et circa lacum / Baikal sub finem Junii florens. Radi- / ce nititur palmari, imo pro aetate plan- / tae saepe vix duas uncias excedente / jnodora, lignosa, perparum fibrosa / calami anserini, in iunioribus Colum- / bini crassitie, foris Anchusae*[226] *instar / rubra, chartam madefacta attritu / inficiente, recta interram demissa*

---

[a] $_{coro}$na *verbessert aus* [.] [b] i$_{n}$ *verbessert aus* s̤ [c] $_{d}$i$_{ffere}$ *verbessert aus* e

/82v/

Florae Irkutiensis Ordine Inst⌈itutionum⌉ Rei herb⌈ariae⌉
CLASSIS VI.

	primo statim vere, circa coronam radi- / cis folia prodeunt in orbem sparsa, terrae / arcte incumbentia. Circa medium Maii e / medio[a] *foliorum caulem emit- / tit teretem ramosum, sordide viridem / pilis hirtum, è quo rami hinc inde /* 3 *ad* 15 *ad summum enascuntur, e quibus / circa finem Junii pediculi e foliorum / alis prodeunt unciam unam duos imo / tres interdum longi floribus onusti* 1. / 2. 3. 4. *quorum medius primum efflores- / cere plerumq⌈ue⌉ solet, reliqui huic absque / pediculo pentaphyllorum*[227] *more subjun- / guntur tardius multo florentes. Flos / pentapetalos rosaceus parvus, leviter / purpurascens, calyx pelviformis, pilosus / monophyllus supernè quinquifidus, è / fundo calycis iuxta petalorum ungues / totidem, stamina viridia, minuta, api- / cibus flavis onusta eriguntur, inq⌈ue⌉ / horum medio pistillum, quod abit in / fructum ferè globosum, in quo multa / semina in capitulum colliguntur calyce / obvolutum. Tota planta admodum / foliosa, folia ipsa nullo ordine denso*

/83r/

Florae Irkutiensis ordine Inst⌈itutionum⌉ Rei herb⌈ariae⌉
CLASSIS VI.

	agmine è caule et ramis prodeunt, nul- / lo pediculo verum costa media solum- / modo fulta; quae inferius ad radicem / longiora et latiora, versus flores au- / tem breviora ⌈et⌉ angustiora sunt sor- / dide viridia et iuxta costam hirsuta / folia avulsa, Abrotani[228] *folia tenerita- / te et divisuris referunt. Singula in* 5 */ maiora segmenta dividuntur, quorum / duo inferiora, latiora, duo, quae sequun- / tur tantillum breviora, quintum deniq⌈ue⌉ / costam folii claudit. singula folii / segmenta majora, denuo in tria fin- / duntur minora, lateralia*[b] *in duo, sum- / mum vero trifidum imo quadrifidum / saepè occurrit. Semen huius plantae / benè maturum mitto, mihi potius / Quinquefolii*[229] *species esse videtur, una / cum sequentibus.*
422	*Pentaphylloides tenuifolium flore par- / vo albo*[230] *circa munimentum Bargu- / sinense. Haec species sola occurrit, / nunquam vero flore purpurascente / hinc omnino species diversa censen- / da. Huius semina mitto.*
423.	*Pentaphylloides tenuifolium, flore pur- / purascente ampliori.*[231] *Haec planta quo-*

[a] *nach* medio *gestr.* è medio [b] latera$_{l}$i$_{a}$ *verbessert aus* $_{latera}$r$_{i}$[.]

/83v/

Florae Irkutiensis ordine Inst[itutionum] Rei herb[ariae]
CLASSIS VI.

	modum[232] crescendi, tempus florendi, fo- / liorum[a] formam omnino coincidit cum / praecedenti, flores autem laetiori / purpurascente rubente colore insig- / niuntur et quadruplo maiores sunt / Crescit ad[b] sinum lacus Baikal Pesch- / tschana Guba dictum et abhinc ad Bar- / gusini fluvii ostium in lacum usq[ue][c] floret / Julio semina maturat sub initium / Aug[usti] eaq[ue] benè matura mittuntur / Icon deinceps Petripoli fieri po- / terit.
424	*Pentaphylloides saxatile humillimum / flore purpurascente[233]. Planta haec in ru- / pibus ad Angae fluvii ostium integras / petras occupans. Radice nititur lignosa / duas tresve uncias longa foris spadicea / intus alba ad coronam radicis folia con- / fertim denso agmine locantur, caules / e foliorum medio surgentes vix unciam / unam excedunt, flores quantum in sic- / ca planta perspicere potui, leviter / purpurascunt. semina huius plantae ma- / tura mittuntur.*
425.	*Pentaphylloides saxatile elatius foliosum flore / flavicante intra folia sessili[234], plantam hanc / in rupibus* 8 *stadia a Listwenischnoje Simowie / sub finem Julii collegi caules undiq[ue] foliosi / sunt, flores vero flavicantes. Huius semina / collecta mitto*

/84r/

Florae Irkutiensis ordine Inst[itutionum] Rei herb[ariae]
CLASSIS VI.

426	*An Christophoriana Americana, racemosa, baccis / rubris longo pediculo insidentibus Sarracen[i][235] / Crescit in montosis ad Angaram et la- / cum Baikal. Huius semina collecta mitto.*
427	*Circaea minima Col. Part.* 2. 80. *Solanifolia / Circaea Alpina C. B. P.* 168.[236] *Ubiq[ue] in udis / sylvis et ad arborum caudices putridas / floret Junio, Julio Augusto.*
428	*Agrimonia officin[arum] T. I. R. H. Agrimonia / seu Eupatorium J. B.* 2. 398.[237] *Floret abunde[d] / circa[e] Irkutiam et lacum Baikal / circa medium Julii ad medium Aug[usti]*
429.	*Chamnaerion latifolium vulgare Tour. I. R. H. / Lysimachia chamnaerion dicta latifolia. C. B. P.* 245.[238] *Nihil frequentius circa Ir /*

---

[a] foliorum *verbessert aus* [.] [b] ad *verbessert aus* [..] [c] usq) *über der Zeile* [d] abunde *hinter der Zeile*
[e] *vor* circa *gestr.* undè

	kutiam et lacum Baikal floret Junio / ⌈et⌉ Julio.
430.	*Chamnaerion latifolium vulgare flore albo / Tour. I. R. H. spec⌈ies⌉ 2.*[239] *Rarissimè occurrit / cum praecedenti*
431	*An Chamnaerion siculum, glabrum maius / et nitidum Amygdali folio T. I. R. H. / Lysimachia pulchra Amygdali folio / nitido, rubente caule, flore magno pur- / pureo H. Cathol.*[240] *Abundè in arenosis ad / lacum Baikal. Huius semina mittuntur.*
432.	*Chamnaerion palustre folio saligno molli / ⌈et⌉ angusto T. I. R. H.* [?][241] *In sylvis humidis / circa Irkutiam et lacum Baikal*

/84v/

Florae Irkutiensis Ordine Inst⌈itutionum⌉ Rei herb⌈ariae⌉
CLASSIS VI.

433.	*Chamnaerion palustre, hirsutum, parvo flore / Lysimachia siliquosa, hirsuta, parvo / flore C. B. P.*[242] *cum praecedenti.*
434	*Smilax unifolia humillima Tour. I. R. H. / spec⌈ies⌉ 4. Unifolium Dod. Pempt. 205. Li- / lium Convallium minus C. B. P. 304.*[243] *flo- / ret circa finem Maii ubivis in sylvis ad / Angaram.*
435[a].	*Smilax seu unifolium foliis oblongis Ind⌈icis⌉ / Plant⌈arum⌉ Len⌈ensium⌉ D⌈omini⌉ D⌈octoris⌉ Gmel⌈ini⌉*[244] *floret circa ini- / tium Junij in udis circa Piwowarichae*[b] *Saymka*[c] *et officinam*[d] *Spiritus fru- / menti, qua itur ad Kudam* 13 *stadia ab / urbe Irkutia.* |: *ambo mihi asphodeli*[245] */ species vident⌈ur⌉* :|[e]
436.	*Smilax seu unifolium foliis oblongis latio- / ribus*[246]. *floret circa initium Junii, florem / non vidi, nec fructus hucdum maturus / erat Initio Julii circa Woroschilow Saym- / ka*[f] 52 *stadia ab urbe Irkutia iuxta / aggerem piscinae ad Molendinam.*
437	*Tribuloides vulgare aquis innascens Tour. I. R. / H. Tribulus aquaticus C. B. P.*[247] *in fluvio Bar- / gusino.*
438	*Oxycoccus sive Vaccinia palustris J. B.* 1. 227. */ Vitis idaea palustris C. B. P.* 471.[248] *floret Junio. / fructum maturat ⌈Septe⌉mbri Russis audit* Клюква[249]. */ Provenit, at rarior in vicinia circa Irku- / tiam, frequentior circa lacum Baikal. / Bargusini et in superiori regione Irkuti.*

[1] „[species 1] Amaranthus maximus C. B. Pin. 120. Blitum maximum sive Amaranthus major, semine albo J. B. 2. 968. Amaranthus major, floribus obsoleti coloris Dod. Pempt. 185.“ (Tournefort 1700, S. 234, Genus I. „Amaranthus. Amarante.“); „Amaranthus maximus C. B. P. 120. ...

[a] 43$_5$ *verbessert aus* [..] [b] $_{\text{Pi}}$W$_{\text{owarichae}}$ *verbessert aus* [.] [c] $_{\text{aymka}}$ *verbessert aus* $_{\text{Saymka}}$m [d] $_{\text{officina}}$m *verbessert aus* ram [e] ambomihi asphodeli / species vident$_{)}$ *links marginal* [f] $_{\text{Saymka}}$ *verbessert aus* $_{\text{Saymka}}$m

Germ. Fuchs=Schwantz, ..." (Rupp 1726, S. 96); „1. Die erste Sammet=Bluhme: Amarantus maximus, C. B. P. 120. ..." (Zwinger 1744, S. 557); „1. AMARANTHUS racemis cylindraceis pendulis longissimis. Amaranthus maximus. Bauh. pin. 120. ... Blitum maximum, sive Amaranthus major, semine albo. Bauh. hist. 2. p. 968. ..." (Linné 1737, S. 443); „22) Fuchsschwanz. Amaranthus caudatus. ... Amaranthus racemis pentandris decompositis cylindricis pendulis longissimis. LINN. Syst. Veg. p. 714. ... Amaranthus maximus. C. BAUH. pin. 120. ..." (Linné 1783, S. 206f.); „33. AMARANTHUS caudatus. ... A. racemis pentandris decompositis cylindricis pendulis longissimis. Hort. cliff. 443. ... A. maximus. Bauh. pin. 120. ... Geschwänzter Amaranth. W. ..." (Linné 1797–1830, Bd. IV, Teil 1, S. 393); „906. Amarantus. Linn. (partim). ... 1. A. caudatus (LINN. Sp. p. 1406) ... WILLD. Spec. pl. IV, p. 393. ..." (Ledebour 1846–1851, S. 855f.); „Amaranthus caudatus, ... Fuchsschwanz, Amaranth, dessen Blumen fünf Staubfäden haben, und in zweymal zusammengesezte, walzenförmige, abwärtshangende sehr lange Kämme vereinigt sind; Amarantenbaum; ... einige der ältern Aerzte haben sich desselben ... als eines anziehenden Mittels innerlich bedient; er heißt bey ... C. Bauhin: Amaranthus maximus; ..." (Gmelin 1772a, S. 386f.); „1076. Amaranthus caudatus Lin. sp. 22. Am Uralfluß um Uralskoi Gorodok, wo ihn die Kasaken der Grütze wegen im Gärten haben, aus welchen er in die Steppe gekommen zu seyn scheint und sich in derselben erhält." (Falk 1786, S. 255); „Fuchsschwanz (Amaranthus caudatus L.) den man hier [d. h. im Trans*bajkal*gebiet] Hirse (Prossa) nennet, haben viele in den Gärten und nutzen ihn als Grützwerk." (Georgi 1775, S. 442); russ. *prosa* bzw. *proso* – Hirse (*Slovar'* 1995, S. 209); „4. AMARANTHUS caudatus ... Fuchsschwanz=Amaranth. Fuchsschwanz. ..." (Georgi 1797–1802, Theil 3, S. 1298); „AMARANTHUS. ... teutsch, Amaranth, Sammetblum. ... Dieses Gewächs befeuchtet, erfrischet, heilet zusammen, dienet das Blut zu stillen, oder dessen Verlust zu hemmen, wann es abgekochet und gebrauchet wird. ..." (Lémery 1721, Sp. 43); Amaranthus – russ. *barchatnik*, *petušij grebešok*, *krasa* bzw. *krasota* (*Annenkov* 1858, S. 14, Nr. 70); Blitum – russ. *žminda*, *borovnik* bzw. *brosova trava* (a. a. O., S. 23, Nr. 197); „Amarāntus L. (Amarantaceae). Von ἀμαραντος (unverwelklich) und diess zus. aus ά und μαραινειν (welken), d. h. ein Gewächs, welches beim Trocknen sein frisches Ansehen nicht verliert. Man schreibt auch wohl AMARANTHUS ..." (Wittstein 1852, S. 34f.)

„Amaranthus. maximus paniculis longioribus rubentibus." (AAW R. I, Op. 68, D. 2, Bl. 2v, s. Anm. 62 in Nr. 22); „587. Amaranthus max. paniculis longioribus, gratioliribus surrectis rubentibus B. n. 4." (AAW R. I, Op. 104, D. 13, Bl. 5v, s. Anm. 84 in Nr. 29); „779. Amaranthus racemis cylindraceis pendulis longissimis. Linn. h. Cliff. 443. Amaranthus maximus. Bauh. Pin. 120." (AAW R. I, Op. 13, D. 20, Bl. 71v, s. Anm. 1 in Nr. 1); „1. Amaranthus maximus. C. B. P. 120." mit der rechts marginalen Anm. „Callmuuor Reg." (AAW R. I, Op. 13, D. 16, Bl. 12v, s. Anm. 32 in Nr. 6); „2. Amaranthus maximus semine rubello, qui granis rubris. P. Ciecae C. B. P. 121." mit der rechts marginalen Anm. „Samara" (a. a. O., Bl. 12v); „779. Amaranthes der ... 784. Tschang-hong. Sin. Amaranth." (AAW R. I, Op. 15, D. 3, Bl. 15r, s. Anm. 65 in Nr. 24); „827. Kouang-long-ki-Kouan, Sin. Amarantq" (a. a. O., Bl. 15v)

2 „[species 1] Portulaca latifolia, sive sativa C. B. Pin. 288. Portulaca hortensis, latifolia J. B. 3. 678. Portulaca sativa Dod. Pempt. 661." (Tournefort 1700, S. 236, Genus II. „Portulaca. Pourpier."); „Portulac. ... 2. Portulaca latifolia seu sativa/ Garten=Portulac, die grüne ... In der Artzeney wird zwar der Saame als kalt und trucken wider den Durchlauff gebrauchet/ in der Küche aber nur die Blätter und Stengel ... wird auch absonderlich wider den Scharbock und wider die Spul=Würme gerühmet ..." (Marperger 1716, S. 932f.); „Portulaca latifolia, sive sativa C. B. P. 288. ... Portulack, Burtzel." (Rupp 1726, S. 95); „1. PORTULACA foliis cuneiformibus sessilibus, floribus sessilibus. Portulaca angustifolia sive sylvestris. Bauh. pin. 288. ... α Portulaca latifolia seu sativa. Bauh. pin. 288. ... Portulaca domestica. Lob. hist. 210. ..." (Linné 1737, S. 207); „1) Kohlportulak. Portulaca oleracea. ... Portulaca foliis cuneiformibus, floribus sessilibus. LINN. Syst. veg. p. 370. ... Portulaca angustifolia sylvestris et latifolia sativa. C. BAUH. pin. 288. Portulaca domestica. LOB. Icon. 388. Diese Pflanze, welche auch Burzelkraut genannt wird, ... In der Arzneykunst ist sie als ein kühlendes und linderndes Mittel innerlich in

verschiedenen von Schärfe herrührenden Krankheiten der Brust und Harnwege, und im hitzigen Schaarbock, äusserlich aber wider gebrannte Schäden dienlich." (Linné 1781, S. 8f.); „1. PORTULACA oleracea. ... P. foliis cuneiformibus verticillatis sessilibus, floribus sessilibus. Hort. cliff. 207. P. angustifolia sylvestris. Bauh. pin. 288. ... β. Portulaca latifolia sativa. Bauh. pin. 288. ... Gemeiner Portulac. W. ..." (Linné 1797–1830, Bd. II, Teil 2, S. 859f.); „312. Portulaca. TOURNEF. ... 1. P. oleracea (L. SP. 638) ... M. a BIEB. Fl. t. c. I, p. 365. ... P. olitoria. PALL. It. III, p. 594. ..." (Ledebour 1844–1846, S. 145f.); „[Portulaca] oleracea, ... Kolportulak, mit keilförmigen Blättern, und vest aufsizenden Blumen: Portulak; Burzel; kleines Burzelkraut; ... Seine Blätter ... sind daher sowol unter der angezeigten Gestalt, als in ihrem ausgepreßten Safte in Erhitzungen, in dem Blutspeyen, in dem Scharbok, in zerschiedenen Arten des Blutflusses, in dem Gries und andern Fehlern der Harnwege, auch wider die Würmer empfolen worden; ..." (Gmelin 1775, Sp. 347ff.); „898. PORTULACA oleracea. P. foliis cuneiformibus, floribus sessilibus. Linn. ed. Willd. 2. p. 859. ..." (Marschall von Bieberstein 1808a, S. 365); „Hier und fast in allen Gurkengärten an der untern Wolga ist Portulaca olitoria längst den Wasserrajolen das gemeinste Unkraut. Man findet sie auch in einigen Regenklüften des Wolga=ufers wild. Sie ist bey den Russen wenig, destomehr aber unter den astrachanischen Armenianern in Grünsuppen gebräuchlich. ..." (Pallas 1778, S. 594); „... beobachtete ich ... eben diejenigen Kräuter, die ein salzigter, mit Naphta vermischter Erdboden in Persien gemeiniglich hervorzubringen pfleget, als nämlich: ... Portulaca oleracea, welche von den Persern Cholfa genannt, und so wie von den Europäern in Speisen gekocht gegessen wird. ..." (Gmelin 1784, S. 161f.); „543. Portulaca oleracea. Lin. Syst. Pl. II. p. 423. sp. 1. ... Portulak. Ruß. Schrucha. Tat. Kara Ot und Semosat. Kalm. Assun Obison. ..." (Falk 1786, S. 183f.); „1. PORTULACA oleracea L., ... Gemeiner Portulak. R. Portulak [russ. *portulak*], auch Truza. ..." (Georgi 1797–1802, Theil 3, S. 990); „Porzelkraut, Burzelkraut, Portulak, Borzel, Borzelkraut, Sauwurzel, Burzel, Purzel, Borgel, Grensel, Butzenaugen, fette Henne, Bleykraut; Porcelley, Borzelein; Lateinisch Portulaca, ... Es giebet zwey Arten ... Die erste wird genennet Portulaca officin. ... Portulaca latifolia, seu sativa, C. B. Pit. Tournef. ..." (Zedler 1732–1750, Bd. 28, Sp. 1676ff.); „PORTULACA. ... teutsch, Portulac/ Burtzelkraut ... Portulaca kommt von portula, Pförtlein, kleines Thor: weil einige Gleichheit der Gestalt zwischen diesem Kraute und einem kleinen Thore will befunden werden. ..." (Lémery 1721, Sp. 910f.)

„1. Portulaca latifolia s. sativa. C. B. P. 288." (AAW R. I, Op. 13, D. 16, Bl. 12v, s. Anm. 32 in Nr. 6)

3 „PAPAVER ERRATICUM NUDICAULE, FLORE FLAVO ODORATO T. CCXXIV. P. 291: ..." und die Abbildung „Papaver erraticum nudicaule, flore flavis, odorato." nach S. 302 (Dillenius 1732, S. 302); „4) Naktstenglichter Mohn. Papaver nudicaule. ... Papaver capsulis hispidis; caule unifloro, nudo, hispido; foliis simplicibus, pinnato-sinuatis. LINN. Syst. veg. p. 407. ... Papaver erraticum, nudicaule, flore flavo odorato. DILL. Elth. 202. [sic!] t. 224. f. 291. ... Papaver erraticum, luteo flore, capite oblongo hispido. AMM. Ruth. 61. n. 81. ... Diese Art ist in Sibirien zu Hause; ... Sie hat ebenfalls wohlriechende, bald weisse, bald gelbe Blumen; ..." (Linné 1781, S. 198); „4. PAPAVER nudicaule. P. capsulis hispidis, ... Hort. cliff. 136. Gmel. sib. 4. p. 180. ... P. erraticum, nudicaule flore flavo odorato. Dill. elth. 202. t. 224. f. 291. P. erraticum, luteo flore, ... Amm. ruth. 61. n. 81. ... Nacktstieliger Mohn. W. ... Variat flore albo. ..." (Linné 1797–1830, Bd. II, Teil 2, S. 1145f.); „1) PAPAVER NUDICAULE. Linn. ... Papaver capsulis hispidis, ... Gmel. Fl. sib. IV. p. 180. No. 8. Papaver erraticum, luteo flore, ... Messerschm. in Amman. ruth. p. 61. No. 81. ... Cel. Gmel. pro synonymo adduxit etiam Amm. ruth. No. 32 [sic!]; de quo an jure fit dubitamus; audit nempe phrasis characteristica: ‚capite oblongo laevi.' " (Ledebour 1830, S. 270); „37. Papaver L. ... 1. P. alpinum (L. SP. 725) ... α. nudicaule: ... PALL. It. ... III, p. 265. ... LEDEB. Fl. alt. II, p. 270. ... P. capsulis hispidis, ... GMEL. Fl. sib. IV, p. 180. Nro. 8. P. erraticum, luteo flore, MESSERSCHM. in AMMAN. ruth. p. 61. Nro. 81. ... Var. flor. albis! ... P. erraticum, luteo flore, ... MESSERSCHM. in AMMAN. ruth. p. 63. Nro. 82. ... γ. croceum: ... P. nudicaule. PALL. It. III, p. 33. ... 237. ..." (Ledebour 1842, S. 86f.); „Papaver nudicaule, ... Mon mit nakendem Schafte, dessen Blumenschaft ohne Blätter, aber dicht mit Borsten besezt ist,

und nur eine Blume trägt, und dessen Blätter einfach und gefiedert ausgehölt sind; ... seine Blumen sind gelb und wohlriechend; ... Er heißt bey Ammann: Papaver erraticum, luteo flore, capite oblongo hispido; und bey Dillen: Papaver erraticum nudicaule, flore flavo odorato." (Gmelin 1774, Sp. 776f.); „8. PAPAVER capsulis hispidis, scapo nudo vnifloro, hispido, foliis simplicibus pinnato sinuatis, LIN. vps. 136. Sp. pl. 1. p. 726. n. 4. Papauer alpinum saxatile, coriandri folio I. R. H. Ind. Transb. Papauer erraticum, pyrenaicum flore flauo, B. pin. ibid. Papauer nudicaule, hirsutum, flore sulphureo, Ind. Irc. 459. Papauer H. Elth. t. 224. f. 291. Ind. Len. 350. Papauer erraticum luteo flore, capite oblongo, hispido et laevi, MESS. AMM. Ruth. 81. 82. Papauer flore luteo, aureo, folio spicae indicae gratissimi odoris, in primis vespera, et papauer flore luteo pallido, vt et papauer flore luteo obscuro, EPH. NAT. CVR. Vol. III. p. 355. n. 7. 8. 9. ..." (Gmelin 1747–1769, Bd. IV, S. 180f.), nahezu identisch auf Bl. 75v in: AAW R. I, Op. 104, D. 14 – s. Anm. 32 in Nr. 6; „8. Papaver capsulis hispidis, scapo nudo unifloro hispido, foliis simplicibus pinnato-sinuatis [=] Papaver nudicaule L.!" (Ledebour 1841, S. 131); „81. PAPAUER erraticum, luteo flore, capite oblongo, hispido Messerschm. Xen. Isid. Sibir. ... 82. PAPAVER erraticum, luteo flore, capite oblongo, laeui Messerschm. ..." (Amman 1739, S. 61ff.); „3. PAPAVER nudicaule L., ... Nacktstänglichter Mohn. ... Die weißblühende Abart ist selten und mir nie vorgekommen. Der gewöhnliche Großblümige ist ein Schmuck ihrer einförmigen Steppenflächen." (Georgi 1797–1802, Theil 3, S. 1042); „Der Wald [in einem Teil des Trans*bajkal*-gebiets] war voll wilden Mohn (Pap. nudicaule) der lauter weisse und sehr grosse Blumen, mit einem gelben Stern zeigte." (Pallas 1778, S. 265); „Am häufigsten war [beim Fluß *Onon*] der wilde Alpen=Mohn, der hier durch alle Farbenmischungen, von der weissen und bleichgelben bis zur oraniengelben spielt." (a. a. O., S. 237); „Papāver T. (Papaveraceae). Von papa (Kinderbrei), weil man ehedem den Saft der Pflanze den Speisen der Kinder beimischte, um sie einzuschläfern; die letzte Sylbe ist vielleicht das abgekürzte verum, d. h. ächtes, untrügliches Schlafmittel (!!)." (Wittstein 1852, S. 656)

„459. Papaver nudicaule hirsutum, flore sulphureo. ..." (AAW R. I, Op. 105, D. 12, Bl. 21v, s. Anm. 54 in Nr. 17); „350. Papaver cuius icon & descriptio prostant in horto Eltham. J. Idem aurantio colore ij. Idem albo colore. ..." (AAW R. I, Op. 13, D. 42, Bl. 63r, s. Anm. 1 in Nr. 1); „1. Papaver nudicaule, floribus luteis. Ing sou sinis." mit der rechts marginalen Anm. „Peking." (AAW R. I, Op. 13, D. 16, Bl. 12v, s. Anm. 32 in Nr. 6); „51. Papaver erraticum, luteo flore, capite oblongo, laevi Amm. 82." (AAW R. I, Op. 105, D. 16, Bl. 1v, s. Anm. 5 in Nr. 4); „161.) Papaver Horti Elthamensis ..." (AAW R. I, Op. 104, D. 25, Bl. 14r, s. Anm. 61 in Nr. 21); „34. Papaver, cuius icon et descriptio prostant in horto Eltham." (AAW R. I, Op. 14, D. 8, Bl. 1v), s. Anm. 98 in Nr. 39)

4 „2. Papaver nudicaule, floribus albis." mit der rechts marginalen Anm. „Lena fl." (AAW R. I, Op. 13, D. 16, Bl. 12v, s. Anm. 32 in Nr. 6); „162) Papaver horti Elthamensis flore albo. ..." (AAW R. I, Op. 104, D. 25, Bl. 14r, s. Anm. 61 in Nr. 21); „164) Papaver horti Elthamensis flore albo petalorum unque citrino. ..." (a. a. O., Bl. 14r); „* Papaver alpinum saxatile Coriandri folio. I. R. H. ..." (AAW R. I, Op. 105, D. 2, Bl. 5v, s. Anm. 54 in Nr. 17); „169„ d. [24. Junius 1724] 3„ Sem. Papaveris erratici, luteo flore, capite oblongo hispido, an T. Sp. 39." (AAW F. 98, Op. 1, D. 23, Bl. 5v; s. Anm. 49 in Nr. 653); „10. Papaver" (AAW F. 3, Op. 1, D. 797, Bl. 114v, s. Anm. 89 in Nr. 111); „815. Ing-sou. Sin. Papav." (AAW R. I, Op. 15, D. 3, Bl. 15v, s. Anm. 65 in Nr. 24); s. Nr. 267

5 „[species 1] Papaver hortense, semine albo, sativum Dioscoridis, album Plinio C. B. Pin. 170. Papaver album J. B. 3. 390. Papaver album, sativum Lob. Icon. 272." (Tournefort 1700, S. 237, Genus I. „Papaver. Pavot."); „Papaver hortense, semine albo, sativum Diosc. album Plinio. C. B. P. 170. ... Germ. Mohnen, Mag=Saamen, Mohn." (Rupp 1726, S. 55); „1. PAPAVER foliis simplicibus glabris incisis. ... α Papaver hortense, semine albo. C. B. β Papaver hortense, nigro semine. C. B. ... δ Papaver cristatum, floribus & semine album. C. B. ..." (Linné 1737, S. 200); „7) Schlafmachender Mohn. Papaver somniferum. ... Papaver calycibus glabris; foliis amplexicaulibus, incisis. LINN. Syst. veg. p. 407. ... Papaver hortense, semine albo et nigro. C. BAUH.

pin. 170. ... β. Papaver cristatum, floribus et semine album, et flor. rubris, semine nigro. C. BAUH. pin. 171. ... Diese Art ... ist der gemeine oder Gartenmohn, ... Man nennt sie auch Oelmagen oder Magsaamen; Alle Theile der Pflanze sind voll von einem weissen milchigen Saft, der ... sich an der Luft nach und nach in ein schwärzllichtes Gummiharz verdicket, ... Dieser verdickte Saft wird von den Europäern Opium ... genennet; und hat sich durch seine Kraft zu berauschen, die Sinne zu betäuben, und einzuschläfern schon vor sehr alten Zeiten bekannt gemacht, ..." (Linné 1781, S. 200ff.); „7. PAPAVER somniferum. ... P. foliis simplicibus glabris incisis. Hort. cliff. 200. ... P. hortense, semine albo. Bauh. pin. 170. β. P. hortense, semine nigro. Bauh. pin. 171. γ. P. cristatum, floribus et semine nigro. Bauh. pin. 171. δ. P. cristatum, floribus rubris, semine nigro. Bauh. pin. 171. ... Garten-Mohn. W. ..." (Linné 1797–1830, Bd. II, Teil 2, S. 1147); „Papaver somniferum, ... schlafmachender Mon, ... weisser Mon; Magsamen; Oelmagen; Gartenmon mit weissen Blumen; ... die Samen selbst sind in groser Menge, am gewöhnlichsten weiss, aber auch schwarz, grau, braun, und gelb: ... die morgenländische Pflanze hat eine berauschende und schlafmachende Kraft, ... und erregt ... Wanwiz, Zittern der Glieder und andere schrökliche Zufälle, auch sogar öfters den Tod; ... wir pressen aus den letztern [d. h. den Samen] ein süses mildes Oel, das wir häufig ... in unsern gewöhnlichen Speisen geniesen, und das unsere Maler zu ihren Oelfarben andern vorziehen ... haben wir den schon seit vielen Jahrhunderten in der Arzneykunst berühmten Monsaft, oder Opium, eines der würksamsten Mittel ... Er ist ... in hartnäkigen Bauchflüssen, in langwierigen Husten, in zerschiedenen schmerzhaften Uebeln, in mehreren Arten der Geburt, ein trefliches Heilmittel, ..." (Gmelin 1774, Sp. 779ff.); „70. Papaver somniferum L. (Papaver.). ... Nach Richter hat der Mohn in Russland seit langer Zeit bei Schlaflosigkeit einen grossen Ruf. ... Die in der [Mohnsamen-]Milch gekochten Blüthen, Mohnköpfe und Blätter werden bei verschiedenen Kinderkrankheiten, wie Erkältung, Husten, Bauchkoliken, Durchfällen etc. angewandt. ..." (Demitsch 1889, S. 225f.); „Mittel gegen Schlaflosigkeit: ... Die Erwachsenen sollen den Samen von Papaver somniferum essen." (Alksnis 1894, S. 221); „Mahn, [sic!] (Papaver somnifer. et orient. L. Rußisch, Wotjak. und Tat. Mack [russ. *mak*], Tscherem. Maka, Mord. Mako, Tschuw. Mogon, Indian. Post, ist in allen Gärten der Tataren, und vielen andern, weil der Saamen zum speisen gebraucht wird und die Tataren sich auch selbst Opium, (Tat. Schachschach) machen und es wie die Türken gebrauchen." (Falk 1785, S. 90); wotjakisch mak – Mohn (Munkácsi 1896, S. 70); „Papaver somniferum, Mohn, in Buchara Keschgasch, die Saamen Kugnar genannt, ... Man presst auch wohl aus den Saamen Oel, ... auch wird der Saame mit Traubensyrup zu einem beliebten Naschwerk zusammengekocht." (Helmersen 1852, S. 218f.); „17. Mohn (Papaver somniferum L., in Chiwa Koknar genannt)." (Basiner 1848, S. 235); „PAPAVER SOMNIFERUM. ... α. album ... Papaver officinale. Gmelin Flor. Badens. p. 479. ... Papaver hortense semine albo. C. Bauh. pin. p. 170. β. nigrum ... Papaver hortensis semine nigro. C. Bauh. pin. p. 170. Garten-Mohn, schlafmachender Mohn, Magsamen, Öhlmagen. ... Man sammelt von Papaver somniferum die Kapseln vor der Reife, wenn sie geritzt einen Milchsaft von sich geben, wo sie dann unter dem Nahmen der Mohnköpfe, Capita Papaveris, aufbewahrt werden. Von der Varietät mit weissen Samen werden letztere unter dem Nahmen Semen Papaveris albi aufbewahrt. ..." (Hayne 1819, Nr. 40); „794. PAPAVER somniferum ... Papaver hortense semine nigro. Bauh. pin. p. 170. ... β. Papaver cristatum floribus rubris, semine nigro. Bauh. pin. 171. ... Germ. Schwarzer Magsaamen. Mohn mit schwarzen Saamen. ... Pharm. PAPAVERIS NIGRI Herba; Capita; Semina; Opium. ... 795. PAPAVER officinale ... Papaver cristatum, floribus et semine album. Bah. pin. 171. ... Germ. Weisser Mohnsaamen. Weisser Mohn. ... Pharm. PAPAVERIS Albi Herba; Capita; Semina; Opium. ..." (Gmelin 1806, S. 478ff.); „1) Schlafmachender Mohn. Papaver somniferum Linn. ... Am bekanntesten hat sich durch seine schädlichen, so wie durch seine angenhmen und heilsamen Wirkungen der Saft gemacht, der aus allen Theilen der Pflanze, wo man Einschnitte macht, weis, wie Milch, fließt, und hernach gerinnt, und troken wird. Der Saft, der auf diese Art blos aus den Samenköpfen gewonnen wird, und eigentlich Opium heißt, ist weit vorzüglicher, als der, den man aus Samenköpfen und Blättern ausdrükt. ..." (Gmelin 1803, S. 732ff.); „PAPAVER somniferum L., ... Garten=Mohn. Oel=Mohn. Magsaamen. R. Mak.

Tat. Masch. ... Russen und mehr noch Tatarn und Armenianer, Kaukaser und andere nutzen den Saamen als Speise in Form einer Saamenmilch; sie zerquetschen ihn nämlich in Mörsern mit Wassern und essen dann die entstandene weiße Löffelspeise (R. Sok Makowne) mit Brod. ... Sehr viel Mohnöl verbrauchen die Kirchenbilder= und andere Maler. ...“ (Georgi 1797–1802, Theil 3, S. 1043f.); mokschanisch mak bzw. makā – Mohn (Ahlquist 1861, S. 162); Papaver somniferum L. – russ. *mak* (*Annenkov* 1858, S. 66, Nr. 767); ersanisch mako – Mohn (Wiedemann 1865, S. 218);

„625. Papaver folijs simplicibq glabris, incisis. Linn. h. cliff. 200. Papaver hortense semine albo et nigro C. B. ...“ (AAW R. I, Op. 13, D. 20, Bl. 60v, s. Anm. 1 in Nr. 1)

6 „Papaver hortense, flore pleno, violaceo Hort. Reg. Paris. ...“ (Rupp 1726, S. 55); „[species 6] Papaver hortense, flore pleno, violaceo H. R. Par.“ (Tournefort 1700, S. 237, Genus I. „Papaver. Pavot.“); „Papaver hortense flavo pleno violaceo.“ (Joncquet 1665, S. 136); „[Papaver] hortense, flore pleno violaceo, bedeutet bei ihm [d. h. Tournefort] eine andere [Abart des schlafmachenden Mohns, d. h. Papaver somniferum] mit gefüllter, veielblauer Blume.“ (Gmelin 1774, Sp. 790); s. Nr. 269

7 „[species 5] Papaver hortense, nigro semine, sylvestre Dioscoridis, nigrum Plinio C. B. Pin. 170. Papaver nigrum, sativum Dod. Pempt. 445.“ (Tournefort 1700, S. 237, Genus I. „Papaver. Pavot.“); „[Papaver] hortense, semine nigro, sylvestre Dioscoridis, nigrum Plinio, so nennt C. Bauhin eben diese [eine Spielart des schlafmachenden Mohns mit schwarzen Samen, d. h. Papaver somniferum]“ (Gmelin 1774, Sp. 791)

„Papaver hortense nigro semine sylvestris Dioscoridis nigrum (Tournefortii sp. 5), Off.“ (Messerschmidt 1962–1977, Bd. 4, S. 203, s. Anm. 1 in Nr. 1); s. Nr. 269

8 „[species 10] Papaver cristatum, floribus & semine album C. B. Pin. 171. Papaver fimbriatum aut cristatum, album Lob. Icon. 273. Papaver fimbriatum, flore albo J. B. 3. 391.“ (Tournefort 1700, S. 237, Genus I. „Papaver. Pavot.“); „[Papaver] cristatum, floribus & semine albis, bedeutet bey C. Bauhin eine Spielart des schlafmachenden Mons mit weisser Blume und weissen Samen [d. h. Papaver somniferum]“ (Gmelin 1774, Sp. 786); s. Nr. 269

9 „[species 12] Papaver cristatum, floribus ex albo & rubeo mixtis C. B. Pin. 171.“ (Tournefort 1700, S. 237, Genus I. „Papaver. Pavot.“); „Papaver cristatum, floribus ex albo & rubeo mixtis, so nennt Tournefort eine andere [Spielart des schlafmachenden Mohns, d. h. Papaver somniferum] mit kammförmiger, weiß und rother Blume.“ (Gmelin 1774, Sp. 787); s. Nr. 269

10 „[species 6] Alsine Hyperici folio D. Vaillant.“ (Tournefort 1700, S. 242, Genus VIII. „Alsine. Morgeline.“); „3. ALSINE HYPERICI FOLIO. D. Vaillant J. R. H. 242. Alsine longifolia, uliginosis proveniens locis. J. B. 3. lib. 19. 365. Alsine aquatica media. C. B. Pin. 251. Alsine fontana. Tabern. Ic. 712. ...“ (Vaillant 1727, S. 9); „1. ALSINE foliis ex ellipticis acuminatis, petalis bipartitis. ... Alsine fontana TAB. p. 712. ... Alsine longifolia I. B. F. Boll. p. 193. uliginosis locis proveniens I. B. III. p. 365. ... Alsine aquatica media C. B. ex TAB. I. R. H. &c. ... Alsine hyperici folio VAILL. p. 9. I. R. H. ... 2. ALSINE foliis gramineis, petalis bipartitis. ... Gramen floridum minus TAB. p. 232. ... Alsine pratensis gramineo folio angustiore ... I. R. H. RUPP. VAILL. &c. Alsine foliis linearibus LINN. Lap. n. 187. Hort Cliff. p. 172. ...“ (Haller 1742, S. 385f.); „Alsine Hyperici folio D. Vaillant. ... Alsine aquatica media C. B. Pin. 251. Alsine fontana Tabern. Jc. 712. ... Brunn=Vogelkraut/ Wasser=Vogelkraut/ Brunn=Hünerdarm. ...“ (Mappus 1742, S. 16); „44. ALSINE floribus gramineis, petalis bipartitis, HALL. Helu. p. 385. T. LXI. 2. Alsine floribus linearibus integerrimis, LIN. fl. suec. 372. Alsine floribus decandris trigynis paniculatis, foliis linearibus, SCOP. Carn. 498. Stellaria floribus linearibus integerrimis, floribus paniculatis, LIN. Sp. pl. 604. n. 5. ...“ (Gmelin 1747–1769, Bd. IV, S. 145), nahezu identisch auf Bl. 62r in: AAW R. I, Op. 104, D. 14 – s. Anm. 32 in Nr. 6; „44. Alsine floribus (foliis) gramineis, petalis bipartitis l. LXI. f. 2. (excl. synon.) [=] Stellaria Laxmanni Fisch.! (Stellaria graminea L. – Wahlenb. Lapp. 123.)“ (Ledebour 1841, S. 127); „1. ALSINE foliis linearibus. Fl. lapp. 187. Alsine pratensis, gramineo folio angustiore. Tournef. inst. 243. ...“ (Linné 1737, S. 172); „187. ALSINE foliis linearibus. α Alsine pratensis, gramineo folio

angustiore. Bauh. pin. 210. ... γ Alsine aquatica media. Bauh. pin. 251. Alsine fontana. Tabern. hist. 2. ...“ (Linné 1737a, S. 148f.); „372. ALSINE foliis linearibus (integerrimis.) Fl. lapp. 187. Hort. cliff. 172. ... α Alsine pratensis, gramineo folio angustiore. Tournef. inst. 243. Caryophyllus arvensis glaber, flore minore. Bauh. pin. 210. Gramen floridus minus. Tabern. ic. 232. ... γ ... Alsine aquatica media. Bauh. pin. 251. Alsine fontana. Tabern. ic. 712. ...“ (Linné 1745, 135f.); „5) Grasartiger Meirich. Stellaria graminea. ... Stellaria foliis linearibus, integerrimis; floribus paniculatis. LINN. Syst. veg. p. 352. ... Hort. Cliff. 172. Fl. Lapp. 189. Fl. Suec. 393. ... Caryophyllus arvensis, glaber, flore minore. C. BAUH. pin. 210. Gramen floridus minus. TABERN. Ic. 232. ...“ (Linné 1780, S. 608f.); „6. STELLARIA graminea. ... S. foliis linearibus integerrimis, floribus paniculatis. Gmel. sib. 4. p. 145. t. 61 f. 2. ... Alsine foliis linearibus. Fl. lapp. 189, 393. ... Hort. cliff. 172. ... Grasartige Sternmiere. W. ...“ (Linné 1797–1830, Bd. II, Teil 1, S. 711f.); „9) STELLARIA LAXMANNI. Fisch. ... Alsine floribus gramineis, petalis bipartitis. Gmel. Fl. sib. IV. p. 145. No. 44. t. LXI. f. 2. ... 10) STELLARIA GRAMINEA. Linn. ... Willd. Sp. pl. II. p. 713 [sic!] ... M. a Bieb. Fl. taur. cauc. I. p. 342. No. 844. ...“ (Ledebour 1830, S. 158f.); 19. St[ellaria] glauca ... β. virens: ... St. Laxmanni. FISCHER ex DEC. Prodr. I, p. 397! – LEDEB. Fl. alt. II, p. 158! ... Alsine floribus gramineis, petalis bipartitis. GMEL. Fl. sib. IV, p. 145. t. 61. f. 2. (excl. synon.). ...“ (Ledebour 1842, S. 389f.); „21. St[ellaria] graminea (L. SP. 604. α.) ... M. a BIEB. Fl. t. c. I, p. 342. ... WAHLENB. Fl. lappon. p. 124. ... LEDEB. Fl. alt. II, p. 159! ...“ (a. a. O., S. 391f.); „[Alsine] hyperici folio; also nennt Vaillant Hallers erste Art der Alsine.“ (Gmelin 1772a, Sp. 337); „[Stellaria] graminea, ... grasige Sternpflanze, ... Meierich; Hünerdarm mit Grasblättern; ... Sie ist ein sehr gutes Futter für das Vieh.“ (Gmelin 1776, Sp. 765f.); „844. STELLARIA graminea. ... St. foliis linearibus integerrimis, ... Linn. ed. Willd. 2. p. 711. ...“ (Marschall von Bieberstein 1808a, S. 342); „226. STELLARIA graminea: ... Willd. spec. 2. p. 711. ... Gmel. sibir. 4. p. 145. t. 61. f. 2. ...“ (Wahlenberg 1812, S. 123f.); „... Augentrostgras g) ... |: g) Stellaria graminea. :|“ (Lepechin 1783, S. 52); „5. STELLARIA graminea L., ... Grasblättrige Sternmiere. R. Urotschnaja Trawa [russ. *uročnaja trava*]. ...“ (Georgi 1797–1802, Theil 3, S. 977); „515. [Stellaria] graminea. Lin. sp. 5. Gmel. Flor. Sib. 4. t. 61. f. 2. Ruß. Urotschnoi Trawa. ...“ (Falk 1786, S. 180); „3. Art St[ellaria] graminea. Grasartiges Sternkraut (Linné.) ... Synonyme: St. foliis linearibus integerrimis, floribus paniculatis. (Gmelin. sib. 4. p. 145. ...) ...“ (Bechstein 1833, S. 984f.); „6) Die grasartige Sternmiere, Stellaria graminea, foliis linearibus integerrimis, floribus paniculatis. Linn. Spec. plant. ... Fl. lapp. ... Fl. Suec. 372. Hort. cliff. 172. ...“ (Krünitz 1773–1858, Bd. 173, S. 444); „Alsīne WAHLENB. (Caryophyllaceae). Von άλςος (Hain), in Bezug auf den Standort.“ (Wittstein 1852, S. 32); „Arenāria L. (Caryophyllaceae). Von arena (Sand); wächst gern auf sandigem Boden.“ (a. a. O., S. 68); „Stellāria L. (Caryophyllaceae). Von stella (Stern), in Bezug auf die in Form eines Sterns gestellten Kronblätter.“ (a. a. O., S. 839f.)

„166) Arenaria hypericifolio. Alsine hyperici folio D. D. Vaillant. Flor ircut. No. 274. ...“ (AAW R. I, Op. 104, D. 25, Bl. 14r, s. Anm. 61 in Nr. 21); „45. Arenaria hyperici folio Fl. Irc. 274.“ (AAW R. I, Op. 105, D. 16, Bl. 1v, s. Anm. 5 in Nr. 4); „778. Alsine spergula, Hyperici folio. Spergula annua &c. Ind. Irc. n$^{\underline{o}}$. 363 Folia multo latiora, ac in Alsine Hyperici folio Vaill. et florum petala perpetuo integra. ... Fl. Irc. n$^{\underline{o}}$. 274.“ (AAW R. I, Op. 105, D. 1^{a}, Bl. 91r, s. Anm. 29 in Nr. 5); „363. Spergula annua semine foliaceo nigro, circulo membranaceo albo cincto C. G. Ind. prior. ...“ mit der links marginalen Anm. von J. G. Gmelin „Arenaria Hyperici folio St. 274.“ (AAW R. I, Op. 105, D. 12, Bl. 16v, s. Anm. 54 in Nr. 17); „247. Spergula annua Semine foliaceo nigro, circulo membranaceo albo cincto C. G. ...“ (AAW R. I, Op. 13, D. 42, Bl. 37r, s. Anm. 1 in Nr. 1); „An spergula annua semine foliaceo nigro, circulo membranaceo albo cincto. C. G? ...“ (AAW R. I, Op. 105, D. 2, Bl. 6r, s. Anm. 54 in Nr. 17); „72. Alsine folijs linearibq Lin. flor. 187 h. cliff. 172. Alsine pratensis, gramineo folio angustiore Tourn. inst. 243. Lychnis arvensis glabra flore minore Moris. hist. 2. p. 545. S. 5. t. 22. S. 48 Boerh. lugd. 2. p. 214. ...“ (AAW R. I, Op. 13, D. 20, Bl. 7v, s. Anm. 1 in Nr. 1); „Alsine pratensis gramineo folio, ampliore et angustiore Tourn. ...“ (AAW R. I, Op. 104, D. 8, Bl. 11r, s. Anm. 18 in Nr. 452); „An Spergula annua semine foliacio [sic!] nigro, circulo membranaceo albo cincto C. G? ...“ (a. a. O., Bl. 11r); „XXXI.

Spergula annua, Semine foliaceo nigro, circulo membranaceo albo cincto Cat. Giss. Syn. Ed. III. Torn. II. ...“ mit der rechts marginalen Anm. „vid. Fig.“ (AAW R. I, Op. 105, D. 7, Bl. 8r, s. Anm. 57 in Nr. 616); s. auch Nr. 285 u. Nr. 286

11 Randbemerkung in der 2. Textversion (s. Anm. 1 in A.) in der Handschrift von G. W. Steller: „D. D. Gmelin ad interim vo / cat) alsine semine circulo membranaceo cincto.“

12 „ALSINE TENVIFOLIA. ...“ (Chabrey 1666, S. 450); „ARENARIA verna, strictissimo folio. Alsine tenuifolia Chabraei p. 450. J. B. 3. 364. ...“ (Rupp 1718, S. 100); „ARENARIA verna, strictissimo folio. Alsine tenuifolia Chabraei p. 450. J. B. 3. 364. ...“ (Rupp 1726, S. 89); „3. ALSINE TENUIFOLIA. J. B. 3. lib. xxxix. p. 364. ... Arenaria verna, strictissimo folio. Flor. Jenens. 100. ...“ (Vaillant 1727, S. 7); „20) Dünnblätterichtes Sandkraut. Arenaria tenuifolia. ... Arenaria foliis subulatis; caule paniculato; capsulis erectis; petalis calyce brevioribus lanceolatis. LINN. Syst. veg. p. 354. ... Alsine tenuifolia. I. BAUH. hist. 3. p. 364. VAILL. paris. 7. t. 3. f. 1. ...“ (Linné 1780, S. 621f.); „26. ARENARIA tenuifolia. ... Arenaria foliis subulatis, calycinis laciniis membrana ipsis angustiore auctis acutissimis. Guett. stamp. 2. p. 282. Alsine tenuifolia. Bauh. hist. 3. p. 364. Vaill. paris. 7. t. 3. f. 1. ... Dünnblättriges Sandkraut. W. ...“ (Linné 1797–1830, Bd. II, Teil 1, S. 725f.); „151. Alsine. WAHLENB. ... 1. A. tenuifolia ... α. grandiflora: ... M. a BIEB. Fl. t. c. I, p. 349 (var. β. ad lusum pubescentem spectant.); ...“ (Ledebour 1842, S. 341ff.); „[Arenaria] tenuifolia, ... dünnblätterichtes Sandkraut, dessen Blätter pfriemenförmig sind, dessen Stengel rispenförmig ist, dessen Samenkapseln aufrecht stehen, und dessen Blumenblätter lanzenförmig und kürzer, als der Blumenkelch, sind; ...“ (Gmelin 1772a, Sp. 728f.); „863. ARENARIA tenuifolia. ... A. foliis subulatis, ... Linn. ed. Willd. 2. p. 725. ... Vaill paris. t. 3. f. 1. ...“ (Marschall von Bieberstein 1808a, S. 349f.); „15. ARENARIA tenuifolia L. ... Zartblättriges Sandkraut. ...“ (Georgi 1797–1802, Theil 3, S. 979); „1355. ALSINE tenuifolia. Wahlenberg. Feinblättrige Miere. ... Synon. ... Arenaria tenuifolia Linn. Spec. pl. ...“ (Röhling 1831, S. 289ff.); Arenaria – russ. *pesčanka*, *kolosnik* bzw. *pesočnik* (*Annenkov* 1858, S. 18, Nr. 127)

„167) Arenaria verna strictissimo folio mihi. Flor. ircut. No. 275 Alsine tenuifolia Chabraei, ...“ (AAW R. I, Op. 104, D. 25, Bl. 14r, s. Anm. 61 in Nr. 21); „3. Alsine tenuifolia J. B? Gmel.“ mit der rechts marginalen Anm. „Lena fl.“ (AAW R. I, Op. 13, D. 16, Bl. 13r, s. Anm. 32 in Nr. 6); „371. Myosotis altissima, procumbens folio caulem amplexante glabro Ind. Len. ...“ mit der links marginalen Anm. von J. G. Gmelin „Arenaria verna strictissimo folio St. 275. Alsine tenuifolia Chabraei“ (AAW R. I, Op. 105, D. 12, Bl. 16v, s. Anm. 54 in Nr. 17); „35. An Alsine tenuifolia J. B?“ (AAW R. I, Op. 14, D. 8, Bl. 1v, s. Anm. 98 in Nr. 39)

Randbemerkung in der 2. Textversion (s. Anm. 1 in A.) in der Handschrift von G. W. Steller: „D. D. Gmelin / Myosotis / Holostium / dicta pumilae / & procumbens / glabro brevi / gramineo / folio“

„60. ALSINE foliis coniugatis, linearibus subulatis, caulibus paniculatis, petalis integris, longitudine calycis, T. LXIII. Myosotis, holosteum dicta, pumila et procumbens, glabro breuique gramineo folio Ind. Len. n. 256. [müßte heißen: 259] Alsine spergula subhirsuta, procumbens, breui gramineo folio, vasculo longiore, GM. Ind. Jen. 761. Alsine spergula pusilla, flore pulchello, vasculo longiore ib. 762. Arenaria foliis subulatis, calycinis laciniis membrana ipsis latiore auctis obtusis. GVETT. Stamp. 2. p. 281. Arenaria foliis subulatis, caulibus paniculatis, calycum foliolis ouatis, LIN. Sp. pl. 1. 607. n. 11. ... In omni Sibiria passim nascitur, et a. b. GERBERO ad Tanaim quoque inuenta est, ipsique dicta: Alsine Gallii folio tenuissimo albo, flore, paruo, caule ramoso.“ (Gmelin 1747–1769, Bd. IV, S. 153ff.), nahezu identisch auf Bll. 64v–65r in: AAW R. I, Op. 104, D. 14 – s. Anm. 32 in Nr. 6; „60. Alsine foliis conjugatis linearibus subulatis, caulibus paniculatis, petalis integris longitudine calycis. t. LXIII. f. 1. [=] Arenaria saxatilis L.? (Plures species confusae, tab. LXIII. A. austriaca M. a Bieb. Fl. t. c. III. 310.)“ (Ledebour 1841, S. 128)

„761. Alsine Spergula subhirsuta procumbens, brevi gramineo folio, vasculo longiore. Ind. Len. n°. 259. ... 762. Alsine spergula pusilla, flore pulchello, vasculo longiore. Alsine pusilla pulchro flore, folio tenuissimo nostras, seu saxifraga pusillacaryophylloides, flore albo pulchello R. Syn. II. 209. 4. Passim occurrit. Planta Fl. Irc. n° 275. et forte etiam 276 huic eadem est.“ (AAW R. I,

Op. 105, D. 1ª, Bl. 89v, s. Anm. 29 in Nr. 5); „259. Myosotis Holostium dicta, pumila & procumbens, glabro breviq₃ gramineo folio. ...“, mit der links marginalen Anm. auf Bl. 41v „Tab. XXX.“ (AAW R. I, Op. 13, D. 42, Bll. 41v–42r, s. Anm. 1 in Nr. 1); „368. Myosotis Holostium dicta, pumila et procumbens, glabro breviq) gramineo folio. Ind. Len. Alsine nodosa Germanica C. B. ...“ (AAW R. I, Op. 105, D. 4ª, Bl. 42r, s. Anm. 54 in Nr. 17); „145. Myosotis Holostium dicta, pumila et procumbens, glabro breviur [sic!] gramineo folio Ind. Len.“ (AAW R. I, Op. 15, D. 1, Bl. 11v, s. Anm. 24 in Nr. 64); „1316 Alsine gallii folio tenuissimo, fl. albo parvo ramoso. ...“ (T. Gerber in „Flora Tanaensis ...“, s. Anm. 107 in Nr. 46); „4. Alsine Spergula pusilla flore pulchello, vasculo longiore. Ind. Jen. n°. 762.“ (AAW R. I, Op. 13, D. 67, Bl. 51r, s. Anm. 5 in Nr. 4)

„860. ARENARIA austriaca. ... Gmelinus in flor. sib. 4. p. 153. sub. n. 60 plures affines confusas habere videtur, icon vero t. 63. f. 1 ad A. austriacam referenda erit.“ (Marschall von Bieberstein 1819, S. 310); „Alsine foliis conjugatis tenuissimis durisque petalis integris calyci aequalibus. est Arenaria foliis subulatis, calycinis laciniis membrana ipsis angustiori auctis acutissimis Guettard. observat. 2. p. 282. Alsine tenuifolia. Bauh. hist. 3. p. 364. Vaill. paris. tab. 3. f. 1. (cf. Fl. sib. IV. 153. nr. 60. Arenaria saxatilis L. cum qua plures species confusas Cel. Ledeb. profitetur, inter quas forsan et A. Gerardi W. quae maxime ad synonymon Guettardi accedit.“ (C. von Linné in einem Brief an J. G. Gmelin vom 2. August 1748 – Plieninger 1861, S. 83); „16) Stein=Sandkraut. Arenaria saxatilis, ... Arenaria foliis subulatis; caulibus paniculatis; calycinis foliolis ovatis, obtusis LINN. Syst. veg. p. 354. Sp. pl. 607. GUETT. Stamp. 2. p. 281. ...“ (Linné 1780, S. 619f.); „20. ARENARIA saxatilis. ... Arenaria foliis subulatis, ... Guett. stamp. 2. p. 281. ... Felsen Sandkraut. W. ...“ (Linné 1797–1830, Bd. II, Teil 1, S. 724); „[Arenaria] saxatilis, ... Steinsandkraut, ... es heißt bey Guettard: Arenaria foliis subulatis, ...“ (Gmelin 1772a, Sp. 728); s. Nr. 296

13 „46. Arenaria pusilla teretifolia minima capsula seminali ovata Fl. Irc. 276.“ (AAW R. I, Op. 105, D. 16, Bl. 1v, s. Anm. 5 in Nr. 4); „168) Arenaria pusilla teretifolia minima capsula seminali ovata. Flor. ircut. No. 276. ...“ (AAW R. I, Op. 104, D. 25, Bl. 14r, s. Anm. 61 in Nr. 21); s. Nr. 275 und Anhang B.5. Nr. 34

14 s. Nr. 4

15 „[species 24] Alsine saxatilis, Laricis folio, major & majori flore. Auricula muris pulchro flore, folio tenuissimo J. B. 3. 360.“ (Tournefort 1700, S. 243, Genus VIII. „Alsine. Morgeline.“); „AVRICVLA MVRIS PVLCHRO FLORE folio tenuissimo. CAP. LXXXI. ...“ (Bauhin 1651, S. 360); „22) Gestreiftes Sandkraut. Arenaria striata. ... Arenaria foliis linearibus, erectis, adpressis; calycibus oblongis, striatis. LINN. Syst. veg. p. 354. ... Auricula muris pulchro flore, folio tenuissimo. I. BAUH. hist. 3. p. 361. [sic!] ...“ (Linné 1780, S. 623); „30. ARENARIA striata. A. foliis linearibus erectis appressis, calycibus oblongis striatis. Am. acad. 4. p. 315.* ... Auricula muris pulchro flore, folio tenuissimo. Bauh. pin. 3. p. 361. [müßte heißen: J. B. hist. 3. p. 360] ... Gestreiftes Sandkraut. W. ...“ (Linné 1797–1830, Bd. II, Teil 1, S. 727); „[Auricula] muris pulchro flore folio tenuissimo; bedeutet bey ihm [d. h. J. Bauhin] das gestreifte Sandkraut.“ (Gmelin 1772a, Sp. 1028); „[Arenaria] striata, foliis linearibus erectis appressis, calycibus oblongis striatis; gestreiftes Sandkraut, mit gleichbreiten aufrechten und angedrükten Blättern, und länglichten gestreiften Blumenkelchen; ...“ (a. a. O., Sp. 729); „t) A[renaria] striata, (foliis linearibus erectis oppressis, calycibus oblongis striatis), der gestreifte Sandstrauch, mit gleichbreiten aufrechtstehenden und wieder niedergedrückten Blättern, und länglichten gestreiften Kelchen. Dieses ist Auricula muris pulchro flore, folio tenuissimo Jo. Bauh. oder Caryophyllus saxatilis, polygoni minoris folio & facie. ...“ (Schmidlin 1771a, S. 463); „61. ALSINE foliis oppositis linearibus, rigidis, fasciculatis, basi ciliatis petalis integris, calyci aequalibus. Spergula foliis oppositis, subulatis, ciliatis fasciculatis, LIN. Sp. pl. 1. p. 631. n. 4. Proxime accedit ad Alsines laricisfolio, et proinde a STELLERO qui pulchellam hanc plantam inter Iacutiam et Ochotium inuenit, Arenaria laricis folio maior et minor nominata fuit; ...“ (Gmelin 1747–1769, Bd. IV, S. 155), nahezu identisch auf Bl. 65r in: AAW R. I, Op. 104, D. 14 – s. Anm. 32 in Nr. 6;

„61. Alsine foliis oppositis linearibus rigidis fasciculatis basi ciliatis, petalis integris calyci aequalibus [=] Spergula laricina L. (ex Willd. sp. pl. II. 820.)" (Ledebour 1841, S. 128); „74. Alsine foliis linearibus rigidis fasciculatis, ad basin ciliatis, petalis integris, calycibus aequalibus. (Fl. sib. IV. 155. nr. 61. Spergula laricina L. Alsine laricina Crantz.) ego vocarem hanc spergulam, cum petala integra et styli 5, et dicerem: Spergulam foliis oppositis fasciculatis subulatis basi ciliatis coadunatis; accedit ad Alsines laricis folio, cum folia opposita sint, versus basin ciliata, et basi utrimque coalita, ex altera foliorum ala fasciculus foliorum foliis(a) ordinariis(a) non excedentem(dens), prodeat ad caulis articulos inferiores, e superioribus vero pedunculi alternatim solitarii uniflori." (C. von Linné in einem Brief an J. G. Gmelin? vom 24. August 1748 – Plieninger 1861, S. 98); „4) Lerchenbaumblätterichter Spark. Spergula Laricina. ... Spergula foliis oppositis, subulatis, ciliatis, fasciculatis. LINN. Syst. veg. p. 363. Sp. pl. 631. GMEL. Fl. Sib. 4. p. 155. ..." (Linné 1780, S. 679); „4. SPERGULA laricina. ... Alsine foliis oppositis linearibus ... Gmel. sib. 4. p. 155. n. 61. ... Lerchenblättriger Spark. W. ..." (Linné 1797–1830, Bd. II, Teil 1, S. 820); „13. A[lsine] laricina (CRANTZ. Instit. II, p. 498), ... Alsine foliis oppositis linearibus ... GMEL. Fl. sib. IV, p. 155. Nr. 61. ..." (Ledebour 1842, S. 352); „[Spergula] laricina, foliis subulatis ciliatis fasciculatis, lerchenbaumartiger Spark, dessen Blätter pfriemenförmig und mit steifen Haaren eingefaßt sind, ..." (Gmelin 1776, Sp. 697); „869. ALSINE foliis linearibus, angustissimis, calycibus tubulosis, villosis. ... Auricula muris pulchre flore, folio tenuissimo I. B. III. p. 360. petalis incisis. Arenaria foliis setaceis, caule superne nudiusculo, calycibus subhirsutis LINN. I. p. 607. ..." (Haller 1768, S. 384); „16. ARENARIA laricifolia L., ... Lerchenblättriges Sandkraut. ... 17. ARENARIA striata L., ... Gestriecheltes Sandkraut. ..." (Georgi 1797–1802, Theil 3, S. 979); „Aurīcula T. (Primulaceae). Von auris (Ohrläppchen, Ohr), in Bezug auf die Form der Blätter." (Wittstein 1852, S. 86); „Spērgula L. (Caryophyllaceae). Von spargere (ausstrecken), weil die Samen oder die schlaffen Stängel und sparrigen Rispen sich nach allen Seiten hin ausbreiten." (a. a. O., S. 826)

„46. Alsine saxatilis." (AAW R. I, Op. 15, D. 1, Bl. 13r, s. Anm. 24 in Nr. 64); „169) Arenaria Laricis folio major mihi, flor. ircut. No. 277" (AAW R. I, Op. 104, D. 25, Bl. 14r, s. Anm. 61 in Nr. 21)

16 „[species 25] Alsine saxatilis Laricis folio, minor & minori flore. Caryophyllus saxifragus, foliis tenuissimis, pulchro flore albo Bot. Monsp." (Tournefort 1700, S. 243, Genus VIII. „Alsine. Morgeline."); „21) Lerchenbaumblätterichtes Sandkraut. Arenaria Laricifolia. ... Arenaria foliis setaceis; caule superne nudiusculo, calycibus subhirsutis. LINN. Syst. veg. p. 354. ... Alsine saxatilis, Laricis folio, minor et minori flore. Tourn. ..." (Linné 1780, S. 622); „27. ARENARIA laricifolia. A. foliis setaceis, ... sp. pl. 607. ... Alsine saxatilis, laricis folio, ... Magnol. hort. 11. t. 11. ... Auricula muris pulchro flore, folio tenuissimo. Bauh. hist. 3. p. 360. Hall. Alsine alpina, junceo folio. Bauh. pin. 251. prodr. 118. Lychnoides, junipero folio, perennis. Vaill. paris. 121. ... Lerchenbaumblättriges Sandkraut. W. ..." (Linné 1797–1830, Bd. II, Teil 1, S. 726); „Arenaria laricifolia, ... Sandkraut mit Lerchenbaumblättern, dessen Blätter borstenartig, dessen Samen nach oben zu etwas blos, und dessen Blumenkelche ziemlich zotig sind; ..." (Gmelin 1772a, Sp. 729); „858. ARENARIA laricifolia. ... A. foliis setaceis, ... Linn. ed. Willd. 2. p. 726. ..." (Marschall von Bieberstein 1808a, S. 347); „s) A[renaria] laricifolia, (foliis setaceis, caule superne nudiusculo, calycibus subhirsutis), lerchenbaumblättriger Sandstrauch, mit borstigen Blättern, einem oberwerts etwas entblösten Stamm, und etwas rauchen Kelchen. Dieses ist ... Alsine alpina junceo folio Bauh. oder Lychnoides, junipero folio, perennis Vaill. ..." (Schmidlin 1771a, S. 463); „26) Lerchenbaumblättriges Sandkraut; Arenaria laricifolia, ... Linn. Spec. plant. p. 607. ... Alsine saxatilis, laricis folio, minor et minoris flore. Magnol. hort. 11. t. 11. Auricula muris pulchro flore, folio tenuissimo. Bauh. hist. 3. p. 360. Alsine alpina, junceo folio. Bauh. pin. 251; prodr. p. 118. Lychnoides, junipero folio, perennis. Vaill paris. 121. ..." (Krünitz 1773–1858, Bd. 136, S. 192)

„170) Arenaria Laricis folio minor mihi. Flor ircut No 278. Alsine saxatilis Laricis folio minor et minori flore Tour. i. r. h. ..." (AAW R. I, Op. 104, D. 25, Bl. 14r, s. Anm. 61 in Nr. 21); s. Nr. 277

17 „[species 12] Alsine verna, glabra, floribus umbellatis, albis. Caryophyllus arvensis, umbelliferus J. B. 3. 361. Caryophyllus arvensis, umbellatus, folio glabro C. B. Pin. 210. Holosteum Caryophyllum, arvense Tabern. Icon. 233." (Tournefort 1700, S. 242, Genus VIII. „Alsine. Morgeline."); „ARENARIA Verna, fugax, glabra, bifolia. Holosteum caryophyllum, arvense Tabernaem. icon. 233. Caryophyllus arvensis, umbellatus, folio glabro C. B. P. 210. ..." (Rupp 1726, S. 89); „ALSINE VERNA GLABRA, FLORIBUS UMBELLATIS ALBIS: J. R. H. 242. ... Arenaria verna fugax, glabra, bifolia. Flor. Jen. 100. ..." (Vaillant 1727, S. 7); „6. ALSINE pentastemon, petalis serratis, umbellifera. Holostium caryophyllum arvense TAB. p. 233. ... Alsine verna LUGD. p. 1234. Caryophyllus arvensis umbelliferus I. B. III. p. 361. ... Caryophyllus arvensis umbellatus folio glabro C. B. ... Alsine verna glabra floribus umbellatis albis ... VAILL. p. 7. ... Arenaria verna fugax glabra bifolia RUPP. p. 89. ..." (Haller 1742, S. 387); „4.) Doldentragende Spurre. Holosteum umbellatum. ... Holosteum floribus umbellatis. Linn. Syst. veg. p. 110. ... Holosteum Caryophyllaeum arvense. TABERN. Ic. 233. ... Caryophyllus arvensis umbellatus, folio glabro. C. BAUH. pin. 210. ... Alsine pentastemom, foliis serratis, umbellifera. HALL. Helv. 387. ..." (Linné 1779, S. 204f.); „5. HOLOSTEVM umbellatum. H. floribus umbellatis. ... Roth. germ. I. 54. ... Alsine verna glabra, ... Vaill. paris. p. 7. non autem t. 3. f. 2. Hall. R. Caryophyllus arvensis umbellatus, folio glabro. Bauh. pin. 210. ... Gemeine Spurre. W. ..." (Linné 1797–1830, Bd. I, Teil 1, S. 489); „158. Holosteum. L. ... 1. H. umbellatum (L. SP. p. 130) ... M. a BIEB. Fl. t. c. I, p. 89; ..." (Ledebour 1842, S. 373f.); „226. HOLOSTEUM umbellatum. Linn. ed. Willd. I. p. 489. ..." (Marschall von Bieberstein 1808a, S. 89); „[Holosteum] umbellatum, floribus umbellatis, doldenförmige Spurre, mit Blumendolden; ... ihr Kraut ist wässericht und kühlend, und gibt ein gutes Futer für die Schafe." (Gmelin 1773b, Sp. 904f.); „[Alsine] verna glabra floribus umbellatis, also beschreibt Tournefort die Doldentragende Spurre." (Gmelin 1772a, Sp. 349); „HOLOSTEUM UMBELLATUM Linné. DOLDENBLÜTHIGES HOLOSTEUM. ... Deutsche Namen: Sparre, Spurre, Blumengras, Ackernelkengras, Frühlingsnelke, Doldennelke." (Dietrich 1837, Nr. 321); „Flor. Germ. p. 54. Holosteum vmbellatum. H. floribus vmbellatis. Linn. Syst. Plant. T. I. pag. 246. ... Alsine verna glabra, floribus vmbellatis albis. ... Arenaria verna fugax glabra, bifolia Rupp. Ien. p. 112. Caryophyllus aruensis vmbelliferus I. Bauh. hist. 3. p. 361. ..." (Roth 1789, S. 157f.); „HOLOSTEUM. ... Ist eine Gattung Wegebreit, ... Es reiniget, dient zu den Wunden, hält an und heilet. ..." (Lémery 1721, Sp. 544); „Holostēum L. (Caryophyllaceae). Zus. aus ὅλος (ganz) u. ὀστεον (Knochen); Plinius sagt (XXVII. 65) ‚das Holosteum ist durchaus nicht hart u. von den Griechen im Widerspruche mit seiner Beschaffenheit so bezeichnet worden, gerade so, als wenn man die Galle süss nennen wollte.' Die Griechen gefielen sich überhaupt in solchen Antiphrasen; ..." (Wittstein 1852, S. 448)

„Alsine verna glabra, floribus umbellatis albis I. R. H. ..." (AAW R. I, Op. 105, D. 2, Bl. 6r, s. Anm. 54 in Nr. 17); „171.) Arenaria verna fugax glabra bifolia mihi. Flora ircut. No. 279 ..." (AAW R. I, Op. 104, D. 25, Bl. 14r, s. Anm. 61 in Nr. 21)

18 „[species 40] Alsine spergula dicta, major C. B. Pin. 251. Spergula J. B. 3. 722. Dod. Pempt. 537." (Tournefort 1700, S. 243, Genus VIII. „Alsine. Morgeline."); „Arenaria arvensis, vulgatior. ... Germanis Spurree ..." (Rupp 1726, S. 89); „12. Der kleine Hünerdarm mit glaichichten Stengeln: Alsina; spergula dicta, major. C. B. P. 251. ... Der Hünerdarm ist kalter und feuchter Natur: führet ein nitrosisch=flüchtiges miltes Saltz bey sich, dadurch er die Eigenschaft hat zu eröfnen, zu kühlen, und dem Gifte zu widerstehen. ..." (Zwinger 1744, S. 1106); „57. ALSINE foliis verticillatis, petiolis ramosis, petalis integris, HALL. Helu. 387. Alsine spergula dicta maior, BAVH. pin. 251. Spergula foliis verticillatis, floribus decandris, ROY. Lugd. 451. Sp. pl. 630. n. 1. Alsine floribus decandris 5gynis, foliis verticillatis, SCOP. Carn. 499. n. 8. ..." (Gmelin 1747–1769, Bd. IV, S. 152f.), nahezu identisch auf Bl. 64r in: AAW R. I, Op. 104, D. 14 – s. Anm. 32 in Nr. 6; „57. Alsine foliis verticillatis, petiolis ramosis, petalis integris [=] Spergula arvensis L." (Ledebour 1841, S. 128); „1. SPERGULA foliis stellatis, pedunculis dichotomis. ... Arenaria arvensis vulgatior. Rupp. jen. 89. Alsine Spergula dicta major. Bauh. pin. 251. ..." (Linné 1737, S. 173); „1) Ackerspark, oder Spergel. Spergula arvensis. ... Spergula foliis verticillatis; floribus

decandris. LINN. Syst. veg. p. 363. ... Alsine Spergula dicta maior. C. BAUH. pin. 251. ...“ (Linné 1780, S. 676ff.); „1. SPERGULA arvensis. S. foliis verticillatis, ... Hort. cliff. 173. ... Gmel. sib. 4. p. 153. ... Alsine Spergula dicta major. Bauh. pin. 251. ... Acker Spark. W. ...“ (Linné 1797–1830, Bd. II, Teil 1, S. 818); „326. Spergula. L. ..... 2. S. arvensis (L. SPEC. p. 630) ... Alsine foliis verticillatis ... GMEL. Flor. sib. IV, p. 152. Nr. 57. ...“ (Ledebour 1844–1846, S. 169f.); „[Spergula] arvensis, ... Akerspark, ... Spark; teutscher Spergel; weisser Spergel; groser wilder Spergel; Spurre; Spurrer; Spurgist; Spurgis; Knöterich; weisser Knöterich; langer Knebel; Mariengras; Läusegras; Nittekamm; ... Das ganze Gewächs ... ist ... eines der vorzüglichsten und nahrhaftesten Gewächse, das nicht nur ... von Pferden, Schweinen, Schafen, Rindvieh und Federvieh begierig gefressen wird, sondern sie auch fett macht, und gesund erhält; ... [kann] man aus der ganzen Pflanze Brod baken; ... Einige alte Aerzte gebrauchen sie als ein verdünnendes und kühlendes Mittel: ...“ (Gmelin 1776, Sp. 693ff.); „1400. SPERGULA arvensis. Linné. Ackerspark. ... Ackerspergel, Ackersparre. ...“ (Röhling 1831, S. 358ff.); „538. Spergula arvensis. Lin. Syst. Plant. II. p. 403. sp. 1. Ruß. Toriza. ...“ (Falk 1786, S. 182); russ. *torica* – spergula (Spergel, Spark); russ. *torica polevaja* – spergula arvensis (Ackerspergel) (Pawlowski 1859, S. 376); „1. SPERGULA arvensis L., ... Acker=Spark. R. Toriza. ... Er wird vom Vieh gern gefressen ... Der Saame ist eine gute Vermehrung des Getreidemehls zu Brod; auch giebt er ein gutes gepreßtes Speise= und Lampenöl, daher man ihn der Misjahre wegen in magerem Boden bauen sollte, wie dieses an mehr Orten Deutschlands auch geschieht.“ (Georgi 1797–1802, Theil 3, S. 988); „1. Art. S[pergula] arvensis. Ackerspark (Linné.) ... Vulgärnamen: Spergel. Futterspergel. Mariengras. Spergelgras. ...“ (Bechstein 1833, S. 980f.); „1) Ackerliebender Sperk oder Spark, wilder Spergel, Sandspergel, Spergelkraut, Spurgel, Spurre, langer Spurgel, Nettekamm, Knöterich, Kettekamm, Neuknie, Mariengras, Steinkleekraut, in Sachsen und Böhmen Mariengras oder Läusegras, Sprey, Spirig; Spergula arvensis, ... Linn. Hort. cliff. p. 173. ... Die Kühe geben nach dem Spergelfutter mehr Milch und weit wohlschmeckendere Butter, als nach Klee oder sonstigem grünen Futter, auch das Fleisch von Ochsen und Schafen schmeckt weit besser, als nach anderem Futter; ...“ (Krünitz 1773–1858, Bd. 157, S. 188ff.); „SPERGULA ... teutsch, weisser Knötrich. ... Einige Scribenten haben zwar angegeben, der Samen von diesem Kraute mache brechen, alleine, die Erfahrung will solches nicht bekräftigen: die Tauben und die Hüner werden damit gefüttert.“ (Lémery 1721, Sp. 1068)

„770. Alsine spergula dicta major C. B. P. 251. ...“ (AAW R. I, Op. 105, D. 1[a], Bl. 90v, s. Anm. 29 in Nr. 5); „233. Spergula folijs stellatis, pedunculis dichotomis. Lin. h. cliff. 173. Alsine Spergula dicta maior. B. Pin. 251. Boerh. lugd. 1. p. 209 ...“ (AAW R. I, Op. 13, D. 20, Bl. 25r, s. Anm. 1 in Nr. 1); „4. Alsine Spergula dicta major. C. B. P. 251.“ (AAW R. I, Op. 13, D. 16, Bl. 13r, s. Anm. 32 in Nr. 6); „2. Alsine Spergula dicta major C. B. P. 251.“ (AAW R. I, Op. 13, D. 67, Bl. 51v, s. Anm. 5 in Nr. 4); „Alsine Spergula dicta major C B P.“ (AAW R. III, Op. 1, D. 162, Bl. 27r, s. Anm. 54 in Nr. 17); „17. Juli 1723 ... Von Kräutern fand sich hieselbst ... Alsine spergula ...“ (Messerschmidt 1962–1977, Bd. 2, S. 96)

19 russ. *mokrica*

20 „[species 4] Alsine media C. B. Pin. 250. Alsine vulgaris sive Morsus Gallinae J. B. 3. 363. Alsine minor Dod. Pempt. 29.“ (Tournefort 1700, S. 242, Genus VIII. „Alsine. Morgeline.“); „Alsine media C. B. P. 250. Alsine vulgaris, sive morsus gallinae J. B. 3. 363. Alsine officinarum. ... Germ. Hüner=Darm, Hüner=Biß, Meyer, Meirich, Vogel=Kraut, ...“ (Rupp 1726, S. 87); „3. ALSINE foliis ovato-cordatis. Alsine media. Bauh. pin. 250. ... Alsine vulgaris sive Morsus gallinae. Bauh. hist. 3. p. 363. ... α Alsine altissima nemorum. Bauh. pin. 251. [sic!] ... β Alsine aquatica major. Bauh. pin. 251. ...“ (Linné 1737, S. 173); „1) Gemeiner Hühnerdarm. Alsine media. ... Alsine petalis bipartitis; foliis ovato-cordatis. LINN. Syst. veg. p. 246. ... Alsine media. C. BAUH. pin. 250. ... Alsine vulgaris s. Morsus gallinae. I. BAUH. hist. 3. p. 563. ... Sie wird insgemein Vogelkraut, Hühnerbiß, Hühnerdarm ... genennet. ... Die ganze Pflanze ist weich und saftig, und hat eine kühlende, anfeuchtende und gelinde eröfnende Eigenschaft; man rühmt sie frisch gebraucht, äusserlich bey Entzündungen, Wunden und Geschwüren, und innerlich in der

Schwindsucht, dem Blutspeyen, ...“ (Linné 1780, S. 221f.); „1. ALSINE media. A. petalis bipartitis, foliis ovato cordatis. ... Hort. cliff. 173. ... Gmel. sib. 4. p. 148. ... A. media. Bauh. pin. 250. ... Gemeine Vogelmiere. W. ...“ (Linné 1797–1830, Bd. I, Teil 2, S. 1511f.); „48. ALSINE petalis bipartitis, foliis ouato cordatis, LIN. Sp. pl. 1. p. 389. n. 1. Alsine media, BAVH. pin. 250. Alsine pentastemon, petalis bipartitis, HALL. Helu. 386. Alsine floribus pentandris, foliis ouato-cordatis SCOP. carn. 496. n. 2. Ruthenice мокрица [russ. *mokrica*] dicitur, ...“ (Gmelin 1747–1769, Bd. IV, S. 148), nahezu identisch auf Bl. 63r in: AAW R. I, Op. 104, D. 14 – s. Anm. 32 in Nr. 6; „48. Alsine petalis bipartitis foliis ovato-cordatis [=] Stellaria media Sm.!“ (Ledebour 1841, S. 127); „2) STELLARIA MEDIA. Sm. ... Alsine media. Linn. Willd. Spec. pl. I. p. 1511. ... M. a Bieb. Fl. taur. cauc. I. p. 148. No. 618. Alsine petalis bipartitis, ... Gmel. Fl. sib. IV. p. 148. No. 48. ...“ (Ledebour 1830, S. 153); „3. St[ellaria] media (VILLARS Delphin. III, p. 615) ... β. oligandra: ... St. media (VILL, SMITH ac plurim. auct.). ... LEDEB. Fl. alt. II, p. 153. ... Alsine media. L. SP. 389. ... M. a BIEB. Fl. t. c. I, p. 248. ... Alsine petalis bipartitis, ... GMELIN. Fl. sib. IV, p. 148. Nr. 48. ...“ (Ledebour 1842, S. 377f.); „Alsine media, ... gemeiner Hünerdarm, mit zweymal getheilten und eyrund herzförmigen Blättern; gemeines Vogelkraut, Mayer, Miere, Vogelmayer, kleiner Vogelmeier; ...“ (Gmelin 1772a, Sp. 329); „618. ALSINE media. A. petalis bipartitis, ... Linn. ed. Willd. 1. p. 1511. ... Gmel. sib. 4. p. 148. n. 48. ...“ (Marschall von Bieberstein 1808a, S. 248); „ALSINE (media) petalis bipartitis, foliis ouato-cordatis. Linn. Spec. pl. 272. n. 1. ... Мокрица [russ. *mokrica*], siue Курячьи черьви [russ. *kurjač'i čer'vi*] Russ. ...“ (*Kraše-ninnikov* 1761, S. 47); „364. Alsine media. Lin. Syst. Plant. I. p. 746. sp. 1. ... Ruß. Kuriatschii Tscherwi und Mokriza. ...“ (Falk 1786, S. 152); „Die Einwohner der gilanischen Alpen bedienen sich täglich neben ihrer gewöhnlichen Speise des Plows, nämlich eines Zugemüses, welches sie aus folgenden Kräutern verfertigen. Dem Meirich nämlich (Alsine media (*) Pers. Pabu), ... Sie sammlen die jungen Pflanzen von diesen Kräutern, kochen dieselben erstlich schlechtweg in Wasser ab, und stoßen sie nachgehends in Butter. ... |: (*) Alsine petalis bipartitis, foliis ouato-cordatis. Linn. syst. nat. T. II. p. 221. n. 1. :|“ (Gmelin 1784, S. 180f.); „STELLARIA MEDIA Smith. MITTLERE STELLARIE. ... Die Pflanze wird als ein kühlendes Mittel frisch gequetscht auf entzündeten Stellen gelegt. Es war auch ehemals als Herba Alsines officinell. ... Deutsche Namen: Vogelmiere, Vogelkraut, Vogelmeier, Meirich, kleiner oder weisser Meier, Hühnermeier, Hühnerdarm, Hühnerbiss, Hühnersalbe, Hendelkraut, Zieselkraut.“ (Dietrich 1837, Nr. 323); „41) Gemeiner Hühnerdarm, Hühnerbiß, Hühnertritt, Gänskraut, Vogelkraut, gemeines Vogelkraut, Vogelmeier, Meier, Miere, Alsine media, ... er ist nicht nur ein angenehmes Futter für kleinere Vögel, ... sondern die Aerzte haben ihn auch ... als ein kühlendes, heilendes, verdünnendes Mittel innerlich in der Schwindsucht, in dem Blutspeyen und in derjenigen Art der Raude, welche von dicken Säften herrührt und äußerlich frisch gequetscht in Entzündungen und Wunden angerühmt: ...“ (Gmelin 1779, S. 51ff.); „Alsine media C. B. ... Hippia minor, ... D. Hennen=Biß, Hennen=-Darm, ... Gänse=Weid, Hendel=Kraut, Weißer Meirich, Myre, ... Es ist kühler und feuchter Eigenschaft, und daher den Lungen= und Schwindsüchtigen dienlich, ... ist eine treffliche Kühlung in innerlicher Hitze, in Fiebern und andern hitzigen Krankheiten. ... Man gibt auch dessen Saft in Milch für das Bauchgrimmen ein. Das Pulver davon stillet den goldenen Aderfluß, ... Es ist dieses Kraut auch gut zu entzündeten Augen, ...“ (Krünitz 1773–1858, Bd. 1, S. 585f.); „Alsine, ... Vogelkraut, ... dienet wider das Abnehmen des Leibes, die Schwindsucht, Krätze und Rose. Den Saft gibt man den Kindern in Milch ein, das Grimmen zu vertreiben, und den Leib gelinde zu eröfnen.“ (Franckenau 1753, S. 38); „Der Mäusedarm, ... 1) Ein Nahme, welchen im gemeinen Leben das Vogelkraut, Alsine media L. führet, wegen seiner den Mäusedärmen ähnlichen kleinen Ranken. Von andern wird es Mäusegedärm genannt. ...“ (Adelung 1793–1801, 3. Bd., S. 123); „1. ALSINE media ... Gemeine Vogelniere. W. R. Kuritschoi, Tscherw und Mokriza. ...“ (Georgi 1797–1802, Theil 3, S. 868)

„780. Alsine vulgaris seu Morsus gallinae J. B. III. 363. ...“ (AAW R. I, Op. 105, D. 1[a], Bl. 91r, s. Anm. 29 in Nr. 5); „11. Alsine vulgaris seu Morsus Gallinae. J. B. III. 363“ (AAW R. I, Op. 13, D. 67, Bl. 51v, s. Anm. 5 in Nr. 4); „125 Alsine media CBP. 250. Alsine vulgaris seu morsus gallinae JB. 3. 363." (AAW R. I, Op. 6, D. 40, Bl. 29r, s. Anm. 1 in Nr. 1); „125 Alsine media. C. B. Morsus gallinae J. B." (G. W. Steller nach J. G. Heinzelmann: AAW R. I, Op. 81, D. 23, Bl. 17r, s. Anm. 1 in Nr. 1); „244. Alsine media C. B. P. ..." (AAW R. I, Op. 13, D. 42, Bl. 36r, s. Anm. 1 in Nr. 1); „58. Alsine media C. B. P. ..." (AAW R. I, Op. 104, D. 17, Bl. 11v, s. Anm. 36 in Nr. 8); „1. Alsine media C. B. P. 250." (AAW R. I, Op. 13, D. 16, Bl. 13r, s. Anm. 32 in Nr. 6); „Alsine media CBP. ..." (AAW R. I, Op. 104, D. 8, Bl. 11r, s. Anm. 18 in Nr. 452); „172.) alsine media C. B. P. ..." (AAW R. I, Op. 104, D. 25, Bl. 14r, s. Anm. 61 in Nr. 21); „360. Alsine vulgaris seu Morsus Gallinae J. B. III. 363. ..." (AAW R. I, Op. 105, D. 12, Bl. 16r, s. Anm. 54 in Nr. 17); „Alsine media (Tournefortii sp. 4), Off." (Messerschmidt 1962–1977, Bd. 4, S. 203, s. Anm. 1 in Nr. 1); „8. Juli 1725 ... Von Kräutern fand sich hieselbst ... Alsine vulgaris (Tourneforti sp. 4); ..." (a. a. O., S. 152ff.)

21 „Alsine nemorensis, foliis strictissimis, multiflora & multicaulis, nondum descripta, ..." (Rupp 1726, S. 87); „173) alsine nemorensis foliis strictissimis multiflora & multicaulis Rupp. flor. Jenens p. 87. ..." (AAW R. I, Op. 104, D. 25, Bl. 14r, s. Anm. 61 in Nr. 21)

22 lat. pons sublicius – Pfahlbrücke; „PFAHLBRÜCKE oder Jochbrücke. Wenn die Balken oder Stämme, die zu einer Brückenbahn von einem Ufer eines Gewässers zum andern gestreckt werden, auf einer zu großen Länge frei liegen würden, ... dann müssen sie in der Mitte ... an mehren Stellen unterstützt werden. ... Eine solche Unterstützung wird durch Pfähle, die man quer unter der zu bauenden Brückenbahn einrammt, ... bewirkt und heißt in ihrer Gesammtheit ein Pfahl= oder Ständerwerk, oder ein Joch, und die Brücke selbst heißt darnach eine Pfahl= oder Jochbrücke. ..." (Ersch/Gruber 1845, S. 133)

23 „174) alsine verna glabra floribus umbellatis albis Tour Spec. 12. ..." (AAW R. I, Op. 104, D. 25, Bl. 14r, s. Anm. 61 in Nr. 21); s. Nr. 279

24 „[species 14] Alsine pratensis, Gramineo folio ampliore. Caryophyllus arvensis, glaber, flore majore C. B. Pin. 210. Gramen Fuchsii sive Leucanthemon J. B. 3. 361. Gramen floridum, majus Tabern. Icon. 232." (Tournefort 1700, S. 243, Genus VIII. „Alsine. Morgeline."); „V. Caryophyllis arvensis glaber flore majore. ..." (Bauhin 1623, S. 210); „Gramen Fvchsii sive Leucanthemon. ..." (Bauhin 1651, S. 361); „Alsine pratensis, gramineo folio, ampliore Tournefort. Caryophyllus arvensis, glaber, flore majore J. B. 3. 361. ... Germ. Augen=Trost=Graß, ..." (Rupp 1726, S. 87); „Alsine pratensis Gramineo folio ampliore Inst. R. Herb. ... Graß=Blumen/ Blumen=Graß. ..." (Mappus 1742, S. 17); „2. ALSINE foliis lanceolatis. Alsine pratensis, gramineo folio ampliore. Tournef. inst. 243. ... Caryophyllus arvensis glaber, flore majore. Bauh. pin. 210. Holostium ruelli. Lob. hist. 26. ... Gramen fuchsii sive Leucanthemum. Bauh. hist. 3. p. 361." (Linné 1737, S. 172); „4) Augentrostgras. Stellaria Holostea. ... Stellaria foliis lanceolatis, serrulatis; petalis bifidis. LINN. Syst. veg. p. 352. ... Hort Cliff. 172. ... Holosteum Ruelli. LOB. Icon. 46. ..." (Linné 1780, S. 608); „5. STELLARIA Holostea. S. foliis lanceolatis serrulatis, petalis bifidis. Gmel. sib. 4. p. 145. ... Alsine foliis lanceolatis. Hort. cliff. 172. ... Grossblütige Sternmiere. W. ..." (Linné 1797–1830, Bd. II, Teil 1, S. 711); „7. St[ellaria] holostea (L. SP. 711) ... Alsine floribus gramineis asperis, petalis semibifidis. GMEL. Fl. sib. IV, p. 145. Nr. 45? ..." (Ledebour 1842, S. 381); „Stellaria Holostea, foliis lanceolatis serrulatis, petalis bifidis; Augentrostgras, ... Grasnelkenmeier; ..." (Gmelin 1776, Sp. 765); „45. ALSINE floribus gramineis, asperis petalis semibifidis. HALL. Helu. 387. Alsine foliis lanceolatis serratis, LIN. fl. suec 371. Alsine floribus decandris trigynis, foliis lanceolatis, petalis bifidis, SCOP. Carn. 491. Stellaria foliis lanceolatis, serrulatis, petalis bifidis LIN. Sp. pl. 1. p. 603. n. 4. ..." (Gmelin 1747–1769, Bd. IV, S. 145f.), nahezu identisch auf Bl. 62r in: AAW R. I, Op. 104, D. 14 – s. Anm. 32 in Nr. 6; „45. Alsine floribus (foliis) gramineis asperis, petalis semibifidis [=] Stellaria Holostea L. (ex Willd. sp. pl. II. 711. et M. a Bieb. Fl. t. c. I. 342.)" (Ledebour 1841, S. 127); „843. STELLARIA Holostea. ... St. foliis lanceolatis serrulatis, ... Linn. ed. Willd. 2. p. 711. ... Gmel. sib. 4. p. 145. n. 45. ..." (Marschall von Bieberstein 1808a, S. 342); „660. STELLARIA Holostea ... Germ. Grasnelken-Meier. Augentrost-Sternkraut. ..." (Gmelin 1806, S. 258f.); „Alsine pratensis,

gramineo folio ampliore, ... Blumen=Graß. Es kühlet, trocknet und curiret die Entzündungen der Augen." (Zedler 1732–1750, Bd. 1, Sp. 1506);

„119. Alsine folijs lanceolatis Linn. h. Cliff. 172. Alsine pratensis, gramineo folio ampliore. Tourn. inst. 243. ..." (AAW R. I, Op. 13, D. 20, Bl. 13r, s. Anm. 1 in Nr. 1); „971. Alsine folijs lanceolatis Linn. h. Cliff. 172. Lychnis arvensis glabra, flore majore Moris. hist: 2. ..." (a. a. O., Bl. 92v); „581. Alsine pratensis gramineo folio ampliore T. 243." (AAW R. I, Op. 104, D. 13, Bl. 5v, s. Anm. 84 in Nr. 29); „Alsine pratensis, gramineo folio ampliore. Inst. r. h. n°. 18." (AAW R. I, Op. 13, D. 19, Bl. 3v, s. Anm. 54 in Nr. 17); s. auch Nr. 274

25 „[species 15] Alsine pratensis, Gramineo folio angustiore. Caryophyllus arvensis, glaber, flore minore C. B. Pin. 210. Gramini Fuchsii Leucanthemo affinis & similis planta J. B. 3. 361. Gramen floridum, minus Tabern. Icon. 232." (Tournefort 1700, S. 243, Classis VI., Sectio II., Genus VIII. „Alsine. Morgeline.")

„72. Alsine folijs linearibq Lin. flor. 187 h. cliff. 172. Alsine pratensis, gramineo folio angustiore Tourn. inst. 243. Lychnis arvensis glabra flore minore Moris. hist. 2. p. 545. S. 5. t. 22. S. 48 Boerh. lugd. 2. p. 214. ..." (AAW R. I, Op. 13, D. 20, Bl. 7v, s. Anm. 1 in Nr. 1); „59. Alsine pratensis gramineo folio angustiore I. R. H ..." (AAW R. I, Op. 104, D. 17, Bl. 11v, s. Anm. 36 in Nr. 8); „582. Alsine pratensis gramineo folio angustiore. T." (AAW R. I, Op. 104, D. 13, Bl. 5v, s. Anm. 84 in Nr. 29); „175) alsine pratensis gramineo folio angustiori Tourn. i. r. h. ..." (AAW R. I, Op. 104, D. 25, Bl. 14r, s. Anm. 61 in Nr. 21); „124 Alsine pratensis, gramineo folio angustiore Inst. r. h. Caryophyllus arvensis glaber, flore minore CBP. 210" (AAW R. I, Op. 6, D. 40, Bl. 29r, s. Anm. 1 in Nr. 1); „124 Alsine pratensis gramineo folio angustiori. i. r. h." (G. W. Steller nach J. G. Heinzelmann: AAW R. I, Op. 81, D. 23, Bl. 17r, s. Anm. 1 in Nr. 1); „Alsine pratensis, gramineo folio, ampliore et angustiore Tourn. ..." (AAW R. I, Op. 104, D. 8, Bl. 11r, s. Anm. 18 in Nr. 452); s. Nr. 274

26 „[species 16] Alsine aquatica, media C. B. Pin. 251. Alsine longifolia, uliginosis proveniens locis J. B. 3. 365. Alsine fontana Tabern. Icon. 712." (Tournefort 1700, S. 243, Genus VIII. „Alsine. Morgeline."); „*9. STELLARIA Alsine. ... Stellaria graminea γ. Sp. pl. 604. ... Alsine hypericifolia. Vaill. paris. 9. Alsine aquatica media. Bauh. pin. 251. Alsine longifolia uliginosis proveniens locis. Bauh. hist. 3. p. 365. ... Sumpf Sternmiere. W. ..." (Linné 1797–1830, Bd. II, Teil 1, S. 713); „5) STELLARIA ALSINE. Hoff. ... Hoff. Fl. germ. I. p. 135. t. 5. – Willd. Spec. pl. II. p. 713. ..." (Ledebour 1830, S. 156); „227. STELLARIA uliginosa: ... St. Alsine Willden. spec. 2. p. 713. St. graminea γ. Linn. svec. p. 150. ..." (Wahlenberg 1812, S. 124); „13. Alsine fontana. Brunnen Vogelkraut" (Abbildung in: Tabernaemontanus 1590, S. 712)

„243. Alsine aquatica media C. B. P. ..." (AAW R. I, Op. 13, D. 42, Bl. 36r, s. Anm. 1 in Nr. 1); „* Alsine aquatica media. C. B. P. ..." (AAW R. I, Op. 105, D. 2, Bl. 6r, s. Anm. 54 in Nr. 17); „176) alsine aquatica media C B Pin. ..." (AAW R. I, Op. 104, D. 25, Bl. 14v, s. Anm. 61 in Nr. 21); „1. Alsine longifolia uliginosis proveniens locis J. B. III. 365. ..." (AAW R. I, Op. 13, D. 67, Bl. 51v, s. Anm. 5 in Nr. 4); s. Nr. 274 u. Nr. 285

27 „ALSINE palustris, linifolia, magno flore lacteo. vid. Menzel in pugill. [?] ..." (Rupp 1726, S. 87)

28 „[species 17] Alsine palustris, Serpilli folio Bocc. Rarior. Plant. 48." (Tournefort 1700, S. 243, Genus VIII. „Alsine. Morgeline."); „Alsine palustris Serpilli folio. ..." (Boccone 1674, S. 48); „... Portulaca arvensis. C. B. Pin. 288. Alsine aquatica surrectior. J. B. 3. 786. an Alsine palustris serpilli folio. Ger. emac. ..." (Vaillant 1727, S. 10); „Montie. Montia. Linn. ... Diese nach zween berühmten Italiänischen Kräuterkundigen, Namens Monti, benannte Gattung ... 1.) Quell=Montie. Montia fontana. LINN. Syst. veg. p. 110. Portulaca arvensis. C. BAUH. pin. 288. Alsine aquatica surrectior. J. BAUH. hist. 3. p. . 786. ..." (Linné 1779, S. 200ff.); „1. MONTIA fontana. ... Portulaca arvensis. Bauh. pin. 288. ... Quell Montie. W. ..." (Linné 1797–1830, Bd. I, Teil 1, S. 487); „314. Montia. MICHEL. ... 1. M. fontana (L. spec. p. 129) ... M. fontana α. minor. DEC. Prodr. III, p. 362. ... M. fontana β, minor [?] DEC. Prodr. l. c. ..." (Ledebour 1844–1846, S. 151f.); „X. MONTIA Mich. gen. 17. t. 13. ... 1. M. FONTANA (Linn. spec. 129.) ... α. minor (Willd. spec. 1. p. 415 [sic!]) ... β. major (Willd. l. c.) ..." (Candolle 1828, S. 362); „[Alsine] aquatica

surrectior; so nennt J. Bauhin eine Spielart des frühjährigen Wassersterns." (Gmelin 1772a, Sp. 332); „[Alsine] palustris, folio serpylli, ist bey Boccone, Tournefort und Boerhaave eine Art des Hünerdarms, welche in Sümpfen wächst, und Quendelblätter hat." (a. a. O., Sp. 342); „Montia, Montische Pflanze, ... Man kennt bisher nur eine Art, welche von ihrem Geburtsorte, den europäischen Quellen, den Beynamen: fontana, hat: ..." (Gmelin 1774, Sp. 234f.); „203. MONTIA minor caule erecto, ... Montia (fontana) α. Linn. Sp. veg. p. 28. ... Portulaca arvensis. Bauh. pin. p. 288. ... Germ. Kleine Montie ... 204. MONTIA rivularis ... Montia fontana β. Linn. Syst. veg. p. 128. ... Alsine aquatica surrectior. Joh. Bauh. hist. 3. p. 777. ... Germ. Bachmontie. Grosse Montie. Wasserportulac. ..." (Gmelin 1806a, S. 301ff.); „104. MONTIA fontana Linn. Quell–Montie. ... Synon. ... M. minor Gmel. Fl. Bad. ... Abart β. major, ... Synon. ... M. rivularis Gmel. bad. (Triv. u. a. Nam. Flachssalat, Wasserburzelkraut. ... Sie wird ... unter dem Namen Flachssalat zu Markte gebracht und als Salat gespeiset. ... Zwischen der grössern und kleinern Abart finden wir keinen specifischen Unterschied. ..." (Röhling 1823, S. 402f.)

„953. Montia Linn. flor. 30. ..." (AAW R. I, Op. 13, D. 20, Bl. 86r, s. Anm. 1 in Nr. 1)

29 „[species 18] Alsine Alpina, Serpilli folio, multicaulis & multiflora." (Tournefort 1700, S. 243, Genus VIII. „Alsine. Morgeline."); „6) Gefranßtes Sandkraut. Arenaria ciliata. ... Arenaria foliis ovatis, nervosis, ciliatis, acutis. LINN. Syst. veg. p. 353. ... Alsine Serpilli folio multicaulis et multiflora. SEGUIER. Veron. 1. p. 421. t. 5. f. 2. ... 8) Vielstenglichtes Sandkraut. Arenaria multicaulis. ... Arenaria foliis ovatis, enerviis, sessilibus, acutis; corollis calyce majoribus. LINN. Syst. veg. p. 353. ... Diese Art wird von Gerard für eine bloße Varietät der sechsten gehalten, ..." (Linné 1780, S. 614f.); „6. ARENARIA ciliata. A. foliis ovatis nervosis ciliatis acutis. Sp. pl. 608. ... Alsine serpilli folio, multicaulis et multiflore, Segu. ver. 3. p. 421. t. 5. f. 2. ... Gefranztes Sandkraut. W. ... 8. ARENARIA multicaulis. A. foliis ovatis, sessilibus acutis corollis calyce majoribus. Sp. pl. 605. ... Vielstieliges Sandkraut. W." (Linné 1797–1830, Bd. I, Teil 1, S. 718ff.); „19. A[renaria] (Euthalia) ciliata (L. SP. p. 608) ..." (Ledebour 1842, S. 370f.); „[Arenaria] ciliata, foliis ovatis nervosis ciliatis acutis; gefranztes Sandkraut, mit eyrunden, nervigen, gefranzten und spizigen Blättern; ..." (Gmelin 1772a, Sp. 729); „1701. ARENARIA ciliata. ... Alsine alpina serpylli folio, multicaulis, & multiflore. TOURN. inst. 243. SEGU. veron. 1. p. 421. tab. 5. f. 2. ..." (Allioni 1785a, S. 111); „1377. ARENARIA ciliata. Linné. Gefranztes Sandkraut. ... Aus den Formen der gegenwärtigen Pflanze hat Linné zwei Arten gebildet, die sich jedoch durch keine festen Grenzen scheiden, nämlich die Arenaria ciliata und A. multicaulis. ..." (Röhling 1831, S. 266ff.); „50. ALSINE petalis emarginatis foliis ex cordato-ouatis. acutis, GM. Inst. STELL. Irc. 189. [müßte heißen: GM. mst. STELL. Irc. 289.; s. folgende Anm.] Similima alsine n. 48. [s. Nr. 281] at facies diuersa. Bella planta fructiculi globosi facie, ramos 60 et plures spargens, flores albi, rosacei, petala non nihil bifida. Capsula ouata, semina tri spadicea includens; occurrit ad lacum Baical." (Gmelin 1747–1769, Bd. IV, S. 149f.); „50. Alsine petalis emarginatis, folijs ex cordato-ovatis acutis. Gm. mst. Stell. irc 289 Simillima Alsine. n. 48. ..." (AAW R. I, Op. 104, D. 14, Bl. 63r – s. Anm. 32 in Nr. 6); „50. Alsine petalis emarginatis, foliis ex cordato ovatis acutis [=] Stellaria dichotoma L.!" (Ledebour 1841, S. 127); „Alsine foliis ex cordato ovatis acutis, petalis emarginatis (Fl. sib. IV. 149. nr. 50. Stellaria dichotoma L.) anne varietas vulgaris? (Alsine media L. St. media Sm. [?] Fl. sib. IV. 148. nr. 46 [s. Nr. 281]) quamvis facies diversissima; sic suadent pedunculi, caules, folia, viscositas. Tui qui vidam vidisti determines." (C. von Linné in einem undatierten Brief an J. G. Gmelin von 1748? – Plieninger 1861, S. 76); „2) Zweytheiliger Meirich. Stellaria dichotoma. ... Stellaria foliis ovatis, sessilibus; caule dichotomo; floribus solitariis; pedunculis fructiferis reflexis. LINN. Syst. veg. p. 352. ..." (Linné 1780, S. 607); „2. STELLARIA dichotoma. S. foliis ovatis sessilibus, caule dichotomo, floribus solitariis, pedunculis fructiferis reflexis. Sp. pl. 603. Pall. it. 1. p. 72. ... Alsine petalis emarginatis, ... Gmel. sib. 4. p. 149. ... Gabelästige Sternmiere. W. ..." (Linné 1797–1830, Bd. II, Teil 1, S. 710); „5. St[ellaria] dichotoma (L. SP. 603) ... α. cordifolia ... St. Pallasiana. Ser. in DEC. PRODR. I, p. 399. – LEDEB. Fl. alt. II, p. 153! ... Synon. generalia: ... Alsine petalis emarginatis ... GMEL.

Fl. sib. IV, p. 149. Nr. 50. ...“ (Ledebour 1842, S. 378ff.); „Stellaria dichotoma, ... zweytheilige Sternpflanze, ...“ (Gmelin 1776, Sp. 764)

„781. An Alsine alpina Serpilli folio, multicaulis et multiflora Bocc? Fl. Irc. n$^{\underline{o}}$. 289. Eadem mihi circa hanc plantam, quae Stellero observata sunt. ...“ (AAW R. I, Op. 105, D. 1^{a}, Bll. 91r–91v, s. Anm. 29 in Nr. 5); „47. Alsine alpina Serpilli folio multicaulis Fl. Irc. 289.“ (AAW R. I, Op. 105, D. 16, Bl. 1v, s. Anm. 5 in Nr. 4); „12. An Alsine Alpina Serpilli folio, multicaulis & multiflora Bocc.? Fl. Irc. n°. 289.“ (AAW R. I, Op. 13, D. 67, Bl. 51v, s. Anm. 5 in Nr. 4); s. auch Nr. 290

30 s. Nr. 281

31 „[species 2] Alsine maxima, Solanifolia Mentz. Pug. Tab. 2.“ (Tournefort 1700, S. 242, Genus VIII. „Alsine. Morgeline.“); „Alsine maxima Solanifolia. ... v. Icon. Tab. 2.“ und die Abbildung „Alsine max: solanif: March=Br:“ auf Tafel 2 (Mentzel 1715a); „Alsine maxima solanifolia Mentz. Pug. Tab. 2. ...“ (Mappus 1742, S. 16); „47. ALSINE petalis bipartitis, HALL. Helu. p. 386. Alsine maxima solanifolia, MENZ. pug. 2. t. 1. f. 2. Myosotis amaranthi folio, GM. Inn. [müßte heißen: Ind.] Len. 256. Alsine subhirsuta amplissimo folio, vasculo longiore, GM Ind. Ien. 660. [müßte heißen: 760.] Cerastium foliis cordatis, sessilibus, floribus solitariis, fructibus pendulis, LIN. Sp. pl. 1. p. 629. n. 13. Alsine floribus pentandris, pentagynis, foliis sessilibus, cordatis, SCOP. fl. carn. p. 498. n. 7. ...“ (Gmelin 1747–1769, Bd. IV, S. 147f.); „47. Alsine folijs cordatis petalis bipartitis Hall. helv. p. 386. Alsine maxima solanifolia, Menz. pug. 2. t. 1. f. 2. Myosotis amaranthi folio Gm. Ind. Len. 256. Alsine subhirsuta amplissimo folio, vasculo longiore, Gm. Ind. Jen. 660. [sic!] ...“ (AAW R. I, Op. 104, D. 14, Bll. 62v–63r – s. Anm. 32 in Nr. 6); „47. Alsine petalis bipartitis [=] Stellaria nemorum L.! (Stellaria Pallasiana Ser. – Lessing in Linnaea IX. 174.)“ (Ledebour 1841, S. 127); „4. ALSINE foliis cordatis, petalis bipartitis. I. Alsine major repens perennis I. B. III. p. 362. ... Alsine altissima nemorum C. B. Bas. p. 73. ... II. Alsine palustris TAB. p. 713. bene. Alsine aquatica major H. OX. II. p. 550. III. Alsine marina DOD. p. 30. ... I. II. III. Alsine foliis ovato cordatis LINN. Cliff. p. 173. ...“ (Haller 1742, S. 386); „3. Der größeste, daurhafte Wald=Hünerdarm: Alsine altissima nemorum, C. B. P. 251. [sic!] ...“ (Zwinger 1744, S. 1105); „VIII. Alsine altissima nemorum. ...“ (Bauhin 1623, S. 250); „370. ALSINE foliis cordatis, floribus pentagynis. α ... Alsine palustris. Tabern. hist. 1089. ... β Alsine altissima nemorum. Bauh. pin. 251. [sic!] ...“ (Linné 1745, S. 135); „1) Waldmeirich. Stellaria nemorum. ... Stellaria foliis cordatis, petiolatis; panicula pedunculis ramosis. LINN. Syst. veg. p. 352. ... Alsine altissima nemorum. C. BAUH. pin. 250. Alsine montana hederacea maxima. COLUMN. Ecphr. I. p. 289. t. 290. β Alsine montana latifolia, flore laciniato. C. BAUH. pin. 250. ...“ (Linné 1780, S. 606f.); „1. STELLARIA nemorum. ... Myosotis foliis petiolatis, cordatis, tubis ternis. Hall. helv. n. 886. a. ... Alsine altissima nemorum. Bauh. pin. 250. Alsine montana hederacea maxima. Col. ecphr. 1. p. 289. t. 290. ... Wald Sternmiere. W. ...“ (Linné 1797–1830, Bd. II, Teil 1, S. 710); „1) STELLARIA NEMORUM. Linn. ... Willd. Sp. pl. II. p. 710. ... Alsine petalis bipartitis. GMEL. Fl. sib. IV. p. 147. No. 47 (excl. synon. Linn. et Scopol.) ...“ (Ledebour 1830, S. 152f.); „3) STELLARIA PALLASIANA. Ser. ... Ser. in Decand. Prodr. I. p. 399. No. 39. ...“ (a. a. O., S. 153ff.); „1. St[ellaria] nemorum (L. SP. 603) ... 2. St[ellaria] Bungeana ... Alsine petalis bipartitis. GMEL. Fl. sib. IV, p. 147. Nr. 47. ...“ (Ledebour 1842, S. 375ff.); „Stellaria nemorum L. Waldsternmiere, Waldmeierich, Grosser oder Hoher Vogelmeier ... Stellaria Pallasiana Ser. (... Stellaria dichotoma Pall. non. L.) Diese im nördlichen Asien an dürren Stellen ♃ wachsende Pflanze wird daselbst gegen Durchfälle bei Kindern gebraucht.“ (Winkler 1842, S. 705f.); „Von Arzneykräutern habe ich bey ihnen im Gebrauch gefunden: ... Stellaria dichotoma (Moksch. Sut=aat) und blaue Mannstreu gekocht wieder den Durchfall bey Kindern; ...“ (Pallas 1771, S. 72); „Alsine maxima solanifolia, also nennt Menzel das Wasserhornkraut.“ (Gmelin 1772a, Sp. 339); „[Stellaria] nemorum, ... Hainsternpflanze, ... grosser Vogelmeier; Waldmeierich; ...“ (Gmelin 1776, Sp. 763f); „886. MYOSOTIS foliis petiolatis, cordatis, tubis ternis. ... Alsine montana, hederacea, maxima COLUMN. Ecphras. I. p. 289. 290. Alsine altissima nemorum C. B. ...“ (Haller 1768, S. 388f.); „659. STELLARIA nemorum foliis cordatis petiolatis,

panicula pedunculis ramosis. Lin. Sp. pl. 1. p. 603. Myosotis foliis petiolatis cordatis, tubis ternis. Hall. stirp. helv. n. 886. Alsine maxima solanifolia. Mapp. fl. Als. p. 16. Alsine palustris. Tabernaemont. p. 1089. Ic. .... Germ. Waldmeyer. Waldstern. ..“ (Gmelin 1806, S. 257f.)
„760. Alsine subhirsuta, amplissimo folio, vasculo longiore. Myosotis Amaranthi folio Ind. Len. n°. 256. ...“ (AAW R. I, Op. 105, D. 1ª, Bl. 89v, s. Anm. 29 in Nr. 5); „768. Alsine subhirsuta, flore maximo, vasculo longiore. Myosotis Ind. Len. 249. 257. et 258. ... Fl. Irc. nº 290.“ mit der rechts marginalen Anm. auf Bl. 90r „vid. Ic.“ (a. a. O., Bll. 90r–90v); „249. Myosotis arvensis subhirsuta, flore maiore I. R. H. ...“ (AAW R. I, Op. 13, D. 42, Bl. 38r, s. Anm. 1 in Nr. 1); „256. Myosotis Amaranthi folio. ...“ (a. a. O., Bll. 39v–40v, s. Anm. 1 in Nr. 1); „257. Myosotis holostium dicta, maxime hirsuta flore maiore. ...“ (a. a. O., Bll. 40v–41r, s. Anm. 1 in Nr. 1); „258. Myosotis Holostium dicta, subhirsuta flore maximo. ...“ (a. a. O., Bll. 41r–41v, s. Anm. 1 in Nr. 1); „29 Myosotis Amaranthi folio 30 Myosotis Holostium dicta, maxima, hirsuta, flore majore 31. Myosotis holostium dicta, subhirsuta flore maximo.“ (AAW R. I, Op. 105, D. 19, Bl. 1v, s. Anm. 55 in Nr. 18); „59. Alsine folijs ovatis undulatis. Alsine maxima solanifolia. Mentzelii ...“ (AAW R. I, Op. 13, D. 20, Bl. 6v, s. Anm. 1 in Nr. 1); „– 178.) Alsine maxima solanifolia Menzel. pugill. vid flor ircut No. 290. ...“ (AAW R. I, Op. 104, D. 25, Bl. 14v, s. Anm. 61 in Nr. 21); s. auch Nr. 281

32 „SOLANUM. ... teutsch, Nachtschatten. ... Seine Blätter sind länglicht und spitzig, ziemlich breit, weich und schwärtzlicht oder dunckelgrüne, die einen eckigt, die andern zerkerbet, und die andern gantz, ...“ (Lémery 1721, Sp. 1059f.)

33 in der 2. Textversion (s. Anm. 1 in A.) nach ‚5‘: „uncias“

34 Randbemerkung in der 2. Textversion (s. Anm. 1 in A.) in der Handschrift von G. W. Steller: „D. D. Gmelin / Myosotis ar / vensis sub / hirsuta flore / majori“

35 „[species 1] Alsine altissima nemorum C. B. Pin. 250. Alsine major, repens, perennis J. B. 3. 362. Alsine major Dod. Pempt. 29.“ (Tournefort 1700, S. 242, Genus VIII. „Alsine. Morgeline.“); „49. ALSINE cerastium foliis connatis, ROY. Lugd. 150. H. vps. 173. T. LXII. I. Myosotis orientalis perfoliata, lychindis [sic!] folio, DILL. elth. t. 217. f. 284. Alsine foliis ouatis amplexicaulibus, glaberrimis, GM. Inst. [müßte heißen: Mst.] Alsine altissima folio caulem amplexante glabro, vasculo longiore, Ind. Ien. 769. Irc. 351. [im Manuskript AAW R. I, Op. 104, D. 14 aber „Irc. 351.“ nach „Myosotis altissima procumbens, ...“; müßte jedoch heißen: 371; s. weiter unten] Myosotis altissima procumbens, folio caulem amplexante glabro, Ind. Len. 253. Alsine altissima nemorum, B. pin. 150. [sic!] STELL. Irc. 291. ...“ (Gmelin 1747–1769, Bd. IV, S. 148f.), nahezu identisch auf Bl. 63r in: AAW R. I, Op. 104, D. 14 – s. Anm. 32 in Nr. 6; „49. Alsine Cerastium foliis connatis. t. LXII. f. 1. (excl. synon. praeter auct. Fl. ross.) [=] Cerastium dauricum Fisch.! (Cerastium perfoliatum L. – Willd. sp. pl. II. 811. et M. a Bieb. Fl. t. c. I. 356.)“ (Ledebour 1841, S. 127); „1. CERASTIUM foliis connatis. Myosotis orientalis perfoliata, lychnidis folio. Tournef. cor. 18. Dill. elth. 295. t. 217. f. 284. ...“ (Linné 1737, S. 173); „1) Durchstochnes Hornkraut. Cerastium perfoliatum. ... Cerastium foliis connatis. LINN. Syst. veg. p. 632. Sp. pl. 627. Hort. Cliff. 173. ... Myosotis Orientalis perfoliata, Lychnidis folio. TOURNEF. Cor. 18. DILL. Elth. 295. t. 217. f. 284. ...“ (Linné 1780, S. 667); „1. CERASTIUM perfoliatum. C. foliis connatis. Hort. cliff. 173. ... Gmel. sib. 4. p. 148. n. 49. t. 62. f. 1. ... Myosotis orientalis perfoliata, lychnidis folio. Tournef. cor. 18. Dill. elth. 295. t. 217. f. 284. ... Durchwachsenes Hornkraut. W. ...“ (Linné 1797–1830, Bd. II, Teil 1, S. 811); „15. C[erastium] perfoliatum (L. SPEC. p. 627) ... M. a BIEB. Fl. t. c. I, p. 356; ...“ (Ledebour 1841, S. 402); „881. CERASTIUM perfoliatum. C. foliis connatis. Linn. ed. Willd. 2. p. 811. Gmel. sib. 4. p. 148. n. 49. t. 62. f. 1. mala. Myosotis orientalis perfoliata, Lychnidis folio. Tournef. cor. p. 18. Dill. elth. f. 284. ...“ (Marschall von Bieberstein 1808a, S. 356f.); „[Alsine] altissima nemorum, so nennt C. Bauhin die Haynsteinpflanze.“ (Gmelin 1772a, Sp. 331); „Cerastium perfoliatum, foliis connatis; durchstochenes Hornkraut, ... morgenländisches durchwachsenes Mausöhrlein mit dem Lychnisblatt; ...“ (Gmelin 1772, Sp. 768); „1. CERASTIUM perfoliatum L., ... Durchwachs= Hornkraut. Gm. Sib. 4. T. 62. f. 1. ...“ (Georgi 1797–1802, Theil 3, S. 986); Cerastium – russ.

jaskolka (*Annenkov* 1858, S. 29, Nr. 287); „Cerāstium L. (Caryophyllaceae). Von κερας (Horn) in Bezug auf die Form der Kapsel, welche wie ein Horn aus dem Kelche hervorragt.“ (Wittstein 1852, S. 174)

„769. Alsine altissima, folio caulem amplexante glabro, vasculo longiore. Myosotis Ind. Len. n°. 253 et Irc. n°. 371. Alsine Fl. Irc. n° 291. ...“ (AAW R. I, Op. 105, D. 1ª, Bl. 90v, s. Anm. 29 in Nr. 5); „253. Myosotis altissima, procumbens, folio caulem amplexante glabro. An Myosotis Orientalis perfoliata, Lychnidis folio Cor. I. R. H? ... Icon superiorem caulis partem exhibet.“ mit der rechts marginalen Anm. auf Bl. 38r „Tab. XXVIII.“ (AAW R. I, Op. 13, D. 42, Bll. 38r–38v, s. Anm. 1 in Nr. 1); „395. Myosotis Orientalis perfoliata, Lychnidis folio Cor.“ (AAW R. I, Op. 15, D. 3, Bl. 8r, s. Anm. 65 in Nr. 24); „2. Myosotis Orientalis perfoliata Lychnidis folio. Inst. r. h. Coroll.“ (AAW R. I, Op. 13, D. 16, Bl. 13r, s. Anm. 32 in Nr. 6); „Myosotis Orientalis, perfoliata, Lychnidis folio Inst. r. h. Coroll.“ (AAW R. III, Op. 1, D. 162, Bl. 20v, s. Anm. 54 in Nr. 17); „371. Myosotis altissima, procumbens, folio caulem amplexante glabro Ind. Len. ...“ (AAW R. I, Op. 105, D. 4ª, Bl. 42r, s. Anm. 54 in Nr. 17); „Alsine altissima nemorum CBP. ...“ (AAW R. I, Op. 104, D. 8, Bl. 11r, s. Anm. 18 in Nr. 452); „Alsine altissima nemorum. C. B. P. ...“ (AAW R. I, Op. 105, D. 2, Bl. 6r, s. Anm. 54 in Nr. 17); „– 179) Alsine altissima nemorum C. B. P. vid. flor. ircut No 291 ...“ (AAW R. I, Op. 104, D. 25, Bl. 14v, s. Anm. 61 in Nr. 21); „Alsine altissima nemorum. Bauh. Pin. et Inst. r. h. n°. 28.“ (AAW R. I, Op. 13, D. 19, Bl. 3v, s. Anm. 54 in Nr. 17); „10. Alsine altissima, folio caulem amplexante glabra vasculo longiore Ind. Jen. 769. Myosotis Ind. Len. n°. 253 & Irc. n°. 371. Alsine Fl. Irc. n°. 291. ...“ mit der rechts marginalen Anm. „vid. Ic.“ (AAW R. I, Op. 13, D. 67, Bl. 51r, s. Anm. 5 in Nr. 4); „126 Alsine altissima nemorum CBP. 250.“ (AAW R. I, Op. 6, D. 40, Bl. 29r, s. Anm. 1 in Nr. 1); „126 Alsine altissima nemorum C. B.“ (G. W. Steller nach J. G. Heinzelmann: AAW R. I, Op. 81, D. 23, Bl. 17r, s. Anm. 1 in Nr. 1); „Alsine altissima Nemorum, folio longo et lato, flore albo. T. sp. 1. ...“ (AAW F. 98, Op. 1, D. 19, Bl. 4v, s. Anm. 59 in Nr. 19); „Alsine altissima nemorum, folio majori, flore albo; Tournefort. Spec. 1. ...“ (AAW F. 98, Op. 1, D. 20, Bl. 27r, s. Anm. 90 in Nr. 33); s. Nr. 290 und Nr. 275

36 s. Nr. 27

37 s. Nr. 210 bis Nr. 215

38 „[species 30] Lychnis segetum, rubra, foliis Perfoliatae C. B. Pin. 204. Vaccaria Dod. Pempt. 104. J. B. 3. 357.“ (Tournefort 1700, S. 335, Genus II. „Lychnis.“); „De Perfoliato. CAP. XX. ... Vaccariam appellant: Perfoliatam rubram nominare Gesnerus maluit ...“ und die Abbildung „Vaccaria.“ auf S. 104 (Dodoens 1616, S. 103f.); „511. LYCHNIS Vaccaria. Saponaria calycibus pyramidatis, quinqueangularibus, foliis ovatis, acuminatis, sessilibus. LINN. Syst. Nat. p. 307. ...“ (Scopoli 1772, S. 303); „Vaccāria DOD. (Caryophyllaceae). Von vacca (Kuh), d. h. ein guttes Futter für die Kühe.“ (Wittstein 1852, S. 916)

39 „2) Getraideseifenkraut. Saponaria Vaccaria. ... Saponaria calycibus pyramidatis, quinquangularibus; foliis ovatis, acuminatis, sessilibus. LINN. Syst. veg. p. 347. ... Lychnis Vaccaria. SCOP. Fl. Carn. n. 511. Lychnis segetum rubra, foliis perfoliatis. C. BAUH. pin. 204. Vaccaria. DOD. pempt. 104. ... sie wird von den Kühen gern gefressen, und hat daher den Namen Vaccaria. ... die Blätter umfassen mit ihrer Basis den Stengel, stehen gerade gegen einander über, und sind meergrün. ...“ (Linné 1780, S. 554)

40 „[species 3] Alsine montana, latifolia, flore laciniato C. B. Pin. 251. Alsine Hederacea, montana, maxima Col. Part. 1. 290.“ (Tournefort 1700, S. 242, Genus VIII. „Alsine. Morgeline.“); „Alsine montana hederacea maxima. Cap. CXXIII. ...“ und die Abbildung „Alsine hederacea montana max.“ auf S. 290 (Columna 1616, S. 289ff.); „46. ALSINE foliis salignis, margine scabris, petalis semiquinquefidis. Alsine saxatilis angusto et oblongo salicis folio, flore albo tenuissime laciniato, MESS. AMM. Ruth. p. 64. n. 80. [müßte heißen: 83] t. 10. Alsine montana, latifolia, flore laciniato, BAVH. pin. 251. STELL. Irc. 292. Alsine petalis semiquinquefidis. GM. Inst. [müßte heißen: Mst.] Alsine foliis lanceolatis, serrulatis, petalis quinquepartitis, LIN. Sp. pl. t. 603. n. 3. ...“ (Gmelin 1747–1769, Bd. IV, S. 146f.), nahezu identisch auf Bl. 62v in: AAW R. I, Op. 104,

D. 14 – s. Anm. 32 in Nr. 6; „46. Alsine foliis salignis margine scabris, petalis semiquinquefidis. [=] Stellaria radians L.!“ (Ledebour 1841, S. 127); „Alsine petalis semiquinquefidis. egregia planta, nisi sit varietas alicujus vulgaris, quod tamen non facile crederam, cum folia latiora, duriora, margine scabra. (Fl. sib. IV. 146. nr. 46. Stellaria radians L.)“ (C. von Linné in einem Brief an J. G. Gmelin vom 2. August 1748 – Plieninger 1861, S. 83); „3) Strahlender Meirich. Stellaria radians. ... Stellaria foliis lanceolatis, serrulatis, petalis quinquepartitis. LINN. Syst. veg. p. 352. ... Alsine saxatilis, angusto et oblongo Salicis folio, flore albo tenuissime laciniato. AMM. Ruth. 83. t. 10. Alsine foliis Salignis margine scabris, petalis semiquinquefidis. GMEL. Fl. Sib. 4. p. 146. ...“ (Linné 1780, S. 607f.); „3. STELLARIA radians. ... Alsine foliis salignis margine scabris, ... Gmel. sib. 4. p. 146. Alsine saxatilis, ... Amm. ruth. 83. t. 10. ... Strahlenblütige Sternmiere. W. ...“ (Linné 1797–1830, Bd. II, Teil 1, S. 710f.); „4. St[ellaria] radians (L. SP. 603) ... Alsine saxatilis, ... AMMAN. ruth. p. 64. Nr. 83. t. 10. Alsine foliis salignis margine scabris, ... GMEL. Fl. sib. IV, p. 146. Nr. 46. ...“ (Ledebour 1842, S. 378); „[Alsine] montana hederacea maxima, ist bey Columna die Haynsternpflanze. [Alsine] montana latifolia flore laciniato, hierunter versteht C. Bauhin eine Spielart derselben.“ (Gmelin 1772a, Sp. 340); „[Stellaria] radians, foliis lanceolatis serrulatis, petalis quinquepartitis; strahlende Sternpflanze, ...“ (Gmelin 1776, Sp. 764f.); „83. ALSINE saxatilis, angusto et oblongo Salicis folio, flore albo, tenuissime laciniato Messerschm. Tab. X. ... Ad Gan fluuium in Argunum se exonerantem, et ad Ononem sub initium Augusti mensis Gmelinus obseruauit, descripsit et delineari curauit sub titulo Alsines florum petalis tenuissime et multifariam dissectis.“ (Amman 1739, S. 64)

„XCIV Alsine florum petalis tenuissime et multifaria dissectis. ...“ mit der rechts marginalen Anm. auf Bl. 27r „vid. fig.“ (R. I, Op. 105, D. 8, Bll. 27r–27v, s. Anm. 46 in Nr. 79); „180) Alsine montana latifolia flore laciniato C. B. P. ...“ (AAW R. I, Op. 104, D. 25, Bl. 14v, s. Anm. 61 in Nr. 21); „359. Alsine montana, latifolia, flore laciniato C. B. P. ...“ (AAW R. I, Op. 105, D. 12, Bl. 16r, s. Anm. 54 in Nr. 17); „48. Alsine saxatilis, angusto & oblongo Salicis folio, flore albo tenuissime laciniato Amm. 83.“ (AAW R. I, Op. 105, D. 16, Bl. 1v, s. Anm. 5 in Nr. 4); „* Alsine florum petalis tenuissime et multifariam divisis. obs. in Hist. nat. XCIV. ...“ (AAW R. I, Op. 105, D. 2, Bl. 6r, s. Anm. 54 in Nr. 17); „10. Alsine montana latifolia, flore laciniato B. Pin. Ind. Irc. n°. 359 Obs. in H. N. XCIV.“ mit der links marginalen Anm. „vid. Ic.“ (AAW R. I, Op. 13, D. 67, Bl. 51v, s. Anm. 5 in Nr. 4); „779. Alsine montana, latifolia, flore laciniato B. P. Ind. Irc. 359. ...“ (AAW R. I, Op. 105, D. 1ª, Bl. 91r, s. Anm. 29 in Nr. 5); „Alsine Saxatilis angusto et oblongo Salicis folio, flore albo, tenuissime laciniato. ...“ (AAW R. I, Op. 15, D. 14, Bl. 1r, s. Anm. 75 in Nr. 101); „3. Juli 1723 ... Sonst fand ich auch Alsinem saxatilem ... angusto et oblongo Salicis folio. flore albo tenuissime laciniato, ...“ (Messerschmidt 1962–1977, Bd. 2, S. 84); s. aber auch Nr. 290

41 s. Glossar: York

42 „[species 32] Alsine pusilla, Graminea, flore tetrapetalo. Saxifraga Graminea, pusilla, flore parvo, tetrapetalo Raii Hist. 1026. Caryophyllus minimus, muscosus, nostras Park. Theat. 1340.“ (Tournefort 1700, S. 243, Genus VIII. „Alsine. Morgeline.“); „A. 5. Saxifraga graminea pusilla flore parvo tetrapetalo. ...“ (Ray 1693, S. 1026); „69. ALSINE tetrapetala, foliis angustis, origine lutescentibus [müßte heißen: latescentibus]. HALL. Helu. 390. Alsine pusilla graminea, flore tetrapetalo, T. I. R. H. SEG. veron. 421. t. 5. f. 3. Alsine graminifolia saxatilis, flore paruo tetrapetalo albo, MESS. AMM. Ruth. 87. Sagina ramis procumbentibus petalis breuioribus, LIN. Sp. pl. 1. p. 185. n. 1. Alsine floribus tetrandis, tetragynis caulibus diffusis SCOP. Carn. 496. n. 1. STELLERVS circa Ircutiam et lacum Baical, in vliginosis obseruauit.“ (Gmelin 1747–1769, Bd. IV, S. 159f.), nahezu identisch auf Bl. 67r in: AAW R. I, Op. 104, D. 14 – s. Anm. 32 in Nr. 6; „69. Alsine tetrapetala, foliis angustis, origine lutescentibus [=] Sagina procumbens L.!“ (Ledebour 1841, S. 129); „87. ALSINE graminifolia saxatilis, flore paruo, tetrapetalo, albo Messerschm. Diar. ...“ (Amman 1739, S. 68); „Sagina ramis procumbentibus. Omnino ex flore (S. procumbens L. Fl. sib. IV. nr. 69.)“ (A. von Haller in einem undatierten Brief an J. G. Gmelin? – Plieninger 1861, S. 156); „... Index plantarum transmissarum. ... 12. An Sagina ramis

procumbentibus Linn. Flor. 157? Ingr. Si haec planta est, uti videtur, multis certe variationibus in partibus fructificationis obnoxia est. ..." (J. G. Gmelin in einem Brief an A. von Haller vom 8. Mai 1744 – Haller 1773, S. 158ff.); „20. ALSINE tetrapetala, foliis angustis, in origine latescentibus. ... Saxifraga graminea pusilla flore parvo tetrapetalo RAJ. Histor. p. 1026. ... Alsine pusilla graminea flore tetrapetalo I. R. H. ..." (Haller 1742, S. 390f.); „SAGINA ramis procumbentibus. ... Alsinella, muscoso flore, repens. Dill. giss. 81. Alsine pusilla, gramineo flore petalo. Tournef. inst. 243. ..." (Linné 1737a, S. 118); „Vierling. Sagina. LINN. ... Diese Gattung wird auch von einigen Mastkraut ... genennet. ... 1.) Darniederliegender Vierling. Sagina procumbens. ... Sagina ramis procumbentibus. LINN. Syst. veg. p. 141. ... Fl. Lapp. 157. ... Alsinella muscoso flore repens. DILL. Giess. 81. Alsine pusilla graminea, flore tetrapetalo. SEGU. Veron. 421. t. 5. ..." (Linné 1779, S. 392f.); „2. SAGINA procumbens. S. ramis procumbentibus. ... Gmel. sib. 4. p. 159. ... Alsine floribus tetrandis, ... Scop. carn. 1. p. 436. n. 1. ... Liegendes Mastkraut. W. ..." (Linné 1797–1830, Bd. I, Teil 2, S. 718f.); „1. SAGINA PROCUMBENS. Linn. .... Alsine tetrapetalis, ... Gmel. Fl. sib. IV. p 159. No. 69. ..." (Ledebour 1829, S. 155f.); „148. Sagina L. ... 2. S. procumbens (L. SP. ed. 2. I, p. 185) ... LEDEB. Fl. alt. I, p. 155. ... Alsine graminifolia saxatilis, ... MESSERSCHM. in AMMAN. ruth. p. 68. Nr. 87. Alsine tetrapetala, ... GMEL. Fl. sib. IV, p. 159. Nr. 69. ..."(Ledebour 1842, S. 338f.); „Alsine pusilla graminea flore, tetrapetalo, ist bey Seguier und Tournefort das gestrekte Mastkraut." (Gmelin 1772a, Sp. 344); „[Sagina] procumbens, ramis procumbentibus; gestrektes Mastkraut, mit darniederliegenden Aesten; ..." (Gmelin 1776, Sp. 81f.); „40) Gestrecktes Mastkraut, gestreckter Vierling; Sagina procumbens, ... Er giebt auf Brachfeldern einige Nahrung für die Schaafe. ..." (Gmelin 1779, S. 50f.); „1. Art. S[agina] procumbens. Liegendes Mastkraut. (Linné.) ... Alsine muscosa flore repens. (Dill. gies. 81. ...) ..." (Bechstein 1833, S. 977f.)

„81. Sagina ramis procumbentibus Lin. flor. 157 Alsine pusilla graminea, flore tetrapetalo Tourn. inst. 243. ..." (AAW R. I, Op. 13, D. 20, Bll. 8v–9r, s. Anm. 1 in Nr. 1); „– 181) Alsine pusilla graminea flore tetrapetalo Tour. i. r. h. ..." (AAW R. I, Op. 104, D. 25, Bl. 14v, s. Anm. 61 in Nr. 21); „Alsine graminifolia, Saxatilis, flore parvo tetrapetalo, albo. an. T. sp. 31.? ..." (AAW R. I, Op. 15, D. 14, Bl. 2r, s. Anm. 75 in Nr. 101); „20. Juli 1723 ... Alsine graminifoliia saxatilis, flore parvo tetrapetalo albo (an Tournefortii sp. 31?), ..." (Messerschmidt 1962–1977, Bd. 2, S. 97ff.)

43 „[species 6] Myosotis arvensis, subhirsuta, flore majore. Caryophyllus arvensis, hirsutus, flore majore C. B. Pin. 210. Auricula muris pulchro flore albo J. B. 3. 360. Holostium Caryophyllaeum Tabern. Icon. 233." (Tournefort 1700, S. 245, Genus X. „Myosotis. Oreille de Souris."); „Myosotis arvensis, subhirsuta, flore majore Inst. Rei Herbar. Caryophyllus arvensis, hirsutus, flore majore C. B. Pin. 210. Auricula Muris pulchro flore albo J. B. 3. 360. Holostium Caryophyllaeum Tabern, Icon. 233. ... weiß Nägeleingraß/ weisse Acker=Nägelein/ rauhe Hartnägelein. ..." (Mappus 1742, S. 206f.); „6) Ackerhornkraut. Cerastium arvense. ... Cerastium folis lineari lanceolatis, obtusis, glabris; corollis calyce maioribus. LINN. Syst. veg. p. 362. ... Caryophyllus arvensis, hirsutus, flore maiore. C. BAUH. pin. 210. ..." (Linné 1780, S. 670f.); „7. CERASTIUM arvense. C. foliis lineari-lanceolatis obtusis glabris, corollis calyce majoribus. Fl. suec. 181, 417. ... Caryophyllus arvensis hirsutus, flore majore. Bauh. pin. 210. ... Acker Hornkraut. W. ..." (Linné 1797–1830, Bd. II, Teil 1, S. 913f.); „27. C[erastium] arvense (L. Spec. p. 628) ... α. latifolium: ... M. a. BIEB. Flor. t. c. I, p. 359; ... β. angustifolium: ... C. incanum LEDEB. ... Fl. alt. II, p. 180! ... Alsine Myosotis foliis oblongis obtusis, ... GMEL. Fl. sib. IV, p. 172. Nr. 53. ..." (Ledebour 1842, S. 412f.); „887. CERASTIUM aruense. ... C. foliis lineari-lanceolatis obtusis glabris, ... Linn. ed. Willd. 2. p. 823. ... Gmel. sib. 4. p. 152. n. 53. ..." (Marschall von Bieberstein 1808a, S. 359f.); „6) CERASTIUM INCANUM. Ledeb. ..." (Ledebour 1830, S. 180); „53. ALSINE Myosotis foliis oblongis obtusis, flore calycem excedente, HALL. Helu. 384. ..." (Gmelin 1747–1769, Bd. IV, S. 152), nahezu identisch auf Bl. 64r in: AAW R. I, Op. 104, D. 14 – s. Anm. 32 in Nr. 6; „53. Alsine Myosotis foliis oblongis obtusis, flore calycem excedente [=] Cerastium arvense L. (ex M. a Bieb. Fl. t. c. I. 359.)" (Ledebour 1841, S. 128); „3. Myosotis foliis oblongis, obtusis, flore

calycem excedente. ... Auricula muris pulchre flore albo I. B. III. p. 360. Caryophyllus arvensis hirsutus flore majore C. B. Bas. p. 61. ...“ (Haller 1742, S. 384); „[Cerastium] arvense, ... weiß Nägeleingras; Steinbrechweiblein; falscher weisser Steinbrech; ...“ (Gmelin 1772, Sp. 769); „46) Ackerhornkraut, weiß Nägeleinsgraß, Steinbrechweiblein, falscher weißer Steinbrech, Cerastium arvense, ... Seine Blumen ... geben den Bienen ... Stoff zu Wachs und Honig.“ (Gmelin 1779, S. 58); „1394. CERASTIUM arvense. Linn. Ackerhornkraut. ... Herzrösel. Grossblumigtes Weissnägelein. Falscher weisser Steinbrech. ...“ (Röhling 1831, S. 347ff.); „MYOSOTIS. ... Sie reiniget, hält an und erfrischet; die Wurtzel soll gut seyn zu den Thränenfisteln. ...“ (Lémery 1721, Sp. 761); „Myosōtis L. (Asperifoliae). Zus. aus μυς (Maus) und οὐς (Ohr) in Bezug auf die Form der Blätter.“ (Wittstein 1852, S. 601)

„249. Myosotis arvensis subhirsuta, flore maiore I. R. H. ...“ (AAW R. I, Op. 13, D. 42, Bl. 38r, s. Anm. 1 in Nr. 1); „763. Alsine repens subhirsuta foliis caryphyllaeis, et flore majore vasculo longiore. An Caryophyllus arvensis hirsutus flore majore C. B. P.? ...“ (AAW R. I, Op. 105, D. 1[a], Bll. 89r–89v, s. Anm. 29 in Nr. 5); „184) Myosotis arvensis subhirsuta flore majore i. r. h. ...“ (AAW R. I, Op. 104, D. 25, Bl. 14v, s. Anm. 61 in Nr. 21); „Myosotis arvensis subhirsuta, flore maiore, albo (Tournefortii sp. 6), Sylv.“ (Messerschmidt 1962–1977, Bd. 4, S. 203, s. Anm. 1 in Nr. 1)

44 in der 2. Textversion (s. Anm. 1 in A.): „Auricula“

45 „[species 7] Myosotis arvensis hirsuta, parvo flore. Auricula muris quorundam, flore parvo, vasculo tenui longo J. B. 3. 359. [species 8] Myosotis hirsuta, altera, viscosa. Alsine hirsuta, altera, viscosa C. B. Pin. 251. Alsine spuria, iv Dod. Pempt. 31.“ (Tournefort 1700, S. 245, Genus X. „Myosotis. Oreille de Souris.“); „Alsine hirsuta, vasculo corniculato, flore minore. Myosotis arvensis, hirsuta, parvo flore Tournefort. p. 243. Auricula muris quorundam, flore parvo, vasculo tenui, longo J. B. 3. 359. ...“ (Rupp 1726, S. 88); „6. Der haarige Feld=Hünerdarm, mit großer Bluhme: Alsine arvensis, hirsuta, magno flore, C. B. P. loc. cit. Auricula muris quorundam, flore parvo, vasculo tenui longo, J. B. 3. 359. ... Myosotis arvensis hirsuta, parvo flore, T. 245. ...“ (Zwinger 1744, S. 1105f.); „2. MYOSOTIS HIRSUTA ALTERA VISCOSA. Inst. 245. ... C'est l'Alsine hirsuta altera viscosa. C. B. Pin. 251. ... 3. MYOSOTIS ARVENSIS HIRSUTA, PARVO FLORE. Inst. 245. Auricula muris quorundam, flore parvo, vasculo tenui longo J. B. 3. lib 29. p. 359. ... Alsine hirsuta magno flore. C. B. Pin. 251. ...“ (Vaillant 1727, S. 142); „54. ALSINE Myosotis foliis ex ouato-acuminatis, flore calyci aequali, HALL. Helu. 384. Myosotis aruensis hirsuta paruo flore, I. R. H. GM. Ien. 767. Myosotis hirsuta altera viscosa, VAILL. par. 142. t. 30. f. 1. 3. Cerastium erectum villoso-viscosum, LIN. Sp. pl. 1. p. 627. n. 3. ...“ (Gmelin 1747–1769, Bd. IV, S. 152), nahezu identisch auf Bl. 64r in: AAW R. I, Op. 104, D. 14 – s. Anm. 32 in Nr. 6; „54. Alsine Myosotis foliis ex ovato acuminatis, flore calyci aequali [=] Cerastium triviale Link! (Cerastium viscosum L. – Willd. sp. pl. II. 812. – Cerastium vulgatum L. – M. a Bieb. t. c. I. 357.)“ (Ledebour 1841, S. 128); „4. MYOSOTIS foliis ex ovatis acuminatis, flore calyci aequali. ... Auricula muris quorundam, flore parvo, vasculo tenui longo I. B. III. p. 359. Alsine hirsuta magno flore C. B. Bas. p. 74. ...“ (Haller 1742, S. 384); „4. CERASTIUM erectum villoso-viscosum. Myosotis hirsuta altera viscosa. Tournef. inst. 245. Vaill. paris. 142. t. 30. f. 1. Alsine hirsuta altera viscosa. Bauh. pin. 251. ...“ (Linné 1737, S. 174); „2) Gemeines Hornkraut. Cerastium vulgatum. ... Cerastium foliis ovatis, petalis calyci aequalibus; caulibus diffusis. LINN. Syst. veg. p. 362. ... Myosotis arvensis hirsuta, parvo flore albo. Tourn. VAILL. Paris. 142. t. 30. f. 1. Alsine hirsuta, magno flore. C. BAUH. pin. 251. Auricula muris quorundam, flore parvo, vasculo tenui longo. I. BAUH. hist. 3. p. 359. ... Die Saamenkapsel ist fast cylindrisch, und wie ein Ochsenhorn gekrümmet.“ (Linné 1780, S. 668); „2. CERASTIUM vulgatum. ... Myosotis arvensis hirsuta, parvo flore albo. T. Vaill. paris. 142. t. 30. f. 1. Alsine hirsuta, magno flore. Bauh. pin. 251. Auricula muris quorundam, flore parvo, vasculo tenui longo. Bauh. hist. 3. p. 359. ... Gemeinstes Hornkraut. W. ...“ (Linné 1797–1830, Bd. II, Teil 1, S. 811f.); „4. CERASTIUM viscosum. ... C. erectum villoso-viscosum. Hort. cliff. 174. ... Gmel. sib. 4. p. 152. ... Myosotis hirsuto altera viscosa. Vaill. paris. 142. t. 30. f. 1. 3. Alsine hirsuta altera viscosa. Bauh. pin. 251. ... Klebriges

Hornkraut. W. ..." (a. a. O., S. 812); „20. C[erastium] viscosum (L. SPEC. ed. 1. p. 51; ed. 2. p. 627 excl. synon. plur.) ... α. corollinum: ... M. a BIEB. Fl. t. c. I, p. 357; ... Alsine Myosotis viscosum, foliis ovatis. GMEL. Fl. sib. IV, p. 152. Nr. 55. ..." (Ledebour 1842, S. 404f.); „883. CERASTIUM vulgatum. ... C. foliis ouatis, petalis calyci aequalibus, caulibus diffusis. Linn. ed. Willd. 2. p. 811. ... Gmel. sib. 4. p. 152. n. 54. ... Myosotis aruensis hirsuta, paruo flore albo. Vaill. paris. t. 30. f. 1. ... 884. CERASTIUM viscosum. ... C. erectum villoso-viscosum, ... Linn. ed. Willd. 2. p. 812. ... Gmel. sib. 4. p. 152. n. 55. ... Myosotis hirsuta altera viscosa. Vaill. paris. t. 30. f. 3. ..." (Marschall von Bieberstein 1808a, S. 357f.); „[Cerastium] vulgatum, ... gemeines Hornkraut, ... Nägeleinsgras; groser rauher Feldmeyer; groses rauhes Vogelkraut; ... Es ist dem Vieh kein gar unangenehmes Futter, ... [Cerastium] viscosum, erectum villoso-viscosum; klebrichtes aufrechtes rauchklebrichtes Hornkraut; rauher Hünerdarm; rauher Felddarm; kleines rauhes klebrichtes Akervogelkraut; ... sein Kraut wässericht und kühlend; die Schafe lassen es stehen; ..." (Gmelin 1772, Sp. 768f.); „55. ALSINE [sic!] Myosotis viscosum, foliis ouatis, HALL. Helu. 385. ..." (Gmelin 1747–1769, Bd. IV, S. 152); „Cerastium Myosotis viscosum, foliis ovatis, Hall. helv. 385. ..." (AAW R. I, Op. 104, D. 14, Bl. 64r – s. Anm. 32 in Nr. 6); „55. Alsine Myosotis viscosum, foliis ovatis [=] Cerastium viscosum L. (ex M. a Bieb. Fl. t. c. I. 358.)" (Ledebour 1841, S. 128); „6. MYOSOTIS viscosa, foliis ovatis. ... Alsine hirsuta altera viscosa C. B. ... Myosotis hirsuta altera viscosa ... VAILL. p. 142. T. 30. f. 3. potius quam 1. ... Cerastium erectum villoso viscosum EJ. Cliff. p. 174. ..." (Haller 1742, S. 385); „25. C[erastium] vulgatum (L. SPEC. p. 627) ... α. brachypetalum: ... C. vulgatum ... M. a BIEB. Fl. t. c. I, p. 358; ... C. triviale. LINK. Enum. I, p. 433. ... REICHENB. Ic. pl. crit. f. 402. 403. ... LEDEB Fl. alt. II, p. 181. ... Alsine Myosotis foliis ex ovato-acuminatis, flore calyci aequali. GMEL. Fl. sib. IV, p. 152. Nr. 54. ... η. leiopetalum: ... C. alpinum BUNGE in LEDEB. Fl. alt. II, p. 180! (excl. omn. synon. praeter GMELIN). ... Alsine Myositis, foliis ex ovato acuminatis, flore calycem excedente. GMEL. Fl. sib. IV, p. 150. Nr. 52, ad sequentem cum C. alpino Sibiriae auct. plurimorum facile simul spectam. ..." (Ledebour 1842, S. 408ff.); „7) CERASTIUM ALPINUM. Linn. ... C. alpinum. Linn. Willd. Spec. pl. II. p. 814. ... M. a Bieb. Fl. taur. cauc. I. p. 361. No. 890. Alsine Myosotis foliis ex ovato acuminatis, ... Gmel. Fl. sib. IV. p. 150. No. 52. ... 8) CERASTIUM TRIVIALE. Reichenb. ... Reichenb. pl. rar. Cent. III. p. 44. t. CCXLV. f. 402. 403. ... Alsine Myosotis foliis ex ovato acuminatis, ... Gmel. Fl. sib. IV. p. 152. No. 54. ..." (Ledebour 1830, S. 180ff.); „890. CERASTIUM alpinum. ... C. foliis ouato-lanceolatis, ... Linn. ed. Willd. 2. p. 814. ..." (Marschall von Bieberstein 1808a, S. 361f.); „52. ALSINE [sic!] Myosotis foliis ex ouato-acuminatis, flore calycem excedente, HALL. Helu. 383. Alsine myosotis facie, lychnis alpina, flore amplo, niueo, repens, RAY. Angl. 3. p. 340. t. 15. f. 2. Cerastium corolla calyce maiore, LIN. Lapp. 192. Alsine elatior, hirsuta et viscosa, angustiore folio vasculo longiore, GM. Ind. Ien. 766. Cerastium foliis ouato-lanceolatis, caule diuiso, capsulis oblingis, LIN. Sp. pl. 1. p. 628. n. 8. Caryophyllus holosteus alpinus latifolius, OED. dan. t. 6. Cerastium floribus decandris corollis calyce maioribus, foliis ouato-lanceolatis, SCOP. Carn. 499. n. 1. ..." (Gmelin 1747–1769, Bd. IV, S. 150f.), nahezu identisch auf Bll. 63v–64r in: AAW R. I, Op. 104, D. 14 – s. Anm. 32 in Nr. 6; „52. Alsine Myosotis foliis ex ouato-acuminatis, flore calycem excedente [=] Cerastium alpinum L.!" (Ledebour 1841, S. 128); „1. MYOSOTIS foliis ex ovato acuminatis, flore calycem excedente. ... Cerastium corolla calyce majori LINN. Flor. Lap. n. 192. ..." (Haller 1742, S. 383f.); „8) Alpen=Hornkraut. Cerastium alpinum. ... Cerastium foliis ovato-lanceolatis; caule diviso; capsulis oblongis. LINN. Syst. veg. p. 362. Sp. pl. 628. Cerastium corolla calyce maiore. Fl. Lapp. 192. Fl. Suec. n. 418. ..." (Linné 1780, S, 671f.); „11. CERASTIUM alpinum. C. foliis ovato-lanceolatis, ... Gmel. sib. [4]. p. 150. n. 52. ... C. corolla calyce majore. Fl. lapp. 192. ... Alpen Hornkraut. W. ..." (Linné 1797–1830, Bd. II, Teil 1, S. 814f.); „26. C[erastium] alpinum (L. Spec. p. 628) ..." (Ledebour 1842. S. 411f.); „Cerastium alpinum, ... Alpenhornkraut, ... heißt in der lappländischen Pflanzengeschichte: Cerastium corolla calyce majore; ..." (Gmelin 1772, Sp. 770); „Cerastium foliis oblongis obtusis, flore calycem excedente. Hall. bene. (Fl. sib. IV. 150. nr. 52. C. alpinum L.)" (C. von Linné in einem Brief an J. G. Gmelin vom 2. August 1748 – Plieninger 1861, S. 83); „66. Cerastium foliis ex ovato-acuminatis, flore calyce duplo majore, petalis serratis. (Fl. sib. IV. 150. nr. 52. C. alpinum L.) vel potius Cerastium capsulis globosis, petalis crenatis, foliis lanceolatis subnudis. (C. maximum L. Fl. sib. IV. 150. nr. 51.)“ (C. von Linné in einem Brief an J. G. Gmelin? vom 24. August 1748 – Plieninger 1861, S. 96); „71. Myosotis foliis ex ovato acuminatis flore calycem excedente Hall. (Fl. sib. IV. 150. nr. 52. Cerastium alpinum L. maximum L. vid. supra nr. 66.). non est, huic enim capsula acuminata, sed Cerastium caule perenni procumbente Hort. Cliff. 174. (5.) foliis lanceolatis tomentosis Roy. (Cerastium repens L. in Fl. sib. non exh.)“ (a. a. O., S. 97)

„252. Myosotis arvensis hirsuta parvo flore I. R. H. ...“ (AAW R. I, Op. 13, D. 42, Bl. 38r, s. Anm. 1 in Nr. 1); „586. Myosotis arvensis hirsuta, parvo flore T. 245.“ (AAW R. I, Op. 104, D. 13, Bl. 5v, s. Anm. 84 in Nr. 29); „1. Myosotis arvensis parvo flore hirsuta. Inst. r. h. 245.“ (AAW R. I, Op. 13, D. 16, Bl. 13r, s. Anm. 32 in Nr. 6); „766. Alsine elatior, hirsuta et viscosa, angustiore folio, vasculo longiore. ... adhuc habui pro Myosotide hirsuta altera viscosa I. R. H. sed quia animadverti, in Cat. Plant. Angl. eam latifoliam vocari, ...“ mit der rechts marginalen Anm. „Vid. Ic.“ (AAW R. I, Op. 105, D. 1ª, Bl. 90r, s. Anm. 29 in Nr. 5); „767. Alsine arvensis hirsuta, parvo flore, vasculo longiore. Myosotis arvensis hirsuta parvo flore I. R. H. ...“ (a. a. O., Bl. 90r); „14. An Alsine hirsuta magno flore C. B. P. 251? ...“ (AAW R. I, Op. 13, D. 67, Bl. 86r, s. Anm. 5 in Nr. 4); „1. Alsine elatior, hirsuta & viscosa, angustiore folio, vasculo longiore Ind. Jen. 756. ...“ (a. a. O., Bl. 51r); „127 Myosotis Arvensis hirsuta parvo flore Inst. r. h.“ (AAW R. I, Op. 6, D. 40, Bl. 29r, s. Anm. 1 in Nr. 1); „127 Myosotis arvensis hirsuta parvo flore i. r. h.“ (G. W. Steller nach J. G. Heinzelmann: AAW R. I, Op. 81, D. 23, Bl. 17r, s. Anm. 1 in Nr. 1); „38. An Myosotis arvensis, hirsuta, parvo flore. I. R. H?“ (AAW R. I, Op. 14, D. 8, Bl. 1v, s. Anm. 98 in Nr. 39); „262. Cerastuim [sic!] folijs ex ovato-acuminatis, flore calyci aequali Linn. Myosotis folijs ex ovato acuminatis, flore calyci aequali Hall. Alp. 384. Auricula muris quorundam, flore parvo, vasculo tenui longo J. B. III. 359. ...“ (AAW R. I, Op. 13, D. 20, Bl. 29r, s. Anm. 1 in Nr. 1); „975. Myosotis arvensis parvo fl.“ (AAW R. I, Op. 15, D. 3, Bl. 18r, s. Anm. 65 in Nr. 24); „48. (Forte) Alsine elatior, hirsuta et viscosa, angustiore folio, vasculo longiore I. Jen, n°. 766.“ (AAW R. I, Op. 15, D. 1, Bl. 13r, s. Anm. 24 in Nr. 64)

46 „QUINTSAITE f. was quinte 2, ...“ (Grimm 1991, Bd. 13, Sp. 2376); „QUINTE, ... 2) die feinste (ursprünglich fünfte) saite einer geige, die e-saite ...“ (a. a. O., Sp. 2373f.)

47 siehe „259. Myosotis Holostium dicta, pumila & procumbens, glabro breviq₃ gramineo folio. ...“ (AAW R. I, Op. 13, D. 42, Bll. 41v–42r) in der Anm. zu Nr. 275; „3. Myosotis pumila graminifolia, Gmel.“ mit der rechts marginalen Anm. „Lena fl.“ (AAW R. I, Op. 13, D. 16, Bl. 13r, s. Anm. 32 in Nr. 6); „39. Myosotis pumila, graminifolia.“ (AAW R. I, Op. 14, D. 8, Bl. 1v, s. Anm. 98 in Nr. 39); s. Nr. 275

48 „248. Alsinastrum Kali folio. An Lychnis Hispanica Kali folio multiflora I. R. H? ...“, auf Bl. 37r rechts marginal „Tab. XXVII.“ (AAW R. I, Op. 13, D. 42, Bll. 37r–38r, s. Anm. 1 in Nr. 1); „783. Alsinastrum Kali folio Ind. Len. 248. Spergula purpurea J. B. ...“ (AAW R. I, Op. 105, D. 1ª, Bl. 91v, s. Anm. 29 in Nr. 5); „187) alsinastrum Kali folio D. D. Gmel. ind. plant Len. No 248. ...“ (AAW R. I, Op. 104, D. 25, Bl. 15r, s. Anm. 61 in Nr. 21); s. auch „188) alsinastrum Kali folio flore albo. ...“ (a. a. O., Bl. 15r); „41. Alsinastrum Kali folio. An Lychnis Hispanica, Kali folio multiflora I. R. H?“ (AAW R. I, Op. 14, D. 8, Bl. 1v, s. Anm. 98 in Nr. 39); „364. Alsinastrum Kali folio Ind. Len. ...“ (AAW R. I, Op. 105, D. 4ª, Bl. 41v, s. Anm. 54 in Nr. 17); „184. Alsinastrum Kali folio Ind: Len.“ (AAW R. I, Op. 15, D. 1, Bl. 7r, s. Anm. 24 in Nr. 64); 12. Alsinastrum Kali folio Ind. Len. n°. 248.“ (AAW R. I, Op. 13, D. 67, Bl. 51v, s. Anm. 5 in Nr. 4)

„41. LYCHNIS Gypsophila foliis linearibus axillaribus, confertis, teretibus, LIN. Sp. pl. 1. p. 582. n. 6. T. LXI. Alsinastrum kali folio, GM. Ind. Len. 148. [müßte heißen: 248] Saponaria caule simplici, foliis linearibus ex alis foliorum confertis, teretibus. Hort. Cl. 166. ROY. lugd. 444. ...“ (Gmelin 1747–1769, Bd. IV, S. 144), nahezu identisch auf Bl. 62r in: AAW R. I, Op. 104, D. 14 – s. Anm. 32 in Nr. 6; „41. Lychnis Gypsophila foliis linearibus axillaribus confertis teretibus. t. LXI. f. 1. [=] Gypsophila Gmelini Bunge! (Gypsophila fastigiata L. – Willd.

sp. pl. II. 665. et DeC. Prodr. I. 352. – Gypsophila dichotoma Besser. M. a Bieb. Fl. t. c. III. 297. – Arenaria Gmelini Fisch. DeC. Prodr. I. 402.)“ (Ledebour 1841, S. 127); „4. SAPONARIA caule simplici, folis linearibus, ex alis foliorum confertis teretibus. Lychnis hispanica, kali folio, multiflora. Tournef. inst. 338. ...“ (Linné 1737, S. 166); „6) Flachsträußiges Gipskraut. Gypsophila fastigiata. ... Gypsophila foliis lanceolato linearibus, obsolete triquetris, laevibus, obtulis, secundis. LINN. Syst. veg. p. 346. ... Lychnis Gypsophila GMEL. Fl. Sib. 4. t. 61. f. 1. ... auch ist ihre Wurzel etwas scharf, und kann anstatt der Seife zum Waschen der Leinwand, als auch anstatt der Seifenwurzel zur Arzney gebraucht werden.“ (Linné 1780, S. 548); „9. GYPSOPHILA fastigiata. ... Lychnis gypsophila. Gmel. sib. 4. p. 144. t. 61. f. 1. .... Langstieliges Gypskraut. W. ...“ (Linné 1797–1830, Bd. II, Teil 1, S. 665); „4) GYPSOPHILA GMELINI. Bunge. ... Lychnis Gypsophila ... Gmel. Fl. sib. IV. p. 144. No. 41. t. LXI. f. 1. ...“ (Ledebour 1830, S. 128f.); „11. G[ypsophila] Gmelini (BUNGE in LEDEB. Fl. alt. II, p. 128) ... α. angustifolia: ... G. dichotoma. BESSER. Primit. Fl. gal. I, p. 372 ... Lychnis Gypsophila foliis linearibus axillaribus confertis teretibus. GMEL. Fl. sib. IV, p. 144. Nr. 41. t. 61. f. 1. ...“ (Ledebour 1842, S. 293f.); „19. G[ypsophila] fastigiata (L. Amoen. III, p. 23) ... G. fastigiata. DEC. Prodr. l. c. (excl. synon. GMEL.). ...“ (a. a. O., S. 299); „4. G[ypsophila] FASTIGIATA (Lin. amoen. 3. p. 23.) ... Gmel. fl. sib. 4. p. 144. t. 61. f. 1. (v. s.)“ (Candolle 1824, S. 352); „22. A[renaria] GMELINI (Fisch! in litt.) ... Gmel. fl. sib. 4. p. 144. t. 61. f. 1. ...“ (a. a. O., S. 402); „68. Saponaria caule simplici, foliis linearibus ex alis foliorum confertis teretibus H. C. sic est. (Fl. sib. IV. 144. nr. 41. Gypsophila fastigiata L. G. Gmelini Bunge. G. dichotoma Besser. Arenaria Gmelini Fisch.) accedit proxime ad Fl. Suec. 346. (G. fastigiata L.), sed omnia crassiora, et flores duplo majores, et calyces acutiores.“ (C. von Linné in einem Brief an J. G. Gmelin? vom 24. August 1748 – Plieninger 1861, S. 96f.); „[Gypsophila] fastigiata, ... horizontalgleiches Gypskraut, mit lanzenförmig=gleichbreiten, stumpf=dreyseitigen, glatten, stumpfen und auf der Seite stehenden Blättern; Seifenblume; Seifenkraut mit einem einfachen Stengel, und sehr schmalen Blättern, ...“ (Gmelin 1773b, Sp. 645f.); „[Saponaria] caule simplici, foliis linearibus, ex alis foliorum confertis teretibus; so nennt Royen die Seifenwurzel.“ (Gmelin 1776, Sp. 208); „2. GYPSOPHILA (Fastigiata) ... Seiffenkraut mit einem einfachen Stengel, sehr schmalen Blättern, die in Trauben, neben an den Flügeln der Stengel heraus kommen.“ (Miller 1772, S. 410); „1. Gypsophila dichotoma Besser. Zweitheiliges Gypskraut. D. ...“ (Dietrich 1817, S. 593); „Gypsōphila L. (Caryophyllaceae). Zus. aus γυφος (Gyps der Alten oder Kreide) u. φιλεΐν (lieben); diese Pflanzen lieben trocknen kalkigen Boden.“ (Wittstein 1852, S. 410); „Saponāria L. (Caryophyllaceae). Von sapo (Seife); die Wurzel kann zum Waschen benutzt werden.“ (a. a. O., S. 784)

49 „IV. Pyrola alsines Europaea. Herba trientalis, Cord. ob. Franc. Alsinanthemos, Thal. ...“ (Bauhin 1623, S. 191); „Trientalis Cordi & Rivini. Pyrola alsines flore, europaea major C. B. Pr. p. 100. ...“ (Rupp 1726, S. 15f.); „Ἀλσινάνθεμον. ...“ (Thal 1588, S. 15); „302. Trientalis Fl. lapp. 139. ... Herba Trientalis. Bauh. hist. 3. p. 506. Alsinanthemos. Raj. syn. 3. p. 286. ... Pyrola alsines flore europaea. Bauh. pin. 191. Pyrola alsines flore minor brasiliana. Bauh. prodr. 101. ...“ (Linné 1745, S. 109); „1) Europäische Trientalis. Trientalis Europaea. ... Trientalis foliis lanceolatis, integerrimis. LINN. Syst. veg. p. 290. ... Fl. Suec. n. 326. ... Pyrola Alsines flore Europaea. C. BAUH. pin. 191. ... Pyrola, Alsines flore, minor Brasiliana. ibid. ic. 99. ... Joh. Bauhin (hist. 3. p. 506.) hat dieser Pflanze den Namen, Herba Trientalis, beygeleget.“ (Linné 1780, S. 397f.); „1. TRIENTALIS europaea. T. foliis lanceolatis integerrimis. ... Gmel. sib. 4. p. 116. ... Trientalis. Fl. lapp. 139. ... Pyrola, alsines flore, europaea. Bauh. pin. 191. prodr. 101. Pyrola, alsines flore, minor brasiliana. Bauh. prodr. 101. ... Europäische Trientalis. W. ...“ (Linné 1797–1830, Bd. II, Teil 1, S. 282); „648. Trientalis L. ... 1. T. europaea (L. SP. 488) ... T. foliis lanceolatis integerrimis. GMEL. Fl. sib. IV, p. 116, Nr. 85. ... Alsinanthemum Thalii. AMMAN. in Comment. Acad. petropol. IX, p. 310, t. 13. ... β. arctica: ... Alsinanthemos caulibus ab imo foliosis, foliis alternis. GMEL. Fl. sib. IV, p. 116, Nr. 86. ...“ (Ledebour 1846–1851, S. 24f.); s. auch Amman 1744; „85. TRIENTALIS foliis lanceolatis integerrimis, LIN. Sp. pl. 1. p. 488. n. 1. Alsinanthemos THALII, omn. Ind. ... 86. ALSINANTHEMOS caulibus ab imo foliosis, foliis alternis, ex Camtschatca

missa est, vbi incolis Camtschadalis Atschuch, Tschungutsch, dicitur, sed videtur tantum trientalis vulgaris varietas leuidensis esse.“ (Gmelin 1747–1769, Bd. IV, S. 116), nahezu identisch auf Bll. 54v–55r in: AAW R. I, Op. 104, D. 14 – s. Anm. 32 in Nr. 6; „85. Trientalis foliis lanceolatis integerrimis [=] Trientalis europaea L.!; 86. Alsinanthemos caulibus ab imo foliosis, foliis alternis [=] Trientalis europaea L. var. (teste ipso Gmelino.)“ (Ledebour 1841, S. 124); „Alsinanthemos ist der Gattungsname, welchen Ray nach Thalius der Trientale gegeben hat.“ (Gmelin 1772a, Sp. 328); „Trientalis, Trientale, ist bey Linné, Rupp, Royen und Kalm eine Gattung Pflanzen mit sieben Staubfäden und einem Staubwege, ... man kennt bisher nur eine Art, welche Linné den Beynamen: europaea gibt: ...“ (Gmelin 1777, Sp. 225f.); „TRIENTALIS EUROPAEA Linné. EUROPÄISCHE TRIENTALIS. ... Den Namen Trientalis (ein Drittheil) hat die Pflanze darum erhalten, weil sie ungefähr ein Drittheil Fuß hoch wird. Deutsche Namen: Sternblümchen, Schirmkraut, Meyerblumen, Siebenstern.“ (Dietrich 1842, Nr. 651); „Trientale, Schirmkraut, Trientalis, eine Pflanzengattung, ... Die Europäische Trientale oder Schirmblume, das Europäische Schirmkraut, ...“ (Krünitz 1773–1858, Bd. 188, S. 60f.); „Herba Trientalis ... Pyrola Alsines folio Europaea. C. B. ... Es ist ein gutes Wund=Kraut, und anzühend, und wird äusserlich gebraucht.“ (Zedler 1732–1750, Bd. 12, Sp. 1611f.); Trientalis europaea L. – russ. *troečnica* bzw. *carev list* (*Annenkov* 1858, S. 94, Nr. 1119)

„42. Trientalis Linn. flor. 139 Pyrola alsines flore Europaea. Bauh. P. 291. Alsinanthemos. Ray Syn. 286.“ (AAW R. I, Op. 13, D. 20, Bl. 5r, s. Anm. 1 in Nr. 1); „189) Alsinanthemos Thalii ...“ (AAW R. I, Op. 104, D. 25, Bl. 15r, s. Anm. 61 in Nr. 21); „260. Alsinanthemos Thal. Sylv. ...“ (AAW R. I, Op. 13, D. 42, Bl. 42r, s. Anm. 1 in Nr. 1); „408. Alsinanthemos Thal. Sylv. 15. descr. ...“ (AAW R. I, Op. 105, D. 4^a, Bl. 45r, s. Anm. 54 in Nr. 17); „814. Alsinanthemos Thal. Sylv. 15. descr. ...“ (AAW R. I, Op. 105, D. 1, Bl. 65v, s. Anm. 29 in Nr. 5); „Alsinanthemos Thal. Sylv. 15. ...“ (AAW R. I, Op. 13, D. 67, Bl. 53v, s. Anm. 5 in Nr. 4); „Alsinanthemos Thal. Sylv. 15. descr. ...“ (AAW R. I, Op. 105, D. 2, Bl. 6r, s. Anm. 54 in Nr. 17); „Atschuchtschungutsch. Kamtsch. ...“ (Bll. 36r–36v in einem Manuskript von J. G. Gmelin „Descriptiones Thermarum, avium, quadrupedum, piscium, vegetabilium, et mineralium, diversis temporibus a Studioso Stephano Krascheninnikowo Kamtschatcia transmissae.“ mit dem Vermerk der Akademie der Wissenschaften „Praes. d. 29. Dec. 1740.“ – AAW R. I, Op. 13, D. 50, Bll. 1r–42v); „Atschuch tschungutsch videtur esse Alsinanthemos species (cf. Fl. sib. IV. 116. nr. 86. Trientalis europaea L.), et nisi cauliculi et pediculi florum rubentes obstarent, haberem pro Alsianthemo Thal. Flos in hoc genere polypetalum quidem imitatur, sed te vera monopetalus est. Laciniae floris inter 7. 8. et 9. numero variant. Capsula sphaerica, tribus carinis dehiscens, semina angulosa continet.“ (J. G. Gmelin in einem Brief an S. *P. Krašeninnikov* von 1739? – Plieninger 1861, S. 11); „XXXIII. Atschuchtschungutsch. gent. ...“ (Bl. 246v in einem Konvolut mit Manuskripten von S. *P. Krašeninnikov* u. a. zur Geographie und Naturgeschichte – AAW R. I, Op. 13. D. 10, Bll. 2r–318r)

50 „[species 4] Ros solis folio oblongo, perennis. Rorella longifolia, perennis Raii Synops. 227.“ (Tournefort 1700, S. 245, Genus XI. „Ros Solis.“); „Rorella longifolia perennis. ...“ (Ray 1696, S. 227); „4. Der langblättige Sonnen=Thau mit stäts grünender Wurtzel: Rorella longifolia, perennis. Raj. Syn. ...“ (Zwinger 1744, S. 1034); „2) Langblätterichter Sonnenthau. Drosera longifolia. ... Drosera scapis radicatis; foliis ovali-oblongis. LINN. Syst. veg. p. 251. ... Ros solis folio oblongo. C. BAUH. pin. 357. ... Sie haben einen säuerlichten, ziemlich scharfen und etwas bittern Geschmack; und gerinnen die Milch ... Der Herr von Haller sagt, sie seyen so scharf, daß sie die Zähne anfressen, und auf der Haut Blasen ziehen, ... Der aus ihren Blättern schwitzende klebrichte Saft soll die Warzen und Hühneraugen ausrotten, wenn man sie damit bestreicht. ... Ueberdiß stehen diese Pflanzen bey den Zauberern und Alchymisten in einem besondern Ansehen. ...“ (Linné 1780, S. 267f.); „5. DROSERA longifolia. D. scapis radicatis, foliis ovali-oblongis. Fl. lapp. 110. ... Ros solis folio oblongo. Bauh. pin. 357. ... Langblättriger Sonnenthau. W. ...“ (Linné 1797–1830, Bd. I, Teil 2, S. 1544f.); „131. Drosera L. ... 2. D. longifolia (L. SP. 403. pro parte) ... D. scapis radicatis, foliis oblongis. GMEL. Fl. sib. IV, p. 90. Nr. 43. ...“ (Ledebour 1842,

S. 261f.); „Drosera longifolia, scapis radicatis, foliis oblongis; langblätterichter Sonnenthau, ... man hat auch bisher gezweifelt, ob er eine von der erstern [d. h. Drosera rotundifolia ... rundblätterichter Sonnenthau ...] wahrhaftig unterschiedene Art sey." (Gmelin 1773, Sp. 674); „43. DROSERA scapis radicatis, folis oblongis, LIN. Sp. pl. 1. p. 403. n. 2. Salsirora siue sponsa saliss. Ros Solis, s. Rorella Thal. Ib. t. 9. f. 2. ..." (Gmelin 1747–1769, Bd. IV, S. 90), nahezu identisch auf Bl. 48v in: AAW R. I, Op. 104, D. 14 – s. Anm. 32 in Nr. 6; „43. Drosera scapis radicatis, foliis oblongis. [=] Drosera longifolia L.!" (Ledebour 1841, S. 121); „DROSERA LONGIFOLIA. ... Langblättriger Sonnenthau, kleiner Sonnenthau, Herrnlöffelkraut. ..." (Hayne 1813, Nr. 28); „202–203. Drosera. Sonnenthau. Солнечная Роса [russ. *solnečnaja rosa*]. rotundifolia et longifolia. Gort." (Georgi 1790, S. 504); „2. Rossolis à longues feuilles. Drosera longifolia. Linn. Drosera scapis radicatis, foliis ovali-oblongis. Linn. Spec. Plant. vol. 1. pag. 403. ... β. Ros solis, folio oblongo, perennis. Tourn. Inst. R. Herb. 245. Rorella longifolia, perennis. Rai, Synops. 227. ..." (Lamarck 1804, S. 298f.); „ROS SOLIS. ... Ros Solis, Sonnenthau, ist ein kleines Kraut, ... Sie sind dem Hertzen und der Brust gar gut, desgleichen zur Schwindsucht, wider den Gift, für die böse Seuche, fürs Kopfweh, für böse Augen, zur Blutreinigung. Ros solis wird dieses Kraut genannt, dieweil sich in der Höle seiner Blätter beständig Wassertropfen als wie Thau, befinden, wann auch die Sonne noch so heiß scheinet. ..." (Lémery 1721, Sp. 965); „Ros Sōlis T. (Cistineae). Wörtlich: Sonnenthau. = Drosera." (Wittstein 1852, S. 771); „Rorēlla RUPP. (Cistineae). Von ros (Thau); = Drosera (s. d.)." (a. a. O., S. 771); „Drōsera L. (Cistineae). Von δροσερος (bethauet, von δροσος); die gestielten Drüsen am Rande der Blätter sehen, besonders im Sonnenschein, wie Thautröpfchen aus." (a. a. O., S. 302)

„190) Ros solis folio oblongo perenis Tour. i. r. h. ..." (AAW R. I, Op. 104, D. 25, Bl. 15r, s. Anm. 61 in Nr. 21); „1. Drosera scapis radicatis, folijs oblongis Linn. Lapp. 110. ..." (AAW R. I, Op. 13, D. 67, Bl. 53r, s. Anm. 5 in Nr. 4)

51 s. Anm. 22 in Nr. 282

52 „Parnassia palustris & vulgaris. Gramen Parnassi, albo simplici flore C. B. Pin. 309. Gramen Parnassi Dodonaeo, quibusdam Hepaticus flos J. B. 3. 537. Gramen Parnassium Dod. Pempt. 564." (Tournefort 1700, S. 246, Genus XII. „Parnassia."); „1. PARNASSIA. Fl. lapp. Parnassia palustris & vulgaris. Tournef. inst. 246. ... Gramen parnassi, albo simplici flore. Bauh. pin. 309. ..." (Linné 1737, S. 113); „1) Sumpfparnassie. Parnassia palustris. ... TOURNEF. inst. 246. t. 127. ... Gramen Parnassi albo simplici flore. C. BAUH. pin. 309. ... wird auch Parnasser=Gras, oder Einblat, oder weiß Leberkraut, weisse Leberblume ... genennet. ... Andere rühmen auch das Decokt der Wurzel und Blätter, als eine Augenarzeney, und die Saamen als harntreibend." (Linné 1780, S. 229f.); „1. PARNASSIA palustris. Parnassia. ... Hort. cliff. 113. ... Gramen parnassi albo smplici flore. Bauh. pin. 309. ... Weisse Parnassie. W. ..." (Linné 1797–1830, Bd. I, Teil 2, S. 1516); „1) PARNASSIA PALUSTRIS Linn. ... M. a Bieb. Fl. taur. cauc. I. p. 248. No. 619. ... Parnassia. Gmel. Fl. sib. IV. p. 91. No. 44. ..." (Ledebour 1829, S. 427); „133. Parnassia. TOURNEF. ... 1. P. palustris (L. SP. 391) ... LEDEB. Fl. alt. I, p. 427. ... Parnassia. ... GMEL. Fl. sib. IV, p. 91. Nr. 44. ..." (Ledebour 1842, S. 262f.); „Parnassia, Einblatt, ... man kennt bisher nur eine Art, welche ... den Beynamen: palustris, hat, und im teutschen: Sumpfeinblatt, Leberblume, Wasserleberblümlein, weisse Herzblümlein heißt; ... die ältere Aerzte haben ihren Samen eine harntreibende, und dem Saft ihrer Blätter, so wie dem mit der Wurzel abgekochten Wasser eine besondere Kraft in den Krankheiten der Augen zugeschrieben; ..." (Gmelin 1774, Sp. 807f.); „619. PARNASSIA palustris. ... Linn. ed. Willd. 1. p. 1516. ... Gmel. sib. 4. p. 91. n. 44. ..." (Marschall von Bieberstein 1808a, S. 248); „44. PARNASSIA LIN. Sp. pl. 1. p. 391. n. 1. cum syn. ... Russis перелойная трава [russ. *perelojnaja trava*] audit, et decocto illius in stranguria et calculo vtuntur." (Gmelin 1747–1769, Bd. IV, S. 91), nahezu identisch auf Bl. 48v in: AAW R. I, Op. 104, D. 14 – s. Anm. 32 in Nr. 6; „44. Parnassia [=] Parnassia palustris L.!" (Ledebour 1841, S. 121); „PARNASSIA PALUSTRIS. ... Linn. Spec. plant. ed. Willd. T. I, p. 1516. ... Weisse Parnassie, Sumpfparnasserkraut, weisses Leberkraut, Pinblatt, weisse Leberblume, weisse Wasserleberblume, Steinblume. ... Die Blumen der Parnassia palustris werden noch bis jetzt an einigen Orten

in den Apotheken unter dem Nahmen Flores Hepaticae albae aufbewahrt, ... In Schweden pflegt der Landmann die ganze Pflanze in Bier abzukochen, und diesen Absud wider Sodbrennen und Magenschmerzen zu gebrauchen. ..." (Hayne 1809, Nr. 42); „1. Parnassia palustris ... Weiße Parnassie. R. Perelownaja Trawa. ..." (Georgi 1797–1802, Theil 3, S. 868); „3) Hysterie und Krämpfe. ... Im Smolenskischen Gouvernement giebt man die Abkochung von Parnassia palustris, ... 4) Harnbeschwerden. Gegen Harnverhaltung gebraucht man in Sibirien den Aufguss von Parnassia palustris, ..." (Krebel 1858, S. 145f.); „Mittel gegen die drückende oder würgende Krankheit. ... Wenn man die ‚würgende' Krankheit (schnaudsejs) hat, oder wenn ‚am Herzen etwas schmerzt', so benütze man Parnassia palustris. ... möchte ich darauf hindeuten, dass in einer anderen Angabe Parnassia palustris direct als Herzmittel genannt wird ..." (Alksnis 1894, S. 191f.); „PARNASSIA (palustris) Linn. Lapp. 108. ... Cliff. 113. ... Золотникова трава [russ. *zolotnikova trava*] Russ. ..." (*Krašeninnikov* 1761, S. 47); „365. Parnassia palustris. Lin. Syst. Plant. I. p. 749. sp. 1. ... Ruß. Pereloi und Pereloinaja Trawa, auch Solotnikowa Trawa. ..." (Falk 1786, S. 152f.); „Leber=Blume, weiße Leber=Blume, weißes Leber=Blümlein, weißes Leber=-Kraut, Einblatt, Parnasser=Kraut. Parnasser=Gras, Parnassie, Hepatica alba, Parnassia, ... im Deutschen Sumpf=Einblatt, Wasser=Leberblümlein, weiße Herren=Blümlein, weiße Herz=-Blümlein, Horn=Blümlein, Stein=Blume, Studenten=Röschen, ... Die ältern Aerzte empfehlen die Pflanze zu Eröffnung der verstopften Leber, und rechneten sie unter die Wund=Kräuter; ..." (Krünitz 1773–1858, Bd. 67, S. 389ff.); „PARNASSIA. ... teutsch, weiß Leberblümlein. ... Parnassia ist es genennet worden, dieweil es einem andern Kraut gar ähnlich sieht, davon Dioscorides gemeldet, und welches auf dem Berg Parnassus ist gewachsen." (Lémery 1721, Sp. 842); Parnassia palustris L. – russ. *gorljanka*, *belozor*, *perelojnaja trava*, *sort-gar* d. h. *šelk belyj*, *osennij cvet* bzw. *odnolist* (*Annenkov* 1858, S. 66, Nr. 769)

„Decocto Androsaces utuntur in prolapsus intestinorum in scrotum et in quavis hernia, quomodo autem experimentum succedat, experientia nulla nec ipse nec ab alijs edoctq sum. Eodem decocto etiam in Gonorrhoea incipienti uti solet nec sine emolumento pariter Epaticae albae vel florum Parnassi decocto, ob id etiam ambae Pereloina trawa Перелойна трава [russ. *perelojna trava*] nomine a Russis salutantur. Decoctum Epaticae albae tam florum, quam foliorum ipse dabam sed non omissi consuelis abstergentibus Balsamicis, unde quod solo decocto usus non sim, peculiares huic laude, adscribere nimis leve esse vereor." (AAW R. I, Op. 13, D. 56, Bl. 4r, s. Anm. 51 in Nr. 1094); „143. Parnassia palustris et vulgaris I. R. H. ..." (AAW R. I, Op. 104, D. 17, Bl. 16r, s. Anm. 36 in Nr. 8); „Parnassia palustris et vulgaris I. R. H. ..." (AAW R. I, Op. 105, D. 2, Bl. 6r, s. Anm. 54 in Nr. 17); „Parnassia palustris et vulgaris. Inst. r. h. 246. n°. 162." (AAW R. I, Op. 13, D. 19, Bl. 3v, s. Anm. 54 in Nr. 17); „191) Parnassia palustris & vulgaris Tour. i. r. h. ..." (AAW R. I, Op. 104, D. 25, Bl. 15r, s. Anm. 61 in Nr. 21); „460. Parnassia palustris et vulgaris I. R. H. ..." (AAW R. I, Op. 105, D. 4^a, Bl. 47r, s. Anm. 54 in Nr. 17); „128 Parnassia palustris et vulgaris Inst. r. h. 246." (AAW R. I, Op. 6, D. 40, Bl. 29r, s. Anm. 1 in Nr. 1); „17. Juli 1723 ... Von Kräutern fand sich hieselbst ... Gramen Parnassi; ..." (Messerschmidt 1962–1977, Bd. 2, S. 96); „Parnassia palustris et vulgaris, flore albo simplici (Tournefortii sp. 1), Off." (a. a. O., Bd. 4, S. 203, s. Anm. 1 in Nr. 1); „Parnassia palustris et vulgaris Tourn. ..." (AAW R. I, Op. 104, D. 8, Bl. 11v, s. Anm. 18 in Nr. 452); „128 Parnassia i. r. h." (G. W. Steller nach J. G. Heinzelmann: AAW R. I, Op. 81, D. 23, Bl. 17r, s. Anm. 1 in Nr. 1); „Parnassia palustris Tournefortii; Gramen Parnassi Dodon. p. 564. ..." (AAW F. 98, Op. 1, D. 19, Bl. 44r, s. Anm. 59 in Nr. 19); „351. Parnassia palustris & vulgaris I. R. H. ..." (AAW R. I, Op. 13, D. 42, Bl. 63r, s. Anm. 1 in Nr. 1); „852. Parnassia palustris & vulgaris I. R. H. ..." (AAW R. I, Op. 105, D. 1, Bl. 68v, s. Anm. 29 in Nr. 5)

53 russ. *perelojna*[*ja*] *trava*; Außer Parnassia palustris (Ein-Herzblatt, Sumpfleberblume) werden auch Androsace septentrionalis und Androsace villosa als *perelojnaja trava* bezeichnet (*Dal'* 1880–1882, T. III, S. 64; Pawlowski 1952, S. 1021; *Slovar'* 2011a, S. 88).

[54] „TRIPPER, m., gonorrhoea. ... drüpper ...“ (Grimm 1991, Bd. 22, Sp. 650f.); „Gonorrhöe ... 2) (Tripper, Blenorrhoea urethrae, Chaudepisse), Entzündung der Schleimhaut der Harnröhre, ...“ (Pierer 1857–1865, Bd. 7, S. 468f.)

[55] russ. *pereloj* – Tripper, Gonorrhöe (Pawlowski 1952, S. 1021)

[56] „[species 2] Kali spinosum, foliis longioribus & angustioribus. Tragus spinosus Mathioli sive Kali spinosum J. B. 3. 706. Tragon Mathioli Lob. Icon. 797.“ (Tournefort 1700, S. 247, Genus XIV. „Kali. Soude.“); „CAPUT CLVII. ... Das Tragum aber, so auf Latein: Kali spinosum cochleatum, C. B. P. 289. Raj. H. 212. Tragus spinosus Matthioli, sive Kali spinosum J. B. Tragus sive Tragum Matthioli. Park. genennet wird, bringt rothe Beeren, wie es MATTHIOLUS in Commentario ad Dioscorid. lib. IV. cap. 46. beschreibt, allda es mit vielen Stacheln ohne Blätter gezeichnet stehet, ...“ (Zwinger 1744, S. 311ff.) und (u. a.) die Abbildung „V. Stachlichtes Glas=Schmaltz. V. Tragum s. Cali spinosum.“ auf S. 312; „TRAGVM. CAP. XLVI. ... planta est spinosa tota. ...“ mit der Abbildung „TRAGO.“ auf S. 1035 (Mattioli 1565, S. 1034ff.); „2. KALI spinosum, foliis longioribus & angustioribus. Tourn. Dornichtes Salzkraut, mit längern und schmälern Blättern.“ (Miller 1750, S. 470); „69. SALSOLA foliis rigidis pungentibus. Tragon, MATTHIOLI LOB. ic. 797. Kali spinosum cochleatum, B. pin. 289. Tragus spinosus MATTHIOLI, siue Kali spinosum, I. B. III. 706. Kali spinosum foliis longioribus et angustioribus, TOVRN. I. R. H. 247. Salsola foliis pungentibus, LINN. Cliff. 86. Suec. 73. Salsola herbacea decumbens foliis subulatis spinosis, calycibus marginalis axillaribus, LIN. Sp. pl. 1. p. 322. n. 1. j. Idem foliis breuioribus, Tab. XVII. fig. 1. et 2. ...“ (Gmelin 1747–1769, Bd. III, S. 88f.); „69. Salsola foliis rigidis pungentibus [=] Salsola Kali L.! [;] Idem foliis brevioribus. t. XVIII. f. 1. [=] Salsola tamariscina Pall.! [;] t. XVII. f. 2. [=] Halimocnemis monandra C. A. Meyer!“ (Ledebour 1841, S. 89); „1. SALSOLA foliis pungentibus. Kali spinosum cochleatum. Bauh. pin. 289. Kali spinoso affini. Bauh. pin. 289. ... Kali spinosum, foliis longioribus & angustioribus. Tournef. inst. 247. ... Tragus spinosus matthioli, sive Kali spinosum. Bauh. pin. 706. ...“ (Linné 1737, S. 86); „1.) Rauchblätterichtes Salzkraut. Salsola kali. ... Salsola herbacea, decumbens; foliis subulatis, spinosis, scabris; calicibus marginatis, axillaribus. LINN. Syst. veg. p. 217. Sp. pl. 322. Salsola foliis pungentibus. Hort. cliff. 86. ... Kali spinoso affinis. C. BAUH. pin. 289. ... Tragon Matthiolis. LOB. Icon 797. Diese Art findet man an allen europäischen Seestranden; daher sie auch das gemeine Salzkraut genennet wird. ... 2.) Glattblätterichtes Salzkraut. Salsola Tragus. ... Salsola herbacea, erecta; foliis subulatis, spinosis, laevibus; calycibus ovatis. LINN. Syst. veg. p. 217. ... kali spinosum, fol. longioribus et angustioribus. TOURNEF. inst. 257. ...“ (Linné 1779, S. 819f.); „1. SALSOLA Kali. ... S. foliis pungentibus. Hort. cliff. 86. ... S. foliis rigidis pungentibus. Gmel. sib. 3. p. 88. n. 69. ... Kali spinosa affinis. Bauh. pin. 289. ... Gemeines Salzkraut. W. ... 2. SALSOLA Tragus. ... Kali spinosum cochleatum. Bauh. pin. 289. Kali spinosum, foliis longioribus et angustioribus. Tournef. inst. 247. ... Glattes Salzkraut. W. ...“ (Linné 1797–1830, Bd. I, Teil 2, S. 1310f.); „5) SALSOLA KALI. Linn. ... S. Kali. M. a Bieb. ... Fl. taur. cauc. I. p. 183. (excl. icon. Gmel.) ... Salsola No. 69. Gmel. Fl. sib. (excl. var. I et II.) ... Var. δ altaica a genuina S. Kali Linn., ...“ (Ledebour 1829, S. 392f.); „4) HALIMOCNEMIS MONANDRA. C. A. Meyer. ... Salsola No. 69. var. I. Gmel. Fl. sib. III. p. 88. t. 17. f. 1. ...“ (a. a. O., S. 384); „3) SALSOLA TAMARISCA. Pall. ... Salsola No. 69. Var. I. Gmel. Fl. sib. III. p. 88. t. 17. f. 1. (expung. f. 2, ad Halimocnem. monandram referendam.) ...“ (a. a. O., S. 390f.); „895. Salsola. L. (partim). ... 1. S. Kali (L. Spec. 322) ... α. crassifolia: ... S. foliis rigidis pungentibus. GMEL. Fl. sib. III, p. 88, No. 69 (excl. var. I, t. 17, f. 1, ad S. tamariscinam et var. II, t. 17, f. 2. ad Halimocnemum monandrum spect.). ... S. Tragus. M. a. BIEB. ... Fl. t. c. I, p. 184; ... β. angustifolia: ... S. Kali. ... M. a BIEB. ... Fl. t. c. I, p. 183. ... LEDEB: Fl. alt. I, p. 392. ... S. Kali δ. altaica. LEDEB. Fl. alt. I, p. 393 (fide specim.). ... S. foliis mollibus teretibus longissimis, spina terminante. GMEL. Fl. sib. III, p. 87, No. 68 (excl. syn. ad S. Sodam spect.). ...“ (Ledebour 1846–1851, S. 796ff.); „3. S[alsola] tamariscina (PALL. It. III, p. 604) ... M. a BIEB. Fl. t. c. I, p. 184; ... LEDEB. Fl. alt. I, p. 390. ... S. foliis rigidis pungentibus. Var. I. GMEL. Fl. sib. III, p. 88, No. 69, t. 17, f. 1 (nec 2, quae Halimocnemis monandra). ...“ (a. a. O., S. 801); „904. Halimocnemis. C. A. MEYER (partim). ... 1. H. monandra (C. A.

MEYER in LEDEB. Fl. alt. I, p. 384) ... Salsola foliis rigidis pungentibus I. foliis brevioribus. GMEL. Fl. sib. III, p. 88, No. 69, t. XVII, f. 2. ...“ (a. a. O., S. 837f.); „460. SALSOLA Kali. ... S. herbacea decumbens, ... Linn. ed. Willd. 1. 1310. ... Gmel. sib. 3. p. 88. n. 69. t. 17. f. 2. ... 461. SALSOLA Tragus. ... S. herbacea erecta, ... Linn. ed. Willd. 1. p. 1310. Gmel. sib. 3. p. 87. n. 68 (exclusis synonymis.) ...462. SALSOLA tamariscina. S. herbacea glabra, ... Gmel. sib. 3. p. 88. n. 69. var. I. t. 17. f. 1? ...“ (Marschall von Bieberstein 1808a, S. 183f.); „[Tragus] spinosus Matthioli sive kali spinosum; hierunter versteht er [d. h. J. Bauhin] Linne’s erste Art des Salzkrautes.“ (Gmelin 1777, Sp. 200); „[Salsola] Kali, herbacea decumbens, ... gemeines Salzkraut, ... die Schafe sollen es nicht fressen: ... [Salsola] Tragus, herbacea erecta, ... stachlichtes Salzkraut, ...“ (Gmelin 1776, Sp. 135f.); „68. SALSOLA foliis mollibus teretibus longissimis, spina terminante. Salsola herbacea patula, foliis inermibus, GVET. Stamp. 426. LINN. Sp. pl. 1. p. 323. n. 6. Kali maius cochleato semine, B. pin. 289. TOVRN. I. R. H. 247. Cali vulgare, I. B. III. 702. Soda, Kali magnum, Sedi medii folio, semine cochleato, LOB. ic. 394. ...“ (Gmelin 1747–1769, Bd. III, S. 87f.); „68. Salsola foliis molliter [sic!] teretibus longissimis spina terminante. (excl. syn.) [=] Salsola Tragus L. (fide M. a Bieb. Fl. t. c. I. 184.)“ (Ledebour 1841, S. 89); „Chenopodium spinosum (Estne Kali spinosum Auct. Salsola Tragus L. vel tamariscina Pall.? Fl. sib. III. 88. nr. 69.), ...“ (A. von Haller in einem Brief an J. G. Gmelin vom 16. August 1751 – Plieninger 1861, S. 134); „Salsolae. Lin. Syst Pl. p. 624 &c. sind mit andern Salzpflanzen ... in allen Salzsteppen und um alle Salzseen, ... Sie ändern ihr Ansehen ... so sehr, daß man, damit noch unbekannt, leicht neue Arten zu haben glauben kann. ... Die Russen nennen alle Milnii Trawa [russ. *mil’naja trava*], d. i. Seifkraut, die Kalmücken und Tataren Karesin, auch Chanikol und eine Art, die sie für vorzüglich salzig und scharf halten, mir aber nicht zeigen konnten Kukpak. ... 289. Salsola Kali. Lin. Syst. pl. I. p. 624. sp. 1. ... 290. Salsola Tragus. Lin. sp. 2. ... 299. Salsola tamariscifolia. Pall. Bey Astrachan brennen Tataren und Kalmücken, am Terek Tataren, Armerianer und Georgianer ... auch von andern Salzpflanzen ... Soda, Tatar. u. Armen. Kalakar. Sie sammlen diese Pflanzen, ... lassen sie an der Luft trocken werden und brennen sie in Thongruben ...“ (Falk 1786, S. 140f.); „TRAGUM. ... Tragus spinosus Matthioli, sive Kali spinosum, J. B. ... Es eröffnet trefflich starck, dienet zum Stein, zum Sand und Gries.“ (Lémery 1721, Sp. 1151); „KALI. ... teutsch, Saltzkraut, Glasschmaltz. ... Es eröffnet und dienet zu dem Stein und Sand, hebt die Verstopfungen, wann es gekochet und gebrauchet wird. ... Kali ist ein arabisches Wort, welches soviel als Saltz bedeutet; ...“ (a. a. O., Sp. 589f.); „12) Gemeines Salzkraut, Salzpflanze, rauchblättriges Meerstachelkraut; ... Salsola Kali, foliis pungentibus. Hort. cliff. 86. ... 13) Glattes Salzkraut; ... Kali spinosum cochleatum. Bauh. pin. 289. ... Diese Art wird von einigen Botanikern für eine Varietät von Salsola gehalten.“ (Krünitz 1773–1858, Bd. 134, S. 580f.); Salsola – russ. *soljanka* oder *myl’naja trava* (*Annenkov* 1858, S. 83, Nr. 976); Salsola Kali L. – russ. *koljučka*, *perekati-pole* bzw. *kamčak* (a. a. O., S. 83, Nr. 977); „Sālsola L. (Chenopodeae). Dimin. von salsus (gesalzen); die Pflanze ist salzreich und liebt Salzboden.“ (Wittstein 1852, S. 782); „Trāgus WALL. (Gramineae). Von τραγος (Bock). ...“ (a. a. O., S. 889); „Halimōcnemis LED. (Chenopodeae). Zus. aus ἅλιμος (salzig) und κνημις (Beinschiene), d. h. eine Pflanze mit salzreichem Stängel.“ (a. a. O., S. 415)

„295. Kali spinosum, folijs longioribus et angustioribus I. R. H. ...“ (AAW R. I, Op. 105, D. 1[a], Bl. 27v, s. Anm. 29 in Nr. 5); „Kali Spinosum foliis longioribus et angustiorib) T. B. n. 2. Kali Spinosum caule et alis florum purpureis Buxb: Cent. I. Tab. xij p 7.“ (AAW R. I, Op. 68, D. 2, Bl. 11r, s. Anm. 62 in Nr. 22); „1. Kali majus cochleato semine I. R. H. Ceratocarpus Buxb. Ind. Irt. & Transbaic. 2. Kali spinosum folijs longioribus & angustioribus I. R. H. Ind. Jen. n°. 295.“ (AAW R. I, Op. 13, D. 67, Bl. 20v, s. Anm. 5 in Nr. 4)

57 „78. SAXIFRAGA foliis oualibus, retusis, obsolete serratis, petiolatis, caule nudo, panicula conglomerata, LIN. Sp. pl. 1. p. 573. n. 11. T. LXVI. Saxifraga foliis oualibus, crenulatis, caule nudo, GM. Inst. [müßte heißen: Mst.] Geum montanum folio subrotundo, amplissimo, flore roseo, specioso, STELL. Irc. 302. Och. 192. Geum saxatile rotundifolium maius, flore purpureo, MESS. AMM. ruth. 90. ... Folia ... ruthenis ad Angaram et circa lacum Baical, vt et Lenae, Vitimi, Selengae, Ircuti accolis loco Theae sinensis, folia scilicet a neruo sine costa media abresa aheno

iniciunt, aqua frigida adfusa in ignem ponunt, et aliquoties ebullire sinunt, decoctum postea ebibentes, quod, experientia omnino docente, colore non tantum The boy accedit, terrestre quid tamen semper sapere solet. Rutheni valde commendant hunc potum, alui profluuio laborantibus, totam plantam, quemadmodum et potum inde paratum ваданъ [*vadan*] [sic!] nuncupare consueuerunt. ... Haec omnia, b. M. [sic!] W. STELLER." (Gmelin 1747–1769, Bd. IV, S. 166ff.), nahezu identisch auf Bll. 69v–70r in: AAW R. I, Op. 104, D. 14 – s. Anm. 32 in Nr. 6; „78. Saxifraga foliis ovalibus retusis obsolete serratis petiolatis, caule nudo, panicula glomerata. t. LXVI. [=] Saxifraga crassifolia L.!" (Ledebour 1841, S. 129); „11) Dickblätterichter Steinbrech. Saxifraga crassifolia. ... Saxifraga foliis ovalibus. retusis, obsolete serratis, petiolatis; caule nudo; paniculo conglomerata. LINN. Syst. veg. p. 343. ... GMEL. Fl. Sib. 4. p. 166. t. [6]6. ..." (Linné 1780, S. 520); „14. SAXIFRAGA crassifolia. ... S. foliis ovalibus crenulatis, caulibus nudis. Gmel. sib. 4. p. 166. t. 66. Geum saxatile rotundifolium majus flore purpureo. Amm. ruth. n. 90. ... Dickblättriger Steinbrech. W. ..." (Linné 1797–1830, Bd. II, Teil 1, S. 644f.); „2) SAXIFRAGA CRASSIFOLIA. Linn. ... Saxifraga foliis ovalibus, ... Gmel. Fl. sib. IV. p. 166. No. 78. tab. LXVI. Geum saxatile rotundifolium majus, flore purpureo. Amman. ruth. p. 70. No. 90. ... Descriptio Stelleri in Gmel. Fl. sib. l. c. optima." (Ledebour 1830, S. 117); „27. S[axifraga] crassifolia (L. SP. 573) ... S. foliis ovalibus retusis obsolete serratis petiolatis, ... GMEL. Fl. sib. IV, p. 166. Nr. 78, t. 66. ... Geum saxatile rotundifolium majus flore purpureo. MESSERSCHMIDT ap. AMMAN. ruth. p. 70. Nr. 90. ..." (Ledebour 1844–1846, S. 214f.); „Saxifraga crassifolia, ... dikblätterichter Steinbrech. ..." (Gmelin 1776, Sp. 237f.); „90. GEUM saxatile rotundifolium majus flore purpureo Messerschm. Tataris ad Arbath fluuium degentibus, referente Messerschmidio, Kaltschep vel Bada-Thusu dicitur. Ab iisdem decoctum ex radicibus hus plantae paratur, quo contra alui fluxus vtuntur. ..." (Amman 1739, S. 70); „Saxifraga foliis ovalibus crenulatis repandis retusis, caulibus nudis multifloris. nova est (Fl. sib. IV. 166. nr. 78. S. crassifolia L.)." (C. von Linné in einem Brief an J. G. Gmelin vom 2. August 1748 – Plieninger 1861, S. 84); G. W. Steller bemerkt zu der Pflanze: „10. Geum Alpinum flore specioso roseo folio subrotundo баданъ [russ. *badan*] Sibiriensium Siberische Thée boy, von dem in Rußland angegeben wird, daß es sich um Tee handelt; diese Angabe erfolgt jedoch meiner Auffassung nach ohne Grund" (in Dokument 157, Hintzsche 2001, S. 424); „In Sibirien gebraucht man die Wurzel von Saxifraga crassifolia [bei Wechselfieber]. Sie ist schwammig, ungemein bitter, adstringirend, und scheint allerdings Heilkräfte zu besitzen." (Krebel 1862, S. 125); „3) Durchfall und Ruhr. ... Die Sogaischen Tataren gebrauchen gegen Durchfall den Aufguss von Saxifraga crassifolia. Auch in Fieberzuständen benutzen sie denselben." (a. a. O., S. 131f.); „487. Saxifraga crassifolia. ... Gmel. Flor. Sibir. 4 t. 66. Ruß. Tschagirskii Tschai. Die ... abgestorbenen lederbraunen Blätter werden von den Soldaten und Kasaken ... gesammlet und ... verkauft. ... Die trocknen Blätter werden mit den Händen zerrieben und in kochend Wasser geworfen. Meistens wird noch zum Wasser so viel Milch als Wasser, ein wenig Salz, auch ein gut theil Butter genommen. Diesen Thee trinken sie denn aus Theekannen und Theetaßen mit Honig oder Zucker versüßt. ..." (Falk 1786, S. 177); „... waren alle Felsen reichlich mit der Sibirien eigenthümlichen Saxifraga crassifolia oder sogenannten Mungalischen Thee bewachsen. Da der Handel mit China eine Zeitlang unterbrochen ... war, kam diese Pflanze, welche man als gemeinen Thee zu kochen von den Mungalen und sibirischen Tataren gelernt hatte auf einige Zeit sehr in Ruf und Gebrauch und wurde ... unter dem Nahmen des Tschagirschen Thees (Tschagirskoi Tschai) allgemein bekannt. ... Man kann daher an jeder Pflanze die Blätter vom vorigen, zweiten und dritten Jahr deutlich unterscheiden. Letztere ... werden vor die dienlichsten zum Theekochen gehalten und allein gesammlet. Sie geben auch dem Wasser eine rothe Theefarbe, mit einem zusammen ziehenden, schlechtem Theeboe ähnlichen Geschmack, der, wenn man das Kraut nicht zu stark kocht, zwar erträglich genug, aber doch also beschaffen ist daß man ihn ohne Noth nicht mit Thee vertauschen wird. ..." (Pallas 1773, S. 565f.); „Das gewöhnlichste Kraut zum Thee ist auch hier der sogenannte Badán (Saxifraga crassifolia) und das zusammenziehende Decoct der Wurzel davon wird von den Gebürg=Tataren mit gutem Nutzen wider Bauchflüsse und fieberhafte Zufälle getrunken." (Pallas

1778, S. 266f.); „6. Saxifraga crassifolia ... Dickblättriger Steinbrech. R. Tschagirskoi Tschai (Tschagirischer Thee), [russ. *čagirskoj čaj*] auch Badan. ... Ihre Blätter bleiben im Winter, erhalten aber eine lederbraune Farbe und sind vom Frost milder geworden. Man sammlet sie in folgendem Sommer in großer Menge, weil sie als Thee (Tschai, auch Badan) im östlichen Sibirien reichlich Absatz finden. Um sie als Thee zu benutzen, werden sie zerschnitten in siedend Wasser geworfen, warm aus Tassen oder Bechern für sich, oder, und lieber, mit Milch vermischt, getrunken. Auf Reisen unter Nomaden, bey welchen man Milch haben kann, essen die Kosaken diesen Thee mit Butter und Brodbrocken, als Löffelspeise. ...“ (Georgi 1797–1802, Theil 3, S. 962f.); „SAXIFRAGA. ... teutsch, Steinbrech. ... Es eröffnet starck, ist gut zum Stein, zur Verstopfung, den Harn und der Weiber Zeit zu treiben, abgesotten gebrauchet. Saxifraga kommt von saxis, Steinen, und frangere, brechen, als ob es solte heissen, ein Kraut, das den Stein bricht. Dieser Name ist diesem Kraute und andern mehr darum gegeben worden, entweder, weil man geglaubet hat, daß sie den Stein in den Nieren und in der Blase brechen und zertheilen sollen, oder, weil ihrer etliche aus den Ritzen in den Steinklippen heraus wachsen, so daß es siehet, als ob sie dieselbigen mit ihren Wurtzeln durchbohreten.“ (Lémery 1721, Sp. 1010f.); „4) Der dickblättrige Steinbrech, der große Steinbrech, Saxifraga crassifolia, ...“ (Krünitz 1773–1858, Bd. 172, S. 254f.); Geum – russ. *kuklik*, *gravilat* bzw. *grebnik* (*Annenkov* 1858, S. 46, Nr. 512); Saxifraga crassifolia L. – russ. *badan*, *bodan* bzw. *čagirskij čaj* (a. a. O., S. 84, Nr. 993); „Gēum L. (Rosaceae). Von γευειν (einen guten Geschmack haben), in Bezug auf die Wurzel, die indessen besser riecht als schmeckt.“ (Wittstein 1852, S. 387)

„6. Geum montanum folio subrotundo, amplissimo, flore roseo, specioso Fl. Irc. n°. 302. Jen. 1113. Lapathum Ind. Len. n°. 101.“ mit der rechts marginalen Anm. „Ic. St.“ (AAW R. I, Op. 13, D. 67, Bl. 74r, s. Anm. 5 in Nr. 4); „1113. Geum montanum, folio subrotundo amplissimo, flore roseo specioso Fl. Irc. n°. 302. Lapathum Ind. Len n° 101. ...“ (AAW R. I, Op. 105, D. 1[a], Bl. 118r, s. Anm. 29 in Nr. 5); „101. Lapathum folio acuto flore aureo C. B. P. ...“ (AAW R. I, Op. 13, D. 42, Bl. 13r, s. Anm. 1 in Nr. 1); „192) Geum montanum folio subrotundo amplissimo, flore specioso ... vide Flor ircut. No 302.“ (AAW R. I, Op. 104, D. 25, Bl. 15r, s. Anm. 61 in Nr. 21); „7. März 1725 ... Der Dolmetsch wurde über diese relationes so konfident, daß er ... mir referierte, daß die Badathusa Kirgisica oder Geum saxatile rotundifolium maximum flore purpureo, von den Burjaten Bada-tzai oder ‚Bada-Tee‘ genennet, häufig in den hiesigen hohen Gebürgen zur Seiten der Steppen wüchse und contra fluxiones alvi, sonderlich in decocto, anstatt des Tees getrunken würde, nämlich von der Wurzel zu verstehen, denn die Blätter würden weggeworfen. ...“ (Messerschmidt 1962–1977, Bd. 4, S. 19f.); vielleicht „Allhier [d. h. am See *Bajkal*] wächst auf dem Geburg ein Kraut welche dem wegerecht [sic!] gleichet Der Stengel und die Samen sind de) Morast Saur Ampfe ähnlich Diese) Kraut nennen die Russen Баданъ [russ. *badan*] und wird von ihnen anstatt des Thees gebraucht welchen Geschmak es auch hat Adstríngiret aber stark“ (Bl. 24v in einer Beschreibung des Weges von *Jakuck* nach *Irkuck* aus dem Jahr 1745 von Jacob Johann Lindenau: RGADA F. 199, Op. 2, Č. 1, D. 7, Bll. 1r–32r)

58 „Pyrola. Pyrole. ...“ (Tournefort 1700, S. 256); „PYROLA. ... teutsch, Wintergrün. Waldmangolt, ... Pyrola kommt von uyros, Birnenbaum, weil dieses Krautes Blätter dem Birnenlaube schier gleich sehen. ...“ (Lémery 1721, Sp. 932f.)

59 in der 2. Textversion (s. Anm. 1 in A.): „at“

60 Unterschieden werden muß zwischen dem ‚Chinesischen Theeboe‘ und dem ‚Sibirischen Theeboe‘ „Theebou, Rußisch Уй-чай [russ. *Uj-čaj*], Chinesisch Ui=Za, wird in Zibiken ... verkauft. ... Кирпишной чай [russ. *kirpišnoj čaj*], Chinesisch Tschuandscha, ist so wohl grüner Thee, als Thee=bou, der in grosse viereckigte platte Kuchen, die man der Form nach mit Ziegelsteinen (кирпичи [russ. *kirpiči*]) vergleichet, zusammen gepresset ist. ... Die Tataren und Bucharen sind davon grosse Liebhaber.“ (Müller 1760, S. 585); „3. Von den Baumwollstauden und Theesträuchern. ... Der Name Tha oder Thee kömmt von der verderbten Aussprache des Worts Tswon=-chew und Chang=chew=fu ... Doch kann man ihn nach seinen Eigenschaften in vier Classen theilen, nämlich Song=lo cha, Vu=i=cha, Pu=eul=cha und Lo=ngan=cha. ... Die Blätter der

andern Art Thee, Vu=i genannt, sind klein, und fallen ins Schwarze. Sie färben das Wasser gelb, der Geschmack ist angenehm, und auch dem schwächsten Magen schadet er nichts. Im Winter muß man sich seiner mäßig bedienen, aber im Sommer kann man nicht zuviel trinken. Er ist besonders gut im Schwitzen, nach Reisen, Laufen oder einer andern heftigen Bewegung. Sie geben ihn auch Kranken, und diejenigen, die für ihre Gesundheit besorgt sind, trinken keinen andern. ... Der Bohea, Boy oder Vo=i ist die erste Knospe, die im Anfange des Märzens gesammelt und im Schatten getrocknet wird. ..." (Historie 1750, S. 522ff.)

61 russ. *badan*; Außer Saxifraga crassifolia wird auch Geum rivale (*vodjanoj badan*) und Dictamnus fraxinella bzw. D. albus als *badan* bezeichnet (*Dal'* 1880–1882, T. I, S. 36; Pawlowski 1952, S. 26).

62 s. Anhang B.5. Nr. 10

63 „[species 1] Geum rotundifolium, majus. Sanicula montana, rotundifolia, major C. B. Pin. 243. Sanicula Alpina, guttata J. B. 3. 707. Caryophyllata sive Geum Alpinum, recentiorum, folio Hederaceo Lob. Icon. 613. Sanicula montana, 2 Clus. Hist. 307." (Tournefort 1700, S. 251, Genus I. „Geum."); „SANICVLA MONTANA. CAP. X. ... SANICVLA MONTANA ALTERA. CAP. XI. ..." und die Abbildung „Sanicula montana II." auf S. 307 (Clusius 1601, S. 306ff.); „Geum rotundifolium majus Inst. R. Herb. ... Bergsanickel/ Alpsanickel. ..." (Mappus 1742, S. 126); „3. SAXIFRAGA foliis reniformibus acute crenatis, caule ramoso folioso. Geum rotundifolium majus. Tournef. inst. 251. ... Sanicula montana rotundifolia major. Bauh. pin. 243. Sanicula alpina guttata. Bauh. hist. 3. p. 707. ..." (Linné 1737, S. 167); „23) Rundblätterichter Steinbrech. Saxifraga rotundifolia. ... Saxifraga foliis caulinis reniformibus, dentatis, petiolatis; caule paniculato. LINN. Syst. veg. p. 344. Sp. pl. 576. Hort. Cliff. 167. ... Sanicula montana rotundifolia maior. C. BAUH. pin. 243. ... Geum rotundifolium maius. TOURNEF. inst. 251. ..." (Linné 1780, S. 528); „29. SAXIFRAGA rotundifolia. S. foliis caulinis reniformibus ... Gmel. sib. 4. p. 162. ... S. foliis reniformibus, ... Hall. helv. n. 975. S. foliis reniformibus acute crenatis, ... Hort. Cliff. ... Sanicula montana rotundifolia major. Bauh. pin. 243. ... Rundblättriger Steinbrech. W. ..." (Linné 1797–1830, Bd. II, Teil 1, S. 651); „36. S[axifraga] rotundifolia (L. SP. 576) ... M. a BIEB. Fl. t. c. I, p. 315; ..." (Ledebour 1844–1846, S. 217f.); „[Saxifraga] rotundifolia, ... rundblätterichter Steinbrech, ..." (Gmelin 1776, Sp. 244f.); „Geum rotundifolium majus, bedeutet bey Tournefort den rundblätterichten Steinbrech." (Gmelin 1773b, Sp. 427); „72. SAXIFRAGA foliis caulinis reniformibus petiolatis, dentatis, caule paniculato, LIN. Sp. pl. 1. p. 576. n. 23. STELLERVS inter Iacutiam et Ochotium collegit." (Gmelin 1747–1769, Bd. IV, S. 162), nahezu identisch auf Bl. 68r in: AAW R. I, Op. 104, D. 14 – s. Anm. 32 in Nr. 6; „72. Saxifraga foliis caulinis reniformibus petiolatis dentatis, caule paniculato [=] Saxifraga sp. mihi ignota. (Saxifraga rotundifolia L. – Willd. sp. pl. II. 6521. et M. a Bieb. Fl. t. c. I. 315.)" (Ledebour 1841, S. 129); „975. SAXIFRAGA foliis reniformibus, acute serratis, hirsutis, petiolatis, caule ramoso. GESNERI ... Geum rotundifolium majus, I. R. H. ... Saxifraga foliis caulinis reniformibus, ... LINN. I. p. 576. ..." (Haller 1768, S. 418); „779. SAXIFRAGA rotundifolia. ... Gmel. sib. 4. p. 162. n. 72. ..." (Marschall von Bieberstein 1808a, S. 315); „69. Saxifraga foliis cordato-ovalibus crenatis emarginatis, caule nudo Hort. Cliff. (In Hort. Cliff. quatuor species Saxifragae mixtae videntur: S. hirsuta L. geum L. umbrosa L. rotundifolia L.). non est, sed Saxifraga foliis reniformibus acute crenatis, caule ramoso folioso Hort. Cliff. nr. 3. (? S. rotundifolia L. androsacea L. Fl. sib. IV. 162. nr. 72.)." (C. von Linné in einem Brief an J. G. Gmelin? vom 24. August 1748 – Plieninger 1861, S. 97); „532. [müßte heißen: 632.] Saxifraga rotundifolia foliis caulinis reniformibus dentatis, petiolatis, caule paniculato. Linn. Sp. pl. 1. p. 576. ... Geum rotundifolium majus. Tournef. inst. p. 251. ... Germ. Rundblättriger Steinbrech. Alpensanikel. ..." (Gmelin 1806, S. 220f.); „GEUM. ... teutsch, rundblätterige Bergsanicul. ... Es reiniget, ist gut zu den Wunden, welche es heilet und schliesset." (Lémery 1721, Sp. 490f.); „SANICULA. ... teutsch, Sanickel. ... Es hält an, heilet, ist ein gut Wundkraut, reiniget, dient zu innerlichen und äusserlichen Geschwüren, das Bluten zu verstellen und zu den Brüchen, insgemeine wird es abgesotten, als ein Tranck gebracht. Sanicula kommt von sanando, heilen, her, weil dieses Kraut zu vielen Kranckheiten dienlich ist." (a. a. O.,

Sp. 999); vgl. auch „71. SAXIFRAGA foliis reniformibus, obtuse crenatis, caule plerumque simplici, nudo, GM. Inst. [müßte heißen: Mst.] T. LXV. Geum rotundifolium maius, spica florum longissima, GM. Ind. Len. 312. ? Saxifraga foliis reniformibus, palmatis, pilosis, caule pedunculisque filiformibus, LIN. Sp. pl. 1. p. 567. n. 27. ...“ (Gmelin 1747–1769, Bd. IV, S. 161), nahezu identisch auf Bll. 67v–68r in: AAW R. I, Op. 104, D. 14 – s. Anm. 32 in Nr. 6; „71. Saxifraga foliis reniformibus obtuse crenatis, caule plerumque simplici nudo. t. LXV. f. 1. [=] Saxifraga punctata L.!“ (Ledebour 1841, S. 129); „13) Gedüpfelter Steinbrech. Saxifraga punctata. ... Saxifraga foliis subrotundis, dentatis, longius petiolatis; caule nudo. LINN. Syst. veg. p. 343. ... Diese Art wächst auf den höchsten Schneegebürgen in Siberien; ...“ (Linné 1780, S. 521f.); „19. SAXIFRAGA punctata. ... Punctirter Steinbrech. W. ...“ (Linné 1797–1830, Bd. II, Teil 1, S. 646f.); „3) SAXIFRAGA PUNCTATA. Linn. ... S. foliis reniformibus, ... Gmel. Fl. sib. IV. p. 161. No. 71. t. LXV. f. 1. ...“ (Ledebour 1830, S. 118f.); „29. S[axifraga] punctata (L. SP. 574) ... LEDEB. Fl. alt. II, p. 118. ... S. foliis reniformibus ... GMEL. Fl. sib. IV, p. 161, Nr. 71, t. 65, f. 1. ...“ (Ledebour 1844–1846, S. 215f.); „91. SAXIFRAGA punctata. (*) Tab. P. fig. 2. ...“ (Pallas 1776, S. 731); „Saxifraga foliis reniformibus crenatis, caule {ramoso / simplici} nudo. optimum nomen. rara planta, ego eam non vidi (Fl. sib. IV. 161. nr. 71. S. punctata L.).“ (C. von Linné in einem Brief an J. G. Gmelin? vom 2. August 1748 – Plieninger 1861, S. 84)

„125. Saxifraga folijs reniformibus acute crenatis, caule ramoso folioso Linn. h. Cliff. 167. Geum rotundifolium majus Tourn. inst. 251. ...“ (AAW R. I, Op. 13, D. 20, Bl. 13v, s. Anm. 1 in Nr. 1); „193) Geum rotundifolium majus Tour. i. r. h. Flor. ircut No 303. ...“ (AAW R. I, Op. 104, D. 25, Bl. 15r, s. Anm. 61 in Nr. 21); „43. Geum rotundifolium majus I. R. H.“ (AAW R. I, Op. 14, D. 8, Bl. 1v, s. Anm. 98 in Nr. 39); „435. Geum rotundifolium majus I. R. H. ...“ (AAW R. I, Op. 105, D. 12, Bl. 20r, s. Anm. 54 in Nr. 17); „311. Geum rotundifolium maius, caule nudo, flore albo, non guttato. Differentia a Geo rotundifolio maiori I. R. H. ... 312. Geum rotundifolium maius, Spica florum longissima. ...“ (AAW R. I, Op. 13, D. 42, Bll. 49r–49v, s. Anm. 1 in Nr. 1); „1107. Geum rotundifolium majus, caule nudo, flore albo, non guttato Ind. Len. n° 311. ...“ mit der rechts marginalen Anm. „Vid. Ic.“ (AAW R. I, Op. 105, D. 1ª, Bl. 117r, s. Anm. 29 in Nr. 5); „1108. Geum rotundifolium majus, spica florum longissima Ind. Len. n° 312. ...“ (a. a. O., Bll. 117r–117v); „1109. Geum rotundifolium majus et macrocaulon, floribus non guttatis, in globulos coactis. ...“ (a. a. O., Bl. 117v); „38 Geum rotundifolium majus, spica florum longissima“ (AAW R. I, Op. 105, D. 19, Bl. 1v, s. Anm. 55 in Nr. 18); „1. Geum rotundifolium majus, caule nudo, flore albo, non guttato Ind. Len. n°. 311. Jen. n°. 107. 2. Geum rotundifolium majus, spica florum longissima Ind. Len. n°. 312. Jen. n°. 1108. 3. Geum rotundifolium majus & macrocaulon floribus non guttatis, in globulos coactis Ind. Jen. 1109.“ mit der rechts marginalen Anm. neben Nr. 1 „vid. Ic.“ (AAW R. I, Op. 13, D. 67, Bl. 74r, s. Anm. 5 in Nr. 4); „26. August 1722 ... Auch observirte ... allhie auf den Felsen den Kaltschep oder Bada-thusu Tatarorum, dessen Wurzel sie in decocto anstatt Tees gegen alvi fluxus gebrauchen. Es ist aber selbiges meines Bedunkens ... nichts anders als Geum rotundifolium maius, flore purpureo saxatile (und vielleicht Tournef. Sp.***., oder wenigstens dahin zu referiren), ...“ (Messerschmidt 1962–1977, Bd. 1, S. 304f.); „28. August 1722 ... Ich botanisierte also die Gebürge etwas durch und fand ... Geum rotundifolium majus, flore purpureo, pentaphyllo saxatile (an Tournef., Sp.***?); ...“ (a. a. O., S. 306); „7. April 1722 ... Das Teekraut heißet Badan-Tussu.“ (a. a. O., S. 206); „Bada-Thusú, Tattarorum, Vid. Geum;“ (AAW F. 98, Op. 1, D. 19, Bl. 9r, s. Anm. 59 in Nr. 19); „Geum rotundifolium saxatile, flore Roseo, pistillo bicorni, saepe eriam tricorni; ... Tatttaris in Ys-Beltÿ Kaltschèp, item Kaja-Kaltschep, aliis vero ad Oÿam fluv. Bada-thusù; ...“ (a. a. O., Bll. 24r–24v); „Kaltschèpp, it Kaya-KaltschÈPP; Tatt. Beltyris, Geum.“ (a. a. O., Bl. 30r); „+Geum rotundifolium majus flore purpureo, saxatile. Kaltschep oder Bada-thüsù Tatt deßen wurtzel sie im Decocto anstatt Thees gegen Alvi fluxus gebrauchen. ...“ (AAW R. I, Op. 15, D. 14, Bl. 6v, s. Anm. 75 in Nr. 101); „55.) Rad. Bada-thusú Tattarorum, qvae utuntur contra alvi fluxum, in decocto; seu Geum rotundifolium maximum saxatile flore purpureo, radice sqvamata; Yss-Beltyr-Tattaris Kaltschépp: ...“ (AAW F. 98, Op. 1, D. 21, Bl. 147v, s. Anm. 59 in Nr. 19)

64 „82. SAXIFRAGA foliis caulinis palmatis: summo florali ouato, caule simplici subbifloro, LIN. Sp. pl. 1. p. 577. n. 28. Saxifraga foliis radicalibus quinquelobis caulino ouato. LIN. lapp. t. 2. f. 7. Geum palustre folio minus circinnato [sic!], pulchre serrato, glabro, STELL. Irc. 304. och. 194. Saxifraga foliis reniformibus, lobatis, obtusis, crenatis, superioribus digitatis, acutis caule ramoso, GM inst. [müßte heißen: Mst.] Ad Angaram et Ircutum fluuium vt et ad Maiam et Iudomam STELLERVS collegit." (Gmelin 1747–1769, Bd. IV, S. 170), nahezu identisch auf Bl. 71r in: AAW R. I, Op. 104, D. 14 – s. Anm. 32 in Nr. 6; „82. Saxifraga foliis caulinis palmatis, summo florali ovato, caule simplici subbifloro [=] Saxifraga rivularis L." (Ledebour 1841, S. 130); „27) Bachsteinbrech. Saxifraga rivularis. ... Saxifraga foliis caulinis palmatis, summo florali ovato, caule simpl<i>ci subbifloro. LINN. Syst. veg. p. 344. ..." (Linné 1780, S. 530f.); „33. SAXIFRAGA rivularis. S. foliis caulinis palmatis: ... Gmel. sib. 4. p. 170. ... Bach Steinbrech. W. ..." (Linné 1797–1830, Bd. II, Teil 1, S. 652); „46. S[axifraga] rivularis (L. SP. 577) ... S. foliis caulinis palmatis, ... GMEL. Fl. sib. IV, p. 170, Nr. 82. ..." (Ledebour 1844–1846, S. 221f.); „58. Saxifraga rivularis. L. Bachliebender Steinbrech. ..." (Dietrich 1808, S. 559); „Saxifraga rivularis, ... Bachsteinbrech, mit einfachem Stengel, welcher meistens nur zwo Blumen, aber mehrere, wie eine Hand ausgebreitete Blätter trägt, deren das oberste zunächst an der Blume liegend ist; ..." (Gmelin 1776, Sp. 248); „Saxifraga foliis reniformibus lobatis obtusis, superioribus digitatis, caule ramoso, est Saxifraga foliis radicalibus quinquelobis, florali ovato. Fl. lapp. 174. t. 2. f. 7. quamvis Tua procerior magisque villosa, tamen eadem (Fl. sib. IV. 170. nr. 82. S. rivularis L.)." (C. von Linné in einem Brief an J. G. Gmelin vom 2. August 1748 – Plieninger 1861, S. 84)

„5. Geum palustre folio minus circinato pulchre serrato Fl. Irc. n°. 304. ..." (AAW R. I, Op. 13, D. 67, Bl. 74r, s. Anm. 5 in Nr. 4); „194) Geum palustre folio minus circinato pulchre serrato glabro, ... vide flor ircut. No. 304." (AAW R. I, Op. 104, D. 25, Bl. 15r, s. Anm. 61 in Nr. 21)

65 in der 2. Textversion (s. Anm. 1 in A.): „item"

66 „313. Geum palustre folio angusto brevi, pulchre denticulato, flore guttato. ..." mit der links marginalen Anm. auf Bl. 49v „Tab. XXXIV. A" (AAW R. I, Op. 13, D. 42, Bll. 49v–50r, s. Anm. 1 in Nr. 1); „195) Geum palustre folio angusto brevi pulchre denticulato flore guttato. D. D. Gmel ind. pl. Len. No 313." (AAW R. I, Op. 104, D. 25, Bl. 15r, s. Anm. 61 in Nr. 21); „202) An Geum palustre minus foliis oblongis crenatis? Tour. i. r. h. Sanicula alpinae aliquatenus affinis? Joh. B. 3. 708. Sanicula myosotis alpina floribus albicantibus, fere umbellatis, Pluknet. phyt. p. 58. ..." (a. a. O., Bll. 16v–17r); „1111. Geum palustre, folio angusto, brevi, pulchre denticulato, flore guttato Ind. Len. n° 313. ... I. idem cauli viridi et flore minus guttato. ... Geum palustre minus foliis oblongis crenatis I. R. H. Ind. Transbaical. ..." (AAW R. I, Op. 105, D. 1^{a}, Bl. 117v, s. Anm. 29 in Nr. 5); „7. Geum palustre, folio angusto, brevi, pulchre denticulato flore guttato Ind. Len. n°. 313. Geum palustre minus, foliis oblongis crenatis I. R. H. Ind. TransBaic. ..." mit der rechts marginalen Anm. „vid. Ic." (AAW R. I, Op. 13, D. 67, Bl. 74r, s. Anm. 5 in Nr. 4); „* Geum palustre minus, foliis oblongis, crenatis. I. R. H. ..." (AAW R. I, Op. 105, D. 2, Bll. 6r–6v, s. Anm. 54 in Nr. 17)

„76. SAXIFRAGA foliis imbricatis, subulatis, ciliatis, spinosis, caule subnudo multifloro, LIN. Sp. pl. 12. p. 572. n. 9. T. LXV. 2. Geum palustre, folio angusto, breui, pulchre denticulato, flore guttato, GM. Ind. Len. n. [3]13. Saxifraga foliis simplicibus ciliatis, caule folioso, ramoso, floribus guttatis, GM. Inst. [müßte heißen: Mst.] ... Vsus est huius plantae incolis Sibiricis in angina et pleuritide, eius herbam cum aqua coquentibus et bibentibus, vnde forte bronchialis LINNEO dicitur." (Gmelin 1747–1769, Bd. IV, S. 164f.), nahezu identisch auf Bl. 69r, jedoch ohne den letzten Satz, in: AAW R. I, Op. 104, D. 14 – s. Anm. 32 in Nr. 6; „76. Saxatilis foliis imbricatis subulatis ciliatis spinosis, caule subnudo multifloro. t. LXV. f. 2. [=] Saxifraga bronchialis L.!" (Ledebour 1841, S. 129); „9) Vielblumiger Steinbrech. Saxifraga bronchialis. ... Saxifraga foliis imbricatis, subulatis, ciliatis, spinosis; caule subnudo, multifloro. LINN. Syst. veg. p. 343. ... GMEL. Fl. Sib. p. 164. t. 65. f. 2. ..." (Linné 1780, S. 519); „12. SAXIFRAGA bronchialis. S. foliis imbricatis subulatis ... Gmel. sib. 4. p. 164. t. 65. f. 2. ... Vielblütiger Steinbrech. W. ..." (Linné 1797–1830, Bd. II, Teil 1, S. 644); „Saxifraga foliis simplicibus ciliatis, caule folioso ramoso, fl.

guttatis. Si vocares hanc Saxifragam foliis linearibus ciliatis mucronatis radicalibus, caule multifloro, diversa evaderet ab omnibus, uti etiam est. novi enim speciem 32. distinctissimas Saxifragae (Fl. sib. IV. 164. nr. 76. S. bronchialis L.).“ (C. von Linné in einem Brief an J. G. Gmelin vom 2. August 1748 – Plieninger 1861, S. 84); „8. S[axifraga] bronchialis (L. SP. 572) ... LEDEB. Fl. alt. II, p. 124 in nota. ... GMEL. Fl. sib. IV, p. 164, Nr. 76, t. 65, f. 2. ...“ (Ledebour 1844–1846, S. 207); „Saxifraga bronchialis, ... sibirischer Steinbrech, ...“ (Gmelin 1776, Sp. 236); „(67) 2. S[axifraga] bronchialis L. ... Gmel. Fl. sib. IV. p. 164. N. 76. tab. 65. f. 2. ...“ (Middendorff 1856, 1. Abtheilung, S. 41f.); „4. Saxifraga bronchialis L., ... Vielblüthiger Steinbrech. Gm. Sib. 4. T. 65. f. 2. ...“ (Georgi 1797–1802, Theil 3, S. 962); „f) Koliutschka [russ. *koljučka*] (Saxifraga bronchialis Lin. Sp. pl. 472.) ... Dieses Kraut wird das ganze Jahr durch gesammlet und getrocknet. Es wird in Blutflüssen, Beängstigungen, hitzigen Fiebern u. dergl. gebraucht, ... Es ist besonders in der Selenginskischen Gegend berühmt. ...“ (Laxmann 1777, S. 91); „75. SAXIFRAGA foliis serratis, caule nudo, ramoso, petalis acuminatis, LIN. Sp. pl. 1. p. 572. n. 10. Sanicula Myosotis floribus albicantibus, fere vmbellatis, PLVK. Alm. 331. t. 58. f. 2. et t. 224. f. 4. Sedum montanum hirsutum, mucronato et dentato folio, flore albo, guttato, MOR. hist. 3. p. 478. s. 12. t. 9. f. 13. Saxifraga foliis oblongis, supra serratis, nudo caule, GM. Inst. [müßte heißen: Mst.] Geum palustre minus, foliis oblongis, crenatis, TOVRN. I. R. H. STELL. Ochot. 202. Saxifraga foliis lanceolatis, dentato-serratis, caule nudo, simplici, LIN. Sp. pl. 355. ...“ (Gmelin 1747–1769, Bd. IV, S. 163f.), nahezu identisch auf Bll. 68v–69r in: AAW R. I, Op. 104, D. 14 – s. Anm. 32 in Nr. 6; „75. Saxifraga foliis serratis, caule erecto ramoso, petalis acuminatis [=] Saxifraga stellaris L.!“ (Ledebour 1841, S. 129); „10) Sternförmiger Steinbrech. Saxifraga stellaris. ... Saxifraga foliis serratis, caule nudo, ramoso; petalis acuminatis. LINN. Syst. veg. p. 343. ... Sanicula Myosotis, ... PLUK. Alm. 331. t. 58. f. 2. et t. 222. f. 4 Sedum montanum hirsutum, ... MORIS. hist. 3. p. 478. S. 12. t. 9. f. 13. ...“ (Linné 1780, S. 519f.); „13. SAXIFRAGA stellaris. S. foliis serratis, caule nudo ramoso, petalis acuminatis. ... Gmel. sib. 4. p. 163. n. 75. ... Sanicula myosotis, ... Pluk. alm. 331. t. 58. f. 2. et t. 222. f. 4. ... Sternförmiger Steinbrech. W. ...“ (Linné 1797–1830, Bd. II, Teil 1, S. 644); „19. S[axifraga] stellaris (L. SP. 572) ... S. foliis serratis, ... GMEL. Fl. sib. IV, p. 163, Nr. 75. ...“ (Ledebour 1844–1846, S. 211f.); „[Saxifraga] stellaris, ... sternartiger Steinbrech, ...“ (Gmelin 1776, Sp. 236f.); Saxifraga bronchialis L. – russ. *koljučki* (*Annenkov* 1858, S. 84, Nr. 991)

„436. Geum palustre, folio angusto brevi, pulchre denticulato, flore guttato Ind. Len. ...“ (AAW R. I, Op. 105, D. 12, Bl. 20r, s. Anm. 54 in Nr. 17); „Saxifraga foliis oblongis serratis, caule nudo.“ (AAW R. III, Op. 1, D. 162, Bl. 111v, s. Anm. 54 in Nr. 17)

67 „Sedum. Joubarbe. ...“ (Tournefort 1700, S. 262ff.); „SEDUM. ... teutsch/ grosse Hauswurtz/ Hauslaub. ...“ (Lémery 1721, Sp. 1034)

68 s. Nr. 304 und Nr. 305

69 „granulosus, körnig, von körniger Substanz, aus Körnchen zusammengesetzt, ...“ (Bischoff 1857, S. 71)

70 „[species 1] Saxifraga rotundifolia, alba C. B. Pin. 309. Saxifraga alba, radice granulosa J. B. 3. 706. Saxifraga alba Dod. Pempt. 316.“ (Tournefort 1700, S. 252, Genus II. „Saxifraga. Saxifrage.“); „Saxifraga rotundifolia, alba C. B. P. 309. ... Germ. Weisser Stein=Brech.“ (Rupp 1726, S. 98); „1. SAXIFRAGA foliis reniformibus lobatis, caule ramoso, radice granulosa. Saxifraga alba, radice granulosa. Bauh. hist. 3. p. 706. Saxifraga rotundifolia alba. Bauh. pin. 339. Tournef. inst. 252. ...“ (Linné 1737, S. 167); „24) Körnicher Steinbrech. Saxifraga granulata. ... Saxifraga foliis caulinis reniformibus, lobatis; caule ramoso; radice granulato. LINN. Syst. veg. p. 344. ... Saxifraga rotundifolia alba. C. BAUH. pin. 309. ... Diese Art, welche der gemeine oder weisse Steinbrech heißt, ... Die ganze Pflanze ... ist in der Arzneykunst, wo man ihr ehmals viele Kräfte zuschreibe, heutzutag nimmer gebräuchlich.“ (Linné 1780, S. 528f.); „30. SAXIFRAGA granulata. S. foliis caulinis reniformibus lobatis, ... Hort. cliff. 167. ... S. rotundifolia alba. Bauh. pin. 309. ... Körniger Steinbrech. W. ...“ (Linné 1797–1830, Bd. II, Teil 1, S. 651); „38. S[axifraga] granulata (L. SP. 576) ...“ (Ledebour 1844–1846, S. 218); „Saxifraga granulata, ... körnichter

Steinbrech, mit körnichter Wurzel, und ästigem Stengel, an welchem viele nierenförmige und in Lappen zertheilte Blätter stehen; ... so rühmen doch die Aerzte der mittlern Zeiten, die Körnchen seiner Wurzel, welche viele unter ihnen fälschlich für die Samen halten, ... ja sie dehnten ihre Kräfte auch auf andere Krankheiten der Harnwege, auf Engbrüstigkeiten, auf Verstopfungen der monatlichen Reinigung und der Eingeweide aus; ..." (Gmelin 1776, Sp. 245f.); „SAXIFRAGA GRANULATA Linné. GEKÖRNTE SAXIFRAGE. ... Die Wurzel, das Kraut und die Blumen wurden ehemals als Radix oder Semen, Herba et Flores Saxifragae albae in der Medizin gebraucht. Deutsche Namen: Steinbrech, weisser, zwiebelkörniger und gemeiner Steinbrech, Hundsrebe, Keilkraut." (Dietrich 1836, Nr. 243); „1.) Der körnige Steinbrech, wegen seiner körnigen Wurzel so genannt, weißer Steinbrech, Saxifraga granulata, ... An der Wurzel dieser Pflanze sitzen kleine rothe rundliche zwiebelartige Knollen ..." (Krünitz 1773–1858, Bd. 172, S. 251f.); „SAXIFRAGA GRANULATA L. Saxifraga alba, körniger oder weisser Steinbrech. Das Kraut hat einen unbedeutend scharfen, etwas säuerlichen Geschmack, ... Die Wurzelknollen schmecken etwas scharf bitter und adstringirend, und wurden früher als Diureticum und Lithotripticum, doch ohne Grund, empfohlen." (Wibmer 1842, S. 17); „28. Juni 1723 ... Diesen Tag hatte ... von Kräutern folgendes gefunden: ... Saxifraga rotundifolia alba ... (Tournefortii sp. 1) ..." (Messerschmidt 1962–1977, Bd. 2, S. 81f.); „17. Juli 1723 ... Von Kräutern fand sich hieselbst ... Saxifraga alba (Tournefortii sp. 1); ..." (a. a. O., S. 96)

71 „HYPERICUM. ... Ascyron, Dod. ... teutsch. S. Johanniskraut. ... Die blühenden Spitzen werden ofters zur Artzney gebraucht; ... Sie eröffnen, reinigen, und sind gut zu den Wunden. Sie treiben den Urin und der Weiber ihre Zeit; vertreiben die Würmer; widerstehen dem Gifte; stärcken die Glieder; sind gut zum Reissen in den Lenden; und werden innerlich und äusserlich gebraucht." (Lémery 1721, Sp. 558f.); ersanisch vinań jakstiŕgavtomoń tikše – Hartheu, Hypericum L. (Wiedemann 1865, S. 203); syrjänisch ur-aź – Hypericum perforatum, Hartheu, Johanniskraut (Wiedemann 1880, S. 393); „Hypēricum L. (Hypericineae). Zus. aus ὑπο (unter, zwischen) oder ὑπερ (über) und ἐρικη, ἐρεικη (Heide), weil es zwischen der Heide wächst und sich über dieselbe erhebt. Eine andere, zulässige Etymologie ist von ὑπερ (über) und εἰκων (Bild, Vorstellung), d. h. eine Pflanze mit ausserordentlichen Heilkräften (nach der Meinung der alten Aerzte)." (Wittstein 1852, S. 463)

„4. Hypericum ramosum folio lato, glauco, punctato nec perforato, caule compresso glabro Fl. Irc. n°. 309." (AAW R. I, Op. 13, D. 67, Bl. 52r, s. Anm. 5 in Nr. 4); „CCCXXII. Hypericum. T. 254. 131. B. 1. 241. Звеpобои [*zveroboi*; russ. *zveroboj*] ..." (Bl. 44r in T. Gerber „Flora Moscuensis ...", s. Anm. 6 in Nr. 55); „Hypericum Свеpобои [*sveroboi*]" (G. W. Steller nach T. Gerber: AAW R. I, Op. 81, D. 23, Bl. 5v, s. Anm. 1 in Nr. 1); russ. *zveroboj* – (u. a.) Hypericum perforatum, Johanniskraut, Hartheu (Pawlowski 1952, S. 457f.)

72 „[species 6] Hypericum minus, erectum C. B. Pin. 279. Hypericum pulchrum Tragi J. B. 3. 383. Hypericum pulchrum Trag. 74." (Tournefort 1700, S. 255, Genus I. „Hypericum. Millepertuis."); „Von Harthaw/ genant Hypericon. Cap. xxiij. ..." mit der Abbildung F. „Hypericum pulchrum, vel quartum Tragi. ... Hypericum minus erectum C. Bauhini." auf S. 58 (Bock 1630, S. 55ff.); „4. HYPERICVM floribus trigynis, caule ancipiti, foliis obtusis, pellucido punctatis, ROY. Lugd. 474 LIN. Hor<t>. cl. 380. fl. suec. 625. Sp. pl. 2. p. 1105. n. 18. An hypericum pulchrum, TRAGI. I. R. 3. [müßte heißen: I. B. 3. 383.] GM. Ind. Ien. 790. In omni Sibiria nascitur, in Russia inter herbas vlnerarias dictas praecipuum locum nactum est quare etiam κατ ἐτοχήν звѣробой [russ. *zveroboj*] dicitur. In Sibiria autem nullius vsus est, hinc et nullo nomine dignatur." (Gmelin 1747–1769, Bd. IV, S. 179), nahezu identisch auf Bl. 75r in: AAW R. I, Op. 104, D. 14 – s. Anm. 32 in Nr. 6; „4. Hypericum floribus trigynis, caule ancipiti, foliis obtusis, pellucido-punctatis. [=] Hypericum perforatum L.!" (Ledebour 1841, S. 131); „625. HYPERICUM floribus trigynis, caule ancipiti, foliis punctatis obtusis. Hort. cliff. 380. ... Hypericon. Dod. pempt. 76. ... Pharmac. HYPERICI Herba, Flores, Semina, Aqua, Tinctura, Oleum inf." (Linné 1745, S. 225); „6. HYPERICUM floribus trigynis, calycum serraturis capitatis. ... β Hypericum minus erectum. Bauh. pin. 279. Hypericum minus glabrum erectum pulchrum. Moris. hist. 2. p. 470. Hypericum

pulchrum tragi. Bauh. hist. 3. p. 382. ... 7. HYPERICUM floribus trigynis, caule annuo, foliis punctatis obtusis. Hypericum vulgare. Bauh. pin. 279. Moris. hist. 2. p. 469. ... Hypericum vulgare sive Perforata, caule rotundo, foliis glabris. Bauh. hist. 3. p. 381. Hypericum. Caesalp. syst. 395. Dod. pempt 76. ..." (Linné 1737, S. 380); „HYPERICVM (perforatum) floribus trigynis, caule ancipiti, foliis obtusis pellucido-punctatis. Linn. Spec. pl. 785. n. 14. Suec. 680. Hypericum vulgare seu Perforata, caule rotundo, foliis glabris. Bauh. hist. 3. p. 381. ЗвѣробоЙ [russ. *zveroboj*] Russ. ..." (*Krašeninnikov* 1761; S. 118); „29) Zierliches Hartheu. Hypericum pulchrum. ... Hypericum floribus trigynis, calicibus serrato-glandularis, caule tereti, foliis amplexicaulibus cordatis glabris. LINN. Syst. Veg. p. 584. ... Hypericum minus glabrum erectum pulchrum. MORIS. hist. 2. p. 470. Hypericum minus erectum. C. BAUH. pin. 279. Hypericum pulchrum. tragi. I. BAUH. hist. 3. 383. ..." (Linné 1782, S. 792); „21) Gemeines Johanniskraut. Hypericum perforatum. ... Hypericum floribus trigynis, caule ancipiti, foliis obtusis pellucido-punctatis. LINN. Syst. Veg. p. 584. ... GMEL. Sib. 4. p. 179. n. 4. ... Hypericum vulgare. C. BAUH. pin. 279. ... Diese, unter dem Namen Johanniskraut, fast jedem bekannte Pflanze, ... führt ... auch folgende Namen: Johannisblut, Jageteufel, Teufelsflucht, Hexenkraut, St. Konradskraut und unsers Herrn Gottes Wunderkraut. ... Man sammelt die Blätter und Blumen dieser ... wegen ihrer balsamischen, stärkenden und Wurmtreibenden Kräfte, zum Arzneygebrauch, ... Vorzüglich wird das Johanniskrautöl ... zur Reinigung und Heilung der Wunden angepriesen, welches auch zum äußerlichen Gebrauch in Quetschungen und Wunden sehr dienlich ist. ... Nicht minder soll der Aufguß und Absud des Krautes und der Blume die Schärfe der Säfte verbessern und die Verstopfung der Eingeweide auflösen, das Fieber heilen, Würmer tödten und den Harn treiben. ... Von aberglaubischen Leuten wird das Kraut in der Johannisnacht gesammelt, und in den Häusern und Ställen aufgehenkt, um die Zauberinnen, Gespenster, ja gar den Teufel davon abzuhalten. ..." (a. a. O., S. 785ff.); „78. HYPERICUM pulchrum. ... H. minus erectum. Bauh. pin. 279. H. minus glabrum erectum pulchrum. Moris. hist. 2. p. 470. H. pulchrum tragi. Bauh. hist. 3. p. 383. ... Schönstes Hartheu. W. ..." (Linné 1797–1830, Bd. III, Teil 2, S. 1468); „60. HYPERICUM perforatum. ... H. floribus trigynis, caule ancipiti, foliis obtusis pellucido-punctatis. Hort. cliff. 380. Fl. suec. 625; ... Gmel. sib. 4. p. 179. n. 4. ... H. vulgare. Bauh. pin. 279. ... Hypericum. Dod. pempt. 76. ... Gemeines Hartheu. W. ..." (a. a. O., S. 1460f.); „3) HYPERICUM PERFORATUM. Linn. ... M. a Bieb. Fl. taur. cauc. II. p. 229. No. 1557. ... Hypericum floribus trigynis, ... Gmel. Fl. sib. IV. p. 179. No. 4. ..." (Ledebour 1831, S. 364f.); „21. H[ypericum] pulchrum (L. SP. 1106) ..." (Ledebour 1842, S. 451); „6. H[ypericum] perforatum (L. SP. 1104) ... LEDEB. Fl. alt. III, p. 364. ... H. floribus trigynis, ... GMEL. Fl. sib. IV, p. 179. Nr. 4. ..." (a. a. O., S. 447); „[Hypericum] pulchrum, ... schöne Johannispflanze, deren Stengel rundlicht, deren Blätter herzförmig und glatt sind, und deren Blumen drey Staubwege, und an denen sägenartigen Einschnitten ihrer Kelche Drüschen haben; ... Sie heißt bey ... J. Bauhin: Hypericum pulchrum Tragi; und bey Tragus: Hypericum pulchrum vel quartum." (Gmelin 1773b, Sp. 1010f.); „Hypericum perforatum, ... durchstochene Johannispflanze, ... gemeines Hexenkraut; St. Johanniskraut; gemeines Johanniskraut; ... die ganze Pflanze ... ist ... innerlich und äuserlich als ein stärkendes und heilendes Mittel verordnet werden [sic!]; ..." (Gmelin 1773b, Sp. 1006f.); „1557. HYPERICM perforatum. H. floribus trigynis, ... Gmel. sib. 4. p. 179. n. 4. ..." (Marschall von Bieberstein 1808, S. 229f.); „8. Hypericum minus, erectum. C. B. P. Kleines, aufrechtes Johannskraut." (Miller 1750, S. 419); „Von Arzneykräutern habe ich bey ihnen [d. h. den Mordwinen] im Gebrauch gefunden: das gemeine Johanniskraut (Hyper. perforatum, mord. Schulkrama=tische) bey Gliederschmerzen zu Umschlägen; ..." (Pallas 1771, S. 72); „Johanniskraut m) |: m) Hypericum perforatum :| heilt bey ihnen [d. h. den Syrjänen] verschiedene Krankheiten und Zufälle, sonderlich wenn jemand einen Stoß oder Schlag bekommen hat und innerliche Schmerzen empfindet; ..." (Lepechin 1783, S. 167); „875. Hypericum perforatum. Lin. sp. 22. ... Johanniskraut. Ruß. Sweroboi. ... Ein noch allgemeiner gebräuchlich Hausmittel wider ausgetreten Geblüt." (Falk 1786, S. 230); „6. HYPERICUM perforatum ... Durchstochenes Hartheu. Gemeines Johanniskraut. R. Sweroboi. ... Eine allgemeine bekannte Heil= und Färbepflanze." (Georgi 1797–1802, Theil 3, S. 1200); „11. HY-

PERICUM pulchrum ... Schönes Hartheu. ..." (a. a. O., S. 1201); „60. Hypericum perforatum L. (Hyperic.). ... Hyper. perf. findet beim Volke eine sehr ausgedehnte Anwendung. Es soll äusserlich namentlich blutstillend und schmerzstillend wirken ... Innerlich ist es ein Hausmittel bei Brust-, Bauch- Uterinkrankheiten und allen Arten von Blutungen. ... Die Pflanze spielt überall in Russland eine grosse Rolle im Volksglauben als ein angebliches Mittel gegen Verhexung, Zauberei und dergleichen. ..." (Demitsch 1889, S. 215ff.); „1) Wunden. Der gemeine Mann benutzt, um schnelle Verheilung zu erzielen, die Blätter und Blüthen von Hypericum perforatum, entweder als Aufguss, oder als Salbe, ... Der Ehste legt auf jede Schnitt- und Hiebwunde ... die Blüthen von Hypericum perforatum, ..." (Krebel 1858, S. 174ff.); „8) Verbrennungen. ... Auch macht man Umschläge von der Blüthe des Hypericum perforatum. ..." (a. a. O., S. 180f.); „7. Art. H[ypericum] pulchrum. Schönes Hartheu. (Linné.) ..." (Bechstein 1833, S. 939f.); „6. Das schöne, oder verwachsene Johanniskraut, Hypericum minus erectum C. B. ..." (Krünitz 1773–1858, Bd. 30, S. 632); Hypericum perforatum L. – russ. *zajač'ja krovca*, *pzverovoj* bzw. *zveroboj* (*Annenkov* 1858, S. 50, Nr. 562)

„209) Hypericum minus erectum C. B. Pin 279 Hypericum pulchrum Tragi J. B. ..." (AAW R. I, Op. 104, D. 25, Bl. 18r, s. Anm. 61 in Nr. 21); „790. An Hypericum pulchrum Tragi J. B. 3. 383? ..." (AAW R. I, Op. 105, D. 1^{a}, Bl. 92r, s. Anm. 29 in Nr. 5); „2. An Hypericum pulchrum Tragi J. B. 3. 383? Ind. Jen. n°. 790. j. Idem folio majore et ramis vix palmaribus ōībus aeque longis, nec nisi tribus aut quatuor supremis paribus floriferis." (AAW R. I, Op. 13, D. 67, Bl. 52r, s. Anm. 5 in Nr. 4)

73 „[species 1] Ascyrum magno flore C. B. Pin. 280. Prodr. 130. Androsemum flore & thecâ, quinquecapsulari, omnium maximis Mor. Oxon. Part. 2. 472. ... [species 3] Ascyrum erectum, Salicis folio, magno flore." (Tournefort 1700, S. 256, Genus II. „Ascyrum."); „1. HYPERICVM floribus pentagynis, caule tetragono, herbaceo, erecto simplici, foliis laeuibus integerrimis, LIN. h. vps. 236. Sp. pl. 1. p. 1102. n. 4. T. LXIX. Ascyrum magno flore, BAVH. pin. 280. prodr. 139. Omn. Ind. ..." (Gmelin 1747–1769, Bd. IV, S. 178), nahezu identisch auf Bl. 74v in: AAW R. I, Op. 104, D. 14 – s. Anm. 32 in Nr. 6; „1. Hypericum floribus pentagynis, caule tetragono herbaceo erecto simplici, foliis laevibus integerrimis. t. LXIX. [=] Hypericum Ascyron L.!" (Ledebour 1841, S. 131); „2. HYPERICUM flore pentagyno, foliis ovato-oblongis glabris integerrimis. Ascyrum magno flore. Tornef. inst. 256. ..." (Linné 1737, S. 380); „6. Peterswurz. Hypericum Ascyron. ... Hypericum floribus pentagynis; caule tetragono, herbaceo, erecto simplici; foliis laevibus integerrimis. LINN. Syst. veg. p. 583. ... – foliis ovato-oblongis, glabris, integerrimis. Hort. Cliff. 380. ... GMEL. Sib. 4. p. 178. t. 69. ... Ascyrum magno flore. C. BAUH. pin. 280. ..." (Linné 1779a, S. 308f.); „15. HYPERICUM Ascyron. ... H. floribus pentagynis, caule tetragono ... Gmel. sib. 4. p. 178. t. 69. ... H. floribus pentagynis, foliis ovato-oblongis ... Hort. cliff. 380. ... Ascyrum magno flore. Bauh. pin. 280. prodr. 130. ... Sibirisches Hartheu. W. ..." (Linné 1797–1830, Bd. III, Teil 2, S. 1443f.); „1) HYPERICUM ASCYRON. Linn. ... Hypericum floribus pentagynis, caule tetragono, ... Gmel. Fl. sib. IV. p. 178. No. 1. t. LXIX. ..." (Ledebour 1831, S. 363f.); „3. H[ypericum] Ascyron (L. SP. 1102) ... LEDEB. Fl. alt. III, p. 363. ... H. floribus pentagynis, caule tetragono ... GMEL. Fl. sib. IV, p. 178. Nr. 1. t. 69. ..." (Ledebour 1842, S. 446); „[Ascyron] erectum salicis folio magno flore, scheint bey Tournefort eine aufrechte Spielart der Peterswurz mit Weidenblättern zu bedeuten." (Gmelin 1772a, Sp. 841); „[Hypericum] Ascyron, ... Peterswurz, ... Hartheu mit einer grosen Blume; ..." (Gmelin 1773b, Sp. 999f.); „1. HYPERICUM Ascyron ... Großblümiges Hartheu. Peterswurz. Gm. Sib. 4. T. 69. ..." (Georgi 1797–1802, Theil 3, S. 1199); „11. Das großblümige, glatte Johannis=Kraut; das große morgenländische Hartheu, Peterswurzel, ... Hypericum Ascyron, ... Linn. ..." (Krünitz 1773–1858, Bd. 30, S. 635); „7. MILLLE-PERTUIS de Sibèrie. Hypericum Ascyron. Lin. Hypericum herbaceum caule tetragono, simplici, erecto, foliis oblongo-lanceolatis, acutis. Hypericum floribus pentagynis, caule tetragono herbaceo erecto simplici, foliis laevibus integerrimis. Gmel. sib. vol. 4. p. 178. tab. 69. ..." (Lamarck 1798, S. 141); „8. MILLE-PERTUIS amplexicaule; Hypericum amplexicaule.

Hypericum caule herbaceo; foliis ovato oblongis, amplexicaulibus; calyce ovalis, acuto. Ascyrum erectum, salicis folio, magno flore. Tournef. p. 256. ...“ (Lamarck 1798, S. 141); „5. Hypericum amplexicaule. ... Hypericum pulchrum L. [s. Nr. 310] ...“ (Gilibert 1795, S. 331); Hypericum Ascyron L. – russ. *plakun* (*Annenkov* 1858, S. 50, Nr. 561); „Ascy̅rum L. (Hypericineae). Von ἄσκυρον (Name der Alten für unser Hypericum perforatum L.) und diese zus. aus ἀ (ohne) σκυρος (Härte, Rauheit), d. h. eine glatt anzufühlende Pflanze.“ (Wittstein 1852, S. 75f.)

„391. Ascyrum magno flore C. B. P. Haec planta jam in TransBaicalensi & Lenensi ind. sub hoc nomine recensita mihi inter dubias est, ideoq₃ delineari curavi, quam fortem diu expectavi, quia rarissime occurrit vegetum & omnibus partibus completum exemplar. Nulla illustratione opus habet icon nitide & ad naturam egregie exacta. ...“ mit den rechts marginalen Anm. von J. G. Gmelin „vid. Ic.“ und „Ascyrum erectum Salicis folio magno flore I. R. H. St. 311“ (AAW R. I, Op. 105, D. 12, Bl. 17r, s. Anm. 54 in Nr. 17); „792. Ascyrum magno flore C. B. P. Ind. Irc. n°. 391. Fl. Irc. n°. 311. ...“ (AAW R. I, Op. 105, D. 1ª, Bl. 92r, s. Anm. 29 in Nr. 5); „Ascyrum magno flore C. B. P. Ind. Irc. n°. 391 & pr. ind. Fl. Irc. n°. 311. ...“ mit der rechts marginalen Anm. „vid. Ic.“ (AAW R. I, Op. 13, D. 67, Bl. 52r, s. Anm. 5 in Nr. 4); „* Ascyrum magno flore C. B. P. ...“ (AAW R. I, Op. 105, D. 2, Bl. 6v, s. Anm. 54 in Nr. 17); „391. Ascyrum magno flore C. B. P. ...“ (AAW R. I, Op. 105, D. 4ª, Bl. 44r, s. Anm. 54 in Nr. 17); „927. Hypericum flore pentagyno. folijs ovato-oblongis glabris. integerrimis Linn. h. Cliff. 380. Ascyrum magno flore Tourn. inst. 256. ...“ (AAW R. I, Op. 13, D. 20, Bl. 84v, s. Anm. 1 in Nr. 1); „345. Ascyrum magno flore C. B. P. ...“ (AAW R. I, Op. 13, D. 42, Bl. 62v, s. Anm. 1 in Nr. 1); „77. An Ascyrum magno flore C. B. P?“ (AAW R. I, Op. 15, D. 1, Bl. 11r, s. Anm. 24 in Nr. 64); „Ascyrum magno flore C. B. Pin. 280. Tournef. Sp. 1. ...“ (AAW F. 98, Op. 1, D. 19, Bll. 3v–4r, s. Anm. 59 in Nr. 19); „Ascyrum, magno flore (Tournefortii sp. 1), Sylv.“ (Messerschmidt 1962–1977, Bd. 4, S. 203, s. Anm. 1 in Nr. 1); „21. Juli 1724 ... Endlich brachte er mir auch zwei Kräuter, ... deren eines Ascyrum caule quadrangulo, folio latiore, flore luteo fructuque maximo seu Ascyrum magno flore (Caspar Bauhini et Tournefortii sp. 1) ...“ (Messerschmidt 1962–1977, Bd. 3, S. 91f.); „20. Juli 1724. ... Indessen besahe ich die Gegend ... und fand ... Ascyrum erectum, magno flore luteo, folio Salicis, obtusiusculo (an Tournefortii sp. 3?); ...“ (a. a. O., S. 89ff.)

74 „210) Pyrola rotundifolia major flore suave rubente odore, flor ircut. No. 312. ...“ (AAW R. I, Op. 104, D. 25, Bl. 18r, s. Anm. 61 in Nr. 21); „858. Pyrola folio duriore, amplo flore roseo, tuba ovarij oblonga & incurva. ... Fl. Irc. n°. 312.“ (AAW R. I, Op. 105, D. 1, Bl. 68v, s. Anm. 29 in Nr. 5); s. Nr. 313

75 „[species 1] Pyrola rotundifolia, major C. B. Pin. 191. Pyrola J. B. 3. 535. Dod. Pempt. 138.“ (Tournefort 1700, S. 256, Genus III. „Pyrola. Pyrole.“); „Pyrola rotundifolia major C. B. P. pag. 191. ... Germanis Wintergrün, Wald=Mangold, Holtz=Mangold ...“ (Rupp 1726, S. 236); „15. PYROLA staminibus adscendentibus pistillo declinato, LIN. Sp. pl. 1. p. 567. n. 1. Pyrola rotundifolia maior, BAVH. pin. 191. ...“ (Gmelin 1747–1769, Bd. IV, S. 128), nahezu identisch auf Bl. 57r in: AAW R. I, Op. 104, D. 14 – s. Anm. 32 in Nr. 6; „15. Pyrola staminibus adscendentibus, pistillo declinato [=] Pyrola rotundifolia L.!“ (Ledebour 1841, S. 125); „1. PYROLA foliis subrotundis, scapo racemoso. ... Pyrola rotundifolia major. Bauh. pin. 191. ...“ (Linné 1737, S. 162); „1) Rundblätterichtes Wintergrün. Pyrola rotundifolia. ... Pyrola staminibus adscendentibus, pistillo declinato. LINN. Syst. veg. p. 340. ... Pyrola rotundifolia maior. C. BAUH. pin. 191. ... Diese Pflanze hat ... eine kühlende und zusammenziehende Eigenschaft; sie ist in den Apotheken gebräuchlich, und wird auch Waldmangold genennet; man gebraucht sie sowohl innerlich als äusserlich, und sie wird von den meisten als eines der besten Wundmittel wider innerliche und äusserliche Geschwüre empfohlen.“ (Linné 1780, S. 503f.); „1. PYROLA rotundifolia. P. staminibus adscendentibus, ... Gmel. sib. 4. p. 128. ... P. foliis subrotundis, ... Hort. cliff. 162. P. rotundifolia major. Bauh. pin. 191. ... Rundblättriges Wintergrün. W. ...“ (Linné 1797–1830, Bd. II, Teil 1, S. 621); „4) PYROLA ROTUNDIFOLIA. Linn. ... Willd. Spec. pl. II. p. 621 (excl. synon. Fl. dan. et Blackw.) ... Pyrola staminibus adscendentibus, ... Gmel. Fl. sib. IV. p. 128. No. 15. ...“ (Ledebour 1830, S. 99f.); „635. Pyrola. L. (excl. spec.). ... 1. P. rotundifolia (L.

SP. 567) ... LEDEB. Fl. alt. II, p. 99. ... P. staminibus adscendentibus, ... GMEL. Fl. sib. IV, p. 128, Nr. 15. ..." (Ledebour 1844–1846, S. 928f.); „[Pyrola] rotundifolia, ... groses rundes Wintergrün; Holzmangold; ... die Schafe lassen sie, wie die übrigen Arten, stehen; ihre bitterliche, gelinde zusammenziehende und kühlende Blätter sind von den ältern Aerzten ... als ein Wundmittel, äuserlich und innerlich, auch in Krankheiten der Lungen ... gebraucht worden; ..." (Gmelin 1775, Sp. 536f.); „PYROLA (rotundifolia) ... Linn. ... Грушовка [russ. *grušovka*] siue грушка дикая [russ. *gruška dikaja*] Russ. ..." (*Krašeninnikov* 1761, S. 65); „1) Träge, schwache Verdauung, Flatulenz und Koliken. ... In Taurien gebraucht man den Aufguss von Pyrola rotundifolia. Sie enthält aromatisch-bittere Bestandtheile. ..." (Krebel 1858, S. 129ff.); „480. Pyrola rotundifolia. Lin. Syst. Plant. II. 299. sp. 1. ... Ruß. Gruscha dikaja [russ. *gruša dikaja*] und Gruschowka. ..." (Falk 1786, S. 176); russ. *grušica* und *grušovka* – Pyrola (Pawlowski 1859, S. 132); russ. *grušanka, grušica* – Pyrola; russ. *grušanka kruglolistnaja* – Pyrola rotundifolia (Pawlowski 1952, S. 277f.); „Pyrola rotundifolia L. R. Dikoi Badan [russ. *dikoj badan*]." (Georgi 1775, S. 214); „... die Pyrola rotundifolia, welche in Sibirien sehr groß hervor bringt, im Nothfall oft statt des rechten Badans zum Bauernthee gesammlet wird ..." (Pallas 1773, S. 287); „PYROLA ROTUNDIFOLIA. ... Pyrola rotundifolia major C. Bauh. pin. p. 191. ... Rundblättriges Wintergrün, Wintermangold, Waldmangold, Holzmangold, Bieberklee, Winterpflanze, Steinpflanze. ... In ältern Zeiten wurden von der Pyrola rotundifolia die Blätter unter dem Nahmen Herba Pyrolae gesammelt. Sie sind geruchlos und haben einen zusammenziehenden, etwas bittern Geschmack. Als zusammenziehendes Mittel wandte man sie bey Haemorrhagien an; da man jetzt aber kräftigere Mittel kennt, so sind sie in Vergessenheit gekommen." (Hayne 1816, Nr. 21); „Wintergrün. ... das eigentliche so genannte Wintergrün, welches auch Waldmangolt, Lateinisch Pyrola ... heisset. Die erste [Sorte/Art] wird genennet: Pyrola Offic. ... Pyrola rotundifolia major, C. B. Pit. Tournef. ... Holzmangolt, Wiesenmangolt, Winterpflantzen, Steinpflantzen, wilde Beta, Biberklee. ... Das Wintergrün hält an, erfrischet, ist gut zum Durchfalle und zum Bluten, ingleichen zur Entzündung auf der Brust, wann es als ein Thee oder Pulver gebraucht wird. ..." (Zedler 1732–1750, Bd. 57, Sp. 985ff.); Pyrola rotundifolia L. – russ. *podkopytnik, berezka, rumjanka* bzw. *podjačnik* (*Annenkov* 1858, S. 76, Nr. 896)

„225. Pyrola folijs subrotundis scapo racemoso Linn. h. Cliff. 162. Pyrola rotundifolia major B. Pin. 191. ..." (AAW R. I, Op. 13, D. 20, Bl. 24r, s. Anm. 1 in Nr. 1); G. W. Steller beobachtete 1738 Pyrola rotundifolia beim Fluß *Irtyš* (angegeben in: AAW R. I, Op. 81, D. 23, Bl. 95v, s. Anm. 1 in Nr. 1); „Pyrola rotundifolia major. C. B. P. 191." mit der rechts marginalen Anm. „Sibiria" (AAW R. I, Op. 13, D. 16, Bl. 13r, s. Anm. 32 in Nr. 6); „211) Pyrola rotundifolia major C. B. ..." (AAW R. I, Op. 104, D. 25, Bl. 18r, s. Anm. 61 in Nr. 21); „* Pyrola rotundifolia major C. B. P." (AAW R. I, Op. 105, D. 2, Bl. 6v, s. Anm. 54 in Nr. 17); „Pyrola rotundifolia major. B. Pin. 191. et Inst. r. h. n°. 133." (AAW R. I, Op. 13, D. 19, Bl. 3v, s. Anm. 54 in Nr. 17); „465. Pyrola rotundifolia maior C. B. P. Russis измоденъ [russ. *izmoden*]. ... j. Eadem flore albo & carneo. 466. Pyrola rotundifolia maior alba. ... j. Eadem flore et caule rubentibus. ij Eadem foliis exacte rotundis, ..." (AAW R. I, Op. 13, D. 42, Bll. 94v–95r, s. Anm. 1 in Nr. 1); „Pyrola rotundifolia major, flore albo, subrubente. Tournefort. Sp. 1. ..." (AAW F. 98, Op. 1, D. 20, Bl. 30r, s. Anm. 89 in Nr. 33); „Pyrola rotundifolia, major C. B. P. 191." (AAW R. III, Op. 1, D. 162, Bl. 109r, s. Anm. 54 in Nr. 17); „Pyrola rotundifolia, major; folio ampliori et molliori C. B. P. 191." (a. a. O., Bl. 109r); „Pyrola rotundifolia, maior (Tournefortii sp. 1), Off." (Messerschmidt 1962–1977, Bd. 4, S. 203, s. Anm. 1 in Nr. 1); „CCCCI. Pyrola T. 256. B. 1. 277. 1. Pyrola rotundifolia maior C. B. P. 191. B. n. 1. ..." (Bl. 52r in T. Gerber „Flora Moscuensis ...", s. Anm. 6 in Nr. 55); „Pyrola Грушка дикая [russ. *gruška dikaja*]" (G. W. Steller nach T. Gerber: AAW R. I, Op. 81, D. 23, Bl. 5v, s. Anm. 1 in Nr. 1); s. auch Nr. 312

76 „214) Pyrola rotundifolia minor, floribq urceolatis candidis uno vertu positis ... haec illa est quam in flora ircut. p. 314 perperam pro pyrola flore viridi Schefferi habui. ..." (AAW R. I, Op. 104, D. 25, Bl. 18r, s. Anm. 61 in Nr. 21); s. Nr. 315

77 s. Glossar: Pannonien

78 „Pyrola rotundifolia minor. Hujus meminit Car. Clus. in hist. stirpium per Pannon. pag. 504. 505. ... PYROLA flore viridi C. Schefferi & Knauthii, in enumeratione plantarum circa Halam Sax. ...“ (Rupp 1726 S. 236 u. Rupp 1745, S. 292f.); „Pyrola Wintergrün Tab. fl. virid. minor. ...“ (Schäffer 1662, unpaginiert); „Pyrola flore viridi minor. C. Sch. Germ. Kleine Winter=Pflantze mit grünlichen Blumen. ..“ (Knauth 1688, S. 65); „Pyrola flore viridi, minor C. Sch. Knauth. ...“ (Buxbaum 1721, S. 275); „4. PIROLA scapo unifloro Lapon. n. 167. Pyrola IIII. Pann. p. 508. 509. Pyrola rotundifolia minor C. B. I. R. H. ... Pyrola minima vel IV. CLUS. RUPP. p. 236. ...“ (Haller 1742, S. 420f.); „Einblumiges Wintergrün. Pyrola uniflora. ... Pyrola scapo unifloro. LINN. Syst. veg. p. 340. ... Fl. Lapp. 167. ... Pyrola rotundifolia minor. C. BAUH. pin. 191. ... Die Einwohner in Schweden und Norwegen brauchen einen Aufguß von dieser Pflanze äusserlich, als ein vortreffliches Mittel wider triefende oder entzündete Augen. Die Schaafe fressen alle diese Pflanzen nicht.“ (Linné 1780, S. 506); „6. PYROLA uniflora. P. scapo unifloro. ... Gmel. sib. 4. p. 129. ... P. rotundifolia minor. Bauh. pin. 191. ... Pyrola IV. Clus. pan. 508, 509. P. flore singulari. Riv. pent. irr. t. 137. ... Einblumiges Wintergrün. W. ...“ (Linné 1797–1830, Bd. II, Teil 1, S. 622); „1) PYROLA UNIFLORA. Linn. ... Willd. Spec. pl. II. p. 622. ... Pyrola scapo unifloro. Gmel. Fl. sib. IV. p. 129. No. 19. t. LVI. f. 2. ...“ (Ledebour 1830, S. 98); „19. PYROLA scapo vnifloro, LIN. fl. lapp. Suec. 334. HALL. Helv. 420. Pyrola IV. OED. dan. t. 8. ...“ (Gmelin 1747–1769, Bd. IV, S. 129), nahezu identisch auf Bl. 57v in: AAW R. I, Op. 104, D. 14 – s. Anm. 32 in Nr. 6; „19. Pyrola scapo unifloro [=] Moneses grandiflora Salisb.!“ (Ledebour 1841, S. 125); „636. MONESES. SALISB. ... 1. M. grandiflora. ... LEDEB. Fl. alt. II, p. 98. ... Pyrola scapo unifloro. GMEL. Fl. sib. IV, p. 129, Nr. 19. ...“ (Ledebour 1844–1846, S. 931f.); „[Pyrola] uniflora, scapo unifloro; einblumiges Wintergrün, ... Wintergrün; kleines rundes Wintergrün; Waldmangold; ... Es heißt bey ... C. Bauhin: Pyrola rotundifolia minor; ...“ (Gmelin 1775, Sp. 539f.); „Husten. Phthisis. Beim Husten überhaupt gebraucht man Aufgüsse von ... Pyrola uniflora, ...“ (Krebel 1858, S. 127ff.); „484. Pyrola uniflora. Lin. sp. 6. ... Ruß. Helikuk. ... P. uniflora n. 484. wird in Sibirien wider Brustkrankheiten und Hektik in Form von Thee und wie allgemein behauptet wird, mit dem besten Erfolge genutzt.“ (Falk 1786, S. 177); „[Pyrola] vniflora L. R. Kelikeika. T. Garudokto. ... Die Blätter sind ... in allen Arten von Blutflüssen gebräuchlicher Gesundheits=Thee. ...“ (Georgi 1775, S. 214); „5. PYROLA uniflora L., ... Einblümiges Wintergrün. R. Kelikuka. Tung. Garadokto. ... In Sibirien ist der Absud vom Kraut und Blumen ein bewährtes Hausmittel wider Brustbeschwerden und Auszehrung. Die Kranken trinken ihn einige Wochen als starken Thee. Viele nutzen dieses schöne Pflänzchen auch besonders als Thee, an dessen Geschmack sie, mit Milch und auch wohl Butter zubereitet, gewohnt sind.“ (Georgi 1797–1802, Theil 3, S. 961); „... die P[yrola] vniflora, welche von den Sibirischen Einwohnern zu einem heilsamen Gesundheitstrank unter dem Nahmen Killeteka gesamlet wird, ...“ (Pallas 1773, S. 287); „Die herumwohnenden [d. h. um den See *Bajkal*] Völker sind Buräten, Tungusen und Mungalen. ... Als Arzneymittel werden gebraucht Pyrola uniflora in Bauchflüssen. ...“ (Finke 1792, S. 582); „Flor. Germ. p. 182. n. 5. Pyrola vniflora. P. scapo vnifloro. Linn. Syst. Plant. T. 2. p. 300. ... P. rotundifolia minor. C. Bauh. pin. p. 191. ... Variat Flore ex albo viridescenti. Pyrola flore viridi minor. Buxb. Halens. p. 275. ...“ (Roth 1789, S. 464f.); „526. [müßte heißen: 626.] PYROLA uniflora scapo unifloro. Linn. sp. pl. 1. p. 568. ... Pyrola flore singulari. Rivin. Pentap. irreg. t. 137. ...“ (Gmelin 1806, S. 212f.); „I. Pyrola uniflora L. Germ. Einblüthiges, einblumiges Wintergruen, oder Birnkraut. Apfelpyrole. ... Pyrola rotundifolia minor C. Bauh. pin. 191. ... Pyrola (uniflora) scapo unifloro Lin. spec. plant. ed. Holm. 1762. p. 568. WILLD. spec. pl. 2. p. 622. ... GMEL. Fl. sib. vol. 4. p. 129. ... Icones. RIVIN. ord. plant. III. Pyrola flore singulari. ... BAUHIN hist. lib. XXXI. p. 536. Pyrola minima alpina. ...“ (Radius 1821, S. 10ff.); „PYROLA MEDIA. ... Pyrola media. Swarz ... Pyrola flore viridi. Rupp. Jen. p. 293. Pyrola rotundifolia. Willd. Prodr. n. 457. Mittleres Wintergrün. ... Die Pyrola media ist erst im Jahre 1804 von dem Herrn Professor Swartz als eine eigene Art unterschieden worden, und bis dahin hat man sie ... für die Pyrola rotundifolia gehalten. ...“ (Hayne 1816, Nr. 22); „457. PYROLA rotundifolia staminibus adscendentibus, pistillis declinato. Lin. syst. ed. R. 2. p. 299. ...“ [s. Nr. 313] (Willdenow

1787, S. 149); „3. P[yrola] media (SWARTZ in Act. holm. 1804, p. 257, f. 7) ... RADIUS Monogr. p. 21, t. 3, f. 1. ...“ (Ledebour 1844–1846, S. 929f.); „V. Pyrola media Swtz. Germ. Mittleres Wintergrün. ...“ (Radius 1821, S. 21ff.); In „De Pyrola. ...“ (Clusius 1583, S. 504–510) werden die Species I. ‚Pyrola vulgaris‘ (S. 504f.), Species II. ‚Pyrola tenerior‘ (S. 505), Species III. ‚Pyrola fruticans‘ (S. 505ff.) und Species IIII. ‚Pyrola minima‘ (S. 508ff.) beschrieben und Abbildungen der Species II. (S. 506), Species III. (S. 507) sowie Species IIII. (S. 509) angegeben. In „Pyrola. ...“ (Clusius 1601, Buch V, S. CXVIff.; ab Buch IV gesonderte Seitennumerierung mit römischen Zahlen) werden die Species I. ‚Pyrola vulgaris‘, Species II. ‚Pyrola tenerior‘, Species III. ‚Pyrola fruticans‘ und Species IIII. ‚Pyrola minima‘ beschrieben und Abbildungen dieser Species angegeben. „Monēses SALISB. (Ericeae). Zus. aus μονος (einzeln, allein) und ἕσις von ἵημι (schiessen, schicken); der Blüthenstiel trägt nur 1 Blüthe. Gehört zu Pyrola.“ (Wittstein 1852, S. 590)

„864. Pyrola minor, folio teneriore, exacte rotundo. ... Fl. Irc. n° 314. ab hac folio firmiore crassioreque differt.“ (AAW R. I, Op. 105, D. 1, Bl. 69r, s. Anm. 29 in Nr. 5); „9. Pyrola minor, folio teneriore exacte rotundo Ind. Jen. n°. 864. 10. Pyrola rotundifolia minor Fl. Irc. n°. 314. ...“ (AAW R. I, Op. 13, D. 67, Bl. 56r, s. Anm. 5 in Nr. 4); vgl. „468. Pyrola media flore herbaceo. ...“ (AAW R. I, Op. 13, D. 42, Bl. 95v, s. Anm. 1 in Nr. 1); „41 Pyrola media, flore herbaceo“ (AAW R. I, Op. 105, D. 19, Bl. 1v, s. Anm. 55 in Nr. 18); „857. Pyrola media folio duriore tuba ovarij oblonga & incurva. ... j. Eadem pumila.“ (AAW R. I, Op. 105, D. 1, Bl. 68v, s. Anm. 29 in Nr. 5)

79 „Pyrola minima vel 4ta Clusii pann. & hist. Pyrola minima horti Eystett. Pyrola rotundifolia minor C. B. Pin. 191. ...“ (Rupp 1726, S. 236); „[species 2] Pyrola rotundifolia, minor C. B. Pin. 191. Pyrola minima, Alpina J. B. 3. 536. Pyrola iiij, minima Clus. Hist. cxiij.“ (Tournefort 1700, S. 256, Genus III. „Pyrola. Pyrole.“); ‚Pyrola minima‘ als Species IIII. auf S. 508ff. in „De Pyrola. ...“ einschließlich der Abbildung (auf S. 509) „Pyrola IIII.“ (Clusius 1583, S. 504ff.); „PYrola vulgata: Limonium sylvestre & Betae sylvestris species Trago. ... Germ. Breit Waldmangolt. ...“ und die Abbildung „Pyrola“ (Besler 1613, Classis Aestiva, Ordo 5, Fol. 11); „Wintergrün. ... Die andere Sorte heiß<t>: Pyrola minima, Eyst. Pyrola rotundifolia minor, C. B. Pit. Tournef. Sie ist von der vorhergehenden in gar nichts unterschieden, als daß alle ihre Theile kleiner sind. ...“ (Zedler 1732–1750, Bd. 57, Sp. 985ff.); Das griechische „monanthos“ entspricht dem lateinischen „flore singulari“; die Abbildung „Pyrola flore singulari“ auf Tafel 139 (Rivinus 1699)

„467. Pyrola rotundiflora minor C. B. P. ...“ (AAW R. I, Op. 13, D. 42, Bl. 95v, s. Anm. 1 in Nr. 1); „213) Pyrola minima vel 4ta Clusii & Rivini. ...“ (AAW R. I, Op. 104, D. 25, Bl. 18r, s. Anm. 61 in Nr. 21); „457. Pyrola minor, monanthos. Pyrola rotundifolia minor C. B. P. ...“ (AAW R. I, Op. 105, D. 4ª, Bl. 47r, s. Anm. 54 in Nr. 17); „867. Pyrola minor monanthos Ind. Irc. n°. 457. ...“ (AAW R. I, Op. 105, D. 1, Bl. 69v, s. Anm. 29 in Nr. 5); „14. Pyrola minor, monanthos Ind. Irc. n°. 457. Jen. 867. Len. 467. ...“ (AAW R. I, Op. 13, D. 67, Bl. 56r, s. Anm. 5 in Nr. 4); „Pyrola rotundifolia minor calyce floris pentafido, fructu unico in vertice caulis, umbilicato. ... Haec species nec à Tournefortio nec) ab aliis recensita Raio, Morisono, etc. Vid Pyrola Rivini.“ (AAW F. 98, Op. 1, D. 19, Bl. 45r, s. Anm. 59 in Nr. 19); „12. Juli 1723 ... Ich ließ mich dennoch ans Ufer setzen, Kräuter zu suchen, fand aber nichts als ... Pyrolam rotundifoliam minorem, floribus parvis albis; ...“ (Messerschmidt 1962–1977, Bd. 2, S. 90f.); s. Nr. 314

80 G. W. Steller beobachtete diese Pflanze im Jahr 1738 bei den Flüssen *Irtyš* und *Ob'* (angegeben in: AAW R. I, Op. 81, D. 23, Bll. 84r, Bl. 95v und Bl. 138r, s. Anm. 1 in Nr. 1)

81 „[species 3] Pyrola folia mucronato, serrato C. B. Pin. 191. Pyrola folio serrato J. B. 3. 536. Pyrola ij, tenerior Clus. Hist. cxvij.“ (Tournefort 1700, S. 256, Genus III. „Pyrola. Pyrole.“); ‚Pyrola tenerior‘ als Species II. auf S. 505 in „De Pyrola. ...“ einschließlich der Abbildung (auf S. 506) „Pyrola II.“ (Clusius 1583, S. 504–510); ‚II. Pyrola tenerior.‘ auf S. cxvij in „De Pyrola. CAP. XX. ...“ einschließlich der Abbildung (auf S. cxvij) „Pyrola II. tenerior.“ (Clusius 1601, S. cxvj–cxviij; ab Buch IV gesonderte Seitennumerierung mit römischen Zahlen); s. die Anm. in Nr. 314; „PYROLA folio mucronato Rivini. Pyrola folio, mucronato, serrato C. B. P. 191. Pyrola 2. & tenerior Clusii Pann. & Histor. ...“ (Rupp 1726, S. 236); „3) Einseitiges Wintergrün. Pyrola

secunda. ... Pyrola racemo unilaterali. LINN. Syst. veg. p. 340. ... Pyrola folio mucronato serrato C. BAUH. pin. 181. Pyrola 2 tenerior. CLUS. Pann. 502. ..." (Linné 1780, S. 504f.); „3. PYROLA secunda. P. racemo unilaterali. ... Gmel. sib. 4. p. 129. t. 56. f. 2. ... P. folio mucronato serrato. Bauh. pin. 181. P. 2. tenerior. Clus. pan. 506. ... Einseitiges Wintergrün. W. ..." (Linné 1797–1830, Bd. II, Teil 1, S. 621f.); „2) PYROLA SECUNDA. Linn. ... Radius l. c. p. 12. ... M. a Bieb. Fl. taur. cauc. I. p. 313. No. 773., ... Pyrola racemo unilaterali. Gmel. Fl. sib. IV. p. 129. No. 17. ..." (Ledebour 1830, S. 98f.); „5. P[yrola] secunda (L. SP. 568) ... LEDEB. Fl. alt. II, p. 98. ... P. racemo unilaterali. GMEL. Fl. sib. IV, p. 129, Nr. 17, t. 56, f. 2. ..." (Ledebour 1844–1846, S. 930f.); „Pyrola secunda, racemo unilaterali; einseitiges Wintergrün, mit einseitigem Traubenkamme; ... die Schafe lassen es stehen: Es heißt bey ... C. Bauhin: Pyrola folio mucronato serrato; ..." (Gmelin 1775, Sp. 538f.); „17. PYROLA racemo vnilaterali, LIN. Suec. 332. Sp. pl. 1. p. 567. n. 3. T. LVI. 2. ..." (Gmelin 1747–1769, Bd. IV, S. 129), nahezu identisch auf Bl. 57v in: AAW R. I, Op. 104, D. 14 – s. Anm. 32 in Nr. 6; „17. Pyrola racemo unilaterali. t. LVI. f. 2. [=] Pyrola secunda L.!" (Ledebour 1841, S. 125); „773. PYROLA secunda. ... P. racemo unilaterali. ... Gmel. sib. 4. p. 129. n. 17. t. 56. f. 2. ..." (Marschall von Bieberstein 1808a, S. 313); „II. Pyrola secunda L. Germ. Einseitiges, einseitigblühendes Wintergrün. Birnbäumchenkraut. ... Pyrola folio mucronato serrato C. BAUHIN Pin. 181. ..." (Radius 1821, S. 12ff.)

„282. Pyrola floribus uno versu sparsis. Linn. Lapp. N. 168. Pyrola folio serrato. J. B. III. 536. ..." (AAW R. I, Op. 13, D. 20, Bl. 31r, s. Anm. 1 in Nr. 1); „212) Pyrola folio mucronato serrato C. B. P. 191 ..." (AAW R. I, Op. 104, D. 25, Bl. 18r, s. Anm. 61 in Nr. 21); „Pyrola folio mucronato, serrato C B. P. 191." (AAW R. III, Op. 1, D. 162, Bl. 109r, s. Anm. 54 in Nr. 17); „456. Pyrola folio mucronato serrato C. B. P. ..." (AAW R. I, Op. 105, D. 4[a], Bl. 47r, s. Anm. 54 in Nr. 17); „* Pyrola folio mucronato serrato. C. B. P. ..." (AAW R. I, Op. 105, D. 2, Bl. 6v, s. Anm. 54 in Nr. 17); „863 Pyrola minor, folio teneriore, oblongo & mucronato, venosioreque.Pyrola folio mucronato serrato C. B. P. ..." (AAW R. I, Op. 105, D. 1, Bl. 69r, s. Anm. 29 in Nr. 5)

82 „Ledum rosmarini folio Tabern. Ledum Silesiacum Clusii Pannon. Rosmarinum sylvestre Matthioli. ... Germ. wilder Roßmarin, Heiden=Bien=Kraut, Motten=Kraut, Post=Kraut, Kühn=Post, oder Post simpliciter ..." (Rupp 1726, S. 101); „Ledum Rorismarini folio II. ..." (Abbildung in: Tabernaemontanus 1590, S. 1070); vgl. aber auch „Ledum Silesiacum." (Abbildung a. a. O., S. 1069); „De Ledo Silesiaco. ..." (Clusius 1583, S. 68ff.) einschließlich einer Abbildung (a. a. O., S. 69); „Ledum Silesiacvm. ..." und die Abbildung „Ledum Silesiacum." auf S. 83 (Clusius 1601, S. 82ff.) „ROSMARINVM. CAP. LXXII. ..." mit der Abbildung „ROSMARINVM SYLVESTRE" auf S. 489 (Mattioli 1565, S. 787f.); „1.) Sumpf=Kühnrost. Ledum palustre. LINN. Syst. veg. p. 337. ... Ledum Silesiacum. CLUS. Pann. 68. ... Man nennt es insgemein Kühnrost oder Kuhrost, ingleichen Porsch, Sumpfporsch, Porst, Kienporst, Tannenporst, Bienenkraut, Bienenheide, wilden Rosmarin; ... Es ist eine buschichte Staude, ... Die Blumen sind weiß, ... Es gibt einen sehr starken betäubenden Geruch von sich, und eine mit seinen Ausdünstungen geschwängerte Luft erreget Kopfschmerzen; wegen der Bitterkeit nehmen es einige Bierbrauer anstatt des Hopfens zum Bier; ein solches Bier aber berauscht ungemein und verursacht heftiges Kopfweh. ... Der beste und sicherste Gebrauch dieser Pflanze ist wohl zur Vertreibung der Wanzen, der Läuse, Motten und anderes Ungeziefer aus Betten, Kleidern und an Thieren, ... die Russen destillieren aus derselben mit der Birkenrinde ein Oel, womit sie ihr Juchtenleder schmieren. ..." (Linné 1778, S. 552f.); „1. LEDUM palustre. ... Ledum. ... Gmel. sib. 4. p. 127. ... Sumpf Porst. W. ..." (Linné 1797–1830, Bd. II, Teil 1, S. 602); „1) LEDUM PALUSTRE. Linn. ... Willd. Sp. pl. II. p. 602. ... Pall. Fl. ross. II. p. 50. ... Ledum. Gmel. Fl. sib. IV. p. 127. No. 14. ..." (Ledebour 1830, S. 97); „633. Ledum L. ... 1. L. palustre (L. SP. 591) ... LEDEB. Fl. alt. II, p. 97. ... Ledum. GMEL. Fl. sib. IV, p. 127, Nr. 14. ..." (Ledebour 1844–1846, S. 922ff.); „Ledum palustre, Sumpfporsch, ... der vorzüglichste Nuzen ... ist, daß er ... eine trefliche Lauge zum Garmachen des Leders gibt, ... Er heißt ... bey ... Clusius: Ledum silesiacum." (Gmelin 1773a, Sp. 397f.); „14. LEDVM fl. lapp. 160. Cistus ledum foliis Rosmarini ferrugineis, B. pin. Ind. len.

344. ...“ (Gmelin 1747–1769, Bd. IV, S. 127), nahezu identisch auf Bl. 57r in: AAW R. I, Op. 104, D. 14 – s. Anm. 32 in Nr. 6; „14. Ledum [=] Ledum palustre L.!“ (Ledebour 1841, S. 125); „Ledum palustre. Ledum foliis oblongis subtus tomentoso-ferrugineis. ... Rossis vulgo Bagulnik (Багульникъ, [russ. *bagul'nik*]) in Sibiria Klopownik (Клоповникъ [russ. *klopovnik*]). ...“ (Pallas 1788, S. 50); „66. Ledum palustre L. (Eric.). Seit alter Zeit wird ein Thee aus Porsch oder Porst bei verschiedenen Brustkrankheiten getrunken. ... Krebel führt den Porsch als ein Volksheilmittel an, welche äusserlich bei Hautausschlägen und innerlich bei Fieber gebraucht wird. ... ist das Kraut von Led. palustre ein sehr gebräuchliches Volksmittel gegen Keuchhusten, Scrophulose und andere Krankheiten. Den Blättern der Pflanze schreibt man narcotische, schweiss- und harntreibende Kraft zu. ...“ (Demitsch 1889, S. 222f.); „4) Wechselfieber. ... 2) Ledum palustre. Die Bewohner der Koliwanischen Gebirge gebrauchen beim dreitägigen Fieber den Aufguss. ...“ (Krebel 1858, S. 119ff.); „Husten. Phthisis. Beim Husten überhaupt gebracht man Aufgüsse von ... Ledum palustre, ...“ (a. a. O., S. 127ff.); „VII. Mittel gegen Hautkrankheiten. Gegen Hautausschläge überhaupt gebraucht der Russische Bauer den Aufguss von Ledum palustre äusserlich, ...“ (a. a. O., S. 151ff.); „Mittel gegen Husten: ... Thee aus Ledum palustre. ...“ (Alksnis 1894, S. 184); „Mittel gegen Lungenschwindsucht: ... Das Decoct von Ledum palustre wird gegen Lungenschwindsucht innerlich benutzt.“ (a. a. O., S. 185f.); „Mittel gegen sogenannte Knochenschmerzen: ... Man badet sich in Ledum palustre, wenn die Knochen schmerzen und es mit der Gesundheit überhaupt bergab geht. ...“ (a. a. O., S. 193f.); „Flöhe. Mittel gegen dieselben: ... Das Decoct von Ledum palustre.“ (a. a. O., S. 202); „ ‚Tuhsks.‘ Mit dem Worte ‚thusks‘ werden Anschwellungen bezeichnet, welche (am meisten) in der Schamgegend, am Bauch, an den Schenkeln, am Oberarm etc. vorkommen. ... Endlich werden mit ‚tuhsks‘ auch gewisse oedematöse Schwellungen, wie sie bei Hydrops ascites vorkommen, belegt. ... Mittel gegen ‚tuhsks‘: ... Das Decoct von Ledum palustre trinkt man gegen Oedeme. ...“ (a. a. O., S. 215f.); „Le Ledum palustre qui embellit nos marais est un reméde efficace non seulement dans la toux spasmodique, mais en divisant puissement & purgeant les phlegmes, il promet encore un effet souverain dans toutes les maladies de cette espèce (d). ... |: Linnéus dans ses Recréations Académiques. Tom. III. p. 68. :|“ (Lepechin 1787, S. 107); „In dieser nassen pfützenreichen Gegend [in der Nähe des Flusses *Vjatka*] zeigten sich abermals Sumpfkräuter, allenthalben stunden Büschel von Postkraut a) dessen Blüthen die Einwohner in jungen Kwaas einweichen, und damit die Krätze und andere Unreinigkeiten der Haut vertreiben. ... |: a) Ledum palustre. :|“ (Lepechin 1783, S. 135); „475. Ledum palustre. Lin. Syst. Pl. II. p. 282. ... Wilder Pors. Ruß. in Sibirien Bagulnik. Barab. Joschin. Baschk. Tschuschir. Wotj. Niur tug. ...“ (Falk 1786, S. 176); „1. Ledum palustre L. ... Sumpf=Post. Sumpf=Kühnrost. R. Klopownik (Wanzenkraut). ... Man benutzt seine narkotische Kraft hie und da auf Kosten der Gesundheit, das Bier rauschend zu machen, welches geschieht, wenn man ihn blos in das Gebraue legt. Einige ländliche Gärber nützen ihn als Lohe; zur Bereitung der Juchten aber, deren gefallender Geruch vom Oel aus Post kommen soll, kommt er gar nicht. Den Menschen ist der Post zuwider, und die Zimmerluft wird durch denselben verdorben; gleichwohl legen ihn einige der Wanzen wegen in die Wiegen der Kinder. Der Absud vom Post ist ein sehr gebräuchliches und wirksames Mittel wider Hautausschläge und Läuse der Menschen und Thiere.“ (Georgi 1797–1802, Theil 3, S. 953f.); „1) Gemeiner Porst, Post, wilder Roßmarin. Ledum palustre Linn. ... Doch ist er schon längst in Ungarn in der Bräune und ihren verschiedenen Arten, selbst in solchen, die von Fieber begleitet war[r]) und Wasser, Milch oder Molken, womit man das Kraut angebrühet hat, in Schweden im Krampfhusten[s]), und so wie das damit gekochte Wasser, in der Ruhr und andern Bauchflüssen[t]), auch äuserlich angewandt, in mancherlei Ausschlägen[n]), in Kräze und Grind[x]), auch in herpetischen[y]) und sogar in einigen Arten des Aussazes[z]), in Schlesien auch in Flus und Gries[z*]) gebraucht worden. Sein Aufgus erregte bei einigen Soldaten gefährliche Zufälle[a]). ...“ (Gmelin 1803, S. 463f.); „ROSMARINUS. ... teutsch, Rosmarin. ... Rosmarinus ist ein zusammen gesetztes Wort, aus ros, Thau, und marinus, was aus der See kommt; weil dieses Kraut nicht selten um die See herum zu wachsen pflegt, und von demselbigen die Dunst empfähet, die als ein Thau herunter

fällt. ..." (Lémery 1721, Sp. 964f.); „Rorismarinus, siehe Rosmarin." (Zedler 1732–1750, Bd. 32, Sp. 803); „Rosmarin, Roßmarin, Weyrauchwurtz, lateinisch Rosmarinus, ..." (a. a. O. a. a. O., Sp. 971ff.); Ledum palustre L. – russ. *bagun, bagul'nik, klopovnik, dušistyj bagun, bagno* bzw. *dikij rozmarin* (*Annenkov* 1858, S. 54, Nr. 621); „Lēdum L. (Ericeae). Von λῆδον, womit die alten Schriftsteller den Ladanum liefernden Cis<t>us creticus bezeichneten und den sie wegen der haarigen Beschaffenheit seiner Blätter (λῆδος: Kleid, wollener Stoff) so nannten. Die Blätter des Ledum sind allerdings auch (auf der untern Fläche) filzig, Linné leitete aber ab von laedere (verletzen), weil die Blätter einen starken, betäubenden Geruch verbreiten." (Wittstein 1852, S. 506)

„Ledum Rosmarini folio, Russi Siberienses, ad enecandas fugandasq$_3$ Cimices, Clibano injicere solent, ipsi vero occlusis antea arcte fenestris et spiraculis omnibus accensa herba, hypocaustum derelinquunt per duas aut tres dies, redeuntes e mortuos inq$_3$ pari mento jacentes cimices expurgant et ab earum morsibus immunes manere per annum perhibent, quo elapso, haec fumigatio denuo suscipienda herbam sua lingua vocant. Bagulaik [russ. *bagul'nik*]" (AAW R. I, Op. 104, D. 18, Bl. 13r, s. Anm. 20 in Nr. 632); „855. Cistus Ledon folijs Rorismarini ferrugineis C. B. P. & pr. incl. ... Cistus Ind. Len. n°. 344 ..." (AAW R. I, Op. 105, D. 1, Bl. 68v, s. Anm. 29 in Nr. 5); „Cistus Ledon foliis Rosmarini ferrugineis C. B. Hunc in prioris Catalogis [„Observationes in historiam naturalem" von J. G. Gmelin in AAW R. I, Op. 104, D. 17, s. Anm. 36 in Nr. 8] sub nomine Ledi palustris nostratis Arbuti flore Raj. Syn. male tradidi. ..." (AAW R. I, Op. 105, D. 2, Bl. 20r, s. Anm. 54 in Nr. 17); „Cistus Ledon folijs Rorismarini ferrugineis C. B. P. Ind. Jen. & Irc. & Transbaic. ut & Len. n°. 344. Ledum palustre nostras Arbuti flore R. Syn. Ind. Twer & Irt. ... Ledum Linn. Lapp. 160. ..." (AAW R. I, Op. 13, D. 67, Bl. 56r, s. Anm. 5 in Nr. 4); „452. Cistus Ledon folijs Rosmarini ferrugineis C. B. P. ..." (AAW R. I, Op. 105, D. 12, Bl. 21v, s. Anm. 54 in Nr. 17); „49. Ledum palustre nostras arbuti flore Raj. Syn ..." (AAW R. I, Op. 104, D. 17, Bl. 11r, s. Anm. 36 in Nr. 8); „63. Andromeda folijs alternis lanceolatis, margine reflexis Lin. flor. 163 t. 1. f. 3. h. Cliff. 163. Ledum palustre nostras arbuti flore Raj Syn. 472. Polijfolia Buxb. act. 2. p. 345 [s. auch Nr. 318]" (AAW R. I, Op. 13, D. 20, Bl. 7r, s. Anm. 1 in Nr. 1); „Ledum palustre nostras arbuti flore Raj. Syn. ..." (AAW R. I, Op. 104, D. 8, Bl. 14r, s. Anm. 18 in Nr. 452); „107. Ledum Linn. gen. 342. Linn. Fl. Lapp. 160. Cistus Ledon folijs Rorismarini ferrugineis C. B. P." (a. a. O., Bl. 12v); „344. Cistus Ledon, foliis Roris marini, sed non incanis C. B. P. ..." (AAW R. I, Op. 13, D. 42, Bll. 62r–62v, s. Anm. 1 in Nr. 1); „Cistus Ledon, foliis Rorismarini, Sed non incanis C. B. P. 467" (AAW R. III, Op. 1, D. 162, Bl. 109v, s. Anm. 54 in Nr. 17); „Ledum rosmarinifolio Micheli Rosmarinus sylvestris J. B. ..." (AAW R. I, Op. 68, D. 2, Bl. 11v, s. Anm. 62 in Nr. 22); „215) Ledum rosmarini folio Tabern. ..." (AAW R. I, Op. 104, D. 25, Bl. 18r, s. Anm. 61 in Nr. 21); „14. März 1724 ... Ingleichen, daß umb den Selenga-Strom ein kleiner frutex wachsen sollte, welchen die Russen Bagulnik nenneten, mit kleinen weißen Blümlein, in deren Mitte ein Pistillum resinosum, dessen man sich zur Inebriatione piscium bedienete, konnte mir aber eigentlichen habitum plantae nicht beschreiben. ..." (Messerschmidt 1962–1977, Bd. 2, S. 227f.)

83 russ. *bagul'nik*; Nach P. S. Pallas (Pallas 1784, S. 47) wird jenseits des Flusses *Enisej* auch Rhododendron dauuricum (nach Gmelin 1747–1769, Bd. IV. 4, Nr. 10, S. 124f. – Andromeda foliis ovatis utrinque punctatis ...; nach G. W. Steller „Flora Irkutiensis" Nr. 1097 – Chamaer<r>hododendros flore purpureo specioso) als *bagul(')nik* bezeichnet.

84 angegeben auch im Reisejournal 1739 von G. W. Steller als „Ledoides seu Polifolia" (Hintzsche 2009, S. 33); „Poliifolia tertium constituit genus notasque gerit Flores monopetalos campaniformes globosos et capsulam in quinque loculamenta diuisam, seminibus foetam subrotundis. Et vt breuiter dicamus, Poliifola [sic!] est plantae genus flore Arbuti, fructu Cisti. Mutuati sumus Poliifolia nomen ex I. Bauhino, a quo haec planta vocatur Viti Ideae affinis Poliifolia montana. A Raio in Synops. dicitur Ledum palustre nostras flore Arbuti, vbi haec planta optime describitur, ..." (Buxbaum 1729a, S. 345); „Tab. LV. Fig. I. Polifolia. De hac egimus in Comment. Acad. Scient. An. 1728. hic figuram damus, quae nondum bona prostat. Est Ledum palustre, Arbuti flore

apud Raj. Syn." (Buxbaum 1740, S. 28); „3. ANDROMEDA pedunculis aggregatis, corollis ouatis, foliis alternis, lanceolatis reuolutis, LIN. Sp. pl. 1. p. 564. n. 5. Polifolia, BVXB. Comm. petr. 2. p. 345. Cent. 5. p. 28. t. 49. f. 1. Andromeda foliis alternis lanceolatis, margine reflexis, LIN. fl lapp. 163. t. 1. f. 3. H. Cliff. 163. ROY. lugd. 440. Vitis idaeae. adfinis polifolia montana, OED. dan. t. 54. ..." (Gmelin 1747–1769, Bd. IV, S. 119), nahezu identisch auf Bl. 55r in: AAW R. I, Op. 104, D. 14 – s. Anm. 32 in Nr. 6; „3. Andromeda pedunculis aggregatis, corollis ovatis, foliis alternis lanceolatis revolutis [=] Andromeda polifolia L.!" (Ledebour 1841, S. 124); „2. ANDROMEDA foliis alternis lanceolatis, margine reflexis. Fl. lapp. 163. t. 1. f. 3. [sic!] ... Polifolia. Buxb. act. 2. p. 345. ..." (Linné 1737, S. 163); „5. Poleyblätterichte Andromeda. Andromeda Polifolia. ... Andromeda pedunculis aggregatis; corollis ovatis; foliis alternis, lanceolatis, revolutis. LINN. Syst. veg. pag. 338. ... GMEL. Sib. 4. pag. 119. ... Polifolia. BUXB. Acta Petr. 2. pag. 345. ... Diese Art, welche auch falscher Porst oder kleiner, wilder Rosmarin genennet wird, und den Schaafen äusserst schädlich ist, ..." (Linné 1778, S. 566f.); „13. ANDROMEDA polifolia. A. pedunculis aggregatis, ... Gmel. sib. 4. p. 119. ... A. foliis alternis lanceolatis margine reflexis. ... Hort. cliff. 163. ... Polifolia Buxb. act. 2. p. 345. ... Poleiblättrige Andromede. W. ..." (Linné 1797–1830, Bd. II, Teil 1, S. 610f.); „620. Andromeda. L. (excl. spec.) ... 1. A. polifolia (L. SP. 564) ... A. pedunculis aggregatis, ... GMEL. Fl. sib. IV, p. 28, t. 49, f. 1. ... Polifolia. BUXB. in Comment. Ac. petropol. II, p. 345, t. 21 (mala). ..." (Ledebour 1844–1846, S. 910f.); „Andromeda polifolia, ... Andromeda mit Poleyblättern, ... falscher Porst, kleiner wilder Rosmarin; ..." (Gmelin 1772a, Sp. 478); „Andromeda polifolia. Tab. LXXI. Andromeda pedunculus aggregatis, corollis ovatis, foliis alternis lanceolatis revolutis. Lin. ... Polifolia Buxbaum. act. Petrop. II. p. 346. ... Rossis Bolotnik podbjel (Болотник подьбѣлъ [russ. *bolotnik pod'bel*]. ..." (Pallas 1788, S. 53); „16. Andromeda poliifolia L. (Ericac.). 17. Andromeda calyculata L. (Ericac.). [s. Nr. 319] Der deutsche Name unserer Pflanze ist Lavendelheide, falscher Porst, Gränke, auch kleiner wilder Rosmarin. Im G. Wologda wird die Andr. poliif. innerlich gegen Durchfall angewandt. (18.) – Nach Annenkow wird ein Blätteraufguss von der Pflanze bei Rheumatismus und Schwindsucht gebraucht. – In Sibirien benutzt man nach Gmelin[4]) |: [4]) Flora sibirica IV, p. 124. :| [s. Nr. 1098] das Mittel gegen Trunkenheit als Decoct. ... Es wurde mit ferner mitgetheilt, dass die Androm. poliif. und die Androm. calyculata s. Cassandra calyculata [s. Nr. 319] von den Esten sehr geschätzt werden. Man trinkt nämlich einen daraus verfertigten Thee bei Rheumatismus und Syphilis. Die Wirkung soll eine schweisstreibende sein. ... Auch in Westeuropa wusste man längst, dass die Pflanze scharfnarcotisch und den Ziegen und Schafen nachtheilig ist. ..." (Demitsch 1889, S. 164f.); „Poliifolia est plantae genus flore arbuti, fructo Cisti, descriptum jam a J. B. sub nomine Vitis ideae affinis Poliifoliae montanae, & Rajo sub Ledi palustris nostratis flore arbuti. ..." (J. G. Gmelin in einem Brief an A. von Haller – Haller 1773a, S. 53); „13. Andromeda polifolia. L. Poleiblättrige Andromede; Rosmarinblättrige Andromede. ... Diese Pflanze hat einen wesentlichen Nutzen in Torfgegenden, wo sie die lockern Lagen sehr gut zusammenhält, und durch ihre Wurzeln Stoff zu vielen brennbaren Theilen giebt. Ueberdem ist sie auch in den Lustgärten eine vortreffliche Zierpflanze, ..." (Dietrich 1802, S. 441f.); „ANDROMEDA POLIFOLIA. Linné. POLEIBLÄTTERIGE ANDROMEDE. ... Die Blätter sind sehr adstringirend, und können statt der Galläpfel gebraucht werden. Zu dem Namen Andromeda wurde Linné durch die zarte und schöne Blume hingeleitet, und giebt er uns in der Reise nach Lappland und in der Flora lapponica Rechenschaft von der poetischen Begeisterung, die er beim Anblick dieser Pflanze empfand. ... Deutsche Namen: Kleiner wilder Rossmarin, kleiner Porst, Rossmarinheide, Torfheide, Torf-Rossmarin, Lavandelheide, kleine Grenze." (Dietrich 1836, Nr. 219); „ANDROMEDA. ... Linné gab ihnen den Namen Andromeda, und freute sich nicht wenig über seine Erfindung. In seiner Flora Lapponica sagt er bey dieser Gelegenheit; Si Oyidio, fabulam de Andromeda conscribenti, haec ante oculos fuisset planta, vix melius quadrarent attributa, qui more poetico ex humili tumulo produxisset Olympum. Bekanntlich war Andromeda eine Tochter des Cepheus und der Cassiope; sie wurde wegen des Stolzes ihrer Mutter an einen Felsen gebunden, um von einem Meerungeheuer verschlungen zu werden; Perseus erlösete sie. ..." (Nemnich 1793a, Sp. 289ff.);

„4. Andromeda polifolia L. ... Poleyblättrige Andromeda. R. Bolotnik Podbjet. Esthn. Sokelud. Pall. Fl. Ross. T. 71. ... Er ist von so zusammenziehender Säure, daß ihn einige Moskowsche Seidenfabrikanten beym Schwarzfärben statt der Galläpfel nutzen. P.“ (Georgi 1797–1802, Theil 3, S. 958); Andromeda polifolia L. – russ. *p'janaja trava* bzw. *bolotnik* (*Annenkov* 1858, S. 15, Nr. 90); „Polifōlia BUXB. (Ericeae). Hat poleiähnliche Blätter und gehört zur Gattung Andromeda.“ (Wittstein 1852, S. 713)

„Poliifolia Buxb:“ (AAW R. III, Op. 1, D. 162, Bl. 22v, s. Anm. 54 in Nr. 17); „Poliifolia Buxb. Com̄ent.“ (a. a. O., Bl. 35r); „1. Poliifolia Buxb.“ (AAW R. I, Op. 13, D. 16, Bl. 4v, s. Anm. 32 in Nr. 6); „450. Polyfolia Buxb. Comm. Ac. Sc. Petr. Tom. II. p. 345. ...“ (AAW R. I, Op. 105, D. 4ª, Bl. 46v, s. Anm. 54 in Nr. 17); „847. Polijfolia Buxb. Comm. Petr. Tom. II. p. 345. ...“ (AAW R. I, Op. 105, D. 1, Bl. 68r, s. Anm. 29 in Nr. 5); „216) Polifolia Buxbaum. ...“ (AAW R. I, Op. 104, D. 25, Bl. 18r, s. Anm. 61 in Nr. 21); „Polijfolia Buxb. Comm. Petr. Tom. II. p. 345.“ (AAW R. I, Op. 13, D. 67, Bl. 56r; s. Anm. 5 in Nr. 4); „Andromeda folijs alternis lanceolatis, margine reflexis Linn. Fl. Lapp. 163. Tab. 1. fig. 2. ...“ (a. a. O., Bl. 56v); s. auch Nr. 317
85 „I. Chamaedaphne. ...“ und die Abbildung „Fig. I“ (Buxbaum 1728b, S. 241ff.); „4. ANDROMEDA racemis secundis foliaceis, corollis subcylindricis, foliis alternis lanceolatis, obtusis, punctatis KRASCH. ing. 64. LIN. Sp. pl. 1. p. 565. n. 9. Chamaedaphne BVXB. Comm. petr. 1. p. 241. t. 8. f. 1. GM. Ind. Ien. 250. [müßte heißen: 850] Chamaedaphne apicibus laciniarum floris rubellis GM. Ind. Ien. 251. [müßte heißen: 851] ...“ (Gmelin 1747–1769, Bd. IV, S. 119f.), nahezu identisch auf Bl. 55r in: AAW R. I, Op. 104, D. 14 – s. Anm. 32 in Nr. 6; „4. Andromeda racemis secundis foliaceis, corollis subcylindricis, foliis alternis lanceolatis obtusis, punctatis [=] Cassandra calyculata Don.!“ (Ledebour 1841, S. 124); „12.) Großkelchichte Andromede. Andromeda calyculata. ... Andromeda racemis secundis, foliaceis; corollis subcylindricis; foliis alternis, lanceolatis, obtusis, punctatis. LINN. Syst. veg. p. 339. ... GORT. ingr. 64. ... GMEL. Sib. 4. p. 119. ... Chamae Daphne. BUXB. Act. 1. p. 241. t. 8. f. 1. ...“ (Linné 1778, S. 571f.); „26. ANDROMEDA calyculata. ... Chamaedaphne. Buxb. in comment. petrop. 1. p. 241. t. 8. f. 1. ... Andromeda. Gmel. sib. 4. p. 119. n. 4. ... Rostblättrige Andromede. W. ...“ (Linné 1797–1830, Bd. II, Teil 1, S. 614f.); „621. Cassandra. D. DON. ... 1. C. calyculata (DON. l. c.) ... Andromeda calyculata. L. SP. 566. ... Andromeda racemis secundis, ... GMEL. Fl. sib. IV, p. 119, Nr. 4. Chamaedaphne. BUXB. in Comment. Acad. petropol. I, p. 241, t. 8. f. 1. ...“ (Ledebour 1844–1846, S. 911); „Andromeda calyculata, ... Kelch=Andromeda, ...“ (Gmelin 1772a, Sp. 480); „ANDROMEDA calyculata. Tab. LXXII. fig. 1. ... Chamaedaphne Buxbaum. ... Rossice Bylina (Былина [russ. *bylina*]), Bolotnaja Myrta (Болотная мырта [russ. *bolotnaja myrta*]) i. e. Myrtus palustris, vel Bolotnik scherochovatoi (Болотник шероховатый [russ. *bolotnik šerochovatoj*]). ...“ (Pallas 1788, S. 53f.); „26. Andromeda calyculata Linn. Rostblättrige, Canadische Andromede. ... Chamaedaphne. Buxb. ...“ (Dietrich 1820, S. 498); „5. ANDROMEDA caliculata L., ... Großkelchige Andromeda. R. Bolotnaja Myrta (Sumpfmyrte), und Bylina. Pall. Fl. Ross. T. 72. f. 1. ...“ (Georgi 1797–1802, Theil 3, S. 958); Andromeda calyculata L. – russ. *bolotnyj bagun* (*Annenkov* 1858, S. 13, Nr. 91); „Cassāndra DON (Ericeae). Nach der trojanischen Fürstin CASSANDRA, deren Name wörtlich ‚Männerhelm‘, d. h. Herrscherin über Männer, bedeutet; etwa so viel wie Andromeda (Männerbeherrscherin). Abtheilung der Gattung Andromeda.“ (Wittstein 1852, S. 163); s. auch Anm. 84 in Nr. 318

„Chamaedaphne Buxb:“ (AAW R. III, Op. 1, D. 162, Bl. 22v, s. Anm. 54 in Nr. 17); „464. Chamaedaphne Buxb. Comm. Ac. Sc. Petr. I. 241. Sequent. ...“ (AAW R. I, Op. 13, D. 42, Bl. 94v, s. Anm. 1 in Nr. 1); „1. Chamaedaphne Buxb.“ (AAW R. I, Op. 13, D. 16, Bl. 4v, s. Anm. 32 in Nr. 6); „451. Chamaedaphne Buxb. Comm. Ac. Sc. Petr. I. 241. ...“ (AAW R. I, Op. 105, D. 4ª, Bl. 46v, s. Anm. 54 in Nr. 17); „850. Chamaedaphne Buxb. Comm. Petr. I. 241. ... 851. Chamaedaphne apicibus laciniarum floris rubellis, ...“ (AAW R. I, Op. 105, D. 1, Bl. 68v, s. Anm. 29 in Nr. 5); „1. Chamaedaphne Buxb. Comm. Petr. I. 241. Ind. Jen. n°. 850. ... 2. Chamaedaphne apicibus laciniarum floris rubellis Ind. Jen. n°. 851. varietas. 1“ (AAW R. I, Op. 13, D. 67, Bl. 56r, s. Anm. 5 in Nr. 4); „234. Chamaedaphne Buxb. Comm. Petrop. 1. p. 241.

...“ (AAW R. I, Op. 13, D. 20, Bl. 25r, s. Anm. 1 in Nr. 1); „12. Chamaedaphne Buxb. ...“ (AAW R. I, Op. 104, D. 17, Bl. 9v, s. Anm. 36 in Nr. 8); „217) Chamaedaphne Buxbaum. ...“ (AAW R. I, Op. 104, D. 25, Bl. 18v, s. Anm. 61 in Nr. 21); „Chamaedaphne Buxb. ...“ (AAW R. I, Op. 104, D. 8, Bl. 14r, s. Anm. 18 in Nr. 452)

86 „[species 1] Nymphaea alba, major C. B. Pin. 193. Nymphaea alba J. B. 3. 770. Dod. Pempt. 585. Nenuphar, Blanc d'eau.“ (Tournefort 1700, S. 260, Genus XI. „Nymphaea. Nenufar.“); „Nymphaea alba Matth. Dod. Lob. Tab. Major C Bauh. ... weisse See=Blumen. See=Kandel=Wurtz, Mürmelken, Hartz=Wurtz, Wasser=Lilien, See=Plumpen, Nix= oder Nixen=Blumen, Wasser=-Rosen, Weyher=Rosen, Keel=Wurtz, Haar=Wurtz, Haarstrang, Koller=Wurtz, See=Puppen, weisse See=Kannen, weisse Mummelen, Wasser=Männgen, weisse See=Rosen, Keul=Wurtz, Kolb=Wurtz, Keller=Wurtz, Wasser=Mohn=Blumen, Tollingen. ... die Blumen und Blätter ... dienen wider den Durchfall, nächtliche Besudelung, Schärffe des Saamens, Hitze im Geblüt, verdicken das Geblüt, curiren die Raserey, Entzündungen der Nieren und Blase, allzu grosse Geilheit, ...“ (Franckenau 1716, S. 407); „11. NYMPHAEA foliis cordatis integerrimis, calyce quadrifido, LIN. Sp. pl. 1. p. 729. n. 2. Nymphaea alta [müßte heißen: alba] maior, B. pin. 193. Omn. Ind. I. Nymphaea alba minor, MOR. h. Ox. Ind. Len. 348. T. LXXI. ...“ (Gmelin 1747–1769, Bd. IV, S. 183f.), nahezu identisch auf Bl. 77r in: AAW R. I, Op. 104, D. 14 – s. Anm. 32 in Nr. 6; „11. Nymphaea foliis cordatis integerrimis, calyce quadrifido [=] Nymphaea alba L.! [;] I. Nymphaea alba minor. t. LXXI. [=] Nymphaea pygmaea Ait. (ex Ch. et Schl. in Linnaea VI. 588.) (Nymphaea nitida Sims. – DeC. Syst. II. 58; Ej. Prodr. I. 116.)“ (Ledebour 1841, S. 131); „2. NYMPHAEA calyce tetraphyllo, corolla multiplici. Fl. lapp. 219. Nymphaea alba major. Bauh. pin. 193. ... Nymphaea alba. Bauh. hist. 3. p. 770. ... α Nymphaea alba minor. Bauh. pin. 193. ...“ (Linné 1737, S. 203); „2) Weisse Seeblume. Nymphaea alba. ... Nymphaea foliis cordatis, integerrimis; calyce quadrifida. LINN. Syst. veg. p. 408. Sp. pl. 729. Hort. Cliff. 203. Fl. Lapp. 219. ... Nymphaeas alba maior. C. BAUH. pin. 193. ... Diese beyde Arten [d. h. diese und Nymphaea lutea – Nr. 321] ... werden insgemein Seeblumen oder Seerosen, ingleichen Wasserpflanzen, Nixblumen, Haarwurz, Wassergilgen, Wasserlilien ... genennet. ... Die ganze Pflanzen haben in allen Theilen eine kühlende und zusammenziehende Eigenschaft, ... und wurden ehmalen ... in der Arzneykunst gebraucht; ...“ (Linné 1781, S. 212f.); „3. NYMPHAEA alba. ... N. calyce tetraphyllo, ... Hort. cliff. 203. ... N. alba major. Bauh. pin. 193. ... β N. alba minor. ... Moris. hist. 3. p. 513. ... Weisse Seerose. W. ...“ (Linné 1797–1830, Bd. II, Teil 2, S. 1152f.); „35. Nymphaea. L. ... 1. N. alba (L. SP. 729) ... N. foliis cordatis integerrimis, ... GMEL. Fl. sib. IV, p. 183. Nro. 11 (excl. var.): ... β. minor: ... N. alba. β. minor. DEC. l. c. ...“ (Ledebour 1842, S. 83f.); „3. N[ymphaea] nitida (SIMS bot. Mag. t. 1359) ... DEC. Prodr. I, p. 116. ... 4. N[ymphaea] pygmaeo (AIT. h. Kew. ed. 2. III, p. 293) ... CHAMISSO in Linnaea IV, p. 588. ... N. foliis cordatis integerrimis, calyce quadrifido. I. N. alba minor. GMEL. Fl. sib. VI, [sic!] p. 174. (Nro. 11) t. 71. ...“ (a. a. O., S. 84); „Nymphaea alba, ... weisse Seerose, ... Ihre Wurzel, Blätter und Blumen können zum Gerben des Leders gebraucht werden; ... man brennt aus den frischen Blumen ein Wasser; ... welches die ältere Aerzte in dem Brennen des Harns, in Blutflüssen, Bauchflüssen und Samenflüssen und in Fleken der Augen angerühmt haben; ihr Oel wird unter die schmerzstillenden und schlafmachende ... Mittel gezählt ...“ (Gmelin 1774, Sp. 484ff.); „NYMPHAEA ALBA. ... Nymphaea (alba) ... Linn. ... α. major. Nymphaea alba major. C. Bauh. pin. 193. ... β. minor. Nymphaea alba minor. C. Bauh. p. 193. ... Weisse Seerose, weisse Seeblume, weisse Wasserlilie, Wassertulipane, weisse Kannenblume, Nixblume, Tolllilie, Tollingen, Keulwurz, Kolbwurz, Herkuleswurz. ... In ältern Zeiten sammelte man von der Nymphaea alba sowohl die Wurzeln, als auch die Kronenblätter, Radices et Flores Nymphaeae s. Nenupharis, ... Die Wurzel ist geruchlos, etwas schleimig und besitzt einen bitterlichen, etwas scharfen Geschmack. Man rechnet sie zu den scharfen Mitteln, ...“ (Hayne 1816, Nr. 35); „Niluphàr, ***) eine Blume von einem Wasserkraut, das in Seen wächst, davon wird im hitzigen Fieber das Decoct getrunken weil es kühlet. ... |: ***) Nymphaea alba (Anm. Gmelins.) ist Fl. sib. IV. 183. nr. 11. angeführt und zwar N. alba L. und pygmaea Ait. P. :|“ (G. F. Müller in einem am 25. Januar 1741 empfangenen, undatierten Brief an J. G. Gmelin

– Plieninger 1861, S. 187); „610. Nymphaea alba. Lin. Syst. Plant. II. p. 578. sp. 2. ... Ruß. Wachtownik [russ. *vachtovnik*], und Wodenoi Lapuschnik [russ. *vodenoj lapušnik*]. Buchar. Nelusa und Tellpa. Kalm. Bolbön Jussur. ... Die Kalmücken trinken den Absud der Wurzeln beyder Nymphen Arten [d. h. dieser und Nymphaea lutea] anhaltend wieder venerische Uebel." (Falk 1786, S. 196f.); „NYMPHAEA (alba) ... Linn. Spec. pl. 510. n. 2. ... Куфшинчикъ [russ. *kufšinčik*] i. e. Vrceolus Russ. ..." (*Krašeninnikov* 1761, S. 83); „Die Ehsten [gebrauchen bei Wassergeschwulst] ... die Wurzel der Nymphaea alba et lutea ..." (Krebel 1858, S. 162); „XIII. Mittel gegen Rheumatismus und Gicht. ... Der Ehste gebraucht ... Aeusserlich: ... die Blätter von Nymphaea alba et lutea. .." (a. a. O., S. 166ff.); „Kopfschmerzen. In Sibirien gebraucht man ... Nymphaea alba et lutea, ... entweder frisch, oder die getrockneten Blätter in Wasser aufgeweicht auf den Kopf gelegt, ..." (a. a. O., S. 169f.); „Die Seerose p) soll nach der Bauern [in der Nähe des Flusses *Kama*] Zeugnis wider die fallende Sucht sehr gute Wirkung thun. ... |: p) Nymphaea lutea et alba. :|" (Lepechin 1783, S. 120); „2. NYMPHAEA alba L., ... Weiße Wasserrose. Weiße Seeblume. R. Wochtownik und Osernoi Papuschnik. [?] ... Die Wurzeln beyder Arten [d. h. dieser und von Nymphaea lutea] können als Nothspeise ohne Nachtheil angewendet werden." (Georgi 1797–1802, Theil 3, S. 1045); „NYMPHAEA. ... Nymphaea alba major, C. B. ... teutsch, weisse Seeblume. ... Die Seeblume ist darum Nymphaea betittelt worden, dieweil sie in den Wassern pflegt zu wachsen, in denen sich, wie die Poeten fabuliret, die Nymphen aufgehalten haben." (Lémery 1721, Sp. 793f.); Nymphaea alba L. – russ. *vodjanoj lapušnik*, *vodjanoj prostel*, *kuvšinčiki belye*, *latat'ja*, *vachtovnik*, *volodej*, *šalabolka*, *vodjanoj mak*, *kupal'nica*, *latot'e beloe*, *belaja kuvšinka*, *kubyški* (die Früchte), *vodjanye orechi* (die Samen) (*Annenkov* 1858, S. 63, Nr. 733); „Nymphaēa NECK. (Nymphaeaceae). Vom Nympha, Νυμφη (Nymphe, hier: Wassernymphe), wegen des Vorkommens dieser Pflanzen im Wasser. Die Alten fabelten, sie sey aus einer vor Eifersucht gegen Herkules gestorbenen Nymphe entstanden (Plin. XXV. 37)." (Wittstein 1852, S. 622)

„346. Nymphaea alba major C. B. P." (AAW R. I, Op. 13, D. 42, Bl. 62v, s. Anm. 1 in Nr. 1); „Nymphaea alba minor. ..." mit der links marginalen Anm. „Tab XLVI." (a. a. O., Bll. 62v–63r); „868. Nymphaea alba major C. B. P. 193. ..." (AAW R. I, Op. 105, D. 1, Bl. 69v, s. Anm. 29 in Nr. 5); „471. Nymphaea alba major C. B. P. ..." (AAW R. I, Op. 105, D. 4[a], Bl. 47v, s. Anm. 54 in Nr. 17); „Nymphaea alba major. C. B. P." (AAW R. I, Op. 105, D. 2, Bl. 6v, s. Anm. 54 in Nr. 17); „Nymphaea alba major, flore pleno. T. sp. 1. ..." (AAW F. 98, Op. 1, D. 19, Bl. 39r, s. Anm. 59 in Nr. 19); „Nymphaea alba major; Tournefort. Spec. 1. ..." (AAW F. 98, Op. 1, D. 20, Bl. 29r, s. Anm. 90 in Nr. 33); „1. Nymphaea alba major C. B. P. 193. ... 2. Nymphaea alba minor Ind. Len. n°. 348. ..." (AAW R. I, Op. 13, D. 67, Bl. 56v, s. Anm. 5 in Nr. 4); „– Nymphaea alba major CBP. ..." (AAW R. I, Op. 104, D. 8, Bl. 12r, s. Anm. 18 in Nr. 452); „218) Nymphaea alba major C. B. P. 193 ..." (AAW R. I, Op. 104, D. 25, Bl. 18v, s. Anm. 61 in Nr. 21); „51. Nymphaea alba minor. ..." (AAW R. I, Op. 105, D. 16, Bl. 1v, s. Anm. 5 in Nr. 4); „960. Nymphaea calyce tetraphyllo, corolla multiplici Linn. h. Cliff. 203. Nymphaea alba major B. pin. 193. ..." (AAW R. I, Op. 13, D. 20, Bl. 87v, s. Anm. 1 in Nr. 1)

87 „[species 4] Nymphaea lutea, major C. B. Pin. 193. Nymphaea lutea J. B. 3. 771. Dod. Pempt. 585." (Tournefort 1700, S. 261, Genus XI. „Nymphaea. Nenufar."); „Nymphaea lutea major C. B. P. 193. ... Wasser=Lilien, See=Rosen, See=Blumen, See=Puppen, Wasser=Männgen, Tollingen ..." (Rupp 1726, S. 130); „12. NYMPHAEA foliis cordatis integerrimis, calyce maiore petalis, pentaphyllo, LIN. Sp. pl. 1. p. 729. n. 1. Nymphaea lutea maior, B. pin. 193. Nymphaeae Russis communi nomine озерной папушникъ [russ. *ozernoj papušnik*] dicuntur. ..." (Gmelin 1747–1769, Bd. IV, S. 184), nahezu identisch auf Bl. 77r in: AAW R. I, Op. 104, D. 14 – s. Anm. 32 in Nr. 6; „12. Nymphaea foliis cordatis integerrimis, calyce majore petalis pentaphyllo [=] Nuphar luteum Sm.!" (Ledebour 1841, S. 132); „1. NYMPHAEA calyce magno pentaphyllo. Fl. lapp. 218. Nymphaea lutea major. Bauh. pin. 193. ... Nymphaea lutea. Bauh. hist. 3. p. 771. ..." (Linné 1737, S. 203); „1) Gelbe Seeblume. Nymphaea lutea. ... Nymphaea foliis cordatis, integerrimis; calyce pentaphyllo, majore. LINN. Syst. veg. p. 408. Sp. pl. 729. Hort. Cliff. 203. Fl. Lapp.

218. ... Nymphaea lutea maior. C BAUH. pin. 193. ...“ (Linné 1781, S. 211); „1. NYMPHAEA lutea. ... N. foliis cordatis integerrimis, ... Hort. cliff. 203. ... Gmel. sib. 4. p. 184. ... N. lutea major. Bauh. pin. 183. ... Gelbe Seerose. W. ...“ (Linné 1797–1830, Bd. II, Teil 2, S. 1151f.); „1) NUPHAR LUTEUM. Smith. ... Nymphaea lutea. Linn. Willd. Spec. pl. II. p. 1151. ... M. a Bieb. Fl. taur. cauc. II. p. 6. No. 1035. ... Nymphaea foliis cordatis integerrimis, ... Gmel. Fl. sib. IV. p. 184. No. 12. ...“ (Ledebour 1830, S. 273f.); „36. Nuphar SMITH. ... 1. N. luteum (SMITH. Prodr. fl. graec. I, p. 361) ... LEDEB. Fl. alt. II, p. 273. ... Nymphaea foliis cordatis integerrimis, ... GMEL. Fl. sib. IV, p. 148. Nro. 12. ...“ (Ledebour 1842, S. 84f.); „[Nymphaea] lutea, ... gelbe Seerose, ... gelbe Seeblumen; gelbe Seeplumpen; Kannenplumpen; Nixblumen; ...“ (Gmelin 1774, Sp. 483f.); „1035. NYMPHAEA lutea ... Linn. ed. Willd. 2. p. 1151. ... Gmel. sib. 4. p. 184. n. 12. ...“ (Marschall von Bieberstein 1808, S. 6); „609. Nymphaea lutea. Lin. Syst. Pl. II. p. 578. sp. 1. ... Gelbe Nymphe oder Seeblume. Ruß. Wodolei [russ. *vodolej*] oder Rufchinschiki. Baschkirisch Tombojuk. ...“ (Falk 1786, S. 196); „1. NYMPHAEA lutea L., ... Gelbe Wasserrose. R. Wodolei. ... Finn. Tambojuk. ...“ (Georgi 1797–1802, Theil 3, S. 1044f.); „NENUPHAR LUTEA ... Nymphaea (lutea) ... Linn. ... Gelbe Seerose, gelbe Seeblume, gelbe Seepuppe, gelbe Wasserblume, Wassermännchen, Tollingen, Weyerrose, Mummelkraut, Herzwurz, Haarwurz, Kollerwurz, Kahnetocken, Kannenplumpen, Seekandel. ... Die Türken bereiten durch die Destilllation von den wohlriechenden Blumen der Nenuphar lutea ein Wasser, aus welchem sie dann durch andere Zusätze ein wohlschmeckendes Getränk darstellen. ...“ (Hayne 1816, Nr. 36); „NYMPHAEA. ... Die andre Sorte heist ... Nymphaea lutea major C. B. Pit. Tournef. ... Diese ist von der vorigen [d. h. Nr. 320] darinne unterschieden, daß ihre Blätter nicht so gar rund sind, sondern etwas länglicht: daß ihre Blumen gelbe sehen: daß ihre Frucht als wie ein Kegel sieht und um ein gut Theil grössre Samen in sich hält, als wie der weissen ihre: und daß ihre Wurtzel aussen grüne sieht. ...“ (Lémery 1721, Sp. 793f.); s. auch Anm. 86 in Nr. 320

„347. Nymphaea lutea major C. B. P. ...“ (AAW R. I, Op. 13, D. 42, Bl. 62v, s. Anm. 1 in Nr. 1); „3. Nymphaea lutea major C. B. P. 193. ... Russis лапушник озе[р]нои [*lapušnik ozernoi*; russ. *lapušnik ozernoj*]“ (AAW R. I, Op. 13, D. 67, Bl. 56v, s. Anm. 5 in Nr. 4); „963. Nymphaea calyce magno pentaphyllo Linn. h. cliff. 203. Nymphaea lutea major. Bauh. Pin. 193.“ (AAW R. I, Op. 13, D. 20, Bl. 87v, s. Anm. 1 in Nr. 1); „Nymphaea lutea major. C. B. P. ...“ (AAW R. I, Op. 105, D. 2, Bl. 6v, s. Anm. 54 in Nr. 17); „219) Nymphaea lutea major. CBP. ...“ (AAW R. I, Op. 104, D. 25, Bl. 18v, s. Anm. 61 in Nr. 21); „472. Nymphaea lutea major C. B. P. ...“ (AAW R. I, Op. 105, D. 4^{a}, Bl. 47v, s. Anm. 54 in Nr. 17); „869. Nymphaea lutea major C. B. Pin. 193. ...“ (AAW R. I, Op. 105, D. 1, Bl. 69v, s. Anm. 29 in Nr. 5); „Nymphaea lutea major, flore simpliciore. T. Sp. 4. ...“ (AAW F. 98, Op. 1, D. 19, Bl. 39r, s. Anm. 59 in Nr. 19); „Nymphaea lutea major flore simpliciore; Tournefort. Sp. 4. ...“ (AAW F. 98, Op. 1, D. 20, Bl. 29r, s. Anm. 90 in Nr. 33); „462„ d. 25„ [Augustus 1725] [Sem.] Nymphaea luteae, majoris; C. B. et Tournef. Sp. 4.“ “ (AAW F. 98, Op. 1, D. 23, Bl. 17r; s. Anm. 49 in Nr. 653); „151„ d. 25 [Augustus 1725]„ Sem. Nymphaea luteae majoris. Tournefort. sp. 4.“ (a. a. O., Bl. 29r); „9. August 1723 ... Von Kräutern fand sich hieselbst ... auch Nymphaea lutea major (Caspar Bauhinus et Tournefortii sp. 4); ...“ (Messerschmidt 1962–1977, Bd. 2, S. 112f.); s. auch Nr. 320

88 „415. Sedum flores tanquam in clava gerens, lutescens. ...“ mit der rechts marginalen Anm. auf Bl. 79r „Tab. LXIV.“ (AAW R. I, Op. 13, D. 42, Bll. 79r–79v, s. Anm. 1 in Nr. 1); „610. Sedum flores tanquam in clava gerens, lutescens Ind. Len. ...“ (AAW R. I, Op. 105, D. 4^{a}, Bl. 65r, s. Anm. 54 in Nr. 17); „1114. Sedum flores tanquam in clava gerens, lutescens Ind. Len. nº 415 ...“ (AAW R. I, Op. 105, D. 1^{a}, Bl. 118r, s. Anm. 29 in Nr. 5); „2. Sedum flores tanquam in clava gerens, lutescens Ind. Len. n°. 415. ...“ mit der links marginalen Anm. „vid. Ic.“ (AAW R. I, Op. 13, D. 67, Bl. 74v, s. Anm. 5 in Nr. 4); „220) Sedum flores tanquam in clava gerens lutescens D. D. Gmel. ...“ (AAW R. I, Op. 104, D. 25, Bl. 18v, s. Anm. 61 in Nr. 21)

„SEDUM. ... teutsch/ grosse Hauswurtz/ Hauslaub. ... Es kühlet trefflich/ macht dicke/ hält an, dient zur Entzündung/ die Schmertzen vom Brande/ vom Zipperlein/ vom Krebs zu lindern. Sedum kommt her von sedendo, sitzen/ weil dieses Gewächse auf den Mauern und auf den Dächern/

auf welchen es zu wachsen pfleget/ gleichsam zu sitzen scheinet. Oder/ à sedando, vom lindern, stillen/ weil es die Schmertzen und Entzündungen stillet. ..." (Lémery 1721, Sp. 1034)

89 in der 2. Textversion (s. Anm. 1 in A.) nach „et": „a"

90 „611. Sedum flores tanquam in clavo gerens, lutescens, folio longo et angusto. ..." mit der rechts marginalen Anm. „vid. Ic." (AAW R. I, Op. 105, D. 4ª, Bl. 65r, s. Anm. 54 in Nr. 17); „1115. Sedum flores tanquam in clava gerens, lutescens, folio longo et angusto Ind. Irc. nº 611. ..." (AAW R. I, Op. 105, D. 1ª, Bl. 118r, s. Anm. 29 in Nr. 5); „1. Sedum flores tanquam in clava gerens, lutescens, folio longo & angusto Ind. Irc. nº. 611. ..." mit der links marginalen Anm. „vid. Ic." (AAW R. I, Op. 13, D. 67, Bl. 74v, s. Anm. 5 in Nr. 4); „221) Sedum flores tanquam in clava gerens folio longo & angusto. D. D. Gmelin. ind. plant. Len." (AAW R. I, Op. 104, D. 25, Bl. 18v, s. Anm. 61 in Nr. 21); s. auch Nr. 322

91 „1116. Sedum clavatum, humile, ramosum, aut multicaule ... Hanc species in Ind. Irc. nº 611 provarietatate habui, at Stellerus eam sub n^is 324 et 325 intelligere videtur. ..." (AAW R. I, Op. 105, D. 1ª, Bl. 118r, s. Anm. 29 in Nr. 5); „611. Sedum flores tanquam in clava gerens, lutescens, folio longo et angusto. ..." mit der rechts marginalen Anm. „vid. Ic." (AAW R. I, Op. 105, D. 4ª, Bl. 65r, s. Anm. 54 in Nr. 17)

92 s. Nr. 324

93 „[species 1] Anacampseros vulgò Faba crassa J. B. 3. 681. Telephium vulgare C. B. Pin. 287. Telephium alterum sive Crassula Dod. Pempt. 130." (Tournefort 1700, S. 264, Genus II. „Anacampseros. Orpin."); „I. Telephium vulgare. ... Telephium vulgare, sive secundum, Clus. hist. ..." (Bauhin 1623, S. 287); „Fabaria officinarum. Anacampseros, vulgo faba crassa J. B. 3. 681. ... Fette Henne, Donner=Kraut, Schmeer=Wurtz, Knaben=Kraut. ..." (Rupp 1726, S. 103); „1. SEDUM foliis planiusculis patentibus serratis, corymbo terminatrici. Anacampseros, vulgo Faba crassa. Bauh. hist. 3. p. 681. ... Telephium vulgare. Bauh. pin. 287. ... α Anacampseros purpurea. Bauh. hist. 3 p. 682. ... β Anacampseros minor purpurea. Tournef. inst. 264. ..." (Linné 1737, S. 176); „2) Fette Henne. Sedum Telephium. ... Sedum foliis planiusenlis [müßte heißen: planiusculis], serratis; corymbo folioso; caule erecto. LINN. Syst. veg. p. 358. ... Telephium vulgare. C BAUH. pin. 287. ... Sie ... wird insgemein fette Henne, oder Knabenkraut, Wundkraut, Bruchkraut ... genennet. ... Sie ist ein gutes kühlendes, schmerzstillendes und Wundmittel, und kan daher insonderheit äusserlich mit Nutzen sowol in frischen Wunden, als alten, scorbutischen, krebshaften oder andern Geschwüren gebraucht werden; auch kan man die Hühneraugen sicher damit vertreiben, ..." (Linné 1780, S. 629ff.); „2. SEDUM Telephium. S. foliis planiusculis serratis, ... Gmel. sib. 4. p. 171. ... S. foliis planiusculis patentibus serratis, ... Hort. cliff. 176. ... Telephium vulgare. Bauh. pin. 287. ... β. Sedum Telephium, purpureum. Telephium purpureum majus. Bauh. pin. 287. ... γ. Telephium purpureum minus. Bauh. pin. 287. ... Knolliges Sedum. W. ..." (Linné 1797–1830, Bd. II, Teil 1, S. 760f.); „2) SEDUM PURPUREUM. Link. ... S. Telephium β. purpureum. Linn. Willd. Spec. pl. II. p. 760. ... S. Telephium β. majus. Falk topogr. Beytr. II. No. 522. ... Gmel. Fl. sib. IV. p. 171. No. 84. sine dubio hoc et subsequens conjungit. ... 3) SEDUM VULGARE. Link. ... S. Telephium. α. Linn. Willd. Spec. pl. II. p. 760. S. Telephium. ... M. a Bieb. Fl. taur. cauc. I. p. 351. No. 867. ... S. Telephium γ. minus. Falk topogr. Beytr. II. No. 522. ..." (Ledebour 1830, S. 190f.); „11. S[edum] vulgare (LINK Enum. h. berol. I, p. 437) ... LEDEB. Fl. alt. II, p. 191. ... S. Telephium α. (flor. albis v. ochroleucis) et γ. (flor. purpureis). L. SP. 616. ... S. Telephium minus. FALK Beitr. II, p. 180. ... S. foliis planiusculis serratis, ... GMEL. Fl. sib. VI [sic!], p. 171. Nr. 84 (hoc cum sequente conjunct.). ... 12. S[edum] purpureum (LINK Enum. h. berol. I, p. 437) ... S. purpureum LEDEB. Fl. alt. II, p. 190. ... S. Telephium β. purpureum. L. SP. 616. ... S. Telephium β. majus FALK. Beitr. II, p. 180. ... S. foliis planiusculis serratis, ... GMEL. Fl. sib. IV, p. 171. Nr. 84. ex parte. ..." (Ledebour 1844–1846, S. 180f.); „[Anacampseros] vulgo faba crassa; hierunter verstehet J. Bauhin die gemeine fette Henne." (Gmelin 1772a, Sp. 447); „[Anacampseros] purpurea; so nennt J. Bauhin die purpurrothe Spielart der gemeinen fetten Henne." (a. a. O., Sp. 447); „[Anacampseros] minor purpurea; so nennen Tournefort und Boerhaave die kleine purpurrothe Spielart der gemeinen fetten Henne." (a. a., O.,

Sp. 446); „Sedum Telephium, foliis planiusculis serratis, corymbo folioso, caule erecto; gemeine fette Henne, ... fette Henne; Schmeerwurz; Wolfskraut; Knabenkraut; ... der wässerichte klebrichte und etwas salzige Saft der frischen Blätter hat eine zimlich starke kühlende und etwas zusammenziehende Kraft, und wurde von den Alten nicht nur äuserlich in Wunden, in scorbutischen, krebshaften und wassersüchtigen Geschwüren, sondern auch innerlich in Krankheiten der Brust, in dem Harnbrennen, in der Ruhr, in der Goldader u. a. empfohlen: ..." (Gmelin 1776, Sp. 392f.); „84. SEDVM foliis planiusculis, serratis, corymbo folioso, caule erecto, LIN. Sp. pl. 1616. n. 2. Nascitur in omni Sibiria et Ruthenice узикъ [russ. *uzik*] et скрипунъ [russ. *skripun*], in Sibiria autem propter vim, qua pollet, vulneriam жявая трава [*žjavaja trava*; in AAW R. I, Op. 104, D. 14, Bl. 71v: russ. *živaja trava*] dicitur." (Gmelin 1747–1769, Bd. IV, S. 171), nahezu identisch auf Bl. 71v in: AAW R. I, Op. 104, D. 14 – s. Anm. 32 in Nr. 6; „84. Sedum foliis planiusculis serratis, corymbo folioso, caule erecto [=] Sedum vulgare Link.!" (Ledebour 1841, S. 130); „867. SEDUM Telephium. ... Linn. ed. Willd. 2. p. 760. ... Gmel. sib. 4. p. 171. n. 84. ..." (Marschall von Bieberstein 1808a, S. 351f.); „X. Mittel bei Hydrops, Scorbut, Stomacace und Aphthen. ... Bei Hydrops gebraucht man auch den Absud von Sedum Telephium, ... Scorbut. Bei demselben gebraucht man in Russland ... auch Sedum telephium Blätter und Stengel, ..." (Krebel 1858, S. 161ff.); „Sedum foliis planiusculis patentibus supra serratis, corymbo terminali nudo. si haec Anacampseros flore flavo. Amm. (Fl. sib. IV. 173. nr. 86. Sedum aizoon L. [s. Nr. 328] ...) est Sedum foliis serratis, corymbo folios. Hort. Ups. 116. (Fl. sib. IV. 171. nr. 84. S. telephium L. vulgare Link.). observa Anacampseros haec Amm. et Sedum minus repens chamaedryoides Amm. (Fl. sib. IV. 171. nr. 85. S. hybridum L. ...) sunt duae species inter se adeo affines, ut facile crederem unam olim ex altera natam; habeo ambas vivas; conferas flores, corymbos, faciem, structuram, locum, licet diversissimae magnitudine, erecto situ, crassitie foliorum eorumque figura." (C. von Linné in einem Brief an J. G. Gmelin vom 2. August 1748 – Plieninger 1861, S. 83); „522, Sedum Telephium. Lin. Syst. Pl. II. 380. sp. 2. ... Ruß. Saigaschii Kapusta [russ. *sajgač'ja kapusta*] (Antilopen Kohl.) Tat. Kantibaer. Kalm. Uden Oebesöun. ... In Sibirien verbanden einige Afterärzte die Brandbeulen (Iasna 1 B. S. 259) bey Menschen und Vieh, wenn sie sie vorher mit glühenden Eisen gebrannt hatten, mit dem gequetschten Kraut und wie sie versicherten, mit gutem Erfolge." (Falk 1786, S. 180f.); russ. *zajač'ja kapusta* bzw. *zajač'ja trava* bzw. *sajčač'e molodilo* – Sedum telephium (Pawlowski 1952, S. 456 u. S. 685); russ. *molodilo zajač'e* bzw. *molodilo sajgač'e* – Sedum telephium (Pawlowski 1859, S. 316); „2. SEDUM Telephium ... Gemeines Sedum. ..." (Georgi 1797–1802, Theil 3, S. 981); „49) Fette Henne, gemeine fette Henne, Bruchwurz, Zungenkraut, Fozzwein, Fozzwang, Bohnenblatt, Johanniskraut, Wolfskraut, Wundkraut, Knabenkraut, Schmeerwurz, Donnerkraut, Donnerbohnen, Sedum Telephium, ... sein wässerichter, säuerlichter, kühlender und gelinde zusammenziehender Saft ist von den Aerzten nicht nur innerlich in einem langwierigen Saamenflusse, in hitzigen Gallenfiebern und in der Ruhr empfohlen, sondern auch äußerlich in der Mundfäule und andern unreinen Geschwüren, und selbst in einem offenen Krebs der Brust mit Nutzen gebraucht worden. ..." (Gmelin 1779, S. 61f.); „Orpin reprise. Sedum thelephium. Linn. Sp. 616. Anacampseros vulgò fabà crassa. Tournef. 264. β. Anacampseros purpurea. Ibid. ..." (Lamarck 1778, S. 82); „Sedum Telephium. ... Linn. Spec. plant. ed. Willd. T. II. p. 760. ... Anacampseros, vulgo Faba crassa. J. Bauh. hist. 3. p. 681. ... Knolliges Sedum. fette Henne, Schmeerwurzel, Bruchwurzel, Wolfswurzel, Knabenkraut, Natterkraut, Wundkraut, Geschwulstkraut, grosses gemeines Bruchkraut, Zungenkraut, Zumpenkraut, Donnerkraut, Donnerbohnen, Bohnenblatt, Johannispflanze, Holzzwang. ... In ältern Zeiten waren die Wurzeln dieses Gewächses, Radices Telephii, Fabariae, Fabae Crassae, Crassiculae majoris, als Arzneymittel aufgenommen. ... Es gehört zu den rein adstringirenden Mitteln, ist aber bey dem Arzte längst in Vergessenheit gekommen. Der Landmann legt die Blätter als kühlendes Mittel auf Wunden, und vertreibt sich mit dem Safte derselben die Warzen und Hühneraugen. ..." (Hayne 1819, Nr. 13); „1361. SEDUM Telephium. Linné. Knollige Fetthenne. ... Decand. führt im Podromus als Synonyme an: Anacampseros albida ... ferner purpurea ... Schmeerwurzel. Bruchwolfswurzel, Geschwulstkraut, Donnerkraut. Eiblättriges

Sedum. ...“ (Röhling 1831, S. 299ff.); Sedum Telephium L. (Sedum purpureum Link. und Sedum maximum Sut.) – russ. *uzik*, *skripun*, *živaja trava* bzw. *zajač'ja kapusta* (*Annenkov* 1858, S. 86, Nr. 1012); „Anacāmpseros SIMS. (Portulaceae). Von ἀνακαμψερος (Liebe zurückbringend) und diess zus. aus ἀνακαμπτειν (umlenken, wiederbringen) und ἐρως (Liebe), in Bezug auf die vermeintliche physiologische Wirkung bei den Alten.“ (Wittstein 1852, S. 42); „Fāba T. (Papilionaceae). Angeblich vom celtischen faff; oder von φαγειν (essen), in Bezug auf ihren Gebrauch als Nahrungsmittel.“ (a. a. O., S. 361); „Telēphium (Portulaceae). Nach TELEPHOS, König von Mysien, auf dessen von Achill erhaltene Wunde das Kraut gelegt wurde. Diese Angabe des Plinius (XXV. 19.) bezieht sich aber auf eine Achillea; dahingegen beschreibt er im XXVII. B. 110. Cap. eine Pflanze unter dem Namen Telephium, die sehr gut auf unsere Gattung passt. ...“ (a. a. O., S. 867)

„Telephium seu fabaria nullo specierum habito discrimine russis audit Skripun [russ. *skripun*] duobus praecipue usibus accom̄odat) I. conquasatam plantam Luxatis locis superimponunt multaq$_3$ praeclara de hoc celebrant. II. plantam integram exceptis radicibus contusam, superinfusae aqua fervida additaq$_3$ fece cerevisiae, eo modo qui spiritum frumenti, spiritum parant ex illa, quo ut vulgari utuntur frumenti spiritu simplici, pro potu, tam pro Medicamento ad multos effectus internos & externos.“ (AAW R. I, Op. 104, D. 18, Bll. 13r–13v, s. Anm. 20 in Nr. 632); „769. Anacampseros vulgo Faba crassa J. B.“ mit der rechts marginalen Anm. „Heinz.“ (AAW R. I, Op. 15, D. 3, Bl. 14v, s. Anm. 65 in Nr. 24); „591. Anacampseros, vulgo faba crassa J. B. 3. 681. B. n. 59.“ (AAW R. I, Op. 104, D. 13, Bl. 5v, s. Anm. 84 in Nr. 29); „136. Anacampseros vulgo faba crassa JB. 3. 681.“ (AAW R. I, Op. 6, D. 40, Bl. 29v, s. Anm. 1 in Nr. 1); „136 Anacampseros vulg. J. B.“ (G. W. Steller nach J. G. Heinzelmann: AAW R. I, Op. 81, D. 23, Bl. 17v, s. Anm. 1 in Nr. 1); „* Anacampseros albo flore Obs. in Hist. Nat. XCVII. An Telephium II vulgare Clus. hist. lxvi? ... Quam superiori anno pro saxifragia [sic!] Sedi folio angustiore serrato. I. R. H. tradidi est Anacampseros vulgo Faba crassa. J. B.“ (AAW R. I, Op. 105, D. 2, Bl. 7r, s. Anm. 54 in Nr. 17); „– Saxifraga Sedi folio angustiore serrato IRH. ...“ (AAW R. I, Op. 104, D. 8, Bl. 7v, s. Anm. 18 in Nr. 452); „697. Sedum folijs planiusculis patentibus, serratis, corymbo terminatrici. Linn. h. cliff. 176. Anacampseros, vulgo faba crassa. B. Hist. 3. p. 681. Boerh. lugd. 1. p. 288. ...“ (AAW R. I, Op. 13, D. 20, Bl. 65r, s. Anm. 1 in Nr. 1); „Telephium vulgare CBP. ...“ (AAW R. I, Op. 104, D. 8, Bl. 7v, s. Anm. 18 in Nr. 452)

94 „[species 2] Anacampseros purpurea J. B. 3. 682. Telephium purpureum, majus C. B. Pin. 287. Telephium floribus purpureis Lob. Icon. 389.“ (Tournefort 1700, S. 264, Genus II. „Anacampseros. Orpin.“); „Es ist aber dasjenige Kraut, welches bey den Lateinern Anacampseros purpurea genennet wird, und schon von alten Zeiten her als ein gutes Wundkraut bekannt ist. Die Jeniseischen Aerzte schneiden es klein, füllen damit die Hälfte eines Fasses an, giessen sodan Wasser darauf, spunden das Faß feste zu und lassen es zusammen an einem warmen Orte ungefähr 8. Tage lang zur Gährung stehen; alsdann destilliren sie es. Das übergehende Wasser ist das bisher berühmte Lebenswasser.“ (Gmelin 1751–1752, 1. Theil, S. 350); „[Anacampseros] purpurea; so nennt J. Bauhin die purpurrothe grose Spielart der gemeinen fetten Henne.“ (Gmelin 1772a, Sp. 447); „Dennoch hielt sich zu [Johann Georg] Gmelins Zeiten in Jeniseisk ein Kosaken-Oberster auf, der aus der Anacampseros purpurea, durch die Gährung, einen Spiritus zuzubereiten verstand, und dies Mittel als Universale, wo nicht gegen innerliche, doch gegen alle äusserliche Schäden anpriess; er schlug den Hühnern einen Nagel durch den Kopf, goss seinen Spiritum ein, und in kurzem waren die Thiere, seiner Sage nach, wieder hergestellt. ...“ (Finke 1792, S. 648)

„– 41. Anacampseros purpurea & alba.“ (AAW R. I, Op. 15, D. 3, Bl. 1v, s. Anm. 65 in Nr. 24); „417. Anacampseros purpurea J. B. ...“ (AAW R. I, Op. 13, D. 42, Bl. 79v, s. Anm. 1 in Nr. 1); „613. Anacampseros purpurea J. B. 3. 682. ...“ (AAW R. I, Op. 105, D. 4^a, Bl. 65v, s. Anm. 54 in Nr. 17); „592. Anacampseros purpurea J. B. P. n. 8. Telephium purpureum majus. C. B.P.“ (AAW R. I, Op. 104, D. 13, Bl. 5v, s. Anm. 84 in Nr. 29); „1117. Anacampseros purpurea J. B. 3. 682. ... 1118. Anacampseros purpurea folio angustiore et magis dentato. ...“ (AAW R. I, Op. 105, D. 1^a, Bl. 118r, s. Anm. 29 in Nr. 5); „Anacampseros purpurea. J. B. 3. 682. B. n. 8. ...“ (AAW R. I,

Op. 68, D. 2, Bl. 2v, s. Anm. 62 in Nr. 22); „222) Anacampseros purpurea J B. ...“ (AAW R. I, Op. 104, D. 25, Bl. 18v, s. Anm. 61 in Nr. 21); „1. Anacampseros purpurea J. B. 3. 682.“ mit der rechts marginalen Anm. „H. Tatar.“ (AAW R. I, Op. 13, D. 16, Bl. 13v, s. Anm. 32 in Nr. 6); „1. Anacampseros purpurea J. B. 3. 682. Russ. узикъ [russ. *uzik*] ... 2. Anacampseros purpurea folio angustiore & magis dentato Ind. Jen. n°. 1118.“ (AAW R. I, Op. 13, D. 67, Bl. 75r; s. Anm. 5 in Nr. 4); „135. Anacampseros purpurea JB. 3. 682.“ (AAW R. I, Op. 6, D. 40, Bl. 29v, s. Anm. 1 in Nr. 1); „135 Anacampseros purpurea. J. B.“ (G. W. Steller nach J. G. Heinzelmann: AAW R. I, Op. 81, D. 23, Bl. 17v, s. Anm. 1 in Nr. 1); s. Nr. 326

95 „86. SEDVM foliis lanceolatis, serratis, planis, caule erecto, cyma sessili terminato, LIN. Sp. pl. 1. 617. n. 4. Sedum caule erecto foliis lanceolatis, serratis, corymbo terminante, GM. Inst. [müßte heißen: Mst.] Anacampseros flore flauo, AMM. Ruth. 96. t. 11. ...“ (Gmelin 1747–1769, Bd. IV, S. 173), nahezu identisch auf Bl. 72v in: AAW R. I, Op. 104, D. 14 – s. Anm. 32 in Nr. 6; „86. Sedum foliis lanceolatis serratis planis, caule erecto, cyma sessili terminato [=] Sedum Aizoon L.!“ (Ledebour 1841, S. 130); „4) Immergrünes Sedum. Sedum Aizoon. .. Sedum foliis lanceolatis, serratis, planis, caule erecto, cyma sessili terminali. LINN. Syst. veg. p. 358. ... GMEL. Fl Sib. 4. p. 173. t. 67. f. 1. Anacampseros flore flavo. AMM. Ruth. 96. t. 11. ...“ (Linné 1780, S. 631f.); „5. SEDUM Aizoon. S. foliis lanceolatis serratis planis, ... Gmel. sib. 4. p. 173. ... Anacampseros flore flavo. Amm. ruth. 96. t. 11. ... Gelbes Sedum. W. ...“ (Linné 1797–1830, Bd. II, Teil 1, S. 761); „6) SEDUM AIZOON. Linn. ... Gmel. Fl. sib. IV. p. 173. No. 86. ... Anacampseros flore flavo. Amman. ruth. p. 73. No. 96. t. XI. ...“ (Ledebour 1830, S. 193); „18. S[edum] Aizoon (L. SP. 617) ... LEDEB. Fl. alt. II, p. 193. ... S. foliis lanceolatis serratis planis, ... GMEL. Fl. Sib. IV, p. 173. Nr. 86. Anacampseros flore flavo. AMMAN. ruth. p. 73. Nr. 96, t. 11. ...“ (Ledebour 1844–1846, S. 183); „[Anacampseros] flore flavo; bedeutet bey Ammann die vierte Art der fetten Henne nach Linné.“ (Gmelin 1772a, Sp. 445); „[Anacampseros] radice rosam spirante major; so nennt Tournefort und Boerhaave die gemeine Rosenwurz. ... [Anacampseros] radice rosam spirante minor; ist bey Tournefort eine kleine Spielart der Rosenwurz.“ (a. a. O., Sp. 447); „[Sedum] Aizoon, ... immergrüne fette Henne, ...“ (Gmelin 1776, Sp. 393f.); „96. ANACAMPSEROS flore flauo Gmel. Tab. XI. ... Anacampseros radice Rosam spirante, flore luteo Messerschm. Diar. ...“ (Amman 1739, S. 73f.); „96. Anacampseros fl. flavo quot stamina? an 6 aut 12? an mas et femina ut in Rhodiola? (Fl. sib. IV. 173. nr. 86. Sedum aizoon L.)“ (C. von Linné in einem Brief an J. G. Gmelin vom 4. April 1744 – Plieninger 1861, S. 20); s. auch Anm. 93 in Nr. 326

„... Index plantarum transmissarum. ... 7. Anacampseros flore flavo Amm. Stirp. Ruth. 73. p. 96. [sic!] Sibir. ...“ (J. G. Gmelin in einem Brief an A. von Haller vom 8. Mai 1744 – Haller 1773, S. 158ff.); „4. SEDUM Aizoon L., ... Doldenartiges Sedum. Gm. Sib. 4. T. 67. f. 1. ...“ (Georgi 1797–1802, Theil 3, S. 981); „XCVIII. Anacampseros flore flavo. ...“ mit der rechts marginalen Anm. „vid. fig.“ (R. I, Op. 105, D. 8^a, Bl. 41r, s. Anm. 46 in Nr. 79); „* Anacampseros flore flavo obs. in hist. nat. xcviii. ...“ (AAW R. I, Op. 105, D. 2, Bl. 7r, s. Anm. 54 in Nr. 17); „44. Anacampseros flavo flore Obs. in H. N.“ (AAW R. I, Op. 14, D. 8, Bl. 1v, s. Anm. 98 in Nr. 39); „4. Anacampseros flore flavo. Cum Ind.“ (a. a. O., Bl. 14r); „2. Anacampseros flavo flore. Gmel.“ mit der rechts marginalen Anm. „Lena fl.“ (AAW R. I, Op. 13, D. 16, Bl. 13v, s. Anm. 32 in Nr. 6); „Anacampsero, [sic!] flore flavo, Amm. 69. [sic!]“ (AAW R. III, Op. 1, D. 162, Bl. 111r, s. Anm. 54 in Nr. 17); „416. Anacampseros flavo flore Obs. in H. N. ...“ (AAW R. I, Op. 13, D. 42, Bl. 79v, s. Anm. 1 in Nr. 1); „1119. Anacampseros flore flavo Obs. in H. N XCVIII. ...“ (AAW R. I, Op. 105, D. 1^a, Bl. 118v, s. Anm. 29 in Nr. 5); „1120. Anacampseros flore flavo, pulchrior et caule duriori. ...“ mit der links marginalen Anm. „Vid. Ic.“ (a. a. O., Bl. 118v); „985. Anacampseros flavo flore ...“ (AAW R. I, Op. 15, D. 1, Bl. 9r, s. Anm. 24 in Nr. 64); „223) Anacampseros flavo flore D. D Gmelin ...“ (AAW R. I, Op. 104, D. 25, Bl. 18v, s. Anm. 54 in Nr. 21); „778. Anacampseros flore flavo. Am̃an. descr. 96. ...“ mit der links marginalen Anm. „Sedum Aizoon.“ (AAW R. I, Op. 13, D. 20, Bl. 71v, s. Anm. 1 in Nr. 1); „947. Anacampseros flore flavo Amm. 96. Sedum caule erecto folijs lanceolatis, corymbo terminatrici ...“

(a. a. O., Bl. 85v); „612. Anacampseros flore flavo Obs. in H. N. XCVIII. ...“ (AAW R. I, Op. 105, D. 12, Bl. 34v, s. Anm. 54 in Nr. 17); „Anacampseros flore flavo. Amm. Descr. p. 73.“ (AAW F. 1, Op. 2–1746, D. 1, Bl. 17r, s. Anm. 107 in Nr. 46); „4. Anacampseros flore flavo. οι Ind.“ (Bl. 15v unter „Wurzeln“ in einem Verzeichnis von „Wurzeln“ und „Saamen“, die J. G. Gmelin mit einem Rapport am 18. Juli 1741 aus *Tara* an die Akademie der Wissenschaften nach Sankt Petersburg sandte – AAW F. 21, Op. 5, D. 119, Bll. 15r–16v); „614. Anacampseros radice rosam spirante major I. R. H. ...“ (a. a. O., Bl. 65v); „Anacampseros radice rosam spirante fl. luteo ...“ (AAW R. I, Op. 15, D. 14, Bl. 11v, s. Anm. 75 in Nr. 101); „137. Anacampseros rosam spirans major Inst. r. h. 164.“ (AAW R. I, Op. 6, D. 40, Bl. 29v, s. Anm. 1 in Nr. 1); „137 Anacampseros radice rosam Spirante major. i. r. h.“ (G. W. Steller nach J. G. Heinzelmann: AAW R. I, Op. 81, D. 23, Bl. 17v, s. Anm. 1 in Nr. 1); „3. Anacampseros radice rosam spirante major I. R. H. Ind. Irc. n°. n°. 614. 4. Anacampseros flore flavo Obs. in H. N. XCVIII. ... 5. Anacampseros flore flavo pulchrior & et caule duriori Ind. Jen. n°. 1120. Sedum folijs planiusculis patentibus, superius serratis, corymbo terminatrici. Secundum Linnaeum genuina Sedi species ... 6. Anacampseros flore flavo, folio longiore sicculentiore & minus viridi. ...“ mit der rechts marginalen Anm. „vid. Ic.“ jeweils neben Nr. 4 und Nr. 5 (AAW R. I, Op. 13, D. 67, Bl. 75r, s. Anm. 5 in Nr. 4); „Anacampseros radice rosam leviter spirante, major, intense purpureo flore; An Tournef. Spec. 7. ...“ (AAW F. 98, Op. 1, D. 19, Bl. 3r, s. Anm. 59 in Nr. 19); „Anacampseros, radice rosam spirante major. T. Sp. 7. ...“ (a. a. O., Bl. 4v); „56.) Rad. Rhodia Gerard. Emac. ... C. B. J. B. et Chabr. Dodon. et Dale; seu Anacampseros radice rosam spirante Tournef. Sp. 7. Rad. Rhodia vel Rosea Lobel. I[con 1.] 391. ...“ (AAW F. 98, Op. 1, D. 21, Bl. 155v, s. Anm. 59 in Nr. 19); „28. Juni 1723 ... Diesen Tag hatte ... von Kräutern folgendes gefunden: Anacampseros ... radice rosam spirante major (Tournefortii sp. 8), ...“ (Messerschmidt 1962–1977, Bd. 2, S. 81f.); „7. Juli 1723 ... Auch stand hieselbst in den Felsritzen die Anacampseros ... radice rosam spirante minor (Tournefortii sp. 8) ...“ (a. a. O., S. 85f.); „3. Juli 1724 ... besahe zuvöderst das Feld, so voller feiner Kräuter stande, ... 3.) Anacampseros radice rosam spirante, flore luteo (an Tournefortii sp. 7?); ...“ (Messerschmidt 1962–1977, Bd. 3, S. 72f.)

96 die Abbildung „Vlmaria“ (Clusius 1601, S. cxcviij; ab Buch IV gesonderte Seitennumerierung mit römischen Zahlen); „Ulmaria Clus. Hist. CXCVIII. J. B. 3. 488. Barba caprae floribus compactis C. B. P. 164. ... Geiß=Bart, Medesüß. ...“ (Rupp 1726, S. 81); „Ulmaria Clus. Hist. cxcviij. J. B. 3. 488. Barba Caprae, floribus compactis C. B. Pin. 64. Regina prati Dod. Pempt. 57. Reine des prez.“ (Tournefort 1700, S. 265, Genus III. „Ulmaria.“); „53. SPIRAEA foliis pinnatis, impari maiore lobato, floribus cymosis, LIN. Fl. Lapp. 201. h. Cliff. 291. Fl. Suec. 405. Mat. med. 241. Sp. pl. 1. p. 702. n. 10. ROY. l. 277. Barba Caprae floribus compactis, BAVH. pin. 164. Regina prati, DOD. Pempt. 57. ...“ (Gmelin 1747–1769, Bd. III, S. 191); „53. Spiraea foliis pinnatis, impari majore lobato, floribus cymosis [=] Spiraea Ulmaria L.!“ (Ledebour 1841, S. 98); „3. FILIPENDULA foliolo impari majore trifido. Fl. lapp. 201. Ulmaria. Bauh. hist. 3. p. 488. Clus. hist. 2. p. 198. Tournef. inst. 265. ... Barba caprae floribus compactis. Bauh. pin. 164. ...“ (Linné 1737, S. 191); „12) Johanniswedel. Spiraea Ulmaria. ... Spiraea foliis pinnatis, impari maiore, lobato; floribus cymosis. LINN. Syst. veg. p. 393. ... Hort. Cliff. 191. Fl. Lapp. 201. Fl. Suec. n. 440. ... Barba Caprae, floribus compactis. C. BAUH. pin. 164. ... Ulmaria. CLUS. Hist. 2. p. 198. ... Sie wird auch Geißbart oder Geißwedel, Wiesenbocksbart, Wiesenwedel ... genennet. ... sie haben sowol als die Wurzel, etwas gelinde zusammenziehendes, und können in der Arzneykunst als ein stärkendes Mittel bey verschiedenen Krankheiten innerlich und äusserlich gebraucht werden. ...“ (Linné 1781, S. 135f.); „17. SPIRAEA Ulmaria. ... S. foliis pinnatis: ... Hort. cliff. 191. ... Ulmaria. Clus. pann. 700. ... Barba caprae floribus compactis. Bauh. pin. 164. ... Sumpf-Spierstaude. W. ...“ (Linné 1797–1830, Bd. II, Teil 2, S. 1061); „5) SPIRAEA ULMARIA. Linn. ... M. a Bieb. Fl. taur. cauc. I. p. 393. No. 968. ... Spiraea foliis pinnatis, ... Gmel. Fl. sib. III. p. 191. No. 53. ...“ (Ledebour 1830, S. 217f.); „16. S[piraea] Ulmaria (L. SP. 702) ... LEDEB. Fl. alt. II, p. 217. ... S. foliis pinnatis, ... GMEL. Fl. sib. III, p. 191. Nr. 53. ...“ (Ledebour 1844–1846,

S. 18f.); „Spiraea Ulmaria, ... Johanniswedel, ... Wiesenwedel; Wiesenboksbart; Geisbart; Geiswedel; Geisfus; ... Er hat in allen seinen Theilen einen herben Geschmak, und taugt zum Gerben des Leders; ... die Aerzte haben vornemlich von dem äuserlichen Gebrauche zusammenziehende und Wundkräfte erwartet, und dem daraus mit Wasser zubereiteten Extracte auch innerlich heilende Kräfte zugeschrieben: ...“ (Gmelin 1776, Sp. 727f.); „968. SPIRAEA Ulmaria. ... Gmel. sib. 3. p. 191. n. 53. ...“ (Marschall von Bieberstein 1808a, S. 393); „SPIREA Ulmaria. S. (herbacea) foliis pinnatis, impari majore trilobo, floribus cymosis. Lin. syst. plant. II. p. 523. n. 12. ... Gmelin. Flor. sib. III. p. 191. n. 53. ... Germanis Geissbart, Medesüss. Rossis Медунишникъ [russ. *medunišnik*] (Medunischnik i. e. mellifera), Лобасникъ [russ. *lobasnik*] (Lobasnik); in Sibiria Донникъ [russ. *donnik*] (Donnik) vel Лобасъ [russ. *lobas*] (Lobas). ...“ (Pallas 1784, S. 40); „Geisbart i) wird [in der Stadt *Arzamas*] getrunken, wenn jemand gefallen ist, und eine Ribbe, oder sonst ein Glied zerbrochen hat, wovon der zerbrochene Theil wieder zusammenheilt; ... |: i) Spiraea Vlmaria, russ. Lobasznik, auch Shiwokost’ [russ. *živokost’*]. :|“ (Lepechin 1774, S. 47); „577. Spiraea Ulmaria. Lin. Syst. Pl. II. p. 523. sp. 12. ... Geisrate, Geisbart. Ruß. Labaschnik. Tat. Jarma Bäsch. Baschk. Direkulan. ... Die Blätter sind bey vielen Landleuten und vorzüglich auch bey den Kirgisen als Thee im Gebrauch; letztere trinken ihn zugleich mit Süßholz (Glyzirrhiza).“ (Falk 1786, S. 190); „63–68. Spiraea Ulmaria L., ... Das Kraut der Spiraea Ulmaria ... wird ... am Ural als Infus gegen Erkältung getrunken. Auch wird dort aus ihr ein Gesundheitsbier unter Zusatz der Blätter der schwarzen Johannisbeere bereitet. ...“ (Henrici 1894, S. 66ff.); „Gegen Schlangenbisse: Wo Spiraea ulmaria wächst, dort wohnen keine Schlangen, denn dies Gewächs ist ihnen gleichsam Gift. Bestreut man eine Schlange mit den Blüthen dieser Pflanze, so fault die bestimmte Stelle aus. Deshalb wird Spiraea ulmaria gegen Schlangenbisse benutzt[1]. ... |: 1) Eine andere Angabe besagt, dass besonders die stark zerquetschte Wurzel von Spiraea ulmaria benutzt werde. :|“ (Alksnis 1894, S. 211); „Allgemeine Mittel. ... Spiraea ulmaria giebt man den Kühen, wenn sie nicht fressen und krank sind.“ (a. a. O., S. 242); „2) Schweisstreibende Mittel. Ausser der Badstube und gewöhnlichen schweisstreibenden Mitteln gebraucht man auch den Aufguss der Blüthen von Spiraea ulmaria. ...“ (Krebel 1858, S. 115f.); „XVI. Mittel gegen den Biss toller Thiere. ... 16) Spiraea ulmaria L. Soll in Volhynien mit Erfolg angewendet werden. ... Man liess die frische Wurzel gereinigt 6 Wochen lang innerlich nehmen und die Wunde mit der Akochung in Essig waschen und verbinden.“ (a. a. O., S. 182ff.); „Thee kennen die Kondoma-Tataren durchaus nicht, sie bereiten aber ein Theesurrogat aus den Blüthen der ... Spiraea ulmaria ...“ (Radloff 1968, 1. Band, S. 355); „12. SPIRAEA Ulmaria L., ... Geisrauten=Spierpflanze. R. Labaschnik, auch Medunischnik. ... Die Blätter werden von einigen Sibiriaken als Thee benutzt und die Wurzeln gegessen.“ (Georgi 1797–1802, Theil 3, S. 1023); „Geiß=Bart, eine oberdeutsche Benennung verschiedener Pflanzen, welche wegen der haarigen Gestalt ihrer Blumen oder Blätter, einem Geiß= oder Ziegenbart gleichen. 1. Eine Art der Spierstaude mit gefiederten Blättern, der einfach gefiederte Geißbart, Geißwedel, Blutkrautwurz, Krampfwurzel, Medesüß, Mehlkraut, Wiesenbocksbart, Wiesenwedel, Wurmkraut, Barba caprae floribus compactis; Vlmaria; ... Es ist das größte unter den Wiesengewächsen, daher es auch Wiesen=Königinn, ... genannt wird. ... Es blühet um den Johannistag, und heißt daher auch Johannis=Wedel (verderbt Johannis=Wendel). ... Die Wurzel hat eine zusammenziehende und trocknende Eigenschaft, und wurde ehedem bey der Ruhr und anderen Blutflüssen, auch bey Verwundungen und Beinbrüchen angerühmet. ... Die Russen pflegen im Früh=Jahr die Blätter und Stängel zu essen. ...“ (Krünitz 1773–1858, Bd. 16, S. 676ff.); „Barba Caprae, ... Barba caprae floribus compactis, C. B. ... Vlmaria, Clus. Hist. ... Teutsch, Geißbart (wegen derer kleinen weissen Blümlein, so an langen Zaseln hängen und sich einen Ziegen= oder Geißbart vergleichen,) Medesüß, Medkraut, Wurmkraut, ... Krampf=Wurtzel, Heilige Geist=Wurtzel, Johannis=Wedel, ... Wiesen=Königin, (weil es an Grösse und Schönheit andern Wiesen= Gewächsen vorgehet,) Mähl=Kraut. ... Die Wurtzel widerstehet dem Gift und der Pest, ... treibet den Schweiß, stillet allerhand Bauch= und Blut=Flüsse, sonderlich die rothe Ruhr, die überflüßige Monath=Zeit, das Blut=Auswerffen, und den Gold=Ader=Fluß, ... Barba Caprae wird dieses Gewächs genennet, weil seine Blüthen einen Ziegen=Bart vorstellen. Vlmaria aber kommt von Vlmus, Ulme, Ulmen=Baum, weil dieses Krautes Blätter fast wie das Ulmen=Laub aussehen." (Zedler 1732–1750, Bd. 3, Sp. 385f.); Spiraea Ulmaria L. – russ. *belogolovka, donnik, žerdovnik, labaznik, medunica, plakun-trava, živokost', medunišnik, bolotnaja buzina, bogula, bater, rapovnik, chrapovnik, dikaja buzina, čertogryz, topyrka, skripij belogolovec, labazka, koz'ja žimolost', tavolga* bzw. *šlamda* (*Annenkov* 1858, S. 90, Nr. 1066); „Ulmāria T. (Spiraeaceae). Von Ulmus (Ulme), wegen der (obwohl ziemlich entfernten) Aehnlichkeit der Blätter mit denen der Ulme." (Wittstein 1852, S. 912); „Spiraēa L. (Spiraeaceae). Von σπειρα (Spirale), in Bezug auf die spiralig gewundenen Kapseln einer ihrer Arten, nämlich der S. Ulmaria. ..." (a. a. O., S. 832)

„Ulmaria Clus. Hist. CXCVIII." (AAW R. I, Op. 105, D. 2, Bl. 7r, s. Anm. 54 in Nr. 17); „287. Ulmaria Clus. Hist. CXCVIII. ..." (AAW R. I, Op. 105, D. 4[a], Bl. 36v, s. Anm. 54 in Nr. 17); „179 Ulmaria Clus. Hist. CXCVIII ..." (AAW R. I, Op. 13, D. 42, Bl. 25v, s. Anm. 1 in Nr. 1); „193. Ulmaria Clus. H. XCXVIII. [sic!] J. B." (AAW R. I, Op. 104, D. 13, Bl. 5v, s. Anm. 84 in Nr. 29); „657. Ulmaria Clus. H. CXCVIII. ..." (AAW R. I, Op. 105, D. 1[a], Bl. 77v, s. Anm. 29 in Nr. 5); „138. Ulmaria. ... 139. Ulmaria" (AAW R. I, Op. 15, D. 1, Bl. 6v, s. Anm. 24 in Nr. 64); „4. Ulmaria forte vulgaris." (a. a. O., Bl. 10r); „Ulmaria J. B. 3. 488. B. n. 1. ..." (AAW R. I, Op. 68, D. 2, Bl. 18r, s. Anm. 62 in Nr. 22); „1. Ulmaria Clus. H. CXCVIII. ..." (AAW R. I, Op. 13, D. 67, Bl. 44v; s. Anm. 5 in Nr. 4); „138. Ulmaria Clus. Hist. CXLVIII. [sic!]" (AAW R. I, Op. 6, D. 40, Bl. 29v, s. Anm. 1 in Nr. 1); „138. Ulmaria Clus." (G. W. Steller nach J. G. Heinzelmann: AAW R. I, Op. 81, D. 23, Bl. 17v, s. Anm. 1 in Nr. 1); „Ulmaria. Bauh. hist. 3. p. 488. et Inst. r. h. n°. 103." (AAW R. I, Op. 13, D. 19, Bl. 3v, s. Anm. 54 in Nr. 17); „367. Filipendula folijs ex ovalibus acutis, extremo trilobato, minimis pinnulis intermissis Hall. Alp. 306. Ulmaria Clus. pann. 700. ..." mit der links marginalen Anm. „367 α). Folijs utrinque viridibus. ..." (AAW R. I, Op. 13, D. 20, Bl. 38v, s. Anm. 1 in Nr. 1); „71. Ulmaria Clus. Hist. ..." (AAW R. I, Op. 104, D. 17, Bl. 12r, s. Anm. 36 in Nr. 8); „226.) Ulmaria Clus. Hist. ..." (AAW R. I, Op. 104, D. 25, Bl. 18v, s. Anm. 61 in Nr. 21); „XVCIX. Ulmaria folijs utrinque viridibus. ..." (Bl. 41r in: R. I, Op. 105, D. 8[a], s. Anm. 46 in Nr. 79); „CCCXXXVI. Ulmaria T. 265. 141. B. 1. 295. медунишни[къ] [sic!] [russ. *medunišnik*] 1. Ulmaria Clus. H. XCXVIII. B. n. 1. Barba Caprae floribus compactis. C. B. P. 164." (Bl. 45v in T. Gerber „Flora Moscuensis ...", s. Anm. 6 in Nr. 55); „Ulmaria медунишникъ [russ. *medunišnik*]" (G. W. Steller nach T. Gerber: AAW R. I, Op. 81, D. 23, Bl. 5v, s. Anm. 1 in Nr. 1); russ. *medunišnik* bzw. *meduničnik* – Spiraea ulmaria (*Slovar'* 2001, S. 113); „Ulmaria clusii. T. Sp. 1. ..." (AAW F. 98, Op. 1, D. 19, Bl. 69r, s. Anm 59 in Nr. 19); „Ulmaria Clusii; Tournefort. Spec. 1. ..." (AAW F. 98, Op. 1, D. 20, Bl. 31r, s. Anm. 90 in Nr. 33); „8. Juli 1725 ... Von Kräutern fand sich hieselbst ... Ulmaria (Tournefortii sp. 1); ..." (Messerschmidt 1962–1977, Bd. 4, S. 152ff.); „Ulmaria, Clusii (Tournefortii sp. 1), Off." (Messerschmidt 1962–1977, Bd. 4, S. 203, s. Anm. 1 in Nr. 1); „20. Juli 1724 ... Indessen besahe ich die Gegend ... und fand ... Ulmariam Clusii (Tournefortii sp. 1). ..." (Messerschmidt 1962–1977, Bd. 3, S. 89)

97 „180. Ulmaria sylvarum, folio latiori digitato. ..." mit der links marginalen Anm. auf Bl. 25v „Tab. XIX." (AAW R. I, Op. 13, D. 42, Bll. 25v–26r, s. Anm. 1 in Nr. 1); „288. Ulmaria sylvarum, folio latiore digitato Ind. Len. ..." (AAW R. I, Op. 105, D. 4[a], Bl. 36v, s. Anm. 54 in Nr. 17); „227) Ulmaria sylvarum folio latiori digitato D. D. Gmelini, ..." (AAW R. I, Op. 104, D. 25, Bl. 18v, s. Anm. 61 in Nr. 21); „5. Ulmaria sylvarum, folio latiore digitato Ind. Len. n°. 180." mit der links marginalen Anm. „vid. Ic." (AAW R. I, Op. 13, D. 67, Bl. 44v; s. Anm. 5 in Nr. 4)

98 „Barba Caprae, floribus oblongus C. B. Pin. 163. Barba Capri J. B. 3. 488. Drymopogon 1 Tabern. Icon. 777. Barbe de Chevre." (Tournefort 1700, S. 265, Genus IV. „Barba Caprae."); „Barba Caprae floribus oblongis C. B. Pin. 163. ... Waldbart/ Geisebart mit langen flockichten Blumen. ..." (Mappus 1742, S. 36); „57. SPIRAEA foliis supra decompositis, spicis paniculatis, floribus dioicis, LIN. Sp. 1. n. 8. Aruncus, LIN. h. Cliff. 463. ROY. lugd. 218. Barba Caprae floribus oblongis, BAVH. pin. 163. Barba Caprae. CAMERAR. hort. 26. t. 9. ..." (Gmelin 1747–1769, Bd. III, S. 192); „57. Spiraea foliis supradecompositis, spicis paniculatis, floribus dioicis [=]

Spiraea Aruncus L.!“ (Ledebour 1841, S. 98); „1. ARUNCUS. Mas. ... Barba caprae floribus oblongis. C. B. Tourn. ... Femina. ... Barba caprae floribus oblongis. Bauh. pin. 163. Tournef. inst. 265. ...“ (Linné 1737, S. 463); „10) Geisbart. Spiraea Aruncus. ... Spiraea foliis supradecompositis; spicis paniculatis, floribus dioicis. LINN. Syst. veg. p. 393. ... Barba Caprae, floribus oblongis. C. BAUH. pin. 163. ... Sie führt wegen ihren langen weissen Blumenähren schon von alten Zeiten her in allen Sprachen den Namen Geißbart oder Geißwedel, Waldbart, Waldbocksbart, Bergreißwedel. Spierkraut. ...“ (Linné 1781, S. 132f.); „15. SPIRAEA Aruncus. S. foliis supradecompositis, ... Gmel. sib. 3. n. 192. ... Aruncus. Hort. cliff. 463. ... Barba caprae floribus oblongis. Bauh. pin. 163. ... Geisbart-Spierstaude. W. ...“ (Linné 1797–1830, Bd. II, Teil 2, S. 1060f.); „12. S[piraea] Aruncus (L. SP. 702) ... M. a BIEB. Fl. t. c. I, p. 393. ... S. foliis supradecompositis, ... GMEL. Fl. sib. III, p. 192, Nr. 57. ...“ (Ledebour 1844–1846, S. 16); „Spiraea Aruncus, ... Geisbart, ... Waldboksbart; Waldbart; Berggeiswedel; ... Seine Wurzel hat mit den Wurzeln des Johanniswedels [Nr. 329] die gleiche Kräfte; sein Kraut kann zum Gerben des Leders gebraucht werden, ...“ (Gmelin 1776, Sp. 725); „966. SPIRAEA Aruncus. Sp. foliis supradecompositis, ... Gmel. sib. 3. p. 192. n. 57. ...“ (Marschall von Bieberstein 1808a, S. 393); „Spiraeam (Inter Spiraeam Florae sib. sunt quae et in Am. bor. proveniunt: Sp. salicifolia L. Fl. sib. III. 188. nr. 47.; Sp. aruncus L. Fl. sib. III. 192. nr. 57. a Michauxio var. β. americana denominata; et Sp. digitata W. Fl. sib. III. 192. nr. 56. quam Cl. Linnaeus facile cum lobata sua confuderit.).“ (C. von Linné in einem Brief an J. G. Gmelin vom 3. Mai 1751 – Plieninger 1861, S. 106); „SPIREA Aruncus. Tab. XXVI. S. (subherbacea) foliis supradecompositis, spicis paniculatis, floribus dioicis Lin. syst. pl. II. p. 522. n. 10. Gmelin. Flor. sib. III. p. 192. ... Rossice Донникъ колосистой [russ. *donnik kolosistoj*] (Donnik kolossistoi). ...“ (Pallas 1784, S. 39); „Husten. Phthisis. ... Die Koloschen gebrauchen ... Bei Blutspeien geben sie den Aufguss von Spiraea aruncus. ...“ (Krebel 1858, S. 127ff.); „10. SPIRAEA Aruncus L., ... Bocksbart=Spierpflanze. Geisbart=Spierstaude. R. Donnik Kosolistoi [sic!] P. Fl. Ross. T. 26. ...“ (Georgi 1797–1802, Theil 3, S. 1022); „11) Geisbartspirstaude, Geisbart, getrennte Spirstaude, Spiraea Aruncus, ... Linn. ... Barba caprae floribus oblongis. Bauh. pin. 163. ...“ (Krünitz 1773–1858, Bd. 159, S. 146f.); „Barba Caprae, Barba Caprae floribus oblongis, C. B. ... Teutsch, Waldgeißbart, Weißbart. ... Dieses Kraut ... dienet den Schweiß zu treiben, hält an, ist dem Hertzen gut, ingleichen zu Wunden; widerstehet dem Gift, stillet den Durchlauff und das Nasenbluten, und schliesset die Wunden. ...“ (Zedler 1732–1750, Bd. 3, Sp. 386); Spiraea Aruncus L. – russ. *donnik kolosistyj* (*Annenkov* 1858, S. 89, Nr. 1057); „Arũncus (Spiracaceae). Von έρυγγος (Ziegenbart); die Rispe gleicht im Ganzen betrachtet einigermassen einer zahlreichen Menge von Ziegenbärten.“ (Wittstein 1852, S. 74)

„286. Barba caprae, floribus oblongis. C. B. P. ...“ (AAW R. I, Op. 105, D. 4^{a}, Bl. 36v, s. Anm. 54 in Nr. 17); „Barba caprae floribus oblongis. C. B. P. ...“ (AAW R. I, Op. 105, D. 2, Bl. 7r, s. Anm. 54 in Nr. 17); „178. Barba Caprae floribus oblongis C. B. P. ...“ (AAW R. I, Op. 13, D. 42, Bl. 25v, s. Anm. 1 in Nr. 1); „Barba caprae, floribus oblongis C. B. P. Ind. Irc. n°. 286. Len. n°. 178.“ (AAW R. I, Op. 13, D. 67, Bl. 44v; s. Anm. 5 in Nr. 4); „228) Barba caprae floribq ablongis. C. B. Pin. ...“ (AAW R. I, Op. 104, D. 25, Bl. 18v, s. Anm. 61 in Nr. 21)

99 „Juncago palustris & vulgaris. Gramen junceum, spicatum seu Triglochin C. B. Pin. 6. ... Gramen Triglochin J. B. 2. 508. Gramen marinum, spicatum, alterum Lob. Icon. 17.“ (Tournefort 1700, S. 266, Genus VII. „Juncago.“); „Gramen marinum spicatum alterum. T. 17. 18.“ (Lobelius 1581, S. 17); „GRAMEN IVNCEVM ET SPICATVM. ... XVI. Gramen junceum spicatum seu triglochin. ...“ (Bauhin 1623, S. 5f.); „36. TRIGLOCHIN capsulis trilocularibus linearibus LINN. Act. Stockh. 1742. p. 147. Suec. 298. Gramen marinum spicatum alterum LOB. ic. p. 17. Gramen iunceum spicatum, siue Triglochin B. Pin. 6. Theatr. 18. Gramen Triglochin I. B. II. 508. Iuncago palustris et vulgaris TOURN. I. R. H. Triglochin fructu tenui LINN. Lapp. 134. ...“ (Gmelin 1747–1769, Bd. I, S. 72); „36. Triglochin capsulis trilocularibus linearibus [=] Triglochin palustre L.!“ (Ledebour 1841, S. 51); „1) Sumpf=Dreyzack. Triglochin palustre. ... Triglochin capsulis trilocularibus sublinearibus. LINN. Syst. veg. p. 348. ... GMEL. Sib. 1. p. 72. ... Gramem iunceum

spicatum s. Triglochin. C. BAUH. pin. 6. ... Gmelin sah sie durch ganz Sibirien in Sümpfen sowohl mit süßen als salzigen Wasser stehend. ...“ (Linné 1785, S. 633f.); „1. TRIGLOCHIN palustre. ... T. capsulis trilocularibus sublinearibus. Fl. suec. 298. 321. Act. stockh. 1742. ... Gmel. sib. 1. p. 72. ... Gemeiner Dreyzack. W. ...“ (Linné 1797–1830, Bd. II, Teil 1, S. 264); „1) TRIGLOCHIN PALUSTRE. Linn. ... Triglochin capsulis trilocularibus linearibus. Gmel. Fl. sib. I. p. 72. No. 36, ...“ (Ledebour 1830, S. 62); „927. Triglochin L. ... 2. T. palustre (L. Spec. 482) ... LEDEB. Fl. alt. II, p. 62. ... T. capsulis trilocularibus linearibus. GMEL. Fl. sib. I, p. 72, No. 36. ...“ (Ledebour 1853, S. 35f.); „271. TRIGLOCHIN palustre. ... Gmel. sib. I. p. 72. n. 36. ...“ (Marschall von Bieberstein 1808a, S. 292); „[Juncago] palustris & vulgaris, hierunter versteht Tournefort das Sumpfkrötengras.“ (Gmelin 1773a, Sp. 142); „Triglochin palustre, ... Sumpfkrötengras, ... Sumpfdreyzak; Linsengras; klein Linsengras; Salzbinse; Salzgras; Salzkraut; ... einige Hauswirthe behaupten, man könne Brod daraus baken ...“ (Gmelin 1777, Sp. 269f.); „TRIGLOCHIN PALUSTRE. Linné. SUMPF-TRIGLOCHIN. ... Die Pferde fressen diese Pflanze gern, das Rindvieh nicht, und soll sie dem letzteren im Heu getrocknet, schädlich sein. Deutsche Namen: Dreizack, Binsengras, Sumpfwassergras, Harmus.“ (Dietrich 1833, Nr. 49); „570. TRIGLOCHIN palustre ... Linn. Sp. pl. ... Iuncago palustris et vulgaris. Tournef. inst. p. 266. ... Germ. Salzbinse. Sumpfsalzgras. ...“ (Gmelin 1806, S. 120f.); „1. Art. T[riglochin] palustre. Sumpf=Krötengras. (Linné.) ... Synonyme: ... Triglochin capsulis ... Gmel. sib. I. p. 72. ... Vulgärnamen: Sumpfdreizack. Salzbinse. ...“ (Bechstein 1833, S. 253f.); „JUNCAGO. Juncago palustris & vulgaris, Pit. Tournef. ... Ist ein Gewächs, das sehr viel von des Grases Natur an sich hat; ... Es reiniget, und führet durch den Urin aus, stopfft aber den Leib. Juncago bedeutet soviel als falsche Binsen: dann dieses Gewächse hat auch etwas von den Binsen an sich.“ (Lémery 1721, Sp. 585); „Juncāgo (Alsinaceae). Sieht im Aeusseren einem Juncus ähnlich. = Triglochin L. Jūncus L. (Juncaceae). Von jungere (binden, verbinden), in Bezug auf die Anwendung der Stängel und Blätter.“ (Wittstein 1852, S. 481); „Trīglochin L. (Junceae). Zus. aus τρεις (drei) u. γλωχιν (Spitze, Zacke); die Kapsel ist an der Spitze 3zähnig und öffnet sich an der Basis in 3 pfriemenförmige Spitzen.“ (a. a. O., S. 897)

„1002. Juncago palustris et vulgaris I. R. H. ...“ (AAW R. I, Op. 105, D. 1ª, Bl. 103v, s. Anm. 29 in Nr. 5); „229) Juncago palustris & vulgaris Tourn. i. r. h. ...“ (AAW R. I, Op. 104, D. 25, Bl. 19r, s. Anm. 61 in Nr. 21); „76. Juncago palustris et vulgaris I. R. H. ...“ mit der rechts marginalen Anm. „vid. Ic.“ (AAW R. I, Op. 105, D. 4ª, Bl. 1r, s. Anm. 98 in Nr. 810); „957. Triglochin fructu tenui Linn. flor. 134. Juncago palustris & vulgaris Tourn. ...“ (AAW R. I, Op. 13, D. 20, Bl. 90v, s. Anm. 1 in Nr. 1); „1074.a. Triglochin fructu tenui Linn. flor. 134 Juncago palustris & vulgaris I. R. H. ...“ (a. a. O., Bl. 99r)

100 in der 2. Textversion (s. Anm. 1 in A.): „latioribus“

101 nicht in J. G. Gmelin: „Index Vegetabilium ad Lenam fluvium nascentium ...“ (s. Anm. 1 in Nr. 1); „77. Juncago altera. Gramen marinum spicatum Lob. Ic. 16. junceum et spicatum alterum. C. B. P. 6. ...“ (AAW R. I, Op. 105, D. 4ª, Bl. 8r, s. Anm. 98 in Nr. 810); „1003. Juncago altera. Ind. Gram. nº 77. ...“ (AAW R. I, Op. 105, D. 1ª, Bl. 103v, s. Anm. 29 in Nr. 5); „2. Juncago altera Ind. Gram. nº. 77: ...“ (AAW R. I, Op. 13, D. 67, Bl. 65r, s. Anm. 5 in Nr. 4)

„Gramen marinum spicatum.“ (Lobelius 1581, S. 16); „GRAMEN IVNCEVM ET SPICATVM. ... XVII. Gramen spicatum alterum. Gramen marinum spicatum, Lob. ico. ...“ (Bauhin 1623, S. 5f.); „3) Strandt=Dreyzack. Triglochin maritimum. ... Triglochin capsulis sexlocularibus ovatis. LINN. Syst. Veg. p. 348. Sp. Pl. p. 483. ... GMEL. Sib. I. p. 72. ... Gramen spicatum alterum. C. BAUH. pin. 6. ... Gramen marinum spicatum. LOB. Ic. 16. Diese Art, die man ... mit allem Fuge ährenförmiges Strandtgras nennen kann, ...“ (Linné 1785, S. 635ff.); „3. TRIGLOCHIN maritimum. ... T. capsulis sexlocularibus ovatis. ... Gmel. sib. 1. p. 72. ... Gramen spicatum alterum. Bauh. pin. 6. ... Grosser Dreyzack. W. ...“ (Linné 1797–1830, Bd. II, Teil 1, S. 265); „2) TRIGLOCHIN MARITIMUM. Linn. ... M. a Bieb. Fl. taur. cauc. I. p. 292. No. 722. ... Triglochin capsulis sexlocularibus. Gmel. Fl. sib. I. p. 72. No. 37. ...“ (Ledebour 1830, S. 62); „927. Triglochin. L. ... 1. T. maritimum (L. Spec. 483) ... LEDEB. Fl. alt. II, p. 62. ... M. a BIEB. Fl. t. c.

I, p. 292. ... T. capsulis sexlocularibns [sic!]. GMEL. Fl. sib. I, p. 72, No. 37. ..." (Ledebour 1853, S. 35); „37. TRIGLOCHIN capsulis sexlocularibus LINN. Act. Stockh. 1742. p. 147. Suec. 299. Gramen marinum spicatum LOB. ic. 16. Gramen spicatum alterum B. Pin. 6. RUDB. Elys. LINN. ib. Triglochin maritimum, fructu breuiore et crassiore RUPP. Ien. 407. [?] Triglochin fructu subrotundo LINN. Lapp. 135. ..." (Gmelin 1747–1769, Bd. I, S. 72f.); „37. Triglochin capsulis sexlocularibus [=] Triglochin maritimum L.!" (Ledebour 1841, S. 51); „Triglochin maritimum, capsulis sexlocularibus ovatis; Seestrandskrötengras, ... Krötengras; ... ist dem Viehe, besonders den Schafen wegen seines gesalzenen Geschmaks ein angenehmes und gesundes Futer; ..." (Gmelin 1777, Sp. 270); „722. TRIGLOCHIN maritimum. Tr. capsulis sexlocularibus sulcatis ouatis. ... Gmel. sib. 1. p. 72. n. 37. ..." (Marschall von Bieberstein 1808a, S. 292); „2. TRIGLOCHIN maritimum L., ... Straub=Dreyzack. ... Am Strande und auf Wiesen, auch an Salzquellen ganz Rußlands und Sibiriens ..." (Georgi 1797–1802, Theil 3, S. 922); „50. TRIGLOCHIN MARITIMUM Linné. MEERSTRANDS-TRIGLOCHIN. ... Diese Pflanze wird von allem Vieh gern gefressen und soll durchaus nicht schädlich sein. Ob sie Salzhaltig ist, wie versichert wird, scheint nicht ganz ausgemacht. Deutsche Namen: Salzbinsen, Salzgras." (Dietrich 1833, Nr. 50); „1) Meer=Krötengras, Seestrands=Krötengras, mit sechsfächerigen eyrunden Kapseln, Triglochin maritimum, capsulis sexlocularibus ouatis Linn. ... Gramen spicatum alterum C. B. ... Juncago palustris & vulgaris Tourn. [s. Nr. 332] ..." (Krünitz 1773–1858, Bd. 54, S. 103f.)

102 „[species 1] Geranium Batrachioides, folio Aconiti C. B. Pin. 317. Geranium Batrachioides aliud, folio Aconiti nitente Clusii J. B. 3. 476. Geranium ij, Βατραχῶδες, minus Clus. Hist. xcix." (Tournefort 1700, S. 266, Genus VIII. „Geranium. Bec de Gruë."); „I. Geranium batrachiodes folio Aconiti. ... Variat flore caeruleo, albo, albo lineis caeruleis variegato ..." (Bauhin 1623, S. 317); „Geranium perenne batrachioides folio aconiti. Moris. ... Geranium batrachioides folio aconiti. C. B. pin. ... Blauer und weisser Storchenschnabel. ..." (Knauth 1688, S. 66); „7. GERANIUM pedunculis bifloris, foliis peltatis multifidis, caule erecto. Fl. lapp. 266. Geranium batrachiodes, folio aconiti. Bauh. pin. 317. ... Geranium 2 batrachiodes minus. Clus. hist. 2. p. 99. ..." (Linné 1737, S. 344); „GERANIUM. CAP. X. ..." und die Abbildung „Geranium II. βατραχιῶδες minus." auf S. xcix. (Clusius 1601, S. xcviijff.; ab Buch IV gesonderte Seitennumerierung mit römischen Zahlen); „49) Wald=Storchschnabel. Geranium sylvaticum. ... Geranium pedunculis bifloris, foliis subpeltatis quinquelobis inciso-serratis, caule erecto, petalis emarginatis. LINN. Syst. Veg. p. 514. Sp. pl. p. 954. Fl. Suec. 572; 617. Fl. lapp. 266. Hort. Cliff. 344. ... Geranium batrachioides, folio aconiti. C. BAUH. pin. 317. ..." (Linné 1782, S. 412f.); „16. GERANIUM sylvaticum. ... G. pedunculis bifloris, ... Fl. lapp. 266. Fl. suec. 572. Hort. cliff. 344. ... G. batrachioides, folio aconiti. Bauh. pin. 317. Geranium 2. batrachioides minus. Clus. hist. 2. p. 99. ... Wald-Storchschnabel. W. ..." (Linné 1797–1830, Bd. III, Teil 1, S. 703); „5. GERANIVM pedunculis bifidis, foliis subpeltatis, quinquefidis inciso-serratis, caule erecto, petalis emarginatis, LINN. sp. 2. p. 954. n. 40. cum syn. 1. Ide, flore caeruleo. 2. Idem folio nitente. ..." (Gmelin 1747–1769, Bd. III, S. 275); „5. Geranium pedunculis bifloris, foliis subpeltatis quinquefidis inciso-serratis, caule erecto, petalis emarginatis. (excl. synon.) [=] Geranium bifolium Patrin. cum affinibus (coeruleo et davurico) confusum? (Geranium sylvaticum L. M. a Bieb. Fl. t. c. III. 455.)" (Ledebour 1841, S. 109); „G[eranium] sylvaticum (L. SP. 954) ... M. a BIEB. Fl. t. c. II, p. 136; III, p. 455. ..." (Ledebour 1842, S. 464f.); „24. G[eranium] pseudo-sibiricum ... G. bifolium. PATR. ex DEC. Prodr. I, p. 643. ... G. laetum. LEDEB. Fl. alt. III, p. 228. ... G. pedunculis bifloris, ... GMEL. Fl. sib. III, p. 275. Nr. 5 (excl. syn.). ..." (a. a. O., S. 469); „1344. GERANIUM syluaticum. ... G. secundum batrachioides minus. Clus. hist. 2. p. 99. ..." (Marschall von Bieberstein 1808, S. 136); „1344. GERANIUM syluaticum. Synonymon adde: Gmel. sib. 3. p. 275. n. 5. ..." (Marschall von Bieberstein 1819, S. 455); „3) GERANIUM LAETUM. m. ..." (Ledebour 1831, S. 228f.); „[Geranium] sylvaticum, ... Waldstorchenschnabel, ... Bergstorchenschnabel mit einem Froschpfotenblatt; ... Er besitzt eine zusammenziehende Kraft, und heißt bey ... C. Bauhin: Geranium batrachioides folio aconiti; ..." (Gmelin 1773b, Sp. 366f.); „[Geranium] batrachioides folio aconiti flore albo, bedeutet bey Tournefort eine weisse Abart des Waldstorchenschnabels.

[Geranium] batrachioides folio aconiti, flore lineis caeruleis variegato, hierunter versteht er eine andere mit weisser und blaugestreifter Blume." (a. a. O., Sp. 393); „7. GERANIUM sylvaticum ... Wald=Storchschnabel. ... Die Blumen färben mit Alaun violett und das Kraut schwarz." (Georgi 1797–1802, Theil 3, S. 1150); „1047. GERANIUM sylvaticum ... Linn. Sp. pl. 2. p. 955. ... Geranium batrachioides folio Aconiti. Bauh. pin. 317. ... Germ. Wald-Storchschnabel. ..." (Gmelin 1808, S. 113f.); „GERANIUM. ... teutsch, Storchschnabel, Ruprechts Kraut, Gottes Hand. ... Es reiniget und hält an, dient zu den Wunden: es zertheilet und zertreibet das geronnene Geblüte, wann es als ein Umschlag oder auch zur Bähung gebrauchet, oder auch abgesotten und eingegeben wird. ... Des Geranii giebt es eine gantze Menge Sorten, dieweil sie aber zu der Artzney nicht gebraucht werden, deshalben will ich auch nichts nicht davon vermelden." (Lémery 1721, Sp. 489f.); „Gerānium L. (Geraniaceae). Von γερανος (Kranich), wegen des langen schnabelartigen Aufsatzes auf der Frucht. Γερανος ist zus. aus γῆ (Erde) und έρευναειν (durchsuchen), was dieser Vogel mit seinem Schnabel thut." (Wittstein 1852, S. 386); „ACONITUM. ... teutsch, die Wolffswurtz. ... Wie man sagt, so soll das Wort Aconitum von dem Hafen zu Heraclea, Acone genannt, herkommen, woselbst es ehe dessen in Menge gewachsen. ..." (Lémery 1721, Sp. 15f.); Geranium sylvaticum L. – russ. *mozguša, okorm chomjačij, bolotnik, usovnaja trava* bzw. *lesnoj prušč'* (*Annenkov* 1858, S. 46, Nr. 511)

„648. Geranium Batrachioides folio Aconiti C. B. P. 317. ..." (AAW R. I, Op. 105, D. 1^{a}, Bl. 76v, s. Anm. 29 in Nr. 5); „184. Geranium Batrachioides folio Aconiti C. B. P. ..." (AAW R. I, Op. 13, D. 42, Bl. 26v, s. Anm. 1 in Nr. 1); „644. Geranium Batrachoides, folio Aconiti, flore albo, lineis caeruleis variegato C. B. P. ..." (a. a. O., Bl. 76r); „616. Geranium petiolis bifloris, folijs peltatis, multifidis, caule erecto. Linn. flor. 217. Geranium bactrachoides, folio aconiti. B. Pin. 317. Tourn. inst. 266. ..." (AAW R. I, Op. 13, D. 20, Bll. 59v–60r, s. Anm. 1 in Nr. 1); „8. Geranium Batrachioides folio Aconiti C. B. P. 317. Geranium pedunculis bifloris, folijs peltatis multifidis, caule erecto Linn. Lapp. 266. ... Ind. Jen. n°. 648. ..." (AAW R. I, Op. 13, D. 67, Bl. 43v; s. Anm. 5 in Nr. 4); „4. Geranium Batrachoides, folio Aconiti, flore albo, lineis caeruleis variegato. C. B. P. Ind. Jen. n°. 644. ..." (a. a. O., Bl. 43v); „141. Geranium Batrachoides, folio Aconiti CBP. 317." (AAW R. I, Op. 6, D. 40, Bl. 29v, s. Anm. 1 in Nr. 1); „141. Geranium Batrachioides folio aconiti C. B. P. 317." (AAW R. III, Op. 1, D. 28, Bl. 8v; in AAW R. I, Op. 19 D. 1, Bl. 18r unter Nr. 141, s. Anm. 1 in Nr. 1); „142 Geranium Batrachoides aconiti folio C. B. P." (G. W. Steller nach J. G. Heinzelmann: AAW R. I, Op. 81, D. 23, Bl. 17v, s. Anm. 1 in Nr. 1); „Geranium batrachoides folio aconiti M. H. B. 31. ..." (AAW R. I, Op. 68, D. 2, Bl. 9v, s. Anm. 62 in Nr. 22); „CCXCIX. Geranium T. 266. 142. B. 1. 26,2 Журавлинои Носъ [*žuravlinoi nos*] ... 3. Geranium batrachioides folio Aconiti C. B. P. 317. B. 31. ..." (Bll. 38v–39v in T. Gerber „Flora Moscuensis ...", s. Anm. 6 in Nr. 55); „Geranium Журавелнои носъ [*žuravelnoi nos*]" (G. W. Steller nach T. Gerber: AAW R. I, Op. 81, D. 23, Bl. 5v, s. Anm. 1 in Nr. 1); russ. *žuravlinyj nos* bzw. *žuravlinnik* – Geranium (*Dal'* 1880–1882, T. I, S. 547f.)

103 „642. Geranium columbinum, folio flore fere glabro majori, aquate caeruleo. An Geranium Columbinum, minus, majori flore & folijs florum bifidis Bot. Monsp. I. R. H? ... Fl. Irc. n° 336." (AAW R. I, Op. 105, D. 1, Bl. 50v, s. Anm. 29 in Nr. 5); „642. Geranium columbinum, folio fere glabro, majori, flore aequate caeruleo. An Geranium Columbinum, minus majori flore & folijs florum bifidis Bot. Monsp. I. R. H? ... Fl. Irc. n°. 336." (AAW R. I, Op. 105, D. 1, Bl. 50v, s. Anm. 29 in Nr. 5); „2. Geranium columbinum, folio fere glabro, flore majori, aequate caeruleo Ind. Jen. n°. 642. Fl. Irc. n°. 336." mit der links marginalen Anm. „vid. Ic." (AAW R. I, Op. 13, D. 67, Bl. 43v, s. Anm. 5 in Nr. 4);

„GERANIUM columbinum minus majori flore, & foliis florum bifidis. ..." (Magnol 1686, S. 107); „3. GERANIUM COLUMBINUM VILLOSUM, PETALIS BIFIDIS PURPUREIS. ... Geranium Columbinum minus, majori flore, & foliis florum bifidis. Bot. Monsp. ... * GERANIUM COLUMBINUM VILLOSUM, PETALIS BIFIDIS, ALBIS." (Vaillant 1727, S. 79); „Becde-grue mollet. Geranium molle. Linn. Sp. 955. Geranium columbinum minus, majori flore, & foliis florum bifidis. Tournef. 268. ..." (Lamarck 1778, S. 19); „[species 41] Geranium Columbinum, minus, majori flore & foliis florum bifidis Bot. Monsp.“ (Tournefort 1700, S. 268, Genus VIII. „Geranium. Bec de Gruë.“); „57) Weicher Storchschnabel. Geranium molle. ... Geranium pedunculis bifloris, foliisque alternis, petalis bifidis, calycibus muticis, caule erectiusculo. LINN. Syst. veg. p. 515. Sp. Pl P. 955. ... MAGN. monsp. 305. VAILL. paris. 79. tab. 15. f. 3. Geranium foliis mollissimis, hirsutis, reniformibus semiquinquefidis, lobis semitripartitis obtusis. HALL. helv. n. 939. ...“ (Linné 1782, S. 419); „939. GERANIUM foliis mollissimis, hirsutis, reniformibus, semiquinquefidis, lobis semitripartitis, obtusis. ... Geranium columbinum, villosum, petalis bifidis VAILLANT. p. 79. t. 15. f. 3. ob florum. Geranium pedunculis bifloris, ... LINN. II, p. 955. ...“ (Haller 1768, S. 405); „32. GERANIUM molle. ... G. foliis mollissimis, ... Hall. helv. n. 939. ... G. columbinum minus, ... Magn. monsp. G. columbinum villosum, petalis bifidis purpureis. Vail. paris. 79. t. 15. f. 3. ... Weicher Storchschnabel. W. ...“ (Linné 1797–1830, Bd. III, Teil 1, S. 710f.); „26. G[eranium] molle (L. SP. 955) ... M. a BIEB. Fl. t. c. II, p. 139. ...“ (Ledebour 1842, S. 469f.); „1351. GERANIUM molle. ... G. columbinum villosum, ... Vaill. paris. t. 15. f. 3. ...“ (Marschall von Bieberstein 1808, S. 139); „Geranium molle, ... weicher Storchenschnabel, ... es soll auch ... wegen seiner balsamischen, heilenden, und gelinde zusammenziehenden Kräfte, mit Buttermilch gekocht, ein treffliches Mittel in dem rothen Wasser der Schafe und des Rindviehes seyn ...“ (Gmelin 1773b, Sp. 374f.); „14. GERANIUM molle. ... Seidenartiger Storchschnabel. ...“ (Georgi 1797–1802, Theil 3, S. 1151); „c) Geranium molle. Deutsch. Der weiche Stochschnabel; der grosse Taubenschnabel, der rauhe grosse Taubenschnabel. ...“ (Nemnich 1794, Sp. 40)

104 „231) Geranium Batrachoides flore majore coeruleo folio rugosiori Flor. ircut. No. 337. ...“ (AAW R. I, Op. 104, D. 25, Bl. 19r, s. Anm. 61 in Nr. 21)

105 „[species 60] Geranium latifolium, longissimâ acu C. B. Pin. 319. Geranium speciosum, annuum, longissimis, rostris, Creticum J. B. 3. 479. Geranium Creticum, annuum, haematodes Lob. Icon. 662.“ (Tournefort 1700, S. 269, Genus VIII. „Geranium. Bec de Gruë.“); „Geranium Creticum annum Haematodes. T. 809.“ (Lobelius 1581, S. 662); „25. Geranium pedunculis bifloris pentandris. Geranium latifolium, acu longissima. Bauh. pin. 319. ... Geranium speciosum annuum, longissimis rostris, creticum. Bauh. hist. 3. p. 479. ...“ (Linné 1737, S. 498); „39) Kranichschnabel. Geranium gruinum. ... Geranium pedunculis submultifloris, floribus pentandris, folis ternatis lobatis. LINN. Syst. veg. p. 513. ... Geranium latifolium acu longissima. C. BAUH. pin. 319. ...“ (Linné 1782, S. 406); „19. ERODIUM. ... Geranium pedunculis multifloris pentandris. Hort. cliff. 498. ... Geranium latifolium acu longissima. Bauh. pin. 319. ... Candischer Reiherschnabel. W. ...“ (Linné 1797–1830, Bd. II, Teil 2, S. 633f.); „[Geranium] gruinum, ... breitblätterichter jähriger Storchenschnabel mit einer blauen Blume und sehr langem Schnabel: ...“ (Gmelin 1773b, Sp. 360f.); „3) Candischer Reiherschnabel, ... Geranium latifolium, acu longissima. Bauh. pin. 319. ...“ (Krünitz 1773–1858, Bd. 174, S. 611); „Erōdium l'HERIT. (Geraniaceae). Von ερωδιος (Reiher), in Bezug auf die langgeschnabelte Kapsel.“ (Wittstein 1852, S. 335)

„1. Geranium latifolim, acu longissima. C. B. P. 319.“ (AAW R. I, Op. 13, D. 16, Bl. 13v, s. Anm. 32 in Nr. 6); „CCXCIX. Geranium ... 11. Geranium latifolium annuum coeruleo flore aculongissimo M. H. 2. 513. B. n. [...] Geranium Creticum acu longissimo. Riv. P[...]“ (Bll. 38v–39v in T. Gerber „Flora Moscuensis ...“, s. Anm. 6 in Nr. 55)

106 „[species 38] Geranium Columbinum, dissectis foliis, pediculis florum longissimis Raii Hist. 1059. Geranium Columbinum, annuum, minus, folio tenuiùs laciniato, flore pediculo longissimo insistente Mor. Hist. Oxon. Part. 2. 512.“ (Tournefort 1700, S. 268, Genus VIII. „Geranium. Bec de Gruë.“); „5. Geranium columbinum annuum minus folio tenuius laciniato flore pediculo longissimo insistente. nobis. ...“ (Morison 1680, S. 512); „A. 23. Geranium columbinum dissectis foliis, pediculis florum longissimis. ...“ (Ray 1693, S. 1059f.); „4. GERANIUM COLUMBINUM DISSECTIS FOLIIS, PEDICULIS FLORUM LONGISSIMIS. Raji Cat. Angl. 130. & Hist. 1059. ...“ (Vaillant 1727, S. 79); „59) Taubenschnabel. Geranium columbinum. ... Geranium pedunculis bifloris foliis longioribus, foliis quinquepartito-multifidis, arillis glabris, calycibus aristatis. LINN.

Syst. Veg. p. 515. ... GMEL. Sib. 3. p. 275. n. 7. ... Geranium columbinum foliis dissectis, pediculis florum longissimis. VAILL. paris. 79. tab. 15. f. 4. ..." (Linné 1782, S. 420f.); „34. GERANIUM columbinum. ... G. pedunculis bifloris folio longioribus, ... Gmel. sib. 3. p. 275. n. 7. G. columbinum, foliis dissectis, ... Vaill. paris. 79. t. 15. f. 4. ... Feintheiliger Storchschnabel. W. ..." (Linné 1797–1830, Bd. II, Teil 1, S. 711f.); „33. G[eranium] columbinum (L. SP. 956) ... M. a BIEB. Fl. t. c. II, p. 140; ... G. pedunculis bifloris folio longioribus, ... GMEL. Fl. sib. III, p. 275. Nr. 7. ..." (Ledebour 1842, S. 472); „1354. GERANIUM columbinum. ... Gmel. sib. 3. p. 275. n. 7. ... G. dissectum foliis pedunculis longissimis. Vaill. paris. t. 15. f. 4. ..." (Marschall von Bieberstein 1808, S. 140); „7. GERANIVM pedunculis bifloris folio longioribus, foliis quinquepartito-multifidis, laciniis acutis, arillis glabris, calycibus aristatis, LIN. Sp. 2. p. 956. n. 51. cum syn. ..." (Gmelin 1747–1769, Bd. III, S. 275); „7. Geranium pedunculis bifloris folio longioribus, foliis quinquepartito-multifidis, laciniis acutis, arillis glabris, calycibus aristatis [=] Geranium columbinum (ex Willd. sp. pl. III. 711. et M. a Bieb. Fl. t. c. II. 140.)" (Ledebour 1841, S. 109); „[Geranium] columbinum, ... Taubenschnabel, ... kleiner Feldtaubenfuß ... heißt bey ... Morison: Geranium columbinum annuum minus, ... bey Vaillant: Geranium columbinum, foliis dissectis, ..." (Gmelin 1773b, Sp. 376f.); „Taubenkraut o) ... |: o) Geranium columbinum :|" (Lepechin 1783, S. 42); „15. GERANIUM columbinum ... Taubenhalsiger Storchschnabel. ..." (Georgi 1797–1802, Theil 3, S. 1151); „7. Art. G[eranium] columbinum. Tauben=Storchschnabel. (Linné.) ..." (Bechstein 1833, S. 946f.); „5) Feintheiliger Storchschnabel, Taubenfuß, Geranium Columbinum, ... Diese Pflanze war ehemals officinell, ..." (Krünitz 1773–1858, Bd. 174, S. 697f.)

„649. Geranium Batrachioides minus procumbens, flore minutissimo. repens exiguo flore Ind. Irc. nº. 283. ... Geranium Fl. Irc. 339. huic si non idem est saltim parum differt." (AAW R. I, Op. 105, D. 1ª, Bl. 76v, s. Anm. 29 in Nr. 5); „9. Geranium Batrachioides, minus, procumbens, flore minutissimo. Ind. Jen. n°. 649. repens exiguo flore. Ind. Irc. n°. 283. j. Idem pumilum. ..." (AAW R. I, Op. 13, D. 67, Bl. 43v; s. Anm. 5 in Nr. 4); „10. Geranium columbinum dissectis foliis, pediculis florum longissimis. Raj. hist. 1059." (AAW R. I, Op. 13, D. 16, Bl. 14r, s. Anm. 32 in Nr. 6); „Geranium columbinum dissectis foliis, pediculis florum longissimis. Raj. Hist. 1059. ..." (AAW R. I, Op. 105, D. 2, Bl. 7r, s. Anm. 54 in Nr. 17); „283. Geranium repens, exiguo flore. ..." (AAW R. I, Op. 105, D. 4ª, Bll. 36r–36v; s. Anm. 54 in Nr. 17); „283. Geranium repens, exiguo flore. ... 284. Geranium columbinum, tenuis laciniatum. C. B. P. ..." (AAW R. I, Op. 105, D. 12, Bll. 12r–12v, s. Anm. 54 in Nr. 17)

107 „641. Geranium folio Malvae rotundo flore majori caeruleo C. B. P. 318. ... Fl. Irc. n° 340. Hanc speciem in Ind. Irc. cum Geranio n° 281 confudi, a quo & flore majori & folijs minus serratis notanter differt." (AAW R. I, Op. 105, D. 1, Bl. 50v, s. Anm. 29 in Nr. 5); „281. An Geranium folio Malvae rotundo minus. C. B. P? ..." mit der rechts marginalen Anm. von J. G. Gmelin „Geranium columbinum majus vulgatius floris colore admodum variat St. 340." (AAW R. I, Op. 105, D. 12, Bl. 12r, s. Anm. 54 in Nr. 17); „182. Geranium folio Malvae rotundo C. B. P. ..." (AAW R. I, Op. 13, D. 42, Bll. 26r–26v, s. Anm. 1 in Nr. 1); „159. Geranium pedunculis bifloris, folijs subrotundis multifidis caule Hall. Hist. Helv. 365 Geranium folio Malvae rotundo B. Pin. 318. majus Boerh. lugd. 1. p. 265. ..." (AAW R. I, Op. 13, D. 20, Bl. 17v, s. Anm. 1 in Nr. 1); „645. Geranium columbinum majus, flore minore caeruleo R. Syn. III. 358. ..." (AAW R. I, Op. 105, D. 1ª, Bl. 76r, s. Anm. 29 in Nr. 5); „1. Geranium folio Malvae rotundo flore majori caeruleo C. B. P. 318. Ind. Jen. 641. Fl. Irc. n°. 340. j. Idem flore pallidiore & magis striato. ..." (AAW R. I, Op. 13, D. 67, Bl. 43v, s. Anm. 5 in Nr. 4); „Geranium folio Malvae rotundo C. B. P. ..." (AAW R. I, Op. 105, D. 2, Bl. 7r, s. Anm. 54 in Nr. 17); „5. Geranium columbinum majus, flore minore caeruleo R. Syn. III. 358. Ind. Jen. n°. 645. ..." (a. a. O., Bl. 43v); „Geranium columbinum majus, flore minore coeruleo Raj. Syn. ..." (AAW R. I, Op. 104, D. 8, Bl. 11v, s. Anm. 18 in Nr. 452)

„Geranium Malvae folio. I. Geranium folio Malvae rotundo. Geranium alterum ... Fuch. ..." (Bauhin 1623, S. 318); „2. GERANIUM FOLIO MALVAE ROTUNDO. C. B. Pin. Geraniium alterum. Fuchs. Ic. 205. ... 6. GERANIUM COLUMBINUM MAJUS FLORE MINORE CAE-

RULEO. Raji Hist. 1059. ...“ (Vaillant 1727, S. 79); „3. GERANIUM foliis subrotundis, semiseptifidis, caule erecto, umbellato flore minimo. Geranium alterum FUCHS. p. 265. ... Geranium folio malvae rotundo minus C. B.? I. R. H. Geranium columbinum majus flore minore coeruleo RAJ. Hist. p. 1059. ...“ (Haller 1742, S. 366); „Geranium folio Malvae rotundo C. B. Pin. 318. ... Storckenschnabel/ Taubenfuß ... Geranium fol. Malvae rotundo, minus C. B. Pin. 318. ...“ (Mappus 1742, S. 123f.); „9. GERANIUM pedunculis bifloris, foliis subrotundis multifidis, caule procumbente. Geranium folio malvae rotundo. Bauh. pin. 318. ... ε Geranium, folio malvae rotundo, minus. Tournef. inst. 268. ... η Geranium columbinum, dissectis foliis; florum pediculis longissimis. Raj. hist. 1059. ...“ (Linné 1737, S. 344); „62) Rundblätterichter Storchschnabel. Geranium rotundifolium. ... Geranium pedunculis bifloris, petalis subintegris longitudine calycis, caule prostrato, foliis reniformibus incisis. LINN. Syst. veg. p. 515. ... Geranium columbinum maius, flore minore caeruleo. Vaill. paris. 79. t. 15. f. 1. Geranium folio malvae rotundo. C. BAUH. pin. 318. Geranium alterum. FUCHS. hist. 205. ...“ (Linné 1782, S. 422f.); „36. GERANIUM rotundifolium. ... G. pedunculis bifloris, ... Hort. cliff. 344. ... G. folio malvae rotundo. Bauh. pin. 318. ... Rundblättriger Storchschnabel. W. ...“ (Linné 1797–1830, Bd. III, Teil 1, S. 712f.); „8) GERANIUM ROTUNDIFOLIUM. Linn.? ... Linn. Willd. Spec. pl. III. p. 712. ... Geranium pedunculis bifloris, ... Gmel. sib. III. p. 274. No. 3. ...“ (Ledebour 1831, S. 232); „29. G[eranium] rotundifolium (L. SP. 957) ... G. pedunculis bifloris, ... GMEL. Fl. sib. III, p. 274. Nr. 3. ...“ (Ledebour 1842, S. 470f.); „3. GERANIVM pedunculis bifloris, petalis integris obtusissimis longitudine calycis, caule prostrato, foliis reniformibus incisis, LINN. Sp. 2. p. 957. n. 53. cum syn. ...“ (Gmelin 1747–1769, Bd. III, S. 274); „3. Geranium pedunculis bifloris, petalis integris obtusissimis longitudine calycis, caule prostrato, foliis reniformibus incisis [=] Geranium rotundifolium L.“ (Ledebour 1841, S. 109); „Geranium rotundifolium, ... rundblätterichter Storchenschnabel, ... Taubenschnabel; Taubenfuß; Scartenkraut; ... Er heißt bey ... C. Bauhin: Geranium folio malvae rotundo; ...“ (Gmelin 1773b, Sp. 378f.); „[Geranium] columbinum majus, flore minore caeruleo, so nennt er [d. h. J. Ray] eine andere grösere [Spielart des rundblätterichten Storchenschnabels] mit kleineren Blumen.“ (a. a. O., Sp. 395)

108 Zusatz in der 2. Textversion (s. Anm. 1 in A.) in der Handschrift von G. W. Steller: „D. D. Gmelin recte ut opinor Malvae folio“

109 „[species 55] Geranium Cicutae folio, inodorum C. B. Pin. 319.“ (Tournefort 1700, S. 269, Genus VIII. „Geranium. Bec de Gruë.“); „Geranium folio Cicutae vel Myrrhidis. ... II. Geranium Cicutae folio moschatum: & inodorum. ...“ (Bauhin 1623, S. 319); „33) Bisamhafter Storchschnabel. Geranium moschatum. ... Geranium pedunculis multifloris, floribus pentandris, foliis pinnatis incisis, cotyledonibus pinnatifidis. LINN. Syst. Veg. p. 513. Sp. pl. p. 951. ... Geranium cicutae folio moschatum. C. BAUH. pin. 319. ... Man bewahrte ehedem das Kraut in den Apotheken auf, weil man schmerzstillende, zusammenziehende, heilende Kräfte von ihr erwartete. Sie ist aber heut zu Tage ausser allem Gebrauch.“ (Linné 1782, S. 403); „14. ERODIUM moschatum. ... Geranium cicutae folio moschatum. Bauh. pin. 319. ... Bisamduftender Reiherschnabel. W. ...“ (Linné 1797–1830, Bd. III, Teil 1, S. 631); „11. E[rodium] moschatum (AIT. h. kew. II, p.414) ... Geranium moschatum. L. SP. 951. ...“ (Ledebour 1842 S. 477); „Geranium moschatum, ... Bisamstorchenschnabel, ... Sie heißt bey Boccone: Geranium cicutae folio erectum romanum; bey C. Bauhin: Geranium cicutae folio, moschatum; ...“ (Gmelin 1773b, Sp. 356f.); „[Geranium] cicutae folio inodorum, hierunter versteht Tournefort eine geruchlose Abart des Bisamstorchenschnabels.“ (a. a. O., Sp. 395); „1395. GERANIUM moschatum. ... Geranium pedunculis multifloris, floribus pentandris, foliis pinnatis incisis, cotyledonibus pinnatifidis. LINN. spec. p. 951. ... Geranium cicutae folio moschatum. BAUH. pin. 319. ...“ (Allioni 1785a, S. 35f.); „3. GERANIUM moschatum ... Bisam-Storchschnabel. ...“ (Georgi 1797–1802, Theil 3, S. 1149); „Biesamstorchschnabel, Geranium moschatum L. ... Das Kraut (Herba geranii moschati), welches einen zusammenziehenden Geschmack und Moschusartigen Geruch besitzt, ist offizinell. ...“ (Trommsdorff 1806, S. 370f.); „29) Geranium moschatum, Moschus=Storchschnabel. ... Von einem sehr durchdringenden Moschusgeruche. Diente in älteren Zeiten als Diaphoreticum. Wirkt

im Theeaufgusse gelind reizend und krampfstillend.“ (Richter 1832, S. 196); „CICUTA. ... teutsch, Schierling, Wüterich, ...“ (Lémery 1721, Sp. 309)

„13.Geranium Cicutae folio, moschatum. CBP. 319.“ mit der rechts marginalen Anm. „H. Ph.“ (AAW R. I, Op. 13, D. 16, Bl. 14r, s. Anm. 32 in Nr. 6); „15. September 1724 ... Unter den Kräutern fand sich ... Geranium Cicutae folio, non odoratum. ...“ (Messerschmidt 1962–1977, Bd. 3, S. 142f.)

110 „[species 58] Geranium Cicutae folio, erectum, Romanum Bocc. Mus. part. 2. 93. Tab. 82.“ (Tournefort 1700, S. 269, Genus VIII. „Geranium. Bec de Gruë.“); „Geranium Cicutae folio erectum, Romanum. ...“ und die Abbildung „Geranium Cicutae folio Romanum“ auf Tafel 82 (Boccone 1697a, S. 93); „57. Geranium; cicutae folio; erectum; Romanum. Bocc. Mus. Part. 2. 93. Tab. 82. a.“ (Boerhaave 1720, S. 266); s. Nr. 341

111 „[species 56] Geranium Cicutae folio, minus & supinum C. B. Pin. 319. Geranium moschatum, folio ad Myrrhidem accedente, minus J. B. 3. 479. Geranium minus, Geranium arvense Tabern. Icon. 57.“ (Tournefort 1700, S. 269, Genus VIII. „Geranium. Bec de Gruë.“); „10. GERANIUM pedunculis multifloris, calycibus pentaphyllis, foliis duplicato-pinnatis. Geranium, cicutae folio, minus & supinum. Bauh. pin. 319. ... β Geranium, cicutae folio, moschatum. Bauh. pin. 319. ...“ (Linné 1737, S. 344); s. auch Nr. 341; vgl. aber „1033. GERANIUM cicutarium pedunculis multifloris, floribus pentandris, foliis pinnatis incisis obtusis, caule ramoso. Linn. Syst. veg. p. 615. ... Geranium Cicutae folio minus et supinum. Bauh. pin. 319. ... Germ. Schierlingblättriger Storchschnabel. ...“ (Gmelin 1808, S. 107ff.); „32) Schirlingsblätterichter Storchschnabel. Geranium cicutarium. ... Geranium pedunculis multifloris, floribus pentandris, foliis pinnatis incisis obtusis, caule ramoso. LINN. Syst. Veg. p. 513. Sp. pl. p. 951. Fl. Suec. 579; 625. Hort. Cliff. 314. [sic!] ... GMEL. Sib. p. 275. n. 8. ... Geranium cicutae folio maius & supinum. C. BAUH. pin. 319. ... Man trägt in Schonen das grüne Kraut als ein Amulet bey sich wider die intermittirenden Fieber.“ (Linné 1782, S. 401f.); „11. ERODIUM cicutarium. ... Geranium pedunculis multifloris, ... Gmel. sib. 3. p. 275. n. 8. ... Geranium cicutae folio minus et supinum. Bauh. pin. 319. ... Schierlingsblättriger Reiherschnabel. W. ...“ (Linné 1797–1830, Bd. III, Teil 1, S. 629f.); „9. E[rodium] cicutarium (l'HERIT in AIT. h. kew. II, p. 414) ... Geranium cicutarium. L. SP. 951. ... Geranium pedunculis multifloris, ... J. G. GMEL. Fl. sib. III, p. 175, Nr. 8. ...“ (Ledebour 1842, S. 476f.); „8. GERANIVM pedunculis multifloris, floribus pentandris, foliis pinnatis incisis obtusis, LIN. sp. 2. p. 951. n. 26. cum syn. ...“ (Gmelin 1747–1769, Bd. III, S. 275f.); „8. Geranium pedunculis multifloris, floribus pentandris, foliis pinnatis incisis obtusis [=] Erodium cicutarium Sm. (ex Willd. sp. pl. III. 629. et M. a Bieb. Fl. t. c. II. 132.)“ (Ledebour 1841, S. 109); „[Geranium] cicutarium, ... Storchenschnabel mit dem Wüterichsblatt, ... heißt bey C. Bauhin: Geranium, cicutae folio minus & supinum; ...“ (Gmelin 1773b, Sp. 355f.); „1337. ERODIUM cicutarium. ... Geranium cicutarium. ... Gmel. sib. p. 275. n. 8. ...“ (Marschall von Bieberstein 1808, S. 132f.); „394. GERANIUM cicutarium. ... Geranium cicutaria-folio minus, & supinum. BAUH. pin. 319. ...“ (Allioni 1785a, S. 35); „2. GERANIUM cicutarium ... Wüterichblättriger Storchschnabel ...“ (Georgi 1797–1802, Theil 3, S. 1149); „6) Schierlingsblättriger Reiherschnabel, Erodium cicutarium, foliis pinnatis incisis obtusis. Linn. Spec. plant. Tom II. p. 951. ... Geranium, cicutae folio minus et supinum. Bauh. pin. 319. ...“ (Krünitz 1773–1858, Bd. 174, S. 613f.); Erodium Cicutarium l'Her. – russ. *grabel'ki* (*Annenkov* 1858, S. 41, Nr. 448)

„654. An Geranium Cicutae folio minus et supinum C. B. P. 319? ...“ (AAW R. I, Op. 105, D. 1[a], Bll. 77r–77v, s. Anm. 29 in Nr. 5); „15. An Geranium Cicutae folio, minus & supinum C. B. P. 319? Ind. 654. Geranium pedunculis multifloris calycibus pentaphyllis, folijs duplicato-pinnatis. Linn. h. cliff. 244. [sic!] ...“ (AAW R. I, Op. 13, D. 67, Bl. 44r, s. Anm. 5 in Nr. 4); „14. Geranium Cicutae folio, minus et supinum CBP. 319.“ mit der rechts marginalen Anm. „Petrop.“ (AAW R. I, Op. 13, D. 16, Bl. 14r, s. Anm. 32 in Nr. 6); „139. Geranium Cicutae folio minus et supinum CBP. 319.“ (AAW R. I, Op. 6, D. 40, Bl. 29v, s. Anm. 1 in Nr. 1); „139. Geranium Cicutae folio minus & supinum C. B. P. 319.“ (AAW R. III, Op. 1, D. 28, Bl. 8v, s. Anm. 1 in Nr. 1); „139. Geranium Cicutae folio minq & supinum“ (G. W. Steller nach J. G.

Heinzelmann: AAW R. I, Op. 81, D. 23, Bl. 17v, s. Anm. 1 in Nr. 1); „461. Geranium pedunculis multifloris, calycibq pentaphyllis folijs duplicato-pinnatis Lin. h. cliff. 244. Geranium Cicutae folio minus et supinum B. P. 319 Boerh lugd. 1: p. 265. Rupp. flor. 231. varietas major ...“ (AAW R. I, Op. 13, D. 20, Bl. 46v, s. Anm. 1 in Nr. 1); „632. Geranium pedunculis multifloris, calycibus pentaphyllis folijs duplicato pinnatis Linn. h. cliff. 244. Geranium Cicutae folio minus et supinum B. Pin. 319. Boerh. lugd. 1. p. 265. Rupp. flor. 231.“ (a. a. O., Bl. 61r)

112 s. Nr. 339 und Nr. 340

113 vgl. Nr. 340

114 „[species 6] Geranium Batrachioides, Gratia Dei Germanorum C. B. Pin. 318. Geranium Batrachioides J. B. 3. 475. Dod. Pempt. 63.“ (Tournefort 1700, S. 266f., Genus VIII. „Geranium. Bec de Gruë.“); „V. Geranium batrachiodes, Gratia Dei Germanorum ...“ (Bauhin 1623, S. 318); „6. GERANIUM pedunculis bifloris, foliis peltatis multipartitis rugosis pinnato-laciniatis acutis. ... Geranium batrachiodes, Gratia dei germanorum. Bauh. pin. 318. ...“ (Linné 1737, S. 344); „51) Wiesen=Storchschnabel. Geranium pratense. ... Geranium pedunculis bifloris, foliis subpeltatis multipartitis rugosis acutis, petalis integris, LINN. Syst. veg. p. 514. ... GMEL. Sib. 3. p. 274. ... Geranium batrachioides, Gratia Dei germanorum. C. BAUH. pin. 318. ... Sie wurde ehedem als ein balsamisches heilendes Mittel bey freßenden Geschwüren, Abscessen, und alten sonst unheilbaren Wunden häufig angerathen.“ (Linné 1782, S. 414); „4. GERANIVM pedunculis bifloris, foliis subpeltatis multipartitis pinnato-laciniatis rugosis acutis, petalis integris, LINN. Sp. 2. p. 954. n. 42. cum syn. Russice dicitur копуцетоя прущь [russ. *kopucetoja prušč'*], ...“ (Gmelin 1747–1769, Bd. III, S. 274f.); „4. Geranium pedunculis bifloris, foliis subpeltatis multipartitis pinnato-laciniatis rugosis acutis, petalis integris [=] Geranium pratense L.!“ (Ledebour 1841, S. 109); „21. GERANIUM pratense. ... G. pedunculis bifloris, ... Hort. cliff. 344; ... Gmel. sib. 3. p. 274. ... G. batrachioides, Gratia dei germanorum. Bauh. pin. 318. ... Wiesen-Storchschnabel. W. ...“ (Linné 1797–1830, Bd. III, Teil 1, S. 705); „4) GERANIUM PRATENSE. Linn. ... M. a Bieb. Fl. taur. cauc. II. p. 136. No. 1345; ... Geranium pedunculis bifloris, ... Gmel. Fl. sib. III. p. 274. No. 4. ...“ (Ledebour 1831, S. 229); „17. G[eranium] pratense (L. SP. 954) ... LEDEB. Fl. alt. III, p. 229. ... G. pedunculis bifloris, ... GMEL. Fl. sib. III, p. 274. Nr. 4. ...“ (Ledebour 1842, S. 466); „1345. GERANIUM pratense. ... Linn. ed. Willd. 3. p. 795. [sic!] ...“ (Marschall von Bieberstein 1808, S. 136); „Der Wiesenstorchschnabel, oder Gottesgnadenkraut auf Russisch Perewaeska (перевязка. [russ. *perevjazka*]) Geranium pratense, L. ist bei dem Landmann als ein Wundkraut bekannt. Die Blätter werden getroknet, gepulvert, und das Pulver in frische Wunden gestreut.“ (Gmelin 1770, S. 8); „Geranium pratense, ... Er ... zieht gelinde zusamen, und man schreibt ihm daher eine Kraft, Verhärtungen, krebsartige und Eitergeschwüre, auch Wunden zu heilen, zu ..“ (Gmelin 1773b, Sp. 368ff.); „5) Menstruation befördernde Mittel. ... In Sibirien [gebraucht man] den gesättigten Aufguss von Geranium pratense. ...“ (Krebel 1858, S. 135); „9. GERANIUM pratense ... Wiesen=Storchschnabel. R. Kopuletoja Prutsch. ... In Sibirien ein fast allgemeines Heilkraut bey innerlichen Krankheiten. Gm.“ (Georgi 1797–1802, Theil 3, S. 1150); Geranium pratense L. – russ. *perevjazka*, *želudničnaja*, *volkona*, *pridorožnaja igolka* bzw. *prušč'* (*Annenkov* 1858, S. 46, Nr. 509)

„646. Geranium Batrachioides minus sive Gratia Dei Germanorū C. B. P. et Ind. Irc. ... 647. Geranium Batrachioides, Gratia Dei Germanorum C. B. P. In ind. Irc. cum priori specie confusum fuit, ...“ (AAW R. I, Op. 105, D. 1ª, Bll. 76r–76v, s. Anm. 29 in Nr. 5); „282. Geranium Batrachioides, minus sive Gratia Dei Germanorum C. B. P. ...“ (AAW R. I, Op. 105, D. 4ª, Bl. 36r, s. Anm. 54 in Nr. 17); „Geranium batrachioides, gratia Dei germanorum. B. Pin. 318. et Inst. r. h. nº. 29.“ (AAW R. I, Op. 13, D. 19, Bl. 3v, s. Anm. 54 in Nr. 17); „140. Geranium Batrachoides, Gratia Dei Germanorum CBP. 318.“ (AAW R. I, Op. 6, D. 40, Bl. 29v, s. Anm. 1 in Nr. 1); „140 Geranium Batrachoides C. B.“ (G. W. Steller nach J. G. Heinzelmann: AAW R. I, Op. 81, D. 23, Bl. 17v, s. Anm. 1 in Nr. 1); „6. Geranium Batrachioides minus sive Gratia Dei Germanorum C. B. P. & Ind. Irc. 282. Jen. nº. 646. 7. Geranium Batrachioides, Gratia Dei Germanorum C. B. P. Ind. Jen. nº. 647. ...“ (AAW R. I, Op. 13, D. 67, Bl. 43v; s. Anm. 5 in Nr. 4); „Geranium batrachioides, Gratia Dei Germanorum C. B. P. ...“ (AAW R. I, Op. 105, D. 2, Bl. 7r, s. Anm. 54 in Nr. 17); „Geranium batrachoides Gratia Dei Germanorum C. B. P. n 27. ...“ (AAW R. I, Op. 68, D. 2, Bl. 9r, s. Anm. 62 in Nr. 22); „Geranium Batrachioides seu gratia Dei germanorum, ... T. Sp. 6. ...“ (AAW F. 98, Op. 1, D. 19, Bl. 22r, s. Anm. 59 in Nr. 19); „40. Geranium batrachioides, gratia Dei Germanorum CBP. ...“ (AAW R. I, Op. 104, D. 17, Bl. 11r, s. Anm. 36 in Nr. 8); „230) Geranium Batrachoides, gratia Dei Germanorum C. B. Pin. 318 ...“ (AAW R. I, Op. 104, D. 25, Bl. 19r, s. Anm. 61 in Nr. 21); „Geranium Batrachioides Gratia Dei Germanorum (Tournefortii sp. 6), Sylv.“ (Messerschmidt 1962–1977, Bd. 4, S. 203, s. Anm. 1 in Nr. 1); „CCXCIX. Geranium ... 1. Geranium batrachioides gratia Dei Germanorum. C. B. P. 318. B. n. 27. fl. coeruleo. 2. Geranium batrachioides; gratia Dei Germanorum, flore albo. B. n. 28. ...“ (Bll. 38v–39v in T. Gerber „Flora Moscuensis ...“, s. Anm. 6 in Nr. 55)

115 „[species 1] Thalictrum majus, siliquâ angulosâ aut striatâ C. B. Pin. 336. Thalictrum nigrius, caule & semine striato J. B. 3. 486. Thalictrum magnum Dod. Pempt. 58.“ (Tournefort 1700, S. 270, Genus IX. „Thalictrum.“); „5. THALICTRUM majus, siliqua angulosa aut striata. C. B. P. Grosse Wiesenraute, mit eckichter, gestreifter Hülse.“ (Miller 1751, S. 321); „29. THALICTRVM caule folioso, sulcato, panicula multiplici erecta, LIN. Sp. pl. 1. p. 770. n. 10. Thalictrum maius, siliqua angulosa, s. striata, BAVH. pin. 336. I. Idem foliis productioribus. ...“ (Gmelin 1747–1769, Bd. IV, S. 193), nahezu identisch auf Bl. 82v in: AAW R. I, Op. 104, D. 14 – s. Anm. 32 in Nr. 6; „29. Thalictrum caule folioso, sulcato, panicula multiplici erecta [=] Thalictrum flavum L.!“ (Ledebour 1841, S. 133); „2. THALICTRUM caule folioso striato, panicula multiplici terminatrici. … Thalictrum majus, siliqua angulosa aut striata. Bauh. pin. 336. …“ Linné 1737, S. 226); „10) Gelbes Thaliktrum. Thalictrum flavum. ... Thalictrum caule folioso, sulcato; panicula multiplici, erecta. LINN. Syst. veg. p. 427. ... Thalictrum maius, Siliqua angulosa s. striata C. BAUH. pin. 336. ... GMEL. Fl. Sib. 4. p. 193. n. 29. ... Sie wird insgemein die gelbe Feld= oder Wiesenraute, ingleichen Wasserraute, oder auch falsche Rhabarber und Feldrhabarber genennet. ... Die ganze Pflanze ... soll ... in einem Decokt genommen, wie Rhabarber purgiren ... sie wird zu dem Ende von einigen wider die Gelbsucht und dreytägige Fieber empfohlen. Aeusserlich dient das Kraut auch zu Heilung der Wunden, daher man es an einigen Orten Heilblat nennet; ...“ (Linné 1781, S. 319f.); „15. THALICTRUM flavum. T. caule folioso sulcato, … Hort. cliff. 226. ... T. majus, siliqua anguloa s. striata. Bauh. pin. 336. … Gemeines Thalictrum. W. …“ (Linné 1797–1830, Bd. II, Teil 2, S. 1300); „12) THALICTRUM FLAVUM. Linn. … M. a Bieb. Fl. taur. cauc. II. p. 22. … Thalictrum No. 29. Gmel. Fl. sib. IV. p. 193. (excl. forsan var. I.) …“ (Ledebour 1830, S. 355f.); „25.T[halictrum] flavum (L. SP. 720.) … M. a BIEB. Fl. t. c. II. p. 22. … LEDEB. Fl. alt. II. p. 355. … Thalictrum caule folioso sulcato, … GMEL. Fl. sib. IV. p. 193. Nr. 29. (excl. forte pl. kamtschatica, ad subsequentem speciem referenda). …“ (Ledebour 1842, S. 12f.); „1073. THALICTRUM flauum. … Gmel. sib. 4. p. 193. n. 29. …“ (Marschall von Bieberstein 1808, S. 22); „Thalictrum flavum, ... gelbe Wiesenraute, ... blaßgelbe Wiesenraute; grose Wiesenraute; gelbes Unstetkraut; falsche Rhabarber; Buttergelbe; ... ihre Wurzeln, welche den Harn und den Stulgang gelb färben, rathen einige an die Stelle der Rhabarber, und rühmen sie vornemlich in der Gelbsucht an; ihre Blätter sezen einige an die Stelle des Bengelkrautes; der daraus gepreßte Saft hat vielmehr eine zusammenziehende Kraft; … Einige rathen auch den Samen, der gleichfalls zusammenzieht in Wechselfiebern zu Anfang der Frost an: Wann man die frische Blätter mit wollenem Garn, das schon in Alaunwasser gebeizt ist, kocht, so wird dieses gelb gefärbt; … Sie heißt bey ... C. Bauhin: Thalictrum majus, siliqua angulosa aut striata; ...“ (Gmelin 1777, Sp. 64f.); „36–39. Thalictrum majus L.; Thalictrum minus L.; Thalictrum flavum L.; Thalictrum angustifolium Jacq. ... Die grosse, kleine, gelbe und die schmalblättrige Wiesenraute können wir im Zusammenhang besprechen. Die Wiesenraute kommt in vielen Species in Russland vor, welche sämmtlich gelegentlich Anwendung finden. ... Die Völker Russlands verwenden also vier Species von Thalictrum, nämlich majus, minus, flavum und angustifolium innerlich und zwar das Kraut, die Blüthen und die ganze Pflanze als Pulver, Aufguss, Kwasdecoct und Gargarisma. Selbst äusserliche Verwendung zum Einreiben der Haut kommt vor. Die Indica-

tionen sind Hundswuth, rheumatoide Schmerzen, Tertian-Fieber, Epilepsie Verstopfung, Würmer, Ruhr, choleraartige Durchfälle, Harnverhaltung, schmerzhaftes Urinieren, Urethritis, Halsentzündung, Geschwüre und Halsabscesse. ...“ (Henrici 1894, S. 50ff.); „7. THALICTRUM flavum L., ... Gelbe Wiesenraute. R. Solotucha [russ. *zolotucha – Slovar'* 1979, S. 60]. Kraut und Wurzeln färben, mit Alaun gebeizt, Wolle gelb.“ (Georgi 1797–1802, Theil 3, S. 1063); „4) Das gemeine Thalictrum, die gelbe Wiesenraute, Thalictrum flavum, ... Linn. Spec. plant. Tom. I. p. 770. ... Man unterhält sie als Zierpflanze in den Gärten. Die Wurzeln und frischen Blätter werden zum Gelbfärben der Zeuge empfohlen, ...“ (Krünitz 1773–1858, Bd. 182, S. 618); „823. THALICTRUM flavum ... Linn. Sp. pl. 1. p. 770. ... Germ. Gelbe grosse Wiesenraute. Wundkraut. Unächte Rhabarber. ... Pharm. THALICTRI Radix; Herba; Semen. ... Olim inter primaria vulneraria numerabatur cum Herba, hinc etiam Heilblatt, Wundkraut nominata. Semen olim in Epilepsia celebre. ...“ (Gmelin 1806, S. 523ff.); „730. THALICTRUM FLAVUM Linné. GELBBLÜHENDES THALICTRUM. ... Deutsche Namen: Gelbe oder gemeine Wiesenraute, gelbe Feldraute, Feldrhabarber, Heilblatt, Unstätkraut.“ (Dietrich 1843; Nr. 730); „THALICTRUM. ... teutsch, Wiesenraute, wilde Raute, Geisbart. ... Es eröffnet, ist gut zu den Wunden und zu Schäden, dient wider den Gift, zermalmet den Blasenstein, reiniget und saubert die Geschwüre. Der Same stillet den Blutfluß, die goldne Ader und die Monatzeit. ...“ (Lémery 1721, Sp. 1126f.); Thalictrum – russ. *vasilisnik* bzw. *zolotucha* (*Annenkov* 1858, S. 93, Nr. 1102); Thalictrum flavum L. – russ. *suzik, luputa, verdobec, matrenka* bzw. *živitel'naja trava* (a. a. O., S. 93, Nr. 1104); „Thalīctrum T. (Ranunculaceae) Θαλικτρον von δαλλειν (grünen), in Bezug auf die schöne grüne Farbe der jungen Sprossen.“ (Wittstein 1852, S. 874)

„726. Thalictrum majus siliqua angulosa aut striata B. Pin. 336. ...“ (AAW R. I, Op. 105, D. 1ª, Bl. 85r, s. Anm. 29 in Nr. 5); „... [bucharisch/tatarisch?] Parasi-anguschà ist Thalictrum majus siliqua angulosa aut striata B. Pin. 336. ...“ (J. G. Gmelin in einem Brief an G. F. Müller vom 28. Januar 1741 aus *Tomsk* – AAW F. 21, Op. 3, D. 115, Bl. 199r); s. auch Nr. 361; „152. Thalictrum majus, siliqua angulosa aut striata B. P. 336. 153. Thalictrum ...“ (AAW R. I, Op. 15, D. 1, Bl. 6v, s. Anm. 24 in Nr. 64); „520. Thalictrum majus siliqua angulosa aut striata C. B. P.“ (AAW R. I, Op. 104, D. 13, Bl. 4v, s. Anm. 84 in Nr. 29); „143. Thalictrum majus siliqua angulosa aut Striata“ (G. W. Steller nach J. G. Heinzelmann: AAW R. I, Op. 81, D. 23, Bl. 17v, s. Anm. 1 in Nr. 1); „322. Thalictrum majus siliqua seminis striata, folijs rugosis trifidis Mor. Umb. ...“ (AAW R. I, Op. 105, D. 4ª, Bl. 38v, s. Anm. 54 in Nr. 17); „Thalictrum majus, Siliqua angulosa, aut striata C. B. P.“ (AAW R. III, Op. 1, D. 162, Bl. 22r, s. Anm. 54 in Nr. 17); „143. Thalictrum majus siliqua angulosa aut Striata CBP. 336.“ (AAW R. I, Op. 6, D. 40, Bl. 29v, s. Anm. 1 in Nr. 1); „238. Thalictrum caule folioso striato, panicula multiplici terminatrici. Lin. h. cliff. 226. Thalictrum nigrius, caule et semine striato. B. hist. 3. p. 486. Thalictrum maius siliqua angulosa aut striata B. Pin. 336. Boerh. lugd. 1. p. 44.“ (AAW R. I, Op. 13, D. 20, Bl. 25v, s. Anm. 1 in Nr. 1); „2. Thalictrum majus, siliqua angulosa aut striata B. Pin. 336. Ind. Jen. n°. 726.“ (AAW R. I, Op. 13, D. 67, Bl. 49r, s. Anm. 5 in Nr. 4); „Thalictrum majus, siliqua angulosa aut striata. B. Pin. 336. et Inst. r. h. n°. 109.“ (AAW R. I, Op. 13, D. 19, Bl. 3v, s. Anm. 54 in Nr. 17); „Thalictrum majus, siliqvis striatis. T. Sp. 1. ...“ (AAW F. 98, Op. 1, D. 19, Bl. 64r, s. Anm. 59 in Nr. 19); „Thalictrum majus vulgare Park. ...“ (AAW R. I, Op. 104, D. 8, Bl. 12r, s. Anm. 18 in Nr. 452); „Thalictrum majus siliquis striatis; Tournefort. Spec. 1. ...“ (AAW F. 98, Op. 1, D. 20, Bl. 30v, s. Anm. 90 in Nr. 33); „Thalictrum maius siliqua angulosa aut striata (Tournefortii sp. 1), Off.“ (Messerschmidt 1962–1977, Bd. 4, S. 203, s. Anm. 1 in Nr. 1)

116 „[species 5] Thalictrum majus, non striatum C. B. Pin. 336. Thalictrum magnum, secundum Dod. Pempt. 58.“ (Tournefort 1700, S. 270, Genus IX. „Thalictrum.“); „Thalictrum majus, non striatum. C. B. P. 336. Thalictrum magnum, secundum Dod. Pempt. 1. Lib. III. ...“ (Mappus 1742, S. 301); „THALICTRUM majus, non striatum C. B. P. Grosse, glatte Wiesenraute.“ (Miller 1751, S. 321); „7. THALICTRUM majus. T. foliolis subrotundis subcordatis trifidis subtus glaucis panicula foliosa, floribus cernuis. W. T. (majus) foliis multipartitis, ... Jacq. austr. 5. t. 420. ... Grosses Thalictrum. W. ...“ (Linné 1797–1830, Bd. II, Teil 2, S. 1297); „9) THALICTRUM

MAJUS Jacq. … Dec. Syst. nat. I. p. 179. …" (Ledebour 1830, S. 351f.); „11. T[halictrum] majus. (JACQ. Fl. austr. t. 420.) … LEDEB. Fl. alt. II. p. 351. …" (Ledebour 1842, S. 8f.); „23. Thalictrum majus. … T. majus non striatum. C. Bauh. pin. 336. Tourn. inst. 210. [sic!] T. majus. … Jacq. austr. 5. t. 420. …" (Candolle 1818, S. 179); „… die grose Wiesenraute g) eine zuverläßige Arzney der Wogulischen wider Leibesverstopfung, … |: g Thalictrum maius :|" (Lepechin 1783, S. 55); „Grose Wiesenraute f) zu Pulver gerieben und mit Kwaas abgekocht, hat seinen grosen Nutzen bey Verstopfung des Urins, führt auch ab. … |: f) Thalictrum maius. :|" (a. a. O. S. 125); „[Thalictrum] majus non striatum; so nennt er [d. h. C. Bauhin] eine andere [Spielart der gelben Wiesenraute] mit glatten Früchten." (Gmelin 1777, Sp. 68); „TABULA QUADRINGENTESIMA VIGESIMA. THALICTRUM MAJUS. Crantz. fasc. pag. 108. …" (Jacquin 1778, S. 9f.); „820. THALICTRUM majus foliolis subrotundis subcordatis trifidis, subtus glaucis, panicula foliosa, floribus cernuis. Willden. Linn. Sp. pl. 2. p. 1297. ... Thalictrum majus non striatum. Bauh. pin. 336. – Mapp. fl. Als. p. 301. … Icon. Jacqu. fl. Austr. t. 420. … Germ. Grosse Wiesenraute. ..." (Gmelin 1806, S. 520); s. auch Nr. 361; „5. Thalictrum majus. ... Thalictrum majus. Willd. Spec. Plant. Linn. T. II. P. II. pag. 1297. ... Grösseres Thalictrum. ..." (Roth 1827, S. 595f.); Thalictrum majus Jacq. – russ. *zolotucha*, *serebrucha* bzw. *serebrjanka* (*Annenkov* 1858, S. 93, Nr. 1105) „232) Thalictrum majus non striatum C B. Pin ..." (AAW R. I, Op. 104, D. 25, Bl. 19r, s. Anm. 61 in Nr. 21); „5. Thalictrum majus non striatum C. B. P. Ind. Irc. n°. 324." (AAW R. I, Op. 13, D. 67, Bl. 49r; s. Anm. 5 in Nr. 4); „324. Thalictrum majus non striatum C. B. P. ..." (AAW R. I, Op. 105, D. 12, Bl. 14r, s. Anm. 54 in Nr. 17); „177. Thalictrum maius non Striatum C. B. P. Russis василіскъ [russ. *vasilisk*] ..." (AAW R. I, Op. 13, D. 42, Bl. 25v, s. Anm. 1 in Nr. 1); s. auch Nr. 347

117 „[species 16] Thalictrum minus C. B. Pin. 337. Thalictrum minus sive Rutae pratensis genus minus, semine striato J. B. 3. 487. Thalictrum minus Dod. Pempt. 58." (Tournefort 1700, S. 271, Genus IX. „Thalictrum."); „IIX. Thalictrum minus. ... Ruta pratensis minor, Tab. ..." (Bauhin 1623, S. 337); „12. THALICTRUM minus. C. B. P. Kleine Wiesenraute." (Miller 1751, S. 321); „6) Kleines Thaliktrum. Thalictrum minus. ... Thalictrum foliis sexpartitis; floribus cernuis. LINN. Syst. veg. p. 427. ... GMEL. Fl. Sib. 4. p. 193. n. 30. ... Thalictrum minus. C. BAUH. pin. 335. [müßte heißen: 337] DOD. pempt. 58. ... Ruta pratensis minor. TABERN. Ic. 55. ..." (Linné 1781, S. 317); „9. THALICTRUM minus. … T. foliis sexpartitis, floribus cernuis. … Iacq. austr. 5. p. 9. t. 419. … T. minus. Bauh. pin. 335. Dod. pempt. 58. … Kleines Thalictrum. W. …" (Linné 1797–1830, Bd. II, Teil 2, S. 1297f.); „9. T[halictrum] minus (L. SP. 769.) … M. a BIEB. Fl. t. c. II. p. 22. … Thalictrum foliis sexpartitis, … GMEL. Fl. sib. IV. p. 193. Nr. 30? …" (Ledebour 1842, S. 8); „30. THALICTRVM foliis sexpartitis, floribus cernuis, LIN. Sp. pl. 1. p. 769. n. 6. ..." (Gmelin 1747–1769, Bd. IV, S. 193f.), nahezu identisch auf Bl. 82v in: AAW R. I, Op. 104, D. 14 – s. Anm. 32 in Nr. 6; „30. Thalictrum foliis sexpartitis, floribus cernuis [=] Thalictrum minus L. (ex M. a Bieb. Fl. t. c. II. 22.)" (Ledebour 1841, S. 134); „1072. THALICTRUM minus. … Jacq. austr. 5. p. 9. t. 419. … Gmel. sib. 4. p. 193. n. 30. …" (Marschall von Bieberstein 1808, S. 22); „[Thalictrum] minus, foliis sexpartitis, floribus cernuis; kleine Wiesenraute, … kleine Bergraute; …" (Gmelin 1777, Sp. 61f.); „TABULA QUADRINGENT. DECIMA NONA. THALICTRUM MINUS. Linn. syst. p. 377. …" (Jacquin 1778, S. 9); „20. Thalictrum minus. … Dod. pempt. 58. f. 2.* C. Bauh. pin. 337. … T. minus. … Gmel. fl. sib. 4. p. 193. n. 30. Jacq. austr. 5. p. 9. t. 419. …" (Candolle 1818, S. 178); „3. THALICTRUM minus L., … Kleine Wiesenraute. … Das Kraut färbt, mit Alaun gebeizt, Wolle gelb." (Georgi 1797–1802, Theil 3, S. 1062); „RUTA. ... teutsch, Raute, ... Sie zertreiben, machen dünne, zertheilen, sind gut wider den Gift, das Haupt zu stärcken, der Weiber Reinigung zu befördern, die Dünste nieder zu schlagen, für die Colic, die von Blähungen entstanden, für den Biß wütender Hunde und Schlangen: sie werden innerlich und äusserlich gebraucht. …" (Lémery 1721, Sp. 972f.); Thalictrum minus L. – russ. *suzik* bzw. *kamčug* (*Annenkov* 1858, S. 93, Nr. 1106); „Rūta L. (Rutaceae). Ρυτη, angeblich von ρυεσθαι (retten, helfen), in Bezug auf die arzneilichen Kräfte." (Wittstein 1852, S. 776)

„Thalictrum minus Ger. Park. CB." (AAW R. I, Op. 104, D. 8, Bl. 12r, s. Anm. 18 in Nr. 452); „1. Thalictrum minus. C. B. P. 337." mit der rechts marginalen Anm. „Heinz. Sam." (AAW R. I, Op. 13, D. 16, Bl. 14v, s. Anm. 32 in Nr. 6); „Thalictrum minus flore luteo pallente, corniculis striatis; odore gravi. T. Sp. 16. ..." (AAW F. 98, Op. 1, D. 19, Bl. 64r, s. Anm. 59 in Nr. 19); „Thalictrum minus flore luteo pallente, corniculis striatis, odore gravi; Tournefort. Sp. 16. ..." (AAW F. 98, Op. 1, D. 20, Bl. 30v, s. Anm. 90 in Nr. 33); „1. Thalictrum minus B. Pin. 337. Ind. Jen. n°. 727. ..." (AAW R. I, Op. 13, D. 67, Bl. 49r; s. Anm. 5 in Nr. 4); „727. Thalictrum minus B. Pin. 337. ... haec species inter siccas plantas Fl. Irc. n° 347. habetur, sub quo numero etiam illa species est, quam Ind. Irc: n°. 322 recensui. ..." (AAW R. I, Op. 105, D. 1ª, Bl. 85v, s. Anm. 29 in Nr. 5); „232) Thalictrum minus C. B. Pin. ..." (AAW R. I, Op. 104, D. 25, Bl. 19r, s. Anm. 61 in Nr. 21); „Thalictrum minus C. B. P. ..." (AAW R. I, Op. 105, D. 2, Bl. 7v, s. Anm. 54 in Nr. 17); „[N°.] 2. Thalictrum minus C. B. P." (AAW R. I, Op. 15, D. 3, Bl. 1r, s. Anm. 65 in Nr. 24); s. auch Nr. 347

118 „[species 20] Thalictrum minimum, foetidissimum C. B. Pin. 337. Prodr. 147. J. B. 3. 488." (Tournefort 1700, S. 271, Genus IX. „Thalictrum."); „16. THALICTRUM minimum, foetidissimum. C. B. P. Die kleinste, sehr stinckende Wiesenraute." (Miller 1751, S. 322); „2) Stinkendes Thaliktrum. Thalictrum foetidum. ... Thalictrum caule paniculato, filiformi, ramosissimo, folioso. LINN. Syst. veg. p. 426. ... Thalictrum minimum foetidissimum. C. BAUH. pin. 337. ... Die ganze Pflanze hat einen starken bockartigen Geruch, fast wie Geranium robertianum." (Linné 1781, S. 34f.); „2. THALICTRUM foetidum. ... T. minimum foetidissimum. Bauh. pin. 377. prodr. 147. ... Stinkendes Thalictrum. W. ..." (Linné 1797–1830, Bd. II, Teil 2, S. 1295f.); „6) THALICTRUM FOETIDUM. Linn. ... M. a Bieb. Fl. taur. cauc. II. p. 22? ... Thalictrum minimum saxatile, ... Amman. ruth. p. 74. No. 99? ..." (Ledebour 1830, S. 349); „8. T[halictrum] foetidum (L. SP. 768) ... M. a. BIEB. Fl. t. c. II. p. 22.; ... LEDEB. Fl. alt. II. 349. ... Thalictrum minimum saxatile, ... AMMAN. ruth. p. 74. Nr. 99. ..." (Ledebour 1842, S. 7f.); „Thalictrum foetidissimum, ... stinkende Wiesenraute, ... Sie riecht wie Ruprechtskraut, oder wie Kazenhaare, ..." (Gmelin 1777, Sp. 60); „1071. THALICTRUM foetidum. ... Linn. ed. Willd. 2. p. 1295. ..." (Marschall von Bieberstein 1808, S. 22); „99. THALICTRUM minimum saxatile, odore graui, semine striato MESSERSCHM. ..." (Amman 1739, S. 74); „820.* THALICTRUM foetidum ... Linn. Sp. pl. 1. p. 768. ... Germ. Stinkende Alpenraute. ..." (Gmelin 1826, S. 420f.)

„8. Thalictrum minimum foetidissimum B. Pin ... & vid. Jo. Amm. ..." (AAW R. I, Op. 13, D. 67, Bl. 49r, s. Anm. 5 in Nr. 4); „325. Thalictrum minimum foetidissimum C. B. P. Ind. Len. ..." (AAW R. I, Op. 105, D. 12, Bl. 14r, s. Anm. 54 in Nr. 17); „728. Thalictrum minimum foetidissimum B. P. et prior Ind. ..." (AAW R. I, Op. 105, D. 1ª, Bl. 85v, s. Anm. 29 in Nr. 5); „47. Thalictrum minimum, foetidissimum C. B. P." (AAW R. I, Op. 14, D. 8, Bl. 2r, s. Anm. 98 in Nr. 39); „174. Thalictrum minimum foetidissimum C. B. P. ..." (AAW R. I, Op. 13, D. 42, Bl. 25r, s. Anm. 1 in Nr. 1); „2. Thalictrum minimum foetidissimum C. B. P. 337. Pr. 147. J. B. 3. 488." mit der rechts marginalen Anm. „Lena fl." (AAW R. I, Op. 13, D. 16, Bl. 14v, s. Anm. 32 in Nr. 6)

119 siehe die Species 49 bis 51 in Tournefort 1700, S. 268 (Genus VIII. „Geranium. Bec de Gruë."); „Geranium, Geranium Robertianum Offic. C. B. Ger. Raji Hist. Herba Ruperti Offic. ... Teutsch Storch=Schnabel, ... St. Roberts= Rupert= oder Ruperts=Kraut. ... Dieses Kraut hat überhaubt eine röthlichte Farbe, und ist deßwegen von denen alten Ruberta, und Rubertiana genennet worden, hernach hat man dasselbige verhümpelt, und Rupertiana oder Robertiana daraus gemachet, daher der Frantzösische Name Herbe Robert entstanden ist. ..." (Zedler 1732–1750, Bd. 10, Sp. 1064ff.)

120 „Aquilegia. Ancholie. ..." (Tournefort 1700, S. 428ff.); „AQUILEGIA. ... teutsch, Agley, Ackeley. Ist ein Gewächs, dessen Kraut dem Kraute des Chelidonii majoris, dem Schölkraute nicht unähnlich siehet, nur daß es etwas runder ist, und rund umher zerkerbet .... Aquilegia, Aquileia und Aquilina, kommen von Aquila; dieweil die Hörnlein, daraus die Blumen dieses Krauts bestehen, krumm sind, als wie der Schnabel und die Waffen oder Klauen eines Adlers." (Lémery

1721, Sp. 78f.); Aquilegia – russ. *golubok, golubki, orliki, sapožki, kolokol* bzw. *kolokol'čik* (*Annenkov* 1858, S. 17, Nr. 118)

121 in der 2. Textversion (s. Anm. 1 in A.): „80“

122 „Butomus flore roseo. Butomus Caesalp. 553. Juncus floridus, major C. B. Pin. 12. Juncus floridus J. B. 2. 524. Gladiolus aquatilis Dod. Pempt. 601“ (Tournefort 1700, S. 271, Genus X. „Butomus.“); „1) Doldenblumiger Wasserlisch. Butomus umbellatus. Linn. Syst. veg. p. 319. ... Iuncus floridus maior. C. BAUH. pinn. 112 ... Butomus CAESALP. 553. Butomus TOURNEF. Inst. R. H. 271. tab. 143. ... wird auch ... im Deutschen Wasserviole, Blumenbinsen, Blumenschwertel ... genennet. ...“ (Linné 1784, S. 660f.); „1. BUTOMUS umbellatus. ... Iuncus floridus major. Bauh. pin. 112. ... Butomus. Caesalp. 553. ... Doldenblütiger Wasserlisch. W. ...“ (Linné 1797–1830, Bd. II, Teil 1, S. 491); „1) BUTOMUS UMBELLATUS. Linn. ... M. a Bieb. Fl. taur. cauc. I. p. 307. No. 760. ...“ (Ledebour 1830, S. 93); „1. B[utomus] umbellatus. L. Spec. 532. ... M. a BIEB. Fl. t. c. I, p. 307. ... LEDEB. Fl. alt. II, p. 93. ... Butomus. ... GMEL. Fl. sib. I, p. 77, No. 42. ...“ (Ledebour 1853, S. 43f.); „Butomus, Butomos, Wasserrohr, Blumenbinsen; Blumenrohr; Cameelheu; hierunter verstehen Theophrast und Anguillara die aufrechte Igelskolbe, Cäsalpin aber ... die Wasserviole, ... Es ist bisher nur eine wahre Art bekannt, welche Linné den Beynamen: umbellatus, die doldenförmige gibt; ... die Schafe und überhaupt alles Vieh läßt sie stehen. ...“ (Gmelin 1772, Sp. 325f.); „760. BUTOMUS umbellatus. ... Gmel. sib. 1. p. 77. n. 42. ...“ (Marschall von Bieberstein 1808a, S. 307); „42. BUTOMUS CAESALP. 553. Iuncus cyperoides floridus palustris LOB. ic. p. 86. Iuncus floridus I. B. II. 524. ... Haec, nisi me omnia fallunt; planta est, cuius radicem cum foliis ex illa prodeuntibus Cl. MULLERUS ex Obo fluuio ad me transmisit, autumni tempore ab Ostiaccis acceptam, quibus vt et Tataris vicinis illa vibum praestat. Sapor radicis lentus susequente dulcedine. ... Ostiaccis Kass, Tatari Sussátok, Russi accepto a Tataris nomine сусакъ [russ. *susak*] vocant.“ (Gmelin 1747–1769, Bd. I, S. 77); „42. Butomus [=] Butomus umbellatus L.!“ (Ledebour 1841, S. 51); „Von der Wurzel Kass oder Sussatok, so die Ostiaken und Tataren essen, *) habe mit denen Kräutern ein Exemplar geschickt. ... |: *) Fl. sib. I. 77. nr. 42. Butomus umbellatus L. ... :|“ (G. F. Müller in einem am 25. Januar 1741 empfangenen, undatierten Brief an J. G. Gmelin – Plieninger 1861, S. 189f.); „14. Planta cujus radicem Ostiaci comedunt. (cf. Ep. Stelleri III.) nequeo hanc determinare cum admodum obsoleta sit nisi sit Typha vulgaris; ... (Flora sibirica I. nr. 70. Typham latifoliam et angustifoliam L. exhibet; ... Hinc planta quam Cel. Linnaeus determinare nequivit, certo non est nisi Fl. sib. I. 77. nr. 42. Butomus umbellatus L. cf. Gmelini Iter sib. II. 469.)“ (C. von Linné in einem undatierten Brief an J. G. Gmelin vermutlich von 1745 – Plieninger 1861, S. 66); ostjak. (Ni.; Kaz.) „χɔs“ (Trj.) „kȧs“ (Helimski 2003, S. 231); ostjak. u. a. „^{2}kas“, „kȧs“, „χɔs“, „кас“, „χos“ bzw. „хас“ – „eine Wasserpflanze, deren Wurzel (gekocht) und gegessen wird“ (Steinitz 1966–1993, Sp. 559); „Butomus L., Wasserlisch. 1. Butomus umbellatus L., ... Doldenförmiger Wasserlisch. R. Susak. ... Tat. Susalook. ... Die Jakuten und Ostiaken essen die Wurzeln. Von den Halmen werden artige Matten geflochten.“ (Georgi 1797–1802, Theil 3, S. 949); russ. *susak* – Butomus umbellatus (Wasserviole, Blumenbinse, Rosenbinse, Schwanenblume) (Pawlowski 1952, S. 1581); „BVTOMVS (vmbellatus) Linn. Lapp. 159. ... Iuncus floridus maior. Bauh. pin. 112. Сусакъ [russ. *susak*] accepto a Tataris nomine. ...“ (*Krašeninnikov* 1761, S. 63); „468. Butomus umbellatus. Lin. Syst. Plant. I. p. 233. ... Blumenbinsen. Ruß. SusaK. Kirgis. Tiin Bas. Kalm. Alt Sonchui. ... Die Kalmüken rösten die frischen und getrokneten Wurzeln in Asche, bestreichen sie warm mit Butter und eßen sie so sehr gerne.“ (Falk 1786, S. 174); „Binsen=Blume, Blumen=Binse, Blühende Binsen, ... Butomus (umbellatus) LINN. Fl. Lapp. ...“ (Krünitz 1773–1858, Bd. 5, S. 329); „25. BUTOMUS UMBELLATUS. Linné. DOLDENBLÜTHIGER BUTOMUS. ... Aus den Blättern flechten die Holländer Matten und Körbe. Die Wurzel soll in einigen Gegenden von Russland gegessen werden. In den Apotheken gebrauchte man vor Zeiten Radix et semen Junci floridi. Die deutschen Namen sind noch: Wasserlisch, Wasserviole, Blumenrohr, Blumenbinse, Blumenschwertel, Binsenblume, Zyperschwertel.“ (Dietrich 1833, Nr. 25); s. auch unter кас bzw. сусáк in: *Anikin* 2000, S. 271 bzw. S. 514, die Angaben zu ‚Ondschula‘ oder ‚Kjöl-àssa‘ (jakut.

„унјӯла“ bzw. „kӯöl aca“ – Butomus umbellatus in: *Pekarskij* 1958–1959, Bd. I, Sp. 103) und nach G. F. Müller in: RGADA F. 181, Op. 16, D. 1386, Č. 1, Bl. 148v, publiziert in: Hintzsche/ *Ėlert* 2010, S. 356f.; „BUTOMUS. ... teutsch, blühende Binsen, Blumenbinsen. ... Es reiniget und eröffnet. Die Wurzel und der Samen sollen wider den Schlangenbiß gut seyn. ...“ (Lémery 1721, Sp. 194); Butomus umbellatus L. – russ. *susak* bzw. *susatok* (*Annenkov* 1858, S. 24, Nr. 221); „Būtomus L. (Juncaceae). Zus. aus βοῦς (Ochse) und τεμνειν (schneiden), die Blätter werden von den Ochsen gefressen (gleichsam abgeschnitten).“ (Wittstein 1852, S. 133)

„Butomus flore roseo pallente. T. Sp. 1. ...“ (AAW F. 98, Op. 1, D. 19, Bl. 7r, s. Anm. 59 in Nr. 19); „Butomus flore roseo. I. R. H. ...“ (AAW R. I, Op. 105, D. 2, Bl. 7v, s. Anm. 54 in Nr. 17); „527. Butomus flore roseo I. R. H. ... j. Idem flore albo. ...“ (AAW R. I, Op. 105, D. 12, Bl. 26r, s. Anm. 54 in Nr. 17); „424. Butomus flore roseo I. R. H. J. Idem flore albo. ...“ (AAW R. I, Op. 13, D. 42, Bl. 81r, s. Anm. 1 in Nr. 1); „144. Butomus flore roseo Inst. r. h. 271.“ (AAW R. I, Op. 6, D. 40, Bl. 29v, s. Anm. 1 in Nr. 1); „144 Butomus fl. roseo i. r. h.“ (G. W. Steller nach J. G. Heinzelmann: AAW R. I, Op. 81, D. 23, Bl. 17v, s. Anm. 1 in Nr. 1); „238) Butomus flore roseo T. i. r. h. ...“ (AAW R. I, Op. 104, D. 25, Bl. 19v, s. Anm. 61 in Nr. 21); „Butomus Caes. ...“ (AAW R. I, Op. 104, D. 8, Bl. 8r, s. Anm. 18 in Nr. 452); „979. Butomus Caes. 553. ...“ (AAW R. I, Op. 105, D. 1^a, Bl. 101r, s. Anm. 29 in Nr. 5); „Butomus flore roseo pallente; Tournef. Spec. 1. ...“ (AAW F. 98, Op. 1, D. 20, Bl. 27v, s. Anm. 90 in Nr. 33); „19. August 1723 ... Von Kräutern fand sich hieselbst ... Butomus flore roseo (Tournefortii sp. 1); ...“ (Messerschmidt 1962–1977, Bd. 2, S. 117); „Butomus flore roseo (Tournefortii sp. 1), Sylv.“ (Messerschmidt 1962–1977, Bd. 4, S. 203, s. Anm. 1 in Nr. 1)

123 „[species 12] Helleborus niger, Ranunculi folio, flore globoso, majore. Ranunculus montanus, Aconiti folio, flore globoso C. B. Pin. 182. Ranunculus flore globoso, quibusdam Trollius flos J. B. 3. 419. Ranunculus flore globoso Dod. Pempt. 430.“ (Tournefort 1700, S. 272, Genus XI. „Helleborus. Ellebore noir.“); „Ranvncvlvs flore globoso, quibusdam Trollius flos. ...“ (Bauhin 1651, S. 419); „23. TROLLIVS corollis conniuentibus nectariis longitudine staminum LIN. Sp. pl. 1. p. 732. n. 1. I. Idem nectariis in petala oblonga et angusta mutatis. Helleborus niger Ranunculi folio, flore globoso, maiore, TOVRN. I. R. H. Omn Ind. Helleborus aconiti, folio flore globoso, croceo, AMM. Ruth. 101. ... Russico nomine etiam haec planta прикрить [russ. *prikrit'*] dicitur. Quo scl. nomine omnes plantae denotantur, quarum vsus est in morbis obscuris, aut contumacibus. Radix autem in vsum adhiberi solet.“ (Gmelin 1747–1769, Bd. IV, S. 190f.), nahezu identisch auf Bl. 81r in: AAW R. I, Op. 104, D. 14 – s. Anm. 32 in Nr. 6; „23. Trollius corollis conniventibus, nectariis longitudine staminum [=] Plures spec. confusae videntur, nempe T. europaeus γ. napellifolius Roep., T. altaicus C. A. Meyer et T. davuricus Turcz. [;] I. Idem nectariis in petala oblonga et angusta mutatis [=] Trollius asiaticus L.!“ (Ledebour 1841, S. 133); russ. *prikryt* – Trollius europaeus (*Brokgauz*/*Efron* 1991, Bd. 49, S. 198), aber auch Aconitum und Delphinium elatum („R. Prikrit“) (Demitsch 1889, S. 148; Georgi 1797–1802, Theil 3, S. 1052); „1) Europäische Trollblume. Trollius Europaeus. ... Trollius corollis conniventibus; nectariis longitudine staminum. LINN. Syst. veg. p. 431. ... Ranunculus montanus, Aconiti folio, flore globoso. C. BAUH. pin. 182. ... Diese Pflanze, welche auch Engelblume, oder Koblenblume, oder Kugelhahnenfuß genennet wird, ... das Decokt der Blätter haben einige Aerzte wider den Scharbock empfohlen.“ (Linné 1781, S. 364ff.); „2) Asiatische Trollblume. Trollius Asiaticus. ... Trollius corolla patula, nectariis stamine longioribus. LINN. Syst. veg. p. 431. Sp. pl. 782. Trollius Europaeus. Var. I. nectariis in petala oblonga et angusta mutatis. GMEL. Fl. Sib. 4. p. 190. Trollius humilis, flore patulo. BUXB. Cent. I. p. 15. t. 22. ... Helleborus, Aconiti folio, flore globoso croceo. AMM. Ruth. 101. ... In Siberien wird die letzte oder zwote Art Prikrit genennet, und eben so, wie das Aconitum, und Delphinium elatum, als ein heroisches Mittel, in verschiedenen hartnäckigen Krankheiten gebraucht.“ (a. a. O., S. 366f.); „1. TROLLIUS europaeus. ... Ranunculus montanus, aconiti folio, flore globoso Bauh. pin. 182. ... Europäische Trollblume. W. ... 2. TROLLIUS asiaticus. ... Helleborus aconiti folio, flore globoso croceo. Amman. ruth. 101. ... Asiatische Trollblume. W. ...“ (Linné 1797–1830, Bd. II, Teil 2, S. 1333f.); „1) TROLLIUS

ASIATICUS. Linn. ... Trollius No. 23. var. I. Gmel. Fl. sib. IV. p. 190. (excl. synon. Tournef.) Helleborus Aconiti folio, ... Amman. ruth. p. 76. No. 101. ...“ Ledebour 1829; S. 301); „1. T[rollius] europaeus. (L. SP. 782) ... 2. T[rollius] asiaticus (L. SP. 782) ... LEDEB. Fl. alt. II, p. 301. ... Helleborus Aconiti folio, flore globoso, croceo. AMM. ruth. p. 76. Nro. 101. Trollius. GMEL. Fl. sib. IV, p. 190. Nro. 23. var. I: nectariis in petala oblongo et angusta mutatis. ...“ (Ledebour 1842, S. 49f.); „[Trollius] europaeus, ... europäische Engelblume, ... Engelblume; Trollblume; Knoblenblume; Knoble; gelber Hanenfus, gefüllte Bergranunkeln; ... ihre Samen sind klein, glänzen, und lassen sich essen: Sie ist ganz unschädlich, und wird von allem Viehe gefressen, ... das mit ihren Blättern gekochte Wasser haben einige Aerzte im Scharbok empfohlen: ... Trollius asiaticus, ... asiatische Engelblume, ...“ (Gmelin 1777, Sp. 305f.); „[Helleborus] niger, ranunculi folio, flore globoso majore; bedeutet bey ihm [d. h. Tournefort] die europäische Engelblume.“ (Gmelin 1773b, Sp. 757); „Tab. XXII. Trollius humilis flore patulo. ...“ (Buxbaum 1728, S. 15); „101. HELLEBORUS Aconiti folio, flore globoso, croceo. .... Differt ab Helleboro nigro, Ranunculi folio, flore globoso Inst. r. h. ...“ (Amman 1739, S. 76); „655. Trollius europaeus. Lin. Syst. Plant. II. p. 668. sp. 1. ... Ruß. Kupalniza. ... 656. Trollius asiaticus. Lin. Syst. Plant. II. p. 669. sp. 2. Buxb. t. 12. ...“ (Falk 1786, S. 203); „Hier [d. h. in der Nähe des Flusses *Ufa*] fing die Dotterblume (Trollius europ[a]eus) an zu blühen, welche ... an ofnen fetten Stellen eine Spielart mit sehr grossen, oraniengelben und sehr wohlriechenden Blüthen hervorbringt. ...“ (Pallas 1773, S. 17); „Trolllius (europaeus) ... Linn. Spec. plant. ... Europaeische Trollblume, Engelblume, Knollenblume, Knoblenblume, Dotterblume, Pfingsthötchen, Kugelhanenfuss. ...“ (Hayne 1805, Nr. 12); „1. TROLLIUS europaeus L. ... Europäische Trollblume. R. Kupalniza [russ. *kupal'nica*]. ...“ (Georgi 1797–1802, Theil 3, S. 1070); „HELLEBORUS NIGER. ... teutsch, schwarze Nieswurtz, Christwurtz. ...“ (Lémery 1721, Sp. 524f.); „Tróllius <Trollblume>: Name von L. mit bislang unzureichend aufgeklärter Benennungsgeschichte und Etymologie; ... nach Grimm 22,800 ist im Hinblick auf die charakterist. Kugelgestalt des Perigons auszugehen von oberdt. trollen <große Frucht, Knolle> nach Hegi 3,459 sogar von lat. trūlleus, trūlleum <rundes Gefäß, Becken, Waschbecken> ...“ (Genaust 2005, S. 661); „RANUNCULUS. ... teutsch, Hanefuß, ... Ranunculus, kommt von Rana, Frosch, weil dieses Kraut gemeiniglich in feuchten und im Sumpfe wächst, als wie die Frösche. ...“ (Lémery 1721, Sp. 942f.); Helleborus – russ. *moroznik* (*Annenkov* 1858, S. 48, Nr. 541); Trollius asiaticus L. – russ. *prikryt* (a. a. O., S. 96, Nr. 1139); Trollius europaeus L. – russ. *polevoj chmel', koltuški, avdotki, kupal'nica, kugol'nik* bzw. *kurinaja slepota* (a. a. O., S. 96, Nr. 1140); „Trōllius L. (Ranunculaceae). Vom altdeutschen trol oder trolen (d. i. etwas Rundes, Kugeliges), in Bezug auf die fast kugelige Form der Blumenkrone. Der Name wurde dieser Pflanze zuerst von C. Gesner gegeben.“ (Wittstein 1852; S. 905); „Hellēborus AD (Ranunculaceae). Zus. aus ἕλειν, εἵλειν, ἕλλειν (verdrängen, wegnehmen, d. h. das Leben) und βορα (Speise), d. h. ein Gewächs, das durch den Genuss tödtet. Nach dem Vorgange der Alten unterscheidet man aber als Helleborus zwei in ihren botanischen Merkmalen ganz unähnliche und nur in ihrer Giftigkeit etwa übereinkommmende Gewächse, nämlich den hierher gehörenden Helleborus niger (ἑλλεβορος μελας), u. den Helleborus albus (ἑλλεβορος λευκος, Veratrum album) aus der Familie der Junceen.“ (a. a. O., S. 427)

„239 Helleborus niger Ranunculi folio flore globoso majore T. i. r. h. ...“ (AAW R. I, Op. 104, D. 25, Bl. 19v, s. Anm. 61 in Nr. 21); „609. Helleborus niger, Ranunculi folio, flore globoso majore I. R. H. ...“ (AAW R. I, Op. 105, D. 12, Bl. 34v, s. Anm. 54 in Nr. 17); „1129. Helleborus niger Ranunculi folio, flore globoso majore I. R. H. ...“ (AAW R. I, Op. 105, D. 1^{a}, Bll. 119r–119v, s. Anm. 29 in Nr. 5); „147. Helleborus niger, Ranunculi folio, flore globoso majore Inst. r. h. 272.“ (AAW R. I, Op. 6, D. 40, Bl. 29v, s. Anm. 1 in Nr. 1); „22. Helleborus niger Ranunculi folio, flore globoso majore I. R. H.“ (AAW R. I, Op. 15, D. 1, Bl. 2r, s. Anm. 24 in Nr. 64); „147. Helleborus niger Ranunculi folio flore globoso majore Inst. r. h. 272“ (AAW R. III, Op. 1, D. 28, Bl. 9r, s. Anm. 1 in Nr. 1); „147 Trolliq i. r. h.“ (G. W. Steller nach J. G. Heinzelmann: AAW R. I, Op. 81, D. 23, Bl. 17v, s. Anm. 1 in Nr. 1); „Helleborus niger Ranunculi folio, flore globoso majore I. R. H. ...“ (AAW R. I, Op. 13, D. 67, Bl. 75v, s. Anm. 5 in Nr. 4); „425.

Helleborus niger Ranunculi folio, flore globoso maiore I. R. H. ..." (AAW R. I, Op. 13, D. 42, Bl. 81r, s. Anm. 1 in Nr. 1); „130. Helleborus folijs angulatis multifidis, flore globoso. Lin. h. cliff. 297. Helleborus niger. Ranunculi folio, flore globoso maiore. Tourn. inst. 272. Helleboro-Ranunculus, flore luteo globoso. Boerh. lugd. 1. p. 297." (AAW R. I, Op. 13, D. 20, Bl. 14r, s. Anm. 1 in Nr. 1); „* Helleborus niger Ranunculi folio flore globoso majore. I. R. H. ..." (AAW R. I, Op. 105, D. 2, Bl. 7v, s. Anm. 54 in Nr. 17); „Helleborus, niger, Ranunculi folio flore globoso majore. Tournef. Sp. 12. ..." (AAW F. 98, Op. 1, D. 19, Bl. 25r, s. Anm. 59 in Nr. 19); „1. Mai 1723 ... nannte mir folgende Kräuter, so hieherumb wachsen sollten, nämlich Prikrit, flore carens, si verbis fides; ..." (Messerschmidt 1962–1977, Bd. 2, S. 41); „Helleborus niger Ranunculi folio, flore globoso luteo maiore (Tournefortii sp. 12), Sylv." (Messerschmidt 1962–1977, Bd. 4, S. 203, s. Anm. 1 in Nr. 1)

124 „[species 13] Helleborus niger, Ranunculi folio, flore globoso, minore." (Tournefort 1700, S. 272, Genus XI. „Helleborus. Ellebore noir."); „[Helleborus] niger, ranunculi folio, flore globoso minore; hierunter versteht er [d. h. Tournefort] eine kleinere Abart derselbigen [d. h. der europäischen Engelblume]." (Gmelin 1773b, Sp. 757); s. Nr. 353

125 s. Nr. 353

126 „[species 1] Veratrum flore subviridi. Helleborus albus, flore subviridi C. B. Pin. 186. Helleborus albus, flore ex viridi albescente J. B. 3. 634. Helleborum album sive Veratrum Lob. Icon. 311. Ellebore blanc, à fleur vert-palê." (Tournefort 1700, S. 273, Genus XII. „Veratrum. Ellebore blanc."); „40. VERATRUM pedunculis corolla erecta patente breuioribus. Helleborum siue Veratrum album DOD. p. 383. Helleborus albus flore subuiridi C. B. P. 186. Veratrum flore subuiridi TOURN. I. R. H. Vti totius Russiae idigena, ita et in Sibiria nusquam hospes est, Russis чемерица [russ. *čemerica*] dicta. ... Sibiriae quibusdam incolis Russis in vsu est contra hydropem. Decoctum nempe radicis quouis mane per decem aut duodecim dies hauriunt, vnde vomitum ciendi et aluum purgandi vehementissimus effectus contingit, qui paucis saltem, plurimis mortem adsert. idem sed rarior vsus est in lue venerea. Radix et fibrae, capillis similes, in exortu caulis sitae, Ieniseensibus in vsu sunt contra quaecuncque vlcera, inprimis aperta pedum. ..." (Gmelin 1747–1769, Bd. I, S. 75f.); „40. Veratrum pedunculis corolla erecta patente brevioribus [=] Veratrum album L.!" (Ledebour 1841, S. 51); russ. *čemerica* bzw. *čemeričnik* – Veratrum album, Helleborus, Nieswurz (*Dal'* 1880–1882, T. IV, S. 589; Pawlowski 1952, S. 1721); „1) Weiser Germer. Veratrum album. ... Veratrum racemo supradecomposito, corollis erectis LINN. Syst. veg. p. 757. ... Veratrum pedunculis corolla erecta patente brevioribus. GMEL. Sib. 1. p. 75. ... Helleborus albus flore subuiridi. C. BAUH. pin. 186. ... Dieses Gewächs ... wird insgemein, wegen der weissen Wurzel, weisse Nieswurz, oder weisses Nieskraut genennt. ... Wegen ihrer Schärfe ist sie eine heftig purgirende Arzney, die in Substanz niemals gegeben wird, ob man sie gleich sonst in der Raserey, Melancholie, viertägigen Fiebern, Schwindel, und der Schlafsucht verordnet hat. Aeuserlich braucht man sie zum Nießpulver, und die trockene Kräze, wie auch andere um sich fressende Geschwüre, zu heilen. ..." (Linné 1783, S. 305ff.); „1. VERATRUM album. … Veratrum pedunculis corolla erecta patente brevioribus. Gmel. sib. 1. p. 75. … Helleborus albus, flore subviridi. Bauh. pin. 186. … Weisser Germer. W. …" (Linné 1797–1830, Bd. IV, Teil 2, S. 895f.); „1) VERATRUM ALBUM. Linn. M. a. Bieb. Fl. taur. cauc. II. p. 445. No. 1989. … Veratrum pedunculis corolla erecta patente brevioribus. Gmel. Fl. sib. I. p. 75. No. 40. …" (Ledebour 1830, S. 62f.); „2. V[eratrum] album (L. Spec. 1479) … M. a BIEB. Fl. t. c. II, p. 445. … LEDEB. Fl. alt. II, p. 62. … V. pedunculis corolla erecta, … GMEL. Fl. sib. I, p. 75, No. 40. …" (Ledebour 1853, S. 208f.); „[Veratrum] album, … gemeine weisse Nieswurz, … weisse Nieswurz, weisse Nieswurz mit grünlichter Blume, Hemerwurz, Champagnerwurz; … Ihre Wurzel hat eine ganz ungemeine Schärfe; frisch hinunter geschlungen entzündet sie Lippen, Schlund und Magen, und erregt oft … das allergewaltsamste Erbrechen, Schluchzen, Brennen, oder die grausamsten Schmerzen in dem Magen und den Gedärmen, … Kopfschmerzen, Schwindel, Verfall der Sprache, Schlagfluß, Blindheit, leuchten Wansinn, … vertritt sie doch bey den Aerzten … die Stelle eines Heilmittels; die Alte verordneten sie nicht nur äuserlich in Salben

wider die Krätze, ... sondern auch innerlich in lange anhaltenden, viertägigen Wechselfiebern, in ähnlichen Kopfschmerzen, in der fallenden Sucht, ..." (Gmelin 1777, Sp. 432ff.); „1989. VERATRUM album. ... Gmel. sib. 1. p. 75. n. 40. ..." (Marschall von Bieberstein 1808, S. 445f.); „Helleborum. recte (Fl. sib. I. 75. nr. 40. Veratrum album L.)." (A. von Haller in einem undatierten Brief an J. G. Gmelin – Plieninger 1861, S. 151); „Ein schädliches und viele Menschen tödtendes Haus=Mittel gibt bey denen Kosaken die Wurzel der weißen Nießwurz, welche fast in allen Krankheiten ohne Unterscheid gebraucht wird. Unzüchtige Weibspersonen treiben damit auch die Frucht ab." (Gmelin 1770, S. 155f.); „Die weisse Nieswurz b), welche damals schon verblüht hatte, stand ... mit der Wolfswurzel [d. h. Aconitum Lyctoctonum] fast in gleichem Range. Ihre Wurzel, hieß es, ist überaus gut. Wenn man davon ungefähr ein Szolotnik *) in Honig zerlassen trinkt, wird man dadurch alle Unreinigkeiten los, die es oben und unten ausführt. Alle Unreinigkeit, aller Ausschlag vom Menschen bis zum Vieh muß der Macht dieser Pflanze zu Gebot stehen, Wenn man mit dem Aufguß von dieser Pflanze alle Morgen das grindige krätzige Vieh wäscht: so vergeht nicht allein die Krätze, sondern es werden auch alle die kleinen Würmgen, die sich in den Wunden der Haut erzeugen, getödtet. ... |: b) Veratrum album, russ. Tschemeriza :|" (Lepechin 1774, S. 45); „Auch wüthet das Geschmeiss und namentlich die Rennthierbremse in wärmerer Gegend viel unbarmherziger. ... Die Larven sitzen beiderseits neben dem Rückgrath, ... dass die Maden am Fleische hängen blieben. [3]) ... |: 3) Es wäre doch ausserordentlich wichtig praktisch zu ermitteln, ob, wie Pallas angegeben,Veratrum album sich mit Nutzen gegen die Rennthierbremsen (vielleicht gar auch gegen die Viehbremse) anwenden lässst. :|" (Middendorff 1875, S. 1337); „Die niedrigen und feuchten Stellen waren fast ganz mit weißer Nieswurz g) bedeckt. Die Morduanen brauchen diese Pflanze bey äuserlichen Krankheiten, sowohl an Menschen, als Vieh, sonderlich bey Geschwüren. In solchem Fall nehmen sie Quaasmalz, drucken es aus, daß es trocken wird, schütten es aus einander auf einen Lappen, und streuen oben darauf das Pulver von dem weißen Nieswurz, wobey sie Acht haben, daß das Pulver nicht mehr Platz einnehme, als so weit das Geschwür geht. ... |: g) Veratrum album, russ. Tschemeriza. :|" (a. a. O., S. 187); „Es [d. h. Veratrum album] ist dem Landmann wegen seiner Schädlichkeit, durch ganz Rußland unter dem Namen Tschemeriza wohl bekannt und wird bey der Heuerndte sorgfältig ausgelesen und weggeworfen. ... Die allgemeine Erfahrung ... ist, daß dieses Kraut oft jung im Frühling von unerfahrenen Lämmern genossen wird, welche davon unfehlbar umkommen. ... Die Bauren graben und trocknen die Wurzel und bestreuen mit dem Pulver davon die Schwäre, welche im Sommer bey dem Rindvieh von gewissen Maden (Ugri) eines Oestrus entstehen. Ja es giebt Leute, welche die frische Wurzel ... auch sogar Menschen eingeben um Spul= und Bandwürmer zu vertreiben. ..." (Pallas 1771, S. 49f.); „Ich sahe ... mit Verwunderung; wie die hungrigen Pferde im wandern das häufig daselbst wachsende, noch Blumenlose Nießwurzkraut (Veratrum russ. Tschemeriza) vorzüglich auslasen und wegfrassen, ... Die Fuhrleute versicherten, daß dieses, anderwärts dem Vieh durch seine giftige Schärfe so schädliche Kraut, von ihren Pferden im Frühling ohne Nachtheil genossen wird und selbige höchstens nur purgiret. ..." (Pallas 1773, S. 190f.); „1124. Veratrum album. Linn. Syst. Plant. IV. p. 296. p. 1. ... Weiße Niesewurz. Ruß. Tschemeriza und Wolschom Tat. und Baschk. Axerjack. ... Die Baschkiren versicherten, daß die Schaafe im Frühlinge die flach und fast blos liegenden Wurzeln freßen, und viele dadurch getötet würden. Andern Vieh wäre der Geschmack der Wurzeln zuwider." (Falk 1786, S. 269); „α) Weisse Niesewurz, ... Veratrum album Linn. ... Ihre Wurzel, welche zu einer Art Bier, dem Brausebüttel kommen soll [n]), hat eine äzende brennende Schärfe, ... Aber auch äuserlich gebraucht, ist die Nieswurz gar nicht unschuldig, unter der Gestalt eines feinen Pulvers in die Nase gezogen, erregt sie das allerheftigste und gefährlichste Niesen [d]); nur auf den Bauch gelegt macht sie gewaltsames Erbrechen [e]); ..." (Gmelin 1803, S. 687ff.); „1. VERATRUM album ... Weißer Germer. Weiße Nieswurz R. Tschemeriza, Tat. Agerjak. ... Die Wurzel eine Hausarzney für Menschen und Vieh. Die Sibiriaken trinken den Absud derselben wider die Wassersucht, 10 bis 12 Tage nach einander so stark, daß er Brechen und Stuhlgang macht, oft mit guten, öfter mit tödlichen Folgen. Das junge Kraut im Frühlinge findet man dem Rindvieh tödtlich. – Die zerpulverten Wurzeln werden in die geöffneten Beulen von Oestruslarven gestreuet." (Georgi 1797–1802, Theil 3, S. 1363); „9. Veratrum album L. .. Nach Lepechin gebrauchen die Mordwinen die pulverisirte Wurzel des Germer äusserlich bei verschiedenen Hautunreinlichkeiten. ... Dieselbe wird auch als Anthelminthicum benutzt, ... Im G. Perm wendet man das Mittel an: bei Zahnschmerzen, Geschwülsten (in Kataplasmen) und Panaritien. Der innere Gebrauch kommt bei Eingeweidewürmern und Trunksucht in Betracht ... In Nertschinsk verwendet man das Mittel gegen ‚venerische' Krankheiten. ... Am Flusse Argun wird eine Wurzelabkochung des Germer für das beste innerliche Mittel gegen Wassersucht gehalten, ... Wir sehen, dass der Gebrauch der beiden Mittel beim Volke ziemlich analog ist. Auesserlich wendet man sie bei Hautkrankheiten, Wunden und dergleichen an, innerlich als Diureticum, Abführ- und Wurmmittel. Beide Pflanzen sind mehr oder weniger giftig. ..." (Demitsch 1889, S. 214f.); „VERATRUM. ... teutsch, weisse Niesewurtz, ist ein Gewächse, dessen es zwey Sorten giebet. Die erste wird genannt Veratrum flore subviridi, Pit. Tournef. ... Die andere wird genannt Veratrum flore atrorubente, Pit. Tournef. ... Veratrum, quasi verè atrum, in der That und wircklich schwartz, sind diese Gewächse genennet worden, dieweil die schwartze Niesewurtz, welche gleichergestalt Veratrum genennet wird, eine schwartze Wurtzel hat: oder aber, weil der Helleborus schwartze Galle bey den melancholischen anführet." (Lémery 1721, Sp. 1168f.); Veratrum album L. – russ. *čemeria* bzw. *čemernik* (*Annenkov* 1858, S. 98, Nr. 1162); „Verātrum T. (Junceae). Von verator (Wahrsager), d. h. eine Pflanze, deren sich die Wahrsager bei ihren Betrügereien bedienten; man leitet auch ab von vertere (wenden, sc. mentum, d. h. wahnsinnig machen oder den Wahnsinn heilen, s. Plin. XXV. 21 squ.). Andere setzen zusammen aus verum (wahr) und ater (schwarz) und beziehen den Namen auf die schwarze Nieswurzel, die jedoch zu Helleborus gehört; ..." (Wittstein 1852, S. 920)

„6. Radices veratri seu Ellebori albi russi fere omnes per russiam et Sibiriam magnifaciunt, illasq₃ in substantia magnitudine Pineae deglutiendas dant, aut fermentato potu russico (quas dicto) infusam in furno post extractum panem lente diu coquunt ac aegris quibuscunq) temerario ausu bibendam offerunt, inq₃ via a Moscua Tobolin usq) plures quam 60 homines partim enecatos, partim in perpetuum Morbum diraq₃ symptomata conjectos diario annotavi foetum immaturum hoc drastico expellunt Scorta, quidam ex usu hujus remedii icterici fiunt, quidam tabe conficiuntur, quidam hernias retulerunt praecipue Juniores, nonnulli pedum aedematibus affecti, unanimiter omnes aegri testantur odorem vehementem sentiri in gula & ventriculo strangulationes, obscurationes sensuum et abolitiones in totum, hora una, a comestione radicis aut haustu decocti. Solent mense aprili propu Mulantem plantam olla superinjecta obtegere, folia enecare, quae flava reddita marcescunt, et ita radicem, ut ajunt, fortiorem et efficaciorem reddere. Nullo certo remedio tot homines in russia et Sibiria pereunt et destruuntur quam hoc, licet Russi innocue vehementissima remedia sumant ac ferre possint." (AAW R. I, Op. 104, D. 18, Bl. 8v, s. Anm. 20 in Nr. 632); „405. Veratrum flore subviridi I. R. H." (AAW R. I, Op. 105, D. 12, Bl. 24r, s. Anm. 54 in Nr. 17); „240 Veratrum flore subviridi T. i. r. h. ... 241) Veratrum flore subviridi humile, ..." (AAW R. I, Op. 104, D. 25, Bl. 19v, s. Anm. 61 in Nr. 21); „1. Veratrum flore subviridi I. R. H. ..." (AAW R. I, Op. 13, D. 67, Bl. 62r, s. Anm. 5 in Nr. 4); „145. Veratrum flore subviridi Inst. r. h. 273. Helleborus albus flore subviridi CBP. 186." (AAW R. I, Op. 6, D. 40, Bl. 30r, s. Anm. 1 in Nr. 1); „145 Veratrum fl. Subviridi i. r. h." (G. W. Steller nach J. G. Heinzelmann: AAW R. I, Op. 81, D. 23, Bl. 17v, s. Anm. 1 in Nr. 1); „320 Veratrum Linn. h. cliff. 468. Veratrum flore subviridi. Tourn. inst. 273. Boerh. lugd. 296. Elleborum album Matth. 2. 559. Elleborus albus, exalbido flore. Clus. hist. 1. p. 274. ..." (AAW R. I, Op. 13, D. 20, Bl. 34r, s. Anm. 1 in Nr. 1); „* Veratrum flore subviridi I. R. H. Russ. Чемерица. [russ. *čemerica*] ... sit Veratrum flore subviridi aetate mutatum?" (AAW R. I, Op. 105, D. 2, Bl. 7v, s. Anm. 54 in Nr. 17); „961. Veratrum flore subviridi I. R. H. ..." (AAW R. I, Op. 105, D. 1[a], Bl. 99r, s. Anm. 29 in Nr. 5); „973. Veratrum flore viridi. ..." (AAW R. I, Op. 15, D. 1, Bl. 9r, s. Anm. 24 in Nr. 64); „427. Veratrum flore subviridi I. R. H. Russ. Чемрица [russ. *čemrica*]. ..." (AAW R. I, Op. 13, D. 42, Bl. 82r, s. Anm. 1 in Nr. 1); „Veratrum flore subviridi. Tournef. Spec. 1. Чемери́ца [russ. *čemerica*] (: Zemeritza :)

Russorum in Siberia; it. Slavonicè. ..." (AAW F. 98, Op. 1, D. 19, Bl. 70v, s. Anm. 59 in Nr. 19); „21. Juli 1724 ... Inzwischen botanisierte ... und fand sich ... Veratrum flore subviridi (Tournefortii sp. 1). Eius flores maiores paulo quam in atrorubente, petala quoque acuminatiora; ..." (Messerschmidt 1962–1977, Bd. 3, S. 91f.); „Veratrum flore subviridi (Tournefortii sp. 1), Off." (Messerschmidt 1962–1977, Bd. 4, S. 203, s. Anm. 1 in Nr. 1); s. auch Nr. 357

127 „[species 2] Veratrum flore atro-rubente. Helleborus albus, flore atro-rubente C. B. Pin. 186. Helleborum album, flore nigro J. B. 3. 634. Helleborum album, floribus atro-rubentibus, praecox Lob. Icon. 311. Ellebore blanc à fleur rouge-brun." (Tournefort 1700, S. 273, Genus XII. „Veratrum. Ellebore blanc."); „Veratrum flore ferrugineo. Veratrum flore atro-rubente Tournefort. Instit. 273. ... Weisse Nieß=Wurtz a colore radicis. ..." (Rupp 1726, S. 123f.); „41. VERATRUM pedunculis corolla patentissima longioribus. Helleborus albus flore atro-rubente C. B. P. 186. Veratrum flore atro-rubente TOURN. I. R. H. ... Nullam ego differentiam a priori specie obseruare potui, praeter illam, quam titulus exprimit. STELLERUS scribit, folia huius esse longiora, et in caule rariora. ..." (Gmelin 1747–1769, Bd. I, S. 76f.); „41. Veratrum pedunculis corolla patentissima longioribus [=] Veratrum nigrum L.!" (Ledebour 1841, S. 51); „2) Schwarzer Germer. Veratrum nigrum. ... Veratrum racemo composito, corollis patentissimis. LINN. Syst. Veg. p. 757. ... Veratrum pedunculis corolla patentissimo longioribus. GMEL. Sib. p. 76. ... Veratrum flore atrorubente. TOURNEF. Inst. R. H. p. 273. Helleborus albus flore atrorubente. C. BAUH. pin. 186. ..." (Linné 1783, S. 307f.); „3. VERATRUM nigrum. … V. pedunculis corolla patentissima longioribus. Gmel. sib. 1. p. 76. V. flore atrorubente. Tournef. inst. 273. … Schwarzer Germer. W. …" (Linné 1797–1830, Bd. IV, Teil 2, S. 896f.); „2) VERATRUM NIGRUM. Linn. … Veratrum pedunculis corolla patentissima longioribus Gmel. Fl. sib. I. p. 76. No. 41. …" (Ledebour 1830, S. 63); „1 V[eratrum] nigrum (L. Spec. 1479) … LEDEB. Fl. alt. II, p. 63. … V. pedunculis corolla patentissima longioribus. GMEL. Fl. sib. I, p. 76, No. 41. …" (Ledebour 1853, S. 208); „Veratrum nigrum, … weisse Nieswurz mit schwarzer Blume, … ihre Blumen … haben … einen starken ekelhaften Geruch: Die Schneken zerfressen ihre Blätter: …" (Gmelin 1777, Sp. 437f.); „58. Helleborus niger L. ... Schon das alte, von Florinski herausgegebene Heilbuch handelt im Kapitel 165 über den Nieswurz, welchen daselbst verschiedene Heilkräfte zugeschrieben werden. Helleborus albus und niger sollen danach, äusserlich verwendet, bei Ausschlägen von Nutzen sein. Eine Abkochung des schwarzen Nieswurz sei ein zweckmässiges Mundwasser, welches Zahnschmerzen beseitigt, das Zahnfleisch stärkt, Würmer daraus vertreibt. ... Die Wurzel mit Speck verrieben wird von den Tartaren zur Vertheilung der Geschwüre benutzt. ... Helleborus viridis wird im Kaukasus zu Wannenbädern für die an Masern erkrankten Kinder verwendet. ... Häufiger als Helleb. niger wird das unter dem beiden gemeinschaftlichen Namen ‚Tchemeriza' bekannte Veratrum album gebraucht, ..." (Demitsch 1889, S. 214f.); „Die getrockneten pulverisirten Blätter von Veratrum nigrum werden dem Schnupftabak beigemengt, welcher zur Behandlung des Schnupfens und der dadurch bedingten Kopfschmerzen beim Volke dient. Das Gemisch ruft starkes Niesen, manchmal sogar Nasenbluten hervor. ..." (a. a. O., S. 215); „1125. Veratrum nigrum. Lin. Syst. Plant. IV. p. 297. sp. 2. … Die Rußischen Landleute nehmen die zerpulverte Wurzel zu 1 Quentlein wider Wechselfieber." (Falk 1786, S. 269); „2. VERATRUM nigrum ... Schwarzroth blühender Germer. ..." (Georgi 1797–1802, Theil 3, S. 1363f.); „β) Weisse Nieswurz mit schwarzen Blumen, rothe Hemerwurz, Veratrum nigrum Linn. … Ihre nahe Aehnlichkeit mit der weissen läßt ähnliche Gefahren von ihrem Genusse befürchten, wirklich ist sie auch dem Hornvieh eben so schädlich[m])." (Gmelin 1803, S. 696f.); Veratrum nigrum L. – russ. *čichotnaja trava* (*Annenkov* 1858, S. 99, Nr. 1163)

„274. Veratrum flore atro rubente. ..." (AAW R. I, Op. 15, D. 1, Bl. 9r, s. Anm. 24 in Nr. 64); „962. Veratrum flore atro-rubente I. R. H. ..." (AAW R. I, Op. 105, D. 1[a], Bl. 99v, s. Anm. 29 in Nr. 5); „2.Veratrum flore atro-rubente I. R. H. ..." (AAW R. I, Op. 13, D. 67, Bl. 62r, s. Anm. 5 in Nr. 4); „1043. Veratrum flore atrorubente I. R. H. ..." (AAW R. I, Op. 13, D. 20, Bl. 96r, s. Anm. 1 in Nr. 1); „Veratrum flore atro-rubente. Tournef. Spec. 2. ..." (AAW F. 98, Op. 1, D. 19, Bl. 70v, s. Anm. 59 in Nr. 19); „506. Veratrum flore atro-rubente I. R. H. ..." (AAW R. I, Op. 105,

D. 12, Bl. 24r, s. Anm. 54 in Nr. 17); „21. Juli 1724 ... Inzwischen botanisierte ... und fand sich ... Veratrum flore atrorubente (Tournefortii sp. 2). Eius flores valde repandi fere retroflexi, minores quam in subviridi, petala quoque obtusiora. ...“ (Messerschmidt 1962–1977, Bd. 3, S. 91f.); „Veratrum flore atro rubente (... sp. 2), Sylv.“ (Messerschmidt 1962–1977, Bd. 4, S. 203, s. Anm. 1 in Nr. 1); s. Nr. 356

128 „Helleborine. Elleborine. ...“ (Tournefort 1700, S. 436); „HELLEBORINE. ... teutsch, Frauen-Stuhl, wilde Niesewurtz. ... Seine Blätter sehen als wie die an der weissen Niesewurtzel, sind aber um ein gutes kleiner, ohne Stiel, voll Adern und bitter von Geschmack. ... Es reiniget und dienet zu den Wunden. Helleborine ist das deminutivum von Helleborus, und dem Gewächse dieser Name umdeswillen mitgetheilet worden, weil es das Ansehen hat, als ob desselben Blätter von den Blättern der weissen Niesewurtzel sonst gar nicht unterschieden wären, als daß sie kleiner.“ (Lémery 1721, Sp. 524)

129 russ. *čemerica*

130 in der 2. Textversion (s. Anm. 1 in A.) fehlt: „pari moto ac praecedens“

131 „Populaginis speciem unicam novi, cujus varietatis sunt. [Varietät 1] Populago flore majore. Populago major Tabern. 750. Caltha palustris, flore simplici C. B. Pin. 276. Caltha palustris J. B. 3. 470. [Varietät 2] Populago flore minore. Populago minor Tabern. Icon. 750. ...“ (Tournefort 1700, S. 273, Genus XIII. „Populago.“); „Caltha palustris flore simplici C. B. P. 276. ... Wiesen=-Blume, Dotter=Blume. ...“ (Rupp 1726, S. 105f.); „Die Dotter=Bluhme: Populago, flore majore. T. 273. ... Eine andere Verschiedenheit ist: Populago flore minore. T. loc. cit. ... Die Blätter der Dotter=Bluhme haben ... trefliche Tugenden, das scharffe, scharbockische, sauere und versaltzene Geblüte zu reinigen, und zu versüßen, die Verstopfung der Leber und Miltzes zu eröfnen, den Säugenden die Milch zu mehren, Wunden und Schäden zu säubern und zu heilen. ...“ (Zwinger 1744, S. 914); „25. CALTHA palustris ROY. Lugd. 484. LIN. Sp. pl. 1. 784. n. 1. Populago maior, TABERN. Ic. 150. [müßte heißen: 750] ...“ (Gmelin 1747–1769, Bd. IV, S. 191f.), nahezu identisch auf Bl. 81v in: AAW R. I, Op. 104, D. 14 – s. Anm. 32 in Nr. 6; „25. Caltha palustris [=] Caltha palustris L.!“ (Ledebour 1841, S. 133); „1. CALTHA. Fl. Lapp. 227. Caltha palustris. Bauh. hist. 3. p. 470. ... Caltha palustris, flore simplici. Bauh. pin. 276. Populago flore majore. Tournef. inst. 273. ...“ (Linné 1737, S. 228); „1) Die Sumpfschmalzblume. Caltha palustris. LINN. Syst. veg. p. 432. Sp. pl. 784. Hort. Cliff. 228. ... C. BAUH. pin. 276. ... Populago major et minor. TABERN. Ic. 750. TOURNEF. inst. 273. ... Sie wird auch Kuhblume, Wiesenblume, Dotterblume, Mosblume, Bachblume ... genennet. ... das Vieh lasse diese Pflanze auf der Weide stehen, wenn es aber dieselbe unter anderem Futter in der Krippe zu fressen bekomme, so verursache sie ihm heftige Schweisse, und bisweilen Geschwüre in den Eingeweiden.“ (Linné 1781, S. 377f.); „1. CALTHA palustris. … Caltha. Fl. lapp. 227. … Hort. cliff. 228. … Gmel. sib. 4. p. 191. … C. palustris, flore simplici. Bauh. pin. 276. … Populago major. Tabern. ic. 750. α. Populago minor. Tabern. ic. 750. … Gemeine Kuhblume. W. …“ (Linné 1797–1830, Bd. II, Teil 2, S. 1338f.); „1) CALTHA PALUSTRIS. Linn. … Caltha No. 25. Gmel. Fl. sib. IV. p. 191. …“ (Ledebour 1830, S. 303); „1. C[altha] palustris (L. SP. 784) … GMEL. Fl. sib. IV, p. 191. Nro. 25. … M. a BIEB. Fl. t. c. II, p. 31. … LEDEB. Fl. alt. II, p. 303. …“ (Ledebour 1842, S. 48f.); „1097. CALTHA palustris. … Gmel. sib. 4. p. 191. n. 25. …“ (Marschall von Bieberstein 1808, S. 31); „[Caltha] palustris, Sumpfdotterblume; Schmaltzblume, Kuhblume, Bachblume, Mattenblume, Mosblume, gelbe Wiesenblume, Goldwiesenblume; ... die Finnen bedienen sich in Hungersnoth ihrer Wurzeln zur Speise; ...“ (Gmelin 1772, Sp. 405f.); russ. *nogotki* – Caltha palustris (Wörterbuch 1835, S. 77); „37. Caltha palustris L. (Ranunc.). ... Das russische Volk schreibt der Caltha palustr. bei äusserem Gebrauche hautirritirende und wundheilende Kraft zu. Innerlich will man durch diese Pflanze eine diuretische und abführende Wirkung erzielen. ...“ (Demitsch 1889, S. 187ff.); „X. Mittel bei Hydrops, Scorbut, Stomacace und Aphthen. ... Bei Hydrops gebraucht man auch den Absud von ... Caltha palustris, ...“ (Krebel 1858, S. 161ff.); „Milch-verbessernde Mittel. ... Man gebe den Kühen Caltha palustris, dann wird man recht gelbe Butter erzielen. ...“ (Alksnis 1894, S. 241); „Mosblume, ein Nahme der Caltha palustris Linn., wegen ihrer Wohnung

an feuchten Orten, daher sie auch Maßlieben und Mattenblume genannt wird. ...“ (Krünitz 1773–1858, Bd. 94, S. 573f.); „1. CALTHA palustris L., … Gemeine Dotterblume. Finn. Tywe Heine. …“ (Georgi 1797–1802, Theil 3, S. 1072); „10) Dotterblume, Schmalzblume, Kuhblume, Bachblume, Mattenblume, Mosblume, gelbe Wiesenblume, Goldwiesenblume, Doktorblume, teutsche Kapern. Caltha palustris Linn. … Ob sie gleich von Ziegen und von dem Hornvieh, und, so lange sie noch jung ist, gerne und ohne Schaden gefressen wird [e]) obgleich ihre noch ungeöfnete Blumen, ehemals statt der Kapern eingemacht und gespeist worden sind [f]), … so fand sie doch Haller von einer brennenden Schärfe [i]) und Erhard zählte sie unter die Gifte [k]).“ (Gmelin 1803, S. 273f.); „101. CALTHA PALUSTRIS Linné. GEMEINE CALTHA. … Die noch grünen, nicht gelb gewordenen Blüthenknospen werden statt der Knospen eingemacht, und damit an manchen Orten ein förmliches Gewerbe getrieben. Die Blumen mit Alaun gekocht, geben eine gelbe Farbe. Die Pflanze ist übrigens scharf, wie die mehrsten Ranunculaceae, und wird deshalb von dem mehrsten Vieh nicht gefressen. Deutsche Namen: Dotterblume, Kuhblume, Butterblume, Bachblume, Schmalzblume, Mattenblume, Moosblume, Wiesenblume, Goldblume, Schmerblume, Schmergeln, deutsche Kapern.“ (Dietrich 1834, Nr. 101); „Die Sumpf-Dotterblume – Caltha palustris, L. ... Gemeine Dotterblume. Goldblume. Gelbe Wiesenblume. Gelbe Maiblume. Mattenblume. Goldwiesenblume. Butterblume. Schmalzblume. Schmeerblume. Wiesengoldblume. Bachblume. Sumpfblume. Moosblume. Wiesenblume. Doothblume. Beinblume. Dotterblume. Mottenblume. Kuhblume. Schmergeln. Deutsche Kapern. Ruckerzu. ... Eigenschaften und Wirkungen. Der Geruch dieser Pflanze hat etwas Widerliches; ... der Geschmack sämmtlicher Theile der Pflanze, besonders der Wurzel, ist unangenehm, scharf, hintennach bitter. ... Anwendung. Es wird behauptet, früher seien die Blüthenknospen öfters anstatt Kapern eingemacht worden. ...“ (Berge/Riecke 1850, S. 169ff.); „Wo helle kleine Flüßchen mit steinigem Grund sind, wachsen in Mengen Dotterblumen (Caltha palustris). Die Wurzeln dieser Pflanzen werden zwar auch im Frühjahr, aber vorwiegend im Herbst gesammelt und frisch oder – nach Abbrühen – getrocknet oder geschmort zu Enten in großer Menge gegessen. Sie sind sehr wohlschmeckend und mehlreich, daher sehr nahrhaft. ...“ (Kegel 1992, S. 142); „POPULAGO. ... teutsch, Dotterblume, Kuhblume. ... Es reiniget, erfrischet, dient zu den Wunden: wird aber gar nicht zur Artzney gebraucht. Populago ist es genennet worden von populus, Pappelbaum, weil es gemeiniglich unter den Pappelbäumen zu wachsen pfleget.“ (Lémery 1721, Sp. 906); „CALTHA. ... teutsch, Ringelblume. ... Es stärcket das Hertz und das Haupt, eröffnet, treibet den Harn und der Weiber Reinigung, machet auch Schweiß und widerstehet dem Gifte. Es dienet wider die Kröpfe, wann es als ein Tranck oder Syrup gebrauchet wird, bringet dieselbigen zum eytern und heilet sie gar öfters, wann es geraume Zeit gebrauchet wird. Caltha soll das deminitivum von Calendula seyn, und dessentwegen auch Calendula genennet worden, dieweil es insgemein um die ersten Tage im Monat, Calendae genannt, zu blühen pfleget. ...“ (a. a. O., Sp. 206f.); Caltha palustris L. – russ. *kuroslep*, *želtoglovnik*, *kurinaja slepota*, *kalužnica*, *valach*, *nogotnyi cvet*, *kozelec*, *latat'e*, *korov'i cvety* bzw. *želtyj zveroboj* (*Annenkov* 1858, S. 26, Nr. 239)

„populago major – курячая слѣпота. [russ. *kurjačaja slepota*]“ (AAW F. 21, Op. 5, D. 73, Bl. 270v); „603. Populago flore majore I. R. H. ...“ (AAW R. I, Op. 105, D. 12, Bl. 33v, s. Anm. 54 in Nr. 17); „1131. Populago flore majore I. R. H. ...“ (AAW R. I, Op. 105, D. 1[a], Bl. 119v, s. Anm. 29 in Nr. 5); „Populago flore majore. Inst. r. h. 273. n°. 155.“ (AAW R. I, Op. 13, D. 19, Bl. 3v, s. Anm. 54 in Nr. 17); „1. Populago flore majore I. R. H. ...“ (AAW R. I, Op. 13, D. 67, Bl. 75v, s. Anm. 5 in Nr. 4); „428. Populago flore maiore I.R. H. ...“ (AAW R. I, Op. 13, D. 42, Bl. 82r, s. Anm. 1 in Nr. 1); „Populago flore majore. I. R. H. Eadem flore minore. Eadem flore pleno. ...“ (AAW R. I, Op. 105, D. 2, Bl. 7v, s. Anm. 54 in Nr. 17); „146. Populago flore majore Inst. r. h. 273.“ (AAW R. I, Op. 6, D. 40, Bl. 30r, s. Anm. 1 in Nr. 1); „146 populago i. r. h.“ (G. W. Steller nach J. G. Heinzelmann: AAW R. I, Op. 81, D. 23, Bl. 17v, s. Anm. 1 in Nr. 1); „54. Caltha Linn. flor. 227. h. Cliff. 228. Populago flore majore Tourn. inst. 273. Boerh. lugdb. 1. p. 298. j. Flore pleno.“ (AAW R. I, Op. 13, D. 20, Bl. 6r, s. Anm. 1 in Nr. 1); „242) Populago flore majore Tour. i. r. h. ... 243) Populago flore majore foliis ambitu obtuse crenatis, ...“

(AAW R. I, Op. 104, D. 25, Bl. 20r, s. Anm. 61 in Nr. 21); „Populago flore majore luteo, palustris. Caltha palustris. Kuhbluhme) Tournef. Sp. 1. ...“ (AAW F. 98, Op. 1, D. 19, Bl. 44v, s. Anm. 59 in Nr. 19); „10. Mai 1723 ... observirte von Kräutern ... Populaginem ... (Tournefortii ... ***); ...“ (Messerschmidt 1962–1977, Bd. 2, S. 47); „Populago flore maiore (Tournefortii sp. 1), Off.“ (Messerschmidt 1962–1977, Bd. 4, S. 203, s. Anm. 1 in Nr. 1); „6. Juli 1725 ... Sonst fand sich hieselbst am Ufer sehr viel ... Populago flore maiore (Tournefortii sp. 1.), ...“ (a. a. O., S. 150f.)

132 „[Populago] flore minore, hierunter versteht er [d. h. Tournefort] eine Abart derselbigen [d. h. der Sumpfdotterblume] mit kleinerer Blume.“ (Gmelin 1775, Sp. 330); s. Nr. 358 und Nr. 378

133 „244) Populago fumariae foliis D. D. Gmelini ...“ (AAW R. I, Op. 104, D. 25, Bl. 20r, s. Anm. 61 in Nr. 21); „Helleboro-Ranunculus Rutaceis folijs Ind. Irc. n°. 608. Populago minor Fumariae folijs Obs. in H. N. C. ...“ mit der links marginalen Anm. „vid. Ic.“ (AAW R. I, Op. 13, D. 67, Bl. 75v, s. Anm. 5 in Nr. 4); „C. Populago minor Fumariae folijs.“ mit der links marginalen Anm. „Vid. fig.“ (AAW R. I, Op. 105, D. 8^{a}, Bl. 41v, s. Anm. 46 in Nr. 79); „* Populago minor Fumariae foliis. obs. in hist. nat. C. ...“ (AAW R. I, Op. 105, D. 2, Bl. 7v, s. Anm. 54 in Nr. 17)

134 „426. Thalictrioides glutinosum foetidissimum, amplissimis foliis. ...“ mit der rechts marginalen Am. auf Bl. 81r „Tab. LXVI.“ (AAW R. I, Op. 13, D. 42, Bll. 81r–82r, s. Anm. 1 in Nr. 1); „10. CIMICIFVGA LIN. Syst. nat. 1282. T. LXX. Actaea fructibus siccis plurimis, GM. Inst. [müßte heißen: Mst.] Thalictroides glutinosum, foetidissimum, amplissimis foliis Ind. Len. 426. Irc. 607. Ien. 1128. Thalictroides foetidissimum Christophorianae facie, GMEL. AMM. Ruth. 102. Actaea racemis paniculatis, fructibus quadricapsularis, LIN. Sp. pl. 1. p. 722. n. 3. ... Tota planta viroso, caputque vehementer tentante, odora praedita est, vix tolerabili, in hortensi aliquantum remissiore. Spectat ad illas, quae Ruthenice a medicastris Sibiriae седезикея [russ. *sedezikeja*] dicuntur. Relatum PATRVO fuit, illius decocto, per septimanam epoto, in hydrope tam vomitu, quam per aluum magnam aquarum copiam eliminatam, aegrumque inde penitus restitutum fuisse. ...“ (Gmelin 1747–1769, Bd. IV, S. 181ff.), nahezu identisch auf Bll. 76r–77r in: AAW R. I, Op. 104, D. 14 – s. Anm. 32 in Nr. 6; „10. Cimicifuga. t. LXX. [=] Cimicifuga foetida L.!“ (Ledebour 1841, S. 131); „102. THALICTROIDES foetidissimum, Christophorianae facie Gmel. Sub hoc titulo Gmelinus semina Irkuto anno praeterito misit iis, quae Messerschmidius jam ante decennium ad Ieniseam fluuium et in Dauria collegerat, omnino analoga. Horum autem titulus hic erat, in Xenio scilicet Isid. Sibiricae: Vanutscha Sibirica, cimicifuga, foetido, Christophorianae foliis, floribus in thyrso stamineis, luteolis, semine in corniculis villoso, rufo. ...“ (Amman 1739, S. 76f.); „1) Stinkendes Wanzenkraut. Cimicifuga foetida. LINN. Syst. veg. p. 420. ... Actaea cimicifuga. Sp. pl. 722. Cimicifuga. Amoen. acad. ... GMEL. Fl. Sib. 4. p. 181. t. 70. Thalictroides foetidissimum, Christophoriana facie. AMM. Ruth. 102. Diese Pflanze, welche Linnäus vormahlen unter die Gattung Actaea gerechnet hat, ist in Siberien zu Hause, ... Die ganze Pflanze hat einen höcht widrigen stinkenden Geruch, ... sie wird von Quacksalbern in Rußland zu Heilung verschiedener Krankheiten gebraucht; und Gmelin erzählet, daß ein Wassersüchtiger, welcher eine Woche lang ein Decokt davon getrunken, eine große Menge Wassers sowol durch Erbrechen, als durch den Stuhlgang von sich gegeben, und von seiner Krankheit gänzlich befreyet worden. ...“ (Linné 1781, S. 265ff.); „1. CIMICIFUGA foetida. ... Actaea (Cimicifuga) racemis paniculatis, fructibus quadricapsularibus. ... Gmel. sib. 4. p. 181. t. 70. Thalictroides foetidissimum, cristophoriana facie. Amm. ruth. 102. ... Stinkendes Wanzenkraut. W. ...“ (Linné 1797–1830, Bd. II, Teil 2, S. 1244f.); „1) CIMICIFUGA FOETIDA. Linn. ... Cimicifuga. Gmel. Fl. sib. IV. p. 181. No. 10. t. LXX. Thalictroides foetidissimum, Christophorianae facie. Amman. ruth. p. 76. No. 102. ...“ (Ledebour 1830, S. 294); „27. Cimicifuga. L. ... 1. C. foetida (L. Syst. nat. ed. 12. p. 659) ... LEDEB. Fl. alt. II, p. 294. ... Cimicifuga. GMEL. Fl. sib. IV, p. 187. Nro. 10. t. 70. Thalictroides foetidissimum, Christophoriana facie. AMM. ruth. p. 76. Nro. 102. ...“ (Ledebour 1842, S. 72f.); „[Actaea] cimicifuga racemis paniculatis, fructibus quadricapsularibus; Wanzenkraut, Schwarzkraut, dessen Blumentrauben in Gestalt einer Rispe sind, ...“ (Gmelin 1772a, Sp. 110); „... §. IV. SYNONYMA. Thalictroides foetidissimum christophorianae facie. Amman. ruth. 76.

n. 102. (cum descriptione absque figura.) Cimicifuga. Amoen. Acad. 2. p. 354. ...“ (Linné/Hornborg 1785, S. 196ff.); „Das stinkende Wanzenkraut – Cimicifuga foetida, L. ... Actaea cimicifuga, L. ... Wanzentödter. ... Eigenschaften und Wirkungen. Die Blätter dieser Pflanze zeichnen sich durch einen widerlich betäubenden Geruch, der mit dem von verbrannten Haaren Aehnlichkeit hat, aus. Sie besitzt eine nicht unbedeutende Schärfe, so daß sie, in den Magen aufgenommen, einen durch Erbrechen, Abführen u. s. w. sich äußernden Reizzustand der Verdauungsorgane verursacht. Anwendung. Man benutzt die Pflanze zum Vertreiben der Wanzen, daher ihr Namen. ...“ (Berge/Riecke 1850, S. 195f.); „[bucharisch/tatarisch?] Parasì-anguscha, †) ein Kraut, und ... wachsen um Tobolsk, ... |: † Thalictrum (Anm. Gmelins). Vielleicht ist hier Cymicifuga foetida L. Fl. sib. IV. 181. nr. 10. gemeint, das Gmelin l. c. p. 183. als ein von russischen Medicastern häufig angewendetes Mittel anführt. P. :|“ (G. F. Müller in einem am 25. Januar 1741 empfangenen, undatierten Brief an J. G. Gmelin – Plieninger 1861, S. 186f.); s. auch Nr. 247; „Actaea fr. tribus nunquam vidi si differet tantum a Thalictro seminibus baccatis, poterit forte esse Thalictrum. sed de ignota judicem. (Sine dubio et hoc loco de Cimicifuga foetida L. agitur quam Fl. sib. IV. 181. nr. 10, refert. cf. Linn. Ep. I. II. III. ‚Thalictroides.‘...“ (C. von Linné in einem Brief an J. G. Gmelin vom 2. August 1748 – Plieninger 1861, S. 86); „622. Cimicifuga foetida. Lin. Syst. Plant. II. p. 618. ... Das Vermögen dieses Krautes die Wantzen durch den Geruch zu vertreiben, ward in Barnaul sehr bezweifelt, da der Herr Hofrath Laxmann, als er daselbst Prediger war, es einzuführen gesucht, aber in seiner eigenen Wohnung viel Kraut in allen Winkeln und noch weit mehr gesunde fruchtbare Wantzen in allen Ritzen hinterlaßen hatte.“ (Falk 1786, S. 200); „1. CIMICIFUGA foetida L. ... Stinkendes Wanzenkraut. GM. Sib. 4. T. 70. ... Der sehr widrige Geruch des Krautes ist auch den Wanzen unerträglich; die Wirkung aber, sie dadurch zu vertreiben, ist wenigstens in hölzernen Häusern sehr eingeschränkt.“ (Georgi 1797–1802, Theil 3, S. 1054); „Cimicīfuga L. (Ranunculaceae). Zus. aus cimex (Wanze) u. fugere (fliehen); vertreibt durch einen üblen Geruch die Wanzen“ (Wittstein 1852, S. 200); „Actaēa L. (Ranunculaceae). Von άκταια (Holunder) in Bezug auf die Aehnlichkeit der Blätter mit denen des Holunders; der griechische Name des letztern kommt von άκτη (Ufer), weil diese Pflanze nasse Standorte liebt. Linné zieht die Fabel von dem in einen Hirsch verwandelten ACTAEON hieher, indem er hinzufügt, die Beeren dieser Pflanze seyen für den sie Essenden ebenso gefährlich, wie für den verwandelten Actaeon seine eigene Hunde, welche ihn bekanntlich zerrissen.“ (a. a. O., S. 12)

„607. Thalictrioides glutinosum. foetidissimum, amplissimis folijs Ind. Len. ...“ (AAW R. I, Op. 105, D. 12, Bl. 34r, s. Anm. 54 in Nr. 17); „Thalictrioides foetidissimum, Christophorianae facie.“ (AAW R. I, Op. 14, D. 8, Bl. 4r, s. Anm. 98 in Nr. 39); „Thalictrioides glutinosum, foetidissimum, amplissimis folijs Ind. Len. n°. 426. Jen. n°. 1128. Irc. n°. 607. ...“ mit der links marginalen Anm. „vid. Ic.“ (AAW R. I, Op. 13, D. 67, Bl. 75v, s. Anm. 5 in Nr. 4); „1128. Thalictrioides glutinosum, foetidissimum, amplissimis foliis Ind. Len. n° 426. ...“ (AAW R. I, Op. 105, D. 1ª, Bl. 119r, s. Anm. 29 in Nr. 5); „Thalictrioides foetidiss. Amman.“ (AAW R. III, Op. 1, D. 162, Bl. 111v, s. Anm. 54 in Nr. 17); „Thalictrioides foetidissima, Christophorianae facie.“ mit der links marginalen Anm. „a Gmelino sub hisce titulis ex Sibiria missae“ (a. a. O., Bl. 35v); „Thalictrioides foetidissima Christophorianae facie. Am̄. descript. p. 76.“ (AAW F. 1, Op. 2–1746, D. 1, Bl. 20r, s. Anm. 107 in Nr. 46); „1. Thalictrioides foetidissimum, Christophorianae facie Gme.“ mit der rechts marginalen Anm. „Dauria“ (AAW R. I, Op. 13, D. 16, Bl. 14v, s. Anm. 32 in Nr. 6); „10. Thalictrioides foetidissimum“ (AAW R. I, Op. 13, D. 19, Bl. 8r, s. Anm. 54 in Nr. 17); „93. Thalictrioides foetidissimum I. R.“ (AAW R. I, Op. 15, D. 1, Bl. 2v, s. Anm. 24 in Nr. 64); „140. Thalictrioides foetidiss. K. 14.“ (a. a. O., Bl. 3r); „277. Thalictrioides foetidissimum. ...“ (a. a. O., B. 9r); „[N°.] 404. Thalictroides foetidissimum, Christophorianae facie Gmel. ...“ (AAW R. I, Op. 15, D. 3, Bl. 8r, s. Anm. 65 in Nr. 24); „+Vanutscha? radice nodosa fibrosa, cauliculis a radice pluribus duos pedes albis, folio fere Christophorianae, ... Mess. A°. 1723 Jun. M. ...“ (AAW R. I, Op. 15, D. 14, Bl. 2v, s. Anm. 75 in Nr. 101); „+Vanutscha-trawa Russorum, foetentissima, radice perenni Christophorianae foliis, procerior, ...“ (a. a. O., Bl. 6r); „Vañutscha Russorum, foetentissima, racemosa, procerior,

Christophorianae foliis, radice perenni, flore luteo; Tournefortio non recensita. ..." (AAW F. 98, Op. 1, D. 19, Bl. 70v, s. Anm. 59 in Nr. 19); „236„ d. [6. September 1724]„ [Sem.] Vanutschae Sibiricae cimicifugae foetidae, Christophorianae foliis, floribq in thyrso staminosis luteolis, semine in corniculis villosos, rufo.„ " (AAW F. 98, Op. 1, D. 23, Bl. 7r, s. Anm. 49 in Nr. 653); „28. März 1721 ... Funden unter andern eines [d. h. ein Gras], so die Reußen wanütschi ... oder ‚Stinkkraut' nennen. ..." (Messerschmidt 1962–1977, Bd. 1, S. 80ff.); „26. Juli 1722 ... Hie fand sich auch häufig die sogenannte Vanutscha trawa [russ. *vonjučka trava*] ... Russorum, foetentissima, radice perenni, Christophorianae foliis procerior, flore in racemis luteo staminoso, capitulo seminali quadrivaginato, semine villis foliaceis hispido plurimo, welches im Seminario beigelegt zu finden. ..." (a. a. O., S. 281f.) „14. August 1724 ... Auch fand sich hieselbst die sogenannte Vanutscha Russorum, foetida, folio fere Christophorianae, flore albo, seminibus villosis (vide die *** 1722). ..." (Messerschmidt 1962–1977, Bd. 3, S. 111f.); „6. September 1724 ... brachten meine Leute ... ihre eingesammlete semina, nämlich ... Vanutschae cimicifugae, ..." (a. a. O., S. 132f.)

135 „429. Poeonia foliis lobatis, flore dilute purpureo. ...", mit der rechts marginalen Anm. auf Bl. 82r „Tab. LXVIII." (AAW R. I, Op. 13, D. 42, Bll. 82r–83r, s. Anm. 1 in Nr. 1); „1. Poeonia folijs lobatis flore dilute purpureo Ind. Len. n°. 429. j. Eadem flore sature purpureo Ind. Jen. 1132. ..." mit der links marginalen Anm. „vid. Ic." (AAW R. I, Op. 13, D. 67, Bl. 75v, s. Anm. 5 in Nr. 4); „602. Poeonia folijs lobatis, flore dilute purpureo Ind. Len. ..." (AAW R. I, Op. 105, D. 12, Bl. 33v, s. Anm. 54 in Nr. 17); „1132. Poeonia foliis lobatis, flore dilute purpureo Ind. Len. n° 429. ... J. Eadem flore sature purpureo. ..." (AAW R. I, Op. 105, D. 1[a], Bl. 119v, s. Anm. 29 in Nr. 5); „CCCCXLII. Poeonia T. 273. 146. B. 1. 294. ..." (Bl. 55v in T. Gerber „Flora Moscuensis ...", s. Anm. 6 in Nr. 55); „Paeonia пиона [russ. *piona*]" (G. W. Steller nach T. Gerber: AAW R. I, Op. 81, D. 23, Bl. 5v, s. Anm. 1 in Nr. 1);

russ. *pion* – Paeonia officinalis, Päonie, Gichtrose, Pfingstrose (Pawlowski 1952, S. 1058); „14. PAEONIA fructibus quinque glabris patentibus, T. LXXII. Paeonia foliis lobatis, flore dilute purpureo Ind. Len. 429. I. Eadem flore sature purpureo, Ind. Ien. 1132. ..." (Gmelin 1747–1769, Bd. IV, S. 184f.), nahezu identisch auf Bll. 77v–78r in: AAW R. I, Op. 104, D. 14 – s. Anm. 32 in Nr. 6; „14. Paeonia fructibus quinque glabris patentibus. t. LXXII. [=] Paeonia anomala L.! (Paeonia laciniata Pall. Fl. ross. II. (ed. min.) 184." (Ledebour 1841, S. 132); „2) Irreguläre Päonie. Paeonia anomala. ... Paeonia calyce folioso; capsulis glabris, depressis. LINN. Syst. veg. p. 417. Mant. 247. Paeonia fructibus quinque glabris patentibus. GMEL. Fl. Sib. 4. p. 184. t. 72. Linnäus nennet diese Art anomalo, weil sie sowol in der Anzahl, als übrigen Beschaffenheit der Fruchtknoten und Früchte, wie auch in der Structur des Kelches von der vorhergehenden [d. h. Paeonia officinalis] und folgenden [d. h. Paeonia tenuifolia] sehr abweicht. Sie ist in Sibirien zu Hause, wo man sie allenthalben antrift; und wird von Gmelin folgendergestalt beschrieben: ‚Ihre Wurzel ist sehr groß und knollig, ...' " (Linné 1781, S. 247f.); „5. PAEONIA anomala. ... P. fructibus quinque glabris patentibus. Gmel. sib. 4. p. 184. t. 72. – P. (laciniata) foliis biternatis, foliolis acute laciniatis, germinibus glabris. Pall. ross. 2. p. 93. t. 85. ... Unregelmässige Paeonie. W. ..." (Linné 1797–1830, Bd. II, Teil 2, S. 1222f.); „1) PAEONIA ANOMALA. Linn. ... α. cyamiis glabris. ... P. laciniata. Pall. Fl. ross. II. p. 93. P. lobata. Pall. it. II. p. 553. et p. 555. ... Paeonia fructibus quinque glabris patentibus. Gmel. Fl. sib. IV. p. 184. t. LXXII. ..." (Ledebour 1830, S. 277); „Auf den feuchten Stellen blühte itzt die Cineraria sibirica in grosser Menge, und am Wagran [russ. *Vagran*] zierten Sonchus sibiricus und eine Päonie mit zerschlitzten Blättern (*), ingleichen Phaca sibirica das Ufer mit ihren Blumen. Alle vier sind an diesen nordlichen Gebirgsflüssen häufig und die Pöonie unter dem Nahmen Marijn koren als ein Mittel wider allerhand Krankheiten bekannt. ... |: (*) Poeonia fructibus quinque glabris Flor. Sib. IV. p. 184. n. 14. :|" (Pallas 1773, S. 244); „An allen Bächen des Gebürges fängt auch hier Poeonia lobata an häufig zu werden." (a. a. O., S. 553); „Längst dem Bache Gluboka ist alles mit Birken dicht bewaldet, ... Die Päonien mit gespaltnen Blättern wachsen an diesem Bach außerordentlich häufig. Die Wurzel dieser Pflanze, welche der gemeine Mann in Sibirien Marjin=Koren nennt, wird als ein heilsames Hausmittel zur Genesung kalter Fieber und andrer Krankheiten gebraucht; und es wäre gewiß zu wünschen, daß das Landvolk keine andre Fieberarzneyen, als diese gebrauchte, welche nicht die üblen Folgen so vieler andern Bauernmittel nach sich ziehen würde und gewiß eine kräftige Arzney abgiebt. Es fehlt daran im altaischen und sibirischen Gebürge fast nirgend, wo schattige Thäler und Bäche sind." (a. a. O., S. 555); „6. P[aeonia] anomala (L. MANT. 247) ... α. capsulis glabris. ... LEDEB. Fl. alt. II, p. 277. ... P. laciniata. PALL. It. II, p. 244. ... P. lobata. PALL. It. II, p. 553. 555. ... P. fructibus quinque glabris patentibus. GMEL. Fl. sib. IV, p. 184. Nro. 14. tab. 72. ..." (Ledebour 1842, S. 74); „PAEONIA laciniata. Tab. LXXXV. PAEONIA foliis biternatis, foliolis acute laciniatis, germinibus glabris. Poeonia anomala Lin. syst. plant. ... Gmelin Flor. sib. IV. p. 184. n. 14. tab. 72. Rossis Marjin koren (Марьинъ корень [russ. *mar'in koren'*]). Tataris Sibiriae Tschegna. Mongolice Dsyhnae. ... A Mongolis et Tataris Krasnojarensibus etiam hujus radix colligitur et siccata contusaque pro condimento carnibus incoquitur, quam pulticulam Tatari Urè vocant (Pallas Reise III. p. 350.). Ad Irtin eandem contra febres intermittentes prodesse expertus est D. Boetcher Chirurgus militaris. ..." (Pallas 1788, S. 93f.); „Eine andere sehr gebräuchliche Wurzel, die auch unter den Katschinzischen Tataren viel gegessen wird, ist die von den gemeinen sibirischen Pöonien. Die Tataren nennen selbige Tschegna, trocknen sie auf den Winter und essen sie mehrentheils zerstossen in Suppe mit Fleisch und Grütze, welches Gericht sie Uré nennen." (Pallas 1776, S. 350); „Von Pflanzen fand ich ... Poeonia anomalo (russ. Marjin Koren, od. Marienwurzel) die man wider die fallende Sucht und Wechsel Fieber empfielt, ..." (*Šangin* 1793, S. 30f.); „2. PAEONIA anomala L., ... Paeonia laciniata Pall. Fl. Ross. T. 85. Abweichende Päonie. R. Marje Koren.* Tat. Tschitgenak. ... Die Wurzel ist eßbar und wird von Mongolen und Tatarn getrocknet und zerschlagen zu einem Brey an Fleisch gekocht." (Georgi 1797–1802, Theil 3, S. 1049); „5. Unregelmäßige Päonie. Paeonia anomala, ... Paeonia fructibus quinque glabris patentibus. Gmel. Fl. Sib. 4. p. 184. t. 72. ... Die Wurzel davon wird, nach dem Zeugniß der Pharmacopoeae Russicae, in Siberien zu Heilung der Wechselfieber gebraucht." (Krünitz 1773–1858, Bd. 106, S. 413f.); „Päonien, Peonien, Pöonien, Batenien, Gichtrosen, Pfingstrosen, Pionen, Pöonienrosen, Peonienrosen, Mastblumen, Königsrosen, ... Lateinisch, Paeonia, Poeonia, Pionia, Paeonium, ..." (Zedler 1732–1750, Bd. 26, Sp. 197ff.); „PAEONIA. ... teutsch, Päonien, ... Die Blumen, Wurtzeln und Samen werden starck gebrauchet wider allerhand Hauptbeschwerungen, z. E. wider das schwere Gebrechen, wider den Schlag, und Lähmung der Glieder. Sie befördern der Weiber Reinigung, vermehren den Lauff des Blutes und reinigen dasselbe. Paeonie hat ihren Namen von dem alten Medico Paeon erhalten, welcher, wie man sagt, dieselbige gebrauchet und dem Pluto die Wunde damit geheilet, die ihm Hercules geschlagen." (Lémery 1721, Sp. 829f.); Paeonia L. – russ. *čegna* bzw. *pion* (*Annenkov* 1858, S. 65, Nr. 760); wotjakisch in=vožo-śaśka – Paeonia, Pfingstrose (Munkácsi 1896, S. 446); wogulisch kepäres – Paeonia (Ahlquist 1891, S. 15); syrjänisch mylöd-turyn – Paeonia offic., Päonie (Wiedemann 1880, S. 181)

136 russ. *mar'ino koren'e*; in der 2. Textversion (s. Anm. 1 in A.): „Маріона корень„ (russ. *mariona koren'*)

vermutl. марьинъ корень (*mar'in koren'*); russ. *koren'*, *koren'e* – Wurzel, Wurzelwerk; *mar'jana koren'e*; russ. *mar'in koren'* – Paeonia, Päonie, Pfingstrose (Pawlowski 1952, S. 659); karagass. „schignà" – russ. *mar'in koren'* (Helimski 1987, S. 81, nach G. F. Müller); arinz. „Schéngnae", katschinsk. „Schéngnae", kaidin. „Schengnae", taiginz. „Schéngnae", mator. „Schéngnae" – Poeonia (J. G. Gmelin in: AAW F. 21, Op. 5, D. 73, Bll. 296v/297r); „Radix Poeoniae, auf Rußisch Mariana Koren, auf Tatarisch Tschenjå wird nur in denen KusnezKisch) und KrasnojarsKische) Gegende) gegessen." (G. F. Müller in (RGADA F. 181, Op. 16, D. 1386, Č. 1, Bl. 148r); vgl. aber nach G. W. Steller „Mollugo montana Marjenne Korennie ..." (lat. – Berg-Mollugo, *marennoe koren'e* bzw. *marennyj koren'*) (AAW F. 21, Op. 5, D. 113, Bl. 101v), *marena* oder *mariona koren'* – Galium rubioides, Rubia tinctorum, krautartige Pflanze mit einer Wurzel von roter Farbe und Verwendung als Färbemittel und in der Medizin (*Slovar'* 2001, S. 68), *marena* – verschiedene Species von Rubia, Asperula u. Galium (*Dal'* 1880–1882, T. II,

S. 299; Pawlowski 1952, S. 658), „PAEONIA albiflora. ... Rossice Marjin koren bjelyi (Марьинъ корень бѣлый [russ. *mar'in koren' belyj*]). ...“ (Pallas 1788, S. 92); Paeonia albiflora Pall. – russ. *mar'in koren'* (*Annenkov* 1858, S. 65, Nr. 761); „PAEONIA hybrida. ... Rossis Marjin koren menschoi, ubludok (Марьинъ корень меншой, ублюдокъ [russ. *mar'in koren' menšoj*, *ubljudok*]). ...“ (a. a. O., S. 94) und „PAEONIA tenuifolia. ... Rossice ... Marjin koren malorossiiskyi, <(>Марьинъ корень малороссїиский [russ. *mar'in koren' malorossiiskij*]). ...“ (a. a. O., S. 95); „27. August 1721 ... welcher mir eine Art Wurzeln gab, womit die Leute allhier rot färben, sie wird genannt Maronna Coreen ... oder trava <Cruciata Tournef. Sp. 2, conf. den 20. Julii 1723>. Wenn man sie zum Gebrauch haben will, stoßet und schneidet man sie ganz klein, worauf bloßes Wasser geschlagen wird, und – notabene ... – verträget kein Alaun. Sie wächset an die Ufer der Rivieren ...“ (Messerschmidt 1962–1977, Bd. 1, S. 130ff.)

137 „[species 36] Anemone sylvestris, alba, major C. B. Pin. 176. Anemone alba, magna, plurimâ parte anni florens J. B. 3. 411. Anemone sylvestris, 1 Clus. Hist. 244.“ (Tournefort 1700, S. 277, Genus I. „Anemone. Anemone“); „ANEMONE SILVESTRIS. CAP. LVI. ...“ und die Abbildung „Anemone silvestris I.“ auf S. 244 (Clusius 1601, S. 244ff.); „Anemone sylvestris, alba, major C. B. P. ... Weisse Anemonen Rößlein ...“ (Buxbaum 1721, S. 20); „Anemone sylvestris alba, major C. B. P. 176. ... Wind=Rößlein, Anemon=Rößlein. ...“ (Rupp 1726, S. 128); „1. ANEMONE seminibus setâ plumosa terminatis, Anemone sylvestris alba major. Bauh. pin. 176. ... Anemone sylvestris 1. Clus. hist. 1. p. 244. ...“ (Linné 1737, S. 224); „13) Wilde Anemone. Anemone sylvestris. ... Anemone pedunculo nudo; seminibus subrotundis, hirsutis, muticis. LINN. Syst. veg. p. 424. ... Anemone seminibus seta plumosa terminatis. Hort Cliff 224 ... GMEL. Fl. Sib. 4. p. 186. n 36. ... Anemone sylvestris alba maior et minor C. BAUH. pin. 176. ... Anemone sylvestris, 1. CLUS. hist. 1. p. 244 ... Nach Kalms Bericht thun die Americaner ihre Saamen, nachdem sie selbige zuvor in starkem Weingeist getunkt, bey Zahnschmerzen in hohle Zähne; und in Siberien wird die Pflanze nach Gmelins Zeugniß von den Quacksalbern gebraucht, und Prikrit genennet. ...“ (Linné 1781, S. 291); „36. ANEMONE pedunculo nudo, seminibus subrotundis, LIN. Sp. pl. 1. p. 761. n. 10. Anemone seminibus seta plumosa terminatis, LIN. H. cl. 224. ROY. Lugd. 488. I. Eadem flore viridi. II. Eadem flore sature purpureo, viridi, passim vario. III. Eadem flore viridi passim purpureo. IV. Eadem flore viridi pleno. ... A medicastris Sibiricis ad illas herbas refertur, quae грыжиые [*gryžiye*; müßte heißen: *gryžnye*] dicuntur, a quibusdam etiam белой прикрить [russ. *beloj prikrit'*] dicitur.“ (Gmelin 1747–1769, Bd. IV, S. 196f.), nahezu identisch, jedoch mit „грыжные [russ. *gryžnye*], auf Bl. 84r in: AAW R. I, Op. 104, D. 14 – s. Anm. 32 in Nr. 6; „36. Anemone pedunculo nudo, seminibus subrotundis [=] Anemone sylvestris L.!“ (Ledebour 1841, S. 134); „15. ANEMONE sylvestris. ... A. pedunculo nudo, ... Gmel. sib. 4. p. 176. ... A. seminibus seta plumosa terminatis. Hort. cliff. 244. ... A. sylvestris alba major. Bauh. pin. 176. ... Wald-Anemone. W. ...“ (Linné 1797–1830, Bd. II, Teil 2, S. 1278f.); „5) ANEMONE SYLVESTRIS. Linn. ... M. a Bieb. Fl. taur. cauc. II. p. 19. ... Anemone No. 36. Gmel. Fl. sib. IV. p. 196. ...“ (Ledebour 1830, S. 364f.); „12. A[nemone] sylvestris (L. SP. 761) ... M. a BIEB. Fl. t. c. II, p. 19; ... Anemone pedunculo nudo, ... GMEL. Fl. sib. IV, p. 196. Nro. 36. ...“ (Ledebour 1842, S. 16f.); „Anemone sylvestris, ... wilde Anemone, ... sie heißt bey ... C. Bauhin: Anemone sylvestris alba major; ...“ (Gmelin 1772a, Sp. 504); „1062. ANEMONE syluestris. ... Gmel. sib. 4. p. 196. n. 36. ...“ (Marschall von Bieberstein 1808, S. 19); „... wo [d. h. am Fluß *Volga*] nichts merkwürdiger, als die sogenannte Anemone sylvestris blühte, ... welche hier, wegen ihrer feinen und weissen, zum Manufactur=Gebrauch vielleicht nicht unnüzen Saamenwolle, von dem Landvolk Owetschje Runischko genennt zu werden pflegt.“ (Pallas 1771, S. 168); russ. *oveč'e runiško* – Waldanemone bzw. Anemone silvestris; russ. *ovečij* – Schaf-; russ. *runiško* – unansehnliches Vließ (Pawlowski 1952, S. 1426 bzw. S. 875); „22. Anemone silvestris L. Die Waldanemone ist sehr scharf und wird in Sibirien gegen Hautkrankheiten und Syphilis oft gebraucht. ... Im G. Perm wird sie innerlich bei Fluor albus und Impotenz gebraucht. ... Im Minussinskschen Bezirke wird eine Abkochung von der ganzen Pflanze bei Gonorrhöe getrunken. ...“ (Demitsch 1889, S. 168); „8) Wilde Anemone, Anemone sylvestris Linn. ... Das Hornvieh läßt

sie stehen, wenn es sie aber bei verdorbenem Naturtriebe frißt, bekommt es Ruhr, Blutharnen und Auszehrung davon [c]). ..." (Gmelin 1803, S. 272); „165. ANEMONE SYLVESTRIS Linné. WALD-ANEMONE. ... Wahrscheinlich ist diese Pflanze eben so scharf und giftig, als die vorigen [d. h. Anemone ranunculoides L. und Anemone nemorosa L.], ... Deutsche Namen: Wildes Waldröschen, Windrose." (Dietrich 1834a, Nr. 165); „628. Anemone sylvestris. Lin. sp. 13. ... Die Saamenwolle läßt sich in Sibirien pudweise gewinnen, und die Wolle kan auch als Baumwolle verarbeitet werden, ..." (Falk 1786, S. 200); „7. ANEMONE sylvestris L. ... Wilde Anemone. R. Beloi Prikrit. ... Gewöhnlich blühet sie weiß, spielt aber in Sibirien mit kleinern und größern, röthlichen und grünlichen, auch bunten und sparsam mit gefüllten Blumen ..." (Georgi 1797–1802, Theil 3, S. 1058); „1. Art. A[nemone] sylvestris. Wald=Windblume. (Linné.) ..." (Bechstein 1833, S. 845); „ANEMONE. ... teutsch auch Anemone/ Anemonröslein, ... Sie reinigen, eröffnen, zertheilen, dienen zu den Wunden, und trucknen; jedoch werden sie sehr selten als nur äusserlich gebraucht, zu Schnupfpulvern, und Augenartzneyen wider die Augengeschwüre. ..." (Lémery 1721, Sp. 60f.); Anemone – russ. *vetrenica*, *černoe zel'e*, *odnomesjačnik*, *belok* bzw. *son* (*Annenkov* 1858, S. 15, Nr. 94); „Anemōne L. (Ranunculaceae). Von ἄνεμος (Wind), weil sich die Blüthe nur öffnet, wenn der Wind weht, d. h. weil die Blüthezeit in die des Windwehens (Frühlings) fällt und viele Arten dieser Gattung einen dem Winde ausgesetzten Standort lieben." (Wittstein 1852, S. 48)

„7. Anemone sylvestris" (AAW R. I, Op. 14, D. 8, Bl. 14r, s. Anm. 98 in Nr. 39); „21. Anemone sylvestris" mit der links marginalen Anm. „Von h(Martini." (a. a. O., Bl. 14v); „318. Anemone sylvestris alba major C. B. P. ... 319. Anemone sylvestris alba minor C. B. P. ..." (AAW R. I, Op. 105, D. 12, Bl. 14r, s. Anm. 54 in Nr. 17); „No. 21. Anemone sylvestris alba maior C. B. P. 176. Anemone sylvestris 1. Clus. Hist. 244. Anemone Sylv. offic." (AAW F. 3, Op. 1, D. 797, Bl. 115r, s. Anm. 89 in Nr. 111); „245) Anemone sylvestris alba major. C. B. P. ..." (AAW R. I, Op. 104, D. 25, Bl. 20r, s. Anm. 61 in Nr. 21); „214. Anemone Sylvestris alba maior C. B. P. ..." (AAW R. I, Op. 13, D. 42, Bl. 31r, s. Anm. 1 in Nr. 1); „877. Anemone seminibus seta plumosa terminatis Linn. h. Cliff. 224. Anemone sylvestris 1 Clus. H. 1. 244. ..." (AAW R. I, Op. 13, D. 20, Bl. 80r, s. Anm. 1 in Nr. 1); „Anemone sylvestris alba, latifolia C. B. P. Sem. Heinz." (AAW R. III, Op. 1, D. 162, Bl. 19r, s. Anm. 54 in Nr. 17); „[N°.] 411. Anemone Sylvestris alba, latifolia C. B. P." mit der rechts marginalen Anm. „Heinz. Tat." (AAW R. I, Op. 15, D. 3, Bl. 1r, s. Anm. 65 in Nr. 24); „* Anemone sylvestris alba major. C. B. P. ..." (AAW R. I, Op. 105, D. 2, Bl. 7v, s. Anm. 54 in Nr. 17); „228. Anemone sylvestris alba major. C. B. P. 176. B. n. 1." (AAW R. I, Op. 104, D. 13, Bl. 6v, s. Anm. 84 in Nr. 29); „148. Anemone sylvestris alba major CBP. 176." (AAW R. I, Op. 6, D. 40, Bl. 30r, s. Anm. 1 in Nr. 1); „148 Anemone sylvestris alba major. CBP." (G. W. Steller nach J. G. Heinzelmann: AAW R. I, Op. 81, D. 23, Bl. 17v, s. Anm. 1 in Nr. 1); „167. Sem. Anemones Sylv. Cat. No. xxvi." (AAW R. I, Op. 15, D. 1, Bl. 3r, s. Anm. 24 in Nr. 64); „125. Forte Anemone sylvestris alba simplex C. B. P." (a. a. O., Bl. 11r)

[138] „Baum=Wolle, Cattun, Cotthun, lateinisch Gossipium ... ist eine sehr zarte und schneeweisse Wolle, so auf einem gewissen Kraute, in kleinen Früchten wächset, ... Die Staude oder Strauch, worauf man diese Wolle antrifft, heisset Xylon, Cotoneum, Coto, Bombax, ... Teutsch Baumwollen=Staude, oder Strauch, ..." (Zedler 1732–1750, Bd. 3, Sp. 776ff.)

[139] vgl. „Scythisches Lamm, so v. w. Baromez" (Pierer 1857–65, Bd. 15, S. 715); „Baromez, eine Polypodiumart (Polypodium s. Aspidium Baromez L.), in China, Cochinchina u. der Bucharei, von eigenthümlicher Bildung, indem der längliche, dicke, wagerecht über der Erde stehende Wurzelstock einige dicke Wurzelfasern abschickt, welche ihn wie Beine über der Erde erhalten, er auch ganz mit dichtem, gelbem, sehr weichem Filze bekleidet ist; Strunk 1-1½ Fuß hoch, glatt, undeutlich eckig, spreuigwollig, Laub doppelt gefiedert mit fiederspaltigen, lanzettlichen gesägten Blättchen. Die eigenthümliche Bildung des Wurzelstockes gab die Veranlassung zu der Fabel, daß in genannten Ländern ein Geschöpf lebe, halb Pflanze, halb Thier, aus einem kürbißkernartigen Samen wachse, die Gestalt eines Lammes (daher Agnus scythicus s. vegetabilis) bekomme, auf

einem Stängel (gleichsam der Nabelschnur) stehe, rings um sich alle Kräuter abfresse u. alsdann verhungere. Ja man behauptete sogar, daß die Pflanze vollkommenes Blut enthalte, da der Wurzelstock in der That einen blutrothen Saft enthält. Seiner adstringirenden Eigenschaften wegen wird er häufig in China u. Cochinchina bei Ruhren u. dgl. angewendet." (a. a. O., Bd. 2, S. 343); „... (Aspidium barometz) eine Art Schildfarn im südlichen Sibirien." (Pawlowski 1952, S. 34 bzw. S. 75 unter *baromec* bzw. *boromec*); „Cibotium, Schatullenfarn, Farnkrautgatt. der Fam. Zyatheazeen mit mehreren, sehr zerstreut in wärmeren Ländern vorkommenden Arten. Aus dem von Spreuschuppen bedeckten Wurzelstock des südostasiat. C. barometz, des skythischen Schatullenfarns, werden tierähnl. Gebilde hergestellt und als skythisches Lamm (Agnus scythicus, tatar. Baranetz, Barometz, Baromitz, Baromtz) zu abergläubischen Heilzwecken in den Handel gebracht. ..." (Brockhaus 1928–1935, Bd. 4, S. 125); „Merluschka-Ovtschinka, oder Astracanisches Lämmer=Fellgen. Es haben einige Scribenten, nach unrechten Bericht, solches vor das so beschreyene Boranetz oder Borametz genommen, und für ein Gewächs oder Staude ausgegeben, welches bey Astracan wachsen soll; Deßfalls hat man in Rußland bey unsrer Anwesenheit überall Nachfrage gethan, aber keinen gefunden, der von diesem Boranetz, welches auf Rußisch sonst ein Schaaf heisset, Nachricht geben können; Daher also hiermit nichts anders als die Felle müssen gemeynet seyn. ..." (Strahlenberg 1730, 400f.); s. auch Witsen 1785, S. 288f. „De Agno Scythicâ, seu fructu Borometz (Boranits.) ..."; „71) Chinesischer Tüpfelfarn. Polypodium Baromez. ... Polypodium frondibus bipinnatis: pinnis pinnatifidis lanceolatis serratis, radicibus lanatis. LINN. Syst. Veg. p. 938. ... Herr Archiater von Linne hat diesen sonderbaren und merkwürdigen Tüpfelfarn samt der Wurzel aus China erhalten, woselbst selbiger ursprünglich zu Hause ist. ..." (Linné 1786, S. 237); „7. März 1725 ... Auch eine kleine Pflanze, eines Schuhes hoch, so in summitate in ein tuberculum, einer kleinen Faust groß, intumeszierte, sich endlich in Form einer aufgemachten Hand ausdehnete und an den apophysibus dactyloidaeis seine Blüte tragen, übrigens aber abgeschnitten und zur Speise dienen sollte. ... ich viel Mutmaßungen fassete, daß dieses der sogenannte Agnus Scythicus oder боромец [russ. *boromec*] ... sein könnte, weil ... selbigen in St. Petersburgischen Musaeo Imperatorio also gesehen hatte. Diese Pflanze sollte in Tanguten Schelak geheißen werden. ..." (Messerschmidt 1962–1977, Bd. 4, S. 19f.)

140 s. Nr. 240

141 „[species 164] Anemone foliosa, flore albo H. R. Par." (Tournefort 1700, S. 284, Genus I. „Anemone. Anemone"); „Anemone foliosa flore suauerubente multiplici. Eadem flore albo." (Joncquet 1665, S. 19); „§. 200. Homonymie des Wortes Anemone. Es wird der Anemonen Name verschiedenen Gewächsen beygeleget; denn erstlich erhält selbigen ein wildwachsendes Gewächse, welches, weil seine Blume einige Aehnlichkeit mit den guten Garten=Anemonen haben, Anemonoides genennet wird. §.201. Beschreibung dieser wilden Anemonen. ..." (Grotjan 1766, S. 109ff.); „7. Anemonoïdes polyanthos, hirsuta, flore albo. Ranunculus nemorosus, hirsutus, humilior, Narcissi flore. B. Pin. 182. ..." (Vaillant 1721a, S. 32); „42. ANEMONE floribus vmbellatis, seminibus depressis oualibus nudis, LIN. Sp. pl. 1. p. 763. n. 19. Caryophyllata alpina quinquefolia, BAVH. pin. 322. Anemonoides polyanthos, hirsuta flore albo, ACT. Par. 1719. Ind. Irc. 321. Anemone multiflora, semine laeui latissimo, petalis senis, ex rotundo-acutis, HALL. Helu. 330. ..." (Gmelin 1747–1769, Bd. IV, S. 200), nahezu identisch auf Bl. 86r in: AAW R. I, Op. 104, D. 14 – s. Anm. 32 in Nr. 6; „42. Anemone floribus umbellatis, seminibus depressis ovalibus nudis [=] Anemone narcissiflora L.!" (Ledebour 1841, S. 134); „23) Narcissenartige Anemone. Anemone Narcissiflora. ... Anemone floribus umbellatis; seminibus depresso-ovalibus, nudis. LINN. Syst. veg. p. 425. ... GMEL. Fl. Sib. 4. p. 200. n. 42. ..." (Linné 1781, S. 298); „27. ANEMONE narcissiflora. ... A. floribus umbellatis, ... Gmel. sib. 4. p. 200. n. 42. ... Narcissenblütige Anemone. W. ..." (Linné 1797–1830, Bd. II, Teil 2, S. 1283f.); „7) ANEMONE NARCISSIFLORA. Linn. ... M. a. Bieb. Fl. taur. cauc. II. p. 20. ... Anemone No. 42. Gmel. Fl. sib. IV. p. 200. ..." (Ledebour 1830, S. 366f.); „15. A[nemone] narcissiflora (L. SP. 763) ... M. a BIEB. Fl. t. c. II, p. 20. ... LEDEB. Fl. alt. II, p. 366. ... A. umbellata. LEPECH. It. III, p. 65. 73. A. fasciculata. ... GEORGI ... Beschr. d. Russ. Reichs. II, 4. p. 1060. ... Anemone floribus umbellatis, ...

GMEL. Fl. sib. IV, p. 200. Nro. 42. ...“ (Ledebour 1842, S. 18f.); „Anemone narcissiflora, ... Anemone mit Narcissenblüthen, mit Doldenförmigen Blumen, und nakenden niedergedrükt= ovalen Samen; ... sie heißt bey Herrn v. Haller Anemone multiflora, semine laevi latissimo, petalis senis ex rotundo-acutis.“ (Gmelin 1772a, Sp. 509); „4. ANEMONE multiflora semine levi, latissimo, petalis senis, ex rotundo acutis. ... Anemonoides polyanthos hirsuta flore albo VAILL. p. 41. β Varietas elatior ...“ (Haller 1742, S. 330f.); „1066. ANEMONE narcissiflora. ... Gmel. sib. 4. p. 200. n. 42. ...“ (Marschall von Bieberstein 1808, S. 20); „7 Anemone mit Narcissenblumen, Anemone narcissiflora Linn. ... J. Bauhin fand ihre Blätter zwar anfangs süs an Geschmak, aber hintennach sehr scharf [b]).“ (Gmelin 1803, S. 271); „... Christopherkraut p), ... |: p) Anemone umbellata. :|“ (Lepechin 1783, S. 65); „... auf den Hügeln blüthe regenschirmartige Anemone a), ... |: a) Anemone umbellata. :|“ (a. a. O., S. 73); „13. ANEMONE narcissiflora L. ... Narzißblümige Anemone. ... 14. ANEMONE fasciculata L., ... Büschelförmige Anemone. .... Eine noch schönere weiße Blume als die vorherige No. 13. und häufig bey einander.“ (Georgi 1797–1802, Theil 3, S. 1059f.)

„321. Anemonoides polyanthos, hirsuta, flore albo Comm. Ac. Sc. Par. 1719. ...“ mit der rechts marginalen Anm. von J. G. Gmelin „An Anemone foliosa flore albo H. R. P? St 364“ (AAW R. I, Op. 105, D. 12, Bl. 14r, s. Anm. 54 in Nr. 17); „7. Anemonoides polyanthos hirsuta, flore albo. Comm. Par. 1719. Ind. Irc. n°. 321. ...“ (AAW R. I, Op. 13, D. 67, Bl. 48v, s. Anm. 5 in Nr. 4); „56. Anemone foliosa flore albo Fl. Irc. 364.“ (AAW R. I, Op. 105, D. 16, Bl. 1v, s. Anm. 5 in Nr. 4); „246) Anemone multiflora D. D. Gmelin vid. plant. Len. ...“ (AAW R. I, Op. 104, D. 25, Bl. 20r, s. Anm. 61 in Nr. 21); „248) Anemonoides polyanthos, hirsuta, flore albo. Vaillant. Spec. 7. Ranunculus nemorosus, hirsutus humilior Narcissi flore. C. B. P. ...“ (a. a. O., Bl. 20r); „* Anemonoides polyanthos hirsuta flore albo. Vaillant. Mem. 1719. ...“ (AAW R. I, Op. 105, D. 2, Bl. 7v, s. Anm. 54 in Nr. 17); „149. Anemonoides polyanthos hirsuta, flore albo Comm: Par. 1719.“ (AAW R. I, Op. 15, D. 1, Bl. 6v, s. Anm. 24 in Nr. 64); „185. Anemonoides multiflora &c. Vaill. ...“ (AAW R. I, Op. 13, D. 42, Bl. 26v, s. Anm. 1 in Nr. 1)

142 s. Nr. 334 bis Nr. 337 und Nr. 346

143 „Anemonoides flore majore: Anemone nemorosa flore majore C. B. 176. Ranunculus phragmites albus & purpureus vernus J. B. 3. 412. ...“ (Dillenius 1719, S. 39); „[species 3] Ranunculus phragmites, albus, vernus J. B. 3[.] 412. Anemone nemorosa, flore majore C. B. Pin. 176. Anemone v Dod. Pempt. 435. [species 4] Ranunculus phragmites, purpureus, vernus J. B. 3. 412. Ranunculus nemorosus, purpureus Tabern. Icon. 45.“ (Tournefort 1700, S. 285, Genus III. „Ranunculus. Renoncule.“); „NEMOROSA flore roseo, albo, expanso. Ranunculus phragmites albus vernus I. B. 3. 412. Anemone nemorosa, flore majore C. B. P. 176. ... Storchs=Blumen appellant.“ (Rupp 1726, S. 128); „3. ANEMONE seminibus acutis, foliolis incisis, caule unifloro. Anemone nemorosa, flore majore. Bauh. pin. 176. ... Ranunculus phragmites albus & purpureus vernus. Bauh. hist. 3. p. 412. Tournef. inst. 285. ...“ (Linné 1737, S. 224f.); „20) Waldanemone. Anemone nemorosa. ... Anemone seminibus acutis; foliolis incisis; caule unifloro. LINN. Syst. veg. p. 425. ... GMEL. Fl. Sib. 4. p. 198. ... Anemone nemorosa, flore maiore. C. BAUH. pin. 176. ... Ranunculus Phragmites, albus et purpureus, vernus. TOURNEF. inst. 285. I. BAUH. hist. 3. p. 412. ... Sie wird auch Merzenblume ... im lateinischen auch Ranunculus albus oder nemorosus, weisser Ranunkel oder Waldranunkel genennet, ... Nach Gmelins Zeugniß hat man in Siberien beobachtet, daß ihr Genuß bey Menschen entsetzliche Bangigkeiten verursacht, und daß dreyßig Pflanzen, ohne die Wurzeln gespeißt, einen nicht sonderlich starken Menschen getödtet haben. ...“ (Linné 1781, S. 295f.); „38. ANEMONE seminibus acutis, foliolis incisis caule vn<i>floro, LIN. h. Cl. 224. Sp. pl. 1. p. 762. n. 15. ... Radix et folia huius plantae deleteria vi infamia sunt, et comedentibus maximas pectoris angustias creare dicuntur, quin quod triginta plantae absque radicibus deuoratae hominem non admodum robustum iugulent.“ (Gmelin 1747–1769, Bd. IV, S. 198f.), nahezu identisch auf Bll. 85r–85v in: AAW R. I, Op. 104, D. 14 – s. Anm. 32 in Nr. 6; „38. Anemone seminibus acutis, foliolis incisis, caule unifloro [=] Anemone nemorosa L.!“ (Ledebour 1841, S. 134); „23. ANEMONE nemorosa. ... A. seminibus acutis, ... Hort. cliff. 224.

... Gmel. sib. 4. p. 198. ... A. nemorosa, flore majore. Bauh. pin. 176. ... Busch-Anemone. W. ..." (Linné 1797–1830, Bd. II, Teil 2, S. 1281f.); „6. A[nemone] nemorosa (L. SP. 762) ... M. a BIEB. Fl. t. c. II, p. 19. ... Anemone seminibus acutis, ... GMEL. Fl. sib. IV, p. 198. Nro. 38. ..." (Ledebour 1842, S. 15); „[Anemone] nemorosa, ... Waldanemone, ... Luk, weisser Waldhahnenfus, weisse Windblume, wilde weisse Anemone, weisse Waldhähnlein, Storchblume, kleine Waldanemone; ... diese Pflanze ist ohne Geruch, aber bitterlich und äuserst scharf, besonders ihre Wurzel so sehr, daß sie Blasen zieht, und in dieser Absicht in Zahnschmerzen gute Dienste geleistet hat; man hat beobachtet, daß sie unter dem Hornvieh die Ruhr, und bey den Schafen das rothe Wasser und Entzündungen verursacht hat; ..." (Gmelin 1772a, Sp. 506f.); „1063. ANEMONE nemorosa. ... Gmel. sib. 4. p. 198. n. 38. ..." (Marschall von Bieberstein 1808, S. 19); „5) Waldanemone, kleine Waldanemone, wilde weisse Anemone, weisser Waldhahnenfus, weisses Waldhähnlein, weisse Windblume, Storchblume, Merzenblume, weisse Aprilblume, Luck, Lickt, Augenwurz. Anemone nemorosa Linn. ... Ihre gröste Schärfe stekt vornemlich in der Wurzel, die auch auf der Haut Blasen zieht [z]). Schon dieses läßt mich vermuthen, daß ihr innerlicher Gebrauch noch schlimmere Folgen haben muß, und, nach einigen Nachrichten, erregt sie die entsetzlichsten Bangigkeiten, und in groser Menge genommen, den Tod [a]). ..." (Gmelin 1803, S. 705f.); „Waldküchenschelle h) ... |: h) Anemone nemorosa. :|" (Lepechin 1783, S. 67); „ANEMONE (nemorosa) ... Linn. Cliff. 225. ... Anemone nemorosa, flore maiore. Bauh. pin. 176. ... Вѣтреница [russ. *vetrenica*] Russ. ..." (*Krašeninnikov* 1761, S. 86); „Anemone (nemorosa), ... Linn. Spec. plant. ed. Willd. T. II. p. 1281. ... Anemonoides flore majore. Dill. Gies. 39. ... Busch-Anemone, Wald-Anemone, weisse Windblume, Storchblume, Haselblume, Märzblume, weisse Aprilblume, weisser Aprilhahnenfuss, weisser Waldranunkel, weisses Buschveilchen, Waldhähnlein, Hahnenfüssel, Wittögschen, Augenwurz, Luck, Lickt. ... Die Anemone nemorosa ist völlig geruchlos, besitzt aber, so lange sie frisch ist, einen sehr brennenden Geschmack. Auf die Haut gelegt, zieht sie Blasen; und zwar verdient sie in dieser Rücksicht den Vorzug vor den spanischen Fliegen, indem ihre Wirkung viel schneller und mit wenigern Schmerzen erfolgt. Auch ist ihre Schärfe flüchtiger, als die der spanischen Fliegen, weshalb sie geschwinder auf das Nervensystem wirkt. Kraut und Blumen hat man im frischen Zustande unter dem Nahmen Herba et Flores recentes Ranunculi albi, als ein röthendes und blasenziehendes Mittel mit Nutzen im halbseitigen Kopfweh, im dreytägigen Frühlingsfieber und in rheumatischen Rückenschmerzen angewendet." (Hayne 1805, Nr. 24); „7) Amblyopie, Amaurose. ... Gegen Amaurose benutzen die Ehsten die Staubfäden der Anemone nemorosa, nur mit so viel Wasser gekocht, dass sie vollkommen aufgelöst werden. Von dieser flüssigen Salbe bringen sie täglich einige Tropfen ins Auge." (Krebel 1858, S. 160); „19. Anemone nemorosa L. ... dass das Weidenröschen ein von den Esten gekanntes und oft gemissbrauchtes, sehr stark blasenziehendes Mittel ist. ... bedienen sich die Kamtschadalen der Anem. nemor. zum Vergiften der Pfeile, und die durch dieselben hervorgebrachten Wunden sollen fast immer tödtlich sein.[1]) – Die frischen Blätter der Pflanze werden beim Fieber auf die Pulsstelle gelegt und äusserlich bei Kopfflechte gebraucht. ... Im G. Mohilew wird eine Abkochung der Anem. nemor. et silvestris L. bei Nachtblindheit[2]) angewandt ... In Kleinrussland wird derr frische Saft der Anem. nemor. von den Volksärzten bei Kopfflechten benutzt. ..." (Demitsch 1889, S. 166); Anemone nemorosa L. – russ. *kuroslep* bzw. *vesnucha* (*Annenkov* 1858, S. 16, Nr. 95)

„Anemonoides i r. h. seu Ranunculum nemorosum flore albo russis beli Zwet [russ. *belyj zvet*] dictum varios in usus adhibere solent. I[mo] eo utuntur contrito cuti superimposito, quibuscunq$_3$ locis placet utpote rubefaciente et vesicas excitante remedio. II[do] herba una cum floribus trita Jschiadicorum terga in balneo vehementer fricare solent, aegri autem nunquam medicinam ab effectu laudare voluerunt, eo quod primo tota cutis vesicis referta, pejus doluerat quam antea, dein quod ulcera hinc inde relicta sanationem per pinguia tentata respuerint, imo quibusdam serum acre et mordax e ulceribus, fluens, totum dorsum in unum vulnus vehementer dolens converterit, qui effectus non tam frictioni herba haec administratae imputandus, quam quod aestuanti corpori in balneo affricetur, qoniam extra balneum adhibita, torpide satis effectum rubefacientem praestat, nec sanationem pertinaciter respuit. III[tio] Veredarius Werchoturiensis forte 5 aut 6 herbas in via collectas devorans, post effluxum sesqui horium tam enormibus ventriculi doloribus afficiebatur ut equo insidere ulterius nec valeret, meamq$_3$ opem indicata comestione hujus herbae imploraret, quem butyro panis frusto illito et haustu spiritus simplicis frumenti, restituebam, diarrhoea deinceps insecuta, parum cruentata excrementa egesserat, fidemq$_3$ efficaciae rubefacientis herbae hujus fecerat plenariam." (AAW R. I, Op. 104, D. 18, Bll. 12v–13r, s. Anm. 20 in Nr. 632); „247) Anemonoides flore majore Dillenii nov. gen. anemone nemorosa flore majore C. B. P. ..." (AAW R. I, Op. 104, D. 25, Bl. 20r, s. Anm. 61 in Nr. 21); „249) Anemonoides vulgaris monanthos flore albo. vaillant. Spec. 1. Ranunculus phragmites albus vernus. J. B. ..." (a. a. O., Bl. 20r); „Anemonoides vulgaris, monanthos, flore albo Ejusd. [d. h. Vaillant] Mem. 179. ..." (AAW R. I, Op. 105, D. 2, Bl. 7v, s. Anm. 54 in Nr. 17); „1. Anemonoides vulgaris monanthos flore albo Comm. Par. 1719. Anemone caule ramoso petalis subrotundis seminibus acutis. ..." (AAW R. I, Op. 13, D. 67, Bl. 48v, s. Anm. 5 in Nr. 4); „4. Anemone seminibus acutis foliolis incisis, caule unifloro Linn. H. Cliff. 224. Anemone nemorosa flore majore B. Pin. 176. Ranunculus phragmites albus & purpureus vernus B. Hist. 3. p. 412. Tourn. inst. 285. Anemonoides vulgaris monanthos. flore albo Vaill. act. 1719. p. 19." (AAW R. I, Op. 13, D. 20, Bl. 2r, s. Anm. 1 in Nr. 1); „721. Anemonoides vulgaris monanthos, flore albo Com̄. Par. 1719. ... 722. Anemonoides monanthos, flore albo minor. Comm. Par. 1719, ... 723. An Anemonoides vulgaris, monanthos flore albo. Comm. Par. 1719? ..." (AAW R. I, Op. 105, D. 1[a], Bll. 84r–84v, s. Anm. 29 in Nr. 5); „16. Mai 1721 ... So sagte auch gedachter Pastor von der Wetrenitza, daß die Russen selbe also gebrauchen: ... Sie brauchen's aber vor ... convulsiones, da sich geronnen Blut irgendwo durch Stoßen, Schlagen, Fallen oder sonst gesetzet, item vor ... das Herzklopfen und Klemmen ..., item wenn sie Reißen im Magen und sonst wehe Tage fühlen. Gedachter Pastor erzählte, daß er selbsten es also gebraucht: ..." (Messerschmidt 1962–1977, Bd. 1, S. 97f.); s. auch Nr. 367 und Nr. 368

vgl. aber „37. ANEMONE caule dichotomo, foliis sessilibus oppositis amplexicaulibus, trifidis, incisis, LIN. amoen ac. 1. p. 155. Sp. pl. 762. n. 12. Ranunculus phragmites albus vernus, I. B. T. I. R. Ind. Len. Anemonoides vulgaris monanthos flore albo, VAILL. act. Par. 1719. Ind. Ien. 721. et 722. Anemone caule ramoso petalis subrotundis, seminibus acutis, GM. Inst. [müßte heißen: Mst.] ..." (Gmelin 1747–1769, Bd. IV, S. 197f.), nahezu identisch auf Bll. 84r–85r in: AAW R. I, Op. 104, D. 14 – s. Anm. 32 in Nr. 6; „37. Anemone caule dichotomo, foliis sessilibus oppositis amplexicaulibus trifidis incisis [=] Anemone dichotoma L.!" (Ledebour 1841, S. 134); „1. Anemonoïdes vulgaris, monanthos, flore albo. Ranunculus phragmites, albus, vernus. J. B. 3. ..." (Vaillant 1721a, S. 30); „19. ANEMONE pensylvanica. A. caule dichotomo, foliis sessilbus amplexicaulibus: infimis ternis trifidis incisis. Mant. 247. ... Pensylvanische Anemone. W. ... 20. ANEMONE dichotoma. A. caule dichotomo, foliis sessilibus omnibus oppositis amplexicaulibus trifidis incisis. Amoen. acad. 1. p. 155.* Gmel. sib. 4. p. 197. ... Gabelästige Anemone. W. ..." (Linné 1797–1830, Bd. II, Teil 2, S. 1280f.); „102. RANUNCULUS Brasilianús. Anemone caule dichotomo, foliis sessilibus amplexicaulibus palmatis ..." (Linné/Martin 1787, S. 155; Linné/Martin 1745, S. 13f.); „6) ANEMONE DICHOTOMA. Linn. ... Anemone No. 37. Gmel. Fl. sib. IV. p. 197. (excl. syn. pl.). ..." (Ledebour 1830, S. 365); „13. A[nemone] pensylvanica (L. MANT. 247) ... A. dichotoma. ... LEDEB. Fl. alt. II, p. 365. ... Anemone caule dichotomo, ... GMEL. Fl. sib. IV, p. 197. Nro. 37. ..." (Ledebour 1842, S. 17); „pensylvanica. ANEMONE caule dichotomo, foliis sessilibus amplexicaulibus trifidis incisis: inferioribus ternis. ..." (Linné 1771, S. 247); „[Anemone] dichotoma, ... zweytheilige Anemone, ... sie heißt bey J. G. Gmelin: Anemone caule ramoso, petalis subrotundis, seminibus acutis." (Gmelin 1772a, Sp. 505f.); „... Küchenschelle mit zweytheiligten Blättern a) ... |: a) Anemone dichotoma. :|" (Lepechin 1783, S. 69); „8. ANEMONE dichotoma L., ... Zwiesel Anemone. ..." (Georgi 1797–1802, Theil 3, S. 1058); „10. ANEMONE nemorosa L., ... Hain=Anemone. R. Wetrniza. ... Die ganze Pflanze ist für Menschen und Vieh giftartig, doch ohne heftige Wirkungen." (a. a. O., S. 1059)

„186. Ranunculus Phragmites albus vernus J. B. 3<.> 412l. R. H. ..." (AAW R. I, Op. 13, D. 42, Bl. 26v, s. Anm. 1 in Nr. 1); „Ranunculus phragmites albus, vernus, Tourn. ..." (AAW R. I,

Op. 104, D. 8, Bl. 7r, s. Anm. 18 in Nr. 452); „Ranunculus phragmites, albus, vernus. J. B. 3. 412. et Inst. r. h. n°. 7.“ (AAW R. I, Op. 13, D. 19, Bl. 3v, s. Anm. 54 in Nr. 17); „151. Ranunculus Phragmites albus vernus JB. 3. 412.“ (AAW R. I, Op. 6, D. 40, Bl. 30r, s. Anm. 1 in Nr. 1); „151 Ran. phragmites albq vernq C. B. P.“ (G. W. Steller nach J. G. Heinzelmann: AAW R. I, Op. 81, D. 23, Bl. 17v, s. Anm. 1 in Nr. 1); „24. Juni 1722 ... Die offenen Felder dazwischen waren sehr blumenreich, zuweilen ganz mit ... Ranunculo phragmite albo verno Tournefortii oder Anemonide nemorosa alba Hottoni et Raji. ... angefüllet. ...“ (Messerschmidt 1962–1977, Bd. 1, S. 247ff.); „16. Juni 1722 ... Hie fand sich auf der Wiesen Ranunculus phragmites albus vernus I. B. et Tournef., S. 3, seu Anemonoides Hottoni et Kaji, [sic!] Meth. Em. 190, ... sehr häufig ...“ (a. a. O., S. 239f.); „Ranunculus phragmites albus vernus (Tournefortii sp. 3), Sylv.“ (Messerschmidt 1962–1977, Bd. 4, S. 203, s. Anm. 1 in Nr. 1); „1. Juli 1725 ... Ich botanisierte indessen an diesem Orte ... Ranunculus phragmites albus vernus Ioanni Bauhini et Tournefortii sp. 3.; ...“ (a. a. O., S. 142ff.)

144 „[species 1] Pulsatilla folio crassiore & majore flore C. B. Pin. 177. Pulsatilla purpurea, caeruleave J. B. 3. 409. Pulsatilla Dod. Pempt. 433.“ (Tournefort 1700, S. 284, Genus II. „Pulsatilla. Coquelourde.“); „Pulsatilla folio crassiore & majore flore C. B. P. 177. ... Germ. Küchen=Schelle oder Oster=Blumen.“ (Rupp 1726, S. 129); „1. PULSATILLA foliis decompositis pinnatis, flore nutante, limbò recto. Pulsatilla folio crassiore, & majore flore. Bauh. pin. 177. ...“ (Linné 1737, S. 223); „6) Gemeine Küchenschell. Anemone Pulsatilla. ... Anemone pedunculo involucrato; petalis rectis; foliis bipinnatis. LINN. Syst. veg. p. 424. ... Pulsatilla folio crassiore et maiore flore. C. BAUH. pin. 177. ... Sie wird insgemein Küchenschelle, ingleichen Windkraut, Osterblume, Schlottenblume und Bocksbart ... genennet. ...“ (Linné 1781, S. 284ff.); „6. ANEMONE Pulsatilla. A. pedunculo involucrato petalis rectis, foliis bipinnatis. ... Gmel. sib. 4. p. 195. ... Pulsatilla foliis decompositis pinnnatis, ... Hort. cliff. 223. ... Pulsatilla folio crassiore et majore flore. Bauh. pin. 177. ...“ (Linné 1797–1830, Bd. II, Teil 2, S. 1274); „2) PULSATILLA VULGARIS. Mill. ... Anemone Pulsatilla. ... M. a Bieb. Fl. taur. cauc. II. p. 18. ... Anemone No. 34. Gmel. Fl. sib. IV. p. 195. ...“ (Ledebour 1830, S. 369f.); „6. P[ulsatilla] vulgaris (MILL. Dict. Nro. 1) ... LEDEB. Fl. alt. II, p. 369. ... Anemone Pulsatilla. ... M. a. BIEB. Fl. t. c. II, p. 18. ... Pulsatilla. ... S. G. GMEL. It. I, p. 66. ... Anemone pedunculos involucrato, ... GMEL. Fl. sib. IV, p. 195. Nro. 34. ...“ (Ledebour 1842, S. 21f.); „34. ANEMONE pedunculo inuolucrato, petalis rectis, foliis bipinnatis, LIN. Sp. pl. 1. p. 778. n. 5. ...“ (Gmelin 1747–1769, Bd. IV, S. 195), nahezu identisch auf Bl. 83r in: AAW R. I, Op. 104, D. 14 – s. Anm. 32 in Nr. 6; „34. Anemone pedunculo involucrato, petalis rectis, foliis bipinnatis [=] Anemone vulgaris Mill.!“ (Ledebour 1841, S. 134); „Anemone Pulsatilla, ... Osterblume, gemeine Küchenschelle; ... die dunkelblaue Blumen, welche grün färben, und deren gebranntes Wasser Erbrechen macht, hat man vormals unter die Nießmittel gerechnet; sie sind gut in alten Geschwüren, und bey Pferden, in Wunden äuserlich zu gebrauchen; ...“ (Gmelin 1772a, Sp. 498f.); „1061. ANEMONE pulsatilla. ... A. pedunculo inuolucrato, ... Gmel. sib. 4. p. 195. n. 34. ...“ (Marschall von Bieberstein 1808, S. 18f.); „In seiner Nachbarschaft liebte die pulsatilla zu wachsen. Sie heißt in der Landsprache Сазончикъ [russ. *sazončik*], und wird ... von keinem Vieh gefressen.“ (Gmelin 1770, S. 66); „5) Küchenschelle, Kuhschelle, Küchenkraut, Windkraut, Osterblume, Schlottenblume, grau Bergmännlein, Lizwurz, Boksbart, Anemone pulsatilla Linn. ... Die Wurzel der gleichen Pflanze hat keine, oder doch eine geringe Schärfe, und vielmehr einen süslichen Geschmak [x4]). Sie ist es, welche die Alten vornemlich innerlich gebrauchten, um auf Speichel und Schweis, und nach ihrer Sprache, das Gift von dem Herzen zu treiben [x5]); Blätter und Blumen mischten sie unter die Niespulver [x6]), und mit Zuker zu einem Syrup gemacht, verordneten sie sie innerlich in Krankheiten der Lungen [x7]); allein dieser Gebrauch konnte leicht gefährlich werden. Mit grösserm Vortheile bedient man sich dieser Pflanze und des daraus gebrannten Wassers äuserlich in allen Geschwüren, wo sich faules Fleisch zeigt, und in Wunden bei Pferden [y]). Die Blumen kann man auch gebrauchen, um damit grün zu färben [z]).“ (Gmelin 1803, S. 267ff.); „Anemone (Pulsatilla) ... Linn. Spec. plant. ... Violette Anemone, große Küchenschelle, Windkraut, Weinkraut, Hackelkraut, grosse Osterblume,

Schlottenblume, Mutterblume, Beizwurz, Bergmännchen, Tageschlaf, Bocksbart. ...“ (Hayne 1805, Nr. 22); „21. Anemone Pulsatilla L. s. Pulsatilla vulgaris Mill. Im G. Poltawa legt man die frisch zerquetschten Blätter der Küchenschelle auf das Hinterhaupt bei Kopfschmerzen, Erkältungen und dergleichen ... Im G. Tschernigow ‚beräuchert‘ man die Kinder mit der Pflanze bei Schlaflosigkeit. ... Ein Aufguss der Pflanze wird bei Rheumatismus, Haemorrhoiden, Kopfschmerz und Nachtblindheit gebraucht. ... Die Samen derselben werden von den Volksärzten Kleinrusslands, als eine Abkochung oder Tinctur, bei Steinkrankheit eingegeben. ...“ (Demitsch 1889, S. 167); „ANEMONE (Pulsatilla) ... Linn. Spec. pl. 539. n. 5. ... Прострѣлъ [russ. *prostrel*] siue Вѣтреница [russ. *vetrenica*] Russ. ...“ (*Krašeninnikov* 1761, S. 85); „627. Anemone Pulsatilla. Lin. sp. 6. ... Küchenschelle. Ruß. Wetreniza und Prostrel, auch Son Trawa [russ. *son trava*], Kirg. Sortschup. ...“ (Falk 1786, S. 200); „4. ANEMONE Pulsatilla L., ... Küchenschell= Anemone. Küchenschelle. R. Prostret. ... Mit Blumen und Blättern wird grün gefärbt. Die Pflanze ist giftartig.“ (Georgi 1797–1802, Theil 3, S. 1057); „PULSATILLA. ... teutsch, Küchenschell. ... Es reiniget, zertheilet, ist gut für die Krätze, die Feuchtigkeiten zu zertreiben und dünner zu machen, wann es aufgeleget wird. Pulsatilla kommt von pulsare, treiben, stossen, weil dieses Kraut gemeiniglich an erhabenen Orten, auf den Höhen pflegt zu wachsen, woselbst der Wind die Blume allezeit kan treffen und herum treiben. Sie wird auch um dieser Sache willen Herba venti genannt.“ (Lémery 1721, Sp. 525); 96. Anemone patens et Pulsatilla – s. Pulsatilla patens et vulgaris (*Annenkov* 1858, S. 16, Nr. 96); Pulsatilla vulgaris Mill. – russ. *sazončiki* bzw. *prostrel* (*Annenkov* 1858, S. 76, Nr. 891)

„712. Pulsatilla quinta. Eadem, quae Ind. Irc. n° 316. recensita, cum qua confudi aliam speciem in Fl. Irc. nº 367. indicatam. ...“ (AAW R. I, Op. 105, D. 1^{a}, Bl. 83v, s. Anm. 29 in Nr. 5); „316. Pulsatilla Apij folio, vernalis, flore majore C. B. P. Pulsatilla folio crassiore et majore flore C. B. P. Ind. Len. ...“ (AAW R. I, Op. 105, D. 4^{a}, Bl. 38r, s. Anm. 54 in Nr. 17); „* Pulsatilla Apii folio vernalis flore majore. C. B. P. An et Pulsatilla folio crassiore, et majore flore C. B. P. et vernalis flore minore ej. et autumnalis ejusdem? ...“ (AAW R. I, Op. 105, D. 2, Bl. 7v, s. Anm. 54 in Nr. 17); „86. An Pulsatilla Apii folio vernalis, flore majore C. B. P?“ (AAW R. I, Op. 15, D. 1, Bl. 11r, s. Anm. 24 in Nr. 64); „– Pulsatilla folio crassiore et majore flore CBP. ...“ (AAW R. I, Op. 104, D. 8, Bl. 7r, s. Anm. 18 in Nr. 452); „Pulsatilla folio crassiore et majore flore. B. Pin. 177. et Inst. r. h. n°. 4.“ (AAW R. I, Op. 13, D. 19, Bl. 3v, s. Anm. 54 in Nr. 17); „216. Pulsatilla folio crassiore et maiore flore C. B. P. лазоревои прострѣл [russ. *lazorevoi prostrel*; russ. *lazorevoj prostrel*] ...“ (AAW R. I, Op. 13, D. 42, Bl. 31r, s. Anm. 1 in Nr. 1); „869. Pulsatilla folijs decompositis pinnatis, flore nutante, limbo recto Linn. h. Cliff. 223. Pulsatilla folio crassiore & majore flore. I. R. H. ...“ (AAW R. I, Op. 13, D. 20, Bl. 79v, s. Anm. 1 in Nr. 1); „Pulsatilla folio crassiore et maiore, flore coeruleo (Tournefortii sp. 1), Off.“ (Messerschmidt 1962–1977, Bd. 4, S. 203, s. Anm. 1 in Nr. 1); s. auch Nr. 372

145 „[species 9] Pulsatilla folio Anemones secundae sive subrotundo C. B. Pin. 177. Prodr. 94.“ (Tournefort 1700, S. 284, Genus II. „Pulsatilla. Coquelourde.“); „35. ANEMONE pedunculo involucrato, foliis digitatis, multifidis, LIN. Sp. pl. 1. p. 759. n. 3. Pulsatilla folio anemones secundae seu subrotundo, BAVH. prodr. 94. Pulsatilla polyanthos violacea, Anemones folio BREYN. Cent. 132. HELV. puls. 52. t. 2. 3. Pulsatilla Anemones folio dissecta, lanuginosa, flore maiore, dilute luteo-patente, AMM. Ruth. 104. Magna est huius plantae varietas colore floris, naturaliter quidem luteo, sed idem plerumque caeruleo deprehenditur-saepe quoque totus caeruleus est, aut tria petala alternatim dilutissime purpurea et alba, ... Succus recens pulsatillae luteae ab incolis Ircutiae vrbis in aures immititur in surditate, in dolore vero caloreque capitis, folia fronti alligata vesicas ciendo proficere dicuntur. ...“ (Gmelin 1747–1769, Bd. IV, S. 195f.), nahezu identisch auf Bl. 83v in: AAW R. I, Op. 104, D. 14 – s. Anm. 32 in Nr. 6; „35. Anemone pedunculo involucrato, foliis digitatis multifidis [=] Pulsatilla patens Mill.!“ (Ledebour 1841, S. 134); „2) Offene Küchenschell. Anemone patens. ... Anemone pedunculo involucrato; foliis digitatis, multifidis. LINN. Syst. veg. p. 424. ... GMEL. Fl. Sib. 4. p. 195. n. 35. ... Pulsatilla folio

anemones secundae s. subrotundo. C. BAUH. pin. 177 prodr. 94. ... Gmelin berichtet, daß die Blumen in Ansehung der Größe und Farben mancherley Varietäten machen, und bald groß, bald klein, bald blaß= oder hellgelb, bald aber auch hellblau oder ganz blau, bald innwendig an den Blumenblättern wechselsweise blaßroth und weiß, aussen aber ganz weiß, bald durchaus von einer reinen und schneeweissen Farbe seyen, ... Die ganze Pflanze ist scharf und bitterlicht, und ziehet auf der Haut Blasen." (Linné 1781, S. 282f.); „2. ANEMONE patens. A. pedunculo involucrato, ... Gmel. sib. 4. p. 195. ... Pulsatilla patens. Mill. dict. n. 4. ... Pulsatilla, anemones folio dissecto lanuginoso, flore majore dilute luteo patente. Amm. ruth. 104. ... Ausgebreitete Anemone W. ..." (Linné 1797–1830, Bd. II, Teil 2, S. 1272f.); „1) PULSATILLA PATENS. Mill. ... Anemone patens. ... Falk. topogr. Beytr. II. p. 200. Anemone No. 35. Gmel. Fl. sib. IV. p. 195. Pulsatilla Anemones folio dissecto, ... Amman. ruth. No. 104. p. 79. ... Variat ... 5) floribus plerumque coeruleis vel e coeruleo violaceis, rarius roseis, ochroleucis, flavidis (albis Pall. lacteis Gmel.). ..." (Ledebour 1830, S. 368f.); „5. Pulsatilla. TOURNEF. ... 1. P. patens (MILL. Dict. nro. 4) ... LEDEB. Fl. alt. II. p. 368. ... Anemone patens. L. SP. 759. ... FALK. Beitr. II, p. 200. ... Pulsatilla Anemones folio. ... Amm. ruth. p. 89. [sic!] Nro. 104. Anemone pedunculo involucrato, ... GMEL. Fl. sib. IV, p. 195. Nro. 35. ..." (Ledebour 1842, S. 19f.); „104. PULSATILLA Anemones folio dissecto, lanuginoso, flore majore dilute luteo, patente Messerschm. ..." (Amman 1739, S. 79); „Anemone patens, ... offene Anemone, ... Sie ist scharf und bitterlicht, und gibt den Bienen Wachs." (Gmelin 1772a, Sp. 497); „Pulsatilla anemones folio (Fl. sib. IV. nr. 35. Anemone patens L. Pulsatilla patens Mill. cf. Gmel. sib. Reise II. 478.)." (C. von Linné in einem Brief an J. G. Gmelin vom 6. September 1744 – Plieninger 1861, S. 29); „Pulsatilla foliis digitatis subdivisis, laciniis linearibus acutis. Pulsatilla foliis ternato-palmatis laciniis acuminatis mihi, pulchre hoc vere floruit in horto ex Tuis seminibus olim mihi benevole missis (? Fl. sib. IV. 195. nr. 35. Anemone patens L. Pulsatilla patens Mill. cf. Linn. Ep. IV. et Gmelini sib. II. 478.)." (C. von Linné in einem Brief an J. G. Gmelin vom 2. August 1748 – Plieninger 1861, S. 84); „Wir hatten ein herrliches Frühjahr in Ansehung einer Stadt [d. h. *Jakuck*], die wegen ihrer Kälte so sehr beschrien ist. Schon in der Mitte des Aprils waren die Felder mit einer besondern Art der Küchenschellen * erfüllt, ... |: * Pulsatilla anemones folio. :|" (Gmelin 1751–1752, 2. Theil, S. 478); „Nicht weniger Schönheit verliehen der Steppe die Anemonen c) |: c) Anemone, russ. Wjetro, auch Wjetreniza. :| Es gab deren drey Arten, die offene a) *, die Frühlingsanemone b) und die Küchenschelle c). ... |: a) Anemone patens. *) Herr Prof. Pallas Th. 1. S. 147. Dieses ist die gemeinste Frühlingsblume dieser Gegenden, (um Samara), und spielt mit allerley Farben. Man findet sie durch alle Schattiren des blauen, ferner ganz weiß, und etwas seltner blaßgelb. Weil man sie nie den April überleben sieht, so hat man ihr den Namen Odnomesetschnik [russ. *odnomesjačnik*] gegeben, und pflegt sie an abgeschälte Zweige gereihet zum Zierrath in die Stuben aufzustecken. Die blauen Blumen dieser Art geben, mit etwas Färbedistel und Alaun gekocht, ein trefliches Grün zur Saftmahlerey. Ueb. b) Anemone vernalis. c) Anemone pulsatilla. :|" (Lepechin 1774, S. 186f.); „Nachdem wir die turinskischen Getraidefelder vorbeygefahren waren, zeigten einzelne kleine Birkengehölze annoch die Nachbarschaft der Stadt [d. h. *Turinsk*], und die Küchenschellen a) die grosse Kälte in diesem Strich an; denn da sie in solchen Gegenden, wo die Luft gemäßigter und wärmer ist, mit blauen Blumen prangen, so hatten sie hingegen hier, je näher wir den Bergen kamen, ihre blaue Farbe in weiß verwandelt. Hieraus läßt sich meines Erachtens zweyerley folgern: 1) daß die Lebhaftigkeit der Farben an den Gewächsen von einem gewissen Grad der Wärme und der dadurch bewirkten Erweiterung der zartesten Gefässe der Gewächse entsteht; 2) daß man in einem gewissen Bezirk des Landes aus der Lebhaftigkeit oder Bleichheit der Farben die mehrere oder mindere Tauglichkeit desselben in verschiedenen Fruchtsaaten bestimmen und hieraus eine Regel nehmen kann, wohin man dies oder jenes Getraide säen soll. ... |: a) Anemone patens. :|" (Lepechin 1783, S. 35); „Diesen ganzen Tag vergüngten [sic!] uns die überall büschelweise in Menge hervorbrechende sibirische Küchenschellen (Anemone patens). Ich habe aber diese Blumen ... bis an den Irtisch ... nicht anders als von bleichgelber, oder ins weißliche fallender Farbe, sehr selten ganz bleich röthlich oder ins Violette spielend, niemals aber dunkelblau gesehen, da doch diese Farbe in den wärmern Gegenden am Jaik und der Wolga die gemeinste ist. ... Man nennt sie hier in Sibirien durchgängig Wetreniza (Windblume), und der Landmann kennt sie sehr wohl, weil das junge Bauernvolk, bey vorfallenden Werbungen, um sich dem Soldatenstande zu entziehen oft durch Auflegung des zerquetschten Krauts, welches eine blasenziehende Kraft hat, sich flache Geschwüre an verschiedenen Theilen des Leibes macht, um bey Besichtigung zum Dienst untüchtig erklärt zu werden. ... Die erweckten Geschwüre sollen nachmals sehr geschwind heilen, ... Sonst rühmen die Bauern auch das mit diesen Küchenschellen abgekochte Wasser bey convulsivischen Zufällen der Kinder. ..." (Pallas 1773, S. 387f.); „Nous ajouteron que nos Paysans connoissent l'herbe pilée de l'Anemone patens qu'ils nomment Vétreniza, comme vésicatoire & ulcérante par l'application continuée, sans inflammation ou autres mauvaises suites." (Gilibert 1780, S. 43); „Anemone patens L. R. Postrel. T. Argoakto. ... Frische gequetschte Bluhmenstängel ziehen auf gesunde Haut gebunden Blasen, daher sich die Rekruten mittelst desselben faule Füsse zu wege bringen sollen." (Georgi 1775, S. 220); „Den Rotz der Pferde ... heilet man durch ein stark Dekokt von Anemone patens L. (Postrel), von welchen man den Thieren oft ¼. Maas in die Nasenlöcher gießt." (a. a. O., S. 443); „20. Anemone patens L. s. Pulsatilla patens Mill. Schon Pallas erzählt, dass die purgirende Wirkung der Anem. patens und der Anem. pulsatilla L. auf das Vieh und die blasenziehende, zerfressende Einwirkung der ersteren auf die menschliche Haut dem Volke Sibiriens bekannt ist. ... ist Anem. patens eine von Sibirien durch das ganze östliche Europa verbreitete Art, besonders scharf und auf der Haut blasenziehend. Sie ist in Russland seit langer Zeit ein Heilmittel gegen Unterleibsstockungen, Wassersucht etc. ... Im G. Perm ... wird z. B. ein Aufguss derselben bei Trunksucht eingegeben. ... Die Jakuten gebrauchen Anem. patens äusserlich gegen Krätze und statt der spanischen Fliege. ... Im G. Wologda wird ein Aufguss der Pflanze Gebärenden gegeben, um die Geburt zu erleichtern. ..." (Demitsch 1889, S. 166f.); „625. Anemone patens. Lin. sp. 2. Ruß. Wetrenik und Wetreniza. ..." (Falk 1786, S. 200); „2. ANEMONE patens L., ... Klaffende Anemone. R. Wetrniuza [sic!] (Windblume). ... Sie erscheint mit gelben, blauen, mit roth und weißen, auch ganz weißen Blumen, und ist ungemein häufig vorhanden. An der Wolga nützt man sie zum Grünfärben, man quetscht das frische Kraut mit den Blumen, setzt es in einem kupfernen Kessel mit Wasser und ein wenig Alaun und der eingelegten Wolle über so gelindes Feuer, daß alles nur warm wird, wodurch die Wolle eine grünliche Farbe annimmt." (Georgi 1797–1802, Theil 3, S. 1056f.); „2. Offene oder sibirische Küchen=Schelle, Anemone Pulsatilla patens; ..." (Krünitz 1773–1858, Bd. 54, S. 485f.); 96. Anemone patens et Pulsatilla – s. Pulsatilla patens et vulgaris (*Annenkov* 1858, S. 16, Nr. 96); Pulsatilla patens Mill – russ. *samsončiki*, *son*, *sončik*, *prostrel*, *strel'naja*, *vetrenica*, *černoe zel'e* bzw. *urguj* (*Annenkov* 1858, S. 76, Nr. 890);

„Pulsatillam Anemones folio flore ochroleuco Siberienses contusam ubicunq₃ placet corpori applicant per noctem, quo vesicas & ulcera excitent eoq₃ meluis se militiae aut servitiis subducendi ansam habeant, metu ademto, butyrum non salitum cum Cera flava solum̄odo mixtum vulnerato loco imponunt, hocq₃ cerato intra duos ad summum tres dies, ad plenariam sanationem perducunt. Rutheni plantam vocant вѣтренница [sic!] [*vetrennica* ; russ. *vetrenica*]." (AAW R. I, Op. 104, D. 18, Bl. 14r, s. Anm. 20 in Nr. 632); „No. 17. Pulsatilla folio Anemones secundae seu subrotundo C. B. [P. ...] Prodr. 94." (AAW F. 3, Op. 1, D. 797, Bl. 114v, s. Anm. 89 in Nr. 111); „1. Pulsatilla Anemones folio dissecto, lanuginosa, flore majore dilute luteo, patente Mess." (AAW F. 21, Op. 5, D. 119, Bl. 15v unter „Wurzeln", s. Anm. 95 in Nr. 328); „1. Pulsatilla Anemones folio dissecto, lanuginosa, flore majore dilute luteo, patente Mess." (AAW R. I, Op. 14, D. 8, Bl. 14r, s. Anm. 98 in Nr. 39); „Pulsatilla Anemones folio dissecto lanuginosa, flore majore dilutè luteo patente; An – Tournefort. Spec. 4. ..." (AAW F. 98, Op. 1, D. 20, Bl. 29v, s. Anm. 89 in Nr. 33)

146 in der 2. Textversion (s. Anm. 1 in A.): „Tulipanen"

147 „Tulipa. Tulipes. ..." (Tournefort 1700, S. 373ff.); „TULIPA. ... teutsch, Tulpe, Tulipan, ... Tulipa kommt von dem türckischen Worte Tulipan oder Tulpens, das auf frantzösisch, oder auch verstümmelter Weise Turban gegeben wird. Es ist bekannt genug, daß dieses Wort eine Gattung Hüte

bedeute, damit die Türcken das Haupt zu decken pflegen: und diesem Gewächse ist dieser Titel deswegen beygeleget worden, dieweil will angegeben werden, daß seine Blume einige Gleichheit mit diesem Hauptzierrathe haben solle, welcher in Dalmatien und in der gantze Türckey getragen wird." (Lémery 1721, Sp. 1157f.)

148 „17. April 1723 ... Von Kräutern brachte er mir Pulsatillam folio anemones, flore coeruleo. ..." (Messerschmidt 1962–1977, Bd. 2, S. 36); s. Nr. 368

149 s. Nr. 368

150 s. Nr. 368

151 „[species 8] Pulsatilla Apii folio, autumnalis C. B. Pin. 177. Prodr. 94." (Tournefort 1700, S. 284, Genus II. „Pulsatilla. Coquelourde."); „12. PULSATILLA Apii folio, autumnalis. C. B. P. Herbstkuchenschelle mit Eppichblättern." (Miller 1751, S. 168); „PULSATILLA, Pasque-flower. ... 10. PULSATILLA apii folio, vernalis, flore majore. C. B. P. ... 11. PULSATILLA apii folio, vernalis, flore minore. C. B. P. ... 12. PULSATILLA apii folio, autumnalis. C. B. P. ..." (Miller 1754); „5) Frühlings=Küchenschell. Pulsatilla vernalis. ... Anemone pedunculo involucrato; foliis pinnatis; flore erecto. LINN. Syst. veg. pl. 424. ... Pulsatilla involucro piloso nitido. Fl. Lapp. 223. Pulsatilla vernalis. MILL. Dict. n. 3. ... Pulsatilla Apii folio, vernalis, flore majore et minore. C. BAUH. pin. 177. prodr. 94. ..." (Linné 1781, S. 284); „4. ANEMONE vernalis. A. pedunculo involucrato, foliis pinnatis, foliolis tripartitis obtusis glabriusculus, flore erecto. W. ... Pulsatilla vernalis. Mill. dict. n. 3. ... Pulsatilla involucro piloso nitido. Fl. lapp. 223. Pulsatilla, apii folio, vernalis, flore majore. Bauh. pin. 177. prodr. 94. ... Frühlings-Anemone. W. ..." (Linné 1797–1830, Bd. II, Teil 2, S. 1273); „4. P[ulsatilla] vernalis (MILL. Dict. Nro. 3) ... Anemone vernalis. DEC. Prodr. I. p. 16. ... γ? Pulsatilla apii folio autumnalis. DEC. l. c. ‚Blaue Herbstanemone'. PALL. It. II, p. 590. ..." (Ledebour 1842, S. 20f.); „Es blühte auch hier eine blaue Herbstanemone, die mit den Sibirischen Küchenschellen viel Aehnlichkeit hat (*). ... |: Es ist ohnstreitig eine Spielart von Anemone patens, die aber in der Spaltung der Blätter und dadurch, daß sie so spät blüht und erst nach den Blättern ihre kleineren Blumen zeigt, sich unterscheidet. :|" (Pallas 1773, S. 590); „1. A[nemone] VERNALIS (Lin! sp. 759.) ... Pulsatilla vernalis. Mill. dict. n. 3. ... γ? Pulsatilla apii folia autumnalis. C. B. prodr. 94." (Candolle 1824, S. 16); „[Pulsatilla] apii folio autumnalis; so nennt C. Bauhin vermuthlich eine Spielart der frühjährigen Anemone, welche erst im Herbste blüht." (Gmelin 1775, Sp. 522f.); „[Pulsatilla] apii folio vernalis, flore majore; hierunter verstehen C. Bauhin und Helwing die frühjährige Anemone. [Pulsatilla] folio vernalis, flore minore; so nennen sie eine Spielart derselbigen mit kleiner Blume. ..." (a. a. O., Sp. 523); „[Anemone] vernalis, pedunculo involucrato, foliis pinnatis, flore erecto, frühjährige Anemone, ... frühe Kuchenschelle, Waldküchenschelle mit Eppichblättern; ..." (Gmelin 1772a, Sp. 497f.); „Anémone. ... c) Anemone vernalis, (foliis pinnatis, flore erecto); oder Pulsatilla involucro piloso nitido; dieses ist die Waldküchenschelle, ... oder Pulsatilla apii folio, vernalis, flore majore (& minore) Bauh. ..." (Schmidlin 1771a, S. 337); „APIUM. ... teutsch, gemeiner Eppich. ... Apium kömmt von apibus, weil man dafür gehalten, die Bienen liebeten die Blumen dieses Krauts. Oder ab Apice, der Wirbel auf dem Haupte, weil die Alten vorzeiten Kräntze von diesem Kraute machten, und sie auf den Scheitel setzten. ..." (Lémery 1721, Sp. 72f.)

„708. Pulsatilla 1ª Flos pallide luteus est, extus sordide violaceus. ... Fl. Irc. nº 372." (AAW R. I, Op. 105, D. 1ª, Bll. 83r–83v, s. Anm. 29 in Nr. 5); „57. Pulsatilla Apij folio Fl. Irc. 372." (AAW R. I, Op. 105, D. 16, Bl. 1v, s. Anm. 5 in Nr. 4); „* Pulsatilla Apii folio vernalis flore majore. C. B. P. An et Pulsatilla folio crassiore, et majore flore C. B. P. et vernalis flore minore ej. et autumnalis ejusdem? ..." (AAW R. I, Op. 105, D. 2, Bll. 7v–8r, s. Anm. 54 in Nr. 17); „86. An Pulsatilla Apii folio vernalis, flore majore C. B. P?" (AAW R. I, Op. 15, D. 1, Bl. 11r, s. Anm. 24 in Nr. 64); s. auch Nr. 367

152 in der 2. Textversion (s. Anm. 1 in A.): „setis"

153 s. die Species 1, 3, 4 und 5 („Daucus sativus ...") in: Tournefort 1700, S. 307f.; „Möhre, ist zunächst ein Nahme einer Art eßbaren rübenartigen Wurzeln und ihrer Pflanzen; Daucus Carota Linn.; dann aber auch ein Nahme der ganzen Gattung Daucus *). ... 1. Gemeine Mohrrübe Willd.,

gemeine Möhre, gelbe Möhre, gelbe Rübe. ... γ) Daucus sativus, radice atrorubente. Tournef. Suckow unterscheidet die vier Hauptabänderungen dieser Art, nähmlich a) die gemeine gelbe Möhre; b) die goldgelbe Möhre; c) die weiße Möhre; d) die rothe Möhre, ..." (Krünitz 1773–1858, Bd. 92, S. 710ff.); „DAUCUS CAROTA. ... Daucus sativus, radice atrorubente. Tournef. inst. p. 307. ... Die Blätter wechselsweisstehend: die untern dreyfachzusammengesetzt-gefiedert; die obern doppeltzusammengesetzt-gefiedert. Die Blättchen und Fiederchen fiederspaltig-eingeschnitten oder auch nur dreyspaltig, ..." (Hayne 1821, Nr. 2)

vgl. „Pulsatilla Dauci folio, flore pallide coeruleo minore." (AAW F. 1, Op. 2–1746, D. 1, Bl. 19v, s. Anm. 107 in Nr. 46)

154 „724. Anemonoides monanthos; interdum et biflora, flore viridescente minimo. ... Interdum et petala breviora sunt, latiuscula et horizontaliter expansa, uti in iis specimibus videre est, quae Stellerus inter suas plantas sub nº 374 transmisit. ..." mit der links marginalen Anm. auf Bl. 84v „Vid. Ic." (AAW R. I, Op. 105, D. 1ª, Bll. 84v–85r, s. Anm. 29 in Nr. 5); „CCC. Ranunculus. T. 285. 149. B. I. 30. лютикъ. [russ. *ljutik*] ..." (Bll. 39v–30r in T. Gerber „Flora Moscuensis ...", s. Anm. 6 in Nr. 55); „Ranunculus лютикь [russ. *ljutik'*]" (G. W. Steller nach T. Gerber: AAW R. I, Op. 81, D. 23, Bl. 5r, s. Anm. 1 in Nr. 1); russ. *ljutik* – Ranunculus, Hahnenfuß (Pawlowski 1952, S. 648); s. Nr. 366; Ranunculus – russ. *ljutik* bzw. *žabnik* (*Annenkov* 1858, S. 75, Nr. 910)

155 „[species 155] Ranunculus palustris, folio sagittato, maximo. Sagitta aquatica, major C. B. Pin. 194. Sagitta major J. B. 3. 790. Sagitta major Tabern. Icon. 743." (Tournefort 1700, S. 292, Genus III. „Ranunculus. Renoncule."); „PFeil=Kraut, wegen der Blättern Figur also genennt; Pfeil=Blatt, Lateinisch, Sagitta, Sagittalis, Sagitraria, Barba sylvana. ... 2. Das große Pfeilkraut: Sagitta aquatica major, C. B. P. ... Ranunculus palustris, folio sagittato, maximo. ..." (Zwinger 1744, S. 1109); „1) Gemeines Pfeilkraut. Sagittaria sagittifolia. ... Sagittaria foliis sagittatis acutis. LINN. Syst. Veg. 715. ... GMEL. Sib. 4. p. 207. ... Sagitta aquatica minor latifolia. C. BAUH. pin. 194. β) Sagitta aquatica minor angustifolia. eiusd. pin. 194. γ) Sagitta aquatica major eiusd. pin. 194. Dieses Gewächs, das von der pfeilförmigen Figur seiner Blätter den Namen führt, ... Von Arzneykräften ist bey diesem Kraute nichts bekannt, als daß es eine kühlende und anhaltende Kraft hat, ... Die Chineser ... bedienen sich der knollligen Wurzel ... zur Speise. ..." (Linné 1783, S. 210ff.); „1. SAGITTARIA sagittifolia. ... S. foliis sagittatis acutis. ... Gmel. sib. 4. p. 207. ... Sagitta aquatica minor latifolia. Bauh. pin. 194. β. Sagitta aquatica minor angustifolia. Bauh. pin. 194. γ. Sagitta aquatica major. Bauh. pin. 194. ... Gemeines Pfeilkraut. W. ..." (Linné 1797–1830, Bd. IV, Teil 1, S. 408f.); „1. SAGITTARIA SAGITTIFOLIA. Linn. ... Sagittaria foliis sagittatis acutis. Gmel. Fl. sib. IV. p. 207. No. 56. ..." (Ledebour 1833, S. 247); „930. Sagittaria L. ... 1. S. sagittifolia (L. Spec. 1410) ... LEDEB. Fl. alt. IV, p. 247. ... S. foliis sagittatis acutis. GMEL. Fl. sib. IV, p. 207, No. 56. ..." (Ledebour 1853, S. 41); „[Ranunculus] palustris, folio sagittato maximo; so nennt er [d. h. Tournefort] eine andere [Abart des gemeinen Pfeilkrauts] mit sehr grosen Blättern." (Gmelin 1775, Sp. 741); „[Sagitta] aquatica major; bedeutet bey C. Bauhin eine andere grösere Abänderung [des gemeinen Pfeilkrauts]. ... [Sagitta] minor angustifolia; so nennt C. Bauhin eine kleinere [Abänderung des gemeinen Pfeilkrauts] mit schmäleren Blättern. [Sagitta] aquatica minor latifolia; bedeutet bey ihm [d. h. C. Bauhin] das gemeine Pfeilkraut." (Gmelin 1776, Sp. 83); „[Sagittaria] sagittifolia, ... Pfeilkraut mit Pfeilblättern, ... Pfeilkraut; gemeines Pfeilkraut; ... als die knollige Wurzeln derselbigen nicht nur eine angenehme und wolschmekende, sondern nach der vieljährigen Erfahrung der Sineser und Americaner eine gesunde und nahrhafte Speise abgebent auch das Vieh, die Schafe ausgenommen, frißt Blätter und Wurzeln gerne und ohne Schaden: Turquet empfielt das Wasser, da mit der Wurzel gekocht worden ist äuserlich in dem Zuken und Beisen des Afters und der Schaam: ..." (a. a. O., Sp. 84ff.); „Sagittaria foliis ovatis oblongis integerrimis aut obiter etc. (? S. alpina L.) certe sola varietas vulgaris (Fl. sib. IV. 207. nr. 56. S. sagittifolia L.)." (C. von Linné in einem Brief an J. G. Gmelin vom 2. August 1748 – Plieninger 1861, S. 79); „56. SAGITTARIA foliis sagittatis acutis, ROY. Lugd. 493. HALL. Helu. 300. LIN. Sp. pl. 1. p. 1440. Cum syn. ..." (Gmelin 1747–1769, Bd. IV, S. 207), nahezu identisch auf Bl. 89v in: AAW R. I, Op. 104, D. 14 – s. Anm. 32 in Nr. 6; „56. Sagittaria foliis sagittatis

acutis [=] Sagittaria sagittifolia L.!“ (Ledebour 1841, S. 135); „Ferner geniessen sie [d. h. die Kalmyken] verschiedene Steppenpflanzen, als die ... Knollen des gemeinen Pfeilkrauts (Sagittaria sagittaefolia), ... die sie theils roh, theils gekocht essen. ...“ (Finke 1792, S. 544f.); „SAGITTA-RIA (sagittifolia) ... Linn. Spec. pl. 993. n. 1. ... Стрела [russ. *strela*] siue желтая вахта [russ. *želtaja vachta*] Russ. ...“ (*Krašeninnikov* 1761, S. 154); „1080. Sagittaria sagittifolia. Lin. Syst. Plant. IV. p. 155. sp. 1. ... Pfeilkraut. Ruß. Strelnaja, und Schetaja [sic!] Wachta. Kalm. Badbön-sak. ... Die Hauptwurzeln treiben jährlich viele Nebenknollen. Diese werden von den Kalmücken für sich, oder am Fleisch gekocht, oder auch mit Butter geröstet gegessen.“ (Falk 1786, S. 255); „1. SAGITTARIA sagittifolia ... Gemeines Pfeilkraut. R. Strela. Kalm. Bodbënsak. ...“ (Georgi 1797–1802, Theil 3, S. 1299); „Pfeilkraut, ein Nahme verschiedener Planzen, wegen der Aehnlichkeit ihrer Blätter mit einem mit Widerhaken versehenen Pfeile. ... 1. Gemeines Pfeil-kraut. ... Sagittaria foliis sagittatis acutis. Linn. Syst. Veg. p. 715. ... Sagitta aquatica minor latifolia. C. Bauh. pin. 194. β) Sagitta aquatica minor angustifolia, ejusd. pin. 194. γ) Sagitta aqua-tica major, ejusd. pin. 194. ...“ (Krünitz 1773–1858, Bd. 109, S. 634ff.); Sagittaria sagittaefolia L. – russ. *želtyj šil'nik* bzw. *batlačik* (*Annenkov* 1858, S. 82, Nr. 962);

„56. Sagitta aquatica major CBP. ...“ (AAW R. I, Op. 104, D. 17, Bl. 11v, s. Anm. 36 in Nr. 8); „1. Sagitta aquatica omnium minima D. Pluk. R. Syn. 143. Ind. Jen. n°. 638. ... 3. Sagitta major J. B. III. l. 38. p. 790. ...“ (AAW R. I, Op. 13, D. 67, Bl. 43v, s. Anm. 5 in Nr. 4); „Sagittaria folijs sagittatis Linn. Lapp. 344. h. Cliff. 446. Sagitta aquatica major B. Pin. 194. Boerh. Lugdb. 1. p. 46.“ (a. a. O., Bl. 47r); „956. Sagittaria folijs sagittatis Linn. flor. 344; Est major J. B. ...“ (AAW R. I, Op. 13, D. 20, Bl. 90v, s. Anm. 1 in Nr. 1); „555. Sagitta aquatica minor angustifolia C. B. P.“ (AAW R. I, Op. 104, D. 13, Bl. 4r, s. Anm. 84 in Nr. 29); „Sagitta aqvatica minor C. B. P. ... Sagitta aqvatica minor C. B. P. ...“ (AAW R. I, Op. 68, D. 2, Bl. 15v, s. Anm. 62 in Nr. 22); „154. Ranunculus Palustris folio sagittato angustiori. Inst. r. h. 292.“ (AAW R. III, Op. 1, D. 28, Bl. 9r, s. Anm. 1 in Nr. 1); „154 [Ranunculus] palustris folio sagittato angustiori i. r. h.“ (G. W. Steller nach J. G. Heinzelmann: AAW R. I, Op. 81, D. 23, Bl. 17v, s. Anm. 1 in Nr. 1)

156 „[species 156] Ranunculus palustris, folio sagittato, minori. Sagitta aquatica, minor, latifolia C. B. Pin. 194. Sagitta J. B. 3. 789. Sagitta minor Tabern. Icon. 743.“ (Tournefort 1700, S. 292, Genus III. „Ranunculus. Renoncule.“); „Das kleine Pfeilkraut: Sagitta aquatica minor, latifolia, C. B. P. 194. ... Ranunculus palustris, folio sagittato minori. T. 292. ...“ (Zwinger 1744, S. 1109); „[Ranunculus] palustris, folio sagittato minori bedeutet bey ihm [d. h. Tournefort] das gemeine Pfeilkraut.“ (Gmelin 1775, Sp. 741)

„56. Sagitta aquatica major CBP. ...“ (AAW R. I, Op. 104, D. 17, Bl. 11v, s. Anm. 36 in Nr. 8); „Ranunculus palustris, folio sagittato minori. Inst. r. h. 292. N°. 138.“ (AAW R. I, Op. 13, D. 19, Bl. 4r, s. Anm. 54 in Nr. 17); „Ranunculus palustris folio sagittato minore, flore albo tripetalo; Sagittaria minor Lobelii Icon. 302. Tournef. Sp. 156. ...“ (AAW F. 98, Op. 1, D. 20, Bl. 30r, s. Anm. 89 in Nr. 33); „Ranunculus palustris, folio sagittato, minore, flore albo tripetalo. Sagitta-ria minor Lobelii Icon. 302. T. Sp. 156. ...“ (AAW F. 98, Op. 1, D. 19, Bl. 51r, s. Anm. 59 in Nr. 19); s. Nr. 375

157 „[species 157] Ranunculus palustris, folio sagittato, angustiori. Sagitta aquatica, minor, angusti-folia C. B. Pin. 194. Sagitta minor, angustifolia J. B. 3. 790. Tabern. Icon. 744.“ (Tournefort 1700, S. 292, Genus III. „Ranunculus. Renoncule.“); „3. Das kleine, schmalblättige Pfeil=Kraut: Sagitta aquatica, minor, angustifolia, C. B. P. ... Ranunculus palustr. folio sagittato, angustiori. T. loc. cit. ...“ (Zwinger 1744, S. 1109); „[Ranunculus] palustris, folio sagittato angustiori; hierunter versteht Tournefort eine Abart des gemeinen Pfeilkrauts mit sehr grosen Blättern.“ (Gmelin 1775, Sp. 741)

„154 Ranunculus Palustris folio sagittato angustiori Inst. r. h. 292.“ (AAW R. I, Op. 6, D. 40, Bl. 30r, s. Anm. 1 in Nr. 1); s. Nr. 375

158 „ARUNDO. ... teutsch Rohr, ist eine Art eines Gewächses, welches von dem Grase sonst nicht unterschieden, ohne wegen der Grösse seiner Stengel und seiner Blätter. ...“ (Lémery 1721, Sp. 109f.)

159 „I. Cypergraß. Gramen Cyperoides. DEr Cyper oder wild Galgangräser haben wir sechs unterschiedliche Geschlechter. ... DAs Cypergraß wird von den Kräutlern/ Gramen Cyperoides, oder Cyperinum genannt. ... Hochteutsch/ Cypergraß/ Zypergraß und wild Galgangraß. ...“ (Tabernaemontanus 1731, S. 532ff.); „CYPEROIDES. ... Ist ein Gewächs, welches die alten Botanici alle unter die Arten des Grases gesetzet. Allein der Herr Tournefort hat ein besonders Geschlecht daraus gemachet, ... Cyperoides wird es genannt, dieweil es dem Cyperus so gar ähnlich siehet.“ (Lémery 1721, Sp. 388)

160 „605. Populago flore minore rubello. ...“ mit der rechts marginalen Anm. „vid. Ic.“ und der Anm. von J. G. Gmelin „Ranunculq Asari folio flore albo Stell. 378“ (AAW R. I, Op. 105, D. 12, Bl. 34r, s. Anm. 54 in Nr. 17); „3. Populago flore minore rubello Ind. Irc. n°. 605. Ranunculus Asari folio, flore albo Fl. Irc. n°. 378.“ mit der links marginalen Anm. „vid. Ic.“ (AAW R. I, Op. 13, D. 67, Bl. 75v, s. Anm. 5 in Nr. 4); „253) Ranunculus asari folio fl. albo flor ircut. 378. ...“ (AAW R. I, Op. 104, D. 25, Bl. 20r, s. Anm. 61 in Nr. 21); „58. Ranunculus Asari folio, flore albo Fl. Irc. 378.“ (AAW R. I, Op. 105, D. 16, Bl. 1v, s. Anm. 5 in Nr. 4)

„26. CALTHA caulibus procumbentibus, foliis cordato reniformibus, aequaliter crenatis, floribus pusillis, T. LXXXII. Populago flore minore rubello, GM Ind. Irc. 605. ...“ (Gmelin 1747–1769, Bd. IV, S. 192), nahezu identisch auf Bll. 81v–82r in: AAW R. I, Op. 104, D. 14 – s. Anm. 32 in Nr. 6; „26. Caltha caulibus procumbentibus, foliis cordato-reniformibus aequaliter crenatis, floribus pusillis. t. LXXXII. [=] Caltha natans Pall.!“ (Ledebour 1841, S. 133); „*2. CALTHA natans. † ... Caltha natans. Pall. itin. ed. min. 3. p. 248. C. caulibus flore minore rubello. Gmel. sib. 4. p. 192. t. 82. Populago flore minore rubello. Gmel. index Ircut. 605. Schwimmende Kuhblume. W. ...“ (Linné 1797–1830, Bd. II, Teil 2, S. 1339); „3. C[altha] natans (PALL. It. III, p. 284) ... C. caulibus procumbentibus, ... GMEL. Fl. sib. IV, p. 192. Nro. 26. t. 82. ...“ (Ledebour 1842, S. 49); „Hier und in andern stehenden Gewässerrn bis gegen den Baikal, so wie auch an der untern Angara, wächst eine Art Kuhblumen mit schwimmenden Blättern (*) und gemeiniglich bleichgelben kleinen Blüthen. ... |: (*) Caltha natans Flor. Sibir. IV. p. 192. n. 26. tab. 82. eine eigne und allerdings von der gemeinen unterschiedne Art. :|“ (Pallas 1776, S. 284); „2. CALTHA natans Gm. Fl. Sib. 4. p. 192. No. 26. T. 82. Schwimmende Dotterblume. ...“ (Georgi 1797–1802, Theil 3, S. 1072); s. auch Nr. 358 u. Nr. 359

161 „[species 14] Ranunculus nemorosus vel sylvaticus, folio rotundo C. B. Pin. 178. Ranunculus rotundifolius, vernus, sylvaticus J. B. App. 857. Ranunculus auricomus, Ranunculus dulcis Tragi Lob. Icon. 669.“ (Tournefort 1700, S. 285, Genus III. „Ranunculus. Renoncule.“); „Ranunculus auricomus, Ranunculus dulcis Tragi. T. 816.“ (Lobelius 1581, S. 669); „Ranunculus nemorosus, vel sylvaticus, folio rotundo C. B. P. 178. ... Gold=Blumen, Butter=Blumen.“ (Rupp 1726, S. 81); „8. RANUNCULUS foliis radicalibus reniformibus crenatis: caulinis digitatis sessilibus. Ranunculus nemorosus sive sylvaticus, folio subrotundo Bauh. hist. 3. p. 857. fig. bon. ...“ (Linné 1737, S. 229); „14) Goldgelber Hahnenfuß. Ranunculus auricomus. ... Ranunculus foliis radicalibus reniformibus, crenatis, incisis, caulinis digitatis linearibus, caule multifloro. LINN. Syst. veg. p. 429. ... Ranunculus rotundifolius vernus sylvaticus. I. BAUH hist. 3. p. 341. ... Er ist beständig ohne alle Schärfe, so daß man ihn wohl als Zugemüse kochen und speisen kann; daher er auch süsser Hahnenfuß oder süsser Waldhahnenfuß genennet wird.“ (Linné 1781, S. 340f.); „17. RANUNCULUS auricomus. R. foliis radicalibus reniformibus crenatis incisis; ... Hort. cliff. 229. ... Gmel. sib. 4. p. 202. n. 47. ... R. rotundifolius vernus sylvaticus. Bauh. hist. 3. p. 341. R. R. nemorosus s. sylvaticus, folio subrotundo. Bauh. pin. 178. ... Verschiedenblättriger Ranunkel. W. ...“ (Linné 1797–1830, Bd. II, Teil 2, S. 1314); „11) RANUNCULUS AURICOMUS. Linn. ... α. foliis radicalibus saepe indivisis: ... Ranunculus rotundifolius vernus sylvaticus major. Buxb. in Comment. Petrop. III. p. 272. ... β. foliis radicalibus indivisis trifidis tripartitisve, ... R. auricomus. ... M. a Bieb. Fl. taur. cauc. II. p. 24. ... Ranunculus No. 47. Gmel. Fl. sib. IV. p. 202. ...“ (Ledebour 1830, S. 318ff.); „35. R[anunculus] auricomus (L. SP. 775) ... M. a BIEB. Fl. t. c. II, p. 24. ... LEDEB. Fl. alt. II, p. 318. (excl. var. α.). ... R. foliis radicalibus reniformibus incisis crenatis, ... GMEL. Fl. sib. IV, p. 202. Nro. 47. ...“ (Ledebour 1842, S. 38); „47. RANVNCVLVS foliis

radicalibus reniformibus, incisis crenatis, caulinis digitatis linearibus caule multifloro, LIN H [sic!] Cl. 229. ROY. Lugd. 490. LIN. Sp. pl. 775. n. 13. Ranunculus nemorosus seu syluaticus folio subrotundo, BAVH. pin. 178. Ranunculus palustris apii folio laeuis ib. 180. [s. Nr. 387] ...“ (Gmelin 1747–1769, Bd. IV, S. 202f.), nahezu identisch auf Bl. 87r in: AAW R. I, Op. 104, D. 14 – s. Anm. 32 in Nr. 6; „47. Ranunculus foliis radicalibus reniformibus incisis crenatis, caulinis digitatis linearibus, caule multifloro [=] Ranunculus auricomus L.!“ (Ledebour 1841, S. 135); „[Ranunculus] auricomus, foliis radicalibus reniformibus crenatis incisis, caulinis digitatis linearibus, caule multifloro; goldgelber Hanenfus, ... Butterblume; Goldblume; Goldhänlein; ... bey Lobeln: Ranunculus auricomus, ranunculus dulcis Tragi; ... bey C. Bauhin: Ranunculus nemorosus vel sylvaticus; bey J. Bauhin: Ranunculus rotundifolius vernus sylvaticus; ...“ (Gmelin 1775, Sp. 688ff.); „Ranunculus rotundifolius vernus, syluaticus, maior vel cassubicus foliis Thorae siue Calthae Breyn. Prodr. est Ranunculi rotundifolii verni sylvatici I. B. varietas maior. ...“ (Buxbaum 1732, S. 272); „1078. RANUNCULUS auricomus. ... Gmel. sib. 4. p. 202. n. 47. ...“ (Marschall von Bieberstein 1808, S. 24); „goldhaariger c) ... Hahnenfuß, ... |: c) Ranunculus auricomus. :|“ (Lepechin 1783, S. 40); „7. RANUNCULUS auricomus L. ... Nierenblättriger Ranunkel. R. Slasoitschik. [?] ... Er gehört zu den milden, ohne merkliche Schärfe.“ (Georgi 1797–1802, Theil 3, S. 1065f.)

„2. Ranunculus rotundifolius, vernus, sylvaticus, major, vel Cassubicus, foliis Thorae vel Calthae Breyn. Pr. 1. 45.“ (AAW R. I, Op. 13, D. 16, Bl. 14v, s. Anm. 32 in Nr. 6); „694. Ranunculus nemorosus vel sylvaticus, folio rotundo B. P.“ (AAW R. I, Op. 105, D. 1[a], Bl. 81v, s. Anm. 29 in Nr. 5); „254) Ranunculus nemorosus vel sylvaticus folio rotundo C. B. P. ...“ (AAW R. I, Op. 104, D. 25, Bl. 20r, s. Anm. 61 in Nr. 21); „Ranunculus nemorosus vel sylvaticus dulcis, rotundo ad radicem folio flore luteo splendente. Tournef. Sp. 14. ...“ (AAW F. 98, Op. 1, D. 20, Bl. 30r, s. Anm. 89 in Nr. 33); „Ranunculus nemorosus vel sylvaticus, rotundifolius, dulcis, flore luteo splendente. T. Sp. 14. ...“ (AAW F. 98, Op. 1, D. 19, Bl. 51r, s. Anm. 59 in Nr. 19); „CCC. Ranunculus. ... 7. Ranunculus remorosus [sic!], seu sylvaticus folio subrotundo. C. B. P. 178. B. n. 19. ...“ (Bll. 39v–30r in T. Gerber „Flora Moscuensis ...“, s. Anm. 6 in Nr. 55)

162 „POPULAGO. ... teutsch, Dotterblume, Kuhblume. Ist ein Kraut, dessen Blätter dem Scharbockskraute nicht unähnlich sehen, doch sind sie wol viermahl so groß und dauern länger, fallen so geschwind nicht ab, sind breit, bey nahe gantz rund, glatt und dunckelgrün, am Rande etwas eingekerbet. ...“ (Lémery 1721, Sp. 906); s. Nr. 358 bis Nr. 360

163 „GALLIUM. ... teutsch, Wallstroh, Wegstroh, unser Frauen Bettstroh. ... Aus einem ieden Knoten entspriessen sieben oder acht Blätter, sehr selten mehr, bisweilen weniger, die sind länglicht, vorne zugespitzt, grün, ohne Borsten oder Haare, und stehen als wie Strahlen rund um den Stengel, gleichwie die an dem Klebekraute. ...“ (Lémery 1721, Sp. 484f.); s. Nr. 47 bis Nr. 49

164 „309. Ranunculus Foeniculaceis folijs, Hellebori nigri radice H. R. Monsp. ...“ mit der links marginalen Anm. von J. G. Gmelin „Ranunculus Myrrhidis folio Helleb. nigri radice 380 St.“ (AAW R. I, Op. 105, D. 12, Bl. 13v, s. Anm. 54 in Nr. 17)

„[species 135] Ranunculus Foeniculaceis foliis, Hellebori nigri radice H. R. Monsp. Helleborus niger, tenuifolius, Buphthalmi flore C. B. Pin. 186. Buphthalmum Dodonaei, aliis Consiligo tenuifolia J. B. 3. 637. Helleborus Hippocratis Tabern. Icon. 721.“ (Tournefort 1700, S. 291, Genus III. „Ranunculus. Renoncule.“); „2. ADONIS radice perenni. ... Ranunculus foeniculaceis foliis, Hellebori nigri radice. Tournef. inst. 291. ... Helleborus niger tenuifolius, buphthalmi flore. Bauh. pin. 186. Helleborus hippocratis. Tabern. hist. 2. p. 398. ...“ (Linné 1737, S. 231); „3) Frühlingsadonis. Adonis vernalis, ... Adonis flore dodecapetalo; fructu ovato, LINN. Syst. veg. p. 427. Sp. pl. 771. Hort. Cliff. 231. ... Helleborus niger tenuifolius, Buphthalmi flore. C. BAUH. pin. 186. ... Helleborus Hippocratis. TABERN. Hist. Ic. 721. ... Ihre Wurzel wurde vom Tragus und einigen andern ältern Kräuterkundigen vor die wahre schwarze Nießwurz des Hippocrates gehalten, ...“ (Linné 1781, S. 325f.); „43. ADONIS flore dodecapetalo, fructu ouato, LIN. Sp. pl. 1. p. 771. n. 3. Adonis radice perenni, LIN. H. Cl. 231. I. Foliis ex inciso pinnatis. ADONIS radice perenni foliis ex inciso pinnatis, GM. Inst. [müßte heißen: Mst.] ...“ (Gmelin 1747–1769, Bd. IV,

S. 200f.), nahezu identisch auf Bl. 86r in: AAW R. I, Op. 104, D. 14 – s. Anm. 32 in Nr. 6; „43. Adonis flore dodecapetalo, fructu ovato. [=] Adonis vernalis L.! [;] I. Foliis ex inciso pinnatis [=] Adonis apennina L. β. sibirica!“ (Ledebour 1841, S. 134); „4. ADONIS vernalis. A. flore dodecapetalo: fructu ovato. Gmel. sib. 4. p. 200. ... A. radice perenni flore dodecapetalo. ... Hort. cliff. 231. ... Helleborus niger tenuifolius, buphthalmi flore. Bauh. pin. 186. ... Frühlings-Adonis. W. ...“ (Linné 1797–1830, Bd. II, Teil 2, S. 1304f.); „2) ADONIS VERNALIS. Linn. ... Hayne Arzneig. I. t. 11. ...“ (Ledebour 1830, S. 339f.); „5. A[donis] vernalis (L. SP. 771) ... LEDEB. Fl. alt. II. p. 339. ... A. appennina. PALL. It. II. 388? ... Adonis flore dodecapetalo, fructu ovato. GMEL. Fl. sib. IV. p. 200. Nr. 43. (excl. var. I). ...“ (Ledebour 1842, S. 24); „[Adonis] vernalis, flore dodecapetalo, fructu ovato, Frühlingsadonis, deren Blumen zwölf Blätter hat, ... fenchelblätterige schwarze Nieswurz; ... ihre Wurzeln führen stark ab, und man gebraucht sie in Frankreich und Obersachsen häufig statt der schwarzen Nieswurz; ... Adonis apennina, floribus pentdecapetalis, fructu ovato, apenninische Adonis, deren Blumen fünfzehen Blätter haben, ... man kann sie sehr schwer von der vorhergehenden unterscheiden; ...“ (Gmelin 1772a, Sp. 131ff.); „... zierte itzt die Felder auch Adonis apennina, welche je weiter man ostlich in Sibirien kommt, desto einheimischer und schöner wird, wohingegen Adonis verna, welche früher blüht und itzt schon Saamen zu setzen anfieng, nicht nur sparsamer, sondern auch in allen Theilen kleiner und und unansehnlicher wird. ... Beyde Arten, am meisten die erste, werden von den Bauern unter dem gemeinschaftlichen Nahmen Starodubka [russ. *starodubka*] ausgegraben, und die Wurzel, als das wichtigste unter allen Hausmitteln aufgehoben; dessen sich jedoch auch muthwillige Mädchen zur Abtreibung einer unzeitigen Frucht auf eine bestrafungswüerdige Art bedienen sollen.“ (Pallas 1773, S. 388); „1075. ADONIS vernalis. A. flore dodecapetalo, fructu ouato. ... Gmel. sib. 4. p. 200. n. 43. ...“ (Marschall von Bieberstein 1808, S. 23); „Auf den Ufern dieses kleinen Flusses [d. h. des Flusses Bugurna] standen viel Adonisröslein e), sowohl von der Frühlings= als von der apenninischen Art f) ... |: e) Adonis vernalis, russ. Sheltozwjet. [russ. *želtozvet*] f) Adonis Apennina. :|“ (Lepechin 1774, S. 187); „... die ersten Frühlingspflanzen fiengen erst an zum Vorschein zu kommen, als Adonisröslein a) so die Wogulitschen in Viehkrankheiten brauchen; ... |: a) Adonis vernalis. :|“ (Lepechin 1783, S. 55); „... das Adonisröslein oder Teufelsauge a), welches wider das Verschlagen der Pferde helfen soll. |: a) Adonis vernalis. :|“ (a. a. O., S. 124); „ADONIS VERNALIS. ... Frühlings-Adonis, Bergadonisröslein, fenchelblättrige Nieswurz, falsche Nieswurz, Böhmische Christwurz. ... Wenn Adonis vernalis u. a. apennina wirklich als Arten verschieden sind: so reichen die Charaktere, die man von der Zahl der Kronenblätter hergenommen hat, nicht zu, sie beyde von einander zu unterscheiden, ... Uebrigens sollen ... die Wurzeln der Adonis vernalis und des Helleborus niger und viridis [siehe Nr. 357] die gleichen Arzneykräfte besitzen. ...“ (Hayne 1805, Nr. 11); „642. Adonis vernalis. Lin. Syst. Plant. II. p. 651. sp. 3. ... Ruß. Starodubka und Scheltoi Zwet. ... Die getrocknete und zerpulverte Wurzel ist ein Purgirmittel der Landleute. Wenn Kraut, Blumen und Wurzel frisch zerquetscht auf die gesunde Haut gebunden wird, so entsteht Entzündung mit Blasen.“ (Falk 1786, S. 202); „2. ADONIS vernalis L., ... Frühlings=-Adonis. R. Schetozwet. ... In Pensa, Kasan – ist sie ein Färbematerial für gelb, wozu sie mit sauerm Quas oder Schmenger über Feuer ausgezogen wird. ... 4. ADONIS apennina L., ... Apenninische Adonis. ...“ (Georgi 1797–1802, Theil 3, S. 1064); „828. ADONIS vernalis flore dodecapetalo fructu ovato. Liun. [sic!] Sp. pl. 1 p. 771, ... Ranunculus foeniculaceis foliis, Hellebori nigri radice. Tournef. inst. p. 291. ... Germ. Frühlings-Adonis. Falsche Nieswurz. Römische Christwurz. ... Pharm. HELLEBORI HIPPOCRATIS Radix (improprie). A pharmacopoeis saepe falso substituitur Radici Hellebori nigri a qua differt fibris semper tenuioribus, ex fusco nigricantibus. Drasticas vires exercet. ...“ (Gmelin 1806, S. 530f.); „Adonis, ... Die rareste Sorte ist die Adonis hellebori radice, buphthalmi flore, H. L. Adonis (vernalis) flore dodeca petalo. fructu ovato LINN. Sp. Pl. 771. D. Das fortwährende Adonisröslein mit gelber Blüthe, insgemein die Fenchelblätterige schwarze Niese=Wurz genannt. ...“ (Krünitz 1773–1858, Bd. 1, S. 424f.); „Böhmische Christwurtz, Helleborus niger Hippocratis. Tab. Icon. Helleborus niger tenuifolius Buphthalmi flore C. B. ... Ranunculus foeniculaceis foliis, Hellebori nigri radice H. R. Monsp. Pit. Tournef. ... Die

Wurtzel purgiret sehr starck, von oben und unten, dienet zu der Melancholia hypochondriaca, Zum Aberwitz, viertägigen Fieber, löset die Tartarischen Feuchtigkeiten, die sich zu harte angesetzt haben. ...“ (Zedler 1732–1750, Bd. 4, Sp. 375); Adonis vernalis L. – russ. *goricvet, zajačij mak, starodubka* bzw. *zapornaja trava* (*Annenkov* 1858, S. 11, Nr. 26); „NIESWURZ, ... helleborus ... elleborus, ...“ (Grimm 1991, Bd. 13, Sp. 837); „Adōnis L. u. C. B. (Ranunculaceae). OVID lässt sie aus dem Blute des mongolischen Jünglings ADONIS entstehen; mehrere Arten dieser Gattung hatten nämlich rothe Blumen.“ (Wittstein 1852, S. 18)

„255) Ranunculus Myrrhidis folio Hellebori nigri radice, Flora ircut. No. 380. ...“ (AAW R. I, Op. 104, D. 25, Bl. 20r, s. Anm. 61 in Nr. 21); „156 Ranunculus foeniculaceis foliis Hellebori nigri Radice. H. R. Monsp.“ (AAW R. I, Op. 6, D. 40, Bl. 30r, s. Anm. 1 in Nr. 1); „196. Ranunculus Foeniculaceis foliis Hellebori nigri radice H. R. Monsp. ...“ (AAW R. I, Op. 13, D. 42, Bll. 27r–27v, s. Anm. 1 in Nr. 1); „Ranunculus foeniculaceis foliis, Hellebori nigri radice H. R. P. Sem. ab Heinz(& Gmel.“ (AAW R. III, Op. 1, D. 162, Bl. 19r, s. Anm. 54 in Nr. 17); „16. Ranunculus Foeniculaceis folijs, Hellebori nigri radice H. R. Monsp. ...“ (AAW R. I, Op. 13, D. 67, Bl. 47v, s. Anm. 5 in Nr. 4); „6. Ranunculus Foeniculaceis foliis, Hellebori nigri radice H. R. Monsp. & IRH.“ (AAW R. I, Op. 14, D. 8, Bl. 14r, s. Anm. 98 in Nr. 39); „22. Ranunculus Foeniculaceis foliis, Hellebori nigri radice H. R. Monsp. & IRH.“ mit der links marginalen Anm. „Von h(Martini.“ (a. a. O., Bl. 14v); „6. Ranunculus Foeniculaceis foliis, Hellebori nigri radice. H. R. Monsp. & I. R. H.“ (AAW F. 21, Op. 5, D. 119, Bl. 15v unter „Wurzeln“, s. Anm. 95 in Nr. 328); „22. Ranunculus Foeniculaceis foliis, Hellebori nigri radice. H. R. Monsp. & I. R. H.“ mit der links marginalen Anm. „Von h(Martini.“ (a. a. O., Bl. 16r unter „Samen“); „Ranunculus Foeniculaceis foliis, Hellebori nigri radice H. R. Monspel. et Tournef. Spec. 135. Helleborus niger Ferulaceus Theophrasti et Lobel. Icon. 784. Buphthalmum Dodon. Pempt. 261. СтараДупска [russ. *staradupska*] (: Staradupska :) Russorum in Siberiâ. ...“ (AAW F. 98, Op. 1, D. 19, Bl. 51v, s. Anm. 59 in Nr. 19); s. auch Nr. 353 und Anhang B.5. Nr. 21

165 „34. Ranunculus Myrrhidis folio hellebori nigri radice flore Buphthalmi C. B. prorsus haec nova et nondum descripta species est a vulgari foeniculaceis foliis insigniter distincta crescit ad Kyriam fluviam et Werchoturiam usq copiose deprehendit) floret Majo.“, lat. – 34. Ranunculus mit dem Blatt von Myrrhis, der Wurzel von Helleborus niger [Schwarzer Helleborus] und der Blüte von Buphthalmum des Caspar Bauhin. Diese neue und noch nicht beschriebene Species unterscheidet sich von der gewöhnlichen mit den Blättern von Foeniculum durchaus bedeutend. Sie wächst am Fluß *Kyr'ja* sowie bis nach *Verchotur'e* und wird zahlreich angetroffen. Sie blüht im Mai. (AAW R. I, Op. 81, D. 23, Bl. 138v vom 12. Dezember 1738 in: „Consignatio plantarum quarundam in itinere a Petropoli Tomskoen usq collectarum exsiccatarum & transmissarum Petropolin. d.“ (a. a. O., Bll. 134r–143r), s. Anm. 1 in Nr. 1)

166 „[species 19] Ranunculus vernus, rotundifolius, major. Chelidonia rotundifolia, major C. B. Pin. 309.“ (Tournefort 1700, S. 286, Genus III. „Ranunculus. Renoncule.“); „Ficaria vulgaris. Ranunculus vernus, rotundifolius, major Tournefort. Instit. p. 286. & minor ejusdem. ibidem. Chelidonia rotundifolia major & minor C. B. P. 309. ... Germ. Scharbock, Schmergel, Feig=Wartzen=Kraut, klein Schöl=Kraut, Bieber=Hödlin, Pfaffen=Hödlin. ...“ (Rupp 1726, S. 127); „CAPUT LXXIII. Feigwartzen=Kraut. Chelidonium minus. ... 4. Chelidonium, minus, folio majori, anguloso. B. J. A. loc. cit. Chelidonia rotundifolia, major. C. B. P. loc. cit. Prodr. 137. Ranunculus vernus, rotundifolius, major. T. loc. cit.“ (Zwinger 1744, S. 750); „6. RANUNCULUS foliis cordatis dentatis petiolatis. Ranunculus vernus rotundifolius minor. Tournef. inst. 286. ... Chelidonia rotundifolia major. Bauh. prod. 137. ...“ (Linné 1737, S. 229); „10) Feigwarzenkraut. Ranunculus Ficaria. ... Ranunculus foliis cordatis, angulatis, petiolatis; caule unifloro LINN. Syst. veg. p. 428. ... Chelidonia rotundifolia maior et minor. C. BAUH pin 309. prodr. 137. Chelidonium minus . ... DOD. pempt. 49. ... Scrophularia minor s. Chelidonium minus vulgo dictum. I. BAUH. hist. 3. p. 468. ... Sie wird insgemein Chelidonium minus, klein Schölkraut, kleine Schölwurz, ingleichen Scharbockskraut, wild Löffelkraut, Blatterkraut, Feigblattern, Biberhödlein, Pfaffenhödlein ... genennet. ... Das Kraut kann als Zugemüse gespeißt werden; die Blumen geben den Bienen Stoff

zu Honig und Wachs, ...“ (Linné 1781, S. 336ff.); „12. RANUNCULUS Ficaria. R. foliis cordatis angulatis petiolatis, caule unifloro. ... Hort. cliff. 228. [sic!] ... Chelidonia rotundifolia minor. Bauh. pin. 309. ... β. Chelidonium rotundifolia major. Bauh. pin. 209. prodr. 137. ... Feigwarzen-Ranunkel. W. ...“ (Linné 1797–1830, Bd. II, Teil 2, S. 1312); „12. R[anunculus] Ficaria (L. SP. 774) ... M. a BIEB. Fl. t. c. II, p. 24. ...“ (Ledebour 1842, S. 30f.); „[Ranunculus] vernus rotundifolius major; bedeutet bey ihm [d. h. Tournefort] eine grösere Abänderung desselbigen [d. h. Scharbok mit gefüllter Blume].“ (Gmelin 1775, Sp. 752); „1077. RANUNCULUS Ficaria. ... Linn. ed. Willd. 2. p. 1312. ...“ (Marschall von Bieberstein 1808, S. 24); „4) Scharbok, Scharbokskraut, Blatterkraut, wild Löffelkraut, Meyenkraut, Feigwarzenkraut, klein Schölkraut, kleine Schölwurz, Schwalbwurz, Sternblümlein, Goldsteinblümlein, Schmalzsternblume, Erdgerste, Biberhödlein, Pfaffenhödlein, Feigblättern Eppich. Ranunculus Ficaria Linn. ... Ihre Wurzel hat, ... eine beträchtliche Schärfe, ... wenn sie frisch, und gestampft eine Zeit lang auf die Haut gelegt wird, so erregt sie Blasen und Geschwüre, und ihr Saft in die Nase gezogen, Niesen [t]). ... Börhaave verordnet das damit gekochte Wasser innerlich; so wie andere eine daraus zubereitete Salbe äuserlich, in der Goldader; ... Die Blätter ... werden in Upland als Zugemüse gekocht [a]), an andern Orten aber auch mit Zuker, Wein oder als Salat mit Essig [b]) angemacht und gespeist; vormalen gebrauchte man sie gegen den Scharbok. ...“ (Gmelin 1803, S. 278ff.); „Mittel gegen ‚tuhsk‘: ... Gegen ‚tuhkums‘ (Oedeme) dienen: Ranunculus Ficaria, Scrophularia, Cochlearia officinalis und Sambucus nigra. Unzweifelhaft werden die Decocte von genannten Pflanzen benutzt.“ (Alksnis 1894, S. 216); „RANVNCVLVS (Ficaria) foliis cordatis angulatis petiolatis. Linn. Cliff. 228. ... Chelidonium minus. Dod. pempt. 49. Чистякъ меньшой [russ. *čistjak men'šoj*] Russ. ...“ (*Krašeninnikov* 1761, S. 88); „646. Ranunculus Ficaria. Lin. sp. 10. ... Klein Schölkraut. Ruß. Tschistiak. ...“ (Falk 1786, S. 202); „Chelidōnium L. (Papaveraceae). ... Die Alten unterschieden 2 Arten χελιδονιον, die grosse ist unser Ch. majus, die kleine ist Ranunculus Ficaria.“ (Wittstein 1852, S. 188); „Ficāria DILL. (Ranunculaceae). Von ficus (Feigwarze), in Bezug auf die kleinen Wurzelknöllchen; auch erzeugen sich in denen Blattwinkeln nach der Samenreife kleine weizenkornartige Knollen.“ (a. a. O., S. 365)

167 „[species 20] Ranunculus vernus, rotundifolius, minor. Ranunculus latifolia Lugd. 1036. Chelidonia rotundifolia, minor C. B. Pin. 309. Scrophularia minor, sive Chelidonium minus vulgo dictum J. B. 3. 468.“ (Tournefort 1700, S. 286, Genus III. „Ranunculus. Renoncule.“); „CAPUT LXXIII. Feigwartzen=Kraut. Chelidonium minus. ... 1. Chelidonium minus. Dod. p. 49. ... Chelidonia rotundifolia minor. C. B. P. 309. Scrophularia minor s. Chelidonium minus vulgò dictum. J. B. 3. 468. Ranunculus vernus, rotundifolius, minor. T. 286. ...“ (Zwinger 1744, S. 750); „CHELIDONIA. Chelidonia rotundifolia minor, C. B. ... Scrophularia minor, sive Chelidonium minus vulgo dictum, J. B. ... Ranunculus vernus rotundifolius minor, Pit. Tournefort. ... teutsch Feigenwurtzkraut, klein Schölkraut, klein Schwalbenkraut, Scharbockskraut, Pfaffenhödlein. ... Dieses Kräutlein ... befeuchtet und erfrischet, zertheilet und eröffnet, ist gut zu den Gebrechen der Miltz und wider den Scorbut: die zerstossene Wurtzel auf die Mastkörner gelegt, zertheilt selbige und lindert die Schmertzen. Chelidonia kommt von χελιδών, hirundo, eine Schwalbe/ dann der Sage nach, soll die Schwalbe mit diesem Kraute ihren jungen das Gesichte wieder zu verschaffen pflegen. ... Um Montpellier herum wächst eine Art des Schwalbenkrauts, an feuchten Orten, das wird viel grösser als sonst irgendswo, und ist deshalben von Caspar Bauhin. genennet worden Chelidonia rotundifolia major, teutsch, die grössere Art des Schwalbenkrautes.“ (Lémery 1721, Sp. 295)

„7. Ranunculus folijs cordatis dentatis petiolatis Linn. H. Cliff. 229. Chelidonium minus D. Pempt. 49. ...“ (AAW R. I, Op. 13, D. 20, Bl. 2r, s. Anm. 1 in Nr. 1); „Ranunculus vernus rotundifolius, minor. Inst. r. h. N°. 6.“ (AAW R. I, Op. 13, D. 19, Bl. 3v, s. Anm. 54 in Nr. 17); s. Nr. 381

168 in der 2. Textversion (s. Anm. 1 in A.): „circa Medium“

169 „50. RANVNCVLVS foliis subroduntis [sic!], trilobis, integerrimis. Caule repente, LIN H. Cliff. 231. ROY. Lugd. 492. LIN. Sp. pl. 1. p. 781. n. 37. T. LXXXIII. C. Ranunculus palustris repens,

folio tridento, GM. Irc. 314. Ranunculus hederae folio, palustris, pusillus, flore luteo, STELL. Irc. 383. ... a speciminibus in locis siccis vigentibus, hancque icon exhibet. ..." (Gmelin 1747–1769, Bd. IV, S. 204f.), nahezu identisch auf Bl. 88r in: AAW R. I, Op. 104, D. 14 – s. Anm. 32 in Nr. 6; „50. Ranunculus foliis subrotundis trilobis integerrimis, caule repente. t. LXXXIII. b. f. c. (excl. synon. Linn. et Roy.) [=] Ranunculus radicans C. A. Meyer! (Ranunculus hyperboreus Rottb. – Willd. sp. pl. II. 1322. et Hook. Fl. bor. am. I. 16. in nota.)" (Ledebour 1841, S. 135); „20. RANUNCULUS foliis subrotundis trilobis integerrimis, caule repente. ... Ranunculus aquaticus hederaceus luteus. Bauh. pin. 180. ..." (Linné 1737, S. 231); „40) Epheublättrichter Hahnenfuß. Ranunculus Hederaceus. ... Ranunculus foliis subrotundis, trilobis, integerrimis, caule repente. LINN. Syst. veg. p. 431. Sp. pl. 781. Hort. Cliff. 231. ... GMEL. Fl. Sib. 4. p. 204. n. 50. t. 83. f. C. ... Ranunculus aquaticus, Hederaceus, luteus. C. BAUH. pin. 180. ... Gmelin fand in Siberien eine Varietät mit etwas haarigen Stengeln, die an ausgetrockneten Plätzen vorkam. Er ist auch sehr scharf." (Linné 1781, S. 361f.); „59. RANUNCULUS hederaceus. R. foliis subrotundis trilobis integerrimis, caule repente. Hort. cliff. 231. ... R. aquaticus hederaceus luteus. Bauh. pin. 180. ... Epheublättriger Ranunkel. W. ..." (Linné 1797–1830, Bd. II, Teil 2, S. 1331); „*36. RANUNCULUS hyperboreus. R. foliis profunde trilobis, ... Rottb. Act. Haf. 10. p. 458. t. 4. f. 16. ... R. foliis subrotundis trilobis integerrimis, caule repente. Gmel. sib. 4. p. 204. t. 836.* (exclusis synonymis Linnaei et Royeni.) Nordischer Ranunkel. W. ..." (a. a. O., S. 1322f.); „10) RANUNCULUS RADICANS. C. A. Meyer. ... Ranunculus No. 50. Gmel. Fl. sib. IV. p. 204. t. LXXXIII. b. (excl. syn. Linn. et Royen.) ..." (Ledebour 1830, S. 316ff.); „10. Ranunculus L. 1. R. hederaceus (L. SP. 781) ..." (Ledebour 1842, S. 27); „25. R[anunculus] radicans (C. A. Meyer in LEDEB. Fl. alt. II, p. 316) ... R. foliis subrotundis trilobis integerrimis, caule repente. GMEL. Fl. sib. IV, p. 204. Nro. 50. t. 83. b. f. c. (excl. syn. Linn. et Royen). ... 26. R[anunculus] hyperboreus (ROTTB. Act. hafn. X, p. 458. t. 4. f. 16) ..." (a. a. O., S. 34f.); „Ranunculus hederaceus, ... epheuartiger Hanenfus, ... Er heißt ... bey C. Bauhin: Ranunculus aquaticus hederaceus luteus; ..." (Gmelin 1775, Sp. 716); „85. Ranunculus foliis tribolis [sic!] et 5lobis integerrimis, caule decumbente, capitulis seminum rotundis quae Amm. Tab. XIII. misisti in charta 2 specimina; alterum pulchre immo pulcherrime ostendit cujus specieu haec planta est, quae ita alienam larvam induit, ut nullus mortalis ea(n)dem agnosceret. Tua lecta est in loco sicco; in agnoso vero longe diversa evadit et est Ranunculus foliis subrotundis 3lobis integerrimis, caule repente Hort. cliff. spec. 20. (Fl. sib. IV. 204. nr. 50. R. hederaceus L. hyperboreus Rottb. radicans C. A. Meyer, cumulati.)" (C. von Linné in einem Brief an J. G. Gmelin? vom 24. August 1748 – Plieninger 1861, S. 99f.); „26. RANUNCULUS hederaceus L., ... Epheublättriger Ranunkel. ... 30. RANUNCULUS hyperboreus Rud. Arctischer Ranunkel. Eine neu vom Ritter Pallas zu beschreibende Art. ..." (Georgi 1797–1802, Theil 3, S. 1069); „33) Kleiner Hahnenfuß. Ranunculus parvulus. ... Ranunculus hirtus; foliis trifidis, incisis; caule erecto, subunifloro. LINN. Syst. veg. p. 430. ... Ranunculus arvensis parvus, folio trifido. C. BAUH. pin. 182. prodr. 96. Ranunculus minimus Apulus. COLUMN. Ecphr. 1. p. 314. t. 316. GMELIN. Ic. [sic!] 2. p. 196. ..." (Linné 1781, S. 357); „50. RANUNCULUS parvulus. R. hirtus, foliis trilobis incisis, ... Gmel. It. 2. p. 196. ... R. arvensis parvus, folio trifido. Bauh. pin. 79. ... R. minimus apulus. Col. ecphr. t. 316. Kleiner Ranunkel. W. ..." (Linné 1797–1830, Bd. II, Teil 2, S. 1328); „Ranunculus parvulus hirtus, ... kleiner Hanenfus, ... Er heißt bey C. Bauhin: Ranunculus arvensis parvus, folio trifido; ... und bey Columna; Ranunculus minimus apulus." (Gmelin 1775, Sp. 718); „22. RANUNCULUS parvulus L., ... Kleinlicher Ranunkel. ..." (Georgi 1797–1802, Theil 3, S. 1068); „* 6. RANUNCULUS, ARVENSIS PARVUS, FOLIO TRIFIDO. C. B. Pin. Ranunculus minimus Apulus. Col. 1. 314. fig. 316. ..." (Vaillant 1727, S. 169); „Ranunculus minimus Apulus. ..." (Columna 1616, S. 314) und eine Abbildung „Ranunculus min. apulus" (a. a. O., S. 316); „12) Epheublättrichter oder Epheuartiger Hahnenfuß, Ranunculus hederaceus foliis subrotundis trilobis integerrimis, caule repente Linn. ... Diese Art ist eine Wasserpflanze, ..." (Encyclopädie 1789, S. 68); „845. RANUNCULUS hederaceus foliis subrotundis trilobis integerrimis, caule repente. Linn. Sp. plant. 2. p. 781. ... Germ. Kleiner Wasser-Hahnenfuss. ..." (Gmelin 1806, S. 553f.); „Auf den Astrachanischen Hügeln beobachtete ich ... diejenige Gattung, welche Linne Ranunculus hirsutus foliis trilobis incisis, caule erecto subunifloro, Mant. plant. p. 79. n. 40. nennt. ..." (Gmelin 1774a, S. 196)

„256) Ranunculq Hederae folio palustris pusillus fl. luteo. flora ircut. No. 383." (AAW R. I, Op. 104, D. 25, Bl. 20v, s. Anm. 61 in Nr. 21); „4. Ranunculus arvensis parvus folio trifido C. B. P. 179? Ind. Jen. n°. 697. ..." (AAW R. I, Op. 13, D. 67, Bl. 47v, s. Anm. 5 in Nr. 4); „697. An Ranunculus arvensis parvus folio trifido. C. B. P. 179. ..." (AAW R. I, Op. 105, D. 1[a], Bl. 82r, s. Anm. 29 in Nr. 5); „700. Ranunculus palustris repens, folio tridentato Ind. Irc. n° 314. ..." (a. a. O., Bl. 82v); „690. Myosuros minima Hederae folio. Foliis Chelidonii minoris obs. in H. N. CIV. ... Fl. Irc. n°. 383." (a. a. O., Bl. 81v); „306. Myosuros minima, folijs Chelidonij minoris Obs. in H. N. CIV." mit der links marginalen Anm. von J. G. Gmelin „Ranunculus Hederae folio palustris pusillus fl. luteo St. n°. 383" (AAW R. I, Op. 105, D. 12, Bl. 13v, s. Anm. 54 in Nr. 17); „314. Ranunculus palustris, repens, folio tridentato. ..." (a. a. O., Bl. 13v); „CIV. Myosuros minima, folijs Chelidonij minoris An Myosuros perennis folijs variis Vaillant. Mem. 1719. ..." mit der rechts marginalen Anm. auf Bl. 43r „Vid. fig." (Bll. 43r–43v in: AAW R. I, Op. 105, D. 8[a], s. Anm. 46 in Nr. 79); „* Myosuros minima foliis Chelidonii minoris. Obs. in hist. nat. CIV. ..." (AAW R. I, Op. 105, D. 2, Bl. 8v, s. Anm. 54 in Nr. 17); „60. Ranunculus repens, flore in caule singulari, folijs vario sectis Amm. 107, Fl. Irc. 383." (AAW R. I, Op. 105, D. 16, Bl. 1v, s. Anm. 5 in Nr. 4); s. auch Nr. 384

170 Randbemerkung in der 2. Textversion (s. Anm. 1 in A.) in der Handschrift von G. W. Steller: „D. D. Gmelino / audit Myosuros"

171 „46. RANVNCVLVS foliis radicalibus oualibus, petiolatis tridentatis. Forte ranunculi species Ind. Ien. 707. Ranunculus plantaginis folio, foliis partim integris partim apice bifidis vel trifidis, STELL. Irc. 384. Ranunculus palustris folio plantaginis luteus, AMM. Ruth. 105. ..." (Gmelin 1747–1769, Bd. IV, S. 202), nahezu identisch auf Bl. 87r in: AAW R. I, Op. 104, D. 14 – s. Anm. 32 in Nr. 6; „46. Ranunculus foliis radicalibus ovalibus petiolatis tridentatis [=] Ranunculus plantaginifolius Murr.!" (Ledebour 1841, S. 134); „105. RANUNCULUS palustris, folio Plantaginis, luteus Gmel. ... Optimae spei Studiosus Steph. Krascheninnikow sub initium Iulii mensis ad Urulengui amnem in paludosis florentem et semina ferentem reperit." (Amman 1739, S. 79f.); „7) RANUNCULUS PLANTAGINIFOLIUS. Murr. ... Murr in Nov. Commentar. Goett. VIII. p. 39. t. 2. (excl. syn. Amman.) ... Ranunculus foliis radicalibus ovalibus, petiolatis tridentatis. Gmel. Fl. sib. IV. p. 202. Ranunculus palustris, folio Plantaginis, luteus. Amman. ruth. p. 79. No. 105? ... R. salsuginosum Pall. it. III. p. 213, speciem sane obscuram et haud satis notam, cum in plantaginifolio conjungere non audeo, quia synonymon Ammani (R. repens, flore in caule singulari, foliis varie sectis. Amman ruth. p. 81. No. 107. t. XIII. f. 2) ab Ill. Pallasio l. c. allatum cum nostra planta minime convenit. Clarissimus de Schlechtendahl (Animadv. in Ran. I. p. 22.) R. salsuginosum Pall. it. R. Cymbalariae subjungit, sed figura Ammaniana momentis haud levibus ab illo distat. ..." (Ledebour 1830, S. 312f.); „22. R[anunculus] plantaginifolius (MURR. in nov. Comment. goetting. VIII, p. 39. t. 2. excl. syn. AMMAN.) ... LEDEB. Fl. alt. II, p. 312. ... R. palustris, folio Plantaginis, luteus. AMMAN. ruth. p. 79. Nro. 105? R. foliis radicalibus ovalibus petiolatis tridentatis. GMEL. Fl. sib. IV, p. 202. Nro. 46. ..." (Ledebour 1842, S. 33f.); „Ranunculus plantaginifolius MIHI. RANVNCVLVS foliis cordatis, apice vel integris vel tridentatis, flagellis reptantibus. RANVNCVLVS plantaginis folio, folis partim integris partim bifidis vel trifidis STELLER. Irc. 384 (Mpt. [sic!]) RANVNCVLVS foliis radicalibus ovalibus petiolatis tridentatis GMEL. Fl. Sibir. T. 4. p. 202. RANVNCVLVS, flore in caule singulari foliis varie sectis, AMMANN. stirp. rar. ruth. p. 81. (Descriptio forsan huc pertinet, non vero icon cit. Tab. 13. fig. 2.) ..." (Murray 1778, S. 39ff.); „107. RANUNCULUS repens, flore in caule singulari, foliis varie sectis. Tab. XIII. F. 2. ...." (Amman 1739, S. 81f.); vgl. „*11. Ranunculus salsuginosus. ... R. (plantaginifolius) foliis cordato-ovatis, ... Murr. comment. goett. 1777. p. 39. t. 2. * .... R. foliis petiolatis ovatis integris aut varie incisis, pedunculis radicatis nudis. Gmel. sib. 4. p. 205. R. repens flore in caule singulari, foliis varie sectis. Amman. ruth. p. 81. n. 107. t. 13. f. 2.

Salz-Ranunkel. W. ...“ (Linné 1797–1830, Bd. II, Teil 2, S. 1311); „51. RANVNCVLVS foliis petiolatis, ouatis integris aut varie incisis pedunculis radicatis nudis, GM. Inst. [müßte heißen: Mst.] Myosuros minima, folio chelidonii minoris, GM. Obs. in h. n. CIV. Ranunculus repens flore in caule singulari foliis varie sectis, AMM. Ruth. 170. [müßte heißen: 107] t. 13. f. 2. ...“ (Gmelin 1747–1769, Bd. IV, S. 205), nahezu identisch auf Bll. 88r–88v in: AAW R. I, Op. 104, D. 14 – s. Anm. 32 in Nr. 6; „51. Ranunculus foliis petiolatis ovatis integris aut varie incisis, pedunculis radicatis nudis [=] Ranunculus Cymbalariae Pursh.? (Ranunculus salsuginosus Pall. – Willd. sp. pl. II. 1311.)“ (Ledebour 1841, S. 135); „8) RANUNCULUS CYMBALARIAE. Pursh. ... Ranunculus foliis petiolatis ovatis integris ... Gmel. Fl. sib. IV. p. 205. No. 51? ...“ (Ledebour 1830, S. 313ff.); „23. R[anunculus] Cymbalariae (PURSCH. Fl. bor. am. II, p. 392) ... LEDEB. Fl. alt. II, p. 313. ... R. salsuginosus. PALL. It. III, p. 213. ... R. repens, flore in caule singulari, AMMAN. ruth. p. 81. Nro. 107. t. 13. f. 2. R. foliis petiolatis ovatis integris aut varie incisis, ... GMEL. F. sib. IV, p. 205. Nro. 51. ...“ (Ledebour 1842, S. 34); „Von Salzpflanzen aber war um die Seen nichts merkwürdiger, als die Blätter des Ranunculus salsuginosus (**) zu sehen. ... |: (**) Ranunculus repens flore in caule singularis, fol. varie sectis Amman. ruth. n. 107. tab. 13. fig. 2. Mit keiner Gattung ist dieser schöne Ranunkel näher verwandt, als mit dem R. hederaceo. :|“ (Pallas 1776, S. 213); „31. RANUNCULUS salsuginosus Pall. Gm. Sib. 4. 202. No. 46. Salziger Ranunkel. ...“ (Georgi 1797–1802, Theil 3, S. 1069f.)

„707. Forte Ranunculi species. ... Huc vero retuli, quia admodum convenit speciei Ranunculi Fl. Irc. nº 384. recensita, nisi quod folia sint breviora. Sed et locus natalis respondet.“ (AAW R. I, Op. 105, D. 1ª, Bl. 83r, s. Anm. 29 in Nr. 5); „59. Ranunculus palustris, folio Plantaginis, luteus Amm. 105.“ (AAW R. I, Op. 105, D. 16, Bl. 1v, s. Anm. 5 in Nr. 4); „60. Ranunculus repens, flore in caule singulari, folijs vario sectis Amm. 107. Fl. Irc. 383 [sic!]“ (a. a. O., Bl. 1v); „51. Ranunculus palustris plantaginis folio ampliore IRH ...“ (AAW R. I, Op. 104, D. 17, Bl. 11r, s. Anm. 36 in Nr. 8); „CII. Ranunculus palustris, folio Plantaginis luteus. ...“ (AAW R. I, Op. 105, D. 8ª, Bl. 42v, s. Anm. 46 in Nr. 79); „CIV. Myosuros minima, folijs Chelidonij minoris An Myosuros perennis folijs variis Vaillant. Mem. 1719. ...“ mit der rechts marginalen Anm. auf Bl. 43r „vid. fig.“ (a. a. O., Bll. 43r–43v); „17. Ranunculus palustris folio Plantaginis, luteus Obs. in H. N. CII. vid. XII.“ (AAW R. I, Op. 13, D. 67, Bl. 47v, s. Anm. 5 in Nr. 4); „Ranunculus palustris, Plantaginis folio. Inst. r. h. 292. N°. 156.“ (AAW R. I, Op. 13, D. 19, Bl. 4r, s. Anm. 54 in Nr. 17); „* Ranunculus palustris folio Plantaginis luteus. obs. in hist. nat. CII. ... Ranunculis palustris, Plantaginis folio ampliore. I. R. H.“ (AAW R. I, Op. 105, D. 2, Bl. 8r, s. Anm. 54 in Nr. 17); „Ranunculus palustris Plantaginis folio angusto longiore, flore albo tripetalo; ...“ (AAW F. 98, Op. 1, D. 20, Bl. 30r, s. Anm. 90 in Nr. 33); „Ranunculus palustris Plantaginis folio, angusto, longiore flore albo tripetalo. ...“ (AAW F. 98, Op. 1, D. 19, Bl. 51r, s. Anm. 59 in Nr. 19); „Ranunculus palustris plantaginis folio ampliore (Tournefortii sp. 149), Off.“ (Messerschmidt 1962–1977, Bd. 4, S. 203, s. Anm. 1 in Nr. 1); „25. August 1725 ... ließe meinen Jungen semina et radices Ranunculi palustris, folio Plantaginis ampliore, ... (Tournefortii sp. 149), einsammlen, ... zu konservieren.“ (a. a. O., S. 215); „26. August 1724 [sic!] ... Mein Junge Agafon mußte indessen semen Ranunculi palustris, plantaginis latiore brevique folio, ... (Tournefortii sp. 149) reinmachen und, im Säcklein versiegelt, auf die Seite legen (vide die 25. huius).“ (a. a. O., S. 217); s. auch Nr. 383

172 „[species 86] Ranunculus arvensis, echinatus C. B. Pin. 179. J. B. App. 859. Ranunculus arvorum Lob. Icon. 665.“ (Tournefort 1700, S. 289, Genus III. „Ranunculus. Renoncule.“); „52. RANVNCVLVS seminibus aculeatis, foliis superioribus decompositis linearibus, LIN. H. Cl. 229. ROY. Lugd. 491. LIN. Sp. pl. 1. p. 581. n. 31. Ranunculus aruensis echinatus, BAVH. pin. 179. ...“ (Gmelin 1747–1769, Bd. IV, S. 205), nahezu identisch auf Bl. 88v in: AAW R. I, Op. 104, D. 14 – s. Anm. 32 in Nr. 6; „52. Ranunculus seminibus aculeatis, foliis superioribus decompositis linearibus [=] Ranunculus arvensis L. (ex Willd. sp. pl. II. 1329. et M. a Bieb. Fl. t. c. II. 28.)“ (Ledebour 1841, S. 135); „10. RANUNCULUS seminibus aculeutis, foliis decompositis linearibus. Ranunculus arvensis echinatus. Bauh. pin. 179. ...“ (Linné 1737, S. 229); „34)

Ackerhahnenfuß. Ranunculus arvensis. ... Ranunculus seminibus aculeatis; foliis superioribus decompositis, linearibus. LINN Syst. veg. p. 430. ... Ranunculus arvensis echinatus. C. BAUH. pin. 179. ..." (Linné 1781, S. 358); „52. RANUNCULUS arvensis. R. seminibus aculeatis, ... Hort. cliff. 229. ... Gmel. sib. 4. p. 205. ... R. arvensis echinatus. Bauh. pin. 179. ... Acker-Ranunkel. W. ..." (Linné 1797–1830, Bd. II, Teil 2, S. 1329); „61. R[anunculus] arvensis (L. SP. 780) ... M. a BIEB. Fl. t. c. II, p. 28; ... R. seminibus aculeatis, ... GMEL. Fl. sib. IV, p. 205. Nro. 52. ..." (Ledebour 1842, S. 46f.); „1089. RANUNCULUS aruensis. ... Gmel. sib. 4. p. 205. n. 52. ..." (Marschall von Bieberstein 1808, S. 28); „86) Ackerhahnenfuß; Ranunculus arvensis, ... Er hat unter diesem Geschlecht, ... beynahe den schärfsten Saft; ... eine weit größere und bleibende Schärfe äußern die Blumen, welche auch, besonders wenn sie gestoßen werden, in kurzer Zeit auf der Haut Schmerzen und Blasen erregen, und auf eine Wunde gelegt, ihre Heilung sehr erschweren; die größte brennende, fressende und selbst die Zähne angreifende Schärfe besitzt der aus dem bloßen Kraut gepreßte Saft, ..." (Gmelin 1779, S. 104ff.); „12) Akerhahnenfuß, Feldhahnenfuß. Ranunculus arvensis Linn. ... Obgleich Wurzel [h]) und Samen [i]) dieser Art ohne schädliche Schärfe sind, so äusern doch die Blätter [k]), vornemlich der daraus gedrükte Saft [l]), und Blumen, und in diesen vorzüglich die Staubwege [m]), eine ungemeine Schärfe, und auf der Hand [n]), auf der Zunge [o]), an den Lippen [p]) eben die Zufälle, wie der Rübenhahnenfuß [d. h. Ranunculus bulbosus L.]. ..." (Gmelin 1803, S. 295ff.); „[Ranunculus] arvensis, seminibus aculeatis, foliis superioribus decompositis linearibus; Ackerhanenfus, ... Feldhanenfus; ... sie erregt besonders, wann sie gequetscht wird, auf der Haut ein Beisen, eine Röthe, Blasen, und ein Geschwür auf den Lippen, in dem innern Munde, und hauptsächlich auf der Zunge, ... Sie heißt ... bey beyden Bauhinen: Ranunculus arvensis echinatus; ..." (Gmelin 1775, Sp. 712ff.); „23. RANUNCULUS arvensis L., ... Feld=Ranunkel. ... Er gehört zu den scharfen Arten, wie die Zunge gleich findet, und Kraut und Blumen zerquetscht auf die bloße Haut gebunden, reizen, inflammiren und machen Blasen. Der frische Saft ist, zu einigen Lothen gegeben, Hunden durch Entzündung und Krämpfe tödtlich. – Wie die übrigen verliert er seine Schärfe durch bloses Trocknen und das Auskochen mit Wasser. Der Saame ist unwirksam." (Georgi 1797–1802, Theil 3, S. 1068)

„698. Ranunculus folio rotundo tenuiter diviso repens et tenerior Ind. Len. n°. 198 ... 699. Ranunculus folio rotundo, tenuiter diviso Ind. Len. n°. 197. ... Fl. Irc. n° 385." [s. Nr. 387] (AAW R. I, Op. 105, D. 1[a], Bll. 82r–82v, s. Anm. 29 in Nr. 5); „701. Ranunculus arvensis echinatus J. B. III. 859. ..." (a. a. O., Bl. 82v); „198 Ranunculus folio rotundo, tenuiter diviso, repens et tenerior. ..." mit der rechts marginalen Anm. auf Bl. 28r „Tab. XX.B" (a. a. O., Bll. 28r–28v); „Ranunculus arvorum Park ..." (AAW R. I, Op. 104, D. 8, Bl. 6v, s. Anm. 18 in Nr. 452); „211. Ranunculus seminibus aculeatis, folijs decompositis linearibus Linn. h. Cliff. 229. Ranunculus arvensis echinatus B. Pin. 179. B. hist. 3. 859. ..." (AAW R. I, Op. 13, D. 20, Bl. 22r, s. Anm. 1 in Nr. 1); „61. Ranunculus folio rotundo tenuiter diviso, repens & tenerior Ind. Len. 198." (AAW R. I, Op. 105, D. 16, Bl. 1v, s. Anm. 5 in Nr. 4); „312. Ranunculus folio rotundo, tenuiter diviso. Ind. Len. ..." [s. Nr. 387] mit der links marginalen Anm. von J. G. Gmelin „Ranunculus arvensis echinatus B. P. St. 385." (AAW R. I, Op. 105, D. 12, Bl. 13v; s. Anm. 54 in Nr. 17); „14. Ranunculus folio rotundo, tenuiter diviso. Gm. 15. Ranunculus folio rotundo, tenuiter diviso, repens et tenerior: Gmel." (AAW R. I, Op. 13, D. 16, Bl. 15r, s. Anm. 32 in Nr. 6); „8. Ranunculus arvensis echinatus J., B. III. 859. Ind. Jen. n°. 701." (AAW R. I, Op. 13, D. 67, Bl. 47v; s. Anm. 5 in Nr. 4)

„49. RANVNCVLVS foliis duplicato trifidis, caulibus filiformibus declinatis, GM. Inst. [müßte heißen: Mst.] T. LXXXIII. B. Ranunculus folio rotundo tenuiter diuiso repens et tenerior Ind. Len. 197. [müßte heißen: 198] I. Idem petalis bifidis et trifidis. ..." (Gmelin 1747–1769, Bd. IV, S. 203f.), nahezu identisch auf Bll. 87v–88r in: AAW R. I, Op. 104, D. 14 – s. Anm. 32 in Nr. 6; „49. Ranunculus foliis duplicato-trifidis, caule filiformibus declinatis. t. LXXXIII. a. f. B. [=] Ranunculus Purshii Hooker! (Ranunculus Gmelini DeC. Syst. I. 303.)" (Ledebour 1841, S. 135); „27. R[anunculus] Purshii (HOOKER Fl. bor. amer. I, p. 15) ... β. terrestris: ... b) villoso pubescens (aut glaber?), ... R. foliis duplicato-trifidis, caulibus filiformibus declinatis. GMEL. Fl. sib. IV, p. 203. Nro. 49. t. 83. a. f. B. ..." (Ledebour 1842, S. 35f.); s. Nr. 387

173 „[species 96] Ranunculus pratensis, erectus, dulcis C. B. Pin. 179. Ranunculus dulcis: Batrachium salutiferum Tabern. Icon. 51." (Tournefort 1700, S. 289, Genus III. „Ranunculus. Renoncule."); „Ranunculus dulcis. Batrachium salutiferum. Süsser Hanenfuß." (Abbildung in: Tabernaemontanus 1590, S. 51); „Ranunculus pratensis, erectus, dulcis C. B. Pin. 179. ... aufrechter süsser Hanenfuß, süsser Wiesenhanenfuß, Nostratibus Anckenblumen/ Butterblumen, ..." (Mappus 1742, S. 260); „17. RANUNCULUS foliis ternatis, foliolis petiolatis trifidis incisis, medio productiore, caule multifloro. Linn. h. Cliff. 230. ..." (Royen 1740, S. 491); „17. RANUNCULUS foliis ternatis, foliolis petiolatis trifidis incisis: medio productiore, caule multifloro. Ranunculus pratensis repens hirsutus. Bauh. pin. 179. ... Ranunculus pratensis procumbens aut inclinans hirsutus Moris. hist. 2. p. 439. ... γ Ranunculus pratensis erectus dulcis. Bauh. pin. 179. ..." (Linné 1737, S. 230); „28) Kriechender Hahnenfuß. Ranunculus repens. ... Ran. fol. ternatis, foliolis petiolatis trifidis, medio productiore, caule multifloro. Hort. Cliff. 230. ... Ranunculus pratensis repens hirsutus. C. BAUH. pin. 179. ..." (Linné 1781, S. 352f.); „43. RANUNCULUS repens. R. calycibus patulis, ... Gmel. sib. 4. p. 206. ... R. foliis ternatis, ... Hort. cliff. 230. ... Kriechender Ranunkel. W. ..." (Linné 1797–1830, Bd. II, Teil 2, S. 1325); „18) RANUNCULUS REPENS. Linn. ... M. a Bieb. Fl. taur. cauc. II. p. 26. ... Ranunculus No. 54. Gmel. Fl. sib. IV. p. 206. t. LXXXIV. ..." (Ledebour 1830, S. 329); „53. R[anunculus] repens (L. SP. 779) ... M. a BIEB. Fl. t. c. II, p. 26. ... LEDEB. Fl. alt. II, p. 329. ... R. calycibus patulis sulcatis, ... GMEL. Fl. sib. IV, p. 206. Nro. 534. t. 84. ..." (Ledebour 1842, S. 43f.); „Ranunculus repens, ... kriechender Hanenfuß, ... Wiesenhanenfuß; ... Er ist gänzlich ohne Schärfe, und gibt daher nicht nur ein angenehmes Futer für das Vieh, sondern kann auch in Zeiten der Theurung als ein Zugemüß gekocht und gespeißt werden; äuserlich hat man sich ehmals desselbigen in Gestalt einer Bähung in der blinden goldenen Ader bedient: ..." (Gmelin 1775, Sp. 706f.); „54. RANVNCVLVS calycibus patulis sulcatis, sarmentis repentibus, foliis compositis, LIN. fl suec. 467. Sp. pl. 1. 779. n. 26. Ranunculus pratensis repens hirsutus BAVH. pin. 779. [müßte heißen: 179] I. Idem folio breuiore et latis diuiso. ..." (Gmelin 1747–1769, Bd. IV, S. 206f.), nahezu identisch auf Bl. 89r, jedoch mit den Zusätzen „T. LXXXIII," und „Icon plantam ad Naturam exhibet." in: AAW R. I, Op. 104, D. 14 – s. Anm. 32 in Nr. 6); „54. Ranunculus calycibus patulis sulcatis, sarmentis repentibus, foliis compositis. t. LXXXIV. [=] Ranunculus repens L.!" (Ledebour 1841, S. 135); „1083. RANUNCULUS repens. ... Gmel. sib. 4. p. 206. n. 54. t. 84. ..." (Marschall von Bieberstein 1808, S. 26)
„153 Ranunculus Pratensis erectus dulcis CBP. 179" (AAW R. I, Op. 6, D. 40, Bl. 30r, s. Anm. 1 in Nr. 1); „Ranunculus pratensis erectus dulcis. C. B. P. ..." (AAW R. I, Op. 105, D. 2, Bl. 8r, s. Anm. 54 in Nr. 17); „257) Ranunculus pratensis, erectus dulcis C. B. P. ..." (AAW R. I, Op. 104, D. 25, Bl. 20v, s. Anm. 61 in Nr. 21); „195. Ranunculus pratensis, erectus, dulcis C. B. P. ..." (AAW R. I, Op. 13, D. 42, Bl. 27r, s. Anm. 1 in Nr. 1); „41. Ranunculus folijs ternatis, foliolis petiolatis trifidis incisis, medio productiore, caule multifloro. Linn. h. cliff. 230. Ranunculq pratensis repens hirsutus. Bauh. Pin. 179 Boerh. lugdb. 1. p. 31. Ranunculq pratensis procumbens aut inclinans hirsutq. Moris. h. 2. p. 439. f. 4. t. 29. f. 18. a) glaberrimis ... Ranunculus caule erecto, multifloro, folio pentagono, lobis sessilibus Hall. Helv. 324. Ranunculus hortensis II. Dod. Ranunculus folijs peltatis quinquangularibq, multipartitis, lacinijs linearibus Linn. h. Cliff. p. 231. [s. auch Nr. 386] ..." (AAW R. I, Op. 13, D. 20, Bl. 5r, s. Anm. 1 in Nr. 1); „22. Ranunculus folijs ternatis, foliolis petiolis trifidis incisis, medio productiore, caule multifloro Linn. h. Cliff. 230. Ranunculus pratensis repens hirsutus B. Pin. 179. ..." (AAW R. I, Op. 13, D. 67, Bl. 88r, s. Anm. 4 in Nr. 4); „Ranunculus pratensis erectus, dulcis, flore luteo (Tournefortii sp. 96), Sylv." Messerschmidt 1962–1977, Bd. 4, S. 203, s. Anm. 1 in Nr. 1); „CCC. Ranunculus. ... 2. Ranunculus pratensis erectus dulcis. C. B. P. B. n. 3. ..." (Bll. 39v–40r in T. Gerber „Flora Moscuensis ...", s. Anm. 6 in Nr. 55); s. auch Nr. 394

174 „Ranunculus palustris & aquaticus. I. Ranunculus palustris apii folio laevis. ... II. Ranunculus palustris apii folio lanuginosus. ..." (Bauhin 1623, S. 180); „Ranunculus palustris, apii folio C. B. P. 180. Ranunculus palustris, flore minimo J. B. 3. App. 858. ..." (Rupp 1726, S. 81f.); „[species 129] Ranunculus palustris, Apii folio, lanuginosus C. B. Pin. 180. ... [species 130]

Ranunculus palustris, Apii folio, laevis C. B. Pin. 180. ...“ (Tournefort 1700, S. 191, Genus III. „Ranunculus. Renoncule.“); „12. RANUNCULUS fructu oblongo, foliis inferioribus palmatis: summis digitatis. Ranunculus palustris, apii folio, laevis. Bauh. pin. 180. ... Ranunculus palustris, flore minimo. Bauh. hist. 3. p. 858. ... α Ranunculus palustris, apii folio, lanuginosus. Bauh. pin. 180. ...“ (Linné 1737, S. 230); „16) Gifthahnenfuß. Ranunculus sceleratus. ... Ranunculus foliis inferioribus palmatis, summis digitatis; fructibus oblongis. LINN. Syst. veg. p. 429. ... Hort. Cliff. 230. ... GMEL. Fl. Sib. 4. p. 203. ... Ranunculus palustris, Apii folio laevis. C. BAUH. pin. 180. ... Er wird auch Sumpfhahnenfuß, Wasserhahnenfuß, Wassereppich, Froschpfeffer ... genennet. Einige halten ihn vor das Herbam Sardoniam, oder das Apium Risus oder Apium Sardonium der Alten. ... Diese Pflanze ... hat ... eine ungemeine ätzende Schärfe; äusserlich auf der Haut ziehet sie ... Blasen, aber die davon entstandene Geschwüre heilen schwer und langsam; innerlich genommen verursacht sie im Munde, Halse, dem Magen und den Gedärmen ein unerträgliches und lange anhaltendes Brennen, grausame Schmerzen, Entzündungen, Abschälen des Oberhäutchens, gichtische Bewegungen im Unterleibe, am Gesichte, in den Augen und Gliedern, kalte Schweisse, und den Tod, wofern ihren Wirkungen nicht durch Mittel Einhalt gethan wird, ... durch langes Kochen verlieret sie [d. h. die Wurzel] dieselbe [d. h. die Schärfe] gänzlich, dergestalt, daß sie schleimig und süßlicht wird, und entweder als Zugemüse gespeiset, oder als Arzneymittel in Husten unf Catarrhen gebraucht werden kann. Das durch Destillation erhaltene scharfe Wasser thut in Reinigung und Heilung fauler Geschwüre und Fisteln vortrefliche Dienste. ...“ (Linné 1781, S. 342ff.); „20. RANUNCULUS sceleratus. R. foliis inferioribus palmatis; ... Hort cliff. 230. ... Gmel. sib. 4. p. 203. t. 83. f. a. ... R. palustris, apii folio, laevis. Bauh. pin. 180. ... Blasenziehender Ranunkel. W. ...“ (Linné 1797–1830, Bd. II, Teil 2, S. 1315); „RANUNCULUS SCELERATUS. Linn. ... M. a. Bieb. Fl. taur. cauc. II. 24. ... Ranunculus No. 48. Gmel. Fl. sib. IV. p. 203. t. LXXXIII. a. fig. A. ...“ (Ledebour 1830, S. 327f.); „56. R[anunculus] sceleratus (L. SP. 776) ... M. a BIEB. Fl. t. c. II, p. 24. ... LEDEB. Fl. alt. II, p. 327. ... R. foliis inferioribus palmatis, ... GMEL. Fl. sib. IV, p. 203. Nro. 48. t. 83. a. f. A. ...“ (Ledebour 1842, S. 45); „Ranunculus sceleratus, ... bösester Hanenfus, ... brennender Hanenfus; Wasserhanenfus; Gifthanenfus; Wassereppich; Feigblatterneppich; Froscheppich; ... Man kann ihn ... äuserlich mit Vortheil als ein blasenziehendes, und mit Vorsicht als ein Niesmittel gebrauchen, ... innerlich empfehlen ihn einige ... in verschiedenen Arten des Aussazes; ...“ (Gmelin 1775, Sp. 690ff.); „48. RANVNCVLVS foliis inferioribus palmatis, summis digitatis, fructibus oblongis. ROY. Lugd. 490. LIN. Hort. Cliff. 230. HALL. Helu. 323. T. LXXXIII. A. Ranunculus folio rotundo tenuiter diuiso, Ind. Len. 197.“ (Gmelin 1747–1769, Bd. IV, S. 203), nahezu identisch auf Bl. 87v in: AAW R. I, Op. 104, D. 14 – s. Anm. 32 in Nr. 6; „48. Ranunculus foliis inferioribus palmatis, summis digitatis, fructibus oblongis. t. LXXXIII. a. f. A. [=] Ranunculus sceleratus L.!“ (Ledebour 1841, S. 135); „1079. RANUNCULUS sceleratus. ... Gmel. sib. 4. p. 203. n. 48. t. 83. ...“ (Marschall von Bieberstein 1808, S. 24); „5) Gifthahnenfuß, ... Feigblättern Eppich, Froschpfeffer. Ranunculus sceleratus Linn. ... Alle seine Theile haben eine ungemeine Schärfe, ... vornemlich aber die kramfichten Zukungen in dem Gesichte, welche so oft auf den Genus dieser Pflanze erfolgen, machen es sehr wahrscheinlich, daß dieser Hahnenfuß eben diejenige schädliche Pflanze seie, welche Dioscorides, und mit ihm die übrige griechischen Aerzten unter ihrer Σαρδονιη verstanden haben. ... Ich will schon nicht sagen, daß die Bettler in England und Schweden ... sich ihres Saftes bedienen, um sich oder ihren Kindern Geschwüre in die Beine zu äzen, wodurch sie das Mitleiden anderer betrügen [m]); auch Aerzte bedienten sich ihrer statt eines Blasenpflasters, das sie vornemlich in hizigen Krankheiten auf die Handwurzel legten [n]), ...“ (Gmelin 1803, S. 281ff.); „179. RANUNCULUS SCELERATUS Linné. GIFTIGSTER RANUNKEL. ... Dieser Ranunkel ist der giftigste von allen. ... In den Mund genommen, verursacht er das heftigste Brennen und eine Entzündung aller weichen Theile, die oft mehrere Tage anhält, die Zähne stumpf macht und ein Bluten der Gaumen hervorbringt. ... Deutsche Namen: Blasenziehender Hahnenfuß, Wasser-, Gift-, brennender-, böser Hahnenfuß, Geissblume, Froschpfeffer, Froscheppig, Wassereppig.“ (Dietrich 1835, Nr. 179); „Gifthahnefuß, Ranunculus sceleratus, L. ... Die Alten bedienten sich dieses gefährlich scharfen Krautes ... zur Zertheilung kropfartiger Drüsengeschwülste. ... Das rohe frische Kraut wirkt innerlich in sehr kleiner Menge schon giftig und oft tödlich. Viel laues Wasser und Milch ist das Gegengift. ...“ (Hahnemann 1795, S. 358f.); „... 24. Ranunculus sceleratus L. (Ranuncul.). ... Auch der Ranunc. sceleratus L. wird daselbst [d. h. im Gouvernement Perm] bei Magenschmerzen wie Ran. acris angewandt aber in kleinen Dosen, da diese Pflanze für eine giftigere gehalten wird als jene. ... In Kleinrussland legt man die Pflanze bei Fieber auf die Pulsstelle. ... Fast alle Anemonen- und die angeführten Ranunculsspecies gebraucht das Volk vorherrschend äusserlich bei verschiedenen Krankheiten, wie Rheumatismus, Kopfschmerzen, Hautleiden etc. Die blasenziehende Eigenschaft dieser Pflanzen ist ihm so gut bekannt, dass dieselbe sogar zu simulativen Zwecken benutzt wird. ...“ (Demitsch 1889, S. 168ff.); „In dem Wasser fand ich den Ranunculus sceleratus **) sehr häufig. Auch diese Pflanze, die jetzt hier [d. h. auf *Kamčatka*] unter dem Russischen Namen ljutik [russ. *ljutik*] (von ljutui [russ. *ljutuj*] grimmig) bekannter ist als unter dem Kamtschadalischen: sgata, war früher überall auf der Halbinsel, und ist noch jetzt bei den Aleuten, von wichtigster Anwendung. Die Pfeilspitzen die man mit einem Brei aus der zerstossenen Wurzel derselben einreibt, werden davon so giftig, dass sie stark anschwellende und sich bläuende Wunden verursachen, von denen namentlich auch die Siwutschi (Seelöwen) und Wallfische weit schwerer und weit schneller als von anderen Wunden verenden sollen.“ (Erman 1848, S. 162); „RANUNCULUS. ... teutsch, Hanefuß, ... Die Ranunculn in Sumpf und Moraste heissen Ranunculus palustris Apii folio, Apiastrum, Apium aquaticum, weil ihre Blätter wie die an den Apio aussehen. Sie werden auch Herba scelerata genañt, dieweil sie zucken und ziehen in den Gliedern und sonst viel tödliche Zufälle denjenigen zuziehen, die sie geniessen. Apium risus, dieweil sie nebst dem Zucken in den Gliedern die Nerven dergestalt zurücke ziehen, daß es nicht anders sieht, als ob man lachete. Sardonia, seu herba sardoa, dieweil sie sonsten in Sardinien gar häuffig wuchsen. Herba strumea, dieweil sie dienlich sind die Kröpfe und die kropfigen Geschwulsten, lateinisch strumae, genennet, zu zertheilen und zu zertreiben. ...“ (Lémery 1721, Sp. 942f.)

„258) Ranunculq palustris Apij folio C. B. P. ...“ (AAW R. I, Op. 104, D. 25, Bl. 20v, s. Anm. 61 in Nr. 21); „* Ranunculus palustris Apii folio, laevis. C. B. P. ...“ (AAW R. I, Op. 105, D. 2, Bl. 8r, s. Anm. 54 in Nr. 17); „7. Ranunculus palustris Apii folio, laevis. C. B. P. 180.“ (AAW R. I, Op. 13, D. 16, Bl. 15r, s. Anm. 32 in Nr. 6); „Ranunculus palustris, Apii folio laevis. B. Pin. 180 et Inst. r. h. N°. 144.“ (AAW R. I, Op. 13, D. 19, Bl. 4r, s. Anm. 54 in Nr. 17); „40. Ranunculq fructu oblongo, folijs inferioribq palmatis, summis digitatis. Linn. h. cliff. 230. Ranunculq palustris apii folio laevis Bauh. Pin. 180. Moris. h. 2. p. 341. S. 4 T. 29. f. 27 et 28 Boerh. lugdb. 1. p. 31. j. Idem multo humilior, folijs superioribus tripartitis. ...“ (AAW R. I, Op. 13, D. 20, Bl. 5r, s. Anm. 1 in Nr. 1); „23 Ranunculus fructu oblongo, folijs inferioribus palmatis, sum̄is digitatis Linn. h. Cliff. 230. palustris Apij folio laevis B. Pin. 180. ...“ (AAW R. I, Op. 13, D. 67, Bll. 88r–88v; s. Anm. 5 in Nr. 4); „Ranunculus palustris Apii folio, laevis, flore luteo minimo, semine in metam fastigiato, acerrimus; Waßer=Eppich, Wasser=Pfeffer :) Tournefort. Sp. 130. ...“ (AAW F. 98, Op. 1, D. 20, Bl. 30r, s. Anm. 89 in Nr. 33); „Ranunculus palustris, Apii folio, laevis, flore luteo minimo, semine in metam fastigiato; acerrimus. T. Sp. 130. ...“ (AAW F. 98, Op. 1, D. 19, Bl. 51r, s. Anm. 59 in Nr. 19); „194. Ranunculus palustris, Apii folio, laevis C. B. P. ...“ (AAW R. I, Op. 13, D. 42, Bl. 27r, s. Anm. 1 in Nr. 1); „197. Ranunculus folio rotundo, tenuiter diviso. ... Vid. Ic.“, mit der links marginalen Anm. auf Bl. 27v „Tab. XX.A.“ (a. a. O., Bll. 27v–28r, s. Anm. 1 in Nr. 1); „CCC. Ranunculus. ... 6. Ranunculus palustris apri [sic!] folio laevis. C. B. P. 180. B. n. 16. ...“ (Bll. 39v–40r in T. Gerber „Flora Moscuensis ...“, s. Anm. 6 in Nr. 55); s. auch Nr. 379 und Nr. 385

175 „APIUM. ... teutsch, gemeiner Eppich. ... Die Blätter sehen als wie Petersilie, sind aber weit grösser, trefflich grün, glatt und sehr saftig, riechen gar starck, wann man sie zerdrückt, und schmecken scharff und unannehmlich. ...“ (Lémery 1721, Sp. 72f.)

176 „[species 92] Ranunculus pratensis, erectus acris C. B. Pin. 178. Ranunculus rectus, non repens, flore simplici, luteo J. B. 3. 416. Ranunculus pratensis, surrectis cauliculis Lob. Icon. 665.“

(Tournefort 1700, S. 289, Genus III. „Ranunculus. Renoncule.“); „18. RANUNCULUS foliis peltatis quinquangularibus multipartitis: laciniis linearibus. Ranunculus pratensis erectus acris. Bauh. pin. 178. ...“ (Linné 1737, S. 231); „30) Scharfer Hahnenfuß. Ranunculus acris. ... Ranunculus calycibus patulis; pedunculis teretibus; foliis tripartito-multifidis summis linearibus. LINN. Syst. veg. p. 430. ... Ranunculus pratensis erectus acris. C. BAUH. pin. 178. ... Dieser ... wird insgemein gemeiner Hahnenfuß, Butterblume, Schmalzblümlein ... genennet. ... Er hat eine sehr große Schärfe ... und ziehet auf der Haut Blasen, ... Inzwischen wird er doch von einigen Aerzten in verschiedenen Krankheiten als ein blasenziehendes Mittel empfohlen; ...“ (Linné 1781, S. 354f.); „45. RANUNCULUS acris. R. calycibus patulis, ... Gmel. sib. 4. p. 206. n. 53. ... R. foliis peltatis ... Hort. cliff. 231. ... R. pratensis erectus acris. Bauh. pin. 178. ... Scharfer Ranunkel. W. ...“ (Linné 1797–1830, Bd. II, Teil 2, S. 1326); „21) RANUNCULUS ACRIS Linn. ... Ranunculus No. 53. Gmel. Fl. sib. IV. p. 206. ...“ (Ledebour 1830, S. 331f.); „43. R[anunculus] acris (L. SP. 779) ... M. a BIEB. Fl. t. c. II, p. 26; ... LEDEB. Fl. alt. II, p. 331. ... R. calycibus patulis, ... GMEL. Fl. sib. IV, p. 206. Nro. 53. ...“ (Ledebour 1842, S. 40f.); „Ranunculus acris, ... scharfer Hanenfus, ... brennender Hanenfus; gemeiner Hanenfus; Schmalzblümlein; Pfännlein; ... haben sich ihrer ältere und neuere Aerzte statt der spanischen Fliegen als eines blasenziehenden Mittels äuserlich bedient, und sie in diesem Betracht in der Gicht, in dem Podagra, in dem einseitigen Kopfweh, und in Wechselfiebern kräftig befunden, ... die Viehärzte bedienen sich ihrer in dem Roz der Pferde, ...“ (Gmelin 1775, Sp. 708ff.); „1085. RANUNCULUS acris. ... Gmel. sib. 4. p. 206. n. 53. ...“ (Marschall von Bieberstein 1808, S. 26); „53. RANVNCVLVS calycibus patulis, pedunculis teretibus, foliis tripartito-multifidis summis linearibus, LIN. fl. suec. 466. 507. et Sp. pl. 1. p. 779. n. 28. Ranunculus pratensis, erectus, acris, BAVH. pin. 178. Ranunculus foliis peltatis, quinquangularibus, multipartitis, laciniis linearibus, caule multifloro, LIN. H. Cl. 231. ROY. Lugd. 492. I. Idem humilior. ...“ (Gmelin 1747–1769, Bd. IV, S. 206), nahezu identisch auf Bl. 88v in: AAW R. I, Op. 104, D. 14 – s. Anm. 32 in Nr. 6; „53. Ranunculus calycibus patulis, pedunculis teretibus, foliis tripartito-multifidis, summis linearibus [=] Ranunculus acris L.!“ (Ledebour 1841, S. 135); „Les feuilles pilées du Ranunculus acris, appliquées dans un cas obstiné de clavus hysterique, procurèrent un soulagement immediat. ...“ (Gilibert 1780, S. 43); „11) Brennender Hahnenfuß, ... Ranunculus acris Linn. ... Er kommt, in Absicht auf die Schärfe aller seiner Theile mit dem Rübenhahnenfuße [d. h. Ranunculus bulbosus L.] überein ... Man hat daher schon längst seinen äuserlichen Gebrauch an die Stelle der Blasenpflaster empfohlen [y]), obgleich die Geschwüre, die er macht, viel schwerer heilen [z]), ...“ (Gmelin 1803, S. 293ff.); „178. RANUNCULUS ACRIS Linné. SCHARFER RANUNKEL. ... Dieser Ranunkel ist einer der giftigsten ... Frisch wird er von keinem Vieh gefressen, unter dem Heu getrocknet fressen sie ihn jedoch ohne Nachtheil. ... Deutsche Namen: Scharfer Hahnenfuss, gemeiner-, Wiesen-, brennender-, Acker-Hahnenfuss, Schmirgeln, Schmalzblume, Pfännnlein.“ (Dietrich 1835, Nr. 178); „... In Island werden zu gleichem Zwecke [d. h. bei lokalen Entzündungen] der gleich zu nennende Ranunculis acris gebraucht. ...“ (Demitsch 1889, S. 166); „23. Ranunculus acris L. (Ranuncul.). ... Besonders oft wird Ranuncul. acris, der scharfe Hahnefuss, vom Volke gebraucht. Im östlichen Russland wird diese Pflanze gegen Fieber angewandt: man legt beim Beginne des Frostes etwas von der Blüthe auf die Pulsstelle, was zur Folge hat, dass der Patient schwitzt. ... Ranunculus acris wird auch von den russischen Bauern gebraucht, um Wunden hervorzurufen, resp. die vorhandenen zu simulativen Zwecken zu verschlechtern. ... Bei Kopfschmerzen werden zerquetschte Ranunculusblüthen auf die Schulter gelegt. ... Im G. Twer wird das frische Kraut zu Einreibungen benutzt, um rheumatische Schmerzen in den Extremitäten abzuleiten und dadurch zu beseitigen. Dabei wird der Körper heiss und bekommt Blasen. ... Im G. Perm bedient man sich einer Abkochung von Ranunc. acris L. und von Ranunculus polyanthemos L. bei gewissen Bauch- und Rückenschmerzen und nimmt dieselbe als Abführmittel ein. ... und so finden wir denn z. B. in Jourdan's Universalpharmakopöe Blätter und Blüthen von Ran. acris L. und R. aquatilis L., ... sowie endlich auch das Kraut ... von Ran. sceleratus L. (unter dem Namen Herba Ranunculi palustris s. aquatici). Von der letztgenannten Droge erzählt Scharff [5]), dass einige Leute, welche sie als Gemüse assen, von heftiger Cardialgie befallen wurden; einer derselben bekam sogar Schlucksen, kalten Schweiss, Verdrehung der Augen, Krämpfe und zeigte einen risus sardonicus, woher man diese Pflanze für die Herba sardoa des Sallust angesprochen habe. ...“ (a. a. O., S. 168ff.); „2) Tinea capitis. Die Ehsten waschen den Kopf mit einer Abkochung von Eichenrinde ... Oder sie machen Breiumschläge von Ranunculus acris. Meist bewirken diese Entzündung und Blasenbildung, welche jedoch nach einfachen Wasserumschlägen verschwinden und nicht selten die Tinea beseitigen. ...“ (Krebel 1858, S. 153); „XIII. Mittel gegen Rheumatismus und Gicht. ... Der Ehste gebraucht die Abkochung des Ranunculus acris und aconitifolius ... bis reichlicher Schweiss erfolgt, ...“ (a. a. O., S. 166ff.); „Mittel gegen das feuchte Schnupfenekzem oder den ‚Schnupfen-ausschlag‘: Man behandelt es mit Ranunculus acris. ...“ (Alksnis 1894, S. 203); „20. RANUNCULUS acris L. ... Brennender Ranunkel. ... Er ist frisch in allen seinen Theilen scharf und äzend, wird aber, wie die übrigen Arten, durch das Verpflanzen und die bloße Austrocknung sehr entkräftet. ...“ (Georgi 1797–1802, Theil 3, S. 1068); wotjakisch pitanča – Ranunculus acris (Munkácsi 1896, S. 566)

„– Ranunculus pratensis erectus acris CBP. Russ. лютикъ [russ. *ljutik*; s. Nr. 387, Nr. 393, Nr. 585 u. Nr. 588]“ (AAW R. I, Op. 104, D. 8, Bl. 6v, s. Anm. 18 in Nr. 452); „705. Ranunculus pratensis erectus acris. C. B. P. 178. 1. Idem maculatus Comm. Par. 1719 ...“ (AAW R. I, Op. 105, D. 1ª, Bl. 82v, s. Anm. 29 in Nr. 5); „152 Ranunculus Pratensis erectus acris CBP. 178.“ (AAW R. I, Op. 6, D. 40, Bl. 30r, s. Anm. 1 in Nr. 1); „12. Ranunculus pratensis, erectus acris B. Pin. 178. j. Idem maculatus. ...“ (AAW R. I, Op. 13, D. 67, Bl. 47v; s. Anm. 5 in Nr. 4); „6. Ranunculus pratensis erectus, acris. C. B. P. 178.“ (AAW R. I, Op. 13, D. 16, Bl. 15r, s. Anm. 32 in Nr. 6); „46. Ranunculus pratensis erectus acris CBP. ...“ (AAW R. I, Op. 104, D. 17, Bl. 11r, s. Anm. 36 in Nr. 8); „Ranunculus pratensis, erectus, acris. B. Pin. 178. et Inst. r. h. N°. 36.“ (AAW R. I, Op. 13, D. 19, Bl. 4r, s. Anm. 54 in Nr. 17); „564. Ranunculus pratensis erectus acris. C. B. P.“ (AAW R. I, Op. 104, D. 13, Bl. 5r, s. Anm. 84 in Nr. 29); „152. Ranunculus pratensis erectus, acris C. B. 178.“ (AAW R. III, Op. 1, D. 28, Bl. 9r, s. Anm. 1 in Nr. 1); „152 [Ranunculus] pratensis erectq acris. C. B. P.“ (G. W. Steller nach J. G. Heinzelmann: AAW R. I, Op. 81, D. 23, Bl. 17v, s. Anm. 1 in Nr. 1); „887. Ranunculus folijs peltatis quinquangularibus, multipartitis, lacinijs linearibus, caule multifloro Roy. Pr. 492. [s. auch Nr. 386] Ranunculus pratensis erectus acris B. Pin. 178. Flore pleno. H. A.“ (AAW R. I, Op. 13, D. 20, Bl. 81r, s. Anm. 1 in Nr. 1); „CCC. Ranunculus. ... 1. Ranunculus pratensis erectus acris. C. B. P. 175. B. n. 1. ...“ (Bll. 39v–30r in T. Gerber „Flora Moscuensis ...“, s. Anm. 6 in Nr. 55)

177 „[species 120] Ranunculus montanus, folio Aconiti, magno flore C. B. Pin. 182. Ranunculus montanus, major, flore luteo Eyst.“ (Tournefort 1700, S. 290, Genus III. „Ranunculus. Renoncule.“); „Ranunculus montanus, folio aconiti, magno flore C. B. P. 178. [müßte heißen: 182] Ranunculus magnus, valde hirsutus, flore luteo J. B. 3. 417. ...“ (Rupp 1726, S. 81); „31) Wollichter Hahnenfuß. Ranunculus lanuginosus. ... Ranunculus calycibus patulis; pedunculis teretibus; caule petiolisque hirsutis; foliis trifidis, lobatis, crenatis, holosericeis. LINN. Syst. veg. p. 430. ... Ranunculus magnus valde hirsutus, flore luteo. I. BAUH. hist. 3. p. 417. ...“ (Linné 1781, S. 355f.); „47. RANUNCULUS lanuginosus. ... R. magnus valde hirsutu, flore luteo. Bauh. hist. 3. p. 417. ... Wolliger Ranunkel. W. ...“ (Linné 1797–1830, Bd. II, Teil 2, S. 1327); „19) RANUNCULUS LANUGINOSUS. Linn. ... Falk topogr. Beytr. II. p. 203. ...“ (Ledebour 1830, S. 329f.); „48 R[anunculus] lanuginosus (L. SP. 779) ... LEDEB. Fl. alt. II, p. 329. ...“ (Ledebour 1842, S. 42f.); „[Ranunculus] montanus, folio aconiti, magno flore; hierunter scheint C. Bauhin eine grösere Spielart der europäischen Engelblume zu verstehen.“ (Gmelin 1775, Sp. 737); „Ranunculus lanuginosus, ... wolliger Hanenfus, ... groser Birkhanenfus; ... Er ist ganz ohne Schärfe und heißt bey ... J. Bauhin: Ranunculus magnus valde hirsutus, flore luteo; ...“ (a. a. O., Sp. 711f.); „287. RANUNCULUS LANUGINOSUS Linné. WOLLIGER RANUNKEL. ... Dieser Ranunkel ist nicht scharf, wird daher auch vom Vieh gefressen. Deutsche Namen: Wolliger Hahnenfuss, Birk-, Grosser-, Seiden-Hahnenfuss.“ (Dietrich 1836, Nr. 287); „842. RANUNCULUS lanuginosus calycibus patulis, pedunculis teretibus, caule petiolisque hirtis, foliis trifidis

lobatis crenatis holosericeis. Linn. Sp. plant. 1. p. 779. ... Ranunculus magnus valde hirsutus, flore luteo. Bauh. hist. 3. p. 417. ... Germ. Wollichter Waldhahnenfuss. ...“ (Gmelin 1806, S. 549ff.); „Plinius berichtet über das genannnte Batrachion ... Er sagt: ‚Was die Griechen Batrachium nennen, heisst bei uns Ranunculus. Man unterscheidet davon vier Arten‘, welche von Wittstein als Ranunculus asiaticus L., Ranunculus lanuginosus L., Ranunculus muricatus und Ranunculus aquatilis L. gedeutet werden. ‚Alle vier besitzen ätzende Eigenschaften und erzeugen, wenn man auch nur die rohen Blätter auflegt, gerade wie das Feuer Blasen. Man bedient sich ihrer daher bei Ausschlag, Krätze, zur Entfernung von Narben und mischt sie allen ätzenden Mitteln bei. Glatzen werden dadurch bald wieder behaart. Kaut man die Wurzel derselben bei Zahnschmerzen zu lange, so werden die Zähne zerstört; trocken benutzt man sie als Schnupfmittel. Unsere Kräuterkenner nennen sie Strumus, weil man damit, wenn sie kurze Zeit im Rauche gehangen haben, Kröpfe und Fettbeulen heilt. ...‘ Dioscorides redet II, 206–207 ... Nach Sprengel (p. 484) sind darunter Ranunculus asiaticus, R. lanuginosus, R. muricatus, R. aquatilis ... zu verstehen. Dioscorides nennt diese Pflanzen sehr scharf, geeignet Ulcerationen und Aetzschorfe hervorzurufen, Warzen wegzuaetzen etc. ...“ (Demitsch 1889, S. 169); „652. Ranunculus lanuginosus. Lun. sp. 31. ... Ruß. Liuguschnik. ...“ (Falk 1786, S. 203); „21. RANUNCULUS lanuginosus L., ... Wolliger Ranunkel. ... Er gehört zu den milden oder wenig wirksamen Arten.“ (Georgi 1797–1802, Theil 3, S. 1068)

178 „[species 133] Ranunculus aquaticus, capillaceus C. B. Pin. 180. Millefolium aquaticum, foliis Abrotani, Ranunculi flore & capitulo C. B. Pin. 141. Ranunculus aquatilis omnino J. B. 3. 781. Ranunculus alter, aquaticus, Foeniculaceis τειχόφυλλον Col. Part. 1. 316....“ (Tournefort 1700, S. 291, Genus III. „Ranunculus. Renoncule.“); „Ranunculus palustris & aquaticus. ... V. Ranunculus aquaticus, folio rotundo & capillaceo. ... VI. Ranunculus aquaticus capillaceus. ...“ (Bauhin 1623, S. 180); „Ranunculus aquatilis albus fluitans, Peucedani foliis. [s. Nr. 392] Ranunculus, sive Polyanthemo aquatili albo affine, sive Millefolium maratriphyllum fluitans I. B. tom. 3. l. 38. 782. ...“ (Hermann 1687, S. 516f.); „Ranunculus aquaticus capillaceus C. B. Pin. 180. ... Weisser Wasserhanenfuß mit Stabwurtz=Blättern, Wasserfenchel. ...“ (Mappus 1742, S. 262); „19. RANUNCULUS foliis omnibus capillaceis circumscriptione rotundis. Ranunculus aquatilis omnino. Bauh. hist. 3. p. 781. ...“ (Linné 1737, S. 231); „41) Wasserhahnenfuß. Ranunculus aquatilis. ... Ranunculus foliis submersis capillaceis, emersis peltatis. LINN. Syst. veg. p. 431. ... Ranunculus aquaticus, folio rotundo et capillaceo. C. BAUH. pin. 180. Ranunculus aquatilis. DOD. pempt. 587. ... β. Ranunculus foliis omnibus capillaceis. LINN. Hort. Cliff. 231. ... γ. Ranunculus aquaticus capillaceus. C. BAUH. pin. 180. ... Millefolium Marathriphyllon. LOB. Icon. 791. ... Ranunculus albus fluitans, Peucedani foliis. HERM. Lugd. 517. Millefolium aquaticum, foliis Foeniculi, Ranunculi flore et capitulo. C. BAUH. pin. 141. ... Die Blätter, und noch mehr die Blumen dieses Hahnenfußes haben auch, so lang sie frisch sind, eine ziemliche Schärfe, so daß sie auf der Haut Blasen ziehen. ...“ (Linné 1781, S. 362f.); „60. RANUNCULUS aquatilis. R. foliis submersis capillaceis, ... Gmel. sib. 4. p. 207. ... R. aquatilis, folio rotundo et capillaceo. Bauh. pin. 180. R. foliis omnibus capillaceis circumscriptione rotundis. Hort. cliff. 232. ... R. aquaticus capillaceus. Bauh. pin. 180. ... Wasser-Ranunkel. W. ...“ (Linné 1797–1830, Bd. II, Teil 2, S. 1332); „24) RANUNCULUS AQUATILIS. Linn. ... α. heterophyllus: ... Ranunculus No. 55. Gmel. Fl. sib. IV. p. 207. β. capillaceus: ... R. aquatilis. M. a Bieb. Fl. taur. cauc. II. p. 29. ...“ (Ledebour 1830, S. 334f.); „2. R[anunculus] aquatilis (L. SP. 781 var. α et γ.) ... α. heterophyllus: ... LEDEB. Fl. alt. II, p. 334. ... R. foliis submersis capillaceis, ... GMEL. Fl. sib. IV, p. 207, Nro. 55. ... β. pantothrix: R. aquatilis. ... LEDEB. Fl. alt. II, p. 334. ... R. aquatilis. ... M. a BIEB. Fl. t. c. II, p. 29; ...“ (Ledebour 1842, S. 27f.); „[Ranunculus] aquatilis, foliis submersis capillaceis, emersis subpeltatis; Wasserhanenfus, ... weisser Wasserhanenfus; ... inzwischen ziehen doch die Blumen, wann sie frisch auf die Haut gelegt werden, Blasen, wann sie in die Nase hinauf gezogen werden, ein Beisen in derselbigen, und ein starkes Niesen; ... die Hauptart heißt bey ... C. Bauhin: Ranunculus aquaticus, folio rotundo & capillaceo; ...“ (Gmelin 1775, Sp. 716ff.); „[Ranunculus] aquaticus capillaceus; hierunter versteht C. Bauhin eine Abart des

Wasserhahnenfuses, ..." (a. a. O., Sp. 723); „Ranunculus aquatilis omnino; aquatilis omnino tenuifolius; so nennen J. Bauhin und Rai eine Abänderung des Wasserhanenfuses, ..." (a. a. O., Sp. 724); „1093. RANUNCULUS aquatilis. ... R. foliis omnibus capillaceis, ... Gmel. sib. 4. p. 207. n. 55. ..." (Marschall von Bieberstein 1808, S. 29); „55. RANVNCVLVS foliis submersis, capillaceis, emersis, subpeltatis, LIN. Sp. pl. 1. p. 781. n. 38. Ranunculus aquaticus folio subrotundo [müßte nach C. Bauhin heißen: rotundo], et capillaceo, BAVH. pin. 160. [müßte heißen: 180] ..." (Gmelin 1747–1769, Bd. IV, S. 207), nahezu identisch auf Bl. 89r in: AAW R. I, Op. 104, D. 14 – s. Anm. 32 in Nr. 6; „55. Ranunculus foliis submersis capillaceis, emersis subpeltatis [=] Ranunculus aquatilis L. et heterophyllus!" (Ledebour 1841, S. 135); „16) Wasserhahnenfuß, ... Ranunculus aquatilis Linn. ... Sein Kraut ist, vornemlich ehe sich die Blumen öfnen, scharf [z]): doch ist diese Schärfe nach der Verschiedenheit des Standorts von verschiedener Stärke [a]); am stärksten sind die Blumen selbst [b]), besonders so lange sie noch ganz frisch sind [c]); ..." (Gmelin 1803, S. 299f.); „Zahnschmerzen. Bei denselben gebraucht man in Russland ... Ranunculus aquaticus, geschabten Meerrrettig etc. auf die Handwurzel. ..." (Krebel 1858, S. 170); „847. RANUNCULUS capillaceus foliis omnibus capillaceis; laciniis divergentibus. ... Ranunculus capillaceus aquaticus, Bauh. pin. 180 – Mapp. fl. Als. p. 262. ... Germ. Wasser-Hahnenfuss mit haarförmigen zerschnittenen Blättern. ..." (Gmelin 1806, S. 556f.); s. auch Anm. 177 in Nr. 389

„Ranunculus aquaticus capillaceus. C. B. P. ..." (AAW R. I, Op. 105, D. 2, Bl. 8r, s. Anm. 54 in Nr. 17); „259) Ranunculus aquaticus capillaceq C. B. P. ..." (AAW R. I, Op. 104, D. 25, Bl. 20v, s. Anm. 61 in Nr. 21); „CCC. Ranunculus. ... 10. Ranunculus aquaticus capillaceus. C. B. P. 180. B. n. 58. ..." (Bll. 39v–40r in T. Gerber „Flora Moscuensis ...", s. Anm. 6 in Nr. 55)

179 „[species 132] Ranunculus aquaticus, folio rotundo & capillaceo C. B. Pin. 180. Ranunculus aquatilis, albus, tenuifolius J. B. 3. 781." (Tournefort 1700, S. 291, Genus III. „Ranunculus. Renoncule."); „Ranunculus aquaticus, folio rotundo, & capillaceo C. B. Pin. 180. ... Ranunculus aquatilis albus, tenuifolius J. B. 3. 781. Wasserhanenfuß zugleich mit runden, und mit zaserichten Blättern. ... Est Ranunculus aquatilis Dod. Pempt. 587. ..." (Mappus 1742, S. 261f.); „846. RANUNCULUS aquatilis foliis submersis capillaceis, emersis subpeltatis. Linn. Sp. pl. 1. p. 781. ... Ranunculus aquaticus folio rotundo et capillaceo. Bauh. pin. 180. – Mapp. fl. Als. p. 261. ... Germ. verschiedenblättriger Wasser-Hahnenfuss. ..." (Gmelin 1806, S. 554f.)

„260) Ranunculus aquaticus folio rotundo & capillaceo C. B. P. ..." (AAW R. I, Op. 104, D. 25, Bl. 20v, s. Anm. 61 in Nr. 21); s. Nr. 390

180 „[species 134] Ranunculus aquatilis, albus, fluitans, Peucedani foliis H. L. Bat. Millefolium aquaticum, foliis Foeniculi, Ranunculi flore & capitulo C. B. Pin. 141. Ranunculo sive polyanthemo aquatili, albo affine, Millefolium Maratriphyllon fluitans J. B. 3. 782. Millefolium Maratriphyllon, tertium, flore & semine Ranunculi aquatici Hepaticae facie Lob. Icon. 791." (Tournefort 1700, S. 291, Genus III. „Ranunculus. Renoncule."); „RANVNCVLVS SIVE POLYANTHEMO aquatili albo, affine Millefolium maratriphyllon fluitans. CAP. XII. ..." (Bauhin 1651, liber XXXVIII, S. 774); „Ranunc. palustris & aquaticus ... Wasserhanenfuß. ... – folio rotundo & capillaceo ... –o aquatili polyanthemo affine millefolium maratriphyllon fluitans I. B. l. c. ..." (Mentzel 1715, S. 257); „Ranunculus aquatilis, albus, fluitans, Peucedani foliis H. L. Bat. Millefolium aquaticum, foliis Foeniculi, Ranunculi flore & capitulo C. B. Pin. 141. ... Millefolium maratiphyllum, ... Lob. Jcon. 791. ... Flußhanenfuß mit Fenchel=Blättern, Wasserfenchel, Lock nostratibus, vel Winterlock, Flaslock. Froschkraut, ..." (Mappus 1742, S. 262f.); „1469. RANUNCULUS peucedanifolius N. Ranunculus caule fluitante, petiolis unifloris, foliis capillaceis longissimis, laciniis paralellis. HALL. hist. tom. 2. n. 1161. Ranunculo, seu Polyanthemo aquatico, albo affine, Millefolium maratriphylum fluitans. BAUH. hist. III. p. 782. ..." (Allioni 1785a, S. 53); „848. RANUNCULUS peucedanifolius foliis capillaceis, laciniis dichotomis, parallelis, longissimis, fluitantibus. Ranunculus aquatilis. var. δ. Lin. Sp. pl. 1. p. 782. ... Ranunculus aquatilis, albus, fluitans, Peucedani foliis. Herm. Lugd. Batav. p. 517. Mapp. fl. Als. p. 262. ... Polyanthemo aquatili albo affine Millefolium Maratriphyllum fluitans. Bauh. hist.

3. p. 774. Ic. ... Germ. Weisser Wasser-Hahnenfuss mit Haarstrangartigen Blättern. (Lock, Winterlock, Flaslock Argentinensibus.) ..." (Gmelin 1806, S. 557ff.); „flúitans (Glyceria, Isolepsis, Ranunculus, Riccia, Scirpus) <flutend>: lat. fluitāns <fließend, schwimmend> (zu fluitāre und weiter zu fluere <fließen>); bezogen auf Wasserpfl., deren flache Laubblätter dem Wasserspiegel aufliegen" (Genaust 2005, S. 253)

„261) Ranunculq aquatilis albus fluitans Peucedani foliis Horti Lugd. bat. ..." (AAW R. I, Op. 104, D. 25, Bl. 20v, s. Anm. 61 in Nr. 21); s. Nr. 390

181 „No. 41. Ranunculus flammeus, minimus, Spergulae folio. ..." (Buxbaum 1740, Appendix, S. 48); „106. RANUNCULUS repens, gramineis foliis, e singulis geniculis radices agens. ab. XIII. F. 1. Buxbaumius hunc in Cent. V. App. p. 48. n. 41, Ranunculum flammeum, minimum, Spergulae folio appellat, ... Meliorem iconem, plenioremque descriptionem Gmelinus ex Dauria misit. ... In locus paludis Majo et Innio [sic!] mensibus vbique ad Selengam, Vdam, Ingodam et Schilkam fluuios occurrit Gmel. ..." (Amman 1739, S. 80f.); „45. RANVNCVLVS foliis ouato-lanceolatis, petiolatis, caule declinato, LIN. H. Cl. 228. ROY. prodr. 489. LIN. Sp. pl. 1. p. 772. n. 1. I. Pumil[us] foliis linearibus. Myosuros angustissimo folio, e singulis geniculis radiculas agens, GM. obs. in hist. nat. CIII. Ranunculus flammeus minor spergulae folio, BVXB. CV. App. 48. n. 41. Ranunculus repens gramineis foliis e singulis geniculis radices agens, AMM. Ruth. 106. T. XIII. f. 1. Ranunculus foliis linearibus caule repente, LIN. Lapp. 190. n. 236. sp. pl. 1. p. 773. n. 2. ..." (Gmelin 1747–1769, Bd. IV, S. 201f.), nahezu identisch auf Bl. 86v in: AAW R. I, Op. 104, D. 14 – s. Anm. 32 in Nr. 6; „45. Ranunculus foliis ovato-lanceolatis petiolatis, caule declinato [=] Ranunculus Flammula L.! [;] I. Pumilus foliis linearibus [=] Ranunculus reptans L.!" (Ledebour 1841, S. 134); „2. RANUNCULUS foliis ovato-lanceolatis petiolatis, caule declinato. ... Ranunculus longifolius palustris minor. Bauh. pin. 180. ... Flammula Ranunculus. Dod. pempt. 432. ..." (Linné 1737, S. 228); „Ranunculus longifolius, palustris, minor C. B. Pin. 189. ... Kleiner langblättigter Wasserhahnenfuß. ..." (Mappus 1742, S. 265f.); „1) Kleiner Hahnenfuß. Ranunculus Flammula. ... Ranunculus foliis ovato lanceolatis, petiolatis, caule declinato. LINN. Syst. veg. p. 428. ... Hort. Cliff. 228 ... Ranunculus longifolius palustris minor. C. BAUH. pin. 180. Flammula Ranunculus. DOD. pempt. 432. ... Sie wird insgemein Sumpfhahnenfuß, kleiner Sumpfhahnenfuß, Speerkraut, Egelkraut ... genennet. ... Die ganze Pflanze hat, so lang sie frisch ist, eine sehr große und ätzende Schärfe, so daß sie auf der Haut Blasen ziehet und Geschwüre frißt, wovon sie teilweise von boßhaftigen Bettlern eben so wie die Clematis Flammula [s. Nr. 396] mißbraucht wird. In Schweden bedienen sich ihrer die alte Weiber öfters mit glücklichem Erfolge als eines blasenziehenden Mittels zur Cur kalter Fieber. Dem Vieh ... ist sie sehr schädlich, indem den Pferden die Leber davon angegriffen wird, die Schaafe aber die Fäule, oder die Wassersucht bekommen. ..." (Linné 1781, S. 330f.); „2) Kriechender Hahnenfuß. Ranunculus reptans. ... Ranunculus foliis linearibus; caule repente. LINN. Syst. veg. p. 428. ... Ranunculus flammeus minimus, Spergulae folio. BUXB. Cent. 5. app. 41. Ranunculus repens, gramineis foliis, e singulis geniculis radices agens. AMM. Ruth. 80. t. 13. f. 1. ... Diese ... ist vielleicht eine blosse Varietät der vorhergehenden; indem sie sich von ihr bloß durch längere, kriechende, und an den Gelenken wurzlende Stengel und durch schmälere Blätter unterscheidet." (a. a. O., S. 331); „1. RANUNCULUS Flammula. R. foliis ovato-lanceolatis petiolatis, ... Hort. cliff. 228. ... R. longifolius palustris minor. Bauh. pin. 180. Flammula Ranunculus. Dod. pempt. 432. ... Beissender Ranunkel. W. ... 2. RANUNCULUS reptans. .... R. flammeus minimus, spergulae folio. Buxb. cent. 5. app. 41. R. repens, gramineis foliis, ... Amm. ruth. 80. t. 13. f. 1. ... Feinblättriger Ranunkel. W. ..." (Linné 1797–1830, Bd. II, Teil 2, S. 1307f.); „4) RANUNCULUS FLAMMULA. Linn. ... Ranunculus No. 45. Gmel. Fl. sib. IV. p. 201. (excl. var. I.) ... 5) RANUNCULUS REPTANS. Linn. ... R. flammeus minimus, Spergulaefolio, Buxb. Cent. V. Append. No. 41. c. ic. R. repens, gramineis foliis, ... Amman. ruth. p. 80. No. 106. t. XIII. f. 1. Ranunculus No. 45. Var. I. Gmel. Fl. sib. IV. p. 201. ..." (Ledebour 1830, S. 309ff.); „18. R[anunculus] Flammula (L. SP. 772) ... LEDEB. Fl. alt. II, p. 309. ... R. foliis ovato-lanceolatis petiolatis, caule declinato. GMEL. Fl. sib. IV, p. 201. Nro. 45. excl. var. I. ... γ. caule prostrato radicante, foliis angustioribus. R. reptans. (L. SP. 773) ...

LEDEB. Fl. alt. II, p. 310. ... R. repens gramineis foliis, ... AMMAN. ruth. p. 80. Nro. 106. t. 13. f. 1. R. foliis ovato-lanceolatis petiolatis, caule declinato. I. pumilus foliis linearibus. GMEL. Fl. sib. IV, p. 201. Nro. 45. ..." (Ledebour 1842, S. 32f.); „Ranunculus Flammula, ... kleiner Sumpfhahnenfus, mit unter sich geneigtem Stengel, und eyrund=lanzenförmigen gestielten Blättern; Wasserhahnenfus; Speerkraut; klein Speerkraut; Egelkraut; Gichtkraut; ... indessen kann man sich seiner, als eines blasenziehenden Mittels, zur Vertilgung der Hüneraugen und Warzen, und zur Vertilgung harter Geschwulste äuserlich bedienen; in der Schweiz gebrauchen ihn die Bettler, um sich kleine Geschwüre zu machen, durch welche sie das Mitleiden der Vorbeygehenden zu erregen suchen: Er heißt bey ... C. Bauhin: Ranunculus longifolius palustris minor, ..." (Gmelin 1775, Sp. 677f.); „Ranunculus reptans, foliis linearibus, caule repente, schleichender Hanenfus, mit kiechendem Stengel, und gleichbreiten Blättern; ... Es ist sehr wahrscheinlich, daß er eine blose Spielart des kleinen Sumpfhanenfuses seye; ... Er heißt bey ... Buxbaum: Ranunculus flammus minimus, spergulae folio; und bey Ammann; Ranunculus repens, gramineis foliis e singulis geniculis radices agens." (a. a. O., Sp. 678f.); „1) Kleiner Sumpfhahnenfuß, langer Wasserhahnenfuß, gekerfter langer Wasserhahnenfuß, Speerkraut, klein Speerkraut, Gichtkraut, Brennkraut. Ranunculus Flammula. ... Er hat eine brennende Schärfe, die aber doch nicht zu allen Zeiten seines Pflanzenlebens gleich stark ist [m]), und erregt auf der Haut Blasen und Geschwüre, ... 2) Kriechender Hahnenfuß, Ranunculus reptans Linn. ... Er ... ist mit dem kleinen Sumpfhahnenfuse sehr nahe verwandt, und hat mit ihm auch seine Schärfe gemein r). ..." (Gmelin 1803, S. 276f.); „Speerkraut f) mit Quasteig benimmt die Hitze, wenn man es auf die Stirn, oder auf die Füße bindet. ... |: f) Ranunculus flammula, russ. Ljutik. [russ. *ljutik*] :|" (Lepechin 1774, S. 45); „643. Ranunculus Flammula. Lin. Syst. Plant. II. p. 653. sp. 1. ... Ruß. Liutik. ... 644. Ranunculus reptans. Lin. sp. 2. ..." (Falk 1786, S. 202); „1. RANUNCULUS Flammula L., ... Kleiner Sumpf=-Ranunkel. ... Frisch gequetscht auf die Haut gebunden, bewirkt sie Entzündung und zieht Blasen. 2. RANUNCULUS reptans. L., ... Schleichender Ranunkel. ..." (Georgi 1797–1802, Theil 3, S. 1064f.); „829. RANUNCULUS Flammula foliis ovato-lanceolatis petiolatis, caule declinato. Linn. Sp. pl. 1. p. 772. ... Ranunculus longifolius palustris minor. Bauh. pin. 189. ... Germ. Kleiner Sumpfhahnenfuss, Brennkraut, Egelkraut. ..." (Gmelin 1806, S. 532f.); Ranunculus Flammula L. – russ. *čečina* bzw. *pryščinec* (*Annenkov* 1858, S. 78, Nr. 914)

„262) Ranunculq ad singula genicula radices agens. Buxb. ..." (AAW R. I, Op. 104, D. 25, Bl. 20v, s. Anm. 61 in Nr. 21); „Ranunculus flammeus minor Ger. ..." (AAW R. I, Op. 104, D. 8, Bl. 6v, s. Anm. 18 in Nr. 452); „71. Ranunculus folijs ovato-lanceolatis, petiolatis caule declinato. Lin. h. Cliff. 228 Ranunculq longifolius palustris minor B. Pin. 180. Moris. hist. 2. p. 443. S. 4 t. 29 f. 34. Boerh. lugd. 1. p. 34 (+a) +a) Ranunculq lanceolatus serratus. Tab. p. 49. b.) Idem folijs integerrimis, proxime accedens ad Ranunc. 388." (AAW R. I, Op. 13, D. 20, Bl. 7v, s. Anm. 1 in Nr. 1); „388. Ranunculq folijs linearibus caule repente. Lin. flor. Lapp. 190. & Ranunculus folijs ovato-lanceolatis, petiolatis, caule declinato H. Cliff. Ranunculus minimq Till. ab. 57. ..." (a. a. O., Bl. 41r); „Ranunculus longifolius, palustris, minor, B. Pin. 180 et Inst. r. h. N°. 150." (AAW R. I, Op. 13, D. 19, Bl. 4r, s. Anm. 54 in Nr. 17); „2. Myosuros angustissimo folio, e singulis geniculis radices agens Obs. in H. N. CIII. ..." mit der rechts marginalen Anm. „vid. Ic." (AAW R. I, Op. 13, D. 67, Bl. 47r, s. Anm. 5 in Nr. 4); „8. Ranunculus longifolius palustris minor. C. B. P. 180. 9. Ranunculus repens, gramineis foliis, e singulis geniculis radices agens." (AAW R. I, Op. 13, D. 16, Bl. 15r, s. Anm. 32 in Nr. 6); „691. Myosuros angustissimo folio, e singulis geniculis radices agens. Obs. in H. N. CIII. ..." (AAW R. I, Op. 105, D. 1[a], Bl. 81v, s. Anm. 29 in Nr. 5)

182 „[species 98] Ranunculus pratensis, repens, hirsutus C. B. Pin. 179. Ranunculus repens, flore luteo, simplici J. B. 3. 419. Ranunculus pratensis, reptante cauliculo Lob. Icon. 664."; (Tournefort 1700, S. 289, Genus III. „Ranunculus. Renoncule."); „Ranunculus pratensis, etiamque hortensis reptante cauliculo L. 379. T. 822." (Lobelius 1581, S. 664); „Ranunculus pratensis, repens, hirsutus C. B. P. 179. ... Germ. Hahnen=Fuß, Krähen=Fuß. ..." (Rupp 1726, S. 81); „Ranunculus pratensis, repens, hirsutus C. B. Pin. 179. ... Kriechender haarichter Wiesenhanenfuß. ..." (Mappus

1742, S. 260f.); „17. RANUNCULUS folis ternatis, foliolis petiolatis trifidis incisis: medio productiore, caule multifloro. Ranunculus pratensis repens hirsutus. Bauh. pin. 179. ... Ranunculus pratensis etiamque hortensis, reptante cauliculo. Lob. hist. 379. ..." (Linné 1737, S. 230); „28) Kriechender Hahnenfuß. Ranunculus repens. ... Ranunculus calycibus patulis; pedunculis sulcatis; stolonibus reptantibus, foliis compositis. LINN. Syst. veg. p 430. ... Ranunculus pratensis repens hirsutus. C. BAUH. pin. 179. ..." (Linné 1781, S. 352f.); „43. RANUNCULUS repens. R. calycibus patulis, ... Gmel. sib. 4. p. 206. ... R. foliis ternatis, ... Hort. cliff. 230. .... R. pratensis repens hirsutus. Bauh. pin. 179. ... Kriechender Ranunkel. W. ..." (Linné 1797–1830, Bd. II, Teil 2, S. 1325); „18) RANUNCULUS REPENS. Linn. ... M. a Bieb. Fl. taur. cauc. II. p. 26. ... Ranunculus No. 54. Gmel. Fl. sib. IV. p. 206. t. LXXXIV. ..." (Ledebour 1830, S. 329); „63. R[anunculus] repens (L. SP. 779) ... LEDEB. Fl. alt. II, p. 329. ... R. calycibus patulis sulcatis ... GMEL. Fl. sib. IV, p. 206. Nro. 54. t. 84. ..." (Ledebour 1842, S. 43f.); „1083. RANUNCULUS repens. ... Gmel. sib. 4. p. 206. n. 54. t. 84. ..." (Marschall von Bieberstein 1808, S. 26); „Ranunculus repens, ... kriechender Hanenfus, mit kriechenden Sprossen, zusamengesezten Blättern, gefurchten Blumenstielen und offenstehenden Blumenkelchen; Wiesenhanenfus; ... Er ist gänzlich ohne Schärfe, und gibt daher nicht nur ein angenehmes Futer für das Vieh, sondern kann auch in Zeiten der Theurung als ein Zugemüß gekocht und gespeißt werden; ... Er heißt bey ... C. Bauhin: Ranunculus pratensis repens hirsutus; ..." (Gmelin 1775, Sp. 706f.); „54. RANVNCVLVS calycibus patulis sulcatis, sarmentis repentibus, foliis compositis, LIN. fl. suec. 467. Sp. pl. 1. 779. n. 26. Ranunculus pratensis repens hirsutus, BAVH. pin. 779. [müßte heißen: 179] I. Idem folio breuiore et latius diuisio. ..." (Gmelin 1747–1769, Bd. IV, S. 206f.), nahezu identisch, jedoch mit dem Zusatz „T. LXXXIII." nach „Sp. pl. 1. n. 26." und dem Satz am Ende „Icon plantam ad Naturam exhibet." auf Bl. 89r in: AAW R. I, Op. 104, D. 14 – s. Anm. 32 in Nr. 6; „54. Ranunculus calycibus patulis sulcatis, sarmentis repentibus, foliis compositis. t, LXXXIV. [=] Ranunculus repens L.!" (Ledebour 1841, S. 135); „177. RANUNCULUS REPENS. Linné. KRIECHENDER RANUNKEL. ... Dieser Ranunkel ist durchaus nicht scharf und wird deshalb in manchen Gegenden unter den Kohl gemischt und als Gemüse gegessen. Die Schweine fressen Wurzel und Blätter gern. ... Deutsche Namen: Kriechender- oder Wiesenhahnenfuss, Weihenfuss, Krähenfuss." (Dietrich 1835, Nr. 177); „839. RANUNCULUS repens calycibus patulis, pedunculis sulcatis, sarmentis repentibus, foliis compositis. Linn. Sp. pl. 1. p. 779. ... Ranunculus pratensis repens hirsutus. Bauh. pin. 179. ... Germ. Kriechender Hahnenfuss. ..." (Gmelin 1806, S. 546f.); Ranunculus repens L. – russ. *zorja lugovaja* (*Annenkov* 1858, S. 78, Nr. 915)

„263) Ranunculus pratensis repens hirsutus C. B. P. ..." (AAW R. I, Op. 104, D. 25, Bl. 20v, s. Anm. 61 in Nr. 21); „5. Ranunculus pratensis repens, hirsutus. C. B. P. 179." mit der rechts marginalen Anm. „Petrop." (AAW R. I, Op. 13, D. 16, Bl. 15r, s. Anm. 32 in Nr. 6); „CCC. Ranunculus. ... 4. Ranunculus" (Bll. 39v–40r in T. Gerber „Flora Moscuensis ...", s. Anm. 6 in Nr. 55); s. auch Nr. 386

183 „[species 158] Ranunculus longifolius, palustris, major C. B. Pin. 180. Ranunculus longo folio, maximus, Lingua Plinii J. B. 3. App. 865. Ranunculus lanceatus, major Tabern. Icon. 48." (Tournefort 1700, S. 292, Genus III. „Ranunculus. Renoncule."); „Ranunculus lanceatus maior. Großlang WasserHanenfuß." (Abbildung in: Tabernaemontanus 1590, S. 48); „Ranunculus longifolio maximus, Lingua Plinii. ..." (Bauhin 1651, Appendix, S. 865); „Ranunculus longifolius, palustris, major C. B. Pin. 180. ... Groß=lang=blättrich Wasserhanenfuß. ..." (Mappus 1742, S. 265); „44. RANVNCVLVS foliis lanceolatis, caule erecto, LIN. H. Cl. 228. ROY. prodr. 489. LIN. suec. 459. 495. et Sp. pl. 1. p. 773. n. 3. Ranunculus longifolius palustris maior, BAVH. pin. 180. 2. ..." (Gmelin 1747–1769, Bd. IV, S. 201), nahezu identisch auf Bl. 86v in: AAW R. I, Op. 104, D. 14 – s. Anm. 32 in Nr. 6; „44. Ranunculus foliis lanceolatis, caule erecto [=] Ranunculus Lingua L.!" (Ledebour 1841, S. 134); „3. RANUNCULUS foliis lanceolatis, caule erecto. Ranunculus longifolius palustris major. Bauh. pin. 34. [sic!] ... Ranunculus, longo folio, maximus; Lingua plinii. Bauh. hist. 3. p. 865. ..." (Linné 1737, S. 228); „3) Großer Sumpfhahnenfuß. Ranunculus Lingua. ... Ranunculus foliis lanceolatis; caule erecto. LINN. Syst. veg. p. 428. ...

Ranunculus longifolius palustris maior. C. BAUH. pin. 180. ..." (Linné 1781, S. 331f.); „3. RANUNCULUS Lingua. R. foliis lanceolatis, caule erecto. Hort. cliff. 228. ... R. longifolius palustris major. Bauh. pin. 34. [sic!] ... Grosser Ranunkel. W. ..." (Linné 1797–1830, Bd. II, Teil 2, S. 1308); „6) RANUNCULUS LINGUA. Linn. ... M. a Bieb. Fl. taur. cauc. II. p. 23. ... Ranunculus No. 44. Gmel. Fl. sib. IV. p. 201. ..." (Ledebour 1830, S. 311); „17. R[anunculus] Lingua (L. SP. 773) ... M. a BIEB. Fl. t. c. II, p. 23. ... LEDEB. Fl. alt.II, p. 311. R. foliis lanceolatis, caule recto. GMEL. Fl. sib. IV, p. 201. Nro. 44. ..." (Ledebour 1842, S. 31f.); „Ranunculus Lingua, ... groser Sumpfhanenfus, mit aufrechtem Stengel und lanzenförmigen Blättern; groser langer Wasserhanenfus; groser scharfer langblätterichter Hanenfus; Speerkraut; ... Er heißt bey .... C. Bauhin: Ranunculus longifolius palustris major; ..." (Gmelin 1775, Sp. 679f.); „1076. RANUNCULUS Lingua. ... Gmel. sib. 4. p. 201. n. 44. ..." (Marschall von Bieberstein 1808, S. 23f.); „3) Groser Sumpfhahnenfuß, groser langer Wasserhahnenfuß, groser scharfer, langblätterichter Hahnenfuß, Speerkraut, Ranunculus Lingua Linn. ... Auch diese Art hat eine brennende Schärfe [s]), die in Blättern und Samen noch gröser ist, als bei der ersten Art [d. h. Rannculus Flammula L.], ..." (Gmelin 1803, S. 278); „181. RANUNCULUS LINGUA Linné. GROSSER RANUNKEL. ... Dieser Ranunkel ist auch, wie die mehrsten übrigen, scharf und blasenziehend. Deutsche Namen: Grosser Hahnenfuss, Speerhahnenfuss, Speerkraut." (Dietrich 1835, Nr. 181); „831. RANUNCULUS Lingua foliis lanceolatis, caule erecto. Linn. Sp. pl. 1. p. 773. ... Ranunculus longifolius palustris major. Bauh. pin. 180. – Mapp. fl. Als. p. 265. .. Germ. Grosser gelber Sumpfhahnenfuss. Langblättriger Wasserhahnenfuss. ..." (Gmelin 1806, S. 535f.); „3. RANUNCULUS Lingua L., ... Lanzettblättriger Ranunkel. Große Sumpf=Ranunkel. ..." (Georgi 1797–1802, Theil 3, S. 1065)

„422. Ranunculq folijs lanceolatis caule erecto. Lin. h. cliff. 228. Ranunculq montanus, folio gramineo. B. P. 180. Moris. hist. 2. p. 441. S. 4. t. 30. f. 38. Boerh. lugd. 1. p. 34. [von „Ranunculq montanus" bis „Boerh. lugd. 1. p. 34." durchgestrichen] Ranunculus longifolius palustris major C. B. P. 180 Moris. hist. 2. p. 442. S. 4. t. 29. f. 33 Boerh. lugd. 1. p. 34." (AAW R. I, Op. 13, D. 20, Bl. 45r, s. Anm. 1 in Nr. 1); „21. Ranunculus longifolius palustris major B. Pin. 180. ... Ranunculus folijs lanceolatis, caule erecto Linn. h. Cliff. 228. ..." (AAW R. I, Op. 13, D. 67, Bl. 88r, s. Anm. 5 in Nr. 4); „155 Ranunculus longifolius palustris major CBP. 180." (AAW R. I, Op. 6, D. 40, Bl. 30r, s. Anm. 1 in Nr. 1); „565. Ranunculus longifolius palustris major. C. B. P. B. n. 206." (AAW R. I, Op. 104, D. 13, Bl. 5r, s. Anm. 84 in Nr. 29); „155. Ranunculus longifolius, palustris major C B. P. 180." (AAW R. III, Op. 1, D. 28, Bl. 9r, s. Anm. 1 in Nr. 1); „155 [Ranunculus] longifoliq palustris major C. B. P." (G. W. Steller nach J. G. Heinzelmann: AAW R. I, Op. 81, D. 23, Bl. 17v, s. Anm. 1 in Nr. 1); „CCC. Ranunculus. ... 11. Ranunculus longifolius ..." (Bll. 39v–40r in T. Gerber „Flora Moscuensis ...", s. Anm. 6 in Nr. 55)

184 s. Anm. 159 in Nr. 377

185 russ. *soloncy* – Salzböden mit den darauf wachsenden Pflanzen (*Slovar'* 2002, S. 136f.); „Man siehet in denen Steppen sehr offters gantz weiße Oerter in ebenem Felde, wo das Erdreich mit Saltz=Blumen, die im Rußischen Solonzi genennet werden, bedeket ist." (Gerhard Friedrich Müller in „Historie des Selenginskischen und Nertschinskischen Gebiethes ..." – AAW F. 21, Op. 5, D. 19, Bl. 15v)

186 „[species 4] Clematitis sive Flammula repens C. B. Pin. 300. Clematis sive Flammula scandens, tenuifolia, alba J. B. 2. 227. [müßte heißen: 127] Flammula Dod. Pempt. 404." (Tournefort 1700, S. 293, Genus V. „Clematitis."); „3. CLEMATIS foliis inferioribus pinnatis laciniatis: summis simplicibus lanceolatis integerrimis. Clematis sive Flammula scandens tenuifolia alba. Bauh. hist. 2. p. 127. Clematis sive Flammula repens. Bauh. pin. 300. ..." (Linné 1737, S. 225); „Brennkraut. Clematis Flammula. ... Clematis foliis inferioribus pinnatis laciniatis, summis simplicibus integerrimis lanceolatis. LINN. Syst. veg. p. 426, ... Clematis s. Flammula repens.C. BAUH. pin. 300. ... Sie soll ... vorzüglich den Namen Brennkraut oder Brennwurz führen, weil sie in kurzer Zeit Blasen und Geschwüre auf der Haut verursacht." (Linné 1781, S. 310); „19. CLEMATIS Flammula. C. foliis inferioribus pinnis laciniatis: ... Hort. cliff. 225. ... Clematis s. Flammula scandens

tenuifolia, alba. Bauh. hist. 2. p. 127. ... Clematis s. Flammula repens. Bauh. pin. 300. ... Scharfe Waldrebe. W. ...“ (Linné 1797–1830, Bd. II, Teil 2, S. 1293); „5. C[lematis] Flammula (L. p. 766) ... M. a BIEB. Fl. t. c. II, p. 21.; ...“ (Ledebour 1842, S. 3); „1069. CLEMATIS Flammula. ... Linn. ed. Willd. 2. p. 1293. ...“ (Marschall von Bieberstein 1808, S. 21); „Clematis Flammula, ... Brennwurzel, deren untere Blätter gefiedert und zerschlissen, die oberste aber einfach und lanzenförmig sind, und einen glatten Rand haben; brennende Waldrebe, Lyne; kriechende Waldrebe; ... Sie ist äuserst scharf, so, daß sie auf der Haut Blasen zieht, und in dieser Absicht nicht nur von Aerzten statt eines Blasenpflasters, sondern auch von boßhaftigen Bettlern gebraucht worden ist, um sich kleine Geschwüre auf der Haut zu erregen, durch welche sie andere Leute zum Mitleide bewegen könnten; ... ihr Same ist bey denen Alten als ein starkes Laxiermittel berühmt gewesen; ... Sie heißt bey ... C. Bauhin: Clematis sive flammula repens; ...“ (Gmelin 1772, Sp. 1053f.); „β) Brennwurzel, Waldreben, brennende Waldreben, Lienen, Leinen, Clematis Flammula Linn. ... Auch diese Art hat in allen ihren Theilen [o]) eine brennende Schärfe, die in den Blumen selbst so heftig ist, daß sie die Lippen entzündet, wenn man sie daran bringt [p]), und auf der Haut Blasen erregt.“ (Gmelin 1803, S. 263f.); „140. Die brennende Waldrebe. Nr. 204. ... Clematus [sic!] Flammula. ... Namen. Scharfe blasenziehende und wohlriechende Waldrebe, Brennwurzel, Blasenzug, Holzwaldrebe, Rebbinde, Rehbinde, Leine, Liene, Lyne, Teufelszwirn, Hexen= und Hurenstrang, Hagseil, Gänsemord, Bettlerskraut. ... Der Saft ist sehr scharf und brennend und war sonst in den Apotheken unter dem Namen Flammula Jovis im Gebrauch.“ (Bechstein 1843, S. 654f.); „3. CLEMATIS Flammula L., ... Brenn=Waldrebe. Brennwurzel. ... Die frischen Blätter zerquetscht auf die Haut gebunden, bewirken Entzündung und Blasen; im Munde zerbissen, äußern sie diese Wirkung gleich, die beym Trocknen der Blätter meistens verlohren geht.“ (Georgi 1797–1802, Theil 3, S. 1061); „819.** CLEMATIS Flammula foliis inferioribus pinnatis scandentibus laciniatis, summis simplicibus integerrimis lanceolatis. Linn. Sp. pl. 1. p. 766. ... Clematis s. Flammula scandens tenuifolia alba. Bauh. hist. 2. p. 127. ... Germ. Scharfe Waldrebe. Brennende Waldrebe. Wohlriechende Waldreb. ...“ (Gmelin 1826, S. 417ff.); „CLEMATIS FLAMMULA. ... Clematis Flammula Linn. Spec. plant. ... Clematis sive Flammula scandens tenuifolia alba. J. Bauh. hist. 2. p. 127. f. 1. ... Clematis sive Flammula repens. C. Bauh. pin. p. 300. ... Scharfe Waldrebe, brennende Waldrebe, aufsteigende Waldrebe, Brennkraut, Brennwurz, Blatterwurz, Blatterzug, Gänsetod. ...“ (Hayne 1833, Nr. 31); „CLEMATITIS. ... teutsch, Waldreben. ... Clematitis kommt von κλε̃μα, virga, eine Ruthe, weil dieses Gewächse sehr viele Ruthen treibet, als wie Rancken, die sich beugen lassen.“ (Lémery 1721, Sp. 320); Clematis – russ. *lomonos*, *laminos*, *borodavnik*, *niščaja trava*, *dikograd* bzw. *žigunec* (*Annenkov* 1858, S. 31, Nr. 320); „Clēmatis L. (Ranunculaceae). Κληματις von κλημα (Ranke) wegen des rankenden Wuchses. ...“ (Wittstein 1852, S. 206); „Flāmmula RUPP. (Ranunculaceae). Von flamma (Flamme), weil die Blätter, zerquetscht unter die Nase gehalten, einen raschen und starken Schmerz erzeugen, schnell wie ein Flammenzug.“ (a. a. O., S. 367)

„Clematis sive Flammula repens. C. B. P. ...“ (AAW R. I, Op. 105, D. 2, Bl. 8v, s. Anm. 54 in Nr. 17); „715. Clematitis sive Flam̄ula repens C. B. P. ...“ (AAW R. I, Op. 105, D. 1[a], Bl. 83v, s. Anm. 29 in Nr. 5); „264) Clematis sive flam̄ula repens C. B. P. ...“ (AAW R. I, Op. 104, D. 25, Bl. 20v, s. Anm. 61 in Nr. 21); „317. Clematitis sive Flammula repens C. B. P. ...“ (AAW R. I, Op. 105, D. 4[a], Bl. 38r, s. Anm. 54 in Nr. 17); „Clematitis sive Flammula repens, flore albo (Tournefortii sp. 4), Sylv.“ (Messerschmidt 1962–1977, Bd. 4, S. 203, s. Anm. 1 in Nr. 1)

187 „[species 1] Caryophyllata vulgaris C. B. Pin. 321. Caryophyllata vulgaris, flore parvo, luteo J. B. 2. 398. Vulgaris Caryophyllata Lob. Icon. 693.“ (Tournefort 1700, S. 294, Genus VI. „Caryophyllata. Benoîte.“); „Caryophyllata vulgaris C. B. P. 321. ... Benedicten=Wurtzel, Märtz=-Wurtzel, ...“ (Rupp 1726, S. 86); „45. GEVM floribus erectis, fructu globoso aristis vncinatis, nudis, foliis lyratis, LINN. h. Cliff. 195. Suec. 423. ROY. lugdb. 276. Caryophyllata vulgaris, BAVH. pin. 321. Cariophyllata, DOD. pempt. 137. ...“ (Gmelin 1747–1769, Bd. III, S. 188); „45. Geum floribus erectis, fructu globoso, aristis uncinatis nudis, foliis lyratis [=] Geum strictum Ait.!

(Geum urbanum L. – Willd. sp. pl. II. 1113.)" (Ledebour 1841, S. 97); „1. GEUM floribus erectis, fructu globoso, seminum cauda uncinata nuda. ... Caryophyllata vulgaris. Bauh. pin. 321. ... Caryophyllata. ... Dod. pempt. 137. ..." (Linné 1737, S. 195); „2) Gemeines Geum. Geum urbanum. ... Geum floribus erectis; fructibus globosis, villosis, aristis uncinatis nudis; foliis lyratis. LINN. Syst. veg. p. 399. ... Caryophyllata vulgaris. C. BAUH. pin. 321. ... Die Wurzel dieser Pflanze ... gehört unter die besten magen= und nervenstärkenden Mittel, und kann mit Nutzen in Durchfällen, kalten Fiebern, und andern langwierigen Krankheiten, die stärkende und zusammenziehende Arzneyen erfordern, gebraucht werden; ..." (Linné 1781, S. 171f.); „*2. GEUM strictum. G. floribus erectis, aristis uncinatis nudis, foliis caulinis pinnatis, foliolis stipulisque incisi-fissis, petalis calyce longioribus. Ait. Kew. 2. p. 217. ... Steifes Geum. W. ... 3. GEUM urbanum. G. floribus erectis, ... Ait. Kew. 2. p. 218. G. floribus erectis, fructibus globosis villosis: ... Hort. cliff. 195. ... Gmel. sib. 3. p. 188. ... Caryophyllata vulgaris. Bauh. pin. 321. Caryophyllata. Dod. pempt. 137. ... Gemeines Geum. W. ..." (Linné 1797–1830, Bd. II, Teil 2, S. 1113f.); „2) GEUM INTERMEDIUM. Besser. ... M. a Bieb. Fl. taur. cauc. I. p. 411. No. 1010. (excl. synon. Willd.); ... Geum. Gmel. Fl. sib. III. p. 188. No. 45. (excl. synon.)? ..." (Ledebour 1830, S. 265f.); „1. G[eum] urbanum (L. SP. 716) ... M. a. BIEB. Fl. t. c. I, p. 410; ..." (Ledebour 1844–1846, S. 21f.); „3. G[eum] strictum (AIT. h. kew. II, p. 217) ... G. intermedium. BESSER. (non EHRH.) ... M. a BIEB. Fl. t. c. I, p. 411 (excl. syn.); ... LEDEB. Fl. alt. II, p. 265. ... G. virginianum. GEORGI. Beschr. d. Russ. R. III. 4. p. 1038. ... G. floribus erectis, ... GMEL. Fl. sib. III, p. 188, Nr. 45. ..." (a. a. O., S. 22f.); „1009. GEUM urbanum. ... Gmel. sib. 3. p. 183. n. 45. ... 1010. GEUM intermedium. ... Linn. ed. Willd. 2. p. 1114. n. 3. β. ..." (Marschall von Bieberstein 1808a, S. 410f.); „602. Geum urbanum. Lin. Syst. Plant. II. p. 551. sp. 2. ... Ruß. Grebnik [russ. *grebnik*] und Grawilat [russ. *gravilat*]. ..." (Falk 1786, S. 194); „GEUM L., Benedictkraut. 1. GEUM virginianum L., ... Virginisches Benedictkraut. ... 2. GEUM urbanum L., ... Berg=-Benedictkraut. R. Grebentschik [russ. *grebenščik*]. ..." (Georgi 1797–1802, Theil 3, S. 1038); „Geum urbanum, ... gewürznelkenartige Merzwurz, mit leyerförmigen Blättern, aufrechten Blumen, und kugelrunden und rauchen Früchten, deren Grannen hakenförmig und nakend sind; Merzwurz; gemeine Garaffel; Benedictenkraut; Benedictenwurz; Nelkenwurz; gemeines Benedictenkraut; ... Ihre bittere Blätter troknen, und ziehen zusamen, und werden oft von dem gemeinen Volk zu seinem eigenen Schaden auf die kräzige Geschwüre gelegt, welche zwar davon heilen, aber die edlere Theile des Körpers desto mehr in Gefahr sezen; ..." (Gmelin 1773b, Sp. 422f.); „GEVM (vrbanum) ... Caryophyllata vulgaris. Bauh. pin. 321. Гребникъ [russ. *grebnik*] siue Гравилатъ [russ. *gravilat*] Russ. ..." (*Krašeninnikov* 1761, S. 82); „GEUM. ... Geum (urbanum) floribus erectis, fructibus foliosis villosis, aristis uncinatis nudis. Linn. Spec. plant. ed. 2. T. I. p. 716. ... Caryophyllata vulgaris. C. Bauh. pin. p. 321. ... Gemeines Geum. Benedictenkraut, Benedictenwurz, Nelkenwurz, Märzwurz, Nardenwurzel, Igelkraut, Sanamundkraut, Heil aller Welt, Hasenauge. ... Die Wurzel dieses Gewächses ist als ein sehr geschätztes Arzneymittel bekannt; ... In neuen Zeiten hat man sie mit dem besten Erfolg wider das Wechselfieber gebraucht. ..." (Hayne 1816, Nr. 33); „Da die Samen des Geum urbanum L. an den Kleidern kleben, so heisst es in alten Kräuterbüchern ‚das Liebkraut', und man soll im Stande sein, dadurch den geliebten Menschen an sich zu fesseln. ..." (Demitsch 1889, S. 232); „56–58. Geum urbanum L., Geum rivale L. und Geum strictum Ait. (Rosac.). Die erste der drei genannten Species, der gemeine Nelkenwurz, auch wohl Benedictwurz, Igelkraut oder Goraffel genannt, ist nach Romanowski ... ein Volksmittel gegen choleraartige Durchfälle; die Wurzel soll bei verdorbenem Magen gute Wirkung haben. ... Nach demselben Autor [d. h. *V. F. Demič*] benutzen die Kleinrussen bei schmerzhaften Menses einen spirituösen Auszug oder eine Abkochung der Wurzeln des gemeinen Nelkenwurz. Nach Deriker (23, p. 94) gilt diese Pflanze in Nertschinsk als ein Mittel gegen Scrophulose. ... Die Wurzel von Geum urbanum war bis in unsere Tage überall als Radix Caryophyllatae s. Sanamundae officinell. ..." (Henrici 1894, S. 63f.); „Géum <Nelkenwurz>: lat. Geum <Echte Nelkenwurz, Geum urbanum> (Plin. 26,37), ..." (Genaust 2005, S. 265); „CARYOPHYLLATA. ... teutsch, Benedictenkraut, Benedictenwurtz. ... Caryophyllata kommt von

Caryophyllus, ein Näglein, eine Nelcke, dieweil die Wurtzel dieses Krauts einen Nelckengeruch von sich streuet, wann sie im Frühjahr ausgegraben wird. ..." (Lémery 1721, Sp. 248); Geum – russ. *kuklik*, *gravilat* bzw. *grebnik* (*Annenkov* 1858, S. 46, Nr. 512); Geum urbanum L. – russ. *grebnik*, *gvozdičnik*, *grebennik*, *gvozdičnyj koren'*, *čistec*, *badan*, *gravilat* bzw, *repej dikij* (a. a. O., S. 46, Nr. 515); „Caryophyllāstrum SER. (Potentilleae). Zus. aus Caryophyllus (Nelke) und astrum (Stein, Bild, Abbild); die Wurzel riecht nach Nelken. Caryophyllāta T. (Potentillleae). Bildet wie vorige eine Abtheilung der Gattung Geum mit nelkenartig riechender Wurzel." (Wittstein 1852, S. 162)

„285. Caryophyllata vulgaris C. B. P. ..." (AAW R. I, Op. 105, D. 12, Bl. 12v, s. Anm. 54 in Nr. 17); „158 Caryophyllata vulgaris CBP. 321." (AAW R. I, Op. 6, D. 40, Bl. 30r, s. Anm. 1 in Nr. 1); „Caryophyllata vulgaris C. B. P. ..." (AAW R. I, Op. 105, D. 2, Bl. 8v, s. Anm. 54 in Nr. 17); „Caryophyllata vulgaris B. Pin. 321. et Inst. r. h. N°. 32." (AAW R. I, Op. 13, D. 19, Bl. 4r, s. Anm. 54 in Nr. 17); „219. Caryophyllata vulgaris C. B. P. ..." (AAW R. I, Op. 13, D. 42, Bl. 31r, s. Anm. 1 in Nr. 1); „661. Caryophyllata vulgaris. C. B. P. ..." (AAW R. I, Op. 105, D. 1[a], Bl. 78r, s. Anm. 29 in Nr. 5); „569. Caryophyllata vulgaris. C. B. P." (AAW R. I, Op. 104, D. 13, Bl. 5v, s. Anm. 84 in Nr. 29); „158. Cariophyllata vulgaris C. B. P 321." (AAW R. III, Op. 1, D. 28, Bl. 9r, s. Anm. 1 in Nr. 1); „158 Caryophyllata vulg. C. B." (G. W. Steller nach J. G. Heinzelmann: AAW R. I, Op. 81, D. 23, Bl. 17v, s. Anm. 1 in Nr. 1); „53 Caryophyllata vulgaris maiore flore CBP. ..." (AAW R. I, Op. 104, D. 17, Bl. 11v, s. Anm. 36 in Nr. 8); „140. Cariophyllata, (forte) vulgaris." (AAW R. I, Op. 15, D. 1, Bl. 6v, s. Anm. 24 in Nr. 64); „267) Caryophyllata officina[(] vulgaris ..." (AAW R. I, Op. 104, D. 25, Bl. 20v, s. Anm. 61 in Nr. 21); „Caryophyllata vulgaris, flore parvo luteo. T. Sp. 1. ..." (AAW F. 98, Op. 1, D. 19, Bl. 11r, s. Anm. 59 in Nr. 19); „Caryophyllata vulgaris, flore parvo luteo (Tournefortii sp. 1), Off." (Messerschmidt 1962–1977, Bd. 4, S. 203, s. Anm. 1 in Nr. 1); „CCCV. Caryophyllata. T. 294. 151. B. 1. 42. Графилатъ [russ. *grafilat*]. 1. Caryophyllata vulgaris. C. B. P. 321. B. n. 1. ..." (Bl. 40v in T. Gerber „Flora Moscuensis ...", s. Anm. 6 in Nr. 55); „Caryophyllata графялатъ [*grafjalat*]" (G. W. Steller nach T. Gerber: AAW R. I, Op. 81, D. 23, Bl. 5r, s. Anm. 1 in Nr. 1); russ. *grafilat* bzw. *gravilat* – Geum, Benedictenkraut (Pawlowski 1952, S. 269 bzw. S. 267)

188 „[species 18] Caryophyllata Alpina, Chamaedryos folio Mor. Hist. Oxon. Part. 2. 432. Chamaedrys Alpina, Cisti flore C. B. Pin. 248. Chamadrys Alpina, flore Fragaria albo J. B. 3. 290. Chamaedrys iij sive montana Clus. Hist. 351." (Tournefort 1700, S. 295, Genus VI. „Caryophyllata. Benoîte."); „CHAMAEDRYS. CAP. XLVI. ..." und die Abbildung „Chamaedrys III. sive montana." auf S. 351 (Clusius 1601, S. 351f.; ab Buch IV gesonderte Seitennumerierung mit römischen Zahlen); „9. Caryophyllata Alpina Chamaedryos folio, nobis. ..." (Morison 1680, S. 432); „44. DRYAS octopetala, foliis simplicibus, LINN. Spec. 1. 2. DRYAS LINN. Fl. Lapp. 215. Suec. 426. Hort. Cliff. 195. ROY. lugdb. 279, HALL. Helv. 335. Chamaedrys 3. s. montana, CLAS. [sic!] hist. 2. p. 357. [sic!] ..." (Gmelin 1747–1769, Bd. III, S. 188); „44. Dryas octopetala, foliis simplicibus [=] Dryas octopetala L.!" (Ledebour 1841, S. 97); „1. DRYAS. Fl. lapp. 215. Caryophyllata alpina, chamaedryos folio. Moris. hist. 2. p. 432. s. 4. t. 26. f. 9. male. Tournef. inst. 295. ... Chamaedrys alpina, cisti flore. Bauh. pin. 248. ... Chamaedrys 3 sive montana. Clus. hist. 2. p. 351. ..." (Linné 1737, S. 195); „2) Gamanderartige Dryas. Dryas octopetala. ... Dryas octopetala; foliis simplicibus, LINN. Syst. veg. p. 399. ... Caryophyllata alpina, Chamaedryos folio, MORIS. hist. 2. p. 432. ... TOURNEF. inst. 295. ..." (Linné 1781, S. 176f.); „1. DRYAS octopetala. D. floribus octopetalis, foliis simplicibus. ... Hort. cliff. 195. ... Gmel. sib. p. 188. ... Chamaedrys 3 s. montana. Clus. hist. 2. p. 351. ... Alpen-Dryade. W. ..." (Linné 1797–1830, Bd. II, Teil 2, S. 1118); „1) DRYAS OCTOPETALA. Linn. ... Dryas octopetala, foliis simplicibus. Gmel. Fl. sib. III. p. 188. No. 44. ..." (Ledebour 1830, S. 267); „259. Dryas. L. ... 1. D. octopetala (L. SP. 717) ... M. a BIEB. Fl. t. c. I, p. 412. ... LEDEB. Fl. alt. II, p. 267. ... D. octopetala, foliis simplicibus. GMEL. Fl. sib. III, p. 188, Nr. 44. ..." (Ledebour 1844–1846, S. 20); „[Dryas] octopetala, foliis simplicibus; achtblätterichtes Waldgöttinkraut, mit einfachen Blättern; Hirschwurz; ..." (Gmelin 1773, Sp. 676f.); „1012. DRYAS octopetala. ... Gmel. sib. 3.

p. 188. n. 44. Chamaedrys tertia s. montana. Clus. hist. 1. p. 351. ..." (Marschall von Bieberstein 1808a, S. 412); „Achtblattwaldnympfe, (Dryas octopetala Lin.) ... Die Blätter sollen einen Bestandtheil des berühmten Schweizerthee abgeben." (Trommsdorff 1806, S. 16); „Dryas octop<e>la L. T. Schingari. ..." (Georgi 1775, S. 219); „2. DRYAS octopetala L., ... Achtblumenblättrige Dryas. R. Usteli Kamen dubolistnoi. ..." (Georgi 1797–1802, Theil 3, S. 1039); russ. *usteli-kamen'* – Dryas octopelata [sic!], die achtblätterige Dryade (Pawlowski 1952, S. 1670); „Drýas <Silberwurz>: lat. Dryas <Baumnymphe, Dryade> ... <gr. Dryás, Pl. Dryádes ... ursprünglich himmlische Gottheiten, die ihren Sitz in großen, sommergrünen Eichen haben> ..." (Genaust 2005, S. 217f.); „Drȳas L. (Rosaceae). Von δρυς (Eiche); das Blatt hat entfernte Aehnlichkeit mit einem Eichenblatte." (Wittstein 1852, S. 303)

„268) Caryophyllata montana Chamaedryos folio longiori viscosa. Flor ircut No 398 ..." (AAW R. I, Op. 104, D. 25, Bl. 20v, s. Anm. 61 in Nr. 21); „269) Caryophyllata eadem folio angustissimo. .." (a. a. O., Bl. 21r)

189 „220. Caryophyllata montana alba, Chamaedryos folio longiori, viscoso. ..." mit der rechts marginalen Anm. auf Bl. 31r „Tab. XXII." (AAW R. I, Op. 13, D. 42, Bll. 31r–31v, s. Anm. 1 in Nr. 1); „1. Caryophyllata montana, alba, Chamaedryos folio oblongiori, viscoso Ind. Len. n°. 220. j. Eadem humilior folio longiori Fl. Irc. n°. 399." (AAW R. I, Op. 13, D. 67, Bl. 44v; s. Anm. 5 in Nr. 4); „+62. Caryophyllata montana chamaedryos folio longiori, viscosa. Fl. Irc. 398." (AAW R. I, Op. 105, D. 16, Bl. 1v, s. Anm. 5 in Nr. 4); vgl. „54. Caryophyllata montana, alba, Polypodij folio." (AAW R. I, Op. 14, D. 8, Bl. 2r, s. Anm. 98 in Nr. 39): „3. Caryophyllata montana alba, Polypodii folio." mit der rechts marginalen Anm. „Lena fl." (AAW R. I, Op. 13, D. 16, Bl. 15r, s. Anm. 32 in Nr. 6); „25. Juni 1723 ... Hieselbst fand sich ... Chamaedrys ... montana durior (Lobelii Icones 495, an Caryophyllatae species Tournefortii?), flore albo hexapetalo, ..." (Messerschmidt 1962–1977, Bd. 2, S. 79f.)

190 s. Nr. 398

191 s. Nr. 4

192 „[species 1] Fragaria vulgaris C. B. Pin. 326. Fragaria ferens Fraga rubra J. B. 2. 394. Fragaria & Fraga Dod. Pempt. 672." (Tournefort 1700, S. 295, Genus VII. „Fragaria. Fraisier."); „Fragaria vulgaris C. B. P. 326. ... Erd=Beeren" (Rupp 1726, S. 86); „Fragaria ferens fraga rubra & alba. ..." (Bauhin 1651a, liber XVII, S. 394f.); „24. FRAGARIA flagellis reptans, LINN. h. Cliff. 192. ROY. p. 274. LINN. sp. pl. 1. p. 708. n. 1, j. Eadem flore et fructu maiore. jj. Fragaria fructu albo, TABER. 119. jjj. Eadem petiolis alatis. ... Russ. земляница [russ. *zemljanica*] dicitur." (Gmelin 1747–1769, Bd. III, S. 180); „24. Fragaria flagellis reptans [=] Fragaria vesca L.! [;] I. Eadem flore et fructu majore [=] Fragaria collina Ehrh.!" (Ledebour 1841, S. 96); „1. Fragaria flagellis reptans. ... Fragaria vulgaris. Bauh. pin. 326. ... Fragaria ferens fragra rubra & alba. Bauh. hist. 2. p. 394. ... α Fragaria fructu albo. Bauh. pin. 326. ... δ Fragaria chiloensis, fructu maximo, foliis carnosis hirsutis. ... Dill. elth. t. 120. f. 146. ..." (Linné 1737, S. 192f.); „1) Eßbare oder gemeine Erdbeer. Fragaria vesca. ... Fragaria flagellis reptantibus. LINN. Syst. veg. p. 396. ... Hort. Cliff. 192. ... GORT. Ingr. 80. ... Fragaria vulgaris et fructu albo. C. BAUH. pin. 326. ... γ Fragaria Chiloensis, fructu maximo, foliis carnosis hirsutis. DILL. Elth. 145. t. 120. f. 146. ... Die saftigen Früchte dieser Pflanze ... dienen aber auch ... in einigen Krankheiten als eine vortrefliche Arzney. ... Die Wurzel und Blätter sind stärkend und zusammenziehend; und von einigen wider die Gelbsucht und andere Verstopfungen der Eingeweide nützlich befunden worden; ..." (Linné 1781, S. 142ff.); „1. FRAGARIA vesca. ... F. flagellis reptantibus. Hort. cliff. 192. ... Gmel. sib. 3. p. 180. ... F. vulgaris. Bauh. pin. 326. ... β. F. fructu albo. Bauh. pin. 326. Gmel. l. c. F. ferens fraga alba. Bauh. hist. 2. p. 394. ... Wilde Erdbeere. W. ..." (Linné 1797–1830, Bd. II, Teil 2, S. 1090f.); „*5. FRAGARIA chiloensis. ... Fragaria vesca γ. chiloensis Sp. pl. 709. ... Chilische Erdbeere. W. ... *6. FRAGARIA collina. ... F. (collina) calyce fructu erecto, ... Ehrh. Beitr. 7. p. 26. ... Harte Erdbeere. W. ..." (a. a. O., S. 1092f.); „1) FRAGARIA VESCA Linn. ... M. a Bieb. Fl. taur. cauc. I. p. 402. No. 988. ... Fragaria flagellis reptans. Gmel. Fl. Sib. III. p. 180. No. 24. ... 2) FRAGARIA COLLINA. Ehrh. ... Ehrh. Beytr. VII. p. 20. ... M. a Bieb. Fl. taur. cauc. I. p. 402.

No. 989. ... Fragaria Gmel. Fl. sib. III. p. 180. No. 24. var. I. ..." (Ledebour 1830, S. 232); „273. Fragaria L. ... 1. F. vesca (L. SP. 709 excl. var. β. et γ.) ... M. a BIEB. Fl. t. c. I, p. 402. ... LEDEB. Fl. alt. II, p. 232. ... F. flagellis reptans. GMEL. Fl. sib. III, p. 180, Nr. 24. (excl. var. I). ..." (Ledebour 1844–1846, S. 63f.); „3. F[ragaria] collina (EHRH. Beitr. VII, p. 26) ... M. a BIEB. Fl. t. c. I, p. 402. ... LEDEB. Fl. alt. p. 233. ... F. flagellis reptans. GMEL. Fl. sib. III, p. 180, Nr. 24. var. I. flore et fructa majore. ..." (a. a. O., S. 64f.); „Fragaria vesca, flagellis reptantibus; esbare Erdbeere, mit schleichenden Ranken; Erdbeerkraut; Knakerbeere; rothe Besinge; gemeine wilde Erdbeerpflanze; gemeine wilde Erdbeere; Walderdbeere; ... ihre Blätter ... werden ... in Wunden, alten Geschwüren, in der Gelbsucht, in Faulfiebern, in Krankheiten der Zähne und der Leber äuserlich und innerlich empfolen; sie geben dem Stuhlgang eine rothe Farbe, ... Ihre säuerlicht=-süse Früchte ... sind ... eine kühlende, auf den Harn und auch etwas weniger auf den Stuhlgang treibende und nahrhafte Speise, sondern auch in hizigen, Faul= und Schwindfiebern, in dem Stein und ... auch in dem Podagra ein vorzügliches Mittel, ... Sie heißt bey ... J. Bauhin: Fragaria ferens fraga rubra; ... und bey C. Bauhin: Fragaria vulgaris." (Gmelin 1773b, Sp. 5ff.); „[Fragaria] chiloensis, ... Erdbeere aus Chili, ... Frutilla; ... Linné hält sie für eine Abänderung der esbaren Erdbeere; ... Sie heißt bey Dillen: Fragaria chiloensis, fructu maximo, foliis carnosis hirsutis." (Gmelin 1773b, Sp. 12f.); „988. FRAGARIA vesca. ... Gmel. sib. 3. p. 180. n. 24. ... 989. FRAGARIA collina. ... Ehr. catal. 7. p. 26. Gmel. sib. 3. p. 180. n. 24. var. flore et fructu majore. ... Ross. Glubnika. ..." (Marschall von Bieberstein 1808a, S. 402f.); „Fragaria vesca L. ... [Fragaria vesca L.] γ. fructu maximo R. Glubniza. ... Um Irkutzkt, sonderlich am Erdbeerberge (Glubenischnaja Gora) nahe bey der Stadt und am Bargusin unter dem Ostrog." (Georgi 1775, S. 218); „Fragaria vesca, gemeine Erdbeere, ... Man hat verschiedene Varietäten, die sich durch Größe und Wohlgeschmack von einander wesentlich unterscheiden. ... 4) Fragaria collina, die harte oder Steinerdbeere, ... 5) Fragaria chilensis, die Chilische Erdbeere, Riesenerdbeere, ... Die Erdbeeren sind erquickende, gesunde und leichtverdauliche Früchte. ... In entzündlichen, faulichten und gallichten Fiebern, und überhaupt bei Säfterverderbnissen, Säftestockungen und krankhaftem Leberprocesse dürften die Erdbeeren die angemessenste Nahrung abgeben." (Kolb 1829, S. 167f.); „Fragaria (vesca) ... Linn. Spec. Plant. ed. Willd. T. II. p. 1090. ... Wilde Erdbeere, gemeine Erdbeere, Walderdbeere, Lastbeere, Presslinge, Brösslinge, Besingenkraut, rothe Besingen. ... In ältern Zeiten sammelte man von der Fragaria vesca, und wahrscheinlich auch von mehreren der hier beschriebenen Arten, die Wurzeln und das Kraut, Radices et Herba Fragariae, so wie auch die frischen Frücte, Fraga s. Fructus Fragariae recentes. Aus dem Safte der letztern bereitete man auch einen Syrup, Syrupus Fragorum; ja nach Linne auch Aqua, Acetum und Spiritus Fragorum. Wurzel und Kraut sind zusammenziehend. Den Absud davon hat man beym gefallenen Zapfen empfohlen. Die Früchte ... sind etwas harntreibend und wurden in ältern Zeiten als ein Mittel wieder die Gicht empfohlen; aber sie verderben sehr leicht den Magen, wenn sie ohne Wein und Gewürz genossen werden. ..." (Hayne 1816, Nr. 26); „FRAGARIA COLLINA. ... Fragaria (collina) ... Linn. Spec. plant. ed. Willd. T. II. p. 1093. ... Hügel-Erdbeere, harte Erdbeere, Knüppelerdbeere, Knüppelbesinge, Knackbeere, Knispeln, Haarbeere, Lastbeere, Pflasterbeere, Steinbeeren, Steinknöpf, Brössling, Pressling. ... In pharmacologischer Rücksicht betrachtet, werden die Wurzeln und Blätter dieser Art wohl denen der Fragaria vesca gleich gestellt werden können, und so auch die Früchte, wenn diese nur die vollkommene Reife erlangt haben. ..." (Hayne 1816, Nr. 30); „FRAGARIA (vesca) flagellis reptans. Linn. Cliff. 192. ... Земляница [russ. *zemljanica*] Russ. ..." (*Krašeninnikov* 1761, S. 80); „49. Fragaria vesca L. (Rosac.), die Walderdbeere. Nach Richter ... wurden seit Alters bei den Russen bei frischen Wunden innerlich Wurzel und Kraut der Erdbeere als concentrirtes Decoct eingenommen, während äusserlich nur Kohlblätter aufgelegt wurden. ... Das russische Volk verwendet Wurzel, Kraut und Früchte der Erdbeere. Wurzel und Kraut dienen innerlich und äusserlich als Adstringens und die Früchte innerlich gegen Leberschmerzen und langdauernden Rheumatismus. Nehmen wir an, dass hier gichtische Leberschmerzen und gichtischer Rheumatismus gemeint ist, so stehen die russischen Verwendungen mit denen Westeuropas in bestem Einklang. ..." (Henrici 1894, S. 59f.); „8) Fluor albus. In Russland trinkt man viel vom Aufguss des Chrysanthemum leucanthemum, den der Fragaria vesca 3 Male täglich zu einer Tasse und 3–4 Wochen nach der Heilung noch fortgebraucht. ...“ (Krebel 1858, S. 136); „Mittel gegen Husten: ... Decoct von Erdbeerblättern (Fragaria vesca). ...“ (Alksnis 1894, S. 184); „Fragaria vesca. ... Deutsch. Die Erdbeerpflanze, die Erdbeere, das Erdbeerkraut, Rothbeere, Ropperen, rothe Besinge, Besingkraut, Haarbere, Lastbeere, Brösling, Bresling, Pressling, Knackbeere, Knickbeere, Albern, Elberken. ... Kalmuk. Choin. Burät. Sedrigna. Korjäk. Tschuniaeiu. ... Die Erdbeeren ... sind erquickend, dämpfen die Hitze im Magen, treiben den Urin, vertreiben den Stein &c. Die Blätter sind in der Arzney von mancherley Nutzen. ...“ (Nemnich 1793, Sp.1648ff.); „588. Fragaria vesca. Lin. Syst. Plant. II. p. 537. sp. 1. ... Erdbeerpflanze. Ruß. Semleniza. Tat. Oilan und Kük Tschischek. Kalm. Thöön Bölschörzena. Tscherem. Mör. Wotj. Usy. Baschk. Silag. ...“ (Falk 1786, S. 192); wotjakisch uzi̊ – Fragaria vesca, Erdbeere (Munkácsi 1896, S. 95); „Fragaria L., Erdbeere. R. Semleniza. 1. Fragaria vesca L., ... Feld=Erdbeere. Gemeine Erdbeere. R. Semleniza. ... Tatar. Silag. ... in den Residenzen z. B. liefern die nahen Gegenden um die Erdbeerzeit täglich für Tische und Tafeln ungeheure Mengen; viele gemeine Erdbeeren aber werden auch in Gärten gebauet, und diese sind größer und milder. 2. Fragaria chilonensis. Fragaria vesca fructu maximo ... Chilonische große Garten=Erdbeere. R. Klubnika. auch Klubniza. Weiße und rothe, auch gelblich=weiße, und sparsamer ganz rothe. ... Beyde Arten beweisen auch im Russischen Norden ihre vom Ritter v. Linné gepriesenen Heilkräfte bey Brustbeschwerden und Scorbut.“ (Georgi 1797–1802, Theil 3, S. 1032f.); „FRAGARIA. ... teutsch, Erdbeerkraut oder Strauch. ... Fragaria kommt von fragrare, wol riechen/ gut riechen/ dieweil die Erdbeeren einen annehmlichen Geruch haben, daran sich einer erquicken kan.“ (Lémery 1721, Sp. 466); Fragaria collina Erh. – russ. *glubniga*, *klubnika*, bzw. *polunica* (*Annenkov* 1858, S. 43, Nr. 481); Fragaria vesca L. – russ. *polovišnik*, *jagody*, *jagodnik*, *zemljaničnik*, *zemljanika*, *sunica* bzw. *pazubnika* (a. a. O., S. 43f., Nr. 482); mokschanisch ksti – Erdbeere (Ahlquist 1861, S. 159); wotjakisch uzy – Erdbeere (Wiedemann 1851, S. 336); burjatisch zedegene, guzêlʒ̇ergene bzw. guʒ̇êlzergene – Erdbeere (Castrén 1857, S. 191); wogulisch kelp-pänk-pul – Erdbeere (Ahlquist 1891, S. 15); syrjänisch oz – Erdbeere (Wiedemann 1880, S. 213); „Fragária <Erdbeere>: Name vorlinn. als Fragaria vulgaris ... = Fragaria ferens fraga rubra ... zu lat. frāgum ... und zwar Unterarten der Wald-Erdbeere (F. vesca) ...“ (Genaust 2005, S. 254); tungusisch gucaldĵgina – Erdbeere (Castrén 1856, S. 102 bzw. S. 82); jakutisch џӓџӓн – Erdbeere (Middendorff 1851, S. 123)

„270) Fragaria vulgaris C. B. P. ...“ (AAW R. I, Op. 104, D. 25, Bl. 21r, s. Anm. 61 in Nr. 21); „Fragaria vulgaris C. B. P. ...“ (AAW R. I, Op. 105, D. 2, Bl. 8v, s. Anm. 54 in Nr. 17); „1. Fragaria vulgaris C. B. P. ...“ (AAW R. I, Op. 13, D. 67, Bl. 47r, s. Anm. 5 in Nr. 4); „681. Fragaria vulgaris C. B. P. ...“ (AAW R. I, Op. 105, D. 1[a], Bl. 80v, s. Anm. 29 in Nr. 5); „200. Fragaria vulgaris C. B. P. Russis Землянѝца [russ. *zemljanica*] ...“ (AAW R. I, Op. 13, D. 42, Bl. 29r, s. Anm. 1 in Nr. 1); „299. Fragaria vulgaris C. B. P. ...“ (AAW R. I, Op. 105, D. 4[a], Bl. 37r, s. Anm. 54 in Nr. 17); „Fragaria vulgaris CBP. ubique Fructus Russ землѧ̀ница [russ. *zemljanica*] dicta“ (AAW R. I, Op. 104, D. 8, Bl. 6v, s. Anm. 18 in Nr. 452); „Fraga majora vero nomine клубника [russ. *klubnika*] salutantur.“ (a. a. O., Bl. 6v); „115. Fragaria flagellis reptans Linn. h. cliff. 192. Fragaria vulgaris B. P. 326. Boerh. lugd. 1. p. 41. Fragaria ferens fraga rubra et alba. B. Hist. 2. p. 394“ (AAW R. I, Op. 13, D. 20, Bl. 13v, s. Anm. 1 in Nr. 1); „зе⌈м⌉ляница.“ [russ. *zemljanica*], arinz. „Schülpoe“, katschinz. [...], kamass. „Tarsüwe-chébde“, kotowz. „Német-schiken-Sulbùl – „Fragaria vulg.“ (J. G. Gmelin in: AAW F. 21, Op. 5, D. 73, Bll. 295v/296r); „глубникъ“ [russ. *glubnik*], arinz. „Tamschedenang“, katschinsk. „Tuktu-dschessdick (мохнатои ягодь [*mochnatoi jagod'*])“, tschazk. „Chilek.“ – „Fragaria fructu maj.“ (a. a. O., Bll. 295v/296r); „Fragaria vulgaris, flore albo, fructu minori. T. Sp. 1. ...“ (AAW F. 98, Op. 1, D. 19, Bl. 19r, s. Anm. 59 in Nr. 19); „Fragaria vulgaris (Tournefortii sp. 5[sic!), Off.“ (Messerschmidt 1962–1977, Bd. 4, S. 203, s. Anm. 1 in Nr. 1); „CCCXLII. Fragaria T. 293. [müßte heißen: 295.] 152. B. 1. 41. Земленица или Клубника. [russ. *zemlenica ili* (russ. *ili* – oder) *klubnika*]. 1. Fragaria vulgaris C. B. P. 326. B. n. 1. ...“ (Bll. 46r–46v in T. Gerber „Flora Moscuensis ...“, s. Anm. 6 in

Nr. 55); „Fragaria земленица [russ. *zemlenica*]“ (G. W. Steller nach T. Gerber: AAW R. I, Op. 81, D. 23, Bl. 5r, s. Anm. 1 in Nr. 1); russ. *zemlenica*, *zemljanica* bzw. *zemljanika* – Erdbeere (*Slovar'* 1995, S. 171)

193 russ. *zemljanica*

194 „[species 3] Fragaria fructu albo C. B. Pin. 326. Fragaria ferens Fraga alba J. B. 2. 394. Fragum album Tabern, Icon. 119.“ (Tournefort 1700, S. 296, Genus VII. „Fragaria. Fraisier.“); „Fragaria fructu albo C. B. ... Preßlinge, Brößlinge ... Knack=Beeren. ...“ (Rupp 1726, S. 86); „[Fragaria] fructu albo; so nennt C. Bauhin eine Spielart der esbaren Erdbeere mit weisser Frucht.“ (Gmelin 1773b, Sp. 14); „[Fragaria] ferens fraga alba; hierunter versteht J. Bauhin eine Abänderung der esbaren Erdbeere mit weisser Frucht.“ (a. a. O., Sp. 13); „1. Eine gewisse Sorte, welche in Wiesen wild gefunden, und an einigen Orten Brösling, auch Knack= oder Knickbeere, gewöhnlich aber die weiße Erdbeere, Fragaria fructu albo C. B. genannt wird. An dieser bleibt die Frucht ganz weiß, ...“ (Krünitz 1773–1858, Bd. 11, S. 249)

„682. Fragaria fructu albo C. B. P. In Ind. Irc. n$^{\underline{o}}$ 300. pro nova specie exhibui, sed sentio jam cum Stellero, hanc esse. ...“ (AAW R. I, Op. 105, D. 1^{a}, Bl. 80v, s. Anm. 29 in Nr. 5); „2. Fragaria fructu albo C. B. P. Ind. Jen. n°. 682. Fragaria Ind. Irc. n°. 300. ...“ (AAW R. I, Op. 13, D. 67, Bl. 47r, s. Anm. 5 in Nr. 4); „Fragaria fructu albo, majori, compressius rotundo. T. Sp. 3. ... Tattaricè Ghiläck.“ (AAW F. 98, Op. 1, D. 19, Bl. 19r, s. Anm. 59 in Nr. 19); „CCCXLII. Fragaria T. 293. [müßte heißen: 295.] 152. B. 1. 41. ... 2. Fragaria fructu albo. C. B. P. B. n. 2.“ (Bll. 46r–46v in T. Gerber „Flora Moscuensis ...“, s. Anm. 6 in Nr. 55); s. Nr. 400

195 russ. *glubnica*; russ. u. a. *glubnica*, *klubnika* (*Slovar'* 1989, S. 130); russ. u. a. *glubnika*, *glubenika*, *klubnika*, *klubnica* – Fragaria collina (*Dal'* 1880–1882, Bd. I, S. 357)

196 „[species 7] Fragaria flore luteo C. B. Pin. 327. Fragaria parva, luteo flore Gesn.“ (Tournefort 1700, S. 296, Genus VII. „Fragaria. Fraisier.“); „Es ist auch ein Erdbeer=Kraut mit gelber Bluhmen bekannt: Fragaria flore luteo. C. B. P. T. loc. cit. Fragaria parva, luteo flore. Gesn.“ (Zwinger 1744, S. 1051); „13. POTENTILLA foliis ternatis, petalis cordatis luteis. ... I. ... An Fragaria sterilis molli lanugine pubescentibus AMMAN. plant. Ruthen. p. 84. II. Fragaria parva luteo flore C. GESN. ... Fragaria flore luteo C. B. I. R. H. ...“ (Haller 1742, S. 342); „110. FRAGARIA sterilis, molli lanugine pubescens Gmel. ... An haec a Fragaria sterili, syluestri, sericea seu incana Mor. Hist. Ox. P. 2. pag. 187. [s. Nr. 403] differat, nondum mihi satis constat.“ (Amman 1739, S. 84f.); „28) Großblumige Potentille. Potentilla grandiflora. ... Potentilla foliis ternatis, dentatis, utrinque subpilosis; caule decumbente, foliis longiore. LINN. Syst. veg. p. 398. ... GMEL. Fl. Sib. 3. p. 185 [sic!] t. 35. f. 1, 2 ... Potentilla foliis ternatis, petalis cordatis luteis. HALL. Helv. 342. t. 6. f. 2. ...“ (Linné 1781, S. 166); „40. POTENTILLA grandiflora. P. foliis dentatis utrinque subpilosis, caule decumbente foliis longiore. Sp. pl. 715. ... P. foliis dentatis utrinque subvillosis et viridibus ovatis obtusis. Gmel. sib. 3. p. 183. n. 32. t. 35. f. 1. 2. ... Grossblütiges Fingerkraut. W. ...“ (Linné 1797–1830, Bd. II, Teil 2, S. 1110f.); „54. P[otentilla] fragiformis (WILLD. in Mag. d. Ges. naturf. Fr. zu Berl. VII, p. 294) ... P. fragiformis. DEC. Prodr. II, p. 586. ... P. grandiflora β. fragiformis. DEC. Prodr. II, p. 572. P. foliis ternatis, dentatis, ... GMEL. Fl. sib. III, p. 183, Nr. 32, t. 35, f. 1. ...“ (Ledebour 1844–1846, S. 59f.); „[Fragaria] flore luteo; ist Tourneforts siebende Art [von Fragaria], und hat kleine gelbe Blumen.“ (Gmelin 1773b, Sp. 13); „[Potentilla] grandiflora, foliis ternatis dentatis utrinque subpilosis, caule decumbente foliis longiore; grosblumige Potentille, ... Sie heißt bey ... Hallern: Potentilla foliis ternatis, petalis cordatis luteis.“ (Gmelin 1775, Sp. 381f.); „32. POTENTILLA foliis ternatis, dentatis, vtrinque subpilosis et viridibus, ouatis, serratis, obtusis. Tab. XXV. Potentilla foliis ternatis, dentatis, vtrinque subpilosis, caule decumbente, foliis longiore, LINN. Spec. 1. n. 26. ... Tab. 35. I. II. sistunt duas icones et magnitudine et dispositione diuersas, vt varietates distinguantur.“ (Gmelin 1747–1769, Bd. III, S. 183); „32. Potentilla foliis ternatis dentatis utrinque subpilosis et viridibus ovatis serratis obtusis. t. XXXV. [=] Potentilla grandiflora L.!“ (Ledebour 1841, S. 96); „8. P. GRANDIFLORA (Linn. spec. 715. excl. syn. Vaill.) ... β. fragiformis ... P. fragiformis Willd. consp. pot. in berl. mag. ann. 7. p. 294. ...“ (Candolle 1825, S. 572f.); „106.

P[otentilla] FRAGIFORMIS (Willd. herb. ex Spreng. syst. 2. p. 540.) ..." (a. a. O., S. 586); „LXX. POTENTILLA FRAGIFORMIS. ... SYN. P. (fragiformis) Conspect. Potent. herb. Willd. in: Magaz. der Gesell. naturf. Freunde zu Berlin Sieb. Jahrg. pag. 294. ..." (Lehmann 1820, S. 163); „LXXI. POTENTILLA GRANDIFLORA. ... Bieb. Fl. Taurico-Caucas. Vol. 1. pag. 409. ... Willd. Spec. plant. T. 2. P. 2. pag. 1110. ... (Gmel. Fl. Sibir. Tom. 3. pag. 183. no. 32.) ..." (a. a. O., S. 164f.); „69) POTENTILLA fragiformis. Eine neue Art von Pallas gesammelt auf den Inseln zwischen Asien und Amerika zu Hause. Willdenow hat folgende Diagnose aufgezeichnet. P. foliis ternatis, foliolis subrotundo ovatis dentatis pilosis caule erecto, ..." (Schlechtendal 1816, S. 294); „1006. POTENTILLA grandiflora. ... Gmel. sib. 3. p. 183. n. 32. t. 35. f. 1.2. ..." (Marschall von Bieberstein 1808a, S. 409); „Potentilla foliis ternatis, petalis cordatis luteis (Fl. sib. III. 183. nr. 32. P. grandiflora L.). caveas a Potentilla Hall. pag. 342. a. 13, cum qua Tua convenit, licet flos minor in Tua; sed conjugit amicus duas diversissimas. figura optima. Potentilla foliis ternatis, serratis, pilosis, caule simplici." (C. von Linné in einem Brief an J. G. Gmelin vom 2. August 1748 – Plieninger 1861, S. 84); „POTENTILLA. ... teutsch, Gänserich. ... Potentilla kommt von potentia, Macht, Kraft: den Namen hat es darum überkommen, weil es so grosse Kräfte hat. ..." (Lémery 1721, Sp. 912f.)

„271) Fragaria flore luteo C. B. P. 327. ..." (AAW R. I, Op. 104, D. 25, Bl. 21r, s. Anm. 61 in Nr. 21); s. auch Nr. 403 und Nr. 407

197 „[species 15] Fragaria sterilis, sylvestris, sericea seu incana Mor. Hist. Oxon. Part. 2. 187. Fragaria affinis sericea, incana C. B. Pin. 327. Pentaphyllis effigie Leucas quibusdam J. B. 2. 598. incana Pentaphylli effigie, an Leucas Dioscoridis Adv. 307." (Tournefort 1700, S. 296, Genus VII. „Fragaria. Fraisier."); „6. Fragaria sterilis silvestris sericea seu incana, nobis. ..." (Morison 1680, S. 187); „34. POTENTILLA foliis ternatis, dentatis vtrinque tomentosis, caule foliis breuiore, LINN. Spec. 1. n. 27. Tab. 36. b. Fragaria sterilis molli lanugine pubescens, AM. Ruth. 84. 110. In allegata descriptione duae plantae confusae sunt. ..." (Gmelin 1747–1769, Bd. III, S. 183f.); „34. Potentilla foliis ternatis dentatis utrinque tomentosis, caule foliis breviore. T. XXXVI. f. 2. (in textu f. b.) [=] Potentilla subacaulis L.!" (Ledebour 1841, S. 97); „1007. POTENTILLA subacaulis. ... P. verna δ. Linn. ed. Willd. 2. p. 1104. β. pumila, scapis aphyllis. P. (subacaulis) ... Gmel. sib. 3. p. 183. n. 34. t. 36. f. 2. Amm. ruth. n. 10. ..." (Marschall von Bieberstein 1808a, S. 409f.); „29) Kurzstenglichte Potentille. Potentilla subacaulis. ... Potentilla foliis ternatis, dentatis, utrinque tomentosis; scapo decumbente. LINN. Syst. veg. p. 398. ... GMEL. Fl. Sib. p. 83. [sic!] t. 36. f. 2. ... Fragaria sterilis sylvestris sericea s. incan. MORIS. hist. 2. p. 187. Fragaria affinis sericea incana. C. BAUH. pin. 327. prodr. 139. Fragaria sterilis, molli lanugine pubescens. AMM. Ruth. 84, 110. ..." (Linné 1781, S. 166f.); „24. POTENTILLA verna. ... δ. Potentilla subacaulis. Iacq. ic. rar. 5. t. 491. Collect. 2. p. 145.* ... Frühlings Fingerkraut. W. ..." (Linné 1797–1830, Bd. II, Teil 2, S. 1104f.); „41. POTENTILLA subacaulis. P. foliis ternatis dentatis ... Gmel. sib. 3. p. 183. n. 34. t. 36. f. 2. ... Fragaria sterilis molli lanugine pubescens. Amm. ruth. 84. n. 110. Fragaria sterilis sylvestris sericea s. incana. Moris. hist. 2. p. 187. Fragariae affinis sericea incana. Bauh. pin. 327. prodr. 139. ... Kurzstieliges Fingerkraut. W. ..." (a. a. O., S. 1111); „35) POTENTILLA SUBACAULIS. Linn. ... M. a Bieb. Fl. taur. cauc. I. p. 409. No. 1007. ... P. foliis ternatis, dentatis, utrinque tomentosis, caule foliis breviore. Gmel. Fl. sib. III. p. 183, No. 34. t. XXXVI. f. 2. Fragarias sterilis, molli lanuginosa pubescens. Amman. ruth. p. 84. No. 110. ..." (Ledebour 1830, S. 261f.); „41. P[otentilla] cinerea ... P. subacaulis. M. a BIEB. Fl. t. c. I, p. 409 (partim huc, partim ad var. β. pertinet). ... β. trifoliata ... P. subacaulis ... LEDEB. Fl. alt. II, p. 261. P. foliis ternatis, ... GMEL. Fl. sib. III, p. 183, Nr. 34, t. 36, f. 2 (in textu f. b). Fragaria sterilis, molli lanugine pubesecens. AMMAN. ruth. p. 84. Nr. 110. ..." (Ledebour 1844–1846, S. 54); „[Fragaria] sterilis sylvestris sericea s. incana; bedeutet bey Morison die beynahe stammlose Potentille." (Gmelin 1773b, Sp. 16); „Fragaria affinis sericea incana; bedeutet bey C. Bauhin die zimlich stammlose Potentille." (a. a. O., Sp. 17); „Potentilla subacaulis, foliis ternatis dentatis utrinque tomentosis; scapo decumbente; Potentilla aus der Provence, mit darniederliegendem Schafte, und dreyfachen, gezanten, und auf ihren beyden

Flächen filzigen Blättern; ..." (Gmelin 1775, Sp. 382f.); „Potentilla foliis ternatis mollibus incanis caulibus vix uncialibus (Fl. sib. III. 183. nr. 34. P. subacaulis L.). vereor quod hae duae sint ejusdem speciei aetate aut loco majores et diversae factae. Tu qui plantas in loco legisti perpendes. videtur Fragaria sterilis sylvestris sericana [sic!] s. incana Tournef. inst. 296. (? Comarum fragarioides L.? P. fragariastrum Ehr.), dicenda Potentilla foliis ternati serratis tomentosis, caule simplici." (C. von Linné in einem Brief an J. G. Gmelin vom 2. August 1748 – Plieninger 1861, S. 84)

„272) Fragaria sterilis sylvestris sericea seu incana Mor. hist. oxon. ..." (AAW R. I, Op. 104, D. 25, Bl. 21r, s. Anm. 61 in Nr. 21); „201. Fragaria Sterilis Sylvestris, sericea seu incana Hist. O ..." (AAW R. I, Op. 13, D. 42, Bl. 29r, s. Anm. 1 in Nr. 1); „1. Fragaria sterilis sylvestris sericea seu incana. Mor. H. Ox. 2. 187." mit der rechts marginalen Anm. „Lena fl." (AAW R. I, Op. 13, D. 16, Bl. 15r, s. Anm. 32 in Nr. 6); „50. Fragaria sterilis sylvestris sericea seu incana Hist. O." (AAW R. I, Op. 14, D. 8, Bl. 2r, s. Anm. 98 in Nr. 39); „* Fragaria sterilis molli lanugine pubescens. obs. in Hist. nat. CVII." (AAW R. I, Op. 105, D. 2, Bl. 8v, s. Anm. 54 in Nr. 17); „CVII. Fragaria sterilis molli lanugine pubescens. ..." (Bl. 44v in: R. I, Op. 105, D. 8ᵃ, s. Anm. 46 in Nr. 79); „67. Fragaria sterilis, molii lanugine pubescens Amm. 110. ..." (AAW R. I, Op. 105, D. 16, Bl. 2r, s. Anm. 5 in Nr. 4); „667. Quinquefolium triphyllum pumilum, canescens & lanuginosum. Fragaria sterilis molli lanugine pubescens Obs. in H. N. CVII. ..." (AAW R. I, Op. 105, D. 1ᵃ, Bl. 78v, s. Anm. 29 in Nr. 5); s. auch Nr. 402

198 in der 2. Textversion (s. Anm. 1 in A.): „dimidium"

199 „665. Quinquefolium triphyllum et hirsutum, Asphodeli radice folio serrato, utrinque viridi. Radix fere ut illius, quod Fl. Irc. nº 404. recensetur, ... A Quinquefolio Ind. Irc. nº. 294 flore majore ejusq₃ colore intensiore praecipue differt." (AAW R. I, Op. 105, D. 1ᵃ, Bl. 78v, s. Anm. 29 in Nr. 5); „8. Quinquefolium triphyllum & hirsutum, Asphodeli radice, folio serrato utrinq) viridi Ind. Jen. nº. 665. ... Forte Fragaria caule decumbente repente Royen Pr. 274. Fragaria sterilis B. Pin. 326. [müßte heißen: 327]" (AAW R. I, Op. 13, D. 67, Bl. 45r, s. Anm. 5 in Nr. 4)

„424. Potentilla foliis ternatis, petalis albis, subrotundis HALL. 342. Fragaria non frugifera vel non vesca I. B. II. 395. Fragaria sterilis C. B. P. 727. Boerh. I. 42. Fragaria caule decumbente, repente Roy. 274. ..." (Boehmer 1750, S. 177); „14. POTENTILLA foliis ternatis, petlis albis subrotundis. ... Fragaria non fragifera [sic!] & non vesca I. B. II. p. 395. Fragaria sterilis ... C. B. ... Fragaria caule decumbente repente ROYEN. p. 274. ..." (Haller 1742, S. 342); „3) Unfruchtbare Erdbeer. Fragaria sterilis. ... Fragaria caule decumbente; ramis floriferis laxis. LINN. Syst. veg. p. 396. Sp. pl. 709. ROY. Lugdb. 274. ... Fragaria sterilis. C. BAUH pin. 327. ... Ihre Stengel liegen beständig auf dem Boden, ... die Blätter ... bestehen aus drey umgekehrteyrunden, stumpfen sägenartigggezähnten Blättlein, die ... auf der untern Fläche mit silberweissen Härchen bekleidet sind. Die Blumen ... hinterlassen eine ganz trockene, saftlose Beere, die also nicht eßbar ist, und um deswillen wird diese Art ... unfruchtbar genennet." (Linné 1781, S. 145f.); „8. FRAGARIA sterilis. ... F. caule decumbente repente. Roy. lugdb. 274. ... F. sterilis. Bauh. pin. 327. ... Trockene Erdbeere. W. ..." (Linné 1797–1830, Bd. II, Teil 2, S. 1093f.); „55. P[otentilla] Fragiastrum (EHRH. herb. 146 ex KOCH Syn. p. 219. ... Fragaria sterilis. L. Sp. 709. ..." (Ledebour 1844–1846, S. 60); „3. FRAGARIA sterilis L., ... Unfruchtbare Erdbeerpflanze. ..." (Georgi 1797–1802, Theil 3, S. 1033); „780. POTENTILLA fragariaefolia ... Fragaria sterilis caule decumbente repente. Linn. Sp. pl. 1. p. 709. ... Fragaria sterilis. Bauh. pin. 327. ... Germ. Erdbeerblättrige Potentille. ..." (Gmelin 1806, S. 452ff.); s. Nr. 419; s. Anhang B.5. Nr. 54

200 s. Nr. 400

201 „CAEDUA SYLVA, also nennet man einen Wald, den man deswegen hat, daß er umgehauen werde; oder einen solchen, der, wenn er umgehauen worden, wieder aus denen Stämmen und Wurtzeln herfür wächst. ..." (Martinière 1745, Sp. 45); „HAUWALD, m. sylva caedua: sylva, ein wald, sonderlich ein hauwald oder forst. (entgegengesetzt wird) sylva incedua, hauwald, darinn man gar nichts darf abhawen. ..." (Grimm 1991, Bd. 10, Sp. 713)

202 „668. Quinquefolium triphyllum elatius, maxime hirsutum folio serrato, utrinq$_3$ viridi. ... Planta Fl. Irc. nº 405 ab hac foliis laetius pallidiusq$_3$ viridibus & totius hirsutie minori differt. Multum utraq$_3$ convenit cum Pentaphylloide supino, floribus e foliorum alis, inferius recensendo. [s. Nr. 416]" (AAW R. I, Op. 105, D. 1ª, Bll. 78v–79r, s. Anm. 29 in Nr. 5); „200. Qvinqvefolium triphyllum elatius ..." (AAW R. I, Op. 15, D. 1, Bl. 7v, s. Anm. 24 in Nr. 64); „11. Quinquefolium triphyllum elatius minus hirsutum, folio serrato pallidiore. Fl. Irc. nº. 405." (AAW R. I, Op. 13, D. 67, Bl. 45r; s. Anm. 5 in Nr. 4)

203 Nr. 402

204 Nr. 402

205 „41. SIBBALDIA foliolis tridentatis, LINN. Fl. Lapp. 111. Fl. Suecic. 260. HALL helv. 342. ROY lugdb. 276. Fragariae affinis sericea incana, B. pin. 327. prodr. 139. [s. auch Nr. 403] Fragariae syluestri affinis planta, flore luteo, SIBB. Scot. 2. p. 25. Tab. 6. f. 1. Pentaphylloides fruticosum minimum, procumbens flore luteo, PLVK. alm. 284. t. 212. f. 3. Fragaria rupium humilis, et procumbens folio glabro viridi, apice bis vel ter diuiso, flore minore luteo, STELL. Irc. 406. STELLERVS intra valles editissimarum, praeruptarum, perpetua niue rigentium rupium ad Bargusinum fl. et ad Baicalem lacum inuenit." (Gmelin 1747–1769, Bd. III, S. 186); „41. Sibbaldia foliolis tridentatis [=] Sibbaldia procumbens L.!" (Ledebour 1841, S. 97); „1) Darniederliegende Sibbaldia. Sibbaldia procumbens. mit dreyzähnigen Blättlein, Sibbaldia foliolis tridentatis. Syst. veg. p. 254. ... GMEL. Fl. Sib. 3, p. 186. n. 41. ... Fragaria affinis sericea incana. C. BAUH. pin. 327. prodr. 139. ..." (Linné 1780, S. 289f.); „1. SIBBALDIA procumbens. ... Fragariae affinis sericea incana. Bauh. pin. 327. prodr. 139. ... Liegende Sibbaldie. W. ..." (Linné 1797–1830, Bd. I, Teil 2, S. 1567); „1) SIBBALDIA PROCUMBENS Linn. ... Sibbaldia foliis tridentatis. Gmel. Fl. sib. III. p. 186. No. 41. ..." (Ledebour 1829, S. 428); „268. Sibbaldia. L. excl. spec. ... 1. S. procumbens (L. SP. 307) ... M. a BIEB. Fl. t. c. I, p. 257. ... LEDEB. Fl. alt. I, p. 428. ... S. foliis tridentatis. GMEL. Fl. sib. III, p. 186, Nr. 41. ..." (Ledebour 1844–1846, S. 32f.); „[Sibbaldia] procumbens, foliolis tridentatis; gestrekte Sibbaldische Pflanze, mit dreyzakigen Blättchen; ..." (Gmelin 1776, Sp. 495f.); „640. SIBBALDIA procumbens. ... Gmel. sib. 3. p. 186. n. 41. ..." (Marschall von Bieberstein 1808a, S. 257f.); „1. SIBBALDIA procumbens ... Liegende Sibbaldie. ..." (Georgi 1797–1802, Theil 3, S. 886); „998. SIBBALDIA procumbens. Linn. Gestreckte Sibbaldie. ..." (Röhling 1826, S. 504); „Sibbáldia <Gelbling>: Name von L. nach Sibbald, Sir Robert, 1641–1722, schott. Arzt und Historiker, Leibarzt der Könige Charles II. und James II., erster Prof. der Medizin in Edinburgh seit 1685, ..." (Genaust 2005, S. 582)

„666. Quinquefolium triphyllum, lobis foliorum in extremitate trifidis. An pentaphylloides pumila foliis ternis ad extremitates trifidis. R. Syn. II: 142 ... Fl. Irc. nº 406." (AAW R. I, Op. 105, D. 1ª, Bl. 78v, s. Anm. 29 in Nr. 5); „7. Quinquefolium triphyllum, lobis foliorum in extremitate trifidis Ind. Jen. nº. 666. Fl. Irc. nº. 406." (AAW R. I, Op. 13, D. 67, Bl. 45r, s. Anm. 5 in Nr. 4)

206 in der 2. Textversion (s. Anm. 1 in A.): „unciam"

207 „Trifolium. Trefle. ..." (Tournefort 1700, S. 404ff.); „Klee, ein Nahme, welchen im Deutschen sehr viele Pflanzen führen, welche sich durch ihre drey Mahl gespaltene Blätter von andern unterscheiden; daher auch die Benennungen im L. Trifolium, ..." (Krünitz 1773–1858, Bd. 39, S. 399ff.)

208 s. Nr. 400 bis Nr. 407

209 „QUINQUEFOLIUM, Quinquefolium & Pentaphyllum, ... Deutsch Fünffingerkraut, (weil die Blätter gleichsam in fünf Finger zerspalten sind) Fünfblatt. ... Pentaphyllum kömmt von ... quinque, fünf, und ... folium, Blatt, als ob es heissen solte, ein Kraut mit fünf Blättern." (Zedler 1732–1750, Bd. 30, Sp. 283ff.)

210 „[species 17] Fragaria sterilis, Alpina, caulescens H. R. Par. Fragaria Pentaphylli fructu Mor. H. R. Bles. Pentaphylloides Fragariae folio Bot. Monsp. App." (Tournefort 1700, S. 296, Genus VII. „Fragaria. Fraisier."); „Fragaria caulescens." (Joncquet 1665, S. 72); „Fragaria pentaphylli sterilis Alpina fructu: ..." (Morison 1669, S. 265); „PENTAPHYLLOIDES fragariae folio. ..." (Magnol 1686, Appendix, S. 309); „25) Languedokische Potentille. Potentilla Monspeliensis. ... Potentilla

foliis ternatis; caule ramoso, erecto; pedunculis supra genicula enatis. LINN. Syst. veg. p. 398. ... Fragaria sterilis alpina caulescens. BOERH. Leyd. 1. p. 42. ..." (Linné 1781, S. 164); „35. POTENTILLLA monspeliensis. ... Pentaphylloides fragariae folio. Magn. monsp. 304. Fragaria sterilis alpina caulescens. Boerh. lugdb. 1. p. 42. ... Französisches Fingerkraut. W. ..." (Linné 1797–1830, Bd. II, Teil 2, S. 1109); „[Fragaria] pentaphyllo fructu; ist bey Morison die Potentille von Montpellier. ... [Fragaria] sterilis alpina caulescens; so nennt Tournefort die Potentille von Montpellier." (Gmelin 1773b, Sp. 15); „Potentilla monspeliensis, foliis ternatis, caule erecto ramoso, pedunculis supra genicula enatis; Potentilla von Montpellier, deren Stengel aufrecht und ästig, deren Blätter dreyfach sind, und deren Blumenstiele über den Knoten des Stengels entspringen; ..." (Gmelin 1775, Sp. 380); „7. POTENTILLA (Monspeliensis) ... Hort. Upsal. 134. Potentilla mit Blättern, so zu dritt wachsen, einem aufrecht stehenden ästigen Stengel, und Stielen, die über die Gelenke hinaus ragen. Fragaria sterilis Alpina caulescens. Boerh. Ind. alt. 1. p. 42. Strauchartige unfruchtbare Rothbeere von den Alpen." (Miller 1776a, S. 662); „19. POTENTILLA monspeliensis L., ... Montpellierische Potentille. ... (Georgi 1797–1802, Theil 3, S. 1037); „Pentaphylloides. Pentaphylloides est plantae genus, à Quinquefolio diversum foliorum situ, quae scilicet summo pediculo nequaquam insident radiorum ordine, sed alio quovis modo disponuntur. ... Pentaphylloides, quasi planta ad Pentaphyllum, sive Quinquefolium accedens." (Tournefort 1700, S. 298f.); „Pentaphylloides, ist eine Pflantze, deren es gar viele Arten giebet, ... Pentaphylloides kömmt von pentaphyllo, Fünffingerkraut, weil dieses Kraut demselben gar sehr ähnlich siehet. ..." (Zedler 1732–1750, Bd. 27, Sp. 284f.); „Pentaphyllōides T. (Papilionaceae). Zus. aus πεντε (fünf), φυλλον (Blatt) u. εἴδειν (ähnlich seyn); die Blätter sind fünfzählig. Gehört zur Gattung Trifolium." (Wittstein 1852,S. 668)

„273) an fragaria sterilis alpina caulescens, H. R. Par. Flor. ircut. No. 407 ..." (AAW R. I, Op. 104, D. 25, Bl. 21r, s. Anm. 61 in Nr. 21); „164. Potentilla folijs ternatis incisis, caule diffuso. Linn Flor. 211. h. Cliff. 193. Pentaphylloides maius erectam flore luteo, folijs fragariae instar hirsutis Moris. hist. 2. p. 193. S. 2. t. 20. f. 2 Boerh. lugd. 1. p. 40. Fragaria sterilis alpina caulescens. Boerh. lugd. 1. p. 42. Potentilla folijs ternatis, floribus [...] petalis cordatis luteis. NB non videtur esse Linnaeana species. Folia ternata serrata" (AAW R. I, Op. 13, D. 20, Bl. 18r, s. Anm. 1 in Nr. 1); „2. Fragaria sterilis Alpina caulescens. H. R. P." mit der rechts marginalen Anm. „Petropol." (AAW R. I, Op. 13, D. 16, Bl. 15r, s. Anm. 32 in Nr. 6); „[N°.] 963. Pentaphylloides Fragariae folio ..." (AAW R. I, Op. 15, D. 3, Bl. 1r, s. Anm. 65 in Nr. 24); „Pentaphylloides Fragariae folio ampliori et rugosiori, flore luteo." (AAW F. 1, Op. 2–1746, D. 1, Bl. 19r, s. Anm. 107 in Nr. 46); „CCCIV. Fragaria sterilis. Raj. Meth. 68. B. 1. 42. 1. Fragaria sterilis Alpina caulescens. H. R. Par. B. n. 1. ..." (Bl. 40v in T. Gerber „Flora Moscuensis ...", s. Anm. 6 in Nr. 55); s. auch Nr. 402

211 s. Nr. 400

212 „[species 6] Quinquefolium majus, repens C. B. Pin. 325. Pentaphyllum sive Quinquefolium vulgare, repens J. B. 2. 397. Quinquefolium majus Dod. Pempt. 116." (Tournefort 1700, S. 297, Genus VIII. „Quinquefolium.Quinte-feuille."); „Quinquefolium majus, repens C. B. P. 325. ... Fünff=Finger=Kraut. ..." (Rupp 1726, S. 84); „1. Das gemeine Fünffinger=Kraut: Quinquefolium majus, repens, C. B. P. 325. T. 297. ... Pentaphyllum, sive Quinquefolium vulgare, repens, J. B. 2. 397. ..." (Zwinger 1744, S. 1045); „7. Potentilla foliis digitatis longitudinaliter patenti-serratis, caule repente. ... Pentaphyllum sive Quinquefolium vulgare repens. Bauh. hist. 2. p. 397. Quinquefolium majus repens. Bauh. pin. 325. ..." (Linné 1737, S. 194); „24) Kriechende Potentille. Potentilla reptans. ... Potentilla foliis quinatis; caule repente; pedunculis unifloris. LINN. Syst. veg. p. 398. ... Quinquefolium maius repens. C. BAUH. pin. 325. ... Pentaphyllum s. Quinquefolium vulgare repens. I. BAUH. hist. 2. p. 397. ... Die ganze Pflanze hat ... eine zusammenziehende Eigenschaft; und wird aus diesem Grunde als ein stärkendes Arzneymittel in kalten Fiebern, Gelbsucht, Durchfällen und andern Krankheiten empfohlen." (Linné 1781, S. 163f.); „34. POTENTILLA reptans. Potentilla foliis digitatis ... Hort. cliff. 194. ... Quinquefolium majus repens. Bauh. pin. 325. ... Gemeines Fingerkraut. W. ..." (Linné 1797–1830, Bd. II,

Teil 2, S. 1108f.); „36. P[otentilla] reptans (L. SP. 714) ... M. a BIEB. Fl. t. c. I, p. 409. ...“ (Ledebour 1844–1846, S. 52); „[Potentilla] reptans, foliis quinatis, caule repente, pedunculis unifloris; Fünffingerkraut, dessen Stengel kriecht, dessen Blätter fünffach sind, und dessen Blumenstiele nur eine Blume tragen; gemeines kriechendes Fünffingerkraut; ... Es hat ... eine trockene zusammenziehende Eigenschaft, welche der Wurzel und ihrer Rinde besonders eigen ist; man hat diese daher in zerschiedenen Krankheiten ... mit Vortheil, vorzüglich in Wunden, in Bauch= und Blutflüssen, in einer Schlaffheit der Theile des innern Mundes, auch in kalten Fiebern ... gebraucht, und andere haben sie in der Gelbsucht, in der Schwindsucht und in dem Podagra empfolen ...“ (Gmelin 1775, Sp. 379f.); „1005. POTENTILLA reptans. ... Linn. ed. Willd. 2. p. 1108. ...“ (Marschall von Bieberstein 1808a, S. 409); „... Fünffingerkraut (Potentilla reptans) welches sie [bei *Čerkasskaja sloboda*] Mochna [russ. *mochna*] nennen.“ (Pallas 1771, S. 205); „POTENTILLA REPTANS. ... Potentilla (reptans) ... Linn. Spec. plant. ed. Willd. T. II. p. 1108. ... Gemeines Fingerkraut, Fünffingerkraut. ... Von der Potentilla reptans sammelte man sonst Wurzeln und Kraut, Radices et Herba Potentillae, Pentaphylli s. Quinquefolii; jetzt aber ist sie fast gar nicht mehr im Gebrauch. Sie gehört, so wie die Potentilla anserina [Nr. 410], zu den zusammenziehenden Mitteln und hat mit dieser auch ganz gleiche Wirkung. ...“ (Hayne 1816, Nr. 32); „779. POTENTILLA reptans ... Linn. Sp. pl. 1. p. 714. ... Germ. Fünffingerkraut. Kriechendes Fingerkraut. ...“ (Gmelin 1806, S. 451f.); „Potentilla reptans ist in der Schweiz als Adstringens sehr üblich.“ (Henrici 1894, S. 65); Potentilla reptans L. – russ. *pjatipalošnik* bzw. *mochna* (*Annenkov* 1858, S. 73, Nr. 865)

„663. Quinquefolium majus repens glabrum minus repens luteum. C. B. P. Ind. Irc. n° 291. ... Fl. Irc. n° 408. ...“ (AAW R. I, Op. 105, D. 1ª, Bl. 78r, s. Anm. 29 in Nr. 5); „679. Pentaphylloides rectum, foliis amplissimis, glabris, et pulchre serratis. Quinquefolium majus repens B. in prioribus catalogis dictum est. ...“ (a. a. O., Bl. 80v); „290. Quinquefolium majus repens C. B. P. ...“ (AAW R. I, Op. 105, D. 4ª, Bl. 36v, s. Anm. 54 in Nr. 17); „205. Quinquefolium maius repens C. B. P. ...“ (AAW R. I, Op. 13, D. 42, Bl. 29r, s. Anm. 1 in Nr. 1); „275) Quinquefolium majus repens C. B. Pin ...“ (AAW R. I, Op. 104, D. 25, Bl. 21r, s. Anm. 61 in Nr. 21); „104. An Qvinq)folium majus repens C. B. P.“ (AAW R. I, Op. 15, D. 1, Bl. 11r, s. Anm. 24 in Nr. 64); „3. Quinquefolium majus repens glabrum. Ind. Jen. n°. 663. minus repens luteum C. B. P. Ind. Irc. n°. 291. Fl. Irc. n°. 408. ...“ (AAW R. I, Op. 13, D. 67, Bl. 45r, s. Anm. 5 in Nr. 4); „Quinquefolium minimum procumbens minus repens, luteum, ...“ (AAW R. I, Op. 13, D. 67, Bl. 45r, s. Anm. 5 in Nr. 4)

213 s. Glossar: York

214 „[species 4] Pentaphylloides rectum, fruticosum, Eboracense Mor. Hist. Oxon. Part. 2. 193. Pentaphylloides fruticosum Raii Cat. Plant. Angl. Edit. 1677.“ (Tournefort 1700, S. 298, Genus X. „Pentaphylloides.“); „5. Pentaphylloides rectum fruticosum, Eboracense, nobis. ...“ (Morison 1680, S. 193f.); „Pentaphylloides fruticosum. ...“ (Ray 1677, S. 228f.); „26. POTENTILLA foliis pinnatis, caule fruticoso, LINN. hort. Cliff. 193. Fl. suec. 416. ROY. Lugd. 275. spec. 1. p. 709. n. 1. Pentaphylloides rectum fruticosum Eboracense MORIS. hist. 2. p. 193. s. 2. 23. f. 5. Pentaphylloides fruticosa, elatior, minus hirsuta, AMM. ruth. p. 88. t. 17. Pentaphylloides fruticosa humilior, lanuginosa et incana. Tab. XVIII. fig. 1. AMM. Ruth. Pentaphylloides rectum frutescens, WALTH. hort. 95. t. 17.“ (Gmelin 1747–1769, Bd. III, S. 180f.); „26. Potentilla foliis pinnatis, caule fruticoso [=] Potentilla fruticosa L.!“ (Ledebour 1841, S. 96); „Potentilla caule fruticoso. – Videtur eadem Eboracensi, quam Rajus in catalogo anglico pinxit (Fl. sib. III. 180. nr. 26. P. fruticosa L. vel forsan. P. fruticosa β. davurica Dec.?).“ (A. von Haller in einem undatierten Brief an J. G. Gmelin – Plieninger 1861, S. 136); „114. PENTAPHYLLOIDES fruticosa, elatior, minus hirsuta, Tab. XVII. ... 115. PENTAPHYLLOIDES fruticosa, humilior, lanuginosa et incana. Tab. XVIII. F. 1. ...“ (Amman 1739, S. 88ff.); „3. POTENTILLA caule fruticoso. ... Pentaphylloides fruticosum. Raj. syn. 2. p. 398. t. 398. ... Pentaphylloides rectum fruticosum eboracense. Moris. hist. 2. p. 193. ...“ (Linné 1737, S. 193); „1) Strauchartige Potentille. Potentilla fruticosa. ... Potentilla foliis pinnatis; caule fruticoso. LINN. Syst. veg. p. 396. ...

Pentaphylloides fruticosa elatior. AMM. Ruth. 88. t. 17 et 89. t. 18. f. 1. ... Alle ihre Theile sind zusammenziehend, und taugen zum Ledergerben; das Rindvieh frißt die Blätter gerne; und aus ihren zähen und biegsamen Zweigen kann man kleine Besemen zu Reinigung der Gefäße verfertigen." (Linné 1781, S. 147f.); „1. POTENTILLA fruticosa. P. foliis pinnatis, caule fruticoso. Hort. cliff. 193. ... Gmel. sib. 3. p. 180. n. 26. ... Pentaphylloides rectum fruticosum eboracense. Moris. hist. 2. p. 193. s. 2. t. 93. f. 5. ... Pentaphylloides fruticosa elatior, minus hirsuta. Amm. ruth. 88. n. 144. t. 17. β. Pentaphylloides fruticosa humilior, ... Amm. ruth. 89. n. 115. t. 18. f. 1. ... Strauchartiges Fingerkraut. W. ..." (Linné 1797–1830, Bd. II, Teil 2, S. 1194); „2) POTENTILLA FRUTICOSA.*) Linn. ... M. a Bieb. Fl. taur. cauc. I. p. 403. No. 991. P. foliis pinnatis, caule fruticoso. Gmel. Fl. sib. III. p. 180. No. 26. Pentaphylloides fruticosa, ... Amman. ruth. p. 88. No. 114. t. XVII. Pentaphylloides fruticosa, ... Amman. ruth. 89. t. XVIII. f. 1. ..." (Ledebour 1830, S. 234ff.); „59. P[otentilla] fruticosa (L. SP. 709) ... M. a BIEB. Fl. t. c. II, p. 403. ... LEDEB. Fl. alt. II, p. 234. ... P. foliis pinnatis, caule fruticoso. GMEL. Fl. sib. III, p. 180, Nr. 26. Pentaphylloides fruticosa, ... AMMAN. ruth. p. 88, Nr. 114. t. 17. Pentaphylloides fruticosa, ... AMMAN. ruth. p. 89. Nr. 115, t. 18, f. 1. ..." (Ledebour 1844–1846, S. 61f.); „[Potentilla] fruticosa, foliis pinnatis, caule fruticoso: staudige Potentille mit gefiederten Blättern, und staudigem Stengel; strauchartiges Fünffingerkraut; nordische Fünffingerkrautstaude; Tock; ..." (Gmelin 1775, Sp. 365f.); „991. POTENTILLA fruticosa. ... Amm. ruth. n. 114. 115. t. 17. t. 18. f. 1. Gmel. sib. 3. p. 180. n. 26. ..." (Marschall von Bieberstein 1808a, S. 403); „Ich habe sonst noch folgende Kräuter bey den sibirischen Bauern und Tataren statt des Thees gebräuchlich gefunden: Potentilla fruticosa, die man im entferntern Sibirien unter dem Nahmen Kurilskoi Tschai [russ. *kuril'skoj čaj* bzw. *kuril'skij čaj*] kennt, und ..." (Pallas 1773, S. 655); „Außer der obgemeldeter maßen statt des Thees unter ihnen [d. h. den ‚Kamtschadalen'] gebräuchlichen Rosenstengel und Heydelbeerblätter, muß ihnen dazu auch noch die Pentaphylloides fruticosa, elatior, minus hirsuta dienen, welche auch daher von den Russen Kurilischer Thee genennet und wegen seiner zusammmenziehenden Eigenschaft in Bauchflüssen und Verkältungscoliken sehr gerühmt wird." (Steller 1769, S. 430); vgl. aber russ. *kurimskij čaj* – niederliegendes Fingerkraut, Potentilla supina (Pawlowski 1952, S. 608); „Die Potentilla fruticosa. Sp. Pl. I. 709. oder das strauchartige Fünffingerkraut thut [bei den ‚Kamtschadalen'] sehr gute Würkung im Durchfalle oder auf frischen Wunden." (Pennant 1787, Einleitung, S. 150); „1. POTENTILLA fruticosa L. ... Strauchende Potentille. Strauchendes Fingerkraut. R. Tawoloschnik [russ. *tavoložnik*]. Burät. Terengi. ... Der Strauch färbt. Die Blätter werden von einigen als Thee benutzt." (Georgi 1797–1802, Theil 3, S. 1033f.); Potentilla fruticosa L. – russ. *kuril'skij čaj* (*Annenkov* 1858, S. 73, Nr. 860)

„52. Pentaphylloides rectum, fruticosum, Eboracense Mor. hist. o." (AAW R. I, Op. 14, D. 8, Bl. 2r, s. Anm. 98 in Nr. 39); „11. Pentaphylloides fruticosa Am. Stirp. rar." (AAW R. I, Op. 74[a], D. 31, Bl. 1r, s. Anm. 39 in Nr. 181); „678. Pentaphylloides fruticosum R. Syn. III. 256. Quinquefolium rectum, frutescens prior. ind. ..." (AAW R. I, Op. 105, D. 1[a], Bl. 80v, s. Anm. 29 in Nr. 5); „11. Pentaphylloides fruticosum R. Syn. III. 256. Ind. Jen. n°. 678. j. Idem humile & incanum. obs. in H. N. CLV. ..." (AAW R. I, Op. 13, D. 67, Bl. 45v, s. Anm. 5 in Nr. 4); „209. Quinquefolium rectum frutescens hirsutum. Pentaphyllodendros humilis incana Obs. in H. N. ... j. Idem maius et fere glabrum. Pentaphyllodendros elatior viridis Obs. in H. N. Pentaphylloides rectum, fruticosum, Eboracense Mor. H. O. Part 2. ..." (AAW R. I, Op. 13, D. 42, Bl. 30v, s. Anm. 1 in Nr. 1); „Pentaphylloides fruticosa elatior, minus hirsuta. Amm. Descr. p. 88." (AAW F. 1, Op. 2–1746, D. 1, Bl. 19v, s. Anm. 107 in Nr. 46); „Pentaphylloides fruticosa humilior, lanuginosa et incana." (AAW F. 1, Op. 2–1743, D. 11, Bl. 20v, s. Anm. 5 in Nr. 4); „Pentaphylloides fruticosa, humilior, lanuginosa et incana Amm. 115. Ist eine varietaet von Pentaphylloide 114 die in dem Academischen Garten vorhanden ist." (AAW F. 1, Op. 2–1743, D. 12, Bl. 20v, s. Anm. 5 in Nr. 4); „276) Pentaphylloides rectum fruticosum Eboracense Mor. Hist. oxoni. ..." (AAW R. I, Op. 104, D. 25, Bl. 21r, s. Anm. 61 in Nr. 21)

215 „[species 3] Pentaphylloides argenteum, alatum, seu Potentilla. Potentilla seu Argentina J. B. 2. 398. Argentina Dod. Pempt. 600." (Tournefort 1700, S. 298, Genus X. „Pentaphylloides."); „Pentaphylloides argenteum, alatum, seu Potentilla Tournef. Instit. p. 298. ... Germ. Gänserich." (Rupp 1726, S. 85); „27. POTENTILLA foliis pinnatis, serratis, caule repente, LINN. Lapp. 210. suec. 215. sp. pl. n. 2. Potentilla, B. pin. 322. CAM. epit. 78. In omni Sibiria nascitur, saepius ad balnea adhiberi solitum, quibus vtuntur ad aliquid noxium e corpore pellendum." (Gmelin 1747–1769, Bd. III, S. 181); „27. Potentilla foliis pinnatis serratis, caule repente [=] Potentilla Anserina L.!" (Ledebour 1841, S. 96); „1. POTENTILLA foliis pinnatis, caule repente. Fl. lapp. 210. Potentilla. ... Bauh. pin. 321. Potentilla sive argentina. Bauh. hist. 2. p. 398. b. Argentina. Dod. pempt. 600. ... Pentaphylloides argenteum allatum [sic!] seu Potentilla. Tournef. inst. 298. ..." (Linné 1737, S. 193); „2) Gänserich. Potentilla Anserina. ... Potentilla foliis pinnatis, serratis; caule repente, pedunculis unifloris. LINN. Syst. veg. p. 396. Sp. pl. 710. Hort. Cliff. 193. ... Potentilla. C. BAUH. pin. 321. ... Argentina. DOD. pempt. 600. ... Sie wird insgemein Gänserich oder Grensing, oder Gänsekraut, Silberkraut ... genennet. ... Ihre Wurzel ... wird ... bisweilen auch von Menschen gegessen. ... es hat, wie die meisten dieser Gattung, einen zusammenziehenden Geschmack, und wird von einigen in der Arzneykunst als ein Wundkraut und wider kalte Fieber empfohlen." (Linné 1781, S. 148f.); „2. POTENTILLA Anserina. ... P. foliis serratis, ... Hort. cliff. 193. ... Potentilla. Bauh. pin. 321. ... Gänserich-Fingerkraut. W. ..." (Linné 1797–1830, Bd. II, Teil 2, S. 1095); „18) POTENTILLA ANSERINA Linn. ... P. foliis pinnatis, ... Gmel. Fl. sib. III. p. 181. No. 27. ..." (Ledebour 1830, S. 249f.); „20. P[otentilla] Anserina (L. SP. 710) ... LEDEB. Fl. alt. II, p. 249. ... P. foliis pinnatis, ... GMEL. Fl. sib. III, p. 181, Nr. 27. ..." (Ledebour 1844–1846, S. 44f.); „Potentilla Anserina, foliis pinnatis serratis, caule repente, pedunculis unifloris; Gänserich, ... Gänsekraut; Gränsing; Silberkraut; wilder Rheinfarn; ... hat man ihnen [d. h. den Blättern] zusammenziehende Kräfte zugeschrieben, und sie daher in dem daraus gepreßten Saft, oder in dem damit gekochten Wasser in Wunden, in alten Geschwüren, in der Ruhr und zur Stärkung der Eingeweide verordnet, einige haben sie auch, als ein vorzüglich würksames Mittel, in dem Stein empfolen: Sie heißt bey ... J. Bauhin: Potentilla argentea." (Gmelin 1775, Sp. 366ff.); „Vgl. ... Gmelins sibir. Reise II. 469. das hier angeführte Verzeichniss sibirischer Brodsurrogate; diese sind noch weiter folgende: 1) Potentilla anserina L. Fl. sib. III. 181. nr. 27. ..." (Anm. von W. Plieninger in einem am 25. Januar 1741 empfangenen, undatierten Brief von G. F. Müller an J. G. Gmelin – Plieninger 1861, S. 189f.); „POTENTILLA ANSERINA. ... Gänserich-Fingerkraut, Gänserich, Gänsich, Gänsekraut, Gänsegarbe, Gänsefutter, Grünsieg, Silberkraut, Silberblatt. ... Man hat von diesem Gewächs die Wurzeln und das Kraut in den Arzneyvorrath aufgenommen, und zwar unter dem Nahmen Radices et Herba Anserinae s. Argentinae, jeoch werden beyde in neuern Zeiten nicht mehr gebraucht. ... Es gehört daher zu den zusammenziehenden Mitteln, ... In ältern Zeiten gebrauchte man es wider das Fieber und auch in der Ruhr. Der ausgepresste Saft des Krautes war als ein blutstillendes Mittel bekannt. ..." (Hayne 1816, Nr. 31); „590. Potentilla Anserina. Lin. sp. 2. ... Gänserich. Ruß. Serebrenik. ..." (Falk 1786, S. 193); „POTENTILLA (Anserina) ... Linn. Spec. pl. 495. n 2. ... Серебреникъ [russ. *serebrenik*] Russ. ..." (*Krašeninnikov* 1761, S. 81); „Von der Potentilla anserina, dem Gänserich oder Gänsefingerkraut, werden ... im G. Perm die Blätter bei gewissen Krankheiten der Neugebornen und bei Halsschmerzen verwendet. Nach Demitsch [*V. F. Demič*] ... gilt bei den Frauen des Argungebietes ein Thee aus Gänsefingerkraut als heilsam bei Leibschmerzen, besonders zur Zeit des Eintritts der Menstruation. ..." (Henrici 1894, S. 64f.); „Anserina oder Potentilla Offic. Argentina, ... Potentilla sive Argentina J. B. ... T. Gänserich, Genserich, Gänsegarbe, Gänsegras, Gänsekraut, Gränsich, Grenserich, Grensing, Grieskraut, Grinsing, Silberkraut, ... Dieses Kraut heißt Argentina, Argentaria, Argentilla, T. Silberkraut, weil die Blätter unten ganz weiß sind, und wie Silber glänzen; ... Es ist aber das Gänserich ein herrliches Wundkraut. Es kühlet, hält an, und reiniget, heilet die Brüche und alle gefährliche Schäden und Wunden im Leibe, das Blutspeien, die starke monathliche Reinigung, vornehmlich aber den weißen Fluß der Weiber, ... Es ist dieses Kraut auch eine bewehrte Arzenei wider den Nierenstein, ..." (Krünitz 1773–1858, Bd. 2,

S. 238ff.); „2. POTENTILLA Anserina L. ... Gänse=Potentille. Gänserich. R. Gusnaja Trawa [russ. *gusinaja trava* – Potentilla anserina (Pawlowski 1952, S. 283)]. ... Jakut. Jukangis. ...“ (Georgi 1797–1802, Theil 3, S. 1034); „Die Jakuten eßen noch verschiedene andere wurtzeln, die dene) übrigen Völker) nicht beKannt sind, und bey denen Jakuten folgende benennunge) führen: 1. Köjeng-ess. ... Der h) D. Gmelin, welcher sich die Wurtzeln mit dene) Kräuter) Bringen Lassen, hat das erste Vor Pentaphylloides alatum s. Potentilla I. R. H. ... erKannt. ...“ (G. F. Müller in: RGADA F. 181, Op. 16, D. 1386, Č. 1, Bll. 148r–148v); jakut. „кäɉiräc“ bzw. „кäiräc“ – Potentilla anserina (*Pekarskij* 1958–1959, Bd. I, Sp. 1014); „Die Lebensart der Jakuten ist von der Lebensart anderer Sibirischen heydnischen Nationen nicht sehr unterschieden. Sie bekümmern sich um kein Brodt. Sie essen die Wurzeln von dem Gänserich (*) |: * Anserina off. :|, (Jak. Köjeng=eß) ...“ (Gmelin 1751–1752, 2. Theil, S. 469); „Die Wurtzeln welche sie [d. h. die Jakuten] aus der Erden graben und aus den Mäuse Löcher nehmen sind ... Koieg-ess, ...“ (J. J. Lindenau in: AAW F. 934, Op. 1, D. 89, Bl. 191r, Kopie aus dem Archiv RGADA); „Wolossez wird als eine Krankheit beschrieben, die sich durch ein Geschwür äußert, in welchem die Materie zu Haaren wird. ... Die etwas feiner urtheilen wollen, sagen, daß in den hiesigen Wassern Würmer seyn, welche vollkommen wie Haare aussehen, ... Diese Würmer, sagen sie, ... daß sie ... in die Haut hineindrängen, ... woraus ... alsdann ein Geschwür entstehe, ... Was die Cur betrifft, so sagen sie, daß derjenige ... sich alle Morgen und Abend in warme Lauge setzen müsse, in welcher etwas von dem Gänserichkraut gelegt worden; ...“ (Gmelin 1751–1752, 2. Theil, S. 74ff.); „In Rußland und in der Ukraine ist eine Krankheit unter dem Namen Wolosez bekannt. ... Daß sich sowohl in innern als in äuserlichen Theilen des menschlichen Leibs bey Apostemen oder alten, bösartigen Geschwüren durch einen Narungs=Fehler Haare erzeugen können, ist eine durch Zeugnisse alte rund neuer berühmten Aerzte erwiesene Sache. ... Man gibt aber den Namen Wolosez auch einer andern, als der Haar=Krankheit, ... Die Krankheit ... soll unter denen Buräten gemein seyn, den Namen Wolosez oder der Haar=Krankheit soll sie daher haben, weil abgeschnittene und ins Wasser geworfene Menschen=Haare in Würmer verwandelt werden, ... Ohne zweifel ist es ein Märchen, daß sein Ursprung den Haaren zuzuschreiben seye. ...“ (Gmelin 1770, S. 127ff.); „Nirgend habe ich so häufig, als hier den sogenannten Haarwurm (Gordius aquaticus) bemerkt, welcher bey den russischen Fischern unter dem Namen Wollossätik bekannt genung ist; ... In denen untern Gegenden der Wolga sind mir nachher glaubwürdige Beyspiele erzählt worden, da eben dieser Wurm bey Menschen in Geschwüren zum Vorschein gekommen, und in denen wärmern Gegenden Asiens, wie z. B. in der Bucharey soll der Haar= oder Nerven=Wurm keine ungewöhnliche Krankheit seyn. ...“ (Pallas 1771, S. 9); „1. Gordius aquaticus. Lin. Syst. Anim. Gen. 275. Sp. 1. p. 1075. Haar= oder Fadenwurm. Ruß. Woloßätik. (Haarwurm.) ... Eine in der Bucharey sehr gemeine Krankheit, die man daselbst Raschta, das ist Bindfaden=Krankheit nennt, scheint diesen oder einen andern Fadenwurm zum Grunde zu haben. ...“ (Falk 1786a, S. 446f.); russ. *volosatik* – Fadenwurm, Haarwurm; Gordius aquaticus; die gleichnamige Krankheit (Pawlowski 1952, S. 150; *Slovar'* 1988, S. 44); Potentilla anserina L. – russ. *stolistnik*, *bedrenec*, *gusinaja trava*, *gusjači lapki* bzw. *mjagkaja trava* (*Annenkov* 1858, S. 73, Nr. 857)

„164. Pentaphylloides argenteum alatum Seu Potentilla Inst. r. h. 298.“ (AAW R. I, Op. 6, D. 40, Bl. 30v, s. Anm. 1 in Nr. 1); „Pentaphylloides argenteum alatum seu Potentilla. I. R. H. Passim. Decocti foliorum aliquot pocula per diem hausta hydropem brevi curare quorundam Selengensium traditio est. Incolae Argunensis munimenti гичигина [russ. *gičigina*] vocant, et balneo aquae calidae eandem plantam imponunt, quando morbum волоссецъ [russ. *volossec*] dictum volunt.“ (AAW R. I, Op. 105, D. 2, Bll. 8v–9r, s. Anm. 54 in Nr. 17); „277) Pentaphylloides argenteum alatum seu Potentilla Tourn. i. r. h. ...“ (AAW R. I, Op. 104, D. 25, Bl. 21v, s. Anm. 61 in Nr. 21); „1. Pentaphylloides alatum argenteum seu Potentilla I. R. H. Ind. Jen. n°. 669. ...“ (AAW R. I, Op. 13, D. 67, Bl. 45v, s. Anm. 5 in Nr. 4); „44. Pentaphylloides argenteum, alatum seu potentilla IRH ...“ (AAW R. I, Op. 104, D. 17, Bl. 11r, s. Anm. 36 in Nr. 8); „Pentaphylloides argenteum, alatum seu Potentilla Tourn. ...“ (AAW R. I, Op. 104, D. 8, Bl. 7r, s. Anm. 18 in Nr. 452); „210. Pentaphylloides argenteum alatum Seu Potentilla I. R. H. Passim.

Jacutis, quibus Köieng-ess. dicitur, radix in victum cedit. Vescuntur autem ea cruda Sine ulla praeparatione." (AAW R. I, Op. 13, D. 42, Bl. 30v, s. Anm. 1 in Nr. 1); „568. Pentaphylloides argenteum alatum seu potentilla T. Potentilla C. B. P." (AAW R. I, Op. 104, D. 13, Bl. 5v, s. Anm. 84 in Nr. 29); „164. Pentaphylloides argentum alatum s[...] Potentilla. Inst. r. h. 298." (AAW R. III, Op. 1, D. 28, Bl. 9v, s. Anm. 1 in Nr. 1); „164 [Pentaphylloides] s. potentilla" (G. W. Steller nach J. G. Heinzelmann: AAW R. I, Op. 81, D. 23, Bl. 18r, s. Anm. 1 in Nr. 1); „86. Potentilla folijs pinnatis, caule repente Linn. flor. 210. h. cliff, 193. Potentilla Caesalp. Syst. 957. B. Pin. 321. Argentina Dod. Pempt. 298. Boerh. lugd. 1. p. 41." (AAW R. I, Op. 13, D. 20, Bl. 9v, s. Anm. 1 in Nr. 1); „Pentaphylloides argenteum alatum seu Potentilla. Tournefort. Sp. 3. ..." (AAW F. 98, Op. 1, D. 20, Bl. 29v, s. Anm. 90 in Nr. 33); „Pentaphylloides argenteum alatum seu Potentilla, flore luteo (Tournefortii sp. 3), Off." (Messerschmidt 1962–1977, Bd. 4, S. 203, s. Anm. 1 in Nr. 1); „6. Juli 1725 ... Sonst fand ich hieselbst ... Pentaphylloides argenteum alatum seu Potentilla (Tournefortii sp. 3), ..." (a. a. O., S. 150f.)

216 „[species 5] Pentaphylloides palustre, rubrum. Quinquefolium palustre, rubrum C. B. Pin. 326. Pentaphyllon vel potius Heptaphyllon flore rubro J. B. 398. Quinquefolium palustre sive aquaticum Tabern. Icon. 122." (Tournefort 1700, S. 298, Genus X. „Pentaphylloides."); „Pentaphylloides palustre, rubrum, Tournefort. p. 298. Quinquefolium palustre, rubrum C. B. P. 326. ... Germ. Gänse=Kraut, Sieben=Finger=Kraut. ..." (Rupp 1726, S. 85); „4. Das rothe Wasser=Finffingerkraut: Quinquefolium palustre, rubrum, C. B. P. 326. ... Pentaphylloides, palustre, rubrum. T. 298. ..." (Zwinger 1744, S. 1046f.); „40. COMARVM, LINN. Lapp. p. 214. h. Cliff. 195. ROY. pr. 276. HALL. Helv. 337. Quinquefolium palustre rubrum, B. pin. 325. ..." (Gmelin 1747–1769, Bd. III, S. 186); „40. Comarum [=] Comarum palustre L.!" (Ledebour 1841, S. 97); „1. COMARUM. Fl. lapp. 214. Pentaphylloides palustre rubrum. Tournef. inst. 298. ... Quinquefolium palustre rubrum. Bauh. pin. 326. ..." (Linné 1737, S. 195); „1) Sumpf=Comarum. Comarum palustre. LINN. Syst. veg. p. 399. Sp. pl. 718. Hort. Cliff. 195. ... Quinquefolium palustre rubrum. C. BAUH. pin. 325. ... Diese Pflanze ... wird von andern Siebenfingerkraut, oder Fünfblat, rothes Sumpffünfblat genennet. ... Die ganze Pflanze ist zusammenziehend, und taugt zum Gerben. Die Finnländer färben mit ihrer Wurzel die Wolle roth; und ... brauchen die Einwohner in der Mark an der Oder das Decoct der Wurzel wider die Gelbsucht. Nach andern soll die Pflanze auch eine blaue Farbe geben." (Linné 1781, S. 178ff.); „1. COMARUM palustre. Comarum. ... Hort. cliff. 195. ... Quinquefolium palustre rubrum. Bauh. pin. 325. ... Sumpf Comarum. W. ..." (Linné 1797–1830, Bd. II, Teil 2, S. 1119); „19) POTENTILLA PALUSTRIS. Scop. ... Comarum palustre. Linn. sp. pl. I. p. 719. ..." (Ledebour 1830, S. 250); „272. Comarum L. ... 1. C. palustre (L. SP. 718) ... GMEL. Fl. sibir. III, p. 186, Nr. 40. Potentilla palustris. ... LEDEB. Fl. alt. II, p. 187. ..." (Ledebour 1844–1846, S. 62f.); „Comarum, Siebenfingerkraut, ist eine Gattung Pflanzen ... Bey Tournefort und Boerhaave ist diese Gattung unter dem Gattungsnamen: Pentaphylloides; bey den ältern Schriftstellern bald unter dem von Pentaphyllum, bald unter dem von Quinquefolium begriffen: der Ritter Linne' hat nur eine Art davon. [Comarum] palustre, Sumpf=Siebenfingerkraut; roth Fünffingerkraut, rothes Wasserfünffingerkraut; ... die Gerber bedienen sich, wann sie verblüht ist, dieser Pflanze, und die Färber können mit der Wurzel die Wolle roth färben; ..." (Gmelin 1773, Sp. 33f.); „Von Arzneykräutern habe ich bey ihnen [d. h. den Mordwinen] im Gebrauch gefunden: .... Comarum palustre (mokscha. Warma=krandas d. i. Windwagen) zum Gebrauch in der Badstube bey schweren Geburten; ..." (Pallas 1771, S. 72); „Mittel gegen sogenannte Knochenschmerzen: ... Comarum palustre. ..." (Alksnis 1894, S. 193f.); „COMARVM. (palustre) LINN. Lapp. 214. ... Сабельникъ раменной [russ. *sabel'nik ramennoj*] Russ. ..." (*Krašeninnikov* 1761, S. 82); „... roth Fünffingerkraut b) ... |: b) Comarum palustre, russ. Ramennoi Sabelnik. :|" (Lepechin 1774, S. 3); „1. COMARUM palustre L., ... Sumpf=Comarum. R. Sabelnik. ..." (Georgi 1797–1802, Theil 3, S. 1039); Comarum palustre L. – russ. *suchojadnik, kraska sustavka, sabel'nik, pjati-perstnik, vovč'i tily* bzw. *vodjanoj dekokt* (*Annenkov* 1858, S. 32, Nr. 329); „Cómarum <Blutauge>: lat. comaron <Frucht des Erdbeerbaums> (Plin. 15, 99) ... kóm(m)ari, kóm(m)aris, kóm(m)aron <rote Farbe aus der Wurzel von Comarum palustre> ..."

(Genaust 2005, S. 170); „Cōmarum L. (Rosaceae). Von κομαρον (Frucht des κομαρος = Erdbeerbaum); die Frucht sieht durch ihre runde Form und röthliche Farbe einer Erdbeere ähnlich.“ (Wittstein 1852, S. 219)

„163. Pentaphylloides palustr. rubrum Inst. r. h.“ (AAW R. I, Op. 6, D. 40, Bl. 30v, s. Anm. 1 in Nr. 1); „160 Quinquefolium rectum luteum CBP. 325“ (a. a. O., Bl. 30r); „204. Comarum Linn. flor. 214. h. cliff. 195. Pentaphylloides palustre rubrum Tourn. inst. 298. Boerh. lugd. 1. p. 40.“ (AAW R. I, Op. 13, D. 20, Bl. 21v, s. Anm. 1 in Nr. 1); „278) Pentaphylloides palustre rubrum T. i. r h ...“ (AAW R. I, Op. 104, D. 25, Bl. 21v, s. Anm. 61 in Nr. 21); „10. Pentaphylloides palustre rubrum I. R. H Ind. Jen. n°. 677. ...“ (AAW R. I, Op. 13, D. 67, Bl. 45v, s. Anm. 5 in Nr. 4); „43. Pentaphylloides palustre rubrum I. R. H. ...“ (AAW R. I, Op. 104, D. 17, Bl. 11r, s. Anm. 36 in Nr. 8); „677. An Pentaphylloides palustre rubrum. I. R. H. 298. Hanc speciem in ind. Len. nº. 204. pro Quinquefolio recto luteo B. male exhibui, ...“ (AAW R. I, Op. 105, D. 1ª, Bll. 80r–80v, s. Anm. 29 in Nr. 5); „Pentaphylloides palustre rubrum. Inst. r. h. 298. N°. 115.“ (AAW R. I, Op. 13, D. 19, Bl. 4r, s. Anm. 54 in Nr. 17); „2. Pentaphylloides palustre rubrum. Inst. r. h. 298.“ mit der rechts marginalen Anm. „Petrop.“ (AAW R. I, Op. 13, D. 16, Bl. 15v, s. Anm. 32 in Nr. 6); „204. Quinquefolium rectum luteum C. B. P. ...“ (AAW R. I, Op. 13, D. 42, Bl. 29r, s. Anm. 1 in Nr. 1); „Pentaphylloides palustre, rubrum; T. Sp. 5. ...“ (AAW F. 98, Op. 1, D. 19, Bl. 44r, s. Anm 59 in Nr. 19); „Pentaphylloides palustre rubrum; Tournef. Sp. 5. ...“ (AAW F. 98, Op. 1, D. 20, Bl. 29v, s. Anm. 90 in Nr. 33); „25. Juli 1723 ... Von Kräutern fand sich ... Pentaphylloides palustre rubrum (Tournefortii sp. 5); ...“ (Messerschmidt 1962–1977, Bd. 2, S. 102); „14. September 1725 ... brachten mir meine Denstschiken ... Pentaphylloides palustre rubrum (Tournefortii sp. 5), dessen semen beigelegt wurde. ...“ (Messerschmidt 1962–1977, Bd. 4, S. 232f.)

217 „[species 1] Pentaphylloides erectum J. B. 2. 398. Quinquefolium fragiferum C. B. Pin. 326. Quinquefolium v, fragiferum Clus. Hist. cvij.“ (Tournefort 1700, S. 298, Genus X. „Pentaphylloides.“); „Pentaphyllvm rectvm. ...“ (Bauhin 1651a, liber XVII, S. 398); „4. POTENTILLA foliis pinnatis quinatis, foliolis ovatis crenatis, caule erecto. Pentaphylloides erectum. Bauh. hist. 2. p. 398. d. ... Quinquefolium fragiferum. pin. 326. ...“ (Linné 1737, S. 193); „6) Felsenpotentille. Potentilla rupestris. ... Potentilla foliis pinnatis alternis, foliolis quinis ovatis crenatis; caule erecto. LINN. Syst. veg. p. 396. ... Pentaphylloides erectum. I. BAUH. hist. 2. p. 398. ... Quinquefolium Fragiferum. C. BAUH. pin. 326. ...“ (Linné 1781, S. 151f.); „8. POTENTILLA rupestris. P. foliis pinnatis alternis: ... Hort. cliff. 193. ... Pentaphylloides erectum. Bauh. hist. 2. p. 398. ... Quinquefolium fragiferum. Bauh. pin. 326. ... Felsen-Fingerkraut. W. ...“ (Linné 1797–1830, Bd. II, Teil 2, S. 1097); „16) POTENTILLA RUPESTRIS. Linn. ...“ (Ledebour 1830, S. 248); „3. P[otentilla] rupestris (L. SP. 711) ... LEDEB. Fl. alt. II, p. 248. ...“ (Ledebour 1844–1846, S. 37); „Potentilla rupestris, ... Felsenpotentille, mit aufrechtem Stengel, und gefiederten Blättern, ... aufrechtes Fünffingerkraut mit Geisbartblättern; ...“ (Gmelin 1775, Sp. 370f.); „Potentilla foliis ternatis hirsutis utrimque viridibus lobulis accessoriis. si huic flos albus quod Tu facile ipse noveris, certo est genera planta Potentillae foliis pinnatis alternis, foliolis quinis ovatis crenatis, caule erecto. Hort. cliff. 193. It. Westrog. 63. 76. (Synonymia Cl. Linnaei P. rupestrem L. refert in Fl. sib. non exhibitam. Sed Synonymia Gmelini ad Fl. sib. III. 182. nr. 31. P. fragarioidem L. accedit).“ (C. von Linné in einem Brief an J. G. Gmelin vom 2. August 1748 – Plieninger 1861, S. 85f.); „Ich habe sonst noch folgende Kräuter bey den sibirischen Bauern und Tataren statt des Thees gebräuchlich gefunden: ... Potentilla ruprestris die sie Wiesenthee (Polewoi Tschai [russ. *polevoj čaj*] nennen, und das ganze Kraut mit der Blume kochen, ...“ (Pallas 1773, S. 655); „170. POTENTILLA RUPESTRIS Linné. FELSEN-POTENTILLE. ... Deutsche Namen: Felsenfingerkraut, Bergfingerkraut.“ (Dietrich 1835, Nr. 170); „773. POTENTILLA rupestris ... Linn Sp. pl. 1. p. 711. ... Germ. Aufrechte Felsen=Potentille. ...“ (Gmelin 1806, S. 443f.); „1488. POTENTILLA rupestris. Linn. Felsenfingerkraut. ... Hohes weisses Fünffingerkraut. ...“ (Röhling 1831, S. 517f.)

„Pentaphylloides erectum JB. ...“ (AAW R. I, Op. 104, D. 8, Bl. 6v, s. Anm. 18 in Nr. 452); „65 Pentaphylloides erectum.“ (AAW R. I, Op. 15, D. 1, Bl. 11v, s. Anm. 24 in Nr. 64); „279) Pentaphylloides erectum J. B. ...“ (AAW R. I, Op. 104, D. 25, Bl. 21v, s. Anm. 61 in Nr. 21); „212. Pentaphylloides erectum J. B 2. 398 ...“ (AAW R. I, Op. 13, D. 42, Bl. 30v, s. Anm. 1 in Nr. 1); „297. Pentaphylloides erectum J. B. 2. 395. ...“ (AAW R. I, Op. 105, D. 4^a, Bl. 37r, s. Anm. 54 in Nr. 17); „Pentaphylloides erectum (Tournefortii sp. 1), Sylv.“ (Messerschmidt 1962–1977, Bd. 4, S. 203, s. Anm. 1 in Nr. 1)

218 „Pag. 299. Pentaphylloidis speciebus addendae sequentes. ... Pentaphylloides Orientale, supinum, foliis alatis, bifidis, vel trifidis. ...“ (Tournefort 1703, S. 21); „30. POTENTILLA foliis pinnatis subaequalibus, foliolis oblongis subbifidis, extimis confluentibus. Pentaphylloides orientale, saporum,[sic!] foliis alatis, bifidis vel trifidis, TOVRN. Cor. 21. Pentaphylloides repens foliis pinnatis, BVXB. Cent. 1. Tab. 49. Fig. 1. Pentaphylloides supinum, minus, folio glabro, non serrato, AMM. Ruth. 116. (non syn.) Pentaphylloides supina, minor, foliis alatis, hirsutis, varie dissectis, AM. Ruth. 117. (non LINN.).“ (Gmelin 1747–1769, Bd. III, S. 182); „30. Potentilla foliis pinnatis subaequalibus, foliolis oblongis subbifidis, extimis confluentibus [=] Potentilla bifurca L.!“ (Ledebour 1841, S. 96);

„Tab. XLIX. Fig. I. Pentaphylloides repens, foliis pinnatis. ...“ (Buxbaum 1728, S. 30); „116. PENTAPHYLLOIDES supinum minus, folio glabro, non serrato Gmelin. ... Differt a Pentaphylloide repenti, foliis pinnatis Buxb. Cent. 1. p. 30. ... 117. PENTAPHYLLOIDES supina, minor, foliis alatis hirsutis, varie dissectis. ...“ (Amman 1739, S. 91f.); „117. PENTAPHYLLOIDES supina, minor, foliis alatis hirsutis, varie dissectis. ... Ex Sibiria Gmelinus misit.“ (a. a. O., S. 92); „7) Zweyzinkige Potentille. Potentilla bifurca. ... Potentilla foliis pinnatis, subaequalibus , foliolis oblongis, subbifidis, extimis confluentibus. LINN. Syst. veg. p. 396. Sp. pl. 711. GMEL. It. I. p. 149. t. 27. f. 1. Pentaphylloides supinum, foliis alatis bifidis vel trifidis. TOURNEF. Cor. 21. ...“ (Linné 1781, S. 152); „9. POTENTILLA bifurca. ... Pentaphylloides orientale supinum, ... Tournef. cor. 21. Pentaphylloides repens foliis pinnatis. Buxb. cent. 1. p. 30. t. 49. f. 1. Pentaphylloides supinum minus ... Amm. ruth. 116. ... Spaltblättriges Fingerkraut. W. ...“ (Linné 1797–1830, Bd. II, Teil 2, S. 1098); „13) POTENTILLA BIFURCA. Linn. ... M. a Bieb. Fl. taur. cauc. I. p. 404. No. 994. ... P. foliis pinnatis subaequantibus, ... Gmel. Fl. sib. III. p. 182. No. 30. Pentaphylloides repens, foliis pinnatis. Buxb. Cent. I. p. 30. t. XLIX. f. 1. Pentaphylloides supinum minus, ... Amman. ruth. p. 91. No. 116. ... 14) POTENTILLA ASTRAGALIFOLIA. Bunge. ... Pentaphylloides supinum, minus, ... Amman. ruth. p. 92. No. 117.? ...“ (Ledebour 1830, S. 245ff.); „19. P[otentilla] bifurca (L. SP. 711) ... α. major: ... M. a BIEB. Fl. t. c. I, p. 404. – LEDEB. Fl. alt. II, p. 245. ... P. foliis pinnatis subaequalibus, ... GMEL. Fl. sib. III, p. 182, Nr. 30. Pentaphylloides supinum minus, ... AMMAN. ruth. p. 91. Nr. 116. ... γ. minor: ... P. astragalifolia. BUNG. in LEDEB. Fl. alt. II, p. 246. ... Pentaphylloides supina, minor, ... AMMAN. ruth. p. 92, Nr. 117. ...“ (Ledebour 1844–1846, S. 43f.); „Potentilla bifurca, ... zweyzinkige Potentille, mit gefiederten und zimlich gleichen Blättern, ...“ (Gmelin 1775, Sp. 371); „994. POTENTILLA bifurca. ... Gmel. sib. 3. p. 182. n. 30. Buxb. cent. 1. p. 30. t. 49. f. 1. Amm. ruth. n. 116. Pentaphylloides orientale supinum, ... Tournef. cor. p. 21. ...“ (Marschall von Bieberstein 1808a, S. 404); „81. Potentilla foliis pinnatis integris, extremo saepe divisis Amm. satis bona differentia. (? verticillata W. Fl. sib. III. nr. 28., an potius Fl. sib. III. 182. nr. 30. P. bifurca L.)“ (C. von Linné in einem Brief an J. G. Gmelin? vom 24. August 1748 – Plieninger 1861, S. 99); „Potentilla f. pinnatis oppositis caule dichotomo. Dichotomus certe non est – sed planta omnino est Pentaphylloides supinum (Fl. sib. III. 182. nr. 30. P. bifurca L. ...).“ (A. von Haller in einem undatierten Brief an J. G. Gmelin – Plieninger 1861, S. 136); „593. Potentilla bifurca. Lin. sp. 7. ... Ruß. Wiatopok. ...“ (Falk 1786, S. 193); „Das gespaltene Fünffingerkraut. Potentilla bifurca. ...“ (Gmelin 1770, S. 149); „7. POTENTILLA bifurca L. ... Gabelförmige Potentille. ...“ (Georgi 1797–1802, Theil 3, S. 1035)

„280) Pentaphylloides orientale supinum foliis alatis bifidis vel trifidis. Cor. i. r h. ...“ (AAW R. I, Op. 104, D. 25, Bl. 21v, s. Anm. 61 in Nr. 21); „* Pentaphylloides supinum minus, folio glabro non serrato. Obs. in Hist. nat. XL et CX." (AAW R. I, Op. 105, D. 2, Bl. 8v, s. Anm. 54 in Nr. 17); „3. Pentaphylloides supinum, glabrum, lobis foliorum, angustis & longioribus, bifidis vel trifidis. Pentaphylloides supinum minus, folio glabro non serrato Obs. in H. N. CX" (AAW R. I, Op. 13, D. 67, Bl. 45v, s. Anm. 5 in Nr. 4); „51. Pentaphylloides orientale, supinum, foliis alatis, bifidis vel trifidis. Cor. I. R. H." (AAW R. I, Op. 14, D. 8, Bl. 2r, s. Anm. 98 in Nr. 39); „211. Pentaphylloides orientale, supinum foliis alatis bifidis vel trifidis Cor. I. R. H. Obs. in Hist. N. ..." (AAW R. I, Op. 13, D. 42, Bl. 30v, s. Anm. 1 in Nr. 1); „296. Pentaphylloides supinum minus, folio glabro non serrato obs. in H. N. CX. Duae hujus dantur varietates, ..." (AAW R. I, Op. 105, D. 4^{a}, Bl. 37r, s. Anm. 54 in Nr. 17); „CX. Pentaphylloides supinum minus, folio glabro non serrato. ..." (AAW R. I, Op. 105, D. 8^{a}, Bll. 45v–46r, s. Anm. 46 in Nr. 79)

219 „[species 2] Pentaphylloides supinum J. B. 2. 398. Quinquefolio fragifero affinis C. B. Pin. 326. Pentaphyllon supinum quorundam, Potentillae facie Clus. Hist. cvij." (Tournefort 1700, S. 298, Genus X. „Pentaphylloides."); „2. POTENTILLA foliis pinnatis oppositis, caule dichotomo. Pentaphyllum alpinum minus supinum, ... Pluk. alm. 285. t. 106. f. 7. Pentaphyllum supinum quorundam, potentillae facie. Clus. hist. 2. p. 107. ..." (Linné 1737, S. 193); „10) Liegende Potentille. Potentilla supina. ... Potentilla foliis pinnatis; caule dichotomo, decumbente LINN. Syst. veg. p. 397. ... Pentaphylloides supinum I. BAUH. hist. 2. p. 398. TOURNEF. inst. 298. Quinquefolio Fragifero affinis. C. BAUH. pin. 326. Pentaphyllum alpinum minus, supinum. PLUK. Alm. 285. t. 106. f. 7. Pentaphyllum supinum quorundam, Potentillae facie. CLUS. Hist. 2. p. 107. ..." (Linné 1781, S. 153f.); „13. POTENTILLA supina. ... P. foliis pinnatis, ... Hort. cliff. 193. ... Pentaphyllum alpinum minus supinum. Pluk. alm. 285. t. 106. f. 7. Pentaphyllum supinam quorundam, potentillae facie. Clus. hist. 2. p. 107. ... Quinquefolio fragifero affinis. Bauh. pin. 326. ... Niedriges Fingerkraut. W. ..." (Linné 1797–1830, Bd. II, Teil 2, S. 1099); „15) POTENTILLA SUPINA. L. ... M. a. Bieb. Fl. taur. cauc. I. p. 405. No. 995. ..." (Ledebour 1830, S. 247f.); „1. P[otentilla] supina (L. SP. 711) ... M. a BIEB. Fl. t. c. I, p. 405. ... LEDEB. Fl. alt. II, p. 247. ..." (Ledebour 1844–1846, S. 35f.); „995. POTENTILLA supina. ... Linn. ed. Willd. 2. p. 1099. ... Pentaphyllum supinum quorundam, Potentillae facie. Clus. hist. 2. p. 107. ..." (Marschall von Bieberstein 1808a, S. 405); „[Potentilla] supina, ... schleichende Potentille, mit zweytheiligem und darniederliegendem Stengel, mit gefiederten Blättern; ..." (Gmelin 1775, Sp. 371); „585. POTENTILLA SUPINA Linné. NIEDRIGE POTENTILLA. ... Deutsche Namen: Niederliegendes oder gestrecktes Fingerkraut." (Dietrich 1841, Nr. 585)

„– Pentaphylloides supinum J. B. ..." (AAW R. I, Op. 104, D. 8, Bl. 6v, s. Anm. 18 in Nr. 452); „282) Pentaphylloides supinum J B. ..." (AAW R. I, Op. 104, D. 25, Bl. 21v, s. Anm. 61 in Nr. 21); „Pentaphylloides supinum. J. B. ..." (AAW R. I, Op. 105, D. 2, Bl. 8v, s. Anm. 54 in Nr. 17); „298. Pentaphylloides supinum. J. B. 2. 398. ..." (AAW R. I, Op. 105, D. 4^{a}, Bl. 37r, s. Anm. 54 in Nr. 17); „213. Pentaphylloides Supinum J. B. 2. 398 ..." (AAW R. I, Op. 13, D. 42, Bl. 30v, s. Anm. 1 in Nr. 1); „[N°.] 402. Pentaphylloides Supinum JB." (AAW R. I, Op. 15, D. 3, Bl. 1r, s. Anm. 65 in Nr. 24); „Pentaphylloides Supinum JB." (AAW R. III, Op. 1, D. 162, Bl. 28r, s. Anm. 54 in Nr. 17); „1. Pentaphylloides supinum. J. B. 2. 398." mit der rechts marginalen Anm. „Dill. Ox." (AAW R. I, Op. 13, D. 16, Bl. 15v, s. Anm. 32 in Nr. 6); „180. Potentilla folijs pinnatis, qvinatis, foliolis ovatis, crenatis, caule erecto. Lin. h. cliff. 193. Pentaphylloides supinum Bauh. hist. 2. p. 398. Boerh. lugd. 1. p. 41 Pentaphyllum supinum qvorundam, Potentilla facie Clus. hist. 2. p. 107." (AAW R. I, Op. 13, D. 20, Bl. 18v, s. Anm. 1 in Nr. 1)

220 „Pag. 299. Pentaphylloidis speciebus addendae sequentes. ... Pentaphylloides Orientale, erectum, Pimpinellae folio & facie." (Tournefort 1703, S. 21); „Tab. XLVIII. Pentaphylloides Orientale erectum, Pimpinellae folio & facie Tourn. Coroll. ..." (Buxbaum 1728, S. 30); „8) Bibernellartige Potentille. Potentilla Pimpinelloides. ... Potentilla foliis pinnatis, foliolis subrotundis, dentatis, aequalibus; caule erecto. LINN. Syst. veg. p. 396. Sp. pl. 711. Pentaphylloides Orientale erectum, folio et facie Pimpinellae. TOURNEF. Cor. 21. BUXB. Cent. I. p. 30. t. 48. ..." (Linné 1781, S. 152f.); „[Potentilla] pimpinelloides, foliis pinnatis: foliolis subrotundis dentatis aequalibus, caule erecto: pimpinellartige Potentille, mit aufrechtem Stengel, und gefiederten Blättern, deren

Blättlein rundlicht, gezant und gleich gros sind; ...“ (Gmelin 1775, Sp. 371); „Pentaphylloides orientale erectum, folio & facie pimpinellae; bedeutet bey Tournefort die bibernellartige Potentille.“ (Gmelin 1774, Sp. 870)

„501. Pentaphylloides Or pimpinellae fol: fl. luteo T. C.“ (AAW R. I, Op. 13, D. 19, Bl. 19v, s. Anm. 54 in Nr. 17); „281) Pentaphylloides supinum Pimpinellae folio & facie Flor. ircut No. 416. ...“ (AAW R. I, Op. 104, D. 25, Bl. 21v, s. Anm. 61 in Nr. 21); „676. Pentaphylloides supinum, floribus e foliorum alis. ... Fl. Irc. n° 416.“ (AAW R. I, Op. 105, D. 1^a^, Bl. 80r, s. Anm. 29 in Nr. 5); „8. Pentaphylloides supinum, floribus e foliorum alis Ind. Jen. n°. 676. Fl. Irc. n°. 416.“ mit der links marginalen Anm. „Ic. St.“ (AAW R. I, Op. 13, D. 67, Bl. 45v, s. Anm. 5 in Nr. 4); s. Nr. 405 und Anhang B. 5. Nr. 55

221 „675. Pentaphylloides rupestre alatum, pilosum et meanum Fl. Irc. n° 418. ... Eadem infausta mihi sorsquae Stellero, obtigit, ...“ (AAW R. I, Op. 105, D. 1^a^, Bl. 80r, s. Anm. 29 in Nr. 5); „9. Pentaphylloides pilosum & incanum, folio tenuiter diviso Fl. Irc. n°. 418. Ind. Jen. n°. 675. ...“ (AAW R. I, Op. 13, D. 67, Bl. 45v, s. Anm. 5 in Nr. 4)

222 „POTENTILLA. ... teutsch, Gänserich. Ist eine Gattung Pentaphylloides oder ein Kraut, welches aus seiner Wurzel Blätter treibet, die den Blättern der Odermenge [Nr. 428] nicht unähnlich sehen, stehen Paar und Paar nach der Länge an dem Stiele, sind am Rande ausgezackt, oben glatt und grün, unten mit kleinen weissen, dem Silber gleichenden Härlein besetzet. Zwischen diesen Blättern wachsen noch andere gantz kleine, eben so gestaltete Blätterlein. ...“ (Lémery 1721, Sp. 912f.)

223 „[species 11] Quinquefolium folio argenteo C. B. Pin. 325. Pentaphyllum rectum, foliis profundè sectis, subtus argenteis, flore luteo J. B. 2. 398. Quinquefolium petraeum, majus Tabern. Icon. 122.“ (Tournefort 1700, S. 297, Genus VIII. „Quinquefolium. Quinte-feuille.“); „Quinquefolium folio argenteo C. B. Pin. 325. Pentaphyllum erectum foliis profunde sectis, subtus argenteis, flore luteo J. B. 2. 398. ... Steinfünffingerkraut/ aufrecht Fünffingerkraut mit Silberfarben Blättern. ...“ (Mappus 1742, S. 256); „6. POTENTILLA foliis digitatis inciso-serratis, caule recto. α Pentaphyllum erectum, foliis profunde sectis subtus argenteis, flore luteo. Bauh. hist. 2. p. 398. c. fig. mal. Moris. hist. 2. p. 190. s. 2. t. 19. f. 11. mala. Quinquefolium folio argenteo. Bauh. pin. 325. β ... Quinquefolium alterum vulgare. Dod. pempt. 116. ... δ Qinquefolium minus, flore pallide luteo. Tourn. inst. 297. ...“ (Linné 1737, S. 193f.); „[species 15] Quinquefolium minus, flore pallide luteo. Pentaphyllon seu Heptaphyllum albo-pallidum seu flore ochroleuco, petalis singulis cordatis Mor. Hist. Oxon. Part. 2. 188.“ (Tournefort 1700, S. 297, Genus VIII. „Quinquefolium. Quinte-feuille.“); „12) Silberfärbige Potentille. Potentilla argentea. ... Potentilla foliis quinatis, cuneiformibus, incisis, subtus tomentosis; caule erecto. LINN. Syst. veg. p. 397. Sp. pl. 712. Hort. Cliff. 193. ... Quinquefolium folio argenteo. C. BAUH. pin. 325. ...“ (Linné 1781, S. 155f.); „17. POTENTILLA argentea. P. foliis quinatis cuneiformibus ... Gmel. sib. 3. p. 184. n. 37. ... P. foliis digitatis inciso-serratis, caule erecto. Hort. cliff. 193. ... Quinquefolium folio argenteo. Bauh. pin. 325. ... Silberblättriges Fingerkraut. W. ...“ (Linné 1797–1830, Bd. II, Teil 2, S. 1101); „22) POTENTILLA ARGENTEA. Linn. ... M. a Bieb. Fl. taur. cauc. I. p. 407. No. 1000. ... P. foliis quinatis ... Gmel. Fl. sib. III. p. 184. No. 37. ...“ (Ledebour 1830, S. 252f.); „25. P[otentilla] argentea (L. SP. 712) ... M. a BIEB. Fl. t. c. I, p. 407. ... LEDEB. Fl. alt. II, p. 252. ... P. foliis quinatis ... GMEL. Fl. sib. III, p. 184. Nr. 32. ...“ (Ledebour 1844–1846, S. 47f.); „1000. POTENTILLA argentea. ... Gmel. sib. 3. p. 184. n. 37. ...“ (Marschall von Bieberstein 1808a, S. 407); „37. POTENTILLA foliis quinatis angustissimis, subtus tomentosis, caule erecto, HALL. Helv. 341. Pentaphyllum erectum foliis profunde sectis, subtus argenteis, flore luteo, I. B. H. II. 398. ...“ (Gmelin 1747–1769, Bd. III, S. 184f.); „37. Potentilla foliis quinatis angustissimis subtus tomentosis, caule erecto [=] Potentilla argentea L.!“ (Ledebour 1841, S. 97); „Potentilla argentea, ... silberweisse Potentille, mit aufrechtem Stengel, ... aufrechtes Fünffingerkraut; Steinfünffingerkraut; Fünffingerkraut mit weissen Blättern; Gänserich; ... die Schafe lassen sie stehen; man kan sie aber zum Gerben des Leders gebrauchen ...“ (Gmelin 1775, Sp. 372f.); „[Quinquefolium] minus flore pallide luteo; so nennt Tournefort eine Art der Potentille, mit fünf= bis siebenfachen

Blumen, deren Blättlein herzförmig sind.“ (a. a. O., Sp. 661); „[Potentilla] recta, foliis septenatis lanceolatis serratis utrinque subpilosis, caule erecto; aufrechte Potentille, ...“ (a. a. O., Sp. 371f.); „[Pentaphyllum] rectum, foliis profundis sectis subtus argenteis, flore luteo; so nennt J. Bauhin die silberne Potentille.“ (Gmelin 1774, Sp. 873); „[Pentaphyllum] seu heptaphyllum albo-pallidum, seu flore ochroleuco, petalis singulis cordatis; scheint bey Morison eine Spielart der geraden Potentille mit blasser Blume zu seyn.“ (a. a. O., Sp. 874); „Potentilla argentea L., das silberweisse Fingerkraut, Silberkraut oder falscher Gänserich, liefert in Kraut und Blüthen ein Mittel, welches im G. Kasan nach Deriker (23, p. 136) gegen gewöhnliche und diphtheritische Angina in Form eines Decoctes tassenweise innerlich verwendet wird. Krebel (20, p. 126 [s. Krebel 1858, S. 126]) kennt die Anwendung desselben Decoctes bei Halsentzündung und Abscessen (wohl der Tonsillen). Nach Sljunin (30, p. 40) werden Stengel und Blätter von Pot. argentea in Form einer Tinctur oder eines Decoctes z. B. im G. Saratow bei Kopfschmerzen angewandt. ...“ (Henrici 1894, S. 64); „POTENTILLA (argentea) ... Linn. Spec. pl. 497. n 11. Suec. 454. Pentaphyllum erectum, foliis profunde sectis subtus argenteis, flore luteo. Bauh. hist. 2. p. 398. Жабникъ [russ. *žabnik*] siue Пятипалашникъ [russ. *pjatipalašnik*] siue Пятилистникъ [russ. *pjatilistnik*] Russ. ...“ (*Krašeninnikov* 1761, S. 81); „273. POTENTILLA ARGENTEA Linné. SILBERBLÄTTERIGE POTENTILLE. ... Deutsche Namen: silberweisses Fingerkraut, Stein-Fünffingerkraut, weisses Fünfblatt, Silberkraut, falscher Gänserich.“ (Dietrich 1836, Nr. 273); „12. POTENTILLA argentea L., ... Silbergraue Potentille. R. Schabnik, auch Tscherwnaja Trawa. ... Am Dnepr und überhaupt im trocknen, losen Boden werden die Puppen des Coccus polonicus häufig an den Wurzeln der Potentillen angetroffen und in der Ukraine gesammlet.“ (Georgi 1797–1802, Theil 3, S. 1035); „12. Potentilla argentea. Lin. spec. 712. syst. 477. ... hort. cliff. 193. ... Gmel. sib. 3. 184. n. 37. ... Q. folio argenteo. Bauh. pin. 325. Tournef. inst. 297. ... P. erectum, fol. profunde sectis subtus argenteis, flore luteo. Bauh. hist. 2. 398. c. ...“ (Miller 1807, unpaginiert unter Potentilla); „32. P[OTENTLLA] ARGENTEA. L. ... M. a Biberst. Taur. Cauc. 1. p. 407. ... Pentaphylloides rectum, ... Bauh. Hist. 2. p. 397. Quinquefolium folio argenteo. C. B. pin. 325. ...“ (Nestler 1816, S. 48f.); „1493. POTENTILLA argentea. Linné. Silberweisses Fingerkraut. ...“ (Röhling 1831, S. 523ff.); Potentilla argentea L. – russ. *červivaja trava*, *červečnik*, *červivka*, *zabirucha*, *železnik*, *mužskaja žabnaja*, *gorljanka*, *molka*, *grablik*, *pjatilistnik*, *ulabnik*, *čerbec* bzw. *derevjanka* (*Annenkov* 1858, S. 73, Nr. 858)

„161 Quinquefolium folio argenteo CBP. 325.“ (AAW R. I, Op. 6, D. 40, Bl. 30v, s. Anm. 1 in Nr. 1); „Quinquefolium folio argenteo. B. Pin. 325. et Inst. r. h. N°. 114.“ (AAW R. I, Op. 13, D. 19, Bl. 4r, s. Anm. 54 in Nr. 17); „+42 Quinq)folium folio argenteo CBP ...“ (AAW R. I, Op. 104, D. 17, Bl. 11r, s. Anm. 36 in Nr. 8); „292. Quinquefolium folio argenteo. C. B. P. ... An tunc Quinquefolium orientale tenuissime laciniatum, humifusum. cor. I. R. H?“ (AAW R. I, Op. 105, D. 4ª, Bl. 36v, s. Anm. 54 in Nr. 17); „566. Quinquefolium folio argenteo. C. B. P.“ (AAW R. I, Op. 104, D. 13, Bl. 5v, s. Anm. 84 in Nr. 29); „161. Qvinqvefolium folio argenteo C. B. P. 325“ (AAW R. III, Op. 1, D. 28, Bl. 9r, s. Anm. 1 in Nr. 1); „161 Q[uinquefolium] folio argenteo. C. B. P.“ (G. W. Steller nach J. G. Heinzelmann: AAW R. I, Op. 81, D. 23, Bl. 18r, s. Anm. 1 in Nr. 1); „294. Quinquefolium minus, flore pallide luteo I. R. H. ...“ (AAW R. I, Op. 105, D. 4ª, Bl. 37r, s. Anm. 54 in Nr. 17); „Quinquefolium folio argenteo C. B. Pin. 325. Tournef. Sp. 11. ...“ (AAW F. 98, Op. 1, D. 19, Bl. 50r, s. Anm 59 in Nr. 19); „19. An Quinquefolium minus flore pallide luteo IRH?“ mit der links marginalen Anm. „Von h(Martini.“ (AAW R. I, Op. 14, D. 8, Bl. 14v, s. Anm. 98 in Nr. 39); „6. Quinquefolium minus, flore pallido luteo I. R. H. Ind. Irc. n°. 294.“ (AAW R. I, Op. 13, D. 67, Bl. 45r, s. Anm. 5 in Nr. 4); 19. An Quinquefolium minus, flore pallide luteo. I. R. H?“ mit der links marginalen Anm. „Von h(Martini.“ (AAW F. 21, Op. 5, D. 119, Bl. 16r unter „Samen“, s. Anm. 95 in Nr. 328); „815. Potentilla foliis digitatis inciso-serratis, caule recto. Linn. h. Cliff. 193. Quinquefolium rectum majus Bauh. h. 2. p. 397. Potentilla folijs quinatis, angustissimis subtus tomentosis, caule erecto Hall. 341. ...“ (AAW R. I, Op. 13, D. 20, Bl. 74v, s. Anm. 1 in Nr. 1); s. auch Nr. 420

[224] „[species 17] Quinquefolium montanum, erectum, hirsutum, luteum C. B. Pin. 325. Prodr. 139." (Tournefort 1700, S. 297, Genus VIII. „Quinquefolium.Quinte-feuille."); „QUINQUE-folium rectum, majus J. B. 2. 397. Quinquefolium rectum, vulgare Dod. Pempt. ... Cette plante peut encore mieux être raportée [sic!] au Quinque folium montanum, luteum, erectum hirsutum C. B. ..." und die Abbildung 83 „Quinquefolium montanum erectum, hirsutum luteum C. B. pin" vor S. 393 (Garidel 1715, S. 393); „* 1121. FRAGARIA caule erecto, foliis quinis & septenis, acute serratis. Quinquefolium montanum, erectum, hirsutum luteum GARIDEL. t. 83. Quinquefolium alterum vulgare DODON. pempt. p. 116. Potentilla foliis septenis, lanceolatis, serratis, utrinque subpilosis, caule erecto LINN. spec. p. 711. ..." (Haller 1768a, S. 49); „11) Gerade Potentille. Potentilla recta. mit siebenfachen, lanzenförmigen, sägeartiggezähnten, auf beyden Flächen ein wenig haarigen Blättern; und aufrechtem Stengel, Potentilla foliis septenatis, lanceolatis, utrinque subpilosis; caule erecto. LINN. Syst. veg. p. 397. ... Quinquefolium rectum luteum. C. BAUH. pin 325. Quinquefolium alterum vulgare. DOD. pempt. 116. ..." (Linné 1781, S. 154f.); „14. POTENTILLA recta. ... Quinquefolium rectum luteum. Bauh. pin. 325. Quinquefolium alterum vulgare. Dod. pempt. 116. ... Gerades Fingerkraut. W. ..." (Linné 1797–1830, Bd. II, Teil 2, S. 1099f.); „26) POTENTILLA RECTA L. ... M. a Bieb. Fl. taur. cauc. I. p. 405. No. 996. ..." (Ledebour 1830, S. 255); „21. P[otentilla] recta (L. SP. 711) ... M. a BIEB. t. c. II. [sic!] 405; ... LEDEB. Fl. alt. II, p. 255. ..." (Ledebour 1844–1846, S. 45f.); „[Potentilla] recta, foliis septenatis lanceolatis serratis utrinque subpilosis, caule erecto; aufrechte Potentille, mit siebenfachen, lanzenförmigen, sägenartig gezanten und auf ihrer ganzen Oberfläche etwas harigen Blättern, und einem aufrechten Stengel; ..." (Gmelin 1775, Sp. 371f.); „996. POTENTILLA recta. ... Linn. ed. Willd. 2. p. 1099. ..." (Marschall von Bieberstein 1808a, S. 405); „1476. POTENTILLA recta. ... Potentilla foliis septenis lanceolatis serratis utrinque subpilosis, caule erecto. LINN. spec. p. 711. ... Fragaria caule erecto, foliis quinis, & septenis acute serratis. HALL. hist. tom. 2. 1121. ... Quinquefolium rectum luteum. BAUH. pin. 325. [s. auch Nr. 411] Quinquefolium rectum majus. BAUH. hist. II. 397. Quinquefolium alterum vulgare. DOD. pempt. 116. ..." (Allioni 1785a, S. 55); „238. POTENTILLA RECTA Linné. GERADE POTENTILLE. ... Deutsche Namen: Gerades oder aufrechtes Fingerkraut." (Dietrich 1836, Nr. 238); „10. POTENTILLA recta L., ... Aufrechte Potentille. ..." (Georgi 1797–1802, Theil 3, S. 1035); „8) Gerade Potentille. Potentilla recta, ... Potentilla foliis septenatis, lanceolatis, utrinque subpilosis; caule erecto. LINN. Syst. veg. p. 397. ..." (Krünitz 1773–1858, Bd. 116, S. 345f.); „11. Potentilla recta. ... Lin. spec. 711. syst. 477. ... Fragaria caule erecto, ... Hall. helv. 2. 1121. ... Quinquefolium rectum luteum. Bauh. pin. 325. Tournef. inst. 297. Q. alterum vulgare. Dod. pempt. 116. Q. montanum erectum hirsutum luteum. Garid. aix. 393. t. 83. ... [13. Potentilla intermedia. Lin. syst. 477. ... Quinquefolium montanum luteum erectum hirsutum. Bauh. pin. 325. prodr. 139. ..." (Miller 1807, unpaginiert unter Potentilla); „34. P[OTENTILLA] INTERMEDIA L. ... P. (intermedia) foliis radicalibus quinatis, ... Willd. Sp. pl. 2. p. 1101. (exclusis synonymis.) ..." (Nestler 1816, S. 49ff.); „13) Mittlere Potentille. Potentilla intermedia. Potentilla foliis radicalibus quinatis, caulinis ternatis, caule erectiusculo ramosissimo. LINN. Syst. veg. 397. Mant. 76. Quinquefolium montanum luteum erectum hirsutum. C. BAUH. pin. 325. ..." (Linné 1781, S. 156); „19. POTENTILLA intermedia. ... Quinquefolium montanum luteum erectum hirsutum. Bauh. pin. 325. ... Mittleres Fingerkraut. W. ..." (Linné 1797–1830, Bd. II, Teil 2, S. 1101f.); „28. P[otentilla] intermedia (L. MART. p. 76) ..." (Ledebour 1844–1846, S. 49); „[Potentilla] intermedia, foliis radicalibus quinatis, caulinis ternatis, caule erectiusculo ramosissimo; schweizerische Potentille, deren Stengel zimlich aufrecht ist, ... Haller vereinigt sie mit der geraden Potentille; ..." (Gmelin 1775, Sp. 383f.); „38. P[OTENTILLA] OPACA. L. ... Willd. sp. pl. 1103. (exclus. synon. Pollich et altero Bauh.) ... M. a Biberst [sic!] Fl. Taur. Caucas. 1. p. 408. ... Pentaphyllum minus, molli lanugine pubescens. Bauh. Hist. 2. 398. (fide herb, Vaill.) [s. Nr. 402] Quinquefolium minus repens lanuginosum luteum. C. B. pin. 325. (ex herb. Vaill.) Quinquefolium montanum erectum hirsutum luteum. C. B. pin. 325. prodr. 139. (fide specimin. herbar. Bauhin.) ..." (Nestler 1816, S. 54ff.); „Quinquefolium minus repens, lanuginosum, luteum C. P. Pin. 325. ..." (Mappus 1742, S. 256); „* Quinquefolium erectum, luteum C. B. Pin. 325.

Quinquefolium erectum, majus J. B. 2. 397. Quinquefolium alterum, vulgare Dod. Pempt. 116. Aufrecht Fünffingerkraut. ... Quinquefolium montanum, erectum hirsutum, luteum C. B. Pin. 325. Prodr. 139. ...“ (a. a. O., S. 356f.); „16) Dunkle Potentille. Potentilla opaca. ... Potentilla foliis radicalibus quinatis, cuneiformibus, serratis, caulinis oppositis; ramis filiformibus, decumbentibus. LINN. Syst. veg. p. 397. ... Quinquefolium minus repens lanuginosum luteum. C. BAUH. pin. 325. ... Quinquefolio similis enneaphyllos hirsuta. C. BAUH. pin. 325. prodr. 139. ...“ (Linné 1781, S. 157f.); „23. POTENTILLA opaca. ... Quinquefolium minus repens lanuginosum luteum. Bauh. pin. 325. ... Quinquefolio smilis enneaphyllos hirsuta. Bauh. pin. 325. prodr. 139. ... Schattenliebendes Fingerkraut. W. ...“ (Linné 1797–1830, Bd. II, Teil 2, S. 1103); „27) POTENTILLA OPACA. L. ... M. a Bieb. Fl. taur. cauc. I. p. 408. No. 1002. ... Potentilla foliis senis et septenis, stipulis integris. Gmel. Fl. sib. III. p. 185. No. 39? (excl. icone, sphalmate huc ducta.) ...“ (Ledebour 1830, S. 255f.); „30. P[otentilla] opaca (L. SP. 713) ... M. a BIEB. Fl. t. c. I, p. 408. ... LEDEB. Fl. alt. II, p. 255. ... P. foliis senis et septenis, stipulis integris. GMEL. Fl. sib. III, p. 185, Nr. 39 (excl. icone). ...“ (Ledebour 1844–1846, S. 49f.); „39. POTENTILLA foliis senis et septenis, stipulis integris, T. 37. b. Quinquefolio similis enneaphyllos hirsuta. B. pr. p. 139. HALL. Helv. 339. ...“ (Gmelin 1747–1769, Bd. III, S. 185); „39. Potentilla foliis senis et septenis, stipulis integris. (excl. icone) [=] Potentilla opaca L.!“ [;] t. XXXVIII. (in textu nunquam allegata.) [=] Potentilla agrimonioides M. a Bieb.! (ex Fl. t. c. I. 463.) (Ledebour 1841, S. 97); „Potentilla opaca, ... dunkele Potentille, ... rauches Bergfingerkraut; kleine cassubische Tormentill; ... Ihre Blätter ziehen stark zusamen.“ (Gmelin 1775, Sp. 375f.); „1002. POTENTILLA opaca. ... Linn. ed. Willd. 2. p. 1103. ...“ (Marschall von Bieberstein 1808a, S. 408); „992. POTENTILLA agrimonioides. ... Potentilla. Gmel. sib. 3. t. 38. ...“ (a. a. O., S. 403f.); „Quinquefolio similis eneaphylla hirsuta. C. B. forte et evero simile. Potentilla foliis septenis, caulibbus subnudis declinatis (? P. geranioides W.). facie accedit et modo crescendi cum Potentilla foliis digitatis superne conniventi-serratis, caulibus filiformibus procumbentibus (H. C. 8. P. alba L.) sed flores lutei (Est Fl. sib. III. 185. nr. 39. excl. icone Potentilla opaca L.).“ (C. von Linné in einem Brief an J. G. Gmelin vom 2. August 1748 – Plieninger 1861, S. 85); „Quinquefolio similis enneaphyllos. – Planta C. B. valde dubia est et Tua non valde a vulgari recedit quam in horto Gotting. 7 vel 9 foliis habemus (Fl. sib. III. 185. nr. 39. Potentilla opaca L. vel agrimonioides M. a Bieb. ...).“ (A. von Haller in einem undatierten Brief an J. G. Gmelin – Plieninger 1861, S. 136); „169. POTENTILLA OPACA. Linné. MATTBLÄTTERIGE POTENTILLE. ... Deutsche Namen: Mattes, glanzloses, dunkelgrünes, sattgelbes Fingerkraut.“ (Dietrich 1835, Nr. 169); Potentilla recta L. – russ. *červec* (*Annenkov* 1858, S. 73, Nr. 864); „206. Quinquefolium montanum erectum, hirsutum luteum C. B. P. ...“ (AAW R. I, Op. 13, D. 42, Bl. 29r, s. Anm. 1 in Nr. 1); s. auch Nr. 404 u. Nr. 419

225 „283) Pentaphylloides tenuifolium flore parvo purpurascente Flor. ircut. No 421. ...“ (AAW R. I, Op. 104, D. 25, Bl. 21v, s. Anm. 61 in Nr. 21); „680. Pentaphylloides saxatile, folio tenuiter diviso, flore dilute carneo, minimo. Quinquefolium saxatile dilute carnei coloris prior. ind. Fl. Irc. n° 421 I. Idem flore penitur albo. Fl. Irc. 422. ...“ (AAW R. I, Op. 105, D. 1ª, Bl. 80v, s. Anm. 29 in Nr. 5); „13. Pentaphylloides saxatile, folio tenuiter diviso, flore carneo, minimo Ind. Jen. n°. 680. Quinquefolium saxatile dilute carnei coloris Ind. Irc. & Len & Fl. Irc. n°. 421. j. Idem flore albo.“ (AAW R. I, Op. 13, D. 67, Bl. 45v, s. Anm. 5 in Nr. 4); „CIX. Quinquefolium saxatile, dilute carnei coloris. ...“ mit der rechts marginalen Anm. auf Bl. 45r „Vid. fig.“ (AAW R. I, Op. 105, D. 8ª, Bll. 45r–45v, s. Anm. 46 in Nr. 79); „293. Quinquefolium saxatile dilute carnei coloris Obs. in H. N. CIX“ mit der links marginalen Anm. von J. G. Gmelin auf Bl. 12v „Pentaphylloides tenuifolium flore parvo purpurascente 421. & albo 422.“ (AAW R. I, Op. 105, D. 12, Bll. 12v–13r, s. Anm. 54 in Nr. 17); „* Quinquefolium saxatile dilute carnei coloris, obs. in Hist. nat. CIX.“ (AAW R. I, Op. 105, D. 2, Bl. 8v, s. Anm. 54 in Nr. 17); „Qvinquefolium Saxatile, dilute carnei coloris.“ mit der links marginalen Anm. „a Gmelino sub hisce titulis ex Sibiria missae,“ (AAW R. III, Op. 1, D. 162, Bl. 35v, s. Anm. 54 in Nr. 17); „207. Quinquefolium Saxatile dilute carnei coloris Obs. in Hist. Nat. ...“ (AAW R. I, Op. 13, D. 42, Bl. 29v, s. Anm. 1

in Nr. 1); „49. Quinquefolium saxatile, dilute carnei coloris obs. in H. N.“ (AAW R. I, Op. 14, D. 8, Bl. 2r, s. Anm. 98 in Nr. 39); „[N°.] 403. Quinquefolium Saxatile dilute carnei coloris Gmel.“ mit der rechts marginalen Anm. „Gmel. Dav.“ (AAW R. I, Op. 15, D. 3, Bl. 1r, s. Anm. 65 in Nr. 24); „1. Quinquefolium saxatile dilute carnei coloris. Gmel.“ mit der rechts marginalen Anm. „Dauria“ (AAW R. I, Op. 13, D. 16, Bl. 15v, s. Anm. 32 in Nr. 6)

„42. SIBBALDIA foliolis linearibus multifidis, LINN. 22. 2. Pentaphylloides foliis tenuissime laciniatis flosculis carneis, AMM. Ruth. 112. t. 15. Pentaphylloides tenui folium flore paruo purpurascente, STELL. Irc. 421. 422. et 424. j. Eadem pumila et flore maiore. Pentaphylloides tenuifolium flore purpurascente ampliori, STELL. Irc. 423. ...“ (Gmelin 1747–1769, Bd. III, S. 186f.); „42. Sibbaldia foliolis linearibus multifidis [=] Chamaerhodos erecta Bunge! [;] I. Eadem pumila et flore majore [=] Chamaerhodos altaica Bunge!“ (Ledebour 1841, S. 97); „2) Aufrechte Sibbaldie. Sibbaldia erecta. mit gleichbreiten vielspaltigen Blättlein, Sibbaldia foliolis linearibus, multifidis. LINN. Syst. veg. p. 254. ... GMEL. Fl. Sib. 3. p. 186. n. 42. Pentaphylloides foliis tenuissime laciniatis, flosculis carneis. AMM. Ruth. 112. t. 15. ...“ (Linné 1780, S. 290); „112. PENTAPHYLLOIDES foliis tenuissime laciniatis, flosculis carneis. Tab. XV. ... Est forte eadem planta Pentaphylloides folio exiguo, tenuissime laciniato, flore minutulo, incarnato, petalis cordiformiter sinuatis Messerschm. ...“ (Amman 1739, S. 85f.); „270. Chamaerhodos BUNGE. ... 1. C. erecta. (BUNGE LEDEB. Fl. alt. I, p. 430) ... Sibbaldia erecta. L. SP. 406. ... Sibbaldia foliolis linearibus multifidis. GMEL. Flor. sib. III, p. 186, Nr. 42 (excl. var.) Pentaphylloides foliis tenuissime laciniatis, flosculis carneis. AMMAN. ruth. p. 85, Nr. 111, t. 15. ...“ (Ledebour 1844–1846, S. 33f.); „4. C[hamaerhodos] altaica (BUNGE in LEDEB. Fl. alt. I, p. 429) ... Sibbaldia altaica. E. LAXMANN in Nov. Comment. Ac. petropol. XVIII, p. 527, t. 6, f. 2 (Ic. mediocr.). ...“ (a. a. O., S. 35); „1. CHAMAERHODOS ALTAICA. Bunge. ... Sibbaldia altaica. Linn. Sp. pl. ed. Willd. I. p. 1567. ... Sibbaldia foliolis linearibus multifidis. Gmel. Fl. sib. III. p. 186. No. 42. var. I. pumila et flore majore. Pentaphylloides tenuifolium flore purpurascente ampliori. Stell. irc. 423. ... 2) CHAMAERHODOS ERECTA. Bunge. Sibbaldia erecta. ... Sibbaldia foliolis linearibus multifidis. Gmel. Fl. sib. III. p. 186. No. 42. (excl. var.). Pentaphylloides foliis tenuissime laciniatis flosculis carneis. Amm. ruth. p. 85. No. 112. t. XXV. ...“ (Ledebour 1829, S. 429ff.); „2. SIBBALDIA erecta. S.erecta, foliolis linearibus multifidis. Gmel. sib. 3. p. 186. Pentaphylloides foliis tenuissime laciniatis, flosculis carneis. Amm. ruth. 112. t. 1. ... Aufrechte Sibbaldie. W. ... 3. SIBBALDIA altaica. ... S. foliorum apicibus tripartitis, calycibus quinquefidis, petalis retusis. Pall. [sic!] Act. petrvp. 1773. p. 526. t. 18. f. 2.* Altaische Sibbaldie. W. ...“ (Linné 1797–1830, Bd. I, Teil 2, S. 1567); „II. SIBBALDIA altaica foliorum radicalium apicibus tripartitis, calycibus quinquefidis petalis retusis. ... Sibbaldia autem erecta, quae jam ad Wolgam occurrit, quaeque a STELLERO Ircutiae lecta, toto coelo diversa ab illa est, cujus iconem Ammani Tab. XV. continet. ...“ (Laxmann 1774, S. 527ff.); „Sibbaldia erecta, foliolis linearibus multifidis; aufrechte Sibbaldische Pflanze, mit gleichbreiten und in viele Abschnitte zerspaltenen Blättchen; sie kommt aus Sibirien, und hat fleischrothe Blumen.“ (Gmelin 1776, Sp. 496); „Pentaphylloidis duas misisti species, ambae 5 staminibus, ergo utraque Sibaldiae species erit. pistilla in his 10 vel 12. sed docent hae species, quod in charactere excludi debeat nota calycis decemfida; cum hae species careant alternis minoribus lacinulis, et 5 solum ordinariis instruantur. Species parva floribus majoribus posset dici: Sibaldia foliis trifidis“ linearibus. (Fl. sib. III. 186. nr. 42. I. S. altaica L. Chamaerhodos altaica Bunge.) Species major floribus majoribus dicatur: Sibaldia foliis supradecompositis laciniis linearibus. (Fl. sib. IIII. 186. nr. 42. S. erecta L. Chamaerhodos erecta Bunge. ...) ...“ (C. von Linné in einem Brief an J. G. Gmelin vom 6. September 1744 – Plieninger 1861, S. 34); „Quo refers Pentaphylloiden foliis tenuissimis laciniatis fl. carneis. Amm. p. 85. t. 15. quot habet pistilla? an Sibbaldia generis planta? (? Fl. sib. III. 186. nr. 42. Sibaldia erecta L. Chamaerhodos erecta Bunge, ...)“ (C. von Linné in einem Brief an J. G. Gmelin vom 3. September 1746 – Plieninger 1861, S. 50); „Pentaphylloides n. 85. est absque omni exceptione genuina species Sibbaldiae. et vereor quod binae vestrae species, majori scilicet et minori flore sint tantum varietates. hoc idem in pluribus speciebus videmus flore majori et minori. (‚Sibbaldia‘ annot.

Gmelini ad marg. cf. Linn. Ep. III. VI. Est Fl. sib. III. 186. nr. 42. Sibbaldia erecta L. Chamaerhodos erecta et altaica Bunge.)“ (C. von Linné in einem undatierten Brief an J. G. Gmelin – Plieninger 1861, S. 52f.); „Sibbaldie, Sibbaldische Pflanze, Sibbaldia, ... Linnē führt davon zwei Arten an, Sibbaldia procumbens, und Sibbaldia erecta. Beide Arten, wovon ... die zweite dem Fünffingerkraut, Pentaphyllum, gleicht, und von Gmelin in Sibirien angetroffen worden, kommen in der Oekonomie, Technologie und in der Arzneikunst nicht vor, und werden nur in botanischen Gärten und von Pflanzenliebhabern gezogen, ...“ (Krünitz 1773–1858, Bd. 153, S. 550); „Chamäerrhodos BUNG. (Rosaceae). Zus. aus χαμαι (klein) u. ροδος (Rose); kleine Sträucher mit rosenähnlichen, weissen oder purpurrothen Blumen.“ (Wittstein 1852, S. 184)

226 „ANCHUSA. ... teutsch, rothe Ochsenzunge. ... Die Wurtzel ist des Daumens dick, hat eine rothe Rinde, das Hartz oder der Kern ist weißlicht. ...“ (Lémery 1721, Sp. 57f.)

227 s. Anm. 209 in Nr. 406

228 „Abrotanum. Auronne. ...“ (Tournefort 1700, S. 459); „ABROTANUM. ... teutsch, Stabwurtz/ Garthagen/ Gartheil ... Die Blätter sind gar schmal, oder doch zarte gekerbt, und haben einen starken gewürtzhaften Geruch, und einen bittern, scharffen Geschmack. ...“ (Lémery 1721, Sp. 3)

229 s. Anm. 209 in Nr. 406

230 s. Nr. 421

231 „15. Pentaphylloides tenuifolium, flore purpurascente ampliori Fl. Irc. n°. 423.“ (AAW R. I, Op. 13, D. 67, Bl. 45v, s. Anm. 5 in Nr. 4); s. Nr. 421

232 in der 2. Textversion (s. Anm. 1 in A.): „quo |ad|modum“

233 „16. Pentaphylloides saxatile, humillimum, flore purpurascente Fl. Irc. n°. 424.“ (AAW R. I, Op. 13, D. 67, Bl. 45v, s. Anm. 5 in Nr. 4); s. Nr. 421

234 „17. Pentaphylloides saxatile elatius foliosum, flore flavicante intra folia sessili Fl. Irc. n°. 425.“ (AAW R. I, Op. 13, D. 67, Bl. 45v, s. Anm. 5 in Nr. 4)

235 Michel Sarrazin; „[species 4] Christophoriana Americana, racemosa, baccis rubris, longo pediculo insidentibus Sarrac.“ (Tournefort 1700, S. 299, Genus I. „Christophoriana.“); „11. Ein Americanisches St. Christofels=Kraut: Christophoriana, Americana, racemosa, baccis rubris. M. H. T. B. J. A. loc. cit. item baccis niveis, baccis rubris longo pediculo insidentibus. M. H. T. loc. cit.“ (Zwinger 1744, S. 1094); „CHRISTOPHORIANA, (dieses Kraut hat seinen Namen von dem Heil Christoph.) Herb Christopher. Christophskraut. ... Die Sorten sind: 1. CHRISTOPHORIANA vulgaris nostras, racemosa & ramosa. Moris. Hist. Das gemeine Christophskraut. 2. CHRISTOPHORIANA Americana racemosa, baccis rubris. Mor. Hist. Das americanische Christophskraut, mit rothen Beeren. 3. CHRISTOPHORIANA Americana racemosa, baccis rubris, longo pediculo insidentibus. Sarrac. Das americanische Christophskraut, mit rothen Beeren so an langen Stielen wachsen.“ (Miller 1750, S. 205); „Actaea, Schwarzwurz, Christophskraut, ist bey dem Ritter Linne' ... der Gattungsname einer Pflanze ... sonst hat sie den Namen: Christophoriana. ... Actaea spicata, racemo ovato, fructibusque baccatis, ährenförmiges Schwarzkraut, ... sie hat zwo Spielarten, ... die eine, das gemeine Christophskraut ... hat schwarze Beere, die andere Spielart, ... das Weißkraut, wächst in den americanischen Wäldern wild; ... die Beere mit Alaun gekocht, geben eine schwarze Dinte.“ (Gmelin 1772a, Sp. 108ff.); „Christophoriana, ist nicht nur die Benennung, unter welcher die meiste ältere Schriftsteller das ährige Schwarzkraut verstehen, sondern auch der Name, welchen Tournefort, ... und ehmals Haller dieser ganzen Gattung gaben. ... [Christophoriana] americana racemosa baccis niveis; bedeutet bey Morison das Weißkraut. [Christophoriana] americana racemosa baccis rubro; hierunter versteht er eine andere Abart des ährigen Schwarzkrautes mit rothen Beeren. [Christophoriana] americana baccis rubris, longo pediculo insidentibus; ist bey Tournefort eine andere mit rothen Beeren auf langen Stielen. ... [Christophoriana] vulgaris nostras racemosa ramosa; so nennt Morison das ährige Schwarzkraut.“ (Gmelin 1772, Sp. 904); „7. Christophoriana Americana racemosa, baccis niveis & rubris, nobis. Aconitum baccis niveis & rubris, Cornut. ... 8. Christophoriana vulgaris nostras racemosa & ramosa, nobis. ... Christophoriana, Dod. Lob. Ger. Clus. Hist. ...“ (Morison 1680, S. 8f.); „9. ACTAEA racemo ouato, fructibusque baccatis, rubris, MORIS. hist. 2. p. 298. s. 1. t. 2. f. 7. Ind. Len. I. Eadem baccis

albis. Christophoriana Americana, racemosa, baccis nigris, MORIS. l. c. Ind. 298. ... baccae constanter rubrum coloem servant. Ad Lenam tantum fluuium baccis albis variat. ...“ (Gmelin 1747–1769, Bd. IV, S. 181), nahezu identisch auf Bl. 76r in AAW R. I, Op. 104, D. 14 – s. Anm. 32 in Nr. 6, jedoch mit dem Anfang „9. Actaea racemo ovato, fructibusq baccatis, ROY lugd. 480. Lin sp. pl. 1. p. 722. n. 1 Christophoriana americana racemosa baccis rubris Moris. hist. 2. p 298 [sic!] s. 8. t. 2. f. 7. Ind. Len. I. Eadem baccis albis ...“; „9. Actaea racemo ovato, fructibus baccatis rubris [=] Actaea spicata L. β. erythrocarpa Fisch.! (Actaea spicata L. – Willd. sp. pl. II. 1139. et M. a Bieb. Fl. t. c. II. 2. Actaea rubra Big. – Fl. alt. II. 278.)“ (Ledebour 1841, S. 131); „1070 ACTAEA spicata. ... Actaea racemo ovato, fructibusque baccatis. LINN. spec. p. 722. Christophoriana vulgaris nostra racemosa, & ramosa. Moris. ox.. 2. 8. ... Christophoriana. DOD. pempt. 402. Lob. adv. p. 304. ...“ (Allioni 1785, S. 294); „1. ACTAEA. Actaea caule inermi. Fl. lapp. 217. Christophoriana. Dod. pempt. 402. Clus. hist. 2. p. 86. Christophoriana vulgaris. nostras racemosa & ramosa. Moris. hist. 2. p. 8. s. 1. t. 2. f. 2. ... Aconitum racemosum. Bauh. pin. 182. ... α Christophoriana americana racemosa, baccis niveis & rubris. Moris. hist. 2. p. 8. s. 1. t. 2. f. 7. Aconitum baccis niveis & rubris. Corn. canad. 76. p. 77. ...“ (Linné 1737, S. 202); „1) Aehrenförmiges Christophskraut. Actaea spicata. ... Actaea racemo ovato; fructibus baccatis. LINN. Syst. veg. p. 406. Sp. pl. 722. Actaea caule inermi. Fl. Lapp. 217. Actaea. Hort. Cliff. 209. [sic!] ... Christophoriana. CLUS. Hist. 2. p. 86. ... DOD. pempt. 402. ... LOB. Ic. 682. TOURNEF. inst. 299. ... Aconitum baccis niveis. CORN. Canad. 76. t. 77. Christophoriana Americana, racemosa, baccis niveis et rubris. MORIS. hist. 2. p. 8. S. 1. t. 2. f. 7. Diese Pflanze ... wird bey ältern Schriftstellern insgemein Aconitum bacciferum oder Aconitum racemosum, und im Deutschen, ... Christophskraut oder St. Christophskraut, ingleichen Schwarzkraut genennet. ... In America und Siberien findet man eine Varietät, mit ... hellrothen oder auch ganz weissen und durchsichtigen Beeren; ... Einige ältere Aerzte empfehlen den innerlichen Gebrauch der Wurzel wider Kröpfe und Engbrüstigkeit; ... Der äusserliche Gebrauch des Krauts und der Wurzel soll nach einigen zertheilend und zurücktreibend, nach andern aber ätzend und blasenziehend seyn. ...“ (Linné 1781, S. 181ff.); „1. ACTAEA spicata. A. racemo ovato, fructibus baccatis. Sp. pl. 722. α. Actaea spicata nigra. Actaea. Hort. cliff. 209. [sic.!] ... Gmel. sib. 4. p. 181. ... A. caule inermi. Fl. lapp. 217. ... Christophoriana. Clus. hist. 2. p. 86. β. Actaea spicata alba. ... Aconitum baccis niveis. Corn. canad. 76. t. 77. Christophoriana americana racemosa baccis niveis et rubris. Moris. hist. 2. p. 8. s. 1. t. 2. f. 7. ... Aehrentragendes Christophskraut. W. ...“ (Linné 1797–1830, Bd. II, Teil 2, S. 1139); „1) ACTAEA RUBRA. Big. ... Actaea racemo ovato, fructibus baccatis rubris. Gmel. Fl. sib. IV. p. 181. No. 9. ...“ (Ledebour 1830, S. 275f.); „25. Actaea. L. ... 1. A. spicata (L. SP. 722) ... α. melanocarpa: ... M. a BIEB. Fl. t. c. II, p. 2; ... β. erythrocarpa: ... A. rubra. LEDEB. Fl. alt. II, p. 275 (excl. diagn., descr. et synon. praeter auct. Fl. ross.). A. racemo ovato, fructibus baccatis rubris. GMEL. Fl. sib. IV, p. 181. Nro. 9. ... γ. leucocarpa: fructibus albis. Actaea. GMEL. sib. l. c. var. I. (excl. syn. Moris.?) ...“ (Ledebour 1842, S. 71f.); „1024. ACTAEA spicata. ... Gmel. sib. 4. p. 184. n. 9. Christophoriana. Clus. hist. 2. p. 86. ...“ (Marschall von Bieberstein 1808, S. 2); „7. Actaea spicata. ... Christophoriana vulgaris nostras racemosa et ramosa. Moris. hist. 2. p. 8. s. 1. t. 2. f. 8. Tourn ! inst. 299. t. 154. ... Gmel. sib. p. 181. n. 9. (excl. var.) ... 8. Actaea brachypetala. ... Aconitum baccis niveis et rubris. Corn. canad. 76. t. 77.* Christophoriana Americana racemosa baccis niveis et rubris. Moris. hist. 2. p. 8. s. 1. t. 2. f. 7. ... β. Rubra, baccis rubris, ... Christophoriana Americana baccis rubris longo pediculo insidentibus D. Sarraceni. Tourn. inst. 299. ...“ (Candolle 1818, S. 384ff.); „5. Actaea spicata L. (Ranuncul.). In Kleinrussland werden die Beeren dieser Pflanze, ... innerlich als Emeticum gebraucht. ... Im G. Perm behandelt man mit einer Abkochung der Act. spic. innerlich Uterinblutungen, Fluor albus und andere Krankheiten. Der Pflanze schreibt hier das Volk sogar verschiedene wunderbare Kräfte zu. ... Im G. Kasan wendet man die Wurzel und die Beeren der Pflanze innerlich bei Kopf- und Bauchschmerzen an. Im G. Wjatka ist es ebenfalls das gebräuchlichste Heilmittel der Volksärzte fast gegen alle Krankheiten. ...“ (Demitsch 1889, S. 151ff.); „35. Actaea spicata L. (Ranuncul.), das Christophkraut, heidnisch Wundkraut, auch Wolfswurz genannt, dient ... als Brechmittel, und zwar Herba Actaeae. ... dass namentlich Actaea leucocarpa in der Volksmedicin gegen Bezauberung, Vergiftung, Schwindsucht und Herzleiden vom russischen Volke gebraucht werde. Auch schreibe das Volk dieser Pflanze die Eigenschaft zu das Haus vor Feuerschaden und Unglück zu bewahren." (Henrici 1894, S. 49f.); „Mittel gegen Alpdruck: Menschen, welche vom Alp geplagt wurden, badeten sich in gequollener Actaea spicata. ..." (Alksnis 1894, S. 239); „1) Christophskraut, ... Actaea spicata Linn. ... Das Kraut zieht auf der Haut Blasen, und ist in dieser Absicht in der Viehseuche empfohlen worden [x]). ... Ihre Wurzel kann statt eines Haarseils gebraucht werden; die Alten empfehlen auch den innerlichen Gebrauch derselben in Kopfgeschwulsten, und einigen Arten der Engbrüstigkeit. ..." (Gmelin 1803, S. 471ff.); „ACTAEA (spicata) racemo ouato, fructibus baccatis Linn. Spec. pl. 504. n. 1. ... Воронецъ [russ. *voronec*] siue Христофорова трава [russ. *christoforova trava*] Russ. ..." (*Krašeninnikov* 1761, S. 82f.); „607. Actaea spicata. Lin. Syst. Plant. II. p. 567. sp. 1. ... Ruß. Soroko=Pritotschka und Woronez. ... In der Twerschen und Nowogorodischen Statthalterschaft giebt man in Hornviehseuchen dem befallenen Rindvieh, den Absud vom Kraut, Blumen und Beeren und hat bemerkt, daß mehr Vieh, dem dieses Mittel gereicht worden durchkömmt, als wo man es nicht anwendet." (Falk 1786, S. 196); russ. *sorokopritočnaja*, *sorokopritka* bzw. *voronec* – Actaea spicata (*Dal'* 1880–1882, T. IV, S. 275); „1. ACTAEA spicata L., ... Aehrenförmiges Christophskraut. R. Woronez. ... Es hat gewöhnlich rothe Beeren; an der Lena ist aber auch eine Abart mit weißen Beeren. Die rothen färben, nach der Behandlung mit Alaun, Weinstein – schwarz, auch roth. Auf die Gesundheit sind sie von giftartiger Wirkung." (Georgi 1797–1802, Theil 3, S. 1040f.); „1) Aehrentragendes Christophskraut, ähriges Schwarzkraut, schwarze Waldwurzel; Actaea spicata, racemo ovato, frutibusque baccatis. Linn. Spec. plant. Tom. 1. p. 722. ..." (Krünitz 1773–1858, Bd. 150, S. 360f.); „CHRISTOPHORIANA. ... teutsch S. Christophelskraut, ... Aeusserlich mag es gebrauchet werden, die Krätze und die Raute zu vertreiben, ingleichen das Gewürm zu tödten, wenn man sich damit bähet, oder es unter ein und die andere Salbe mischet. Hingegen mag man sie bey Leibe nicht einnehmen, inmassen sie, so wol wie das gemeine Aconitum, giftig ist. Christophoriana kommt von Christophoro, Christophel: warum es aber also genennet worden, weiß niemand nicht." (Lémery 1721, Sp. 304); Actaea spicata L. – russ. *sorokopritočka*, *voronec*, *christoforova trava* bzw. *sorokoprytkaja* (*Annenkov* 1858, S. 10, Nr. 22); „Christophoriāna T. (Ranunculaceae). Pflanze des ST. CHRISTOPHORUS (eines berühmten Märtyrers nach den Erzählungen der Legende); zus. aus χρηστος (streng, stark) und φερειν (bringen) oder φορειον (Wagen) sc. εἰς τον δανατον, d. h. eine Pflanze, welche den sie Geniessenden unfehlbar zum Tode führt." (Wittstein 1852, S. 195)

„880. An Christophoriana Americana racemosa, baccis niveis Mor. H. O? Ind. Len. n° 298. ..." (AAW R. I, Op. 105, D. 1, Bl. 70r, s. Anm. 29 in Nr. 5); „881. An Christophoriana Americana racemosa, baccis rubris Hist. Ox? ..." (a. a. O., Bl. 70r); „286) an Christophoriana americana racemosa baccis rubris. longo pediculo insidentibq Sarraceni ..." (AAW R. I, Op. 104, D. 25, Bl. 22r, s. Anm. 61 in Nr. 21); „36 An Christophoriana americana racemosa baccis niveis Mor. H. O." (AAW R. I, Op. 105, D. 19, Bl. 1v, s. Anm. 55 in Nr. 18); „2. Christophoriana Americana, racemosa, baccis rubris. Mor. hist. ox? Gmel." mit der rechts marginalen Anm. „Lena fl." (AAW R. I, Op. 13, D. 16, Bl. 15v, s. Anm. 32 in Nr. 6); „[No] 575. Christophoriana Americana, procerior & longius spicata Hort. Elth." (AAW R. I, Op. 15, D. 3, Bl. 11r, s. Anm. 65 in Nr. 24); „55. An Christophoriana Americana, racemosa, baccis rubris Mor. Hist. o?" (AAW R. I, Op. 14, D. 8, Bl. 2r, s. Anm. 98 in Nr. 39); „9. Christophoriana baccis rubris mult. Ind." (a. a. O., Bl. 14r); „9. Christophoriana baccis rubris mult. Ind." (AAW F. 21, Op. 5, D. 119, Bl. 15v unter „Wurzeln", s. Anm. 95 in Nr. 328); „Christophoriana baccis rubris." (AAW F. 1, Op. 2–1746, D. 1, Bl. 18r, s. Anm. 107 in Nr. 46); „466. An Christophoriana Americana racemosa baccis rubris Hist. O? Ind. Len. ..." (AAW R. I, Op. 105, D. 12, Bl. 21v, s. Anm. 54 in Nr. 17); „891. Christophoriana Hall. hist. Alp. 306. Actaea Cliff. p. 202. Royen. p. 480." (AAW R. I, Op. 13, D. 20, Bl. 81r, s. Anm. 1 in Nr. 1); „106. An Christophoriana Americana racemosa, baccis niveis H. Ox? Ind. Len. n°. 298. ..." (a. a. O., Bl. 12v); „1. An Christophoriana Americana racemosa, baccis niveis H.

Ox? Ind. Len. n°. 298. ... 2. An Christophoriana Americana racemosa, baccis rubris H. Ox. Ind. pr. ..." (AAW R. I, Op. 13, D. 67, Bl. 56v; s. Anm. 5 in Nr. 4); „воронецъ [russ. *voronec*]" – Christophoriana (J. G. Gmelin in: AAW F. 21, Op. 5, D. 73, Bl. 296v); „297. An Christophoriana Americana racemosa baccis rubris Mor. H. O. I. R. H? ... Russis Краснои воронецъ [*krasnoi voronec*; russ. *krasnoj voronec*] ..." (AAW R. I, Op. 13, D. 42, Bll. 46r–47r, s. Anm. 1 in Nr. 1); „298. An Christophoriana Americana, racemosa baccis niveis Mor. H. O. I. R. H? ... Dicitur бѣлои воронецъ [*beloi voronec*; russ. *beloj voronec*] ..." (a. a. O., Bl. 47r); „17. Juli 1723 ... Von Kräutern fand sich hieselbst ... Christophoriana; ..." (Messerschmidt 1962–1977, Bd. 2, S. 96)

236 „[species 3] Circaea minima Col. Part. 2. 80. Solanifolia Circaea Alpina C. B. Pin. 168."; (Tournefort 1700, S. 301, Genus II. „Circaea."); „Circaea minima. Cap. XL. .." (Columna 1616a, S. 79) und die Abbildung „Circaea minima" auf S. 80; „2.) Alpen=Hexenkraut. Circaea alpina. ... Circaea caule prostrato; racemo unico; foliis cordatis. LINN. Syst. veg. p. 55. ... Solanifolia Circaea alpina. C. BAUH. pin. 163. ... Circaea minima. COLUMN. Ecphr. 2. p. 79. t. 80. ..." (Linné 1779, S. 57); „2. CIRCAEA alpina. ... C. caule prostrato, ... Gmel. sib. 3. p. 225. ... Solanifolia Circaea alpina. Bauh. pin. 163. C. minima. Colum. ecphr. 2. p. 79. t. 80. ... Alpen Hexenkraut. W. ..." (Linné 1797–1830, Bd. I, Teil 1, S. 53f.); „1) CIRCAEA ALPINA Linn. ..." (Ledebour 1829, S. 42); „3. C[ircaea] alpina (L. SP. 12) ... LEDEB. Fl. alt. I, p. 42. ... C. caule adscendente, racemo unico. GMEL. Fl. sib. III, p. 225. Nr. 43. ..." (Ledebour 1844–1846, S. 114); „43. CIRCAEA caule adscendente, racemo vnico, LIN. Sp. pl. 1. p. 12. n. 2. Circaea minima foliis dentatis, HALL. helv. 456. ..." (Gmelin 1747–1769, Bd. III, S. 225); „43. Circaea caule adscendente, racemo unico [=] Circaea alpina L.!" (Ledebour 1841, S. 101); „Circaea, Hexenkraut, hat seine lateinische Benennung der Zauberin Circe zu danken, ... Circaea alpina, caule prostrato, racemo unico, foliis cordatis, Alpenhexenkraut, mit gestrektem Stamm, einer einigen Blumentraube, und herzförmigen Blättern; klein Hexenkraut; ... es heißt bey Columna: Circaea minima; ..." (Gmelin 1772, Sp. 975ff.); „CIRCAEA (alpina) caule adscendente, racemo vnico. Linn. Spec. pl. 9. n. 2. ... Калдунова трава. [russ. *kaldunova trava*] Russ. ..." (*Krašeninnikov* 1761, S. 1); „CIRCAEA L. Hexenkraut. R. Kaldanowa Trawa. ... 2. CIRCAEA alpina L., ... Alpen=Hexenkraut. Klein Hexenkraut. .." (Georgi 1797–1802, Theil 3, S. 645f.); „Hexen=Kraut, Stephanskraut, St. Stephanskraut, Circaea Linn. .... Das eyförmige Samenbehältniß ist zweyfächerig, und mit vielen borstigen Haaren besetzt, daher sich solches leicht an die Kleider anhängt, und die Menschen dadurch gleichsam an sich zieht, wie die Zauberin Circe die Leute an sich zu ziehen gewußt hat, und daher hat der Geschlechtsnahme seinen Ursprung. ... 2) Das kleine Hexenkraut; Solanifolia, Circaea alpina Bauh. Circaea minima Col. ..." (Krünitz 1773–1858, Bd. 23, S. 527f.); „CIRCAEA. ... teutsch, S. Stephanskraut. ... Sie soll zertheilen und reinigen, gut zu den Wunden seyn, wann sie aufgelegt wird. ..." (Lémery 1721, Sp. 315); Circaea – russ. *čarocvet*, *serpucha*, *kolducha*, *volšebnica* bzw. *nočnik* (*Annenkov* 1858, S. 31, Nr. 307); „Circāea L. (Onagrariae). Nach der verführerischen CIRCE, der Tochter des Apollo, welche die Reisenden durch ihre Reize zu fesseln wusste; die Pflanze hat hackige Früchte, welche sich an Vorübergehenden hängen. ..." (Wittstein 1852, S. 201)

„789. Circaea minima Col. Part. 2. prior. ind. ..." (AAW R. I, Op. 105, D. 1ª, Bl. 92r, s. Anm. 29 in Nr. 5); „287) Circaea minima Col. Part. 2. ..." (AAW R. I, Op. 104, D. 25, Bl. 22r, s. Anm. 61 in Nr. 21); „386. Circaea minima folijs brevioribus dentatis Hall. Alp. 456. Circaea minima Column. Ecphras. p. 80. ..." (AAW R. I, Op. 13, D. 20, Bl. 41r, s. Anm. 1 in Nr. 1); „316. Circaea minima Col. Part. 2. ..." (AAW R. I, Op. 13, D. 42, Bl. 50v, s. Anm. 1 in Nr. 1); „1. Circaea minima Coll. P. 2. 80." (AAW R. I, Op. 13, D. 16, Bl. 15v, s. Anm. 32 in Nr. 6)

237 „[species 1] Agrimonia officinarum. Agrimonia seu Eupatorium J. B. 2. 398. Eupatorium veterum sive Agrimonia C. B. Pin. 321. Agrimonia sive Eupatorium Dod. Pempt. 28." (Tournefort 1700, S. 301, Genus III. „Agrimonia. Aigremoine."); „Agrimonia sev Evpatorivm. ..." (Bauhin 1651a, liber XVII, S. 389+10 [nach Seite 389 folgen 14 fehlnumerierte Seiten]); „Agrimonia Dodon. Agrimonia sive Eupatorium veterum sive Agrimonia officinarum Lob. Oder Menge ..." (Buxbaum 1721, S. 10f.); „Agrimonia officinarum. ... Agger=Mennig, Ader=Mennig, Oder=Mennig. ..."

(Rupp 1726, S. 79f.); „15. AGRIMONIA foliis caulinis pinnatis, fructibus hispidis, LINN. Spec. 1. 643. n. 1. h. Cliff. 179. Suec. 394. ROY. pr. 240. HALL. Helv. 407. Euphatorium, FVCHS. p. 244. CAM. Epit. p. 756. Euphatorium graecorum, agrimonia officinarum, LOB. Ic. p. 692. Euphatorium veterum s. agrimonia, B. pin. 321. Agrimonia officinarum, TOVRN. I. R. H. 301. Russiae et Sibiriae indigena est planta. B. STELLERVS tamen profitetur, ex quo Lenam fl. reliquerit, scilicet in regionibus, mari Ochotensi et Kamtschatico vicinis, non amplius comparuisse." (Gmelin 1747–1769, Bd. III, S. 145); „15. Agrimonia foliis caulinis pinnatis, fructibus hispidis [=] Agrimonia Eupatoria L. et A. pilosa Ledeb., quae ultima in Sibiria priori multo est vulgatior. (Agrimonia Eupatoria L. – Willd. sp. pl. II. 875.)" (Ledebour 1841, S. 92); „1. AGRIMONIA foliis omnibus pinnatis, fructibus hispidis. ... Agrimonia officinarum. Tournef. inst. 301. ... Agrimonia sive Eupatorium. Bauh. hist. 3. p. 398. ..." (Linné 1737, S. 179); „1) Gewöhnliche Odermennig. Agrimonia Eupatoria. ... Agrimonia foliis caulinis pinnatis, impari petiolato; fructibus hispidis LINN. Syst. veg. p. 372. Sp. pl. 643. Hort. Cliff. 179. ... Agrimonia officinarum et odorata. TOURNEF. inst. 301. ... Die ganze Pflanze, sowol die gemeine, als die wohlriechende ist balsamisch und gelinde zusammenziehend, und wird in der Arzneykunst als ein auflösendes, stärkendes, und Wundmittel wider Verstopfungen der Eingeweide des Unterleibs und in der Schwindsucht gebraucht. ..." (Linné 1781, S. 21f.); „1. AGRIMONIA Eupatoria. ... A. foliis caulinis pinnatis: ... Hort. cliff. 179. ... Gmel. sib. 3. p. 145. ... Eupatorium veterum s. Agrimonia. Bauh. pin. 351. ... Gemeiner Odermennig. W. ..." (Linné 1797–1830, Bd. II, Teil 2, S. 875); „1) AGRIMONIA EUPATORIA. Linn. ... M. a Bieb. Fl. taur. cauc. I. p. 367. No. 904. ..." (Ledebour 1830, S. 204f.); „1. A[grimonia] Eupatoria (L. SP. 643) ... M. a BIEB. Fl. t. c. I, p. 357. ... LEDEB. Fl. alt. II, p. 204. ... A. foliis caulinis pinnatis, fructibus hispidis. GMEL. Fl. sib. III, p. 145, Nr. 15 (hanc et pilosam spect.) ..." (Ledebour 1844–1846, S. 31); „[Agrimonia] Eupatorium, ... gewöhnlicher Odermennig, ... Bruchkraut; ... ihr Kraut ... ist ein vortrefliches, balsamisches, bitterliches, und gelinde zusamenziehende Mittel; sie ist eines der besten Wundkräuter; man gibt sie auch mit sehr gutem Erfolg denen Schwindsüchtigen in einem Trank, ..." (Gmelin 1772a, Sp. 210f.); „904. AGRIMONIA Eupatoria. ... Gmel. sib. 3. p. 145. n. 15. ..." (Marschall von Bieberstein 1808a, S. 367); „... Ackermennige a), ... |: a) Agrimonia eupatoria. :|" (Lepechin 1783, S. 142); „AGRIMONIA (Eupatoria) foliis caulinis pinnatis, fructibus hispidis. Linn. Spec. pl. 448. n. 1. ... Репникъ [russ. *repnik*] Russ. ..." (*Krašeninnikov* 1761, S. 76); „1. AGRIMONIA Eupatoria L., ... Gemeiner Odermennig. R. Repeinik. ... Die ungeöffneten Blumen färben gelb." (Georgi 1797–1802, Theil 3, S. 991); „700. AGRIMONIA Eupatoria ... Linn. Sp. pl. 1. p. 643. ... Agrimonia officinarum. Tournef. inst. 301. ... Germ. Odermennig. Leberklette. AllerWeltHeil. ..." (Gmelin 1806, S. 315f.); „AGRIMONIA. ... teutsch Odermennig. ... Es reiniget und hält an, ist gut zur Reinigung des Geblüts; es wird wider die Zufälle der Leber gebrauchet, desgleichen den Durchfall zu stillen. Oftmals wird es zu anhaltenden Clystiren, zu Gurgelwasser, und zu andern solchen Träncken genommen. Agrimonia kommt von ἀκὶς, Acumen, eine Spitze, dieweil der Odermennige Frucht mit Stacheln besetztet ist. Eupatorium wird es genennet, nach dem Könige Eupator. Dann derselbe König soll dieses Kraut zu allererst gebrauchet haben." (Lémery 1721, Sp. 25f.); „EUPATORIUM. ... teutsch, Kunigundenkraut, Wasserdost, Herzklee. ... Es eröffnet, macht dünne, hält an, ist gut zu den Wunden, wann einer getunsen und geschwollen ist, wann den Weibern die Reinigung zurücke bleibet; wann es zu Träncken genommen oder als eine fomentation und Bähung gebrauchet wird: es dienet auch zu den Beschwerungen der Leber und der Milz. Eupatorium kommt von Eupator: dieweil der König Eupator es in Aufnahme gebracht: oder ... von ἧπαρ hepar, weil dieses Kraut zu den Beschwerungen der Leber dienen soll." (a. a. O., Sp. 440f.); „Agrimōnia L. (Rosaceae). Zus. aus ἀγρος (Acker) und μονια (Wohnort), in Bezug auf den Standort? Richtiger scheint der Name Agrimonia das verdorbene Argemone zu seyn, abgeleitet von ἀργημα (das weisse Fell auf den Augen) und diess von ἀργος (weiss); d. h. das weisse Fell auf den Augen heilend, wozu man den Saft benutzte." (Wittstein 1852, S. 24); „Eupatōrium L. (Compositae). Nach dem pontischen König MITHRIDATES EUPATOR (regierte

123–64 v. Chr.), der die Pflanze zuerst bei Leberkrankheiten anwandte (Plin. XXV. 29).“ (a. a. O., S. 350)

„162. Agrimonia.“ (AAW R. I, Op. 15, D. 1, Bl. 7r, s. Anm. 24 in Nr. 64); „Agrimonia officinarum. Inst. r. h. 301. n°. 35.“ (AAW R. I, Op. 13, D. 19, Bl. 4r, s. Anm. 54 in Nr. 17); „Agrimonia officinarum I. R. H. ...“ (AAW R. I, Op. 105, D. 2, Bl. 9r, s. Anm. 54 in Nr. 17); „288) Agrimonia officinar^{t} ...“ (AAW R. I, Op. 104, D. 25, Bl. 22r, s. Anm. 61 in Nr. 21); „54. Agrimonia off. Tourn. ...“ (AAW R. I, Op. 104, D. 17, Bl. 11v, s. Anm. 36 in Nr. 8); „Agrimonia officinarum. T. 301. ...“ (AAW R. I, Op. 68, D. 2, Bl. 1v, s. Anm. 62 in Nr. 22); „261. Agrimonia officinarum I. R. H. ...“ (AAW R. I, Op. 13, D. 42, Bl. 42r, s. Anm. 1 in Nr. 1); „939. Agrimonia folijs pinnatis, fructibus hispidis Linn. h. Cliff 179. Agrimonia off. Tourn. inst. 301. ...“ (AAW R. I, Op. 13, D. 20, Bl. 85r, s. Anm. 1 in Nr. 1); „943. Agrimonia folijs pinnatis, fructibus hispidis Linn. h. Cliff. 179. Agrimonia officinarum Tourn. inst. 301. ...“ (a. a. O., Bl. 89v); „Agrimonia off. ...“ (AAW R. I, Op. 13, D. 67, Bl. 53r, s. Anm. 5 in Nr. 4); „Agrimonia officinarum I. R. H. Ind. Jen. n°. 853. ...“ (a. a. O., Bl. 56r); „414. Agrimonia officinarum I. R. H. ...“ (AAW R. I, Op. 105, D. 12, Bl. 18v, s. Anm. 54 in Nr. 17); „1. Agrimonia.“ mit der rechts marginalen Anm. „Sibiria.“ (AAW R. I, Op. 13, D. 16, Bl. 15v, s. Anm. 32 in Nr. 6); „167. Agrimonia officinarum Inst. r. h. 301.“ (AAW R. I, Op. 6, D. 40, Bl. 30v, s. Anm. 1 in Nr. 1); „Agrimonia Officinarum, Tournef. Sp. 1. ...“ (AAW F. 98, Op. 1, D. 20, Bl. 27r, s. Anm. 90 in Nr. 33); „Agrimonia Officinarum T. Sp. 1. ...“ (AAW F. 98, Op. 1, D. 19, Bl. 4v, s. Anm. 59 in Nr. 19); „Agrimonia Officinarum (Tournefortii sp. 1), Off.“ (Messerschmidt 1962–1977, Bd. 4, S. 203, s. Anm. 1 in Nr. 1)

238 „[species 1] Chamaenerion latifolium, vulgare. Lysimachia Chamaenerion dicta, latifolia C. B. Pin. 245. Lysimachia speciosa quibusdam, Onagra dicta siliquosa J. B. 2, 906. Onagra Lugd. 865.“ (Tournefort 1700, S. 302, Genus VI. „Chamaenerion.“); „Chamaenerion altissimum, sylvaticum. ... Lysimachia chamaenerion dicta, latifolia C. B. ... Weiderich=Rößlein.“ (Rupp 1726, S. 29); „CHAMAENERION. ... Gesner nennt diese Pflanze; weil, wie bekanntermassen in andern Pflanzen die Blume allezeit vor Filius ante Patrem, das ist, der Sohn vor dem Vatter dem Saamen kommt, hier die Frucht allezeit vor der Blume erscheinet. ... 2. CHAMAENERION latifolium vulgare. Tourn. Der breitblätterige Weiderich. ...“ (Miller 1750, S. 201f.); „1. EPILOBIUM foliis lanceolatis integerrimis. Fl. lapp. 146. ... Chamaenerion altissimum sylvaticum. Rupp. jen. 29. Chamaenerion latifolium vulgare. Tournef. inst. 303. ... α Chamaenerion latifolium vulgare, flore albo. Tournef. ...“ (Linné 1737, S. 145); „304. EPILOBIUM floribus diformibus, pistillo declinato. Epilobium foliis lanceolatis integerrimis, Fl. lapp. 146. Hort. cliff. 145. Chamaenerion latifolium vulgare. Tournef. inst. 303. [sic!] Lysimachia chamaenerion dicta latifolia. Bauh. pin. 245. β Chamaenerion latifolium vulgare, flore albo. Tournef. inst. 145. [sic!]. ...“ (Linné 1745, S. 110); „1) Schmalblätterichter Weiderich. Epilobium angustifolium. ... Epilobium foliis sparsis lineari-lanceolatis; floribus inaequalibus LINN. Syst. veg. p. 296. Sp. pl. 493. ... Epilobium foliis lanceolatis integerrimis. Fl. Lapp. 146. Hort. Cliff. 154. [sic!] ... β. Lysimachia, Chamaenerion dicta, latifolia. C. BAUH. pin. 245. ... Es giebt auch eine Varietät mit weissen Blumen. Die Rennthiere fressen diese Pflanze sehr gerne; die Einwohner in Kamtschatka kochen und essen sie als Gemüse, ... Die Haarkronen ihrer Saamen, ... lassen sich spinnen und weben; mit Castorhaaren geben sie feine Strümpfe und Bänder.“ (Linné 1780, S. 421f.); „1. EPILOBIUM angustifolium. E. foliis sparsis lineari-lanceolatis, ... Gmel. sib. 3. p. 164. ... E. foliis lanceolatis integerrimis. Fl. lapp. 146. Hort. cliff. 154. [sic!] ... Lysimachia Chamaenerion dicta angustifolia. Bauh. pin. 245. β. Lysimachia Chamaenerion dicta latifolia. Bauh. pin. 245. ... Schmalblättriges Weidenröslein. W. ...“ (Linné 1797–1830, Bd. II, Teil 1, S. 313); „1. EPILOBIUM ANGUSTIFOLIUM. Linn. ... M. a Bieb. Fl. taur. cauc. III. p. 282. No. 726.* ... Epilobium foliis sparsis lineari-lanceolatis ... Gmel. fl. sib. III. p. 164. No. 35. ...“ (Ledebour 1830, S. 68); „284. Epilobium. L. ... 1. E. angustifolium (L. SP. 493) ... M. a BIEB. Fl. t. c. III, p. 282. ... LEDEB. Fl. alt. II, p. 68. ... E. foliis sparsis lineari-lanceolatis, ... GMEL. Fl. sib. III, p. 164. Nr. 35. ...“ (Ledebour 1844–1846, S. 105f.); „35. EPILOBIVM foliis sparsis lineari lanceolatis floribus inaequalibus,

L. Sp. pl. 1. p. 439. n. 1. Epilobium foliis lanceolatis integerrimis, LINN. fl. Lapp. 146. h. Cliff. 154. [sic!] R. lugdb. 250. Lysimachia chamaenerion dicta angustifolia, B. P. 245. Lysimachia chamaenerion dicta alpina, B. pr. 116. ...“ (Gmelin 1747–1769, Bd. III, S. 164f.); „35. Epilobium foliis sparsis lineari-lanceolatis, floribus inaequalibus [=] Epilobium angustifolium L.!“ (Ledebour 1841, S. 94); „Chamaenerion latifolium vulgare, so nennt er [d. h. Tournefort] die breitblätterichte Spielart desselbigen [d. h. des Weiderich]“ (Gmelin 1772, Sp. 846); „[Epilobium] angustifolium, foliis lineari-lanceolatis; floribus inaequalibus, schmalblätterichter Weiderich, ... schmalblätterichtes Unholdenkraut; Wullenweidenröslein; französische Weide; ... ihre Blätter aber und das Mark ihrer Samenkapseln, kann man so wie von denen übrigen Arten zu Papier, oder mit Wolle oder Haaren zu grobem Tuche bearbeiten ...“ (Gmelin 1773, Sp. 761f.); „726*. EPILOBIUM angustifolium. ... Gmel. sib. 3. p. 164. n. 35. ...“ (Marschall von Bieberstein 1819, S. 282); „Der Weg war zu beyen Seiten mit dem izt blühenden Kiprei [russ. *kiprej*] (Epilobium angustifolium) so dicht eingefast, als wenn es gesät wäre; und man könnte hier grosse Quantitäten von der feinen Saamenwolle dieser Pflanze, welche man vordem in Schweden und nunmehro auch in Rußland zu verarbeiten Versuche gemacht hat, einsammlen.“ (Pallas 1771, S. 24); „54. Epilobium angustifolium L. (Onagrac.). Im G. Wologda wird das schmalblättrige Weidenröschen vom Volke bei Durchfällen innerlich gebraucht. (18.) – Im G. Perm schreibt man der Pflanze wunderbare Kräfte zu. Eine Abkochung derselben wird daselbst bei Fluor albus, Uterinblutungen, Epilepsie etc. eingenommen. (19. p. 55.) – Annenkow betont den Umstand, dass das Epilob. angustif. unter dem Namen ‚Plakun-trawa‘ [russ. *plakun trava*] (Thränenkraut) die wichtigste Rolle bei unseren Volksärzten spielt. ... Die pulverisirten Blätter der Pflanze werden im G. Nishninowgorod auf Erfrierungswunden gelegt. Ferner wird sie fast überall dem chinesischen Thee beigemischt und getrunken (20. p. 133), was ... schädlich und gesetzlich verboten ist. ... Im Minussinskschen Kreise Sibiriens wird eine Abkochung der Pflanze bei Delirium tremens eingenommen. ...“ (Demitsch 1889, S. 210f.); „Ich versuchte auch an diesem Tage zum ersten Male ein pflanzliches Nahrungsmittel aller Kamtschadalen, ... Ich meine ein Filz-ähnliches Gewebe aus den Stengeln des sogenannten Kiprei (Epilob. angustifolium). Diese werden gequetscht und geschlagen, ... Man isst diese roh, aber immer mit Butter oder Seehundsfett bestrichen, auch fand ich sie nun mit diesem Zusatz eben so annehmlich als leicht verdaulich und nahrhaft. ...“ (Erman 1848, S. 259); „441. Epilobium angustifolium. Lin. Syst. Plant. II. p. 151. sp. 1. ... Ruß. Kiprei und Kuprei. Tat. Karamuk. Baschk. Kisil Ol. ... In Sibirien wird das junge Kraut als Kohl in Suppen gegeßen. ...“ (Falk 1786, S. 167); russ. *kiprej* bzw. *kuprej* – Epilobium angustifolium (*Slovar'* 1998, S. 38); „1. EPILOBIUM angustifolium L., ... Schmalblättriger Weiderich. ...“ (Georgi 1797–1802, Theil 3, S. 927); „CHAMAENERION ... teutsch, Weiderich. ... Seine Blätter dienen zu den Wunden, reinigen und heilen zusammen. ... Chamnaenerion kommt von χαμαὶ, humilis, niedrig, und νήρον, Laurus rosea, Oleander, als ob es heissen solte, niedriger Oleander.“ (Lémery 1721, Sp. 291f.); Epilobium angustifolium L. – russ. *skripun*, *skripel'*, *kiprej*, *koporskij čaj*, *kuril'skij čaj*, *Ivanov kiprejnik*, *kiper*, *dikaja konoplja*, *moločaj*, *soroč'i glaza*, *plakun* bzw. *Ivan-čaj* (*Annenkov* 1858, S. 40, Nr. 432); „Chamaenērium T. (Onagnariae [sic!]). Zus. aus χαμαι (klein) und Nerium (s. d.); ähnelt dem Nerium, ist aber kleiner.“ (Wittstein 1852, S. 184); „Nērium L. (Apocyneae). Von νηρος (feucht), in Bezug auf den Standort.“ (a. a O., S. 614); „Epilōbium L. (Onagrariae). Zus. aus ἐπι (auf) u. λοβιον (Schote), d. h. die Blüthe sitzt an der Spitze der Frucht (flos superus).“ (a. a. O., S. 326)

„Chamnaerium speciosum I. R. H. Rutheni ad Lenam Jakutzky et ulterius Кипри [russ. *kipri*] vocant, potum hunc in modum fermentationis ope ex hac herba parantes. colligunt sufficientem hujus adultae herbae quantitatem, eximunt caulium medullam eamq) aqua ferventi perfusam coquunt, reponunt dehinc ad fornacem vel non procul ab igne, quo citius acescat, ex acidulo et dulci sapore mixtum potum loco vulgaris e farina parati bibunt, et propter saporem admodum laudant.“ (AAW R. I, Op. 104, D. 18, Bl. 5r, s. Anm. 20 in Nr. 632); „35. An Chamaenerion latifolium vulgare. I. R. H?“ (AAW R. I, Op. 15, D. 1, Bl. 11v, s. Anm. 24 in Nr. 64); „Chamaenerion latifolium vulgare. Inst. r. h. 303. n°. 45.“ (AAW R. I, Op. 13, D. 19, Bl. 4r, s. Anm. 54 in Nr. 17);

„Chamaenerion latifolium vulgare. I. R. H. ...“ (AAW R. I, Op. 105, D. 2, Bl. 9r, s. Anm. 54 in Nr. 17); „756. Chamaenerion latifolium vulgare I. R. H. ...“ (AAW R. I, Op. 105, D. 1[a], Bl. 89r, s. Anm. 29 in Nr. 5); „289) Chamnaerium latifolium vulgare Tour. i. r. h. ...“ (AAW R. I, Op. 104, D. 25, Bl. 22r, s. Anm. 61 in Nr. 21); „387. Chamaenerion latifolium vulgare I. R H. ...“ (AAW R. I, Op. 13, D. 42, Bl. 71r, s. Anm. 1 in Nr. 1); „N°. 32. Chamaenerion latifolium vulg. Inst. r. h.“ (AAW R. I, Op. 15, D. 3, Bl. 1v, s. Anm. 65 in Nr. 24); „1. Chamaenerion latifolium vulgare I. R. H. ...“ (AAW R. I, Op. 13, D. 67, Bl. 51r, s. Anm. 5 in Nr. 4); „61. Chamaenerion latif. vulg. T. B. n. 1.“ (AAW R. I, Op. 104, D. 13, Bl. 3r, s. Anm. 84 in Nr. 29); „70. Cham<a>enerion vulgare I. R. H. ...“ (AAW R. I, Op. 104, D. 17, Bl. 12r, s. Anm. 36 in Nr. 8); „168. Chamaenerion latifolium vulgare Inst. r. h. 302.“ (AAW R. I, Op. 6, D. 40, Bl. 30v, s. Anm. 1 in Nr. 1)

239 „[species 2] Chamaenerion latifolium, vulgare, flore albo. Lysimachia Chamaenerion dicta, latifolia, flore albo C. B. Pin. 245.“ (Tournefort 1700, S. 302, Genus VI. „Chamaenerion.“); „3. CHAMAENERION latifolium vulgare, flore albo. Tourn. Breitblätteriger Weiderich, mit weisser Blume. ...“ (Miller 1750, S. 201f.); „[Chamaenerion] latifolium vulgare, flore albo, bedeutet bey ihm [d. h. Tournefort] eine weisse, breitblätterichte Abänderung desselbigen [d. h. des Weiderich]“ (Gmelin 1772, Sp. 846); s. Nr. 429

240 „[species 16] Chamaenerion Siculum, glabrum, majus & nitidum, Amygdali folio. Lysimachia pulchra, Amygdali folio nitido, rubente caule, flore magno, purpureo H. Cathol.“ (Tournefort 1700, S. 303, Genus VI. „Chamaenerion.“); „* Lysimachia pulchra Amygdali folio nitido, rubente caule, flore magno purpureo.“ (Cupani 1696, S. 121); „34. EPILOBIVM foliis alternis lanceolato-ouatis, LINN. Spec. 2. Tom. 1. p. 493. n. 1. Lysimachia pulchra amygdali folio nitido, rubente caule, flore magno purpureo, H. CATH. ... I. Idem corollis albis. ... Ex Kamtschatka etiam Clar. KRASCHENINNIKOW transmisit, manente tamen dubio an ille plantam intelligat, quam b. STELLERVS. Nos b. STELLERI plantam integellimus, quam etiam Cel. LINNAEUS intellectam vult; et omnia ea accomodamus illi, quae iam allegauimus superius.“ (Gmelin 1747–1769, Bd. III, S. 164); „34. Epilobium foliis alternis lanceolato-ovatis [=] Epilobium latifolium L.!“ (Ledebour 1841, S. 94); „2) Breitblätterichter Weiderich. Epilobium latifolium. mit wechselsweise stehenden, lanzenförmig eyrunden Blättern; und ungleichen Blumen, Epilobium foliis alternis, lanceolato ovatis, floribus inaequalibus. LINN. Syst. veg p. 296. Sp. pl. 494. GMEL. Fl. Sib. 1. p. 218. ... Die Einwohner in Kamtschatka bedienen sich ihrer ebenfalls sehr häufig zur Speise. ...“ (Linné 1780, S. 422f.); „5. EPILOBIUM latifolium. ... E. foliis alternis lanceolatis-ovatis, ... Gmel. sib. 3. p. 164. n. 34. ... Breitblättriges Weidenröslein. W. ...“ (Linné 1797–1830, Bd. II, Teil 1, S. 314f.); „2) EPILOBIUM LATIFOLIUM. Linn. Epilobium foliis alternis lanceolatis-ovatis. Gmel. Fl. sib. III. 164. No. 24. ...“ (Ledebour 1830, S. 68f.); „3. E[pilobium] latifolium (L. SP. 494) ... LEDEB. Fl. alt. II, p. 68. ... E. Kamtschaticum. LEPECH. in Nov. acta Acad. petropol. XI, p. 370, t. 6. ... E. foliis alternis lanceolato-ovatis. GMEL. Fl. sib. III, p. 1654, Nr. 34. ...“ (Ledebour 1844–1846, S. 106); „Epilobii species nova descripta ...“ (Lepechin 1798, S. 370f.); „Epilobium latifolium, foliis alternis lanceolato-ovatis, floribus inaequalibus, breitblätterichter Weiderich, ... diese Art wächst in Sibirien und Kamtschatka; ... Sie heißt bey S. G. Gmelin: Epilobium foliis alternis lanceolato-ovatis.“ (Gmelin 1773, Sp. 762f.); „8) Verbrennnungen. ... Die Koloschen legen den wolligen Samen von Epilobium latifolium auf.“ (Krebel 1858, S. 180f.); „442. Epilobium latifolium. Lin. Syst. Plant. II. p. 151. sp. 1. ... Ruß. Kiprei. [russ. *kiprej*] ...“ (Falk 1786, S. 167); „Aus dem Epilobium latifolium, Sp. Pl. 494. oder Kipri, wird ein gewöhnliches Getränk gebrauet, und durch Hülfe der nordischen Bärenklaue, Heracleum Panaces [Nr. 466], ein treflicher Weinessig bereitet. Die Blätter werden zum Thee gebraucht, das Mark unter viele Speisen gemischt und grün zum Nachtische aufgetragen, Eine Infusion hievon, vermischt mit der nordischen Bärenklaue giebt mehr Brantwein, als wenn Wasser allein genommen wird [r]).“ (Pennant 1787, Einleitung, S. 150); „125. Epilobium latifolium, L. Linnaea 2. p. 552. Steht in den Ebenen von Kamtschatka, wo es unter dem Namen Kiprei roh gegessen, eine beliebte Nahrung der Kamtschadalen bildet.“ (Erman 1835, S. 63); „Zu den Hauptlebensmitteln gehört das Weidenröschen oder Kipre. Es wird im

Frühjahr frisch aus der Erde gegessen. Man dörrt aber auch die Keime und stößt sie zu Mehl, das zu verschiedenen Speisen verwendet wird. Ich aber machte ... eine Eiersauce dazu, so daß es beinahe wie Spargel schmeckte. In der Hauptsache wird es hier gegen und in der Blütezeit gesammelt. Das Mark wird mit Muscheln sauber ausgeschält, in Form von Brot vier Finger breit übereinander gestrichen, daß es ein paar Linien dick wird, und so an der Sonne getrocknet und aufbewahrt. Ganz trocken werden sie wegen des hohen Zuckergehaltes nicht. Man ißt diese Streifen, wie sie sind, oder man schält und stößt sie mit frischem oder getrocknetem Fischrogen und ißt sie als eine Art Brei. Sie sind sehr nahrhaft ..." (Kegel 1992, S. 142); „Kiprei ist das Stengelmark von Epilobium angustifolium, welches zu ganz flachen, grau aussehenden, etwa handgrossen Kuchen geformt wird. Das Mark wird zu Brei gestampft, an der Luft getrocknet und in grossen Mengen als Winterprovision gesammelt. Wegen seines süsslichen Geschmacks ist der Kiprei sehr beliebt und wird als Zukost zu Fischspeisen oder als Dessert genossen. ..." (Ditmar 1890, S. 371); „1. EPILOBIUM latifolium L., ... Breitblättriger Weiderich. ..." (Georgi 1797–1802, Theil 3, S. 927); „11. EPILOBIUM camtschaticum Lep. N. Act. Petrop. T. XI. p. 370. T. 6. Kamtschatkischer Weiderich. ... Die großen Blätter der Weidericharten und die jungen Pflanzen sind mehrern Sibiriaken Kohlkraut. Die Saamenschoten der Weidericharten haben die Saamen in einer sehr weißen Wolle, die sich zwar wie Baumwolle spinnen läßt, aber schwer von den Saamen zu befreyen, von kurzen Faden, ohne Elasticität und nicht verschlagsam ist. ..." (a. a. O., S. 929)

„290) an Chamnaerion siculum glabrum majus & nitidum, Flor. ircut No 431 ..." (AAW R. I, Op. 104, D. 25, Bl. 22r, s. Anm. 61 in Nr. 21); „7. Chamaenerion Siculum glabrum majus & nitidum Amygdali folio I. R. H?" (AAW R. I, Op. 13, D. 67, Bl. 51r, s. Anm. 5 in Nr. 4); „72. Chamaenerion siculum glabrum majus & nitidum Amygdali folio Fl. Irc. 431." (AAW R. I, Op. 105, D. 16, Bl. 2r, s. Anm. 5 in Nr. 4)

241 „Chamaenerion palustre, folio saligno, molli & angusto. Tournef. Lysimachia siliquosa, speciosa, angustifolia, florem purpurascente J. B. Lysimachia chamaenerion dicta, angustifolia C. B. ..." (Rupp 1726, S. 29); „7. Lysimachia Chamaen. dicta, angustifolia. C. B. P. loc. cit. Lys. speciosa, siliquosa, angustifol. J. B. 2. 907. ..." (Zwinger 1744, S. 974); „307. EPILOBIUM foliis lanceolatis integerrimis, petalis bifidis. α Epilobium foliis linearibus, Fl. lapp. 149. ... Lysimachia siliquosa glabra angustifolia. Bauh. Fl. lapp. 148. ... Lysimachia chamaenerion dicta angustifolia. Bauh. pin. 245. ..." (Linné 1745, S. 111); „37. EPILOBIVM foliis lanceolatis integerrimis, petalis bifidis, fl. Suec. 307. Sp. pl. 1. p. 495. 5. Epilobium foliis linearibus, Lapp. 149. ..." (Gmelin 1747–1769, Bd. III, S. 165); „37. Epilobium foliis lanceolatis integerrimis, petalis bifidis [=] Epilobium palustre L.!" (Ledebour 1841, S. 94); „6) Sumpfweiderich. Epilobium palustre. ... Epilobium foliis oppositis; lanceolatis, integerrimis; petalis emarginatis; caule erecto. LINN. Syst. veg. p. 297. ... Epilobium foliis linearibus. Fl. Lapp. 149. ... Lysimachia siliquosa glabra angustifolia. C. B. BAUH. 245. β. Epilobium foliis lanceolatis, ramose florens. LINN. Fl. Lapp. 148. ... Das Vieh frißt die Pflanze, ehe die Saamen reif werden, deren Haarkronen ihm unangenehm und schädlich sind." (Linné 1780, S. 426); „11. EPILOBIUM palustre. ... E. foliis linearibus. Fl. lapp. 149. ... Lysimachia siliquosa glabra angustifolia. Bauh. pin. 245. ... Sumpf Weidenröslein. W. ..." (Linné 1797–1830, Bd. II, Teil 1, S. 317f.); „7) EPILOBIUM PALUSTRE. Linn. ... Epilobium foliis lanceolatis integerrimis, petalis bifidis. Gmel. Fl. sib. III. p. 165. No. 37. ..." (Ledebour 1830, S. 70f.); „59. Epilobium foliis ovatis (lanceolatis?) integerrimis est Epilobium Fl. Suec. 307. γ, (Fl. sib. III. 165. nr. 37. E. palustre L.)" (C. von Linné in einem Brief an J. G. Gmelin? vom 24. August 1748 – Plieninger 1861, S. 95); „8. E[pilobium] palustre (L. Sp. 495) ... LEDEB. Fl. alt. II, p. 70. ... E. foliis lanceolatis integerrimis, petalis bifidis. GMEL. Fl. sibir. III, p. 165. Nr. 37. ..." (Ledebour 1844–1846, S. 109); „Lysimachia Chamaenerion dicta angustifolia; ... hierunter verstehen C. Bauhin und ... den schmalblätterichten Weiderich." (Gmelin 1773a, Sp. 912); „[Epilobium] palustre, ... Sumpfweiderich, ... kleiner glatter-schmalblätterichter Torfweiderich; Sumpfunholdenkraut; ..." (Gmelin 1773, Sp. 764f.); „1151. EPILOBIUM palustre. Linn. Sumpfweidenröschen. ... Kleiner glatter Torfweiderich. ..." (Röhling 1831, S. 17f.); „(66) Ep[ilobium] palustre L. ..." (Middendorff 1856, 1. Abtheilung, S. 163)

„145. Epilobium folijs linearibus. Lin. flor. 149. Epilobium glabrum angustifolium, Dill. giess. 128 Chamaenerion angustifolium glabrum. Tourn. inst. 303. Boerh. lugd. 1. p. 317." (AAW R. I, Op. 13, D. 20, Bl. 16r, s. Anm. 1 in Nr. 1); „Chamaenerion angustifolium glabrum I. R. H. ..." (AAW R. I, Op. 13, D. 67, Bl. 51r, s. Anm. 5 in Nr. 4)

242 „Chamaenerion palustre, hirsutum, parvo flore. Lysimachia siliquosa, hirsuta, parvo flore C. B. P. pag. 245. ..." (Rupp 1726, S. 30); „2. EPILOBIUM foliis lanceolatis serratis. ... γ ... Chamaenerion villosum majus, parvo flore. Tournef. inst. 303 ... Chamaenerion palustre hirsutum, parvo flore. Rupp. jen 31. Lysimachia siliquosa hirsuta, parvo flore. Bauh. pin. 245. ..." (Linné 1737, S. 145); „3) Zotiger Weiderich. Epilobium hirsutum. ... Epilobium foliis opposiis, lanceolatis, serratis, decurrenti-amplexicaulibus. LINN Syst. veg. p 296. ... Lysimachia siliquosa hirsuta, magno flore C. BAUH. pin. 245. ... β. Lysimachia siliquosa hirsuta, parvo flore. C. BAUH. in. 245. ... Man nennt sie auch Herba Antoniana, ingleichen Weidenröslein, Unholden= oder Zauberkraut, ... Die Blätter, wenn man sie zerreibet, riechen, wie gebrühte Aepfel, ... Die Wolle der Saamen kann, wie von der ersten Art [d. h. Epilobium angustifolium, Nr. 429], gebraucht werden." (Linné 1780, S. 423f.); „4. EPILOBIUM hirsutum. E. foliis oppositis lanceolatis serratis ... Hort. cliff. 145. ... Gmel. sib. 3. p. 165. ... Lysimachia siliquosa hirsuta, magno flore. Bauh. pin. 245. ... Grossblutiges Weidenröslein. W. ..." (Linné 1797–1830, Bd. II, Teil 1, S. 315); „3. EPILOBIUM HIRSUTUM. Linn. ... M. a Bieb. Fl. taur. cauc. I. p. 295. No. 728. ... Epilobium foliis longis dentatis, ... Gmel. Fl. sib. III. p. 165. No. 38. ..." Ledebour 1830, S. 69); „5. E[pilobium] hirsutum (L. SP. 494) ... M. a BIEB. Fl. t. c. I, p. 295. ... LEDEB. Fl. alt. II, p. 69. ... E. foliis longis dentatis, villosis, flore magno. GMEL. Fl. sib. III, p. 165. Nr. 38. ..." (Ledebour 1844–1846, S. 107f.); „728. EPILOBIUM hirsutum. ... Gmel. sib. 3. p. 165. n. 38. ..." (Marschall von Bieberstein 1808a, S. 295f.); „[Lysimachia] siliquosa hirsuta parvo flore; ... so nennt C. Bauhin den Weiderich mit kleinen Blumen." (Gmelin 1773a, Sp. 916); „38. EPILOBIVM foliis longis dentatis, villosis. flore magno, HALL. Helv. 410. Chamaenerio villosum magno flore purpureo, TOVRN. I. R. H. 303. ..." (Gmelin 1747–1769, Bd. III, S. 165); „38. Epilobium folis longis dentatis villosis, flore magno [=] Epilobium hirsutum L.!" (Ledebour 1841, S. 94); „... Schottenweidrich oder Kiprei b) ... |: b) Epilobim hirsutum. :|" (Lepechin 1783, S. 163); „3. EPILOBIUM hirsutum L. ... Rauher Weiderich. ..." (Georgi 1797–1802, Theil 3, S. 928); „7. Art. E[pilobium] parviflorum. Kleinblüthiger Weiderich. ... Lysimachia siliquosa hirsuta parvo floré (Bauh. pin. 245. prodr. 116.) ..." (Bechstein 1833, S. 1061f.)

„291) Chamnaerion palustre hirsutum parvo flore Tour. i. r. h. ..." (AAW R. I, Op. 104, D. 25, Bl. 22r, s. Anm. 61 in Nr. 21); „Chamaenerion villosum, magno flore purpureo. Inst. r. h. 303. n°. 43." (AAW R. I, Op. 13, D. 19, Bl. 4r, s. Anm. 54 in Nr. 17); „6. Chamaenerion villosum, magno flore purpureo I. R. H. Ind. Irt. & Irc." (AAW R. I, Op. 13, D. 67, Bl. 51r, s. Anm. 5 in Nr. 4)

243 „[species 4] Smilax unifolia, humillima. Unifolium Dod. Pempt. 205. Lilium Convallium minus C. B. Pin. 304. Unifolium sive Ophris unifolia J. B. 3. 534." (Tournefort 1700, Appendix, S. 654 [dort unrichtig: 564]); „De Lilio conuallium. CAP. VIII. ..." und die Abbildung „Vnifolium" auf S. 205 (Dodoens 1616, S. 205f.); „Unifolium Dodon. & Tabernaem. ... Smilax unifolia, humillima Tournefortii. ... Germanis unifolium (Einblat) ..." (Rupp 1726, S. 73); „18. SMILAX unifolia, humillima. Inst. R. H. Die niederigste Stechwinde, oder das Einblat." (Miller 1751, S. 266); „3. CONVALLARIA foliis cordatis LINN. Lapp. 112. h. Cliff. 125. Vnifolium DOD. Pempt. DILL. HALL. Helv. 228. Lilium conuallium minus C. B. P. 304. Smilax vnifolia humillima I. R. H. 654. α) Eadem foliis breuius mucronatis, caule colorato ... Varietatem α) Kamschatcica regio producit. ..." (Gmelin 1747–1769, Bd. I, S. 35f.); „3. Convallaria foliis cordatis [=] Majanthemum bifolium DeC.! [;] α) Eadem foliis brevius mucronatis, caule colorato [=] Majanthemum bifolium DeC.! β kamtschaticum. (An spec. propria?)" (Ledebour 1841, S. 49); „5. CONVALLARIA foliis cordatis. Fl. lapp. 113. ... Unifolium. Rupp. jen. 82 Dill. gen. 138. Dod. pempt. 205. ... Unifolium sive Ophris uniflora. Bauh. hist. 3. p. 534. Bauh. pin. 304. ... Smilax unifolia humillima. Tournef. inst. 654. ..." (Linné 1737, S. 125); „8) Zweyblätterichte Zaucken. Convallaria bifolia. ... Convallaria foliis cordatis; floribus tetrandis. LINN. Syst. veg. p. 276. Sp. pl.

452. Hort. Cliff. 125. ... GMEL. Fl. Sib. 1. p. 35. ... Lilium convallium minus, C. BAUH. pin. 304. ... Smilax unifolia humillima. TOURNEF. inst. 654. ... Diese Art ... wird insgemein kleines Mayenblümlein oder Einblat ... genennet. ...“ (Linné 1780, S. 337f.); „11. CONVALLARIA bifolia. C. foliis cordatis, floribus tetrandis. ... Hort. cliff. 125. ... Unifolium. ... Dodon. coron. p. 138. Gmel. sib. 1. p. 35. Lilium convallium minus. Bauh. pin. 304. ... Zweyblättriges Mayblümchen. W. ...“ (Linné 1797–1830, Bd. II, Teil 1, S. 164); „1. MAJANTHEMUM BIFOLIUM. Decand. ... M. bifolium. Decand. Fl. fr. III. p. 177. ... Convallaria bifolia. Linn. Willd. II. p. 164. Convallaria foliis cordatis. Gmel. Fl. sib. I. p. 35. No. 3. ...“ (Ledebour 1833, S. 333); „974. Smilacina. DESF. ... 1. S. bifolia (DESF.) ... Convallaria bifolia. L. Spec. 452. ... Convallaria foliis cordatis. GMEL. Fl. sib. IV, p. 35, No. 3. ... Majanthemum bifolium. ... LEDEB. Fl. alt. IV, p. 333. ... β. kamtschatica (GMEL. Fl.sib. I, p. 35, No. 3. β.) ...“ (Ledebour 1853, S. 126f.); „[Convallaria] bifolia, foliis cordatis, floribus tetrandis, zweyblätterichte Mayblume ... kleinstes Mayenblümlein; ... ihre Blumen haben einen angenehmen und gemäsigten Geruch, und geben den Bienen Stoff zu Honig ...“ (Gmelin 1773, Sp. 68); „Herzblattmaiblume, Maianthemum convallaria, L. ... ein kleines ... Kraut, welches ... sonst convallaria bifolia hieß. Die Wurzel (rad. unifolii) ward von den Alten in ansteckenden Fiebern und in der Pest in Substanz gegeben; ...“ (Hahnemann 1795, S. 414f.); „Einblat, Einblatt. Ein Gewächs, dessen es zwey besondere Arten giebet. .... Die andere Art wird genennet: Lat. Vnifolium, ... Smilax vnifolia humillima, Pit. Tournef. ... Teutsch, Parnassus=Gras, Einblat, (weil es gemeiniglich nur ein Blat hat, ehe es blühet, hernach aber, wenn es blühet, noch eines bekömmt,) kleine Mäyen=Blümlein, ist eine Gattung Smilax, ... Es ... wärmet, trocknet und reiniget, ziehet zusammen, und heilet. Tragus hält es für ein Wund=Kraut, inner= und äusserlich zu allen frischen Wunden zu gebrauchen, es reiniget und heilet wunderbarlich zu alle alte und unreine Geschwühre. ... Vniflorum wird dieses Gewächs genennet, weil es im Anfange nur ein Blatt bringt. ...“ (Zedler 1732–1750, Bd. 8, Sp. 538ff.); „6. CONVALLARIA bifolia L. ... Zweyblättriges Mayblümchen. ...“ (Georgi 1797–1802, Theil 3, S. 910); „1863. ... Mayanthemum bifolium. Convallaria bifolia. Linn. spec. 452. ...“ (Lamarck/Candolle 1815, S. 177f.); „SMILAX ASPERA. ... teutsch, stechende Winde. ... Smilax kommt von σμάω, rodo, ich kratze, weil dieses Kraut gar stachlicht ist. Oder das Wort Smilax ist der Name eines Kindes, welches, wie Ovidius in Metamorphosi gemeldet, in dieses Kraut verwandelt worden ist.“ (Lémery 1721, Sp. 1058); Majanthemum bifolia – s. Smilacina bifolia (*Annenkov* 1858, S. 58, Nr. 673); Smilacina bifolia Desf. – russ. *legkij bronec*, *serdečnaja*, *zmevec*, *zajač'ja krov'*, *zajač'ja sol'*, *sokolinyja jagodki* bzw. *glazki* (a. a. O., S. 88, Nr. 1039); „Smilacīna DESF. (Smilaceae). Eine der folgenden nahe stehende Gattung. Smīlax L. (Smilaceae). Σμιλαξ von σμιλη (Kratzeisen, von σμιαειν: kratzen, schaben), in Bezug auf den mit starken Stacheln besetzten Stängel. Die hieher gehörende σμιαξ der Alten hat bei Dioscorides den Beinamen τραχεῖα (die rauhe, Smilax aspera). ...“ (Wittstein 1852, S. 818); „Unifōlium HALL. (Smilaceae). Wörtlich Einblatt; der Stängel hat eigentlich 2 Blätter, eins derselben ist aber nur klein.“ (a. a. O., S. 913); „Majānthemum WIGG. (Smilaceae). Zus. aus Μαῑος (Mai) und ἀνδεμον (Blume); blühet im Mai.“ (a. a. O., S. 551)

„Smilax unifolia humillima. Inst. r. h. 654. n° 131.“ (AAW R. I, Op. 13, D. 19, Bl. 4r, s. Anm. 54 in Nr. 17); „Smilax unifolia humillima I. R. H. ...“ (AAW R. I, Op. 105, D. 2, Bl. 9r, s. Anm. 54 in Nr. 17); „883. Unifolium Dod. Pempt. ...“ (AAW R. I, Op. 105, D. 1, Bl. 70r, s. Anm. 29 in Nr. 5); „292) Smilax unifolia humillima Tour. i. r. h. ...“ (AAW R. I, Op. 104, D. 25, Bl. 22r, s. Anm. 61 in Nr. 21); „Smilax unifolia humillima. T. 654. B. n. 2. ...“ (AAW R. I, Op. 68, D. 2, Bl. 16v, s. Anm. 62 in Nr. 22); „82. Convallaria folijs cordatis. Linn. flor. 113. h. cliff. 125 Smilax unifolia humillima Tourn. inst. 654. Boerh. lugd. 2. p. 64.“ (AAW R. I, Op. 13, D. 20, Bl. 9r, s. Anm. 1 in Nr. 1); „Smilax unifolia humillima Tourn. ...“ (AAW R. I, Op. 104, D. 8, Bll. 7r–7v, s. Anm. 18 in Nr. 452); „470. Unifolium Dod. Pempt. ...“ (AAW R. I, Op. 13, D. 42, Bl. 96v, s. Anm. 1 in Nr. 1); „468. Unifolium Dod. Pempt. ...“ (AAW R. I, Op. 105, D. 12, Bl. 22r, s. Anm. 54 in Nr. 17); „1. Unifolium. Dod. Pempt. ...“ (AAW R. I, Op. 13, D. 67, Bl. 56v; s. Anm. 5 in Nr. 4); „Smilax unifolia humillima; Tournefort. Spec. 4. ...“ (AAW F. 98, Op. 1,

D. 20, Bl. 30v, s. Anm. 90 in Nr. 33); „Lilium convallium minus, Vid. Smilax." (a. a. O., Bl. 28v); „Smilax unifolia humillima T. Sp. 4. ..." (AAW F. 98, Op. 1, D. 19, Bl. 58r, s. Anm. 59 in Nr. 19); „10. Juli 1723 ... fand sich ... Smilax unifolia (Tournefortii sp. 4); ..." (Messerschmidt 1962–1977, Bd. 2, S. 87f.); „Smilax unifolia humillima (Tournefortii sp. 4), Off." (Messerschmidt 1962–1977, Bd. 4, S. 209, s. Anm. 1 in Nr. 1)

[244] „471. Unifolium foliis angustis et oblongis. An Smilax Sicata Polygonati folio I. R. H? In observationum Historiae naturalis CXIV. hanc plantam sub Asphodeli minimi foliis Hellebori albi nomine recensui. ..." (AAW R. I, Op. 13, D. 42, Bl. 96v, s. Anm. 1 in Nr. 1); „* Asphodelus minimus, foliis Hellebori albi obs. in Hist. nat. CXIV. ..." (AAW R. I, Op. 105, D. 2, Bl. 10r, s. Anm. 51 in Nr. 17); „CXIV. Asphodelus minimus, folijs Hellebori albi. ..." (AAW R. I, Op. 105, D. 8ª, Bl. 47v, s. Anm. 46 in Nr. 79); „469. Unifolium folijs angustis & oblongis Ind. Len. ..." (AAW R. I, Op. 105, D. 12, Bl. 22r, s. Anm. 54 in Nr. 17); „3. Unifolium folijs angustis & oblongis Ind. Len. n°. 471." (AAW R. I, Op. 13, D. 67, Bl. 56v, s. Anm. 5 in Nr. 4); „293. Smilax seu unifolium foliis oblongis ind plant. Len. D. D Gmelini ..." (AAW R. I, Op. 104, D. 25, Bl. 22r, s. Anm. 61 in Nr. 21); „+ 79. Phalangium Veratri folijs Amm. 137. Gehöret unter die Species unifolij. Smilax Fl. Irc. 435. 436." (AAW R. I, Op. 105, D. 16, Bl. 2r, s. Anm. 5 in Nr. 4); „Phalangium Veratri folio? an Polygonati spicati species?" (AAW F.1, Op. 2–1743, D. 11, Bl. 20v, s. Anm. 5 in Nr. 4);

„[species 6] Smilax spicata, Polygonati folio. Polygonatum spicatum, fertile Corn. 34."(Tournefort 1700, Appendix, S. 564 [müßte heißen: 654]); „598. Smilax spicata, Polygonati folio Inst. R. Herb. app. 564. [sic!] Polygonatum latifolium, spicatum, majus, flore albo, Canadense Barr. Icon. 712. ..." (Barrelier 1714, S. 58); die Abbildung 712 „Polygonatū latifol. spicat. majus flore albo Canaden[se]" (Barrelier 1714a); „20. SMILAX spicata, Polygonati folio. Inst. R. H. Aehrige Stechwinde, mit Weiswurzblättern." (Miller 1751, S. 266); „Smilacina racemosa. ... Convallaria racemosa. LIN. Spec. 452. = Polygonatum racemosum. Cornut. Canad. 36 Icon. = Smilax spicata polygonati folio. TOURNEF. Inst. 654. ... Smilacina stellata ... Convallaria stellata. LIN. Spec. 452. = Polygonatum Canadense spicatum, sterile et fertile. CORNUT. Canad. 34, Icon. = Smilax spicata polygonati folio. TOURNEF. Inst. 654. ..." (Annales 1807, S. 51f.); „5) Traubentragende Zaucken. Convallaria multiflora. ... Convallaria foliis sessilibus; racemo terminali, composito. LINN. Syst. veg. p. 276. Sp. pl. 452. Convallaria foliis alternis, racemo terminali. ... GRONOV. Virg. 38. Convallaria racemo composito. ROY. Lugdb. 26. Polygonatum racemosum. CORN. Canad. 36. t. 37. ... Die Blumen sind blaßgelb, und hinterlassen rothe Beere, die nach Clayton Haupt= und Herzstärkend sind. 6) Sternförmige Zaucken. Convallaria stellata. ... Convallaria foliis amplexicalibus, plurimis. LINN. Syst. veg. p. 276. ..." (Linné 1780, S. 335f.); [Convallaria] racemosa, foliis sessilibus, racemo terminali composito, traubenkammartige Mayblume, ... Sie ... heißt bey Gronov: Convallaria foliis alternis, racemo terminali; und bey Royen: Convallaria racemo composito. Convallaria stellata, foliis amplexicaulibus, plurimis, sternförmige Mayblume, ..." (Gmelin 1773, Sp. 67f.)

[245] „Asphodelus. Asfodele. ..." (Tournefort 1700, S. 343f.); „ASPHODELUS. ... teutsch, Affodill, ist ein Gewächs, von dem es zwey Hauptarten giebet, ..." (Lémery 1721, Sp. 117f.)

[246] „294 Smilax seu unifolium foliis oblongis latioribq Flor. ircut. No. 436. ..." (AAW R. I, Op. 104, D. 25, Bl. 22r, s. Anm. 61 in Nr. 21); s. Nr. 435

[247] „Tribuloides. ... Tribuloides vulgare, aquis innascens. Tribulus aquaticus C. B. Pin. 194. J. B. 3. 775. Tribulus aquaticus Dod. Pempt. 581. Macre." (Tournefort 1700, Appendix S. 565 [müßte heißen: 655]); „Tribuloides Tournefort. Tribulus aquaticus C. B. ... Germ. Stachel=Nüsse, Wasser=Nüsse, ..." (Rupp 1726, S. 49f.); „87. TRAPA natans, LIN. Sp. pl. 1. p. 175. n. 1. Panouer Tsieraua, RHERD. Mal. 1. p. bs. l. 33. Tribulus aquaticus BAVH. pin. 194. CAM. Ep. 715. Tribuloides vulgare aquis innascens, TOVR. I. R. H. STELL. Irc. 437. ..." (Gmelin 1747–1769, Bd. IV, S. 116f.), nahezu identisch auf Bl. 55r in: AAW R. I, Op. 104, D. 14 – s. Anm. 32 in Nr. 6; „87. Trapa natans [=] Trapa natans L.!" (Ledebour 1841, S. 124); „1. TRAPA petiolis foliorum natantium ventricosis. Tribuloides vulgare aquis innascens. Tournef. inst. 655. Tribulus

aquaticus. Bauh. pin. 194. ...“ (Linné 1737, S. 483); „1.) Die schwimmende Stachelnuß, oder Wassernuß. Trapa natans. LINN. Syst. veg. p. 116. ... Tribuloides. TOURNEF. inst. 655. Tribulus aquaticus. C. BAUH. pin. 194. ... Sie wird insgemein im lateinischen Tribulus aquaticus oder Nux aquatica, ... und im Deutschen Wassernuß, Weihernuß, Stachelnuß oder Spitznuß genennet. ... Schon Plinius schreibet, daß die Einwohner von Thracien mit den Blättern dieser Pflanze ihre Pferde füttern und fett machen, und ans [sic!] deren Früchten für sich selbst ein sehr schmackhaftes Brod bereiten. ...“ (Linné 1779, S. 349ff.); „1. TRAPA natans. ... T. petiolis foliorum natantium ventricosis. Hort. cliff. 483. ... Gmel. sib. 4. p. 116. ... Tribulus aquaticus. Bauh. pin. 194. ... Gemeine Wassernuss. W. ...“ (Linné 1797–1830, Bd. I, Teil 2, S. 681); „1) TRAPA NATANS. Linn. ... M. a Bieb. Fl. taur. cauc. I. p. 112. ... Gmel. Fl. sib. IV. p. 116. No. 87. ...“ (Ledebour 1829, S. 149); „288. Trapa L. ... 1. Trapa natans (L. SP. 175) ... GMEL. Fl. sib. IV, p. 116. Nr. 87. ... M. a BIEB. Fl. t. c. I, p. 112. ... LEDEB. Fl. alt. I, p. 149. ...“ (Ledebour 1844–1846, S. 114); „285. TRAPA natans. ... Gmel. sib. 4. p. 116. n. 87. ...“ (Marschall von Bieberstein 1808a, S. 112); „[Trapa] natans, schwimmende Wassernuß; ... Der Kern ihrer Früchte ist meelig, ölicht und sehr nahrhaft, er wird daher in einigen Gegenden häufig roh, oder zu Brey gekocht, oder zu Meel, welches sehr weiß wird, gemalen und zu Brod gebaken; jedoch erregt er leicht Blähungen und Verstopfung ...“ (Gmelin 1777, Sp. 200f.); „Es giebt hier kleine stehende Seen am Jaik, in welchen die Wassernuß (Trapa natans), die man am Jaik überall Tschilim [russ. *čilim*] nennt, häufig wachsen, auch von müßigen Knaben gesammlet und roh gegessen werden.“ (Pallas 1771, S. 228); „Der einzige Trost der Einwohner ist im Herbst ein Sumpfgewächs, die sogenannten Stachel= oder Wassernüsse a); die eckigte Frucht dieses Gewächses wird von den gur'giewischen Einwohnern [d. h. von den Einwohnern von *Gur'ev*] auf Kähnen eingesammlet, und zum Vorrath aufbewahret. Die Frucht wird aus der Schaale gemacht, und roh ohne weitere Zubereitung gegessen. ... |: a) Trapa natans, russ. Tschilim. :|“ (Lepechin 1774, S. 321); „V. Mittel bei der asiatischen Cholera. ... 3) Trapa natans, Wassernuss. Die Bestandtheile der Wassernuss bieten auf keine Weise einen Anhalt für die Anwendung.“ (Krebel 1858, S. 141ff.); „81. Trapa natans L. ... wird sie von den Tartaren bei Durchfällen gekocht gegessen; auch giebt man sie bleichsüchtigen Kindern ein. ...“ (Demitsch 1889, S. 235f.); „175. Trapa natans. Lin. Syst. Pl. I. p. 341. sp. 1. Wassernuß. ... Kalm. Jarschik. Astr. Tat. Tscholym. ... Die Kalmücken und Kirgisen leben bey ihrem herumschwärmen in den Steppen oft mehrere Tage blos von Wassernüssen. Sie kochen sie auch an Fleisch und sammlen sie daher für den Winter. Am gewöhnlichsten rösten sie sie in heisser Asche und verzehren sie als Naschwerk.“ (Falk 1786, S. 119); „1. Trapa natans L., ... Gemeine Wassernuß. ... Tat. Artschangul. ... Sie ist meistens häufig bey einander, an der untern Wolga z. B. werden die mit Netzen gezogenen Nüsse eymerweise, sehr wohlfeil verkauft. Man isset sie roh als Naschwerk. Kalmücken und andere kochen sie an Fleisch; in dieser Zubereitung schmecken sie den türkischen Bohnen ähnlich. Stark getrocknet geben sie Mehl zu Mehlspeisen und Nothbrod sehr nützlich. ...“ (Georgi 1797–1802, Theil 3, S. 741); „Wasser=Nüsse, lat. Tribuli aquatici. Finden sich in Siberien und Rußland an verschiedenen Oertern. Sie werden auf Rußisch Aralnik auch Rogulki; Auf Tatarisch aber Artchangae auch Garaschnick genannt.“ (Strahlenberg 1730, S. 427); „TRIBULUS AQUATICUS. ... teutsch, Wassernuß. ... Sie hält starck an, kühlet, zertheilet, dient zu dem Durchfall. Als ein Gurgelwasser wird sie zu Entzündung des Mundes und des Halses gebraucht, ingleichen zu Umschlägen, zum lindern und zertheilen.“ (Lémery 1721, Sp. 1153f.); Trapa natans L. – russ. *čilim*, *rogatka* bzw. *kotelki* (*Annenkov* 1858, S. 94, Nr. 1118); „Tribulus <Burzeldorn, Morgenstern ... Die Benennung geht aus von gr. triboloi <dreieckige Fußangeln mit 4 Stacheln, die zuerst in der Schlacht von Gaugamela (331 v. Chr.) als Wurfgeschosse zur Behinderung feindl. Angriffe verwendet wurden> ... und nimmt Bezug auf die aus den Kelchblättern entwickelten 2–4 auffallenden Dornen der Früchte von Trapa natans; ...“ (Genaust 2005, S. 652f.); „Trāpa L. (Halorageae). Von calcitrappa (ehemalige Kriegsmaschine mit 4 Spitzen zum Aufhalten der Reiterei, zus. aus calx: Ferse und trappa: Schlinge); die Frucht der Trapa hat 4 starke Stacheln.“ (Wittstein 1852, S. 889); „Tribulōides T. (Halorageae). Zus. aus Tribulus (s. d.) und εἶδειν (ähnlich seyn), d. h. die Frucht hat, wie die des Tribulus, (3 bis) 4 Stacheln = Trapa. Trībulus T. (Zygophylleae). Zus. aus τρεις (drei) und βολοξ (Zacke, Pfeil), die Frucht hat 3 (mitunter auch 4) Stacheln.“ (a. a. O., S. 891)

„Tribuloides vulgare aquis innascens Tournef. Sp. 1 рогулки [russ. *rogulki*] Russorum Tomskoenses Rutheni et Tschulimenses Tatari rasuram fructus ad ʒβ-ʒi [s. Glossar: Apothekergewicht] in infuso calido bibunt in doloribus spasmodicis & flatulentis Tatari vocant artschangae.“ (AAW R. I, Op. 104, D. 28, Bl. 5r, s. Anm. 20 in Nr. 632); „Рогулки [*rogulki*; russ. *rogul'ki* – gemeine Wassernuß, Trapa natans (Pawlowski 1952, S. 1415)] Tat. Artschangae sowohl Von Russen als Tataren im TomsKische) Gebiethe in bauch Grimmen als ein decoct gebrauchet in der botanic heißet das Kraut Tribuloides vulgare aquis innascens.“ (G. F. Müller in: RGADA F. 181, Op. 16, D. 1386, Č. 1, Bl. 35v); „1. Tribuloides aquis innatans. Inst. r. h. App.“ mit der rechts marginalen Anm. „Focino.“ (AAW R. I, Op. 13, D. 16, Bl. 16r, s. Anm. 32 in Nr. 6); „Tribuloides vulgare, aqvis innascens Tournef. Sp. 1. РоГулкыи [russ. *rogulkyi*] (: Rogulkii :) Russorum in Siberiâ; РоГастый Орѣхъ [*rogastyj orech*] (: Rogastii Orechi :) Slavonicè. Tribulus aqvaticus officinarum. Dale Pharm. 384. ...“ (AAW F. 98, Op. 1, D. 19, Bl. 64v, s. Anm. 59 in Nr. 19); „74.) Fructus Tribuloides Tournef. Sp. 1. Rogulzi-Oréech Russorum; Tattaris Tomskoënsibus Artschengæh, ...“ (AAW F. 98, Op. 1, D. 21, Bl. 148r, s. Anm. 59 in Nr. 19); „12. Mai 1721 ... bekamen wir hier eine Art Horn- oder Stechnüsse, so von den Russen rogul'ki, von den Tattern aber Artschangä genannt werden; ...“ (Messerschmidt 1962–1977, Bd. 1, S. 96); „16. Juli 1721 ... Es sagte mit ein Tatter, daß die Spitznüsse, so die Reußen ... sonst rogulki und die Tattern Artschingä (welches Gleichheit hat mit dem Worte ‚Artischocken‘) nennen, würden auch sonst aralnik auf russisch und Jaraschnick auf tattersch genannt. ...“ (a. a. O., S. 117); „5. Dezember 1721 ... Ich frug ihm nach die stachlichten Nüsse, so hieherum wachsen sollten. Er sagte, solche würden von ihnen Järaschück genannt und fünden sich hie und da in den stehenden Seen. ...“ (a. a. O., S. 151ff.)

248 „Oxycoccus sive Vaccinia palustris J. B. 1. 227. Vitis Idaea palustris C. B. Pin. 471. Vaccinia palustris Dod. Pempt. 770.“ (Tournefort 1700, Appendix, S. 565 [müßte heißen: 655]); „Oxycoccvs sive Vaccinia palvstris. ...“ (Bauhin 1650, liber V, S. 527 [die Seite trägt fälschlich die Numerierung 227]); „Oxycoccus Tournefortii. Oxycoccus, sive vaccinia palustris J. B. 1. 227. ... Mooß=Beeren, & Sumpff=Beeren ...“ (Rupp 1726, S. 74); „12. VACCINIVM foliis integerrimis reuolutis ouatis caulibus repentibus, filiformibus, nudis, LINN. Spec. 1. p. 500. n. 11. Vaccinium ramis filiformibus, foliis ouatis perennantibus, pedunculis simplicibus, stipula duplici, LINN. Suec. 315. p. 114. Vaccinia palustria, LOB. ic. 109. Vitis idaea palustris, B. pin. 471. Oxycoccus s. vaccinia palustris, I. B. 1. P. 1. p. 525. TOVRN. I. R. H. App. p. 655. Vaccinium ramis filiformibus, repentibus, foliis ouatis perennantibus, LINN. Lapp. 145. p. 111. Oxycoccus Rupp. Ien. p. 74. HALL. Helv. p. 413. Baccae Russ. клюква [russ. *kljukva*] (Kliukwa) dicuntur. Raro crudae comeduntur, nisi a gruibus et Tungusis, ad Chatangam siue Tunguseam inferiorem. Coctae cum saccchar prioris instar speciei in gelatinam gustui acceptam concrescunt. Acetariis etiam et potibus refrigerantibus illarum instar inseruiunt. Denique tartari instar ad coctionem albam argenti per omnem Russiam. et praecipue per Sibiriam, vbi tartari non semper copia est, bono cum successu adhibentur. ...“ (Gmelin 1747–1769, Bd. III, S. 140f.); „12. Vaccinium foliis integerrimis revolutis ovatis, caulibus repentibus filiformibus nudis [=] Vaccinium Oxycoccos L.!“ (Ledebour 1841, S. 92); „11.) Mooßbeere. Vaccinium Oxycoccos. ... Vaccinium foliis integerrimis, revolutis, ovatis; caulibus repentibus, filiformibus, nudis. LINN. Syst. veg. p. 301. Sp. pl. 500. ... Vitis idaea palustris. C. BAUH. pin. 471. Vaccinia palustris. DOD. pempt. 770. LOB. Icon. 109. Oxycoccos. TOURNEF. inst. 605. [sic!] ... Diese Beere können roh nicht ge<g>essen werden, denn sie sind sehr sauer, doch sollen sie in Rußland, wann Reifen darauf gefallen sind, eßbarer werden; die Goldschmiede könen sich derselben sehr gut bedienen, das Silber damit weiß zu kochen.“ (Linné 1778, S. 421f.); „25. VACCINIUM Oxycoccus. ... Oxycoccus s. Vaccinia palustris. Bauh. hist. 1. P. 1. p. 525. [sic!] Tournef. inst. app. 655. B. Vitis idaea palustris. Bauh. pin. 471. Vaccinia palustria. Dod. pempt. 770. Lob. ic. 109. ... Moos Heidelbeere. W. ...“ (Linné 1797–1830, Bd. II,

Teil 1, S. 354f.); „3) VACCINIUM Oxycoccos. Linn. ... Pall. Fl. ross. II. p. 47. ... Vaccinium foliis integerrimis revolutis ovatis, ... Gmel. Fl. sib. III. p. 140. No. 12. ...“ (Ledebour 1830, S. 67); „617. Oxycoccos. TOURNEF. ... 1. O. palustris (PERS. l. c.) ... Vaccinium Oxycoccos. L. SP. 500. ... LEDEB. Fl. alt. I, p. 63. ... V. foliis integerrimis, ... GMEL. Fl. sib. III, p. 140, Nr. 12. ...“ (Ledebour 1844–1846, S. 905f.); „Oxycoccos; ist der Beyname, welchen Linne’ den Moosbeeren gibt. Oxycoccum; so nennen sie Cordus, Clusius ... und ehmals Haller. Oxycoccus ist der Gattungsname, den ihnen Tournefort, Haller, ... beylegen.“ (Gmelin 1774, Sp. 716); „[Oxycoccus] palustris, foliis parvis acutis serpylli instar; s. vaccinia palustris; hierunter verstehen Menzel und J. Bauhin die Mosbeere.“ (a. a. O., Sp. 717); „5. VACCINIVM (Oxycoccos) ... Lin. Sp. Plant. 351. Heidelbeere mit eyrunden, ganzen, zurückgerollten Blättern, und nackenden, dünnen, kriechenden Stengeln. Oxycoccus seu vaccinia palustris. J. B. 1. p. 325. Heidelbeere, Moosbeere.“ (Miller 1776, S. 538); „VACCINIUM Oxycoccus. Vaccinium foliis integerrimis revolutis ovatis, caulibus repentibus filiformibus, (corollis reflexis). Lin. syst. pl. II, p. 167. sp. 11. ... Gmel. Flor. sib. III. p. 140. n. 12. Rossis Kljukva (Клюква [russ. *kljukva*]) ... Permiensibus Túripu. Votiacis Niurmulli pu; Tscheremissis Tuma potsches; Ostjacis ad Ob Caranà, ad Ketam Carapsot; Vasuganis Paén. Tataris Sasch-Jemesch; Teleutis Sasch-Tschestek; Barabynzis Tumagus. Buraetis Taschargamà. Camtschadalis Tschikym; Corecis Emél kewyna. Curilis Asyt. ... Expressus succus cum aqua praebet commendatissimum et gratissimum potum in febribus acutis, praeserim malignis; et acidulum inde paratur hydromel plebeculae expetitum. ...“ (Pallas 1788, S. 47); „Moosbeeren, Oxicoccus genannt, auf russisch Klukwa; findet man zwar allenthalben auf denen Torfplätzen [von *Kamčatka*]; sie tragen aber selten und wenig Beeren, sind auch deswegen wenig bekannt.“ (Steller 1774, S. 78); „VACCINIUM (Oxycoccus) ... Oxycoccos s. Vaccinia palustris. Tourn. inst. 655. Клюква [russ. *kljukva*] Ross. [Baccas crudes licet acidissimas auidissime ingurgitant Russi. Leguntur propterea autumno, antequant nix cadat, et congelatae vendentur. Quamprimum vero incipiunt regelascere, aqua superaffunditur et ita per hyemem conseruantur; aqua illa colore baccarum instar vini burgundici tincta pro potu inseruit Soluta denique niue baccae iterum leguntur et vsque ad mensem Iunium venum asportantur.] [eckige Klammern im Text]“ (*Krašeninnikov* 1761, S. 59); „449. Vaccinium Oxycoccos. Lin. Syst. Pl. II. p. 167. sp. 11. ... Moosberen. Ruß. Kliukwa. Tat. Sasch Jemesch Karagat. Teleut. Sasch Tschestek. Barab. Tumagus. Wotj. Niut Mulli Pu. Tscherem. Tuma Potsches. Ost. Turna Asche. ... Alle [Vaccinium-]Arten sind so häuffig als allgemein und werdenvon allen Rußischen und Sibirischen Nazionen roh, oder als Muus, in Backwerck, ohne und mit Honig gegeßen, auch des Herbstes zu Winterprovisionen gesammlet und durch das Verscharren im Schnee gefroren bis zu den künftigen Früchten bewahret. Die Rußen nutzen auch die Vitis Jdea und Oxycoccos als Zitronensaft zu Punsch, und Rußen, auch Tataren zum Quasbrauen. ...“ (Falk 1786, S. 168); wotjakisch ńur-mul’^{o}i – Vaccinium oxycoccus, Moosbeere, russ. *kljukva* (Munkácsi 1896, S. 535); „5. VACCINIUM OXYCOCCUS L., ... Moos=Heidelbeere. Moos=Beere. Kranichbeere. R. Kliukwa und Schurawika [russ. *žaravika* bzw. *žuravika*] (Krauchbeere). Tat. Sasch Jemesch. Finn. Karpála. Tscher<e>m. Taimo Potsches. ... Die Benutzung der Beeren oder Früchte für Menschen ist völlig die der Preußelbeere zu Speisen und Getränk in mehrern Formen. ...“ (Georgi 1797–1802, Theil 3, S. 933f.); „SCHOLLERA OXYCOCCOS ... Vaccinium (Oxycoccos) ... Linn. Spec. plant. ed. Willd. T. 2. p. 354. ... Vitis idaea palustris. C. Bauh. pin. p. 471. Gemeine Schollera, Moosbeere, Moorbeere, Torfbeere, Sumpfbeere, Tranbeere, Fembeere, Moselbeere, Winterbeere, Krähenbeere, Kranichbeere, Affenbeere, Viehbesinge, Rauschgrün. ... In Schweden und Russland, wo sie mehr benutzt werden, als bey uns, sind sie auch ein Gegenstand des Arzneyvorrathes, indem man ihren Saft mit gleichen Theilen Honig bey gelinder Wärme zu einem Mittel verbindet, welches in den dortigen Apotheken unter dem Nahmen Mel oxycocci bekannt ist. ...“ (Hayne 1816, Nr. 18); „I. Mittel bei fieberhaften Zuständen. 1) Kühlende Mittel. Als solche gebraucht man: ... den Saft von Vaccinium oxycoccos mit Wasser, Zucker oder Honig, Gurkenlake und Fischbrühe mit Zitronensaft.“ (Krebel 1858,

S. 115); „Husten. Phthisis. Beim Husten überhaupt gebraucht man Aufgüsse von ... Baccae Vaccinium oxycoccos, ...“ (a. a. O., S. 127); „3) Flechtenartige Ausschläge. Gegen dieselben gebraucht man in Russland ... den Saft der Beeren von Vaccinium oxycoccos. Letzterer mässigt allerdings, bei reizbarem Hautorgan, die Entzündung und das Jucken.“ (a. a. O., S. 153); „Scorbut. ... Bei demselben gebraucht man in Russland ... die Beeren von ... Vaccinium oxycoccos, ...“ (a. a. O., S. 162f.); „Mittel gegen Kopfschmerzen. ... Kranzbeeren (Vaccinium oxycoccus) sollen in die Ohren gelegt werden.“ (Alksnis 1894, S. 221); „OXYCOCCUM. ... teutsch, Moosbeer. ... Die Blätter, die Blüten und die Beeren reinigen und halten an, stillen das Brechen, und widerstehen dem Gift. Oxycoccum kommt von ὀξὺς, acidus, sauer, und κόκκος, granum, Korn, als ob man wolte sprechen, saure Beere, dieweil die Beeren dieses Gewächses sauer sind.“ (Lémery 1721, Sp. 826f.); „VITIS IDAEA. ... teutsch, Heidelbeer. ... Die Beeren halten an, trocknen, kühlen, dienen zu der rothen Ruhr und andern Arten des Durchlauffes. Vitis Idaea bedeutet soviel als Weinstock vom Berge Ida: weil dieses Gewächs, gleichwie der Weinstock, eine Art kleiner Weinbeerlein bringet, und vor diesem in Menge auf dem Berge Ida wuchse.“ (a. a. O., Sp. 1194); „Oxycōccus T. (Caprifoliaceae). Zus. aus ὀξυς (scharf) und κοκκος (Beere); die Beeren schmecken sehr sauer.“ (Wittstein 1852, S. 647); „Vaccīnium L. (Caprifoliaceae). Das vaccinium der römischen Schriftsteller (Virgil. eclog. III. 63) scheint das veränderte griechische ὑακινδος (unser Delphinium peregrinum L.) zu seyn, und die Uebertragung des altlateinischen Namens auf unser Vaccinium gründet sich nur auf die Angabe Virgil's, dass die Frucht schwarz sey. ...“ (a. a. O., S. 916); „Vitīs L. (Ampelideae). Celtisch gwid (Strauch); zunächst von viere (binden, weil sich das Gewächs an andere Gegenstände anklammmert. Angeblich von vita (Leben, in Bezug auf die belebende Wirkung des Weins).“ (a. a. O., S. 925); „Клюква [russ. *kljukva*], [korjakisch] емéлкевына [*emelkevyna*].“ (*Krašeninnikov* 1755, Bd. 2, S. 178); Vaccinium Oxycoccos – s. Oxycoccos palustris (*Annenkov* 1858, S. 58, Nr. 1156); Oxycoccos palustris Pers. – russ. *žuravika*, *žuravlina* bzw. *kljukva* (a. a. O., S. 65, Nr. 358); ersanisch k'lukva – Oxycoccus palustris Pers., Moosbeere (Wiedemann 1865, S. 126); wogulisch saxua-pänkpul bzw. sakuli-pi̮l – Vaccinium oxycoccus (Ahlquist 1891, S. 48); syrjänisch turi-mol', turi-turyn, ńur-pul bzw. turi-pul – Oxycoccus palustris, Moosbeere (Wiedemann 1880, S. 172, S. 259 bzw. S. 382); samojedisch haɟuŋôde', karan af, karan apsot bzw. kara ċober – Kranichsbeere (Castrén 1855, S. 243)

„1) клуква [russ. *klukva*]. Teutsch Kranichsbeere, wachsen im morast auf stauden, sind sauer und dunkelroht, u. werden im sPätjahr reiff. Diejenige so noch nicht Zur Zeitigung gekommen sind, erhalten sich den ganzen winter unterm schnee, nach dessen abgang sie einen noch mildern geschmakk bekommen als die vorigen.“ (Bl. 14v in: J. E. Fischer „Physicalische anmerkungen von dem Irtisch und denen dort herum sich befindlichen gegenden von Tobolski bis nach Samarow.“ – AAW F. 21, Op. 5, D. 41, Bll. 10v–16v“); „67. Oxycoccus sive baccinia [sic!] palustris I. B. ...“ (AAW R. I, Op. 104, D. 17, Bl. 12r, s. Anm. 36 in Nr. 8); „895. Oxycoccus sive Vaccinia palustris I. B. I. 227. ...“ (AAW R. I, Op. 105, D. 1, Bl. 70v, s. Anm. 29 in Nr. 5); „295) oxycoccus ...“ (AAW R. I, Op. 104, D. 25, Bl. 22v, s. Anm. 61 in Nr. 21); „521 oxycoccus ...“ (a. a. O., Bl. 37v); „482. Oxycoccus sive Vaccinia palustris J. B. 1. 227. ... Hanc plantam in indice plantarum Lenensium per inadvertentiam omisi, nam ad omnem Lenam locis idoneis provenit.“ (AAW R. I, Op. 105, D. 12, Bl. 22v, s. Anm. 54 in Nr. 17); barabinzisch „Turna-gose“ – russ. *kljukva* (J. G. Gmelin in: AAW F. 21, Op. 5, D. 73, Bl. 277v); „клюква [russ. *kljukva*]“, tschazkisch „Turnai-jemde“ – Oxycoccus (J. G. Gmelin in: AAW F. 21, Op. 5, D. 73, Bll. 294v/295r); russ. клюква [russ. *kljukva*], kamtschadalisch (itelmenisch) – Tschi'Kum, korjakisch – Emél kewyna (AAW R. I, Op. 13, D. 10, Bl. 202r, s. Anm. 49 in Nr. 298); russ. *klukva* – lamutisch Igkilte (J. J. Lindenau in: AAW F. 934, Op. 1, D. 89, Bl. 335r, Kopie aus dem Archiv RGADA); „Klucqwe Russorum. Vid. Oxycoccus.“ (AAW F. 98, Op. 1, D. 19, Bl. 30r, s. Anm. 59 in Nr. 19); „Oxycoccus sive Vaccinia palustris J. B. 1. 227. Tournef. Sp. 1. ... Russis dicuntur Клуква [russ. *klukva*] vel Клюква. [russ. *kljukva*] lege Klucqva; et in delicis ferè habentur à rudi populo. Usus eorum in Morsellis ao extinqvendam Febrilem sitim. in Mechanicis vero decoqvuntur ex aqva cum Tartari vini, vel aluminis tantillo, ad vasa argentea, ..." (a. a. O., Bl. 41r); „9. August 1723 ... Sonst fand sich auch ... Oxycoccus sive Vaccinia palustria (Ioannes Bauhinus et Tournefortii sp. 1); ..." (Messerschmidt 1962–1977, Bd. 2, S. 112f.); „Oxycoccus sive Vaccinia palustris (Tournefortii sp. 1), Off." (Messerschmidt 1962–1977, Bd. 4, S. 209, s. Anm. 1 in Nr. 1)

[249] russ. *kljukva*

/85r/

Florae Irkutiensis ordine Inst⌈itutionum⌉ Rei Herb⌈ariae⌉
CLASSIS VII.

CLASSIS VII.
De
Herbis et suffruticibus flore
polypetalo rosaceo umbellato[a].

439	*Cicuta minor Petroselino similis C. B. P.* 160. / *Cicutaria Apii folio J. B.*[1] *In hortis inter / olera et ad sepes*[b] *passim circa Irkutiam / floret Junio Jul⌈io⌉ Rivino ⌈et⌉ Tabern⌈aemontano⌉ dici- / tur Cynapium*[2].
440	*Carvi Caesalp.* 291. *Cuminum pratense, Carvi of- / ficinarum C. B. P.*[3] *frequens in pratis / ad Angaram, praecipuè qua Urik itur / non proKul a ponte sublicio*[4], *qua itur / ad Lenam; Ad lacum minus frequens ⌈et⌉ si / occurrit ob soli siccitatem humilius multo. / Russis audit* Полевóй анúсъ[5].
441	*Carvi foliis tenuissimis Asphodeli radice T. I. R. H. spec⌈ies⌉* 2 *Daucus pratensis Mil- / lefolii palustris folio C. B. P.* 150.[6] / *Occurrit rarius cum praecedenti, / frequentius ad Kudam amnem et / ad Angaram circa Malaja Roswodnaia / Florent ambo Junio, semen absolvunt / sub medium Julii*
442.	*Daucus sativus radice lutea Tour. I. R. H. / Pastinaca tenuifolia, sativa, radice lutea / C. B. P.* 151.[7] *frequens in hortis colitur*

/85v/

Florae Irkutiensis Ordine Inst⌈itutionum⌉ Rei Herb⌈ariae⌉
CLASSIS VII.

	circa Irkutiam ⌈et⌉ lacum Bajkal.
443.	*Daucus vulgaris Clus. Hist. CXCVIII.*[8] *Passim / in pratis circa Irkutiam. Floret circa medium / Junii*
444	*Sium sive Apium palustre foliis oblongis C. B. P.* / 154.[9] *Ubiq⌈ue⌉ in fossis et fluentis circa Irku- / tiam et lacum Baikal. floret Junio.*
445	*Sium palustre alterum foliis serratis T. I. R. / H. spec⌈ies⌉* 2[10] *Cum priori occurrit, frequens prae- / sertim ad Bargusinum fluvium supra mu- / nimentum. Floret cum praecedenti.*
446.	*Sium latifolium C. B. P.* 154. *Tour. I. R. H. / spec⌈ies⌉* 3. *Sium medium,*

[a] $_{\text{umbell}}$at$_{\text{o}}$ *verbessert aus* ia[.] [b] $_{\text{s}}$e$_{\text{pes}}$ *verbessert aus* p

	Pastinaca palustris / Tabern. Icon. 78.[11] *In palustribus cis Anga- / ram floret cum praecedenti.*
447	*Sium Erucae folio C. B. P.* 154. *Cicutaria Riv. / Irr. Cicuta aquatica Gesneri et Wepf⌈eri⌉ Si- / um Olusatri facie Lobel.*[12] *frequens in u- / dis et palustribus ad Uschakowkam / Floret sub finem Junii. Haec planta / in Russia audit* ômегъ *qualis autem / planta sub hoc nomine Jakutiae ob / pecorum necem infamis sit prodente / D⌈omino⌉ D⌈octore⌉ Gmel⌈ino⌉ in indice Pl⌈antarum⌉ Lenensium / Nescio, haec saltim licet circa Irkutiam / utpote rarior occurrens male non au- / dit*[a] *Lobelio Wepfero in Tr⌈actatu⌉ de Cicuta a- / quatica et Gesnero dudum ob virulen- / tiam infamis fuit.*

/86r/

Florae Irkutiensis Ordine Inst⌈itutionum⌉ Rej Herb⌈ariae⌉
CLASSIS VII.

448.	*Bupleurum montanum latifolium Tourn. / I. R. H. spec⌈ies⌉* 10[b]. *Perfoliata montana, la- / tifolia C. B. Pin.* 277.[13] *In montosis ad / Angaram et circa lacum Baikal floret / circa medium Julii Huius semina mitto.*
449.	*An Bupleurum folio rigido C. B. P.* 278 *Tourn. I. R. H. spec⌈ies⌉* 1.[14] *Abundè in montosis ad / Angaram floret Cum praecedenti. Huius / semina mitto.*
450.	*An Bupleurum annuum minimum angustifoli- / um H. R Monsp. T. I. R. H. sp⌈ecies⌉* 4?[15] *Prove- / nit in siccis desertorum campis ad Bu- / guldeichae fluvii ostium in lacum / Baikal, palmum raro superat ut pluri- / mum duos tresve*[c 16], *pollices alta. floret / circa medium Julij.*
451	*Foeniculum vulgare, Germanicum C. B. Pin. /* 147. *foeniculum Dod. Pempt. Tourn. I. R. H. sp⌈ecies⌉ /* 2.[17] *In hortis seritur Irkutiae et circa lacum / Baikal*
452.	*Foeniculum sylvestre humilius, Peucedani / folio Tourn. I. R. H. sp⌈ecies⌉* 10. *Caucalis folio Peu- / cedani C. B. P.* 153.[18] *Abunde in humidiori- / bus et udis sylvis ad Uschakowkam cir- / ca Urik et ad Kudam amnem floret / Julio.*
453.	*Oenanthe Apii folio C. B. Pin.* 162. *Tourn. I. / R. H. spec⌈ies⌉* 1.[19] *floret sub initium Julii in / pratis humidioribus circa Oiok et ad*

[a] audit *verbessert aus* audiat [b] 20 [c] tresve *verbessert aus* [.]

/86v/

Florae Irkutiensis Ordine Institutionum Rei herbariae
CLASSIS VII.

	Kudam[a] *amnem.*
454.	*An Oenanthe Chaerophylli foliis*[b] *C. B. P.* 162 / *Oenanthe succo viroso Cicutae facie Lobe- / lio J. B.*[20] *Cum praecedenti, eodem loco et / tempore occurrit.*[21]
455	*Angelica sylvestris minor sive Erratica C. / B. P.* 155. *AEgopodium Herba Gerardi Ta- / bern. Icon.* 83. *Tour. I. R. H. species* 1.[22] *frequens / circa Irkutiam et lacum Baikal floret / sub finem Maii*
456	*An Angelica pratensis Apii folio Tour. I. R. / H. species* 5 *Seseli pratense C. B. P.*[23] *In pra- / tis humidioribus ad Kudam amnem*[24]
457	*Chaerophyllum sativum C. B. P.* 152.[25] *In hortis / colitur Irkutiae floret sub finem Junij*
458	*Myrrhis tuberosa nodosa Mor. Umbell.* 67 *Cicu- / taria bulbosa C. B. P.*[26] *Floret circa medium / Junii abunde in pratis Irkutiae*
459	*Myrrhis palustris latifolia alba Tour. I. R. H. / species* 7 *ut et C. B. P. Cicutaria palustris la- / tifolia alba*[27] *frequentissime in pratis occur- / rit circa Irkutiam et lacum Baikal. flo- / ret Julio.*
460	*Myrrhis*[c] *palustris latifolia rubra Tourn. I. R. H. / species* 8[d][28] *Cum priori occurrit iisdem locis, eo- / demque tempore floret. caulis solummodo / rubedine a praecedenti differt.*
461.	*Imperatoria Pratensis maior C. B. P.* 156.

/87r/

Florae Irkutiensis ordine Institutionum Rei herbariae
CLASSIS VII.

	Tournef. species 5.[29] *Frequens circa Irkutiam / et lacum Baikal. floret sub initium / Julii*
462.	*Imperatoria Archangelica dicta Tourn. I. R. / H. species* 4.[30] *In pratis humidioribus ad Ir- / kutum. floret cum praecedenti*
463.	*Anethum hortense C. B. P.* 147[31] *Russis* Укрóпъ[32] / *frequens in hortis Irkutiae.*
464.	*An Oreoselini*[33] *species. Huius semina benè ma- / tura mittuntur. Plantae huius descriptio / a me ex Oblivione omissa*[e], *è sicca au- / tem nihil decernere audeo. Crescit ab- / undè in montosis circa Irkutiam et /*

[a] Kutam [b] folio; folio *verbessert aus* is [c] Myrrhis *verbessert aus* [.] [d] 2 [e] omissa *verbessert aus* a

	lacum Baikal. floret Junio. semina ab- / solvit sub medium Augusti quae matura mitto[34]
465	*An Oreoselinum*[a] *pratense Cicutae folio T. / I. R. H.*[35] *ad Kudam amnem. floret Julio*
466.	*Sphondylium vulgare hirsutum C. B. P. /* 157.[36] *Ubiq[ue] in pratis circa Irkutiam flo- / ret sub medium Julij*

[1] „[species 3] Cicuta minor, Petroselino similis C. B. Pin. 160. Cicutaria Apii folio J. B. 3. Part. 2. 179. Cicutaria fatua Lob. Icon. 280.“ (Tournefort 1700, S. 306, Genus III. „Cicuta. Ciguë.“); „CICVTARIA APII FOLIO. ...“ (Bauhin 1651, S. [Sp.?] 180); „CYNAPIVM Rivini & Tabernaemontani. Cicuta minor Petroselino similis C. B. P. 160. Cicutaria apii folio I. B. part. 2. 179. ... Germ. Gneiß, Gleiß, Hunds=Petersilien. ...“ (Rupp 1726, S. 228f.); „1. ETHUSA. Cynapium. Riv. pent. 76. Cynapium rivin. & tabernaemontani. Rupp. jen. 228. Cicuta minor petroselino similis. Bauh. pin. 160. ... Tournef. inst. 306. ... Cicuta [sic!] apii folio. Bauh. hist. 3. p. 179. ...“ (Linné 1737, S. 100); „1) Gartengleiß. Aethusa Cynapium. ... Aethusa foliis conformibus. LINN Syst. veg. p. 236. ... Cicuta minor, Petroselino similis. C. BAUH. pin. 160. ... Cynapium RIVIN. Pent. t. 75. [sic!] ... Sie wird insgemein Gleiß oder Gleisse, Glysen, kleiner Schierling, kleiner Erdschierling, Gartenschierling, wilder Peterlein, toller Peterlein, Glanz-peterlein, Hundspeterlein, Hundsgleisse, Krötenpeterlein, faule Grete genennet. ... Mit Recht warnet Linnäus, daß man sich hüte, diese Pflanze ... unter die Speisen zu bringen; man hat Beyspiele, wo auf solche Weise ihr Genuß Bangigkeiten, Wahnwitz, Raserey, Schlafsucht, Schmerzen und Aufschwellen des Bauchs, ja zuweilen den Tod verursacht hat, ...“ (Linné 1780, S. 148f.); „1. AETHUSA cynapium. AE. foliis conformibus. Hort. cliff. 100. ... Cynapium. Riv. pent. t. 75 [sic!] Cicutaria apii folio. Bauh. hist. 3. p. 179. R. Cicuta minor petroselino similis. Bauh. pin. 160. ... Garten-Gleiss. W. ...“ (Linné 1797–1830, Bd. I, Teil 2, S. 1446); „366. Aethusa. L. (excl. spec.). ... 1. Ae. Cynapium (L. SP. 367) ... M. a BIEB. Fl. t. c. III, p. 232. ...“ (Ledebour 1844–1846, S. 270); „566*. AETHUSA Cynapium . ... Ae. foliis conformibus. Linn. ed. Willd. 1. p. 1446. Cynapium Riu pent. 75. [sic!] ...“ (Marschall von Bieberstein 1819, S. 232f.); „10. ANGELICA foliolis pennatifidis. Tab. XLIV. Cicutam minorem, Petroselino similem C. B. adeo exacte refert, vt sine intuitu seminis nemo non pro illa habiturus sit. ...“ (Gmelin 1747–1769, Bd. I, S. 195f.); „10. Angelica foliis pinnatifidis. t. XLIV. [=] Selinum sibiricum Retz.!“ (Ledebour 1841, S. 61); s. Nr. 465; „47. Angelica foliis pinnatifidis. 36. non novi, facies non est Angelicae. (Fl. sib. 1. 195. nr. 10. Selinum sibiricum Retz.) 48. Selinum foliolis pinnatim laciniatis, laciniis trifidis obtusis in spinulam terminatis, nobis ignota. (Fl. sib. I. 204. nr. 18. S. carvifolia L. sibiricum Retz.)“ (C. von Linné in einem Brief an J. G. Gmelin? vom 24. August 1748 – Plieninger 1861, S. 94); „2) Gleisse, kleiner Schierling, Hundspeterlein, stinkender Peterlein, tolle Petersilie, faule Grete. Aethusa Cynapium Linn. ... Die Wurzel [r]), noch mehr aber das Kraut [r*]) dieses Gewächses, erregt nach vielen Erfahrungen Bangigkeiten [s]), Wahnsinn [t]), Sinnlosigkeit [u]), Wurh [x]), Bauchflüsse [y]), entsezliches Erbrechen [z]), die grausamsten Kopf= [a]) Magen= [b]) und Bauchschmerzen [c]), Schlummer [d]), Aufschwellen des ganzen Leibes [e]), zuweilen mit schwarzblauer Farbe f), und nicht sehr selten den Tod [g]). ... Sehr oft wird sie statt des geflekten Schierlings gebraucht; sie wirkt aber viel schwächer. ...“ (Gmelin 1803, S. 566ff.); „AETHUSA (Cynapium) Linn. Cliff. 100. ... Cicuta minor petroselino similis. Bauh. pin. 160. Сабачья петрушка [russ. *sabač'ja petruška*] Russ. ...“ (*Kraševinnikov* 1761, S. 44); „1. AETHUSA Cynapium ... Garten=Gleis. W. R. Sobatschaja Petruschka (Hundepetersilie). ...“ (Georgi 1797–1802, Theil 3, S. 853f.); „CICUTA. ... teutsch, Schierling, Wüterich, ... Sie

[a] Oreoseli n um *verbessert aus* [.]

zertheilet trefflich starck, ist dannenhero zu den Scirrhis, harten und schmerzhaften Geschwulsten, zu Uberbeinen, die noch im wachsen sind, zu Verhärtung der Leber, der Miltz und des Gekröses, wann sie auf den preßhaften Ort gelegt wird. Sie wird auch zu allerhand Pflastern und Salben genommen: innerlich aber ist sie nicht zu gebrauchen, dann sie ist giftig.“ (Lémery 1721, Sp. 309); „Aethūsa L. (Umbelliferae). Von αἰδων (schimmernd) in Bezug auf die glänzenden Blätter, oder von αἴδειν (brennen) wegen ihrer Schärfe.“ (Wittstein 1852, S. 21); „Cicūta L. (Umbelliferae). Von κυειν (hohl seyn), in Bezug auf den Stängel. Cicuta des Plin. ist übrigens unser Erdschierling (Conicum maculatum) und Virgil gebraucht das Wort Cicuta in demselben Sinne wie Calamus (Rohr), um die hohle Beschaffenheit des Stängels zu bezeichnen.“ (a. a. O., S. 200)

„[No] 7. Cicuta minor Petroselini similis: C. B. P.“ (AAW F. 3, Op. 1, D. 797, Bl. 114v, s. Anm. 89 in Nr. 111); „29. (Forte) Cicuta minor Petroselino similis. C. B. P. 160“ (AAW R. I, Op. 15, D. 1, Bl. 12v, s. Anm. 24 in Nr. 64); „532. Cicuta minor Petroselino similis. C. B. P. 160. In ind. Irc. sub Cicutae majoris nomine n°. 216. recensita est. ...“ (AAW R. I, Op. 105, D. 1^{a}, Bll. 64r–64v, s. Anm. 29 in Nr. 5); „76. Cicuta minor petroselino similis C. B. P ...“ (AAW R. I, Op. 104, D. 17, Bl. 12v, s. Anm. 36 in Nr. 8); „215. Cicuta minor Petroselino similis C. B. P. ...“ (AAW R. I, Op. 105, D. 12, Bl. 6v, s. Anm. 54 in Nr. 17); „2. Cicuta minor Petroselino similis C. B. P. 160. Ind. Jen. n°. 532. Cicuta major Ind. Irc. n°. 216. ...“ (AAW R. I, Op. 13, D. 67, Bl. 36v, s. Anm. 5 in Nr. 4); „1. Cicuta minor, Petroselino similis. C. B. P. 160.“ (AAW R. I, Op. 13, D. 16, Bl. 17v, s. Anm. 32 in Nr. 6); „373. Cicutaria ...“ (AAW R. I, Op. 13, D. 20, Bl. 40r, s. Anm. 1 in Nr. 1); „151. Cicuta minor, Petroselino similis C. B. P. ...“ (AAW R. I, Op. 13, D. 42, Bl. 21v, s. Anm. 1 in Nr. 1)

2 die Abbildung „Cynapium“ auf Tafel 76 (Rivinus 1699); „Von dem Namen des Gleissen. ... Nun ist aber der Gleiß ein Geschlecht des Schirlings/ welches der stinckende unliebliche Geruch und seine Kräfften genugsam anzeigen. Von deßwegen wird es von den Kräutlern Apium caninum, Cynapium, ... genannt. ... Teutsch heißt er Hundspeterlein/ Gleiß und stinckender Peterlein.“ (Tabernaemontanus 1731, S. 273); „cynápium (Aethusa) <Hundspetersilie>: zu gr. kýō, Gen. kynós <Hund> ... und lat. āpium <Sellerie> ...“ (Genaust 2005, S. 194); „Cynāpium (Umbelliferae). Zus. aus κυων (Hund) und ἄπιον (Eppich), also Hundspetersilie, schlechte unbrauchbare Petersilie (der sie ähnlich sieht).“ (Wittstein 1852, S. 254)

3 „[species 1] Carvi Caesalp. 291. Cuminum pratense, Carvi officinarum C. B. Pin. 158. Caros J. B. 3. Part. 2. 69. Carum Dod. Pempt. 299.“ (Tournefort 1700, S. 306, Genus IV. „Carvi.“); „CAP. XXV. CARVI in officinis vocatur semen paruum, gustu feruens, odore Cumini ...“ (Caesalpinus 1583, S. 291); „Carum Rivini & Dod. Pempt. 299. ... Cuminum pratense, carvi officinarum C. B. P. 158. ... Wiesen= oder Feld=Kümmel, Carwen ...“ (Rupp 1726, S. 227); „33. CARUM DOD. p. 299. RIV. Tab. LV. LINN. h. Cliff. p. 106. ROY. pr. 116. HALL. Helv. p. 248. Carum carui LOB. ic. p. 724. Cuminum pratense, carui officinarum C. B. P. 158. Caros I. B. III. p. 69. Carui CAESALP. syst. 291. TOURN. I. R. H. 306. j. Idem flosculis rubentibus. ... STELLERUS etiam in pratis ad Angaram, raro autem ad lacum Baicalem se vidisse scribit. Russis полевой анисъ [russ. *polevoj anis*] et тимонъ [russ. *timon*] dicitur.“ (Gmelin 1747–1769, Bd. I, S. 220f.); „33. Carum [=] Carum Carvi L.!“ (Ledebour 1841, S. 63); „1. CARUM. Riv. pent. 55. ... Carvi. Caesalp. syst. 291. Tournef. inst. 306. ... Cuminum pratense, Carvi officinarum. Bauh. pin. 158. Caros. Bauh. hist. 3. p. 69. ...“ (Linné 1737, S. 106); „1) Gemeiner Kümmel. Carum Carvi. LINN. Syst. veg. p. 240. ... Carum pratense, Carvi officinarum C. BAUH. pin. 158. ... Diese Pflanze ... hat nach Plinius Zeugniß den Namen Carum oder Carvi von Caria, einer alten Landschaft in klein Asien; ... Diese Pflanze ist nicht allein ein angenehmes und gesundes Futter für das Vieh; sondern ihre Saamen sind auch ein sehr gemeines und brauchbares Gewürz in der Haushaltung, ...“ (Linné 1780, S. 197ff.); „1. CARUM Carvi. ... Carum. ... Hort. cliff. 106. ... Gmel. sib. 1. p. 220. ... Carvum pratense, Carvi officinarum. Bauh. pin. 158. ... Gemeiner Kümmel. W. ...“ (Linné 1797–1830, Bd. I, Teil 2, S. 1470); „1) CARUM CARVI. Linn ... Carum. Gmel. Fl. sib. I., p. 220. No. 33. Bunium Carvi. M. a Bieb. Fl. taur. cauc. I. p. 211. No. 529. ... β. floribus roseis. Gmel. l. c.

var. 1. ..." (Ledebour 1829, S. 353); „354. Carum. Koch. ... 1. C. Carvi (L. SP. 378) ... LEDEB. Fl. alt. I, p. 753. .. Carum. GMEL. Fl. sib. I, p. 220, Nr. 33. ... Cuminum [sic!] Carvi. M. a BIEB. Fl. t. c. I, p. 211; ..." (Ledebour 1844–1846, S. 248f.); „529. BUNIUM Carvi. ... Carum (Carui) ... Gmel. sib. 1. p. 220. n. 33. ... Riu. pent. t. 55. ..." (Marschall von Bieberstein 1808a, S. 211); „III. Mittel in Unterleibskrankheiten. 1) Träge, schwache Verdauung, Flatulenz und Koliken. ... Der Ehste ... gebraucht ... gegen Unterleibsbeschwerden überhaupt Carum Carvi mit Branntwein." (Krebel 1858, S. 129ff.); „Mittel gegen Appetitlosigkeit: ... Der geröstete Samen von Carum Carvi wird gegessen." (Alksnis 1894, S. 187); „Mittel gegen Leibschmerzen: ... Ein ähnliches Getränk bereitet man, indem man in eine Flasche Artemisia Absinthium, Carum Carvi, Mentha piperita und verschiedene Arten von Pfeffer stopft, worauf starker Branntwein gegossen wird. Die Pflanzen quellen auf, die Flüssigkeit bräunt sich und wird trübe. So wird sie getrunken. ..." (a. a. O., S. 187f.); „Mittel gegen Durchfall: ... Gebrannter Kümmel (Carum Carvi). ..." (a. a. O., S. 189); russ. *anis polevoj* – Carum carvi, schwarzer Kümmel, Wiesenkümmel, Feldkümmel (Pawlowski 1952, S. 14); russ. *tmin* bzw. *timon* – Carum carvi, Kümmel (a. a. O., S. 1610 u. S. 1608); „CARVM (Carui) ... Cliff. 106. ... Gmel. sib. 1. p. 220. Тимонъ [russ. *timon*], siue Тиминъ [russ. *timin*], siue полевой анисъ [russ. *polevoj anis*] Russ.. ..." (*Krašeninnikov* 1761, S. 45); „CARVI. ... teutsch, Kümmel, ... Der Samen wird zur Artzney gebraucht. ... Er zertheilet, eröffnet, und treibt die Winde und Blähungen: stärcket den Magen: hilfft zur Verdauung: macht einen guten Athem, wann man ihn kauet: er ist auch gut zur Colic und zum Schwindel, vermehret die Milch bey stillenden Frauen. ..." (Lémery 1721, Sp. 246f.); Carum Carvi L. – russ. *anis polevoj*, *timin*, *gun'ba* bzw. *cmin* (*Annenkov* 1858, S. 28, Nr. 270); „Cārum L. (Umbellifereae). Von καρα (Kopf) in Bezug auf die Gestalt der Dolde oder die Wirkung der Frucht auf den Kopf, indem ihre ätherisch-öligen Theile den Kopf einnehmen und Schwindel (καρος) verursachen können. Plinius leitet, wohl mit Unrecht, von der kleinasiatischen Landschaft Carien ab, wo der beste Kümmel wachse." (Wittstein 1852, S. 161)

„cuminum – Тимонъ [russ. *timon*]" (AAW F. 21, Op. 5, D. 73, Bl. 268v); „259. Carum Dod. Pempt. 299. Carvi Tourn. inst. 306." (AAW R. I, Op. 13, D. 20, Bl. 28v, s. Anm. 1 in Nr. 1); „192. Carum Dod. Pempt. 299. ..." (a. a. O., Bl. 19v); „556. Crithmum folio Carvi. An Carvi Caesalp? Ind. Len. n° 152. ... In Semine pariter inveni iisdem in locis Krasnojarii се[р]дечное коренье [russ. *serdečnoe koren'e*] dicitur. Anethum glauco folio Ind. Len. n° 166 huic persimile est." (AAW R. I, Op. 105, D. 1[a], Bl. 68r, s. Anm. 29 in Nr. 5); „152 An Carvi Caesalp? ..." (AAW R. I, Op. 13, D. 42, Bl. 21v, s. Anm. 1 in Nr. 1); „166. Anethum, glauco folio. ..." (a. a. O., Bll. 34r–24v) „Carvi. Caesalp, 291. et Inst. r. h: n°. 127." (AAW R. I, Op. 13, D. 19, Bl. 4r, s. Anm. 54 in Nr. 17); „15. Februar 1723 Nach Mitternacht umb 2 Uhre kame der Denstschik Andree ... brachte mir ... noch eine Art Carvi Tournefortii ... welches die Russen ihm Kimin ... genennet und ... häufig in den Stepen hieherumb wächset. ..." (Messerschmidt 1962–1977, Bd. 2, S. 18f.); „CCCLII. Carvi T. 306. 160. B. 1. 159. Тиманъ [russ. *timan*]. 1. Carvi Caesalpini. 291. B. n. 1. Cuminum pratense Carvi officinarum. C. B. P. 158. ..." (Bl. 47r in T. Gerber „Flora Moscuensis ...", s. Anm. 6 in Nr. 55); „Carvi. T. тимонъ [russ. *timon*]" (G. W. Steller nach T. Gerber: AAW R. I, Op. 81, D. 23, Bl. 5r, s. Anm. 1 in Nr. 1)

4 s. Nr. 282

5 russ. *polevoj anis*

6 „[species 2] Carvi foliis tenuissimis, Asphodeli radice. Daucus pratensis, Millefolii palustris folio C. B. Pin. 150. Daucus pratensis Dalechampii, folio Millefolii J. B. 3. Part. 2. 9. Daucus pratensis Dalechampii Lugd. 718." (Tournefort 1700, S. 306, Genus IV. „Carvi."); „6) Wirtelförmiges Sison. Sison verticillatum. ... Sison foliolis verticillatis, capillaribus. LINN. Syt. veg. ... Carvi foliis tenuissimis, Asphodeli radice. TOURNEF. inst. 90. Daucus pratensis, Millefolii palustris folio. C. BAUH. pin. 150. ..." (Linné 1780, S. 128f.); „6. SISON verticillatum. ... Sium verticillatum. Roth. germ. II. 3356. ... Daucus pratensis millefolii palustris folio. Bauh. pin. 150. ... Carvi foliis tenussimis, asphodeli radice. Tournef. inst. 90. ... Wirtelblättriges Sison. W. ..." (Linné 1797–1830, Bd. I, Teil 2, S. 1437f.); „[Sison] verticillatis, foliolis capillaribus; quirlförmiger

Sison, mit quirlförmigen und haarzarten Blättern; ...“ (Gmelin 1776, Sp. 567f.); „4. SISON (Verticillatum) foliolis verticillatis capillaribus. Lin. Sp. Plant. 253. Sison with hair-like small leaves in whorls. Carui foliis tenuissimis asphodeli radice. Tourn. Inst. 306. Narrow-leaved Carraway with an Asphodel root. ...“ Miller 1768 (unpaginiert, unter Sison); „XI. ... Berle verticillée. Sium verticillatum. Carvi foliis tenuissimis, asphodeli radice. Tournef. 306. Sison verticillatum. Linn. Sp. 363. ...“ (Lamarck 1778, S. 460); „2. SISON verticillatum ... Wirbelblättriges Sison. W. ...“ (Georgi 1797–1802, Theil 3, S. 852); „... Sium verticillatum. S. foliolis verticillatis capillaribus. Sison verticillatum. Linn. Syst. Veget. p. 285. Syst. Plant. T. 1. p. 697. ... Carui foliis tenuissimis Asphodeli radice. Dill. Gies. p. 139. Daucus pratensis Millefolii palustris foliis. C. Bauh. pin. p. 150. ...“ (Roth 1789, S. 336); „13. Sium verticillatum Lamark. Roth. germ. 11. p. 336. ... Sison verticillatum Linn. ...“ (Dietrich 1822, S. 193f.); „Sison <Gewürzdolde> ... gr. sísōn <eine aus Syrien stammende Gewürz- und Heilpfl.> ...“ (Genaust 2005, S. 590); „Sisōn L. (Umbelliferae). Σισον, vom celtischen sizum (fliessendes Wasser), in Bezug auf den Standort.“ (Wittstein 1852, S. 816)

„An Carvi folijs tenuissimis, Asphodeli radice I. R. H. ...“ (AAW R. I, Op. 13, D. 67, Bl. 37r, s. Anm. 5 in Nr. 4)

7 „[species 1] Daucus sativus, radice luteâ. Pastinaca tenuifolia, sativa, radice luteâ C. B. Pin. 151. Pastinaca sativa sive Carota lutea J. B. 3. Part. 2. 64. Pastinaca tenuifolia, sativa Dod. Pempt. 678.“ (Tournefort 1700, S. 307, Genus VII. „Daucus.“); „DAUCUS VULGARIS. Daucus vulgaris, Clus. Hist. ... Pastinaca tenuifolia sylvestris Dioscor. vel Daucus officinarum, C. B. ... teutsch, gemeines Vogelnest, Eselsmöhren. ...“ (Lémery 1721, Sp. 395f.); „Staphylinus sylvestris. Daucus vulgaris Clus. Hist. 148. [sic!] Pastinaca tenuifolia sylvestris Dioscoridis vel Daucus officinarum C. B. P. 151. ... Germ. Vogel=Nest, wilder Möhren=Saamen. ...“ (Rupp 1726, S. 224); „1. DAUCUS seminibus hispidis. Daucus vulgaris. Clus. hist. 2. p. 198. Tournef. inst. 307. Pastinaca tenuifolia sylvestris dioscoridis; vel Daucus officinarum. Bauh. pin. 151. ... α Daucus sativus, radice lutea. Tournef. Pastinaca tenuifolia sativa, radice lutea vel alba. Bauh. pin. 151. ...“ (Linné 1737, S. 89); „1) Gemeine Möhren. Daucus Carota. ... Daucus seminibus hispidis; petiolis subtus nervosis. LINN Syst veg p 228. ... Daucus vulgaris. CLUS. hist. 2. p 198 Daucus sylvestris et Carota. MILL Dict. n 1. 2. Pastinaca tenuifolia sylvestris Dioscoridis vel Daucus officinarum. C. BAUH. pin. 151 ... β. Pastinaca tenuifolia sativa, radice lutea C. BAUH. pin. 151. ... Linnäus begreift mit dieser Art beyde, die wilde, und die zahme oder Gartenmöhren, ... die zahme [Möhren] aber werden ... insgemein gelbe Möhren oder gelbe Rüben ... genennet. ... Der gemeldte Saft [der Möhren] dienet in der Arzneykunst als ein linderndes und reinigendes Mittel, vornehmlich in Krankheiten der Brust und Harnwege; auch hat er manchmal Stuhl= und Brandwürmer getödtet und abgetrieben. Ein Umschlag von zerstossenen frischen Wurzeln thut ... in offenen Krebsschäden durch Linderung der Schmerzen und des Gestanks vortrefliche Dienste. ...“ (Linné 1780, S. 48ff.); „1. DAUCUS Carota. D. seminibus hispidis, ... Hort. Cliff. 89. ... Daucus vulgaris. Clus. hist. 2. p. 198. ... Pastinaca tenuifolia sylvestris Dioscoridis. Bauh. pin. 151. β. Pastinaca tenuifolia sativa, radice lutea. Bauh. pin. 151. ... Gemeine Mohrrübe. W. ...“ (Linné 1797–1830, Bd. I, Teil 2, S. 1389f.); „1. DAUCUS CAROTA. Linn. ... M. a Bieb. Fl. taur. cauc. I. p. 209. No. 526. ... Daucus seminibus hispidis. Gmel. Fl. sib. I. p. 186. No. 2. ...“ (Ledebour 1829, S. 295); „3. D[aucus] Carota (L. SP. 348) ... M. a BIEB. Fl. t. c. I, p. 209; ... LEDEB. Fl. alt. I, p. 295. ... D. seminibus hispidis. GMEL. Fl. sib. I, p. 186, Nr. 2. ...“ (Ledebour 1844–1846, S. 338f.); „[Daucus] Carota, seminibus hispidis, petiolis subtus nervosis; gemeine Möhre, ... wilde Möhre; Mohrrüben; wilde Mohrrüben; gelbe Rüben; Vogelnest; Möhrenkümmel; ... ihre Samen sind sehr gewürzhaft, windtreibend, und harntreibend; wann sie in einem Thee gegeben werden, ... sollen sie ihm eine Kraft wider den Stein mittheilen, ... Sie heißt bey Clusius: Daucus vulgaris; ... und bey Millern: Daucus (Carota) seminibus hispidis, radice carnosa esculenta.“ (Gmelin 1773, Sp. 525ff.); „DAUCUS. Lin. Gen. Plant. 269. Tourn. Inst. R. H. 307. tab. 161. (δαῦος, welches einige von δαίω Gr. brennen, herleiten, wegen seiner scharfen und hitzigen Kraft, oder brennenden Geschmacks.) Vogelnest, Möhrenkümmel, Möhren. ... Die Sorten

sind: 1. DAUCUS (Sylvestris) seminibus hispidis, radice tenuiore fervido. Möhren mit stachlichten Saamen, und einer dünnen hitzigen Wurzel. Daucus vulgaris. Clus. Hist. 2. p. 198. Gemeine wilde Möhren. 2. DAUCUS (Carota) seminibus hispidis, radice carnoso esculento. Möhren mit stachlichten Saamen, und einer fleischichten eßbaren Wurzel. ...“ (Miller 1772, S. 14ff.); „526. DAUCUS Carota. ... D. seminibus hispidis, ... Gmel. sib. 1. p. 186. n. 2. ...“ (Marschall von Bieberstein 1808a, S. 209); „2. DAUCUS seminibus hispidis LINN. h. Cliff. p. 89. Pastinaca syluestris tenuifolia DOD. p. 679. Pastinaca syluestris s. staphylinus Graecorum I. B. III. p. 62. Pastinaca tenuifolia syluestris Dioscoridis vel Daucus officinarum C. B. Bas. p. 45. ...“ (Gmelin 1747–1769, Bd. I, S. 186); „2. Daucus seminibus hispidis [=] Daucus Carota L.!“ (Ledebour 1841, S. 61); „10. Daucus Carota L. (Umbellif.). ... Diese Pflanze spielt ... in der Volksmedicin Russlands keine unwichtige Rolle und zwar sowohl als äusserliches, als auch als innerliches Mittel. Aeusserlich findet sie bei Scrophulose, Flechten und andern Ausschlägen, Verbrennungen, Wunden etc. Verwendung. Innerlich wird sie mit folgenden Indicationen gebraucht: Milchversetzung, Verdauungsbeschwerden, Haemorrhoiden, Würmer und einige Frauenkrankheiten. ... Officinell waren von der wildwachsenden Pflanze die Früchte, Semen Dauci silvestris, als reizendes, Harn- und Blähungen treibendes Mittel. Die cultivirte Pflanze ... wird arzneilich gegen Würmer gebraucht; ...“ (Henrici 1894. S. 22ff.); „Mittel gegen Icterus: Man ... soll ... gelbe Arzneimittel einnehmen, wie z. B. den Saft von Gurken und Burkanen (Daucus Carota). ...“ (Alksnis 1894, S. 192); „Gelbmöhre, Daucus Carota, L. ... Die fleischige gelbe und röthliche Wurzel (rad. Dauci sativi), ... ist frisch gerieben als ein kräftiges Verbesserungsmittel aller stinkenden bösartigen Geschwüre und Krebsschäden aufgelegt worden. Der ... Saft (rob Dauci) ... ist mit Vortheil in der Lungensucht und andern schleichenden Fiebern, so wie als Vehikel der Wurmmittel bei Kindern gebraucht worden. Der Wurzel so wie den Blättern der wilden Möhre (herb. rad. Dauci sylv.) hat man eröfnende und harntreibende, den Samen aber von der wildwachsenden Möhre (sem. Dauci sylv.) Blähungen und Harn treibende Kräfte zugeschrieben.“ (Hahnemann 1795, S. 344); „DAUCUS CAROTA. ... Gemeine Mohrrübe, Möhren, Möhrenkümmmel, gelbe Rüben, Vogelnest. ... Von der wilden Pflanze ... sammelte man ehedem die Früchte unter dem Namen des Samens, Semen Dauci sylvestris; von der in Gärten gebaueten sind bis jetzt noch die Wurzeln, Radices Dauci sativi, gebräuchlich, ... Zerrieben sind die frischen Wurzeln äusserlich bey bösartigen carcinomatösen Geschwüren empfohlen worden. ... Der eingedickte Saft, Roob Dauci, der in den Apotheken selbst bereitet werden muß, besitzt die ihnen zugeschriebenen Arzneykräfte in höherm Grade. Man giebt ihn bey Brustkrankheiten, um den Auswurf zu erleichtern. ...“ (Hayne 1821, Nr. 2); „56) Wilde Möre, Vogelnest, wilde Morrüben, Daucus Carota, ... die Wurzel der wilden Pflanze ist süß und nahrhaft, wird in Kamtschatka gespeißt und giebt ... ein ziemlich gutes Brodt; ... ihr Same ist ... wenn er vor der Gährung dem Bier beygemischt wird als ein Mittel wider den Stein angerühmt worden; ...“ (Gmelin 1779, S. 68ff.); „DAVCVS (Carota) seminibus hispidis. Linn. Cliff. 89. ... Морковь [russ. *morkov'*] Russ. ...“ (*Krašeninnikov* 1761, S. 41); „321. Daucus Carota. Lin. Syst. Plant. I. p. 667. sp. 1. ... Die Wurzeln oder Karotten nennen die Russen Morkow. Tscher. Kescher. Tschuw. Sargi. Wotj. Uschman. Tat. Schita und andere Kijchir. Georg. Stopilo.“ (Falk 1786, S. 145); wotjakisch čuž-kušman – Möhre (Munkácsi 1896, S. 219); „a) Daucus carotta. Deutsch. Die Möhre; Mörle, Müre, Maure, Mohrrübe; Murten; die gelbe Rübe; Karotte; Eselsmöhre; Mohrenkümmel; Vogelnest. ... Russ. Morkow. ... Tscherem. Kescher. Tschuw. Sargi. Wotjak. Uschman. Tatar. Schita, Kijchir. Georg. Stopilo. ... Von den Gartenmöhren giebt es folgende Varietäten; ... d) D. s[ativus] radice atrorubente; die rothe Möhre; ... in Wien nennt man die rothgelben Möhren, Männlein, und die blassen, Weiblein. ...“ (Nemnich 1793, Sp. 1380f.); „8. Mohrrübe (Daucus Carota L., in Chiwa Gaschir genennt).“ (Basiner 1848, S. 235); „1. DAUCUS Carota ... Gemeine Mohrrübe. W. Gelbe Möhre. R. Morkow. ... Tat. Schita. ... man bauet sie aber der Verspeisung wegen in ganz Rußland, ... In Rußland wird sie so wie gekocht, also auch häufig roh gegessen; ...“ (Georgi 1797–1802, Theil 3, S. 840f.); „1. Gemeine Mohrrübe Willd., ... Daucus Carota, ... Wenn man den ausgepreßten Saft zu gehöriger Consistenz einkochet, so bekommt man einen süßen Syrupp; bei einer andern Behandlung auch einen Branntwein; ... Man bereitet in einigen Ländern aus den Wurzeln und Samen ein Arzneybier, welches ... auch ein gutes blutreinigendes und harntreibendes Mittel ist. ...“ (Krünitz 1773–1858, Bd. 92, S. 711ff.); „DAUCUS CAROTA L., gemeine Möhre, ... 1) Die ... wilde Möhre, Dauc. sylvestris, hat eine dünne, holzige und unschmackhafte Wurzel. ... aus den Samenstengeln bereitet man hier und da ... eine Art Handkäse, ... Dieser Käse schmeckt gewürzhaft und heißt in der Volkssprache Stielquark. ... Bei den Franzosen sind sie [d. h. die Carotten] ein gewöhnliches Suppengewürz, und bei uns ... ein lieblicher Wintersalat. ... Bei den Arabern und in Indien gelten sie für ein treffliches Aphrodisiacum. ... Fürs Haus wird er [d. h. der Möhrensaft] statt des Honigs benutzt und in der Ökonomie zum Gelbfärben blasser Winterbutter. ... Arzneilich ist er ... bei Husten, Heiserkeit, bei chronisch=entzündlichen Brustkrankheiten ein gelindes Reizmittel für die Lungen, eine mildes Expectorans; ...“ (Ersch/Gruber 1832, S. 195f.); Daucus Carota L. – russ. *morkov'* (*Annenkov* 1858, S. 38, Nr. 399); mokschanisch puŕkä – Möhre (Ahlquist 1861, S. 200); ersanisch morkov́ – Möhre (Wiedemann 1865, S. 218); wotjakisch c'ush kuschman – Möhre (Wiedemann 1851, S. 367); syrjänisch morkov – Daucus Carota, Möhre, gelbe Rübe (Wiedemann 1880, S. 173); „Daūcus T. Umbelliferae). Von δαιειν (erhitzen, brennen), die Alten schildern nämlich ihren δαυκος als eine erhitzende Pflanze, was sich in dessen von unserm Daucus nicht oder etwa nur in Betracht ihrer Samen behaupten lässt. ...“ (Wittstein 1852, S. 265); „Pastināca T. (Umbelliferae). Von pastus (Nahrung), in Bezug auf den ökonomischen Gebrauch der Wurzel. Pastinaca des Plinius (XIX. 27. XX. 14. XXV. 64), mit dem Beinamen erratica ist Daucus Carota.“ (a. a. O., S. 661)

Daucus sativus radice lutea – russ. *morkov* (Bl. 4v in: J. G. Gmelin AAW F. 21, Op. 5. D. 121); „298) Daucq sativus radice lutea Tour. i. r. h. Jacutiae hucdum in hortis colit) nec adeo multum adolereit.“ (AAW R. I, Op. 104, D. 25, Bl. 23r, s. Anm. 61 in Nr. 21); „3. Daucus sativus radice lutea Inst. r. h. 307.“ (AAW R. I, Op. 13, D. 16, Bl. 17v, s. Anm. 32 in Nr. 6); „155. Daucus vulgaris Clus. Hist. CXCVIII I. R. H. ...“ (AAW R. I, Op. 13, D. 42, Bl. 22r, s. Anm. 1 in Nr. 1); „536. An Daucus vulgaris Clus. Hist. CXCVIII? ...“ (AAW R. I, Op. 105, D. 1^{a}, Bll. 65v–66r, s. Anm. 29 in Nr. 5)

8 „[species 6] Daucus vulgaris Clus. Hist. cxcviij, Pastinaca tenuifolia, sylvestris Dioscoridis, vel Daucus officinarum C. B. Pin. 151. Pastinaca sylvestris, sive Staphylinus Graecorum J. B. 3. Part. 2. 62.“ (Tournefort 1700, S. 307, Genus VII. „Daucus.“); „DAVCVS MONTANVS. CAP. XIX. ... VVLGARIS autem Daucus, passim in omnibus his Provincijs jam numratis provenit, & officinis in usu est. ...“ und die Abbildung „Daucus vulgaris“ (Clusius 1601, S. cxcviij; ab Buch IV gesonderte Seitennumerierung mit römischen Zahlen)

„227. Daucus vulgaris Clus. Hist. Cxcviij, I. R. H. ...“ (AAW R. I, Op. 105, D. 12, Bl. 7r, s. Anm. 54 in Nr. 17); „3. An Daucus vulgaris Clus. H. CXCVIII? Ind. Jen. n°. 536.“ (AAW R. I, Op. 13, D. 67, Bl. 36v, s. Anm. 5 in Nr. 4); s. Nr. 442

9 „[species 1] Sium sive Apium palustre, foliis oblongis C. B. Pin. 154. Sium umbelliferum J. B. 3. 172. Sium Dod. Pempt. 589.“ (Tournefort 1700, S. 308, Genus VIII. „Sium. Berle.“); „Sion. ... I. Sion sive Apium palustre foliis oblongis. ...“ (Bauhin 1623, S. 154); „Sium sive apium palustre foliis oblongis C. B. P. 154. ... Eppich, Merck, Wasser=Merck.“ (Rupp 1726, S. 230); „2. SIUM SIVE APIUM PALUSTRE FOLIIS OBLONGIS. C. B. P. 154. ... Sium palustre alterum, foliis serratis. J. R. H. 308. ...“ (Vaillant 1727, S. 187); „SIUM. ... Das Wassermerck. Wasserpeterlein. ... Die Sorten sind: 1. SIUM sive apium palustre, foliis oblongis. C. B. P. Wassermerck mit langen Blättern.“ (Miller 1751, S. 265); „2) Schmalblätterichter Merk. Sium angustifolium. ... Sium foliis pinnatis; umbellis axillaribus pedunculatis; involucro universali pinnatifido. LINN. Syst. veg. p 234. Sp. pl. 1672. ... Sium s. Apium palustre foliis oblongis. C. BAUH. pin. 154. ...“ (Linné 1780, S. 118f.); „3. SIUM angustifolium. ... S. minus. Riv. pent. t. 79. ... S. foliis radicalibus ovatis, ... Hall. helv. n. 778. ... Sium s. Apium palustre, foliis oblongis. Bauh. pin. 154. ... Schmalblättriger Merk. W. ...“ (Linné 1797–1830, Bd. I, Teil 2, S. 1431f.); „361. Berula. Koch. ... 1. B. angustifolia (Koch l. c.) ... Sium angustifolium L. SP. 1672. ... M. a BIEB. Fl. t. c. I, p. 225; ...“ (Ledebour 1844–1846, S. 258f.); „[Sium] angustifolium, ... schmalblätterichter Wassermerk, ... Er heißt ...

bey C. Bauhin: Sium sive apium palustre, foliis oblongis; ...“ (Gmelin 1776, Sp. 591f.); „563. SIUM angustifolium. ... S. minus Riu. pent. t. 79. ...“ (Marschall von Bieberstein 1808a, S. 225f.); die Abbildung „Sium minus“ auf Tafel 79 (Rivinus 1699); „778. SIUM foliis radicalibuas ovatis, pinnatis, dentatis, caulinis appendiculatis, umbellis alaribus. ... Sium minus RIVIN. t. 78. [sic!] ...“ (Haller 1768, S. 346); „SIUM ANGUSTIFOLIUM. ... Sium (angustifolium) ... Linn. Spec. plant. ed. Willd. T. I. p. 1431. ... Schmalblättriger Merk. ... Das Sium angustifolium gehört ebenfalls mit zu den giftigen Gewächsen, die sowohl den narkotischen als auch scharfen Grundstoff enthalten, und zwar soll es dem Sium latifolium [Nr. 446] gleich kommen. ...“ (Hayne 1805, Nr. 39); „Auch erhielt ich frische kleine Wurzeln des Wassermerk (sium angustifolium), kamtschadalisch Tscheyyoygel, zu essen. Sie werden geschmort zu Enten und Fischen gegessen und schmecken nach Moschus. ...“ (Kegel 1992, S. 142); „Schmalblattmerk, Sium angustifolium. L. ... Die Blätter (Fol. Sii) haben einen bituminösen Geruch, und einen scharfen, bittern Geschmack. Die Alten wollen starke harntreibende Wirkungen von ihnen wahrgenommen haben; sie sollen auch treibend auf die Bärmutter wirken. ...“ (Hahnemann 1799, S. 159); „41) Sium angustifolium ... Es soll für die Gesundheit höchst nachtheilig seyn, wenn es in einiger Quantität genossen wird, und um so leichter unter den Sallat gerathen, da es an den Bächen unter der Brunnenkresse wächst, und seine Blätter, ehe es blühet, mit dieser grosse Aehnlichkeit haben ...“ (Richter 1832a, S. 203); „846. BERULA ANGUSTIFOLIA Koch. SCHMALBLÄTTERIGE BERULA. ... Sium angustifolium Linné spec. plant. 2. p. 1672. ... Deutsche Namen: Schmalblätterige Berle, schmalblätterige Merk, Wassereppig, Froscheppig.“ (Dietrich 1844, Nr. 846); „SIUM. ... Sium, sive Apium palustre, foliis oblongis, C. B. Pit. Tournef. ... teutsch, Wassermerck. ... Es eröffnet trefflich starck, dienet den Stein in den Nieren und in der Blase zu zermalmen und zu brechen, den Urin und der Weibspersonen Reinigung zu treiben, die Geburt zu befördern, die rothe Ruhr zu stillen, auch wider den Scorbut, wann es gegessen oder abgesotten gebrauchet wird. Sium kommt von σείω, quatio, ich wackele, weil dieses Kraut immerfort zu wackeln pfleget, wann es der Wind bewegt und schüttelt.“ (Lémery 1721, Sp. 1055f.); „Sīum L. (Umbelliferae). Σιον, vom celtischen siw (Wasser); die meisten Arten lieben nasse Standorte.“ (Wittstein 1852, S. 817); „Bērula HOFFM. (Umbelliferae). Scheint das entstellte Ferula zu seyn.“ (a. a. O., S. 103)

„72. Sium sive apium palustre folis oblongis C. B. P. ...“ (AAW R. III, Op. 1, D. 162, Bl. 64r, s. Anm. 54 in Nr. 17); „Sium sive Apium palustre, foliis oblongis C. B. P. ...“ (AAW R. I, Op. 105, D. 2, Bl. 9r, s. Anm. 54 in Nr. 17); „299) Sium sive Apium palustre foliis oblongis C. B P. ...“ (AAW R. I, Op. 104, D. 25, Bl. 23r, s. Anm. 61 in Nr. 21); „72. Sium sive apium palustre foliis oblongis C. B. P. ...“ (AAW R. I, Op. 104, D. 17, Bl. 12r, s. Anm. 36 in Nr. 8); „218. Sium sive Apium palustre folijs oblongis C. B. P. ... Planta in Cat. Irtensi Ligusticum, quod Seseli off. C. B. dicta est Sium aromaticum Sison off. I. R. H.“ mit der rechts marginalen Anm. „Cicuta aquatica Wepf.“ (AAW R. I, Op. 105, D. 12, Bl. 7r, s. Anm. 54 in Nr. 17); „537. Sium sive Apium palustre folijs oblongis C. B. P. 154. ...“ (AAW R. I, Op. 105, D. 1^{a}, Bl. 66r, s. Anm. 29 in Nr. 5); „15 Sium sive Apium palustre, foliis oblongis virulentum“ (AAW R. I, Op. 105, D. 19, Bl. 1r, s. Anm. 55 in Nr. 18); „156. Sium Sive Apium palustre, foliis oblongis C. B. P. ... 157. Sium Sive Apium palustre, foliis oblongis, virulentum. ...“ (AAW R. I, Op. 13, D. 42, Bll. 22r–22v, s. Anm. 1 in Nr. 1); „1. Sium sive Apium palustre folijs oblongis C. B. P. 154. Ind. Jen. n°. 537. ...“ (AAW R. I, Op. 13, D. 67, Bl. 37r, s. Anm. 5 in Nr. 4); „Sium sive Apium palustre foliis oblongis C. B. Pin. 154. Tournef. Spec. 1 & Sium sive apium palustre foliis variis. Loesel. Flor. Pruss. 667. cum Icone. ...“ (AAW F. 98, Op. 1, D. 19, Bl. 58v, s. Anm. 59 in Nr. 19); s. Nr. 447

10 „[species 2] Sium palustre, alterum, foliis serratis.“ (Tournefort 1700, S. 308, Genus VIII. „Sium. Berle.“); „4. SIUM palustre alterum, foliis serratis. Inst. R. H. Ein anderes Wassermerck mit zackigen Blättern.“ (Miller 1751, S. 265); „[Sium] palustre alterum, foliis serratis, bedeutet bey Tournefort eine Abart des schmalblätterichten Wassermerks, mit sägenartig gezanten Blättchen.“ (Gmelin 1776, Sp. 593); s. Nr. 444

11 „[species 3] Sium latifolium C. B. Pin. 154. Sium medium, Pastinaca palustris Tabern. Icon. 78. Sium maximum, latifolium J. B. 2. 175.“ (Tournefort 1700, S. 308, Genus VIII. „Sium. Berle.“);

„1. Sium medium, Pastinaca palustris. Wasserpeterlein/ Weiherpeterlein“ (Abbildung in: Tabernaemontanus 1590, S. 78); „Sium latifolium C. B. Pin. 154. ... Groß=Wassermarck, Wasser.Pastenack, Harz=Pastenack quibusdam. ...“ (Mappus 1742, S. 290); „3. SIUM latifolium. C. B. P. Breitblätteriges Wassermerck.“ (Miller 1751, S. 265); „13. SIUM foliis pinnatis, vmbella terminatrice LINN. h. Cliff. 98. ROY. pr. 104. Hall. Helv. 435. Sium s. Lauer Dioscoridis olusatri folio s. pastinaca aquatica LOB. ic. 208. Sium latifolium B. Pin. 154. TOURN. inst. 308. Sium maximum latifolium I. B. III. 173. et 175. Sium RIV. Tab. LXXV. ...“ (Gmelin 1747–1769, Bd. I, S. 200f.); „13. Sium foliis pinnatis, umbella terminatrice. (excl. synon.) [=] Sium lancifolium M. a Bieb. (Sium latifolium L. – Willd. sp. pl. I. 1431.)“ (Ledebour 1841, S. 62); „1. SIUM foliis pinnatis, umbella terminatrice. Sium latifolium. Bauh. pin. 154. Tournef. inst. 308. ... β ... Sion sive Apium palustre, foliis oblongis. Bauh. pin. 154. ... γ Sium palustre alterum, foliis serratis. Tournef. ...“ (Linné 1737, S. 98); „1) Breitblätterichter Merk. Sium latifolium. ... Sium foliis pinnatis; umbella terminali. LINN. Syst. veg. p 234. ... Sium latifolium. C. BAUH. pin. 154. ... TOURNEF. inst. 308. ... Sie wird insgemein Wassermerk, oder Wassereppich, Wasserpeterlein ... genennet.“ (Linné 1780, S. 117f.); „2. SIUM latifolium. S. foliis pinnatis, umbella terminali. Hort. cliff. 98. ... Gmel. sib. 1. p. 200. ... S. latifolium. Bauh. pin. 154. ... Sium. Riv. pent. 77. ... Breitblättriger Merk. W. ...“ (Linné 1797–1830, Bd. I, Teil 2, S. 1431); „2) SIUM LANCIFOLIUM. M. a B. ... S. lancifolium M. a B. Fl. taur. cauc. III, p. 230. ... S. latifolium. M. a B. Fl. taur. cauc. I. p. 225. No. 562. (excl. synon. praeter Pall. et Habl.) Sium foliis pinnatis, umbella terminatrice. Gmel. Fl. sib. II. p. 200. No. 13. ... β. pinnis angustioribus lineari-lanceolatis. Sium latifolium. M. a B. Fl taur. cauc. I. p. 225. No. 562. var. β. Sium foliis pinnatis, pinnis lanceolatis, radius serratis. Gmel. Fl. sib. I. p. 201. No. 14. t. XLVII. ...“ (Ledebour 1829, S. 352f.); „362. Sium. L. excl. spec. ... 1. S. latifolium (L. SP. 361) ... 2. S. lancifolium (M. a BIEB. Fl. t. c. III, p. 230) ... LEDEB. Fl. alt. I, p. 352 (excl. var. β.). ... S. latifolium. ... M. a BIEB. I, p. 225 (excl. var. β. et synon. praeter HABL. et PALL.). ... S. foliis pinnatis, umbella terminatrice. GMEL. sib. I, p. 200, Nr. 13. ...“ (Ledebour 1844–1846, S. 259f.); „[Sium] latifolium, foliis pinnatis, umbello terminali; breitblätterichter Wassermerk, ... Er heißt ... bey C. Bauhin: Sium latifolium; ...“ (Gmelin 1776, Sp. 587f.); „14. SIUM foliis pinnatis, pinnis lanceolatis, rarius serratis. Tab. XLVII. ...“ (Gmelin 1747–1769, Bd. I, S. 201); „14. Sium foliis pinnatis, pinnis lanceolatis rarius serratis. t. XLVII. [=] Sium cicutaefolium Gmel. (ex Trevir. symb. phytol. I 20.) (Sium latifolium L. β. M. a Bieb. Fl. t. c. I. 225.)“ (Ledebour 1841, S. 62); „49. Sium foliis pinnatis, pinnis lanceolatis rarius serratis videtur varietas Sii vulgaris. (Fl. sib. I. 201. nr. 14. S. latifolium L. cicutaefolium Gmel.)“ (C. von Linné in einem Brief an J. G. Gmelin? vom 24. August 1748 – Plieninger 1861, S. 94); „562. SIUM latifolium. ... Sium Riu. pent. t. 78. β. foliis angustioribus lineari-lanceolatis. Gmel. sib. 1. p. 201. n. 114. [sic!] t. 47. ...“ (Marschall von Bieberstein 1808a, S. 225); „562. SIUM lancifolium. ... S. latifolium. Flor. taur. cauc. n. 562. (exclusis synonymis praeter Pallassii et Hablitzii.) ...“ (Marschall von Bieberstein 1819, S. 230f.); „Breitblattmerk, Sium latifolium L. ... Die Alten haben die weiße zaserichte Wurzel und die Blätter ... als ein Harn= und Monatzeit treibendes Mittel, wiewohl gewiß nicht ohne Gefahr, gebraucht, da man wenigstens von ersterer, in der Mitte des Sommers ausgegraben, Menschen in Raserei hat fallen und daran sterben sehen.“ (Hahnemann 1793, S. 159f.); „3) Breitblätterichter Wassermerk, ... Sium latifolium Linn. ... Vor der Mitte des Sommers ausgegraben, ist diese Wurzel unschädlich; auch das Kraut wird, so lange es grün ist, zwar nicht gerne, aber doch ohne Schaden von dem Viehe gefressen °). ...“ (Gmelin 1803, S. 573ff.); „SIUM LATIFOLIUM. ... Sium (latifolium) ... Linn. Spec. plant. ed. Willd. T. 1. p. 1431. ... Breitblättriger Merk, Wassereppig, Froscheppig, Wasserpeterlein, Froschpeterlein, Weiherpeterlein, grosse Wasserpastinake. ... Uebrigens gehört das Sium latifolium mit zu den giftigen Gewächsen, welche sowohl den narkotischen als auch den scharfen Grundstoff zum vorwaltenden Bestandtheil enthalten. Auf den Genuss der im August ausgegrabnen Wurzel sah man bey einigen Knaben Raserey, und bey andern sogar den Tod erfolgen. ...“ (Hayne 1805, Nr. 38); „SIUM LATIFOLIUM. Breitblättriger Merk. Wassermerk mit breiten Blättern, Wassereppich, Wasserpeterlein, Froscheppich, Froschpeterlein, Weiherpeterlein, grosser Wasserpastinak,

Merk, Mörk. ... Russ. Schirokolistnoi scharnoi korene. ... Früher gebrauchte man die Wurzel und das Kraut (Radix et herba Sii palustris) als harntreibendes Mittel. Ein etwaiger Vergiftungsfall wird wie andere durch narkotisch-scharfe Substanzen entstandene behandelt. ..." (Brandt/Ratzeburg 1834, S. 107ff.); „702. SIUM LATIFOLIUM Linné. BREITBLÄTTERIGES SIUM. ... Die Pflanze wird für giftig gehalten, was zwar nicht erwiesen ist, aber doch zur Vorsicht auffordert. Ehemals wurden auch Kraut und Wurzeln in der Medizin gebraucht. Deutsche Namen: Breitblätteriger Wassermerk, Merk, Wasser-Pastinak, Wasserpeterlein, Froschpeterlein, Frosch-Eppich, Wasser-Eppich, Wasser-Petersilge." (Dietrich 1842, Nr. 702)

„205. Sium latifolium C. B. P. B. n. 1." (AAW R. I, Op. 104, D. 13, Bl. 6r, s. Anm. 84 in Nr. 29); s. auch Nr. 444, Nr. 445 und Nr. 447

12 die Abbildung „Cicutaria" auf Tafel 77 (Rivinus 1699); „SIUM alterum, olusatri facie. ..." (Lobelius 1581, S. 208); „Cicutaria Riv. Cicuta aquatica Wepfferi. Sium erucae folio C. B. P. 154. Sium olusatri facie Lobel. ..." (Rupp 1726, S. 229); „Cicuta aquatica, herba uenenosa, Bartzenkraut Saxonibus, ..." (Gesner 1561, S. 253); „CICVTA AQVATICA GESNERI. ... Vocatur haec à Gesn. Cicuta aquatica, herba uenenosa, Bartzenkraut Saxonum. Lob. Obs. p. 105 & Ic. p. 208. ..." (Bauhin 1651, Sp. 175f.); „Historia cicutae aquaticae, ..." (Wepfer 1716); „Sium virulentum & lethale Dillenii Cat. Pl. Giss. p. 115. ... Sium Erucae folio C. B. 154. ... Cicutaria Riv. Jrr. Pentap. Cicuta aquatica Wepferi. ... Gifftiger Wassermerck, Bartzenkraut. Saxonum, Wasser=Schierling. ..." (Mappus 1742, S. 290f.); „8. SIUM alterum, olusatri facie. Lob. Icon. langblätteriger Wasserschierling. ... Die achte Sorte ist eine sehr vergiftete Pflanze, welchen D. Wepfer für den Schierling der Alten gehalten, und von dieser Pflanze einen Tractat geschrieben, in welchem er viele Exempel ihrer schädlichen Wirckung angeführet. ..." (Miller 1751, S. 265); „16. SIUM pinnis laciniatis, pinnulis trifidis, neruo non folioso HALL. Helv. 436. Cicuta aquatica Gesn. I. B. Wepfferi. Sium alterum DOD. p. 589. Olusatri facie LOB. ic. 208. Sium Erucae folio C. B. P. 154. Sium aquaticum foliis rugosis trifidis dentatis Ej. vmbellif. p. 63. Tab. V. Cicutaria RIV. Tab. LXXVI. [sic!] Cicuta LINN. h. Cliff. p. 100. ROY. pr. p. 109. ... Incolae Sibirae eius radicem in pultem contusam herpeti, lui venereae natales debenti, imponunt, aut et pulte herpetem saepius fricant, quo facto illlum dissipari asseuerant. Eodem remedio in doloribus dorsi et ischiadicis vtuntur incolae ad Kamam fluuium, loca adfecta radice quassata perficantes, cauentes simul, ne spina dorsi tangatur, ex quo contactu scilicet aegri peius haberent. STELL. Quaecunque eius vires sint medicae, maxime infamatum est propter nociuam vim, qua pecori illud depascenti necem infert. Iacuti Burùd et Abà vocant, Russi омегъ [russ. *omeg*]. ..." (Gmelin 1747–1769, Bd. I, S. 202f.); „16. Sium pinnis laciniatis, pinnulis trifidis, nervo non folioso [=] Cicuta virosa L.!" (Ledebour 1841, S. 62); „1. CICUTA. Cicuta aquatica. Fl. lapp. 103. Wepf. monogr. Cicuta aquatica gesneri. Bauh. hist. 3. p. 175. ... Sium erucae folio. Bauh. pin. 154. ... Cicutaria Riv. pent. 77. ..." (Linné 1737, S. 100); „1) Giftiger Wüterich. Cicuta virosa. ... Cicuta umbellis oppositifoliis; petiolis marginatis, obtusis. LINN. Syst. veg. p. 236. ... Sium Erucae folio. C. BAUH. pin. 154. Sium alterum. ... LOB. Icon. 208. Cicutaria RIV. Pent. t. 77. ... Diese Pflanze, welche insgemein Wüterich oder Wasserschierling genennet wird, ... Der Stengel nebst der Wurzel ... enthalten einen weissen Milchsaft, ... Dieser Saft ... ist äusserst giftig; man hat daher so viele Beyspiele, wo auf den ... geschehenen Genuß der Wurzeln üble Zufälle, als Schwindel, Berauschung, Sinnlosigkeit, Wahnwitz, Schmerzen im Leibe, Aufschwellen des Bauchs, heftige Krämpfe und Convulsionen, und so gar der Tod ... erfolget sind, ..." (Linné 1780, S. 143ff.); „1. CICUTA virosa. C. umbellis oppositifoliis, ... Gmel. sib. 1. p. 202. ... Cicuta. Hort. cliff. 100. ... Roy. lugdb. 109. C. aquatica. Fl. lapp. 103. Gesn. Wepf. ... Cicutaria. Riv. pent. t. 76. ... Sium erucae folio. Bauh. pin. 154. Sium alterum. Dod. 589. ... Giftiger Wasserschierling. W. ..." (Linné 1797–1830, Bd. I, Teil 2, S. 1445); „1) CICUTA VIROSA. Linn. ... Sium pinnis laciniatis, ... Gmel. Fl. sib. I. p. 202. No. 16. ..." (Ledebour 1829, S. 359f.); „345. Cicuta L. ... 1. C. virosa (L. SP. 368) ... LEDEB. Fl. alt. I, p. 339. ... Sium pinnis laciniatis, ... GMEL. Fl. sib. I, p. 202. Nr. 16. ..." (Ledebour 1844–1846, S. 241f.); „[Cicuta] virosa, umbellis oppositifoliis, petiolis marginatis obtusis; giftiger Wüterich, ... Wüterich; Wasserschierling; Barzenkraut; ... er ist eines der stärksten

Gifte des Gewächsreichs; ... in Sibirien soll er den Pferden nichts schaden, ... in dem menschlichen Leibe bringt er, besonders in der Wurzel, Bangigkeiten, Gichter, Ekel, Irrereden, Betäubung, und meistens den Tod zuwege, ... Man gebraucht sie äuserlich ... unter das auflösende und zertheilende Emplastrum de cicuta; und in Kamtschatka in Rückenschmerzen, ... andere rühmen einen Breyumschlag ... auf die Geschwüre, welche nach einem herumziehenden Gliederweh entstehen: Sie heißt bey Gesnern: Cicuta aquatica; ... bey J. Bauhin: Cicuta aquatica Gesneri; und bey Royen mit einem Worte: Cicuta." (Gmelin 1772, Sp. 956ff.); „Cicutaria, hierunter versteht Rivin den giftigen Wüterich, ..." (a. a. O., Sp. 959); „[Sium] erucae folio, bedeutet bey C. Bauhin den giftigen Wüterich" (Gmelin 1776, Sp. 593); „31. Cicuta. Hort. cliff. 100. omnino (Fl. sib. 1. 202. C. virosa L.)" (C. von Linné in einem Brief an J. G. Gmelin vom 14. September 1748 – Plieninger 1861, S. 58); „37. Phellandrium Dod. certo. (Fl. sib. I. 208. nr. 21. Ph. aquaticum L. Oenanthe phellandrium Lam. 31. Cicuta Hort. cliff. certe. (Fl. sib. I. 202. nr. 16. C. virosa L. ...)" (C. von Linné in einem undatierten Brief an J. G. Gmelin vermutlich von 1745 – Plieninger 1861, S. 62); „Cicutariam non satis notam habeo (In Fl. sib. quatuor Cicutariae synonymiae allatae sunt; 1$^{o.}$ ad Fl. sib. I. 196. nr. 11. ... 2$^{o.}$ ad l. c. nr. 16. Cicuta virosa L.; ...)." (A. von Haller in einem undatierten Brief an J. G. Gmelin – Plieninger 1861, S. 154); „CICUTA aquatica. Wasserschirling. Wasserwüterich. Wütscherling. Wehdendunk. Berstekraut. Giftiger Wüterich. ... Cicuta umbellis oppositifoliis, ... Lin. Sp. Tom. I. p. 336. ... man hat ihn seiner schnell tödtenden Eigenschaft wegen ... auch arsenicum vegetabile genannt. ... Es hat nemlich diese Wurzel ... ein heftiges Erbrechen, mit einer überaus großen Beängstigung, Entzündung des Magens, ein heftiges Fieber mit Raserey, Betäubung der Sinne, heftige Zuckungen, Brand und Tod verursacht. ... Von dem äusserlichen Gebrauche ... ist noch zu merken, daß man sie bey der reissenden Gicht, und den dabey entstehenden Knoten und Abscessen, in Form eines cataplasmatis empfohlen hat, ..." (Gleditsch 1789, S. 410ff.); „Schnittwunden. ... Der aus Cicuta virosa ausgepresste Saft wird benutzt. ..." (Alksnis 1894, S. 209f.); „Das Decoct von Ledum palustre trinkt man gegen Oedeme. ... Cicuta virosa wird benutzt. ..." (a. a. O., S. 216); „Mittel gegen Kopfschmerzen: ... Cicuta virosa wird benutzt. ..." (a. a. O., S. 221); „Stärkende Mittel: ... Cicuta virosa, mit einer schwarzen Wurzel versehen, sei der Gesundheit sehr zuträglich (!). ..." (a. a. O., S. 237); „XIII. Mittel gegen Rheumatismus und Gicht. ... 15) Cicuta virosa. Man bereitet aus der Wurzel eine Salbe. ..." (Krebel 1858, S. 166); „4) Cicuta virosa gebraucht man in Sibirien zu Umschlägen bei syphilitischen Erscheinungen. ..." (a. a. O., S. 172); „40. Cicuta virosa L. ... Die Wurzel desselben wird in Sibirien äusserlich bei syphilitischen Ausschlägen, Rückenschmerzen und Ischias gebraucht. ... In Sibirien wird die Wurzel bei venerischen Krankheiten angewandt, indem man mit dem Pulver des Krautes und der Wurzel Ausschläge, Ulcera etc. bestreut. ... Im G. Perm wird die pulverisirte Wurzel mit Theer, Seife und Weizenmehl zu Kataplasmen auf Panaritien benutzt. ... In Kleinrussland weiss ... das Volk die durch das Kraut vergifteten Kühe zu behandeln: ..." (Demitsch 1889, S. 193f.); „Jenes fürchterliche Gift, die Cicuta virosa, Sp. Pl. I. 366. Schierling, oder Omeg, wird von den kühnen Aerzten dieses Landes [d. h. von *Kamčatka*] in Rückenschmerzen angewendet. Sie lassen den Patienten stark schwitzen und reiben dann seinen Rücken mit dieser Pflanze, vermeiden aber dabey seine Lenden zu berühren, welches, wie sie sagen, plötzlich tödten würde." (Pennant 1787, Einleitung, S. 150f.); „345. Cituta [sic!] virosa. Li. Syst. Plant. I. p. 702. ... Wasserschirling. Ruß. Omeg und Omernik [russ. *omeg* und *omernik*] Kirg. O und Ou. ..." (Falk 1786, S. 148); „189. Cicuta virosa. Schierling. ... Wenn das Rindvieh im Frühlinge den jungen Schierling frißt, so schwillet es und manches stirbt auch bald. Wenn man aber dem erkrankten Viehe Milch, in welcher Butter zerlaßen, in den Hals gießt, so wird es mehrentheils gerettet." (Georgi 1790, S. 504); „1. Cicuta virosa ... Giftiger Wasserschierling. W. R. Omernik und Omeg. Jakut. Aba. ... Das Kraut, und noch mehr die Wurzeln, sind dem Rindvieh, auch in der sehr kalten Gegend der untern Lena, tödtlich. In Sibirien nutzt man es bey venerischen Uebeln in Umschlägen...." (Georgi 1797–1802, Theil 3, S. 853); „4) Giftiger Wüterich, ... Cicuta virosa Linn. ... Sie ist es also, deren Wurzel [p]) ... Schmerzen [i]), Brennen [k]), Aufschwellen [l]), Entzündung [m]), Anfressen [n]), Löcher in dem Magen [o]), Kopfschmerzen [p]), schwarze Fleken auf der Haut [q]),

Blindheit [r]), Blutflus aus Nase, Mund Augen und Ohren [r*]), Trokenheit in dem Rachen [s]), Stekflus [t]) und sehr oft den Tod verursachet hat [u]), ...“ (Gmelin 1803, S. 575ff.); „CICUTA VIROSA. ... Cicuta (virosa) ... Linn. Spec. plant. ed. Willd. T. I, p. 1445. ... Giftiger Wasserschierling, Wasserschierling, Wütherich, giftiger Wütherich, Parzenkraut. ... Die Cicuta virosa gehört zu den stärksten deutschen Pflanzengiften, wenn sie nicht gar an der Spitze derselben steht. Vorzüglich giftig ist die Wurzel, ... In den Apotheken sammelt man das Kraut dieser Pflanze unter dem Namen Herba Cicutae virosa s. Cicutae aquaticae. ...“ (Hayne 1805, Nr. 37); russ. *boligolov* bzw. russ. *boligolova*, entsprechend russ. *omeg* (s. oben) (*Slovar'* 1985, S. 99); russ. *djagil'nik sobačij* – Cicuta virosa (Pawlowski 1952, S. 348); Cicuta virosa L. – russ. *bešenica vodjanaja*, *vech*, *omeg*, *omernik* bzw. *kvecha* (*Annenkov* 1858, S. 30f., Nr. 305)

„Russi Siberienses Tobolii & Tomii radicem Cicutae aquaticae contusam herpeti gallico superimponere locumq3 ejusmodi pulte fricare solent, e mea sententia nec hoc triviale remedium est, egregie enim mundificat & repellit, et hoc ipsum quantum memini ex clarissimi Wepferi sententia in Tr. de Cicuta aquatica, ubi verissimum et antiquorum praxi confirmatum axioma profert. Cimnia Interne deleteria, imo drastica et fortiter purgantia, externe valide discutere, si verba non eadem sensus saltem erit. ... Permiensis ad Kamam in dolore dorsi et malo ischiadico radicibus cicutariae conquassatis in balneo dorsum fricant monent vero ne quis spinam dorsi ipsam in medio tangat eo quod pejus se habeat deinceps patiens. Cicutariam Permienses vocant Omec [russ. *omeg*]. (AAW R. I, Op. 104, D. 18, Bl. 10v, s. Anm. 20 in Nr. 632); „Cicuta – болиголова [russ. *boligolova*] und собачей дяги⌊ль⌉ [russ. *sobačej djagil'*]“ (AAW F. 21, Op. 5, D. 73, Bl. 268v); „538. Sium alterum Olusatri facie Lob. Ic. 208. Hanc plantam in Lenensi Cat. sub n[is]. 157 et 158. bis recensui, in ind. vero Ircutensi nescio quo casu sub Phellandrij nomine subrepsit. ...“ (AAW R. I, Op. 105, D. 1[a], Bl. 66r, s. Anm. 29 in Nr. 5); „2. Sium alterum Olusatri facie Lob. Ic. n°. 208. Ind. Jen. n°. 538 Phellandrium Ind. Irc. n°. 222. Sium Ind. Len. n°. 157 & 158. ... Russ. омегъ [russ. *omeg*].“ (AAW R. I, Op. 13, D. 67, Bl. 37r, s. Anm. 5 in Nr. 4); „22. Phellandrium Dod. Pempt. ...“ (AAW R. I, Op. 105, D. 12, Bl. 7r, s. Anm. 54 in Nr. 17); „300) Sium Erucaefolio C. B. P. Cicutaria Riv. Gesneri et Wepferi. satis circa Jacutiam ad aldanum usq) admodum ob virulentiam suam Jacutis et russis infamis est, omec audit. Russi & Jakuti observarunt herbam tantum non nocere quam radices radices autem solumodo cornutis jumentis nocere Secus equis evenire qui plantam impune depascant). rationem reddunt quod boves et vaccae vile abundent secus ac Equi, hinc et Galenica prorsus ratione, veterinarii intumescentiam abdominis et mortem adustionibilis adseribunt, quae ratio mihi non vana videt) licet illimitate prolata, hoc certum est Equos carere vesicula fellis in ipsa hepatis substantia licet lactus hepaticus adsit ...“ (AAW R. I, Op. 104, D. 25, Bl. 23r, s. Anm. 61 in Nr. 21); „157. Sium Sive Apium palustre, foliis oblongis, virulentum. ... et famosum est propter necem quam pecori illud comedenti infert. Equis nequaquam nocere perhibetur. Jacutica lingua Burúd ut et Abá dicitur Russis ad Kirengam habitantibus dicitur Omegon.“ (AAW R. I, Op. 13, D. 42, Bll. 22r–22v, s. Anm. 1 in Nr. 1); „158. Sium alterum Olusatri facie. Lob. Ic. Raij. Syn. ...“ (a. a. O., Bl. 23r); „967. Cicuta Linn. h. Cliff. 100. Cicuta aquatica Gesneri B. Hist. 3. 175. Sium pinnis laciniatis, pinnulis trifidis, nervo non folioso Hall. Hist. Helv. 436. ...“ (AAW R. I, Op. 13, D. 20, Bl. 87v, s. Anm. 1 in Nr. 1); „65. Forte Cicuta.“ (AAW R. I, Op. 15, D. 1, Bl. 2v, s. Anm. 24 in Nr. 64); „95. Cicuta“ (a. a. O., Bl. 5v); „68. Cacutae [sic!] Species“ (a. a. O., Bl. 11r); „Sium virulentum Riv. ...“ (AAW R. I, Op. 104, D. 8, Bl. 5r, s. Anm. 18 in Nr. 452); „– Sium aromaticum, Sison off. Tourn. ... mit der rechts marginalen Anm. „Cicuta ⌈aqua⌉tica Gesn. Sium latifolium B. pin.“ (a. a. O., Bl. 5r)

13 „[species 10] Buplevrum montanum, latifolium. Perfoliata montana, latifolia C. B. Pin. 277. Perfoliata montana Cam. Hort. Icon. xxxviij.“ (Tournefort 1700, S. 310, Genus XI. „Buplevrum.“); „Bupleurum montanum, latifolium Tournef. Inst. Perfoliata latifolia C. B. P. ...“ (Buxbaum 1721, S. 48); „Der langblättrige Berg=Durchwachs: Perfoliata montana latifolia, C. B. P. ...“ (Zwinger 1744, S. 1138); „BVPLEVRVM montanum latifolium Tournef. Institut. p. 310. Perfoliata montana Camerarii Hort. icon. 38. ...“ (Rupp 1745, S. 281); „BUPLEURUM.

(βούπλευρον, von Βοῦς ein Ochs, und πλευρὸν die Seite, weil man von ihm sagt, daß es die Seiten eines Ochsen börsten mache; aber wahrscheinlicher, weil es dem Ochsen Streu bringet. Oder man könnte auch sagen, es würde also genannt, weil die Blätter einigermassen der Riebbe eines Ochsen gleichen; oder von βου gros, und πλευρὸν, eine Seite, als ob man sagte eine grosse Riebbe.) ... Haasenöhrlein. ... 9. BUPLEURUM montanum, latiifolium. Tourn. Breitblätterige Berghaasenöhrlein. ...“ (Miller 1750, S. 150f.); „5) Langblätterichtes Hasenöhrlein. Bupleurum longifolium. ... Bupleurum involucellis pentaphyllis ovatis, universali subpentaphyllo; foliis amplexicaulibus. LINN. Syst. veg. p. 225. Sp. pl. 341. HALL. Helv. 347. [sic!] Perfoliata montana latifolia, C. BAUH. pin. 277. Perfoliata montana. CAM. Hort. t. 38.“ (Linné 1780, S. 23); „7. BUPLEURUM longifolium. B. involucellis pentaphyllis ovatis: ... Roth. germ. I. 125. II. 330. ... B. foliis imis petiolatis, ... Hall. helv. n. 768. Perfoliata alpina magna longifolia. Bauh. hist. 3. p. 198. Perfoliata montana latifolia. Bauh. pin. 277. Perfoliata montana. Cam. hist. 120. t. 38. ... Langblättriges Hasenöhrlein. W. ...“ (Linné 1797–1830, Bd. I, Teil 2, S. 1372); „Bupleurum longifolium, ... langblättrichtes Hasenöhrlein, ... Sie heißt bey Tournefort: Bupleurum montanum, latifolium; ...“ (Gmelin 1772, Sp. 310); „2. BUPLEURUM foliis imis petiolatis, superioribus ovatis perfoliatis. Perfoliata montana CAM. Hort. p. 120. Ic. XXXVIII. ... Perfoliata montana latifolia C. B. PARK. ZWING. l. c. Perfoliata alpina magna longifolia I. B. III. p. 198. ... Bupleurum montanum latifolium IRH. RUPP. BUXBAUM. ...“ (Haller 1742, S. 437); „768. BUPLEURUM foliis imis petiolatis, ovatis, superioribus amplexicaulibus, ovato lanceolatis. Perfoliata montana CAMERAR. hort. p. 120. ic. XXXVIII. Perfoliata alpina magna, longifolia I. B. II. p. 198. ... Bupleurum involucellis pentaphyllis, ... LINN. I. p. 341. ...“(Haller 1768, S. 342f.); „Flor. Germ. p. 125. n. 2. Bupleurum longifolium. B. inuolucellis pentaphyllis ouatis: ... Linn. Syst. Plant. Tom. I. p. 656. ... B. montanum latifolium. ... Buxb. Halens. p. 48. Rupp. Ien. p. 281. Perfoliata montana latifolia. C. Bauh. pin. p. 227. Perfoliata alpina magna longifolia. Ioh. Bauh. hist. 3. lib. 27. p. 198. ...“ (Roth 1789, S. 330); „7) Langblätterichtes Hasenöhrchen, das langblätterichte Hasenöhrleinkraut, Bupleurum, involucellis pentaphyllis ovatis, ... Linn. ... Moench. Hass. n. 231. ... Bupleurum foliis imis petiolatis, ovatis, ... Hall. Perfoliata alpina magna longifolia C. [sic!] Bauh. Perfoliata montana latifolia C. Bauh. Perfoliata montana Cam. Bupleurum montanum latifolium Tournef. ...“ (Encyclopädie 1789, S. 471f.); „231. BUPLEURUM, longifolium, involucellis pentaphyllis ovatis: ... LIN. S. V. p. 225. Bupleurum foliis imis petiolatis, ... HALLERI n. 768. Bupleurum longifolium perfoliatum annuum. TOURNEF. p. 310. ...“ (Moench 1777, S. 129f.); „317. Bupleurum longifolium. Lin. Syst. Pl. I. 656. sp. 5. Ruß. Bojarskaja Snit [russ. *bojarskaja snit'*]“ (Falk 1786, S. 144); „b) Bupleurum longifolium. [Perfoliata montana latifolia.] [eckige Klammern im Text] Deutsch. Die Ochsenrippe mit länglichten Blättern; die Ochsenrippe. ... Russ. Bojärskaja snit.“ (Nemnich 1793a, Sp. 724); „BUPLEURUM. ... Es reiniget, ist gut zu den Wunden, und trocknet. Der Samen wird wider die Schlangen= und Otternbisse dienlich erachtet, wann er eingenommen wird. ...“ (Lémery 1721, Sp. 193); „Bupleūrum L. (Umbelliferae). Zus. aus βοῦς (Ochse) und πλευρον (Seite, Rippe) in Bezug auf das feste Gewebe der Blätter und ihrer Rippen; angeblich auch, weil sein Genuss die Ochsen aufblähe.“ (Wittstein 1852, S. 131); „Durchwachs/ Perfoliata. Durchwachs/ dieweil die Stengel durch die Blätter wachsen/) Bruch=Wurz/ Stops=Loch/ Nabel=Kraut/ ... Diß Gewächs hat ... eine anhaltende zusammenziehende Krafft/ ... Man braucht es fürnemlich zu den Wunden/ Nabel=Brüchen/ Darm= und Bein=Brüchen/ innerlich und äusserlich/ dahero vielen Wund= und Bruch=Pflastern/ wie auch Wund=Salben zugethan wird. ...“ (Brand 1766, S. 625f.); „PERCE-FEUILLE. Plante: ainsi appellée, parce que sa tige passe par le milieu de la feuille: d'où elle a été appellée par les Latins perfoliata. M.“ (Ménage 1750, S. 306); Bupleurum – russ. *aminek* (*Annenkov* 1858, S. 24, Nr. 217); Bupleurum longifolium – russ. *bojarskaja snit* (a. a. O., S. 24, Nr. 219); „perfoliátus ... <durchwachsen>: nlat. perfoliátus <durchwachsen> (zu lat. per <durch> und foliātus <blättrig>); im weiteren Sinne bezogen auf die stengelumfassenden Laubblätter“ (Genaust 2005, S. 469f.)

„1. An Bupleurum Alpinum angustifolium medium I. R. H.? Ind. Irc. nº. 225. Ind. Jen. nº. 541. Fl. Irc. nº. 448.“ (AAW R. I, Op. 13, D. 67, Bl. 37r, s. Anm. 5 in Nr. 4); „541. An Bupleurum Alpinum angustifolium medium I. R. H? Ind. Irc. nº: 225. ... Fl. Irc. 448.“ (AAW R. I, Op. 105, D. 1ª, Bll. 66r–66v, s. Anm. 29 in Nr. 5); „225. An Bupleurum Alpinum angustifolium, medium I. R. H? ...“ mit der rechts marginalen Anm. von J. G. Gmelin „Bupleurum montanum latifolium. I. R. H. St 448.“ (AAW R. I, Op. 105, D. 12, Bl. 7r, s. Anm. 54 in Nr. 17); „[Nº] 750. Bupleurum?“ (AAW R. I, Op. 15, D. 3, Bl. 14r, s. Anm. 65 in Nr. 24); „* Bupleurum alpinum, angustifolium, minus I. R. H. ...“ (AAW R. I, Op. 105, D. 2, Bl. 9r, s. Anm. 54 in Nr. 17); „100. Bupleurum caule perfoliato. 101. Bupleurum alpinum medium B. P. ... 192. Bupleurum angustifolium ...“ (AAW R. I, Op. 15, D. 1, Bl. 5v, s. Anm. 24 in Nr. 64); „[species 14] Buplevrum Alpinum, angustifolium, medium. Perfoliata Alpina, angustifolia, media C. B. Pin. 277. Prodr. 129. Perfoliata Alpina, magna, longifolia J. B. 3. Part. 2.198. ...“ (Tournefort 1700, S. 310, Genus XI. „Buplevrum.“); „5. BUPLEURUM alpinum, angustis nervosis foliis, calyce unifolio, leviter inciso. An Perfoliata alpina angustifolia media C. B. Pr. p. 129. ... Bupleurum alpinum angustifolium medium I. R. H. MAGN. ...“ (Haller 1742, S. 438); „2) Sternförmiges Hasenöhrlein. Bupleurum stellatum. ... Bupleurum involucellis coadunatis, universali triphyllo. LINN. Syst. veg. 225. Sp. pl. 340. HALL. Helv. 438. t. 10. Emend. 120. Perfoliata alpina angustifolia media. C. BAUH. pin. 277. prodr. 129. ...“ (Linné 1780, S. 21)

14 „[species 1] Buplevrum folio rigido C. B. Pin. 278. Auricula Leporis altera sive rigidior J. B. 3. Part. 2. 200. Buplevrum alterum, latifolium Dod. Pempt. 633.“ (Tournefort 1700, S. 309, Genus XI. „Buplevrum.“); „Bupleurum latifolium Tab. Bupleurum folio rigido C. B. P. ...“ (Buxbaum 1721, S. 47); „Bupleurum folio rigido C. B. P. 278. ... Hasen=Oehrlein, Wund=Kraut Tragi.“ (Rupp 1726, S. 226); „BVPLEVRVM RIV. Bupleurum folio rigido C. B. P. 278. ... Bupleurum alterum latifolium Dod. Pempt. 633. ... Hasen-Oehrlein, VVund-Kraut Tragi. ...“ (Rupp 1745, S. 280f.); „2. Hasen=Oehrlein mit scharffen, breiten Blättern: Bupleuron, folio rigido, C. B. P. T. loc. cit. ...“ (Zwinger 1744, S. 1136); „2. BUPLEURUM folio rigido. C. B. P. Breitblätterige Haasenöhrlein. ...“ (Miller 1750, S. 150f.); „10) Steifes Hasenöhrlein. Bupleurum rigidum. ... Bupleurum caule dichotomo, subnudo; involucris minimis acutis. LINN. Syst. veg. p. 226. Sp. pl. 342. ... Bupleurum folio rigido. C. BAUH. pin. 278. Bupleurum alterum latifolium, DOD. pempt. 633. ...“ (Linné 1780, S. 26f.); „13. BUPLEURUM rigidum. B. caule dichotomo subnudo, ... Roth. germ. I. 126. II. 331. ... B. folio rigido. Bauh. pin. 278. B. alterum latifolium. Dod. pempt. 637. ... Steifes Hasenöhrlein. W. ...“ (Linné 1797–1830, Bd. I, Teil 2, S. 1374); „Flor. Germ. p. 126. n. 5. Bupleurum rigidum. ... B. folio rigido. C. Bauh. pin. p. 278. ... B. latifolium. Buxb. Halens. p. 47. B. Riuini. Rupp. Ien. p. 280. ...“ (Roth 1789, S. 331f.); „[Bupleurum] rigidum, steifer Durchwachs. ...“ (Koelle/Ellrodt 1798, S. 70); „Bupleurum rigidum, ... steifes Hasenöhrlein, ... Es heißt bey ... C. Bauhin: Bupleurum folio rigido; ...“ (Gmelin 1772, Sp. 313f.)

„301) an Bupleurum folio rigido C. B. P. flor. ircut. No. 449 ...“ (AAW R. I, Op. 104, D. 25, Bl. 23v, s. Anm. 61 in Nr. 21)

15 „[species 4] Buplevrum annuum, minimum, angustifolium H. R. Monsp. Perfoliata minor, angustifolia, Buplevri folio C. B. Pin. 277. Perfoliatum angustifolium, montanum Col. Part. 1. 247. Auriculae Leporis affinis odontitis lutea Valerandi & Dalechampii J. B. 3. Part. 2. 201.“ (Tournefort 1700, S. 310, Genus XI. „Buplevrum.“); „Bupleurum annuum minimum angustifolium. ...“ (Magnol 1697, S. 36); „Bupleurum minimum angustifolium H. R. Monsp. Perfoliata minor angustifolia Bupleuri folio C. B. Perfoliatum angustifolium minimum Col. ... Auriculae leporis affinis Odontitis lutea Valerandi & Dalechampii J. B. ...“ (Scheuchzer 1723, S. 32); „7. Der kleine Durchwachs mit Hasen=Oehrlein=Blättern: Perfoliata minor, angustifolio, Bupleuri fol. C. B. P. loc. cit. Auriculae leporis affinis Odontitis lutea Valerandi & Dalechampii, J. B. 3. 201. ... Bupleurum annuum, minimum, angustifolium. H. R. Monsp. T. loc. cit.“ (Zwinger 1744, S. 1138); „5. BUPLEURUM annuum minimum angustifolium. H. R. Par. Das kleinste, schmalblätterige, jährige Haasenöhrleinkraut. ...“ (Miller 1750, S. 150f.); „7) Zähnichtes Hasenöhrlein. Bupleurum Odontitis. ... Bupleurum involucellis pentaphyllis acutis, universali triphyllo; flosculo

centrali altiore; ramis divaricatis. LINN. Syst. veg. p. 225. Sp. pl. 342. ... HALL. Helv. 438. Auriculae adfinis, Odontitis &c. I. BAUH. hist. 3. p. 201. Perfoliata minor, angustifolia, Bupleuri folio. C. BAUH. pin. 277. Perfoliata minima, Bupleuri folio. COLUMN. Ecphr. 1. p. 84. t. 247. ...“ (Linné 1780, S. 24f.); „Bupleurum odontites, ... Alpenhasenöhrlein, sie heißt bey Tournefort: Bupleurum annuum minimum angustifolium; ... bey Hrn. v. Haller: Bupleurum foliis gramineis, calyce peculiari quinquefido aristato rigido; ...“ (Gmelin 1772, Sp. 311f.); „Odontitis lutea; also nennt Dalechamp Linne's siebende Art des Hasenöhrleins.“ (Gmelin 1774, Sp. 510); „6. BUPLEURUM foliis gramineis, calyce peculiari quinquefolio aristato rigido. ... Auriculae leporis affinis odontites lutea Valerandi & Dalechampii I. B. III. p. 201. Perfoliata minor angustifolia Bupleuri folio C. B. ...“ (Haller 1742, S. 438); „772. BUPLEURUM caule brachiato, involucris utrisque pentaphyllis, aristatis, petiolos excedentibus. Perfoliatum angustifolium montanum COLUMN. p. 247. & p. 84. Bupleurum minimum, angustifolium I. R. H. Scheuchzer. It. I. p. 32. Bupleurum involucellis pentaphylllis, ... LINN. I. p. 342. ...“ (Haller 1768, S. 344); „5. Odontitis lutea, gelbes Haasenöhrchen. Bupleurum annuum minimum angustifolium Turn. 310. Bupleurum inuolucellis pentaphyllis acutis, ... Lin. sp. 237. Bupleurum, Odontites id. Perfoliata minor angustifolia Bupleuri folio C. B. P. 277. Auriculae leporis affinis Odontitis lutea Valerandi et Dalechampii I. B. 3. 2. 201. ...“ (Carl 1770, S. 190); „1354. BUPLEURUM odontites. ... Bupleurum involucellis pentaphyllis acutis, ... LINN. spec. p. 342. Bupleurum caule brachiato, ... HALL. hist. tom. 1. p. 344. n. 772. ... Bupleurum minor angustifolia, Bupleuri folio. Bauh. pin. 277. Perfoliatum angustifolium montanum. Col. part. I. p. 247. ...“ (Allioni 1785a, S. 23); „CCXXXIX. ... Bupleurum involucellis pentaphyllis, acutis; ... Linn. spec. plant. p. 342. num. 7. ... Allion. flor. pedem. II. p. 23. num. 1354. ... Bupleurum minimum angustifolium. Scheuchz. it. alp. I. p. 32. ...“ (Jacquin 1789, S. 68ff.); „Odontītes HALL. (Rhinantheae). Von ήδους (Zahn), wurde gegen Zahnschmerzen angewandt. Odontītes SPR. (Umbellliferae). Wie vorige Gattung.“ (Wittstein 1852, S. 626)

„542. Bupleurum montanum Gramineo folio. I. R. H. ... Fl. Irc. 450.“ (AAW R. I, Op. 105, D. 1[a], Bl. 66v, s. Anm. 29 in Nr. 5); „* Bupleurum montanum gramineo folio I. R. H. ...“ (AAW R. I, Op. 105, D. 2, Bl. 9r, s. Anm. 54 in Nr. 17); „2. Bupleurum montanum Gramineo folio I. R. H. Fl. Irc. n°. 450. Ind. Jen. n°. 542.“ (AAW R. I, Op. 13, D. 67, Bl. 37r, s. Anm. 5 in Nr. 4); „224. Bupleurum montanum Gramineo folio I. R. H. ...“ mit der rechts marginalen Anm. von J. G. Gmelin „Bupleurum añuum minimum angustifol. H. R. Monsp. St. 450. 449.“ (AAW R. I, Op. 105, D. 12, Bl. 7r, s. Anm. 54 in Nr. 17); „213. Bupleurum ann. longis et angustis foliis M. H. 3. 300. B. n. 3.“ (AAW R. I, Op. 104, D. 13, Bl. 6r, s. Anm. 84 in Nr. 29); s. Nr. 449

16 in der 2. Textversion (s. Anm. 1 in A.) nach „tresve“: „saltim“

17 „[species 2] Foeniculum vulgare, Germanicum C. B. Pin. 147. Foeniculum Dod. Pempt. 297.“ (Tournefort 1700, S. 311, Genus I. „Foeniculum. Fenoüil.“); „DE FOENICVLO. CAPVT. I. ...“ und die Abbildung „Foeniculum.“ auf S. 297 (Dodoens 1616, S. 297f.); „Foeniculum vulgare germanicum C. B. P. 147. ... Fönchel, Fenchel. ...“ (Rupp 1726, S. 224); „Geschlechte und Gestalt. 1. Der gemeine, Deutsche Fenchel: Foeniculum vulgare, Germanicum, C. B. P. 147. ... Eigenschaft. Von dem Fenchel werden in den Artzneyen die oberen Gipfel, Stengel, Kraut, Wurtzen und Samen gebraucht, welche ... die Eigenschaft haben, gelinde zu wärmen und zu trocknen, den Magen zu stärcken, Winde zu vertheilen, den Athem zu erleichtern, das Gesichte zu läutern, das Gehör zu stärcken und zu verbessern, Verstopfungen zu eröfnen, die Nieren zu reinigen, Nieren= und Lendenweh zu stillen und die Flüsse des Haupts zu tröcknen. ...“ (Zwinger 1744, S. 860ff.); „2. ANETHUM fructu ovato. Foeniculum. ... Dod. pempt. 297. Foeniculum vulgare germanicum. Bauh. pin. 147. ... Tournef. inst. 311. ... β Foeniculum dulce. Bauh. pin. 147. ...“ (Linné 1737, S. 106); „3) Fenchel. Anethum Foeniculum. mit eyrunden Früchten, Anethum fructibus ovatis. LINN. Syst. veg. p. 240 Sp. pl. 377. Hort. Cliff. 106. ... Foeniculum. ... DOD. pempt. 279. ... Foeniculum dulce β Foeniculum vulgare Germanicum ... C. BAUH pin 147 ... Sie wird ... im Deutschen Fenchel, oder an einigen Orten Fennickel genennet. ... Man braucht das Kraut und die Saamen als ein angenehmes Gewürz zu verschiedenen Sachen in der Haushaltung; in der Arzneykunst werden die Saamen und Wurzeln unter die eröfnende, blutreinigende, und

Brustmittel gezählt, auch treiben sie Blähungen, stärken das Gesicht, und vermehren die Milch der Säugenden; ...“ (Linné 1780, S. 195ff.); „5. ANETHUM Foeniculum. A. fructibus ovatis. Hort. cliff 106. ... Foeniculum dulce. Bauh. pin. 147. ... β. Foeniculum vulgare germanicum. Bauh. pin. 147. ... Fenchel-Dill. W. ...“ (Linné 1797–1830, Bd. I, Teil 2, S. 1469f.); „367. Foeniculum. HOFFM. ... 1. F. officinalis (ALL. Fl. pedem. II, p. 25) ... Anethum Foeniculum. L. SP. 377. – M. a BIEB. Fl. t. c. I, p. 239; ...“ (Ledebour 1844–1846, S. 271); „[Foeniculum] vulgare; vulgare germanicum, hierunter verstehen Gerard und C. Bauhin den Fenchel.“ (Gmelin 1773, Sp. 1075); „[Anethum] Foeniculum, fructibus ovatis; Fenchel, Dill mit eyrunden Früchten; Fönchel ... ihr Same treibt stark auf den Harn, und wird in den Krankheiten der Brust, und der Augen besonders gerühmt ...“ (Gmelin 1772a, Sp. 543f.); „1359. FOENICULUM officinale. ... Anethum fructibus ovatis. LINN. spec. p. 377. ... Foeniculum dulce. BAUH. pin. 147. ...“ (Allioni 1785a, S. 25); „595. ANETHUM Foeniculum. A. fructibus ouatis. Linn. ed. Willd. I. p. 1469. ...“ (Marschall von Bieberstein 1808a, S. 239); „Wann die Vollblüthigkeit Kopfweh verursacht, ... schweben ihm beständig düstere Wolken um die Augen herum. In dieser Art von Kopfschmerzen muß man aus der Ader Makal Blut abzapfen. Man bakt Brodt, mischt Fenchel (Kischmisch oder Kaschnisch, Pers.) darein, und giebt es dem Kranken zu essen. ...“ (Gmelin 1774b, S. 321); „Fenchel, Anethum foeniculum; (russ. Ukrop [russ. *ukrop*; s. auch Nr. 463], tatar. Chans Oschem).“ (Klaproth 1815, S. 55); „2. ANETHUM Foeniculum ... Fenchel=Dill. W. R. Woloschskoi Ukropp. [russ. *vološskoj ukrop*; u. a. auch russ. *voloskoj ukrop* (*Slovar'* 1988, S. 45)] ...“ (Georgi 1797–1802, Theil 3, S. 859); „12. Fenchel (Foeniculum vulgare Gärtn., in Chiwa Arpa-badian genannt).“ (Basiner 1848, S. 235); „FOENICULUM officinarum. Fönchel. Fenchel. Großer oder süßer Fönchel. Gartenfönchel. Frauenfönchel. Fenkel. ... Anethum fructibus ovatis. Lin. Sp. pl. Tom. I. p. 377. ... Für die Apotheken sammlet man ... die Wurzel ... die Blätter ... und den reifen Saamen ... Die Aerzte bedienen sich desselben [d. h. der Samen] entweder im Pulver ... oder in Morsellen, Lattwergen, Pillen oder Zeltlein (trochisci), ... Die Zufälle ... sind vornehmlich: Blähungen, Blähungskoliken, schmerzhafte Durchfälle mit Krämpfen und Blähungen begleitet, Magenschwindel, Aufblähen des Leibes, anhaltender Schnupfen, Heiserkeit, Husten, ... Bey dem äusserm Gebrauche, war Wurzel, Kraut und Saamen des Fönchels, besonders als ein Augenmittel bekannt. ...“ (Gleditsch 1789, S. 323ff.); „Fencheldill, Anethum foeniculum, L. ... Man giebt erstern [d. h. den Samen] als ein Blähung treibendes, Brustschleim lösendes, und Milch beförderndes Mittel, so wie das ätherische Oel. Er soll in chronischer Augenschwäche Dienste leisten. Die weiße, spindelförmge Wurzel ... gehört unter die fünf eröfnenden, größern Wurzeln. Am meisten hat man eine harntreibende Kraft an ihr wahrgenommen. ...“ (Hahnemann 1795, S. 291f.); „ANETHUM FOENICULUM. ... Anethum (Foeniculum) fructibus ovatis. Linn. Spec. plant. ed. Willd. T. I. p. 1461. ... α. ... Foeniculum vulgare germanicum. C. Bauh. pin. p. 147. ... β. ... Foeniculum dulce. C. Bauh. pin. p. 147. Fenchel-Dill, Fenchel: α. gemeiner Fenchel; β. süsser Fenchel. ... Man hat von diesem Gewächs, ... Wurzeln und Kraut, Radices et Herba Foeniculi, vorzüglich aber die Früchte unter dem Nahmen des Samens, Semen Foeniculi, in den Arzneyvorrath aufgenommen. ...“ (Hayne 1821, Nr. 18); „160. FOENICULUM vulgare GAERTN. Gemeiner Fenchel. ... Synon. Anethum Foeniculum Linn. ... Wirkung. Erregend auf die Schleimhäute, die Digestionsorgane u. Brustdrüsen. Anwendung. Bei Blähungen, Verschleimung des Magens und der Lunge u. bei mangelhafter Milchabsonderung; ...“ (Bischoff 1831, S. 153f.); „Fenchel, (Gemeiner deutscher) Frauenfenchel, Foeniculum vulgare Offic. ... Aeußerlich zertheilen dieselben [d. h. die Wurzeln], wie auch das Kraut und der Same, Pflaster=weise übergelegt, die vom Stossen oder Schlagen entstandenen blauen Mähler und Beulen. Sie heilen auch die geschwollenen Brüste der Weiber, und zertheilen die Knoten in denselben. Es widersteht auch die Wurzel allem Gifte, und das Decoct davon wird sonderlich wider den Rauch des Queck=Silbers angepriesen, ...“ (Krünitz 1773–1858, Bd. 12, S. 547ff.); „FOENICULUM. ... teutsch, Fenchel, ... Foeniculum kommt von Foenum, Heu, weil dieses Kraut, gedörret, gelbe wird und als wie Heu.“ (Lémery 1721, Sp. 462); „Foenīculum AD. (Umbelliferae). Von foenum (Heu), entweder weil das feingeschlitzte Kraut in Masse Aehnlichkeit mit dem Heu hat, oder weil es wie frisches Heu riecht.“ (Wittstein 1852,

S. 368); „Anēthum L. (Umbelliferae). Zus. aus ἀνα (hindurch, durchdringend) und αἴδειν (brennen), in Bezug auf den Geschmack des Samens; oder von δεειν (laufen), weil die Pflanze schnell wächst.“ (a. a. O., S. 48)

„97. Foeniculum. ... 99. Foeniculum ...“ (AAW R. I, Op. 15, D. 1, Bl. 5v, s. Anm. 24 in Nr. 64)

18 „[species 10] Foeniculum sylvestre, humilius, Peucedani folio. Caucalis folio Peucedani C. B. Pin. 153. Caucalis Anglica Tabern. Icon. 97.“ (Tournefort 1700, S. 311, Genus I. „Foeniculum. Fenoüil.“); „XII. Caucalis folio peucedani. ... Caucalis Anglica, Eid. [d. h. Tabernaemontanus] ...“ (Bauhin 1623, S. 153); „Foeniculum sylvestre, humilius, Peucedani folio Inst. R. Herb. Caucalis folio Peucedani C. B. Pin. 153. Caucalis Anglica Tabern. Icon. 97. Eine Art Steinfenchel. ...“ (Mappus 1742, S. 109f.); „9. Foeniculum sylvestre, humilius Peucedani folio. T. loc. cit. Caucalis folio Peucedani. C. B. P. 153. Caucalis Anglica. Tab. Jc. 97.“ (Zwinger 1744, S. 861); „Foeniculum sylvestre humilius Peucedani foliis T. sive Caucalis Anglica, TAB. hist. Ic. 97. ... Stein=Fenchel, ...“ (Lindern 1747, S. 229); „2. Seseli; perenne; folio glauco longiori. Vaill. ... Saxifraga Matthioli, tenuifolia, & umbellifera. J. B. 3. 2. 18. ...“ (Boerhaave 1720, S. 50); „1. Seseli petiolis ramiferis membranaceis oblongis integris. ... α Seseli perenne, folio glauco longiori. Boerh. lugd. 1. p. 50. Foeniculum sylvestre elatius, ferulae folio longiori. Tournef. inst. 311. Saxifraga matthioli tenuifolia & umbellifera. Bauh. hist. 3. p. 18. ...“ (Linné 1737, S. 102f.); „[Foeniculum] sylvestre humilius peucedani folio, so nennt er [d. h. Tournefort] C. Bauhins zwölfte Art der Haftdolde.“ (Gmelin 1773, Sp. 1075); „[Caucalis] folio Peucedani; ist C. Bauhins zwölfte Art [von Caucalis], welche Blätter wie der Haarstrang hat.“ (Gmelin 1772; Sp. 687); „[Caucalis] anglica, ist bey Theodor [d. h. Tabernaemontanus] C. Bauhins zwölfte Art des Klettenkörbels.“ (a. a. O., Sp. 686); „Caucalis, Klettenkörbel, Haftdolde, ist bey den meisten Schriftstellern eine Gattung doldentragender Pflanzen mit fünf Staubfäden, und zween Staubwegen, ...“ (a. a. O., Sp. 683); „1. SESELI, foliis articulatis fragilibus, foliolis linearibus, integris binatisque, vaginis bilobis. Saxifraga tenuifolia& umbelliflora. Bauh. Hist. 3. 18.? ... Foeniculum sylvestre elatius ferulae folio longiori. Tournef. 311? ... Seseli perenne glauco folio longiori. Boerh. Lugd. 150. [sic!] Lin. Hort. cliff. α. ... Caucalis anglica. Taber. ic. 97. Folio Peucedani. Bauh. pin. 153. ...“ (Gouan 1773, S. 15); „Haftdolde ... Die möhrenähnlichen Blätter (fol. caucalis) sollen sich eröffnend, Säfte verdünnend, und Harn und Monatzeit treibend erwiesen haben.“ (Hahnemann 1795, S, 393); „10. Seseli fragile Gouan. Zerbrechliche Sesel. S. foliis articulatis fragilibus, foliolis linearibus integris binatisque, vaginis bilobis. Gouan. Illustr. bot. p. 13. [sic!] ... Diese und die folgende Art S. glabratum sind zweifelhaft, ...“ (Dietrich 1822, S. 109); „20. (S[eseli]? fragile Gouan; foliis articulatis fragilibus, foliolis linearibus, integris binatisque, vaginis bilobis. Gouan. Illustr. bot. p. 15. ...“ (Linné 1820, S. 406); „Cāucalis L. (Umbelliferae). Zus. aus κεειν, κειειν (kriechen) und καυλος (Stängel); mehrere Arten dieser Gattung sind nämlich sehr niedrig. Dieser Ableitung steht eine andere, von καυλος und καλος (schön), gegenüber. ...“ (Wittstein 1852, S. 166f.); „Sēseli L. (Umbelliferae). Σεσελι. Dioscorides (IIII. 53 sq.) unterschied 4 Arten σεσελι: ... Das Wort selbst stammt höchst wahrscheinlich aus einer orientalischen Sprache.“ (a. a. O., S. 811); „Phellāndrium T., L. (Umbelliferae). Schon Plinius (XXVII. 101) sagt, das Phellandrium diene gegen Stein- und andere Blasenbeschwerden; auf diese Anwendung fussend lässt sich der Name zus. betrachten aus φελλις oder φελλευς (steiniger Boden) und ἀνδρειος (männlich, kräftig). Linné setzt zusammen aus φελλος (Kork) und ἀνδρειος, weil die reifen (stark, männlich gewordenen) Stängel wie Kork auf dem Wasser schwimmen. Krause meint, das Wort sey verdorben aus Philydrion: zus. aus φιλος (Freund) und ὑδως (Wasser), in Bezug auf den Standort. Es ist schwierig, aus diesen 3 Erklärungsweisen die richtige herauszufinden.“ (a. a. O., S. 679); „Mēum T. (Umbelliferae). Μῆον entstanden aus μεῖον (geringer, niederer); die Pflanze wurde nämlich früher zur Gattung Athamanta gerechnet, und man nannte sie, weil sie kleiner ist als die übrigen Arten von Athamanta, A. Meum.“ (a. a. O., S. 576); „Ligūsticum L. (Umbelliferae). Von ligusticus (ligurisch) und dieses von Liguria (die ehemalige, römische Provinz, das heutige Gebiet von Genua mit den angrenzenden Landestheilen), in Bezug auf das häufige Vorkommen dieser Pflanze auf den ligurischen Apenninen. ...“ (a. a. O., S. 525);

„Silaus BESS. (Umbelliferae). Höchst wahrscheinlich abgeleitet von Sium oder Selinum.“ (a. a. O., S. 814); „Cenolōphium [Wilhelm Daniel Joseph] Koch (Umbelliferae). Zus. aus κενος (leer, hohl) und λοφος (Kamm); die Joche sind aufgeblasen-hohl.“ (a. a. O., S. 169); „Peucēdanum L. (Umbelliferae). Zus. aus πευκη (Fichte und δανος (niedrig); also kleine Fichte, man gewann nämlich in früheren Zeiten daraus eine harzig-ätherischölige Substanz (ein Balsamharz) von starkem, einigermassen an Fichtenharz oder Terpentin erinnerndem Geruche (Diosc. III. 76.). Bekanntlich riecht und schmeckt die Wurzel scharf aromatisch. Ohne Zweifel veranlassten auch die schmalen, linienförmigen Blätter, welche man mit denen der Fichte verglich, zu obiger Benennung.“ (a. a. O., S. 676); „PEUCEDANUM. ... teutsch, Haarstrang, Saufenchel. ... Die Wurtzel und der Saft, der daraus kommt, machen dünne, und zertheilen den Schleim auf der Brust, befördern den Auswurff, machen einen leichten Athem, reinigen die Wunden und die Geschwüre, treiben den Harn und die weibliche Reinigung. Sie werden innerlich und äusserlich gebraucht. Peucedanum kommt von πέυκη, pinus, eine Fichte, dieweil die Blätter dieses Krautes schier wie die Fichtennadeln sehen: ...“ (Lémery 1721, Sp. 863f.); „28. SESELI caule vix ramoso, vmbella purpurea, pinnulis acute multifidis HALL. Helv. p. 431. Muttelina CAM. Epit. p. 8. Meum alpinum vmbella purpurascente C. B. P. 148. Phellandrium alpinum vmbella purpurascente TOURN. I. R. H. Daucus montanus CLUSII flore carneo, semine selino hortensii aequali I. B. III. p. 67. ...“ (Gmelin 1747–1769, Bd. I, S. 212f.); „28. Seseli caule vix ramoso, umbella purpurea, pinnulis acute multifidis. (excl. synon.) [=] Planta mihi ignota. (Phellandrium Mutellina. L. – Willd. sp. pl. I. 1444.)“ (Ledebour 1841, S. 63); „2) Alpen=Persaat, Phellandrium Mutellina. .. Phellandrium caule subnudo; foliis pinnatis. LINN. Syst. veg. p. 236. Sp. pl. 366. ... Meum albinum, [sic!] umbella purpurascente. C. BAUH. pin. 148. ... Phellandrium alpinum TOURNEF. inst. 307. utellina. I. BAUH. hist. 3. p. 66. ... Diese Art wird von den Schweizern insgemein Muttry oder Mutteren, und daher im lateinischen bey den ältern Botanisten Muttellina genennet. ...“ (Linné 1780, S. 142f.); „2. PHELLANDRIUM Mutellina. P. caule subnudo foliis bipinnatis. ... Gmel. sib. 1. p. 212. ... Meum alpinum, umbella purpurascente. Bauh. pin. 148. ... Mutellina. Bauh. hist. 3. p. 66. ... Alpen-Wasserfenchel. W. ...“ (Linné 1797–1830, Bd. I, Teil 2, S. 1444); „1318. LIGUSTICUM mutellina. ... Phellandrium (mutellina) caule subnudo, foliis pinnatis. LINN. syst. 12. p. 213. ... Phellandrium alpinum umbella purpurascente. TOURN. inst. 307. Meum alpinum umbella purpurascente. BAUH. pin. 148. Mutellina. BAUH. hist. III. p. 66. ...“ (Allioni 1785a, S. 13); „441. PHELLANDRIUM Mutellina caule subnudo, foliis bipinnatis. Linn. Sp. pl. 1. p. 366. ... Ligusticum Mutellina caule simplici, ... Allioni fl. pedem. 2. p. 13. t. 60. f. 2. Phellandrium alpinum umbella purpurascente. Tournef inst. 307. ... Germ. Alpenpferdesaamen. Muttern. ... Pharm. MUTELLINAE Radix. ...“ (Gmelin 1806a, S. 682ff.); „4. PEUCEDANUM foliolis quinquies tripartitis, lineari-subulatis, integerrimis LINN. h. Cliff. 93. α) Foliolis angustissimis. Tab. XLI. Peucedanum minus Germanicum I. B. III. p. 36. Peucedanum Germanicum B. Pin. 149. TOURN. I. R. H. 318. β) Foliolis latioribus. Peucedanum maius Italicum I. B. III. p. 36. Peucedanum CAESALP. Syst. 280. ...“ (Gmelin 1747–1769, Bd. I, S. 188f.); „4. Peucedanum foliolis quinquies tripartitis lineari-subulatis integerrimis. (excl. synon.) α) Foliolis angustissimis. t. XLI. [=] Silaus longifolius Ledeb. β! (Peucedanum officinale L. – Willd. sp. pl. I. 1405. Peucedanum album Spr. Gesch. d. Bot. 200.) [;] β) Foliolis latioribus [=] Silaus longifolius Ledeb.!“ (Ledebour 1841, S. 61); „1. PEUCEDANUM foliolis quinquies tripartitis lineari-subulatis integerrimis. Peucedanum. Bauh. hist. 3. p. 36. ... α Peucedanum minus germanicum. Bauh. hist. 3. p. 36. ... Peucedanum germanicum. Bauh. pin. 149. Tournef. inst. 318. ... Peucedanum. Caesalp. syst. 280. ...“ (Linné 1737, S. 93); „1) Gewöhnlicher Haarstrang. Peucedanum officinale. ... Peucedanum foliis quinquies tripartitis filiformibus, linearibus. LINN. Syst. veg p 231. Sp. pl. 353. Hort. Cliff. 93. ... Peucedanum. I. BAUH. hist. 3. p. 36. ... Peucedanum Germanicum et Peucedanum maius Italicum et Peucedanum minus. C. BAUH. pin. 148. ... Sie wird insgemein Haarstrang, oder auch Saufenchel und Schwefelwurz ... genennet. ... Die eigenthümliche Kräften dieser Pflanze sind zwar noch unbekannnt, ... doch hält man die Wurzel vor harn= und schweißtreibend, und vor ein auflösendes und stärkendes Mittel in schleimichten

Brust= und Mutterkrankheiten.“ (Linné 1780, S. 75f.); „1. PEUCEDANUM officinale. ... P. foliis quinquies tripartitis ... Hort. cliff. 93. ... Gmel. sib. 1. t. 41. ... Peucedanum. Bauh. hist. 3. p. 36. ... P. germanicum. Bauh. pin. 149. ... Gemeiner Haarstrang. W. ...“ (Linné 1797–1830, Bd. I, Teil 2, S. 1405); „PEUCEDANUM OFFICINALE. ... Peucedanum (officinale) ... Linn. Spec. plant. ed. Willd. T. I. p. 1405. ... Gemeiner Haarstrang, ... Sie [d. h. die Wurzel] ist ein kräftiges eröffnendes Mittel ... Es hat bey Asthma, beym Husten und bey Verstopfung der Eingeweide sehr gute Dienste geleistet. ...“ (Hayne 1821, Nr. 4); „1. Gemeiner Haarstrang, Bärdill, Bärfenchel, Bärwurz, Himmeldill, Himmelgalle, Himmelgelb, Roßkümmel, ... Peucedanum officinale, ... Linn. ... Die frische Wurzel ... scheint den Nerven besonders angenehm, und daher als ein krampfstillendes Mittel dienlich zu seyn. Vielleicht hat man aus diesem Grunde dieselbe bey der Mutterbeschwerung, und zur Beförderung der monathlichen und Geburts=Reinigung schon in ältern Zeiten angepriesen. ...“ (Krünitz 1773–1858, Bd. 20, S. 544ff.); „Gmelins flora sibirica, ... Die wichtigsten Pflanzen sind folgende: ... P[eucedanum] album. 41. ...“ (Sprengel 1818, S. 199ff.); „3) SILAUS LONGIFOLIUS. m. ... Ligusticum (longifolium) ... Willd. Spec. pl. I. p. 1428. ... Peucedanum foliolis quinquies tripartitis, ... Gmel. Fl. sib. I. p. 188. No. 4. t. XLI. β. laciniis longioribus. ... Peucedanum. Gmel. l. c. var. α. ...“ (Ledebour 1829, S. 323f.); „372. Cenolophium. Koch. ... 1. C. [F. E. L.] Fischeri. ... Silaus longifolius. LEDEB. Fl. alt. I, p. 323 (excl. synon. WILLD.) ... Peucedanum foliolis quinquies tripartitis, ... GMEL. Fl. sib. I, p. 188. Nr. 4. β. foliolis latioribus. (excl. synon.) ... β. divaricatum: lainiis longioribus. ... Silaus longifolium β. LEDEB. Fl. alt. I, p. 324. (excl. synon. GMEL.) ...“ (Ledebour 1844–1846, S. 282f.)

„122. Seseli petiolis ramiferis membranaceis oblongis Linn. h. Cliff. 102. Seseli perenne folio glauco breviori Boerh. lugd. 1. p. 50. ...“ (AAW R. I, Op. 13, D. 20, Bl. 13r, s. Anm. 1 in Nr. 1); „302) an foeniculum sylvestre humilius Peucedani folio, Tour. i. r. h. flor. ircut. No 452 an potius Phellandrium alpinum umbella purpurascente Tour. i. r. h. Meum alpinum umbella purpurascente C. B. Pin. ...“ (AAW R. I, Op. 104, D. 25, Bl. 23v, s. Anm. 61 in Nr. 21); „2. Foeniculum sylvestre humilius Peucedani folio. I. R. H. Ind. Jen. n°. 547. Cicutaria Ind. Irc. n°. 229.“ (AAW R. I, Op. 13, D. 67, Bl. 37r, s. Anm. 5 in Nr. 4); „547. Foeniculum sylvestre humilius Peucedani folio I. R. H. Cicutaria brevi Peucedani folio Ind. Irc. n° 229. ... Inter plantas siccas Fl. Irc. una erat, cui adscriptum erat Seseli, haecq; eadem est cum jam recensita. Forte et Peucedanum Germanicum Ind. Irt. et Transbaic. huc spectant. Clusius H. CXCVI sub Peucedano Pannonico eandem Plantam intelligere videtur. ...“ mit der rechts marginalen Anm. von J. G. Gmelin auf Bl. 42r „Peucedanum Germanicum“ (AAW R. I, Op. 105, D. 1, Bll. 42r–42v, s. Anm. 29 in Nr. 5); „229. Cicutaria brevi Peucedani folio. ...“ (AAW R. I, Op. 105, D. 12, Bl. 7v, s. Anm. 54 in Nr. 17); „Peucedanum Germanicum C. B. P. 149.“ (AAW R. III, Op. 1, D. 162, Bl. 110r, s. Anm. 54 in Nr. 17); „– Peucedanum germanicum C. B P. ...“ (Bl. 5r in: J. G. Gmelin „Catalogus Plantarum aestate anni 1734. plurimam partem ad Irtin fluuium observatarum“ – AAW R. I, Op. 104, D. 8, Bll. 1r–15v, eine weitere Textversion in: AAW R. I, Op. 105, D. 3, Bll. 1r–11v); „167. Peucedanum germanicum C. B. P. ...“ (AAW R. I, Op. 13, D. 42, Bl. 24v, s. Anm. 1 in Nr. 1); „Peucedanum Germanicum. C. B. P. ...“ (AAW R. I, Op. 105, D. 2, Bl. 9r, s. Anm. 54 in Nr. 17); „Peucedanum Germanicum (Tournefortii sp. 2), Off.“ (Messerschmidt 1962–1977, Bd. 4, S. 203, s. Anm. 1 in Nr. 1)

19 „[species 1] Oenanthe Apii folio C. B. Pin. 162. Oenanthe sive Filipendula Monspessulana, folio Apii J. B. 3. Part. 2. 190. Filipendula tenuifolia Tabern. Icon. 141.“ (Tournefort 1700, S. 312, Genus III. „Oenanthe.“); „2. Der andere rothe Steinbrech: Oenanthe Apii folio, C. B. P. 162. Raj. H. 441. T. 314. ...“ (Zwinger 1744, S. 927); „2. OENANTHE foliolis radicalibus incisis ovatis, caulinis integris linearibus longissimis simplicioribus. Oenanthe apii folio. Bauh. pin. 162. Tournef. inst. 312. ... Oenanthe sive Filipendula monspessulana, folio apii. Bauh. hist. 3. p. 190. ...“ (Linné 1737, S. 99); „5) Bibernellartige Rebendolde. Oenanthe Pimpinelloides. ... Oenanthe foliolis radicalibus cuneatis fissis, caulinis integris linearibus longissimis simplicibus. LINN. Syst. veg. p. 236. Sp. pl. 366. Hort. Cliff. 99. ... Oenanthe Apii folio. C. BAUH. pin. 162. ... Filipendula Monspessulana Apii folio. I. BAUH. hist. 3. p. 190. ...“ (Linné 1780, S. 138f.); „6. OENANTHE pimpinelloides. ... Hort. cliff. 99. ... O. apii folio. Bauh. pin. 162. ... Bibernellartige Rebendolde.

W. ...“ (Linné 1797–1830, Bd. I, Teil 2, S. 1442f.); „4.Oe[nanthe] pimpinelloides (L. SP. 365) ... M. a BIEB. Fl. t. c. I, p. 226; ... Oe. globulosa ... GEORGI Beschr. d. Russ. R. III, 4. p. 852. ...“ (Ledebour 1844–1846, S. 269); „565. OENANTHE pimpinelloides. ... Linn. ed. Willd. 1. p. 1442. ...“ (Marschall von Bieberstein 1808a, S. 226f.); „2. OENANTHE globosa. ... Kugelrunde Rebendolde. W. ...“ (Georgi 1797–1802, Theil 3, S. 852); „[Oenanthe] pimpinelloides, ... pimpinellartige Rebendolde, ..., Sie heißt bey ... C. Bauhin: Oenanthe apii folio, ...“ (Gmelin 1774, Sp. 514f.); „Pimpinellrebendolde, Oenanthe pimpinelloides, L. ... Die ... Wurzeln ... sind in neuern Zeiten für unschädlich, in ältern aber für eröfnend und harntreibend (ohne gehörige Prüfung) gehalten worden. ...“ (Hahnemann 1799, S. 219); „OENANTHE. Oenanthe Apii folio, C. B. Pit. Tournef. ... teutsch, Wasserfilipendelkraut. ... Es reiniget, eröffnet, treibet die Winde; wird ingleichen wider den Stein und die Mastkörner gebraucht. Oenanthe kommt von ὄινη, vitis, Weinreben, Weinstock, und ἄνδη, flos, Blume, als ob es heissen solte Weinblüte; dann die Alten hiessen Oenanthe ein Kraut, welches mit dem Weinstock zugleich blühete, oder dessen Blüte eben also roche, wie die Weinblüte. ...“ (Lémery 1721, Sp. 797f.); „Oenānthe L. (Umbelliferae). Zus. aus οἶνος (Wein) und ἄνδη (Blüthe), weil die Blume eben so riecht wie die des Weinstocks (Plin. XXI. 38. 95), ...“ (Wittstein 1852, S. 627f.); „Filipēndula T. (Rosaceae). Zus aus filum (faden) und pendulus (hängend); die Wurzel besteht aus zahlreichen kleinen Knollen, welche mittelst feiner Fasern unter sich zusammenhängen.“ (a. a. O., S. 365)

„304) an oenanthe apij folio C. B. Pin ...“ (AAW R. I, Op. 104, D. 25, Bl. 23v, s. Anm. 61 in Nr. 21); „160. An Oenanthe Apii folio C. B. P. ...“ (AAW R. I, Op. 13, D. 42, Bl. 23v, s. Anm. 1 in Nr. 1)

„[species 4] Oenanthe Chaerophylli foliis C. B. Pin. 162. Oenanthe succo viroso, Cicutae facie Lobelio J. B. 3. Part. 2. 193. Oenanthe Cicutae facie, succo viroso, croceo Lob. Icon. 730.“ (Tournefort 1700, S. 313, Genus III. „Oenanthe.“); „Oenanthe Cicutae facie succo viroso croceo. T. 892.“ (Lobelius 1581, S. 730); „3. OENANTHE foliolis omnibus multifidis obtusis, fere aequalibus. ... Oenanthe succo viroso, cicutae facie lobelio. Bauh. hist. 3. p. 193. ... Oenanthe chaerophylli foliis. Bauh. pin. 162. Tournef. inst. 313. ...“ (Linné 1737, S. 99); „2) Giftige Rebendolde. Oenanthe crocata. ... Oenanthe foliis omnibus multifidis, obtusis, subaequalibus. LINN. Syst. veg. p. 235. ... Oenanthe Chaerophyllis foliis. C. BAUH. pin. 162. TOURNEF. 313. ... Diese Art, die man auch Schierlings=Filipendel nennet, ... Alle Theile dieser Pflanze und vornehmlich die Wurzeln sind voll von einem weissen Milchsaft, ... dieser Saft ... ist sehr giftig, indem man auf den Genuß der Wurzeln oder des aus ihnen gepreßten Saftes Uebelseyn, große Mattigkeit, Gichter, Kinnbackenzwang, Verdrehen der Augen, Sinnlosigkeit, Verwirrung, Ohnmachten, Lähmung, und ... den Tod erfolgen gesehen. ...“ (Linné 1780, S. 136f.); „2. OENANTHE crocata. O. foliis omnibus multifidis ... Hort. cliff. 99. ... O. chaerophylli foliis. Bauh. pin. 162. ... Giftige Rebendolde. W. ...“ (Linné 1797–1830, Bd. I, Teil 2, S. 1441); „Oenanthe crocata, ... safrangelbe Rebendolde, ... der Genuß ihrer Wurzeln und Blätter erregt Gichter, Raserey, Ausfallen der Hare, und sehr oft den Tod: Sie heißt bey ... C. Bauhin: Oenanthe chaerophylli foliis, ...“ (Gmelin 1774, Sp. 513f.); „Gelbsaftrebendolde, Oenanthe crocata, L. .. Man weiß, daß die ganze Pflanze sehr giftig ist, ... es ist sehr wahrscheinlich, daß sie in vielen Krankheiten des Lymphsystems, auch wohl in einigen Arten von Wahnsinn, Schwindel und Krämpfen hülfreich seyn werde, mit großer Vorsicht angewendet. ...“ (Hahnemann 1795, S. 345); „β) Safrangelbe Rebendolde, Oenanthe crocata Linn. ... Ihre Wurzel tödete einen Hund innerhalb drei Tagen [n]); ... Nach einigen Erfahrungen eregt der innerliche Gebrauch ihrer Wurzel und Blätter auch bei Menschen Schwindel [q]), Zukungen, Raserei, Kinnbakenzwang, Ausfallen der Haare, zuweilen heftige Kopf= und Magenschmerzen, Bangigkeit, unerträgliche Hize im Halse und Magen, Nasenbluten, und sehr oft den Tod [r]). ...“ (Gmelin 1803, S. 253f.); „Unter den Arten der Oenanthe giebet es eine, welche höchst gefährlich ist, davor man sich sehr wol zu hüten hat, indem sie ein gar schädlich Gift, und wird also beschrieben. Oenanthe Chaerophylli foliis, C. B. Pit. Tournef. ... Es ist ein tödtlich Gift: ... so erwecket es in dem Magen ein ungemein schmertzhaftes brennen; es erreget heftiges Zucken und Zerren in den Gliedern, daß einem die Augen vor den Kopf heraustreten, der Verstand vergeht, der Mund wird verschlossen, bekommt anhaltendes Schlucken, man will sich gerne brechen und kan doch nicht, das Blut läufft einem zu den Ohren heraus, und die Brust wird einem gantz zu enge. ..." (Lémery 1721, Sp. 798); „18) Oenanthe crocata. Giftige Rebendolde. ... in der Wurzel, befindet sich ein scharfer Milchsaft, in dem vorzugsweise die schädlichen giftigen Eigenschaften ihren Sitz haben. ... In Frankreich soll die geriebene Wurzel häufig gegen Hämorrhoiden benutzt werden. ..." (Richter 1832b, S. 779) „Oenanthe Cicuta facie, succo viroso, croceo Lob." (AAW R. III, Op. 1, D. 162, Bl. 27v, s. Anm. 54 in Nr. 17); „[N°] 364. Oenanthe Cicutae facie, succo viroso croceo Lob." (AAW R. I, Op. 15, D. 3, Bl. 7v, s. Anm. 65 in Nr. 24)

21 Randbemerkung in der 2. Textversion (s. Anm. 1 in A.): „Ligusticum / foliis duplicato- / pinnatis, foliolis / trilobis, gentis, / inciso-serratis."

22 „[species 1] Angelica sylvestris, minor sive erratica C. B. Pin. 155. Angelica sylvestris, repens J. B. 3. Part. 2. 145. AEgopodium, Herba Gerardi Tabern. Icon. 83." (Tournefort 1700, S. 313, Genus IV. „Angelica. Angelique."); „AEgopodium. Herba Gerhardi. Geyfuß/ Hinfuß/ Podagramskraut." (Abbildung in: Tabernaemontanus 1590, S. 83); „III. Angelica sylv. minor sive erratica. ..." (Bauhin 1623, S. 155f.); „Podagraria Rivini & Lobel. Angelica sylvestris minor, sive erratica C. B. P. 155. ... Germ. Gersch, Geiß=Fuß, oder Wetscherlewetsch. ..." (Rupp 1726, S. 225); „Angelica sylvestris, minor sive erratica C. B. Pin. 155. ... Zipperleinskraut/ wilder Holder. ..." (Mappus 1742, S. 23f.); „31. AEGOPODIUM foliis caulinis summis ternatis LINN. h. Cliff. p. 107. Herba Gerardi DOD. p. 320. Angelica siluestris repens I. B. III. p. 145. Angelica siluestris minor s. erratica B. Pin. 155. TOURN. I. R. H. 313. Podagraria RIV. Tab. XLVI. HALL. Helv. 427. ... Russi сныть [russ. *snyt'*; auch russ. *snit'*] vocant, et folia tenella verno tempore ad olera adhibent." (Gmelin 1747–1769, Bd. I, S. 220); „31. Aegopodium foliis caulinis summis ternatis [=] Aegopodium Podagraria L.!" (Ledebour 1841, S. 63); „1. AEGOPODIUM foliis caulinis summis ternatis. AEgopodium. Tabern. hist. Podagraria. Riv. pent. 47. Rupp. jen. 225. ... Angelica sylvestris minor sive erratica. Bauh. pin. 155. Tournef. inst. 313. ..." (Linné 1737, S. 107); „1) Gemeiner Strenzel. Aegopodium Podagraria. LINN. Syst. veg. p. 241. ... Podagraria. RIVIN. Pent. t. 47. ... Angelica sylvestris minor s. erratica. C. BAUH. pin. 155. TOURNEF. inst. 313. ... Man nent sie auch Gersch, Giersch, Geisfuß, Geisfüsel, Hinfuß, Gerardskraut; ... Diese Pflanze ist auch ein wenig gewürzhaft; sie wird von allem Vieh gerne gefressen, ..." (Linné 1780, S. 209f.); „1. AEGOPODIUM Podagraria. Aegopodium foliis caulinis summis ternatis. Hort.cliff. 107. ... Gmel. sib. 1. p. 220. ... Angelica sylvestris minor s. erratica. Bauh. pin. 155. ... Gemeine Giersch. W. ..." (Linné 1797–1830, Bd. I, Teil 2, S. 1476); „1) AEGOPODIUM PODAGRARIA. Linn. ... M. a B. Fl. taur. cauc. I. p. 243. No. 604. ... Aegopodium foliis caulinis summis ternatis. Gmel. Fl. sib. I. p. 220. No. 31. ..." (Ledebour 1829, S. 354); „353. Aegopodium L. ... 1. A. Podagraria (L. SP. 379) ... M. a BIEB. Fl. t. c. I, p. 243; ... A. foliis caulinis summis ternatis. GMEL. Fl. sib. I, p. 220, Nr. 31. ..." (Ledebour 1844–1846, S. 247); „[Aegopodium] Podagraria, foliis caulinis summis ternatis, Geisfus, ... man kann sie zu Anfang des Frühlings geniesen, oder auch später die Schweine damit mästen." (Gmelin 1772a, Sp. 139); „604. AEGOPODIUM Podagraria. ... Gmel. sib. I. p. 220. n. 31. ..." (Marschall von Bieberstein 1808a, S. 243); „Von der Wurzel Kass oder Sussatok, so die Ostiaken und Tataren essen, *) habe mit denen Kräutern ein Exemplar geschickt. ... |: *) ... Vgl. ... Gmelins sibir. Reise II. 469. das hier angeführte Verzeichniss sibirischer Brodsurrogate; dies sind noch weiter folgende: ... 19) Aegopodium podagraria L. Fl. sib. I. 220. nr. 31. ... :|" (G. F. Müller in einem am 25. Januar 1741 empfangenen, undatierten Brief an J. G. Gmelin – Plieninger 1861, S. 189f.); „AEGOPODIUM (Podagraria) ... Gmel. sib. 1. p. 220. ... Снить [russ. *snit'*] Russ. ..." (*Krašeninnikov* 1761, S. 46); „1. AEGOPODIUM Podagraria ... Gemeiner Giersch. W. R. Sait. .... Ein fast überall gebräuchliches Kohlkraut." (Georgi 1797–1802, Theil 3, S. 861); „197. Aegopodium Podagraria. Giers. Снить. [russ. *snit'*] Gort. Ein üblich Kohlkraut." (Georgi 1790, S. 504); „* Die wilde Angelik ist zweierlei: ... 2. Angelica sylvestris minor, Angelica erratica, ... Geißfuß, Gierß, Hahnenfuß, Hinfuß, Witscherlewetsch, Zipperleinskraut; ... An vielen Orten werden die Blätter ... unter den Grünkohl gekocht, und als eine

gesunde Speise genossen. Ein ungefährer Zufall ... hat uns gelehrt, daß dieses Gewächs eine Schmerz=stillende Eigenschaft besitze, ..." (Krünitz 1773–1858, Bd. 2, S. 118); „Gries=Bart, in einigen Gegenden ein Nahme des Aegopodium Podagraria Linn. welches wider den Lendengries und das Podagra gerühmet, und im Frühjahr als ein Gemüse gegessen wird. ..." (a. a. O., Bd. 20, S. 24); „1. Art. A[egopodium] podagraria. Gemeiner Giersch. (Linné.) ... Synonyme: ... Angelica sylvestris minor s. erratica. (Bauch. [sic!] pin. 155.) ... Vulgärnamen: Gerhardskraut. Zipperleinkraut. ..." (Bechstein 1833, S. 757f.); „GIERSCH, m., gierisch, gierschke, giers, gierse, giersig, pflanzenname, geiszfusz, aegopodium podagraria. ..." (Grimm 1991, Bd. 7, Sp. 7388f.); „ANGELICA (von Angelus, wird nach einiger Marcktschreyer &c. Meinung also genennt von denen Engeln, wegen ihrer unvergleichlichen Kräffte: dann man hält dafür, daß als die Armee eines gewissen Kaysers sehr von der Pest geplaget war, ihn ein Engel im Traum gerathen, diese Pflanze zu gebrauchen, da er dann durch derselben Hülffe seine Armee befreyete.) ..." (Miller 1750, S. 51f.); „ANGELICA. ... teutsch, Angelic/ Engelswurz/ ... Sie stärcket das Hertz, den Magen und das Haupt, eröffnet, treibet den Schweiß, und ist gut zu den Wunden; widerstehet dem Gift. Sie wird wider die Pest gebraucht, in hitzigen Fiebern, und wider der tollen Hunde Biß. Angelique, oder Archangelique, Angelica und Archangelica, wird sie wegen ihrer trefflich herrlichen Kraft und Tugenden genennet." (Lémery 1721, Sp. 61f.); Aegopodium Podagraria L. – russ. *snyt'*, *jaglica*, *djaglica*, *koz'ja nožka*, *snytka snit'* bzw. *snytka* (*Annenkov* 1858, S. 11, Nr. 28); Angelica – russ. *djagil'*, *djagel'*, *djagil'nik*, *korovnik* bzw. *korovošnik* (a. a. O., S. 16, Nr. 100); „Aegopódium <Geißfuß, Giersch>: zu gr. aigopódēs <ziegenfüßig>, ..." (Genaust 2005, S. 41); „Angēlica L. (Umbelliferae). Von ἄγγελος (Engel), wegen ihrer vorzüglichen medicinischen Eigenschaften." (Wittstein 1852, S. 49); „Aegopōdinm [sic!] L. (Umbelliferae). Zus. aus αἴξ (Ziege) und ποδιον, Dim. von ποῦς (Fuss); die einzelnen Blätter haben einige Aehnlichkeit mit der gespaltenen Klaue der Ziege." (a. a. O., S. 19)

„219. Angelica sylvestris minor sive erratica C. B. P. ..." (AAW R. I, Op. 105, D. 12, Bl. 7r, s. Anm. 54 in Nr. 17); „940. AEgopodium folijs caulinis sum̃is serratis Linn. h. Cliff. 107 [...] Angelica sylvestris minor sive erratica B. pin. 155. Sylv." (AAW R. I, Op. 13, D. 20, Bl. 89v, s. Anm. 1 in Nr. 1); „Angelica sylvestris minor sive erratica B. Pin. 156 [sic!] ..." (AAW R. I, Op. 13, D. 67, Bl. 37v (links marginal), s. Anm. 5 in Nr. 4); „209. Angelica sylvestris minor, sive erratica C. B. P. Podagraria Riv." (AAW R. I, Op. 104, D. 13, Bl. 6r, s. Anm. 84 in Nr. 29); „305) Angelica sylvestris minor sive erratica C. B. P. ..." (AAW R. I, Op. 104, D. 25, Bl. 23v, s. Anm. 61 in Nr. 21); „161. Angelica Sylvestris minor Sive erra. C. B. P. ..." (AAW R. I, Op. 13, D. 42, Bl. 24r, s. Anm. 1 in Nr. 1); „Angelica sylvestris, minor sive erratica. B. Pin. 155. et Inst. r. h. n° 66." (AAW R. I, Op. 13, D. 19, Bl. 4r, s. Anm. 54 in Nr. 17); „Angelica sylvestris minor sive erratica (Tournefortii sp. 1), Off." (Messerschmidt 1962–1977, Bd. 4, S. 203, s. Anm. 1 in Nr. 1); „CCCLXVI. Angelica. T. 113. 167. B. 1. 53. дягилникъ [*djagilnik*]. ... 2. Angelica sylvestris minor, sive erratica C. B. P. 155. B. n. 4. Podagraria. Riv. Pent. Irr." (Bl. 48v in T. Gerber „Flora Moscuensis ...", s. Anm. 6 in Nr. 55); „Angelica Дегялнакъ [russ. *degjalnak*]" (G. W. Steller nach T. Gerber: AAW R. I, Op. 81, D. 23, Bl. 5r, s. Anm. 1 in Nr. 1); „ANGELICA (syluestris) ... Linn. Cliff. 97. ... Gmel. sib. 1. p. 192. ... Дягильникъ [russ. *djagi'lnik*] Russ. ..." (*Krašeninnikov* 1761. S. 43)

23 „[species 5] Angelica pratensis, Apii folio. Seseli pratense, Silaus fortè Plinio C. B. Pin. 162. Silaum quibusdam, flore luteolo J. B. 3. Part. 2. 170. Siler alterum, pratense Dod. Pempt. 310." (Tournefort 1700, S. 313, Genus IV. „Angelica. Angelique."); „Seseli pratense Rivini. Seseli pratense Silaus forte Plinio C. B. P. 162. ... Bär=Wurtz quibusdam dicitur, aliis wilder Küm̃el, Roß=Küm̃el, Bär=Wurtz." (Rupp 1726, S. 225f.); „Angelica pratensis Apii folio Inst. Rei Herb. ... Roßkümmel/ Wiesenangelicke/ Wildpastenac. ..." (Mappus 1742, S. 24); „5. PEUCEDANUM foliolis pinnatim diuisis, laciniis oppositis LINN. h. Cliff. p. 94. ROY. pr. p. 98. Siler alterum pratense DOD. p. 310. Silaum quibusdam flore luteolo I. B. III. p. 170. Seseli pratense, Silaus forte Plinio C. B. Basil. p. 49. Angelica pratensis Apii folio TOURN. I. R. H. Saxifraga Anglicana

facie seseli pratensis GER. Em. 1047. Seseli pratense nostras PARK. 905. R. Syn. III. p. 216. Peucedanum pinnis duplicato-pinnatis, foliis latiusculis, longe trifidis HALL. Helv. p. 442. ..." (Gmelin 1747–1769, Bd. I, S. 189f.); „5. Peucedanum foliolis pinnatim divisis, laciniis oppositis [=] Silaus pratensis Besser.!" (Ledebour 1841, S. 61); „De Silere montano. CAP. XV. ..." (Dodoens 1616, S. 310f.) mit der Abbildung „Siler alterum pratense." auf S. 310; „3. PEUCEDANUM foliolis pinnatim divisis, laciniis oppositis. ... Angelica pratensis, apii folio. Tournef. inst. 313. Seseli pratense. Bauh. pin. 162. ..." (Linné 1737, S. 94); „4. Silau. Peucedanum Silaus. ... Peucedanum foliolis pinnatifidis, laciniis oppositis; involucro universali diphyllo. LINN. Syst. veg. p. 231. Sp. pl. 354. Hort. Cliff. 94. ... Seseli pratense. C. BAUH. pin. 162. ... Siles [sic!] alterum pratense. DOD. pempt. 310. ... man hält ihre Wurzel und Saamen vor steinzermalmende Mittel, daher sie auch von einigen Steinbrech genennet wird." (Linné 1780, S. 77f.); „7. PEUCEDANUM Silaus. P. foliolis pinnatifidis: ... Hort. cliff. 94. ... Seseli pratense. Bauh. pin. 162. ... Siler alterum pratense. Dod. pempt. 310. ... Wiesen Haarstrang. W. ..." (Linné 1797–1830, Bd. I, Teil 2, S. 1406f.); „1) SILAUS PRATENSIS. Besser. ... M. a Bieb. Fl. taur. cauc. I. p. 215. No. 541. ... Peucedanum foliolis pinnatim divisis, laciniis oppositis. Gmel. Fl. sib. I. p. 189. No. 5. ..." (Ledebour 1829, S. 322f.); „375. Silaus. BESSER. ... 1. S. pratensis. ... LEDEB. Fl. alt. I. 322. Peucedanus Silaus. L. SP. 354. ... Peucedanum foliolis pinnatim divisis, laciniis oppositis. GMEL. Fl. sb. I, p. 189, Nr. 5. ..." (Ledebour 1844–1846, S. 287); „Angelica pratensis apii folio; also nennt er [d. h. Tournefort] den Silau." (Gmelin 1772a, Sp. 549); „[Peucedanum] Silaus, foliolis pinnatifidis; ... seine wohlriechende Samen sind vormals in der Absicht, auf den Harn zu treiben, und den Stein zu zermalmen, verordnet worden: ..." (Gmelin 1774, Sp. 920f.); „541. PEUCEDANUM Silaus. ... Gmel. sib. 1. p. 189. n. 5. ..." (Marschall von Bieberstein 1808a, S. 215f.); „52. Peucedanum foliis pinnatim divisis laciniis oppositis. 26. (Fl. sib. I. 189. nr. 5. P. silaus L. Silaus pratensis Bess.) videtur potius Selino ultimo Hort. Cliff. affinis, si non eadem. (Selinum sylvestre L.) 52. at Peucedanum Tuum sub eodem nomine 27. est Peucedanum 3 Hort. cliff. (Silaus pratensis Bess. Fl. sib. l. c.)" (C. von Linné in einem Brief an J. G. Gmelin? vom 24. August 1748 – Plieninger 1861, S. 94); „Siler alterum pratense – Silaus (Fl. sib. I. 189. nr. 5. Peucedanum pratense Lam. Silaus pratensis Bess. ...)." (A. von Haller in einem undatierten Brief an J. G. Gmelin – Plieninger 1861, S. 154); „3. PEUCEDANUM Silaus ... Wiesen=Haarstrang. W. ..." (Georgi 1797–1802, Theil 3, S. 844); „Silau. Silaus. ... – Wiesen=. Silaus pratensis Bess. ... Bärwurz, falsche, unächte, Haarstrang, Kümmel, wilder, Mattensteinbrech, Möhren, wilde, Roßkümmel, Steinbrech, Wiesenhaarstrang, Wiesensteinbrech. ..." (Holl 1833, S. 344); „PEUCEDANUM SILAUS. ... Peucedanum (Silaus) ... Linn. Spec. plant. ed. Willd. T. 1. p. 1406. ... Wiesen-Haarstrang, Silau, Rosskümmel, Steinbrech, unächte Bärwurz. ..." (Hayne 1821, Nr. 5); Peucedanum Silaus L. – russ. *buldyrnik* bzw. *snytka* (*Annenkov* 1858, S. 67, Nr. 784)

„Angelica pratensis Apij folio I. R. H. Ind. Jen. n°. 548. ..." (AAW R. I, Op. 13, D. 67, Bl. 37v, s. Anm. 5 in Nr. 4); „548. Angelica pratensis Apii folio I. R. H. ..." (AAW R. I, Op. 105, D. 1^{a}, Bl. 67v, s. Anm. 29 in Nr. 5); „208. Silaum quibusdam flore luteolo J. B. n. 3. 170. B. n. 1. Seseli pratense Riv. M. 11." (AAW R. I, Op. 104, D. 13, Bl. 6r, s. Anm. 84 in Nr. 29)

24 Randbemerkung in der 2. Textversion (s. Anm. 1 in A.): „Eadem cum / 453."

25 „[species 1] Chaerophyllum sativum C. B. Pin. 152. Chaerephyllon J. B. 3. Part. 2. 75. Chaerefolium Dod. Pempt. 700." (Tournefort 1700, S. 314, Genus VI. „Chaerophyllum. Cerfeuil."); „Cerefolium officinarum sive chaerophyllon Tournefortii. Chaerophyllon sativum C. B. P. 152. ... Körbel, Körbel=Kraut. Germ." (Rupp 1726, S. 228); „CHAEROPHYLLUM. ... Es wird auch Cerefolium genannt, als wollte man sagen, Blätter der Ceres, weil man dieses Kraut zu Tisch braucht, wo vor Alters die Göttin Ceres präsidirte.) Chervil. Körbelkraut. ... 1. CHAEROPHYLLUM sativum. C. B. Gartenkörbel. ..." (Miller 1750, S. 198); „3. SCANDIX seminibus

nitidis ovato-subulatis. Cerefolium. Riv. pent. 43. Chaerophyllum. Dod. pempt. 700. Chaerophyllum sativum. Bauh. pin. 152. Tornef. inst. 314. ...“ (Linné 1737, S. 101); „3) Gemeiner Kerbel. Scandix Cerefolium. ... Scandix seminibus nitidis, ovato subulatis; umbellis sessilibus, lateralibus. LINN. Syst. veg. p. 237. Sp. pl. 368. Hort. Cliff. 101. ... Chaerophyllum Cerefolium. HALL. Hist. n. 747. Chaerophyllum sativum. C. BAUH. pin. 152. Chaerophyllum DOD. pempt. 700. Cerefolium RIVIN. Pent. t. 42. [sic!] ... Sie wird insgemein Gartenkörbel, oder schlechthin Körbel, Körfel, oder Kerbelkraut ... genennet. ... Sie wird nicht nur in der Küche zu Suppen und Brühen um des Geschmacks willen, sondern auch in der Arzneykunst als ein eröfnendes und blutreinigendes Mittel wider Engbrüstigkeit, Husten, Blutspeyen, Wassersucht, Hämorrhoidalkrankheiten und überhaupt in Verstopfungen der Eingeweide gebraucht. Sie vermehret auch die Milch der Säugenden.“ (Linné 1780, S. 157f.); „4. SCANDIX Cerefolium. S. seminibus nitidis ovato-subulatis, ... Hort. cliff. 110. [sic!] ... Cerefolium foliis glabris, ... Hall. helv n. 747. ... Chaerophyllum sativum. Bauh. pin. 152. ... Chaerophyllum Dod. pempt. 700. ... Riv. t. 42. [sic!] ... Gemeiner Kerbel. W. ...“ (Linné 1797–1830, Bd. I, Teil 2, S. 1450); „4. A[nthriscus] Cerefolium (HOFFM. Umbellif. p. 41, t. 1. f. 21.) ... Scandix Cerefolium. L. SP. 368. ...“ (Ledebour 1844–1846, S. 348); „[Scandix] Cerefolium, ... Gartenkörbel, ... nach dem einstimmigen Zeugniß der Aerzte, besizt es eröfnende und verdünnende Kräfte, die seinen Gebrauch vornemlich in Krankheiten der Brust empfehlen.“ (Gmelin 1776, Sp. 296f.); „*747. CHAEROPHYLLUM foliis glabris, triplicato pinnatis, lobulis obtusis. Chaerofolium DODON. p. 700. ... Cerefolium RIVIN. t. 42. [sic!] Scandix seminibus nitidis, ... LINN. I. p. 368. ...“ (Haller 1768, S. 327f.); „... Körfel (Scandix cerefolium) ...“ (Pallas 1776, S. 640); „3. SCANDIX Cerefolium ... Gemeiner Kerbel. W. R. Kerwel. [russ. *kervel'*] ...“ (Georgi 1797–1802, Theil 3, S. 854f.); „Gartenkörbel, Scandix Cerefolium, L. ... Das angenehm nach Anis riechende und schmeckende Kraut (hb. Cerefolii) wird als frisch ausgepreßter Saft und als Dicksaft in langwierigen Husten, in der Gelbsucht, in Drüsengeschwulsten, und in Hautausschlägen mit Nutzen gebraucht. Es scheint viel Einwirkung auf das Lymphsystem zu haben.“ (Hahnemann 1795, S. 332f.); „SCANDIX CEREFOLIUM. ... Scandix (Cerefolium) ... Linn. Spec. plant. ed. Willd. T. I. p. 1450. ... Gemeiner Kerbel, Gartenkerbel, Kerbel. ... Scandix Cerefolium ... ist übrigens ein bekantes Küchengewächs; jedoch sind das Kraut und die Samen ... – Herba et Semen Cerefolii, Chaerefolii s. Chaerophylli, auch in den Arzneyvorrath aufgenommen worden. ... Nur im frischen Zustande ist das Kraut von Wirksamkeit, und zeigt sich gelind excitirend und harntreibend, so wie es auch wundheilend und milchmehrend unter gewissen Umständen werden kann. ...“ (Hayne 1821, Nr. 14); „ANTHRISCUS CEREFOLIUM Hoffm. ... Das Kraut ... dient als angenehme Würze der Speisen. In der Medicin hat es sich als auflösend, reinigend, diuretisch einen Namen gemacht [z]).“ (Wibmer 1831, S. 192f.); „712. ANTHRISCUS CEREFOLIUM Hoffmann. KÖRBEL-ANTHRISKUS. ... Scandix Cerefolium ... Willd. spec. pl. t. 1. p. 1450. ... Deutsche Namen: Gemeiner Körbel, gebräuchlicher Klettenkörbel.“ (Dietrich 1842, Nr. 712); Scandix – russ. *kervel'* (*Annenkov* 1858, S. 85, Nr. 997); „Chaerophȳllum L. (Umbelliferae) Zus. aus χαιρειν (gaudere, sich erfreuen) und φυλλον (Blatt), d. h. blattreich, oder mit schönen, grossen, zum Theil auch wohlriechenden Blättern.“ (Wittstein 1852, S. 179); „Anthrīscus PERS., RIV. (Umbelliferae). Zus aus ἀνδος (Bluthe) und ροχος (Hecke, Zaun), in Bezug auf den gewöhnlichen Standort.“ (a. a. O., S. 57); „Scāndix L. (Umbelliferae). Σκανδιξ von σκεειν (stechen), in Bezug auf die Rauhigkeit der Frucht.“ (a. a. O., S. 789); „Scándix <Nadelkerbel, Venuskamm>: lat. scandix <Kerbel> (Plin. 21,89) < gr. skándix <Nadelkerbel, Venuskamm> (Aristoph. Ach. 454; Theophr.), ...“ (Genaust 2005, S. 564)

„1. Chaerophyllum sativum. C. B. P. 152.“ (AAW R. I, Op. 13, D. 16, Bl. 18r, s. Anm. 32 in Nr. 6); „CCCLXVII. Chaerophyllum. T. 314. 166. B. 1. Кервелъ [*kervel*; russ. *kervel'*]. 1. Chaerophyllum sativum. C. B. P. 152. B. n. 1. ...“ (Bl. 48v in T. Gerber „Flora Moscuensis ...“, s. Anm. 6 in Nr. 55); „Chaerophyllum кертилъ [*kertil*]“ (G. W. Steller nach T. Gerber: AAW R. I,

Op. 81, D. 23, Bl. 5r, s. Anm. 1 in Nr. 1); russ. *kervel'* – Chaerophyllum, Körbel, Körfel, (*Slovar'* 1998, S. 32)

26 „[species 5] Myrrhis tuberosa, nodosa, Conyophyllon Mor. Umb. 67. Cicutaria bulbosa C. B. Pin. 161. Myrrhis odorata, bulbosa J. B. 3. Part. 2. 183. Myrrhis Cicutaria Tabern. Icon. 98." (Tournefort 1700, S. 315, Genus VII. „Myrrhis."); „Myrrhis tuberosa, nodosa, coniophyllon, nobis. ..." (Morison 1672, S. 67); „3. CHAEROPHYLLUM radice turbinata carnosa. Myrrhis tuberosa nodosa coniophyllum. Moris. umb. 67. Tournef. inst. 315. ... Cicutaria bulbosa. Bauh. pin. 161. ..." (Linné 1737, S. 102); „2) Knollichter Kälberkern. Chaerophyllum bulbosum. ... Chaerophyllum caule laevi, geniculis tumido, basi hirto. LINN. Syst. veg. p. 238. Sp. pl. 370. ... Chaerophyllum radice turbinata carnosa. Hort. Cliff. 102. ... Cicutaria bulbosa. C. BAUH. pin 161. ... Die Wurzel ist schmackhaft, und wird in Pommern und Oesterreich im Frühling mit Eßig, Oel und Salz als Salat gespeißt, erregt aber ... Schwindel, nebst Schmerzen und Schwere des Kopfes; ..." (Linné 1780, S. 165f.); „2. CHAEROPHYLLUM bulbosum. C. caule laevi, geniculis tumido, ... Gmel. sib. 1. p. 211. ... C. radice turbinata carnosa. Hort. cliff. 102. ... Cicutaria bulbosa. Bauh. pin. 161. ... Knolliger Kälberkropf. W. ..." (Linné 1797–1830, Bd. I, Teil 2, S. 1453f.); „1) CHAEROPHYLLUM BULBOSUM. Linn. ... M. a Bieb. Fl. taur. cauc. I. p. 233. No. 579. ... Chaerophyllum radice turbinata carnosa. Gmel. Fl. sib. I. p. 211. No. 27. ..." (Ledebour 1829, S. 360f.); „3. C[haerophyllum] bulbosum (L. SP. 370) ... M. a BIEB. Fl. t. c. I. p. 233; ..." (Ledebour 1844–1846, S. 350); „579. CHAEROPHYLLUM bulbosum. ... Gmel. sib. 1. p. 211. ..." (Marschall von Bieberstein 1808a, S. 233); „27. CHAEROPHYLLUM radice turbinata carnosa LINN. h. Cliff. p. 102. ROY. pr. p. 112. Cicutaria odorata bulbosa. I. B. III. p. 183. Myrrhis foetens RIV. Tab. XLIX. Myrrhis foliis glabris, radice rotunda, carnosa HALL. Helv. p. 453. Myrrhis ramosa Chaerophylli folio, flore albo, semine spadiceo, oblongo, tumido, striato, glabro MESS. AMM. Ruth. n°. 121. ..." (Gmelin 1747–1769, Bd. I, S. 211f.); „27. Chaerophyllum radice turbinata carnosa [=] Chaerophyllum bulbosum L.!" (Ledebour 1841, S. 63); „121. MYRRHIS ramosa, Chaerophylli folio, flore albo, semine spadiceo, oblongo, tumido, striato, glabro Messerschm." (Amman 1739, S. 94); „41. Chaerophyllum radice carnosa subrotunda. Hort. cliff. Omnino. (Fl. sib. I. 211. nr. 27. Ch. bulbosum L.)" (C. von Linné in einem undatierten Brief an J. G. Gmelin vermutlich von 1745 – Plieninger 1861, S. 62); „Cicutariam non satis notam habeo (In Fl. sib. quatuor Cicutariae synonymiae allatae sunt; 1°. ad Fl. sib. I. 196. nr. 11. ... 4°. ad l. c. nr. 27. Chaerophyllum Prescotti Dec. bulbosum L.)." (A. von Haller in einem undatierten Brief an J. G. Gmelin – Plieninger 1861, S. 154); „Chaerophyllum radice turbinata carnosa – Etiam hic nascitur et in disputatione a Trilllichio descriptum est (Fl. sib. I. 211. nr. 27. Ch. bulbosum L. Prescotti Dec. ...)." (a. a. O., S. 155); „Man sieht hier ... Chaerophyllum bulbosum, dessen Wurzeln gekocht und roh recht angenehm zu geniessen sind, ..." (Pallas 1776, S. 681); „348 Cherophyllum bulbosum. Lin. Syst. Pl. I. p. 709. sp. 2. ... Ruß. in Sibir. Markow [russ. *morkov'*?] Kalm. Tolan Taong. ... Bey Tobolsk wurden die Wurzeln von Tataren, und an der Wolga von den Kalmüken gegeßen. Sie sind im Frühlinge süß, daher sie auch roh genoßen werden." (Falk 1786, S. 148); „Der Rübenkêrbel, ... eine Art Kälberkropfes, mit einer runden, knolligen rübenartigen Wurzel, welche in Österreich gegessen wird, ob sie gleich schädlich ist und Kopfweh verursacht; Chaerophyllum bulbosum L. Erdkastanie, im Österreichischen Beperle, Peperle=Salat, in der Mark Brandenburg Köpkensalat, weil die Wurzel auch als ein Salat gegessen wird." (Adelung 1793–1801, 3. Bd., S. 1184); „2. CHAEROPHYLLUM bulbosum ... Knolliger Kälberkropf. ..." (Georgi 1797–1802, Theil 3, S. 855); „β) Bolliger Kälberkropf, Peperlein, Stapenkörfel. Chaerophyllum bulbosum Linn. ... Die Wurzel dieses Gewächses, welche in Oestreich im Frühling ausgegraben, und mit Oehl, Essig, und Salz als Salat gespeist wird, erregt, wie l'Ecluse bemerkt hat, Schwindel, Schmerzen, und Schwere im Kopfe [p]). ..." (Gmelin 1803, S. 565f.); „CHAEROPHYLLUM BULBOSUM. ... Knolliger Kälberkropf, knolliger Kälberkern, knolliger Kerbel, Rübenkerbel, Napenkerbel, Erdkastanie, Peperlein, Pimperlimpimp. ... Der Same vom Chaerophyllum bulbosum soll Schwindel und Betäubung verursachen; die Wurzel hingegen ist unschädlich, und man sammelt sie daher an einigen Orten ... und isst sie mit Essig, Öhl und Gewürz als

Salat. ...“ (Hayne 1805, Nr. 32); „714. CHAEROPHYLLUM BULBOSUM Linné. KÖRBEL-RÜBEN-CHAEROPHYLLUM. ... um Halle auf der Rabeninsel bei Böllberg; ... Die Pflanze wird gebaut und die wohlschmeckende Wurzel unter dem Namen Körbelrübe gegessen. Die Früchte jedoch sollen schädlich und betäubend sein. Deutsche Namen: Körbelrübe, Rübenkörbel, Peperle, Pimperlepimp, Napenkörbel, knolliger Körbel, Buschmöhren, Erdkastanie, Köpken.“ (Dietrich 1842, Nr. 714); „2. Der knollige Kerbel. Myrrhen=Kerbel=Kraut mit dem Schierlingsblatte, Napen=Kerbel; Rüben=Kerbel; bolliger Kälberkropf, an einigen Orten auch Erd=Kastanie genannt, im Bayreuthischen und Oesterreichischen Beperle, Pimperlein, Pimperlimpimp, Peterle=Kraut, Peperle=Salat, in Pommern, insonderheit im Colbergischen Köpken=Salat, ... Myrrhis tuberosa nodosa, Coniophyllon Moris. & Tourn. ... Die Samen verursachen Schwindel und Kopfschmerzen. ... Man ißt sie auch gekocht an Kalbfleisch. ...“ (Krünitz 1773–1858, Bd. 37, S. 18ff.); „Am Mesenjflusse [russ. *Mezen'*] wird die Wurzel von Chaerophyllum bulbosum fleissig gegraben, und dient ... als wichtiges Surrogat des Brodes[1]). ... 1) A. Schrenk, Reise nach dem Nordosten des Eurpäischen Russlands, I. p. 108, 123, 129.“ (Middendorff 1867, S. 695); „MYRRHIS. ... teutsch, spanischer Körbel. ... Myrrhis kommt von Myrrha, dieweil die Gattung dieses Krautes, dem dieser Titel zuerst ist gegeben worden, wie Myrrhe gerochen hat.“ (Lémery 1721, Sp. 765f.); „Mȳrrhis Scop. (Umbelliferae). Von μυρρινη (Myrte) oder Myrrhe (s. Myrrhidium), in Bezug auf den balsamischen (anisähnlichen) Geruch der Samen.“ (Wittstein 1852, S. 604)

„306) Myrrhis tuberosa nodosa Moris. umbell. 67. passim ab urbe Jacutia ad oceanum & in Kamtschatka ubi e caulibq морковки путшки [russ. *morkovki putški*] dictis olus et postum parare solent“ (AAW R. I, Op. 104, D. 25, Bl. 23v, s. Anm. 61 in Nr. 21); „290„ d. [16. September 1724] „[Sem.] Mÿrrhidis ramosae, Chaerophylli folio, flore albo, semine spadiceo oblongo tumido, striato glabro.„ “ (AAW F. 98, Op. 1, D. 23, Bl. 8v, s. Anm. 49 in Nr. 653)

27 „[species 7] Myrrhis palustris, latifolia, alba. Cicutaria palustris, latifolia, alba C. B. Pin. 161. Cicutaria alba Lugd. 789.“ (Tournefort 1700, S. 315, Genus VII. „Myrrhis.“); „Myrrhis palustris, latifolia, alba Inst. Rei Herbar. Cicutaria palustris, latifolia, alba C. B. Pin. 161. ... Wild Körfelkraut. ...“ (Mappus 1742, S. 208); „2. CHAEROPHYLLUM foliolis dissectis, petiolis universalibus ramiferis utrinque membrana auctis. ... Myrrhis palustris latifolia alba. Tounef. inst. 315. Cicutaria palustris latifolia alba. Bauh. pin. 161. ... α ... Myrrhis palustris latifolia rubra. Tournef. Cicutaria palustris latifolia rubra. C. Bauh. ...“ (Linné 1737, S. 101f.); „4) Zotiger Kälberkropf. Chaerophyllum hirsutum. ... Chaerophyllum caule aequali; foliolis incisis, acutis fructibus biaristatis. LINN. Syst. veg. p. 238. Sp. pl. 371. ... Chaerophyllum foliolis dissectis, ... Hort. Cliff. 101. ... Cicutaria palustris latifolia alba et rubra. C. BAUH. pin. 161. ... Die ganze Pflanze hat einen nicht unangenehmen petersilgenartigen Geruch; ...“ (Linné 1780, S. 167f.); „7. CHAEROPHYLLUM hirsutum. ... Chaerophyllum foliolis dissectis, ... Hort. cliff. 101. ... Cicutaria palustris latifolia alba. Bauh. pin. 161. Cicutaria palustris latifolia rubra. Bauh. pin. 161. ... Haariger Kälberkropf. W. ...“ (Linné 1797–1830, Bd. I, Teil 2, S. 1455f.); „11, C[haerophyllum] hirsutum (L. SP. 371) ...“ (Ledebour 1844–1846, S. 353); „[Myrrhis] palustris alba latifolia; also nennt Tournefort den zotigen Kälberkropf.“ (Gmelin 1774, Sp. 348); „4. CHAEROPHYLLUM hirsutum ... Haariger Kälberkropf. ...“ (Georgi 1797–1802, Theil 3, S. 856); „12) Zotiger Kälberkropf, rauher oder zottiger Kerbel, Bergkerbel, Groswedendunk (Chaerophyllum hirsutum Linn. ...) ... Die Blumen sind weiß, zuweilen röthlich, und viele unfruchtbar: ... Alle Theile der Pflanze haben einen gewürzhaften Geruch, einigermaßen wie Petersilie.“ (Encyclopädie 1794, S. 533)

„221. Myrrhis palustris latifolia alba I. R. H. ...“ (AAW R. I, Op. 105, D. 12, Bl. 7r, s. Anm. 54 in Nr. 17); „307) Myrrhis palustris latifolia alba T. i. r. h. ...“ (AAW R. I, Op. 104, D. 25, Bl. 23v, s. Anm. 61 in Nr. 21); „163. Myrrhis palustris latifolia, alba I. R H. ...“ (AAW R. I, Op. 13, D. 42, Bl. 24r, s. Anm. 1 in Nr. 1)

28 „[species 8] Myrrhis palustris, latifolia, rubra. Cicutaria palustris, latifolia, rubra C. B. Pin. 161. Cicutaria latifolia, hirsuta J. B. 3. Part. 2. 182. Cicutaria rubra Lugd. 789.“ (Tournefort 1700, S. 315, Genus VII. „Myrrhis.“); „Myrrhis palustris, latifolia, rubra Inst. R. Herbar. Cicutaria palustris, latifolia, rubra C. B. Pin. 161. Cicutaria latifolia, hirsuta J. B. 3. Part. 2. 182. ...“

(Mappus 1742, S. 208); „[Myrrhis] palustris latifolia rubra; bedeutet bey Tournefort eine rothe Abänderung desselbigen [d. h. des zotigen Kälberkropfs].“ (Gmelin 1774, Sp. 348)

„308) Myrrhis palustris latifolia rubra T. i. r. h. ...“ (AAW R. I, Op. 104, D. 25, Bl. 23v, s. Anm. 61 in Nr. 21); s. Nr. 459

29 „[species 5] Imperatoria pratensis, major. Angelica sylvestris, major C. B. Pin. 155. Angelica sylvestris, magna, vulgatior J. B. 3. Part. 2. 144. Angelica sylvestris Dod. Pempt. 318.“ (Tournefort 1700, S. 317, Genus I. „Imperatoria. Imperatoire.“); „Angelica. ... II. Angelica sylvestris major. ...“ (Bauhin 1623, S. 155); „ANGELICA palustris Riv. Angelica sylvestris major C. B. P. 155. Angelica sylvestris magna vulgatior J. B. 3. part. 2. 144. Angelica sylvestris Dodon. Pempt. 318. ...“ (Rupp 1745, S. 276); „8. ANGELICA foliolis aequalibus, ouato-lanceolatis, serratis LINN. h. Cliff. p. 97. ROY. pr. p. 103. Angelica syluestris DOD. p. 318. Angelica syluestris magna vulgatior I. B. III. p. 144. Imperatoria pratensis maior TOURN. I. R. H. 317. j. Eandem floribus carneis. jj. Eandem floribus masculis apetalis, passim proliferis. In omni Sibiria occurrit, et caules eius vt et praecedentis apud plebem edules, et tantum non cupediis accensiti. Carbones eorundem caulium fomiti Buraetorum ad maiorem virtutem conciliandam adduntur. Vulgo Дегильникъ [russ. *degil’nik*] aut et latino Angelicae nomine apud Russos salutatur, dantur autem scioli ex plebe, qui штонунь трава [russ. *štonun trava*] vocant, ... In Kamtschatka planta nascitur, ... Incolis Kúdadschu dicitur, qui fomentationes ex herba et caulibus adplicant, quando doloribus pedum excruciantur, quod et Russi earum regionum in suos vsus adhibere didicerunt. ...“ (Gmelin 1747–1769, Bd. I, S. 192f.); „8. Angelica foliolis aequalibus, ovato-lanceolatis, serratis [=] Angelica sylvestris L.“ (Ledebour 1841, S. 61); „2. ANGELICA foliolis aequalibus ovato-lanceolatis serratis. Angelica sylvestris. Dod. pempt. 318. ... Angelica sylvestris major. Bauh. pin. 155. ... Angelica sylvestris magna vulgatior. Bauh. hist. 3. p. 144. ... Imperatoria pratensis major. Tournef. inst. 317. ...“ (Linné 1737, S. 97); „2) Wilde Angelik. Angelica sylvestris. ... Angelica foliolis aequalibus, ovato-lanceolatis, serratis. LINN. Syst. veg. p. 234. Sp. pl. 361. Hort. Cliff. 97. ... Angelica sylvestris maior. C. BAUH. pin. 155. Angelica sylvestris DOD. pempt. 318. ... ihre Wurzel ist nach Linnäi Zeugniß in Schweden unter dem gemeinen Volk ein sehr gewöhnliches und berühmtes Mittel in hysterischen Krankheiten. Die Saamen, wenn man sie auf den Kopf streuet, tödten die Läuse. ...“ (Linné 1780, S. 113f.); „2. ANGELICA sylvestris. A. foliolis aequalibus ovato-lanceolatis serratis. Hort. cliff. 97. ... Angelica sylvestris major. Bauh. pin. 155. ... Angelica sylvestris. Dod. pempt. 318. ... Wald-Angelik. W. ...“ (Linné 1797–1830, Bd. I, Teil 2, S. 1429); „1) ANGELICA SYLVESTRIS. Linn. ...“ (Ledebour 1829, S. 318); „3. A[ngelica] sylvestris (L. SP. 361) ... LEDEB. Fl. alt. I, p. 318. ... A. foliolis aequalibus ... GMEL. Fl. sib. I, p. 192, Nr. 8. ...“ (Ledebour 1844–1846, S. 296); „Angelica sylvestris, ... Waldengelwurz, ... ihre Wurzel und Blätter sind scharf, zertheilen, ... das Vieh frißt die Blätter sehr gerne, ... sie heißt bey ... C. Bauhin: Angelica sylvestris major; ...“ (Gmelin 1772a, Sp. 546); „Kúdatschu (cf. Fl. sib. I. 192. nr. 8. ubi Kúdatschu est Angelica sylvestris L.), ...“ (J. G. Gmelin in einem Brief an *S. P. Krašeninnikov* von 1739? – Plieninger 1861, S. 11); „Vgl. ... Gmelins sibir. Reise II. 469. das hier angeführte Verzeichniss sibirischer Brodsurrogate; diese sind noch weiter folgende: ... 15) Angelica sylvestris I. Fl. sib. I. 192. nr. 8. ...“ (Anm. von W. Plieninger in einem am 25. Januar 1741 empfangenen, undatierten Brief von G. F. Müller an J. G. Gmelin – Plieninger 1861, S. 189f.); „Ein berühmtes Kraut wächset auf Kamtschatka, auf itälmenisch Kutachschu genennet, ... siehet der Angelica fast gleich, hat einen süssen aromatischen Geschmack und guten Geruch, sowohl die Wurzel und Blumenstengel essen sie frisch, als mit Fischen gekocht zur Gesundheit, dieses ist auch ihr Pflaster, Umschlag in allen Geschwülsten, unterlaufenen Geblüt vom Fallen und Schlagen, und verrichtet es in dem letztern Fall wegen seiner zertheilenden und wärmenden Kraft sehr gute Dienste: befindet sich jemand sonst übel, so ist das erste, daß es Kutachschu-Decoct trinket, und sich mit dem Kraute bähet. ...“ (Steller 1774, S. 88); „Das Decoct von Kutachschu [russ. *kutachžu* (*Krašeninnikov* 1949, S. 442);] trinken die Mannspersonen wider den Scorbut und Glieder=Schmerzen, die Weiber aber die Schwangerschaft zu verhindern. Das Kraut beschmieren sie mit Fischfett, halten es gegen das Feuer, legen solches warm auf die Glieder in

Gliederschmerzen, damit vertreiben sie auch blaue Mähler, die vom Schlagen, Fallen und Stoßen entstanden.“ (a. a. O. S. 365); „Weisse Nieswurz dient dem Vieh zu einem äuserlichen Arztney-mittel, wilde Angelic c) aber zu einem innerlichen. ... |: c) Angelica sylvestris, russ. Djägil'. :|“ (Lepechin 1774, S. 45); „... indem das ganze musikalische Chor bey dem gemeinen Mann aus einer Schallmeye ... besteht, welche ... aus Rohr, oder aus den Stengeln der wilden Engelwurz a), oder aus Weidengerten gemacht wird. ... |: a) Angelica sylvestris. :|“ (a. a. O., S. 257f.); „Wilde Angelika, auf russisch Stoton trawa (стотонь трава [russ. *stoton' trava*]) wird häufig als Kohl ge<g>essen; ...“ (Gmelin 1770, S. 8); „Wilde angelica heißt hier [d. h. beim Fluß *Don*] Snit. (снить [russ. *snit'*]) ...“ (a. a. O., S. 126); „Wilder Angelick (Angelica sylvestris). Dieser ist innerlich gebraucht wider die Krätze und andere Ausschläge, bey den Pferden und andern Thieren dienlich. Dieses Mittels bedient man sich in der Stadt Arzamas [russ. *Arzamas*]. S. Lepechin I. Th. p. 45=47.“ (Gniditsch 1778, S. 18); „27. Angelica silvestris L. (Umbell.). Die Waldangelica wird schon bei Lepechin als ein in Arsamass [russ. *Arzamas*] gegen Krätze und andere Ausschläge äusserlich gebrauchtes Mittel erwähnt. ... Nach Annenkow wird eine Wurzeltinktur derselben als Magen- und Wurmmittel getrunken. Die Wurzel selbst gilt beim Volke für ein Prophylacticum gegen epidemische Krankheiten ...“ (Demitsch 1889, S. 172f.); „339. Angelica sylvestris. Lin. Syst. Pl. I. p. 691. sp. 2. Ruß. Diagilnik. Baschk. Schuma. Wotj. Urgumu. ... Die Stängel werden wie von Heracleo roh als Naschwerk gegessen.“ (Falk 1786, S. 147); wotjakisch uǯ̑i-gumi̊ – Angelica (Munkácsi 1896, S. 89); russ. u. a. „*djagil'nik*“, „*štotun*?“ und „*stoton*?“ – Angelica sylvestris (*Dal'* 1880–1882, T. I, S. 512; s. auch *Slovar'* 1992, S. 55); „Angelica (siluestris) ... Linn. Cliff. 97. ... Дягильникъ [russ. *djagil'nik*]“ (*Krašeninnikov* 1761, S. 43); lat. Angelica – barabinz. Schuma Kupscha (Georgi 1776, S. 194); „Eines ihrer [d. h. der ‚Lappländer‘] besten Mittel ist die wilde Angelike (Angelica sylvestris) ... Die noch nicht aufgeblüheten Blumen ... werden ... frisch in Rennthiermolken bis zur Dicke eines Extrakts gekocht, ... Dies Mittel findet statt in allen inflammatorischen und catarrhalischen Fiebern; sie halten es auch für ein vortreff-liches Magen- und stärkendes Mittel, und gebrauchen es wider Durchfälle und Coliken, ... Auch als Gewürz gebrauchen sie dieses Extrakt oft an die Speisen. ...“ (Finke 1792, S. 704f.); „2. AN-GELICA sylvestris ... Wald=Angelik. W. R. Diägilnik. ... Tat. Schuma. ... Die Wurzeln beyder [d. h. von dieser und von Angelica Archangelica], ohne unterschieden zu werden, sind Hausmittel wider mehrere Krankheiten; die jungen Stängel werden von ihrer Haut befreyet, roh, ... mit den Blumendolden eingesäuert und als Fastenspeise gegessen. ...“ (Georgi 1797–1802, Theil 3, S. 850f.); „ANGELICA SYLVESTRIS (Angelica sylvestris L.). Wilde Angelik, wilde Engelwurzel. ... In Schweden wird sie gegen die Läuse und von den schwedischen Bauren wider die Mutterbeschwerden gebraucht. In Sibirien ißt sie das gemeine Volk ebenfalls, ja zählt sie sogar unter ihre Leckerbissen.“ (Niceus 1800, S. 140); „ANGELICA SYLVESTRIS. ... Angelica (sylvestris) ... Linn. Spec. plant. ed. Willd. T. 1. p. 1429. ... Angelica sylvestris major. C. Bauh. pin. p. 155. ... Wald-Angelik, wilde Angelik, kleine Brustwurzel, Engelwurzel, Heiligegeistwurzel. ... Die Angelica sylvestris ist bey weitem schwächer an Kräften als die Angelica Archangelica [s. Nr. 462], dennoch sollen in Ermangelung dieser die Lappländer, so wie auch die schwedischen Landleute, sich ihrer bey hysterischen Zufällen bedienen. ...“ (Hayne 1821, Nr. 9); „IMPERATORIA. ... teutsch, Meisterwurtz. ... Imperatoria ist dieses Kraut genennet worden, von wegen seiner gar sonderlichen Tugend; als ob es heissen solte, ein Kraut, das auch für einen Käyser dienen solte.“ (Lémery 1721, Sp. 575f.); Angelica sylvestris L. – russ. *korovnik*, *korovki*, *djagil'nik*, *štonun' trava*, *stoton trava*, *snit'*, *didel'* bzw. *blekot* (a. a. O., S. 16, Nr. 102); ersanisch d'agel' bzw. potška – Angelica (Wiedemann 1865, S. 177); syrjänisch omra gum – Angelica sylvestris, Angelika (Wiedemann 1880, S. 64); „Imperatōria T. (Umbelliferae). Von imperator (Herrscher, Kaiser, von imperare), in Bezug auf die ausgezeichneten (kaiserlichen) Heilkräfte der Pflanze.“ (Wittstein 1852, S. 473)

„349. Angelica foliolis aequalibus ovato lanceolatis serratis Linn. h. Cliff. 97. Angelica sylvestris Dod. Pempt. 318. ...“ (AAW R. I, Op. 13, D. 20, Bl. 36v, s. Anm. 1 in Nr. 1); „230. Imperatoria pratensis major I. R. H. ... 231. Imperatoria pratensis major, flore carneo ...“ (AAW

R. I, Op. 105, D. 12, Bll. 7v–8r, s. Anm. 54 in Nr. 17); „1. Imperatoria pratensis major I. R. H. Ind. Jen. n°. 552. 2. Imperatoria pratensis major, flore carneo Ind. Irc. n°. 231." (AAW R. I, Op. 13, D. 67, Bl. 37v, s. Anm. 5 in Nr. 4); „Imperatoria pratensis, major Inst. r. h." (AAW R. III, Op. 1, D. 162, Bl. 110r, s. Anm. 54 in Nr. 17); „Imperatoria pratensis major. I. R. H. Russ. Ангеликъ. [russ. *angelik*] ..." (AAW R. I, Op. 105, D. 2, Bl. 9r, s. Anm. 54 in Nr. 17); „552. Imperatoria pratensis major. I. R. H. ..." (AAW R. I, Op. 105, D. 1^a, Bl. 67v, s. Anm. 29 in Nr. 5); „309) Imperatoria pratensis major C. B. Pin ..." (AAW R. I, Op. 104, D. 25, Bl. 24r, s. Anm. 61 in Nr. 21); „164. Imperatoria pratensis maior I. R. H. ..." (AAW R. I, Op. 13, D. 42, Bl. 24r, s. Anm. 1 in Nr. 1); „109. (Forte) Imperatoria" (AAW R. I, Op. 15, D. 1, Bl. 5v, s. Anm. 24 in Nr. 64); „XL [kamtschadalisch (itelmenisch)] Kútadschu. Russ. Кутárapa [russ. *kutagara*] ..." (AAW R. I, Op. 13, D. 10, Bl. 248v, s. Anm. 49 in Nr. 298); „Kútadschu. Kamtsch. ..." (AAW R. I, Op. 13, D. 50, Bll. 38v–39r, s. Anm. 49 in Nr. 298); „31. Mai 1722 ... Von den Tataren, so Kištimsche waren, erfuhr ... folgende Wörter: ‚imperatoria' (seu gygil, russ.) Battargan, ..." (Messerschmidt 1962–1977, Bd. 1, S. 226f.)

„[species 4] Imperatoria Archangelica dicta. Archangelica J. B. 3. Part. 2. 143. Clus. Hist. cxiv. Dod. Pempt. 318." (Tournefort 1700, S. 317, Genus I. „Imperatoria. Imperatoire."); „1. ANGELICA foliorum impari lobato. Fl. lapp. 101. Angelica sativa. Bauh. pin. 155. ... Angelica major. Dod. pempt. 318. ... Imperatoria sativa. Tournef. inst. 317. α Archangelica. Bauh. hist. 3. p. 143. Clus. hist. 2. p. 295. Dod. pempt. 318. ... Imperatoria Archangelica dicta. Tournef. inst. 317. ..." (Linné 1737, S. 97); „[species 3] Imperatoria sativa. Angelica sativa C. B. Pin. 155. J. B. 3. Part. 2. 140. Angelica major. Dod. Pempt. 318. Angelique." (Tournefort 1700, S. 317, Genus I. „Imperatoria. Imperatoire."); „1) Zahme Angelik. Angelica sativa. ... Angelica foliorum impari lobato. LINN. Syst. veg. p. 234. Sp pl. 360 Hort. Cliff 97 Fl. Lapp 101. ... Angelica sativa. C. BAUH. pin. 155. ... Angelica maior DOD. pempt. 318. ... Archangelica. CLUS. hist. 2. p. 295. ... Imperatoria sativa. TOURNEF. inst. 317. ... Diese Art, welche insgemein die zahme oder Gartenangelik genennet wird, weil man sie häufig in den Gärten zu ziehen pflegt, ... Sie [d. h. die Wurzel] ist, sowol als die Saamen ein sehr kräftiges auflösendes und stärkendes Mittel in langwierigen schleimichten Krankheiten der Brust und anderer Eingeweide, auch treibet sie den Schweiß und Urin, und widerstehet der Fäulniß, daher sie ehemalen unter den Arzneyen wider die Pest vorzüglich berühmt war. ... Die Lappländer gebrauchen diese Wurzel unter ihren Hausmitteln sehr häufig, und besonders in einer Art von krampfichter Colik, ..." (Linné 1780, S. 111ff.); „1. ANGELICA Archangelica. A. foliorum impari lobato. ... Hort. cliff. 97. ... Angelica sativa. Bauh. pin. 155. ... Angelica major. Dod. pempt. 318. ... Garten-Angelik. W. ..." (Linné 1797–1830, Bd. I, Teil 2, S. 1428f.); „386. Archangelica. HOFFM. ... 1. A. decurrens (LEDEB. Fl. alt. I, p. 316) ... Angelica Archangelica. GEORGI It. I, p. 204. – FALK Beitr. II, p. 147 (pl. sib.). ... Angelica foliorum impari lobato. GMEL. Fl. sib. I, p. 192, Nr. 7 (excl. pl. kamtschatica ?). ... 2. A. officinalis (HOFFM. l. c.) ... Angelica Archangelica. L. SP. p. 360. ... FALK Beitr. II, p. 147 (excl. pl. sibir.). ..." (Ledebour 1844–1846, S. 297f.); „122. ARCHANGELICA. HOFFM. (L.) ... ARCHANGELICA DECURRENS. m. ..." (Ledebour 1829, S. 316f.); „7. ANGELICA foliorum impari lobato LINN. Lapp. 101. Angelica satiua B. Pin. 155. I. B. III. 140. Angelica maior DOD. Pempt. 318. Imperatoria satiua TOURN. I. R. H. 317. ..." (Gmelin 1747–1769, Bd. I, S. 192); „7. Angelica foliorum impari lobato. (excl. synon.) [=] Archangelica decurrens Ledeb.?" (Ledebour 1841, S. 61); „[Imperatoria] archangelica dicta, so nennt Tournefort die Erzengelwurz." (Gmelin 1773a, Sp. 34); „[Angelica] Archangelica, foliorum impari lobato; Erzengelwurz, deren ungleiches Blatt Lappen hat; ..." (Gmelin 1772a, Sp. 545f.); „[Angelica] sativa; foliorum impari lobato; Gartenengelwurz, deren ungleiches Blatt in Lappen zertheilt ist, Gartenangelik, zahme Angelik, Brustwurzel; ... diese ganze Pflanze ist sehr gewürzhaft, zertheilend, und erwärmend; ihre ... Stengel sind ein Lekerbissen der Bären und der Lappen, und wann sie mit Zuker eingemacht sind, auch der übrigen Europäer; ihre wohlriechende harzige Wurzel und Samen ein kräftiges zertheilendes schweißtreibendes, erwärmendes Mittel in der Arzneykunst; ... Sie heißt bey ... Dodonäus: Angelica major; und bey den meisten übrigen Schriftstellern: Angelica sativa."

(a. a. O., Sp. 549f.); „ANGELICA (Archangelica) foliorum impari lobato. Linn. Lapp. 101. Cliff. 97. ... cum sequenti eodem Russico nomine vocatur [d. h. дягильникъ – russ. *djagil'nik*]." (*Krašeninnikov* 1761, S. 42); russ. *djagil'nik* – Angelica archangelica, Archangelica officinalis, echte Engelwurz, Gartenangelica (Pawlowski 1952, S. 348); „Angelica archangelica L. T. Kopta. B. Surubuhun. ..." (Georgi 1775, S. 204); „338. Angelica Archangelica. Lin. Syst. Plant. I. p. 691. sp. 1. ... Angelik Ruß. an der Wolga Wiuch. ..." (Falk 1786, S. 147); „ANGELICA officinarum. Angelike. Engelwurzel. ... Angelica foliorum impari lobato. Linn. Sp. pl. I. p. 360. ... hat die Angelikenwurzel stark reizende, verdünnende, auflösende und bewegende Kräfte, und gehört mit der Meisterwurzel, Bärwurzel und dem Liebstöckel unter die balsamico-aromatica, ... Die Zufälle, bey welchen die Aerzte sich derselben mit Nutzen bedienen, sind: catarrhalische Fieber, faule und bösartige Fieber, hysterische Zufälle, Blähungskoliken und Brustbeschwerden von Verschleimung. ... Die Angelikenwurzel gehörte unter die vorzüglichen masticatoria, die man als Vorbauungsmittel bei der Pest, und andern ansteckenden Krankheiten häufig gebrauchte. ... Sie kam mit Nutzen unter zertheilende und stärkende Umschläge und Bähungen, besonders unter die Carminativbähungen, und unter die Mutterbäder. ... Der Aberglaube hat auch dieser Wurzel viele unerwiesene und sogar Wunderkräfte angedichtet. ..." (Gleditsch 1788, S. 277ff.); „1. ANGELICA Archangelica ... Garten=Angelik. W. Aechte Angelik. ..." (Georgi 1797–1802, Theil 3, S. 850); „ANGELICA SATIVA (Angelica Archangelica L.). Angelik, Brustwurzel, Luftwurzel, Engelwurzel, Heiligengeistwurzel, zahme oder Gartenangelik. ... Von ihr braucht man in der Arzneikunde die Wurzel, ... Außer der Wurzel bewahrt man aber auch noch in den Apotheken die Saamen und das Kraut auf, letzteres ist aber ganz unnütz. ... Sie [d. h. die Wurzel] besitzt, innerlich gegeben, reizende und erhitzende, und daher magenstärkende und blähungstreibende, ferner: auflösende, den Schweiß und die Monatsreinigung befördernde Kräfte. ... Aeußerlich braucht man den über der Angelikwurzel abgezognen Weingeist als ein reizendes und zertheilendes Mittel ... Die Stängel wurden sonst geschälet und als wie Sellerie gespeiset. Jetzt geschieht dieses nur noch in Rußland. ... In Norwegen backt man die Wurzel selbst mit in's Brod. Bei uns brauchen die Zuckerbäcker die Wurzel zum Einmachen. Die Angelikwurzel ist auch bei den Thieren als Arznei zu brauchen. ..." (Niceus 1800, S. 137ff.); „Gartenengelwurzel, Angelica sativa off. ist wahrscheinlich eine Abart der Angelica Archangelica L. s. Erzengelwurz. ..." (Trommsdorff 1807, S. 162); „Erzengelwurzel, Angelica archangelica. L. ... Von dieser Pflanze wird die Wurzel (Radix angelicae) gebraucht, und ist ein sehr kräftiges Arzneimittel. ..." (Trommsdorff 1806, S. 842f.); „ANGELICA ARCHANGELICA. ... Angelica (Archangelica) foliorum impari lobato. Linn Spec. plant. ed. Willd. T. I. p. 1428. ... Angelica officinalis. Hoffm. Umbell. Vol. I. p. 161. u. 162. Angelica sativa C. Bauh. pin. p. 155. Garten-Angelik, edle Angelik, Wasserangelik, wahre Brustwurzel, Luftwurzel, Engelwurzel, Geistwurzel. ... Sie ist erhitzend, schweiss- und harntreibend, magenstärkend, blähungstreibend und ein Emmenagogum. ..." (Hayne 1821, Nr. 8); „3) Radix Angelicae. Angelikwurzel, ... Von Angelica Archangelica, ... Die Angelica ist ein kräftiges flüchtiges Reizmittel, welches zugleich tonisch, stärkend, die innere Vitalität erhöhend, daher anhaltend wirkt. ... Auch scheint die äußere Haut eine besondere Empfänglichkeit für ihre reizende Einwirkung zu haben. Vorzüglich benutzt man die Angelica in typhösen Fiebern. ... In chronischen Krankheiten benutzt man die Angelica seltner, aber wohl mit Unrecht. ..." (Richter 1832, S. 45ff.); „ARCHANGELICA OFFICINALIS Hoffmann. OFFICINELLE ARCHANGELICA. ... Die ganze Pflanze, namentlich aber die Wurzel ... wird in der Medizin als Radix Angelicae, und zum Brandtwein benutzt. In Lappland werden die jungen Stengel ... als Spargel gegessen. Deutsche Namen: Edle Angelika, ächte Angelika, ..." (Dietrich 1844, Nr. 845); „3. Radix angelicae. Syn. Radix angelicae sativaes. hortensis, Radix archangelicae. Angelikwurzel, Engelwurzel, Erzengelwurzel, Heiliggeistwurzel, Theriakwurzel, Brustwurzel, Luftwurzel. Botan. Abstammung. Angelica archangelica L.; Archangelica officinalis Hofm. ..." (Ehrmann 1854, S. 158ff.); „26. Angelica Archangelica L. s. Archangelica officinalis Hoffm. (Umbell..). Auf dem Ural wird eine Wurzelabkochung des Engelwurz[7]) mit Lärchengummi (Gummi laricinum) bei allen Bauchkoliken ‚mit Vortheil‘ getrunken. ... im Mohilewschen G. wird Angel. Archangel. innerlich bei epidemischen Krankheiten, wie Typhus, Cholera etc. und gegen Durchfälle gebraucht. ... Die Pflanze wird ferner vom Volke für ein gutes Mittel gegen rheumatoide Schmerzen gehalten. ... |: [7]) Andere deutsche Volksnamen dieser Droge sind nach C. F. Schulze ... Theriakwurzel, Brustwurzel, Argelklein, Angulkenwurzel, Heilige-Geist-Wurzel, Luftwurzel, Erzeugewurz, Angulkenwurz, Angilkenwurzel, Annegilkenwurzel. Die vielen Namen zeigen ihre vielfache Benutzung. :|“ (Demitsch 1889, S. 171f.)

„950. Angelica foliorum impari lobato Linn. flor. 101. h. Cliff. 97. Angelica sativa B. Pin. 155. ...“ (AAW R. I, Op. 13, D. 20, Bl. 90r, s. Anm. 1 in Nr. 1); „1. Angelica foliorum impari lobato Linn. Lapp. 101. Angelica sativa. B. Pin. 155. ...“ (AAW R. I, Op. 13, D. 67, Bl. 37v, s. Anm. 5 in Nr. 4); „Imperatoria sativa Inst. r. h. 317.“ (AAW R. III, Op. 1, D. 162, Bl. 110r, s. Anm. 54 in Nr. 17); „11. August 1722 ... ließ ich hieselbst abpacken, ... fand aber außer der Imperatoria archangelica dicta, Tournef. Sp. 4; ... nichts der Mühe wert. ...“ (Messerschmidt 1962–1977, Bd. 1, S. 294f.); „Imperatoria Archangelica dicta et Angelica aquatica (Tournefortii sp. 4), Sylv.“ (Messerschmidt 1962–1977, Bd. 4, S. 203, s. Anm. 1 in Nr. 1)

31 „Anethum hortense C. B. Pin. 147. Anethum J. B. 3. Part. 2. 6. Dod. Pempt. 298.“ (Tournefort 1700, S. 318, Genus III. „Anethum. Anet.“); „Anethum hortense C. B. P. 147. ... Dill. Till. ...“ (Rupp 1726, S. 222); „1. ANETHUM fructu compresso. Anethum. Bauh. hist. 3. p. 6. ... Anethum hortense. Bauh. pin. 147. ...“ (Linné 1737, S. 106); „1) Gemeiner Dill. Anethum graveolens, mit zusammengedrückten Früchten, Anethum fructibus compressis. LINN. Syst. veg. p. 240. Sp. pl. 377. Hort. Cliff. 106. ... Anethum hortense. C. BAUH. pin. 147. ... Sie wird von den Deutschen ... Dill oder Dille genennet. ... Alle Theile dieser Pflanze ... treiben Blähungen, vermehren die Milch der Säugenden, und sind dabey etwas betäubend und schmerzstillend; ... Man gebraucht sowol die Blätter und Blumen, als die Saamen nicht nur in der Arzneykunst; sondern auch in der Küche und Haushaltung, verschiedene Speisen und eingemachte Sachen damit zu würzen. ...“ (Linné 1780, S. 194f.); „1. ANETHUM graveolens. A. fructibus compressis. Hort. Cliff. 106. ... A. hortense. Bauh. pin. 147. ... Gemeine Dill. W. ...“ (Linné 1797–1830, Bd. I, Teil 2, S. 1469); „394. Anethum. TOURNEF. ... 1. A. graveolens (L. SP. 377) ...“ (Ledebour 1844–1846, S. 316f.); „Anethum graveolens, ... riechender Dill, ... gemeiner Dill, gemeines Dillkraut; ... die ganze Pflanze hat in allen ihren Theilen einen angenehmen gewürzhaften Geruch und Geschmack, welcher aber in dem Samen am stärksten ist; er ist besonders wegen seiner zertheilenden und Windtreibenden Kraft bekannt; ... diese Pflanze heißt bey C. Bauhin: Anethum hortense.“ (Gmelin 1772a, Sp. 543); „Andere Artzneyen die ich nicht schicke sind: [tatar.?] Kokjesch-urogò d. i. Dillen-Saamen (cf. Fl. sib. 1. praef. p. LXXXVII. [?] ‚Anethum hortense L. A. graveolens L.‘ dessen schon von Messerschmied berichtetes Vorkommen bei Tobolsk hier bestätigt erscheint.). ...“ (G. F. Müller in einem am 25. Januar 1741 empfangenen, undatierten Brief an J. G. Gmelin – Plieninger 1861, S. 187); „352. Anethum graveolens. Lin. Syst. Plant. I. p. 721. sp. 1. ... Dill. Ruß. Ukrop. Arm. Swid. ...“ (Falk 1786, S. 149); „Gurkendill, Anethum graveolens, L. ... ein in Portugal, Spanien und um Astrachan auf gebauten Aeckern wildes, drei bis vier Schuh hohes Sommergewächs, ... Samen und Oel besitzen eine erwärmende, und Krämpfe der ersten Wege stillende Kraft, und sind daher in Schlaflosigkeit, gegen Schlucksen, bei Windkolik, in krampfhaften Leibesverstopfungen, Magendrücken und Neigung zum Erbrechen oft mit Nutzen ... gebraucht worden. ...“ (Hahnemann 1795, S. 389); „Anethum L., Dill. W. 1. Anethum graveolens ... Gemeiner Dill. W. R. Ukropp. [russ. *ukrop*] ... Der Saame ist eine allgemein gebräuchliche Würze für Sauerkraut und eingemachte Gurken, daher man in vielen Baumgärten aller Gouvernements Rußlands Dill antrifft.“ (Georgi 1797–1802, Theil 3, S. 858f.); „ANETHUM Anethum graveolens L.). Dill, Hochkraut. ... Man hebt von ihr das Kraut, vornehmlich aber die Saamen in den Apotheken auf. ... In der Oekonomie setzt man Dillsaamen zum Pökelfleisch, zu Würsten, zum eingesalznen Kappuskraut und zum Quarkkäse; die noch grünen Saamen werden ... zum Einmachen der Gurken gebraucht, ...“ (Niceus 1800. S. 135f.); „ANETHUM GRAVEOLENS. Anethum (graveolens) fructibus compressis. Linn. Spec. plant. ed. Willd. T. I. p. 1469. ...

Gemeiner Dill, Tille, Ille, Hochkraut, Kummerlingkraut. ... Von dem Anethum graveolens ... sind die Früchte unter dem Namen des Samens, Semen Anethi, als Arzneymittel bekannt, ja früher sammelte man auch Kraut und Blume, Herba et Flores Anethi. ..." (Hayne 1821, Nr. 17); „Anethum ... Anethum hortense, C. B. P. 147. ... das gemeine Dillkraut, Dill, Dille, Dyl, Till, Ille, Dillen=Kraut, (wiewohl es besser Dollen= oder Toll=Kraut heißen möge, weil es den Kopf gleich einnimmt), Garten=Dill, ... Hoch=Kraut, Kümmerling=Kraut (weil man mit dem Saamen und Kraute die jungen Kümmerlinge oder Cucumern und Gurken einzumachen pflegt). ... Die Alten haben es bei Gastmahlen gebraucht, und daraus Kränze gemacht, den Schlaf zu befördern. ... Es ... trocknet, zertheilet, zeitiget, lindert die Schmerzen, befördert die Verdauung, stärket und erwärmet den Magen (sonderlich der Saame) und die Mutter, zertheilet die Blähungen, befördert den Harn, Stein, und die monathliche Reinigung. ..." (Krünitz 1773–1858, Bd. 2, S. 99ff.); Anethum graveolens L. – russ. *ukrop*, *krop*, bzw. *koper* (*Annenkov* 1858, S. 16, Nr. 99)

„584. Anethum fructu compresso Linn. h. Cliff. 106. Anethum Caesalp. syst. 389." (AAW R. I, Op. 13, D. 20, Bl. 57v, s. Anm. 1 in Nr. 1); „1. Anethum hortense. C. B. P. 147." (AAW R. I, Op. 13, D. 16, Bl. 18r, s. Anm. 32 in Nr. 6); „Anethum hortense et sylvestre. T. Sp. 1. ..." (AAW F. 98, Op. 1, D. 19, Bl. 4v, s. Anm 59 in Nr. 19)

32 russ. *ukrop*; s. auch Anm. zu Nr. 451

33 „Oreoselinum. Persil de montagne. ..." (Tournefort 1700, S. 318f.); „Berg=Peterlein, Berg=-Aeppig, Berg=Eppich, Grundheil, Vielgut. Lateinisch Oreoselinum, ..." (Zedler 1732–1750, Bd. 3, Sp. 1286f.); „OREOSELINUM. ... teutsch, Grundheil, Vielgut, Bergpeterlein. ... Es zertreibet, reiniget und öffnet. Der Samen und die Wurzeln werden zum Steine, zum Sand und Gries gebraucht, wie auch den Harn zu treiben. ..." (Lémery 1721, Sp. 815f.); Oreoselīnum DUBY (Umbelliferae). Zus aus ἦρος (Berg) und σηλινον (Eppich, Petersilie); liebt bergige Gegenden." (Wittstein 1852, S. 637)

34 Randbemerkung in der 2. Textversion (s. Anm. 1 in A.): „Peucedanum folijs / duplicato-pinnatis, / pinnulis remotioribus, / saepe trifidis."

„6. PEUCEDANUM foliis duplicato pinnatis, pinnulis remotioribus, saepe trifidis. Tab. XLII. et XLIII. Esset Seseli petiolis ramiferis membranaceis ventricosis, emarginatis LINN. h. Cliff. p. 103. nisi semina marginata forent. ... In Tab. XLIII. A est folium plantae altioris, B humilioris, C vmbella particularis cum semine D maturo. ..." (Gmelin 1747–1769, Bd. I, S. 190ff.); „6. Peucedanum foliis duplicato-pinnatis, pinnulis remotioribus saepe trifidis. t. LXII. et XLIII [=] Aulacospermum anomalum Ledeb.! (t. XLII. specimen repraesentat macrum, a pecoribus depastum. – Peucedanum sibiricum Spr. hist. rei herb. II. 268. – Peucedanum isetense Spr. Gesch. d. Bot. II. 200.)" (Ledebour 1841, S. 61); „2. SESELI petiolis ramiferis membranaceis ventricosis emarginatis. ..." (Linné 1737, S. 103); „428. Aulacospermum. LEDEB. ... 1. A. anomalum (LEDEB. Fl. alt. IV, p. 335. ...) ... Cnidium anomalum. LEDEB. Fl. alt. I, p. 330. ... Peucedanum sibiricum. SPRENG. Hist. r. herb. II, p. 268. Peucedanum isetense. SPRENG. Gesch. d. Bot. II, p. 200. ... Peucedanum iletense. SPRENG. Umbellif. spec. p. 57. Peucedanum foliis duplicato pinnatis, ... GMEL. Fl. sib. I, p. 190, t. (42? – specimen macrum, a pecoribus depastum – et) 43. ..." (Ledebour 1844–1846, S. 362f.); „1. AULACOSPERMUM ANOMALUM. m. ... Cnidium anomalum. Fl. alt. I. p. 330. ..." (Ledebour 1833, S. 335); „2. CNIDIUM ANOMALUM. m. ... Peucedanum foliis duplicato pinnatis, ... Gmel. Fl. sib. I. p. 190. t. (XLII? et) XLIII. ..." (Ledebour 1829, S. 330f.); Nescio autem, qui factum sit, ut camtschaticae ipsae plantae hic desiderentur, quum tamen Stelleri et Krascheninnikovii adversia et herbaria ipsa iam adessent. Peculiares enim ii peninsulae stirpes, quae hic recensentur, sunt fere: ... Peucedanum sibiricum, ib. 42. ..." (Sprengel 1808, S. 267ff.); „Gmelins flora sibirica, ... Die wichtigsten Pflanzen sind folgende: ... Peucedanum iletense Spr. das. 42. ..." (Sprengel 1818, S. 199ff.); „58. PEUCEDANUM ILETENSE*. ... Peucedanum Gmel. sib. 1. p. 190. 191. tab. 42. 43. ..." (Sprengel 1818a, S. 57); „Aulacospērmum LEDEB. (?). Zus. aus αὖλαξ (Furche) und σπερμα (Same); der Same ist

gefurcht.“ (Wittstein 1852, S. 86); „Cnīdium CUSSON. (Umbelliferae). Von κνιζειν (jucken), κνιδη (Brennessel).“ (a. a. O., S. 210)
„[species 3] Oreoselinum pratense, Cicutae folio. Daucus Alsaticus C. B. Prodr. 77. Umbellifera Alsatica, magna, umbellâ parvâ, subluteâ J. B. 3. Part. 2. 106.“ (Tournefort 1700, S. 318, Genus I. „Oreoselinum. Persil de montagne.“); „6. Der Elsaßische Möhren=Kümmel: Daucus Alsaticus C. B. Prodr. loc. cit. Umbellifera, Alsatica magna, umbella parva sublutea. J. B. 3. 2. 106. Oreoselinum, pratense, Cicutae folio. T. 318. ...“ (Zwinger 1744, S. 661); „3. OREOSELINUM pratense, cicutae folio. Inst. R. H. Mattenbergpeterlein, mit Schierlingsblättern.“ (Miller 1751, S. 93); „3. SELINUM foliolis pinnatim laciniatis, lacinulis trifidis obtusis. Oreoselinum pratense, cicutae folio. Tournef. inst. 318. ... Daucus alsaticus. Bauh. prodr. 77. ...“ (Linné 1737, S. 92); „18. SELINUM foliolis pinnatim laciniatis, lacinulis trifidis, obtusis, in spinulam terminatis. Tab. XLVIII. ? Selinum radice fusiformi multiplici, inuolucro vniversali nullo HALL. Helv. p. 445. [sic!] ...“ (Gmelin 1747–1769, Bd. I, S. 204f.); „P. 481. Selinum Hoffm. Selinum Carvifolia. L. ... Selinum foliolis pinnatim laciniatis, lacinulis trifidis, obtusis, in spinulam terminatis. Gmel. ...“ (*Montrezor* 1890, S. 465); „18. Selinum foliolis pinnatim laciniatis, lacinulis trifidis obtusis in spinulam terminatis. t. XLVII. [=] Selinum Carvifolia L. (Selinum sibiricum Retz. – Spr. Gesch. d. Bot. II. 200.)“ (Ledebour 1841, S. 62); „1. SELINUM radice fusiformi multiplici, involucro universali nullo. ...“ (Haller 1742, S. 443); „3) Kümmelblätterichte Silge. Selinum Carvifolia. ... Selinum caule sulcato, seu tangulo; involucro universali evanido; pistillis fructus reflexis. LINN. Syst. veg. p. 230. Sp. pl. 350. ... Selinum foliolis pinnatim laciniatis. GMEL. Fl. Sib. I. p. 204. t. 48. Angelica tenuifolia. RIV. Pent. ... Das Vieh frißt das Kraut gerne.“ (Linné 1780, S. 65); „381. Selinum. HOFFM. ... 1. S. Carvifolia (L. SP. 350) ... Selinum foliolis pinnatim laciniatis, ... GMEL. Fl. sib. I, p. 204, Nr. 18, t. 48? ...“ (Ledebour 1844–1846, S. 262f.); „5. SELINUM Carvifolia. ... S. foliolis pinnatim laciniatis. Gmel. sib. 1. p. 204. t. 48. ... Angelica tenuifolia. Riv. pent. t. 18. ... Kümmelblättrige Silge. W. ...“ (Linné 1797–1830, Bd. I, Teil 2, S. 1398f.); „[Selinum] foliolis pinnatim laciniatis, lacinulis trifidis obtusis; so bestimmt Linne’ in der Beschreibung des Cliffortischen Gartens den elsäsischen Haarstrang.“ (Gmelin 1776, Sp. 424); „Selinum Carvifolia, ... Silge mit dem Feldkümmelblatte, ... schmalblätterichte Angelik; ... das Vieh frißt ihre Blätter gerne: Sie heißt bey ... J. G. Gmelin: Selinum foliolis pinnatim laciniatis.“ (Gmelin 1776, Sp. 422f.); „Selinum (Fl. sib.) p. 204. (Fl. sib. I. 204. nr. 18. S. carvifolia L. vel potius sibiricum Retz. ...) puto etsi Tuum exemplar a(ngusta) folia non habet.“ (A. von Haller in einem undatierten Brief an J. G. Gmelin – Plieninger 1861, S. 155); „4. SELINUM sibiricum ... Sibirische Silge. W. ... 5. SELINUM Carvifolia ... Kümmelblättrige Silge. W. ...“ (Georgi 1797–1802, Theil 3, S. 842); „Gmelins flora sibirica, ... Die wichtigsten Pflanzen sind folgende: ... Selinum sibiricum das. 48. ...“ (Sprengel 1818, S. 199ff.); „6. C[nidium] davuricum (FISCH et MEYER ...) ... Selinum sibiricum. RETZ. Obs. II, p. 16. – WILLD. Spec. pl. I, p. 1398. ... Selinum foliis duplicato pinnatis, ... GMEL. Fl. sib. I, p. 205, Nr. 19, t. 49. Apium montanum, Seseleos umbella clausa. MESSERSCHM. ap. AMMAN. ruth. p. 93., Nr. 119? (ex GMEL.). Oreoselinum Apii folio, semine niveo, majusculo. MESSERSCHM. ap. AMMAN. ruth. p. 94., Nr. 122? (ex GMEL.). ...“ (Ledebour 1844–1846, S. 284f.); „119. APIUM montanum, Seseleos vmbella clausa Messerschm.“ (Amman 1739, S. 93); „122. OREOSELINUM Apii folio, semine niueo, majusculo Ejusd. [d. h. Messerschmidt]“ (a. a. O., S. 94); „*4. SELINUM sibiricum. S. foliis tripinnatis, ... Retz. obs. 2. p. 16.* Sibirische Silge. W. ...“ (Linné 1797–1830, Bd. I, Teil 2, S. 1398); „19. SELINUM foliis duplicato pinnatis, foliolis trilobis, acutis, ex inciso serratis. Tab. XLIX. folium sistit. ? Oreoselinum Apii folio semine niueo maiusculo MESS. AMM. Ruth. n°. 122. ? Apium montanum seseleos vmbella clausa Ej. ibid. n°. 119. ... ad Kudam amnem in palustribus et humilis pratis frequens est.“ (Gmelin 1747–1769, Bd. I, S. 205f.); „19. Selinum foliis duplicato-pinnatis, foliolis trilobis acutis ex inciso serratis. t. XLIX. figura principalis (excl. fig. a-d.) [=] Cnidium davuricum Fisch et Meyer.“ (Ledebour 1841, S. 62); „1306. ... Selinum carvifolia. Linn. ... Angelica tenuifolia. RIV. pent. tab. 204. tab. 43. ...“ (Allioni 1785a, S. 9);

Selinum – russ. *girča* (*Annenkov* 1858, S. 86, Nr. 1013); „3. Art. S[elinum] carvifolium. Kümmelblätterige Silge. ... Synonyme: ... S. foliolis pinnatis laciniatis. (Gmel. sib.) ... Vulgärnamen: Pferdekümmel. ...“ (Bechstein 1833, S. 811f.); „Selīnum L. (Umbelliferae). Von σεληνη (Mond), in Bezug auf die Blätter. ...“ (Wittstein 1852, S. 807)

„232. An Oreoselinum pratense, Cicutae folio I. R. H? ...“ mit der rechts marginalen Anm. „Est Daucus seminibus hispidis Linn. h. Cliff.“ (AAW R. I, Op. 105, D. 12, Bl. 8r, s. Anm. 54 in Nr. 17); „333. Seseli petiolis membrana destitutis. Selinum foliolis pinnatim laciniatis, lacinulis trifidis acutis. Ind. 2. an. 336. Umbella universalis irregularis, ramis exterioribus plerumque longioribq, internis gradatim brevioribq radiorum 13 et 14. ...“ (AAW R. I, Op. 13, D. 20, Bl. 35r, s. Anm. 1 in Nr. 1); „An Oreoselinum pratense Cicutae folio I. R. H? Ind Jen. n°. 560. ...“ (AAW R. I, Op. 13, D. 67, Bl. 37v, s. Anm. 5 in Nr. 4); „3. Oreoselinum Apii folio semine niveo majusculo.“ mit der rechts marginalen Anm. „Len. fl.“ (AAW R. I, Op. 13, D. 16, Bl. 18r, s. Anm. 32 in Nr. 6); „Oreoselinum apij folio majus Tourn. ...“ (AAW R. I, Op. 104, D. 8, Bl. 5r, s. Anm. 18 in Nr. 452); „Oreoselinum pratense Cicutae folio I. R. H. ...“ (AAW R. I, Op. 105, D. 2, Bl. 9v, s. Anm. 54 in Nr. 17); „239„ d. [8. September 1724]„ [Sem.] Oreoselini, Apii folio, semine niveo majusculo.„ “ (AAW F. 98, Op. 1, D. 23, Bl. 7r, s. Anm. 49 in Nr. 653); „59„ d. 8. [September 1724]„ [Semen] Oreoselini, Apii folio, semine niveo majusculo„ “ (a. a. O., Bl. 25r); „18. Juli 1722 ... Hie fand sich ein hübsches Kraut im sumpfigten Terrain, welches ich für eine espèce ... Oreoselini pratensis hielte, und wiewohl sein Samen noch nicht reif ware, habe ... ihn dennoch memoriae ergo in meinem Seminario ... beigeleget. ...“ (Messerschmidt 1962–1977, Bd. 1, S. 269f.); s. Nr. 439

36 „[species 1] Sphondylium vulgare, hirsutum C. B. Pin. 157. Sphondylium quibusdam sive Branca Vrsina Germanica J. B. 3. Part. 2. 160. Sphondylium Dod. Pempt. 307.“ (Tournefort 1700, S. 320, Genus IV. „Sphondylium. Berce.“); „Sphondylium vulgare, hirsutum C. B. P. 157. ... Bären=Klau, Porst, Bär=Wurtz. ...“ (Rupp 1726, S. 221); „1. SPHONDYLIUM vulgare hirsutum. C. B. P. Gemeine raue Bärenklau.“ (Miller 1751. S. 286); „29. HERACLEUM foliolis pinnatifidis LINN. h. Cliff. p. 103. Sphondylium vulgare hirsutum B. Pin. 157. TOURN. I. R. H. 320. Sphondylium quibusdam, siue Branca vrsina germanica I. B. III. p. 160. Sphondylium RIV. Tab. IV. α) Sphondylium hirsutum foliis angustioribus B. Pin. 157. pr. 83. ... Russi Kamtschatcensis Сладкая трава [russ. *sladkaja trava*] (dulcis herba) Kamtschadali Utschkui vocant. Vtrique genti celeberrima planta vario vsui inseruit, Russis ad eliciendum inde spiritum ardentem, hiemalem penum. ...“ (Gmelin 1747–1769, Bd. I, S. 213ff.); „29. Heracleum foliolis pinnatifidis [=] Heracleum Panaces L. (ex Steven in act. mosquens. VII. 277.) (Heracleum Sphondylium L. – Willd. sp. pl. I. 1421. et Heracleum Panaces L. – Willd. sp. pl. I. 1423.)“ (Ledebour 1841, S. 63); „1) Unächte Bärenklau. Heracleum Sphondylium. ... Heracleum foliolis pinnatifidis, laevibus; floribus uniformibus. LINN. Syst. veg. p. 233. Sp. pl.. 358. Hort. Cliff. 103. ... Sphondylium vulgare hirsutum. C. BAUH. pin. 157. Sphondylium quibusdam s. Branca ursina Germanica. I. BAUH. hist. 3. p. 160. Sphondylium. DOD. pempt. 307. ... GMEL. Fl. Sib. p. 214. Diese Pflanze, welche in einigen Apothekerbüchern ganz unrecht für die wahre Bärenklau, Acanthus mollis, gesetzt wird, ... Das Rindvieh, wie auch Haasen und Caninchen fressen die Blätter dieser Pflanze, wann sie noch jung ist, gerne. Ihre Wurzel, und noch mehr die Rinde an dem Stengel und den Blattstielen ist sehr scharf; letztere ziehet äusserlich auf der Haut Blasen, und erregt im Munde, wenn man sie kauet, eine Entzündung, ein Decoct der Wurzel mit Wasser innerlich genommen, soll eröfnen und auf den Stuhlgang treiben, und in Verstopfungen der Leber, des Gehirns, der Mutter, und in Nervenkrankheiten dienlich sein. ... Das Mark der jungen Stengel und der Blatstiele aber ist zuckersüß, und wird daher von den Einwohnern in Kamtschatka; nachdem sie die Rinde abgeschälet, als ein Leckerbissen gegessen; auch bereiten sie daraus bloß durch Trocknen und Ausklopfen eine Art von Zucker, und vermittelst der Gährung einen starken Geist.“ (Linné 1780, S. 99ff.); „4) Großes Heilkraut. Heracleum Panaces. ... Heracleum foliis pinnatis, foliolis quinis, intermediis sessilibus, floribus radiatis LINN, Syst. veg. p. 233. Sp. pl. 358. Mant. 354.

Heracleum foliis pinnatifidis. GMEL. Fl. sib. I. p. 213. Panax Sphondylii folio s. Heracleum. C. BAUH. pin. 157. Panaces Heracleum s. potius Sphondylium alterum DOD. pempt. 307. ... Auch diese Art ... hat man mit der obigen ersten [d. h. Heracleum Sphondylium] verwirret; denn Gmelin meldet von ihren Eigenschaften und Kräften eben dasselbe, was andere von der ersten oder zwoten Art [d. h. Heracleum angustifolium] schreiben. ... Die Russen in Kamtschatka nennen diese Pflanze wegen dem süssen Mark ihrer Blatstiele, das bey ihnen ein Leckerbissen ist, Süßkraut; ... Wie sie aus diesem Mark der Stiele durch die Gährung und Destillation einen starken und angenehmen Geist verfertigen, ... thut Gmelin sehr umständlich Meldung." (a. a. O., S. 102f.); „1. HERACLEUM foliolis pinnatifidis. Sphondylium vulgare hirsutum. Bauh. pin. 157. ... Tournef. inst. 320. ... Spondylium Dod. pempt. 307. ... 2. HERACLEUM foliolis palmatis serratis. ... Panax sphondylii folio, sive Heracleum. Bauh. pin. 157. Panaces heraclium vel potius Sphondylium alterum. Dod. pempt. 307. ..." (Linné 1737, S. 103); „1. HERACLEUM Sphondylium. ... H. foliolis pinnatifidis laevibus, ... Hort. cliff. 103. ... Gmel. sib. 1. p. 213. ... Sphondylium vulgare hirsutum. Bauh. pin. 157. ... Gemeines Heilkraut. W. ..." (Linné 1797–1830, Bd. I, Teil 2, S. 1421); „6. HERACLEUM Panaces. ... H. foliolis palmatis serratis. Hort. cliff. 103. ... H. foliis pinnatifidis. Gmel. sib. 1. p. 21. Panax sphondylii folio s. Heracleum. Bauh. pin. 157. ... Grosses Heilkraut. W. ..." (a. a. O., S. 1423); „2. H[eracleum] Sphondylium *) (L. SP. 358) ..." (Ledebour 1844–1846, S. 321f.); „8. H[eracleum] Panaces (L. H. upsal. p. 65, Nr. 1*) ... H. foliolis pinnatifidis. GMEL. Fl. sib. I, p. 213, Nr. 29 (excl. var. α, ...). ..." (a. a. O., S. 323f.); „[Heracleum] Sphondylium, ... teutsche Bärenklau, ... unächte Bärenklau; Bärenwurz; Heilkraut; gemeiner Kuhpastinak; ... ihre Wurzel ... eröfnet, und treibt mit Wasser gekocht, auf den Stuhlgang, und ist vormals in Krankheiten der Leber, des Gehirns, der Muter und der Nerven empfohlen worden; in Kamtschatka genießt man die süse Stengel dieser oder wenigstens einer sehr nahe damit verwandten Pflanze, ... die Arme in Polen und Litthauen machen aus diesen und aus denen Samen ... durch das Kochen mit Wasser und den Zusaz eines Sauerteigs ein Getränk, das sie Porst nennen; ..." (Gmelin 1773b, Sp. 772ff.); „[Heracleum] Panaces, ... apenninischer Porst, ... Er heißt bey J. G. Gmelin: Heracleum foliis pinnatifidis; ..." (a. a. O., Sp. 774f.); „... Sladkaja Trawa (cf. Fl. sib. I. 213. nr. 29: ubi Sladkaja Trawa est Heracleum sphondylium L.), ..." (J. G. Gmelin in einem Brief an *S. P. Krašeninnikov* von 1739? – Plieninger 1861, S. 11); „HERACLEVM (Sphondylium) foliolis pinnatifidis. Linn. cliff. 103. ... Борщь. [russ. *boršč'*] Медвѣжья лапа [russ. *medvež'ja lapa*] Russ. Сладкая трава [russ. *sladkaja trava*] i. e. dulcis herba Camtschatcensibus." (*Krašeninnikov* 1761, S. 42); russ. *boršč* bzw. *boršč'* – Heracleum Sphondylium (*Slovar'* 1985, S. 114); russ. *boršč'* bzw. *borš* (*Slovar'* 1975, S. 301); „Heracleum sphondylium L. R. Bolschewnik [russ. *bol'ševnik*]. B. Harkiak. ..." (Georgi 1775, S. 204); lat. Heracleum Sphondylium – barabinz. Bulterjan (Georgi 1776, S. 194); „... Bärwurz p), mit deren jungen Stengeln sich die Russen laben; ... |: p) Heracleum sphondilum. [sic!] :|" (Lepechin 1783, S. 136); „... und in demselben [Wald] kam das Heracleum Sphondylium (†) in äußerster Menge hervor. Die Perser nennen dasselbe Kulupär, und essen, so wie die Kamtschadalen, so wohl die Hauptstiele, als die Blätterstengel desselben roh, nachdem sie vorher die äußerste Haut desselben vermittelst eines Messers abgezogen haben. ..." (Gmelin 1784, S. 166); „335 Heracleum Sphondylium. Lin. Syst. Plant. I. p. 686. sp. 1. ... Ruß. Putschki [russ. *pučki*] und Slatkaja Trawa (Süß Kraut) Tat. Barab. und Baschk. Baltirgan. Tscher. Baldron. ... In Sibirien wurden die Blätter zu einer Kohlsuppe, die Bortschownik genennet wird, genommen." (Falk 1786, S. 146); „1. HERACLEUM Sphondylium ... Gemeines Heilkraut. W. Bärenklau. R. Bartschownik. ... Tat. Boltirjan. ... Die jungen Stängel sind beliebtes Naschwerk des Russischen und übrigen gemeinen Volks, und das junge Kraut wird von vielen wie Kohl gegessen." (Georgi 1797–1802, Theil 3, S. 847f.); „5. HERACLEUM Panaces ... Großes Heilkraut. W. ... Die Wurzeln gleichen in Form und Geschmack Pasternak. ..." (a. a. O., S. 849); „HERACLEUM SPHONDYLIUM. ... Heracleum (Sphondylium) ... Linn. Spec. plant. ed. Willd. T. 1. p. 1421. ... Gemeines Heilkraut, Bärenklau, Küchenpastinak, Bartsch, Porst. ... Die Russen werfen die entrindeten Stengel und Blattstiele in Haufen zusammen, und finden sie dann nach einiger Zeit mit Zuckermehl überzogen, was sie durch Abklopfen gewinnen. Die Letten bereiten durch Gährung aus dieser Pflanze ein Getränk, das sie Barscz nennen. ...“ (Hayne 1821, Nr. 10); „Auf ganz Kamtschatka wächset ein Kraut in gröster Menge, welches die Russen das süße Kraut (Slatka trawa), die Einwohner am großen Fluß (Bolschajareka) Katsch nennen, und eine Beyart von Heracleum oder Sphondylium ist. ... der Hauptnutzen des ... gesammleten Krautes ... bestehet in folgenden Artikeln. Erstlich, so giebt man es den Kindern zu essen, welche damit ... vom Weinen abgehalten werden. ... so opferten sie auch ihren Götzen davon, ... Allein der wichtigste Nutzen, den man von dem getrokneten Bärenklau ... zu ziehen angefangen hat, ist dieser, daß man daraus eine Art von Brantewein bereitet. ... Ich glaube allerdings, daß der gemeine Bärenklau (Heracleum Sphondylium) zu allem, wie dieses Kraut, könne gebraucht werden, obgleich er würklich eine andere Pflanze ist, und auf russisch Borsch, am Kamtschatka Fluße aber Kungtsch genennet wird. ...“ (Steller 1769, S. 111ff.); s. auch Steller 1774, S. 84ff.; „Ein Kraut welches an denen Flüssen Kykscha und Kamtschatka wächset hat dieses besonders, daß aus dem Stengel desselben ... ein schöner und starker Brandtwein kan destilliret werden. ... Die Pflanze soll ihrer Gestalt und Wachsthum nach derjenigen zu vergleichen seyn, die im rußischen Borschtsch im lateinischen Branca ursina genennet wird. ...“ (Müller 1737, S. 34); „Die Slatkaja Trawa ***) ist frisch sehr angenehm. ... Aus dieser Pflanze wird auch Branntewein gemacht, mit dem die Regierung ... im Lande für ihre Rechnung handeln läßt, und wozu sie den Kamtschadalen die Pflanze abkauft. ... |: ***) Sphondylium foliolis pinnatifidis, LIN. Der Saft, der aus der Haut dieser Pflanze kommt, ist sehr giftig, und wenn man sie nur mit der Hand berührt, so schwillt diese gleich davon auf. Daher zieht man, wenn man sie einsammelt, sorgfältig Handschuhe an. A. d. O. :|“ (Lesseps 1791, S. 41); „SPHONDYLIUM. ... Sphondylium vulgare hirsutum, C. Bauh. Pit. Tournef. ... teutsch, Bärenklau. ... Die Blätter erweichen, zertheilen, eröffnen: sie werden zu den Clystiren und Umschlägen genommen und dazu abgesotten. Der Samen zertreibet und ist durchtringent, gut zu dem bösen Wesen, zur Engbrüstigkeit, treibt den Urin und die Zeit. Die Wurtzel dient die Wartzen und Hüneraugen zu vertreiben, wann sie zerstossen und drauf geleget wird. Der Name Sphondylium ist diesem Gewächse darum gegeben worden, dieweil sein Same so häßlich stincket, wie der Wurm Sphondylis, ...“ (Lémery 1721, Sp. 1069f.); Heracleum Panaces L. – russ. *sladkaja trava* (*Annenkov* 1858, S. 49, Nr. 544); Heracleum Sphondylium L. – russ. *boljačečnaja trava, boršč'* bzw. *medevž'ja lapa* (a. a. O., S. 49, Nr. 546); ersanisch poršeń potška bzw. potška – Heracleum sibiricum L., Bärenklau – Kohl (Wiedemann 1865, S. 146); syrjänisch aź – Heracleum, Bärenklau (Wiedemann 1880, S. 6); „Herăcleum L. (Umbelliferae). Nach Ἡρακλης (Herkules), der die Pflanze zuerst medicinisch angewendet haben soll (Plin. XXV. 12. Als Spondylion erwähnt Pl. diess Gewächs im XII. B. 58 Cap. u. XXIV. B. 16. Cap.).“ (Wittstein 1852, S. 432f.); „Sphondȳlium T. (Umbelliferae). Von σφονδυλος (Wirbel); die aufgetriebenen Knoten des Stängels verglich man mit den Wirbeln des Rückgrats; σφονδυλος heisst auch ein übelriechendes Insekt, und könnte auf den üblen Geruch der Früchte bezogen werden.“ (a. a. O., S. 830f.)

„Spondylium nec pauca, russis suppeditat: ineunte enim vere folia tenellula cum carnibus coquunt, instar brassicae, quod et in Ukraina moris est; adultae plantae caules seorsim Sibirienses colligunt affusa fervente aqua perfundunt, reponuntque ut acescat, caules deinceps cocti in cibum, aqua vero acida rusticis cedit in potum, aliquibus in locis Sibiriae spiritum exinde parant simplicem et copiosam sequenti modo, folia et caules sphondilii contundunt, contusa ad quatuor digitos transversos doliolum replent, huic strato farinam ad digitum unum inspergunt et ita stratificando, pergunt donec integrum dolium repletum, huic farragini affundunt aquam fervidam, frusta dein panis fermentati duo vel tria, hinc inde dispersa im̃iscent, et post duas dies, destillationem inchoant, alembici inopiam plerumq) duae sibi invicem impositae ollae tubi vero bombardae cylinder resarcite debet.“ (AAW R. I, Op. 104, D. 28, Bll. 15v–16r, s. Anm. 20 in Nr. 632); „XXXIX. [kamtschadalisch (itelmenisch)] Utschkui Russ. сладкая трава [russ. *sladkaja trava*] ...“ (AAW R. I, Op. 13, D. 10, Bll. 248r–248v (in lateinischer Sprache), s. Anm. 49 in Nr. 298); eine Kopie (in lateinischer Sprache) in: RGADA F. 199, Op. 2, Portf. 527, D. 5, Bll. 1r–

1v; „XLII. ...“ (russ. – Über die Zubereitung von *sladkaja trava* und die Destillation von Branntwein daraus) (a. a. O., Bll. 249r–251r); eine Kopie (ebenfalls in russischer Sprache) in: RGADA F. 199, Op. 2, Portf. 527, D. 5, Bll. 2r–4v; „Útschkui Russ. сладкая трава [russ. *sladkaja trava*]. ...“ (AAW R. I, Op. 13, D. 50, Bll. 40r–41r, s. Anm. 49 in Nr. 298); „Spondylium [sic!] – Борщъ. [russ. *boršč*]“ (AAW F. 21, Op. 5, D. 73, Bl. 271r); „борщъ [russ. *boršč*]“, katschinsk. „Báltergan“, taiginz. „Haltangài“, kamass. „Méngön (Schologói verdorrte)“, kotowz. „Tínejan eßen“, tschazkisch „Ass-Karak [?]“ – Sphondylium (J. G. Gmelin in: AAW F. 21, Op. 5, D. 73, Bll. 296v/297r); „90 Spondylium“ (AAW R. I, Op. 15, D. 1, Bl. 2v, s. Anm. 24 in Nr. 64); „[N°.] 862. Sphondylium.“ mit der rechts marginalen Anm. „[N. Gmel.] 13.“ (AAW R. I, Op. 15, D. 3, Bl. 16r, s. Anm. 65 in Nr. 24); „234. Sphondylium vulgare hirsutum. C. B. P. ...“ (AAW R. I, Op. 105, D. 12, Bl. 8v, s. Anm. 54 in Nr. 17); „57. Sphondylium vulgare hirsutum C. B. P.“ (AAW R. I, Op. 14, D. 8, Bl. 2r, s. Anm. 98 in Nr. 39); „1. Sphondylium vulgare hirsutum C. B. P. Pr. ind. ...“ (AAW R. I, Op. 13, D. 67, Bl. 38r, s. Anm. 5 in Nr. 4); „Sphondylium vulgare, hirsutum C. B. P. 157“ (AAW R. III, Op. 1, D. 162, Bl. 110v, s. Anm. 54 in Nr. 17); „1. Spondylium vulgare hirsutum C. B. P. 157.“ (AAW R. I, Op. 13, D. 16, Bl. 18r, s. Anm. 32 in Nr. 6); „Sphondylium vulgare hirsutum. C. B. P. ...“ (AAW R. I, Op. 105, D. 2, Bl. 9v, s. Anm. 54 in Nr. 17); „168. Sphondylium vulgare hirsutum C. B. P. Russis Борщъ [russ. *boršč*], a quibus folia instar oleris et caules comeduntur. ...“ (AAW R. I, Op. 13, D. 42, Bl. 24v, s. Anm. 1 in Nr. 1); „561. Sphondylium vulgare hirsutum C. B. P. ...“ (AAW R. I, Op. 105, D. 1[a], Bl. 68v, s. Anm. 29 in Nr. 5); „310) Sphondylium vulgare hirsutum C. B. P ...“ (AAW R. I, Op. 104, D. 25, Bl. 24r, s. Anm. 61 in Nr. 21); „172. Spondylium [sic!] vulgare hirsutum CBP.“ (AAW R. I, Op. 6, D. 40, Bl. 30v, s. Anm. 1 in Nr. 1); „217„ d. [31. August 1724]„ [Sem.] Sphondylii vulgaris hirsuti. C. B. et Tournef. Sp. 1. „ “ (AAW F. 98, Op. 1, D. 23, Bl. 6v, s. Anm. 49 in Nr. 653); „4. August 1725 ... Von Kräutern: Cicuta maior (Caspar Bauhini Pinax 160, Tournefortii sp. 1.) seu Sphondylium vulgare hirsutum (Caspar Bauhini Pinax 157, Tournefortii sp. 1) ...“ (Messerschmidt 1962–1977, Bd. 4, S. 183f.); „Sphondylium vulgare hirsutum (Tournefortii sp. 1), Off.“ (Messerschmidt 1962–1977, Bd. 4, S. 203, s. Anm. 1 in Nr. 1); „1082. Heracleum folijs pinnatifidis Linn. h. Cliff. 103. Spondylium vulgare hirsutum B. pin. 157. ...“ (AAW R. I, Op. 13, D. 20, Bl. 99v, s. Anm. 1 in Nr. 1)

[/87r/]

CLASSIS VIII.
de
Herbis [et] suffruticibus flore polypetalo Caryophyllaeo.

467.	*Caryophyllus flore tenuissime dissecto C. B. P.*[1] *Ab- / unde in montosis sylvis ad Angaram et la- / cum Baikal floret Julio Huius semina mitto.*

/87v/

Florae Irkutiensis Ordine Instit[utionum] Rei Herb[ariae]
CLASSIS VIII.

468.	*Caryophyllus flore tenuissime dissecto carneo C. B. / Pin.* 210.[2] *Cum priori at rarior occurrit.*
469	*Caryophyllus flore tenuissime dissecto albo Tourn. I. R. H. et C. B. P.*[3] *Bargusini inveni d[ie]* 26 *Aug[usti]*
470	*Caryophyllus sylvestris humilis, flore unico C. B. P.*[4] */ floret initio Julii in Montosis ad Angaram*
471.	*Caryophyllus sylvestris purpureus, circulo in medio / rubro piloso*[5]. *Cum praecedenti.*
472.	*Caryophyllus sylvestris purpureus circulo puni- / ceo hirsuto*[6]. *Prioris varietas cum prae- / cedenti*
473.	*Caryophyllus pusillus flore minimo pulchro*[7], */ ad Buguldeichae fluvii ostium in lacum / Baikal, unicum saltim exemplar occur- / rebat, tres uncias altus erat, unico sal- / tim flore donatur, folia brevia, angusta, / rigida, glauca, glabra. Flos ruber in dia- / metro* 4 *saltim lineas latus.*
474.	*Caryophyllus sylvestris prolifer C. B. P.*[8] *Uni- / ca saltim vice occurrebat circa List- / wenischnoi insulam Lacus Baikal.*
475	*Lychnis sylvestris hirsuta annua, flore minore / carneo Mor. Hist Oxon. Part.* 2 541.[9] *Calyx huius / plantae striatus singuliq[ue] caules* 5. 6 *digitos alti, / tribus plerumq[ue] floribus ornantur, duo tresve / numero in singulis plantis sunt, bis vel ter- / geniculati, ad unum quodq[ue] geniculum Duo / exadverso folia locantur oblonga, angusta, / hirsuta, obscure viridia, ad coronam radicis / maiora alia in orbem sparguntur flos in*

/88r/

Florae Irkutiensis Ordine Instit⌈utionum⌉ Rei herb⌈ariae⌉
CLASSIS VIII.

	diametro $^{3}/_{10}$ pollicis latus, carneus. semina / maturat sub medium Julii. Abunde occurrit / in montosis ad Angaram et lacum Baikal / Floret initio Iunij Huius semina mittuntur.
476	*Lychnis saxatilis hirsuta, annua flore majore*[10] */ Crescit in excelsis rupibus circa munimen- / tum Bargusinense. In omnibus coincidit / cum praecedenti excepto calyce, qui duplo / amplior una cum flore, ita et flos magis / albet huius semina mitto.*
477.	*Lychnis pratensis flore laciniato, simplici. / Mor. Hist. Oxon. P. 2. 537. Flos cuculi / odontites*[a] *quibusdam J. B. 3. 347 Caryo- / phyllus pratensis flore laciniato simpli- / ci sive flos Cucul[[l]]i C. B. P. 210. Lychnis / Dunbrigensis I⌈oannis⌉ Raii in Hist. Plant. Univer- / sali*[11]*, in pratis ubiq⌈ue⌉ circa Irkutiam, at / flore albo semper occurrit. floret circa / medium Junii, Caulis huius teres quater / aut quinquies plerumq⌈ue⌉ geniculatus, pilis / hirtus, circa coronam radicis multa in / orbem eriguntur folia, longis pediculis do- / nata, oblonga, intensè' viridia, pilosa, / utrinq⌈ue⌉ hirsuta ad singula caulis genicula / duo exadverso oblonga pediculo caren- / tia, caulem amplexantia folia eriguntur / Ex alis foliorum circa medium caulis / pediculi prodeunt, unciam plus minus*

/88v/

Florae Irkutjensis[b] *ordine Instit⌈utionum⌉ Rei Herbariae*
CLASSIS VIII.

	longi, flores sustinentes albos, quorum singula: pe- / tala admodum profunde laciniata, sunt, bifida, / stamina filamentosa tenuissima, alba, praelonga, / apices sustinent puniceas, è flore multum ex- / tuberantes. Calyx teres angustus, oblongus, / albide viridis lineis purpureis pulchrè / striatus et hirsutus. Huius semina mit- / tuntur.
478	*Lychnis sylvestris alba, simplex C. B. P. p⌈agina⌉ 204.*[12] */ Huius petala ad unam tertiam bifida, cor- / diformia, calyx hirsutus, è viridi et albo / striatus perianthium, qua prominet parte / omnimode*[c] *viride, folia ad genicula singu- / la oriuntur exadverso bina, et ex eorum / alis, alia unà cum pediculis, flores susti- / nentibus, folia ipsa supernè intense viri- / dia, pilosa, oblonga, acuminata, tres digitos / longa, infernè pallidissimè*

---

[a] odontites *verbessert aus* d [b] Irkutjensis *verbessert aus* Irkutensis [c] omnimode *verbessert aus* o[.]nimo[.]e

	viridia. Floret / circa medium Junii.
479	*Lychnis sylvestris quae Behen album vulgo / C. B. P.*[13] *Abundè circa Irkutiam et la- / cum Baikal. Floret Julio.*
480.	*An Lychnis sylvestris alba, spica reflexa Bot / Monsp.*[14] *Abunde in montosis ad Angaram / et lacum Baikal, floret circa finem Ju- / nii. Radice nititur dodrantali, fibrosa, / tenui caulem emittit modo unum, mo- / do duos* 6. 8. 10 *vicibus geniculatos geni- / culis inferioribus dimidiam sequioribus / unciam unam superiobus* 3 4*ve uncias / a se invicem distantibus caulis genicula in-*

/89r/

Florae Irkutiensis Ordine Instit[utionum] Rei Herb[ariae]
CLASSIS VIII.

	feriora purpurascunt, superna virent, ad singula / genicula duo exadverso folia Lavandulae[15] *foliis / simillima supine herbide, aversa parte pallidi- / us viridia glabra locantur. E foliorum alis / fere singulis pediculi eriguntur, infernè ut / caulis foliosi in summitate autem* 4 *foliis / angustioribus et brevioribus in crucis formam / dispositis vestiuntur. E superiorum foliorum / alis pediculi eriguntur unciam circiter / longi floribus tribus, quatvorve brevibus / pediculis fultis onusti, unam partem spectan- / tibus, flos pentapetalos caryophylleus, peta- / la ipsa alba angusta bifida, quae*[a] *interiori / parte corolla exigua ambit, ad unum quodq[ue] / petalum*[b] *stamina duo alba apicibus viri- / dibus onusta locantur, calyx dimidiam / forte unciam longus, albidè viridis, parum / hirsutus, striatus et angulosus, supernè quin- / quifidus, superna florum spica nutante pa- / rum et reflexa. Huius semina mittuntur.*
481	*Lychnis segetum maior C. B. P.* 204. *Pseudome- / lanthium J. B.* 3. 341. *Nigellastrum Dod.*[16] */ Floret sub initium Julij inter segetes, ut / et in planis desertorum campis qua itur / ad Lenam.*
482.	*Linum sylvestre, coeruleum folio acuto Tour. I. / R. H. spec[ies]* 17. *et C. B.* [[*P.*]] *Prodr.*[17] *Floret circa / medium Junij in pratis ad Irkutum. Hu- / ius semina mittuntur.*

[a] quas [b] *nach* petalum *gestr.* . [Punkt]

/89v/

Florae Irkutiensis Ordine Inst[itutionum] Rei Herb[ariae]
CLASSIS VIII.

483	*Linum sylvestre coeruleum folio acuto breviori*[18] / *Floret sub finem Julii, in apertis deserto- / rum campis, qua itur ad Lenam. Huius / semina mittuntur.*
484	*An Limonium Orientale Plantaginis folio, flo- / ribus umbellatis Boerh. ind. plant. Sive / Limonium Lusitanicum Auriculae ursi / folio maius*[19]. *Haec planta in montosis ad / cubitalem altitudinem assurgere solet. folia / sunt ferè auriculae ursi*[20] *supernè obsolete / viridia, inferne purpurascentia, rigida, / glabra, crassa costa folii in spiculam seu / aciculam albam desinente. Flos est umbel- / latus coeruleus. Semina huius transmisi / floret circa, initium Julii in montosis ad / Angaram e regione*[a] *Wosnesenskensi Mo- / nasterii*[21]
485	*Limonium jdem, folio angustiori*[22], *per omnia con- / venit cum praecedenti cumq[ue] eo occurrit / eodemq[ue] loco,*[b] *et*[c] *tempore floret.*
486.	*Limonium idem humile*[23] *occurrit in siccis deser- / torum*[d] *campis circa Athanasii Dementjew / Saymkam, Oiok et circa lacum Baikal / Altitudine saepius vix palmum superare / visa foliorum florumq[ue] conformatione co- / incidit cum praecedenti, solummodo*[e] *quod / omnia proportionate minora sint. Huius se- / mina mittuntur, quo cultura innotescat / an revera diversa species sit, an vero*

/90r/

Florae Irkutiensis Ordine Institut[ionum] Rei Herb[ariae]
CLASSIS VIII.

	hoc soli natalis ariditate contingat? Floret / cum praecedenti.
487.	*Limonium folio Conyzae acris*[24] *sub initium [Septe]mbr[is] / inveni in deserto Kunkurkinensi* 30 *stadia / a munimento Bargusinensi, praeter semen / maturum nihil reliquum in planta emar- / cida distincte observare potui, assurgit / ad dodrantalem altitudinem, folia acce- / dunt ad Conyzae*[25] *folia. semina huius plan- / tae benè matura mittuntur.*

[1] „[species 45] Caryophyllus flore tenuissime dissecto C. B. Pin. 209. Betonica coronaria, tenuissimé dissecta sive Caryophyllaea superba, elatior, vulgaris J. B. 3. 330. Superba alba, medio corollâ purpuro-violaceâ obsoletâ cincta Lob. Icon. 450. Mignardise.“ (Tournefort 1700, S. 331,

---

[a] e regione *verbessert aus* eregione [b] *nach* loco, *gestr.* eodemq₃ [c] et *über der Zeile* [d] desert*o*rum *verbessert aus* [.] [e] s*o*lummodo *verbessert aus* a

Genus I. „Caryophyllus. Oeillet."); „Caryophyllus flore tenuissime dissecto C. B. Pin. 209. Betonica coronaria tenuissime dissecta sive Caryophyllea superba elatior vulgaris J. B. T. 3. p. 330. ..." (Dillenius 1719, Appendix, S. 15); „Caryophyllus plumarius, purpuro-coeruleus Tab. Betonica coronaria, tenuissime dissecta, sive Caryophyllea superba, elatior vulgaris J. B. ..." (Buxbaum 1721, S. 60); „TVNICA montana, altissima, flore tenuissime laciniato. Caryophyllus plumarius albus & purpuro-coeruleus Tabern. icon. p. 286. & 287. Betonica coronaria tenuissime dissecta, sive caryophyllea superba, elatior, vulgaris J. B. & Chabr. p. 440. ..." (Rupp 1726, S. 94; Rupp 1745, S. 118); „2. DIANTHUS petalis multifidis. Fl. lapp. 170. ... Caryophyllus sylvestris 6. Clus. hist. 1. p. 284. Caryophyllus minor alter. Dod. pempt. 175. Betonica coronaria, tenuissime dissecta sive caryophyllea superba elatior vulgaris. Bauh. hist. 3. p. 331. ..." (Linné 1737, S. 164); „14) Stolze Nelke. Dianthus superbus. ... Dianthus floribus paniculatis, squamis, calycinis brevibus acuminatis, corollis multifido-capillaribus; caule erecto. LINN. Syst. veg. p. 349. Sp. pl. 589. ... Tunica montana altissima, flore tenuissime laciniato. RUPP. Ien. 2. p. 118. Caryophyllum simplex, alter, flore laciniato odoratissimo. C. BAUH. pin. 210. Caryophyllus sylvestris VI. Clus. hist. 1. 284. Pann. 323. Caryophyllus minor alter. DOD. pempt. 175. ... Sie ... ist eine sehr schöne Pflanze welche ... ansehnlich Blumen trägt, die ... mancherley Farben bekommen...." (Linné 1780, S. 569); „20. DIANTHUS superbus. ... Tunica montana altissima, ... Rupp. jen. 2. p. 118. Caryophyllus simplex alter, .. Bauh. pin. 210. Caryophyllus sylvestris VI. Clus. hist. 284. ... Stolze Nelke. W. ..." (Linné 1797–1830, Bd. II, Teil 1, S. 679); „5) DIANTHUS SUPERBUS. Linn. ... M. a Bieb. Fl. taur. cauc. I. p. 331. No. 816. ..." (Ledebour 1830, S. 137); „31. D[ianthus] superbus (L. SP. 589) ... M. a BIEB. Fl. t. c. I, p. 331. ... LEDEB. Fl. alt. II, p. 137. ... D. floribus solitariis, ... GMEL. Fl. sib. IV, p. 135. Nr. 25. t. 58. ...." (Ledebour 1842, S. 285f.); „816. DIANTHUS superbus. ... Gmel. sib. 4. p. 135. n. 25. t. 58. ... Caryophyllus syluestris sextus. Clus. hist. I. p. 284. ..." (Marschall von Bieberstein 1808a, S. 331); „25. DIANTHVS floribus solitariis, petalis multifidis basi canaliculatis. LIN. Hort. vps. 105. LAVC. Monosp. 143. T. LVIII. Dianthus floribus solitariis, corollis lacero-partitis, squamis calycinis ouatis acutis, LIN. Suec. 344. SCOP. Carn. 507. 2. ..." (Gmelin 1747–1769, Bd. IV, S. 135), nahezu identisch auf Bl. 59r in: AAW R. I, Op. 104, D. 14 – s. Anm. 32 in Nr. 6; „25. Dianthus floribus solitariis, petalis multifidis basi canaliculatis. t. LVIII. [=] Dianthus superbus L.! (Dianthus plumarius L. – Willd. sp. pl. II. 678.)" (Ledebour 1841, S. 126); „[Caryophyllus] flore tenuissime dissecto, ist bey C. Bauhin die Mignardise, oder eine Abänderung der Federnelke." (Gmelin 1772, Sp. 627); „[Dianthus] superbus, ... stolze Nelke, ... Buschnägelein; hohe Federnelken; grose staudige Federnelken; ... die Bienen besuchen ihre Blumen des Wachses halber." (Gmelin 1773, Sp. 578f.); „8. DIANTHUS superbus L. ... Schöne Nelke. ..." (Georgi 1797–1802, Theil 3, S. 970f.); „Flor. Germ. p. 188. n. 8. Dianthus superbus. D. floribus paniculatis, squamis calycinis breuibus acuminatis, corollis multifido-capillaribus, caule erecto. Linn. Syst. Plant. T. 2. p. 337. ... Caryophyllus simplex alter, flore laciniato odoratissimo. C. Bauh. pin. p. 210. Caryophyllus flore tenuissime dissecto. C. Bauh. pin. p. 209. ... Dill. Gies. append. p. 15. Caryophyllus plumarius purpureo-coeruleus. Buxb. Hal. p. 60. ... Tunica montana altissima, flore tenuissimo laciniato. Rupp. Ien. p. 118. Betonica coronaria tenuissime dissecta, siue Caryophyllea superba elatior vulgaris. Ioh. Bauh. hist. 3. p. 330. ..." (Roth 1789, S. 478f.); „13) Dianthus plumarius. ... Dianthus floribus solitariis, squamis calycinis subovatis, brevissimis, corollis multifidis, fauce pubescentibus. LINN. Syst. veg. p. 348. Sp. pl. 589. ... Caryophyllus sylvestris, flore laciniato, sine corniculis odoro. C. BAUH. pin. 210. Caryophyllus sylvestris V. species alia. CLUS. hist. 1. p. 284. Pann. 320. ... wegen ihren tief zerspaltenen Blumenblättern insgemein Federnelke oder Federnägelein ... genennet. ..." (Linné 1780, S. 568); „18. DIANTHUS plumarius. ... D. floribus solitariis, ... Gmel. sib. 4. p. 135. ... Roth. germ. ... II. 478. ... Caryophyllus sylvestris flore laciniato ... Bauh. pin. 210. ... Caryophyllus sylvestris V. species alia. Clus. hist. 1. p. 284. ... Feder Nelke W. ..." (Linné 1797–1830, Bd. II, Teil 1, S. 678); „30. D[ianthus] plumarius (L. SP. 589) ... M. a BIEB. Fl. t. c. 1, p. 330. ..." (Ledebour 1842, S. 285); „815. DIANTHUS plumarius. ... Caryophyllus syluestris quintus, species alia. Clus. hist. 1. p. 284. ..." (Marschall von Bieberstein 1808a, S. 330); „[Caryophyllus] sylvestris flore laciniato sine corniculis odoro, hierunter versteht C. Bauhin eine andere [Abänderung/Varietät] der Federnelke] mit rother wohlriechender Blume." (Gmelin 1772, Sp. 641); „Dianthus plumarius, ... Federnelke, ... einfaches wildes Feldnägelein; ..." (Gmelin 1773, Sp. 579f.); „7. DIANTHUS plumarius L. ... Feder=Nelke. ..." (Georgi 1797–1802, Theil 3, S. 970); „Flor. Germ. p. 187. n. 7. Dianthus plumarius. D. floribus solitariis, squamis calycinis subouatis breuissimis, corollis multifidis fauce pubescentibus. Linn. Syst. Plant. T. 2. p. 336. ... Caryophyllus syluestris flore laciniato sine corniculis odoro. C. Bauh. pin. p. 210. ..." (Roth 1789, S. 478); „CARYOPHYLLI. ... teutsch, Näglein ... Caryophyllus kommt von κάρυον, juglans, ein Nußbaum, und φύλλον, folium, ein Blatt, als ob man sagen wolte, Nußbaumlaub, dieweil des Nägleinbaumes Blätter dem Nußbaumlaube nicht unähnlich sehen." (Lémery 1721, Sp. 248f.); „Diánthus <Nelke>: Name von L. ... gebildet nach gr. Diòsánthos <Blume des Zeus> ..." (Genaust 2005, S. 205); Dianthus superbus L. – russ. *dikoe mylo* (*Annenkov* 1858, S. 38, Nr. 403); „Caryophȳllus T. L. (Myrtaceae). Zus. aus καρυον (Nuss, Kern) und φυλλον (Blatt), weil das zwischen den Kelchzähnen befindliche Köpfchen (welches das Ansehen eines Kernes oder Nüsschen hat) aus den übereinander gewölbten Kronblättern besteht. ... Caryophȳllus MNCH. (Caryophyllaceae). Abtheilung der Gattung Dianthus mit nelkenartig riechenden Blumen." (Wittstein 1852, S. 162); „Diānthus L. (Caryophyllaceae). Zus. aus διος (göttlich) u. ἀνδος (Blume), wegen ihrer Schönheit." (a. a. O., S. 274)

„68 Caryophyllus flore tenuissime dissecto. C. B. P. 209. Cl. viii. s. 1. g. 1." (AAW R. III, Op. 1, D. 98, Bl. 4r, s. Anm. 3 in Nr. 53); „925. Dianthus petalis multifidis Linn. h. Cliff. 164. Caryophyllus sylvestris alter, flore laciniato Besl. H. Eyst. ..." (AAW R. I, Op. 13, D. 20, Bl. 84r, s. Anm. 1 in Nr. 1); „3. Caryophyllus sylvestris, flore laciniato, sine corniculis odoro C. B. P? Ind. Irc. n°. 373 Fl. Irc. 467. 468. 469. ..." (AAW R. I, Op. 13, D. 67, Bl. 52r, s. Anm. 5 in Nr. 4); „786. An Caryophyllus sylvestris, flore laciniato, sine corniculis odoro C. B. P? Ind. Irc. n°. 373. ... Fl. Irc. n° 467. 468. 469." (AAW R. I, Op. 105, D. 1^{a}, Bl. 91v, s. Anm. 29 in Nr. 5); „373. An Caryophyllus sylvestris, flore laciniato, sine corniculis odoro C. B. P? ... Descriptio et icon ad exemplum laetissimo proveniens facta sunt, nam dantur flores in hac specie, vix unciam diametro aequantes." mit der rechts marginalen Anm. auf Bl. 42r „vid. Ic."(AAW R. I, Op. 105, D. 4^{a}, Bll. 42r–42v, s. Anm. 54 in Nr. 17), auf Bl. 16v der Textversion AAW R. I, Op. 105, D. 12 mit der links marginalen zusätzlichen Anm. von J. G. Gmelin „Caryophyllus fl. tenuissime dissecto B. P. St. 467."

2 „[species 46] Caryophyllus flore tenuissime dissecto, carneo C. B. Pin. 210." (Tournefort 1700, S. 331, Genus I. „Caryophyllus. Oeillet."); „[Caryophyllus] flore tenuissime dissecto carneo, bedeutet bey ihm [d. h. Tournefort] ein fleischrothe Spielart derselbigen [d. h. der Federnelke]." (Gmelin 1772, Sp. 627); s. Nr. 467

3 „[species 47] Caryophyllus flore tenuissimè dissecto, albo C. B. Pin. 210. Caryophyllus plumarius, albus Tabern. Icon. 286." (Tournefort 1700, S. 331, Genus I. „Caryophyllus. Oeillet."); „[Caryophyllus] flore tenuissime dissecto albo, so nennt Tournefort eine weisse Abart derselbigen [d. h. der Federnelke]." (Gmelin 1772, Sp. 627); s. Nr. 467

4 „[species 83] Caryophyllus sylvestris, humilis, flore unico C. B. Pin. 209. Betonica coronaria sive Caryophyllaea, repens, rubra & alba J. B. 3. 328. Caryophyllaeus sylvestris, 1 Clus. Hist. 282." (Tournefort 1700, S. 333, Genus I. „Caryophyllus. Oeillet."); „15) Sandnelke. Dianthus arenarius. ... Dianthus caulibus subunifloris; squamis calycinis ovatis obtusis; petalis multifidis; foliis linearibus. LINN. Syst. veg. p. 349. Sp. pl. 589. ... Caryophyllus sylvestris humilis, flore unico. C. BAUH. pin. 209. Caryophyllus sylvestris 1. CLUS hist. 1. p. 282. ..." (Linné 1780, S. 569f.); „24. DIANTHUS arenarius. ... Roth. germ. ... II. 479. ... Caryophyllus sylvestris. 1. Clus. hist. 1. p. 282. ... Sand Nelke. W. ..." (Linné 1797–1830, Bd. II, Teil 1, S. 681); „29. D[ianthus] arenarius (L. SP. 589) ..." (Ledebour 1842, S. 284); „[Caryophyllus] sylvestris humilis flore unico, ist bey C. Bauhin die Sandnelke." (Gmelin 1772, Sp. 642); „Dianthus arenarius, ... Sandnelke, ... Sandnägelein; Bergfedernelken; wildes Zwergnägelein mit einer Blume; ... ihre Blumen ... werden von den Bienen des Wachses halber besucht: ..." (Gmelin 1773, Sp. 580f.); „Dianthus arenarius. ...

Caryophyllus syluestris humilis flore vnico. C. Bauh. pin. p. 209. ...“ (Roth 1789, S. 479f.); „18) Sandnelke. ... Caryophyllus sylvestris humilis flore unico. C. Bauh. pin. 209. ... Die Blume ist weiß oder roth, bekommt durch die Cultur allerhand Varietäten, und erfüllt bey Nacht die Felder mit einem starken sehr lieblichen Geruch. ...“ (Krünitz 1773–1858, Bd. 102, S. 86f.)

„4. Caryophyllus sylvestris humilis flore unico C. B. P. Fl. Irc. n°. 470.“ (AAW R. I, Op. 13, D. 67, Bl. 52r, s. Anm. 5 in Nr. 4); „– Caryophyllus sylvestris, humilis, flore unico C B P. ... albo, rubente et viridi colore variat.“ (AAW R. I, Op. 104, D. 8, Bl. 11r, s. Anm. 18 in Nr. 452); „Caryophyllis sylvestris, humilis, flore unico. C. B. P. ...“ (AAW R. I, Op. 105, D. 2, Bl. 9v, s. Anm. 54 in Nr. 17)

5 „784. Caryophyllus sylvestris, flore magno inodoro, hirsuto, multiflorus Ind. Irc. n° 372. ... Fl. Irc. n°. 471 et 472.“ (AAW R. I, Op. 105, D. 1^a, Bl. 91v, s. Anm. 29 in Nr. 5); „372. Caryophyllus sylvestris, flore magno, inodoro, hirsuto, multiflorus. Caryophylli sylvestris II. spec. II. Clus. H. 283. ...“ mit der links marginalen Anm. von J. G. Gmelin „Caryophyllus sylv. purpureus circulo in medio rubro aut puniceo piloso n°. 471. & 472. St.“ (AAW R. I, Op. 105, D. 12, Bl. 16v, s. Anm. 54 in Nr. 17)

„16) Alpennelke. Dianthus alpinus. ... Dianthus caule unifloro; corollis crenatis, squamis calycinis exterioribus tubum aequantibus, foliis linearibus obtusis. LINN. Syst. veg. p. 349. Sp. pl. 590. ... Caryophyllus sylvestris, flore magno inodoro hirsuto. C. BAUH. pin. 209. Caryophyllus sylvestris 2. CLUS. hist. 1. p. 283. f. 1. ...“ (Linné 1780, S. 570f.); „CARYOPHYLLEI FLORES. CAP. I. ...“ und die Abbildung „Caryophylleis silvest. II.“ auf S. 283 (Clusius 1601, S. 282ff.); „29. DIANTHUS alpinus. ... Caryophyllus sylvestris, flore magno inodoro hirsuto. Bauh. pin. 209. Caryophyllus sylvestris 2. Clus. hist. 1. p. 283. f. 1. bon. ... Alpen Nelke. W. ...“ (Linné 1797–1830, Bd. II, Teil 1, S. 682f.); „18. D[ianthus] alpinus (L. SP. 590). ...“ (Ledebour 1842, S. 281); „[Caryophyllus] sylvestris flore magno inodoro hirsuto; ist bey C. Bauhin die Alpennelke.“ (Gmelin 1772, Sp. 641); „[Caryophyllus] sylvestris secundus, ist bey Clusius die Alpennelke.“ (a. a. O., Sp. 642); „Dianthus alpinus, ... Alpennelke, ... breitblätterichtes Zwergnägelein; ...“ (Gmelin 1773, Sp. 581)

6 s. Nr. 471

7 „5. Caryophyllus pusillus flore minimo. Pulchro Fl. Irc. n°. 473.“ (AAW R. I, Op. 13, D. 67, Bl. 52r; s. Anm. 5 in Nr. 4)

8 „[species 75] Caryophyllus sylvestris, prolifer C. B. Pin. 209. Betonica coronaria, squamosa, sylvestris J. B. 3. 335. Armeria prolifera Lob. Icon. 449.“ (Tournefort 1700, S. 333, Genus I. „Caryophyllus. Oeillet.“); „5) Sprossende Nelke. Dianthus prolifer. ... Dianthus floribus aggregatis, squamis calycinis ovatis, obtusis, matricis, tubum superantibus. LINN. Syst. veg. p. 348. Sp. pl. 587. ... Caryophyllus sylvestris prolifer. C. BAUH. pin. 209. ... Caryophyllus sylvestris annuus, multis capsulis simul iunctis donatus. MORIS. hist. 2. p. 563. ... Man nennt sie insgemein knopfnägelein. ...“ (Linné 1780, S. 562f.); „7. DIANTHUS prolifer. ... Gmel. sib. 4. p. 135. ... Caryophyllus sylvestris prolifer. Bauh. pin. 209. ... Caryophyllus sylvestris annuus, ... Moris. hist. 2. p. 563. ... Sprossende Nelke. W. ...“ (Linné 1797–1830, Bd. II, Teil 1, S. 673f.); „33. D[ianthus] prolifer (L. SP. 587) ... M. a BIEB. Fl. t. c. I, p. 325. ... D. floribus capitatis aggregatis, ... GMEL. Fl. sib. IV, p. 135. Nr. 26. ...“ (Ledebour 1842, S. 286); „26. DIANTHVS floribus capitatis aggregatis, squamis calycinis ouatis obtusis, muticis, tubum superantibus, LIN. Sp. pl. 1. p. 587. n. 4. ...“ (Gmelin 1747–1769, Bd. IV, S. 135), nahezu identisch auf Bl. 59v in: AAW R. I, Op. 104, D. 14 – s. Anm. 32 in Nr. 6; „26. Dianthus floribus capitatis aggregatis, squamis calycinis ovatis obtusis muticis tubum superantibus [=] Dianthus prolifer L.!“ (Ledebour 1841, S. 126); „804. DIANTHUS prolifer. ... Gmel. sib. 4. p. 135. n. 26. ...“ (Marschall von Bieberstein 1808a, S. 325); „[Caryophyllus] sylvestris prolifer, bedeutet bey C. Bauhin ... die sprossende Nelke.“ (Gmelin 1772, Sp. 642); „3. Art. D[ianthus] prolifer. Sprossende Nelke. (Linné.) ... Vulgärnamen: Kopfnelke. ...“ (Bechstein 1833, S. 1009); „5) Sprossende Nelke. Dianthus prolifer, ... Linn. ... Man nennt sie insgemein Knopfnelke. ...“ (Krünitz 1773–1858, Bd. 102, S. 76f.)

„1. Caryophyllus sylvestris prolifer. C. B. P. 209." (AAW R. I, Op. 13, D. 16, Bl. 18v, s. Anm. 32 in Nr. 6); „Caryophyllus Sylvestris prolifer C. B. P." (AAW R. III, Op. 1, D. 162, Bl. 23v, s. Anm. 54 in Nr. 17); „170. Caryophillus sylvestris prolifer C. B. P." (AAW R. I, Op. 104, D. 13, Bl. 5v, s. Anm. 84 in Nr. 29); „174 Caryophyllus sylvestris prolifer C B P. 209." (AAW R. I, Op. 6, D. 40, Bl. 31r, s. Anm. 1 in Nr. 1); „290. Caryophyllus sylvestris prolifer CB." (AAW R. I, Op. 15, D. 3, Bl. 6r, s. Anm. 65 in Nr. 24)

9 „[species 85] Lychnis sylvestris, hirsuta, annua, flore minore, carneo Mor. Hist. Oxon. Part. 2. 541." (Tournefort 1700, S. 337, Genus II. „Lychnis."); „24. Lychnis silvestris hirsuta annua, flore minore carneo, nobis. ..." (Morison 1680, S. 541); „* 11. LYCHNIS SYLVESTRIS HIRSUTA, ANNUA, FLORE MINORE CARNEO. H. Ox. & Raji. Hist. 1. 994. N°. 4. ..." (Vaillant 1727, S. 121); „5) Französische Silene. Silene Gallica. ... Silene floribus subspicatis alternis secundis, petalis indivisis; fructibus erectis. LINN. Syst. veg. p. 350. Sp. pl. 595. ... Lychnis sylvestris hirsuta annua, flore minore carneo. VAILL. paris. 121. t. 16. f. 12. ..." (Linné 1780, S. 588); „7. SILENE gallica. S. floribus subspicatis ... Sp. pl. 595. ... Lychnis sylvestris hirsuta annua, flore minore carneo. Vaill. paris. 121. t. 16. f. 12.. ... Französische Silene. W. ..." (Linné 1797–1830, Bd. II, Teil 1, S. 693); „29. S[ilene] gallica (L. SP. 595) ... S. quinqueulnera L. SP. 595. ... GEORGI Beschr. d. Russ. R. III. 4. p. 974. S. cerastoides. GEORGI l. c. ..." (Ledebour 1842, S. 315); „[Lychnis] sylvestris hirsuta annua, flore minore carneo, hierunter versteht er [d. h. Vaillant] die französische Silene." (Gmelin 1773a, Sp. 836); „SILENE L., Silene. Leimkraut. 1. SILENE quinque vulnera L., ... Verwundete Silene. Fünfflekige Silene. ... 3. SILENE cerastoides L., ... Hornkrautähnliche Silene. ..." (Georgi 1797–1802, Theil 3, S. 974); „LYCHNIS. ... Lychnis kommt von λύχνος, luminare, Lampe, dieweil will vorgegeben werden, ob streue dieses Krautes Blume wie Flammen oder Strahlen von sich, ..." (Lémery 1721, Sp. 667ff.); „Siléne <Leimkraut>: Name von L. ... zu lat. Sīlēnus (meist Pl.) <Silen, wie der Satyr ... meist betrunken, fettbäuchig und aufgedunsen dargestellter Begleiter des Bacchus/Dionysos> ..." (Genaust 2005, S. 584); „Lȳchnis L. (Caryophyllaceae). Von λυχνος (Lampe). Plinius spricht im XXV. B. 74. Cap. seiner Naturgeschichte von einer Pflanze (welche eine Art Phlomis sey, und Lychnitis oder Thryallis heisse), deren dicke fette Blätter zu Lampendochten dienen. Diese Pflanze ist Verbascum limnense. Was hingegen Plin. in XXI. B. 10. 39. u. 98. Cap. Lychnis (λυχνις) nennt, ist zwar nicht unsere Lychnis, aber doch eine derselben sehr nahe stehende Gattung, nämlich Agrostemma, und diese scheint ihren Namen den feuerrothen gleichsam leuchtenden) Blumen zu verdanken." (Wittstein 1852, S. 541); „Silēne L. (Caryophyllaceae). Nach dem fabelhaften SILEN, Begleiter des Bacchus, der stets betrunken und mit Geifer (σιαλον) bedeckt dargestellt wird; mehrere Species dieser Gattung schwitzen nämlich ihrem Stängel entlang eine klebrige Materie aus, an welchem kleine Insekten hängen bleiben." (a. a. O., S. 814)

„2. Lychnis sylvestris angustifolia, caliculis minus tumentibus Ind. Len. n°. 271. Fl. Irc. n°. 476. & 475. ..." (AAW R. I, Op. 13, D. 67, Bl. 52v, s. Anm. 5 in Nr. 4); „794. Lychnis sylvestris angustifolia caliculis minus tumentibus Ind. Len. n°. 271. ... Fl. Irc. n° 476 at 475 est varietas hujus. ..." (AAW R. I, Op. 105, D. 1^{a}, Bl. 92v, s. Anm. 29 in Nr. 5); „392. Lychnis sylvestris angustifolia, caliculis minus tumentibus Ind. Len. ... j. Eadem flore carneo. Cum priori, sed raro." mit der rechts marginalen Anm. von J. G. Gmelin „Lychnis sylv. hirsuta annua, flore minore carneo Mor. St. 475." (AAW R. I, Op. 105, D. 12, Bl. 17r, s. Anm. 54 in Nr. 17); „271. Lychnis sylvestris angustifolia, caliculis minus tumentibus. Modo florendi ipsi convenit cum Lychnide hirsuta angustifolia Cretica C. B. ..." (AAW R. I, Op. 13, D. 42, Bll. 42v–43r, s. Anm. 1 in Nr. 1); „191. Lychnis Sylvestris ..." (AAW R. I, Op. 15, D. 1, Bl. 7v, s. Anm. 24 in Nr. 64)

10 s. Nr. 475

11 „[species 61] Lychnis pratensis, flore laciniato, simplici. Mor. Hist. Oxon. Part. 2. 537. Flos cuculi, Odontidis quibusdam J. B. 3. 347. Caryophyllus pratensis, flore laciniato, simplici, sive Flos cuculi C. B. Pin. 210. Armerius sylvestris Dod. Pempt. 177." (Tournefort 1700, S. 336, Genus II. „Lychnis."); „Flos cvcvli, odontis qvibvsdam. ... Germani vocant Gauckblum/ kuckucblumen/ Pechblumen/ & PechNegelin ..." (Bauhin 1651, liber XXIX, S. 347f.); „8. Lychnis

pratensis flore laciniato simplici & pleno, nobis. ..." (Morison 1680, S. 537); „LTCHNIS [sic!] pratensis, flore laciniato simplici. Moris. Hist. Oxon. P. 2. 537. Flos cuculi odontites quibusdam J. B. 3. 347. Caryophyllus pratensis, flore laciniato, simplici, sive flos cuculi C. B. P. 210. Haec est Lychnis Dunbrigensis J. Raji in hist. plant. universali. ..." (Rupp 1726, S. 92f.); „Lychnis pratensis, flore laciniato, simplici Mor. Hist. Oxon. Part. 2. 537. Flos cuculi, Odontitis quibusdam J. B. 3. 347. ... Rothe Gauchblumen/ Kukucksblumen/ Kukucksnägelein. ..." (Mappus 1742, S. 183); „LYCHNIS PRATENSIS FLORE LACINIATO ALBO, Guckucks=Blume. ... Caryophyllus pratensis laciniato flore simplici, sive flos Cuculi. C. B. P. 210. ... Est Lychnis Dunbrigensis Raji. ... Gugucks=Blume, ... Gauck=Blume mit tieff ausgeschnittener Blume, ..." (Weinmann 1742, S. 313); „2. LYCHNIS petalis quadrifidis, fructu subrotundo. Lychnis pratensis, ... Moris. hist. 2. p. 537. s. 5. t. 20. f. 8. ... Caryophyllus pratensis, ... Bauh. pin. 213. ... Flos cuculi, odontis quibusdam. Bauh. hist. 3. p. 347. ..." (Linné 1737, S. 174); „2) Guguksblume. Lychnis Flos Cuculi. ... Lychnis petalis quadrifidis; fructu subrotundo. LINN. Syst. veg. p. 361. Sp. pl. 625. Hort. Cliff. 174. ... Caryophyllus pratensis, flore laciniato simplici s. Flos Cuculi. C. BAUH. pin. 10. ... Sie wird auch Guguksspeichel, Fleischblume, Gauchblume ... genennet. ..." (Linné 1780, S. 661f.); „2. LYCHNIS Flos cuculi. L. petalis quadrifidis, ... Hort. cliff. 174. ... Gmel. sib. 4. p. 145. ... Caryophyllus pratensis, ... Bauh. pin. 210. ... Kuckucks Lychnis. W. ..." (Linné 1797–1830, Bd. II, Teil 1, S. 807); „6) LYCHNIS FLOS CUCULI. Linn. ... M. a Bieb. Fl. taur. cauc. I. p. 356. No. 879. ... Lychnis petalis quadrifidis, ... Gmel. Fl. sib. IV. p. 145. No. 43. ..." (Ledebour 1830, S. 187f.); „4. L[ychnis] Flos cuculi (L. SP. 625) ... M. a BIEB. Fl. t. c. I, p. 356. ... LEDEB. Fl. alt. II, p. 187. ... L. petalis quadrifidis, ... GMEL. Fl. sib. IV, p. 145. Nr. 43. ..." (Ledebour 1842, S. 330f.); „Lychnis flos cuculi, ... Gukugsblume, ... Gugugsspeichel; Fleischblume; Gauchblume; Pechblume; Pechnägelein; Wiesenlychnis mit einer einfachen zerfezten Blume; ... Einige behaupten, daß sie zum Futter tauge: andere aber wollen beobachtet haben, daß sie das Vieh nicht anrührt ..." (Gmelin 1773a, Sp. 811f.); „879. LYCHNIS Flos cuculi. L. petalis quadrifidis, ... Gmel. sib. 4. p. 145. n. 43. ..." (Marschall von Bieberstein 1808a, S. 356); „43. LYCHNIS petalis quadrifidis, fructu subrotundo. LIN. Sp. pl. 1. p. 625. n. 2. ..." (Gmelin 1747–1769, Bd. IV, S. 145), nahezu identisch auf Bl. 62r in: AAW R. I, Op. 104, D. 14 – s. Anm. 32 in Nr. 6; „43. Lychnis petalis quadrifidis, fructu subrotundo [=] Lychnis Flos Cuculi L.!" (Ledebour 1841, S. 127); „d) Lychnis flos cuculi. Caryophyllus pratensis, flore laciniato simplici, s. Flos cuculi; ... Deutsch. Die Kukuksblume; Gukugsblume, Guckuksnelke, Guckuksspeichel, Gauchblume, Gauchnelke; Pechblume, Pechnelke; Wiesenlychnis; Hochmuth. ... nach Einigen wird das Kraut von keinem Vieh berührt, nach Andern hingegen wird es von Pferden, Ziegen, und Schafen gefressen." (Nemnich 1794, Sp. 469); „7. Lychnis Flos cuculi L. Kukucks=Lychnis; ... Wiesenlichtröschen mit geschlitzten Kronblättern. ..." (Dietrich 1805, S. 628f.); „Guckgucks=Blume, eine Benennung ... 4. Einer Art Lichtröschen, mit viermahl eingeschnittenen Kronblättern und einer rundlichen Frucht; Guckgucksnägelein, Gauchnelke, Pechblume, Pechnägelein, Fleischblume, ... Lychnis pratensis, flore laciniato simplici Moris. ... Den Nahmen Guckgucksblume hat sie vermuthlich, weil sie im May blühet, wenn sich der Guckguck wieder hören läßt. ... An dem Blätter=Winkel zeigt sich öfters ein weißer Schaum, welcher von einem grünen Erdflohe dahin geleget wird; daher auch die Pflanze den Nahmen Guckgucksspeichel erhalten hat. ..." (Krünitz 1773–1858, Bd. 20, S. 303f.); „LYCHNIS FLOS CUCULI, Linné. KUKUKSBLUMEN-LYCHNIS. ... Deutsche Namen: Kukuksblume, Kukuksspeichel, Gauchblume, Gauchnelke, Schlitznelke, Sumpfpechnelke, Fleischblume, Rindfleisch." (Dietrich 1835, Nr. 195); Lychnis flos Cuculi L – russ. *drema*, *firletka*, *klej soročij* bzw. *mylo soroč'e* (*Annenkov* 1858, S. 57, Nr. 659)

„199. Lychnis petalis quadrifidis, capsulis subrotundis Linn. h. Cliff. 174. Lychnis pratensis, flore laciniato simplici et pleno. Moris. hist. 2. p. 537. s. 5. t. 20. f. 8. Boerh. lugd. 1. p. 213. Flos cuculi. odontitis quibusdam B. hist. 3. p. 347." (AAW R. I, Op. 13, D. 20, Bl. 20v, s. Anm. 1 in Nr. 1); „Lychnis pratensis, flore laciniato simplici. Moris. hist. 2. p. 537 et Inst. r. h. n° 55." (AAW R. I, Op. 13, D. 19, Bl. 4v, s. Anm. 54 in Nr. 17); „797. An Lychnis viscosa, foliis brevi lanugine asperis C. B. P.? Ind. Irc. n°. 399. ... Fl. Irc. nº. 477.“ (AAW R. I, Op. 105, D. 1ª, Bl. 92v, s. Anm. 29 in Nr. 5); „5. An Lychnis viscosa folijs brevi lanugine aspersis C. B. P? Ind. Irc. n°. 399. Jen. n°. 797. Fl. Irc. n°. 477. ...“ mit der links marginalen Anm. „vid Ic.“ (AAW R. I, Op. 13, D. 67, Bl. 52v, s. Anm. 5 in Nr. 4); „399. An Lychnis viscosa, folijs brevi lanugine aspersis C. B. P? ...“ mit den links marginalen Anm. von J. G. Gmelin „Lychnis pratensis flore laciniato, simplici Mor. St. 477.“ und „vid. Ic.“ (AAW R. I, Op. 105, D. 12, Bl. 17v, s. Anm. 54 in Nr. 17); „51. An Lychnis viscosa, folijs brevi lanugine aspersis C. B. P? Ind. Irc. n°. 399.“ (AAW R. I, Op. 15, D. 1, Bl. 13r, s. Anm. 24 in Nr. 64)

12 „[species 18] Lychnis sylvestris, alba, simplex C. B. Pin. 204. Ocimoides album multis J. B. 3. 342. Ocimastrum sive Ocimoides Tabern. Icon. 299.“ (Tournefort 1700, S. 334, Genus II. „Lychnis.“); „5. CUCUBALUS floribus dioicis pentagynis. ... Melandryum plinii genuinum. Clus. hist. 1. p. 294. Lychnis sylvestris seu aquatica purpurea simplex. Bauh. pin. 204. ...“ (Linné 1737, S. 171); „7) Getrennte Lychnis. Lychnis dioica. ... Lychnis floribus dioicis. LINN. Syst. veg. p. 362. Sp. pl. 626. Hort. Cliff. 171. Lychnis sylvestris s. aquatica purpurea simplex. C. BAUH. pin. 204. ... Melandrium Plinii genuinum. CLUS. hist. 1. p. 924. Lychnis sylvestris alba simplex, et multiplex. C. BAUH. pin. 204. ...“ (Linné 1780, S. 665f.); „29. LYCHNIS floribus dioicis, LIN. Sp. pl. 1. p. 626. n. 6. ROY. Lugd. 448. SCOP. cam. 505. Cucubalus floribus dioicis, LIN. Hor<t.> Cliff. 171. st. [müßte heißen: fl.] Suec. 361. ...“ (Gmelin 1747–1769, Bd. IV, S. 137), nahezu identisch auf Bll. 59v–60r in: AAW R. I, Op. 104, D. 14 – s. Anm. 32 in Nr. 6; „29. Lychnis floribus dioicis [=] Lychnis sylvestris Schkuhr.!“ (Ledebour 1841, S. 126); „10. LYCHNIS dioica. L. floribus dioicis. Hort. cliff. 171. Fl. suec. 361. ... Gmel. sib. 4. p. 137. ... Lychnis sylvestris s. aquatica purpurea simplex. Bauh. pin. 204. ... Melandrium plinii genuinum. Clus. hist. 1. p. 394. mas. ... β. ... Lychnis sylvestris alba simplex. Bauh. pin. 204. ... Gemeine Lychnis. W. ...“ (Linné 1797–1830, Bd. II, Teil 1, S. 810); „4) LYCHNIS SYLVESTRIS. Schkuhr. ... Lychnis floribus dioicis. Gmel. Fl. sib. IV. p. 137. No. 29. ...“ (Ledebour 1830, S. 186f.); „4. M[elandryum] sylvestre (RÖHL l. c. p. 274) ... Lychnis dioica. α. L. SP. 626. ... Lychnis sylvestris. Schkuhr. Handb. I, p. 403. t. 124. ... LEDEB. Fl. alt. II, p. 186. ... Lychnis floribus dioicis. GMEL. Fl. sib. IV, p. 137. Nr. 29. ...“ (Ledebour 1842, S. 327); „5. M[elandryum] pratense (RÖHL l. c. p. 274) ... Lychnis dioica. β. L. SP. 626. ... Lychnis alba. ... M. a BIEB. Fl. t. c. I, p. 356. ...“ (a. a. O., S. 327f.); „[Lychnis] alba, floribus dioicis, calycibus inflatis hirsutis; weisses Lichtröslein, dessen Geschlechter ganz getrennt, und dessen Blumenkelche aufgeblasen und zotig sind; weisser Junggesellenknopf; weisser Wiederstok; weisser Wiederstos; ist ... nach Linné eine Spielart des getrennten Lichtrösleins, ... Sie heißt bey ... C. Bauhin: Lychnis sylvestris alba simplex; ...“ (Gmelin 1773a, Sp. 816); „[Lychnis] dioica, floribus dioicis; getrenntes Lichtröslein, ... rother Wiederstok; rother Wiederstos; Junggesellenknopf; Waldlychnis mit einfacher purpurrother Blume; Wasserlychnis mit einfacher purpurrother Blume; ... Es heißt bey C. Bauhin: Lychnis aquatica purpurea simplex; oder: Lychnis sylvestris sive aquatica purpurea simplex; ...“ (a. a. O., Sp. 814f.); „880. LYCHNIS alba. ...“ (Marschall von Bieberstein 1808a, S. 356); „6. LYCHNIS dioica L., ... Gemeine Lychnis. ...“ (Georgi 1797–1802, Theil 3, S. 986); „1. Art L[ychnis] dioica. Zweihäusige Lichnide. (Linné.) ... Synonyme: ... Lychnis sylvestris alba simplex. (Bauh. pin. 204.) ... Vulgärnamen: Gemeine Lichtnelke. Weiße Lichtnelke. Gemeines Lichtröschen. Nach=Lychnis. Pludderhöschen. ...“ (Bechstein 1833, S. 1000f.); „6) Gemeine Lychnis, getrennte Lychnis, getrenntes Lichtröschen, ... Lychnis sylvestris alba simplex. Bauh. Pinax. 204. ...“ (Krünitz 1773–1858, Bd. 82, S. 100ff.); „Cucūbalus L. (Caryophyllaceae). Das veränderte cacobolus, zus. aus κακος (schlecht) und βολος (Wurf), d. h. eine am Boden liegende, schlechte, den Feldern nachtheilige Pflanze. Man deutet auch die beiden letzten Sylben auf ‚Wunde‘, weil die Pflanze auf gefährliche Bisswunden (von Schlangen und dergl.) angewandt wurde.“ (Wittstein 1852, S. 244); „Melāndrium RÖHL. (Caryophyllaceae). Nach GIROL. MELANDRI, schrieb mit Gius. Moretti: Analyse chimica delle rad. di Cariofilata e di colchico autumnale etc. Padua 1805. – Auch heisst bei Plinius eine Pflanze Melandrium, die zur Gattung Lychnis gekört [sic!], deren etymlogische Bedeutung aber dunkel ist.“ (a. a. O., S. 565)

„396. Lychnis sylvestris alba simplex C. B. ...“ (AAW R. I, Op. 105, D. 12, Bl. 17r, s. Anm. 54 in Nr. 17); „6. Lychnis sylvestris alba simplex C. B. P. 204. pr. ind. ...“ (AAW R. I, Op. 13, D. 67, Bl. 52v, s. Anm. 5 in Nr. 4); „Lychnis sylvestris alba, simplex. C B P. ...“ (AAW R. I, Op. 104, D. 8, Bl. 11r, s. Anm. 18 in Nr. 452); „5. Lychnis sylvestris alba, simplex, calyce amplissimo ventricoso. Mich. Hort. Pis.“ mit der rechts marginalen Anm. „Targ. Flor.“ (AAW R. I, Op. 13, D. 16, Bl. 18v, s. Anm. 32 in Nr. 6); „Lychnis Sylvestris alba Simplex, calyce amplissimo, ventricoso Mich. Hort. Pis.“ (AAW R. III, Op. 1, D. 162, Bl. 31r, s. Anm. 54 in Nr. 17); „177. [Lychnis] sylvestris alba simplex. C. B. P.“ (AAW R. I, Op. 104, D. 13, Bl. 5v, s. Anm. 84 in Nr. 29); „128. Forte Lychnis Sylvestris alba simplex. C. B. P.“ (AAW R. I, Op. 15, D. 1, Bl. 11r, s. Anm. 24 in Nr. 64); „Lychnis sylvestris, alba, simplex. B. Pin. 204. et Inst. r. h. n° 57 et 58.“ (AAW R. I, Op. 13, D. 19, Bl. 4v, s. Anm. 54 in Nr. 17); „798. Lychnis sylvestris alba simplex C. B. P. 204. ...“ (AAW R. I, Op. 105, D. 1ª, Bl. 92v, s. Anm. 29 in Nr. 5); „313) Lychnis sylvestris alba simplex. C. B. P. ...“ (AAW R. I, Op. 104, D. 25, Bl. 24r, s. Anm. 61 in Nr. 21); „264. Lychnis sylvestris alba Simplex C. B. ...“ (AAW R. I, Op. 13, D. 42, Bl. 42r, s. Anm. 1 in Nr. 1); „177 Lychnis sylvestris alba Simplex CBP. 204.“ (AAW R. I, Op. 6, D. 40, Bl. 31r, s. Anm. 1 in Nr. 1); „[N°.] 300. Lychnis sylvestris alba, simplex, calyce amplissimo ventricoso Mich. Hort. Pis“ (AAW R. I, Op. 15, D. 3, Bl. 6v, s. Anm. 65 in Nr. 24); „[N°.] 697. Lychnis sylvestris alba simplex, calyce amplissimo ventricoso Mich. H. Pis.“ (a. a. O., Bl. 13r)

13 „[species 33] Lychnis sylvestris, quae Behen album vulgo C. B. Pin. 205. Been album officinarum J. B. 3. 356. Been album sive Polemonium Dod. Pempt. 172.“ (Tournefort 1700, S. 335, Genus II. „Lychnis.“); „28. LYCHNIS cucubalus calycibus subglobosis glabris, reticulato venosis, capsulis trilocularibus, corollis subnudis, LIN. Sp. pl. 1. p. 319. [müßte heißen: 391.] n. 2. Lychnis syluestris, quae behen album vulgo, BAVH. pin. 205. foliis angustioribus et acutioribus, ib. Cucubalus calycibus ouatis, floribus hermaphroditis, LIN. Fl. lapp. 180. Viscago calyce inflato, petalis serratis bifidis, HALL. Helu. 373. Lychnis floribus trigynis, pendulis, calycibus ouatis, inflatis venosis; capsula semitrilocuari, SCOP. Carn. 502. ...“ (Gmelin 1747–1769, Bd. IV, S. 136), nahezu identisch auf Bl. 59v in: AAW R. I, Op. 104, D. 14 – s. Anm. 32 in Nr. 6; „28. Lychnis Cucubalus calycibus subglobosis glabris reticulato-venosis, capsulis bilocularibus, corollis subnudis [=] Silene inflata Sm.!“ (Ledebour 1841, S. 126); „2. CUCUBALUS floribus trigynis, calycibus glabris, capsulis trilocularibus. Cucubalus, calycibus ovatis, hermaphroditus. Fl. lapp. 180. ... Lychnis sylvestris quae Beën album vulgo. Bauh. pin. 205. ...“ (Linné 1737, S. 170); „2) Behen. Cucubalus Behen. .... Cucubalus calycibus subglobosis, glabris, reticulato-venosis; capsulis trilocularibus; corollis subnudis. LINN. Syst. veg. p. 349 Sp. pl. 591. ... Cucubalus floribus trigynis, ... Hort. Cliff. 176. ... Lychnis sylvestris, quae Behen album vulgo. C. BAUH. pin. 205. ... Diese Art, welche auch Wiederstos, oder Lydweich, Gliedweich oder Schaumröslein genennet wird, wächst in Rußland ... In Schweden und Norwegen gebrauchen gemeine Leute ihre im Schatten getrocknete und zu Pulver geriebene Blumen, äusserlich aufgestreuet, wider das Rothlaufen.“ (Linné 1780, S. 575f.); „1. CUGUBALUS [sic!] Behen, C. Calycibus subglobosis ... Gmel. sib. 4. p. 136. ... C. floribus trigynis, ... Hort. cliff. 176. [sic!] ... Lychnis sylvestris, quae Behen album vulgo. Bauh. pin. 205. ... Aufgeblasener Taubenkropf. W. ...“ (Linné 1797–1830, Bd. II, Teil 1, S. 684f.); „820. CUCUBALUS Behen. ... Gmel. sib. 4. p. 163.[sic!] n. 28. ...“ (Marschall von Bieberstein 1808a, S. 333); „4. S[ilene] inflata (SMITH. Fl. brit. II, p. 467) ... LEDEB. Fl. alt. I, p. 138. ... Cucubalus Behen. L. SP. 591. ... M. a BIEB. Fl. t. c. I, p. 333. ... Lychnis (Cucubalus) calycibus subglobosis ... GMEL. Fl. sib. IV, p. 136. Nr. 28. ...“ (Ledebour 1842, S. 304f.); „1) SILENE INFLATA. Smith. ... Cucubalus Behen ... M. a Bieb. Fl. taur. cauc. I. p. 333. No. 820. Lychnis Cucubalus ... Gmel. Fl. sib. IV. p. 136. No. 28. ...“ (Ledebour 1830, S. 138); „[Lychnis] sylvestris, quae Behen album vulgo, hierunter versteht C. Bauhin den gemeinen Behen.“ (Gmelin 1773a, Sp. 838); „Cucubalus Behen, ... gemeiner Behen, ... wildes Seifenkraut; Lydweich; Gliedweich; Schaumröslein; Schachtkraut; Spielglätte; Spey-spettel; Wiederstos; ... seine Wurzeln sind ehmals in der Apotheke, so wie sein erweichendes Kraut in denen Küchen, gebräuchlich gewesen; ...“ (Gmelin 1773, Sp. 334); „4) Harn-

beschwerden. Gegen Harnverhaltung gebraucht man in Sibirien ... Die Ehsten Cucubalus Behen. ...“ (Krebel 1858, S. 146); „Aufgeblähter Leib. ... Am ‚Tag der Gräser‘[1] pflücke man Silene inflata mit allen Stengel und gebe es gekocht dem Vieh. ...“ (Alksnis 1894, S. 240); „2. CUCUBALUS Behen L. ... Aufgeblasener Taubenkropf. Behen. ...“ (Georgi 1797–1802, Theil 3, S. 972); „BEHEN, n. der arabische name einiger pflanzen, ... behen album, ...“ (Grimm 1991, Bd. 1, Sp. 1336); „Behen, oder Been album & rubrum Officinarum. ... teutsch Been, roth und weisse Been=Wurtzel, Gliedweich=Wiederstoß=Wurtzel. ... Die weisse Been=Wurtzel ... Von Caspar Bauhin wird dieses Gewächse genannt Lychnis silvestris, quae Behen album vulgo, ... Der weisse Been ist viel gemeiner und zur Artzney gebräuchlicher als der rothe. ... Die Alten haben .... besonders der weissen Been=Wurtzel eine Hertz=stärckende und Gifft treibende Krafft zugeschrieben, und offt in ihre Artzeneyen genommen, ...“ (Zedler 1732–1750, Bd. 3, Sp. 947f.); „Bēhen MNCH. (Caryophyllaceae). Das Wort ist indischen Ursprungs und bezeichnet ursprünglich die Nüsse der Hyperanthera Moringa, ging dann wegen der Aehnlichkeit der Wirkung auch auf Centaurea Behen, und endlich auch auf Cucubalus Behen (Silene inflata) über, dessen Wurzel für die der eben genannten Centaurea gebraucht wurde und dessen Kelch eine nussähnliche Form hat.“ (Wittstein 1852, S. 99)

„397. An Lychnis sylvestris, quae Behen album vulgo, folijs angustioribus & acutioribus C. B. P? Ind. Len.“ (AAW R. I, Op. 105, D. 12, Bl. 17r, s. Anm. 54 in Nr. 17); „675. Cucubalus floribus trigynis calycibus glabris, capsulis trilocularibus Linn. h. Cliff. 170. Lychnis sylvestris, quae Been album vulgo B. pin. 205. α) Folijs angustioribus ...“ (AAW R. I, Op. 13, D. 20, Bl. 63v, s. Anm. 1 in Nr. 1); „4. Lychnis sylvestris, quae Ben album vulgo C. B. P. j. Eadem folijs angustioribus & acutioribus. ...“ (AAW R. I, Op. 13, D. 67, Bl. 52v, s. Anm. 5 in Nr. 4); „Lychnis sylvestris, quae Behen album vulgo maxima, folio caulem ambiente.“ (AAW R. III, Op. 1, D. 162, Bl. 5v, s. Anm. 54 in Nr. 17); „172. Lychnis sylvestris, quae Been album vulgo. C. B. P.“ (AAW R. I, Op. 104, D. 13, Bl. 5v, s. Anm. 84 in Nr. 29); „15. Lychnis sylvestris quae Behen album vulgo. C. B. P. 205.“ (AAW R. I, Op. 13, D. 16, Bl. 18v, s. Anm. 32 in Nr. 6); „Lychnis sylvestri, quae Been album vulgo. B. Pin. 205. et Inst. r. h. n° 54.“ (AAW R. I, Op. 13, D. 19, Bl. 4v, s. Anm. 54 in Nr. 17); „796. Lychnis sylvestris, quae Ben album vulgo C. B. P. J. Eadem foliis angustioribus et acutioribus. ...“ (AAW R. I, Op. 105, D. 1ª, Bl. 92v, s. Anm. 29 in Nr. 5); „314) Lychnis sylvestris quae Behen album vulgo C. B. P. ...“ (AAW R. I, Op. 104, D. 25, Bl. 24r, s. Anm. 61 in Nr. 21); „178 Lychnis sylvestris, quae behen album vulgo CBP. 200.“ (AAW R. I, Op. 6, D. 40, Bl. 31r, s. Anm. 1 in Nr. 1); „265. Lychnis Sylvestris, quae Behen album vulgo C. B. P. ...“ (AAW R. I, Op. 13, D. 42, Bl. 42r, s. Anm. 1 in Nr. 1)

14 „[species 88] Lychnis sylvestris, alba, spicâ reflexâ Bot. Monsp. Lychnis sylvestris, altera Monspeliensum, spicâ nutante H. R. Par.“ (Tournefort 1700, S. 338, Genus II. „Lychnis.“); „Lychnis sylvestris albâ spicâ reflexa. ...“ und die Abbildung „Lychnis sylvestris alba spica reflexa“ auf S. 170 (Magnol 1686, S. 171); „33. LYCHNIS Cucubalus, petalis bipartitis, floribus secundis decumbentibus, pedunculis oppositis, solitariis, erectis, caulibus simplicissimis, LIN. Hort. vps. III. Sp. pl. 1. p. 592. n. 8. Krasch. ingr. 68. Lychnis hirsuta angustifolia cretica, C. B. P. Ind. Ien. [sic!; müßte heißen: Ind. Len., s. weiter unten] 269. Lychnis syluestris alba, spica reflexa, MANG.[sic!] Bot. m. STELL. Irc. 480. Silene floribus ex lineari-lanceolatis, pedunculis ramosis, floribus fere verticillatis trigynis, GMEL. Inst. [müßte heißen: Mst.] Lychnis hyssopifolia, fruticosa, floribus albis spicatis, GERB. Tan. Lychnis septentrionalium, folio hyssopi, floribus vno versu positis albis, HALL. Goett. 33. ...“ (Gmelin 1747–1769, Bd. IV, S. 139f.), nahezu identisch auf Bl. 60v in: AAW R. I, Op. 104, D. 14 – s. Anm. 32 in Nr. 6; „33. Lychnis Cucubalus petalis bipartitis, floribus secundis decumbentibus, pedunculis oppositis solitariis erectis, caulibus simplicissimis [=] Silene tatarica Pers.!“ (Ledebour 1841, S. 126); „8) Tatarischer Cucubalus. Cucubalus Tataricus. ... Cucubalus petalis bipartitis, floribus secundis decumbentibus, pedunculis oppositis solitariis erectis; caule simplicissimo. LINN. Syst. veg. p. 350. Sp. pl. 592. ... GORT. Fl. ingr. 68. ... Diese Art wächst in der Tartarey und einigen Theilen von Rußland. ...“ (Linné 1780, S. 579f.); „9. CUCUBALUS tataricus. C. petalis bipartitis, ... Gmel. sib. 4. p. 139. ... Tatarischer

Taubenkropf. W. ..." (Linné 1797–1830, Bd. II, Teil 1, S. 687); „24. S[ilene] tatarica (PERS. Syn. I, p. 497) ... Cucubalus tataricus. L. SP. 592. Lychnis (Cucubalus) petalis bipartitis, ... GMEL. Fl. sib. IV, p. 139. Nr. 33. ..." (Ledebour 1842, S. 312f.); „[Lychnis] sylvestris alba, spica reflexa, hierunter versteht Magnol den umgebogenen Behen." (Gmelin 1773a, Sp. 834); „[Cucubalus] tataricus, ... tatarischer Behen, ... wächst in Rusland und der Tatarey wild, und hat weisse Blumen und Blätter, ..." (Gmelin 1773, Sp. 336); „72. Silene foliis ex lineari lanceolatis, pedunculis ramosis, floribus veluti verticillatis trigynis. (Fl. sib. IV. 139. nr. 33. Cucubalus tataricus L. Silene tatarica Pers.). haec succurrit; vidi apud exteros, sed non annotavi, cum deficiebat differentia. facile haberem pro varietate Cucubali Fl. Suec. 361. (Cucubalus viscosus L.) sed flores hermaphroditi sunt ut in Behen Fl. Suec. 360. (‚Dicerem:' omisum esse videtur.) Cucubalum pedunculis trifloris erectis, calycibus obverse ovatis subvillosis, corollis nudis. corollae ut mihi videntur, carent ad flexuram ubi e calyce exeunt, ligulas(is) illas(is), quae conficiunt corollulam in ore floris. quod probe observandum." (C. von Linné in einem Brief an J. G. Gmelin? vom 24. August 1748 – Plieninger 1861, S. 97); „CVCVBALVS (tataricus) ... Lychnis fruticoso hyssopifolia. Gerb. Tan. ..." (*Krašeninnikov* 1761, S. 68f.); „Cucubalus tataricus L. Auf den Baikal=Insuln." (Georgi 1775, S. 215); „5. CUCUBALUS tataricus L., .. Tatarischer Taubenkropf. ..." (Georgi 1797–1802, Theil 3, S. 973)

„1513. Lychnis frutescens, hyssopifolio, fl. albis spicatis. ..." (T. Gerber in „Flora Tanaensis ...", s. Anm. 107 in Nr. 46); „Lychnis Septentrionalium fol hyssopi, floribus uno versu positis albis ..." (AAW R. I, Op. 68, D. 2, Bl. 12v, s. Anm. 62 in Nr. 22); „969. Viscago folijs elliptica lanceolatis, floribus spicatis heteromallis. An Lychnis Septentrionalis floribus uno versu dispositis albis Gerb. Hall. Cat. 33 & 34. ..." (AAW R. I, Op. 13, D. 20, Bll. 92r–92v, s. Anm. 1 in Nr. 1); „11. Lychnis sylvestris alba spica reflexa. Bot. Monsp." (AAW R. I, Op. 13, D. 16, Bl. 18v, s. Anm. 32 in Nr. 6); „Lychnis Sylvestris alba, Spicis reflexis Bot. Monsp." (AAW R. III, Op. 1, D. 162, Bl. 20v, s. Anm. 54 in Nr. 17); „[N^{o}.] 299. Lychnis sylvestris alba, spica reflexa Bot. Monsp." (AAW R. I, Op. 15, D. 3, Bl. 6v, s. Anm. 65 in Nr. 24); „315) Lychnis hirsuta angustifolia cretica C. B. P. ... iconem vide Tab. plantam naturali magnitudine exprimentem 316) an Lychnis sylvestris alba spica reflexa Botan Monsp. et Flor ircut. No. 480. ..." (AAW R. I, Op. 104, D. 25, Bl. 24r, s. Anm. 61 in Nr. 21); „3. An Lychnis hirsuta angustifolia Cretica C. B. P? Ind. Len. n°. 269. Forte Fl. Irc. n°. 480." (AAW R. I, Op. 13, D. 67, Bl. 52v, s. Anm. 5 in Nr. 4); „795. An Lychnis hirsuta angustifolia Cretica C. B. P.? Ind. Len. n°. 269. Variat calyce floris toto rubente. ... Cum hac planta Fl. Irc. n° 480. forte eadem." (AAW R. I, Op. 105, D. 1^{a}, Bl. 92v, s. Anm. 29 in Nr. 5); „32 An Lychnis hirsuta angustifolia cretica C. B?" (AAW R. I, Op. 105, D. 19, Bl. 1v, s. Anm. 55 in Nr. 18); „269. An Lychnis hirsuta angustifolia Cretica C. B? ..." (AAW R. I, Op. 13, D. 42, Bl. 42v, s. Anm. 1 in Nr. 1)

15 „Lavandula. Lavande. ..." (Tournefort 1700, S. 198); „LAVANDULA. ... teutsch, Lavendel, ist ein Kraut, dessen es zwey Hauptgattungen giebet: ... Die erste wird genannt Lavandula major, Cord in Diosc. ... Ihre Blätter sind länglicht und weißlicht. ... Die andere Sorte heist Lavandula minor, Cord. ... Die ist der gemeine Lavendel, und von der vorhergehenden darinne unterschieden, daß ihre Blätter um ein gut Theil kleiner, viel schmäler und grün, gar nicht weiß sind ..." (Lémery 1721, Sp. 618ff.)

16 „[species 27] Lychnis segetum, major C. B. Pin. 204. Pseudomelanthium J. B. 3. 341. Nigellastrum Dod. Pempt. 173." (Tournefort 1700, S. 335, Genus II. „Lychnis."); „De Nigellastro. CAP. XVII. ..." und die Abbildung „Nigellastrum" auf der gleichen Seite (Dodoens 1616, S. 173); „Lychnis segetum major C. B. P. 204. ... Germ. Raden ..." (Rupp 1726, S. 92); „1. AGROSTEMMA. Nigellastrum. Dod. pempt. 173. Pseudo-Melanthium Bauh. hist. 3. p. 341. ... Lychnis segetum major. Bauh. pin. 204. ..." (Linné 1737, S. 175); „1) Kornraden. Agrostemma Githago ... Agrostemma hirsuta; calycibus corollam aequantibus; petalis integris, nudis. LINN. Syst. veg. p. 361. Sp. pl. 624. ... Agrostemma. LINN. Hort. Cliff. 175. ... Lychnis segetum maior. C. BAUH. pin. 204. Nigellastrum. DOD. pempt. 173. ... Sie wird insgemein Raden, große Raden, Feldnägelein, Kornröslein ... genennet. ..." (Linné 1780, S. 656f.); „1. AGROSTEMMA Githago. ...

Agrostemma. Hort. cliff. 175. ... Lychnis Agrostemma. Gmel. sib. 4. p. 136. ... Lychnis segetum major. Bauh. pin. 204. ... Gemeine Rhade. W. ..." (Linné 1797–1830, Bd. II, Teil 1, S. 805); „Agrostemma, Githago, ... zotige Kornraden, ... Kornröslein, schwarzer Ackerkümmel, Raten und Ratten, Raden; ..." (Gmelin 1772a, Sp. 214); „27. LYCHNIS agrostemma hirsuta, calycibus corollam aequantibus, petalis integris nudis, LIN. Sp. pl. 624. 1. Lychnis calycis laciniis petalorum longitudinem superantibus, HALL. Helu. 376. Lychnis floribus pentagonis, petalisque calyce breuioribus, SCOP. Carn. 305. ..." (Gmelin 1747–1769, Bd. IV, S. 136), nahezu identisch auf Bl. 59v in: AAW R. I, Op. 104, D. 14 – s. Anm. 32 in Nr. 6; „27. Lychnis Agrostemma hirsuta, calycibus corollam aequantibus, petalis integris nudis [=] Lychnis Agrostemma DeC.!" (Ledebour 1841, S. 126); „20. L[ychnis] Githago ... Agrostema Githago Lin. spec. 624. ..." (Candolle 1824, S. 387); „1) LYCHNIS AGROSTEMMA. Decand. ... L. Agrostemma. Decand. Prodr. I. p. 387. No. 20. ... Agrostemma Githago. ... M. a. Bieb. Fl. taur. cauc. I. p. 355. No. 877. ... Lychnis agrostemma hirsuta, ... Gmel. Fl. sib. IV. p. 136. No. 27. ..." (Ledebour 1830, S. 184); „877. AGROSTEMMA Githago. A. hirsuta, ... Gmel. sib. 4. p. 136. n. 27. ..." (Marschall von Bieberstein 1808a, S. 355); „145. Githago. DESF. Cat. 159. ... 1. G. segetum. DESF. l. c. ... Agrostemma Githago. L. SP. 624. ... M. a BIEB. Fl. t. c. I, p. 355. ... Lychnis Githago. ... Lychnis Agrostemma. LEDEB. Fl. alt. II, p. 184. ... Lychnis (Agrostemma) hirsuta, ... GMEL. Fl. sib. IV, p. 136. Nr. 27. ..." (Ledebour 1842, S. 332); „45) Kornraden, Kornnägelein, Kornnägelblume, Kornröslein, Kornrosen, Kronraden, wilde Marienrosen, Raden, Raten, und Ratten, schwarzer Ackerkümmel, Agrostemma Githago, ... Ihre Saamen sind rauh und ... lassen sich ohne Schaden essen. ... Wenn wir den ältern Aerzten glauben wollen, so ist diese Pflanze eine der vorzüglichsten in der Arzneykunst. Ihre Wurzel ... besitzt ... eine ganz eigene Kraft das Nasenbluten zu stillen, ... Ebenso empfehlen Dodonäus, Fuchs und Schwenkfeld den äußerlichen Gebrauch des mit ihren Blättern abgesottenen Wassers, als eines zertheilenden, trocknenden, heilenden und reinigenden Mittels in der Raude und andern langwierigen Arten des Ausschlags, in Wunden und verschiedenen Arten von Geschwüren, in kropfartigen und andern harten Geschwulsten. ... Zórn lobt sie als ein wurm= und harntreibendes Mittel; Dodonäus empfiehlt sie in der Gelbsucht; Tournefort in Mutterbeschwerden ..." (Gmelin 1779, S. 55ff.); „528. Agrostema Githago. Lin. Syst. Pl. II. p. 293. ... Rade. Ruß. Kukol und Kuklowaja Trawa. [russ. *kukol'* u. *kuklovaja trava* (*Slovar'* 2000, S. 69)] Ueberall in Rußland und Sibirien im Getreide. An der Wolga und auch in Sibirien hat man bemerkt, daß wenn im Malze viel Saamen von der Gith. sey, das Bier davon ungewöhnlich schäume und stärkere und schwerere Räusche mache." (Falk 1786, S. 181); „1. AGROSTEMMA Githago L., ... Gemeine Rade. R. Kukol, und Kuklowaja Trawa. ... Esthn. Kubkuli. ... In ganz Rußland und Sibirien Ackerunkraut, und in Klein=Rußland im Sommerweizen so häufig, daß es bisweilen die Ernte schlecht macht. ... Mit dem Getreide gemahlen, giebt der Saame bläulich Brod, ist aber, wenn er auch den 4ten Theil des Getreides betrüge, unschädlich. Im Malz macht Rade das Bier schaumend. ..." (Georgi 1797–1802, Theil 3, S. 984); „1) Kornraden Agrostemma Githago, ... Sie wird ... insgemein Raden, große Raden, Feldnägelchen, Kornröschen ... genannt. ..." (Krünitz 1773–1858, Bd. 120, S. 360f.); „194. LYCHNIS GITHAGO Scopoli. RADEN-LYCHNIS. ... L. Agrostemma Gmel. sibir. 4. p. 136. ... Diese Pflanze ist ein allgemein bekanntes und lästiges Unkraut unter dem Getreide, ... Deutsche Namen: Raden, Raad, Nadenelken, Kornraden, Ralen, Kornröschen, Nickel, Kornnelken, Ackerkümmel, wildes Marienröschen, Nelkenröschen." (Dietrich 1835, Nr. 194); ersanisch kukol' – Ackerrade, Githago segetum Desf. (Wiedemann 1865, S. 176); „Agrostémma <Kornrade>: Name von L. zu gr. agrós <Acker> und stémma <Kranz, Krone>; Ackerunkraut mit ansehnlicher, radförmiger Krone" (Genaust 2005. S. 46); „githágo (Agrostemma) <Kornrade>: Name von L. mit dem lat. Suffix –āgo ... zu lat. git, gith <Schwarzkümmel, Samen von Nigella sativa> ... nach der Ähnlichkeit der schwarzen Samen der Kornrade mit denen des Schwarzkümmels ..." (a. a. O., S. 266f.); „Agrostēmma L. (Caryophyllaceae). Zus. aus ἄγρος (Acker) und στεμμα (Binde, Kranz); also Schmuck der Aecker, auf die schönen Blumen und den Standort hindeutend." (Wittstein 1852, S. 25); „Nigellāstrum MNCH. Zus. aus Nigella und astrum (Stern, Bild, Abbild); ebenfalls Abtheilung der Gattung

Nigella.“ (a. a. O., S. 617); „Githāgo DESF. (Caryophyllaceae). Zus. aus gith (ein schwarzer Same, schwarzer Kümmel) und agere (führen; in Zusammensetzungen bedeutet die Endigung ago eine Aehnlichkeit mit dem, was die vorhergehenden Sylben ausdrücken); die Samen gleichen in der That dem schwarzen Kümmel in der Farbe.“ (a. a. O., S. 389); „Melānthium DIOSC. (Ranunculaceae). Μελανδιον der Alten, zus. aus μελας (schwarz) und ἀνδος (Blume), d. h. eine Blume oder Pflanze, welche schwarze Samen bringt = Nigella sativa.“ (a. a. O., S. 567)

„176. [Lychnis] segetum major C. B. P. n. 6.“ (AAW R. I, Op. 104, D. 13, Bl. 5v, s. Anm. 84 in Nr. 29); „398. Lychnis segetum major C. B. P.“ (AAW R. I, Op. 105, D. 12, Bl. 17v, s. Anm. 54 in Nr. 17); „970. Agrostema Linn. h. Cliff. 175. Lychnis segetum major B. Pin. 204. ...“ (AAW R. I, Op. 13, D. 20, Bl. 92v, s. Anm. 1 in Nr. 1); „8. Lychnis segetum major C. B. P. Agrostema Linn. h. Cliff. 174. [sic!] ...“ (AAW R. I, Op. 13, D. 67, Bl. 52v; s. Anm. 5 in Nr. 4); „Lychnis segetam [sic!] major C B P. ...“ (AAW R. I, Op. 104, D. 8, Bl. 11r, s. Anm. 18 in Nr. 452); „3. Lychnis segetum major. C. B. P. 204.“ mit der rechts marginalen Anm. „Gmel. Lena fl.“ (AAW R. I, Op. 13, D. 16, Bl. 18v, s. Anm. 32 in Nr. 6); „Lychnis segetum, major. B. Pin. 204. et Inst. r. h. n° 100.“ (AAW R. I, Op. 13, D. 19, Bl. 4v, s. Anm. 54 in Nr. 17); „800. Lychnis segetum major C. B. P. ...“ (AAW R. I, Op. 105, D. 1[a], Bl. 93r, s. Anm. 29 in Nr. 5); „263. Lychnis Segetum maior C. B. P. ...“ (AAW R. I, Op. 13, D. 42, Bl. 42r, s. Anm. 1 in Nr. 1)

17 „[species 17] Linum sylvestre, caeruleum, folio acuto C. B. Prodr. 107. Linum sylvestre, angustifolium, caeruleo amplo flore Bot. Monsp.“ (Tournefort 1700, S. 340, Genus IV. „Linum. Lin.“); „LINVM syluestre caeruleum folio acuto ...“ (Bauhin 1620, S. 107); „Linum Sylvestre coeruleum folio acuto C. B. Prodr. 107. Linum Sylvestre angustifolium coeruleo amplo flore. Bot. Monsp. ...“ (Scheuchzer 1723, S. 515); „5) Languedockischer Lein. Linum Narbonense. ... Linum calycibus acuminatis; foliis lanceolatis, sparsis, strictis, scabris, acuminatis; caule tereti, basi ramoso. LINN. Syst. veg. p. 249 Sp. pl. 398. MILL. dict. n. 3. ... Linum sylvestre caeruleum, folio acuto. C. BAUH. pin. 214. prodr. 107. ... Linum sylvestre angustifolium, caeruleo amplo flore. MAGN. Monsp. 161. ...“ (Linné 1780, S. 252); „6. LINUM narbonense. ... L. foliis linearibus lanceolatis, ... Hall. helv. n. 837. ... L. sylvestre coeruleum, folio acuto. Bauh. pin. 214. prodr. 107. ... L. sylvestre angustifolium, ... Magn. monsp. 161. ... Französischer Flachs. W. ...“ (Linné 1797–1830, Bd. I, Teil 2, S. 1535); „837. LINUM foliis linearibus, lanceolatis, aristatis, calycibus ovato lanceolatis, semimembranaceis. ... An Linum sylvestre, angustifolium, ... MAGNOL. bot. p. 161? ... Linum sylvestre, caeruleum, folio acuto SCHEUCHZER. It. VII. p. 515. Linum calycibus acuminatis, ... LINN. I. p. 398. ...“ (Haller 1768, S. 373f.); „10. L[inum] marginatum (POIR. Encycl. method. Suppl. III, p. 443) ... L. narbonense. M. a BIEB. Fl. t. c. I, p. 254 (excl. synon.). ...“ (Ledebour 1842, S. 425); „Linum Narbonense, ... Lein aus Languegok [sic!], ... wilder blauer Flachs mit einem spizigen Blatte, ... Er heißt bey Hallern: Linum foliis linearibus lanceolatis aristatis, ...“ (Gmelin 1773a, Sp. 685); „1685. LINUM narbonense Linum calycibus acuminatis, ... Linn. spec. p. 298. ...“ (Allioni 1785a, S. 108); „3. LINVM (Narbonense) ... Lin. Sp. Plant. 278. ... Linum sylvestre caeruleum, folio acuto. C. B. P. 107. Wilder blauer Flachs mit einem spitzigen Blat.“ (Miller 1772, S. 809); „5. LINUM narbonense ... Languedokscher Lein. ...“ (Georgi 1797–1802, Theil 3, S. 884); „18. Linum narbonense L. Languedockischer Flachs; narbonischer Lein. ...“ (Dietrich 1805, S. 504); „632. LINUM narbonense. ... Hall. hist. n. 837. ...“ (Marschall von Bieberstein 1808a, S. 254); „4. Art. L[inum] narbonense. Französischer Flachs. ... Synonyme: ... L. sylvestre, coeruleum, folio acuto (Bauh. pin. 214. ...) ...“ (Bechstein 1833, S. 1019); „LINUM. ... teutsch, Lein, Flachs. ... Er dienet zeitig zu machen, zum erweichen, zum zertheilen, und zum lindern. ... Ingleichen wird eine Ptisana davon [d. h. aus dem Samen] gemacht, zum Steine, Sand und Gries, den Harn zu treiben, und zu dem Reissen in dem Leibe. ... Linum kommt vom Griechischen λῖνον, linum, Lein, Flachs; oder auch wol von linere, lindern, dieweil des Flachses Samen sich gar lind anfühlen läst, und auch zum lindern treffen dienet.“ (Lémery 1721, Sp. 653f.); „Linum L. (Lineae). Λινον, celtisch lin (Faden), lateinisch linea (Linie), griechisch λινεα (Linie), alles in Bezug auf die Benützung der Faser.“ (Wittstein 1852, S. 528)

„870. Linum sylvestre caeruleum folio acuto C. B. P. 107. ..." (AAW R. I, Op. 105, D. 1, Bl. 69v, s. Anm. 29 in Nr. 5); „458. Linum Sylvestre caeruleum folio acuto C. B. P. ..." (AAW R. I, Op. 105, D. 12, Bl. 21v, s. Anm. 54 in Nr. 17); „1. Linum sylvestre caeruleum folio acuto C. B. Pr. 107. ..." (AAW R. I, Op. 13, D. 67, Bl. 56v, s. Anm. 5 in Nr. 4); „318) Linum sylvestre coeruleum folio acuto Tou<r>n. r. h. ..." (AAW R. I, Op. 104, D. 25, Bl. 24v, s. Anm. 61 in Nr. 21); „349. Linum Sylvestre coeruleum, folio acuto C. B. P. ..." (AAW R. I, Op. 13, D. 42, Bl. 63r, s. Anm. 1 in Nr. 1)

18 vgl. Nr. 482

19 „9. Limonium; Orientale; plantaginis folio; floribus umbellatis. T. Cor. 25. H. ... 12. Limonium; Lusitanicum, auriculae ursi folio. T. 342. H." (Boerhaave 1720, S. 76); „Pag. 341. Limonii speciebus addendae sequentes. ... Limonium Orientale, Plantaginis folio, floribus umbellatis." (Tournefort 1703, S. 24f.); „[species 16] Limonim Lusitanicum, Auriculae Ursi folio." (Tournefort 1700, S. 342, Genus II. „Limonium."); „11. Limonium, Orientale; Plantaginis folio; floribus umbellatis. T. Cor. 25. B. J. A. loc. cit. ... 13. Limonium, Lusitanicum, auriculae ursi folio. T. B. J. A. loc. cit." (Zwinger 1744, S. 1006); „2. STATICE caule nudo ramoso. ... α Limonium maritimum majus. Bauh. pin. 192. ... β Limonium maritimum minus, oleae folio. Bauh. pin. 192. ... η Limonium lusitanicum, auriculae ursi folio. Tournef. inst. 342. ... κ Limonium maritimum minimum. Bauh. pin. 192. prodr. 99. ... μ Limonium orientale, plantaginis folio, floribus umbellatis. Tournef. cor. 25. Boerh. lugdb. 1. p. 76. ..." (Linné 1737, S. 115f.); „8) Tartarisches Wiesenkraut. Statice Tatarica. ... Statice scapo dichotomo; foliis lanceolatis, mucronatis; floribus alternis distantibus. LINN. Syst. veg. p. 248. Sp. pl. 395. GMEL. Fl Sib. 2. p. 223. t. 92. Limonium Orientale, Plantaginis folio, floribus umbellatis. TOURNEF. Cor. 25 BOERH. Lugdb. 1. p. 76. t. 76. Limonium elatius, Plantaginis foliis procumbentibus, floribus albis spicatis. AMM. Ruth. 130." (Linné 1780, S. 240f.); „19. STATICE tatarica. ... S. scapo dichotomo, ... Sp. pl. 395. Gmel. sibir. 2. p. 223. t. 92. Limonium tataricum. Mill. dict. n. 5. Limonium orientale, ... Tournef. cor. 25. ... Limonium elatius, ... Amm. ruth. 130. Tatarische Grasnelke. W. ..." (Linné 1797–1830, Bd. I, Teil 2, S. 1527f.); „19. St[atice] tatarica (L. SP. 395) ... M. a. BIEB. Fl. t. c. 1, p. 251; ... St. foliis lanceolatis ... GMEL. Fl. sib. II, p. 223, No. 16, t. 92. ... Limonium elatius, ... AMMAN. ruth. p. 99, No. 130. ..." (Ledebour 1846–1851, S. 464); „16. STATICE foliis lanceolatis mucronatis radicalibus, caule ancipiti, dichotomo, floribus alternis, distantibus. Tab. XCII. Limonium elatius plantaginis foliis procumbentibus, in aculeum terminatis, floribus albis, spicatis AMM. Ruth. 130. Limonium Tataricum plantaginis folio, floribus albis AMM. cat. HEINZ. m'ct. Limonium Orientale plantaginis folio, floribus vmbellatis TOURN. Cor. 25. ... Ad Iacum fluuium in inferiore eius regione prouenit; GERBERUS etiam passim in campis ad Tanain collegit, et vocauit limonium elatius plantaginis foliis, floribus albis, e cuius seminibus planta haec in horto Academico laetissime floruit. Icon magnam partem superioribus partis caulis exhibet, et praeterea varietates foliorum, inter quae vnum est, quod spiculo caret. Reliquorum spicula in icone nimis rudia ad vmbrata sunt." (Gmelin 1747–1769, Bd. II, S. 223f.), nahezu identisch auf Bll. 130v–131r in: AAW R. I, Op. 105, D. 28 – s. Anm. 61 in Nr. 21; „16. Statice foliis lanceolatis mucronatis radicalibus, caule ancipiti dichotomo, floribus alternis, distantibus. t. XCII. [=] Statice tatarica L.!" (Ledebour 1841, S. 82); „130. LIMONIUM elatius, Plantaginis foliis procumbentibus, in aculeum terminatis, floribus albis spicatis. ..." (Amman 1739, S. 99); „[Limonium] orientale plantaginis folio, floribus umbellatis, so nennt er [d. h. Tournefort] die tatarische Grasblume." (Gmelin 1773a, Sp. 642); „624. STATICE tatarica. ... Gmel. sib. 2. p. 223. n. 16. t. 92. Amm. ruth. n. 130. ..." (Marschall von Bieberstein 1808a, S. 251); „5. Limonium (Tartaricum) foliis lineari-lanceolatis, caule ramoso, patulo, floribus distantibus uno versu dispositis. Seelavendel ... Limonium Orientale, plantaginis folio, floribus umbellatis. T. Cor. Morgenländischer Seelavendel mit dem Wegerichblat, mit Blumen, die in einer Dolde wachsen." (Miller 1772, S. 795); „10. STATICE tatarica. ... Tatarische Grasnelke. W. Gm. Sib. 2. T. 92. ... Die Tatarn färben mit dem Kraute und Alaun Wolle gelb und Leder braun." (Georgi 1797–1802, Theil 3, S. 870); „Alsdenn werden sie [d. h. die Felle] ... mit einer gelbraunen Farbe gefärbt. Solche

verschaffen sich die Kirgisen, indem sie Wurzeln entweder von Rhapontik, oder von der auf der ganzen salzigen Steppe häufigen Statice tatarica, (welche sie mit denen Kalmücken Tuschütt, die Russen aber Sheltoi koren d. i. Gelbwurzel nennen), in Alaun=Wasser kochen. ...“ (Pallas 1771, S. 389); „... fanden wir darauf tatarische Statice a) wachsend, wovon unser Wegweiser erzählte, daß die Morduanen diese Wurzel brauchen, um den Durchfall zu stillen. ... |: a) Statice Tatarica, russ. Sheltokoren’ [russ. *želtokoren’*] :|“ (Lepechin 1774, S. 123); „Limonium ramosissimum plantaginis angustiore folio, flore purpureo calycibus argenteis. posset dici Statice caule nudo dichotomo ancipiti, foliis lanceolatis integris acuminato-spinosis. cujus synonym forte Limonium elatius plantaginis foliis procumbentibus in aculeum terminatis etc. Amm. descr. differt haec a Limonio africano (Statice sinuata L.), ...“ (C. von Linné in einem undatierten Brief an J. G. Gmelin – Plieninger 1861, S. 73); „Statice caule nudo dichotomo ancipiti, foliis ovato integris acuminato-spinosis, Statice foliis lanceolatis mucronatis radicalibus, caule ancipiti dichotomo (fl. imbricatis), stipulis simplicibus. Hort. ups. 71. Limonium orientale plantaginis folio, fl. umbellatis. T. Cor. 25. Limonium flosculis elegantissimis Raj. hist. 397. (Fl. sib. II. 221. nr. 15. St. speciosa L. ...). Statice caule nudo dichotomo ancipiti, foliis longe ellipticis integris acuminato-spinosis. Statice foliis lanceolatis mucronatis radicalibus, caule ancipiti dichotomus, floribus alternis distantibus. Limonium orientale plantaginis folio, fl. umbellatis. Boerh. 1. 76. f. 76. huc propius spectat (Fl. sib. II. 223. nr. 16. St. tatarica L.).“ (C. von Linné in einem Brief an J. G. Gmelin vom 2. August 1748 – Plieninger 1861, S. 77); „56. Limonium maritimum majus, C. B. forte; (Statice limonium L. in Fl. sib. non exh.) valde enim variat haec species. (Sed forsan cum Fl. sib. II. 217. nr. 10. St. flexuosa L. convenit, etsi Gmelinus diversam putet.)“ (C. von Linné in einem Brief an J. G. Gmelin? vom 24. August 1748 – Plieninger 1861, S. 95); „2) Widerstoß. Statice Limonium. ... Statice scapo paniculato tereti; foliis laevibus enerviis, subtus mucronatis. LINN. Syst. veg. 248. Sp. pl. 394. ... Statice caule nudo ramoso. Hort. Cliff. 115. ... Limonium maritimum maius. C. BAUH. pin. 192. β. Limonium maritimum minus, oleae folio. ibid. γ. Limonium maritimum minimum. ibid. et prodr. 99. ...“ (Linné 1780, S. 237); „6. STATICE Limonium. ... S. caule nudo ramoso. Hort. cliff. 115. ... Limonium maritimum majus. Bauh. pin. 192. ... Meerstrands-Grasnelke. W. ...“ (Linné 1797–1830, Bd. I, Teil 2, S. 1523f.); „2. STATICE Limonium ... Meerstrands=Grasnelke. W. R. Katram und Kermek. Tat. Josmak. ... Die Wurzel wird von Tatarn und den Kleinrussischen Kosaken als Gerbermaterial ohne andere Lohe genutzt. Sie färben auch mit der Wurzel Wolle gelb und semisches Leder braun.“ (Georgi 1797–1802, Theil 3, S. 869); „*10. STATICE oleaefolia. ... Limonium maritimum minus oleae folio. Bauh. pin. 192. ... Lanzenblättrige Grasnelke. W. ...“ (a. a. O., S. 1525); „3. Limonium (Oleaefolium) foliis ovatis obtusis, petiolis decurrentibus, caule paniculato, spicis florum erectionibus. Seelavendel ... Limonium maritimum minus, oleae folio. C. B. P. 192. Kleiner Seelavendel mit einem Olivenblat.“ (Miller 1772, S. 795); „12. STATICE caule nudo, dichotomo, floribus summitates versus racemosis, foliis radicalibus verticaliter ouatis. Tab. LXXXIX. Fig. 2. ? Limonium maritimum minus oleae folio C. B. P. 192. ? Limonium minimum, cordatum seu folio retuso BARR. ic. 805. ...“ (Gmelin 1747–1769, Bd. II, S. 219), nahezu identisch auf Bll. 128r–128v in: AAW R. I, Op. 105, D. 28 – s. Anm. 61 in Nr. 21; „12. Statice caule nudo dichotomo, floribus summitates versus racemosis, foliis radicalibus verticaliter ovatis. t. LXXXIX. f. 2. (excl. synon.) [=] Statice caspia W.!“ (Ledebour 1841, S. 82); „7. St[atice] caspia (WILLD. Enum. h. berol. I, p. 336) ... M. a BIEB. Fl. t. c. III, p. 253. St. caule nudo, dichotomo, ... GMEL. Fl. sib. II, p. 219, No. 12, t. 89, f. 2 (excl. synon.) Limonium elatius, ... AMMAN. ruth. p. 94, No. 126? ...“ (Ledebour 1846–1851, S. 459); „126. LIMONIUM elatius, longis et admodum tenuibus flagellis, floribus minimis albis. ...“ (Amman 1739, S. 94); „623. STATICE caspia. ... Willd. enum. hort. berol. p. 336. ...“ (Marschall von Bieberstein 1819, S. 253); „774. Statice oleaefolia. – Statice caspia Willd. ...“ (Wulfen 1858, S. 407f.); „LIMONIUM. ... teutsch, Wiesenkraut, vermeinter rother Behen. ... Es stopfet den Leib, treibt durch den Urin hinweg, und ist ein gutes Wundkraut. Limonium kommt von λειμὼν, pratum, Wiese, weil dieses Kraut pflegt in den Wiesen zu wachsen: oder, von der schönen grünen Farbe seine Blätter, die den grünen Wiesen ähnlich ist.“ (Lémery 1721,

Sp. 650f.); „STATICE. ... ist ein Kraut dessen es zwey Hauptsorten giebet. ... Beyde Arten ... halten an und stillen den Durchlauff und das Bluten, wann sie abgesotten gebrauchet werden. Statice kommt vielleicht vom lateinischen Worte stare, stehen bleiben, weil dieses Kraut die Feuchtigkeiten in dem Leibe aufzuhalten pfleget.“ (a. a. O., Sp. 1080f.); Statice tatarica L. – russ. *želtyj koren'*, *turjuš* bzw. *kermek* (*Annenkov* 1858, S. 91, Nr. 1078); „Limōnium (Plumbagineae). Von λειμων (Wiese); wächst auf Wiesen (und in Sümpfen). Art der Gattung Statice.“ (Wittstein 1852, S. 526); „Stātice T. (Plumbagineae). Von stare, στατιζειν (stellen, stehen); sie hemmt (nach Plin. XXVI. 33.) den Bauchfluss. ...“ (a. a. O., S. 837)
„312. Limonium elatius Plantaginis foliis procumbentibus in aculeum terminatis, floribus albis in capitulis congestis Stirp. rar. Ruth.“ mit der rechts marginalen Anm. „Heinz [Tat.] Gmel. [...]“ (AAW R. I, Op. 15, D. 3, Bl. 6v, s. Anm. 65 in Nr. 24); „725. Statice caule nudo ramoso Linn. h. cliff. 115. Limonium ramosum, caulibus nudis. Moris. hist. 3. p. 600.“ (AAW R. I, Op. 13, D. 20, Bl. 67v, s. Anm. 1 in Nr. 1); „1181. Statice caule nudo ramoso Linn. h. Cliff. 115. α) Limonium maritimum majus B. pin. 192. Limonium maritimum folijs glabris, flore caeruleo Siegesb. ...“ (a. a. O., Bl. 109r); „1. Limonium maritimum minus Oleae folio C. B. P. α. Humilius, & folio firmiore, haud venoso, ... β. Elatius, ramis floriferis ... Fl. Irc n°. 484. ...“ mit der rechts marginalen Anm. „vid. Ic.“ (AAW R. I, Op. 13, D. 67, Bl. 20r, s. Anm. 5 in Nr. 4); „2. An Limonium maritimum majus C. B. P? Ind. Irc. n°. 87. Jen. n°. 289.“ (a. a. O., Bl. 20r); „87. An Limonium maritimum majus C. B. P? Saltim idem est silene memini, cum illo, quod ad Irtin sub hoc nomine recensui. ...“ (AAW R. I, Op. 105, D. 12, Bl. 5r, s. Anm. 54 in Nr. 17); „288. An Limonium maritimum minus Oleae folio C. B. P? pror. ind. duae ... Humiliores icon ad Lenam facta, posteriorem Fl. Ircut. n° 484. memorat.“ (AAW R. I, Op. 105, D. 1ª, Bll. 26r–26v, s. Anm. 29 in Nr. 5); „289. An Limonium maritimum majus C. B. P? Ind. Irc. n°. 87. ...“ (a. a. O., Bll. 26v–27r); „90. An Limonium maritimum minus Oleae folio C. B. P? ...“, mit der rechts marginalen Anm. „Tab. IX“ (AAW R. I, Op. 13, D. 42, Bl. 12r, s. Anm. 1 in Nr. 1); „149. An Limonium maritimum minus Oleae folio C. B. P.“ (AAW R. I, Op. 15, D. 1, Bl. 11v, s. Anm. 24 in Nr. 64); „N°. 192. Limonium“ (AAW R. I, Op. 6, D. 40, Bl. 11v, s. Anm. 1 in Nr. 1)

20 „Auricula Ursi. Oreille d'Ours. ...“ (Tournefort 1700, S. 120ff.); „AURICULA URSI. ... teutsch, Bärjenickel, Bährenöhrlein/ Auricul. Das ist ... ein Gewächs, das aus seiner Wurtzel Blätter treibet, die sich ausbreiten und auf der Erde herum kriechen, haben beynahe eine Gestalt wie das Borragenkraut, und sind am Rande ein wenig ausgekerbt, dicke, faselicht, über und über rauch und rauhe anzufühlen, ... Auricula ursi heist es, dieweil man haben will, ob solte ein Gleichheit zwischen den Blättern dieses Gewächses und den Bährenohren zu befinden seyn.“ (Lémery 1721, Sp. 129f.)

21 Randbemerkung in der 2. Textversion (s. Anm. 1 in A.) in der Handschrift von G. W. Steller: „D. D. Gmelini / oleae folio“

22 vgl. Nr. 484

23 „320) Limonium flor. ircut No. 486. ...“ (AAW R. I, Op. 104, D. 25, Bl. 24v, s. Anm. 61 in Nr. 21); vgl. Nr. 484

24 „10. STATICE foliis oualibus muticis, neruosis, caule nudo alternatim, ramoso, flexuoso, corymbis terminantibus. Tab. LXXXIX. Fig. 1. ? Limonium humile montanum, longiusculo bupleuri folio, annuum, calicibus florum argenteis MESS. AMM. Ruth. 131. ... STELLERUS in campis Konkurkinensibus triginta stadia a munimento Bargusinensi inuenit, ...“ (Gmelin 1747–1769, Bd. II, S. 217f.), nahezu identisch auf Bll. 127v–128r in: AAW R. I, Op. 105, D. 28 – s. Anm. 61 in Nr. 21; „10. Statice foliis ovalibus muticis nervosis, caule nudo alternatim ramoso flexuoso, corymbis terminantibus. T. LXXXIX. f. 1. [=] Statice flexuosa L.!“ (Ledebour 1841, S. 82); „131. LIMONIUM humile, montanum, longiusculo Bupleuri folio, annuum, calycibus florum argenteis Messerschm. ...“ (Amman 1739, S. 100); „10) Gebogenes Wiesenkraut. Statice flexuosa. ... Statice scapo ramoso, flexuoso; corymbis terminalibus; foliis nervosis. LINN. Syst. veg. p. 249. Sp. pl. 395. Statice foliis ovalibus muticis nervosis, caule nudo alternatim ramoso, flexuoso, corymbis terminalibus. GMEL. Fl. Sib. 2. p. 217. t. 89. f. 1. Diese Art hat Steller in

Siberien gefunden. Ihre Blätter kommen alle unmittelbar aus der Wurzel, und sind oval, stumpf, ohne Spitze am Ende, und mit Ribben durchzogen. ...“ (Linné 1780, S. 241f.); „21. STATICE flexuosa. ... S. scapo ramoso flexuoso, ... Sp. pl. 395. S. foliis ovalibus muticis nervosis, ... Gmel. sib. 2. p. 217. t. 89. f. 1. male. Statice rosea. Pall. it. 3. p. 260. in nota. ... Gebogene Grasnelke. W. ...“ (Linné 1797–1830, Bd. I, Teil 2, S. 1528); „14. St[atice] flexuosa (L. SP. 395) ... St. foliis ovalibus, ... GMEL. Fl. sib. II, p. 217, No. 10, t. 89, f. 1. Limonium humile, montanum, ... MESSERSCHM. in AMMAN. ruth. p. 100, No. 131? ...“ (Ledebour 1846–1851, S. 462); „[Statice] flexuosa, ... geschlungene Grasblume, ... ihre Blätter sind oval, und ohne steife Spizen: Sie heißt daher bey J. G. Gmelin: Statice foliis ovalibus muticis nervosis, caule nudo alternatim ramoso flexuoso, corymbis terminantibus.“ (Gmelin 1776, Sp. 758); „An den Bergen und in den Thälern blühten itzt ... Statice rosea (**), ... |: (**) Die nemliche, welche bey Linné ziemlich uneigentlich Statice flexuosa genannt und in der Flor. Sibir. II. tab. 89. fig. 1. aber mit sehr ungestallten Blumenköpfen abgebildet ist. ... :|“ (Pallas 1776, S. 260); „... Statice daurica (flexuosa L.) ...“ (a. a. O., S. 425); „Statice caule dichotomo subnudo, corymbis terminalibus, foliis oblonge ellipt. Statice foliis ovalibus muticis nervosis, caule nudo alternatis(m) ramoso flexuoso; corymbis terminalibus (Fl. sib. II. 217. nr. 10. St. flexuosa L.).“ (C. von Linné in einem Brief an J. G. Gmelin vom 2. August 1748 – Plieninger 1861, S. 78); „56. Limonium maritimum majus, C. B. forte; Statice limonium L. in Fl. sib. non exh.) valde enim variat haec species. (Sed forsan cum Fl. sib. II. 217. nr. 10. St. flexuosa L. convenit, etsi Gmelinus diversam putet.“ (C. von Linné in einem Brief an J. G. Gmelin? vom 24. August 1748 – Plieninger 1861, S. 95); „12. STATICE flexuosa ... Statice rosea et daurica Pall. Itin. 3. p. 260. Gebogene Grasnelke. W. Gm. Sib. 2. T. 89. f. 1. ...“ (Georgi 1797–1802, Theil 3, S. 870); „927. STATICE FLEXUOSA Linn. ... Statice foliis muticis nervosis, ... Gmel. fl. Sib. II. p. 217. t. 89. f. 1. ... In campis transbaicalensibus et Dahuricis haud raro. ...“ (*Turčaninov* 1856, S. 5); Statice flexuosa L. – russ. *žapozuza* (*Annenkov* 1858, S. 91, Nr. 1075)

„+73. Limonium humile montanum; longiusculo Bupleuri folio, annuum, calycibus florum argenteis Amm. 131.“ (AAW R. I, Op. 105, D. 16, Bl. 2r, s. Anm. 5 in Nr. 4); „Limonium humile montanum, longiusculo Bupleuri folio, annuum, calicibus florum argenteis.“ (AAW F, 1, Op. 2–1743, D. 11, Bl. 20v, s. Anm. 5 in Nr. 4); „6. Limonium folio Conyzae acris Fl. Irc. n°. 487. ...“ (AAW R. I, Op. 13, D. 67, Bl. 20r, s. Anm. 5 in Nr. 4); „Limonium humile montanum, longiusculo Bupleuri folio annum, calycis florum argenteis. ...“ (AAW R. I, Op. 15, D. 14, Bl. 15r, s. Anm. 75 in Nr. 101); „23. September 1724 ... observierte auch also Limonium humile montanum, longiusculo Bupleuri folio, annuum, calyculis florum argenteis,Tournefortio non recensitum. ...“ (Messerschmidt 1962–1977, Bd. 3, S. 153ff.)

„Conyza. Conise. ...“ (Tournefort 1700, S. 454f.); „CONYZA. ... teutsch, Dörrkraut, Mückenkraut, Dörrwurtz. ... Seine Blätter sehen als wie die am Motten= oder Schabenkraut, sind aber ein gut Theil kleiner, von gutem Geruch, ein wenig scharff und bitter. ... Conyza kommt von ... culex, eine Mücke, weil dieses Kraut mit seinem Geruch die Mücken vertreiben soll. ...“ (Lémery 1721, Sp. 335f.)

[/90r/]

CLASSIS IX.
de
Herbis [et] suffruticibus.
flore Liliaceo.

488	*Lilio-asphodelus luteus Park. Theat.*[1] 148. *Tour. / I. R. H. spec[ies]* 1. *Lilium luteum Asphodeli / radice C. B. P.* 80.[2] *floret circa initium Junij / in montosis ad Angaram, lacum Baikal / abundè huius semina mittuntur.*
489.	*Iris angustifolia elatior flore internis florum*[a] *petalis / violaceis externis violaceo et flavo viridi co- / lore variegatis. An Iris angustifolia prunum / redolens major C. B. P.*[3] *Planta haec per- / ennis radice nititur lignosa, fusca, fibris / multis albis donata, setis fuscis circa coro- / nam radicis sursum spectantibus affatim / hirta, surgit ad sesquicubitalem altitudi- / nem, folia plana, angusta, pedalia, floris / interna tria petala intense violacea, exter- / nis*

/90v/

Florae Irkutiensis Ordine Instit[utionum] Rei Herb[ariae]
CLASSIS IX.

	breviora, hisq[ue] iridum more incumbentia, externa / tria petala ab ungue ultra dimidium e fla- / vo viridi et fusco colore variegantur, re- / liquum omne ad unam circiter tertiam / violaceum, duo plerumq[ue] flores ex uno caule / prodire solent. floret initio Junij in pratis / montosis circa Medwedew Saymka[b] *et ad / pontem sublicium*[4]*, qua itur Katschegam.*
490.	*Iris angustifolia Prunum redolens minor C. B. / P.*[5] *Nihil frequentius sub finem Maii in / sylvis et montosis locis circa Irkutiam / Huius semina sub finem Julii matu- / rata mittuntur.*
491	*Iris angustifolia prunum redolens minor flore / aquate coeruleo*[6]. *Cum priori passim occurrit.*
492.	*Iris angustifolia, prunum redolens minor, flo- / re candido*[7]. *Cum priori sed rarior*[c]; *aliquoties / inveni in sylva circa Piwowaricha*[8] *Saimka*
493	*Iris vulgaris germanica sive sylvestris C. B. P. / Iris vulgaris violacea sive sylvestris pur- / purea J. B.* 2. 709.[9] *Abunde ad stagna / circa Roswodnaia Bolschaia. floret sub / initium Junij*

[a] florum *über der Zeile* [b] Saymka *verbessert aus* Saymkam [c] rarior *verbessert aus* [......]

494.	*Lilium floribus reflexis montanum flore / rubente C. B. P. 77. Lilium flore nutante ferru- / gineo majus et minus*[a10] *Russis et Tataris in Sibi- / ria* Сараня́[11] *sub finem Aug⌈usti⌉ effoditur tam re- / cens, quam siccata comeditur, nec ingrati sa- / poris est, sive brodio*[12] *sive lacte coquatur. Cre- / scit tam in montosis quam apertis deserto- / rum campis abundè.* |: *e mea sententia haec / illa planta est quae / Ebraeis* דודאים[13] *vocat⌈ur⌉ / quod neminem patrum / ⌈et⌉ interpretum adver- / tisse memini.* :| [b]
495.	*Lilium minii colore cruentum, cuius Iconem / procuravit D⌈ominus⌉ D⌈octor⌉ Gmelin vid⌈e⌉ Tab⌈ulam⌉ LXXII. An / Lilium purpurosanguineum fl⌈ore⌉ reflexo*

/91r/

florae Irkutiensis ordine Inst⌈itutionum⌉ Rei Herb⌈ariae⌉
CLASSIS IX[c].

	C. B. P. 78. Hemerocallis Chalcedonica / purpurosanguinea polyanthos Lob. Icon. / 169.[14] *Planta haec perennis sub initium / Junij in montosis apricis ad Angaram / et circa lacum Baikal abundè florens, / pro aetate plantae ad diversam alti / tudinem assurgit uno duobus floribus / donatur vel* 8. 10 *luxuriat, Juniores vix / pedem excedunt, adultiores cubitum imo / duos cubitos non raro aequare solent. Ra- / dice nititur bulbosa, oblonga, alba, non- / squamosa sed tunicata, e plurimis scili- / cet tunicis sibi invicem superinductis / constante, caulis*[d] *clavi instar centro / bulbi infixus, facile e bulbo*[e] *veluti vagina / extrahitur, qua parte e bulbo promi- / net terraq⌈ue⌉ tegitur, fibras albas tenues / emittit, terrae inhaerentes, iisq⌈ue⌉ prorsus / similes, quae bulbo inferius adhaerescunt. / Caulis teres, glaber, albide viridis ad di- / midium et ultra foliis vestitus; folia / duas uncias longa unamq⌈ue⌉ lineam lata, / apice acuminata, acuta, intenseq⌈ue⌉ viridia / sunt. Flores, ut superius monui, modo / plures modo pauciores, nutantes hexa- / petali liliacei, reflexi, miniacei, vel / potius Cinnabaris*[15] *colore insignes. Pis- / tillum hexagonum viride, superius tri- / fidum; stamina punicea, apices dilutius*

---

[a] $_{\text{min}}\text{u}_{\text{s}}$ *verbessert aus* ịị [b] *von* e mea sententia *bis* advertisse memini. *in der Handschrift von G. W. Steller links marginal* [c] VIII [d] $_{\text{c}}\text{a}_{\text{ulis}}$ *verbessert aus* [.] [e] e bulbo *verbessert aus* ebulbo

/91v/

Florae Irkutiensis Ordine Instit[utionum] Rei Herb[ariae]
CLASSIS IX.

	quam ipsa petala rubent. Russis et Tataris / accedit Саранà[16], *quam Russi addito* Белая[17] */ distinguere solent a priori, quoad*[a] *radicem / flava, in cibo utrorumq[ue] consensu prio- / ri multum praefertur, licet magnitudi- / ne nunquam priorem attingere visa fu- / erit. Huius bulbi mittuntur.*
496.	*Ornithogalum spicatum album, bulbo exiguo D[omini] / D[octoris] Gmelin[i] Ind[icis] Plant[arum] Len[ensium] N[umer]o* 445 *Tab[ula] / LXXIII.*[18] *Abundè floret sub initium Julij / in montosis sylvis circa Irkutiam et la- / cum Baikal. Huius semina mittuntur.*
497	*Cepa vulgaris floribus et tunicis purpurascen- / tibus C. B. P. Tourn. I. R. H. spec[ies]* 1.[19] *Ubiq[ue] in / hortis.*
498	*Cepa vulgaris floribus [et] tunicis candidis / C. B. P.*[20] *In hortis Irkutiae et Urizkaia / Sloboda.*
499.	*Cepa rupestris radice turbinata dulci.*[21] *Crescit / ex ipsis altissimarum rupium fissuris / circa sinum lacus Baikal Peschtschana / guba dictum, copiosius ad insulam Ol- / chón, item in rupibus ad Werchnei An- / garae ostium in lacum Baikal. Tungusis / tam cruda, quam sub cineribus tosta / gratam escam suppeditat, bulbus oblongus / turbinatus, intus albus, extus tunica pur- / purascente cinctus, caulem emittit fistu- / losum ventricosum, duos cubitos non raro / superantem floribus albis onustum he- / xapetalis liliaceis. folia ampla fistulosa.*

/92r/

Florae Irkutiensis ordine Instit[utionum] Rei herb[ariae]
CLASSIS IX.

	floret sub initium Junij. Semen perficit / sub finem Julij idq[ue] optime maturum / mittitur. Cepa haec dulcissimi grati, multum / hortensis anteponendi saporis est. Russis / audit Кáменнои лукъ[22]. *Seminum bonam / copiam collegi, quo si sapore aliis ita / ac mihi placeret curiosioribus horto- / rum amasiis communicari posset*[b].
500	*Cepa Alpina, palustris tenuifolia Tourn. I. R. H. / spec[ies]* 9.[23] *Radice est oblonga, tenuj in nullos / nucleos divisibili, multis fibris deorsum / tendentibus, longis, capillaceis donata folium / fistulare calami anserini crassitie, quod cau- / lis pertundit duos dodrantes, longus, teres, /*

[a] quoad *verbessert aus* [.] [b] posset *verbessert aus* i

	glaber, viridis, florum umbella onustus, / floribus longioribus pediculis insistenti- / bus plurimis suave rubentibus hexape- / talis liliaceis. Petala apice acuta li- / neola punicea per longitudinem divi- / duntur, Stamina alba, apices puniceae. / Floret sub finem Maij, semen maturat / sub finem Junij,[24] *bene maturum mit- / titur.*
501	*Cepa Alpina palustris tenuifolia, flore candi- / do*[25], *rarior occurrit cum priori, cuius for- / te varietas tantum.*
502.	*An Cepa lusitanica foliis capillaceis minima, / purpurascente flore Tourn. I. R. H.*[26] *Planta / haec in apertis siccioribus desertorum cam- / pis circa Athanasii Dementiew Saymka*[a]

/92v/

Florae Irkutensis Ordine Inst[itutionum] Rei Herb[ariae]
CLASSIS IX.

	ad Buguldeichae fluvii ostium in lacum Bai- / kal inq[ue] desertis circa Bargusinense muni / mentum sub finem Junii florens. Radice / nititur oblonga, calami scriptorii crassi- / tie, purpurascente, tunicata, multisq[ue] fib- / ris albis recta deorsum demissis[b] *in terra / firmiter haerente, caulem emittit* 4, 5. 6. / *Uncias longum, teretem, intense viridem / capillaceum, tenuem, licet ob gracilitatem / cavum intus oculorum acie penetrare / non potuerim, folia tamen pariter teretia*[c], / *radix tunicata, Cepis annumerandam plan- / tam suadebant; In summitate caulis* 5. 6. / 8 *flores hexapetali liliacei, carnei, longiuscu- / lis pediculis fulti cernuntur, stamina sex / à basi lata in acumen Pyramidis instar / subito assurgentia, leviter purpurascentia, / totidem flavicantibus apicibus onusta, pis- / tillum trigonum similis coloris circumstant*[d]; / *Odore Cepam*[27], *sapore quodammodo Allium*[28] *re- / fert. semina huius communico, una cum / Icone plantam naturali magnitudine bene / exprimente. a.) planta. b.) semen.*
503.[e]	*An Porrum sylvestre vinearum C. B. P.* 72[f]. / *Ampeloprasum*[g] *Matth.* 552.[29] *floret in mon- / tosis apricis ad Angaram et circa lacum / Baikal initio Julii. Planta perennis a / pedali ad cubitalem surgit altitudinem*

---

[a] Saymka *verbessert aus* Saymkam [b] demissis *verbessert aus* a [c] teretia *verbessert aus* [.] [d] circumStant *verbessert aus* [.] [e] *über* 503. *durchgestr.* 1 [?] [f] 32 [g] Ampelopratum

/93r/

Florae Irkutiensis[a] *Ordine Inst[itutionum] Rei Herb[ariae]*
CLASSIS IX.

	folia carinata sunt ac intense[30] *viridia / radix oblonga, bulbosa, bulbo in multas / fibras albas desinente. Bulbum ambiunt / multae tunicae reticulatae cinereae, ea- / dem plane facie ac in victoriali longa*[31], */ odore et sapore allium*[32] *levissimè spi- / rat, gustata vero dulcis, omnis acredinis / expers. Huius semina mittuntur.*
504	*Porrum radicum bulbo et fibris purpureis / folio carinato crasso, flore albo. An Porrum / sylvestre vitigineum Ger. emac.* 176.[33] *floret / circa initium Julii in apricis asperis locis / ad Angaram è regione Wosnesenskensis / Monasterii; flores clausi trigoni sunt, Persi- / cariae*[34] *instar candidi, folia in terra spar- / guntur crassa triangularia, acuta, reli- / qua Titulus habet. Huius semen triangula- / re nigrum. sub medium Aug[usti] maturum / mittitur.*
505	*Allium sativum C. B. Pin.* 73. *Tourn. I. R. / H. spec[ies]* 1.[35] *Russis* Чеснокъ[36] *In hortis Ir- / kutiae.*
506.	*Cepa bicornis tenuifolia, flore obsoleto Tour. I. R. H. seu Allium sylvestre bulbife- / rum, angustifolium Ruppii flo. Jen. /* 122. 123. *Allium sylvestre bicorne / flore obsoleto C. B.*[37] *Irkutiae in hortis / TschetschotKin*[38] *[et] vicinorum inter lupu- / lum*[39].

/93v/

Florae Irkutiensis ordine Instit[utionum] Rei Herb[ariae]
CLASSIS IX.

507	*An Allium montanum foliis Narcissi minus / C. B. Pin.* 75. *Allium sive Moly Narcis- / sinis foliis* II *Clus. Hist* 196.[40] *Abunde / in apertis desertorum campis circa*[b] *A- / thanasii Dementijew saimka*[c], *ad Bu- / guldeichae fluvii ostium in lacum Baikal, / ut et circa*[d] *Bargusinense munimentum. / floret Julio, semina maturat Augusto; flo- / res carnei sunt, petala singula obsoleta, / stria purpurea interdistinguit*[e]; *folia Nar- / cissi*[41] *glauca, crassa, succulenta. Huius semi- / na mittuntur.*
508[f].	*Allium sylvestre latifolium C. B. P.* 74 *Al- / lium ursinum bifolium vernum sylvati- / cum J. B.* 2. 565[g]. *Allium ursinum lati- / folium lobel. Icon.* 159.[42] *Copiose in sylvis / circa Irkutiam in vicinia lacus Baikal. /*

---

[a] Irkutiensiensis [b] circa *verbessert aus* e [c] saimka *verbessert aus* saimkam [d] circa *verbessert aus* [.] [e] interdistinguit *verbessert aus* ens [f] 508 *verbessert aus* [.] [g] 265

	floret circa medium Junij. Russis audit / Черемшà[43]. *Hic locorum ita ab incolis expe- / titur, ut*[a] *integrae cymbae ea refertae / ad Angarae litus juxta forum quotidie / venale*[b] *afferant, et quam diu haecce / messis durat. Plateae et hypocausta, es- / cula*[44] *et sermones suave hoc Thymiama* Spi- */ rant, vix enim quis in platea absq[ue] hac / servia cernitur.*[45]
509	*Allium saxatile Acori radice flore pur- / pureo Bocc. Mus. Part.* 2. 84 *quod T. I. R. H.*

/94r/

Florae Irkutiensis ordine Instit[utionum] Rei Herb[ariae]
CLASSIS IX.

	p[agina] 384[46] *unum idemq[ue] esse videtur cum / allio montano, Radice oblonga C. B. P. / et Gesneri*[47] *Planta haec perennis, ultra / pedem raro assurgit, radice nititur dup- / lici, bulbo scilicet oblongo, e tunicis cras- / sioribus constante, duplicisq[ue] volumi- / nis vestigia dissecto bulbo*[c] *visuntur, quo- / rum unum caulem alterum folia largitur, / tunicae bulbi candidi sunt, bulbo huic / secundario adnascitur horizontaliter, / radix calami aromatici*[48] *radici exacte / similis, horizontaliter sub saxis aut eo- / rum fragmentis repens, foris fusca, / quam gyri multi*[d] *spiraliter*[e] *ambiunt, duos / tres quatvorve digitos longa. Tam bulbo, / quam radici subtus quam plurimae / fibrae albae tenues palmum plus / minus longae adnascuntur, quibus / planta ne a ventis*[f] *facile avellatur, fir- / matur firmius. Et enim*[g] *tam bulbus / quam radix saepissime in propatulo / jacent neq[ue] tantillo terrae teguntur. Caulis / pedalis, teres, viridis, sub maturitatem*[h] */ seminis purpurascens, superius capitulo / sphaerico florum hexapetalo liliaceorum / purpurascentium onustus; folia* 5. 6. */ digitos longa unam tertiam pollicis lata, / acuminata, glabra, crassiuscula, glauca, / Ireos humilis prunum redolentis*[49] *foliis / simillima, odore et sapore cepam*[50] *refert,*

[a] ut *verbessert aus* [.] [b] venale *verbessert aus* venalem [c] bulbo *verbessert aus* leo [d] multa [e] spiraliter *verbessert aus* spira [f] a ventis *verbessert aus* aventis [g] enim *verbessert aus* [.] [h] maturitatem *verbessert aus* [.]

/94v/

Florae Irkutiensis Ordine Instit[utionum] Rei Herb[ariae]
CLASSIS IX.

	Masticata, cum acrimonia quadam ingra- / ta glutinosa. Russis et Tungusis ibidem / in pretio habetur, Vocatur Russice ди́- / кой Чеснóкъ[51]. *Abunde in rupibus circa Bar- / gusinense munimentum, ut et in rupe /* Кладовой Кáмень[52] *dicto* 30 *stadia à / munimento Bargusinensi. Semina benè / matura una cum radicibus communico, / ita [et] Iconem fieri curavi; Plantam na- / turali magnitudine bene repraesentantem / a.) Planta. b.) semina. floret Julio. se- / men absolvit Augusto exeunte.*

1 in der 2. Textversion (s. Anm. 1 in A.) richtig: „Par."

2 „[species 1] Lilio-Asphodelus luteus Park. Par. 148. Lilium luteum, Asphodeli radice C. B. Pin. 80. Lilium Asphodeli radice, luteum, sive Lilio-Asphodelus quorundam, flore luteo J. B. 2. 700. Lis-Asfodele à fleur jaune." (Tournefort 1700, S. 344, Genus II. „Lilio-Asphodelus. Lis-Asfodele."); „2. Liliasphodelus luteus. The yellow Day Lilly. ..." (Parkinson 1629, S. 148); „5. HEMEROCALLIS radice tuberosa, corollis monopetalis luteis. Lilio-asphodelus luteo flore CLUS. Hist. I. p. 137. Lilium luteum asphodeli radice BAUH. Pin. 80. ... Tatari Kranoiarenses et Tomenses autumni tempore colligunt et inter manes fricant, quodque adfrictu facile abscedit, detergunt, reliquum nectendis teguminibus, pannis solocibus supponi solitis, (травеники [russ. *traveniki*]) adhibent, quae ex hac materie optima fiunt. Tataris folia haec Kárgatschetschak vocantur, Russi autem at vsu tatarico травенишная трава [russ. *travenišnaja trava*] dicunt. ..." (Gmelin 1747–1769, Bd. I, S. 37); „5. Hemerocallis radice tuberosa, corollis monopetalis luteis [=] Hemerocallis flava L.!" (Ledebour 1841, S. 49); „1. HEMEROCALLIS radice tuberosa, corollis monopetalis. α Lilio-asphodelus luteo flore. Clus. hist. 1. p. 137. ... Lilium luteum, asphodeli radice. Bauh. pin. 80. ..." (Linné 1737, S. 128); „Tagblume. Hemerocallis. ... Hierunter begreift der Ritter [d. h. Linné] die Lilienaffodille des Tourneforts, der die Arten derselben deßwegen also genennt hat, weil sie der Blume nach einer Lilie, der Wurzeln aber nach einer Affodille gleichen. Der Ritter verwirft aber nach seinen Grundsätzen, diesen zusammengesetzten Gattungsnamen, und nennt sie nach dem griechischen Tagschöne, weil die Blumen sich früh des Morgens öfnen, auch den nemlichen Tag wieder sehr zeitig dahin welken. ... 1) Gelbe Tagblume. Hemerocallis flava. ... Hemerocallis corollis flavis. LINN. Syst. Veg. p. 279. Sp. Pl. p. 462. Hemerocallis radice tuberosa, ... Hort. Cliff. 128. ... Hemerocallis radice tuberosa, corollis monopetalis luteis. GMEL. sib . 1. p. 37. Lilio-Asphodelus luteo flore. CLUS. hist. 1. p. 137. eiusd. pann. tab. 344. Lilium luteum, asphodeli radice. C. BAUH. pin. 80. ... Mann [sic!] nannte sie ehehin Lilienaffodille oder gelbe Lilie, weil die Blumen dem Geruch und der Gestalt nach mit unsern gemeinen weissen Lilien übereinkommen. ... Bemerkenswerth ist der Gebrauch allerdings, den die Tartaren in den östlichen Gegenden von Sibirien von diesem Gewächse machen. Sie reiben die trockenen Blätter zwischen den Händen, und weben aus den überbleibenden Fasern eine gewisse Art von Gewändern, deren sie sich unter den Thierfellen, statt einer Art Leinwand bedienen. Aus dieser Ursache führen auch die Blätter bey den Russen einen eigenen Namen." (Linné 1784, S. 494ff.); „1. HEMEROCALLIS flava. ... H. radice tuberosa, ... Hort. cliff. 128. ... H. radice tuberosa, ... Gmel. sibir. 1. p. 37. Lilio-Asphodelus luteo flore. Clus. hist. 1. p. 137. Lilium luteum, asphodeli radice. Bauh. pin. 80. ... Gelbe Tagblume. W. ..." (Linné 1797–1830, Bd. II, Teil 1, S. 197); „1. HEMEROCALLIS FLAVA. Linn. ... M. a Bieb. Fl. taur. cauc. III. p. 273. No. 699.* ... Hemerocallis radice tuberosa, ... Gmel. Fl. sib. I. p. 37. No. 5. ..." (Ledebour 1830, S. 39); „996. HEMEROCALLIS. L. (excl.

spec.) ... 1. H. flava (L. Spec. p. 462) ... M. a BIEB. Fl. t. c. III, p. 273. – LEDEB. Fl. alt. II, p. 39. ... H. radice tuberosa, ... GMEL. Fl. sib. I, p. 37, No. 5. ...“ (Ledebour 1853, S. 194); „699*. HEMEROCALLIS flaua. ... Gmel. sib. 1. p. 37. n. 5. ...“ (Marschall von Bieberstein 1819, S. 273); „HEMEROCALLIS (Flava) corollis flavis. Lin. Spec. Plant. 462. Hort. Upsal. 88. Affodillilie mit einer gelben Blume. Lilio Asphodelus luteus. Park. Par. 148. Die gelbe Affodillilie.“ (Miller 1772, S. 473); „Hemerocalis, Hemerocallis; Lilienaffodill, ... Hemerocalis flava, corollis flavis; gelber Lilienaffodill, mit gelben Blumenkronen; türkische Goldwurz; kleine Affodilllilie; gelbe Affodilllilie; gelbe Tuberose; ... Ihre Blumen geben denen Bienen Stoff zu Wachs und Honig: Sie heißt ... bey J. G. Gmelin: Hemerocallis radice tuberosa, corollis monopetalis luteis.“ (Gmelin 1773b, Sp. 761f.); „Auch die Hemerocallis flava wird immer gemeiner und zeigte noch einige Spätblumen, die Bauern nennen es Teplaja trawa [russ. *teplaja trava*] und flechten davon, wie die Tataren, weiche Matten unter den Sattel zu legen. ...“ (Pallas 1773, S. 652); „1. HEMEROCALLIS flava L. ... Gelbe Tageblume. R. Bolschoi Landisch und Teplaja Trawa. Tat. Akelug. ... In Rußland hie und da mit ihren hohen Stängeln und großen gelben Blumen ein Schmuck der Gärten. Die im Herbst abgestorbenen gelblichen Blätter sind weich und zähe, und werden in Sibirien der Wärme wegen in die Schuhe oder Socken gelegt; auch flechtet man weiche starke Matten zu Satteldecken, und um darauf zu schlafen, von denselben.“ (Georgi 1797–1802, Theil 3, S. 912); „1. Hemerocallis flava. L. Gelbe Tagblume; gelbe Taglilie. ... Die Tataren benutzen das faserige Wesen der Blätter zu Leinewand.“ (Dietrich 1804, S. 593); „414. Hemerocallis flava. Lin. Syst. pl. II. p. 91. sp. 1. Ruß. Bolschoi Landisch [russ. *bol'šoj landyš*] und Teplaja Trawa [russ. *teplaja trava*]. Tat. Akelug. ... Die Tataren, Ostiaken u. a. legen die abgestorbenen Blätter der Weichheit und Wärme wegen in die Stifeln und den Pferden unter den Sattel. Sie flechten auch, weil die Blätter zähe sind, artige und starke Matten von denselben.“ (Falk 1786, S. 163); „Gelbtagblume, Hemerocallis flava, L. ... Der lilienartigen, ganz gelben, großen, wohlriechenden Blume (flor. Lilioasphodeli) schrieben die ältern Aerzte eine erweichende und schmerzstillende Kraft zu. ...“ (Hahnemann 1795, S. 345f.); Hemerocallis flava L. – russ. *travenišnaja trava*, *volč'ja sarana*, *želtaja sarana* bzw. *petuški* (*Annenkov* 1858, S. 48, Nr. 542); „Līlium L. (Coronariae). Vom celtischen li (weiss), in Bezug auf die bekannteste Art.“ (Wittstein 1852, S. 525); „Hemerocāllis L. (Coronariae). Zus. aus ἡμερα (Tag) und καλλος (Schönheit); d. h. eine schöne, bald verwelkende Blume, oder eine Blume, welche nur am Tage schön ist i. e. offen steht, Abends sich aber schliesst.“ (a. a. O., S. 428)

„Lilio-asphodelus luteus Park. Th. ...“ (AAW F. 21, Op. 5, D. 98, Bl. 22v, s. Anm. 54 in Nr. 17); „963. Lilio-Asphodelus luteus Park. Par. 148. ...“ (AAW R. I, Op. 105, D. 1ª, Bl. 99v, s. Anm. 29 in Nr. 5); „407. Lilio-Asphodelus luteus Park. 148. ...“ (AAW R. I, Op. 105, D. 12, Bl. 24r, s. Anm. 54 in Nr. 17); „395. Hemerocallis radice tuberosa, corollis monopetalis Linn. H. Cliff. 128. Lilio-asphodelus luteo flore Clus. H. 1. 137.“ (AAW R. I, Op. 13, D. 20, Bl. 41v, s. Anm. 1 in Nr. 1); „82. Lilioasphodelis“ (AAW R. I, Op. 15, D. 1, Bl. 2v, s. Anm. 24 in Nr. 64); „212. Lilio Asphodelus ...“ (a. a. O., Bl. 8r); „251„ d. [10. September 1724]„ [Sem.]„ Lilio-asphodeli Lutei, Parkins. Parad. 148. Tournef. Sp. 1. „ “ (AAW F. 98, Op. 1, D. 23, Bl. 7v, s. Anm. 49 in Nr. 653); 22. Juni 1724 ... Unterwegs observierte ... Lilio asphodelus luteus (Park. et Tournefortii sp. 1), folio angusto vix 0°2'0" lato; ...“ (Messerschmidt 1962–1977, Bd. 3, S. 61ff.); „10. Juli 1724 ... brachte mir ... Lilio asphodelum luteum; ...“ (a. a. O., S. 80f.); „4. Oktober 1724 ... Von Kräutern fand sich ... Item Lilio-Asphodelus luteus. ...“ (a. a. O., S. 163f.); „1. Juli 1725 ... Lilio-asphodelus, flore luteo; ... (Tournefortii sp. 1), Off.“ (Messerschmidt 1962–1977, Bd. 4, S. 142ff.)

3 „510. Iris angustifolia versicolor altera. ...“ mit der links marginalen Anm. von J. G. Gmelin „Iris angustifolia elatior flore internis florum petalis violaceis externis violaceo & flavo viridi colore variegatis St. n°. 489.“ (AAW R. I, Op. 105, D. 12, Bl. 24v, s. Anm. 54 in Nr. 17); „52. An Iris angustifolia Prunum redolens major C. B. P. ? 53 Iris angustifolia versicolor, altera Ircutiae ann.“ (AAW R. I, Op. 105, D. 19, Bl. 2r, s. Anm. 55 in Nr. 18); „77. + Iris angustifolia elatior &c. Fl. Irc. 489.“ (AAW R. I, Op. 105, D. 16, Bl. 2r, s. Anm. 5in Nr. 4); „442. An Iris angustifolia, Prunum redolens maior C. B. P. ...“ (AAW R. I, Op. 13, D. 42, Bll. 86v–87r, s. Anm. 1 in Nr. 1);

„5. Iris angustifolia versicolor altera. Ind. Irc. n°. 510. Fl. Irc. n°. 489." mit der rechts marginalen Anm. „vid. XVIII." (AAW R. I, Op. 13, D. 67, Bl. 62r, s. Anm. 5 in Nr. 4); „17. Juni 1724 ... Ich botanisierte ... fand auch ... Iridem angustifoliam, elatiorem, polyfloram, violaceam; ..." (Messerschmidt 1962–1977, Bd. 3, S. 56f.)

„6. Iris graminea cui pereunt quotannis folio J. B. Iris angustif. prunum redolens major & minor C. B. angustif. 6. Clus. ..." (Ray 1693, S. 1189f.); „X. Iris angustifolia prunū redolens major. ..." (Bauhin 1623, S. 33); „Die schmal=blättigen Gilgen oder Veiel=wurtzen. Irides angustifoliae. ... 6. Die schmal=blättige groß und kleine Graß=Gilgen/ mit blauen/ weiß=gestreifften nach Pflaumen riechenden blumen; Iris angustifolia prunum redolens major & minor, C. B. Iris graminea cui pereunt quotanas folia. ... Eigenschafft. ... Die Veielwurtz ist warm im anderen/ und trucken im dritten grad: Hat ... die Eigenschafft allen schleim zu erdünneren/ verstopfungen auffzulösen/ den magen zu stärcken/ den außwurff von der Brust zu befōderen/ weiten athem zu machen/ Mutter und Nieren zu eröffnen/ auch sand zu treiben. ..." (Zwinger 1696, S. 345ff.); „[species 55] Iris angustifolia, Prunum redolens, major C. B. Pin. 33. Chamaeiris angustifolia Tabern. Icon. 649." (Tournefort 1700, S. 361, Genus III. „Iris. Flambe."); „[Iris] angustifolia prunum redolens major; also nennt C. Bauhin eine grösere Abänderung der grasartigen Schwerdlilie." (Gmelin 1773a, Sp. 93); „Iris angustifolia prunum redolens, major C. B. Pin. 33. Inst. R. H. 361. Iris angustifolia vj. prima Clus. Hist. 230. Chamaeiris angustifolia Tabern. Icon. 649. Moris. Hist. 2. 355. Tab. 7. n. 16. Iris graminea, cui pereunt quotannis folia J. B. 2. 727. ..." (Séguier 1754, S. 230); „314. IRIS graminea. ... Iris corollis imberbibus, ... LINN. spec. p. 58. ... Iris angustifolia prunum redolens major. BAUH. pin. 33. TOURN. inst. p. 361. ..." (Allioni 1785, S.86); „Schwertel, Schwertlilie, Stengelliesch, Liesch (nach Oken), Iris, ... Der Name Iris kommt aus dem Griechischen von ἶρις, und bedeutet Regenbogen. Wahrscheinlich hat sie diesen Namen wegen ihrer schönen Blumen erhalten. ..." (Krünitz 1773–1858, Bd. 151, S. 342); „859. Xiphion gramineum Parl. ... Iris graminea Linn. sp. pl. 58. All. fl. ped. 1. p. 86. ... Iris angustifolia VI Clus. hist. pl. p. 230. ..." (Parlatore 1858, S. 301ff.); Iris – russ. *kosatik* bzw. *sabel'nik* (*Annenkov* 1858, S. 51, Nr. 575); „Īris. (Irideae). Von ἐρις (iris, Regenbogen), in Bezug auf das Farbenspiel der Blüthen; oder der Name ist das veränderte ξυρις (s. Xyris), die messer- oder schwerdtförmigen Blätter bezeichnend." (Wittstein 1852, S. 476); „Xīphium MILL. (Irideae). Von ξιφιον, Dimin. von ξιφος (Schwerdt), in Bezug auf die Form der Blätter." (a. a. O., S. 941); s. Nr. 490

4 s. Nr. 282

5 „[species 54] Iris angustifolia, Prunum redolens, minor C. B. Pin. 33. Iris Graminea, cui pereunt quotannis folia J. B. 2. 727. Chamaeiris Dod. Pempt. 247. Iris angustifolia, vj Clus. Hist. 230." (Tournefort 1700, S. 361, Genus III. „Iris. Flambe."); „IX. Iris angustifolia prunū redolens minor. ..." (Bauhin 1623, S. 33); „10. IRIS foliis linearibus, corollis imberbibus, fructu hexagono, caule ancipiti. Iris graminea, cui pereunt quotannis folia. Bauh. hist. 2. p. 727. ... Iris angustifolia 6. Clus. hist. 230. Iris angustifolia prunum redolens minor. Bauh. pin. 33. theatr. 603. Chamaeiris. Dod. pempt. 247. ..." (Linné 1737, S. 19); „11. IRIS foliis linearibus, corollis imberbibus, fructu hexagono, caule ancipiti. Linn. h. Cliff. 19. Iris angustifolia, prunum redolens. Bauh. pin. 33. theatr. 603. Chamaeiris. Dod. pempt. 247." (Royen 1740, S. 18); „Iris angustifolia prunum redolens minor. C. B. P. Kleine, schmalblätterige, wie Pflaumen riechende Iris." (Miller 1751, S. 585); „18) Graßartige Schwerdtlilie. Iris graminea. ... Iris corollis imberbibus, graminibus sexangularibus, caule ancipiti, foliis linearibus. LINN. Syst. veg. p. 79. Sp. Pl. p. 58. Hort. Cliff. 19. ... ROY. lugdb. 18. ... Iris angustifolia prunum redoelns [sic!] minor. C. BAUH. pin. p. 33. Iris angustifolia tertia CLUS. hist. 1. p. 230. ... Die Blumen dieser Art ... haben den Geruch mit den Pflaumen oder Aprikosen gemein. ..." (Linné 1784, S. 96f.); „40. IRIS graminea. ... I. corollis imberbibus, ... Hort. cliff. 19. ... I. angustifolia prunum redolens minor. Bauh. pin. 33. I. angustifolia 3. Clus. hist. 1. p. 230. ... I. graminea. Bauh. hist. 2. p. 77. ... Grossblättriger Schwertel. W. ..." (Linné 1797–1830, Bd. I, Teil 1, S. 236); „5. I[ris] graminea (L. Spec. 58) ..." (Ledebour 1853, S. 94); „Iris graminea, corollis imberbibus, germinibus sexangularibus, caule ancipiti, foliis linearibus; grasartige Schwerdlilie ... kleine schmalblätterichte Schwerdlilie, die einen Pflaumen-

geruch hat; ... Sie heißt bey ... C. Bauhin: Iris angustifolia prunum redolens minor; bey J. Bauhin: Iris graminea, cui pereunt quotannis folia; ..." (Gmelin 1773a, Sp. 87); „9. IRIS graminea L. ... Grasblättriger Schwertel. ..." (Georgi 1797–1802, Theil 3, S. 670); „9) Gras=Iris, Gras=Schwertel, Iris graminea, ... Hort. cliff. 19. ..." (Krünitz 1773–1858, Bd. 151, S. 348); „7. IRIS graminea. ... Iris graminea cui pereunt qotannis folia. I. Bauh. Hist. 2. p. 727. c. ic. Iris angustifolia prunum redolens minor. C. Bauh. Pin. 33. ... Iris angustifoli sexta. Clus. Hist. p. 230. c. ic. ... Iris perpusilla syluestris angustifolia Lob. Hist. p. 34. c. ic. Chamaexyris angustifolia. Lob. Ic. 1. p. 69. Chamaeiris Dodon. Hist. p. 247. c. ic. ... Germ. Grasblättriger Schwertel. ..." (Schrader 1806, S. 109f.); „73. Iris graminea: imberbis, ... I. graminea. Linn. sp. 58. ... Iris angustifolia prunum redolens major. Segu. veron. III. p. 230. ... I. angustifolia prunum redolens minor. C. B. pin. p. 33. Ejusd. theatr. p. 603. ..." (Pollini 1822, S. 49f.); „26. IRIS foliis linearibus, corollis imberbibus, fructu obtuse trigono, turbinato Tab. V. Fig. 1. ? Iris humilis angustifolia, caerulea, testa seminali non rostrata alba MESS. AMM. Ruth. 134. ? Iris graminea, cui pereunt quotannis folia I. B. II. 727. Quod ad descriptionem attinet, ita videtur. ? Chamaexyris angustifolia LOB. 34. et DOD. Pempt. p. 147. [?] cum icone, nostrae plantae congrua. j. Eadem flore aquate coeruleo. jj. Eadem flore candido. jjj. Eadem tribus exterioribus petalis remotis, infimo stamen sterile fouente. ... Parum abest, quin habeam pro Iride prunum redolente minore BAUH. Pin. sed quoniam nomen specificum LINNAEI fructum huius indigitat hexagonum, eiusdemque praeterea caulis decumbit, certum nihil adfirmo. Varietates j saepe, jj rarius occurrunt, ..." (Gmelin 1747–1769, Bd. I, S. 26ff.); „26. Iris foliis linearibus, corollis imberbibus, fructu obtuse trigono turbinato. t. V. f. 1. [=] Iris ruthenica Ait.!" (Ledebour 1841, S. 48); „134. IRIS humilis angustifolia, caerulea, testa seminali non rostrata, alba Messerschm. ..." (Amman 1739, S. 103); „2) IRIS RUTHENICA. Ait. ... Iris foliis linearibus corollis imberbus, ... Gmel. Fl. sib. I. p. 26. n. 26. t. V. f. 1. ... β) albiflora. Gmel. l. c. var. II. ..." (Ledebour 1829, S. 55ff.); „6. I[ris] ruthenica (AIT. Hort. kew. ed. 2, p. 177) ... LEDEB. Fl. alt. I, p. 55. ... I. foliis linearibus, ... GMEL. Fl. sib. I, p. 26, No. 26, t. 5, f. 1. I. humilis angustifolia, MESSERSCHM. in AMMAN ruth. p. 103, No. 124. [sic!] ..." (Ledebour 1853, S. 94); „Iris foliis linearibus, corollis imberbibus fructu obtuse trigono turbinato. est nisi me omnia fallant Iris foliis linearibus, corollis imberbibus, fructu hexagono, caule ancipiti Hort. Cliff. 19. (I. graminea L.). ego non possum videre ex specimine num caulis sit anceps, vel num fructus sit dum maturus sexangularis, quod Tu negas, debes tamen haec examinare si vivam habes; folia longe longiora quam caulis et caulis decumbens si mea sit, cujus habitum omnino gerit. (Est Fl. sib. I. 26. nr. 26. I. ruthenica Ait.)" (C. von Linné in einem Brief an J. G. Gmelin vom 24. Juni 1745 – Plieninger 1861, S. 45); „Iris imberbis – fr. turbinato. Non est ea cui quotannis proveniunt folia (I. graminea L.) et cui multo folia duriora sunt habitusque altior. Nova esse videtur (Fl. sib. 1. 26. nr. 26. I. ruthenica Ait. ...)." (A. von Haller in einem undatierten Brief an J. G. Gmelin – Plieninger 1861, S. 151)

„2. An Iris angustifolia, prunum redolens, minor. C. B. P? Ind. Irc. 511." (AAW F. 21, Op. 5, D. 119, Bl. 15v unter „Wurzeln", s. Anm. 95 in Nr. 328); „26. An Iris angustifolia prunum redolens minor. C. B. P? Ind. Irc. 511." mit der links marginalen Anm. „von h(Martini." (a. a. O., Bl. 16v unter „Saamen"); „965. An Iris angustifolia Prunum redolens minor C. B. P? Ind. Irc. 511. ..." (AAW R. I, Op. 105, D. 1ª, Bl. 99v, s. Anm. 29 in Nr. 5); „2. An Iris angustifolia, prunum redolens minor C. B. P. Ind. Irc. 511." (AAW R. I, Op. 14, D. 8, Bl. 14r, s. Anm. 98 in Nr. 39); „26. An Iris angustifolia, prunum redolens, minor CBP. Ind. Irc. 511" mit der links marginalen Anm. „Von h(Martini." (a. a. O., B. 15r); „511. An Iris angustifolia, Prunum redolens minor C. B. P? Ind. Len. ..." (AAW R. I, Op. 105, D. 12, Bll. 24v–25r, s. Anm. 54 in Nr. 17); „1. An Iris angustifolia, Prunum redolens minor C. B. P? Ind. Irc. 511? ..." (AAW R. I, Op. 13, D. 67, Bl. 62r, s. Anm. 5 in Nr. 4); „441. An Iris angustifolia, Prunum redolens minor C. B. P? ..." (AAW R. I, Op. 13, D. 42, Bl. 86v, s. Anm. 1 in Nr. 1); „153„ d. [22. Juni 1724]„ [Sem.]„ [Ireos humilis angustifoliae] coeruleae, testa semin. non-rostrata albâ (i)„ " (AAW F. 98, Op. 1, D. 23, Bl. 5r, s. Anm. 49 in Nr. 653); s. auch Nr. 489

6 vermutlich die in Gmelin 1747–1769, Bd. I, S. 26ff. (siehe Nr. 490) angegebene Varietät j

7 vermutlich die in Gmelin 1747–1769, Bd. I, S. 26ff. (siehe Nr. 490) angegebene Varietät jj

8 in der 2. Textversion (s. Anm. 1 in A.): „Piwowarichae“

9 „[species 1] Iris vulgaris, Germanica, sive sylvestris C. B. Pin. 30. Iris vulgaris, violacea sive purpurea, sylvestris J. B. 2. 709. Iris sylvestris Tabern. Icon. 648.“ (Tournefort 1700, S. 358, Genus III. „Iris. Flambe.“); „Iris vulgaris germanica sive sylvestris C. B. P. pag. 30. ... Schwertel, oder blaue Lilien, blaue Schwert=Lilien. ...“ (Rupp 1726, S. 25); „2. IRIS corollis barbatis, caule foliis longiore multifloro. ... α Iris vulgaris germanica seu sylvestris. Bauh. hist. 2. p. 709. ...“ (Linné 1737, S. 18f.); „3) Deutsche Schwerdtlilie. Iris germanica. ... Iris corollis barbatis, caule foliis altiore multifloro, floribus inferioribus pedunculatis. LINN. Syst. veg. p. 78. Sp. pl. p. 55. Hort. Cliff. 18. .. Iris vulgaris germanica s. sylvestris. C. BAUH. pin. 30. ... im deutschen [wird sie], blaue Schwerdtlilie, blauelilge, Himmelschwerdtel, Gilgenschwerdtel, und Schwerdtelwurz genennt. ... Die alten haben sie unter den griechischen Namen Iris verstanden, weil die Farbe ihrer Blumen sehr viel ähnliches mit den Farben des Regenbogens hat, gegenwärtig aber wird sie von allen Nationen Lilie genennt. Die äusserliche Gestalt ... kommt vollkommen mit der Lilie in dem Wappen des Köngs von Frankreich überein. Ihre Blätter sind schwerdförmig, platt und breit. ... Der aus der frischen Wurzel gepreßte Safft führt gewaltig das Wasser der Wassersüchtigen ab. Die eingeweichten schon halb verfaulten Blumen geben mit Kalk das bey den Miniaturmahlern so beliebte Liliengrün.“ (Linné 1784, S. 83f.); „16. IRIS germanica. ... I. vulgaris germanica s. sylvestris, Bauh. pin. 30. ... Deutscher Schwertel. W. ...“ (Linné 1797–1830, Bd. I, Teil 1, S. 229); „20. I[ris] germanica (L. Spec. 55) ... M. a BIEB. Fl. t. c. I, p. 31. ...“ (Ledebour 1853, S. 100); „Iris germanica, ... teutsche Schwerdlilie, ... gemeine deutsche Schwerdlilie; gemeine wilde Schwerdlilie; ... Ihre frische Wurzel ... ist ein sehr starkes abführendes Mittel, ... die getroknete Wurzel besizt schon gelindere, zertheilende und harntreibende Kräfte ... Sie heißt bey ... C. Bauhin: Iris vulgaris germanica sive sylvestris; ...“ (Gmelin 1773a, Sp. 76ff.); „82. IRIS germanica. ... Linn. ed. Willd. 1. p. 229. ...“ (Marschall von Bieberstein 1808a, S. 31); „58. Iris germanica. Lin. Syst. Pl. I. p. 105. sp. 3. ... Teutsche Iris. ..“ (Falk 1786, S. 101); „2. IRIS germanica L. ... Deutsche Schwertel. R. Sabelnik [russ. *sabel'nik*] ... Die Blumen geben mit Alaun eine wenig haltbare Saftfarbe und werden auch in der Hausfärberey, doch nur wenig, gebraucht.“ (Georgi 1797–1802, Theil 3, S. 668); „1) Deutsche Schwertel, Deutsche Schwertlilie, blaue Iris, Iris germanica, ... Hort. cliff. 18. ... In den Apotheken gebraucht man davon die Wurzel, Radix Iridis s. Ireos nostratis, welche eine purgirende Eigenschaft besitzt, ...“ (Krünitz 1773–1858, Bd. 151, S. 342f.); „35) Radix Iridis nostratis. Von Iris germanica L. Deutsche Schwertlilie. ... Die fleischige Wurzel enthält einen scharfen, heftig abführenden, auch leicht Erbrechen erregenden Saft, dessen sich die älteren Aerzte ... als Hydragogum in der Wassersucht bedienten. ...“ (Richter 1832b, S. 381); „IRIS GERMANICA. ... Deutscher Schwertel, deutsche Schwerdtlilie, gemeine blaue wilde Schwerdtlilie, Gilgen, Schwertel, Himmellilie, Veil-Violenwurz. ... Früher wurde in Deutschland von der Iris germanica die sogenannte Wurzel gesammelt und unter dem Namen Rad. Iridis s. Ireos nostratis im Arzneyvorrate aufbewahrt. ...“ (Hayne 1833, Nr. 2); Iris germanica L. – russ. *proleska* bzw. *sazany* (*Annenkov* 1858, S. 51, Nr. 578)

„Iris vulgaris Germanica sive sylvestris C. B. P.“ (AAW F. 21, Op. 5, D. 98, Bl. 22v, s. Anm. 54 in Nr. 17); „949. Iris corollis barbatis, caule folijs longiore multifloro Linn. h. Cliff. 18. Iris vulgaris Germanica sive sylvestris B. pin. 30. theatr. 571.“ (AAW R. I, Op. 13, D. 20, Bl. 86r, s. Anm. 1 in Nr. 1); „6. Iris vulgaris Germanica sive sylvestris B. Pin. 30. ... Russ. петушокъ [russ. *petušok*] ...“ (AAW R. I, Op. 13, D. 67, Bl. 94r, s. Anm. 5 in Nr. 4); „4. An Iris latifolia Germanica, odore suavi C. B. P 31? Ind. Irc. n°. 509. Fl. Irc. n°. 493.“ (a. a. O., Bl. 62r); „Iris vulgaris germanica siue sylvestris. C B P. ...“ (AAW R. I, Op. 104, D. 8, Bl. 11v, s. Anm. 18 in Nr. 452); „509. An Iris latifolia, Germanica, odore suavi C. B. P. 31? ...“ mit der rechts marginalen Anm. von J. G. Gmelin auf Bl. 24r „Iris vulg. Germanica sive sylv. C. B. St. n°. 493“ (AAW R. I, Op. 105, D. 12, Bll. 24r–24v, s. Anm. 54 in Nr. 17); „321 Iris vulgaris Germanica sive Sylvestris C. B. Pin. 30. ... 322 Iris latifolia germanica odore suavi C. B. Pin. 31. ...“ (AAW R. I, Op. 104, D. 25, Bl. 25r, s. Anm. 61 in Nr. 21)

[10] „[species 19] Lilium floribus reflexis, montanum, flore rubente C. B. Pin. 77. Lilium flore nutante, ferrugineo, majus & minus J. B. 2. 692. Lilium sylvestre Dod. Pempt. 201.“ (Tournefort 1700, S. 370, Genus III. „Lilium. Lis.“); „Lilivm floribvs reflexis latifolium. I. Lilium floribus reflexis montanum. ... Variat floris colore, qui plerumque subruber, aliquando dilutus albicansúe: sic & maculae rubrae inordinatae florum folijs, & intus & foris, ...“ (Bauhin 1623, S. 77f.); „Lilium floribus reflexis, montanum, flore rubente C. B. Pin. 77. ... Lilium sylvestre Dod. Pempt. 201. Türckischer Bund/ Goldwurtz/ Heydenlilien/ Berglilien/ ...“ (Mappus 1742, S. 173); „3. LILIUM foliis verticillatis, floribus reflexis, corollis revolutis. ... Lilium sylvestre. Dod. pempt. 201. ...“ (Linné 1737, S. 120); „6) Türkischer Bund. Lilium Martagon. ... Lilium foliis verticillatis, floribus reflexis, corollis revolutis. LINN. Syst. Veg. p. 268. Sp. Pl. 435. Hort. Cliff. 120. ... Gmel. sib. 1. p. 44. ... Lilium floribus reflexis montanum. C. BAUH. pin. 77. Lilium sylvestre. DOD. pempt. 201. ... Diese Art giebt der Ritter [d. h. Linné] den Beynamen Martagon, und vielleicht deßwegen, weil Matthiolus sagte, daß sie damals von den italienischen Chymisten Martagon genennt worden. ... Sie führt in verschiedenen Gegenden Deutschlands verschiedene Benennungen ... Goldwurz, türkischer Bund, Kappenhütlein, Feldlilie, breitblätterigte Berglilie, und Lilie von Kalvariberg. ... In Sibirien speißt man die Wurzeln mit Milch gekocht. In Wein gesotten soll sie den Harn und die monatliche Reinigung befördern, äusserlich aber gebraucht erweichen, weswegen sie wieder verschiedene Arten von Geschwulsten in Ueberschläge dienen kan. Die Asche davon mit Honig vermischt soll wider das Haarausfallen dienen. ...“ (Linné 1784, S. 271ff.); „12. LILIUM Martagon. ... L. foliis verticillatis, ... Hort. Cliff. 120. ... Gmel. pin. 77. L. sylvestre. Dod. pempt. 201. ... Gelbwurzliche Lilie. W. ...“ (Linné 1797–1830, Bd. II, Teil 1, S. 88f.); „1) LILIUM MARTAGON. Linn. ... M. a Bieb. Fl. taur. cauc. I. p. 267. No. 661. ... Lilium montanum, ... Messerschm. in Amman. ruth. p. 106. No. 139. Lilium foliis verticillatis, ... Gmel. Fl. sib. I. p. 44. No. 10. ...“ (Ledebour 1830, S. 38f.); „1. L[ilium] Martagon (L. Spec. 435) ... M. a BIEB. Fl. t. c. I, p. 267. ... LEDEB. Fl. alt. II, p. 38. ... L. foliis verticillatis, ... GMEL. Fl. sib. I, p. 44, No. 10. L. montanum, ... MESSERSCHM. in AMMAN ruth. p. 106, No. 139? ...“ (Ledebour 1853, S. 149f.); „601. LILIUM Martagon. ... Gmel. sib. 1. p. 44. n. 10. ...“ (Marschall von Bieberstein 1808a, S. 267); „[Lilium] Martagon, ... türkischer Bund, ... wilder türkischer Bund; purpurrother türkischer Bund; Kappenhütlein; rothe Berglilie; Berglilie mit rückwärts gebogenen Blumen; falsche Goldwurzel; ...“ (Gmelin 1773a, Sp. 607ff.); „10. LIRIUM foliis verticillatis, floribus reflexis, corollis reuolutis LINN. h. Cliff. 120. ROY. pr. 31. Lilium floribus reflexis, latifolium B.pin. 77. Lilium siluestre DOD. Pempt. 201. Lilium montanum, floribus reflexis, rubris, purpureis maculis inscriptum, folio angustiore MESS. AMM. Ruth n.°139. ? Lilium montanum flore caeruleo, obscure rubro ACT. NAT. CUR. Vol. III. p. 355. j. Floribus e carneo purpurascentibus. H. R. Par. TOURN. I.R. H. jj. Floribus candidis, puris. Lilium floribus reflexis, albis, non punctatis C. B. P. TOURN. I. R. H. ... Haec species sarana simpliciter dicitur, aut flauva sarana, in Kamtschatca сарана овсянка [russ. *sarana ovsjanka*], et priorum instar edulis est, quibus autem, quia insipidior et tenacior, postponitur. ...“ (Gmelin 1747–1769, Bd. I, S. 44f.); „10. Lilium foliis verticillatis, floribus reflexis, corollis revolutis [=] Lilium Martagon L.!“ (Ledebour 1841, S. 49); „139. LILIUM montanum, floribus reflexis, rubris, purpureis maculis inscriptum, folio angustiore; an Hemerocallis flore rubello Lob. Ic. 168? Messerschm. qui passim circa Tobolsky prouenire scribit.“ (Amman 1739, S. 106); „394. Lilium Martagon. Lin. Syst. Plant. II. p. 45. sp. 6. ... Türkischer Bund. Tat. und bey allen Sibirischen Nazionen Saranna ... Alle sibirische Nazionen essen die Zwiebeln an Fleisch oder auch für sich in Wasser oder Milch gekocht, daher sie sie auch als Winterprovisionen sammlen. Das letztere thun auch die Steppenmäuse, die für jede Familie 10 bis 15 Pfund eintragen, von den Nomaden aber recht oft geplündert werden, ...“ (Falk 1786, S. 157f.); „... fiel es nicht schwer noch den türkischen Bund a) und die knolligte Phlomis b) zu erkennen, von welchen beyden die Baschkiren die Wurzeln zur Speise gebrauchen, wie wir die gebackenen Rüben ...“ (Lepechin 1774, S. 119); „Vgl. ... Gmelins sibir. Reise II. 469. das hier angeführte Verzeichniss sibirischer Brodsurrogate; diese sind noch weiter folgende: ... 5) Lilium martagon L. Fl. sib. I. 44. nr. 10. ...“ (Anm. von W. Plieninger in einem am 25. Januar 1741 empfangenen, undatierten Brief von G. F. Müller an

J. G. Gmelin – Plieninger 1861, S. 189f.); „4. LILIUM Martagon L. ... Türkische Bundlilie. Türkischer Bund. R. und Tat. Sarona. ... Die Zwiebel ist ... in Sibirien eine beliebte Speise und ein Hauptnahrungsmittel. Wenn die Kamtschadalen den Mäusen ihre Vorräthe nehmen, so legen sie etwas Zuckerkraut (Heracl. sibiricum L.) statt derselben hin, als ob sie mit den Mäusen tauschten.“ (Georgi 1797–1802, Theil 3, S. 899f.); „1157. LILIUM MARTAGON Linn. ... In sylvis cis- et transbaicalensibus atque Dahuricis copiosum.“ (*Turčaninov* 1856, S. 212); „12) Lilium Martagon. Gelbwurzlige Lilie. (Berglilie, Krulllilie, der purpurrothe türkische Bund, Goldwurz, Kappenhütlein, Feldlilie, breitblätterige Berglilie, Lilie vom Kalvariberg, Martagon) ... Die Blumen sehen überhaupt einem morgenländischen Hute oder so genannten türkischen Bund nicht unähnlich, ...“ (Krünitz 1773–1858, Bd. 79, S. 28ff.); „Die Saranawurzel ist den Botanikern unter dem Namen: lilium flore atro rubente **) bekannt. ... Diese mehlichte Wurzel vertritt die Stelle des Brodtes *). Man trocknet sie, ehe man sie backt, aber auf welche Art man sie auch zubereitet, sie bleibt immer sehr nahrhaft und gesund. ... |: **) Sarana ist das Lilium Martagon. Die Wurzel davon wird in ganz Sibirien gegessen. :|“ (Lesseps 1791, S. 40f.); „Die hier [d. h. in der Provinz *Iseck*] wildwachsende Lilie (Lilium Martagon) wird gesammelt, und die Baskiren verzehren theils davon die Zwiebel roh, theils trocknen sie dieselbe und machen im Winter einen Brey daraus.“ (Finke 1792, S. 560); „LILIUM MARTAGON. ... Gelbwurzlige Lilie, heidnische Lilie, wilde Lilie, rothe Berglilie, türkischer Bund, Goldwurz, Cymbeln, Kappenhütlein. ... Die Wurzel des Lilium Martagon kommt noch an einigen Orten in den Apotheken unter dem Namen Radix Asphodeli vor; jedoch soll die Radix Asphodeli eigentlich von dem Asphodelus ramosus gesammelt werden. ...“ (Dietrich 1840, Nr. 28); Lilium Martagon L. – russ. *želtaja sarana*, *sarana-ovsjanka*, *skolozubec*, *maslenok*, *carskija kudri* bzw. *sari-šen* (*Annenkov* 1858, S. 55f., Nr. 640)

„4. Lilium floribus reflexis montanum. C. B. P. Ind. Len. n°. 444. Irc. n°. 530. Fl. Irc. n°. 494. Jen. n°. 982. j. Idem flore penitus albus, non guttato, apicibus staminum aurantijs Ind. Irc. n°. 530. ...“ (AAW R. I, Op. 13, D. 67, Bl. 63v, s. Anm. 5 in Nr. 4); „Lilium floribus reflexis, montanum, flore rubente C B P. ... Russ. сарана [russ. *sarana*] dicitur, ejusque bulbi comeduntur. Tatari Kusnezienses aqua coquunt vel in cineribus torrent, hac que ratione praeparatis tanquam bono cibo utuntur.“ (AAW R. I, Op. 104, D. 8, Bl. 11v, s. Anm. 18 in Nr. 452); „982. Lilium floribus reflexis montanum C. B. P. Ind. Len. n° 444. ... Fl. Irc. n°. 494.“ (AAW R. I, Op. 105, D. 1ª, Bl. 101r, s. Anm. 29 in Nr. 5); „530. Lilium floribus reflexis montanum C. B. P. Ind. Len. ...“ mit der links marginalen Anm. von J. G. Gmelin „Lilium floribus reflexis montanum flore rubente B. P. St 494“ (AAW R. I, Op. 105, D. 12, Bl. 26v, s. Anm. 54 in Nr. 17); „444. Lilium floribus reflexis montanum C. B. P. ...“ (AAW R. I, Op. 13, D. 42, Bll. 88r–88v, s. Anm. 1 in Nr. 1); „3. Lilium floribus reflexis montanum. C. B. P. 77.“ (AAW R. I, Op. 13, D. 16, Bl. 20r, s. Anm. 32 in Nr. 6); „195. Lilium floribus reflexis montanum flore rubente CBP. 77.“ (AAW R. I, Op. 6, D. 40, Bl. 31v, s. Anm. 1 in Nr. 1); „Die Tattaren bey Orskoi aul eßen Sarana ...“ (J. G. Gmelin? in: AAW F. 21, Op. 5. D. 134, Bl. 181r); „Nun folgen die Wurtzeln und Kräutern den sie eßen, als Saran oder weiß. Lilien Wurtzel, TscheKetsche+, TschaKitsch, Kotscheja, diese werde) mit gedorrten Fisch Rogen gegeßen. ... |: + ist bey nahe wie der Kandic um Tomsk :|“ (Bl. 277r in: J. J. Lindenau AAW F. 934, Op. 1, D. 89, Bll. 246r–344r, „No. 17. Beschreibung der Peschie Tungusen oder so genannte Lamute) zu Ochot 1742 d(1 Martii“, Kopie aus dem Archiv RGADA); „In der steppe auf dem Krasnojarisch(wege graben sie auch die wurzel Saraña, welche sie kochen u. gleich allen andern wied(vor ein delicates gerücht essen. ...“ (Bl. 30v in: J. E. Fischer AAW F. 21, Op. 5. D. 49, Bll. 27r–46v „Von den Tschulymisch(Tataren.“); „Lilium montanum floribus reflexis rubris, purpureis maculis punctatis; folio angustiore; An Hemerocallis flore rubello Lobel. Icon. 168. ... Saranàh Russ. et Tatt.“ (AAW F. 98, Op. 1, D. 19, Bl. 31r, s. Anm. 59 in Nr. 19); „Saranàh Tattaris Lilium reflexum;“ (a. a. O., Bl. 59v); „6. Juli 1723 ... Sonst fand ich ... Lilium floribus reflexis montanum, flore rubente ... (Tournefortii sp. 19), welches die Tataren Saranah nennen und häufig zu essen gewohnet sind. ...“ (Messerschmidt 1962–1977, Bd. 2, S. 85); „Lilium floribus reflexis montanum, flore rubente (Tournefortii sp. 19), Sylv.“ (Messerschmidt 1962–1977, Bd. 4, S. 204, s. Anm. 1 in Nr. 1)

11 russ. *sarana* (s. *Anikin* 2000, S. 484 unter *sarana* u. *Anikin* 2003, S. 528f. unter *saranka*); zu den verschiedenen, als Sarana bezeichneten Pflanzenspecies siehe Ståhlberg 2006; Es wird u. a. zwischen weißer Sarana (‚Lilium bulbo albo', russ. *belaja sarana*; s. Nr. 495) und gelber Sarana (‚Lilium bulbo flavo', russ. *želtaja sarana*) unterschieden (J. G. Gmelin in: AAW F. 21, Op. 5, D. 73, Bl. 296v).

12 „Brodium, bedeutet einen Syrup, der von der Corruption oder Verderbung befreyet, dergleichen der Zucker bey eingemachten Sachen ist; sonst wird auch jede Suppe darunter verstanden, in welcher man eine Artzeney entweder verwahren oder anfeuchten lässet." (Zedler 1732–1750, Bd. 4, Sp. 1453)

13 hebräisch falsch דודים (dûdājim); richtig דודאים (dûdā'im); nach M. Luther „Liebesapfel" bzw. „Lilie" (Mitteilung von Prof. Dr. E.-J. Waschke)

14 „443. Lilium minij colore cruentum. Licet cum Lilio purpuro-croceo majore C. B. P. pro quo ipsam hanc plantam in indice plantaram trans-Baicalensium habui, ... Russis Сарана [russ. *sarana*], Jacutice Korun dicitur. In icone (a) semina exprimit, quae in fructu. maturo lutescunt." mit der rechts marginalen Anm. auf Bl. 87r „Tab. LXXII." (AAW R. I, Op. 13, D. 42, Bll. 87r–88r, s. Anm. 1 in Nr. 1); „1. Lilium minii colore, cruentum. Gmel." mit der rechts marginalen Anm. „Lena fl." (AAW R. I, Op. 13, D. 16, Bl. 20r, s. Anm. 32 in Nr. 6); „980. Lilium rubrum angustifolium C. B. P. et Ind. Irc. nº 528. ... Russ. бѣлая сарана. [russ. *belaja sarana*] Fl. Irc. nº. 495. ..." (AAW R. I, Op. 105, D. 1ª, Bl. 101r, s. Anm. 29 in Nr. 5); „528. Lilium rubrum angustifolium C. B. P. Lilium brevi et gramineo folio C. B. P. Ind. Transbaic. sed male. ..." mit der links marginalen Anm. von J. G. Gmelin „Lilium minij colore cruentum St. 495." (AAW R. I, Op. 105, D. 12, Bl. 26v, s. Anm. 54 in Nr. 17); „529. Lilium minij colore, cruentum Ind. Len. ..." (a. a. O., Bl. 26v); „* Lilium brevi et gramineo folio C. B. P. ..." (AAW R. I, Op. 105, D. 2, Bll. 10r–10v, s. Anm. 54 in Nr. 17); „325) Lilium minii colore cruentum D. D. Gmelini index plant Len. Tab. LXXII. ..." (AAW R. I, Op. 104, D. 25, Bl. 25v, s. Anm. 61 in Nr. 21); „3. Lilium minij colore cruentum Ind. Len. nº. 443" (AAW R. I, Op. 13, D. 67, Bl. 63v, s. Anm. 5 in Nr. 4)

„Hemerocallis Chalcedonica purpuro sanguinea polyanthos. L. 85. T. 208." (Lobelius 1581, S. 169); „3. [müßte 4. heißen] LILIUM foliis sparsis, floribus reflexis, corollis revolutis. ... Lilium sylvestre alterum. Dod. pempt. 202. Hemerocallis chalcedonica purpureo-sanguineo polyanthos. Lob. hist. 85. α Lilium rubrum sive miniatum byzantinum. Clus. hist. 1. p. 131. ..." (Linné 1737, S. 120); „4) Chalcedonische Lilie. Lilium Chalcedonium. ... Lilium foliis sparsis lanceolatis, floribus reflexis, corollis revolutis. LINN. Syst.Veg. p. 268. Sp. Pl. p. 434. Hort. Cliff. 120. ... Lilium rubrum s. miniatum byzantinum. CLUS. hist. 1. p. 131. ... γ) Lilium purpureum, sanguineo flore reflexo. C. BAUH. pin. 78. ..." (Linné 1784, S. 268ff.); „10. LILIUM chalcedonicum. ... L. foliis sparsis lanceolatis, floribus reflexis, corollis revolutis. Hort. cliff. 120. ... L. rubrum s. miniatum byzantinum. Clus. hist. 1. p. 131. β. L. byzantinum miniatum polyanthos. Bauh. pin. 78. γ. L. purpureo-sanguineum, flore reflexo. Bauh. pin. 78. ... Chalcedonische Lilie. W. ..." (Linné 1797–1830, Bd. II, Teil 1, S. 87f.); „Lilium chalcedonicum, foliis sparsis lanceolatis, floribus reflexis, corollis revolutis, chalcedonische Lilie, ... byzantinische Lilie mit carminrother Blume; scharlachrother türkischer Bund; ... Sie heißt bey ... Clusius: Lilium rubrum sive miniatum byzantinum, ..." (Gmelin 1773a, Sp. 606f.); „[Lilium] purpuro-sanguineum, flore reflexo; hierunter versteht er [d. h. C. Bauhin] eine bluthrothe Spielart der chalcedonischen Lilie." (Gmelin 1773a, Sp. 621); „1. LILIUM chalcedonium L., ... Chalzedonische, auch Bizantische Lilie. ..." (Georgi 1797–1802, Theil 3, S. 899); „chalcedónicus (Lilium, Lychnis): wie die vorlinn. Belege: Lilium flore miniato (mennigrot) nutante, sive Hemerocallis Chalcedonica quibusdam, J. Bauhin II 19,695, ... geht die Benennung aus von lat. Calchēdonicus (smaragdus) <ein Edelstein, Kalzedon oder Chalcedon> (Plin.), benannt nach der Stadt Calchēdōn, gr. Kalchēdṓn am Bosporus gegenüber Byzanz; ..." (Genaust 2005, S. 144f.)

„327. Lilium folijs sparsis corollis campanulatis, erectis, intus scabris Lin. h. cliff. 120. Lilium purpureo-croceum majus B. Pin. 76. Boerh. lugd. 2. p. 135. ..." (AAW R. I, Op. 13, D. 20,

Bl. 34v, s. Anm. 1 in Nr. 1); „65. Lilium minij colore cruentum. An Lilium purpuro-croceum majus C.B. P?“ (AAW R. I, Op. 14, D. 8, Bl. 2r, s. Anm. 98 in Nr. 39)

„2. LILIUM foliis sparsis, corollis campanulatis erectis intus scabris. Lilium purpureo-croceum majus. Bauh. pin. 76. ... ε Lilium bulbiferum minus. Bauh. pin. 77. ...“ (Linné 1737, S. 120); „2) Feuerlilie. Lilium bulbiferum. ... Lilium foliis sparsis, corollis campanulatis erectis: intus scabris. LINN. Syst. Veg. p. 268. Sp. Pl. p. 433. Hort. Cliff. 120. ... Gmel. sib. p. 41. ... Lilium purpureo-croceum maius. C. BAUH. pin. 76. ... γ) Lilium purpureo-croceum minus. C. BAUH. pin. 77. ... η) Lilium bulbiferum minus. C. BAUH. pin. 77. ... Der Name Feuerlilie, ist ob sie schon der Farbe nach, mehr purpur=safranfärbig ist, die gewöhnlichste Benennung, ... in unseren Gegenden bald Feuer bald Goldlilien. ... Die Wurzeln oder Zwiebeln werden so wie von den übrigen Lilien von den Russen und Tatarn verspeißt. Sie kochen sie entweder in Milch, oder braten sie unter der Asche, und nennen sie Sarana; doch unterscheiden sie selbige mit verschiedenen Benennungen noch, in so ferne eine mehrere oder wenigere Weisse oder Schuppigkeit der Zwiebel einigen Unterschied zuläßt.“ (Linné 1784, S. 263ff.); „6. LILIUM bulbiferum. L. foliis sparsis, corollis campanulatis erectis: intus scabris. Hort cliff. 120. ... Gmel. sibir. 1. p. 41. ... L. purpureo-croceum majus. Bauh. pin. 76. ... γ. L. purpureo croceum minus. Bauh. pin. 77. ... η. L. bulbiferum minus. Bauh. pin. 77. ... Feuer Lilie. W. ...“ (Linné 1797–1830, Bd. II, Teil 1, S. 85f.); „6. L[ilium] spectabile (LINK Enum. pl. h. berol. I, p. 321) ... L. foliis sparsis, ... GMEL. Fl. sib. I, p. 41, No. 8. ...“ (Ledebour 1853, S. 151f.); „8. LIRIUM* foliis sparsis, corollis campanulatis, erectis, intus scabris LINN. h. Cliff. 120. ROYEN. prodr. 31. I. Foliis latioribus. Lilium purpureo-croceum maius B. pin. 76. Lilium purpureum maius DOD. Pempt. 198. ? Lilium floris rubro-lutei, Tangunensibus [d. h. tungusisch] Sarana polevvaga appellatum ACT. NAT. CUR. Vol. III. p. 355. Videtur. Auctor relationis populum nominans Tungusos intelligit. Nomen Tungusis adscriptum Russicum est, legendum Sarana polevvaja (lilium campestre.) II. Foliis angustioribus. α. Flore miniato. Lilium purpureo-croceum minus B. pin. 77. Lilium purpureum minus DOD. Pempt. 198. β. Flore luteo. ... Radix vti reliquorum Liliorum, Tataris et Russis, qui inde vsum mutuo acceperunt, edulis est. Etiam Tungusi, Buraeti, Iacuti ea delectantur. Lacti incoquunt, aut et inter cineres torrent. Communi his populis nomine sarana dicitur, et haec quidem species Russis propter albedinem radicis alba (бѣлая [russ. *belaja* – weiß, hellgelb]) aut propter multas squamas dentes referentes, ex quibus componitur, dentata (зубчетая [russ. *zubčetaja* bzw. *zubčataja*- gezähnt, ausgezackt]) aut propter loca, quae incolit, campestris (полевая [russ. *polevaja* – Feld-]) dicitur. Iacuti Korun vocant.“ (Gmelin 1747–1769, Bd. I, S. 41f.); „8. Lilium foliis sparsis, corollis campanulatis erectis intus scabris (excl. synon.) [=] Lilium spectabile Fisch.! [;] II. β. Foliis angustioribus (subtus albentibus), flore luteo [=] An species distincta?“ (Ledebour 1841, S. 49); „Lilium bulbiferum, ... Feuerlilie, ... goldgelbe Lilie; Pomeranzenlilie; grösere Lilie mit purpurroth safrangelber Blume; rothe Lilie; ... die Russen und Tungusen speisen ihre Wurzel, nachdem sie dieselbe unter der Asche gebraten, oder mit Milch gekocht haben; ... Sie heißt bey ... C. Bauhin: Lilium purpuro-croceum majus; ...“ (Gmelin 1773a, Sp. 602f.); „1. LILIUM bulbiferum L., ... Feuer= Lilie. R. Polewoja Sarona [russ. *polevaja sarana*]. Jakut. Korun. ... Sie ist ziemlich reichlich vorhanden und ihre Zwiebeln werden wie die übrigen Lilienarten unter dem Namen Sarona gesammlet und von Russen, Jakuten, Tatarn, Buraten, Tungusen – roh, doch gewöhnlich in Wasser oder Milch, mit und ohne Fleisch und Fische gegessen; eine Speise, an welche man sich, besonders wo wenig Wahl statt hat, leicht gewöhnt und sie gut findet. In Rußland ist sie eine gemeine, auch im kalten Landstrich ausdauernde Gartenblume, ...“ (Georgi 1797–1802, Theil 3, S. 898f.)

„209„ d. [27. August 1724]„ [Sem.]„ Lilii reflexi montani humilis angustifolii, aurantio colore; An Lilium purpuro-sanguineum flore reflexo Tourn. Sp. 40. „ “ (AAW F. 98, Op. 1, D. 23, Bl. 6v, s. Anm. 49 in Nr. 653); „30. Juni 1723 ... Von Kräutern fand sich hieselbst Lilium purpureo-croceum ... minus (C. B. ... et Tournefortii sp. 11), foliis angustis caulem pedalem alternatim ambientibus, ...“ (Messerschmidt 1962–1977, Bd. 2, S. 83); „6. Juli 1723 ... Sonst fand ich ... Lilium purpureo-croceum ... minus, flore in caulis summo singulari (Tournefortii sp. 11., vide 30.

Iunii) so fast 3 Schuhe hoch aufgeschossen und sehr häufig stunde. ...“ (a. a. O., S. 85); „8. Juli 1723 ... Ich fand hieselbst ... viel Lilium purpureo-croceum ... minus (Tournefortii sp. 11) ...“ (Messerschmidt 1962–1977, Bd. 2, S. 86); „1. Juli 1725 ... Lilium purpuro-croceum minus (Tournefortii sp. 11); ...“ (Messerschmidt 1962–1977, Bd. 4, S. 142ff.)

15 „Cinnabaris, Cinabaris, Cinabrium, teutsch Cinnober, Zinnober, Frantzösisch Cinabre, ist eine mineralische Materie, hart und dichte, schwer und glänzend, wie Crystallen und röthlicht: bestehet aus Schwefel und Qveck=Silber, ... Der Gebrauch des gemachten Zinnobers, so wohl des ganzen, als des praeparirten, kommt hauptsächlich denen Mahlern und denenjenigen, so das Spanische Wachs, Oblaten und dergleichen, damit färben, zu gut. ...“ (Zedler 1732–50, Bd. 6, Sp. 74f.)

16 russ. *sarana*; s. Anm. 72 in Nr. 494

17 russ. (weibl.) *belaja* (russ. *belyj*, *beloj* – weiß)

18 „445 Ornithogalum spicatum album, bulbo exiguo. ... (a) fructus maturus (b) Idem transversim sectus (c) semina.“ mit der links marginalen Anm. auf Bl. 88v „Tab. LXXIII.“ (AAW R. I, Op. 13, D. 42, Bll. 88v–89v, s. Anm. 1 in Nr. 1); „329) Ornithogalum spicatum album bulbo exiguo. D. D. Gmel. ind. plant. Len. No 445 abunde ad aldanum Bela Juna et Urak fluvios in sylvis montosis floret. Julio.“ (AAW R. I, Op. 104, D. 25, Bl. 25v, s. Anm. 61 in Nr. 21); „4. Ornithogalum spicatum album, bulbo exiguo Ind. Len. n°. 445.“ (AAW R. I, Op. 13, D. 67, Bl. 63v, s. Anm. 5 in Nr. 4); „531. Ornithogalum spicatum album, bulbo exiguo Ind. Len. ...“ (AAW R. I, Op. 105, D. 12, Bl. 26v, s. Anm. 54 in Nr. 17); „984. Ornithogalum spicatum album bulbo exiguo Ind. Len. n° 445. ...“ (AAW R. I, Op. 105, D. 1ª, Bl. 101v, s. Anm. 29 in Nr. 5); „+ 80. Ornithogalum spicatum album, bulbo exiguo Fl. Irc. 496.“ (AAW R. I, Op. 105, D. 16, Bl. 2r, s. Anm. 5 in Nr. 4)

„11. ORNITHOGALUM spicis florum longissimis, ramosis Tab. VIII. ... a. Est fructus maturus. b. idem per medium transuersim sectus. c. semina. ... In siluis montosis ad Lenam ego, STELLERUS ad Angaram et lacum Baicalem, vt et ad Aldanum, Bielam, Iunam et Uracam fluuios mense Iulio florens, inuenimus. ...“ (Gmelin 1747–1769, Bd. I, S. 45f.); „11. Ornithogalum spicis florum longissimis ramosis. t. VIII. [=] Melanthium sibiricum L.! ...“ (Ledebour 1841, S. 49); „2) Sibirische Melanthe. Melanthium sibiricum. mit ungestielten Kronblättern, Melanthium petalis sessilibus. LINN. Syst. veg. p. 287. Sp. Pl. 487. ... Ornithogalum spicis florum longisimis ramosis. GMEL. sib. 1. p. 45. tab. 8. Diese ... nahm Gmelin in Sibirien in verschiedenen Gegenden wahr, und hält sie, weil sie in vielen Stücken einer Vogelmilchart ähnlich ist, für ein Ornithogalum. ...“ (Linné 1784, S. 501f.); „2. MELANTHIUM sibiricum. ... Ornithogalum spicis florum longissimis ramosis. Gmel. sib. 1. p. 45. t. 8. ... Sibirisches Melanthium. W. ...“ (Linné 1797–1830, Bd. II, Teil 1, S. 267); „1002. Anticlea. KUNTH. ... 1. A. sibirica (KUNTH. c.) ... Ornithogalum spicis florum longissimis ramosis. GMEL. Fl. sib. I, p. 45, No. 11, t. 8. ...“ (Ledebour 1853, S. 206f.); „Ornithogalum Tuum Fl. sib. 45. t. 8. quod est omnino Melanthium, sed parum diversum a Virginico (Melanthium sibiricum L. ...).“ (C. von Linné in einem Brief an J. G. Gmelin vom 29. Oktober 1750 – Plieninger 1861, S. 102); „Melanthium sibiricum L. Am Ilgaflüßchen in lichter, hügeligter Waldung, und bey Nikolskaja Sastawa.“ (Georgi 1775, S. 207); „1. MELANTHIUM sibiricum L., ... Sibirische Melanthe. Gm. Fl. Sib. I. T. 8. ...“ (Georgi 1797–1802, Theil 3, S. 923); „ORNITHOGALUM. ... teutsch, Vogelmilch, Erdnuß, Feld= oder Ackerzwiebel. ... Die [d. h. die Wurzel] dienet zu Beförderung des Auswurffs und des Harns: sie mildert die Schärffe der Feuchtigkeiten in dem Leibe, wann sie abgesotten gebrauchet, oder auch wol selbst genossen wird. Ornithogalum kommt von ὄρνις, avis, Vogel, und γάλα, lac, Milch, dieweil die Blüte dieses Krautes inwendig milchweiß ist, und eine Farbe hat, als wie die Federn an einen und den andern Vogeln.“ (Lémery 1721, Sp. 816f.); „Melánthium: Name von L. für eine Gatt. der Liliac. ... vorlinn. meint Melanthium bei J. Bauhin die Gatt. Nigella ebenso wie lat. melanthium = gith <Schwarzkümmel, Nigella sativa>...“ (Genaust 2005, S. 376f.); „Melānthium L. (Juncaceae). Zus. aus μελι (Honig) u. ἀνδος (Blume); die Blumenblätter haben an der Basis Honigsaft führende Säckchen. ...“ (Wittstein 1852, S. 567); „Ornithōgalum L. (Coronariae). Zus. aus ἥρνις (Vogel) und γαλα (Milch), in Bezug auf die milchweisse oder hühnereierweisse Farbe der Blüthen einiger

Species (O. nutans, O. umbellatum).“ (a. a. O., S. 639); „Anticlēa KNTH. (Junceae). Nach ANTICLEA, Mutter des ULYSSES.“ (a. a. O., S. 58)

19 „[species 1] Cepa vulgaris, floribus & tunicis purpurascentibus C. B. Pin. 71. Cepe sive Cepa rubra, rotunda J. B. 2. 547. Cepa rotunda Dod. Pempt. 687.“ (Tournefort 1700, S. 382, Genus XI. „Cepa. Ognon.“); „Cepa vulgaris, floribus & tunicis purpurascentibus C. B. P. 71. ... Zwiebel.“ (Rupp 1726, S. 123); „I. Cepa vulgaris. ...Variat colore floris, vel candido, vel purpurascente: tunicarum quoq;, coloris rubri, aut candidi ...“ (Bauhin 1623, S. 71); „1. Cepa; vulgaris; floribus & tunicis purpurascentibus. C. B. P. 71. ...“ (Boerhaave 1720a, S. 144); „1. CEPA scapo ventricoso foliis longiore, radice depressa. Cepa vulgaris. Bauh. pin. 71. .... Cepa vulgaris, floribus & tunicis purpurascentibus. Tournef. inst. 382. ... α Cepa vulgaris, floribus & tunicis albis Tournef. ...“ (Linné 1737, S. 136); „532. ... Cepa vulgaris C. B. P. 71. Cepa scapo ventricoso, foliis longiore, radice depressa Linn. Cliff. ... Var. Cepa floribus et tunicis candidis C. B. P. Zwiebeln. ...“ (Boehmer 1750, S. 221f.); „33) Zwiebel. Allium Cepa. ... Allium scapo nudo inferne ventricoso longiore foliis teretibus. LINN. Syst. Veg. p. 268. Sp. Pl. p. 431. Cepa scapo nudo ventricoso foliis longiore, radice depressa. Hort. Cliff. 137. [sic!] ... Cepa vulgaris. C. BAUH. pin. 71. Dieses Gewächs bringt unsere bekannte Zwiebeln und Zibollen hervor, ... Die vorzüglichsten Gartensorten die man von selbiger kennt, sind folgende: Die rothe Sommerzwiebel. C BAUH. pin. 71. Die Johanneszwiebel. Cepa vulgaris floribus & tunicis purpurascentibus. eiusd. pin. p. 71. Die Satz oder Steckzwiebel. Cepa floribus tunicis candidis. eiusd. pin. ... Man bedient sich der Zwiebeln unter den Speisen häuffiger, als unter den Artzneyen. ... Die alten haben den Zwiebelsaft eine steinzermalmende Krafft zugeschrieben. Gekwetscht ... äusserlich aufgelegt, sollen sie wider Brandschäden, ja selbst wider den kalten Brand sich sehr wirksam befunden haben, insbesondere sollen sie Geschwulsten wo nicht zertheilt, doch gezeitigt und das Eiter ausgeführt haben. ...“ (Linné 1784, S. 239ff.); „43. ALLIUM Cepa. ... Cepa scapo nudo ... Hort. cliff. 137. ... Cepa vulgaris. Bauh. pin. 71. ... Gemeines Lauch. W. ..“ (Linné 1797–1830, Bd. II, Teil 1, S. 80); „[Allium] Cepa, scapo nudo inferne ventricoso longiore foliis teretibus, Zwiebel, Knoblauch, dessen Schaft blos, unten bauchig, und länger als die rundlichte Blätter, ist; man hat ungemein viele Abänderungen dieser Art; die merkwürdigste sind, ... die spanische, floribus & tunicis purpurascentibus, und die weisse egyptische floribus & tunicis candidis; ... diese Pflanze ist in den Küchen mehr bekannt, als in den Apotheken, ob es ihr gleich nicht an Heilskräften gebricht; ihr durchdringender scharfer Geruch und Geschmak ... verspricht schon eine schweißtreibende, harntreibende, reizende Würkung; doch gebraucht man sie meistens nur äuserlich; unter der Asche gebraten, und in Gestalt eines Breyumschlags aufgelegt, zertheilt und erweicht sie Entzündungsgeschwulsten und andere, ...“ (Gmelin 1772a, Sp. 288ff.); „13. Allium Cepa L. (Asphod.). ... Die Zwiebel (Allium Cepa) ist eins der bestbeglaubigten russischen Volksmittel. ... Hauptsächlich aber wird es noch in unseren Tagen, roh oder gebacken, zu Kataplasmen auf Panaritien, Geschwüre und dergleichen benutzt. ... Bei Husten, hysterischen Krämpfen, Scorbut und Eingeweidewürmern werden die Zwiebeln roh gegessen; gegen Flechten wendet man dieselben äusserlich an. ... In Kleinrussland bereitet man aus kleingeschnittenen Zwiebeln, indem man sie mit Hanföl kocht, eine Salbe, mit welcher man Kinder und Erwachsene bei Krämpfen einreibt. Die gebackenen Zwiebeln legt man auf harte Geschwüre. ...“ (Demitsch 1889, S. 161ff.); „Mittel gegen Bienen- und Hummelstiche: ... Zwiebeln (Allium Cepa) werden benutzt.“ (Alksnis 1894, S. 211); „391. Allium Cepa. Lin. Syst. Pl. II. p. 41. sp. 33. (Allium althaicum Pall. It. 2. t. R). In Sibirien die Zwiebeln Kamennoi Luk. Tat. und Türk. Sogham und Zugar. Tscher. Schagan. Wotj. Sagon. Tschuw. Suhan. Mordw. Turkjä. Kalm. Maen Gressun. Arm. Soch. Buchar. Pias. Ind. Wassal. ... Im Altaischen oder vielmehr Kolywanischen Gebürge ist eine sehr ansehnliche Spielart, oder vielleicht die wahre Stammart (All. althaicum Pall.) [s. Nr. 499] deren Blätter eines schwachen Daumens dicke, über 1 Fuß lange Zylinder bildeten und von Lauchessern sehr aromatisch befunden wurden.“ (Falk 1786, S. 157); „ALLIUM Cepa Willd. ... Gemeiner Lauch R. Luk [russ. *luk*], Tat. Tschar Schagan. Tschuwass. Schuhun. ...“ (Georgi 1797–1802, Theil 3, S. 895f.); „6. Zwiebel (Allium Cepa L., in Chiwa Piäs genannt).“ (Basiner 1848, S. 235); lat. cepa, russ. *luk*, tung.

Mangíhun (RGADA F. 199, Op. 2, kn. 513, D. 27, Bl. 8r); „CEPA. ... teutsch, die Zwiebel. ... Die Wurtzel wird zur Artzney gebraucht, ... Sie eröffnet, macht flüßig, digeriret und zertheilet, ist gut wider den Stein und die Wassersucht, wider den Scharbock und den kurzen Athem, widerstehet dem Gift, und den Würmen, ist dienlich für Taubheit und hartes Gehör, zeitiget die Geschwüre; und wird innerlich und äusserlich gebraucht. ... Cepa vel Caepa kommt von κεφαλὴ, caput, ein Kopf, dieweil die Spitze und die Wurzel an diesem Gewächse als wie ein Kopf aussehen." (Lémery 1721, Sp. 269f.); Allium Cepa L. – russ. *luk, lukovica, cibul'* bzw. *cibulja* (*Annenkov* 1858, S. 13, Nr. 52); mokschanisch šuŕhkä – Zwiebel (Ahlquist 1861, S. 175); ersanisch tšuŕka – Zwiebel (Wiedemann 1865, S. 164); wotjakisch sugon – Lauch (Wiedemann 1851, S. 329); burjatisch maŋehaŋ, maŋehuŋ(n) bzw. maŋir – Lauch (Castrén 1857, S. 202); wogulisch qośmen, gośman, saim-pūm bzw. śestä-pūm – Zwiebel (Ahlquist 1891, S. 22, S. 47 bzw. S. 51); syrjänisch sugoń – Zwiebel (Wiedemann 1880, S. 306); ostjakisch sutɐik – Lauch (Castrén 1858, S. 115); bucharisch pìár – Zwiebel (Klaproth 1831, S. 250); „Cēpa T. (Coronariae). Vom celtischen cep oder cap (Kopf), synonym mit κεφαλη, in Bezug auf die Form der Zwiebel; man könnte auch ableiten von κῆπος (Garten, womit dann unser deutsches ‚Gartenzwiebel' übereinstimmt." (Wittstein 1852, S. 172); „Āllium L. (Coronariae). Von ἄγλις (die Kerne im Kopfe oder auch die kopfförmigen Bollen des Knoblauchs) und dieses von ἀλεις (Aor. p. von εἵλειν: sammmeln, als so viel als: in einem Haufen vereinigt). Man leitet auch wohl ab von halium (was stark riecht, von halere). Ferner heisst all im Celtischen: brennend, was dann auf den Geschmack der Zwiebel zu beziehen ist." (a. a. O., S. 30)

„323. Cepa scapa ventricoso, folijs longiore ..." (AAW R. I, Op. 13, D. 20, Bl. 34r, s. Anm. 1 in Nr. 1); „Cepa vulgaris floribus et tunicis purpurascentibus (Tournefortii sp. 1), Off." (Messerschmidt 1962–1977, Bd. 4, S. 204, s. Anm. 1 in Nr. 1)

20 „[species 2] Cepa vulgaris, floribus & tunicis candidis C. B. Pin. 71. Cepe sivè Cepa alba, rotunda J. B. 2. 547. Cepa alba Tabern. Icon. 483." (Tournefort 1700, S. 382, Genus XI. „Cepa. Ognon."); „Cepa vulgaris, floribus & tunicis candidis C. B. ... Weisse Zippeln, weisse Zwiebeln ..." (Rupp 1726, S. 123); „2. Cepa; vulgaris; floribus & tunicis candidis. C. B. P. 71. ..." (Boerhaave 1720a, S. 144); s. Nr. 497

21 „24. CEPA rupestris, radice turbinata, dulci STELL. Fl. Irc. 499. Crescit ex ipsis altissimarum rupium fissuris circa sinum lacus Baicalis, Peschtschanaia Guba dictum, copiosius ad insulam Olchon, item in rupibus ad superioris Angarae ostium, quo in lacum Baicalem influit, ... Tungusis bulbis tam crudis quam inter cineres tostis vescuntur. Russis каменной лукъ [russ. *kamennoj luk*] audit. STELL. Vereor, ne sit altior varietas prioris cepae speciei." (Gmelin 1747–1769, Bd. I, S. 64); „24. Cepa rupestris, radice turbinata dulci. [=] Allium fistulosum L.!" (Ledebour 1841, S. 50); „2. CEPA scapo longitudine foliorum, foliis ventricosis, radice oblonga. Cepa oblonga. Bauh. pin. 71. ... Dod. pempt. 687. Boerh. lugdb. 2. p. 144. ..." (Linné 1737, S. 136); „35) Winterzwiebeln. Allium fistulosum. ... Allium scapo nudo adaequante folio teretia ventricosa. LINN. Syst. Veg. p. 268. Sp. Pl. p. 432. Cepa scapo nudo longitudine foliorum, foliis ventricosis, radice oblonga. Hort. Cliff. 136. ... Cepa oblonga. C. BAUH. pin. 71. DOD. pempt. 687. ... Nach dieser Beschreibung ist gegenwärtige Art, die man bald lange spanische Zwiebeln, bald Winterzwiebeln und St. Johannis Lauch nennt, von den runden Zwiebeln ... unterschieden genug. ..." (Linné 1784, S. 251ff.); „46. ALLIUM fistulosum. ... Cepa scapo longitudine foliorum, .. Hort. cliff. 136. ... Cepa oblonga Bauh. pin. 71. Dod. pempt. 687. [...] Allium altaicum. Pall. itin. 2. app. 1. 108. t. R. ... Röhrensstieliges Lauch. W. ..." (Linné 1797–1830, Bd. II, Teil 1, S. 81); „15) ALLIUM FESTULOSUM [sic!]. Linn. ... A. altaicum Pall. it. II. p. 737. No. 108. t. R. Cepa rupestris, ... Gmel. Fl. sib. I. p. 64. No. 24. ..." (Ledebour 1830, S. 16); „17. A[llium] fistulosum (L. Spec. 432) ... LEDEB. Fl. alt. II, p. 6. ... A. altaicum. PALL. It. II, p. 518. 568; app. p. 737, No. 108, t. R.; III, p. 293. ... Cepa rupestris, ... GMEL. Fl. sib. I, p. 64, No. 24. ..." (Ledebour 1853, S. 169); „[Allium] fistulosum, ... röhrichter Knoblauch, ... Strasburger Zwibel; ..." (Gmelin 1772a, Sp. 292); „Oben im Walde ist alles voll von einer Art von Zwiebel oder Lauch, welches

dem hohlblättrigen Gartenlauch sehr ähnlich ist, und auch zur Speise eben so, ja wohl noch angenehmer ist (Allium altaicum Anh. No. 108. Platte R. Fig. 2.). Die alten Einwohner dieser Gegenden nennnen es Butun, und man findet es auf allen hohen Bergen, ja selbst auf den Schneekoppen des Altaischen Gebürgs häufig, ...“ (Pallas 1773, S. 518); „108. ALLIVM Altaicum. Tabula R. (*) Russis ad Alpes Altaïcas Бутунъ [russ. *butun*]. ... 108. *) BERBERIS sibirica. Tabula P. fig. 2. ... |: (*) Muthmaßlich muß diese Art von Lauch unter der Cepa rustica radice turbinata dulci Stelleri (Florae Sibir. I. p. 64. no. 24.) verstanden werden. :|“ (a. a. O., S. 737f.); „Die kahlsten sonnigten Felsen bringen das im zweyten Theil dieser Reise beschriebne schmackhafte Steinlauch (Allium altaïcum oder besser saxatile) in grosser Menge hervor und wurde von den Matrosen die es auch Kamennoi Luk nannten, so wie auch das am Strande gemeine Allium spaerocephalon, begierig verzehrt.“ (Pallas 1776, S. 293); „BERBERIS Sibirica. Tab. LXVII. BERBERIS pedunculis solitariis, foliis ovato-pedunculatis ciliatis. Pallas itin. II. app. p. 737. n. 108*. tab. P. fig. 2. Berberis cretica Falk. itin. II. p. 164. n. 425. Rossis Colyvanensibus Barbaris (Барбарисъ [russ. *barbaris*]). Mongolis Scharà-módon i. e. lignum flavum, item Uergustu-Scharà-módon. Tangutis Gdsarrbo. ...“ (Pallas 1788, S. 42); „425. Berberis cretica Lin. Syst. Pl. II. p. 107. sp. 2. ...“ (Falk 1786, S. 164); „22. ALLIUM fistulosum W. 2. p. 81. Sp. 46. Var. β. Allium altaicum Pall. Itin. 2. App. No. 108. T. R. Röhrenstieliger Lauch, R. Kamenoi Luk (Steinlauch), auch Kalba [russ. *kalba*]. Im hohen Altaischen und Baikalischen Felsengebirge häufig; ...“ (Georgi 1797–1802, Theil 3, S. 894f.); „Allium altaicum Pall. It. 2ter Theil. R. Kamenoi Tschesnok [russ. *kamennoj česnok*], auch Kamenoi Luk. B. Hongenu. An den meisten Klippen um den Baikal und dessen Insuln bis auf 15. Klafter über der Wasserfläche sehr häufig. Diese ansehnliche Lauchart ist vielleicht die gewürzhafteste unter allen, und wird daher von Russen und Heiden häufig genossen.“ (Georgi 1775, S. 206); „Wie die Tungusen essen die Buräten alles ohne Auswahl, und bereiten es auch so simpel; ... Steinlauch (Hongenuk. Allium althaicum Pall.) ist allen ein grosser Leckerbissen.“ (a. a. O., S. 303); „5. BERBERIS sibirica. ... Berberis sibirica. Pall. itin. 2. app. n. 108. tab. P. fig. 2. Sibirische Berberitze. W. ...“ (Linné 1797–1830, Bd. II, Teil 1, S. 229); „2) BERBERIS SIBIRICA. Pall. ... Pall. it. II. p. 737. app. No. 108.* t. P. f. 2. ...“ (Ledebour 1830, S. 52); „3. B[erberis] sibirica (PALL. It. II, app. p. 737. Nro. 108*. t. P. f. 2) ... LEDEB. Fl. alt. II, p. 52. ...“ (Ledebour 1842, S. 79); „2. BERBERIS sibirica ... Sibirische Berberize. Pall. Fl. Ross. T. 67. Itin. 2. App. No. 108. Tab. P. f. 2. ... sparsam in Daurien an der Selenga. ...“ (Georgi 1797–1802, Theil 3, S. 916); Allium fistulosum L. – russ. *sončina*, *borovoj luk*, *kamennyj luk* bzw. *butun* (*Annenkov* 1858, S. 13, Nr. 53); tungusisch môdugi bzw. bultâdigena – Berberisbeere (Castrén 1856, S. 100); samojedisch turan – Berberisbeere (Castrén 1855, S. 205); „Bērberis L. (Berberideae). Vom arabischen berberys (die Frucht dieses Strauchs). Man leitet noch ab von βερβερι (Muschel) wegen der muschelähnlichen Gestalt der Blätter; oder von der Berberey in Afrika, von wo der Strauch durch die Araber nach Spanien kam.“ (Wittstein 1852, S. 101)

„1157. Cepa scapo longitudine foliorum, folijs ventricosis, radice oblonga Linn. h. Cliff. 136. Cepa oblonga B. pin. 71. ...“ (AAW R. I, Op. 13, D. 20, Bl. 106v, s. Anm. 1 in Nr. 1); „+81. Cepa rupestris radice turbinata dulci Fl Irc. 499.“ (AAW R. I, Op. 105, D. 16, Bl. 2r, s. Anm. 5 in Nr. 4); „1157. Cepa scapo longitudine foliorum, folijs ventricosis, radice oblonga Linn. h. Cliff: 136. Cepa oblongo B. pin. 71. ...“ (AAW R. I, Op. 13, D. 20, Bl. 106v, s. Anm. 1 in Nr. 1); „Cepa oblonga Dod. Pempt. Russ. лукъ степнои [*luk stepnoi*; russ. *luk stepnoj*] ...“ (AAW R. I, Op. 104, D. 8, Bl. 11v, s. Anm. 18 in Nr. 452); „Cepa oblonga Dod. Pempt. ...“ (AAW F. 21, Op. 5, D. 98, Bl. 23r, s. Anm. 54 in Nr. 17); „6. Cepa rupestris, radice turbinata dulci Fl. Irc. n°. 499.“ (AAW R. I, Op. 13, D. 67, Bl. 664v, s. Anm. 5 in Nr. 4)

22 *kamennoi luk*; russ. *kamennoj luk*; in der 2. Textversion (s. Anm. 1 in A.): „Ка́менной лукъ„ (russ. *kamennoj luk*)

23 „[species 9] Cepa Alpina, palustris, tenuifolia.“ (Tournefort 1700, S. 383, Genus XI. „Cepa. Ognon.“); „10. Cepa; Alpina; palustris, tenuifolia. T. 385.“ (Boerhaave 1720a, S. 144); „Tab. XLV. Cepa palustris altissima. ...“ (Buxbaum 1733, S. 27); „21. CEPA scapis foliisque teretibus,

capitulis pyramidatis. Allium aquaticum C. B. P. 74. ex mente BUXB. Cepa palustris altissima BUXB. Cent. IV. p. 27. Tab. XLV. Cepa alpina palustris tenuifolia TOURN. I. R. H. STELL. Flor. Irc. 500. j. Eadem flore dilutissimo. jj. Eadem flore candido. Cepa alpina palustris, tenuifolia, flore candido TOURN. I. R. H. STELL. Flor. Irc. 501. jjj. Eadem scapis foliisque striatis. Tab. XV. Fig. 1. ... Cl. LINNAEUS in litteris ad me datis plantam descriptam cum STELLERO pro varietate habet cepae alpinae palustris tenuifoliae TOURN. 383. propter flores omnino similes. Hoc doctissimi viri iudicium dignum iudico, quod cum Botanophilis communicetur. ..." (Gmelin 1747–1769, Bd. I, S. 59ff.); „21. Cepa scapis foliispue [sic!] teretibus, capitulis pyramidatis. t. XV. f. 1. [=] Allium Schoenoprasum L. β. alpinum DeC.!" (Ledebour 1841, S. 50); „3. CEPA scapo longitudine figuraque foliorum, foliis subulatis filiformibus, spathis globosis. ... Scheno-prasum. [sic!] Dod. pempt. 689. α Cepa alpina palustris tenuifolia. Tournef. inst. 383. ..." (Linné 1737, S. 136); „38) Schnittlauch. Allium Schoenoprasum. ... Allium scapo nudo adaequante folia teretia subulato-filiformia. LINN. Syst. Veg. p. 268. Sp. Pl. p. 432. ... Cepa scapo longitudine figuraque foliorum, foliis subulatis filiformibus, spathis globosis. Hort. Cliff. 136. Hort. Ups. 78. ... Schoenoprasum. DOD. pempt. 689. ... β) Cepa scapis foliisque teretibus, capitulis pyramidatis GMEL. sib. 1. p. 59. fig. 1. Cepa palustris altissima. BUXBAVM. cent. 4. p. 27. tab. 45. GORT. ingr. 49. Cepa alpin[a] palustris tenuifolia. TOURNEF. Inst. R. H. p. 382. Nach der Tourne-fortischen Eintheilung dieser Gattung, nach welcher diejenigen Arten mit hohlen röhrigen Blättern unter die Zwiebeln, diejenigen aber mit flachen unter die Knoblauch gehören, kommt der Schnittlauch unter den Zwiebelarten, ob er schon im übrigen gar viel ähnliches mit dem Knoblauch hat, zu stehen. ... Verschiedene haben ihn mit Bauhin unter dem Porre beschrieben, und mit selbigen binsenblätterigten Schnittporre ... auch wilden Porre genennt. ... Der Nißgebrauch des Schnittlauchs ist mannigfaltig, ... Man kann ihn als Gemüß oder Zuspeise, sowohl als unter Brühen, um sie schmackhaffter zu machen, geniessen. ... Ohne Widerspruch bringt Herr von Haller ... jene besonders merkwürdige Varietät, die Gmelin durch ganz Rußland und Sibirien wahrgenommen, und welche zuweilen eine so ansehnliche Höhe und Grösse erhält, daß Buxbaum sie deßwegen, gröste Sumpfzwiebel genannt, mit unter unsern Schnittlauch; ..." (Linné 1784, S. 255ff.); „47. ALLIUM Schoenoprasum. A. scapo nudo adaequante folia teretia subulato-floriformia. Hort. ups. 78. Gort. ingr. 49. ... Cepa scapo longitudine figuraque foliorum, ... Hort. Cliff. 136. ... Schoenoprasum. Dod. pempt. 689. ... Suppen-Lauch. W. ... (Linné 1797–1830, Bd. II, Teil 1, S. 81f.); „17) ALLIUM SCHOENOPRASUM β. alpinum. Dec. ... A. sibiricum. Willd. Sp. pl. II. p. 82. ... Cepa palustris altissimo. Buxb. Cent. IV. pag. 27. t. XLV. Cepa scapis foliisque teretibus, ... Gmel. Fl. sib. I. p. 59. No. 211. t. XV. f. 1. ..." (Ledebour 1830, S. 17f.); „13. A[llium] Schoenoprasum (L. Spec. 432) ... A. Schoenoprasum β. L. Spec. 433. A. Schoenoprasum β. alpinum. ... LEDEB. Fl. alt. II, p. 17. ... A. sibiricum. L. Mant. p. 562. ... Cepa scapis foliisque teretibus, ... GMEL. Fl. sib. I, p. 59. No. 21, t. 15, f. 1. Cepa palustris altissima. BUXB. Cent. IV, p. 27. t. 45. ..." (Ledebour 1853, S. 166ff.); „Allium Schoenoprasum, ... Schnittlauch; Knoblauch mit einem blosen Schaft, ..." (Gmelin 1772a, Sp. 293); „sibiricum ALLIUM scapo nudo tereti, foliis semiteretibus, staminibus subulatis. ..." (Linné 1771, S. 562f.); „36) Sibirischer Lauch. Allium sibiricum. ... Allium scapo nudo tereti foliis, semicylindricis, staminibus subulatis. LINN. Syst. Veg. p. 268. Mant. Pl. II. p. 562. ..." (Linné 1784, S. 254); 48. ALLIUM sibiricum. ... A. scapo nudo tereti, foliis semicylindricis, staminibus subulatis. Mant. 562. ... Cepa scapis foliisque teretibus, capitulis pyramidatis. Gmel. sib. 1. p. 59. t. 15. f. 1. Cepa palustris altissima. Buxb. cent. 4. p. 27. t. 45. Cepa alpina palustris tenuifolia. Tournef. inst. 383. ... Sibirisches Lauch. W. ..." (Linné 1797–1830, Bd. II, Teil 1, S. 82); „Cepa palustris altissima Buxb. est profecto nil nisi varietas Cepae scapis foliisque subulatis teretibus aequalibus, spathis globosis. itin. oeland. p. 53. Cepa alpina palustris tenuifolia. T. 385. Allium montanum capite rotundo. C. B. 75. hoc docent abunde flores in hac specie distinctissimi et omnino cepae sectilis. ego tamen numquam tam altam vidi (Fl. sib. I. 59. nr 21. Allium sibiricum L. vel Schönoprasum L. β. alpinum Dec. secundum cel. Ledeb.)." (C. von Linné in einem Brief an J. G. Gmelin vom 18. September 1744 – Plieninger 1861, S. 36); „Allia sibirica 1. 1. 3. incipiunt caules protendere."

(C. von Linné in einem Brief an J. G. Gmelin vom 24. Juni 1745 – Plieninger 1861, S. 44); „Cepa Buxbaumii (Fl. sib. I. 59. nr. 21. Allium sibiricum L. schönoprasum L. var. alpinum Dec. ...), si qidem est Porrum sectile, quod in alpibus etiam cubitale nascitur, non est Cepa illa fluviatilis ad Albim (A. angulosum L. Fl. sib. I. 58. nr. 20. [s. Nr. 507]), nam eam habeo divertissimam petalis brevibus, ovatis, capitulo sphaerico etc." (A. von Haller in einem Brief an J. G. Gmelin vom 28. November 1746 – Plieninger 1861, S. 130); „Cepa palustris altissima – est verissima cepa qualis in alpp. provenit (Fl. sib. I. 59. nr. 21. Allium sibiricum L. schönoprasum β. alpinum Dec. ...)." (A. von Haller in einem undatierten Brief an J. G. Gmelin – Plieninger 1861, S. 152); „... Utque disquisitionibus tuis eo magis prosim, en ! jam mitto inter reliqua; quatuor semina, ad Tr. de Allio omnino pertinentia, nempe ... 2) Cepam palustrem altissimam Buxb. Centur. IV. Tab. XLV. ..." (J. G. Siegesbeck in einem Brief an A. von Haller vom 15./26. Oktober 1746 – Haller 1773, S. 310ff.); „... waren die treflichen grasigten Gründe und buschigte Heuschläge, welche es um Murom hat, mit ... Allio Schoenopraso oder Schnittlauch, welches man hier zur Speise zu sammlen pflegt, ... reichlich versehen." (Pallas 1771, S. 35); „24. ALLIUM Schoenoprasum L., ... Graslauch. Schnittlauch. Hohllauch. R. Schnitluk. ... 25. ALLIUM sibiricum L., ... Sibirischer Lauch. Gm. Sib. 1. p. 59. T. 15. f. 1. ..." (Georgi 1797–1802, Theil 3, S. 896); „In Dudino werden die Zwiebelchen von Allium sibiricum als Zuthat zur Suppe oft eingesammelt ..." (Schmidt 1872, S. 85); „Gegen Croup etc.: Man zerstampfe Allium schoenoprasum und giesse den Saft in die Rachenhöhle. Der nach dem Ausspressen [sic!] des Saftes übrig bleibende Pressrückstand soll mit ungesalzenem Schweinefett um den Hals gelegt werden. ..." (Alksnis 1894, S. 183); Allium Schoenoprasum L. – russ. *skoroda, luk pyrej, kamennyj luk* bzw. *sejanec* (*Annenkov* 1858, S. 13, Nr. 59)

„+ 21. Cepa palustris altissima Buxb. Cent. IV. 27 Tab. XLV." (AAW R. I, Op. 13, D. 19, Bl. 10r, s. Anm. 54 in Nr. 17); „423. Cepa scapo folioso, folijs ventricosis, capite pyramidato. Cepa oblonga saxatilis capite magno pyramidato Ind. ~~Irc.~~ [s. folgendes Zitat „535. Cepa ..."] 2. ann. Cepa palustris altissima Buxb. Cent. IV. p. 27. T. 45 ..." (AAW R. I, Op. 13, D. 20, Bl. 45r, s. Anm. 1 in Nr. 1); „535. Cepa oblonga, saxatilis, capite magno pyramidato. Cepa tenuifolia sphaerocephalos, purpurascens I. R. H. Ind. Len. sed male, ..." (AAW R. I, Op. 105, D. 4ª, Bl. 55r, s. Anm. 54 in Nr. 17); „929. Cepa alpina palustris tenuifolia I. R. H. ..." (a. a. O., Bl. 88v); „331. Cepa alpina palustris tenuifolia T. i. r. h. Flor ircut. No. 500 ..." (AAW R. I, Op. 104, D. 25, Bl. 25v, s. Anm. 61 in Nr. 21); „989. Cepa oblonga saxatilis, capite magno pyramidato Ind. Irc. nº 535. Forte Cepa palustris altissima Buxb. Cent. IV. p. 27. Tab. XLV. ... Forte Fl. Irc. nº 500. ... I. Eadem flore dilutiore. ... II. Eadem flore candido. ... IIII. Eadem humilior. ..." (AAW R. I, Op. 105, D. 1ª, Bl. 102r, s. Anm. 29 in Nr. 5); „1. Cepa oblonga saxatilis, capite magno pyramidato Ind. Irc. nº. 535. Jen. nº. 989. Cepa tenuifolia sphaerocephalos purpurascens I. R. H. Ind. Len. nº. 446. Forte Fl. Irc. nº. 500. j. Eadem flore dilutiori Ind. Jen. jj. Eadem flore candido Ind. Jen. jjj. Eadem humilior Ind. Jen. ..." (AAW R. I, Op. 13, D. 67, Bl. 64v, s. Anm. 5 in Nr. 4); „Cepa palustris. An Cepe Alpina palustris tenuifolia, Tournefortii Sp. 9. ..." (AAW F. 98, Op. 1, D. 19, Bl. 10v, s. Anm. 59 in Nr. 19)

24 in der 2. Textversion (s. Anm. 1 in A.) nach „Junii": „vel medium Julii quod"

25 „990. Cepa violacea saxatilis, flore ex viridi albente, elatior. Cepa Ind. Irc. nº 536. species elatior, cujus et icon facta est. ... Fl. Irc. nº. 501." (AAW R. I, Op. 105, D. 1ª, Bll. 102r–102v, s. Anm. 29 in Nr. 5); „536. Cepa bicornis, tenuifolia, minor, flore e viridi albente. ... Icon ad exemplum omnium laetissime proveniens exarata est." mit den links marginalen Anm. von J. G. Gmelin „+ vid. Ic." und „Cepa Alpina palustris tenuifolia flore candido nº. 501." (AAW R. I, Op. 105, D. 12, Bl. 27v, s. Anm. 54 in Nr. 17); „2. Cepa violacea, saxatilis, flore ex viridi albente, elatior Ind. Jen. nº. 990. Cepa Ind. Irc. nº. 536. Spec. elatior. Fl. Irc. nº. 501. ..." mit der links marginalen Anm. „[vi]d. Ic." (AAW R. I, Op. 13, D. 67, Bl. 64v, s. Anm. 5 in Nr. 4); s. Nr. 500

26 „[species 10] Cepa Lusitanica, foliis capillaceis, minima, purpurascente flore." (Tournefort 1700, S. 383, Genus XI. „Cepa. Ognon."); „9. Cepa; Lusitanica; foliis capillaceis; minima; flore purpurascente. T. 385. [sic!]" (Boerhaave 1720a, S. 144); „22. CEPA scapo nudo, tereti, inani,

foliis subulatis, filiformibus, capitulis laxis, paucifloris. Tab. XV. Fig. 2. 3. ... Russis Krasnoiarensibus мышей чеснокъ [russ. *myšej česnok*] dicitur, quia mures campestres comedunt, et in penum hiemalem colligunt. STELLERUS quaerit, an sit Cepa Lusitanica foliis capillaceis minima, purpurascente flore TOURN. I. R. H.? ... Iconem et STELLERIANAM et meam adiungere e re visum est, quia ad pleniorem varietatum historiam faciunt. In icone 2. radicis fibrae quasi conglutinatae sistuntur, quoniam pictor plantam diu aquae immersam expressit. In icone 3. a. denotat florum separatim ab antica parte spectatum." (Gmelin 1747–1769, Bd. I, S. 61ff.); „22. Cepa scapo nudo tereti inani, foliis subulatis filiformibus, capitulis laxis paucifloris. t. XV. f. 2. 3. [=] Allium tenuissimum W.!" (Ledebour 1841, S. 50); „37) Schmälster Lauch. Allium tenuissimum. ... Allium scapo nudo tereti inani, foliis subulatis filiformibus, capitulis laxis paucifloris. LINN. Syst. Veg. p. 268. Sp. Pl. p. 433. GMEL. sib. 1. p. 61. tab. 15. f. 2. 3. Auch diese Lauchart ist in Sibirien zu Hause, und hat sehr viel ähnliches mit dem Schnittlauch, doch weder den Geschmack oder Geruch unsers Knoblauchs oder Zwiebeln. Der Ritter [d. h. Linné] entlehnte sie aus Gmelins sibirischen Flore, nach dessen Bemerkung sie von den Feldmäusen und Ratzen sehr angegangen wird, die sie mit zu ihrem Wintervorrath in ihre eigene Scheune einsammeln. Die folgende Beschreibung ist aus gedachter Gmelinischen sibirischen Flore genommen: ... Steller den Gmelin dabey anführt ist ungewiß, ob diese Art nicht die portugiesische Zwiebel mit haarigen Blättern des Tourneforts ist, ..." (Linné 1784, S. 254f.); „51. ALLIUM tenuissimum. ... A. scapo nudo tereti inani, foliis subulatis filiformibus, capitulis laxis paucifloris. Gmel. sibir. 1. p. 61. t. 15. f. 2. 3. ... Schmales Lauch. W. ..." (Linné 1797–1830, Bd. II, Teil 1, S. 83); „23) ALLIUM TENUISSIMUM. Willd. ... Cepa scapo nudo, tereti, ... Gmel. Fl. sib. I. p. 61. No. 22. t. XV. f. 2. et 3. ..." (Ledebour 1830, S. 23f.); „50. A[llium] tenuissimum (WILLD. Spec. pl. II, p. 83) ... LEDEB. Fl. alt. II, p. 23. ... Cepa scapo nudo, tereti, ... GMEL. Fl. sib. p. 61, No. 22, t. 15, f. 2. 3. ..." (Ledebour 1853, S. 183); „Cepa (Fl. sib.) nr. 22. ignota mihi (Fl. sib. I. 61. nr. 22. Allium tenuissimum W.)." (A. von Haller in einem undatierten Brief an J. G. Gmelin – Plieninger 1861, S. 152); „26. ALLIUM tenuissimum L., ... Zarter Lauch. R. Müschnoi Tschesnok. G. sib. 1. T. 15. f. 2. 3. ... Es schmeckt den Feldmäusen so gut, daß man die Zwiebeln in ihren unterirdischen Wintermagazinen häufig antrifft." (Georgi 1797–1802, Theil 3, S. 896f.); Allium tenuissimum Willd. – russ. *myšij česnok* (*Annenkov* 1858, S. 13, Nr. 60)

„+82. Cepa folijs capillaceis &c. Fl. Irc. 502." (AAW R. I, Op. 105, D. 16, Bl. 2r, s. Anm. 5 in Nr. 4); „7. An Cepa Lusitanica folijs capillaceus minimis purpurascente flore I. R. H? Fl. Irc. n°. 502." mit der links marginalen Anm. „Ic. St." (AAW R. I, Op. 13, D. 67, Bl. 64v, s. Anm. 5 in Nr. 4); s. Anhang B.5. Nr. 51 und B.6.14.

27 s. Anm. 80 in Nr. 497

28 „Allium. Ail. ..." (Tournefort 1700, S. 383ff.); „ALLIUM. ... teutsch, Knoblauch. ..." (Lémery 1721, Sp. 35f.)

29 „[species 4] Porrum sylvestre, vinearum C. B. Pin. 72. Ampeloprasum Matth. 552." (Tournefort 1700, S. 382, Genus X. „Porrum. Poireau."); „AMPELOPRASVM CAP. CXLIIII. ..." mit der Abbildung „AMPELOPRASVM." auf S. 552 (Mattioli 1565, S. 551f.); „19. PORRUM caule tereti folioso, foliis linearibus planis, vmbella globosa, staminibus corolla longioribus. Tab. XIII. et Tab. XIV. Fig. 1. Allium staminibus alterne trifidis, foliis gramineis, radice multiplici, floribus sphaerice congestis HALL. all. 20. n. 7.) ? Porrum montanum, Asphodeli folio, floribus in capitulo maiori rubeis MESS. AMM. Ruth. p. 107. n. 142. ... STELLERO visum est, odore et sapore allium leuissime spirare, gustatam vero dulcem esse, omnisque acredinis expertem Idem quaerit, annon sit porrum syluestre vinearum C. B. P.? ... STELLERUS in montosis apricis ad Angaram fluuium et lacum Baicalem obseruauit. Icon Tab. XIII. plantam sistit maxime vegetam, et foliis crassis porraceis instructam. Tab. XIV. 1. eandem plantam sistit, loco minus pingui natam." (Gmelin 1747–1769, Bd. I, S. 56ff.); „19. Porrum caule tereti folioso, foliis linearibus planis, vmbella globosa, staminibus corolla longioribus. t. XIII. et XIV. f. 1. [=] Allium lineare L.!" (Ledebour 1841, S. 50); „142. PORRUM montanum, Asphodeli folio floribus in capitulo majori rubeis Messerschm." (Amman 1739, S. 107); „3) Gleichbreiter Lauch. Allium lineare. ...

All<i>um caule planifolio umbellifero umbella glabosa, [sic!] staminibus tricuspidatis corolla
longioribus. LINN. Syst. Veg. p. 265. Sp. Pl. p. 423. ... Porrum caule tereti folioso, foliis
linearibus planis, umbella glabosa, [sic!] staminibus corolla longioribus. GMEL. sib. 1. p. 56. tab.
13. 14. fig. 1. Diese Lauchart die in Sibirien von dem Jenisea Strom bis an den Jaik auf dürren,
sandigen Plätzen wild vorkommt, hat nach Gmelin eine länglichte dünne Zwiebelwurzel, die mit
einigen Häuten überzogen, und mit sehr vielen Zasern versehen ist. ...“ (Linné 1784, S. 206f.); „3.
ALLIUM lineare. ... Porrum caule tereti folioso, foliis linearibus planis, umbella globosa,
staminibus corolla longioribus. Gmel. sibir. 1. p. 56. t. 13. et 14. f. 1. ... Linienblättriges Lauch.
W. ...“ (Linné 1797–1830, Bd. II, Teil 1, S. 64); „5) ALLIUM LINEARE. Linn. ... M. a. Bieb. Fl.
taur. cauc. I. p. 262. No. 649. ... Porrum caule tereti folioso, ... Gmel. Fl. sib. I. p. 56. No. 19. t.
XIII. et XIV. f. 1. ...“ (Ledebour 1830, S. 6f.); „39. A[llium] lineare (L. Spec. 423) ... M. a BIEB.
Fl. t. c. I, p. 262; ... LEDEB. Fl. alt. II, p. 6. ... Porrum caule tereti folioso, ... GMEL. Fl. sib. I,
p. 56, No. 19, t. 13 et 14, f. 1. Porrum montanum, ... MESSERSCHM. ap. AMMAN. ruth. p. 107,
No. 142 (M. a BIEB.). ...“ (Ledebour 1853, S. 178f.); „649. ALLIUM lineare. ... Gmel. sib. I.
p. 56. n. 19. t. 13 et tab. 14. f. 1. ...“ (Marschall von Bieberstein 1808a, S. 262); „7. Porrum radice
tunicata oblonga solitaria reticulo involuta. forte aptius diceretur Porrum caule tereti folioso, foliis
linearibus planis, umbella globosa, staminibus corolla longioribus. Tibi (potius Mihi?)
Synonymon J. B. bonum est. est etiam. Allium staminibus alterne trifidis, foliis gramineis, radice
multiplici, floribus sphaerice congestis. Hall. all. 20. nr. 7. (Fl. sib. I. 56. nr. 19. Allium lineare L.
...)“ (C. von Linné in einem undatierten Brief an J. G. Gmelin vermutlich von 1745 – Plieninger
1861, S. 65); „Porrum caule tereti folioso etc. Fl. sib. nr. 19 (Fl. sib. I. 56. nr. 19. Allium lineare L.
...) Non est illud quod Tibi pro synonymo obtrudit Linnaeus. Ei enim certissime radices
multiplices sunt et granulosae, ut in iis videbis quae mittam. nascitur id uberrime circa Erford. Est
potius alterum Allium n. 8. 1. de Alllis, si folia Tua teretia fuerint ut quidem mihi videntur (cf.
Annot. Gmelini in Fl. sib. I. pag. 57. ubi synonymiae Linnaei, de quibus Hallerus hic loquitur, A.
sphaerocephalon L. indicant, in Fl. sib. non exh.).“ (A. von Haller in einem undatierten Brief an
J. G. Gmelin – Plieninger 1861, S. 152); „... Utque disquisitionibus tuis eo magis prosim, en ! jam
mitto inter reliqua; quatuor semina, ad Tr. de Allio omnino pertinentia, nempe ... 3) Porrum
montanum Asphodeli folio, floribus in capitulo majori rubris, Amm. Descript. p. 107. ...“ (J. G.
Siegesbeck in einem Brief an A. von Haller vom 15./26. Oktober 1746 – Haller 1773, S. 310ff.);
„Allium lineare L. T. Anckta. ...“ (Georgi 1775, S. 205); „m) Allium lineare. ... Deutsch. Der
linienförmige oder schmalblätterige sibirische Lauch. ... Tungus. Anckta. Georgi.“ (Nemnich
1793a, Sp. 181); „3. ALL[I]UM lineare L., ... Linienblättriger Lauch. Gleichbreiter Lauch. R.
Lisin. [?] Gm. Sib. 1. T. 13. und 14. f. 1. ...“ (Georgi 1797–1802, Theil 3, S. 891); „22) Wein-
lauch. Allium vineale. ... Allium caule teretifolio bulbifero, staminibus tricuspidatis. LINN. Syst.
veg. p. 267. Sp. Pl. p. 428. ... Porrum sylvestre vinearum. C. BAUH. pin. 72. ... Diese schmal-
blätterigte wilde Lauchart, die man auch in verschiedenen Gegenden Deutschlands, Hundslauch,
Hundsknoblauch, Feldlauch und Ackerknoblauch nennt, ...“ (Linné 1784, S. 226f.); „26. ALLIUM
vineale. ... Porrum sylvestre vinearum. Bauh. pin. 72 ... Acker Lauch. W. ...“ (Linné 1797–1830,
Bd. II, Teil 1, S. 73f.); „3. A[llium] vineale (L. Spec. 428) ...“ (Ledebour 1853, S. 163); „oo) Al-
lium vineale. Deutsch. Der Weinlauch; der Feldlauch, der Ackerknoblauch, der rothe Feldlauch,
der wilde Lauch, der Hundslauch. ... Er wächst wild, und hat einen sehr widrigen Geruch, ... Auch
schmeckt die Milch nach diesem Lauch, wenn die Kühe davon zu fressen bekommen. ...“ (Nem-
nich 1793a, Sp. 190f.); „4. Röhrenblätteriger Knoblauch mit vielfachen Wurzelbollen, rother
Feld=Knoblauch, Feld=Lauch, Hunds=Lauch, ... Allium vineale, ... Linn. Der Geruch ist scharf
und stinkend. Man behauptet, daß die berühmten leipziger Lerchen den guten Geschmack von
dem Genusse dieser Pflanze erhalten.“ (Krünitz 1773–1858, Bd. 65, S. 696); „16. ALLIUM
vineale L., ... Ackerlauch. Ackerknoblauch. ...“ (Georgi 1797–1802, Theil 3, S. 893); „ampeló-
prasum (Allium) <Acker-Sommer-Knoblauch>: lat. ampeloprason <eine Lauch-Art, die wild in
Weinbergen wächst> (Plin. 24,136) ...“ (Genaust 2005, S. 58); „PORRUM. ... teutsch/ Lauch. ...
Der Lauch zertreibet/ durchtringend/ eröffnet/ zertheilet: befördert das auswerffen, den Urin und

die weibliche Reinigung; er schlägt die Dünste nieder/ ist gut wider den Schlangenbiß/ wañ sich iemand verbrennet hat/ zur goldnen Ader/ zum brausen in den Ohren/ und zur Beförderung des Eyters. Er wird innerlich und äusserlich gebraucht. Porrum heist auf griechisch πράσον, das kom̃t von πραο, accendo, ich entzünde, als ob man wolte sprechen, ein Kraut/ das in dem Leibe grosse Hitze macht.“ (Lémery 1721, Sp. 910); „Πράσον, ... porrum, Lauch; Kopf- und Schnittlauch; ...“ (Schneider 1806, S. 305); „Pōrrum T. (Coronariae). Vom celtischen pori (essen), in Bezug auf den Gebrauch der Pflanze in der Küche.“ (Wittstein 1852, S. 722); „Ampelōprasum (Coronariae). Zus. aus ἄμπελος (Weinstock) und πρασον (Lauch); wächst unter Weinstöcken.“ (a. a. O., S. 39)

„Porrum montanum Asphodeli folio, floribus in[[,]] capitulo majori rubris. Am̃. Descr. p. 100. [sic!]“ (AAW F. 1, Op. 2–1746, D. 1, Bl. 19v, s. Anm. 107 in Nr. 46); „6. An Porrum sylvestre vinearum C. B. P. 72? Fl. Irc. n°. 503.“ (AAW R. I, Op. 13, D. 67, Bl. 64r, s. Anm. 5 in Nr. 4); „213“ d. 30“[August 1724] [Sem.] Porri montani, Asphodeli folio, floribus in capitulo majori rubeis.“ (AAW F. 98, Op. 1, D. 23, Bl. 6v, s. Anm. 49 in Nr. 653); s. Nr. 507

30 in der 2. Textversion (s. Anm. 1 in A.): „intensissime“

31 „VICTORIALIS. Victorialis longa, Clus. ... teutsch. Schlangenknoblauch. Ist eine Gattung wilder Knoblauch, ... Die Wurtzel ist länglicht, als wie eine Zwiebel, mit einigen kleinen Zaserwurtzeln, wie mit Haaren rund umgeben, und besteht aus vielen kleinen Häu<t>lein, welche fleischige, kleine Knollen oder Zehen umgeben. ... Victorialis kommt von victoria, Sieg, weil dieses Kraut gleichsam einen Sieg erhält, wann es wider den Schlangenbiß streitet, und selbigen durch seine Kraft überwindet. ...“ (Lémery 1721, Sp. 1178f.)

32 „Allium. Ail. ...“ (Tournefort 1700, S. 383ff.); „ALLIUM. ... teutsch, Knoblauch. ...“ (Lémery 1721, Sp. 35f.)

33 „[species 6] Porrum sylvestre, Vitigineum Ger. emac. 176.“ (Tournefort 1700, S. 382, Genus X. „Porrum. Poireau.“); „CHAP. 96. Of Cius or Chiues, And wilde Leekes. ... 2. The Vine-leeke, or rather wilde Leeke. ... may be calles in Latine Porrum vitium, or Vitigineum Porrum: in English, after the Greeke and Latine, Vine-leeke, or French Leeke. ...“ (Gerard 1636, S. 175ff.) und die Abbildung „2. Porrum vitigineum. French Leeks, or Vine Leekes.“ auf S. 176; „23. CEPA scapo nudo, tereti, inani, foliis semicylindraceis, capitulis spissis, multifloris. Tab. XVI. 1. 2. Porrum radicum bulbo et fibris purpureis, folio carinato, crasso, flore albo STELL. Flor. Irc. 504. ...“ (Gmelin 1747–1769, Bd. I, S. 63); „23. Cepa scapo nudo, tereti, inani, foliis semicylindraceis, capitulis spissis, multifloris. t. XVI. f. 1. 2. [=] Allium Stellerianum W.!“ (Ledebour 1841, S. 50); „*49. ALLIUM stellerianum. W. ... Cepa scapo nudo tereti inani, foliis semicylindraceis, capitulis spissis multifloris. Gmel. sib. 1. p. 63. t. 16. f. 1. 2.* Stellersches Lauch. W. ...“ (Linné 1797–1830, Bd. II, Teil 1, S. 82); „24) ALLIUM STELLERIANUM. Willd. ... Cepa scapo nudo, tereti, ... Gmel. Fl. sib. I. p. 63. No. 23. t. XVI. f. 1. 2. ...“ (Ledebour 1830, S. 24f.); „47. A[llium] Stellerianum (WILLD. Spec. p. II, p. 82) ... LEDEB. Fl. alt. II, p. 24. ... Cepa scapo nudo, tereti, ... GMEL. Fl. sib. I, p. 63, No. 23, t. 16. f. 1. 2. α. floribus albis. β. floribus purpurascentibus. ...“ (Ledebour 1853, S. 181f.); „[Porrum] sylvestre vitigineum; hierunter versteht Gerard eine wildwachsende Art des Knoblauchs.“ (Gmelin 1775, Sp. 345); „50. Allium stellerianum. Willd. Stellersches Lauch. ... Cepa scapo nudo tereti inani. Gmel. Sibir. 1. p. 63. t. 16. f. 1. 2. ... Sibirien ist das Vaterland. Baron Marschall von Bieberstein hat im Tableau des provinces etc. diese Art unter dem Namen A. saxatile angeführt.“ (Dietrich 1802. S. 258); „33. ALLIUM Stellerianum Willd. 2. p. 82. Sp. 49. Stellerscher Lauch. Gm. Sib. T. 16. f. 1. 2. ...“ (Georgi 1797–1802, Theil 3, S. 898); „30. ALLIUM saxatile Marsch. Ind. Pl. Cauc. Felsen=Lauch. Gm. Fl. Sib. 1. T. 16. f. 1. 2. ...“ (a. a. O., S. 897f.)

„7. Porrum radicum bulbo & fibris purpureis folio carinato crasso, flore albo Fl. Irc. n°. 504. ... j. Idem humilius. ...“ mit der rechts marginalen Anm. „Icon.“ (AAW R. I, Op. 13, D. 67, Bl. 64r, s. Anm. 5 in Nr. 4)

34 „Persicaria. Persicaire. ...“ (Tournefort 1700, S. 509f.); „PERSICARIA. ... teutsch, Wasserpfeffer, ist ein Kraut, dessen es viel Gattungen giebet. ...“ (Lémery 1721, Sp. 857f.)

35 „[species 1] Allium sativum C. B. Pin. 73. Allium vulgare & sativum J. B. 2. 554. Allium Dod. Pempt. 682." (Tournefort 1700, S. 383, Genus XII. „Allium. Ail."); „Allium sativum C. B. P. 73. ... Knoblauch." (Rupp 1726, S. 123); „1. Allium; sativum. C. B. P. 73. ..." (Boerhaave 1720a, S. 145); „1. ALLIUM radicis bulbo multipartito, capitulo bulbifero, foliis linearibus. Allium sativum. ... Bauh. pin. 73. Boerh. lugdb. 2. p. 145. ..." (Linné 1737, S. 137); „11) Knoblauch. Allium sativum. ... Allium caule planifolio bulbifero, bulbo composito, staminibus tricuspidatis. LINN. Syst. veg. p. 266. Sp. Pl. p. 425. All<i>um radicis bulbo multipartito, ... Cliff. 137. ... Allium sativum. C. BAUH pin 73. ... Dieses Gewächs ist unter dem Namen zahmer Lauch und Knoblauch in den Küchen und Gemüßgarten durch ganz Europa bekannt. ... Wider die Ansteckung in der Pest, soll nach einigen auch der Knoblauch ... sichern; der Absud oder Abkochung desselben wird auch für Würmer und Brustcatharrhe angerühmt, nicht minder soll er auf den Harn treiben, ja selbst Stein zermalmende und ausführende Kräffte besitzen; auch äusserlich um Geschwulste zu zertheilen, oder sie zur Eiterung zu bringen, wird der Knoblauch angerathen. Der Saame desselben wird noch mit unter einige ältere Arneymittel genommen." (Linné 1784, S. 215ff.); „14. ALLIUM sativum. ... A. sativum. Bauh. pin. 73. ... Starkriechendes Lauch. W. ..." (Linné 1797–1830, Bd. II, Teil 1, S. 68f.); „1) ALLIUM SATIVUM. Linn. ... Willd. Sp. pl. II. p. 68. ..." (Ledebour 1830, S. 4); „1. A[llium] sativum (L. Spec. 425) ... LEDEB. Fl. alt. II, p. 4. ..." (Ledebour 1853, S. 162f.); „[Allium] sativum, ... gewöhnlicher Knoblauch, ... gemeiner, zahmer Knoblauch; ... Er ist in den Küchen, als ein Gewürz, und in der Arzneykunst als ein kräftiges Mittel längst bekannt; ... äuserlich gebraucht, hat er schon öfters eine sehr gute zertheilende und zeitigende Kraft besonders an den Hühneraugen bewiesen; ..." (Gmelin 1772a, Sp. 276f.); „ALLIUM sativum L., ... Starkriechender Lauch. ... wird der wegen seiner getheilten kleinen, scharfen Zwiebeln von mehrern in Gärten gehalten ..." (Georgi 1797–1802, Theil 3, S. 892); „Allium, D. Knoblauch, Knobloch, Knuffloch, ... Es gibt drey Arten von Knoblauch, der zu den Küchengewächsen gehöret. Die erste ist der gemeine Acker= oder Feld=Knoblauch, Allium sativum, C. B. P. Allium vulgare & sativum. J. B. ... An vielen Orten gebrauchet man seine annoch zarte Blätter unter Ragouts, und zur Versetzung mit Salaten. Eine Quantität Knoblauch an die Aeste eines Baumes gehängt, soll die Vögel verjagen, und abhalten, daß sie den neuen Früchten nicht schaden. ..." (Krünitz 1773–1858, Bd. 1, S. 526ff.); „Knoblauch, Allium sativum, L. ... Verschiedne Arten von Wassersucht, schleimige Engbrüstigkeit und Wechselfieber werden durch seinen innern Gebrauch wirksam bezwungen. Seine Ausdünstung befördernde Eigenschaft giebt ein Verwahrungsmittel in ansteckenden Krankheiten, auch gegen Scharbock. Er tödtet Würmer und selbst den Bandwurm, und soll Stein auflösende Kräfte besitzen. ..." (Hahnemann 1795, S. 471); „9) Knoblauch, Allium sativum Linn. ... Seine Zwibel erregt Röthe und Blasen auf der Haut, und der daraus gedrükte Saft soll einen Menschen, der ihn einnahm, getödtet haben c). ..." (Gmelin 1803, S. 199); „ALLIUM SATIVUM. Allium (sativum) ... Linn. Spec. plant. ed. Willd. T. II. p. 68. ... Starkrichendes Lauch, Knoblauch, gemeiner Knoblauch, grasblättriger Knoblauch. ... Die frischen Wurzeln sind stark reizend, harn- und wurmtreibend, ermunternd und Krampfstillend. Als reizendes Mittel befördern sie die Verdauung und bringen bey der Wassersucht heilsame Ausleerungen durch die Harnwege und durch die Ausdünstung hervor. Als krampflinderndes Mittel dienen sie in der Hysterie. Bei Steinschmerzen wirken sie nur wie andre harntreibende Mittel, ohne den Stein auflösen zu können. Äusserlich bedient man sich ihrer ... als eines die Haut röthenden oder blasenziehenden Mittels. ..." (Hayne 1819, Nr. 6); „ALLIUM SATIVUM oder VULGARE L. Knoblauch. ... Innerlich regt sie [d. h. die Wurzel] gelind die Verdauung an, indem sie die Muskelthätigkeit des Magens und der Gedärme vermehrt und die Secretion des Magensaftes verstärkt. In zu grosser Gabe wirkt sie aber heftig reizend, macht Ekel, Erbrechen, Leib-Schneiden, Durchfall, Angst; ..." (Wibmer 1831, S. 103f.); „13. Allium Cepa L. (Asphod.). 14. Allium sativum L. (Asphod.). ... Der Gebrauch der zwei letztgenannten mit einander so nahe verwandten Pflanzen beim Volke ist analog, ... Aeusserlich verwendet man beide bei Warzen, Ausschlägen und dergleichen. Die Zwiebeln werden aber vorzüglich zu Kataplasmen auf Panaritien, Geschwüre etc. benutzt. Innerlich werden die beiden

Mittel mit folgenden Indicationen angewandt: Bei Eingeweidewürmern, bei Husten und bei Fieber (All. sat.). ...“ (Demitsch 1889, S. 161ff.); „5. Ohrenkrankheiten. ... Die Früchte von Knoblauch (Allium sativum) und Pfeffer (Piper) werden in schwarze Wolle gethan und in leidende Ohren gestopft.“ (Alksnis 1894, S. 207); wotjakisch kumîz – Allium sativum, Knoblauch (Munkácsi 1896, S. 222); wotjakisch kumyz – Knoblauch (Wiedemann 1851, S. 312); ersanisch tšesnok – Knoblauch (Wiedemann 1865, S. 211); burjatisch goigohoŋ, gôgohoŋ, gôgot bzw. gôgol– Knoblauch (Castrén 1857, S. 200); syrjänisch tšesnök bzw. tšesnok – Knoblauch (Wiedemann 1880, S. 357); tungusisch guŋur – Knoblauch (Castrén 1856, S. 105); bucharisch s̄ir – Knoblauch (Klaproth 1831, S. 250); mongolisch šarimšak, saremšak bzw. gógot – Knoblauch (Klaproth 1831, S. 279); „Allium sub cineribus tostum & deinceps contusum, genae imponunt ejus partis in qua dentium dolore cruciantur, et quam diu possunt calidum illud servant momentaneum saepius auxilium de eo experti praedicant.“ (AAW R. I, Op. 104, D. 18, Bl. 9v, s. Anm. 20 in Nr. 632); „Allium sativum (Tournefortii sp. 1), Off.“ (Messerschmidt 1962–1977, Bd. 4, S. 204, s. Anm. 1 in Nr. 1)

36 russ. *česnok*

37 „[species 11] Cepa bicornis, tenuifolia, flore obsoleto. Allium bicorne, proliferum, flore intus albescente, cum stria purpurascente, externè J. B. 2. 560. Allium sylvestre, bicorne, flore obsoleto C. B. Pin. 74.“ (Tournefort 1700, S. 383, Genus XI. „Cepa. Ognon.“); „ALLIVM BICORNE, PROLIFERVM, flore intus albescente, cum stria purpurascente externè. ...“ (Bauhin 1651a, S. 560); „Allium sylvestre, bulbiferum, angustifolium. Allium sylvestre, bicorne, flore obsoleto C. B. ...“ (Rupp 1726, S. 122f.); „23) Gemüß Lauch. Allium oleraceum. ... Allium caule teretifolio bulbifero, foliis scabris semiteretibus subtus sulcatis, staminibus simplicibus. LINN. Syst. veg. p. 267. Sp. Pl. p. 429. ... Allium bicorne proliferum, flore intus albescente, cum stria purpurascente. I. BAUH. hist. 2. p. 560. ... Die Zwiebeln haben einen schwachen knoblauchartigen Geruch.“ (Linné 1784, S. 227ff.); „27. ALLIUM oleraceum. ... Gemüse Lauch. W. ...“ (Linné 1797–1830, Bd. II, Teil 1, S. 74); „32. A[llium] oleracum (L. Spec. 429). ... Cepa bicornis, tenuifolia, flore obsoleto. GMEL. Fl. sib. I, p. 64, No. 25. ...“ (Ledebour 1853, S. 174); „Allium oleraceum, ... Kohlknoblauch ...“ (Gmelin 1772a, Sp. 283); „388. Allium oleraceum. Lin. Syst. Plant. II. p. 37. sp. 23. Tatarisch Djua. ...“ (Falk 1786, S. 156); „16. Der röhrblätterige Knoblauch mit doppelt geschwänzter Blüthscheide, ... Allium oleraceum, caule teretifolia bulbifero, ... Linn.“ (Krünitz 1773–1858, Bd. 65, S. 700f.); „17. ALLIUM oleraceum L., ... Gemüße=Lauch. Rohrblättriger Lauch. R. Tschesnok. ...“ (Georgi 1797–1802, Theil 3, S. 893); „25. CEPA bicornis, tenuifolia, flore obsoleto TOURN. I. R. H. Allium syluestre bulbiferum, angustifolium RUPP. Fl. Ien. 122. 123. Allium syluestre bicorne flore obsoleto C. B. P. 74. STELLERUS in Fl. Irc. 506. recenset, et Ircutiae in hortis Tschetschotkini et vicinorum inter lupulum se reperisse scribit.“ (Gmelin 1747–1769, Bd. I, S. 64); „25. Cepa bicornis tenuifolia, flore obsoleto. [=] Allium carinatum L.!“ (Ledebour 1841, S. 50); „14) Berg=Lauch. Allium carinatum. ... Allium caule planifolio bulbifero, staminibus subulatis. LINN. Syst. Veg. p. 266. Sp Pl. p. 426. ... β) Allium montanum bicorne angustifolium, flore dilute purpurascente C. BAUH. pin. 74. ... Der Geruch und Geschmack dieses Knoblauchs ... ist gelinder und nicht so scharf als bey den Knoblaucharten.“ (Linné 1784, S. 219f.); „17. ALLIUM carinatum. .. β. Allium montanum bicorne angustifolium, flore dilute purpurascente. Bauh. pin. 74. ... Getraide Lauch. W. ...“ (Linné 1797–1830, Bd. II, Teil 1, S. 70); „33. A[llium] carinatum (L. Spec. 426) ...“ (Ledebour 1853, S. 174f.); „[Allium] carinatum, ... Knoblauch mit einer Rückenschärfe, ... Bergknoblauch; ...“ (Gmelin 1772a, Sp. 278); „17. Kielblätteriger Knoblauch, mit doppelt geschwänzter Blüthscheide, Berg=Knoblauch, ... Allium carinatum, ... Linn. ... Weder Wurzel noch Blüthe haben einen Geruch oder Geschmack.“ (Krünitz 1773–1858, Bd. 65, S. 701); „9. ALLIUM carinatum L., ... Keilblättriger Lauch. ...“ (Georgi 1797–1802, Theil 3, S. 892)

38 vermutlich „Tschetschötkin“ (*Čečetkin*?), ein Einwohner von *Irkuck*, bei dem G. F. Müller nach seiner Angabe in einem Brief an J. G. Gmelin vom 29. Januar 1738 (AAW F. 21, Op. 2. D. 6, Bll. 45r–50v) zu dieser Zeit wohnte.

[39] „Lupulus. Houblon. ...“ (Tournefort 1700, S. 535); „LUPULUS. ... teutsch Hopfen, ...“(Lémery 1721, Sp. 664f.)

[40] „[species 20] Allium montanum, foliis Narcissi, minus C. B. Pin. 75. Allium petraeum, umbelliferum J. B. 2. 564. Allium sive Moly Narcissinis foliis ij Clus. Hist. 196.“ (Tournefort 1700, S. 384, Genus XII. „Allium. Ail.“); „MOLY NARCISSI FOLIIS. CAP. XXXVIII. ...“ und die Abbildung „Allium sive Moly Narcissinis fol. II.“ auf S. 196 (Clusius 1601, S. 195f.); „5. Allium; montanum; foliis Narcissi; minus. C. B. P. 75. ...“ (Boerhaave 1720a, S. 145); „28) Eckiger Lauch. Allium angulosum. ... Allium scapo nudo ancipiti, foliis linearibus canaliculatis subtus angulatis, umbella fastigiata. LINN. Syst. Veg. p. 267. Sp. Pl. 430. Hort. Ups. 79*. ... Cepa scapo nudo subangulato farcto, foliis linearibus subtus angulosis, staminibus corolla brevioribus. GMEL. sib. 1. p. 58. tab. 14. f. 2. ... Allium montanum, foliis narcissi minus. C. BAUH. pin. 75. ... Nach Gmelin ... dient [sie] den sibirischen Tartaren daselbst zur Speise. ...“ (Linné 1784, S. 233f.); „20. CEPA scapo nudo subangulato farcto, foliis linearibus, subtus angulosis, staminibus corolla breuioribus Tab. XIV. Fig. 2. j. Idem bulbo violaceo. ... Barabensibus Tataris, quibus escam praestat, juga, Russis vicinis степной лукъ [russ. *stepnoj luk*] dicitur. ...“ (Gmelin 1747–1769, Bd. I, S. 58f.); „20. Cepa scapo nudo subangulato farcto, foliis linearibus subtus angulosis, staminibus corolla brevioribus t. XIV. f. 2. [=] Allium angulosum L.!“ (Ledebour 1841, S. 50); „2. ALLIUM radice lignosa, transversa, umbella erecta. Allium montanum foliis narcissi minus C. B. ... Allium s. moly narcissinis foliis II. CLUS. Pannon. p. 222. ... II. Allium montanum petroscorodon dixeris GESN. Hort. p. 245. b. Allium montanum radice oblongo GESN. Tab. Coll. p. 57. C. B. ... III. Conjugit SCHEUCHZERUS Allium montanum acori folio flore purpureo BOCCONE Mus. di Piante p. 84. T. 79. [s. Nr. 509] ...“ (Haller 1742, S. 297); „1227. ALLIUM radice senescente lignosa transversa, foliis radicalibus, gramineis, floribus umbellatis. de Allio. n. 19. p. 370. Hanc plantam scriptores botanici variis cum nominibus repetierunt. α Minor, petraea, ... Allium montanum radice oblonga C. B. Prodr. p. 27. ... Cepa scapo nudo, ... GMELIN. Flor. Sibir. I. p. 58. n. 20. t. 14. f. 2. β Badae a GESNERO lectum, ... Allium seu Moly, narcissinis foliis II. CLUS. Pannon. p. 220. 222. ex radice. ... Allium saxatile Acori folio, flore purpureo .... BOCCONE Mus. p. 84. t. 79 [s. Nr. 509] flore grandi. ...“ (Haller 1768a, S. 109f.); „10. ALLIUM ANGULATUM. Linn. ... A. angulosum. Linn. hort. upsal. p. 79. – Willd. II. p. 76. ... A. inodorum. Willd. Spec. pl. II. p. 76 (non Ait.) Cepa scapo nudo ... Gmel. Fl. sib. I. p. 58. No. 20. t. XIV. f. 2. ...“ (Ledebour 1830, S. 11); „*33. ALLIUM inodorum. ... Geruchloses Lauch. W. ... 34. ALLIUM angulosum. A. scapo nudo ancipiti, ... Hort ups. 79* ... Cepa scapo nudo ... Gmel. sibir. 1. p. 58. t. 14. f. 2. ... A. montanum, foliis narcissi, minus. Bauh. pin. 75. ... Eckiges Lauch. W. ...“ (Linné 1797–1830, Bd. II, Teil 1, S. 76f.); „45. A[llium] angulosum (L. Hort. upsal. p. 79, No. 11) ... LEDEB. Fl. alt. II, p. 11. ... A. inodorum. WILLD. Spec. pl. II, p. 76 (non AIT. H. Kew.). ... Cepa, scapo nudo ... GMEL. Fl. sib. I, p. 58, No. 20, t. 14, f. 2. ...“ (Ledebour 1853, S. 180f.); „Allium angulosum, ... ekiger Knoblauch mit blosem zweyschneidigem Schaft, gleichbreiten rinnenförmigen, auf der untern Fläche etwas ekigen Blättern, und einer horizontalgleichen Blumendolde; ... sie heißt bey ... C. Bauhin Allium montanum foliis narcissi minus; ...“ (Gmelin 1772a, Sp. 286); „[Allium] montanum, petroscorodon dixeris; montanum radice oblonga, ist bey Gesner eine Spielart des ekigen Knoblauchs.“ (a. a. O., Sp. 296); „657. Allium angulosum. ... A. scapo nudo ancipiti, ... Linn. ed. Willd. 2. p. 76. Cepa scapo nudo ... Gmel. sib. 1. p. 58. n. 20. t. 14. f. 2. ...“ (Marschall von Bieberstein 1808a, S. 265f.); „Cepa scapo nudo subangulato farcto foliis linearibus, subtus angulosis staminibus corolla brevioribus, corolla rufescunt in umbellam digestae. culmus pedalis teres, nunc anceps, nunc unico angulo tantum exarata, et striis aliis obsoletis elevatis exaratis. (Fl. sib. I. 58. nr. 20. Allium angulosum L. similis est plantae siccae a Te missae sub nr. 5., sed folia latiora, et eadem Allium fol. caulinis linearibus radici proximis, bulbo memranaceo. (? Fl. sib. I. 56. nr. 19. A. lineare L. ? [s. Nr. 503]) aliam etiam varietatum vivam misisti praeterito automno, quae longe minor est, ut videretur diversissima, sed examinatis omnibus partibus constat esse solam varietatem ...“ (C. von Linné in einem Brief an J. G. Gmelin vom 24. Juni 1745 – Plieninger 1861, S. 46); „Allium mont. Narcissi f. minus (? A. senescens L.

Fl. sib. I. 53. nr. 17. [s. Nr. 509] ? angulosum L. ibid. nt. 20.).“ (A. von Haller in einem Brief an J. G. Gmelin vom 30. Juli 1744 – Plieninger 1861, S. 115); „Cepa (Fl. sib.) nr. 20. (Fl. sib. I. 58. nr. 20. Allium angulosum L. ...). Est varietas Alli i radice senescente n. III. ad Allium 16. (Syn. Halleri est Fl. sib. I. nr. 17. A. senescens L. [s. Nr. 509] ...)“ (A. von Haller in einem undatierten Brief an J. G. Gmelin – Plieninger 1861, S. 152); „Auf ofnen Wiesen blühte itzt Allium angulare und wurde von den Bauernweibern häufig gesammlet, welche die Blumenbüsche davon zum Winter einsalzen und es Myschei Tschesnok [russ. *myšej česnok*; s. Nr. 502] (Mäuse-Knoblauch) nennen.“ (Pallas 1776, S. 299); „Vingt-huitieme espece. La vingt-huitieme espece est l'ail anguleux. Allium angulare. Allium scapo nudo ancipiti, ... Hort. ups. 79. Linn. sp. plant. 430. ... Cepa scapo nudo ... Gmelin. Flor. Sibir. 1. p. 58. ...“ (Buc'hoz 1775, S. 135); „c) Allium angulosum. Deutsch. Der eckige Lauch; der Wiesenlauch; der kleine Narcissenlauch; der kleine Berglauch. ... Franz. L'ail anguleux. Russ. Myschei tschesnok (d. i. Mäuseknoblauch). ... Er führt den Namen wegen seiner beynahe eckigen Blätter. Einige Tataren speisen die Zwiebel, und die Einwohner von Cochinchina die Blätter. ...“ (Nemnich 1793a, Sp. 177); „20. ALLIUM angulosum L., ... Eckiger Lauch. R Müschnoi Tschesnok, oder Luk Stepnoi. Gm. Sib. 1. T. 14. f. 2. ...“ (Georgi 1797–1802, Theil 3, S. 894); „Unweit Taiturskaja Ssloboda [russ. *Tajturskaja sloboda*] ... wächst viel allium angulare, welches die Landleute Katzen-Knoblauch nennen, und als Gemüse für den Winser [sic!] einsalzen; ...“ (Stuckenberg 1844, S. 556); Allium angulosum L. – russ. *myšij česnok* (*Annenkov* 1858, S. 13, Nr. 51)

„Allium montanum foliis Narcisci [sic!] minus C. B. P.“ (AAW F. 21, Op. 5, D. 98, Bl. 23r, s. Anm. 54 in Nr. 17); „– Allium montanum folijs narcissi minus C B P. Russ. степнои лукъ [*stepnoi luk*; russ. *stepnoj luk*] ...“ (AAW R. I, Op. 104, D. 8, Bl. 11v, s. Anm. 18 in Nr. 452); „986. Allium montanum foliis Narcissi subglaucis, flore albo cum striis purpureis Ind. Irc. n° 533. ... Fl. Irc. n°. 507. et forte etiam 503.“ (AAW R. I, Op. 105, D. 1^a^, Bl. 101v, s. Anm. 29 in Nr. 5); „533. Allium montanum, folijs Narcissi subglaucis, flore albo cum strijs purpureis. An Allium montanum, folijs Narcissi mollioribus et floribus dilutioribus C. B. P. 75? ... Russ. dicitur степнои чеснокъ [*stepnoi česnok*; russ. *stepnoj česnok*].“ mit der rechts marginalen Anm. auf Bl. 54r „vid. Ic.“ (AAW R. I, Op. 105, D. 4^a^, Bll. 54r–54v, s. Anm. 54 in Nr. 17); „2. Allium montanum folijs Narcissi subglaucis, flore albo, cum strijs purpureis Ind. Irc. n°. 533. Jen. n°. 986. Fl. Irc. n°. 507 & forte m. 503.“ mit der rechts marginalen Anm. „vid. Ic.“ (AAW R. I, Op. 13, D. 67, Bl. 64r, s. Anm. 5 in Nr. 4); s. auch Nr. 503

41 „Narcissus. Narcisse. ...“ (Tournefort 1700, S. 353ff.); „NARCISSUS. ... teutsch, weisse Narcisse. Ist ein Gewächs, das aus seiner Wurtzel Blätter hervortreibet, die den Blättern vom Lauch nicht gar unähnlich sehen, und bleichgrün sind. ... Narcissus kommt von ναρκὴ, torpor, Trägheit/ Schläfrigkeit, weil die Narcissenblume träg und schläfrig macht. Andere geben vor, Narcissus sey der Name desjenigen jungen Menschen gewesen, der, wie die Fabel haben will, in diese Blume soll verwandelt worden seyn.“ (Lémery 1721, Sp. 772); „Narcīssus L. (Narcisseae). Von ναρκη (Erstarrung, Lähmung, Kopfweh), in Bezug auf die Wirkung mehrerer Arten. Die Dichter fabelten, ein schöner Jüngling NARCISSUS habe sich beim Anblick seines Bildes in einer Quelle in sich selbst verliebt, sey in Sehnsucht danach verschmachtet, und an der Stelle, wo er dahingeschwunden, die weisse Narcisse entsprosst.“ (Wittstein 1852, S. 607)

42 „[species 6] Allium sylvestre, latifolium C. B. Pin. 74. Allium Ursinum, bifolium, vernum, sylvaticum J. B. 2. 565. Allium Ursinum, latifolium Lob. Icon. 159.“ (Tournefort 1700, S. 383, Genus XII. „Allium. Ail.“); „Allium vrsinum latifolium. L. 80. T. 198.“ (Lobelius 1581, S. 159); „Moly sylvaticum latifolium. Allium sylvestre, latifolium C. B. P. ... Germanis inferioribus Ramsel dicitur, ...“ (Rupp 1726, S. 122); „3. Allium; latifolium; palustre. M. H. 388. Allium; sylvestre, latifolium. C. B. P. 74. ...“ (Boerhaave 1720a, S. 145); „13. ALLIUM foliis radicalibus petiolatis, floribus vmbellatis ROY. pr. 39. Allium syluestre latifolium B. Pin. 74. Allium syluestre latioris folii siue Allium vrsinum DOD. Pempt. p. 683. ... In omni Sibiria ad Ochotium vsque frequens est, et Russis Черемша [russ. *čeremša*] dicitur, quibus vt et multis Tatarorum foliis veris tempore edulia sunt. ...“ (Gmelin 1747–1769, Bd. I, S. 49); „13. Allium foliis radicalibus

petiolatis, floribus umbellatis [=] Allium Victorialis L.! (Allium ursinum. L. Willd. sp. pl. 79.)" (Ledebour 1841, S. 49); „31. Ramsel. Allium ursinum. ... Allium scapo nudo triquetro, foliis lanceolatis petiolatis, umbella fastigiata. LINN. Syst. Veg. p. 268. Sp. Pl. p. 431. ... Allium foliis radicalibus petiolatis, ovato-lanceolatis, floribus umbellatis. ... GMEL. sib. 1. p. 49. Allium sylvestre latifolium. C. BAUH. pin. 74. Allium sylvestre latioris folii s. Allium ursinum. DOD. pempt. 683. Allium ursinum. ... Lob. ic. 159. ... Sie ist durch ganz Sibirien wild anzutreffen, und ihre Blätter werden daselbst von den Russen und Tartarn im Frühjahr als Gemüß gekocht, verspeißt. ... Ueberhaupt sind die schattichten feuchten Waldungen ... das Vaterland dieser Lauchart, die man im deutschen Ramisch, Ramser, Waldknoblauch, Hundsknoblauch, Bärnknoblauch, Zigeunerknoblauch, und Lachknoblauch nennt. ... Der Geruch dieses Lauches ist so stark, daß er ganze Gegenden wo er wächst einnimmt. Das Vieh, so darinnen geweidet wird, giebt Milch und Butter, die hefftig nach Knoblauch schmecken woher die Ramisch Butter ihren Namen bekommt, ... Sonst hat er beynahe die Heilskräfte als der Lachenknoblauch (Teucrium Scordium L. ...) ... nur sind sie etwas schwächer. Man hält dafür, daß er in den Gärten die Maulwürfe, in den Häusern die Ratzen vertreibe, ..." (Linné 1784, S. 236ff.); „40. ALLIUM ursinum. ... A. foliis radicalibus petiolatis, floribus umbellatis. ... Gmel. sib. 1. p. 49. ... A. sylvestre latifolium. Bauh. pin. 74. A. sylvestre latioris folii s. Allium ursinum. Dod. pempt. 683. ... A. ursinum. ... Lob. ic. 159. ... Bären Lauch. W. ..." (Linné 1797–1830, Bd. II, Teil 1, S. 79); „59. A[llium] ursinum (L. Spec. 431) ... M. a BIEB. Fl. t. c. I, p. 266 (excl. syn. GMEL.); ... A. foliis radicalibus petiolatis etc. KRASCHENINNIKOW Kamtsch. p. 107? ..." (Ledebour 1853, S. 186); „Allium ursinum ... Ramsel, Knoblauch mit blosem halbwalzenförmigen Schafte, ... Lachenknoblauch; ... er hat beynahe eben die Heilskräfte, als der eigentliche Lachenknoblauch, ... er heißt bey den meisten alten Schriftstellern Allium ursinum, bey Pena, Lobel und Dalechamp Allium ursinum latifolium, ..." (Gmelin 1772a, Sp. 287f.); „659. ALLIUM ursinum. ... Gmel. sib. I. p. 49. n. 13. ..." (Marschall von Bieberstein 1808a, S. 266f.); „Der wilde Knoblauch ***) ist nicht allein sehr nützlich in der Küche, sondern auch zur Arzney. So wol die Russen als die Kamtschadalen samlen ihn in großer Menge, hacken ihn klein und trocknen ihn zum Vorrath im Winter, zu welcher Zeit sie ihn in Wasser kochen, und ein wenig vergähren lassen, hernach aber eine Kräuterstippe daraus machen, die sie Schami nennen. Man hält den wilden Knoblauch für ein so sicheres Mittel gegen den Schaarbock, daß man sich völlig außer Gefahr zu seyn glaubet, wenn er im Frühling unter dem Schnee hervorsticht. ... |: ***) Allium foliis radicalibus petiolatis floribus umbellatis. Gmelin Flor. Siber. 49. :|" (*Krašeninnikov* 1766, S. 107f.); „Der Scorbut plaget ... die Cosakenkinder aber und Itälmenen gar nicht, welches ihre vermischte Diät aus vielen Wurzeln, Kräutern und Baumrinden verursachet. Die gefrornen und also rohe genossenen Fische, der Gebrauch des wilden Knoblauchs [zur Bezeichnung wilder Knoblauch siehe auch Nr. 509] Tscheremscha genannt, ..." (Steller 1774, S. 67); „Allium ursinum, Tscheremcha unsere Bärenlache, ist [auf *Kamčatka*] sehr gemein, und sowohl als Arzney wie auch als Nahrungsmittel dienlich; Russen und Eingeborne sammeln sie in großer Menge auf den Winter; sie legen sie ins Wasser, vermischen sie mit Kohl, Zwiebeln und andern Sachen, und machen daraus ein Ragout, welches kalt gegessen wird. Sie ist auch das vorzüglichste Mittel gegen den Skorbut. ..." (Pennant 1787, Einleitung, S. 150); „390. Allium ursinum. Lin. Syst. Pl. II. p. 40. sp. 31. ... Ruß. Tscheremscha. Tat. Kalba. Barab. Tschep. ..." (Falk 1786, S. 157); „21. ALLIUM ursinum L., ... Bären=Lauch. Ramsel. R. Tscheremucha. ... Tat. Kalba. ... Die Tataren essen es. Gm." (Georgi 1797–1802, Theil 3, S. 894); „Von essbaren Wurzel, die die Schor sammeln, zeigte man mir hier ... Kalba (allium ursinum) ..." (Radloff 1968, S. 355); „Aus dem Knoblauch **) macht man eine Art von scharfem gegohrenen Tranke, der einen sehr üblen Geschmack hat. Die hiesigen Einwohner lieben ihn aber, und brauchen ihn auch zu verschiedenen Brühen. ... |: **) In Kamtschatka nennt man ihn Tscheremtscha. Gmelin beschreibt ihn so: allium foliis radicalibus petiolatis, floribus umbellatis. B. 1. S. 49. A. d. O. :|" (Lesseps 1791, S. 41); „225. ALLIUM URSINUM Linné. BÄREN-LAUCH. ... Sachsen: bei Halle auf der Rabeninsel, ... Blätter und Zwiebeln werden auch hin und wieder zur Speise als Gewürz benutzt. Die Einwohner am Kaukasus essen die Zwiebeln gekocht und geröstet als ein

Leckerbissen. Deutsche Namen: Bärenlauch, Waldknoblauch, Hundsknoblauch, Zigeunerlauch, Ranisch, Ramisch, Ramsel, Ramser, Rambs, falscher Lachenknoblauch.“ (Dietrich 1836, Nr. 225); „X. Mittel bei Hydrops, Scorbut, Stomacace und Aphthen. ... In Grusien gebraucht man Allium ursinum und Asphodelus altaicus. Ebenso das erstere zu Suchumkale mit grossem Nutzen. Der Scorbut ist da sehr verheerend, mehr aber durch die Complicationen in Folge der Fieber.“ (Krebel 1858, S. 161ff.); „Allium ursinum ... Der Bärenlauch wird in Sibirien und Kamtschatka allgemein gegen Scorbut gebraucht. Die Wirkung der Pflanze soll eine schweisstreibende sein. ... Die Wurzel und das Kraut der Pflanze waren früher in Westeuropa unter dem Namen Rad. et Herba Alii ursini latifolii officinell und als urintreibendes, antiscorbutisches und fäulnisswidriges Mittel gebräuchlich ...“ (Demitsch 1889, S. 164); „5) Allermannskraut. Allium Victorialis. ... Allium caule planifolio umbellifero, umbella rotunda, staminibus lanceolatis corolla longioribus, foliis ellipticis. LINN. Syst. Veg. p. 266. Sp. Pl. p. 424. ... Dieses Gewächs, welches unter dem Namen des breitblätterigten gefleckten Berglauches ... vorkommt, nennen auch einige ... Schlangen oder Otter Lauch ... Ausserdem sind folgende deutsche Benennungen diesem Gewächse ... eigen: Allermannsharnisch, lange Siegwurz, wilder auch Bergalraun, Neun Hämmerlein, Sieben Hämmerlein, Sieben Hamkorn, und Schwertelwurz. ...“ (Linné 1784, S. 208ff.); „7. ALLIUM Victorialis. ... Netzwurzliches Lauch. W. ...“ (Linné 1797–1830, Bd. II, Teil 1, S. 65f.); „7) ALLIUM Victorialis . Linn. ... M. a. Bieb. Fl. taur. cauc. III. p. 256. No. 649*. ... Allium foliis radicalibus ... Gmel. Fl. sib. I. p. 49. No. 13. ...“ (Ledebour 1830, S. 8f.); „54. A[llium] Victorialis (L. Spec. 424) ... M. a BIEB. Fl. t. c. III, p. 256. ... LEDEB. Fl. alt. II, p. 8. ... Allium. GMEL. Fl. sib. I, p. 49; No. 13 (excl. syn. ROYEN). ...“ (Ledebour 1853, S. 184); „Allium Victorialis, ... Allermannsharnisch, ... ob es gleich nicht zu läugnen ist, daß er, ... als ein schweißtreibendes Mittel, und wider die Würmer ... trefliche Dienste leisten kann; das Vieh, das davon frißt, gibt eine Milch, die wegen ihres unerträglichen Gestanks nicht zu geniessen ist; ...“ (Gmelin 1772a, Sp. 273f.); „649*. ALLIUM Victorialis. ... Gmel. sib. 1. p. 49. n. 13. (excluso synonymo Royeni secundum flor. sib. 2. praefat. p. XXI.) ...“ (Marschall von Bieberstein 1819, S. 256); „Vgl. ... Gmelins sibir. Reise II. 469 das hier angeführte Verzeichniss sibirischer Brodsurrogate; diese sind noch weiter folgende: ... 8) Allium victorial<i>s L. cum ursino L., et obliquum L. Fl. sib. I. 49. 13. u. 14. ...“ (Anm. von W. Plieninger in einem am 25. Januar 1741 empfangenen, undatierten Brief von G. F. Müller an J. G. Gmelin – Plieninger 1861, S. 189f.); „Siegwurzlauch, Allium Victorialis, L. ... Die ganze Pflanze, vorzüglich die Wurzel ... soll ... als Hausmittel gegen Krämpfe des Unterleibes bei Schwangern Dienste geleistet habe. ... Alle Entzauberungen und Verwahrungen vor Berggeistern, die die abergläubige Vorwelt damit begann, waren lächerlich. ...“ (Hahnemann 1799, S. 215); „386. Allium Victorialis. Lin. Syst. Plant., II. p. 30. sp. 5. ... Tat. Juwa. ... Die Tataren eßen die Zwiebeln.“ (Falk 1786, S. 156); „5. ALLIUM Victorialis L., ... Schlangen=Lauch. Allermanns=Harnisch. R. Tschesnok. T. Juwa. ...“ (Georgi 1797–1802, Theil 3, S. 891); „Allermannsharnisch (Allium victorialis L.), auch Alpenlauch, Bergalraun, Sieglauch genannt, ... Die Zwiebel des Allium victorialis stand im Mittelalter als Amulett für Kriegsleute in hohem Ansehen, weil sie von Fasern kettenhemdartig umstrickt ist. Clusius erwähnt ... daß Allium victorialis in unseren Alpen ‚Lanlauch‘ genannt und zur Vertreibung der düsteren Bergnebel verwendet wurde. ... Frank nennt die Siegwurz auch Allermannsharnisch, Oberharnisch, Neunhämmerlein, Siebenhämmerlein ... Wo man die Siegwurz in den Sennhütten der Alpen antrifft, soll sie gegen Behexung und Zauberei dienen, im übrigen gebraucht man sie auch gegen den Alp und bindet sie um den Leib zur Verhütung von Krampf und Zahnweh. Bergleute schützt sie vor bösen Wettern und Diebe bannt sie....“ (Hovorka/Kronfeld 1908, S. 10f.); „Victorialis offic. ... Sieg=Wurtz, wilde Alraun, Allermanns=Harnisch, lange Sieg=Wurtz, Sieg=Wurtz, das Männlein, Schlangen=Knoblauch, Ober=Harnisch, Neun=Hämmerlein, Sieben Häm̃erlein, sieben Hamkorn, Schwertel=Wurtz. ... Die haarichte Wurtzel wärmet und trocknet, thut eben die Würckungen, wie der Berg=Knoblauch. Sie pfleget angehangen zu werden, und soll Gespenster, Polter=Geister und Bergmänner vertreiben, auch die Wunden zusammen heilen. Doch hat ein jeder von dergleichen Alfanzereyen Macht zu

glauben, was er will." (Franckenau 1716, S. 598); Allium ursinum L. – russ. *čeremša* (*Annenkov* 1858, S. 13, Nr. 61)
„черемша" [russ. *čeremša*], katschinsk. „Kálba", kaidin. „Kalba. Eßen.", mator. „Kálloe edunt", kotowz. „Kalbü. eßen.", tschazk. „Kálba." – Allium ursinum (J. G. Gmelin in: AAW F. 21, Op. 5, D. 73, Bll. 296v/297r); „Tscheremscha, ... Die Russen saltzen es ein, und essen es frisch in Schti fast durch gantz Sibirie⟩." (G. F. Müller in RGADA F. 181, Op. 16, D. 1386, Č. 1, Bl. 148r); „332) Allium Sylvestre latifolium C. B. P. ..." (AAW R. I, Op. 104, D. 25, Bl. 25v, s. Anm. 61 in Nr. 21); „985. Allium latifolium Liliflorum, bulbo oblongo Ind. Irc. n° 532. ... Fl. Irc. n°. 508." (AAW R. I, Op. 105, D. 1^{a}, Bl. 101v, s. Anm. 29 in Nr. 5); „532. Allium latifolium Liliflorum bulbo oblongo. An Allium latifolium liliflorum I. R. H? ..." (AAW R. I, Op. 105, D. 4^{a}, Bl. 54r, s. Anm. 54 in Nr. 17); „1. Allium latifolium, Liliflorum, bulbo oblongo Ind. Irc. n°. 532. Jen. n°. 985. Fl. Irc. n°. 508." (AAW R. I, Op. 13, D. 67, Bl. 64r, s. Anm. 5 in Nr. 4); „7. Juni 1723 ... auch von Kräutern wenig zu bemerken, außer ... Porrum latifolium vel Allium Ursinum, ... welches die Russen черемша [russ. *čeremša*] nennen und mit großem Appetit gleich einem Salat hineinschlucken, nachgehends aber auch so stinken wie bei uns in Teutschland die Juden, so daß ich auch meinen Leuten, so zunächst umb mich sein mußten, verbote, diesen Plunder zu fressen." (Messerschmidt 1962–1977, Bd. 2, S. 62); „Allium sylvestre latifolium (Tournefortii sp. 6), Sylv." (Messerschmidt 1962–1977, Bd. 4, S. 204, s. Anm. 1 in Nr. 1)

43 russ. *čeremša*

44 in der 2. Textversion (s. Anm. 1 in A.): „oscula"

45 „THYMIANA, heist die Rinde vom Weyrauch=Baume, ... Ueberhaupt wird eine gewisse Masse aus allerhand wohlriechender Rinde darunter verstanden, ..." (Zedler 1732–1750, Bd. 43, Sp. 2044); vgl. „Von den Blumen und Kränzen. ... Die Alten gebrauchten ganz dünne Kränze, welche sie Bänder[2]) nannten, und davon entstanden die Kränzchen[3]). ... Da man aber aus Blumen Girlanden[4]) machte, so nannte man sie vom Zusammenknüpfe Blumensträusse[5]), was bei den Griechen auch noch nicht sehr lange üblich ist. ..." (Plinius 2007, Bd. 2, 21. Buch, S. 49)

46 „[species 24] Allium saxatile Acori radice, flore purpureo Bocc. Mus. Part. 2. 84. Tab. 79. Videtur varietas prioris." (Tournefort 1700, S. 384, Genus XII. „Allium. Ail."); „Allium Saxatile, Acori radice, flore purpureo. ..." (Boccone 1697a, S. 84) und die Abbildung „2 Allium saxatile Acori rad. flore purpure<o>„ auf Tafel 79; „17. ALLIUM scapo ancipiti, teretiusculo, foliis ensiformibus, hinc paullo conuexioribus. Tab. XI. Fig. 2. Allium saxatile Acori radice, flore purpureo BOCC. Mus. P. 2. 48. [sic!] STELL. Fl. Irc. 509. ... In rupibus circa Bargusinense munimentum, vt et in rupe, кладовой камень [russ. *kladovoj kamen'*] dicta, triginta stadia a munimento distante, abunde prouenit, florens Iulio, et semina exeunte mense Augusto maturans. STELL. Cum Allio montano foliis Narcissi maiore C. B. P. magna est adfinitas, vt et cum Allio montano radice oblonga eiusdem B. P. et Pr. Sed nec Allium radice senescente lignosa, vmbella erecta HALL. Helv. 297. et all. p. 34. n. 16. quod vir Cel. cum BOCCONIANO vt et cum narcissino maiore coniungit, aberrare videtur. ..." (Gmelin 1747–1769, Bd. I, S. 53ff.); „17. Allium scapo ancipiti, teretiusculo, foliis ensiformibus hinc paullo convexioribus. t. XI. f. 2. [=] Allium senescens L.!" (Ledebour 1841, S. 50); „26) Alternder Lauch. Allium senescens. ... Allium scapo nudo ancipiti, foliis linearibus subtus convexis laevibus, staminibus fabulatis. LINN. Syst. Veg. 267. Sp Pl. 430. ... Allium caule ancipiti teretiusculo, foliis ensiformibus: hinc paulo convexioribus. GMEL. sib. 1. p. 53. tab. 11. f. 2. Allium radice bulbosa, foliis gramineis, umbella erecta non bulbifera, vaginis brevissimis. HALL. all. 19. n. 2. [?] enum. 297. ... Allium umbelliferum pratense. I. BAUH. hist. 2. p. 564 Allium s. Moly, narcissinis foliis primum. CLUS. pann. 220. 221. Allium montanum foliis narcissi maius. C. BAUH. pin. 75. Diese Art ... wird deßwegen alternder Lauch genennt, weil die Zwiebelwurzel ... holzich wird ... und eine unzähliche Menge Zasern ausgiebt. ..." (Linné 1784, S. 231ff.); „30. ALLIUM senescens. ... A. caule ancipiti teretiusculo, ... Gmel. sibir. 1. p. 53. t. 11. f. 2. ... A. radice bulbosa, foliis gramineis, umbella erecta non bulbifera, vaginis brevissimis. Hall all. 19. n. 2. ... A. umbelliferum pratense. Bauh. hist. 2. p. 564. ... A. seu Moly, narcissinis foliis. 1. Clus. pann. 220. 221. ... A. montanum, foliis narcissi, majus. Bauh. pin. 75. ...

Grauwerdendes Lauch. W. ...“ (Linné 1797–1830, Bd. II, Teil 1, S. 75f.); „11) ALLIUM SENESCENS. Linn. ... Allium scapo ancipiti, teretiusculo, ... Gmel. Fl. sib. I. p. 53. No. 17. t. XI. f. 2. ...“ (Ledebour 1830, S. 12); „44. A[llium] senescens (L. Spec. 430) ... LEDEB. Fl. alt. II, p. 12 (excl. plant. europ. spectant.). ... A. scapo ancipiti teretiusculo, ... GMEL. Fl. sib. I, p. 53, No. 17, t. 11. f. 2. ...“ (Ledebour 1853, S. 180); „Allium senescens, ... veraltender Knoblauch mit blosem zweyschneidigem Schaft, gleichbreiten glatten und auf der untern Fläche gewölbten Blättern, ... er heißt bey Clusius Allium sive Moly narcissinis foliis primum; ...“ (Gmelin 1772a, Sp. 285); „[Allium] montanum acori folio, flore purpureo; so nennt Bocconi eine Spielart des ekigen Knoblauchs [s. Nr. 507].“ (a. a. O., Sp. 295); „3. ALLIUM radice bulbosa, foliis gramineis, umbella erecta, bulbifera, vaginis brevissimis. Allium s. moly narcissinis foliis I. CLUS. hist. p. 195. Pann. 221. ... Allium umbelliferum pratense I. B. II. p. 564. .. Allium montanum foliis narcissi majus C. B. ... Moly montanum foliis narcissi RUPP. p. 122. ...“ (Haller 1742, S. 297); „MOLY montanum, foliis narcissi. Allium montanum foliis narcissi, majus. Allium umbelliferum pratense J. B. 564. ...“ (Rupp 1726, S. 122); „1227. ALLIUM radice senescente lignosa transversa, foliis radicalibus, gramineis, floribus umbellatis. de Allio. n. 19. p. 370. Hanc plantam scriptores botanici variis cum nominibus repetierunt. ... γ Pratense amplius, flore majori. Allium, seu Moly, Narcissinis foliis II. CLUS. Pannon. p. 220. 221. Allium umbellliferum pratense J. B. II. p. 564. ... Allium scapo ancipiti, teretiuculo, ... GMEL. Flor. I. p. 53. n. 13. t. 11. f. 2. ...“ (Haller 1768a, S. 109f.); „389. Allium senescens. Lin. Syst. Pl. II. 38. Gmel. Flor. Sib. I. t. 11. fig. 2. Ruß. Luk [russ. *luk*], in Sibir. Slisun [russ. *slizun*]; Barab. Gan. ... Die Zwiebeln werden roh auf Brod und das Kraut in Kohlsuppen (Tschtschi [russ. *šči*] gegeßen.“ (Falk 1786, S. 157); „19. ALLIUM senescens L., .. Grauwerdender Lauch. Wilder Knoblauch. R. Slisun und Luk. ... Gm. Sib. 1. T. 11. f. 2. ...“ (Georgi 1797–1802, Theil 3, S. 894)

„+ 83. Allium saxatile Acori radice flore purpureo Fl. Irc. 509.“ (AAW R. I, Op. 105, D. 16, Bl. 2r, s. Anm. 5 in Nr. 4); „988. An Allium montanum foliis Narcissi majus C. B. P. 75? Descriptio saltim Clusiana admodum ei respondet. Radicis forma, odore et sapore illi convenit, quod Stellerus Fl. Irc. n° 509 describit. ...“ (AAW R. I, Op. 105, D. 1ª, Bll. 101v–102r, s. Anm. 29 in Nr. 5); „5. Allium saxatile, Acori radice flore purpureo Bocc. Mus. Part. 2. 84. Fl. Irc. n°. 509. Vid. LXXIV.“ mit der rechts marginalen Anm. „Ic. St.“ (AAW R. I, Op. 13, D. 67, Bl. 64r, s. Anm. 5 in Nr. 4); „4. An Allium montanum, folijs Narcissi majus. C. B. P. 75.“ (a. a. O., Bl. 64r); s. Anhang B.5. Nr. 27 und B.6.10.

47 „[species 23] Allium montanum, radice oblongâ C. B. Pin. 75. Prodr. 27.“ (Tournefort 1700, S. 384, Genus XII. „Allium. Ail.“); „XI. Allium mont. radice oblonga: quod 2. in Prodr. an Allium mont. sive Petroscorodon, Gesn. hor. ...“ (Bauhin 1623, S. 75); „Allium montanum, Petroscorodon dixeris, G. radice oblonga, &c. ...“ (Gesner 1561, S. 245); „15. ALLIUM montanum, radice oblonga. C. B. P. Bergknoblauch mit länglichter Wurzel.“ (Miller 1758, S. 11); s. Nr. 507

48 „Kalmus oder Calmus, lat. Acorus oder Acorum, ... 1) der wahre Kalmus, oder Ackermann und Ackerwurz, lat. Calamus aromaticus, ... ist eine länglichte, etwas platte, fingersdicke, knotigte, mit langen Fäserchen besetzte, auswendig grauröthlich, inwendig aber weißlich aussehende Wurzel, von einer leichten und schwammigten Substanz, ...“ (Ludovici 1754, S. 741ff.)

49 s. Nr. 489 bis Nr. 492

50 „Cepa. Ognon. ...“ (Tournefort 1700, S. 382f.); „CEPA. ... teutsch, die Zwiebel. ...“ (Lémery 1721, Sp. 269f.)

51 russ. *dikoj česnok*; Auch Allium ursinum wird als *dikoj česnok* (wilder Knoblauch) bezeichnet (siehe Nr. 508 u. Pawlowski 1952, S. 1726). „Wilder Knoblauch: ... Die BrazKi diesseits dem Baikal nennen den wilden Knoblauch: Mangussuṅ.“ (G. F. Müller in RGADA F. 181, Op. 16, D. 1386, Č. 1, Bl. 148r); „Im Sommer sammlen sie [d. h. die Burjaten] Lauch Man$_g$/^{k}ehun und Koche$_)$ ihn mit Rogken welche fleisch haben legen auch fleisch ein und wird diese Speise Mangehun Tschenachun genennt ist ein tagl. gerücht im Sommer ...“ (J. J. Lindenau in: RGADA F. 199, Op. 2, Portf. 511, Č. 1, D. 6, Bl. 7v)

52 russ. *Kladovoj kamen'* (s. Glossar)

[/94v/]

CLASSIS X
de
Herbis et suffruticibus
flore polypetalo papilio-
naceo.

510	*Onobrychis foliis Viciae, fructu echinato, / major floribus dilute rubentibus C. B. P. /* 350. *Polygalon Gesneri Tourn. I. R. H. sp[ecies]* 1.[1] */ In deserto, qua itur ad Lenam* 80 *stadia / ab urbe Irkutia. floret exeunte Junio.*
511.	*Onobrychis foliis Viciae, fructu echinato / major floribus eleganter rubentibus C. / B. P.* 350.[2] *Cum praecedenti. forte vari- / etas potius, quam diversa species, / ut et sequens.*

/95r/

Florae Irkutiensis Ordine Instit[utionum] Rei Herb[ariae]
CLASSIS X.

512.	*Onobrychis foliis Viciae fructu echinato ma- / jor florib[us] candidis*[a] *C. B. P.*[3] *Cum praecedenti at rarior.*
513.	*Vulneraria Pentaphyllos Tournef. I. R. H. / spec[ies]* 4. *Lotus pentaphyllos vesicaria / C. B. P.* 332. *Trifolium halicacabum / sive vesicarium J. B.*[4] *Perennis haec / et in arena procumbens planta ad osti- / um Buguldeichae fluvii in lacum Bai- / kal. Radice nititur, crassitie calami O- / lorini, folia pinnata* 8 10 *coniugationibus / costae adnata, quinis semper ex uno centro / prodeuntibus, foliola lanuginosa, valdè ar- / gentea seu magis sericea, oblonga, acuminata; / flores in aliis albidi, in aliis Ochroleuci / in capitulum admodum crassum, globosum / vel ovatum dispositi. Calyx turgidus vesi- / carius, intus siliculam*[b] *continet brevem, / glabram, semine foetam subrotundo, pla- / no, spadiceo, floret Junio ad medium / Julii. semina maturat Augusto eaq[ue] / bene matura mittuntur, ut è sic- / catis floribus suspicor plurium for- / san colorum species è largius sato / semine prodibunt, quas in emarci- / das plantis indicare nimis leve / duxi.*

---

[a] floribꝰ candidis *rechts marginal* [b] siliculam *verbessert aus* c

514.	*Faba flore candido, lituris nigris conspicuo / C. B. P. 338. Tourn. I. R. H.*[5] *In hortis Irku- / tiae et pagorum, circa lacum abunde.*

/95v/

Florae Irkutiensis ordine Inst⌈itutionum⌉ Rei herb⌈ariae⌉
CLASSIS X.

515.	*Orobus*[a] *sylvaticus foliis oblongis glabris / Tourn. I. R. H. sp⌈ecies⌉* 9. *Orobus radice tube- / rosa Rivini. Astragalus sylvaticus foliis / oblongis glabris C. B. P.*[6] *Abunde in / montosis ad Angaram et Uschakowkam / et omnem, qua veni lacum Baikal / Assurgit multis ramis ad pedalem / altitudinem, caulis quadrangulus, fo- / lia brevibus pediculis fulta per coniu- / gationes costae adnata in mucronèm ab- / eunti ad singulos ramorum exortus duo / seorsim locantur folia, flores papiliona- / cei caerulei, ferè constanter gemelli / pediculis rubentibus* 2 *circiter lineas / longis adnati, folia oblonga, utrimque / acuminata, glabra, pulchre venosa*[b] */ et viridia, aversa, parte pallidiora. flo- / ret circa finem Maij. Semen matu- / rat sub finem Julii, aegre pauca ob- / tinui, eo quod matura siliquae an spon- / te decidant vel ab avibus avellantur, / quibus semen in cibum venit, nescio*
516.	*Orobus latifolius, parvo flore purpureo*[c] *C. / B. P. et Tourn. I. R. H. spec⌈ies⌉* 3. *Galegae / nemorensi vernae similis multiflora / flore purpureo J. B. Venetus Clus. / Hist. C<C>XXXII.*[7] *Ex una radice caules / emittit* 6 *ad* 8 *cubitales ut plurimum*

/96r/

Florae Irkutiensis ordine Instit⌈utionum⌉ Rei Herb⌈ariae⌉
CLASSIS X.

	floret initio Junii in sylvis, qua itur ab[d] *U- / schakowka*[e] *amne ad Piwowarichae Sa- / imka*[f]. *semina in mea absentia a colle- / ctore*[g] *meo neglecta.*
517.	*Orobus sylvaticus purpureus, vernus C. B. P.*[8] */ in sylvis montosis circa Bargusinense / munimentum; circa Irkutiam nuspiam.*
518	*Pisum maius quadratum C. B. P.* 342 / Zucker Erbse⌈n⌉[9] *in horto Dom⌈ini⌉ Vicegubernato- / ris Bibikow*[10] *e semine sinensi.*
519.	*Pisum umbellatum C. B. P.* 342. *Pisum co- / mosum Riv.*[11] *In horto*

[a] Orobus *verbessert aus* [.] [b] venosa *verbessert aus* [.] [c] purpureo *verbessert aus* [.] [d] ab *verbessert aus* d
[e] Uschakowka *verbessert aus* ow [f] Saimka *verbessert aus* Saimkam [g] collectore *verbessert aus* io[]

	D⸢omini⸣ Vicegubernatoris[12] */ è sinensi semine*
520	*Pisum arvense C. B. P. Pisa vulgaria parva / alba sive arvensia J. B.* 2. 297[13] *In agris / circa Irkutiam et ad Lenam abunde.*
521	*Lathyrus sylvestris major C. B. P.*[14] *In mon- / tosis ad Kaia fluviolum et in pratis trans / Irkutum. floret circa medium Junij.*
522	*Lathyrus sylvestris luteus, foliis Viciae / C. B.*[15] *Ubiq⸢ue⸣ in pratis. floret Junio*[16].
523	*Lathyroides Messerschmidtii*[17]. *Abunde in mon- / tosis ad Angaram, Irkutum, Uschakow- / kam et circa lacum Baikal. Floret / circa finem Junii. semen maturat / sub initium Aug⸢usti⸣ semina plantae / matura mittuntur.*
524[a].	*Clymenum latifolium flore purpuro-coeruleo / An Clymenum parisiense flore coeruleo*

/96v/

Florae Irkutiensis Ordine Instit⸢utionum⸣ Rei Herb⸢ariae⸣
CLASSIS X.

	Tourn. I. R. H. spec⸢ies⸣ 3.[18] *floret in pratis*[b] */ humidioribus ad Angaram initio Julij*[c] */ semina mittuntur, sed ob negligentiam / pueri cum aliis similibus confusa.*
525	*Clymenum latifolium Pisj facie D⸢omini⸣ D⸢octoris⸣ Gmel⸢ini⸣ / ind⸢icis⸣ plant⸢arum⸣ Len⸢ensium⸣*[19] *Inveni circa Bargu- / sinense munimentum in sylvis sed absq⸢ue⸣ / flore et semine.*
526	*Vicia maxima Dumetorum C. B. Pin.*[20] *hinc / inde*[d] *circa Irkutiam floret Junio.*
527	*Vicia multiflora C. B. P.* 345. *Vicia multiflo- / ra perennis nemorensis sive Dumetorum / J. B.*[21] *Abunde in montosis sylvis ad An- / garam et circa lacum Baikal Planta / haec perennis, admodum fruticosa, ere- / cta, ad duos tresve assurgit cubitos, radi- / ce nititur magna, crassa, sarmentosa. flores / profert sub finem Maii sex vel novem / purpureo-caerulescentes, foliola alternatim / ad caulem in capreolos abeuntem po- / sita, caulis fere quadrangulus, foliola / dimidio pollice nonnihil longiora ut- / rimq⸢ue⸣ acuminata, pulchre venosa in / spiculam seu aciculam debilem et te- / nuem desinentia, foliorum costa pari- / ter in claviculas abeunte, siliqua / compressa mucronata vel potius rost- / rata*[22]. *Radjx sapore dulci imbuta, huius / semina mitto, dubito enim an superius / indicata species sit*

[a] $_{5}$2$_{4}$ *verbessert aus* [.] [b] $_{p}$ratis *verbessert aus* [....] [c] $_{Ju}$l$_{ij}$ *verbessert aus* [.] [d] in$_{de}$ *verbessert aus* vi

/97r/

Florae Irkutiensis Ordine Instit[utionum] Rei Herb[ariae]
CLASSIS X.

528	*Vicia angustifolia Rivini. Vicia semine par- / vo nigro frugum Chabraei*[23] *in pratis sic- / cioribus floret Maio et Junio.*
529.	*Vicia minima praecox Parisiensium H. R. / Par.*[24] *Ubiq[ue] in hortis et*[a] *ad sepes. floret cum praecedenti*
530	*Astragaloides colore flavo D[omini] D[octoris] Gmel[ini]*[25]*, qui huius / plantae iconem et descriptionem dedit. / floret circa initium Julii in pratis ad / Irkutum et in desertorum apertis cam- / pis circa Athanasii Dementiew saimka*[b] */ Bargusini. Huius semina matura mittuntur.*
531.	*Hedysarum Alpinum siliqua laevi, flore pur- / puro-coeruleo Tourn. I. R. H. Onobrychis se- / mine clypeato laevi C. B. P.* 350.[26] *In pra- / tis humilioribus ad Angaram et Irku- / tum, ut et ad*[c] *Bargusinum. Floret sub ini- / tium Julii. semina perficit sub finem / Augusti eaq[ue] optime matura mit- / tuntur.*
532.	*Hedysarum clypeatum flore suaviter ru- / bente Eyst. T. I. R. H. Onobrychis se- / mine clypeato aspero maior C. B. P. /* 350.[27] *Abunde provenit ad Bugul- / deichae et Angae fluviorum ostia / in lacum Baikal. semen maturat / sub medium Augusti; illudq[ue] benè ma- / turum mittitur.*

/97v/

Florae Irkutiensis Ordine Inst[itutionum] Rei Herb[ariae]
CLASSIS X.

533.	*Hedysarum clypeatum flore albido Raii syl- / loge* 140. *Tourn. I. R. H. spec[ies]* 2[28] *ad Angae / fluvii ostium in lacum Baikal. floret / cum praecedenti.*
534	*An lotus* πολυκέρατος *fruticosa, cretica, argentea / siliquis longissimis propendentibus rectis Mor. / Hist.*[29] *Abunde in apertis desertorum cam- / pis, qua itur ad Lenam ut et ad lacum / Baikal circa Bargusinense munimen- / tum. floret maio, fructum maturat sub / medium [et] finem Augusti, florem non / vidi, semina autem benè matura collegi.*
535	*Lotus siliquosus rubello flore Clus. Hist.* 244 */ Lotus ruber, siliqua angulosa*[30]*, e semine si- / nensi laete proveniebat*[d] *jn*[e] *hortis Irkutiae.*

---

[a] et *verbessert aus* [.] [b] saimka *verbessert aus* saimkam [c] ad *über der Zeile* [d] proveniebat *verbessert aus* nus
[e] jn *verbessert aus* a

536	*Trifolium pratense, flore albo minus et foe- / mina glabrum J. B. Trifolium supinum Ri- / vini*[a][31] *in campis ad Uschakowkam amnem / floret initio Junij.*
537	*An Trifolium montanum, purpurascens, folio / obtuso crenato C. B. P.* 328[b]. *Prodr.* 140[32] *flo- / res nonsolum*[33] *in summo caule sed et ad / caulem longis pediculis insidentes eriguntur. / Radix napiformis, floret ubivis Irkutiae / et circa lacum initio Junij. semen ma- / turat sub medium Augusti. semen ma- / turum mittitur*
538	*Melilotus maior, odorata violacea Mor. Hist. / Oxon. Part. II.* 161[c]. *Lotus hortensis odora / C. B. P.* 331. *Tourn. I. R. H. spec[ies]* 14.[34] *In hortis*

/98r/

florae Irkutiensis Ordine Instit[utionum] Rei herb[ariae]
CLASSIS X

	Irkutiae Russis audit гумпа[35]. *semi- / na pani cumini loco addunt. flo- / ret circa finem Junij*
539.	*Melilotus capsulis reni similibus in / Capitulum congestis Tourn. I. R. H. / spec[ies]* 13. *Trifolium pratense luteum / capitulo breviore C. B. P.* 328. *semi- / ne multo J. B.*[36] *in pratis siccioribus / et ad vias, qua itur ad Kudinski / sloboda. floret circa initium Julij.*
540.	*Melilotus officinarum Germaniae C. / B. P.* 331. *Trifolium odoratum sive / Melilotus vulgaris, flore luteo J. B.* 2 / 370.[37] *floret sub initium Julii abun- / de in via, qua pergitur ad offici- / nam spiritus frumenti et ad Ku- / dinski slobodam suburbium ita et / circa pagum Smolenska*[d] *et ad / Bargusinum fluvium*
541.	*Melilotus officinarum Germaniae flo- / re albo C. B. P.*[38] *Cum praecedenti sed / rarius*
542.	*Melilotus siliquosa D[omini] D[octoris] Ammani.*[39] *In / pratis apertis desertorum qua per- / gitur ad Lenam floret sub finem / junii semen perficit sub initium / Aug[usti].*
543.	*Medica maior erectior floribus luteis / Tourn. I. R. H. p[agina]* 410 *spec[ies]* 3. *Trifolium sili- / qua cornuta sive Medica flore luteo C. / B. P* 330[40] *floret circa finem Junii in*

[a] Rivini *verbessert aus* [.] [b] 328 *verbessert aus* 8 [c] 161 *verbessert aus* [.] [d] Smolenska *verbessert aus* n

/98v/

Florae Irkutiensis Ordine Inst[itutionum] Rei Herb[ariae]
CLASSIS X.

	hortorum[a] *locis gramineis et pratis / circa Irkutiam, lacum Baikal et / ad Bargusinum fluvium semina / sub initium Augusti matura mit- / tuntur.*
544.	*An Astragalus floribus Viciae dilute pur- / pureis aut coeruleis Mor. Hist. Ox. / Part.* 2 106. *Onobrychis floribus Vi- / ciae dilute coeruleis C. B. P* 351 */ Onobrychis II Clus. Hist.*[41] *Haec planta / perennis una ex primis Irkutiae / florentibus plantis est, inveni / scilicet d[ie]* 10 *Maii in collibus sicci- / oribus et apricis ad ostium Uscha- / kowkae amnis in Angaram ad mo- / nasterium Virginum. Radice nititur / partim simplici, partim duplici seu / bifida dodrantali calami Columbi- / ni crassitie parum fibrosa, recta / in terram demissa, foris*[b] *Alcan[n]ae*[42] */ instar rubra, madefacta attritu / chartas inficiente, intus alba, mas- / ticata lentis saporem linguae im- / primente, de reliquo nullius emi- / nentis odoris, statim a radice fo- / lia in orbem sparguntur* 4. 5 6 */ quibus flore absoluto totidem alia / succedunt. Folia ipsa per coniugationes*

/99r/

Florae Irkutiensis Ordine Inst[itutionum] Rei herb[ariae]
CLASSIS X.

	plerumq[ue] 7 *costae adnata, impari / costam claudente, costa hirta, teres / è cinereo. levissime rufescens*[c] *fo- / lia oblonga, duas lineas longa, u- / nam lata utrimq[ue] acuminata, supi- / ne intense viridia, nonnihil pilosa / aversa parte incana, de foliis au- / tem notandum eas pro ratione / temporis valde differre*[d] *haec / descriptio*[e] *ad novella primi veris / folia facta, quae flore evanido / pariter evanescunt, succedunt dein / alia non procumbentia sed erecta / non ita lanuginosa ita et foliorum / coniugationes singulae ad dimidium / fere pollicem a se invicem distant / foliolaq[ue] ipsa dimidium pollicem ae- / quant qui lusus mihi vix non impo- / suisset, nisi plantas quasdam bacillis / ob semina colligenda*[f] *notassem. Flores profert / primo vere pediculis pollicem unum, / aestate duos tresve longis insistentes / semper gemellos*

---

[a] hort*o*rum *verbessert aus* i[.] [b] fo*r*is *verbessert aus* [.] [c] ruffescens [d] *nach* differre *gestr.* modo
[e] descript*io* *verbessert aus* ae [f] colligenda *über der Zeile*

	dilute caeruleos, inter- / dum leviter purpurascentes papi- / lionaceos, primo vere in terra procum- / bentes dein surrectos, calyci unam / tertiam pollicis longo, hirsuto et in- / cano supernè quinquies scisso in / haerentes. E calyce surgit pistillum

/99v/

florae Irkutiensis ordine Instit⌈utionum⌉ Rei Herb⌈ariae⌉
CLASSIS X.

	vagina obvolutum, quod deinde abit / in siliquam teretem $^{4}/_{10}$ *pollicis longam / fuscam, glabram surrectam, a basi / apicem versus dehiscentem, semi- / nibus foetam minutis reniformibus / spadiceis maturis sub medium Julij / illaq⌈ue⌉ benè matura mittuntur; sin / haec species est certè longe certiori- / bus notis a reliquis distingui potu- / isset haec species quippe valde am- / bigua, mihi placeret eam sequenti de- / nominatione ab omni dubio vindica- / re. Astragalus vernus, radice rubra / floribus gemellis, siliqua tereti fusca*[a] *glabra.*
545	*Astragalus supinus siliquis villosis glo- / meratis Tourn. I. R. H. Astragalus / Hispanicus siliqua Epiglot<t>idi simili / flore purpureo major Tournefortii Hor. / L. Batav.*[43] *floret Junio Julio in colli- / bus apricis gramineis ad Angaram / et ad lacum Baikal. semina maturat / sub initium Augusti, eaq⌈ue⌉ optime ma- / tura mittuntur. Licet haec planta pro / ratione temporis et soli natalis tam / magnitudine quam diversa foliorum / forma diverso mode ludat, his tamen / duabus notis facile ab omnibus si- / millibus distinguitur.* 1. *foliola sin- / gula*

/100r/

Florae Irkutiensis Ordine Instit⌈utionum⌉ Rei herb⌈ariae⌉
CLASSIS X.

	ad costae[b] *apices nonnihil licet levis- / sime incisa et bifida sunt.* 2. *Caly- / ces quinquifidi radiosi sunt, singu- / lae scilicet calycis divisurae in / radios hirsutos desinunt.*
546.	*Astragalus pumilus siliqua Epiglottidis / forma Tourn. I. R. H. Astragalus / Hispanicus, siliqua epiglottidi simi- / lis, flore albo minor Tour⌈nefortii⌉ H. L. Bat.*[44] */ Cum praecedenti. Huius folia longio- / ra, acutiora, magis glabra sunt, quam / antecedentis speciei. Huius semina / mittuntur.*

---

[a] fusca *über der Zeile* [b] costae *verbessert aus* [.]

547	*An Astragalus quidam montanus vel / Onobrychis aliis J. B.* 2. 339. *Onobry- / chis floribus Viciae maioribus coeru- / leo-purpurascentibus vel foliis Tra- / gacanthae C. B. P.*[45] *flores huius plan- / tae Viciae floribus magnitudine [et] / colore similes, folia itidem*[46], *siliculae bre- / ves, fere triangulares ex una parte / angulosae ex altera carinatae, semi- / nibus foetae minutis reniformibus. flo- / ret ad litora lacus Baikal arenosa, / eaq[ue] sub initium ... mature collecta mit- / tuntur*[47]

/100v/

Florae Irkutiensis Ordine Inst[itutionum] Rei herb[ariae]
CLASSIS X.

548	*Astragalus pratensis, procumbens, Viciae / foliis, flore coeruleo*[48]. *Inveni hanc plan- / tam sub finem Julii in pratis trans / Buguldeicham fluvium è regione hyber- / naculi. Folia Viciae sunt hirsuta, flores / minores ac in antecedenti siliculae*[a] *semi- / nales utrinq[ue] acuminatae, quadrangula- / res, ea plane forma, qua textorum ra- / dii* wie ein leinweber Schifflein[49]. *semina / obtinere non potui, eo quod vento secun- / do redeuntes, loca illa noctu praeteri- / vimus*
549	*Astragalus procumbens albus Viciae foliis / Astragalo pumilo siliqua Epiglottidis forma / Tournef. I. R. H. similis planta*[50], *haec una / cum seminibus a seminum collectore Irku- / tiae relicto collecta, dum bargusini eram, / an idem an vero alius*[b] *sit, discernere / in sicca planta non audeo, licet pro- / cumbentia, foliorumq[ue] parvitas, eorumq[ue] / obtusae apices id suadeant, ex semi- / nibus satis, id saltem melius patebit.*
550	*An Astragalus Alpinus foliis Viciae / ramosus et procumbens flore glome- / rato oblongo caeruleo Tourn. I. R. H. / spec[ies]* 21.[51] *Huius iconem fieri curavi / a.) sistit ramum unum naturali / magnitudine, integra enim planta /* 8. 10 *ad* 15 *ejusmodi in orbem spargit*

/101r/

Florae Irkutiensis Ordine Inst[itutionum] Rei Herb[ariae]
CLASSIS X.

	b.) semen. Floret circa finem Junii in / locis elatis gramineis ad Irkutum et ad / Kudam amnem. semina maturat sub / finem Aug[usti] semina

---

[a] sil$_{\text{iculae}}$ *verbessert aus* [.]a[.] [b] $_{\text{aliu}}$s *verbessert aus* d

	matura mittuntur.
551	*An Astragalus Alpinus Tragacanthae folio vesi- / carius? Tournef. I. R. H. spec[ies] 22.*[52] *floret haec / planta sub initium Junii in asperis et prae- / ruptis rupibus 7. stadia ab Hybernaculo list- / wenischnoje simowie dicto, et abhinc inter- / rupta serie ad Bargusinense munimentum / usq[ue] semina absolvit sub finem Julii, eaq[ue] / benè matura mittuntur. Radice nititur / lignosa, fusca, perenni, digitum, interdum / vix calamum scriptorium crassitie supe- / rante, folia emittit quam plurima per / conjugationes 7. 8 vel 9 costae tereti gla- / brae adnata, impari terminante costam. / folia oblonga versus apicem valdè acu- / minata et acuta, glabra, herbide viridia, / caules emittit 2. 3. 4 et plures dodran- / tales laxa florum papilionaceorum coe- / ruleorum spica onustos*[a]*, spica florum ra- / ro sesqui pollices longitudine excedente; / Pistillum vagina obvolutum abit in cap- / sulam vesicariam, glabram, albam dia- / phanam, surrectam, oblongam, turgidam*

/101v/

Florae Irkutiensis Ordine Inst[itutionum] Rei Herb[ariae]
CLASSIS X

	et in mucronem abeuntem, seminibus / intus foetam mediante filo placentae / affixis reniformibus fuscis, quibus / maturis a basi apicem versus dehis- / cit illaq[ue] effundit
552.	*Astragalus idem elatior, florum spica lon- / gissima. Varietas prioris.*[53]
553.	*An Astragalus*[b] *Alpinus Tragacanthae folio / ramosus, flore coeruleo glomerato Tour. / I. R. H. spec[ies] 23.*[54] *Planta haec perennis / in altissimis et praeruptis rupibus / jnsulae Olchon et circa munimentum / Bargusinense mense Junio in flore / occurrens. Radice nititur tenui, ligno- / sa et fibrosa sub saxis inhaerente; Cau- / les emittit unum, raro duos valde / ramosos, singulis ramis, quorum saepe / 6. 8. 10 glomus florum papilionaceo- / rum partim purpurascentium, partim / coeruleorum in summitate impactus, / flores nullis pediculis fulti immediate / è caule enascuntur, tam in caule quam / in ramis folia quam plurima, densoq[ue] / agmine per coniugationes costae ad- / nascuntur, impari costam claudente, / folia angusta utrimq[ue] acuminata intense*

[a] onustas [b] Astragalus *verbessert aus* e

/102r/

florae Irkutiensis ordine Instit⌈utionum⌉ Rei Herb⌈ariae⌉
CLASSIS X

	viridia dimidio pollice longiora, vix u- / nam lineam lata, Viciae parisiensis[55] */ foliis similia. Pistillum vagina ob- / volutum sub finem Julii abit in Si- / liculam brevem, ovatam, utrimq⌈ue⌉ acu- / minatam, in medio ventricosam, al- / bam, seminibus foetam reniformibus / fuscis. semina huius plantae benè / matura mittuntur.*
554	*Astragalus Alpinus tragacanthae folio, ra- / mosus, flore candido glomerato*[56]*. Inveni / hanc*[a] *perpulchram speciem / in vertice rupis celsissimae*[b] *Insulae / Olchon* 5 *stadia a sic dicta porta, id / est spatio illo, per quod insula a con- / tinente separatur Russis* ворота́[57] *Por- / ta dicto, et quod me mirum habe- / bat* 10 *die ⌈Septe⌉mbr⌈is⌉ ita et paucissima / semina obtinui, reliquum, excepto flo- / ris colore coincidit cum praecedenti.*
555.	*Astragalus frutescens purpureis*[58] *siliquis ci- / nereis villosis D⌈omini⌉ D⌈octoris⌉ Gmelin Ind⌈icis⌉ Plant⌈arum⌉ / Lenens⌈ium⌉ N⌈umer⌉o* 409.[59] *Abundè in montosis / ad Angaram circa lacum et ad Bar- / gusinum fluvium. floret sub initium / Junij, semina maturat sub finem*

/102v/

Florae Irkutiensis ordine Inst⌈itutionum⌉ Rei Herb⌈ariae⌉
CLASSIS X.

	Julii. semina benè matura mittuntur. / Amat haec planta loca aprica calcaria, / lapidosa, plagamq⌈ue⌉ meridionalem.
556	*Astragalus luteus annuus Monspeliacus*[60] */ procumbens Mor. Hist. Oxon.*[61] *In mon- / tosis ad lacum*[c] *Baikal circa Pesch- / tschana Guba floret Julio, semina ma- / tura obtinere non licuit.*
557.	*An Astragalus purpureus, perennis spi- / catus Pannonicus Mor. Hist. Oxon. Part. / 2 Tourn. I. R. H. spec⌈ies⌉* 2.[62] *In montosis syl- / vosis, qua itur ad pagum Smolenskoie / media via inter urbem et pagum. / floret Junio. semen a collectore se- / minum in mea absentia neglectum*
558	*An Astragalus orientalis foliis Viciae ar- / genteis, caule nudo, floribus pallide lu- / teis Tourn. Coroll. I. R. H. pag⌈ina⌉* 28.[63] *Oc- / currit cum*

---

[a] *nach* hanc *in eckigen Klammern (Kennzeichnung des Schreibers A. Gorlanov für Streichung)* plantam [b] celsissimae *verbessert aus* [..] [c] lacum *verbessert aus* Angara

	priori[64], *eodem loco eodemq[ue] / tempore floret. Assurgit ad pedalem / altitudinem, folia è costa prodeuntia, / coniugata*[a], *quidem sunt, ita tamen ut / unum altero superius sit, nec ex uno / centro ut in reliquis prodeunt.*
559.	*Astragalus elatior Viciae foliis angustiori- / bus incanis, caule nudo, floribus dilute / luteis, vexillo floris atro-purpureo / An Astragalus perennis spicatus flo- / ribus*

/103r/

Florae Irkutiensis Ordine Inst[itutionum] Rei herb[ariae]
CLASSIS X

	pallidis, nigris radiis notatis Mor. Hist. Ox. / Part. 2. 107 *Onobrychis spicata, flori- / bus pallidis nigris radiis notatis C. B. / P. Tourn. I. R. H. sp[ecies]* 4.[65] *Planta haec per- / ennis*[b], *ad pedalem surgit altitudinem, / radice nititur crassitie digitum au- / ricularem superante, foris spadicea in- / tus alba, subdulci, recta in terram ali- / quot ramis demissa. folia emittit quam / plurima pediculis nixa, ultra dimidium / ferme nudis, folia dimidio pollice non- / nihil longiora, lineam vix lata, immedi- / ate costae per coniugationes adnata, / valde acuminata et acuta, supinè albide / viridia, aversa parte incana, argentea, / caules emittit duos tres et plures pedales, / nudos, albentes hirsutos. flores*[c] *pallidissi- / me lutescunt vel ochroleuci sunt vexillo / floris atro-purpureo, spica florum longa, / laxa; siliculas et semina matura ob / absentiam meam neglecta sunt. Crescit / uno eodemq[ue] loco cum praecedenti. floret / Junio.*
560.	*An Astragalus montanus purpureus Anglicus / Tournef. I. R. H. spec[ies]* 20. *Glaux montana / purpurea nostras Raii.*[66] *floret Junio in pra- / tis ad Irkutum et Angaram, ut et ubi- / vis circa lacum Baikal. semina maturat / sub medium et finem Julii eaq[ue] benè ma- / tura mittuntur; Ob id quod Clar[issimus] D[ominus] D[octor] Gmelin*

/103v/

Florae Irkutiensis ordine Instit[utionum] Rei herb[ariae]
CLASSIS X

	huius descriptionem et iconem antea com- / municavit, a descriptione prolixa absti- / neo, solummodo hoc moneo; variare / hanc plantam valde floris colore modo / purpureo, coeruleo, modo purpurascente / et

---

[a] $_{\text{coniugat}}$a *verbessert aus* [.] [b] $_{\text{pere}}$n$_{\text{nis}}$ *verbessert aus* r [c] $_{\text{flore}}$s *verbessert aus* t

	in rubrum colorem inclinante.
561.	*Astragalus frutescens valdè ramosus, flo- / ribus minoribus albis, vexilli et cari- / nae oris coerulescentibus Medicae folio*[67]*. / Planta haec sub finem Julii in montosis / asperis praeruptis et calcareis locis / ad Buguldeichae fluvii ostium in lacum / baical florens. Radice nititur pollicari, / dodrantem circiter longa, sub lapidi- / bus latente, lignosa, caules emittit ad /* 30 *cubitales, valde ramosos, flores fert / parvos Meliloti instar in spicam lon- / gam digestos, candidos*[68]*, ita tamen, ut / vexilli orae pariter ac carinae coe- / ruleae sint, in aliis dilute purpureae. / flos nondum expansus totus purpu- / rascens videtur ob teneritatem peta- / lorum, alarum praecipuè, carinae et / vexilli purpuram transmittentium. / Calyx quinquepartitus, brevis glaber, / siliculam continet bivalvem una parte / Porcellanae*[69] *instar gibbam altera con- / cavam*

/104r/

Florae Irkutiensis Ordine Instit[utionum] Rei Herb[ariae]
CLASSIS X.

	in singula valva semen unicum nigrum, / reniforme reconditum mediante, filo / placentae affixum, folia numerosis- / sima tam in caule quam ramis Medi- / cae foliis simillima[70]*, una vel ad sum- / mum duplici conjugatione costae ad- / nata impari claudente costam, ita / ut libenter ad Melilotum retulissem / ad cuius familiam tota facie spectat, / nisi folia plura quam terna haberet; / siliculas adde et semina magis ad / Astragalos quam has illam revocan- / tem, semina in optima maturitate / collegi in rupibus insulae Olchon / d[ie]* 10 *Sept[embris] et planta ha<e>c perpulch- / ra inde enata illis quibus pluris, / quam mihi nunc otii est, liberum / est quocunque velint*[a] *appellare nomine*
562	*Astragalus flore ochroleuco procumbens, / Viciae foliis glabris. Plura de hac / planta afferre non licet, ob id, quod u- / nicum saltim exemplar post reditum / meum Irkutiam a seminum collectore / mihi exsiccatum oblatum erat. Col- / lectum ad Kudam amnem in Vicinia / Suburbii Urik.*
563.	*Baikalia sive Astragalaster*[b] *mihi plantae*[c]

[a] velint *über der Zeile* [b] Astragalaster *verbessert aus* Astragelistir [b] plantae *verbessert aus* [.]

/104v/

florae Irkutiensis Ordine Institutionum Rei Herbariae
CLASSIS X.

	genus vocatur, quod ob foliorum con- / formationem ad nullum hactenus no- / tum genus referre potui[71]*, ob id autem, / quod circa lacum Baikal primum / copiose et quidem aliquibus speciebus luxu- / rians inventa fuit, Baikaliam nun- / cupare volui, quod si autem cuidam / ut genus sub-alternum Astragalo / subiungendum videretur, cum quo floris / et seminis ratione coincidit, alterum no- / men proponere volui, ita, ut Astragali / vox floris et seminis structuram vox / αστηρ*[72] *vero foliorum structuram innueret*[a]*. / Quippe folia partim duplici coniugatio- / ne aut quatvor foliis ex uno centro / enatis conflantur, inferius scilicet: / superius autem, quinis*[b] *senis imo sep- / tenis stellae è totidem radiis con- / stantis instar luxuriet*[c]
564.	*Baikalia flore ochroleuco*[73]*. Planta haec / perennis in rupibus circa lacum Bai- / kal a Buguldeichae fluvii ostio ad / Bargusinense munimentum usque occur- / rens, radice nititur modo simplici / modo bifida et trifida, calami scri- / ptorii crassitie praedita recta in / arenam descendente, foris fusca*

/105r/

Florae Irkutiensis ordine Institutionum Rei Herbariae
CLASSIS X.

	intus alba, folia spargit in orbem / quam plurima terrae arcté incum- / bentia caules[d] *ad unam plerumque tertiam / foliis nudi, teretes lanuginosi et hir- / suti, folia ad caulem stellae in modum / disponuntur, inferius 4 abhinc 5. 6. 7. / ex uno centro prodeuntibus uno in sum- / mitate caulem terminante, folia Viciae*[74] */ foliis similia, utrimque acuminata, la- / nuginosa et incana, intra folia caules / oriuntur pro aetate plantae duo tres / quatuor ad 6 procumbentes in terra / modo dimidium pedem modo vix tres / pollices longi, teretes, incani, foliis nudi / in summitate spica*[e] *florum onusti, / flores papilionacei ochroleuci calyce / oblongo superius quinquepartito hir- / suto contenti*[f]*, pistillum ut in Astra- / galis vagina obvolutum abit in sili- / culam oblongam erectam, bicapsula- / rem sub seminis maturitatem, a basi / ad apicem*

[a] innueret *verbessert aus* nueret [b] quinis *verbessert aus* v [c] luxuriet *verbessert aus* [.]s [d] caules *über der Zeile* [e] spica *verbessert aus* [.] [f] contenti *verbessert aus* [.]

	dehiscentem seminibus / foetam mediante filo placentae af- / fixis reniformibus fuscis. floret / sub initium Julii ad initium Aug[usti] tam

/105v/

Florae Irkutiensis Ordine Instit[utionum] Rei Herb[ariae]
CLASSIS X

	in humilioribus[a] *quam praeruptis locis, inq[ue] / eadem planta flores semper et matura / semina inveniuntur sub initium Aug[usti] / semina bene matura collegi et trans- / misi.*
565	*Baikalia flore ochroleuco vexillo floris / coerulescente*[75]*. Planta haec cum priori / eodem loco et tempore in flore occur- / rens, excepto floris vexillo litura coeru- / lea insigni, quoad omnia coincidit cum / praecedenti. Huius iconem fieri curavi / ad plantam naturali magnitudine. A.) / sistit ramum plantae b.) semina, c.) caly- / cem ita [et] huius semina communican- / tur.*
566	*Baikalia flore pallide coeruleo*[76] *Cum priori / occurrit eodem loco et tempore, ita et / semina matura mittuntur.*
567.	*Baikalia flore atrorubente*[77] *reliquum cum / prioribus coincidit, eodemq[ue] loco et tem- / pore floret. Icon sistit plantam natu- / rali magnitudine, a.) plantae ramus. b.) / semen c.) calyx ita*[b] *et semina matura / mittuntur.*
568.	*Baikalia flore atro-purpureo foliis angus- / tioribus et densioribus*[78]*. Occurrit ad litora / lacus Baikal et à ventis arena saepe tota / obruitur, mihi vero diversa species nihilo-*

/106r/

florae Irkutiensis ordine Inst[itutionum] Rei Herb[ariae]
CLASSIS X

	minus videtur, eo, quod flore atropur- / pureo nunquam in humilioribus locis / invenerim, sed semper in apricis et / praeruptis rupibus. Huius semina mit- / tuntur.
569.	*Astragalus Tragacanthae folio, capsula seminis / ampla cinerea rotunda*[79]*. Plantam hanc / in altissima rupe 5 stadia à Bargusi- / nensi munimento d[ie] 18 Augusti*[80] *invene- / ram, ubi nec seminis, nec floris vestigi- / um amplius in exsiccata planta com- / paruerant. semina*

---

[a] humilioribus *über der Zeile* [b] ita *verbessert aus* j

	autem una cum / capsulis e terra collegi et communico, / qualis planta inde proditura sit, quo- / ve nomine veniet in posterum re- / sciscere aveo.

1 „[species 1] Onobrychis foliis Viciae, fructu echinato, major, floribus dilutè rubentibus C. B. Pin. 350. Polygalon Gesneri J. B. 2. 335. Onobrychis Dod. Pempt. 548." (Tournefort 1700, S. 390, Genus IV. „Onobrychis. Sain-foin."); „Onobrychis foliis viciae, fructu echinato major C. B. P. 350. Polygalon Gesneri I. B. 2. 335. Germ. Hahnen=Kamm, Hahnen=Kämmgen, Hahnen=Kopff. ..." (Rupp 1726, S. 206); „Polygalon, li. n ist beim Bauhin, polygala, L. beim Gesner aber Hedysarum Onobrychis, L. so auch polygenon Gesneri von I. Bauhino genennt wird." (Frege 1808, S. 253); „Kreuz=Blume, Polygala, Polygalon, ist ... die Benennung, unter welcher ... Gesner eine größere Spiel=Art des kleinen Vogelfußes, Ornithopodus ... verstehen, ..." (Krünitz 1773–1858, Bd. 49, S. 113ff.); „Onobrychis ... I. Onobrychis foliis Viciae fructu echinato major. ... Flores communiter dilutè rubent, aliquando eleganter rubent: reperiuntur & albi coloris." (Bauhin 1623, S. 350); „1. Onobrychis, foliis Viciae, fructu echinato major, C. B. P. loc. cit. T. 390. Onobrychis Dod. p. 548. ... Polyganon [sic!] Gesneri. J. B. 2. 335." (Zwinger 1744, S. 654); „Onobrychis foliis Viciae, fructu echinato, major, floribus dilute rubentibus C. B. Pin. 350. Polygalon Gesneri J. B. 2. 335. ... Hanenkopf/ Hanenkamm. ..." (Mappus 1742, S. 212); „40. HEDYSARVM foliis pinnatis, leguminibus monospermis, aculeatis, corollarum alis calyce breuioribus, caule elongato LIN. Sp. pl. 2. n. 42. p. 1059. Onobrychis folio viciae, fructu echinato maior, floribus dilute rubentibus BAVH. pin. 350. I. idem flore albo. ..." (Gmelin 1747–1769, Bd. IV, S. 31), nahezu identisch auf Bll. 15r–15v in: AAW R. I, Op. 104, D. 14 – s. Anm. 32 in Nr. 6; „40. Hedysarum foliis pinnatis, leguminibus monospermis aculeatis, corollarum alis calyce brevioribus, caule elongato [=] Onobrychis arenaria DeC. verosimiliter cum aliis speciebus confusa." (Ledebour 1841, S. 113); „4. Hedysarum foliis pinnatis, leguminibus subrotundis aculeatis. Onobrychis folio viciae, fructu echinato major. Bauh. pin. 350. floribus dilute rubentibus. Tournef. inst. 390. ... γ Onobrychis, foliis viciae, fructu echinato, major, floribus eleganter rubentibus. Tournef. δ Onobrychis, foliis viciae, fructu echinato, major floribus albis. Tournef. ..." (Linné 1737, S. 365); „48) Esparcette, Hedysarum Onobrychis. ... Hedysarum foliis pinnatis, leguminibus monospermis aculeatis, corollarum alis calycem aequantibus, caule elongato. LINN. Syst. Veg. p. 563. Sp. Pl. p. 1059. Hedysarum foliis pinnatis, leguminibus subrotundis aculeatis. Hort. Cliff. 365. ... Onobrychis folio viciae, fructu echinato maior. C. BAUH. pin. 350. ... Diese Art ... ist im deutschen unter den verschiedenen Benennungen Heiligheu, Hahnenkopf, Hahnenkamm und Stachelähre bekannt. ..." (Linné 1782, S. 663ff.); „108. HEDYSARUM Onobrychis. ... H. foliis pinnatis, ... Gmel. sib. 4. p. 31. n. 48. ... Onobrychis folio viciae, ... Bauh. pin. 350. ... Futter-Hahnenkopf. W. ..." (Linné 1797–1830, Bd. III, Teil 2, S. 1215f.); „1) ONOBRYCHIS ARENARIA. Decand. ... α. latifolia: ... β. angustifolia: ..." (Ledebour 1831, S. 342); „246. ONOBRYCHIS. TOURNEF. ... 1. O. sativa (LAM. Fl. franc. II, p. 652) ... Hedysarum Onobrychis. L. SP. 1059. ... M. a BIEB. Fl. t. c. II, p. 179; ... β. caulibus subdecumbentibus, ... Hedysarum confertum. M. a BIEB. Fl. t. c. II, p. 180; ... δ. caulibus erectis v. ascendentibus, ... LEDEB. Fl. alt. III, p. 342. ... Hedysarum foliis pinnatis, ... GMEL. Fl. sib. IV, p. 31, Nr. 40. ..." (Ledebour 1842, S. 708f.); „Hedysarum Onobrychis, ... türkischer Klee, ... Schweizerklee, Hanenkammklee; Hanenkopf; zamer Hanenkopf; Wiedhopfenkraut, Eselswiken; Stachelheu; Esparsette; ... seine frischen Blätter sollen gequetscht und aufgelegt Geschwulsten zertheilen; mit Wasser abgekocht, den Harnstrang heilen, ..." (Gmelin 1773b, Sp. 692f.); „1451. HEDYSARUM Onobrychis. ... Gmel. sib. 4. p. 31. n. 40. ... 1452. HEDYSARUM confertum? ..." (Marschall von Bieberstein 1808, S. 179f.); „8. HEDYSARUM Onobrychis ... Esparcett=Hahnenkopf=Esparcett. ... Ein berühmtes Futterkraut, ..." (Georgi 1797–1802, Theil 3, S. 1180); „Esparsette, Esparcette, Esper, Gurtriemen, Hahnenkammklee, Hahnenkopf, zahmer Hahnenkopf, rothe Ramsen, Schildkraut, Schweitzer Klee, Sparsette, Stachelähre, Stachelheu, großer türkischer Klee, türkischer Kleberklee, Wickenklee, Wiedhopfenkraut, ... Hedysarum Onobrychis, ... Linn. ... Die Esparsette ist überhaupt ein nahrhaftes Futter für

allerhand Last= Zug= Zucht= Mast= und Milchvieh. ...“ (Krünitz 1773–1858, Bd. 11, S. 562ff.); „Hedýsarum <Süßklee, Ital. Hahnenkopf> gr. hēdýsaron<ein Hülsenfrüchtler> ... zu hēdýs und gr. sáron, sáros <Besen> ...“ (Genaust 2005, S. 281); „ONOBRYCHIS. ... teutsch, türckischer Klee, Eselswicken, ... Onobrychis kommt von ὄνος, asinus, Esel, und βρύχω, frendeo, ich schreye, weil der Geruch von diesem Kraute die Esel schreyen macht, als die es gerne fressen möchten: oder kommt von ὄνος, asinus, und βρύχω, sorbeo, ich verschlucke, dieweil die Esel dieses Kraut zu fressen pflegen.“ (Lémery 1721, Sp. 804f.); „Onōbrychis T. (Papilionaceae). Zus. aus ἤνος (Esel) und βρυχειν (gierig zerbeissen, d. h. guttes Viehfutter.“ (Wittstein 1852, S. 633); „Hedȳsarum L. (Papilionaceae). Zus. aus ἡδυς (süss) u. ἀρωμα (Gewürz, Duft); einige Species dieser Gattung haben angenehm riechende Blumen.“ (a. a. O., S. 423); „Polȳgala (Polygalaceae). Zus. aus πολυς (viel) u. γαλα (Milch), weil mehrere Arten die Sekretion der Milch bei Kühen etc. befördern sollen. Polȳgalon DC. Abtheilung der vorigen Gattung.“ (a. a. O., S. 716)

„197 Onobrychis foliis viciae, fructu chinato major CBP. 350.“ (AAW R. I, Op. 6, D. 40, Bl. 32r, s. Anm. 1 in Nr. 1); „Onobrychis foliis viciae, fructu echinato major floribus dilute rubentibus C. B. P.“ (AAW F. 21, Op. 5, D. 98, Bl. 23v, s. Anm. 54 in Nr. 17); „1071. Onobrychis foliis Viciae, fructu echinato major, floribus dilute rubentibus C. B. P. 350. ...“ (AAW R. I, Op. 105, D. 1^{a}, Bl. 111r, s. Anm. 29 in Nr. 5); „72. Onobrychis.“ (AAW R. I, Op. 14, D. 8, Bl. 2v, s. Anm. 98 in Nr. 39); „17. Onobrychis.“ (AAW R. I, Op. 15, D. 1, Bl. 10r, s. Anm. 24 in Nr. 64); „[N°.] 852. Onobrychis“ mit der rechts marginalen Anm. „[N. Gmel.] 3.“ (AAW R. I, Op. 15, D. 3, Bl. 16r, s. Anm. 65 in Nr. 24); „580. Onobrychis folijs Viciae, fructu echinato major, floribus dilute rubentibus C. B. P. ...“ (AAW R. I, Op. 105, D. 12, Bl. 30v, s. Anm. 54 in Nr. 17); „Onobrychis folijs Viciae, fructu echinato major, floribus dilute rubentibus C. B. P. 350. ... Est Hedysarum folijs pinnatis, leguminibus subrotundis, aculeatis Linn. h. Cliff. 365. ... vid. Ic. Amm.“ (AAW R. I, Op. 13, D. 67, Bl. 69r, s. Anm. 5 in Nr. 4); „– Onobrychis folijs viciae, fructu echinato major, floribus dilute rubentibus C B P. ... – Eadem floribus albis.“ (AAW R. I, Op. 104, D. 8, Bl. 10v, s. Anm. 18 in Nr. 452); „333 Onobrychis foliis viciae fructu echinato major. floribq dilute rubentibus C. B. P. ...“ (AAW R. I, Op. 104, D. 25, Bl. 26r, s. Anm. 61 in Nr. 21); „388. Onobrychis foliis Viciae fructu echinato, maior, floribus dilute rubentibus. C. B. P. ....“ (AAW R. I, Op. 13, D. 42, Bl. 71r, s. Anm. 1 in Nr. 1)

2 „[species 2] Onobrychis foliis Viciae, fructu echinato, major, floribus eleganter rubentibus C. B. Pin. 350.“ (Tournefort 1700, S. 390, Genus IV. „Onobrychis. Sain-foin.“); „ONOBRYCHIS; Cock’s head, or Saint-Foin ... The species are: ... 2. ONOBRYCHIS; foliis viciae, fructu echinato major, floribus eleganter rubentibus. C. B. P. Greater cock’s-head, with vetch leaves, rough fruit, and beautiful red flowers.“ (Miller 1735, unpaginiert, unter ON)

„334. Onobrychis eadem [s. Nr. 510] floribq eleganter rubentibq. C. B P. cum praecedenti“ (AAW R. I, Op. 104, D. 25, Bl. 26r, s. Anm. 61 in Nr. 21); s. Nr. 510

3 „[species 3] Onobrychis foliis Viciae, fructu echinato, major, floribus albis C. B. Pin. 350.“ (Tournefort 1700, S. 390, Genus IV. „Onobrychis. Sain-foin.“)

„335 Onobrychis eadem [s. Nr. 510 und Nr. 511] floribus candidis C. B. P. cum praecedenti.“ (AAW R. I, Op. 104, D. 25, Bl. 26r, s. Anm. 61 in Nr. 21); s. Nr. 510

4 „[species 4] Vulneraria pentaphyllos. Lotus pentaphyllos, vesicaria C. B. Pin. 322. [müßte heißen: 332] Trifolium halicacabum, sive vesicarium J. B. 2. 361. Trifolium halicacabum Cam. Hort. Icon. xlvij.“ (Tournefort 1700, S. 391, Genus V. „Vulneraria. Vulneraire.“); „IV. Lotus pentaphyllos vesicaria. ...“ (Bauhin 1623, S. 332); „4. Vulneraria pentaphyllos. Inst. R. H. Fünfblätterig Wundkraut.“ (Miller 1751, S. 466); „46. ANTHYLLIS herbacea, foliis pinnatis, foliolis quinis aequalibus terminatrici maximo. Vulneraria pentaphyllos. T. I. R. H. STELL. Irc. 513. ...“ (Gmelin 1747–1769, Bd. IV, S. 34), nahezu identisch auf Bll. 16v–17r in: AAW R. I, Op. 104, D. 14 – s. Anm. 32 in Nr. 6; „46. Anthyllis herbacea, foliis pinnatis, foliolis quinis aequalibus, terminatrici maximo. [=] Astragalus lupulinus Pall. it. III. app. 750. Nro. 121. ‚saltim secundum Synon. Stelleri.‘ – ?“ (Ledebour 1841, S. 113); „121. ASTRAGALVS lupulinus. Anthyllis herbacea, ... GMEL. Flor. sib. IV. p. 34. n. 46. (saltim secundum Synon. Stellerianum.). ...“

(Pallas 1776, S. 750); „*114. ASTRAGALUS lupulinus. ... A. scapis erectis foliisque pilosis, spica conferta, calycibus inflatis angulatis subsessilibus pilosissimis. Pall. Astrag. p. 17. n. 22. t. 15.* Pall. itin. 3. app. n. 121.* Hopfenartiger Traganth. W. ...“ (Linné 1797–1830, Bd. III, Teil 2, S. 1310); „3. Anthyllis foliis quinato-pinnatis, foliolo terminatrici maximo. Vulneraria pentaphyllos. Tournef. inst. 391. ... Lotus pentaphyllos vesicaria. Bauh. pin. 332. ... Trifolium halicacabum sive vesicarium. Bauh. hist. 2. p. 361. ...“ (Linné 1737, S. 371); „1) Vierblätterichte Wollblume. Anthyllis tetraphylla. ... Anthyllis herbacea, foliis quaterno-pinnatis, floribus lateralibus. LINN. Syst. Veg. p. 544. Sp. Pl. p. 1011. Anthyllis foliis quinato-oinnatis inaequalibus, ... Hort. Cliff. 371. ... Lotus pentaphyllos vesicaria. C. BAUH. pin. 332. ...“ (Linné 1782, S. 527); „128. A[stragalus] lupulinus (PALL. It. III. app. p. 750. Nr. 121. – Ej. Astragal. p. 17, Nr. 22, t. 15) ... Anthyllis herbacea, ... GMEL. Fl. sib. IV, p. 34. Nr. 46 (ex PALL.). ...“ (Ledebour 1842, S. 646); „[Anthyllis] tetraphylla, ... vierblätterichte Wollblume, ...“ (Gmelin 1772a, Sp. 595f.); „XXII. ASTRAGALUS lupulinus. TAB. XV. ... Anthyllis herbacea, ... Gmelin. Flor. Sib. IV. p. 34. n. 46. (saltim secundum synonym. Stelleri.) Astragalus lupulinus, Pall. itin. III. append. p. 750. n. 121. ...“ (Pallas 1800, S. 17); „Anthyllis tetraphylla. L. Vierblättriges Wundkraut. ...“ (Wredow 1850, S. 380); Astragalus – russ. *košačij*, *myšij goroch*, *stručečnik* bzw. *rogataja trava* (*Annenkov* 1858, S. 20, Nr. 160); „Lōtus L. (Papilionaceae). Angeblich von λῶ (ich will, verlange); d. h. etwas, wonach man verlangt, was angenehm schmeckt. ...“ (Wittstein 1852, S. 536); „Astrăgalus L. (Papilionaceae). Von ἀστραγαλος (Halswirbel, Würfel), wegen der knotigen (eckígen) Stängel und Wurzeln mancher Arten; auch haben die Samen eine fast würfelige Gestalt.“ (a. a. O., S. 80); „Anthȳllis L. (Cassieae). Zus aus ἀνδος (Blüthe) und ιουλος (Bart), in Bezug auf den feinbehaarten Kelch. ...“ (a. a. O., S. 57f.); „Trifōlium L. (Papilionaceae). Zus. aus tres (drei) und folium (Blatt), d. h. jeder Blattstiel trägt meist 3 Blätter (folia ternata.)“ (a. a. O., S. 897); „Vulnerāria T. (Papilionaceae). Von vulnus (Wunde), vulnerare (verwunden), d. h. gegen Verwundungen (früher) benützt.“ (a. a. O., S. 928);

„84. Vulneraria pentaphyllos Tourn. Fl. Irc. 513.“ (AAW R. I, Op. 105, D. 16, Bl. 2r, s. Anm. 5 in Nr. 4); „764. Anthyllis foliis pinnatis, foliolis quinis, terminatrici maximo. Roy. Pr. 389. Vulneraria pentaphyllos Tourn. Inst. 391.“ (AAW R. I, Op. 13, D. 20, Bl. 70v, s. Anm. 1 in Nr. 1)

5 „[species 1] Faba flore candido, lituris nigris conspicuo C. B. Pin. 338. Faba Cyamos J. B. 2. 278. Faba major recentiorum Lob. Icon. 57.“ (Tournefort 1700, S. 391f., Genus I. „Faba. Féve.“); „Faba. ... I. Faba. ... Variat flore & fructu: floris colore, qui vel ex purpura nigrescit: vel candidus lituris nigris conspicuus, ...“ (Bauhin 1623, S. 337ff.); „Faba flore candido, lituris nigris conspicuo C. B. P. 338. ... Bohne, Sau=Bohne.“ (Rupp 1726, S. 212); „7. VICIA caule recto, petiolis absque cirrhis. ... Faba flore candido, lituris nigris conspicuo. Tournef. inst. 391. ...“ (Linné 1737, S. 369); „18) Bufbohne. Vicia Faba. ... Vicia caule erecto, petiolis absque cirrhis. LINN. Syst. Veg. p. 554. Sp. Pl. p. 1039. Hort. Cliff. 369. ... Sie wird ... im deutschen Bohnen genennet. ... Die Feld= oder Pferdbohne ist eine der niedrigsten dem Stamme, und eine der kleinsten dem Saamen nach. ... Getrocknet sind sie eine sehr schwer zu verdauende Kost, welche bey schwachen Personen leicht Blähungen erregt. In Thüringen sind diese Bufbohnen ... eine wohlschmeckende Speise, ... Die Saamen geben ein erweichendes Mehl, auch das destillirte Wasser wird zuweilen noch von einigen Aerzten verschrieben. Die Asche der verbrannten Stiele wird wider verhärtete Drüsen angerühmt, ...“ (Linné 1782, S. 622f.); „43. VICIA Faba. ... V. caule erecto, ... Hort. cliff. 369. ... Sau Wicke. W. ...“ (Linné 1797–1830, Bd. III, Teil 2, S. 1111); „237. Vicia L. ... 1. V. Faba (L. SP. 1039) ...“ (Ledebour 1842, S. 664f.); „Vicia Faba, ... Bufbohne, ... Bohne; grose Bohne; Gnotenbohne; Saubohne; ... man mischt auch ihr Meel, das die ältere Aerzte statt andern Meels gebrauchten, mit Weizenmeel zu Brod, oder macht Brey und Suppen daraus; ... die Alte laugten aus der Asche des Krautes ein Salz aus, dem sie vorzügliche Kräfte zueigneten; ...“ (Gmelin 1777, Sp. 519f.); „Wicke Vicia ... 304. Apoth. Bohne; ... Große Gartenbohne; Vicia Faba; ... LINN. Sp. pl. p. 1039. ... Die Spielart mit der kleinen Bohne (Saubohne) wird auch von Leckermäulern gegessen. ... Das Mehl dieser Bohnen ist auch in den Apotheken befindlich, ... Es ist eins von den vier zertheilenden Melen, farinae quatuor resolventes. ...“ (Murray 1782, S. 461f.); „VICIA Faba

... Bohnen=Wicke. Saubohne. R. Bob polewoi [russ. *bob polevoj*] (Feldbohne.) ... In Sibirien siehet man sie sparsam in Gärten, und isset sie unreif roh als Naschwerk. ..." (Georgi 1797–1802, Theil 3, S. 1170); russ. *russkij bob*, auch *bob konskij* – Vicia Faba, die eßbare Wicke, Feld-, Pferde-, Puffbohne (Pawlowski 1952, S. 65); „VICIA FABA. ... Saubohnen-Wicke: α. Saubohne, Bufbohne, welsche Bohne, grosse Bohne grosse Gartenbohne; β. Pferdebohne, Rossbohne, Eselsbohne. ... Die Kronblätter der Vicia Faba ... kamen ehemals unter dem Namen Flores Fabarum im Arzneyvorrath vor. Das aus den Blumen destillirte Wasser hielt man für ein Schönheitsmittel und das von den Hülsen für harntreibend. ..." (Hayne 1830, Nr. 48); „FABA. ... teutsch, Bone, ... Die Bonen abgekocht und gebraucht, reinigen und halten an; auch wird ein Mehl davon gemacht, und unter die Umschläge genommen, wann man erweichen, digeriren, zertheilen und die Eyterung befördern will. Faba von Φαγεῖν, comedere, essen, dieweil die Bone ein solches Hülsengewächse ist, das gar oft gespeiset wird." (Lémery 1721, Sp. 443); „VICIA. ... teutsch, Wicken. ... Der Wickensamen oder die Wicken halten an, machen dicke, heilen, stopfen den Leib, wann sie gegessen werden. ... Vicia kommt von vincire, binden, weil sich die Wicken, vermittelst ihrer Gäblein, um die nahe stehenden Gewächse zu schlingen und zu winden pflegen." (a. a. O., Sp. 1178); Vicia Faba L. – russ. *russkie boby* (*Annenkov* 1858, S. 100, Nr. 1178); „Fāba T. (Papilionaceae). Angeblich vom celtischen faff; oder von φαγειν (essen), in Bezug auf ihren Gebrauch als Nahrungsmittel." (Wittstein 1852, S. 361); „Vīcia L. (Papilionaceae). Celtisch gwig, griechisch βικιον; wohl zunächst abgeleitet von vincire (binden, umbinden, umwickeln), in Bezug auf die an der Pflanze befindlichen Ranken, wie Wicke von wickeln." (a. a. O., S. 923); mokschanisch babań-snau – Bohne (Ahlquist 1861, S. 188); ersanisch pakśa bob – Vicia Faba L., Saubohne (Wiedemann 1865, S. 229); wotjakisch nemye keshi bzw. kyr keshi – Bohne (Wiedemann 1851, S. 310); syrjänisch bobi-ańkytś – Bohne (Wiedemann 1880, S. 3)

6 „[species 9] Orobus sylvaticus, foliis oblongis, glabris. Astragalus sylvaticus, foliis oblongis, glabris C. B. Pin. 351. Astragaloides sive Astragalus sylvaticus, Astragalo magno Fuchsii vel Chamaebalano leguminosae affinis planta J. B. 2. 334. Astragalus sylvaticus Thal. Tab. 1." (Tournefort 1700, S. 393, Genus III. „Orobus. Orobe."); die Abbildung „Orobus rad. tuberosa" auf Tafel 59 (Rivinus 1691); „Orobus sylvaticus, foliis oblongis, glabris Tournefort. Orobus radice tuberosa Rivino. Astragaloides, sive Astragalus sylvaticus Chabraei p. 151...." (Rupp 1726, S. 209); „Orobus sylvaticus, foliis oblongis, glabris Inst. Rei Herbar. ... grosse Waldwicken/ Knollwurtzel/ Erven mit knollichten Wurtzlen/ Christianwurtzel. ..." (Mappus 1742, S. 227); „11. VICIA pedunculis vnifloris, floribus laxis, foliolis ouatis, infra glaucis T. III. Vicia folio subrotundo breui, obuerse [müßte heißen: obtuse] mucronato, pediculo breui insidente, flore viciae sepium, s. dumetorum vulgaris, RAY, syn. III. 321. Orobus syluaticus, foliis oblongis, glabris, T. I. R. H. STELL. Irc. 515. ..." (Gmelin 1747–1769, Bd. IV, S. 11), nahezu identisch auf Bl. 3r in: AAW R. I, Op. 104, D. 14 – s. Anm. 32 in Nr. 6; „11. Vicia pedunculis unifloris, floribus laxis, foliolis ovatis, infra glaucis. t. III. (excl. synon.) [=] Vicia amoena Fisch.? (ex DeC. Prodr. II. 365; ...)" (Ledebour 1841, S. 110); „3. OROBUS caule simplicissimo, foliolis pluribus lanceolatis oblongis. ... α Orobus sylvaticus, foliis oblongis glabris. Tournef. inst. 393. ... Astragalus sylvaticus, ... Bauh. pin. 351. ..." (Linné 1737, S. 366); „5) Knollige Erven. Orobus tuberosus. ... Orobus foliis pinnatis lanceolatis, stipulis semisagittatis integerrimis, caule simplici. LINN Syst. Veg. p. 550. Sp. Pl. 1028 Orobus caule simplicissimo, ... Hort. Cliff 366. ... Astragalus sylvaticus, foliis oblongis glabris. C. BAUH. pin. 351. ... Im deutschen wird sie zuweilen Christwurz auch Bergerbse genennt. ... In Schottland wird die knollige Wurzel wegen ihres süßen Geschmackes gegessen." (Linné 1782, S. 588); „5. OROBUS tuberosus. ... O. caule simplicissimo, ... Hort. cliff. 366. ... O. radice tuberosa. Riv. t. 59. R. Astragalus sylvaticus, ... Bauh. pin. 351. ... Knollige Walderbse. W. ..." (Linné 1797–1830, Bd. III, Teil 2, S. 1074); „Orobus tuberosus, ... knollige Erven, ... falsches Süsholz; Waldwike mit knolligen Wurzeln; ... Ihre Wurzel ... wird in Schottland ... als ein gutes Brustmittel gebraucht; ..." (Gmelin 1774, Sp. 676f.); „2. OROBVS (Tuberosus) foliis pinnatis lanceolatis, stipulis semisagittatis, caule simplici. Lin. Sp. Plant. 728. Walderven, ..." (Miller 1776a, S. 352); „2126. OROBUS tuberosus. Linne. Knollige

Walderbse. ...“ (Röhling 1839, S. 132ff.); „1) VICIA AMOENA. Fisch. ...“ (Ledebour 1831, S. 343f.); „21. V[icia] amoena (FISCH. ex DEC. Prodr. II, p. 355) ... V. amoena. LEDEB. Fl. alt. III, p. 343. ... V. multiflora, maxima hirsuta, ... AMMAN. ruth. p. 110. Nr. 147. ...“ (Ledebour 1842, S. 672); „147. VICIA multiflora, maxima, hirsuta, Glycirrhizae foliis, rigidis et neruosis. ... Est Vicia Glyccirrhizae folio surdo Messerschmid. Xen. Isid. Sibir.“ (Amman 1739, S. 110f.); „5. OROBUS tuberosus ... Knollwurzliche Erve. ... Die Wurzelknollen sind eine gesunde, wohlschmeckende Speise, und werden in Schottland gegessen.“ (Georgi 1797–1802, Theil 3, S. 1164); „2. Knollige Walderve, Waldwicke mit knolligen Wurzeln, Orobus radice tuberosa Riv. ... Die Wurzel ist süß, schmack= und nahrhaft, und wird in Schottland gekocht, nicht nur als eine angenehme Speise, sondern auch als ein gutes Brustmittel gebraucht. ...“ (Krünitz 1773–1858, Bd. 11, S. 510); „484. OROBUS TUBEROSUS Linné. KNOLLIGER OROBUS. ... Die Knollen des Wurzelstocks haben einen süßlichen Geschmackund können gegessen werden. Deutsche Namen: Knollige Walderbse, Bergerbse.“ (Dietrich 1839, Nr. 484); „Ōrobus T. (Papilionaceae). Zus aus ἤρειν (reizen, excitare) und βοῦς (Stier), d. h. gutes Rindviehfutter. ...“ (Wittstein 1852, S. 640)

„* Vicia folio subrotundo, brevi obtuse mucronato, pediculo brevi insidente, flore viciae sepium seu dumetorum vulgaris. Rai Syn.“ (AAW F. 21, Op. 5, D. 98, Bl. 24r, s. Anm. 54 in Nr. 17); „120. Vicia folio subrotundo brevi obtuse mucronato pediculo brevi insidente, flore Viciae sepium, sive tumetorum vulgaris. Ray Syn.“ (AAW R. I, Op. 15, D. 1, Bl. 11r, s. Anm. 24 in Nr. 64); „235 Vicia Glycirrhizae folio ...“ (a. a. O., Bl. 8r); „4. Vicia folio subrotundo brevi, obtuse mucronato, pediculo brevi insidente, flore Viciae Sepium sive dumetorum vulgaris R. Syn. III. 321. Ind. Jen. n°. 1082. Fl. Irc. n°. 515. ...“ (AAW R. I, Op. 13, D. 67, Bl. 70v, s. Anm. 5 in Nr. 4); „1082. Vicia folio subrotundo, brevi, obtuse mucronato, pediculo brevi insidente, flore Viciae sepium sive dumetorum vulgaris R. Syn. III. 321. ... Fl. Irc. $n^{\underline{o}}$ 515.“ (AAW R. I, Op. 105, D. 1^{a}, Bl. 113v, s. Anm. 29 in Nr. 5); „588. Vicia folio subrotundo, brevi, obtuse mucronato, pediculo brevi insidente, flore Viciae sepium sive dumetorum vulgaris R. Syn. III. p. 321. ...“ mit der links marginalen Anm. von J. G. Gmelin „Orobus sylvaticus, folijs oblongis glabris I. R. H. St. n°. 515.“ (AAW R. I, Op. 105, D. 12, Bl. 31v, s. Anm. 54 in Nr. 17); „398. Vicia folio subrotundo, brevi, obtuse mucronato, pediculo brevi insidente, flore Viciae sepium sive dumetorum vulgaris Rai. Syn. ...“ (AAW R. I, Op. 13, D. 42, Bl. 72v, s. Anm. 1 in Nr. 1); „194“ d. 16. [August 1724]“ [Sem.] Viciae majoris, Glycyrrhizae folio surdo; „ “ (AAW F. 98, Op. 1, D. 23, Bl. 6r, s. Anm. 49 in Nr. 653)

7 „[species 3] Orobus latifolius, parvo flore purpureo C. B. Pin. 351. Galegae nemorensi vernae similis, multiflora, flore purpureo J. B. 2. 345. Orobus Venetus Clus. Hist. ccxxxij.“ (Tournefort 1700, S. 393, Genus III. „Orobus. Orobe.“); die Abbildung „Orobus venetus.“ (Clusius 1601, S. ccxxxij; ab Buch IV gesonderte Seitennumerierung mit römischen Zahlen); „2. OROBUS caule simplicissimo, foliolis pluribus ovatis acutis. Orobus purpureus sylvaticus vernus. Bauh. pin. 351. ... β Orobus latifolius, parvo flore purpureo. Bauh. pin. 351. Orobus venetus. Clus. hist. 2. p. 232. ...“ (Linné 1737, S. 366); „[Orobus] latifolius, parvo flore purpureo, bedeutet bey C. Bauhin eine Art der Erven mit kriechendem Stengel, breiten Blättern, und kleinen und purpurrothen Blumen.“ (Gmelin 1774, Sp. 679)

„Orobus latifolius, flore parvo purpureo C. B. P. ...“ (AAW F. 21, Op. 5, D. 98, Bl. 23v, s. Anm. 54 in Nr. 17); „Orobus latifolius parvo flore purpureo C B P. ...“ (AAW R. I, Op. 104, D. 8, Bl. 10r, s. Anm. 18 in Nr. 452); s. Nr. 517

8 „[species 1] Orobus sylvaticus, purpureus, vernus C. B. Pin. 351. Galega nemorensis, verna J. B. 2. 343. Orobus Pannonicus, 1 Clus. Hist. ccxxx.“ (Tournefort 1700, S. 393, Genus III. „Orobus. Orobe.“); „Orobus sylvaticus, purpureus, vernus C. B. P. 351. ... Germ. dicitur Fasanen=Kraut ...“ (Rupp 1726, S. 209); „Orobus sylvaticus, purpureus, vernus, C. B. Pin. 351. ... Frühzeitige Erven/ Waldphaseolen. ...“ (Mappus 1742, S. 227); „1. OROBVS (Vernus) foliis pinnatis ovatis, stipulis semisagittatis integerrimis, caule simplici. Lin. Sp. Plant. 728. ... Orobus sylvaticus purpureus vernus. C. B. P. 351. Purpurrothe Frühlings=Walderven.“ (Miller 1776a, S. 352); „16. OROBVS

foliis pinnatis ouatis, stipulis semisagittatis integerrimis, caule simplici LIN. Sp. pl. 2. p. 1028. n. 4. Orobus siluaticus purpureis vernus, BAVH. pin. 351. Orobus caule simplicissimo, foliolis plurimis ouatis acutis. LIN. h. cl. 266. [s. Nr. 516] ROY. prod. 366. Hall. Helu. 62. [müßte heißen: 602] ..." (Gmelin 1747–1769, Bd. IV, S. 13), nahezu identisch auf Bll. 3v–4r in: AAW R. I, Op. 104, D. 14 – s. Anm. 32 in Nr. 6; „16. Orobus foliis pinnatis ovatis, stipulis semisagittatis integerrimis, caule simplici. [=] Orobus vernus L.!" (Ledebour 1841, S. 111); „4) Frühlings=-Erven. Orobus vernus. ... Orobus foliis pinnatis ovatis, stipulis semisagittatis integerrimis, caule simplici. LINN. Syst. Veg. p. 550. Sp. Pl. 1028. ... Hort. Cliff. 366. [s. Nr. 516] ... Orobus sylvaticus purpureus vernus. C. BAUH. pin. 351. ... Dem Saamen werden eröfnende, reinigende, zertheilende und harntreibende Kräfte zugeschrieben. Sie sollen dem Federwildpret, besonders den Fasanen, sehr zu statten kommen. Aus den Blumen holen die Bienen Stof zu Honig." (Linné 1782, S. 587); „4. OROBUS vernus. ... O. caule simplicissimo, ... Hort. cliff. 366. [s. Nr. 516] ... O. sylvaticus purpureus vernus. Bauh. pin. 351. ... Frühlings Walderbse. W. ..." (Linné 1797–1830, Bd. III, Teil 2, S. 1073f.); „2) OROBUS VERNUS. Linn. ... Orobus foliis pinnatis ovatis, ... Gmel. Fl. sib. IV. p. 13. No. 16. ..." (Ledebour 1831, S. 357); „5. O[robus] vernus (L. SP. 1028) ... LEDEB. Fl. alt. III, p. 357. ... O. foliis pinnatis ovatis, ... GMEL. Fl. sib. IV, p. 13. Nr. 16. ..." (Ledebour 1842, S. 688f.); „Orobus vernus, ... Frühlingserven, ... Fasanenkraut; Waldkichern; rothe Waldwiken; ..." (Gmelin 1774, Sp. 675f.); „,... die staudige Frühlingswicke, oder das Fasanenkraut c |: c) Orobus vernus) :| vorhanden, dessen Blätter die wolgaischen Einwohner unter dem Namen Herzkraut sammlen, und wider das Herzweh trinken. Worinne aber diese Herzenskrankheit eigentlich bestehen müsse, kann ich nicht deutlich angeben, weil viel Leute, da sie keinen Begriff von der Lage des Herzens haben, mancherley Zufälle des Magens, und der Seiten mit dem Namen Herzkrankheit, oder Herzweh belegen." (Lepechin 1774, S. 188f.); „1. Frühlingserve, Fasanenkraut, Waldkichern, rothe Waldwicken, ... Orobus sylvaticus purpureus vernus C. B. ... in welchem sich 4 bis 5 längliche, bittere Samen befinden, die ... auch als eine Arzney in kalten Flüssen gerühmt werden. ..." (Krünitz 1773–1858, Bd. 11, S. 509f.); „483. OROBUS VERNUS Linné. FRÜHLINGS-Orobus. ... um Halle bei Lodersleben und Erdeborn; im Halberstädtischen häufig ... Deutsche Namen: Frühlings-Walderbse, Waldwicke, Frühlingserve, Fasanenkraut, Rosswicke." (Dietrich 1839, Nr. 483); „2124. OROBUS vernus. Linn. Frühlings-Walderbse. ..." (Röhling 1839, S. 131); Orobus vernus L. – russ. *serdečnaja trava*, *gusinica*, *pevniki*, *korov'ja eda* bzw. *sočevičnik* (*Annenkov* 1858, S. 65, Nr. 755)

„189 [müßte heißen: 198?] Orobus sylvaticus purpureus vernus CBP. 351." (AAW R. I, Op. 6, D. 40, Bl. 32r, s. Anm. 1 in Nr. 1); „Orobus sylvaticus, purpureus, vernus. B. Pin. 351 et Inst. r. h. n⁰. 13." (AAW R. I, Op. 13, D. 19, Bl. 4v, s. Anm. 54 in Nr. 17); „140. Orobus sylvaticus-purpureo-vernus C. B. P." (AAW R. I, Op. 15, D. 1, Bl. 11v, s. Anm. 24 in Nr. 64); „Orobus sylvaticus purpureus vernus C. B. P." (AAW F. 21, Op. 5, D. 98, Bl. 23v, s. Anm. 54 in Nr. 17); „1078. Orobus sylvaticus purpureus, vernus C. B. P. 351. ..." (AAW R. I, Op. 105, D. 1[a], Bl. 113r, s. Anm. 29 in Nr. 5); „939. Orobus caule simplicissimo, foliolis pluribus ovatis acutis Linn. h. Clif. 366. Orobus purpureus sylvaticus vernus B. Pin. 351. ..." (AAW R. I, Op. 13, D. 20, Bl. 89r, s. Anm. 1 in Nr. 1); „1. Orobus sylvaticus purpureus vernus C. B. P. 351. Orobus caule simplicissimo, foliolis pluribus ovatis acutis Linn. h. Cliff. 366. ..." (AAW R. I, Op. 13, D. 67, Bl. 70r, s. Anm. 5 in Nr. 4); „Orobus sylvaticus, purpureus, vernus, C B P. ..." (AAW R. I, Op. 104, D. 8, Bl. 10r, s. Anm. 18 in Nr. 452); „390. Orobus Sylvaticus purpureus vernus C. B. P ..." (AAW R. I, Op. 13, D. 42, Bl. 71r, s. Anm. 1 in Nr. 1); „Orobus sylvaticus purpureus vernus; Tournefort. Spec. 1. ..." (AAW F. 98, Op. 1, D. 20, Bl. 29v, s. Anm. 90 in Nr. 33); „22. Juni 1724 ... Unterwegens observierte ... Item Orobus silvaticus purpureus (Vernus Caspar Bauhini, Tournefortii sp. 1.) ..." (Messerschmidt 1962–1977, Bd. 3, S. 61ff.); „Orobus sylvaticus purpureus vernus Caspar Bauhini (Tournefortii sp. 1), Sylv." (Messerschmidt 1962–1977, Bd. 4, S. 204, s. Anm. 1 in Nr. 1); s. auch Nr. 516

9 „[species 1] Pisum majus quadratum, fructu cinerei coloris C. B. Pin. 342. Pisum quadratum Plinii Lob. Icon. 66." (Tournefort 1700, S. 394, Genus IV. „Pisum. Bois."); „Pisum majus, quadratum

C. B. P. 342. Pisum quadratum Plinii Lobel. icon. 66. ... Zucker=Erbsen.“ (Rupp 1726, S. 209); „ZUCKERERBSE, f. 1) wohlschmeckende erbsenart, die mit der schale genossen wird, ...“ (Grimm 1991, Bd. 32, Sp. 302); „1. PISUM stipulis crenatis. ... α Pisum majus quadratum. Bauh. pin. 342. fructu cinerei coloris Tournef. ... β Pisum hortense majus. Bauh. pin. 342. flore fructuque albo. Tournef. ... γ Pisa sine cortice duriore. Bauh. pin. 343. ... δ Pisum umbellatum. Bauh. pin. 342. ...“ (Linné 1737, S. 369); „1) Gemeine Erbse. Pisum sativum. ... Pisum petiolis teretibus, stipulis inferne rotundatis crenatis, pedunculis multifloris. LINN. Syst. Veg. p. 550. Sp. Pl. p. 1026. Hort. Cliff. 369. ... α. Pisum hortense maius. C. BAUH. pin. 342. Klunkererbse. Fontanelerbse. β. Pisum sine cortice duriore. C. BAUH. pin. 343. Zuckererbse. γ. Pisum umbellatum. C. BAUH. pin. 344. Kronerbse, Traubenerbse, Büschelerbse. δ. Pisum maius quadratum. C. BAUH. pin. 342. Holländische Erbsen. ... Ihre Blumen sind in verschiedenen Abänderungen, weiß, dunkel violet, roth und fleischfarbig, ihre Saamen sind groß, klein und viereckig. ... Nicht minder sind sie, in Ansehung ihrer Zubereitung, von verschiedenem Werthe. Sie besitzen, wegen ihres mehlichten Wesens, nährende Kräfte, und werden von gesunden und starken Mägen leicht verdauet, hingegen erregen sie bey weniger starken desto leichter Blähungen und Verstopfungen, ...“ (Linné 1782, S. 581f.); „1. PISUM sativum. ... P. stipulis crenatis. Hort. cliff. 369. ... β Pisum hortense majus. Bauh. pin. 342. γ Pisum sine cortice duriore. Bauh. pin. 343. Pisum umbellatum. Bauh. pin. 344. ... Pisum (quadratum) majus quadratum . Bauh. pin. 342. ... Gemeine Erbse. W. ...“ (Linné 1797–1830, Bd. III, Teil 2, S. 1070f.); „235. Pisum. TOURNEF. ... 1. P. sativum (L. SP. 1026) ... M. a BIEB. Fl. t. c. II, p. 151. ...“ (Ledebour 1842, S. 660f.); „1383. PISUM satiuum. ... Linn. ed. Willd. 3. p. 1070. ...“ (Marschall von Bieberstein 1808, S. 151); „Pisum sativum ... Gemeine Erbse. R. Goroch [russ. *goroch*] ... Große Zuckererbsen sind jetzt in vielen Stadt= und herrschaftlichen Gärten. Erbsen sind bey Roggenmangel für Brod und Mehlspeisen eine gute Unterstützung; der Teig geht auf, und das Brod ist gesund und nährend, es trocknet aber so geschwinde aus, daß es fast von selbst zerfällt. ...“ (Georgi 1797–1802, Theil 3, S. 1162f.); „Die eckigen Stabelerbsen, Pisum majus quadratum C. B. sind auch unter den Namen Kaffeerbsen und Maulwurferbsen bekannt. Ihre Kaffe=mäßige Eigenschaft besteht in der Einbildung. ...“ (Krünitz 1773–1858, Bd. 11, S. 183ff.); „PISUM. ... teutsch, Erbis, Erbse, ... Pisum kommt von ... cecidit, er ist gefallen, dieweil die Erbsenpflantzen, auf den Boden niederfallen, wofern sie nicht gestäbelt werden. Einige wollen dieses Wort Pisum von der italienischen Stadt Pisa herleiten, woselbsten, wie sie sagen, dieses Gewächse in häuffiger Menge soll gewachsen seyn. ...“ (Lémery 1721, Sp. 886f.); Pisum sativum L. – russ. *goroch* (*Annenkov* 1858, S. 69, Nr. 811); mokschanisch snau – Erbse (Ahlquist 1861, S. 172); ersanisch snav – Erbse (Wiedemann 1865, S. 153); wotjakisch keshi – Erbse (Wiedemann 1851, S. 310); syrjänisch ańkytś bzw. anńkytš́ – Erbse (Wiedemann 1880, S. 3); ostjakisch aꞥges bzw. âꞥkic – Erbse (Castrén 1858, S. 110); bucharisch mâш [mâš] – kleine grüne Erbsen (Klaproth 1831, S. 250); „Pīsum T. (Papilionaceae). Πισον, celtisch pis. Nach Theophr. von πτισσειν (enthülsen). Angeblich nach der Stadt Pisa, die aber vielleicht eher von dem daselbst betriebenen Erbsenanbau ihren Namen bekam.“ (Wittstein 1852, S. 697)

„1. Pisum majus quadratum, fructu cinerei coloris C. B. P. 342.“ (AAW R. I, Op. 13, D. 16, Bl. 21r, s. Anm. 32 in Nr. 6)

10 *Aleksej Jur'evič Bibikov*

11 „Pisum umbellatum C. B. P. 342. Pisum comosum Riv. ... Püschel=Erbsen.“ (Rupp 1726, S. 209); „[species 4] Pisum umbellatum C. B. Pin. 342. ...“ (Tournefort 1700, S. 394, Genus IV. „Pisum. Pois.“); die Abbildung „Pisum comosum“ auf Tafel 38 (Rivinus 1691); „[Pisum] umbellatum; hierunter versteht er [d. h. C. Bauhin] die Rosenerbse.“ (Gmelin 1775, Sp. 146); „Die Bouquet=, Büschel=, Dolden=, Kronen=, Rosen= oder Trauben=Erbsen, Pisum umbellatum C. B. ...“ (Krünitz 1773–1858, Bd. 11, S. 181f.); s. Nr. 518

12 *Aleksej Jur'evič Bibikov*

13 „[species 16] Pisum arvense, fructu albo C. B. Pin. 343. Pisa potissimum vulgaria, parva, alba sive arvensia J. B. 2. 297.“ (Tournefort 1700, S. 394, Genus IV. „Pisum. Bois.“); „Pisum arvense

C. B. P. 343. Pisa vulgaria, parva, alba sive arvensia I. B. 2. 297. ... Erbsen. ..." (Rupp 1726, S. 209); „Pisa potissimvm, vvlgaria, parua, alba, siue aruensia. ..." (Bauhin 1651a, S. 297); „[Pisum] arvense, fructu albo; so nennt Tournefort die weisse Erbse, oder die Felderbse mit weissen Samen." (Gmelin 1775, Sp. 143); „Die gemeinen Schotenerbsen, welche auf dem Felde gebauet werden, heißen Acker= oder Felderbsen, Feld=Schoten, Pisum arvense C. B. ... Sie blühen weiß; doch giebt es auch eine Art mit rother oder purpurfarbiger Blüthe, welche Stockerbsen genannt werden. ..." (Krünitz 1773–1858, Bd. 11, S. 188ff.); s. Nr. 518

14 „[species 3] Lathyrus sylvestris, major C. B. Pin. 344. Lathyri majoris species, flore rubente & albido minori dumetorum sive Germanicum J. B. 2. 302. Lathyrus sylvestris Dod. Pempt. 523." (Tournefort 1700, S. 395, Genus V. „Lathyrus. Gesse."); „4. Wilde, große, schmalblättige Küchern: Lathyrus sylvestris major, C. B. P. 344. ..." (Zwinger 1744, S. 645); „9. LATHYRUS sylvestris major. C. B. P. Grosse, wilde Platterbsen." (Miller 1750, S. 490); „8. LATHYRUS pedunculis multifloris, cirrhis diphyllis, foliolis ensiformibus. Lathyrus sylvestris major. Bauh. pin. 344. ..." (Linné 1737, S. 367); „17) Wald=Platterbse. Lathyrus sylvestris. ... Lathyrus pedunculis multifloris, cirrhis diphyllis: foliolis ensiformibus, internodiis membranaceis, LINN. Syst. Veg. p. 552 ... Hort. Cliff. 367. ... Lathyrus sylvestris maior. C. BAUH. pin. 433. ... Sie wird in einigen Gegenden Deutschlands Bulerkraut, Bulererven, Waldkichern genennt. ... Nach Schwenkfeld soll sie von abergläubischen Leuten, um Liebe zu erwecken, gebraucht werden. Aus den Blumen sammeln die Bienen Stof zu Honig. Die Saamen kan man in der Theuerung zu Brod gebrauchen." (Linné 1782, S. 604f.); „28. LATHYRUS sylvestris. L. pedunculis multifloris, ... Hort. cliff. 367. ... L. sylvestris major. Bauh. pin. 433. ... Wald Platterbse. W. ..." (Linné 1797–1830, Bd. III, Teil 2, S. 1089); „14. L[athyrus] sylvestris (L. SP. 1033) ..." (Ledebour 1842, S. 683f.); „Milch-verbessernde Mittel. ... Sollen die Kühe das ganze Jahr hindurch Milch geben, so verabfolge man ihnen die Wurzeln von Lathyrus silvestris, sobald die Milchperiode beginnt." (Alksnis 1894, S. 241); „Lathyrus sylvestris, ... wilde Platterbsen, ... wilde Erven; wilde Kichern; Waldkichern; ... Scheuchzer rechnet sie ... unter die eßbare Hülsenfrüchte; ..." (Gmelin 1773a, Sp. 351f.); „2145. LATHYRUS sylvestris. Linne. Wald-Platterbse. ..." (Röhling 1839, S. 151ff.); „17. Der schmahle zweyblätterige Lathyrus mit geflügelten Stängeln. ... Lathyrus syluestris maior C. B. ... Da die Stängel 8 und mehr Fuß hoch steigen, so taugt sie sehr gut zu Laub=Hütten. ..." (Krünitz 1773–1858, Bd. 65, S. 540f.); „l) Lathyrus sylvestris. Deutsch. Die wilde Platterbse; Wilde Erven, Wilde Kichern, Waldkichern, Rothe Erven, Bulererven, Bulerkraut, Harnwindkraut. ... sie giebt ein gutes Futter für Kühe und Schafe; die Erbsen können zur Noth gegessen werden." (Nemnich 1794, Sp. 344); „10. LATHYRUS sylvestris L., ... Wilder Lathyrus. ..." (Georgi 1797–1802, Theil 3, S. 1167); „568. LATHYRUS SYLVESTRIS Linné. WALD-LATHYRUS. ... um Halle hinter Kröllwitz; um Halberstadt im Huy, an der Rosstrappe, bei Wernigerode. ... Deutsche Namen: Wald-Platterbse, Waldkichern, wilde Kichern, wilde Erven, Buhlerkraut." (Dietrich 1840, Nr. 568); Lathyrus sylvestris L. – russ. *goroch dikij* bzw. *žuravlinyj goroch* (*Annenkov* 1858, S. 54, Nr. 616); „– Láthyrus <Platterbse>: gr. láthyros <Saat-Platterbse L. sativus> ..." (Genaust 2005, S. 329); „Lāthyrus L. (Papilionaceae). Zus aus λα (sehr) und δουρος (heftig, reitzend); die Pflanze galt früher als Aphrodisiacum." (Wittstein 1852, S. 502)

„Lathyrus sylvestris major C. B. P. ..." (AAW F. 21, Op. 5, D. 98, Bl. 24r, s. Anm. 54 in Nr. 17); „133. Lathyrus Sylvestris major C. B. P. 344. B. n. 3." (AAW R. I, Op. 104, D. 13, Bl. 4v, s. Anm. 84 in Nr. 29); „Lathyrus sylvestris major latiore folio; flore purpureo specioso. Tournefortii Spec. 5. ..." (AAW F. 98, Op. 1, D. 20, Bl. 28v, s. Anm. 90 in Nr. 33); „Lathyrus sylvestris major, latiore folio, flore purpureo specioso. T. Sp. 5. ..." (AAW F. 98, Op. 1, D. 19, Bl. 31r, s. Anm. 59 in Nr. 19)

15 „[species 12] Lathyrus sylvestris, luteus, foliis Viciae C. B. Pin. 344. Lathyrus luteus, sylvestris, dumetorum J. B. 2. 304." (Tournefort 1700, S. 395, Genus V. „Lathyrus. Gesse."); „XIII. Lathyrus sylvest. luteus foliis Viciae. ..." (Bauhin 1623, S. 344); „1. LATHYRUS pedunculis multifloris, cirrhis diphyllis simplicissimis; foliolis lanceolatis, LIN. h. cl. 367. Sp. pl. 2. p. 1033. n. 16. ROY. lugd. 364. Lathyrus luteus syluestris dumetorum, BAVH. hist. 2. p. 304 t. 304.

Lathyrus siluestris luteus folio viciae, BAVH. pin. p. 96. Lathyrus foliis binatis, acutis, caule non ramoso, HALL. Helu. 597. n. 10. ..." (Gmelin 1747–1769, Bd. IV, S. 5f.); „1. Lathyrus pedunculis multifloris, cirrhis diphyllis simplicissimis, foliolis lanceolatis [=] Lathyrus pratensis L.!" (Ledebour 1841, S. 110); „6. LATHYRUS pedunculis multifloris, cirrhis diphyllis, foliolis lanceolatis, internodii nudis. Lathyrus sylvestris luteus, foliis viciae. Bauh. pin. 344. Lathyrus luteus sylvestris dumetorum. Bauh. hist. 2. p. 304. ..." (Linné 1737, S. 367); „16) Wiesen=-Platterbse. Lathyrus pratensis. ... Latyrus pedunculis multifloris, cirrhis diphyllis simplicissimis, foliolis lanceolatis. LINN. Syst. Veg. p. 552 Sp. Pl. p. 1033. ... Hort. Cliff. 367. ... GMEL. Sib. 4. p. 5. ... Lathyrus sylvestris luteus, foliis viciae. C. BAUH. pin. 344. Lathyrus luteus sylvestris dumetorum. I. BAUH. hist. 2. p. 304. t. 304. Diese, unter dem Namen Honigwicken, Vogelwicken, gelbe Wicken, Wiesenkichern und Zaunwicken, bekannte Art, wächst ursprünglich auf Wiesen und an Zäunen, ... Die Saamen kan man in der Theuerung als Brod gebrauchen, ..." (Linné 1782, S. 603f.); „27. LATHYRUS pratensis. L. pedunculis multifloris, ... Hort cliff 367. ... Gmel. sib. 4. p. 5. ... L. sylvestris luteus, foliis viciae. Bauh. pin. 344. L. luteus sylvestris dumetorum. Bauh. hist. 2. p. 304. t. 304. ... Gelbe Platterbse. W. ..." (Linné 1797–1830, Bd. III, Teil 2, S. 1089); „1) LATHYRUS PRATENSIS. Linn. ... M. a Bieb. Fl. taur. cauc. II. p. 157. No. 1398. ... Lathyrus pedunculis multifloris, ... Gmel. Fl. sib. IV. p. 5. No. 1. ..." (Ledebour 1831, S. 353); „13. L[athyrus] pratensis (L. SP. 1033) ... M. a BIEBERST. Fl. t. c. II, p. 157. ... LEDEB. Fl. alt. III, p. 353. ... L. pedunculis multifloris, ... GMEL. Fl. sibir. IV, p. 5. Nr. 1. ..." (Ledebour 1842, S. 683); „1398. LATHYRUS pratensis. ... Gmel. sib. 4. p. 5. n. 1. ..." (Marschall von Bieberstein 1808, S. 157); „823. Lathyrus pratensis. Lin. sp. 17. .... Kirgisisch Die Oty. ..." (Falk 1786, S. 224); „i) Lathyrus pratensis. Deutsch. Die Wiesen-Platterbse; Wiesenkichern, Vogelwicken, Feldkichern, Gelbe Kichern, Gelbe Vogelwicken, Gelbe Wicken, Zaunwicken, Honigwicken. ... Kirgis. Die Oty. ... ein vorzügliches Futter für Pferde, Schafe und Ziegen." (Nemnich 1794, Sp. 343f.); „16. Der zweyblätterige platte Lathyrus mit ungetheilten Gäbelchen, Wiesen=-Platterbse, gelbe Honig= oder Vogel=Wicke, ... Lathyrus syluestris luteus, foliis viciae C. B. ..." (Krünitz 1773–1858, Bd. 65, S. 539f.); „9. LATHYRUS pratensis ... Wiesen=Lathyrus. ..." (Georgi 1797–1802, Theil 3, S. 1166); „569. LATHYRUS PRATENSIS Linné. WIESEN-LATHYRUS. ... Deutsche Namen: Wiesen-Platterbse, gelbe Wicke, Honigwicke, Zaunwicke." (Dietrich 1840, Nr. 569); Lathyrus pratensis L. – russ. *gorošek*, *goroch žuravlinyj*, *goroch gusinij*, *vjazil'*, *myjkyl* bzw. *željtyj gorošek* (*Annenkov* 1858, S. 53, Nr. 615)

„80 Lathyrus sylvestris luteus, foliis viciae C. B. P. ..." (AAW R. I, Op. 104, D. 17, Bl. 12v, s. Anm. 36 in Nr. 8); „202 Lathyrus sylvestris luteus folijs viciae CBP. 344." (AAW R. I, Op. 6, D. 40, Bl. 32r, s. Anm. 1 in Nr. 1); „Lathyrus sylvestris luteus, foliis viciae C.B. P." (AAW F. 21, Op. 5, D. 98, Bl. 24r, s. Anm. 54 in Nr. 17); „Lathyrus sylvestris, luteus, foliis Viciae. B. Pin. 344. et. Inst. r. h. n$^{\underline{o}}$. 46." (AAW R. I, Op. 15, D. 1, Bl. 4v, s. Anm. 24 in Nr. 64); „919. Lathyrus pedunculis multifloris, cirrhis diphyllis, foliolis lanceolatis, internodijs nudis Linn. h. Cliff. 367. Lathyrus sylvestris luteus, folijs viciae B. Pin. 344." (AAW R. I, Op. 13, D. 20, Bl. 83v, s. Anm. 1 in Nr. 1); „11. Lathyrus sylvestris luteus foliis Viciae. C. B. P. 344." (AAW R. I, Op. 13, D. 16, Bl. 21r, s. Anm. 32 in Nr. 6); „349) Lāthyrus sylvestris luteus foliis viciae C. B. P. ..." (AAW R. I, Op. 104, D. 25, Bl. 26v, s. Anm. 61 in Nr. 21); „392. Lathyrus Sylvestris luteus foliis Viciae C. B. P. ..." (AAW R. I, Op. 13, D. 42, Bl. 71v, s. Anm. 1 in Nr. 1); „1. Lathyrus luteus sylvestris dumetorum J. B. II. 304. Lathyrus pedunculis multifloris, cirrhis diphyllis, foliolis lanceolatis, internodijs nudis Linn. h. Cliff. 367. ..." (AAW R. I, Op. 13, D. 67, Bl. 71r, s. Anm. 5 in Nr. 4); „591. Lathyrus luteus sylvestris dumetorum J. B. II. 304. ..." (AAW R. I, Op. 105, D. 12, Bl. 32r, s. Anm. 54 in Nr. 17); „1087. Lathyrus luteus sylvestris dumetorum J. B. II. 304. ..." (AAW R. I, Op. 105, D. 1^{a}, Bl. 114r, s. Anm. 29 in Nr. 5); „12. August 1722 ... Allhie fand sich Lathyrus arvensis repens tuberosus flore purpureo; Terrae glandes Dodonaeo, Tournef. S. 11, so mit dem Lathyro silvestri luteo foliis Viciae, Tournef. Sp. 12, sehr häufig beisammen wuchse; ..." (Messerschmidt 1962–1977, Bd. 1, S. 295f.); „Lathyrus sylvestris luteus, foliis Viciae, siliqua nigra (Tournefortii sp. 12), Sylv." (Messerschmidt 1962–1977, Bd. 4, S. 204, s. Anm. 1 in Nr. 1)

16 in der 2. Textversion (s. Anm. 1 in A.): „circa Medium Junij" (dt. – gegen Mitte Juni)

17 „151. Lathyroides est orobi species (Gmel. ad. marg.: ‚Potentilla', ..." (C. von Linné in einem Brief an J. G. Gmelin vom 4. April 1744 – Plieninger 1861, S. 21); „Lathyroides Messerschm. (Fl. sib. IV. 12. nr. 15. Orobus lathyroides. L.)." (C. von Linné in einem Brief an J. G. Gmelin vom 6. September 1744 – Plieninger 1861, S. 28); „15. OROBVS foliis coniugatis subsessilibus, stipulis dentatis, LIN. Hort. vps. 220. Sp. pl. 2. 1027. n. 1. Lathyroides erecta, folio ouato acuminato, caeruleis, viciae floribus et siliquis, Sibirica. MESS. AMM. Ruth. 151. Orobus Herbaceus, caule ramoso, foliis binis ouatis. GM mst. Primus hanc plantam MESSERSCHMIDIVS in sterilibus omnis Sibiriae locis florentem inuenit, ejus characterem dedit Iconemque in opere AMMANIANI extantem. ..." (Gmelin 1747–1769, Bd. IV, S. 12f.), nahezu identisch auf Bl. 3v in: AAW R. I, Op. 104, D. 14 – s. Anm. 32 in Nr. 6; „15. Orobus foliis conjugatis subsessilibus, stipulis dentatis [=] Orobus lathyroides L.!" (Ledebour 1841, S. 111); „LATHYROIDES. Tab. VII. Fig. 2. 151. LATHYROIDES est plantae genus, Auctore Cl. Messerschmidio, ... Vnicam hujus generis speciem Auctor in Xenio Isid. sibir. recenset, nempe LATHYROIDEM erectam, folio ouato-acuminato, caeruleis Viciae floribus et siliquis, Sibiricam. Tab. VII. Fig. 2. ..." (Amman 1739, S. 114ff.); „1) Platterbsenartige Erven. Orobus lathyroides. ... Orobus foliis coniugatis subsessilibus, stipulis dentatis. LINN. Syst.Veg. p. 550. Sp. Pl. p. 1027. ... Lathyroides erecta, folio ovato acuminato, caeruleis viciae floribus & siliquis, sibirica. AMM. ruth. 151. t. 7. f. 2. GMEL. Sib. 4. p. 12. ... Diese Art wächst auf unbeschatteten Berggegenden durch ganz Sibirien wild. ..." (Linné 1782, S. 585); „1. OROBUS lathyroides. O. foliis conjugatis subsessilibus, ... Gmel. sib. 4. p. 12. ... Lathyroides erecta, ... Amm. ruth. 151. t. 7. f. 2. ... Sibirische Walderbse. W. ..." (Linné 1797–1830, Bd. III, Teil 2, S. 1072); „1) OROBUS LATHYROIDES. Linn. ... Orobus foliis conjugatis subsessilibus, ... Gmel. Fl. sib. IV. p. 12. No. 15. Lathyroides erecta, ... Amman. ruth. p. 114. No. 151. t. VII. f. 2. ..." (Ledebour 1831, S. 356f.); „4. O[robus] lathyroides (L. SP. 1027) ... LEDEB. Fl. alt. III, p. 377. [sic!] ... O. foliis conjugatis subsessilibus, ... GMELIN. Fl. sib. IV, p. 12. Nr. 15. Lathyroides erecta, ... AMMAN. ruth. p. 114, Nr. 151, t. 7, f. 2. ..." (Ledebour 1842, S. 688); „[Orobus] lathyroides, foliis conjugatis subsessilibus, stipulis dentatis, platterbsenartige Erven, deren Blätter gepart sind, zimlich vest aufsizen, und gezahnte Ansäze haben; sie ist in Sibirien zu Hause: ..." (Gmelin 1774, Sp. 673f.); „Der sibirischen Waldwicke d) gebührt nicht der letzte Platz, ... |: d) Orobus Lathyroides. :|" (Lepechin 1774, S. 10); „... wuchs viel sibirische staudigte Waldwicke b). ... |: b) Orobus Lathyroides. :|" (a. a. O., S. 52); „1. OROBUS lathyroides L. ... Kicherartige Erve. ..." (Georgi 1797–1802, Theil 3, S. 1163f.); „6. Orobus lathyroides. L. Sibirische Walderbse. ..." (Dietrich 1806, S. 553); „OROBUS LATHYROIDES. ... Gmel. Sib. 4. p. 12. LATHYROIDES erecta, ... Amman Ruth. p. 124. n. 151. t. 7. f. 2. ... but because MESSERSCHMID had constituted a genus under the name of LATHYROIDES from this plant, and that consequently it should have been written with a capital L, Orobus Lathyroides, denoting that it was a species of OROBUS that had been called a LATHYROIDES; ..." (Sims 1818, Nr. 2098)

„31. Lathyroides Mess. Stirp. rar." (AAW R. I, Op. 74ª, D. 31, Bl. 1v, s. Anm. 39 in Nr. 181); „Lathyroides. Amm. Descr. p. 114." (AAW F. 1, Op. 2–1746, D. 1, Bl. 18v, s. Anm. 107 in Nr. 46); „246. Lathyroides Mess. partim a me partim a Dn. Martini diversis locis et tempore coll. 247. Lathyroides Mess. cujus siliquae et folia vulgato minora esse videntur ..." (AAW R. I, Op. 15, D. 1, Bl. 8v, s. Anm. 23 in Nr. 64); „N°. 567. Lathyroides Mess. & obs. Gmel." mit der rechts marginalen Anm. „Gmel. Sibiria." (AAW R. I, Op. 15, D. 3, Bl. 11r, s. Anm. 65 in Nr. 24); „331. Orobus caule saepe ramoso, folijs binis ovatis, petiolo multoties longioribus Lathyroides caeruleis Viciae floribus Obs. in Hist. Nat. CXXI. Lathyroides erecta, folio ovato acuminato, caeruleis viciae floribus et siliquis Sibirica. Mess. Amm. descr. 151." (AAW R. I, Op. 13, D. 20, Bl. 35r, s. Anm. 1 in Nr. 1); „391. Lathyroides Mess. ..." (AAW R. I, Op. 13, D. 42, Bl. 71v, s. Anm. 1 in Nr. 1); „Lathyroides caeruleis Viciae floribus Obs. in H. N. CXXI. j. Eadem caule & folijs subhirsutis. Ind. Irc. n°. 583. ij. Eadem flore albido ex carneo vario. ... iij. Eadem flore suture caeruleo. ..." (AAW R. I, Op. 13, D. 67, Bl. 70r, s. Anm. 5 in Nr. 4); „Lathyroides etc. ..." (AAW

R. I, Op. 15, D. 14, Bll. 12v–13r, s. Anm. 75 in Nr. 101); „4. Juli 1724 ... Hienebst fand ich eine mir unbekannte plantulam papilionacea, so ich in meinen botanicis, die ich auf der Reise bei mir führe, nicht rezensieret sahe und also mit mir ins Zelt nahme, ihre Description zu machen. ... Lathyroides est plantae genus ... Lathyroidis species, unica mihi nota: Lathyroides erecta, latiore at acuminato folio, coeruleis Viciae floribus, et silique Lathyroides mihi dicta Sibirica ... Erit ergo referenda ad Tournefortii Classem X, Sectionem 2: De plantis papillionaceis, quarum pistillum abit in siliquam unicapsularem longam (unciali maiorem), Genus VI, sexti succedaneum; Lathyroides. Lathyroides est plantae genus etc. etc. ..." (Messerschmidt 1962–1977, Bd. 3, S. 74f.); „Lathyroides erecta latiore acuminatoque folio, coeruleis floribus et siliquis Viciae (nobis, sp. 1), Sylv." (Messerschmidt 1962–1977, Bd. 4, S. 204, s. Anm. 1 in Nr. 1)

18 „[species 3] Clymenum Parisiense, flore caeruleo. Cicercula sylvestris Tabern. Icon. 500. Lathyrus viciaeformis seu Vicia Lathyroides, nostras Raii Hist. 899. Pluk. Phytog. Tab. 71. fig. 2." (Tournefort 1700, S. 396, Genus VI. „Clymenum."); „LATHYRVS palustris, flore orobi nemorensis, verni, nondum descriptus. ..." (Rupp 1726, S. 210); „LATHYRVS palustris, flore Orobi nemorensis, verni, nondum descriptus. ..." (Rupp 1745, S. 260f.); „4. CLYMENUM Parisiense, flore coeruleo. Tourn. Gemeine Hünerwicke, mit blauer Blume." (Miller 1750, S. 216); „12. LATHYRUS pedunculis multifloris, cirrhis polyphyllis. ... Lathyrus palustris, flore orobi nemorensis verni. Rupp. jen. 210. t. 1. ... Clymenum parisiense flore coeruleo. Tournef. inst. 396. ..." (Linné 1737, S. 368); „20) Sumpf=Platterbse. Lathyrus palustris. ... Lathyrus pedunculis multifloris, cirrhis polyphyllis, stipulis lanceolatis. LINN. Syst. Veg. p. 552. Sp. Pl. p. 1034. ... Hort. Cliff. 368. ... Lathyrus palustris, flore orobi nemorensis verni. RUPP Jen. 210. t. 1. ..." (Linné 1782, S. 607f.); „31. LATHYRUS palustris. ... L. pedunculis multifloris, ... Hort. cliff. 368. ... L. palustris, flore orobi nemorensis verni. Rupp. jen. 210. t. 1. ... Sumpf Platterbse. W. ..." (Linné 1797–1830, Bd. III, Teil 2, S. 1090f.); „4) LATHYRUS PALUSTRIS. Linn. ... Lathyrus pedunculis multifloris, ... Gmel. Fl. sib. p. 6. No. 3. ..." (Ledebour 1831, S. 355); „21. L[athyrus] palustris (L. SP: 1034) ... LEDEB. Fl. alt. III, p. 355. ... L. pedunculis multifloris, ... GMEL. Fl. sib. IV, p. 6. Nr. 3. ..." (Ledebour 1842, S. 686); „3. LATHYRVS pedunculis multifloris, cirrhis polyphyllis, stipulis lanceolatis LIN. Hor<t>. cl. 368. Sp. l. 2. p. 1034. n. 20. ROY. lugd. 364. Vicia Lathyroides s. lathyrus viciae formis. PLVK. alm. 387. s. 71 f. 2. Lathyrus peregrinus foliis viciae, flore subcaeruleo pallidoue purpurascente flore BAVH. pin 344. Lathyrus palustris flore orobi nemorensis verni RVPP. Ien. 260. Idem foliis amplioribus, floribusque maioribus. ..." (Gmelin 1747–1769, Bd. IV, S. 6f.); „3. Lathyrus pedunculis multifloris, cirrhis polyphyllis, stipulis lanceolatis [=] Lathyrus palustris L." (Ledebour 1841, S. 110); „13. LATHYRUS palustris ... Sumpf=Lathyrus. ..." (Georgi 1797–1802, Theil 3, S. 1167); „[Lathyrus] palustris, ... Sumpfplatterbse, ... Bruchwiken; Wasserwiken; ..." (Gmelin 1773a, Sp. 353f.); „604. LATHYRUS PALUSTRIS Linné. SUMPF-LATHYRUS. ... Sachsen: um Halle bei Osendorf; im Halberstädtschen im Schiffersgrabenbruch; bei Oschersleben. ... Deutsche Namen: Sumpf-Platterbse, Sumpf-Wicke, Bruch-Wicke, Wasser-Wicke, Wasser-Kicher." (Dietrich 1841, Nr. 604); Lathyrus – russ. *čina* bzw. *gorochovnik* (*Annenkov* 1858, S. 53, Nr. 614); „Clȳmenum DC. (Papilionaceae). Von κλυζειν (umspülen, umranken); die Pflanze schlingt sich um andere herum. Plinius (XXV. 33.) lässt das κλυμενον, Clymenum nach einem Könige CLYMENUS benannt seyn, meint aber eine ganz andere Pflanze, ..." (Wittstein 1852, S. 209)

„204 Clymenum Parisiense flore coeruleo Inst. r. h. 396." (AAW R. I, Op. 6, D. 40, Bl. 32r, s. Anm. 1 in Nr. 1); „15. Clymenum flore vario, Pisi facie" (AAW R. I, Op. 15, D. 1, Bl. 2r, s. Anm. 24 in Nr. 64); „170. Clymenum flore vario Pisi facie Ind. Len." (a. a. O., Bl. 10r); „[N°.] 855. Clymeni forte spec." mit der rechts marginalen Anm. „[N. Gmel.] 6." (AAW R. I, Op. 15, D. 3, Bl. 16r, s. Anm. 65 in Nr. 24); „Clymenum Parisiense flore coeruleo Tourn. ..." (AAW R. I, Op. 104, D. 8, Bl. 10r, s. Anm. 18 in Nr. 452); „1. Clymenum flore purpureo Ind. Len. n°. 393. ... Lathyrus pedunculis multifloris, cirrhis polyphyllis L. H. Cliff. 368. ..." mit der rechts marginalen Anm. „vid. Ic." (AAW R. I, Op. 13, D. 67, Bl. 71r, s. Anm. 5 in Nr. 4); „590. Clymenum flore purpureo Ind. Len. ..." (AAW R. I, Op. 105, D. 12, Bl. 32r, s. Anm. 54 in Nr. 17)

19 „394. Clymenum flore vario, Pisi facie журавлинои Горохъ [*žuravlinoi goroch*; russ. *žuravlinoj goroch*]. ...“ (AAW R. I, Op. 13, D. 42, Bl. 72r, s. Anm. 1 in Nr. 1); „589. Vicia Lathyroides, Pisi facie. Clymenum flore vario, Pisi facie Ind. Len. ... Icon superiorem caulis partem sistit.“ mit den links marginalen Anm. von J. G. Gmelin „Clymenum latifolium Pisi facie. Gmel. St. 525.“ und „vid. Icon.“ (AAW R. I, Op. 105, D. 12, Bl. 31v, s. Anm. 54 in Nr. 17); „Clymenum fl. vario, Pisi facie“ mit der links marginalen Anm. „a Gmelino sub hisce titulis ex Sibiria missae.“ (AAW R. III, Op. 1, D. 162, Bl. 35v, s. Anm. 54 in Nr. 17); „1. Clymenum flore vario Pisi facie. Gmel.“ (AAW R. I, Op. 13, D. 16, Bl. 21v, s. Anm. 32 in Nr. 6); „148. Clymenum Pisi facie ...“ (AAW R. I, Op. 13, D. 20, Bl. 16v, s. Anm. 1 in Nr. 1); „Clymenum flore vario, Pisi facie.“ (AAW R. I, Op. 14, D. 8, Bl. 4r, s. Anm. 98 in Nr. 39); „N°. 198. Clymenum flore vario, Pisi facie Gmel“ mit der rechts marginalen Anm. „Gmel. Davuria.“ (AAW R. I, Op. 15, D. 3, Bl. 4v, s. Anm. 65 in Nr. 24)

„4. LATHYRVS pedunculis multifloris, cirthis [sic!] heterophyllis, foliolis ouatis, stipulis maximis. Tab. I. Vicia lathyroides pisi facie, GM. Irc. 589. Clymenum latifolium pisi faciei, GM. Len. 425. [vermutlich Nr. 493: Clymenum flore vario, Pisi facie ... – s. weiter oben] Lathyrus pedunculis multifloris, cirrhis polyphyllis, stipulis ouatis, basi acutis, LIN. Hort. Vps. 217. Sp. pl. 2. p. 1034. n. 21. Vicia pedunculis multifloris, foliolis ovatis stipulis maximis, HALL. Hort. goett. 295 denominatio cl. MARTINI. ...“ (Gmelin 1747–1769, Bd. IV, S. 7f.); „4. Lathyrus pedunculis multifloris, cirrhis heterophyllis, foliolis ovatis, stipulis maximis. t. I. [=] Lathyrus pisiformis L.!“ (Ledebour 1841, S. 110); „21) Erbsenartige Platterbse. Lathyrus pisiformis. ... Lathyrus pedunculis multifloris, cirrhis polyphyllis, stipulis ovatis foliolo latioribus. LINN. Syst. Veg. p. 552. Sp. Pl. p. 1034. ... Vicia pedunculis multifloris cirrhis heterophyllis, stipulis maximis. GMEL. Sib. IV. p. 7. t. 1. ...“ (Linné 1782, S. 608f.); „36. LATHYRUS pisiformis. ... Vicia pedunculis multifloris, ... Sp. ed. pr. p. 1034. ... L. pedunculis multifloris, ... Gmel. sib. 4. p. 7. n. 4. t. 1. ... Erbsenförmige Platterbse. W. ...“ (Linné 1797–1830, Bd. III, Teil 2, S. 1092f.); „3) LATHYRUS PISIFORMIS. Linn. ... M. a Bieb. Fl. taur. cauc. II. p. 158. No. 1401. ... Lathyrus pedunculis multifloris, ... Gmel. Fl. sib. IV. p. 7. No. 4. t. I. ...“ (Ledebour 1831, S. 354); „1401. LATHYRUS pisiformis. ... Gmel. sib. 4. p. 7. n. 4. t. 1. ...“ (Marschall von Bieberstein 1808, S. 158); „19. L[athyrus] pisiformis (L. SP. 1034) ... M. a BIEB. Fl. t. c. II, p. 158. ... LEDEB. Fl. alt. III, p. 354. ... L. pedunculis multifloris, ... GMEL. Fl. sib. IV, p. 7, Nr. 4, t. 1. ...“ (Ledebour 1842, S. 685); „Lathyrus pisiformis, pedunculis multifloris, ... Sie gibt ein sehr gutes Futer; ...“ (Gmelin 1773a, Sp. 354f.); „... erbsenförmige Plattwicke†††, ... |: ††† Lathyrus pisiformis. :|“ (Lepechin 1783, S. 48); „14. LATHYRUS pisiformis ... Erbsenartiger Lathyrus. ... (Astrag. glyziphyllos.) ...“ (Georgi 1797–1802, Theil 3, S. 1167)

20 „Vicia dumetorum, maxima C. B. P. 145. [müßte heißen: 345] ... Germ. Vogel=Wicken.“ (Rupp 1726, S. 211); „III. Vicia maxima dumetorum. ...“ (Bauhin 1623, S. 345); „Vicia maxima dumetorum C. B. Pin. 345. ... Grosse Zaun=Wicken, Grosse Wald=Wicken. ...“ (Mappus 1742, S. 325); „VICIA, (wird also genennet, von vincire, lat. binden, weil, wann sie eine Stütze hat, sie sich daran anhänget.) ... 7. VICIA maxima dumetorum. C. B. P. Die Buschwicke, oder die beständige Wicke.“ (Miller 1751, S. 393); „8. VICIA pedunculis multifloris, foliolis reflexis ouatis, mucronatis, stipulis subdentatis LIN. Sp. pl. 2. p. 1035. n. 2. Vicia syluatica maxima, piso syluestri similis, BAVH. Hist. 2. p. 315. Vicia maxima dumetorum, BAVH. pin. 345. Vicia foliis exouatis obtuse decrescentibus, siliquis racematim pendulis HALL. Helu. 699. ...“ (Gmelin 1747–1769, Bd. IV, S. 9f.), nahezu identisch auf Bl. 2v in: AAW R. I, Op. 104, D. 14 – s. Anm. 32 in Nr. 6; „8. Lathyrus pedunculis multifloris, foliolis reflexis ovatis, mucronatis, stipulis subdentatis [=] Lathyrus dumetorum L. (ex Wild. sp. pl. III. 1095. et synon. a Gmel. citatis.)“ (Ledebour 1841, S. 110); „2) Heck=Wicke. Vicia dumetorum. ...Vicia pedunculis multifloris, foliolis reflexis ovatis mucronatis, stipulis subdentatis. LINN. Syst. Veg. p. 553. Sp. Pl. p. 1035. ... GMEL. Sib. 4. p. 9. ... Vicia maxima dumetorum. C. BAUH. pin. 345. Vicia sylvatica maxima piso similis. I. BAUH. hist. 2. p. 315. ...“ (Linné 1782, S. 610f.); „4. VICIA dumetorum. V. pedunculis multifloris, Sp. pl. 1035. Gmel. sib. 4. p. 9. ... V. maxima dumetorum. Bauh. pin. 345. V. sylvatica

maxima piso similis. Bauh. hist. 2. p. 315. ... Hecken Wicke. W. ...“ (Linné 1797–1830, Bd. III, Teil 2, S. 1095); „19. V[icia] dumetorum (L. SP. 1035) ... V. pedunculis multifloris, ... GMEL. Fl. sib. IV, p. 9. Nr. 9. [sic!] ...“ (Ledebour 1842, S. 671); „Vicia dumetorum, ... Hekenwike, deren Blumenstiele viele Blumen tragen, ...“ (Gmelin 1777, Sp. 508f.); „478) Wilde blaue Wicke. Vicia dumetorum. ...“ (Fischer 1791, S. 575); „2. VICIA dumetorum ... Busch=Wicke. Hecken=Wicke. ...“ (Georgi 1797–1802, Theil 3, S. 1168)

„5. Vicia magna dumetorum C. B. P. 345?“ (AAW R. I, Op. 13, D. 16, Bl. 21v, s. Anm. 32 in Nr. 6)

21 „[species 8] Vicia multiflora C. B. Pin. 345. Vicia multiflora, perennis, nemorensis sive dumetorum J. B. 2. 314. Aracus Tabern. Icon. 506.“ (Tournefort 1700, S. 397, Genus VIII. „Vicia. Vesse.“); „Vicia multiflora C. B. Pin. 345. Vicia multiflora, perennis, nemorensis, sive dumetorum J. B. 2. 314. ... Vogels=Wicken mit vielen Blumen. ...“ (Mappus 1742, S. 325); „6. VICIA multiflora. C. B. P. Vielblumigte Wicke.“ (Miller 1751, S. 393); „2. VICIA pedunculis multifloris, stipulis utrinque acutis integris. Vicia multiflora. Bauh. pin. 345. ...“ (Linné 1737, S. 368); „5) Vogel=Wicke. Vicia Cracca. ... Vicia pedunculis multifloris, floribus imbricatis, foliosis lanceolatis pubescentibus, stipulis integris. LINN. Syst. Veg. p. 553. Sp. Pl. p. 1035. ... Hort Cliff. 368. ... Vicia multiflora. TOURNEF. Inst. R. H. p. 397. Vicia multiflora. C. BAUH. pin. 343. ... Diese unter dem Namen Vogelwicke, Vogelheu, Kracke und Krock bekannte Art, ... Die Tauben gehen den Saamen, so wie die Bienen den Blumen, sehr nach.“ (Linné 1782, S. 612f.); „7. VICIA pedunculis multifloris, floribus imbricatis, foliolis lanceolatis pubescentibus, stipulis integris, LIN. Sp. pl. 2. p. 1053 [müßte heißen: 1035]. n. 5. Vicia syluestris spicata, BAVH. pin. 345. Vicia foliis linearibus hirsutis, siliquis subhirsutis, racematim pendulis. HALL. 8. p. 600. Vicia flore pallido, exiguis hirsutis foliis : Vicia segetum singularibus siliquis glabris GM Ind. Len. ...“ (Gmelin 1747–1769, Bd. IV, S. 9), nahezu identisch auf Bl. 2r in: AAW R. I, Op. 104, D. 14 – s. Anm. 32 in Nr. 6; „7. Vicia pedunculis multifloris, floribus imbricatis, foliolis lanceolatis pubescentibus, stipulis integris [=] Vicia Cracca L.!“ (Ledebour 1841, S. 110); „12. VICIA Cracca. ... V. pedunculis multifloris, ... Hort. cliff. 368. ... V. multiflora. Bauh. pin. 343. ... Vogel Wicke. W. ...“ (Linné 1797–1830, Bd. III, Teil 2, S. 1098f.); „7) VICIA CRACCA. Linn. ... M. a Bieb. Fl. taur. cauc. II. p. 159. No. 1405; ... Vicia pedunculis multifloris, ... Gmel. Fl. sib. p. 9. No. 7. ...“ (Ledebour 1831, S. 349f.); „28. V[icia] Cracca (L. SP. 1035) ... M. a BIEB. Fl. t. c. II, p. 159; ... LEDEB. Fl. alt. III, p. 349. ... V. pedunculis multifloris, ... GMEL. Fl. sib. IV, p. 9. Nr. 7. ...“ (Ledebour 1842, S. 674f.); „Vicia Crocea, pedunculis multifloris, floribus imbricatis, foliosis lanceolatis pubescentibus, stipulis integris; Vogelwike ... grose Vogelwike; grose blaue Waldwike; Krake; Vogelheu; ... Sie heißt bey ... C. Bauhin: Vicia multiflora ...“ (Gmelin 1777, Sp. 510f.); „1405. VICIA Cracca. ... Gmel. sib. 4. p. 9. n. 7. ...“ (Marschall von Bieberstein 1808, S. 159); „Vicia cracca L. T. Schiukta. ...“ (Georgi 1775, S. 226); „... Vogelwicken a) ... |: a) Vicia graccha. :|“ (Lepechin 1783, S. 42); „830. Vicia Cracca. Lin. sp. 5. ... Die Kirgisen haben bemerckt, daß die Pferde nicht nur diese Wicke gern freßen, sondern sie auch, wo sie häuffig, diese Thiere in kurzer Zeit fett macht.“ (Falk 1786, S. 224); „Vogelerbse, auch Vogelwicke, Vicia craca, ... ein als Futterpflanze empfohlenes ausdauerndes Gewächs ...“ (Krünitz 1773–1858, Bd. 227, S. 79f.); „646. VICIA CRACCA Linné. VOGEL-WICKE. ... Deutsche Namen: Vogelheu, Krake, Krock.“ (Dietrich 1841, Nr. 646); Vicia (Cracca, sativa, sepium) et Ervum hirsutum L – russ. *gusinec* (*Annenkov* 1858, S. 100, Nr. 1176)

„207 Vicia multiflora CBP. 345.“ (AAW R. I, Op. 6, D. 40, Bl. 32r, s. Anm. 1 in Nr. 1); „Vicia multiflora. B. Pin. 345. et Inst. r. h. nº 48.“ (AAW R. I, Op. 15, D. 1, Bl. 4v, s. Anm. 24 in Nr. 64); „* Vicia multiflora C. B. P. ...“ (AAW F. 21, Op. 5, D. 98, Bl. 24r, s. Anm. 54 in Nr. 17); „1083. Vicia multiflora C. B. P. 345. ...“ (AAW R. I, Op. 105, D. 1ª, Bl. 113v, s. Anm. 29 in Nr. 5); „18 Vicia multiflora. C. B. P. vel Rivini cracca. I. r. h. 396. ex Syb.“ (AAW R. III, Op. 1, D. 98, Bl. 1v, s. Anm. 3 in Nr. 53); „227. Vicia pedunculis multifloris, stipulis utrinq$_3$ acutis integris Linn. h. Cliff. 368. Vicia multiflora B. Pin. 345 ...“ (AAW R. I, Op. 13, D. 20, Bl. 24r, s. Anm. 1 in Nr. 1); „615 Vicia pedunculis multifloris, stipulis utrinque acutis, integris. Linn. h. Cliff. 368.

Vicia multiflora B. Pin. 345. Boerh. lugd. 2. p. 44. Cracca Riv. tetrap. 49 ...“ (a. a. O., Bl. 59v); „918. Vicia pedunculis multifloris stipulis utrinque acutis integris Linn. h. Cliff. 368. Vicia multiflora Bauh. Pin. 345. Boerh. lugdb. 2. p. 44“ (a. a. O., Bl. 83v); „587. Vicia multiflora C. B. P. ...“ (AAW R. I, Op. 105, D. 12, Bl. 31v, s. Anm. 54 in Nr. 17); „5. Vicia multiflora C. B. P. 345. Ind. pr. ... Vicia pedunculis multifloris, stipulis utrinq$_3$ acutis integris. Linn. h. Cliff. 368. ...“ (AAW R. I, Op. 13, D. 67, Bl. 70v, s. Anm. 5 in Nr. 4); „351. Vicia multiflora C. B. P. ...“ (AAW R. I, Op. 104, D. 25, Bl. 27r, s. Anm. 61 in Nr. 21); „395 Vicia multiflora C. B. P. ...“ (AAW R. I, Op. 13, D. 42, Bll. 72r–72v, s. Anm. 1 in Nr. 1); „396. Vicia Segetum Singularibus siliquis glabris C. B. P. ...“ (a. a. O., Bl. 72v)

22 „rostratus, geschnäbelt, mit einer schnabelförmigen Verlängerung auf der Spitze oder dem Scheitel versehen; ...“ (Bischoff 1857, S. 139)

23 „Vicia angustifolia Riv. Vicia semine parvo, nigro, frugum Chabr. in Sciagraph. stirpium. ...“ (Rupp 1726, S. 211); die Abbildung „Vicia angustifolia“ auf Tafel 55 (Rivinus 1691); „VICIA VVLGARIS SYLVESTRIS FRVGVM: semine paruo & nigro. CRACCA Quibusdam. Viciam minorem appellat Gesnerus, & Vogelvvick: quibusdam Germanis dicitur S. Christoffels kraut. ...“ (Chabrey 1666, S. 146); „Vicia vulgaris, acutiore folio, semine parvo, nigro C. B. Pin 345. ... Est Vicia angustifolia Rivini, ... Feld=Wicken. ...“ (Mappus 1742, S. 325); „Vicia sativa vulgaris semine nigro T. sive angustifolia Rivin. ... Feld oder Vogel=Wicken, Tauben=Wicke, ...“ (Lindern 1747, S. 106); „VICIA vulgaris acutiore folio, semine parvo nigro. C. B. P. Die wilde Wicke mit dem scharfspitzigen Blat, und kleinem schwarzen Saamen.“ (Miller 1751, S. 393); „4. VICIA leguminibus erectis, petiolis polyphyllis, folioliolis [sic!] acumine emarginatis, stipulis dentatis. ... Vicia sativa vulgaris, semine nigro. Bauh. Bauh. pin. 344. ...“ (Linné 1737, S. 368); „10) Futter=Wicke. Vicia sativa. ... Vicia leguminibus sessilibus subbinatis erectis, foliis retulis, stipulis notatis. LINN. Syst. Veg. p. 553. Sp. pl. p. 1037. Vicia leguminibus erectis, petiolis polyphyllis: foliolis acumine emarginatis, ... Hort. Cliff. 368. ... Vicia sativa vulgaris semine nigro. C. BAUH. pin. 344. ... Vicia vulgaris acutiore folio, semine parvo nigro. C. BAUH. pin. 345. ... Vicia angustifolia. RIV. tetr. tab. 54. ... Eine Abänderung davon ... wird, zum Unterschied von der andern, schwarze Futterwicke genennet. ... Ihre mehlreiche Saamen sind nicht nur ehemals innerlich zur Heilung der Bauchflüsse, zu Zermalmung des Steins, und zur Heraustreibung der Pocken und Masern, und mit mehrerem Grunde, äußerlich in erweichenden Breyumschlägen gebraucht worden, ...“ (Linné 1782, S. 616f.); „26. VICIA sativa. ... V. leguminibus erectis, ... Hort. cliff. 368. ... V. sativa vulgaris, semine nigro. Bauh. pin. 344. ... Futter Wicke. W. ...“ (Linné 1797–1830, Bd. III, Teil 2, S. 1104); „3. V[icia] sativa (L. SP. 1037 var. α) ...“ (Ledebour 1842, S. 665f.); „[Vicia] sativa, ... zahme Wike, ... Futerwike; ... aus ihrem Meele bäkt man in einigen Ländern entweder allein, oder mit Roggenmeele Brod; ...“ (Gmelin 1777, Sp. 513ff.); „Man säet [in der Bucharei] auch ... Vicia sativa L. (Buch. Beda) ...“ (Falk 1786a S. 502); „7. VICIA sativa ... Futter=Wicke. ... Nur an wenig Orten bauet man sie als ein beliebtes Viehfutter, auch wohl, doch sparsam, der Saamen wegen zu Gemüße und Mehl.“ (Georgi 1797–1802, Theil 3, S. 1168); „104) Futterwicken, schmalblätterichte glatte Heidewicken, wilde Wicken, Feldwicken, S. Christophskraut; Vicia sativa, ... Ihr Kraut, welchem auch die Ameisen nachgehen, ist allem Vieh und besonders denen Schaafen, ein sehr angenehmes Futter, ...“ (Gmelin 1779, S. 132f.); Vicia sativa L – russ. *goroch vorob'inyj*, *žuravlinyj*, *žuravlina*, *vika* bzw. *konjakovka* (*Annenkov* 1858, S. 100, Nr. 1179)

„81. Vicia vulgaris, acutiore folio, semine parvo nigro C. B. P. ...“ (AAW R. I, Op. 104, D. 17, Bl. 12v, s. Anm. 36 in Nr. 8); „Vicia vulgaris, acutiore folio, semine parvo nigro C. B. P. ...“ (AAW F. 21, Op. 5, D. 98, Bl. 24r, s. Anm. 54 in Nr. 17); „1080. Vicia Segetum singularibus siliquis glabris C. B. P. 345. Vicia Ind. Len. n° 399. ... Forte Fl. Irc. n°. 528.“ (AAW R. I, Op. 105, D. 1^{a}, Bl. 113r, s. Anm. 29 in Nr. 5); „396. Vicia Segetum Singularibus siliquis glabris C. B. P. ...“ (AAW R. I, Op. 13, D. 42, Bl. 72v, s. Anm. 1 in Nr. 1); „399. Vicia flore pallido, exiguis hirsutis foliis. ...“ mit der links marginalen Anm. „Tab LVII.“ (a. a. O., Bl. 72v); „Vicia vulgaris, acutiore folio, semine parvo nigro (Tournefortii sp. 7), Off." (Messerschmidt 1962–1977, Bd. 4, S. 204, s. Anm. 1 in Nr. 1)

24 „Vicia minima praecox Parisiensium." (Joncquet 1665, S. 184); „[species 22] Vicia minima praecox, Parisiensium H. R. Par. Vicia minima, praecox, Soloniensis Joncq. Hort. Vicia praecox, verna, minima, Solonoensis, semine hexedro Mor. H. R. Bles." (Tournefort 1700, S. 397, Genus VIII. „Vicia. Vesse."); „VICIA minima praecox, Parisiensium. H. R. Par. Die kleinste frühe Wicke, mit eckichtem Saamen." (Miller 1751, S. 394); „4) Französische Linse. Ervum Soloniense. ... Ervum pedunculis subbifloris aristatis, petiolis acuminatis, foliolis obtusis. LINN. Syst. Veg. p. 554. Sp. Pl. p. 1040. ... Vicia minima praecox parisiensium. TOURNEF. Inst. R. H. p. 397. Dieses Gewächs fand man sehr zeitig im Frühjahr bey Chambord, dem nachmaligen, von dem König von Frankreich an den Marschall Graf Moriz von Sachsen abgetretenen Aufenthalt in der Provinz Sologne, in Unter Orleans wild, wornach auch selbiges den Beynamen führt. ..." (Linné 1782, S. 627); „[Vicia] minima praecox parisiensium; minima praecox Soloniensis; hierunter verstehen Tournefort und Börhaave die parisische Linsen." (Gmelin 1777, Sp. 522); „Vicia lathyroides, ... platterbsenartige Wike, ... Sie gibt ein nahrhaftes, sehr zartes Futer für die Schafe, ..." (a. a. O., Sp. 515); „VICIA LATHYROIDES. Lin. sp. 1037. ... Ervum Soloniense. Lin. sp. 1040. ..." (Loiseleur-Deslongchamps 1807, S. 461); „11) Platterbsenartige Wicke. Vicia lathyroides. ... Vicia leguminibus sessilibus solitariis erectis glabris, foliolis senis: inferioribus obcordatis. LINN. Syst. Veg. p. 553. Sp. Pl. p. 1037. ..." (Linné 1782, S. 618); „31. VICIA lathyroides. ... Ervum (soloniense) ... Sp. pl. 1040. ... V. minima praecox parisiensium. Tournef. inst. 397. ... Platterbsenartige Wicke. W. ..." (Linné 1797–1830, Bd. III, Teil 2, S. 1106); „8. V[icia lathyroides (L. SP. 1037) ... M. a BIEB. Fl. t. c. II, p. 160. ...]" (Ledebour 1842, S. 667); „1408. VICA lathyroides. ... Eruum soloniense. Linn. spec. pl. p. 1040. ..." (Marschall von Bieberstein 1808, S. 160f.); „8. VICIA lathyroides ... Lathyrusartige Wicke. ..." (Georgi 1797–1802, Theil 3, S. 1169); „813. VICIA LATHYROIDES Linné. LATHYRUSARTIGE Wicke. ... Sachsen: um Halle häufig; im Halberstädtschen auf den Spiegelsbergen am Schlosse, auf dem Regenstein. ... Deutsche Namen: Platterbsenartige Wicke, kleinste Frühlingswicke." (Dietrich 1844, Nr. 813); „Ervum L. (Papilionaceae). Vom celtischen erw (geackertes Land), in welchem die Pflanze gebauet wird; eine s. g. Feldfrucht. Nach Andern soll das Wort das veränderte Orobus seyn ..." (Wittstein 1852, S. 336)

„Vicia minima praecox Paris. Inst. r. h." (AAW R. III, Op. 1, D. 162, Bl. 35r, s. Anm. 54 in Nr. 17); „1079. Vicia parva seu Cracca minor cum siliquis multis hirsutis J. B. II. 315. Quia siliquas hujus jam observavi hirsutas, nolui amplius sub eo nomine relinquere sub quo in ind. Irc. n$^{\underline{o}}$ 586. et antea etiam recensita fuit. ... Fl. Irc. n$^{\underline{o}}$ 529. ..." (AAW R. I, Op. 105, D. 1^{a}, Bl. 113r, s. Anm. 29 in Nr. 5); „586. Vicia segetum, singularibus siliquis glabris C. B. P. ..." mit der links marginalen Anmerkung „Vicia Cracca" (AAW R. I, Op. 105, D. 12, Bl. 31v, s. Anm. 54 in Nr. 17); s. auch Nr. 528

25 „Astragaloides. ASTRAGALOIDES est plantae genus, flore A papilionaceo. ex cujus calyce B surgit pistillum C quod deinde abit in siliquam D, cymbae ut ita dicam aemulam, seminibus foetam E. reniformibus. ..." (Tournefort 1700, S. 399); „Astragaloides hirsuta, fructu glabro, flore flavo Ind. Irc. n°. 584. ..." (AAW R. I, Op. 13, D. 67, Bl. 69v, s. Anm. 5 in Nr. 4); „584. Astragaloides hirsuta, fructu glabro, flore flavo. ..." mit der rechts marginalen Anm. „vid. Ic." (AAW R. I, Op. 105, D. 12, Bl. 31r, s. Anm. 54 in Nr. 17)

26 „[species 5] Hedysarum Alpinum, siliqâ laevi, flore purpuro-caeruleo. Onobrychis semine clypeato, laevi C. B. Pin. 350. Onobrychis clypeata, laevis C. B. Prodr. 149." (Tournefort 1700, S. 401, Genus IV. „Hedysarum."); „6. HEDYSARUM Alpinum, siliqua laevi, flore purpureo-caeruleo. Tourn. Spanischer Klee derer Alpen, mit glatter Schote und blaupurpurfarber Blume." (Miller 1750, S. 391); „35. HEDYSARVM, foliis pinnatis, leguminibus articulatis, glabris pendulis, caule erecto, LIN. Sp. pl. 2. p. 1056. n. 35. T. X. Hedysarum siliqua laeui compressa, flore purpureo GM. ind. Len. 401. Hedysarum alpinum siliqua laeui, flore caeruleo, purpureo TOVRN ? STELL. Irc. 531. Hedysarum siliqua laeui compressa, flore purpureo, hirsutum. FM

[müßte heißen: Gm.] Ind. Ien. 1[0]73. Hedysarum foliis pinnatis, leguminibus articulatis, compressis, glaberrimis, flore purpurascente GM. Mst. Hedysarum saxatile, siliqua laeui, floribus purpureis, inodorum, MESSERSCHM. AMM. Ruth. n. 152. Hedysarum saxatile, siliqua laeui, floribus albis, inodorum, MESSERSCHM. AMM. Ruth. n. 153. ... Samoedis mangaseensibus radix huius plantae sub nomine Badüka et Badu nota est, quae vox ea lingua quamlibet radicem denotat, vnde Russi sub nomine Badui [russ. *baduj*], mutuo acceperunt, Tungusis ad inferiorem Tunguscam Schenicta dicitur, [lat. – ... Bei den Samojeden von *Mangazeja* ist die Wurzel dieser Pflanze unter dem Namen Badüka und Badu bekannt, welches Wort in dieser Sprache jede beliebige Wurzel bezeichnet; woher sie die Russen wiederum unter dem Namen Badui angenommen haben; bei den Tungusen an der unteren Tunguska heißt sie Schenicta.] omnibus vero recensitis gentibus ibi commorantibus, inter cupedias habetur: recens proinde hoc hedysarum conseruant, et in ore masticant, siccatum redactum in pultem coquunt, et comedunt. I. G. GMELIN. Ruthenis ob figuram leguminum копѣишникъ [russ. *kopeišnik*] audit." (Gmelin 1747–1769, Bd. IV, S. 26ff.), nahezu identisch auf Bll. 11v–12v in: AAW R. I, Op. 104, D. 14 – s. Anm. 32 in Nr. 6; „35. Hedysarum foliis pinnatis, leguminibus articulatis, glabris pendulis, caule erecto. t. X. [=] Hedysarum obscurum L.! [s. Nr. 532] (Hedysarum alpinum L. – Willd. sp. pl. III. 1207.)" (Ledebour 1841, S. 112); „40) Alpen=Hahnenkopf. Hedysarum alpinum. ... Hedysarum foliis pinnatis, leguminibus articulatis glabris pendulis, caule erecto. LINN. Syst. Veg. p. 562. Sp. Pl. p. 1057. ... GMEL. Sib. 4. p. 26. n. 35. t. 10. Hedysarum saxatile, siliqua laevi, floribus purpureis, inodorum. AMM. ruth. 116. n. 152. 153. β. Onobrychis semine clypeato laevi. C. BAUH. pin. 350. prodr. 149. ..." (Linné 1782, S. 659f.); „152. HEDYSARUM saxatile, siliqua laeui, floribus purpureis, inodorum. Messerschm. 153. HEDYSARUM saxatile, siliqua laeui, floribus albis, inodorum. Messerschm. ..." (Amman 1739, S. 116); „89. HEDYSARUM alpinum. ... H. foliis pinnatis, ... Gmel. sib. 4. p. 26. n. 35. t. 10. H. saxatile, siliquis laevi, ... Amm. ruth. 116. n. 152. 153. ... Alpen-Hahnenkopf. W. ..." (Linné 1797–1830, Bd. III, Teil 2, S. 1207); „22. H[edysarum] sibiricum (POIR. Encycl. méth. suppl. V, p. 17. – LAM. Illustr. t. 628. f. 3) ... H. alpinum. WILLD. Spec. pl. III, p. 1207. ... H. foliis pinnatis, ... GMEL. Fl. sib. IV, p. 26, N. 35, t. 10. H. saxatile, ... MESSERSCHM. in AMMAN. ruth. p. 116, Nr. 152, β. albiflorum. ... H. saxatile, ... MESSERSCHMIDT. in AMMAN ruth, p. 116, Nr. 153. ..." (Ledebour 1842, S. 707); „[Hedysarum] alpinum, ... Alpensüsklee, ... seine Wurzel ist fleischig, bleibend und wohlschmekend; ... Er heißt bey Amman: Hedysarum saxatile, siliqua laevi, floribus purpureis inodorum." (Gmelin 1773b, Sp. 688f.); „[Hedysarum] alpinum siliqua laevi, flore purpuro-caeruleo; so nennt er [d. h. Tournefort] eine andere [Spielart des Alpensüsklees] mit niedrigem Stengel." (a. a. O., Sp. 697); samojed. „Wurzel, ... Jen. baddu. ..." (Castrén 1855, S. 305); Als *baduj* wurden offensichtlich verschiedene Pflanzen bezeichnet wie z. B. Lilium martagon L. auch als Sarana bekannt, Species von Hedysarum und *sladkij koren'*. „Sie [d. h. die Jakuten] essen die Wurzeln von ... einem andern Hedysaro mit purpurfarbener Blüthe, das in Sibirien und auch um Jakutzk wächst, und in der Gegend von Nertschinsk mit einem Russischen Wort Tschumoroß, am Irtisch=Flusse Kopeíschnik, in der Gegend der Stadt Mangasea von den Samojeden Badük und Badü, von den Russen Badui, von den Tungusen Schenika* genannt wird. Die zwo ersten Wurzeln [d. h. Anserina off. und Pimpinella sive Sanguisorba major Dod.] essen sie roh, alle aber, nur die erste ausgenommen, meistentheils getrocknet und zu Pulver gestoßen, in welcher Gestalt sie dieselbe unter gekochten Brey, auch unter den Milchrahm mischen. ... *Hedysarum saxatile, siliqua laevi, floribus purpureis, inodorum Amm. Ruth. 116 n°. 152. 153." (Gmelin 1751–1752, 2. Theil, S. 469f.); „Die Samojeden eßen eine Wurtzel bey ihnen Badui genannt, die dortige Russen nenne) sie Slatkoi Koren [russ. *sladkoj koren'* bzw. *sladkij koren'*], sie soll so süss als eine Rübe seyn ..." (Angabe von G. F. Müller in: RGADA F. 181, Op. 16, D. 1386, Č. 1, Bl. 147v – publiziert in: Hintzsche/*Ėlert* 2010, S. 355); „Hedysarum foliis pinnatis, legum. articulatis compressis glaberrimis, fl. purpurascentibus. Hedysarum foliis pinnatis, leguminibus articulatis glabris, caule erecto, leguminibus pendulis. Hort. Ups. 232. vide Amm. nr. 152. 153. Hall. gott. 59. (Disquisitio Linnaei ambiguum relinquit, utrum ad Fl. sib. IV. 28. nr. 36. H. sibirium [sic!]

Poir. esculentum Ledeb. cf. Gmel. Iter sib. II. 469. 470., an ad Fl. sib. IV. 26. nr. 35. H. alpinum L. obscurum L. planta recensit quadret. sed probabilus ad posteriorem.)“ (C. von Linné in einem Brief an J. G. Gmelin vom 2. August 1748 – Plieninger 1861, S. 81); „Hedysarum a. alp. (H. alpinum L. obscurum L. vel sibiricum Poir. Fl. sib. IV. 26. nr. 35., cf. ... Gmel. iter sib. II. 469.) non habeo, semen ex Sibiria missum non provent. – Ad observationes remitto.“ (A. von Haller in einem Brief an J. G. Gmelin vom 30. Juli 1744 – Plieninger 1861, S. 114); „Vgl. ... Gmelins sibir. Reise II. 469. das hier angeführte Verzeichniss sibirischer Brodsurrogate; dies sind noch weiter folgende: ... 6) Hedysarum esculentum Ledeb. et sibiricum Poir. Fl. sib. IV. 28. nr. 36. 7) Hedysarum alpinum L. et obscuram L. Fl. sib. IV. 26. nr. 35. ...“ (G. F. Müller in einem am 25. Januar 1741 empfangenen, undatierten Brief an J. G. Gmelin – Plieninger 1861, S. 189f.); „Hedysarum alpinum L. R. Kopeischnik. T. Sinikta. ... Die Tungusen essen die Wurzeln und graben sie theils selbst, theils finden sie sie in Mäuselöchern.“ (Georgi 1775, S. 226); „HEDYSARUM L., Hahnenkopf. Süßklee. ... 5. HEDYSARUM alpinum ... Alpen=Hahnenkopf. R. Kopitnik, Tung. Sinikta. Gm. Sib. 4. p. 26. T. 10. ... Die Wurzeln werden von Tungusen, Samojeden und andern Sibirischen Nomaden nicht nur, sondern auch zu Brey gekocht von den Russen gegessen, und theils in den unterirdischen Magazinen der Mäuse häufig angetroffen.“ (Georgi 1797–1802, Theil 3, S. 1178ff.)

„Hedysarum saxatile, floribq purpureis vel albis siliqua laevi.“ (AAW F. 1, Op. 2–1743, D. 11, Bl. 21r, s. Anm. 5 in Nr. 4); „Hedysarum saxatile floribus purpureis vel albis, siliqua laevi Am̃. 152 et 153. ...“ (AAW F. 1, Op. 2–1743, D. 12, Bl. 20v, s. Anm. 5 in Nr. 4); „584. Hedysarum siliqua laevi, compressa, flore purpureo Ind. Len. ...“ (AAW R. I, Op. 105, D. 12, Bl. 30v, s. Anm. 54 in Nr. 17); „6. Hedysarum saxatile, siliqua laevi, floribus albis, inodorum Messerschm. ... vid. XLXIV.“ (AAW R. I, Op. 13, D. 67, Bl. 69v, s. Anm. 5 in Nr. 4) „1. Hedysarum siliqua laevi compressa, flore purpureo Ind. Len. n°. 401. Fl. Irc. n°. 531. ... Vicia erecta racemosa, flore purpuro coeruleo, quorum semina singula singulis loculiss instar similarum colligata Act. Nat. Cur. Vol. III. n. 19. ...“ mit der links marginalen Anm. „vid. Ic.“ (AAW R. I, Op. 13, D. 67, Bl. 69v, s. Anm. 5 in Nr. 4); „19. Vicia erecta racemosa, flore purpureo coeruleo; quorum semina singula singulis loculis instar similarum colligata.“ (Henckel 1733, S. 355); „– Hedysarum alpinum, siliqua laevi, flore purpuro-coeruleo Tourn. Russ брунецъ [russ. *brunec*] ... Aqua huic herbae incocta vim inebriantem acquirit. A tonsore loci contra tormina ventris et quoscunque doloris aegris exhibetur, qui inde temulenti facti in somnum profundum ruunt, quo expergefacti dolorum expertes esse dicuntur. ...“ (AAW R. I, Op. 104, D. 8, Bl. 10v, s. Anm. 18 in Nr. 452); „* Hedisarum alpinum, siliqua laevi, flore purpureo, caeruleo. I. R. H. ...“ (AAW F. 21, Op. 5, D. 98, Bl. 24r, s. Anm. 54 in Nr. 17); „1072. Hedysarum siliqua laevi, compressa, flore purpureo. Ind. Len. nº 401. ... Fl. Irc. nº 531.“ (AAW R. I, Op. 105, D. 1ª, Bl. 111r, s. Anm. 29 in Nr. 5); „1073. Hedysarum siliqua laevi, compressa, flore purpureo, hirsutum. ... Samojedis Mangaseensibus radix hujus plantae sub nomine Badüka et Badü nota est, quae vox ea lingua, quam libet radicem denotat, unde Russi sub nomine Badui mutuo acceperunt. Tungusis ad inferiorem Tunguscam Schenicta audit, omnibus vero recensitis gentibus ibi com̃orantibus inter cupedias habetur, quae et recentem conservant et in ore matticant et siccatam inque pulverem redactam in pultem coquunt et comedunt.“ (a. a. O., Bll. 111r–111v); „401. Hedysarum siliqua laevi, compressa, flore purpureo. In indice Irtensium plantarum hanc plantam sub nomine Hedysari Alpini, Siliqua laevi flore purpurocaeruleo I. R. H. recensui ... (a) est Siliqua. b. Semen, quale in Singulis articulis latet.“ mit der rechts marginalen Anm. auf Bl. 74r „Tab. LIX.“ (AAW R. I, Op. 13, D. 42, Bll. 74r–74v, s. Anm. 1 in Nr. 1); „7. Hedysarum siliqua laevi compressa, flore purpureo magno Gmel.“ mit der rechts marginalen Anm. „Lena fl.“ (AAW R. I, Op. 13, D. 16, Bl. 22r, s. Anm. 32 in Nr. 6); „73. Hedysarum siliqva laevi, compressa, flore purpureo, magno.“ (AAW R. I, Op. 14, D. 8, Bl. 2v, s. Anm. 98 in Nr. 39); „Figura. 4 Herbam etiam procreat, quae vocatur Tschumoros, cujus radicibus homines, cum grassuretur fames, vescebantur. ...“ (a. a. O., Bl. 17r); „346 Hedysarum siliqua laevi compressa flore. purpureo Ind. plant. Len No. 401. ...“ (AAW R. I, Op. 104, D. 25, Bl. 26v, s. Anm. 61 in Nr. 21); „Hedysarum Saxatile Siliqua laevi, floribus purpureis, inodorum an T. Sp. 5. Hedysarum Saxatie Siliqua laevi, floribus albis, inodorum. an T. Sp. 6. ...“ (AAW R. I, Op. 15, D. 14, Bl. 1v, s. Anm. 75 in Nr. 101); „59:) Rad. Schenı́ckita Tungusorum ... Hedysarum Alpina siliqva laevi flore purpuro-coeruleo, Tournef Sp. 5. Onobrychis semine clypeati laevi C. B. Pin. et Prod. Eadem flore albido Tournef Sp. 6.“ (AAW F. 98, Op. 1, D. 21, Bl. 155v, s. Anm. 59 in Nr. 19); „13. Juli 1723 ... Von Kräutern fand sich hieselbst sehr viel Hedysarum saxatile siliqua laevi, floribus purpureis, inodorum (an Tournefortii sp. 5?); ... Hedysarum saxatile siliqua laevi, floribus albis, inodorum, ... welches Tournefortii sp. 6 zu sein scheinet. ...“ (Messerschmidt 1962–1977, Bd. 2, S. 91f.); „19. Juli 1723 ... Sie zeigten mir auch eine lange Wurzel, welche sie ... Frühjahrszeit in Ermangelung der Lebensmittel zu essen gewohnet und Schenickta nannten, welches eigentlich Hedysarum siliqua laevi, floribus purpureis, inodorum (Tournefortii sp. 5, vide die 13. Iulii). Die Wurzel war gerade unter sich fast zwei Schuhe lang, ... In Officinen ist sie nicht gebräuchlich, hat auch keine evidentem facultatem.“ (a. a. O., S. 97); s. auch Nr. 532

27 „[species 1] Hedysarum clypeatum, flore suaviter rubente Eyst. Onobrychis semine clypeato, aspero, major C. B. Pin. 350. Astragalus Romanus sive Hedysarum clypeatum, siliquâ asperâ J. B. 1. 333. Onobrychis altera Dod. Pempt. 549.“ (Tournefort 1700, S. 401, Genus IV. „Hedysarum.“); „HEdysarum clypeatum flore suaviter rubente. Onobrychis altera Dodonaei. ... German. Rother Spanischer Hanenkopff oder Kamm.“ und die Abbildung „I. Hedysarum Clypeatum flore suauiter rubente.“ (Besler 1613, Classis Aestiva, Ordo 13, Fol. 2); „HEDYSARUM clypeatum, flore suaviter rubente. H. Eyst. Spanischer Klee, mit annehmlich rother Blume.“ (Miller 1750, S. 391); „37. HEDYSARVM foliis pinnatis, leguminibus articulatis lanatis, caule diffuso. T. XII. Galega floribus in spicam densam congestis, GM. Len. 400. Hedysarum montanum, flore albido, siliqua aspera, GM. Ipn. [müßte heißen: „Jen.“] 1074. Hedysarum foliis pinnatis, leguminibus articulatis, rugosis, GM. ms. Hedysarum clipeatum, flore suauiter rubente et albido, STELL. Irc. 531. 532. ... Variat flore magis aut minus purpureo et albido, ...“ (Gmelin 1747–1769, Bd. IV, S. 29f.), nahezu identisch auf Bll. 13v–14v in: AAW R. I, Op. 104, D. 14 – s. Anm. 32 in Nr. 6; „37. Hedysarum foliis pinnatis, leguminibus articulatis lanatis, caule diffuso. t XII. [=] Hedysarum polymorphum Ledeb. δ. suberectum! (Hedysarum obscurum L. – Willd. sp. pl. III. 1208.)“ (Ledebour 1841, S. 113); „3. HEDYSARUM foliis pinnatis, leguminibus articulatis aculeatis. Hedysarum clypeatum, flore suaviter rubente. Tournef. inst. 401. ... Onobrychis, semine clypeato aspero, major. Bauh. pin. 350. ... α Hedysarum clypeatum, flore albido. Tournef. inst. 401. ...“ (Linné 1737, S. 365); „42) Sülla. Hedysarum coronarium . ... Hedysarum foliis pinnatis, leguminibus articulatis aculeatis nudis erectis, caule diffuso. LINN. Syst. Veg. p. 562. Sp. Pl. p. 1058. Hort. Cliff. 365. ... Onobrychis, semine clypeato aspero, maior. C. BAUH. pin. 350. ... In Italien und Spanien wird das Kraut mit großem Vortheil unter das Heu geschnitten und dem Vieh, besonders den Pferden, zur Fütterung gegeben. ...“ (Linné 1782, S. 661); „41. Unbestimmter Hahnenkopf. Hedysarum obscurum. ... Hedysarum foliis pinnatis, stipulis vaginalibus, caule erecto flexuoso floribus racemosus pendulis. LINN. Syst. Veg p. 562. Sp. Pl. p. 1057. ... GMEL. Sib. 4. p. 29. t. 12. ...“ (Linné 1782, S. 660f.); „90. HEDYSARUM obscurum. H. foliis pinnatis, ... Sp. pl. 1057. Gmel. sib. 4. p. 29. t. 12. ... Gebirgs Hahnenkopf. W. ...“ (Linné 1797–1830, Bd. III, Teil 2, S. 1208); „2) HEDYSARUM POLYMORPHUM. m. ... δ. suberectum: ... Hedysarum foliis pinnatis, leguminibus articulatis lanatis, caule diffuso. Gmel. Fl. sib. IV. p. 29. No. 37. t. XII. ...“ (Ledebour 1831, S. 338ff.); „4) HEDYSARUM OBSCURUM. Linn. ...Willd. Spec. pl. II. p. 1208. (excl. syn. Gmelini.) ... Hedysarum, foliis pinnatis, ... Gmel. Fl. sib. IV. p. 26. No. 35. t. X. ...“ (a. a. O., S. 341f.); „10. H[edysarum] polymorphum (LEDEB. Fl. alt. III, p. 338) ... δ. suberectum: ... H. foliis pinnatis, ... GMEL. Fl. sib. IV, p. 29, Nr. 37, t. 12. ...“ (Ledebour 1842, S. 701f.); „21. H[edysarum] obscurum (L. SP. 1057) ... LEDEB. Fl. alt. III, p. 341 (excl. syn. GMEL.). ... H. alpinum var. β. L. l. c. ...“ (a. a. O., S. 706f.); „[Hedysarum] coronarium, ... Kronensüsklee, ... Er heißt by ... Beslern: Hedysarum clypeatum, flore suaviter rubente.“ (Gmelin 1773b, Sp. 689f.); „Hedysarum obscurum, dunkeler Süsklee, mit einem aufrechten und gebogenen Stengel, ...“ (a. a. O., Sp. 689); „6. HEDYSARUM obscurum ... Bezweifelter Hahnenkopf.

After=Hahnenkopf. ...“ (Georgi 1797–1802, Theil 3, S. 1179f.); „Der Schildklee, ... (Hedysarum L.); auch Schildkraut. Besonders eine Art mit gefiederten Blättern und gegliederten, stacheligen und geraden Hülsen (Hedysarum coronarium L.); großer Spanischer Schildklee, auch Kronenschildkraut, Kronenklee, Spanischer Klee mit schönen rothen Blumen.“ (Campe 1810, S. 139); „75. Hedysarum obscurum L. ... Die lange kriechende Wurzel ist den Tundrabewohnern ein beliebtes Nahrungsmittel und den Russen unter dem Namen Badui bekannt.“ (Schmidt 1872, S. 99)

„87. Hedysarum clypeatum flore suaviter rubente Tourn. Fl. Irc. 532.“ (AAW R. I, Op. 105, D. 16, Bl. 2r, s. Anm. 5 in Nr. 4); „No. 225. Hedysarum clypeatum, flore suaviter rubente Eyst.“ mit der rechts marginalen Anm. „Dill. ox.“ (AAW R. I, Op. 15, D. 3, Bl. 5r, s. Anm. 65 in Nr. 24); „964. Hedysarum folijs pinnatis, leguminibus articulatis aculeatis Linn. h. Cliff. 365. Hedysarum clypeatum flore suaviter rubente Tourn. inst. 401. ...“ (AAW R. I, Op. 13, D. 20, Bl. 91v, s. Anm. 1 in Nr. 1); „5. Hedysarum clypeatum, flore suaviter rubente Eyst. I. R. H. Fl. Irc. n°. 532. ...“ (AAW R. I, Op. 13, D. 67, Bl. 69v, s. Anm. 5 in Nr. 4); „2. Glycirrhiza siliquosa vel Germanica C. B. P. Ind. Irc. ... Onobrychis folijs Viciae, fructu echinato major, floribus dilute rubentibus C. B. P. 350. ... Est Hedysarum folijs pinnatis, leguminibus, subrotundibus, aculeatis Linn. h. Cliff. 365. ... Galega Ind. Len. 400. vid. Ic. Amm. ...“ (a. a. O., Bl. 69r); „1. Hedysarum clypeatum flore suave rubente. Eyst.“ (AAW R. I, Op. 13, D. 16, Bl. 22r, s. Anm. 32 in Nr. 6); „Hedysarum clypeatum, flore suaviter rubente C. B. P.“ (AAW R. III, Op. 1, D. 162, Bl. 24v, s. Anm. 54 in Nr. 17); „400. Galega floribus in spicam densam congestis. ... (a) Flos est Singulariter Spectatus (b.) alae (c) Fructus rudimentum. ...“ mit der rechts marginalen Anm. auf Bl. 73r „Tab. LVIII.“ (AAW R. I, Op. 13, D. 42, Bll. 73r–74r, s. Anm. 1 in Nr. 1); „1074. Hedysarum montanum, flore albido, siliqua aspera. ...“ (AAW R. I, Op. 105, D. 1^{a}, Bll. 111v–112r, s. Anm. 29 in Nr. 5); s. Nr. 531

28 „[species 2] Hedysarum clypeatum, flore albido. Hedysarum clypeatum, flore albo Raii Syllog. 140.“ (Tournefort 1700, S. 401, Genus IV. „Hedysarum.“); „Hedysarum clypeatum Ger. ... French=Honeysuckle. In montibus Messanae imminentibus, ubi etiam cum flore albo observavimus.“ (Ray 1694, S. 140); „[Hedysarum] clypeatum, floride albido; clypeatum flore albo, bedeutet bey Tournefort und Rai eine weisse Abart des Kronensüsklees.“ (Gmelin 1773b, Sp. 697)

„2. Hedysarum clypeatum flore albido Inst. r. h. 401.“ (AAW R. I, Op. 13, D. 16, Bl. 22r, s. Anm. 32 in Nr. 6); „[No.] 226. Hedysarum clypeatum flore albido Inst.“ (AAW R. I, Op. 15, D. 3, Bl. 5r, s. Anm. 65 in Nr. 24); s. Nr. 532

29 „[species 10] Lotus πολυκέρατος fruticosa, Cretica, argentea siliquis longissimis, propendentibus rectis Mor. Hist. Oxon. Part. 2. 176. [sic!]“ (Tournefort 1700, S. 403, Genus I. „Lotus. Lotier.“); „12. Lotus πολυκέρατος fruticosa Cretica argentea siliquis longissimis propendentibus rectis, nobis. ...“ (Morison 1680, S. 177 u. S. 179); „10. LOTUS caule fruticoso, florum capitulis dimidiatis, foliis nitidis. Lotus polykeratos fruticosa cretica argentea, ... Moris. hist. 2. p. 177. ...“ (Linné 1737, S. 372); „12) Kretischer Schottenklee. Lotus creticus. ... Lotus leguminibus subternatis, caule suffrutuscente, foliis sericeis nitidis. LINN. Syst. Veg. p. 575. Sp. Pl. p. 1091. Hort. Cliff. 372. ... Lotus polyceratas fruticosa cretica argentea, siliquis longissimis propendentibus rectis. MORIS. hist. 2. p. 177. ...“ (Linné 1782, S. 753); „19. LOTUS creticus. ... L. leguminibus subternatis, ... Hort cliff. 372. ... L. polyceratos fruticosa cretica argentea, ... Moris. hist. 2. p. 177. ... Cretischer Schotenklee. W. ...“ (Linné 1797–1830, Bd. III, Teil 2, S. 1392); „[Lotus] creticus, ... cretischer Schotenklee, dessen Stengel strauchig, dessen Blätter seidenartig und glänzend sind, und dessen Hülsen meistens zu drey stehen; silberfarbiger Steinklee aus Creta; ...“ (Gmelin 1773a, Sp. 773f.); „12. Glänzender, wollichter Lotus=Klee, silberfarbiger Schoten=-Klee aus Creta, ... Lotus creticus, leguminibus subternatis, caule fruticoso, foliis sericeis nitidis L. ...“ (Krünitz 1773–1858, Bd. 39, S. 571f.); „44. LOTVS leguminibus binis, longissimis, erectis, floribus spicatis, foliis sericeis. Lotus fruticosa longifolia, GM. Ind. Ien. n. 1067. ... Not. Huius plantae varietas, nescio an species distincto in Camtschatca collecta est, ...“ (Gmelin 1747–1769, Bd. IV, S. 33), identisch auf Bll. 16r–16v in: AAW R. I, Op. 104, D. 14 – s. Anm. 32 in Nr. 6;

„44. Lotus leguminibus binis longissimis erectis, floribus spicatis, foliis sericeis. [=] Thermopsis lanceolata R. Br.? Obs. Planta kamtschatica, cujus mentio fit p. 33. in nota, est Th. fabacea DeC.!“ (Ledebour 1841, S. 113); „202. Thermopsis R. BR. ... 1. T. lanceolata (R. BR. l. c.) ... LEDEB. Fl. alt. II, p. 112. ... Sophora lupinoides. L. SP. 534. ... PALL. Astragal. p. 119, t. 89. ... Podalyria lupinoides. WILLD. Sp. pl. II, p. 504 (excl. patria). ... Lotus leguminibus binis longissimis erectis, ... GMEL. Fl. sib. IV, p. 33, Nr. 44. ...“ (Ledebour 1842, S. 510); „9. PODALYRIA lupinoides ... Sophora (lupinoides) ... Sp. pl. 534. ... Feigbohnenartige Podalyrie. W. Habitat in Camtschatca. ...“ (Linné 1797–1830, Bd. II, Teil 1, S. 504); „1) THERMOPSIS LANCEOLATA. R. Br. ... Sophora lupinoides. Linn. Spec. pl. p. 534. ... Pall. Astrag. p. 119. t. LXXXIX. Podalyria lupinoides. Willd. Spec. pl. II. p. 504. (excl. patria.) ...“ (Ledebour 1830, S. 112); „VI. SOPHORA lupinoides. TAB. LXXXIX. ...“ (Pallas 1800, S. 119f.); „1. PODALYRIA lupinoides ... Sophora lupinoides, ... Feigbohnenartige Podalyrie. ...“ (Georgi 1797–1802, Theil 3, S. 950); „Lōtus L. (Papilionaceae). Angeblich von λῶ (ich will, verlange); d. h. etwas, wonach man verlangt, was angenehm schmeckt. Der krautartige Λοτος der Alten, ein vorzügliches süsses Futterkraut ist Lotus messanensis. Ausserdem unterschieden die Alten noch 3 Arten Lotus: ...“ (Wittstein 1852, S. 536); „Thermōpsis R. BR. (Papilionaceae). Zus. aus δερμος (Lupine) und ἥψις (Ansehen); der Lupine ähnliche Kräuter.“ (a. a. O., S. 876); „Podalīria LAM. (Papilionaceae). Nach PODALIRIOS, einem alten griechischen Arzte, Sohn des Aesculap, benannt.“ (a. a. O., S. 709); „Sophōra R. BR. (Papilionaceae). Arabisch sophera.“ (a. a. O., S. 822)

„2. Lotus fruticosa, longifolia. Ind. Jen. 1067. Forte Fl. Irc. n°. 534.“ (AAW R. I, Op. 13, D. 67, Bl. 69r, s. Anm. 5 in Nr. 4); „1067. Lotus fruticosa, longifolia. ... Forte Fl. Irc. n° 534.“ (AAW R. I, Op. 105, D. 1ª, Bll. 110r–110v, s. Anm. 29 in Nr. 5); „336 Latus [sic!] Flor. ircut No 534 ...“ (AAW R. I, Op. 104, D. 25, Bl. 26r, s. Anm. 61 in Nr. 21)

30 die Abbildung „Lotus siliquosus rubello flore“ (Clusius 1601, S. ccxliiij; ab Buch IV gesonderte Seitennumerierung mit römischen Zahlen); „Lotus siliquosus, rubello flore Clus. Hist. 244. Lotus ruber siliqua angulosa C. B. ... Spargel=Bohnen. ...“ (Rupp 1726, S. 216); „1. LOTUS leguminibus saepius solitariis, angulis quatuor membranaceis. Lotus ruber, siliqua angulosa. Bauh. pin. 332. ... Lotus siliquosus, rubello flore. Clus. hist. 2. p. 244. ...“ (Linné 1737, S. 371); „3) Spargelerbse. Lotus tetragonolobus. ... Lotus leguminibus solitariis membranaceo-quadrangulis, bracteis ovatis. LINN. Syst. Veg. p. 575. Sp. Pl. p. 1089. Lotus leguminibus subsolitariis: ... Hort. Cliff. 372. ... Lotus ruber siliqua angulosa. C. BAUH. pin. 332. ... Die grünen Schoten davon wurden zugerichtet und wie die Erbsen gegessen, ... sie sind aber sehr zähe, und also solchen Personen, die an etwas besseres gewöhnt sind, nicht nach Geschmack. ...“ (Linné 1782, S. 748f.); „3. LOTUS tetragonolobus. ... L. leguminibus subsolitariis: ... Hort. cliff. 372. ... L. ruber, siliqua angulosa. Bauh. pin. 332. ... Spargel-Schotenklee. W. ...“ (Linné 1797–1830, Bd. III, Teil 2, S. 1386); „Lotus tetragonolobus, ... vierekiger Schotenklee, ... In einigen Ländern genießt man ihre Hülsen, wann sie noch grün und zart sind, als ein Zugemüse; sie sind aber ziemlich zäh: ...“ (Gmelin 1773a, Sp. 767f.); „3. Geflügelter rother Lotus=Klee, viereckiger Schoten=Klee, rother Stein=Klee, gefiederte Erbse, Spargel=Bohne, Spargel=Erbse, ... Lotus ruber, siliqua angulosa C. B. ... Man zog diese Sorte ehemals in den Küchen=Gärten als eine eßbare Pflanze. ... In England und Deutschland wird sie jetzt gemeiniglich nur als Blumen=Pflanze zur Verzierung gezogen. ...“ (Krünitz 1773–1858, Bd. 39, S. 566f.)

„[N°.] 44. Varia. Lavatera. Lotus tetragonolobus. Vicia.“ (AAW R. I, Op. 15, D. 3, Bl. 1v, s. Anm. 65 in Nr. 24); „1121. Lotus leguminibus saepiq solitarijs, angulis quatuor membranaceis Linn. h. Cliff. 371. Lotus ruber, siliqua angulosa B. Pin. 332. ...“ (AAW R. I, Op. 13, D. 20, Bl. 102r, s. Anm. 1 in Nr. 1); „2. Lotus ruber siliqua angulosa. C. B. P. 332.“ (AAW R. I, Op. 13, D. 16, Bl. 22r, s. Anm. 32 in Nr. 6); „Lotus ruber Siliqua angulosa C. B. P.“ (AAW R. III, Op. 1, D. 162, Bl. 25r, s. Anm. 54 in Nr. 17); „Lotus ruber siliqua angulosa C B.“ (a. a. O., Bl. 32r)

31 „[species 5] Trifolium pratense, flore albo, minus & foemina glabrum J. B. 2. 380.“ (Tournefort 1700, S. 404, Genus II. „Trifolium. Trefle.“); die Abbildung „Trifolium repens (fl. albo)“ auf Tafel 13 (Rivinus 1691); „Trifolium pratense, flore albo, minus & foemina, glabrum I. B. 2. 380.

Trifol. supinum Riv. ..." (Rupp 1726, S. 207); „Trifolium pratense, flore albo minus & foemina glabrum T. ... wohlriechender Bisam= oder Wiesen=Klee. ..." (Lindern 1728, S. 58); „18. TRIFOLIUM capitulis subrotundis, flosculis pedunculatis, leguminibus tetraspermis, caule procumbente. Trifolium repens. Riv. tetrap. 17. [sic!] ... Trifolium pratense album. Bauh. pin. 327. ... Trifolium pratense, flore albo, minus & foemina, glabrum. Bauh. hist. 2. p. 380. ..." (Linné 1737, S. 375); „5. TRIFOLIUM caule procumbente, & florigerus & foliolis petiolis praelongis. Innumerabiles sunt varietas huius plantulae. ... Weiss Fleischblum BRUNF. II. p. 59. ... Trifolium pratense flore albo minus & femina glabrum I. B. II. p. 380. T aut de Par. p. 43. I. R. H. ... Trifolium repens RIV. T. 13. ... Trifolium capitulis subrotundis, ... LINN. Cliff. p. 375. ..." (Haller 1742, S. 581f.); „12) Kriechender Klee. Trifolium repens. ... Trifolium capitulis umbellaribus, leguminibus tetraspermis, caule repente. LINN. Syst. Veg. p. 572. Sp. Pl. p. 1080. ... Hort. Cliff. 375. ... Trifolium pratense album C. BAUH. pin. 327. ... Ohngeachtet diese Kleeart noch in einigen Apotheken die Zahl kraftlooser und unnützer Arzneymittel vermehret, so ist doch wenigstens heut zu Tag ihr Gebrauch selten, obschon das Dekokt der Blätter an einigen Orten wie Thee getrunken wird, dagegen ist sie ein sehr gutes und nahrhaftes Futter für alles Vieh. ..." (Linné 1782, S. 720f.); „26. TRIFOLIVM capitulis vmbellaribus, leguminibus tetraspermis, caule repente LIN. fl suec. 2. n. 665. Sp. pl. 2. p. 1080. n. 12. ..." (Gmelin 1747–1769, Bd. IV, S. 19), nahezu identisch auf Bl. 7v in: AAW R. I, Op. 104, D. 14 – s. Anm. 32 in Nr. 6; „26. Trifolium capitulis umbellaribus, leguminibus tetraspermis, caule repente [=] Trifolium repens L.!" (Ledebour 1841, S. 112); „19. TRIFOLIUM repens. ... T. capitulis subrotundis, ... Hort. cliff. 375. ... T. pratense album. Bauh. pin. 327. T. repens. Riv. tetr. 17. [sic!] ... Weisser Klee. W. ..." (Linné 1797–1830, Bd. III, Teil 2, S. 1359f.); „2) TRIFOLIUM REPENS. Linn. ... M. a Bieb. Fl. taur. cauc. Fl. sib. IV. p. 19. No. 26. ..." (Ledebour 1831, S. 256); „43. T[rifolium] repens (L. SP. 1080) ... M. a BIEB. Fl. t. c. II, p. 208. ... LEDEB. Fl. alt. III, p. 256. ... T. capitulis umbellaris, ... GMEL. Fl. sib. IV, p. 19. Nr. 26. ..." (Ledebour 1842, S. 553f.); „Trifolium repens, ... kriechender Klee, ... Bienenklee; weisser Feldklee; weisser Wiesenklee; weisser Honigklee; kleiner weisser Klee; ... seine Blumen ... werden des Honigs wegen fleisig von den Bienen besucht; getroknet, dienen sie den Lappen statt des Brodes: ..." (Gmelin 1777, Sp. 234f.); „Das Trifolium repens Lin. geben die gilanischen Perser für ein Mittel, die Flecken von den Augen zu vertreiben, aus. Sie nennen es in ihrer Sprache Tschimaen, nehmen das ganze Kraut desselben, trocknen es einige Tage lang an der Sonne, zerreiben es zu Staub, und streuen denselben in die mit Flecken behaftete Augen." (Gmelin 1784, S. 157); „368. TRIFOLIUM REPENS Linné. KRIECHENDES TRIFOLIUM. ... Die wohlriechenden Blumen werden in manchen Gegenden als Thee getrunken und waren auch ehemals als Flores Trifoliis albi officinell. Deutsche Namen: Weisser Klee, kriechender Klee, weisser Wiesenklee oder Honigklee, Bienenklee, weisser Feldklee." (Dietrich 1838b, Nr. 368); Trifolium repens L. – russ. *medovik*, *belaja kaška*, *sire-zel'e* bzw. *belyj klever* (*Annenkov* 1858, S. 95, Nr. 1127); wotjakisch kor-śi – Klee, Dreiblatt (Munkácsi 1896, S. 452); syrjänisch matkaturyn – Trifolium, Klee (Wiedemann 1880, S. 382)

„Trifolium prate⌈n⌉se albu⌈m⌉. дятловникъ бѣлой [russ. *djatlovnik beloj*]" (AAW F. 21, Op. 5, D. 73, Bl. 271v); „79. Trifolium pratense album C. B. P. ..." (AAW R. I, Op. 104, D. 17, Bl. 12v, s. Anm. 36 in Nr. 8); „213. Trifolium pratense album CBP. 327." (AAW R. I, Op. 6, D. 40, Bl. 32v, s. Anm. 1 in Nr. 1); „Trifolium pratense album. B. Pin. 327 et Inst. r. h. n°. 111." (AAW R. I, Op. 15, D. 1, Bl. 4v, s. Anm. 24 in Nr. 64); „987. Trifolium repens, album" (AAW R. I, Op. 15, D. 3, Bl. 18r, s. Anm. 65 in Nr. 24); „46. Trifolium capitulis subrotundis flosculis pedunculatis, leguminibq tetraspermis, caule procumbente. Linn. h. cliff. 375. Trifolium pratense album. B. Pin. 327. Boerh. Lugd. 2. p. 31. Linn. crit. 153. Trifolium repens. Riv. Tetrap. 13." (AAW R. I, Op. 13, D. 20, Bl. 5v, s. Anm. 1 in Nr. 1); „2. Trifolium pratense album C. B. P. 327. ... Trifolium capitulis subrotundis, flosculis pedunculatis, leguminibus tetraspermis, caule procumbente Linn. h. Cliff. 375 ..." (AAW R. I, Op. 13, D. 67, Bl. 68r, s. Anm. 5 in Nr. 4); „– Trifolium pratense album C B P. ..." (AAW R. I, Op. 104, D. 8, Bl. 10v, s. Anm. 18 in Nr. 452); „3. Trifolium pratense album.C. B. P. 327." (AAW R. I, Op. 13, D. 16, Bl. 22v, s. Anm. 32 in

Nr. 6); „Trifolium pratense album C. B. P.“ (AAW F. 21, Op. 5, D. 98, Bl. 24r, s. Anm. 54 in Nr. 17); „1055. Trifolium minus, supinum et repens, pediculis florum nudis Ind. Irc. nº 570. Floris colore multum haec species variat, inveni, uti in Ircut. Ind. scriptum est, ... Forte Fl. Irc. nº 536.“ (AAW R. I, Op. 105, D. 1ª, Bll. 108v–109r, s. Anm. 29 in Nr. 5); „1056. Trifolium pratense album C. B. P. 327. ...“ (AAW R. I, Op. 105, D. 1ª, Bl. 109r, s. Anm. 29 in Nr. 5); „570. Trifolium minus, supinum et repens, pediculis florum nudis. An Trifolium globosum repens C. B. P? ... In icone viticula super terra repens abscissa sistitur.“ mit der links marginalen Anm. „vid. Ic.“ (AAW R. I, Op. 105, D. 4ª, Bl. 58v, s. Anm. 54 in Nr. 17); „Trifolium Supinum, foliolis angustis, petiolo duas lineas longo ...“ (AAW R. I, Op. 15, D. 14, Bl. 13r, s. Anm. 75 in Nr. 101); „6. Juli 1725 ... Sonst fand sich hieselbst am Ufer viel Trifolium pratense flore albo, minus et Poemina [sic!] glabrum Ioannis Bauhini (Tournefortii sp. 5). ...“ (Messerschmidt 1962–1977, Bd. 4, S. 150f.); „28. Juli 1725 ... Am Zelte observierte ... Trifolium pratense album Caspar Bauhini et Tournefortii sp. 4, cui icon Trifolii pratensis Lobelii Plantarum seu stirpium icones 2, p. 29, Tournefortii sp. 2 exacte respondit; ...“ (a. a. O., S. 177f.)

32 „[species 13] Trifolium montanum, purpurascens, folio obtuso, crenato C. B. Pin. 328. Prodr. 140.“ (Tournefort 1700, S. 405, Genus II. „Trifolium. Trefle.“); „27. TRIFOLIVM leguminibus polyspermis, foliis pluribus. T. VI. I. Trifolium, quaternis, quinis aut senis, foliis angustissime [in AAW R. I, Op. 104, D. 14, Bl. 7v „argutissime“] serratis flore carneo GM. ind. Ien. n. 1059. Trifolium, quaternis, quinis et senis foliis, angustisisme [in AAW R. I, Op. 104, D. 14, Bl. 7v „argutissime“] serratis, purpureum ib n. 1060. Trifolium quaternis, quinis et senis foliis, angustissime serratis purpureum minus, et polycephalon, ib. n. 1061. ? An trifolium phaeum, fuscum, luxurians, quaternis, quinis et senis foliis GM. Irt. n. 571. ? Trifolium [in AAW R. I, Op. 104, D. 14, Bl. 7v „? An Trifolium ...“] montanum purpurascens, folio obtuse crenato, BAVH. Pin. 328 PR. 140. STELL. Irc. n. 637. [müßte heißen: 537] Lupinaster, BUXB. COMM, PETR. T. II. p. 345. T. XX. Lupinaster floribus purpureis et albis, siliquis minoribus [in AAW R. I, Op. 104, D. 14, Bl. 7v „... siliquis montanus, ...“] AMM. Ruth. 143. 144. Trifolium capitulis dimidiatis foliis quinatis sessilibus, leguminibus polyspermis LIN. Hort. Vps. 261. Sp. pl. 2. p. 1079. n. 8. ...“ (Gmelin 1747–1769, Bd. IV, S. 19ff.), nahezu identisch auf Bll. 7v–8r in: AAW R. I, Op. 104, D. 14 – s. Anm. 32 in Nr. 6; „27. Trifolium leguminibus polyspermis, foliis pluribus. t. VI. f. 1. [=] Trifolium Lupinaster L.!“ (Ledebour 1841, S. 112); s. Buxbaum 1729a; „143. LUPINASTER floribus purpureis, siliquis minoribus. ...“ (Amman 1739, S. 107ff.); „144. LUPINASTER floribus albis, siliquis minoribus. ...“ (a. a. O., S. 109); „3) Sibirischer Klee. Trifolium Lupinaster. ... Trifolium capitulis dimidiatis, foliis quinatis sessilibus, leguminibus polyspermis. LINN. Syst. Veg. p. 571. Sp. Pl. p. 1079. ... Trifolium leguminibus polyspermis, foliis pluribus. GMEL. Sib. 4. p. 345. p. 19. t. 6. f. 1. Lupinaster. BUXB. act. 2. p. 345. t. 20. Lupinaster floribus purpureis & albis, siliquis minoribus. AMM. ruth. 143; 144. Diese kommt auf allen Steinwegen durch ganz Sibirien wild fort, ...“ (Linné 1782, S. 718f.); „12. TRIFOLIUM Lupinaster. ... T. leguminbus polyspermis, foliis pluribus. Gmel. sib. 4. p. 19. t. 6. f. 1. Lupinaster Buxb. act. 2. p. 345. t. 20. Lupinaster floribus purpureis et albis, ... Amm. ruth. 143; 144. ... Hopfenartiger Klee. W. ...“ (Linné 1797–1830, Bd. III, Teil 2, S. 1357); „4) TRIFOLIUM LUPINASTER. Linn. ... Trifolium leguminibus polyspermis, ... Gmel. Fl. sib. IV. p. 19. No. 27. T. VI. f. 1. Lupinaster Buxb. Comment. Petrop. II. p. 345. t. XX. Lupinaster floribus purpureis et albis, ... Amman ruth. p. 107–109. Bo. 143. 144. ...“ (Ledebour 1831, S. 258); „27. [müßte heißen: 37.] T[rifolium] Lupinaster (L. SP. 1079) ... LEDEB. Fl. alt. III, p. 258. ... Trifolium leguminibus polyspermis, ... GMEL. Fl. sib. IV, p. 19. Nr. 27. t. 6. f. 1. ... LUPINASTER BUXB. Comment. Ac. petropol. II, p. 344. t. 20. ... Lupinaster floribus purpureis et albis, ... AMMAN ruth. p. 107–109. Nr. 143. 144. ...“ (Ledebour 1842, S. 551f.); „[Trifolium] Lupinaster, ... sibirischer Klee, ... Er heißt bey S. G. Gmelin: Trifolium leguminibus polyspermis, foliis pluribus.“ (Gmelin 1777, Sp. 232); „[Trifolium] lupinaster L. T. Nimtäde. ... Die Wurzeln dieses Klees sind eine gemeine und wohlschmeckende Speise der Tungusen, weil sie aber mühsam zu graben seyn würden, kömmt es ihnen zu statten, daß sie sie Haufenweise und gereinigt bey den Steppenmäusen antreffen, welches

auch noch den Nutzen hat, daß die Pflanzen, da die Mäuse nur einen Theil der Wurzeln abbeissen, ungestört fort wachsen." (Georgi 1775, S. 227); „... fünfblättriger Klee a) ... |: a) Trifolium lupinaster. :|" (Lepechin 1783, S. 40); „... lupinartiger Klee t) ... |: t) Trifolium lupinaster :|" (a. a. O., S. 68); „4. TRIFOLIUM Lupinaster ... Lupinaster=Klee. ... Tungusen und andere Sibiriaken essen die Wurzeln, ..." (Georgi 1797–1802, Theil 3, S. 1190); Trifolium Lupinaster L. – russ. *sibirskij trilistnik* (*Annenkov* 1858, S. 95, Nr. 1124); „143. Lupinaster. Hanc plantam vidi in Horto parisino. est pulchra trifoliis species (Fl. sib. IV. 19. nr. 27. Trifolium lupinaster L.)." (C. von Linné in einem Brief an J. G. Gmelin vom 4. April 1744 – Plieninger 1861, S. 20); „Lupinaster nunc apud me floret, omnino trifolii species (Fl. sib. IV. 19. nr. 27. Trifolium lupinaster L. ...)." (C. von Linné in einem Brief an J. G. Gmelin vom 22. Juli 1744 – Plieninger 1861, S. 23)

„Lupinaster floribus purpureis, vel albis. Amm. Descript. p. 107." (AAW F. 1, Op. 2–1746, D. 1, Bl. 19r, s. Anm. 107 in Nr. 46); „Trifolium phaeum, fuscum luxurians, quaternis quinis et senis foliis. Mir. Hist. ox. Part. 2. 135. ..." (AAW F. 21, Op. 5, D. 98, Bll. 24r–24v, s. Anm. 54 in Nr. 17); „74. Trifolium phaeum, fuscum, luxurians, quaternis, quinis et senis foliis Mor. Hist. o." (AAW R. I, Op. 14, D. 8, Bl. 2v, s. Anm. 98 in Nr. 39); „7. An Trifolium phaeum, fuscum luxurians, quaternis quinis & senis folijs H. Ox? Ind. Irt. Forte priori idem j. Idem flore albo. ..." mit der rechts marginalen Anm. „vid. Ic." (AAW R. I, Op. 13, D. 67, Bl. 68r, s. Anm. 5 in Nr. 4); „6. Trifolium quaternis, quinis & senis folijs, argutissime serratis, purpureum Ind. Jen. n°. 1060. Irc. n°. 571. ..." (a. a. O., Bl. 68r); „119. Trifolium qvaternis et senis foliis." (AAW R. I, Op. 15, D. 1, Bl. 11r, s. Anm. 24 in Nr. 64); „92. Trifolium phaeum, fuscum luxurians foliis qvaternis I. R." (a. a. O., Bl. 2v); „– An Trifolium phaeum, fuscum, luxurians, quaternis, quinis et senis folijs. Mor. Hist. ox? ... Ejus duae sunt species album et rubrum, ... Vid. Fig. adjectam, quae rubrum ejusmodi Trifolium sistit." mit der links marginalen Anm. auf Bl. 10v „vid. Ic."(AAW R. I, Op. 104, D. 8, Bll. 10v–11r, s. Anm. 18 in Nr. 452); „1061. Trifolium quaternis, quinis et senis foliis, argutissime serratis, purpureum, minus et polycephalon. ... Huic quoad descriptionem idem est Trifolium Fl. Irc. n° 537." (AAW R. I, Op. 105, D. 1ª, Bl. 109v, s. Anm. 29 in Nr. 5); „1060. Trifolium quaternis, quinis et senis foliis, argutissime serratis, purpureum. Trifolium Ind. Irc. n° 571. ..." (a. a. O., Bl. 109v); „571. Trifolium phaeum, fuscum, luxurians, quaternis, quinis & senis folijs Hist. O. priorum Ind. ..." mit der rechts marginalen Anm. von J. G. Gmelin „An Trifol. mont. purpurascens, fol. obtuso crenato C. B. P. n°. 537 Id." (AAW R. I, Op. 105, D. 12, Bl. 30r, s. Anm. 54 in Nr. 17); „403. Trifolium phaeum, fuscum, luxurians quaternis, quinis & senis foliis Mor. H. O. Obs. in H. N. ... I Idem carneo flore. II Idem albo flore." (AAW R. I, Op. 13, D. 42, Bl. 74v, s. Anm. 1 in Nr. 1); „337. Trifolium montanum purpurascens folio obtuse crenato C. B. P. et Flor ircut. ..." (AAW R. I, Op. 104, D. 25, Bl. 26r, s. Anm. 61 in Nr. 21)

33 in der 2. Textversion (s. Anm. 1 in A.): „non solum"

34 „10. Melilotus major odorata violacea, nobis. ..." (Morison 1680, S. 162); „[species 14] Melilotus major, odorata, violacea Mor. Hist. Oxon. Part. 2. 161. [sic!] Lotus hortensis, odora C. B. Pin. 331. Lotus sativa, odorata, annua, flore caeruleo J. B. 2. 368. Trifolium odoratum, alterum sive Lotus sativa Dod. Pempt. 571." (Tournefort 1700, S. 407, Genus III. „Melilotus. Melilot."); „Melilotus flore coeruleo Riv. Melilotus major, odorata, violacea Moris. H. O. p. 2. 161. [sic!] ... Schabzüger=Kraut, Siebengezeit, Sieben=Geruch, sieben Stunden=Kraut. ..." (Rupp 1726, S. 208); „12. TRIFOLIVM (M. Caerulea) spicis oblongis, leguminibus seminalis mucronatis, caule erecto. Hort. Cliff. 375. Klee mit länglichten Aehren, halbrundren, scharf zugespitzten Schotten und einem gerade stehenden Stengel. Lotus hortensis odora. C. B. P. 330. Wohlriechender Klee." (Miller 1776, S. 485); „Melilotus major odorata violacea T. flore papilionaceo s. Lotus hortensis odora. Siebenzeit/ mit blauen Blumen auff grasichten Orten. ..." (Lindern 1728, S. 92); „20. TRIFOLIUM spicis subrotundis, leguminibus seminudis acuminatis, caule erecto. ... Melilotus coerulea. Riv. tetr. Melilotus major odorata violacea. Moris. hist. 2. p. 162. s. 2. t. 16. 10. Tournef. inst. 409. ... Lotus hortensis odora. Bauh. pin. 331. ..." (Linné 1737, S. 375); „* Steinklee, mit nackenden vielsaamigen Hülsen. (Meliloti leguminibus nudis

polyspermis.) 1) Siebengezeit. Trifolium M. caerulea. ... Trifolium racemis ovatis, leguminibus seminudis mucronatis, caule erecto, spicis oblongis. LINN. Syst. Veg. p. 571. Sp. Pl. p. 1077. Hort. Cliff. 375. ... Lotus hortensis odorato. C. BAUH. pin. 331. ... In unsern Gegenden ist sie unter dem Namen Siebengezeit oder wohlriechender Klee, bekannt, ... Diese [d. h. die Blumen/Blüten] haben, so wie das Kraut, einen etwas scharfen Geschmack, und werden daher in Infusis und Tränken, die sowohl mit Wasser als Wein bereitet werden, den Harn zu treiben, Schmerzen zu lindern, Wunden zu heilen, und dem Gift zu widerstehen, von einigen Aerzten ... empfohlen und gebraucht. ... Die Schweitzer nehmen sie zu einer Art von Käse, den sie in ihrer Sprache den Schabzieger nennen." (Linné 1782, S. 713); „1. TRIFOLIUM coeruleum. T. racemis oblongis pedunculatis, ... W. T. racemis ovatis, ... Syst. Veg. 571. ... T. spicis oblongis, ... Hort. Cliff. 375. Spec. 2. p. 1077. ... Lotus hortensis odorata. Bauh. 331. ... Schabziger-Klee. W. ..." (Linné 1797–1830, Bd. III, Teil 2, S. 1352f.); „215. Melilotus. TOURNEF. ... 1. M. caerulea (LAM. Encycl. méth. IV, p. 62) ... Trifolium caeruleum. ... M. a BIEB. Fl. t. c. II, p. 207. ..." (Ledebour 1842, S. 534f.); „Trifolium Melilotus caerulea, ... Siebengezelt, ... Schabziegerkraut; ... diese Art ... hat ... einen angenehmen Geruch und einen scharfen Geschmak; die Alte zählten sie unter die harntreibende, schmerzstillende und Wundmittel, und gebrauchten sie sowol innerlich als äuserlich, und in der Schweiz mischt man sie unter eine Art Käse, welche Schabzieger heißt: ..." (Gmelin 1777, Sp. 228); „1505. TRIFOLIUM coeruleum. Tr. racemis oblongis pedunculatis, ... Linn. ed. Willd. 3. p. 1352. ... Melilotus coerulea. Riu. tetrap. t. 10. ..." (Marschall von Bieberstein 1808, S. 207); „Lotus urbana, ... Melilotus major odorata violacea, Moris. H. 2. Deutsch Siebengezeit, Siebenzeit, zahmer Stein= oder Garten=Klee, wohlriechender Klee, Wetter=Kraut, Stund=Kraut, Nardes. ... Hat den Nahmen Siebengezeit daher, dieweil es, wie einige wollen, siebenmahl im Tage seinen lieblichen Geruch bekommen, auch so offt ihn wiederum verliehren soll ... Das Kraut mit kleinen Rosinlein in Wein oder Wasser gesotten und getruncken, benimmt das Seiten=Stechen, vertreibt die Harn=Winde und den Stein, treibet aus die Wassersucht und wehret den Fiebern. ... Das dürre Kraut legt man zwischen die Kleider, daß keine Schaben darein kommen. ... Das Oel ... heilet allerhand frische Wunden, Schäden und Brüche derer Kinder, stärcket die Nerven und lindert die Schmertzen: den Unter=Leib damit gestrichen, befördert es die Geburt und Nachgeburt, ..." (Zedler 1732–50, Bd. 18, Sp. 577f.); „Der Steinklee, ... Der blaue Steinklee mit lichtblauen wohlriechenden Blumen (Trifolium melilotus caerulea L.); auch wohlriechender Steinklee, Siebengezeit, Siebengezelt, Ziegerkraut, Schabziegerkraut. ..." (Campe 1810, S. 624); „Siebengezeit oder Siebenzeit, 1) i. e. Gartensteinklee, melilotus caerulea, Rivin., oder melilotus vera, Tabernaem., oder lotus sylvestris, Matthiol., oder trifolium odoratum, Offic. oder Trifolium Melilotus caerulea, Linn. ..." (Scheller 1805, Sp. 2596); „Siebenzeitsteinklee. Trifolium Melilotus coerulea L. ... Kraut und Blumen (Hb. Flor. Meliloti coerulei; Aegyptiacaë seu Löti odoratae) waren sonst officinell. Man bedient sich derselben häufig zu dem grünen schweizer Kräuterkäse." (Trommsdorff 1812, S. 784); „1120.** TRIFOLIUM M. coerulea ... Willd. Enum. p. 789, (sub Meliloto.) Linn. Sp. pl. 2. p. 1077. Lotus hortensis odorata. Bauh. pin. 331. ... Blauer Steinklee. Schabziegerklee. Siebenzeit. ..." (Gmelin 1826, S. 565f.); „MELILOTUS. ... teutsch, Steinklee. ... Es erweichet, zertreibet und zertheilet, treibet die Winde, und wird zu den Clystiren genommen; ingleichen zur Bähung, zu Umschlägen und zu Pflastern. Melilotus kommt von μέλι, mel, Honig, und λότος, lotus, als ob man sagen wolte, eine Gattung Lotus, der Honigsüsse ist, oder als wie Honig reucht." (Lémery 1721, Sp. 716f.); „Melilōtus L. (Papilionaceae). Zus. aus μελι (Honig) und λοτος, Lotus (s. d. A.), also Honigklee, weil er durch seinen angenehmen Geruch die Bienen anzieht und diese ihren Honig gern davon sammeln." (Wittstein 1852, S. 568)

„Melilotus major, odorata, violacea. Inst. r. h. 409. n°. 176." (AAW R. I, Op. 15, D. 1, Bl. 5r, s. Anm. 24 in Nr. 64); „140. Melilotus major odorata violacea M H. 2. 162. Melilotosmus Sigb?" (AAW R. I, Op. 104, D. 13, Bl. 4v, s. Anm. 84 in Nr. 29); „36 Melilotus major, odorata, violacea. Mor. Hist. Oxon. Part. 2. 161. CL. x. S. IV. I. r. h." (AAW R. III, Op. 1, D. 98, Bl. 2v, s. Anm. 3 in Nr. 53); „572. Melilotus major, odorata, violacea Hist. O. Part. 2. 161. ..." (AAW R. I, Op. 105,

D. 12, Bl. 30r, s. Anm. 54 in Nr. 17); „639. Trifolium spicis subrotundis, leguminibus seminudis acuminatis, caule erecto. Linn. h. Cliff. 375. Melilotus major odorata violacea Tourn. Inst. 409. [sic!]" (AAW R. I, Op. 13, D. 20, Bl. 61v, s. Anm. 1 in Nr. 1); „6. Melilotus major odorata violacea. Hist. Ox. 2. 161." (AAW R. I, Op. 13, D. 16, Bl. 22v, s. Anm. 32 in Nr. 6); „Melilotus major odorata Violacea Moris. Hist. Oxon. P. 2. 161. & Tourn. Spec. 13. ..." (AAW F. 98, Op. 1, D. 19, Bl. 35r, s. Anm. 59 in Nr. 19)

35 russ.(?) *gumpa*; in der 2. Textversion (s. Anm. 1 in A.): „Гуньба" (russ. *gun'ba*); russ. *gun'ba* bzw. *gon'ba* – Trifolium officinale (*Slovar'* 1991, S. 14f.)

36 „[species 13] Melilotus capsulis reni similibus, in capitulum congestis. Trifolium pratense, luteum, capitulo breviore C. B. Pin. 328. Trifolium pratense, luteum, mas, flore minore, semine multo J. B. 2. 380. Trifolium arvense Tabern. Icon. 523." (Tournefort 1700, S. 407, Genus III. „Melilotus. Melilot."); „Trifolivm pratense lvtevm mas, flore minore, semine multo. ... Germ. Geelklee, Geelwisenklee & klein steinklee ..." (Bauhin 1651a, S. 380); „Melilotus capsulis, reni similibus, in capitulum congestis Inst. Rei Herbar. ... Gelber Wiesenklee/ Feldklee. ..." (Mappus 1742, S. 191); „31. TRIFOLIVM leguminibus spicatis reniformibus, nudis, monospermis, caule procumbente. LIN. H. cl. 375. ROY. lugd. 380. Trifolium pratense luteum capitulo breuiori. BAVH. pin. 328. semine multo. I. B. STELL. Irc. n. 539. Melilotus capsulis renisimilibus, in capitulum congestis, TOVRN. I. R. H. S. 13. [müßte heißen: sp. 13] Medicago spicis oualibus, leguminibus reniformibus monospermis, caule procumbente. LIN. Sp. pl. 2. p. 1097. n. 7. In pratis siccioribus at ad vias, quibus itur ad Kudinski sloboda, ..." (Gmelin 1747–1769, Bd. IV, S. 22f.), nahezu identisch auf Bll. 9r–9v in: AAW R. I, Op. 104, D. 14 – s. Anm. 32 in Nr. 6; „31. Trifolium leguminibus spicatis reniformibus nudis monospermis, caule procumbente [=] Medicago lupulina L." (Ledebour 1841, S. 112); „19. Trifolium leguminibus spicatis reniformibus nudis monospermis, caule procumbente. Trifolium pratense luteum, capitulo breviore. Bauh. pin. 328. Trifolium pratense luteum mas, ... Bauh. hist. 2. p. 380. ... Melilotus capsulis reni similibus in capitulum congestis. Tournef. inst. 407. ..." (Linné 1737, S. 375); „7) Hopfen=Luzerne. Medicago lupulina. ... Medicago spicis ovalibus, leguminibus reniformibus monospermis, caulibus procumbentibus. LINN. Syst. Veg. p. 577. Sp. Pl. p. 1097. ... Trifolium leguminibus spicatis ... Hort. Cliff. 375. ... Trifolium pratense luteum, capitulo breviore. C. BAUH. pin. 328. ... Es giebt dieses ein sehr angenehmes Futter für das Vieh. ..." (Linné 1782, S. 772f.); „8. MEDICAGO lupulina. ... Trifolium leguminibus spicatis ... Hort. cliff. 375. ... Trifolium pratense luteum, capitulo breviore. Bauh. pin. 328. ... Hopfenartiger Schneckenklee. W. ..." (Linné 1797–1830, Bd. III, Teil 2, S. 1406); „2) MEDICAGO LUPULINA. Linn. ... M. a Bieb. Fl. taur. cauc. II. p. 226. No. 1550; ..." (Ledebour 1830, S. 251f.); „12) M[edicago] lupulina (L. SP. 1097) ... M. a BIEB. Fl. t. c. II, p. 226. ... LEDEB. Fl. alt. III, p. 251. ... Trifolium leguminibus spicatis ... GMEL. Fl. sib. IV, p. 22. Nr. 31. ..." (Ledebour 1842, S. 527f.); „Medicago lupulina, ... Hopfenschnekenklee, ... Er ist ebenfalls, als ein sehr gutes Futerkraut ... empfolen worden; ..." (Gmelin 1774, Sp. 23); „1550. MEDICAGO lupulina. ... Linn. ed. Willd. 3. p. 1406. ... Gmel. sib. 4. p. 22. 31. ..." (Marschall von Bieberstein 1808, S. 226); „3. MEDICAGO lupulina ... Hopfenähnlicher Schneckenklee. Hopfen=Lucern. ..." (Georgi 1797–1802, Theil 3, S. 1196); „372. MEDICAGO LUPULINA Linné. HOPFENARTIGE MEDICAGO. ... Diese Pflanze ist als ein sehr gutes Futterkraut ampfohlen worden. Deutsche Namen: Hopfenartiger Schneckenklee, Hopfenklee, Hopfenluzerne. gelber Wiesenklee." (Dietrich 1838b, Nr. 372); „2289. Medicago lupulina. Linne. Hopfenartiger Schneckenklee. ..." (Röhling 1839, S. 323f.); „Medicāgo L. (Papilionaceae). Zus. aus medicus (medisch) und agere (führen), d. h. aus Medien eingeführt; die Alten erhielten nämlich die Luzerne (Medicago sativa) zuerst aus Medien während des Feldzugs des Darius." (Wittstein 1852, S. 563f.)

„767 Trifolium leguminibus spicatis reniformibus nudis monospermis, caule procumbente Lin. h. cliff. 375. Melilotus capsulis renisimilibus in capitulum congestis Tourn. inst. 407. Boerh. lugd. 2. p. 29 ... An Medica Echinata minima J. B. hist. II. p. 386." (AAW R. I, Op. 13, D. 20, Bl. 70v, s. Anm. 1 in Nr. 1); „7. Melilotus capsulis reni similibus in capitulum congestis I. R. H. Fl. Irc. n^{o}.

539. Melilotus Russ. донная трава [russ. *donnaja trava*] dicitur ..." (AAW R. I, Op. 13, D. 67, Bl. 68v, s. Anm. 5 in Nr. 4); „11. Melilotus capsulis reni similibus, in capitulum congestis. Inst. r. h. 407." (AAW R. I, Op. 13, D. 16, Bl. 22v, s. Anm. 32 in Nr. 6); „338 Melilotus capsulis reni similibus in capitulum congestis T. i. r. h. ..." (AAW R. I, Op. 104, D. 25, Bl. 26r, s. Anm. 61 in Nr. 21); „139. Melilotus capsulis reni similibus in capitulum congestis T. 407. B. n. 6." (AAW R. I, Op. 104, D. 13, Bl. 4v, s. Anm. 84 in Nr. 29)

37 „[species 1] Melilotus officinarum Germaniae C. B. Pin. 331. Trifolium odoratum sive Melilotus vulgaris, flore luteo J. B. 2. 370. Melilotus Germanica Lob. Icon. 43." (Tournefort 1700, S. 407, Genus III. „Melilotus. Melilot."); „Melilotus officinarum Germaniae C. B. P. 331. ... Meliloten, Stein=Klee. ..." (Rupp 1726, S. 208); „* Melilotus Officinarum Germaniae C. B. Pin. 331. ... gemeiner edler Steinklee. ... Helvetii suis caseis Schabzieger immiscent" (Mappus 1742, S. 190f.); „32. TRIFOLIVM leguminibus racemosis nudis dispermis, rugosis, acutis, caule erecto, LIN. Sp. pl. 2. p. 1078. n. 4. T. VII. Melilotus officinarum germaniae, BAVH. pin. 331. ind. Ien. 1064. floribus albis, ib. 1065. Mililotus [müßte heißen: Melilotus] odoratissima folio latiore, et flore pallidissimo, Ind-Ien. 1063. Melilotus augustifolia [müßte heißen: angustifolia] repens, folliculis rotundis. BAVH. pin. 331 ?. GM. Ind. Irc. 576. ... Ruthenice донная трава [russ. *donnaja trava*] dicitur. ..." (Gmelin 1747–1769, Bd. IV, S. 23f.), nahezu identisch auf Bll. 9v–10r in: AAW R. I, Op. 104, D. 14 – s. Anm. 32 in Nr. 6; russ. *donnaja trava* – u. a. Trifolium melilotus; echte Melilote, Steinklee (Pawlowski 1952, S. 323); „32. Trifolium leguminibus racemosis nudis dispermis rugosis acutis, caule erecto. t. VII. [=] Melilotus officinalis W. (in textu cum aliis speciebus commixt.)" (Ledebour 1841, S. 112); „21. TRIFOLIUM floribus racemosis, leguminibus nudis dispermis, caule erecto. ... Trifolium odoratum sive Melilotus vulgaris, flore luteo. Bauh. hist. 2. p. 370. fig. erron. ... Melilotus officinarum germaniae. Bauh. pin. 331. Tournef. inst. 407. ... α Melilotus officinarum germaniae, flore albo. Tournef. ..." (Linné 1737, S. 376); „4) Officineller Steinklee. Trifolium M. officinalis. ... Trifolium leguminibus racemosis nudis dispermis rugosis acutis, caule erecto. LINN. Syst. Veg. p. 571. Sp. Pl. p. 1078. ... Hort. Cliff. 376. ... GMEL. Sib. 4. p. 23. t. 7. ... Melilotus officinarum germaniae. C. BAUH. pin. 331. ... β. Melilotus officinarum germaniae flore albo. TOURNEF. Inst. R. H. 407. ... Diese Art, welche in unsern Apotheken unter dem Namen Melilotus bekannt genug ist, ... Man findet zwo Spielarten, ... Beyde Arten, so wohl jene mit gelben als weißen Blumen, sind officinell, indem man von beyden die Blumen, von erstern die Saamen, und von letztern das Kraut zum Arzneygebrauch aufbewahret. Man eignete selbigen in den vorigen Zeiten erweichende, schmerzstillende und harntreibende Kräfte zu, und gebrauchte sie wider die Colik, wider verschiedene Entzündungen des Unterleibes, den weißen Fluß, und andere ähnliche Zufälle; häufiger werden sie ... in der Wundarzneykunst gebraucht, wo sie als ein zertheilendes Mittel sich mit dem besten Erfolg in dem bekannten Melilotenpflaster erproben. ... auch die Blumen ... sollen, zwischen die Kleider gelegt, selbige vor den Motten bewahren. Allem Vieh ist sie ein gesundes und angenehmes Futter, ..." (Linné 1782, S. 715ff.); „8. TRIFOLIUM officinale. ... T. leguminibus racemosis ... Hort. cliff. 376. ... Gmel. sib. 4. p. 23. t. 7. ... Melilotus officinarum germaniae. Bauh. pin. 331. β Melilotus officinarum germaniae, fore albo. Tournef. inst. 407. ... Meliloten-Klee. W. ..." (Linné 1797–1830, Bd. III, Teil 2, S. 1355f.); „2) MELILOTUS OFFICINALIS. Willd. ... Trifolium Melilotus officinalis α., Linn. Spec. pl. 1078. – M. a Bieb. Fl. taur. cauc. III. p. 505. No. 1506. Trifolium officinale. M. a Bieb. Fl. taur. cauc. II. p. 207. No. 1506. excl. var. β. Trifolium leguminibus racemosis ... Gmel. Fl. sib. IV. p. 23. No. 32. t. VII. ..." (Ledebour 1831, S. 254); „9. M[elilotus] officinalis (LAMARCK. Encycl. méth. IV, p. 63) ... LEDEB. Fl. alt. III, p. 254. ... Trifolium officinale. WILLD. Sp. pl. III, p. 1355. ... M. a BIEB. Fl. t. c. II, p. 207. Trifolium Melilotus officinale. FALK. Beitr. II, p. 228. ... Trifolium leguminibus racemosis ... GMELIN. Fl. sib. IV, p. 23, Nr. 32, t. 7. ... β. floribs albis. ... M. a BIEB. Fl. t. c. III, p. 505 (ex C. A. MEYER (l. c.) ..." (Ledebour 1842, S. 537f.); „Trifolium Melilotus officinalis, ... gemeiner Steinklee, ... Steinklee; deutscher Steinklee; gemeiner gelber Steinklee, Seelotenklee; ... In magern Gegenden frißt ihn das Vieh, so lange er noch jung und zart ist, gerne, ... aus den holzigen Stengeln einer seiner

Spielarten läßt sich, wann sie, wie Hanf, behandelt, Garn spinnen: Seine Blätter und Blumen haben die meiste Aerzte erweichende und lindernde Kräfte zugeschrieben; Geruch und Geschmak sprechen aber für diejenige Aerzte, welche eher zertheilende Kräfte darinn suchen; ...“ (Gmelin 1777, Sp. 230f.); „1506. TRIFOLIUM officinale. ... Linn. ed. Willd. 3. p. 1355. Gmel. sib. 4. p. 23. n. 32. p. 1355. ... β. flore albo. ...“ (Marschall von Bieberstein 1808, S. 207); „1506. TRIFOLIUM M. officinale. ...“ (Marschall von Bieberstein 1819, S. 505); „TRIFOLIUM (M. officinalis) ... Linn. Spec. pl. 765. n. 4. ... Дикой хмель [russ. *dikoj chmel'*] siue ГрѢча дикая [russ. *greča dikaja*] Russ. ...“ (*Kraševinnikov* 1761, S. 114f.); „858. Trifolium Melilothus. officinalis. Lin. Syst. Plant. III. p. 547. sp. 4. ... Steinklee. Ruß. Gretscha Dikaja, Burkan und Donnaja Trawa. Kalm. Serkanek. ... In Moskau hatten die Bäcker den Gebrauch, das Brod in der letzten Fastenwoche mit einem starken Melotenabsud zu bestreichen, oder es auch mit feinem Melotenpulver zu bestreuen. In beyden Fällen bekömmt es im Backen eine grünliche Rinde. Mein häufiges Nachfragen nach der Ursach erhielt immer die Antwort: es geschehe wegen – der großen Fasten. Die Kalmüken essen die jungen Wurzeln in Wasser gekocht als Speise.“ (Falk 1786, S. 228); „Steinklee. Melilotus Off. Trifolium Melilotus officinalis. ... Man schreibt dem Steinklee zertheilende, erweichende Kräfte zu, daher zeitiget er auch Entzündungsgeschwülste und schmeidiget. Selten wendet man sowohl das Kraut als die Blumen innerlich in Entzündungen, in der Harnstrenge, in Geburtsschmerzen wegen dem ekelhaften Geruch an, meistens aber äußerlich zu Breyumschlägen, auch Bähungen zu erweichen und zu zertheilen; vorzüglich wird das Pflaster verordnet, besonders in Geschwülsten der Drüsen des Unterkiefers, der Ohren, der Leistengegend um zu zertheilen, ...“ (Bosing 1796, S. 205f.); „3. TRIFOLIUM Mel. officinalis ... Officineller Stein=Klee. R. Donnik auch Burkien ... a) Mit gelben und b) oft mit weißen Blumen. ... Ein fast allgemein gebräuchliches Hausmittel.“ (Georgi 1797–1802, Theil 3, S. 1190); russ. *burkun*, *burkunec*, *burkunnaja trava* – u. a. Melilotus alba et offic., Steinklee, Melilotenklee (Pawlowski 1952, S. 89); „Trifolium officinale ... Trifolium Melilotus officinalis. α et γ flore luteo. Linn. Spec. plant. ed. Willd. T. III. p. 1355. ... Meloten-Klee, Steinklee, Honigklee, Bärklee, Seelotenklee, Schotenklee, güldner Klee, Melote, Melilote. ... Nach Linné begreift das Trifolium officinale, welches er Trifolium Melilotus officinalis nannte, drey Varietäten in sich, von denen die erste mit gelben, die zweyte mit weissen und die dritte, etwas grössere, sowohl mit gelben, als auch mit weissen Blumen vorkommt. Nach meiner Beobachtung aber gehört die dritte Varietät, nach Verschiedenheit der Farbe der Blumen, theils zu der erstern, theils zu der zweyten: die zweyte Varietät hingegen ist von der erstern wirklich als Art verschieden, ... In den Apotheken wird das Trifolium oficinale im blühenden Zustande gesammelt und bald als Kraut, Herba Meliloti, bald als Blumen, Flores Meliloti, aufbewahrt; ... Das Trifolium officinale besitzt einen starken eigenthümlichen Geruch und einen bitterlichen schleimigen Geschmack. Man gebraucht es äusserlich, als ein sehr wirksames zertheilendes und erweichendes Mittel, in Kräutersäckchen oder Breyumschlägen, ... Innerlich wurde das Trifolium officinale nur in ältern Zeiten, und auch nur sparsam, angewendet. – In der Schweitz wird es eben sowohl, wie das Trifolium coeruleum, zu dem grünen schweizer Käse genommen. Die Tabacksfabricanten bedienen sich desselben zum Schnupftabak. In der Moldau gebraucht man es um das Pelzwerk vor den Motten zu schützen, wesshalb es dort auch Mottenkraut genannt wird. ...“ (Hayne 1809, Nr. 31); „Melilotus officinalis Desrouss. ... Trifolium officinale ... Hayne, Arzneigewächse II. t. 31. ... Gebräuchlicher Honigklee, ... Die getrockneten oberirdischen Theile der blühenden Pflanze kommen als Herba Meliloti in den Handel. ...“ (Berg/Schmidt 1896, S. 20ff.)

„Melilotus officinarum Germaniae C. B. P. ...“ (AAW F. 21, Op. 5, D. 98, Bl. 24v, s. Anm. 54 in Nr. 17); „1063. Melilotus odoratissima folio latiore et flore pallidissimo. ... In icone inferiores rami resecti exhibentur.“ (AAW R. I, Op. 105, D. 1[a], Bl. 110r, s. Anm. 29 in Nr. 5); „104. Melilotus officinarum Germaniae C. B. P. ...“ (a. a. O., Bl. 110r); „575. Melilotus officinarum Germaniae C. B. P. ...“ (AAW R. I, Op. 105, D. 12, Bl. 30r, s. Anm. 54 in Nr. 17); „514. Trifolium floribus racemosis, leguminibus nudis, dispermis caule erecto. Linn. h. cliff. 376. Melilotus off. Germaniae B. Pin. 331. Tourn. inst. 407. Boerh. lugd. 2. p. 29. ...“ (AAW R. I,

Op. 13, D. 20, Bl. 51v, s. Anm. 1 in Nr. 1); „3. Melilotus officinarum Germaniae C. B. P. ..." (AAW R. I, Op. 13, D. 67, Bl. 68v; s. Anm. 5 in Nr. 4); „Melilotus officinarum Germaniae C B P. ..." (AAW R. I, Op. 104, D. 8, Bl. 10v, s. Anm. 18 in Nr. 452); „1. Melilotus officinarum Germaniae. C. B. P. 331." (AAW R. I, Op. 13, D. 16, Bl. 22v, s. Anm. 32 in Nr. 6); „404. Melilotus officinarum Germaniae C. B. P. ..." (AAW R. I, Op. 13, D. 42, Bl. 74v, s. Anm. 1 in Nr. 1); „211. Melylot. officinarum CBP. 331." (AAW R. I, Op. 6, D. 40, Bl. 32v, s. Anm. 1 in Nr. 1); „70.) Sem. Meliloti Officinarum Germaniae Tournef. Sp. 1. ... Gúnba dicta Tattaris et Russis." (AAW F. 98, Op. 1, D. 21, Bl. 148r, s. Anm. 59 in Nr. 19)

38 „[species 2] Melilotus officinarum Germaniae, flore albo C. B. Pin. 331. Melilotus major, candida Trag. 590. Melilotus 2, flore candido Dod. Pempt. 567." (Tournefort 1700, S. 407, Genus III. „Melilotus. Melilot."); „I. Melilotus officinarum Germaniae. ... Flore communiter luteo, aliquando albo, quae Melilotus major candida ..." (Bauhin 1623, S. 331); „* Melilotus Officinarum Germaniae, flore albo C. B. Pin. 331. ... Weisser Steinklee ... decocta in ptisanam cum Camomilla utilis in Colica, retentione Urinae & Rheumatismis ..." (Mappus 1742, S. 191); „4) MELILOTUS VULGARIS. Willd. ... M. a Bieb. Fl. taur. cauc. III. p. 505. in nota ad No. 1506. ... Trifolium Melilotus officinale β. Linn. Spec. pl. 1078. Trifolium officinale β. flore albo. M. a Bieb. Fl. taur. cauc. II. p. 207. No. 1506. ..." (Ledebour 1831, S. 255); „8. M[elilotus] alba (LAM. Encycl. méth. IV, p. 63) ... M. vulgaris. ... Ledeb. Fl. alt. III, p. 255. ... Trifolium officinale β. M. a BIEB. Fl. t. c. II, p. 267. ..." (Ledebour 1842, S. 536f.); „TRIFOLIUM VULGARE. ... Trifolium officinale. β etγ flore albo. Linn. Spec. plant. et Willd. T. III. p. 1355. Trifolium Melilotus officinalis. β et γ flore albo. Linn. Spec. plant. ed. 2. T. II. p. 1078. Melilotus officinarum Germaniae, flore albo. Tournef. hist. p. 407. ... Gemeiner Klee, weisser Steinklee, Weisselklee, weisse Melote. ... Das Trifolium vulgare ist ... schon sehr gut durch die weisse Farbe der Blumenkrone von dem Trifolium officinale zu unterscheiden ... Man sammelt an mehreren Orten von dem Trifolium vulgare, so wie von dem Trifolium officinale, die Summitates Meliloti, ..." (Hayne 1809, Nr. 32); „696. MELILOTUS ALBA Lamark. WEISSE MELILOTE. ... M. alba Lamark Encycl. Meth. 4. p. 63. ... Trifolium vulgare Hayne Arz. Gew. 3. t. 32. Trifolium Melilotus officinalis var. β. Linné spec. pl. p. 1078. Trifolium officinale var. β. Willd. spec. pl. 3. p. 1355. ... Diese weisse Melilote hat nur einen schwachen Meliloten-Geruch, wird aber doch zuweilen eben so wie die gelbe zum Arzneigebrauch angewendet. Sie ist ein sehr gutes Viehfutter. Deutsche Namen: Weisser Meloten-Klee, weisser Steinklee, Weisselkraut." (Dietrich 1842, Nr. 696); Melilotus alba Lam. et officinalis Lam. – russ. *burkun*, *donnaja trava*, *donnik* bzw. *gun'ba* (*Annenkov* 1858, S. 60, Nr. 696)

„210. Melylotus officinarum Germaniae flore albo. CBP. 331." (AAW R. I, Op. 6, D. 40, Bl. 32v, s. Anm. 1 in Nr. 1); „Melilotus officinarum Germaniae, flore albo. B. Pin. 331. et Inst. r. h. n°. 90." (AAW R. I, Op. 15, D. 1, Bl. 5r, s. Anm. 24 in Nr. 64); „68. Forte Melilotus officinarum Germaniae flore albo. C. B. P. Ind. Jen. n°. 1065." (AAW R. I, Op. 15, D. 1, Bl. 13v, s. Anm. 24 in Nr. 64); „1065. Melilotus officinarum Germaniae flore albo. C. B. P. ..." (AAW R. I, Op. 105, D. 1ª, Bl. 110r, s. Anm. 29 in Nr. 5); „574. Melilotus officinarum Germaniae, flore albo C. B. P. ..." (AAW R. I, Op. 105, D. 12, Bl. 30r, s. Anm. 54 in Nr. 17); „4. Melilotus officinarum Germaniae flore albo C. B. P. Ind. Jen. n°. 1065. Irc. n°. 574. ..." (AAW R. I, Op. 13, D. 67, Bl. 68v, s. Anm. 5 in Nr. 4); „Melilotus offic. Germaniae flore albo C B P. ..." (AAW R. I, Op. 104, D. 8, Bl. 10v, s. Anm. 18 in Nr. 452); „Melilotus Officinarum Germaniae flore albo. T. Sp. 2. ..." (AAW F. 98, Op. 1, D. 19, Bl. 35r, s. Anm. 59 in Nr. 19); s. Nr. 540

39 vermutlich „De Meliloto siliqva membranacea compressa. ..." (Amman 1741, S. 209f.); „2) Sibirische Trigonelle. Trigonella platycarpos. ... Trigonella leguminibus pedunculatis congestis pendulis ovalibus compressis, caule diffuso, foliolis subrotundis. LINN. Syst. Veg. p. 576. Sp. Pl. p. 1093. Hort. Ups. 229. GMEL. Sib. p. 25. f. 9. Melilotus supina latifolia, siliqua lata membranacea compressa. AMM ruth. 158. ... Melilotus siliqua membranacea compressa. Act. petrop. 8. p. 209. t. 12. ..." (Linné 1782, S. 761); „158. MELILOTUS supina, latifolia, siliqua lata membranacea, compressa Comment. Acad. Imp. Petropol. Tom. nondum edit. vbi descriptio et

icon. Hanc eandam esse plantam existimo, quam Messerschmidius in Diario suo vocas Leguminosam procumbentem, ..." (Amman 1739, S. 119); „34. TRIGONELLA leguminibus pedunculatis, congestis, pendulis, oualibus, compressis, caule diffuso, foliolis subrotundis, LIN. Sp. pl. 2. p. 1093. n. 2. Tab. IX. [in AAW R. I, Op. 104, D. 14, Bl. 11r folgt „Icon nimi<...> artificiosa"] Trigonella foliolis subrotundis. GM. ms. Melilotus spica habitiori breuioreque [sic!], foliis et siliquis maioribus, Ind. Len. 405 Ien. 1062. Melilotus supina latifolia, siliqua lata membranacea. AMM. Ruth. 158. ..." (Gmelin 1747–1769, Bd. IV, S. 25f.), nahezu identisch auf Bll. 11r–11v in: AAW R. I, Op. 104, D. 14 – s. Anm. 32 in Nr. 6; „34. Trigonella leguminibus pedunculatis congestis pendulis ovalibus compressis, caule diffuso, foliolis subrotundis. t. IX. [=] Trigonella platycarpos L.!" (Ledebour 1841, S. 112); „2. TRIGONELLA platycarpos. T. leguminibus pedunculatis congestis, ... Gmel. sib. 4. p. 25. t. 9. ... Melilotus supina latifolia, ... Amm. ruth. 158. ... Melilotus siliqua membranacea compressa. Act. petrop. 8. p. 209. t. 12. ... Flachfrüchtiger Kuhhornklee. W. ..." (Linné 1797–1830, Bd. III, Teil 2, S. 1398f.); „2) TRIGONELLA PLATYCARPOS. Linn. ... Trigonella leguminibus pedunculatis, ... Gmel. Fl. sib. IV. p. 25. No. 34. t. IX. Melilotus supina, latifolia, ... Amman. ruth. p. 119. No. 158. – Amman in Comm. Act. Petrop. VIII. (p. a. 1736.) p. 209. t. XII. ..." (Ledebour 1831, S. 252f.); „213. Medicago L. ... 2. M. platycarpos: ... Trigonella platycarpos. L. SP. 1093. ... LEDEB. Fl. alt. III, p. 252. ... Trigonella leguminibus pedunculatis congestis ... GMEL. Fl. sib. IV, p. 25. Nr. 34. t. 9. Melilotus supina, latifolia, ... AMMAN. ruth. p. 119. Nr. 158. Melilotus silqua membranacea compressa. AMMAN. in Comment. Ac. petropol. VIII. p. 209. t. 12. ..." (Ledebour 1842, S. 523); „Trigonella platycarpos, ... breithülsige Trigonelle mit weitschweifigem Stengel, rundlichten Blättchen, und ovalen breitgedrükten Hülsen, ..." (Gmelin 1777, Sp. 271); „2. TRIGONELLA platycarpos ... Breithülsige Trigonelle. Gm. Fl. Sib. 4. T. 9. ..." (Georgi 1797–1802, Theil 3, S. 1195); „Trigonella Platycarpos wird am Irtisch Strohme wie Spinat gegessen, und könnte auch zu Viehfutter dienen, indem sie auch in den kältesten Gegenden stark treibet, und breite Schoten bringt. ..." (Beckmann 1771, S. 557); „Trigonēlla L. (Papilionaceae). Zus. aus τρεις (drei) und γωνια (Ecke, Winkel); die Flügel und die Fahne der Krone sind gleichgross, die Carina hingegen sehr klein, wodurch die Blume das Ansehen einer dreieckigen oder dreiblätterigen bekommt." (Wittstein 1852, S. 897f.)

„[N°.] 158. Melilotus Supina, latifolia, Siliqua lata, membranacea, compressa Stirp. rar. Ruth." mit der rechts marginalen Anm. „[Num. Catalogi Gmeliniani.] 75." (AAW R. I, Op. 15, D. 3, Bl. 3v, s. Anm. 65 in Nr. 24); „[N°.] 250. Melilotus Supina. ead cum num. 158." mit der rechts marginalen Anm. „Mess. Sibir." (a. a. O., Bl. 5r); „75. Melilotus spica habitiori breviorique, foliis et siliquis majoribus." (AAW R. I, Op. 14, D. 8, Bl. 2v, s. Anm. 98 in Nr. 39); „1062. Melilotus spica habitiori brevioriq$_3$, foliis et siliquis majoribus Ind. Len. n° 405. ... (AAW R. I, Op. 105, D. 1^a, Bl. 110r, s. Anm. 29 in Nr. 5); „47 Melilotus spica habitiori brevioribq, foliis & siliquis majoribus" (AAW R. I, Op. 105, D. 19, Bl. 2r, s. Anm. 55 in Nr. 18); „573. Melilotus spica habitiori brevioriq$_)$, folijs & siliquis majoribus Ind. Len. ..." (AAW R. I, Op. 105, D. 12, Bl. 30r, s. Anm. 54 in Nr. 17); „1. Melilotus spica habitiori breviorique, folijs & siliquis majoribus Ind. Len. n°. 405. Jen. n°. 1062. ..." (AAW R. I, Op. 13, D. 67, Bl. 68v, s. Anm. 5 in Nr. 4); „405. Melilotus Spica habitiori breuioriq$_3$, foliis & siliquis maioribus. ... Floret sub finem Junii & initio Augusti fructum jam maturat. ..." (AAW R. I, Op. 13, D. 42, Bll. 74v–75r, s. Anm. 1 in Nr. 1); „Leguminosa procumbens, palustris, folio terno Anonidis vel Foeni graci, Siliqua brevi, latissima, nigra, Seminibus flavicantibus Meliloti Similibus. ..." (AAW R. I, Op. 15, D. 14, Bl. 7r, s. Anm. 75 in Nr. 101); „5. September 1722 ... Sonst hatte ... eine Leguminosam procumbentem ... seminibus flavicantibus Meliloti similibus gefunden, ..." (Messerschmidt 1962–1977, Bd. 1, S. 311)

„[species 3] Medica major, erectior, floribus luteis. Trifolium siliquâ cornutâ, sive Medica flore luteo C. B. Pin. 330." (Tournefort 1700, S. 410, Genus VI. „Medica. Luserne."); „Trifolium siliqua cornuta & falcata. ... I. Trifolium siliqua cornuta, sive Medica. ... Medicam veterum & Alfasasat Avicennae volunt: quae floris colore variat; communiter caeruleo, violaceo, luteo: ex utrisq) mixto.“ (Bauhin 1623, S. 330); „MEDICA, (diese Pflanze hat ihren Namen von Media wie Plinius schreibet: dann als Darius Hystaspsis seine Armee nach Griechenland führte, hatte er von diesem Saamen viele Säcke voll zur Fütterung für das Vieh bey sich, und auf diese Weise kam der Saame nach Griechenland. Diese Pflanze wird in Franckreich starck gebauet, und daselbst burgundisches Heu genennet. ... 3. MEDICA major erectior, floribus luteis. Tourn. Grosses aufrechtes burgundisches Heu, mit gelben Blumen. ...“ (Miller 1751, S. 23ff.); „9. MEDICAGO pedunculis laxe spicatis, leguminibus contortis, caule erecto glabro. Falcata Riv. tetr. Dill. giss. 148. gen. 130. ... Trifolium sylvestre luteum, siliqua cornuta vel Medica frutescens. Bauh. pin. 330. ... δ Medica legitima. Clus. hist. 2. p. 242. ... Medica major erectior, floribus purpurascentibus. Bauh. 2. p. 382. ... Foenum burgundiacum. Lob. hist. 498. ε Medica major erectior, floribus luteis. Tournef. ...“ (Linné 1737, S. 377f.); die Abbildung „Falcata“ auf Tafel 84 (Rivinus 1691); „Falcata Riv. Irr. T. ... Trifolium silvestre luteum siliqua cornuta, vel Medica frutescens C. B. 330. ...“ (Dillenius 1719, S. 148); „5) Luzerne. Medicago sativa. ... Medicago pedunculis racemosis, leguminibus contortis, caule erecto glabro. LINN Syst. Veg. p. 577. Sp. Pl. p. 1096 Hort. Cliff. 377. ... Medica caule erecto, foliis oblongis serratis, racemis erectis, siliquis planis, iterato contortis. HALL. helv. n. 382. ... Medica legitima. CLUS. hist. p. 242. Foenum burgundicum. LOB. ... Diese, welche eigentlich unter dem Namen Luzerne bekannt ist, hat auch, ausser diesen, noch folgende Benennungen im deutschen: Spargelklee, Schneckenklee, ewiger Klee und burgundisches Heu; ... Einige glauben, diese Pflanze sey ursprünglich aus Medien gekommen, und leiten daher den Geschlechtsnamen Medica und Medicago davon ab, wieder einige halten sie auch für die Medica des Virgils, Columella, Palladii und anderer ältern Schriftsteller vom Ackerbau, ...“ (Linné 1782, S. 769ff.); „382. MEDICA caule recto, foliis oblongis, serratis, racemis erectis, siliquis planis, iterato contortis m). ... Medicago pedunculis racemosis, leguminibus contortis, caule erecto glabro LINN. II. p. 1096. ...“ (Haller 1768, S. 166); „4. MEDICAGO sativa. ... M. pedunculis racemosis, ... Hort. cliff. 377. ... Medica caule erecto, foliis oblongis serratis, ... Hall. helv. n. 382. Medica legitima. Clus. hist. 1. p. 242. ... Foenum burgundicum. Lob. ic. 2. p. 36. ... Luzerner Schneckenklee. W. ...“ (Linné 1797–1830, Bd. III, Teil 2, S. 1404f.); „5. M[edicago] sativa (L. SP. 1096) ... M. a BIEB. Fl. t. c. II, p. 223. ...“ (Ledebour 1842, S. 525); „Medicago sativa, ... Lucerne, mit Traubenkämmen, zusammengedrehten Hülsen und einem aufrechten und glatten Stengel; Schnekenklee; blauer Schnekenklee; Spargelklee, ewiger Klee; burgundisches Heu; blauer Klee; ...“ (Gmelin 1774, Sp. 20ff.); „1544. MEDICAGO satiua. ... M. pedunculis racemosis, ... Linn. ed. Willd. 3. p. 1404. ... Hall. hist. n. 382. Medica legitima. Clus. hist. 2. p. 242. Medica major erectior, floribus purpurascentibus. J. Bauh. hist. 2. p. 383. ...“ (Marschall von Bieberstein 1808, S. 223f.); „Vorzüglich verdienen unter denen hiesigen Futterkräutern angemerket zu werden: ... das Burgundische Heu oder Luzern (Medicago satiua), welches je weiter abwärts am Jaik desto häufiger wächst und Lugowoi Wjässell von denen Kasaken genannt wird; ...“ (Pallas 1771, S. 370); „1 MEDICAGO sativa ... Luzern=Schneckenklee <.> Lucern. Burgundisches Heu. R. Medunki und Luzern. ... Dieses berühmte Futterkraut wird, doch noch sparsam auf herrschaftlichen Gütern ... gebaut.“ (Georgi 1797–1802, Theil 3, S. 1196); russ. *medunka* – Name verschiedener Futter- und Nahrungsgewächse; Medicago falcata (*Slovar'* 2001, S. 113); russ. *ljucerna*, *lucerna* bzw. *lucern* – Medicago (a. a. O., S. 24); russ. *ljucerna* – Medicago sativa; Luzerne; blauer, burgundischer Schneckenklee (Pawlowski 1952, S. 648); „5. Aufrecht stehender Schnecken=Klee, mit vielfach gewundener Hülse, blauer Klee, ewiger Klee (wiewohl seine Ewigkeit nur 10 oder 12 Jahre dauert), Lucerne, Luserne, Luzerne, Lucern=Klee, medischer Klee, ... Medicago sativa, pedunculis racemosis, leguminibus contortis, caule erecto glabro L. ... Eine Pflanze, ohne deren Anbau die beste Landwirthschaft mangelhaft ist, ...“ (Krünitz 1773–1858, Bd. 39, S. 592ff.); „5. Luzernklee (Medicago sativa L., in Chiwa Joindscha oder Juuntschka, auch Dschuuntschka genannt) ... Da es in Chiwa keine Wiesen giebt, so ist man gezwungen, dieses Futterkraut in grosser Menge anzubauen.“ (Basiner 1848, S. 234); „Medicago sativa L. ... Wird in Chiwa unter dem Namen Juuntschka oder Juindscha angebaut.“ (a. a. O., S. 304); „Lucerne (Medicago sativa), persisch Alaor, usbekisch (türkisch) Juuntschka oder

Dschunutschka, wird im ganzen Kulturlande Buchara's als das beliebteste und gewöhnlichste Futter für Pferde, Schaafe und Rinder auf unzähligen Feldern gebaut. ..." (Helmersen 1852, S. 248); „II. Par une lettre datée d'Astrachan le 1 Juin 1781. M. Hablizl' Correspondent de l'Académie marque, qu'il a appris par un Russe longtemps esclave en Boucharie, que les pâturages artificiels de ce pays, dont la plante a été indiquée par des voyageurs sous le nom de Beddé, n'est autre chose que la Luzerne (Medicago sativa) qui croit aussi sur le landes au nord de la mer Caspienne. Elle est aussi spontanée en Boucharie; ..." (Pallas 1788a, S. 82); „2. MEDICA caule erecto, floribus spicatis, siliquis repetito intortis, glabris. ... Medica legitima CLUS. p. CCXLII. Foenum Burgundiacum LOB. ic. II. p. 36. ... Medica major erectior floribus purpurascentibus I. B. p. 382. ... β Flore flavo pallente. Medica major erectior floribus luteis I. R. H. ..." (Haller 1742, S. 578f.); „FALCARIA Rivini. Sichel=Kraut. Germ. Ammi perenne. Moris. umbel. ... Eryngium arvense foliis serrae similibus C. B. P. 386. ..." (Rupp 1726, S. 225); „15. SIUM pinnis multifidis, rarius serratis, neruo folioso HALL. Helv. 436. Eryngium quartum DOD. p. 732. Eryngium montanum recentiorum LOB. ic. II. p. 24. Eryngium aruense foliis serrae similibus C. B. P. 386. Ammi perenne MOR. vmb. p. 22. TOURN. I. R. H. Falcaria Riv. Tab. XLVII. Sium foliis linearibus, laciniis decurrentibus connatis LINN. h. Cliff. 98. ROY. pr. p. 105. ..." (Gmelin 1747–1769, Bd. I, S. 201f.); „15. Sium pinnis multifidis rarius serratis, nervo folioso [=] Critamus agrestis Besser.!" (Ledebour 1841, S. 62); „4. SIUM pinnis multifidis, rarius serratis, nervo folioso. ... Eryngium arvense foliis serrae similibus C. B. P. ... Ammi perenne MOR. Umbellif. p. 22. ... Falcaria RIVIN. T. 47. RUPP. ..." (Haller 1742, S. 436); „5. SIUM foliis linearibus, laciniis decurrentibus connatis. Falcaria. Riv. pent. 48. Rupp. jen. 225. Ammi perenne. Moris. umb. 22. t. 1. f. 2. t. 7. f. 1. ... Eryngium arvense, foliis serrae similibus. Bauh. pin. 386. Eryngium quartum. Dod. pempt. 732. ..." (Linné 1737, S. 98); „7) Sichelkraut. Sium Falcaria. ... Sium foliolis linearibus, decurrentibus, connatis. LINN. Syst. veg. p. 235. Sp. pl. 362. Hort Cliff 98. ... Eryngium arvense, foliis serratis. C. BAUH. pin. 386. Eryngium quartum. DOD. pempt. Eryngium montanum recentiorum. LOB. Icon. 2. p. 24. ... Ammi perenne repens. MORIS. hist. 3. p. 294. S. 9. t. 8. f. 1. ... Die ganze Pflanze hat einen salzigen Geschmack, und die Saamen sind scharf und wohlriechend...." (Linné 1780, S. 122f.); „9. SIUM Falcaria. S. foliis linearibus decurrentibus connatis. Hort. cliff. 98. ... Gmel. sib. 1. p. 201. ... Falcaria Riv. pent. t. 47. Eryngium arvense, foliis serratis. Bauh. pin. 386. Eryngium IV. Dodon. 732. Ammi perenne repens. Moris. hist. 3. p. 294. s. 9. t. 8. f. 1. ... Sichelblättriger Merk. W. ..." (Linné 1797–1830, Bd. I, Teil 2, S. 1434); „1. CRITAMUS AGRESTIS. Besser. ... Sium Falcaria. Linn. Willd. Sp. pl. I. p. 1434. No. 9. ... Bunium Falcaria. M. a B. Fl. taur. cauc. I. p. 211. ... Sium pinnis multifidis, ... Gmel. Fl. sib. I. p. 201. No. 15. ..." (Ledebour 1829, S. 356); „351. Falcaria. HOST. ... 1. F. Rivini (Host. l. c.) ... Sium Falcaria L. Spec. p. 362. ... Bunium Falcaria. M. a BIEB. Fl. t. c. I, p. 211; ... Critamus agrestis. ... LEDEB. Fl. alt. p. 356. ... Sium pinnis multifidis, ... GMEL. Fl. sib. I, p. 201, No. 15. ..." (Ledebour 1844–1846, S. 245f.); „[Sium] Falcaria, foliolis linearibus decurrentibus connatis; Sichelkraut ..." (Gmelin 1776, Sp. 590f.); „530. BUNIUM Falcaria. ... Sium Falcaria. Linn. ed. Willd. 1. p. 1434. ... Gmel. sib. 1. p. 201. n. 15. ..." (Marschall von Bieberstein 1808a, S. 211); „... Sichelmöhren a) ... |: a) Sium Falcaria. :|" (Lepechin 1774, S. 71); „341. Sium Falcaria. Lin. Syst. Plant. I. p. 694. sp. 7. ... Tat. Kajak. Arm. Sibech. Georg. Kop Schilu. ..." (Falk 1786, S. 147); „4. SIUM Falcaria ... Sichelblättriger Merk. W. ..." (Georgi 1797–1802, Theil 3, S. 851); „33. TRIGONELLA leguminibus pedunculatis congestis pendulis, linearibus rectis, foliolis sublanceolatis. LIN. Sp. pl. 2. p. 1093. n. 1. Tab. VIII. Medicago siliqua parum inflexa, GM. Ind. Len. 406. Melilotus [müßte heißen: Lotus] montana, humilior, trifolia, ad caulem alata, lutea, siliqua modo recta, modo medicaginis instar falcata nigra, semine luteo, MESSERSCHM. AMM. Ruth. n. 156. Melilotus supina angustifolia Medicae facie, siliqua compressa AMM. Ruth. n. 159. ..." (Gmelin 1747–1769, Bd. IV, S. 24f.), nahezu identisch auf Bll. 10r–11r in: AAW R. I, Op. 104, D. 14 – s. Anm. 32 in Nr. 6; „33. Trigonella leguminibus pedunculatis congestis pendulis, linearibus rectis, foliolis sublanceolatis. t. VIII. [=] Trigonella ruthenica L.!" (Ledebour 1841, S. 112); „1) Rußische Trigonelle. Trigonella ruthenica. ... Trigonella leguminibus pedunculatis congestis pendulis linearibus rectis, foliolis sublanceolatis. LINN. Syst. Veg. p. 576. Sp. Pl. p. 1093. Hort. Cliff. 378*. ... GMEL. Sib. 4. p. 24. n. 33. t. 8. Melilotus supina angustifolia, medicae facie, siliqua compressa. AMM ruth. 159 & n. 156. ..." (Linné 1782, S. 760f.); „159. MELILOTUS supina, angustifolia, Medicae facie, siliqua compressa. ..." (Amman 1739, S. 120); „156. LOTUS montana, humilior, trifolia ad caulem alata, lutea, siliqua modo recta, modo Medicaginis instar falcata, nigra, semine luteo Messer<s>chm." (a. a. O., S. 119); „1. TRIGONELLA ruthenica. ... T. leguminibus pedunculatis congestis ... Sp. pl. 1093. ... Gmel. sib. 4. p. 24. n. 33. t. 8. T. leguminibus pedunculatis. ... Hort. cliff. 378.* ... Melilotus supina angustifolia, ... Amm. ruth. 159. et 156. ... Russischer Kuhhornklee. W. ..." (Linné 1797–1830, Bd. III, Teil 2, S. 1398); „213. Medicago. L. ... 3. M. ruthenica: ... Trigonella ruthenica. L. SP. 1093. ... Trigonella leguminibus pedunculatis congestis ... GMEL. Fl. sib. IV, p. 24. Nr. 33. t. 8. Melilotus supina, angustifolia, ... AMMAN. ruth. p. 120. Nr. 159. ..." (Ledebour 1842, S. 523f.); „[Trigonella] ruthenica, leguminibus pedunculatis congestis ... rußische Trigonelle, ..." (Gmelin 1777, Sp. 270f.); „Medicágo <Schneckenklee, Luzerne>: Name von L. mit dem zur Ableitung von Pfl.Namen geläufigen lat. Suffix –āgo ... wohl zur deutlicheren Abgrenzung vom Artepitheton medica (s. o.) gebildet nach der vor seiner Zeit geläufigen, vor allem von J. Bauhin, Morison und Herm. 410–13 verwendeten Benennung Medica (C. Bauhin zieht Trifolium vor), ... Dies < lat. mēdica (erg. herba) <Schneckenklee, Luzerne, Medicago sativa> ... als vorzügliches Futterkraut für Rinder und Schafe angesehen (Colum. 2,10,25), aber auch als Bienenweide; ..." (Genaust 2005, S. 373); „Erȳngium <Edeldistel, Mannstreu>: lat. ēryngion, ēryngē <Mannstreu> (Plin. 22,18) <gr. ērýggion, erýgge, ... <ein distelförmiger Doldenblütler, Eryngium> (Aristot h. an. 9,3; Theophr.; ...); Etymol. unerklärt, ..." (a. a. O., S. 236); „Būnias L. (Cruciferae). Von βουνος (Hügel); die Pflanze wächst an hohen trockenen Stellen. Būnium L. (Umbelliferae). Wie vorige Gattung, zugleich aber auch von βουνιον (Anschwellung), in Bezug auf die knollige Form der Wurzel." (Wittstein 1852, S. 131); „Crīthamus BESS. (Umbelliferae). Wie die Gattung Crithmum. Crīthmum L. (Umbelliferae). Von κριδαμινος (gerstenartig, von κριδη), der Same sieht dem Gerstenkorne sehr ähnlich." (a. a. O., S. 238); „Falcāria RIV. (Umbelliferae). Von falx (Sichel), in Bezug auf die Gestalt der Blattlappen." (a. a. O., S. 362); Medicago sativa L. – russ. *lugovoj gjazel', medunka, krasnyj burkun, ljucerna, ionša* bzw. *mu-sjuj* (*Annenkov* 1858, S. 59, Nr. 687)

„496. Medicago pedunculis laxe spicatis, leguminibus contortis, caule erecto glabro. Linn. h. Cliff. 377. Medica caule erecto, floribus spicatis, siliquis repetito intortis, glabris Hall. Alp. 578. Medica major erectior, floribus purpurascentibus B. hist. 2. 382. Foenum Burgundiacum Lob. Ic. II. p. 36. ..." (AAW R. I, Op. 13, D. 20, Bl. 50r, s. Anm. 1 in Nr. 1); „45 Medica major, erectior, floribus luteis. I. r. h. CL.X. S. IV. g. 6. ex Siberia." (AAW R. III, Op. 1, D. 98, Bl. 3r, s. Anm. 3 in Nr. 53); „209 Medica major, erectior, floribus luteis Inst. r. h. 410." (AAW R. I, Op. 6, D. 40, Bl. 32r, s. Anm. 1 in Nr. 1); „1068. Falcaria Rivini Ind. Irc. n° 577. ... Forte Fl. Irc. n°. 543." (AAW R. I, Op. 105, D. 1ª, Bll. 110v–111r, s. Anm. 29 in Nr. 5); „Falcaria Rivini Ind. Irc. n°. 577. Medicago siliqua parum inflexa Ind. Len. n°. 406. Forte Fl. Irc. n°. 543. ... Est Medicaginis species. ..." mit der rechts marginalen Anm. „vid. Ic. ..." (AAW R. I, Op. 13, D. 67, Bl. 69r, s. Anm. 5 in Nr. 4); „1068. Falcaria Rivini Ind. Irc. n°. 577. ... Forte Fl. Irc. n° 543." (AAW R. I, Op. 105, D. 1ª, Bll. 110v–111r, s. Anm. 29 in Nr. 5); „276. Medicago leguminibus saepe lunulatis, margine integerrimis. Falcaria Riv. ..." (AAW R. I, Op. 13, D. 20, Bl. 30v, s. Anm. 1 in Nr. 1); „577. Falcaria Rivini. Medicago siliqua parum inflexa Ind. Len. ..." (AAW R. I, Op. 105, D. 4ª, Bl. 59r, s. Anm. 54 in Nr. 17); „254. Falcaria Riv: ..." (AAW R. I, Op. 15, D. 1, Bl. 8v, s. Anm. 24 in Nr. 64); „406. Medicago Siliqua parum inflexa. ...", mit der rechts marginalen Anm. auf Bl. 75r „Tab. LX" (AAW R. I, Op. 13, D. 42, Bll. 75r–75v, s. Anm. 1 in Nr. 1); die Abbildung „Falcaria" auf Tafel 48 (Rivinus 1699); „2. Ammi perenne Mor. umb." (AAW R. I, Op. 13, D. 16, Bl. 17v, s. Anm. 32 in Nr. 6); „200 Ammi perenne M. U. B. n. 3. Falcaria Riv. pe" (AAW R. I, Op. 104, D. 13, Bl. 6r, s. Anm. 84 in Nr. 29); „169. Ammi perenne Mor. Umb." (AAW R. I, Op. 6, D. 40, Bl. 30v, s. Anm. 1 in Nr. 1); „1. Ammi perenne Mor. Umb. Ind. Jen. n°. 530. Sium Ind. Irc. n°. 218." (AAW R. I, Op. 13, D. 67, Bl. 36v, s. Anm. 5 in Nr. 4); „* Ammi perenne Mor. Umb. ..."

(AAW F. 21, Op. 5, D. 98, Bl. 21v, s. Anm. 54 in Nr. 17); „530. Ammi perenne Mor. Umb. In Ind. Irc. ^{no}/218. Sium dictum est, ...“ (AAW R. I, Op. 105, D. 1^{a}, Bl. 64v, s. Anm. 29 in Nr. 5); „698. Sium folijs linearibus, laciniis decurrentibus connatis Linn. h. cliff. 98. Ammi perenne Tourn. inst. 305. Boerh. lugd. 1. p. 54.“ (AAW R. I, Op. 13, D. 20, Bl. 65r, s. Anm. 1 in Nr. 1); „303„ d. [17. September 1724]„ [Sem.]„ Loti montanae humilioris, trifoliae ad caulem alatae, luteae siliquâ modo rectâ modo Medicaginis instar falcatâ, nigrâ, semine luteo.“ (AAW F. 98, Op. 1, D. 23, Bl. 9r, s. Anm. 49 in Nr. 653); „330. Trifolium caule fruticoso, ascendente, leguminibus nudis compressis, ... et falcatis ... Lotus montana, humilior, trifolia ad caulem alata, siliqua modo recta, modo Medicaginis instar falcata, nigra, semine luteo Mess. Amm. descr. 156. Falcaria Riv. ... Melilotus supina, angustifolia, Medicae facie, siliqua compressa Amm. descr. 159. ...“ (AAW R. I, Op. 13, D. 20, Bl. 34v, s. Anm. 1 in Nr. 1)

41 „[species 3] Astragalus floribus Viciae dilutè purpureis aut caeruleis Mor. Hist. Oxon. Part. 2. 106. Onobrychis floribus Viciae dilutè caeruleis C. B. Pin. 351. Onobrychis quibusdam, subcaeruleo flore J. B. 2. 337. Onobrychis ij Clus. Hist. ccxxxix.“ (Tournefort 1700, S. 415f., Genus I. „Astragalus. Astragale.“); „5. Astragalus floribus Viciae dilute violaceis aut caeruleis, nobis. ...“ (Morison 1680, S. 106f.); „ONOBRICHIS. CAP. XLIX. ...“ und die Abbildung „Onobrichis II.“ auf S. ccxxxix; (Clusius 1601, S. ccxxxviij–ccxl, ab Buch IV gesonderte Seitennumerierung mit römischen Zahlen); „70. ASTRAGALVS caulibus radicatis, scapis folia aequantibus, floribus gemellis, foliolis oualibus sericeis, leguminibus teretibus, glabris, erectis. T. XXVI. I. An astragalus floribus viciae dilute purpureis aut c<a>eruleis MORIS. Hist. oxon. 2. 106. STELL. Irc. n. 544. ... Icon ad plantam exsiccatam facta est.“ (Gmelin 1747–1769, Bd. IV, S. 54f.), nahezu identisch auf Bll. 29v–29^{a}v in: AAW R. I, Op. 104, D. 14 – s. Anm. 32 in Nr. 6; „70. Astragalus caulibus radicatis, scapis folia aequantibus, floribus gemellis, foliolis ovalibus sericeis, leguminibus teretibus glabris erectis. t. XXVI. f. 1. (excl. synon. Morison.) [=] Gülden-staedtia pauciflora Fisch.!“ (Ledebour 1841, S. 115); „*139. ASTRAGALUS pauciflorus. ... A. acaulis tomentosus, ... Pall. Astrag. p. 81. n. 88. t. 66. fig. B.* ... A. caulibus radicatis, ... Gmel. sib. 4. p. 54. A. 26. f. 1. Wenigblüthiger Traganth. E. ...“ (Linné 1797–1830, Bd. III, Teil 2, S. 1319f.); „221. Güldenstädtia. FISCH. ... 2. G. pauciflora (FISCH. l. c. p. 173) ... Astragalus pauciflorus. PALL. Astragal. p. 81. Nr. 88. t. 65. f. B. – WILLD. Sp. pl. III, p. 1319. ... Astragalus vernus. GEORGI. ... Beschreib. d. Russ. R. III, 4. p. 1187; ... Astragalus caulibus radicatis, ... GMEL. Fl. sib. IV, p. 54. Nr. 70. t. 26. f. 1 (excl. synon. MORIS.). ...“ (Ledebour 1842, S. 564); „LXXXVIII. ASTRAGALVS pauciflorus. TAB. LXVI. B. A. acaulis tomentosus, scapis folia aequantibus declinatis subbifloris, (leguminibus teretibus. Steller.) Astragalus caulibus radicatis, scapis folio aequantibus, floribus gemellis, foliolis ovalibus sericeis, leguminibus teretibus glabris erectis, Gmelin. Flor. Sib. IV. p. 54. n. 70. tab. 26. fig. 1. An Astragalus floribus viciae dilute purpureis, Morisoni. Steller. flor. Ircutens. MS. n. 544. ...“ (Pallas 1800, S. 81); „33. ASTRAGA-LUS vernus Gm. Fl. Sib. 4. p. 54. No. 70. T. 26. F. 1. Frühlings=Tragant. Fein wollig, mit blauen Blumen, eyförmigen Blättchen. ...“ (Georgi 1797–1802, Theil 3, S. 1187f.); „5) Oesterreichischer Tragant. Astragalus austriacus. ... Astragalus caulescens, erectus, caule pentagono glabro, racemis erectis, leguminibus utrinque nudis, foliolis sublinearibus. LINN. Syst. Veg. p. 566. Sp. Pl. p. 1070. ... Onobrychis floribus viciae dilute caeruleis. C. BAUH. pin. 351. ...“ (Linné 1782, S. 684f.); „65. ASTRAGALUS austriacus. ... A. caulescens procumbens, floribus racemosis, ... Sp. pl. 1070. ... A. (dichopterus) caulescens patulus, ... Pall. Astrag. p. 49. n. 52. t. 39.* Onobry-chis floribus viciae dilute coeruleis. Bauh. pin. 351. Onobrychis 2. Clus. hist. 2. p. 239. Oestrei-chischer Traganth. W. ...“ (Linné 1797–1830, Bd. III, Teil 2, S. 1288); „LII. ASTRAGALUS dichopterus. TAB. XXXIX. A. caulescens patulus, pedunculis floriferis axillaribus, alis corollae bifidis, leguminibus triquetris acuminatis. Onobrychis II. Clus. hist. II. p. 236 [sic!] Onobrychis floribus viciae coeruleis C. Bauh. pin. 351. Astragalus (Austriacus) caulescens erectus (?), caule pentagono glabro racemis erectis, leguminibus utrinque acutis nudis, foliolis sublinearibus, Linn. Syst. plant. III. p. 526. sp. 5. (exclusa varietate). ...“ (Pallas 1800, S. 49); „6) ASTRAGALUS AUSTRIACUS. L. ... M. a BIEB. Fl. taur. cauc. II. p. 193. No. 1479. ... A. dichopterus. Pall.

Astrag. p. 49. t. XXXIX. ..." (Ledebour 1831, S. 298); „39. A[stragalus] austriacus (L. SP. 1070) ... M. a BIEB. Fl. t. c. II, p. 193. ... LEDEB. Fl. alt. II, p. 298. ... A. dichopterus. PALL. ... Astrag. p. 49. Nr. 52. t. 39. ..." (Ledebour 1842, S. 616); „Astragalus austriacus. ... österreichischer Tragant, dessen Stamm gestrekt ist, dessen Blumen Trauben bilden, dessen Hülsen rundlicht und auf beyden Seiten spizig, und dessen Blättlein gleichbreit sind; ... sie heißt bey Morison: Astragalus floribus viciae dilute purpureis aut caeruleis; ..." (Gmelin 1772a, Sp. 938); „1479. ASTRAGALUS austriacus. ... Linn. ed. Willd. 3. p. 1288. ... Onobrychis secunda. Clus. hist. 2. p. 239. ..." (Marschall von Bieberstein 1808, S. 193); „39. ASTRAGALUS dichopterus ... Doppeltgeflügelter Tragant. ..." (Georgi 1797–1802, Theil 3, S. 1188); „GLÄNZE, f., kaum volkstümliche bezeichnung der pflanzengattung astragalus: glänze astragalus glaux ... das harz der astragalusarten wird als tragant im konditoreigewerbe, in apotheken als bindemittel für pillen und tabletten, in der seidenappretur und zum glänzendmachen von sohlenleder benutzt, ..." (Grimm 1991, Bd. 7, Sp. 7627); „Gueldenstäedtia FISCH. (Papilionaceae). Nach ANT. JOH. GÜLDENSTÄDT, geb. 1745 in Riga, nahm an der von Katharina II. veranstalteten Reise in die südlichen Provinzen ihres Reichs 1768–75 Theil und st. 1781 in Petersburg; beschrieb seine Reisen." (Wittstein 1852, S. 404)

„219. Astragalus floribus viciae dilute purpureis aut coeruleis Mor. Hist. Ox. P. 2. 107." (AAW R. I, Op. 6, D. 40, Bl. 32v, s. Anm. 1 in Nr. 1); „10. Astragalus vernus, radice rubra, floribus gemellis, siliqua tereti, glabra. Fl. Irc. n°. 544." (AAW R. I, Op. 13, D. 67, Bl. 72v, s. Anm. 5 in Nr. 4); „72. Onobrychis." (AAW R. I, Op. 14, D. 8, Bl. 2v, s. Anm. 98 in Nr. 39)

42 „Alkannawurzel (Pharm.), 1) unechte A. (Radix alcannae spuriae), die braunrothe Wurzel von Anchusa tinctoria. Der Färbestoff der Rinde färbt Weingeist, Öle, Fette u. Wachs purpurroth, das Wasser aber nur schwach braunroth, er wird nur zum Färben verschiedener Tincturen u. Salben benutzt. ... 2) echte A. (Radix alcannae verae), Wurzel von Lawsonia inermis, mehr Färbestoff enthaltend als die vorige; außer im Orient, wo die Frauen die Nägel damit färben, nicht mehr gebraucht." (Pierer 1857–65, Bd. 1, S. 324)

43 „[species 17] Astragalus supinus, siliquis villosis, glomeratis. Astragalus Hispanicus, siliquâ Epiglotidi simili, flore purpureo, major Turnefortii H. L. Bat." (Tournefort 1700, S. 416, Genus I. „Astragalus. Astragale."); „Astragalus Hispanicus, siliquâ epiglottidi simili, flore purpureo, major Turnefortii. ANN. ..." (Hermann 1687, S. 74f.); „4. ASTRAGALUS siliquis cordatis acutis pendulis lateribus connibentibus. Astragalus pumilus, siliqua epiglottidis forma. Tournef. inst. 416. ... Astragalus hispanicus, siliqua epiglottidi simili flore albo minori tournefortii. Herm. lugdb. 76. t. 77. ... α Astragalus supinus, siliquis villosis glomeratis, Tournef. inst. 416. Astragalus hispanicus, siliqua epiglottidi simili, flore purpureo, major tournefortii. Herm. lugdb. 74. t. 75. ..." (Linné 1737, S. 362); „20) Stachlichter Tragant. Astragalus pentaglottis. ... Astragalus caulescens procumbens, leguminibus capitatis replicatis compressis conniventibus cristatis acumine reflexo. LINN. Syst. Veg. p. 567. Mant. Pl. II. p. 274. ... Astragalus supinus siliquis villosis glomeratis. TOURNEF. Inst. R. H. 416. Astragalus hispanicus, siliqua epiglottidi simili, flore purpureo maior. HERM. lugdb. 74. t. 75. ... Eigentlich haben die Hülsen an dieser und den beyden folgenden Arten [d. h. Astragalus epiglottis L. und Astragalus hyplottis L.] fast vollkommen der Figur der Kehldecke (epiglottis), welche man sich, um die Beschreibung der Hülsen zu fassen, hinzudenken muß." (Linné 1782, S. 695f.); „57. ASTRAGALUS pentaglottis. ... A. (dasyglottis) caulescens villoso-canus, ... Pall. Astrag. n. 111. ... A. supinus siliquis villosis glomeratis. Tournef. inst. 416. ... A. hispanicus, siliqua epiglottidi simili, flore purpureo, major. Herm. lugdb. 74. t. 75. ... Fünfzungiger Traganth. W. ..." (Linné 1797–1830, Bd. III, Teil 2, S. 1283f.); „CXI. ASTRAGALVS Dasyglottis. A. caulescens villoso-canus, foliolis retuso-emarginatis suboctojugis, pedunculis capitatis folio brevioribus, leguminibus cordato-mucronatis hispido-squamatis. ... Astragalus supinus, siliquis villosis glomeratis, Tournef. inst. p. 416. Astragalus hispanicus, siliqua epiglottidis simili, flore purpureo, major, Herman. Lugd. bat. tab. 75. Astragalus (pentaglottis) caulescens procumbens, leguminibus capitatis replicatis compressis conniventibus, cristatis, acumine reflexo, Lin. Mantiss. II. p. 274. Syst. pl. III. p. 532 sp. 20. ..." (Pallas 1800, S. 105);

„Astragalus Epiglottis, caulescens procumbens, leguminibus capitatis cordatis acutis hirsutis complicatis; Luftröhrendekel, Tragant, dessen Stamm niedergeschlagen, und dessen Hülsen herzförmig, spizig, zotig, und zusammengefaltet sind, und sich im Kopfe vereinigen; ... Er heißt bey Hermann: Astragalus hispanicus, siliqua epiglottidis simili, flore purpureo major Tournefortii; bey Tournefort: Astragalus supinus, siliquis villosis glomeratis; ...“ (Gmelin 1772a, Sp. 935)

„4. Astragalus supinus, siliquis villosis, glomeratis. Inst. r. h.“ (AAW R. I, Op. 13, D. 16, Bl. 24v, s. Anm. 32 in Nr. 6); „71. An Astragalus supinus, siliquis villosis, glomeratis I. R. H?“ (AAW R. I, Op. 14, D. 8, Bl. 2v, s. Anm. 98 in Nr. 39); „Astragalus Supinus, Siliquis villosis glomeratis Inst: r. h.“ (AAW R. III, Op. 1, D. 162, Bl. 23r, s. Anm. 54 in Nr. 17); „Astragalus Supinus Siliquis villosis glomeratis Inst. r. h.“ (a. a. O., Bl. 35v); „6. An Astragalus supinus siliquis villosis glomeratis. J. B. H. Ind. Len.“ (AAW R. I, Op. 15, D. 1, Bl. 10r, s. Anm. 24 in Nr. 64); „72. An Astragalus supinus siliqvis villosis, glomeratis I. R. H? Ind. Len.“ (a. a. O., Bl. 11r); „339 Astragalus supinus siliquis villosis glomeratis Tour. i. r. h. Flor ircut. N. 545. ...“ (AAW R. I, Op. 104, D. 25, Bl. 26r, s. Anm. 61 in Nr. 21); „6. An Astragalus supinus, siliquis villosis glomeratis I. R. H? Ind. Len. n°. 412. ... Astragalus hirsutus, minimis Viciae folijs, radice repente Ind. Irc. n°. 598. Astragalus supinus siliquis villosis glomeratis I. R. H. Fl. Irc. n°. 545. j. Idem flore candido. ...“ mit der links marginalen Anm. „vid. Ic.“ neben „6. An Astragalus ...“ (AAW R. I, Op. 13, D. 67, Bl. 71v, s. Anm. 5 in Nr. 4); „[N°.] 267. Astragalus Supinus Siliquis villosis, glomeratis Inst. r. h.“ (AAW R. I, Op. 15, D. 3, Bl. 5v, s. Anm. 65 in Nr. 24); „598. Astragulus hirsutus minimis Viciae folijs, radice repente. An Glaux Dioscor. Clus. H. CCxL.? ...“ [s. Anm. 48 in Nr. 548] mit der rechts marginalen Anm. von J. G. Gmelin „Astragalus sup. siliquis villosis glomeratis I. R. H. St. 545“ (AAW R. I, Op. 105, D. 12, Bl. 33r, s. Anm. 54 in Nr. 17); s. auch Nr. 546

44 „[species 18] Astragalus pumilus, siliquâ Epiglottidis formâ. Astragalus Hispanicus, siliquâ Epiglottidi simili, flore albo, minor Turnefortii H. L. Bat.“ (Tournefort 1700, S. 416, Genus I. „Astragalus. Astragale.“); „Astragalus Hispanicus siliquâ epiglottidi simili, flore albo minor Turnefortii. ANN. ...“ (Hermann 1687, S. 76); „21) Weißer Tragant. Astragalus epiglottis. ... Astragalus caulescens procumbens, leguminibus capitatis sessilibus cernuis cordatis mucronatis replicatis nudis. LINN. Syst. Veg. p. 568. Mant. Pl. II. p. 274. Astragalus siliquis cordatis acutis pendulis, lateribus conniventibus Hort. Cliff. 362. ... Astragalus hispanicus, siliqua epiglottidi simili, flore albo minor. HERM. lugdb. 76. t. 77. ...“ (Linné 1782, S. 696); „58. ASTRAGALUS epiglottis. ... A. siliquis cordatis acutis pendulis, ... Hort. cliff. 362. A. caulescens annuus subpilosus, ... Pall. Astrag. n. 110. A. hispanicus, siliqua epiglottidi simili, ... Herm. lugdb. 76. t. 77. ... Vielzungiger Traganth. W. ...“ (Linné 1797–1830, Bd. III, Teil 2, S. 1284f.); „CX. ASTRAGALVS Epiglottis. A. caulescens annuus, subpilosus, foliolis lanceolatis quinquejugis, capitulis axillaribus sessilibus, leguminibu cordato-acuminatis trigonis, subtus scrobecanaliculatis. ... Astragalus Hispanicus, siliqua epiglottidi simili, flore albo, minor, Herman. Lugdbat. tab. 77. ... Astragalus siliquis cordatis acutis pendulis, lateribus conniventibus, Lin. Hort. Cliff. 362. Astragalus (Epiglottis) caulescens procumbens, leguminibus capitatis sessilibus cernuis cordatis mucronatis replicatis, nudis, Lin. mantiss. II. p. 274. Syst. plant. III. p. 532. sp. 21. ...“ (Pallas 1800, S. 104); „[Astragalus] pumilus siliqua epiglottidis forma, hierunter versteht Tournefort eine kleine, weisse niedrige Spielart des Luftröhrendekels.“ (Gmelin 1772a, Sp. 964f.); „5. Klein-Wirbelkraut mit weissen Blumen und zapfneformichten [sic!] Schoten. Astragalus pumilus, siliqua epiglottidis (*) forma, flore albo. |: (*) Epiglottis, heisset das Zäpfgen im Halse: siliqua epiglottidis forma, eine Hülse, Schote, die bald wie dieses Zäpfgen siehet. :|“ (Riedel 1769, S. 928)

„9. Astragalus Alpinus foliis Viciae angustioribus, flore ochrolevco. Inst. r. h. 417. Gmel.“ (AAW R. I, Op. 13, D. 16, Bl. 24v, s. Anm. 32 in Nr. 6); „68. An Astragalus Alpinus, foliis Viciae angustioribus, flore ochroleuco. I. R. H?“ (AAW R. I, Op. 14, D. 8, Bl. 2r, s. Anm. 98 in Nr. 39); „595. An Astragalus Alpinus folijs Viciae angustioribus flore ochroleuco I. R. H? Ind. Len. ...“ mit der rechts marginalen Anm. von J. G. Gmelin „Astrag. pumil. siliqua Epiglottidis forma I. R.

[H.] St. n°. 546." (AAW R. I, Op. 105, D. 12, Bl. 33r, s. Anm. 54 in Nr. 17); „15. An Astragalus Alpinus folijs Viciae angustioribus, flore ochroleuco I. R. H? Ind. Len. n°. 411." (AAW R. I, Op. 13, D. 67, Bl. 71v, s. Anm. 5 in Nr. 4); „411. An Astragalus Alpinus foliis Viciae angustioribus, flore ochroleuco I. R. H. ..." mit der links marginalen Anm. auf Bl. 77v „Tab LXII." (AAW R. I, Op. 13, D. 42, Bll. 77v–78r, s. Anm. 1 in Nr. 1); s. Nr. 545

45 „[species 5] Astragalus quidam montanus vel Onobrychis aliis J. B. 2. 339. Onobrychis floribus Viciae majoribus, coeruleo-purpurascentibus vel foliis Tragacanthae C. B. Pin. 351. Onobrychis 4 Clus. Hist. ccxl." (Tournefort 1700, S. 416, Genus I. „Astragalus. Astragale."); „4. Das Berg=Knollenkraut, mit großen, blau=purpurichten Wicken=Bluhmen: Astragalus quidam montanus, vel Onobrychis aliis, J. B. 2. 339. ..." (Zwinger 1744, S. 639); „30) Berg=Tragant. Astragalus montanus. ... Astragalus subacaulos, scapis folio longioribus, floribus laxe spicatis erectis, leguminibus ovatis acumine inflexo. LINN. Syst. Veg. p. 569. Sp. Pl. p. 1070. ... Astragalus quidam montanus vel Onobrychis aliis. I. BAUH. hist. 2. p. 240. Onobrychis floribus viciae maioribus caeruleo purpurascentibus s. foliis tragacanthae. C. BAUH. pin. 351. ..." (Linné 1782, S. 701f.); „97. ASTRAGALUS montanus. A. acaulis, foliolis lanceolatis acutis subpilosis, scapis erectis, folio longioribus, floribus laxe spicatis erectis, leguminibus oblongis pubescentibus acumine inflexo. W. ... A. subcaulescens, pedunculis folio longioribus erectis, ... Pall. Astrag. p. 65. n. 71. ... Astragalus quidam montanus vel Onobrychis aliis. Bauh. hist. 2. p. 240. Onobrychis floribus viciae majoribus caeruleo-purpurascentibus s. foliis tragacanthae. Bauh. pin. 351. ... Berg-Traganth. W. ..." (Linné 1797–1830, Bd. III, Teil 2, S. 1302f.); „LXXI. ASTRAGALUS montanus. A. subcaulescens, pedunculis folio longioribus erectis, corollis coeruleis subnutantibus, leguminibus cylindraceo-oblongis. ... Onobrychis floribus viciae majoribus coeruleo-purpurascentibus C. Bauh. pin. 351. Astragalus quidam montanus vel Onobrychis aliis I. Bauh. hist. II. p. 240. ... Astragalus (montanus) subacaulos, s<c>apis folio longioribus, floribus laxe spicatis erectis, leguminibus ovatis acumine inflexo, Linn. syst. pl. III. p. 535. sp. 30. ..." (Pallas 1800, S. 65); „Astragalus montanus subacaulos, ... Bergtragant, ... Er heißt bey J. Bauhin: Astragalus quidam montanus vel Onobrychis aliis, ..." (Gmelin 1772a, Sp. 940); „1486. ASTRAGALUS montanus. ... A. acaulis, foliolis lanceolatis acutis subpilosis, scapis erectis folio longioribus, floribus laxe spicatis erectis, leguminibus oblongis pubescentibus: acumine inflexo. Linn. ed. Willd. 3. p. 1302. ... Pall. monogr. n. 71. ... Gmel. sib. 4. p. 55. n. 71. [s. Nr. 551] ..." (Marschall von Bieberstein 1808, S. 197); „30. O[xytropis] cyanea (M. a BIEB. Fl. t. c. III, p. 502 (excl. pl. HALLER) ... Astragalus montanus. M. a BIEB. Fl. t. c. II, p. 197 excl. synon. (non LINN.). β. albana: acaulis subsericea, ... M. a BIEB., l. c. ..." (Ledebour 1842, S. 587f.); „1502*****. OXYTROPIS cyanea. ... Astragalus montanus. Flor. taur. cauc. n. 1486. (exclusis synonymis, praeter Hallerum.) β. O. (albana) acaulis subsericea, ..." (Marschall von Bieberstein 1819, S. 502f.); „1. O[xytropis] MONTANA (DC. l. c. n. 1) ... Astragalus montanus Linn. spec. 1070. ... 3. O[xytropis] CYANAEA (Bieb. suppl. 502) ... Astr. montanus Bieb. fl. taur. n. 1486. excl. syn. O. montana Stev! mem. soc. mosq. 4. ... β. Albana ..." (Candolle 1825, S. 275); „Oxӯtropis DC. (Papilionaceae). Zus. aus ὀξυς (spitz) und τροπις (Nachen); die Carina läuft auf dem Rücken in eine Spitze aus." (Wittstein 1852, S. 648)

„340 an astragalus quidam montanus vel onobrychis aliis J B. Flor. ircut No 547. ..." (AAW R. I, Op. 104, D. 25, Bl. 26r, s. Anm. 61 in Nr. 21); „404. Astragalus quidam?" (AAW R. I, Op. 15, D. 1, Bl. 16r, s. Anm. 24 in Nr. 64)

46 „VICIA. ... teutsch, Wicken. ... Die Blätter sind länglicht und schmal, werden manchmahl gegen die Spitze zu gar breit, sind rauch, und ihrer hangen zehen bis zwölff Paar an einem Stiele, daran vorne ein Gäbelein befindlich ist. Die Blüte ist als wie an andern Hülsenfrüchten, purpurfarbig oder blaulicht, und steckt in einem zackigten Hörnlein. ..." (Lémery 1721, Sp. 1178)

47 s. Anhang B.2. Nr. 226

48 „61. ? ASTRAGALVS caulescens diffusus, capitulis pedunculatis, imbricatis, ouatis, floribus erectis, leguminibus ouatis, callosis. LIN. Sp. pl. 2. p. 1069. n. 22. T. XXIII. A. B. ? Glaux Dioscoridis, CLVS. Hist. CCXLI. An astragalus alpinus siliquis villosis, glomeratis, I. R. H. GM.

Ind. Len. 412, Astragalus albus humilis, spica glomerata, GM. Ind. Len. 413. Astragalus hirsutus, minimis viciae foliis radice repente, [s. auch Anm. 43 in Nr. 545] ID. Ind. Irc. 548. [müßte heißen: 598] Astragalus pratensis procumbens, viciae foliis, flore caeruleo, STELL Irc. 548. Astragalus alpinus, siliquis villosis glomeratis, ib. n. 545. Idem floribus albis. ..." (Gmelin 1747–1769, Bd. IV, S. 46f.), nahezu identisch auf Bll. 25r–25v in: AAW R. I, Op. 104, D. 14 – s. Anm. 32 in Nr. 6; „61. Astragalus caulescens diffusus, capitulis pedunculatis imbricatis ovatis, floribus erectis, leguminibus ovatis callosis. t. XXIII. f. A. [=] Astragalus Hypoglottis L.! [;] f. B. (in textu omissa.) [=] Oxytropis uralensis DeC.!" (Ledebour 1841, S. 115); „25) Glaux. Astragalus Glaux. ... Astragalus caulescens diffusus, capitulis pedunculatis imbricatis, ovatis, floribus erectis, leguminibus ovatis callosis inflatis, LINN. Syst. Veg. p. 568. Sp. pl. p. 1069. ... GMEL. Sib. n. 16. [sic!] t. 23. Tab. A. B. Ciceri sylvestri minori affinis. C. BAUH. pin. 347. Glaux Dioscoridis. CLUS. hist. 2. p. 240. t. 241. ..." (Linné 1782, S. 698f.); „59. ASTRAGALUS hypoglottis. ... A. (arenarius) caulescens debilis, pedunculis folio longioribus, leguminibus ovato-acuminatis, cano-villosis. Pall. Astrag. p. 43. n. 46. t. 34.* ... A. caulescens diffusus capitulis pedunculatis imbricatis ovatis, floribus erectis, leguminibus ovatis callosis. Gmel. sib. 4. p. 46. tab. 23. fig. A. ... Wiesen-Traganth. W. ..." (Linné 1797–1830, Bd. III, Teil 2, S. 1285f.); „1) ASTRAGALUS HYPOGLOTTIS. Linn. ... M. a Bieb. Fl. taur. cauc. III. p. 487. No. 1461.** A. arenarius. Pall. Astrag. p. 43. t. XXXIV. ... Astragalus caulescens diffusus, ... Gmel. Fl. sib. IV. p. 46. No. 61. t. XXIII. fig. A. ... β. dasyglottis: ..." (Ledebour 1831, S. 292f.); „3. A[stragalus] hypoglottis (L. Mant. 274) ... M. a BIEB. Fl. t. c. III, p. 487. – LEDEB. Fl. alt. III, p. 292. ... A. arenarius. PALL. ... Astragal. p. 43, Nr. 46. t. 34. ... Astragalus caulescens, diffusus, ... GMEL. Fl. sib. IV, p. 46, Nr. 61, t. 23, f. A. ... β. dasyglottis: ... A. hypoglottis β. dasyglottis. LEDEB. Fl. alt. III, p. 293. ..." (Ledebour 1842, S. 602f.); „1461**. ASTRAGALUS hypoglottis. ... Linn. ed. Willd. 3. p. 1285. ... A. arenarius. Pall. astrag. n. 46. t. 34. ..." (Marschall von Bieberstein 1819, S. 487f.); „[Astragalus] Glaux, ... spanischer Tragant, dessen Stamm ausgebreitet, dessen Blumenköpfe gestielt und eyrund sind, und wie Dachziegel, auf einander liegen, ... Sie heißt bey Stellern: Astragalus pratensis procumbens viciae foliis, flore caeruleo; ..." (Gmelin 1772a, Sp. 936f.); „15. ASTRAGALUS Glaux ... Spanischer Tragant. ..." (Georgi 1797–1802, Theil 3, S. 1185); „XLVI. ASTRAGALUS arenarius. TAB. XXXIV. A. caulescens debilis, pedunculis folio longioribus, leguminibus ovato-acuminatis, cano-villosis. Glaux Di<o>scoridis Clus. hist. p. 241. Astragalus incanus parvus purpureus nostras Plukenet. almag. p. 59. Glaux exigua montana purpurea nostras Raj. ... Hist. plant. I. p. 939. [s. Nr. 560] Astragalus caulibus ramosis, pedunculis longissimis, spicis ovatis arctis, foliolis ovatis obtusis. Gmelin. Flor. Sib. IV. p. 44. n. 52. [sic!] Astrag. caulescens diffusus, capitulis pedunculatis, imbricatis, ovatis, floribus erectis, leguminibus ovatis callosis Gmel. Flor. Sib. IV. p. 46. tab. 23. fig. A. (non B.) Astragalus (arenarius) subcaulescens procumbens, floribus subracemosis erectis, foliolis tomentosis. Linn. ... System. plant. III. p. 533. sp. 24. Flor. Dan. tab. 614. ..." (Pallas 1800, S. 43f.); „GLAVX. CAP. I. ... Glaux Dios. ..." einschließlich der Abbildung „Glaux Hispanica." auf S. ccxlj (Clusius 1601, S. ccxl–ccxlj; ab Buch IV gesonderte Seitennumerierung mit römischen Zahlen); „58. ASTRAGALVS caulibus ramosis, pedunculis longissimis, spicatis ouatis, arctis, foliolis ouatis, obtusis. Astragalus foliis viciae angustoribus, flore candido. GM. ind. Len. n. 408. [s. Nr. 549] ..." (Gmelin 1747–1769, Bd. IV, S. 44f.); „58. Astragalus caulibus ramosis, pedunculis longissimis, spicatis ovatis obtusis. [=] Astragalus Cicer L.? (ex M. a Bieb. Fl. t. c. III. 488. – An potius spec. recentioribus ignota?)" (Ledebour 1841, S. 114); „1463. ASTRAGALUS dealbatus. [s. Nr. 551] Synonymon Gmel. sib. 4. p. 44. n. 58. potius ad A. cicer referendum. hic excludatur. ..." (Marschall von Bieberstein 1819, S. 488); „5. ASTRAGALUS leguminibus subglobosis, floribus spicatis, caule erecto. ..." (Linné 1737, S. 362); „12) Wilde Kichern. Astragalus cicer. ... Astragalus caulescens prostratus, leguminibus subglobosus inflatis mucronatis pilosis. LINN. Syst. Veg. p. 567. Sp. Pl. p. 1067. Astragalus leguminibus subglobosis, ... Hort. Cliff. 362. ..." (Linné 1782, S. 689f.); „42. ASTRAGALUS Cicer. ... A. leguminibus subglobosis, ... Hort cliff. 362. ... A. caulescens prostratus, ... Pall. Astrag. p. 37. n. 42. ... Kichernartiger Traganth. W. ..." (Linné 1797–1830,

Bd. III, Teil 2, S. 1275f.); „51. A[stragalus] Cicer (L. SP. 1067) ... PALL. Astragal. p. 37. Nr. 42. ... M. a BIEB. Fl. t. c. II, p. 289. ... A. caulibus ramosis, ... GMEL. Fl. sib. IV, p. 44. Nr. 58? ...“ (Ledebour 1842, S. 620); „1470. ASTRAGALUS Cicer. ... Pall. monogr. n. 42 ...“ (Marschall von Bieberstein 1808, S. 189); „XLII. ASTRAGALUS Cicer. ... Astragalus leguminibus subglobosis, ... Linn. hort. Cliff. 362. ...“ (Pallas 1800, S. 37f.); „XLI. ASTRAGALUS Glaux. ... Glaux Di<o>scoridis Clus. hist. II. p. 420. tab. p. 241. Ciceri sylvestri minori affinis C. Bauh. pin. 347. Astragalus (Glaux) caulescens diffusus, capitulis pedunculatis imbricatis ovatis, floribus erectis, leguminibus ovatis callosis inflatis, Linn. Syst. plant. III. p. 534. sp. 25. ...“ (Pallas 1800, S. 36f.); „6. O[xytropis] URALENSIS, ... A. Uralensis Linn. spec. 1071. excl. Hall. syn. Pall. astr. t. 42. fig. A. major et minùs sericea quàm var. Europaea. ... β. sericea, ... Pall astr. t. 42. B. ...“ (Candolle 1825, S. 276); „LV. ASTRAGALUS Uralensis. TAB. XLII. A. acaulis sericeo pubescens, ... Astragalus (Uralensis) acaulis, scapo erecto, ... Linn. hort. Upsal. 226. ... Astragalus scapis aphyllis, ... Haller. Helv. Ed. II. p. 179. n. 410. tab. 14. ...“ (Pallas 1800, S. 53f.); „17) OXYTROPIS URALENSIS. Decand. ... O. uralensis. Decand. Prodr. II. p. 276. No. 6. Astragalus uralensis. Linn. Willd. Spec. pl. III. p1312. – Pall. Astragal. p. 53. No. 55. t. XLII. Phaca uralensis. Wahlenb. Fl. carpath. No. 737. – M. a Bieb. Fl. taur. cauc. III. p. 503. No. 1502.***** ... Astragalus pedunculis radicatis, ... Gmel. Fl. sib. IV. p. 59. No. 76. t. XXX. – Gmel. l. c. t. XXIII. f. B. Astragalus non ramosus, ... Amman ruth. p. 126. No. 167. Oxytropis ambigua. Decand. Prodr. II. p. 276. No. 11. Astragalus ambiguus. Pall. Astragal. p. 54. No. 56. t. XLIII. et XLIII. B. – Willd. Spec. pl. III. p. 1312. ... β. pumila: ...“ (Ledebour 1831, S. 289f.); „122. ASTRAGALUS uralensis. ... A. acaulis sericeo-pubescens, ... Pall. Astrag. p. 53. n. 55. t. 42.* ... Uralischer Traganth. W. ...“ (Linné 1797–1830, Bd. III, Teil 2, S. 1312f.); „1502*****. OXYTROPIS uralensis. ... Astragalus (uralensis) acaulis, ... Linn. ed. Willd. 3. p. 1312. ... Pall. monogr. n. 55. t. 42. ... Gmel. sib. 4. p. 59. n. 76. t. 30. Amm. ruth. n. 167. Phaca uralensis. Wahlenberg. carpat. n. 737. ...“ (Marschall von Bieberstein 1819, S. 503f.); „76. ASTRAGALVS pedunculis radicatis, hirsutissimis, folio longioribus, foliolis ouatis, acutis, saepe imbricatis, spica arctissima, T. XXX. Astragalus non ramosus, canescens, flore purpurascente, GM. Ind. Irc. 592. ? Astragalns [sic!] foliis ouato-lanceolatis, sericeis splendentibus, HALL. Helu. 506. t. 5. ? Astragalus acaulis scapo erecto foliis longiore leguminibus subulatis, inflatis, villosis, erectis, LIN. Hort. vps. 226. Sp. pl. 2. p. 1061. [müßte heißen: 1071] n. 30. ...“ (Gmelin 1747–1769, Bd. IV, S. 59f.), nahezu identisch auf Bll. 32r–33v in: AAW R. I, Op. 104, D. 14 – s. Anm. 32 in Nr. 6; „76. Astragalus pedunculis radicatis hirsutissimis folio longioribus, foliolis ovatis acutis saepe imbricatis, spica arctissima. t. XXX. [=] Oxytropis uralensis DeC.! (Oxytropis ambigua DeC. Prodr. II. 276.)“ (Ledebour 1841, S. 116); „45. O[xytropis] uralensis (DEC. Astragal. p. 55. Nr. 3) ... O. uralensis. DEC. Prodr. II, p. 276. ... M. a BIEB. Fl. t. c. III, p. 203.– LEDEB. Fl. alt. III, p. 289. ... O. ambigua. DEC. ... Prodr. II, p. 276. ... Astragalus uralensis. L. SP. 10721. ... PALLAS. Astragal. p. 53, Nr. 55, t. 42. ... Astragalus ambiguus. PALL. Astragal. p. 54, Nr. 56, t. 43 et 43 B. WILLD. Spec. pl. III, p. 1312. ... Astragalus pedunculis radicatis ... GMEL. Fl. sib. IV, p. 59, Nr. 76, t. 30. et t. 23, f. B. in textu omissa. Astragalus non ramosus, ... AMMAN ruth. p. 126. Nr. 167. ... β. sericea: ... O. uralensis β. sericea. DEC. l. c. ... γ. pumila: ... O. uralensis β. pumila. LEDEB. Fl. alt. III, p. 290. ...“ (Ledebour 1842, S. 593f.); „167. ASTRAGALUS non ramosus, villosus et incanus, spicatus, floribus purpureo-violaceis. ...“ (Amman 1739, S. 126f.); „11. O[xytropis] AMBIGUA (DC. l. c. n. 4.) ... Astr. ambiguus. Pall. astr. p. 54. t. 43. – Gmel. sib. 4. t. 30? ...“ (Candolle 1825, S. 276); „LVI. ASTRAGALUS ambiguus. TAB. XLIII. ... Astragalus non ramosus, ... Amman. ruth. p. 126. n. 167. Astragalus pedunculis radicatis ... Gmelin. Flor. Sib. IV. p. 59. n. 76. tab. 30. ... TAB. XLIII. B.“ (Pallas 1800, S. 54f.); „*121. ASTRAGALUS ambiguus. ... A. acaulis nudiusculus, ... Pall. Astrag. p. 54. n. 56. t. 43* A. pedunculis radicatis ... Gmel. sib. 4. p. 59. t. 30. A. non ramosus ... Amm. ruth. 167. Zweifelhafter Traganth. W. ...“ (Linné 1797–1830, Bd. III, Teil 2, S. 1312)

„343 Astragalus pratensis procumbens viciae foliis flore coeruleo. Flor. ircut. No. 548. ...“ (AAW R. I, Op. 104, D. 25, Bl. 26v, s. Anm. 61 in Nr. 21); „1094. An Glaux Di<o>scoridis Clus.

H. CCXLI? Haberum eundem cum Astragalo Ind. Irc. nº 598 ....“ (AAW R. I, Op. 105, D. 1ª, Bll. 115r–115v, s. Anm. 29 in Nr. 5); „5. An Glaux Dioscoridis Clus. H. CCXLI? Ind. Jen. nº. 1094. ...“ (AAW R. I, Op. 13, D. 67, Bl. 71v, s. Anm. 5 in Nr. 4); „1. Astragalus albus, humilis, non ramosus, spica breviore, Ind. Jen. nº. 1098. Astragalus albus humilis spica glomerata Ind. Len nº. 413. An Astragalus Pyrenaicus, Barba Jovis folio non ramosus, flore ochroleuco, glomerato I. R. H? Fl. Irc. ...“ (a. a. O., Bl. 72r); „543 Astragalus hirsutus minimis Viciae foliis radice repente Ind. Irc. nº. 598. ...“ (AAW R. I, Op. 13, D. 20, Bl. 54v, s. Anm. 1 in Nr. 1); „392. Astragalus non ramosus canescens, flore purpurascente. ...“ mit den rechts marginalen Anm. von J. G. Gmelin „vid. Ic.“, „Von dieser Zeichnung ist das original überschickt, weil 1739 Von dem Mahler Decker eben diese Pflanze geZeichnet worden.“ und „An Astrag. purp. pereñis spicatus, Pannonicus Mor. no. „557 (AAW R. I, Op. 105, D. 12, Bll. 32r–32v, s. Anm. 54 in Nr. 17)

49 „Weberschiff, bei dem Weber, so viel als Schütze.“ (Krünitz 1773–1858, Bd. 235, S. 252); „Schütze, ein Wort welches in einer doppelten Bedeutung üblich ist. 1. von dem Zei<t>worte schießen ist der Schütze (1) bei den Webern ein kleines Werkzeug, womit dieselben den Einschlagfaden bei dem Weben der Zeuge durch die Kette schießen oder werfen. Sie gleicht einem kleinen Kahne und ist etwa 6 bis 7 Zoll lang. ...“ (a. a. O., Bd. 149, S. 684ff.)

50 „594. Astragalus foliis Viciae angustioribus, flore candido Ind. Len. ...“ mit der Anm. unter der Zeile von J. G. Gmelin „Ast. proc. alb. Viciae folijs [...] no. 549 St.“ (AAW R. I, Op. 105, D. 12, Bl. 33r, s. Anm. 54 in Nr. 17); „408. Astragalus foliis Viciae angustioribus, flore candido. ...“ (AAW R. I, Op. 13, D. 42, Bll. 76r–77r, s. Anm. 1 in Nr. 1); „594. Astragalus folijs Viciae angustioribus, flore candido Ind. Len. ...“ (AAW R. I, Op. 105, D. 4ª, Bl. 63r, s. Anm. 54 in Nr. 17); „67. Astragalus foliis Viciae angustioribus, flore candido.“ (AAW R. I, Op. 14, D. 8, Bl. 2r, s. Anm. 98 in Nr. 39); „14. Astragalus folijs Viciae angustioribus, flore candido Ind. Len. nº. 408. Astragalus procumbens albus, Viciae folijs &c. Fl. Irc. nº. 594. [sic!]“ (AAW R. I, Op. 13, D. 67, Bl. 71v, s. Anm. 5 in Nr. 4); „8. Astragalus foliis Viciae angustioribus flore candido Gmel.“ mit der rechts marginalen Anm. „Lena fl.“ (AAW R. I, Op. 13, D. 16, Bl. 24v, s. Anm. 32 in Nr. 6); s. Nr. 546 und Nr. 548

51 „[species 21] Astragalus Alpinus, foliis Viciae, ramosus & procumbens, flore glomerato, oblongo caeruleo.“ (Tournefort 1700, S. 417, Genus I. „Astragalus. Astragale.“); „6. ASTRAGALUS pedunculis folio longioribus, floribus laxe spicatis pendulis. Astragalus alpinus minimus. ... Flor. lapp. 267. t. 9. f. 1. Astragalus alpinus, foliis viciae, ramosus & procumbens, flore glomerato oblongo albo-coeruleo. Scheuch. alp. 509. f. 7. ...“ (Linné 1737, S. 362); „Astragalus alpinus, foliis viciae ramosus, & procumbens flore glomerato, oblongo, albo coeruleo. Descriptione sua prorsus ferè convenit cum Astragalo alpino foliis viciae ramoso & procumbente flore glomerato oblongo coeruleo. Tour. Inst. 417. cujus etiam nomen integrum ferè gestat. ... Fig. VII.“ (Scheuchzer 1723, S. 509); „27) Alpen=Tragant. Astragalus alpinus. ... Astragalus caulescens procumbens, floribus pendulis racemosis, leguminibus utrinque acutis pilosis. LINN. Syst. Veg. p. 568. Sp. Pl. p. 1070. Fl. Suec. 592; 661. Astragalus alpinus minimus. Fl. lappon. 267. t. 9. f. 1. Hort. Cliff. 362. ROY. lugdb. 392, GMEL. Sib. 4. p. 45. ... Astragalus alpinus folio viciae ramosus procumbens, flore glomerato oblongo caeruleo. SCHEUCHZ. alp. 509. t. 7. ...“ (Linné 1782, S. 700); „83. ASTRAGALUS alpinus. A. caulescens procumbens, ... Sp. pl. 1070. Gmel. sib. 4. p. 45. ... A. caulescens debilis, ... Pall. Astrag. p. 41. n. 45. t. 32.* A. pedunculis folio longioribus, ... Hort cliff. 362. ... A. alpinus minimus. Fl. lapp. 267. t. 9. f. 1. A. alpinus, folio viciae. Scheuch. alp. 509. f. 7. ... Alpen-Traganth. W. ...“ (Linné 1797–1830, Bd. III, Teil 2, S. 1297); „[Astragalus] alpinus caulescens procumbens, ... Alpentragant, ... Sie heißt bey Scheuchzern: Astragalus alpinus folio viciae; ...“ (Gmelin 1772a, Sp. 938ff.); „XLV. ASTRAGALUS alpinus. TAB. XXXII. A. caulescens debilis, ... Astragalus alpinus folio viciae, caet. SCHEUCHZ. it. alp. p. 503. fig. 7. Astragalus pedunculis folio longioribus, ... Linn. hort. Cliff. 362. ... Astragalus alpinus minimus Linn. Flor. Lappon. 267. tab. 9. fig. 1. Astragalus (alpinus) caulescens procumbens, ... Gmelin. Flor. sibir. IV. p. 45. n. 59. ...“ (Pallas 1800, S. 41); „1. A[stragalus] alpinus (L. SP. 1070) ... WILLD. Spec. pl. III, p. 1297. ... Astragalus caulescens

procumbens, ... GMEL. Fl. sib. IV, p. 45. Nr. 59. Phaca astragalina. DEC. Astragal. p. 52. Nr. 9 (excl. syn. JACQ.) – Ej. Prodr. II, p. 274 (excl. syn. JACQ.). – LEDEB. Fl. alt. III, p. 270. ..." (Ledebour 1842, S. 601f.); „11. P[haca] ASTRAGALINA (DC. astr. n. 9) ... Astr. Alpinus var. Linn. spec. 1070. ... Scheuchz. itin. alp. 509. f. 7. (v. v.)" (Candolle 1825, S. 274); „1118** ASTRAGALUS alpinus ... Linn. Sp. pl. 2. p. 1070. ... Astragalus alpinus minimus. Linn. Fl. Lapp. 267. tab. 9. fig. 1. ... Germ. Alpen-Astragalus. ..." (Gmelin 1826, S. 561f.); „59. ASTRAGALVS caulescens procumbens, floribus pendulis, racemosis, leguminibus vtrinque acutis, pilosis, LIN. Sp. pl. 2. p. 1010. n. 25. Astragalus alpinus minimus, LIN. Fl. Lapp. 267. t. 9. f. 1. Astragalus caule ramoso procumbente floribus ex albo et caeruleo variis, HALL. Helu. 568. Astragalus tenerior exigua radice. Ind. Leu. [müßte heißen: Len.] ..." (Gmelin 1747–1769, Bd. IV, S. 45), nahezu identisch auf Bl. 24r in: AAW R. I, Op. 104, D. 14 – s. Anm. 32 in Nr. 6; „59. Astragalus caulescens procumbens, floribus pendulis racemosis, leguminibus utrinque acutis pilosis [=] Phaca astragalina DeC.!" (Ledebour 1841, S. 114); „4) PHACA ASTRAGALINA. Decand. ... Ph. astragalina. Decand. Prodr. II. p. 274. No. 11. Astragalus alpinus. Linn. Willd. Spec. pl. III. p. 1297. – Pall. Astrag. p. 41. No. 45. t. XXXII. ... Astragalus caulescens procumbens, ... Gmel. Fl. ib. IV. p. 45. No. 59. ..." (Ledebour 1831, S. 270f.); „2201. PHACA astragalina. DeCandolle. Tragantartige Berglinse. ... Synon. Phaca astragalina DeCand. ... Prodr. 2. p. 274, mit Ausschluss des Synonymes ‚A. alpinus Jacq.' ... Astragalus alpinus Linn. Spec. pl. p. 1070. Willd. Spec. pl. 3. p. 1297. ..." (Röhling 1839, S. 217ff.); „56. ASTRAGALVS caulescens erectus, floribus dense spicatis, foliolis ouatis obtusis, T. XX. Astragalus purpureus onobrychidis facie, longa florum spica. GM. Ind. Irc. 599. Astragalus purpureus onobrychidis facie, tenerior et magis incana, GM. Ind. Ien. Astragalus alpinus foliis viciae, ramosus et procumbens, flore conglomerato, oblongo caeruleo, T. I. R. H. ? STELL. Irc. 550. ..." (Gmelin 1747–1769, Bd. IV, S. 42f.), nahezu identisch auf Bll. 22v–23r in: AAW R. I, Op. 104, D. 14 – s. Anm. 32 in Nr. 6; „56. Astragalus caulescens erectus, floribus dense spicatis, foliolis ovatis obtusis. t. XX. [=] Astragalus prostratus Fisch." (Ledebour 1841, S. 114); „7. A[stragalus] adsurgens (PALL. Astrag. p. 40, Nr. 44, t. 31) ... A. adsurgens Willd. Sp. pl. III, p. 1296. – DEC. Prodr. II, p. 287. ... LEDEB. Fl. alt. III, p. 293. ... A. Laxmanni. ... PALL. Astragal. p. 38, Nr. 43, t. 30. (excl. syn. A. microphylli L.). – WILLD. Spec. pl. alt. III, p. 1296. – DEC. ... Prodr. II, p. 287. – LEDEB. Fl. alt. III, p. 294. ... A. semibilocularis. ... DEC. Prodr. II, p. 291. A. prostratus. FISCH. ex DEC. ... A. caulescens erectus, ... GMEL. Fl. sib. IV, p. 43, Nr. 56, t. 20. A. caulibus procumbentibus, ... GMEL. Fl. sib. IV, p. 41, Nr. 54, t. 19 (excl. synon.). ..." (Ledebour 1842, S. 603f.); „XLIV. ASTRAGALUS adsurgens. TAB. XXXI. A. caulescens ramosus adscendens, ... Astragalus caulibus procumbentibus ramosissimis, pedunculis folio longioribus, floribus racemosis laxis, leguminibus glabris, Gmelin. Flor. Sib. IV. p. 37. tab. 15. Astragalus caulescens erectus, floribus dense spicatis, foliolis ovatis obtusis, Gmelin Flor. Sib. IV. p. 42. tab. 20. (excluso synonymo Tournefortii). ..." (Pallas 1800, S. 40); „50. ASTRAGALVS caulibus procumbentibus ramosissimis, pedunculis folio longioribus, floribus racemosis, laxis, leguminibus glabris T. XV. ... Icon caulem sistit parte duarum circiter vnicarum vnacum folio resecta. A est radix cum principio caulium ex ea surgentium. ..." (Gmelin 1747–1769, Bd. IV, S. 37f.), nahezu identisch auf Bll. 18v–19v in: AAW R. I, Op. 104, D. 14 – s. Anm. 32 in Nr. 6; „50. Astragalus caulibus procumbentibus ramosissimis, pedunculis folio longioribus, floribus racemosis, laxis, leguminibus glabris. t. XV. [=] Astragalus adsurgens Pall.!" (Ledebour 1841, S. 114); „*81. ASTRAGALUS adsurgens. ... A. caulescens ramosus adscendens, ... Pall. Astrag. p. 40. n. 44. t. 31.* A. caulibus procumbentibus ramosissimis, ... Gmel. sib. 4. p. 37. t. 15. Aufsteigender Traganth. W. ... 82. ASTRAGALUS Laxmanni. ... A. caulescens decumbens, ... Pall. Astrag. p. 38. n. 43. t. 30.? Laxmannischer Traganth. W. ..." (Linné 1797–1830, Bd. III, Teil 2, S. 1296f.); „52. A[stragalus] ADSURGENS (Pall. astr. n. 44. t. 31.) ... β. prostratus (Fisch! hort. gor.) ... 53. A. LAXMANNI (Jacq. hort. vin. 3. t. 37) ... A. Laxmanni Pall. astr. t. 30. ab hoc differt habitu rigidiore et spica ovatâ, et vix ab A. adsurgente differt." (Candolle 1825, S. 287); „2) ASTRAGALUS ADSURGENS. Pall. ... A. adsurgens. Pall. Astrag. p. 40. t. XXXI. – Dec. Prodr. II. p. 287. No. 52. ... Astragalus caulibus procumbentibus ramosissimis, ... Gmel. sib. IV. p. 37.

No. 50. t. XV. ... A. prostratus Fisch. (Gmel. Fl. sib. IV. p. 42. No. 56. ... 3) ASTRAGALUS LAXMANNI. Pall. ... Pall. Astrag. p. 38. t. XXX. – Dec. Prodr. II. p. 287. No. 53. ... Astragalus caulibus procumbentibus, ... Gmel. Fl. sib. IV. p. 41. t. XIX. ...“ (Ledebour 1831, S. 293ff.); „94. A[stragalus] SEMIBILOCULARIS (DC. astr. n. 64. t. 23) ...“ (Candolle 1825, S. 291); „XLIII. ASTRAGALUS Laxmanni. TAB. XXX. A. caulescens decumbens, ... Astragalus caulibus procumbentibus, ... Gmel. Flor. Sib. p. 41. tab. 19. ...“ (Pallas 1800, S. 38f.); „54. ASTRAGALVS caulibus procumbentibus, pedunculis folio longioribus, spicis ouatis, glaberrimis, T. XIX. Astragalus caulescens erecto patulus, foliolis oualibus, caulibus tumidiusculis, leguminibus subrotundis, LIN. Sp. pl. 2. p. 1067. n. 13. ...“ (Gmelin 1747–1769, Bd. IV, S. 41), nahezu identisch auf Bll. 21r–21v in: AAW R. I, Op. 104, D. 14 – s. Anm. 32 in Nr. 6; „54. Astragalus caulibus procumbentibus, pedunculis folio longioribus, spicis ovatis glaberrimis. t. XIX. (excl. synon.) [=] Astragalus Laxmanni Pall.!“ (Ledebour 1841, S. 114); „... Asterem senecionis folio incano, so auch gezeichnet,**) ... |: Anm. Gmelins: ... Ferner ist hier ad marg. von Gmelin noch weiter beigeschrieben: ‚Der überschickte Astragalus kommt der 5. speciei Tourn. gantz nahe, differirt aber toto coelo von der tertia als welche ramosa ist und viel höher. Nur was die 3te belangt sind die Blätter in der Figur des Clusii spitzig, welche in dem überschickten Exemplar subrotundo extremitate, sind auch grüner als ihrige. Ihre Wurzel ist dünner und nicht so fibrös.‘ (Vgl. Fl. sib. IV. 37. nr. 50. Oxytropis diffusa. Ledeb. und Fl. sib. IV. 42. nr. 56. Astragalus adsurgens Pall. prostratus Fisch.) :|“ (G. W. Steller in einem Brief an J. G. Gmelin vom 10. Mai 1739 – Plieninger 1861, S. 162); „Phāca L. (Papilionaceae). Φακη oder φακος (die Linse, Ervum Lens L.) von φαγειν (essen), in Bezug auf ihren Gebrauch als Nahrungsmittel. Φακος nannte Diosc. (IV. 88.) auch die Wasserlinse: Lemna minor L.“ (Wittstein 1852, S. 676)

„1095. Astragalus purpureus Onobrychidis facie, tenerior et magis incanus. ...“ (AAW R. I, Op. 105, D. 1^a, Bl. 115v, s. Anm. 29 in Nr. 5); „407. Astragalus tenerior, exigua radice. ...“ mit den links marginalen Anm. auf Bl. 75v „Tab. LXI“ und „descr.“ (AAW R. I, Op. 13, D. 42, Bll. 75v–76r, s. Anm. 1 in Nr. 1); „342 an Astragalus tenerior exigua radice D. D. Gmelini ...“ (AAW R. I, Op. 104, D. 25, Bl. 26r, s. Anm. 61 in Nr. 21); „19. An Astragalus Alpinus, folijs Viciae ramosus & procumbens, flore glomerato oblongo caeruleo I. R. H? Fl. Irc. n°. 550. Forte id. cum n°. 13. [d. h.? a. a. O. Bl. 71v „13. Astragalus foliis Viciae subhirsutus, flore glomerato purpurascente Ind. Irc. n°. 600. ...“] vid. V.“ und der links marginalen Anm. „Ic. St.“ (AAW R. I, Op. 13, D. 67, Bl. 71v, s. Anm. 5 in Nr. 4); „599. Astragalus purpureus, Onobrychidis facie, longa florum spica. An Astragalus Orientalis, Onobrychidis facie, spica florum longissima Cor. I. R. H? ...“ mit den rechts marginalen Anm. von J. G. Gmelin auf Bl. 33r „Forte Fl. Irc. n°. 550“ und „Vid. Ic.“ (AAW R. I, Op. 105, D. 12, Bll. 33r–33v, s. Anm. 54 in Nr. 17); „1156. Astragalus caulibus adscendentibus, pedunculis folijs longioribus, siliquis biventribus, cordatis, hirsutis, spicis secundis. ... Est Astragalus tenerior exigua radice Ind. Len. 47. ... Est porro Astragalus caule ramoso procumbente, floribus ex albo & caeruleo varijs Hall. 568. [d. h. Haller 1742] Astragalus Alpinus minimus Linn. Lapp. n. 267. Tab. 9. s. 1. Astragalus pedunculis folio longioribus floribus laxe spicatis pendulis Linn. h. Cliff. p. 362. Roy. 392. &c. ...“ (AAW R. I, Op. 13, D. 20, Bl. 106v, s. Anm. 1 in Nr. 1), s. Anhang B.5. Nr. 35

52 „[species 22] Astragalus Alpinus, Tragacanthae folio, vesicarius.“ (Tournefort 1700, S. 417, Genus I. „Astragalus. Astragale.“); „ASTRAGALUS Alpinus, tragacanthae folio, vesicarius. Tourn. Das Blasenwirbelkraut, mit Bocksdornblättern.“ (Miller 1750, S. 90); „31) Blasen=Tragant. Astragalus vesicarius. ... Astragalus acaulos, scapis folio longioribus, floribus laxe spicatis, calycibus leguminibusque inflatis hirsutis. LINN. Syst. Veg. p. 569. Sp. Pl. p. 1071. ... Astragalus alpinus tragacanthae folio, vesicarius. TOURNEF. Inst. R. H. p. 427. ...“ (Linné 1782, S. 702); „XXX. ASTRAGALUS dealbatus. TAB. XXIII. A. suffruticoso-caulescens, foliis trijugis, spicis longe pedunculatis laxis, leguminibus oblongo-mucronatis callosis pubescentibus. Astragalus alpinus tragacanthae folio vesicarius, Tournef. inst. p. 417. ... An Astragalus pedunculis longissimis, floribus laxis, foliis multis ellipticis incanis Gmel. Flor. Sib. IV. p. 49. n. 64. Astragalus (vesicarius) acaulos, scapis folio longioribus, floribus laxe spicatis, calycibus

leguminibusque inflatis hirsutis, Lin. Syst. pl. III. p. 536. sp. 31. ..." (Pallas 1800, S. 26f.); „*16. ASTRAGALUS dealbatus. ... A. suffruticoso-caulescens, foliis trijugis, spicis longe pedunculatis laxis, leguminibus oblongis mucronatis callosis pubescentibus. Pall. Astrag. p. 26. n. 30. t. 23. f. 2. 3. (exclusis synonymis et figura 1.) Weiswerdender Traganth. W. ..." (Linné 1797–1830, Bd. III, Teil 2, S. 1263); „64. ASTRAGALVS pedunculis longissimis, floribus laxis, foliolis multis ellipticis incanis. ..." (Gmelin 1747–1769, Bd. IV, S. 49f.), nahezu identisch auf Bl. 27r in: AAW R. I, Op. 104, D. 14 – s. Anm. 32 in Nr. 6; „64. Astragalus pedunculis longissimis, floribus laxis, foliolis multis ellipticis incanis [=] Astragalus vesicarius L.!" (Ledebour 1841, S. 115); „73. A[stragalus] vesicarius (L. SP. 1071) ... A. vesicarius DEC. ... Prodr. II, p. 288. A. dealbatus. PALL. Astragal. t. 23. f. 1. A. glaucus. M. a BIEB. Fl. t. c. II, p. 186; ..." (Ledebour 1842, S. 628); „[Astragalus] vesicarius ... stammloser Blasentragant, dessen Blumenschäfte länger sind, als das Blatt, dessen Blumen lokere Aehren bilden, und dessen Blumenkelche und Hülsen aufgeblasen und zotig sind; ... Er heißt bey Tournefort: Astragalus tragacanthae folio vesicarius." (Gmelin 1772a, Sp. 940f.); „69. A[stragalus] VESICARIUS (Linn. spec. 1071) .. A. glaucus Bieb. fl. taur. n. 1464. A. dealbatus Pall. astr. t. 23. f. 1. ..." (Candolle 1825, S. 288f.); „1464. ASTRAGALUS glaucus. ... A. dealbatus. Pall. monogr. n. 30. t. 23. f. 1. Willd. ed. Linn. p. 1263. n. 16. in nota. ..." (Marschall von Bieberstein 1808, S. 186); „2219. ASTRAGALUS vesicarius. Linne. Aufgeblasener Traganth. ... Synon. ... A. dealbatus Pall. Monogr. n. 30. t. 23. f. 1. (nicht fig. 2. und 3., ...) ..." (Röhling 1839, S. 240); „71. ASTRAGALVS pedunculis radicatis, scapis folio aliquanto longioribus, foliolis oblongis glaberrimis, floribus imbricatis, leguminibus vesicariis glabris, T. XXVI. II. An Astragalus alpinus tragacanthae folio vesicarius? TOVRN. I. R. H. STELL. Irc. 531.[müßte heißen: 551.] ... An est Astragalus acaulos, leguminibus inflatis, subglobosis LIN. Am. ac. 2. p. 359. ? ..." (Gmelin 1747–1769, Bd. IV, S. 55f.), nahezu identisch auf Bll. 29^{a}v–30r in: AAW R. I, Op. 104, D. 14 – s. Anm. 32 in Nr. 6; „71. Astragalus pedunculis radicatis, scapis folio aliquanto longioribus, foliolis oblongis glaberrimis, floribus imbricatis, leguminibus vesicariis glabris. t. XXVI. f. 2. (excl. synon. Tournef.) [=] Oxytropis coerulea DeC.!" (Ledebour 1841, S. 115); „21. ASTRAGALUS acaulis, leguminibus inflatis subglobosis. ..." (Linné/Halenius 1751, S. 359); „36. O[xytropis] caerulea (DEC. Astrag. p. 54. Nr. 2) ... O. caruleus DEC. Prodr. II, p. 276. ... Astragalus baikalensis. PALL. Astragal. p. 64. Nr. 70. t. 52. – WILLD. Spec. pl. III. p. 1313. ... Astragalus pedunculis radicatis, ... GMEL. Fl. sib. IV. p. 55. Nr. 71. t. 26. f. 2. (excl. synon. TOURN.). Hab. ad lacum Baikal (PALL.), pr. Bargusinsk (STELLER ex J. G. GMEL.) in pinetis transbaikalensibus! (TURCZ., SCHTSCHUK.) et Davuriae! (TURCZ.). ..." (Ledebour 1842, S. 589f.); „7. O[xytropis] CAERULEA (DC. l. c. n. 2) ... A. Baicalensis Pall. astr. p. 64. t. 52. – Gmel. sib. 4. t. 26. f. 2. ..." (Candolle 1825, S. 276); „315. OXYTROPIS COERULEA DC. ... A[stragalus]. Baicalensis Pall. Astrag. p. 64. t. LII.?" (*Turčaninov* 1842–1845, S. 304f.); „LXX. ASTRAGALUS baicalensis. TAB. LII. A. acaulis, scapis radicatis folio longioribus, floribus racemosis nutantibus coeruleis, leguminibus inflato-acuminitatis membranaceis. Astragalus pedunculis radicatis, scapis folio aliquanto longioribus, foliolis oblongis glaberrimis, floribus imbricatis, leguminibus vesicariis glabris, Gmelin. Fl. Sib. IV. p. 55. n. 71. tab. 26. fig. 2. ..." (Pallas 1800, S. 64); „*124. ASTRAGALUS baicalensis. ... A. acaulis, scapis radicatis folio longioribus, floribus racemosis nutantibus coeruleis, leguminibus inflato-acuminatis membranaceis. Pall. Astrag. p. 64. n. 70. t. 52. * ... A. pedunculis radicatis, ... Gmel. sib. 4. p. 55. t. 26. f. 2. Baicalischer Traganth. W. ..." (Linné 1797–1830, Bd. III, Teil 2, S. 1313f.); „10. Oxytropis coerulea Decand. Blaues Wirbelkraut. D. ... Astrag. baicalensis. Pall. Astrag. p. 64. n. 70. t. 52. Spec. pl. ed. Willd. 3. p. 1313. ..." (Dietrich 1819, S. 465); „Astragalus acaulis, leguminibus inflatis subglobosis. (A. physodes L. Fl. sib. IV. 56. nr. 72; an Fl. sib. IV. 55. nr. 71. A. baicalensis Pall.? pro qua Cel. Ledebour Oxytropin coeruleam Dec. mavult.)" (C. von Linné in einem Brief an J. G. Gmelin vom 29. Oktober 1750 – Plieninger 1861, S. 102)

„11. An Astragalus Alpinus Tragacanthae folio vesicarius I. R. H? Fl. Irc. n°. 551. j. Idem elatior, florum spica longissima. Jb" (AAW R. I, Op. 13, D. 67, Bl. 72v, s. Anm. 5 in Nr. 4)

[53] s. Nr. 551

54 „[species 23] Astragalus Alpinus, Tragacanthae folio, ramosus, flore caeruleo glomerato.“ (Tournefort 1700, S. 417, Genus I. „Astragalus. Astragale.“); „12. ASTRAGALUS Alpinus, tragacanthae folio, ramosus, flore coeruleo, glomerato. Tourn. Das ästige Wirbelkraut derer Alpen, mit Bocksdornblättern, und blauen, wie auf ein Knäul, zusammen gehäufften Blumen.“ (Miller 1750, S. 90); „63. ASTRAGALVS caulescens, erectus, glaber foliis linearibus, pedunculis elongatis, triquetris, LIN. Sp. pl. 2. p. 1065. n. 6. Astragalus caulibus ramosis, foliolis linearibus rigidis, spicis glomeratis, siliquis ouatis, vtrinque acutis GM. Mst. An astragalus alpinus, tragacanthae folio, ramosus flore globoso, caeruleo? TOVRN. I. R. H. 23. STELL. fl. Irc. Adfero hanc plantam ex flora Ircutiensi STELLERIANA, de qua plura non noui. Perennis est, et in altissimis praeruptisque rupibus insulae Olchon et circa mumimentum [sic!] Nargusinense [d. h. *Barguzinskoj ostrog*] mense Iunio floret. ... Haec egregius STELLERVS.“ (Gmelin 1747–1769, Bd. IV, S. 48f.), nahezu identisch auf Bl. 26v in: AAW R. I, Op. 104, D. 14 – s. Anm. 32 in Nr. 6; „63. Astragalus caulescens erectus glaber foliis linearibus, pedunculis elongatis triquetris. (excl. synon. Linn.) [=] Astragalus versicolor Pall. Astragal. p. 45.“ (Ledebour 1841, S. 115); „31. ASTRAGALUS tenuifolius. ... A. caulescens erectus glaber, foliis linearibus, pedunculis elongatis triquetris. Sp. pl. 1065. ... Dünnblättriger Traganth. W. ...“ (Linné 1797–1830, Bd. III, Teil 2, S. 1270); „*20. ASTRAGALUS versicolor. ... A. caulescens erectus glaber, pedunculis confertim spicatis folio longioribus, floribus nutantibus leguminibus triquetris. Pall. Astrag. p. 45. n. 48. t. 35. (excluso synonymo Linnaei.) A. caulescens erectus glaber, foliis linearibus pedunculis elongatis, triquetris. Gmel. sib. 4. p. 43. [sic!] Bunter Traganth. W. ...“ (Linné 1797–1830, Bd. III, Teil 2, S. 1265); „33. A[stragalus] versicolor (PALL. Astragal. p. 45. Nr. 48. t. 35.). ... WILLD. Spec. pl. III, p. 1265. – DEC. ... Prodr. II, p. 283. ... A. caulescens erectus glaber, ... GMEL. Fl. sib. IV, p. 48. Nr. 63 (excl. syn. LINN.). Hab. in Sibiria orientali a Jenisei ad Lenam (PALL.). baikalensi (STELLER ex J. G. GMEL. ...) et transbaikalensi! inque Davuria (Turcz.). ...“ (Ledebour 1842, S. 614); „Astragalus tenuifolius, caulescens procumbens glaber, foliolis linearibus, pedunculis elongatis triquetris, dünnblätterichter Tragant mit gestrektem und glattem Stamm, gleichbreiten Blättlein, und verlängerten und dreyseitigen Blumenstielen; ... Er heißt bey J. G. Gmelin: Astragalus, caulibus ramosis, foliolis linearibus rigidis, spicis glomeratis, siliquis ovatis utrinque acutis.“ (Gmelin 1772a, Sp. 927); „XLVIII. ASTRAGALUS versicolor. TAB. XXXV. A. caulescens erectus glaber, pedunculis confertim spicatis folio longioribus, floribus nutantibus, leguminibus triquetris. Astragalus caulibus ramosis, foliolis linearibus rigidis, spicis glomeratis, siliquis ovatis utrinque acutis. Gmelin. MS. An Astragalus caulescens, erectus, glaber, foliis linearibus, pedunculis elongatis, triquetris. Linn. Spec. pl. II. p. 1065. sp. 6. Gmelin. Flor. Sib. IV. p. 48. n. 63. ...“ (Pallas 1800, S. 45); „22. A[stragalus] VERSICOLOR (Pall. astr. n. 48. t. 35) ...“ (Candolle 1825, S. 283)

„17. An Astragalus Alpinus Tragacanthae folio ramosus, flore coeruleo glomerato I. R. H. Fl. Irc. n°. 553.“ (AAW R. I, Op. 13, D. 67, Bl. 71v, s. Anm. 5 in Nr. 4)

55 vielleicht „[species 13] Vicia sylvestris, incana, major & praecox, Parisiensis, flore suaverubente.“ (Tournefort 1700, S. 397, Genus VIII. „Vicia. Vesse.“); „14. VICIA sylvestris incana, major & praecox, Parisiensis, flore suave rubente. Inst. R. H. Die grosse, frühe, graue, wilde Wicke, mit lieblich rother Blume.“ (Miller 1751, S. 393)

56 „18. Astragalus Alpinus Tragacanthae folio, ramosus, flore candido glomerato I. R. H. Fl. Irc. n°. 554.“ (AAW R. I, Op. 13, D. 67, Bl. 71v, s. Anm. 5 in Nr. 4); s. Nr. 553

57 russ. *vorota* – Tor

58 in der 2. Textversion (s. Anm. 1 in A.): „purpureus“

59 „409. Astragalus frutescens, purpureus, siliquis cinereis, villosis. In indice trans-Baicalensium plantarum ipsam hanc plantam sub nomine Barbae jovis pumilae, villosae, flore globoso purpureo. Breyn. recensui, ...“ (AAW R. I, Op. 13, D. 42, Bl. 77r, s. Anm. 1 in Nr. 1); „6. Astragalus frutescens, purpureus, siliquis cinereis villosis Gmel.“ (AAW R. I, Op. 13, D. 16, Bl. 24v, s. Anm. 32 in Nr. 6); „53. Astragalus frutescens, purpureus, siliqvis cinereis villosis I. L. ...“ (AAW R. I, Op. 15, D. 1, Bl. 2r, s. Anm. 24 in Nr. 64); „601. Astragalus frutescens, purpureus,

siliquis cinereis, villosis Ind. Len. ... Dorycnioides obs. in H. N. CXIX et CXX ad Astragali genus spectant.“ (AAW R. I, Op. 105, D. 4[a], Bl. 64r, s. Anm. 54 in Nr. 17); „Astragalus humilis Viciae folio oblongo et angusto, purpureus, siliquis conglomeratis, longiusculis, subhirsutis. ...“ (AAW R. I, Op. 15, D. 14, Bll. 3r–3v, s. Anm. 75 in Nr. 101); „861. Astragalus caule fruticoso. Astragalus frutescens, purpureus, siliquis cinereis villosis Ind. Len. 409. & Irc. 601. ...“ (AAW R. I, Op. 13, D. 20, Bll. 78v–79r, s. Anm. 1 in Nr. 1); „16. Astragalus frutescens, purpureus, siliquis cinereis villosis Ind. Len. n°. 409: Irc. n°. 601.“ mit der links marginalen Anm. „vid. Ic.“ (AAW R. I, Op. 13, D. 67, Bl. 71v, s. Anm. 5 in Nr. 4); „66. Astragalus frutescens, purpureus, siliquis cinereis villosis.“ (AAW R. I, Op. 14, D. 8, Bl. 2r, s. Anm. 98 in Nr. 39); „[No. 27] Astragalus frutescens.“ (AAW F. 3, Op. 1, D. 797, Bl. 115r, s. Anm. 89 in Nr. 111); „Barbae Jovis pumila, villosa, flore globoso purpureo Breyn. ...“ (AAW F. 21, Op. 5, D. 98, Bl. 37v, s. Anm. 54 in Nr. 17); „14. August 1723 ... Von Kräutern fand sich hieherumb ... Astragalus humilis Viciae folio oblongo et angusto, purpureus, siliquis conglomeratis longiusculis, subhirsutis; ...“ (Messerschmidt 1962–1977, Bd. 2, S. 115)

„62. ASTRAGALVS caulescens fruticosus, ramis herbaceis, floribus paucis subcapitatis, leguminibus villosis, T. XXIV. ? Barba iouis pumila, villosa, flore globoso, purpureo, [in: AAW R. I, Op. 104, D. 14, Bl. 25v folgt „Breyn.“] GM. Ind. transb. Astragalus frutescens, purpureus, siliquis cinereis villosis, GM. Ind. Len. n. 409. et ind. Irc. 601. ... In icone calycis hirsuties non expressa est.“ (Gmelin 1747–1769, Bd. IV, S. 47f.), nahezu identisch auf Bll. 25v–26r in: AAW R. I, Op. 104, D. 14 – s. Anm. 32 in Nr. 6; „62. Astragalus caulescens fruticosus, ramis herbaceis, floribus paucis subcapitatis, leguminibus villosis. t. XXIV. [=] Astragalus fruticosus Pall.! (Astragalus suffruticosus Pall. it. III. 230.)“ (Ledebour 1841, S. 115); „XXVI. ASTRAGALUS fruticosus. TAB. XIX. A. fruticoso-caulescens suberectus, pedunculis capitatis paucifloris, leguminibus ovato-mucronatis villosis. Astragalus caulescens fruticosus, ramis herbaceis, floribus paucis subcapitatis, leguminibus villosis Gmel. Flor. Sib. IV. p. 47. n. 62. tab. 24. fig. A. Barba Jovis pumila, villosa, flore globoso purpureo Gmelin. Ind. transbaical. MS. Astragalus frutescens purpureus, siliquis cinereis villosis, Gmelin. Ind. Lenens. 409. Ind. Ircutens. GM. MS. Astragalus humilis, viciae folio oblongo et angusto, purpureus, siliquis conglomeratis, longiusculis, subhirsutis. Messerschmid. diar. MS. Amman. ruth. p. 124. n. 165. ...“ (Pallas 1800, S. 21f.); „165. ASTRAGALUS humilis Viciae folio oblongo et angusto, purpureus, siliquis conglomeratis, longiusculis, subhirsutis Messerschm. Diar. ...“ (Amman 1739 S. 124f.); „... Astragalus suffruticosus (*.*), ... |: (*.*) Astragalus caulescens, fruticosus, ramis herbaceis, floribus paucis subcapitatis, leguminibus villosis Flor. Sib. p. 48. n. 62. tab. 24. :|“ (Pallas 1776, S. 230); „*29. ASTRAGALUS fruticosus. ... A. fruticoso-caulescens suberectus, ... Pall. Astrag. p. 21. n. 26. t. 19.* A. caulescens fruticosus, ... Gmel. sib. 4. p. 47. t. 24. f. A. A. humilis viciae folio oblongo et angusto, ... Amm. ruth. n. 165. Strauchartiger Traganth. W. ...“ (Linné 1797–1830, Bd. III, Teil 2, S. 1269f.); „12) ASTRAGALUS FRUTICOSUS. Pall. ... A. fruticosus. Pall. Astrag. p. 21. t. XIX. – Dec. Prodr. II. p. 286. No. 49. ... Astragalus caulescens fruticosus, ... Gmel. Fl. sib. IV. p. 47. No. 62. t. XXIV. f. A. Astragalus humilis Vicia folio oblongo et angusto, ... Messerschm. Diar. in Amman. ruth. p. 124. No. 165. ...“ (Ledebour 1831, S. 303); „49. A[stragalus] FRUTICOSUS (Pall. astr. n. 19. non Forsk.) ... Gmel. sibir. 4. t. 24. f. A. ...“ (Candolle 1825, S. 286); „85. A[stragalus] fruticosus (PALL. Astragal. p. 21. Nr. 26. t. 19) ... WILLD. Spec. pl. III. p. 1269. – DEC. ... Prodr. 2, p. 286. ... LEDEB. Fl. alt. III, p. 303. ... A. suffruticosus. PALL. It. III, p. 230. .. A. cornutus. PALL. It. I. p. 440. app. p. 499. Nr. 122; ... A. vimineus. PALL. Astragal. p. 24, Nr. 28, t. 21. – WILLD. Spec. pl. III, p. 1268. – DEC. ... Prodr. II, p. 286. – M. a BIEB. Fl. t. c. III, p. 489. ... A. caulescens fruticosus, ... GMEL. Fl. sib. IV, p. 47, Nr. 62, t. 24, f. A. A. humilis Viciae folio oblongo et angusto, ... MESSERSCHM. ex AMMAN. ruth. p. 124. Nr. 165. ...“ (Ledebour 1842, S. 632f.); „122. ASTRAGALVS cornutus. ...“ (Pallas 1771, S. 499f.); „34. ASTRAGALUS suffruticosus Gm. Fl. sib. 4. p. 47. No. 62. Tab. 24. Halbstrauchiger Tragant. ... 37. ASTRAGALUS cornutus Pall. It. I. Ap. No. 122. Gehörnter Tragant. ...“ (Georgi 1797–1802,

Theil 3, S. 1188); „XXVIII. ASTRAGALUS vimineus. TAB. XXI. A. fruticoso-erectus, foliis quinquejugis hispidatis, pedunculis spicatis, leguminibus oblongo-mucronatis villosis. Astragalus cornutus, Pall. itin. II. append. p. 499. n. 122. ...“ (Pallas 1800, S. 24); „*26. ASTRAGALUS vimineus. ... A. fruticoso-erectus, ... Pall. Astrag. p. 24. n. 28. t. 21.* Dünnreisiger Traganth. W. ...“ (Linné 1797–1830, Bd. III, Teil 2, S. 1268); „48. A[stragalus] VIMINEUS (Pall. astr. n. 28. t. 21) ...“ (Candolle 1825, S. 286); „1465*. ASTRAGALUS vimineus. A. caulescens erectus fruticosus, ... Linn. ed. Willd. 3. p. 1268. Pall. monogr. n. 28. t. 21. A. cornutus. Pall. it. I. p. 499. app. n. 122. ...“ (Marschall von Bieberstein 1819, S. 489f.); Astragalus fruticosus Pall. – russ. *rozga* (*Annenkov* 1858, S. 21, Nr. 165); „Astragalus caulescens, calycibus lanatis. [?] (Fl. sib. IV. 47. nr. 62. A. fruticosus Pall.)“ (C. von Linné in einem Brief an J. G. Gmelin vom 29. Oktober 1750 – Plieninger 1861, S. 102)

60 s. Glossar: Montpellier

61 „[species 8] Astragalus luteus, annuus, Monspeliacus, procumbens Mor. Hist. Oxon. Part. 2. 108. Securidaca lutea, minor, corniculis recurvis C. B. Pin. 349. Securidaca altera sive minor J. B. 2. 347. Hedysarum alterum Dod. Pempt. 546.“ (Tournefort 1700, S. 416, Genus I. „Astragalus. Astragale.“); „10. Astragalus luteus annuus Monspeliacus procumbens, nobis. ...“ (Morison 1680, S. 108); „2. ASTRAGALUS luteus annuus Monspeliacus procumbens. Mor. Hist. Das gelbe, jährliche, liegende Wirbelkraut von Montpellier.“ (Miller 1750, S. 90); „7. ASTRAGALUS leguminibus pendulis recurvis falcatis. ... Astragalus luteus monspelianus procumbens. Moris. hist. 2. p. 108. s. 2. t. 9. f. 10. ...“ (Linné 1737, S. 362); „15) Hackiger Tragant. Astragalus hamosus. ... Astragalus caulescens procumbens, leguminibus subulatis recurvis glabris, foliolis obcordatis subtus villosis. LINN. Syst. Veg. p. 567. Sp. Pl. 1067. Hort. Cliff. 362. Hort. Ups. 226. ... Securidaca lutea minor, corniculis recurvis. C. BAUH. pin. 349. ...“ (Linné 1782, S. 691f.); „49. ASTRAGALUS hamosus. ... A. leguminibus pendulis recurvis falcatis. Hort. cliff. 362. ... A. caulescens, ... Pall. Astrag. n. 109. ... Hakenfrüchtiger Traganth. W. ...“ (Linné 1797–1830, Bd. III, Teil 2, S. 1279f.); „103. A[stragalus] hamosus (L. SP. 1067) ... WILLD. Sp. pl. III, p. 1279 – DEC. Prodr. II, p. 290. – PALLAS Astragal. p. 103. Nr. 109. ... β. brachyceras: ... DEC. Prodr. II, 290. ... A. trimestris. ... M. a. BIEB. Fl. t. c. II, p. 190 (excl. syn. praeter PALLAS Ind. Taur. ?) ...“ (Ledebour 1842, S. 638); „Astragalus hamosus, ... sichelförmiger Tragant, ... hakenförmiger Tragant, ...“ (Gmelin 1772a, Sp. 932f.); „11. ASTRAGALUS hamosus ... Hackenförmiger Tragant. ...“ (Georgi 1797–1802, Theil 3, S. 1184); „CIX. ASTRAGALVS hamosus. A. caulescens, foliolis retuso-emarginatis, subdecemjugis, pedunculis axillaribus, leguminibus cylindraceo-prismaticis, sursum recurvis canaliculatis. Securidaca lutea minor, corniculis recurvis, C. Bauh. pin. p. 349. ... Astragalus luteus annuus Monspeliacus procumbens, Morison. hist. II. p. 108. n. 10. sect.2. tab. 9. fig. 10. Astragalus leguminibus pendulis recurvis falcatis. Lin. Hort. Cliff. p. 362. Astragalus (hamosus) caulescens procumbens, leguminibus subulatis recurvis glabris, foliolis obcordatis, subtus villosis. Lin. hort. Upsal. 226. syst. plant. III. p. 530. sp. 15. ...β. Astragalus (trimestris) caulescens scapis subbifloris, ... Lin. syst. plant. III. p. 535. sp. 28. ...“ (Pallas 1800, S. 103); „1473. ASTRAGALUS trimestris. ... A. caulescens, scapis subbifloris, ... Pall. ind. taur. ... A. hamosus. β. Pall. monogr. p. 103 sub n. 109. ... 1474. ASTRAGALUS hamosus. ... A. caulescens procumbens, ... Linn. ed. Willd. 3. p. 1279. Pall. monogr. n. 109. et ind. taur. ...“ (Marschall von Bieberstein 1808, S. 190f.); „82. A[stragalus] TRIMESTRIS (Linn. spec. 1073 non Bieb.) ... A. hamosus β. Pall. (v. s.) ... 85. A. HAMOSUS (Linn. spec. 1067) ... Moris. oxon. s. 2. t. 9. f. 10. ...“ (Candolle 1825, S. 290)

„3. Astragalus luteus, annuus, Monspelianus procumbens. Mor. Hist. Oxon. 2. 108.“ (AAW R. I, Op. 13, D. 16, Bl. 24v, s. Anm. 32 in Nr. 6); „414 An Astragalus luteus annuus, Monspeliacus, procumbens Mor. H. O? In indice trans-Baicalensium plantarum eandem plantam sub nomine Astragali lutei perennis procumbentis vulgaris Sive Sylvestris Mor. H. O. Recensui, ...“ (AAW R. I, Op. 13, D. 42, Bl. 79r, s. Anm. 1 in Nr. 1); „345 An Astragalus luteus añuus monspeliacus procumbens Mor. H. ox. ...“ (AAW R. I, Op. 104, D. 25, Bl. 26v, s. Anm. 61 in Nr. 21); „593. Astragalus ramosus, luteus, apice carinae violaceo. ...“ mit den links marginalen Anm. von

J. G. Gmelin auf Bl. 32v „Astr. lut. annuus Monspel. proc. n°. 556." und „vid. Ic." (AAW R. I, Op. 105, D. 12, Bll. 32v–33r, s. Anm. 54 in Nr. 17)

62 „[species 2] Astragalus purpureus, perennis, spicatus, Pannonicus Mor. Hist. Oxon. Part. 2. 106. Onobrychis spicata flore purpureo C. B. Pin. 350. Onobrychis quibusdam, purpureo flore J. B. 2. 337. Onobrychis 1 Clus. Hist. ccxxxviij." (Tournefort 1700, S. 415, Genus I. „Astragalus. Astragale."); „2. Astragalus purpureus perennis spicatus Pannonicus, nobis. Onobrychis 1. Clus. Hist. Tab. ..." (Morison 1680, S. 106); „7. ASTRAGALUS angustifolius, caule erecto, ramoso, spic<i>s erectis caulem terminantibus, violaceis. ... Onobrychis I. CLUS. Hist. p. CCXXXIII. [sic!] Astragalus purpureus perennis spicatus Pannonicus MORIS. II. p. 106. T. 9. f. 2. ..." (Haller 1742, S. 567); „ONOBRICHIS. CAP. XLIX. ..." einschließlich der Abbildung (auf S. ccxxxviij) „Onobrichis I." (Clusius 1601, S. ccxxxviij–ccxl; ab Buch IV gesonderte Seitennumerierung mit römischen Zahlen); „57. ASTRAGALVS caulibus ramosis, spicis ouatis, speciosis, laxis, floribus longissimis, foliis oblonge ellipticis, saepe acutis T. XXI. Astragalus foliis viciae, subhirsutus, flore glomerato, purpurascente, GM. Ind. Irc. n. 600. ? Astragalus angustifolius, caule erecto, ramoso, spicis erectis, caulem terminantibus violaceis. HALL. Helu. 567. ..." (Gmelin 1747–1769, Bd. IV, S. 43f.), nahezu identisch auf Bll. 23r–23v in: AAW R. I, Op. 104, D. 14 – s. Anm. 32 in Nr. 6; „57. Astragalus caulibus ramosis, spicis ovatis, speciosis laxis, floribus longissimis, foliis oblonge ellipticis, saepe acutis. t. XXI. [=] Astragalus Onobrychis L.! (Astragalus onobrychioides Pall. it. II. 474.)" (Ledebour 1841, S. 114); „... Astragalus ... Onobrichides (*) ... |: (*) Flor. Sibir. IV. pag. 43. n. 57. tab. 21. :|" (Pallas 1773, S. 474); „8) Schmalblätterichter Tragant. Astragalus Onobrychis. ... Astragalus caulescens erectus pubescens, floribus spicatis, vexillis duplo longioribus, stipulis solitariis. LINN. Syst. Veg. p. 566. Sp. Pl. p. 1070. GMEL. Sib. 4. p. 43. n. 57. t. 21. ... Onobrychis spicata flore purpureo. C. BAUH. pin. 350. Onobrychis prima. CLUS. 2. p. 238. ..." (Linné 1782, S. 686f.); „80. ASTRAGALUS Onobrychis. A. caulescens diffusus, ... Sp. pl. 1070. ... A. caulescens adscendens, ... Pall. Astrag, p. 27. n. 31.* ... Onobrychis spicata flore purpureo. Bauh. pin. 350. ... Onobrychis 1. Clus. hist. 2. p. 239. ... Langfahniger Traganth. W. ..." (Linné 1797–1830, Bd. III, Teil 2, S. 1296); „11) ASTRAGALUS ONOBRYCHIS. Linn. ... A. Onobrychis. Pall. Astrag. p. 27. ... M. a Bieb. Fl. taur. cauc. II. p. 194. No. 1482; ... Astragalus caulibus ramosis, ... Gmel. Fl. sib. IV. p. 43. No. 57. t. XXI. ..." (Ledebour 1831, S. 302f.); „17. A[stragalus] Onobrychis (L. SP. 1070) ... α. vulgaris: ... PALL. Astragal. p. 27. Nr. 31. ... M. a BIEB. Fl. t. c. II, p. 194; ... LEDEB. Fl. alt. III, p. 302. ... A. caulibus ramosis, ... GMEL. Fl. sib. IV, p. 43, Nr. 57, t. 21. ..." (Ledebour 1842, S. 608f.); „Astragalus Onobrychis, ... süskleeartiger Tragant, ... Er heißt bey Morison: Astragalus purpureus perennis spicatus pannonicus; bey J. G. Gmelin: Astragalus foliis viciae subhirsutus, flore glomerato purpurascente; ..." (Gmelin 1772a, Sp. 937f.); „1482. ASTRAGALUS Onobrychis. ... A. caulescens diffusus, ... Pall. monogr. n. 31 ... Onobrychis prima. Clus. hist. 2. p. 238. ... A. caulibus ramosis, ... Gmel. sib. 4. p. 43. n. 57. t. 21. ..." (Marschall von Bieberstein 1808, S. 194f.); „5. ASTRAGALUS Onobrychis ... Hahnenkammähnlicher Traganth. ..." (Georgi 1797–1802, Theil 3, S. 1183f.); „XXXI. ASTRAGALUS Onobrychis. A. caulescens, adscendus, vexillis corollae elongatis linearibus emarginatis. Onobrychis I. Clus. hist. II. p. 228. Onobrychis spicata, flore purpureo, C. Bauh. pin. 350. Astragalus spicatus pannonicus nobis, Morison. hist. II. p. 106. sect. 2. tab. 9. fig. 2. Astragalus foliis viciae, subhirsutus, flore glomerato purpurascente. Gmel. Flor. Ircut. MS. not. 60. Astragalus caulibus ramosis, spicis ovatis speciosis laxis, floribus longissimis, foliis oblonge ellipticis, saepe acutis, Gmel. Flor. Sib. IV. p. 43. tab. 21. Astragalus (Onobrychis) caulescens erectus pubescens, floribus spicatis, vexillis duplo longioribus, stipulis solitariis, Lin. syst. pl. III. p. 527. sp. 8. (exclusa varietate). ..." (Pallas 1800, S. 27f.)

„1100. Astragalus non ramosus, canescens, flore purpurascente Ind. Irc. nº 592. ... Fl. Irc. nº. 557." (AAW R. I, Op. 105, D. 1ª, Bl. 116v, s. Anm. 29 in Nr. 5); „18. Astragalus non ramosus, canescens, flore purpurascente. Ind. Irc. n°. 592" mit der links marginalen Anm. „von h(Martini." (AAW F. 21, Op. 5, D. 119, Bl. 16r unter „Saamen", s. Anm. 95 in Nr. 328); „592. Astragalus non ramosus canescens, flore purpurascente. ..." mit den rechts marginalen Anm. von J. G. Gmelin auf

Bl. 32r „An Astragal) purp. pereñis spicatus, Pannonicus Mor. n°. 557.“, „Von dieser Zeichnung ist das original überschickt, weil 1739 Von dem Mahler Decker eben diese Pflanze gezeichnet worden.“ sowie „vid. Ic.“ (AAW R. I, Op. 105, D. 12, Bll. 32r–32v, s. Anm. 54 in Nr. 17); „18. Astragalus non ramosus, canescens flore purpurascente Ind. Irc. 592.“ mit der links marginalen Anm. „Von h(Martini.“ (AAW R. I, Op. 14, D. 8, Bl. 14v, s. Anm. 98 in Nr. 39); „3. Astragalus non ramosus canescens, flore purpurascente Ind. Irc. 592. Fl. Irc. n°. 557. ...“ mit der rechts marginalen Anm. „vid. Ic. ...“ (AAW R. I, Op. 13, D. 67, Bl. 72r; s. Anm. 5 in Nr. 4)

63 „Pag. 415. Astragali speciebus addendae sequentes. ... Astragalus Orientalis, foliis Viciae incanis, caule nudo, erecto, floribus luteis. Astragalus Orientalis, foliis Viciae argenteis, caule nudo, floribus pallide luteis. ...“ (Tournefort 1703, S. 28f.); „CXX. ASTRAGALUS GLOBOSUS. ... Astragalus acaulis, erectis scapis folio longioribus, capitulis globosis, bracteis linearibus calycem aequantibus. Vahl. Symb. 1. p. 60. Pall. Astr. p. 58. n. 61. Astragalus orientalis, foliis viciae argenteis, caule nudo erecto, floribus pallidè luteis. Tourn. Cor. p. 28. ...“ (Candolle 1802, S. 224); „CXIX. ASTRAGALUS CYLINDRACEIS. A. acaulis incano-sericeus, foliolis elliptico-ovatis, spicis cylindraceis, bracteis calyce longioribus. Astragalus orientalis foliis viciae incanis, caule nudo erecto, floribus luteis. Tourn. Cor. 28. ... Affinis A. globoso. Differt bracteis calyce longioribus, floribus luteis, spicis cylindraceis.“ (a. a. O., S. 223f.); „*109. ASTRAGALUS globosus. A. acaulis, scapis erectis folio longioribus, capitulis globosis, bracteis linearibus calycem aequantibus. Vahl. symb. 1. p. 60. A. orientalis foliis Viciae argenteis, caule nudo erecto, floribus luteis. Tournef. cor. 28. Kuglicher Traganth. W. ...“ (Linné 1797–1830, Bd. III, Teil 2, S. 1308); „ASTRAGALUS acaulis, erectis scapis foliis longioribus, capitulis globosis, bracteis linearibus calycem aequantibus. Astragalus orientalis, foliis viciae argenteis, caule nudo, erecto floribus luteis. TOURNEF. Coroll. p. 28. ...“ (Vahl 1790, S. 60); „LXI. ASTRAGALUS globosus. A. acaulis, scapis folio longioribus erectis, capitulis globosis, bracteis calycem aequantibus, Vahl Symbol. I. p. 60. Astragalus orientalis, foliis viciae argenteis, caule nudo erecto, floribus luteis, Tournef. corollar. p. 28. ...“ (Pallas 1800, S. 58); „82. Astragalus globosus Vahl. Kuglicher Tragant. Tragant ohne Stengel, mit einem aufrechten Schafte, der länger ist, als die Blätter, und gelben, in kugelrunde Köpfchen gesammelten Blumen; ...“ (Dietrich 1815, S. 397)

„89 Astragalus orientalis folijs Viciae argenteis caule nudo floribus pallide luteis Fl. Irc. 558.“ (AAW R. I, Op. 105, D. 16, Bl. 2r, s. Anm. 5 in Nr. 4); „1158. Astragalus pedunculis radicatis, flore ochroleuco spica in summo arcta. ... An Astragalus orientalis foliis Viciae argenteis, caule nudo, floribus pallide luteis Tourn. cor. 28. Stell. Flor. Irc. 558? ...“ (AAW R. I, Op. 13, D. 20, Bl. 107r, s. Anm. 1 in Nr. 1); „12. An Astragalus Orientalis folijs Viciae argenteis, caule floribus palllide luteis Cor. I. R. H. p. 28? Fl. Irc. n°. 558.“ (AAW R. I, Op. 13, D. 67, Bl. 72v, s. Anm. 5 in Nr. 4)

64 in der 2. Textversion (s. Anm. 1 in A.): „praecedenti“

65 „[species 4] Astragalus perennis, spicatus, floribus pallidis, nigris radiis notatis Mor. Hist. Oxon. Part. 2. 107. Onobrychis spicata, floribus pallidis, nigris radiis notatis C. B. Pin. 350. Onobrychis spicata, floribus pallidis, nigris radiis notatis C. B. Pin. 350. Onobrychis quibusdam, flore pallido vel Polygalon J. B. 2. 337. Onobrychis 3 Clus. Hist. ccxxxix.“ (Tournefort 1700, S. 416, Genus I. „Astragalus. Astragale.“); „7. Astragalus perennis spicatus floribus pallidis, nigris radiis notatis, nobis. Onobrychis spicata floribus pallidis, nigris radiis notatis, C. B. P. Onobrychis 3. Clus. Hist. Tab. ...“ (Morison 1680, S. 107); „XXV. Astragalus perennis spicatus, floribus pallidis nigris radiis notatis, Moris. H. Ox. P. 2. 107. Onobrychis spicata floribus pallidis nigris radiis notatis, C. B. Pin. Onobrychis tertia, Clusii Hist. 239. ...“ (Helwing 1712, S. 25); „XXVII. OXYTROPIS PILOSA. ... Astragalus pilosus. A. caulescens erectus pilosus, ... Lin. Spec. 1065. ... A. caulescens erectus, ... Lin. Hort. ups. 226. Gmel. Sib. 4. p. 39. t. 16. ... Astragalus perennis spicatus floribus pallidis, nigris radiis notatis. Moris. Hist. 2. p. 107. Tourn. Inst. R. H. 416. ... Astragalus villosus, erectus, ... Amm. Ruth. n. 166. Astragalus caule erecto, ramoso, ... Hall. Comm. Goett. t. 1. p. 340. t. 12. Helv. n. 411. excl. syn. Amm. ... Onobrichis III. Clus. Hist. 2. p. 239. Icon. Onobrichis spicata floribus pallidis nigris radiis notatis. C. B. Pin. 350. ... Cicer montanum lanuginosum erectum. C. B. Prodr. 148. Pin. 347. ...“ (Candolle 1802, S. 91f.); „4. ASTRAGALUS

caulescens erectus, leguminibus erectiusculis pilosis subulatis: acumine erectiusculo. Astragalus villosus erectus spicatus, floribus flavescentibus. Amm. rhut. [sic!] 125. n 166. Cicer montanum lanuginosum erectum. Bauh. hist. 347. prodr. 148. ..." (Linné 1748, S. 226); „166. ASTRAGALUS villosus, erectus, spicatus, floribus flauescentibus. ..." (Amman 1739, S. 125f.); „411. ASTRAGALUS caule erecto, ramoso, ex alis spicifero, siliquis teretibus Comm. Gotting. T. I. p. 340. t. 12. Astragalus villosus, erectus, spicatus, floribus flavescentibus AMMAN. plant. ruthen. n. 166. & Astragalus Kergesicus EJUSD. n. 171. Cicer montanum, lanuginosum, erectum C. B. Prodr. p. <1>48. Astragalus caulescens, erectus, pilosus, floribus spicatis, leguminibus subulatis pilosis LINN. II. p. 1065. ..." (Haller 1768, S. 179); „171. ASTRAGALUS Kirgisicus montanus, flore in capitulis ad foliorum alas cylindricis, hirsutis, luteo, odoratus Messerschm. ..." (Amman 1739, S. 130); „3) Astragalus pilosus L. Astragalus perennis spicatus, floribus pallidis, nigris radiis notatis. Helwing fl. quasimod. p. 25 et in herber." (Schweigger 1812, S. 213); „4) Haariger Tragant. Astragalus pilosus. ... Astragalus caulescens erectus pilosus, floribus spicatis, leguminibus subulatis pilosis LINN. Syst. Veg. p. 566. Sp. Pl. p. 1065. Astragalus caulescens erectus, leguminibus erectiusculis pilosis subulatis, acumine erecto. Hort. Ups. 226. ... GMEL. Sib. 4. p. 39. t. 16. ... Astragalus caule erecto ramoso, ex alis spicifero, siliquis teretibus. HALL. helv. n. 411. COMM. Goett. vol. 1. p. 340. tab. 12. Astragalus kirgisicus montanus AMM. ruth. n. 171. Astragalus villosus erectus spicatus, floribus flavescentibus. AMM. ruth. [Nummer] 166. Cicer montanum lanuginosum erectum. C. BAUH. pin. 347. prodr. 148. ..." (Linné 1782, S. 683f.); „15. ASTRAGALUS pilosus. ... A. caulescens erectus pilosus, ... Sp. pl. 1065. ... Gmel. sib. 4. p. 39. t. 16. ... A. caulescens erectus, ... Hort. ups. 226. A. caulescens erectus villosus, ... Pall. Astrag. n. 112. t. 80. A. caule erecto ramoso, ... Hall. helv. n. 411. Comm. goett. vol. 1. p. 340. t. 12. A. Kirgisicus montanus. Amm. ruth. n. 171. ... A. villosus erectus spicatus, ... Amm. ruth. 166. Cicer montanus lanuginosum erectum. Bauh. pin. 347. prodr. 148. ... Haariger Traganth. W. ..." (Linné 1797–1830, Bd. III, Teil 2, S. 1262f.); „CXII. ASTRAGALVS pilosus. TAB. LXXX. A. caulescens erectus villosus, pedunculis superiorum alarum folio longioribus strictis, leguminibus subulatis subpubescentibus rectis. Cicer montanum lanuginosum erectum, C. Bauh. pin. 347. prodrom. 148. Astragalus villosus, erectus, spicatus, floribus flavescentibus, Amman. ruth. p. 125. n. 166. Astragalus luteus humilior, villosus, spica conglomerata, Gmelin Ind. Jenis. MS. n. 1093. Astragalus caule erecto ramoso, ex alis spicifero, siliquis teretibus, Haller. Coment. Goet.ting. I. p. 340. tab. 12. Helvet. ed. II. I. p. 179. n. 411. Astragalus caulescens erectus, leguminibus erectiusculis pilosis subulatis, acumine erecto, Lin. hort. Ups. p. 226. Gmelin Flor. Sib. IV. p. 39. tab. 16. mala. ..." (Pallas 1800, S. 106f.); „1462. ASTRAGALUS pilosus. ... A. caulescens erectus pilosus, ... Linn. ed. Willd. 3. p. 1462. ... Pall. monogr. n. 12. t. 80. Gmel. sib. 4. p. 39. n. 52. t. 16. ... Amm. ruth. n. 166. Oxytropis (pilosa) ... Descand. astrag. p. 19. n. 27. ..." (Marschall von Bieberstein 1808, S. 185); „52. ASTRAGALVS caulescens erectus, leguminibus erectiusculis, pilosis, subulatis, acumine erecto, LIN. h. vps. p. 226. T. XVI. Astragalus kirgisicus montanus, flore in capitulis ad foliorum alas cilyndricis, hirsutis, luteo, odoratus, MESS. AMM. Ruth. [Nummer171] Astragalus luteus humilior, villosus, spica conglomerata. GM. Ind. Ien. 1093. Astragalus caulescens, erectus, pilosus, floribus spicatis, leguminibus subulatis, pilosis, LIN. Sp. pl. 2. p. 1065. ... Icon plantam integram exhibet resectis quibusdam foliis et ramis." (Gmelin 1747–1769, Bd. IV, S. 39f.), nahezu identisch auf Bll. 20r–20v in: AAW R. I, Op. 104, D. 14 – s. Anm. 32 in Nr. 6; „52. Astragalus caulescens erectus, leguminibus erectiusculis pilosis subulatis, acumine recto. t. XVI. [=] Oxytropis pilosa DeC.!" (Ledebour 1841, S. 114); „9) OXYTROPIS PILOSA. Decand. ... Decand. Prodr. II. p. 280. No. 41. Astragalus pilosus. Linn. Willd. Spec. pl. III. p. 1262. – Pall. Astrag. p. 106. No. 112. t. LXXX. – M. a Bieb. Fl. taur. cauc. II. p. 185. No. 1462. (excl. var. β.) ... Astragalus caulescens erectus, ... Gmel. Fl. sib. IV. p. 39. No. 52. t. XVI. Astragalus Kirgisicus montanus, ... Messerschm. in Amman. ruth. p. 130. No. 171. ..." (Ledebour 1831, S. 280f.); „41. O[xytropis] PILOSA (DC. astr. n. 27) ... Astr. pilosus Linn. spec. 1065. ... Gmel. sib. 4. t. 16. Pall. astr. t. 80. (v. v.)" (Candolle 1825, S. 280); „25. O[xytropis] pilosa (DEC. Astragal. p. 73. [sic!] Nr. 27) ... α. floribus erectis. ... LEDEB. Fl. alt. III, p. 280. ...

Astragalus pilosus. L. SP. 1065. ... PALL. Astragal. p. 106, Nr. 112, t. 80. ... M. a BIEB. Fl. t. c. II, p. 185. ... Astragalus caulescens erectus, leguminibus erectiusculis pilosis subulatis, acumine erecto. GMEL. Fl. sibir. IV, p. 39, Nr. 52, t. 16. Astragalus kirghisicus montanus, flore in capitulis ad foliorum alas cylindricis, hirsutis, luteo, odoratus. MESSERSCHM. ex AMMAN. ruth. p. 130. Nr. 171. ..." (Ledebour 1842, S. 584f.); „[Onobrychis] spicata, floribus pallidis, nigris radiis notatis, so nennt C. Bauhin eine Art des Tragants mit blassen und schwarzgestralten Blumen, welche in Aehren beysamen stehen." (Gmelin 1774, Sp. 548); „[Astragalus] perennis spicatus floribus pallidis, nigris radiis notatus; so nennt Tournefort nach Morison seine vierte Art [von Astragalus]; ihre Wurzel ist fortwährend, ihre Blumen bilden Aehren, sind blas, und haben schwarze Striche." (Gmelin 1772a, Sp. 964); „Astragalus pilosus, caulescens erectus pilosus, floribus spicatis, leguminibus subulatis pilosis, hariger Tragant, mit aufrechtem und harigem Stamm und ährenförmigen und harigen Hülsen; ... Er heißt bey Ammann: Astragalus villosus erectus spicatus, floribus flavescentibus; oder Astragalus kergisicus ..." (a. a. O., Sp. 926); „529. OXYTROPIS PILOSA De Candolle. HAARIGE OXYTROPIS. ... Oxytropis pilosa De Cand. Astrag. n. 27. ... Astragalus pilosus Linnné Spec. pl. p. 065. ... Sachsen: um Halle bei Rollsdorf, Höhnstädt und Seeburg, bei Erdeborn, Könnern und Laublingen. ... Deutsche Namen: Spitzkahn, Spitzkiel, Wirbelkraut, behaarter Langnath." (Dietrich 1840, Nr. 529); „XII. ASTRAGALVS alopecuroides. TAB. VII. A. caulescens erectus, florum capitulis pedunculatis globosis, leguminibus tetraspermis, calyce lanato inclusis. ... Astragalus Kirgisicus montanus, flore in capitulis ad foliorum alas cylindricis hirsutis luteo, odorato, Messerschm. apud Amman. ruth. p. 130. n. 171. Astragalus capitulis oblongis sessilibus, calycibus et leguminibus lanatis. Hort. cliffort. p. 361. ..." (Pallas 1800, S. 9f.); „1. ASTRAGALUS capitulis oblongis sessilibus, calycibus & leguminibus lanatis. Astragalus alpinus procerior alopecuroides. Tournef. inst. 416. ..." (Linné 1737, S. 361); XIII. ASTRAGALVS alopecurus. TAB. VIII. A. caulescens erectus, capitulis florum axillaribus sessilibus ovatis, leguminibus calyce inclusis tetraspermis. Astragalus Tataricus alopecuroides, erectus et ramosus, flore ochroleuco, Heinzelman. Flor. orenb. MS. 157. Astragalus Kirgisicus montanus, flore in capitulis ad foliorum alas cylindricis, hirsutis, luteo, odoratus, Messerschm. Amman. stirp. ruth. p. 130. n. 171. ..." (Pallas 1800, S. 11); „... fuchsschwanzartiges b) und haarigtes c) ... Wirbelkraut, ... |: b) Astragalus pilosus. c) Astragalus alopecuroides. :|" (Lepechin 1783, S. 73); „Astragalus caulibus ramosis pedunculis folio(um) superantibus, leguminibus oblongis villosis. Astragalus caulescens erectus, leguminibus erectiusculis pilosis subulatis acumine erectiusculo. Hort. Ups. 226. Cicer montanum lanuginosum erectum. C. B. 347. prodr. 148. (Fl. sib. IV. 39. nr. 52. A. pilosus L. Oxytropis pilosa Dec.)" (C. von Linné in einem Brief an J. G. Gmelin vom 2. August 1748 – Plieninger 1861, S. 82); „[species 26] Astragalus Pyrenaicus, Barbae Jovis folio, non ramosus, flore ochroleuco glomerato." (Tournefort 1700, S. 417, Genus I. „Astragalus. Astragale."); „Astragalus campestris acaulos, calycibus leguminibusque villosis, foliolis lanceolatis acutis, scapo decumbente; Feldtragant, ohne Stamm, mit rauchen Blumenkelchen und Hülsen, lanzenförmigen und spizigen Blättlein, mit einem darnieder legenden Blumenschaft; ... Er heißt bey ... Tournefort: Astragalus pyrenaicus, barbae jovis folio non ramosus, flore ochroleuco glomerato; ..." (Gmelin 1772a, Sp. 943f.); „406. ASTRAGALUS scapis aphyllis, foliis lanceolatis, hirsutis, siliquis erectis inflatis, semibilocularibus Cat. rar. n. 733. Tab. 13. Astragalus pyrenaicus, barba jovis folio, non ramosus, flore ochroleuco, glomerato SCHEUCHZER It. IV. p. 330. cum ic. ... Astragalus acaulis, calycibus leguminibusque villosis, foliolis lanceolatis, acutis, scapo decumbente LINN. ... Spec. II. p. 1072. ..." (Haller 1768, S. 177f.); „Astragali Pyrenaici Barbae Jovis folio non ramosi flore ochroleuco glomerati. Tour. ..." (Scheuchzer 1723, S. 330); „37) Feld=Tragant. Astragalus campestris. ... Astragalus acaulis, calycibus leguminibusque villosis, foliolis lanceolatis acutis, scapo decumbente. LINN. Syst. Veg. p. 569. Sp. Pl. p. 1072. ..." (Linné 1782, S. 705f.); „134. ASTRAGALUS campestris. ... A. spicatis aphyllis, foliis lanceolatis hirsutis, siliquis erectis, inflatis, semibilocularibus. Hall. helv. ed. 2. n. 406. t. 13. ... Feld-Traganth. W. ..." (Linné 1797–1830, Bd. III, Teil 2, S. 1317f.); „40. O[xytropis] campestris (DEC. Astragal. p. 59. Nr. 10.) ... O. campestris. DEC. Prodr. II, p. 278 excl. var. β. et γ. ... Astragalus campestris. L. SP. 1072. ... PALL. Astragal. p. 57. Nr. 60. ... Astragalus pedunculis radicatis, floribus laxe spicatis, leguminibus ovatis apiculatis. GMEL. Fl. sib. IV, p. 54. Nr. 69. t. 26. f. 2.(in textu t. 25). Astragalus Tragacanthae folio, non ramosum, floribus luteis. AMMAN. ruth. p. 127. Nr. 168 ..." (Ledebour 1842, S. 590ff.); „LX. ASTRAGALUS campestris. A. acaulis, scapis folia excedentibus, corollis flavis, leguminibus villosis inflatis, ovato-acuminatis. Astragalus pedunculis radicatis, floribus laxe spicatis, leguminibus ovatis, apiculatis, Gmelin. Flor. Sib. IV. p. 54. n. 69. tab. 25. Astragalus tragacanthae folio, non ramosus, Amman. ruth. p. 168. Astragalus pyrenaicus, barbae jovis folio, non ramosus, flore ochroleuco glomerato Scheuchzer. it. IV. p. 330. icon. Astragalus scapis aphyllis, ... Haller. Helv. ed. II. vol. I. p. 177. n. 406. tab. 13. ..." (Pallas 1800, S. 57f.); „27. O[xytropis] CAMPESTRIS (DC. astr. n. 10) ... β. viscosa, (DC. l. c.) ... γ. sulphurea, (Fisch! in litt.) ..." (Candolle 1825, S. 278); „168. ASTRAGALUS Tragacanthae folio, non ramosus, floribus luteis. ..." (Amman 1739, S. 127f.); „69. ASTRAGALVS pedunculis radicatis, floribus, laxe spicatis leguminibus ouatis, apiculatis, T. XXV. Astragalus tragacanthae folio, non ramosus, floribus luteis AMM. Ruth. 168. ..." (Gmelin 1747–1769, Bd. IV, S. 54), nahezu identisch auf Bll. 29r–29v, dort jedoch als Nr. 59, in: AAW R. I, Op. 104, D. 14 – s. Anm. 32 in Nr. 6; „69. Astragalus pedunculis radicatis, floribus laxe spicatis, leguminibus ovatis apiculatis [=] Oxytropis sulphurea Ledeb.?" (Ledebour 1841, S. 115); „41. O[xytropis] argentata ... α. corollis sulphureis v. albidis. O. argentata. DEC. Prodr. II, p. 276. ... O. sulphurea. LEDEB. Fl. alt. III, p. 285. ... O. campestris γ. sulphurea. DEC. Prodr. II, p. 278. Astragalus argentatus. PALL. Astragal. p. 60, Nr. 66, t. 48. – WILLD. Sp. pl. III, p. 1310. ... β. corollis violaceis. O. argyrophylla. LEDEB. Fl. alt. III, p. 288. ...." (Ledebour 1842, S. 592); „10. O[xytropis] ARGENTATA ... Astr. argentatus Pall. aste. p. 60 t. 48. ..." (Candolle 1825, S. 276); „*116. ASTRAGALUS argentatus. ... A. subacaulis, scapis radicatis pilosis vix folio longioribus subcapitatis albifloris, ... Pall. Astrag. p. 60. n. 66. t. 48.* Silberglänzender Traganth. W. ..." (Linné 1797–1830, Bd. III, Teil 2, S. 1310); „LXVI. ASTRAGALUS argentatus. Tab. XLVIII. A. subacaulis, scapis radicatis pilosis, vix folio longioribus, subcapitatis albifloris, foliis argentato-canis, basi lanatis. ..." (Pallas 1800, S. 60); „14) OXYTROPIS SULPHUREA. m. ..." (Ledebour 1831, S. 285ff.); „78. Astragalus argentatus Pall. Spec. Astrag. no. 66. T. 48. Versilberter Tragant. ..." (Georgi 1797–1802, Nachträge, S. 302)

„158. Astragalus Tataricus alopecuroides, erectus et ramosus flore ochroleuco." (AAW R. I, Op. 104, D. 13, Bl. 5r, s. Anm. 84 in Nr. 29); „657. [verbessert aus 157.] Astragalus Tataricus alopecuroides, erectus et ramosus Fl: och<r>oleuco." (T. Gerber nach J. G. Heinzelmann in: „Flora Samariensis Tatarica ...", unpaginiert im „Catalogus plantarum" der Linnean Socitey London s. Anm. 107 in Nr. 46); „Astragalus Tragacanthae folio, non ramosus; floribus luteis" (AAW F. I, Op. 2–1743, D. 11, Bl. 21r, s. Anm. 5 in Nr. 4); „Astragalus villosus erectus spicatus, floribus flavescentibus. Amm. Descr. p. 123. [sic!]" (AAW F. 1, Op. 2–1746, D. 1, Bl. 17v, s. Anm. 107 in Nr. 46); „103. Astragalus luteus humilior, villosis, spica conglomerata. ... Ex Ephemeridibus Messerschmidii nomen plantae com̃unicatum accepi, quod huic satis quadrat. Est vero tale: Astragalus Kirgisicus montanus flore in capitulis ad foliorum alas cylindricis hirsutis, flore luteo. Icon plantam integram exhibet, resectis quibusdam foliis et ramis." mit der links marginalen Anm. auf Bl. 114v „Vid. Ic." (AAW R. I, Op. 105, D. 1^{a}, Bll. 114v–115r, s. Anm. 29 in Nr. 5); „1099. Astragalus albus, incanus, non ramosus, elatior, macrocaulos, spica longiore. Astragalus Ind. Len. n° 410. ... Fl. Irc. n° 559." mit der rechts marginalen Anm. auf Bl. 116r „Vid. Ic." (a. a. O., Bll. 116r–116v); „72. Astragalus luteus humilior, villosus spica conglomerata. Ind. Jen. n°. 1093." (AAW R. I, Op. 15, D. 1, Bl. 13v, s. Anm. 24 in Nr. 64); „+ Astragalus Kirgisicus montanus, flore in capitulis ad foliorum alas cylindricis, hirsutis, luteo, odoratus. ..." (AAW R. I, Op. 15, D. 14, Bl. 6v, s. Anm. 75 in Nr. 101); „410. Astragalus incanus flore albo glomerata. An Astragalus pyrenaicus. Barbae Jovis folio non ramosus, flore ochrolevco glomerato I. R. H? ..." (AAW R. I, Op. 13, D. 42, Bll. 77r–77v, s. Anm. 1 in Nr. 1); „[N°.] 15, Astragalus perennis spicatus e[...] Cat. n°. 218." (AAW R. I, Op. 15, D. 3, Bl. 1r, s. Anm. 65 in Nr. 24); „[No.] 273. Astragalus villosus erectus, Spicatus, floribus flavescentibus." (a. a. O., Bl. 5v); „2. Astragalus albus, incanus non ramosus, elatior, macrocaulos, spica longiore Ind. Jen. n°. 1099. Astragalus incanus flore albo, glomerato Ind. Len. n°. 410. Fl. Irc. n°. 559. ..." (AAW R. I, Op. 13, D. 67, Bl. 72r, s. Anm. 5 in Nr. 4); „218. Astragalus perennis spicatus, floribus pallidis, nigris radiis notatis Mor. Hist. Ox. P. 2. 107?" (AAW R. I, Op. 6, D. 40, Bl. 32v, s. Anm. 1 in Nr. 1); „12. August 1722 ... Und endlich Astragalus kirgisicus montanus, flore in capitulis ad foliarum alas cylindricis hirsutis, luteo, odoratus, welches eine sehr rare Pflanze und deswegen allhie abgezeichnet worden ... Sein Saat nebst den siliculis ist im Seminario ... zu finden." (Messerschmidt 1962–1977, Bd. 1, S. 295f.)

66 „[species 20] Astragalus montanus, purpureus, Anglicus. Glaux montana, purpurea, nostras Raii Hist. 939." (Tournefort 1700, S. 416, Genus I. „Astragalus. Astragale."); „A. 17. Glaux montana purpurea nostras. Purple mountain=Milkwort. ..." (Ray 1686, S. 939); „Glaux Montana purpurea nostras, v. Glaux Offic. Glaux Offic. Hispanica J. B. Chab. Rivin. Clus. Parck. Milch=Wurtz, Mutter=Kraut. ... wird mit unter die Gerste gekocht, und die Milch zu erwecken verordnet." (Franckenau 1716, S. 247f.); „10. ASTRAGALUS montanus purpureus Anglicus. Tourn. Das englische purpurfarbe Bergwirbelkraut." (Miller 1750, S. 90); „Glaux, ... Glaux montana purpurea nostras Glaux Offic. ... Teutsch Milch=Kraut, Milch=Wurtz, Mutter=Kraut, ... Es wird vor sehr dienlich erachtet, denen säugenden Weibern die Milch zu vermehren, wenn es abgesotten und in Suppen gebraucht wird. Glaux kommt her von γάλα, lac, Milch von wegen dieses Krautes Krafft, die Milch zu vermehren." (Zedler 1732–1750, Bd. 10, Sp. 1621f.); zur Etymologie von „Glaux" siehe auch Nr. 24; „4) Astragalus arenarius, (subcaulescens procumbens, floribus subracemosis erectis, foliis tomentosis), sandiger Tragant, (Sandkücher), staudicht, mit gestreckten Stämmen, fast traubenförmig=zusammengesetzten aufrechten Blüthen, und filzigen Blättern. Dieser ... ist ... Glaux montana purpurea nostras Raj. ..." (Schmidlin 1771a, S. 572); „TAB. DCXIV. Glaux montana purpurea nostra. Raj. hist. 939. Astragalus arenarius, subcaulescens procumbens, floribus subracemosis erectis, foliis tomentosis. Linn. S. N. 499. ..." (Müller 1777, S. 4 zu Heft 11); „24) Sand=Tragant. Astragalus arenarius. ... Astragalus subcaulescens procumbens, floribus subracemosis erectis, foliis tomentosis. LINN. Syst. Veg. p. 568. Sp. Pl. 1069. Fl. Suec. 2. n. 659. ... Astragalus incanus parvus nostras. PLUK. alm. 59. ..." (Linné 1782, S. 698); „67. ASTRAGALUS arenarius. ... A. subcaulescens procumbens, ... Fl. suec. n. 659. ... Sand-Traganth. W. ..." (Linné 1797–1830, Bd. III, Teil 2, S. 1289); „25. A[stragalus] arenarius (L. SP. 1069) ... WILLD. Spec. pl. III, p. 1289. ..." (Ledebour 1842, S. 612); „Astragalus arenarius subcaulescens procumbens, floribus subracemosis erectis, foliis tomentosis; Sandtragant, mit einem kurzen gestrekten Stamm, aufrechten Blumentrauben und filzigen Blättern: Sandkichern; ... Er heißt bey Plukenet: Astragalus incanus parvus nostras; bey Tournefort: Astragalus montanus purpureus anglicus; ..." (Gmelin 1772a, Sp. 936); „14. ASTRAGALUS arenarius ... Sand=Tragant. ..." (Georgi 1797–1802, Theil 3, S. 1185)

„An Astragalus montanus purpureus, Anglicus I. R. H?" (AAW R. I, Op. 15, D. 1, Bl. 2r, s. Anm. 24 in Nr. 64)

67 „51. ASTRAGALVS caulibus erectis ramosissimis, pedunculis folio longioribus, foliolis quinis, floribus laxe spicatis, leguminibus rotundis. Astragalus frutescens valde ramosus, floribus minoribus albis, vexilli et carinae oris caerulescentibus medicae folio, STELL. Irc. 561. ... Curiosa haec planta sub finem Iulii in montosis, asperis, praeruptis et calcareis locis ad Buguldeiahae [sic!] fluuii ostium, vt et in rupibus insulae Olchon a STELLERO p. m. collecta est." (Gmelin 1747–1769, Bd. IV, S. 38f.), nahezu identisch auf Bll. 19v–20r in: AAW R. I, Op. 104, D. 14 – s. Anm. 32 in Nr. 6; „51. Astragalus caulibus erectis ramosissimis, pedunculis foliis longioribus, foliolis quinis, floribus laxe spicatis, leguminibus rotundis [=] Astragalus melilotoides Pall.!" (Ledebour 1841, S. 114); „*22. ASTRAGALUS melilotoides. ... A. caule ramoso erecto, ... Pall. Astrag. p. 51. n. 54. t. 41.* Pall. itin. 3. app. n. 117. tab. D. d. f. 1. 2.* A. caulibus erectis ramosissimis, ... Gmel. sib. 4. p. 38. Lotus montana erecta, ... Amm. ruth. n. 57. Melilotenartiger Traganth. W. ..." (Linné 1797–1830, Bd. III, Teil 2, S. 1266); „157. LOTUS montana, erecta, oblongo et angusto folio, paruulo, et siliqua Meliloti, septo oblique transuerso diuisa, bicapsulari,

semina vtrinque bino Messerschm." (Amman 1739, S. 119); „7) ASTRAGALUS MELILOTOIDES. Pall. ... Pall. Astrag. p. 51. t. XLI. – Pall. it. III. p. 748. No. 117. t. Dd. f. 1. 2. ... Astragalus caulibus erectis, ... Gmel. Fl. sib. IV. p. 38. No. 51. Lotus montana, ... Messerschm. ap. Amman, ruth. p. 119. No. 157. ..." (Ledebour 1831, S. 298f.); „42. A[stragalus] melilotoides (PALL. It. III, app. p. 748. Nr. 117. t. D. d. f. 1. 2.) ... A. melilotoides. WILLD. Spec. pl. III. p. 1266. ... PALL. Astragal. p. 51. N. 54. t. 41. ... LEDEB. Fl. alt. III, p. 298. ... A. caulibus erectis ramosissimis, ... GMEL. Fl. sib. IV, p. 38. Nr. 51. Lotus montana, ... MESSERSCHM. in AMMAN. ruth. p. 119. Nr. 157. Hab. ... ad lacum Baikal inque ins. Olchon (STELLER ex J. G. GMELIN), in regionibus transbaikalensibus! ..." (Ledebour 1842, S. 617f.); „LIV. ASTRAGALUS melilotoides. TAB. XLI. A. caule ramoso erecto, foliolis quinatis, pedunculis spicatis elongatis axillaribus, leguminibus didymis rugosis. Lotus montana erecta, oblongo et angusto folio parvulo, et siliqua meliloti, septo oblique transverso divisa, bicapsulari, Messerschm. apud Amman. stirp. p. 119. n. <1>57. Astragalus caulibus erectis ramosissimis, pedunculis folio longioribus, foliolis quinis, floribus laxe spicatis, leguminibus rotundis, Gmelin. Flor. Sibir. IV. p. 38. n. 51. Astragalus frutescens, valde ramosus, floribus minoribus albis, vexillis et carinae oris coerulescentibus, medicae folio, Steller. Fl. Ircutens. 561. Astragalus melilotoides, Pall. itin. III. append. p. 748. n. 117. tab. Dd. fig. 1. 2. ..." (Pallas 1800, S. 51f.); „117. ASTRAGALVS melilotoides. Tab. Dd. fig. 1. 2. Lotus montana erecta, ... MESSERSCHM. ap. AMMAN. stirp. p. 119. n. 157. Astragalus caulis erectis, ... GMEL. Flor. Sib. IV. p. 38. n. 51. ..." (Pallas 1776, S. 748f.); „30. Astragalus melilotoides Pall. Itin. 3. Ap. No. 117. T. D. d. f. 1. 2. Melilotähnlicher Tragant. ..." (Georgi 1797–1802, Theil 3, S. 1187); „6. Astragalus melilotoides. Pall. Steinkleeartiger Tragant. ..." (Dietrich 1802a, S. 25)

„318" d. [18. September 1724]" [Sem.] Loti montanae erectae, oblongo et angusto folio parvulo, & siliqva Meliloti, septo obliqvé transverso divisâ bicapsulari,semine utrinq) bino." (AAW F. 98, Op. 1, D. 23, Bl. 9v, s. Anm. 49 in Nr. 653)

68 „MELILOTUS. ... teutsch, Steinklee. ... Die Blüten sind klein, gestalt wie an den Hülsenfrüchten, sitzen wie an langen Aehren beyeinander, sehen fast allezeit gelbe, auch unterweilen, iedoch selten, weiß; riechen gar lieblich. ..." (Lémery 1721, Sp. 716f.)

69 „Porcellaniten, versteinte oder gegrabene Porcellanen, Porcellanschnecken, Venus= oder Muttermuscheln, lat. Porcellanae, Porcellanitae, Conchae venereae, ... werden diejenige Schnecken genennet, welche eingerollte Windungen, eine gezahnte Mündung, die so lang als die Schnecke selbst ist, und einen glatten Rücken haben. Die eigentliche Form der Porcellanen ... ist diese, daß sie mehr oder weniger einem halbdurchgeschnittenen Ey gleichen. ..." (Schröter 1782, S. 215ff.)

70 „MEDICA. ... teutsch, Sichelklee. ... tragen einen Hauffen Blätter, deren allezeit drey beysammen stehen, wie am gemeinen Klee. ..." (Lémery 1721, Sp. 716f.)

71 „Steller beschrieb auch die gesonderte Gattung Baikalia. Da die Handschrift nicht im Druck erschien, blieb diese Pflanzenart der Öffentlichkeit unbekannt. ... Steller war der erste Botaniker, der die große natürliche Gruppe der Baikalia bestimmt hat. In der Folge wurden diese Pflanzen in die Gattung Oxytropis eingeordnet und der besonderen Gruppierung Baikalia Bunge zugewiesen, das sie den hier erfassten Pflanzen am nächsten kamen. Allerdings unterschieden sich die Pflanzen aus der Gattung Baikalia von denen der ihnen nahe stehenden Gruppe Polyadena Bunge durch ihre Drüsentrichomen. ..." (*Sytin* 2002, S. 445); „SECTIO 16. Baicalia. Steller fl. irkut. (genus) ex p. Astragali polypterophylli Pall. sp. Astrag. ex p. ..." (Bunge 1874, S. 135ff.); „Die sonderbare Beschaffenheit der Blätter an den hier beschriebnen sieben Pflanzen (N. 108. bis 114.) [d. h. „108. PHACA? (*) oxyphylla. ...", „109. PHACA? sylvatica ...", „110. PHACA? microphylla. ...", „111. PHACA? prostrata. ...", „112. PHACA? myrophylla. ...", „113. PHACA? muricata. ..." und „114. PHACA? lanata. ..."], da die Nebenblätchen vervielfältigt oder gespalten sind, verdient daß man eine ganz besondre Abtheilung unter dem Geschlecht Astragalus für diese artigen Gattungen macht. Amman hatte dafür den Nahmen Astragaloides [s. Nr. 148, Nr. 149 u. Nr. 150 in Amman 1739, S. 111ff.] gewählt; der ältere Gmelin nennte sie in seinen Papieren Dorycinioidis [sic!] und Steller hatte ihnen den Nahmen Baicalia, nach dem Ort, wo er sie zu erst bemerkte, gegeben. – Indessen habe ich doch auch an mehrern Astragalis eine Neigung die Seitenblätterchen (foliola)

hin und wieder zu verdoppeln wahrgenommen, welche die Verwandtschaft mit unsern Pflanzen näher bestimt; und bekanntermassen haben mehrere Astragali einfächerige Schoten (legumina unilocularia) wie einige dieser Afterarten.“ (Pallas 1776, S. 743)

„719 Baikalia Stelleri. Dracocephalon floribus verticillatis-spicatis folijs sinuato-pinnatifidis. ...“ (AAW R. I, Op. 13, D. 20, Bl. 67r, s. Anm. 1 in Nr. 1); „88. Astragaloides hirsuta non ramosa floribus prpurascentibus & carneis Amm. descr. 149 & 150. sind würckliche species Astragali, von h(Steller Baikalia oder Astralagaster genañt Fl. Irc. 563 ... 568.“ (AAW R. I, Op. 105, D. 16, Bl. 2r, s. Anm. 5 in Nr. 4)

72 „astēr, ĕris, m. (ἀστήρ), I) ein Stern, rein lat. stella, ...“ (Georges 1869, S. 498)

73 „13. Baikalia flore ochroleuco Fl. Irc. n°. 564.“ mit der rechts marginalen Anm. „Ic. St.“ (AAW R. I, Op. 13, D. 67, Bl. 73r, s. Anm. 5 in Nr. 4); s. Nr. 565

74 s. Anm. 46 in Nr. 547

75 „79. ASTRAGALVS pedunculis radicatis, foliolis quaternis et quinis radiatim caulem amplexantibus, floribus ochroleucis. Baicalia flore ochroleuco, vexillo floris caerulescente, STELL. Irc. <565> Perennis est, a STELLERO in rupibus circa lacum Baical a Buguld<e>ichae fluuii ostio ad Bargusinense vsque munimentum inuenta. ... Varietas est, vbi vexillum floris litura caerulea insigni conspicuum <est>.“ (Gmelin 1747–1769, Bd. IV, S. 62), nahezu identisch auf Bll. 34r–34v in: AAW R. I, Op. 104, D. 14 – s. Anm. 32 in Nr. 6; „79. Astragalus pedunculis radicatis, foliolis quaternis et quinis radiatim caulem amplexantibus, floribus ochroleucis. [=] Oxytropis Baicalia Pers.! (Astragalus muricatus Pall. – Willd. sp. pl. III. 1300. et Astragalus Baicalia Pall. – Willd. sp. pl. III. 1302.)“ (Ledebour 1841, S. 116); „4. O[xytropis] Baicalia (PERS. Syn. II, p. 333) ... O. Baicalia. DEC. Prodr. II, p. 279. ... Astragalus Baicalia. PALL. Astragal. p. 93, Nr. 99, t. 77, f. 1. Astragalus pedunculis radicatis, ... GMEL. Fl. sib. IV, p. 62. Nr. 79? (GMEL. hic plures species confudisse videtur.) Hab. in Sibiria baikalensi in arenosis ad fl. Irkut! et alibi (TURCZ.), in transbaikalensi (TURCZ.) ab ostio fl. Buguldeicha usque ad Bargusinsk (STELLER ex GMEL. et PALL.). ...“ (Ledebour 1842, S. 579); „31. O[xytropis] BAÏCALIA (Pers. ench. 2. p. 833) ... Astr. Baïcalia Pall. astr. 93. t. 77. f. 1. ...“ (Candolle 1825, S. 279); „XCIX. ASTRAGALVS Baicalia. TAB. LXXVII. Fig. 1. A. acaulis, foliolis subbinatis, leguminibus inflatis ovato-acuminatis, membranaceis pubescentibus. Baicalia species, Steller. herbar. Astragalus pedunculis radicatis, foliolis quaternis et quinis, radiatim petiolos amplexantibus, floribus ochroleucis, Gmelin. Flor. ircut. MS. n. 566. [?] Flor. sibir. IV. p. 62. n. 79. ... Circa Baicalem lacum observavit STELLERUS, e cujus horto sicco mihi non oblatam speciem describo.“ (Pallas 1800, S. 93); „91. ASTRAGALUS muricatus. A. acaulis, foliolis ternis verticillatis lineari-lanceolatis glabris, scapo folia aeqante, spicis ovatis, leguminibus lanceolatis arcuatis muricatis. W. A. (muricatus) acaulis, ... Pall. Astrag. p. 89. n. 95. t. 73.* Phaca (muricata) acaulis, ... Lin. suppl. 337. Pall. itin. 3. app. n. 113. t. A. a. f. 1. B. Baicalia flore ochroleuco, vexillo florum coerulescente. Gmel. sib. 4. p. 62. Scharffrüchtiger Traganth. W. ...“ (Linné 1797–1830, Bd. III, Teil 2, S. 1300f.); „*94. ASTRAGALUS Baicalia. A. acaulis, foliolis subbinatis, ... Pall. Astrag. n. 99. t. 77. f. 1.* A. pedunculis radicatis, ... Gmel. sib. 4. p. 62. Kleiner Traganth. W. ...“ (Linné 1797–1830, Bd. III, Teil 2, S. 1302); „XCV. ASTRAGALUS muricatus. TAB. LXXIII. A. acaulis, foliolis ternatis subverticillatis glabris, leguminibus callosis, reflexo-cylindraceis, maximis, asperatis. Baicalia flore ochroleuco, vexillo floris coerulescente, Steller. Flor. Ircut. MS. Flor. Sibir. III. [sic!] p. 62. n. 79. Phaca muricata. Pall. itin. III. append. p. 746. n. 113. tab. Aa. fig. 1. B. Phaca (muricata) acaulis, foliolis ternis vel quaternis, lineari-subulatis, subtus muricatis, calyce glabro, dentibus ciliatis, Lin. supplem. plant. p. 337. ...“ (Pallas 1800, S. 89); „113. PHACA? muricata. Tab. Aa. fig. 1. B. ...“ (Pallas 1776, S. 746); „10. O[xytropis] muricata ... DEC. Prodr. II, p. 280. ... Astragalus muricatus. PALL. Astragal. p. 89, Nr. 95, t. 73. – WILLD. Spec. pl. III, p. 1300. Phaca muricata. PALL. It. ... app. p. 746, Nr. 113, t. A. a, ...“ (Ledebour 1842, S. 580f.); „39. O[xytropis] MURICATA ... Phaca muricata Linn. suppl. ... Astr. muricatus Pall. astr. p. 80. t. 73. (v. s.)“ (Candolle 1825, S. 280); „5. PHACA muricata Pall. Itin. 3. Ap. No. 113. T A. a Weichstachlichte Phaka. ...“ (Georgi 1797–1802, Theil 3, S. 1182); „Astragalus acaulis, leguminibus inflatis

subglobosis. (A. physodes L. Fl. sib. IV. 56. nr. 72.; an Fl. sib. IV. 55. nr. 71. A. baicalensis Pall.? pro qua Cel. Ledebour Oxytropin coeruleam Dec. mavult.)“ (C. von Linné in einem Brief an J. G. Gmelin vom 29. Oktober 1750 – Plieninger 1861, S. 102); „152. O[xytropis] Baicalia Pall. sp. Astr. p. 93. n. 99. t. 77. fig. 1. (sub Astr.) ...“ (Bunge 1874, S. 139); „170 O[xytropis] muricata Pall. sp. Astr. p. 89. n. 95. tab. 73. (sub Astr.). It. 3. app. p. 746. n. 113. tab. Aa fig. 1. B (sub Phaca). ...“ (a. a. O., S. 153f.); „Nota. Ob foliorum conformationem Ast<r>ag. 79. 80. 81. [siehe Nr. 565, Nr. 568 und Nr. 567 bei Steller] plane singularem STELLERVS ex illis nouum a loco natali dictum Baicaliae genus constituere; sed cum partium fructificantium eadem sit, ac in reliquis, ratio, non separare consultius duxi.“ [lat. – Merke: Wegen der durchaus einzigartigen Form der Blätter der (unter den Nummern) 79, 80 und 81 (beschriebenen) Astragalusarten hat Steller aus ihnen eine neue Gattung gebildet und sie nach dem Ort, an dem sie wächst, Baicalia genannt. Weil aber die Einrichtung der fruchtenden Teile dieselbe wie bei den übrigen (Astragalusarten) ist, habe ich es für ratsamer gehalten, keine Abtrennung vorzunehmen.] (Gmelin 1747–1769, Bd. IV, S. 63);

„15. Baikalia flore ochrolevco, vexillo floris coerulescente Fl. Irc. n°. 565.“ mit der rechts marginalen Anm. „Ic. St.“ (AAW R. I, Op. 13, D. 67, Bl. 73r, s. Anm. 5 in Nr. 4); s. Nr. 564 und Anhang B. 5. Nr. 36

76 „14. Baikalia flore pallide coeruleo Fl. Irc. n°. 566.“ (AAW R. I, Op. 13, D. 67, Bl. 73r, s. Anm. 5 in Nr. 4)

77 „81. ASTRAGALVS radicibus vcaulescentibus, foliolis quaternis, et quinis caulem radiatim cingentibus. Astragaloides purpureus incanus humilis, ramosus, foliorum coniugationibus stellatis, GM. Ien. Baicalia flore atrorubente, STELL. Irc. 567. Astragaloides hirsuta minor, non ramosa, floribus purpurascentibus, AMM. Suth. [sic!] 149. T. XIX. fig. 1. ...“ (Gmelin 1747–1769, Bd. IV, S. 63), nahezu identisch auf Bll. 35r–35v in: AAW R. I, Op. 104, D. 14 – s. Anm. 32 in Nr. 6; „81. Astragalus radicibus caulescentibus, foliolis quaternis et quinis caulem radiatim cingentibus [=] Oxytropis lanata DeC!“ (Ledebour 1841, S. 117); „XXVI. OXYTROPIS LANATA. ... Phaca Sibirica. ... Linn. f. suppl. 326. Phaca lanata. Pall. It. 3. p. 746. t. Aa. f. 2. ...“ (Candolle 1802, S. 89ff.); „XXV. OXYTROPIS VERTICILLARIS. ... Astragaloides hirsuta minor non ramosa, floribus purpurascentibus. Amm. Ruth. p. 111. n. 149. t. 19. f. 1. malè. Baïcalia flore atro-rubente. Stell Irc. 567. Astragalus radicibus caulescentibus ... Gmel. Sib. 4. p. 63. n. 81. ...“ (a. a. O., S. 88f.); „149. ASTRAGALOIDES hirsuta minor, non ramosa, floribus purpurascentibus. Tab. XIX. Fig. 1. Nouum ex hac et sequenti constituit genus Cl. Gmelinus et Dorycnioidem appelauit ob affinitatem, vt. scribit, quam cum Dorycnio foliorum ratione habere videtur. ... Nomen, quod Gmelinus huic speciei attribuit, est Dorycnioides humile, flore purpurascente. ...“ (Amman 1739, S. 111ff.); „87. ASTRAGALUS dasyphyllus. ... A. caulescens procumbens, ... Pall. Astrag p. 91. n. 96. [sic!] t. 75.* ... Phaca (sibirica) ... Sp. pl. 1064. A. radicibus caulescentibus, ... Gmel. sib. 4. p. 63. Phaca lanata. Pall. itin. 3. p. 746. t. A a. f. 2. A. ... Astragaloides hirsuta minor ... Amm. ruth. 149. t. 19. f. 1. ... Wollenblättriger Traganth. W. ...“ (Linné 1797–1830, Bd. III, Teil 2, S. 1298f.); „114. PHACA? lanata. Tab. Aa. fig. 2. A. Astragaloides hirsuta minor, ... AMMAN. stirp. p. 111. n. 149. t. 19. fig, 1. Astragalus radicibus caulescentibus, foliolis 4. et 5. rhachin radiatim cingentibus GMEL. Flor. Sibir. IV. p. 63. n. 81. Phaca sibirica? Lin. Spec. pl. II. p. 1064. ...“ (Pallas 1776, S. 746f.); „13. O[xytropis] lanata ... Astragalus dasyphyllus. PALL. Astragal. p. 91. Nr. 97, t. 75. ... Phaca lanata PALL. It. III, ... app. 746. Nr. 114. t. A. a, f. 2. 2. B. ... Phaca sibirica. L. fil. Suppl. p. 326. ... Astragalus radicibus caulescentibus, ... GMEL. Fl. sib. IV, p. 63. Nr. 81. Astragaloides hirsuta minor, ... AMMAN. ruth. p. 111, Nr. 149, t. 19, f. 1. ...“ (Ledebour 1842, S. 581f.); „XCVII. ASTRAGALVS dasyphyllus. TAB. LXXV. A. caulescens procumbens, foliolis ternatis subverticillatis, tomentosis, leguminibus callosis lanatis inflato-ovatis. Astragaloides hirsuta minor, non ramosa, floribus purpurascentibus, Amman. ruth. p. 111. n. 149. tab. 19. fig. 1. Baicalia flore atro-rubente, Steller. flor. Ircut. Ms. 567. Astragalus radicibus caulescentibus, foliolis quaternis et quinis, caulem (rhachin) radiatim cingentibus, Gmelin. Fl. Sibir. IV. p. 63. n. 81. Phaca (Sibirica) caulescens, foliolis quaternis lanceolatis

obtusis sericeis, calyce villoso, dentibus setaceis. Lin. supplem. plant. p. 336. ... Phaca lanata Pall. itin. III. app. p. 746. n. 114. tab. Aa. fig. 2. A. ...“ (Pallas 1800, S. 91); „2. PHACA sibirica ... PHACA lanata. Pall. Itin. 3. Ap. 114. Taf. A. a. f. 2. Sibirische Phaka. In Sibirien vom Ischim in O., auf der Insel Olchon des Baikals, auf den sandigen Höhen am Selenga, auch am Onon Dauriens häufig. ...“ (Georgi 1797–1802, Theil 3, S. 1182); „160. O[xytropis] lanata Pall. Itin. 3. p. 746. tab. A. a. fig. 2. A. (sub Phaca) ... Led. fl. ross. 1. p. 581. ... Astragalus dasyphyllus Pall. sp. Astr. p. 951. n. 97. t. 75. ...“ (Bunge 1874, S. 145f.);

„Astragaloides hirsuta minor, non ramosa, floribq purpurascentibq.“ (AAW F. I, Op. 2–1743, D. 11, Bl. 21r, s. Anm. 5 in Nr. 4); „Dorycnioides humile flore purpurascente. Obs. in Hist. Nat. cxix. ...“ (AAW R. I, Op. 105, D. 2, Bl. 11r, s. Anm. 54 in Nr. 17); „CXIX. Dorycnioides humile, flore purpurascente ...“ mit der links marginalen Anm. „Vid Fig.“ (AAW R. I, Op. 105, D. 8^{a}, Bl. 48v, s. Anm. 46 in Nr. 79); „16. Baikalia flore atro-rubente Fl. Irc. n°. 567.“ mit der rechts marginalen Anm. „Ic. St.“ (AAW R. I, Op. 13, D. 67, Bl. 73r, s. Anm. 5 in Nr. 4); „9. Astragalus non ramosus purpurascens, conjugationibus foliorum stellatis, humilior. Dorycnioides humile flore purpurascente Obs. in H. N. CXIX.“ mit der links marginalen Anm. „vid. Ic.“ (a. a. O., Bl. 72v)

78 „80. ASTRAGALVS pedunculis radicatis, foliolis linearibus, quaternis et quinis, radiatim caulem amplectentibus, floribus laxis. Baicalia flore atropurpureo, foliis angustioribus, et densioribus, STELL. Irc. 568. Astragaloides incana, non ramosa, floribus carneis, AMM. Ruth. 150. T. XIX. f. 2. ...“ (Gmelin 1747–1769, Bd. IV, S. 63), nahezu identisch auf Bll. 34v–35r in: AAW R. I, Op. 104, D. 14 – s. Anm. 32 in Nr. 6; „80. Astragalus pedunculis radicatis, foliolis linearibus, quaternis et quinis, radiatim caulem amplectentibus, floribus laxis [=] Oxytropis myriophylla DeC.!“ (Ledebour 1841, S. 116); „XXIV. OXYTROPIS MYRIOPHYLLA. ... Phaca myriophylla. Pall. ... Reise 3. t. Z. ... Astragalus pedunculis radicatis, ... Gmel. Sib. 4. p. 63. n. 80. Astragaloides incana, non ramosa, floribus carneis. Amm. Ruth. n. 150. t. 19. f. 2. Baïcalia flore atro-purpureo, foliis angustioribus et densioribus. Stell. Irc. 568. ...“ (Candolle 1802, S. 87f.); „150. ASTRAGALOIDES incana, non ramosa, floribus carneis. Tab. XIX. F. 2, 2. ... Haec omnia Gmelinus, cui haec audit Dorycnioides majus flore carneo. ...“ (Amman 1739, S. 113f.); „112. PHACA? myriophylla. Tab. Z. Astragaloides incana, non ramosa, floribus carneis. AMMANN. stirp. p. 113. n. 150. tab. 19. fig. 2. Astragalus pedunculis radicatis, ... GMEL. Flor. Sibir. IV. p. 63. n. 80. Astragalus verticillaris. Linn. Mantiss. p. 275. ...“ (Pallas 1776, S. 745f.); „XCIII. ASTRAGALVS myriophyllis. TAB. LXXI. A. acaulis, foliolis verticillatis pubescentibus, leguminibus callosis subulatis. Baicalia flore atro purpureo, foliis angustioribus et densioribus, Steller. Flor. Ircut. n. 568. Astragalus pedunculis radicatis, ... Gmelin Flor. Sib. IV. p. 63. n. 80. Astragaloides incana, non ramosa, floribus carneis, Amman. ruth. p. 113. n. 150. tab. 19. ... Astragalus (verticillaris) acaulis, ... Lin. mantiss. II. p. 275. ... Phaca myriophylla Pall. itin. III. append. p. 745. n. 112. tab. 2. ...“ (Pallas 1800, S. 87); „88. ASTRAGALUS verticillaris. ... A. (myriophyllis) acaulis, ... Pall. Astrag. p. 87. n. 93. t. 71.* Phaca myriophylla. Pall. itin. 3. n. 112. t. Z. A. pedunculis radicatis, ... Gmel. sib. 4. p. 63. Astragaloides incana non ramosa, floribus carneis. Amm. ruth. 150. t. 19. f. 2. ... Wirtelblättriger Traganth. W. ...“ (Linné 1797–1830, Bd. III, Teil 2, S. 1299); „9. O[xytropis] myriophylla ... Astragalus myriophyllus. PALL. Astragal. p. 87, Nr. 93, t. 71. – WILLD. Spec. pl. III, p. 1299. Phaca myriophylla. PALL. It. III. app. p. 745, Nr. 112, t. Z. ...“ (Ledebour 1842, S. 580); „6. PHACA myriophylla Pall. It. 3. ... Vielblättrige Phaca. ...“ (Georgi 1797–1802, Theil 3, S. 1182); „155. O[xytropis] myriophylla Pall. sp. Astr. p. 87. n. 93. tab. 71. (sub Astr.) ... Led. l. c. p. 580. ... Astragalus verticillaris L. Mant. 275. sec. DC. l. c. ...“ (Bunge 1874, S. 141f.)

„Astragaloides incana non ramosa, floribq carneis.“ (AAW F. I, Op. 2–1743, D. 11, Bl. 21r, s. Anm. 5 in Nr. 4); „17. Baikalia flore atropurpureo folijs angustioribus & densioribus Fl. Irc. n°. 568.“ (AAW R. I, Op. 13, D. 67, Bl. 73r, s. Anm. 5 in Nr. 4); s. Anhang B.5. Nr. 37

79 „18. Astragalus Tragacanthae folio, capsula seminis ampla cinerea, rotunda Fl. Irc. n°. 569.“ (AAW R. I, Op. 13, D. 67, Bl. 73r, s. Anm. 5 in Nr. 4)

80 in der 2. Textversion (s. Anm. 1 in A.) fehlt „d(18 Augusti“

[/106r/]

CLASSIS XI.
de
Herbis [et] suffruticibus flore poly-
petalo anomalo.

570.	*Balsamina lutea sive Noli me tangere / C. B. P* 306 *Tourn. I. R. H. Impatiens / herba Dodonaei*[1] *ad rivulos et in sylvis / umbrosis. Floret Julio. semen maturat / Augusto.*
571.	*Viola folio subrotundo*[a] *valde èmarginato seu / Asari folio, capsula seminali erecta va- / riegata*[2]. *Crescit abundè in rupibus altissimis*

/106v/

Florae Irkutiensis Ordine Inst[itutionum] Rei herb[ariae]
CLASSIS XI.

	10 *stadia a Bargusinensi munimento ad / fontes Bannoi rivi Bargusinum flu- / vium influentis juxta munimentum. flo- / ret Junio, florem non vidi, nec ullo labore / obtinere potui, semina autem matura / mitto, ut plenaria descriptio fieri pos- / sit Petripoli. Radice gaudet exigua, / fibrosa, alba, inter saxa delitescente*[b], *fo- / lia quaquaversum in orbem spargit / pediculis* 2 *pollices longis insidentia et / ad insertionem pediculi valdè emargi- / nata, reliquum circumscriptione fere / rotunda, capsulae seminales virides, pun- / ctulis purpurascentibus undiq[ue] conspersae / ac variae, erectae non nutantes ut*[c] *in / reliquis violis sed pediculis sesqui polli- / ces longis insistentes numero ad* 5. 6 / *et* 8. *semen maturatur sub finem Au- / gusti.*
572.	*Viola montana arborescens, folio oblongo mu- / cronato flore pallide coerulescente*[3]. *Provenit / haec planta in montosis siccioribus ad U- / schakowkam amnem versus orientem / floret sub finem Maii assurgit ad dod- / rantem. Radice nititur tenui, fibrosa, fo- / ris spadicea intus lignosa, alba, ad duos / tresve pollices recta in terram demissa, / caulem emittit teretem, erectum, infe- / rius obsolete*[d] *purpurascentem ad fo- / liorum exortus viridescentem, folia oblonga*

---

[a] $_{\text{subrotund}}$o *verbessert aus* [.] [b] $_{\text{delit}}$e$_{\text{scente}}$ *verbessert aus* [.] [c] u$_{\text{t}}$ *verbessert aus* a [d] $_{\text{obsolet}}$e *verbessert aus* o

[/107r/]

Florae Irkutiensis ordine Inst[itutionum] Rei herb[ariae]
CLASSIS XI

	apicem versus valde acuminata et acu- / ta ambitu mucronata, ad pediculi in- / sertionem emarginata supine intense / aversa parte pallidius viridia, pul- / chre venosa, pediculis, insistentia 1 *polli- / cem longis costa foliosa cinctis, qua / caulem spectant planis, qua aversam / partem folii convexis, ad singulorum / pediculo donatorum foliorum exortum / duo alia exadverso prodeunt folia / minora, summum caulem congeries /* 10 *aut plurium foliorum oblongorum / et angustiorum terminat, e quorum / alis pediculi unum aut sesqui pollices / longi, foliis carentes* 1. 2. 3 *eriguntur / floribus Violae onusti flores pallide / coerulescentes, lineolis violaceis sidera- / ti, calyce quinquifido striato comprehen- / si, tota planta nullius eminentiis odoris / et saporis. semina pauca mittuntur.*
573.	*Viola pumila rupestris, flore purpureo amplo, / foliolis oblongis*[4]. *Violam hanc d[ie]* 21 *Aug[usti] in ipso / vertice rupis* 10 *stadia a Bargusinensi / munimento ad Bannoi rivi fontes laete / florentem inveni. Radice nititur exigua, / fili crassitie, alba, fibrosa sub musco de / litescente, foliola erigit ad horizontem / quina vel sena, oblonga pulchre viridia*

/107v/

florae Irkutiensis Ordine Instit[utionum] Rei Herb[ariae]
CLASSIS XI.

	pediculis dimidium pollicem longis innata, / ipsa dimidium pollicem longa, unam ter- / tiam pollicis lata, utrimq[ue] glabra, aver- / sa parte nonnihil flavicantia, ambitu / pulchre nec profunde serrata potius / mucronata, e medio foliorum pedi- / culus erigitur uncialis obsolete pur- / purascens, glaber, Violae florem sus- / tinens, flos magnus seu amplus, pur- / pureus ferme pollicem latus et / nonnihil longior quam latior. Capsula / seminalis obtuse trigona, fere teres / ovata, huius semina licet paucissima / mitto ita et delineandam dedi. Icon / sistit plantam naturali magnitudi- / ne a.) planta. b.) capsula seminalis / c.) semen
574.	*Viola flore lacteo, caule aphyllo folio oblongo / acuminato*[5]. *Planta haec sub finem Ma- / ii in palustribus Russis* Kotschky[6] *dictis ad / Uschakowkam, Kudam et Bargusinum / amnem florens. Radice nititur*

	tenui lig- / nosa fibrosa plerumq⌈ue⌉ bifida, tres uncias / longà, recta in terram demissa. folia e- / mittit 4 5 6 *pediculis* 2. 3 *uncias lon- / gis insistentia, pediculi, qua caulem / spectant plani extrorsum autem a-*

/108r/

Florae Irkutiensis Ordine Institut⌈ionum⌉ Rei herb⌈ariae⌉
CLASSIS XI.

	versam foliorum partem spectantes, te- / retes virides, interdum ad exortum / nonnihil rubentes cernuntur ac non / nihil alati, folia oblonga ad caulis / insertionem emarginata sesqui pollices / ut plurimum longa et ubi latissima / $^{8}/_{10}$ *pollicis lata, superius acuminata, / laete viridia valdè nervosa aversa / folii parte nonnihil pallidiora ad oras / per satis magna intervalla mucronata / pediculos flores sustinentes singulos / protrudit* 1. 2. 3. 4. 5 *flores polypetali / anomali Violae, colore lacteo praediti / petalum autem quod abit in caudam / violaceis lineolis ab ungue petali / oras versus excurrentibus pulchre pin- / gitur, pistillum è calyce viridi quin- / quifido surgens, violarum more abit / in fructum trigonum trifariam de- / hiscentem, seminibus subrotundis al- / bis foetum. Pistillum circumstant /* 5 *stamina lata, albida, apicibus bifi- / dis croceis onusta. Huius semina sub / initium Augusti mature collecta / mitto Icon Tab⌈ulae⌉ sistit plantam ma- / gnitudine naturali a.) Planta ipsa / b.) Capsula seminalis. c.) semen.*

/108v/

Florae Irkutiensis ordine Inst⌈itutionum⌉ Rei Herb⌈ariae⌉
CLASSIS XI.

575	*Viola purpurea folio digitato D⌈ominus⌉ D⌈octor⌉ Gmelin / Index plant⌈arum⌉ Lenens⌈ium⌉*[7] [?] *floret sub finem Ma- / ij et initium Junij in sylvula ad Uscha- / kowkam et in montosis circa lacum Bai- / kal.*
576	*Viola Alpina folio in plures partes dissecto / C. B. P. Viola montana folio multifido / J. B. Viola montana laciniato folio Clus. / Hist. et Tour. I. R. H. spec⌈ies⌉* 15.[8] *flos coeruleo- / rubens, folium* 8 *laciniis ad nervum usq⌈ue⌉ / laciniatum. Floret initio Maii ad me- / dium usq⌈ue⌉ Junii, semina maturat sub ini- / tium Julii eaq⌈ue⌉ bene matura mittuntur. / Abunde in montosis ad Angaram Irkutum / Uschakowkam et circa lacum Baikal.*

577[a]	*Viola montana, lutea subrotundo crenato fo- / lio Barr. Icon. Tournef. I. R. H. spec[ies] <2>6.*[9] */ Ubivis circa Irkutiam et lacum*[b] *Baikal / Abunde tam in sylvis quam montosis lo- / cis et humilioribus pratis. floret ini- / tio Maii, una e primis florentibus / plantis est. semina*[c] *sub medium Ju- / nii matura mitto.*
578[d]	*Viola palustris rotundifolia glabra Mor. / Hist. Oxon. Tournef. I. R. H. spec[ies]* 14[e].[10] *In / sylva humida ad Uschakowkam. Flo- / ret Majo.*
579[f].	*Viola martia inodora, sylvestris, foliis mu- / cronatis oblongis et strictioribus Tourn.*

/109r/

florae Irkutiensis ordine Instit[utionum] Rei herb[ariae]
CLASSIS XI.

	I. R. H. spec[ies] 4.[11] *Flore superbit pur- / pureo rubente. floret circa medium Maij / in pratis circa Roswodnaja ut et in / collibus circa Athanasii Dementiew / saymka. Huius semina sub initium Ju- / lii matura mitto.*
580[g]	*Viola autumnalis, foliis oblongis mucro- / natis, flore purpureo*[12]. *Convenit quoad / omnia cum priori, differt solum tem- / pore florendi, dein quod flores am- / pliores, folia majora et longiora Ab- / unde circa munimentum Bargusi- / nense. semina huius matura mit- / tuntur*
581[h].	*Viola autumnalis foliis oblongis mucro- / natis flore pallide coeruleo*[13], *floris / solummodo, colore à priori differt. / Potius varietas quam diversa species / censenda, licet multoties occurrat, / cum reliquae plantae omnes sero au- / tumno florentes, floris colore valde / discrepent.*
582[i].	*An Viola Martia inodora, sylvestris, foliis / majoribus et rotundioribus C. B. P.*[14] */ Huius semina mittuntur, florem / non vidi. Crescit ad Angaram et circa / lacum Baikal in litoribus arenosis.*

[a] $_{57}$7 *verbessert aus* 6 [b] $_{l}$a$_{cum}$ *verbessert aus* e [c] $_{sem}$i$_{na}$ *verbessert aus* [.] [d] $_{57}$8 *verbessert aus* 7 [e] $_{1}$4 *verbessert aus* 5 [f] $_{57}$9 *verbessert aus* 8 [g] $_{5}$80 *verbessert aus* 79 [h] $_{58}$1 *verbessert aus* 0 [i] $_{58}$2 *verbessert aus* 1

/109v/

Florae Irkutiensis ordine Inst[itutionum] Rei Herb[ariae]
CLASSIS XI.

583[a].	*Viola Martia sylvestris, aquate coerulea / folio et flore minore H. Cathol.*[15] *Abunde / in sylvis et ad arborum truncos ad An- / garam; Uschakowkam et circa lacum / Baikal non raro occurrit foliis nig- / ricantibus, ut et integre purpureis, flo- / ret Maio semen absolvit Junio et Ju- / lio.*
584[b]	*Fumaria flava palustris, caule pentagono*[16] */ Planta haec per integrum Julium flo- / rens in palustribus ad Angaram et / in arenosis circa lacum Baikal. Radice / nititur fibrosa, fragili, caules emittit / duos, tres et plures pedales imo cubi- / tales, rectos pentagonos, sordide virides, / obsoleta hinc inde laeviq[ue] purpura tin- / ctos, ramosos, statim a radice et hinc / inde in caule folia emittit, angulosis / pediculis sustentata, fumariae foliis / exacte similia, tenuius solummodo / laciniata, segmentis oblongis angustio- / ribus, tam ex alis foliorum, quam è / summo caule flores prodeunt fu- / mariae intense flavi, pediculis sesqui / lineas longis*[c] *haerentes superioris labii / calcar sursum reflexum, unam lineam latum*

/110r/

Florae Irkutiensis Ordine inst[itutionum] Rei Herb[ariae]
CLASSIS XI.

	floribus succedunt siliquae interdum / virides, interdum obsolete purpuras- / centes deorsum pendulae inq[ue] mu- / cronem desinentes, intus semini- / bus foetae orbicularibus nigris glab- / ris splendentibus. flores in summita- / te caulis citius efflorescunt iis / qui ad alas foliorum in medio aut / infimo[d] *caule locantur, ita, ut / semen in caulis summitate ad ma- / turitatem ferme perveniat, donec / inferiores flores evolvantur. semi- / na plantae benè matura sub ini- / tium Augusti mittuntur.*
585[e]	*An Aconitum Lyctoconum luteum C. / B. P* 183. *Aconitum folio Platani / flore luteo pallescente J. B.*[17] *In syl- / vis montosis circa Irkutiam et / lacum Baikal abundè. floret cir- / ca medium Junii. semen matu- / rat sub finem Augusti; illudque / maturum mittitur.*

[a] $_{58}$3 *verbessert aus* 2 [b] $_{58}$4 *verbessert aus* 3 [c] l$_{ongis}$ *verbessert aus* [.] [d] infi$_{mo}$ *verbessert aus* in p[.]$_{mo}$
[e] $_{58}$5 *verbessert aus* 4

586[a]	*An Aconitum Pyrenaicum ampliore / folio tenuius laciniato Tourn. I. R. H. / spec⌈ies⌉* 4.[18] *Radice nititur recta, quasi / reticulata, palmari, pollicem crassa / e fibris sibi mutuo admodum et / varie implexis constante, caulis*

/110v/

Florae Irkutiensis ordine Inst⌈itutionum⌉ Rei Herb⌈ariae⌉
CLASSIS XI.

	bi- imo tri-cubitalis, non raro pediculi / foliorum pedales aut sesqui pedales / pallide virescunt, pilis undiq⌈ue⌉ obsiti, a / supina parte folii spectati plani[b]*, ab / aversa teretes<,> foliu⌈m⌉*[c] *summo pediculo / innatum amplissimum, intense viri- / de, splendens, glabrum, aversa par- / te pallidius hirsutum, in quinque / segmenta majora divisum, singula au- / tem majora segmenta denuo in / multas lacinias ad nervum usq⌈ue⌉ / segmentorum maiorum pertingentes / tenuiter divisa, flores lutei, potius / sulphurei coloris sunt, cucullus am- / plus, patulus, alae tempora referen- / tia cuculli ad oras lutea molli la- / nugine pubescunt, apicum medietas / qua staminibus insidet, lutescit, / orae utrimq⌈ue⌉ nigrae ad pistillum / colliguntur tres vaginulae cornicula- / tae. floret in montosis ad Angaram / et circa lacum Baikal sub initi- / um Julii, semen maturat sub / initium Septembris, quod mittitur.*

/111r/

Florae Irkutiensis Ordine inst⌈itutionum⌉ Rei herb⌈ariae⌉
CLASSIS XI.

587[d]	*Aconitum inflexa coma*[19] *maximum / C. B. P.* 183. *Aconitum Lyctoconum / coma nutante*[e] *maximum J. B.*[20] *Ab- / undè in sylvis montosis circa Ir- / kutiam et lacum Baikal floret / Sub initium Julij*
588[f]	*Aconitum coeruleum seu Napellus ⌈pri⌉mus / C. B. P.* 183.[21] *In sylvis montosis circa / Irkutiam et lacum Baikal Abundè / Russis in Sibiria*[g] *audit* Пригрид[22], *eiusq⌈ue⌉ / radicis decocto utuntur in scabie.*
589[h]	*An Aconitum violaceum seu Napellus ⌈secun⌉dus / C. B. P.* 183. *Aconitum Napello simile / sed minus coeruleum praecocius J. B. / Tauricum Clus. Hist.*[23] *Abunde floret Junio / ⌈et⌉ Julio in montosis pratis ad Angaram / ⌈et⌉ circa lacum Baikal. Ad cubitalem / surgit altitudinem, nunquam*

---

[a] $_{58}$6 *verbessert aus* 5̣ [b] $_{pl}$a$_{ni}$ *verbessert aus* e [c] $_{foli}$u◡ *verbessert aus* o [d] $_{58}$7 *verbessert aus* 6̣ [e] $_{nut}$a$_{nte}$ *verbessert aus* e [f] $_{58}$8 *verbessert aus* 7 [g] $_{Sibi}$r$_{ia}$ *verbessert aus* [.] [h] $_{58}$9 *verbessert aus* 8

	ramis / luxuriat ex una radice ad summum / tres surgunt caules plerumq⌈ue⌉ modò / unicus, caeteroquin Napello ⌈pri⌉mo[24] *exacte*[a] */ similis.*
590[b].	*Delphinium perenne montanum Aconiti / folio villosum Tour. I. R. H. spec⌈ies⌉* 1. *Aco- / nitum caeruleum hirsutum flore Conso- / lidae regalis C. B. P.* 183.[25] *floret circa / initium Julii in pratis montosis*

/111v/

florae Irkutiensis Ordine Inst⌈itutionum⌉ Rei Herb⌈ariae⌉
CLASSIS XI.

	sylvarum ad Angaram et circa lacum / Baikal abunde. semen maturat sub / initium septembris.
591[c]	*Delphinium perenne montanum, Aconiti fo- / lio villosum D⌈omini⌉ D⌈octoris⌉ Gmelini ind⌈icis⌉ Plant⌈arum⌉ / Len⌈en*sium⌉ *N⌈umer⌉O* 437 *Varietas ⌈secun⌉da*[26] *occurrit / ad lacum Baikal cum priori.*
592[d]	*Delphinium foliis rotundioribus Aconiti et / magis divisis D⌈omini⌉ D⌈octoris⌉ Gmel⌈ini⌉ Ind⌈icis⌉ Plant⌈arum⌉ / Lenens⌈ium⌉ N⌈umer⌉o* 438.[27] *Cum praecedenti pari / copia obvenit mihi, aeq⌈ue⌉ ac D⌈omino⌉ D⌈octori⌉ / Gmelin⌈o⌉ diversa species videtur. semi- / na collecta mitto.*
593[e]	*Delphinium segetum flore coeruleo Tourn. spec⌈ies⌉ /* 3.[28] *In desertorum apertis siccioribus cam- / pis, qua itur ad Lenam et circa lacum / Baikal in rupibus abunde. floret circa / initium Julii. semen maturat sub finem / Augusti, huius semen mittitur, ob id, / an non diversa species sit, eo quod / raro pedem longitudine superat, ita / et foliis mihi differre videtur.*
594[f]	*Delphinium segetum humilius*[29]. *In / desertis ad Buguldeichae fluvij / ostium in lacum Baikal Occurrit / palmum non superat.*
595[g].	*Delphinium segetum fl⌈ore⌉ albo Tour. I. R. H. spec⌈ies⌉* 4.[30] *Oc- / currit in deserto Kunkurkinensi* 30 *stadia a / Bargusinensi munimento.*

/112r/

Florae Irkutiensis ordine Instit⌈utionum⌉ Rei Herb⌈ariae⌉
CLASSIS XI.

596[h]	*Aquilegia Sylvarum humilis D⌈ominus⌉ D⌈octor⌉ Gmelin ind⌈ex⌉ / Plant⌈arum⌉ Len⌈ensium⌉* 440. *An Aquilegia sylvestris / C. B. Tourn. I. R. H. spec⌈ies⌉* 1.[31] *Abundè in sylvis / et montosis ad Angaram et circa*

---

[a] e_{xacte} *verbessert aus* [.] [b] $_{5}$90 *verbessert aus* 89 [c] $_{59}$1 *verbessert aus* 0 [d] $_{59}$2 *verbessert aus* 1 [e] $_{59}$3 *verbessert aus* 2 [f] $_{59}$4 *verbessert aus* 3 [g] $_{59}$5 *verbessert aus* 4 [h] $_{59}$6 *verbessert aus* 5

	lacum / Baikal floret Junio, semen maturat / sub finem Julii, huius speciei petalorum / cucullatorum internorum limbi extremi / unà cum staminum apicibus sulphurei / coloris sunt, quod an in vulgari nostra / ita sit, non memini, ob id semina misi.
597[a]	*Orchis trifolia maior flore purpureo C. B. / P.* 83.[32] *unico saltem oblongo testiculo, fib- / ras carnosas albas ad caulis exortum / è corona emittente praedita est. Folia / bina, supinè è viridi flavicantia, aver- / sa parte albicantia lineis perpendicula- / ribus nervosa splendentia. Folia insuper / duo alia minora et angustiora caulem / amplexantur, cucullus cum calcari pal- / lide purpurascit, extus et intus striatus, / galeae apex niger, alae et labium quod / bifidum est et tripartitum rubent; Me- / dium inter alas et labia albet, punctulisq[ue] / purpureo-rubentibus conspergitur. flores*[b] */ circiter* 12 *in spicam congestos profert, / spica ipsa utrimq[ue] ad latera compressa. / floret Irkutiae sub finem Maij.*
598[c]	*Orchis bifolia latissima C. B. P.*[33] *Vide, quae / Ruppius habet in flora Jenensi p[agina]* 241. */ has enim varietates fermè omnes col- / legi, bulbus unicus fere cordiformis est.*

/112v/

florae Irkutiensis Ordine instit[utionum] Rei Herb[ariae]
CLASSIS XI.

599[d]	*Orchis palmata, palustris, tota rubra C. B. / P. p[agina]* 86.[34] *Flos totus purpureus rubens, / cucullus tripartitus, labium inferius in- / tegrum latum et acuminatum, calcar ob- / longum conicum* $^{2}/_{10}$ *pollicis longum, foliola / floribus substrata, singulis singula rub- / ra, folia alternatim caulem cingentia / itidem rubra, trinervia oblonga, acumi- / nata, plerumq[ue] / quaterna, caulis viridis. / floret sub initium Junii in pratis humi- / dioribus ad Irkutum, assurgit, ut plu- / rimum ad altitudinem dodrantalem seu /* 8 *pollicum*
600[e]	*Orchis palmata palustris tertia C. B. P.*[35] *Convenit / cum priori, differt foliis e viridi flavi / cantibus.*
601[f]	*Monorchis minima bifolia, flore lutescente*[36]. *flo- / ret in pratis siccioribus ad Uschakowkam. / ut et in sylvis ad Irkutum circa medium / Junii. Huius iconem fieri curavi plantam / naturali magnitudine exhibentem.*

[a] 597 *verbessert aus* 6 [b] flores *verbessert aus* t [c] 598 *verbessert aus* 7 [d] 599 *verbessert aus* 8 [e] 600 *verbessert aus* 599 [f] 601 *verbessert aus* 0

602[a]	*Orchis Morio minor, foliis maculosis C. B. / P. Cynosorchis minima secundum caulem / maculosis foliis, floribus purpureis J. B.*[37] */ floret in montosis sylvis ad Angaram / circa medium Junij.*
603[b].	*Orchis alba*[c]*, bifolia minor calcari oblongo C. / B. P. Orchis alba calcari longo J. B.*[38] *floret / initio Junii in sylvis abunde circa Irkutiam / [et] lacum Baical.*

/113r/

Florae Irkutiensis ordine Instit[utionum] Rei Herb[ariae]
CLASSIS XI.

604[d]	*Palmata angustifolia maculata Rivini / Palmata foemina flore rubro vel dilute / purpureo folio maculato Chabr. p[agina]* 254.[39] */ floret circa medium Junii in montosis / pratis ad Irkutum, variat magnitu- / dine, floris colore et foliorum latitudi- / ne admodum. In maioribus plantis fo- / lia fere digitum lata, flos in aliis ru- / ber in aliis dilutissime purpurascens, / labium inferius latissimum cordifor- / me et trifidum.*
605[e]	*Palmata angustifolia non maculosa Rivini. / Orchis palmata pratensis angustifolia / minor, flore odoratissimo C. B. Prodr. / p[agina]* 30. *ut et Orchis palmata montana / maxima C. B. Prodr. p[agina]* 31.[40] *flores dup- / lo latiores sunt quam alti, calcar lon- / gissimum.*
606[f]	*Monorchis Ophioglossoides unifolia Mentz[elii]*[41] */ Cuius minoris non junioris Mentzelius / maioris Buxb. Cent. III. Tab[ula] XXVI icones / dederunt tam Mentz[elii] quam Buxb[aumii] / speciem iuxta se uno eodemq[ue] loco / et tempore inveni maiorem et mi- / norem, sive quis pro una specie / habere velit, non impedio, hoc saltem / moneo Buxbaumium Mentzelio descri- / ptam non bene pro iuniore habere / suam vero adultiorem credere, ob id*

/113v/

Florae Irkutiensis Ordine Instit[utionum] Rei Herb[ariae]
CLASSIS XI.

	quod uno eodemq[ue] loco ambo occurrant, / et minoris Mentzelii bulbi magnitudi- / ne non cedant[g]*; Maioris bulbi diaphani / sunt. Huius iconem fieri curavi ad plan- / tam magnitudine naturali.*

---

[a] $_{60}$2 *verbessert aus* 1 [b] $_{6}$03 *verbessert aus* 22 [c] $_{al}$b$_{a}$ *verbessert aus* e [d] $_{60}$4 *verbessert aus* 3 [e] $_{60}$5 *verbessert aus* 4 [f] $_{60}$6 *verbessert aus* 5 [g] $_{ced}$a$_{nt}$ *verbessert aus* u

607[a]	*Orchis spiralis seu Monorchis floribus pur- / purascentibus*[42]*, unicum saltim exem- / plar circa medium Junii reperi ad U- / schakowkam.*
608[b].	*Monorchis bifolia, foliis sessilibus flore pur- / purascente.*[43] *Plantula haec in colle iuxta / Sukino Simowie d⌈ie⌉* 22. *Jul⌈ii⌉ florens huc / dum inventa et abhinc hinc inde ad / lacum Baikal, altitudine raro dodran- / tem superare visa, bulbulo nititur u- / nico, sphaerico, albo, diaphano folia / calceoli flabelliformis*[44] *folia exacte / referunt, sesqui pollicem circiter longa, u- / num lata pulchrè sessilia venosa et / viridia. In summitate caulis flores* 3 *ad /* 6. *vel* 8 *in laxam spicam disponuntur, / unum latus spectantes et spiralium more / longioribus pediculis unam partem ver- / sus contortis haerentes, cucullus barbae in / haerens integer, apice ter incisus et / paululum sursum flexus unicolor pur- / purascens, barba itidem trifida medio / segmento latiori et intensius purpureo, / petalorum ungues intus albi, purpureis / punctulis varii Tab⌈ula⌉ sistit plantam mag- / nitudine naturali.*

/114r/

Florae Irkutiensis ordine Instit⌈utionum⌉ Rei Herb⌈ariae⌉
CLASSIS XI.

609[c]	*Helleborine bifolia minor caule aphyllo, floribus / minutissimis albis.*[45] *Tobolii priori anno videram*[46]*, / Occurrit passim circa Irkutiam et lacum / Baikal. floret Julio, radicibus fibratis so- / lummodo et unice differt à Monorchide / minima bifolia, flore lutescente Florae meae / Irkutiensis*[47].
610[d].	*Helleborine ceram redolens floribus candidis pi- / losis*[48]. *Plantula haec intra valles altissima- / rum rupium circa Sinum lacus Baikal / arenosum Peschtschana Guba dictum et ab- / hinc passim ad Bargusinense munimentum / usq⌈ue⌉ sub finem Julii inter Myrtillum fru- / ctu rubro*[49] *et Geum folio amplissimo flore / specioso*[50] *florens. Radice nititur fibrosa et / multum ramosa lutescente sub musco saxis / instrato delitescente, ad exortum caulis folia / modo* 2. *modo* 3. *et* 4 *laete viridia, glabra, / pulchre venosa, oblonga, acuminata emer- / gunt, in quibusdam folium insuper an- / gustius, caulem amplexans occurrere solet / et abhinc* 2. 3 *alia minutissima, quae / foliorum potius rudimenta diceres. Cau- / lis ad summum dodrantalis plerumq⌈ue⌉ au- / tem vix palmum superat cum quadam / levi flavedine cerae instar subviri- / dis*

---

[a] $_{6}0_{7}$ *verbessert aus* 16. [b] $_{60}8$ *verbessert aus* 7 [c] $_{60}9$ *verbessert aus* 8 [d] $_{6}10$ *verbessert aus* 09

	teres nonnihil pilosus, spica flo- / rum uncialis ad summum sesqui uncias / longa; singuli florum[a] *calyces foliolo inter-*

/114v/

Florae Irkutiensis ordine Instit[utionum] Rei Herb[ariae]
CLASSIS XI.

	sepiuntur, e quorum alis calyx nullo pediculo / fultus immediate prodit, huic insident flores / nullo calcari donati, candidi, pilosi, cucul- / lus e tribus petalis conflatur, quorum duo / lateraria[51] *medio ita arcte incumbunt, ut / leviter intuenti unum veluti appare- / ant, haecq[ue] galeae vel cuculli formam*[b] */ obtinent duo petala paululum inferius / cucullo huic ad latera velut alae lo- / cantur, sextum vero imbricatum seu / barba ab his quinque circumdatur, calyx / qui deinde abit in ipsum seminis re / ceptaculum utriculum sexangulum refert / ovato-utrimq[ue] acuminatum, scobe semina- / li refertum. Huius figuram vide Tab[ula] ... / Plantam naturali magnitudine sistentem.*
611[c]	*Helleborine latifolia montana C. B. P.* 186. */ Elleborine Dod. Pempt. et J. B.* 3. 516[52] */ Occurrit in montosis ad Angaram [et] / Bargusinum fluvium*[d] *floret circa fi- / nem Junij.*
612[e]	*Calceolus minimus flabelliformis D[omini] D[octoris] Gmelini / Ind[icis] Plant[arum] Len[ensium]*[53] *Huius Iconem sistit Tab[ula] / plantam naturali magnitudine satis be- / ne exhibens. floret sub finem Maii in / montosis sylvosis locis juxta telonii do- / mum Nicolskaia Sastawa*[f] *dictam / ad lacum Baikal.*

/115r/

Florae Irkutiensis ordine Instit[utionum] Rei Herb[ariae]
CLASSIS XI

613[g]	*Calceolus morio flore minore unico ex albo et / purpureo variegato.*[54] *Abunde in sylvis ad / Angaram et circa lacum Baikal. floret / circa medium Junii*
614[h]	*Calceolus Marianus DoD. Pempt.* 180 *Helle- / borine flore rotundo, sive Calceolus C. / B. P.* 187.[55] *flore unico. Cum priori eo- / dem loco et tempore occurrit.*

---

[a] florum *verbessert aus* e [b] formam *verbessert aus* form[...] [c] 611 *verbessert aus* 10 [d] fluvium *verbessert aus* o [e] 612 *verbessert aus* 1 [f] Sastawa *verbessert aus* ae [g] 613 *verbessert aus* 2 [h] 614 *verbessert aus* 3

615[a]	*Calceolus Marianus flore duplici*[56] *ubi gemi- / ni flores sunt unum solummodo è radice / caulem prodire notavi, ubi autem unicus / saltim duos semper caules ex adverso sibi / e radice surgunt occurrit cum priori.*
616[b]	*Calceolus flore majore unico purpureo sac- / culo*[c] *introrsum reflexo et fimbriato. An / Calceolus flore majore Tourn. spec[ies] 2.*[57]
617[d]	*Calceolus flore purpureo geminato*[58]. *Prioris va- / rietas, abunde occurrit in sylvosis mon- / tibus et pratis ad Angaram et circa la- / cum Baikal, eodemq[ue] cum reliquis tem- / pore floret.*
618[e]	*Calceolus flore albo, petalis 4 in crucem po- / sitis purpureo-rubris*[59] *cum praecedenti- / bus è regione pagi Archipraesulis Schil- / kina.*
619[f].	*Calceolus flore albo majori purpureis*[g] *pun- / ctis consperso.*[60] *Occurrit cum priori.*

1 „[species 10] Balsamina lutea sive Noli me tangere C. B. Pin. 306. Noli me tangere J. B. 2. 908. Impatiens herba Dod. Pempt. 659.“ (Tournefort 1700, S. 419, Genus I. „Balsamina. Balsamine.“); „De Impatiente herba. CAP. XXXV. ...“ mit der Abbildung „Impatiens herba.“ auf S. 659 (Dodoens 1616, S. 659f.); „Impatiens Rivini. Noli me tangere vulgi & I. B. 2. 908. ... Spring=-Kraut. ...“ (Rupp 1726, S. 217); „1. Balsamina lutea, sive Noli me tangere. C. B. Die gelbe Balsamine, oder Rühremichnichtan. Springsaamenkraut.“ (Miller 1750, S. 101); „68. IMPATIENS pedunculis multifloris, solitariis, foliis ouatis, geniculis caulinis tumentibus, LIN. Sp. pl. 2. p. 1329. n. 7. Balsamina lutea, s. noli me tangere, BAVH. pin. 306. ...“ (Gmelin 1747–1769, Bd. IV, S. 102), nahezu identisch auf Bl. 52r in: AAW R. I, Op. 104, D. 14 – s. Anm. 32 in Nr. 6; „68. Impatiens pedunculis multifloris, solitariis, foliis ovatis, geniculis caulinis tumentibus [=] Impatiens Nolitangere L.!“ (Ledebour 1841, S. 122); „1. IMPATIENS pedunculis solitariis multifloris. Impatiens. Riv. tetr. 146. Rupp. jen. 217. Impatiens herba. Dod. pempt. 659. Noli me tangere. Bauh. hist. 2. p. 908. Balsamina lutea sive Noli me tangere. Bauh. pin. 306. ...“ (Linné 1737, S. 428); „7) Europäischer Springsaame. Impatiens noli tangere. ... Impatiens pedunculis multifloris solitariis, foliis ovatis, geniculis caulinis tumentibus. LINN. Syst. Veg. p. 670., Sp. Pl. 1329. Impatiens pedunculis solitariis multifloris. Hort. Cliff. 248. ... GMEL. Sib. 4. p. 102. ... Balsamina lutea s. noli me tangere C. BAUH. pin. 306. ... Impatiens herba. DOD. pempt. 659. ... Die Saamengehäuse sind lang, bartig, und sehen fast wie kleine Schötchen aus, die bey der geringsten Berührung aufspringen, und den Saamen von sich schnellen. Boerhaave will eine giftige Eigenschaft an dem Kraut bemerkt haben, andere Schriftsteller aber haben es äuserlich zur Heilung und Auswaschung der Wunden und in der goldenen Ader, so wie den innerlichen Gebrauch des abgesottenen Krautes, als ein Harntreibendes Mittel in Urinschmerzen empfohlen; andere haben es unter die Brech= und ausführende Mittel gerechnet. Die Schaafe lassen es stehen. ... Die Jäger wissen mit dem Kraut die Haselhühner herbeyzulocken und zu fangen. ...“ (Linné 1783, S. 101ff.); „12. IMPATIENS Nolitangere ... I. pedunculis multifloris solitariis, ... Gmel. sib. 4. p. 102. ... L. pedunculis solitariis multifloris. Hort. cliff. 428. ... Balsamina lutea s. Noli me tangere. Bauh. pin. 306. ... Wilde Balsamine. W. ...“ (Linné 1797–1830, Bd. I, Teil 2, S. 1176); „1) IMPATIENS NOLITANGERE. Linn. ... M. a Bieb. Fl. taur.cauc. I. p. 173. No. 434. ...

---

[a] $_{61}$5 *verbessert aus* 4 [b] $_{61}$6 *verbessert aus* 5 [c] $_{s}$a$_{cculo}$ *verbessert aus* u [d] $_{61}$7 *verbessert aus* 6 [e] $_{61}$8 *verbessert aus* 7 [f] $_{61}$9 *verbessert aus* 8 [g] $_{purpure}$i$_{s}$ *verbessert aus* o

Impatiens pedunculis multifloris, ... Gmel. Fl. sib. IV. p. 102. No. 68. ..." (Ledebour 1829, S. 265); „182. Impatiens. L. ... 1. I. noli tangere (L. SP. 1329) ... M. a BIEB. Fl. t. c. I, p. 173. ... LEDEB. Fl. alt. I, p. 265. ... Impatiens pedunculis multifloris solitariis, ... GMEL. Fl. sib. IV, p. 102. Nr. 68. ..." (Ledebour 1842, S. 481); „Impatiens noli tangere, ... gemein Springkraut, ... gelber Springsaamen; wilde gelbe Balsamine; Ungedult; gelbe Balsamine; Rühr mich nicht an; ... mit denen Blättern und Blumen kann man auf Wolle schön gelb färben. ... Es heißt bey ... Dodonäus: Impatiens herba; ..." (Gmelin 1773a, Sp. 31f.); „herba impatiente, Ungeduld oder Noli me tangere, so wird, wegen der elastischen Kraft seiner Samenkapseln, entweder a) das ganze Geschlecht des Springkrauts, Impatiens Linn. genennt; ... oder das gemeine Springkraut, Springsaamenkraut, oder Judenhütlein, Impatiens noli tangere pedunculis multifloris solitariis, foliis ovatis, geniculis caulinis tumentibus, d. i. Rühr mich nicht an, eine Art Springkraut, ... Impatiens herba Dodon ..." (Schmidlin 1772a, S. 131); „434. IMPATIENS Noli tangere. ... Gmel. sib. 4. p. 102. n. 68. ..." (Marschall von Bieberstein 1808a, S. 173f.); „Auch die Wald=Balsamine (Impatiens) blühte itzt häufig, welche, wie ich höre, von denen nordlicher wohnenden Tataren eben so, wie von den südlichern die Garten=Balsamine Kna genannt, und von ihren Weibern zum schminken der Nägel gebraucht wird, auch auf Baumwollen ein gutes Farbe=Material abgiebt." (Pallas 1773, S. 192); „Waldbalsamine (Impatiens noli tangere)" (Presl 1836, S. 4); „f) Impatiens noli tangere. Impatiens herba. Noli me tangere. Deutsch. Der Springsame; Springkraut, Gelber Springsame, Die wilde gelbe Balsamine; Ungeduld; Rühr mich nicht an; Judenhütlein; Hirschmelde; Wundkraut. ... Diese Pflanze ... kann zum Gelbfärben genutzt werden; auch soll sie stark den Schweiss befördern." (Nemnich 1794, Sp. 224f.); „Balsamine (Gelbe), oder Rühr mich nicht an, Springkraut, L. Balsamina lutea, siue Noli me tangere, C. B. P. ... Von ihren Kräften ist wenig ... bekannt. ... Doch wird sie von Einigen bei Verwundungen als ein Wundkraut, und wider den Harnzwang, nur äusserlich aufgelegt, und in Griesschmerzen gelobt, von Andern aber ihr eine starke Urintreibende Kraft zugeschrieben. ... Joh. Ge. Siegesbecks botanische Anmerkung von der sogenannten Herba Noli me tangere, st. in Büchners Miscellan. phys. med. mathemat. A. 1727, Erf. 1731, 4. S. 548–552. [s. Siegesbeck 1731]" (Krünitz 1773–1858, Bd. 3, S. 477f.); „BALSAMINA. ... teutsch, Balsamkraut. ... Es ist gut zu Wunden, reiniget und stärcket: wird aber selten zur Artzney gebraucht. Balsamina kommt von Balsamo her, als wolte man sprechen, ein Kraut, das gut zur Bereitung eines Balsams ist." (Lémery 1721, Sp. 142f.); „NOLI ME TANGERE. ... Balsamina lutea, sive Noli me tangere, C. B. Pit. Tournef. ... teutsch Springkraut, Judenhütlein. ... Ist eine Gattung Balsamina, ... Es eröffnet ungemein, dienet den Harn zu treiben, den Stein in den Nieren und in der Blase zu zermalmen, ... Es soll brechen machen, und purgiren, ... Noli me tangere, seu impatiens herba wird es darum genannt, weil, wann die Frucht berührt wird, die Samen mit Gewalt aus derselben herausspringen, die dann zwischen den Fingern behangen bleiben und die Hände schmutzig machen." (a. a. O., Sp. 788f.); Impatiens noli tangere L. – russ. *ne tron' menja*, *prygun trava* bzw. *rozopas* (*Annenkov* 1858, S. 50, Nr. 570); „Balsāmina RIV. (Oxalideae). Vom arabischen balassan. Die Pflanze soll auch zur Bereitung eines köstlichen Balsams für Wunden benützt worden seyn. Balsāmina (Cucurbitaceae). Die älteren Botaniker nannten diese Pflanze männliche Balsamine und die Impatiens Balsamina: weibliche Balsamine, obgleich beide keine andere Aehnlichkeit miteinander haben, als dass ihre Kapseln die Samen mit Gewalt fortschleudern." (Wittstein 1852, S. 92); „Impātiens L. (Oxalideae). Zus. aus in (un, nicht) und patiens (duldens von patior), d. h. eine Pflanze, deren Samenkapseln nicht angerührt werden dürfen, ohne augenblicklich aufzuspringen. Daher auch der Name ‚noli me tangere' (rühre mich nicht an) eine Species dieser Gattung." (a. a. O., S. 473)

„352 Balsamina lutea siue noli me tangere C. B. P. ..." (AAW R. I, Op. 104, D. 25, Bl. 27r, s. Anm. 61 in Nr. 21); „272. Balsamina lutea Sive Noli me tangere C. B. P. ..." (AAW R. I, Op. 13, D. 42, Bl. 43r, s. Anm. 1 in Nr. 1); „82. Balsamina lutea, sive noli me tangere C. B. P. ..." (AAW R. I, Op. 104, D. 17, Bll. 12v–13r, s. Anm. 36 in Nr. 8); „Balsamina lutea sive noli me tangere. B. Pin. 306 et Inst. r. h. n°. 38." (AAW R. I, Op. 15, D. 1, Bl. 5r, s. Anm. 24 in Nr. 64); „909 Balsamina lutea sive noli me tangere C. B. P. 306. ..." (AAW R. I, Op. 105, D. 1, Bl. 71r,

s. Anm. 29 in Nr. 5); „Balsamina lutea sive noli me tangere C. B. P. 306. ...“ (AAW R. I, Op. 13, D. 67, Bl. 58v, s. Anm. 5 in Nr. 4); „746. Impatiens pedunculis solitariis multifloris. Linn. h. Cliff. 428. Balsamina lutea sive noli me tangere. Bauh. Pin. 306. ...“ (AAW R. I, Op. 13, D. 20, Bl. 69r, s. Anm. 1 in Nr. 1); „Balsamine lutea sive Noli me tangere C. B. Pin. ... Tournefort. Spec. 10. ...“ (AAW F. 98, Op. 1, D. 19, Bll. 7v–8r, s. Anm. 59 in Nr. 19); „5. August 1723 ... Hieselbst fand sich Balsamina lutea ... sive Noli me tangere (Capar Bauhinus et Tournefortii sp. 107), Russis кузнечная [russ. *kuznečnaja*], ziemlich häufig, ...“ (Messerschmidt 1962–1977, Bd. 2, S. 108ff.); „Balsamina lutea seu Noli me tangere (Tournefortii sp. 10), Off.“ (Messerschmidt 1962–1977, Bd. 4, S. 204, s. Anm. 1 in Nr. 1)

2 „+96. Viola folio subrotundo valde emarginato seu Asari folio, capsula seminali erecta, variegata Fl. Irc. 571. ut & Violae 572. 573“ (AAW R. I, Op. 105, D. 16, Bl. 2v, s. Anm. 5 in Nr. 4); „12. Viola folio subrotundo valde emarginato seu Asari folio, capsula seminali erecta variegata Fl. Irc. n°. 571. ...“ (AAW R. I, Op. 13, D. 67, Bl. 58v, s. Anm. 5 in Nr. 4)

„Viola <Veilchen>: Name von L. aufgrund der vorlinn. Benennung Viola, unter der neben den Arten der Gatt. Viola ... noch eine Reihe von Arten unterschiedlichster Gatt. subsumiert wurden ... Die hier ausgeführte, von L. bereinigte Polysemie des Namens Viola hat ihre Wurzel eher im Nebeneinander von gr. íon und leukóïon (worunter teils die Gatt. Viola, teils einige Gatt. der Cruciferae vertanden wurden; ...“ (Genaust 2005, S. 684f.); „Vīola T. (Violaceae). Das veränderte ἴον (Veilchen).“ (Wittstein 1852, S. 924); s. Nr. 572 und Nr. 573

3 „430. An Viola tricolor hortensis repens C. B. P. 199? ...“ mit den rechts marginalen Anm. von J. G. Gmelin „Viola montana arborescens folio oblongo mucronato flore pallide coerulescente n°. 572 St.“ und „vid. Ic.“ (AAW R. I, Op. 105, D. 12, Bl. 20r, s. Anm. 54 in Nr. 17); „916. Viola Martia inodora sylvestris minor calcare floris luteolo. Viola caninae varietas, si non species diversa D. Du Bois R. Syn. III. 364. Ic. Tab. XXIV. Fig. 2. ... Hic rursus errorem in Ind. Irc. commissum annotare decet. ... Tertia, quae eadem est cum Viola Fl. Irc. 372. [müßte heißen: 572.] Viola caulescens folio longiore et strictiore, calcare luteolo. Haec quare Stellero arborescens dicatur, mihi non constat.“ (AAW R. I, Op. 105, D. 1, Bl. 72r, s. Anm. 29 in Nr. 5); „2. Viola Martia inodora sylvestris minor, calcare floris luteolo Ind. Jen. n°. 916.“ (AAW R. I, Op. 13, D. 67, Bl. 59r, s. Anm. 5 in Nr. 4); „6. Viola caulescens, caninae folio, elatior, flore pallido caeruleo, calcare luteolo Ind. Jen. n°. 916. Irc. n°. 430. ...“ mit der rechts marginalen Anm. „vid. Ic.“ (a. a. O., Bl. 59r); „7. Viola caulescens elatior, folio minore & strictiore, florq) saturiore Ind. Jen. n°. 916 & Irc. n°. 430.“ (a. a. O., Bl. 59r); „8. Viola caulescens folio longiore & strictiore, calcare luteolo Ind. Jen. n°. 916 & Irc. n°. 430. Viola arborescens Fl. Irc. n°. 572. ...“ (a. a. O., Bl. 59r); „11. Viola tricolor hortensis repens C. B. P. 199. ...“ (a. a. O., Bl. 59r); „920. Viola bicolor arvensis, flore candido et luteo C. B. P. 200. ...“ (AAW R. I, Op. 105, D. 1, Bl. 72r, s. Anm. 29 in Nr. 5); 1. Viola bicolor arvensis flore candido et luteo. C. B. P. 200.“ (AAW R. I, Op. 13, D. 16, Bl. 25v, s. Anm. 32 in Nr. 6); „255. [Viola] tricolor hortensis repens C. B. P. 256. [Viola] bicolor arvensis fl. candido et luteo C. B. P.“ (AAW R. I, Op. 104, D. 13, Bl. 6r, s. Anm. 84 in Nr. 29); „83. Viola bicolor, arvensis, flore candido et luteo C. B. P. ...“ (AAW R. I, Op. 104, D. 17, Bl. 13r, s. Anm. 36 in Nr. 8); „222 Viola bicolor arvensis CBP. 200.“ (AAW R. I, Op. 6, D. 40, Bl. 33r, s. Anm. 1 in Nr. 1); „Viola bicolor arvensis, flore caeruleo et luteo. B. Pin. 200 et Inst. r. h. n°. 26.“ (AAW R. I, Op. 13, D. 19, Bl. 5r, s. Anm. 54 in Nr. 17)

„2. Das zahme Freysamkraut: Viola tricolor, hortensis, repens, C. B. P. loc. cit. ...“ (Zwinger 1744, S. 1155); „Viola Tricolor. hortensis repens. C. B. Dreyfaltigkeits=Blümlein, bestehen von allerhand Farben, als blau, weiß=gelb, groß und klein, ... Das destillirte Wasser davon wird mit Nutzen in der Gicht der Kinder gebraucht.“ (Hübner 1712, Sp. 1323); „1. VIOLA pedunculis caulinis angulatis, stipulis oblongis pinnato-dentatis, foliis ovato-oblongis crenatis. Viola bicolor arvensis. Bauh. pin. 200. ... ε Viola tricolor hortensis repens. C. B. 199. ... ρ Viola montana lutea, subrotundo crenato folio. T. [s. Nr. 577] ...“ (Linné 1737, S. 427); „16) Dreyfärbiges Veilchen. Viola tricolor. ... Viola caule triquetro diffuso, foliis oblongis incisis, stipulis pinnatifidis. LINN. Syst. Veg. p. 668. Sp. Pl. p. 1326. Viola peduncus caulinis angulatis, ... Hort. Cliff. 527 [sic!]

Viola caule triqueto diffuso, ... Fl. Suec. 721. 791. ... GMEL. Sib. 4. p. 97. ... Viola bicolor arvensis. C. BAUH pin. 200. ... β) Viola tricolor hortensis repens. C. BAUH. pin. 199. ... wir Deutsche [nennen] sie Deutsche Stiefmütterchen, Freysamkraut, Siebenfarbenblumen, je länger je lieber, Gedenkblümchen, Tag und Nachtblümlein, Sorge, unnüze Sorge, Aeckerveilchen. ... Das dreyfärbige Veilchen ist, ... ein sehr wirksames Gewächs, dessen Heilkräfte und eigene Bestandtheile besonders in den neuern Zeiten ... in ein ungleich helleres Licht gesezt worden. Die Blumen geben den Bienen Stof zu Honig; von den Schaafen aber wird das Kraut nicht angerührt." (Linné 1783, S. 87ff.); „57. VIOLA caule triquetro diffuso, foliis oblongis incisis, stipulis dentatis, Fl. Suec. 721. LIN. Sp. pl. 2. p. 1326. n. 15. Viola bicolor aruensis, BAVH. pin. 200. flore candido obluteo [müßte heißen: et luteo]. Viola bicolor aruensis humilior et folio latiore calcareque floris caerulescente Ind. Ien. ..." (Gmelin 1747–1769, Bd. IV, S. 97), nahezu identisch auf Bll. 50v–51r in: AAW R. I, Op. 104, D. 14 – s. Anm. 32 in Nr. 6; „57. Viola caule triquetro diffuso, foliis oblongis incisis, stipulis dentatis [=] Viola tricolor L. cum varietate bicolori!" (Ledebour 1841, S. 121); „24. VIOLA tricolor. V. caule triquetro diffuso, ... Syst. Veg. 668. V. caule triquetro diffuso, ... Gmel. sib. 4. p. 97. ... V. bicolor arvensis. Bauh. pin. 199. ... Dreyfarbiges Veilchen. W. ..." (Linné 1797–1830, Bd. I, Teil 2, S. 1168); „15 VIOLA TRICOLOR. Linn. ... M. a Bieb. Fl. taur. cauc. I. p. 173. No. 433. ... Viola caule triquetro, diffuso, ... Gmel. Fl. sib. IV. p. 97. No. 57. ..." (Ledebour 1829, S. 264); „37. V[iola] tricolor (L. SP. 1326) ... LEDEB. Fl. alt. I, p. 264. ... V. caule triquetro diffuso, ... GMEL. Fl. sib. IV, p. 97. Nr. 57. ... β. arvensis ... V. tricolor. β. arvensis. M. a BIEB. Fl. t. c. I. p. 173. ... V. tricolor. var. bicolor. GMEL. Fl. sib. l. c. ..." (Ledebour 1842, S. 256f.); „Viola tricolor, ... dreyfärbige Viole, ... zweyfärbige Viole; wilde Akerviole; wild Freisamkraut; wilde Tag und Nachtblümlein; Garböklein; Stiefmüterchen; ... Es heißt bey C. Bauhin: Viola bicolor arvensis; ... in der Beschreibung des Cliffortischen Gartens: Viola pedunculis caulinis angulatis, ..." (Gmelin 1777, Sp. 539f.); „433. VIOLA tricolor. V. (aruensis) ... V. tricolor. α. Linn. ed. Willd. 1. p. 1168. ... Gmel. sib. 4. p. 97. n. 57. ..." (Marschall von Bieberstein 1808a, S. 173); „Viola (tricolor) caule triquetro diffuso, foliis oblongis incisis, stipulis dentatis. Linn. Spec. pl. 935. n. 13. Suec. 791. ... Веселые гласки [russ. *veselye glaski*] siue Троичная трава [russ. *troičnaja trava*] Russ. ..." (*Krašeninnikov* 1761, S. 142); russ. *veselye glazki* bzw. *troičnaja trava* (*Slovar'* 1989, S. 124); „9. VIOLA (Tricolor) caule triquetro diffuso, foliis oblongis dentatis, stipulis dentatis. Flor. Suec. 721. ... Viola tricolor hortensis repens. C. B. P. 199. Kriechendes dreyfärbiges Gartenveilgen, insgemein die Dreyfaltigkeitsblume, oder Je länge ie lieber (Heart's ease, oder Pansies) genannt." (Miller 1776, S. 631); „50) Zweyfärbige Viole, ... Garböcklein, ... Viola tricolor, ... Sie ist etwas bitter und scharf und wird von den Schaafen nicht gefressen; ..." (Gmelin 1779, S. 62ff.); „1019. Viola tricolor Lin. sp. 16. ... Ruß. Weselnie=Glaski und Troizkaja Trawa. ..." (Falk 1786, S. 246); „547. [Viola] tricolor. Stiefmütterchen. Троитчной Цвѣтъ. [russ. *troitčnoj cvet*] ..." (Georgi 1790, S. 517); „13. VIOLA tricolor L., ... Dreyfarbiges Veilchen. W. Stiefmütterchen. R. Troizkaja Trawa. ..." (Georgi 1797–1802, Theil 3, S. 802); „95. VIOLA TRICOLOR Linné. DREIFARBIGES VEILCHEN. ... Die in Gärten vorkommenden verschiedenen Varietäten der Viola tricolor, die man auch als eigene Species aufgestellt hat, unterscheiden sich nur durch die Grösse und schönere Färbung der Blumenkronen. In der Medizin wird von dieser Pflanze gebraucht: Radix, Herba et Flores Violae tricoloris, seu Trinitates, seu Jacea. Deutsche Namen. Stiefmütterchen, Dreifaltigkeitsblümchen, Ackerveilchen, Jesusblümchen, Tag- und Nacht-Blümchen, Denkblümchen, Sorge, Hungerkraut, Freysamkraut, Garböcklein, Dreifarbenblume, Siebenfarrnblume und viele andere." (Dietrich 1834, Nr. 95); „3) Flechtenartige Ausschläge. ... Die Ehsten gebrauchen die Abkochung von ... Veronica officinalis mit Bier esslöffelweise, Viola tricolor mit Schmant zu einer Salbe gekocht." (Krebel 1858, S. 153f.); „Mittel gegen Keuchhusten (garais kahsis = der ‚lange Husten'): Thee aus Viola tricolor. ..." (Alksnis 1894, S. 185); Viola tricolor L. – russ. *motyl'ki, polucvet, Ivan da Mar'ja, bratki, prikornaja, rozopasl', kamčug, troecvetka, sorokonedužnaja* bzw. *anjutiny glazki* (*Annenkov* 1858, S. 101, Nr. 1187); wotjakisch pośkǐ-pužǐ – Viola tricolor (Munkácsi 1896, S. 597); s. Nr. 571 und Anhang B.5. Nr. 39

4 „62. VIOLA acaulis flore foliis multo maiore, HALL. Helu. 502 Viola pumila rupestris, flore purpureo amplo, foliolis oblongis, STELL. Irc. 573. STELLERVS in vertice rupis, decem stadia a Bargusinensi munimento ad Banoi [russ. *Bannoj*] riui fontes sub finem Augusti laete florentem inuenit." (Gmelin 1747–1769, Bd. IV, S. 99), nahezu identisch auf Bl. 51r in: AAW R. I, Op. 104, D. 14 – s. Anm. 32 in Nr. 6; „62. Viola acaulis, flore foliis multo majore. (excl. synon. Halleri.) [=] Viola altaica Pall.!" (Ledebour 1841, S. 122); „8. VIOLA acaulos, flore foliis multo majore. Viola montana purpurea, solidiore folio I. B. III. p. 544. Viola alpina purpurea exiguis foliis C. B. RAJ. p. 1051*. Syll. p. 262. I. R. H. SCHEUCHZ. It. II. p. 143. ..." (Haller 1742, S. 502f.); „100. Viola Alpina purpurea exiguis foliis C. B. Viola montana purpurea solidiore folio J. B. ..." (Scheuchzer 1723, S. 143); „14) VIOLA ALTAICA. Pall. ... Dec. Prodr. I. p. 302. No. 77. – M. a Bieb. Fl. taur. cauc. III. p. 168. ... V. grandiflora Sievers in Pall. n. nord. Beytr. Viola. Gmel. Fl. sib. IV. p. 99. No. 62. (excl. synon. Halleri.) ..." (Ledebour 1829, S. 263); „36. V[iola] altaica (PALL. ...) ... DEC. Prodr. I, p. 302. ... M. a BIEB. Fl. t. c. III, p. 168. – LEDEB. Fl. alt. I, p. 263. ... V. grandiflora. ... SIEVERS in PALL. n. nord. Beitr. VII, p. 285. 288. ... V. oreades. M. a BIEB. Fl. t. c. III, p. 167. – DEC. Prodr. I, p. 302. ... V. acaulis, flore foliis multo majore. GMEL. Fl. sib. IV, p. 99. Nr. 62. (excl. synon. HALLER?). ..." (Ledebour 1842, S. 255f.); „75. V[iola] OREADES (Bieb. fl. taur. suppl. 167.) ... 77. V. ALTAÏCA ... V. grandiflora Lin! herb. et mant? ..." (Candolle 1824, S. 302); „Viola oreades M. Bieb. 1819. ... V. oreades M. Bieb. III, p. 167 forte tantum varietas V. altaicae Pallas (N. N. Beitr. 1796 VII, 350), depictae 1815 in Bot. Reg. tab. 54 et Bot. Mag. tab. 1776 floribus flavis, sed sponte etiam fl. violaceis obvenientis. ..." (Ruprecht 1869, S. 158ff.); „[Viola] grandiflora, caule triqueto erecto, foliis oblongiusculis, stipulis pinnatifidis; grosblumige Viole, ... Sie heißt bey ... C. Bauhin: Viola montana lutea grandiflora; ..." (Gmelin 1777, Sp. 543f.); „433*. VIOLA oreades. ... *VIOLA altaica. ... V. acaulis, flore foliis multo majore. Gmel. sib. 4. p. 99. n. 62. (excluso synonymo Halleri.) ..." (Marschall von Bieberstein 1819, S. 167f.); „566. VIOLA caule erecto, paucifloro, foliis imis subrotundis, caulinis ellipticis, stipulis semipinnatis maximis Variabilis planta α. acaulos. T. 17. ... Viola alpina purpurea, exiguis foliis C. B. SCHEUCHZER. It. II. p. 143. ..." (Haller 1768, S. 243); „17) Großblumiges Veilchen. Viola grandiflora. ... Viola caule triquetro simplici, foliis oblongiusculis, stipulis pinnatifidis. LINN. Syst. Veg. p. 668. ... Viola caule erecto paucifloro foliis imis subrotundis, caulinis ellipticis, stipulis semipinnatis maximis. HALL. helv. n. 566. t. 17. ... Viola montana tricolor odoratisima. C. BAUH. pin. 109. Viola montana lutea grandiflora. ejusd. pin. 200. ..." (Linné 1783, S. 89f.); „25. VIOLA grandiflora. ... V. caule erecto paucifloro, ... Hall. helv. n. 566. t. 17. ... V. montana tricolor odoratissima. Bauh. pin. 109. V. montana lutea grandiflora. Bauh. pin. 200. ... Grossblühendes Veilchen. W. ..." (Linné 1797–1830, Bd. I, Teil 2, S. 1169); „6. Viola altaica Pallas. Altaisches Veilchen. ..." (Dietrich 1823, S. 584); „[Viola] altaica Pall. 92. V. caule simplici glabro, foliis subrotundo-ovatis in petiolum attenuatis crenatis sub-carnosis, stipulis lyratis incisis, flore resupinato, petalis subreniformibus undulatis. Russia orient. Sibir. (V. grandiflora L.)" (Linné 1825, S. 803); „Viola, Viole, Veilchen. ... 1) Viola altaica, Pall., ... auch grandiflora genannt, ist im Altaigebirge heimisch, ... Man bereitet aus den Veilchen den Veilchen=Syrup oder Veilchen=Saft, zur Färbung von Confitüren, ... Der Same der Veilchen ist harntreibend und befördert den Abgang von Steinen. Die Wurzel ... verursacht ... Erbrechen. 2 Scrupel bis zu 1 Quentchen der Wurzel erregen drei= bis viermaliges Erbrechen und fünf bis sechs Stuhlgänge. ..." (Krünitz 1773–1858, Bd. 225, S. 15ff.)

„13. Viola pumila rupestris flore purpureo amplo, foliolis oblongis Fl. Irc. n°. 573." mit der links marginalen Anm. „Ic. St." (AAW R. I, Op. 13, D. 67, Bl. 58v, s. Anm. 5 in Nr. 4); s. Nr. 571 und Anhang B.5. Nr. 40

5 „429. Viola verna, nudicaulis, longi folia, glabra et elatior. An Viola palustris folio Trachelij glabro Fl. Jen? ... j. Eadem caulescens & minor. ..." mit den links marginalen Anm. von J. G. Gmelin auf Bl. 19v „Diese hat Steller Zeichnen laßen." und „Viola fl. lacteo, caule aphyllo folio oblongo, acuminato St. n°. 574." (AAW R. I, Op. 105, D. 12, Bll. 19v–20r, s. Anm. 54 in Nr. 17); „254. Viola palustris folio Trachelii glabris, Rupp. fl. Jen. p. 233." (AAW R. I, Op. 104, D. 13,

Bl. 6r, s. Anm. 84 in Nr. 29); „10. Viola verna nudicaulis, longifolia, glabra & elatior Ind. Irc. n°. 429. ...“ mit der links marginalen Anm. „Ic. St.“ (AAW R. I, Op. 13, D. 67, Bl. 58v, s. Anm. 5 in Nr. 4)

„VIOLA palustris, folio trachelii glabris. ...“ (Rupp 1726, S. 233); „63 VIOLA acaulis foliis ex cordato-oblonge ellipticis vix crenatis. Viola verna nudicaulis, longifolia glabra et elatior, GM. Ind. Irc. ...“ (Gmelin 1747–1769, Bd. IV, S. 99), nahezu identisch auf Bl. 51r in: AAW R. I, Op. 104, D. 14 – s. Anm. 32 in Nr. 6; „63. Viola acaulis foliis ex cordato oblonge ellipticis vix crenatis [=] Viola Patrinii DeC.!“ (Ledebour 1841, S. 122); „9. V[iola] Patrinii (DEC. Prodr. I, p. 293) ... V. primulifolia. WILLD. Sp. pl. I, p. 1162 (quoad pl. sibir.) – LEPECH. It. I, p. 188? ... V. acaulis foliis ex cordato ... GMEL. Fl. sib. IV, p. 99. Nr. 63. ...“ (Ledebour 1842, S. 245f.); „10. V[iola] PRIMULAEFOLIA (Lin. sp. 1324. excl. Gmel.) ... α. cordata, ... β. Boscii, ... γ? Nuttali, ... δ? ovata, ... 12. V. PATRINII (DC mss.) ... β. Chinensis, ... γ. Napaulensis, ...“ (Candolle 1824, S. 293); „5) Schlüsselblumenblätterichtes Veilchen. Viola primulifolia. .. Viola acaulis, foliis oblongis subcordatis: petiolis membranaceis. LINN. Syst. Veg. p. 668. Sp. Pl. p. 1324 ... LEPECH. it. I. p. 188. ...“ (Linné 1783, S. 79); „8. VIOLA primulifolia. V. acaulis, foliis oblongis subcordatis: ... Lepech. it. 1. p. 188. ... Primelblättriges Veilchen. W. ...“ (Linné 1797–1830, Bd. I, Teil 2, S. 1162); „Auch Violen mit aurickelartigen Blättern b) waren nicht selten anzutreffen; ... |: b) Viola primuli folia. :|“ (Lepechin 1774, S. 188); „11. Viola Patrinii Candolle. Asiatisches Veilchen. ...“ (Dietrich 1838, S. 222); s. Anhang B.5. Nr. 38

6 russ. *kočki* (Ez. *kočka*) – (sumpfige) Gras- oder Mooshügel

7 „+95. Viola folijs digitatis. Fl. Irc. 575 & 576.“ (AAW R. I, Op. 105, D. 16, Bl. 2v, s. Anm. 5 in Nr. 4); s. Nr. 576

8 „[species 15] Viola Alpina, folio in plures partes dissecto C. B. Pin. 199. Viola montana, folio multifido J. B. 3. 544. Viola montana, laciniato folio Clus. Hist. 309.“ (Tournefort 1700, S. 420, Genus II. „Viola. Violéte.“); „VIOLAE MONTANAE. CAP. XIII. ...“ mit der Beschreibung von „Viola montana laciniato folio“ (Clusius 1601, S. 309f.); „9. Die Berg=Viole mit zerschnittenen Blättern, ... Viola alpina folio in plures partes dissecto, C. B. P. loc. cit. ...“ (Zwinger 1744, S. 1154); „21. VIOLA Alpina, folio in plures partes dissecto. C. B. P. Veilgen der Alpen, dessen Blätter in viele Theile zerschnitten.“ (Miller 1751, S. 396); „66. VIOLA acaulis foliis pinnatifidis, LIN. Sp. pl. 2. p. 1313. n. 3. [fehlt: T. XLIX.IV.] Viola alpina folio in plures partes dissecto, BAVH. pin. 199. Viola martia inodora folio instar petroselini, eleganter insecto, A. N. C. V. III. n. 3. p. 355. Viola acaulis foliis multifidis, laciniis linearibus, GM. Inst. [müßte heißen: mst.] ...“ (Gmelin 1747–1769, Bd. IV, S. 101), nahezu identisch auf Bl. 51v in: AAW R. I, Op. 104, D. 14 – s. Anm. 32 in Nr. 6; „66. Viola acaulis foliis pinnatifidis. t. XLIX. f. 4. (in textu omissa) (excl. synon. praeter Gmel.) [=] Viola dissecta Ledeb.! (Viola pinnata L. – Willd. sp. pl. I. 1160. – Viola multifida W. – R. et Sch. S. Veg. V. 352. – Viola pinnata L. et sibirica DeC. Prodr. I. 293.)“ (Ledebour 1841, S. 122); „3) Gefiedertes Veilchen. Viola pinnata. ... Viola acaulis, foliis pinnatifidis LINN. Syst. Veg. p. 668. Sp. Pl. p. 1323. ... GMEL. Sib. 4. p. 101. t. 49. f. 4. ... Viola martia inodora, foliis instar Petroselini eleganter insectis. Act. N. C. vol. III. n. 3. ... Viola montana laciniato folio. CLUS. hisp. [sic!] 309. Viola alpina, folio in plures partes dissecto. C. BAUH. pin. 199. Viola montana, folio multifido. I. BAUH. hist. 3. p. 544. ...“ (Linné 1783, S. 78); „3. VIOLA pinnata. ... V. acaulis, foliis pinnatifidis. ... Gmel. sib, 4. p. 101. t 49. f. 4. ... V. martia inodora, ... Act. Nat. C. vol. 3. n. 3. R. V. montana laciniato folio. Clus. hisp. [sic!] 309. ... V. alpina, folio in plures partes dissecto. Bauh. pin. 199. V. montana, folio multifido. Bauh. hist. 3. p. 544. ... Schlizblättriges Veilchen. W. ...“ (Linné 1797–1830, Bd. I, Teil 2, S. 1160); „2) VIOLA PINNATA. Linn. ... V. pinnata. Linn. Schult. Syst. veg. V. p. 352. No. 6. ... Dec. Prodr. 1. p. 292. No. 6. (excl. synon. Gmel.) ...“ (Ledebour 1829, S. 256); „1) VIOLA DISSECTA Ledeb. ... Viola. Gmel. Fl. sib. IV. p. 101. No. 66. t. XLIX. f. 4. (excl. synon. praeter Gmel.) ...“ (a. a. O., S. 255); „2. V[iola] dissecta (LEDEB. Fl. alt. I, p. 255. ...) ... V. pinnata. α. sibirica. DEC. Prodr. I, p. 293. ... V. multifida. ... R. et Sch. Syst. Veg. V, p. 352. V. acaulis, foliis pinnatifidis. GMEL. Fl. sib. IV, p. 101. Nr. 66. t. 49. f. 4. (excl. synon. praeter Gmelini). ...“ (Ledebour 1842, S. 244);

„[Viola] pinnata, foliis pinnatifidis; gefiederte Viole, deren Blätter in Querstüke getheilt sind; ... Sie heißt bey ... C. Bauhin: Viola alpina, folio in plures partes dissecto; ..." (Gmelin 1777, Sp. 530f.); „6. V[iola] PINNATA (Lin. sp. 1323) ... α. sibirica, ... Gmel. sibir. 4. p. 101. t. 48. f. 4. (s. s. sp.) β. Europaea, ..." (Candolle 1824, S. 292f.)

8. Viola Alpina folio in plures partes dissecto C. B. P. Ind. Irc. n°. 427. Len. n°. 273. ..." (AAW R. I, Op. 13, D. 67, Bl. 58v, s. Anm. 5 in Nr. 4); „273. Viola Alpina folio in plures partes dissecto C. B. P. ..." (AAW R. I, Op. 13, D. 42, Bl. 43v, s. Anm. 1 in Nr. 1); „Viola alpina folio in plures partes dissecto. C. B. P. ..." (AAW R. I, Op. 105, D. 2, Bl. 11v, s. Anm. 54 in Nr. 17); s. Nr. 575

9 „[species 26] Viola montana, lutea, subrotundo crenato folio Barr. Icon." (Tournefort 1700, S. 420, Genus II. „Viola. Violéte."); „859. Viola montana, lutea, subrotundo crenato folio Barr. Icon. 691. ..." (Barrelier 1714, S. 77); die Abbildung 691 „Viola montana lutea Subrotundo crenato folio" (Barrelier 1714a); „28. VIOLA montana lutea, subrotundo crenato folio. Barr. Icon. Gelbes Bergveilgen, mit rundlichtem zerkerbten Blat." (Miller 1751, S. 397); „26. VIOLA Zoysii. ... V. montana lutea subrotundo crenato folio. Barr. ic. 691. Zoysisches Veilchen. W. ... (Linné 1797–1830, Bd. I, Teil 2, S. 1169); „[Viola] montana lutea, subrotundis crenato folio; bedeutet bey Barrelier eine andere [Abart der schweizerischen Viole] mit rundlichten gekerbten Blättern und gelben Blumen." (Gmelin 1777, Sp. 553); „67. VIOLA caule vnifloro, foliis cordatis dentatis, LIN. Sp. pl. 1327. n. 19. t. XLIX. V. Viola lutea grandiflora anemonoides, maluae folio, GM. Ind. Irc 425. Viola caulibus erectis vnifloris, foliis inaequaliter serratis, infimis reniformibus, summis mucronatis, GM. Inst. [müßte heißen: Mst.] ..." (Gmelin 1747–1769, Bd. IV, S. 101f.), nahezu identisch auf Bl. 51v in: AAW R. I, Op. 104, D. 14 – s. Anm. 32 in Nr. 6; „67. Viola caule unifloro, foliis cordatis dentatis. t. XLVIII. f. 5. (in textu t. XLIX. f. 5.) [=] Viola uniflora L.!" (Ledebour 1841, S. 122); „15) Einblumiges Veilchen. Viola uniflora. ... Viola caule unifloro, foliis cordatis dentatis. LINN. Syst. Veg. p. 668. Sp. Pl. p. 1327. GMEL. Sib. 4. p. 101. tab. 48. f. 5. ..." (Linné 1783, S. 87); „22. VIOLA uniflora. V. caule unifloro, foliis cordatis dentatis. Gmel. sib. 4. p. 101. t. 48. f. 5. ... Einblütiges Veilchen. W. ..." (Linné 1797–1830, Bd. I, Teil 2, S. 1167f.); „13) VIOLA UNIFLORA. Linn. ... Dec. Prodr. I. p. 301. No. 67. Viola caule unifloro, ... Gmel. Fl. sib. IV. p. 101. No. 67. t. XLVIII. f. 5. ..." (Ledebour 1829, S. 262); „67. V[iola] UNIFLORA (Lin! sp. 1327.) ... Gmel. sib. 4. p. 101. f. 5. (v. s.)" (Candolle 1824, S. 301); „34. V[iola] uniflora (L. SP. 1327) ... V. uniflora. DEC. Prodr. I, p. 301. ... LEDEB. Fl. alt. I. p. 262. ... V. caule unifloro, ... GMEL. Fl. sib. IV, p. 101. Nr. 67. t. 48. f. 5. ..." (Ledebour 1842, S. 255); „Viola uniflora, caule unifloro, folis cordatis dentatis; sibirische Viole, ..." (Gmelin 1777, Sp. 542)

„+92. Viola montana lutea, folio subrotundo crenato. Fl. Irc. 577." (AAW R. I, Op. 105, D. 16, Bl. 2v, s. Anm. 5 in Nr. 4); „Viola montana lutea, folio subrotundo crenato." (AAW F. I, Op. 2–1743, D. 11, Bl. 21r, s. Anm. 5 in Nr. 4); „425. Viola lutea grandiflora, Anemonoides. Malvae folio Ind. Len. ..." mit den links marginalen Anm. von J. G. Gmelin auf Bl. 18v „Viola montana lutea subrotundo crenato folio Barr. Icon. St. n° 577." und „vid. Ic." (AAW R. I, Op. 105, D. 12, Bll. 18v–19r, s. Anm. 54 in Nr. 17); „1. Viola lutea grandiflora, Anemonoides Ind. Irc. n°. 425. Jen. 910. ..." mit der links marginalen Anm. „vid. Ic." (AAW R. I, Op. 13, D. 67, Bl. 58v, s. Anm. 5 in Nr. 4); „910. Viola lutea, grandiflora. Anemonoides Ind. Irc. n°. 425. ... Fl. Irc. n° 577. j. Eadem flore pallidiore. ..." (AAW R. I, Op. 105, D. 1, Bl. 71r, s. Anm. 29 in Nr. 5); „275. Viola lutea grandiflora; Malvae folio. ..." (AAW R. I, Op. 13, D. 42, Bl. 44r, s. Anm. 1 in Nr. 1)

10 „[species 14] Viola palustris, rotundifolia, glabra Mor. Hist. Oxon. Part. 2. 475." (Tournefort 1700, S. 420, Genus II. „Viola. Violéte."); „5. Viola palustris rotundifolia glabra, nobis ..." (Morison 1680, S. 475); „4. Viola palustris rotundifolia glabra D. Morison, ..." (Ray 1696, S. 214); „20. VIOLA palustris rotundifolia glabra. Mor. Hist. Glattes rundblätteriges Veilgen der Sümpfe." (Miller 1751, S. 396); „59. VIOLA caule adultiore adscendente, foliis oblongo-cordatis, LIN. Sp. pl. 2. p. 1324. n. 9. T. XLIX. I. Viola martia inodora siluestris minor, calcare floris luteolo, Ind. Ien. Foliis mucronatis oblongis et strictioribus ib. I. Eadem foliis inferioribus reniformibus. Viola palustris rotundifolia glabra, RAY Sin. [sic!] 3. 364. Viola verna nudicaulis, tenui, rotundo et splendente folio GM. Ind. Irc. [424.] ..." (Gmelin 1747–1769, Bd. IV, S. 98) [s.

Nr. 579], nahezu identisch auf Bl. 51r in: AAW R. I, Op. 104, D. 14 – s. Anm. 32 in Nr. 6; „59. Viola caule adultiore adscendente, foliis oblongo-cordatis. t. XLIX. f. 1. [=] Viola mirabilis L.! (Viola canina L. – Willd. sp. pl. I. 1164. et M. a Bieb. Fl. t. c. II. 459. [s. Nr. 579]) [;] I. Eadem foliis inferioribus reniformibus. [=] Viola palustris L.!" (Ledebour 1841, S. 122); „3. VIOLA floribus radicalibus aborientibus, caulinis apetalis seminiferis. ... Viola alpina apetalos, foliis rigidis rotundis amplis. Rupp. jen. 233. ..." (Linné 1737, S. 427); „VIOLA alpina, apetalos, foliis rigidis, rotundis, amplis. ..." (Rupp 1726, S. 233); „278. VIOLA foliis subrotundis cordatis, pedunculis radicatis. Viola palustris rotundifolia glabra. Moris. hist. 2. p. 475. s. 5. t. 35. ..." (Linné 1737a, S. 226f.); „*560. VIOLA acaulis, foliis reniformibus. Viola palustris, rotundifolia, glabra, H. Ox. II. p. 475. ... Viola martia sylvestris aquate caerulea, caule & flore minore LINN. flor. Lapon. n. 278. [?] [s. Nr. 583] ..." (Haller 1768, S. 241); „13) Wunderliches Veilchen. Viola mirabilis. ... Viola caule triquetro, foliis reniformi cordatis, floribus caulinis apetalis. LINN. Syst. Veg. p. 668. Sp. Pl. p. 1326. Viola floribus radicalibus ... Hort Cliff. 407 [sic!] ..." (Linné 1783, S. 86); „20. VIOLA mirabilis. V. floribus radicalibus corollatis ... Verschiedenblütiges Veilchen. W. ..." (Linné 1797–1830, Bd. I, Teil 2, S. 1167); „7) VIOLA MIRABILIS. L. ... M. a Bieb. Fl. taur. cauc. I. p. 172. No. 431. ... Viola. Gmel. Fl. sib. IV. p. 98. No. 59. t. XLIX. f. 1. (excl. synon. Linn.) ..." (Ledebour 1829, S. 259); „23. V[iola] mirabilis (L. SP. 1326) ... M. a BIEB. Fl. t. c. I, p. 172; ... LEDEB. Fl. alt. I, p. 259. ... Viola. GMEL. Fl. sib. IV, t. 49. f. 1. (excl. text.). ..." (Ledebour 1842, S. 250f.); „431. VIOLA mirabilis. V. caule triquetro, ... Linn. ed. Willd. I. p. 1167. ..." (Marschall von Bieberstein 1808a, S. 172); „Viola mirabilis, ... wunderbare Viole, ..." (Gmelin 1777, Sp. 541); „7) Sumpf=Veilchen. Viola palustris. ... Viola acaulis, foliis reniformibus. LINN. Syst. Veg. p. 668. Sp. Pl. p 1324. ... Viola foliis subrotundo-cordatis: ... Fl. lapp. 278. ... HALL. helv. n. 560. ... Viola palustris rotundifolia glabra. MORIS. hist. 2. p. 475. s. 5. tab. 35. f. 5. ..." (Linné 1783, S. 80); „11. VIOLA palustris. V. acaulis, foliis reniformibus. Hall. helv. n. 560. ... V. caulis subrotundo-cordatis; ... Fl. lapp. 278. ... V. palustris rotundifolia glabra. Moris. hist. 2. p. 475. s. 5. t. 35. f. 5. ... Sumpf Veilchen. W. ..." (Linné 1797–1830, Bd. I, Teil 2, S. 1163); „13. V[iola] palustris (L. SP. 1324) ... V. caule adultiore adscendente, foliis oblongo-cordatis. I. foliis inferioribus reniformibus. GMEL. Fl. sib. IV, p. 98. ..." (Ledebour 1842, S. 247); „Viola palustris, foliis reniformibus; Sumpfviole, mit nierenförmigen Blättern; ... Sie heißt bey ... Morison: Viola palustris rotundifolia glabra." (Gmelin 1777, Sp. 532); Viola mirabilis L. – russ. *matkina duška* (*Annenkov* 1858, S. 101, Nr. 1186)

„353 Viola palustris rotundifolia glabra inodoro Tour. i. r. h. ..." (AAW R. I, Op. 104, D. 25, Bl. 27r, s. Anm. 61 in Nr. 21); „3. Viola palustris rotundifolia glabra D. Plot H. N. Ox. R. Syn. III. 364: Ind. Jen. n°. 917. ..." (AAW R. I, Op. 13, D. 67, Bl. 59r, s. Anm. 5 in Nr. 4); „4. Viola verna nudicaulis, tenui, rotundo & splendente folio Ind. Irc. n°. 424. Jen. 913." (a. a. O., Bl. 58v); „5. Viola verna nudicaulis, latiore & mucronato pallidiore folio Ind. Jen. n°. 913. Irc. n°. 424. ..." (a. a. O., Bl. 58v); „913. Viola verna nudicaulis, tenui rotundo & splendentibus folio Ind. Irc. n°. 424. ..." (AAW R. I, Op. 105, D. 1, Bl. 71v, s. Anm. 29 in Nr. 5); „916. Viola Martia inodora sylvestris minor calcare floris luteolo. ... Viola caninae varietas, si non species diversa D. Du Bois R. Syn. III. 364. Ic. Tab. XXIV. Fig. 2. ..." (a. a. O., Bl. 72r); „917. Viola palustris rotundifolia glabra D. Plot. H. N. Ox. R. Syn. III. 364. ..." (a. a. O., Bl. 72r); „424. Viola verna, nudicaulis, tenui, rotundo & splendente folio. ..." mit der links marginalen Anm. von J. G. Gmelin „vid. Ic." (AAW R. I, Op. 105, D. 12, Bl. 18v, s. Anm. 54 in Nr. 17)

11 „[species 4] Viola Martia inodora, sylvestris, foliis mucronatis, oblongis & strictioribus C. B. Pin. 199." (Tournefort 1700, S. 419, Genus II. „Viola. Violéte."); „Viola Martia rotundifolia. ... II. Viola Martia inodora sylvestris. ... Flos caeruleus, aliquando pallidus: duplex est, alter major foliis majoribus & rotundioribus: altera minor, foliis mucronatis oblongis ac strictioribus: ..." (Bauhin 1623, S. 199); „Viola Martia, inodora, sylvestris, foliis mucronatis, oblongis, & strictioribus C. B. Pin. 199. ... Blaue Hunds=Violen, Wald=Violen mit ablangen zugespitzten Blättern, und ohne Geruch. ..." (Mappus 1742, S. 326); „13. VIOLA Martia inodora sylvestris, foliis mucronatis, oblongis & strictioribus. C. B. P. Wildes Veilgen, mit länglichten, schmalen und spitzigen

Blättern." (Miller 1751, S. 396); „5. VIOLA caulibus ascendentibus floriferis, foliis cordatis. ... Viola martia inodora sylvestris. Bauh. pin. 199. ..." (Linné 1737, S. 427); „9) Hunds=Veilchen. Viola canina. ... Viola caule adultiore a<d>scendente, foliis oblongo-cordatis. LINN. Syst. Veg. p. 668. Sp. Pl. p. 1324. Viola caulibus adscendentibus ... Hort. Cliff. 427. ... Viola foliis cordatis oblongis, ... GMELIN. Sib. 4. p. 9. tab. 49. f. 1. [s. Nr. 578] ... Viola martia inodora sylvestris. C. BAUH. pin. 199. ... Das Kraut wird von dem Vieh gefressen, und die Blumen geben den Bienen Stof zu Honig. Wenn in Westgothland den Bauern die Milch von den Schwämmen, die die Kühe gefressen haben, verdorben worden, so helfen sie derselben damit, daß sie solche über diese Veilchen seihen." (Linné 1783, S. 83f.); „15. VIOLA canina. V. caule adscendente, ... Gmel. sib. 4. p. 98. t. 49. f. 1. ... V. caulibus adscendentibus floriferis, ... Hort cliff. 427. ... V. martia inodora sylvestris. Bauh. pin. 199. ... Hunde Veilchen. W. ..." (Linné 1797–1830, Bd. I, Teil 2, S. 1164); „8) VIOLA CANINA. L. ... M. a Bieb. Fl. taur. cauc. II. p. 459. No. 2004. ..." (Ledebour 1829, S. 260); „29. V[iola] canina (L. SP. 1324) ... M. a BIEB. Fl. t. c. II, p. 459; ... LEDEB. Fl. alt. p. 260. ... V. caule adultiore adscendente, foliis oblongo-cordatis. GMEL. Fl. sib. IV, p. 98. Nr. 59. [s. Nr. 578.] (excl. var. I. et icon. ..." (Ledebour 1842, S. 252f.); „[Viola] martia inodora sylvestris, foliis mucronatis oblongis & strictioribus; hierunter versteht er [d. h. Tournefort] eine Abänderung der Hundsviole mit länglichten und spizigen Blättern." (Gmelin 1777, Sp. 551); „2004. VIOLA canina. ... V. caule adultiore adscendente, ... Gmel. sib. 4. p. 98. t. 49. f. 1. ..." (Marschall von Bieberstein 1808, S. 459); „3. VIOLA (canina), caule adultiore adscendente, foliis oblongo cordatis. Linn. Viola martia inodora sylvestris, foliis majoribus et rotundioribus. C. B. [s. Nr. 582] Viola martia inodora sylvestris, foliis mucronatis oblongis et strictioribus. C. B. ..." (Delarbre 1795, S. 210)

„354 viola martia inodora sylvestris foliis mucronatis oblongis & strictioribq T. i. r. h. et flor. ircut. No. 579 ..." (AAW R. I, Op. 104, D. 25, Bl. 27r, s. Anm. 61 in Nr. 21); „135. Viola caulibus floriferis adscendentius, folijs cordatis, Lin. h. cliff. 427. Viola martia inodora sylvestris B. P. 199. Boerh. lugd. 1. p. 243. Moris. hist. 2. p. 474. s. 5. f. 7. f. 2." (AAW R. I, Op. 13, D. 20, Bl. 15r, s. Anm. 1 in Nr. 1); „274. Viola martia inodora Sylvestris, foliis mucronatis oblongis et strictioribus C. B. P. j Eadem pallido alboq$_3$ flore" (AAW R. I, Op. 13, D. 42, Bll. 43v–44r, s. Anm. 1 in Nr. 1); „Viola Martia, inodora, sylvestris, foliis mucronatis, oblongis et strictioribus. C. B. P. ..." (AAW F. 21, Op. 5, D. 98, Bl. 24v, s. Anm. 54 in Nr. 17); „911. Viola verna, nudicaulis, longifolia, hirsuta & pumila Ind. Irc. n°. 428. ... [s. auch Nr. 580 u. Nr. 581] Fl. Irc. n°. 579." (AAW R. I, Op. 105, D. 1, Bl. 71v, s. Anm. 29 in Nr. 5); „2. Viola verna, nudicaulis, longifolia, hirsuta & pumila Ind. Irc. n°. 428. Jen 911" mit der links marginalen Anm. „vid. Ic." (AAW R. I, Op. 13, D. 67, Bl. 58v, s. Anm. 5 in Nr. 4); „428. Viola verna, nudicaulis, longifolia, hirsuta & pumila. ..." mit den links marginalen Anm. von J. G. Gmelin „Viola martia inodora sylv. folijs mucronatis oblong. & strictioribus I. R. H. St. n°. 579." und „vid. Ic." (AAW R. I, Op. 105, D. 12, Bl. 19v, s. Anm. 54 in Nr. 17); „423. Viola Martia inodora, sylvestris, folijs mucronatis, oblongis & strictioribus C B. P. j. Eadem pallido alboq$_3$ flore." (a. a. O., Bl.18v); s. Nr. 582

12 „64. VIOLA acaulis, foliis lanceolatis; crenatis, hirsutis, T. XLIX. II. Viola verna nudicaulis, longifolia, hirsuta et pumila, GM. Ind. Ien. et Irc. [s. Nr. 579] Viola autumnalis foliis oblongis, mucronatis, flore purpureo, et flore pallide caeruleo, STELL. Irc. 580. 581. Viola acaulis foliis lanceolatis, crenatis, LIN. Sp. pl. 1323. n. 4. ..." (Gmelin 1747–1769, Bd. IV, S. 99f.), nahezu identisch auf Bl. 51r in: AAW R. I, Op. 104, D. 14 – s. Anm. 32 in Nr. 6); „64. Viola acaulis foliis lanceolatis crenatis hirsutis. t. XLIX. f. 2. (excl. synon. Linn.) [=] Viola Gmeliniana R. et Sch.! (Viola lanceolata L. – Willd. sp. pl. I. 1161.)" (Ledebour 1841, S. 122); „4) Lanzettförmiges Veilchen. Viola lanceolata. ... Viola acaulis, foliis lanceolatis crenatis. LINN. Syst. Veg. p. 668. Sp. Pl. p. 1323. GMEL. Sib. 4. p. 99. t. 49. f. 2. ... Gmelins sibirische hatte eyrund=lanzettfömige Blätter, deren Stiele um die Hälfte kürzer als das Blat, nicht so gestreift waren, auch größere Blumen." (Linné 1783, S. 78); „5. VIOLA lanceolata. V. acaulis, foliis lanceolatis crenatis. Gmel. sib. 4. p. 99. t. 49. f. 2. ... Lanzettenblättriges Veilchen. W. ..." (Linné 1797–1830, Bd. I, Teil 2, S. 1161); „246. V[iola] Gmeliniana (R. et SCH. Syst. Veg. V, p. 354) ... V. lanceolata. PALL. It.

III. p. 223. 230. – WILLD. Sp. pl. I, p. 1161. (quoad pl. sibir.). ... V. Gmeliana. β. scorpiurifolia. DEC. Prodr. I, p. 294. V. acaulis foliis lanceolato crenatis hirsutis. GMEL. Fl. sib. IV, p. 99. Nr. 64. t. 49. fig. 2. (excl. synon. Linn.). ... V. Gmeliniano. γ. elongata. GING. in DEC. Prodr. l. c. (excl. syn. GMEL.) ...“ (Ledebour 1842, S. 246); „Viola lanceolata, foliis crenatis; lanzenförmige Viole, mit lanzenförmigen und gekerbten Blättern; ...“ (Gmelin 1777, Sp. 631); „17. V[iola] GMELINIANI (Roem. et Schult. syst. 5. p. 354.) ... β. scorpiurifolia (DC. mss.) ... γ. elongata (Ging. mss.) ... δ? cordifolia (Ging. mss.) ...“ (Candolle 1824, S. 294); „2. VIOLA lanceolata L. ... Lancettblättriges Veilchen. Gm. Sib. 4. T. 49. f. 2. ...“ (Georgi 1797–1802, Theil 3, S. 800); „182. VIOLA GMELINIANA R. et Sch. ... Viola Gmel. fl. Sib. IV. p. 99. n. 64. t. XLIX. f. 2. ...“ (*Turčaninov* 1842–1845, S. 181f.)

„+94. Viola Betonicae folio incano, flore purpureo, autumno florens. ... Forte Fl. Irc. 580. 581.“ (AAW R. I, Op. 105, D. 16, Bl. 2v, s. Anm. 5 in Nr. 4)

13 s. Nr. 580

14 „[species 3] Viola Martia, inodora, sylvestris, foliis majoribus & rotundioribus C. B. Pin. 199. Viola caeruleo, Martia, inodora, sylvatica, in cacumine semen ferens J. B. 3. 543. Viola sylvestris, inodora Dod. Pempt. 156.“ (Tournefort 1700, S. 419, Genus II. „Viola. Violéte.“); „Viola martia, inodora sylvestris foliis majoribus & rotundioribus C. B. P. 199. ... Hunds=Violen.“ (Rupp 1726, S. 232); „Viola Martia, inodora, sylvestris, foliis majoribus & rotundioribus C. B. Pin. 199. ... Viola canina, Hunds=Violen. ...“ (Mappus 1742, S. 326); „4. VIOLA caulibus adscendentibus floriferis foliis cordatis LINN. Cliff. p. 427. ... Viola martia sylvestris foliis majoribus & rotundioribus ... C. B. P. .. I. R. H. RUPP. &c. ... γ Viola martia sylvestris foliis mucronatis oblongis & strictioribus ... C. B. P. ... I. R. H. ... [s. Nr. 579]“ (Haller 1742, S. 501f.); „Viola canina, caule adultiore adscendente, foliis oblongo cordatis; Hundsviole, deren Stengel, wann er älter wird, über sich steigt, und deren Blätter länglicht herzförmig sind; ... Sie heißt bey ... C. Bauhin: Viola martia inodora sylvestris; bey Tournefort: Viola martia inodora sylvestris foliis majoribus & rotundioribus; ...“ (Gmelin 1777, Sp. 534f.)

„Viola martia, inodora, Sylvestris, folijs majoribus et rotundioribus C B P. et quae varietas esse videtur folijs, mucronatis oblongis et strictioribus ejusd. Bauh. ...“ (AAW R. I, Op. 104, D. 8, Bl. 17v, s. Anm. 18 in Nr. 452); „Viola martia inodora sylvestris, foliis majoribus et rotundioribus. C. B. P. ...“ (AAW R. I, Op. 105, D. 2, Bl. 11v, s. Anm. 54 in Nr. 17); „221. Viola martia inodora sylvestris folijs majoribus et rotundioribus CBP. 199.“ (AAW R. I, Op. 6, D. 40, Bl. 33r, s. Anm. 1 in Nr. 1); s. Nr. 579

15 „[species 6] Viola Martia, sylvestris, aquatè caerulea, folio & flore minore H. Cathol.“ (Tournefort 1700, S. 419, Genus II. „Viola. Violéte.“); „*Viola Martia, syluestris, aquatè coerulea, folio & flore minore. ...“ (Cupani 1696, S. 229); „14. VIOLA Martia sylvestris aequate caerulea, folio & flore minore. Hort. Cath. Blaues wildes Veilgen mit kleinem Blat und Blumen.“ (Miller 1751, S. 396); „[Viola] martia sylvestris aequate caerulea, folio & flore minore; scheint bey Cupani eine Abart der wohlriechenden Viole mit kleineren gleichblauen Blumen zu bedeuten.“ (Gmelin 1777, Sp. 552); „[Viola] odorata, foliis cordatis, stolonibus reptantibus; wohlriechende Viole, mit kriechenden Wurzelsprossen, und herzförmigen Blättern; Violen; Merzviolen; Merzenviolen; ... ihre Blumen ... äusern eine erquikende Kraft auf die Nerven; die blaue theilen ihre Farbe dem Wasser und wässerichten Auflösungsmitteln mit; in den Apotheken bereitet man Conserven, Julepe, Honig und Syrup daraus; ... Auch den Samen hat man vormals vorzügliche Kräfte in der Colik, in dem Gries, in dem Harnzwang zugeschrieben; ... Sie heißt bey ... C. Bauhin: Viola martia purpurea, flore simplici odoro; ... bey Gesnern, Dodonäus, Cordus, Gerard und Clusius: Viola nigra; ...“ (a. a. O., Sp. 532ff.); „4. VIOLA acaulis, stolonibus teretibus repatricibus, pedunculis radicatis. Viola martia purpurea, flore simplici odoro. Bauh. pin. 199. ... Viola nigra sive purpurea. Dod. pempt. 156. t. 1, 2. ...“ (Linné 1737, S. 427); „8) Wohlriechendes Veilchen. Viola odorata. ... Viola acaulis, foliis cordatis, stolonibus reptantibus. LINN. Syst. Veg. p. 668. Sp. Pl. p. 1324 Viola acaulis, stolonibus teretibus ... Hort. Cliff. 427. ... Viola martia purpurea, flore simplici odoro C. BAUH. pin. 119. ... Viola nigra s. purpurea. DOD. pempt. 156. f. 1. 2. ...

Zu dem Arzneygebrauch sind die Blumen izt fast einzig und allein noch im Werth. ... Das Kraut soll erweichende Kräfte besizen; daher sie zu Klystiren, bey Umschlägen und andern äuserlichen Schäden dienlich ist; man kann sie auch im Anfang des Frühjahrs als Gemüß essen. Der Saame hat harntreibende Kräfte, aber dem Ansehen nach keine Stein zermalmende Eigenschaften, ..." (Linné 1783, S. 80ff.); „60. VIOLA acaulis foliis cordatis, stolonibus reptantibus, LIN. Sp. pl. I. h. 1324. [im Manuskript: Sp. pl. 2. p. 1324.] n. 8. Viola odorata, RENCATM. Sp 140. [im Manuskript: Sp. 141. f. 140.] ..." (Gmelin 1747–1769, Bd. IV, S. 98), nahezu identisch auf Bl. 51r in: AAW R. I, Op. 104, D. 14 – s. Anm. 32 in Nr. 6; „60. Viola acaulis foliis cordatis, stolonibus reptantibus [=] Viola odorata L.!" (Ledebour 1841, S. 122); „12. VIOLA odorata. ... V. acaulis, stolonibus teretibus ... Hort. cliff. 427. ... V. martia purpurea, flore simplici odoro. Bauh. pin. 119. ... V. nigra s. purpurea. Dod. pempt. 156. t. 1. 2. ... Wohlriechendes Veilchen. W. ..." (Linné 1797–1830, Bd. I, Teil 2, S. 1163f.); „6) VIOLA ODORATA. L. ... M. a Bieb. Fl. taur. cauc. I. p. 171. No. 428. ... Viola acaulis foliis cordatis, ... Gmel. Fl. sib. IV. p. 98. No. 60. ..." (Ledebour 1829, S. 259); „21. V[iola] odorata (DEC. Prodr. I, p. 296) ... M. a BIEB. Fl. t. c. I, p. 171; ... LEDEB. Fl alt I, p. 259. ... V. acaulis cordatis, ... GMEL. Fl. sib. IV, p. 98. Nr. 60. ... β. glabrior ... γ. sarmentosa: ..." (Ledebour 1842, S. 249f.); „428. VIOLA odorata. ... Gmel. sib. 4. p. 98. n. 60. ..." (Marschall von Bieberstein 1808a, S. 171); „1017. Viola odorata. Lin. sp. 8. ... Ruß. Pachutschaja Fialko [russ. *pachučaja fialka* (*Slovar'* 2011, S. 249]. Armen. Manischar. ..." (Falk 1786, S. 245); „6. VIOLA odorata L., ... Wohlriechendes Veilchen. W. Merz=Veilchen. R. Vialka [russ. *fialka*] ..." (Georgi 1797–1802, Theil 3, S. 800)

„Viola martia purpurea, flore simplici odoro. B. Pin. 199. et Inst. r. h. n°. 2." (AAW R. I, Op. 13, D. 19, Bl. 5r, s. Anm. 54 in Nr. 17); s. Nr. 578

16 „87. FVMARIA siliculis ouatis, compressis caule quinquangulo T. XXX. III. Fumaria flaua, caule pentagono. GM. Obs. in h. n. 122. Fumaria flaua altera Id. In. Ien. [im Manuskript: Id. In ind.] transb. Fumaria quae split officinarum, I. B. Id. Ib. Fumaria flaua palustris caule pentagono, STELL. Irc. 584. ..." (Gmelin 1747–1769, Bd. IV, S. 65f.), nahezu identisch auf Bll. 36v–37r in: AAW R. I, Op. 104, D. 14 – s. Anm. 32 in Nr. 6; „87. Fumaria siliculis ovatis compressis, caule quinquangulo. t. XXXII. [sic!] [=] Corydalis sibirica Pers.! (Fumaria impatiens Pall. it. II.[sic!] 286.)" (Ledebour 1841, S. 117); „Auf der sandigen Küste des Baikals und in der angrenzenden Waldung wuchsen ... z. Beysp. ... Fumaria impatiens (*.*), ... |: (*.*) Fumaria tenuifolia floribus luteis Amman. ruth. n. 173. tab. 20. Fumaria siliculis ouatis compressis, caule quinquangulato. Flor. Sibir. IV. p. 65. n. 87. tab. 33. Hier ist die Pflanze in ihrer grösten Vollkommenheit, bey Amman aber klein, mager und schmalblättrig, wie sie im Sande zu wachsen pflegt, vorgestellt. Ihre Schooten springen um die Reifzeit bey der allergeringsten Berührung von einander, werfen ihre schwarze, glänzende Saamen weit von sich und rollen sich kurz auf. Daher verdient dieser von Fum. capnoides scheinbarlich unterschiedne Erdrauch den Zunahmen Impatiens mit der That. :|" (Pallas 1776, S. 286); „173. FUMARIA tenuifolia, floribus luteis. Tab. XX. ..." (Amman 1739, S. 130f.); „16. FUMARIA Sibirica. ... Fumaria impatiens. Pall. it. ed. min. 3. p. 233. F. siliculis ovatis compressis, caule quinquangulo. Gmel. sib. 4. p. 65. t. 33. F. tenuifolia floribus luteis. Amman. ruth. 173. t. 20. Sibirischer Erdrauch. W. ..." (Linné 1797–1830, Bd. III, Teil 2, S. 864); „19. C[orydalis] sibirica (PERS. Syn. II, p. 270) ... Fumaria siliculis ovatis compressis, caule quinquangulo. GMEL. Fl. sib. IV, p. 65. Nro. 87. t. 33. Fumaria tenuifolia, floribus luteis. AMMAN. ruth. p. 130. Nro. 173. t. 20. ... 20. C[orydalis] impatiens FISCHER in DEC. Syst. II. p. 124. – Prodr. I, p. 128) ... Fumaria impatiens. PALL. It. III. p. 286. ..." (Ledebour 1842, S. 103); „20. C[orydalis] SIBIRICA (Pers. ench. 2. p. 270) ... Gmel. fl. sib. 4. p. 65. t. 33. – DC. syst. 2. p. 124.* (v. s.) 21. C[orydalis] IMPATIENS (Fisch! in DC. syst. 2. p. 124.*) ... Fumaria impatiens Pall. itin. ed. min. 3. p. 233? ..." (Candolle 1824, S. 128); „22. Corydalis sibirica Pers. Fumaria sibirica Linn. Suppl. s. Lexic. B. 4. 23. Corydalis impatiens Fischer. Cand. Elastische Corydalis. ..." (Dietrich 1834a, S. 153); „96. CORYDALIS SIBIRICA Pers. ... Fumaria Sibirica Linn. fil. suppl. p. 314. Fumaria Gmel. fl. Sib. IV. p. 65. n. 87. t. XXXIII. ... 97. CORYDALIS IMPATIENS Fisch. ..." (*Turčaninov* 1842–1845, S. 105); „FUMARIA. ... teutsch, Erdrauch,

Taubenkropf, Katzenkörbel. ... Es reiniget das Geblüte, treibt den Urin: wird zu der Miltzbeschwerung, zum Scharbock und der Krätze viel gebraucht. Fumaria kommt von fumus, Rauch: dieweil der Saft, wann man ihn in die Augen thut, dieselben thränend macht, als wie der Rauch.“ (Lémery 1721, Sp. 472f.); „Fumāria T. (Fumariaceae). Von fumus (Rauch), weil die Pflanze niedrig, fein und zart und von graugrüner Farbe ist, und, in der Ferne betrachtet, gleichsam das Ansehn eines aus der Erde gestiegenen Rauchs hat. Nach Plinius (XXV. 99), der die Pflanze Capnos (von καπνος: Rauch) nennt, soll sie diesen Namen erhalten haben, weil sie die Augen thränen mache wie der Rauch, was jedoch eine Fabel ist. Kommt ihr Saft in die Augen, so werden dieselben allerdings thränen; einen solchen Reiz bringt aber auch jeder andere Pflanzensaft hervor.“ (Wittstein 1852, S. 374); „Corȳdalis VENT. (Fumariaceae). Von κορυδαλος oder κορυδαλλις (die Haubenlerche, von κορυς) wegen der Form der Blüthe; der lange Sporn der Lerche deutet auf die nach Unten spornartige Erweiterung der Krone.“ (a. a. O., S. 230)

„356. Fumaria flava palustris caule pentagono Flor. ircut No 584.“ (AAW R. I, Op. 104, D. 25, Bl. 27v, s. Anm. 61 in Nr. 21); „Fumaria tenuifolia, floribq luteis.“ (AAW F. I, Op. 2–1743, D. 11, Bl. 21v, s. Anm. 5 in Nr. 4); „343. Fumaria quae Split dicitur J. B.“ mit der rechts marginalen Anm. „Stell.“ (AAW R. I, Op. 15, D. 3, Bl. 7r, s. Anm. 65 in Nr. 24); „276. Fumaria, quae Split officinarum J. B. ...“ (AAW R. I, Op. 13, D. 42, Bl. 44r, s. Anm. 1 in Nr. 1); „906. Fumaria flava, caule polygono obs. in H. N. CXXII. ... Fl. Irc. n° 584.“ (AAW R. I, Op. 105, D. 1, Bl. 71r, s. Anm. 29 in Nr. 5); „420. Fumaria quae Split officinarum J. B. ...“ (AAW R. I, Op. 105, D. 12, Bl. 18v (links marginal), s. Anm. 54 in Nr. 17); „421. Fumaria flava caule pentagono Obs. in H. N. Cxxii. ...“ (a. a. O., Bl. 18v links marginal und darunter die Anm. von J. G. Gmelin „Fumaria flava pal. caule pentagono n°. 584 St.“); „1. Fumaria flava caule pentagono Obs. in H. N. CXXII. ...“ mit der rechts marginalen Anm. „vid. Ic.“ (AAW R. I, Op. 13, D. 67, Bl. 58r, s. Anm. 5 in Nr. 4); „CXXII. Fumaria flore flavo.“ mit der rechts marginalen Anm. „Vid. Fig.“ (AAW R. I, Op. 105, D. 8^{a}, Bl. 50r, s. Anm. 46 in Nr. 79)

17 „[species 1] Aconitum Lycoctonum, luteum C. B. Pin. 183. Aconitum folio Platani, flore luteopallescente J. B. 3. 652. Aconitum Lycoctonum, luteum, majus Dod. Pempt. 439.“ (Tournefort 1700, S. 424, Genus II. „Aconitum. Aconit.“); „Napellus flore luteo Rivini. Aconitum lycoctonum, luteum C. B. P. 183. ... Germ. Wolff=Wurtz.“ (Rupp 1726, S. 234); „Aconitum Lycoctonum luteum C. B. Pin. 183. ... Wolffs=Wurtz/ Gifftkraut/ Narrenkappen. ...“ (Mappus 1742, S. 6); „1. ACONITUM lycoctonum, luteum. C. B. Die gelbe gifftige Wolffswurz.“ (Miller 1750, S. 17); „20. ACONITVM foliis palmatis, multifidis villosis, LIN. Sp. pl. 1. p. 750. n. 1. T. LXXXI. Aconitum lycoctonum luteum, B. pin. Ind. Irc. p. 621. [müßte heißen: 626.] Len. 434. Aconitum lycoctonum luteum maius, ampliore caule, amplioribus foliis, DOD. pem<p>t. Ind. Len 435. Irc. 623. [müßte heißen: 627.] Aconitum pyrenaicum ampliore folio, tenuis laciniato STELL. Irc. 586. ... Est adhuc Varietas alia, floribus pallide purpureis, valde luxurians hominis adeo altitudinem superans, qua in re a reliquis abludit, et dicitur Ruthenice прикритъ большой [russ. *prikrit bol'šoj*; russ. *prikryt* – (Pawlowski 1952, S. 1256)] eiusque radice vtuntur in cuiscunque generis morbis incognitis, in epilepsia et lue venerea, vbi sc. magnitudo mali generosum remedium requirit. Aconitum lycoctonum luteum in debilitate ventriculi forma decocti commendant.“ (Gmelin 1747–1769, Bd. IV, S. 188f.), nahezu identisch auf Bll. 80r–80v in: AAW R. I, Op. 104, D. 14 – s. Anm. 32 in Nr. 6; „20. Aconitum foliis palmatis multifidis villosis. t. LXXXI. [=] Aconitum Gmelini Reichenb.! (Aconitum barbatum Patr. – DeC. Syst. I. 367? – Aconitum lycoctonum L. – DeC. Syst. I. 369.?) [;] var. floribus pallide purpureis [=] Aconitum Vulparia Reichenb.! (Aconitum septentrionale Koelle. – Willd. sp. pl. II. 1235.)“ (Ledebour 1841, S. 133); „1. ACONITUM foliis peltatis multifidis hispidis, petalo supremo cylindraceo. Fl. lapp. 221. ... Aconitum lycoctonum luteum. Bauh. pin. 183. ... Aconitum lycoctonum luteum majus. Dod. pempt. 439. Aconitum folio platani, flore luteo-pallescente. Bauh. hist. 3. p. 652. ...“ (Linné 1737, S. 213); „1) Wolfswurz. Aconitum Lycoctonum. ... Aconitum foliis palmatis, multifidis, villosis. LINN. Syst. veg. p. 419. Sp. pl. 750. Aconitum foliis peltatis multifidis, ... Fl. Lapp. 211. ... Hort. Cliff. 213. ... Aconitum lycoctonum luteum. C. BAUH. pin. 183. TOURNEF. inst. t. 240. ...

GMEL. Fl Sib 4. p. 188. n 20. t. 81. ... Aconitum luteum maius. DOD. pempt. 439. ... Sie wird auch gelber Wolfgift, gelber Sturmhut, gelbes Eisenhütlein ... genennet. ... Linne sagt, die Wurzel zu Pulver gestossen tödte Wölfe, Hunde und Katzen, und ein Decokt davon mit Wasser vertreibe Mücken, Wanzen und Läuse bey Pferden und Rindvieh; auch kann man die Mäuse damit vertilgen. Nach Joh. Bauhins Erzählung hat die Wurzel samt dem Kraut, in einem Salat gespeiset, eine ganze Tischgesellschaft ums Leben gebracht. Gmelin berichtet, die Russen nennen die Varietät mit blaßrothen Blumen Prikrit, und gebrauchen sie eben so, wie das Delphinium elatum, [s. Nr. 590] zu Heilung hartnäckiger und verzweifelter Krankheiten.“ (Linné 1781, S. 257f.); „1. ACONITUM Lycoctonum. ... A. foliis palmatis multifidis villosis. ... Gmel. sib. 4. p. 188. t. 81. ... Pall. it. 1. p. 72. ... A. foliis peltatis multifidis, ... Fl. lapp. 211. Hort. cliff. 213. ... A. lycoctonum luteum. Bauh. pin. 183. ... Wolfs-Eisenhut. W. ...“ (Linné 1797–1830, Bd. II, Teil 2, S. 1232f.); „*7. ACONITUM septentrionale. ... Koelle Aconit. 22. ... A. Lycoctonum floribus pallide purpureis. Gmel. sib. 4. p. 189. ... Nördlicher Eisenhut. W. ...“ (a. a. O., S. 1235); „Von Arzneykräutern habe ich bey ihnen [d. h. den Mokschanen] im Gebrauch gefunden: ... den Biberklee (Menyanthes) und Wolfskraut (Aconitum) beyde [mokschanisch] Targes=tische genannt, zu Umschlägen bey äuserlichen Entzündungen, und innerlich in Tränken bey Wasser=Geschwulsten; ...“ (Pallas 1771, S. 72); „[Aconitum] lycoctonum foliis palmatis multifidis villosis, gelber Sturmhut mit handförmigen, zotigen und vielmal getheilten Blättern; Wolfswurz, gelbes Eisenhütlein; gelber Wolfsgift; ... sie kommt in ihren schädlichen und heilsamen Würkungen zimlich mit dem blauen Eisenhütlein [s. Nr. 588] überein, ... sie heißt bey ... C. Bauhin und Tournefort Aconitum lycoctonum luteum; ...“ (Gmelin 1772a, Sp. 87f.); „2. A[conitum] Lycoctonum (L. SP. 750) ... α. floribus coeruleis aut violaceis. a) casside sursum sensim angustiore. ... b) casside medio angustiore. A. Vulparia. REICHENB. Fl. alt. II, p. 287. ... A. foliis palmatis multifidis villosis. GMEL. Fl. sib. IV, p. 188. Nro. 20. var. floribus pallide purpureis. ... β. floribus ochroleucis. ... b) calcare abbreviato, ... A. pallidum. REICHENB. – LEDEB. Fl. alt. II, p. 286. ...“ (Ledebour 1842, S. 66f.); „3. A[conitum] barbatum (PATR. in PERS. Syn. II, p. 83) ... α. pubescens, ... DEC. Prodr. I, p. 58. ... β. hispidum, ... DEC. Prodr. I, p. 58. A. hispidum. DEC. Syst. I, p. 367. A. Gmelini. REICHENB. Fl. alt. II, p. 284. ... A. pyrenaicum. L. (quoad plantam sibiricam). ... A. foliis palmatis multifidis villosis. GMEL. Fl. sib. IV, p. 188. Nro. 20. t. 81. (excl. var. floribus pallide purpureis.) ... γ. puberulum, ... A. ochranthum. C. A. MEYER in LEDEB. Fl. alt. II, p. 285. ...“ (a. a. O., S. 67); „7) ACONITUM GMELINI. Reichb. ... A. hispidum. DEC. Syst. nat. II. p. 367. A. barbatum β. Dec. Prodr. I. p. 58. ... Aconitum No. 20. Gmel. Fl. sib. IV. p. 188. (excl. synon. Linn. et varietate florib. purpureis.) t. LXXXI. ... 8) ACONITUM OCHRANTHUM. C. A. Meyer. ... 9) ACONITUM PALLIDUM. Reichb. ... 10) ACONITUM VULPARIA. Reichenb. ... Aconiti No. 20. var. floribus pallide purpureis. Gmel. Fl. sib. IV. p. 189. ...“ (Ledebour 1830, S. 284ff.); „3. Aconitum barbatum. ... A. foliis palmatis multifidis villosis. Gmel. sib. 4. p. 188. t. 81? A. barbatum. Patrin! ined. Pers! ench. 2. p. 83. ... 4. Aconitum hispidum. ...“ (Candolle 1818, S. 367f.); „7. Aconitum Lycoctonum. ... A. lycoctonum luteum. C. Bauh. pin. 183. n. 2. et 3. Tourn. inst. 424. n 1 2. 3. A. folio platani flore luteo pallescente. J. Bauh. hist. 3. p. 652. ic. ... A. foliis peltatis multifidis, ... hort cliff. 213. ... 8. Aconitum Septentrionale. ... A. lycoctonum floribus pallide purpureis. Gmel. fl. sib. 4. p. 189. ... A. septentrionale. Koelle acon. 22. Willd! sp. 2. p. 1235. ...“ (a. a. O., S. 369f.); „2. A[conitum] LYCOCTONUM (Lin! spec. 750.) ... μ. septentrionale ... A. septentrionale Koell. spic. 22. et DC! syst. 1. p. 370. ... 4. A. BARBATUM (Patr! in Pers. ench. 2. p. 83.) ... DC! syst. 1. p. 367. ... β. hispidum ... A. hispidum. DC! syst. 1. p. 367.“ (Candolle 1824, S. 57f.); „ACONITVM (lycoctonum) foliis palmatis multifidis villosis. Linn. Spec. pl. 532. n. 1. ... Волчьи ягоды [russ. *volč'i jagody*] siue волчей корень [russ. *volčej koren'*] Russ. ...“ (*Krašeninnikov* 1761, S. 84); Als *volčij koren'* bzw. *volčej koren'* wird im Russischen auch „Scorzonera caule simplici, unifloro, foliis ex lineari lanceolatis“ (Gmelin 1747–1769, Bd. II, S. 2ff.) bzw. „Scorzonera angustifolia prima“ (Nr. 707 der „Flora Irkutiensis“ von G. W. Steller) bezeichnet. „Kein Kraut ist in diesen und andern solchen feuchten Waldungen des uralischen Gebürges gemeiner, als das (*) Wolfskraut (Acon. Lycoctonum) ... |: (*) Die Baschkiren nennen es in ihrer

Sprache Bärenkraut, Ajukubschä, :|" (Pallas 1773, S. 21); „Einige uns begleitende geschwäzige Bauern aus Newjansk [russ. *Nev'janskaja sloboda*] halfen uns bey dieser Gelegenheit die unangenehme Nacht durch allerley Gespräche über die Kräfte der wildwachsenden Kräuter dieser Gegend vertreiben, von welchen einer unter ihnen eine nicht gemeine Kentniß besaß. Er rühmte ... das Wolfskraut (Aconitum Lycoctonum) wider Sausen im Kopf und viel andre sonderbare Krankheiten, die selbigem den Namen Prikryt im rußischen verdient hatten." (a. a. O., S. 191); „Die Wiesen [am Fluß *Angara*] tragen langes, aber grobes Graß, und auf vielen wächset Schirling und Wolfskraut (Aconitum licoctonum [sic!]) das man Lutik [russ. *ljutik*] nennet und vielen Horn= und Pferde=Vieh tödtlich wird. ..." (Georgi 1775, S. 28); „Unter den Gewächsen behauptete in diesem wilden Graben den vornehmsten Rang das Wolfskraut b) ... |: b) Aconitum Lycoctonum, {russ. Zar Trawa; wird auch sonst Wolfswurz, Giftkraut, gelber Sturmhut genennt. Ueb.} :|" (Lepechin 1774, S. 10); „... fanden wir einen permischen Arzt, von welchem wir den Gebrauch einiger einfacher Kräuter lernten. ... Wolfswurz c) ist ein zuverläßiges Mittel zu Vertilgung der Wanzen, wenn man mit dem Absud der Wurzel die Wände und die Stellen, wo sie sich aufhalten, benetzt; schlechtes siedendes Wasser thut aber dieselben Dienste. ... |: c) Aconitum lycoctonum. :|" (Lepechin 1783, S. 124f.); „Wolfskraut (Aconitum lycoctonum) Die Wurzel dieser Pflanze wird von dem gemeinen Manne in der Stadt Wolodimir in Bauchschmerzen, Wassersucht, Mutterbeschwerung, in Schlagfluß, und wider alle Unreinigkeiten und Ausschläge der Haut gebraucht. Eigentlich ist sie giftig, und es wird dahero durch Gebrauch dieser Wurzel, wie Hr. Lepechin selbst erinnert, die alte Meynung bestätiget, daß das größte Gift, nachdem man es braucht, in unserm Körper schädlich oder nützlich seyn könne. S. Lepechin I. Th. p. 11." (Gniditsch 1778, S. 22f.); „Eben so wird das Wolfskraut, (Aconitum lycoctonum)[c]), welches in Wolodimer häufig wächst, und von alten Weibern sehr oft als Arzneymittel in allerhand Krankheiten eingegeben wird, sehr gemißbraucht. Wenn die Leibesbeschaffenheit des hiesigen Landmanns nicht so stark wäre, so würden unzählige dadurch ihr Leben verlieren müssen weil dieses Mittel, wie Lepechin sagt, oft und in starker Dosi von jenen Verderberinnen gegeben wird. ..." (Finke 1792, S. 519); „620, Aconitum Lycoctonum. Lin. Syst. Plant. II. p. 615. sd. [sic!] 1. Gmel. Flor. Sib. 4. t. 81. ... Wolfswurz. Ruß. Woltschei Koren. Wotj. Gonder. ... Rußen und Tataren verbinden frische Wunden und selbst Knochenbrüche mit den frisch gequetschten Wurzeln." (Falk 1786, S. 199); wotjakisch gond̂ir-kud̂i – Aconitum lycoctonum, Wolfswurzel (Munkácsi 1896, S. 247); „1. ACONITUM Lycoctonum L., ... Wolfs=Sturmhut. Wolfswurz. R. Lutik, auch Woltschoi Koren. ... Gm. Sib. 4. T. 81. ... Außer der gemeinen gelben kömmt in Sibiren auch eine röthlichblühende, von mehr als Mannes=Länge, vor. Die Wurzeln beyder sind Hausmittel wider mancherley Krankheiten, und die letztere auch wider die geile Seuche. Gmelin." (Georgi 1797–1802, Theil 3, S. 1052); „9) Wolfswurz, gelbes Wolfsgift, gelbes Eisenhütchen, gelber Sturmhut. Aconitum lycoctonum, ... Ihre Wurzel als Salat gespeist, hat einer ganzen Tischgesellschaft in Antwerpen den Tod gebracht, und ihre Blumen erregen, wenn man sie nur kaut, auf der Zunge, und in dem Schlunde einen brennenden Schmerzen mit einer Geschwulst, worauf bald Schwindel erfolgt [a]). Pferde, Hornvieh [b]) und Ziegen fressen dieses Gewächs ohne Schaden, aber anderem Vieh, auch Wölfen, Mäusen, Fliegen, Wanzen und Läusen ist es ein gewisses Gift. Man braucht zu solchen Absichten vornehmlich die Wurzel; in einigen Ländern kocht man sie mit Haberbrei, ..." (Gmelin 1803, S. 721ff.); „Zur Beseitigung von Spul- und Bandwurm gebraucht der gemeine Russe ½-1 Solotnik von der frischen Wurzel des Aconitum Lycoctonum mit Honig vermischt. Ein sehr heftig wirkendes Mittel." (Krebel 1858, S. 132); „2. Aconitum Lycoctonum L. ... Lepechin erzählt, dass die Wurzel des gelben Sturmhut in der Stadt Wladimir innerlich bei Bauchschmerzen, Wassersucht, Mutterbeschwerden und gegen alle Arten von Hautunreinlichkeit angewandt wird. ... Nach Pallas (34. Th. I. p. 72) gebrauchen es die Mokschanen zu Umschlägen bei entzündlichen Schwellungen und innerlich in Getränken bei hydropischen Geschwülsten. An einer andere Stelle (Th. II, 191) sagt er, dass das Acon. Lycoct im G. Perm gegen Ohrensausen und viele andere Krankheiten angewandt wird. – Falk sagt, dass Russen und Tartaren Wunden und selbst Knochenbrüche mit den frischen gequetschten Wurzeln des ‚Woltschei Koren‘ (Acon. Lycoct. L.) verbinden. ... Krebel führt es ... als ein Anthelminticum an. ... Die blaublühende Varietät des Acon. Lycoct., das Acon. septentrionale Kölle[1]) wird als Wurzelabkochung oder Spiritusinfus im G. Perm bei Fieber und Kopfschmerzen eingenommen ... Das Volk gebraucht also das Aconitum Lycoct. seit langer Zeit bis auf heute. Aeusserlich will man dadurch entzündliche Schwellungen, Hautausschläge und Wunden zur Heilung bringen, ... Der innere Gebrauch des Mittels ist aber auch gegen Wassersucht, Ohrensausen und Nervenkrankheiten (Epilepsie, Geistesstörungen) gerichtet. – Es liegt auf der Hand, dass das Volk die giftigen Eigenschaften des Acon. Lycoct. kennt. ...“ (Demitsch 1889, S. 144ff.); „Giftige Pflanzen und Vergiftungen. ... Aconitum Lycoctonum ist giftig, weshalb schon die Alten darauf sahen, dass diese Pflanze nicht vom Vieh gefressen werde, denn sonst wird das Vieh kränklich, und Siechthum und Tod sind die Folgen. ...“ (Alksnis 1894, S. 237f.); „Aconitum ... Die lateinische Benennung Aconitum leiten Einige von Ancona, einer Stadt in Bithynien, in deren Gegend diese Pflanze in Menge wächst; Andere von dem griechischen Worte ἀκόνη, welches einen von Erde entblößten Fels, oder eine Felsklippe, worauf die Wolfswurz gern zu wachsen pflegt, bedeutet; Andere von ἄκον oder ἀκὴ, ein Pfeil, weil die Wilden ihre Pfeile damit bestreichen; und noch Andere von ἐγκονέω, beschleunigen, weil es den Tod beschleuniget, her. 1. Aconitum lycoctonum luteum. C. B. P. 183. ... Die gelbe Wolfswurz, oder Wolfsgift, ... Eisenhütlein mit gelben Blumen. ... Den Nahmen Wolfswurz hat diese Pflanze darum bekommen, weil die Wurzel davon, wenn man sie mit Fleisch vermenget, und eine Art von Nudeln daraus machet, die Wölfe tödtet. Ueberhaupt ist diese Wurzel gar sehr gefährlich. Die Zufälle, welche die Wolfswurz bey Menschen hervorbringt, sind: Schwere des Hauptes, Schwindel, Convulsionen der Schläfe=Muskeln, Zittern, wider Willen erfolgendes Thränen der Augen , Schmerz in den Seiten, schweres Athem holen, und Aufschwellen des ganzen Körpers. Die mit ihrem Safte benetzten Pfeile, verursachen tödliche Wunden. ...“ (Krünitz 1773–1858, Bd. 1, S. 364ff.); „? Aconitum lycoctonum luteum C. B. (A. lycoctonum L.) sic est, omnino eadem species, sed tamen varietas valde insignis, in eo a Lycoctono luteo diversa 1 quod ea pars caulis qua flores gerit, ut et pedunculi omnino hirsutie ochroleuca s. saturate flava tecta sunt, 2. quod petala quatuor interiora quae communiter parum interne hirta sunt, in hac omnino lanata lana flava, 3. quod nectaria apice minime revoluta ut in vulgari, sed tantum reflexa, 4. quod folia profundius dissectus sunt. ergo ista varietas quae Aconitum reticulata radice, fl. sulph. alb. latifolium. vide Moris. hist. 3. p. 463. Raj. hist. 3. p. 368. n. 8. (Fl. sib. IV. 188. nr. 20. A. barbatum Patr., Gmelini Reichenb.)“ (C. von Linné in einem Brief an J. G. Gmelin vom 18. September 1744 – Plieninger 1861, S. 36f.); Aconitum – russ. *borec*, *prostrel*, *volkoboj*, *ljutik*, *toed*, *prigrid* bzw. *car' zel'e* (*Annenkov* 1858, S. 10, Nr. 15); „Lycōctonum Drosc. (Ranunculaceae). Zus. aus λυκος (Wolf) und κτεινειν (tödten); wurde früher zum Vergiften der Wölfe und anderer reissender Thiere benutzt.“ (Wittstein 1852, S. 541f.); „Ἀκονίτον, zus. aus α (ohne) und κονις (Staub), d. h. eine Pflanze, welche auf nackten Felsen (έν ἀκοναις) wächst. Unter dem Namen Acone wird auch bei Theophrast ein felsiger Distrikt oder Ort bei Heraclea in Bithynien am Pontus erwähnt, wo diese Pflanze häufig vorkommen soll.“ (a. a. O., S. 9)

„28. An Aconitum lycoctonum luteum C B. P? ...“ (AAW R. I, Op. 13, D. 19, Bl. 10v, s. Anm. 54 in Nr. 17); „341. Aconitum Lycoctonon luteum C. B P.“ (AAW R. I, Op. 15, D. 3, Bl. 7r, s. Anm. 65 in Nr. 24); „8. An Aconitum lycoctonum luteum C. B. P? Ind. Irc. n°. 626. Len. n°. 434. ...“ mit der links marginalen Anm. „vid. Ic.“ (AAW R. I, Op. 13, D. 67, Bl. 76v, s. Anm. 5 in Nr. 4); „9. An Aconitum lycoctonum luteum majus ampliori caule amplioribusque folijs Dod. Pempt? Ind. Len. n°. 435. Irc. n°. 627. Aconitum salutiferum seu Anthora C. B. P. Ind. Irt.“ (a. a. O., Bl. 76v); „11. An Aconitum salutiferum seu Anthora C. B. P. 184. Ind. Jen. n°. 1143.“ (a. a. O. Bl. 76v); „549. An Aconitum lycoctonum luteum C. B. P? Ind. Len.“ (AAW R. I, Op. 13, D. 20, Bl. 54v, s. Anm. 1 in Nr. 1); „10. Aconitum lycoctonum latifolium floribus pallide luteis. Aconitum lycoctonum luteum C. B. P. Aconitum folio Platani, flore luteo pallescente J. B.“ (a. a. O., Bl. 116v); „1142. An Aconitum lycoctonum luteum C. B. P? Ind. Irc. n° 626. et Len. n°

589. ..." (AAW R. I, Op. 105, D. 1[a], Bl. 121r, s. Anm. 29 in Nr. 5); „3. Aconitum lycoctonum luteum C. B. P." mit der rechts marginalen Anm. „Lena fl." (AAW R. I, Op. 13, D. 16, Bl. 25v, s. Anm. 32 in Nr. 6); „Aconitum Lycoctonum luteum C. B P." (AAW R. III, Op. 1, D. 162, Bl. 21r, s. Anm. 54 in Nr. 17); „626. An Aconitum lycoctonum luteum C. B. P? Ind. Len. ..." mit der rechts marginalen Anm. von J. G. Gmelin „vid. Ic." (AAW R. I, Op. 105, D. 12, Bl. 36r, s. Anm. 54 in Nr. 17); „627. An Aconitum lycoctonum luteum majus, ampliore caule amplioribusque folijs Dod. Pempt? Ind. Len. ..." mit der rechts marginalen Anm. von J. G. Gmelin „An aconitum lycoctonum luteum C. B. P? St. 585." (a. a. O., Bl. 36r, s. Anm. 54 in Nr. 17); „434. An Aconitum lycoctonum luteum C. B. P? ..." (AAW R. I, Op. 13, D. 42, Bll. 83v–84v, s. Anm. 1 in Nr. 1); „435. An Aconitum Lycoctonum, luteum, maius, ampliore caule amplioribusqȝ foliis Dod. Pempt? Recensui, ni fallor, ipsam hanc plantam in indice Irtensium plantarum sub nomine Aconiti Salutiferi Seu Anthorae C. B. P. ..." (a. a. O., Bl. 84v); „363. Aconitum lyctoconum luteum C. B. P. ... 364 Aconitum lyctoconum luteum humile foliis minoribq et albis punctis notatis. ... Species videt) nisi sit aconitum Lycoctonum humili caule ac minoribq foliis Dod Pempt. 439." (AAW R. I, Op. 104, D. 25, Bl. 28r, s. Anm. 61 in Nr. 21); s. auch Nr. 586

18 „[species 4] Aconitum Pyrenaicum, ampliore folio tenuiùs laciniato." (Tournefort 1700, S. 424, Genus II. „Aconitum. Aconit."); „103 ACONITUM lycoctonum luteum, foliis, caule & ipsis floribus, spica longissima. ACONITUM lycoctonum luteum. C. B. P. 183. ACONITUM pyrenaicum, ampliore folio tenui laciniato. Tourn. inst. 424." (Linné/Martin 1745, S. 14); „7. ACONITUM Pyrenaicum, ampliore folio tenuius laciniato. Tourn. Die Wolffswurz von denen pyrenäischen Gebürgen, mit breiten Blättern, und schmälern Einschnitten." (Miller 1750, S. 17); „3) Pyrenäischer Eisenhut. Aconitum Pyrenaicum. ... Aconitum foliis multipartitis, laciniis linearibus incumbentibus squarrosis. LINN. Syst. veg. p. 419. Sp pl. 751. ... Diese Art wächst in der Tartarey, in Siberien, und auf den pyrenäischen Gebirgen wild. ..." (Linné 1781, S. 260); „Aconitum pyrenaicum foliis multipartitis; laciniis linearibus incumbentibus squarrosis, pyrenäischer Sturmhut mit vielgetheilten Blättern, deren Lappen gleichbreit, sparricht sind, und auf einander liegen; gelbe Wolfswurz vom pyrenäischen Gebürge. ... heißt ... bey Tournefort Aconitum pyrenaicum ampliore folio tenuius laciniato; ..." (Gmelin 1772a, Sp. 90f.); „3. ACONITUM pyrenaicum. ... A. foliis multipartitis: laciniis linearibus incumbentibus squarrosis. Hort. ups. 152. ... Pyrenäischer Eisenhut. W. ..." (Linné 1797–1830, Bd. II, Teil 2, S. 1233); „3. ACONITUM pyrenaicum L., ... Pyrenäischer Sturmhut. ..." (Georgi 1797–1802, Theil 3, S. 1053); „6. Aconitum Pyrenaicum. ... A. Pyrenaicum ampliore folio tenuius laciniato. Tourn. inst. 424. ..." (Candolle 1818, S. 368)

„10. An Aconitum Pyrenaicum ampliore folio, tenuis laciniato I. R. H? Fl. Irc. n°. 586." (AAW R. I, Op. 13, D. 67, Bl. 76v, s. Anm. 5 in Nr. 4); s. Nr. 585

19 „Coma, der Schopf, 1) ein Büschel von Deckblättern (Brakteen) oder auch von verkümmerten Blüthen, welcher den Gipfel eines Blüthenstandes einnimmt und über die Blüthen hinausragt, ... 3) ein Haarbüschel, welcher den Samen einer mehrsamigen Frucht krönt, daher Samenschopf (Coma seminalis) genannt ..." (Bischoff 1857, S. 29)

20 „[species 9] Aconitum inflexâ comâ, maximum C. B. Pin. 183. Aconitum Lycoctonum comâ nutante, maximum J. B. 3. 658. Aconitum Lycoctonum, viij, comâ nutante Clus. Hist. xcvij." (Tournefort 1700, S. 425, Genus II. „Aconitum. Aconit."); „ACONITVM LYCOCTONVM. CAP. IX. ..." einschließlich der Abbildung „Aconit. Lycoct. viii. coma nutante." auf S. xcvij (Clusius 1601, S. xciiij–xcviij; ab Buch IV gesonderte Seitennumerierung mit römischen Zahlen); „11. ACONITUM inflexa coma, maximum. C. B. P. Die Wolffswurz mit denen grössten umgebogenen Spitzen." (Miller 1750, S. 17); „*12. ACONITUM cernuum. ... A. lycoctonum coma nutante. Clus. hist. 2. p. 97. Hängender Eisenhut. W. ..." (Linné 1797–1830, Bd. II, Teil 2, S. 1237); „[Aconitum] inflexa coma maximum, also nennt Tournefort nach C. Bauhin seine neunte Art, welche sehr gros ist, und eine gebogene Blumenähre hat; ... bey Clusius ist sie bald Aconitum lycoctonum octavum coma nutante, bald Aconitum lycoctonum quintum coma nutante: und bey J. Bauhin ist sie Aconitum lycoctonum, coma nutante maximum." (Gmelin 1772a, Sp. 94); „16. Aconitum paniculatum. ... α. Racemo erecto (1). ... β. A. inflexâ comâ maximum. C. Bauh.

pin. 183. Tourn. inst. 425. ..." (Candolle 1818, S. 375); „8. Aconitum cernuum. ... Aconitum Lycoctonum octavum, coma nutante. Clusii Hist. 2. p. XCVII. Aconitum Lycoctonum, coma nutante maximum. Joh. Bauh. Hist. 3. p. 658? ... Hängender Eisenhut. ..." (Roth 1827, S. 565f.); „11) Aconitum cernuum, nickender Eisenhut, mit umgebogenen, kolbigen Saftmaschinen, deren Lippchen lanzetförmig und ausgerandet sind, mit ziemlich erhöheter Mönchskappe, deren Schnabel etwas von den untern Kronblättern absteht, mit rispenförmigen, deutlich behaarten Blüthenstielen, welche etwas überhängen oder nicken, mit schwachhaarigen Blumen von blauer Farbe, ... ist von Clusius hist. 2, 98. [sic!] abgebildet." (Ersch/Gruber 1818, S. 333)

„362. Aconitum inflexa coma maximum C. B. P. ..." (AAW R. I, Op. 104, D. 25, Bl. 28r, s. Anm. 61 in Nr. 21); „2. Aconitum purpureum maximum, folio amplissimo, duriore & minus splendente Aconitum inflexa coma maximum C. B. P. Ind. Len. n°. 433." (AAW R. I, Op. 13, D. 67, Bl. 76v, s. Anm. 5 in Nr. 4); „433. Aconitum inflexa coma maximum C. B. P. Russis Грыжная трава. [russ. *gryžnaja trava*] ..." (AAW R. I, Op. 13, D. 42, Bl. 83v, s. Anm. 1 in Nr. 1); „* Aconitum inflexa coma, maximum C. B. P. ..." (AAW R. I, Op. 105, D. 2, Bll. 11v–12r, s. Anm. 54 in Nr. 17); „Aconitum vimineum Geranifolium, flore coeruleo laticuscullo pentasiliqvum, radice gemellâ; An-Aconitum inflexâ comâ maximum C. B. Pin. 183. Tournef. Sp. 9. ..." (AAW F. 98, Op. 1, D. 19, Bl. 3r, s. Anm. 59 in Nr. 19)

21 „[species 10] Aconitum caeruleum seu Napellus 1 C. B. Pin. 183. Aconitum magnum, purpureo flore, vulgo Napellus J. B. 3. 655. Napellus Dod. Pempt. 442." (Tournefort 1700, S. 425, Genus II. „Aconitum. Aconit."); „NAPELLVS flore coeruleo Rivini. Aconitum coeruleum seu napellus I. C. B. P. 183. ... Narren=Kappen, Mönchs=Kappen, Eisen=Hütlein. ..." (Rupp 1726, S. 234); „Aconitum coeruleum seu Napellus I. C. B. Pin. 183. .. Wolffswurtz mit blauen blumen/ Narrenkapp/ blaue Eysenhütlen/ blaue Cappenblumen. ..." (Mappus 1742, S. 7); „21. ACONITVM foliorum laciniis linearibus, superne latioribus linea exaratis, LIN. Sp. pl. 1. p. 751. n. 4. Aconitum caeruleum s. Napellus, BAVH. pin. 183. ... Ruthenice борецъ [russ. *borec*] dicitur, et radicem comestam dementiam inducere putant." (Gmelin 1747–1769, Bd. IV, S. 189f.), nahezu identisch auf Bll. 80v–81r in: AAW R. I, Op. 104, D. 14 – s. Anm. 32 in Nr. 6; „21. Aconitum foliorum laciniis linearibus superne latioribus linea exaratis [=] Aconitum Napellus L. (ex Willd. sp. pl. II. 1235.)" (Ledebour 1841, S. 133); „3. ACONITUM foliorum laciniis linearibus: superne latioribus: linea exaratis. Aconitum caeruleum sive Napellus 1. Bauh. pin. 183. ... Napellus flore caeruleo. Rupp. jen. 234. ..." (Linné 1737, S. 214); „477. ACONITUM (Napellus) foliorum laciniis linearibus superne latioribus linea exaratis. Hort. cliff. 214. ... Aconitum caeruleum s. Napellus 1. Bauh. pin. 183. ..." (Linné 1755, S. 186); „Napell. Aconitum Napellus. Aconitum foliorum laciniis linearibus, superne latioribus linea exaratis. LINN. Syst. veg. p. 419. Sp. pl. 751. Hort. Cliff. 214. Fl. Suec. n. 477. ... GMEL. Fl. sib. 4. p. 189. n. 21. ... Aconitum caeruleum s. Napellus. 1. C. BAUH. pin. 183. ... Sie wird insgemein der blaue Sturmhut, oder blaues Eisenhütlein, ... genennet. ... Gmelin berichtet, die Russen nennen diese Pflanze Borez, und glauben, der Genuß ihrer Wurzel mache wahnwitzig. Auch findet man bey andern Zeugnisse von ihrer giftigen und zuweilen tödtlichen Wirkung bey Schaafen, Ziegen und Rindvieh, ingleichen Wölfen, Hunden, Katzen und Mäusen; die Pferde sollen das getrocknete Kraut ohne Schaden fressen, aber die frische Pflanze unberührt lassen. ..." (Linné 1781, S. 258ff.); „8. ACONITUM Napellus. ... A. foliorum laciniis linearibus ... Hort. cliff. 214. Fl. suec. 442, 477. ... Gmel. sib. 4. p. 189. ... A. coeruleum s. Napellus 1. Bauh. pin. 183. ... Wahrer Eisenhut. W. ..." (Linné 1797–1830, Bd. II, Teil 2, S. 1235f.); „11. Aconitum vulgare (2). ... A. caeruleum seu napellus 1. C. Bauh. pin. 183. Tourn. inst. 425. ... A. foliorum laciniis linearibus ... Lin! h. cliff. 214? A. napellus Lin. sp. 51 ... Willd. sp. 2. p. 1235. ..." (Candolle 1818, S. 371ff.); „14. A[conitum] Napellus (L. SP. 751) ... LEDEB. Fl. alt. II, p. 283. ... A. foliorum laciniis linearibus ... GMEL. Fl. sib. IV, p. 189. Nro. 21. (GMEL. verosimiliter plures species confundit,) ... A. ambiguum. REICH. – LEDEB. Fl. alt. II, p. 283? ..." (Ledebour 1842, S. 69); „5) ACONITUM AMBIGUUM. Reichb. ... 6) ACONITUM NAPELLUS. Reichb. ..." (Ledebour 1830, S. 283f.); „Aconitum Napellus ... blauer Sturmhut, ... blaues Eisenhütlein; Wolfswurz mit grosen blauen Blumen; ... hat der verdienstvolle Herr Leibarzt Störk

durch mehrere Versuche bewiesen, daß sie ... ein vortrefliches Heilmittel in der Gicht, Podagra, Lähmung, langwährigen Flüssen abgebe; ... sie heißt bey ... C. Bauhin Aconitum caeruleum seu Napellus primus; ..." (Gmelin 1772a, Sp. 89f.); „Das Eisenhütchen (Aconitum napellus) auf russisch (пригридъ) [russ. *prigrid*] wachst in buschigten Gegenden häufig, ich darf sagen, zu einem großen Schaden der Inwohner, welche das Kraut und die Blumen mit Quas im Bakofen kochen lassen, und das Wasser Leuten zu trinken geben, die räudig oder sonsten mit andern Unreinigkeiten der Haut geplagt sind. Viele sterben plözlich davon." (Gmelin 1770, S. 8); „Aconitum napellus L. T. Argoakta." (Georgi 1775, S. 220); „2. ACONITUM Napellus L., ... Schuhförmiger Sturmhut. Eisenhut. Polnischer Schuh. R. Lutik Borez. ... Der Absud der Blätter des Napellus ist für Menschen und Vieh ein innerliches Mittel wider Hautausschläge. ..." (Georgi 1797–1802, Theil 3, S. 1053); „8) Napell, blauer Sturmhut, Kappenblume, Narrenkappe, Teufelswurz, Wolfswurz mit grosen Blumen. Jacquin Flor. austr, Pl. 381. ... Er wirkt gelinder als das Eisenhütlein [Nr. 589], ist aber nichts weniger als unschädlich. ... Wirklich sah van Helmont [x]) Wahnsinn davon erfolgen, und nach Hacquet [y]) erregt er bei dem Vieh Entzündung der Eingeweide und lößt das Blut sehr auf. Die Brühe aus den Blumen färbt mit mancherlei Zusäzen grau, grünlichtgelb, gelblicht und meergrün, aber meist schlecht und matt, und selten beständig [z])." (Gmelin 1803, S. 720f.); „TABULA TRECENT. OCTOGESIMA PRIMA. ACONITUM NAPELLUS. Linn. syst. p. 371. ... Aconitum caeruleum, seu Napellus primus. Bauh. pin. 183" und die Tafel 183 (Jacquin 1776, S. 42); „2. Aconitum Napellus. Aconitum coeruleum sive Napellus 1. C. B. Pin. 183. ... Napellen=Kraut, Blau Eisenhütlein, Sturmhut, die Wolfswurz mit großen blauen Blumen, Blau Kappen=Blumen, Mönchs=Kappen, Narren=Kappen, Capuze, Blaue Wolfswurz, Fuchswurz, Teufelswurz, Giftkraut, Giftwurz, Würgling, Ziegentod. ..." (Krünitz 1773–1858, Bd. 1, S. 367ff.); „ACONITUM CAMMARUM. ... Aconitum Cammarum. Linn. Spec. plant. ed. 2. T. I. p. 751. (exclus. synonymis). [s. Nr. 589] ... α. vulgare foliorum lobis omnibus sessilibus. ... Aconitum neomontanum. Lin. Spec. plant. ed. Willd. T. II. P. II. p. 1236. ... Aconitum coeruleum s. Napellus I. C. Bauh. pin. p. 183. ... Hummer-Eisenhut, Störkscher Eisenhut, blauer Eisenhut, Münchskappe, Mönchskappe, Narrenkappe, Kappenblumen. ..." (Hayne 1833, Nr. 15); „*9. ACONITUM neomontanum. ... A. purpureum seu Napellus 3. Bauh. pin. 183. ... Neubergischer Eisenhut. W. ..." (Linné 1797–1830, Bd. II, Teil 2, S. 1236) [s. auch Nr. 589]; „11) Lähmung. ... Innerlich gebraucht man ... Aconitum neomontanum, den frisch ausgepressten Saft zu einem halben Theelöffel mit Honig; ... VII. Mittel gegen Hautkrankheiten. Gegen Hautausschläge überhaupt gebraucht der Russische Bauer den Aufguss von Ledum palustre äusserlich, innerlich aber Aconitum Napellus. ..." (Krebel 1858, S. 150f.); „3. Aconitum Napellus L. (Ranunc.). ... Im G. Kiew soll eine Abkochung der Pflanze bei Sistierung der Menstruation und als ein wehentreibendes Hausmittel benutzt werden.[3]) – In Sibirien wird noch jetzt das Mittel als eine Abkochung oder Infus von der Pflanze innerlich bei Rheumatismus und anderen Krankheiten angewandt. ... Der Gebrauch der Pflanze in Sibirien erinnert uns daran, dass das Aconit auch in China sehr häufige Anwendung findet, namentlich bei äusseren Krankheiten. Es wird daselbst als Narcoticum benutzt z. B. bei syphilitischen Knochenschmerzen, ferner bei Hautleiden etc. und sogar als Diureticum[4]). ... N. Annenkow zeigt, ... dass das russische Volk für die Aconitarten viele bedeutungsvolle Namen besitzt, wie ‚ljutik' [russ. *ljutik*] (grausames Kraut), ‚prikrit' (Schutzkraut), ‚wolkoboi', ‚woltschij jad' (Wolfsgift) und dergleichen. ... Auch das Alterthum war von der furchtbaren Wirkung des Sturmhuts ... unterichtet, wovon auch die Namen Myoktonon, Lykoktonon und Pardaliandes[3]) (Panderwürger) zeugen und knüpfte zahlreiche Sagen daran. ... Der Name Cammaron soll von der Aehnlichkeit der Wurzel mit dem Seekrebs Cammarus herkommen. ..." (Demitsch 1889, S. 147f.); „Carcinome. ... Gegen ‚Krebs' benutzt man mit Erfolg Acid. sulfuricum crud., wobei die Wunde vermittelst einer Feder zu bestreichen und dann mit einem Pechpflaster zu bedecken ist. – Auf die Wunde werden Blätter von Aconitum Napellus gelegt." (Alksnis 1894, S. 215); „NAPELLUS. ... Aconitum caeruleum, seu Napellus. 1. C. B. Pit. Tournefort. ... teutsch, blau Eisenhütlein. ... Es ist ein starckes Gift, insonderheit die Wurtzel. Die Alten pflegten ihre Pfeile damit zu vergiften, wann sie in den Krieg zogen. Die Zufälle, welche denenjenigen zustossen, die das Unglück gehabt und Napellus bekommen haben, sind: die Lippen und die Zunge lauffen ihnen auf und entzünden sich; die Augen schwellen und treten ihnen vor den Kopf heraus, der gantze Leib ist braun und blau und geschwillet; sie werden mit Schwindel befallen, mit Ohnmachten, mit Zucken und Zerren in den Gliedern; und endlich folgt der Tod, wann ihnen nicht gerathen wird. ... Die wider den Gift des Napellus eigentlich dienenden Mittel sind eben solche, die wider der Ottern Gift gebrauchet werden: als, da ist, Theriac, Orvietan, Mithridat, das flüchtige Saltz von Ottern, vom Hirschhorne, vom Urin, vom Hirnschedel und Blute des Menschen, und die Brechmittel. Napellus, quasi Napus parvus, dieweil die Wurtzel dieses Gewächses als wie eine kleine Rübe sieht." (Lémery 1721, Sp. 768f.); Aconitum Napellus L. – russ. *borec* (*Annenkov* 1858, S. 10, Nr. 19); „Napēllus RIV. (Ranunculaceae). Dimin. von napus (Rübe); die Wurzeln sehen aus wie kleine schwarze Rüben." (Wittstein 1852, S. 607)

„Permienses et Siberienses Napellum sive Aconitum inflexa coma maximum C. B. P. quod Prigrid. vulgo vocant lente in Clibano post extractum panem effuso potu fermentato |: quas :| digerunt scabie et x Psora laborantibus bibendum offerunt, nec vero oblitis addere multos repente ab hac Acherontis ambrosia subita morte periisse. Ex quo videre est, quod Empirici hic loco audere soleant." (AAW R. I, Op. 104, D. 18, Bl. 11r, s. Anm. 20 in Nr. 632); „6. Aconitum caeruleum Napelli flore 1 C. B. P. Ind. Irc. n°. 625. Forte Fl. Irc. n°. 588. ..." (AAW R. I, Op. 13, D. 67, Bl. 76v, s. Anm. 5 in Nr. 4); „541. Aconitum foliorum laciniis linearibus linea excavatis Linn. vir. 50. h. Cliff. 214. 9. Aconitum caeruleum sive Napellus 1. Bauh. Pin. 183. 1.) Flore coeruleo. 2.) Flore ex cinereo et coeruleo vario. 3. Flore ex albo et coeruleo vario. Galega coerulei humilior, ..." (AAW R. I, Op. 13, D. 20, Bl. 54r, s. Anm. 1 in Nr. 1); „7. Aconitum foliorum lacinijs linearibus linea excavatis Linn. vir. 50." (AAW R. I, Op. 13, D. 19, Bl. 8r, s. Anm. 54 in Nr. 17); „625. Aconitum caeruleum Napelli flore 1. C. B. P. ..." (AAW R. I, Op. 105, D. 12, Bll. 35v–36r, s. Anm. 54 in Nr. 17); „1. Aconitum caeruleum s. Napellus 1. C. B. P. 183. 2. Aconitum seu Napellus 1. flore ex caeruleo et albo variegato. C. B. P. 183." (AAW R. I, Op. 13, D. 16, Bl. 25v, s. Anm. 32 in Nr. 6)

22 russ. *prigrid*; s. auch Nr. 585

23 „[species 15] Aconitum violaceum seu Napellus 2 C. B. Pin. 183. Aconitum Napello simile, sed minus caeruleum, praecocius J. B. 3. 656. Aconitum Lycoctonum, iiij, Tauricum Clus. Hist. xcv." (Tournefort 1700, S. 425, Genus II. „Aconitum. Aconit."); „ACONITVM LYCOCTONVM. CAP. IX. ..." und die Abbildung „Aconit. Lycoct. IIII. Tauricum." auf S. xcv (Clusius 1601, S. xciiij–xcviij; ab Buch IV gesonderte Seitennumerierung mit römischen Zahlen); „15. ACONITUM violaceum seu napellus 2. C. B. P. Die Wolffswurz mit violenblauer Blume." (Miller 1750, S. 17); „6) Giftiger Eisenhut. Aconitum Cammarum. ... Aconitum floribus subpentagynis; foliorum laciniis cuneiformibus, incisis, acutis. LINN. Syst. veg. p. 419. Sp. p. 751. ... Aconitum violaceum s. Napellus. 2. ... C. BAUH. pin. 183. Aconitum lycoctonum Tauricum, Neubergense, et Judenbergense. CLUS. Hist. 2. p. 95–97. Pann. 406–413. ... Ihre Wurzel, Blätter und Blumen erregen, wenn man sie nur kauet, im Munde ein heftiges und ziemlich anhaltendes Brennen, worauf bisweilen ein Aufschwellen des Mundes nebst vorübergehendem Schwindel und Kopfweh folget. ..." (Linné 1781; S. 262ff.); „10. ACONITUM tauricum. ... A. violaceum s. Napellus 2. Bauh. pin. 183. ... A. lycoctonum IV. tauricum. Clus. hist. 2. p. 95. Behaarter Eisenhut. W. ..." (Linné 1797–1830, Bd. II, Teil 2, S. 1236f.); „14. ACONITUM Cammarum. ... A. floribus subpentagynis, foliorum laciniis cuneiformibus incisis acutis. Sp. pl. 751. ... A. lycoctonum IX. judenbergense. Clus. hist. 2. p. 97. ... Langhelmiger Eisenhut. W. ..." (a. a. O., S. 1238); „Aconitum Cammarum ... Sturmhut, dessen Blumen meistens fünf Staubwege, und dessen Blätter keilförmige, eingeschnittene Lappen haben, ... sie heißt bey Clusius Aconitum lycoctonum quartum tauricum, ... und bey C. Bauhin Aconitum violaceum seu napellus secundus; ..." (Gmelin 1772a, Sp. 93); „6. A[conitum] variegatum (L. SP. 751) ... A. variegatum et gibbosum. DEC. Prodr. I, p. 59. A. Cammarum. ... M. a BIEB. Fl. t. c. II, p. 15; ..." (Ledebour 1842, S. 68); „5. A[conitum] VARIEGATUM (Lin. spec. 751) ... 6. A. GIBBOSUM ..." (Candolle 1824, S. 59); „1054. ACONITUM Cammarum. ... Linn. ed. Willd. 2. p. 1258. [sic!] ... A. lycoctonum nonum judenbergense. Clus. hist. 2.

p. 97. ...“ (Marschall von Bieberstein 1808, S. 15); „7) Bergsturmhut, Eisenhütchen, blaues Eisenhütchen, blaue Wolfswurz. Aconitum Cammarum Linn. ... Sehr oft macht der Tod[h]), und zwar nicht selten in kurzer Zeit[i]), dem traurigen Auftritte ein Ende; zuweilen erfolgt er, ohne in dem lebendigen Leibe durch die Schreklichkeit der Zufälle seine nahe Ankunft zu verrathen[k]). Geschichte[l]) [nach Pietro Andrea Mattioli]. Ich gab einem Missethäter, der zum Tode verdammt war, im Jahre 1561 ein Quentchen von der Wurzel des Eisenhütchens mit Rosenzuker ein, in Gegenwart einiger Kaiserlichen Leibärzte, welche sehen wollten, ob ein Gegengift ... auch in diesem Falle wirksam wäre. Er nahm es sehr gerne, zumal, weil er lieber im Kerker an Gift sterben, als öffentlich gehangen sein wollte; ... Indessen wandte er sich auf die linke Seite, als wenn er schlafen wollte; ... verstummte er auf einmal, ohne alle andere Zufälle, und verschied. Sein Gesicht wurde nach dem Tod schwarzblau, wie wann er gehangen worden wäre. ...“ (Gmelin 1803, S. 707ff.); „ACONITUM VARIABILE NAPELLUS. ... Aconitum Napellus veterum: ... Wahrer veränderlicher Eisenhut, Napel der Alten, blauer Sturmhut. ... Unter Aconitum variabile unterscheide ich drey Hauptformen oder Varietäten: α. Napellus β. tauricum und γ. neubergense, die sich auch nach den gegebenen Diagnosen ([Hayne] Nr. 12. 13. 14.) ziemlich gut unterscheiden lassen. ... Mehreres, was sich auf Aconitum variabile Napellus bezieht, findet sich bey Aconitum variabile tauricum und neubergense ([Hayne] Nr. 13. 14.). Hier nur noch die Bemerkung, dass Linné’s Aconitum Napellus (s. Nr. 588) nicht der Napellus der Alten ist, sondern das Aconitum Lycoctonum V. neubergense des Clusius. ...“ (Hayne 1833, Nr. 12); „ACONITUM VARIABILE TAURICUM. ... Aconitum variabile ... β. tauricum ... Aconitum tauricum: ... Aconitum Lycoctonum IV. Tauricum. Clus. hist. 5. p. 95. Aconitum violaceum seu Napellus secundus. C. Bauh. pin. p. 183. ... Taurernscher veränderlicher Eisenhut. ... Das Aconitum variabile tauricum ist das Aconitum Lycoctonum IV. tauricum Clus., welches Linné, da er es nicht genauer kannte, mit zu seinem Aconitum Cammarum zog. ... Das Aconitum variabile tauricum ist nun zwar zum Arzneygebrauche nicht vorgeschrieben; in so fern es aber eben sowohl wie das Aconitum Napellus Linn. – welches das A. variabile neubergense ist – mit zu der grossen Anzahl von Varietäten und Subvarietäten gehört, welche zusammen genommen nur eine und dieselbe Art darstellen, die ich Aconitum variabile nenne, so möchte die Wirkung desselben von der des Aconitum variabile neubergense ... wohl nicht sehr verschieden seyn. *) ...“ (Hayne 1833, Nr. 13); „ACONITUM VARIABILE NEUBERGENSE. ... Aconitum neubergense: ... Aconitum lycoctonum V. neubergense. Clus. hist. 5. p. 96. c. ic. ... Neubergischer veränderlicher Eisenhut, blauer Sturmhut, Ziegentod, Hundstod, Würgling, Wolfswurz. ... Das Aconitum variabile neubergense ist das Aconitum Lycoctonum V. neubergense des Clusius, welches Linné ... aber in der Flora Suecica für Aconitum Napellus beschrieb. ...“ (Hayne 1833, Nr. 14)

„340. Aconitum violaceum Seu Napellus 2'. CBP.“ (AAW R. I, Op. 15, D. 3, Bl. 7r, s. Anm. 65 in Nr. 24); „Aconitum violaceum S. Napellus 2. C B P.“ (AAW R. III, Op. 1, D. 162, Bl. 23v, s. Anm. 54 in Nr. 17); „1141. An Aconitum violaceum seu Napellus 2 C. B. P. 183? Fl. Irc. n[o] 589. Folia penultimae speciei foliis perquam similia, in specimine, quod ad me Selengia transmissum est, perquam pallida. ...“ (AAW R. I, Op. 105, D. 1[a], Bl. 121r, s. Anm. 29 in Nr. 5); s. Nr. 588

24 Nr. 588

25 „[species 1] Delphinium perenne, montanum, villosum, Aconiti folio. Aconitum caeruleum hirsutum, flore Consolidae regalis C. B. Pin. 183. Aconitum Lycoctonum, caeruleum, calcari magno J. B. 3. 657. Aconitum Lycoctonum, flore Delphinii, 1, Silesiacum Clus. Hist. xciiij.“ (Tournefort 1700, S. 426, Genus III. „Delphinium. Pié d’Aloüette.“); „DELPHINIUM perenne montanum, villosum, aconiti folio. Tourn. Der beständige, haarige Bergrittersporn, mit Wolffswurzblättern.“ (Miller 1750, S. 267); „4. DELPHINIUM nectariis diphyllis, foliis peltatis multipartitis acutis. Delphinium perenne montanum villosum, aconiti folio. Tournef. inst. 427. ... Aconitum caeruleum hirsutum, flore consolidae regalis. Bauh. pin. 183. ... Aconitum lycoctonum, flore delphinii silesiae. Clus. hist. 2. p. 94. ...“ (Linné 1737, S. 213); „7) Hoher Rittersporn. Delphinium elatum. ... Delphinium nectariis diphyllis, labellis bifidis apice barbatis; foliis incisis;

caule erecto. LINN. Syst. veg. p. 419. Sp. pl. 749. ... Hort. Cliff. 213. ... GMEL. Fl. Sib. 4. p. 187. t. 75–80. Delphinium perenne, Aconiti folio ampliore, floribus caeruleis. AMM. Ruth. 174. ... Aconitum caeruleum hirsutum, flore Consolidae regalis. C. BAUH. pin. 181. [sic!] Aconitum lycoctonum, flore Delphinii Silesiaci. CLUS. Hist. 2. p. 94. ... Gmelin hat von dieser Pflanze sechserley Varietäten abgebildet, die in Rußland und Kamtschatka ... auch wild vorkommen, ... und meldet, daß sie von den Russen Prikrit genennet werde, [s. Nr. 353, Nr. 363 u. Nr. 585] welchen Namen sie auch dem Trollius, dem Aconitum lycoctonum, und andern ähnlichen Pflanzen beylegen, deren sie sich, als heroischer oder heftig wirkender Mittel, und folglich bald mit glücklichem, bald mit unglücklichem Erfolge, zu Heilung der fallenden Sucht, der venerischen Seuche, und überhaupt aller hartnäckiger oder unbekannter Krankheiten zu bedienen pflegen. Auch hat Miller in Engeland beobachtet, daß von ihrem Genusse Ochsen getödtet worden. Die Bienen aber sammlen aus den Blumen Honig.“ (Linné 1781, S. 254f.); „174. DELPHINIUM perenne, Aconiti folio ampliori, floribus longioribus pediculis insidentibus, minus villosum. ...“ (Amman 1739, S. 131f.); „8. DELPHINIUM elatum. ... D. nectariis diphyllis, ... Hort. cliff. 213. D. trisiliquum, foliis semiquinquelobis, ... Hall. helv. n. 1201. D. perenne, aconiti folio ampliori, floribus caeruleis. Amm. ruth. 174. ... Gmel. sib. 4. t. 77. ... Hoher Rittersporn. W. ...“ (Linné 1797–1830, Bd. II, Teil 2, S. 1229); „1201. Delphinium trisiliquum, foliis semiquinquelobis, acute serratis, petalis interioribus quaternis, barbatis. α Latifolium. ... Delphinium Aconti folio ampliori AMMAN. p. [sic!] 174. ...“ (Haller 1768a, S. 94f.); „19. DELPHINIVM nectariis diphyllis, labellis, bifidis, apice barbatis, foliis incisis, caule erecto, LIN. Hort. vps. 151. Sp. pl. 1. p. 749. n. 6. Delphinium nectariis dip<h>yllis, capsulis triplicibus, foliis multifidis, incisis, acutis, caule simplici, GM. Inst. [müßte heißen: Mst.] I. Scapo caerulescente glabro. α) Caulibus fere glabris T. LXXV. β) Foliis hirsutis T. LXXVI. II. Scapo veluti farina lutea adsperso. α. Foliis subhirsutis. 1. non profunde diuisis. Delphinium perenne aconiti folio ampliori, floribus longioribus pediculis insidentibus, minus villosum. AMM. Ruth. 174. T. LXXVII. 2. Foliis tenuius diuisis T. LXXVIII. 3. Floribus albis. III. Caulibus hispidissimis. α. foliis rotundioribus T. LXXIX. β Foliis productioribus T. LXXX. ... Russis прикритъ [russ. *prikrit*] dicitur ...“ (Gmelin 1747–1769, Bd. IV, S. 187f.), nahezu identisch auf Bll. 79r–80r in: AAW R. I, Op. 104, D. 14 – s. Anm. 32 in Nr. 6; „19. Delphinium nectariis diphyllis, labellis, bifidis, apice barbatis, foliis incisis, caule erecto. I. Scapo coerulescente glabro. α) Caulibus fere glabris. t. LXXV. [=] Delphinium palmatifidum β. glabellum DeC. Prodr. I. 55.? (Delphinium exaltatum Ait. – Spr. Gesch. d. Bot. II. 201.) [;] β) Foliis hirsutis. t. LXXVI. [=] Delphinium cheilanthum Fisch. – DeC. Prodr. I. 53. (Delphinium hybridum Spr. Gesch. d. Bot. II. 201.) [;] II. Scapo veluti farina lutea adsperso. α) Foliis subhirsutis. 1. non profunde divisis. t. LXXVII. [=] Delphinium amoenum Stev. DeC. Prodr. I. 54. (excl. syn. Amman.) (Delphinium elatum L. – Willd. sp. pl. II. 1229. – Delphinium hybridum Steph. – M. a Bieb. Fl. t. c. II. 13. – Delphinium puniceum Pall. β. damaecornu DeC. Prodr. I. 53.?) [;] 2. Foliis tenuius divisis. t. LXXVIII. [=] Delphinium grandiflorum L. [;] III. Caulibus hispidissimis α) Foliis rotundioribus. t. LXIX. [=] Delphinium palmatifidum α. hispidum DeC. Prodr. I. 55.? (Delphinium crassifolium Schrad. – Spr. Gesch. d. Bot. II. 201.) [;] β) Foliis productioribus. t. LXXX. [=] Delphinium intermedium Ait. et pilosissimum DeC. Prodr. I. 55? (Delphinium urceolatum Jacq. – Spr. Gesch. d. Bot. II. 201.)“ (Ledebour 1841, S. 132f.); „19. D[elphinium] elatum (L. SP. 749) ... α. foliis ambitu cordato-suborbiculatis: ... D. intermedium. DEC. Prodr. I, p. 55. – LEDEB. Fl. alt. II, p. 290. ... D. nectariis diphyllis. ... GMEL. Fl. sib. IV, p. 187. Nro. 19. t. 80? D. perenne, Aconiti folio ampliori, ... AMMAN. ruth. p. 130. Nro. 174. ... β. foliis, etiam inferioribus ambitu reniformibus: ... a) subglabrum: ... D. palmatifidum. β. glabellum. DEC. Prodr. I, p. 55. ... D. nectariis diphyllis, ... I. Scapo caerulescente glabro. α. Caulibus fere glabris. GMELIN Fl. sib. IV, p. 187. Nro. 19. t. 75. ... b) hispidum: ... D. palmatifidum. α. hispidum. DEC. l. c. (excl. syn. GMEL.). ... c) subciliatum: ... D. flexuosum. M. a BIEB. Fl. t. c. II, p. 12; ... DEC. Prodr. I, p. 56. ... d) villosum: ... D. villosum. DEC. Prodr. I, p. 55. D. dasycarpum. ... M. a BIEB. Fl. t. c. III, p. 369? – DEC. Prodr. I, p. 55? ... γ. foliis medis et superioribus basi cuneatis. D. cuneatum. DEC. Prodr. Prodr. I, p. 55. – LEDEB. Fl. alt. II, p. 289. ... D. nectariis diphyllis, ...

I. Foliorum laciniis latioribus. GMEL. Fl. sib. IV, p. 187. Nro. 18? ..." (Ledebour 1842, S. 63f.); „22. D[elphinium] GRANDIFLORUM. (Lin! spec. ed. 1. 531. ed. 2. p. 749.) ... Gmel. fl. sib. 4. p. 187. t. 78. ... 23. D. CHEILANTHUM (Fisch. in litt..) ... Gmel. fl. sib. 4. p. 187. t. 76. ex Fisch. ... 25. D. PUNICEUM ... 33. D. AMOENUM (Stev! ined. DC. syst. 1. p. 546.*) ... Gmel. fl. Sib. 4. p. 187. t. 77. excl. syn. Amman. ex Stev. (v. s.) ... 37. D. URCEOLATUM. (Jacq. coll. 1. p. 153.* ic. rar. 1. t. 101.) ... 40. D. PALMATIFIDUM ... α. hispidum, ... Gmel. fl. sib. 4. p. 187. t. 79? β. glabellum, ... Gmel. fl. sib. 4. t. 75? 41. D. INTERMEDIUM. (Ait. h. Kew. ed. 1. v. 1. p. 243.) ... 42. D. CUNEATUM (Stev! diss. ined. DC. syst. 1. p. 359.* ... 43. D. VILLOSUM (Stev! in litt. h. Dorpat.) ... 47. D. DASYCARPUM (Stev! ined. ...) ... 49. D. FLEXUOSUM (Bieb. fl. taur. cauc. 2. p. 12*.) ..." (Candolle 1824, S. 53ff.); „1) DELPHINIUM GRANDIFLORUM. Linn. ... Delphinium No. 18. Gmel. Fl. sib. IV. p. 186. (excl. var. I. ad cheiranthum spect.) Delphinii No. 19. var. II. α. 2. Gmel. l. c. p. 187. t. LXXVIII. Delphinium elatius, ... Amman. ruth. No. 175. p. 132. ... 2) DELPHINIUM CUNEATUM. Stev, ... 3) DELPHINIUM INTERMEDIUM. Ait. ... Delphinium No. 19. var. III. β. Gmel. Fl. sib. IV. p. 187. t. LXXX. (specimen humilius, hirsutius, e locis siccioribus. D. intermedium α. Dec.) ..." (Ledebour 1830, S. 289f.); „1049. DELPHINIUM flexuosum. ... 1050. DELPHINIUM hybridum. Gmel. sib. 4. p. 187. n. 16. II. t. 77. ... 1051. DELPHINIUM puniceum. ... Linn. ed. Willd. 2. p. 1230. ..." (Marschall von Bieberstein 1808, S. 12ff.); „1048*. DELPHINIUM dasycarpum. ..." (Marschall von Bieberstein 1819, S. 369); „*9. DELPHINIUM hybridum. ... Bastard Rittersporn. W. ..." (Linné 1797–1830, Bd. II, Teil 2, S. 1229f.); „12. DELPHINIUM puniceum. ... Rothbrauner Rittersporn. W. ..." (a. a. O., S. 1230f.); „*7. DELPHINIUM intermedium. ... D. nectariis diphyllis, labellis ovatis bifidis, ... Ait. Kew. 2. p. 243. ... Mittlerer Rittersporn. W. ..." (a. a. O., S. 1228f.); „18. DELPHINIVM nectariis diphyllis, labellis integris, floribus subsolitariis, foliis compositis, lineari-multifidis, LIN. Hort. vps. 150. Sp. pl. 1. p. 749. n. 5. Delphinium nectariis diphyllis, capsulis triplicibus, foliis multipartitis, laciniis linearibus, caule subdiuiso, GM. mst. Delphinium elatius, subincanum perenne, floribus azureis AMM. Ruth. 175. MILL. t. 119. I. Idem foliorum laciniis latioribus. II. Idem flore albo. .." (Gmelin 1747–1769, Bd. IV, S. 186f.), nahezu identisch auf Bl. 79r in: AAW R. I, Op. 104, D. 14 – s. Anm. 32 in Nr. 6; „18. Delphinium nectariis diphyllis, labellis integris, floribus subsolitariis, foliis compositis lineari-multifidis. (excl. var. I. foliorum laciniis latioribus, quae forte ad D. cuneatum Stev. pertinet.) [=] Delphinium grandiflorum L!" (Ledebour 1841, S. 132); „175. DELPHINIUM elatius, subincanum, perenne floribus amplis, azureis." (Amman 1739, S. 132); „6) Großblumiger Rittersporn. Delphinium grandiflorum. ... Delphinium nectariis diphyllis, labellis integris, floribus subsolitariis; foliis compositis, lineari-multipartitis. LINN. Syst. veg. 418. Sp. pl. 749. ... GMEL. Flor. Sib. 4. p. 186. n. 18. ... Delphinium elatius ... AMM. Ruth. 175. ..." (Linné 1781, S. 253f.); „Delphinium elatum, ... erhabener Rittersporn, mit aufrechtem Stamm, eingeschnittenen Blättern, und zweyblätterichten Honigbehältnissen, deren Lippen entzweygespalten sind, und an der Spitze einen Bart haben; beständiger hariger Bergrittersporn mit Wolfswurzblättern; ... er heißt bey Tournefort: Delphinium perenne montanum villosum, aconiti folio; ... und bey Hallern: ... Delphinium trisiliquum foliis semiquinquelobis, ..." (Gmelin 1773, Sp. 542f.); „[Delphinium] grandiflorum, ... grosblumiger Rittersporn, ... beständiger glatter Rittersporn aus Portugall mit Wolfswurzblättern; ..."(a. a. O., Sp. 541f.); „96.* DELPHINIVM puniceum. An D. elati varietas? ..." (Pallas 1776, S. 736); „619. Delphinium elatum. Lin. Syst. Plant. II. p. 614. sp. 7. Gmelin. Flor. Sib. t. 77. Wotj. Godir Lude. ... Die Kirgisen streuen die zwischen Steinen zerklopften Saamen den Läusen zum Verdruß in ihre fast lebendigen Pelze." (Falk 1786, S. 199); „3. DELPHINIUM grandiflorum L., ... Großblümiger Rittersporn. ..." (Georgi 1797–1802, Theil 3, S. 1051f.); „Delphinium nectariis diphyllis, capsulis triplicibus foliis multifidis incisis acutis, caule simplici. Delphinium nectariis diphyllis, foliis peltatis multipartitis acutis. Hort. Cliff. 213 (D. elatum L. Fl. sib. IV. 187. nr. 19. I. α. D. palmatifidum, β. glabellum Dec., exaltatum Ait.). Aconitum caeruleum hirsutum, flore consolidae regalis C. B. 183 (Fl. sib. IV. 187. 19. nr. I. β. D. cheilanthum Fisch. hybridum Spr.). β. Delphinium perenne, aconiti folio ampliori, floribus longioribus pediculis insidentibus minus villosum. Amm. 131. est n. varietas praecedentis (Fl. sib. IV. 187. nr. II. α. 1. D. amoenum Stev., elatum L.). Delphinium nectariis diphyllis, capsulis triplicibus, foliis multipartitis laciniis linearibus, caule subdiviso. Delphinium elatius subincanum perenne, fl. azureis Amm. 132. §. 175 (Fl. sib. IV. 186. nr. 18. D. grandiflorum L." (C. von Linné in einem Brief an J. G. Gmelin vom 18. September 1744 – Plieninger 1861, S. 40f.); „87. Delphinium nectariis diphyllis, petalis nectariorum bifidis, quod in Horto Upsalensi 151. Delphinium nectariis diphyllis labellis bifidis apice barbatis, foliis incisis, caule erecto. Delphinium 4 Horti cliff. (Fl. sib. IV. 187. nr. 19. D. elatum L. Quae a Gmelino in varietates ductae sunt, cel. Ledeb. in singulas species discernit. ...) Constantes in Horto sunt istae duae varietates seu spurii Tui, quae distinctissimam faciem servant ab hac. ... 88. Delphinium nectaris diphillis petalis nectariorum integerrimis (D. grandiflorum L. Fl. sib. IV. 186. nr. 18. et 187. nr. 19, foliis tenuius divisis.' Taf. 78); est varietas praecedentis (nr. 87.)." (C. von Linné in einem Brief an J. G. Gmelin? vom 24. August 1748 – Plieninger 1861, S. 100); Delphinium – russ. *živokost'* bzw. *vygol'nik* (*Annenkov* 1858, S. 38, Nr. 400); „Delphīnium T. (Ranunculaceae). Von δελφιν (Delphin); in der Gestalt der noch geschlossenen Blüthe glaubte man nämlich einige Aehnlichkeit mit dem Delphin zu finden." (Wittstein 1852, S. 268)

„9. Delphinium folio Geranij nodosi duriore & minus Serrato. Ind. Irc. n°. 620 Delphinium perenne montanum, villosum, Aconiti folio I R. H. Ind. Stell. CIϽIϽCCXXXVIII. [1738]" (AAW R. I, Op. 13, D. 67, Bl. 76r, s. Anm. 5 in Nr. 4); „620. Delphinium subhirsutum, folio Aconiti productiore. An Delphinium perenne montanum, villosum Aconiti folio I. R. H. Ind. Len. Tab. LXIX. Ic. ... Est denique Sexta species quartae admodum similis folio Geranij nodosi duriore et minus serrato, quam D. Stellerus sub nomine Delphinij perennis montani villosi, Aconiti folio I. R. H. recensuit. ..." (AAW R. I, Op. 105, D. 12, Bl. 35r, s. Anm. 54 in Nr. 17); „226 Aconitum coerul. hirsutum fl. consolidae regalis C. B. P. Delphinium pereñe montanum villosum Aconiti folio i. r. h." (G. W. Steller nach J. G. Heinzelmann: AAW R. I, Op. 81, D. 23, Bl. 19r, s. Anm. 1 in Nr. 1); „ε) Delphinium perenne montanum villosum, Aconiti folio T. inst. Aconitum caeruleum hirsutum flore Consolidae regalis C. B. P. ..." (AAW R. I, Op. 13, D. 20, Bl. 117r, s. Anm. 1 in Nr. 1); „347. Delphinium perenne montanum villosum, Aconiti folio Inst. r. h." (AAW R. I, Op. 15, D. 3, Bl. 7r, s. Anm. 65 in Nr. 24); „91. An Delphinium perenne montanum, villosum, Aconiti folio. I. R. H?" (AAW R. I, Op. 14, D. 8, Bl. 2v, s. Anm. 98 in Nr. 39); „Delphinium perenne, montanum, villosum, Aconiti folio Inst. r. h." (AAW R. III, Op. 1, D. 162, Bl. 24r, s. Anm. 54 in Nr. 17); „226 Aconitum coeruleum, hirsutum, flore consolidae regalis CBP. 183. Delphinium perenne montanum villosum, Aconiti folio Inst. r. h. 426." (AAW R. I, Op. 6, D. 40, Bl. 33r, s. Anm. 1 in Nr. 1); „1. Delphinium perenne montanum villosum Aconiti folio. Inst. r. h. 426." (AAW R. I, Op. 13, D. 16, Bl. 25v, s. Anm. 32 in Nr. 6); „2. Delphinium montanum perenne, Aconiti folio, floribus minoribus azureis, in spicas densas congestis." mit der rechts marginalen Anm. „Lena fl." (a. a. O., Bl. 25v); „Delphinium perenne Aconiti folio ampliori, minus villosum. Amm. Descr. p. 131." (AAW F. 1, Op. 2–1746, D. 1, Bl. 18r, s. Anm. 107 in Nr. 46)

26 „437. An Delphinium perenne, montanum, villosum, Aconiti folio I. R. H? ... Singulos flores tres sequuntur Siliquae (a) semina condentes alata (b) j. Idem albo colore. ... (c) florum huius varietatis exhibet. ij Idem aquate caeruleo colore. ..." mit der rechts marginalen Anm. auf Bl. 85r „Tab LXIX." (AAW R. I, Op. 13, D. 42, Bll. 85r–85v, s. Anm. 1 in Nr. 1); s. Nr. 590

27 „438. Delphinium foliis rotundioribus Aconiti et magis divisis. ..." mit der links marginalen Anm. „Tab. LXX." (AAW R. I, Op. 13, D. 42, Bl. 85v, s. Anm. 1 in Nr. 1); „366 An Delphinium foliis rotundioribq aconiti et magis divisis ind plant. Len No. 438." (AAW R. I, Op. 104, D. 25, Bl. 28r, s. Anm. 61 in Nr. 21)

28 „[species 3] Delphinium segetum, flore caeruleo. Consolida regalis, arvensis, flore caeruleo C. B. Pin. 142. Consolida regalis, flore minore J. B. 3. 210. Delphinium vulgare Clus. Hist. ccv. Flos regis, sylvestris Dod. Pempt. 252." (Tournefort 1700, S. 426, Genus III. „Delphinium. Pié d'Aloüette."); „Delphinium segetum, flore coeruleo Tournefort. instit. 426. ... Germ. Ritter= Spohren." (Rupp 1726, S. 234); „Delphinium segetum, flore coeruleo Inst. R. Herb. Consolida

regalis, arvensis, flore coeruleo C. B. Pin. 142. ... wilde blaue Rittersporen. ...“ (Mappus 1742, S. 91); „IV. Consolida regalis arvensis. ... Flore est caeruleo, albo, candicante, rubro & dilutius rubente, violaceo, & hoc est ...“ (Bauhin 1623, S. 142); „1. Der wilde Rittersporn: Consolida regalis, arvensis, C. B. P. 142. ... Delphinium segetum, flore coeruleo. T. 426. B. J. A. I. 302. & flore albo, candicante, rubro, dilutius rubente, violaceo, variegato, versicolore, simplici multiplici observ. ... Der wilde Rittersporn änderet sich mit seinen einfachen und gefüllten Bluhmen, denn sie erscheinen auch weiß, roth und vielfärbig. ...“ (Zwinger 1744, S. 994); „4. DELPHINIUM segetum, folio coeruleo. Tourn. Wilder Kornrittersporn, mit blauer Blume.“ (Miller 1750, S. 267); „<1.> DELPHINIUM caule subdiviso, nectariis monophyllis. ... Delphinium segetum, flore caeruleo. Tournef. inst. 426. ... Consolida regalis arvensis. Bauh. pin. 142. ... γ Delphinium segetum, flore albo. Tournef. ...“ (Linné 1737, S. 212f.); „1) Feldrittersporn. Delphinium Consolida. ... Delphinium nectariis monophyllis; caule subdiviso. LINN. Syst. veg. p. 418. Sp. pl. 748. Hort. Cliff. 212. ... Consolida regalis arvensis. C. BAUH. pin. 142. ... Sie wird insgemein Rittersporn ... genennet. ... Die ganze Pflanze hat keinen sonderlichen Geruch und Geschmack; auch sind durch keine zuverläßige Erfahrungen weder schädliche, noch heilsame Kräften von ihr bekannt, obschon ihre Blumen ehmalen unter dem Namen Flores Calcatrippae, in den Apotheken gebräuchlich waren, und wider Entzündungen der Augen gerühmet wurden. Die Bienen besuchen diese Pflanzen sehr gerne, und sammlen eine Menge Honig daraus; ihr Saft gibt vor sich ein eine grüne, mit Alaun gekocht aber eine blaue Farbe.“ (Linné 1781, S. 249f.); „1. DELPHINIUM Consolida. D. nectariis monophyllis, ... Hort. cliff. 212. ... Consolida regalis arvensis. Bauh. pin. 142. ... Feld-Rittersporn. W. ...“ (Linné 1797–1830, Bd. II, Teil 2, S. 1226); „3. D[elphinium] Consolida (L. SP. 748) ... M. a BIEB. Fl. t. c. II, p. 11; ...“ (Ledebour 1842, S. 58f.); „Delphinium Consolida, nectariis monophyllis, caule subdiviso, Feldrittersporn, mit einblätterichten Honigbehältnissen, und einem etwas zertheilten Stamm; gemeiner Rittersporn, wilde Lerchenklauen, zahmer Rittersporn, Hornrittersporn, grose Spornblumen, wilder Kornrittersporn mit blauer Blume; ... Boerhaave und Linné halten diese Pflanze wegen der nahen Verwandtschaft mit dem Sturmhut für verdächtig, obgleich andere ihre Wurzel in dem Gries, ihr etwas ansprechendes Kraut als ein Wundmittel, und ihre beynahe geruchlose und herbe Blumen in Gestalt einer Conserve, eines gebrannten Wassers, einer Bähung, oder eines wässerichten Extracts in Wunden, in dem Stein, und wider die Erfahrungen anderer in Entzündung der Augen empfolen haben: der leztern bedienen sich auch die Zukerbeker; ...“ (Gmelin 1773, Sp. 538f.); „1046. DELPHINIUM Consolida. ... Linn. ed. Willd. 2. p. 1226. ...“ (Marschall von Bieberstein 1808, S. 11f.); „618. Delphinium Consolida. Lin. Syst. Plant. II. p. 611. sp. 1. ... Rittersporn. Ruß. Kawalerskoi Spor. ...“ (Falk 1786, S. 199); „Delphinium (Consolida) ... Cliff. 212. ... Ковалерски споръ [russ. *kovalerski spor*] Russ. ...“ (*Krašeninnikov* 1761, S. 84); russ. *kavalerskija špory* – Delphinium, Rittersporn (Pawlowski 1952, S. 521); „83) Rittersporn, Feldrittersporn, gemeiner Rittersporn, wilde Lerchenklauen, Delphinium Consolida, ... die Alten [haben diese Pflanze] wegen der angenehmen blauen Farbe ihrer Blumen unter die Augenmittel gerechnt, und ... in verschiedenen Krankheiten der Augen ... verordnet; die Zuckerbecker gebrauchen sie zu verschiedenen Backwerck: ...“ (Gmelin 1779, S. 101ff.); „Nro. 90. Der Rittersporn, Feldrittersporn, Lerchenklaue, Ackerrrittersporn, Hornkümmmel, Delphinium Consolida, oder consolida regalis ... Boerhaave und Linnäus sehen diese Pflanze, wegen ihrer nahen Verwandtschaft mit dem Sturmhute, mit verdächtigen Augen an, dahingegen andere die Wurzel im Grieße, das adstringirende Kraut als ein Wundmittel, und die geruchlose, herbe Blumen, in der Gestalt einer Konserve oder gebrannten Wassers, der Bähung, oder eines Wasserauszuges in Wunden, im Steine, und ... in den Augenentzündungen empfohlen haben. Die Zuckerbäcker bedienen sich der Blumen, deren Saft grün färbt; mit Alaun abgekocht geben sie hingegen eine blaue Farbe. Einige mengen die getrockneten Blumen unter den Schnupftback, um ihn angenehmer ... zu machen. ...“ (Halle 1793, S. 38f.); „b) Delphinium consolida. ... Deutsch. Der Rittersporn, der Feldrittersporn; Ackerrittersporn, Kornrittersporn, Ritterblume, Ritterspiel, Spornblume, Hornkümmel; wilde Lerchenklauen; Hafergift.“ (Nemnich 1793, Sp. 1387f.); „43) Delphinium Consolida. Rittersporn. ... Aeltere

Aerzte benutzten das destillirte Wasser der Blumen, welches ihre blaue Farbe annimmt, etwa wie das Rosenwasser, bei Augenentzündungen, das Kraut bei Unterleibsstockungen, Menstruationsanomalieen, Stein, äusserlich als Wundmittel. ..." (Richter 1827, S. 285); „336. DELPHINIUM CONSOLIDA Linné. FELD-Delphinium. ... So viel ist gewiss, dass die genossenen Samen Ekel, Durchfall und starken Schweiss erzeugen. Ehemals wurde in der Medizin Herba et Flores Consolidae regalis s. Calcitrapae gebraucht. ... Deutsche Namen: Rittersporn, Feld-, Korn-, Wilder-, Acker-, gemeiner Rittersporn, Ritterspiel, Spornblume, Lerchenklauen, Hornkümmel." (Dietrich 1837, Nr. 336); „Mittel gegen Lungenschwindsucht: ... Delphinium consolida. ..." (Alksnis 1894, S. 185f.); „Mittel gegen Leibschmerzen: ... Laserpitium latifolium wird benutzt. – Desgleichen das Extract von Delphinium consolida ..." (a. a. O., S. 187ff.); Delphinium Consolida L. – russ. *komarovy nosiki, sokirki* bzw. *vasil'ki rogatye* (*Annenkov* 1858, S. 38, Nr. 401)

„Delphinium segetum flore coeruleo. Inst. r. h. n°. 188." (AAW R. I, Op. 13, D. 19, Bl. 5r, s. Anm. 54 in Nr. 17); „365. Delphinium segetum flore coeruleo magno ..." (AAW R. I, Op. 104, D. 25, Bl. 28r, s. Anm. 61 in Nr. 21); „978. Delphinium caule subdiviso, nectarijs monophyllis Linn. h. Cliff. 212. Delphinium segetum flore coeruleo Tourn. Inst. 426. ..." (AAW R. I, Op. 13, D. 20, Bl. 88r, s. Anm. 1 in Nr. 1); „1. Delphinium segetum flore violaceo T. inst. Consolida regalis arvensis C. B. P." (a. a. O., Bl. 117r); „6. Delphinium segetum flore caeruleo. Inst. r. h. 426." mit der rechts marginalen Anm. „Samara" (AAW R. I, Op. 13, D. 16, Bl. 26r, s. Anm. 32 in Nr. 6); „90. An Delphinium segetum flore caeruleo I. R. H?" (AAW R. I, Op. 14, D. 8, Bl. 2v, s. Anm. 98 in Nr. 39); „436. An Delphinium segetum flore caeruleo I. R. H? ..." (AAW R. I, Op. 13, D. 42, Bl. 84v, s. Anm. 1 in Nr. 1); „* Delphinium segetum, flore caeruleo. I. R. H. ..." (AAW R. I, Op. 105, D. 2, Bl. 12r, s. Anm. 54 in Nr. 17); „1137. Delphinum segetum flore caeruleo majore et foliorum laciniis latioribus Ind. Irc. n° 621. Fl. Irc. n°. 593. et 594. ... I. Idem flore albo. Cum prioris. Fl. Irc. n° 595. ab hoc distincta species est." (AAW R. I, Op. 105, D. 1ª, Bl. 120r, s. Anm. 29 in Nr. 5); „11. Delphinium segetum flore caeruleo majore & foliorum lacinijs latioribus Ind. Irc. n°. 621. Jen: 1137. Fl. Irc. n°. 593 & 594. vid. Icon Amm. j Idem flore albo Ind. Jen. 1137. var. j. ..." (AAW R. I, Op. 13, D. 67, Bl. 76r, s. Anm. 5 in Nr. 4); „621. Delphinium segetum flore caeruleo majore et foliorum lacinijs latioribus. An Delphinium segetum flore caeruleo I. R. H? ..." (AAW R. I, Op. 105, D. 4ª, Bl. 66r, s. Anm. 54 in Nr. 17)

29 s. Nr. 593

30 „[species 4] Delphinium segetum, flore albo. Consolida regalis, arvensis, flore albo C. B. Pin. 142." (Tournefort 1700, S. 426, Genus III. „Delphinium. Pié d'Aloüette."); „Delphinium segetum, flore albo Inst. R. Herb. Consolida regalis, arvensis, flore albo C. B. Pin. 142. ..." (Mappus 1742, S. 91); „[Delphinium] segetum flore albo; bedeutet bey ihm [d. h. Tournefort] eine weisse Abänderung des Feldrittersporns." (Gmelin 1773, Sp. 548)

„12. Delphinium subhirsutum, polystachion, folio Delphinij segetum, flore albo. Fl. Irc. n°. 595." (AAW R. I, Op. 13, D. 67, Bl. 76r, s. Anm. 5 in Nr. 4); s. Nr. 593

31 „440. Aquilegia Sylvarum humilis. ... (a) sunt semina." mit der rechts marginalen Anm. „Tab LXXI." (AAW R. I, Op. 13, D. 42, Bl. 86r, s. Anm. 1 in Nr. 1)

„[species 1] Aquilegia sylvestris C. B. Pin. 144. Aquilegia flore simplici J. B. 3. 484. Aquilegia Dod. Pempt. 181." (Tournefort 1700, S. 428, Genus IV. „Aquilegia. Ancholie."); „1. AQUILEGIA sylvestris. C. B. Der gemeine wilde Agley." (Miller 1750, S. 71); „17. AQVILEGIA syluarum humilis, GM. Ind. Len. 440. T. LXXIV. ..." (Gmelin 1747–1769, Bd. IV, S. 186), nahezu identisch auf Bl. 78r in: AAW R. I, Op. 104, D. 14 – s. Anm. 32 in Nr. 6; „17. Aquilegia sylvarum humilis. t. LXXIV. [=] Aquilegia parviflora Ledeb.!" (Ledebour 1841, S. 132); „9. A[quilegia] parviflora (LEDEB. in Mém. de l'Acad. de St. Petersburg V, p. 544) ... A. parviflora. DEC. Prodr. I, p. 51. ... A. sylvarum humilis. GMEL. Fl. sib. IV, p. 186. Nro. 17. t. 74. ..." (Ledebour 1842, S. 57f.); „32. Aquilegia parviflora. ... Aquilegia sylvarum humilis. Gmel. Fl. sibir. Tom. IV. pag. 186. Nr. 17. tab. 74. ..." (Ledebour 1815, S. 544ff.); „12. Aquilegia parviflora. ... A. sylvarum humilis. Gmel. fl. sib. 4. p. 186. t. 74. ..." (Candolle 1818, S. 339); „12. A[quilegia] PARVIFLORA (Ledeb. act. petrop 1815. 5. p. 514. n. 32.) ... Gmel. fl. sib. 4. p. 186. t. 74. –

DC. syst. p. 339.* (v. s.)“ (Candolle 1824, S. 51); „1. AQUILEGIA. Caesalp. syst. 589. Aquilegia (integrum genus.) Tournef. inst. 428. ...“ (Linné 1737, S. 215); „2) Gemeine Akeley. Aquilegia vulgaris. ... Aquilegia nectariis incurvis. LINN. Syst. veg. p. 420. Sp. pl. 752. Hort. Cliff. 215. ... Aquilegia sylvestris. ... C. BAUH. pin. 144. ... Man nennet sie insgemein Agley oder Akeley, oder auch Glockenblumen; im lateinischen Aquilegia, Aquileja oder Aquilina; ... Ehmalen wurde diese Pflanze, insonderheit die Blumen und Saamen, von einigen in der Arzneykunst gebraucht. Die Wurzel ist bitterlicht; das Kraut hat ebenfalls einen bitterlichten und eckelhaften Geschmack; ... Dem ungeachtet schreibt Linnäus in Flor. Suec. p. 187. folgendes: ‚Die Saamen treiben die Pocken aus, eröfnen in der Gelbsucht, und heilen die Krätze der Kinder, ... aber ich habe gesehen, daß eine allzugroße Dosis derselben ... Kinder ums Leben gebracht hat.‘ Die Aquilegia silvarum GMEL. Fl. Sib. 4. p. 186. n. 17. t. 74. hält Linne vor eine blosse Varietät der gegenwärtigen Art. ... ein Decokt. vom Kraut und den Wurzeln wird von einigen wider den Scharbock empfohlen, so wie den Saamen ausser den vorgemeldten Eigenschaften auch noch die Kraft die monathliche Reinigung und Geburt zu befördern zugeschrieben wird.“ (Linné 1781, S. 268f.); „2. AQUILEGIA vulgaris. ... A. nectariis incurvis. Hort. ups. 152. ... Aquilegia. Hort. Cliff. 215. ... A. sylvestris. Bauh. pin. 144. ... Gemeine Akeley. W. ...“ (Linné 1797–1830, Bd. II, Teil 2, S. 1245f.); „[Aquilegia] vulgaris, nectariis incurvis, gemeiner Agley mit gekrümmten Honigbehältnissen: wilder Agley, Akeley; ... sonst hat sie weder Geruch noch Geschmak, der uns auf besondere Heilskräfte schliesen liesse, ob gleich in ältern Zeiten ihre Blumen und Samen sehr empfohlen worden sind, um das Gift von dem Herzen hinwegzuschaffen, um den Schweiß, Harn, die monatliche Reinigung zu betreiben, und zu eröfnen: Sie hat eine unzählige Menge Abänderungen; ... ihre Blumen sind süs, und geben vielen Stoff zu Honig und Wachse; sie heißt bey C. Bauhin: Aquilegia sylvestris; ...“ (Gmelin 1772a, Sp. 670f.); „22. Aquilegia. L. ... 1. A. vulgaris (L. SP. 752) ... DEC. Prodr. I, p. 50. ... LEDEB. Fl. alt. II, p. 295. β. caucasica: ... M. a BIEB. Fl. t. c. II, p. 15; ...“ (Ledebour 1842, S, 55f.); „1. Aquilegia vulgaris. ... A. nectariis incurvis. Lin. h. ups. 152. ... A. vulgaris Lin! sp. 752. ... A. vulgaris var. α, β, γ, δ, ε, ζ. Willd. sp. 2. p. 1245. ...“ (Candolle 1818, S. 334f.); „1. A[quilegia] VULGARIS (Lin! spec. 752.) ... DC. syst. 1. p. 334. (v. v.)“ (Candolle 1824, S. 50); „1) AQUILEGIA VULGARIS. Linn. ... A. vulgaris. Dec. Syst. nat. I. p. 334. – Dec. Prodr. I. p. 50. ... M. a Bieb. Fl. taur. cauc. II. p. 15. ...“ (Ledebour 1830, S. 295f.); „1055. AQUILEGIA vulgaris. ... A. nectariis incuruis. Linn. ed. Willd. 2. p. 1245. ...“ (Marschall von Bieberstein 1808, S. 15); „1. Aquilegia vulgaris. L. Gemeine Ackeley; Aggley; Blau= Glockenblumen. ...“ (Dietrich 1802, S. 644f.); „Die Benennung dieses Blumengewächses Aquilegia, wird von Aqua und legere hergeleitet, weil die Blätter, wenn sie sich noch nicht ausgebreitet haben, leicht das Wasser oder den Regen in sich sammeln. ...“ (Krünitz 1773–1858, Bd. 2, S. 365); „AQUILEGIA. ... Aquilegia sylvestris, C. B. Pit. Tournef. ... teutsch, Agley, Ackeley. ... Das Kraut eröffnet, führet ab, und ist gut zu den Wunden: es hebet die Verstopfungen der Leber und der Miltz: treibet der Weiber Zeit und den Harn: widerstehet der Fäulung. Es wird zum Gurgelwasser genommen, für böse Hälse und deren Geschwüre, wie ingleichen für böses Zahnfleisch; auch zu andern decoctis und Tränken wider den Scorbut gebrauchet. Aquilegia, Aquileia und Aquilina, kommen von Aquila; dieweil die Hörnlein, daraus die Blumen dieses Krauts bestehen, krumm sind als wie der Schnabel und die Waffen oder Klauen eines Adlers.“ (Lémery 1721, Sp. 78f.); „Aquilēgia L. (Ranunculaceae). Von aquila (Adler): die Nektarien sind gekrümmt wie der Schnabel oder die Krallen eines Raubvogels. Der ältere Name für diese Gattung war Aquilina. Vielleicht ist aber auch Aquilegia aus aqua und legere gebildet, um anzudeuten, dass sich in den nach oben offenen kappenförmigen Blumenblättern Regenwasser ansammelt.“ (Wittstein 1852, S. 65)

„2. Aquilegia sylvarum humilis Ind. Len. n°. 440. An Aquilegia montana parvo flore, Thalictri folio C. B. P. 144? Dictamnus Linn. h. Cliff. 161. Ind. trans-baic. 29. ...“ mit der links marginalen Anm. „vid. Ic.“ (AAW R. I, Op. 13, D. 67, Bl. 75v, s. Anm. 5 in Nr. 4); „97. Aquilegia sylvarum humilis Fl. Irc. 596.“ (AAW R. I, Op. 105, D. 16, Bl. 2v, s. Anm. 5 in Nr. 4); „1. Aquilegia Sylvestris C. B. P. 144. 2. Aquilegia sylvarum humilis Gmel.“ mit der rechts marginalen Anm.

neben Nr. 2. „Lena fl." (AAW R. I, Op. 13, D. 16, Bl. 26r, s. Anm. 21 in Nr. 6); „89. Aquilegia sylvarum humilis." (AAW R. I, Op. 14, D. 8, Bl. 2v, s. Anm. 98 in Nr. 39); „* Aquilegia sylvestris. C. B. P. ..." (AAW R. I, Op. 105, D. 2, Bl. 12r, s. Anm. 54 in Nr. 17); „1127. Aquilegia montana, magno flore C. B. Pr. 75. et Ind. Irc. n° 606. ... Fl. Irc. n°. 596." (AAW R. I, Op. 105, D. 1[a], Bl. 119r, s. Anm. 29 in Nr. 5); „606. Aquilegia montana, magno flore C. B. Prodr. ..." (AAW R. I, Op. 105, D. 4[a], Bll. 64v–65r, s. Anm. 54 in Nr. 17); „862. Aqvilegia montana magno flore. C. B. Prodr. Ind. Irc. 606. ..." (AAW R. I, Op. 13, D. 20, Bl. 79r, s. Anm. 1 in Nr. 1); „Aqvilegia sylvestris C. B. Pin. 144. Tournef. Sp. 1. ..." (AAW F. 98, Op. 1, D. 19, Bl. 77r, s. Anm. 59 in Nr. 19); „28. August 1722 ... Ich botanisierte also die Gebürge etwas durch und fand ... Aquilegiam silvestrem (Tournef., Sp. 1); ..." (Messerschmidt 1962–1977, Bd. 1, S. 306); „31. August 1722 ... Es wurden also die Semina der observierten Kräuter, nämlich ... Aquilegiae silvestres; ... mit mühsamem Fleiße zusammengesucht, weil sie bei so später Jahreszeit schwer zu finden waren. ..." (a. a. O., S. 308)

32 „[species 37] Orchis trifolia, major C. B. Pin. 83. Triorchis trifolia Tabern. Icon. 678." (Tournefort 1700, S. 433, Genus I. „Orchis."); „IV. Orchis trifolia major. ... Flore communiter est candido: reperitur & purpureo ..." (Bauhin 1623, S. 83); „19. ORCHIS ALBA BIFOLIA MINOR, CALCARI OBLONGO. C. B. Pin. 83. ... Orchis trifolia major. Ejusdem, & Orchis trifolia minor. Ejusd. C. B. Pin. 83. ..." (Vaillant 1727, S. 151); „Orchis trifolia, major C. B. Pin. 83. ... Bergknabenkraut/ Ragwurz. ..." (Mappus 1742, S. 218); „12. ORCHIS radicibus conicis, labello lingulato simplicissimo. I. ... Orchis alba bifolia, minor, calcare oblongo C. B. Bas. p. 23. I. R. H. VAILL. p. 151. ... Orchis trifolia major C. B. I. R. H. &c. ... V. ... Orchis bifolia latissima C. B. ..." (Haller 1742, S. 266f.); „8) Zweyblätterichte Ragwurz. Orchis bifolia. ... Orchis bulbis indivisis, nectarii labio lanceolato integerrimo: cornu longissimo, petalis patentibus. LINN. Syst. Veg. p. 673. Sp. Pl. p. 1331. ... Orchis alba bifolia minor, calcare oblongo. C. BAUH. pin. 83. ... β) Orchis trifolia maior et minor. C. BAUH. pin. 83. ... γ) ... Orchis bifolia latissima. C. BAUH. pin. 82. ... Ihre Wurzel, Blumen, und vermuthliche Heilkräfte haben zu verschiedenen Benennungen ... Anlaß gegeben ... Weisser Guckguck, Fuchshödlein, Bockshödlein, Fliegenblume, Standart, Heyrathswurzel, Kreuzblume, Nachtschatten, Biesamknabenkraut und wohlriechende Stendelwurz. ... soll sie nach Lobels Meynung eine Fliege vorstellen, weswegen man sie auch ... Muckenblume nennen soll. ... Der ungemein feine und angenehme Geruch dieser Blumen, der ein ganzes Zimmmer erfüllt, kommt dem Vanillen Geruche sehr nahe, ... Der Wurzel schreibt man eine Kraft zu, auf den Harn zu treiben und den Beyschlaf zu erregen. ..." (Linné 1784, S. 534ff.); „6. ORCHIS bifolia. ... O. alba bifolia major, calcari oblongo. Bauh. pin. 83. Vaillant. paris. 151. t. 30. f. 7. ... β. Orchis trifolia major et minor. Bauh. pin. 83. ... γ. ... Orchis bifolia latissima. Bauh. pin. 82. ... Zweyblättrige Ragwurz. W. ..." (Linné 1797–1830, Bd. IV, Teil 1, S. 10); „[Orchis] trifolia major; so nennt C. Bauhin eine grösere Abänderung des zweyblätterichten Knabenkrautes mit drey Blättern. [Orchis] trifolia minor; bedeutet bey ihm eine andere kleinere mit drey Blättern." (Gmelin 1774, Sp. 634); „Orchis bifolia, nectarii labio lanceolato integerrimo: ... Zweyblätterichtes Knabenkraut, ... Zweyblätterichte Ragwurz; Fliegenblume; weisse wohlriechende Stendelwurz; ... ihre Blumen geben denen Bienen Stoff zu einem treflichen Honig: Sie heißt bey C. Bauhin: Orchis alba bifolia minor, calcari oblongo; ..." (a. a. O., Sp. 591f.); „13. ORCHIS radicibus conicis, labello lingulato simplicissimo HALL. Helv. 266. I. Orchis alba bifolia minor, calcare oblongo [s. Nr. 603] C. B. P. 83. TOURN. I. R. H. VAILL. p. 151. Tab. XXX. Fig. 7. II. Foliis amplioribus. Orchis bifolia latissima C. B. P. 82. Orchis amplissima foliis binis splendentibus I. B. II. 772. III. Foliis tribus. Orchis trifolia maior C. B. P. TOURN. I. R. H. IV. Statura humiliore. Orchis trifolia minor C. B. P. 83. Orchides culices minores triphyllae I. B. II. 772. Varietates I. II. III. promiscue in omni Sibiria proueniunt, varietatem IV. ex Kamtschatca missam accepimus, ..." (Gmelin 1747–1769, Bd. I, S. 16); „13. Orchis radicibus conicis, labello lingulato simplicissimo [=] Platanthera bifolia Rich.!" (Ledebour 1841, S. 47); „1. PLATANTHERA BIFOLIA. Rich. ... Orchis bifolia. Linn. Willd. Spec. pl. IV. p. 10. ... M. a Bieb. Fl. taur. cauc. II. p. 362. No. 1832.; ... Orchis radicibus conicis, labello lingulato simplicissimo.

Gmel. Fl. sib. I. p. 16. No. 13. ..." (Ledebour 1833, S. 171); „3. P[latanthera] bifolia (REICHENB. Fl. exc. p. 120) ... Orchis bifolia. L. Spec. 1331. ... M. a BIEB. Fl. t. c. II, p. 362. ... Orchis radicibus conicis, ... GMEL. Fl. sib. I, p. 16, No. 517. ..." (Ledebour 1853, S. 69f.); „1832. ORCHIS bifolia. ... Gmel. sib. 1. p. 16. n. 13. ..." (Marschall von Bieberstein 1808, S. 362); „Orchis bifolia wächst sowohl hier im dürren Boden, als im Sumpf durch ganz Rußland häufig und könnte vor die Apotheken anstatt der Salebwurzel gesammlet werden. ..." (Pallas 1771, S. 10f.); „... weißes zweyblätterigtes Knabenkraut i) ... |: i) Orchis bifolia. :|" (Lepechin 1783, S. 76); „Flor. Germ. p. 375. n. 1. ORCHIS bifolia. O. bulbis indivisis, nectarii labio lanceolato integerrimo: cornu longissimo, petalis patentibus. LINN. Syst. Plant. T. IV. p. 5. ... O. albo bifolia minor, calcari oblongo. C. BAUH. pin. p. 83. ... O. albo calcari longo. IOH. BAUH. hist. 2. p. 771. ... Variat 1. Foliis latioribus. Orchis bifolia latissima. C. BAUH. pin. p. 82. ... 2. Foliis radicalibus tribus, floribus duplo minoribus. Orchis trifolia minor. C. BAUH. pin. p. 82. ..." (Roth 1793, S. 377ff.); „1. ORCHIS bifolia ... Zweyblättrige Orchis. ... R. Stagatschka. [russ. *stagačka*] ..." (Georgi 1797–1802, Theil 3, S. 1267); „Die Stendelwurz, ... Die wohlriechende Stendelwurz ... (Orchis bifolia L.); auch zweiblattiges wohlriechendes Knabenkraut, zweiblattige Ragwurz, Ragewurzel, Fuchshödlein, weißer Kuckuck, Fliegenblume, Bisamkraut, Bisamknabenkraut, wohlriechende Mergentrehen, falscher Nachtschatten, Standart, Bockshödlein, Kreuzblume, Heirathswurzel, weil man die Wurzel als Reizmittel ehemals gebrauchte, im Zillerthale Höswuchs, d. h. Hosenwurzel, weil man sich einbildet, daß die Wurzel das Zeugungsvermögen vermehre; in Liefland, wilde Nachtviolen." (Campe 1810, S. 634f.); „PLATANTHERA BIFOLIA. Richard ZWEIBLÄTTRIGE PLATANTHERE. ... Die Pflanze ist in Ost- und Westpreussen, wo sie sehr häufig wächst, unter dem Namen Nachtschatten bekannt, und wird ihrer wohlriechenden Blumen wegen häufig auf die Märkte gebracht. Die Wurzel kann ebenfalls als Salepwurzel gebraucht werden." (Dietrich 1833, Nr. 7); „Ragwurz. Orchis. ... Der griechische Name dieser Gattung ist von der Figur der Wurzeln, die Hundshoden oder Geilen gleichen, hergenommen, ... Im deutschen nennt man sie insgemein Knabenkräuter, Stendelwurzeln und Ragwurze. ..." (Linné 1784, S. 529); „Knaben=Kraut. 1. Eine Gattung Pflanzen ... Orchis Linn. Es hat den Nahmen von seinen zwey runden und länglichen Wurzeln, welche zwey Oehl=Beeren oder Oliven gleichen, und wobey man die Hoden eines Knaben vorgestellt hat, daher diese Pflanze von Einigen auch Hunds=Hödlein genannt wird. ..." (Krünitz 1773–1858, Bd. 41, S. 134); Orchis L. – russ. *lapčatka*, *storčik*, *jatryšnik*, *dremlik* bzw. *brovnik* (*Annenkov* 1858, S. 64, Nr. 744); „Ōrchis L. (Orchideae). Von ῄρχις (Hode); die meisten Arten haben zwei länglich-runde, den Hoden ähnliche Wurzelknollen." (Wittstein 1852, S. 636); „Platanthēra RICH. (Orchideae). Zus aus πλατυς (breit, eben, platt) und ἀνδηρα (Staubbeutel), an die Anthere ist ein plattes Schnäbelchen gewachsen." (a. a. O., S. 700)

„Orchidum bulbulos non solum russi sed et Tatari & Chalmucci pro insigni aphrodisiaco habent, et posteriores praecipue, ut sunt mendacissimi vani et fallacissimi, pro tanto arcano habent, ut alios iuxta se velut naturae minus peritos ridentes, descriptione plantae hujus mirabilis et mirandorum effectuum centurijs aliquot hyperbolia impudenti & ridicula enarratis, velut sub Examen revocent, ut mihi dum Tomii [*Tomsk*] essem contingit." (AAW R. I, Op. 104, D. 18, Bll. 14r–14v, s. Anm. 20 in Nr. 632); „1. Orchis flore Simiam referens C. B. Ind. Irc. n°. 512. Forte Fl. Irc. n°. 597. forte etiam 598. ..." (AAW R. I, Op. 13, D. 67, Bl. 62v, s. Anm. 5 in Nr. 4); „512. Orchis flore Simiam referens C. B. P. ..." (AAW R. I, Op. 105, D. 12, Bl. 25r, s. Anm. 54 in Nr. 17); s. auch Nr. 598 u. Nr. 603

33 „[species 34] Orchis bifolia, latissima C. B. Pin. 82. Orchis amplissima, foliis binis, splendentibus J. B. 2. 771. Orchis 1, amplissimis foliis Clus. Hist. 367." (Tournefort 1700, S. 433, Genus I. „Orchis."); „Satyrium Rivini. Orchis bifolia, latissima C. B. P. 22. Orchis amplissima, foliis binis splendentibus I. B. 2. 771. Orchis I. amplissimis foliis Clus. hist. 267, latifolia maxima sive I. Pan. 237. ..." (Rupp 1726, S. 241); „Orchis bifolia latissima T. s. foliis binis splendentibus amplissimis quae prima Clus. hist. 267. groß Knabenkraut ..." (Lindern 1728, S. 44); „Orchis bifolia latissima CBp. ... grosse Fuchshoden, mit sehr breiten Blättern, ..." (Lindern 1747, S. 73)

„3. Orchis bifolia latissima C. B. P. 82. ...“ (AAW R. I, Op. 13, D. 67, Bl. 62v, s. Anm. 5 in Nr. 4); s. Nr. 597

34 „[species 77] Orchis palmata, palustris, tota rubra C. B. Pin. 86. Palmata floribus impense rubris J. B. 2. 777. Cynosorchis Dracontias, foliis & floribus impensè rubris Lob. Icon. 191.“ (Tournefort 1700, S. 435, Genus I. „Orchis.“); „Orchis palmata, palustris, tota rubra C. B. Pin. 86. ... Wasserhändleinwurtz mit ganz rothen Blumen. ...“ (Mappus 1742, S. 223); „Orchis palmata palustris tota rubra T. ... Wasser Händlein Wurtz, mit ganz rothen Blumen, ...“ (Lindern 1747, S. 77); „27. ORCHIS radicibus palmatis, calcare crasso, ovario breviori, labello lineis picto. ... α ... Palmata non maculata I. B. II. p. 774. ... Orchis radicibus palmatis, ... LINN. Hort. Cliff. p. 429. ... β ... II. Orchis palmata palustris tota rubra C. B. ... III. Orchis palmata palustris tertia [s. Nr. 600] C. B. RAJ. I. R. H. ... ε Serapias palustris latifolia LOB. ic. p. 190... Orchis palmata palustris latifolia C. B. ...“ (Haller 1742, S. 272f.); „21. ORCHIS radicibus palmatis, calcare crasso, germine breuiore, labello trifido, lineis picto, bracteis flore longioribus. Orchis palmata palustris latifolia C. B. P. 86. Palmata non maculata I. B. II. 774. Orchis radicibus palmatis, bracteis flore longioribus, nectarii labio trifido, cornu germinibus breuiore LINN. h. Cliff. 429. Orchis radicibus palmatis, calcare crasso, ouario breuiori, labello lineis picto HALL. Helv. 272. ... Latifolium varietatem ex Kamtschatca missam accepimus. ... Veterinariis Sibiricis Кокушкины слезы [russ. *kokuškiny slezy*] (lacrymae cuculi) dicitur, vsusque radicis apud plebem est in decocto contra veneficia, quae recens nuptis infesta esse superstitiose creduntur.“ (Gmelin 1747–1769, Bd. I, S. 24f.); „21. Orchis radicibus palmatis, calcare crasso, germine breviore, labello trifido, lineis picto, bracteis flore longioribus [=] Orchis latifolia L. var. Beeringiana Cham. & Schlecht. (Linnaea III. 26.)“ (Ledebour 1841, S. 48); „1. ORCHIS radicibus palmatis, bracteis flore longioribus, nectarii labio trifido: cornu germinibus breviore. Orchis palmata palustris latifolia. Bauh. pin. 86. ... Serapias palustris latifolia. Lob. hist. 91.[?] ...“ (Linné 1737, S. 429); „22) Breitblätterichte Ragwurz. Orchis latifolia. ... Orchis bulbis subpalmatis rectis, nectarii cornu conico: labio trilobo lateribus reflexo bracteis flore longioribus. LINN. Syst. Veg. p. 675. Sp. Pl. p. 1334. ... Orchis radicibus palmatis, bracteis flore longioribus, nectarii labio trifido, cornu germinibus breviore. Hort. Cliff. 429. ... GMEL. Sib. 1. p. 24. ... Orchis palmata pratensis maculata. C. BAUH. pin. 85. [s. Nr. 602] Orchis palmata palustris tota rubra. eiusd. pin. 86. Orchis palmata palustris altera et tertia. RIV. hex. tab. 19. ... Mann nennt sie ... im deutschen Händleinwurz, Kreuzblume, rother Wiesenguckguck und Bruchknabenkraut. Wahrscheinlich gab die knollige, fingerartig getheilte Zwiebelwurzel zu angeführten deutschen Namen Anlaß, und durch welche sich diese ... von den vorhergehenden hodenartigwurzlichten unterscheiden. ... Einige haben die Wurzeln auch dieses Knabenkrautes statt der Salepwurzel empfolen, und andere sie als ein zum Beyschlaf ermunterndes Mittel angepriesen. ...“ (Linné 1784, S. 556ff.); „46. ORCHIS latifolia. ... O. bulbis subpalmatis rectis, ... Gmel. sib. 1. p. 24. ... O. radicalibus palmatis, ... Hort. cliff. 429. ... O. palmata pratensis maculata. Bauh. pin. 85. O. palmata palustris tota rubra. Ej. ib. 86. O. palmata palustris altera et tertia. Riv. hexap. t. 19. ... β. Orchis palmata palustris latifolia. Bauh. pin. 86. ... Hohlstielige Ragwurz. W. ...“ (Linné 1797–1830, Bd. IV, Teil 1, S. 28f.); „[Orchis] palmata palustris tota rubra, so nennt C. Bauhin eine ganz rothe Abänderung des breitblätterichten Knabenkrautes.“ (Gmelin 1774, Sp. 625); „[Orchis] palmata palustris latifolia, so nennt C. Bauhin eine Spielart des breitblätterichten Knabenkrautes,welche in Sümpfen wächst.“ (a. a. O., Sp. 625); „[Orchis] latifolia, bulbis subpalmatis rectis, ... breitblätterichtes Knabenkraut, ... breitblätterichte Ragwurz; Creuzblume; Stendelwurz; Knabenwurz; ... die Schafe fressen es, wann es noch jung ist; ... Es heißt ... in der Beschreibung des Cliffortischen Gartens: Orchis radicibus palmatis, bracteis flore longioribus, ...“ (a. a. O., Sp. 602f.); „2. ORCHIS LATIFOLIA. Linn. ... M. a Bieb. Fl. taur. cauc. II. p. 67. No. 1843.; ... Orchis radicibus palmatis, ... Gmel. Fl. sib. I. p. 24. No. 21. ...“ (Ledebour 1833, S. 168); „4. O[rchis] latifolia (L. Spec. 1334) ... M. a BIEB. Fl. t. c. II, p. 367; ... LEDEB. Fl. alt. IV, p. 168. ... O. radicibus palmatis, ... GMEL. Fl. sib. I, p. 24, No. 21. ... β. angustifolia ... γ. Beeringiana ...“ (Ledebour 1853, S. 54f.); „1843. ORCHIS latifolia. ... Gmel. sib. 1. p. 24. n. 21. ... O. palmata palustris, ... Riu. hexap. t. 9. ...“

(Marschall von Bieberstein 1808, S. 367); „ORCHIS (latifolia) ... Orchis radicibus palmatis, ... Linn. Cliff. 429. ... Кокушкины слезы [russ. *kokuškiny slezy*] Russ. ...“ (*Krašeninnikov* 1761, S. 143f.); „Auf niedrigen Stelle wuchs Orchis latifolia, deren gefingerte Wurzel die Kasaken gegen Wechselfieber rühmen.“ (*Šangin* 1793, S. 56); „11. ORCHIS latifolia ... Breitblättrige Orchis. R. Kokuschkini Slisi, (Kukuksthränen) ...“ (Georgi 1797–1802, Theil 3, S. 1269); „21. Breitblätriges Knaben=Kraut, ... Bruch=Knaben=Kraut; Kreutzblume; Knaben=Wurzel; Händlein=Wurzel; rother Wiesen=Guckguck, Orchis palmata pratensis latifolia, longis calcaribus C. B. ...“ (Krünitz 1773–1858, Bd. 41, S. 151f.); „4. ORCHIS LATIFOLIA. Linné BREITBLÄTTRIGE ORCHIS. ...“ (Dietrich 1833, Nr. 4); „Die Stendelwurz, ... Die breitblattige Stendelwurz, ... deren tief in der Erde liegende Wurzeln die Gestalt kleiner Hände oder vielmehr der Maulwurfspfoten haben (Orchis latifolia L.); auch Knabenkraut mit breiten Blättern, breiblattige Ragwurz, Kreuzblume, Wasserhändleinwurz, Moorhändleinwurz, Bruchknadenkraut [sic!], rother Wiesenkuckuck.“ (Campe 1810, S. 634f.); Orchis latifolia L. – russ. *kukuškiny slezki* (*Annenkov* 1858, S. 64, Nr. 746)

„334. Orchis palmata“ (AAW R. I, Op. 104, D. 13, Bl. 8r, s. Anm. 84 in Nr. 29); „518. An Orchis palmata palustris altera C. B. P. 86? ...“ (AAW R. I, Op. 105, D. 12, Bl. 25v, s. Anm. 54 in Nr. 17); „Orchis palmata pratensis, maculata. B. Pin. 85. et Inst. r. h. n°. 122.“ (AAW R. I, Op. 13, D. 19, Bl. 5r, s. Anm. 54 in Nr. 17); s. Nr. 600

35 „[species 75] Orchis palmata, palustris, tertia C. B. Pin. 86. Orchis angusto folio, vilissima, palustris J. B. 2. 776. Cynosorchis palustris, laevi folio & angusto, seu leptophylla omnium vilissima C. Gemma Lob. Icon. 193.“ (Tournefort 1700, S. 435, Genus I. „Orchis.“); „[Orchis] palmata palustris tertia, bedeutet bey C. Bauhin eine Spielart des breitblätterichten Knabenkrautes, welche Sümpfen wächst.“ (Gmelin 1774, Sp. 625)

„Orchis palmata palustris tertia C B P. ...“ (AAW R. I, Op. 104, D. 8, Bl. 12r, s. Anm. 18 in Nr. 452); „968. An orchis palmata, palustris tertia C. B. P. 86? ...“ (AAW R. I, Op. 105, D. 1ª, Bl. 100r, s. Anm. 29 in Nr. 5); „227 Orchis palmata palustris tertia CBP 86.“ (AAW R. I, Op. 6, D. 40, Bl. 33r, s. Anm. 1 in Nr. 1); „2. An Orchis palmata palustris tertia C. B. P. 86? Ind. Jen. n°. 968. & Ind. Irt.“ (AAW R. I, Op. 13, D. 67, Bl. 62v, s. Anm. 5 in Nr. 4); s. Nr. 599

36 „967. Orchis odorata moschata sive Monorchis C. B. P. Ind. Irc. nº. 514. ... Folia viridiora esse videbantur, ac Ircutensis. ... F[l]. Irc. nº 601.“ (AAW R. I, Op. 105, D. 1ª, Bl. 99v, s. Anm. 29 in Nr. 5); „454. Orchis odorata moschata Sive Monorchis C. B. Rai. Hist. II. 1217. ...“ (AAW R. I, Op. 13, D. 42, Bll. 91r–91v, s. Anm. 1 in Nr. 1); „514. Orchis odorata moschata sive Monorchis C. B. P. Cum J. B. autumnalem vocet, dubium mihi est, ...“ (AAW R. I, Op. 105, D. 4ª, Bll. 51v–52r, s. Anm. 54 in Nr. 17); „93. Orchis odorata moschata sive Monorchis C. B. Raj. H. II. 1217.“ (AAW R. I, Op. 14, D. 8, Bl. 2v, s. Anm. 98 in Nr. 39); „1094. Herminium radice globosa Linn. flor. 317. Monorchis Rupp. Jen. 1. p. 421. t. 2. ...“ (AAW R. I, Op. 13, D. 20, Bl. 100v, s. Anm. 1 in Nr. 1); „3. Orchis odorata moschata sive Monorchis C. B. P. Ind. Irc. n°. 514. Jen. n°. 967. Len. n°. 454. Fl. Irc. n°. 601.“ mit der links marginalen Anm. „Ic. St.“ (AAW R. I, Op. 13, D. 67, Bl. 62v, s. Anm. 5 in Nr. 4)

„ORCHIS odorata moschata sive Monorchis C. B. P. ...“ (Rupp 1745, S. 298); „7. ORCHIS odorata moschata, sive monorchis. C. B. P. Das gelbe wohlriechende, oder Bisamknabenkraut.“ (Miller 1751, S. 92); „15. ORCHIS radice subrotunda, labello hastato. Tab. IV. Fig. 1. Orchis parua, autumnalis, lutea I. B. II. p. 768. Orchis odorata moschata s. Monorchis C. B. P. 84. Monorchis montana minima flore obsoleto, vix conspicuo MICH. p. 30. Tab. 26. Herminium radice globosa LINN. Lapp. 317. ... STELLLERUS huius iconem fieri curauit, quam, quia structuram et conformationem floris bene exprimit, adpono. ...“ (Gmelin 1747–1769, Bd. I, S. 18ff.); [s. auch Nr. 607] „15. Orchis radice subrotunda, labello hastato. t. IV. f. 1. [=] Herminium Monorchis R. Br.!“ (Ledebour 1841, S. 48); „11) Einhodiges Knabenkraut. Ophrys Monorchis. ... Ophrys bulbo globoso, scapo nudo, nectarii labio trifido cruciato. LINN. Syst. Veg. p. 678. Sp. Pl. p. 1342. ... Orchis radice subrotunda, labello hastato. GMEL. Sib. 1. p. 18. tab. 4. f. 1. ... Orchis odorata moschata s. monorchis. C. BAUH. pin. 84. Monorchis. MICH. gen. 30. tab.

26. ... jenes Gewächse, welches Gmelin durch ganz Sibirien, auf allen sowohl ausgetrockneten als feuchten Wiesengründen antraf, ...“ (Linné 1784, S. 610ff.); „1. OPHRYS Monorchis. ... Orchis radice subrotundis, labello hastato. Gmel. sib. 1. p. 18. t. 4. f. 1. ... Orchis odorata moschata s. monorchis. Bauh. pin. 84. ... Monorchis. Mich. gen. 30. t. 26. ... Einhodiges Knabenkraut. W. ...“ (Linné 1797–1830, Bd. IV, Teil 1, S. 61f.); „1. HERMINIUM MONORCHIS. R. Brown. ... Ophrys Monorchis. Linn. Willd. Sp. pl. IV. p. 61. – M. a Bieb. Fl. taur.cauc. III. p. 604. No. 1847**. Orchis radice subrotunda, ... Gmel. Fl. sib. I. p. 18. No. 15. t. IV. f. 1. ...“ (Ledebour 1833, S. 171); „[Ophrys] Monorchis, ... Wohlriechendes Zweyblatt, ... seine Blumen ... riechen nach Honig oder Bisam, und sind weis, blasgrün oder gelb.“ (Gmelin 1774, Sp. 578f.); „1837**. ORCHIS Monorchis. ... Gmel. sib. 1. p. 18. n. 15. t. 4. f. 1. ... Monorchis montana ... Mich. nou. gen. p. 30. t. 26. ...“ (Marschall von Bieberstein 1819, S. 604f.); „951. Herminium R. BR. ... 1. H. Monorchis (R. BR. l. c.) ... LEDEB. Fl. alt. IV, p. 171. ... Ophrys Monorchis. L. Spec. 1342. ... M. a BIEB. Fl. t. c. III, p. 604. ... Orchis radice subrotunda, ... GMEL. Fl. sib. I, p. 18, No. 15 (excl. pl. Stelleriana et icone ad illam conferta (ecc. LINDL.). ...“ (Ledebour 1853, S. 73f.); „d) Ophrys monorchis. Orchis odorata s. moschata. Deutsch. Ragwurz; Bisam-Knabenkraut. ... führt den Beynamen, weil die Zwiebel nicht getheilt ist.“ (Nemnich 1795, Sp. 776); „9. OPHRYS monorchis ... Einzwiebliche Ophrys. ...“ (Georgi 1797–1802, Theil 3, S. 1273); „9. HERMINIUM MONORCHIS. Rob. Br. EINKNOLLIGE HERMINIE. ... Sachsen: um Halle bei Klein Dölzig! ...“ (Dietrich 1833, Nr. 9); „1. Art O[phrys] monorchis. Einknolliges Augenbraunenkraut. ... Synonyme: ... Orchis radice subrotunda, labello hastato. (Gmelin. sib. p. 18.) ... Herminium monorchis. (R. Brown.) Vulgärnamen: Bisam Ophrys. Honigblume. ...“ (Bechstein 1833, S. 315f.); „Ophrys L. (Orchideae). von ὀφρυς (Augenbraune), in Bezug auf die bogenförmig Gestalt der Kelchblüthen bei den meisten Arten dieser Gattng. Soll auch für die Augenbraunen gebraucht worden seyn.“ (Wittstein 1852, S. 635); „Monōrchis MENTZ. (Orchideae). Zus. aus μονος (einzig) und Orchis (s. d. Art.), d. h. eine Orchis, an deren Wurzel sich nur 1 Knollen befindet. Bekanntlich haben die meisten Orchis-Arten 2 Knollen.“ (a. a. O., S. 593); „Hermīnium R. Br. (Orchideae). Von ἑρμιν (Stütze, Fuss), in Bezug auf den einzigen Wurzelknollen dieser Pflanze, der gleichsam die einzige Stütze füe dieselbe bildet.“ (a. a. O., S. 434); s. Anhang B.5. Nr. 46 und B.6.13.

37 „[species 22] Orchis Morio, minor, foliis maculatis C. B. Pin. 82. Cynosorchis minimus, secundum caulem maculosis foliis, floribus purpureis J. B. 2. 760.“ (Tournefort 1700, S. 433, Genus I. „Orchis.“); „V. Orchis morio minor, folijs maculatis. Cynosorchis minimis & secundùm caulem pedalem & cubitalem maculosis folijs, floribus purpureis, Lob. ico. ...“ (Bauhin 1623, S. 82); „29. ORCHIS palmata angustifolia purpurea maculata I. B. II. p. 777. ... Orchis palmata, montana, maculata C. B. H. OX. p. 499. T.15. f. 13. I. R. H. VAILL. p. 153. T. 31. f. 10? Palmata angustifolia maculata DILL. Cat. Giess. p. 85. II. Cynosorchis minimis & secundum pedalem & cubitalem caulem maculosis foliis floribus purpureis LOBEL. p. 175. I. B. II. p. 760. ... Orchis morio minor foliis maculatis C. B. ...“ (Haller 1742, S. 273f.); „Palmata angustifolia maculata Riv. Irr. H. [s. Nr. 604] angustifolia maculata purpurea J. B. 2. 777. ...“ (Dillenius 1719, S. 85); „20. Orchis morio minor foliis maculatis, C. B. P. 82. Raj. H. 1222. T. 433. Cynosorchis minimus secundum caulem maculosis foliis, floribus purpureis, J. B. 2. 760.“ (Zwinger 1744, S. 447); „23. ORCHIS PALMATA, MONTANA, MACULATA. 20. C. B. Pin. 86. ... Il ne faut pas separer de cette plante l’Orchis morio minor, foliis maculatis. 5. C. B. Pin. 82. ou sont rapportez le Satyrion maculosum. Swert. 1. Tab. 63. & le Cynosorchis minima & secundum caulem pedalem & cubitalem maculosis foliis, floribus purpureis. Lob. Icon. 175. ...“ (Vaillant 1727, S. 153); „20. ORCHIS radicibus palmatis, calcare crasso, germine breuiore, labello trifido, lineis picto, bracteis longitudine floris. Orchis palmata montana maculata C. B. P. 86. Palmata angustifolia maculata DILL. Giess. p. 85. Orchis palmata palustris altera C. B. P. 86. VAILLANT. Bot. Par. 152. quod ad descriptionem VAILLANTII adtinet. α) Serapias candido flore montana, maculatis foliis LOB. ic. 189. Palmata alba I. B. II. p. 775. ...“ (Gmelin 1747–1769, Bd. I, S. 23f.); „Le 18 Juin j’ay trouvé un Orchis palmata dans les prairies de Porchefontaine ... C’est sans doute. l'Orchis palmata, palustris altera. C. B. Pin. 86. Palmata Serapias, palustris, leptophylla violacea non maculata. J. B.

2. lib. 19. p. 776. ..." (Vaillant 1727, S. 152); „20. Orchis radicibus palmatis, calcare crasso germine breviore, labello trifido lineis picto, bracteis longitudine floris [=] Orchis maculata L.!" (Ledebour 1841, S. 48); „25) Gefleckte Ragwurz. Orchis maculata. ... Orchis bulbis palmatis patentibus: nectarii cornu germinibus breviore: labio plano: petalis dorsalibus patulis. LINN. Syst. Veg. p. 675. Sp. Pl. p. 1335. ... GMEL. Sib. 1. p. 23. ... Palmata maculata, ... RIV. hex. tab. 8. et 11. VAILL. paris. tab. 31. fig. 9 10. ... Orchis palmata pratensis maculata. C. BAUH. pin. 85. [s. Nr. 599] Orchis palmata montana maculata. eiusd. pin. 86. ... Die Landleute bedienen sich zuweilen der Wurzeln als eines zur Begattung reitzenden Mittels für das Rindvieh. Sie nennen den einen Wurzelknollen, der die gegenwärtige Pflanze trägt, weil er etwas ins dunkle oder schwärzlichte fällt, Teufelshändel, und den andern, der die künftige Pflanze enthält, weil er weisser ist, Christihändel. Sonst werden auch diese Knabenkräuter mit hand= oder fingerartig getheilten Wurzelknollen, gefingerte Stendelkräuter, oder unser lieben Frauen Hände genennet. ..." (Linné 1784, S. 561ff.); „51. ORCHIS maculata. ... O. bulbis palmatis patentibus, ... Gmel. sib. 1. p. 23. ... Palmata maculata, non maculata et angustifolia maculata. Riv. hexap. t. 8. et 11. Orchis palmata pratensis maculata. Bauh. pin. 85. O. palmata montana maculata. Bauh. pin. 86. Vaill. paris. t. 31. f. 9. 10. ... Gefleckte Ragwurz. W. ..." (Linné 1797–1830, Bd. IV, Teil 1, S. 31f.); „3. ORCHIS MACULATA. Linn. .... Orchis radicibus palmatis, ... Gmel. Fl. sib. I. p. 23. No. 20. ..." (Ledebour 1833, S. 168f.); „16. O[rchis] maculata (L. Spec. 1335) ... LEDEB. Fl. alt. IV, p. 168. ... O. radicibus palmatis, ... GMEL. Fl. sib. I, p. 23, No. 20. ..." (Ledebour 1853, S. 58f.); „Orchis maculata, ... geflektes Knabenkraut, ... geflekte Ragwurz; ... Es heißt bey J. Bauhin: Orchis palmata angustifolia purpurea maculata; bey Rivin: Orchis palmata maculata; ..." (Gmelin 1774, Sp. 604f.); „[Orchis] morio minor, foliis maculatis, so nennt C. Bauhin eine kleinere Abänderung des Pikelherings mit geflekten Blättern." (a. a. O., Sp. 619); „[Orchis] Morio, nectarii labio quadrifido crenulato: cornu obtuso adscendente, petalis obtusis conniventibus; Pikelhering, ..." (a. a. O., Sp. 596f.); „15) Pickelhäring. Orchis Morio. ... Orchis bulbis indivisis, nectarii labio quadrifido crenulato: cornu obtuso adscendente, petalis obtusis conniventibus: LINN. Syst. Veg. p. 674. ..." (Linné 1784, S. 542ff.); „24. Geflecktes Knaben=Kraut, ... Händel=Kraut=Weibchen, Orchis palmata angustifolia purpurea maculata J. B. Orchis palmata maculata Rivin. ..." (Krünitz 1773–1858, Bd. 41, S. 153f.); „fleckigte Kukuksblume a) |: a) Orchis maculata. :|" (Lepechin 1783, S. 119); „1025. Orchis maculata Lin. sp. 29. Ruß Stagatschka. [russ. *stagačka*] ... Der Absud der Wurzeln ist an vielen Orten bey Rußen und Tataren zu eben dem Zweck, der bey Orchis Morio n. 1023. angeführt worden, im Gebrauch." (Falk 1785, S. 247f.); „1023. Orchis Morio. Lin. sp. 15. ... In der Bucharey, wo sie häuffig ist und Salab genennet wird, kauffen Speisewirthe die Wurzelknollen, trocknen, rösten und mahlen sie, als wir Koffe; eben so brühen sie das Mehl mit heißen Waßer an und überlassen das warme Getränk den Liebhabern taßenweise, weil deßen stärkende Kraft in dortiger wärmern Gegend außer Zweifel sein soll. Der häuffige Gebrauch soll aber Nervenschwäche verursachen." (a. a. O., S. 247); „14. ORCHIS maculata ... Gefleckte Orchis. R. Staragutschka. ... Der Absud der Wurzeln ist bey Russischen und Tatarischen Landleuten Hausmittel zur Stärkung männlicher Kräfte." (Georgi 1797–1802, Theil 3, S. 1269); „h) Orchis maculata. Orchis palmata pratensis maculata; Satyrium basilicum foemina; Palma Christi, Serapias pratensis. Deutsch. Die gefleckte Orchis; Geflecktes Knabenkraut, Gefleckte Ragwurz, Gesprenkelter Kuckuck, Stendelwurz, Kurzhörnige Händleinwurz. ... Russ. Stagatschka. ..." (Nemnich 1795, Sp. 782); vgl. auch „l) Orchis morio. Cynosorchis morio foemina; ... Deutsch. Die Salep-Orchis, Salepwurzel; Der Harlekin, Pickelhering, Des Knabenkrauts Weibchen, Stendelwurz, Ragwurz, Kleine Stendelwurzel, Kleines Knabenkraut, Heurathswurzel, Körnigte Händleinwurz. ... Diese Pflanze soll die in den Apotheken bekannnte Salepwurzel (Radix salap, Salep, Salap, Saleb, Alchaleb, Altraleb, Chafi) liefern; ... sie hat ... wenn sie gehörig zubereitet wird, eben die Kräfte wie die persische Salepwurzel; auch können die Wurzeln mehrerer Arten ihre Stelle vertreten; die Salabwurzel wird bey der Ruhr, bey Durchfällen, bey Lungengeschwüren &c. verordnet; ehedem war sie insonderheit als ein mächtiges Aphrodisiacum sehr berühmt; sie ist sehr nahrhaft ..." (a. a. O., Sp. 783f.); „Fruchtbarkeit und Unfruchtbarkeit des Weibes. ... Ausser-

dem wird die Wurzel von Orchis maculata benutzt, um Unfruchtbarkeit zu erzeugen. Diese Pflanze habe nämlich zwei handförmige Wurzeln, wenn man sie aus der Erde gräbt; beide seien nützlich. Man wirft beide in's Wasser, und diejenige, welche auf der Oberfläche schwimmen bleibt, dient obengenanntem Zweck, während die schwerere, niedersinkende eine andere Verwendung findet, ..." (Alksnis 1894, S. 230); „Mittel gegen Fluor albus: ... Die im Wasser versinkende Wurzel von Orchis maculata dient gegen Fluor albus ..." (a. a. O., S. 232f.); „Milch-verbessernde Mittel. ... Reichliche Milch mit dicker Rahmschicht wird durch die gelben Wurzeln von Orchis maculata erzielt. ..." (a. a. O., S. 241); „Morio, eine Art Hofnarren oder Lustigmacher bey den Römern, kleine buckelige, oder sonst ungestaltete Menschen, die schon durch ihre Gestalt allein ein Gegenstand des Gelächters wurden. ..." (Krünitz 1773–1858, Bd. 94, S. 47); „Morio, Orchis Morio Linn., eine Pflanze, welche diesen Nahmen daher führt, weil die Blumen mit einer sogenannten Narrenkappe Aehnlichkeit hat. ..." (a. a. O., S. 47f.); „SATYRIUM. ... Cynosorchis major, Ger. ... teutsch, Stendelwurz, Knabenkraut. Ist eine Gattung Orchis, ... Satyrion kommt von σάδυη. membrum virile, dieweil die Wurtzeln dieses Gewächses die Hödlein eines Thieres sehen, und weil sie Lust zur Venus machen. Cynosorchis kommt von κυνὸς, canis, Hund, und ὄρχις, testiculus, als ob man wolte sprechen, Hundshoden." (Lémery 1721, Sp. 1009f.); Orchis maculata L. – russ. *pjati-palečnaja trava* bzw. *kukuškiny slezki* (*Annenkov* 1858, S. 64, Nr. 748); Orchis Morio L. – russ. *dremlik* bzw. *ljubka* (a. a. O., S. 64, Nr. 750)

„368 Orchis palmata pratensis maculata C B. P. ..." (AAW R. I, Op. 104, D. 25, Bl. 28v, s. Anm. 61 in Nr. 21); „12. Orchis palmata pratensis maculata C. B. P. 85. ..." (AAW R. I, Op. 13, D. 67, Bl. 62v, s. Anm. 5 in Nr. 4); „231. Orchis radicibus palmatis, bracteis floris longitudine seta germinibus breviore labello lineis picto. An Orchis palmata praterum Porchefontaine Vaill. B. Par. 152. ... Orchis palmata angustifolia purpurea maculata J. B. II. 777. Haller Stirp. helvet. 273. ..." (AAW R. I, Op. 13, D. 20, Bl. 24v, s. Anm. 1 in Nr. 1); „973. An Orchis palmata pratensis maculata C. B. P. 85? ..." (AAW R. I, Op. 105, D. 1[a], Bl. 100v, s. Anm. 29 in Nr. 5); „85. Orchis palmata pratensis maculata. C. B. P. ..." (AAW R. I, Op. 104, D. 17, Bl. 13r, s. Anm. 36 in Nr. 8); „85. Orchys palmata pratensis maculata C. B P. ..." (AAW R. III, Op. 1, D. 162, Bl. 64v, s. Anm. 54 in Nr. 17); „20. August 1723 ... Von Kräutern fand sich hieherumb ... Orchis palmata montana maculata (angustifolia, C. B., Tournefortii sp. 82) ..." (Messerschmidt 1962–1977, Bd. 2, S. 117); s. Nr. 604

38 „[species 36] Orchis alba, bifolia, minor, calcari oblongo C. B. Pin. 83. Orchis alba, calcari longo J. B. 2. 771. Orchis Serapias, 1 Dod. Pempt. 237." (Tournefort 1700, S. 433, Genus I. „Orchis."); „Orchis alba, bifolia minor, calcari oblongo C. B. Pin. 83. Orchis alba, calcari longo J. B. 2. 771. ... Weiß Stendelwurtz mit langen Spörlein/ und wohlriechenden Blumen/ Fuchshödlein. ..." (Mappus 1742, S. 218); „Orchis bifolia minor calcari oblongo CBP. sive Orchis alba, calcari longo IB. 2. 771. Stendel=Wurtzel, mit weisen lang besporten wohlriechenden Blumen, ..." (Lindern 1747, S. 81); „16. ORCHIS alba bifolia minor, calcari oblongo. C. B. P. Das kleinere Papilionsknabenkraut." (Miller 1751, S. 92); „Orchis biflora, nectarii labio lanceolato integerrimo: cornu longiissimo, petalis patentibus; Zweyblätterichtes Knabenkraut, ... Zweyblätterichte Ragwurz; Fliegenblume; weisse wohlriechende Stendelwurz; ... Sie heißt bey C. Bauhin: Orchis alba bifolia minor, calcari oblongo; ..." (Gmelin 1774, Sp. 591f.)

„Orchis alba bifolia, minor, calcari oblongo. B. Pin. 83. et Inst. r. h. n°. 121." (AAW R. I, Op. 13, D. 19, Bl. 5r, s. Anm. 54 in Nr. 17); „971. Orchis radicibus oblongis nectarij labio lineari, seta germinibus longire Ind. d. anu 269. Orchis alba calcari longo J. B. II. 771. Orchis alba bifolia minor calcare oblongo & orchis trifolia major B. Pin. 83. ..." (AAW R. I, Op. 13, D. 20, Bl. 87v, s. Anm. 1 in Nr. 1); s. Nr. 597

39 „Palmata angustifolia maculata Rivini. Palmata foemina flore rubro vel dilute purpureo, folio maculato Chabr. p. 254. ..." (Rupp 1726, S. 241); „PALMATA FOEMINA FLORE RVBRO, VEL dilutè purpureo, folio maculato. ..." (Chabrey 1666, S. 254); „3. An Palmata angustifolia maculata Rivini? Ind. Irc. n°. 519. Jen. 969." (AAW R. I, Op. 13, D. 67, Bl. 62v, s. Anm. 5 in Nr. 4); „969. An Palmata angustifolia maculata Rivini? Ind. Irc. n° 519" (AAW R. I, Op. 105,

D. 1ª, Bl. 100r, s. Anm. 29 in Nr. 5); „519. An Palmata angustifolia maculata Rivini? ..." (AAW R. I, Op. 105, D. 12, Bl. 26r, s. Anm. 54 in Nr. 17); s. Nr. 602

40 „Palmata angustifolia non maculosa Rivini. Orchis palmata pratensis angustifolia minor, flore odoratissimo C. B. Prodr. p. 30. ut & orchis palmata montana maxima C. B. Prodr. p. 31. ..." (Rupp 1726, S. 241f.); „VI. ORCHIS palmata pratensis angustifolia maior: ... VII. ORCHIS palmata angustifolia minor flore odoratissimo. ..." und die Abbildungen „Orchis palmata pratensis angustifolia" und „Orchis palmata angustifolia minor flore odoratissimo." auf der gleichen Seite (Bauhin 1620, S. 30); „IX. ORCHIS palmata montana maxima: ..." und die Abbildung „Orchis palmata montana maxima." auf der gleichen Seite (a. a. O., S. 31); „Orchis palmata angustifolia minor odoratissima C. B. P. 86 & Park. Palmata angustifolia non maculosa Riv. ... wohl=riechende Händlens=Wurtz mit schmalen Blättern, ..." (Leopold 1728, S. 120); „[Orchis] palmata montana maxima, so nennt C. Bauhin eine sehr grose Abart des hohen Knabenkrautes, welche auf Bergen wächst." (Gmelin 1774, Sp. 625); „Palmata; ist der Gattungsname, unter welchem Rivin alle Arten des Knabenkrautes mit handförmiger Wurzel vereiniget. ... [Palmata] angustifolia non maculata; bedeutet bey ihm das hohe Knabenkraut." (a. a. O., Sp. 743); „25. ORCHIS radicibus palmatis, angustissimo folio, calcare gracili, ovario breviori. ... Palmata caryophyllata I. B. II. p. 777. II. ... Orchis palmata angustifolia minor, flore odoratissimo C. B. Prodr. p. 30. ... Palmata angustifolia non maculosa RUPP. p. 241. &c. ..." (Haller 1742, S. 271); „1274. ORCHIS radicibus palmatis, flore concolore, labello obtuse trifido, calcare germine breviore t. 29. Gen. Orchid. p. 68. n. 13. Orchis palmata angustifolia minor, odoratissimo C. B. Basil. p. 24. ... Palmata caryophyllata J. B. II.p. 777. Orchis bulbis palmatis, nectarii cornu recurvo, labio ovato, acuto, foliis linearibus LINN. p. 1335. ..." (Haller 1768a, S. 139); „26) Wohlriechende Ragwurz. Orchis odoratissima. ... Orchis bulbis palmatis, nectarii cornu recurvo breviore, labio trilobo, foliis linaribus. LINN. Syst. Veg. p. 675. Orchis bulbis palmatis, nectarii cornu recurvo, labio ovato acuto, foliis linearibus. Sp. Pl. p. 1335. ... Orchis radicibus palmatis, labello obtuse trifido concolore, calcare germine breviori. HALL. helv. nr, 1274. tab. 29. ... Orchis palmata angustifolia odoratissima. C. BAUH. pin. 86. prodr. 30. tab. 30. ..." (Linné 1784, S. 563f.); „52. ORCHIS odoratissima. ... O. radicibus palmatis, ... Hall. helv. n. 1274. t. 29. ... O. bulbis palmatis, ... Spec. pl. ed. 2. p. 1335. ... Orchis palmata angustifolia minor odoratissima. Bauh. pin. 86. prodr. 30. t. 30. ... Wohlriechende Ragwurz. W. ..." (Linné 1797–1830, Bd. IV, Teil 1, S. 32); „Orchis odoratissima, nectarii cornu recurvo: labio trilobo, foliis linearibus; wohlriechendes Knabenkraut, ... Es hat einen besondern, starken und angenehmen Geruch, und ist durchaus keine blose Spielart des hohen Knabenkrautes; ... Es heißt bey C. Bauhin: Orchis palmata angustifolia minor, flore odoratissimo; oder: Orchis palmata angustifolia minor odoratissima; bey Hallern: Orchis radicibus palmatis, angustissimo folio, calcari gracili, ovario breviori; oder: Orchis radicibus palmatis, flore concolore, labello obtuse trigido, calcare gemine breviore; ..." (Gmelin 1774, Sp. 605); „15. ORCHIS odoratissima ... Wolriechende Orchis. ..." (Georgi 1797–1802, Theil 3, S. 1270); „2. G[ymnadenia] odoratissima (RICH. Adnot. ...) ... Orchis odoratissima. L. Spec. 1335. ..." (Ledebour 1853, 65); „[Gymnadenia] odoratissima Rich. (Orchis odoratissima L.) Wolriechende Nacktdrüse. Die nach Gewürznelken riechenden Blüten waren als Flores Palmae Christi früher gegen Ruhr im Gebrauch." (Rosenthal 1862, S. 125); „Gymnadēnia R. BR. (Orchideae). Zus. aus γυμνος (nackt) und ἀδην (Drüse); die Pollenmassen haben zwei seitliche, nackte (nicht in Beutelchen eingeschlossene) Drüsen." (Wittstein 1852, S. 406)

„4. An Palmata angustifolia non maculosa Rivini Ind. Jen. 970." (AAW R. I, Op. 13, D. 67, Bl. 62v, s. Anm. 5 in Nr. 4); „970. An Palmata angustifolia non maculosa Rivini?" (AAW R. I, Op. 105, D. 1ª, Bl. 100r, s. Anm. 29 in Nr. 5)

41 „Tab. XXVI. Monorchis Ophioglossides, unifolia Menzel. ..." und die Abbildung auf Tafel XXVI (Buxbaum 1729, S. 15f.); „Monorchis ophioglossoides unifolia ... v. Tab. 5." und die Abbildung „Monorchis Ophioglossoides unifolia Prúss:" auf Tafel 5 (Mentzel 1715a); „16. ORCHIS * radicibus ouatis, tunicatis, scapo nudo LINN. h. Cliff. 429. Orchis lilifolia minor sabuletorum Zelandiae et Batauiae BAUH. Hist. II. 770. Monorchis ophioglossoides Mentzelii BUXB. Cent.

III. p. 15. Tab. XXVI. ... Haec diu obseruaui, et STELLERUS etiam in Flora Ircutensi habet. ... |: * Herminium. :|" (Gmelin 1747–1769, Bd. I, S. 20); „16. Orchis radicibus ovatis tunicatis, scapo nudo [=] Malaxis monophyllos Sw.!" (Ledebour 1841, S. 48); „1. HERMINIUM radicibus ovatis tunicatis, scapo nudo. ... Orchis lilifolia minor sabuletorum zelandiae & bataviae. Bauh. hist. 2. p. 770. ..." (Linné 1737, S. 429); „10) Einblätterichtes Knabenkraut. Ophrys monophyllos. ... Ophrys bulbo rotundo, scapo nudo, folio ovato, nectarii labio integro. LINN. Syst. Veg. p. 678. Sp. Pl. p. 1342. ... Monorchis ophioglossoides. MENTZ. pug. tab. 5. f. 1. 2. ..." (Linné 1784, S. 609f.); „4. MALAXIS monophyllos. ... Ophrys (monophyllos) ... Sp. plant. 1342. ... Monorchis ophioglossoides. Mentz. pug. t. 5. f. 1. 2. ... Einblättriges Weichkraut. W. ..." (Linné 1797–1830, Bd. IV, Teil 1, S. 90); „1. MALAXIS MONOPHYLLA. Sw. ... Ophrys monophyllos. Linn. Spec. pl. 1342. ..." (Ledebour 1833, S. 173); „938. Microstylis. NUTT. ... 1. M. monophyllos (LINDL. l. c. p. 19.) ... Ophrys monophyllos. L. Spec. 1342. ... Malaxis monophyllos. SWARTZ ... WILLD. Spec. pl. IV, p. 90. ... LEDEB. Fl. alt. IV, p. 173. ... Orchis radicibus ovatis, tunicatis, scapo nudo. GMEL. Fl. sib. I, p. 20, No. 16. ..." (Ledebour 1853, S. 50); „Ophrys monophyllos, ... einblätterichtes Zweiblatt, ..." (Gmelin 1774, Sp. 578); „5. Malaxis monophyllos Swartz. Einblättriges Weichkraut. ... Ophrys monophyllos. Linn. Sp. pl. 1342. ... Monorchis ophioglossoides. Menz. pug. t. 5. f. 1. 2. ..." (Dietrich 1818, S. 529f.); „Micrōstylis NUTT. (Orchideae). Zus. aus ηικρος (klein) und στυλος (Griffel); die Columna ist äusserst klein." (Wittstein 1852, S. 582); „Malāxis Sw. (Orchideae). Von μαλαξις (Weichheit), in Bezug auf die weiche Umgebung der Wurzelknollen." (a. a. O., S. 552)

„1. Monorchis Ophioglossoides Mentzelij Ind. Irc. n°. 513. α. Elatior. β. Humilior." mit der links marginalen Anm. „Ic. St." (AAW R. I, Op. 13, D. 67, Bl. 62v, s. Anm. 5 in Nr. 4); „1094. Herminium radicibus ovatis tunicatis, scapo nudo Linn. h. Cliff. 429. Bifolium bulbosum Dod. Pempt. 242. ..." (AAW R. I, Op. 13, D. 20, Bl. 100v, s. Anm. 1 in Nr. 1); „966. Monorchis ophioglossoides Mentzelij & Ind. Irc. n°. 513. ..." (AAW R. I, Op. 105, D. 1, Bl. 76r, s. Anm. 29 in Nr. 5); „513. Monorchis ophioglossoides Mentzelij. ..." (AAW R. I, Op. 105, D. 12, Bl. 25r, s. Anm. 54 in Nr. 17); s. Anhang B.5. Nr. 45

42 „15. ...* ORCHIS spiralis seu Monorchis floribus purpurascentibus STELL. Flor. Irc. 607. De hac scribit Auctor, quod vnicum eius exemplum circa medium Iunii ad Uschacovcam amnem in regione Ircutiae vrbis inuenerit. An forte eadem cum 14? [s. Nr. 608?] an Epipactis 10?" (Gmelin 1747–1769, Bd. I, S. 18ff.); [s. auch Nr. 601] „10. EPIPACTIS foliis plerisque ex lineari lanceolatis. Tab. III. Fig. 1. ... Nescio, an cucullus tripetalis ad distinctionem generis sufficet. De eo dubitasse videtur STELLERUS, qui priorem huius generis speciem [s. Nr. 610] cum RUPPIO ad Helleborinem retulit. ..." (Gmelin 1747–1769, Bd. I, S. 13f.); „10. Epipactis foliis plerisque ex lineari lanceolatis. t. III. f. 1. [=] Spiranthes amoena Spr.!" (Ledebour 1841, S. 47); „1294. EPIPACTIS bulbis cylindricis, spica spirali, labello crenulato Gen. Orchid. constit. p. 36. n. 7. tab. 38. ... V. Epipactis foliis plerisque ex lineari lanceolatis GMELIN. Flor. Sibir. p. 13. t. 3. f. 1. ... Ophrys bulbis aggregatis, oblongis, caule subfolioso, floribus secundis, nectarii labio indiviso, crenato LINN. p. 1340. ..." (Haller 1768a, S. 152f.); „3) Spiralförmiges Knabenkraut. Ophrys spiralis. ... Ophrys bulbis aggregatis oblongis, caule subfolioso, floribus spirali secundis, nectarii labio indiviso crenulato. LINN. Syst. Veg. p. 677. Sp. Pl. p. 1340. ... Epipactis bulbis cylindricis, ... HALL. helv. nr. 1294. tab. 38. ... δ) Epipactis foliis plerisque ex lineari-lanceolatis GMEL. sib. 2. [sic!] p. 13. tab. 3. f. 1. ... Weil die Blumen dieser Art ... spiralförmig stehen, führt selbige obigen Beynamen, Wohlriechende wird sie deßwegen von einigen alten Kräuterkundigen genennt, weil ihre Blumen einen sehr angenehmen Geruch ausduften. ... Unter den angezeigten Abänderungen verdienen folgende auch hier bemerkt zu werden. ... 3) Welche Gmelin in Sibirien wild gefunden, und sich besonders durch ihre purpurfärbigen Blumen sehr merklich auszeichnet. ..." (Linné 1784, S. 598ff.); „6. NEOTTIA spiralis. ... Ophrys (spiralis) ... Sp. pl. 1340. ... Epipactis bulbis cylindricis, ... Hall. helv. n. 1294. t. 38. ... δ. Epipactis foliis plerisque ex lineari-lanceolatis. Gmelin. sib. 2. [sic!] p. 13. t. 3. f. 1. ... Spiralförmige Neottie. W. ..." (Linné 1797–1830, Bd. IV, Teil 1, S. 73f.); „1. SPIRANTHES AMOENA. Spreng. ... Sp. amoena Spreng. Syst. veg. III.

p. 708. No. 4. Neottia amoena. M. a Bieb. Fl. taur. cauc. III. p. 606. ... Neottia spiralis δ. Linn. Willd. Spec. pl. IV. p. 74. Epipactis foliis plerisque ex lineari-lanceolatis. Gmel. Fl. sib. I. p. 13. No. 10. t. III. f. 1. Orchis spiralis seu Monorchis floribus purpurascentibus. Steller. Fl. Irc. 607. – Gmel. Fl. sib. I. p. 19. ..." (Ledebour 1833, S. 173); „954. Spiranthes. RICH. ... 2. S. australis (LINDL. l. c.) ... S. amoena. ... LEDEB. Fl. alt. IV, p. 173. ... Neottia amoena. M. a BIEB. Fl. t. c. III, p. 606. ... Epipactis foliis plerisque ex lineari lanceolatis. GMEL. Fl. sib. I, p. 13, No. 10, t. 3. f. 1. Orchis spiralis seu Monorchis floribus purpurascentibus. STELLER Fl. Ircut. msc. 607 in GMEL. Fl. sib. I, p. 19. ..." (Ledebour 1853, S. 84f.); „4. S[piranthes] autumnalis (RICH. Annot. 37.) ... Ophrys spiralis. L. Spec. 1340. ... GEORGI Beschr. d. Russ. R. III, 5. p. 1272 (excl. pl. sibirica). ... Neottia spiralis. WILLD. Spec. pl. IV, p. 73. α. ..." (a. a. O., S. 85); „[Ophrys] spiralis, ... spirales Zweyblatt, ..." (Gmelin 1774, Sp. 574f.); „3. OPHRYS spiralis. ... Schraubenförmige Ophrys. ..." (Georgi 1797–1802, Theil 3, S. 1272); „* NEOTTIA amoena. ... N. spiralis δ. Linn. ed. Willd. 4. p. 74. Epipactis foliis plerisque ex lineari-lanceolatis. Gmel. sib. 1. p. 13. n. 10. t. 3. f. 1. ..." (Marschall von Bieberstein 1819, S. 606); „16. SPIRANTHES AUTUMNALIS. Rich. HERBSTBLÜHENDE SPIRANTHES. ... Sachsen: um Halle bei Lodersleben, Wulferode und Grävenstuhl hinter Leimbach. ..." (Dietrich 1833, Nr. 16); „Spiranthes autumnalis Rich. Gemeine Drehähre, ... (Ophrys spiralis L. Neottia spiralis Sw. ...) ... Ehemals galten die Knollen, Radix Triorchidis albae odoratae s. Orchidis spiralis, für ein Aphrodisiacum, wegen der Aehnlichkeit mit Hoden." (Winkler 1842, S. 689); „1128. SPIRANTHES AUSTRALIS Lindl. ... S. amoena Spr. syst. veg. III. p. 708. ... Epipactis foliis plerisque ex lineari-lanceolatis. Gmel. fl. Sib. I. p. 13. t. 3. f. 4. Orchis spiralis seu Monorchis floribus purpurascentibus Stell. fl. Irc. msc. ex Gmel. fl. Sib. I. p. 19. ..." (*Turčaninov* 1856, S. 188); „Spiranthes autumnalis. ... Klinik. Zunächst möchte es bei allen Entzündungszuständen überhaupt, dann bei Fieberzuständen der Schleimhäute. Catarrhen, Reizfiebern der Empfehlung werth sein. Eine grosse Tragweite zeigt es bei Schnupfen, Gicht, Zahnweh, Hypochondrie, einzelnen Ausschlagskrankheiten, Koliken, Cephalalgieen, Schwindel. ..." (Kleinert/Possart 1863, S.189ff.); „Epipāctis HALL. (Orchideae). Von ἐπισπαειν (heraus-ziehen, -sc. die schlechten Säfte der Kranken); ..." (Wittstein 1852, S. 326); „Neōttia L. (Orchi-deae). Von νεοττια (Nest); die Wurzelfasern sind so ineinander verflochten, dass sie das Ansehn eines Vogelnests haben." (a. a. O., S. 613); „Spirānthes Rich. (Orchideae). Zus. aus σπειρα (Spirale) und ἀνϑη (Blume); der Blüthenstand bildet eine Spirale." (a. a. O., S. 832)

43 „14. ORCHIS radice rotunda, cucullo tridentato. Tab. III. Fig. 2. [und] 2.* Orchis Ruthenica minor, Helleborines foliis GERB. Fl. Mosc. Monorchis bifolia foliis sessilibus, flore purpurascente STELL. Fl. Irc. 608. ... STELLERUS et ego hanc plantam vno eodemque anno inuenimus, et vterque iconem fieri curauimus. Eius icon praestat, quod structuram floris optime exhibeat, mea naturali partim situ potiorem quadantenus locum sibi vindicat. ..." (Gmelin 1747–1769, Bd. I, S. 16ff.); „14. Orchis radice rotunda, cucullo tridentato. t. III. f. 2. & 2.* [=] Orchis cucullata L.!" (Ledebour 1841, S. 47); „10) Kappenförmige Ragwurz. Orchis cucullata. ... Orchis bulbis indivisis, nectarii labio trifido, petalis confluentibus, caule nudo. LINN. Syst. Veg. p. 637. Sp. Pl. p. 1352. ... Orchis radice rotunda cucullo tridentato. GMEL. sib. 1. p. 16. tab. 3. f. 2. Diese ... ist in Siberien zu Hauße. Auch in Rußland soll sie nach des Herrn Collegienrath Pallas Wahr-nehmung, nicht selten seyn. ..." (Linné 1784, S. 537); „15. ORCHIS cucullata. ... O. bulbis indivisis, ... Sp. pl. 1332. ... O. radice rotunda, cucullo tridentato. Gmel. sib. 1. p. 16. t. 3. f. 2. ... Kappenförmige Ragwurz. W. ..." (Linné 1797–1830, Bd. IV, Teil 1, S. 13); „3. GYMNADENIA CUCULLATA. Rich. ... Orchis cucullata. Linn. Willd. Spec. pl. IV. p. 13. ... Orchis radice rotunda, ... Gmel. Fl. sib. I. p. 16. No. 14. t. III. f. II. et II*. ..." (Ledebour 1833, S. 170); „3. G[ymnadenia] cucullata (RICHARD Adnot. – REICHENB. Ic. pl. crit. t. 816) ... LEDEB. Fl. alt. IV, p. 170. ... Orchis cucullata. L. Spec. 1322. ... Orchis radice rotunda, ... GMEL. Fl. sib. I, p. 1, . 16, No. 14, t. 3, f. 2, s*. ..." (Ledebour 1853, S. 66); „Orchis cucullata, ... sibirisches Knabenkraut mit nakendem Stengel, einer Blumenkrone, deren Blättlein zusamenfliesen, und einem Honig-behältnisse, dessen Lippe in drey Abschnitte zerspalten ist; ... Es heißt bey J. G. Gmelin: Orchis radice rotunda, cucullo tridentato." (Gmelin 1774, Sp. 593); „Orchis radice rotunda cucullo

tridentato. Duae plantae in ea charta fuerunt cum hoc titulo. Una est monorchis (Fl. sib. I. 18. nr. 15. [s. Nr. 601] quam Cel. Ledeb. in comm. suo ophrydem monorchin L. Herminium monorchin R. Br., in Fl. ross. vero plantam Stelleri a Gmelino huc ductam Dieniam Gmelini Lindl. definit.), altera nova planta ex genere militarium, sed cui spica heteromala. Ea puto est in tab. tua III. fig. II. ad * (Fl. sib. I. 16. nr. 14. Orchis cucullata L. Gymnadenia cucullata Lindl.).“ (A. von Haller in einem undatierten Brief an J. G. Gmelin – Plieninger 1861, S. 151); „2. ORCHIS cucullata ... Kappenförmige Orchis. Gm. sib. 1. T. 3. f. 2. ...“ (Georgi 1797–1802, Theil 3, S. 1267)

„103. +Monorchis bifolia folijs sessilibus, flore purpurascente Fl. Irc. 608.“ (AAW R. I, Op. 105, D. 16, Bl. 2v, s. Anm. 5 in Nr. 4); „2. Monorchis bifolia folijs sessilibus flore purpurascente Fl. Irc. n°. 608.“ mit der links marginalen Anm. „Ic. St.“ (AAW R. I, Op. 13, D. 67, Bl. 62v, s. Anm. 5 in Nr. 4); „CCCCXXIX. Orchis ... 11. Orchis Ruthenica minor, Helleborine folio, flore parvo rubente.“ (Bll. 54r–54v in T. Gerber „Flora Moscuensis ...“, s. Anm. 6 in Nr. 55); s. Anhang B.5. Nr. 44 und B.6.12.

44 s. Nr. 612

45 „Helleborine bifolia Siberiensis minor, caule aphyllo, floribus albis minutissimis“ (G. W. Steller in: AAW R. I, Op. 81, D. 23, Bl. 26v, s. Anm. 1 in Nr. 1); „5. Ophris minima C. B. P. Ind. Len. n°. 455. Helleborine bifolia minor, caule aphyllo, floribus minutissimis albis Fl. Irc. n° 609. ...“ (AAW R. I, Op. 13, D. 67, Bl. 63r, s. Anm. 5 in Nr. 4); „455. Ophris minima C. B. P. ...“ (AAW R. I, Op. 13, D. 42, Bl. 91v, s. Anm. 1 in Nr. 1)

„23. OPHRIS foliis cordatis. LINN. Lapp. [Nummer] 316. Ophris minima B. Pin. 87. Bifolium minimum B. Hist. III. 534. Ego ad Lenam fluuium, STELLERUS Tobolii ad Irtin et Ircutiae ad Angaram plantam inuenimus, ...“ (Gmelin 1747–1769, Bd. I, S. 25); „23. Ophrys foliis cordatis [=] Listera cordata R. Br.!“ (Ledebour 1841, S. 48); „6) Herzförmiges Knabenkraut. Ophrys cordata. ... Ophrys bulbo fibroso, caule bifolio, foliis cordatis. LINN. Syst. Veg. p. 677. Sp. Pl. p. 1340. ... Ophrys foliis cordatis. Fl. lapp. 247. ... GMEL. sib. 1. p. 25. ... Ophrys minima. C. BAUH. pin. 87. prodr. 31. Bifolium minimum. I. BAUH. hist. 3. p. 534. ...“ (Linné 1784, S. 602ff.); „11. EPIPACTIS cordata. ... Ophrys (cordata) ... Sp. pl. 1340. ... Ophrys foliis cordatis. Fl. lapp. 247. ... Gmel. sib. 1. p. 25. ... Ophrys minima. Bauh. pin. 87. prodr. 31. Bifolium minimum. Bauh. hist. 3. p. 534. ... Herzblättrige Sumpfwurz. W. ...“ (Linné 1797–1830, Bd. IV, Teil 1, S. 88); „Ophrys cordata, ... herzförmiges Zweyblatt, kleinstes Zweyblatt; ... Es heißt bey J. G. Gmelin: Ophrys foliis cordatis; ...“ (Gmelin 1774, Sp. 576); „5. OPHRYS cordata ... Herzblättrige Ophrys. ...“ (Georgi 1797–1802, Theil 3, S. 1272); „1883. OPHRYS cordata bulbo fibroso, caule bifolio, foliis cordatis. Linn. Sp. pl. 2. p. 1340. Epipactis cordata. ... Willd. Linn. Sp. pl. 4. p. 88. ... Ophris minima. Bauh. pin. 87. ... Germ. Kleine zweyblättrige Ophris. ...“ (Gmelin 1808, S. 560f.); „3. L[istera] cordata (R. BR. l. c.) ... Ophrys cordata. L. Spec. 1340. ... Ophrys foliis cordatis. GMEL. Fl. sib. I, p. 25, No. 23. ... Epipactis cordata. ... WILLD. Spec. pl. IV, p. 88. ... Neottia cordata. RICH. Annot. p. 37. ...“ (Ledebour 1853, S. 80f.); „LISTERA R. Brown in Ait. hort. kew. 2. v. 5. p. 201. ... 558. LISTERA cordata: foliis rhombeo-cordatis, labello bifido: dente baseos utrinque assurgente. ... Ophrys cordata Linn. svec. n. 809. ... Epipactis cordata Willden. spec. pl. 4. p. 88. ...“ (Wahlenberg 1820, S. 294f.); „22. NEOTTIA CORDATA. Richard. HERZ-FÖRMIGE NEOTTIE. .... Ophrys cordata Linn. spec. pl. 1340. Epipactis cordata ... Willd. sp. pl. 4. p. 88. ...“ (Dietrich 1833, Nr. 22); „Listēra R. BR. (Orchideae). Nach MART. LISTER, geb. um 1638 zu Radcliffe, Arzt in York, London, Leibarzt der Königin Anna, st. zu London 1711; schrieb u. a. auch über die Bewegung des Saftes in den Pflanzen.“ (Wittstein 1852, S. 530); „Helleborine PERS. (Orchideae). Plinius sagt (XXVII. 52.), die Epipactis oder Helleborine sey eine kleine Pflanze mit kleinen Blättern; combinirt man diese höchst mangelhafte Beschreibung mit Helleborus albus (siehe Helleborus) der Alten, so bedeutet Helleborine: eine dem Veratrum album ähnliche, aber kleinere Pflanze. In der That sehen unsere Epipactis- und Serapias-Arten bezüglich der Blätter und des Blüthenstandes dem Veratrum album nicht unähnlich. = Serapias L.“ (a. a. O., S. 426f.)

[46] G. W. Steller hielt sich bei seiner Hinreise nach Sibirien vom 25. Juni bis zum 22. Juli 1738 in *Tobol'sk* auf.

[47] Nr. 601

[48] „9. EPIPACTIS * foliis ouatis radicalibus LINN. Lapp. 314. Pyrola angustifolia polyanthos radice geniculata LOESEL. Pruss. p. 210. cum ic. Orchis radice repente I. B. II. p. 770. Epipactis HALL. Helv. 270. [sic!] ... Odorem florum STELLERUS in Flor. Ircut. cerae comparat. Mihi ad omnem Lenam fluuium et in paludosis Catharinopolis ad Isetum fluuium, STELLERO ad Bargusinum fluuium et lacum Baicalem inter muscos et myrtillum fructu rubro copiosissime obseruata est. ... |: * Satyrium. :|" (Gmelin 1747–1769, Bd. I, S. 13); „9. Epipactis foliis ovatis radicalibus [=] Goodyera repens R. Br.!" (Ledebour 1841, S. 47); „DLXXIX. *Pyrola acutifolia polyanthos radice geniculatâ. Joh. Loes. Spitz=blätterricht Winter=Grün mit vielen weißen Blümlein. ..." (Loesel 1703, S. 210); „1. EPIPACTIS. ... Orchis radice repente ... I. B. II. p. 770. cum icone aliena. ... Pseudoorchis C. B. Basil. p. 24. ... Pyrola angustifolia polyanthos radice geniculata LOESEL. p. 210. ic. 68. bene. ... Helleborine sylvatica radice repente RUPP. p. 238. ... Satyrium foliis ovatis radicalibus LINN. flor. Lapon. n. 314. ... Helleborine sylvatica, radice repente, foliis tessellatis RUPP. p. 238. ..." (Haller 1742, S. 277); „HELLEBORINE sylvatica radice repente. Pseudoorchis C. B. P. ... HELLEBORINE sylvatica radice repente foliis tesselatim variegatis, ..." (Rupp 1726, S. 238); „314. SATYRIUM foliis ouatis radicalibus. Helleborine syluatica, radice repente. Rupp. jen. 1. p. 278. [sic!] ..." (Linné 1737a, S. 246); „7) Kriechende Bocksgeilen. Satyrium repens. ... Satyrium bulbis fibrosis, foliis ovatis radicalibus, floribus secundis. LINN. Syst. Veg. p. 676. Sp. Pl. p. 1339. ... Satyrium foliis ouatis radicalibus. Fl. lapp. [Nummer] 314. ... Epipactis foliis ouatis radicalibus. GMEL. sib. 1. p. 13. ... Pseudo-Orchis. C. BAUH. pin. 84. Pyrola angustifolia polyanthos, radice geniculata. LOES. pruss. 210. tab. 68. ..." (Linné 1784, S. 589f.); „11. NEOTTIA repens. ... Satyrium (repens) ... Sp. pl. 1339. ... Satyrium foliis ovatis radicalibus. Fl. lapp. 314. Pseudo-Orchis. Bauh. pin. 84. Pyrola angustifolia polyanthos radice geniculata. Loes. pruss. 210. t. 68. Epipactis foliis ovatis radicalibus. Gmel. sib. 1. p. 13. ... Kriechende Neottie. W. ..." (Linné 1797–1830, Bd. IV, Teil 1, S. 75f.); „1. GOODYERA REPENS. R. Brown. Nettoia repens. Willd. Spec. pl. IV. p. 75. – M. a Bieb. Fl. taur. cauc. III. p. 606. No. 1849*. Satyrium repens. Liun. [sic!] Spec. pl. 1339. Epipactis foliis ovatis radicalibus. Gmel. Fl. sib. I. p. 13. No. 9. ..." (Ledebour 1833, S. 171f.); „Satyrium repens, ... kriechender Stendel, ... Er heißt in der lappländischen Pflanzengeschichte: Satyrium foliis ovatis radicalibus." (Gmelin 1776, Sp. 223); „955. Goodyera. R. BR. ... 1. G. repens (R. BR. l. c. p. 198) ... LEDEB. Fl. alt. IV, p. 171. ... Satyrium repens. L. Spec. pl. 1339. ... Neottia repens. ... WILLD. Spec. pl. IV, p. 75. – M. a BIEB. Fl. t. c. III, p. 605. ... Epipactis foliis ovatis radicalibus. GMEL. Fl. sib. I, p. 13, No. 9. ..." (Ledebour 1853, S. 85f.); „2849*. NEOTTIA repens. ... Gmel. sib. 1. p. 13. n. 9. ... Satyrium (repens) ... Linn. spec. plant. p. 1339. ..." (Marschall von Bieberstein 1819, S. 605f.); „17. GOODYERA REPENS. R. Br. Richard. KRIECHENDE GOODYERA. ... Sachsen: um Halle bei Lingenau. ..." (Dietrich 1833, Nr. 17); „8. Neottia repens. Swartz. Kriechende Neottie; kriechende Bocksgeilen. ..." (Dietrich 1806, S. 345); „Orchis radice repente (Fl. sib. I. 13. nr. 9. Satyrium repens L. Goodyera repens R. Brown.)." (A. von Haller in einem undatierten Brief an J. G. Gmelin – Plieninger 1861, S. 151); „1404. Satyrium repens. – Goodyera repens R. Brown. ... Satyrium repens ... Linn. Sp. pl. ... Epipactis foliis ovatis radicalibus. Gmel. Fl. Sibir. I. p. 13. ..." (Wulfen 1858, S. 722); „Satyrium L. (Orchideae). Von σατυρος (Satyr, vom arabischen satar: Bock), in Bezug auf die angeblich aphrodisischen Wirkungen der Pflanze; auch hat das Labellum an der Basis 2 hodenartige Säcke. ..." (Wittstein 1852, S. 787); „Goodyēra R. BR. (Orchideae). Nach Joh. Goodyer, englischem Botaniker." (a. a. O., S. 399)

„104. +Helleborine ceram redolens floribus candidis pilosis Fl. Irc. 610." (AAW R. I, Op. 105, D. 16, Bl. 2v, s. Anm. 5 in Nr. 4), s. Anhang B.5. Nr. 43

[49] s. Nr. 1102

[50] s. Nr. 302

[51] in der 2. Textversion (s. Anm. 1 in A.): „lateralia"

52 „[species 1] Helleborine latifolia, montana C. B. Pin. 186. Elleborine Dodonaei J. B. 3. 516. Helleborine Dod. Pempt. 384." (Tournefort 1700, S. 436, Genus II. „Helleborine. Elleborine."); „De Helleborine. CAP. XXVIII. ..." und die Abbildung „Helleborine" auf S. 384 (Dodoens 1616, S. 384f.); „ELEBORINES SPECIES VARIAE. CAP. XIII. ELLEBORINE DODONAEI. ..." (Bauhin 1651, S. 516); „Helleborine latifolia, montana C. B. Pin. 186. ... Elleborine, breitblätterich Nießkraut/ breite Berg Nießwurtz. ..." (Mappus 1742, S. 140); „Helleborine latifolia montana. C. B. P. Gemein Helleborinkraut." (Miller 1751, S. 588); „7. HELLEBORINE floribus ex viridi & purpureo variis, labello acuminato, foliis brevissimis. ... Helleborine DODON. p. 385. ... Helleborine latifolia montana C. B. ..." (Haller 1742, S. 275f.); „1297. EPIPACTIS foliis amplexicaulibus ovato lanceolatis, labello lanceolato. Orchid. gen constit. p. 28. n. 4. tab. 40. α Planta junior, flore viridi & albescente. Elleborines recentiorum genus II CLUS. ... Helleborine latifolia montana C. B. ... Serapias bulbis fibrosis, floribus erectis, bractea brevioribus. LINN. p. 1344. ..." (Haller 1768a, S. 154f.); „1. SERAPIAS caule multifolio multifloro. Helleborine latifolia montana. Bauh. pin. 186. ... Helleborine. Dod. pempt. 384. Elleborine dodonaei. Bauh. hist. 3. p. 516. ..." (Linné 1737, S. 429f.); „7. SERAPIAS caule multifolio, multifloro LINN. h. Cliff. 429. I. Floribus viridi et rubente variis. j. Tribus externis petalis vtrinque obsolete et pallide viridibus, ... jj. Petalis et labio nectarii sature purpureis, ... II. Floribus purpureis. α) caule et vulgaris foliorum viridibus, ..." (Gmelin 1747–1769, Bd. I, S. 8ff.); „7. Serapias caule multifolio multifloro. I. Floribus viridi et rubente variis [=] Epipactis latifolia All. [;] II. Floribus purpureis [=] Epipactis palustris Crantz.!" (Ledebour 1841, S. 47); „1855. EPIPACTIS latifolia. ... Helleborine latifolia montana. Bauh. pin. 186. ..." (Allioni 1785a, S. 152); „1) Breitblätterigte Stendelwurz. Serapias latifolia. ... Serapias bulbis fibrosis, foliis ouatis amplexicaulibus, floribus pendulis. LINN. Syst. Veg. p. 678. Sp. Pl. p. 1344. ... Epipactis foliis amplexicaulibus, ouato-lanceolatis, labello lanceolato. HALL. helv. nr. 1297. tab. 40. ... Helleborine latifolia montana. C. BAUH. pin. 186. ... Helleborine. DOD. pempt. 384. ... Dieses Gewächs, welches man im griechischen Epipactis und im deutschen falsche Nießwurz, wild Nießkraut, Wiesendingel, und Zymbelblume insgemein zu nennen pflegt, ... Borellus lobt den äußerlichen Gebrauch der gestoßenen Wurzel wider die Schmerzen im Podagra." (Linné 1784, S. 626ff.); „1. EPIPACTIS latifolia. ... Serapias (latifolia) ... Syst. veg. 678. ... Serapias Helleborine. α. Sp. pl. 1344. ... E. foliis amplexicaulibus ... Hall. helv. n. 1297. t. 40. ... E. (Helleborine) cymba cartilaginea depressa, ... Crantz austr. fasc. 6. p. 467. t. 1. f. 6. c. ... Helleborine latifolia montana. Bauh. pin. 186. ... Breitblättrige Sumpfwurz. W. ... 2. EPIPACTIS palustris. ... Serapias longifolia. γ. Sp. pl. 1345. E. (palustris) caule folioso multifloro, labello articulato vomeriformi, floribus pendulis. Crantz. austr. fasc. 6. p. 462. t. 1. f. 5. ... Gemeine Sumpfwurz. W. ..." (Linné 1797–1830, Bd. IV, Teil 1, S. 83f.); „953. Epipactis. HALL. ... 1. E. palustris (SWARTZ in Act. holm. 1800, p. 232) ... M. a BIEB. Fl. t. c. I, [sic!] p. 607. ... Serapias caule multifido, multifloro. GMEL. Fl. sib. I, p. 8, No. 7, II. floribus purpureis. ... 2. E. latifolia (SWARTZ l. c.) ... M. a BIEB. Fl. t. c. II, p. 370; ... LEDEB. Fl. alt. IV, p. 72. ... Serapias latifolia. L. Syst. veg. 678. ... S. Helleborine α. L. Spec. 1344. ... S. caule multifido, multifloro. GMEL. Fl. sib. I, p. 8, No. 7, I. floribus viridi et rubente variis. ..." (Ledebour 1853, S. 82f.); „1. EPIPACTIS LATIFOLIA. Sw. ... Willd. Spec. pl. IV. p. 83. ... M. a Bieb. Fl. taur. cauc. II. p. 370. No. 1850.; ... Serapias latifolia. Linn. Syst. veg. p. 678. ..." (Ledebour 1833, S. 172); „Helleborine. ... Gewöhnlich wird darunter verstanden die breitblättrige wilde Nieswurz, Helleborine latifolia montana Casp. Bauh. oder ehmals Serapias Helleborine Linn. welche nunmehr Serapias latifolia Linn. (Gynandr. diandr.) heißt, ... breitblättrige Serapias, ..." (Schmidlin 1772a, S. 105); „[Serapias] latifolia, bullis [sic!] fibrosis, foliis amplexicaulibus, floribus pendulis; breitblätterichte Serapias, ... Sie heißt ... ehmals bey Linné: Serapias bulbis fibrosis, floribus erectis bractea brevioribus; ..." (Gmelin 1776, Sp. 454f.); „1850. EPIPACTIS latifolia. ... Linn. ed. Willd. 4. p. 83. ... Hall. hist. h. 1297. t. 40. Serapias latifolia. Linn. syst. veg. p. 678. ..." (Marschall von Bieberstein 1808, S. 370f.); „1850*. EPIPACTIS palustris. ... Linn. ed. Willd. 4, p. 84. ... Serapias (longifolia) ... Linn. syst. veget. p. 879. ..." (Marschall von Bieberstein 1819, S. 607); „SERAPIAS L., Serapias. Zymbel. 1. SERAPIAS latifolia ... Breitblättrige Serapias. ...

2. SERAPIAS longifolia ... Langblättrige Serapias. ..." (Georgi 1797–1802, Theil 3, S. 1273); „11. EPIPACTIS PALUSTRIS. Swartz SUMPF-EPIPACTIS. ... Sachsen: um Halle gemein! ..." (Dietrich 1833, Nr. 11); „12. EPIPACTIS LATIFOLIA. Swartz BREITBLÄTTRIGE EPIPACTIS. ... Sachsen: um Halle bei Erdeborn! ..." (Dietrich 1833, Nr. 12); „LXXXIV. Gattung. Serapias. Stendelwurz. ... 1. Art. S. latifolia. Breitblätterige Stendelwurz. (Persoon.) ... Synonyme: ... Epipactis latifolia. (Lin. sp. pl. ed. Willd. IV. p. 83. ... Helleborine latifolia montana. (Bauch. [sic!] pin. 186.) ... 2. Art. S. longifolia. Langblätterige Stendelwurz. (Hoffmann.) ... Synonyme: Epipactis palustris. (Lin. sp. pl. ed. Willd. IV. p. 84. ..." (Bechstein 1833, S. 319ff.); „Mittel gegen Appetitlosigkeit: Das Decoct von Epipactis palustris. ..." (Alksnis 1894, S. 187); „Mittel gegen die Schreckneurosen: ... das Decoct von ... Epipactis palustris, ..." (a. a. O., S. 222); „Serāpias L. (Orchideae). Nach SERAPIS, einer Gottheit der alten Aegypter, welche einen berühmten Tempel hatte, wohin zahlreiche Wallfahrer kamen und daselbst ein ziemlich ausschweifendes Leben führten. Die Serapias galt als ein Aphrodisiacum, wie andere Orchideen." (Wittstein 1852, S. 809)

„1. Elleborine II. Clus. H. 272. Ind. Irc. n°. 526. Jen. n°. 978. Fl. Irc. n°. 611." (AAW R. I, Op. 13, D. 67, Bl. 63r, s. Anm. 5 in Nr. 4); „526. Elleborine II, Clus. Hist. 272. An Helleborine flore albo vel Damasonium montanum latifolium C. B. P? ..." (AAW R. I, Op. 105, D. 12, Bll. 26r–26v, s. Anm. 54 in Nr. 17); „979. Helleborine floribus ex viridi & purpureo varijs, labello acuminato, folijs brevissimis Hall. Helv. 275. ..." (AAW R. I, Op. 13, D. 20, Bl. 88r, s. Anm. 1 in Nr. 1); „978. Elleborine II Clus. H. 272. ..." (AAW R. I, Op. 105, D. 1ª, Bl. 101r, s. Anm. 29 in Nr. 5); „Helleb<o>rine latifolia Riv:" (AAW R. I, Op. 68, D. 2, Bl. 10r, s. Anm. 62 in Nr. 22); „Helleborine latifolia montana C. B. Pin. 186. T. Sp. 1. ..." (AAW F. 98, Op. 1, D. 19, Bl. 25r, s. Anm. 59 in Nr. 19)

53 „458. Calceolus minimus flabelliformis. ..." (AAW R. I, Op. 13, D. 42, Bl. 93v, s. Anm. 1 in Nr. 1); „4. Calceolus minimus flabelliformis Ind. Len. n°. 458. Fl. Irc. n°. 612." mit der rechts marginalen Anm. „Ic. 37." (AAW R. I, Op. 13, D. 67, Bl. 63r, s. Anm. 5 in Nr. 4); „+102. Calceolus minor flabelliformis. Fl. Irc. 612. ad Lenam fluv." (AAW R. I, Op. 105, D. 16, Bl. 2v, s. Anm. 5 in Nr. 4); „55 Calceolus minimus flabelliformis." (durchgestrichen) (AAW R. I, Op. 105, D. 19, Bl. 2r, s. Anm. 55 in Nr. 18)

„319. CYPRIPEDIUM folio subrotundo.* Tab. XII. fig. 5. ... Orchis lapponensis monofolia. Rudb. elys. 2. p. 209. f. 10. ..." (Linné 1737a, S. 248f.); vermutlich: „6. SERAPIAS scapo vnifloro. Tab. II. Fig. I. Cypripedium folio subrotundo LINN. Lapp. 319. Tab. XII. Fig. V. ... Iconem STELLERUS fieri curavit, quam haud superfluam esse credidi, quia naturam multo exactius refert, quam Rudbekiana. (a) est flos cum petiolo ex postica parte delineatus." (Gmelin 1747–1769, Bd. I, S. 7f.); „6. Serapias scapo unifloro. t. II. f. I. [=] Calypso borealis Salisb.!" (Ledebour 1841, S. 47); „2) Knolliger Pfaffenschu. Cypripedium bulbosum. ... Cypripedium bulbo subrotundo, folio subrotundo radicali. LINN. Syst. Veg. p. 680. Sp. Pl. p. 1347. ... Cypripedium folio subrotundo. Fl. Lapp. 319. tab. 12. f. 5. ... Serapias scapo unifloro. GMEL. sib. 1. p. 7. tab. 2. f. 1. Orchis lapponensis monofolia. RUDBECK. elys. 2. p. 209. fig. 10. ... Das Vaterland dieser Art ist Sibirien, Lappland und Rußland. ... Gmelin wollte seine siberische Art ... eher unter seine Stendelwurzeln, als unter die Pfaffenschue gebracht wissen. Die Abbildung die Steller davon nehmen ließ, und deren er sich auch bediente, ist nach seiner Meinung auch um vieles genauer. Seine Beschreibung ist von einer Pflanze, die im May zur Blüthe kam, ..." (Linné 1784, S. 650ff.); „3. LIMODORUM boreale. ... Cypripedium (boreale) ... Sp. pl. 1347. ... Cypripedium folio subrotundo. Fl. lapp. 319. t. 12. f. 5. ... Serapias scapo unifloro. Gmel. sib. 1. p. 7. t. 2. f. 5. Orchis lapponensis monofolia. Rudb. elys. 2. p. 209. f. 10. Nordischer Dingel. W. ..." (Linné 1797–1830, Bd. IV, Teil 1, S. 122f.); „942. Calypso. SALISB. ... 1. C. borealis. SALISB. l. c. ... Cypripedium bulbosum. L. Spec. 1347. ... Limodorum boreale. SWARTZ in litt. ex WILLD. Spec. pl. IV, p. 122. ... Serapias scapo unifloro. GMEL. Fl. sib. I, p. 7, No. 26, t, 2, f. 1. ..." (Ledebour 1853, S. 52f.); „[Cypripedium] bulbosum, bulbo subrotundo, folio subrotundo radicali, bolliger Venusschuh, mit rundlichter Wurzel, und einem rundlichten Wurzelblatt; ... er ... heißt in der lappländischen Pflanzengeschichte: Cypripedium folio subrotundo." (Gmelin 1773, Sp. 481);

„3. CYPRIPEDIUM bulbosum ... Knollwurzlicher Frauenschuh. Gm. Fl. Sib. 1. T. 2. f. 5. ...“ (Georgi 1797–1802, Theil 3, S. 1274); „Calcēolus (Orchideae). S. vorige Gattung. [d. h. Calceolāria L.]“ (Wittstein 1852, S. 138); „Calceolāria L. (Scrophularineae). Von calceolus, Dimin. von calceus (Schuh, Pantoffel), in Bezug auf die Form der Unterlipppe. – FRANZ CALCEOLARI, Apotheker zu Verona im 16. Jahrhundert, geb. 1566: Beschreibung einer botanischen Reise auf den Berg Baldus heraus.“ (a. a. O. S. 138); „Cypripēdium L. (Orchideae). Zus. aus Κυπρις (Venus) und πεδιον, ποδιον (Schuh); das grosse schöne Labellum hat einige Aehnlichkeit mit einem Schuh.“ (a. a. O., S. 256); „Calȳpso SALISB. (Orchideae). Nach der schönen Nymphe CALYPSO benannt; die Pflanze hat eine einzige, schöne endständige Blüthe.“ (a. a. O., S. 148); „Limodórum <Dingel> ... gr. leimódōron ... der wohl zu leímōn <Wiese> und dôron <Geschenk> gehört, ...“ (Genaust 2005, S. 342), S. Anhang B.5. Nr. 41 und B.6.11.
54 „5. CALCEOLUS foliis ouatis, binis caulinis. Calceolus minor flore vario Gmel. AMM. Ruth. 177. Tab. XXII. quae plantam naturali tertia parte minorem sistit. Calceolus morio flore minore vnico, ex albo et purpureo variegato STELL. Flor. Irc. ? Calceolus Marianus Canadensis Cornuti RAI. Hist. plant. II. 1232. Videtur. j. Idem flore candido. jj. Idem flore albido, quasi conspurcato. jjj. Idem flore ex carneo et albo vario. In hac varietate nectarium totum pallidissime carneum. ... Caulis et folia, vbi flore exuuntur, nigicantem colorem contrahunt, quod et plantis huius speciei medio virore decerptis, et inter chartas siccatis contigit, vnde Russis herba nigra, (чорная трава [russ. *čornaja trava*]) audit. Alias commune calceolis nomen est кокушкины сапожки [russ. *kokuškiny sapožki*], (cuculi ocrea.) ... Incolae Russici decocto huius in epilepsia vtuntur, et ad hunc vsum singulatim eas plantas colligunt, quarum flos anteriori sui parte orienti obuertitur.“ (Gmelin 1747–1769, Bd. I, S. 5ff.); „5. Calceolis foliis ovatis binis caulinis [=] Cypripedium guttatum Sw.!“ (Ledebour 1841, S. 47); „177. CALCEOLUS minor, flore vario Gmel. Tab. XXII. ... Messerschmidio, qui eundem reperit prope Tobolsky vrbem, dicitur: Calceolus flore minore vnico, albo, maculis purpureis notato, sacculo parum vel non reflexo, radice longius repente, fibrosa. An idem sit qui Calceolus Marianus Canadensis Corn. Hist. vt Gmelinus existimat, nec affirmare nec negare possum; descriptio Cornuti tam manca est, vt ex ea nihil certi determinari possit; figura minus conuenit.“ (Amman 1739, S. 133f.); „*9. CYPRIPEDIUM guttatum. ... Cypripedium Calceolus δ. Sp. pl. 1346. Calceolus foliis ovatis binis caulinis. Gmel. sib. 1. p. 5. Calceolus minor flore vario. Amman ruth. p. 133. n. 177. t. 22. Gefleckter Frauenschuh. W. ...“ (Linné 1797–1830, Bd. IV, Teil 1, S. 145); „3. CYPRIPEDIUM GUTTATUM. Sw. ... Willd. Spec. pl. IV. p. 145. ... Calceolus foliis ovatis binis caulinis. Gmel. Fl. sib. I. p. 5. No. 5. Calceolus minor, flore vario. Amman. ruth. p. 133. No. 177. t. XXII. ...“ (Ledebour 1833, S. 174f.); „4. C[ypripedium] guttatum (SWARTZ l. c.) ... LEDEB. Fl. alt. IV, p. 174. ... C. variegatum. GEORGI ... Beschr. d. Russ. R. III, 5. p. 1774; ... Calceolus foliis ovatis binis caulinis. GMEL. Fl. sib. I, p. 5, No. 5. ... Calceolus minor, flore vario. AMMAN. ruth. p. 193, No. 177, t. 22. ...“ (Ledebour 1853, S. 88);“2. CYPRIPEDIUM variegatum ... Bunter Frauenschuh. ... 4. CYPRIPEDIUM guttatum Pall. Betröpfelter Frauenschuh. ...“ (Georgi 1797–1802, Theil 3, S. 1274); „Calceolus minor flore vario. Non facile est adgnosci diversitas (Fl. sib. I. 5. nr. 5. Cypripedium guttatum Sw.).“ (A. von Haller in einem undatierten Brief an J. G. Gmelin – Plieninger 1861, S. 151); Cypripedium guttatum Swartz. – russ. *černaja trava, kokuškiny sapožki, uga minut, košel'ki* bzw. *rjaby zezjul'ki* (*Annenkov* 1858, S. 36f. Nr. 392)

„+101. Calceolus minor flore vario Amm. 177.“ (AAW R. I, Op. 105, D. 16, Bl. 2v, s. Anm. 5 in Nr. 4); „3. Calceolus minor flore vario Obs. in H. N. XXIX. Calceolus folijs ovatis; petalis nectarij, flore longitudine. ... Fl. Irc. n°. 613. ...“ mit der rechts marginalen Anm. „vid. Ic.“ (AAW R. I, Op. 13, D. 67, Bl. 63r, s. Anm. 5 in Nr. 4); „461 Calceolus minor flore vario obs. in H. N. XXIX. ... Calceolus minor flore vario. Russis dicitur чорная трава, [russ. *čornaja trava*] decoctoq$_3$ eiuo in Epilepsia utuntur, ...“ (a. a. O., Bll. 93v–94r); „Calceolus minor flore vario. Obs. in Hist. nat. XXIX. ...“ (AAW R. I, Op. 105, D. 2, Bl. 12r, s. Anm. 54 in Nr. 17); „976. Calceolus minor flore vario. Obs. in H. N. XXIX. ... Fl. Irc. nº 613. ...“ (AAW R. I, Op. 105, D. 1ª, Bl. 101r, s. Anm. 29 in Nr. 5); „524. Calceolus minor flore vario Obs. in H. N. XXIX. ...“ mit der rechts marginalen Anm. von J. G. Gmelin „Calceolus morio fl. minore unico ex albo & purpureo variegato St. n°. 613.“ (AAW R. I, Op. 105, D. 12, Bl. 26r, s. Anm. 54 in Nr. 17); „XXIX. Calceolus minor, flore vario. Calceolus Marianus Canadensis Corn. albo Sandalio et breviore, Canadensis Barr. Ic. 260. ...“ mit der rechts marginalen Anm. auf Bl. 7r „vid. Fig.“ (AAW R. I, Op. 105, D. 7, Bll. 7r–7v, s. Anm. 57 in Nr. 616); s. auch Nr. 614 „[species 1] Calceolus Marianus Dod. Pempt. 180. Helleborine flore rotundo sive Calceolus C. B. Pin. 187. Damasonii species quibusdam, sive Calceolus D. Mariae J. B. 3. 518. Sabot, ou Soulier de Notre Dame.“ (Tournefort 1700, S. 437, Genus III. „Calceolus. Sabot.“); „De Calceolo Mariano. CAP. XXII. ...“ und die Abbildung „Calceolus Marianus.“ (Dodoens 1616, S. 180); „Calceolus. Calceolus marianus Dodon. Pempt. 180. ... Marien=Schuch, oder Marien=Schüchlein.“ (Rupp 1726, S. 237); „Calceolus Marianus Dod. Pemp. 180. Helleborine flore rotundo, sive Calceolus C. B. Pin. 187. ... Frauenschühlein/ Marienschühlein/ Mayschellen. In den Nordischen Landen vocatur Lappenschuh/ ... Calceolus flore majore Inst, R. Herb. Helleborine flore rotundo, sive Calceolus flore duplo majore C. B. Pin. 187. ...“ (Mappus 1742, S. 49); „1. CALCEOLUS RUPP. p. 237. ... Calceolus marianus DODON. Pempt. p. 180. ... Helleborine flore rotundo, s. calceolus C. B. ...“ (Haller 1742, S. 276f.); „1. CALCEOLUS marianus. Dod. Marienschuh. ... 3. CALCEOLUS Marianus Canadensis. Cornut. Der Marienschuh aus Canada.“ (Miller 1750, S. 160); „4. CALCEOLUS * foliis ouato-lanceolatis LINN. Lapp. 318. Tab. I. I. NECTARIO petalis multo minore. Calceolus marianus DOD. Pempt. 180. Damasonii species quibusdam s. calceolus Mariae I. B. III. 518. α. Lingula styli superiore semicylindracea, corniculis introrsum reflexis. Tab. I. α. β. Lingula superiore semicylindracea, posterius latiuscula, corniculis fere rectis. Tab. I. β. II. NECTARIO amplissimo. γ. Petalis nectario aequalibus aut minoribus. Tab. I. γ. Calceolus purpureus speciosus AMM. Ruth. n. 176. Tab. XXI. vbi icon naturali planta tertia parte minor. j. Idem petalis spadiceis, nectario luteo, interne purpurascente. ? Calceolus floribus duplo maioribus C. B. P. HERM. in Flor. et Hort. Lugd. Bat. HALL. Helv. 277. jj. Idem flore geminato STELL. Fl. Irc. [s. Nr. 617?] δ Petalis nectario longioribus Tab. I. δ vt et AMM. Ruth. Tab. XXI. ... Vtraque varietas α et β interdum biflora occurrit, quo in casu solertissimus STELLERUS obseruauit, vnicum tantum ab illa radice emitti caulem, ... |: * Cypripedium. :|“ (Gmelin 1747–1769, Bd. I, S. 2ff.); „4. Calceolis foliis ovato-lanceolatis. I. Nectario petalis multo minore. t. I. f. I. α. β [=] Cypripedium Calceolis L.! [;] II. nectario amplissimo. γ) Petalis nectario aequalibus aut minoribus t. I. f. II. γ. [=] Cypripedium macranthon Sw.! [;] δ) Petalis nectario longioribus t. I. f. II. δ. [=] Cypripedium ventricosum Sw.!“ (Ledebour 1841, S. 47); „176. CALCEOLUS purpureus, speciosus [s. Nr. 616] Gmel. Tab. XXI. ... Eundem Messerschmidius sic denominauit: Calceolus Cuculi seu Marianus et Crepida sacerdotis flore majore, vnico, purpureo, saculo strictiori, introrsum reflexo et fimbriato, radice minus repente, fibrosa. Forte etiam idem est cum Calceolo flore majore Inst. r. h. 437. Circa Tobolsky caput Sibiriae Messerschm. obseruauit.“ (Amman 1739, S. 132f.); „1) Gemeiner Pfaffenschuh. Cypripedium Calecolus [sic!]. ... Cypripedium radicibus fibrosis, foliis ovato-lanceolati caulinis. LINN. Syst. Veg. p. 680. Sp. Pl. p. 1346. ... Calceolus foliis ovato-lanceolatis. GMEL. Sib. 1. p. 2. tab. 1. ... Calceolus marianus. DOD. pempt. 180. fig. 1. 2. ... Helleborine flore rotundo s. Calceolus. C. BAUH. pin. 187. TOURNEF. Inst. R. H. 436. tab. 249. ... γ) Calceolus marianus canadensis. CORN. Canad. 204. ... δ) Calceolus minor flore vario. AMM. ruth. 133. tab. 22. Calceolus foliis ovatis binis. GMEL. sib. 1. p. 5. [s. Nr. 613] ... im deutschen [nennt man sie] Frauenschu, Marienschu, Venusschu, und Pantöffelgen, lauter Benennungen die die Schu oder Pantoffelartige Figur der Blume, oder vielmehr des Honigbehältnisses derselben veranlaßt haben. ... unterdessen hält er [d. h. C. Bauhin] die letztere hier angemerkte Verschiedenheit, mit zwey eyrunden Schafblättern, deren auch schon Amman unter dem Namen des kleinen Pfaffenschues mit bunten Blumen gedenkt, für eine eigene Art, und Messerschmidt laß sie bey Tobolsky in Siberien wild, und nennt sie, Pantöffelgen mit einer einzelnen kleinen Blume, welche weiß und mit purpurrothen Flecken gezeichnet ist, ... Ob dieses Messerschmidtische Pantöffelgen das nehmliche Gewächs ist, welches Cornutus den Canadensischen Frauenschu genennt hat, konnte Amman wegen dessen mangelhaften

Beschreibung nicht mit Gewißheit bestimmen. Demohngeachtet vermuthet solches Gmelin, ... Der Geruch der Blumen ist an dieser angenehm, und die Blätter werden, nach dem Verblühen derselben schwarz, weswegen auch die Russen dieses Gewächs Schwarzkraut zu nennen gewohnt sind, da sonst der gemeine Pfaffenschu bey ihnen Guckucks Stiefel genennt wird. Diesen nemlichen Umstand, das schwarz werden der Blätter, kann man auch gewahr werden, wenn man die ganze Pflanze frisch abpflückt, und so zwischen Papier abtrocknet. Nach Gmelins Zeugniß, wird das Kraut dieser Art, von den Einwohnern dieser Gegenden abgekocht, und wider die hinfallende Sucht getrunken und gebraucht." (Linné 1784, S. 647ff.); „1. CYPRIPEDIUM Calceolus. ... C. foliis ovato-lanceolatis. Fl. lapp. 318. ... Calceolus marianus. Dod. pempt. 180. f. 1. ... Europäischer Frauenschuh. W. ... *4. CYPRIPEDIUM pubescens. ... Cypripedium Calceolus. β. Sp. pl. 1346. ... Behaarter Frauenschuh. W. ... *5. CYPRIPEDIUM spectabile. ... Cypripedium Calceolus γ. Sp. pl. 1346. Calceolus marianus canadensis. Corn. canad. 204. ... Ansehnlicher Frauenschuh. W. ... *7. CYPRIPEDIUM ventricosum. ... Calceolus δ. petalis nectario longioribus. Gmel. sib. 1. p. 3. t. 1. f. δ. Bauchiger Frauenschuh. W. ... *8 CYPRIPEDIUM macranthos. ... Calceolus petalis nectario aequalibus aut minoribus. Gmel. sib. 1. p. 2. t. 1. f. γ. Calceolus purpureus speciosus. Amman ruth. p. 132. n. 176. t. 21. Grossblumiger Frauenschuh. W. ..." (Linné 1797–1830, Bd. IV, Teil 1, S. 142ff.); „1. CYPRIPEDIUM CALCEOLUS. Linn. ... M. a Bieb. Fl. taur.cauc. II. p. 374. et 466. No. 1858. ... Calceolus foliis ovato-lanceolatis. I. Nectario petalis multo minore. Gmel. Fl. sib. I. p. 2. t. I. f. α et β. ... 2. CYPRIPEDIUM MACRANTHON. Sw. ... Calceolus foliis ovato-lanceolatis. II. Nectario amplissimo. γ. Petalis nectario aequalibus aut minoribus. Gmel. Fl. sib. I. p. 2. No. 4. t. I. f. γ. Calceolus purpureus speciosus. Amman. ruth. p. 132. No. 176. t. XXI. ..."(Ledebour 1833, S. 174); „1858. CYPRIPEDIUM Calceolus. ... Gmel. sib. 1. p. 2. t. I. f. α. β. ..." (Marschall von Bieberstein 1808, S. 374); „956. Cypripedium L. ... 1. C. Calceolus (L. Spec. 1346) ... M. a BIEB. Fl. t. c. II, p. 374. ... LEDEB. Fl. alt. IV, p. 174. ... Calceolus foliis ovato-lanceolatis. I. Nectario petalis multo minori. GMEL. Fl. sib. I, p. 2, No. 4, t. 1, f. I α. β. ... β. flore toto luteo. ... Calceolus Mariae flore luteo. LEPECH. It. III, p. 125. ... 2. C. macrathon (SWARTZ in Act. holm. 1800, p. 251) ... LEDEB. Fl. alt. IV, p. 174. ... Calceolus foliis ovato-lanceolatis. II. Nectario amplissimo. γ. Petalis nectario aequalibus aut minoribus. GMEL. Fl. sib. I, p. 2, No. 4, t. 1, f. II. γ. Calceolus purpureus speciosus. AMMAN. ruth. p. 132, No. 176, t. 21. ... 3. C. ventricosum (SWARTZ l. c. p. 251) ... Calceolus foliis ovato-lanceolatis. II. Nectario amplissimo. δ. Petalis nectario longioribus. GMEL. Fl. sib. I, p. 2, No. 4, t. 1, f. III. δ. ..." (Ledebour 1853, S. 86ff.); „Cypripedium Calceolus, ... gemeiner Venusschuh, mit zaserichten Wurzeln, und eyrund=lanzenförmigen Stammblättern; unserer lieben Frauen Schuh; Frauenschuh; gemeiner Pfaffenschuh; ..." (Gmelin 1773, Sp. 481); „CYPRIPEDIUM (Calceolus) ... Calceolus marianus. Tourn. inst. 437. Кокушкины сапошки [russ. *kokuškiny sapoški*] Russ. ..." (*Krašeninnikov* 1761, S. 146f.); russ. *mar'in bašmačok* – Cypripedium calceolus, Marienschuh, Venusschuh (Pawlowski 1952, S. 659); „1. CYPRIPEDIUM Calceolus ... Gemeiner roth= oder gelbblühender Frauen= oder Marienschuh. R. Kokuschini Saposchki (Kukuksschuhe). ..." (Georgi 1797–1802, Theil 3, S. 1274); „1036. Cypripedium Calceolus. Lin. Syst. Plant. IV. p. 33. sp. 1. α. Flore luteo, β. Flore rubro & γ. Flore variegato min. Taf. 17. Gmel. Flor. Sibir. 1. t. 1. & 2. fig. 1. Ruß. Kokuschkiny Saposchki (Kukucks=Schu), Tat. Kauk Jantschick, (Kukucks=Tasche). ..." (Falk 1786, S. 249); „Auf einem Berge ... wuchsen schon damals Marienschuhe g) mit himmmelblauen Blumen, welche von den Einwohnern in der schwarzen Gelbsucht gebraucht werden. ... |: g) Cypripedium Calceolus, russ. kokuschkiny Baschmatschki :|" (Lepechin 1774, S. 197); „Vom ... Marienschu i), nehmen sie die bloße Wurzel, lassen sie warm ausziehen und geben es kleinen Kindern wider das Bauchgrimmen zu trinken. Diese Heilkraft schreiben sie aber nur solchem Marienschu zu, der gelbe Blumen hat, andern halten sie für unwirksam ... |: i) Calceolus Mariae, flore luteo. :|" (Lepechin 1783, S. 125); „Milch-verbessernde Mittel. ... Die Kühe geben viel Milch und werden niemals krank, wenn sie Cypripedium Calceolus zu fressen bekommen. ..." (Alksnis 1894, S. 241); „1397. CYPRIPEDIUM Calceolus radicibus fibrosis, foliis ovato-lanceolatis. Linn. Sp. pl. 2. p. 1346. ... Calceolus

marianus. Mapp. fl. Als. p. 49. ... Calceolus flore majore. Mapp. l. c. ... Germ. Frauenschuh. Marienschuh. ..." (Gmelin 1808, S. 575f.); „24. CYPRIPEDIUM CALCEOLUS. Linné. GEMEINER FRAUENSCHUH. ... Sachsen: um Halle bei Erdeborn und Bibra! auf dem Harz! ..." (Dietrich 1833, Nr. 24); „Calceolus speciosus. Valde similis Germanico etsi flore paulo majori (Ex flore majore erit Fl. sib. I. 2. nr. 4. II. Cypripedium macranthon Sw. vel ventricosum Sw.)." (A. von Haller in einem undatierten Brief an J. G. Gmelin – Plieninger 1861, S. 151);
„2. Calceolus Marianus Dod. Pempt. ... Ind. Fl. Irc. n°. 614. 615. ..." (AAW R. I, Op. 13, D. 67, Bl. 63r, s. Anm. 5 in Nr. 4); „975. Calceolus Marianus Dod. Pempt. ... Fl. Irc. 614. 615." (AAW R. I, Op. 105, D. 1ª, Bl. 101r, s. Anm. 29 in Nr. 5); „108. Cypripedium folijs ovatis oblongis, labio superiore styli cy<lin>draceo, corniculis introrsum reflexis. Calceolus marianus Tourn. inst. 437. ..." (AAW R. I, Op. 13, D. 20, Bl. 12v, s. Anm. 1 in Nr. 1); „226. Calceolus marianus Dod. T. 437. fl. luteo." (AAW R. I, Op. 104, D. 13, Bl. 6v, s. Anm. 84 in Nr. 29); „459. Calceolus Marianus Dod. Pempt. ..." (AAW R. I, Op. 13, D. 42, Bl. 93v, s. Anm. 1 in Nr. 1); „370. Calceolus Marianus Dod. pempt. ..." (AAW R. I, Op. 104, D. 25, Bl. 28v, s. Anm. 61 in Nr. 21); 372 Calceolus minor flore vario ..." (a. a. O. Bl. 28v); „Calceolus marianus Dod. Pempt. ... – Calceolus purpureus, speciosus vid. obs. – Calceolus minor, flore vario. Calceolus marianus Canadensis Corn. vid. obs." (AAW R. I, Op. 104, D. 8, Bl. 12r, s. Anm. 18 in Nr. 452); „20. August 1723 ... Von Kräutern fand sich hieherumb Calceolus Marianus (Dodonaei et Tournefortii sp. 1); ..." (Messerschmidt 1962–1977, Bd. 2, S. 117); s. Nr. 613, Nr. 615 u. Nr. 616

56 s. Nr. 614

57 „[species 2] Calceolus flore majore. Helleborine flore rotundo sive Calceolus flore duplo majore C. B. Pin. 187." (Tournefort 1700, S. 437 (Genus III. „Calceolus. Sabot."); „2. CALCEOLUS flore majore Tourn. Marienschuh mit grosser Blume." (Miller 1750, S. 160)
„Calceolus flore majore unico, purpureo, sacculo introrsum reflexo et fimbriato. T. Sp. 2. ..." (AAW F. 98, Op. 1, D. 19, Bl. 10r, s. Anm. 59 in Nr. 19); „228 Calceolus flore majore Inst. r. h. 437." (AAW R. I, Op. 6, D. 40, Bl. 33r, s. Anm. 1 in Nr. 1); „460 Calceolus purpureus Speciosus Obs. in H. N. XXVIII. ..." (AAW R. I, Op. 13, D. 42, Bl. 93v, s. Anm. 1 in Nr. 1); „974. Calceolus purpureus speciosus Obs. in H. N. xxviii ... Fl. Irc. nº 616. 617. 618." (AAW R. I, Op. 105, D. 1ª, Bll. 100v–101r, s. Anm. 29 in Nr. 5); „1. Calceolus purpureus speciosus Obs. in H. N. XXVIII. Fl. Irc. n°. 616. 617. 618. ..." mit der rechts marginalen Anm. „vid. Ic. ..." (AAW R. I, Op. 13, D. 67, Bl. 63r, s. Anm. 5 in Nr. 4); „522. Calceolus purpureus speciosus Obs. in H. N. XXVIII. ..." mit der rechts marginalen Anm. von J. G. Gmelin „Calceolus fl majore unico purpureo sacculo introrsum reflexo & fimbriato St. n° 615 [sic!]" (AAW R. I, Op. 105, D. 12, Bl. 26r, s. Anm. 54 in Nr. 17); „XXVIII. Calceolus purpureus speciosus. ..." mit der rechts marginalen Anm. „vid. Fig." (AAW R. I, Op. 105, D. 7, Bl. 7r in: J. G. Gmelin: „Observationes in Historiam Naturalem per Joann Georg. Gmelin." – R. I, Op. 105, D. 7, Bll. 1r–44r, Nr. XXII–LXIII); „+100. Calceolus purpureus speciosus Amm. 176." (AAW R. I, Op. 105, D. 16, Bl. 2v, s. Anm. 5 in Nr. 4); 371. Calceolus purpureq speciosus, ... (AAW R. I, Op. 104, D. 25, Bl. 28v, s. Anm. 61 in Nr. 21); s. Nr. 614, Nr. 617 u. Nr. 618

58 s. Nr. 614 u. Nr. 616

59 s. Nr. 616

60 s. Nr. 618

A.5. Klasse 12–16

/115v/

Florae Irkutiensis ordine Instit[utionum] Rei Herb[ariae]
CLASSIS XII.

CLASSIS XII.
de
Herbis et suffruticibus flore flosculoso.

620[a]	*Carduus caule crispo J. B.* 3. 59. *Carduus spi- / nosissimus angustifolius vulgaris C. B.* 385.[1] / *Ubiq[ue] circa irkutiam*[b] *in arvis et pratis / ac montosis locis.*
621[c]	*An Carduus Acanthoides polycephalos*[2]. *Ab- / undè in pratis circa Medwiedew prae- / dium Saimka*[d], *ut et circa lacum*[e] / *Baikal. Floret Julio, semina matu- / rat sub finem Augusti, flores caule*[f] *brevissi- / mo, partim nullo omnino fulti* 6 *ad* 8 / *intra folia sessiles, folia in orbem spargun- / tur. Huius semen maturum mittitur / et in posterum aveo scire, an recte nun- / cupaverim an prorsus nova species / sit, ita [et] planta deinceps Petripoli / delineari poterit.*
622[g]	*An Carduus Acanthoides polycephalos erectus*[3], *u- / num saltim exemplar inveni circa munimen- / tum Bargusinense. Huius flores non erant / intra folia sessiles, sed cauli plusquam / cubitali implantati, semina huius sepa- / ratim mitto, ut experimentum iisdem, in / hortis fieri possit.*

/116r/

Florae Irkutiensis Ordine Instit[utionum] Rei Herb[ariae]
CLASSIS XII.

623[h].	*Cinara hortensis foliis non aculeatis C. B.* / *P.* 383.[i] *et Tourn. I. R. H. spec[ies]* 1. *Cardu- / us sive Scolymus sativus non spino- / sus J. B.*[4] *in horto Domini Vice Guber- / natoris*[5] *laete proveniebat.*
624[j]	*Jacea D[omini] D[octoris] Gmelin[i] Ind[icis] Plant[arum] Len[ensium] N[umer]o* / 484. *sub Titulo Rhaponticoides elatior / oblongiori capitulo*

---

[a] 620 *verbessert aus* [...] [b] irk$_{utiam}$ *verbessert aus* [...] [c] $_{62}$1 *verbessert aus* 0 [d] $_{Saimka}$ *verbessert aus* $_{Saimka}$m [e] $_{lacu}$m *verbessert aus* n [f] caule *über der Zeile* [g] $_{62}$2 *verbessert aus* 1 [h] $_{62}$3 *verbessert aus* 2 [i] 338. [j] $_{62}$4 *verbessert aus* 3

	folio subtus argenteo / descripta.[6] *Inveni hanc plantam in mon- / tosis pratis ad Angaram media via / inter Malaia et Bolschaia Roswodnaia, / propterea autem, quod sub initium Ju- / lii nondum floruerat, neq[ue] ad siccandam / plantam collegeram, sed quo semine / potirer locum signo*[a] *notavi, post / reditum autem Irkutiam eam pari- / fato negligentia scilicet collectoris mei / praeteritam fuisse non sine indignatio- / ne observabam.*
625[b]	*Jacea an Cyanus montanus caule folioso / capitulo oblongo Bocc. Mus. Part. 2. 20*[7] */ floret sub finem Julii in pratis ad / Angaram circa Roswodnaja et Suki- / no Hibernaculum. Caule surgit tres / imo* 4 *cubitos longo, tereti, anguloso, / folioso, seu potius alato, costa scilicet / foliorum, ubi cauli inseritur abhinc / ad succedentis folii exortum usq[ue] in*

/116v/

florae Irkutiensis ordine Instit[utionum] Rei Herb[ariae]
CLASSIS XII.

	caule producitur, caulem[8] *alatum efficit / folia quinque circiter digitos longa ubi / latissima, pollicem non superantia, ad ba- / sin auriculata, angusta, oblonga, valde a- / cuminata et acuta salicis sativae*[9] *folia re- / ferentia, inferiora ad oras leviter serrata et / aciculis minutissimis sed debilibus nec pun- / gentibus armata, superioribus in caule mul- / tum latiora, superiora in caule angustissima / integra, aciculis non nisi sollicite intuenti / observabilibus cincta, foliorum supina pars / intense viret*[c]*, aversa canescit pilisque / rarioribus obsita*[d]*. Calyx oblongus, squamosus, / flosculi purpurei rubentes, nunquam om- / nes una efflorescunt, superne florum o- / rae velut in globulum introflexae con- / trahuntur, inferne in tubulum desinunt, / quem vagina ambit filamentosa alba, / serici instar splendens et è calyce prospi- / ciens, inferius ovario plumoso insistit, medi- / um floris pertundit pistillum, supernè veluti / calyptra*[10]*, ut in Polytricho*[11] *obvelatum purpu- / reo nigricante. semina huius benè matura / mitto; Itineris ratio non concedebat plenio- / rem descriptionem, nec otium quo delineare- / tur semina maturat sub finem Augusti.*

[a] signo *verbessert aus* eum [b] 625 *verbessert aus* 4 [c] viret *verbessert aus* e [d] obsita *verbessert aus* [.]

/117r/

Florae Irkutiensis Ordine Institutionum Rei Herbariae
CLASSIS XII.

626[a]	*An Jacea Alpina Calcitrapae folio, flore coe- / ruleo Tourn. I. R. H. Carduus mollis lacini- / ato folio C. B. P.* 377. *Carduus mollior /* 1. *Clus. Histor.*[12] *Floret circa medium / Julii in campis et collibus desertorum, / qua itur ad Lenam circa lacum Bai- / kal et Bargusinum. Huius semina mit- / tuntur.*
627[b]	*Jacea saxatilis longo, incano angusto, Heli- / chrysi*[c] *Cretici folio Bocc. Mus. Part.* 2. / *Tabula* 47. [sic!] *Tournef. I. R. H. pagina* 445 *species / ultima.*[13] *Abunde provenit a*[d] *Buguldeichae / fluvii ostio ad Bargusinense munimen- / tum usque tam in rupibus calcareis, siccioribus*[e] *quam / humilioribus desertorum campis. flo- / ret circa medium Julii. semen maturat sub / finem Augusti, illudque benè maturum mit- / titur.*
628[f]	*Jacea saxatilis longo incano, angusto Heli- / chrysi Cretici*[g] *folio, flore candidissimo.*[14] / *Obvenit una vice saltim ad Angae / fluvii ostium in lacum Baikal. Hu- / ius iconem vide Tabulam ... Plantae ra- / mulum naturali magnitudine satis bene*[h] *ex- / primentem.*
629[i]	*Jacea flore purpureo, foliis inferioribus / Asplenii superioribus valde laciniatis.*[15] / *Abunde in sylvis elatioribus ad Bargusi- / num.*

/117v/

Florae Irkutiensis Ordine Institutionum Rei Herbariae
CLASSIS XII.

	fluvium et circa munimentum Bargusi- / nense. Huius semina optime matura / sub finem Augusti collecta mittuntur.
630[j].	*Jacea saxatilis perennis, Helichrysi Cretici fo- / lio utrinque lanuginoso*[16]. *Planta haec pene / tota emarcida et in pulverem fatiscens / die* 21. *Augusti in summo rupium vertice / nive perpetuo rigente* 10 *stadia a Bar- / gusinensi munimento ad Bannoi rivi / fontes reperta, an varietas*[k], *an vero di- / versa omnino species, è seminibus / maturis licet paucissimis obtentis sa- / tione patebit.*

[a] 626 *verbessert aus* 5 [b] 627 *verbessert aus* 6 [c] Helichrysi *verbessert aus* j [d] a *verbessert aus* [.] [e] siccioribus *über der Zeile* [f] 628 *verbessert aus* 7 [g] Cretici *verbessert aus* f [h] bene *über der Zeile* [i] 629 *verbessert aus* 8 [j] 630 *verbessert aus* 29 [k] varietas *verbessert aus* [.]

631[a]	*Jacea D⌈omini⌉ D⌈octoris⌉ Gmelin⌈i⌉ ind⌈icis⌉ plant⌈arum⌉ Len⌈ensium⌉ N⌈umer⌉o* 484 / *descripta sub nomine Rhaponticoides / humilior, folio subtus argenteo, ovariis / plumosis*[17], *huius plantae semina / saltim è planta iam emarcida*[b] / *affatim collecta mitto. Crescit in de- / sertis ad Bargusinum fluvium su- / pra*[18] *munimentum*[19].
632[c].	*Cirsium pratense Valerianae folio laciniato / utrimq⌈ue⌉ viridi*[20]. *Provenit in pratis udis et / ad margines agrorum ad Kudam et cir- / ca Woroschilow praedium Saimka. flo- / ret Julio. Radice nititur tuberosa, fo- / ris nigra, intus flava, viridi, fibras nigras*

/118r/

Florae Irkutiensis Ordine Instit⌈utionum⌉ Rei Herb⌈ariae⌉
CLASSIS XII.

	affatim Hellebori nigri[21] *fibris similes / emittente deorsum, caules pro aetate / plantae emittit* 3. 4. 5. 6. *bicubi- / tales teretes, statim à radice folia / prodeunt amplae Valerianae*[22] *folio- / rum in modum, ad nervum usq⌈ue⌉ la- / ciniata, divisurae singulae foliorum / ad oras serratae, denticulis autem / aculeis milioribus flexibilibus*[23] *as- / peri sunt, folia ad caulem nascun- / tur singula, ad basin caulem non- / nihil amplexantia, in summitate / ex alis foliorum flores prodeunt / calyce obsolete purpureo squamoso / contenti, quos apertos tunc temporis / videre non licuit. huius semina sub / finem Augusti Bargusini collecta / mittuntur.*
633[d].	*Cirsium maius singulari capitulo magno, fo- / lio viridi, varie dissectum. Hort. Lugd. / Bat.*[24] *in pratis ad Angaram. floret / circa finem Julii. Exemplaria siccata / in mea absentia computruerunt, / semina autem, ut suspicor, sub a- / nonymis erunt, a meo collectore collecta.*

/118v/

Florae Irkutiensis Ordine Instit⌈utionum⌉ Rei Herb⌈ariae⌉
CLASSIS XII.

634[e].	*An Cirsium maximum Asphodeli radice C. / B. P. 377.*[25] *Huius folia latissima, longa / utrinq⌈ue⌉ acuminata, supine intense viri- / dia, aversa parte incana argentea / sunt capitula purpurea nonnihil vis- / cosa, maiuscula. Floret Julio in pra- / tis ad Angaram et circa lacum Bai- / kal. semina Augusto matura mit- / tuntur.*

[a] 631 *verbessert aus* 0 [b] emarcida *verbessert aus* C [c] 632 *verbessert aus* 1 [d] 633 *verbessert aus* 2 [e] 634 *verbessert aus* 3

635[a].	*Cirsium monocephalon caule admodum fo- / lioso D[omini] D[octoris] Gmel[ini] ind[icis] Plant[arum] Len[ensium] N[umer]o* 477.[26]
636[b]	*Cirsium idem varietas* 1. *ind[icis] Plant[arum] Len[ensium]*[27]
637[c]	*Cirsium idem varietas* 2. *Ind[icis] Plant[arum] Len[ensium] / N[umer]o* 477[d][28] *Ubivis in pratis et montosis locis / Irkutiae et circa lacum Baikal.*
638[e]	*An Centaurium majus incanum humile / capite Pini Tourn. I. R. H. spec[ies]* 10. *Ja- / cea montana incana capite Pini C. B. / P. Rhaponticoides major*[f] *folio in am- / plas lacinias diviso Vaill[antii] et D[omini] D[octoris] Gmel[ini] / ind[icis] Plant[arum] Len[ensium] N[umer]o* 479.[29]
639[g].	*An Centaurium seu Rhaponticoides major / folio in amplas lacinias diviso Vaill[antii] / Mem[oires] De l<'>Acad[emie Royale] des*[[.]] *Sciences* 1712. [sic!] *D[omini] / D[octoris] Gmel[ini] ind[icis] Plant[arum] Len[ensium] N[umer]o* 480.[30] *Cum / priori abunde occurrit in montosis / ad Angaram et circa lacum Baikal / floret circa medium Junii. semina / maturat sub initium Augusti utriusq[ue]*

/119r/

Florae Irkutiensis Ordine Inst[itutionum] Rei Herb[ariae]
CLASSIS XII.

	speciei semina mittuntur.
640[h]	*Lappa major Arctium Dioscor[idis] C. B. P. /* 198. *Personata sive Lappa maior aut / Bardana J. B. Tourn. I. R. H. spec[ies]* 1[31] *Pas- / sim circa Irkutiam frequentior in hor- / tis inter reiectamenta et ad sepes.*
641[i]	*Cnicus pratensis Acanthi folio, flore fla- / vescente Tourn. I. R. H. spec[ies]* 4. *Carduus / pratensis latifolius C. B. P.* 376.[32] *Ab- / unde in pratis humidioribus ad Anga- / ram floret Junio.*
642[j]	*An Petasites minor Alpinus*[k] *folio angu- / loso crassiori Tourn. I. R. H. spec[ies]* 4.[33] *Ra- / dice nititur arundinacea fibrosa*[l], *hori- / zontaliter in terra paludosa repente / Aromatica, Petasitidis majoris et vul- / garis officin[arum]*[34] *saporem exacte linguae / imprimente floret Maio, semina pauca / collegi* 2 *d[ie] Julii* 52 *stadia ab urbe / Irkutia in sylva paludosa et inaequali /* 2 *stadia antequam a Dementiew prae- / dio ad Woroschilow praedium perve- / neram, caules foliorum teretes, intus / fistulosi, odorati et medulla intus far- / cti sunt, foris lanuginosi, obsolete purpu- / rascentes, folia sinuosa admodum acu- / minata Aceris folia*[35] *referentia, supine / herbide viridia, aversa parte incana,*

[a] $_{63}$5 *verbessert aus* 4 [b] $_{63}$6 *verbessert aus* 5 [c] $_{63}$7 *verbessert aus* 6 [d] 447 [e] 638 *verbessert aus* 367 [f] $_{m}$aj$_{or}$ *verbessert aus* in [g] $_{63}$9 *verbessert aus* 8 [h] $_{6}$40 *verbessert aus* 39 [i] $_{64}$1 *verbessert aus* 0 [j] $_{64}$2 *verbessert aus* 1 [k] $_{Alpin}$us *verbessert aus* a [l] $_{fibr}$o$_{sa}$ *verbessert aus* [.]

/119v/

Florae Irkutiensis ordine Inst[itutionum] R[ei] H[erbariae]
CLASSIS XII.

	molli lanugine pubescentia, crassius- / cula; claRiori[a] *nomine haec planta / a reliquis Tournefortio*[b] *descriptis / distingui posset. hoc scilicet: Petasites / radice arundinacea, folio sinuoso, / subtus incano molli crasso.*
643[c]	*Elichrysum montanum flore rotundiore / candido Tourn. I. R. H. spec[ies]* 13. *Gnapha- / lium montanum flore rotundiore can- / dido C. B. P.*[36] *Abundè in siccioribus lo- / cis circa Irkutiam et circa lacum / Baikal. floret circa medium Maij*
644[d].	*Elichrysum montanum flore rotundiore / suaverubente Tourn. I. R. H. sp[ecies]* 14[37] */ Cum priori frequens.*
645[e]	*Elichrysum montanum flore rotundiore / subpurpureo Tourn. I. R. H. sp[ecies]* 12.[38] *Cum / priori*
646[f]	*Filago Alpina, capite folioso I. R. H.*[39] *In / montosis pratis siccioribus ad Anga- / ram Irkutum et circa lacum Baikal / abundè. floret circa medium Junii, / semina perficit sub finem Julii / Huius iconem vide Tab[ulam] semina / matura insimul mittuntur.*
647[g].	*filago altera DoD. Pempt.* 67. *T. I. R. H. sp[ecies]* / 2. *Gnaphalium maius angusto oblongo / folio C. B. P.*[40] *Passim circa Irkutiam / et lacum Baikal floret circa medium / Junij.*

/120r/

Florae Irkutiensis ordine Instit[utionum] Rei Herb[ariae]
CLASSIS XII.

648[h]	*Filago seu Impia Dod. Pempt.*[41] *Passim circa / Irkutiam floret cum praecedenti.*
649[i]	*Senecio foliis superioribus angustis denta- / tis inferioribus triangulis*[42] *a Turinski / urbe per totam Sibiriam, quousque / veni, frequentissima planta, tam in / montosis quam humilioribus locis, sylvis / ac pratis. floret sub finem Junii, semi- / na maturat sub initium Augusti. se- / mina mittuntur*

[a] claRiori *verbessert aus* crassiori [b] TOurnefortiO *verbessert aus* T[.]urneforti[.] [c] 643 *verbessert aus* 2 [d] 644 *verbessert aus* 3 [e] 645 *verbessert aus* 4 [f] 646 *verbessert aus* 5 [g] 647 *verbessert aus* 6 [h] 648 *verbessert aus* 7 [i] 649 *verbessert aus* 8

650[a].	*Carthamus officinarum flore croceo Tourn. / I. R. H. sp[ecies]* 1. *Cnicus sativus sive Cartha- / mum officinarum C. B. P.* 378.[43] *Passim / in hortis Irkutiae e semine Chinensi, / floruit hic locorum ferè nullus alius*[44] */ in usu est, quam e China*[b] *allati et sic- / cati flores carthami sub nomine* Ки- / тáйской шафранъ[45]: *illumq[ue] mulierculae / valdè extollunt ad partum promoven- / dum, mihi autem ille, qui per commer- / cium huc venit, alius videtur ac ille / è floribus Carthami admodum subti- / lis tener est, odore autem et sapore om- / ni caret, speciminis loco sub seminibus / aliquid misi.*
651[c]	*Absinthium arborescens Lob. Ic.* 753. *J. B.* 3. / 173. *Tourn. I. R. H. sp[ecies]* 1. *Abrotanum la- / tifolium arborescens C. B. P.* 136.[46] *Provenit*

/120v/

florae Irkutiensis Ordine Instit[utionum] Rei Herb[ariae]
CLASSIS XII.

	hoc absinthium, alias nullibi visum abunde[d] *in ru- / pibus ad fontes Bannoi rivi* 10 *stadia / a munimento Bargusinensi. Odore prae- / ditum est gravi, sapore intensè amaro / aromatico. Radice nititur ampla, crassa, / lignosa, surgit multis ramis ad cubi- / talem altitudinem et ultra, foliis gau- / det duplicis generis, quae ad caulem / integra sesquipollices circiter longa ⅓ / pollicis lata, supine albide viridia, a- / versa parte incana argentea sunt, re- / liqua folia in ramulis non floriferis / in fasciculos colliguntur, apice incisa / plerumq[ue] trifida sunt, ut in Artemisiae / foliis esse solet, flores tales, quales in / Absinthio vulgari*[47]*, tantillum solummodo / grandiores, facie externa Artemisiam / magis quam Absinthium refert, ad quam / tamen ob capitulorum figuram sphae- / ricam referri minime potest; adde odo- / rem et saporem Absinthii. Floret Julio. / semina maturat sub finem Augusti / eaq[ue] matura mittuntur.*
652[e].	*Absinthium humile, Anethi tenui, floscu- / lis rubentibus, calyculis majusculis e vi / ridi et albo striatis. An Absinthium Se- / riphium Gallicum Tourn. I. R. H. C. B. P.*

[a] $_{6}$50 *verbessert aus* 49 [b] C$_{\text{hina}}$ *verbessert aus* c [c] $_{65}$1 *verbessert aus* 0 [d] abunde *über der Zeile*
[e] $_{65}$2 *verbessert aus* 1

/121r/

Florae Irkutiensis Ordine Inst[itutionum] Rei Herb[ariae]
CLASSIS XII.

	139. *Absinthium Seriphium tenuifoli- / um marinum Narbonense J. B.*[48] *Ab- / undè crescit in locis inaequalibus sa- / le floridis et palustribus deserti Kun- / kurkinensis, folia latè spargit crispa / Anethi seu Peucedani potius foliis si- / milia tenuissima. Radice nititur tenui, / fibrosa fusca, reliqua Titulus habet.*
653[a]	*Absinthium corymbiferum annuum Tourn. / I. R. H. p[agina]* 458. *Elichrysum foliis Abro- / tani C. B. P.* 264. *Elichryson Dod. Pempt. /* 267.[49] *Irkutiae in montosis siccioribus, / at minus frequens, copiosius in aspe- / ris apricis rupibus ad Buguldeichae / fluvii ostium in lacum Baikal et / abhinc ad Bargusinense munimen- / tum usq[ue] florum magnitudine intensaq[ue] / flavedine facile à reliquis omnibus / Absinthii speciebus cito distinguitur. / floret Julio, semen maturat sub finem / Augusti.*
654[b].	*An Absinthium insipidum Absinthio vulgari / simile Tourn. I. R. H. sp[ecies]* 9. *C. B. P.* 139 *Ab- / sinthium insipidum Joh. B.*[50] *Abundè cres- / cit in montosis ad Angaram et circa / lacum Baikal, assurgit ramis* 15 20 *ad / cubitalem altitudinem caules*[c] *obsoleta purpura / nitent, folia singula in caule in tria segmenta*

/121v/

florae Irkutiensis ordine Instit[utionum] Rei herb[ariae]
CLASSIS XII.

	majora ut plurimum divisa, duo lateralia denuo / in duo aut tria minora finduntur, medium / vero quatvor divisuris dirimitur, integrum / folium vix pollicem aequat, ab utraq[ue] parte / canescit et argenti instar splendet, mastica- / tata[51], *nullo amarore linguam ferit, sed potius / ad Arthemisiam sapore accedit, calyx ci- / nereo canescit, flosculi lutei. floret Julio / et Augusto semen maturat sub initium / Septembris.*
655[d]	*Absinthium ponticum tenuifolium austriacum / C. B. P.* 139. *Tourn. I. R. H. spec[ies]* 7 *Absin- / thium Seriphium*[52] *Dod. Pempt.*[53] *Floret circa / medium Jul[ii] in montosis asperis et apricis / circa Irkutiam et lacum Baikal, ut et / in planitiebus desertorum aridioribus, / assurgit ad sesquipedalem altitudinem, / caulis ad exortum sordide rubet. folio- / la*

[a] 653 *verbessert aus* 2 [b] 654 *verbessert aus* 3 [c] caules *über der Zeile* [d] 655 *verbessert aus* 4

	incana, argentea, splendentia, mi- / nuta, tenuissime divisa, corymbi flo- / rum minutissimi, prae omnibus Ab- / sinthii speciebus hic locorum, grato / non gravante odore se commendat, / ita et gustata mediocriter amarum[54] */ et aromatico oleoso Lavandulae folio- / rum sapore insuper linguam imbuit.*
656[a]	*An Absinthium ponticum tenuifolium incanum / Tourn. I. R. H. spec⌈ies⌉* 5. *C. B. P.* 138 *Absin-*

/122r/

florae Irkutiensis ordine Instit⌈utionum⌉ Rei Herbariae
CLASSIS XII.

	thium ponticum vulgare folio inferius albo / J. B.[55] *Abundè in rupibus circa lacum Baikal / occurrit, floret Julio. semen maturat sub ini- / tium Septembris. Radice nititur pollicem cras- / sa, foris spadicea, folia tenuiter et multipli- / citer divisa lanuginosa canescentia aversa / parte magis quam supine, calycis squamu- / lae ex albo virent, flores in spicam densam / congeruntur.*
657[b]	*An Absinthium ponticum tenuifolium, caulibus / purpurascentibus foliis supina parte viridio- / ribus C. B. P.* 139. *Tourn. I. R. H. sp⌈ecies⌉* 6.[56] *flo- / res in hac in raram spicam disponuntur / maiusculi sphaerici sunt lutescentes caly- / cis squamulae incanae splendentes inq⌈ue⌉ / apicem spadiceum desinentes. floret cum / antecedenti eodem loco et tempore*
658[c]	*An Absinthium Seriphium*[57] *montanum can- / didum C. B. P.* 139. *Absinthium Valle- / sianum*[58] *tenuifolium candidum sive Her- / ba alba J. B.*[59] *Nihil frequentius hoc ab- / sinthio in rupibus insulae Olchon lacus / Baikal. floret Julio. semen maturat / sub finem*[d] *Augusti*
659[e]	*Absinthium Tanaceti folio utrimq⌈ue⌉ viridi flo- / rum corymbis exiguis, caule rubro*[60]*. Nihil / frequentius in apricis montosis ad An- / garam et circa lacum Baikal. Assurgit / ad altitudinem trium quatvorve cubito- / rum*

/122v/

florae Irkutiensis ordine Instit⌈utionum⌉ Rei Herb⌈ariae⌉
CLASSIS XII.

	caules emittit 15 20 *ad* 30 *ingentis fruticis / instar. Floret circa initium Julii, semen / maturat sub finem Aug⌈usti⌉*

---

[a] $_{65}$6 *verbessert aus* 5 [b] $_{65}$7 *verbessert aus* 6 [c] $_{65}$8 *verbessert aus* 7 [d] f$_{\text{inem}}$ *verbessert aus* [.] [e] $_{65}$9 *verbessert aus* 8

660[a]	*Absinthium Tanaceti folio utrimq[ue] incano, flo- / rum corymbis exiguis, caule rubro*[61]. *Occurrit / cum praecedenti, eodemq[ue] loco et tempore / floret.*
661[b]	*Absinthium Tanaceti folio latiori utrinq[ue] viridi / corymbis maioribus odore Nauseoso*[62]. *Ab- / unde in desertorum campis, qua ad Le- / nam itur et circa lacum Baikal. Oc- / currit floret circa finem Junii.*
662[c]	*Absinthium Chrysanthemi folio odore Nau- / seoso. Occurrit cum priori veluti indi- / viduus comes. Floret sub finem Junij.*
663[d]	*Absinthium humile, corymbis florum spadiceis / Abrotani vulgaris folio in rupis vertice / perpetua nive rigente inveni d[ie]* 21. *Augusti /* 10 *stadia a munimento Bargusinensi ad / Bannoi rivi fontes.*
664[e].	*Absinthium montanum humile, Tanaceti foliis, corym- / bis quam plurimis minutis*[63] *In rupibus insulae / Olchon inveni d[ie]* 10 *[Septe]mbr[is] Tanta est, absinthio- / rum hic loci multitudo, ut impossibile sit la- / befactata per nimiam copiam memoria [et] / metu multiplicandi entia cum tot faciebus, / ludant, eorum historiam rite una aestate / absolvere, quae brevibus descriptionibus de / sunt in posterum supplebo.*

/123r/

Florae Irkutiensis Ordine Inst[itutionum] Rei Herb[ariae]
CLASSIS XII.

665[f]	*Abrotanum campestre, cauliculis albicantibus / C. B. P.* 136. *Abrotanum sylvestre, inodorum, / cauliculis ex viridi et albicantibus Schwenkf. /* 5. *Tourn. I. R. H. spec[ies]* 6.[64] *Abundè in monto- / sis ad Angaram et Irkutum. floret Julio.*
666[g]	*Abrotanum campestre cauliculis rubentibus / C. B. P.* 136. *Abrotanum inodorum cau- / liculis purpurascentibus Schwenkf. Tour. / I. R. H. spec[ies]* 8.[65] *Cum priori.*
667[h]	*Abrotanum campestre inodorum florum / corymbis minutissimis et numerosissimis / cauliculis rubentibus*[66] *in rupibus insulae / Olchon. Occurrit sed non frequenter.*
668[i]	*Abrotanum Lini folio acriore et odorato / Tourn. I. R. H. spec[ies] XI. Dracunculus hor- / tensis C. B. P.* 98. *Draco herba DoD. / Pempt.*[67] *Nihil frequentius hac planta / in campis desertorum, ut et in mon- / tosis ad Angaram et circa lacum Bai- / kal ad Tiumen urbem primum ob- / servata*[68] *et abhinc ubiq[ue] locorum hucusq[ue] / frequentissima.*

---

[a] 660 *verbessert aus* 9 [b] 661 *verbessert aus* 70 [c] 662 *verbessert aus* 71 [d] 663 *verbessert aus* 72 [e] 664 *verbessert aus* 73 [f] 665 *verbessert aus* 74 [g] 666 *verbessert aus* 75 [h] 667 *verbessert aus* 76 [i] 668 *verbessert aus* 77

669[a]	*Abrotanum Lini folio acriori et odorato / incano humilius*[69]. *floret cum praeceden- / ti in siccioribus pascuis circa subur- / bium Oiok.*
670[b]	*Abrotanum humilius palustre flore aureo / foliis succulentis teretibus tenuioribus / Coronopi divisura.*[70] *florentem inveni in / palustribus circa Bargusinense munimentum*

/123v/

Florae Irkutiensis ordine Instit[utionum] Rei herb[ariae]
CLASSIS XII.

	d[ie] 20 *Augusti. Huius plantae semen / mittitur bene maturum. Crescit etiam / ad litus insulae Olchon.*
671[c]	*Artemisia vulgaris maior, caule et flore / purpurascentibus C. B. P.* 137 *Artemisia / rubra Tabern. icon.* 7[71] *Abundè circa Ir- / kutiam et lacum Baikal.*
672[d]	*Artemisia vulgaris maior caule ex viridi al- / bicante Tourn. I. R. H. spec[ies]* 2 *Artemisia / alba Tabern.*[72] *Cum priori.*
673[e]	*Tanacetum vulgare luteum Tourn. I. R. H. spec[ies]* / 1. *C. B. P.* 132.[73] *Ubivis circa Irkutiam et / lacum Baikal*[f]. *Hic locorum* девя́тильникъ[74] / *Russis audit quae vox in Russia Enulam*[75] / *indicat.*
674[g]	*Tanacetum foliis crispis C. B. P. Tourn. I. R. H. / spec[ies]* 2.[76] *Passim in hortis Irkutiae*
675[h]	*Tanacetum folio angustiori, tenuius laciniato / odore Melissae Cum praecedenti abundè / occurrit florens Julio semen maturant / circa medium Augusti. huius semen mit- / titur.*
676[i]	*Bidens foliis tripartito divisis Caesalp.* 488[j] / *Tourn. I. R. H. spec[ies]* 1.[77] *Circa stagna ad An- / garam et lacum Baikal floret*
677[k]	*Bidens folio non dissecto Caesalp. Tourn. I. R. H. spec[ies]* 2.[78] *ad rivulos et fontes floret / cum priori.*

/124r/

Florae Irkutiensis ordine Instit[utionum] Rei Herb[ariae]
CLASSIS XII.

678[l].	*Echinopus Orientalis Cardui lanceolati folio, capite / magno caeruleo Coroll. I. R. H. p[agina]* 34.[79] *Planta / haec periucunda aspectu, ad*

---

[a] $_{6}$69 *verbessert aus* 78 [b] $_{67}$0 *verbessert aus* 9 [c] $_{6}$71 *verbessert aus* 80 [d] $_{6}$72 *verbessert aus* 81 [e] $_{6}$73 *verbessert aus* 82 [f] $_{B}$a$_{ikal}$ *verbessert aus* [.] [g] 74 *verbessert aus* 83 [h] $_{6}$75 *verbessert aus* 84 [i] $_{6}$76 *verbessert aus* 85 [j] 188 [k] $_{6}$77 *verbessert aus* 86 [l] $_{6}$78 *verbessert aus* 87

	altitudinem tri- / um quatvorve cubitorum assurgit. Radice niti- / tur dodrantali fusca[a] *foris, intus alba pol- / licaris crassitiei, caules emittit modo u- / num, duos, tres, interdum valdè*[b] *ramosos*[c] */ non raro simplices et ramis destitutos, caulis / teres, pallide viridis digiti auricularis vel / calami olorini*[80] *crassitie, folia è caule enas- / cuntur singula absq[ue] pediculo, costa solum- / modo cauli adhaerentia, eumq[ue] amplexantia, / folia viridia lanugine facile abstersili obsi- / ta, aversa autem parte penitus incana, / Cardui lanceolati foliorum instar valde laci- / niata. Singulae laciniae in spinulam vali- / dam pungentem desinunt, tam in summo / caule quam ramis capitulum sphaericum / grande, modo erectum modo nutans cerni- / tur flosculis Echinopi quaquaversum den- / se positis refertum flosculi multifidi ju- / cundissimi cyanei coloris sunt, capitula / in ramulis minora multum esse solent / illo quod ipsum caulem terminat*[d] *in aliis / tota sphaera*[e] *simul efflorescit, in aliis, ut pote ra- / mosioribus primo superius hemisphaerium / et his emarcidis pene succedit inferius*

/124v/

florae Irkutiensis ordine Instit[utionum] Rei Herb[ariae]
CLASSIS XII.

	floret a Buguldeichae fluvii ostio ad / Bargusinense munimentum usq[ue] in rupibus / sterilibus sub finem Julii. semen maturat / circa initium Septembris, illudq[ue] maturum / mittitur.
679[f]	*Scabiosa multifido folio, flore flavescente C. B. / P.* 270 *Scabiosa Ochroleuco flore sive VII Clus. / Hist.*[81] *in desertorum campis et montosis / ad Angaram et circa lacum Baikal. floret / sub initium Julii. semen maturat sub finem / Augusti, illud mittitur.*
680[g]	*Scabiosa montana glabra, foliis Scabiosae vulgaris / C. B. P.* 270.[82] *Ubivis occurrit cum praecedenti, / semina una mittuntur pro soli conditione / vehementer Ambae magnitudine et ramo- / sitate ludunt in sterilioribus rupibus insulae / Olchon vix palmum aequat in locis grami- / neis contra ultra cubitum assurgit, utriusq[ue] / varietatis semina collegi.*
681[h].	*Dipsacus sylvestris aut Virga pastoris maior / C. B. P.* 385.[83] *Passim circa lacum sed raro / admodum occurrit.*

---

[a] fusca *verbessert aus* ae [b] valdè *verbessert aus* [.] [c] amosos *verbessert aus* um [d] terminat *verbessert aus* [..] [e] sphaera *über der Zeile* [f] 679 *verbessert aus* 88 [g] 680 *verbessert aus* 9 [h] 681 *verbessert aus* 90

1 „[species 14] Carduus caule crispo J. B. 3. 59. Carduus spinosissimus, angustifolius, vulgaris C. B. Pin. 385." (Tournefort 1700, S. 440, Genus I. „Carduus. Chardon."); „34. CARDUUS caule alato, spinoso, foliis sinuatis, decurrentibus, margine spinosis, floribus sparsis. Carduus caule crispo I. B. III. Lib. XXV. p. 59. I. Flore albo. II. capitulo singulari aut duobus. ... Propter spinas tam foliorum, quam capitulorum esset Carduus foliis laciniatis, subtus tomentosis, ex margine spinosis, capitulis sessilibus, congestis, aculeatis HALL. Helv. 677. sed capitulo in nostro non ita congesta sunt, saltem non in omnibus plantis. ..." (Gmelin 1747–1769, Bd. II, S. 41f.), nahezu identisch auf Bll. 27r–27v in: AAW R. I, Op. 105, D. 28 – s. Anm. 61 in Nr. 21; „34. CARDUUS caule alato spinoso, foliis sinuatis decurrentibus margine spinosis, floribus sparsis [=] Carduus crispus L.!" (Ledebour 1841, S. 67); „3. CARDUUS foliis laciniatis, subtus tomentosis, ex margine spinosis, capitulis sessilibus, congestis, aculeatis. ..." (Haller 1742, S. 677); „2. CARDUUS foliis ex margine ciliatis, subtus tomentosis, capitulis sessilibus, congestis, mollioribus. ... Carduus caule crispo I. B. P. I. p. 59. bene, ... β Flore albo. I. B. ..." (a. a. O., S. 677); „165 CARDUUS foliis ovatis & semipinnatis, subtus tomentosis, spinosis, calycibus molliter spinosis, reflexis. Carduus caule crispo I. B. III. P. I. p. 59. ... Carduus foliis decurrentibus, sinuatis, margine spinoso, floribus aggregatis, terminalibus, inermibus LINN. Spec. II. p. 1150. ..." (Haller 1768, S. 72); „6. CARDUUS foliis sinuatis decurrentibus margine spinosis, floribus confertis terminatricibus. Carduus caule crispo. Bauh. hist. 3. p. 59. Tournef. inst. 440. ... Carduus spinosissimus angustifolius vulgaris. Bauh. pin. 385. ..." (Linné 1737, S. 393); „5) Kraußedistel. Carduus crispus. ... Carduus foliis decurrentibus sinuatis margine spinosis, floribus aggregatis terminalibus, squamis calycinis inermibus subaristatis patulis. LINN. Syst. Veg. p. 604. Sp. Pl. p. 1150. Hort. Cliff. 393. ... Carduus caule crispo. I. BAUH. hist. 3. p. 59. ... Das Dekokt von den Saamen soll das Seitenstechen heilen. Die Stieglitze gehen den Saamen sehr nach. ..." (Linné 1783a, S. 149f.); „13. CARDUUS crispus. ... C. foliis decurrentibus sinuatis ... Hort. cliff. 393. ... C. caule crispo. Bauh. hist. 3. p. 59. ... Krause Distel. W. ..." (Linné 1797–1830, Bd. III, Teil 3, S. 1652); „2. CARDUUS CRISPUS. Linn. ... C. crispus. Linn. Willd. Spec. pl. III. p. 1652. ... M. a Bieb. Fl. taur. cauc. II. p. 269. No. 1646. Carduus caule alato, spinoso, foliis sinuatis, decurrentibus, margine spinosis, floribus sparsis. Gmel. Fl. sib. II. p. 41. No. 34. Cirsium caule crispo, foliis laciniatis, subtus tomentosis. Amman. ruth. p. 137. No. 182. ..." (Ledebour 1833, S. 36); „182. CIRSIUM caule crispo, foliis laciniatis, subtus tomentosis. ..." (Amman 1739, S. 137f.); „11. C[arduus] crispus (L. SP. 1150) ... M. a BIEB. Fl. t. c. II, p. 269. ... LEDEB. Fl. alt. IV, p. 36. ... C. caule alato, ... GMEL. Fl. sib. II, p. 41, Nr. 34. Cirsium caule crispo, ... AMMAN. ruth. p. 137, Nr. 182. ..." (Ledebour 1844–1846, S. 720f.); „1646. CARDUUS crispus. ... Gmel. sib. 2. p. 41. n. 34. ... Carduus caule crispo. J. Bauh. hist. 3. p. 59. ..." (Marschall von Bieberstein 1808, S. 269); „Carduus crispus, krause Distel, ... kleine Akerdistel; kleine Wegdistel; ... Man kann ihre junge hervorsprossende Stengel geniesen, wenn man sie schält: Sie heißt bey ... J. Bauhin: Carduus caule crispo; ..." (Gmelin 1772, Sp. 524f.); „d) Carduus crispus. ... Deutsch. Die krause Distel; die kleine Ackerdistel, die kleine Wegdistel, die Kratzdistel. ... Auf unbebauten Feldern, die ganze Pflanze hat eine schwarzgrüne Farbe." (Nemnich 1793, Sp. 877); „CIRSIUM. ... teutsch, Schartendistel. ... Cirsium kommt von κίρσος, Varix, ein Uberbein, weil dieses Kraut soll dienlich seyn, die Uberbeine zu vertreiben." (Lémery 1721, Sp. 316); Carduus – russ. *čertopoloch*, *car' Murat*, *tatarnik*, *volčec* bzw. *osot* (*Annenkov* 1858, S. 27, Nr. 259); Carduus crispus L. (a. a. O., S. 27, Nr. 260); ersanisch piŕgeń palaks – Carduus L., Distel (Wiedemann 1865, S. 187); wotjakisch l'uzy – Distel (Wiedemann 1851, S. 317); „Cārduus T. (Compositae). Von arduus (stachlig) und diess von celtisch ard (Spitze), ἄρδις (Pfeilspitze); die Arten dieser Gattung sind mit Stacheln versehen." (Wittstein 1852, S. 157); „Cīrsium T. (Compositae). Von κιρσος (Krampfader); die Alten gebrauchten die Pflanze gegen Geschwulst der Krampfader." (a. a. O., S. 202)

„1. Carduus caule crispo J. B. 3. l. 25. p. 59. Vid. LXXII. j. idem capitulis minoribus. ij. idem flore albo. ..." (AAW R. I, Op. 13, D. 67, Bl. 24r, s. Anm. 5 in Nr. 4); „33. Carduus caule alato, spinoso, foliis sinuosis decurrentibus, margine spinosis, floribus sparsis. Carduus caule crispo J. B. III. Lib. XXV. p. 59. I. Flore albo. II. Capitulo singulari aut duobus. ..." (AAW R. III, Op. 1,

D. 162, Bll. 57v–58r, s. Anm. 54 in Nr. 17); „363. Carduus caule crispo J. B. 3, l. 25. p. 59. Russ. Чо[р]тополохъ [russ. *čortopoloch*] Hunc in ind. Irc. sub n°. 127 & 128 fortè male in duas species discerpsi. ... j. Idem flore albo. ... (AAW R. I, Op. 105, D. 1, Bl. 25r, s. Anm. 29 in Nr. 5); „474. Carduus caule crispo J. B. ...“ (AAW R. I, Op. 13, D. 42, Bll. 32r–32v, s. Anm. 1 in Nr. 1); „229 Carduus caule crispo JB. 3. 59“ (AAW R. I, Op. 6, D. 40, Bl. 33r, s. Anm. 1 in Nr. 1); „159. Carduus caule crispo flore albo.“ (AAW R. I, Op. 15, D. 1, Bl. 11v, s. Anm. 24 in Nr. 64); „230. Carduus caule crispo J. B. fl. purpur.“ (AAW R. I, Op. 104, D. 13, Bl. 6v, s. Anm. 84 in Nr. 29); „Carduus caule crispo J. B. ...“ (AAW R. I, Op. 105, D. 2, Bl. 12r, s. Anm. 54 in Nr. 17); „127 Carduus caule crispo J. B. ...“ (AAW R. I, Op. 105, D. 4ª, Bl. 16v, s. Anm. 54 in Nr. 17); „128. An Carduus acanthoides alter, polycephalus. Comm. Ac. Sc. Par. 1718? Ind. Len. ...“ (a. a. O., Bl. 16v); „272. Carduus folys sinuatis decurrentibus margine spinosis, floribus confertis terminatricibus Linn. h. Cliff. 393. Carduus caule crispo B. hist. 3. p. 59. Carduus folys ex margine ciliatis, subtus tomentosis, capitulis sessilibus, congestis, mollioribus Hall. Alp. 677. ... α) Flore albo J. B. ...“ (AAW R. I, Op. 13, D. 20, Bl. 30r, s. Anm. 1 in Nr. 1); „424 Carduus folijs laciniatis, subtus tomentosis ex margine spinosis, capitulis sessilibq, congestis, aculeatis Hall. Alp. 677. Carduus acanthoides J. B. III. p. 56.“ (a. a. O., Bl. 45r); „21. Juli 1724 ... Inzwischen botanisierte ... das Feld hin und her durch, und fand sich ... Carduus caule crispo (Johann Bauhini et Tournefortii sp. 14); ...“ (Messerschmidt 1962–1977, Bd. 3, S. 91f.)

2 „135. Cirsium Hellebori radice fibrosa, folio profunde sinuato. An Cirsium Anglicum, radice Hellebori nigri modo fibrosa, folio longo. J. B. 3. l. 25. p. 45? ... Eadem planta acaulos ferme occurrit, ... In icone multa folia ad parcendum pictori laborem resecta sunt. (A) capitulum separatim exhibet.“ mit der rechts marginalen Anm. auf Bl. 36r „vid. Ic.“ u. der links marginalen Anm. auf Bl. 36v „An Carduus acanthoides polycephalos. St. 621.“ (beide von J. G. Gmelin) (AAW R. I, Op. 105, D. 12, Bll. 36r–36v, s. Anm. 54 in Nr. 17); „58 An carduus Acanthoides alter polycephalos Vaill?“ (AAW R. I, Op. 105, D. 19, Bl. 2r, s. Anm. 55 in Nr. 18); „110. Cirsium procerum folio profunde serrato, utrinque virente, Jaceae capitulis minoribus fibroso radice Mess. Amm. 187.“ (AAW R. I, Op. 105, D. 16, Bl. 2v, s. Anm. 5 in Nr. 4); „332. Carduus folys lanceolatis, dentatis, margine spinosis, inaeqvalibus ciliatis, caule laevi. Lin. h. cliff. 392. Cirsium Anglicum Raj Hist. 306. Cirsium Anglicum, radice hellebori nigri modo fibrosa folio longo. B. Hist. 3. p. 45. H. N. ... 332. α. multiflorus, pedunculis brevioribus. H. A. & M.“ (AAW R. I, Op. 13, D. 20, Bl. 35r, s. Anm. 1 in Nr. 1); „+ 18. Carduus folys lanceolatis dentatis, margine spinulis inaequalibus ciliatis, caule laevi Linn. h. Cliff. 292. ...“ (AAW R. I, Op. 13, D. 19, Bl. 10r, s. Anm. 54 in Nr. 17); „12. Cirsium fol. lanceolatis margine spinulis, inaequalibus ciliatis, caule lanuginoso.“ (a. a. O., Bl. 12r); „11. Carduus foliis sinuatis, decurrentibus foliis margine spinosis, floribus solitariis, nutantibus. Linn. h. Cliff. p. 393. Roy. prodr. 132.“ (a. a. O., Bl. 12v); „361. Carduus foliorum lacinys conplicatis & spinosis, capitulo spinoso nutante Hall. Alp. 676. Carduus nutans J. B. III. 56 & Ind. Jen. 364. ...“ (AAW R. I, Op. 13, D. 20, Bl. 38r, s. Anm. 1 in Nr. 1); „6. Cirsium Hellebori radice fibrosa, folio profunde sinuato Ind. Irc. n°. 135. Fl. Irc. n°. 622. sub nomine Cardui j. Idem flore acaulon. Fl. Irc. 621. ... ij. Idem flore penitus candido iij. Idem flore candido antheris purpur[..] secutibus. [E]pschök Tatt. ...“ (AAW R. I, Op. 13, D. 67, Bl. 24r, s. Anm. 5 in Nr. 4); „372. Cirsium Hellebori radice fibrosa, folio profunde sinuato Ind. Irc. n°. 135. Fl. Irc. n°. 622. j. Idem fere acaulon. An Cirsium acaulos. I. R. H? Fl. Irc. 621. ... Varietas minus frequens est.“ (AAW R. I, Op. 105, D. 1ª, Bl. 37r, s. Anm. 29 in Nr. 5); „23. Cirsium Hellebori radice fibrosa, folio profunde sinuato Ind. Irc. N°. 135.“ (AAW R. I, Op. 15, D. 1, Bl. 4v, s. Anm. 24 in Nr. 64); „9. Cirsium Hellebori radice fibrosa, folio profunde sinuato. Ind. Irc. n°. 135.“ (a. a. O., Bl. 12r); „378. Cirsium anglicum radice Hellebori nigri modo fibrosa longo JB. ... No 634. Flor. ircut alio nomine perperam descriptum.“ (AAW R. I, Op. 104, D. 25, Bl. 29r, s. Anm. 61 in Nr. 21); „232. Cirsium angustifolium non laciniatum C. B. P. 377. T. 447“ (AAW R. I, Op. 104, D. 13, Bl. 6v, s. Anm. 84 in Nr. 29); „Cirsium angustifolium non laciniatum CBP.“ (AAW R. I, Op. 104, D. 8, Bl. 4r, s. Anm. 18 in Nr. 452); „107. Cirsium angustifolium non laciniatum C. B. P. ...“ (AAW R. I,

Op. 104, D. 17, Bl. 14r, s. Anm. 36 in Nr. 8); „9 Carduus nutans, flore albo. J. B. 3. Inst. r. h. 440.“ (AAW R. III, Op. 1, D. 98, Bl. 1r, s. Anm. 3 in Nr. 53); „Epschök eine Wurtzel, so die Katschinzi eßen. у руски[х] Чо[р]тополо[x]. [russ. bei den Russen *čortopoloch*]“ (J. G. Gmelin in: AAW F. 21, Op. 5, D. 73, Bl. 273r); „262„ d. [12. September 1724]„ [Sem.] Cirsii proceri, folio profundè serrato, utrinq₃ virente, capitulis Jaceae; fibrosâ radice:„ “ (AAW F. 98, Op. 1, D. 23, Bl. 7v, s. Anm. 49 in Nr. 653)

„[species 4] Cirsium majus, singulari capitulo magno, vel incanum variè dissectum C. B. Pin. 377. Cirsium Anglicum, radice Hellebori nigri modo fibrosâ, folio longo J. B. 3. 45. Cirsium Anglicum Lob. Icon. 583.“ (Tournefort 1700, S. 447, Genus V. „Cirsium.“); „* 23. CNICUS pratensis. W. ... Cirsium anglicum radice Hellebori nigri modo fibrosa, folio longo. Bauh. hist. 3. p. 45. Wiesen-Kratzkraut. W. ...“ (Linné 1797–1830, Bd. III, Teil 3, S. 1672f.); „[Cirsium] majus singulari capitulo magno vel incanum varie dissectum, so nennt C. Bauhin die zerschnittene Distel.“ (Gmelin 1772, Sp. 985); „Cirsium majus, singulari capitulo magno, vel incanum variè dissectum C. B. P. 377. Cirsium Anglicum, radice Hellebori nigri modo fibrosâ, folio longo I. B. tom. 3. l. 25. 45. [s. Nr. 621] Idem folio vir[i]di ...“ (Hermann 1687, S. 150); „[Cirsium] majus singulari capitulo magno so nennt C. Bauhin vermuthlich eine Abart der Bisamdistel; ...“ (Gmelin 1772, Sp. 985); „III. Cirsium majus singulari capitulo magno. Cirsium majus, Lob. 745. Cirsium tertium, Dod. Clus. pan. & hist. ... IV. Cirsium majus singulari capitulo magno: vel incanum variè dissectum. Cirsium Anglicum, Lob. Lugd: ...“ (Bauhin 1623, S. 377); „7. Cirsium, majus, singulari capitulo magno; vel incanum variè dissectum. C. B. P. loc. cit. ... Cirs. Anglice radice hellebori nigri modo fibrosa, folio longo. J. B. loc. cit. ...“ (Zwinger 1744, S. 1015); „Carduus nutans J. B, Cirsium majus singulari capitulo, magno C. B. P. Cirsium III. tota sua stirpe magis spinosius Dodon. ...“ (Buxbaum 1721, S. 57); „1. Carduus moschatus, flore amplo, capite deflexo. Pluk. Alm. 83. Carduus mutans [sic!] J. B. 3. l. 25. pag. 56. & I. R. Herb. 440. ...“ (Vaillant 1741, S. 153); „1. Carduus moschatus, flore amplo, capite deflexo. Pluk. Alm. 83. Carduus mutans. [sic!] J. B. 3. l. 25. p. 56 & I. R. Herb. 440. ...“ (Vaillant 1723, S. 195); „1. CARDUUS foliorum laciniis conplicatis & spinosis, capitulo spinoso nutante. ... Carduus nutans I. B. III. p. 56. cum bona icone, ... Carduus moschatus flore amplo, capite deflexo PLUKN. p. 83. cum malis synonymis, VAILL. p. 195. ... Carduus foliis sinuatis decurrentibus, margine spinosis, floribus solitariis nutantibus LINN. Cliff. p. 393. ... II. Cirsium majus, singulari capitulo magno C. B. ... Cirsium tertium DOD. purg. 452. Pempt. p. 737. ...“ (Haller 1742, S. 676f.); „7. CARDUUS foliis sinuatis decurrentibus margine spinosis, floribus solitariis nutantibus. Carduus moschatus, flore amplo, capite deflexo. Pluk alm. 83. Vaill. act. 1718. p. 193. [sic!] Carduus nutans Bauh. hist. 3. p. 56. ...“ (Linné 1737, S. 393); „35. CARDUUS foliis sinuatis decurrentibus, margine spinosis, floribus solitariis, nutantibus LINN. h. Cliff. 393. ROY. pr. 132. Carduus nutans I. B. III. p. 56. Carduus foliorum laciniis complicatis et spinosis, capitulo spinoso nutante HALL. Helv. 676. ...“ (Gmelin 1747–1769, Bd. II, S. 42), nahezu identisch auf Bll. 27v–28r in: AAW R. I, Op. 105, D. 28 – s. Anm. 61 in Nr. 21; „35. Carduus foliis sinuatis decurrentibus margine spinosis, floribus solitariis nutantibus [=] Carduus nutans L.!“ (Ledebour 1841, S. 67); „3) Bisamdistel. Carduus nutans. ... Carduus foliis semidecurrentibus spinosis, floribus cernuis: squamis calycinis superne patentibus. LINN. Syst. Veg. p. 603. Sp. Pl. p. 1150. ... Hort. Cliff. 393. ... GMEL. Sib. 2. p. 42. ... Carduus nutans. I. BAUH. hist. III. p. 56. Diese, welche wegen ihres Bisamgeruchs, den die Blumen bey Nachtzeit öfters von sich geben, Bisamdistel, auch von einigen Eselsdistel genennt wird, ist ein nur zu beschwerliches Unkraut, ...“ (Linné 1783a, S. 147f.); „6. CARDUUS nutans. ... C. foliis semidecurrentibus spinosis, floribus cernuis: squamis calycinis superne patentibus. ... Gmel. sib. 2. p. 42. ... C. foliis decurrentibus ... Hort. cliff. 293. ... C. nutans. Bauh. hist. 3. p. 56. ... Hangende Distel. W. ...“ (Linné 1797–1830, Bd. III, Teil 3, S. 1648f.); „552. Carduus L. (excl spec.) ... 3. C. nutans (L. SP. 1150) ... DEC. Prodr. VI, p. 621. ... M. a BIEB. Fl. t. c. II, p. 268; ... LEDEB. Fl. alt. IV, p. 35. ... C. foliis sinuatis decurrentibus, ... GMELIN Fl. sib. II, p. 42, Nr. 35. ...“ (Ledebour 1844–1846, S. 717f.); „2. C[arduus] NUTANS (Linn. sp. 1150), ...“ (Candolle 1837, S. 621f.); „1644. CARDUUS nutans. C. foliis semidecurrentibus spinosis, ... Linn. ed. Willd. 3. p. 1648. ... Gmel. sib. 3. p. 42. n. 35. ... C. moschatus flore amplo, ... Vaill. act. paris. a. 1718. p. 153. ..." (Marschall von Bieberstein 1808, S. 268); „1. CARDUUS NUTANS. Linn. ... C. nutans. Linn. Willd. Spec. pl. III. p. 1648. ... M. a. Bieb. Fl. taur. cauc. II. p. 268. No. 1644.; ... Carduus foliis sinuatis decurrentibus, margine spinosis, floribus solitariis, nutantibus. Gmel. Fl. sib. II. p. 42. No. 35. ..." (Ledebour 1833, S. 35f.); „16. Carduus nutans. L. Ueberhängende Distel; Bisamdistel. ..." (Dietrich 1802a, S. 554); „546. CARDUUS NUTANS Linné. ÜBERHÄNGENDER CARDUUS. ... Die Blumen haben einen honigartigen und schwach moschusartigen Geruch. Deutsche Namen: Hängende Distel, grosse Brachdistel, Bisamdistel, Luisendistel, Eselsdistel." (Dietrich 1840, Nr. 546); „[species 13] Cirsium acaulos, flore purpureo. ..." (Tournefort 1700, S. 448, Genus V. „Cirsium."); „A. 7. Cirsium Anglicum Ger. emac. Lob. ... Anglicum radice Hellebori nigri modo fibrosa, folio longo. J. B. ... The English soft or gentle Thistle. ..." (Ray 1686, S. 306); „3. CARDUUS foliis lanceolatis dentatis, margine spinulis inaequalibus citiatis [sic!], caule levi. [sic!] Cirsium anglicum. Raj. hist. 306. Cirsium anglicum, radice hellebori nigri modo fibrosa, folio longo. Bauh. hist. 3. p. 45. ... 4. CARDUUS foliis lanceolatis decurrentibus denticulatis inermibus, calyce spinoso. Cirsium anglicum. Lob. hist. 314. Dalech. hist. 584. figuris tenus. ..." (Linné 1737, S. 392); „5. CARDUUS (Cirsium) foliis lanceolatis decurrentibus denticulis inermibus, calyce spinoso. Hort. Cliff. 392. Thistle with spear-shaped leaves running along the stalks, with smooth indentures, and a prickly impalement. Cirsium Anglicum. Ger. Emac. 1183. English soft or gentle Thistle." (Miller 1768, unpaginiert); „10) Zerschnittene Distel. Carduus dissectus. Carduus foliis decurrentibus lanceolatis denticulis inermibus, calycibus spinosis. LINN. Syst. Veg. p. 604. Sp. Pl. p. 1151. Hort. Cliff. 392*. ... Carduus Cirsium MILL. Dict. n. 5. Cirsium anglicum. LOB. Ic. 583. DALECH. hist. 584. Figura tenus. ... Weil die Blätter von dieser ohne Stacheln sind, so nennt sie daher Miller ... die englische weiche Distel. Er ... sagt auch ferner, daß sie von einigen zum Arzneygebrauch angewendet, und für ein Mittel wider die Tollheit gehalten werden. ..." (Linné 1783a, S. 154f.); „45. CIRSIUM foliis lanceolatis, margine spinulis inaequalibus ciliatis, caule lanuginoso. Cirsium Anglicum RAI. hist. 306. Cirsium Anglicum, radice hellebori nigri modo fibrosa, folio longo I. B. III. 45. Carduus foliis lanceolatis, dentatis, margine spinulis inaequalibus ciliatis, caule laeui LINN. h. Cliff. 392. ROY. pr. 132. ..." (Gmelin 1747–1769, Bd. II, S. 55), nahezu identisch auf Bl. 35r in: AAW R. I, Op. 105, D. 28 – s. Anm. 61 in Nr. 21; „45. Cirsium foliis lanceolatis margine spinulis inaequalibus ciliatis, caule lanuginoso. (excl. synon.) [=] Cirsium serratuloides Scop. var.? (teste ipso Gmelino.)" (Ledebour 1841, S. 68); „1002. CIRSIUM Serratuloides. ..." (Scopoli 1772a, S. 127); „Carduus dissectus, ... zerschnittene Distel, ... englische weiche Distel; ... Man hat sie für ein Mittel wider eine gewise Art von Tollheit gehalten: Sie heißt bey Millern: Carduus Cirsium." (Gmelin 1772, Sp. 527); „44. CIRSIUM calicibus inermibus, acutis, foliis vtrinque viridibus, firmis, integerrimis, inaequaliter ciliatis. Tab. XXII. et XXIII. Fig. 1. Cirsium procerum, folio profunde serrato, vtrinque virente, Iaceae capitulis minoribus, fibrosa radice MESS. AMM. Ruth n. 187. p. 140. Serratula foliis lanceolatis integris amplexicaulibus serraturis spinoso-setaceis LINN. Hort. Ups. 248. 1. ... Duas huius plantae icones fieri curauimus, quarum vna plantam exhibet ramosam capitulis paruis, eiusque inferiorem tantum et superiorem partem, media rescissa. ... Altera Tab. XXII. Fig. 1. non ramosam plantam sistit. ... Tataris Krasnojarensibus sua lingua Epschök dicitur. ..." (Gmelin 1747–1769, Bd. II, S. 52ff.), nahezu identisch auf Bll. 33r–34v in: AAW R. I, Op. 105, D. 28 – s. Anm. 61 in Nr. 21; „187. CIRSIUM procerum, folio profunde serrato, vtrinque virente, Iaceae capitulis minoribus, fibrosa radice Messerschm." (Amman 1739, S. 140); „44. Cirsium calycibus inermibus acutis, foliis utrinque viridibus firmis integerrimis inaequaliter ciliatis. t. XXII. [=] Cirsium setosum M. a Bieb.! (Cirsium laevigatum Tausch. in Flora. 1828. II. 483.) [;] t. XXIII. f. 1. [=] Cirsium serratuloides Scop.!" (Ledebour 1841, S. 68); „1671**. CIRSIUM setosum. ... Serratula (setosa) ... Linn. ed. Willd. 3. p. 1645. ..." (Marschall von Bieberstein 1819, S. 560f.); „*19. SERRATULA setosa. W. ... Borstige Scharte. W. ..." (Linné 1797–1830, Bd. III, Teil 3, S. 1645); „4. Cirsium serratuloides:... C. calycibus inermibus acutis, ... Gmel. sib. 2. p. 52. t. 23. f. 1. ..." (Tausch 1828, S. 483); „27) Schartenartige Distel.

Carduus serratuloides. ... Carduus foliis subamplexicaulibus lanceolatis integris: serraturis spinoso-setaceis, pedunculis unifloris. LINN. Syst. Veg. p. 606. Sp. Pl. p. 1155. ... SCOP. carn. ed. 2. n. 1002. ... Carduus calycibus inermibus acutis, foliis utrinque viridibus firmis integerrimis inaequaliter ciliatis. GMEL. Sib. 2. p. 52. tab. 22. et 23. f. 1. Cirsium procerum, folio profunde serrato, utrinque virente, jaceae capitulis minoribus, fibrosa radice. AMM. ruth. n. 187. Cirsium angustifolium non laciniatum. C. BAUH. pin. 377. Cirsium pannonicum primum pratense. CLUS. 2. p. 148. ..." (Linné 1783a, S. 169ff.); „*23. CNICUS pratensis.W. ... Cirsium anglicum. Raj. synop. 193. Lob. ic. 583. Dalech. hist. 584. ... Cirsium anglicum radice Hellebori nigri modo fibrosa, folio longo. Bauh. hist. 3. p. 45. Wiesen-Kratzkraut. W. ..." (Linné 1797–1830, Bd. III, Teil 3, S. 1672f.); „26. CNICUS serratuloides. ... Carduus (serratuloides) ... Sp. pl. 1155. ... Scop. carn. n. 1002. sub Cirsio. ... Carduus calycibus inermibus acutis, foliis utrinque viridibus firmis integerrimis inaequaliter ciliatis. Gmel. sib. 2. p. 52. t. 22 et 23. f. 1. Cirsium procerum, ... Amm. ruth. n. 187. R. Cirsium angustifolium non laciniatum. Bauh. pin. 377. Cirsium pannonicum 1. pratense. Clus. 2. p. 148. ... Schartenartiges Kratzkraut. W. ..." (a. a. O., S. 1674f.); „5. CIRSIUM SERRATULOIDES Scop. ... C. serratuloides. Scop. Fl. carn. ed. 2. II. p. 127. No. 1002. ... Cirsium calycibus inermibus, ... Gmel. Flor. sib. II. p. 52. No. 44. t. XXII et XXIII. f. 1. Cirsium procerum, ... Messerschm. in Amman. ruth. p. 140. No. 187. Cnicus serratuloides. Linn. Willd. Spec. pl. III. p. 1674. ..." (Ledebour 1833, S. 7ff.); „46. C[irsium] serratuloides (DEC. Prodr. VI, p. 652) ... LEDEB. Fl. alt. IV, p. 7. ... C. calycibus inermibus, ... GMEL. Fl. sib. II, p. 52, Nr. 44, t. 22 et 23, f. 1. C. foliis lanceolatis, ... GMEL. Fl. sib. II, p. 55, Nr. 45 (excl. synon.). C. procerum, ... MESSERSCHM. ex AMMAN. ruth. p. 140, Nr. 187. Carduus serratuloides. L. SP. 1155. ... Cnicus serratuloides. WILLD. Spec. pl. III, p. 1674. ..." (Ledebour 1844–1846, S. 742); „108 C[irsium] SERRATULOIDES, ... Gmel. sib. 2, n. 44. t. 22? et t. 23. f. 1. ... Cnicus serratuloides Willd. sp. 3. p. 1674 excl. syn. ... β. ... Gmel. sib. 2. p. 55. n. 45? ..." (Candolle 1837, S. 652); „555. CIRSIUM serratuloides. ... Carduus foliis subamplexicaulibus lanceolatis integris, serraturis spinoso-setaceis, pedunculis unifloris. LINN. syst. 12. p. 530. ... Carduus calycibus inermibus acutis, foliis utrinque viridibus firmis integerrimis, inaequaliter ciliatis. GMEL. sib. 2. p. 52. tab. 22. & 23. f. 1. Cirsium serratuloides. SCOP. Fl. Carn. ed. 2. p. 127. Cirsium pannonicum primum pratense. CLUS. hist. 148. Cirsium angustifolium non laciniatum. BAUH. hist. III. 377. ..." (Allioni 1785, S. 152); „... fanden wir ... schartenkrautartige Distel b). ... |: b) Carduus serratuloides. :|" (Lepechin 1774, S. 77); „Arme [Tataren], die der Milch und des Mehles entbehren, halten sich sehr an wilde Gewächse, mit welchen sie sich wohl auch zum Winter versehen. ... Die Wurzeln von ... einer Distelart (Card. serratuloides. T<ata>r. Epschök), ..." (Georgi 1776, S. 230); „Carduus foliis lanceolatis dentatis margine spinulis etc. non est, sed Carduus calice inermi, foliis lanceolatis margine ciliatis. Fl. lapp. 292. planta apud nos vulgatissima; variat foliis integris et laciniatis, nunc in latem, nunc distincta planta (Fl. sib. II. 51. nr. 43. Cirsium heterophyllum All.). in Carduo foliis lanceolatis dentatis margine, spinulis inaequalibus etc. vero folia facie referunt folia cardui in avena proventientis (Fl. sib. II. 55. nr. 45. Cirsium serratuloides var. Scop.)." (C. von Linné in einem Brief an J. G. Gmelin vom 18. September 1744 – Plieninger 1861, S. 36); „Cirsium calycibus inermibus acutis fol. utrimque viridibus firmis integerrimis inaequaliter ciliatis (Fl. sib. II. 52. nr. 44. Carduus serratuloides L. Cnicus serratuloides W. Cirsium serratuloides Scop. setosum M. a Bieb. ...), – a Cirsio floribus singularibus (Fl. sib. II. 51. nr. 43. C. heterophyllum All. Carduus heterophyllus L. Cnicus heterophyllus W. vid. infra) parvo flore et carnositate differt, caeteum persimile." (A. von Haller in einem undatierten Brief an J. G. Gmelin – Plieninger 1861, S. 141); „Vgl. ... Gmelins sibir. Reise II. 469 das hier angeführte Verzeichniss sibirischer Brodsurrogate; diese sind noch weiter folgende: ... 11) Cirsium serratuloides Dec. Fl. sib. Ii. 52. nr. 44. und 45. ..." (Anm. von W. Plieninger in einem am 25. Januar 1741 empfangenen, undatierten Brief von G. F. Müller an J. G. Gmelin – Plieninger 1861, S. 189f.); „1595. Cnicus serratuloides: ... Willd. sp. III. p. 1674. ... Gmel. sibir. II. t. 22. et t. 23. f. 1. ... Cirsium serratuloides. Allion. ped. 1. p. 152. Carduus serratuloides. Linn. sp. p. 1155. Cirsium angustifolium non laciniatum. C. B. pin. 377. ..." (Pollini 1822a, S. 619); „677. CIRSIUM SERRATULOIDES Ledeb. ...

Carduus serratuloides Linn. sp. ed. I. p. 825 (excl. synon.) non Jacq. ... Cirsium calycibus inermibus acutis, ... Gmel. fl. Sib. II. p. 52. No. 44. t. XII [sic!] et XXIII. f. 1. Cirsium procerum, ... Messerschm. in Amm. Ruth. p. 140. No. 187. ..." (*Turčaninov* 1856, Fasc. 2, S. 128f.); Cirsium – russ. *volčec, igol'čatkal, tatarnik, osot, oset* bzw. *bodjak* (*Annenkov* 1858, S. 31, Nr. 310); Carduus nutans L. – russ. *repej kolkij, šedrovatyj* bzw. *ripjak* (a. a. O., S. 28, Nr. 261); „Cnīcus VAILL. (Compositae). Von κνιζειν (jucken, verletzen) in Bezug auf die stachlige Beschaffenheit der Pflanze. ..." (Wittstein 1852, S. 210); s. auch Nr. 622, Nr. 633 u. Nr. 634

3 s. Nr. 621

4 „[species 1] Cinara hortensis, foliis non aculeatis C. B. Pin. 383. Carduus sive Scolymus sativus, non spinosus J. B. 3. 48. Cinara Dod. Pempt. 724." (Tournefort 1700, S. 442, Genus II. „Cinara. Artichaut."); „Cinara hortensis, foliis non aculeatis C. B. Pin. 383. ... Germani Artischocken appellant ..." (Rupp 1726, S. 150); „CAPUT. XCI. ... STrobildorn, Welschdistel, Artischoß oder Artischock, ... Der zahmen Strobildornen sind zwey Arten, die eine ist stachlicht, die andere ohne Stacheln. ... 2. Der andere [Strobildorn], ohne stachlige Blätter: Scolymus, sive Cinara sativa non aculeata. Cinara hortensis, folis non aculeatis. C. B. P. T. ... Carduus sive Scolymus, sativus, non spinosus. J. B. ..." (Zwinger 1744, S. 772ff.); „Cinaria hortensis, foliis aculeatis & non aculeatis. C. B. P. Artischocken." (Miller 1751, S. 611); „1. CYNARA foliis pinnatis, laciniis serratis. ... α Cinara hortensis aculeata. Bauh. pin. 383. ... Carduus sive Scolymus sativus spinosus & non spinosus. Bauh. hist. 3. p. 48. β Cinara hortensis, foliis non aculeatis. Bauh. pin. 383. ..." (Linné 1737, S. 394); „1) Gemeine Artischocke. Cynara Scolymus. ... Cynara foliis subspinosis pinnatis indivisisque, calycinis squamis ovatis. LINN. Syst. Veg. p. 607. Sp. Pl. p. 1159. Cynara foliis pinnatis: laciniis serratis. Hort. Cliff. 394. ... β) Cynara hortensis aculeata. C. BAUH. pin. 383. ... γ) Cynara hortensis, foliis non aculeatis. C. BAUH. pin. 383. ... Man hat von ihr verschiedene Abänderungen, von welchen die grüne oder französische Artischocke, unsere gewöhnlichste und bekannteste ist, welche wegen ihres fleischigen und eßbaren Blumenbodens jährlich in unsern Küchengärten gezogen wird. ... Sie ist vom Geschmack weniger angenehm, als die rothe englische Artischocke, welche die grösten Köpfe hat, ..." (Linné 1783a, S. 190f.); „2. CYNARA Scolymus. ... C. foliis pinnatis: ... Hort. cliff. 394. ... β Cinara hortensis aculeata. Bauh. pin. 383. ... γ C. hortensis, foliis non aculeatis. Bauh. pin. 383. ... Gemeine Artischocke. W. ..." (Linné 1797–1830, Bd. III, Teil 3, S. 1691); „[Cynara] Scolymus, foliis subspinosis pinnatis indivisisque, calycinis squamis ovatis: gemeine Artischoke, .. grüne Artischoke; französische Artischoke; ... Man genießt in unsern Küchen den Fruchtboden dieser Pflanze mit dem zunächst daran hängenden Theile der Kelchschupen; ihre Samenkronen taugen zu dem Disteltuche: ..." (Gmelin 1773, Sp. 430ff.); „Grünartischocke, Cynara Scolymus, L. ... Von den grünen, gekochten, angenehm bitterlich schmeckenden Köpfen läßt man den Fruchtboden und das Fleisch der nächsten Kelchschuppen als harntreibendes Gemüß genießen. Die Blüthen ... sind eines der besten Mittel, die Milch zu laben und zu Molken zu machen, aber ihre von den Alten gerühmte Kraft, Unfruchtbarkeit der Weiber zu heilen und unzeitige Geburten zu verhüten, ist sehr zweifelhaft." (Hahnemann 1795, S. 379); „Cynara, Cinara, Cynara Scolymus Linn. ... D. Artischocke, welsche Distel, ... 2. Die Garten= Artischocke ohne Stacheln, die gemeine glatte Artischocke, Cynara hortensis foliis non aculeatis Bauh. ... Die Wurzel der Artischocken ist harntreibend, und unter abgekochten Tränken und Brühen zu dieser Absicht sehr wohl zu gebrauchen; daher auch Einige das Decoct von diesen Wurzeln in Klystieren, den Harn zu erregen, verschreiben. Der Artischocken=Wein wird wider die Wassersucht angerühmt. ... Der Saft von den Blättern soll die Wanzen vertreiben. ..." (Krünitz 1773–1858, Bd. 8, S. 477ff.); „16) Cynara Scolymus. Gemeine Artischocke. Die ganze Pflanze ist gelind astringirend. ... Die Scheiben der noch nicht völlig entwickelten Blüthen geben eine angenehme Speise. Die Abkochung der Stiele bewies sich in eintägigen und dreitägigen intermittirenden Fiebern nützlich." (Richter 1832c, S. 462); „Das Vaterland der Cynareen bilden die Länder der Mittelmeerregion. Ihre verbreitetste Art, die echte oder Garten-Artischocke (Cynara scolymus L.), arabisch Hurschuf, ... ist ... eine durch die Kultur entstandene Form der spanischen Artischocke (Cynara Cardunculus L.). ... Die Artischocken, welche zu Plinius[3]) Zeiten eine Speise

der Reichen bildete, für deren Zubereitung Apicius soviel Rezepte hat, dass er den Unmut der damaligen Gelehrten hervorrief, ... |: 3) Plinius, der Cynara scolymus an mehreren Stellen erwähnt und beschreibt (XIX, 43 – XX, 99) nennt dies Gewächs eine Speise der orientalischen Völker (XXII, 43). :|" (Woenig 1886, S. 209f.); „CINARA sive SCOLYMUS. ... teutsch, Art<i>schocke, ist ein Gewächs, dessen es zwey Hauptsorten giebet. Die erste heisset ... Cinara hortensis non aculeatis, C. B. ... Die Artischocke stärcket das Hertz, eröffnet, treibet den Schweiß, giebt gute Nahrung, ersetzt die verlohrnen Kräfte, und reiniget das Geblüt. Cinara ist, nach einiger Gedancken, der Name einer Jungfer, die laut der alten Fabeln in eine Artischocke verwandelt worden: oder kommt von Cinere, Asche, her, weil dieses Gewächse, dem Ansehen nach, in solchem Lande gern stehet, darauf man Asche hat herum gestreuet, damit es möge desto fruchtbarer werden. Scolymus kommt von σκολιὸς, asper, dieweil die Artischocke sticht, wer sie angreifft." (Lémery 1721, Sp. 310f.); „Cȳnara VAILL. (Compositae). Von κυωυ (Hund); die Schuppen des Anthodiums sind lederartig und ihre Spitzen hart und stehend wie die Zähne der Hunde. Angeblich von κναειν (kratzen, schaben) in Bezug auf die rauhe Beschaffenheit der Pflanze." (Wittstein 1852, S. 254); „Scōlymus L. (Compositae). Σκολυμος von σκωλος (Stachel); die Pflanze ist sehr stachelig." (a. a. O., S. 802)

5 *Aleksej Jur'evič Bibikov*

6 „484. Rhaponticoides elatior, oblongiori capitulo, folio Subtus argenteo, ovariis plumosis. ..." (AAW R. I, Op. 13, D. 42, Bll. 100v–101v, s. Anm. 1 in Nr. 1); „374. Rhaponticoides elatior. oblongiori capitulo. folio subtus argenteo ovariis plumosis D. D. Gmel. ind plant Len No. 484. ..." (AAW R. I, Op. 104, D. 25, Bl. 28v, s. Anm. 61 in Nr. 21); „374. Cirsium Rhaponticoidis facie latiori folio subtus argenteo. Ind. Irc. n°. 137. ... Fl. Irc. 624." (AAW R. I, Op. 105, D. 1^a, Bl. 37v, s. Anm. 29 in Nr. 5); „137. Cirsium Rhaponticoidis facie, latiori folio, subtus argenteo. Rhaponticoides elatior, oblongiori capitulo, folio subtus argenteo, ovarijs plumosis Ind. Len. ..." mit der rechts marginalen Anm. auf Bl. 18r „vid. Ic." (AAW R. I, Op. 105, D. 4^a, Bll. 18r–18v, s. Anm. 54 in Nr. 17); „89. Rhaponticoides elatior, folio subtus argenteo, ovaryis plumosis" (AAW R. I, Op. 15, D. 1, Bl. 11r, s. Anm. 24 in Nr. 64); „26. Cirsium Rhaponticoidis facie latiori folio subtus argenteo Ind. Irc. N°. 137 D. 11 $7^{\underline{br}}$" (a. a. O., Bl. 4v); „1. Cirsium Rhaponticidis facie latiori folio subtus argenteo Ind. Irc. n°. 137. Serratula folys inferioribus cordato-lanceolatis dentatis, ..." mit der links marginalen Anm. „vid. Ic." (AAW R. I, Op. 13, D. 67, Bl. 24v, s. Anm. 5 in Nr. 4); „Cirsium Rhapont. folio subtus arg. – [katschinzisch] Ak-bír. (Kábo трудъ [russ. *trud*; russ. *trud*, *trut* – Zunder (*Slovar'* 2015, S. 193 u. S. 209)]) – [modorisch/matorisch] Mod. Hémmen-soju. Zunder=kraut, ist was anders, als dasjenige, so die Tattaren gebrauchen. [kamassisch/kamasinzisch] Pétmae. Phétmae. (Zunder) [kotowzisch] Háddibitsch-Kirang –" (J. G. Gmelin in: AAW F. 21, Op. 5, D. 73, Bll. 295v–296r); „Hemmen-Seu. Zunder-Kraut der Modoren. Wachßt auf jaren. hat Viel kleinere Blätter als das ordinaire Zunder-Kraut." (a. a. O., Bl. 273r)

„JACEA. ... teutsch, schwartze Flockenblume. ... Jacea kommt von jacere, auf dem Boden liegen: welcher Name diesem Kraute darum gegeben worden, weil viele seiner Arten auf der Erde herum liegen." (Lémery 1721, Sp. 564f.); „Jacēa CAMER. (Violaceae). Zus aus ἴον (Veilchen) und ἀκεομαι (heilen); also heilsames Veilchen. Jacēa NECK. (Compositae). Wie vorige Gattung? Man leitet auch ab von jacere (liegen), obgleich diese Pflanzengruppe keine liegende Stellung hat, sich aber doch auch nicht viel über den Erdboden erhebt." (Wittstein 1852, S. 468); „RHAPONTICOIDES. Ce genre établi par Vaillant, et qui comprend les centaurea africana, behen et babylonica, n'a pas été adopté et on l'a réunis à celui qu'il a nommé rhaponticum. ..." (Dictionnaire 1819, S. 229); „Rhaponticoides; ist der Gattungsname, unter welchem Vaillant diejenige Arten der Flokenblume vereiniget, deren Schupen an dem Blumenkelche rundlicht, scharf zugespizt, und mit einer zarten Haut eingefaßt, deren Blümchen in dem Umkreise kaum gröser, als die Blümchen in der Mitte, und deren Samen bald ohne, bald mit Kronen versehen sind." (Gmelin 1775, Sp. 826f.); s. auch Nr. 631

7 „[species 5] Cyanus montanus, caule folioso, capitulo oblongo Bocc. Mus. Part. 2. 20. Cyanus montanus, caule folioso Ejusd. Tab. 2.“; (Tournefort 1700, S. 445, Genus IV. „Cyanus. Bluet.“); „Cyanus montanus, caule folioso, capitulo oblongo. ...“ und die Abbildung „Cyanus Montanus caule folioso.“ auf Tafel 2 (Boccone 1697a, S. 20); „4. Art. C[entaurea] montana. Berg=Flockenblume. (Willdenow.) ... Synonyme: ... Centaurea calycibus serratis foliis lanceolatis decurrentibus, caule simplicissimo. (Hort. cliff. 422. ...) Cyanus caule unifloro, alato, foliis ellipticis lanceolatis. (Hall. helv. n. 190.) ... Cyanus montanus, caule folioso, capitulo oblongo. (Bocc.) Cyanus major. (Lob. ic. 548.) ...“ (Bechstein 1833, S. 652f.); „190. CYANUS caule unifloro, alato, foliis ellipticis, lanceolatis. ... Cyanus major DODON. ... Centaurea calycibus serratis, foliis lanceolatis, decurrentibus; caule simplicissimo LINN. Spec. II. p. 1289. ...“ (Haller 1768, S. 82); „19. CENTAUREA calycibus serratis, foliis lanceolatis integerrimis decurrentibus. ... Cyanus major. Dod. pempt. 251. Lob. hist. 276. ...“ (Linné 1737, S. 422); „14) Berg=Flockenblume. Centaurea montana. ... Centaurea calycibus serratis, foliis lanceolatis decurrentibus, caule simplicissimo. LINN. Syst. Veg. p. 653. Sp. Pl. p. 1288. Hort. Cliff. 422. ... Cyanus caule unifloro, alato, foliis ellipticis lanceolatis. HALL. helv. n. 190. ... Cyanus montanus, caule folioso, capitulo oblongo. BOCC. mus. 2. p. 20. tab. 2. Cyanus major. LOB. Ic. 548. ...“ (Linné 1783a, S. 589f.); „34. CENTAUREA montana. ... C. calycibus serratis, ... Hort. cliff. 422. ... Cyanus caule unifloro, alato, ... Hall. helv. n. 190. ... Cyanus montanus, caule folioso, capitulo oblongo. Bocc. mus. 2. p. 20. t. 2. Cyanus major. Lob. ic. 548. ... Berg-Flockenblume. W. ...“ (Linné 1797–1830, Bd. III, Teil 3, S. 2290f.); „33. C[entaurea] montana (L. SP. 1286) ... α. cyanea ... C. axillaris. WILLD. Spec. pl. III, p. 2290. – M. a BIEB. Fl. t. c. II, p. 345; ... C. atrata. WILLD. Spec. pl. III, p. 2290. ... γ. albida ... C. ochroleuca. WILLD. Spec. pl. III, p. 2289. – M. a BIEB. Fl. t. c. II, p. 345; ... δ. citrina ... C. cheiranthifolia. WILLD. ... Spec. pl. III, p. 2289. ... M. a BIEB. Fl. t. c. III, p. 588. ...“ (Ledebour 1844–1846, S. 699); „*33. CENTAUREA axillaris. W. ... Seitenblüthige Flockenblume. W. ...“ (Linné 1797–1830, Bd. III, Teil 3, S. 2290); „*32. CENTAUREA atrata. W. Schwarzkelchige Flockenblume. W. ...“ (a. a. O., S. 2290); „*31. CENTAUREA ochroleuca. ... Blasgelbe Flockenblume. W. ...“ (a. a. O., S. 2289); „*30. CENTAUREA cheiranthifolia. W. ... Leucojenartige Flockenblume. W. ...“ (a. a. O., S. 2289); „1801. CENTAUREA ochroleuca. ... C. calycibus serratis, ... Linn. ed. Willd. 3. p. 2289. ...“ (Marschall von Bieberstein 1808, S. 344f.); „1802. CENTAUREA axillaris. C. calycibus serratis, ... Linn. ed. Willd. 3. p. 2290. ...“ (a. a. O., S. 345); „1801*. CENTAUREA cheiranthifolia. ... C. calycibus serratis, ... Linn. ed. Willd. 3. p. 2289. ...“ (Marschall von Bieberstein 1819, S. 588f.); „Centaurea montana, ... Bergflokenblume, ... grose Bergkornblume; gemeine bleibende blaue Kornblume; Waldhühnlein; ...“ (Gmelin 1772, Sp. 726); „CCIII. Gattung. Centaurea. Flockenblume. ... Namenabstammung: Von dem Centaur Chiron, der Sohn des Saturn und der Philyra, welcher die Heilkräfte der Kräuter entdeckte, und den Aesculap darin unterrichtete. (Mit dem Safte dieser Kräuter heilte Chiron seinen Fuß, in welchen ihm der Pfeil des Herkules fiel.) ...“ (Bechstein 1833, S. 649); Centaurea – russ. *belolistvennik, belolist* bzw. *čertopolog* (*Annenkov* 1858, S. 29, Nr. 277); „Centaurēa L. (Compositae). Κενταυρειον, abgeleitet vom Centaur ... d. h. Stierhirten zu Pferde, ... CHIRON, welcher den medicinischen Gebrauch des Krautes zuerst lehrte oder vielmehr zuerst an sich selbst erprobte, indem er damit eine Wunde, die er sich an seinem Fusse mit einem Pfeile des Hercules zugezogen hatte, heilte. Welche Pflanze aber die von Chiron angewandte war, wissen wir nicht genau; ...“ (Wittstein 1852, S. 169); „Cȳanus DC. (Compositae). Von κυανος (blau); hat blaue Blumen.“ (a. a. O., S. 248)

„82. Cirsium Rhaponticoides facie folio latiori & laevi capitulis gracilioribq calyce viridi ind. Len. quum in Flor ircut. No 625. pariter sub Jaceae nomine descripti.“ (AAW R. I, Op. 104, D. 25, Bl. 29r, s. Anm. 61 in Nr. 21); „378. Cirsium Rhaponticoidis facie, folio longo et aspero, capitulis gracilioribus et nitidioribus ... Haec ipsa species ad Angaram crescit, ubi cum observarem, cum Lenensi confudi, et in Ind. Irc. n°. 141. recensui. ... Fl. Irc. 625. nam haec et prior ibi confusae sunt.“ (AAW R. I, Op. 105, D. 1ª, Bl. 38r, s. Anm. 29 in Nr. 5); „141. Cirsium Rhaponticoides facie, folio saligno, dentato et integro. Rhaponticoides elatior, oblongiori capitulo, virgae aureae folio, ovarijs plumosis. Ind. Len. ..." (AAW R. I, Op. 105, D. 4ª, Bl. 19v, s. Anm. 54 in Nr. 17); „107. Rhaponticoides, quae Горкая трава [russ. *gorkaja trava*] ut & elatior, folio Virgae aureae, ... Fl. Irc. 625. Utraq) in ind. Len. sub n°. 482. 483 recensita." (AAW R. I, Op. 105, D. 16, Bl. 2v, s. Anm. 5 in Nr. 4); „483. Rhaponticoides elatior oblongiori capitulo, Virgae Aureae folio, ovariis plumosis. ... (a) flosculus ouario insistens (b) Ovarium maturescere incipiens. (c) Ovarium maturum." (AAW R. I, Op. 13, D. 42, Bll. 100r–100v, s. Anm. 1 in Nr. 1); „11. Jacea an Cyanus montanus caule folioso, capitulo oblongo Bocc. Mus. Part. 2. 20. Fl. Irc. n°. 625. ..." (AAW R. I, Op. 13, D. 67, Bl. 24v, s. Anm. 5 in Nr. 4); „5. Cirsium Rhaponticoidis facie, folio Amygdali rugoso Ind. Irc. n°. 140 & Jen. n°. 377. Fl. Irc. 625. j. Idem floribus numerosioribus & folio laeviori subtus aliquantum lanuginosa Ind. Jen. 377" mit der links marginalen Anm. „vid. Ic." (a. a. O., Bl. 24v); „6. Cirsium Rhaponticoidis facie folio longo & aspero capitulis gracilioribus & nitidioribus. Ind. Jen. n°. 378. Fl. Irc. n°. 625. Ind. Irc. n°. 141." (a. a. O., Bl. 24v)

8 in der 2. Textversion (s. Anm. 1 in A.): „caulemque"

9 „SALIX. Tourn. Inst. R. H. 590. tab. 364. Lin. Gen. Plant. 976. (Hat den Namen vom Lateinischen Salio, ich springe, oder tanze, wegen seines schnellen Wachsthums.) Die Weide; der Weidenbaum. ..." (Miller 1776, S. 37ff.); „FELBER, m. weidenbaum, salix alba, ... gesetzter zamer felber, salix sativa, salix erratica. ..." (Grimm 1991, Bd. 3, Sp. 1474); s. auch Nr. 1083

10 „Kalyptra, Calyptra, f. Der von gr. kalyptra, Hülle, Deckel, übernommene Terminus wird für verschiedene deckel- oder haubenartige Bildungen verwendet. ..." (Wagenitz 1996, S. 201)

11 „Polytrichon, der Nahme einer Mosgattung, welche im Deutschen Haarmos, Haarkappe, auch Widerthon heißt, ..." (Krünitz 1773–1858, Bd. 115, S. 48)

12 „[species 34] Jacea Alpina, Calcitrapae folio, flore caeruleo. Carduus mollis, laciniato folio C. B. Pin. 377. Carduus mollior, 1 Clus. Hist. cl." (Tournefort 1700, S. 444, Genus III. „Jacea. Jacée."); „CARDVVS MOLLIOR. CAP. XLI. ..." und die Abbildung „Carduus mollior I." auf S. cl (Clusius 1601, S. cl-clj; ab Buch IV gesonderte Seitennumerierung mit römischen Zahlen); „25. Rhaponticoïdes Resedae folio subtus incano, flore singulari caeruleo. Jacea Alpina, Calcitrapae folio, flore caruleo. I. R. Herb. 444." (Vaillant 1741, S. 179); „30) Weiche Distel. Carduus mollis. ... Carduus foliis pinnnatifidis linearibus subtus tomentosis, caule inermi unifloro. LINN. Syst. Veg. p. 606. Sp. Pl. p. 1156. ... Carduus mollis laciniato folio. C. BAUH. pin. 377. Carduus mollior primus. CLUS. hist. 2. p. 151. ..." (Linné 1783a, S. 173f.); „36. CARDUUS mollis. ... C. mollis laciniato folio. Bauh. pin. 377. C. mollis I. Clus. hist. 2. p. 151. ... Weiche Distel. W. ..." (Linné 1797–1830, Bd. III, Teil 3, S. 1661f.); „[Jacea] alpina, calcitrapae folio, flore caeruleo, also nennt er [d. h. Tournefort] die weiche Distel." (Gmelin 1773b, Sp. 1058); „Carduus mollis, ... weiche Distel, ... heißt bey ... C. Bauhin: Carduus mollis laciniato folio." (Gmelin 1772, Sp. 537); „18. J[urinea] mollis (REICHENB. Fl. excurs. p. 290) ... DEC. Prodr. VI, p. 676. ... Carduus mollis. L. SP. 1156. ... M. a BIEB. t. c. II, p. 272. ... Serratula blanda. M. a BIEB. Fl. t. c. III, p. 549. ..." (Ledebour 1844–1846, S. 766f.); „18. J[urinea] MOLLIS, ... Carduus mollis Linn. sp. 1156. ... Bieb. fl. taur. n. 1653. ... Serratula blanda Bieb. suppl. 549. ... Carduus mollis I Clus. hist. 2. p. 150. f. 1. ..." (Candolle 1837, S. 676); „1653. CARDUUS mollis. ... C. mollis primus. Clus. hist. 2. p. 153. C. mollis folio laciniato. J. Bauh. hist. 3. p. 47. ..." (Marschall von Bieberstein 1808, S. 272f.); „1640***. SERRATULA blanda. ... Carduus mollis. Flor. taur. cauc. n. 1653. (cum synonymis.) ..." (Marschall von Bieberstein 1819, S. 549); „Flor. Germ. p. 346. n. 9. CNICUS mollis. ... Carduus mollis laciniato folio. C. BAUH. pin. p. 377. ..." (Roth 1793, S. 287); „1. Jurinea mollis RCHB. ... Carduus mollis L. Sp. 1156. ... Jurinea mollis Rchb. p. 288. 1831! ..." (Reichenbach 1853, S. 58f.); „1318. Carduus mollis. – Jurinea mollis Reichenb. ... Carduus mollis: ... Linn. Sp. pl. p. 1156. n. 25. ... Carduus mollior. Clus. Hist. Plant. p. CL. ..." (Wulfen 1858, S. 683); „Jurinaēa CASS. (Compositae). Nach LOUIS JURINE, geb. 1751 in Genf, Professor der Medicin daselbst. st. 1819." (Wittstein 1852, S. 481); „Serrātula L. (Compositae). Von serrula, Dimin. von serra (Säge), in Bezug auf die stark gesägten Blätter." (a. a. O., S. 810)

„– Carduus mollior I Clus. Hist. CI." (AAW R. I, Op. 104, D. 8, Bl. 4r, s. Anm. 18 in Nr. 452); „– Carduus mollis laciniato folio JB." (a. a. O., Bl. 4r)

13 „[species 48] Jacea saxatilis, longo, incano, angusto Heliochrysi Cretici folio Bocc. Mus. Part. 2. Tab. 17. Jacea saxatilis, longo, incano, angusto Heliochrysi Cretici folio, montana, erecta, flore purpureo Ejusd. pag. 31." (Tournefort 1700, S. 445, Genus III. „Jacea. Jacée."); „Iacea saxatilis, longo, incano, angusto, Helichrysi cretici folio, montana, erecta, flore purpureo. ..." und die Abbildung „Iacea saxatilis, longo, incano, angusto Heliochrysi cretici folio." auf Tafel 17 (Boccone 1697a, S. 31); „Das XXVI. Cap. Von den Sonnen=Goldblumen. ... Lateinisch/ Elichrysum, Heliochrysum, Helichrysum, und ... Holochrysum. ..." (Tabernaemontanus 1731, S. 367ff.); „8. Rhaponticum pratense, angustifolium. Cyanus repens, latifolius. B. Pin. 274. ... Idem ... Jacea saxatilis, longo, incano, angusto, Heliocrysi Cretici folio. Bocc. Mus. 2. Tab. 17. I. R. Herb. 445." (Vaillant 1741, S. 176f.); „Jacea pumila, supina, purpurea Hist. Plant. Paris. p. 203. Cyanus repens, latifolius C. B. Pin. 274. ..." (Mappus 1742, S. 150); „30) Bittere Flockenblume. Centaurea amara. ... Centaurea calycibus scariosis, caulibus decumbentibus, foliis lanceolatis integerrimis. LINN. Syst. Veg. p. 654. Sp. Pl. p. 1292. ... Cyanus repens latifolium. C. BAUH. pin. 274. Cyanus repens. LOB. Ic. 548. β) Jacea saxatilis, longo incano angusto helichrysi cretici folio. BOCC. mus. 31. tab. 17. ..." (Linné 1783a, S. 604); „[Centaurea] amara, calycibus scariosis, foliis lanceolatis integerrimis, caulibus decumbentibus, bittere Flokenblume, ..." (Gmelin 1772, Sp. 733f.); „Jacea saxatilis, longo incano angusto helichrysi cretici folio; ... bedeutet bey Boccone eine Spielart der bitteren Flokenblume." (Gmelin 1773b, Sp. 1072); „64. CENTAUREA amara. C. calycibus scariosis, ... Sp. pl. 1292. ... Cyanus repens latifolius. Bauh. pin. 274. Cyanus repens Lob. ic. 548. β. Jacea saxatilis, ... Bocc. mus. 31. t. 17. ... Bittere Flockenblume. W. ..." (Linné 1797–1830, Bd. III, Teil 3, S. 2303); „1334. CENTAUREA amara calycibus scariosis ... Linn. Sp. pl. 2. p. 1292. ... Jacea pumila supina, purpurea. Mapp. fl. Als. p. 150. Cyanus repens latifolius, Bauh. pin. 274. Cyanus repens. Lobel. Icon. p. 548. Germ. Bittere Flockenblume. ..." (Gmelin 1808, S. 503f.); „53. CIRSIUM inerme erectum, foliis ex lineari lanceolatis, infra candidis. Tab. XXVII. Iacea saxatilis longo, incano, angusto helichrysi Cretici folio BOCC. Mus. Part. 2. Tab. 17. TOURN. I. R. H. 445. STELL. Irc. 627. j. Idem floribus candidis. [Nr. 628] Varietatem j. STELLERUS ad Angae fluuii ostium in Baicalem lacum inuenit. Nostra icon radicem exprimis ex minimis, quae in hoc genere sunt, quia maiorem angustia chartae uon [müßte heißen: non] cepit." (Gmelin 1747–1769, Bd. II, S. 69ff.), nahezu identisch auf Bll. 43r–44r in: AAW R. I, Op. 105, D. 28 – s. Anm. 61 in Nr. 21; „53. Cirsium inerme erectum, foliis ex lineari lanceolatis infra candidis. t. XXVII. (excl. synon. praeter Stelleri) [=] Saussurea salicifolia DeC. var. major Ledeb.!" (Ledebour 1841, S. 69); „10. SERRATULA salicifolia. ... S. foliis lineari-lanceolatis alternis ... Sp. pl. 1145. Cirsium inerme erectum, foliis ex lineari lanceolatis: infra candidis. Gmel. sib. 2. p. 69. t. 27. ... Weidenblättrige Scharte. W. ..." (Linné 1797–1830, Bd. III, Teil 3, S. 1642); „15. SAUSSUREA SALICIFOLIA. Decand. ... α. major: ... Serratula salicifolia. Linn. Willd. Spec. pl. III. p. 1642. Cirsium inerme erectum, foliis ex lineari lanceolatis, infra candidis. Gmel. Fl. sib. II. p. 69. No. 53. t. XXVII. (excl. synon. praeter Stelleri.) ... β. intermedia: ... Cirsium inerme caulibus adscendentibus, ... Gmel. Fl. sib. II. p. 71. No. 54. t. XXVIII. fig. sinistre (excl. synon.). ... γ. incisa: ... Cirsium foliis inferioribus ex sinuato-dentatis. Gmel. Fl. sib. II. p. 71. No. 54. var. I. t. XXVIII. fig. I. ..." (Ledebour 1833, S. 29f.); „27 S[aussurea] salicifolia (DECAND. ... Podr. VI, p. 533) ... LEDEB. Fl. alt. IV, p. 29. ... α. macrocephala ... Cirsium inerme caulibus adscendentibus ... GMEL. Fl. sib. II, p. 71, Nr. 54, t. 28. fig. sinistra (excl. syn.). ... γ. major ... Serratula salicifolia. L. SP. 1145. ... Cirsius inerme erectum, ... GMEL. Fl. sib. II, p. 69, Nr. 53, t. 27 (excl. syn. praeter Stelleri). δ. intermedia (LEDEB. l. c.) ... ε. incisa (LEDEB. l. c.) ... Cirsium inerme, caulibus adscendentibus, ... I. foliis inferioribus ex sinuato dentatis. GMELIN Fl. sib. II, p. 71, Nr. 54, t. 28, fig. I. (excl. syn.). ..." (Ledebour 1844–1846, S. 670f.); „7. S[aussurea] SALICIFOLIA (DC. ...) ... Ledeb. fl. alt. ... 4. p. 29. ... α. macrocephala ... Gmel. sib. t. 28. f. 1. ... β. angustifolia, ... Gmel. sib. 2. t. 27. (v. s.) γ. intermedia (Ledeb. l. c.), ... δ. incisa ... Gmel. sib. 2. t. 28. f. 2. (v. s.)." (Candolle 1837, S. 533); „54. CIRSIUM inerme caulibus adscendentibus, foliis linearibus, infra cinereis. Tab. XXVIII. j. Idem foliis inferioribus ex sinuato dentatis. Tab. ead. j. Rhaponticoides frutescens, elichrysi folio, capitulo turbinato, flore purpurascente VAILL. comm.

Par. 1718. p. 227. ex sentent. HALL. ... In iconibus capitula naturali aliquanto maiora sunt." (Gmelin 1747–1769, Bd. II, S. 71f.), nahezu identisch auf Bll. 44r–44v in: AAW R. I, Op. 105, D. 28 – s. Anm. 61 in Nr. 21; „54. Cirsium inerme caulibus adscendentibus, foliis linearibus, infra cinereis. t. XXVIII. fig. sinistra. (excl. synon.) [=] Saussurea salicifolia DeC. var. Turcz.! [;] I. Idem foliis inferioribus ex sinuato dentatis. f. 1. [=] Saussurea salicifolia DeC. var. incisa Ledeb.!" (Ledebour 1841, S. 69); „9. Rhaponticoides frutescens, Elichrysi folio, capitulo turbinato, flore purpurascente. ..." (Vaillant 1723, S. 227); „Cirsium inerme caulibus adscendentibus f. linearibus infra cinereis etc. (Fl. sib. II. 71. nr. 54. Saussurea salicifolia Dec. var. macrocephala Turcz.) est Rhaponticoides frutescens Elichrysi folio, capitulo turbinato Vaillant. (Fl. sib. II. 71. nr. 54. Saussurea salicifolia Dec. var. incisa Ledeb.)" (A. von Haller in einem undatierten Brief an J. G. Gmelin – Plieninger 1861, S. 141); „Saussurēa CASS. (Compositae). Nach THEOD. v. SAUSSURE, geb. 1767 zu Genf, Professor der Mineralogie an der dortigen Akademie, st. 1845; schrieb u. a.: Recherches chim. sur la vegetation 1804. – Sein Vater HORACE BENOIT DE SAUSSURE, geb. 1740 zu Genf, Professor der Philosophie daselbst, st. 1789; schrieb u. a.: Observations sur l'écorce des feuilles et des petales 1763." (Wittstein 1852, S. 788)

„5. Cirsium inerme caulibus adscendentibus, foliis linearibus, infra cinereis." (AAW R. I, Op. 13, D. 19, Bl. 12r, s. Anm. 54 in Nr. 17); „6. Cirsium inerme erectum, foliis ex lineari-lanceolatis, infra candidis." (a. a. O., Bl. 12r); „2. Cirsium Rhaponticoidis facie, angustiore folio subtus argenteo, ampla radice Ind. Irc. n°. 138. Fl. Irc. 627. j. Idem flore albo Fl. Irc. n°. 628." mit den links marginalen Anm. „vid. Ic." (neben „2. Cirsium ...") und „Ic. Stel." (neben „j. Idem ...") (AAW R. I, Op. 13, D. 67, Bl. 24v, s. Anm. 5 in Nr. 4); „375. Cirsium Rhaponticoidis facie, angustiore folio subtus argenteo, ampla radice Ind. Irc. n°. 138. ... Fl. Irc. n°. 627 et 628." (AAW R. I, Op. 105, D. 1ª, Bl. 37v, s. Anm. 29 in Nr. 5); „138. Cirsium Rhaponticoidis facie, angustiore folio, subtus argenteo, ampla radice. ... Icon radicem exprimit e minimis, quae in hoc genere sunt, quia majorem angustia chartae non cepit." mit den links marginalen Anm. von J. G. Gmelin „Jacea saxatilis longo incano angusto, Helichrysi Cretici folio Bocc. Mus. St. 627." und „vid. Ic." (AAW R. I, Op. 105, D. 12, Bl. 37v, s. Anm. 54 in Nr. 17); „381. Cirsium Rhaponticoidis facie angustiore folio subtus incano radice minori ramosum ind Len. mihi in Flor ircut. No 627. audit Jacea saxatilis longo incano angusto helichrysi cretici folio Bocc. ..." (AAW R. I, Op. 104, D. 25, Bl. 29r, s. Anm. 61 in Nr. 21); s. Nr. 628

14 Aquarell (Kopie von J. W. Lürsenius nach J. C. Berckhan): AAW R. I, Op. 105, D. 23, Bl. 77r; Tab. XXVII. in: Gmelin 1747–1769, Bd. II, S. 69ff.); s. Nr. 627 sowie Anhang B.5. Nr. 23 und B.6.16.

15 „61. CIRSIUM inerme, foliis scabris, inferioribus pinnatifidis. Tab. XXXV. Iacea flore purpureo, foliis inferioribus asplenii, superioribus valde laciniatis STELL. Irc. 629. ... STELLERUS in siluis elatioribus ad Bargusinum fluuium et circa Bargusinense munimentum collegit, ex cuius siccis exemplaribus vt et ex planta viridi, quae in horto Academico ex semine prodiit, descriptionem adornauimus. Icon etiam ad plantam hortensem facta est. a. squamam calicis, b. flosculum cum germine, c. semen maturum corona sua ornatum exhibet." (Gmelin 1747–1769, Bd. II, S. 80f.), nahezu identisch auf Bll. 49v–50r in: AAW R. I, Op. 105, D. 28 – s. Anm. 61 in Nr. 21; „61. Cirsium inerme, foliis scabris, inferioribus pinnatifidis. t. XXXV. [=] Saussurea elongata DeC. β. polypodifolia!" (Ledebour 1841, S. 69); „11. Saussurea elongata. ... 12. Saussurea polypodifolia. ... Cirsium inerme foliis scabris inferioribus pinnatifidis. Gmel., sib. 2, p. 80, t. 35. – Jacea flore purpureo foliis inferioribus asplenii, superioribus valdè laciniatis. Stell. ircan., [sic!] 629. ex Gmel. Hab. ad Bargusinum fluvium in Sibiria. (Gmel.) ..." (Candolle 1810, S. 201f.); „12. S[aussurea] ELONGATA (DC. ann. mus. 16. p. 201. diss. n. 11. t. 6.), ... β. polypodifolia, ... Gmel. fl. sib. 2. t. 35 et ideò S. polypodifolia DC. diss. n. 12. Sauss. elongata scabiosaefolia Turcz.! in litt. (v. s.)" (Candolle 1837, S. 534); „16. S[aussurea] elongata (DEC. in Annal. du Mus. d'hist. nat. XVI, p. 201. – Ej. Prodr. VI, p. 534) ... S. elongata. TURCZ. ... S. polypodiifolia. DEC. l. c. ... S. scabiosaefolia. Turcz. ... Serratula Stelleri. STEPHAN. herb. ... Cirsium inerme, foliis scabris, inferioribus pinnatifidis. GMEL. Fl. sib. II, p. 80, Nr. 61, t. 35. ..." (Ledebour 1844–1846, S. 666);

„2642. SAUSSUREA Cand. ... elongata Cand. 8. ... Sibir." (Linné 1826, S. 380f.); „656. SAUSSUREA ELONGATA DC. ... S. elongata DC. ann. mus. 16. p. 201. diss. n. 11. t. 6. ... β. polypodifolia DC. diss. n. 12. ... Serratula Stelleri Steph. herb. et Heterotrichum Stelleri MB. e DC. l. c. Cirsium inerme, foliis scabris, inferioribus pinnatifidis Gmel. fl. Sib. II. p. 80. n. 61. t. XXXV. ... Ad fluvium Barguzin, ubi hanc speciem observavit Stellerus, illam haud inveni." (*Turčaninov* 1856, fasc. 2., S. 109f.); „Saussurea De Candolle. Saussurea. ... Diese Gattung führt ihren Namen zu Ehren des Hrn. Horaz Bened. von Saussure (geb. 1740 †1799) [und seines Sohnes Nicolas Théodore de Saussure; s. auch Nr. 627] Hr. von Saussure hat die zuckende Bewegung der Oscillatorien genau und sorgfältig beobachtet ... 4. Saussurea polypodifolia Cand. Engelsüßblättrige Saussurea. ... 6. Saussurea elongata Candoll. Langstielige Saussurea. ..." (Dietrich 1838a, S. 92ff.); „172. Saussurea elongata D. C. Ledeb. fl. ross. II. p. 666. ... DC. in Ann. d. Mus. XVI. pl. 10. Turcz. fl. baical. dahur. II. 1. p. 109. Wir unterscheiden folgende Hauptformen: α genuina. ... β polypodifolia D. C. (= S. scabiosaefolia Turcz., = Serratula Stelleri Steph.). ..." (Herder 1868, S. 11ff.)

„9. Jacea flore purpureo, folys inferioribus Asplenij, superioribus valde laciniatis Fl. Irc. n°. 629." (AAW R. I, Op. 13, D. 67, Bl. 24v, s. Anm. 5 in Nr. 4); „15. Cirsium inerme, foliis scabris, inferioribus piñatifidis." (AAW R. I, Op. 13, D. 19, Bl. 12v, s. Anm. 54 in Nr. 17); „[N^{o}.] 55. Jacea fl. purpureo Cat. n°. 230." (AAW R. I, Op. 15, D. 3, Bl. 1v, s. Anm. 65 in Nr. 24)

16 „10. Jacea saxatilis perennis. Helichrysi Cretici folio utrinque lanuginoso Fl. Irc. n°. 630." (AAW R. I, Op. 13, D. 67, Bl. 24v, s. Anm. 5 in Nr. 4)

17 s. Nr. 624

18 in der 2. Textversion (s. Anm. 1 in A.): „iuxta"

19 *Barguzinskoj ostrog*

20 „384. An Rhaponticoides major folio in amplas lacinias diviso Comm. Par. 1718? ... Fl. Irc. n°. 632." (AAW R. I, Op. 105, D. 1^{a}, Bl. 39v, s. Anm. 29 in Nr. 5); „233. Cyanus floridus odoratus Turcicus, seu Orientalis major flore luteo H L. B." (AAW R. I, Op. 6, D. 40, Bl. 33v, s. Anm. 1 in Nr. 1); „240. Cyanus floridus odoratus. Turcicus sive or. major. flor. luteo B. n. 6." (AAW R. I, Op. 104, D. 13, Bl. 6v, s. Anm. 84 in Nr. 29); „146. An Jacea vulgaris laciniata, flore purpureo I. R. H? ..." mit der links marginalen Anm. von J. G. Gmelin auf Bl. 38v „Cirsium pratense Valerianae folio laciniato utrinq) viridi St. 632." (AAW R. I, Op. 105, D. 12, Bll. 38v–39r, s. Anm. 54 in Nr. 17); „Jacea vulgaris laciniata, flore purpureo. Inst. r. h. 443. n° 73." (AAW R. I, Op. 13, D. 19, Bl. 5v, s. Anm. 54 in Nr. 17); „2. Rhaponticoidis folys Cichoraceis, viridibus, humilis Ind. Len. n°. 481. Est Carduus 3. XXIV. An Jacea vulgaris laciniata, flore purpureo I. R. H? Ind. Irc. n°. 146. j. Eadem flore candido coronato. ... vid. XXXV." (AAW R. I, Op. 13, D. 67, Bl. 25r, s. Anm. 5 in Nr. 4); „Centaurea Calycibus glabris, squamis ovatis obtusis, folys pinnatis glabris foliolis omnibus serratis. An Centaurea calycibus inermibus squamis ovatis, folys pinnatis, foliolis serratis decurrentibus Linn. h. Cliff. 421. Centaurium majus, folio in lacinias plures diviso B. Pin. 117. ..." (a. a. O., Bl. 111r); „12. An Jacea vulgaris laciniata, flore purpureo. I. R. H? Ind. Irc. n°. 146." (AAW R. I, Op. 15, D. 1, Bl. 12r, s. Anm. 24 in Nr. 64); „* Jacea vulgaris laciniata, segmentis angustioribus, flore purpureo Vaillant. Mem. 1718 ..." (AAW R. I, Op. 105, D. 2, Bll. 12r–12v, s. Anm. 54 in Nr. 17); „Centaurium majus folio in lacinias plures diviso Inst. r. h. 449." (AAW R. III, Op. 1, D. 162, Bl. 30v, s. Anm. 54 in Nr. 17); „[N^{o}.] 676. Centaurium majus, fol. in lacinias plures diviso Inst. r. h." (AAW R. I, Op. 15, D. 3, Bl. 12v, s. Anm. 65 in Nr. 24); „502. Cirsium folys lanceolatis integris, margine spinosis, radice multiplici. Cirsium pratense Ind. Jen. 367 & 371. ..." (AAW R. I, Op. 13, D. 20, Bl. 50v, s. Anm. 1 in Nr. 1); „1059. Cyanus folys pinnatis, pinnis obtusis, dentatis Hall. Alp. 690. Jacea vulgaris laciniata flore purpureo I. R. H. Centaurea calycibus ciliatis subrotundis, folys pinnatifidis Linn. Cliff. 422. Pinus obtusie quidem sed ex loco obtuso mucronem emittentes ... vid. 976" (a. a. O., Bl. 97v); „737. Centaurea calycibus inermibus subrotundis glabris; squamis ovatis: foliis sinuatis Linn. h. Cliff. 421. Cyanus floridus odoratus Turcicus, sive Orientalis major. Tourn. Inst. 441. flore albo. ..." (a. a. O., Bl. 68v); „1. Cyanus floridus odoratus Turcicus s. orientalis major. Park. Th. 481. flore purpureo.

2. Cyanus floridus odoratus Turcicus s. Orientalis major, flore albo. H. R. P. 3. Cyanus floridus odoratus Turcicus s. Orientalis flore luteo. H. L. B.“ (AAW R. I, Op. 13, D. 16, Bl. 26v, s. Anm. 32 in Nr. 6); „3. Jacea vulgaris laciniata flore purpureo. Inst. r. h. 443.“ mit der rechts marginalen Anm. „Samara.“ (a. a. O., Bl. 26v); „2. Centaurium majus folio in plures lacinias diviso. Inst. r. h. 449. C. B. P. 117.“ (a. a. O., Bl. 27r); „Iacea vulgaris laciniata, flore purpureo (Tournefortii sp. 13), ...“ (Messerschmidt 1962–1977, Bd. 4, S. 204, s. Anm. 1 in Nr. 1)

„[species 13] Jacea vulgaris, laciniata, flore purpureo. Scabiosa major, squammatis capitulis C. B. Pin. 269. Centaurium collinum Gesneri, flore purpureo J. B. 3. 32. Scabiosa major Math. 969.“ (Tournefort 1700, S. 443, Genus III. „Jacea. Jacée.“); „17. Rhaponticoïdes major, folio in amplas lacinias diviso. Centaurium majus, folio in lacinias plures diviso. B. Pin. 117.“ (Vaillant 1723, S. 227; Vaillant 1741, S. 179); „[species 1] Centaurium majus, folio in lacinias plures diviso C. B. Pin. 117. Centaurium majus, Juglandis folio J. B. 3. 38. Centaurium magnum Dod. Pempt. 334.“ (Tournefort 1700, S. 449, Genus VI. „Centaurium majus. Grande Centaurée.“); „[Rhaponticoides] major, folio in amplas lacinias discisso, hierunter versteht er [d. h. Vaillant] das grose Tausendguldenkraut.“ (Gmelin 1775, Sp. 829); „7. CENTAUREA calycibus inermibus: squamis ovatis, foliis pinnatis, foliolis serratis decurrentibus. ... Rhaponticoides major, folio in amplas lacinias diviso. Vaill. act. 1718. p. 227. Centaurium majus, folio in lacinias plures diviso. Bauh. pin. 117. Tournef. inst. 449. ... Centaurium majus juglandis folio. Bauh. hist. 3. p. 38. ... Centaurium majus 1 vulgare. Clus. hist. 2. p. 10. Centaurium magnum. Dod. pempt. 144. [sic!]...“ (Linné 1737, S. 421); „6) Groß Tausendguldenkraut. Centaurea Centaurium. ... Centaurea calycibus inermibus: squamis ovatis, foliis pinnatis, foliolis decurrentibus serratis. LINN. Syst. Veg. p. 653. Sp. Pl. 1287. Hort. Cliff. 421. ... GMEL. Sib. p. 39. [sic!] tab. 41. Centaurium majus, folio in lacinias plures diviso. C. BAUH. pin. 117. Centaurium maius primum vulgare. CLUS. hist. 2. p. 10. Centaurium magnum. DOD. pempt. 334. LOB. Ic. 712. ... Die Wurzel, die lange und dick ist, enthält einen blutrothen Saft, welcher süß ist, und anhaltende, zusammenziehende Heilkräfte besitzt, weswegen sie auch ehedem wider verschiedene Krankheiten gebraucht worden. Sie ist eßbar, und soll auch äusserlich als ein Wundmittel angerathen werden können, ...“ (Linné 1783a, S. 582f.); „12. CENTAUREA Centaurium. ... C. calycibus inermibus: ... Hort. cliff. 421. ... Centaurium majus, foliolis in lacinias plures diviso. Bauh. pin. 117. ... Grosse Flockenblume. W. ...“ (Linné 1797–1830, Bd. III, Teil 3, S. 2281); „Centaurea Centaureum, ... gros Tausendguldenkraut, Flokenblume mit unbewehrten Blumenkelchen, deren Schupen eyrund, und gefiederten Blättern, deren Lappen sägenartig gezahnt sind, und herunter laufen; ...“ (Gmelin 1772, Sp. 723f.); „1002 Centaurea Centaureum. ... Gmel. Fl. Sib. 2. t. 41. ... Man siehet sie fast gleich oft mit weißen und rothen Blumen.“ (Falk 1786, S. 244); „3. CENTAUREA Centaurium ... Tausendgülden=Flockenblume. Großes Tausendgüldenkraut. ...“ (Georgi 1797–1802, Theil 3, S. 1258); „CENTAUREA CENTAURIUM L. Centaurium magnum s. majus. Die Wurzel ist bitter und etwas aromatisch, wurde vormals unter die tonischen, schweistreibenden Mittel gerechnet; heut zu Tage ist ihr Gebrauch ganz aufgegeben [k]).“ (Wibmer 1832, S. 76)

„71. CENTAUREA squamis ouatis, foliis pinnatis, foliolis decurrentibus, linearibus, serratis et integris Tab. XLI. Cyanus floridus odoratus Turcicus seu orientalis maior flore luteo H. L. Bat. AMM. cat. HEINZ. m'ct. Iacea flore luteo, folio laciniato et serrato, calicis squamis obtusis GERB. Tan. 173. ... Cum b. STELLERUS aestate anni CIƆIƆCCXXXVIII. Tobolium vrbem transiret, oppido percepit de carbunculis, qui anno XXXVI epidemice ibi grassabatur, et primum in equis et bobus, tum etiam in hominibus vires exercebant, tanta vehementia, vt sani aspicientes tantum carbunculum saepe inficerentur. ... Hoc morbo affectos rusticus medicaster, seniculus, curationibus medicis clarus, breui temporis spatio pristinae sanitati restituit. Herbam huius plantae annotatam, quae scilicit nondum eo vsque adulta est, vt cauli producendo apta foret, lege artis siccatam et in pollinem tenuissimum comminutam cum fece cereuisiae permiscet hac ratione, vt mixtum tenuis pulticulae speciem referat. Pulticulam modice calefactam carbunculo imponit aegrunque lecto affigit, cui praeterea lactis, lucii piscis et frumenti spiritus vsum interdicit. Eodem tempore decoctum eiusdem herbae florentis longe exhibet. Elapso vnius noctis iteruallo carbunculus rumpitur et symptomata fere omnia morbi euanescunt. Vulnus sale ammoniaco aspergitur et deligatur, breui consolidandum. Iumentorum morbus varius erat. Quaedam ex improuiso velocissimo cursu, furibunda quasi, ferebantur, donec examina in terram conciderunt et sine mora perirent, in aliis carbunculi exoriebantur, quorum plurima supradicti medicastri auxilio in sanitatem redierunt, herbam pabulo large immiscendo et cataplasma modo memoratum carbunculo applicando. STELL. a. est flosculis radii, b. flosculus disci cum germine. ..." (Gmelin 1747–1769, Bd. II, S. 89ff.), nahezu identisch auf Bll. 55v–57v in: AAW R. I, Op. 105, D. 28 – s. Anm. 61 in Nr. 21; „71. Centaurea squamis ovatis, foliis pinnatis, foliolis decurrentibus linearibus serratis et integris. t. XLI. [=] Centaurea ruthenica L." (Ledebour 1841, S. 71); „*13. CENTAUREA ruthenica. ... C. squamis ovatis, foliis pinnatis, foliolis decurrentibus linearibus serratis integris. Gmel. sib. 2. p. 89. t. 41.* Russische Flockenblume. W. ..." (Linné 1797–1830, Bd. III, Teil 3, S. 2281f.); Die von J. G. Gmelin nach G. W. Steller zitierte, u. a. als Brandbeulen ... tatar. Naguptau, bei Pferden und Hornvieh kirgis. Ulat u. Tschattschack, Morowaja Jaswa, Pest, Jaswa, Beulenseuche, Sibirische Pest, Sibirische Seuche, Anthrax, Schelwaki [russ. *želvaki*], Sibirische Krankheit, kalmyk. Mohmo bzw. Momo, Jaßua, Morowaja Powetrie, Pestbeulen, Jaswa Morewa, Morewoje Powetrie, [russ. *jazva*, *morovaja jazva*, *morovoe povetrie* bzw. *sibirskaja jazva* – (Pawlowski 1952, S. 1768 u. S. 689)] Pustula maligna, Carbunculus contagiosus und Pestis Sibirica bezeichnete Krankheit wird von G. W. Steller angeführt in dem Manuskript „Catalogus Medicamentorum tam simplicium quam compositorum a Russis, Tataris, Ostiakis, tataris tschulimensibus variis in morbis externis et internis usitatorum et celebratorum, variorumq₃ circa curationes morborum Experimentorum collectorum ab A°. 1737 ad 1738." (lat. – Verzeichnis sowohl der einfachen als auch der zusammengesetzten, von den Russen, Tataren, Ostjaken und den *čulym*ischen Tataren bei verschiedenen äußeren und inneren Krankheiten gebrauchten und gerühmten Arzneimittel, und von verschiedenen im Zusammenhang mit der Behandlung von Krankheiten vom Jahre 1737 bis 1738 gesammelten Erfahrungen; AAW R. I, Op. 104, D. 18, Bll. 1r–7v; und Bll. 8r–18r, zwei unvollständige Kopien in verschiedener Handschrift; publiziert in russischer Übersetzung in: *Lukina* 1982, in englischer Übersetzung in: Science First Hand, Bd. 25, Nr. 1 vom 30. April 2010, *Novosibirsk*);

„Sibirienses Tobolii 1736 carbunculis epidemice insigniter cruciabantur, illud contagium primum Equos, boves, vaccas, aggressum, in homines deinceps varii sexus et aetatis furorem sequentem in modum exercuit; subito oriebatur macula rubra, cum insigni puritu, partim sub mento in aliqibus, in aliis sub axillis, aut in femore, intra aliquot horas tumoraugebatur insigniter cum insigni imo vehementissimo ardore partis affectae, accedebat febris acuta, lassitudine summa, capitis doloribus, oculorum rubore stipata. Rusticus senex Rhizotomus, varias herbas collectas servans et a curationibus victitans, permultos sequentem in modum cito et feliciter pristinae sanitati restituebat. Herbam Jaceae vulgaris laciniatae flore purpureo Tournefort. i. r. h. seu Centaurii collini Gesneri flore purpureo J. B. [Bauhin 1651, S. 32] quae eo anno caulem et flores non produxerat, collectam siccatam in pollinem subtilissimum redactam, cum fece cerevisiae in tenuis pultis formam commixtam, madicè calefactam carbunculo imposuit, aegro lectum com̃endans, interdicto esu lactis, lucii piscis et usu spiritus frumenti, eodem vero tempore decoctum ex hac herba una cum floribus paratum, aegro large exhibuit, una nocte una cum floribus paratum, aegro large exhibuit, una nocte rumpebatur Carbunculus, symptomata omnia evanescebant, vulneri inspergebat salem ammoniacum, ac ita intra breve tempus in integrum restituebat aegrum, ..." (a. a. O., Bll. 4r–4v) (dt. – Die Sibirjaken von *Tobol'sk* wurden 1736 von epidemisch auftretenden Karbunkeln außerordentlich gequält. Diese Ansteckung hat zuerst die Pferde, die Ochsen und Kühe angegriffen, und dann bei Menschen verschiedenen Geschlechtes und Alters in folgender Weise gewütet. Plötzlich entstand ein roter Fleck ... Dazu kam ein akutes Fieber mit größter Schlaffheit, Kopfschmerzen und einer die Augen umgebenden Röte. Ein greiser ländlicher Kräutersammler, der verschiedene gesammelte Pflanzen bewahrte und sich von Heilbehandlungen ernährte, hat sehr vielen auf folgende Art die alte Gesundheit wiederhergestellt. Das Kraut Jacea vulgaris laciniata flore purpureo Tournef. I. R. H. oder Centaurium collinum Gesneri flore purpureo J. B., gesammelt, getrocknet und zu einem äußerst feinen Pulver gemacht, mit Bierhefe in Form eines dünnen Breies zusammengemischt, hat er feucht erwärmt auf den Karbunkel gebracht. Indem er dem Kranken Bettruhe empfahl, den Verzehr von Milch und Hecht und den Gebrauch von Branntwein untersagte, und gleichzeitig eine aus dieser Pflanze zusammen mit Blüten bereitetes Dekokt dem Kranken reichlich dargeboten hat, ist der Karbunkel in einer Nacht aufgerissen; alle Krankheitszeichen verschwanden. In die Wunde streute er Sal ammoniacum. Und so stellte er den Kranken in kurzer Zeit wieder vollständig her. ...); Die Krankheit und Methoden ihrer Behandlung werden auch beschrieben in Gmelin 1751–1752, 4. Theil, S. 142ff. u. S. 289ff., Falk 1785, S. 259ff., Pallas 1773, S. 307ff., Pallas 1776a, S. 161f., Pallas 1781, Bjurberg 1793, Middendorff 1870, S. 29ff. und Krebel 1858, S. 192ff.; „Salmiak, 1) (Sal ammoniacum, Ammonium muriaticum), ist Chlorammonium (salzsaures Ammoniak) ..." (Pierer 1857–1865, Bd. 14, S. 796f.); „Salmiac, ... Am gebräuchlichsten heißt es: Sal Ammoniacum, ... Der Gebrauch des gemeinen Salmiacs ist mancherley, ... er wird gebrauchet von Gold= und Silberschmieden, von Gelb= und Rothgüssern, Gürtlern, Knopffmachern, Kupfferschmieden, auf den Müntzen, von Klempnern, Nadlern, ..." (Zedler 1732–1750, Bd. 33, Sp. 1044ff.); „546. Centaurea L. (excl. spec.). ... Sect. II. Centaurium. DEC. Prodr. VI, p. 566. ... 2. C. ruthenica ... DEC. Prodr. VI, p. 566. – M. a BIEB. Fl. t. c. II, p. 342. ... LEDEB. Fl. alt. IV, p. 46. ... C. squamis ovatis, ... GMEL. Fl. sib. II, p. 89, Nr. 71, t. 41. ..." (Ledebour 1844–1846, S. 685f.); „4. C[entaurium] RUTHENICA ... Willd. sp. 3. p. 2281. Bieb. fl. taur. n. 1797. ... β. foliorum lobis serratis et integris. Gmel. sib. 2. p. 89. t. 41. 5. C[entaurium] Centaurium (Linn. sp. 1287), ... Willd. sp. 3. p. 2281. ..." (Candolle 1837, S. 566); „1797. CENTAUREA ruthenica. ... Linn. ed. Willd. 3. p. 2281. ... β. pinnis angustioribus: ... C. squamis ouatis, ... Gmel. sib. 2. p. 89. n. 71. t. 41. ..." (Marschall von Bieberstein 1808, S. 342f.); „1. CENTAUREA RUTHENICA. Linn. ... β. angustifolia: ... C. ruthenica. Willd. Spec. pl. III. p. 2281. ... M. a Bieb. Fl. taur. cauc. II. p. 342. No. 1797. ... Centaurea squamis ovatis, ... Gmel. Fl. sib. II. p. 89. No. 71. t. XLI. ..." (Ledebour 1833, S. 46f.); „CENTAURIUM MAJUS. Centaurium majus folio juglandis, J. B. ... teutsch, insgemein groß Tausendgüldenkraut, auch Rhapontic. ... Seine Wurzel dienet zu den Wunden, ist anhaltend, hemmet den Durchfall und stillet das bluten, hebt die Verstopfung, und treibet den Harn. ..." (Lémery 1721, Sp. 267f.); „Centaūrium Pers. (Gentianeae): Zus. aus centum (hundert) und aurum (Gold), d. h. 100 Goldstücke (Gülden) werth, um damit die grossen Heilkräfte der Pflanze anzudeuten; daher der deutsche Name: Tausendgüldenkraut. ..." (Wittstein 1852, S. 170); s. auch Nr. 638 u. Nr. 639

21 „HELLEBORUS NIGER. ... teutsch, schwartze Nieswurtz, Christwurtz. ... Die Wurtzel ist mit einem Hauffen Zasern besetzet, ..." (Lémery 1721, Sp. 524f.)

22 „VALERIANA. ... teutsch, Baldrian, ist ein Kraut, dessen es drey Hauptgattungen giebet, die zu der Artzney gebrauchet werden. ..." (Lémery 1721, Sp. 1164f.)

23 in der 2. Textversion (s. Anm. 1 in A.): „flexilibus"

24 „[species 5] Cirsium majus, singulari capitulo magno, folio viridi, variè dissectum H. L. Bat." (Tournefort 1700, S. 447, Genus V. „Cirsium."); „14. Cirsium majus, singulari capitulo magno, folio viridi, variè dissectum. H. L. Bat. T. loc. cit. ..." (Zwinger 1744, S. 1015); „[Cirsium] majus singulari capitulo magno, folio viridi, varie dissectum, hierunter versteht er [d. h. Tournefort] eine Spielart derselben [d. h. der Bisamdistel] mit sattgrünen und auf vielerley Art zerschnittenen Blättern." (Gmelin 1772, Sp. 985)

25 „[species 1] Cirsium maximum, Asphodeli radice C. B. Pin. 377. Cirsium maximum, foliis carnosis, bulbosa radice, fortè Lutetianum J. B. 3. 44. Cirsium maximum, montanum, incano folio, bulbosa radice Clus. Hist. cxlix." (Tournefort 1700, S. 447, Genus V. „Cirsium."); „Cirsium maximum Asphodeli radice C. B. Pin. 377. Cirsium maximum foliis carnosis, bulbosis radice fortè Lutetianum. J. B. III. 44. ..." (Scheuchzer 1723, S. 511); „9. Cirsium, maximum, Asphodeli radice C. B. P. T. B. J. A. loc. cit. Cirs. max. foliis carnosis, bulbosa radice fortê Lutetianum J. B. 3. 44. M. H. 3. 150. Raj. H. loc. cit. Cirs. max. montan. incanum folio, bulbosa radice. Clus. H.

CXLIX." (Zwinger 1744, S. 1015); „* 13. CIRSIUM. ... Cirsium maximum, incano folio, bulbosa radice CLUS. Pann. p. 660. Hist. p. CXLIX. absque icone. Cirsium maximum, foliis carnosis, bulbosa radice, forte Lutetianum I. B. III. p. 44. ... SCHEUCHZ. It. VII. p. 511. ... Cirsium maximum asphodeli radice C. B. P. I. R. H. ..." (Haller 1742, S. 683); „180. CIRSIUM foliis ciliatis, subtus tomentosis, radicalibus petiolatis, ovato lanceolatis, caulinis lanceolatis, aut semipinnatis T. VII. ... Cirsium singulari capitulo squamato vel incano alterum C. B. ... β. ... Cirsium maximum Asphodeli radice C. B. SCHEUCHZER It. VII. p. 511. si hoc intelligit. ... Carduus foliis amplexicaulibus, lanceolatis, ciliatis, integris laciniatisque, caule subunifloro, calyce inermi LINN. Spec. II. p. 1154. ..." (Haller 1768, S. 77f.); „2. CARDUUS caule fere unifloro, calyce inermi acuto, foliis lanceolatis citiatis integerrimis & laciniatis. Carduus calice inermi, foliis lanceolatis margine citiatis. Fl. lapp. 292. ... Cirsium helenii folio, capite magno. Vaill. act. 1718. p. 200. Cirsium singulari capitulo squammato vel incanum alterum. Bauh. pin. 377. ... Cirsium britannicum clusii repens. Bauh. hist. 3. p. 46. ..." (Linné 1737, S. 392); „1. Cirsium Helenii folio, capite magno. Cirsium Britannicum Clusii repens. J. B. 3. l. 25. p. 46." (Vaillant 1723, S. 200; Vaillant 1741, S. 157f.); „657. CARDUUS caule subunifloro, calyce inermi acuto, foliis lanceolatis ciliatis integris laciniatisque. Hort. cliff. 392. ... Carduus calyce inermi, foliis lanceolatis margine ciliatis. Fl. lapp. 192. Cirsium foliis longe lanceolatis ... Hall. helv. 683. t. 21. ... Cirsium helenii folio capitulo magno. Vaill. act. 1718. p. 200. Cirsium singulari capitulo squamato vel incanum alterum. Bauh. pin. 377. ..." (Linné 1745, S. 236); „43. CIRSIUM * caule fere vnifloro, calice inermi, acuto, foliis lanceolatis, ciliatis, integerrimis et laciniatis LINN. h. Cliff. 392. Suec. 657. ROY. pr. 134. Cirsium singulari capitulo squamato, vel incanum alterum B. pin. 377. TOURN. I. R. H. 447. Carduus calice inermi, foliis lancolatis, margine ciliatis LINN. Lapp. 233. Cirsium foliis longissime lanceolatis, serratis, subtus tomentosis HALL. Helv. 683. Tab. XXI. ... |: * Carduus. :|" (Gmelin 1747–1769, Bd. II, S. 51f.), nahezu identisch auf Bll. 32v–33r in: AAW R. I, Op. 105, D. 28 – s. Anm. 61 in Nr. 21; „43. Cirsium caule fere unifloro, calyce inermi acuto, foliis lanceolatis ciliatis integerrimis et laciniatis [=] Cirsium heterophyllum All.!" (Ledebour 1841, S. 68); „554. CIRSIUM heterophyllum tab. 34. Carduus foliis amplexicaulibus lanceolatis ciliatis integris, laciniatisque, caule subunifloro, calyce inermi. LINN. syst. 12. p. 530. Cirsium maximum asphodeli radice. BAUH. pin. 377. ..." (Allioni 1785, S. 152); „25) Breitblätterichte Distel. Carduus heterophyllus: ... Carduus foliis amplexicaulibus lanceolatis ciliatis integris laciniatisque, caule subunifloro, calyce inermi. LINN. Syst. Veg. p. 606. Sp. Pl. p. 1154. Hort Cliff. 392. ... GMEL. Sib. 2. p. 51. ... PALL. it. 1. p. 62. ... Cirsium maximum asphodeli radice. C. BAUH. pin. 377. ... So lange die Blätter zart und jung sind, giebt die Pflanze ein gutes Futter für das Vieh ab." (Linné 1783a, S. 167f.); „24. CNICUS heterophyllus. W. ... Carduus (heterophyllus) foliis amplexicaulibus ... Hort. cliff. 392. * Fl. suec. 657; ... Gmel. sib. 2. p. 51. t. 21. ... Pall. it. 1. p. 62. ... Cirsium heterophyllus. Allion. ped. n. 334. [sic!] t. 34. ... β. Cirsium helenoides. Allion. ped. n. 553 [sic!] t. 13. Carduus calyce inermi, foliis lanceolatis margine ciliatis. Fl. lapp. 192. Cirsium maximum, asphodeli radice. Bauh. 377. ... Verschiedenblättriges Kratzkraut. W. ..." (Linné 1797–1830, Bd. III, Teil 3, S. 1673); „40. C[irsium] heterophyllum (ALL. Fl. pedem. I, p. 152, t. 34) ... C. heterophyllum. DEC. Prodr. VI, p. 653. ... LEDEB. Fl. alt. IV, p. 7. ... C. caule fere unifloro, ... GMEL. Fl. sib. II, p. 51, Nr. 43. Carduus heterophyllus. L. SP. 1154. PALL. It. I, p. 62. 64; II. p. 155. 172; ... Carduus helenioides. L. SP. 1155. ... Cnicus heterophyllus. WILLD. Spec. pl. III, p. 1673. ... Cnicus helenioides. WILLD. Spec. pl. III, p. 1674. ..." (Ledebour 1844–1846, S. 739f.); „553. CIRSIUM helenioides tab. 13. ... Cirsium foliis ciliatis subtus tomentosis, radicalibus petiolatis ovato-lanceolatis, aut semipinnatis. HALL. hist. tom. 1. n. 180. tab. 7. Carduus (helenioides) foliis amplexicaulibus lanceolatis dentatis, spinulis inaequalibus ciliatis, caule inermi. LINN. spec. p. 1155. Cirsium singulari capitulo squamato, vel incanum alterum. BAUH. pin. 377. ..." (Allioni 1785, S. 152); „4. CIRSIUM HETEROPHYLLUM. All. ... C. heterophyllum. All. Fl. ped. 1. p. 554. t. XXXIV. Cirsium caule fere unifloro, ... Gmel. Fl. sib. II. p. 51. No. 43. Cnicus heterophyllus. Willd. Spec. pl. III. p. 1673. Carduus heterophyllus. Linn. ..." (Ledebour 1833, S. 7); „C[irsium] HETERO-

PHYLLUM (DC. fl. fr. n. 3086) ... α. indivisum, ... Card. helenioides Linn. sp. 1155. ... Cirsium helenioides All. ped. n. 553. t. 13. Cnicus helenioides Willd. sp. 3. p. 1674. ... β. incisum, ... Carduus heterophyllus Linn. sp. 1134. Cirsium heterophyllum All. ped. n. 554. t. 34. Cnicus heterophyllus Willd. sp. 3. p. 1673. ...“ (Candolle 1837, S. 653); „24. CNICUS heterophyllus. W. ... Carduus (heterophyllus) ... Hort. cliff. 392. ... Gmel. sib. 2. p. 51. t. 21. ... Pall. it. 1. p. 62. ... β Cirsium helenoides Allion. ped. n. 553 t. 13. ... Cirsium maximum, asphodeli radice. Bauh. 377. ... Verschiedenblättriges Kratzkraut. W. ...“ (Linné 1797–1830, Bd. III, Teil 3, S. 1673); „25. CNICUS helenioides. W. ... Carduus (helenioides) ... Hort. cliff. 392. ... Cirsium singulari capitulo squamato, vel incanum alterum. Bauh. pin. 377? ... Alantartiges Kratzkraut. W. ...“ (a. a. O., S. 1674); „Carduus heterophyllus, ... Distel mit zerschiedenen Blättern, deren Blätter den Stamm umfassen, lanzenförmig, mit Haren eingefaßt, und bald unzertheilt, bald zerschlissen sind, deren Stamm meistens nur eine Blume trägt, und deren Blumenkelch ohne Stacheln ist; ...“ (Gmelin 1772, Sp. 534); „[Carduus] helenioides, ... alantartige Distel, deren Blätter den Stamm umfassen, lanzenförmig und gezehnt sind, und kleine, ungleiche und mit Haren eingefaßte Stacheln haben, und deren Stamm unbewehrt ist; ...“ (a. a. O., Sp. 534f.); „CARDUUS heterophyllus. Cirsium maximum, asphodeli radice. Die große, weiche Wiesendistel.“ (Gleditsch 1773, S. 78); „Die Morduanen, Tschuwaschen und Tataren bedienen sich ... am meisten aber und mit dem besten Erfolg derer mit einem angenehmen gelb färbenden Blätter von dem Carduus heterophyllus welchen die Ersanischen Morduanen Pishelaoma=tïksched (das grüne Kraut) die Mokschaner aber in eben der Bedeutung Sengerertom=tische nennen, und womit sie auch wohl die mit Indig oder Waidfarbe blaugefärbte Wolle grün kochen. ...“ (Pallas 1771, S. 62); „In der vermischten Waldung dieser Gegend waren nunmehr ... und Carduus heterophyllus in voller Blühte. Letzteres Kraut ist in allen feuchten Waldungen Sibiriens häufig und deswegen merkwürdig, weil das Bauervolk hin und wieder mit einem Kochsel davon, die Wolle zuerst gelb, und darauf mit der wilden Röthe (Marjona) ... roth färben, wodurch eine viel feurigere und schönere Farbe, als durch die Röthe allein erhalten wird. ...“ (Pallas 1773, S. 155); „26. Alantartige Distel. Carduus helenoides. ... Carduus foliis amplexicaulibus lanceolatis dentatis: spinulis inaequalibus ciliatis, caule inermis. LINN. Syst. Veg. p. 606. Sp. Pl. p. 1155. Hort. Cliff. 392. ... Cirsium singulari capitulo squamato, vel incanum alterum. C. BAUH. pin. 377. ... Cirsium anglicum, radice hellebori nigri modo fibrosa, folio longo. I. BAUH. hist. 3. p. 45. ...“ (Linné 1783a, S. 168f.); „Carduus heterophyllus. Deutsch. Die dreyblätterige Distel; die Distel mit verschiedenen Blättern, die breitblätterige Scheerdistel, die grosse weiche Wiesendistel. ...“ (Nemnich 1793, Sp. 878f.); „15. CARDUUS heterophyllum ... Verschiedenblättrige Distel. ... 16. CARDUUS helenioides ... Alantähnliche Distel. ...“ (Georgi 1797–1802, Theil 3, S. 1223); „Cirsium caule fere unifloro calyce inermi acuto foliis lanceolatis ciliatis integerrimis et laciniatis – est Brittanicum Clusii a me pictum (Fl. sib. II. 51. nr. 43. Carduus heterophyllus L. Cnicus heterophyllus W. Cirsium heterophyllum All. ...).“ (A. von Haller in einem undatierten Brief an J. G. Gmelin – Plieninger 1861, S. 141)

„234. Cirsium maximum Asphodeli radice CBP. 377.“ (AAW R. I, Op. 6, D. 40, Bl. 33v, s. Anm. 1 in Nr. 1); „373. Cirsium Anglicum radice Hellebori nigri modo fibrosa, folio longo J. B. III. 45. ... Fl. Irc. n°. 634.“ (AAW R. I, Op. 105, D. 1^{a}, Bl. 37r [s. auch Nr. 621 u. Nr. 633], s. Anm. 29 in Nr. 5); „7. Cirsium Anglicum, radice Hellebori nigri modo fibrosa, folio longo J. B. III. 45. Ind. Jen. n°. 373. Fl. Irc. n°. 634. 7j. Capitulo singulari. ...“ (AAW R. I, Op. 13, D. 67, Bl. 24r, s. Anm. 5 in Nr. 4)

26 „477. Cirsium monocephalon, caule admodum folioso. ... J. Idem capitulo maior. ... ij Idem foliis minus crebris, capitulo maiori. ... Hanc varietatem icon sistit. ...“ mit der links marginalen Anm. auf Bl. 97v „Tab. LXXVII.“ (AAW R. I, Op. 13, D. 42, Bll. 97v–98r, s. Anm. 1 in Nr. 1); „59 Cirsium monocephalon caule admodum folioso“ (AAW R. I, Op. 105, D. 19, Bl. 2r, s. Anm. 55 in Nr. 18); „379. Cirsium monocephalon caule admodum folioso D. D. Gmel. ind. plant Len. No. 477. ...“ (AAW R. I, Op. 104, D. 25, Bl. 29r, s. Anm. 61 in Nr. 21); „2. Cirsium monocephalon, caule admodum folioso Ind. Len. n°. 477 Ind. Jen. n°. 368. ...“ (AAW R. I, Op. 13, D. 67, Bl. 24r, s. Anm. 5 in Nr. 4); „368. Cirsium monocephalon, caule admodum folioso Ind Len. n°. 477. ...“

(AAW R. I, Op. 105, D. 1^{a}, Bl. 36v, s. Anm. 29 in Nr. 5); „370. Cirsium folio molliore saligno capitulo majore. Cirsium monocephalon caule admodum folioso Ind. Len. n°. 477. Var. j. et ij. ...“ (a. a. O., Bl. 36v); „179. Cirsium monocephalon salignis foliis.“ (AAW R. I, Op. 15, D. 1, Bl. 10r, s. Anm. 24 in Nr. 64); „133. Cirsium monocephalon, caule admodum folioso Ind. Len. ...“ (AAW R. I, Op. 105, D. 12, Bl. 36r, s. Anm. 54 in Nr. 17)

27 „134. Cirsium monocephalon, caule admodum folioso, capitulo majori Ind. Len. ...“ (AAW R. I, Op. 105, D. 12, Bl. 36r, s. Anm. 54 in Nr. 17); s. Nr. 635

28 s. Nr. 635

29 „[species 10] Centaurium majus, incanum, humile, capite Pini. Jacea montana, incana, capite Pini C. B. Pin. 272. Jacea montana, capite magno Strobyli J. B. 3. 30. Chamaeleon non aculeatus Lob. Icon. 7.“ (Tournefort 1700, S. 449, Genus VI. „Centaurium majus. Grande Centaurée.“); „108 Centaurium majus incanum humile capite pini Fl. Irc. 638.“ (AAW R. I, Op. 105, D. 16, Bl. 2v, s. Anm. 5 in Nr. 4); „479. An Rhaponticum humile capite magno Strobili Vaillant. Mem. de l'Acad. des Sciences 1718? ... Male hanc plantam in indice trans-Baicalensium plantarum sub Jaceae Cynarae folio, capite maximo, recensui, ...“ (AAW R. I, Op. 13, D. 42, Bl. 98r, s. Anm. 1 in Nr. 1); „□ Jacea Cynaria folio, capite maximo vaillant , Mem: 1718. ...“ (AAW F. 21, Op. 5, D. 98, Bl. 26r, s. Anm. 54 in Nr. 17); „Jacea montana Austriaca major Park.“ (AAW R. I, Op. 104, D. 8, Bl. 4r, s. Anm. 18 in Nr. 452); „383. An Rhaponticum humile, capite magno Strobili Comm. Par. 1718? ... Duae hujus plantae sunt species, an varietates, una albidior et lanuginosior, altera viridior. Posterior varietas Selengia transmissa est. Fl. Irc. n°. 638 et 639.“ (AAW R. I, Op. 105, D. 1^{a}, Bl. 39v, s. Anm. 29 in Nr. 5); „144. An Rhaponticum humile, capite magno Strobili Comm. Ac. Sc. Par. 1718? Ind. Len. ...“ mit der links marginalen Anm. von J. G. Gmelin „An Centaurium seu Rhaponticoides major folio in amplas lacinias diviso Vaill. Gmel.“ (AAW R. I, Op. 105, D. 12, Bl. 38v, s. Anm. 54 in Nr. 17); „An Rhaponticum humile capite magno Strobili Comm. Par. 718? ... α.) Albidior & lanuginosior Centaurium Fl. Irc. n°. 638. β.) Viridior. Centaurium Fl. Irc. n°. 639. vid. XXVII. XXXV. ...“ (AAW R. I, Op. 13, D. 67, Bl. 25r, s. Anm. 5 in Nr. 4); „An Rhaponticoides major, folio in amplas lacinias diviso Comm. Par. 1718. ...“ (a. a. O., Bl. 25r); „377. an Rhaponticum humile capite magno Strobili Vaillant ind. plant. Len. 479 an Flor. ircut. No. 638. sub tit. Centaurii maioris incani humilis capite Pini Tour. i. r. h. descriptum. ...“ (AAW R. I, Op. 104, D. 25, Bl. 29r, s. Anm. 61 in Nr. 21)

„Rhaponticum. Rhapontic. ... Les especes de Rhapontic sont, ... 3. Rhaponticum humile, capite magno strobili. Centaurium majus, incanum, humile, capite Pini. I. R. Herb. 449. ...“ (Vaillant 1723, S. 223ff.; Vaillant 1741, S. 175ff.); „Rhaponticoïdes. *La fleur A du Rhaponticoïdes est tout-à-fait semblable à celle de Rhapontic. Ses ovaires sont couronnés de poils, & nichés entre ceux dont le placenta est herissé. Toutes ces parties sont contenuës dans un calyce dénué de piquants, dont le pureau ou le bec des écailles est entier & à-peu-prés de la consistence de son ongle. ... |: * V. Centaurium majus. I. R. Herb. tab. 256. :| Les especes de Rhaponticoïdes sont, ... 17. Rhaponticoïdes major, folio in amplas lacinias diviso. Centaurium majus, folio in lacinias plures diviso. B. Pin. 117. ... Rhaponticoïdes vient de Rhaponticum, comme si on disoit, Plante qui a du rapport avec le Rhapontic.“ (Vaillant 1723, S. 225ff.; Vaillant 1741, S. 177ff.); „[Rhaponticum] humile, capite magno strobili, hierunter versteht er [d. h. C. Bauhin] die zapfentragende Flokenblume“ (Gmelin 1775, Sp. 831); „[Jacea] montana capite magno strobili; hierunter versteht J. Bauhin die zapfentragende Flokenblume.“ (Gmelin 1773b, Sp. 1066); „36) Fichtenzapfenartige Flockenblume. Centaurea conifera. ... Centaurea calycibus scariosis, foliis tomentosis: radicalibus lanceolatis, caulinis pinnatifidis, caule simplici. LINN. Syst. Veg. p. 654. Sp. Pl. p. 1294. ... Jacea montana incana capite pini. C. BAUH. pin. 272. ...“ (Linné 1783a, S. 608f.); „72. CENTAUREA conifera. ... Jacea montana incana, capite pini. Bauh. pin. 272. ... Zapfenartige Flockenblume. W. ...“ (Linné 1797–1830, Bd. III, Teil 3, S. 2307); „[Centaurea] conifera, ... zapfentragende Flokenblume, mit einfachem Stamm, dürren Blumenkelchen, und filzigen Blättern, davon die Wurzelblätter lanzenförmig, die Stammblätter aber in Querstüke getheilt sind; ...“ (Gmelin 1772, Sp. 736f.); „[Centaurium] majus incanum humile, capite pini;

bedeutet bey ihm [d. h. Tournefort] die zapfentragende Flokenblume.“ (a. a. O., Sp. 754); „9. CENTAURIUM majus incanum humile, capite pini. Inst. R. H. Das niedrige, grüne, grose Tausendguldenkraut, mit wollichten, ausgeschnittenen Blättern.“ (Miller 1758, S. 56); „LEUZÉE CONIFÈRE: Leuzea conifera, Decand. Fl. fr., tome 4, p. 109; ... Centaurea conifera, Linn. sp. pl., édit. 3, p. 1294. ... Caspar Bauhin le comparoit à un cône de pin, et c'est pour cela que Linnaeus a donné à cette plante le nom spécifique de conifere. ...“ (Dictionnaire 1823, S. 179ff.); „rhapónticum (Rheum <Rhapontik>, ... <Bergscharte>): Artepitheton von L. primär bezogen auf die Rheum-Art und so vorlinn. als Rhaponticum folio Lapathi majoris glabro, Rha & Rheum Dioscoridis, C. Bauhin, Pinax 116 ...“ (Genaust 2005, S. 533f.); s. Nr. 632

30 „480. An Rhaponticoides maior folio in amplo lacinias diviso Vaill. Mem. del'Acad. des Sciences 1718? ... Icon superiorem plantae partem exhibet. In indice Irtensium plantarum hanc plantam sub nomine Jaceae montana Austriacae maioris Clus. recensui.“ mit der rechts marginalen Anm. auf Bl. 98r „Tab. LXXVIII.“ (AAW R. I, Op. 13, D. 42, Bll. 98r–99r, s. Anm. 1 in Nr. 1); s. auch Nr. 638

31 „[species 1] Lappa major, Arctium Dioscoridis C. B. Pin. 198. Personata sive Lappa major aut Bardana J. B. 3. 570. Personata, Lappa major, Bardana Lob. Icon. 588.“ (Tournefort 1700, S. 450, Genus VII. „Lappa. Bardane.“); „Lappa & Bardana officinarum. Lappa major, arcium Dioscoridis C. B. Pin. 198. ... Klette, grosse Klette. ...“ (Rupp 1726, S. 152); „Lappa sive Arcium. ... I. Lappa major, Arcium Diosc. ...“ (Bauhin 1623, S. 198); „1. Die gemeine, große Klette: Lappa major, Arctium Dioscoridis, C. B. P. 198. ... Personata s. Lappa major, aut Bardana, J. B. 3. 570. ...“ (Zwinger 1744, S. 1139); „ARCTIUM. g. pl. 627. 1. 1. ARCTIUM. Caesalp. syst. 488. Lappa major; Arcium dioscoridis. Bauh. pin. 198. Moris. hist. 3. p. 146. s. 7. t. 32. f. 1. Tournef. inst. 450. Vaill. act. 1718. p. 197. ... Personata sive Lappa major vel Bardana. Bauh. hist. 3. 570. α Lappa vulgaris, capitulo minore. Vaill. act. 1718. p. 197. β Lappa major montana, capitulis tomentosis, sive Arctium dioscoridis. Bauh. pin. 198. Personata altera, cum capitulis villosis. Bauh. hist. 3. p. 571. ...“ (Linné 1737, S. 391); „Lappa. Bardane. ... Les especes de Bardane sont, 1. Lappa major, Arcium Dioscoridis. B. Pin. 198. Eadem flore albo. Lappa Bardana, major, flore albo. Hist. oxon. 3. 147. 2. Lappa vulgaris, capitulo minore. Arction montanum & Lappa minor Galeni. Lob. Obs. 318. Eadem flore albo. 3. Lappa major, montana, capitulis tomentosis, sive Arctium Dioscoridis. B. Pin. 198. ...“ (Vaillant 1723, S. 196f.; Vaillant 1741, S. 154f.); „1) Gemeine Klette. Arctium Lappa. ... Arctium foliis cordatis inermibus petiolatis. LINN. Syst. Veg. p. 603. Sp. Pl. p. 1143. Arctium. Hort. Cliff. 391. ... Lappa maior s. Arctium Dioscoridis. C. BAUH. pin. 198. ... β) Lappa maior montana capitulis tomentosis. C. BAUH. pin. 198. ... Diese Art ... führt im Deutschen noch folgende nicht ungewöhnliche Namen: Lutzenklette, Roßklette, und Grindwurz: ... So sehr das Vieh, besonders die Schaafe, diese Pflanze verachten, ... so angenehm ist sie den Aerzten, welche beynahe alle ihre Theile gebrauchen. ... Ihre ... Wurzel ... scheint daher vorzügliche, eröfnende, gelinde, harn= und schweißtreibende, und ein wenig zusammenziehende Kräfte zu besitzen; daher sie noch immer von den Aerzten bey Eröffnung verstopfter Eingeweide oder Gefäße, in kalten Flüssen, in kalten und hitzigen Fiebern, in Wundfiebern, in der Krätze, und ähnlichen Hautausschlägen, in Giftkrankheiten, im Podagra, im Blasenstein mit dem besten Erfolge angerathen und gebraucht wird. ... Wenn man ihre Stämme, ehe sie noch zu blühen anfangen, abbricht, ... sollen sie eine angenehme Speise seyn, ... Die gemeinen und abergläubischen Leute hängen die Wurzeln in ihren Häusern auf, damit der Donner nicht einschlage. ...“ (Linné 1783a, S. 128ff.); „1. ARCTIUM Lappa. .. Arctium Hort. cliff. 391. ... Personata s. Lappa major altera. ... Bauh. hist. 3. p. 570. Lappa major s. Arctium dioscoridis. Bauh. pin. 198. ... Gemeine Klette. W. ... *2. ARCTIUM Bardana. W. ... Arctium Lappa. β. Sp. pl. 1243. ... Lappa major montana capitulis tomentosis. Bauh. pin. 108. ... Filzige Klette. W. ...“ (Linné 1797–1830, Bd. III, Teil 3, S. 1631f.); „3. L[appa] tomentosa (LAM. Enycl. méth. I, p. 377) ... L. capitulis et foliorum facie ... GMEL. Fl. sib. II, p. 104, Nr. 85. Arctium Lappa β. SP. 1243. ... Arctium Bardana. WILLD. Spec. pl. III, p. 1632. – M. a BIEB. Ft. [sic!] t. c. II, p. 263; ... Arctium tomentosum. ... LEDEB. Fl. alt. IV, p. 37. ...“ (Ledebour 1844–1846, S. 749);

„1. ARCTIUM MAJUS. Schkuhr. ... A. Lappa. Linn. Willd. Spec. pl. III. p. 1631. – M. a Bieb. Fl. taur. cauc. II. p. 263. No. 1634. ... 2. ARCTIUM TOMENTOSUM Schkuhr. ... A. Bardana. WILLD. Spec. pl. III. p. 1632. – M. a Bieb. Fl. taur. cauc. II. p. 263. No. 1635; ... Lappa capitulis et foliorum facie ... Gmel. Fl. sib. II. p. 104. No. 85. ...“ (Ledebour 1833, S. 37); „1634. ARCTIUM Lappa. ... A. foliis caulinis cordatis ... Linn. ed. Willd. 3. p. 1631. ... 1635. ARCTIUM Bardana. ... A. foliis caulinis cordatis ... Linn. ed. Willd. 3. p. 1632. A. Lappa β. Linn. spec. pl. p. 1243. ... Gmel. sib. 2. p. 104. n. 85. ...“ (Marschall von Bieberstein 1808, S. 263f.); „[Arctium] Lappa, foliis cordatis inermibus petiolatis, gemeine Klette mit herzförmigen, unbewehrten und gestielten Blättern; Klettenwurz; ... ihr bitterer scharfer Same treibt sehr stark auf den Harn, und soll in Gestalt einer Milch oder eines Pulvers die Schmerzen der Schiadik und des Steins ungemein lindern; ...“ (Gmelin 1772a, Sp. 713f.); „* Arctium (Lappa) foliis cordatis. Linn. Spec. pl. 816. n. 1. ... Lappa capitulis et foliorum facie ... Gmel. sib. 2. p. 204. Personata altera cum capitulis villosis. Bauh. hist. 3. 571. Репейникъ [russ. *repejnik*] siue Лапушникъ [russ. *lapušnik*] Russ. ...“(*Krašeninnikov* 1761, S. 127); „914. Arctium Lappa. Lin. Syst. Plant. III. p. 667. sp. 1. ... Klette. Ruß. Lapuschnik und Repeinik. Kalm. Scharaldschin. Tat. Kurmanck und Tschen. Tscher. und Tschuw. Kortschanga. Wotj. Pintuwin und Arykman. Mordw. Kormaran. ...“ (Falk 1786, S. 234); wotjakisch ari̊kman – Lappa tomentosa, Klette (Munkácsi 1896, S. 27); „1. ARCTIUM Lappa ... Gemeine Klette. R. Laputnik und Repnik. ... Tat. Tschon. ... Die Wurzeln sind ein gutes Nahrungsmittel, wozu sie auch von einigen, vorzüglich bey fehlendem Getreide angewendet werden.“ (Georgi 1797–1802, Theil 3, S. 1218); „85. LAPPA capitulis et foliorum facie inferiori tomentosis HALL. Helv. 675. Arctium montanum et Lappa minor GALENI LOB. ic. 587. Personata altera cum capitulis villosis I. B. III. 571. Lappa maior montana capitulis tomentosis, siue Arctium DIOSCORIDIS C. B. pin. 198. Russice репейникъ [russ. *repejnik*] dicitur, et radix recens contusa atque suris pedum applicata in malo hysterico eximii vsus esse censetur. ...“ (Gmelin 1747–1769, Bd. II, S. 104), nahezu identisch auf Bl. 64v in: AAW R. I, Op. 105, D. 28 – s. Anm. 61 in Nr. 21; „85. Lappa capitulis et foliorum facie inferiori tomentosis [=] Lappa tomentosa Lam.!“ (Ledebour 1841, S. 72); „ARCTIUM LAPPA. ... Gemeine Klette. Rossklette, Butzenklette, Klettendistel, Ohmblätter, Klettenwurz, Grindwurtz, Dockenkraut. Die Wurzel ... besitzt einen etwas widerlichen Geruch und einen süßlichen Geschmack. ... Man hält sie für ein blutreinigendes Mittel und giebt sie in Decocten bey Hautkrankheiten und venerischen Uebeln. ...“ (Hayne 1809, Nr. 35); „ARCTIUM BARDANA. ... Arctium tomentosum. Schkuhr ... Filzige Klette, Waldklette. ... Das Arctium Bardana, welches Linné nur für eine Varietät von Arctium Lappa hielt, ist von diesem wirklich als Art verschieden, ... von dem Arctium Bardana werden, eben sowohl, wie vom Arctium Lappa die Radices Bardanae gesammelt. Beyde Arten sind sich ... sehr gleich; und daher können sie auch ihren therapeutischen Eigenschaften nach nicht verschieden seyn. ...“ (a. a. O., Nr. 36); „64. Lappa major Gärtn. (compos.). 65. Lappa tomentosa Lam. (Compos.). ... Die Samen der L. toment. werden für ein gutes Abführmittel gehalten. Die frischen Blätter sollen antiphlogistisch und schmerzstillend wirken. Die Wurzel wird von den Bauern bei verschiedenen Hautausschlägen und Scorbut gebraucht. ... Die beiden Lappaarten wendet das Volk äusserlich bei verschiedenen Hautkrankheiten und Wunden an. Innerlich werden sie als Abführmittel, bei Rheumatismus, Scrophulose und anderen Leiden gebraucht. ...“ (Demitsch 1889, S. 221f.); „Lappa major Gärtner. Grosse gemeine Klette, Rossklette, Klettendistel u. s. w. ... Lappa minor Decandolle. Kleine gemeine Klette, Butzenklette, Dornenkraut u. s. w. ... Lappa tomentosa Lamark. Spinnenklette, Ackerklette, filzige Klette, Klettendistel u. s. w. ... Linné begriff unter dem Namen Arctium Lappa diese drei Arten, und man unterschied sie daher auch nicht bei der Einsammlung zum medicinischen Gebrauche. Offizinell sind von allen drei Arten die Wurzel: sonst auch das Kraut und der Saame: Radix, Herba et Semen Bardanae seu Lappae majoris. ... Geschichte. Man hält die gemeine Klette für Arkejon der griechischen, Personata der alten römischen Aerzte. Die Wurzel gab man gegen Blutspeien und Eiterauswurf u. s. w. Die Blätter dienten zur Heilung alter Geschwüre, auch pflegte man zu den Zeiten des Apulejus Fieberkranke in Klettenblätter einzuwickeln, um die Hitze zu mäßigen.“ (Geiger 1839, S. 835ff.);

„Lappa tomentosa Lamarck, Allioni (Lappa Bardana Kunth, Arctium Lappa β. Linn., Arctium Bardana Willd., Arctium tomentosum Schkuhr); filzige Klette, Klettendistel, Klettenwurzel, Acker-, Wald-, Hopfen-, Spinnen-, Rossklette, Grossdeckenkraut, Grindwurzel. ... Lappa major Gärtner (... Arctium Lappa α. Linn., Arctium Lappa Willd., Arctium majus Schk.); grosse Klette, gemeine Klette, Butzenklette, Klettenwurzel, Dornenkraut, Gartenpolster, Kleibe, Kliesse, Ohmblätter. ... Anwendung. ... Gegen chronische Hautausschläge, ... Gegen rheumatische und gichtische Beschwerden; ... Zur Verbesserung der Harnabsonderung, ... In der Syphilis ... gegen hartnäckige fressende und brandige Geschwüre aller Art, ... Bei Verbrennungen, ..." (Strumpf 1855, S. 339); „LAPPA. (Bot.) Matthiole, Daléchamps et d'autres donnoient ce nom aux plantes que Dioscoride et les Grec nommoient arctium, arcium. ... Linnaeus a preféré, pour ce genre, le nom arctium. ..." (Dictionnaire 1822, S. 256); „Planta capitata folio Lappae mirum si non haec sit ipsa Lappa s. Bardana. (Fl. sib. II. 104. nr. 85. Lappa tomentosa Lam. ...)" (C. von Linné in einem Brief an J. G. Gmelin vom 24. Juni 1745 – Plieninger 1861, S. 44); „Ārction DALECH. (Compositae). Von άρκτος (Bär), wegen der borstigen, dem rauhen Felle eines Bären gleichenden Frucht. ... Arctium L. ... Wie vorige Gattung." (Wittstein 1852, S. 67); „Lāppa T. (Compositae). Vom celtischen llap (Hand), λαβειν (nehmen), in Bezug auf die Haken der Kelchschuppen, die sich an alles anhängen." (a. a. O., S. 499); „Bārdana (Compositae). Vom italienischen barda (Pferdeharnisch, Pferdedecke), um die ausserordentliche Grösse der Blätter zu bezeichnen. ..." (a. a. O., S. 94); Arctium – s. Lappa (*Annenkov* 1858, S. 18, Nr. 124); Lappa – russ. *lapuch*, *lapušnik*, *repejnik*, *repišnik* bzw. *repjanišnik* (a. a. O., S. 53, Nr. 607); Lappa major Gaertn. – russ. *dedovnik* (a. a. O., S. 53, Nr. 608); Lappa tomentosa Lam. – russ. *repejnik*, *repej*, *lapuch*, *lapucha gor'kaja*, *lopuch*, *lapušnik*, *sobaka*, *dedki* bzw. *zaderka* (a. a. O., S. 53, Nr. 610); mokschanisch kumbarau – Klette (Ahlquist 1861, S. 193); ersanisch kormalav bzw. ovtoń pilet – Klette (Wiedemann 1865, S. 211); wogulisch xanelax – Klette (Ahlquist 1891, S. 13); syrjänisch lap-kor bzw. porś-kokturyn – Lappa, Klette (Wiedemann 1880, S. 111 bzw. S. 382); „personáta (Carduus <Kletten-Ringdistel>): ... zu lat. persōnātus <maskiert> und weiter zu persōna <Maske, Person>. Das Benennungsmotiv ist nicht sicher erklärt, bezieht sich aber viellleicht auf die dicht spinnwebigwollige Hülle von Arctium tomentosum ..." (Genaust 2005, S. 471)

„366. Lappa major, Arcium Dioscoridis B. Pin. 198." (AAW R. I, Op. 105, D. 1^{a}, Bl. 36v, s. Anm. 29 in Nr. 5); „365. Lappa major montana, capitulis tomentosis, sive Arcium Dioscoridis C. B. P." (a. a. O., Bll. 36r–36v) „108. Lappa major sive arctium Diosc. C. B. P. ..." (AAW R. I, Op. 104, D. 17, Bl. 14r, s. Anm. 36 in Nr. 8); „Lappa major, Arctium Dioscoridis CBP. ..." (AAW R. I, Op. 104, D. 8, Bl. 4v, s. Anm. 18 in Nr. 452); „130. Lappa major, Arcium Dioscoridis B. Pin. 198. ..." (AAW R. I, Op. 105, D. 4^{a}, Bl. 16v, s. Anm. 54 in Nr. 17); „2. Lappa major, Arcium Dioscoridis B. Pin. 198." (AAW R. I, Op. 13, D. 67, Bl. 24r, s. Anm. 5 in Nr. 4); „981. Lappa capitulis et foliorum facie inferiori tomentosis. Hall. alp. 675. Personata sive Lappa maior altera Matth. p. 1159 ..." (AAW R. I, Op. 13, D. 20, Bl. 93r, s. Anm. 1 in Nr. 1); „Lappa seu Bardana major & Arctium Dioscoridis flore purpureo Officinarū; Dale Pharmac. 170. Tournef. Sp. 1. ..." (AAW F. 98, Op. 1, D. 20, Bl. 28v, s. Anm. 90 in Nr. 33); „Lappa seu Bardana major & Arctium Dioscoridis flore purpureo Officinarū. Dale 170. T. Sp. 1. ..." (AAW F. 98, Op. 1, D. 19, Bl. 31r, s. Anm. 59 in Nr. 19); „Lappa major, Arctium Dioscoridis (Tournefortii sp. 1), Off." (Messerschmidt 1962–1977, Bd. 4, S. 205, s. Anm. 1 in Nr. 1)

32 „[species 4] Cnicus pratensis, Acanthi folio, flore flavescente. Carduus pratensis, latifolius C. B. Pin. 376. Carduus pratensis Tragi Lob. Icon. 11. J. B. 3. 42." (Tournefort 1700, S. 450, Genus VIII. „Cnicus."); „Cnicus pratensis, acanthi folio, flore flavescente Tournefor. Instit. 450. ... Germ. Wiesen=Kohl." (Rupp 1726, S. 152f.); „Carduus pratensis latifolius flore ex luteo pallente, foliis tenuibus laciniatis s. Cnicus pratensis Acanthi folio, flore flavescente T. Wiesen=Kohl/ Wiesen=Distel ..." (Lindern 1728, S. 123); „21. (bzw. 22.) Cirsium Acanthoïdes, pratense, flore ochroleuco. Cnicus pratensis, Acanthi folio, flore flavescente. I. R. Herb. 450. ..." (Vaillant 1741, S. 159; Vaillant 1723, S. 203); „2. CNICUS caule erecto, foliis inferioribus laciniatis, superioribus integris. Cnicus pratensis, acanthi folio, flore flavescente. Tournef. inst. 450. ... Cirsium acan-

thoïdes pratense, flore ochroleuco. Vaill. act. 1718. p. 203. ... Carduus pratensis latifolius. Bauh. pin. 376. ..." (Linné 1737, S. 394); „48. CIRSIUM foliis ciliatis, capitulis in vertice inter totidem foliorum valla congestis, tenuissime lanigeris. Carduus pratensis, latifolius C. B. P. 376. Cnicus pratensis acanthi folio, flauescente TOURN. I. R. H. 450. Cirsium acanthoides pratense, flore ochroleuco VAILL. act. 203. Cnicus caule erecto, foliis inferioribus laciniatis, superioribus integris LINN. h. Cliff. 394. ROY. pr. 136. Cirsium inerme, floribus inter flauescentia folia congestis HALL. Helv. 679. ..." (Gmelin 1747–1769, Bd. II, S. 60ff.), nahezu identisch auf Bll. 37v–39r in: AAW R. I, Op. 105, D. 28 – s. Anm. 61 in Nr. 21; „48. Cirsium foliis ciliatis, capitulis in vertice inter totidem foliorum valla congestis tenuissime lanigeris [=] Cirsium oleraceum Scop.!" (Ledebour 1841, S. 69); „1) Wiesenkohl. Cnicus oleraceus. ... Cnicus foliis pinnatifidis carinatis nudis bracteis concavis integris subcoloratis. LINN. Syst. Veg. p. 606. Sp. Pl. p. 1156. Hort. Cliff. 394. ... Carduus pratensis latifolius C. BAUH. pin. 376. ... β) ... Cnicus pratensis Acanthi folio, flore flavescente. TOURNEF. Inst. R. H. p. 450. ... Das Vieh, und besonders die Schaafe, rühren sie nicht an: ihre jungen Blätter genießen die Russen im Frühlinge wie Kohl. ..." (Linné 1783a, S. 175ff.); „36. CNICUS oleraceus. ... C. foliis pinnnatifidis carinato nudis ... Hort cliff. 394. ... Carduus pratensis latifolius. Bauh. pin. 376. ... β Cirsium latissimum. Bauh. pin. 177. ... Kohlartiges Kratzkraut. W. ..." (Linné 1797–1830, Bd. III, Teil 3, S. 1678f.);

„34. C[irsium] oleraceum (SCOPOL. Fl. carniol. II, p. 124) ... DEC. Prodr. VI, p. 647. ... LEDEB. Fl. alt. IV, p. 12. ... C. foliis ciliatis, ... GMEL. Fl. sib. II, p. 60, Nr. 48. Cnicus oleraceus. L. SP, 1156. ..." (Ledebour 1844–1846, S. 738); „76. C[irsium] OLERACEUM (All. ped. n. 544), ... Cnicus oleraceum Linn. sp. 1156 excl. var. β. ..." (Candolle 1837, S. 647); „10. CIRSIUM OLERACEUM. Scop. ... Cirsium foliis ciliatis, ... Gmel. Fl. sib. II. p. 60. No. 43. Cnicus oleraceus. Linn. Willd. Spec. pl. III. p. 1678. ..." (Ledebour 1833, S. 12f.); „Cnicus oleraceus, foliis pinnatifidis carinatis nudis, bracteis subcoloratis integris concavis; koblartiges Krazkraut; mit nachenförmigen, nakenden, in Querstüke getheilten Blättern, und hohlen, ungetheilten etwas gefärbten Dekblättern; Wiesenkohl, Graskohl, Wasserdistel, weiche Disteln; ..." (Gmelin 1772, Sp. 1100f.); „1. CNICUS oleraceus ... Kohlartiges Kratzkraut. ... Ein Kohlkraut." (Georgi 1797–1802, Theil 3, S. 1224f.); „c) Cnicus oleraceus. ... Deutsch. Die gemeine Kratzdistel; die gelbe Distel, die Wasserdiestel, die Wiesendistel, die Kohldistel, der Distelkohl, der Graskohl; wilder Saflor; wilder Kardobenedicten. ... An verschiedenen Orten werden die jungen Blätter wie Kohl gegessen." (Nemnich 1793, Sp. 1082); „Cnīcus VAILL. (Compositae). Von κνιζειν (jucken, verletzen) in Bezug auf die stachlige Beschaffenheit der Pflanze. ..." (Wittstein 1852, S. 210)

„1070. Cirsium inerme, floribus inter flavescentia folia congestis Hall. 679. Cnicus pratensis Acanthi folio, flore flavescente T. Cnicus caule erecto folys inferioribus laciniatis, superioribus integris Roy. 136. ..." (AAW R. I, Op. 13, D. 20, Bl. 98v, s. Anm. 1 in Nr. 1); „9. Cnicus caule erecto, foliis inferioribus laciniatis, superioribus integris. Linn. h. Cliff. 394." (AAW R. I, Op. 13, D. 19, Bl. 12r, s. Anm. 54 in Nr. 17)

33 „[species 4] Petasites minor, Alpinus, folio anguloso, crassiori." (Tournefort 1700, S. 451, Genus IX. „Petasites. Petasite."); „4. Petasites minor, Alpinus, folio anguloso, crassiori. I. R. Herb. 451. Petasites minor, Tussilaginis folio. Hist. Oxon. 3. quoad Icon. Tab. 10. sect. 7." (Vaillant 1721, S. 305); „4. Petasites minor alter Tussilaginis folio. Planta haec rara nondum aut imperfecte descripta, in Catalogo Blesensi, Parisiensi, & Lugd. Bat. nominata, ..." (Morison 1699. S. 95); „CAPUT XLI. ... Nahmen. Pestilentz=Wurtz ... Lateinisch, Petasites, ... 4. Petasites, minor alter Tussilaginis folio, H. R. Par. T. loc. cit. B. J. A. I. 118. Petasit. minor, folio Tussilaginis. M. H. Bloes. 3. 95. Raj. H. 261. 5. Petasites minor, Alpinus, folio anguloso, crassiori. T. loc. cit. ... Eigenschaft. Die Pestilentz=Wurtz ... hat daher die Eigenschaft zu erdünneren, zu eröfnen, allem Gifte zu widerstehen, den Athem zu erleichtern, die Würmer zu tödten, den Harn und die monathliche Weiber=Reinigung zu beförderen, den Schweiß zu treiben. ..." (Zwinger 1744, S. 910f.); „303. TUSSILAGO scapo thyrsifloro fastigiato, floribus radiatis.* ... ?Petasites minor alpinus, folio anguloso crassiori. Tournef. inst. 451. ?Petasites minor, tussilaginis folio. Moris. hist. 3. p. 95. s. 7. t. 10. f. 4. ..." (Linné 1737a, S. 238ff.); „7) Nordischer Huflattig. Tussilago frigida. ...

Tussilago thyrso fastigiato, floribus radiatis. LINN. Syst. Veg. p. 629. ... Flor. lapp. [Nr.] 303. ... Petasites floribus spicatis erectis, foliis calycinis lanceolatis, flosculis paucissimis androgynis. HALL. helv. n. 141. Tussilago scapo imbricato, floribus spicatis radiatis, foliis infra incanis acutis. GMEL. Sib. 2. p. 150. tab. 70. SCHEUCHZ. alp. 130. tab. 18. f. 1. Cacalia tomentosa. C. BAUH. pin. 198. prodr. 102. ...“ (Linné 1783a, S. 340f.); „*141 PETASITES floribus spicatis, erectis, foliis calycinis lanceolatis, flosculis paucissimis androgynis ... An Cacalia tomentosa C. B. Prodr. p. 102. SCHEUCHZER It. II. p. 130. tab. 18. It. IV. p. 331. ... Petasites minor SCHEUCH-ZER It. VI. p. 425. ...“ (Haller 1768, S. 62); „16. Cacalia tomentosa C. B. ...“ (Scheuchzer 1723, S. 130); „Petasites minor. C. B. ... Eadem haec est cum ea, quam sub Cacaliae tomentosae titulo in ... Anni. 1703. & 1704. descripsi. & in ... A. 1705 ad Petasitiden minorem alpinam folio anguloso crassiori Tour. reduxi.“ (a. a. O., S. 425); „128. TUSSILAGO scapo imbricato, floribus spicatis, radiatis, foliis infra incanis, acutis. Tab. LXX. Si formam foliorum spectes, petasitidi minori tussilaginis folio MOR. Ox. 3. p. 95. Sect. 7. t. 10. f. 4. simillima est. STELLERUS in flora Ircutensi n. 642. quaerit, an sit petasites minor alpinus, folio anguloso crassiori TOURN. I. R. H. 451? de quo decidere non licet, quia TOURNEFORTIANAM plantam non vidimus. Pro tussilagine scapo thyrsifloro fastigiato, floribus radiatis LINN. Lapp. 303. Suec. 682. parum abest, quin habeamus, nostraeque synonymam reputemus, in qua sententia post acceptas a Cel. LINNAEO litteras confirmamur. Sane folia, quae SCHEUCHZERUS in itin. alp. t. 18. f. 1. delineat, ... Icon plantam integram florentem exhibet. a. est flosculus, b. semiflosculus, C. folium adultum.“ (Gmelin 1747–1769, Bd. II, S. 150ff.), nahezu identisch auf Bll. 89v–91r in: AAW R. I, Op. 105, D. 28 – s. Anm. 61 in Nr. 21; „128. Tussilago scapo imbricato, floribus spicatis radiatis, foliis infra incanis acutis. t. LXX. [=] Nardosmia frigida Hook.!“ (Ledebour 1841, S. 77); „14. TUSSILAGO frigida. ... T. thyrso fastigiato, floribus radiatis. Flor. lapp. [Nr.] 303. ... T. scapo imbricato, ... Gmel. sib. 2. p. 150. t. 70. ... Kalter Huflattig. W. ...“ (Linné 1797–1830, Bd. III, Teil 3, S. 1968f.); „5. N[ardosmia] frigida (Hook. Fl. bor. am. I, p. 307) ... N. frigida. DEC. Prodr. V, p. 205. ... Tussilago frigida. Linn. ... Fl. lappon. Nr. 303. ... Tussilago scapo imbricato, ... GMEL. Fl. sib. II, p. 150, Nr. 128, t. 50. ...“ (Ledebour 1844–1846, S. 467); „3. N[ardosmia] FRIGIDA (Hook. fl. bor. am. 1. p. 307. var. α), ... * Submasculo, ... Gmel. sib. 2. p. 150. t. 70. (v. s.) ...“ (Candolle 1836, S. 205f.); „Tussilago frigida, ... kalter Huflattich, mit einem spizigen Blumenstrause, in welchem die Blumen gestralt sind, und dem Horizonte gleich stehen; ...“ (Gmelin 1777, Sp. 340f.); „4. TUSSILAGO frigida ... Kalter Roßhuf. ...“ (Georgi 1797–1802, Theil 3, S. 1240); „Wollroßhuf, Tussilago frigida. L. ... Die fleischigen, ... theils runden, theils eckigen Blätter (Fol. Cacaliae tomentosae) hat man in ältern Zeiten im Aufgusse bei Brustkatarrhen, daher rührendem Husten, so wie in der Rauhheit des Halses und der Heiserkeit gerühmt.“ (Hahnemann 1799, S. 455); „Petasītes T. (Compositae). Von πετασος (Sonnenhut), in Bezug auf die grossen rundlichen Blätter.“ (Wittstein 1852, S. 674); „Tussilāgo T. (Compositae). Zus. aus tussis Husten) und agere (führen), d. h. eine Pflanze, welche hustenvertreibende Kräfte enthält.“ (a. a. O., S. 909); „Nardōsmia CASS. (Compositae). Zus. aus Nardus und ὀσμη (Geruch); riecht wie der (zu den Valerianeen gehörende) Nardus der Alten.“ (a. a. O., S. 608)

„118 Petasites minor Ind. Len. 500. Flore albo est monanthos. ...“ (AAW R. I, Op. 105, D. 16, Bl. 2v, s. Anm. 5 in Nr. 4); „383. an Petasites minor alpinus folio anguloso crassiori Tour. i. r. h. spec. 4. Fl. ircut. No. 642. ...“ (AAW R. I, Op. 104, D. 25, Bl. 29r, s. Anm. 61 in Nr. 21); „500. Petasites minor B. Pin. ...“ (AAW R. I, Op. 13, D. 42, Bl. 105r, s. Anm. 1 in Nr. 1)

34 „TUSSILAGO PETASITES, HERMAPHRODITA. ... Petasites major et vulgaris. C. BAUH. pin. p. 197. ... Petasites officinalis vulgaris. Volck. Norimb. p. 325. ... Grossblättriger Huflattig, grosser Huflattig, Pestilenzwurz, Schmeisswurz, Kraftwurz, Neunkraftwürz, Neunkräfter, Reyenkraft, Rosspappel, grosser rother Rosspäpel, Wasserklette, deutscher Kostus, Pestwurzmännlein, Lehmblätter ... Die Wurzel, Radix Petasitides, findet man noch in den Apotheken, ob sie gleich von den Ärzten nicht mehr gebraucht wird. Sie besitzt einen starken widrigen Geruch, und einen etwas bittern, scharfen und ein wenig gewürzhaften Geschmack. ...“ (Hayne 1809, Nr. 17); „PETASITES. ... teutsch, Pestilentzwurz, ... Petasites Major & vulgaris, C. B. Pit, Tournef. ... Die

Wurtzel ist dick und lang, auswendig schwartz, inwendig weiß, und schmeckt ein wenig bitter. ..." (Lémery 1721, Sp. 860f.)

„242. Petasites major et vulgaris C. B. P. 197." (AAW R. I, Op. 104, D. 13, Bl. 6v, s. Anm. 84 in Nr. 29); „Petasites major et vulgaris CBP. ..." (AAW R. I, Op. 104, D. 8, Bl. 3v, s. Anm. 18 in Nr. 452); „Petasites major et vulgaris C. B. Pin. 197. Tournef. Spec. 1. ..." (AAW F. 98, Op. 1, D. 19, Bl. 45r, s. Anm. 59 in Nr. 19)

35 „ACER. ... teutsch, der Ahorn/ Ahornbaum. ... Die Blätter sind breit, eckigt, und dem Weinlaube nicht unähnlich, jedoch weit spitziger, in fünff Theil zerschnitten, sehen obenher braungrün, unten weißlicht, sind dichte und nicht rauch, eines bittern und anziehenden Geschmacks: sie hangen an röthlichten Stielen, welche länger als wie die am Weinlaube. ..." (Lémery 1721, Sp. 9)

36 „[species 13] Elichrysum montanum, flore rotundiore, candido. Gnaphalium montanum, flore rotundiore, candido C. B. Pin. 263. Gnaphalium montanum, album Lob. Icon. 482." (Tournefort 1700, S. 453, Genus XI. „Elychrysum. Immortelle."); „Gnaphalium montanum ... I. Gnaphalium montanum flore rotundiore. ... Variat floribus candidis, subpurpureis, roseis, ex candido & rubro mixtis." (Bauhin 1623, S. 263); „*Elichrysum montanum flore rotundiore, subpurpureo, suaverubente & candido, it. Elichrys. montanum longiore folio & flore purpureo & albo Turn. 453. ... Pilosella major & minor quibusdam, aliis Gnaphalii genus J. B. 3. 162. ..." (Dillenius 1719, S. 60); „33. Helichrysum montanum, flore rotundiore, candido, I. R. Herb. 453. Idem flore rotundiore, subpurpureo. I. R. Herb. 453. Idem flore rotundiore, suaverubente. I. R. Herb. 453. ..." (Vaillant 1721, S. 293f.); „Elichrysum montanum, flore rotundiore Tournef. Instit. 453. ... Germ. Katzen= Pfötgen. Flore variat subpurpureo, candido, suave rubente & variegato ..." (Rupp 1726, S. 156); „Elichrysum montanum flore rotundiore candido Inst. R. Herb. Gnaphalium montanum flore rotundiore candido C. B. Pin. 263. ... weisse Hasenpfötlein/ weisse Engelblumen ..." (Mappus 1742, S. 96); „5. Das Berg=Ruhrkraut, Gnaphalium montanum, flore rotundiore, subpurpureo. C. B. P. loc. cit. Elichrysum montanum, flore rotundiore, subpurpureo. T. loc. cit. Pes cati Offic. ... Gnaphalium montanum, flore rotundiore, candido. C. B. P. loc. cit. Elichrys. mont. flor. rot. candid. T. loc. cit. B. J. A. I.120. Pes cati Offic. ... Elichrysum montan. flore rotundiore, suaverubente. T. loc. cit. ..." (Zwinger 1744, S. 925); „1. Gnaphalium caule simplicissimo, corymbis simplici terminatrici, sarmentis procumbentibus. Gnaphalium caule simplicissimo, floribus coloratis terminato. Fl. lapp. 302. Pilosella major & minor quibusdam, aliis Gnaphali genus. Bauh. hist. 3. p. 162. Hermapahroditus masculinus. ... Elichrysum montanum, flore rotundiore subpurpureo suaverubente & candido. Dill. giss. 60. Elichrysum montanum, flore rotundiore candido. Tournef. inst. 453. ... Helichrysum montanum, flore rotundiore candido. Vaill. act. 1719. p. 387 α Elichrysum montanum, flore rotundiore subpurpureo. Tournef. ... Foemina. ... α Elichrysum montanum, longiore folio & flore purpureo. Tournef. ..." (Linné 1737, S. 400); „41) Ruhrkraut mit getrennten Geschlechtern. Gnaphalium dioicum. ... Gnaphalium sarmentis procumbentibus, caule simplicissimo, corymbo simplici terminali, floribus dioicis. LINN. Syst. Veg. p. 623. Sp. Pl. p. 1199. Hort. Cliff. 400. ... Gnaphalium caule simplicissimo, ... GMEL. Sib. 2. p. 105. ... Diese Art ... hat im Deutschen verschiedene Benennungen als: Katzenpfötchen, Haasenpfötchen, Engelblümchen, Bergruhrkraut, weiße Mausöhrlein und rothe Mausöhrlein. ... Sie haben eine trocknende und zusammenziehende Kraft, und werden wider die rothe Ruhr und Blutflüsse gebraucht; man giebt sie auch den Kälbern wider den Durchlauf auf Butterbrod ein. Das gemeine Volk schreibt ihnen Zauberkräfte zu. ..." (Linné 1783a, S. 305ff.); „87. GNAPHALIUM dioicum. ... G. sarmentis procumbentibus, caule simplicissimo, corymbo simplici terminali, floribus dioicis. Hort. cliff. 400. ... Gmel. sib. 2. p. 105. ... Frühlings-Ruhrkraut. W. ..." (Linné 1797–1830, Bd. III, Teil 3, S. 1882f.); „3. A[ntennaria] dioica (GÄRTN. de fr. et sem. II, p. 510, t. 67, f. 3) ... DEC. Prodr. VI, p. 269. ... Gnaphalium dioicum. L. SP. 1199. ... M. a BIEB. Fl. t. c. II, p. 300; ... LEDEB. Fl. alt. IV, p. 55. ... Gnaphalium caule simplicissimo, ... GMEL. Fl. sib. II, p. 105, Nr. 86. ..." (Ledebour 1844–1846, S. 612f.); „5. A[ntennaria] DIOICA (Gaertn. fr, 2, p. 410. t. 167. f. 3), ... Gnaphalium dioicum Linn. sp. 1199. ..." (Candolle 1837, S. 269f.); „2. GNAPHALIUM DIOICUM. Linn. ... S. [sic!] dioicum. Linn. Willd. Spec. pl. III. p. 1882. ... M. a Bieb. Fl. taur.

cauc. II. p. 300. No. 1706; ... Gnaphalium caule simplicissimo, ... Gmel. Fl. sib. II. p. 105. No. 86. ..." (Ledebour 1833, S. 55f.); „1706. GNAPHALIUM dioicum. ... Linn. ed. Willd. 3. p. 1882. ... Gmel. sib. 2. p. 105. n. 86. ..." (Marschall von Bieberstein 1808, S. 300); „[Gnaphalium] dioicum, sarmentis procumbentibus, ... Ruhrpflanze mit getrennten Geschlechtern, ... getrennte Ruhrpflanze; Bergruhrkraut; weisse und rothe Mausöhrlein; Kazenpfötgen; Engelblümlein; Bergsonnengoldblume mit einer runden, weissen Blume; ... der Pöbel schreibt ihr Zauberkräfte, die Aerzte aber eine mäsig kühlende, zusamenziehende, trocknende, und verstopfende Eigenschaft zu ..." (Gmelin 1773b, Sp. 484f.); „[Elichrysum] montanum flore rotundiore candido, hierunter versteht Tournefort die männliche weisse Abart der getrennten Ruhrpflanze." (Gmelin 1773, Sp. 725); „Aus den Katzenpfötgen oder Ruhrkraut k) |: k) Gnaphalium dioicum. :| machen sie [nach den Informationen eines permischen Arztes] eine Bähung für die Augen, welche gute Dienste thun soll." (Lepechin 1783, S. 125); „959. Gnaphalium dioicum. Lin. sp. 40. Ruß. Grischnaja Trawa und Smejownik. ..." (Falk 1786, S. 239f.); „Gnaphalium (dioicum) caule simplicissimo, ... Linn. Spec. pl. 850. n 1. Suec. 736. Cliff. 400. mat. med. 388. Gmel. sib. 2. p. 105. ... Кошичья лапка [russ. *košič'ja lapka*] siue змеїовикъ [russ. *zmeiovik*] Russ. Грыжная трава [russ. *gryžnaja trava*] quibusdam veterinariis Sibiricis. ..." (*Krašeninnikov* 1761, S. 132); „5. GNAPHALIUM dioicum ... Getrenntes Ruhrkraut. ..." (Georgi 1797–1802, Theil 3, S. 1237); „20) Zweihäusiges Ruhrkraut, Ruhrkraut mit getrennten Geschlechtern, Katzenpfötchen, Hasenpfötchen, bergliebendes Ruhrkraut, Engelsblümchen, Gnaphalium dioicum, ... Linn. Spec. plant. Tom. II, p. 1199. ... Dieses Ruhrkraut wurde ehemals in der Medicin gebraucht und zu den mäßig kühlenden oder verdickenden, kräftig zusammenziehenden und zusammenleimenden Mitteln gezählt und dieserhalb wurde es für eine zusammenziehende Wunden heilende Pflanze gehalten, deren Gebrauch besonders bei Lungenkrankheiten, welche von einer Schwäche und allzu großen Erschlaffung kommen und wo das Blut nicht angehalten werden kann, angepriesen wird. Es soll daher den Husten stillen, die Schärfe der Säfte lindern, den Auswurf befördern, die Verstopfung der Brust auflösen, das Blut stillen, die Geschwüre in der Lunge verhüten, und wenn welche vorhanden sind, reinigen und heilen. ..." (Krünitz 1773–1858, Bd. 128, S. 652ff.); „86. GNAPHALIUM caule simplicissimo, corymbo simplici terminatrici, sarmentis procumbentibus LINN. h Cliff. 400. ROY. pr. 147. Pilosella maior et minor quibusdam, aliis gnaphali genus BAUH. h. 3. p. 162. Elichrysum montanum flore rotundiore subpurpureo et Elichrysum montanum longiore et folio et flore purpureo TOURN. I. R. H. 453. Gnaphalium caule simplicissimo, floribus coloratis terminato LINN. Lapp. 302. Gnaphalium sexubus tota planta distinctis HALL. Helv. 698. ... Russice змеїовикъ [russ. *zmeiovik*] dicitur, a quibusdam etiam veterenariis Sibiricis Грыжная трава [russ. *gryžnaja trava*]. Prior denominatio dato est, quod contusa et recens imposita contra panaritia valere credatur, altera, quod in decocto pota doloribus resistat." (Gmelin 1747–1769, Bd. II, S. 105), nahezu identisch auf Bl. 65r, jedoch mit russ змеовикъ [russ. *zmeovik*] in: AAW R. I, Op. 105, D. 28 – s. Anm. 61 in Nr. 21; „86. Gnaphalium caule simplicissimo, corymbo simplici terminatrici, sarmentis procumbentibus [=] Antennaria dioica Gaertn.!" (Ledebour 1841, S. 72); „ANTENNARIA DIOICA Gärtner. ZWEIHÄUSIGE ANTENNARIE. ... A. dioica Gärtner de fruct. et sem. pl. 2. p. 410. t. 167. f. 3. ... Gnaphalium dioicum Linné spec. plant. 2. p. 1199. Willd. spec. plant. 3. p. 1882. ... Die Anthodien waren früher unter dem Namen Flores Gnaphali s. Pilosellae albae vel Pedes Cati officinell. Deutsche Namen: Gemeines Katzenpfötchen, Engelblümchen, weisses und rothes Mäuseöhrchen; zweihäusiges Ruhrkraut, Berg-Ruhrkraut, Hasenpfötchen, Mitzelkraut." (Dietrich 1842, Nr. 684); „Elichryson, Elichrysum, Elychryson, Elychrysum, ist ... auch der Gattungsname, welchen Tournefort, Boerhaave und Adanson der Ruhrpflanze beylegen." (Gmelin 1773, Sp. 720f.); „Elīchrysum W. (Compositae). Zus. aus ἑλλισσειν (winden) und χρυσος (Gold); der Stängel ist gewunden und die Blume goldgelb." (Wittstein 1852, S. 317); „Helīchrysum VAILL. s. Elichrysum. Auch könnte hier die Ableitung von ἥλιος (Sonne) und χρυσοῦς (golden) Platz greifen, denn die Blumen sind glänzend goldgelb." (a. a. O., S. 425); „Gnaphālium ... Von γναφαλον (Filz), in Bezug auf die Bekleidung der ganzen

Pflanze." (a. a. O., S. 394); „Antennāria GAERTN, (Compositae). Von antenna (Fühlhorn), wegen der Aehnlichkeit der Samenkrone mit den Fühlhörnern der Insekten." (a. a. O., S. 55)

„Helichrysum montanum flore rotundiore candido. Inst. r. h. 453. n°. 83" (AAW R. I, Op. 13, D. 19, Bl. 5v, s. Anm. 54 in Nr. 17); „237. Elichrysum montanum, folio rotundiore candido Inst. r. h. 453." (AAW R. I, Op. 6, D. 40, Bl. 33v, s. Anm. 1 in Nr. 1); „416. Helichrysum montanum flore rotundiore candido I. R. H. ..." (AAW R. I, Op. 105, D. 1ª, Bll. 43r–43v, s. Anm. 29 in Nr. 5); „496. Helychrysum montanum flore rotundiore candido I. R. H. ..." (AAW R. I, Op. 13, D. 42, Bl. 105r, s. Anm. 1 in Nr. 1); „4. Helichrysum montanum flore rotundiore candido I. R. H. ... Idem flore rotundiore suaverubente I. R. H. 453. ..." (AAW R. I, Op. 13, D. 67, Bl. 27r, s. Anm. 5 in Nr. 4); „160. Helichrysum montanum, flore rotundiore, candido I. R. H. 453. j. Idem flore rotundiore suaverubente. Hic color candido frequentior est." (AAW R. I, Op. 105, D. 4ª, Bl. 21v, s. Anm. 54 in Nr. 17); „28. Helichrysum montanum." (AAW R. I, Op. 15, D. 1, Bl. 10r, s. Anm. 24 in Nr. 64); „* Helichrysum montanum longiore et folio et flore purpureo. I. R. H. ..." (AAW R. I, Op. 105, D. 2, Bl. 13r, s. Anm. 54 in Nr. 17); „70. Gnaphalium caule simplicissimo, corymbo simplici terminatrici, sarmentis procumbentibus Linn. h. Cliff. 400 ... Pilosella major & minor quibusdam, alys Gnaphalij genus J. B. hist. 3. p. 162." (AAW R. I, Op. 13, D. 20, Bl. 7v, s. Anm. 1 in Nr. 1); „– Elichrysum montanum, flore rotundiore, subpurpureo, candida et suaue rubente Tourn. qui e tribus his varietatibus tres species facit. ..." (AAW R. I, Op. 104, D. 8, Bl. 3v, s. Anm. 18 in Nr. 452); „384 Elichrysum montanum flore rotundiore candido Tour. i. r. h. ..." (AAW R. I, Op. 104, D. 25, Bl. 29r, s. Anm. 61 in Nr. 21); „Elichrysum montanum flore rotundiore candido Tournef. Sp. 13. ..." (AAW F. 98, Op. 1, D. 20, Bl. 28r, s. Anm. 90 in Nr. 33); „Elichrysum montanum, flore rotundiore candido. T. sp. 13. ..." (AAW F. 98, Op. 1, D. 19, Bl. 17r, s. Anm. 59 in Nr. 19); s. auch Nr. 644 u. Nr. 645

37 „[species 14] Elichrysum montanum, flore rotundiore, suaverubente. Gnaphalium montanum, suaverubens Lob. Icon. 483." (Tournefort 1700, S. 453, Genus XI. „Elychrysum. Immortelle."); „Elichrysum montanum, flore rotundiore suave rubente Inst. R. Herb. Gnaphalium montanum suave rubens Lob. Icon. 483. ... Katzenpfötlein/ Engelblumen/ Maußöhrlein. ..." (Mappus 1742, S. 96); „[Elichrysum] montanum flore rotundiore suaverubente, so nennt er [d. h. Tournefort] eine [d. h. Abart der getrennten Ruhrpflanze] mit männlichen und röthlichen Blumen." (Gmelin 1773, Sp. 725)

„385 Elichrysum idem flore suave rubente ..." (AAW R. I, Op. 104, D. 25, Bl. 29r, s. Anm. 61 in Nr. 21); „Elichrysum montanum, flore rotundiore subrubente Tournef. Sp. 14. ..." (AAW F. 98, Op. 1, D. 20, Bl. 28r, s. Anm. 90 in Nr. 33); „Elichrysum montanum, flore rotundiore subrubente. T. sp. 14. ..." (AAW F. 98, Op. 1, D. 19, Bl. 17r, s. Anm. 59 in Nr. 19); s. Nr. 643

38 „[species 12] Elichrysum montanum, flore rotundiore, subpurpureo. Gnaphalium montanum, flore rotundiore, subpurpureo C. B. Pin. 263. Gnaphalium montanum, purpureum Lob. Icon. 483." (Tournefort 1700, S. 453, Genus XI. „Elychrysum. Immortelle."); „Elichrysum montanum flore rotundiore, subpurpureo Inst. R. Herb. Gnaphalium montanum, flore rotundiore subpurpureo C. B. Pin. 263. ... Hasenpfötlein. ..." (Mappus 1742, S. 96); „[Elichrysum] montanum flore rotundiore subpurpureo, bedeutet bey ihm [d. h. Tournefort] eine andere [d. h. Abart der getrennten Ruhrpflanze] mit männlichen und mattpurpurrothen Blumen." (Gmelin 1773, Sp. 725)

„Helichrysum montanum flore rotundiore, subpurpureo. Inst. r. h. 453. n°. 83" (AAW R. I, Op. 13, D. 19, Bl. 5v, s. Anm. 54 in Nr. 17); „386. Elichrysum idem flore subpurpureo ..." (AAW R. I, Op. 104, D. 25, Bl. 29r, s. Anm. 61 in Nr. 21); s. Nr. 643

39 „[species 4] Filago Alpina, capite folioso. Gnaphalium Alpinum, magno flore, capite oblongo. C. B. Pin. 264. Gnaphalium Alpinum, pulchrum J. B. 3. 261. Leontopodium Mathioli Dod. Pempt. 68." (Tournefort 1700, S. 454, Genus XII. „Filago. Herbe à Coton."); „47. Helichrysum Alpinum, pulchrum, comis foliosis. Filago Alpina, capite folioso. I. R. H. 454." (Vaillant 1721, S. 295); „6. Das Alp=Ruhrkraut: Gnaphalium Alpinum, magno flore, folio oblongo, vel etiam brevi, C. B. P. 264. Gnaphal. Alpinum, pulchrum, J. B. 161. ... Filago Alpina, capite folioso. T. 454. ..." (Zwinger 1744, S. 926); „89. GNAPHALIUM caule non ramoso, vmbella tomentosa, longis foliis

insidenti HALL. Helv. 701. Leontopodium siue pes Leoninus LOB. ic. 484. Gnaphalium alpinum pulchrum I. B. 3. p. 61. Filago alpina capite folioso TOURN. I. R. H. 454. Helichrysum alpinum pulc<h>rum comis foliosis VAILL. p. 188. ...“ (Gmelin 1747–1769, Bd. II, S. 106f.), nahezu identisch auf Bll. 65v–66r in: AAW R. I, Op. 105, D. 28 – s. Anm. 61 in Nr. 21; „89. Gnaphalium caule non ramoso, umbella tomentosa longis foliis insidente [=] Leontopodium alpinum Cass.!“ (Ledebour 1841, S. 72); „7. GNAPHALIUM caule non ramoso, umbella tomentosa longis foliis insidenti. ... Gnaphalium alpinum pulchrum I. B. III. 161. ... Gnaphalium alpinum magno flore, folio oblongo C. B. P. ... Filago alpina capite folioso I. R. H. ...“ (Haller 1742, S. 701); „7) Alpen= Filzkraut. Filago Leontopodium. ... Filago caule simplicissimo, capitulo terminali bracteis hirsutissimis radiato. LINN. Syst. Veg. p. 662. Sp. Pl. p. 1312. ... Gnaphalium alpinum, magno flore, folio oblongo. C. BAUH. pin. 264. Gnaphalium alpinum pulchrum. I. BAUH. hist. III. p. 161. ... Diese Blümchen alle sind bleichgelb, und der ganze Blumenkopf scheint nichts als Wolle zu seyn, daher man sie auch Wollblume genennet hat. Das Kraut ist bitter und besitzt zusammenziehende Kräfte. Die Blumen haben einen sehr angenehmen Geruch.“ (Linné 1783, S. 40f.); „627. GNAPHALIUM leontopodium. ... Gnaphalium caule non ramoso, ... HALL. Helv. 701. Filago caule simplicissimo, capitulo terminali, bracteis hirsutissimis radiato. LINN. spec. p. 1312. ... Filago alpina capite folioso. TOURN. inst. 454. Gnaphalium alpinum magno flore, folio oblongo. BAUH. pin. 264. Gnaphalium alpinum pulchrum. BAUH. hist. III. p. 161. ...“ (Allioni 1785, S. 173); „110. GNAPHALIUM Leontopodium. ... Filago (Leontopodium) ... Sp. pl. 1312. ... Filago floribus sessilibus umbellatis, foliis umbellam excedentibus tomentosis, Hall. helv. n. 152. G. alpinum magno flore, folio oblongo. Bauh. pin. 264. G. alpinum. pulchrum. Bauh. hist. 3. p. 161. ... Gestrahltes Ruhrkraut. W. ...“ (Linné 1797–1830, Bd. III, Teil 3, S. 1892f.); „152. FILAGO floribus sessilibus, umbellatis, foliis tomentosis umbellam excedentibus Cat. rar. n. 909. ... Filago caule simplicissimo, ... Linn. Spec. II. p. 1312. ...“ (Haller 1768, S. 66); „520. Leontopodium. R. BR. ... 1. L. alpinum (CASSINI in Dict. sc. nat. XXV, p. 474) ... DEC. Prodr. VI, p. 275. ... Filago Leontopodium. L. SP. 1312. ... Gnaphalium Leontopodium. LEDEB. Fl. alt. IV, p. 56. Gnaphalium caule non ramoso, umbella tomentosa, longis foliis insidenti. GMEL. Fl. sib. II, p. 106, Nr. 89. ...“ (Ledebour 1844–1846, S. 613f.); „DLXXVIII. LEONTOPODIUM ... 1. L. ALPINUM (Cass. dict. 25. p. 474), ... Filago Leontopodium Linn. 1312. ...“ (Candolle 1837, S. 275f.); „3. GNAPHALIUM LEONTOPODIUM. Linn. ... Linn. Willd. Spec. pl. III, p. 1892. ... Gnaphalium caule non ramoso, ... Gmel. Fl. sib. II. p. 106. No. 89. ...“ (Ledebour 1833, S. 56); „Filago Leontopodium, ... Kazenpfötgen, Fadenkraut, ... Es troknet aus, und ist von einigen in Husten und Catarrh empfolen worden: Es heißt bey Tournefort: Filago alpina, capite folioso; ...“ (Gmelin 1773, Sp. 1032); „5. FILAGO Leontopodium ... Löwenfuß=Ruhrkraut. ... Die Tungusen und übrigen Sibiriaken trocknen ihre Ruhrkrautarten und zerklopfen sie zwischen Steinen zu Wolle, die ihnen zu Zunder (Ulto) dient.“ (Georgi 1797–1802, Theil 3, S. 1265); „EDELWEISZ, n. was edelraute, filago leontopodium. ...“ (Grimm 1991, Bd. 3, Sp. 30); „d) Filago leontopodion. Deutsch. Der Löwenfuss, das Katzenpfötchen, das Bergruhrkraut, die Wollblume, im Zillerthal Edlweiss. ...“ (Nemnich 1793, Sp. 1624); „(193) 1. Leontopodium alpinum Cass. – Ledeb. Fl. ross. II. p. 613. – Leontopodium sibiricum Cass. – Ledeb. Fl. ross. II. p. 614. ... Gnaphalium Gmel. Fl, sib. II. p. 106. N. 89. ...“ (Middendorff 1856, 2. Abtheilung, S. 55); „2. L[eontopodium.] sibiricum. (CASSINI in Dict. sc. nat. XXV, p. 475) ... L. sibiricum. DEC. Prodr. VI, p. 276. ... Gnaphalium Leontopodioides. WILLD. Spec. pl. III, p. 1893. ...“ (Ledebour 1844–1846, S. 614); „DLXXVIII. LEONTOPODIUM ... 2. L. sibiricum (Cass. dict. 25. p. 475. ... Gnaph. leontopodioides Willd. sp. 3. p. 1893. ...“ (Candolle 1837, S. 276); „* 112. GNAPHALIUM Leontopodioides. W. ... Sibirisches Ruhrkraut. W. ...“ (Linné 1797–1830, Bd. III, Teil 3, S. 1893f.); „Filāgo T. (Compositae). Von filum (Faden), in Bezug auf die feinhaarige Bedeckung dieser Pflanzen.“ (Wittstein 1852, S. 365); „Leontopōdium P. (Compositae). Zus. aus λεων (Löwe) und πους (Fuss); wollig filzige Kräuter mit einfachem Stängel.“ (a. a. O., S. 510)

„417. Helichrysum alpinum pulchrum, tomentosum, minus, comis foliosis Comm. Par. 1719. ... n°. 646. Fl. Irc. recensetur.“ (AAW R. I, Op. 105, D. 1^{a}, Bl. 43v, s. Anm. 29 in Nr. 5); „5. Helichrysum Alpinum pulchrum tomentosum minus, comis foliosis Comm. Par. 1719. j. Idem capitulis candidis. Ircutense. Fl. Irc. n°. 646." mit der rechts marginalen Anm. „Ic. St." (AAW R. I, Op. 13, D. 67, Bl. 27r, s. Anm. 5 in Nr. 4); „⁎ Helichrysum alpinum pulchrum, comis foliosis Vaillant. Mem. 1719. ..." (AAW R. I, Op. 105, D. 2, Bl. 12v, s. Anm. 54 in Nr. 17); „387 Elichrysum alpinum pulchrum tomentosum minus comis foliosis Comm. Paris 1719. ind. ircut. et Jenis. D D Gmel mihi Flor ircut No 646. sub filaginq alpinae capitulo folioso nomine descriptum et icone adumbratam." (AAW R. I, Op. 104, D. 25, Bl. 29r, s. Anm. 61 in Nr. 21); „161. Helichrysum Alpinum, pulchrum, tomentosum, minus, comis foliosis Comm. Ac. Sc. Par. 1719. In Ind. Lenensi sub nomine Filaginis alterius [Nr. 647] recensitum. ..." (AAW R. I, Op. 105, D. 4^{a}, Bl. 21v, s. Anm. 54 in Nr. 17); „497. Filago Alpina capite foliods I. R. H. ..." (AAW R. I, Op. 13, D. 42, Bl. 105r, s. Anm. 1 in Nr. 1); s. Nr. 647 und Anhang B.5. Nr. 22

„[species 2] Filago altera Dod. Pempt. 67. Gnaphalium majus, angusto, oblongo folio C. B. Pin. 263." (Tournefort 1700, S. 454, Genus XII. „Filago. Herbe à Coton."); „Filago altera Dod. Pempt. 67. Gnaphalium majus, angusto, oblongo folio C. B. Pin. 263. ..." (Mappus 1742, S. 105); „3. Filago incana, tomentosa, erecta. Filago vulgaris, floribus per caulem sparsis. Hist. Paris. 80. Filago altera. Dod. Pempt. 67. & I. R. Herb. 454." (Vaillant 1721, S. 296); „12. GNAPHALIUM floribus sparsis per caulem simplicissimum. Fl. Lapp. 298. ... Gnaphalium rectum. Bauh. hist. 3. p. 160. ... Elichrysum spicatum. Tournef. Inst. 453. ... α Gnaphalium majus, angusto oblongo folio. Bauh. pin. 162. [müßte heißen: 263] ..." (Linné 1737, 402); „6) Acker=Filzkraut. Filago arvensis. ... Filago caule paniculato, foliis conicis lateralibus. LINN. Syst. veg. p. 662. Sp. Pl. p. 1312. ... Filago incana tomentosa erecta. VAILL. act. 1719. p. 391. Gnaphalium maius angusto oblongo folio. C. BAUH. pin. 263. ..." (Linné 1783, S. 39f.); „631. GNAPHALIUM arvense. ... Filago floribus conicis lateralibus, caule paniculato. LINN. spec. p. 1311. ... Filago incana tomentosa erecta. VAIL. acad. 1719. p. 391, Filago altera. DOD. pempt. 67. TOURN. inst. 454. ..." (Allioni 1785, S. 173f.); „119. GNAPHALIUM arvense. ... G. majus angusto oblongo folio. Bauh. pin. 263? ... Filago incana tomentosa erecta. Vaill. act. 1719. p. 391. [?] ... Acker-Ruhrkraut. W. ..." (Linné 1797–1830, Bd. III, Teil 3, S. 1897); „88[.] GNAPHALIUM floribus sparsis per caulem simplicissimum LINN. Lapp. 298. h. Cliff. 402. ROY. pr. 146. Filago altera DOD. pempt. 67. Gnaphalium Anglicum vel Belgicum folio longiore LOB. ic. 482. Gnaphalium maius angusto oblongo folio BAUH. pin. 262. [müßte heißen: 263.] Elichrysum spicatum TOURN. I. R. H. 453. Gnaphalium ramis spicatis frequentissimis, alis foliorum insidentibus HALL. Helv. 700. ..." (Gmelin 1747–1769, Bd. II, S. 106), nahezu identisch auf Bl. 65v in: AAW R. I, Op. 105, D. 28 – s. Anm. 61 in Nr. 21; „88. Gnaphalium floribus sparsis per caulem simplicissimum [=] Gnaphalium sylvaticum L.! (Gnaphalium rectum L. – M. a Bieb. Fl. t. c. II. 360. [müßte heißen: 300])" (Ledebour 1841, S. 72); „[species 11] Elichrysum spicatum. Gnaphalium majus, angusto oblongo, alterum C. B. Pin. 263. Gnaphalium rectum J. B. 3. 160. Gnaphalium Anglicum vel Belgicum, folio longiore Lob. Icon. 482." (Tournefort 1700, S. 453, Genus XI. „Elychrysum. Immortelle."); „3. G[naphalium] sylvaticum (L. Fl. suec. Nr. 739) ... LEDEB. Fl. alt. IV, p. 57. – DEC. Prodr. VI, p. 232. ... G. floribus sparsis ... GMEL. Fl. sib. II, p. 106, Nr. 88. α. brachystachum (LEDEB. Fl. alt. l. c. ... G. sylvaticum. ... WILLD. Spec. pl. III, p. 1884. ... β. macrostachyum (LEDEB. Fl. alt. l. c.) ... G. rectum. ... WILLD. Spec. pl. III, p. 1885. – M. a BIEB. Fl. t. c. II, p. 300; ..." (Ledebour 1844–1846, S. 609f.); „4. GNAPHALIUM SYLVATICUM. Linn. ... Gnaphalium floribus sparsis ... Gmel. Fl. sib. II. p. 106. No. 88. α. brachystachys: ... Willd. Spec. pl. III. p. 1884. ... β. macrostachys: ... G. rectum. ... Willd. Spec. pl. III. p. 1885. – M. a Bieb. Fl. taur. cauc. II. p. 300. No. 1707. ..." (Ledebour 1833, S. 56f.); „64. G[naphalium] SYLVATICUM (Linn. sp. 1200) ... α. rectum, ... β. fuscatum ..." (Candolle 1837, S. 232); „92. GNAPHALIUM sylvaticum. ... G. caule herbaceo ... Sp. pl. 1200. ... Wald-Ruhrkraut. W. ... *93. GNAPHALIUM rectum. ... G. majus, angusto oblongo folio, alterum. Bauh. pin. 263. G. rectum. Bauh. hist. 3. p. 160. ... Aufrechtes Ruhrkraut. W. ..." (Linné 1797–1830, Bd. III, Teil 3, S. 1884f.); „1707. GNAPHALIUM rectum. ... Linn. ed. Willd. 3. p. 1885. ... Gmel. sib. 2. p. 106. n. 88. ... Helichrysum spicatum. Tounef. inst. ..." (Marschall von Bieberstein 1808, S. 300); „[Gnaphalium] sylvaticum, caule herbaceo ... Waldruhrpflanze, ... Ruhrkraut; gros Ruhrkraut mit schmalen Blättern; Sonnengoldblume mit Aehren; ... Sie heißt bey ... C. Bauhin: Gnaphalium rectum." (Gmelin 1773b, Sp. 486f.); „[Filago] arvensis, caule paniculato. floribus conicis lateralibus, Akerfadenkraut, mit einem rispenförmigen Stamm, an dessen Seite die kegelförmige Blumen stehen; ... Sie ... heißt bey Dodonäus: Filago altera; ... bey Vaillant: Filago incana tomentosa erecta; ..." (Gmelin 1773, Sp. 1031f.); „a) Filago arvensis. Deutsch. Das Ackerfilzkraut, Ackerfadenkraut, Ackerruhrkraut, Gross Schimmelkraut. ... Russ. Schabnik. [russ. *žabnik*]" (Nemnich 1793, Sp. 1623); „2. Filago arvensis. L. Ackerliebendes Filzkraut; Ackerfilzkraut; Ackerliebendes Fadenkraut; Schimmelkraut. Russ. Schabnik. ..." (Dietrich 1804, S. 173f.); „92. GNAPHALIUM sylvaticum. ... G. caule herbaceo simplicissimo floribus sparsis. Sp. pl. 1200. Fl. lapp. 298. Fl. suec. 675; 739. ... Wald-Ruhrkraut. W. ..." (a. a. O., S. 1884f.); „*93. GNAPHALIUM rectum. .... Gnaphalium anglicum vel belgicum. Lob. ic. 482. ... Aufrechtes Ruhrkraut. W. ..." (a. a. O., S. 1885); „5. Art. G[naphalium] arvense. Feld=Ruhrkraut. ... Synonyme: Filago arvensis. ... Lin. sp. pl. 1312. n. 6. ... Filago incana tomentosa erecta. (Vaill. Act. 1719. p. 391.[?]) ..." (Bechstein 1833, S. 663f.); „1. Art. G[naphalium] rectum. Gerades Ruhrkraut. (Smith.) ... Synonyme: G. sylvaticum (Willd. prodr. n. 814. Lin. sp. pl. II. p. 1200. n. 39. ...) ... Gnaphalium anglicum vel belgicum. (Lob. ic. 482.) G. majus, angusto oblongo folio, alterum. (Bauch. [sic!] pin. 263.) G. rectum. (Bauch. hist. 3. p. 160.) Vulgärnamen: Wald=Rainblume. ..." (a. a. O., S. 659f.); „770. GNAPHALIUM SYLVATICUM Linné. WALD-GNAPHALIUM. ... Gnaphalium sylvaticum und rectum wurden früher als zwei verschiedene Arten angesehen, sind aber kaum als Varietäten zu unterscheiden; ... Deutsche Namen: Wald-Ruhrkraut, gerades, aufrechtes, grosses, englisches oder holländisches Ruhrkraut, ährige Sonengoldblume, Wald-Immortelle." (Dietrich 1843, Nr. 770); „Filago incana tomentosa erecta – bene (Haec synonymia Vallantii ad F. arvensem L. Fl. suec. 2 Ed. 781. accedit, vel ad F. lagopum W., in Fl. sib. non exhibitas, Hinc potius esset Gnaphali species de qua hic agitur?)." (A. von Haller in einem Brief an J. G. Gmelin – Plieninger 1861, S. 143); Filago arvensis L. – russ. *gorljanka, žabnaja trava, belušnik, ženskaja žabnaja* bzw. *zolotušnaja trava* (*Annenkov* 1858, S. 43, Nr. 479)

„420. Filago incana tomentosa erecta Comm. Par. 1719. In ind. Len. sub Filaginis alpinae, capite folioso I. R. H. nomine exhibita fuit. ..." (AAW R. I, Op. 105, D. 1^{a}, Bl. 43v, s. Anm. 29 in Nr. 5); „2. Filago incana tomentosa erecta Comm. Par. 1719. Ind. Jen. n°. 420 Ind. Len. n°. 497." (AAW R. I, Op. 13, D. 67, Bl. 27r, s. Anm. 5 in Nr. 4); „499. Filago altera Dod. Pempt. 67. ..." (AAW R. I, Op. 13, D. 42, Bl. 105r, s. Anm. 1 in Nr. 1); „580. Gnaphalium floribus sparsis percaulem simplicissimum Linn. flor. 298. Gnaphalium majus angusto oblongo folio B. Pin. 262. Filago altera Dod. Pempt. 67. ..." (AAW R. I, Op. 13, D. 20, Bl. 57v, s. Anm. 1 in Nr. 1); s. Nr. 646

41 „[species 1] Filago seu Impia Dod. Pempt. 66. Gnaphalim Germanicum J. B. 3. 158. Gnaphalium vulgare, majus C. B. Pin. 263." (Tournefort 1700, S. 454, Genus XII. „Filago. Herbe à Coton."); „De Filagine siue Impia. CAP. XIIII. ..." und die Abbildung „Filago siue Impia." auf S. 66 (Dodoens 1616, S. 66f.); „1. Filago seu Impia. Dod. Pempt. 66. & I. R. Herb. 454. Eadem procumbentibus." (Vaillant 1721, S. 296); „Filago, seu herba impia Dodon. Pempt. 66. ... Germ. Ruhr=Kraut, Feld=Kätzlein, Hynsch=Kraut, Engel=Blumen, ..." (Rupp 1726, S. 157); „Filago seu Impia Dod. Pempt. 66. Gnaphalium Germanicum J. B. 3. 158. Gnaphalium vulgare, majus C. B. Pin. 263. ... groß Ruhrkraut. ..." (Mappus 1742, S. 105); „2. Das große, gemeine Ruhr=Kraut: Gnaphalium vulgare, majus, C. B. P. 263. ... Gnaphalium Germanicum , J. B. 3. 158. ... Filago seu Impia. Dod. p. 66. T. 454. ..." (Zwinger 1744, S. 924); „2) Deutsches Filzkraut. Filago germanica. ... Filago panicula dichotoma, floribus rotundatis axillaribus hirsutis, foliis acutis. LINN. Syst. Veg. p. 662. Sp. Pl. p. 1311. ... Gnaphalium vulgare maius. C. BAUH. pin. 263. Gnaphalium germanicum. I. BAUH. hist. III. p. 158. ... Diese Art, welche ... im deutschen Schimmelkraut, Feldkatze, Kätzlein, Wiesenwolle und Hirschkraut genannt wird, ... Der gemeine Mann gebraucht dieß Kraut um anzuhalten, es soll auch in den Wurmkrankheiten unter dem Vieh gute Dienste leisten. Das Vieh selbst aber rührt diese Pflanze nicht an." (Linné 1783, S. 36f.); „630. GNAPHALIUM germanicum. ... Filago panicula dichotoma, floribus rotundatis axillaribus hirsutis, foliis acutis.

LINN. spec. p. 1311. ... Filago, seu Impia. DOD. pempt. p. 66. Gnaphalium vulgare majus. BAUH. pin. 262. Gnaphalium germanicum. BAUH. hist. III. p. 158. ..." (Allioni 1785, S. 173); „114. GNAPHALIUM germanicum. ... Filago (germanica) ... Sp. pl. 1311. ... G. vulgare majus. Bauh. pin. 263. G. germanicum. Bauh. hist. 3. p. 158. ... Deutsches Ruhrkraut. W. ..." (Linné 1797–1830, Bd. III, Teil 3, S. 1894f.); „1. F[ilago] germanica (L. SP. 1311) ... DEC. Prodr. VI, p. 247. ... Gnaphalium germanicum. ... WILLD. Spec. pl. III, p. 1894. – M. a BIEBERST, Fl. t. c. II, p. 301. ..." (Ledebour 1844–1846, S. 616); „DLXI. FILAGO. ... 1. F. GERMANICA (Linn. sp. 1311), ..." (Candolle 1837, S. 247f.); „114. GNAPHALIUM germanicum. ... Filago (germanica) ... Sp. pl. 1311. ... G. vulgare majus. Bauh. pin. 263. G. germanicum. Bauh. hist. 3. p. 158. ... Deutsches Ruhrkraut. W. ..." (Linné 1797–1830, Bd. III, Teil 3, S. 1894f.); „1708. GNAPHALIUM germanicum. ... Filago germanica. Linn. spec. pl. p. 1311. ..." (Marschall von Bieberstein 1808, S. 301); „Filago germanica, ... teutsches Fadenkraut, mit zweytheiliger Blüthenrispe, und gerundeten, zotigen, und in den Winkeln der spitzigen Blätter sizenden Blumen; ..." (Gmelin 1773, Sp. 1030); „c) Filago germanica. ... Deutsch. Das gemeine Filzkraut, Fadenkraut, Wollkraut, Wiesenwolle, Ruhrkraut, Schimmelkraut, Hirschkraut, Feldkatzen, Kätzlein, Engelblümchen. ... die Pflanze hat eine zusammenziehende Kraft, und ist daher ehedem von den Landleuten als ein Mittel gegen die Ruhr gebraucht, auch von verschiedenen Aerzten bey Blutspeyen &c. angepriesen worden. ..." (Nemnich 1793, Sp. 1623f.); „1. FILAGO germanica ... Teutsches Ruhrkraut, R. Schabnik. [russ. *žabnik*] ..." (Georgi 1797–1802, Theil 3, S. 1264); „4. Filago germanica L. Deutsches Filzkraut; gemeines Filzkraut; Fadenkraut; Wollkraut; Hirschkraut; Feldkatzen. ..." (Dietrich 1804, S. 174f.)

„Filago Seu Impia Dod: B: n 1." (AAW R. I, Op. 68, D. 2, Bl. 9r, s. Anm. 62 in Nr. 22); „114. Filago seu impia Dod. Pempt. ..." (AAW R. I, Op. 104, D. 17, Bl. 14v, s. Anm. 36 in Nr. 8); „388. Filago seu impia DoDonaei Pempt. ..." (AAW R. I, Op. 104, D. 25, Bl. 29v, s. Anm. 61 in Nr. 21); „Filago seu imp. Dod. Pempt. ..." (AAW R. I, Op. 105, D. 2, Bl. 13r, s. Anm. 54 in Nr. 17); „498. Filago Seu impia Dod. Pempt. ..." (AAW R. I, Op. 13, D. 42, Bl. 105r, s. Anm. 1 in Nr. 1); „1. Filago seu impia Dod. Pempt. 66 Ind. Jen. n°. 419." (AAW R. I, Op. 13, D. 67, Bl. 27r, s. Anm. 5 in Nr. 4); „419. Filago seu impia Dod. Pempt. 66 et I. R. H." (AAW R. I, Op. 105, D. 1ª, Bl. 43v, s. Anm. 29 in Nr. 5); „Filago, seu Impia Dodonaei. T. Sp. 1. ..." (AAW F. 98, Op. 1, D. 19, Bl. 19r, s. Anm. 59 in Nr. 19); „Filago seu Impia Dodonaei; Tournef. Sp. 1. ..." (AAW F. 98, Op. 1, D. 20, Bl. 28r, s. Anm. 90 in Nr. 33); „3. Juli 1724 ... Frühe ... besahe zuvöderst das Feld, so voller feiner Kräuter stand, ... 10.) Filago seu Impia Dodonaei (Tournefortii sp. 1); ..." (Messerschmidt 1962–1977, Bd. 3, S. 72f.)

42 „68 Senecio Sibirica folijs superioribq angustis dentatis inferioribq triangulis. crescit ab urbe. Turinzky Jeniseam usq copiosissime Floret mense Julio. Semen maturat mense augusto." (AAW R. I, Op. 81, D. 23, Bl. 140v vom 12. Dezember 1738 in: „Consignatio plantarum quarundam in itinere a Petropoli Tomskoen usq collectarum exsiccatarum & transmissarum Petropolin. d.", a. a. O., Bll. 134–143r, s. Anm. 1 in Nr. 1); „15. Sem Senec. Sibir. No. LXVIII." (a. a. O., Bl. 143v in: „Index Seminum transmissor(", a. a. O., Bll. 143r–143v); „... colligirte semina Senecionii fl. albo fol. triangulo." (a. a. O., Bl. 100r, vom 24. August 1738 zwischen *Surgut* und *Narym*); „... hier ... fand ich wied) ... Senecio folio triangulo. ..." (a. a. O., Bl. 101r, vom 26. August 1738 zwischen *Surgut* und *Narym*); „171. Sem Senecionis Sibiriae N. 68. Cat. Pl. ..." (AAW R. I, Op. 15, D. 1, Bl. 3r, s. Anm. 24 in Nr. 64); „390 Senecio foliis superioribus angustis dentatis inferioribq triangulis ..." (AAW R. I, Op. 104, D. 25, Bl. 29v, s. Anm. 61 in Nr. 21)

„SENECIO. ... teutsch, Creutzkraut, Creutzwurz. ... Es erweichet, befeuchtet, kühlet, eröffnet, dient zu den Wunden. Abgesotten wird es getrunken, oder aber zur Bähung und zu Clystiren gebrauchet. Senecio kommt von senesco, ich werde alt und grau, dieweil die Köpfe dieses Krautes zuletzt gantz weiß werden, wegen der Samen ihrer Blätter, die alsdann einen freien Kopf vorstellen. ..." (Lémery 1721, Sp. 1037f.); Senecio – russ. *krestovik* (*Annenkov* 1858, S. 86, Nr. 1016); „Senēcio L. (Compositae). Von senex (alt, Greis); die Blüthenköpfe der meisten Arten sind kahl (strahlenlos), oder die nach dem Abblühen erscheinenden Fruchtböden sind kahl, wie das Haupt eines Greises." (Wittstein 1852, S. 808)

43 „[species 1] Carthamus officinarum, flore croceo. Carthamus sive Cnicus J. B. 3. 79. Cnicus sativus sive Carthamum officinarum C. B. Pin. 378. Cnicus vulgaris Clus. Hist. clij." (Tournefort 1700, S. 457, Genus I. „Carthamus. Cartame, Safran bâtard."); „Carthamus officinarum, flore croceo Tournef. Inst. Cnicus sativus sive Carthamus officinarum C. B. P. Carthamus sive Cnicus Safflor, ..." (Buxbaum 1721, S. 58); „Carthamus officinarum, flore croceo, Tournefort. Instit. 457. ... Safflor. ..." (Rupp 1726, S. 159); „1. Carthamus officinarum, flore croceo. I. R. Herb. 457. ..." (Vaillant 1723, S. 216; Vaillant 1741, S. 170); „1. CARTHAMUS foliis ovatis integris margine aculeatis. Carthamus officinarum flore croceo. Tournef. inst. 457. Vaill. act. 1718. p. 216. ... Cnicus sativus sive Carthamus officinarum. Bauh. pin. 378. ..." (Linné 1737, S. 394); „1) Gemeiner Saflor. Carthamus tinctorius. ... Carthamus foliis ovatis integris serrato-aculeatis. LINN. Syst. Veg. p. 609. Sp. Pl. p. 1162. Hort. Cliff. 394. ... Cnicus sativus s. Carthamus officinar. C. BAUH. pin. 378. ... Dieses Gewächse ... wird auch Börstenkraut, Bürstenkraut, wilder Safran, Flor, Saflor, Carthan, Gartensafran, falscher Safran, deutscher Safran und occidentalischer Safran genennet. ... Diese gelbrothen Blüthen, welche eigentlich Saflor genennet werden, werden gemeiniglich von den Färbern und Federschmückern gebraucht; ... In den Apothecken braucht man vorzüglich die Saamen, ... Er hat viel Oel und etwas flüchtiges Salz, führet gewaltig durch den Stuhlgang, die zähen Feuchtigkeiten und Wasser ab. Auch wurde er von einigen Aerzten ehedem denen, so mit der Wasser= und Gelbsucht, Lähmung und Gliederweh behaftet, angerathen, ... Aus den Saamen machen auch einige eine Purgiermilch: auch wird der Saame von verschiedenen Papageyensaame genennet, weil er diesen Vögeln eine gemeine und angenehme Speise ist; ... Der aus den Saamen frisch ausgepreßte Saft vertreibt die Läuse, und tödet alles Ungeziefer, ... Die gedörrten Blumen brauchen die armen Leute, anstatt des rechten Safrans, zu den Speisen. Sie färben die Speisen gelb, befördern den Stuhlgang und die monatliche Reinigung. Die Saamen ... dienen zum Oel, zur Fütterung der Hühner, ... die Stämmme zur Feuerung." (Linné 1783a, S. 205ff.); „1. CARTHAMUS tinctorius. ... C. foliis ovatis integris serrato-aculeatis. Hort. cliff. 394. ... Cnicus sativus s. Carthamus officinarum. Bauh. pin. 378. ... Gemeiner Saflor. W. ..." (Linné 1797–1830, Bd. III, Teil 3, S. 1706); „549. Carthamus. TOURNEF. ... 1. C. tinctorius (L. SP. 1162) ... DEC. Prodr. VI, p. 612. ..." (Ledebour 1844–1846, S. 714f.); „1. C[arthamus] tinctorius (Linn. sp. 1162), ..." (Candolle 1837, S. 612); „[Carthamus] tinctorius, ... Saflor, Bürstenpflanze, ... diese Pflanze heißt bey ... J. Bauhin: Carthamus sive Cnicus." (Gmelin 1772, Sp. 604ff.); „Saflor Carthamus tinct. (Buch. Saranyso) wird wegen der färbenden Blumen und des Speiseöls aus den Saamen (Buch. Saranyso May) in Menge gesäet. Das frischgepreste Oel ist dick und ein wenig bitter; durch ein gelindes Aufsieden aber scheidet sich ein zäher, unangenehmer Schleim und das Oel erscheint dem Mohnöl ähnlich dünn oder flüßig und süß." (Falk 1786a, S. 504); „1. CARTHAMUS tinctorius ... Färber=Saflor. R. Safran Dikoi [russ. u. a. *saflor*, *šaflor* u. *dikij-šafran* – Carthamus tinctorius (*Dal'* 1880–1882, T. IV, S. 139)] (Wilder Safran) ... Der Rothfärberey der Seide wegen wird er in Gärten ... gebauet. Es wird auch hie und da doch nur selten aus dem Saamen ein gutes Speise= und Leuchtöl gepreßt." (Georgi 1797–1802, Theil 3, S. 1227); „e) Carthamus tinctorius. Deutsch. Der Saflor; der Gartensaflor, der Florsaffran; der wilde Saffran; der Färbesaflor. ... Russ. Polewoi, prostoi Schafrán. ... Auch zieht man aus den Blüthen ein schönes, rothes Schminkpulver, ..." (Nemnich 1793, Sp. 899f.); „9. Carthamus tinctorius. L. Gemeiner Saflor; färbender Saflor; wilder Safran; Gartensafran. ... In Indien dienen die gelben, von Kelchen befreieten Blumenkrönchen zur Schminke und zur Färberey. Sie haben im frischen Zustande eine gelbe, getrocknet aber eine rothgelbe Farbe, ..." (Dietrich 1802a, S. 597f.); Carthamus tinctorius L. – russ. *šafran*, *dikij šafran*, *saflor*, *šiflor* bzw. *želtjanica* (*Annenkov* 1858, S. 28, Nr. 269); „Cārthamus T. (Compositae). Vom hebräischen ... (kartami) oder vom arabischen korthoṃ (färben) in Bezug auf die Anwendung der Blumen. Angeblich von καθαιρειν (reinigen), die purgirende Wirkung der Samen andeutend." (Wittstein 1852, S. 161)

„574. Carthamus folys ovatis integris margine aculeatis Linn. h. Cliff. 394. Carthamus officinarum flore croceo Tourn. inst. 457“ (AAW R. I, Op. 13, D. 20, Bl. 57v, s. Anm. 1 in Nr. 1); „1. Carthamus officinarum flore croceo. Inst. r. h. 457.“ mit der rechts marginalen Anm. „H. Ph.“ (AAW R. I, Op. 13, D. 16, Bl. 27v, s. Anm. 32 in Nr. 6)

44 in der 2. Textversion (s. Anm. 1 in A.) nach „alius“: „incolis“

45 russ. *kitajskoj šafran* – chinesischer Safran

46 „[species 1] Absinthium arborescens Lob. Icon. 753. J. B. 3. 173. Abrotanum latifolium, arborescens C. B. Pin. 136.“ (Tournefort 1700, S. 457, Genus II. „Absinthium. Absinte.“); „Absynthium arborescens. L. 435. T. 919.“ (Lobelius 1581, S. 753); „Absinthivm arborescens Lobelii. ... Absinthium arborescens, inodorum, dulce. Tabern. Icon. & Hist. Baumwermuth, ...“ (Bauhin 1651, S. 173); „1. Absinthium arborescens. Lob. Icon. 753. & Inst. R. Herb. 457.“ (Vaillant 1721, S. 282); „5. ABSINTHIUM arborescens. Lob. Icon. 753. Baumwermuth.“ (Miller 1750, S. 8); „110. ARTEMISIA foliis radicalibus a caulinis diuersis. Tab. LXI. Fig. 1. 2. Absinthium arborescens LOB. ic. 753. STELL. Irc. 651. ... STELLERUS abunde in rupibus ad fontes Bannoi riui, decem stadia a munimento Bargusinensi, vt et in rupibus ad Bielam, Iunam, Iudomam et Vracum fluuios Iulio florentem et sub finem Augusti semina maturantem inuenit. In Tabula 1. cauliculum foliosum, 2. floriferum sistit.“ (Gmelin 1747–1769, Bd. II, S. 127f.), nahezu identisch auf Bll. 78r–78v in: AAW R. I, Op. 105, D. 28 – s. Anm. 61 in Nr. 21; „110. Artemisia foliis radicalibus a caulinis diversis. t. LXI. f. 1. 2. [=] Artemisia chinensis L.!“ (Ledebour 1841, S. 75); „6.) Baumartiger Beyfus. Artemisia arborescens. ... Artemisia fruticosa; foliis compositis; multifidis, linearibus; floribus subglobosis. LINN. Syst. veg. p. 619. Sp. pl. pl. [sic!] 1188. ... Absinthium arborescens. LOB. Icon. 753. Abrotanum latifolium arborescens. C. BAUH. pin. 136. ... Man ziehet sie auch in den Gärten; und nennet sie daselbst insgemein Wermuthbäumchen.“ (Linné 1779a, S. 356f.); „22) Chinesischer Beyfus. Artemisia Chinensis. ... Artemisia foliis simplicibus tomentosis obtusis lanceolatis: inferioribus cuneiformibus trilobis. LINN. Veg. p. 620. Sp. pl. p. 1190. ... Artemisia foliis radicalibus a caulinis diversis. GMEL. Sib. 2. p. [sic!] 61. f. 1. 2. ... Absinthium arborescens. LOB. Ic. 753. ... Einige glauben, daß von dieser Art die Chineser ihre Moxe zubereiten. Sie hat einen heftigen Geruch, und einen sehr bittern gewürzhaften Geschmack.“ (Linné 1783a, S. 288f.); Moxa – russ. *jadnja*, u. a. auch *jadno*, ein Heilverfahren, womit nach Anlegung einer künstlichen Wunde (russ. *jadno* – Wunde, Geschwür) durch Ausbrennen die Heilung erfolgt (Russow 1900, S. XX); „Moxa (Chineser) ... Artemisia Chinensis, cujus Mollugo, Moxa dicitur, ... Diese ist ein bunt=graues wollichtes Medicament, welches vor etwan vierzig Jahren aus Ost=Indien, mit länglichten und schwartzen Stenglein, eines kleinen Stroh=Halmens dick, in Teutschland gebracht worden, ...“ (Zedler 1732–1750, Bd. 21, Sp. 2013ff.); „Moxa (... Brenncylinder), kleine aus Baumwolle, Schwamm, Löschpapier od. anderen dergleichen leicht brennbaren Stoffen gefertigte ... Cylinder od. Kegel, welche auf die Haut gesetzt u. dort verbrannt werden, um bei chronischem Rheumatismus, Gicht &c. eine Ableitung von tiefer liegenden Theilen nach der äußeren Haut zu bewirken. Daher Moxibustion, Anwendung der Moxa.“ (Pierer 1857–1865, Bd. 11, S. 493); „Seine [d. h. die eines Lama am Fluß *Onon* im Trans*bajkal*gebiet] meisten Curen bestehen in Schröpfen und Brennen; ... Das Brennen geschiehet mit eben so großer Marter. Zuerst wird der Schröpfkopf aufgesetzt, und so dann ein von der Wolle der Artemisia fest zusammengedrehetes und gewalktes cylindrisches dünnes und kurzes Zäpflein aufgelegt, welches an dem oberen Ende mit Zunder angesteckt wird; und dieses läßt man auf einer Stelle ganz zu Asche verbrennen. Mit diesen zweyen Mitteln vertreibt er alle innerliche Krankheiten. ...“ (Gmelin 1751–1752, 2. Theil, S. 115f.); s. auch „13. ARTEMISIA arborescens. ... Absinthium arborescens. Lob. ic. 753. Abrotanum latifolium arborescens. Bauh. pin. 136. ... Baumartiger Beyfus. W. ...“ (Linné 1797–1830, Bd. III, Teil 3, S. 1820); „71. ARTEMISIA chinensis. ... A. foliis simplicibus tomentosis ... Sp. pl. 110. A. foliis radicalibus a caulinis diversis. Gmel. sib. 2. p. 127. t. 61. f. 1. 2. ... Chinesischer Beyfus. W. ... ex hac planta Moxa Chinensium. R.“ (a. a. O., S. 1848f.); „59. A[rtemisia] Besseriana: ... α. triloba: ... A. chinensis. L. SP. quoad pl. sibiricam. DEC. Prodr. VI, p. 118. ... A. foliis radicalibus a caulinis diversis. GMEL. Fl. sib. II, p. 127, Nr. 110, t. 61, f. 1. 2.

... β. integrifolia: ... A. lagocephala. DEC. prodr. VI, p. 122 (excl. syn. GMEL.) ..." (Ledebour 1844–1846, S. 590); „139. A[rtemisia] CHINENSIS (Linn. sp. 1190? ...) ... in Sibiriae rupibus ad fontes Bannoi rivi (Gmel.), ... Absinthium Chinense Bess. abr. n. 19. – Gmel. fl. sib. t. 61. f. 12 [sic!] ..." (Candolle 1837, S. 118); „164. A[rtemisia] LAGOCEPHALA ... Gmel. sib. 2. p. 127. t. 61. f. 1. 2. ..." (a. a. O., S. 122); „Artemisia arborescens, foliis compositis multifidis linearibus, floribus subglobosis, caule frutescente; baumartiger Beyfus, mit zusamengesezten, vielmal zerspaltenen und gleichbreiten Blättern, ziemlich kugelrunden Blumen, und einem staudigen Stamm; Wermuthbaum; diese Art ist nahe mit dem Wermuth verwandt, ..." (Gmelin 1772a, Sp. 778f.); „Artemisia chinensis, ... sinesischer Beyfus, mit einfachen, filzigen, stumpfen und lanzenförmigen Blättern, deren die untere keilförmig sind, und drey Lappen haben; ..." (Gmelin 1772a, Sp. 782); „VI. ARTEMISIA Chinensis. Artemisia foliis simplicibus, ... LINN. Spec. Plant. Sp. 20. ... Artemisia foliis radicalibus acaulinis diuersis. GMEL. Sib. T. II. p. 127. n. 10. T. 61. f. 1. 2. ..." (Stechmann 1775, S. XVIf.); „XVI. ARTEMISIA arborescens. Artemisia fruticosa; ... LINN. Sp. Pl. p. 1188. sp. 15. ... Absinthium arborescens LOB. ic. 753. ..." (a. a. O., S. CCIV); „16. ARTEMISIA chinensis ... Chinesische Artemisie. Gm. Sib. 2. T. 61. f. 1. 2. ..." (Georgi 1797–1802, Theil 3, S. 1234); „7. Artemisia arborescens Linn. Baumartiger Beifuß. Absinthium arborescens. Lob. ic. 753. ..." (Dietrich 1820, S. 717); „f. Artemisĭa chinēnsis[10]) Bess. Indischer Beifuß. Die Japaner und Chinesen zerreiben die trocknen Stengel und wolligen Blüten und drehen sie in einem Cylinder zusammen (Moxa[11]) oder Brenn=Cylinder), legen denselben bei hartnäckigen Rheumatismen, Lähmungen etc. auf die leidende Stelle und lassen ihn langsam verbrennen. Bei uns dient zu Moxen die Wolle des Wollkrauts ... noch häufiger aber Baumwolle. ... |: 10) in China einheimisch. 11) moxa, vielleicht vom spanischen moxar, mojar, anfeuchten; weil die Moxa oder Brenn=Cylinder mit Speichel etwas angefeuchtet und so auf die Haut geklebt wird, bevor man sie anzündet. ... :|" (Leunis 1877, S. 910); „CAPUT CXX. ... DIe gemeine Stabwurtz heißt ... Lateinisch, Abrotonum, Abrotanum. ... In Hochdeutscher Sprache wird die Stabwurtz auch genennt, Gertwurtz, Garthagen, Afrusch, Ebrich, Garthan, Gertel, Gertelkraut, Gertelwurtz, Kuttelkraut, Ganserkraut, Gampferkraut, ..." (Zwinger 1744, S. 608ff.); „absínthium (Artemisia) <Wermut, Absinth>: lat. absinthium <Wermut, Wermutwein> (Quint. 3, 1,5) <gr. apsínthion <Wermut, Artemisia absinthium; auch A. arborescens> ..." (Genaust 2005, S. 32); mokschanisch nāřkamas – Wermut (Ahlquist 1861, S. 164); wotjakisch push n'er – Wermut (Wiedemann 1851, S. 386); „Artemīsia T. (Compositae). Von ARTEMIS (DIANA), der Patronin der Jungfrauen, benannt, um damit eine Pflanze anzudeuten, der man sich zur Beförderung der Menstruation bediente. Plinius deutet den Namen auf die Geburtshülfe leistende ARTEMIS (ARTEMIS ILITHYIA), oder auf die Königin ARTEMIS (Frau des Mausolus), vielleicht weil letztere durch das Kraut geheilt wurde." (Wittstein 1852, S. 72); „Abrŏtanum (Compositae). Von ἁβρος (elegant) in Bezug auf die Beschaffenheit der Blätter und ihren aromatischen Geruch; ..." (a. a. O., S. 2); „Absīnthium ADANS. (Compositae). Zus. aus ἁ (ohne) und ψινδος (Vergnügen) wegen seines bittern Geschmacks; oder zus. aus ἁ und πινειν, πινδειν (trinken), d. i. ungeniessbar, ebenfalls in Bezug auf die Bitterkeit. ..." (a. a. O., S. 3); zu Moxa s. auch Reichert 1879

„Rutheni a Wiatka Jeniseam usq$_3$ habitantes a Ceremissis, Wotiakis Tataris Casanensibus, Wogulzis ostiacis, et Tomiensibus Tataris, Moxam adoptarunt, utpote remedium o⌈mn⌉ibus Tataricis gentibus notissimum et antiquissimum. Moxam parant omnes ut plurimum e foliis aridis artemisiae noñulli e foliis Jacae austriacae, [„Jacea austriaca major villoso capite flore albo, ... {Jacea} austriaca prima ... {Jacea} austriaca secundus, vel jacea montana villoso capite elatior, ... {Jacea} austriaca sexta, austriaca tertia, ... {Jacea} austriaca villoso capite s. quarta elatior, ..." (Gmelin 1773b, S. 1059)] alii e verbasci [s. Nr. 115] foliis, quae folia arida manibus ambabus terere solent, donec separatis et oris flatu abactis carnosis herbaceis pulvisculis, sola lanugo superstes maneat; hunc lanuginem in candelae fumalis formam concinnatam, in omni dolore, dolenti loco ope saliva paululum, leviter agglutinant, accensam ad cutis adustionem tolerant; non sufficiente una, ad 30 saepe applicant; signum prognosticon esse ajunt certo futuri auxillii, quando ab elactio cutis motu combust moxa, cum sibilo in altum prosiliens sponte avolans in terram cadat, neq$_3$ abhorrent hae gentes, moxam ipsis manuum Rascettis ipsiq3 arteriae immediate imponere, vulnera suscitata vel butyro non salito aut alio quacunq3 piscium pinquedine inungunt, aut nullo prorsus adhibito remedio alio, spontaneam Escharae decisionem expectant. sua lingua vocant Jädni ядки [russ. *jadki*] observavi autem e multorum hoc stigmate signatorum inspectione, collectisq3 morborum historijs, nusquam absq3 noxa adhibitam fuisse moxam a Scorbuticis pro absolvenda curatione, et abigendis spasmodico pungentibus et rodentibus doloribus, qui uno vel altero tantum loco tentabant, neq3 juvabantur nec insigniter ledebant, at qui triginta aut pluribus impositis conulis, vexata adusferunt membra, ut aliquoties vidi, eo devenerant, ut Ligni instar aridi subito evasi, voluntario manuum pedumq3 usu destituerentur, eo quod nervosae partes laesae ac contractae breviores quasi redditae extensionem pristinam non concederent, praterea ulcera saepe putrida difficulter sanationem recipientia orta, diuq3 cauterisata loca pejus vexant. Quotquot autem saluta res effectus visi, in illis vidi qui remedio hoc dolores a subita sanguinis congestione, aut congesti pertinaci retentione ortos solum̃odo abigere ausi fuerunt, ita praesentaneum expertumq3 semper remedium censetur in odontalgis, otalgiis, ophthalmiis sanguineis inq3 ulceribus sponte enatis, maloq3 ischidiaco, aliisq3 similibus“ (AAW R. I, Op. 104, D. 18, Bll. 16r–16v, s. Anm. 20 in Nr. 632); „413. Artemisia humilis, lanuginosa, integro et oblongo Pepli folio. ... Fl. Irc. 651.“ (AAW R. I, Op. 105, D. 1[a], Bl. 43r, s. Anm. 29 in Nr. 5); „15. Artemisia humilis, lanuginosa, integro & oblongo Pepli folio Ind. Jen. n°. 413. Fl. Irc. n°. 651.“ (AAW R. I, Op. 13, D. 67, Bl. 26r; s. Anm. 5 in Nr. 4); „Artemisia chinensis, cuius mollugo Moxa dicitur. Pluk. Alm. 50. Tab. 15, Fig. 1. ...“ (AAW R. I, Op. 105, D. 2, Bl. 13r, s. Anm. 54 in Nr. 17); „391 Absinthium arborescens Lobelii icon. Flor ircut. No 651 ...“ (AAW R. I, Op. 104, D. 25, Bl. 29v, s. Anm. 61 in Nr. 21); „243 Absinthium“ (AAW R. I, Op. 6, D. 40, Bl. 34r, s. Anm. 1 in Nr. 1); „[N°.] 950 Absinthium“ (AAW R. I, Op. 15, D. 3, Bl. 17v, s. Anm. 65 in Nr. 24); „188. Absinthium. d. 6. 8br.“ (AAW R. I, Op. 15, D. 1, Bl. 10r, s. Anm. 24 in Nr. 64); „103. Absinthii species.“ (a. a. O., Bl. 11r); s. auch Nr. 654

47 „CAPUT CIII. ... DEr gemeine Wermuth heißt ... Lateinisch, Absinthium, Plinii lib. 27. cap. 27. Absinthium vulgare, Absinthium commune. ... In Deutscher Sprache wird er auch genennt, Elß, Eltz, Wiegen=Kraut und Feld=Wermuth. ...“ (Zwinger 1744, S. 792f.); „Absinthium vulgare ... Arab. Afsinthium, ... Wermuth. ...“ (Franckenau 1716, S. 5); „ABSINTHIUM. ... Hier werde ich nur die gemeine beschreiben, die wir gemeiniglich zur Artzney gebrauchen: und dieselbige wird genennet Absinthium vulgare majus, J. B. Pitt. Tournef. ... teutsch, die gemeine Wermuth. ... Die Zweige sind rund umher mit einer grossen Menge Blumen oder Blüten besetzet, welche in kleinen runden Büschlein stehen, die aus kleinen Blümlein, so wie Sternlein ausgezackt, und gelb roth sehen, zusammen gesetzet sind. ... Sie ist ein gutes Wundkraut, stärcket den Magen, befördert die Dauung, treibet der Weiber Zeit und den Harn, tödtet die Würmer. Sie wird innerlich und äusserlich gebraucht. ...“ (Lémery 1721, Sp. 3f.)

48 „[species 15] Absinthium Seriphium, Gallicum C. B. Pin. 139. Absinthium Seriphium, tenuifolium, marinum, Narbonense J. B. 3. 177.“ (Tournefort 1700, S. 458, Genus II. „Absinthium. Absinte.“); „11. Artemisia maritima, cinerea, Sophiae foliis. Absinthium Seriphium, tenuifolium, marinum, Narbonense. J. B. 3. l. 26. p. 177. Absinthium minus, tenuifolium, alte incisis foliis, cinereum, salsum, Hispanicum. Barr. Obs. num. 1008. & Icon. 460.“ (Vaillant 1721, S. 286); „7. Der Frantzösische Meer=Wermuth: Absinthium Seriphium, Gallicum, C. B. P. T. loc. cit. Seriphium, tenuifolium, maritimum, Narbonense, J. B. 3. 177. ...“ (Zwinger 1744, S. 795); „11) Seestrands=Beyfuß. Artemisia maritima. ... Artemisia foliis multipartitis tomentosis, racemis cernuis, flosculis semineis ternis. LINN. Syst. Veg. p. 619. Sp. Pl. p. 1186. ... γ) Absinthium seriphium gallicum. C. BAUH. pin. 139. ... Absinthium minus, tenuifolium, alte incisis foliis, cinereum, salsum hispanicum. BARR. Obs. n. 1008. ic. 460. ... Die ganze Pflanze ist schneeweiß, weswegen sie auch von den Jägern unser Frauen weiß Rauch genennet wird, und duftet an ihrem natürlichen Wohnorte einen heftigen Campher= oder Katzenkrautartigen Geruch aus: ... In den englischen Apothecken wird diese Art, statt des sonst gewöhnlichen Absinthii vulgaris gebraucht, auch hat man daselbst eine Conservam summitatum absinthii maritimi.“ (Linné 1783a, S. 269f.); „[Arte-

misia] maritima cinerea sophiae foliis; bedeutet bey Vaillant eine französische Spielart des Meerbeyfuses." (Gmelin 1772a, Sp. 787); „[Artemisia] maritima, ... Meerbeyfus, dessen Blätter in viele Stücke zertheilt und filzig sind, dessen Blumenähren unterwärts hangen, und dessen Blümchen zu drey sind; Meerwermuth, gemeiner Seewermuth; ..." (Gmelin 1772a, Sp. 773f.); „21. A[rtemisia] maritima (BESSER Seriph. p. 30) ... α. pauciflora: ... A. pauciflora. WEBER in STECHM. Art. p. 26. ... A. fruticosa, ramis virgatis, ... GMEL. Fl. sib. III, [müßte heißen: II.] p. 116, Nr. 101, t. 52, f. 1. 2. ... β. fragrans. ... A. fragrans. WILLD. Spec. pl. III, p. 1835. ... γ. nutans: ... A. nutans. WILLD. Spec. pl. III, p. 1831. ... A. alba. PALL. It. I, ... App. 502. Nr. 127. ... δ. genuina: ... A. maritima. L. SP. 1186. ... LEDEB. Fl. alt. IV, p. 85. ... ε. compacta: ... A. albida. LEDEB. Fl. alt., p. 85. ex parte. ... ζ. Lercheana: ... a. humilis: ... A. Lercheana. ... WILLD. Spec. pl. III, p. 1838. – LEDEB. Fl. alt. IV, p. 84. ... A. fruticosa, incana, ... GMEL. Fl. sib. II, p. 114, Nr. 99, t. 50, f. 2. 3. ... b. Gmeliana: ... A. fruticosa, incana, ... GMEL. Fl. sib. II, p. 112, Nr. 97, t. 49, f. 2. ... η. monogyna: ... A. monogyna. WALDST. et KIT. pl. rar. Hungar. I, p. 77. t. 75. ... LEDEB. Fl. alt. IV, p. 83. ... A. Santonicum. (An L.?) ... A. fruticosa incana, ... GMEL. Fl. sib. II, p. 115, Nr. 100, t. 51. ... θ. taurica: A. taurica. WILLD. Spec. pl. III, p. 1837. ... ι. persica: ..." (Ledebour 1844–1846, S. 570ff.); „101. ARTEMISIA fruticosa, ramis virgatis, filiformibus, corymbis secundis, spicatis, subsessilibus. Tab. LII. Fig. 1. 2. ... LERCHIANAM plantam fig. 1. GERBERIANAM fig. 2. sistit." (Gmelin 1747–1769, Bd. II, S. 116f.), nahezu identisch auf Bl. 72r in: AAW R. I, Op. 105, D. 28 – s. Anm. 61 in Nr. 21; „101. Artemisia fruticosa, ramis virgatis filiformibus, corymbis secundis spicatis subsessilibus. t. LII. f. 1. 2. [=] Artemisia pauciflora Stechm.! (Cl. M. a Bieb. ad suam A. paucifloram laudat, quae a cl. DeCandolle (Prodr. VI. 94.) ad A. arenariam citatur. Plantam f. 1. representatam b. Pallasius (it. I. app. 502. Nro. 127.) A. albam vocat, quae a cl. M. a Bieb. (Fl. t. c. III. 564.) ad A. nutantem trahitur.)" (Ledebour 1841, S. 74); „XXI. ARTEMISIA Pauciflora WEB. Artemisia fruticosa; ramis virgatis, ... GMEL. Sib. T. II. p. 116. n. 101. T. 52. f. 1. 2. ..." (Stechmann 1775, S. XXVI); „*45. ARTEMISIA fragrans W. ... Schönriecheuder Beyfus. W. ..." (Linné 1797–1830, Bd. III, Teil 3, S. 1835); „*36. ARTEMISIA nutans. W. ... Hängender Beyfus. W. ..." (a. a. O., S. 1831); „127. ARTEMISIA alba (*) Kirgisis Iuaschann. ... |: Vermuthlich ist dieser Wermuth schon beschrieben. Es ist vielleicht eine Spielart der Artem. maritima des Linne, oder bey dem Hrn. v. Haller n. 128. ... :|" (Pallas 1771, S. 502); „23. ARTEMISIA MARITIMA. Linn. ... A. maritima. Linn. Willd. Spec. pl. III. p. 1833. ... A. salina. Willd. Spec. pl. III. p. 1834. A. gallica. Willd. Spec. pl. p. 1834. ..." (Ledebour 1833, S. 85); „42. ARTEMISIA maritima. ... A. foliis multipartitis tomentosis, ... Sp. pl. 1186. ... Meerstrands-Beyfus. W. ..." (Linné 1797–1830, Bd. III, Teil 3, S. 1833f.); „*43. ARTEMISIA salina. W. ... Absinthium seriphium tenuifolium marinum narbonense. Bauh. hist. 3. p. 177. Salziger Beyfus. W. ..." (a. a. O., S. 1834); „*44. ARTEMISIA gallica. W. ... Absinthium seriphium gallicum. Bauh. pin. 139. Französischer Beyfus. W. ..." (a. a. O., S. 1834f.); „24. ARTEMISIA ALBIDA. Willd. herb. ... Artemisia fruticosa, incana, ... Gmel. Fl. sib. II. p. 112. No. 97. t. XLIX. f. 2. ..." (Ledebour 1833, S. 85f.); „*50. ARTEMISIA Lerchiana. † ... Artemisia Lerchiana. Stechm. Artem. p. 24. n. 18. A. fruticosa incana, ... Gmel. sib. 2. p. 114. t. 50. f. 2. 3. Lerchischer Beyfus. W. ..." (Linné 1797–1830, Bd. III, Teil 3, S. 1838); „XVIII, ARTEMISIA Lerchiana WEB. Artemisia fruticosa, incana; ... GMEL. Sib. T. II. p. 114. n. 99. T. 50. f. 2. 3. ..." (Stechmann 1775, S. XXIV); „22. ARTEMISIA LERCHEANA. Stechm. ... A. Lercheana Willd. Spec. pl. III. p. 1838. ... Artemisia fruticosa, incana, ... Gmel. Fl. sib. II. p. 114. No. 99. t. L. f. 2. 3. pessimae. ..." (Ledebour 1833, S. 84f.); „99. ARTEMISIA fruticosa, incana, foliis inferioribus pinnatis, breuibus, tenuiter diuisis, pinnis palmatis, superioribus linearibus, indiuisis, corymbis sessilibus, copiosissimus, spicatis, oblongis. Tab. L. Fig. 2. 3. ... Tab. L. Fig. 2. sistit plantam corymbis admodum expansis floribusque iam euanidis, 3. eandem corymbis nondum pansis. ..." (Gmelin 1747–1769, Bd. II, S. 114f.), nahezu identisch auf Bll. 70v–71r in: AAW R. I, Op. 105, D. 28 – s. Anm. 61 in Nr. 21; „99. Artemisia fruticosa incana, foliis inferioribus pinnatis brevibus tenuiter divisis, pinnis palmatis, superioribus linearibus indivisis, corymbis sessilibus copiosissimis spicatis oblongis. t. L. f. 2. 3. [=] Artemisia Lerchiana Stechm.! (Artemisia Lercheana

Stechm. α. humilis DeC. Prodr. VI. 104.)" (Ledebour 1841, S. 73); „97. ARTEMISIA fruticosa, incana, corymbis sessilibus, glomeratis, spicatis, oblongis, nitentibus, foliis petiolatis planis, tenuissime multifidis. Tab. XLIX. Fig. 2. ..." (Gmelin 1747–1769, Bd. II, S. 112f.), nahezu identisch auf Bl. 69v in: AAW R. I, Op. 105, D. 28 – s. Anm. 61 in Nr. 21; „97. Artemisia fruticosa incana, corymbis sessilibus glomeratis spicatis oblongis nitentibus, foliis petiolatis planis tenuissime multifidis. t. XLIX.f. 2. [=] Artemisia albida Willd. herb.! (Artemisia Lercheana Stechm. β. Gmelinanam DeC. Prodr. VI. 104.)" (Ledebour 1841, S. 73); „21. ARTEMISIA MONOGYNA. Kit. ... A. monogyna Waldst. et Kit. pl. rar. Hung. I. p. 77. t. 75. – Willd. Spec. pl. III. p. 1832. ... M. a Bieb. ... Fl. taur. cauc. II. p. 293. No. 1692. ... Artemisia fruticosa, incana, ... Gmel. Fl. sib. II. p. 115. No. 100. t. LI. ..." (Ledebour 1833, S. 83f.); „1692. ARTEMISIA monogyna. ... A. foliis multipartitis ... Waldst. et Kit. rar. hung. 1. p. 77. t. 75. ... A. fruticosa ... Gmel. sib. 2. p. 115. n. 100. t. 51. ..." (Marschall von Bieberstein 1808, S. 293); „40. ARTEMISIA monogyna. ... A. (monogyna) ... Waldst. et Kitaib. pl. rar. hung. 1. p. 77. t. 75. * Einweibiger Beyfus. W. ..." (Linné 1797–1830, Bd. III, Teil 3, S. 1832f.); „100. ARTEMISIA fruticosa, incana, ramosissima, corymbis sessilibus, spicatis, subrotundis, foliis superioribus linearibus, breuissimis, obtusiusculis. Tab. LI. ..." (Gmelin 1747–1769, Bd. II, S. 115f.), nahezu identisch auf Bll. 71r–71v in: AAW R. I, Op. 105, D. 28 – s. Anm. 61 in Nr. 21; „100. Artemisia fruticosa incana, ramosissima, corymbis sessilibus spicatis subrotundis, foliis superioribus linearibus brevissimis obtusiusculis. t. LI. [=] Artemisia monogyna Kit. (Artemisia Santonica L. – Willd. sp. pl. III. 1826.)" (Ledebour 1841, S. 74); „7) Wurmsaame. Artemisia Santonicum. ... Artemisia foliis caulinis linearibus pinnato-multifidis, ramis indivisis, spicis secundis reflexis, floribus quinquefloris. LINN. Syst. Veg. p. 619. Sp. Pl. p. 1185. ... Artemisia fruticosa incana ramosissima, corymbis sessilibus spicatis subrotundis, ... GMEL. Sib. 2. p. 115. tab. 51. ... β) Absinthium santonicum gallicum. C. BAUH. pin. p. 139. ..." (Linné 1783a, S. 265ff.); „Artemisia Santonicum foliis caulinis linearibus pinnato-multifidis, ramis indivisis, spicis secundis reflexis, floribus quinquefidis: heiliger Beyfus, ... Sie heißt bey J. G. Gmelin: Artemisia fruticosa incana ramosissima, corymbis sessilibus spicatis subrotundis, foliis superioribus linearibus brevissimis obtusiusculis; ..." (Gmelin 1772a, Sp. 771f.); „26. ARTEMISIA Santonica. ... A. foliis caulinis linearibus pinnato-multifidis, ... Stechm. Artem. p. 25. A. fruticosa incana ramosissima, ... Gmel. sib. 2. p. 115. t. 51. ... Tatarischer Beyfus. W. ..." (Linné 1797–1830, Bd. III, Teil 3, S. 1826f.); „XIX. ARTEMISIA Santonica. ... Artemisia (Santonicum) ... LINN. Sp. Pl. p. 1185. ... Artemisia fruticosa, incana, ... GMEL. Sib. T. II. p. 115. n. 100. T. 51. ... Wurmkraut, Wurmsaamen Germ. ... β Absinthium santonicum gallicum C. BAVH. Pin. 139. TOVRN. Inst. p. 458. Cuius Synonyma sunt: Artemisia incana, lanuginosa, Absinthi arborescentis folio VAILL. act. 1719. p. 286. sp. 16. ..." (Stechmann 1775, S. XXVf.); „*49. ARTEMISIA taurica. W. ... Artemisia Messerschmidii. Stechm. Artem. 19. n. 9? Taurischer Beyfus. W. ..." (Linné 1797–1830, Bd. III, Teil 3, S. 1837f.); „IX. ARTEMISIA Messerschmidii WEB. ..." (Stechmann 1775, S. XIX); „103[.] ARTEMISIA herbacea, foliis multifidis, tenuissime diuisis, corymbis subrotundis, nutantibus, secundis, laxe spicatis. Tab. LIV. Absinthium humile anethi folio tenui flosculis rubentibus, caliculis maiusculis, e viridi et albo striatis STELL. Irc. 652. De hac quaerit STELLERUS, an sit absinthium Seriphium Gallicum B. pin. 139. TOURN. I. R. H. 458. cui assentiri non possumus, quia corymbi non sunt oblongi, vt in Gallico, sed hemicyclici. ... Abunde crescit in locis inaequalibus, salis aspergine nobilitatis et palustribus camporum Konkurkinensium ad lacum Baicalem, obseruante STELLERO. Icon plantam satis bene exprimit." (Gmelin 1747–1769, Bd. II, S. 119), nahezu identisch auf Bll. 73r–73v in: AAW R. I, Op. 105, D. 28 – s. Anm. 61 in Nr. 21; „103. Artemisia herbacea, foliis multifidis, tenuissime divisis, corymbis subrotundis nutantibus secundis laxe spicatis. t. LIV. [=] Artemisia anethifolia Stechm.!" (Ledebour 1841, S. 74); „*31. ARTEMISIA anethifolia. ... Artemisia anethifolia. Stechm. Artem. p. 29. n. 25. A. herbacea, ... Gmel. sib. 2. p. 119. t. 54. Dillblättriger Beyfus. W. ..." (Linné 1797–1830, Bd. III, Teil 3, S. 1828f.); „XXV. ARTEMISIA anethifolia. WEB. Artemisia herbacea, ... GMEL. Sib. T. II. p. 119. p. 103. T. 54. Absinthium humile anethi folio tenui, flosculis rubentibus; calyculis maiusculis, e viridi et albo striatis.

STELL. p. 652. ..." (Stechmann 1775, S. XXIX); „SERIPHIUM ABSINTHIUM, Absinthium Seriphium Gallicum, C. B. Pit. Tournef. ... Es dienet zur Stärckung des Magens, die Dauuung zu befördern, den Urin und die Zeit zu treiben, den Gift zu widerstehen, wenn es als ein Decoct, oder als wie ein Infusum, oder auch wie eine Conserve gebrauchet wird. Es wird desgleichen zu Clystiren gebraucht, wider die Colic und Würmer; auch auf den Leib gelegt." (Zedler 1732–1750, Bd. 37, Sp. 393); „2. ARTEMISIA Santonica ... Wurmsamen=Artemisie. Gm. Sib. 2. T. 51. Zitwersamen. ... Die Bucharen bringen Zitwersaamen pudweise nach Orenburg, der von dieser Artemisie zu seyn scheint. ..." (Georgi 1797–1802, Theil 3, S. 1231f.); „5. ARTEMISIA maritima. ... ARTEMISIA alba Pall. It. 1. Ap. 121. [sic!] Meerstrand=Artemisie. ..." (a. a. O., S. 1232); „19. ARTEMISIA Lerchii, Boeb. Lerch's Artemisie. Gm. 2. 114. T. 50. ..." (a. a. O., S. 1235); „21. ARTEMISIA pauciflora Gm, ... Armblümige Artemisie. Gm. Fl. Sib. 2. p. 116. T. 52. f. 1. 2. ..." (a. a. O., S. 1235); „24. ARTEMISIA anethifolia Gm., ... Artemisia herbacea – Gm. Sib. 2. p. 119. No. 103. Dillblättrige Artemisie. Gm. Sib. 2. T. 50. ..." (a. a. O., S. 1236); „945. Artemisia Santonica Lin. sp. 7. Gmel. Flor. sib. 2. t. 51. ... Ob diese Artemisia die semina cynae giebt, die so häuffig in der Bucharey, bey Taschkent etc. gesammlet werden, daß 1 Pud in der ersten Hand nur etwan 5 Rubel gilt, habe ich nicht ausfündig machen können. Die Bucharischen Saamen sind mir wie oft ichs auch versucht habe, nie aufgegangen." (Falk 1786, S. 238); „Zittwer=Saamen, Wurm=Saamen, Santonische Wermuth, ... Ist ein kleiner, länglichter, und gelbgrünlichter, bitterer scharffer Saame, eines starcken Geruchs, ... Er hat auch dewegen bey uns Deutschen den Nahmen, Wurm=Saamen bekommen, weil er den Kindern gegen die Würmer gegeben wird, ... Die Zittwer=Saamen=Essentz ist in der gelben Sucht und andern Verstopffungen ein recht gut zertheilendes Medicament; ..." (Zedler 1732–1750, Bd. 62, Sp. 1832ff.); russ. *cytvar* – Zitwer, Artemisia santonica; russ. *cytvarnoe semja* – Zitwersame (Vasmer 2008, S. 296); „13. Artemisia maritima. L. Meerstrands=Beyfuß; filziger Wermuth. ... Absinthium seriphium. Bauh. pin. 139. ..." (Dietrich 1802, S. 727f.); „Artemisia fruticosa incana corymbis sessilibus etc. adfinis maritimo Gallico Absinthio (A. maritima L.) flore paulum diversa minori et paniculis magis nudis (Est Fl. sib. II. 112. nr. 97. A. Lercheana Stechm. Gmeliniana Dec. albida W. sec. Ledeb.)." (A. von Haller in einem undatierten Brief an J. G. Gmelin – Plieninger 1861, S. 143); „Serīphium L. (Compositae). Von σεριφιον (Artemisia maritima L.); ... Das σεριφιον hatte seinen Namen von dem häufigen Vorkommen auf der Insel Seriphos [s. Glossar: Serphino]." (Wittstein 1852, S. 810); „14. Absinthium humile Anethi folio tenui, flosculis rubentibus calyculis majusculis e viridi & albo striatis Flor. Irc. n°. 652. ... Absynthij[...] an Artemisiae fruticosae species incana folio circinate diviso, incana ..." (AAW R. I, Op. 13, D. 67, Bl. 25v, s. Anm. 5 in Nr. 4); „16. Artemisia incana, lanuginosa, Absinthii arborescentis folio. Absinthium Santonicum, Gallicum. B. Pin. 139. & I. R. H. 458. ..." (Vaillant 1721, S. 286); „[Artemisia] incana lanuginosa absinthii arborescentis folio; hierunter versteht er [d. h. Vaillant] die französische Spielart des heiligen Beyfuses." (Gmelin 1772a, Sp. 786); Artemisia maritima Bess. γ nutans – russ. *jušan* bzw. *černen'kaja nechvorošč* (*Annenkov* 1858, S. 19, Nr. 141); s. Nr. 658

49 „[species 20] Absinthium corymbiferum, annuum. Elichrysum foliis Abrotani C. B. Pin. 264. Helichryson quorundam, folio Abrotani J. B. 3. 150. Elichryson Dod. Pempt. 267." (Tournefort 1700, S. 458, Genus II. „Absinthium. Absinte."); „De Elichryso. CAP. XXV. ..." und die Abbildung „Elichryson" (Dodoens 1616, S. 267); „CAPUT XLII. Sonnen=Goldbluhme. Helichrysum Dioscoridis. ... Es werden uns allhier zweyerley Sonnen=Goldbluhmen fürgestellt. Die erste, welche das wahre Helichrysum Dioscoridis ist: ... Elichryson foliis Abrotani, C. B. P. 264. Heliochryson quorundam, foliis Abrotani, J. B. 3. 150. Raj. H. 1859. Elichryson. Dod. p. 267. Absinthium corymbiferum, annuum. T. 458. ..." (Zwinger 1744, S. 1063f.); „4) Jährige Rheinfarrn. Tanacetum annuum. ... Tanacetum foliis bipinnatifidis linearibus acutis, corymbis tomentosis. LINN. Syst. Veg. p. 618. Sp. Pl. p. 1184. ... Tanacetum annuum villosum, absynthii austriaci folio. VAILL. act. 1716. p. 281. Absinthium corymbiferum annuum. TOURNEF. Inst. R. H. p. 458. ... Elichrysum foliis abrotani. C. BAUH. pin. 264. ... Sie hat einen überaus heftigen und starken Geruch, weswegen sie auch von den Spaniern Scoba hedionda, oder stinkender Besen

genennt wird. Nach Clusius Bericht bedienet man sich um Madrit dieses Krautes zu Besen, auch werden die Mauern an den Häusern damit bedeckt, um sie vor allzuheftigem Regen und Wetter zu schützen.“ (Linné 1783a, S. 260f.); „4. Tanacetum annuum, villosum, Absinthii Austriaci folio. ...“ (Vaillant 1721, S. 281); „[Tanacetum] annuum, ... jähriger Rheinfarren, dessen Blätter gedoppelt in gleichbreite und spizige Querstüke getheilt, und dessen Blumensträuse filzig sind; ... Er heißt bey Vaillant: Tanacetum annuum villosum, absinthii austriaci folio.“ (Gmelin 1776, Sp. 839f.); „12. TANACETUM annuum. ... T. foliis bipinnatifidis ... Sp. pl. 1183. ... T. annuum villosum, ... Vaill. act. 1716. p. 281. ... Absinthium corymbiferum annuum. Tournef. inst. 458. Elichrysum foliis abrotani. Bauh. pin. 264. ... Jähriges Wurmkraut. W. ...“ (Linné 1797–1830, Bd. III, Teil 3, S. 1812f.); „116. Tanacetum foliis pinnatis, multifidis, laciniis linearibus, bifidis et trifidis. Tab. LXV. Fig. 2. Cotula montana peucedani folio rigido, floribus in corymbo nudis, luteis Dauurica MESS. Is. Sib. AMM. Ruth. 224. ? Tanacetum foliis pinnato-multifidis, laciniis linearibus, diuisis, acutis LINN. h. Cliff. 398. ROY. pr. 155. STELLERUS Ircutiae in montosis siccioribus locis, at minus frequens, inuenit, copiosius autem nascebatur in asperis editisque rupibus ad Buguldeichae fluuii ostium, quo in lacum Baicalem fertur, et abhinc ad Bargusinense munimentum vsque, nos etiam copiose florentem inuenimus in montosis locis Nertschae et Arguni fluuiorum Iunio Iulioque mensibus, vt vix dubium supersit, quin transbaicalensibus regionibus indigena planta sit. STELLERUS habet pro absinthio corymbifero annuo TOURN. I. R. H. 458. ...“ (Gmelin 1747–1769, Bd. II, S. 134ff.), nahezu identisch auf Bll. 81v–82r in: AAW R. I, Op. 105, D. 28 – s. Anm. 61 in Nr. 21; „116. Tanacetum foliis pinnatis multifidis, laciniis linearibus bifidis et trifidis. t. LXV. f. 2.[=] Tanacetum sibiricum L.!“ (Ledebour 1841, S. 75); „224. COTULA montana, peucedani folio rigido, floribus in corymbo nudis, luteis, Daurica Messerschm.“ (Amman 1739, S. 158); „4. TANACETUM foliis pinnato multifidis, laciniis linearibus divisis acutis, floribus fastigiatis. ...“ (Linné 1737, S. 398); „2. TANACETUM (Sibericum) ... Lin. Sp. Plant. 844. ... Tanacetum foliis pinnatis multifidis, laciniis linearibus trifidis. Flor. Sibir. 2. p. 134. Rheinfaren mit vielspitzigen gefiederten Blättern, welche dreyspaltige gleichbreite Abschnitte haben.“ (Miller 1776, S. 373f.); „1) Sibirische Rheinfarrn. Tanacetum sibiricum. ... Tanacetum foliis pinnatis: laciniis lineari-filiformibus, corymbis glabris, caule herbaceo. LINN. Syst. Veg. p. 618. Sp. Pl. p. 1183. ... Tanacetum foliis pinnatis multifidis: laciniis linearibus trifidis. GMEL. Sib. 2. p. 134. tab. 65. f. 2. ...“ (Linné 1783a, S. 258f.); „6. TANACETUM sibiricum. ... T. foliis pinnatis multifidis: laciniis linearibus trifidis. Gmel. sib. 2. p. 134. t. 65. f. 2. ... Sibirisches Wurmkraut. W.“ (Linné 1797–1830, Bd. III, Teil 3, S. 1810); „7. T[anacetum] sibiricum (L. SP. 1183) ... T. foliis pinnatis, ... GMEL. Fl. sib. II, p. 134, Nr. 116, t. 65, f. 2. Cotula montana, ... MESSERSCHM. in AMMAN. ruth. p. 158, Nr. 224. ...“ (Ledebour 1844–1846, S. 603); „Tanacetum sibiricum, ... sibirischer Rheinfarren, mit krautartigem Stengel, glatten und flachen Blumensträusen, und gefiederten Blättern, deren Blättchen gleichbreit und fadendünn sind; ... Er heißt [[heißt]] bey J. G. Gmelin: Tanacetum foliis pinnatis multifidis: laciniis linearibus trifidis.“ (Gmelin 1776, Sp. 839); „A. 11. Heliochrysum, Offic. Chab. 369. ... Absinthium corymbiferum annuum, Elem. Bot. 363. Tourn. Inst. 458. ... Stacchas=Bluhmen/ gelbe Rein=Bluhmen. ... Vires. Contra ictus, coxendicum dolores, urinae stillicidia, ruptaque commendatur; ciet menses, & sanguinem concretum dissolvit, distillationes sistit, Diosc.“ (Dale 1751, S. 110); „... sibirisches Farrenkraut d) ... |: d) Tanactum Sibericum, russ. sibirskaja Pishma. [russ. *sibirskaja pižma*] :|“ (Lepechin 1774, S. 220); „1. TANACETUM Sibiricum ... Sibirischer Reinfarn. Gm. Sib. 2. T. 65. F. 2. ...“ (Georgi 1797–1802, Theil 3, S. 1230); „3. Tanacetum Orientale, Sophiae foliis. ...“ (Vaillant 1721, S. 281); „Tanacētum L. (Compositae). Zus. aus ταναος (lang, gross, dauernd) und ἀκεομαι (heilen); oder auch bloss von ταναος in Bezug auf die Eigenschaft der Blüthen, sich lange frisch zu erhalten. ...“ (Wittstein 1852, S. 864)

„387. Tanacetum Orientale Sophiae folijs Comm. Par. 1719. et Ind. Trans. Baic. ... Fl. Irc. n°. 653.“ (AAW R. I, Op. 105, D. 1^{a}, Bl. 39v, s. Anm. 29 in Nr. 5); „Tanacetum orientale, Sophiae foliis. Vaillant. Mem. 1719. ...“ (AAW R. I, Op. 105, D. 2, Bll. 13r–13v, s. Anm. 54 in Nr. 17); „3. Tanacetum Orientale, Sophiae folijs Comm. Par. 1719. & Ind. Transbaic. Absinthium fl. Irc.

n°. 653." (AAW R. I, Op. 13, D. 67, Bl. 25v, s. Anm. 5 in Nr. 4); „Tanacetum orientale, Sophiae foliis. Vaillant. Mem. 1719. ..." (AAW R. I, Op. 105, D. 2, Bll. 13r–13v, s. Anm. 54 in Nr. 17); „177. Sem. Tanaceti Sibirici folio tenuius laciniato." (AAW R. I, Op. 15, D. 1, Bl. 3r, s. Anm. 24 in Nr. 64); „212" d. 29" [August 1724] Sem. Cotulae montanae Peucedani folio, rigido, floribus in corymbo nudis, luteis, Davuricae. An Tournef. Sp?"„ (Bl. 6v in D. G. Messerschmidt: „Isidis Sibiricae xenium. seu Rerum naturalium triplicis regni ê Sibiriae gremio depromptarum, et curiosarum qvarundam sylloge; ..." vom 22. November 1727 – AAW F. 98, Op. 1, D. 23, Bll. 1r–33v, Manuskript in der Handschrift von D. G. Messerschmidt; das Manuskript wird von J. G. Gmelin abgekürzt als „MESS. Is. Sib."); „50„ d. 29„ [August 1724] Sem. Cotulae montanae Peucedani folio, rigido, floribus in Corymbo nudis, luteis, Davuricae. An Tournef. Sp?„ " (a. a. O., Bl. 25r)

50 „[species 9] Absinthium insipidum, Absinthio vulgari simile C. B. Pin. 139. Absinthium insipidum J. B. 3. 173." (Tournefort 1700, S. 458, Genus II. „Absinthium. Absinte."); „Absinthium insipidum. ... Tabern. in hist. part. 1. p. 26 de hoc ait: Gauchwermut. ..." (Bauhin 1651, S. 173f.); „7. ARTEMISIA foliis compositis multifidis, floribus subglobosis pendulis: receptaculo papposo. ... Absinthium vulgare majus. Bauh. hist. 3. p. 168. ... Vaill. act. 1719. p. 371. ... Absinthium ponticum seu romanum officinarum seu dioscoridis. Bauh. pin. 138. Tournef. inst. 457. ... α Absinthium insipidum. Bauh. hist. 173. Absinthium insipidum, absinthio vulgari simile. Bauh. pin. 139. β Absinthium ponticum montanum. Bauh. pin. 138. Absinthium vulgare montanum. Bauh. hist. 3. p. 173. γ Absinthium arborescens. Bauh. hist. 3. p. 173. ... Absinthium latifolium arborescens. Bauh. pin. 136. ..." (Linné 1737, S. 404); „[species 2] Absinthium Ponticum seu Romanorum officinarum, seu Dioscoridis C. B. Pin. 138. Absinthium vulgare, majus J. B. 3. 168. Absinthium latifolium Dod. Pempt. 23. Absinte ordinaire." (Tournefort 1700, S. 457, Genus II. „Absinthium. Absinte."); „2. Absinthium vulgare majus. J. B. 3. l. 26. p. 168. Absinthium Ponticum seu Romanum officinarum, seu Dioscoridis. B. Bin. 138. & I. R. Herb. 457. 3. Absinthium Ponticum, montanum. B. Pin. 138. & I. R. Herb. 457. 4. Absinthium insipidum, Absinthio vulgari simile. B. Pin. 139. & I. R. Herb. 458." (Vaillant 1721, S. 282); „112. ABSINTHIUM incanum, foliis compositis, latiuscule multifidis, floribus subglobosis, pendulis. Tab. LXIII. Absinthium vulgare ponticum RUELLI LOB. ic. p. 752. Absinthium vulgare maius I. B. 3. p. 168. Absinthium ponticum seu romanum officinarum s. Dioscoridis B. pin. 138. TOURN. I. R. H. 457. MESS. Is. Sib. Artemisia foliis compositis multifidis, floribus subglobosis, pendulis, receptaculo papposo LINN. h. Cliff. 404. ROY. pr. 153. Artemisia foliis incanis pinnatis, pinnis bilobis latioribus, floribus ex alis pendulis, in spicis heteromallis HALL. Helv. 696. Absinthium arborescens STELL. cat. semin. in America collect. ..." (Gmelin 1747–1769, Bd. II, S. 129ff.), nahezu identisch auf Bll. 79r–79v in: AAW R. I, Op. 105, D. 28 – s. Anm. 61 in Nr. 21; „112. Absinthium incanum, foliis compositis latiuscule multifidis, floribus subglobosis, pendulis. t. LXIII. [=] Artemisia Absinthium L.!" (Ledebour 1841, S. 75); „IV. ARTEMISIA Absinthium ... Artemisia foliis compositis, multifidis; ... LINN. Sp. Pl. p. 1188. sp. 14. ... Hort. Cliff. p. 404. ... Absinthium incanum; ... GMEL. Sib. T. II. p. 129. T. 63. ... Absinthium vulgare ponticum Ruelli. LOB. p. 752. Absinthium ponticum seu romanum officinarum seu Dioscoridis C. BAVH. ... Pin. p. 138. TOVRN. Inst. p. 457. ... VAILL. act. par. 1719. p. 281. sp. 2. ... Wermuth, Wermüth, Weronmüth, Gemeiner Wermuth Germ. ... β minus ... Absinthium ponticum montanum C. BAVH. Pin. p. 138. ... TOVRN. inst. p. 487. ... VAILL. act. par. 1719. p. 282. n. 3. Absinthium vulgare montanum I. BAVH. Hist. III. p. 173. ... δ. insipidum, ... Absinthium insipidum I. BAVH. Hist. III. p. 173. ... VAILL. act. 1719. p. 282. sp. 4. ..." (Stechmann 1775, S. XIVff.); „17) Gemeiner Wermuth. Artemisia Absinthium. ... Artemisia foliis compositis multifidis, floribus subglobosis pendulis: receptaculo villoso. LINN. Syst. Veg. p. 619. Sp. Pl. p. 1188. Hort. Cliff. 404. ... Absinthium incanum, foliis compositis latiuscule multifidis, floribus subglobosis pendulis. GMEL. Sib. 2. p. 129. tab. 63. Absinthium ponticum s. romanorum officinale ... C. BAUH. pin. 138. Absinthium vulgare maius. I. BAUH. hist. III. p. 168. ... β) Absinthium insipidum Absinthio vulgari simile. C. BAUH. pin. 139. ... Dieser unser gemeiner Wermuth, welcher auch Bauernwermuth, Grabe-

kraut, Wiegenkraut, Alsey, Alsen, Els und Wurmtod genennet wird, ... Gmelin zweifelt, ob sein in Sibirien gefundener und auf angeführter Tafel abgebildeter gemeiner Wermuth vollkommen mit dem unsrigen übereinkomme. An dem sibirischen sind die Blumentrauben merklich größer, Geruch und Geschmack etwas angenehmer, die Farbe der Blätter weniger aschgrau. ... Die ganze Pflanze ... ist ... schweißtreibend, zertheilend, magenstärkend, und dienet wider Wechselfieber und Wassersucht. Das in den Apotheken davon bereitete sehr bittere Extrakt, wird am stärksten gebraucht. Die Essenz ist ein Präservativ wider den Stein, und das grüne wesentliche Oel äusserlich gebraucht, giebt ein sehr starkes Wurmmittel ab. ... Der Wermuthwein stärkt den Magen und die Leber, macht Lust zum Essen, und soll im Scharbock gute Dienste leisten. ... Mit dem Wermuthaufguß kan man das Ungeziefer aus Gärten, Büchern und Betten vertreiben, und die Schaafe von der Ruhr befreyen. ... In einem rußischen Lager starben viele Pferde, die auf einer Gegend, wo dieses Gewächse häufig stund, geweidet hatten. Der Name Grabekraut rührt von der Gewohnheit des Landvolkes her, die Kirchhöfe damit zu bepflanzen, und die Todtenbahren damit aufzuputzen; Wiegenkraut aber, weil die Weiber das Kraut den Knaben in die Wiege zu legen pflegen, und dadurch ihren Schlaf zu befördern, und sie vor Zauberey zu bewahren glauben. Die alten Römer hielten den Wermuth in großen Ehren, und bedienten sich desselben zu ihren Gottesdiensten und besonders bey ihren Triumphen." (Linné 1783a, S. 278ff.); „63. ARTEMISIA Absinthium. ... A. foliis compositis multifidis, ... Hort. cliff. 404. ... Stechm. Artem. p. 14. ... Absinthium incanum, ... Gmel. sib. 2. p. 129. t. 63. Absinthium ponticum s. romanum, ... Bauh. pin. 138. ... Bitterer Beyfus. W. ..." (Linné 1797–1830, Bd. III, Teil 3, S. 1844f.); „3. ARTEMISIA ABSINTHIUM. Linn. ... A. Absinthium. Linn. Willd. Spec. pl. III. p. 1844. ... M. a Bieb. Fl. taur. cauc. II. p. 297. No. 1699. ... Absinthium incanum, ... Gmel. Fl. sib. II. p. 129. No. 112. t. LXIII. ..." (Ledebour 1833, S. 62f.); „16999. ARTEMISIA Absinthium. A. foliis incanis: ... Gmel. sib. 2. p. 129. n. 112. t. 63. ... Absinthium vulgare majus. Vaill. act. paris. a. 1719. p. 282. ..." (Marschall von Bieberstein 1808, S. 297); „81. A[rtemisia] Absinthium (L. SP. 1188) ... M. a BIEB. Fl. t. c., p. 297. ... LEDEB. Fl. alt. IV, p. 62. ... Absinthium incanum, ... GMEL. Fl. sib. II, p. 129, Nr. 112, t. 63. ..." (Ledebour 1844–1846, S. 598f.); „[Artemisia] Absinthium, ... Wermuth, mit zusamengesezten vielmal gespaltenen kugelrunden Blumen, welche unter sich hangen, und einen harigen Boden haben; gemeiner Wermuth; ... die Aerzte haben daher schon längst seine Blume, und sein Kraut, als ein magenstärkendes, erwärmendes, zertheilendes, schweißtreibendes, der Fäulniß widerstehendes, und von den Würmern befreyendes Mittel in allerley Gestalt, Vermischung und Zubereitung äuserlich und innerlich angepriesen; ..." (Gmelin 1772a, Sp. 777f.); „32. Artemisia Absinthium L. Schon Richter sagt, dass bei schlechter Verdauung und Schwäche des Magens der Wermuth und zwar in Gestalt des ‚dem Kraut aufgegossenen Bitterweins' nach russischer Anschauung ein ganz vorzüglich heilsames Hausmittel ist. ... Im G. Kiew wird der Absinthschnaps bei Fieber, Eingeweidewürmern, Gicht, Gelbsucht, Scorbut, Steinkrankheit und Wassersucht getrunken. ... möchte ich noch aus dem ... Kräuterbuche des Doctor Sirenius ... das auf Artemisia Absinthium Bezügliche mittheilen. Danach erwärmt das Mittel den Magen und regt den Appetit an. Auch dem kranken Magen thut es gut. Es ist nützlich bei Gelbsucht, Eingeweidewürmern, Hautparasiten, gegen Motten, bei Quartanfieber etc. Der Absinthschnaps wird den Priestern, Mönchen und Nonnen dringend empfohlen, damit sie von schlechten Bedürfnissen des menschlichen Leibes befreit würden. Man sieht, dass also das Mittel selbst als sexuelles Sedativum galt. ..." (Demitsch 1889, S. 179ff.); „4) Wurmkrankheit. ... Gegen Würmer überhaupt [gebraucht der gemeine Russe]: Artemisia Absynthium. ..." (Krebel 1858, S. 132); „Mittel gegen Leibschmerzen: ... Ein ähnliches Getränk bereitet man, indem man in eine Flasche Artemisia Absinthium, Carum Carvi, Mentha piperita und verschiedene Arten von Pfeffer stopft, worauf starker Branntwein gegossen wird. ... So wird sie getrunken. ..." (Alksnis 1894, S. 187f.); „Mittel gegen die ‚Blutseuche'. Gemeint ist die Dysenterie, ... Artemisia Absinthium und verschiedene Pfefferarten werden in Branntwein gethan und das Extract trinkt man. ..." (a. a. O., S. 195); „Mittel gegen das Fieber: ... Das Extract von Artemisia Absinthium in Branntwein. ..." (a. a. O., S. 200f.); „Mittel gegen die Schreckneurosen: ... Gegen die Leiden und Unpässlichkeiten, welche durch den Schreck hervorgerufen werden[1], dient auch ... Artemisia Absinthium. ..." (a. a. O., S. 222); „ARTEMISIA (Absinthium) ... Linn. Cliff. 404. ... Полынь [russ. *polyn'*] siue Глистникъ [russ. *glistnik*] Russ. ..." (*Krašeninnikov* 1761, S. 131); „953. Artemisia Absinthium. Lin. sp. 17. Gmel. Flor. Sibir. 2. t. 63. ... Wermuth. Ruß. Polin und Glistnik. Kirg. Juschan. ..." (Falk 1786, S. 239); „11. ARTEMISIA Absinthium ... Wermuth=Artemisie. R. Polin und Glistnik. (Spulwurmtreiber.) Tat. Juschon. ... Ein allgemeines Hausmittel, vorzüglich wider Eingeweidewürmer." (Georgi 1797–1802, Theil 3, S. 1233); „29. Artemisia Absinthium Linn. Bitterer Beifuß; gemeiner Wermuth; Wermbte; Wurmtod. Absinthium ... Gmel. sib. 2. t. 63. ..." (Dietrich 1820, S. 723); „Pelzsaame. Tarchonanthus. LINN. Gen. plant. num. 940. Die Blume dieser Gattung, welche bey den Holländern Dragonbloem heißt, ... Es ist nur eine einzige Art bekannt: 1.) Campherartiger Pelzsaame. Tarchonanthus camphoratus. ..." (Linné 1779a, S. 344f.); Artemisia Absinthium L. – russ. *glistnik*, *pelyn'* bzw. *polyn'* (*Annenkov* 1858, S. 18, Nr. 136); „Tarchonánthus: Name von L. für eine Gattung der Compositae Afrikas ... zu gr. ánthos <Blüte> und der vorlinn. Benennung des Estragons, ..." (Genaust 2005, S. 630); „Tarchonānthus L. (Compositae). Zus. aus Tarchon (im Arabischen unsere Artemisia Dracunculus) und ἄνθος (Blüthe); die Blüthen gleichen in Masse denen der Artemisia Dracunculus." (Wittstein 1852, S. 865)

„429. Tarchonanthos canescens, folio latius diviso, corymbis flavis oblongis. ... Fl. Irc. n°. 654. j. Eadem corymbis maximis, Gnaphalij instar foliosis singularibus, monstrosa. ... Fl. Irc. n°. 657. ..." (AAW R. I, Op. 105, D. 1^{a}, Bll. 45r–46r, s. Anm. 29 in Nr. 5); „6. Tarchonanthos canescens, folio latius diviso, corymbis flavis oblongis Ind. Jen. n°. 429. j. Eadem corymbis maximis, Gnaphalij instar foliosis, singularibus, monstrosa ibid. ... Est Artemisia folys compositis multifidis, floribus subglobosis pendulis: receptaculo papposo Linn. h. Cliff. 404. ..." (AAW R. I, Op. 13, D. 67, Bl. 27v, s. Anm. 5 in Nr. 4); „– Absinthium insipidum JB. ..." (AAW R. I, Op. 104, D. 8, Bl. 4r, s. Anm. 18 in Nr. 452); „392. Absinthium de quo. Flor ircut No. 645 [sic !] quaesivi anni absinthium insipidum absinthio vulgari simile T. i. r. h. ..." (AAW R. I, Op. 104, D. 25, Bl. 29v, s. Anm. 61 in Nr. 21); „247. Absynthium ponticum, seu Romanum officinarum C. B. P. Absynthium vulg. majus J. B." (AAW R. I, Op. 104, D. 13, Bl. 6v, s. Anm. 84 in Nr. 29); „789. Artemisia foliis compositis multifidis, floribus subglobosis pendulis: receptaculo papposo. Linn. h. Cliff. 404. Absinthium ponticum seu romanum officinarum seu Dioscoridis. Bauh. Pin. 138. ..." (AAW R. I, Op. 13, D. 20, Bl. 72r, s. Anm. 1 in Nr. 1); „92. Absinthium vulgare Park. ..." (AAW R. I, Op. 104, D. 17, Bl. 13r, s. Anm. 36 in Nr. 8); „653. Absinthium Ponticum seu Romanum seu Dioscoridis; C. B. Pin. 138. Tourn. Sp. 2. Absinthium vulgare Offic. ..." (AAW F. 98, Op. 1, D. 22, Bl. 129r, s. Anm. 61 in Nr. 21); s. auch Nr. 651 u. Nr. 657

51 in der 2. Textversion (s. Anm. 1 in A.): „masticata"

52 s. Glossar: Serphino

53 „[species 7] Absinthium Ponticum, tenuifolium, Austriacum C. B. Pin. 139. Absinthium Austriacum, tenuifolium J. B. 3. 179. Absinthium Seriphium Dod. Pempt. 25." (Tournefort 1700, S. 457f., Genus II. „Absinthium. Absinte."); „De Seriphio, siue Marino absinthio. CAP. IIII. ..." und die Abbildung „Absinthium seriphium" (Dodoens 1616, S. 25); „9. Absinthium Ponticum, tenuifolium, Austriacum. B. Pin. 139. & I. R. Herb. 457. ..." (Vaillant 1721, S. 283); „9. ABSINTHIUM Ponticum tenuifolium Austriacum. C. B. P. Oesterreichischer Wermuth." (Miller 1750, S. 8); „*46. ARTEMISIA austriaca. ... A. (austriaca) ... Murr. syst veg. 14. p. 744. Jacq. aust. 1. t. 100. ... A. (austriaca) ... Lamarck encycl. I. p. 259. Absinthium ponticum tenuifolium austriacum. Bauh. pin. 139. ... Absinthium seriphium, Dod. pempt. 25. Oestreichischer Beyfus. W. ..." (Linné 1797–1830, Bd. III, Teil 3, S. 1835f.); „[Absinthium] ponticum tenuifolium austriacum, so nennt C. Bauhin eine österreichische Spielart des pontischen Wermuths; welche Tourneforts siebente Art ist." (Gmelin 1772a, Sp. 20); „[Absinthium] seriphium, ist bey ... Dodonäus die österreichische Spielart des pontischen Wermuths, ..." (a. a. O., Sp. 21f.); „XIV. ABSINTHIVM ponticum tenuifolium austriacum. C. BAVH. pin. p. 139. TOVRN. Inst. p. 457. VAILL. act. 1719. p. 283. ... Absinthium seriphium DOD. Pempt. p. 25. VAILLLANT. huc refert Absinthium. orientale, tenuifolium, incanum; ..." (Stechmann 1775, S. XXXXIf.); „15. A[rtemisia] austriaca (Oestrei-

chischer B[eyfuß]) A. fol. multipartitis incanis tomentosis, floribus oblongis, receptaculis nudis. L. ..." (Wilbrand 1819, S. 213); „26. Artemisia austriaca Jacq. Austr. t. 100. Oesterreichischer Wermuth; Beifuß. ..." (Dietrich 1820, S. 722); „22) A[rtemisia] austriaca. Jacquin austr. 1. t. 100. Willd. sp. 3. p. 1836. ... Dodonäus hielt sie für das Wurmmittel der Alten und nannte sie Absinthium seriphium. ..." (Gräfe 1829, S. 320); „44. A[rtemisia] austriaca (JACQ. in MURR. Syst. p. 744. ...) ... M. a BIEB. Fl. t. c. II, p. 294; ... δ. orientalis ... A. orientalis. WILLD. Spec. pl. III, p. 1836. ..." (Ledebour 1844–1846, S. 583f.); „1694. ARTEMISIA austriaca. ... Jacq. austr. 1. p. 61. t. 100. ... Absinthium austriacum tenuifolium. Vaill. act. paris. a. 1719 p. 283. n. 9. ..." (Marschall von Bieberstein 1808, S. 294f.); „*47. ARTEMISIA orientalis W. ... Artemisia austriaca β. Lamark encycl. 1. p. 259. ... Levantischer Beyfus. W. ..." (Linné 1797–1830, Bd. III, Teil 3, S. 1836f.); „Les voyageurs ont parlé d'une autre plante à pâturage que les Bouchares appellent Youchàn. Ce n'est que l'espéce d'Absinthe, décrit dans l'ouvrage botanique due célébre Jacquin sous le nom de Artemisia austriaca. ..." (Pallas 1788a, S. 83); „18. Artemisia incana, Rutae minoris folio, odore Lavandulae & insipida. ..." (Vaillant 1721, S. 286f.)

„240. Absinthium Ponticum tenuifolium Austriacum CBP. 139." (AAW R. I, Op. 6, D. 40, Bl. 33v, s. Anm. 1 in Nr. 1); „405. An Artemisia incana, Rutae minoris folio, odore Lavandulae et insipida Comm. Par. 1719? Absinthium Lavandulae folio hirsutum, corymbis majusculis Ind. Len. n°. 488. ... Fl. irc. n°. 655. recensito, quod corymborum exiguitate sequenti speciei admodum simile est. Male in ind. Irc. sub no. 151. scripsi, hanc speciem ab illa Angarensi parum diversam esse, ..." (AAW R. I, Op. 105, D. 1^{a}, Bl. 41v, s. Anm. 29 in Nr. 5); „7. An Artemisia incana Rutae minoris folio, odore Lavandulae & insipida Comm. Par. 1719? Ind. Jen. n°. 405. Absinthium Ind. Len. n°. 488." (AAW R. I, Op. 13, D. 67, Bl. 26r, s. Anm. 5 in Nr. 4); „151. Absinthium Dauci folio subhirsuto, pulchris corymbis, segmentis foliorum latioribus. ..." (AAW R. I, Op. 105, D. 4^{a}, Bl. 21r, s. Anm. 54 in Nr. 17); „488. Absinthium Lavandulae folio, hirsutum, corymbis maiusculis. ..." (AAW R. I, Op. 13, D. 42, Bll. 102r–102v, s. Anm. 1 in Nr. 1); s. Nr. 658

54 in der 2. Textversion (s. Anm. 1 in A.): „amaro"

55 „[species 5] Absinthium, Ponticum, tenuifolium, incanum C. B. Pin. 138. Absinthium, Ponticum, vulgare, folio inferius albo J. B. 3. 175. Absinthium tenuifolium Dod. Pempt. 24." (Tournefort 1700, S. 457, Genus II. „Absinthium. Absinte."); „IV. Absinthium Ponticum tenuifolium incanum. ... Hoc medium est inter Absinthium & Abrotanum, & est duum generum: 1. planè incanum: 2. cauliculis purpurascentibus, foliis supina parte viridioribus. ..." (Bauhin 1623, S. 138f.); „8. Absinthium Ponticum, tenuifolium, incanum. B. Pin. 138. & I. R. Herb. 457. Idem caulibus purpurascentibus, foliis supina parte viridioribus. B. Pin. 139. & I. R. Herb. 457." (Vaillant 1721, S. 282; Vaillant 1754, S. 333); „8. ARTEMISIA foliis compositis multifidis, floribus subrotundis nutantibus, receptaculo nudo. Absinthium ponticum tenuifolium incanum. Bauh. pin. 138. Vaill. act. 1719. p. 372. Tournef. inst. 457. ... Absinthium ponticum vulgare, folio inferius albo. Bauh. hist. 3. p. 175. ..." (Linné 1737, S. 404); „2. ABSINTHIUM Ponticum tenuifolium incanum. C. B. Pin. Der wahre römische Wermuth." (Miller 1750, S. 8); „105. ARTEMISIA fruticosa, foliis infra cinereis, duplicato pinnatis, acutis, linearibus, corymbis incanis, subrotundis, nutantibus. Absinthium tenuifolium DOD. pempt. 24. Absinthium ponticum tenuifolium incanum B. pin. 138. Artemisia foliis compositis, multifidis, floribus subrotundis, nutantibus, receptaculo nudo LINN. h. Cliff. 404. j. Absinthium incanum, caule crasso, foliis quam in Pontico tenuioribus, semine spadiceo MESS. ..." (Gmelin 1747–1769, Bd. II, S. 121), nahezu identisch auf Bll. 74v–75r in: AAW R. I, Op. 105, D. 28 – s. Anm. 61 in Nr. 21; „105. Artemisia fruticosa, foliis infra cinereis duplicato-pinnatis acutis linearibus, corymbis incanis subrotundis nutantibus. [=] Artemisia pontica L.!" (Ledebour 1841, S. 74); „XXIX. ARTEMISIA pontica. Artemisia foliis multipartitis, ... LINN. Spec. Pl. p. 1187. sp. 10. ... Artemisia foliis compositis, ... LINN. Hort. Cliff. p. 404. ... Artemisia fruticosa; ... GMEL. Sib. T. II. p. 121. n. 105. ... Absinthium ponticum, tenuifolium incanum. C. BAVH. Pin. p. 138. TOVRN. Inst. p. 457. VAILL. act. 1719. p. 282. sp. 8. ... Absinthium ponticum vulgare, folio inferius albo I. BAVH. Hist. T. III. p. 175. ... Absinthium tenuifolium DOD. Pempt. p. 24. ... Römischer Wermuth Germ.

... β. Cauliculis purpurascentibus; foliis supina parte viridioribus. C. BAVH. Pin. p. 139. TOVRN. Inst. p. 457. VAILL. l. c. γ. Absinthium incanum, caule crasso; foliis quam in pontico tenuioribus; semine spadiceo MESS. apud GMEL. l. c.“ (Stechmann 1775, S. XXXIf.); „14) Römischer Wermuth. Artemisia Pontica. ... Artemisia foliis multipartitis subtus tomentosis, floribus subrotundis nutantibus: receptaculo nudo. LINN. Syst. veg. p. 619. Sp. Pl. p. 1187. Hort. Cliff. 404. ... GMEL. Sib. 2. p. 121. n. 105. ... VAILL. act. 1719. p. 282. n. 8. ... Absinthium ponticum tenuifolium incanum. C. BAUH. pin. 138. Absinthium tenuifolium. DOD. pempt. p. 24. ... Absinthium ponticum vulgare, folio inferius albo. I. BAUH. hist. Tom. III. p. 175. ... Im ganzen besitzt es stärkende, auflösende, die monathliche Reinigung treibende Kräfte, demohngeachtet ist der Gebrauch davon heut zu Tag äusserst selten, ohngeachtet selbiges mit zu den eben so wenig mehr gebräuchlichen Syrup de Artemis. compos. genommen wird.“ (Linné 1783a, S. 274ff.); „37. A[rtemisia] pontica (L. SP. 1187) ... DEC. Prodr. VI, p. 109. ... M. a BIEB. Fl. t. c. II, p. 296. – LEDEB. Fl. alt. IV, p. 77. ... A. fruticosa, ... GMEL. Fl. sib. II, p 121, Nr. 105. ... Absinthium incanum, caule crasso, ... MESSERSCHM. in AMMAN. ruth. p. 146, Nr. 198 (ex GMEL.)? ...“ (Ledebour 1844–1846, S. 580f.); „90. A[rtemisia] PONTICA (Linn. sp. 1187. ...) ...“ (Candolle 1837, S. 109); „78. A[rtemisia] GMELINI (Stechm. art. p. 30. n. 27. ex Bess. abr. n. 10), ... Gmel. sib. 2. p. 121. t. 56. f. 1. ...“ (a. a. O., S. 106f.); „1697. ARTEMISIA pontica ... Gmel. sib. 2. p. 121. n. 105. ... Absinthium ponticum vulgare. ... Vaill. act. paris. a. 1719. p. 282. n. 8. ...“ (Marschall von Bieberstein 1808, S. 296); „15. ARTEMISIA PONTICA. Linn. ... M. a Bieb. Fl. taur. cauc. II. p. 296. No. 1697. Artemisia fruticosa, ... Gmel. Fl. sib. II. p. 121. No. 105 ...“ (Ledebour 1833, S. 77f.); „198. ABSINTHIUM incanum, caule crasso, foliis quam in Pontico tenujoribus, semine spadiceo Messerschm.“ (Amman 1739, S. 146); „*56. ARTEMISIA pontica. ... A. foliis multipartitis ... Hort. cliff. 404. ... Gmel. sib. 2. p. 121. n. 105. ... Stechm. Artem. p. 31. n. 29. ... Absinthium ponticum tenuifolium incanum. Bauh. pin. 138. Absinthium tenuifolium. Dod. pempt. 24. β. Artemisia Gmelini. Stechm. Artem. p. 30. n. 27. IV. ... Römischer Beyfus. W. ...“ (Linné 1797–1830, Bd. III, Teil 3, S. 1840f.); „XXVII. ARTEMISIA Gmelini WEB. Artemisia fruticosa; ... GMEL. Sib. T. II. p. 21. n. 106, T. 56. f. 1. ...“ (Stechmann 1775, S. XXX); „106. ARTEMISIA fruticosa; foliis infra cinereis, duplicato pinnatis, obtusis, linearibus, corymbis viridibus, subrotundis, nutantibus. Tab. LVI. Fig. 1. ... B. MESSERSCHMIDIUS in Is. Sib. Abrotanum marum angustifolium maius B. pin. 136. Abrotani vulgari I. B. synonymum recenset, ...“ (Gmelin 1747–1769, Bd. II, S. 121f.), nahezu identisch auf Bl. 75r in: AAW R. I, Op. 105, D. 28 – s. Anm. 61 in Nr. 21; „106. Artemisia fruticosa, foliis infra cinereis duplicato pinnatis obtusis linearibus, corymbis viridibus subrotundis nutantibus. t. LI. f. 1. [=] Artemisia sacrorum Ledeb. γ. minor. (Artemisia Gmelini Stechm. – DeC. Prodr. VI. 106.)“ (Ledebour 1841, S. 74); „32. A[rtemisia] sacrorum (LEDEB. Fl. alt. IV, p. 72) ... γ. minor ... A. fruticosa, ... GMEL. Fl. sib. II, p. 121, Nr. 106, t. 56, f. 1. ...“ (Ledebour 1844–1846, S. 578f.); „10. ARTEMISIA SACRORUM. m. ... γ. minor: ...“ (Ledebour 1833, S. 72f.); „3. Die ware römische, zartblätterichte graue Wermut. Absinthium ponticum tenuifolium incanum.“ (Riedel 1769, S. 914); „[Absinthium] ponticum tenuifolium incanum, ist bey C. Bauhin der pontische Wermuth.“ (Gmelin 1772a, Sp. 20); „Artemisia pontica, foliis multipartitis subtus tomentosis, floribus subrotundi nutantibus: receptaculo nudo; pontischer Beyfus, dessen Blätter in viele Theile getheilt, und auf der untern Fläche filzig, und dessen Blumen rundlicht sind, unterwärts hangen, und einen naketen Boden haben; römischer Wermuth; pontischer Wermuth; ... er hat eine angenehme Bitterkeit in Blumen und Blättern, die ihm einen grosen Vorzug vor dem gemeinen Wermuth verschaft, mit welchem er übrigens in den Arzneykräften übereinkommt: Man mischt ihn auch in Kräuterkuchen, und unter den Wermuthwein und das Bier: ...“ (a. a. O., Sp. 775f.); „ARTEMISIA PONTICA. ... Artemisia (pontica) ... Linn. Spec. plant. ed. Willd. T. III. p. 1840. ... Absinthium ponticum tenuifolium incanum. C. BAUH. pin. p. 138. ... Römischer Beyfus, römischer Wermuth, welscher Wermuth. ... Vermöge seiner Bitterkeit und des in ihm enthaltenen ätherischen Öhls ist er ein magenstärkendes und erhitzendes Mittel; ...“ (Hayne 1809, Nr. 10); „8. ARTEMISIA pontica ... Römische Artemisie. ... Die Kirgisen färben mit der Pflanze gelbgrün.“ (Georgi 1797–1802, Theil 3, S. 1233);

„27. Artemisia pontica Linn. Römischer Beifuß; Wermuth. ..." (Dietrich 1820, S. 722f.); „26) A[rtemisia] pontica. Linn. sp. ed. Willd. 3. p. 1841. ... Römischer Wermuth. ... Die Pflanze war sonst officinell, und zwar das Kraut als Herba Absinthii pontici, oder romani, nobilis, tenuifolii, incani, hortensis. ..." (Gräfe 1829, S. 321); „18. A[rtemisia] pontica (Römischer B[eyfuß]) ... Das Kraut ist officinell, Herba, s. summitates Absinthii pontici." (Wilbrand 1819, S. 213); „Absinthium ponticum tenuifolium incanum – flos multo major, quam vulgari hujus nominis (Fl. sib. II. 121. nr. 105. Artemisia pontica. L.)" (A. von Haller in einem undatierten Brief an J. G. Gmelin – Plieninger 1861, S. 142); Artemisia pontica L. – russ. *belen'kaja nechvorošč'*, bzw. *stepnaja polyn'* (*Annenkov* 1858, S. 19, Nr. 142); Artemisia sacrorum Led. – russ. *starodub* (a. a. O., S. 19, Nr. 144)

„242 Absinthium ponticum tenuifolium incanum CBP. 138." (AAW R. I, Op. 6, D. 40, Bl. 34r, s. Anm. 1 in Nr. 1); „293„ d. [16. September 1724]„ [Sem.] Absinthii incani caule crasso foliis Pontici tenuioribus, semine spadiceo.„ " (AAW F. 98, Op. 1, D. 23, Bl. 8v, s. Anm. 49 in Nr. 653); „16. Artemisia folys compositis multifidis, floribus subrotundis nutantibus receptaculo nudo Linn. h. Cliff. 404. ..." (AAW R. I, Op. 13, D. 67, Bl. 25v, s. Anm. 5 in Nr. 4); „654. [Absinthium] Ponticum tenuifolium incanum; C. B. P. 138. T. Sp. 5. Absinthium Romanū, Offic. ..." (AAW F. 98, Op. 1, D. 22, Bl. 129r, s. Anm. 61 in Nr. 21); s. auch Nr. 657 und Nr. 658

56 „[species 6] Absinthium Ponticum, tenuifolium, caulibus purpurascentibus, foliis supina parte viridioribus C. B. Pin. 139." (Tournefort 1700, S. 457, Genus II. „Absinthium. Absinte."); „8. ABSINTHIUM Ponticum tenuifolium, caulibus purpurascentibus, foliis supina parte uiridioribus. C. B. P. Der schmalblätterige pontische Wermuth, mit purpurrothen Stengeln, und Blättern so auf ihrer untern Seite grüner sind." (Miller 1750, S. 8); „[Absinthium] ponticum tenuifolium, caulibus purpurascentibus, foliis supina parte viridioribus, ist bey dem leztern [d. h. Tournefort] die sechste Art, und ebenfalls eine Spielart des pontischen Wermuths mit röthlichen Stengeln, und Blättern, welche auf den Rücken grüner sind." (Gmelin 1772a, Sp. 20); s. auch Nr. 654, Nr. 656 und Nr. 658

57 s. Glossar: Serphino

58 s. Glossar: Vallesia

59 „[species 17] Absinthium Seriphium, montanum, candidum C. B. Pin. 139. Absinthium Vallesianum, tenuifolium, candidum sive Herba alba J. B. 3. 179. Absinthii spurii seu externi species 1 Dod. Pempt. 26." (Tournefort 1700, S. 458, Genus II. „Absinthium. Absinte."); „12. Absinthium Alpinum, incanum. B. Pin. 139. & I. R. Herb. 458. Item, Absinthium Seriphium, montanum, candidum. B. Pin. 139. & I. R. Herb. 458. ..." (Vaillant 1721, S. 283); „17. ABSINTHIUM Seriphium montanum candidum. C. B. P. Weiser Bergwermuth." (Miller 1750, S. 8); „96. ARTEMISIA foliis pinnatis, pilosis, ramis ascendentibus, floribus oblongis, suberectis Tab. XLIX. Fig. I. ... STELLERUS habet in flora Irc. n. 658. pro absinthio seriphio, montano, candido C. B. P. cui propter folia plana assentiri nequeo. Cel. LINNAEUS synonymam indicavit Artemisiam foliis pinnatis, ramis adscendentibus, floribus globosis pendulis, receptaculo papposo It. Goth. Iul. 13. cum fig. Suec. 669. Sed receptaculum papposum in nostra planta deficit. ... STELLERUS etiam in rupibus insulae Baicalensis Olchonis copiosissime inuenit." (Gmelin 1747–1769, Bd. II, S. 111f.), nahezu identisch auf Bl. 69r in: AAW R. I, Op. 105, D. 28 – s. Anm. 61 in Nr. 21; „96. Artemisia foliis pinnatis pilosis, ramis ascendentibus, floribus oblongis suberectis. t. XLIX. f. 1. [=] Artemisia curilensis Spr." (Ledebour 1841, S. 73); „[Artemisia] curilensis * 24. A. suffruticosa, ... Ins. Curil. Camtschatca. (A. corymbosa et rupestris Pall. in W. herb.)" (Linné 1826, S. 489); „130. A[rtemisia] CURILENSIS (Spreng. syst. 3. p. 489. Bess. abr. n. 49.), ... in Sibiria montosis locis Oldani [sic!] Maiae et Judomae fluviorum, et in rupibus insulae Baicalensis Olchonis. Gmel. sib. 2. p. 11. t. 49. f. 1. ..." (Candolle 1837, S. 117); „124. A[rtemisia] LEONTOPODOIDES (Fisch herb. Bess. abr. n. 43), ... in insulis Curilensibus et Kamtschatkà. ..." (a. a. O., S. 116); „49. A[rtemisia] leontopodioides (FISCH. ex BESSER Abrot. p. 63) ... A. leontopodioides DEC. Prodr. VI, p. 116. A. corymbosa Pall. in herb. reg. berol. A. curilensis. SPRENG. Syst. veg. II, p. 489 (nec BESSER, nec DEC.). ..." (Ledebour 1844–1846, S. 587f.); „54. A[rtemisia] Meyeriana ...

A. curilensis (non SPRENGEL) BESSER Abrot. p. 67. – DEC. Prodr. VI, p. 117. A. foliis pinnatis, ... GMEL. Fl. sib. II, p. 111, Nr. 36. t. 49, f. 1. ...“ (a. a. O., S. 589); „1443. ARTEMISIA MEYERIANA BESS. ... A. Curilensis Bess. abr. p. 67 – DC prodr. VI. p. 117 non Spreng. Artemisia foliis pinnatis pilosis, ... Gmel. fl. Sib. II. p. 111. t. 49 f. 1. In insula Olchon legit Steller, ibidemque in rupibus soli obversis ipse specimina nondum spicifera vidi. ...“ (*Turčaninov* 1857, S. XXXVII); „13) Felsen=Beyfuß. Artemisia rupestris. ... Artemisia foliis pinnatis, caulibus adscendentibus hirsutis, floribus globosis cernuis: receptaculo papposo. LINN. Syst. veg. p. 619. Sp. Pl. p. 1186. ... It. gotl. 285. tab. 285*. ... Artemisia foliis pinnatis pilosis, ramis adscendentibus, floribus oblongis suberectis. GMEL. Sib. 2. p. 111. tab. 49. f. 1. Apsinthium ex alis floridum foliis angustis sericeis pinnatis, trifidis et quinquefidis. HALL. helv. n. 126. ... Artemisia foliis sericeis, ... HALL. helv. n. 127. ... Absinthium alpinum inanum. C. BAUH. pin. 139. prodr. 71? γ) Absinthium viride, foliis multifidis linearibus. GMEL. Sib. 2. p. 131. tab. 64. f. 2. ... ist die von dem Ritter [d. h. Linné] in der gothländischen Reisebeschreibung beschriebene und abgebildete Artemisia rupestris eine von dessen hier angeführten zwo vollkommen verschiedene Art; ... Herr Weber und Stechmann haben schon der zwoten Varietät, als einer besondern Art, den Namen Artemisia Genipi gegeben. ... Die ganze Pflanze duftet einen angenehmen balsamischen und gewürzhaften Geruch aus, und scheint daher nicht ohne Grund wider verschiedene Wechselfieber gebraucht zu werden. ...“ (Linné 1783a, S. 271ff.); „I. ARTEMISIA rupestris ... α. Artemisia foliis pinnatis; ... LINN. It. Gotl. 285. (cum icone) ... Spec. Plant. p. 1186. sp. 8. ... Artemisia foliis pinnatis, pilosis; ... GMEL. Sib. T. II. p. 111. n. 96. T. 49. f. 1. ... β. Artemisia ex alis florida; ... HALL. Enum. Helu. p. 695. sp. 3. ... Artemisia ex alis florida; ... GMEL. Sib. T. II. p. 111. n. 95. ... Absinthium alpinum incanum C. BAVH. Prodr. p. 71. Pin. p. 139. ... TOVRN. Inst. p. 458. VAILL. act. par. 1719. p. 283. sp. 12. ... γ. Absinthium incanum, ... GMEL. Sib. T. II. p. 128. n. 111. T. 62. δ. Absinthium viride, ... GMEL. Sib. T. II. p. 131. n. 114. T. 64. f. 2. ε. Idem subincanum. GMEL. Sib. T. II. p. 131. n. 114. j. ...“ (Stechmann 1775, S. IX–XI); „VII. ARTEMISIA Genipi WEB. Artemisia foliis sericeis, ... HALL. Hist. T. I. p. 55. n. 127. ... Artemisia rupestris β. LINN. Sp. Pl. p. 1186. Sp. 8. ... an Absinthium alpinum incanum C. BAVH. Prodr. p. 71. Pin. p. 139.? ...“ (a. a. O., S. XVII); „52. ARTEMISIA rupestris. ... A. foliis pinnatis, ... It. gotl. 285. t. 285.* Fl. suec. 696; ... Felsen-Beyfus. W. ...“ (Linné 1797–1830, Bd. III, Teil 3, S. 1838f.); „79. A[rtemisia] rupestris (L. It. gotl. p. 285) ... LEDEB. Fl. alt. IV, p. 67. ... Absinthium viride, ... GMEL. Fl. sib. II, p. 131, Nr. 114, t. 64, f. 2. Abrotanum pumilum, ... MESSERSCHM. ex AMMAN. ruth. p. 147, Nr. 203? ...“ (Ledebour 1844–1846, S. 597); „7. ARTEMISIA RUPESTRIS. Linn. ... Linn. WILLD. Spec. pl. III. p. 1838. ...“ (Ledebour 1833, S. 67f.); „203. ABROTANUM pumilum, folio tenuissime laciniato, flosculis majoribus, odore Tanaceti valido. Ejusd. Hasce tres Abrotani species Messerschmidius prope Dalai lacum in Dauria reperit.“ (Amman 1739, S. 147); „Artemisia rupestris, ... Felsenbeyfus, dessen Blätter gefiedert, dessen Stengel zotig sind, und aufwärts gebogen sind, und einen harigen Boden haben; Bergwermuth; ... er hat einige Spielarten, ... die sibirische ist mehr staudenartig und satter grün; auf den Felsen ist er weis, und seidenartig; ...“ (Gmelin 1772a, Sp. 774); „114. ABSINTHIUM viride, foliis multifidis linearibus. Tab. LXIV. Fig. 2. j. Idem subincanum. ...“ (Gmelin 1747–1769, Bd. II, S. 131ff.), nahezu identisch auf Bll. 80r–81r in: AAW R. I, Op. 105, D. 28 – s. Anm. 61 in Nr. 21; „114. Absinthium viride, foliis multifidis linearibus. t. LXIV. f. 2. [=] Artemisia rupestris L.?“ (Ledebour 1841, S. 75); „171. A[rtemisia] RUPESTRIS (Linn. it. gothl. 285. ic. ...), ... A. rupestris Linn. sp. 1187 (excl. var. β et γ, ...) ... γ. viridifolia, ... A. rupestris Ledeb. fl. alt. 4. p. 67. ...“ (Candolle 1837, S. 124); „7. ARTEMISIA rupestris ... Felsen=Artemisie. ...“ (Georgi 1797–1802, Theil 3, S. 1232f.); „XXVIII. ARTEMISIA Filaginoidea. WEB. Artemisia ex alis florida, ... HALL. Enum. Helu. p. 694. sp. 2. ... Absinthium Seriphium montanum, candidum C. BAVH. Pin. p. 139. ... TOUVRN. Inst. p. 458. SCHEVCHZ. It. IV. p. 328. It. VII. p. 508. ... Absinthium valesiacum tenuifolium seu Herba alba I. BAVH. Hist. T. III. P. I. p. 179. ... Walliser Bergwermuth. Germ. ...“ (Stechmann 1775, S. XXX–XXXI); „2. ARTEMISIA ex alis florida, foliis brevibus, palmatis, supinis, semiteretibus. ... Absinthium seriphium montanum candidum C. B. P. SCHEUCHZ. It. IV. p. 328. It. VII.

p. 508. Absinthium Valesiacum tenuifolium, s. herba alba I. B. III. P. 1. p. 179. ...“ (Haller 1742, S. 694f.); „3. ARTEMISIA ex alis florida, foliis petiolatis, palmatis, planis, sericeis. ... I. ... Absinthium seriphium, montanum, candidum SCHEUCHZ. It. p. 29. T. 3. f. 1. non placet, It. IV. p. 328. ...“ (a. a. O., S. 695); „126. APSINTHIUM [sic!] ex alis floridum, foliis angustis, sericeis, pinnatis, pinnis trifidis, & quinquefidis ... Artemisia n. 95. GMELIN. flor. ex herb. siccis. ... Putem esse Absinthium sericeum montanum, candidum SCHEUCHZER It. I. p. 29. tab. 3. fig. 1. cum ic. ...“ (Haller 1768, S. 54f.); „*127. ARTEMISIA foliis sericeis, radicalibus petiolatis, pinnatis, incisis, caulinis semipinnnatis ...“ (a. a. O., S. 55); „128. ARTEMISIA foliis tomentosis, multifidis, floribus erectis, longe spicatis, pene sessilibus ... Absinthium seriphium montanum candidum C. B. SCHEUCHZER It. IV. p. 328. It. VII. p. 508. I. R. H. ...“ (a. a. O., S. 55f.); „ABsinthium Seriphium montanum candidum C. B. ... Absinthium Vallesianum tenuifolium candidum, sive Herba alba J. B. ...“ (Scheuchzer 1723, S. 29); „Absinthium seriphium montanum candidum C. B. Absinthium Vallesianum tenuifolium candidum sive herba J. B. ...“ (a. a. O., S. 328); „Absinthium Seriphïum montanum candidum. C. B. Absinthium austriacum tenuifolium C. B. J. B. Absinthium Vallesianum tenuifolium candidum sive herba alba. J. B. ...“ (a. a. O., S. 508); „614. ARTEMISIA vallesiaca N. ... Artemisia foliis tomentosis multifidis, floribus erectis longe spicatis, pene sessilibus. HALL. hist. tom. 1. n. 128. ... Absinthium seriphium montanum candidum. BAUH. pin. 139. TOURN. inst. p. 458. Absinthium vallesianum tenuifolium candidum, sive herba alba. BAUH. hist. III. p. 179. ... 615. ARTEMISIA rupestris. Artemisia foliis pinnatis, caulibus adscendentibus, floribus globosis cernuis, receptaculo papposo. LINN. Syst. 12. p. 542. Absinthium ex alis floridum, foliis angustis sericeis pinnatis, pinnis trifidis, & quinquefidis. HALL. hist. tom. 1. n. 126. ...“ (Allioni 1785, S. 169); „*48. ARTEMISIA vallesiaca. ... Artemisia vallesiaca. Allion. ped. n. 614. Artemisia filaginoidea. Stechm. Artemis. p. 30. n. 28. A. foliis tomentosis multifidis, ... Hall. helv. n. 128. Absinthium seriphium montanum candidum. Bauh. pin. 159. Absinthium vallesiacum tenuifolium candidum sive herba alba. Bauh. hist. 3. p. 179. Walliser Beyfus. W. ...“ (Linné 1797–1830, Bd. III, Teil 3, S. 1837); „53. Artemisia vallesiana. ... Wallischer Beyfuß. ...“ (Dietrich 1815, S. 331f.); „95. ARTEMISIA ex alis florida, foliis breuibus, palmatis, supinis semiteretibus HALL. Helv. 694. Absinthium seriphium montanum, candidum C. B. P. Absinthium Valesiacum tenuifolium, siue he<r>ba alba I. B. 3. p. 179. ... Varietas datur corymbis maiusculis sphaericis, calicis squamulis incanis, splendentibus, et in apicem spadiceum terminatis, spicis multo laxioribus. STELLERUS vna cum varietate in rupibus ad litus Baicalis lacus inuenit, et sub numeris 656. 657. in Flora Ircutensi recensuit.“ (Gmelin 1747–1769, Bd. II, S. 111), nahezu identisch auf Bll. 68v–69r in: AAW R. I, Op. 105, D. 28 – s. Anm. 61 in Nr. 21; „95. Artemisia ex alis florida, foliis brevibus, palmatis, supinis semiteretibus. (excl. synon.) [=] Artemisia frigida W.?“ (Ledebour 1841, S. 73); „111. ABSINTHIUM incanum, foliis compositis, tenuissime multifidis, floribus subglobosis, pendulis. Tab. LXII. Absinthium alpinum incanum C. B. pr. 71. Absinthium vmbelliferum, muttelina quibusdam I. B. III. p. 183. Artemisia ex alis florido, foliis petiolatis, palmatis, planis, sericeis HALL. Helv. 695. ...“ (Gmelin 1747–1769, Bd. II, S. 128f.), nahezu identisch auf Bll. 78v–79r in: AAW R. I, Op. 105, D. 28 – s. Anm. 61 in Nr. 21; „111. Absinthium incanum, foliis compositis, tenuissime multifidis, floribus subglobosis, pendulis. t. LXII. (excl. synon.) [=] Artemisia frigida W.!“ (Ledebour 1841, S. 75); „5. ARTEMISIA FRIGIDA. Willd. Spec. pl. III. p. 1838. ... Absinthium incanum, ... Gmel. Fl. sib. II. p. 128. No. 111. t. LXII. (excl. synon.) ...“ (Ledebour 1833, S. 65f.); „*51. ARTEMISIA frigida. W. ... Kalter Beyfus. W. ...“ (Linné 1797–1830, Bd. III, Teil 3, S. 1838); „80. A[rtemisia] frigida (WILLD. Spec. pl. III., p. 1838) ... Absinthium incanum, foliis compositis, tenuissime multifidis, floribus subglobosis, pendulis. GMEL. Fl. sib. II, p. 128, Nr. 111, t. 62 (excl. synon.). Absinthium perenne, pumilum, argenteum, folio tenuiter dissecto. MESSERSCHM. in AMMAN. ruth. p. 146, Nr. 199? ...“ (Ledebour 1844–1846, S. 597f.); „199. ABSINTHIUM perenne, pumilum, argenteum, folio tenuiter dissecto, breui, ad caulem appresso, suave odoro, an Absinthium candidum, humile C. B. Prodr. 71? Messerschm. in desertis inter Dalai et Daschimack lacus. ...“ (Amman 1739, S. 146); „33. Artemisia frigida Willd. Ein Spiritusaufguss oder eine wässerige Abkochung dieser Pflanze gilt beim Volke des G. Perm für ein sehr gutes Mittel gegen Brustkrankheiten und wird auch bei Fieber eingenommen. (19. p. 80.) – Im Minussinskischen Bezirke trinkt man eine Abkochung davon bei Bauchschmerzen, Athembeschwerden und Husten. ..." (Demitsch 1889, S. 181); „Absinthium viride f. multifidis linearibus (Fl. sib. II. 131. nr. 114. Artemisia rupestris L. viridis W.) Artemisia ex alis florida f. brevibus palmatis (supinis) semiteretibus. (Est synonymia in Fl. sib. II. 111. nr. 95., quam Cel. Ledeb. non sine dubio ad A. frigida W. conjicit, et in Fl. rossica ad A. anethifoliam W. in quaestionem vocat. Sed cf. Fl. sib. II. 128. nr. 111. quam indubitanter A. frigidam W. determinat. Nec folia palmata ad A. frigidam quadrant. Et synonymon Halleri et descriptio Gmelini nr. 95. multo magis ad A. alpinam W. lanatam Dec. accedunt.) est herba alba Vales. (Halllerus A. vallesiacam W. indicit, neque in Fl. sib. neque ross. exhibitam et panicula diversam. Absinthium incanum f. compositis tenuissime multifidis floribus subglobosis pendulis (Fl. sib. II. 128. nr. 111., Artemisia frigida W.) est Absinthium alpinum incanum C. B. (Synonymon hoc C. B. iterum A. alpinam W. A. lanatam Dec. significat et synonymon Hall. hel. 695., a Gmelino item ad suam nr 111. ductum ad A. vallesiacam W. spectat.)" (A. von Haller in einem undatierten Brief an J. G. Gmelin – Plieninger 1861, S. 142); „Artemisia ex alis florida etc. Haller (Fl. sib. II. 111. nr. 95. A. vel frigida W. vel alpina W. vid. supra.) – non est nostrum alpinum, cui folia magis sericea pubescunt pilis brevibus et magis adpressis – florum exemplar non habeo." (a. a. O., S. 143); Artemisia frigida Willd. – russ. *chamba* (*Annenkov* 1858, S. 19, Nr. 140)

„Absinthium Seriphium montanum candidum C. B. P. B. n 9." (AAW R. I, Op. 68, D. 2, Bl. 1r, s. Anm. 62 in Nr. 22); „241. Absinthium Vallesianum tenuifolium candidum seu Herba alba JB. 3. p. 179" (AAW R. I, Op. 6, D. 40, Bl. 33v, s. Anm. 1 in Nr. 1); „401. Artemisia incana lanuginosa, Absinthij arborescentis folio, Comm. Par. 1719. Absinthium Santonicum, Gallicum B. Pin. 139. ... Fl. Irc. n°. 658." (AAW R. I, Op. 105, D. 1ª, Bl. 41r, s. Anm. 29 in Nr. 5); „3. Artemisia incana, lanuginosa, Absinthij arborescentis folio Comm. Par. 1719." (AAW R. I, Op. 13, D. 67, Bl. 26r, s. Anm. 5 in Nr. 4); „Absinthium Alpinum, incanum. Bauh. Prodr. 71. n°. 91." (AAW R. I, Op. 13, D. 19, Bl. 5v, s. Anm. 54 in Nr. 17); „114. Abrotanum perenne, pumilum, argenteum, folio tenuiter dissecto, brevi, ad caulem appresso, suave odoro Amm. 198. [sic!]" (AAW R. I, Op. 105, D. 16, Bl. 2v, s. Anm. 5 in Nr. 4); „315 „d. „[18. September 1724] Absinthii perennis pumili argentei, foliolo tenuiter dissecto brevi, ad caulem appresso, suave odorum; An Tournef. Sp. 19?„ " (AAW F. 98, Op. 1, D. 23, Bl. 9v, s. Anm. 49 in Nr. 653); s. auch Nr. 652, Nr. 655, Nr. 656, Nr. 657 und Nr. 661

60 „393 Absinthium Tanaceti folio utrimq₃ viridi florum corymbis exiguis caule rubro Flor. ircut. No. 659. ..." (AAW R. I, Op. 104, D. 25, Bl. 29v, s. Anm. 61 in Nr. 21)

61 „394. Absinthium Tanaceti folio utrimq₃ incano florum corymbis exiguis. caule rubro. l. c. [d. h. die Flora Irkutiensis] No. 660 ..." (AAW R. I, Op. 104, D. 25, Bl. 29v, s. Anm. 61 in Nr. 21)

62 „107. ARTEMISIA radice perenni, foliis pinnatis, pinnis pinnatifidis, incisis, serratis, calicibus subrotundis, viridibus, nutantibus. I. Laciniis angustissimis. Tab. LVII. Absinthium humile, peucedani folio, corymbis aureis AMM Ruth. n. 195. Absinthium Scandicis folio non ramoso AMM. Ruth. 196. ? Abrotanum pumilum folio tenuissime laciniato, flosculis maioribus, odore tanaceti valido MESS. AMM. Ruth. 203. Absinthium montanum humile tanaceti foliis corymbis quamplurimis, minutis STELL. Irc. 664. II. Laciniis latioribus, rachi foliorum media dentata. Tab. LVI. Fig. 2. Absinthium incanum tanaceti folio, lauendulae fere odore MESS. III. Laciniis latioribus, rachi media foliorum nuda. Tab. LVIII. Absinthium pimpinellae folio AMM. Ruth. n. 194. Absinthium tanaceti folio latiori, vtrimque viridi, corymbis maioribus, odore nauseoso STELL. Irc. 661. vt plura alia STELLERI absinthia. Abrotanum tanaceti folio viridi et odore, ramosissimum MESS. VI. [sic!] Laciniis latis, rachi foliorum media alata. Tab. LVI. Fig. 3. ... II[da] varietas Tataris Krasnoiarensibus Irben dicitur, ..." (Gmelin 1747–1769, Bd. II, S. 122ff.), nahezu identisch auf Bll. 75r–76v in: AAW R. I, Op. 105, D. 28 – s. Anm. 61 in Nr. 21; „107. Artemisia radice perenni, foliis pinnatis, pinnis pinnatifidis incisis serratis, calycibus subrotundis viridibus nutantibus. I. Laciniis angustissimis. t. LVII. f. sinistra [=]

Artemisia laciniata W.! [;] f. dextra. (excl. diagnosi, synon. et descript.) [=] Artemisia latifolia Ledeb.! [;] II. Laciniis latioribus, rhachi foliorum media dentata. t. LVI. t. 2. [=] Artemisia sacrorum Ledeb. β. intermedia! [;] III. Laciniis latioribus, rhachi media foliorum nuda. t. LVIII. [=] Artemisia macrobotys Ledeb.! [;] IV. Laciniis latis, rhachi foliorum media alata. t. LVI. f. 3. [=] Artemisia sacrorum Ledeb. α. latiloba? (Artemisia punctata Bess. Abrot. 43.)" (Ledebour 1841, S. 74f.); „195. ABSINTHIUM humile, Peucedani folio, corymbis aureis. ..." (Amman 1739, S. 144); „194. ABSINTHIUM Pimpinellae folio Gmel. ..." (a. a. O., S. 143f.); „196. ABSINTHIUM Scandicis folio, non ramosum. ..." (a. a. O., S. 145); „*60. ARTEMISIA laciniata. W. ... A. radice perenni, foliis pinnatis, ... Gmel. sib. 2. p. 122. t. 57. Absinthium humile paucedanifolio [sic!] corymbis aureis. Amman. ruth. n. 195. β A. laciniis latioribus rachi media foliorum nuda. Gmel. sib. 2. p. 123. n. [sic!] 58. Absinthium pimpinellae folio. Amman. ruth. n. 194. Feintheiliger Beyfus. W. ..." (Linné 1797–1830, Bd. III, Teil 3, S. 1843); „23. ARTEMISIA tanacetifolia. ... A. foliis bipinnatis ... Sp. pl. 1188. ... Stechm. Artemis. p. 12. n. 3. (exclusis varietatibus.) ... Wurmkrautblättriger Beyfus. W. ..." (a. a. O., S. 1825); „III. ARTEMISIA tanacetifolia. Artemisia foliis bipinnatis, ... LINN. Spec. Pl. p. 1188. Sp. 13. ... Artemisia radice perenni; ... GMEL. Sib. II. p. 122. n. 107. ... α. Laciniis angustissimis GMEL. Sib. T. II. p. 122. n. 107. I. T. 57. Absinthium humile Peucedani folio; ... AMM. ruth. p. 144. n. 195. Absinthium Scandicis folio, ... STELL. p. 664. Absinthium pumilum, ... MESS. apud AMM. ruth. p. 147. n. 203. ... β. Laciniis latioribus, ... GMEL. Sib. T. II. p. 122. n. 107. II. T. 26. f. 2. ... γ. Laciniis latioribus, ... GMEL. Sib. T. II. n. 107. III. p. 143. n. 194. Absinthium Tanaceti folio latiori, ... STELL. p. 661. (vt plura alia Stelleri Absinthia) ... δ. Laciniis latis, ... GMEL. Sib. T. II. n. 107. IV. p. 123. T. 56. f. 3. ..." (Stechmann 1775, S. XXII–XIV); „16) Rheinfarrnblätterichter Beyfuß. Artemisia tanacetifolia. ... Artemisia foliis bipinnatis subtus tomentosis nitidis: pinnis transversis, racemis simplicibus. LINN. Syst. Veg. p. 619. Sp. Pl. p. 1188. ... Artemisia radice perenni, foliis pinnatis pinnatifidis incisis serratis, calycibus subrotundis viridibus nutantibus. GMEL. Sib. 2. p. 122. n. 107. tab. 56. f. 2. 3. et tab. 57. ... Gmelin beschrieb solche in seiner Sibirischen Flora umständlich, woselbst er auch verschiedene merkwürdige Abänderungen abgebildet hat, welche in Ansehung der bald mehr bald weniger schmahlen und breiten Blätter, der Zähne und Flügel der Mittelribbe, dem bestäubten, graulichten und grünen ihrer ganzen Fläche von einander abweichen. Einige haben auch einen angenehmen, andere beynahe keinen, oder gar widerwärtigen Geruch." (Linné 1783a, S. 277); „Artemisia tanacetifolia, ... Beyfus mit Rheinfarrenblättern, mit zweymal gefiederten, auf der untern Fläche filzigen und glänzenden Blättern, deren Federn in die Quere stehen, und einfachen Blumenähren: ..." (Gmelin 1772a, Sp. 777); „9. ARTEMISIA LATIFOLIA. m. ... Artemisia. Gmel. Fl. sib. II. t. LVII. fig. dextra (excl. diagn., synon. et descript.). ..." (Ledebour 1833, S. 70f.); „11. ARTEMISIA MACROBOTRYS. m. ... A. laciniata β. Willd. Spec. pl. III. p. 1843. Artemisia radice perenni, ... III. Laciniis latioribus, ... Gmel. sib. II. p. 122. 123. No. 107. t. LVIII. Absinthium Pimpinellae folio. Amman. ruth. p. 143. No. 194. ..." (a. a. O., S. 73ff.); „12. ARTEMISIA LACINIATA. Willd. ... A. laciniata Willd. Spec. pl. III. p. 1043. (excl. var. β.) ... Artemisia radice perenni, ... I. Laciniis angustissimis. Gmel. Fl. sib. II. p. 122. No. 107. t. LVII. fig. sinistra. Absinthium humile, ... Amman. ruth. p. 144. No. 195.? ..." (a. a. O., S. 75f.); „39. A[rtemisia] laciniata (WILLD. Spec. pl. III, p. 1843, excl. var. β.) ... A. radice perenni, ... GMEL. Fl. sib. II, p. 122, Nr. 107, t. 57, fig. sinistra. Absinthium humile, ... AMMAN. ruth. p. 144., Nr. 195? ..." (Ledebour 1844–1846, S. 581f.); „40. A[rtemisia] macrobotrys (LEDEB. Fl. alt. IV, p. 73. ...) ... A. laciniata WILLD. Spec. pl. III, p. 1843. A. tanacetifolia. L. SP. ed. 1. p. 848, ... GEORGI Beschr. d. Russ. R. III, 4. p. 1233 (excl. syn. GMEL. t. 56). ... Artemisia. GMEL. Fl. sib. II, p. 122 et 123, Nr. 107. III. laciniis latioribus, ... t. 58. Absinthium pimpinellae folio. AMMAN. ruth. p. 143, Nr. 194. ..." (a. a. O., S. 582); „41. A[rtemisia] latifolia ... A. latifolia. LEDEB. Fl. alt. IV, p. 70. ... Artemisia. GMEL. Fl. sib. II, t. 57 f. dextra (excl. diagn., synon. et descript.). ..." (a. a. O., S. 582f.); „32. A[rtemisia] sacrorum (LEDEB. Fl. alt. IV, p. 72) ... α. latiloba (LEDEB. l. c.) ... A. radice perenni, ... GMEL. Fl. sib. II, p. 122, Nr. 107, t. 56, f. 3. β. intermedia (LEDEB. l. c.) ..." (a. a. O., S. 578f.); „10. ARTEMISIA SACRORUM. m. ...

α. latiloba: ... β. intermedia: ... Artemisia radice perenni, ... II. Laciniis latioribus, ... Gmel. Fl. sib. p. 122. No. 107. t. LVI. f. 2. ..“ (Ledebour 1833, S. 72f.); „Sie [d. h. die Katschinzen; s. Glossar: Katschinzen] fürchten aber mehr ein böses Wesen, und opfern ihm, ... Demselben weihen sie auf einem Fest ... ein männliches Pferd ... Dasselbe wird um das Opferfeuer geführt, mit dem Kraute Irwen, welches ein kleiner wohlriechender Wermuth (*) ist, geräuchert ... |: (*) Es ist eine Spielart von Artemisia tanacetifolia, die auf trocknen Bergen wächst. :|“ (Pallas 1773, S. 682); „10. ARTEMISIA tanacetifolia ... Reinfarnblättrige Artemisie. Katschinsk. Irwan. Gm. Sib. 2. T. 56 et 58. ... Den Katschinzen am Tom ist das Kraut heilig und von abergläubischen Anwendungen.“ (Georgi 1797–1802, Theil 3, S. 1233); „905. ARTEMISIA laciniata: ... Willd. spec. pl. 3. p. 1845. [sic!] Gmel. sib. 2. p. 122. t. 57. ...“ (Wahlenberg 1833, S. 530f.); „Absinthium radice perenni f. pinnatis pinnis pinnatifidis (Fl. sib. II. 122. n. 107. var. 1. Artemisia laciniata W. sed cf. species sub varietatibus Gmelini cumulatas apud Ledebourium.).“ (A. von Haller in einem Brief an J. G. Gmelin – Plieninger 1861, S. 142)

„111. Absinthium Pimpinellae folio Amm. 194. 112. Absinthium Scandicis folio, non ramosum Amm. 196.“ (AAW R. I, Op. 105, D. 16, Bl. 2v, s. Anm. 5 in Nr. 4); „62 Absinthium pimpinellae folio, ...“ (AAW R. I, Op. 105, D. 19, Bl. 2r, s. Anm. 55 in Nr. 18); „* Absinthium Pimpinellae folio. Obs. in Histor. nat. cxxv. ...“ (AAW R. I, Op. 105, D. 2, Bl. 13r, s. Anm. 54 in Nr. 17); „CXXV. Absynthium Pimpinellae folio. ...“ (AAW R. I, Op. 105, D. 8^{a}, Bl. 51r, s. Anm. 46 in Nr. 79); „Abrotanum pumilum folio tenuissume inciso, flosculis Abrotani vulgaris, Tanaceti odore valido. ...“ (AAW R. I, Op. 15, D. 14, Bl. 15r, s. Anm. 75 in Nr. 101); „34. Absinthium Tanaceti folio & Ind. Transbaic.“ (AAW R. I, Op. 15, D. 1, Bl. 11v, s. Anm. 24 in Nr. 64); „268 „d. „[14. September 1724] „[Sem.] Abrotani pumili folio tenuissimè lacinato, flosculis majoribus, odore Tanaceti valido.„ “ (AAW F. 98, Op. 1, D. 23, Bl. 7v, s. Anm. 49 in Nr. 653); „295 „d. „[16. September 1724] „Sem. Absinthii incani, Tanaceti folio Lavendulae ferè odore. „ “ (a. a. O., Bl. 8r); „14. September ... fand sich noch ein schönes Abrotanum annuum, ... Item Abrotanum pumilum, folio tenuissime inciso, flosculis Abrotano vulgaris, Tanaceti odore valido. ...“ (Messerschmidt 1962–1977, Bd. 3, S. 140ff.); s. Nr. 658

63 s. Nr. 661

64 „[species 6] Abrotanum campestre, cauliculis albicantibus C. B. Pin. 136. Abrotanum sylvestre, inodorum, cauliculis ex viridi albicantibus Schuvenck. 5.“ (Tournefort 1700, S. 459, Genus III. „Abrotanum. Auronne.“); „Abrotanum campestre album. ... Abrotanum sylu. inodorū coliculis ex viridi albicantib. ... Wilder Beyfuß. Sil. Besemkraut. ...“ (Schwenckfeld 1600, S. 5); „IV. Abrotanum campestre. ... Duplex est: nam alteri cauliculi sunt albicantes, alter rubentes ...“ (Bauhin 1623, S. 136); „7. Artemisia tenuifolia. Dod. Pempt. 33. Abrotanum campestre, caulibus albicantibus. B. Pin. 136. & I. R. H. 459. Eadem caulibus rubentibus. Abrotanum campestre, caulibus rubentibus. B. Pin. 136 & I. R. Herb. 459. Artemisia iij. Clus. Hist. 340.“ (Vaillant 1721, S. 285); „1. ABROTANUM CAMPESTRE, CAULICULIS ALBICANTIBUS. C. B. Pin. 136. ...“ (Vaillant 1727, S. 1); „4. Die wilde oder Feld=Männlein=Stabwurtz, mit Daumens dicker, langer, holtzichter Wurtzel, etliche Ellen hohen, dicken Stengeln, weißgrau=haarigen, vielfach zerschnittenen, riechenden Blättern, ... Abrotanum campestre, cauliculis rubentibus, C. B. P. T. B. J. A, loc. cit. ... Abrotanum campestre. Park. ... idem cauliculis albicantibus. C. B. P. T. B. J. A. loc. cit. ...“ (Zwinger 1744, S. 609); „6. ABROTANUM campestre, cauliculis albicantibus. C. B. P. Die zartblätterichte, wilde Stabwurz, mit weislichten Stengeln.“ (Miller 1750, S. 6); „102. ARTEMISIA foliis multifidis, linearibus, caule procumbente LINN. h. Cliff. 403. ROY. pr. 154. Artemisia tenuifolia DOD. pempt. 33. Abrotanum campestre TAB. 16. Artemisia tenuifolia siue leptophyllos, aliis abrotanum syluestre I. B. III. 194. Abrotanum campestre cauliculis rubentibus et albicantibus C. B. P. 136. TOURN. I. R. H. 459. Artemisia foliis planis, longe petiolatis, pinnis pinnatis, caule procumbente, laxe spicato HALL. Helv. 697. j. Eadem caule erecto. Tab. LIII. Fig. 1. 2. jj. Eadem laciniis foliorum capillaribus subincanus. jjj. Eadem laciniis foliorum capillaribus hirsutis. jV. Eadem floribus ampliatis, globorum echinatorum specie caulibus et ramis alternatim

adnescentibus. V. Eadem vmbellis lanuginosis, foliosis, rosaceis excrescens. ..." (Gmelin 1747–1769, Bd. II, S. 117ff.), nahezu identisch auf Bll. 72r–73r in: AAW R. I, Op. 105, D. 28 – s. Anm. 61 in Nr. 21; „102. Artemisia foliis multifidis linearibus, caule procumbente [=] Artemisia campestris L. cum aliis speciebus confusa. [;] I. Eadem caule erecto. t. LIII. f. 1. 2. [=] Artemisia inodora M. a Bieb." (Ledebour 1841, S. 74); „5. ARTEMISIA foliis ramosis linearibus, caule procumbente. Artemisia tenuifolia sive leptophyllos, aliis Abrotanum sylvestre. Bauh. hist. 3. p. 194. Artemisia tenuifolia. Dod. pempt. 33. ... Abrotanum campestre. Bauh. pin. 136. cauliculis rubentibus. Tournef. inst. 459. ... α Abrotanum campestre, cauliculis albicantibus. Tournef. ..." (Linné 1737, S. 403f.); „668. ARTEMISIA foliis multifidis linearibus, caule procumbente. Hort. cliff. 403. Roy. lugdb. 154. Artemisia tenuifolia. Dod. pempt. 33. ... Abrotanum campestre. Bauh. pin. 136. cauliculis rubentibus. Tournef. inst. 459. ... β Abrotanum campestre, cauliculis albicantibus. Tournef. inst. 403. [?] ..." (Linné 1745, S. 240); „XXII. ARTEMISIA campestris. Artemisia foliis multifidis, ... LINN. Spec. Pl. p. 1185. sp. 4. ... Hort. Cliff. p. 403. ... GMEL. Sib. T. II. p. 117. n. 102. ... Artemisia tenuifolia DOD. Pempt. p. 33. ... VAILL. act. par. 1719. p. 285. sp. 7. ... Wilde Stabwurtz, klein Traubenkraut Germ. ... α. Caulibus rubentibus. Abrotanum campestre cauliculis rubentibus C. BAVH. Pin. p. 136. TOVRN. Inst. p. 459. ... β. Caulibus albicantibus. Abrotanum campestre, caulibus albicantibus TOVRN. Inst. p. 459. C. BAVH. Pin. p. 136. ... γ. Eadem caule erecto. GMEL. Sib. T. II. p. 117. n. 120. j. Tab. 51. f. 1. 2. δ. Eadem laciniis foliorum ... GMEL. Sib. T. II. p. 117. n. 102. jj. ε. Eadem laciniis foliorum ... GMEL. Sib. T. II. p. 117. n. 102. jjj. ζ. Eadem floribus ampliatis, ... GMEL. Sib. T. II. n. 102. p. 118. jv. ϑ. Eadem umbellis ... GMEL. Sib. T. II. n. 102. p. 118. v. ..." (Stechmann 1775, S. XXVI–XXVIII); „8) Feldbeyfuß. Artemisia campestris. ... Artemisia foliis multifidis linearibus, caulibus procumbentibus virgatis. LINN. Syst. Veg. p. 619. Sp. Pl. p. 1185. Hort. Cliff. 403. ... GMEL. Sib. 2. p. 117. n. 102. tab. LIII. f. 1. 2. ... Abrotanum campestre. C. BAUH. pin. 136. ... Artemisia tenuifolia. DOD. pempt. 33. ... Diese ... ist die eigentliche wilde Stabwurz der Alten, und führet ausser dieser Benennung noch im Deutschen den Namen klein Traubenkraut. ... Man hat von ihr verschiedene Abänderungen, welche theils röthliche theils weißlichte Stämme haben. Sie hat einen sehr scharfen gewürzhaften Geruch, weshalb sie auch von einigen Ambrosia oder klein Traubenkraut, wie oben schon angezeigt worden, genennet wird." (Linné 1783a, S. 267f.); „28. ARTEMISIA campestris. ... A. foliis multifidis linearibus, caulibus procumbentibus virgatis. Hort. cliff. 403. ... Gmel. sib. 2. p. 117. ... Stechm. Artem. 26. ... Abrotanum campestre. Bauh. pin. 136. ... Feld-Beyfus. W. ..." (Linné 1797–1830, Bd. III, Teil 3, S. 1827f.); „25. ARTEMISIA CAMPESTRIS. Linn. ... A. campestris. Linn. Willd. Spec. pl. III. p. 1827. ... M. a Bieb. Fl. taur. cauc. III. p. 565. No. 1695*. ... Artemisia foliis multifidis, linearibus, caule procumbente. Gmel. Fl. sib. II. p. 117. No. 102. t. LIII. f. 1. 2. ..." (Ledebour 1833, S. 86f.); „14. A[rtemisia] campestris (L. SP. 1185) ... M. a BIEB. Fl. t. c. III, p. 565. ... LEDEB. Fl. alt. IV, p. 86 (ex parte). ... A. foliis multifidis, ... GMEL. Fl. sib. II, p. 117, Nr. 102 (excl. var. I). ..." (Ledebour 1844–1846, S. 565f.); „[Abrotanum] campestre, ist bey Theodor, Gerard, und C. Bauhin der Feldbeyfuß; der leztere führt zwey Spielarten davon an, aus welchen Tournefort und Boerhaave zwey unterschiedene Arten machen; sie nennen die erste mit weissen Stengeln [Abrotanum] campestre cauliculis albicantibus; Schwenke nennt sie Abrotanum silvestre inodorum, cauliculis ex viridis albicantibus; und die andere mit röthlichen Stengeln. Abrotanum campestre cauliculis rubentis; bey Schwenke heißt sie Abrotanum silvestre inodorum, cauliculis purpurascentibus und J. Bauhin versteht sie unter dem Namen Abrotanum silvestre." (Gmelin 1772a, Sp. 7f.); „1695. ARTEMISIA inodora. A. foliis multifidis ... Gmel. sib. 2. p. 117. n. 102. t. 63. f. 1. 2. ..." (Marschall von Bieberstein 1808, S. 295); „1695*. ARTEMISIA campestris. ... Linn. ed. Willd. 3. p. 1827. ... Gmel. sib. 2. p. 117. n. 102. (exclusis varietatibus.) ..." (Marschall von Bieberstein 1819, S. 565f.); „3. ARTEMISIA campestris ... Feld=Artemisie. ..." (Georgi 1797–1802, Theil 3, S. 1232); „Artemisia (campestris) ... Linn. Spec. plant. ed. Willd. T. III. p. 1827. ... Abrotanum campestre caulibus rubentibus. C. BAUH. pin. p. 136. ... Feld-Beyfuss, wilder Beyfuss, wilde

Stabwurz, Feldstabwurz, Feldaberreis, Besemkraut. ... Von der Artemisia campestris wird an mehreren Orten der in den Apotheken vorkommende rothe Beyfuss, Herba s. Summitates Artemisiae rubrae, gesammelt. ..." (Hayne 1809, Nr. 9); „Die Stabwurz, o. Mz. ... Die wilde Stabwurz ist eine andere Art dieses Geschlechts, ... und ebenfalls einen starken würzhaften Geruch hat (Artemisia campestris L.); auch Feldstabwurz, Feldbeifuß, rother Beifuß, Feldeberreis, Besenkraut, kleines Traubenkraut." (Campe 1810, S. 571); „15. A[rtemisia] inodora (M. a BIEB. Fl. t. c. II, p. 295; III, p. 565 non WILLD.) ... A. (foliis multifidis, linearibus, caule procumbente). I. caule erecto. GMEL. Fl. sib. II, p. 117. Nr. 102. t. 3. f. 1. ..." (Ledebour 1844–1846, S. 566); „25. Artemisia Canadensis, Ferulaceo folio. D. Sarrazin." (Vaillant 1721, S. 287); Artemisia campestris L. – russ. *polevye veniki* bzw. *nechvorošč'* (*Annenkov* 1858, S. 19, Nr. 137)

„Abrotanum – – [katschinzisch] Írben – – [kamasinzisch] Irmen, Irben. [kotowzisch] Íde-Kirang" (J. G. Gmelin in: AAW F. 21, Op. 5, D. 73, Bll. 295v–296r); „396) Abrotanum campestre cauliculis albicantibq C. B. P. 136. ..." (AAW R. I, Op. 104, D. 25, Bl. 29v, s. Anm. 61 in Nr. 21); „5. An Artemisia Canadensis Ferulaceo folio D. Sarrazin Comm. Par. 1719? Ind. Jen. n°. 403. Fl. Irc. n°. 665." (AAW R. I, Op. 13, D. 67, Bl. 26r, s. Anm. 5 in Nr. 4); „156. Artemisia tenuifolia Dod. Pempt. 33. ... j. Eadem caulibus rubentibus." (AAW R. I, Op. 105, D. 4ª, Bl. 21v, s. Anm. 54 in Nr. 17); „493. An Artemisia tenuifolia Dod. Pempt? ... j Eadem caulibus rubentibus. An Abrotanum campestre, caulibus rubentibus B. Pin. & I. R. H.?" (AAW R. I, Op. 13, D. 42, Bll. 104r–104v, s. Anm. 1 in Nr. 1); „403. An Artemisia Canadensis, Ferulaceo folio D. Sarrazin Comm. Par. 1719? Ic. Len. plant. Tab. Lxxiv. ... Fl. Irc. n°. 665. ..." (AAW R. I, Op. 105, D. 1ª, Bl. 41v, s. Anm. 29 in Nr. 5); „410. Artemisia tenuifolia Dod. Pempt. 33. ..." (a. a. O., Bl. 42v, s. Anm. 29 in Nr. 5); „34. Artemisia tenuifolia per globos D. 14. $7^{\underline{br}}$." (AAW R. I, Op. 15, D. 1, Bl. 4v, s. Anm. 24 in Nr. 64); „1077. Artemisia folys planis, longe petiolatis, pinnis-pinnatis, caule procumbente, laxe spicato Hall. Alp. 697. Artemisia tenuifolia Dod. Artemisia folys multifidis linearibus, caule procumbente Linn. vir. 83. ..." (AAW R. I, Op. 13, D. 20, Bl. 9r, s. Anm. 1 in Nr. 1); s. auch Nr. 666

65 „[species 8] Abrotanum campestre, cauliculis rubentibus C. B. Pin. 136. Abrotanum inodorum, cauliculis purpurascentibus Schuvenck. 5. Artemisia tenuifolia sive leptophyllos, aliis Abrotanum sylvestre J. B. 3. 194." (Tournefort 1700, S. 459, Genus III. „Abrotanum. Auronne."); „Abrotanum campestre rubrum. Abrotanum inodorum coliculis purpurascentibus. ... Roter wilder Beyfuß. Sil. Rot Besemkraut. ..." (Schwenckfeld 1600, S. 5); „7. ABROTANUM campestre, cauliculis rubentibus. C. B. P. Die zartblätterichte wilde Stabwurz, mit röthlichten Stengeln." (Miller 1750, S. 6); „2. ABROTANUM CAMPESTRE, CAULICULIS RUBENTIBUS. C. B. Pin. 136. ... Cette plante, & la precedente [d. h. Abrotanum campestre, cauliculis albicantibus], qui nèn est qu'une varieté, ..." (Vaillant 1727, S. 1)

„Abrotanum campestre cauliculis rubentibus C B. P. Sem ab Heinz. com̄unicata." (AAW R. III, Op. 1, D. 162, Bll. 15v–16r, s. Anm. 54 in Nr. 17); „244 Abrotanum campestre cauliculis rubentibus CBP. 136." (AAW R. I, Op. 6, D. 40, Bl. 34r, s. Anm. 1 in Nr. 1); „397) Abrotanum campestre cauliculis rubentibq C. B. P. ..." (AAW R. I, Op. 104, D. 25, Bl. 29v, s. Anm. 61 in Nr. 21); „252. Abrotanum campestre cauliculis rubentibus C. B. P." (AAW R. I, Op. 104, D. 13, Bl. 7r, s. Anm. 84 in Nr. 29); „– Abrotanum campestre cauliculis rubentibus CBP. ..." (AAW R. I, Op. 104, D. 8, Bl. 4r, s. Anm. 18 in Nr. 452); s. Nr. 665

66 „410. Artemisia tenuifolia Dod. Pempt. 33. Quae ad Jeniseam specimina vidi, plurimam partem caulibus erant sature purpureis. Credo et Irkutensem et Lenensem eodem modo se habere; Nam quam antehac pro specie caule viridi habui, partim fuerunt specimina Artemisiae viridis Crithmi folio, partim Artemisiae maritimae cinereae, Sophiae folijs Comm. Par. 1719. Fl. Irc. n°. 667. ..." (AAW R. I, Op. 105, D. 1ª, Bl. 42v, s. Anm. 29 in Nr. 5); „12. Artemisia tenuifolia Dod. Pempt. 33. Ind. Len. n°. 410. Fl. Irc. n°. 667." (AAW R. I, Op. 13, D. 67, Bl. 26r, s. Anm. 5 in Nr. 4)

vgl. „10) Bacillenblätterichter Beyfuß. Artemisia crithmifolia. ... Artemisia foliis compositis divaricatis linearibus carnosis glabris, caule adscendente paniculato. LINN. Syst. veg. p. 619. ..." (Linné 1783a, S. 268f.) u. „Artemisia crithmifolia, ... Beyfus mit Meerfenchelblättern, ..." (Gmelin 1772a, Sp. 773); s. auch Nr. 665 u. Nr. 652

67 „[species 11] Abrotanum Lini folio acriori & odorato. Dracunculus hortensis C. B. Pin. 98. Dracunculus hortensis sive Tarchon J. B. 3. 148. Draco herba Dod. Pempt. 709. Estragon." (Tournefort 1700, S. 459, Genus III. „Abrotanum. Auronne."); „De Dracone herba. CAP. XVII. ..." mit der Abbildung „Draco herba." (Dodoens 1616, S. 709); „22. Absinthium edule, Lini folio viridi. Abrotanum Lini folio acriori, & odorato. I. R. H. 459. ..." (Vaillant 1721, S. 284; Vaillant 1723a, S. 374; Vaillant 1754, S. 340); „Abrotanum linifolio acriore & odorato Tournefort. Inst. Dracunculis hortensis C. B. Pin. 98. ... Dragun, Dragoncell, Kaysers=Salat." (Rupp 1726, S. 158); „9. Abrotanum Lini folio acriori & odorato T. loc. cit. Dracunculis hortensis. C. B. P. 98. ..." (Zwinger 1744, S. 609); „2. ARTEMISIA foliis lanceolato-linearibus alternis integerrimis. Absinthium edule, lini folio viridi. Vaill. act. 1719. p. 374. Abrotanum lini folio acriori & odorato. Tournef. inst. 459. ... Draco herba. Dod. pempt. 709. ... Dracunculis hortensis. Bauh. pin. 98. ..." (Linné 1737, S. 403); „109. ARTEMISIA foliis lanceolato-linearibus alternis, integerrimis LINN. h. Cliff. 403. ROY. pr. 154. Tab. LIX. et LX. Fig. 1. Draco herba DOD. pempt. 709. Dracunculus pratensis B. pin. 98. Dracunculus hortensis siue Trachon I. B. 3. 148. Abrotanum procerum, tenuissimo lini folio, flosculis exiguis, vix sinapi semen superantibus, luteis, inodorum MESS. AMM. Ruth. 201. et Abrotanum procerum, lini folio tenui., flosculis maioribus, inodorum MESS. AMM. Ruth. 202. j. Eadem foliis vtrimque incanis. Tab. LX. Fig. 2. ..." (Gmelin 1747–1769, Bd. II, S. 126f.), nahezu identisch auf Bll. 77v–78r in: AAW R. I, Op. 105, D. 28 – s. Anm. 61 in Nr. 21; „109. Artemisia foliis lanceolato-linearibus alternis integerrimis. t. LIX. et LX. f. 1. [=] Artemisia Dracunculus L.! [;] I. Eadem foliis utrinque incanis. t. LX. f. 2. [=] Artemisia glauca Pall.!" (Ledebour 1841, S. 75); „201. ABROTANUM procerum, tenuissimo Lini folio, flosculis exiguis, vix Sinapi semen superantibus, luteis, inodorum Messerschm. 202. ABROTANUM procerum, Lini folio tenui, flosculis majoribus, inodorum Ejusd." (Amman 1739, S. 146f.); „XXV. ARTEMISIA Dracunculus. Artemisia foliis lanceolatis, ... LINN. Spec. Plant. p. 1189. sp. 19. ... Artemisia foliis lanceolato-linearibus, ... Hort. Cliff. p. 403. ... GMEL. Sib. T. II. p. 126. sp. 109. T. 59 et 60. f. 1. ... Abrotanum procerum, ... MESS. apud. AMM. ruth. p. 146. sp. 201. Abrotanum lini folio acriori et odorato TOVRN. Inst. p. 459. ... Absinthium edule, ... VAILL. act. 1719. p. 284. sp. 22. Dracunculus hortensis C. BAVH. Pin. p. 374. ... Dracunculus hortensis siue Tarchon I. BAVH. Hist. T. III. p. 146. Draco herba DOD. Pempt. p. 709. ... Dragunt, Dragonzel Germ. ... β. Foliis vtrinque incanis. GMEL. Sib. T. II. p. 126. n. 109. j. T. 60. f. 2. ... Abrotanum procerum, ... MESS. apud AMM. p. 147. n. 202. ..." (Stechmann 1775, S. XXXVII–XXXVIII); „21) Dragon. Artemisia Dracunculus. ... Artemisia foliis lanceolatis glabris integerrimis. LINN. Syst. Veg. p. 620. Sp. Pl. p. 1189. Hort. Cliff. 403. ... GMEL. Sib. 2. p. 126. t. 59. et 60. f. 1. ... Abrotanum lini folio acriori et odorato. TOURNEF. Inst. R. H. p. 459. ... Dracunculus hortensis. C. BAUH. pin. 99. [sic!] Draco herba DOD. pempt. 709. ... Man nennt sie insgemein im Deutschen Draban oder Dragon, ... Ueberhaupt gehört dieses Gewächs mehr unter die Gewürz= und Küchen= als Arzneykräuter: es wird daraus ein Eßig gemacht, welcher sehr beliebt, und unter dem Namen Estargon bekannt ist. ... man kan auch das ganze Kraut als Gemüße über Fleisch kochen. ..." (Linné 1783a, S. 287f.); „70. ARTEMISIA Dracunculus. ... A. foliis lanceolatis glabris integerrimis. Hort. cliff. 403. ... Gmel. sib. 2. p. 126. t. 59. et 60. f. 1. ... Stechm. Artem. 37. Abrotanum lini folio acriori et odorato. Tournef. inst. 459. Dracunculus hortensis. Bauh. pin. 98. ... Draco herba. Dod. pempt. 709. ... Dragun-Beyfus. W. ..." (Linné 1797–1830, Bd. III, Teil 3, S. 1848); „*37. ARTEMISIA glauca. ... Artemisia glauca. Pallas. Meergrüner Beyfus. W. ..." (a. a. O., S. 1831f.); „27. ARTEMISIA GLAUCA. Pall. ... A. glauca Willd. Spec. pl. III. p. 1831. ... A. piperita. Pall. Artemisia foliis lanceolato-linearibus alternis, integerrimis, var. I. foliis utrinque incanis. Gmel. Fl. sib. II. p. 126. No. 109. t. LX. f. 2. ..." (Ledebour 1833, S. 87f.); 28. ARTEMISIA DRACUNCULUS. Linn. ... A. Dracunculus. Linn. Willd. Spec. pl. III. p. 1848. ... Artemisia foliis lanceolato-linearibus, alternis, integerrimis. Gmel. Fl. sib. II. p. 126. No. 109. t. LIX. et LX. f. 1. (excl. var. I.) ..." (a. a. O., S. 88); „Abrotanum lini folio acriori & odorato, so beschreibt Tournefort den Dragun." (Gmelin 1772a, Sp. 11); „[Artemisia] Dracunculus, foliis lanceolatis glabris integerrimis; Dragun, Beyfus, mit lanzenförmigen, glatten und glattrandigen

Blättern; gemeines Schlangenkraut; ... ihre Blätter sind sehr gewürzhaft, angenehm und magenstärkend; sie geben daher einen gesunden und wohlschmekenden Salat; man macht auch einen Eßig daraus." (a. a. O., Sp. 781f.); „9. A[rtemisia] Dracunculus (L. SP. 1189) ... LEDEB. Fl alt. IV, p. 88. ... A. foliis lanceolato-linearibus ... GMEL. Fl. sib. II, p. 126, Nr. 109 (excl. var. I), t. 59 et 60. f. 1. ... β. Redowskyi.: ... Abrotanum procerum: ... AMMAN ruth. p. 147, Nr. 202. ..." (Ledebour 1844–1846, S. 563); „10. A[rtemisia] glauca (PALL. in WILLD. Spec. pl. III, p. 1831) ... LEDEB. Fl. alt. IV, p. 87 (excl. A. piperita PALL., ...) ... A. foliis lanceolato-linearibus ... GMEL. Fl. sib. II, p. 126, Nr. 109. t. 60. f. 2. ..." (a. a. O., S. 563f.); „956. Artemisia Dracunculus. Lin. Sp. 21. ... Dragun. Armen. Targun. ..." (Falk 1786, S. 239); russ. *ėstragon* bzw. *ėstragun* – Artemisia dracunculus (Vasmer 2008, S. 464); „Sonst ist auch das Pfefferkraut (Artemisia Dracunculus) hier und weiterhin auf den Bergen am Jaik ein gemeines, aber fast geruchloses Kraut; ..." (Pallas 1771, S. 226); „15. ARTEMISIA Dracunculus. ... Dragun=Artemisie. Dragun. R. Dragun [russ. *dragun*]. Ein Gewürz= und Heilkraut, und der Küche wegen in vielen Gärten." (Georgi 1797–1802, Theil 3, S. 1234); „27. ARTEMISIA piperita Pall. Ind. Pl. Taur. Pfeffer=Artemisie. ..." (a. a. O., S. 1236); „Artemisia f. lanceolato-linearibus alternis integerrimis – an Draco insipidus? (Fl. sib. II. 126. nr. 109. excl. var. A. dracunculus L. et var. I. A. glauca Pall.)" (A. von Haller in einem Brief an J. G. Gmelin – Plieninger 1861, S. 142); Artemisia Dracunculus L. – russ. *ėstragon*, *dragun*, *perec dikij*, bzw. *targun* (*Annenkov* 1858, S. 19, Nr. 139); „Dracūnculus BESS. (Compositae). Dimin. von draco, δρακων (Schlange); die Wurzel ist schlangenartig gewunden." (Wittstein 1852, S. 301)

„102. An Abrotanum Lini folio acriori et odorato I. R. H?" (AAW R. I, Op. 14, D. 8, Bl. 2v, s. Anm. 98 in Nr. 39); „1. Abrotanum Lini folio, acriori et odorato. Inst. r. h. 459." (AAW R. I, Op. 13, D. 16, Bl. 27v, s. Anm. 32 in Nr. 6); „Abrotanum Lini folio acriore & odorato & incano. ..." (AAW R. I, Op. 104, D. 25, Bl. 30r, s. Anm. 61 in Nr. 21); „– Abrotanum lini folio acriori et odorato I R. H. ..." (AAW R. I, Op. 104, D. 8, Bl. 4r, s. Anm. 18 in Nr. 452); „245 Abrotanum lini folio acriori et odorato Inst. r. h. 459." (AAW R. I, Op. 6, D. 40, Bl. 34r, s. Anm. 1 in Nr. 1); „255. Draco herba Dod. B. n. 1." (AAW R. I, Op. 104, D. 13, Bl. 7r, s. Anm. 84 in Nr. 29); „Draco herba Dod: ..." (AAW R. I, Op. 68, D. 2, Bl. 8r, s. Anm. 62 in Nr. 22); „790. Artemisia foliis lanceolato-linearibus alternis integerrimis Linn. h. Cliff. 403. Draco herba Dod. Pempt. 709." (AAW R. I, Op. 13, D. 20, Bl. 72r, s. Anm. 1 in Nr. 1); „Abrotanum procerum, Lini folio minus acri et inodoro." (AAW F. 1, Op. 2–1746, D. 1, Bl. 17r, s. Anm. 107 in Nr. 46); „Abrotanum Lini folio oblongo, acriori & odorato. Tarchon s. Dracunculus Officin. T. Sp. 11. ..." (AAW F. 98, Op. 1, D. 19, Bl. 3r, s. Anm. 59 in Nr. 19); „Abrotanum Lini folio oblongo, acriore et odorato: Tarchon, seu Dracunculus officinarum. Tournef. Sp. 11. ..." (AAW F. 98, Op. 1, D. 20, Bl. 27r, s. Anm. 32 in Nr. 33); „258 „d. „12. [September 1724] „[Sem.]„Abrotani, proceri, tenuissimo Lini folio, flosculis exiguis vix Sinapi semen superantibus, inodori„ " (AAW F. 98, Op. 1, D. 23, Bl. 7v, s. Anm. 49 in Nr. 653); „259 „d. „[12. September 1724] „[Sem.]„[Abrotani], proceri, Lini folio, tenui, flosculis majoribus inodori" (a. a. O., Bl. 7v)

68 Bei seiner Hinreise nach Sibirien kam G. W. Steller am 22. Juni 1738 durch die Stadt *Tjumen'*. In seinem Reisejournal notiert er an diesem Tag „... an dem Festungs Berg trifft man Abrotanum Lini folio hauffig an ..." (AAW R. I, Op. 81, D. 23, Bl. 80v, s. Anm. 1 in Nr. 1)

69 s. Nr. 668

70 „104. ARTEMISIA herbacea, foliis multifidis, linearibus, corymbis in spica interrupta glomeratis sessilibus, Tab. LV. Absinthium capillaceis foliis, flosculis aureis, densissime congestis AMM. Ruth. n. 197. Abrotanum humilius, palustre, flore aureo, foliis succulentis, teretibus, tenuioribus, coronopi diuisura STELL. Irc. 670. ... STELLERUS in locis palustribus Bargusinensis munimenti vt et ad litus Olchonis insulae inuenit. Ego vidi in montosis locis Vdinii vrbis, Selengia etiam ad me transmissa est. Duae huius icones factae sunt, scilicet plantae magis erectae, qualis in altioribus locis prouenire solet, et humilioris in palustribus natae. ..." (Gmelin 1747–1769, Bd. II, S. 119ff.), nahezu identisch auf Bll. 73v–74v in: AAW R. I, Op. 105, D. 28 – s. Anm. 61 in Nr. 21; „104. Artemisia herbacea, foliis multifidis, linearibus, corymbis in spica interrupta

glomeratis sessilibus. t. LV. [=] Artemisia palustris L.!" (Ledebour 1841, S. 74); „197. ABSINTHIUM capillaceis foliis, flosculis aureis densissime congestis. ..." (Amman 1739, S. 145f.); „XXVI. ARTEMISIA palustris. Artemisia foliis pinnatis, ... LINN. Spec. Plant. p. 1185. sp. 5. ... Artemisia herbacea, ... GMEL. Sib. T. II. p. 119. n. 104. T. 55. Absinthium capillaceis foliis, ... AMM. ruth. p. 197. ..." (Stechmann 1775, XXIX–XXX); „9) Sumpf=Beyfuß. Artemisia palustris. ... Artemisia foliis linearibus pinnatis integerrimis, floribus glomeratis subsessilibus. LINN. Syst. veg. p. 619. Sp. Pl. p. 1185. Artemisia herbacea foliis multifidis linearibus, corymbis in spica interrupta, glomeratis sessilibus. GMEL. Sib. T. II. p. 119. n. 104. tab. 55. Absinthium capillaceis foliis, flosculis aureis densissime congestis. AMM. ruth. 197. Abrotanum humilius palustre, flore aureo, foliis succulentis teretibus, tenuioribus coronopi divisura. STELL. p. 620. [sic!] ..." (Linné 1783a, S. 268); „32. ARTEMISIA palustris. ... A. foliis linearibus pinnatis integerrimis, ... p. pl. 1185. A. herbacea, ... Gmel. sib. 2. p. 119. t. 55. Absinthium capillaceis foliis, ... Amm. ruth. 197. ... Sumpf-Beyfus. W. ..." (Linné 1797–1830, Bd. III, Teil 3, S. 1829); „70. A[rtemisia] palustris (L. SP. 1185) ... A. herbacea, ... GMEL. Fl. sib. II. p. 119, Nr. 104, t. 55. Abrotanum capillaceis foliis, ... AMMAN. ruth. p. 145, Nr. 197. ..." (Ledebour 1844–1846, S. 593); „[Artemisia] palustris, ... Sumpfbeyfus, mit gleichbreiten gefiederten Blättern, deren Federn einen glatten Rand haben, und gehäuften zimlich vestsizenden Blumen; ..." (Gmelin 1772a, Sp. 72f.); „4. ARTEMISIA palustris ... Sumpf=Artemisie. Gm. Sib. 2. T. 55. ..." (Georgi 1797–1802, Theil 3, S. 1232); „21. Artemisia palustris L. Sumpf=Wermuth. ..." (Dietrich 1820, S. 721); „620. ARTEMISIA PALUSTRIS Linn. ... Artemisia herbacea ... Gmel. fl. Sib. II. p. 119. n. 104. t. LV. ..." (*Turčaninov* 1856, Fasc. 2, S. 67); „Krähen=Fuß, oder Raben=Fuß, Schlangen=Zwang, Lateinisch Coronopus, Pes Corvinus, ... ist ein Gewächs, dessen es zwey Sorten giebt, eine zahme und eine wilde. ... Die erste ... treibet ... Blätter, die sind voll Adern, sehr tieff zerschnitten, ... Die andere Gattung ... treibet einen grossen Hauffen Blätter, welche den vorhergehenden ähnlich sind, sind aber ein gut Theil länger, vielmehr zerschnitten, ..." (Zedler 1732–1750, Bd. 15, Sp. 1633ff.); „22. Artemisia viridis, Tingitana, trifido, vel quinquefidi folio. Abrotanum campestre simile, Tingitanum. H. L. Bat. 2. Fig. 3. I. R. Herb. 459." (Vaillant 1721, S. 287); „Absinthium f. multifidis linearibus caule procumbente (Fl. sib. II. 119. nr. 104. Artemisia palustris L.) – est Abrotanum (cf. loc. cit. Synonymon Stelleri)." (A. von Haller in einem undatierten Brief an J. G. Gmelin – Plieninger 1861, S. 142)

„117. Abrotanum humilius palustre, flore aureo, folys succulentis, teretibus tenuioribus, Coronop divisura. Fl. Irc. 670." (AAW R. I, Op. 105, D. 16, Bl. 2v, s. Anm. 5 in Nr. 4); „21. Absinthium Orientale, Chamaeli folio. Abrotanum Orientale, Chamaeli folio. Cor. I. R. Herb. 34." (a. a. O., S. 284); 409. An Artemisia viridis, Tingitana, trifido vel quinquefido folio Comm. Par. 1719? Absinthium or. Chamaemeli folio Vaill. Ind. Transbaic. Saltim Absinthijs arvensi accenseri nequit. ... Fl. Irc. n°. 670." (AAW R. I, Op. 105, D. 1ª, Bl. 42v, s. Anm. 29 in Nr. 5); „396. An Absinthium orientale, Chamaemeli folio Comm. Par. 1719? ..." (a. a. O., Bll. 40v–41r); „* Absinthium orientale Chamaemeli folio vaillant. ..." (AAW R. I, Op. 105, D. 2, Bl. 13r, s. Anm. 54 in Nr. 17); „11. An Absinthium Orientale, Chamaemeli folio Comm. Par. 1719." (AAW R. I, Op. 13, D. 67, Bl. 25v, s. Anm. 5 in Nr. 4); „11. An Artemisia viridis Tingitana trifido vel quinquefido folio Comm. Par. 1719? Absinthium Orientale, Chamaemeli folio Vaill. Ind. Transbaic. Absinth. Fl. Irc. n°. 670." (a. a. O., Bl. 26r)

71 „[species 1] Artemisia vulgaris, major, caule & flore purpurascentibus C. B. Pin. 137. Artemisia vulgaris J. B. 3. 184. Artemisia rubra Tabern. Icon. 7." (Tournefort 1700, S. 460, Genus IV. „Artemisia. Armoise."); „1. Artemisia rubra. Roter Beyfuß." (Abbildung in Tabernaemontanus 1590, S. 7); „I. Artemisia vulgaris major. ... Variat colore caulis & floris: una, caule & flore rubro purpurascente, seu subpurpurascente: altera, caule ex viridi albicãte, vel subpallente spadiceóve ..." (Bauhin 1623, S. 137); „1. Artemisia officinarum, flore purpurascente. Artemisia vulgaris; major, caule & flore purpurascentibus. B. Pin. 137. & I. R. Herb. 460. ... Eadem flore sulphureo. Artemisia vulgaris, major, caule ex viridi albicante. B. Pin. 137. & I. R. Herb. 460. ..." (Vaillant 1721, S. 285); „Artemisia vulgaris major C. B. Pin. 137. Artemisia rubra & alba Tab. Icon. 7. & 8.

... Germ. Beyfuß, Johannis=Gürtel." (Rupp 1726, S. 158); „6. ARTEMISIA foliis pinnatifidis planis laciniatis, floribus erectis. Artemisia vulgaris. Bauh. hist. 3 p. 184. Artemisia vulgaris major. Bauh. pin. 137. caule & flore purpurascentibus. Tournef. inst. 460. ... α Artemisia vulgaris major, caule ex viridi albicante. Tournef. ..." (Linné 1737, S. 404); „* Artemisia vulgaris major, caule & flore purpurascentibus. C. B. Pin. 137. Artemisia vulgaris J. B. 3. 184. Artemisia rubra Tabern. Jcon. 7. ... Beyfuß/ Rotherbuck. ..." (Mappus 1742, S. 28); „93. ARTEMISIA foliis pinnatifidis, planis, laciniatis, floribus erectis LINN. h. Cliff. 404. Artemisia vulgaris maior caule et flore purpurascente B. pin 137. TOURN. I. R. H. 460. Artemisia foliis planis, semipinnatis, pinnis rariter dentatis, floribus erectis, dense spicatis HALL. Helv. 696. j. Eadem laciniis foliorum linearibus, quam in vulgari longioribus Tab. XLVII. Fig. 2. ?Artemisia foliis cornu cerui diuisura laciniatis, rubra, Daurica MESS. AMM. Ruth. 204. jj. Eadem pumila minus ramosa, foliis ampliusculis. ... Russice будил<ь>никъ [russ. *budil'nik*] dicitur et eiusdem vsus est, quam in Germania. ..." (Gmelin 1747–1769, Bd. II, S. 108f.), nahezu identisch auf Bll. 67r–67v in: AAW R. I, Op. 105, D. 28 – s. Anm. 61 in Nr. 21; „93. Artemisia foliis pinnatifidis planis laciniatis, floribus erectis [=] Artemisia vulgaris L.! [;] I. Eadem laciniis foliorum linearibus, quam in vulgari longioribus. t. XLVII. f. 2. [=] Artemisia vulgaris L.! var. tenuifolia!" (Ledebour 1841, S. 73); „204. ARTEMISIA foliis Cornu Cerui diuisura laciniatis, rubra, Daurica Messerschm. ..." (Amman 1739, S. 147); „XXXI. ARTEMISIA vulgaris. Artemisia foliis pinnatifidis, ... LINN. Spec. Plant. p. 1188. sp. 16. ... Artemisia foliis pinnatifidis, ... LINN. Hort. Cliff. p. 404. ... GMEL. Sib. T. II. p. 108. n. 93. ... Artemisia vulgaris maior C. BAVH. Pin. p. 137. ... Beyfuß, St. Ioh. Gürtel, Sonnenwendgürtel, Bucken, Grosser Reinfahren Germ. ... α. Virgis rubentibus. ... Artemisia rubra TAB. p. 7. Artemisia vulgaris major, ... TOVRN. ... Inst.. p. 460. ... Artemisia officinarum flore purpurascente VAILL. act. 1719. p. 285. sp. 1. Rother Beyfuß, Roth Buken Germ. β. frutice candido. ... Artemisia vulgaris maior, caule ex viridi albicante TOVRN. Inst. p. 460. ... Artemisia alba TABERN. Icon. 8. Weisser Beyfuß, weis Buken. Germ. γ. Flore sulphureo. VAILL. act. 1719. p. 285. sp. 1. δ. pumila minus ramosa, foliis ampliusculis. GMEL. Sib. T. II. p. 109. n. 93. jj. ... ζ. Laciniis foliorum linearibus, ... GMEL. Sib. T. II. p. 109. sp. 93. j. T. 47. f. 2. Artemisia foliis cornu cervi ... MESS. apud AMM. ruth. p. 204. ..." (Stechmann 1775, S. XXXII–XXXV); „De Artemisie vulgari. ..." (a. a. O., S. LI–LII); „18) Gemeiner Beyfuß. Artemisia vulgaris. ... Artemisia foliis pinnatifidis planis incisis subtus tomentosis, racemis simplicibus recurvatis, florum radio quinquefloro. LINN. Syst. Veg. p. 619. Sp. Pl. p. 1188. Artemisia foliis pinnatifidis planis laciniatis, floribus erectis. Hort. Cliff. 404. ... GMEL. Sib. 2. p. 108. tab. XLVII. f. 2. ... Artemisia vulgaris maior. C. BAUH. pin. 137. Artemisia vulgaris. I. BAUH. hist. 3. p. 184. Artemisia rubra et alba TABERN. Ic. p. 7. et 8. ... Dieses Gewächse ... führt ... im Deutschen noch folgende Namen: Beywich, Beybes, Buck, Besemkraut, Johannisgürtel, Sonnenwendgürtel, Gänsekraut und Himmelskehr. ... Die ältern [Aerzte] hingegen rühmten ihre Wirkungen in den Beschwerden der monathlichen Reinigung, bey allzulanger zurückgebliebener Nachgeburt, und verschiedenen andern Frauenzimmerkrankheiten überaus. In Persien kocht man von den Saamen eine Gelee, welche in Fleck= und Scharlachfiebern von großem Nutzen seyn soll. ... Ein gewisser Priester am Flusse Onox [d. h. *Onon*] in Sibirien ... hat den Beyfuß als ein Brennmittel wider viele Krankheiten gebraucht [s. Gmelin 1751–1752, 2. Theil, S. 114ff.]. Auch wider heftigen Rückenschmerzen, der von einem Falle entstanden war, soll dieses Mittel wirksam gewesen seyn. ... Durch einen Aberglauben behauptet man, daß das Kraut, in die Schuhe gelegt, bey Wandersleuten die Müdigkeit verhüten solle. Gänsekraut wird es genennet, weil man die mit heißem Wasser aufgebrüheten Blumenstiele in die zum Braten bestimmten Gänse steckt, um sie schmackhafter zu machen." (Linné 1783a, S. 281ff.); „65. ARTEMISIA vulgaris. ... A. foliis pinnatifidis planis ... Stechm. Artem. p. 32. ... A. foliis pinnatifidis ... Hort. cliff. 404. ... Gmel. sib. 2. p. 108. ... A. vulgaris major. Bauh. pin. 137. ... A. vulgaris. Bauh. hist. 2. p. 184. A. rubra et alba. Tabern. p. 7. et 8. ... Gemeiner Beyfus. W. ..." (Linné 1797–1830, Bd. III, Teil 3, S. 1845f.); „[Artemisia] vulgaris major, caule & flore purpurascente; so nennen Tournefort und Boerhaáve die Spielart des gemeinen Beyfuses mit röthlichten Stengeln und Blumen," (Gmelin

1772a, Sp. 790); „Artemisia vulgaris, foliis pinnatifidis planis incisis: subtus tomentosis, racemis simplicibus recurvatis, floribus ovatis: radio quinquefolio; gemeiner Beyfus, ...; Buk; ... die ganze Pflanze ist bitter, und kommt in ihren Kräften, Eigenschaften und Bestandtheilen dem Wermuth sehr nahe; ... sie ist es auch vermuthlich, aus deren Filz die Sineser ihre Moxa bereiteten, die sie so sehr wider das Zipperlein gerühmt haben; wann ihre Blätter noch recht jung und zart sind, kann man sie statt eines Zugemüses kochen; ... Sie heißt bey ... C. Bauhin: Artemisia vulgaris major; ...“ (a. a. O., Sp. 779f.); „47. A[rtemisia] vulgaris (L. SP. 1188) ... M. a BIEB. Fl. t. c. II, p. 297, LEDEB. Fl. alt. IV, p. 82. ... A. foliis pinnatifidis, ... GMEL. Fl. sib. II, p. 108, Nr. 93. ... α. integrifolia: ... A. foliis planis, GMEL. Fl. sib. II, p. 109, Nr. 94. t, 48. f. 1. 2. ... β. tenuifolia ... Artemisia. GMEL. Fl. sib. II, p. 108, Nr. 93. I. laciniis foliorum linearibus, quam in vulgari longioribus. Tab. 47. f. 2. A. foliis Cornu Cervi ... MESSERSCHM. in AMMAN. ruth. p. 147, Nr. 204. ...“ (Ledebour 1844–1846, S. 585ff.); „94. ARTEMISIA foliis planis ex lanceolato linearibus, inferioribus saepe ex pinnato dentatis Tab. XLVIII. Fig. 1. j. Eadem fruticosa. Tab. ead. F. 2. ... Icon Fig. 1. plantam, quae erecta esse solet, caule aliquanto inflexo exhibet, vt illam chartae angustia caperet. A latere folium delineatum est, qualia caulis inferiorem partem plerumque vestiunt. De varietate j. ramulus singulari icone Tab. ead. Fig. 1. exprimitur, vna cum duobus foliis inferioribus.“ (Gmelin 1747–1769, Bd. II, S. 109ff.), nahezu identisch auf Bll. 67v–68v in: AAW R. I, Op. 105, D. 28 – s. Anm. 61 in Nr. 21; „94. Artemisia foliis planis ex lanceolato linearibus, inferioribus saepe ex pinnato dentatis. t. XLVIII, f, 1, et 2. [=] Artemisia integrifolia L.!“ (Ledebour 1841, S. 73); „20. ARTEMISIA vulgaris. Linn. ... M. a Bieb. Fl. taur. cauc. II. p. 297. No. 1700. ... Artemisia foliis pinnatifidis, ... GMEL. Fl. sib. II. p. 108. No. 93. ...“ (Ledebour 1833, S. 82f.); „1700. ARTEMISIA vulgaris. ... GMEL. sib. 2. p. 108. n. 93. ... A. officinarum. Vaill. act. paris. a. 119. p. 285. ...“ (Marschall von Bieberstein 1808, S. 297); „ARTEMISIA (vulgaris) ... Linn. Spec. pl. 848. n. 13. ... Artemisia vulgaris. Bauh. hist. 3. p. 184. Чернобыльникъ [russ. *černobylnik*] Russ. ...“ (*Kraševinnikov* 1761, S. 131f.); „... Beyfuß e), wovon man melkende Kühe saufen läßt, wenn sie von Zauberern behext sind, daß sie nicht mehr melken; ... |: e) Artemisia vulgaris, russ. Tschernobylnik. :|“ (Lepechin 1774, S. 46); „12. ARTEMISIA vulgaris ... Gemeine Artemisie. R. Budienik. ... Russische und Kalmückische Quacksalber zerklopfen das trockne Kraut zu Wolle und verbrennen es wie Moxa auf gichterischen Gliedern.“ (Georgi 1797–1802, Theil 3, S. 1234); „1257. ARTEMISIA vulgaris foliis pinnatifidis planis, incisis, subtus tomentosis, racemis simplicibus, floribus ovatis, radio quinquefloro. Linn. Sp. pl. 2. p. 1189. ... Artemisia vulgaris major, caule et flore purpurascentibus. Bauh. pin. 137. Mapp. fl. Als. p. 28. et caule ex viridi albicante. ib. Artemisia I. rubra, et II. alba. p. 27. Icon. ... Germ. Gemeiner Beyfuss. ...“ (Gmelin 1808, S. 403f.); „ARTEMISIA VULGARIS. ... Gemeiner Beyfuss, Beywich, Beybes, Bybs, Buck, Besemkraut, Gänsekraut, Johannisgürtel, Sonnenwandgürtel, Himmelskehr, Jungfernkraut. ... Man findet von diesem Gewächs zwey Abänderungen, nämlich eine mit purpurfarbigem und eine mit weisslichem Stengel; und man hat daher nach Tabermontan die erstere rothen Beyfuss, Artemisia rubra, die letztere hingegen weissen Beyfuss, Artemisia alba genannt. Beyde Abänderungen sollen auch ... in den Apotheken aufbewahrt werden; aber gewöhnlich unterscheidet man sie nicht so genau, sondern sammelt ohne Unterschied von beyden die obern Spitzen als Beyfuss oder weissen Beyfuss, Herba s. Summitates Artemisiae albae, ... Von den ältern Ärzten wurde sie [d. h. die Artemisia vulgaris] für ein Mittel gehalten, welches stark auf die Gebärmutter wirken sollte; die neuern aber sehen sie als völlig entbehrlich an. In China und Japan soll man von diesem Gewächse die so berühmte Moxa [s. in Nr. 651 die Anm. 46], mit welcher daselbst die mit der Gicht behafteten Glieder gebrannt werden, bereiten. ...“ (Hayne 1809, Nr. 12); „4) Beschleunigung der Geburt. ... Als die Wehen beförderndes Mittel giebt man den Aufguss von Artemisia vulgaris ...“ (Krebel 1858, S. 134f.); „Mittel gegen Kopfschmerzen: ... Man gebraucht Artemisia vulgaris. ... Mittel gegen Epilepsie: ... Die Wurzel von Artemisia vulgaris soll zu Johanni um Mittagszeit von 12 bis 1 Uhr ausgeggraben und gegen Epilepsie benutzt werden. Von der Wurzel taugt nur die ‚runde Zwiebel‘.“ (Alksnis 1894, S. 221f.); „34. Artemisia vulgaris L. Ein Thee aus Beifusskraut wird von Richter als ein schweisstreibendes Hausmittel angeführt ... und wurde in alten Zeiten den Gebärenden gegeben, um die Geburt zu beschleunigen. ... Die pulverisirte Wurzel des Beifuss ist ein Mittel gegen Krämpfe und Epilepsie. ... Im G. Wladimir wird eine spirituöse Abkochung der Pflanze bei Kopfschmerzen und als ein wehentreibendes Mittel gebraucht. ... Im G. Perm wird sie sowohl äusserlich als auch innerlich bei Halsschmerzen angewandt. ... Die Etymologie dieses Namens anlangend sagt Elias Fries: ‚Von der Artemisia ist überall angegeben, dass sie ihren Namen nach der Göttin Artemis habe; sie hat ihn aber in Wahrheit von der Gemahlin des carischen Königs Mausolus, die in ihrem Gram jenes Kraut gewählt haben soll.'...“ (Demitsch 1889, S. 181ff.); Artemisia vulgaris L. – russ. *černobyl'*, *černobyl'nik*, *byl'nik gor'kij*, *konika*, *nezabudka* bzw. *budil'nič* (*Annenkov* 1858, S. 19, Nr. 145); ersanisch tširnima –Artemisia vulgaris L., Beifuß (Wiedemann 1865, S. 181); syrjänisch tšernobyl' – Artemisia vulg., Beifuß (Wiedemann 1880, S. 357)

„Artemisia officinarum, flore purpurascente. Vaillant. CBP. ...“ (AAW R. I, Op. 104, D. 8, Bl. 4r, s. Anm. 18 in Nr. 452); „250. Artemisia vulg. major caule et flore purpurascent. C. B. P.“ (AAW R. I, Op. 104, D. 13, Bl. 6v, s. Anm. 84 in Nr. 29); „Artemisia officinarum flore purpurascente. vaillant. mem. 1719. ...“ (AAW R. I, Op. 105, D. 2, Bl. 13r, s. Anm. 54 in Nr. 17); „246 Artemisia vulgaris major, caule et flore purpurascente CBP. 137.“ (AAW R. I, Op. 6, D. 40, Bl. 34r, s. Anm. 1 in Nr. 1); „154. Artemisia vulgaris major, caule et flore purpurascentibus C. B. P. ... Caule viridi non vidi.“ (AAW R. I, Op. 105, D. 4[a], Bl. 21r, s. Anm. 54 in Nr. 17); „494 Artemisia vulgaris major, caule et flore purpurascentibus. C. B. P. Russis Будильникъ [russ. *budil'nik*]. ...“ mit der links marginalen Anm. „Черновилъ [?] [russ. *černovil*]“ (AAW R. I, Op. 13, D. 42, Bl. 104v, s. Anm. 1 in Nr. 1); „Artemisia foliis Cornu Cervi divisura laciniatis, rubra. Davur. ...“ (AAW R. I, Op. 15, D. 14, Bl. 8r, s. Anm. 75 in Nr. 101); „Artemisia vulgaris major, caule et flore purpurascentibus Tournef. Spec. 1. ...“ (AAW F. 98, Op. 1, D. 20, Bl. 27r, s. Anm. 32 in Nr. 33); „9. August 1723 ... Abends ... fand aber nichts als ... Artemisiam vulgarem, maiorem, caule et flore purpurascentibus (C. B. et Tournefortii sp. 1); ...“ (Messerschmidt 1962–1977, Bd. 2, S. 112f.); „10. Juli 1725 ... Von plantis fand sich ... Artemisia foliis cornu cervi laciniatis, rubra (Tournefortii sp. ***); ...“ (Messerschmidt 1962–1977, Bd. 4, S. 156f.); s. auch Nr. 672

72 „[species 2] Artemisia vulgaris, major, caule ex viridi albicante. Artemisia alba Tabern. Icon. 8.“ (Tournefort 1700, S. 460, Genus IV. „Artemisia. Armoise.“); „Artemisia alba. Weisser Beyfuß.“ (Abbildung in Tabernaemontanus 1590, S. 8); „Artemisia vulgaris, major, caule ex viridi albicante Inst. Rei Herb. Artemisia alba Tabern. Jcon. 8. ... Weisser Beyfuß ...“ (Mappus 1742, S. 28); „[Artemisia] vulgaris major, caule ex viridi albicante; ist bey beyden [d. h. Tournefort und Boerhaave] die Spielart desselben [d. h. des gemeinen Beyfuses] mit weißlichten Stengeln.“ (Gmelin 1772a, Sp. 790)

„Artemisia vulgaris, major, caule ex viridi albicante. B. Pin. 137 et Inst. r. h. n°. 92“ (AAW R. I, Op. 13, D. 19, Bl. 5v, s. Anm. 54 in Nr. 17); „247 Artemisia vulgaris major, caule ex viridi albicante Inst. r. h. 460.“ (AAW R. I, Op. 6, D. 40, Bl. 34r, s. Anm. 1 in Nr. 1); „Artemisia vulgaris major caule ex viridi albicante; Tournef. Spec. 2. ...“ (AAW F. 98, Op. 1, D. 20, Bl. 27r, s. Anm. 90 in Nr. 33); s. Nr. 671

73 „[species 1] Tanacetum vulgare, luteum C. B. Pin. 132. Tanacetum vulgare, flore luteo J. B. 3. 131. Tanacetum Millefolii foliis Lob. Icon. 749.“ (Tournefort 1700, S. 461, Genus VII. „Tanacetum. Tanesie.“); „Tanacetum odoratum vulgare, ... Tanacetum vulgare luteum, ... Rheinfall= Kraut, Revier=Kraut, Rheinfaren, Wurm=Kraut, Weinfaren, Wurmfaren, Wurm=Saamen. Das Kraut, Blumen und Saamen sind warm im andern und trocken im dritten Grad, dringet durch, zertheilet, heilet die Wunden, dienet der Mutter, treibet den Stein, tödtet die Würmer im Leibe, Unreinigkeiten der Nieren, Blase und Blöhungen, eröffnet die verstockte Monat=Zeit, curiret die Wassersucht, ...“ (Franckenau 1716, S. 563f.); „1. Tanacetum vulgare, luteum. B. Pin. 132. & Inst. R. Herb. 461. ... Idem foliis crispis. B. Pin. 132. & I. R. Herb. 461.“ (Vaillant 1721, S. 281; Vaillant 1723a, S. 369f.); „3. TANACETUM foliis pinnatis, pinnis pinnatifidis incisis serratis. ...

Tanacetum vulgare luteum. Bauh. pin. 132. ... Vaill. act. 1719. p. 369. Tournef. inst. 461. ... Tanacetum vulgare, flore luteo. Bauh. hist. 3. 461. ... Tanacetum vulgare, flore luteo. Bauh. hist. 3. p. 131. ... α Tanacetum foliis crispis. Bauh. pin. 132. Tanacetum crispum Dod. pempt. 36. ..." (Linné 1737, S. 398); „* Tanacetum vulgare, luteum C. B. Pin. 132. Tanacetum vulgare, flore luteo J. B. 2. 132. ... Gelbe Rheinfarn, Wurmkraut. ..." (Mappus 1742, S. 299f.); „115. TANACETUM foliis pinnatis, pinnis pinnatifidis, incisis, serratis LINN. h. Cliff. 398. ROY. pr. 155. Tanacetum vulgare luteum B. pin. 132. Tanacetum foliis pinnatis, pinnis semipinnatis, floribus vmbellatis HALL. Helv. 694. j. Idem pinnulis fere setaceis, parum serratis. Tab. LXV. Fig. 1. Tanacetum foliis vulgaris tanaceti minoribus et tenuioribus, grati odoris AMM. Ruth. 205. LINN. Vps. 255. In omnia Sibiria ad Aldanum vsque frequentissimum est, in Beeringii etiam insula a STELLERO obseruatum. ... Russice tanacetum siluestre дикая рябина [russ. *dikaja rjabina*], hortense пижмы [russ. *pižmy*] dicitur, incolae Sibirici vtrumque девѣтильникъ [russ. *devetil'nik*] vocant." (Gmelin 1747–1769, Bd. II, S. 133f.), nahezu identisch auf Bll. 81r–81v in: AAW R. I, Op. 105, D. 28 – s. Anm. 61 in Nr. 21; „115. Tanacetum foliis pinnatis, pinnis pinnatifidis incisis serratis [=] Tanacetum vulgare L.! [;] I. Idem pinnulis fere setaceis parum serratis. t. LXV. f. I. [=] Tanacetum boreale Fisch.? (Tanacetum vulgare L. – Willd. sp. pl. III. 1814 et Wahl. lapp. 201." (Ledebour 1841, S. 75); „205. TANACETUM foliis vulgaris Tanaceti minoribus et tenuioribus, grati odori Gmel. ..." (Amman 1739, S. 147f.); „508. TANACETUM vulgare foliis bipinnatis incisis serratis. Fl. suec. 730. Sp. pl. 1184. α. Tanacetum vulgare luteum. Bauh. pin. 132. β. Tanacetum foliis crispis. Bauh. pin. 132. ... VIS: carminativa, pellens, sudorifera! emmenagoga! anthelminthica, antiputredinosa, balsamica, tonica, stomachica. VSVS: Tertiana, Hysteria, Cachexia, Hydrops, Lumbrici. ..." (Linné 1782a, S. 209f.); „6) Gemeine Rheinfarrn. Tanacetum vulgare. ... Tanacetum foliis bipinnatis incisis serratis. LINN. Syst. Veg. p. 618. Sp. Pl. p. 1184. Hort. Cliff. 398. ... Tanacetum foliis pinnatis planis: ... GMEL. Sib. 2. p. 133. tab. 65. f. 1. ... Tanacetum vulgare luteum. C. BAUH. pin. 132. ... β) Tanacetum crispum. Tanacetum foliis crispis. C. BAUH. pin. 132. Tanacetum crispum DOD. pempt. 36. ... Ausser der angeführten Benennung führt sie folgende ... Namen: Wurmfarrn, Weinfarrn, Wurmkraut, Wurmsaamen, Revierkraut, Rheinfallkraut. ... Im allgemeinen ist das ganze Gewächs ein vorzügliches magenstärkendes, auflösendes, schweiß= und harntreibendes Mittel. Weswegen es in langwierigen Gichten und Gliederrreißen, so wie bey Wassersucht, von einigen sehr erhoben worden; ... Die Blumen, so wie die Saamen, dienen auch wegen ihrer Bitterkeit wider die Würmer, ... Der Ritter [d. h. Linné] behauptet, daß, wenn man die Leichen mit diesem Kraute reibt, die Fäulniß davon abgehalten werde. ... In Schweden wird das Kraut gelb zu färben gebraucht. Die vom Ritter angegebene Abänderung unterscheidet sich von der gewöhnlichen blos durch ihre kraußen Blätter. ..." (Linné 1783a, S. 261ff.); „18. TANACETUM vulgare. T. foliis bipinnatis incisis serratis. Hort. cliff. 398. ... Gmel. sib. 2. p. 133. t. 65. f. 1. ... T. vulgare luteum. Bauh. pin. 132. ... β Tanacetum (crispum) foliis crispis. Bauh. pin. 132. ... Gemeines Wurmkraut. W. ..." (Linné 1797–1830, Bd. III, Teil 3, S. 1814); „1. T[anacetum] vulgare (L. SP. 1148) ... M. a BIEB. Fl. t. c. II, p. 289. ...T. foliis pinnatis, ... GMEL. Fl. sib. II, p. 133, Nr. 115 (excl. var. I). ... β. crispum: foliis crispis. ..." (Ledebour 1844–1846, S. 601); „2. T[anacetum] boreale (Fisch. ex DEC. Prodr. VI. p. 128) ... T. vulgare ... LEDEB. Fl. alt. IV, p. 60. ... T. foliis vulgaris ... AMMAN. ruth. p. 147, Nr. 205. Tanacetum. GMEL. Fl. sib. II, p. 133, Nr. 115, var. I. pinnulis fere setaceis, parum serratis, t. 65, f. 1. ..." (a. a. O., S. 601); „Tanacetum, vulgare, luteum, Athanasia, Rheinfaren, Wurmfaren; ... man rühmet es äusserlich als ein gutes Wundkraut wider die Kräze und Sommerfleken abgekocht, oder auch mit Butter und andern Fettigkeiten in einer Salbe gemacht, dann solle es innerlich und äusserlich wider das Grieß und Mutterzustände, vorzüglich aber wider die Wärme und Grimmen dienen; ..." (Onomatologia 1755, Sp. 1264); „Tanacetum vulgare, ... gemeine Rheinfarren, mit zweyfach gefiederten, eingeschnittenen und sägenartig gezanten Blättern; Rheinfarren; Wurmsaamen; ... Mit ihrem Kraute kann man grün färben, und an einigen Orten gebraucht man es statt des Hopfens zum Bier: Es hat eine Kraft die Nerven und veste Theile zu stärken, die Säfte zu verdünnern, den Schweiß zu treiben, der Fäulniß zu widerstehen, und die Würmer zu tödten; ...

Sie heißt bey ... J. Bauhin: Tanacetum vulgare, flore luteo; ...“ (Gmelin 1776, Sp. 840f.); „2. TANACETUM VULGARE. Linn. ... M. a Bieb. Fl. taur. cauc.II. p. 289. No. 1687. ... Tanacetum foliis pinnais, ... Gmel. Fl. sib. II. p. 133. No. 115. t. LXV, f. 1. ...“ (Ledebour 1833, S. 60); „1687. TANACETUM vulgare. ... Gmel. sib. 2. p. 133. n. 115. ... Vaill. act. paris. a. 1719. p. 281. n. 1. ...“ (Marschall von Bieberstein 1808, S. 289); „T[anacetum] VULGARE (Linn. sp. 1148) ...“ (Candolle 1837, S. 128); „TANACETVM (vulgare) ... Linn. Spec. pl. 844. n. 7. Cliff. 398. ... Дикая ребинка [russ. *dikaja rebinka*] Russ. ...“ (*Krašeninnikov* 1761, S. 131); „943. Tanacetum vulgare. Lin. sp. 6. Gmel. Flor. Sibir. 2. t. 65. fig. 1. ... Ruß. Riabina Dikaja und Dewetilnik. ...“ (Falk 1786, S. 238); „3. TANACETUM vulgare ... Gemeiner Reinfarn. R. Räbintschik (Sorbus ähnlicher.) ... Eine überall bekannte Heil=, und in Ingrien Färbepflanze für Gelb.“ (Georgi 1797–1802, Theil 3, S. 1231); „500. Tanacetum vulgare. Reinfahrn. Дикая Рябинка [russ. *dikaja rjabinka*]. Gort.“ (Georgi 1790, S. 515); „T[anacetum] VULGARE. ... Gemeines Wurmkraut, Reinfarren, Rainfahr, Rainfallkraut, Weinfarrn, Wurmfarrn, falscher Wurmsame, Wurmkraut, Revierkraut, Revierblumen, Räuber. ... Von dem Tanacetum vulgare sind die Blätter, Blumen und Samen, Herba, Flores et Semen Tanaceti gebräuchlich; ... weshalb man auch das Kraut ... als ein reizendes, erhitzendes, mutterreinigendes, schweisstreibendes, magenstärkendes und blähungstreibendes Mittel gebraucht, welches in Wechselfiebern, bey schwacher Verdauung und in hysterischen, cachectischen und hydropischen Zufällen gegeben wird; ... Die Blumen und der Same, so wie das ätherische Öhl, sind als sehr kräftig wirkende Wurmmittel bekannt. ...“ (Hayne 1809, Nr. 6); „376. TANACETUM vulgare: ... Gmel. sibir. 2. p. 133. t. 65. f. 1. ...“ (Wahlenberg 1812, S. 201f.); „Tanacetum boreale. Fisch. Nördlicher Rheinfahre. –“ (Lippold 1831, S. 85); „1252. TANACETUM vulgare foliis bipinnatis, incisis, serratis. Linn. Sp. pl. 2. p. 1184. ... Tanacetum vulgare luteum. Bauh. pin. 132. – Mapp. fl. Als. p. 299. ... Germ. Gemeine Rheinfarren. Wurmkraut. ... Pharm. TANACETI Herba; Flores; Semina. ...“ (Gmelin 1808, S. 397f.); „4) Wechselfieber. Bei dem häufigen Vorkommmen derselben in vielen Theilen Russlands hat sich denn auch ein grosser Schatz von vielen Volksmittel angehäuft. Zu den am meisten benutzten gehören: ... 16) Tanacetum vulgare. Ausserdem auch gegen Gelbsucht als heilsam betrachtet. ...“ (Krebel 1858, S. 119ff.); „5) Menstruation befördernde Mittel. ... Auch trinkt man in Russland den Thee von Tanacetum vulgare ...“ (a. a. O., S. 135); „15) Würmer. Man benutzt in Russland gegen dieselben Tanacetum vulgare; ...“ (a. a. O., S. 139); „80. Tanacetum vulgare L. (Composit.). Am Tobol wird eine Abkochung bei Würmern, ein frisch ausgepresster Saft der Pflanze äusserlich bei Wunden verwendet.[1]) – Im G. Olonezk ist Tanac. vulg. ein universelles Mittel gegen Fieber und Icterus. ... Tanac. vulg. dient dem Volke vorzüglich als ein Mittel gegen Krankheiten mit Verdauungsstörungen. Bekanntlich riechen alle Theile der Pflanze widerlich aromatisch und schmecken bitter. Sie sollen die Verdauung befördern und werden auch von den westeuropäischen Völkern gegen Würmer nicht ohne Erfolg angewandt. ...“ (Demitsch 1889, S. 234f.); „Mittel gegen Würmer: Das Extract von Tanacetum vulgare in Branntwein. ...“ (Alksnis 1894, S. 189); „Tanacetum foliis tenerius dissectis suaveolentiss. (Fl. sib. II. 133. nr. 115. I. T. boreale Fisch.)“ (C. von Linné in einem Brief an J. G. Gmelin vom 6. September 1744 – Plieninger 1861, S. 29); Tanacetum vulgare L. – russ. *rjabišnik*, *rjabinka želtaja*, *rjabinka polevaja*, *dikaja rjabinka*, *pižma*, *glistnik*, *devjatil'nik*, *romannik*, *pugovičnik* bzw. *protyč'* (*Annenkov* 1858, S. 92, Nr. 1093); ersanisch ŕabinnik – Tanacetum vulgare L., Rainfarn (Wiedemann 1865, S. 225); syrjänisch devetibrat bzw. devjatibrat – Tanacetum, Rainfarn (Wiedemann 1880, S. 26)

„400 Tanacetum vulgare luteum T. i. r. h. ...“ (AAW R. I, Op. 104, D. 25, Bl. 30r, s. Anm. 61 in Nr. 21); „Tanacetum vulgare luteum CBP. ...“ (AAW R. I, Op. 104, D. 8, Bl. 4r, s. Anm. 18 in Nr. 452); „1. Tanacetum vulgare luteum. C. B. P. ...“ (AAW R. I, Op. 13, D. 67, Bl. 25v, s. Anm. 5 in Nr. 4); „386. Tanacetum vulgare luteum C. B. P. ...“ (AAW R. I, Op. 105, D. 1^a, Bl. 39v, s. Anm. 29 in Nr. 5); „485. Tanacetum vulgare luteum C. B. P. ...“ (AAW R. I, Op. 13, D. 42, Bl. 101v, s. Anm. 1 in Nr. 1); „147. Tanacetum vulgare luteum C. B. P. ...“ (AAW R. I, Op. 105, D. 4^a, Bl. 21r, s. Anm. 54 in Nr. 17); „248 Tanacetum vulgare luteum CBP. 132.“ (AAW R. I, Op. 6, D. 40, Bl. 34r, s. Anm. 1 in Nr. 1); „256. Tanacetum vulgare luteum. C. B. P.“ (AAW

R. I, Op. 104, D. 13, Bl. 7r, s. Anm. 84 in Nr. 29); „Tanacetum foliis vulgaris Tanaceti minoribus, grati odoris Gmel. Sem. ex Davuria missa.“ (AAW R. III, Op. 1, D. 162, Bl. 16r, s. Anm. 54 in Nr. 17); „+ 35. Tanacetum folys vulgaris Tanaceti minoribus & tenuioribus, grati odoris Amm. 205.“ (AAW R. I, Op. 13, D. 19, Bl. 10v, s. Anm. 54 in Nr. 17); „* Tanacetum foliis vulgaris Tanaceti minoribus, grati odoris Russ. деветильникъ [russ. *devetil'nik*]. Obs. in Hist. Nat. cxxvi. ...“ (AAW R. I, Op. 105, D. 2, Bl. 13r, s. Anm. 54 in Nr. 17); „408. Tanacetum folys pinnatis, pinnis pinnnatifidis incisis serratis Linn. h. Cliff. 398. Tanacetum vulgare luteum B. Pin. 132. ... α) Tanacetum folijs crispis B. Pin. 132. ...“ (AAW R. I, Op. 13, D. 20, Bl. 42v, s. Anm. 1 in Nr. 1); „409. Tanacetum foliis pinnatis, atro-[...]rentibus, pinnis angustissimis pinnatifidis. Tanacetum folys vulgaris Tanaceti minoribus & tenuioribus grati odoris Amm. descr. 205. p. 147. ...“ (a. a. O., Bl. 42v); „CXXVI. Tanacetum folijs vulgaris Tanaceti minoribus grati odoris. ...“ (AAW R. I, Op. 105, D. 8[a], Bl. 51r, s. Anm. 46 in Nr. 79); „1. Tanacetum vulgare luteum. C. B. P. 132. 2. Tanacetum foliis crispis. C. B. P. 132.“ (AAW R. I, Op. 13, D. 16, Bl. 27v, s. Anm. 32 in Nr. 6); „505 „d. „[14. September 1724] „Tanacetum vulgare luteum Tournef. sp. 1.„ “ (AAW F. 98, Op. 1, D. 23, Bl. 19r, s. Anm. 49 in Nr. 653); „506 „d. „[14. September 1724]„ – eadem [d. h. a. a. O., Nr. 505] – D[aniel]G[ottlieb]M[esserschmidt]. – –„ “ (a. a. O., Bl. 19r); „9. August 1723 ... Abends ... fand aber nichts als ... Tanacetum vulgare luteum (C. B. et Tournefortii sp. 1); ...“ (Messerschmidt 1962–1977, Bd. 2, S. 112f.); „Tanacetum vulgare luteum (Tournefortii sp. 1), Off.“ (Messerschmidt 1962–1977, Bd. 4, S. 205, s. Anm. 1 in Nr. 1); „8. Juli 1725 ... Von Kräutern fand sich hieselbst ... Tanacetum vulgare (Tournefortii sp. 1); ...“ (Messerschmidt 1962–1977, Bd. 4, S. 152ff.)

74 russ. *devjatil'nik*

75 „Enula, Enula campana, Helenium, Inula Offic, Inula Helenium Linn. Aster omnium maximus, Helenium dictus Tourn. ... D. Alant ...“ (Krünitz 1773–1858, Bd. 11, S. 94ff.); russ. *devesil, devjasil, divesil* bzw. *dejatisil* – Inula Helenium (*Slovar'* 1991, S. 64)

76 „[species 2] Tanacetum foliis crispis C. B. Pin. 132. Tanacetum crispum, flore luteo J. B. 3. 132. Speciosum Tanacetum, cristatum, Anglicum Lob. Icon. 749.“ (Tournefort 1700, S. 461, Genus VII. „Tanacetum. Tanesie.“); „[N°.] 940. Tanacetum foliis crispis.“ (AAW R. I, Op. 15, D. 3, Bl. 17v, s. Anm. 65 in Nr. 24); s. Nr. 673

77 „[species 1] Bidens foliis tripartitò divisis Caesalp. 488. Cannabina aquatica, folio tripartitò diviso C. B. Pin. 321. Verbesina sive Cannabina aquatica, flore minus pulchro, elatior ac magis frequens J. B. 2. 1073. Hepatorium aquatile Dod. 595.“ (Tournefort 1700, S. 462, Genus VIII. „Bidens.“); „CAP. XVII. [von Buch 12] QVAEDAM in eisdem locis nascitur, ac fere in aquis breuior Eupatoria, ramosa; foliis eisdem, tripartito diuisis ... vnde Bidens vocetur: ... eodem reperitur aliquando folio non dissecto.“ (Caesalpinus 1583, S. 488); „2. BIDENS FOLIIS TRIPARTITO DIVISIS. Caesalp. 488. ...“ (Vaillant 1727, S. 21); „Bidens foliis tripartito divisis Caesalp. 488. ... Wasserdosten. ...“ (Mappus 1742, S. 39); „2. Der andere Wasser=Dost: Cannabis aquatica, folio tripartito diviso. P. 321. ... Bidens. foliis tripartito divisis. Caesalp. 488. T. 462. B. J. A. I. 122. ... Der Wasser=Dost ... daher er wärmet und trocknet, die Verstopfung der Leber, Miltzes und Faulfleisches eröfnet, auch wohl durch den Harn treibet, und die Wunden und Geschwiere säuberet und reiniget, und zur Heilung beförderet. Die Wurtzel solle gelind über sich und unter sich purgiren, ... Das Kraut aber ... ist ein gutes Wund=Kraut; äusserlich und innerlich zu gebrauchen. ...“ (Zwinger 1744, S. 1042); „1. BIDENS corona seminum retrorsum aculeata, seminibus erectis. α Bidens foliis tripartito divisis. Caesalp. syst. 488. Tournef. inst. 462. ... Cannabina aquatica, folio tripartitim diviso. Bauh. pin. 321. ...“ (Linné 1737, S. 399); „663. BIDENS corona seminum retrorsum aculeata, foliis trifidis. Hort. cliff. 399. ... Bidens foliis tripartito-divisis. Tournef. inst. 462. ... Ceratocephalus vulgaris tripteris & pentapteris folio caule rubente. Vaill. act. 1720. p. 423. ... Cannabina aquatica, folio tripartitim diviso. Bauh. pin. 321. ...“ (Linné 1745, S. 238); „119. BIDENS foliis tripartito diuisis CAESALP. syst. 488. HALL. Helv. 709. Verbesina s. cannabina aquatica, flore minus pulchro, elatior ac magis frequens I. B. II. 1073. Cannabina aquatica folio tripartito diuiso C. B. Ceratocephalus vulgaris, foliis tripteris et

pentapteris caule rubente. VAILL. act. Par. p. 423. Bidens coronis seminum retrorsum aculeatis, seminibus erectis. LINN. h. Cliff. 399. ROY. pr. 157. j. Idem capitulis duplo longioribus quam latis. Varietas caule flauescente in Sibiria crebrior est, quam caule rubente plantae ibidem indigenae. ...“ (Gmelin 1747–1769, Bd. II, S. 137f.), nahezu identisch auf Bll. 83r–83v in: AAW R. I, Op. 105, D. 28 – s. Anm. 61 in Nr. 21; „119. Bidens foliis tripartito-divisis [=] Bidens tripartita L.! [;] I. Idem capitulis duplo longioribus quam latis (achaeniis 3-, 4- aut 5-, nunquam 2- aristatis.) [=] Bidens an spec. distincta?“ (Ledebour 1841, S. 76); „14. Ceratocephalus vulgaris, tripteris & pentapteris folio, caule rubente. Bidens foliis tripartito divisis. Caesalp & I. R. Herb. 462. j. Idem caule flavescente.“ (Vaillant 1724, S. 423; Vaillant 1722, S. 327; Vaillant 1754, S. 601); „1) Dreytheiliger Zweyzahn. Bidens tripartita. ... Bidens foliis trifidis, calycibus subfoliosis, seminibus erectis. LINN. Syst. Veg. p. 610. Sp. Pl. p. 1165. Bidens corona seminum retrorsum aculeata, seminibus erectis. Hort. Cliff. 399. ... Bidens foliis tripartito divisis. TOURNEF. Inst. R. H. p. 462. ... Cannabina aquatica folio tripartitim diviso. C. BAUH. pin. 321. ... Dieses Gewächse wird auch Wasserdosten, Wasserhanf, Wassersternkraut, Staubars, Stubarsch, gelb Färbekraut, und Wasserdürrwurz genennet, ... Die Saamen hängen sich wegen ihrer Häckchen an die Kleider. Das Vieh liebt diese Pflanze nicht. Man zählte sie ehedem unter die Wundkräuter, und unter diejenigen Mittel, welche eröfnen und auf den Harn und die monatliche Reinigung treiben. ...“ (Linné 1783a, S. 220f.); „1. BIDENS tripartita. ... B. foliiis trifidis, ... Sp. pl. 1165. ... B. corona seminum ... Hort. cliff. 399. Fl. suec: 663; ... B. foliis tripartito diviso. Tournef. inst. 462. ... Cannabina aquatica folio tripartim diviso. Bauh. pin. 321. ... Dreytheiliger Zweyzahn. W. ...“ (Linné 1797–1830, Bd. III, Teil 3, S. 1715f.); „2. BIDENS TRIPARTITA. Linn. ... B. tripartita Linn. Willd. Spec. pl. III. p. 1715. ... M. a Bieb. Fl. taur. cauc. II. p. 286. No. 1681. ... Bidens foliis tripartito divisis. Gmel. Fl. sib. II. p. 137. No. 119. (excl. variet.) ...“ (Ledebour 1833, S. 53); „1681. BIDENS tripartita. ... Gmel. sib. 2. p. 137. n. 119. ...“ (Marschall von Bieberstein 1808, S. 286); „1. B[idens] tripartita (L. SP. 1165) ... M. a BIEB. Fl. t. c. II. p. 286. ... LEDEB. Fl. alt. IV, p. 53. ... B. foliis tripartito divisis. GMEL. Fl. sib. II, p. 137, Nr. 119. ... Variat: ... 5) capitulis duplo longioribus quam latis, acheniis 3-4-5 (nunquam 2-) aristatis. – In Sibiria uralensi ad fl. Tobol circa Jalutorowsk (J. G. GMEL.). – An species distincta?“ (Ledebour 1844–1846, S. 516f.); „[Bidens] tripartita, ... dreymalgetheilter Zweyzahn, Färbkraut, gelb Färberkraut, Wasserdürrwurz, Wasserdosten, Wasserhanf, Wassersternkraut, Staubars, Stuparsch, Pfauenspiegel; ... Sie heißt bey Cäsalpin: Bidens tripartito diviso; ...“ (Gmelin 1772, Sp. 96f.); „646. BIDENS tripartita. ... Bidens foliis tripartito-divisis. CAESALP. p. 488. Cannabina aquatica folio tripartito diviso. BAUH. pin. 321. ...“ (Allioni 1785, S. 178); „Die gewöhnlichsten Farbekräuter sind, ... hauptsächlich folgende: ... Zur feuergelben Farbe die Wasserklette (Bidens tripartita russ. Tscherjoda [russ. *čereda*]); ...“ (Pallas 1771, S. 62); russ. *dvuzubec trilistnyj* bzw. *dvuzubec trechrazdel'nyj* – Bidens tripartita, der dreitheilige Zweizahn, das Fieberkraut, Wasserdosten, Pfauenspiegel (Pawlowski 1952, S. 290); „1. Bidens tripartita ... Dreytheiliger Zweyzahn. ... Das blühende Kraut ist Material der Hausfärberey für Gelb.“ (Georgi 1797–1802, Theil 3, S. 1228); „Wassersternzweizahn, Bidens tripartita. L. ... Man hat das etwas scharf schmeckende Kraut mit seinen dreitheiligen zuweilen fünftheiligen Blättern (Hb. Fol. Verbesinae, Cannabinae aquaticae, Bidentis tripartitae) in ältern Zeiten äusserlich in fressenden Geschwüren, selten im Dekokte gegen innerliche Geschwüre der Lungen, und als Harn und Monatzeit treibendes Mittel gebraucht. Das Pulver erregt Nießen. ...“ (Hahnemann 1799, S. 397); „1. Art B[idens] tripartita. Dreitheiliger Zweizahn. (Linné.) ... Vulgärnamen: Wasserdosten. Wassersternkraut. Pfauenspiegel. ...“ (Bechstein 1833, S. 721f.); „3) Flechtenartige Ausschläge. ... Innerlich gebraucht man den Aufguss des Krautes von Bidens tripartita. ...“ (Krebel 1858, S. 153f.); „7) Scrophulöse Ausschläge der Kinder. ... Bei scrophulösen Ausschlägen des Kopfes wäscht man mit dem Aufguss der Blätter von Alnus glutinosa, Bidens tripartita, auch wird der Aufguss des letzteren innerlich getrunken.“ (a. a. O., S. 155); „BIDENS. Bidens foliis tripartito divisis, Caesalp. p. Tournef. ... Der Same ist länglicht und breit, und hat am Ende einige Spitzlein, schier in Form eines Dreystachels. ... Es soll gar dienlich seyn den Schlangenbiß zu heilen, dem Gift zu widerstehen, zu reinigen und zu säubern, wird auch zu Niesepulver gebraucht. Der Name dieses Gewächses kommt von des Samens Gestalt: dann Bidens heist so viel als eine kleine Gabel mit zwey Zincken.“ (Lémery 1721, Sp. 165f.); Bidens cernua L. et tripartita L. – russ. *sobački*, *čereda*, *sobač'i repechi*, *tovstuška* bzw. *strelki* (*Annenkov* 1858, S. 22f., Nr. 195); „Bidens T. L. (Compositae). Zus. aus bis (doppelt) und dens (Zahn); die Achenien sind mit 2–5 steifen, geraden, rückwärts stachligen Borsten besetzt.“ (Wittstein 1852, S. 105)

„257. Bidens fol. tripartito divisis Caesalp. B. n. 1. Cañabina aquatica fol. tripartitim diviso C. B. P.“ (AAW R. I, Op. 104, D. 13, Bl. 7r, s. Anm. 84 in Nr. 29); „401. Bidens foliis tripartito divisis Caesalp. ...“ (AAW R. I, Op. 104, D. 25, Bl. 30r, s. Anm. 61 in Nr. 21); „Bidens foliis tripartito divisis. Inst. r. h. 462. n°. 142.“ (AAW R. I, Op. 13, D. 19, Bl. 5v, s. Anm. 54 in Nr. 17); „197. Ceratocephalus vulgaris, tripteris et pentapteris folio, caule rubente Comm. Ac. Sc. Par. 1720. ...“ (AAW R. I, Op. 105, D. 4ª, Bl. 26r, s. Anm. 54 in Nr. 17); „490. Ceratocephalus vulgaris, tripteris et pentapteris folio caule flavescente Comm. Par. 1720. ...“ (AAW R. I, Op. 105, D. 1ª, Bl. 56r, s. Anm. 29 in Nr. 5); „1. Ceratocephalus vulgaris, tripteris & pentapteris folio, caule flavescente Comm. Par. 1720. ...“ (AAW R. I, Op. 13, D. 67, Bl. 32r, s. Anm. 5 in Nr. 4); „521. Bidens foliis tripartito divisis CaeSalp. Est species Ceratocephali. ...“ (AAW R. I, Op. 13, D. 42, Bl. 113v, s. Anm. 1 in Nr. 1); „457. Bidens folys tripartito divisis Caesalp. p. 488. α Bidens Canadensis latifolia flore luteo Tourn. inst. 362 [sic!]“ (AAW R. I, Op. 13, D. 20, Bl. 46v, s. Anm. 1 in Nr. 1); „9. August 1723 ... Abends ... fand aber nichts als ... Bidentem foliis tripartito divisis (Caesalpinus et Tournefortii sp. 1); ...“ (Messerschmidt 1962–1977, Bd. 2, S. 113); „Bidens, foliis tripartito divisis, Caesalpini (Tournefortii sp. 1), Sylv.“ (Messerschmidt 1962–1977, Bd. 4, S. 205, s. Anm. 1 in Nr. 1); „14. September 1725 ... Und ... brachten mir meine Denstschiken ... semen Bidentis, foliis tripartito divisis (Tournefortii sp. 1) ...“ (Messerschmidt 1962–1977, Bd. 4, S. 232f.); „Bidens foliis tripartitò divisis; Tournefort. Sp. 1. ...“ (AAW F. 98, Op. 1, D. 20, Bl. 27v, s. Anm. 90 in Nr. 33); „Bidens foliis tripartito divisis. T. Sp. 1. ...“ (AAW F. 98, Op. 1, D. 19, Bl. 7r, s. Anm. 59 in Nr. 19); „511 „d. „[14. September 1724] „Bidens foliis tripartito divisis. Tournef. Sp. 1.“ (AAW F. 98, Op. 1, D. 23, Bl. 19v, s. Anm. 49 in Nr. 653)

78 „[species 2] Bidens folio non dissecto Caesalp. 488. Cannabina aquatica, folio non diviso C. B. Pin. 321. Verbesina pulchriore flore luteo J. B. 2. 1074. Eupatorium Cannabinum, chrysanthemum Tabern. Icon. 117.“ (Tournefort 1700, S. 462, Genus VIII. „Bidens.“); „1. BIDENS FOLIO NON DISSECTO. Caesalp. 488. ...“ (Vaillant 1727, S. 21); „Bidens folio non dissecto Caesalp. 488. ... Wasser=Hanffkraut/ gelb Fieberkraut/ Wasserdosten mit unzerschnittenen Blättern. ...“ (Mappus 1742, S. 39); „3. Der dritte Wasser=Dost: Cannabina aquatica, folio non diviso, C. B. P. loc. cit. ... Bidens, folio non dissecto. Caesalp. T. B. J. A. loc. cit. ...“ (Zwinger 1744, S. 1042f.); „120. BIDENS foliis longe ellipticis, serratis, indiuisis HALL. Helv. 710. Verbesina pulchriore flore luteo I. B. 2. 1074. Conyza palustris foliis serratis LOES. p. 54. Ic. 11. Cannabina aquatica folio non diuiso B. pin. 321. Bidens corona seminum retrorsum aculeata, foliis lanceolatis amplexicaulibus, floribus nutantibus LINN. Suec. 664. j. Idem flore radiato. Chrysanthemum aquaticum bidens, siue hepatorium aquatile, folio non diuiso, flore aureis petalis vndique radiato MOR. H. Ox. Sect. 6. Tab. 5. Fig. 22. ...“ (Gmelin 1747–1769, Bd. II, S. 138f.), nahezu identisch auf Bll. 83v–84r in: AAW R. I, Op. 105, D. 28 – s. Anm. 61 in Nr. 21; „120. Bidens foliis longe ellipticis serratis indivisis [=] Bidens cernua L. α. discoidea! [;] I. Idem flore radiato [=] Bidens cernua L. β. radiata!“ (Ledebour 1841, S. 75); „4. BIDENS cernua. ... B. foliis lanceolatis amplexicaulibus, ... Fl. suec. 664. ... Cannabina aquatica, folio non diviso. Bauh. pin. 321. ... Hängender Zweyzahn. W. ...“ (Linné 1797–1830, Bd. III, Teil 3, S. 1716f.); „1. BIDENS CERNUA. Linn. ... B. cernua. Linn. Willd. Spec. pl. III. p. 1716. ... Bidens foliis longe ellipticis, serratis, indivisis. Gmel. Fl. sib. II. p. 138. No. 120. ...“ (Ledebour 1833, S. 52f.); „2. B[idens] cernua (WILLD. Sp. pl. III, p. 1716) ... B. foliis longe ellipticis, ... GMEL. Fl. sib. II, p. 138, Nr. 120. α. discoidea: ... LEDEB. alt. IV, p. 52. ... β. radiata: ... γ. minima: ...“ (Ledebour 1844–1846, S. 517f.); „[Bidens] cernua, ... niedergebeugter Zweyzahn, ... Gelbfieberkraut, Wassersternkraut, kleine gelbe Wasserdoste; ... diese Pflanze hat mit der ersten [d. h. Bidens tripartita, ...] gleichen Nuzen in der Arzney= und

Färberkunst; ... ihr Kraut färbt grün; ... Sie heißt bey Cäsalpin: Bidens folio non dissecto; ..." (Gmelin 1772, Sp. 97); „Eine vortrefliche gelbrothe Farbe bekommen die Morduanen auch aus einer schlechten Pflanze, welche auf russisch Sobatschka [russ. *sobački*], Hundekraut, auch an einigen Orten Tschereda [russ. *čereda*] heißt a) und an feuchten Orten wächst. Sie sieden es ganz schlechtweg mit Wasser und Alaun daran, ... |: a) Bidens cernua. :|" (Lepechin 1774, S. 147); „3. Bidens cernua ... Niedergebeugter Zweyzahn. ... Er färbt wie Bid. tripart. [Nr. 676] No. 1. gelb" (Georgi 1797–1802, Theil 3, S. 1228); „Nickzweizahn, Bidens cernua, L. ... Das zusammenziehend schmeckende Kraut (hb. Bidentis, Verbesinae), welches in Schweden zum Gelbfärben gebraucht wird, scheint in ältern Zeiten gegen Wechselfieber angewendet worden zu seyn, und ähnliche (ziemlich unbekannte) Eigenschaften zu besitzen als der Wassersternzweizahn [s. Nr. 676], ..." (Hahnemann 1798, S. 131); „2. Art. B[idens] cernua. Ueberhängender Zweizahn. (Linné.) ... Synonyme: ... Cannabina aquatica, folio non diviso. (Bauch. pin. 321.) ... Vulgärnamen: Wassermundkraut. Wasserkäppchen. ..." (Bechstein 1833, S. 722f.)

„Bidens folio non dissecto Caesalp. 488. ..." (AAW R. I, Op. 105, D. 2, Bl. 13v, s. Anm. 54 in Nr. 17); „1114. Bidens folys longe ellipticis serratis, indivisis Hall. Alp. 710. Verbesina pulchriore flore luteo J. B. III. 1074. ..." (AAW R. I, Op. 13, D. 20, Bl. 101v, s. Anm. 1 in Nr. 1); „103. Bidens folio non dissecto Caesalp. ..." (AAW R. I, Op. 104, D. 17, Bl. 14r, s. Anm. 36 in Nr. 8); „9. August 1723 ... Abends ... fand aber nichts als ... Bidentem folio non dissecto (Caesalpinus et Tournefortii sp. 2), ..." (Messerschmidt 1962–1977, Bd. 2, S. 113); s. Nr. 676

79 „Pag. 463. Echinopi speciebus addendae sequentes. Echinopus Orientalis, Cardui lanceolati folio, capite magno, caeruleo. ..." (Tournefort 1703, S. 34); „82. ECHINOPS caule subunifloro, foliis duplicato pinnatifidis, foliolis latiusculis vicinis. ?Echinops minor I. B. III. 72. ?Carduus sphaerocephalus minor caeruleis C. B. P. MORIS. Hist. t. 35. S. 7. n. 3. Sub Echinopi minoris I. B. nomine proponit b. MESSERSCHMIDIUS, sed alio in loco ipsi dicitur Echinopus vulgaris maior latiore folio, inciso, parum aculeato, subtus incano, floribus in capitulo globoso inermi caeruleis AMM. Ruth. 207. STELLERUS in flora Ircutensi habet pro Echinopo orientali cardui lanceolati folio flore caeruleo TOURN. Cor. I. R. H. 34. sed quoniam noster non habet folia cardui lanceolati, scilicet per superficiem non spinosa, ideo tamquam synonymum adducere noluimus. ... STELLERUS ad lacum Baicalem in regione Buguldeichae fluuii et abhinc ad Bargusinense vsque munimentum in rupibus sterilibus inuenit. ..." (Gmelin 1747–1769, Bd. II, S. 100ff.), nahezu identisch auf Bll. 62r–63r in: AAW R. I, Op. 105, D. 28 – s. Anm. 61 in Nr. 21; „82. Echinops caule subunifloro, foliis duplicato pinnatifidis, foliolis latiusculis vicinis. (excl. synon.) [=] Echinops davuricus Fisch. (Echinops Ritro L. – Willd. sp. pl. III. 2397. – E. ruthenicus M. a. Bieb. Fl. t. c. II. 361. – E. latifolius Tausch. in Flora. 1828. II. 486.)" (Ledebour 1841, S. 72); „3. E[chinops] Gmelini (LEDEB. Fl. alt. IV, p. 45 in nota – non TURCZ.) ... E. davuricus. Fisch. Cat. h. gorenk. p. 37? (ex DEC.). ... DEC. Prodr. VI, p. 523 (excl. syn. HORNEM., ...) ... E. caule subunifloro, ... GMEL. Fl. sib. II, p. 100, Nr. 82. Echinops vulgaris, ... MESSERSCHM. in AMMAN. ruth. p. 148, Nr. 207. ..." (Ledebour 1844–1846, S. 653); „1. ECHINOPS RITRO. Linn. ... Linn. Willd. Spec. pl. III. p. 2397. ... Echinops caule subunifloro, ... Gmel. Fl. sib. II. p. 102. No. 83. t. XLVI. ... E. ruthenicus M. a Bieb. species diversa videtur; Gmelini autem synonymon (Fl. sib. II. p. 100. No. 82) nec ad E. ruthenicum pertinet, sed novem speciem *) sistit. |: *) Sit mihi ECHINOPS GMELINI. ... Echinops caule subunifloro, ... Gmel. Fl. sib. II. p. 100. No. 82. ... :|" (Ledebour 1833, S. 44f.); „4. E[chinops] DAHURICUS (Fisch. cat. h. gort. p. 37), ... E. Gmelini Ledeb. fl. alt. 4. p. 45. ... α. latilobus, ... E. Gmelini var. α. ... β. angustilobus, ... E. Gmelini var. β. ..." (Candolle 1837, S. 523); „207. ECHINOPUS vulgaris, major, latiore folio inciso, parum aculeato, subtus incano, floribus in capitulo globoso inermi, caeruleis Messerschm." (Amman 1739, S. 148); „3. ECHINOPS Ritro. ... E. caule subunifloro, ... Gmel. sib. 2. p. 100. ... β. Echinops caule subunifloro, ... Gmel. sib. 2. p. 102. t. 46. ... Glattblättriger Biesenknopf. W. ..." (Linné 1797–1830, Bd. III, Teil 3, S. 2397f.); „83. ECHINOPS caule subunifloro, foliis duplicato pinnatifidis, foliolis linearibus, remotis. Tab. XLVI. Echinops caule subunifloro LINN. Vps. 248. 2. ? Echinopus Graecus tenuissim diuisus et lanuginosus, capite minori caeruleo TOVRN. I. R. H.

Cor. 34. ... Icon ramum plantae hortensis exhibet, cui a latere folium plantae siluestris adpictum est. a. est calix cum flosculo, b. idem diductus. ...“ (Gmelin 1747–1769, Bd. II, S. 102f.), nahezu identisch auf Bll. 63r–64r in: AAW R. I, Op. 105, D. 28 – s. Anm. 61 in Nr. 21; „83. Echinops caule subunifloro, foliis duplicato pinnatifidis, foliolis linearibus remotis t. XLVI. (excl. syn. Tourmf. [sic!]) [=] Echinops Ritro L. β. tenuifolius.!“ (Ledebour 1841, S. 72); „2. ECHINOPS Ritro ... Kleine Kugeldistel. Gm. Sib. 2. T. 46. ...“ (Georgi 1797–1802, Theil 3, S. 1265); „5. E[chinops] Ritro (L. SP. 1314) ... DEC. Prodr. VI, p. 524. ... M. a BIEB. Fl. t.c. II, p. 361. LEDEB. Fl. alt. IV, p. 44. ... E. ruthenicus. M. a BIEB. Fl. t. c. III, p. 597. ... E. caule subunifloro, ... GMEL. Fl. sib. II, p. 102, Nr. 83, t. 46 (excl. syn. TOURNEF.). ...“ (Ledebour 1844–1846, S. 654); „6. E[chinops] RITRO (Linn. sp. 1314), ... α. vulgaris, ... β. tenuifolius, ... Gmel. fl. sib. 2. p. 102. t. 26. ...“ (Candolle 1837, S. 524); „1831 ECHIHOPS [sic!] Ritro. ... Gmel. sib. 2. p. 100. n. 82. ... β. foliis tenuius dissectis. Gmel. sib. 2. P. 202. t. 46. ...“ (Marschall von Bieberstein 1808, S. 361); „1831. ECHINOPS ruthenicus. ... E. Ritro ruthenicus. Catal. hort. gorenk. a 1812. p.37. ...“ (Marschall von Bieberstein 1819, S. 597f.); „11. Echinops latifolius:... E. caule sub 1–floro, ... Gmel. sib. 2. p. 100. ...“ (Tausch 1828, S. 486); Echinops – russ. *bur'jan* (*Annenkov* 1858, S. 39, Nr. 417); Echinops Gmelini Led. (dahuricus Fisch) – russ. *syreon* (a. a. O., S. 39, Nr. 419); „Ēchinops L. (Compositae). Zus. aus ἔχινος (Igel) und ὤψ (Ansehn), in derselben Bedeutung wie das Synonym Echinanthus.“ (Wittstein 1852, S. 312); „Echinopus PLIN. = Echinops L.“ (a. a. O., S. 312); „Echinānthus NECK. (Compositae). Zus. aus ἔχινος (Igel) und ἄνδος (Blüthe); der kopfförmige Blüthenstand hat das Ansehn eines zusammengrerollten Igels = Echinops L.“ (a. a. O., S. 310)

„362. Echinopus Orientalis, Cardui lanceolati folio, capite magno caeruleo Cor. I. R. H. 34. Fl. Irc. n°. 678. ...“ (AAW R. I, Op. 105, D. 1, Bl. 25r, s. Anm. 29 in Nr. 5)

80 in der 2. Textversion (s. Anm. 1 in A.): „anserini“

81 „[species 8] Scabiosa multifido folio, flore flavescente C. B. Pin. 270. Scabiosa multifido folio, albo flore vel potius ochroleuco J. B. 3. 8. Scabiosa ochroleuco flore sive vij Clus. Hist. iij.“ (Tournefort 1700, S. 464, Genus I. „Scabiosa. Scabieuse.“); „SCABIOSA. CAPVT I. ...“ und die Abbildung „Scabiosa VII.“ auf S. iij (Clusius 1601, S. j–vj; ab Buch IV gesonderte Seitennumerierung mit römischen Zahlen); „Asterocephalus Rutae caninae foliis, flore ochroleuco. Scabiosa multifido folio, flore flavescente. B. Pin. 270. & I. R. H. 464. ...“ (Vaillant 1724a, S. 180); „5. SCABIOSA corollulis quinquefidis, foliis omnibus pinnatis, tenuibus, pinnis linearibus planis. Scabiosa multifido folio, flore flauescente B. pin. 270. TOURN. I. R. H. 464. Scabiosa multifido folio, albo flore vel potius ochroleucho I. B. III. 8. Asterocephalus rutae caninae foliis, flore ochroleuco VAILL. act. 1722. Scabiosa multifido folio, flore albo GERB. hort. sicc. Scabiosa laciniata flore albo CLUS. GERB. Tan. n. 279. ...“ (Gmelin 1747–1769, Bd. II, S. 212f.), nahezu identisch auf Bll. 124v–125r in: AAW R. I, Op. 105, D. 28 – s. Anm. 61 in Nr. 21; „5. Scabiosa corollulis quinquefidis, foliis omnibus pinnatis tenuibus, pinnis linearibus planis [=] Scabiosa ochroleuca L.“ (Ledebour 1841, S. 82); „11. S[cabiosa] ochroleuca (L. SP. 146) ... M. a BIEB. Fl. t. c. I, p. 87. ... S. Columbaria β. ochroleuca. LEDEB. Fl. alt. I, p. 127. ... S. corollulis quinquefidis, ... GMEL. Fl. sib. II, p. 212, Nr. 5. ...“ (Ledebour 1844–1846, S. 456f.); „1. SCABIOSA COLUMBARIA. Linn. ... Sc. Columbaria. β. ochroleuca. Reichenb. Icon. pl. rar. Cent. IV. p. 43. t. CCCLIII. fig. 536. ...“ (Ledebour 1829, S. 127f.); „39. SCABIOSA ocroleuca. ... S. multifido folio, flore flavescente. Bauh. pin. 270. ... Scabiosa VII. Clus. Hist. 2. p. 3. ... Weissgelbe Scabiose. W. ...“ (Linné 1797–1830, Bd. I, Teil 2, S. 559f.); „244. SCABIOSA ochroleuca. ... Sc. corollulis quinquefidis, ... Gmel. sib. 2. p. 212. n. 5. ...“ (Marschall von Bieberstein 1808a, S. 97); „15. SCABIOSA ochroleuca L., ... Weißgelbliche Scabiose. W. ...“ (Georgi 1797–1802, Theil 3, S. 726f.); „19. Scabiosa multifido folio, albo flore vel potius ochroleuco. C. B. recte. (Fl. sib. II. 212. nr. 5. Sc. ochroleuca L.) an diversa a Scabiosa 111. Florae Suecicae? (Sc. columbaria L. Fl. sib. II. 211. nr. 4 ...)“ (C. von Linné in einem Brief an J. G. Gmelin? vom 24. August 1748 – Plieninger 1861, S. 90); „Scabiosa fl. ochroleuco (Sc. ochroleuca L.) utique diversissima est a Clusiana (Sc. ucranica L.) latis carnosis foliis ...“ (A. von Haller in einem Brief an J. G. Gmelin

vom 26. November 1744 – Plieninger 1861, S. 119); „Scabiosa multifido folio, flore flavescente (cf. Fl. sib. II. 212. nr. 5. hoc synon. Tournef. ad Sc. ocroleucam L. ductum. ...). Recte est Valeriana lutea, Tibi notior (Sed Halleri synonymia potius Patriniam sibiricam Juss. Fl. sib. III. 123. nr. 3. β. indicat. ...“ (A. von Haller in einem undatierten Brief an J. G. Gmelin – Plieninger 1861, S. 140); Scabiosa – russ. *korostavik* bzw. *sverbežnica* (*Annenkov* 1858, S. 84, Nr. 994); „Scabiōsa L. (Dipsaceae). Von scabies (Grind, Krätze), weil sie gegen Hautausschläge angewendet wird.“ (Wittstein 1852, S. 788)

„– Scabiosa multifido folio, flore flavescente CBP. ...“ (AAW R. I, Op. 104, D. 8, Bl. 4v, s. Anm. 18 in Nr. 452); „87. Scabiosa multifido folio, flore flavescente? C. B. P.“ (AAW R. I, Op. 15, D. 1, Bl. 2v, s. Anm. 24 in Nr. 64); „254 Scabiosa multifido folio, albo flore, vel potius ochroleuco JNB. 3. 8.“ (AAW R. I, Op. 6, D. 40, Bl. 34r, s. Anm. 1 in Nr. 1); „Scabiosa multifido folio flore albo Clus VII. ...“ (AAW R. I, Op. 68, D. 2, Bl. 15v, s. Anm. 62 in Nr. 22); „269. Scabiosa ωχρολενκά flore, sive vii Clusii H iii. B. n. 31.“ (AAW R. I, Op. 104, D. 13, Bl. 7v, s. Anm. 84 in Nr. 29); „73. Asterocephalus Rutae caninae folys, flore ochroleuco Vaill. Dips. Comm. Ac. Sc. Par. 1722. ...“ (AAW R. I, Op. 105, D. 4^{a}, Bl. 12r, s. Anm. 54 in Nr. 17); „349. Asterocephalus Rutae caninae folijs, flore ochroleuco Comm. Par. 1722. ...“ (AAW R. I, Op. 105, D. 1^{a}, Bl. 35r, s. Anm. 29 in Nr. 5); „1. Asterocephalus Rutae caninae folys, flore ochroleuco Comm. Par. 1722. Scabiosa corollis radiatis, corollulis quinquefidis folys dissectis receptaculis flosculorum subulatis. ...“ (AAW R. I, Op. 13, D. 67, Bl. 23v, s. Anm. 5 in Nr. 4); s. Nr. 680

82 „[species 14] Scabiosa montana, glabra, foliis Scabiosae vulgaris C. B. Pin. 270. Scabios glabra, carnosis foliis virentibus, flore ex caeruleo ourpureo J. B. 3. 7. Scabiosa montana sive v Clus. Hist. ij.“ (Tournefort 1700, S. 464, V., Genus I. „Scabiosa. Scabieuse.“); „7. SCABIOSA corollulis quinquefidis, foliis radicalibus ovatis crenatis, caulinis pinnatis setaceis. Asterocephalus vulgaris, flore caeruleo. Vaill. act. 1722. p. 243. Scabiosa, capitulo globoso, major. Bauh. pin. 270. ... Scabiosa montana glabra, foliis scabiosae vulgaris. Bauh. pin. 270. Scabiosa minor vulgaris. ... Bauh. hist. 3. p. 3. Scabiosa, capitulo globoso, minor. Bauh. pin. 270. ...“ (Linné 1737, S. 31); „1. Asterocephalus vulgaris, flore caeruleo. Scabiosa capitulo globoso, major. B. Pin. 270 & I. R. H. 465. ...“ (Vaillant 1727a, S. 242f.; Vaillant 1724a, S. 179; Vaillant 1755, S. 138); „1. ASTEROCEPHALUS foliis ad terram ovalibus serratis, ad caulem pinnatis, angustissimus. ... Scabiosa minor vulgaris I. B. III. P. 1. p. 3. ... Scabiosa capitulo globoso, minor C. B. ... Asterocephalus vulgaris VAILL. p. 242. ... Scabiosa corollulis quinquefoliis, ... LINN. Cliff. p. 31. ...“ (Haller 1742, S. 668f.); „4. SCABIOSA corollulis quinquefidis, foliis radicalibus ouatis, crenatis, caulinis pinnatis setaceis LINN. h. Cliff. 31. ROY. pr. 189. Scabiosa capitulo globoso maior B. pin. 270. Scabiosa minor s. columbaria LOB. ic. 535. ex DOD. Scabiosa minor vulgaris I. B. III. p. 3. Asterocephalus vulgaris, flore caeruleo VAILL. act. 1722. Asterocephalus foliis ad terram oualibus, serratis, ad caulem pinnatis, angustissimis HALL. Helv. 668. j. Eadem floribus albis. ...“ (Gmelin 1747–1769, Bd. II, S. 211f.), nahezu identisch auf Bll. 124r–124v in: AAW R. I, Op. 105, D. 28 – s. Anm. 61 in Nr. 21; „3. [müßte heißen: 4.] Scabiosa corollulis quinquefidis, foliis radicalibus ovatis crenatis caulinis pinnatis setaceis [=] Scabiosa Columbaria L.!“ (Ledebour 1841, S. 76); „13. S[cabiosa] Columbaria (L. SP. 143) ... M. a. BIEB. Fl. t. c. I, p. 96; ...“ (Ledebour 1844–1846, S. 457f.); „243. SCABIOSA columbaria. ... γ. foliis radicalibus oblongis ... Gmel. sib. 2. p. 211. n. 4. ..“ (Marschall von Bieberstein 1808a, S. 96f.); „19. SCABIOSA columbaria. ... Gmel. sib. 2. p. 211. ... Scabiosa capitulo globoso maior et minor. Bauh. pin. 207. [sic!] ... Tauben Scabiose. W. ...“ (Linné 1797–1830, Bd. I, Teil 2, S. 552); „1. SCABIOSA COLUMBARIA. Linn. ... Sc. Columbaria. M. a Bieb. Fl. taur. cauc. I. p. 243. [sic!] No. 243. ... Sc. ochroleuca. ... M. a Bieb. Fl. taur. cauc. I. p. 244. [sic!] No. 244. ... Sc. corollis [sic!] quinquefidis, ... Gmel. Fl. sib. II. p. 211. No. 4. ...“ (Ledebour 1829, S. 127f.); „17. Scabiosa corollulis 5–fidis foliis radicalibus ovatis crenatis, caulinis pinnatifidis setaceis H. C. sic est. (Fl sib. II. 211. nr. 4. Sc. columbaria L.)“ (C. von Linné in einem Brief an J. G. Gmelin? vom 24. August 1748 – Plieninger 1861, S. 90); „Scabiosae tuae corollulis quinquefidis (cf. Fl. sib. II. 211. sq. synonymias ‚coroll. 5–fidis‘ nr. 4. 5. 6. 7., quae sunt: Sc. columbaria L. ochroleuca L. ucranica L. et

isetensis L.), – non diversae, ut puto, ab Asterocephalo vulgari (Halleri synonymia ad Fl. sib. II. 211. nr. 4. Sc. columbariam L. quadrat.).“ (A. von Haller in einem undatierten Brief an J. G. Gmelin – Plieninger 1861, S. 140)

„72. Scabiosa montana, glabra, folijs Scabiosae vulgaris C. B. P. Ind. Len. ...“ (AAW R. I, Op. 105, D. 4ª, Bl. 12r, s. Anm. 54 in Nr. 17); „350. Asterocephalus vulgaris, flore caeruleo, elatior Ind. Irc. nº. 72. ...“ (AAW R. I, Op. 105, D. 1ª, Bl. 35r, s. Anm. 29 in Nr. 5); „* Scabiosa montana glabra, foliis scabiosae vulgaris. C. B. P. * Eadem flore albo. ...“ (AAW R. I, Op. 105, D. 2, Bl. 13v, s. Anm. 54 in Nr. 17); „472. Scabiosa montana, glabra, foliis Scabiosae vulgaris C. B. P. ...“ (AAW R. I, Op. 13, D. 42, Bl. 96v, s. Anm. 1 in Nr. 1); „3. Juli 1724 ... Frühe ... besahe zuvöderst das Feld, so voller feiner Kräuter stand, ... 11.) Scabiosa montana glabra, foliis Scabiosae vulgaris (Caspar Bauhini et Tournefortii sp. 14). ...“ (Messerschmidt 1962–1977, Bd. 3, S. 72f.); s. Nr. 679

83 „[species 2] Dipsacus sylvestris aut Virga Pastoris major C. B. Pin. 385. Dipsacus sylvestris sive Labrum Veneris J. B. 3. 74. Labrum Veneris Lob. Icon. 18.“ (Tournefort 1700, S. 466, Genus II. „Dipsacus. Chardon à Bonnetier.“); „3. Dipsacus sylvestris. Dod. 735. Sylvest. aut Virga Pastoris major. B. Pin. 385. & I. R. H. 466.“ (Vaillant 1727a, S. 236); „1. DIPSACUS capitulis florum conicis. Dipsacus sylvestris, aut Virga pastoris major. Bauh. pin. 385. ... Dipsacus sylvestris. Dod. pempt. 735. Vaill. act. 1722. p. 236. ... β Dipsacus sylvestris, folio laciniato. Bauh. hist. 3. p. 75. ...“ (Linné 1737, S. 29f.); „Dipsacus sylvestris, aut virga pastoris major C. B. Pin. 385. ... wilde Kartendistel. ...“ (Mappus 1742, S. 94); „464. Dipsacus L. ... 1. D. sylvestris (L. SP. 141) ... DEC. Prodr. IV, p. 645. – M. a BIEB. Fl. t. c. III, p. 98. ...“ (Ledebour 1844–1846, S. 444f.); „Dipsacus fullonum, foliis sessilibus serratis; Weberkarte, ... Walkerdistel; wilde Kartendistel; grose wilde Kardendistel; ... das Wasser, welches in den Hölen der Blätter sizt, rühmen einige in Augenkrankheiten, und in Fleken des Gesichts; ... Sie heißt bey ... C. Bauhin: Dipsacus sylvestris aut virga pastoris major; ...“ (Gmelin 1773, Sp. 615f.); „[Dipsacus] sativus; hierunter verstehen Dodonäus, Cordus, Gesner, Gerard und C. Bauhin die zahme Weberkarte.“ (a. a. O., S. 618); „1. Weberkarten. Dipsacus Fullonum. Dipsacus foliis sessilibus, serratis. LINN. ... Sp. pl. 140. ... Dipsacus capitulis florum conicis. Hort. Cliff. 26. [sic!] ... Dipsacus sylvestris aut Virga Pastoris major. C. BAUH pin. 385. Dipsacus sylvestris DOD pempt. 735. MILL. Dict. n. 1. ... Diese Pflanze ... wird ... im Deutschen Kartendistel, Walkerdistel ... genennet. ...“ (Linné 1779, S. 223ff.); „II. DIPSACUS ... 1. D. sylvestris ... D. vulgaris Gmel. fl. bad. 1. p. 312. ...“ (Candolle 1830, S. 645); „4. D[ipsacum] FULLONUM (Mill. dict. n. 1.) ... D. sativus Gmel. fl. bad. 1. p. 314. D. fullonum β Linn. spec. 140. ...“ (a. a. O., S. 645f.); „208. DIPSACUS vulgaris ... Dipsacus fullonum α. Linn. Sp. pl. 1. p. 140. ... Dipsacum sylvestris ... Mill. Dict. n. 1. Dipsacus sylvestris aut Virga Pastoris major. Bauh. pin. 385. ... Mapp. fl. Als. p. 94. ... Germ. Gemeine Kartendistel. Wilde Walkerdistel. Bubenstreel. ... Pharm. DIPSACI Radix. ...“ (Gmelin 1806a, S. 312f.); „209. DIPSACUS sativus ... Dipsacus fullonum var. β. Linn. Sp. pl. 1. p. 140. ... Germ. Aechte Walkerdistel. Zahme Walkerdistel. ...“ (a. a. O., S. 314); „230*. DIPSACUS syluestris. D. foliis sessilibus serratis. Linn. ed. Willd. 1. p. 544. ...“ (Marschall von Bieberstein 1819, S. 98); „1. DIPSACUS fullonum. D. foliis sessilibus serratis, paleis uncinatis. W. Dipsacus fullonum β. Spec. plant. 140. ... Dipsacus sativus Bauh. pin. 385. ... Weber Karten. W. ...“ (Linné 1797–1830, Bd. I, Teil 2, S. 543f.); „2. DIPSACUS sylvestris. D. foliis sessilibus serratis, paleis rectis. W. D. foliis sessilibus serratis. Sp. pl. 140. ... D. capitulis florum conicis. Hort. cliff. 29. ... D. sylvestris aut Virga Pastoris maior. ... Bauh. pin. 385. D. sylvestris. Dod. pempt. 735. ... Wald Karten. W. ...“ (a. a. O., S. 544); „1. DIPSACUS fullonum L., ... Weberkarte. W. R. Tschesalka [russ. *česalka*]. Die Haken der wilden und gebaueten Kartendistelköpfe haben für die Tuchfabriken nur kaum die erforderliche Steifigkeit; doch werden sie in einigen Manufakturen genutzt. ...“ (Georgi 1797–1802, Theil 3, S. 723); „Buben=Streel, Buben=Stengel, Karten=Distel, Charten=Distel, ... Ein Gewächs, dessen es zwey Haupt=Sorten giebet, ... Die andere Gattung heist: ... Dipsacus siluestris aut Virga pastoris major, C. B. Pit. Tournef. ... Wilde Karten=Distel, Wilde Charten=Distel. ... Ihre Köpffe treiben den Schweiß, und eröffnen, ... Die Wurtzel in Wein gesotten und klein gestossen, heilet die

Schrunden und Fisteln des Hintern, und tilget auch alle Wartzen. ... Das von den Buben=Streel= Blättern gebrannte Wasser mindert die Stein=Schmertzen. ... ist auch gut für das Reissen im Leibe, Fieber und Wassersucht, ...“ (Zedler 1732–1750, Bd. 4, Sp. 1715ff.); „1. Kardendistel mit verwachsenen ausgezahnten Blättern, Bubendistel, Bubenstängel, Bubensträl, Wolfssträl, Grautucherdistel, Kardetschen=Distel, Kratzdistel, Rauhdistel, Tuchkarde, Walkerdistel, Weberdistel, Weberkarde, ... Dipsacus syluestris aut Virga pastoris maior C. B. ... Dipsacus capitulis florum conicis Hort. Cliff. ... Die Spelzen fallen nicht mit der Blüthe oder dem Samen ab, sondern bleiben immerfort auf dem Blumenbette stehen; und beydes zusammen, nebst dem daran befindlichen Stiele, machen dasjenige Werkzeug aus, dessen die Weber, Tuchmacher, Strumpf=Stricker, Hutmacher und dergleichen Handwerker, sich bedienen, die Tücher, wollene Strümpfe und andere Gewebe damit zu karden oder auszukämmen, und die Wolle daran aufzulockern. ... Die Kardendisteln, welche man bey Halle im Magdeburgischen gewinnt, werden in hiesigen Landen für die besten gehalten. ... Die Blätter und Samen sollen wieder den Biß toller Hunde, und die gepulverte und mit Honig vermischte Wurzel wieder die Schwindsucht, dienen. ...“ (Krünitz 1773–1858, Bd. 34, S. 669ff.); Dipsacus fullonum Mill. – russ. *vorsoval'nyja šiški* (*Annenkov* 1858, S. 38, Nr. 409); „Dīpsacus L. (Dipsaceae). Von διφαειν (dursten), d. h. gut für Durstende; da wo die entgegengesetzten Blätter mit einander verwachsen sind, bilden sie eine Vertiefung, in der sich das Regenwasser ansammelt.“ (Wittstein 1852, S. 292)

„473. Dipsacus Sylvestris aut Virga Pastoris major C. B. P. ...“ (AAW R. I, Op. 13, D. 42, Bl. 96v, s. Anm. 1 in Nr. 1); „– Dipsacus sylvestris seu labrum veneris JB. ...“ (AAW R. I, Op. 104, D. 8, Bl. 4v, s. Anm. 18 in Nr. 452); „71. Dipsacus sylvestris Dod. 735. ...“ (AAW R. I, Op. 105, D. 12, Bl. 4r, s. Anm. 54 in Nr. 17)

/124v/

CLASSIS XIII.
de
Herbis [et] suffruticibus flore semiflosculoso.

682[a].	*Dens leonis latiore folio C. B. P.*[1] *Ubiq[ue] circa Ir- / kutiam. floret Maio Junio.*

/125r/

Florae Irkutiensis Ordine Instit[utionum] Rei Herb[ariae].
CLASSIS XIII.

683[b]	*Dens Leonis angustiore folio*[2]. *cum praecedenti.*
684[c]	*Dens Leonis tenuissimo folio Tourn. I. R. H.*[3] */ Passim circa Irkutiam.*
685[d]	*Dens Leonis folio admodum laciniato et supi- / ne aspero in montosis ad Angaram qua a / Menschaia Roswodnaia itur Bolschaia / media via in montibus terra ampelite*[4] *re- / fertis*
686[e]	*Dens Leonis, qui pilosella officinarum Tournef. I. R. H.*[5] *in apricis asperis tenui gramine / vestitis ad Uschakowkam et passim ali- / bi. floret Julio.*
687[f].	*Hieracium Alpinum latifolium, maculatum / hirsutie incanum flore magno C. B. P. Herba / costa officinarum* 4 *varietatibus ludit. Da- / tur maculosa ramosa et non ramosa et / non maculosa ramosa et non ramosa.*[6]
688[g]	*Hieracium murorum laciniatum, minus pilo- / sum folio angustiore C. B. P. Pulmonaria Galli- / ca tenuifolia Tabern. Icon.*[7] *In sylvis ad Bar- / gusinum fluvium floret Julio semina Augus- / to matura mittuntur.*
689[h]	*Hieracium Dentis Leonis folio obtuso maius / C. B. P. Macrocaulon junceum sive minus / primum Dod.*[8] *Passim circa Irkutiam floret / Junio et Julio.*
690[i]	*Hieracium fruticosum latifolium, hirsutum C. B. P. / Hieracii Sabaudi varietas [pri]ma Erinus quibusdam Matth[ioli] / dicta J. B.*[9] *In sylvis et montosis locis ad Angaram. flo- / ret Julio et Augusto.*

[a] 682 *verbessert aus* 91 [b] 683 *verbessert aus* 92 [c] 684 *verbessert aus* 93 [d] 685 *verbessert aus* 94 [e] 686 *verbessert aus* 95 [f] 687 *verbessert aus* 96 [g] 688 *verbessert aus* 97 [h] 689 *verbessert aus* 98 [i] 690 *verbessert aus* 9

/125v/

Florae Irkutiensis Ordine Inst⌈itutionum⌉ Rei Herb⌈ariae⌉
CLASSIS XIII.

691[a].	*Hieracium latifolium praemorsa*[10] *radice, cau- / le singulari, pilosellae maiori affine / Chabraei 322*[11] *frequens in montosis ad / Angaram, praesertim è regione Archi- / praesulis pagi Schilkina floret*[b] *Junio. se- / mina circa medium Julii matura mittunt⌈ur⌉. / Radice nititur in medio praemorsa Suc- / cisae in modum è corona radicis fibras / multas albas in terram demittit, folia / sunt oblonga, hirsuta et nonnihil ad ta- / ctum aspera apice rotundata ad coronam / radicis in orbem posita ⌈et⌉ terrae incum- / bentia, caulis teres, pilis hirtus, cubitalis / non ramosus, foliis carens. In summita- / te caulis flores 7. 8. 9 communissime in / spicam veluti laxam congeruntur, calyce / cylindrico viridi comprehensi. floret in / montosis ad Angaram circa initium et / medium Junij*
692[c].	*Hieracium fruticosum angustifolium maius / C. B. P.*[12] *Passim in montosis gramineis locis / ad Angaram. floret Julio. semen perficit Au- / gusto.*
693[d]	*Hieracium minus Dentis Leonis folio oblongo / C. B. P.*[13] *Passim in agris circa Irkutiam / floret Julio.*
694[e]	*An Hieracium asperum. J. B.*[14] *floret sub fine⌈m⌉*

/126r/

Florae Irkutiensis Ordine Inst⌈itutionum⌉ Rei Herb⌈ariae⌉
CLASSIS XIII.

	Julii in montosis apricis ad Uschakow- / kam e[f] *regione molendini*[g] *et in rupi- / bus circa lacum Baikal semina sub / finem Augusti matura mittuntur.*
695[h]	*An Hieracium Pyrenaicum longifolium ample- / xicaule I. R. H.*[15] *floret circa finem / Julii in montosis trans Angaram è re- / gione Bretschalowo simowie.*
696[i]	*Hieracium oblongo acuto late dentato glabro / folio cum priori. Quales ambae species / sint*[16] *et Tournefortio dicantur resciscere*[j] */ aveo.*

---

[a] 691 *verbessert aus* 700 [b] f_{loret} *verbessert aus* [.] [c] 92 *verbessert aus* 701 [d] 693 *verbessert aus* 702 [e] 694 *verbessert aus* 703 [f] e *verbessert aus* [.] [g] molendinae [h] 695 *verbessert aus* 704 [i] 696 *verbessert aus* 705 [j] $_{\text{resciScere}}$ *verbessert aus* n̲

697[a]	*An Hieracium Dentis Leonis folio monoclonon / glabrum C. B. P.* 127.[17] *Abundè in montosis / ad Angaram et Irkutum ut et circa la- / cum Baikal. floret Julio, semina matu- / rat sub finem Augusti. semina mittuntur / bis vel ter e speciebus externa facie / valde differentibus collecta.*
698[b]	*Hieracium cuius semina*[c] *litera α notantur / reperi ad Inam fluvium* 12 *stadia à Bar- / gusinensi munimento, ubi praeter semi- / na nihil reliquum*[d] *de planta supere- / rat.*
699[e]	*An Lactuca montana, latifolia laciniata, flore / coeruleo I. R. H.? Sonchus laevis laciniatus / coeruleus vel sonchus Alpinus coeruleus / C. B. P.*[18] *Passim in montosis pratis ad An- / garam. floret circa initium Julii.*

/126v/

Florae Irkutiensis Ordine Inst[itutionum] Rei Herb[ariae]
CLASSIS XIII.

700[f]	*Lactuca sativa C. B. P.* 122.[19] *In hortis incolarum / Irkutiae.*
701[g]	*Lactuca maculosa C. B. P.* F<o>rell Salat.[20] *In / hortis Irkutiae.*
702[h]	*Lactuca capitata C. B. P.*[21] *in hortis incolarum Irkutiae.*
703[i]	*Lactuca sylvestris costa spinosa C. B. P.* 123. */ Lactuca sylvestris sive Endivia multis dicta / folio laciniato dorso spinoso J. B.*[22] *in hortis / D[omini] Vice Gubernatoris*[23].
704[j]	*Sonchus asper non laciniatus C. B. P. p[agina]* 123.[24] */ frequens in hortis et ad sepes Irkutiae / et circa lacum Baikal.*
705[k].	*An Chondrilla viscosa humilis C. B. Prodr. sp[ecies] /* 2.[25] *Vera haec Chondrillae species Tournef. / I. R. H. et Vaillant[io] non recensita, va- / rietatem chondrillae*[l] *dioscori- / dis forte suspicati. Provenit abunde / in siccioribus arenosis et saxosis locis circa / Bargusinense munimentum raro dodran- / tem superat, altitudine ut plurimum*[m] *in / terra procumbit. Radice nititur alba / succida, saxis*[n] *tereti, paucis fibris stipa- / ta, calami columbini crassitie diffracta, / succum fundit copiosum lacteum, ama- / rum acrem, nauseosum, ut et reliquae / partes omnes e corona radicis folia*

[a] 697 *verbessert aus* 706 [b] 698 *verbessert aus* 707 [c] semina *verbessert aus* e [d] reliquum *verbessert aus* [.] [e] 699 *verbessert aus* 708 [f] 700 *verbessert aus* 9 [g] 701 *verbessert aus* 10 [h] 702 *verbessert aus* 11 [i] 703 *verbessert aus* 12 [j] 704 *verbessert aus* 13 [k] 705 *verbessert aus* 14 [l] chondrillae *verbessert aus* [.] [m] plurimum *über der Zeile* [n] saxis *verbessert aus* [.]

/127r/

Florae Irkutiensis ordine Inst[itutionum] R[ei] H[erbariae]
CLASSIS XIII.

	folia viginti et plura terrae instrata / prodeunt sesqui aut[a] *duos pollices longa / $^{2}/_{10}$ vel $^{3}/_{10}$ pollicis lata, angusta, valde / acuminata et acuta, glabra infima la- / ciniata et crispa in aliis integra levi- / ter saltim sinuata et dentata; in quibus- / dam folia omnia valdè laciniata, in a- / liis Omnia integra, ita et quarundam folia / glauca, aliarum contra tota absolete*[26] */ purpurea sunt. Caules emittit modo duos / modo tres et quatuor, raro plures vimineos / valde ramosos, teretes, tenaces striatos, glau- / cos procumbentes vel parum ad horizon- / tem erectos, ubi caulis in ramos*[b] *dif- / funditur, foliolum reliquis per omnia / simile, caulem amplexans prodit, singuli / abhinc ramuli in alios tenuiores*[c] *bi- vel / trifariam divaricantur, floribus onus- / ti luteis, calyx perexiguus, funda ca- / lyci appressa*[d27] *munitus, cylindricus, stri- / atus vel potius sulcatus 2½ decima- / lem pollicis longus superius octo di- / visuris patens, semiflosculis modo in- / tensius modo pallidius luteis farctus, / semiflosculi plani, apice pulchre et*

/127v/

Florae Irkutiensis ordine Inst[itutionum] Rei Herb[ariae]
CLASSIS XIII.

	subtiliter incisi seu serrati singulorum / pistillum vagina obvolutum, superius / bicorne, quod deinde abit in semen co- / nicum, sulcatum mediante filo, corona / pilorum[e] *onustum, semina vel ovaria / ipsa placentae calvae innituntur. Deli- / neatam plantam magnitudine naturali / vide Tab[ulam] a.) planta. b.) semen. Huius / semen sub finem Augusti maturum / mittitur.*
706[f].	*Chondrilla viscosa, humilis flore candido*[28]*, per omnia / cum priori modo forma et loco crescendi / convenit, pariq[ue] copia obvenit, floris so- / lummodo colore candido discrepat, alii / flores candidi omnimode aliarum api- / ces rubent, ungues omnium citrini colo- / ris sunt, pistillorum vaginae flavo vi- / rides*[g]*, cornua pistilli deorsum flexa, / fusca, tam flores, quam matura semina / circa finem Augusti in una eademq[ue] / planta saepius occurrunt. semina ma- / tura mittuntur.*

---

[a] aut *über der Zeile* [b] ramos *verbessert aus* um [c] tenuiores *verbessert aus* [.] [d] appressa *verbessert aus* ex
[e] pilorum *verbessert aus* e [f] 706 *verbessert aus* 15 [g] virides *verbessert aus* e

707[a]	*Scorzonera angustifolia prima C. B. P. 275 / Tourn. I. R. H.*[29] *huius radix crassa longa / dulcis. in*[b] *montosis ad Angaram prae- / cipue*[c] *è regione Wosnesenskensis monas- / terii Russis audit* вóлчей корень[30] *Brattis*

/128r/

Florae Irkutiensis ordine Instit⌈utionum⌉ R⌈ei⌉ H⌈erbariae⌉
CLASSIS XIII.

	⌈et⌉ Jacutis, ut aliae radices in cibum / venit. Huius semina mittuntur.
708[d]	*Scorzonera gramineo seu angustissimo folio*[31] */ radice amaricante folio dum*[e] *e terra / prodeunt admodum lanuginosa sunt / floret circa finem Maii in sylvis sup / ra Monastirskaia derewnia*[f] *et in / montosis e regione confluentiae Ir- / kuti cum Angara.*
709[g].	*Scorzonera latifolia altera C. B. Tourn. I. / R. H. spec⌈ies⌉* 4.[32] *Huius folia glabra et Bu- / pleuri instar laevigata sunt, costa fo- / liorum alba, radix circa coronam mul- / tis setis fuscis hirta. floret cum priori / sub finem Maii, caules huius intumes- / cunt saepe in nodulos et monstrosi / evadunt. ab insectorum ictibus.*

[1] „[species 2] Dens Leonis latiore folio C. B. Pin. 126. Hedypnois, sive Dens Leonis Fuchsii J. B. 2. 1035. Dens Leonis Dod. Pempt. 636. Pissenlit." (Tournefort 1700, S. 468, Genus I. „Dens Leonis. Dent de Lion."); „Dens Leonis latiore folio. C. B. p. ... Hedypnois sive Dens Leonis Fuchsii. J. B. Germ. Pfafenblat. Pfaffenkraut. ..." (Knauth 1688, S. 138f.); „1. Dens Leonis vulgaris, Park. Dens Leonis latiore folio, C. B. P. ... Hedypnois sive Dens Leonis Fuchsii, J. B. ..." (Morison 1699, S. 74f.); „Dens leonis, latiore folio C. B. P. ... Hedypnois sive dens leonis Fuchsii J. B. Pfaffen=Blatt ..." (Buxbaum 1721, S. 96); „DENS Leonis latiore folio C. B. Pin. 126. Hedypnois, sive Dens Leonis Fuchsii J. B. 2. 1035. ... Taraxacon officinarum. Löwen=Zahn, Mönchs=Kopf, Dotter=Blum, Eyer=Blum, &c. ..." (Rupp 1745, S. 197); „1. Dens-Leonis qui Taraxacon officinarum. Dens-Leonis latiore folio. B. Pin. 126. I. R. H. 468. j. Idem ampliore folio. Dens-Leonis amplissimo folio. I. R. H. 468. jj. Idem angustissimo folio. Dens-Leonis minimus, folio integro, gramineo, vix serrato. Hist. Ox. 3. 75. n. 12. iij. Idem gemino capite seu monstrosus." (Vaillant 1725, S. 230f.; Vaillant 1723b, S. 177; Vaillant 1754, S. 699); „1. LEONTODON calyce inferno reflexo. Fl. lapp. 280. Dens leonis, qui Taraxacon officinarum. Vaill act. 1721. p. 230. Dens leonis, latiore folio. Bauh. pin. 126. Tournef. inst. 468. ... Dens leonis. Dod. pempt. 636. vulgi. ... Hedy[p]nois sive Dens leonis fuchsii. Bauh. hist. 2. p. 1035. ... α Dens leonis amplissimo folio. Tournef. inst. 468. β Dens leonis angustiore folio. Bauh. pin. 126. ..." (Linné 1737, S. 386); „1. Das gemeine Röhrlein=Kraut: Dens leonis latiore folio, C. B. P. 126. T. 468. ... Hedypnois s. Dens leonis Fuchsii, J. B. 2. 1035. ... Das gantze Gewächse, wenn es verwundet wird, gibt eine bittere Milch. ... Diese [Pflanze] wird für andern in der Artzney gebraucht, ..." (Zwinger 1744, S. 580); „14. LEONTODON calice inferne reflexo LINN. Lapp. 280. h. Cliff. 386. ROY. pr. 122. Taraxacum pinnis foliorum triangularibus HALL. Helv. 740. α) Foliis latis. Dens leonis DOD.

[a] 707 *verbessert aus* 16 [b] in *verbessert aus* j [c] praecipue *verbessert aus* o [d] 708 *verbessert aus* 17 [e] dum *verbessert aus* t [f] derewnia *verbessert aus* e [g] 709 *verbessert aus* 18

pempt. 636. Haedypnois [sic!] siue dens leonis FUCHS. I. B. II. 1035. Dens leonis latiore folio C. B. P. 126. TOURN. I. R. H. 468. Dens leonis, qui Taraxacon officinarum VAILL. act. 1721. p. 231. I. Caule tricephalo. β) Foliis amplissimis. Dens leonis amplissimo folio TOURN. I. R. H. 468. γ) Foliis in lacinias lineares diuisis. Dens leonis angustiore folio. B. pin. 126. δ) Foliis partim dentatis, partim integris. ...“ (Gmelin 1747–1769, Bd. II, S. 14f.); nahezu identisch auf Bll. 14r–14v in: AAW R. I, Op. 105, D. 28 – s. Anm. 61 in Nr. 21; „14. Leontodon calyce inferne reflexo [=] Leontodon Taraxacum L. cum aliis speciebus confusus.“ (Ledebour 1841, S. 65); „[Leontodon] Taraxacum, calyce squamis inferne reflexis, foliis runcinatis denticulatis laevibus; Mönchskopf, ... Pfaffenblatt; Pfaffenröhrlein; Löwenzahn; Hundslattich; Hundsblume; Eyerblume; Butterblume; ... die Aerzte bedienen sich zerschiedener seiner Theile, welche eine seifenartige, eröfnende Kraft haben, ... der Saft ... wird, in Menge getrunken, als ein reinigendes, eröfnendes und gelinde abführendes, und äuserlich in Krankheiten der Augen, in Wunden und Geschwüren anderer Theile empfolen; ...“ (Gmelin 1773a, Sp. 409f.); „[Dens] leonis angustiore folio; bedeutet bey C. Bauhin eine andere [Abart des Mönchskopfes] mit schmalen Blättern.“ (Gmelin 1773, Sp. 551); „[Dens] leonis latiore folio; bedeutet bey C. Bauhin den Mönchskopf.“ (a. a. O., Sp. 554); „1. Pfaffenröhrlein. Leontodon Taraxacum. ... Leontodon calyce inferne reflexo, foliis runcinatis denticulatis laevibus. LINN. ... Sp. Pl. p. 1122. ... Hort. Cliff. 386. ... GMEL. Sib. 2. p. 14. ... Dens leonis latiore folio. C. Bauh. pin. 126. ... β. Dens leonis angustiore folio. C. Bauh. pin. 126. ... Die gemeine mit breiten Blättern war die einzige, welche Steller auf der Beerings=Insel in dem westlichen Amerika antraf. Im Deutschen hat diese Art sehr viele Benennungen, unter welchen die Namen: Gänseblume, Kuhblume, Mönchskopf, Pfaffenplatte, Pfaffendistel und Pfaffenröhrlein die gewöhnlichsten und vielleicht auch bekanntesten sind. ... Die Aerzte loben sie ... um zähe Säfte und verstopfte Eingeweide des Unterleibes aufzulösen. ... Die Wurzeln gebrauchen einige, wie Kaffe, Das bittere Extract ist in den Apotheken eben so bekannt, wie das per fermentationem abgezogene Wasser, ...“ (Linné 1783a, S. 53f.); „1. LEONTODON Taraxacum. ... L. calyce inferne reflexo, ... Hort. cliff. 386. ... Gmel. sibir. 2. p. 14. ... Dens leonis, latiore folio. Bauh. pin. 126. ... β. Dens leonis angustiore folio. Bauh. pin. 126. ... Gemeiner Löwenzahn. W. ...“ (Linné 1797–1830, Bd. III, Teil 3, S. 1544f.); „3. T[araxacum] officinale ... Leontodon Taraxacum. L. SP. 1122. ... M. a BIEB. Fl. t. c. II, p. 246; ... LEDEB. alt. IV, p. 149. ... Leontodon calice inferne reflexo. GMELIN Fl. sib. II, p. 144, Nr. 14 (cum aliis speciebus conf. ...“ (Ledebour 1844–1846, S. 812f.); „1595. LEONTODON Taraxacum. ... Linn. ed. Willd. 3. p. 1544. ... Gmel. sib. 2. p. 14. n. 14. ...“ (Marschall von Bieberstein 1808, S. 246); „1. LEONTODON TARAXACUM. Linn. *) ... Linn. Willd. Spec. pl. III. p. 1544. ... M. a Bieb. Fl. taur. cauc. II. p. 246. No. 1595. ...“ (Ledebour 1833, S. 149f.); „Butter=Blum, ... Pastemen=Röhrlein, Aposten=Röhrlein, Pfaffen=Stiel, ... Münchs=Blat, Münchs=Kopff, Caput Monachi, Eyer=Blum, Dotter=Blum (wegen der gelben Farbe also genannt,) Küh=Blum, Mertzen=Blum, Geele May=Blum, Pompel=Blum, Pappen=Blum, Pappen=Kraut, Sau=Blum, Sau=Rüssel, Rostrum Porcinum, Hunds=Blum, Hunds=Lattig, Wege=Lattig, Wiesen=Lattig, Geel=Sonnen=Würbel, Sonnen=Wurtzel, Sommer=Dorn (wegen der kleinen Stacheln) wilde Gänse=Distel, Habicht=Kraut, (weil der Habicht dieses Krauts Krafft entdecket hat, dann er seine Augen damit erläutert,) Pferde=Blume, Krebs=Blume, (weil der Safft davon den Krebs heilen soll,) Pippau, Scher=Kraut. Lateinisch Dens Leonis. ... Dens Leonis latiore folio, C. B. Pit. Tournef. ... Im Früh=Jahre ... macht man Salat daraus. ... In der Medicin wird es unter die Hindläufft=Sorten gerechnet. Es kühlet, trucknet, eröffnet die Verstopffung der Leber, Miltz und Gekröß=Adern, temperiret und digeriret das gallichte Blut, ... tilget die Gelbsucht, und verhütet die Wassersucht. ... Dens Leonis wird dieses Gewächs genennet, weil dis Krauts Blätter mit ihren Einschnitten einen Löwen=Kiefer mit Zähnen besetzt, vorstellen. Caput monachi heist es, weil, wann die Blumen abgefallen, gleichsam ein kahler Kopff erscheinet.“ (Zedler 1732–1750, Bd. 4, Sp. 2037ff.); „1. Gemeiner Löwenzahn, Apotheker=Löwenzahn; auch ... Milchstock, ... Dens Leonis, latiore folio. Bauh. pin. 126. Taraxacum, Dens Leonis der Apotheken. ... Wegen der urintreibenden Kraft hat sie den Nahmen Seichkraut erhalten. ... Aus den angegebenen heilsamen Kräften des Löwenzahns läßt sich ziemlich sicher schließen, daß dieses Gewächs auch den mehresten Thierkörpern sehr nützlich seyn müsse. ...“ (Krünitz 1773–1858, Bd. 81, S. 192ff.); „LEONTODON TARAXACUM. ... α. Dens leonis, latiore folio. C. BAUH. pin. 126. Buxb. Halens. p. 96. ... Rupp. Jen. 197. ... β. Dens leonis angustiore folio. C. BAUH. pin. p. 126. Buxb. Halens. p. 196. Rupp. Jen. p. 197. [s. Nr. 683] γ. Dens leonis folio tenuissimo. C. BAUH. prodr. p. 62. Buxb. Halensis. p. 96 [s. Nr. 684] ... Gemeiner Löwenzahn, ... Pfaffenschnell, ... Kettelblume, ... Würzblume; ... In neuern Zeiten gebraucht man statt des Extractes lieber den frisch ausgepressten ... Saft der Wurzel und Blätter, der unter dem Nahmen Mellago Taraxaci bekannt ist. ...“ (Hayne 1809, Nr. 4); „LEONTODON (Taraxacum) ... Gmel. sib. 2. p. 14. Dens leonis, latiore folio. Bauh. pin. 126. Хасимъ [russ. *chasim*], Попово гумянцо [russ. *popovo gumjanco*] siue Попова скуфїя [russ. *popova skufija*] Russ. id est Sacerdotis canities. item Одуванчики [russ. Mz. *oduvančiki*] ob pappum seminum, qui facile difflatur. ...“ (*Krašeninnikov* 1761; S. 120); „Der Löwenzahn, oder das Pfaffenröhrlein a) wird für ein bewährtes Mittel gehalten, sowohl die verdorbene stockende Milch in den Brüsten der Wöchnerinnen zu zertheilen, als auch, wenn deren nicht genug vorhanden ist, sie zu vermehren. ... es giebt noch ein anders, die Sumpfwolfsmilch b) nämlich, welches unter eben dem Namen (Molotschai) aufgeführt wird, dessen frischer Saft ... zu ganzen Tassen genommen wird, und dieses soll alle Fieber kuriren, ... |: a) Leontodon Taraxacum, russ. Molotschai, auch Oduwantschik. b) Euphorbia palustris. :|“ (Lepechin 1774, S. 46); „1. LEONTODON Taraxacum ... Gemeiner Löwenzahn. R. Oduwantschi. Tat. Tschutigan. ...“ (Georgi 1797–1802, Theil 3, S. 1209); „895 Leontodon Taraxacum. ... Rußisch Mokotschai [sic!] Trawa, (Milchkraut), Popowa Skufia und Oduwantschik. Tat. Skuthigan. Kalm. Chasim. ...“ (Falk 1786, S. 232); „e) Leontodon taraxacum. ... Deutsch. Der Löwenzahn ... Papenblume, Popenblume, ... Schäfchenblume, ... Pampelblume; ... Mistfink; Kettenblume, Kettenröhrlein (weil an einigen Orten die Kinder im Frühjahr aus den Stengeln lange Ketten zu machen pflegen); Ringelstöck; ... Sauschnabel; ... Wyenschwanz; Wilder Zikori, Wilde Cichorien, Feldzichori ... Russ. Molotschai trawa [russ. *moločaj trava*] (d. i. Milchkraut). Popowa skufia (i. e. Sacerdotis canities). Popowo gumjanzo; Gumenzo popowo. Oduwantschik (ob pappum seminum, qui facile difflatur). ... Tatar. Skuthigan. Kalmuk. Chasim. ...“ (Nemnich 1794, Sp. 365ff.); „17) Scropheln. ... In Südrussland benutzt man ... Blätter und Blüthen von Leontodon taraxacum mit Bier gekocht als Umschlag; ...“ (Krebel 1858, S. 140); „1) Wunden. Der gemeine Mann, benutzt, um schnelle Verheilung zu erzielen, ... die frischen Blätter von ... Leondoton [sic!] Taraxacum ...“ (a. a. O., S. 174ff.); „6. LEONTODON Taraxacum L. s. Taraxacum officinale Wigg. (Compos.). ... Das Volk gebraucht also den Löwenzahn in einigen Fällen als äusseres Mittel, so namentlich um Geschwüre zu zertheilen und gegen Scrophulose, in den meisten Fällen aber innerlich und zwar mit folgenden Indicationen: Gelbsucht, Steinkrankheit, bei qualvollen Geburten und als Abführmittel; weniger wichtig scheint mir seine innerliche Anwendung gegen Flechten, Krätze, Grind und Geschwüre zu sein. ...“ (Henrici 1894, S.16f.); „Warzen. ... Man bestreicht Warzen mit Leontodon Taraxacum. ...“ (Alksnis 1894, S. 214f.); russ. *oduvančik*, *popovo gumence* bzw. *popovo skuf'ja* – Leontodon taraxacum; gemeiner Löwenzahn“ (Pawlowski 1902, S. 887); russ. *popovo gumence* – Leontodon taraxacum, Löwenzahn (Pawlowski 1952, S. 282); russ. *popovo gumenco* bzw. *popovo gumence* – Leontodon taraxacon (*Slovar'* 1991, S. 13); Taraxacum officinale Wigg. – russ. *moločaj*, *moločnik*, *kul'baba*, *podorožnik*, *tjuromok*, *zubnaja*, *zubnik*, *polevoj cichorij*, *puchljavka*, *podojniki*, *chasim*, *oduvančik* bzw. *popovo gumence* (*Annenkov* 1858, S. 92f., Nr. 1094); „Leōntodon L. (Compositae). Zus. aus λεων (Löwe) und ὄδονς (Zahn), in Bezug auf die gross- und spitzzahnigen Blätter.“ (Wittstein 1852, S. 510)

russ. *popojnik* – Dens Leonis (AAW F. 21, Op. 5, D. 73, Bl. 269r); „43. Leontodon calycie inferne reflexo Linn. flor. 280. h. cliff. 386. Dens Leonis, qvi Taraxacon off. Vaill. act. 1721. p. 177. Dens Leonis latiore folio. Bauh. Pin. 126. Tourn. inst. 468. pont. diss. 85. Boerh. lugd. 1. p. 88.“ (AAW R. I, Op. 13, D. 20, Bl. 5r, s. Anm. 1 in Nr. 1); „402. Dens Leonis latiore folio C. B. P. ...“ (AAW R. I, Op. 104, D. 25, Bl. 30r, s. Anm. 61 in Nr. 21); „259. Dens leonis latiore folio. C. B. P. 126.“ (AAW R. I, Op. 104, D. 13, Bl. 7r, s. Anm. 84 in Nr. 29); „1. Dens Leonis, qui Taraxacon officinarum Comm. Par. 1721. Ind. Jen. n°. 492." (AAW R. I, Op. 13, D. 67, Bl. 32v, s. Anm. 5 in Nr. 4); „492. Dens Leonis, qui Taraxacon officinarum Comm. Par. 1721. ..." (AAW R. I, Op. 105, D. 1ª, Bl. 56v, s. Anm. 29 in Nr. 5); „198. Dens Leonis, qui Taraxacon officinarum Comm. Ac. Ac. Par. 1721. ..." (AAW R. I, Op. 105, D. 12, Bl. 42v, s. Anm. 54 in Nr. 17); „Dens Leonis latiore folio. CBP. ..." (AAW R. I, Op. 104, D. 8, Bl. 3r, s. Anm. 18 in Nr. 452); „Dens Leonis папоша Гуменца [russ. *popoša gumenca*] i. e. Sacerdotis Calvities" (G. W. Steller nach T. Gerber: AAW R. I, Op. 81, D. 23, Bl. 5r, s. Anm. 1 in Nr. 1); „25 Dens leonis." (AAW F. 3, Op. 1, D. 797, Bl. 115r, s. Anm. 89 in Nr. 111); „Dens Leonis latiore folio, Taraxacon, et Urinaria Lobelii. Hedypnois Fuchsii. Officinalis. T. Sp. 2. ..." (AAW F. 98, Op. 1, D. 19, Bl. 15r, s. Anm. 59 in Nr. 19); „Dens Leonis, latiore folio; Taraxacon et Urinaria Lobelii; Hedypnois Fuchsii Officinarum; Tournef. Spec. 2. ..." (AAW F. 98, Op. 1, D. 20, Bl. 28r, s. Anm. 90 in Nr. 33); „Dens Leonis, latiore folio (Tournefortii sp. 1), Off." (Messerschmidt 1962–1977, Bd. 4, S. 205, s. Anm. 1 in Nr. 1)

2 „[species 4] Dens Leonis angustiore folio C. B. Pin. 126. Aphaca angustioris folii Caesalp. 508." (Tournefort 1700, S. 468, Genus I. „Dens Leonis. Dent de Lion."); „2. Dens Leonis angustiore folio, C. B. P. ..." (Morison 1699, S. 75); „Dens leonis, angustiore folio Tournef. Inst. ..." (Buxbaum 1721, S. 96); „2. DENS LEONIS ANGUSTIORE FOLIO. C. B. Pin. 126. I. R. H. 468. ... Act. Ac. Reg. Sc. 1721. ..." (Vaillant 1727, S. 46); „DENS Leonis angustiore folio C. B. Pin. 126. ..." (Rupp 1745, S. 197); „[Dens] leonis angustiore folio; bedeutet bey C. Bauhin einen andere [Abart des Mönchskopfes] mit schmalen Blättern." (Gmelin 1773, Sp. 551)

„102. Dens Leonis angustiore folio C. B. P. ..." (AAW R. I, Op. 104, D. 17, Bl. 14r, s. Anm. 36 in Nr. 8); „Dens leonis angustiore folio. C. B. P. ..." (AAW R. I, Op. 105, D. 2, Bl. 13v, s. Anm. 54 in Nr. 17); „199. Dens Leonis angustiore folio B. Pin. 126. ..." (AAW R. I, Op. 105, D. 12, Bl. 42v, s. Anm. 54 in Nr. 17); „494. Dens Leonis angustiore folio B. Pin. 126. ..." (AAW R. I, Op. 105, D. 1ª, Bll. 56v–57r, s. Anm. 29 in Nr. 5); „522. Dens Leonis angustiore folio C. B. P. ..." (AAW R. I, Op. 13, D. 42, Bl. 113v, s. Anm. 1 in Nr. 1); „3. Dens Leonis angustiore folio B. Pin. 126. Ind. Jen. 494." (AAW R. I, Op. 13, D. 67, Bl. 32v, s. Anm. 5 in Nr. 4); „CCCCLXXVII. Dens Leonis T. 468. 266. B. I. 88. ... 2. Dens leonis angustiore folio C. B. P. 126. B. n. 2. ..." (Bl. 59v in T. Gerber „Flora Moscuensis ...", s. Anm. 6 in Nr. 55); „12. Dens Leonis angustiore folio, montano" unter „Register derer Wurtzeln" (AAW R. I, Op. 14, D. 8, Bl. 14v, s. Anm. 98 in Nr. 39); „12. Dens Leonis angustiore folio, montanus." (AAW F. 21, Op. 5, D. 119, Bl. 16r unter „Saamen", s. Anm. 95 in Nr. 328); s. Nr. 682

3 „[species 7] Dens Leonis tenuissimo folio C. B. Pin. 126. Prodr. 62. Hieracium foetidum, iij Col. Part. 2. 31" (Tournefort 1700, S. 468, Genus I. „Dens Leonis. Dent de Lion."); „Dens leonis, tenuissimo folio C. B. P. ..." (Buxbaum 1721, S. 96); „DENS Leonis tenuissimo folio C. B. Pin. 126. Prodr. 62. ..." (Rupp 1745, S. 197); „1. Stinkender Schweinsalat. Hyoseris foetida. ... Hyoseris scapis simplicissimis unifloris, foliis pinnatifidis, seminibus nudis. Linn. ... Sp. Pl. p. 1137. ... Taraxaconastrum, dentis leonis folio, ... VAILL. 1721. p. 180. ... Dens leonis tenuissimo folio. C. BAUH. pin. 126. prodr. 62. ..." (Linné 1783a, S. 102f.); „1. Taraxaconastrum Dentis-Leonis folio, radice foetidâ. Dens-Leonis tenuissimo folio B. Pin. 126. I. R. H. 468." (Vaillant 1723b, S. 180); „1. LAPSANA foetida. W. ... Hyoseris (foetida) ... Sp. pl. 1137. ... Taraxaconastrum dentis leonis folio, ... Vaill. act. 1721. p. 180. ... Dens leonis tenuissimo folio. Bauh. pin. 126. prodr. 62. ... Stinkender Rainkohl. W. ..." (Linné 1797–1830, Bd. III, Teil 3, S. 1622f.); „Dens leonis tenuissimo folio; so nennt C. Bauhin den stinkenden Schweinsalat." (Gmelin 1773, Sp. 557); „Hyōseris L. (Compositae). Zus. aus ὑς (Schwein) und σεριϛ (Lattich, Salat), d. h. eine salatähnliche, aber widerwärtig riechende Pflanze." (Wittstein 1852, S. 462); „Lāpsana T. = Lampsana." (a. a. O., S. 499); „Lāmpsana VAILL. (Compositae). Von λαπαζειν (purgiren), in Bezug auf ihre Wirkung, ..." (a. a. O., S. 497); s. Nr. 682

4 „34. Ampelitis siue pharmacitis qua medici vtuntur." (Kentmann 1565 sub Tit. I „Terrae" fol. 1r–4v, fol. 3r); „1. Terra Ampelites terreae limosirati miscetur, in lutum ab aqva affusa resolvi impos. Pharmaciti vis contra vermes, modicè assulosa & oleo solutilis, misceriq; apta. ..." (Johnstone

1661, p. 31f., tit. II „Fossilia.“, cap. III. „Bitumina.“, III. „Lapidosa ad terras & lapides magis accedunt. Ex illis praecipua Terra Ampelitis & Lithanthrax; Ex his lapis scicillis, ebur, os, Cornu fossile, & belemnites, de qvibus alibi.“); „Ampelitis, Terra ampelitis ... Teutsch Erdhartz. Eine Gattung Erde, welche steinigt, schwartz und sehr hartzigt ist, gleich dem Gagate, ausser, daß sie nicht so gerne brennet, noch also sehr nach Hartz riechet, sich auch viel leichter in Schiefer zertheilen und zu Pulver stossen lässet. ... Sie dienet die Würmer im Leibe zu tödten, und das Haar schwartz zu färben.“ (Zedler 1732–1750, Bd. 1, Sp. 1770f.); „Terra ampelites sind die unächten Steinkohlen, als am Tom und andern Flüßen sind.“ (J. G. Gmelin in: AAW F. 21, Op. 3, D. 115, Bl. 98r); „Art. 7. Bergpecherde. Bituminöse Erde. Terra bituminosa ... Ampelites Pharmacitis. Mulmige, thonige und andere mit Bergöl, Bergtheer oder Bergpech bis zur Brauchbarkeit zur Feuernährung eingetränkte Erden. ...“ (Georgi 1797–1802, Theil 3, S. 333ff.); „III. De Bitumine. ... 1. Terra ampelites Offic. An Lapis Obsidianus Caesalp? Succinum nigrum Scwenckfeldi? Cannal Coal. Bituminis terreni genus est fossile, lapideum, friabile, nigrum. Vires. De usu ejus medico nihil adhuc quod addam habeo. Vermes vitium oculos rodentes enecat. ...“ (Dale 1693, S. 53); In einem Verzeichnis vom 23. Dezember 1739 der von ihm nach Sankt Petersburg übersandten Minerale (Dokument 149 in: Hintzsche et al. 2001, S. 399–407) wird unter Punkt 12 angeführt „Terra Ampelites officinarum ad Angaram“ (lat. – Offizinale Terra ampelites am [Fluß] *Angara*).

5 „[species 21] Dens Leonis, qui Pilosella officinarum. Pilosella major, repens, hirsuta C. B. Pin. 262. Pilosella Auricula muris Tabern. Icon. 196. Pilosella majoris flore sive vulgaris, repens J. B. 2. 1039.“ (Tournefort 1700, S. 469, Genus I. „Dens Leonis. Dent de Lion.“); „Pilosella officinarum. Dens Leonis, qui pilosella officinarum Tournefort. Institut. 369. ... Germ. Mauß=Oehrgen, Nagel=Kraut. ...“ (Rupp 1726, S. 164); „1. Pilosella officinarum. Pilosella major, repens, hirsuta. B. Pin. 262. ... Dens-Leonis qui Pilosella officin. I. R. H. 469. ... j. Eadem folio variegato. H. R. Bles. 158. ...“ (Vaillant 1723b, S. 181; Vaillant 1725, S. 236; Vaillant 1754, S. 703f.); „* Dens Leonis, qui Pilosella Officinarum Inst. R. Herb. Pilosella major repens, hirsuta C. B. Pin. 262. ... Maußöhrlein mit haarichten Blättern/ kriechend Pilosel/ Nagelkraut. ...“ (Mappus 1742, S. 92); „1. Das gemeine, kriechende, größere Mausöhrlein: ... Pil. major, repens, hirsuta, C. B. P. 262. ... Dens leonis, qui Pilosella Officinarum. T. 469. ... ein jedes Blättlein ist anzusehen wie die Ohren der Mäusen. ... So man in dieses Kraut schneidet, gibt es eine bittere Milch von sich. ...“ (Zwinger 1744, S. 996); „9. HIERACIUM foliis integerrimis ovatis, caule repente, scapo unifloro. Pilosella officinarum. Vaill. act. 1721. p. 236. ... Pilosella major repens hirsuta. Bauh. pin. 262. ...“ (Linné 1737, S. 388); „6 Klein Mausöhrlein. Hieracium Pilosella. Hieracium foliis integerrimis ovatis subtus tomentosis, stolonibus repentibus, scapo unifloro. LINN. ... Sp. Pl. p. 1125. Hort. Cliff. 388. ... Dens leonis, qui pilosella officinarum. TOURNEF. Inst. R. H. 469. ... Die ganze Pflanze ist bitter und zusammenziehend, ... Hingegen bedienen sich selbiger die Fahnenschmidte und Roßärzte, welche vernagelte Pferde damit zu kuriren glauben, ...“ (Linné 1783a, S. 65ff.); „10. HIERACIUM Pilosella. H. foliis integerrimis ovatis ... Hort. cliff. 388. ... Pilosella major repens hirsuta. Bauh. pin. 262. ... Gemeines Habichtskraut. W. ...“ (Linné 1797–1830, Bd. III, Teil 3, S. 1563); „1. H[ieracium] Pilosella (L. SP. 1125) ... M. a BIEBERST. Fl. t. c. II, p. 251. ...“ (Ledebour 1844–1846, S. 846); „1605. HIERACIUM Pilosella. ... Linn. ed. Willd. 3. p. 1563. ...“ (Marschall von Bieberstein 1808, S. 251); „HIERACIUM (Pilosella) ... Linn. Cliff. 388. ... Мышьи ушки [russ. *myš'i uški*] Russ. ...“ (*Krašeninnikov* 1761, S. 121f.); „DENS Leonis qui Pilosellla officinarum T.469. Auricula muris. Tabern. Nagelkraut. Mäuseöhrlein. Ist bitter und zusammenziehend, und wird von denjenigen im Kräuterthee getrunken, welche aus Schwachheit der Lunge zuweilen Blut speyen. ...“ (Gleditsch 1769, S.109f.); „[Dens] leonis qui pilosella officinarum; hierunter versteht er [d. h. Tournefort] das Nagelkraut.“ (Gmelin 1773, Sp. 556); „898. Hieracium Pilosella. ... Mäuseohren. Rußisch Myschie Uschki. ...“ (Falk 1786, S. 233); „4. HIERACIUM Pilosella ... Einblüthiges Habichtkraut. ...“ (Georgi 1797–1802, Theil 3, S. 1211); „d) Hieracium pilosella. ... Deutsch. Das Nagelkraut; Das kleine gelbe Mausöhrlein; Das Katzenpfötchen; Das Dukatenröschen. ... Russ. Müschie uschki. ...“ (Nemnich 1794, Sp. 148f.);

„4) Wechselfieber. ... 4) Hieracium pilosella. In Südrussland gilt die Abkochung der Wurzel als Fiebermittel. ...“ (Krebel 1858, S. 119ff.); „17) Scropheln. ... In Südrussland benutzt man den Aufguss von Hieracium pilosella; ...“ (a. a. O., S. 140); Hieracium Pilosella L. – russ. *nečuj veter, myš'i uški, sokol'nik* bzw. *želtomochoročnik* (*Annenkov* 1858, S. 49, Nr. 549); „Hierācium – von ἱεραξ (Habicht), in Bezug auf die Sage, dass die Habichte sich des Saftes der Pflanze zur Schärfung des Gesichts bedienen – Pilosella (Dim. von pilosus, haarig, die Blätter sind nemlich mit zerstreueten Haaren besetzt), ...“ (Wittstein 1847, S. 653)

„CCCCLXXVII. Dens Leonis T. 468. 266. B. I. 88. ... 4. Dens Leonis, qui Pilosella off. T. 469. B. n. 8. Pilosella maior, repens hirsuta C. B. P. 262.“ (Bl. 59v in T. Gerber „Flora Moscuensis ...“, s. Anm. 6 in Nr. 55); „131. Pilosella. ... Hieracium folijs obscure sinuatis seu denticulatis repente An Hieracium folijs pilosis ovalibus, caule brachiato, paucifloro Hall. Alp. 742.“ (AAW R. I, Op. 13, D. 20, Bl. 14r, s. Anm. 1 in Nr. 1); „881. Hieracium folijs integerrimis ovatis, caule repente scapo unifloro Linn. h. Cliff. 388. Pilosella major repens hirsuta C. B. ...“ (a. a. O., Bl. 80r); „72. Hieracium“ (AAW R. I, Op. 15, D. 1, Bl. 2v, s. Anm. 24 in Nr. 64); „74. Hieracium ... 75. (Forte) Hieracium ... 76. Hieracium ... 77. Forte Hieracium ... 79. Hieracium“ (a. a. O., Bl. 5r); „3. Hieracii species.“ (a. a. O., Bl. 10r); „20. Hieracium. 21. Hieracium ... 24. Hieracium“ (a. a. O., Bl. 12v); „555. Hieracium 20 Boerh. Ind. alt. 556. Hieracium.“ (AAW R. I, Op. 15, D. 3, Bl. 10v, s. Anm. 65 in Nr. 24); „84. Hieracium.“ (AAW R. I, Op. 14, D. 8, Bl. 2v, s. Anm. 98 in Nr. 39); „Hieracium. Hieracium“ (AAW F. 98, Op. 1, D. 19, Bl. 82r, s. Anm. 59 in Nr. 19)

6 „HIERACIUM Alpinum, latifolium maculatum, hirsutie incanum, flore magno C. B. Pin. 128. ... HIERACIUM Alpinum, latifolium, non maculatum, hirsutie incanum flore magno C. B. Pin. 128, ... Cette plante n'est qu'une varieté de la precedente. ...“ (Tournefort 1698, S. 469f.); „[species 51] Hieracium Alpinum, latifolium, hirsutie incanum, flore magno C. B. Pin. 128. Hieracium Pannonicum, latifolium 1 Clusio, Pilosellae majori sive Pulmonariae luteae accedens, non maculatum J. B. 2. 1026. Hieracium Phlomoides Tabern. Icon. 184. [species 52] Hieracium Alpinum, latifolium, maculatum, hirsutie incanum, flore magno C. B. Pin. 128. Hieracium Pannonicum, latifolium 1 Clusio, Pilosellae majori sive Pulmonariae luteae accedens, maculatum J. B. 2. 1026. Hieracium 1, latifolium Clus. Hist. cxxxix.“ (Tournefort 1700, S. 472, Genus II. „Hieracium.“); „VI. Hieracium alpinum latifolium hirsutie incanum flore magno. ...“ (Bauhin 1623, S. 128; Bauhin 1671, S. 128); „Hieracium Alpinum latifolium, maculatum, hirsutie incanum, flore magno C. B. P. ... A vulgo Herbariorum vocatur Herba Costae seu Costa pulmonaria ...“ (Buxbaum 1721, S. 158); „3. Hypochoeris hirsuta, Endiviae folio, magno flore. Hieracium Alpinum, latifolium, hirsutiè incanum, floe magno. B. Pin. 128. I. R. H. 472. ... j. Eadem folio maculato. ...“ (Vaillant 1725, S. 280; Vaillant 1723b, S. 214f.; Vaillant 1754, S. 741f.); „Hieracivm alpinum, latifolium, maculatum, hirsutie incanum, flore magno C. B. Pin. 128. ... Herba costa officinarum. ... Foliis maculatis & non maculatis, ut & caule ramoso & non ramoso variat, uti recte observavit Rajus in addendis & emendandis ad historiam plantarum universalem; ramosum Tabern. expressit & Clusius pannon.“ (Rupp 1726, S. 162); „2. HYPOCHAERIS caule fere nudo, ramo saepius solitario, foliis ovato oblongis integris dentatis. Hypochaeris hirsuta, ... Vaill. act. 1721. p. 280. ... Tournef. inst. 472. ... α Hieracium alpinum maculatum, ... Tournef. inst. 472. ...“ (Linné 1737, S. 385); „2. HYPOCHOERIS foliis hirsutis, ovatis, saepe dentatis, caule plerumque unifloro. ... Costa herba CAM. Hort. p. 49. ... Hieracium alpinum latifolium hirsutie incanum flore magno C. B. ... I. R. H. ZWING. ... Hieracium alpinum latifolium maculatum hirsutum incanum flore magno T. aut de Par. [d. h. Tournefort 1698] 469. RUPP. &c. ... Hypochoeris hirsuta ... VAILL. p. 280. ... Hypochoeris caule subnudo, ... LINN. Cliff. p. 385. ...“ (Haller 1742, S. 760); „10. Der breit=blättige Berg=Buchkohl, mit weich=haarigen und oft schwartz=fleckichten Blättern, und bleich=gelber, großer Bluhme: Hieracium Alpinum, hirsutiè incanum, flore magno, C. B. P. 128. T. 472. ...“ (Zwinger 1744, S. 588); „Wilder Bocksbart. Gelber Bocksbart. ... Hieracium alpinum latifolium, ... C. B. Pin. 128. Herba costae officinarum.“ (Gleditsch 1766, S. 164); „34. Hieracium maculatum, breitblätterichtes ungarisches Habichtkraut. Hieracium alpinum latifolium maculatum ... Turn. 472. C. B. P. 128.“ (Carl 1770, S. 204); „[Hieracium] alpinum latifolium hirsutie incanum

flore magno; bedeutet bey C. BAUHin das geflekte Saukraut. [Hieracium] alpinum latifolium maculatum hirsutie incanum, flore magno; hierunter versteht Tournefort eine geflekte Abart desselbigen." (Gmelin 1773b, Sp. 851); „2) Geflecktes Ferkelkraut. Hypochaeris maculata. ... Hypochaeris caule subnudo: ramo solitario, foliis ovato-oblongis integris dentatis. LINN. ... Sp. Pl. p. 1040. Hort. Cliff. 385. ... GMEL. Sib. 2. p. 38. ... Hypochaeris hirsuta, ... VAILL. act. 1721. p. 385. [?] Hieracium alpinum latifolium hirsutie incanum, ... C. BAUH. pin. 128. ... Man hat das Kraut ehedem als Wundkraut empfolen, und in Brustkrankheiten und in der Schwindsucht verordnet. ..." (Linné 1783a, S. 111ff.); „1. HYPOCHOERIS MACULATA. Linn. ... Linn. Willd. Spec. pl. III. p. 1620. ... M. a Bieb. Fl. taur. cauc. II. p. 260. No. 1628. ... Hypochoeris foliis hirsutis, ... Gmel. Fl. sib. II. p. 38. No. 31. ..." (Ledebour 1833, S. 164); „1628. HYPOCHOERIS maculata. ... Linn. ed. Willd. 3. p. 1620. ... Gmel. sib. 2. p. 38. n. 31. ..." (Marschall von Bieberstein 1808, S. 260f.); „2. HYPOCHOERIS maculata. H. caule subnudo: ... Hort. cliff. 385. ... Gmel. sib. 2. p. 38. ... H. hirsuta, ... Vaill. act. 1721. p. 385. H. caule unifloro, ... Hall. helv. 2. n. 2. t. 1. ... Hieracium alpinum latifolium ... Bauh. pin. 128. ... Geflecktes Ferkelkraut. W. ..." (Linné 1797–1830, Bd. III, Teil 3, S. 1620f.); „1. HYPOCHAERIS maculata ... Fleckiges Ferkelkraut. ..." (Georgi 1797–1802, Theil 3, S. 1216); „HYPOCHOERIS MACULATA. ... Hypochoeris (maculata) ... Linn. Spec. plant. ed. Willd. T. III. p. 1620. ... Hieracium alpinum latifolium hirsutie incanum, flore magno, C. BAUH. pin. p. 128. Buxb. Halens. p. 158. ... Geflecktes Ferkelkraut, geflecktes Saukraut, geflecktes Habichtskraut, Wollhabichtskraut, Kostenkraut. ... In ältern Zeiten wurde von diesem Gewächs das Kraut, Herba Costae, in den Apotheken aufbewahrt, und in der Schwindsucht, so wie überhaupt bey Brustkrankheiten gebraucht. ..." (Hayne 1819, Nr. 43); „31. HYPOCHOERIS foliis hirsutis, ouatis, saepe dentatis, caule plerumque vnifloro HALL. Helv. p. 760. Hieracium I. latifolium CLUS. H. CXXXIX. Costa herba CAM. hort. p. 49. Hieracium Pannonicum latifolium I. Clusio, Pilosellae maiori s. Pulmonariae luteae accedens, maculatum et non maculatum I. B. II. 1026. Hypochoeris caule subnudo, ramo subsolitario, foliis ouato-oblongis, integris, dentatis LINN. h. Cliff. 385. Suec. 631. ROY. prodr. 125. ..." (Gmelin 1747–1769, Bd. II, S. 38f.), nahezu identisch auf Bll. 25r–25v in: AAW R. I, Op. 105, D. 28 – s. Anm. 61 in Nr. 21; „31. Hypochoeris foliis hirsutis ovatis saepe dentatis, caule plerumque unifloro [=] Achyrophorus maculatus Scop." (Ledebour 1841, S. 67); „575. Achyrophorus SCOPOL. ... 1. A. maculosus. DEC. prodr. VII, p. 92 [sic!] Hypochaeris maculata L. SP. 1140. ... M. a BIEB. Fl. t. c. II, p. 260. ... LEDEB. Fl. alt. IV, p. 164. ... H. foliis hirsutis, ... GMEL. Fl. sib. II, p. 38, Nr. 31. ..." (Ledebour 1844–1846, S. 776f.); „8. A[chyrophorus] MACULATUS (Scop. carn. ed. 2. n. 986), ... Hypochaeris maculata Linn. sp. 1140. ..." (Candolle 1838, S. 93); „986. ACHYROPHORUS Maculatus. ... Hypochoeris, caule subnudo; ... LINN. Syst. Nat. p. 526. ..." (Scopoli 1772a, S. 116); „Taraxacum nonnumquam biflorum floribus croceis s. n. 3. cujus folia in sine latiora et subrotundis acuminata sunt (Fl. sib. II. 16. nr. 16. Crepis alpina L. Barkhausia alpina Dec. ...), et alpinum Hypochaeris flore magno exemplar (Hypochaeris maculata L. Achyrophorus maculatus Scop. Fl. sib. II. 38. nr. 31.) quod cum Herba costa ob summam floris similitudinem conjunxi. Nunc mallem separare ut esset Dens leonis caulescens folio longo dentato Raji etc. s. n. 3. ops. mei (Synonymon Raji ad Fl. sib. II. 15. nr. 15. Leontodon salinum Poll. accedere videtur)." (A. von Haller in einem Brief an J. G. Gmelin vom 3. September 1744 – Plieninger 1861, S. 116f.); „Hypochaēris. Hypochoeris. ... Hypochoēris L. (Compositae). Zus. aus ὑπο (für) und χοιρος (Schwein); die Schweine fressen die Wurzel gern." (Wittstein 1852, S. 464); „Achyrōphorus G. (Compositae). Zus. aus ἄχυρον (Spreu[)] und φερειν (tragen); der Fruchtboden ist mit Spreublättchen besetzt. Achyrōphorus VAILL. (Compositae). Wie vorige Gattung." (a. a. O., S. 7); Hypochaeris maculata L. – s. Achyrophorus maculatus Scop. (*Annenkov* 1858, S. 50, Nr. 566); Achyrophorus maculatus Scop. – russ. *prozannik* (a. a. O., S. 10, Nr. 14)

„259. Hieracium alpinum latifolium hirsutie incanū flore magno BP." (AAW R. I, Op. 6, D. 40, Bl. 34v, s. Anm. 1 in Nr. 1); „85. An Hieracium Alpinum, latifolium, hirsutie incanum, flore magno C. B. P?" (AAW R. I, Op. 14, D. 8, Bl. 2v, s. Anm. 98 in Nr. 39)

7 „[species 30] Hieracium murorum, laciniatum, minus pilosum, folio angustiore C. B. Pin. 129. Pilosellae majoris sive Pulmonariae luteae species angustifolia J. B. 2. 1034. Pulmonaria Gallica, tenuifolia Tabern. Icon. 195." (Tournefort 1700, S. 471, Genus II. „Hieracium."); „Hieracium Murorum, Pulmonaria Gallis dicta. ... II. Hier. murorum laciniat. min. pilosum. Pulmonaria Gallica foemina, Tab. Hoc folio modò latiore, modò angustiore & hac." (Bauhin 1623, S. 129); „Pulmonaria Gallica tenuifolia. Buchköl mit schmalen Blettern." (Abbildung in: Tabernaemontanus 1590, S. 195); „29. Hieracium murorum, folio pilosissimo. B. Pin. 129. I. R. H. 471. ... Hujusce speciei varietates sunt, j. ... iv. Hieracium murorum, laciniatum, minùs pilosum. B. Pin. 129. I. R. H. 471. ..." (Vaillant 1723b, S. 185; Vaillant 1725, S. 241f.; Vaillant 1754, S. 708); „6. Hieracium caule ramoso, foliis radicalibus ovato dentatis: caulino minori. Bauh. pin. 129. Vaill. act. 1721. p. 241. Tournef. inst. 471. ... α Hieracium murorum laciniatum minus pilosum. Bauh. pin. 129. ..." (Linné 1737, S. 388); „19) Mauer=Habichtkraut. Hieracium murorum. ... Hieracium caule ramoso, foliis radicalibus ovatis dentatis: caulino minori. LINN. ... Sp. Pl. p. 1128. Hort. Cliff. 388. ... GMEL. Sib. 2. p. 25. ... α) Hieracium pilosissimum. C. BAUH. pin. 129. β) Hieracium sylvaticum. Hieracium murorum laciniatum minus pilosum. C. BAUH. pin. 129. ... Pulmonaria gallica foemina. TABERN. hist. 504. ... Ausser der angeführten Benennung führt sie noch im Deutschen die namen Gelb Lungenkraut, französisch Lungenkraut, Buchlattich, Kostekraut und Bruchlattich. ... Das ganze Kraut sammt der Wurzel wurde ehedem für ein trefliches Brust= und Wundkraut gehalten, und ehemals, die Schwind= und Lungensucht zu heilen, gebraucht: ..." (Linné 1783a, S. 75ff.); „22. HIERACIUM caule ramoso, foliis radicalibus ouatis dentatis, caulino minori LINN. h. Cliff. 388. ROY. pr. 124. Hieracium murorum laciniatum minus pilosum B. pin. 129. Pilosellae maioris siue Pulmonariae luteae species magis laciniata BAUH. Hist. II. 1034. In siluis ad Bargusinum vt et in insula Beeringii Iulio florentem STELLERUS obseruauit. ..." (Gmelin 1747–1769, Bd. II, S. 25), nahezu identisch auf Bl. 19r in: AAW R. I, Op. 105, D. 28 – s. Anm. 61 in Nr. 21; „22. Hieracium caule ramoso, foliis radicalibus ovatis dentatis, caulino minori [=] Hieracium murorum L.!" (Ledebour 1841, S. 66); „41. HIERACIUM murorum. ... H. caule ramoso, ... Hort. cliff. 388. ... Gmel. sib. 2. p. 25. ... α Hieracium (pilosissimum) minorum; ... Bauh. pin. 129. ... Pulmonaria gallica femina. Tabern. hist. 504. ... Mauer-Habichtkraut. W. ..." (Linné 1797–1830, Bd. III, Teil 3, S. 1577f.); „11. H[ieracium] vulgatum ... H. murorum. L. ex parte. – LEDEB. Fl. alt. IV, p. 133, ex parte. ... H. caule ramoso, ... GMEL. Fl sib. II, p. 25, Nr. 22. ..." (Ledebour 1844–1846, S. 851); „13. H[ieracium] murorum (L. Fl. suec. Nr. 701, ex optima parte) ... M. a BIEB. Fl. t. c. II, p. 252. ... LEDEB. Fl. alt. IV, p. 133, ex parte. ... H. murale. LEPECH. It. III, p. 190. ..." (a. a. O., S. 852); „7. HIERACIUM MURORUM. Linn. ... Linn. Willd. Spec. pl. III. p. 1577. ... M. a Bieb. Fl. taur. cauc. II. p. 252. No. 1610. ... Hieracium caule ramoso, ... Gmel. Fl. sib. II. p. 25. No. 22. ..." (Ledebour 1833, S. 133f.); „1610. HIERACIUM murorum. ... Linn. ed. Willd. 3. p. 1577. ... Gmel. sib. 2. p. 25. n. 22. ..." (Marschall von Bieberstein 1808, S. 252f.); „[Hieracium] murorum α) pilosissimum, folio pilosissimo, harigstes Mauerhabichtkraut; Bruchkohl; französisches Lungenkraut; es ist ehemals in Brustkrankheiten empfolen worden; ... [Hieracium] murorum β) sylvaticum laciniatum minus pilosum, Waldmauerhabichtkraut; Habichtkraut; gülden Lungenkraut; ..." (Gmelin 1773b, Sp. 840f.); „... Gülden=Lungewurz c, ... |: c) Hiracium [sic!] murorum. :|" (Lepechin 1783, S. 190); „6. Haarichtes Mauer= Habichtskraut, oder schlechtweg Habichtskraut, Buchkohl, Buchspiek, Bruchkohl, Bruchlattich, (ohne Zweifel irrig, statt Buchkohl, Buchlattich; denn die Blätter gleichen ziemlich den Blättern der Buche), Kostekraut, französisches oder gelbes Lungenkraut, goldene Lungenwurz, großes Mäuseöhrchen, gelbe Wegwarte, Milchwundkraut, Wundlattich. Hieracium murorum Linn. ... Es gibt von dieser Art eine Menge Varietäten. ..." (Krünitz 1773–1858, Bd. 20, S. 568f.); „Hieracium murorum folio pilosissimo. est Hieracium murorum laciniatum minus pilosum. C. B. 129. Pilosellae majoris s. Pulmonariae luteae species magis laciniata. C. [sic!] B. 2. p. 1034. Pulmonaria gallica femina. Tabern. hist. 504. (Fl. sib. II. 25. Nr. 22. H. murorum L. ...)" (C. von Linné in einem Brief an J. G. Gmelin vom 6. September 1744 – Plieninger 1861, S. 31); „Hieracium foliis

lanceolato-lineatis obsolete serratis – fruticos. angustifol. majus (Fl. sib. II. nr. 23. H. umbellatum L. ...).“ (A. von Haller in einem undatierten Brief an J. G. Gmelin – Plieninger 1861, S. 137)

„2. Hieracium murorum folio pilosissimo B. Pin. 129.j. Idem folio minus piloso non maculato Vaill. var. j. ij. Idem folio longioro dissecto, maculis lividis asperso Vaill. var. v. Ind. Jen. n°. 499.“ (AAW R. I, Op. 13, D. 67, Bl. 33r, s. Anm. 5 in Nr. 4); „+23. Hieracium murorum folio pilosissimo C. B. Bas. p. 38. ...“ (AAW R. I, Op. 13, D. 19, Bl. 10r, s. Anm. 54 in Nr. 17); „499. Hieracium murorum folio pilosissimo. B. Pin. 129. ... j. Idem folio minus maculato vaill. var. j. ... ij. Idem folio longiore distracto, maculis lividis asperso vaill. var. v. ...“ (AAW R. I, Op. 105, D. 1[a], Bl. 57v, s. Anm. 29 in Nr. 5); „232. Hieracium folijs lanceolatis, sinuato-dentatis, caule simplicissimo ...“ mit der links marginalen Anm. auf. Bl. 24v „Hieracium folys ad terram pilosis, acute dentatis, caule brachiato, pene nudo Hall. Hist. alp. 745. Hieracium murorum folio pilosissimo C. B. Bas. p. 38. vid. Icon. ...“ (AAW R. I, Op. 13, D. 20, Bll. 24v–25r, s. Anm. 1 in Nr. 1); „Hieracium foliis Buglossi angustifolii, pilosissimum, mollius, semine nigro; An-Hieracium murorum folio pilosissimo. C. B. Pin. 129. Tournef. Spec. 28. Pulmonaria Gallica et Pulmonaria Aurea officinarum Dale Pharm. Suppl. 61. ...“ (AAW F. 98, Op. 1, D. 19, Bll. 25r–25v, s. Anm. 59 in Nr. 19)

8 „[species 8] Hieracium Dentis Leonis folio obtuso, majus C. B. Pin. 127. Hieracium macrocaulon, Junceum sive minus, primum Dodonaeo J. B. 2. 1031. Hieracium longius radicatum Lob. Icon. 238.“ (Tournefort 1700, S. 470, Genus II. „Hieracium.“); „HIERACIVM MACROCAVLON IVNCEum siue minus primum Dodonaeo. ...“ (Bauhin 1651a, S. 1031f.); „De Hieracio. CAP. XVIII. ...“ mit der Abbildung „Hieracium primum.“ auf S. 638 (Dodoens 1616, S. 638f.); „1. Hypochoeris vulgaris, major. ... Hieracium Dentis-Leonis folio obtuso, majus. B. Pin. 127. I. R. H. 470. Hieracium longius radicatum. R. Hist. 1. 230. ...“ (Vaillant 1723b, S. 214; Vaillant 1725, S. 279f.; Vaillant 1754, S. 74); „HIERACIUM Dentis Leonis folio obtuso, majus C. B. Pin. 127. ...“ (Rupp 1726, S. 161); „3. HYPOCHAERIS foliis serrato sinuatis, caule ramoso nudo, pedunculis squamosis. Hypochaeris vulgaris major. Vaill. act. 1721. p. 279. Hieracium longius radicatum. Lob. hist. 120. Raj. hist. 230. Hieracium, dentis leonis, ... Bauh. pin. 127. ... Tournef. inst. 470. ... Hieracium macrocaulon ... Bauh. hist. 2. p. 1031. ...“ (Linné 1737, S. 386); „Hieracium Dentis Leonis folio obtuso, majus C. B. Pin. 127. ... Habichtkraut mit Pfaffenblattblättern und grossen Wurzeln. ...“ (Mappus 1742, S. 142); „Hieracium dentis leonis obtuso majus, also nennt er [d. h. C. Bauhin] das gewurzelte Saukraut.“ (Gmelin 1773b, Sp. 858); „[Hypochaeris] radicata, ... gewurzeltes Saukraut, ... gewurzeltes Ferkelkraut; gros Ferkelkraut mit sehr langen Wurzeln; groses Wiesenhabichtkraut mit sehr langen Wurzeln; ...“ (a. a. O., Sp. 1044f.); „4) Langwurzlichtes Ferkelkraut. Hypochaeris radicata ... Hypochaeris foliis runcinatis obtusis scabris, caule ramoso nudo laevi, pedunculis squamosis. LINN. ... Sp. Pl. p. 1140. Hort. Cliff. 386. ... Hieracium dentis leonis ... C. BAUH. pin. 127. ... Die ganze Pflanze ist bitter, giebt einen milchähnlichen Saft von sich, ... und kommt in ihren Heilkräften mit den Wegwarten überein. ...“ (Linné 1783a, S. 114f.); „5. HYPOCHOERIS radicata. H. foliis runcinatis ... Hort. cliff. 386. ... Hieracium longius radicatum. Lob. ic. 238. Raj. hist. 230. ... Aestiges Ferkelkraut. W. ...“ (Linné 1797–1830, Bd. III, Teil 3, S. 1622); „2. H[ypochaeris] radicata (L. SP. 1140) ... DEC. Prodr. VII, p. 91. ...“ (Ledebour 1844–1846, S. 776); „6. H[ypochaeris] RADICATA (Linn. sp. 1140), ... Lob. ic. 238. f. 1. ...“ (Candolle 1838, S. 91); „3. HYPOCHAERIS radicata ... Knolliges Ferkelkraut. ...“ (Georgi 1797–1802, Theil 3, S. 1216); „640. HYPOCHAERIS RADICATA. GROSSE HYPOCHAERIS. ... Deutsche Namen: Wurzelndes Ferkelkraut, langwurzeliges Saukraut oder Habichtskraut.“ (Dietrich 1841, Nr. 640)

„265. Hieracium dentis leonis folio obtuso majus. C. B. P. 127“ (AAW R. I, Op. 104, D. 13, Bl. 7r, s. Anm. 84 in Nr. 29); „Hieracium, Dentis Leonis folio obtuso majus. flore luteo. T. Sp. 8. ...“ (AAW F. 98, Op. 1, D. 19, Bl. 25r, s. Anm. 59 in Nr. 19); „Hieracium Dentis Leonis folio obtuso, majus, flore luteo; Tournef. Spec. 8. ...“ (AAW F. 98, Op. 1, D. 20, Bl. 28r, s. Anm. 90 in Nr. 33)

9 „[species 56] Hieracium fruticosum, latifolium, hirsutum C. B. Pin. 129. Hieracii Sabaudi varietas 1, Erinus quibusdam Mathioli dicta J. B. 2. 1030. Hieracium frutescens, latifolium polyanthos Eyst." (Tournefort 1700, S. 472, Genus II. „Hieracium."); „HIERACII SABAVDI varietas duplex. ..." mit der Abbildung „Hieracii Sabaudi varietas I. Erinus quibusdam Matt. dicta;" auf S. 1030 (Bauhin 1651a, S. 1030f.); „5. Der staudichte, breit=blättige Buch=Kohl, mit zweyer Ellen hohen, runden, haarigen Stengeln: C. B. P. ... Hieracii Sabaudi varietas Erinus quibusdam Matth. dicta, vel & varietas altera. J. B. 2. 1030." (Zwinger 1744, S. 588); „12. HIERACIUM fruticosum, latifolium, hirsutum. C. B. Buschichtes Habichtkraut, mit breiten rauen Blättern." (Miller 1750, S. 405); „29. Savoisches Habichtkraut. Hieracium Sabaudum. ... Hieracium caule erecto multifloro, foliis ovato-lanceolatis dentatis, semiamplexicaulibus. LINN. ... Sp. Pl. 1131. ... Hieracium fruticosum latifolium hirsutum. C. BAUH. pin. p. 129. β) Hieracii Sabaudi varietas. I. BAUH. hist. 2. p. 1030. ..." (Linné 1783a, S. 84f.); „65. HIERACIUM sabaudum. ... H. fruticosum latifolium hirsutum. Bauh. pin. 129. β Hieracii sabaudi varietas. 1. Bauh. hist. 2. p. 1030. ... Savoyer Habichtskraut. W. ..." (Linné 1797–1830, Bd. III, Teil 3, S. 1589f.); „1614. HIERACIUM sabaudum. ... Linn. ed. Willd. 3. p. 1589. ... Gmel. sib. 2. p. 35. n. 30. t. 14. f. 2. Amman ruth. n. 208. ..." (Marschall von Bieberstein 1808, S. 254f.); „20. H[ieracium] sabaudum (L. SP. 1131. excl. syn. Fl. suec.) ..." (Ledebour 1844–1846, S. 854); „[Hieracium] sabaudum, ... savoyisches Habichtkraut, ... kleines Berghabichtkraut mit breiten Blättern; ... Es heißt bey ... C. Bauhin: Hieracium fruticosum latifolium hirsutum; bey Vaillant: Hieracium fruticosum latifolium hirsutum, calyce fusco, ovariis nigris; ..." (Gmelin 1773b, Sp. 848f.); „52. Hieracium fruticosum, latifolium, hirsutum, calyce fusco, ovariis nigris. Hierac. frutic. latif. hirsutum. B. Pin. 129. I. R. H. 472. ..." (Vaillant 1723b, S. 188; Vaillant 1725, S. 245; Vaillant 1754, S. 711f.); „30. HIERACIUM caule ramoso, continue folioso, foliis ex cordato lanceolatis, denticulatis, amplexicaulibus Tab. XIV. ? Hieracium fruticosum folio subrotundo C. B. pr. 67. I. Caulibus glabris. Hieracium folio caulem amplexante, subrotundo, dentato, glabro AMM. Ruth. n. 209. p. 149. II. Caulibus pilosis. Hieracium folio caulem amplexante, oblongo, integro, piloso AMM. Ruth. n°. 208. ... Per hieracium murorum folio pilosissimo B. pin. 129. [s. Nr. 688] MESSERSCHMIDIUM credo varietatem huius intelligere. Icones ad siccas plantas factae archetypas bene exprimunt." (Gmelin 1747–1769, Bd. II, S. 35ff.). nahezu identisch auf Bll. 23v–25r in: AAW R. I, Op. 105, D. 28 – s. Anm. 61 in Nr. 21; „30. Hieracium caule ramoso continue folioso, foliis ex cordato lanceolatis denticulatis amplexicaulibus. t. XIV. excl. synon. Bauh.) [=] Hieracium virosum Pall.!" (Ledebour 1841, S. 67); „208. HIERACIUM folio caulem amplexante, oblongo, integro, piloso. ... 209. HIERACIUM folio caulem amplexante, subrotundo, dentato, glabro. ..." (Amman 1739, S. 148f.); „125. HIERACIUM virosum. ..." (Pallas 1771, S. 501); „... Hieracium sabandum [sic!] (*), ... |: Hier erst war dieses Kraut kentlich, und so wie es in der Flor. sibir. II. p. 35. tab. 14. beschrieben ist. In den westlichern Gegenden am Jaik und der Wolga hatte es ein so fremdes Ansehen angenommen, daß ich es bey dem ersten Theil meiner Reise im Anhang als neu, unter dem Nahmen Hieracium virosum beschrieben habe. :|" (Pallas 1773, S. 297); „25. H[ieracium] virosum (PALL. It. II, p. 259; app. p. 501, Nr. 125) ... LEDEB. alt. IV, p. 136. ... H. Sabaudum. ... M. a BIEB. Fl. t. c. II, p. 254 (excl. syn. praeter GMEL. AMMAN. HABL.). ... H. caule ramoso, ... GMEL. Fl. sib. II, p. 35, Nr. 30, t. 14 (excl. syn. BAUH.). H. folio caulem amplexante, ... AMMAN ruth. p. 148, Nr. 208. H. folio caulem amplexante, ... AMMAN. ruth. p. 149, Nr. 20. ..." (Ledebour 1844–1846, S. 856); „10. HIERACIUM VIROSUM. Pall. ... H. sabaudum. M. a Bieb. Fl. taur. cauc. II. p. 254. No. 1614. (excl. synon. praeter Gmel., Amman. et Habl. ... Hieracium caule ramoso, ... Gmel. Fl. sib. II. p. 35. No. 30. t. XIV. Hieracium folio caulem amplexante, ... Amman. ruth. p. 148. No. 208. Hieracium folio caulem amplexante, ... Amman. ruth. p. 149. No. 209. ..." (Ledebour 1833, S. 136f.); „21. HIERACIUM sabaudum ... Savoyesches Habichtkraut. ..." (Georgi 1797–1802, Theil 3, S. 1213); „21. Hieracium sabaudum L. Eine Abart desselben ist: Hieracium virosum Pall. Itin. 1. App. 122. no. 24. [sic!]" (Georgi 1797–1802, Nachträge, S. 305); „Hieracium caule ramoso continue folioso foliis ex cordato lanceolatis. Hieracium caule erecto multifloro, foliis ovato-lanceolatis dentatis semiamplexicaulibus. Roy. lugdb. 124. sed specimen

tenerius quam in hortis. (Flor sib. II. 35. nr. 30. H. virosum Pall.“ (C. von Linné in einem Brief an J. G. Gmelin vom 2. August 1748 – Plieninger 1861, S. 81); „Hieracium caule ramoso junceo folioso foliis cordato-lanceolatis denticulatis amplexicaulibus – Hieracium fruticosum hirsutum C. B. (Fl. sib. II. 35. nr. 30. H. virosum Pall. ...)“ (A. von Haller in einem undatierten Brief an J. G. Gmelin – Plieninger 1861, S. 137); „36. Hieracium calyce barbato, praealtum. ...“ (Vaillant 1723b, S. 186; Vaillant 1725, S. 243; Vaillant 1754, S. 709); „[Hieracium] calyce barbato praealtum; hierunter versteht Vaillant eine andere [Abart der bartigen Grundveste] mit sehr hohem Stengel.“ (Gmelin 1773b, Sp. 854)

„980. Hieracium caule erecto multifolio folijs lanceolatis dentatis Roy. pr. 124. Hieracium fruticosum, latifolium hirsutum B. Pin. 129. ... Est Hieracium caule continuo folioso, folijs ellipticis, acuminatis, firmis, dentatis. Hall. alp. 747. ...“ (AAW R. I, Op. 13, D. 20, Bl. 93r, s. Anm. 1 in Nr. 1); „942. Hieracium fruticosum latifolium hirsutum, calyce fusco ovarijs nigris Vaill. ...“ (a. a. O., Bl. 85v); „201. Hieracium fruticosum, latifolium, hirsutum, calyce fusco, ovarijs nigris Comm. Ac. Sc. Par. 1721. An Hieracium calyce barbato, praealtum Vaill? Ind. Len. ... j. Idem folijs angustis, longius mucronatis & profunde dissectis Vaill. var. iv.“ mit den rechts marginalen Anm. von J. G. Gmelin „vid. Ic.“ und „Hieracium fruticosum latifolium, hirsutum C. B. P. St. n°. 689. [müßte heißen: 690]“ (AAW R. I, Op. 105, D. 12, Bl. 43r, s. Anm. 54 in Nr. 17); „73. Hieracium fruticosum latifolium &c.“ (AAW R. I, Op. 15, D. 1, Bl. 5r, s. Anm. 24 in Nr. 64); „25. Hieracium calyce barbato praealtum Vaill?.“ (a. a. O., Bl. 2r); „523. An Hieracium calyce barbato, praealtum Vaill. ...“ (AAW R. I, Op. 13, D. 42, Bll. 113v–114v, s. Anm. 1 in Nr. 1); „498. Hieracium fruticosum, latifolium, hirsutum, calyce fusco, ovarijs nigris Comm. Par. 1721. sub quo nomine etiam in Fl. Irc. n°. 689. [sic!] recensetur. ...“ (AAW R. I, Op. 105, D. 1^{a}, Bl. 57v, s. Anm. 29 in Nr. 5); „1. Hieracium fruticosum, latifolium, hirsutum, calycie fusco, ovarijs nigris Comm. Par. 1721. Ind. Irc. 201. Len. 523. ...“ mit der rechts marginalen Anm. „vid. Ic.“ (AAW R. I, Op. 13, D. 67, Bl. 33r, s. Anm. 5 in Nr. 4); „[N°.] 929. Hieracium fruticosum“ (AAW R. I, Op. 15, D. 3, Bl. 17r, s. Anm. 65 in Nr. 24)

10 „praemorsus, abgebissen, was an seiner Spitze so abgestutzt ist, daß dieselbe eine ungleich ausgezackte Linie oder eine unebene Fläche darstellt, ...“ (Bischoff 1857, S. 125)

11 „Hieracium latifolium, praemorsa radice, caule singulari, pilosellae majori affine Chabr. 322. ...“ (Rupp 1726, S. 162); „HIERACIVM LATIFOLIVM PRAEMORSA radice, caule singulari, Pilosellae majori affine. ...“ (Chabrey 1666, S. 322); „28. HIERACIUM foliis ouatis, tomentosis, caule nudo, floribus spicatis, luteolis, terminato HALL. Helv. 744. Tab. nostr. XIII. Fig. II. Hieracium pratense latifolium non sinuatum maius C. B. Bas. p. 39. Hieracium latifolium praemorsa radice, caule singulari, pilosellae maiori adfine Chabraei 322. STELL. Irc. 691. I. B. II. 1033. etsi HALLERUS alio referat. Hieracium montanum latifolium non sinuatum LOES. Pruss. 125. Hieracium aphyllocaulon hirsutum, floribus spicatis AMM. Ruth. 210. ... Icon nostra plantam valde iuuenum exprimit et latifoliam, vt cum BAUHINIANA sufficet fere ad varietates exprimendas. ...“ (Gmelin 1747–1769, Bd. II, S. 32ff.), nahezu identisch auf Bll. 22r–23r in: AAW R. I, Op. 105, D. 28 – s. Anm. 61 in Nr. 21; „28. Hieracium foliis ovatis tomentosis, caule nudo floribus spicatis luteolis terminato. t. XIII. f. 2. [=] Crepis praemorsa Tsch!“ (Ledebour 1841, S. 67); „210. HIERACIUM aphyllocaulon, hirsutum, floribus spicatis. ...“ (Amman 1739, S. 149f.); „10. Abgebissenes Habichtkraut. Hieracium praemorsum. ... Hieracium foliis ovatis subdentatis, scapo nudo racemosa, floribus superioribus primoribus. LINN. ... Sp. Pl. p. 1126. ... Hieracium foliis ovatis tomentosis, ... GMEL. Sib. 2. p. 32. t. 13. f. 2. AMM. ruth. 210. ... Ihr Beyname ist von der Wurzel hergenommen, welche gleichsam abgebissen zu seyn scheint. ...“ (Linné 1783a, S. 69f.); „18. HIERACIUM praemorsum. ... H. foliis ovatis tomentosis, ... Gmel. sib. 2. p. 32. t. 13. f. 2. Amm. ruth. 210. H. pratense latifolium non sinuatum majus et minus. Bauh. pin. 29. ... Traubiges Habichtskraut. W. ...“ (Linné 1797–1830, Bd. III, Teil 3, S. 1567f.); „12. C[repis] praemorsa (Tausch in bot. Zeitg. IX. 1. Ergänz.-Bl. p 79) ... Hieracium praemo<r>sum. L. SP. 126. M. a BIEB. Fl. t. c. III, p. 534. ... LEDEB. Fl. alt. IV, p. 128. ... Hieracium aphyllocaulon ... AMMAN. ruth. p. 149, Nr. 210. Hieracium foliis ovatis, ... GMEL. Fl. sib. II, p. 32, Nr. 28, t. 13, f. 2. ...“

(Ledebour 1844–1846, S. 825); „1608*. HIERACIUM praemorsum. ... Linn. ed. Willd. 3. p. 1567. ... Gmel. sib. 2. p. 32. n. 28. t. 13. f. 2. Amm. ruth. n. 210. ...“ (Marschall von Bieberstein 1819, S. 534f.); „1. HIERACIUM PRAEMORSUM. Linn. ... Linn. Willd. Spec. pl. III. p. 1567. ... M. a Bieb. Fl. taur. cauc. III. p. 534. Nr. 1608.* ... Hieracium foliis ovatis, ... Gmel. Fl. sib. II. p. 32. No. 28. t. XIII. f. II. Hieracium aphyllocaulon ... Amman. ruth. p. 149. No. 210. ...“ (Ledebour 1833, S. 128); „... Habichtskraut mit der kurzen Wurzel a), ... |: a) Hieracium praemorsum. :|“ (Lepechin 1774, S. 202); „8. HIERACIUM praemorsum ... Abgestutztes Habichtkraut. Gm. 2. T. 13. f. 2.“ (Georgi 1797–1802, Theil 3, S. 1211); „Hieracium foliis ovatis tomentosis caule nudo floribus spicatis luteolis – Varietas angustifolia juncei aphyllocauli C. B. (Fl. sib. II. 32. nr. 28. H. praemorsum L. Crepis praemorsa Tausch. ...“ (A. von Haller in einem undatierten Brief an J. G. Gmelin – Plieninger 1861, S. 137); „24. Hieracium Alpinum, lanuginosum, longifolium, leviter dentatum. ...“ (Vaillant 1723b, S. 184f.; Vaillant 1725, S. 241; Vaillant 1754, S. 707f.); „Crēpis L. (Compositae). Von κρηπις (Schuh) wegen der Aehnlichkeit in der Form der Blätter mit einer Schuhsohle, oder weil die meisten Blätter platt auf dem Boden liegen, oder weil die Pflanze fest im Boden fusst. ...“ (Wittstein 1852, S. 237)

„202. An Hieracium Alpinum lanuginosum, longifolium, leviter dentatum Comm. Ac. Sc. Par. 1721. Pilosella vel Pulmonaria lutea, angustiori folio, valde pilosa. J. B. 2. l. 24. p. 1034? ...“ mit den rechts marginalen Anm. von J. G. Gmelin auf Bl. 43r „vid. Ic.“ und „Hieracium latifol. praemorsa radice, caule singulari, Pilosella majori affine Chabraei St. n°. 692. [sic!; müßte heißen: Nr. 691]“ (AAW R. I, Op. 105, D. 12, Bll. 43r–43v, s. Anm. 54 in Nr. 17); „403. Hieracium latifolium praemorsa radice caule Singulari pilosellae majori affine Chabraei Flor. ircut. No. 691. ...“ (AAW R. I, Op. 104, D. 25, Bl. 30r, s. Anm. 61 in Nr. 21); „10. Hieracium Alpinum, lanuginosum, longifolium, leviter dentatum Comm. Par. 1721? Ind. Irc. n°. 202.“ mit der rechts marginalen Anm. „vid: Ic.“ (AAW R. I, Op. 13, D. 67, Bl. 33r, s. Anm. 5 in Nr. 4); „27. Hieracium foliis ouatis tomentosis, caule nudo, floribus spicatis, luteolis terminato. Hall. Helu. 744. Hieracium pratense latifolium non sinuatum maius. C. B. Bas. p. 39. Hieracium montanum latifolium non sinuatum Loes. p. 125. Hieracium aphyllocaulon hirsutum, floribus spicatis. Amm. Ruth. 210. ...“ (AAW R. III, Op. 1, D. 162, Bll. 53r–54r, s. Anm. 54 in Nr. 17)

12 „[species 59] Hieracium fruticosum, angustifolium, majus C. B. Pin. 129. Hieracium rectum, rigidum quibusdam Sabaudum J. B. 2. 1030. Hieracium primum Dod. Pempt. 638.“ (Tournefort 1700, S. 472, Genus II. „Hieracium.“); „47. Hieracium fruticosum, subhirsutum, folio Plumbaginis, majus. ... An Hieracium fruticosum, angustifolium, majus. Eph. Nat. Cur. Cent. v. & vi. App. 62. Tab. xiij. Fig. 2. 48. Hieracium fruticosum, subhirsutum, Plumbaginis fol. minus. ... Hierac. frutic. angustifolium, minus. ... Eph. Nat. Cur. Cent. v. & vi. App. 62. Tab. xiij. Fig. 1. ... 53. Hieracium fruticosum, angustifolium, majus. B. Pin. 129. I. R. H. 472. j. Idem, caule tuberoso. ...“ (Vaillant 1723b, S. 187f.; Vaillant 1725, S. 244f.; Vaillant 1754, S. 710ff.); „2. HIERACIUM foliis lanceolato-linearibus obsolete denticulatis sparsis. Fl. lapp. 287. Hieracium fruticosum angustifolium majus. Bauh. pin. 129. ... Tournef. inst. 245. Vaill. act. 1721. p. 245. ... Hieracium rectum rigidum, ... Bauh. hist. 2. p. 1030. ...“ (Linné 1737, S. 387); „23. HIERACIUM foliis lanceolato-linearibus, obsolete denticulatis, sparsis LINN. Lapp. 237. h. Cliff. 387. ROY. pr. 123. Hieracium album grandius Lob. ic. 240. Hieracium rectum trifidum, quibusdam Sabaudum I. B. II. 1030. Hieracium fruticosum angustifolium maius B. pin. 129. Hieracium caule alto multifido et multifloro, foliis firmis, angustis, plerumque dentatis HALL. Helv. 748. α.) Foliis linearibus, angustissimis. β.) Foliis inferioribus obtusis, integerrimus. γ.) Caule tuberoso. ...“ (Gmelin 1747–1769, Bd. II, S. 25f.), nahezu identisch auf Bll. 19r–19v in: AAW R. I, Op. 105, D. 28 – s. Anm. 61 in Nr. 21; „23. Hieracium foliis lanceolatis-linearibus obsolete denticulatis sparsis [=] Hieracium umbellatum L.!“ (Ledebour 1841, S. 66); „30) Doldenförmiges Habichtkraut. Hieracium umbellatum. ... Hieracium foliis linearibus subdentatis sparsis, floribus subumbellatis. LINN. ... Sp. Pl. p. 1131. ... Hort. Cliff. 387. ... GMEL. Sib. 2. p. 25. Hieracium fruticosum ... C. BAUH. pin. 129. ... Das ganze Gewächse ist ein gutes und angenehmes Futter, ... Es färbt schön gelb, besonders Wolle.“ (Linné 1783a, S. 85f.); „11. HIERACIUM UMBELLATUM. Linn.

... Linn. Willd. Spec. pl. III. p. 1591. ... Hieracium foliis lanceolato-linearibus, ... Gmel. Fl. sib. II. p. 25. No. 23. ...“ (Ledebour 1833, S. 137f.); „70. HIERACIUM umbellatum. ... H. foliis linearibus subdentatis sparsis, ... Fl. lapp. 287. ... Hort. cliff. 387. ... Gmel. sib. 2. p. 25. ... H. fruticosum angustifolium majus. Bauh. pin. 129. ... β ... H. fruticosum angustifolium minus. ... Vaill. paris. t. 48. ... Doldenblumiges Habichtskraut. W. ...“ (Linné 1797–1830, Bd. III, Teil 3, S. 1591f.); „24. H[ieracium] umbellatum (L. SP. 1131) ... LEDEB. Fl. alt. IV, p. 137. ... H. foliis lanceolato-linearibus, ... GMEL. Fl. sib. II, p. 25, Nr. 23. ...“ (Ledebour 1844–1846, S. 855f.); „Hieracium umbellatum, ... doldenförmiges Habichtkraut, ... groses staudiges Habichtkraut mit schmalen Blättern; ... Es heißt bey ... C. Bauhin: Hieracium fruticosum angustifolium majus; ...“ (Gmelin 1773b, Sp. 849f.); „[Hieracium] fruticosum angustifolium majus, caule tuberoso; hierunter versteht Vaillant eine Spielart des doldenförmigen Habichtkrautes mit knolligem Stengel. [Hieracium] fruticosum angustifolium minus; so nnnt C. Bauhin eine kleinere Abart desselbigen; andere aber Vaillants acht und vierzigste Art dieser Gattung.“ (a. a. O., Sp. 863); „22. HIERACIUM umbellatum ... Doldenblümiges Habichtkraut. ... Die Blumen dieser und anderer großen Arten dienen zum häuslichen Gelbfarben, wobey Alaun[[=]] und für Orangegelb Asche angewendet wird.“ (Georgi 1797–1802, Theil 3, S. 1213); „834. HIERACIUM UMBELLATUM Linné spec. plant. 2. p. 1131. Willd. spec. plant. 3. p. 1591. ... Deutsche Namen: Doldenartiges Habichtskraut, grosses Habichtskraut.“ (Dietrich 1844, Nr. 834); „Hieracium foliis lanceolato-lineatis obsolete serratis-fruticos. angustifol. majus (Fl. sib. II. 25. nr. 23. H. umbellatum L. ...). Hieracium caule altissimo multifolio multifloro, foliis firmis angustis plerumque dentatis. Hall. Idem (Fl. sib. II. 25. nr. 23. H. umbellatum L. β lineare. Sed synonymia etiam cum descriptione Fl. sib. II. 26. nr. 24. H. sibirica W. ...“ (A. von Haller in einem undatierten Brief an J. G. Gmelin – Plieninger 1861, S. 137f.)

„Hiercium fruticosum angustifolium majus. C. B. P.“ (AAW R. I, Op. 68, D. 2, Bl. 10r, s. Anm. 62 in Nr. 22); „260. Hieracium fruticosum angustifolium majus CBP. 129.“ (AAW R. I, Op. 6, D. 40, Bl. 34v, s. Anm. 1 in Nr. 1); „502. Hieracium fruticosum, angustifolium majus B. Pin. 129. ...j. Idem caule tuberoso. ...“ (AAW R. I, Op. 105, D. 1ª, Bl. 58r, s. Anm. 29 in Nr. 5); „405 Hieracium fruticosum angustifolium maius C. B. P. ind plant. Jenis. ...“ (AAW R. I, Op. 104, D. 25, Bl. 30r, s. Anm. 61 in Nr. 21); „260. Hieratium [sic!] fruticosum angustifolium majus C. B. P. 129. B. n. 26?“ (AAW R. I, Op. 104, D. 13, Bl. 7r, s. Anm. 84 in Nr. 29); „389 Hieracium folijs lanceolato-linearibus obsolete denticulatis sparsis Lin. Flor. 287. h. cliff. 387. Hieracium fruticosum angustifolium maius B. Pin. 129. Tourn. inst. 245. [sic!] Vaill. act. 1721 p. 188. ...“ (AAW R. I, Op. 13, D. 20, Bl. 41r, s. Anm. 1 in Nr. 1); „5. Hieracium fruticosum, angustifolium, majus B. Pin. 129. Ind. Jen. n°. 502. j. Eadem caule tuberoso. ...“ (AAW R. I, Op. 13, D. 67, Bl. 33r, s. Anm. 5 in Nr. 4); „Hieracium fruticosum angustifolium maius (Tournefortii sp. 59), Sylv.“ (Messerschmidt 1962–1977, Bd. 4, S. 205, s. Anm. 1 in Nr. 1)

13 „[species 14] Hieracium minus, Dentis Leonis folio oblongo, glabro C. B. Pin. 127. Hieracii parva species, Hyoseris angustifolia, aspera J. B. 2. 1025. Hyoseris angustifolia Tabern. Icon. 180.“ (Tournefort 1700, S. 470, Genus II. „Hieracium.“); „VI. Hieracium minus dentis leonis folio oblongo glabro ...“ (Bauhin 1623, S. 127); „Hieracium minus Dentis leonis folio oblongo glabro. C. B. p. ... Hyoseris angustifolia aspera. J. B. Germ. Klein Ferckleinkraut. Bey Seben/ Giebichenstein &c. ...“ (Knauth 1688, S. 141); „2. Hypochoeris Chondrillae folio, parvo flore. Hieracium minus, Dentis-Leonis folio, oblongo glabro. B. Pin. 127. I. R. H. 470. ... j. Eadem capite prolifero.“ (Vaillant 1723b, S. 214; Vaillant 1725, S. 280; Vaillant 1754, S. 741); „4. HYPOCHAERIS foliis alternatim dentato-sinuatis, caule nudo unifloro, pedunculis glabris. Hypochaeris chondrillae folio, parvo flore. Vaill. act. 1721. p. 280. Hieracium minus, dentis leonis folio oblongo glabro. Bauh. pin. 127.“ (Linné 1737, S. 386); „2. HYOSERIS caule diviso nudo. Hyoseris angustifolia. Tabern. ic. 180. ...“ (a. a. O., S. 386); „3) Glattes Ferkelkraut. Hypochaeris glabra. ... Hypochaeris glabra, calycibus oblongis imbricatis, caule ramoso nudo, foliis dentato-sinuatis. LINN. ... Sp. Pl. p. 1140. Hort. Cliff. 386. ... Hieracium chondrillae folio, parvo flore. VAILL. act. 1721. p. 214 Hieracium minus dentis leonis folio oblongo glabro. C. BAUH. pin. 127. ...“ (Linné 1783a,

S. 113f.); „4. HYPOCHOERIS glabra. ... Hort. cliff. 386. n. 4. ... H. chondrillae folio, parvo flore. Vaill. act. 1721. p. 214. Hieracium minus, dentis leonis folio oblongo glabro. Bauh. pin. 127. ... Glattes Ferkelkraut. W. ...“ (Linné 1797–1830, Bd. III, Teil 3, S. 1621f.); „574. Hypochaeris. L. ... 1. H. glabris (L. SP. 1140) ...“ (Ledebour 1844–1846, S. 775); „Hypochaeris glabra, ... glattes Saukraut, ... glattes Ferkelkraut; Ferkleinkraut; Schweinecichorie; ... Es heißt bey Vaillant: Hypochoeris chondrillae folio, parvo flore.“ (Gmelin 1773b, Sp. 1044); „20. HIERACIUM foliis ex sinuato dentatis, caulibus supra ramosis, subnudis, pedunculis hirsutis, vnifloris. Tab. VIII. Fig. II. Hieracium minus, dentis leonis folio oblongo, glabro, C. B. P. STELL. Ochot. 406. ... Huius et praecedentis plantae icones ad plantas siccas exactae sunt, et habitum plantarum optime exprimunt.“ (Gmelin 1747–1769, Bd. II, S. 23f.), nahezu identisch auf Bll. 18r–18v in: AAW R. I, Op. 105, D. 28 – s. Anm. 61 in Nr. 21; „20. Hieracium foliis ex sinuato dentatis caulibus supra ramosis subnudis, pedunculis hirsuto unifloris. t. VIII. f. 2. (excl. synon. C. B. P.) [=] Crepis Gmelini Froel. – DeC. Prodr. VII. 164. (Crepis alpestris Tausch. γ. Gmeliniana. – DeC. Prodr. VII. 166. – Hieracium Gmelini L. – Willd sp. pl. III. 1571.)“ (Ledebour 1841, S. 66); „27. HIERACIUM Gmelini. ... H. caule paniculato nudo, ... Sp. pl. 1127. H. foliis ex sinuato dentatis, ... Gmel. sib. 2. p. 23. t. 8. f. 2. ... Gmelinsches Habichtskraut. W. ...“ (Linné 1797–1830, Bd. III, Teil 3, S. 1571); „9. C[repis] Gmelini (FRÖL. in DEC. Prodr. VII. p. 164, non SCHULTZ) ... C. multicaulis β. ochotensis. DEC. Prodr. VII. p. 165. Hieracium Gmelini. L. SP. 1127. – WILLD. Spec. pl. III, p. 1571. ... Hieracium foliis ex sinuato dentatis, ... GMEL. Fl. sib. II, p. 23, t. 8, f. 2. ...“ (Ledebour 1844–1846, S. 824); „22. C[repis] GMELINI (Froel. in litt. 1837 non Schult.) ... Gmel. sib. 2. p. 23. t. 8. f. 2! ...“ (Candolle 1838, S. 164); „24. C[repis] MULTICAULIS ... β. ochotensis (DC. herb.), ...“ (a. a. O., S. 165); „29. C[repis] ALPESTRIS (Tausch boem. p. 79. Froel. in litt. 1837), ... γ. Gmeliniana (Froel. mss.) ... Gmel. sib. 2. p. 22. t. 8. f. 2. opt. (v. v. sp.) ...“ (a. a. O., S. 166); „[Hieracium] Gmelini, ... Gmelins Habichtkraut, ... sein Name bey J. G. Gmelin: Hieracium foliis ex sinuato dentatis, ...“ (Gmelin 1773b, Sp. 837)

„86. An Hieracium minus, Dentis Leonis folio oblongo, glabro C. B. P?“ (AAW R. I, Op. 14, D. 8, Bl. 2v, s. Anm. 98 in Nr. 39); „404. Hieracium minq dentis Leonis folio oblongo C. B. P. ... 406. an Hieracium minus dentis Leonis folio oblongo glabro C. B. P. ...“ (AAW R. I, Op. 104, D. 25, Bl. 30r, s. Anm. 61 in Nr. 21); „Hieracium minus Dentis Leonis folio oblongo, glabro. C. B. P. ...“ (AAW R. I, Op. 105, D. 2, Bl. 13v, s. Anm. 54 in Nr. 17); „510. An Hieracioides annua, subincana, Cyani folijs Comm. Par. 1721? Praeter ea, quae in ind. Len. et Irc. de hac planta dicta sunt, constans de folijs ejus praedicatum est, quod angustissimis duabus laringijs ad basin auriculata sint. ... Fl. Irc. n°. 693. Icon plantam naturali magnitudine et optime exprimit.“ mit der rechts marginalen Anm. auf Bl. 60r „vid. Ic.“ (AAW R. I, Op. 105, D. 1ª, Bll. 60r–60v, s. Anm. 29 in Nr. 5); „74. An Hieracioides annua, subincana Cyani foliis Vaill?“ (AAW R. I, Op. 15, D. 1, Bl. 2v, s. Anm. 24 in Nr. 64); „205. An Hieracioides annua, subincana, Cyani folijs Vaill? Ind. Len. ... j. Eadem caule distorto et corona ovariorum leviter gilva. ... ij. Eadem flore minore et pallidiore. ...“ mit der links marginalen Anm. von J. G. Gmelin „Hieracium minus Dentis Leonis folio oblongo B. P. St. 693.“ (AAW R. I, Op. 105, D. 12, Bl. 43v, s. Anm. 54 in Nr. 17); „526. An Hieracioides annua subincana Cyani foliis Vaill? ...“ (AAW R. I, Op. 13, D. 42, Bl. 115v, s. Anm. 1 in Nr. 1); „5. An Hieracioides annua, subincana, Cyani foljs Comm. Par. 1721? ...“ mit der links marginalen Anm. „vid. Ic.“ (AAW R. I, Op. 13, D. 67, Bl. 33v, s. Anm. 5 in Nr. 4)

14 „[species 7] Hieracium asperum, majori flore in limitibus agrorum J. B. 2. 1029. Cichorium montanum, angustifolium, hirsutie asperum C. B. Pin. 126. Hieracium Intybaceum, asperum Tabern. Icon. 184.“ (Tournefort 1700, S. 469, Genus II. „Hieracium.“); „Hieracivm aspervm maiori flore in agrorum limitibus. ...“ (Bauhin 1651a, S. 1029); „6. Helminthotheca hispidosa, perennis & vulgaris. Hieracium asperum, majori flore, in agrorum limitibus. J. B. 2. l. 24. p. 1029. I. R. H. 469. ...“ (Vaillant 1723b, S. 206; Vaillant 1725, S. 269; Vaillant 1754, S. 732); „2. PICRIS calycibus imbricatis. Helminthotheca hispidosa perennis & vulgaris. Vaill. act. 1721. p. 269. Hieracium asperum, majori flore in agrorum limitibus. Bauh. hist. 2. p. 1029. ... Tournef.

inst. 469. ..." (Linné 1737, S. 387); „32. PICRIS calicibus imbricatis LINN. h. Cliff. 387. Suec. 641. ROY. pr. 128. Hieracium asperum maiori flore in agrorum limitibus I. B. II. 1029. Cichorium pratense luteum hirsutie asperum vel Hieracium hirsutum foliis caulem ambientibus B. pin. 126. Helminthotheca hispidosa perennis et vulgaris VAILL. act. 269. Picris calicibus nudis, foliis amplexicaulibus, oualibus HALL. Helv. 751." (Gmelin 1747–1769, Bd. II, S. 39f.), nahezu identisch auf Bll. 25v–26r in: AAW R. I, Op. 105, D. 28 – s. Anm. 61 in Nr. 21; „32. Picris calycibus imbricatis [=] Picris hieracioides L. cum P. kamtschatica Ledeb. et P. strigosa M. a Bieb. conjuncta." (Ledebour 1841, S. 67); „2) Habichtskrautartiges Bitterkraut. Picris hieracioides. ... Picris calycibus laxis, foliis integris, pedunculis squamatis in calyce. LINN. ... Sp. Pl. p. 1115. Hort. Cliff. 387. ... GMEL. Sib. 2. p. 39. ... Hieracium asperum, majori flore, in agrorum limitibus I. BAUH. hist. 2. p. 1029. ... Wegen des bittern Geschmackes ... entstand vermuthlich der im deutschen dieser Gattung nun eigene Name Bitterkraut; auf eben dieser Eigenschaft zielen auch vielleicht die deutschen Benennungen gelbe Wegwart und gelbe Cichorien hin: demohngeachtet ist von diesem Gewächs bisher noch kein besonderer Gebrauch oder Nutzen bekannt." (Linné 1783a, S. 20f.); „1. PICRIS hieracioides. ... P. perianthiis laxis, ... Hort. cliff. 387. ... Gmel. sib. 2. p. 39. Bauh. hist. 2. p. 1029. ... Habichtskrautartiges Bitterkraut. W. ..." (Linné 1797–1830, Bd. III, Teil 3, S. 1556); „1. PICRIS HIERACIOIDES. Linn. ... α. dentata: ... Linn. Willd. Spec. pl. III. p. 1556. ... M. a Bieb. Fl. taur. cauc. II. p. 249. No. 1602. ... β. sinuata: ... Gmel. Fl. sib. II. p. 39. No. 32 utramque varietatem cum specie subsequente conjunxit." (Ledebour 1833, S. 158f.); „2. PICRIS KAMTSCHATICA. ... Ledeb. Decad. pl. in Mém. de l'Acad. des scienc. de St. Petersb. V. p. 557. No. 43. ..." (a. a. O., S. 159); „1602. PICRIS hieracioides. ... Gmel. sib. 2. p. 39. n. 32. ... Hieracioides asperum majore flore ... J. Bauh. hist. 2. p. 1029. ..." (Marschall von Bieberstein 1808, S. 249f.); „1603. PICRIS strigosa. ... Gmel. sib. 2. p. 39 sub n. 32. ..." (a. a. O., S. 250); „43. Picris Kamtschatica. ..." (Ledebour 1815, S. 557f.); „584. Picris L. ... 1. P. hieracioides (L. SP. 1115) ... M. a Bíeb. Fl. t. c. II, p. 249. ... LEDEB. Fl. alt. IV, p. 158. ... P. calicibus imbricatis. GMEL. Fl. sib. II, p. 39, Nr. 32 (cum P. japonica conjunct.) ..." (Ledebour 1844–1846, S. 798f.); „5. P[icris] strigosa (M. a BIEB. Fl. t. c. II, p. 250) (excl. syn. GMEL.); ..." (a. a. O., S. 800f.); „87) Habichtkrautähnliches Bitterkraut, Costenkraut, Wullhabichtkraut, Picris hieracioides, ... Wenn es noch sehr jung ist, so kann es vielleicht zum Viehfutter gebraucht werden. ..." (Gmelin 1779, S. 107f.); „1. Picris strigosa M. a Bieb. Striegliches Bitterkraut." (Dietrich 1837a, S. 1); „789. PICRIS HIERACIOIDES Linné. HIERACIUMARTIGE PICRIS. ... Sachsen: um Halle; im Halberstädtschen am Roden, im Burhardi-Klostergarten, bei Blankenburg u. s. w. ... Deutsche Namen: Habichtkrautartige Wurmblume, gelbe Wegwarte, Bitterkraut, gelbe Cichorie, Kostenkraut." (Dietrich 1843, Nr. 789); Picris hieracioides L. – russ. *kubik* bzw. *gorčak* (*Annenkov* 1858, S. 68, Nr. 797); „Pīcris L. (Compositae). Von πικρις (bitter); schmeckt bitter." (Wittstein 1852, S. 692)

„257. Hieracium asperum, majori flore, in limitibus Agrorum JB. 2. 1029." (AAW R. I, Op. 6, D. 40, Bl. 2r, s. Anm. 1 in Nr. 1); „31. Picris calycibus imbricatis. Linn. h. Cliff. 387. Suec. 641. Roy. pr. 128. Hieracium asperum, maiori flore in agrorum limitibus J. B. II. 1029. Cichorium pratense luteum, hirsutie asperum vel Hieracium hirsutum foliis caulem ambientibus. B. pin. 126. Helminthotheca hispidosa perennis & vulgaris Vaill. act. 269. Picris calycibus nudis, foliis amplexicaulibus, oualibus HALL. Helu. 751. ..." (AAW R. III, Op. 1, D. 162, Bl. 56v, s. Anm. 54 in Nr. 17); „525. An Helminthotheca hispidosa, perennis et vulgaris Comm. Par. 1721? Eadem quae in Ircut. Cat. n°. 212. descripta. ... Icon summum caulis partem exhibet. ..." mit der rechts marginalen Anm. „vid. Ic." (AAW R. I, Op. 105, D. 1^{a}, Bl. 63r, s. Anm. 29 in Nr. 5); „500. Picris calycibus nudis, folijs amplexicaulibus longis, lingulatis, serratis Hall. Alp. 752. Hieracium Intybaceum asperum Tab. p. 184. ..." (AAW R. I, Op. 13, D. 20, Bl. 50v, s. Anm. 1 in Nr. 1); „263. Hieracium asperum majore flore in limitibus agrorum J. B. 2. 1029. B. n. 1." (AAW R. I, Op. 104, D. 13, Bl. 7r, s. Anm. 84 in Nr. 29); „Hieracium asperum majori flore in limitibus agrorum. J. B. ..." (AAW R. I, Op. 105, D. 2, Bl. 13v, s. Anm. 54 in Nr. 17); „– Hieracium asperum majori flore in agrorum limitibus J. B. ..." (AAW R. I, Op. 104, D. 8, Bl. 2v, s. Anm. 18 in

Nr. 452); „23. Helminthotheca Vaill.“ (AAW R. I, Op. 15, D. 1, Bl. 2r, s. Anm. 24 in Nr. 64); „89. (Forte) Helminthotheca ...“ (a. a. O., Bl. 5v); „28 Helminthotheca. ...“ (a. a. O., Bl. 12v)

15 „[species 70] Hieracium Pyrenaicum, longifolium, amplexicaule.“ (Tournefort 1700, S. 472); „[species 69] Hieracium Pyrenaicum, rotundifolium, amplexicaule.“ (a. a. O., S. 472); „21. Hieracium Pyrenaïcum, longifolium, amplexicaule. I. R. H. H. 472. ... 22. Hieracium Pyrenaïcum rotundifolium, amplexicaule. I. R. H. 472. ...“ (Vaillant 1723b, S. 184; Vaillant 1725, S. 240f.; Vaillant 1754, S. 707); „5. HIERACIUM foliis amplexicaulibus cordatis vix dentatis, pedunculis unifloris hirsutis, caule ramoso. Hieracium pyrenaicum longifolium amplexicaule. Tournef. inst. 472. Vaill. act. 1721. p. 280. [?] ... α Hieracium pyrenaicum rotundifolium amplexicaule. Tournef. Vaill. ...“ (Linné 1737, S. 387f.); „23. Habichtkraut mit den Stamm umfassenden Blättern. Hieracium amplexicaule. ... Hieracium foliis amplexicaulibus cordatis subdentatis, pedunculis unifloris hirsutis, caule ramoso. LINN. ... Sp. Pl. p. 1129. Hort. Cliff. 387. ... Hieracium pyrenaicum ... TOURNEF. Inst. R. H. 472. β. Hieracium pyrenaicum rotundifolium amplexicaule. TOURNEF. Inst. R. H. 472. ...“ (Linné 1783a, S. 79); „50. HIERACIUM amplexicaule. ... H. foliis amplexicaulibus ... Hort. cliff. 387.* ... H. pyrenaicum longifolium amplexicaule. Tournef. inst. 472. β H. pyrenaicum rotundifolium amplexicaule. Tournef. inst. 472. ... Stengelumfassendes Habichtskraut. W. ...“ (Linné 1797–1830, Bd. III, Teil 3, S. 1582); „1613. HIERACIUM amplexicaule. ... Linn. ed. Willd. 3. p. 1582. ...“ (Marschall von Bieberstein 1808, S. 254); „20. H[ieracium] sabaudum (L. SP. 1131, excl Fl. suec.) ... H. amplexicaule. ... M. a BIEB. Fl. t. c. II, p. 254 (excl. syn.). ...“ (Ledebour 1844–1846, S. 854) [s. Nr. 690]; „Hieracium amplexicaule, ... herzförmiges Habichtkraut, ... Sie heißt bey Tournefort: Hieracium pyrenaicum longifolium amplexicaule“ (Gmelin 1773b, Sp. 844); „18. HIERACIUM amplexicaule ... Mit Blättern umfastes Habichtkraut. ...“ (Georgi 1797–1802, Theil 3, S. 1213);

„123 Hieracium amplexicaule.“ (AAW R. I, Op. 15, D. 1, Bl. 11r, s. Anm. 24 in Nr. 64); „524. An Hieracium Pyrenaicum, longifolium, amplexicaule I. R. H. ...“ (AAW R. I, Op. 13, D. 42, Bl. 114v, s. Anm. 1 in Nr. 1)

16 d. h. Nr. 695 und Nr. 696

17 „Hieracium Dentis Leonis folio, monoclonon, glabrum C. B. Pin. 127. ...“ (Rupp 1726, S. 160); „IX. Hieracium dentis leonis folio monoclonon glabrum.“ (Bauhin 1671, S. 127); „4. TARAXACUM foliis integris sinuatis, pappo plumoso, calyce glabro. Hieracium dentis leonis folio, monoclonon glabrum C. B. herb. viv. an auctorum? ... Taraxaconoides Chondrillae glabro virente folio VAILL. p. 233. ...“ (Haller 1742, S. 740f.); „5. Taraxaconoïdes Chondrillae glabro, virenti folio. ...“ (Vaillant 1723b, S. 179; Vaillant 1725, S. 233; Vaillant 1754, S. 701); „1159. APARGIA hastilis ... Linn. Sp. pl. ed. Willden. 3. p. 1548. ... Linn. Sp. pl. 2. p. 1123. ... Hieracium dentis leonis folio monoclonon glabrum. Bauh. pin. 127. ... Germ. Glatte Apargie. ...“ (Gmelin 1808, S. 277f.); „4. ASPARGIA hastilis. ... Leontodon (hastile) ... Sp. pl. 1123. ... Taraxaconoides chondrillae glabro virenti folio. Vaill. act. 170 [sic!] ... Glattes Pfaffenröhrlein. W. ...“ (Linné 1797–1830, Bd. III, Teil 3, S. 1548); „4) Glatter Löwenzahn. Leontodon hastile. ... Leontodon scapo calyceque, laevi, foliis lanceolatis dentatis integerrimis glabris. LINN. ... Sp. Pl. p. 1123. ... Taraxaconoides chondrillae glabro virenti folio. VAILL. act. paris. 1710. [?] ...“ (Linné 1783a, S. 56f.); „[Hieracium] dentis leonis folio monoclonon glabrum, bedeutet bey C. Bauhin Linne's fünfte Art des Löwenzahns.“ (Gmelin 1773, Sp. 858); „Taraxaconoides; ist der Gattungsname, unter welchem Vaillant diejenige Arten des Löwenzahns vereinigt, an deren Blumenkelch alle Schuppen aufrecht stehen, und deren Samenkrone federartig ist und vest aufsizt. ... [Taraxaconoides] chondrillae glabro virenti folio; bedeutet bey ihm den spondonförmigen Löwenzahn.“ (Gmelin 1776, Sp. 847); „12. (S. 399) Hieracium dentis leonis folio monoclonon glabrum Bauh. Pin. 127 n. IX ist nach Fries Symb. Hier. p. 208 n. 9 = Leontodon hastilis L.“ (Neilreich 1866, S. 408); „1. Apargia hastilis. ... Spontonförmiges Aspargie. Spontonblättriger Löwenzahn. ⊙ Leontodon hastile. Lin. ...“ (Dietrich 1802, S. 621); „Spontonförmiges=Blatt, Hastatum, in der Botanik, dasjenige Blatt, welches eine Pfeilförmige Gestalt, hat und dessen hintere, durch die

Bucht getheilte Ecken an den Seiten hervorragen." (Krünitz 1773–1858, Bd. 159, S. 647); „611. LEONTODON HASTILIS Linné. GEMEINES LEONTODON. ... L. hastilis Linné spec. pl. p. 1123. ... L. hispidum Linné spec. pl. p. 1123. ... Apargia hispida Willd. spec. pl. p. 3. p. 1548. [sic!] ... Apargia hastilis Willd. spec. pl. 3. p. 1548. ... Diese Pflanze kommt ... in zwei Formen vor, die von Linné und den mehrsten Botanikern als zwei verschiedene Arten angesehen werden, die hingegen Koch nur als zwei Varietäten einer Art betrachtet. ... Deutsche Namen: Borstiger und kahler, auch spiessblättriger Löwenzahn." (Dietrich 1841, Nr. 611); „4. L[eontodon] hastilis (L. SP. 1123) ... α. vulgaris (Koch Syn. p. 419) ... L. hispidum. L. SP. 1124. ... Apargia hispida. WILLD. Spec. pl. III, p. 1552. – M. a BIEB. Fl. t. c. II, p. 248. ... β. glabratus (Koch l. c.) ... L. hastile. L. SP. 1123. ... Apargia hastilis. ... WILLD. Spec. pl. III, p. 1548. ... Apargia dubia. WILLD. Spec. pl. III, p. 1549. ..." (Ledebour 1844–1846, S. 780f.); „7) Borstiger Löwenzahn. Leontodon hispidum. Leontodon calyce toto erecto, foliis dentatis integerrimis hispidis: pilis furcatis. LINN. ... Sp. Pl. p. 1124. Hort. Cliff. 386. ... Hieracium caule aphyllo hirsutum. I. BAUH. hist. II. p. 1038. ..." (Linné 1783a, S. 58ff.); „2. LEONTODON calyce toto erecto hispido, foliis hispidis dentatis, dentibus integerrimis. Taraxaconoides perennis & vulgaris. Vaill. act. 1721. p. 232. ... Hieracium, caule aphyllo, hirsutum. Bauh. hist. 2. p. 1037. ..." (Linné 1737, S. 386); „5. Taraxaconoïdes perennis & vulgaris. ..." (Vaillant 1723b, S. 178; Vaillant 1725, S. 232f.; Vaillant 1754, S. 700f.); „11. APARGIA hispida. ... Leontodon (hispidum) ... Hort. cliff. 386. ... Gabelhaariges Pfaffenröhrlein. W. ..." (Linné 1797–1830, Bd. III, Teil 3, S. 1552); „*5. APARGIA dubia. ... Zweifelhaftes Pfaffenröhrlein. W. ..." (a. a. O., S. 1549); „1599. APARGIA hispida. ... Linn. ed. Willd. 3. p. 1552. ..." (Marschall von Bieberstein 1808, S. 248); „6. LEONTODON hispidum ... Steifborstiger Löwenzahn. ..." (Georgi 1797–1802, Theil 3, S. 1210); „Apārgia W. (Compositae). Zus. aus ἀπο (von) und ἀργια (Musse; unthätiges, unbebautes Land), wegen ihres Vorkommens auf Brachackern." (Wittstein 1852, S. 60); „Taraxācum HALL. (Compositae). Von ταρασσειν (beunruhigen), d. h. eine den Leib beunruhigende, abführende Pflanze; ..." (a. a. O., S. 865); „Taraxacum; ist nicht nur der Beyname, den Linne' dem Mönchskopfe gibt, und die Benennung, unter welcher ihn die Aerzte in ihren Vorschriften verstehen, sondern auch der Gattungsname, den Haller, Ludwig und Böhmer dem Löwenzahn beylegen." (Gmelin 1776, Sp. 847); Leontodön [sic!] hastilis L. – russ. *moločaj* (*Annenkov* 1858, S. 54, Nr. 625)

„207. Lactuca sylvestris murorum, flore luteo. J. B. 2. l. 24. p. 1004. An Chondrilla Sonchi folio, flore luteo pallescente I. R. H. 475? Ind. Len. ..." mit der links marginalen Anm. von J. G. Gmelin „NB. An Hierac. Dentis Leonis folio monodonon [sic!] glabrum B. P. St. n°. 697." (AAW R. I, Op. 105, D. 12, Bl. 43v, s. Anm. 54 in Nr. 17); „522. Lactuca sylvestris murorum flore luteo J. B. 2. l. 24. p. 1004. ..." (AAW R. I, Op. 105, D. 1ª, Bl. 62v, s. Anm. 29 in Nr. 5); „527. An Chondrilla Sonchi folio, flore luteo pallescente I. R. H? ..." (AAW R. I, Op. 13, D. 42, Bll. 115v–116r, s. Anm. 1 in Nr. 1); „1. Lactuca sylvestris murorum flore luteo J. B. 2. l. 24. p. 1004. Ind. Jen. 522. ..." (AAW R. I, Op. 13, D. 67, Bl. 35r, s. Anm. 5 in Nr. 4); „408. Lactuca sylvestris folio secto glauco costa non spinoso ovariis fuscis Comm. Par. Ind. Len. a me in Flor ircut. perperam. No. 697. Hieracium dentis Leonis folio monoclonon glabrum vocatum ..." (AAW R. I, Op. 104, D. 25, Bl. 30v, s. Anm. 61 in Nr. 21)

18 „[species 20] Lactuca montana, latifolia, laciniata, flore caeruleo. Sonchus laevis, laciniatus, caeruleus, vel Sonchus Alpinus, caeruleus C. B. Pin. 124. Sonchus caeruleus, latifolius J. B. 2. 1005. Sonchus laevis, quartus, flore caeruleo Tabern. Icon. 191." (Tournefort 1700, S. 474, Genus III. „Lactuca. Laituë."); „[species 21] Lactuca montana, latifolia, laciniata, flore albo. Sonchus laevis, laciniatus, albus, vel Sonchus Alpinus, albus C. B. Pin. 124. ..." (a. a. O., S. 474); „13. Der blaue Hasenköhl/ Sonchus coeruleo flore; Sonchus laevis laciniatus coeruleus, s. Alpinus coeruleis, C. B. ... Der Hasenkohl ist von den Alten ... in der speiß genutzet worden ... Ist dienlich zu allen kranckheiten der Leber/ von Hitz und Verstopffung herrührend/ ist auch gut wider die Entzündung des Magens/ ..." (Zwinger 1696, S. 482f.); „11. Sonchus caeruleus, latifolius, J. B. 2.

l. 24. p. 1005. Lactuca montana, latifolia, laciniata, flore caeruleo. I. R. H. 474. j. Idem flore albo. Lactuca montana, latifol. laciniata, fl. albo. I. R. H. 474." (Vaillant 1723b, 198; Vaillant 1725, S. 258; Vaillant 1754, S. 722f.); „24. Lactuca Alpina glabra, Acanthi folio, flore magno, caeruleo. D. Charles. ... Lactuca montana latifolia, laciniata, fl. caeruleo. I. R. H. 474. ... j. Eadem flore magno albo." (Vaillant 1723b, S. 200; Vaillant 1725, S. 261; Vaillant 1754, S. 725); „5. SONCHUS caule erecto, folis pinnato-hastatis, apice cordato-triangulis, floribus racemosis. ... Sonchus laevis laciniatus coeruleis ... Bauh. pin. 124. Sonchus coeruleus latifolius. Bauh. hist. 2. p. 1006. ..." (Linné 1737, S. 385); „Lactuca montana, latifolia, laciniata, flore caeruleo Inst. R. Herb. ... Wald=Lattich/ blauer Hasenköhl. ..." (Mappus 1742, S. 160); „4. SONCHUS floribus spicatis coeruleis. ... Sonchus coeruleus latifolius I. B. II. p. 1005. ... Sonchus levis laciniatus, ... C. B. P. ... Lactuca montana latifolia ... I. R. H. ... MAPP. 160. ... Sonchus caule erecto, ... Cliff. p. 385. ..." (Haller 1742, S. 754); „7. Alpen=Gänsedistel. Sonchus alpinus. Sonchus pedunculis squamosis, floribus racemosis, foliis runcinatis. LINN. Sp. Pl. p.1117. Hort. Cliff. 385*. ... Sonchus laevis laciniatus caeruleus ... C. BAUH. pin. 124. ... Sie wird insgemein blaue große Gänsedistel, Bergggänsedistel, Alpengänsedistel, blauer Berghaasenkohl und fette Henne genennt. ... Die Lappen essen den fleischigen Theil des Stammes vor der Blüthezeit als einen Leckerbissen. Die Rennthiere fressen die ganze Pflanze begierig, wie auch die Kühe, ... Es verdient diese Gänsedistel ... angebauet zu werden, weil sie nach des Ritters [d. h. Linné] Meynung ein schmackhaftes Kuchengewächs abgeben würde." (Linné 1783a, S. 28f.); „[Lactuca] montana latifolia laciniata, flore albo, hierunter versteht er [d. h. Tournefort] eine weisse Spielart der Alpengänsedistel. [Lactuca] montana latifolia laciniata, flore caeruleo, also nennt er [d. h. Tournefort] die Alpengänsedistel." (Gmelin 1773a, Sp. 280); „26. SONCHUS alpinus. ... S. laevis laciniatus caeruleus ... Bauh. pin. 124. ... S. coeruleus latifolius. Bauh. hist. 2. p. 1005. ... Alpen-Gänsedistel. W. ..." (Linné 1797–1830, Bd. III, Teil 3, S. 1519f.); „5. SONCHUS alpinus ... Alpen=Sonchus. ..." (Georgi 1797–1802, Theil 3, S. 1207); „603. Mulgedium. ... 1. M. alpinum (LESSING Syn. p. 142.) ... DEC. Prodr. VII, p. 248. ... Sonchus alpinus. L. SP. 1117. ..." (Ledebour 1844–1846, S. 840f.); „1. M[ulgedium] ALPINUM (Less. syn. 142), ... Sonchus Alpinus Linn. sp. 1117. ..." (Candolle 1838, S. 248); ersanisch sorš – Sonchus L., Gänsedistel (Wiedemann 1865, S. 197); „Lactūca L. (Compositae). Von lac (Milch), weil beim Anritzen des Stängels ein milchiger Saft herausquillt." (Wittstein 1852, S. 494); „Sōnchus L. (Compositae). Von σογχος oder σομφος (locker, weich, schwammig), in Bezug auf die Struktur des Stängels." (a. a. O., S. 821); „Mulgēdium CASS. (Compositae). Von mulgare (Melken); milchende Pflanzen." (a. a. O., S. 598)

„Lactuca montana, latifolia, laciniata, flore caeruleo. I. R. H. ..." (AAW R. I, Op. 105, D. 2, Bl. 13v, s. Anm. 54 in Nr. 17); „– Lactuca montana latifolia, laciniata, flore ceruleo [sic!] Tourn. ... Eadem folijs integris." (AAW R. I, Op. 104, D. 8, Bl. 2v, s. Anm. 18 in Nr. 452); „529. Lactuca montana latifolia laciniata flore caeruleo I. R. H. ... j. Eadem flore albo." (AAW R. I, Op. 13, D. 42, Bl. 116r, s. Anm. 1 in Nr. 1); „409. Sonchus caeruleq latifoliq J. B. ind. Ircut. & Jenis. Flor. ircut. No. 699. pro Lactuca montana latifolia laciniata flore coeruleo i. r. h. vendita." (AAW R. I, Op. 104, D. 25, Bl. 30v, s. Anm. 61 in Nr. 21)

19 „[species 1] Lactuca sativa C. B. Pin. 122. Lactuca sativa, vulgaris, non capitata J. B. 2. 997. Lactuca sativa, folio Scariolae Lob. Icon. 241." (Tournefort 1700, S. 473, Genus III. „Lactuca. Laituë."); „Lactuca sativa C. B. Pin. 122. ... Germ. Lattich, Lattucke, Schmaltz=Kraut, Salat, quae foliis maculatis conspicua est Germanis dicitur Forellen=Salat, a similitudine macularum hujus piscis." (Rupp 1726, S. 167); „1. Lactuca sativa B. Pin. 122. I. R. H. 473." (Vaillant 1723b, S. 198; Vaillant 1725, S. 259; Vaillant 1754, S. 723); „3. LACTUCA sativa. Bauh. 122. ... Tournef. inst. 473. Vaill. act. 1721. p. 259. Lactuca sativa vulgaris capitata & non capitata. Bauh. hist. 2. p. 997. Lactuca sativa, folio scariolae. Lob. hist. 121. ... γ Lactuca crispa. Bauh. pin. 123. Dod. pempt. 644. ..." (Linné 1737, S. 384); „2) Garten=Salat. Lactuca sativa. ... Lactuca foliis rotundatis, caulinis cordatis, caule corymboso. LINN. ... Sp. Pl. p. 1118. Hort. Cliff. 384. ... Lactuca sativa. C. BAUH. pin. 122. β. Lactuca capitata. C. BAUH. pin. 123. ... γ. Lactuca crispa. C. BAUH. pin. 123. DOD. pempt. 644, 645. ... da es so viele Abarten giebt, ... und sind folgende:

1. Früher Eyersalat, Montree, 2. Gelber Prahlsalat. 3. Großer gelber kraußer Montree. 4. Grüner Prahlsalat. 5. Straßburger Kopflattich. 6. Wintersalat. 7. Forellensalat, Forellenkopfsalat. 8. Capuzinersalat, Bolognesersalat. 9. Langer Sommer=Endivien, Bindsalat. 10. Weißer Passauer, gelber großer Passauer. 11. Forellen=Bindsalat. 12. Rother Bindsalat, rother Bologneser=Salat. ... Gelinde resolvirende, eröffnende, kühlende und reinigende Kräfte würde man aber dennoch unserm Salat nicht absprechen können. ..." (Linné 1783a, S. 33ff.); „1. LACTUCA sativa. ... Sp. pl. 1118. L. sativa. Bauh. pin. 122. Hort. cliff. 384. ... β. Lactuca capitata. Bauh. pin. 123. ... Garten-Salat. W. ..." (Linné 1797–1830, Bd. III, Teil 3, S. 1523); „*2. LACTUCA crispa. ... Lactuca sativa γ. Sp. l. 1118. L. crispa. Bauh. pin. 123. Dod. pempt. 644. ... Krauser Salat. W. ..." (a. a. O., S. 1523); „14. L[actuca] sativa (L. SP. 1118) ... DEC. Prodr. VII, p. 138. ..." (Ledebour 1844–1846, S. 806); „41. L[actuca] SATIVA (Linn. sp. 1118. var. α), ... L. sativa ... Heyne [sic!] arzn. gew. 7. t. 30. ..." (Candolle 1838, S. 138f.); „[Lactuca] sativa, ... zamer Salat, ... Er hat eine Menge Spielarten, ... der gemeine Salat, Gartensalat oder Lattich, der Kopfsalat oder Häuptleinsalat, der Salat aus Cilicien, der braune holländische Salat, der Salat aus Aleppo, der Kaisersalat, der grüne Capuzinersalat, der weisse aufrecht wachsende Kochsalat von Versailles, der schwarze Kochsalat, der rothe Capuzinersalat, Passauersalat, oder Forellensalat, der römische Kopfsalat, der Prinzensalat, der Königsalat, und der egyptische Kochsalat: ... Er ... wird ... entweder roh ... oder gekocht, als eine gewöhnliche Speise genossen: ..." (Gmelin 1773a, Sp. 269ff.); „LACTUCA sativa ... Küchen=Lattich. Gemeiner Sallat. ... a. Krauser, und b. Kopfsallat. .." (Georgi 1797–1802, Theil 3, S. 1207); „7. Glatter Speise=Salat mit rundlichen Blättern, Garten=Salat, Lactuca sativa, foliis rotundis, caule corymboso Linn. ... Der Garten=Salat ist von einer vierfachen Art: 1) Gemeiner Salat, welcher nicht schließt; dieser ist schlechtweg unter dem Nahmen Salat, oder Lätsche bekannt; ... 2) Krauser Salat, krause Lactuke, krauser Lattich, Lactuca crispa C. B. ... 3) Kopf=Salat, Kopf=Lactuke, Köpfel=Lattich, im Oberd. Haupt=Salat, Häuptel=Lattich, Lactuca capitata C. B. 4) Endivien=Lattich, Sommer=Endivien, Band= oder Bind=Salat, Lactuca foliis endiviae C. B. ... In den Apotheken findet man das Lactuke=Wasser, die frischen Blätter, und den Samen. Das destillirte Wasser wird zur Stillung der Hitze und der Schmerzen, besonders des Kopfes, wie auch zur Beförderung des Schlafes, vom gemeinen Mann bisweilen gesucht; ..." (Krünitz 1773–1858, Bd. 65, S. 562ff.); „9. Lattig oder Lactucsalat (Lactuca sativa L., in Chiwa Kohu genannt)." (Basiner 1848, S. 235); „LACTUCA SATIVA. ... C. BAUH. pin. p. 122. Garten-Salat, gemeiner Salat, Lattich, Latsche, Laktuk, Schmalzkraut. ... Man rühmte auch ihre Heilkräfte bey Verstopfung und gegen die Hypochondrie, und von letzterer soll vorzüglich durch sie Antonius Musa den Kaiser August befreyet haben, und ihm dafür eine Ehrensäule gesetzt worden seyn. ..." (Hayne 1821, Nr. 30); „Lactuca sativa. ... In neuerer Zeit wird es gegen Hysterie, gegen Gastritis und gegen Husten öfter angewendet. Aeusserlich werden die Blättert bei Brandschäden, Gliederzittern und Kopfschmerzen angewendet; ferner gegen scrophulöse Geschwüre, Blennorrhöe der Augenlider, bei der Lichtscheu und beim Wasserkrebs (Noma). ..." (Altschul 1864, S. 170); Lactuca sativa L. – russ. *salat-latuk* (*Annenkov* 1858, S. 52, Nr. 599)

„1. Lactuca sativa. C. B. P. 122." (AAW R. I, Op. 13, D. 16, Bl. 28v, s. Anm. 32 in Nr. 6); „410 Lactuca sativa C. B. ..." (AAW R. I, Op. 104, D. 25, Bl. 30v, s. Anm. 61 in Nr. 21)

20 „[species 3] Lactuca maculosa C. B. Pin. 123. Lactuca fusci ac veluti purpurei coloris Dod. Pempt. 644." (Tournefort 1700, S. 473, Genus III. „Lactuca. Laituë."); „3. Lactuca maculosa. B. Pin. 122. I. R. H. 473. Lactuca rubra J. B. 2. l. 24. p. 998." (Vaillant 1723b, S. 198; Vaillant 1725, S. 259; Vaillant 1754, S. 723); „2. Der roth-blätterige Lattich: Lactuca maculosa, C. B. P. 123. T. 473. ..." (Zwinger 1744, S. 564); „LACTUCA MACULOSA, Forellen=Salat. ... Forellen=Salat hat seinen Nahmen, weil die Blätter eben so als wie die Forellen gezeichnet, und geflecket sind. ... Er ist süsser als die andere Sorten, aber auch härter, ... LACTUCA RUBRA, ... rother Salat. ..." (Weinmann 1742, S. 209); „[Lactuca] maculosa; bedeutet bey C. Bauhin eine andere [Abart des zahmen Salats] mit geflekten Blättern oder den römischen Salat." (Gmelin 1773a, Sp. 280); s. auch Nr. 700

21 „[species 9] Lactuca capitata C. B. Pin. 123. Lactuca sativa, vulgaris, capitata J. B. 2. 997. Lactuca sativa, sessili sive capitata Lob. Icon. 242." (Tournefort 1700, S. 473, Genus III. „Lactuca.

Laituë."); „[Lactuca] capitata; bedeutet bey Matthiol, Dodonäus, C. Durante, Theodor, Gerard und C. Bauhin den Kopfsalat." (Gmelin 1773a, Sp. 276); „3) Kopf=Salat, ... a. Mit schlichten und meistens glatten rundlichen Blättern, oder Kopf=Salat im gewöhnlichen Verstande. α) Früher kleiner, ... β) Kopf=Salat von mittlerer Göße; ... γ) Großer Kopf=Salat, ... δ) Sehr großer Kopf=Salat; ... b. Mit gefaltenen und meist frisirten Blättern, oder Montree ... c. Schraubenförmig schließender Kopf=Salat; ... Die vornehmsten Sorten ... sind: a) Ordinairer Kopf=Salat, ... b) Schlesischer Kopf=Salat, Cilicia- oder Silesia-Lettuce, ... c) Brauner holländischer Kopf=Salat, ... d) Kaiser=Salat, ... e) Grüner Kapuziner=Salat, ... g) Prinzen=Kopf, ... ein grüner Kopf=Salat, ... h) Königs=Salat, ... ein gelber Kopf=Salat." (Krünitz 1773–1858, Bd. 65, S. 564ff.); „40. L[actuca] CAPITATA, ... L. capitata C. BAUH. pin. 123. ..." (Candolle 1838, S. 138); s. Nr. 700

22 „[species 11] Lactuca sylvestris, costâ spinosâ C. B. Pin. 123. Lactuca sylvestris sive Endivia multis dicta, folio laciniato, dorso spinoso J. B. 2. 1003. Lactuca sylvestris Dod. Pempt. 646." (Tournefort 1700, S. 473, Genus III. „Lactuca. Laituë."); „Lactuca sylvestris, costa spinosa C. B. Pin. 123. Lactuca sylvestris, sive Endiviae multis dicta, laciniato, dorso spinoso I. B. 2. 1003. Lactuca sylvestris Dod. Pempt. 646. ... Wilder Lattich, Salat." (Rupp 1726, S. 167); „LACTUCA SYLVESTRIS COSTA SPINOSA, wilder Lattich mit dornigter Rippe. ... Lactuca sylvestris vera C. B. P. Lactuca sylvestris seu Endivia multis dicta, ... Wilder Lattich wird auch von einigen Endivien genennet, ..." (Weinmann 1742, S. 209); „3) Wilder Salat. Lactuca Scariola. Lactuca foliis verticalibus carina aculeatis. LINN. ... Sp. Pl. p. 1119. ... Lactuca sylvestris costa spinosa. C. BAUH. pin. 123. ... Sie besitzt allerdings narkotische Kräfte, und ist daher zum Genuß nicht anzurathen." (Linné 1783a, S. 35f.); „11. LACTUCA Scariola. L. sylvestris costa spinosa. Bauh. pin. 123. ... Wilder Salat. W. ..." (Linné 1797–1830, Bd. III, Teil 3, S. 1526); „5. Acker= oder Feld=Lattich, stacheliger oder wilder Lattich, Acker=Salat, Feld=Salat, wilder Salat, Schafmäuler, im Nieders. Feldkropp, Lactuca sylvestris, Costa spinosa C. B. Lactuca sylvestris, s. Endivia multis dicta, ... J. B. Scariola, foliis verticalibus, carina aculeatis Linn. Die Pflanze enthält vielen milchweißen und bittern Saft, welcher beim Austrocknen röthlich und entzündlich wird." (Krünitz 1773–1858, Bd. 65, S. 557); Lactuca Scariola L. – russ. *molokan* bzw. *moločaj* (*Annenkov* 1858, S. 52, Nr. 600)

„264. Lactuca sylvestris, Costa spinosa CBP. 123." (AAW R. I, Op. 6, D. 40, Bl. 34v, s. Anm. 1 in Nr. 1); „266. Lactuca sylvestris costa spinosa C. B. P. 123." (AAW R. I, Op. 104, D. 13, Bl. 7r, s. Anm. 84 in Nr. 29)

23 *Aleksej Jur'evič Bibikov*

24 „[species 1] Sonchus asper, non laciniatus C. B. Pin. 123. Sonchus minus laciniosus, asperior sive spinosior J. B. 2. 1014. Sonchus laevis, tenerior Lob. Icon. 235." (Tournefort 1700, S. 474, Genus IV. „Sonchus. Laitron."); „2. Der Gänßdistel mit unzerkerfften blättern/ ... Sonchus asper non laciniatus, C. B. ..." (Zwinger 1696, S. 481); „8. Sonchus asper, non laciniatus. B. Pin. 123. I. R. H. 474. ... j. Idem folio laciniato, obscurè viridi. ..." (Vaillant 1723b, S. 197f.; Vaillant 1725, S. 258; Vaillant 1754, S. 722); „SONCHUS. ... teutsch, Gänsedistel, Saudistel, Sonchenkraut. Ist ein Kraut, dessen es zwey Arten giebet: ... Die andere Sorte heist ... Sonchus asper non laciniatus, C. B. Pit. Tournef. ... teutsch, Saumilch, Saudistel. ... Beyde Arten ... befeuchten, kühlen, lindern, öffnen: werden zu entzündeter Leber, Magen und Brust gebrauchet, das Blut zu reinigen, die Milch der säugenden Weibespersonen zu mehren, ..." (Lémery 1721, Sp. 1062f.); „3. SONCHUS annuus ramosus diffusus, foliis laciniatis. Fl. lapp. 289. ... Sonchus laevis vulgaris, foliis laciniosis dentis leonis. Lob. hist. 119. ... ε Sonchus asper laciniatus & non laciniatus. Bauh. pin. 124. ζ Sonchus asper non laciniatus. Tournef. Vaill. Sonchus tertius asperior. Dod. pempt. 643. ..." (Linné 1737, S. 384f.); „8. SONCHUS foliis leuibus et teneris, calicibus glabris HALL. Helv. p. 753. 1. Foliis integris. Sonchus asper DOD. 643. Sonchus minus laciniosa mitior siue minus spinosa I. B. II. p. 1014. 2. Foliis laciniatis. Sonchus leuis vulgaris, foliis laciniosis dentis leonis LOB. ic. p. 235. Sonchus leuis laciniatus latifolius C. B. BAS. p. 35. Sonchus leuis foliis plurifariam incisis LINN. Lapp. 289. Sonchus caule ramosissimo diffuso, foliis summis amplexicaulibus, pediculo in aequalibus ROY. pr. 129. ..." (Gmelin 1747–1769, Bd. II, S. 9f.), nahezu identisch auf

Bl. 12r in: AAW R. I, Op. 105, D. 28 – s. Anm. 61 in Nr. 21; „8. Sonchus foliis laevibus et teneris, calycibus glabris [=] Sonchus oleraceus L.!“ (Ledebour 1841, S. 65); „9. SONCHUS foliis rigidiusculis, serratis, calicibus levibus HALL. Helv. 752. 1. Foliis integris. Sonchus tertius asperior DOD. 643. Sonchus asper non laciniatus C. B. BAS. 35. Sonchus asper non laciniatus dipsaci vel lactucae foliis C. B. P. 124. TOURN. I. R. H. 474. 2. Foliis laciniatis. Sonchus laciniatus spinosus I. B. II 1015. Sonchus asper folio laciniato obscure viridi VAILL. var. j. spec. 8. Comm. Par. 1721. 258. ...“ (Gmelin 1747–1769, Bd. II, S. 10), nahezu identisch auf Bll. 12r–12v in: AAW R. I, Op. 105, D. 28 – s. Anm. 61 in Nr. 21; „9. Sonchus foliis rigidiusculis serratis, calycibus laevibus [=] Sonchus asper Vill.“ (Ledebour 1841, S. 65); „42. Sonchus asper, scharfe Leberdistel, rauhes Sonchenkraut. Sonchus asper non laciniatus Turn. 474. C. B. P. 123. ...“ (Carl 1770, S. 437); „[Sonchus] asper laciniatus & non laciniatus; so nennt er [d. h. C. Bauhin] die rauhe Abänderung der Kohlgänsedistel. ... [Sonchus] asper non laciniatus; so nennt C. Bauhin diejenige [Abänderung] mit rauhen nicht zerschlissenen Blättern.“ (Gmelin 1776, Sp. 663); „4) Gemüßartige Gänsedistel. Sonchus oleraceus. ... Sonchus pedunculis tomentosis, calycibus glabris. LINN. ... Sp. Pl. 1116. Sonchus annuus ramosus diffusus, ... Hort. Cliff. 384. ... α) Sonchus laevis. ... Sonchus laevis laciniatus latifolius. C. BAUH. pin. 124. GMEL. Sib. 2. p. 9. ... γ) Sonchus asper. ... Sonchus asper laciniatus et non laciniatus. C. BAUH. pin. 134. [sic!] GMEL. Sib. 2. p. 10. δ) Sonchus asper non laciniatus. TOURNEF. Inst. R. H. 474. Sonchus asper. ... DODON. pempt. 643. ... Der milchartige Saft ... wird ausgepreßt als ein sonderbares seifenartiges und eröfnendes Mittel, in Verstopfung der Eingeweide und Gekrösdrüsen angerühmt. ... Das junge Kraut ... ist auch ein saftiges Futter für Rindvieh, Schaafe und Kanarienvögel: ... Sonst aber ist diese Gänsedistel, welche auch ... die Benennungen Saudistel, Milchdistel, Leberdistel, Haasenkohl, Saumelck, Gäns=Milch und Wachtelweizen führt, eines der gemeinsten und beschwerlichsten Unkräuter ...“ (Linné 1783a, S. 25f.); „17. SONCHUS oleraceus. ... S. annuus ramosus diffusus, ... Hort. cliff. 384. ... α Sonchus laevis. ... S. laevis laciniatus latifolius. Bauh. pin. 124. Gmel. sib. 2. p. 9. ... γ Sonchus asper. ... Sonchus asper laciniatus et non laciniatus. Bauh. pin. 134. [sic!] Gmel. sib. 2. p. 10. ... δ Sonchus asper non laciniatus. Tournef. inst. 474. ... Gemüseartige Gänsedistel. W. ...“ (Linné 1797–1830, Bd. III, Teil 3, S. 1514f.); „599. Sonchus. L. (excl. spec.). ... 1. S. oleraceus (L. SP. 116 excl. var. γ. et δ.) ... M. a BIEB. Fl. t. c. III, p. 525. ... LEDEB. Fl. alt. IV, p. 142. ... S. oleraceus β. M. a BIEB. Fl. t. c. II, p. 239. ... S. foliis laevibus ... GMEL. Fl. sib. II, p. 9, Nr. 8. ...“ (Ledebour 1844–1846, S. 833f.); „2. S[onchus] asper (VILL. delph. III, p. 158) ... M. a BIEB. Fl. t. c. III, p. 526. ... S. oleraceus var. γ. et δ. L. SP. p. 1117. ... S. oleraceus. M. a BIEB. Fl. t. c. II, p. 239 excl. var. β. ... S. foliis rigidiusculis, ... GMEL. Fl. sib. II, p. 10, Nr. 9. ...“ (a. a. O., S. 834); „6. SONCHUS OLERACEUS. Linn. ... M. a Bieb. Fl. taur. cauc. III. p. 525. No. 1579. ... S. oleraceus α. et β. laevis Linn. Willd. Spec. pl. III. p. 1514. S. oleraceus. M. a Bieb. Fl. taur. cauc. II. p. 239. No. 1579. β. Sonchus foliis laevibus ... Gmel. Fl. sib. II. p. 9. No. 8. ...“ (Ledebour 1833, S. 142f.); „1579. SONCHUS oleraceus. ... S. asper. ... Gmel. sib. 2. p. 10. n. 9. S. oleraceus. γ. asper Linn. ed. Willd. 3. p. 1515. ...“ (Marschall von Bieberstein 1808, S. 239f.); „1579. SONCHUS oleraceus. ... Gmel. ed. Willd. 3. p. 1514. 1515. S. oleraceus β. Flor. taur. cauc. sub n. 1579. ...“ (Marschall von Bieberstein 1819, S. 525f.); „1589*. SONCHUS asper. ... Gmel. sib. 2. p. 10. n. 9. ... S. oleraceus. γ. δ. asper. Linn. ed. Willd. 3. p. 1515. S. oleraceus. Flor. taur. cauc. n. 1579. (exclusà varietate β.) ...“ (a. a. O., S. 526); „4. SONCHUS oleraceus ... Kohlartiger Sonchus. ... a. S. laevis. Glattblättriger. ... b. S. asper. Scharfer. ...“ (Georgi 1797–1802, Theil 3, S. 1206f.); „1) Glatter Sonchus, glattes Sonchenkraut, Hasenkohl, wilder Hasenkohl, kohlartige Sonche, Saudistel, Schweindistel, Säumelke, Gänsedistel, Dudistel; ... Sonchus annuus ramosus diffusus, foliis laciniatis. Fl. Lapp. p. 289. Hort. cliff. 384. ... Wenn dieses Sonchenkraut noch jung ist, ... sind die Hasen besonders lüstern danach, daher auch der Name Hasenkohl; breiter, glatter, wilder Hasenkohl. 2. Stechender Sonchus, stechendes Sonchenkraut, Gänsedistel, Saudistel. Sonchus asper laciniatus et non laciniatus. Bauh. pin. 124. ... Die Kräfte dieser Pflanze sollen eben dieselben in der Medizin seyn gleich dem glatten Sonchenkraute. ...“ (Krünitz 1773–1858, Bd. 155, S. 547ff.); „Gänse=Distel, ... Sonchen=

Kraut, ... Ist ein Kraut, dessen es zwey Arten giebet, die eine ist glatt, zart und weich; die andere rauch und stachlicht. Die erste, welche am meisten zur Artzney gebräuchlich ist, wird genennet: ... Sonchus laevis laciniatus latifolius C. B. Pit. Tournefort. Hasen=Lattich, Hasen=Strauch, glatt Sonchen=Kraut, weiche oder linde Sau=Distel, glatte Leber=Distel, wilde Endivien, ... Die andere Sorte heisst: ... Sonchus asper non laciniatus C. B. Pit. Tournef. ... Teutsch Sau=Milch, Sau=Distel, Rauch Sonchen=Kraut, scharffe Leber=Distel, Du=Distel, Sau=Melck, wilder Hasen=Kohl, Wachtel=Weitzen. ... Beyde Sorten ... lindern die scharffen Säffte, temperiren daneben die hitzige Galle, tilgen die Fieber, ... vertreiben die Gelbsucht, Engbrüstigkeit und das Keichen, treiben den Urin, Grieß und Stein, ...“ (Zedler 1732–1750, Bd. 10, Sp. 43f.); russ. *osot* – Sonchus asper (AAW F. 21, Op. 5, D. 73, Bl. 271r); Sonchus oleraceus L. – russ. *osot* bzw. *moločnik* (*Annenkov* 1858, S. 89, Nr. 1046)

„1. Sonchus asper non laciniatus, C. B. P. 123. Gmel. 2. Sonchus asper non laciniatus, Dipsaci Lactucae foliis C. B. P. 124? Gmel. 3. Sonchus asper laciniatus, Creticus. C. B. P. 124. Pr. 60. 4. Sonchus laevis, laciniatus, latifolius, flore niveo. C. B. P. 124.“ (AAW R. I, Op. 13, D. 16, Bl. 28v, s. Anm. 32 in Nr. 6); „87. An Sonchus asper non laciniatus C. B. P. 88. An Sonchus asper non laciniatus, Dipsaci vel Lactucae foliis. C. B. P?“ (AAW R. I, Op. 14, D. 8, Bl. 2v, s. Anm. 98 in Nr. 39); „1083. Sonchus folijs levibus & teneris, calycibus glabris Hall. Alp. 758. Sonchus laciniatus non spinosus J. B. II. 1016. ...“ (AAW R. I, Op. 13, D. 20, Bl. 99v, s. Anm. 1 in Nr. 1); „3. Sonchus asper non laciniatus C. B. P. Ind. Jen. n°. 518. ...“ (AAW R. I, Op. 13, D. 67, Bl. 35r, s. Anm. 5 in Nr. 4); „– Sonchus asper non laciniatus CBP.“ (AAW R. I, Op. 104, D. 8, Bl. 2v, s. Anm. 18 in Nr. 452); „208. Sonchus asper non laciniatus C. B. P. ...“ (AAW R. I, Op. 105, D. 12, Bll. 43v–44r, s. Anm. 54 in Nr. 17); „518. Sonchus asper non laciniatus C. B. P. ...“ (AAW R. I, Op. 105, D. 1^{a}, Bl. 62r, s. Anm. 29 in Nr. 5); „528 An Sonchus asper non laciniatus C. B. P? ...“ (AAW R. I, Op. 13, D. 42, Bl. 116r, s. Anm. 1 in Nr. 1)

„II. Chondrilla viscosa humilis: ex radice longa, tenui, alba, cauliculi plures, ...“ (Bauhin 1620, S. 68); „4. Der wilde Lattich mit ablangen/ gelben/ in flaum außgehenden blümlein; ... Chondrilla viscosa humilis. C. B. ...“ (Zwinger 1696, S. 480); „18. Lactuca sylvestris, annua, costâ spinosâ, folio angustissimo, glauco. Hist. Ox. 3. 58. n. 18. ... Chondrilla viscosa, humilis. B. Pin. 130. Prodr. 68. ...“ (Vaillant 1723b, S. 199f.; Vaillant 1725, S. 260; Vaillant 1754, S. 725); „LACTUCA sylvestris altera, angusto saligno folio, costa albicante; ...“ (Rupp 1726, S. 167); „1. LACTUCA foliis glaucis, perangustis, ad terram rariter dentatis, ad caulem linearibus. Chondrilla viscosa humilis C. B. Prodr. p. 68. cum bona icone, ... Lactuca sylvestris annua, costa spinosa, ... VAILL. p. 260. ...“ (Haller 1742, S. 756); „5) Weidenblätteriger Salat. Lactuca saligna. ... Lactuca foliis hastato-linearibus sessilibus carina aculeatis. LINN. ... Sp. Pl. p. 1119. ... Lactuca sylvestris altera, ... RUPP. Jen. 167. ... Chondrilla viscosa humilis. C. BAUH. pin. 130. prodr. 68. ...“ (Linné 1783a, S. 37f.); „[Chondrilla] viscosa humilis; ist bey dem letztern [d. h. C. Bauhin] die sechste Art des Salats nach Linné.“ (Gmelin 1772, Sp. 902); „Lactuca saligna, ... Salat mit Weidenblättern, ... Sie heißt bey ... Rupp: Lactuca sylvestris altera, ...“ (Gmelin 1772, Sp. 274f.); „15. Lactuca saligna. ... L. sylvestris altera, ... Rupp. jen. 167. ... Chondrilla viscosa humilis. Bauh. pin. 130. prodr. 68. ... Weidenblättriger Salat. W. ...“ (Linné 1797–1830, Bd. III, Teil 3, S. 1528); „1. LACTUCA SALIGNA. Linn. ... Linn. Willd. Spec. pl. III. p. 1528. ... M. a Bieb. Fl. taur. cauc. II. p. 243. No. 1587. ...“ (Ledebour 1833, S. 155); „1587. LACTUCA saligna. ... Linn. ed. Willd. 3. p. 1528. ...“ (Marschall von Bieberstein 1808, S. 243); „7. L[actuca] saligna (L. SP. 1119) ... M. a BIEBERST. Fl. t. c. II, p. 243. ... LEDEB. Fl. alt. IV, p. 145. [sic!] ...“ (Ledebour 1844–1846, S. 804); „4. LACTUCA saligna ... Spießblättriger Lattich ...“ (Georgi 1797–1802, Theil 3, S. 1208); Chondrilla – russ. *rostoronša* (*Annenkov* 1858, S. 30, Nr. 300); „Chondrīlla L. (Compositae). Von χονδρος (Knorpel, Korn, Knoten); die Wurzel ist knotig, secernirt auch einen Milchsaft, der sich in Krumen auf derselben absetzt.“ (Wittstein 1852, S. 193)

„3. Chondrilla viscosa humilis C. B. Pr. Fl. Irc. n°. 705.“ mit der rechts marginalen Anm. „Ic. St.“ (AAW R. I, Op. 13, D. 67, Bl. 35r, s. Anm. 5 in Nr. 4); „120. Chondrilla viscosa Fl. Irc. 705.“ (AAW R. I, Op. 105, D. 16, Bl. 2v, s. Anm. 5 in Nr. 4); s. Anhang B.5. Nr. 52

26 in der 2. Textversion (s. Anm. 1 in A.): „obsolete“

27 in der 2. Textversion (s. Anm. 1 in A.): „expressa“

28 „4. Chondrilla viscosa humilis flore candido Fl. Irc. n°. 706.“ (AAW R. I, Op. 13, D. 67, Bl. 35r, s. Anm. 5 in Nr. 4); s. Nr. 705

29 „[species 7] Scorzonera angustifolia, prima C. B. Pin. 275. Tragopogonis species sive Scorzonera humilis, angustifolia J. B. 2. 1061. Scorzonera humilis, angustifolia, Pannonica iij Clus. Hist. cxxxviij.“ (Tournefort 1700, S. 476, Genus VII. „Scorzonera. Scorsonere.“); „7. Scorzonera Monspeliensis, folio crassiore. I. R. H. 476. ... Scorzonera angustifolia prima. C. B. Pin. ...“ (Vaillant 1723b, S. 208; Vaillant 1725, S. 271; Vaillant 1754, S. 734); „1. SCORZONERA caule fere nudo unifloro, foliis nervosis planis. Scorzonera latifolia humilis nervosa. Bauh. pin. 275. ... Vailll. act. 1721. p. 271. Scorzonera humilis latifolia pannonica 2. Clus. hist. 2. p. 138. ... Tragopogonis species, sive Scorzonera humilis latifolia. Bauh. hist. 2. p. 1061. ...“ (Linné 1737, S. 382f.); „6) Schmalblätterichte Skorzonere. Scorzonera angustifolia. ... Scorzonera foliis subulatis integris, pedunculo incrassato caule basi villoso. LINN. ... Sp. Pl. p. 1113. ... Scorzonera caule simplici unifloro, ... GMEL. Sib. 2. p. 2. t. 1. ... Scorzonera angustifolia prima. C. BAUH. pin. 275. ...“ (Linné 1783a, S. 15); „2. SCORZONERA caule simplici, vnifloro, foliis ex lineari lanceolatis. Tab. I. Scorzonera alpina, gramineo folio, angusto, flore luteo, humilior MESS. AMM. Ruth. 213. ... Cl. LINNAEUS habet pro Scorzonera latifolia humilis neruosa B. Pin. quam in h. Cliff. 382. Act. Stockh. 1741. 203. et in Flora Suec. n. 647. vocat Scorzonera caule subnudo vnifloro, foliis neruosis planis; ... Cl. STELLERUS habet pro Scorzonera angustifolia prima B. pin. 275. et sane nec descriptiones nec icones CLUSII et I. B. abhorrent. ... Russice во́лчье коренье [russ. *volč'e koren'e*] dicitur et sumum inter vulneraria Sibirica locum nacta est. In vulnere quocunque, vel ictu glandis sclopetariae, vel scissione, vel punctione, facto, tam forma decocti, quam crudam et integram, nullaque praeparatione alteratam, miris laudibus et ad fabulae vsque licentiam extollunt, ... Icon exemplum sistit, in latissimo solo natum.“ (Gmelin 1747–1769, Bd. II, S. 2ff.), nahezu identisch auf Bll. 9r–9v in: AAW R. I, Op. 105, D. 28 – s. Anm. 61 in Nr. 21; „2. Scorzonera caule simplici unifloro, foliis ex lineari lanceolatis. t. I. [=] Scorzonera radiata Fisch! (Scorzonera angustifolia L. Willd. sp. pl. III. 1503. – Scorzonera humilis L. – M. a Bieb. Fl. t. c. II. 233.)“ (Ledebour 1841, S. 64); „213. SCORZONERA Alpina, gramineo folio, angusto, flore luteo, humilior Messerschm. ... Ad Vdam fluuium et alibi in Dauria, ... a Buratis Dssurgudsu vocata ... Ruthenis ibi degentibus Wolzi Koren dicitur.“ (Amman 1739, S. 151f.); „2. SCORZONERA RADIATA Fisch. ... Scorzonera Alpina, gramineo folio, ... Messerschm. in Amman. ruth. p. 151. p. 151. No. 213. Scorzonera. Buxbaum. Cent. II. p. 26. t. XXI.? ...“ (Ledebour 1833, S. 160f.); „Tab. XXI. Scorzonera Lusitanica gramineo folio, flore pallide luteo Tourn. Inst.“ (Buxbaum 1728a, S. 26); „3. SCORZONERA caule ramoso, foliis linearibus, acuminatis, carinatis, calicibus acutis. Scorzonera foliis gramineis SHER. BOERH. Ind. alt. 89. exclus. synon. Scorzonera Lusitanica gramineo folio, flore pallide luteo TOURN. Cor. BUXB. Cent. II. p. 26. Tab. XXI. Ita docuit LINNAEUS. si vero ex obseruatione HALL. hort. Goëtt. Scorzonera Lusitanica verus est tragopogon, haec esse nequit, ? Scorzonera foliis neruosis B. Pin. 275. ...“ (Gmelin 1747–1769, Bd. II, S. 4ff.), nahezu identisch auf Bll. 10r–10v in: AAW R. I, Op. 105, D. 28 – s. Anm. 61 in Nr. 21; „3. Scorzonera caule ramoso, foliis linearibus acuminatis carinatis, calycibus acutis. (excl. synon.)[=] Scorzonera austriaca W. (Scorzonera graminifolia L. – Fl. alt. IV. 161.)“ (Ledebour 1841, S. 64); „4) Grasblätterichte Skorzonere. Scorzoneria graminifolia. ... Scorzonera foliis lineari-ensiformibus integris carinatis. LINN. ... Sp. Pl. p. 1112. ... Scorzonera lusitanica, ... T. BUXB. Cent. 2. p. 26. t. 21. Scorzonera caule ramoso, ... GMEL. Sib. 2. p.4. ...“ (Linné 1783a, S. 13f.); „SCORZONERA (graminifolia) foliis lineari ensiformibus integris, carinatis. L. S. N. p. 1197. Scorzonera latifolia altera C. B. RUPP. Flor. Jen. p. 207. [s. Nr. 709] ...“ (Grimm 1770, S. 83); „[Scorzonera] graminifolia, ... Scorzonere mit Grasblättern, ... Sie heißt bey J. G. Gmelin: Scorzonera caule ramoso, ... und bey Buxbaum: Scorzonera lusitanica, gramineo folio, flore pallide luteo.“ (Gmelin 1776, Sp. 358f.); „9. SCORZONERA graminifolia. ... S. lusitanica, gramineo folio, ... Tournef. inst. 477. S. caule ramoso, ... Gmel.

sibir. 2. p. 4. ... Grasblättrige Haberwurz. W. ..." (Linné 1797–1830, Bd. III, Teil 3, S. 1501); „3. SCORZONERA GRAMINIFOLIA. Linn. ... Linn. Willd. Spec. pl. III. p. 1501. ... Scorzonera caule ramoso, ... Gmel. Fl. sib. II. p. 4. No. 3. (excl. synon. Buxbaum. et forte omn.) ... An Sc. austriaca Willd. Spec.pl. III. p. 1498. re vera ab hac diversa?" (Ledebour 1833, S. 161); „*2. SCORZONERA austriaca. W. ... S. lusitanica graminifolia. Buxb. cent. 2. p. 26. t. 21? ... Oestreichische Haberwurz. W. ..." (Linné 1797–1830, Bd. III, Teil 3, S. 1498); „5. S[corzonera] austriaca (WILLD. Spec. pl. III, p. 1798) ... S. graminifolia (non L.) ... LEDEB. Fl. alt. IV, p. 161 (excl. syn. prater [sic!] ... S. caule ramoso, ... GMEL. Fl. sib. II, p. 4, Nr. 3. ..." (Ledebour 1844–1846, S. 792); „4. SCORZONERA graminifolia ... Grasblättrige Scorzonere. ... Die frischen Wurzeln besitzen eine große Schärfe, die aber im Trocknen verlohren geht, da sie denn eine mehlige, gute Speise sind." (Georgi 1797–1802, Theil 3, S. 1204); „7. S[corzonera] radiata (FISCH. in litt.) ... LEDEB. Fl. alt. IV, p. 160. ... S. alpina gramineo folio, ... MESSERSCHM. in AMMAN. ruth. p. 151, Nr. 213. S. caule simplici, ... GMEL. Fl. sib. II, p. 2, Nr. 2, t. 1. ..." (Ledebour 1844–1846, S. 793); „14. SCORZONERA angustifolia. ... Sp. pl. 1113. ... S. caule simplici unifloro, ... Gmel. sib. 2. p. 2. t. 1. ... Schmalblättrige Haberwurz. W. ..." (Linné 1797–1830, Bd. III, Teil 3, S. 1503); „2) Niedrige Skorzonere. Scorzonera humilis. ... Scorzonera caule subnudo unifloro, foliis lato-lanceolatis nervosis planis. LINN. ... Sp. Pl. p. 1112. Hort. Cliff. 382. ... Scorzonera humilis latifolia nervosa. C. BAUH. pin. 275. ... Man schrieb ihr in den ältern Zeiten wegen ihres milchartigen Saftes Geblütreinigende, schweißtreibende, auflösende, und nährende Kräfte zu: ... Nach Gmelins Zeugniß wird sie dennoch in Sibirien als ein vortrefliches Wundmittel wider alle Wunden angerathen, wenn solche entweder roh oder abgekocht um die Wunden gelegt wird. Einige eignen ihr auch gifttreibende Kräfte zu: so soll sie auch wider den Biß giftiger Schlangen mit dem besten Erfolg angerathen werden können; ... Man darf sich daher nicht wundern, wie diese Pflanze im Deutschen zu den Namen Schlangenmord, Natterwurz und Viperngras gekommen. ..." (Linné 1783a, S. 11f.); „6. S[corzonera] humilis (L. SP. 1112) ... M. a BIEB. Fl. t. c. II, p. 233. ..." (Ledebour 1844–1846, S. 793); „1565. SCORZONERA humilis. ... Linn. ed. Willd. 3. p. 1499. ... Gmel. sib. 2. p. 2. n. 2. t. 1. ..." (Marschall von Bieberstein 1808, S. 233); „3. SCORZONERA humilis. ... S. caule subnudo unifloro, ... Hort. cliff. 382. ... S. humilis latifolia nervosa. Bauh. pin. 275. ... Niedrige Haberwurz. W. ..." (Linné 1797–1830, Bd. III, Teil 3, S. 1499); „[Scorzonera] angustifolia, ... schmalblätterichte Scorzonere, ... Sie heißt bey C. Bauhin: Scorzonera humilis angustifolia; ..." (Gmelin 1776, Sp. 359f.); „2. SCORZONERA humilis ... Niedrige Scorzonere. ..." (Georgi 1797–1802, Theil 3, S. 1204); „6. SCORZONERA angustifolia ... Schmalblättrige Scorzonere. ..." (a. a. O., S. 1205); „2) Niedrige Skorzonere, Berg= oder wilde Skorzonere oder Skorzonerwurz, Skorzonera humilis montana, ... Hort. cliff. 382. Scorzonera humilis latifolia nervosa. Bauh. pin. 275. ... Auch diese Wurzel wird gesammelt, und in den Apotheken oft statt der Spanischen Skorzonere [d. h. Scorzonera Hispanica ...] gebraucht, ... 3) Schmalblätterige Skorzonere oder Skorzonerwurz, ... Scorzonera angustifolia prima. Bauh. pin. 275. ..." (Krünitz 1773–1858, Bd. 155, S. 82f.); „Scorzonera caule simplici unifloro foliis lineari-lanceolatis. Tibi notior (Fl. sib. II. 2. nr. 2 Sc. angustifolia L. humilis L. radiata Fisch.). Scorzonera fl. (caule) ramoso anguloso, foliis linearibus etc. Est Germanica angustifolia fera nascens (Fl. sib. II. 4. nr. 3. Sc. austriaca Wild. [sic!])."(A. von Haller in einem undatierten Brief an J. G. Gmelin – Plieninger 1861, S. 138f.); Scorzonera – russ. *kozelec* bzw. *mochnatka* (*Annenkov* 1858, S. 85, Nr. 1004); „Scorzonēra VAILL. (Compositae). Zus. aus den italienischen scorza (Rinde) und nera (schwarz), in Bezug auf die äussere Farbe der Wurzel. ..." (Wittstein 1852, S. 803)

„522. Scorzonera Lusitanica gramineo fol., fl. pallide luteo. T: Buxb: Cent: II. p. 26. ..." (AAW R. I, Op. 13, D. 19, Bl. 20r, s. Anm. 54 in Nr. 17); „121. Scorzonera alpina, gramineo folio, angusto, flore luteo, humilior Amm. 213. Fl. Irc. 707." (AAW R. I, Op. 105, D. 16, Bl. 2v, s. Anm. 5 in Nr. 4); „3. Scorzonera graminifolia Carneo. ..." mit der rechts marginalen Anm. „vid. Ic." (AAW R. I, Op. 13, D. 67, Bl. 36r, s. Anm. 5 in Nr. 4); „□ Scorzonera angustifolia prima. C. B. P. ... sub nomine волчей корень [russ. *volčej koren'*] ..." (AAW R. I, Op. 105, D. 2, Bl. 14r,

s. Anm. 54 in Nr. 17); „411 Scorzonera angustifolia prima C. B. P. ..." (AAW R. I, Op. 104, D. 25, Bl. 30v, s. Anm. 61 in Nr. 21); „18. Juni 1722 ... Hie fand sich auch aufm Berge die Scorzonera folio gramineo nervoso, flore luteo unico, welche die Russen eigentlich Wolzi-Koren ... nennen und ... viel lügenhafte mirakulöse ... Aufschneidereien zudichten, daß sie nämlich, im Munde gekauet, alle Wunden in 24 Stunden heile, item daß bei Einsammlung derselben man die Pflanze mit einem Tuch bedecken müsse, widrigenfalls ein großes Gewitter sich erhübe, und dergleichen tumme ... Fabeln mehr." (Messerschmidt 1962–1977, Bd. 1, S. 241f.); „28. Mai 1724 ... Gegen Mittag kame Danila, Denstschik, zurücke, brachte mir einige ... Scorzoneram graminifoliam; ..." (Messerschmidt 1962–1977, Bd. 3, S. 38f.)

30 *volčej koren'* bzw. *volčij koren'*; Außer Scorzonera wird in Rußland noch Aconitum lyctoconum als *volčij koren'* bezeichnet. Die letztere Pflanze findet vorwiegend in der Volksmedizin Anwendung (Georgi 1797–1802, Theil 3, S. 1052, Demitsch 1889, S. 144.ff.).

31 „412 Scorzonera gramineo seu angustissimo folio Flor ircut. No 708. ..." (AAW R. I, Op. 104, D. 25, Bl. 30v, s. Anm. 61 in Nr. 21)

32 „[species 4] Scorzonera latifolia, altera C. B. Pin. 275. Scorzonera major, Pannonica 1. Clus. Hist. cxxxviij." (Tournefort 1700, S. 476, Genus VII. „Scorzonera. Scorsonere."); „XIII. Scorzonere. ... Scorzonera latifolia altera, C. B. Teutsche Scorzonere. Scorzonera Germanica, Tab. latifolia, Eyst. Boëmica, Math. Lob. major vel Pannonica prima, Clus. ..." (Elsholtz 1690, S. 152); „1. Scorzonera vulgaris & officinarum. ... Scorzonera latifolia, altera. B. Pin. 275. & I. R. H. 476. ..." (Vaillant 1723b, S. 207; Vaillant 1725, S. 270; Vaillant 1754, S. 733); „Scorzonera latifolia altera C. B. Pin. 275. ... Scorzonere, Scorzoner=Wurtz, Schlangen=Mord, Hafer=Wurtz, Natter=Wurtz, Vieper= Graß." (Rupp 1726, S. 167); die Abbildung „Scorzonera I. Germanica Teutsch Scorsonere." (Tabernaemontanus 1590, S. 602); „Das XXIII. Cap. Von Scorsonera. ... ES seind von dem Authore drey Geschlecht der Schlangenmordt gesetzet worden. ... [die Abbildungen „IV. Teutsch Scorsonera. Scorzonera Germanica." und „V. Teutsch Scorsonera. Scorzonera Germanica II." auf S. 996] ... IV. V. Teutsch Scorsonera. ... IV. Scorzonera latifol. altera, C. B. Boëmica, Matt. Lob. Lugd. major vel pannonica 1. Clus. pan. & hist. latif. Germanica, Eyst. ... Von der Natur/ Krafft und Eigenschafft des Schlangenmords. Es schreibet Matthiolus, daß diß Kraut eine edle und bewährte Artzney seye denjenigen/ so von Schlangen seyn verletzt worden/ darzu dann der Safft sonderlich gut sey. Es widersteht auch diß Kraut allem andern Gifft/ und ist gut in pestilentzischen Schwachheiten. ..." (Tabernaemontanus 1731, S. 995ff.); „2. SCORZONERA caule ramoso, foliis amplexicaulibus undulatis. Scorzonera vulgaris & officinarum. Vaill. act. 1721. p. 270. Scorzonera latifolia sinuata. Bauh. pin. 275. ... Tournef. inst. 476. ... Scorzonera major hispanica 1. Clus hist. 2. p. 137. ..." (Linné 1737, S. 383); „1. SCORZONERA. ... Scorzonera germanica I. TAB. p. 602. Scorzonera latifolia altera C. B. ..." (Haller 1742, S. 757); „2. Der Deutsche Schlangen= Mord: Scorzonera Germanica, Tab. Scorz. latifolia altera, C. B. P. ..." (Zwinger 1744, S. 961); „2. SCORZONERA latifolia altera. C. B. P. Ein anders breitblätterichtes Vipergras." (Miller 1751, S. 246); „4. SCORZONERA caule ramoso, foliis amplexicaulibus, serrulatis. Scorzonera latifolia sinuata B. Pin. 275. TOURN. I. R. H. 476. it. Scorzonera latifolia altera B. Pin. 275. et TOURN. I. R. H. 476. Scorzonera vulgaris et officinarum VAILL. act. 1721. p. 270. Scorzonera caule ramoso, foliis amplexicaulibus undulatis LINN. h. cliff. 383. ROY. pr. 119. ... A Iaico ad Irtim vsque fluuium passim occurrit, nec in Russia Petropolin vsque peregrina est; Latifoliae sinuatae pulchra specimina ad lacum Tre-ustan Isetensis prouinciae collegit MARTINI. STELLERUS etiam in Fl. Irc. n. 709 Scorzonerae latifoliae alterius B. pin. meminit, ... Hanc in montosis locis e regione confluentium Ircuti et Angarae prouenire scribit, nos vero eadem habemus, quae sub hoc numero descripta est." (Gmelin 1747–1769, Bd. II, S. 6f.), nahezu identisch auf Bll. 10v–11r in: AAW R. I, Op. 105, D. 28 – s. Anm. 61 in Nr. 21; „4. Scorzonera caule ramoso, foliis amplexicaulibus serrulatis [=] Scorzonera hispanica L. Ab hoc differre videntur: 1) planta a. b. Martini in procincia Isetensis ad lacum Tre-ustan lecta, foliis latis sinuatis insignis, quae forte nova adhuc ingnota species est. 2) planta Stellleriana ‚in montosis locis e regione confluentium Ircuti locis Angorae [sic!] proveniem', quam ad Piptopogon macrospermum C. A. Meyer. (Sc. macrospermum

Turcz.) pertinere haud dubitarem." (Ledebour 1841, S. 64); „1. Der Spanische Schlangen=Mord: Scorzonera Hispanica. Scorzonera latifolia sinuata, C. B. P. ... T. 476. ... Scorzon. major, Hispanica 1. Clus. H. cxxxviii. [sic!] ..." (Zwinger 1744, S. 960f.); „67. Scorzonera, Scorzonere, Schlangenmord. Scorzonera latifolia sinuata Turn. 476. C. B. P. 275. ... Scorzonera hispanica ... J. B. 2. 1060. Scorzonera maior hispanica 1. Clus. Hist. CXXXVII." (Carl 1770, S. 20); „3) Spanische Skorzonere. Scorzonera hispanica. ... Scorzonera caule ramoso, foliis amplexicaulibus integris serrulatis. LINN. ... Sp. Pl. p. 1112. Hort. Cliff. 383. ... GMEL. Sib. 2. p. 6. ... Scorzonera latifolia sinuata. C. BAUH. pin. 275. Scorzonera maior hispanica. CLUS. hist. 2. p. 137. ... Von dieser Art wird eigentlich die Wurzel zu dem Arzneygebrauch angewendet: ... Als Zugemüße und Nahrungsmittel ist sie jedem hinlänglich bekannnt, ..." (Linné 1783a, S. 13); „Scorzonera hispanica, ... spanische Scorzonere, ... spanische Vipernwurzel; ... Ihre Wurzel ... ist, so wie die übrige Pflanze, voll von einem süßlicht=bitteren seifenartigen Milchsafte; sie ist daher nicht nur eine sehr angenehme Speise, ... Sie heißt bey ... C. Bauhin: Scorzonera latifolia sinuata; ..." (Gmelin 1776, Sp. 357f.); „4. SCORZONERA hispanica. ... S. caule ramoso, ... Hort. cliff. 383. ... Gmel. sib. 2. p. 6. ... S. latifolia sinuata. Bauh. pin. 275. S. major hispanica. 1. Clus. hist. 2. p. 137. ... Garten-Haberwurz. W. ..." (Linné 1797–1830, Bd. III, Teil 3, S. 1499); „3. Scorzonera hispanica ... Spanische Scorzonere. Haferwurzel. ... Man bauet sie in vielen Russischen Gärten für die Küche." (Georgi 1797–1802, Theil 3, S. 1204); „1) Spanische Skorzonere oder Scorzonere, Skorzoner, Skorzonerwurzel, Skorzonerwurz, Schlangenmordwurzel, Vipergras, Schwarzhafer= oder Haberwurzel, Schwarzwurzel, Scorzonera Hispanica, ... Linn. Hort. Cliff. 383. Scorzonera latifolia sinuata. Bauh. pin. 275. ... In der Medizin gebrauchte man die Wurzel wegen ihrer zertheilenden Kräfte ehemals sehr stark in Ptisanen gegen hitzige Krankheiten; auch soll sie den Urin treiben, den Magen stärken und den Schweiß und die Monatszeit befördern; auch wird sie wider die Pocken, die Pest und den Biß der Ottern, Schlangen und anderer giftigen Thiere gerühmt. ..." (Krünitz 1773–1858, Bd. 155, S. 76ff.); Scorzonera hispanica L. – russ. *užovnik* (*Annenkov* 1858, S. 85, Nr. 1005)

„871. Scorzonera caule ramoso, folijs nervosis obscure sinuatis. Scorzonera latifolia altera C. B. P. 275. Scorzonera 2. Hall. 757 ..." (AAW R. I, Op. 13, D. 20, Bl. 79v, s. Anm. 1 in Nr. 1); „413. Scorzonera latifolia altera C. B. ..." (AAW R. I, Op. 104, D. 25, Bl. 30v, s. Anm. 61 in Nr. 21)

/128r/

CLASSIS XIV.
de
Herbis [et] suffruticibus flore
radiato.

710[a]	*Aster vernalis, folio hastato incano flore / albo*[1]. *Planta haec ab initio ad medium / Maii florens, pedem dimidium raro / superat plerumq[ue] ad* 4 *saltim pollicum*

/128v/

	altitudinem assurgere solet. Radice nititur / fibrosa, e fibris 10. 15. 20 *albis, quaqua- / versum in terra haerentibus constante. / Primo vere folia depromit bina, incana / utrinq[ue] hirsuta, aversa parte hirsutiora / abstersa supina lanugine quae sub fi- / nem Maii sponte sua à foliis abit, / pallide viridia, hastata crassiuscula / mediante pediculo brevi, lato, lanugi- / noso cauli adnata: Prorumpente / flore duo alia angustiora longioraq[ue] / succedunt et deinceps plura ad* 5. / 6. *Flores caule nudo tereti incano /* 3. 4. 5. *pollices alto jnnascuntur*[b], */ calyce squamoso viridi tubiformi / comprehensi, apices autem squama- / rum purpurascunt. Flos discoides cuius / semiflosculi foemellae, radii andro- / gyni sunt, radii floris*[c] *numero plerumq[ue] /* 12 *candidissimi lactei*[d] *coloris sunt. / flosculi disci in quatvor lacinias di- / visi, divisuris modice deorsum fle- / xis, staminum vagina flavicat, pis- / tillum autem semiflosculorum bicorne / tam flosculi quam semiflosculi ova- / riis innituntur pilis coronatis seu / papposis placentae caluae fossulis / excavatae implantatis, extremitates*

/129r/

Florae Irkutiensis ordine Instit[utionum] Rei Herb[ariae]
CLASSIS XIV.

	utriusq[ue] florum generis tantillum pur- / pureae. Crescit in montosis asperis et / apricis ad Uschakowkam e regione / molendini, parcius ad

[a] $_{7}$10 *verbessert aus* 19 [b] jn$_{n}$a$_{scuntur}$ *verbessert aus* [..]$_{n}$e$_{scuntur}$ [c] $_{flor}$i$_{s}$ *verbessert aus* e [d] l$_{actei}$ *verbessert aus* c

	Angaram et / Irkutum, terram amat argillaceam / sabulo remixtam, semen maturat cir- / ca medium Junii illudq⌈ue⌉ quam pri- / mum maturum avolat, ita ut aegre / pauca quantitate nactus. delineatam / vidi magnitudine naturali Tab⌈ula⌉ / a.) Planta b.) Semen.
711[a]	*Aster arvensis coeruleus acris T. I. R. H. / Conyza coerulea acris C. B. P.* 265.[2] *In / sylvis siccioribus et ad vias Abundè. flo- / ret circa finem Junij*
712[b]	*Aster montanus luteus, salicis folio glabro / Tourn. I. R. H. et C. B. P.* 266.[3] *Abundè / in montosis ad Angaram et circa lacum / Baikal. floret Julio.*
713[c]	*Aster salicis folio glabro, flore intra folia / sessili floret Augusto et Septembri in / desertis circa Bargusinense munimen- / tum, forte prioris solummodo*[d] *ob sicci- / tatem loci contingens varietas.*
714[e]	*An Aster montanus coeruleo magno flore / foliis oblongis C. B. P.* 267 *Tourn. I. / R. H. spec⌈ies⌉* 4.[4] *Nihil frequentius in mon- / tosis ad Angaram et circa lacum Baikal*

/129v/

florae Irkutiensis ordine Instit⌈utionum⌉ Rei Herb⌈ariae⌉
CLASSIS XIV.

	ita et in campis desertorum, qua itur ad / Lenam et circa Bargusinense munimen- / tum initio mensis Julii, his veluti stra- / gulo coeruleo conteguntur; In montosis / assurgit ad pedalem altitudinem, in / desertis vix ultra pollicem, saepius. / Radice nititur lignosa, nodosa, foris fus- / ca, multis fibris praedita, folia emit- / tit pallide viridia nonnihil lanugino- / sa oblonga, apice rotundata, Conyzae ac- / riis foliis similia, solitaria alternatim / in caule tereti piloso haerentia, floris / calyx squamosus, radii semiflosculi / coerulei, discus e[f] *flosculis luteis den- / se confertis componitur. semina ma- / tura fiunt circa medium Augusti et / matura mittuntur.*
715[g]	*Aster idem flore candido*[5] *Cum priori, sed / rarior.*
716[h]	*An Aster Spireae folio rigido et glabro D⌈omini⌉ D⌈octoris⌉ / Gmel⌈ini⌉ Ind⌈icis⌉ Plant⌈arum⌉ Len⌈ensium⌉ N⌈umer⌉o* 513.[6] *floret Ju- / lio In*

---

[a] $_7$11 *verbessert aus* 20 [b] $_7$12 *verbessert aus* 21 [c] $_7$13 *verbessert aus* 22 [d] $_{\text{sol}}$u$_{\text{mmodo}}$ *verbessert aus* [.]
[e] $_7$14 *verbessert aus* 23 [f] $_\text{e}$ *verbessert aus* $_\text{e}$t [g] $_7$15 *verbessert aus* 24 [h] $_7$16 *verbessert aus* 25

	montosis ad Angaram.
717[a].	*Aster magno flore coeruleo Doriae folio. An / Aster hirsutus Austriacus coeruleus mag- / no flore C. B. P.* 267[b].[7] *In montosis ad An- / garam. floret Julio. semen maturat sub*

/130r/

Florae Irkutiensis Ordine Inst[itutionum] Rei Herb[ariae]
CLASSIS XIV.

	initium Septembris, illud mittitur.
718[c]	*An Aster Conyzoides angustissimo Linariae / folio hirsuto Barr. Icon.*[8] *Cum priori co- / piosior in siccis desertorum campis.*
719[d]	*Aster flore viridi disco nudo. Cum priori. flo- / ret initio Julii vix palmum superare vi- / sus.*
720[e]	*Aster tripolii flore C. B. P.* 267. *Aster Atticus / Monspeliensis purpureus, angustioribus / foliis J. B. Aster minor Narbonensium / Tripolii flore Linariae folio Lob.*[9] *Abundè / floret Julio circa Irkutiam et lacum / Baikal. Huius semina mittuntur*
721[f].	*Aster luteus capitulo folioso, salicis folio / longo, molli.*[10] *floret Augusto in palust- / ribus circa munimentum Bargusi- / nense.*
722[g]	*Aster, maritimus palustris coeruleus mi- / nor. Tripolium minus Lob. Icon.*[11] *Nihil / frequentius ad lacum salsum deserti Kun- / kurkinensis* 30 *stadia a Bargusinensi / munimento floret Jul[io] Augusto. semen / maturat sub initium Septembris, idq[ue] ma- / turum mittitur.*
723[h].	*Aster maritimus, palustris albus, minor Tour. / I. R. H.*[12] *Una vice inventus cum priori, / cuius saltim varietas.*

/130v/

Florae Irkutiensis Ordine Instit[utionum] Rei Herb[ariae]
CLASSIS XIV.

724[i]	*Virga aurea latifolia serrata C. B. P.* 268. / *Tour. I. R. H. spec[ies]* 1. *Virga aurea, sive / Solidago saracenica*[13] *latifolia serrata J. / B. Virga aurea, margine crenato Dod. / Pempt.*[14] *In sylvis frequens. floret Julio / et Augusto.*

---

[a] 717 *verbessert aus* 26 [b] 167 [c] 718 *verbessert aus* 27 [d] 719 *verbessert aus* 28 [e] 720 *verbessert aus* 29 [f] 721 *verbessert aus* 30 [g] 722 *verbessert aus* 31 [h] 723 *verbessert aus* 32 [i] 724 *verbessert aus* 33

725[a]	*Jacobaea Alpina foliis longioribus serratis / Tourn. I. R. H. Virga aurea angustifolia / serrata sive Solidago Saracenica J. B. / 2.* 1063.[15] *Abundè in sylvis floret Julio, / Augusto. Huius semina mittuntur.*
726[b]	*An Jacobaea Orientalis Cacaliae folio Corol. I. R. H. p⌈agina⌉* 37[16] *Abunde in palustribus / et udis pratis circa Irkutiam et la- / cum Baikal. Huius semina mittuntur.*
727[c]	*An Jacobaea Orientalis senecionis folio te- / nuissime diviso non incano flore magno / Tourn. Coroll.*[d]*I. R. H. p⌈agina⌉* 36.[17] *floret sub finem / Julii ad fossam circa Urik. Huius semi- / na medio ⌈Septe⌉mbr⌈is⌉ collecta mittuntur.*
728[e]	*An Jacobaea palustris sive aquatica Raii / Hist. p⌈agina⌉* 285.[18] *Plantae caulem unum flori- / ferum magnitudine naturali delineatum / vide Tab⌈ula⌉ ... Praeterea semina / mittuntur. Crescit in stagnis amplis pro- / pe Schukùr Tungusi ter<r>itorium* 50 *stadia / a Bargusinensi munimento uberiorem / descriptionem tempus, iter, et reliqua ne- / gotia non concedebant.*

/131r/

Florae Irkutiensis ordine Instit⌈utionum⌉ Rei Herb⌈ariae⌉
CLASSIS XIV.

729[f]	*An Jacobaea montana, integro sublongo folio / Barr. Icon. Tourn. sp⌈ecies⌉* 8. *secundum Vaillan- / tium*[19]. *Solidaginum cohorti accenseri*[g] *de- / bet. flosculi enim androgyni sunt, radii / seu*[h] *semiflosculi foemellae ovaria pi- / losa placentae calvae innixa in calyce / tubiformi simplici ad placentam secto, / superius dentato continentur. An D⌈omini⌉ / D⌈octoris⌉ Gmel⌈ini⌉ et Vaill⌈antii⌉ Solidago longifolia to- / mentosa et incana, foliis profunde et / raro dentatis Ind⌈icis⌉ Plant⌈arum⌉ Len⌈ensium⌉*[20] *Planta / haec initio Junii in montosis sylvis cir- / ca Irkutiam et lacum Baikal abun- / de florens. Radice nititur fibrosa, alba, / caulis pedalis, interdum cubitalis, teres, / striatus, rectus non ramosus, quem, / ubi è radice prodit, quaterna plerumq⌈ue⌉ / sessilia et terrae incumbentia inq⌈ue⌉ / crucem disposita nullis pediculis ful- / ta folia cingunt. Folia ipsa, oblonga, / integra, vel in aliis rotundiora, supi- / ne pallide viridia, aversa parte fer- / me incana, lanugine multa obsita, / in aliis ad oras rarioribus, in ali- / is crebrioribus dentibus dentata. / Reliquum caulem tria plerumq⌈ue⌉ alia / caulem amplexantia et aequalibus*

[a] $_7$25 *verbessert aus* 34 [b] $_7$26 *verbessert aus* 35 [c] $_7$27 *verbessert aus* 36 [d] Coroll. *über der Zeile*
[e] $_7$28 *verbessert aus* 37 [f] 729 *verbessert aus* 38 [g] $_{\text{accenser}}$i *verbessert aus* e [h] $_{\text{se}}$u *verbessert aus* [.]

/131v/

Florae Irkutiensis ordine Instit[utionum] Rei Herb[ariae]
CLASSIS XIV.

	intervallis a se invicem distantia an- / gustiora folia cingunt. In summitate / caulis plerumq[ue] tres interdum 4. 5 6 */ florum corymbi pediculis* $^{4}/_{10}$ *pollicis / plus minusve longis fulti, ex uno cen- / tro eriguntur. Flos radiosus, radii*[a][21] *foe- / mellae tubo scilicet et staminibus desti- / tuti, ovaria plumosa placentae inni- / tuntur caluae*[b]*, flosculi discum consti- / tuentes androgyni sunt, utrorumq[ue] color / intense croceus, calyx tubiformis et multi- / fidus ad placentam usq[ue] divisus. semina / matura collecta circa medium Julii mit- / tuntur.*
730[c].	*An Jacobaea Alpina foliis subrotundis serratis C. B. / P. Tourn. I. R. H. sp[ecies]* 6.[22] *fere per omnia coincidit cum / antecedenti, differt foliis nonnihil longioribus / et angustioribus et floris colore, qui in hac / planta luteus. floret cum priori per integ- / rum Junium ubivis circa Irkutiam. se- / mina circa medium Julii matura mittun- / tur.*
731[d].	*An Doronicum Conyzae folio*[23]*, de hac planta d[ie]* 21 */ Aug[usti] praeter semina in planta iam prorsus / exsiccata, nihil obtinui. Crescit in vertice ru- / pis nive perpetuo rigentis ad Bannoi ri- / vi fontes* 10 *stadia à Bargusinensi mu- / nimento calycis structura inductus pro / hac specie habui*[e].

/132r/

Florae Irkutiensis Ordine Inst[itutionum] Rei Herb[ariae]
CLASSIS XIV[f]*.*

732[g]	*Doronici species alia, semen solummodo / obtinui d[ie]* 29. *Aug[usti] in deserto Urinski / nensi, qualis planta e semine opti- / mè maturo proditura sit a D[omino] D[octore] Am- / mano*[24] *certior fieri admodum desidero.*
733[h]	*Corona solis Tabern. Icon.* 763. *Helenium In- / dicum maximum C. B. P.*[25] *Ubivis in hortis / Irkutiae et in pagis. floret Augusto.*
734[i]	*Leucanthemum vulgare Tour. I. R. H. spec[ies]* 1. */ Bellis sylvestris, caule folioso maior C. B. / P.* 261.[26] *Ubivis circa Irkutiam et lacum / tam*[j] *in pratis quam ad vias floret / Julio.*
735[k]	*Leucanthemum montanum foliis Chrysanthe- / mi Tour. I. R. H. Bellis Tanaceti folio Pil- / let* 61. *Bellis montana maior, foliis Chry- / santhemi cretici angustioribus Bot. Monsp / App.*[27] *Abunde in montosis*

---

[a] $_{\text{radi}}$i *verbessert aus* [.] [b] $_{\text{calu}}$a$_{\text{e}}$ *verbessert aus* l [c] 7$_3$0 *verbessert aus* 6$_3$9 [d] 731 *verbessert aus* 640 [e] $_{\text{habui}}$ *verbessert aus* $_{\text{habui}}$t [f] $_{\text{X}}$I$_{\text{V}}$ *verbessert aus* [.] [g] 732 *verbessert aus* 641 [h] 733 *verbessert aus* 642 [i] 734 *verbessert aus* 643 [j] t$_{\text{am}}$ *verbessert aus* [.] [k] 735 *verbessert aus* 644

	ad Angaram / et circa omnem Baikal, odore refert / Chamomillum[28] *Russi vocant* Сердешная / трава[29] *et ad punctiones lateris et coli- / cam valde extollunt, aqua coctam et / haustam, alii spiritu frumenti in- / fundunt floret Julio exeunte. semen*[a] */ maturat circa finem Aug[usti] idq[ue] bene / maturum mittitur floris color ut / plurimum leviter purpurascens seu / dilutissime rubens, inveni tamen et / saepius quae ob copiam audire pos- / set*

/132v/

florae Irkutiensis ordine Instit[utionum] Rei Herb[ariae]
CLASSIS XIV.

736[b]	*Leucanthemum montanum foliis Chrysan- / themi flore albo.*[30]
737[c]	*Millefolium vulgare album C. B. P.* 140.[31] *Ubi- / vis in pratis et sylvis circa Irkutiam / et lacum Baikal.*
738[d]	*Millefolium vulgare purpurascens C. B. / P.*[32] *Ubiq[ue] circa Irkutum*[33] *... frequen- / tius.*[34]
739[e]	*Millefolium album folio angusto, serrato / floret ad Kudam amnem circa initium / Julii.*
740[f]	*Ptarmica vulgaris folio longo serrato flore / albo J. B. Tour. I. R. H. spec[ies]* 1. *Dracun- / culus pratensis serrato folio C. B. P.* 98.[35]
741[g]	*Ptarmica Alpina foliis profundè incisis / I. R. H. Ptarmica Alpina Millefolii / folio Bocc. Mus. Part.* 2. 144.[36] *Abundè / in sylvis et pratis circa Irkutiam et / lacum Baikal floret Jul[io] Huius se- / mina mittuntur.*
742[h]	*Caltha vulgaris flore pallido C. B. P.*[37]
743[i]	*Eadem flore citrino.*[38]
744[j].	*Eadem flore rufo C. B. P.*[39] *In hortis incola- / rum Irkutiae.*
745[k]	*Carlina sylvestris vulgaris Clus. Hist CLVI*[l] */ Cnicus sylvestris spinosior C. B. P. At- / tractylis J. B.*[40] *Abundè in montosis ad / Angaram et collibus apricis deserto- / rum. floret sub finem Julii.*

[1] „124. TUSSILAGO scapo vnifloro, calice subaperto. Tab. LXVII. Fig. 2. Aster vernalis folio hastato, incano, flore albo STELL. Irc. 710. ? Tussilago asplenii foliis VAILL. act. Par. ... Nascitur in montosis, asperis et apricis locis ad Vschacovcam amnem magna copia, parcius ad Angaram et Ircutum, terram amans sabulo remixtam. STELLERO eadem planta inter Iacutiam

[a] semen *verbessert aus* [.] [b] 736 *verbessert aus* 645 [c] 737 *verbessert aus* 646 [d] 738 *verbessert aus* 647 [e] 739 *verbessert aus* 648 [f] 740 *verbessert aus* 649 [g] 741 *verbessert aus* 650 [h] 742 *verbessert aus* 651 [i] 743 *verbessert aus* 652 [j] 744 *verbessert aus* 653 [k] 745 *verbessert aus* 654 [l] CIVI

vrbem et Ochotensem portum passim obuiam facta est. ..." (Gmelin 1747–1769, Bd. II, S. 143ff.); nahezu identisch auf Bll. 85v–86v in: AAW R. I, Op. 105, D. 28 – s. Anm. 61 in Nr. 21; „124. Tussilago scapo unifloro, calyce subaperto. t. LXVII. f. 2. [=] Anandria Bellidiastrum DeC. α. vernale!" (Ledebour 1841, S. 76); „5. Tussilago Asplenii foliis. ..." (Vaillant 1722, S. 291; Vaillant 1724, S. 376; Vaillant 1754, S. 560); „[Tussilago] asplenii foliis; bedeutet bey Vaillant den Gerberischen Wolverley." (Gmelin 1777, Sp. 344); „1) Staubfädenloser Huflattig. Tussilago Anandria. ... Tussilago scapo unifloro erecto, foliis lyrato-ovatis. LINN. ... Sp. Pl. 1113. Tussilago scapo unifloro calyce clauso. ... GMEL. Sib. 2. p. 141. tab. 68. f. 1*. β) Tussilago scapo unifloro calyce subaperto. GMEL. Sib. 1. [sic!] p. 143. tab. 67. f. 2. ..." (Linné 1783a, S. 334f.); „123. TUSSILAGO scapo vnifloro, calice clauso LINN. Diss. de anandria Vpsal cIcIɔccxLv. p. 14. ic. Tab. nostr. LXVIII. Fig. 1. ..." (Gmelin 1747–1769, Bd. II, S. 141ff.), nahezu identisch auf Bll. 85r–85v in: AAW R. I, Op. 105, D. 28 – s. Anm. 61 in Nr. 21; „123. Tussilago scapo unifloro, calyce clauso. t. LXVIII. f. 1. [=] Anandria Bellidiastrum DeC. β. autumnale!" (Ledebour 1841, S. 76); „1. A[nandria] BELLIDIASTRUM. ... α. vernale ... Tuss. lyrata Willd. sp. 3. p. 1963. ... Gmel. sib. t. 67. f. 2. (v. a.) β. autumnale ... Willd. sp. 3. p. 1962. var. foem. ... Gmel. sib. 2. p. 141. t. 68. f. 1. (v. s.)" (Candolle 1838, S. 40); „1. TUSSILAGO Anandria. ... T. scapo imbricato unifloro, foliis ovatis oblongis ex sinuato-dentatis. Gmel. sib. 2. [[p.]] p. 141. t. 67. f. 1. ... T. scapo unifloro, calyce clauso. ... Gmel. sib. 2. p. 141. t. 68. f. 1. ... Geschlossener Huflattig. W. ... *2. TUSSILAGO lyrata. W. ... T. scapo multifloro, calyce subaperto. Gmel. sib. 2. p. 143. t. 67. f. 2. ...Tussilago Anandria Sp. pl. 1213. Leyerblättriger Huflattig. W. ..." (Linné 1797–1830, Bd. III, Teil 3, S. 1962f.); „122. TUSSILAGO scapo imbricato, vnifloro, foliis ouatis, oblongis, ex sinuato dentatis. Tab. LXVII. Fig. 1. Tussilago flore candido, foliis oblongis, sinuosis, subtus incanis STELL. Ochot. 425. ..." (Gmelin 1747–1769, Bd. II, S. 141), nahezu identisch auf Bll. 84v–85r in: AAW R. I, Op. 105, D. 28 – s. Anm. 61 in Nr. 21; „122. Tussilago scapo imbricato, unifloro, foliis ovati oblongis ex sinuato dentatis. t. LXVII. f. 1. [=] Nardosmia Gmelini Turcz.!" (Ledebour 1841, S. 76); „1. CHAPTALIA ANANDRIA. Spreng. ... Tussilago Anandria. Linn. Willd. Spec. pl. III. p. 1962. Tussilago scapo imbricato, ... Gmel. Fl. sib. II. p. 141. No. 122. t. LXVII. f. 1. Tussilago scapo unifloro calyce clauso. Gmel. l. c. No. 123. t. LXVIII. f. 1. ..." (Ledebour 1833, S. 89); „471. Nardosmia. CASSINI. ... 2. N. Gmelini (DEC. Prodr. VII, p. 271) ... Tussilago scapo imbricato, ... GMEL. Fl. sib. II, p. 141, Nr. 122, t. 67, f. 1. ..." (Ledebour 1844–1846, S. 466); „4.*. NARDOSMIA GMELINI, ... Tussilago Gmelini, Turcz.! in litt. 1835. Tussilago n. 122. Gmel. fl. sib. 2. p. 141. t. 67. f. 1. ..." (Candolle 1838, S. 271); „566. Anandria. SIEGESBEK ... 1. A. dimorpha. Turcz. Cat. Baikal. Nr. 695. A. Bellidiastrum. DEC. Prodr. VII., p. 40. Tussilago Anandria. L. SP. 1213. α. vernalis ... Tussilago Anandria β. L. SP. 1213. Tussilago lyrata. WILLD. Spec. pl. III, p. 1963. Tussilago scapo unifloro, ... GMEL. Fl. sib. II, p. 143, Nr. 124, t. 67, f. 2. ... β. autumnalis ... Tussilago Anandria. ... WILLD. spec. pl. III, p. 1962. ... Tussilago scapo unifloro, calice clauso. GMELIN. Fl. sib. II, p. 141, Nr. 123, t. 68, f. 1. ... C[h]aptalia Anandria. ... LEDEB. Fl. alt. IV, p. 89. ..." (Ledebour 1844–1846, S. 768f.); „[Tussilago] anandria, ... staubfadenloser Huflattich, ... Er heißt bey Linne': Tussilago scapo unifloreo, calyce clauso." (Gmelin 1777, Sp. 337f.); „[Tussilago] scapo multifloro, calyce subaperto; so nennt J. G. Gmelin eine Abart des staubfädenlosen Huflattichs mit offener Blume." (a. a. O., Sp. 345; „1. TUSSILAGO Anandria ... Staubfädenloser Roßhuf. Gm. Sib. 2. T. 68. f. 1. ..." (Georgi 1797–1802, Theil 3, S. 1240); „7. Einblümiger, verschlossener Huflattich, Tussilago anandria, Tussilago scapo vnifloro, calyce clauso Linn. Siegesbeck hat ... behauptet, daß in allen Blümchen die 5 Staubfäden und Staubbeutel mangelten, ... ihr auch den Nahmen Anandria gegeben, ..." (Krünitz 1773–1858, Bd. 25, S. 572f.); „Anandria, paradoxa ista planta Siegsbeckii etiam floruit et me fere seduxit, dum enim ejus flores exspectabam, fructum produxit; tandem et reperi flores intra calycem non apertum. Si dicerem ad quod genus pertineret, mihi fidem non adhiberes; omnium primo statuo, Petasididem et Tussilaginem esse ejusdem generis; qui omnes notas species viderit, jurabit ita esse; qui vero duas tantum viderit, negabit hoc idem omnino; datur enim petasites flosculosus s. absque radio; datur alia radiata s. cum radio petaloideo; datur alia petasites cum radio nudo s. flosculis femineis bractea destitutis; hoc qui viderit, non negabit petasitidem et Tussilagines esse ejusdem generis, et hoc qui noveris mihi nunquam negabit Anandriam esse Tussilaginis speciem. (cf. Fl. sib. II. 141. nr. 123. Tuss. anandria L. Anandria bellidiastrum Dec. β autumnale, ...)" (C. von Linné in einem Brief an J. G. Gmelin vom 14. September 1748 – Plieninger 1861, S. 59); „Bellidiastrum (? Doronicum bellidiastrum L. vel Anandria bellidiastrum Dec. in Fl. sib. non exh.) multae aliae." (A. von Haller in einem Brief an J. G. Gmelin vom 8. Juni 1746 – Plieninger 1861, S. 128); „Anāndria SIEGESB. (Compositae). Zus aus ἄνευ (ohne) und ἀνης (Mann); die Strahlenblüthen haben keine männlichen Geschlechtsorgane." (Wittstein 1852, S. 43); „Āster T. (Compositae). Von ἀστηρ, aster (Stern), in Bezug auf das Ansehn der Blüthe." (a. a. O., S. 78); „Chaptālia VENT. (Compositae). Nach JEAN ANT. CLAUD[E] CHAPTAL, Graf von Chant<e>loup, geb. 1756 zu Nosaret, widmete sich der Medicin, beschäftigte sich aber mehr mit der Chemie und deren praktischer Anwendung in den Gewerben; bekleidete mehrere hohe Aemter (war unter Napoleon auch Staatsminister) und st. 1831 zu Paris. Schrieb über technisch-chemische Gegenstände." (a. a. O., S. 185); „ASTER, m. und f. sternblume. ..." (Grimm 1991, Bd. 1, Sp. 589)

„124. Aster vernalis folio hastato incano flore albo Fl. Irc. 710." (AAW R. I, Op. 105, D. 16, Bl. 2v, s. Anm. 5 in Nr. 4); „173. Tussilago folio Asplenij vel Senecionis lanuginoso. An Tussilago Asplenij foliis Comm. Ac. Sc. Par. 1720? ..." mit der links marginalen Anm. von J. G. Gmelin auf Bl. 40v „Aster vernalis folio hastato incano flore albo. St. 710." (AAW R. I, Op. 105, D. 12, Bll. 40v–41r, s. Anm. 54 in Nr. 17); „1. Tussilago folio Asplenij vel Senecionis lanuginoso Ind. Irc. n°. 173. Fl. Irc. 710. ..." mit der links marginalen Anm. „Ic. St." (AAW R. I, Op. 13, D. 67, Bl. 28v, s. Anm. 5 in Nr. 4); s. Anhang B.5. Nr. 50 und B.17.

2 „[species 10] Aster arvensis, caeruleus, acris. Conyza caerulea, acris C. B. Pin. 265. Senecio sive Erygeron caeruleum, aliis Conyza caerulea J. B. 2. 1043. Erigerum quartum Dod. Pempt. 641." (Tournefort 1700, S. 481, Genus I. „Aster."); „3. Aster arvensis, caeruleum, acris. I. R. Herb. 481." (Vaillant 1722, S. 309; Vaillant 1724, S. 399; Vaillant 1754, S. 580); „2. ERIGERON pedunculis alternis unifloris. Erigerum quartum. Dod. pempt. 641. ... Senecio sive Erigeron coeruleus, ... Bauh. hist. 2. p. 143. Aster arvensis coeruleus acris. Tournef. inst. 481. Vaill. act. 1720. p. 399. ... Conyza coerulea acris. Bauh. pin. 265. ..." (Linné 1737, S. 407); „Aster arvensis caeruleus, acris Inst. Rei Herb. ... Scharff=ackersternkraut. ... kleine blaue Dürrwurtz/ Beruff-kraut." (Mappus 1742, S. 32); „3. ERIGERON floribus ex ala foliorum prodeuntibus, flosculis femininis multis inperfectis ... Erigeron tertium DOD. Ic. vet. II. p. 113. quartum Hist. p. 641. ... Senecio sive Erigeron coeruleus, ... I. B. III. p. 1043. Conyza coerulea acris ... I. R. H. ... VAILL. Memoir. p. 399. ..." (Haller 1742, S. 724f.); „Aster arvensis coeruleus acris T. sive Conyza coerulea IB. 2. 1043. scharfe kleine Dürr=Wurtzel, oder Beruf=Kraut, ..." (Lindern 1747, S. 116f.); „158. ERIGERON floribus ex ala foliorum prodeuntibus, flosculis foeminis multis imperfectis HALL. Helv. 724. Erigeron quartum DOD. Hist. p. 641. Conyza caerulea acris C. B. P. 265. Senecio siue Erigeron caeruleus, aliis conyza caerulea I. B. II. 1043. Erigeron vulgare LINN. Lapp. 308. Erigeron pedunculis alternis, vnifloris LINN. h. Cliff. 407. Suec. 691. ROY. prodr. 165. ..." (Gmelin 1747–1769, Bd. II, S. 194f.), nahezu identisch auf Bll. 114v–115r in: AAW R. I, Op. 105, D. 28 – s. Anm. 61 in Nr. 21; „158. Erigeron floribus ex ala foliorum prode-untibus, flosculis feminis multis imperfectis [=] Erigeron acris L.!" (Ledebour 1841, S. 79); „12) Scharfes Flöhkraut. Erigeron acre. ... Erigeron pedunculis alternis unifloris. LINNN. ... Sp. Pl. p. 1211. Hort. Cliff. 407. ... Conyza caerulea acris. C. BAUH. pin. 265. ... Erigeron quartum. DOD. pempt. 641. ... Es ist dieses Gewächse sehr scharf, demohngeachtet aber in den ältern Zeiten als ein trocknendes und zertheilendes Mittel in Brustkrankheiten, auch bey dem damals herrschenden Aberglauben, in solchen, die man einer Zauberkraft zuschrieb, empfohlen worden." (Linné 1783a, S. 327f.); „[Aster] arvensis caeruleus acris, bedeutet bey Tournefort das scharfe Altmannskraut." (Gmelin 1772a, Sp. 897); „22. ERIGERON acre. E. pedunculis alternis unifloris. Hort. cliff. 407. ... Conyza coerulea acris. Bauh. pin. 265. ... Gemeines Berufungskraut. W. ..." (Linné 1797–1830, Bd. III, Teil 3, S. 1959); „1. ERIGERON ACRIS. Linn. ... Linn. Willd. Spec.

pl. III. p. 959. ... M. a Bieb. Fl. taur. cauc. II. p. 304. No. 1718.; ... Erigeron floribus ex ala foliorum ... Gmel. Fl. sib. II. p. 194. No. 158. ..." (Ledebour 1833, S. 89f.); „1718. ERIGERON acre. ... Linn. ed. Willd. 3. p. 1959. ... Gmel. sib. 2. p. 194. n. 158. ..." (Marschall von Bieberstein 1808, S. 304); „7. E[rigeron] acris (L. SP. 1211) ... M. a BIEB. Fl. t. c. II, p. 304. ... LEDEB. Fl. alt. IV, p. 89. ... E. floribus ex ala foliorum ... GMEL. Fl. sib. II, p. 194, Nr. 158. ..." (Ledebour 1844–1846, S. 488f.); „a) Erigeron acre. ... Deutsch. Das scharfe, oder blaue Flöhkraut; blau Dürrwurz; (Berufkraut, Rufkraut, Beschreykraut). ... die Farbe der Blume ist mehr röthlich, als blau; hat ein scharfes Wesen, und in der Medizin einigen Nutzen. ..." (Nemnich 1793, Sp. 1519); „2. Erigeron acre. L. Scharfes Flöhkraut; scharfes Altmannskraut; blaue Dürrwurz; Berufkraut; Rufkraut; Beschreikraut. ... Die ganze Pflanze hat einen schwachen, aromatisch=scharfen Geschmack, und in der Medicin einigen Nutzen; sie wird mit den Blumen eingesammelt, und in den Apotheken aufbewahrt; man brauchte sie ehedem zu einem Brustmittel. ..." (Dietrich 1803, S. 828f.); „ERIGERON ACRE L. Conyga [sic!] caerulea. Das Kraut ist scharf, galt früher als Hexenkraut, und ward gegen Sodbrennen empfohlen; auch als Incidens gelobt[c]). ..." (Wibmer 1832, S. 334); „ERIGERON ACRE Linnè. SCHARFES ERIGERON. ... Die ganze Pflanze wird hin und wieder unter dem Namen Herba Conyzae minoris in der Medizin gebraucht. Deutsche Namen: Scharfes Berufkraut; blaue Dürrwurz; Beschreikraut. scharfes Altmanskraut." (Dietrich 1841, Nr. 620); „Erīgeron L. (Compositae). Zus. aus ερι (früh, in Frühling) und γερων (Greis), weil gleich nach dem Abfallen der Blüthen die grauen, haarigen Samenkronen erscheinen, die Pflanze also gleichsam schnell, (früh, schon im Frühlinge) alt wird. ..." (Wittstein 1852, S. 330f.); „Conyza LESS. (Compositae). Κονυξα von κωνωψ (Mücke, Fliege), weil sie wegen ihrer Klebrigkeit zum Fangen der Fliegen geeignet ist, was aber auf unsere Conyza nicht passt. ..." (a. a. O., S. 224f.); „... il faudrait remplacer, sans exception, toutes les désinences grecque en on par la terminaison um; ainsi, ou devrait dire Erigerum, Tragoponum, au lieu de Erigeron, Tragopogon. ..." (Saint-Lager 1880; S. 109); Erigeron – russ. *melkolepestnik* bzw. *blošnica* (*Annenkov* 1858, S. 40, Nr. 441); Erigeron acris L. – russ. *puški* (a. a. O., S. 40, Nr. 442)

„3 Aster arvensis coeruleus acris. In. r. h. 481. Ex Sibiria Cl. XIV. S. 1. g. 1." (AAW R. III, Op. 1, D. 98, Bl. 1r, s. Anm. 3 in Nr. 53); „Conyza coerulea acris C. B. P. ..." (AAW R. I, Op. 68, D. 2, Bl. 6v, s. Anm. 62 in Nr. 22); „5. Aster arvensis, caeruleus, acris. Inst. r. h. 481." (AAW R. I, Op. 13, D. 16, Bl. 29v, s. Anm. 32 in Nr. 6); „959. Erigerum floribus ex ala foliorum prodeuntibus, flosculis femininis multis imperfectis Hall. 724. Erigerum pedunculis alternis unifloris Roy.165. Conyza coerulea acris C. B. P. ..." (AAW R. I, Op. 13, D. 20, Bl. 91r, s. Anm. 1 in Nr. 1); „Aster arvensis, caeruleus, acris. Inst. r. h. 481. nº 116." (AAW R. I, Op. 13, D. 19, Bl. 5v, s. Anm. 54 in Nr. 17); „416 Aster arvensis caeruleq acris T. i. r. h. conyZa caerulea acris C. B P. ..." (AAW R. I, Op. 104, D. 25, Bl. 30v, s. Anm. 61 in Nr. 21); „191. Forte Aster arvensis coeruleq. &c." (AAW R. I, Op. 15, D. 1, Bl. 10r, s. Anm. 24 in Nr. 64)

3 „[species 43] Aster montanus, luteus, Salicis glabro folio C. B. Pin. 266. Conyza media, Monspeliensis quibusdam Asteris Attici genus, folio glabro rigido J. B. 2. 1049. Bubonium luteum Tabern. Icon. 337." (Tournefort 1700, S. 483, Genus I. „Aster."); „14. Helenium Salicis glabro folio. Aster montanus, luteum, Salicis glabro folio. B. Pin. 266. & I. R. Herb. 483" (Vaillant 1722, S. 304; Vaillant 1724, S. 392; Vaillant 1754, S. 574); „146. ASTER foliis lanceolatis, amplexicaulibus, serrato ciliatis, glabris, acuminatis, recuruis, floribus solitariis, caule striato LINN. Suec. n. 696. Tab. LXVII. Aster montanus luteus, salicis glabro folio B. pin. 266. TOURN. I. R. H. 183. et Aster luteus hirsuto salicis folio B. pin. 266. Conyza media Montspeliensis, quibusdam asteris Attici genus, folio glabro, rigido B. hist. II. 1049. Aster foliis longissime lanceolatis, vtrinque leuibus, rariter dentatis, floribus luteis in vmbella infrequente HALL. Helv. 728. j. Idem in extremitate caulis corymbosus. jj. Idem foliis et caulibus hirsutissimis. ... Veteranii Sibirici herbam cum radice siccatam, et in puluerum tritam vulneribus scissione factis inspergunt, nomen tam Russicum comperire non potui." (Gmelin 1747–1769, Bd. II, S. 177ff.), nahezu identisch auf Bll. 105r–106r in: AAW R. I, Op. 105, D. 28 – s. Anm. 61 in Nr. 21; „146. Aster foliis lanceolatis amplexicaulibus serrato-ciliatis glabris acumintis recurvis, floribus solitariis, caule stricto. t.

LXXVII. [=] Inula salicina L!“ (Ledebour 1841, S. 78); „Inula salicina, ... Alant mit Weidenblättern, ... gelbes Bergsternkraut; gelbes Bergsternkraut mit einem glatten Weidenblatte; glattes Sternkraut; unächter weidenblätterichter glatter Wolverley; ...“ (Gmelin 1772, Sp. 53f.); „12) Weidenblätterichter Alant. Inula salicina. ... Inula foliis lanceolatis recurvis serrato-Scabris, ramis angulatis, floribus inferioribus altioribus. LINN. Sp. Pl. p. 1238. Aster foliis lanceolatis ... GMEL. Sib. 2. p. 177. tab. 77. ... Aster montanus luteus salicis glabro folio. C. BAUH. pin. 266. Bubonium luteum primum. TAB. hist. 716. ... Schaafe, Ziegen, Kühe und Pferde fressen diese Pflanze grün, ...“ (Linné 1783a, S. 424f.); „i) Inula salicina. Aster montanus luteus, salicis folio glabro; ... Deutsch. Der Alant mit Weidenblättern; Das gelbe Berg-Sternkraut mit glatten Weidenblättern; Das gelbe Bruchkraut; Wild Wolverley. ...“ (Nemnich 1794, sp. 244); „14. INULA salicina. ... I. foliis sessilibus ... Sp. pl. 2. p. 1238. ... Aster foliis lanceolatis ... Gmel. sib. 2. p. 177. t. 77. ... Aster montanus luteus, ... Bauh. pin. 266. ... Weidenblättriger Alant. W. ...“ (Linné 1797–1830, Bd. III, Teil 3, S. 2096); „1. INULA SALICINA. Linn. ... Willd. Spec. pl. III. p. 2096. ... Aster foliis lanceolatis, ... Gmel. Fl. sib. II. p. 177. No. 146. t. LXXVII. ...“ (Ledebour 1833, S. 93); „8. I[nula] salicina (L. SP. 1238) ... LEDEB. Fl. alt. IV, p. 93. ... Aster foliis lanceolatis, ... GMEL. Fl. sib. II, p. 177, Nr. 146, t. 77. ...“ (Ledebour 1844–1846, S. 504); „V. Mittel bei der asiatischen Cholera. ... 4) Flores Inulae Helenii, Inula salicina. Man bereitet aus denselben eine Tinctur und giebt 20 bis 40 Tropfen mit einem halben Spitzglas Wasser alle 20 bis 30 Minuten. Auch lässt man die von Krämpfen befallenen Theile damit reiben. Die Wirkung ist stark schweisstreibend. ...“ (Krebel 1858, S. 141ff.); „808. INULA SALICINA Linné. WEIDENBLÄTTERIGE INULA. ... Sachsen: um Halle bei Lettin, auf der Peisnitz, bei Klein-Dölzig; im Halberstädtschen im Schiffgrabenbruch bei Papstdorf, Wulferstedt, im Huy, Domherrenwiese u. s. w. ... Deutsche Namen: Weidenblätteriger Alant, wilder Wahlverlei, gelbes oder glattes Sternkraut, gelbes Bergsternkraut, gelbes Bruchkraut.“ (Dietrich 1844, Nr. 808); „Aster salicis folio rigido angustiore, floribus luteis parvis. Gerb. tanais. 33. est Aster montanus luteus, salicis glabro folio C. B. 260. Aster foliis lanceolatis amplexicaulibus glabris serrato-ciliatis recurvis, floribus solitariis, caule striato. Mihi in Fl. Suecica 696. (Fl. sib. II. 177. nr. 146. Inula salicina L.)“ (C. von Linné in einem undatierten Brief an J. G. Gmelin – Plieninger 1861, S. 74); „Aster f. lanceolatis amplexicaulibus etc. Linn. (Fl. suec.) nr. 696. – Aster montanus salicis folio hirsuto (Fl. sib, II. 177. nr. 146. Inula salicina L. ...)“ (A. von Haller in einem undatierten Brief an J. G. Gmelin – Plieninger 1861, S. 144); Inula salicina β subhirta C. A. M. – russ. *serdečnaja* (*Annenkov* 1858, S. 51, Nr. 574); „Ĭnula L. (Compositae). Von ἰναειν (ausleeren, reinigen), in Bezug auf die Wirkung der Wurzel (s. Plin. XIX. 29. XX– 19).“ (Wittstein 1852, S. 474)

„Aster montanus luteus Salicis folio glabro C. B. P. B. N. 25“ (AAW R. I, Op. 68, D. 2, Bl. 4r, s. Anm. 62 in Nr. 22); „273 Aster montanus luteus, Salicis glabro folio CBP. 266.“ (AAW R. I, Op. 6, D. 40, Bl. 35r, s. Anm. 1 in Nr. 1); „418 Aster montanq luteus salicis folio glabro T. i. r. h. Flor. ircut. No 712. ...“ (AAW R. I, Op. 104, D. 25, Bl. 30v, s. Anm. 61 in Nr. 21); „273. Aster montanus luteus, salicis folio glabro C. B. P. 266.“ (AAW R. I, Op. 104, D. 13, Bl. 7r, s. Anm. 84 in Nr. 29); „– Aster montanus luteus, salicis glabro folio CBP. ...“ (AAW R. I, Op. 104, D. 8, Bl. 3r, s. Anm. 18 in Nr. 452)

4 „[species 4] Aster montanus, caeruleus, magno flore, foliis oblongis C. B. Pin. 267. Aster purpureus, montanus J. B. 2. 1045. Aster vij, Austriacus, v Clus. Hist. xv. ...“ (Tournefort 1700, S. 481, Genus I. „Aster.“); „Aster atticus caeruleus. ... III. Aster montanus caeruleus magno flore, foliis oblongis. ...“ (Bauhin 1623, S. 267); „1. ASTER foliis ad terram petiolatis, ovatis, caule unifloro. ... Aster purpureus montanus ... I. B. II. p. 1045. ... Aster montanus coeruleo magno flore, foliis oblongis C. B. P. ... II. Aster atticus alpinus alter C. B. P. ... IV. Aster hirsutus austriacus magno flore, folio subrotundo C. B. Prodr. p. 124. ...“ (Haller 1742, S. 725f.); „141. ASTER foliis ad terram petiolatis, ouatis, caule vnifloro HALL. Helv. 725. Tab. nostra LXXIII. Fig. 2. Aster purpureus montanus I. B. II. p. 1045. Aster montanus caeruleo magno flore, foliis oblongis C. B. P. et Aster Atticus alpinus alter C. B. P. Aster acaulos hirsutus caeruleus, bellidis foliis AMM. Ruth. 214. ...“ (Gmelin 1747–1769, Bd. II, S. 173), nahezu identisch auf Bll. 102v–103r in: AAW

R. I, Op. 105, D. 28 – s. Anm. 61 in Nr. 21; „141. Aster foliis ad terram petiolatis ovatis, caule unifloro. t. LXXIII. f. 2. [=] Aster alpinus L.!“ (Ledebour 1841, S. 78); „214. ASTER acaulos, hirsutus, caeruleus, Bellidis foliis. ...“ (Amman 1739, S. 152); „Aster alpinus, ... Alpensternblume, ... groses Alpensternkraut mit grosen blauen Blumen, blaue Gemsenwurz: ... Sie heißt bey ... J. Bauhin: Aster purpureus montanus ...“ (Gmelin 1772a, Sp. 886f.); „ASTER alpinus. Aster atticus alpinus coeruleus. Aster montanus, magno coeruleo flore, foliis oblongis. Das blaue langblättrige Bergsternkraut, mit großen Blumen. ...“ (Gleditsch 1773, S. 46f.); „6) Alpen=Sternblume. Aster alpinus. ... Aster foliis spatulatis hirtis: radicalibus obtusis, caule simplicissimo unifloro. LINN. ... Sp. Pl. 1226. ... GMEL. Sib. 2. p. 173. n. 141. tab. 73. f. 2. ... Aster montanum caeruleus ... C. BAUH. pin. 267? ... β) Aster atticus alpinus alter. C. BAUH. pin. 267. Aster atticus caeruleus alpinus. eiusd. pin. 267. ...“ (Linné 1783a, S. 374); „15. ASTER alpinus. ... Aster foliis spathulosis hirtis, ... Sp. pl. 1226. ... Gmel. sib. 2. p. 173. n. 141. t. 73. f. 2. ... Aster montanus caeruleus, ... Bauh. pin. 267? ... β A. atticus alpinus alter. Bauh. pin. 267. A. atticus caeruleus alpinus. Bauh. pin. 905.* ... Alpen-Sternblume. W. ...“ (Linné 1797–1830, Bd. III, Teil 3, S. 2018f.); „1. ASTER ALPINUS. Linn. ... Linn. Willd. Spec. pl. III. p. 2018. ... M. a Bieb. Fl. taur. cauc. III. p. 571. No. 1727**. Aster foliis ad terram petiolatis, ... Gmel. Fl. sib. II. p. 173. No. 141. t. LXXIII. f. 2. Aster acaulos, ... Amman. ruth. p. 152. No. 214. ...“ (Ledebour 1833, S. 95); „1727**. ASTER alpinus. ... Linn. ed. Willd. 3. p. 2018. ... Gmel. sib. 2. p. 173. n. 141. t. 73. f. 2. Amm. ruth. n. 214. ...“ (Marschall von Bieberstein 1819, S. 571f.): „2. A[ster] alpinus (L. SP. 1226) ... M. a BIEB. Fl. t. c. III, p. 571. – LEDEB. Fl. alt. IV, p. 95. ... A. foliis ad terram petiolatis, ... GMELIN. Fl. sib. II, p. 173, Nr. 141, t. 73, f. 2. A. acaulos, ... AMMAN ruth p. 152. Nr. 214. ...“ (Ledebour 1844–1846, S. 472); „1. ASTER alpinus ... Alpen=Aster. ...“ (Georgi 1797–1802, Theil 3, S. 1244); „Aster f. ad terram petiolatis ovatis caule unifloro – Alpinus coeruleus folio oblongo (Fl. sib. II. 173. nr. 141. A. alpinus L. ...).“ (A. von Haller in einem undatierten Brief an J. G. Gmelin – Plieninger 1861, S. 144);

„Aster acaulos hirsutus, coeruleus, Bellidis foliis Amm. 233. Wachst auff dem Berge Kirgutan, wo h(Steller nicht hinkom̄t.“ (AAW F. 1, Op. 2–1743, D. 12, Bl. 20r, s. Anm. 5 in Nr. 4); „Aster acaulos hirsutq coeruleq, Bellidis foliis.“ (AAW F. 1, Op. 2–1743, D. 11, Bl. 22r, s. Anm. 5 in Nr. 4); „417 An aster montanus caeruleo magno flore foliis oblongis C. B. P. Flor. ircut 714. ...“ (AAW R. I, Op. 104, D. 25, Bl. 30v, s. Anm. 61 in Nr. 21); „19. Forte Aster Atticus coeruleus minor C. B. P.“ (AAW R. I, Op. 15, D. 1, Bl. 10r, s. Anm. 24 in Nr. 64); „461. Aster Atticus caeruleus major. I. R. H. Hanc speciem in prioribus indicibus pro Attico caeruleo minore exhibui. ... Fl. Irc. n°. 714. 462. Aster Atticus caeruleus minor I. R. H. Flos at prioris minor, et semiflosculi latiores, quare et credo in Fl. Irc. speciem verius indicatam esse. ...“ (AAW R. I, Op. 105, D. 1^{a}, Bl. 52r, s. Anm. 29 in Nr. 5); „* Aster Atticus caeruleus minor. I. R. H. ...“ (AAW R. I, Op. 105, D. 2, Bl. 14v, s. Anm. 54 in Nr. 17); „191. Aster Atticus caeruleus minor. I. R. H. Variat majori & minoriq) foliorum hirsutie. ...“ mit der Anm. von J. G. Gmelin unter dem Text von Nr. 191. „An Ast. mont. caerul. magno flore, folijs oblongis B. P. St. no. 714.“ (AAW R. I, Op. 105, D. 12, Bl. 42v, s. Anm. 54 in Nr. 17); „– Aster atticus coeruleus minor Tourn. ...“ (AAW R. I, Op. 104, D. 8, Bl. 3r, s. Anm. 18 in Nr. 452); „516. Aster Atticus caeruleus minor I. R. H. ...“ (AAW R. I, Op. 13, D. 42, Bl. 112r, s. Anm. 1 in Nr. 1); „6. Aster Atticus caeruleus major I. R. H. Atticus caeruleus minor Pr. Ind. Fl. Irc. n°. 714.“ (AAW R. I, Op. 13, D. 67, Bl. 30v, s. Anm. 5 in Nr. 4)

5 s. Nr. 714

6 „513. Aster Spiraeae folio rigido et glabro. ...“ (AAW R. I, Op. 13, D. 42, Bll. 110v–111v, s. Anm. 1 in Nr. 1); „458. Aster Spiraeae folio rigido et hirsuto, elatior. Ind. Irc. n°. 188. Duae diversae plantae sub hoc nomine in ind. Irc. a me recensita sunt, quarum illius, quae humilior, icon tunc temporis facta, quam et sub nomine intelligi velim. Altera potest dici. Aster altissimus, Limonij rigido et hirsuto folio. Sicca vero plantae sub nomine Asteris Spiraeae folio rigido et subhirsuto humilioris transmissae hujus sunt speciei, ...“ (AAW R. I, Op. 105, D. 1^{a}, Bll. 51r–51v, s. Anm. 29 in Nr. 5); „188. Aster Spiraeae folio rigido & hirsuto, elatior. ...“ mit den rechts marginalen Anm. von J. G. Gmelin „vid. Ic.“ und „An Aster Spiraeae folio rigido & glabro Gmel. St. 716.“ (AAW R. I, Op. 105, D. 12, Bl. 42r, s. Anm. 54 in Nr. 17); „187. Aster Spiraeae folio rigido et subhirsuto,

humilior. Aster Spiraeae folio rigido & glabro Ind. Len. ... j. Idem folys utrinque pallide viridibus." mit der rechts marginalen Anm. „vid. Ic." (a. a. O., Bl. 42r); „415 Aster spireae folio rigido & glabro D. D Gmel. ind plant Len. No. 513. ..." (AAW R. I, Op. 104, D. 25, Bl. 30v, s. Anm. 61 in Nr. 21); „126. Aster Spiraeae folio rigido & glabro ut & magno flore caeruleo Doriae folio Fl. Irc. 716. 717." (AAW R. I, Op. 105, D. 16, Bl. 2v, s. Anm. 5 in Nr. 4); „3. Aster Spiraeae folio rigido & glabro Ind. Len. n° 513." mit der links marginalen Anm. „vid. Ic." (AAW R. I, Op. 13, D. 67, Bl. 30v, s. Anm. 5 in Nr. 4)

7 „[species 3] Aster hirsutus, Austriacus, caeruleo magno flore, foliis subrotundis C. B. Pin. 267. Aster hirsutus, Austriacus, caeruleo magno flore C. B. Prodr. 124." (Tournefort 1700, S. 481, Genus I. „Aster."); „Aster Atticus caeruleus ... II. Aster hirsutus Austriacus caeruleus magno flore, foliis subrotundis: in Podromo descriptus. ..." (Bauhin 1623, S. 267); „Aster hirsutus Austriacus caeruleo magno flore: caule est rotundo, hirsutie aspero, ..." (Bauhin 1620, S. 124); „21. Aster hirsutus Austriacus magno flore, folio subrotundo, C. B. P. & Prodr. ..." (Morison 1699, S. 119f.); „6315. A[ster] alpinus Sp. I.: ... var. γ. Sp. I: A. hirsutus austriacus caeruleus, magno fl., foliis subrotundis. Bauh. pin. 267. prodr. 124. ..." (Richter 1840, S. 826); s. Nr.714 und Nr. 716

8 „1064. Aster Conyzoides, angustissimo Linariae folio, Hispanicus Barr. Icon. 605. & Bocc. Mus. part. 2. 78. Tab. 67. ..." (Barrelier 1714, S. 95); „Aster conysoides [sic!] angustiss. linariae fol. hish. [sic!]" (Abbildung 605 in: Barrelier 1714a); „Aster Conyzoides, angustis Linariae foliis. ..." (Boccone 1697a, S. 78); „Aster Aragonensis Asso. ... Aster Aragonensis Asso Syn. stirp. p. 121, tab. 8, f. 2! (icon valde cruda), ... Aster conyzoides angustissimo Linariae folio, Hispanica BARR. ic. 605!) ..." (Willkomm 1886–1892, S. 10); „1280. Aster acris L. ... A. aragonensis Asso ..." (Willkomm 1893, S. 76); „Aster conyzoides, angustissimo, Linariae folio, hispanicus Barr. = A. Barrelieri Pau. = A. acris L. debilio, tenuior, uniflorus. = A. aragonensis al. (non Asso)." (Actes 1891, S. 80); „515. Aster angustissimo Linariae folio. An Aster conyzoides angustissimo Linariae folio hirsut. Barr Icon. 605. ..." (AAW R. I, Op. 13, D. 42, Bl. 112r, s. Anm. 1 in Nr. 1); s. Nr. 720

9 „[species 8] Aster Tripolii flore C. B. Pin. 267. Aster Atticus, Monspeliensis, purpureus, angustioribus foliis J. B. 2. 1045. Aster minor, Narbonensium, Tripolii flore, Linariae folio Lob. Icon. 349." (Tournefort 1700, S. 481, Genus I. „Aster."); „Aster minor Norboniensium [sic!] Tripolij flore Lunariae folio. A. 147. T. 424." (Lobelius 1581, S. 349); „17) Scharfe Sternblume. Aster acris. ... Aster foliis lanceolato-linearibus strictis integerrimis planis, floribus corymbosis fastigiatis, pedunculis foliosis. LINN. ... Sp. Pl. p. 1228. ... GMEL. Sib. 2. p. 183. tab. 79. f. 1. 2. ... Aster minor narbonensium, tripolii flore, linariae folio. LOB. Ic. 349. Aster tripolii flore. C. BAUH. pin. 267. ..." (Linné 1783a, S. 381); „26. ASTER acris. ... A. tripolii flore. Bauh. pin. 267. ... A. minor narbonensium Tripolii flore linariae folio. Lob. ic. 349. ... Scharfe Sternblume. W. ..." (Linné 1797–1830, Bd. III, Teil 3, S. 2023); „[Aster] acris, ... scharfe Sternblume, ... Sie heißt bey ... C. Bauhin: Aster tripolii flore; ..." (Gmelin 1772a, Sp. 892f.); „7. ASTER acris ... Scharfer Aster. ..." (Georgi 1797–1802, Theil 3, S. 1245); „150. ASTER foliis linearibus, scabris, obtusiusculis, caule ramosissimo, floribus saepe vmbellatis Tab. LXXIX. Fig. 1. ? Aster tripolii flore, angustissimo et tenuissimo folio BOERH. Lugdb. 96. Aster pumilus, angusto linariae folio, floribus magnis caeruleis AMM. Ruth. 216. j. Idem floribus albis. jj. Idem caulibus tenuissimis, foliolisque dense congestis Tab. LXXIX, Fig. 2. 1. Capitulis maioribus. 2. Capitulis paruis. jjj. Idem caulibus tenuissimis foliolis sparsis. ..." (Gmelin 1747–1769, Bd. II, S. 183ff.), nahezu identisch auf Bll. 108v–109r in: AAW R. I, Op. 105, D. 28 – s. Anm. 61 in Nr. 21; „150. Aster foliis linearibus scabris obtusiusculis, caule ramosissimo, floribus saepe umbellatis. t. LXXIX. f. 1. 2. (excl. synon. Boerh.) [=] Calimeris altaica Nees.! (f. 1.: Aster Gmelini Tausch. in Flora 1839. I. 78.)" (Ledebour 1841, S. 79); „216. ASTER pumilus, angusto linariae folio, floribus magnis, caeruleis. ..." (Amman 1739, S. 153); „A. Gmelini Tausch. Flora 1828. p. 486. ..." (Tausch 1839, S. 78); „2. C[alimeris] altaica (NEES Ast. p. 228) ... DEC. Prodr. V, p. 258. ... Aster altaicus. ... LEDEB. Fl. alt. IV, p. 99. ... Aster GMELINI, Tausch in Flora 1839, I, p. 78. ... Aster foliis linearibus, ... GMEL. Fl. sib. II, p. 183, Nr. 150, t. 79, fig. 1 et 2. (excl.. syn. BOERH.) Aster pumilus, ... AMM. ruth. p. 153, Nr. 216. ..." (Ledebour 1844–1846, S. 482f.); „3. C[alimeris] ALTAICA

(Nees. ast. 228. Lindl.! adn. mss.) ... Ledeb.! fl. alt. 4. p. 99. ...“ (Candolle 1836, S. 258); „6. ASTER ALTAICUS. Willd. ... Aster foliis linearibus, ... Gmel. Fl. sib. II. p. 183. No. 150. t. LXXIX. f. 1. et 2. (excl. syn. Boerh.) Aster pumilus, ... Amman. ruth. p. 153. No. 216. ...“ (Ledebour 1833, S. 99f.)

„Galatella punctata Lindl. DC prodr. 5. p. 255. – Aster acris Linn. Spec. p. 1228. – Chrysocoma biflora Linn. Spec. p. 1178. – Planta valde polymorpha, cujus varietetes ad typos sequentes reducere periclitamur. ... γ. squamosa: ... Aster acris M. a Bieb. Fl. taur. Suppl. p. 572. ... ζ. Dracunculoides: ... Aster dracunculoides ... M. a Bieb. Fl. taur. 2. p. 310. ... η. discoidea: ... G. dracunculoides β. discoideus α. major. Ledeb. Fl. alt. 4. p. 97. – Aster calyc. oblong. laxis, ... Gmel. Sibir. 2. p. 190. t. 82. fg. 1. ...“ (C. A. Meyer in Linnaea 1842, S. 163ff.); „476. Galatella. CASSINI. ...1. G. punctata (LINDL. ap. DEC. Prodr. V, p. 255) ... Aster acris. L. Spec. 1228. Chrysocoma biflora. L. Spec. p. 1178. α. grandiflora ... G. punctata γ. insculpta. DEC. l. c. ... β. squamosa ... Aster acris. M. a BIEB. Fl. t. c. III, p. 572 ... δ. angustifolia: ... Aster dracunculoides α. radiatus b. minor. LEDEB. Fl. alt. IV, p. 98. ε dracunculoides ... Aster dracunculoides ... M. a BIEB. Fl. t. c. II, p. 310: ... Aster dracunculoides α. radiatus a. major. LEDEB. Fl. alt. IV, p. 98. Aster acris. ... GEORGI Beschreib. d. Russ. R. III, 4. p. 1245. ... Aster calicibus oblongis laxis, ... GMEL. Fl. sib. II, p. 190, Nr. 154. ... ζ. discoides ... Aster calycibus oblongis, ... GMEL. Fl. sib. II, p. 190, Nr. 154, t. 82, f. 1. Conyza Lini foliis asperis, ... AMMAN ruth. p. 142, Nr. 192. ...“ (Ledebour 1844–1846, S. 478ff.); „3. G[alatella] PUNCTATA, ... α. angustifolia, ... A. acris Linn. ... β. intermedia, ... γ. insculpta, ...“ (Candolle 1836, S. 255); „192. CONYZA Lini foliis aspersis, rigidis et neruosis, floribus luteis, vmbellatis. ...“ (Amman 1739; S. 142); „154. ASTER calicibus oblongis laxis, foliis ex lineari lanceolatis, integerrimis, trineruiis, infra scrobiculis excauatis. Tab. LXXXI. j. Idem pedunculis foliosis. jj. Idem radiis florum albis. jjj. Idem foliis ex atro viridibus. Aster linariae folio latiore, flore vmbellato, caeruleo GERB. Tan. n. 37. jV. Idem caule vnifloro. V. Idem floribus semiradiatis. Vj. Idem floribus nudis. Tab. LXXXII. Fig. 1. Conyza lini foliis asperis, rigidis et neruosis, floribus luteis vmbellatis AMM. Ruth. 192. α.) Idem floribus ochroleucis. ... Varietas j. vix attendi meretur, quia vnice solo arido humilem staturam et folia perangusta et singularem pedunculorum faciem debet, propter quam non male assimilatur asteri minori Narbonensium tripoli flore, linariae folio LOB. ic. 349. ...“ (Gmelin 1747–1769, Bd. II, S. 189ff.), nahezu identisch auf Bll. 112r–113r in: AAW R. I, Op. 105, D. 28 – s. Anm. 61 in Nr. 21; „154. Aster calycibus oblongis laxis, foliis ex lineari lanceolatis integerrimis trinerviis infra scrobiculatis excavato. t. LXXXII. f. 1. (excl. t. LXXXI.) [=] Galatella dracunculoides DeC! (Galatella dracunculoides β. DeC. Prodr. V. 256. et Linosyris punctata Cass. – DeC. Prodr. V. 352.) [;] t. LXXXI. (excl. descr.) [=] Calimeris biennis Ledeb.! (enfr. Fl. alt. IV. 97. sub Ast. bienn.) (Calistephius biennis Lindl. in DeC. Prodr. V. 275, qui omnino hujus loci, nec Callistephi species est.)“ (Ledebour 1841, S. 79); „6. G[alatella] DRACUNCULOIDES, ... Aster dracunculoides Ledeb. fl. alt. 4. p. 97. α. radiata, ... β. discoidea, ... Chrysocoma biflora Linn. sp. 1178. ... Gmel. sib. 2. p. 189. t. 82. f. 1. ...“ (Candolle 1836, S. 256); „2. L[inosyris] PUNCTATA ... Chrysocoma biflora Linn. sp. 1778 (nomen omn. decipiens). ... Gmel. Sib. 2. t. 82. f. 1. ...“ (a. a. O., S. 352); „2. C[allistephus]? BIENNIS (Lindl. in litt. 1835), ... Aster Gmel. fl. sib. 2. p. 189. t. 81 excl. descr. ...“ (a. a. O., S. 275); „4. ASTER DRACUNCULOIDES. Linn. ... Aster calycibus oblongis laxis, ... Gmel. Fl. sib. II. p. 189. No. 154 (excl. icone, quae A. biennem*) m. repraesentat, et forsan var. IV.) α. radiatus. a. major: ... A. dracunculoides. ... M. a Bieb. Fl. taur. cauc. II. p. 310. No. 1730.; ... b. minor: β. discoideus. a. major: ... Chrysocoma dracunculoides. ... M. a Bieb. Fl. taur. cauc. II. p. 288. No. 1685.; ... Chrysocoma biflora, Linn. Willd. Spec. pl. III. p. 1792. ... Gmel. l. c. t. LXXXII. f. 1. Conyza Lini foliis asperis, ... Amman. ruth. p. 142. No. 192. b. minor: ...“ (Ledebour 1833, S. 97f.); „14. CHRYSOCOMA biflora. ... Aster calycibus oblongis laxis, ... Gmel. sib. 2. p. 189. t. 82. f. 1. Conyza lini foliis asperis ... Amm. ruth. 192. ... Sibirisches Goldhaar. W. ...“ (Linné 1797–1830, Bd. III, Teil 3, S. 1792); „1685. CHRYSOCOMA dracunculoides. ... Chr. (biflora) ... Linn. ed. Willd. 3. p. 1792. Gmel. sib. 2. p. 189. n. 154. var. VI. t. 82. f. 1. ... Conyza lini foliis ... Amm. ruth. n. 192. ...“ (Marschall von Bieberstein 1808,

S. 288); „1730. ASTER dracunculoides. ... A. linariae folio latiore, ... Gmel. sib. 2. p. 189. n. 154. III. ...“ (a. a. O., S. 310f.); „Aster calycibus oblongis laxis f. ex lineari lanceolatis – valde similis Asteri angustioribus foliis tripolii flore β. mittam Tibi eum asterem (Fl. sib. II. 189. nr. 154. ubi Cel. Ledeb. Calimerin biennem Ledeb. (Taf. 81) et Galatellam dracunculoidem Dec. (Taf. 82.) indicat. Halleri vero synonymia ad Fl. sib. II. 183. nr. 150. Calimerin altaicam Nees. vel Asterem Gmelini Tausch. accedit. vid. infra.). ... Aster f. linearibus scabris etc. Mihi novus (Fl. sib. II. 183. nr. 150. A. Gmelini Tausch. Calimeris altaica Nees.).“ (A. von Haller in einem undatierten Brief an J. G. Gmelin – Plieninger 1861, S. 144); „Calīmeris N. v. E. (Compositae). Zus. aus καλυξ (Kelch) und μερις (Theil); das Anthodium besteht aus 2–4 Reihen von krautartigen Schuppen.“ (Wittstein 1852, S. 139); „Callīstephus CASS. (Compositae). Zus. aus καλλος (Schönheit) und στεφος oder στεφανος (Kranz). = Callistemma.“ (a. a. O., S. 142); „Galatēlla CASS. (Compositae). Von γαλα (Milch); enthält Milchsaft.“ (a. a. O., S. 377); „Linōsyris CASS. (Compositae). Zus. aus Linum und Osyris, d. h. die Pflanze hat die geschmeidigen, zähen Verzweigungen und die Blätter des Leins und der Osyris.“ (a. a. O., S. 528)

„Aster pumilq angusto Linariae folio, floribus magnis coeruleis.“ (AAW F. 1, Op. 2–1743, D. 11, Bl. 2r, s. Anm. 5 in Nr. 4); „271 Aster Tripolii flore CBP. 267.“ (AAW R. I, Op. 6, D. 40, Bl. 35r, s. Anm. 1 in Nr. 1); „7. Aster Tripolii flore. C. B. P. 267? Gmel.“ (AAW R. I, Op. 13, D. 16, Bl. 29v, s. Anm. 32 in Nr. 6); „400 Aster Tripolii flore CBP.“ (AAW R. I, Op. 13, D. 19, Bl. 15v, s. Anm. 54 in Nr. 17); „83. An Aster Tripolij flore C. B. P?“ (AAW R. I, Op. 14, D. 8, Bl. 2v, s. Anm. 98 in Nr. 39); „275. [Aster] Tripolii flore C. B. P. 267. B. n. 20.“ (AAW R. I, Op. 104, D. 13, Bl. 7r, s. Anm. 84 in Nr. 29); „463. An Aster angustifolius Tripolij flore Barr. Ic. 606? ... j. Idem flore albo. ... ij. Idem flore dilutissime carneo. ... 464. Aster Tripolij flore B. Pin. 267. Ind. Irc. nº. 194. ...“ (AAW R. I, Op. 105, D. 1ª, Bl. 52r, s. Anm. 29 in Nr. 5); „192. An Aster angustifolius Tripolij flore Barr. Ic. 606? Ind. Len. ...“ mit den links marginalen Anm. von J. G. Gmelin „vid. Ic.“ und „Aster Tripolij flore B. P. St. 720.“ (AAW R. I, Op. 105, D. 12, Bl. 42v, s. Anm. 54 in Nr. 17); „514. An Aster angustifolius Tripolii flore Barr. Ic. 606? ...“ (AAW R. I, Op. 13, D. 42, Bll. 111v–112r, s. Anm. 1 in Nr. 1); „8. An Aster angustifolius Tripolij flore Barr. Ic. 606? ... j. Idem flore albo. Ind. Jen. nº. 463. ij. Idem flore dilutissime carneo. ibid. ...“ (AAW R. I, Op. 13, D. 67, Bl. 30v, s. Anm. 5 in Nr. 4); „Aster Tripolii flore, angustissimo et tenuissimo folio. Flor. Bat. 1. 23. ...“ (AAW R. I, Op. 105, D. 2, Bl. 14v, s. Anm. 54 in Nr. 17); „Aster tripolii flore. C. B. P. B. n. 20. ... Aster latifolius tripolii flore H. R. P. ... Aster tripolii flore Angustissimo et tenuissimo folio B. n 21. ... Aster tripolii flore angustissimo et tenuissimo folio B. N. 21. ... Aster tripolii flore, angustissimo et tenuissimo folio fl. albo. ..“ (AAW R. I, Op. 68, D. 2, Bl. 3v, s. Anm. 62 in Nr. 22)

10 „183. Helenium autumnale, Conyzae folijs, caulem amplexantibus Comm. Ac. Sc. Par. 1720. ...“ mit der links marginalen Anm. von J. G. Gmelin „Aster luteus capitulo folioso Salicis folio longo, molli St. 721“ (AAW R. I, Op. 105, D. 12, Bl. 41v, s. Anm. 54 in Nr. 17); „455. Helenium autumnale, Conyzae folijs caulem amplexantibus Comm. Par. 1720 ... Fl. Irc. nº. 721.“ (AAW R. I, Op. 105, D. 1ª, Bl. 51r, s. Anm. 29 in Nr. 5); „Helenium pratense, autumnale, Conyzae folijs, caulem amplexantibus Vaill.“ (AAW R. I, Op. 14, D. 8, Bl. 4r, s. Anm. 98 in Nr. 39); „Helenium pratense, autumnale, Conyzae foliis caulem amplexantibus Vaill.“ mit der links marginalen Anm. „a Gmelino sub hisce titulis ex Sibiria missae.“ (AAW R. III, Op. 1, D. 162, Bl. 35v, s. Anm. 54 in Nr. 17); „509. Helenium autumnale, Conyzae folio, caulem amplexicantibus Vaill. Variat foliis longioribus angustioribusq; ...“ (AAW R. I, Op. 13, D. 42, Bl. 109r, s. Anm. 1 in Nr. 1); „3. Helenium autumnale Conyzae folijs caulem amplexantibus Comm. Par. 1720 Ind. pr. & Jen. 455. ...“ (AAW R. I, Op. 13, D. 67, Bl. 30r, s. Anm. 5 in Nr. 4); „Helenium pratense, autumnale, conyzae foliis caulem amplexicantibus vaillant. ...“ (AAW R. I, Op. 105, D. 2, Bl. 14v, s. Anm. 54 in Nr. 17); „[Nº.] 499. Helenium pratense autumnale, Conyzae foliis, caulem amplexantibus Vaill. Gmel. (AAW R. I, Op. 15, D. 3, Bl. 9v, s. Anm. 65 in Nr. 24); „500„ [d. 14. September 1725]„ Aster pratensis autumnalis Conyzae folio Tournef. Sp. 31.„ “ (AAW F. 98, Op. 1, D. 23, Bl. 19r, s. Anm. 49 in Nr. 653)

„[species 32] Aster pratensis, autumnalis, Conyzae folio. Conyza media, Asteris flore luteo vel tertia Dioscoridis C. B. Pin. 265. Conyza media Mathioli, flore magno, luteo, humidis locis proveniens J. B. 2. 1050. Conyza media Dod. Pempt. 52.“ (Tournefort 1700, S. 482, Genus I. „Aster.“); „11. Helenium pratense, autumnale, Conyzae foliis caulem amplexantibus. Aster pratensis, autumnalis, Conyzae folio. I. R. Herb. 482.“ (Vaillant 1722, S. 303; Vaillant 1724, S. 391f.; Vaillant 1754, S. 574); „2. CONYZA foliis lanceolatis acutis, caule annuo corymbose terminato. ...“ (Linné 1737, S. 405); „3. ASTER foliis amplexicaulibus, crispis, subtus incanis, luteo flore radiato. ... Conyza media MATTH. p. 872. DOD. p. 52. ... Conyza media Matthioli, flore magno luteo, ... I. B. II. p. 1050. ... Aster pratensis autumnalis, conyzae folio ... I. R. H. ... Helenium pratense autumnale, ... VAILL. p. 391. Conyza foliis lanceolatis acutis, ... LINN. Cliff. p. 405. ...“ (Haller 1742, S. 726f.); „147. ASTER foliis semiamplexicaulibus, oblongis, caule paniculato, hirsuto, floribus latis, squamis calicinis setaceis LINN. it. Gothl. iul. 11. Suec. 694. Conyza media MATHIOLI, flore magno luteo, humidis locis proueniens I. B. II. 1050. Conyza media asteris flore luteo vel tertia DIOSCORIDIS B. pin. 265. Aster pratensis autumnalis conyzae folio TOURN. I. R. H. 492. Helenium pratense autumnale, conyzae foliis caulem amplexantibus VAILL. act. Par. 1720. p. 405. Aster foliis amplexicaulibus, crispis, subtus incanis, luteo flore radiato HALL. Helv. 726. ... Cl. LINNAEUS Inulae generi accensendum esse putat.“ (Gmelin 1747–1769, Bd. II, S. 180f.), nahezu identisch auf Bll. 106v–107r in: AAW R. I, Op. 105, D. 28 – s. Anm. 61 in Nr. 21; „147. Aster foliis semiamplexicaulibus oblongis, caule paniculato hirsuto, floribus latis, squamis calycinis setaceis. (excl. synon.) [=] Inula Britanica L.! (Inula dyscenterica L. – Willd. sp. pl. III. 2091.)“ (Ledebour 1841, S. 78); „4) Großbritannischer Alant. Inula britannica. ... Inula foliiis amplexicaulibus lanceolatis distinctis serratis subtus villosis, caule ramoso erecto villoso. LINN. ... Sp. Pl. p. 1237. ...“ (Linné 1783a, S. 418); „ARNICA SWEDENSIS officinarum. ... Falsch Wolverley. Klein Wolverley. Unächtes Fallkraut. Wasserfallkraut. Dummerjan. Mükkenkraut. Ruhrkraut. Berufkraut. Gelbe Dürrwurzel. ... Conyza media. Matthioli. p. 872. ... Aster pratensis autumnalis conyzae folio. Tournef. Inst. R. Herb. p. 482. ... Aeusserlich kann man die Blätter und Blumen ihrer Schärfe wegen als ein masticatorium Sternutatorium, und die frischen auch als ein rubefaciens gebrauchen. ... Das Dekokt der trockenen Blätter und Blumen mit Alaun, färbt gelb und wird daher von den Landleuten zum Wollfärben gebraucht, ... Die trockne Pflanze giebt beym Verbrennen einen brennenden, etwas betäubenden Rauch, der die Mücken sehr gut vertreibt, ...“ (Gleditsch 1789, S. 206ff.); „13. I[nula] Britannica (L. SP. 1237) ... DEC. Prodr. V, p. 467. ... M. a BIEB Fl. t. c. II, p. 317 (excl. syn. PALL. Ind. Taur.); ... LEDEB. Fl. alt. IV, p. 94. ... Aster foliis semiamplexicaulibus, ... GMEL. Fl. sib. II, p. 181. Nr. 147 (excl. synon.). ...“ (Ledebour 1844–1846, S. 506ff.); „22. I[nula] BRITANICA DC. fl. fr. 4. p. 149), ...“ (Candolle 1836, S. 467f.); „3. INULA BRITANNICA. Linn. ... Linn. Willd. Spec. pl. III. p. 2090. ... M. a Bieb. Fl. taur. cauc. II. p. 317. No. 1745.; ... Aster foliis semiamplexicaulibus, ... Gmel. Fl. sib. II. p. 180. No. 147. (excl. synon.) ...“ (Ledebour 1833, S. 94); „1745. INULA britannica. ... Linn. ed. Willd. 3. p. 2090. ...“ (Marschall von Bieberstein 1808, S. 317); „4. INULA britannica. ... Wiesen-Alant. W. ...“ (Linné 1797–1830, Bd. III, Teil 3, S. 2090f.); „5. INULA dysenterica, ... Aster foliis amplexicaulibus oblongis, ... Gmel. sib. 2. p 180. Aster pratensis autumnalis, conyzae folio. It. gotl. 273. ... Ruhr-Alant. W. ...“ (a. a. O., S. 2091); „3. P[ulicaria] dysenterica (GÄRTN. l. c.) ... DEC. Prodr. V, p. 479. ... Inula dysenterica. L. SP. 1237. ... M. a BIEB. Fl. t. c. III, p. 574 (excl. pl. taurica). ...“ (Ledebour 1844–1846, S. 510); „7. P[ulicaria] DYSENTERICA (Gaertn. fr. 2. p. 462), ... Inula dysenterica Linn. sp. 1237. ...“ (Candolle 1836, S. 479); „1745*. INULA dysenterica. ... Linn. ... spec. ed. Willd. 3. p. 2091. ...“ (Marschall von Bieberstein 1819, S. 574f.); „4. INULA britannica ... Britannischer Alant. ... 5. INULA dysenterica ... Ruhr=Alant. ...“ (Georgi 1797–1802, Theil 3, S. 1247); „Aster fol. semiamplexicaulibus oblongis Linn. (Fl. suec.) nr. 694. Aster autumnalis conyzae folio. fol. caulem amplexantibus Vaill. (Fl. sib. II. 180. nr. 147. Inula dysenterica vel britanica L. ...“ (A. von Haller in einem undatierten Brief an J. G. Gmelin – Plieninger 1861, S. 144); „Arnica L. (Compositae). Zus. aus ἄρνος (Lamm) und εἴκειν (ähnlich, dienlich seyn), weil die Schafe es unter gewissen Umständen fressen sollen. ...“ (Wittstein 1852,

S. 70); „Helēnium L. (Compositae). Vn ἥλιος (Sonne) wegen der Form der Blüthe, deren Scheibe die Sonne, deren Randblätter die Strahlen vorstellen. – Plinius sagt (XXI. 33), die Pflanze sey aus den Thränen der Helena entstanden und desshalb sey die, welche auf der Insel Helena (im ägäischen Meere, wo Paris und Helena bei ihrer Flucht aus Sparta landeten) am wirksamsten, ...“ (a. a. O., S. 424); „Īnula L. (Compositae). Von ἰναειν (ausleeren, reinigen), in Bezug auf die Wirkung der Wurzel (s. Plin. XIX. 29. XX. 19.).“ (a. a. O., S. 474); „Pulicāria GÄRTN. (Compositae). Von pulex (Floh); soll die Flöhe vertreiben.“ (a. a. O., S. 740)

11 „[species 14] Aster maritimus, palustris, caeruleus, minor. Tripolium minus Lob. Icon. 298. J. B. 2. 1064.“ (Tournefort 1700, S. 482, Genus I. „Aster.“); „Tripolium minus. L. 158. T. 364.“ (Lobelius 1581, S. 296); „10. Aster maritimus, palustris, Salicis folio. I. R. Herb. 481. j. Idem minor. ... jj. Idem flore albo. ...“ (Vaillant 1722, S. 309f.; Vaillant 1724, S. 400; Vaillant 1754, S. 581); „16. Aster maritimus, Tripolium dictus. Raj. hist. 270. Aster maritimus palustris caeruleum Tournef. inst. 481. Vaill. act. 1720. p. 400. ...“ (Linné 1737, S. 408f.); „153. ASTER foliis lanceolatis integerrimis glabris, ramis inaequatis, floribus corymbosis ROY. pr. 168. LINN. Suec. 697. Tab. nostr. LXXX. Fig. 2. Tripolium DOD. pempt. 379. et LOB. 298. sub nomine Tripolii vulgaris. Tripolium maius caeruleum C. B. P. 267. Tripolium maius. I. B. 2. 1064. Aster maritimum, palustris, caeruleus, salicis folio TOURN. I. R. H. 481. j. Aster maritimus palustris caeruleus minor TOURN. I. R. H. 482. Tripolium minus, LOB. ic. 298. jj. Aster maritimus, palustris, albus, minor TOURN. I. R. H. 482. ... Varietatem jj. STELLERUS ad lacum salsum camporum Konkurkinensium triginta stadia a Bargusinensi munimentum inuenit. Icon plantam ad viuum sistit, nisi quod dentes nimis sint rari, et nimis conspicui. ...“ (Gmelin 1747–1769, Bd. II, S. 187ff.), nahezu identisch auf Bll. 111r–112r in: AAW R. I, Op. 105, D. 28 – s. Anm. 61 in Nr. 21; „153. Aster foliis lanceolatis integerrimis glabris, ramis inaequatis, floribus corymbosis, t. LXXX. f. 2. [=] Tripolium vulgare Nees.!“ (Ledebour 1841, S. 79); „8) Salzichte Sternblume. Aster Tripolium. ... Aster foliis lanceolatis integerrimis carnosis glabris, ramis inaequatis, floribus corymbosis. LINN. ... Sp. Pl. p. 1226. Hort. Cliff. 408. ... GMEL. Sib. 2. p. 187. tab. 80. f. 2. ... Tripolium maius caeruleum. C. BAUH. pin. 267. ...“ (Linné 1783a, S. 375f.); „65. ASTER Tripolium. ... A. foliis lanceolatis integerrimis ... Sp. pl. 1226. ... Gmel. sib. 2. p. 187. t. 80. f. 2. A. maritimus Tripolium dictus. ... Hort. cliff. 408. ... Meerstrands-Sternblume. W. ...“ (Linné 1797–1830, Bd. III, Teil 3, S. 2039); „475. Tripolium. NEES. ... 1. T. vulgare (Nees Ast. p. 153) ... DEC. Prodr. V, p. 253. Tripolium. L. Spec. 1227. ... M. a BIEB. Fl. t. c. II, 312. ... LEDEB. Fl. alt. IV, p. 98. ... Aster foliis lanceolatis ... GMEL. Fl. sib. II, p. 187, Nr. 153, t. 80, fig. 2. ...“ (Ledebour 1844–1846, S. 477f.); „1. T[ripolium] VULGARE (Nees ast. 153), ... Aster Tripolium Linn. sp. 1226. ... δ. salinum, ... Aster Tripolium Ledeb. fl. alt. p. 99. – Gmel. fl. sib. t. 80. f. 2. ...“ (Candolle 1836, S. 253); „1733. ASTER Tripolium. ... Linn. ed. Willd. 3. p. 2039. ... Gmel. sib. 2. p. 187. n, 153. t. 80. f. 2. ...“ (Marschall von Bieberstein 1808, S. 312); „5. ASTER TRIPOLIUM. ... Linn. Willd. Spec. pl. II. p. 2039. ... M. a Bieb. Fl. taur. cauc. II. p. 312. No. 1733. ... Aster foliis lanceolatis ... Gmel. Fl. sib. II. p. 187. No. 153. t. LXXX. f. 2. ...“ (Ledebour 1833, S. 98f.); „[Tripolium] minus; bedeutet bey C. Bauhin, Lobeln und Dalechamp eine Spielart derselbigen [d. h. der Meersternblume] mit kleineren Blättern, ...“ (Gmelin 1777, Sp. 281); „[Aster] Tripolium, Meersternblume, ... Sie heißt bey Tournefort: Aster maritimum palustris caeruleus, salicis folio; ...“ (Gmelin 1772a, Sp. 887f.); „[Aster] maritimus palustris caeruleus minor; so nennt er [d. h. Tournefort] eine blaue kleine Spielart derselben [d. h. der Meersternblume].“ (a. a. O., Sp. 908); „3. ASTER Tripolium ... Salziger Aster. ...“ (Georgi 1797–1802, Theil 3, S. 1244); „556. TRIPOLIUM VULGARE Nees. GEMEINES TRIPOLIUM. ... Sachsen: um Halle bei Dieskau, Kölme, am salzigen See! im Halberstädtischen im Schiffgrabenbruch bei Papstdorf, Wegersleben und Wulferstädt. ... Deutsche Namen: Meerstrands-Aster oder Meerstrands-Sternblume.“ (Dietrich 1840, Nr. 556); „Tripolium Omnino (Fl. sib. II. 187. nr. 153. Aster tripolium L. Tripolium vulgare Nees.)“ (A. von Haller in einem undatierten Brief an J. G. Gmelin – Plieninger 1861, S. 144); Tripolium vulgare Nees – russ. *koz'i oči* (*Annenkov* 1858, S. 95, Nr. 1130); „Tripōlium N. v. E.

(Compositae). Zus. aus τρει (drei) und πολευειν (umkehren), weil die Blume dreimal ihre Farbe wechseln soll. ...“ (Wittstein 1852, S. 901f.)

„12. Aster oblongo, angusto folio, minutissime serrato Ind. Jen. n°. 466. Fl. Irc. n°. 722 & 723. ...“ mit der links marginalen Anm. „vid. Ic.“ (AAW R. I, Op. 13, D. 67, Bl. 30v, s. Anm. 5 in Nr. 4); „466. Aster oblongo, angusto folio, minutissime serrato. ... Icon plantam ad vivum sistit, ... Fl. Irc. 722 et 723.“ mit der links marginalen Anm. auf Bl. 52v „vid. Ic.“ (AAW R. I, Op. 105, D. 1[a], Bll. 52v–53r, s. Anm. 29 in Nr. 5); „30. August 1723 ... Sonst observirte ... Aster maritimus palustris coeruleus minor (Tournefortii sp. 1). ...“ (Messerschmidt 1962–1977, Bd. 2, S. 124)

12 „[species 15] Aster maritimus, palustris, albus, minor. Aster maritimus, Tripolium dictus, flore albo H. Amstel in 12.“ (Tournefort 1700, S. 482, Genus I. „Aster.“); „[Aster] maritimus palustris albus; hierunter versteht Tournefort eine kleine weisse Spielart der Meersternblume.“ (Gmelin 1772a, Sp. 908); s. Nr. 722

13 „Sarazēnen, 1) der Name S., welcher nach Einigen Räuber, nach Anderen überhaupt Orientalen bedeutet, kommt zuerst ... als Bezeichnung eines Beduinenstammes ... vor, wurde aber schon im 4. Jahrh. von einzelnen Schriftstellern von den arabischen Stämmen überhaupt gebraucht, welche durch ihre räuberischen Heerzüge ... die Welt in Schrecken setzten. ...“ (Pierer 1857–1865, Bd. 14, S. 890)

14 „[species 1] Virga aurea latifolia, serrata C. B. Pin. 268. Virga aurea sive Solidago Saracenica, latifolia, serrata J. B. 2. 1063. Virga aurea margine crenato Dod. Pempt. 142.“ (Tournefort 1700, S. 484, Genus II. „Virga aurea. Verge dorée.“); „De Virga aurea. CAP. XXVI. ...“ mit der Abbildung „Virga aurea margine crenato.“ auf S. 142 (Dodoens 1616, S. 142f.); „1. Virga aurea vulgaris, latifolia. J. B. 2. l. 24. p. 1062. Virga aurea latifolia, serrata, C. B. ... Virga aurea margine crenato. Dod. Pempt. 142.“ (Vaillant 1722, S. 306f; Vaillant 1724, S. 396; Vaillant 1754, S. 577f.); „3. SOLIDAGO caule erecto, racemis alternis erectis. ... Virga aurea latifolia serrata. Bauh. pin. 268. Tournef. inst. 484. Virga aurea sive Solidago saracenica ... Bauh. hist. 2. p. 1063. Virga aurea margine crenato. Dod. pempt. 142. ... α ... Virga aurea vulgaris latifolia. Bauh. hist. 2. p. 1062. ...“ (Linné 1737, S. 409); „VIRGAAVREA, latifolia serrata C. B. P. p. 268. ... Gülden Wund-Kraut, Heidnisch Wund-Kraut.“ (Rupp 1745, S. 181); „136. SOLIDAGO caule erecto, racemi alternis, erectis LINN. h. Cliff. 409. ROY. pr. 161. HALL. Helv. 729. Virga aurea altera serrato folio LOB. ic. p. 299. Virga aurea latifolia serrato C. B. P. 268. Virga aurea vulgaris latifolia I. B. II. 1062. TOURN. I. R. H. 484. α) Crenis foliorum obscurioribus et foliis rigidioribus. Virga aurea angustifolia, minus serrata C. B. P. 268. Virga aurea folio longo, lato, minus serrato VAILL. act. Par. p. 396. In Kamtschatcam vsque nusquam non obuia est, etiam in Beeringii insula a STELLERO obseruata.“ (Gmelin 1747–1769, Bd. II, S. 164f.), nahezu identisch auf Bl. 98r in: AAW R. I, Op. 105, D. 28 – s. Anm. 61 in Nr. 21; „136. Solidago caule erecto, racemis alternis erectis [=] Solidago Virgaurea L.!“ (Ledebour 1841, S. 77); „11) Gemeine Goldruthe. Solidago virga aurea. ... Solidago caule subflexuosa angulato, racemis paniculatis erectis confertis. LINN. ... Sp. Pl. 1235. Solidago caule erecto, ... Hort. Cliff. 409. ... GMEL. Sib. II. p. 164. ... Virga aurea latifolia serrata. C. BAUH. pin. 268. ... Steller nahm sie selbst auf der Beringsinsel wahr, ... Man nennt sie im Deutschen St. Petersstab, Heidnisch Wundkraut, Heidenwundkraut und Goldruthe. ... Die ganze Pflanze ... wird für ein vortrefliches Wund= und Harntreibendes Mittel gehalten, und in Durchfällen, Verstopfungen der Eingeweide, in der Wassersucht und in Steinschmerzen empfohlen.“ (Linné 1783a, S. 399ff.); „35. SOLIDAGO Virgaurea. ... S. caule subflexuoso angulato, ... Sp. pl. 1235. ... S. caule erecto, ... Hort. cliff. 409. ... Gmel. sib. 2. p. 164. ... Virga aurea latifolia serrata. Bauh. pin. 268. ... Gemeine Goldruthe. W. ...“ (Linné 1797–1830, Bd. III, Teil 3, S. 2065f.); „486. Solidago L. ... 1. S. Virgaurea (L. SP. 1235) ... M. a BIEB. Fl. t. c. II, p. 312. ... LEDEB. Fl. alt. IV, p. 101. ... S. caule erecto, ... GMEL. Fl. sib. II, p. 164. Nr. 136. ...“ (Ledebour 1844–1846, S. 493f.); „1734. SOLIDAGO Virgaurea. ... Linn. ed. Willd. 3. p. 2065. ... Gmel. sib. 2. p. 164. n. 136. ...“ (Marschall von Bieberstein 1808, S. 312); „1. SOLIDAGO VIRGAUREA. Linn. ... Linn. Willd. Spec. pl. III. p. 2065. ... M. a Bieb. Fl. taur. cauc. II. p. 312. No. 1734. ... Solidago caule erecto, ... Gmel. Fl. sib. IV. p. 164. No. 136.

β alpestris: racemo subsimplici. S. alpstris. ... Willd. Spec. pl. III. p. 2065. ..." (Ledebour 1833, S. 101); „*34. SOLIDAGO alpestris. ... Alpen-Goldruthe. W. ..." (Linné 1797–1830, Bd. III, Teil 3, S. 2065); „SOLIDAGO (Virgaurea) ... Золотушникъ [russ. *zolotušnik*] siue Золотая розга [russ. *zolotaja rozga*]" Russ. ..." (*Krašeninnikov* 1761, S. 136); „Solidago Virgaurea, ... gemeine Goldruthe, ... Heidenwundkraut; heidnisch Wundkraut; gulden Wundkraut; ... Die ganze Pflanze ... ist schon von den ältesten Aerzten unter die innerliche und äuserliche Wundkräuter gezählt worden; man rühmt sie in Bauchflüssen, in einer anfangenden Wassersucht, in dem Gries und andern Krankheiten der Harnwege, und einige auch in einem schleichenden Brande: ..." (Gmelin 1776, Sp. 649f.); „Von Arzneykräutern habe ich bei ihnen [d. h. den Mokschanern] im Gebrauch gefunden: ... Virgaurea (moksch. Kuklanka=tische) um mit der Asche davon erisypilatöse Geschwülste einzupudern; ..." (Pallas 1771, S. 72); „977. Solidago. Virgaurea. Lin. Syst. Plant. III. p. 817. sp. 11. ... Güldenrute. Ruß. Solotoschnik. ..." (Falk 1786, S. 241); „Das Güldenwundkraut (solidago virga aurea) wird von den Cosaken als Thee getrunken, wann der Harn wieder Willen abgeht. ..." (Gmelin 1770, S. 138); „1. SOLIDAGO Virgaurea ... Gemeine Goldruthe. ... Ihrer Schönheit, Dauer und des leichten Fortkommens wegen ist sie häufig Gartenblume." (Georgi 1797–1802, Theil 3, S. 1245); „VIRGA AUREA officinarum. Heydnischwundkraut. Heydenwundkraut. Goldruthen. Güldenwundkraut. Machtheil. ... Virga aurea latifolia serrata Casp. Bauh. Pin. p. 268. ... Solidago caule erecto, ... Linn. Hort. Cliffort. p. 409. ... Für die Apotheken sammlet man von diesem Gewächse nur das blühende Kraut in den Sommermonaten, welches in denselben so wohl Herba virgae aureae als Herba consolidae saracenicae genannt wird, ... Das Heydenwundkraut gehört also mit Recht unter die mäßig herben und gelinde bittern Arzneymittel. ..." (Gleditsch 1789, S. 314ff.); „SOLIDAGO VIRGAUREA. SOLIDAGO. ... Gemeine Goldruthe, Goldruthenkraut, heidnisches Wundkraut, gülden Wundkraut, St. Petersstab, Braunstengel, Mägdehülle. ... Solidago ist geruchlos, von zusammenziehendem Geschmack, und gehört zu den adstringirenden Mitteln. ..." (Hayne 1822, Nr. 12); „833, SOLIDAGO VIRGAUREA Linné. GOLDRUTHEN-SOLIDAGO. ... Deutsche Namen: Gemeine Goldruthe, Goldraute, Gülden Wundkraut, Heidnisch Wundkraut, St. Petersstab." (Dietrich 1844, Nr. 833); „III. Mittel in Unterleibskrankheiten. 1 Träge, schwache Verdauung, Flatulenz und Koliken. ... Der Ehste ... Gegen Kolik gebraucht er ... Solidago virgaurea, ..." (Krebel 1858, S. 129ff.); „7) Geschwüre. ... Der Ehste gebraucht bei alten Geschwüren ... die Solidago virgaurea, ..." (a. a. O., S. 179f.); „5. Solidago Virgaurea L. (Compos.). ... Nach Deriker zeigen die russischen Namen unserer Pflanze (solotucha, solotuschnik) offenbar die Anwendung gegen Scrophulose an ... Nach Annenkow (27, p. 335) wird das Mittel [d. h. die Abkochung von Solidago virgaurea] in Russland bei Krankheiten der Harnorgane, Nierensteinen, Blasensteinen, wie auch bei der Wundbehandlung gebraucht. ..." (Henrici 1894, S. 15f.); Solidago Virgaurea L. – russ. *zolotaja rozga*, *živitel'naja trava*, *železnjanka borovaja*, *zolotušnik*, *zolotarnik* bzw. *kostobjaz* (*Annenkov* 1858, S. 88, Nr. 1044); „Solidāgo L. (Compositae). Zus. aus solidus (fest) und agere (tragen), d. h. eine Pflanze, welche befestigende Kräfte besitzt, man benutzte sie nämlich zum Heilen von Wunden." (Wittstein 1852, S. 820); „Vīrga aūrea T. (Compositae). d. h. goldene Ruthe; die Zweige haben eine braungelbe Farbe und tragen goldgelbe Blumen." (a. a. O., S. 924

„186. Virga aurea, Limonij folio glabro Ind. Len. An Virga aurea novae Angliae, lato rigido folio Par. Bat. 243. & I. R. H. 485? ... Flosculi planta decerpta brevi flavum cum fusco rubente prope colore commutant, quod & in Icone ita delineatum est. ..." mit den rechts marginalen Anm. von J. G. Gmelin „vid. Ic." und „Virga aurea latifoliam serrata C. B. P. St. 724." (AAW R. I, Op. 105, D. 12, Bl. 42r, s. Anm. 54 in Nr. 17); „VIRGA AUREA Novae Angliae lato rigido folio. Flor. Bat. ..." (Hermann 1698, S. 243f.); „[species 26] Virga aurea novae Angliae, lato rigidoque folio Par. Bot. Virga aurea, ex nova York, foliis Symphiti majoris, hirsutis Schol. Bot." (Tournefort 1700, S. 485, Genus II. „Virga aurea. Verge dorée."); „Virga aurea novae angliae, lato rigidoque folio; bedeutet bey Hermann die steife Goldruthe." (Gmelin 1777, Sp. 563);

„275 Virga aurea latifolia serrata CBP. 268." (AAW R. I, Op. 6, D. 40, Bl. 35r, s. Anm. 1 in Nr. 1); „Virga aurea latifolia, serrata. B. Pin. 268. et Inst. r. h. n$^{\underline{o}}$ 34." (AAW R. I, Op. 13, D. 19,

Bl. 6r, s. Anm. 54 in Nr. 17); „568 Solidago caule recto, racemis alternis erectis Linn. h. Cliff. 409. Virga aurea Caesalp. Syst. 503. Virga aurea latifolia serrata B. Pin. 268. Tourn. inst. 484.“ (AAW R. I, Op. 13, D. 20, Bl. 57r, s. Anm. 1 in Nr. 1); „81. Virga aurea Limonij folio glabro.“ (AAW R. I, Op. 14, D. 8, Bl. 2v, s. Anm. 98 in Nr. 39); „1. Virga aurea Limonii folio glabro. Gmel.“ mit der rechts marginalen Anm. „Lena fl.“ (AAW R. I, Op. 13, D. 16, Bl. 29v, s. Anm. 32 in Nr. 6); „511. Virga aurea Limonii folio glabro. ...“ (AAW R. I, Op. 13, D. 42, Bll. 109r–109v, s. Anm. 1 in Nr. 1); „457. Virga aurea Limonij folio glabro ...“ (AAW R. I, Op. 105, D. 1ª, Bl. 51r, s. Anm. 29 in Nr. 5); „Virga aurea Limonij folio glabro ... Fl. Irc. n°. 724. ...“ mit der rechts marginalen Anm. „vid. Ic.“ (AAW R. I, Op. 13, D. 67, Bl. 30r, s. Anm. 5 in Nr. 4) „[species 10] Jacobaea Alpina, foliis longioribus, serratis. Virga aurea angustifolia, serrata, sive Solidago Saracenica J. B. 2. 1063. Virga aurea angustifolia, serrata C. B. Pin. 268. Consolida aurea Tabern. Icon. 556.“ (Tournefort 1700, S. 485, Genus III. „Jacobaea. Jacobée.“); „4. SOLIDAGO caule simplici, corymbo terminatrici, pedunculis partialibus alternis nudis longitudine folii. ... Virga aurea angustifolia serrata. Bauh. pin. 268. Virga aurea angustifolia ... Bauh. hist. 2. p. 1063. Jacobaea alpina, foliis longioribus serratis. Tournef. inst. 488. [sic!] ...“ (Linné 1737; S. 410); „9. SENECIO foliis longe ellipticis acute serratis, floribus umbellatis. Virga aurea angustifolia serrata ... I. B. II. p. 1063 ... Virga aurea angustifolia C. B. Bas. p. 79. serrata P. ...“ (Haller 1742, S. 734); „* Jacobaea Alpina, foliis longioribus, serratis Inst. R. H. Virga aurea angustifolia, serrata, ... J. B. 2. 1063. Virga aurea angustifolia, serrata C. B. Pin. 268. ... Heydnisch Wundkraut/ Gulden Wundkraut/ Goldkraut/ Steingünsel/ teutsche Sonnenblum. ...“ (Mappus 1742, S. 151f.); „8. JACOBAEA Alpina, foliis longioribus serratis. Tourn. Jacobskraut derer Alpen mit langen sägenförmigen Blättern.“ (Miller 1750, S. 445); „[Jacobaea] alpina foliis longioribus serratis, bedeutet bey Tournefort die saracenische Creuzpflanze.“ (Gmelin 1773b, Sp. 1078); „133. SOLIDAGO * foliis lanceolatis, serratis, floralibus pedunculos aequantibus LINN. vir. p. 84. ROY. pr. p. 163. Virga aurea angustifolia serrata B. pin. 268. Virga aurea angustifolia serrata s. Solidago Saracenica I. B. II. 1063. Iacobaea alpina foliis longioribus serratis TOURN. I. R. H. 485. Senecio foliis longe ellipticis, acute serratis, floribus vmbellatis HALL. Helv. 734. ... |: * Senecio. :|“ (Gmelin 1747–1769, Bd. II, S. 160f.), nahezu identisch auf Bll. 96r–96v in: AAW R. I, Op. 105, D. 28 – s. Anm. 61 in Nr. 21; „133. Solidago foliis lanceolatis serratis, floralibus pedunculos aequantibus [=] Senecio sarracenicus Jacq. et S. octoglossus DeC.“ (Ledebour 1841, S. 77); „32. SENEÇON Sarasin, S. Saracenicus, ... Virga aurea angustifolia, serrata; ... Bauh. Pin. 268, n.° 3. ... Bauh. Hist. 2, p. 1063. f. 2. Jacq. Aust. tab. 186. ...“ (Linné 1805, S. 535); „32) Heidnisch Wundkraut. Senecio saracenicus. ... Senecio corollis radiantibus, floribus corymbosis, foliis lanceolatis serratis glabriusculis. LINN. ... Sp. Pl. p. 1221. Solidago caule simplici, ... Hort. Cliff. 410. Virga aurea angustifolia serrata C. BAUH. pin. 268 ... Solidago saracenica. I. BAUH. hist. p. 1062. ... Diese Art, welche ... unter den Benennungen von Mägdehülle, Machtheil, Goldruthe, gülden Wundkraut, edel Wundkraut, Heil über alles, Grundheil und Steingünsel bekannt ist, ... Dieses Gewächs wurde ... wider frische und alte Geschwüre, faules Zahnfleich, auch wider die Verstopfung der Milz und Leber empfohlen.“ (Linné 1783a, S. 368f.); „64. S[enecio] SARRACENICUS (Jacq. fl. aust. 2. t. 186), ... Ledeb. fl. alt. 4. p. 109. Sen. sarracenicus var. Linn. sp. 1221. ... 66. S[enecio] OCTOGLOSSUS, ... Solidago Gmel. fl. Sib. 2. p. 165.“ (Candolle 1837, S. 353f.); „32. S[enecio] serracenicus [sic!] DEC. Prodr. VI, p. 353. ... LEBED. Fl. alt. IV, p. 109. ... Solidago foliis lanceolatis, ... GMEL. Fl. sib. II, p. 160, Nr. 133 (cum subsequenti confus. – excl. tamen pl. Gerberi). ...“ (Ledebour 1844–1846, S. 640f.); „2. SENECIO SARRACENICUS. Linn. ... Linn. Willd. Spec. pl. III. p. 2004. ...“ (Ledebour 1833, S. 109f.); „95. SENECIO saracenicus. ... S. corollis radiantibus, ... Jacq. austr. t. 186. ... Solidago caule simplici, ... Hort. cliff. 410. Solidago saracenica. ... Bauh. hist. 2. p. 1062. Virga aurea angustifolia serrata. Bauh. pin. 268. ... Heidnisches Kreutzkraut. W. ...“ (Linné 1797–1830, Bd. III, Teil 3, S. 2004f.); „93. SENECIO nemorensis. ... S. corollis radiantibus ... Sp. pl. 1221. ... Solidago foliis lanceolatis serratis, ... Gmel. sib. 2. p. 165? ... Hain-Kreutzkraut. W. ...“ (a. a. O., S. 2003f.); „33. S[enecio] nemorensis (L. SP. 1221) ... β. octoglossus. DEC. Prodr. VI, p. 354. ...

S. nemorensis. ... LEDEB. Fl. alt. IV, p. 109. ... γ. Fuchsii ... S. Fuchsii. GMEL. Fl. bad. III, p. 444. ...“ (Ledebour 1844–1846, S. 641f.); „1. SENECIO NEMORENSIS. Linn. ... Linn. Willd. Spec. pl. III, p. 2003. ... M. a Bieb. Fl. taur. cauc. II. p. 308. No. 1726.; ...“ (Ledebour 1833, S. 109); „1726. SENECIO nemorensis. ... Linn. ed. Willld. 3. p. 2003. ...“ (Marschall von Bieberstein 1808, S. 308); „1289. SENECIO Sarracenicus ... Linn. Sp. pl. 2. 1221. ... Virga aurea latifolia, serrata. Bauh. pin. 268. ... Virga aurea sive Solidago sarracenica, ... Bauh. hist. 2. p. 1063. omnino! ... Germ. Heidnisch-Kreutzkraut. ... 1290. SENECIO Fuchsii ... Virga aurea angustifolia serrata ... Bauh. hist. 2. p. 1063. ... Germ. Fuchsisches Kreutzkraut. ...“ (Gmelin 1808, S. 443ff.); „137. SOLIDAGO * foliis lanceolatis serratis, floralibus ad pedunculum minimis LINN. vir. 84. ROY. pr. 163. Virga aurea maior vel Doria C. B. P. Alisma Monspeliensium siue Doria I. B. II. 1064. Doria Narbonensinm [sic!] BESL. Eyst. vern. ord. 9. t. 8. f. 2. Iacobaea pratensis altissima, folio limonii TOURN. I. R. H. 485. A. Solidagine Saracenica FUCHS. differt ... |: * Senecio. :|“ (Gmelin 1747–1769, Bd. II, S. 165f.), nahezu identisch auf Bll. 98r–99r in: AAW R. I, Op. 105, D. 28 – s. Anm. 61 in Nr. 21; „137. Solidago foliis lanceolatis serratis, floralibus ad pedunculatum minimis. (excl. synon.) [=] Senecio racemosus Dec.! (cui S. kirghisicus DeC. Prodr. VI. 362. ut synonymon subjugendus est.) (Senecio nemorensis L. – Senecio octoglossus DeC. Prodr. VI. 354.)“ (Ledebour 1841, S. 77); „90. S[enecio] RACEMOSUS, ...“ (Candolle 1837, S. 358); „110. S[enecio] KIRGHISICUS, ...“ (a. a. O., S. 362); „... das saracenische Grimmkraut i), ... |: i) Senecio Saracenicus, russ. sarazinskajä szolotajä Losza. :|“ (Lepechin 1774, S. 197); „14. SENECIO nemorensis ... Hain=Kreuzkraut. ... 15. SENECIO saracenicus ... Saracenisches Kreuzkraut. ...“ (Georgi 1797–1802, Theil 3, S. 1243); „32. Saracenisches Kreuz=Kraut, ... Virga aurea angustifolia serrata C. & J. B. ... Die Aerzte rühmten ihre Blätter als ein urintreibendes und Wund= Mittel, ... An einigen Orten gebraucht man sie bey Pferden äusserlich, um ihre Wunden geschwinder zu heilen.“ (Krünitz 1773–1858, Bd. 49, S. 231ff.); „Jacobaēa T. (Compositae). Nach ST. JACOBUS benannt; sie blüht etwa um Jacobi (Ende Juli). ...“ (Wittstein 1852, S. 468)

„421 Jacobaea alpina foliis longioribq serratis T. i. r. h. ... vid. Flor. ircut. No 725“ (AAW R. I, Op. 104, D. 25, Bl. 31r, s. Anm. 61 in Nr. 21); „439. Solidago palustris Persicae folio subtus incano Comm. Par. 1720. ... Fl. Irc. n°. 725.“ (AAW R. I, Op. 105, D. 1ª, Bl. 49r, s. Anm. 29 in Nr. 5); „178. Solidago palustris Persicae folio subtus incano. Comm. Ac. Sc. Par. 1720. ...“ mit der rechts marginalen Anm. von J. G. Gmelin „Jacobaea alpina folijs longioribus serratis I. R. H. St. 725.“ (AAW R. I, Op. 105, D. 12, Bl. 41r, s. Anm. 54 in Nr. 17); „503. Solidago palustris Persicae folio subtus incano Vaill. ...“ (AAW R. I, Op. 13, D. 42, Bl. 106v, s. Anm. 1 in Nr. 1); „2. Solidago palustris Persicae folio subtus incano Comm Par 1720. ...“ (AAW R. I, Op. 13, D. 67, Bl. 29r, s. Anm. 5 in Nr. 4); „1047 Senecio folijs longissime mucronatis, serratis subtus incanis floribus umbellatis. Hall. alp. 735. Solidago palustris Persicae folio, subtus incano Vaill. Mem. p. 378. H. A.“ (AAW R. I, Op. 13, D. 20, Bl. 96v, s. Anm. 1 in Nr. 1); „1144. Senecio folijs longissime mucronatis, serratis, subtus incanis, floribus umbellatis Hall. Alp. 735. Solidago palustris Persicae folio subtus incano Vaill. ...“ (a. a. O., Bl. 104v); „45. (Forte) Solidago Persicae folio subtus incano Vaill.“ (AAW R. I, Op. 15, D. 1, Bl. 4v, s. Anm. 24 in Nr. 64)

16 „Pag. 485. Jacobaeae speciebus addendae sequentes. ... Jacobaea Orientalis, Cacaliae folio.“ (Tournefort 1703, S. 36f.); „3) Sibirische Aschenpflanze. Cineraria sibirica. ... Cineraria racemo simplici, foliis cordatis obtusis denticulatis laevibus, caule simplicissimo monophyllo. LINN. ... Sp. Pl. p. 1242. Jacobaeastrum cacaliae folio. AMM. ruth. 221. tab. 24. Jacobaea orientalis, cacaliae folio. TOURNEF. Cor. 24. Jacobaeoides ari crenato folio. VAILL. act. 1730. [sic!] p. 30. Solidago foliis cordatis subrotundis dentatis petiolatis. GMEL. Sib. 2. p. 169. ...“ (Linné 1783a, S. 404f.); „221. IACOBAEASTRVM Cacaliae folio Gmel. Tab. XXIV. ...“ (Amman 1739, S. 155ff.); „1. Jacobaeoïdes Ari folio, crenato. Jacobaea Orientalis, Cacaliae folio. Cor. I. R. Herb. 37.“ (Vaillant 1722, S. 300; Vaillant 1724, S. 387; Vaillant 1754, S. 570); „31. CINERARIA sibirica. C. racemo simplici, ... Sp. pl. 1242. ... Jacobaeastrum cacaliae folio. Amm. ruth. 221. t. 24. Jacobaea orientalis, ... Tournef. cor. 37. Jacobaeoides ari crenato folio. Vaill. act. 1730. [sic!] p. 30. [sic!] Solidago foliis cordatis ... Gmel. sib. 2. p. 269. ... Sibirische Aschenpflanze. W. ...“

(Linné 1797–1830, Bd. III, Teil 3, S. 2079f.); „2. CINERARIA SIBIRICA. Linn. ... Linn. Willd. Spec. pl. III. p. 2079. ... M. a Bieb. Fl. taur. cauc. II. p. 313. No. 1735. ... Solidago foliis cordatis, ... Gmel. Fl. sib. II. p. 169. No. 139. Jacobaeastrum Cacaliae folio. Amman. ruth. p. 155. No. 221. t. XXIV. ...“ (Ledebour 1833, S. 102); „1735. CINERARIA sibirica. ... Linn. ed. Willd. 3. p. 2079. ... Gmel. sib. 2. p. 169. n. 139. Jacobaeastrum Cacaliae folio. Amm. ruth. n. 221. t. 24. Jacobaea orientalis cacaliae folio. Tournef. cor. p. 37. ...“ (Marschall von Bieberstein 1808, S. 313); „Jacobaea orientalis, cacaliae folio, so nennt er [d. h. Tournefort] die sibirische Aschenpflanze.“ (Gmelin 1773b, Sp. 1084); „[Jacobaeoides] ari folio crenato, hierunter versteht er [d. H. Vaillant] die sibirische Aschenpflanze.“ (a. a. O., Sp. 1087); „139. SOLIDAGO foliis cordatis, subrotundis, dentatis, petiolatis. Iacobaeastrum cacaliae folio AMM. Ruth. 221. Tab. XXIV. Othonna, foliis subcordatis, caule subnudo simplicissimo LINN. Vps, 273. 1. ...“ (Gmelin 1747–1769, Bd. II, S. 169f.) nahezu identisch auf Bll. 100v–101v in: AAW R. I, Op. 105, D. 28 – s. Anm. 61 in Nr. 21; „139. Solidago foliis cordatis subrotundis dentatis petiolatis [=] Ligularia sibirica Cass.!“ (Ledebour 1841, S. 78); „526. Ligularia. CASSINI. 1. L. sibirica (CASSINI in Dict. sc. nat. XXVI, p. 401) ... DEC. Prodr. VI, p. 315. ... Cineraria sibirica. L. SP. 1242. ... M. a BIEB. Fl. t. c. II, p. 313. ... LEDEB. Fl. alt. IV, p. 102. ... Solidago foliis cordatis, ... GMELIN. Fl. sib. II, p. 169, Nr. 139. Jacobaeastrum Cacaliae folio. AMMAN. ruth. p. 155., Nr. 221. ...“ (Ledebour 1844–1846, S. 620f.); „10. L[igularia] SIBIRICA (Cass. dict. 26. p. 401), ...“ (Candolle 1837, S. 315); „Für die sibirischen Liebesvitter und erschöpften Venushelden stund hier das sibirische Aschenkraut k) dessen frische Stengel nach ihrer Versicherung die geschwächten Kräfte wieder herstellen ... |: k) Cineraria sibirica :|“ (Lepechin 1783, S. 72); „Die Cineraria sibirica soll, wenn sie roh gegessen wird, die gänzlich erstorbene Mannheit, besonders bey Trunkenbolden, wieder erwecken können. ...“ (Finke 1792, S. 565); „5) Aphrodisiacum. ... In Sibirien lässt man, um die erloschene Zeugungskraft bei Säufern herzustellen, die Wurzel von Cineraria sibirica roh essen, nur darf beim Gebrauch kein starkes Getränk genossen werden.“ (Krebel 1858, S. 146); „Die aus vielen dicken Fäden bestehende Wurzel der in allen diesen sumpfigen Wäldern an ofnen Stellen wachsenden schönen Cineraria sibirica, die von ihm Sheltoi Sweroboi [russ. *želtoj zveroboj*] genannt wurde, (ein Nahme, unter welchem sonst auch die gemeine Dotterblume oder Caltha, als ein Hausmittel bey dem Landvolk bekannt ist, [s. Nr. 358]) soll, nach seiner Erfahrung, wenn sie roh gegessen wird, die gänzlich erstorbene Mannheit, besonders bey Trunkenbolden wieder erwecken können, wenn nur an dem Tage, da dieses Mittel gebraucht, keine gegohrne und starke Getränke genossen werden. ...“ (Pallas 1773, S 191); „Jacobaeastum [sic!] cacaliae folio (Fl. sib, II. 169. nr. 139. Cineraria sibirica L. Ligularia sibirica Cass.).“ (C. von Linné in einem Brief an J. G. Gmelin vom 18. September 1744 – Plieninger 1861, S. 29); „Senecio fl. spicatis, fol. glaberrimis, glaucis oblonge ellipticis amplexicaulibus. othonnna foliis subcordatis, caule subnudo simplicissimo Hort. ups. 273. Amm. t. 24. (Fl. sib. II. 169. nr. 139. Cineraria sibirica L. Ligularia sibirica Cass. ...)“ (C. von Linné in einem Brief an J. G. Gmelin vom 2. August 1748 – Plieninger 1861, S. 80); „Jacobaeastrum (Jacobaea) Cacaliae f. (? Othonna Cacalioides L.? an potius Cineraria sibirica L. Fl. sib. II. 169. nr. 139. quam Cel. Ledebour ad Ligulariam sibiricam Cass. refert. ...) floruit, ...“ (A. von Haller in einem Brief an J. G. Gmelin vom 28. November 1746 – Plieninger 1861, S. 131); Cineraria sibirica – s. Ligularia (*Annenkov* 1858, S. 31, Nr. 306); Ligularia sibirica Cass. – russ. *želtyj zveroboj* bzw. *buzul'nik* (a. a. O., S. 55, Nr. 637); „Cinerāria L. (Compositae). Von cinis (Asche); die Blätter mehrerer Arten haben auf der unteren Fläche eine schöne aschgraue Farbe.“ (Wittstein 1852, S. 201); „Ligulāria CSS. (Compositae). Von ligula (Züngelchen, Blatthäutchen); die Blüthen des Strahls sind gezüngelt oder zweilippig.“ (a. a. O., S. 524); „Othōnna L. (Compositar). Unter diesem Namen führen Dioscorides (II. 178) und Plinius (XXVIII. 85) eine Pflanze an, welche wegen ihrer safranähnlichen Blüthen auch Anemone heisse und feindurchlöcherte Blätter habe. ... die Pflanze selbst aber kennen wir nicht. Die Linnéische Othonna hat ebenfalls poröse Blätter.“ (a. a. O., S. 645)

„452. Jacobaeoides Populaginis folio Ind. Irc. 179. ... Fl. Irc. n°. 726.“ (AAW R. I, Op. 105, D. 1ª, Bl. 51r, s. Anm. 29 in Nr. 5); „Jacobaeoides Populaginis folio Ind. Irc. n°. 179 Fl. Irc.

n°. 726. ...“ mit der rechts marginalen Anm. „vid. Ic.“ (AAW R. I, Op. 13, D. 67, Bl. 30r, s. Anm. 5 in Nr. 4); „179. Jacobaeoides Populaginis folio. Jacobaeastrum Cacaliae folio Obs. in H. N. CXXXI. An Jacobaeoides Ari folio crenato Comm. Ac. Sc. Par. 1720? ...“ mit der rechts marginalen Anm. von J. G. Gmelin auf Bl. 41r „An Jacobaea [Orientali]s Cacaliae folio Cor. I. R. H. St. 726.“ (AAW R. I, Op. 105, D. 12, Bll. 41r–41v, s. Anm. 54 in Nr. 17); „948. Solidago folijs subrotundis, ad pedunculum emarginatis, dentatis, floribus spicatis. Jacobaeastrum Cacaliae folio Amm. Ic. & descript. n°. 221. ...“ (AAW R. I, Op. 13, D. 20, Bl. 90r, s. Anm. 1 in Nr. 1); „+27. Solidago folijs subrotundis, dentatis, ad petiolam emarginatis, floribus spicatis. Jacobaeastrum Cacaliae folio Amm. ic. & descr. 221.“ (AAW R. I, Op. 13, D. 19, Bl. 10v, s. Anm. 54 in Nr. 17); „CXXXI Jacobaeastrum Cacaliae folio. ...“ mit der link marginalen Anm. auf Bl. 35v „vid. Fig.“ (AAW R. I, Op. 105, D. 8, Bll. 35v–36r, s. Anm. 46 in Nr. 79); „CXXXI. Jacobaeastrum Cacaliae folio.“ mit der rechts marginalen Anm. auf Bl. 52r „Vid. fig.“ (AAW R. I, Op. 105, D. 8[a], Bll. 52r–52v, s. Anm. 46 in Nr. 79) „* Jacobaeastrum Cacaliae folio serrato. Obs. in Hist. nat. cxxxi. ...“ (AAW R. I, Op. 105, D. 2, Bl. 14v, s. Anm. 54 in Nr. 17)

17 „Pag. 485. Jacobaeae speciebus addendae sequentes. ... Jacobaea Orientalis, Senecionis folio tenuissime diviso, non incano, flore magno. ...“ (Tournefort 1703, S. 36f.); „19. JACOBAEA Orientalis, senecionis folio tenuissime diviso, non incano, flore magno. Tourn. Cor. Orientalisches Jacobskraut, mit kleinzertheiltem Kreutzkrautblat, so nicht grau ist, und grosser Blume.“ (Miller 1750, S. 445); „Jacobaea orientalis senecionis folio tenuissime diviso non incano, flore magno; bedeutet bey ihm [d. h. Tournefort] noch eine morgenländische Art, mit grosen Blumen, und sehr fein zertheilten unbestäubten Blättern, welche denen Blättern der gemeinen Creutzpflanze gleichen.“ (Gmelin 1773b, Sp. 1084); „3. SENECIO foliis pinnato-lyratis, laciniis lacinulatis. ... Jacobaea vulgaris laciniata Bauh. pin. 131. ... Tournef. inst. 485. ...“ (Linné 1737, S. 406)

„445. Jacobaea 2[a]. ... Hanc speciem in ind. Irc. pro vulgari habui. Fl. Irc. n°. 727. ...“ (AAW R. I, Op. 105, D. 1[a], Bl. 49v, s. Anm. 29 in Nr. 5); „Jacobaea vulgaris laciniata C. B. P. ...“ (AAW R. I, Op. 68, D. 2, Bl. 11r, s. Anm. 62 in Nr. 22); „277 Jacobaea vulgaris laciniata CBP. 131.“ (AAW R. I, Op. 6, D. 40, Bl. 35r, s. Anm. 1 in Nr. 1); „511. Senecio folijs pinnato-lyratis; lacinijs lacinulatis Linn. h. cliff. 406. Jacobaea vulgaris laciniata B. Pin. 131. Boerh. lugd. 1. p. 99.“ (AAW R. I, Op. 13, D. 20, Bl. 51r, s. Anm. 1 in Nr. 1); „279. Jacobaea vulgaris laciniata C. B. P. 131.“ (AAW R. I, Op. 104, D. 13, Bl. 7r, s. Anm. 84 in Nr. 29); „Jacobaea vulgaris laciniata. C. B. P. ...“ (AAW R. I, Op. 105, D. 2, Bl. 14r, s. Anm. 5 in Nr. 17); „– Jacobaea vulgaris laciniata CBP ...“ (AAW R. I, Op. 104, D. 8, Bl. 3r, s. Anm. 18 in Nr. 452); „180. Jacobaea vulgaris laciniata. C. B. P. ...“ mit der links marginalen Anm. von J. G. Gmelin „An Jacobaea Or. Senecionis folio tenuissime diviso non incano fl. magno Cor. I. R. H. St. 727.“ (AAW R. I, Op. 105, D. 12, Bl. 41v, s. Anm. 54 in Nr. 17); „Jacobaea 2[a]. ... Ind. Jen. n°. 445. ...“ (AAW R. I, Op. 13, D. 67, Bl. 29v, s. Anm. 5 in Nr. 4); „Jacobaea vulgaris laciniata; C. B. Pin. 131. Tournef. Sp. 1. Jacobaea Senecio et Herba S. Jacobi Lobel. Icon. p. 227. Jacobaea prior Dodon. Pempt. 642. ...“ (AAW F. 98, Op. 1, D. 19, Bl. 28v, s. Anm. 59 in Nr. 19)

18 „[species 5] Jacobaea latifolia, palustris sive aquatica Raii Hist. 285.“ (Tournefort 1700, S. 485, Genus III. „Jacobaea. Jacobée.“); „A. 4. Jacobaea latifolia palustris sive aquatica. ...“ (Ray 1686, S. 285); „131. SOLIDAGO foliis inferioribus lanceolatis, ex serrato sinuatis, superioribus integris, amplexicaulibus LINN. h. Cliff. 410. ROY. pr. 162. Tab. LXXII. Coniza helenitis foliis laciniatis LOB. ic. 347. et DOD. Conyza aquatica laciniata B. Pin. 266. Iacobaea aquatica elatior, foliis magis dissectis MOR. Ox. s. 7. t. 19. f. 24. Aster palustris, laciniatus, luteus TOURN. I. R. H. 483. Solidago odorata, foliis oblongis, crispis et laevibus AMM. Ruth. 219. An Iacobaea palustris siue aquatica R. hist. 285 ? STELL. Irc. 728. ... Planta inter Iacutiam vrbem et Iudomensem crucem nata STELLERO visa est foliis perpetuo angustioribus, ...“ (Gmelin 1747–1769, Bd. II, S. 158f.), nahezu identisch auf Bll. 94r–95r in: AAW R. I, Op. 105, D. 28 – s. Anm. 61 in Nr. 21; „131 Solidago foliis inferioribus lanceolatis ex serrato sinuatis, superioribus integris amplexicaulibus. LXXII. [=] Senecio palustris DeC.!“ (Ledebour 1841, S. 77); „[species 40] Aster palustris, laciniatus, luteus, Conyza aquatica, laciniata. B. Pin. 266. Conyza Helenitis, foliis laciniatis Lob.

Icon. 347." (Tournefort 1700, S. 483, Genus II. „Aster."); „2. Jacobaea latifolia, palustris sive aquatica. R. Hist. 1. 285. & I. R. Herb. 485. ... Jacobaea latifolia. J. B. 2. l. 24. p. 1057. ..." (Vaillant 1722, S. 296; Vaillant 1724, S. 382; Vaillant 1754, S. 566); „32. Jacobaea aquatica, elatior, foliis magis dissectis. Hist. Oxon. 3. 110. Aster palust. laciniatus, luteus. I. R. Herb. 483." (Vaillant 1722, S. 299; Vaillant 1724, S. 385; Vaillant 1754, S. 569); „10. SOLIDAGO foliis inferioribus lanceolatis serrato-sinuatis, superioribus integris amplexicaulibus. Jacobaea aquatica elatior, ... Vaill. act. 1720. p. 385. Aster palustris laciniatus luteus. Tournef. inst. 483. Conyza aquatica laciniata. Bauh. pin. 266. ... Conyza helenitis. Dod. hist. 67. f. ult. ..." (Linné 1737, S. 410); „219. SOLIDAGO odorata, foliis oblongis, crispis et laeuibus Gmel. ..." (Amman 1739, S. 154f.); „6) Sumpf=Aschenpflanze, Cineraria palustris. ... Cineraria floribus corymbosis, foliis lato-lanceolatis dentato-sinuatis, caule villosso. LINN. ... Sp. Pl. 1243. Solidago foliis inferioribus lanceolatis ... Hort. Cliff. 410. ... GMEL. Sib. II. p. 158. tab. 72. ... Conyza aquatica laciniata. C. BAUH. pin. 266. ... Aster palustris laciniatus luteus. TOURNEF. Inst. R. H. p. 483. ..." (Linné 1783a, S. 406f.); „33. CINERARIA palustris. C. floribus corymbosis, ... Sp. pl. 1243. ... Solidago foliis inferioribus ... Hort. cliff. 410. Conyza aquatica laciniata. Bauh. pin. 266. ... Sumpf-Aschenpflanze. W. ..." (Linné 1797–1830, Bd. III, Teil 3, S. 2080); „3. CINERARIA PALUSTRIS. Linn. ... Linn. Willd. Spec. pl. III. p. 2080. ... Solidago folio inferioribus lanceolatis, ... Gmel. Fl. sib. II. p. 158. No. 131. t. LXXII. Solidago odorata, ... Amman. ruth. p. 154. No. 219. ..." (Ledebour 1833, S. 102f.); „[Cineraria] palustris, ... Sumpfaschenpflanze, ..." (Gmelin 1772, Sp. 970f.); „51. S[enecio] palustris (DEC. Prodr. VI. p. 363) ... Cineraria palustris. L. SP. 1243. ... LEDEB. Fl. alt. IV, p. 102. ... Solidago odorata, ... AMMAN. p. 154, Nr. 219. Solidago foliis inferioribus lanceolatis, ... GMEL. Fl. sib. II, Nr. 131, t. 72. ..." (Ledebour 1844–1846. S. 648f.); „113. S[enecio] PALUSTRIS, ... Cineraria palustris Lin. sp. 1243. ..." (Candolle 1837, S. 163); „Die Cineraria palustris, welche an sumpfigen Stellen nirgend fehlte, nannten die Bauren hier Wypadaschnaja Trawa, weil es frisch mit Hanföhl zu einer Salbe gestossen wider den Wurm am Finger und in allerley alten Geschwüren nüzlich seyn soll. ..." (Pallas 1771, S. 45); „Sumpf=Aschenkraut n), woraus die szirjänischen Quacksalber allerley Nothwendigkeiten, wie sie es nennen, bereiten. ... |: n) Cineraria palustris. :|" (Lepechin 1783, S. 167); „25. Cineraria palustris L. Sumpfliebende Aschenpflanze. ... In Rußland ist sie unter dem Namen: Wupadaschnaja trawa bekannt, und wird von den Landleuten mit Hanföl zu einer Salbe gestoßen, welche sie gegen Geschwüre brauchen, und auch andere äußerliche Krankheiten damit heilen." (Dietrich 1803, S. 109); „609. SENECIO PALUSTRIS De Cand. SUMPF-SENECIO. ... Cineraria palustris Linné spec. pl. p. 1243. ... Sachsen: um Halle bei Bruckdorf und Dieskau; bei Wormsleben; im Halberstädtschen bei Rödershof, Hordorf, Schadeleben. Westerhausen. ... Deutsche Namen; Aschenpflanze." (Dietrich 1841, Nr. 609); „So wenig die Samojeden sich um Pflanzenkost kümmern, so fand ich doch dass jenes üppige, anderthalb Fuss hohe und zolldicke Kaut, Senecio palustris, var. lacerata Ledeb., ... von Russen genossen wird. Vielleicht gingen sie darin bei ihren Rennthieren in die Lehre, welche dieser Pflanze sehr nachgehen, doch nur die Blätter abrupfen und die kahlen Strünke unberührt stehen lassen. Daran mag der mächtige Duft schuld sein, der seinen Sitz in der Stengelhaut hat. Die an der Waldgränze sich aufhaltenden Russen nennen unsere Pflanze, welche sie sehr mögen, ‚Sonnenkraut' (Jarowyja Schtschi), ziehen ihr aber bei der Zubereitung die Stengelhaut ab, um den strengen Geruch (tjäshólyj duch) loszuwerden. Vielleicht ist es derselbe Senecio der auch in Kamtschatka ... als Gemüse benutzt wird. ..." (Middendorff 1867, S. 695); „10) Panaritium. ... Auch schlägt man gekautes Roggenbrod mit Butter, oder eine Salbe aus den mit Hanföl gestossenen Blättern der Cineraria palustris auf, ohne jedoch den übeln Folgen bei den höheren Graden dadurch zu begegnen." (Krebel 1858, S. 181); „Senecio f. inferioribus serrato-sinuato etc. Cliff. Mihi non notus (Fl. sib. II. nr. 131. Cineraria palustris L. Senecio palustris Dec. ...)." (A. von Haller in einem undatierten Brief an J. G. Gmelin – Plieninger 1861, S. 145); Senecio (Ligularia) palustris Dec. – russ. *vypadošnaja trava* (*Annenkov* 1858, S. 86, Nr. 1019); *vypadočnaja trava* – Cineraria (*Slovar'* 1988, S. 251)

„422 Solidago longifolia tomentosa & incana foliis profunde et raro dentatis ind. Len. Irc. et Jenis. ... Flor. irc. [...] Jacobaea palustri sive aquatica raii [...] No. 728 ... 423. Solidago longifolia tomentosa & incana foliis profunde & raro dentatis ind. plant. Len. ...“ (AAW R. I, Op. 104, D. 25, Bl. 31r, s. Anm. 61 in Nr. 21); „6. Solidago longifolia, tomentosa & incana folijs profunde & raro dentatis Ind. Len. & Irc. Forte Fl. Irc. 728. ...“ mit der rechts marginalen Anm. „vid. Ic. & Ic. St.“ (AAW R. I, Op. 13, D. 67, Bl. 29r, s. Anm. 5 in Nr. 4); „176. Solidago longifolia, tomentosa & incana, folijs profunde & raro dentatis Ind. Len. ...“ mit der rechts marginalen Anm. „vid. Ic.“ (AAW R. I, Op. 105, D. 12, Bl. 41r, s. Anm. 54 in Nr. 17); „442. Solidago longifolia, tomentosa et incana, folijs profunde et raro dentatis ... Fl. Irc. 728. si ab hac diversa est, hirsutie tantum caulium minori et forte floribus minoribus differt.“ (AAW R. I, Op. 105, D. 1^{a}, Bl. 49r, s. Anm. 29 in Nr. 5); „504. Solidago longifolia, tomentosa et incana foliis profunde et raro dentatis. ...“ (AAW R. I, Op. 13, D. 42, Bll. 106v–107r, s. Anm. 1 in Nr. 1); s. Anhang B.5. Nr. 17 und B.6.15.

19 „[species 8] Jacobaea montana integro sublongo folio Barr. Icon.“ (Tournefort 1700, S. 485, Genus III. „Jacobaea. Jacobée.“); „1086. Jacobaea montana, integro, sublongo folio Barr. Icon. 146. Jacobaea maritima, non laciniata, lanuginosa, latifolia Inst. R. Herb. 486. ...“ (Barrelier 1714, S. 98); die Abbildung 146 „Iacobaea mont. integro Sublongo. folio.“ (Barrelier 1714a); „32. Solidago Hormini folio, polyanthos. Jacobaea mont. integro sublongo folio. Barr. Icon. 146, Obs. n.° 1086. ...“ (Vaillant 1722, S. 295f.; Vaillant 1724, S. 381; Vaillant 1754, S. 565); „26. Solidago longifolia, tomentosa & incana, floribus ferè umbellatis, subtùs atro-rubescentibus. Jacobaea montana, lanuginosa, angustifolia, non laciniata. B. Pin. 131, & I. R. Herb. 486.“ (Vaillant 1722, S. 295; Vaillant 1724, S. 380f.; Vaillant 1754, S. 564); „130. SOLIDAGO foliis lanceolatis, sessilibus, integris, denticulatis, floribus vmbellatis, inuolucro setaceo. Tab. LXXI. Iacobaea pannonica folio non laciniato CLUS. pann. 574. Iacobaea montana lanuginosa angustifolia non laciniata B. P. 131. TOURN. I. R. H. 486. MOR. Hist. O s. 7. Tab. 12. Fig. 28. Solidago longifolia tomentosa et incana, floribus fere vmbellatis, subtus atro-rubentibus VAILL. comm. Par. 1720. p. 380. Senecio foliis lingulatis, tomentosis, simplicissimis HALL. Helv. 736. An Iacobaea alpina foliis subrotundis, serratis C. B.? STELL. Irc. 730. j. Eadem caule vnifloro aut bifloro. jj. Eadem flore vno at altero infra vmbellam sparso. Tab. LXXI. A. jjj. Eadem foliis lata basi caulem amplexantibus. Tab. ead. A jV. Eadem floribus intense croceis. An Iacobaea montana, integro sublongo folio BARR. ic. TOURN? STELL. Irc. 729. V. Eadem floribus nudis. ...“ (Gmelin 1747–1769, Bd. II, S. 154ff.), nahezu identisch auf Bll. 92r–94r in: AAW R. I, Op. 105, D. 28 – s. Anm. 61 in Nr. 21; „130. Solidago foliis lanceolatis sessilibus integris denticulatis, floribus umbellatis, involucro setaceo. t. LXXI. [=] Senecionis spec. plur. confus.“ (Ledebour 1841, S. 77); „*99. SENECIO Barrelieri. † ... Jacobaea montana integro sublongo folio. Barr. ic. 146. ... Pyrenaeisches Kreutzkraut. W. ...“ (Linné 1797–1830, Bd. III, Teil 3, S. 2006); „17. Senecio Barrelieri. Gouan. illustr. 68. Pyrenäisches Kreuzkraut. ... Jacobaea montana. Barrel. ic. 146. Bocc. mus. 2. t. 99. ...“ (Dietrich 1809, S. 80); „Senecio f. lanceolatis sessilibus etc. – est Jacobaea lanuginosa non incana (laciniata?) T. (cf. Fl. sib. II. 154. nr. 130. ubi Senecionis plures species confusas inesse cel. Ledeb. definit; forsan et Cineraria campestris Retz. inest ad quam descriptio maxime accedit. ...).“ (A. von Haller in einem undatierten Brief an J. G. Gmelin – Plieninger 1861, S. 145)

„278 Jacobaea montana lanuginosa angustifolia non laciniata CBP. 131.“ (AAW R. I, Op. 6, D. 40, Bl. 35r, s. Anm. 1 in Nr. 1); „175. Solidago longifolia, tomentosa & incana, floribus fere umbellatis, subtus atro-rubescentibus Comm. Ac. Sc. Par: 1720. ...“ mit den rechts marginalen Anm. von J. G. Gmelin „vid. Ic.“ und „An Jacobaea montana integro sublongo folio Barr. Ic. St. 729.“ (AAW R. I, Op. 105, D. 12, Bl. 41r, s. Anm. 54 in Nr. 17); „5. Solidago longifolia tomentosa & incana, floribus fere umbellatis, subtus atro-rubescentibus Comm. Par. 1720. Ind. Irc. n°. 175. Fl. Irc. n°. 729.“ mit der rechts marginalen Anm. „vid. Ic.“ (AAW R. I, Op. 13, D. 67, Bl. 29r, s. Anm. 5 in Nr. 4); „* Solidago longifolia, tomentosa et incana, floribus fere umbellatis, subtus atro-rubentibus. Vaillant. ...“ (AAW R. I, Op. 105, D. 2, Bl. 14r, s. Anm. 54 in Nr. 17); s. auch Nr. 730

[20] „504. Solidago longifolia, tomentosa et incana, foliis profunde et raro dentatis. ...“ (AAW R. I, Op. 13, D. 42, Bll. 106v–107r, s. Anm. 1 in Nr. 1)

[21] in der 2. Textversion (s. Anm. 1 in A.): „radio“

[22] „[species 6] Jacobaea Alpina, foliis subrotundis, serratis C. B. P. 131. Conyza Alpina J. B. 2. 1055. Jacobaea Alpina, foliis rotundis, serratis Prodr. 69....“ (Tournefort 1700, S. 485, Genus III. „Jacobaea. Jacobée.“); „VII. Jacobaea alpina foliis rotundis serratis. ...“ (Bauhin 1623, S. 131); „7) Alpen=Aschenpflanze. Cineraria alpina. ... Cineraria umbella involucrata, pedunculo communi nudiusculo, foliis oblongis villosis. LINN. ... Sp. pl. p. 1243. ... Jacobaea alpina foliis subrotundis [sic!] serratis. C. BAUH. pin. 131. prodr. 70. tab. 71. ... Solidago foliis lanceolatis sessilibus ... GMEL. sib. 2. p. 154. tab. 71. Jacobaea montana lanuginosa angustifolia non laciniata. C. BAUH. pin. 131. ...“ (Linné 1783a, S. 407ff.); „40. CINERARIA alpina. W. ... Cineraria alpina β. Sp. pl. 1243. ... Alpen-Aschenpflanze. W. ...“ (Linné 1797–1830, Bd. III, Teil 3, S. 2084); „4. CINERARIA alpina ... Alpen=Aschenkraut. ...“ (Georgi 1797–1802, Theil 3, S. 1246); „47 S[enecio] campestris (DEC. Prodr. VI, p. 361) ... Cineraria campestris. ... M. a. BIEB. Fl. t. c. II, p. 314. 465. ... Cineraria alpina. ... GMEL. Fl. sib. II, p. 154, Nr. 130, t. 71 et LEPECH. It. I, p. 237 hinc et affines confuderunt.“ (Ledebour 1844–1846, S. 646f.); „... gülden Wundkraut e). ... |: e) Solidago foliis lanceolatis. Gmel. flor. Sib. T. II. p. 154. T. 71. :|“ (Lepechin 1774, S. 237); „106. S[enecio] CAMPESTRIS, ...“ (Candolle 1837, S. 314); „1739. CINERARIA campestris. ... Linn. ed. Willd. 3. p. 2081. ... Gmel. sib. 2. p. 154. n. 130. t. 71. f. A. ...“ (Marschall von Bieberstein 1808, S. 314f.); „27. Solidago longifolia, tomentosa & incana, floribus ferè umbellatis, utrinque luteis. ...“ (Vaillant 1722, S. 295; Vaillant 1724, S. 381; Vaillant 1754, S. 564f.)

„441. Solidago longifolia, tomentosa et incana, floribus fere umbellatis, utrinque luteis Comm. Par. 1720. et Ind. Irc. n°. 174. ... varietas folijs leviter dentatis, de qua in Ind. Irc. Fl. Irc. n°. 730. et Ind. Stell. CIƆIƆCCXXXVIII n°. 70. ... J. Eadem acaulos. ...“ (AAW R. I, Op. 105, D. 1ª, Bl. 49r, s. Anm. 29 in Nr. 5); „174. Solidago longifolia, tomentosa & incana, floribus fere umbellatis, utrinque luteis Comm. Ac. Sc. Par. 1720. ...“ mit der rechts marginalen Anm. von J. G. Gmelin „An Jacobaea Alpina folijs subrotundis serratis B. Pin. St. 730.“ (AAW R. I, Op. 105, D. 12, Bl. 41r, s. Anm. 54 in Nr. 17); „* Solidago longifolia, tomentosa et incana, floribus umbellatis, utrinque luteis vaillant. ...“ (AAW R. I, Op. 105, D. 2, Bl. 14r, s. Anm. 54 in Nr. 17); „4. Solidago longifolia, tomentosa & incana, floribus fere umbellatis, utrinq) luteis Comm. Par. 1720. Fl. Irc. n°. 730. & Ind. Stell. CIƆIƆCCXXXVIII n°. 79. [?] ... j. Eadem acaulos Ind. Jen. n°. 441. var. j. ...“ (AAW R. I, Op. 13, D. 67, Bl. 29r, s. Anm. 5 in Nr. 4); „505. An Solidago longifolia, tomentosa et incana, floribus fere umbellatis utrinq₃ luteis Vaill. 1719? ... Eadem planta in indice trans-Baicalensium plantarum recensita, Sub quo vero nomine, non memini.“ (AAW R. I, Op. 13, D. 42, Bll. 107r–107v, s. Anm. 1 in Nr. 1); „424 Solidago longifolia et incana floribq croceis. Flor ircut. No. 730. ...“ (AAW R. I, Op. 104, D. 25, Bl. 31r, s. Anm. 61 in Nr. 21); s. Nr. 729

[23] „Dorōnicum L. (Compositae). Nach Vaillant vom arabischen doronigi. Linné leitete irrigerweise ab von δῶρον (Geschenk) und νικη (Sieg), weil die Pflanze früher zur Tödtung (Vergiftung) wilder Thiere gebraucht wäre, was sich aber schon a priori von dieser nicht sagen lässt, ...“ (Wittstein 1852, S. 300)

[24] Johann Amman

[25] „[species 1] Corona Solis Tabern. Icon. 763. Helenium Indicum, maximum C. B. Pin. 276. Herba maxima J. B. 3. 107.“ (Tournefort 1700, S. 489, Genus II. „Corona Solis. Soleil.“); „1. Corona Solis I. Sonnenkron. I.“ und „2. Corona Solis II. Sonnenkron II.“ (zwei Abbildungen in Tabernaemontanus 1590, S. 763); „Corona Solis, Chrisanthemum Peruvianum, Flos Solis, Helenium Indicum maximum, Sonnenblume. Hiervon werden die Sprößlein von der Blume, welche venerem stimuliren, gebrauchet. Der Saamen lindert die Schmertzen.“ (Franckenau 1716, S. 161f.); „CORONA SOLIS. ... teutsch, Sonnenblume/ Sonnenrose, Sonnenwende. Ist ein Gewächs, dessen es allerhand Sorten giebet: ... Die erste wird genannt Corona Solis, Tabern. Icon. Pit. Tournefort. ... Helenium Indicum maximum, C. B. ... Die andere heist Corona Solis 2. Tab. Icon Pit. Tournefort. ... Diese Gewächse kommen ursprünglich aus Peru: ... In Virginien brauchen sie den Samen zum

Brod backen, machen auch Suppen für die Kinder draus. Desgleichen essen sie die annoch jungen Spitzen, ... Das gantze Gewächs soll, der Sage nach, eine gute Nahrung geben, stärcken, und kräftigen Samen machen, ... Corona Solis heist es, dieweil die Blume dieses Gewächses die Gestalt einer Krone hat, und sich stets nach der Sonnenseite pflegt zu wenden." (Lémery 1721, Sp. 350f.); „1. Corona Solis annua, flore aureo, ovariis nigris. Helenium Indicum, maximum. B. Pin. 276. Corona Solis I, & II. Tabern. Icon. 763, & I. R. Herb.489. j. Eadem ovariis cinereis. ..." (Vaillant 1722, S. 333; Vaillant 1724; S. 431f.; Vaillant 1754, S. 607f.); „Corona Solis heißt die Pflanze, weil die Blume ihrer Arten gleichsam eine stralende Sonne vorstellet." (Vaillant 1754, S. 609); „Sol amplissimo nutante flore. Corona Solis Tabernaemont. Icon. 763. ... Sonnen=Blumen ..." (Rupp 1726, S. 134f.); „1. HELIANTHUS radice annua, amplissimo nutante flore. Rupp. jen. 134. ... Corona solis. Tabern. ic. 763. Tournef. inst. 489. ... Helenium indicum maximum. Bauh. pin. 276. ..." (Linné 1737, S. 419); „GRoße, Indianische Sonnen=Bluhme heißt Lateinisch, Flos Solis, Peruvianus, Lob. ... Helenium Indicum, maximum. C. B. P. 276. ... Camerarius vermeinet, dieses Gewächse seye ein Wund=Kraut, ... Die Bluhmen dieses Gewächses ... geben eine Speise ab, so da lieblicher, als die Spargeln und Artischocken, erwecken große Lust zu den ehlichen Wercken. ..." (Zwinger 1744, S. 840f.); „1. CORONA SOLIS. Tab. Die gemeine grosse jährliche Sonnenblume." (Miller 1750, S. 233); „Corona solis annua, flore aureo, ovariis cinereis; bedeutet bey Vaillant eine Abart der jährigen Sonnenblume mit aschgrauen Fruchtknoten. ... [Corona] solis annua, flore aureo, ovariis nigris; hierunter versteht er die jährige Sonnenblume." (Gmelin 1773, Sp. 182); „1) Jährige Sonenblume. Helianthus annuus. ... Helianthus foliis omnibus cordatis trinervatis, pedunculis incrassatis, floribus cernuis. LIN. ... Sp. pl. p.1276. Helianthus radice annua. Hort. Cliff. 419. ... Helenium indicum maximum. C. BAUH. pin. 276. Herba maxima. I. BAUH. hist. III. p. 107. ... Aus dem Saamen kan ein zu verschiedenem Gebrauche nützliches Oel bereitet werden. Es erstreckt sich aber der Nutze ... auch auf die Fütterung des Viehes, ..." (Linné 1783a, S. 553ff.); „1. HELIANTHUS annuus.... H. radice annua. ... Hort. cliff. 419. ... Helenium indicum maximum. Bauh. pin. 276. ... Gemeine Sonnenblume. W. ..." (Linné 1797–1830, Bd. III, Teil 3, S. 2237f.); „a) Helianthus annuus. ... Deutsch. Die gemeine Sonnenblume; Die jährige hohe Sonnenblume; Die gröste indianische Sonnenblume; die Sonnenkrone. ... Russ. Podsolneschnik. [russ. *podsolnečnik*] ... nach Gouan, soll ein kaffeeartiges Getränke daraus bereitet werden können; ..." (Nemnich 1794, Sp. 115); russ. *podsolnečnik* bzw. *solnečnik* – Helianthus annuus (Pawlowski 1952, S. 1118 bzw. S. 1522); „... würde es nützlicher seyn, die jährlichen Sonnenblumen a) zu säen, ... Ihr Saamen, oder die Kerne, geben ein vortrefliches Oel, ... Außer dem Oel ... verschaft er [d. h. der Bauer] sich aus den Stengeln der Sonnenblume jährlich eine ziemlich gute Feuerung an die Stelle des Scheitholzes; ... (Lepechin 1774, S. 115); „HELIANTHUS annuus ... Jährige Sonnenblume. ... Wegen ihres Ansehens und leichten Fortkommens mehr, als wegen ihrer Benutzungen, (des jungen Stängels zur Speise, des dürren zum Holzersatz, des Samens zu guten Speise= und Brennöl, der Oelkuchen zu Nothspeise –) ..." (Georgi 1797–1802, Theil 3, S. 1257); „74. Helianthus annuus L. (Compos.). ... Die Sonnenblume liefert ... ein interessantes Volksmittel bei Malaria, welches an der Wolga und auf dem Kaukasus ... verwendet wird. Die Muhammedaner im Kaukasus kennen zu gleichem Zwecke auch eine äusserliche Verwendung der Sonnenblume. ..." (Henrici 1894, S. 69f.); „Heliānthus L. (Compositae). Zus. aus ἥλιος (Sonne) und ἄνδος (Blume); die Strahlenblüthen sind gelb und die Fläche der ganzen Blume ist stets gegen die Sonne gerichtet." (Wittstein 1852, S. 425)

„девесилъ" [russ. *devesil*] – Helenium (AAW F. 21, Op. 5, D. 73, Bl. 269v); „614. Helianthus radice annua Linn. vir 88. Helianthus radice, amplissimo nutante flore. Linn. h. cliff. 419. Corona solis Tourn inst. 489. Boerh. lugd. 1. p. 102." (AAW R. I, Op. 13, D. 20, Bl. 59v, s. Anm. 1 in Nr. 1); „Corona solis, Tabernaemontani (Tournefortii sp. 1), Off." (Messerschmidt 1962–1977, Bd. 4, S. 205, s. Anm. 1 in Nr. 1)

26 „[species 1] Leucanthemum vulgare. Bellis sylvestris, caule folioso, major C. B. Pin. 261. Bellis major Dod. Pempt. 265. J. B. 3. 114. [species 2] Leucanthemum vulgare, caule villis canescente. Bellis sylvestris, caule folioso, hirsuto, major, acutiore folio C. B. Pin. 261." (Tournefort 1700,

S. 492, Genus III. „Leucanthemum. Marguerite.“); „1. Bellidioïdes vulgaris. Leucanthemum vulgare. Inst. R. Herb. 492. ...“ (Vaillant 1722, S. 281; Vaillant 1724, S. 362; Vaillant 1754, S. 549); „Leucanthemum vulgare Tournefort. Institut. 492. ... Johannis=Blume.“ (Rupp 1726, S. 137); „3. CHRYSANTHEMUM foliis amplexicaulibus oblongis superne serratis inferne dentatis. ... Leucanthemum vulgare. Tournef. inst. 492. ... Bellidioides vulgaris. Vaill. act. 1720. p. 362. Bellis sylvestris, ... Bauh. pin. 261. ...“ (Linné 1737, S. 416); „168. MATRICARIA foliis imis petiolatis, ad caulem auritis et serratis HALL. Helv. 719. Bellis maior sine consolida media vulnerariorum LOB. ic. 478. Bellis maior. DOD. pempt. 265. I. B. III. 114. Bellis syluestris caule folioso maior C. B. P. 261. Leucanthemum vulgare TOURN. I. R. H. 492. ...“ (Gmelin 1747–1769, Bd. II, S. 201), nahezu identisch auf Bl. 118r in: AAW R. I, Op. 105, D. 28 – s. Anm. 61 in Nr. 21; „168. Matricaria foliis imis petiolatis ad caulem auritis et serratis [=] Leucanthemum vulgare Lam.!“ (Ledebour 1841, S. 80); „Leucanthemum vulgare. Inst. R. H. Gemeine Rinds-augenmaslieben.“ (Miller 1751, S. 589); „5. CHRYSANTHEMUM Leucanthemum. ... C. foliis amplexicaulibus oblongis: ... Hort. cliff. 416. ... Bellis sylvestris, ... Bauh. pin. 261. ... Weisse Wucherblume. W. ...“ (Linné 1797–1830, Bd. III, Teil 3, S. 2142f.); „5. L[eucanthemum] VULGARE (Lam. fl. fr. 2. p. 137), ... Chrysanthemum Leucanthemum Linn. sp. 1251. ...“ (Candolle 1837, S. 46); „CHRYSANTHEMUM (Leucanthemum) ... Linn. Cliff. 416. ... Ивановъ цвѣтъ [russ. *Ivanov cvet*] Russ. ...“ (*Krašeninnikov* 1761, S. 137); „2. CHRYSANTHEMUM Leucanthemum ... Weiße Wucherblume. Große Maslieben. ...“ (Georgi 1797–1802, Theil 3, S. 1250); „6. L[eucanthemum] vulgare (LAM. Fl. franc. II, p. 137) ... L. vulgare. DECAND. Prodr. VI, p. 46. ... Chrysanthemum Leucanthemum. L. SP. 1251. ... Matricaria foliis imis ... GMEL. Fl. sib. II, p. 201. Nr. 168. ...“ (Ledebour 1844–1846, S. 542f.); „... sondern auch eine unbekannte, deren sich das gemeine Volk unter die Kalmücken, statt des Thees zu bedienen pflegt, das Chrysanthemum Leucanthemum, ...“ (Gmelin 1774a, S. 197f.); „545. LEUCANTHEMUM VULGARE Lamark. GEMEINES LEUCANTHEMUM. ... L. vulgare Lam. Fl. franc. 2. p. 137. ... Deutsche Namen: Weisse Wucherblume, weissstrahlige Goldblume, Johannisblume, grosse Gänseblume, grosse Maasliebe, grosse Geissblume, Rindsauge, Kalbsauge.“ (Dietrich 1840, N. 545); „8) Fluor albus. ... In Russland trinkt man viel vom Aufguss des Chrysanthemum leucanthemum, ...“ (Krebel 1858, S. 136); „Schnittwunden. ... Schnittwunden müssen mit Tannenharz bestrichen werden. – Desgleichen dient Chrysanthemum Leucanthemum[2]. ... |: 2) Der Saft aus den Blättern wird ausgepresst und benutzt. :|“ (Alksnis 1894, S. 209f.); „Mittel gegen Krämpfe: ... Ausserdem dient gegen Krämpfe das Decoct von Chrysanthemum Leucanthemum.“ (a. a. O., S. 221); „Feifel (lett. wihweles). ... Wie ich erfahren habe, sollen die ‚wihweles‘ eine leichtere Art von Kolik [der Pferde] vorstellen. ... Mittel dagegen: Gegen Feifel wird Chrysanthemum leucanthemum benutzt.“ (a. a. O., S. 239f.); Leucanthemum vulgare Lam, – russ. *popovnik*, *popy*, *belik*, *želtuška*, *romaška polevaja*, *cvet belyj*, *kutki trava*, *romen*, *belogolovnik*, *bylica*, *belica*, *bel'ca*, *nivnjak* bzw. *Ivanov cvet* (*Annenkov* 1858, S. 55, Nr. 632); syrjänisch nel'amym-sin – Chrysanthemum Leucanthemum, Wucherblume (Wiedemann 1880, S. 191); „Bellidiōides VAILL. (Compositae). Zus aus Bellis und εἴδειν (ähnlich seyn) = Osmites. ... Bēllis T. L. (Compositae). Von bellus (schön, niedlich).“ (Wittstein 1852, S. 100); „Chrysānthemum T., L. (Compositae). Zus. aus χρυσοῦς (goldfarbig) und ἄνδεμον (Blüthe).“ (a. a. O., S. 196); „Leucānthemum T. (Compositae). Zus. aus λευκος (weiss) und ἄνδεμον (Blüthe); die Rand- oder Strahlenblüthen sind weiss.“ (a. a. O., S. 520); „Matricāria VAILL. (Compositae). Von mater, ματερ (Mutter), in Bezug auf ihre Anwendung gegen weibliche Krankheiten, besonders die der Gebärmutter.“ (a. a. O., S. 561)

„139. Chrysanthemum folijs amplexicaulibus saepe oblongis superne serratis, inferne dentatis. Lin. h. cliff. 416. Leucanthemum vulgare Tourn. inst. 492. Boerh. Lugd. 1. sp. 107.“ (AAW R. I, Op. 13, D. 20, Bl. 15r, s. Anm. 1 in Nr. 1); „106. Levcanthemum vulgare I. R. H. ...“ (AAW R. I, Op. 105, D. 12, Bl. 14r, s. Anm. 54 in Nr. 17); „430. Bellidioides folijs latioribus serratis, radice fibrosa Ind. Irc. n°. 168. ... Fl. Irc. n°. 734. ...“ (AAW R. I, Op. 105, D. 1ª, Bl. 46r, s. Anm. 29 in Nr. 5); „Bellidioides folijs latioribus serratis, radice fibrosa Ind. Irc n°. 168. Fl. Irc. n°. 734. j. Eadem radice repente, folio pallidiora & seminibus nigro striatis Ind. Jen. n°. 430. ...“ mit der rechts marginalen Anm. „vid. Ic.“ (AAW R. I, Op. 13, D. 67, Bl. 28r, s. Anm. 5 in Nr. 4); „168. Bellidioides folijs latioribus serratis, radice fibrosa. ...“ mit den rechts marginalen Anm. von J. G. Gmelin auf Bl. 40r „Levcanthemum vulgare I. R. H. St. 734“ und „vid. c.“ (AAW R. I, Op. 105, D. 12, Bll. 40r–40v, s. Anm. 54 in Nr. 17); „8. Bellidioides“ (AAW R. I, Op. 15, D. 1, Bl. 2r, s. Anm. 24 in Nr. 64); „20 Leucanthemum vulgare. Bellis sylvestris, caule folioso, major. C. B. P. 261. ... CL. IV. S. III. g. 3.“ (AAW R. III, Op. 1, D. 98, Bl. 1v, s. Anm. 3 in Nr. 53); „Leucanthemum vulgare T. 492. B. N. 2. ...“ (AAW R. I, Op. 68, D. 2, Bl. 11v, s. Anm. 62 in Nr. 22); „1. Leucanthemum vulgare. Inst. r. h. 492.“ (AAW R. I, Op. 13, D. 16, Bl. 30r, s. Anm. 32 in Nr. 6); „Leucanthemum vulgare. Inst. r. h. 192. n$^{\underline{o}}$ 82.“ (AAW R. I, Op. 13, D. 19, Bl. 6r, s. Anm. 54 in Nr. 17); „28. Juli 1725 ... Am Zelte observierte ... Leucanthemum vulgare (Tournefortii sp. 1) seu Bellidem maiorem Dodonaei (Stirpium historiae pemptades sex), Ioanni Bauhini et Officinarum, Dale; ...“ (Messerschmidt 1962–1977, Bd. 4, S. 177f.)

27 „[species 8] Leucanthemum montanum, foliis Chrysanthemi. Bellis Tanaceti folio Pillet. Bellis montana, major, foliis Chrysanthemi Cretici angustioribus Bot. Monsp. App.“ (Tournefort 1700, S. 492f., Genus III. „Leucanthemum. Marguerite.“); „Bellis tanaceti folio, ...“ (Pilletier 1610, S. 61); „Bellis montana gramineis folijs. ...“ (Magnol 1686, Appendix S. 291); „19. Matricaria Leucanthemos, annua, Harmalae foliiis. Leucanthemum montanum, foliis Chrysanthemi. I. R. Herb. 492.“ (Vaillant 1722, S. 287; Vaillant 1724, S. 370; Vaillant 1754, S. 555); „10. Matricaria Alpina, Jacobaea folio minùs secto, flore magno albo. ...“ (Vaillant 1722, S. 286; Vaillant 1724, S. 368; Vaillant 1754, S. 554); „8) Montpelliersche Wucherblume. Chrysanthemum monspeliense. ... Chrysanthemum foliis imis palmatis: foliolis linearibus pinnatifidis. LINN. ... Sp. Pl. p. 1252. ... Leucanthemum montanum foliis chrysanthemi. TOURNEF. Inst. R. H. p. 492. ...“ (Linné 1783a, S. 472f.); „9. CHRYSANTHEMUM (Monspeliensium) foliis imis palmatis, ... Die Goldblume, deren untere Blätter einer ofnen Hand gleichen, ... Leucanthemum montanum foliis Chrysanthemi. Tourn. Inst. 492. Bergrindsauge mit dem Goldblumenblat.“ (Miller 1769, S. 697); „[Leucanthemum] montanum foliis chrysanthemi; bedeutet bey Tournefort die Wucherblume von Montpellier.“ (Gmelin 1772, Sp. 438); „4. CHRYSANTHEMUM monspeliense ... Montpellierische Wucherblume. ...“ (Georgi 1797–1802, Theil 3, S. 1251); „12. CHRYSANTHEMUM monspeliense. C. foliis imis palmatis: ... Sp. pl. 1252. ... Mill. dict. n. 9. ... Leucanthemum montanum, ... Tournef. inst. 492. ... Französische Wucherblume. W. ...“ (Linné 1797–1830, Bd. III, Teil 3, S. 2145)

„835. Matricaria Alpina Jacobaeae folio minus secto, flore magno albo Comm. Par. 1720. & Ind. Irc. 169. ...“ (AAW R. I, Op. 13, D. 20, Bl. 76r, s. Anm. 1 in Nr. 1); „1. Matricaria Alpina, Jacobaeae folio minus secto flore magno albo Comm. Par. 1720. & Ind. Irc. n°. 169. Fl. Irc. n°. 735. ...“ (AAW R. I, Op. 13, D. 67, Bl. 28r, s. Anm. 5 in Nr. 4); „431. Matricaria Alpina, Jacobaeae folio, minus secto, flore magno albo Comm. Par. 1720 et Ind. Irc. n°. 160. [sic!; müßte heißen: 169] ... Fl. Irc. n°. 735.“ (AAW R. I, Op. 105, D. 1^{a}, Bl. 46r, s. Anm. 29 in Nr. 5); „169. Matricaria Alpina, Jacobaeae folio, minus secto, flore magno albo Comm. Ac. Sc. Par. 1720. Levcanthemum Alpinum folys Coronopi I. R. H. Ind. Len. Levcanthemum montanum folys Chrysanthemi I. R. H. Ind. Irt. ...“ mit der links marginalen Anm. von J. G. Gmelin „Levcanthemum montanum folys Chrysanthemi Tourn. I. R. H. St. 735.“ (AAW R. I, Op. 105, D. 12, Bl. 40v, s. Anm. 54 in Nr. 17); „502. Levcanthemum Alpinum foliis Coronopi I. R. H. Est Belloidis species. ... in indice Irtensium plantarum recensuisse. ...“ (AAW R. I, Op. 13, D. 42, Bll. 106r–106v, s. Anm. 1 in Nr. 1); „– Leucanthemum montanum folijs Chrÿsanthemi IRH. ...“ (AAW R. I, Op. 104, D. 8, Bl. 3v, s. Anm. 18 in Nr. 452)

28 „Camomille, f. chamomillum, Kamillen.“ (Pomay 1767, S. 550); „Chamomillum läßt sich nur auf die Rechnung einer veralteten lateinischen Mundart schreiben, ...“ (E. J. A. Seyffert in: Michaelis 1805, S. 304); „CHAMAEMELUM. Chamaemelum, frantzösisch, Camomille, teutsch, Chamillen, ... dessen es mancherley Arten giebet. ... Die erste heisset Chamaemelum vulgare, Dod. ... Das gantze Gewächs riecht starck, doch nicht unangenehm. ... Die andere heist Chamaemelum

odoratum, Dod. ... Die Blumen ... haben einen starcken und gar lieblichen Geruch. ..." (Lémery 1721, Sp. 291)

29 russ. *serdešnaja trava* bzw. *serdečnaja trava*

30 s. Nr. 735

31 „[species 2] Millefolium vulgare, album C. B. Pin. 140. Millefolium Stratiotes, pennatum, terrestre J. B. 3. 136. [liber XXVI] Millefolium sive Achillaea Dod. Pempt. 100. Millefolium purpureum, majus C. B. Pin. 140. Milllefolium rubro colore Clus. Hist. 331." (Tournefort 1700, S. 496, Genus VIII. „Millefolium. Mille-feuille."); „II. Millefolium vulgare album. ... III. Millefol. purpureum majus ... IV. Millefolium vulgare purpureum minus. ..." (Bauhin 1623, S. 140); „3. Achilllea vulgaris, flore albo. Millefolium vulgare album B. Pin. 140 & I. R. Herb. 496. j. Eadem flore carneo. ... ij. Eadem flore purpureo. Millefolium vulgare, purpureum, minus. B. Pin. 140 & I. R. Herb. 496." (Vaillant 1722, S. 320f.; Vaillant 1724, S. 415; Vaillant 1754, S. 593); „MILLE-FOLIUM. ... Millefolium vulgare album, C. B. Pit. Tournef. ... teutsch, Schafgarbe. ... Es giebt noch eine Art gemeiner Schafgarbe, die wird genennet Millefolium vulgare purpureum minus, C. B. ... Sie reinigen, sind gut zu den Wunden, halten an, trocknen, dienen den Durchlauff und das Bluten zu verstellen: sie werden äusserlich und innerlich gebraucht. Millefolium heist es, von wegen der so grossen Anzahl seiner Blätter. ..." (Lémery 1721, Sp. 730f.); „Millefolium vulgare, album C. B. Pin. 140. ... Tausend=Blat, Schaf=Garbe, Schaf=Rippe." (Rupp 1726, S. 140); „7. ACHILLEA foliis duplicato-pinnatis glabris, laciniis linearibus acutis laciniatis. ... Achillea vulgaris, flore albo. Vaill. act. 1720. p. 415. Millefolium vulgare album. Bauh. pin. 140. ... Tournef. inst. 496. ... α Millefolium purpureum majus. C. B. β Millefolium vulgare purpureum minus. Bauh. pin. 140. ..." (Linné 1737, S. 413); „1. Das große, weiße Garben=Kraut: Millefolium majus, Matth. Millef. vulgare, album, C. B. P. 140. ... T. 496. ..." (Zwinger 1744, S. 1127f.); „2. Das große, rothe Garben=Kraut: Millefolium purpureum majus, C. B. P. loc. cit. Prodr. 72. ..." (a. a. O., S. 1128); „165. ACHILLEA pinnis foliorum plurimis, longe aequalibus, pinnatis, pinnulis trifidis et quinquefidis HALL. Helv. 715. Millefolium terrestre purpureis floribus LOB. ic. p. 747. Millefolium stratiotes pinnatum, [sic!] terrestre I. B. III. p. 136. [liber XXVI] Millefolium vulgare, album et purpureum C. B. P. 140. Achillea foliis duplicato pinnatis glabris, laciniis linearibus, acute laciniatis LINN. h. Cliff. 413. ROY. pr. 175. j. Eadem pumila, foliis radicalibus minutissimis, caulinis latiusculis segmentis diuisis. Tab. LXXXIII. Fig. 3. ... In America septemtrionali STELLERUS albam varietatem inuenit. ... Tatari Tarensis Achilleas Tschitschjak vocant, ... Russi Sibirici millefolii vulgaris floribus spiritum frumenti simplicem infundunt, et reiteratis destillationibus super nouis floribus odoratiorem et gustui gratiorem spiritum, eumque amoene caeruleo colore tinctum, repetunt, nec id verisimilitudine carere secum reputat STELLERUS, quoniam HOFFMANNO teste, oleum ex millefolii floribus prodeat, eiusmodi colore imbutum STELL. ..." (Gmelin 1747–1769, Bd. II, S. 198ff.), nahezu identisch auf Bll. 116v–117v in: AAW R. I, Op. 105, D. 28 – s. Anm. 61 in Nr. 21; „165. Achillea pinnis foliorum plurimis longe aequalibus pinnatis, pinnulis trifidis et quinquefidis [=] Achillea Millefolium L.! (Achillea Millefolium α. nobilis L. – M. a Bieb. Fl. t. c. II. 338. 339.)" (Ledebour 1841, S. 80); „17) Schafgarbe. Achillea Millefolium. ... Achillea foliis bipinnatis nudis: laciniis linearibus dentatis, caulibus superne sulcatis. LINN. ... Sp. Pl. p. 1267. Hort. Cliff. 413. ... Millefolium vulgare album. C. BAUH. pin. 140. ... Millefolium purpureum majus. C. BAUH. pin. 140. ... Auf deutsch führt sie folgende Benennungen: Feldgarbe, Gartenkraut, Tausendblat, Schaafribbe; Gerbel, Karpenkraut, weiß Rheinfarrn, Kelken, Judenkraut, Schabab und Achillenkraut. ... Man zieht auch aus ihnen ein starkriechendes und durchdringend schmeckendes Oel, welches die besondere Eigenschaft hat, daß es eine blaue Farbe bekommt, wenn es aus einer Pflanze destillirt wird, die in einem fetten Boden gestanden; ... Diese Pflanze hat sich als eine stärkende oder zusammenziehende Arzney berühmt gemacht. ... Auch wird sie wider den weißen Fluß, Kolik, Herzweh, Schmerzen bey der Geburt, Winde, unterdrückte Kindbetterreinigung, Jammer und viele andere Zufälle empfohlen; ..." (Linné 1783a, S. 528ff.); „1788. ACHILLEA Millefolium. ... A. foliis bipinnatis ... Linn. ed. Willd. 3. p. 2208. ... Gmel. sib. 2. p. 198. n. 165.

...“ (Marschall von Bieberstein 1808, S. 338); „1790. ACHILLEA nobilis. ... A. foliis caulinis bipinnatifidis: ... Linn. ed. Willd. 3. p. 2211. ... Gmelinus in Flora sibirica 2. p. 198. sub n. 165 hanc et A. Millefolium conjungit.“ (a. a. O., S. 339); „*6. ACHILLEA Millefolium. ... A. foliis bipinnatis ... Hort. cliff. 413. ... Millefolium vulgare album. Bauh. pin. 140. ... β. ... Millefolium purpureum majus. Bauh. pin. 140. ... Schaaf-Gerbe. W. ...“ (Linné 1797–1830, Bd. III, Teil 3, S. 2208f.); „* 42. ACHILLEA nobilis. ... A. foliis bipinnatis: ... Sp. pl. 1268. ... Edele Garbe. W. ...“ (a. a. O., S. 2211); „508. Achillea. L. (excl. syn.) ... 1, A. Millefolium (L. SP. 1267) ... M. a BIEB. Fl. t. c. II, p. 338. ... LEDEB. Fl. alt. IV, p. 124. ... A. pinnis foliorum plurimis, ... GMEL. Fl. sib. II, p. 198. Nr. 198. Nr. 165 (excl. var. I.) ...“ (Ledebour 1844–1846, S. 531ff.); „4. ACHLLEA MILLEFOLIUM. Linn. ... Linn. Willd. Spec. pl. III. p. 2208. ... M. a Bieb. Fl. taur. cauc. II. p. 338. No. 1788. ... Achilllea pinnis foliorum plurimis, ... Gmel. Fl. sib. II. p. 198. No. 165. ...“ (Ledebour 1833, S. 124); „6. ACHILLEA NOBILIS. Linn. ... Linn. Willd. Spec. pl. III. p. 2211. ... M. a Bieb. Fl. taur. cauc. II. p. 339. No. 1790. ... Achillea pinnis foliorum ... Gmel. Fl. sib. II. p. 198. No. 163. ...“ (a. a. O., S. 124f.); „163. ACHILLEA pinnis foliorum et pinnulis remotis, et angustis pinnulis plurimis HALL. Helv. 715. Tanacetum minus DOD. pempt. p. 37. Achillea millefolia odorata I. B. III. p. 140. Tanacetum minus album, odore camphorae, siue Achillea DI<O>SCORIDIS C. B. P. 132. ...“ (Gmelin 1747–1769, Bd. II, S. 198), nahezu identisch auf Bll. 116r–116v in: AAW R. I, Op. 105, D. 28 – s. Anm. 61 in Nr. 21; „163. Achillea pinnis foliorum et pinnulis remotis et angustis, pinnulis plurimis [=] Achillea nobilis L.!“ (Ledebour 1841, S. 80); „18. Edle Garben. Achillea nobilis. ... Achillea foliis bipinnatis: inferioribus nudis planis, superioribus obtusis tomentosis, corymbis connexis confertissimis. LINN. ... Sp. Pl. p. 1268. ... Tanacetum minus album, ... C. BAUH. pin. 132. ... Es riecht und schmeckt diese Art weit stärker nach Kampher als die gemeine Schaafgarbe, ...“ (Linné 1783a, S. 531); „ACHILLEA (Millefolium) ... Грѣча дикая [russ. *greča dikaja*] Russ. ...“ (*Krašeninnikov* 1761, S. 139); „Achillea Millefolium ... Schafgarbe, Achillenkraut mit nakenden, doppelt gefiederten Blättern, ... Garbenkraut, Tausendblat; ... die Blätter ... können also äuserlich und innerlich in Wunden, Geschwüren, Blutflüssen, Bauchflüssen, in der Schwindsucht selbsten, in der Schlaffheit der Fasern, in gichterischen und Mutterkrankheiten ... gebraucht werden ...“ (Gmelin 1772a, Sp. 70f.); „Achillea nobilis ... edles Achillenkraut ... edles Garbenkraut; süses Garbenkraut; ...“ (a. a. O., Sp. 71f.); „[Achilea] millefolium L. R. Tissäschnik. ... Quacksalber bestreuen blutige Wünden bey Menschen und Vieh. Unter der davon entstehenden Rinde heilen sie gut, damit sie aber nicht unter derselben eytern, waschen sie sie bisweilen mit sauren Schemper (Quaß) aus, und bestreuen sie von neuen.“ (Georgi 1775, S. 231); „... Achilea Millefolium (Tschitschalisnik), ...“ (a. a. O., S. 818); „Achilea Millefolium. Lin. Schaafgarbe. Ruß. Guljawzo, Riabinik und Pereschnaja Trawa. Kirg. Schrischkan. ... Um Terek band man die frische gequetschte Pflanze auf Stellen, die den Haarwurm vermuthen ließen.“ (Falk 1786, S. 243f.); „... Schaafgarbe a), hilft vor die Engbrüstigkeit; ... |: a) Achillea Millefolium, russ. Guljäwiza Rjäbinka. :|“ (Lepechin 1774, S. 47); „9. ACHILLEA Millefolium ... Tausendblättriges Achillenkraut. Schafgarbe. R. Räbinik. ... Ein Wundkraut vieler Landleute für Menschen und Vieh. ...“ (Georgi 1797–1802, Theil 3, S. 1256); „Achillea, oder Achillaea, Achilleum, ... Deutsch: Garbe, Garbenkraut, Garve, Garven, Gerbel, Gervel, Karvekraut, Kelken, Reinefase, Sachfriß, Schabab, Schafgarbe, Schafrip, Tausendblatt. ... Es gibt verschiedene Sorten Schafgarbe. ... 1) ... Millefolium vulgare album C. B. die gemeine Schafgarbe mit weißer Blume. ... doch findet man sie auch bisweilen fleischfarbig, oder wohl ganz purpur=roth, ... welches aber bloße Varietäten sind, ... 3) Achillea (nobilis) ... LINN. Sp. Pl. 1268. ... Edles oder süßes Garben=Kraut, ... Wider giftiger Thiere Stiche, und bey Vernagelung der Pferde, ist dieses Kraut, zerstoßen und aufgelegt, ein unfehlbares Mittel. ...“ (Krünitz 1773–1858, Bd. 1, S. 275ff.); „ACHILLEA MILLEFOLIUM L. ... DEUTSCH: Schaafgarbe, Garbe, Garbenkraut, Feldgarbe; Garbel; Karbekraut; Relick, Röhlke, Röleke, Roley, Rölse (in NIEDERSACHSEN), Schaafgrippe; Rippel; Sachfriss; Gränsing; Kelke; Tausendblatt; Galchelkraut (ÖSTREICH); ... RUSSISCH: Tüsjatschalistnik trawa; Krowöwnik trawa; Gretscha dikaja; ... Manche Bierbrauer setzen diese ... nebst dem Hopfen zum Biere, ... In der Gegend um Lüneburg wird diese Pflanze, wie Kohl zubereitet, verspeiset ..." (Becker 1818, S. 12); „ACHILLEA MILLEFOLIUM. ... Schaaf-Garbe, Feldgarbe, Garbenkraut, Karvekraut, Schaafrippel, Rippel, Gärbel, Rainefase, Schabab, Sachfriss, weisses Achillenkraut, reine Jase, Jungfraukraut. ... Von der Achillea Millefolium sind in den Arzneyvorrath das Kraut und die Blumen, Herba et Flores aufgenommmen worden; Im Aufgusse dient es als schmerz- und krampflinderndes Mittel und ist auch anwendbar in hysterischen und hypochondrischen Zufällen, in der Fallsucht u. dergl.; im Extract higegen kann es nur bey Blutflüssen, Schleimflüssen und ähnlichen, von Erschlaffung herrührenden Übeln gegeben werden. ..." (Hayne 1825, Nr. 45); „775. ACHILLEA NOBILIS Linné. EDLE ACHILLEA. ... Sachsen: um Halle nach der Frötzdorfer Windmühle hin, auf dem Lindberge: im Halberstädtschen am Regenstein, ... Diese Art hat noch strengeren aromatischen Geruch wie A. Millefolium. Deutsche Namen: Edle Garbe oder Schafgarbe." (Dietrich 1843, N. 775); „Bluthusten. Man gebraucht dagegen ... den kalten Aufguss von Achillea millefolium, zu einer Tasse alle Stunden. ..." (Krebel 1858, S. 126); „Husten Phthysis. Beim Husten überhaupt gebraucht man Aufgüsse von ... Achillea millefolium, ..." (a. a. O., S. 127ff.); „4) Beschleunigung der Geburt. ... Als die Wehen beförderndes Mittel giebt man den Aufguss von Artemisia vulgaris ... Eben so benutzt man etwas geschabten Hausenstein, den Aufguss von Achillea millefolium. Das letztere Mittel gilt zugleich als Universalmedicin in allen Uterusleiden. ..." (a. a. O., S. 134f.); „1) Wunden. Der gemeine Mann benutzt, um schnelle Verheilung zu erzielen, ... kalte Umschläge von Achillea millefolium, ... Der Ehste legt auf jede Schnitt- und Hiebwunde zerstossene Achillea millefolium, ..." (a. a. O., S. 174ff.); „3) Gordius aquaticus, Haarwurm. Am Terek bindet man auf diejenige Stellle, wo der Durchbruch erwartet wird, frische zerstossene Achillea millefolium. ..." (a. a. O., S. 178); „7) Geschwüre. ... Der Ehste gebraucht bei alten Geschwüren ... Abkochung von Achillea millefolium mit Bier gleich einer Salbe verbunden mit Talg, Wachs und Harz. ..." (a. a. O., S. 17f.); „1. Achillea Milllefolium L. (Composit.). ... so sehen wir, dass Achillea Millef. eine sehr wichige Rolle in der Volksmedicin Russlands spielt. Aeusserlich ist die Pflanze ein Wundmittel und Haemostaticum, vertritt aber auch gelegentlich die Blutegel; innerlich wird dieselbe mit folgenden Indicationen angewandt: 1) Bei Fluor albus, Bleichsucht und Menstruationsanomalien. 2) Bei Fieber. 3) Als Magenmittel. 4) Bei Kopf-, Rückenschmerzen und bei Haemorrhoiden. ..." (Demitsch 1889, S. 142ff.); „Mittel gegen Husten: ... Die Blüthen von Achillea millefolium werden getrocknet und zu Thee verwandt. ..." (Alksnis 1894, S. 184); „Mittel gegen Lungenschwindsucht: ... Achillea millefolium, Glechoma hederacea, Menyanthes trifoliata sollen mit Honig zu einem Thee gekocht werden, ..." (a. a. O., S. 185ff.); „Blutungen. Mittel zur Blutstilllung: ... Der Saft von Achillea Millefolium wird benutzt. ..." (a. a. O., S. 208f.); „Schnittwunden. ... Aus dem ausgepressten Saft von Achillea Millefolium und aus saurem Rahm wird eine Salbe gegen Schnittwunden bereitet. ..." (a. a. O., S. 209f.); „Rhagaden; Aetzwunden, wunde Stellen. ... Mittel gegen derartige Wunden: ... Achillea Millefolium soll zwischen die Zehen gelegt werden. ..." (a. a. O., S. 210); „Achillea pinnis foliorum plurimis, longe aequalibus pinnatis pinnulis trifidis, 5–fidis. sic et Millefolium officinarum vulgare (Fl. sib. II. 198. nr. 165. A. millefolium L.)." (C. von Linné in einem Brief an J. G. Gmelin vom 2. August 1748 – Plieninger 1861, S. 79); Achillea Millefolium L. v. flor. roseis – russ. *rjabinka lilovaja* (*Annenkov* 1858, S. 10, Nr. 10); Achillea nobilis L. – russ. *belogolovnik* (a. a. O., S. 10. Nr. 11); ersanisch ašo pŕa tikše – Achillea L., Schafgarbe (Wiedemann 1865, S. 229); syrjänisch dźordź-lödź – Achillea Millef., Schafgarbe (Wiedemann 1880, S. 41); samojedisch jambimea – Artemisia vulgaris, Schafgarbe (Castrén 1855, S. 269); „Achillēa VAILL. (Compositae). Nach ACHILLES, einem Schüler Chiron's, der ihre Anwendung in der Medicin zuerst gelehrt haben soll. ..." (Wittstein 1852, S. 5f.); „Millefōlium (Compositae). Die Blätter sind in unzählige Theilchen zerschnitten, Art der Gattung Achillea." (a. a. O., S. 583)

„Millefolii vulgaris floribus Rutheni Siberienses spiritum frumenti simplicem affundere iterataq₃ destillatione inde repetere solent, quonon solum odoratui et gratior spiritus impetratur sed et eleganter Sapphirinus coeruleus, quod licet non tentaverim ipse D. D. Hoffmann tamen in observationibus suis chymicis rem reddit probabilem eo quod e sola herba oleum eleganter coeruleum se elicuisse scribit, annon e chamomillae floribus similis coloris spiritus elici possit, ..." (AAW R. I, Op. 104, D. 18, Bl. 13v, s. Anm. 20 in Nr. 632); „Гречина [russ. *grečina*]" – Millefolium purpureum (J. G. Gmelin in: AAW F. 21, Op. 5, D. 73, Bll. 295v–296r); „283. Millefolium vulgare album C. B. P. 140. B. n. 3." (AAW R. I, Op. 104, D. 13, Bl. 7v, s. Anm. 84 in Nr. 29); „427 Millefolium vulgare album C. B. P. 140. ..." (AAW R. I, Op. 104, D. 25, Bl. 31v, s. Anm. 61 in Nr. 21); „Millefolium vulgare album et purpureum CBP. ..." (AAW R. I, Op. 104, D. 8, Bl. 3v, s. Anm. 18 in Nr. 452); „196. Achillaea folijs duplicato-pinnatis, glabris, lacinijs linearibus acutis laciniatis. Lin. h. cliff. 413. Millefolium vulgare album. B. Pin. 140. Boerh. Lugd. 1. p. 112. ..." (AAW R. I, Op. 13, D. 20, Bl. 20v, s. Anm. 1 in Nr. 1); „338 Achillaea pinnis foliorum semipinnatis et varie incisis. Hall. alp. 714. Millefolium purpureum maiq C. B. Pr. p.72" (a. a. O., Bl. 35v); „93. Millefolium vulgare album C. B. P. ..." (AAW R. I, Op. 105, D. 12, Bll. 13r–13v, s. Anm. 54 in Nr. 17); „60. Achillea ..." (AAW R. I, Op. 15, D. 1, Bl. 5r, s. Anm. 24 in Nr. 64); „14. Achillea." (a. a. O., Bl. 10r); „[N°.] 991. Millefolium vulg. fl. albo." (AAW R. I, Op. 15, D. 3, Bl. 18r, s. Anm. 65 in Nr. 24); „284. Millefolium vulgare album CBP. 140." (AAW R. I, Op. 6, D. 40, Bl. 35v, s. Anm. 1 in Nr. 1); „285. Millefolium purpureum majus CBP. 140" (a. a. O., Bl. 35v); „Millefolium vulgare, album. Bauh. Pin. 140. et Inst. r. h. 495." (AAW R. I, Op. 13, D. 19, Bl. 6r, s. Anm. 54 in Nr. 17); „Millefolium vulgare minus foliis minoribq flore albo." (AAW F. 98, Op. 1, D. 19, Bl. 35r, s. Anm. 59 in Nr. 19); „Millefolium vulgare minus, foliis minoribus, flore albo. ..." (AAW F. 98, Op. 1, D. 20, Bl. 29r, s. Anm. 90 in Nr. 33); „Millefolium vulgare maius, album (Tournefortii sp. 2), Off. ... Millefolium vulgare minus, album (Tournefortii sp. ***), Sylv." (Messerschmidt 1962–1977, Bd. 4, S. 205, s. Anm. 1 in Nr. 1)

32 „[species 4] Millefolium vulgare, purpureum, minus C. B. Pin. 140. Millefolium purpurei floris Dod. Pempt. 100." (Tournefort 1700, S. 496, Genus VIII. „Millefolium. Mille-feuille."); „3. Das kleine, rothe Garben=Kraut: Millefolium, vulgare, purpureum, minus, C. B. P. T. ... Millef. purpurei floris. Dod. p. 100. ..." (Zwinger 1744, S. 1128); „§. CX. Millefolium. Achillea Millefolium, est vel vulgare album, vel purpurascens, vel luteum. ... Ex Fl. destillatur Ol. aethereum vel belle caeruleum, vel viride, vel flavum, ... Germani, praeëunte STAHLIO imprimis, huic plantae multum favent, ipsique virtutes tonicas, adstringentes, traumaticas, antispasmodicas, sedativas tribuerunt. STAHLIUS ad malum hypochondriacaum, & symptomata hemorrhoïdalia potissimum laudavit. HOFFM. in Diss. de Millef. mirifica pollere virtute scripsit in laesionibus, corruptionibus & exulcerationibus internarum partium consolidandis. Ad haemorrhagias varias variis laudarunt. ..." (Voltelen 1797, S. 365ff.)

„1. Millefolium vulgare, purpureum, minus. C. B. P. 140." mit der rechts marginalen Anm. „Petrop." (AAW R. I, Op. 13, D. 16, Bl. 30r, s. Anm. 32 in Nr. 6); „428 Millefolium vulgare purpurascens C. B. P. ..." (AAW R. I, Op. 104, D. 25, Bl. 31v, s. Anm. 61 in Nr. 21); „429 Millefolium vulgare purpureum odoratius. ..." (a. a. O., Bl. 31v); „286 Millefolium vulgare purpureum minus CBP. 140." (AAW R. I, Op. 6, D. 40, Bl. 35v, s. Anm. 1 in Nr. 1); „Milllefolium vulgare minus purpureum (Tournefortii sp. 4), Sylv." (Messerschmidt 1962–1977, Bd. 4, S. 205, s. Anm. 1 in Nr. 1); s. Nr. 737

33 in der 2. Textversion (s. Anm. 1 in A.) nach „Irkutum": „praecedenti"

34 in der 2. Textversion (s. Anm. 1 in A.): „häufiger als die vorhergehende Species"

35 „[species 1] Ptarmica vulgaris, folio longo, serrato, flore albo J. B. 3. 147. Dracunculus pratensis, serrato folio C. B. Pin. 98. Draco sylvestris sive Ptarmice Dod. Pempt. 710." (Tournefort 1700, S. 496, Genus IX. „Ptarmica."); „12. Achillea foliis integris, minutissimè serratis. Ptarmica vulgaris, fol. longo, serrato, fl. albo. J. B. 2. l. 36. p. 142. & I. R. Herb. 496. j. Eadem flore monstroso. ..." (Vaillant 1722, S. 321f.; Vaillant 1724, S. 416; Vaillant 1754, S. 594); „Ptarmica vulgaris, folio longo, serrato, flore albo J. B. 3. pag. 147. ... Weisser Bertram, vel potius weisser Dorand." (Rupp 1726, S. 140); „2. ACHILLEA foliis integris minutissime serratis. Vaill. act. 1720. p. 416. Ptarmica vulgaris, folio longo serrato, flore albo. Bauh. hist. 3. p. 147. Tournef. inst. 496. ... Dracunculus pratensis, serrato folio. Bauh. pin. 98. ... Draco sylvestris sive Ptarmica. [sic!] Dod. pempt. 710. α Achillea eadem flore monstroso. Vaill. ..." (Linné 1737, S. 412); „Ptarmica

vulgaris, folio longo, serrato, flore albo J. B. 3. 147. ... wilder Bertram/ weiß Rheinfarren/ Nießkraut. ..." (Mappus 1742, S. 253); „1. ACHILLEA foliis integris, minutissiime serratis. VAILL. p. 416. LINN. Cliff. p. 412. ... Draco sylvestris, s. Ptarmice DOD. p. 710. ... Ptarmica vulgaris longo, serrato, flore albo I. B. III. p. 147. ... I. R. H. ..." (Haller 1742, S. 712); „Ptarmica vulgaris, folio longo serrato, flore albo. I. B. Gemein Nieskraut mit langem ausgezackten Blat, und weisser Blume." (Miller 1751, S. 589); „160. ACHILLEA foliis integris, minutissime serratis VAILL. act. 1720. p. 321. LINN. h. Cliff. 412. ROY. pr. 176. Draco siluestris siue ptarmica DOD. p. 710. Ptarmica siue ptarmica folio taraconis vel sternutatoria LOB. ic. p. 455. Ptarmica vulgaris folio longo serrato, flore albo I. B. 3. p. 147. TOURN. I. R. H. 496. ?Ptarmica alpina foliis angustis, partim serratis, partim integris BOCCONE Mus. di piant. p. 107. t. 85. In omni Sibiria quin et in America septemtrionali et insula Beringii frequens est. ... Sub nomine девѣтильникъ бѣлой [russ. *devetil'nik beloj*] nota est. Tota herba vna cum radice contr mictum cruentum, aut vteri profluuium in decocto assumitur." (Gmelin 1747–1769, Bd. II, S. 196), nahezu identisch auf Bll. 115r–115v in: AAW R. I, Op. 105, D. 28 – s. Anm. 61 in Nr. 21; „160. Achillea foliis integris minutissime serratis. (excl. synon.) [=] Ptarmica speciosa DeC.! (Achillea Ptarmica L. – Willd. sp. pl. III. 2191.)" (Ledebour 1841, S. 80); „23 P[tarmica] SPECIOSA, ... (Ledeb. fl. alt. 4. p. 122). ..." (Candolle 1837, S. 23f.); „1. ACHILLEA SPECIOSA. ... Achillea. Gmel. Fl. sib. II. p. 196. No. 160. (excl. synon. omn.). ..." (Ledebour 1833, S. 122f.); „12) Deutscher Bertram. Achillea Ptarmica. ... Achillea foliis lanceolatis acuminatis argute serratis. Hort. Cliff. 412. ... GMEL. Sib. 2. p. 196. ... Dracunculus pratensis, serrato folio. C. BAUH. pin. 98. ... im deutschen führt sie ... noch folgende Namen: weißer Rheinfarrn, Berufkraut, Dorgut, wilder Dragun und Niesekraut. ... Kraut und Blumen haben einen brennnenden scharfen Geschmack und starken Geruch, und erregen Niesen, ..." (Linné 1783a, S. 524f.); „3. ACHILLEA Ptarmica. ... A. foliis lanceolatis ... Sp. pl. 1266. ... A. foliis integris ... Hort. cliff. 412. ... Gmel. sib. 2. p. 196. ... Dracunculus pratensis serrato folio. Bauh. pin. 98. ... Sumpf-Garbe. W. ..." (Linné 1797–1830, Bd. III, Teil 3, S. 2191f.); „[Achillea] Ptarmica ... gemeines Nieskraut, Achilllenkraut ... wilder Bertram, deutscher Bertram, Berufkraut, weisser spiziger Rheinfarren; ... man hat sie daher wider das Zahnweh angerathen; ..." (Gmelin 1772a, Sp. 67f.); „Achillea (Ptarmica) ... Чехотная трава [russ. *čechotnaja trava*] Russ. ..." (*Krašeninnikov* 1761, S. 138f.); „6. ACHILLEA Ptarmica ... Bertram=Achillenkraut. Teutscher Bertram. R. Tschechotnaja Trawa. ..." (Georgi 1797–1802, Theil 3, S. 1255); „Bertram, (wilder) weiser oder spitziger Rainfarn (weiser Dragun, wiesen= oder wilder Dragun, weiser Doranth, Beruff=Kraut, Niesen=Kraut. Lateinisch, ... Dracunculus pratensis serrato, folio, C. B. ... Wurtzel und Kraut ... zertheilen, verdünnen, ... reinigen das Haupt von Flüssen, ... Wilder Bertram, wird auch sonst das Alßnack genennet, ..." (Zedler 1732–1750, Bd. 3, Sp. 1439f.); „ACHILLEA PTARMICA. ... Sumpf-Garbe, deutscher Bertram, wilder weisser Wiesen-Bertram, Achillenkraut, Berufkraut, gemeines Nieskraut, weisser Rainfarrn, wilder Wiesendragun, weisser Dorant. ... Das Kraut mit den Blumen, welches man von der Achillea Ptarmica in den Apotheken findet, wird nur zur Nachfrage des gemeinen Mannes noch vorräthig gehalten. ..." (Hayne 1825, Nr. 44); „9. P[tarmica] vulgaris (CLUS. hist. II, p. 12) ... P. vulgaris. DEC. Prodr. VI, p. 23 (excl. var. δ). ... Achillea Ptarmica. L. SP. 1266. ... M. a BIEB. Fl. t. c. II, p. 333 (excl. synon. GMEL.). ..." (Ledebour 1844–1846, S. 529f.); „20. P[tarmica] VULGARIS ... Achillea Ptarmica Linn. sp. 1266. ..." (Candolle 1837, S. 23); „1778. ACHILLEA Ptarmica. ... Linn. ed. Willd. 3. p. 2191. ... Gmel. sib. 2. p. 196. n. 160. ..." (Marschall von Bieberstein 1808, S. 333); „Achillea foliis integris minutissime serratis etc. ne minimum diversa a vulgari; apud nos tam in hortis quam in campis squamae s. paleae apice pilosae sunt, unde discus hirsutus evadit. (Fl. sib. II. 196. nr. 160. A. ptarmica L. Ptarmica speciosa Dec.)." (C. von Linné in einem Brief an J. G. Gmelin vom 6. September 1744 – Plieninger 1861, S. 34); „Achillea f. integris minutissime dentatis. omnino (Fl. sib. II. 196. nr. 160. A. ptarmica L. Ptarmica speciosa Dec. ...)." (A. von Haller in einem undatierten Brief an J. G. Gmelin – Plieninger 1861, S. 143); Achillea Ptarmica L. – s. Ptarmica vulgaris Clus. (*Annenkov* 1858, S. 10, Nr. 13); Ptarmic vulgaris Clus. – russ. *dikaja zorja, guljavica, kachavec, krovavnik* bzw. *čichotnaja trava* (a. a. O., S. 75, Nr. 884); „Ptārmica (Compositae. Von πταρμικος (Niesen erregend), in Bezug auf die Wirkung der Pflanze." (Wittstein 1852, S. 734)

„285. Ptarmica vulgaris, folio oblongo serrato Fl. albo J. B. 3. 147. B. n. 1." (AAW R. I, Op. 104, D. 13, Bl. 7v, s. Anm. 84 in Nr. 29); „430 Ptarmica vulgaris folio longo serrato flore albo J. B. ..." (AAW R. I, Op. 104, D. 25, Bl. 31v, s. Anm. 61 in Nr. 21); „Ptarmica vulgaris, folio longo, serrato, flore albo JB ..." (AAW R. I, Op. 104, D. 8, Bl. 3v, s. Anm. 18 in Nr. 452); „Achillea foliis integris, minutissime serratis Vailllant, ..." (AAW R. I, Op. 105, D. 2, Bl. 14v, s. Anm. 54 in Nr. 17); „283. Achillaea folijs integris, minutissime serratis. Vaill. 416. ..." (AAW R. I, Op. 13, D. 20, Bl. 31r, s. Anm. 1 in Nr. 1); „5. Achillea foliis integris minutissime Serratis Comm. Par. 1720." (AAW R. I, Op. 13, D. 67, Bl. 32r, s. Anm. 5 in Nr. 4); „Ptarmica vulgaris, folio longo serrato flore albo. JB. 3. 147. B. N. 1. ..." (AAW R. I, Op. 68, D. 2, Bl. 14v, s. Anm. 62 in Nr. 22); „288. Ptarmica vulgaris, folio longo serrato flore albo JB. 3. 147." (AAW R. I, Op. 6, D. 40, Bl. 35v, s. Anm. 1 in Nr. 1); „+17. Achillea folijs integris, minutissime serratis, caule parum ramoso, disco florum lanuginoso. ..." (AAW R. I, Op. 13, D. 19, Bl. 10r, s. Anm. 54 in Nr. 17); „487. Achillea folijs integris minutissime serratis. Comm. Par. 1720. ..." (AAW R. I, Op. 105, D. 1^{a}, Bl. 56r, s. Anm. 29 in Nr. 5); „Ptarmica vulgaris, folio longo leviter serrato, flore albo. T. Sp. 1." (AAW F. 98, Op. 1, D. 19, Bl. 44r, s. Anm. 59 in Nr. 19); „Ptarmica vulgaris, folio longo leviter serrato flore albo; Tournef. Sp. 1. ..." (AAW F. 98, Op. 1, D. 20, Bl. 29v, s. Anm. 90 in Nr. 33); „503„ [d. 14. September 1725]„ Ptarmica vulgaris folio longo serrato, alba Tournef. Sp. 1„ 504„ [d. 14. September 1725]„ – eadem – – DGM. – –„ " (AAW F. 98, Op. 1, D. 23, Bl. 19r, s. Anm. 49 in Nr. 653); „218„ d. [31. Augustus 1724]„ [Sem.] Ptarmicae vulgaris folio longo serrato, flore albo. Tourn. Sp. 1.„ " (a. a. O., Bl. 6v); „20. Juli 1724 ... Indessen besahe ich die Gegend zur andern Seite des Stroms und fand ... Item Ptarmicam vulgarem, folio longo serrato, flore albo (Tournefortii sp. 1). ..." (Messerschmidt 1962–1977, Bd. 3, S. 89ff.); „Ptarmica vulgaris, folio longo serrato, flore albo (Tournefortii sp. 1), Off." (Messerschmidt 1962–1977, Bd. 4, S. 205, s. Anm. 1 in Nr. 1)

36 „[species 9] Ptarmica Alpina, foliis profundè incisis. Ptarmica Alpina, Millefolii folio Bocc. Mus. Part. 2. 144. Ptarmica Millefolii foliis Ejusd. ab. 101. Dracunculus pratensis, alter Alpinus foliis Agerati H. R. Par." (Tournefort 1700, S. 497, Genus IX. „Ptarmica"); „Ptarmica Alpina Millefolii folio. ..." und die Abbildung „Ptarmica Millefolij folijs" auf Tafel 101 (Boccone 1697a, S. 144f.); „10. Achillea elatior, foliis pinnatis, pinnulis acutissimè serratis. Ptarmica Alpina foliis profundè incisis. I. R. Herb. 497." (Vaillant 1722, S. 321; Vaillant 1724, S. 416; Vaillant 1754, S. 594); „5. ACHILLEA foliis lanceolatis dentato-serratis: denticulis tenuissime serratis. Achillea elatior, ... Vaill. act. 1720. p. 416. Ptarmica alpina, ... Tournef. inst. 497. ... α Achillea humilior, ... Vaill. act. 1720. p. 416." (Linné 1737, S. 413); „11. Achillea humilior, foliis pinnatis laetè viridibus, pinnulis acutissimè serrato. Ptarmica fol. profundè serrato laetè viridi humilior. Boerh. Ind. 1. 37." (Vaillant 1722, S. 321; Vaillant 1724, S. 416; Vaillant 1754, S. 594); „3. ACHILLEA elatior, foliis pinnatis, pinnis minutissime serratis, VAILL. 1720. p. 416. Ptarmica alpina, ... I. R. H. Ptarmica alpina, millefolii folio BOCC. Mus. di Piant. p. 144. T. 101. ..." (Haller 1742, S. 713); „161. ACHILLEA foliis semipinnatis, pinnulis minutissime serratis. Ptarmica alpina, millefolii folio BOCC. Mus. di piant. p. 144. t. 101. Ptarmica alpina foliis profunde incisis TOURN. I. R. H. 497. Achillea elatior, foliis pinnatis, pinnulis minutissime [sic!] serratis VAILL. act. 1720. j. Eadem floribus rubentibus. ..." (Gmelin 1747–1769, Bd. II, S. 196f.), nahezu identisch auf Bl. 115v in: AAW R. I, Op. 105, D. 28 – s. Anm. 61 in Nr. 21; „161. Achillea foliis semipinnnatis, pinnulis, minutissime serratis [=] Ptarmica alpina DeC.!" (Ledebour 1841, S. 80); „[Achillea] alpina foliis lanceolatis dentato-serratis: ... Alpen=Achillenkraut, ... Alpenniesk raut; ... bey J. G. Gmelin heißt es Achillea foliis semipinnatis, pinnulis minutissime serratis." (Gmelin 1772a, Sp. 68f.); „14. P[tarmica] ALPINA, ... (Gmel. fl. sib. 2. p. 196. n. 161). Achillea Alpina Linn. sp. 1266. Ledeb. fl. alt. 4. p. 123. ..." (Candolle 1837, S. 22); „6. ACHILLEA alpina. ... A. foliis lanceolatis ... Hort. cliff. 413. ... A. elatior, ... Vaill. act. 1720. n. 10. Ptarmica alpina millefolii folia. [sic!] Bocc. mus. 144. t. 101. Ptarmica alpina ... Tournef. inst. 497. ... Alpen-Garbe. W. ..." (Linné 1797–1830,

Bd. III, Teil 3, S. 2193f.); „5. P[tarmica] alpina (DEC. Prodr. VI, p. 22) ... Achillea alpina. L. SP. 1266. ... LEDEB. Fl. alt. IV, p. 123. ... Achillea foliis semipinnatis, ... GMEL. Fl. sib. II, p. 196, Nr. 161. ...“ (Ledebour 1844–1846, S. 528); „2. ACHILLEA ALPINA. Linn. ... Linn. Willd. Spec. pl. III. p. 2192. ... Achillea foliis semipinnatis, ... Gmel. Fl. sib. II. p. 196. No. 161. ...“ (Ledebour 1833, S. 123); „13) Alpen=Garben. Achillea alpina. ... Achillea foliis lanceolatis dentato-serratis: denticulis tenuissime serratis. LINN. ... Sp. Pl. p. 1266. Hort. Cliff. 413. ... GMEL. Sib. 2. p. 196. ... Ptarmica alpina, foliis profunde incisis. TOURNEF. Inst. R. H. p. 497. Ptarmica alpina millefolii folio. BOCC. mus. II. tab. 120. ...“ (Linné 1783a, S. 525f.)

„431 Ptarmica alpina foliis profunde incisis i. r. h. ...“ (AAW R. I, Op. 104, D. 25, Bl. 31v, s. Anm. 61 in Nr. 21); „7. Achillea magno flore, folys pennatis, pinnulis dentatis Ind. Len. n°. 519. ...“ mit der rechts marginalen Anm. „vid. Ic.“ (AAW R. I, Op. 13, D. 67, Bl. 32r, s. Anm. 5 in Nr. 4); „8. Achillea elatior folys pinnatis, pinnulis acutissime serratis Vaill. Ind. Jen. n°. 518“ (a. a. O., Bl. 32r); „Achillea elatior, foliis pinnatis, pinulis acutissime serratis vaillant. ...“ (AAW F. 21, Op. 5, D. 98, Bl. 29r, s. Anm. 54 in Nr. 17); „489. Achillea magno flore, folijs pinnatis, pinnulis dentatis Ind. Len. n°. 519. ... Fl. Irc. 741.“ (AAW R. I, Op. 105, D. 1ª, Bl. 56r, s. Anm. 29 in Nr. 5); „1. Achillea magno flore, foliis pinnatis, pinnulis dentatis. Gmel.“ mit der rechts marginalen Anm. „Lena fl.“ (AAW R. I, Op. 13, D. 16, Bl. 30r, s. Anm. 32 in Nr. 6); „518. Achillea elatior, foliis pinnatis, pinnulis acutissime serratis Vaill. ... j. Eadem flore rubente. ...“ (AAW R. I, Op. 13, D. 42, Bll. 112r–112v, s. Anm. 1 in Nr. 1); „519. Achillea magno flore, foliis pinnatis, pinnulis dentatis. An Achillea humilior, foliis pinnatis laete viridibus, pinnulis acutissime serratis Vaill?“ (a. a. O., Bll. 112v–113r); „196. Achillea magno flore, folys pinnatis, pinnulis dentatis Ind. Len. ...“ mit den links marginalen Anm. von J. G. Gmelin „Ptarmica Alpina folys profunde incisis I. R. H. St. 741.“ und „vid. Ic.“ (AAW R. I, Op. 105, D. 12, Bl. 42v, s. Anm. 54 in Nr. 17); „Ptarmica alpina, foliis profunde incisis, flore albo (Tournefortii sp. 9?), Sylv.“ (Messerschmidt 1962–1977, Bd. 4, S. 205, s. Anm. 1 in Nr. 1)

37 „[species 1] Caltha vulgaris, flore pallido C. B. Pin. 275. Caltha flore simplici J. B. 3. 101. Calendula Dod. Pempt. 254.“ (Tournefort 1700, S. 498, Genus I. „Caltha. Souci.“); „I. Caltha vulgaris. ... Flore est pallido, citrino, ruffo ...“ (Bauhin 1623, S. 275); „1. Caltha vulgaris, flore pallido. B. Pin. 275. & I. R. Herb. 498. Hujusque speciei varietates duodecim sequuntur. j. Caltha vulgaris, flore citrino. B. Pin. 275. & Inst. R. Herb. 498. ij. Caltha vulgaris, flore rufo. B. Pin. 275. & Inst. R. Herb. 498.“ (Vaillant 1722, S. 288f.; Vaillant 1724, S. 371f.; Vaillant 1754, S. 557); „1. Calendula seminibus radii cymbiformibus echinatis: disci bicornibus. ... Caltha vulgaris, flore pallido. Tournef. inst. 498. Vaill. act. 1720. p. 371. ... α Caltha vulgaris, flore citrino T. Caltha vulgaris, flore rufo. T. ...“ (Linné 1737, S. 425); „2. CALTHA vulgaris, flore pallido. C. B. Die blasse Ringelblume.“ (Miller 1750, S. 161); „§. 264. Ringelblume, Calendula. ... Ihre Beynamen sind z. E. folgende: ... Caltha vulgaris flore citrino, Casp. Bauh. Calendula seminibus radii cymbiformibus echinatis, disci bicornibus. Linn. Ihr Nutzen: Man lobt ihre purgierende Kraft. Sie sollen den Schweiß erwecken, u. s. w. ... Namen ... Calenderblume. ...“ (Rudolph 1766, S. 277ff.); „12. Calendula, gemeine Ringelblume. Caltha vulgaris flore citrino Turn. 498. C. B. P. 275. Calendula seminibus radii cymbiformibus ... Lin. sp. 921. Calendula officinalis id. 13. Calendula pallida, Goldblume. Caltha vulgaris flore pallido Turn. 499. C. B. P. 275. ...“ (Carl 1770, S. 282f.); „[Caltha] vulgaris flore pallido; so nennt er [d. h. Tournefort] eine blasse einfache Spielart [der Ringelblume].“ (Gmelin 1772, Sp. 408); „2) Officinelle Ringelblume. Calendula officinalis. ... Calendula seminibus cymbiformibus muricatis incurvatis omnibus. LINN. ... Sp. Pl. 1304. Calendula seminibus radii ... Hort. Cliff. 425. ... Caltha vulgaris. C. BAUH. pin. 275. ... Dieses sehr bekannte Gewächs, welches man im ... deutschen Ringelblume, Goldblume, Butterblume, Dotterblume und Warzenkraut nennt, ... Man hat sie für ein bewährtes eröffnendes, schweißtreibendes Mittel gehalten, auch sie wider zähe Säfte, verstopfte Eingeweide, unterdrückten monatlichen Fluß, Gelbsucht und ähnliche Krankheiten gebraucht. ... Die Blumen waren ehemals in großem Ansehen wider bösartige Krankheiten, ja selbst wider die Pest, ...“ (Linné 1783, S. 17ff.); „4. CALENDULA officinalis. C. seminibus cymbiformibus ... Sp. pl. 1304. ... C. semi-

nibus radii ... Hort. cliff. 425. ... Caltha vulgaris. Bauh. pin. 275. ... Gemeine Ringelblume. W. ...“ (Linné 1797–1830, Bd. III, Teil 3, S. 2340f.); „1. CALENDULA officinalis ... Gemeine Ringelblume. ... Die Armenier färben mit den Blumenblättern und Alaun dauerhaft gelb, und bauen sie deswegen häufig.“ (Georgi 1797–1802, Theil 3, S. 1264); „533. Calandula. [sic!] NECK. ... 1. C. officinalis (L. SP. 1304) ... DEC. Prodr. VI, p. 451. ... C. seminibus radii cymbiformibus, ... GMEL. Fl. sib. II, p. 207, Nr. 175. ...“ (Ledebour 1844–1846, S. 649f.); „1. C[alendula] OFFICINALIS (Linn. sp. 1304), ... Caltha vulgaris C. Bauhin pin. 275. ...“ (Candolle 1837, S. 451f.); „175. CALENDULA seminibus radii cimbiformibus echinatis, disci bicornibus LINN. h. Cliff. 425. ROY. pr. 177. Caltha minima I. B. III. p. 103. Caltha arvensis B. pin. 276. TOURN. I. R. H. 499. Caltha floribus minimis pallentibus HALL. Helv. 722. ...“ (Gmelin 1747–1769, Bd. II, S. 207f.), nahezu identisch auf Bl. 121v in: AAW R. I, Op. 105, D. 28 – s. Anm. 61 in Nr. 21; „175. Calendula seminibus radii cymbaeformibus echinatis, disci bicornibus [=] Calendula officinalis L.“ (Ledebour 1841, S. 81); „Husten. Phthisis. ... Die Ehsten geben den Kindern die Blumen von Calendula officinalis, ...“ (Krebel 1858, S. 127ff.); „10) Krankheiten der Mamma. Bei wunden Brustwarzen gebraucht man in Ehstland eine Salbe aus den Blüthen von Calendula officinalis, mit saurem Schmant gekocht. ...“ (a. a. O., S. 137f.); „VII. Mittel gegen Hautkrankheiten. ... Die Ehsten bedienen sich gegen verschiedene Hautausschläge der Salbe aus den Blumen von Verbascum Thapsus mit Schmant gekocht; eben so die Blumen von Calendula officinalis. ...“ (a. a. O., S. 151ff.); Calendula officinalis L. – russ. *nogatki*, *povoj voinskij blagovonnyj* bzw. *nagibki* (*Annenkov* 1858, S. 25, Nr. 231); „Calēndula L. (Compositae). Von Calendae (der erste Tag eines jeden Monats bei den Römern), d. h. eine Pflanze, welche alle Monate oder überhaupt sehr lange Zeit hindurch blüher. ...“ (Wittstein 1852, S. 139); „Cāltha RAJ. (Ranunculaceae). Von καλαδος (Korb), in Bezug auf die Form der Blumenkrone. Caltha T. (Compositae). Wie vorige Gattung. = Calendula!“ (a. a. O., S. 146)

„ноготки [russ. *nogotki*]“ – Calendula (J. G. Gmelin in: AAW F. 21, Op. 5, D. 73, Bl. 268v); „171. Caltha vulgaris, flore pallido B. Pin. cum multis varietatibus. ...“ (AAW R. I, Op. 105, D. 4^{a}, Bl. 23r, s. Anm. 54 in Nr. 17)

38 „[species 2] Caltha vulgaris, flore citrino C. B. Pin. 275.“ (Tournefort 1700, S. 498, Genus I. „Caltha. Souci.“); „1. CALTHA vulgaris, flore citrino. C. B. Die gemeine Ringelblume.“ (Miller 1750, S. 161); „[Caltha] vulgaris flore citrino; hierunter versteht Tournefort eine citronengelbe einfache Spielart derselben [d. h. der Ringelblume].“ (Gmelin 1772, Sp. 408); s. Nr. 742

39 „[species 3] Caltha vulgaris, flore rufo C. B. Pin. 275.“ (Tournefort 1700, S. 498, Genus I. „Caltha. Souci.“); „[Caltha] vulgaris flore rufo; bedeutet bey ihm [d. h. Tournefort] eine rothgelbe einfache Abänderung derselben [d. h. der Ringelblume].“ (Gmelin 1772, Sp. 408)

„Caltha vulgaris, flore ruffo C. B. P.“ (AAW R. III, Op. 1, D. 162, Bl. 25v, s. Anm. 54 in Nr. 17); „[N^{o}.] 508. Caltha vulgaris flore rufo CBP.“ (AAW R. I, Op. 15, D. 3, Bl. 10r, s. Anm. 65 in Nr. 24); „Caltha vulgaris, flore ruffo C. B. P.“ (AAW R. III, Op. 1, D. 162, Bl. 25v, s. Anm. 54 in Nr. 17); „2. Caltha vulgaris flore rufo. C. B. P. 275.“ mit der rechts marginalen Anm. „Dill. Ox.“ (AAW R. I, Op. 13, D. 16, Bl. 30v, s. Anm. 32 in Nr. 6); s. Nr. 742

40 „[species 8] Carlina sylvestris, vulgaris Clus. Hist. clvj. Cnicus sylvestris, spinosior C. B. Pin. 378. Carlina sylvestris quibusdam, aliis Atractylis J. B. 3. 81.“ (Tournefort 1700, S. 500, Genus II. „Carlina. Carline.“); „CARLINA SILVESTRIS. CAP. XLVI. ...“ und die Abbildung „Carlina silvest. vulgaris.“ auf S. clvi (Clusius 1601, S. clvi-clvij; ab Buch IV gesonderte Seitennumerierung mit römischen Zahlen); „Carlina sylvestris qvibvsdam, aliis Atractylis. ... Dod. gall. Carlina siluestris, Carline sauuage, Germ. drey distel, frawendistel, & Sewdistel ...“ (Bauhin 1651, liber XXV, S. 81f.); „2. CARLINA caule multifloro corymboso. Carlina sylvestris vulgaris. Clus. hist. 2. p. 156. ... Tournef. inst. 500. ... Cnicus sylvestris spinosior. Bauh. pin. 378. ...“ (Linné 1737, S. 395); „64. CARLINA caule multifloro corymboso LINN. h. Cliff. 395. ROY. pr. 135. Carlina syluestris vulgaris CLUS. Hist. CLVI. Carlina syluestris DOD. pempt. 728. Carlina syluestris quibusdam, aliis atractylis I. B. III. 81. Cnicus syluestris spinosior B. pin. 378. Carlina caule ramoso, floribus vmbellatis HALL. Helv. 685. ... Ad Lenam fluuium non vidi, nec STELLERUS a

Iacutia vrbe ad oceanum vsque orientalem obseruauit." (Gmelin 1747–1769, Bd. II, S. 82f.), nahezu identisch auf Bll. 51r–51v in: AAW R. I, Op. 105, D. 28 – s. Anm. 61 in Nr. 21; „64. Carlina caule multifloro corymboso [=] Carlina vulgaris L.!" (Ledebour 1841, S. 70); „3. Carlina sylvestris vulgaris. Clus. Die gemeine wilde Eberwurz." (Miller 1750, S. 171); „Carlina vulgaris, ... gemeine Eberwurz, ... Sodkraut; ... Sie heißt bey ... Clusius: Carlina sylvestris vulgaris; ..." (Gmelin 1772, Sp. 593f.); „4) Gemeine Eberwurz. Carlina vulgaris. ... Carlina caule multifloro corymboso floribus terminalibus, calycibus radio albo. LINN. ... Sp. pl. p. 1161. ... Hort. Cliff. 395. ... GMEL. Sib. 2. p. 82. ... Carlina sylvestris vulgaris. CLUS. hist. 2. p. 155. Cnicus sylvestris spinosior. C. BAUH. pin. 378. ... Diese, welche auch Dreydistel, Soddistel, Saudistel, wilder Feldsafran, Schönhärle und wilde Eberwurz genennt wird, ... Sie soll ein gutes Mittel wider das Sodbrennen seyn, und hat sich durch allerhand abergläubischen Mißbrauch berühmt gemacht. Wenn man die Blumenköpfe auslauget, und mit dieser Lauge den Kopf wäschet, so sollen die Haare ... eine gelbe Farbe davon annehmen, und aller Unrath aus selbigen vertrieben werden." (Linné 1783a, S. 196ff.); „9. CARLINA vulgaris. ... C. caule multifloro ... Hort. cliff. 395. ... Gmel. sib. 2. p. 82. C. sylvestris vulgaris. Clus. hist. 2. p. 155. Cnicus sylvestris spinosior. Bauh. pin. 378. ... Gemeine Eberwurz. W. ..." (Linné 1797–1830, Bd. III, Teil 3, S. 1696); „... die Eberwurzel a), ... Diese Pflanze ... muß ein jeder Kriegsmann und Reisender kennen. Wenn man das Schiesgewehr damit beräuchert, kann es kein Hexenmeister versprechen. ... |: a) Carlina vulgaris, russ. Koljuka. :|" (Lepechin 1774, S. 45); „934. Carlina vulgaris. Lin. sp. 4. Eberwurz. Ruß. Koliutschka. ..." (Falk 1786, S. 237); „3. CARLINA vulgaris ... Gemeine Eberwurz. R. Koliska. ..." (Georgi 1797–1802, Theil 3, S. 1226); „4. C[arlina] vulgaris (L. SP. 1161) ... DEC. Prodr. VI, p. 546. ... M. a BIEB. Fl. t. c. II, p. 282. ... C. caule multifloro corymboso. GMEL. Fl. sib. II, p. 82, Nr. 64. ..." (Ledebour 1844–1846, S. 675); „3. C[arlina] VULGARIS (Linn. sp. 1161), ... Dod. pempt. 728. f. 1. ..." (Candolle 1837, S. 546); „1674. CARLINA vulgaris. ... Linn. ed. Willd. 3. p. 1696. ... Gmel. sib. 2. p. 82. n. 64. ..." (Marschall von Bieberstein 1808, S. 282); Carlina vulgaris L. – russ. *koljuka* bzw. *koljučka* (*Annenkov* 1858, S. 28, Nr. 266); „Carlīna L. (Compositae). Nach KARL DEM GROSSEN, (geb. 742, [?] st. 814 zu Aachen), dessen Armee durch diese Pflanze von der Pest geheilt worden sey. LINNÉ gibt an, der deutsche Kaiser KARL V. (geb. 1500 zu Gent, st. 1558 in einem Kloster Spaniens), dessen von der Pest in der Berberei befallene Armee diese Pflanze mit Nutzen gebraucht habe, sey die Veranlassung jenes Namens." (Wittstein 1852, S. 158)

„1057. Carlina caule multifloro corymbosos Linn. h. Cliff. 395. Carlina sylvestris vulgaris Tourn. inst. 500. ..." (AAW R. I, Op. 13, D. 20, Bl. 97v, s. Anm. 1 in Nr. 1); „27. Carlina sylvestris Clus." (AAW R. I, Op. 15, D. 1, Bl. 4v, s. Anm. 24 in Nr. 64); „143. Carlina sylvestris vulgaris Clus. H. clvj & I. R. H. ..." (AAW R. I, Op. 105, D. 12, Bl. 38v, s. Anm. 54 in Nr. 17); „Carlina sylvestris vulgaris Clus. H. clvj. & I. R. H. Чертополохъ. [russ. *čertopoloch*] ..." (AAW R. I, Op. 13, D. 67, Bl. 25r, s. Anm. 5 in Nr. 4); „291. Carlina sylvestris vulgaris Clus. Hist. CLVI." (AAW R. I, Op. 6, D. 40, Bl. 35v, s. Anm. 1 in Nr. 1); „382. Carlina sylvestris vulgaris Clus. H. clvj. et I. R. H. ..." (AAW R. I, Op. 105, D. 1[a], Bll. 39r–39v, s. Anm. 29 in Nr. 5)

/133r/

Florae Irkutissime Ordine Inst⌈itutionum⌉ Rei Herb⌈ariae⌉
CLASSIS XV.

CLASSIS XV.
de
Herbis et suffruticibus flore
apetalo seu stamineo.

746[a]	*Beta rubra radice rapae C. B. P.* 118.[1] *Ubi- / vis in hortis Irkutiae Russis audit.* Свек- / ла[2].
747[b]	*Acetosa pratensis C. B. P.* 114. *Oxalis vul- / garis folio longo J. B.*[3] *in pratis ad Irku- / tum*
748[c]	*Acetosa foliis crispis C. B. P.*[4] *Cum priori oc- / currit passim floret sub finem Junii.*
749[d]	*Acetosa arvensis lanceolata C. B. P.*[5] *Ubiq⌈ue⌉ cir- / ca Irkutiam. floret Junio.*
750[e]	*Acetosa rotundifolia Alpina C. B. P.*[6] *quae for- / te in Prodr.* 2. *Inveni d⌈ie⌉* 21 *Aug⌈usti⌉ sub ni- / ve et ad fontes Bannoi rivi distantia / ... stadia*[7] *a Bargusinensi munimento / huius semina mittuntur.*
751[f]	*Lapathum acutum crispum J. B. Lapathum / folio acuto crispo C. B. P. Tour. I. R. H. / spec⌈ies⌉* 3[8] *frequens in pratis circa Irku- / tiam et lacum Baikal.*
752[g].	*Lapathum folio acuto plano C. B. P. Lapa- / thum acutum sive Oxylapathum J. B.* 2 / 983.[9] *floret in pratis ad Irkutum et / circa Roswodnaja pagum Junio et Julio.*

/133v/

florae Irkutiensis Ordine Inst⌈itutionum⌉ Rei Herb⌈ariae⌉
CLASSIS XV.

	Huius plantae radices napiformes ad / 10 *ex una corona prodeunt, foris fuscae / intus admodum flavae.*
753[h]	*Lapathum sylvestre magnum vulgare J. B. / Hippolapathum sylvestre Tabern. Icon.* 436.[10] */ In montosis asperis et apricis ad Anga- / ram. floret initio Julii, folia huius am- / plissima ac pallidiora Lapathi acuti /*

[a] 746 *verbessert aus* 655 [b] 747 *verbessert aus* 656 [c] 748 *verbessert aus* 657 [d] 749 *verbessert aus* 658 [e] 750 *verbessert aus* 659 [f] 751 *verbessert aus* 660 [g] 752 *verbessert aus* 661 [h] 753 *verbessert aus* 662

	foliis sunt. Assurgit ad ingentis viri / procerítatem.
754[a]	*Lapathum folio acuto, flore aureo C. B. P.* 114. [sic!] / *Lapathum anthoxanthon Joh. B.*[11] *Passim / in arenosis circa lacum Baikal et Bar- / gusini.*
755[b]	*Lapathum folio rotundo alpinum J. B.* 2. 987. / *Lapathum hortense rotundifolium sive / montanum C. B. P.* 115.[12] *Huius folii cos- / ta intense rubet, radices mole ad* 8. 10 / *libras perveniunt Russis audit* черен- / кóвой ревéнь[13]. *Abunde in rupibus ab / Angae fluvii ostio in lacum Baikal / et abhinc ad munimentum Bargusi- / nense usq⌈ue⌉ ut et in rupibus ad Irku- / tum et Tunkinskinensibus. Huius / semina optimè matura mittuntur.*
756[c]	*Atriplex hortensis rubra C. B. P.*[14] *Passim in / hortis Irkutiae et circa urbem.*

/134r/

Florae Irkutiensis Ordine Inst⌈itutionum⌉ Rei herb⌈ariae⌉
CLASSIS XV.

757[d]	*Atriplex angusto oblongo folio C. B. P.* / 119.[e] *Atriplex sylvestris Polygoni aut / Helxines foliis Lobel. Icon.* 257.[15] *Ubiq⌈ue⌉ ad / sepes circa Irkutiam floret Julio / et Augusto*
758[f].	*Atriplex maritima angusto folio semine at- / riplicis sativae*[16] *ad lacum salsum deser- / ti Kunkurkinensis. Huius semina mit- / tuntur.*
759[g]	*Atriplex maritima humilior folio angustiori / et breviori*[17] *cum praecedenti.*
760[h]	*An Atriplex maritima angustissimo folio / Morison. Hist. Oxon. Halimus sive Portu- / laca marina C. B. P.* 120.[18] *ad lacum sal- / sum deserti Kunkurkinensis. Huius / semina mittuntur.*
761[i]	*Atriplex humilis Alsines mediae folio sub- / tus incano folia superne pulvere velu- / ti totidem punctulis irrorata. Crescit / in locis ruderatis et hortis Irkutiae. / Floret circa medium Julii. An Atriplex / Halimi folio C. B. P.* 120.[19]
762[j]	*Chenopodium Pes anserinus* 1 *Tab. Ic.* 427. / *Atriplex dicta Pes anserinus J. B.* 2 / 975. *Atriplex sylvestris latifolia C. B. / P.* 119.[20] *Passim inter olera et segetes / floret Julio ⌈et⌉ Augusto Comeditur à Rus- / sis, illisque audit* лебедá[21].

---

[a] 754 *verbessert aus* 663 [b] 755 *verbessert aus* 664 [c] 756 *verbessert aus* 665 [d] 757 *verbessert aus* 666 [e] 219. [f] 758 *verbessert aus* 667 [g] 759 *verbessert aus* 668 [h] $7_{6}0$ *verbessert aus* $6_{6}9$ [i] 761 *verbessert aus* 67 [j] $_{7}62$ *verbessert aus* 71

/134v/

Florae Irkutiensis Ordine Instit⌈utionum⌉ Rei Herb⌈ariae⌉
CLASSIS XV.

763[a]	*Chenopodium ceratoides humile hyssopi / folio*[22]*. mihi ubivis circa Irkutiam / lacum Baikal. floret Julio. semina / maturat sub finem Aug⌈usti⌉ eaq⌈ue⌉ opti- / me matura mittuntur, ut*[b] *descripti- / one supersedere possim.*
764[c]	*Chenopodium folio sinuato candicante Tour. I. R. H. sp⌈ecies⌉* 3. *Atriplex sylvestris folio / sinuato candicante C. B. P.*[23] *ad vias pro- / pe suburbium ad Kudam exstructum / Kudinskaia sloboda dictum*
765[d]	*Chenopodium angustifolium laciniatum mi- / nus T. I. R. H. spec⌈ies⌉* 5.[24] *Huius folia sinua- / ta magis quam laciniata dici merentur, / supine è viridi flavicant, inferne pulve- / re incano facile detersili aspersa sunt.*
766[e]	*Blitum album majus C. B. P.* 118[f] *Tour. I. / R. H. spec⌈ies⌉* 1.[25] *Abunde circa Irkutiam / floret Julio*
767[g]	*Blitum arborescens incanum Lavandulae / folio*[26]*. Planta haec in deserto urinskinensi / è regione rupis* Кладовой камень[27] *dicti / ultimo Aug⌈usto⌉ reperta. Radice nititur am- / pla, crassa, lata, lignosa in diametro* 6 */ imo* 10 *pollices longa et* 4[h]. 5. *lata sicca / cinerea, ramos modo unum modo duos / et plures saepe pollicem crassitie supe- / rantes teretes, lignosos, duras, foris spa- / diceos intus buxeos in terram ad pe- / dem* 1 *demittit. Corona radicis è terra / eminet emittitq⌈ue⌉ caules* 20. 30 *fru- / ticis*[i] *modum cubitales. Caules lignosi / teretes hinc inde glabri plurima parte*

/135r/

florae Irkutiensis Ord⌈ine⌉ Inst⌈itutionum⌉ Rei Herb⌈ariae⌉
CLASSIS XV.

	hirsutie canescentes ab exortu caulis e ra- / dice ad florum imperfectorum[28] *spicam / usq⌈ue⌉ folia nullo ordine fasciculatim e cau- / le prodeunt, et ad eum*[j] *eriguntur folia / pollicem circiter longa, ubi latissima* $^2/_{10}$ */ pollicis raro superantia, utrinq⌈ue⌉ acumi- / nata, Lavandulae folia referentia, / supina parte albide viridia et hirsuta, / aversa parte alba et prorsus incana, / quidam caules floriferis spicis*

---

[a] $_7$63 *verbessert aus* 72 [b] *nach* ut *gestr.* & [c] $_7$64 *verbessert aus* 73 [d] $_7$65 *verbessert aus* 74 [e] $_7$66 *verbessert aus* 75 [f] 128 [g] $_7$67 *verbessert aus* 76 [h] 4 *verbessert aus* [.] [i] $_{\text{frutic}}$i$_{\text{s}}$ *verbessert aus* e [j] eam

	om- / nino destituuntur, alii è foliorum / fasciculosorum alis singulis pediculos / surrectos, dimidium pollicem longos / emittunt, spica[a] *florifera in summi- / tate onustos, spica tali ut longiori*[b] *ple- / rumq[ue] ipsum caulem terminante. Flos / imperfectus stamineus nec acie oculo- / rum, ut ut intentu florum et stami- / num densissime axi adnatorum nu- / merum et figuram ita et nec semen / aut analogum quidpiam saltem dete- / gere licuit et quamvis tria stamina / vidisse mihi videor, an non imagina- / tione potius contigeret, ipse dubito, / ita et calycis structura non in ap-*

/135v/

florae Irkutiensis ordine Inst[itutionum] Rei Herb[ariae]
CLASSIS XV.

	rico est. Dicam hinc ingenue me a- / nalogia e spicarum floriferarum / structura et forma petita. Plantam / hanc ad Bliti genus revocasse quod / an tetigerim aliorum censurae com- / mitto Tab[ula] ... sistit plantam in- / tegram magnitudine naturali, ita / [et] spicas floriferas seorsim mit- / to, sub seminibus licet semen nul- / lum detegere potuerim
768[c]	*Alchimilla Linariae folio calyce florum / albo Tourn. I. R. H. Linaria montana / flosculis albicantibus C. B. P.* 213.[29] */ Ubivis in montosis circa Irkutiam / floret sub finem Maii ad medium / Junii*
769[d]	*Alchimilla Linariae folio, calyce florum / subluteo T. I. R. H.*[30] *In jnsula Olchon / lacus Baikal et in collibus circa / Oiok. floret Julio. Multum ra- / mosior praeterea est, quam prae- / cedens*
770[e].	*Persicaria mitis maculosa C. B. P.* 101.[31] */ floret Initio Jul[ii] circa Irkutiam / variat flore albo et purpureo*:

/136r/

Florae Irkutiensis ordine Inst[itutionum] Rei Herb[ariae]
CLASSIS XV.

771[f]	*Persicaria mitis non maculosa C. B. Pin.*[32] *Cum / praecedenti*
772[g]	*Persicaria urens seu Hydropiper C. B.*[33] *floret / Junio et Julio in palustribus ad Uschakow- / kam et Angaram.*
773[h]	*Persicaria angustifolia C. B. P. p[agina]* 101[34] *Passim / juxta sepes et scrobes. floret Junio et / Julio*

---

[a] Spica *verbessert aus* [.] [b] longiori *verbessert aus* e [c] 768 *verbessert aus* 77 [d] 769 *verbessert aus* 78
[e] 770 *verbessert aus* 9 [f] 771 *verbessert aus* 80 [g] 772 *verbessert aus* 81 [h] 773 *verbessert aus* 82

774[a].	*Persicaria alba[b] multiflora D[omini] D[octoris] Gmel[ini] / ind[icis] Plant[arum] Lenen[sium][35] Abunde in monto- / sis gramineis locis ad Angaram et / circa lacum Baikal. Huius semina / mittuntur.*
775[c]	*Persicaria maritima purpurea salicis / folio crasso succido glabro[36]. Occurrit / in deserto Kunkurkinensi ad lacum / salsum huius semina mittuntur.*
776[d]	*Persicaria fruticans angustifolia, flo- / re albo[37] Abundè in arenosis ad la- / cum Baikal. Huius semina mittun- / tur.*
777[e]	*Persicaria geniculata Salicis folio lato / et incano[38]. Occurrit cum praecedenti. / floret Julio et Augusto. semen ma- / turat Septembri, illud bene matu- / rum mittitur.*
778[f]	*Persicaria fruticosa alia[39], in mea ab- / sentia Irkutiae collecta.*
779[g]	*Polygonum brevi angusto folio C. B. / P.* 281. *Tourn. I. R. H. spec[ies]* 4. *Polygo- / num*

/136v/

Florae Irkutiensis ordine Inst[itutionum] Rei Herb[ariae]
CLASSIS XV.

	II. *Tab[[a]]ern.*[40] *Inter silices ad ripas An- / garae floret Junio.*
780[h]	*Polygonum latifolium C. B. P.* 281. *Poly- / gonum sive Centinodia J. B. Tour. I. R. / H. spec[ies]* 1.[41] *Ubiq[ue] ad vias floret cum / praecedenti*
781[i]	*Polygonum latifolium flore candido C. / B. P. Tourn. spec[ies]* 2.[j][42] *Cum priori*
782[k]	*Polygonum oblongo angusto[l] folio C. B. / P. Tourn. I. R. H. spec[ies]* 3.[43] *floret / cum priori*
783[m]	*fagopyrum vulgare erectum Tour. I. R. H. / sp[ecies]* 1. *Erysimum Theophrasti folio hede- / raceo C. B. P.* 27.[44] *In pagis circa Ir- / kutiam frequenter colitur.*
784[n].	*Fagopyrum vulgare scandens Tourn. I. / R. H. sp[ecies]* 2. *Convolvulus minor semi- / ne triangulo C. B. P.* 295. *Helxine / semine triangulo J. B.* 2 157.[45] *Affa- / tim in pratis et montosis locis cir- / ca Irkutiam floret sub initium Ju- / lii*
785[o]	*fagopyrum palustre scandens, caule quad- / rangulo aspero, semine*

[a] $_{7}$74 *verbessert aus* 83 [b] $_{a}$l$_{ba}$ *verbessert aus* b [c] $_{7}$75 *verbessert aus* 84 [d] $_{7}$76 *verbessert aus* 85 [e] 777 *verbessert aus* [.]86 [f] $_{7}$78 *verbessert aus* 87 [g] $_{7}$79 *verbessert aus* 88 [h] $_{78}$0 *verbessert aus* 9 [i] $_{7}$81 *verbessert aus* 90 [j] 3 [k] $_{7}$82 *verbessert aus* 91 [l] $_{angust}$o *verbessert aus* [.] [m] $_{7}$83 *verbessert aus* 92 [n] $_{7}$84 *verbessert aus* 93 [o] $_{7}$85 *verbessert aus* 94

	nigro[46]*. Planta / haec in udis ad Angaram circa Ros- / wodnaia Julio florens. Radice ni- / titur fibrosa, geniculata exigua*[a] */ ruffescente, caules emittit duos, tres / et raro plures, ramosos, quadrangulos*

/137r/

Florae Irkutiensis Ordine Inst[itutionum] Rei Herb[ariae]
CLASSIS XV.

	geniculatos, aparines instar asperos, ad / singula genicula, quorum communiter / tria ad summum quatvor folium[b] *utrimq[ue] cum / quadam flavedine viride, pollicare / et* $^{6}/_{10}$ *latum, ad basin auriculatum, / caulem amplexans apice acuminatum / et*[c] *acutum. Ad summum geniculum / caulis in duos ramos, florum spicas / globosas densas, sustinentes divarica- / tur, calyx quinquifidus e viridi al- / bens, apices*[d] *autem divisurarum / calycis rubent, calyx includit se- / men triangulare nigrum*[e]*, semen / Septembris medio optime maturum / collectum mittitur. Planta crescit / in ipsis aquis et stagnis ut et in / locis udis inaequalibus* Кóчки[47] *Rus- / sis dictis cum Pentaphylloide fru- / ticoso Eboracensi*[48]*, cui plerumque / adhaerescere solet.*
786[f]	*Bistorta major radice magis intorta*[49] */ Tour. I. R. H. sp[ecies] 2. C. B. P.*[50] *Abundè / in pratis et sylvis Irkutiae. floret / Junio. Russis audit hic locorum / Mikaer*[g51] *Radice utuntur ad ventris pro- / pisofluvia*[52] *et gonor<r>hoeam*[53] *sistendam.*
787[h].	*Bistorta pumila foliis inferioribus / latioribus, superioribus angustioribus*[54]

/137v/

Florae Irkutiensis Ordine Inst[itutionum] Rei Herb[ariae]
CLASSIS XV.

	floret circa medium Junii affatim / circa Irkutiam. Planta est dodran- / talis, radix intorta[55] *parva. Differt / a Bistorta pumila*[i] *circa Petripolin / obvia, illius enim. folia semper et / ubiq[ue] in caule*[j] *eadem sunt angusta / nempe, hinc in defectu descriptionum / et Iconum Clusii et C[aspari] B[auhini]*[56] *Haereo an / nostra circa Petripolin sit Bistorta / Alpina minor C. B. P. 192.*[57] *An haec / circa Irkutiam obvia? provenit / hic*

[a] exigua *verbessert aus* [.] [b] folium *über der Zeile* [c] et *verbessert aus* [.] [d] apices *verbessert aus* m [e] nigrum *verbessert aus* [.] [f] 786 *verbessert aus* 95 [g] Mikaer *verbessert aus* Mi[.]aes [h] 787 *verbessert aus* 96 [i] pumila *verbessert aus* [.] [j] caule *verbessert aus* [.]

	locorum in udjs locis ad Anga- / ram Uschakowkam et Irkutum, / mirum est, quod observaverim e- / am in montosis locis altiorem et / omnibus partibus maiorem in hu- / milioribus et humidis minorem / et humiliorem provenire. Huius / semina mittuntur.
788[a].	*Bistorta saxatilis folio crasso rigido*[58]. *se- / men plantae collegi e planta jam / emarcida d⌈ie⌉* 21 *Aug⌈usti⌉ in vertice ru- / pium celsissimarum* 10 *stadia a / Bargusinensi munimento, illudq⌈ue⌉ se- / men mittitur an Bistorta Alpina / media C. B. P.* 192.[59]
789[b].	*Bistorta angustifolia spica foliosa*[60] *Occur- / rit ad stagna prope Oiok sloboda semi- / na matura mittuntur.*

/138r/

Florae Irkutiensis ordine Instit⌈utionum⌉ Rei Herb⌈ariae⌉
CLASSIS XV.

790[c]	*Triticum hybernum aristis carens C. B. / P.* 21. *Triticum vulgare glumas tritu- / rando deponens*[61] *abunde circa Irkutiam / in agris colitur Russis audit* Пше- / ница[62] *non conten*[[*n*]]*ti*[d] *autem amplius / ircutenses apicii*[63] *suo tritico sunt, verum / illi qui pluris in bonis habent, fari- / na triticea è China evocata candi- / dissima tam in cibis quam ad panifi- / cia utuntur.*
791[e]	*Secale hybernum maius C. B. P. Rogga Dod.*[64] */ In agris per totam sibiriam excipe / tractum a samarow ad Narim et / regionem infra Kirengam Jacutiam / usq⌈ue⌉ tanta copia hic*[f] *habetur secale*[g], *ut* 40 *librae / farinae in foro* 11. 12. *a Rusticis* 8. / 9 *hastulis*[65] *argenteis emi possint / trans Baikalem circa Argunenses / officinas non raro* 40 *librae* 6 *aut /* 5 *hastulis venduntur.*
792[h]	*Hordeum polystichum hybernum C. B. / P.*[66] *Colitur in agris hic locorum affa- / tim.*
793[i]	*Avena vulgaris seu alba C. B. P.*[67] *raro hic / locorum in arvis est, ob id, quod equis / abstemios et foeno solummodo conten- / tos esse oportet*
794[j]	*Milium semine luteo C. B. P.* 26[68] *Hic loci*

[a] $_{7}$88 *verbessert aus* 97 [b] $_{7}$89 *verbessert aus* 98 [c] $_{7}$9$_{0}$ *verbessert aus* 99 [d] $_{\text{cont}}$e$_{\text{nnti}}$ *verbessert aus* $_{\text{cont}}$i$_{\text{n}}$e$_{\text{nti}}$ [e] 7$_{9}$1 *verbessert aus* 8$_{9}$0 [f] hic *über der Zeile* [g] secale *über der Zeile* [h] 7$_{9}$2 *verbessert aus* 8$_{9}$1 [i] 7$_{9}$3 *verbessert aus* 8$_{9}$2 [j] 7$_{9}$4 *verbessert aus* 8$_{9}$3

/138v/

Florae Irkutiensis ordine Inst⌈itutionum⌉ Rei Herb⌈ariae⌉
CLASSIS XV.

	non seritur, spontaneum autem occur- / rit media via inter officinam spiri- / tus frumenti et Kudinskaia sloboda, / quo fato hoc factum nescio, forte o- / lim ibi cultum fuit.

Graminum in agro Irkutiensi.
⌈et⌉ circa lacum Bajkal.
Crescentium recensio Methodo Clarissimi
Scheuchzeri agrostographiae[a] *sequuntur*
⌈pri⌉mum Gramina spicata Monostachia.

795[b]	*Gramen Loliaceum radice repente sive offici- / narum Tour. I. R. H. spec⌈ies⌉* 1. *gramen cani- / num arvense sive Gramen Diosc⌈oridis⌉ C. B. P.*[69] */ In arvis*[70] *Irkutiae et circa lacum Baikal, / sed non admodum frequens.*
796[c]	*Gramen Loliaceum radice repente sive gramen / officinarum aristis longioribus donatum / Tour. I. R. H. spec⌈ies⌉* 2. *Graminis spicae tri- / ticeae repentis vulgaris varietas cum spi- / ca aristata Raii Syn.* 247 *et Scheuc<h>z. agrostogr. p⌈agina⌉* 9 *spec⌈ies⌉* 6.[71] *frequentius in / pratis et montosis locis circa Irkuti- / am.*
797[d]	*Gramen loliaceum fibrata radice, aristis do- / natum Tourn. I. R. H. sp⌈ecies⌉* 3. *Gramen ca- / ninum non repens elatius spica aristata / Mor. Hist. Ox. Part.* 3. 177.[72]

/139r/

florae Irkutiensis ordine Inst⌈itutionum⌉ Rei Herb⌈ariae⌉
CLASSIS XV.

798[e]	*An Gramen sparteum maximum mariti- / mum Hollandicum spica secalina nobis / Raii method. Graminum* 172. *N⌈umer⌉o* 9. *An / potius gramen spicatum secalinum al- / tissimum Tourn. I. R. H. p⌈agina⌉* 518. *Gra- / men spica Secalina C. B. P. et Prodr. /* 18. *Gramen Secalinum maius Parkins. / Theath.* 1144[73] *quo*[f] *pro potius habeo. Lar- / ga huius*

---

[a] agrostographica [b] 795 *verbessert aus* 884 [c] 796 *verbessert aus* 885 [d] 797 *verbessert aus* 886
[e] 798 *verbessert aus* 887 [f] $_{\text{quo}}$ *verbessert aus* $_{\text{quo}}$d

	graminis segete secale ex as- / se ita mentiente, ut vel oculatissimo et / in vicinia imponat, Natura[a] *rupibus ste- / rilibus, insulae Olchon frugibus perfi- / ciendis ineptis, hoc frumento spurio ad / litus lacus veluti sato illudere videtur; / Ad viri ingentis et ultra proceritatem / assurgere solet. Radice nititur genicu- / lata albicante fibrosa et cirrosa caulis / ter quaterve geniculatus, secalis cul- / mum forma ⌈et⌉ numero ex asse referens, / folia ad singula genicula orta culmum / ad medietatem cuiusvis internodii va- / gin<a>e instar amplexantia et obvolven- / tia abhinc expansa lata albide viridia, / striata, glabra subito in mucronem / attenuata, inferius semipedalia in / medio pedalia, superius nonnihil pede*

/139v/

florae Irkutiensis ordine Inst⌈itutionum⌉ Rei Herb⌈ariae⌉
CLASSIS XV.

	breviora, ubi latissima $^2/_{10}$ *pollicis non ex- / cedentia, spica dimidium pedem com- / munissime longa aspera, hirsuta alba / dilute violacei quidpiam admixtum / habens; Huius scapi denticulis insi- / dent binae semper locustae alterna- / tim ad culmum* $^7/_{10}$ *pollicis longae, qua- / rum calyx glumis duabus constat / cassis jnaequalibus*[b]*, arista unam li- / neam longa aristata: Ex harum glu- / marum medio surgit scapus, cui folli- / culi* 4 *alternatim insistunt. Semen / includentes, singulae locustae ubi sca- / po denticulato insistunt, a tribus glu- / mis* $^6/_{10}$ *pollicis longis angustis et a- / ristatis veluti totidem palis circum / vallantur. Oblongum tenue Russis au- / dit* дикая рожь[74]. *Abunde ad litus insulae / Olchon.*
799[c].	*Gramen hordeaceum montanum spica stri- / gosiori brevius aristata Agrostogr. Prodr. / p⌈agina⌉* 14. *Tab⌈ula⌉* 1. *Gramen secalinum maius syl- / vaticum D⌈omini⌉ Bobarti*[d] *Raii Synopsis* 248.[75] */ frequentissimum in montosis ad Anga- / ram Irkutum et ad omnem lacum / Baikal.*

/140r/

Florae Irkutiensis ordine Inst⌈itutionum⌉ Rei Herb⌈ariae⌉
CLASSIS XV.

800[e]	*Gramen hordeaceum minus et vulgare / C. B. P.* 9. *Theat.* 134. *Gramen spica- / tum vulgare secalinum I. R. H.* 517 */ Hordeum murinum J. B.*

---

[a] Natura *verbessert aus* Naturae [b] jnaequalibus *verbessert aus* a [c] 799 *verbessert aus* 888 [d] Robarti [e] 800 *verbessert aus* 89

	Hordeum / spontaneum spurium holcus[a] *Plinii / et Anguillarae.*[76] *Cum praecedenti ob- / venit.*
801[b].	*Gramen hordeaceum montanum spica / latissima prolifera*[77]. *Haec perpulchra / graminis species Abundè occurrit / in rupibus insulae Olchon lacus Bai- / kal. Radice nititur fibrosa alba ex / una radice culmi surgunt* 3. 4 5 *cubi- / tales et bicubitales*[78] *bis ut plurimum / geniculati inferius hordei culmi cras- / sitiem attingentes, dein subito atte- / nuati infra spicam chordae quintae*[79] */ crassitiem adaequantes, folium è / secundo geniculo emittit, quod ubi / vaginae officium praestitit, duos / pollices circiter à geniculo in foli- / um explanatur palmare, glabrum stri- / atum viride, subito attenuatum et val- / de acuminatum, spica unam ad sum- / mum duas uncias raro superat, / sesquiuncias lata, singulis axeos / denticulis aristatis et geminatis*

/140v/

florae Irkutiensis ordine Instit[utionum] Rei Herb[ariae]
CLASSIS XV.

	1 *lineam longis, unamq[ue] a se invicem / distantibus, tres innascuntur follicu- / li, locustam efficientes, quarum / extimae duae sine pediculo, media / brevissimo vix dimidiam lineam / longo axi denticulato adnascuntur. / folliculi laterales biglumes exterio- / ri in aristam sesqui lineas latam / attenuata, medius folliculus au- / tem tribus constat glumis, quarum / exterior aristata*[c80] *media mutica. Me- / dii folliculi granum seu semen an / natura an vero ab ictu et nido in- / secti intumescit in corpusculum / oblongum utrimq[ue] acuminatum fo- / liosum, tribus, raro* 4 *foliolis arc- / te se cingentibus constans* $^{6}/_{10}$ $^{8}/_{10}$ *pol- / licis longum, modo flavicans stra / minis instar, modo violacei quid- / dam admixtum habens, intus in / siccata planta nullum inveni se- / men sed viridem ustilaginem*[81] *seu / pulverem dulcem ita et quaedam / corpuscula talia foraminulis ab in- / sectis pertusa. inveni*[d], *ita, ut praeter / naturalem hanc floriferam spicam*

/141r/

Florae Irkutiensis ordine Inst[itutionum] Rei H[erbariae]
CLASSIS XV.

	agnoscere omnino cogar. et varietatem / graminis praecedentis ab accidenti. / Hoc autem praetermittere non debeo / me in utraq[ue] huius

---

[a] halcus [b] $_8$01 *verbessert aus* 90 [c] $_{\text{aristata}}$ *verbessert aus* $_{\text{aristata}}$e [d] i$_{\text{nveni}}$ *verbessert aus* I

	graminis specie / liquorem lentum brunneam mel de- / spumatum colore et sapore refe- / rentem exudantem copiosum inve- / nisse, ita ut ad experimentum phar- / maceuticum sesquiuncias collegissem / An forte Mannae[82] *vires obtineret, / nihil autem virium in manna ce- / lebratarum deprehendere potui / tum herbae Theae infuso solutum / liquorem Solverem. ac tenello infantulo / sorbendum darem*[83]
802.	*Gramen loliaceum locustis singularibus / alternis aristis recurvis*[84] *longissimis. / Gramen hoc raro occurrens, sesquicubitas / ut plurimum longum, bis geniculatum, / geniculo nigricante, culmus viridis stri- / atus*[a] *secundum longitudinem, / gracilis, vagina culmi* 8 *circiter digitos / a geniculo in folium sesqui uncias lon- / gum, lineam unam latum, striatum / et digito deorsum*[b] *ducto asperum / explanatur, spica* 5 *pollices longa, an- / gusta, locustae* 6 *lineas aristis non / computatis longae; axi denticulato ge-*

/141v/

Florae Irkutiensis ordine Inst[itutionum] Rei Herb[ariae]
CLASSIS <XV>

	niculato alternatim solitarie adnas- / cuntur; genicula purpurascunt. Locus- / tae e quinq[ue] folliculis biglumibus loli- / aceis sibi invicem alternatim op- / positis constans[c]*, e quinto*[d] *arista prodit*[e] */ glumae externae ad oras asperae / et ciliares sunt, sibiq[ue] invicem non / in dorso sed ad latera junguntur; quae / vis folliculorum externa gluma in / aristam foris curvatam asperam / et sub microscopio*[f] *quadratam et den- / ticulatam unciam superantem atte- / nuatur, ita ut festucam fermè aris- / tis suis longissimis referat. Crescit / ad fossam prope suburbium Urik /* 18 *stadia ab urbe Irkutia.*
803[g]	*Gramen spica loliacea inflexa, triticeam locus- / tarum situ aemulante, aristis recurvis*[85] */ longissimis donata. Hinc inde circa Irku- / tiam et lacum*[h] *Baikal occurrit.*[86]
804[i]	*Gramen loliaceum corniculatum Tourn. Hist. plant. Paris. p[agina]* 92. *Item gramen loliace- / um corniculatum spicis villosis I. R. H.* <5>16. */ An Gramen spica Brizae maius C. B. P. /* 9. *Prodr.* 19. *Scheuchz.*

---

[a] *nach* striatus *gestr.* viridis [b] digito deorsum *verbessert aus* u[..] [c] constans *über der Zeile* [d] quinto *verbessert aus* [.]; *nach* quinto *gestr.* in spicam terminan- / tem ab utrinq$_3$ latere amplexantibus, [e] arista prodit *über der Zeile* [f] microscopio *verbessert aus* a [g] 803 *verbessert aus* 12 [h] lacum *verbessert aus* [.] [i] 804 *verbessert aus* 13

	Agrostograph. p[agina] 35. / 36.[87] *Abundè in montosis circa Irkutiam*
805[a].	*Gramen paniceum spica aspera C. B. Theatr. /* 139. *Panicum vulgare spica Simplici et*

/142r/

Florae Irkutiensis Ordine Inst[itutionum] Rei Herb[ariae]
CLASSIS XV

	aspera I. R. H. Panicum sylvestre dictum / et Dens canis primus C.[88] [?] *J. B.*[89] *Abunde in / pratis et hortis circa Irkutiam et lacum / Baikal.*[90]
806[b].	*Gramen panicum spicis nigris C. B. P.*[91] *Nulla / alia graminis panici species Bargusini Oc- / currit, nisi haec, cuius insuper semina mit- / tuntur.*
807[c]	*Gramen Alopecuroidi simile glabrum cum / pilis longissimis C. B. P.* [?] *An gramen spica- / tum tomentosum longissimis aristis dona- / tum Tourn. I. R. H.*[92]
808[d]	*Gramen Typhinum maximum spica longissima / C. B. Th.* 49. *Gramen cum cauda muris / majoris*[93] *longa maius J. B.*[94] *In pratis circa / Irkutiam.*[95]
809[e]	*Gramen loliaceum spica angusta densiori purpu- / rea locustis aristis denticulatis asperis cir- / cumvallatis*[96]*, ob id, quod unum solummodo / exemplar ad manus est, nolui discindere / et spicam curatius examinare.*[97]
810[f]	*Gramen folio angusto valdè piloso spica secalina, / praelonga*[g] *locusta*[h] *brevissimis aristis donatum*[i][98] */ Abundè*[j] *in pratis circa Irkutiam. Surgit / ad cubitalem altitudinem, folia pedalia / vix dimidia linea latiora, valde pilosa et / incana, siq[ue] deorsim digitis stringantur / aspera, culmus striatus, hirsutus, va-*

/142v/

Florae Irkutiensis ordine Instit[utionum] Rei Herbariae
CLASSIS XV.

	gina circumdatus, quae unciam unam / a basi, spicae remota in folium expla- / natur, spica 3, 4 uncias longa, e viridi / obsolete rubens[k]*, ut deinceps observavi / ad paniculata gramina*[99] *spectat, ob lo- / custarum*

---

[a] $_{8}$05 *verbessert aus* 14 [b] $_{8}$06 *verbessert aus* 15 [c] $_{8}$07 *verbessert aus* 16 [d] $_{8}$08 *verbessert aus* 17
[e] $_{8}$09 *verbessert aus* 18 [f] $_{81}$0 *verbessert aus* 19 [g] $_{\text{praelong}}$a *verbessert aus* [.] [h] $_{\text{locust}}$a *verbessert aus* ae
[i] $_{\text{dona}}$tum *verbessert aus* $_{\text{dona}}$ / tis [j] *vor* Abundè *gestr.* [...] [k] $_{\text{ruben}}$s *verbessert aus* [.]

	enim densitatem pedicu- / lorumq⌈ue⌉ brevitatem aristam menti- / tur, quod et[a] *mihi jmposuit.*[100]
811[b].	*Gramen spicatum pratense, spica flavescen- / te C. B. P.* 3. *Gramen ant<h>oxanthon*[c] */ spicatum J. B. II.* 466 *et Tourn. I. R. / H.*[101] *Ubiq⌈ue⌉ in pratis circa Irkutiam hu- / ius graminis exemplaria duplicia misi, / quorum unum primo vere, alterum ela- / tius autumno collectum*
812[d].	*Gramen pratense cristatum*[e] *seu spica crista- / ta laevi C. B. P.* 3. *Gramen cristatum / J. B. II.* 468.[102]
813[f].	*Gramen sparteum juncifolium C. B. P.* 5. *Spar- / tum parvum Lobelio J. B. Gramen lolia- / ceum minimum foliolis junceis panicula / unam partem spectante Tourn. I. R. H. / et Scheuchz. agrostogr. p⌈agina⌉* 90.[103]
814[g].	*Gramen capillatum paniculis viridantibus J. / B.*[104] *Gramen capillatum locustellis penna- / tis et aristatis Raii in montosis pratis / ad Angaram.*

/143r/

Florae Irkutiensis ordine Inst⌈itutionum⌉ Rei Herb⌈ariae⌉
CLASSIS XV.

815[h]	*Gramen paniculatum spicis crassioribus / et brevioribus Tourn. I. R. H. Gramen / spicatum folio aspero C. B. P.*[105] *In udis / pratis circa Irkutiam abunde.*
816[i]	*Gramen pratense paniculatum maius, la- / tiore folio* Πόα[j] *Theophrasti C. B. P.*[106] *In / pratis circa Irkutiam passim.*
817[k].	*Gramen pratense paniculatum medium C. / B. P. Gramen pratense minus J. B.*[107] */ In pratis cum praecedenti*[l]
818[m]	*Gramen pratense paniculatum minus rubrum / C. B. P.*[108] *In locis siccioribus sylvulae ad / dextram Uschakowkae amnis abunde.*
819[n]	*Gramen pratense paniculatum molle C. B. / P. Gramen lanatum Dalechampii Lugd.*[109] */ In pratis sylvosis ad Angaram et Irku- / tum.*
820[o]	*Gramen paniculatum, arundinaceum, / spica multiplici Tour. I. R. H. Gramen / calamogrostis Lobelii J. B.*[110] *Abunde in / stagnis ad Angaram et Irkutum.*
821[p].	*Gramen paniculatum arundinaceum pa- / nicula densa spadicea Tour. I. R. H. / Gramen arundinaceum panicula mol- / li spadicea maius C. B.*[111] *In pratis ad / Irkutum inq⌈ue⌉ campis deserti Kunkur- / kinensis in locis salis efflorescentia albis.*

[a] et *über der Zeile* [b] $_8$11 *verbessert aus* 20 [c] $_{ant}$o$_{xanthon}$ *verbessert aus* [.] [d] $_8$12 *verbessert aus* 21 [e] $_c$r$_{istatum}$ *verbessert aus* i [f] $_8$13 *verbessert aus* 22 [g] $_8$14 *verbessert aus* 23 [h] $_8$15 *verbessert aus* 24 [i] $_8$16 *verbessert aus* 25 [j] Поá [k] $_8$17 *verbessert aus* 26 [l] praecedente [m] $_8$18 *verbessert aus* 27 [n] $_8$19 *verbessert aus* 28 [o] $_{82}$0 *verbessert aus* 9 [p] $_8$21 *verbessert aus* 30

/143v/

Florae Irkutiensis ordine Inst[itutionum] Rei Herb[ariae]
CLASSIS XV.

822[a]	*Gramen avenaceum elatius juba longa / splendente Raii Meth.* 179 *et Scheuchz. Agrostograph.*[112] *Passim in apricis circa / Irkutiam et lacum Baikal*[113]
823[b].	*Gramen arundinaceum locustis viridi spadi- / ceis loliaceis, brevius aristatis, Scheuchz. Agrostogr. p[agina]* 266. *An gramen arundinace- / um aquaticum, panicula avenacea Ra- / ij Syn.*[114]
824[c].	*Gramen avenaceum panicula sparsa, locus- / tis majoribus et aristatis, Tour. I. R. H. / Festuca avenacea, sterilis elatior C. B. / P. Aegilops Matth. Bromos herba Dod.*[115] */ Abunde ad Angaram et circa lacum / Baikal.*[116]
825[d]	*An Festuca avenacea sterilis humilior C. B. / P.* 9.[117] *Cum priori obvenit.*[118]
826[e]	*Gramen Bromoides pumilum locustis ere- / ctis majoribus aristatis Scheuchzerij / Agrostograph.* 260.[119] *in siccioribus de- / sertorum campis.*[120]
827[f].	*Gramen nodosum avenacea panicula C. B. / P. Prodr.* 3. *Gramen nodosum J. B. Sche- / uchzeri Agrostogr. p[agina]* 237[121]. *Abunde ad An- / garam et circa lacum Baikal.*[122]

/144r/

Florae Irkutiensis ordine Inst[itutionum] Rei Herb[ariae]
CLASSIS XV.

828[g]	*An Gramen avenaceum panicula purpu- / ro argentea splendente D[omini] Doody. Raii / Hist.* 1909 *Scheuchz. Agrostogr.* 226.[123]
829[h].	*Gramen arundinaceum locustis viridibus / loliaceis non aristatis, an gramen a- / venaceum panicula sparsa locustis / minoribus non aristatis Breyn[ii] Scheuchz. Agrostogr. p[agina]* 267.[124] *per*[i] *omnia quoad / locustarum structuram coincidit cum / gramine arundinaceo locustis viridi / spadiceis loliaceis brevius aristatis / Scheuchz. agrost. p[agina]* 266.[125] *excepto colore / qui in hoc gramine viridis, aut flavo / viridis est, et deniq[ue] quod aristis ca- / reat. Occurrit tam circa Irkutiam / quam lacum Baikal.*[126]

---

[a] $_{8}$22 *verbessert aus* 31 [b] $_{8}$23 *verbessert aus* 32 [c] $_{8}$24 *verbessert aus* 33 [d] $_{8}$25 *verbessert aus* 34 [e] $_{8}$26 *verbessert aus* 35 [f] $_{8}$27 *verbessert aus* 36 [g] $_{8}$28 *verbessert aus* 37 [h] $_{8}$29 *verbessert aus* 38 [i] p$_{er}$ *verbessert aus* [.]

830[a]	*An gramen avenaceum paniculatum al- / pinum locustis majoribus varicolori- / bus Arist⌈atis⌉ Scheuchz. Agrostogr. Tab⌈ula⌉ III.*[127] */ libro annexa circa Irkutiam et la- / cum Baikal occurrit.*[128]
831[b]	*gramen paniculatum alpinum majus, pa- / nicula speciosa variegata Scheuchz. Agrostograph. Icon⌈um⌉ Tab⌈ula⌉ III.*[129]
832[c].	*Gramen loliaceum panicula multiplici et spi- / cata I. R. H.* 516. *Phoenix multiplici spica- / ta panicula Park. Theat. Scheuc<h>z. agrostogr. / p⌈agina⌉* 200.[130]

/144v/

Florae Irkutiensis ordine Inst⌈itutionum⌉ Rei Herb⌈ariae⌉
CLASSIS XV.

833[d].	*Gramen radice repente, panicula delicata spa- / diceo viridi Scheuchz. Agrost. p⌈agina⌉* 127.[131] *Ubivis / in palustribus circa Irkutiam. Gramen Ca- / merarii repens J. B. II.* 458.[132]
834[e].	*An Gramen montanum, panicula spadicea / delicatiore C. B. P. Scheuchz. Agrost. p⌈agina⌉ /* 129.[133] *Ubivis ad Angaram et lacum Baikal / in locis elatioribus gramineis.*[134]
835[f]	*Gramen segetum panicula arundinacea C. B. Gra- / men agrorum Lobelii.*[135] *Passim circa Irkuti- / am Scheuchz. Agrost. p⌈agina⌉* 244.[136]
836[g]	*An Gramen Xerampelinum miliacea praetenui / ramosaq⌈ue⌉ panicula, sive Xerampelino con- / gener, arvense aestivum. Gramen minutissi- / mo semine Lobel.*[137] *In agris circa Irkutiam / floret aestate.*[138]
837[h].	*Gramen panicum maius erectum, spica divi- / sa mutica. Gramini panico minimo hu- / mi strato spica divisa mutica simile / Sloan. Catal.* 30. *An Gramen paniceum / spica divisa C. B. P. Scheuchz. Agrost. / p⌈agina⌉* 49.[139] *Abunde in palustribus ad Anga- / ram et Bargusinum inter gramina a- / rundinacea. Huius semina matura / mittuntur, pingue humidumq⌈ue⌉ solum / efflagitat*[i][140]

/145r/

Florae Irkutiensis ordine Inst⌈itutionum⌉ Rei Herb⌈ariae⌉
CLASSIS XV.

838[j]	*Juncus alpinus capitulo lanuginoso seu / Schoenolaguros C. B. P.* 12.

---

[a] 830 *verbessert aus* 9 [b] 831 *verbessert aus* 40 [c] 832 *verbessert aus* 41 [d] 833 *verbessert aus* 42 [e] 834 *verbessert aus* 43 [f] 835 *verbessert aus* 44 [g] 836 *verbessert aus* 45 [h] 837 *verbessert aus* 46 [i] efflagitat *verbessert aus* rit [j] 838 *verbessert aus* 47

	Prodr. 7 / *Juncus Alpinus cum cauda leporina* / *J. B. Scheuchz. Agrost.* p*[agina]* 302[141] *Maio [et] / Junio abunde circa Irkutiam in pra- / tis humidioribus convallium intra mon- / tes ad Angaram e regione Wosnesen- / skensis Monasterij.*[142]
839[a].	*Linagrostis panicula ampliore I. R. H.* / 664. *Gramen pratense tomentosum / panicula sparsa C. B. P. Gnaphalium / Tragi sive Juncus bombycinus J. B. / Scheuchz. Agrost.* 306.[143] *Mihi omnino / diversa species esse videtur ab ea, / quae in Germania et Petropoli in pra- / tis udis circa comitis de Münch pa- / latium occurrit ad dextram viae, / qua itur ad Newense monasteri- / um, quod Petropoli inquirendum [et] / sin ut puto differt, haec erit Linag- / rostis panicula amplissima sparsa*[b] / *squamis puniceis.*[144]
840[c].	*Linagrostis palustris angustifolia pani- / cula sparsa pappo rariore Scheuchz. Agrost.* p*[agina]* 308.[145] *Abunde in pratis*[d] *udis / circa Irkutiam.*[146]

/145v/

Florae Irkutiensis ordine Inst[itutionum] Rei Herb[ariae]
CLASSIS XV.

841[e].	*Linagrostis palustris folio angustissimo, / panicula sparsa graciliori et brevio- / ri*[147]. *Mihi Abunde occurrit cum prae- / cedenti, differentiam a priori Titulus / [et] plantae siccae facies indicat. / Iconem huius in posterum dabo.*[148]
842[f].	*Juncoides villosum, capitulis Psyllii Scheuchz. Agrost.* p*[aginis]* 310. 311. *Gramen hirsutum / capitulis Psyllii C. B. P. Gramen Lu- / zulae minus J. B. Gramen exile hir- / sutum. Cyperoides Lobelii J. B. Jun- / cus villosus capitulis Psyllii T. / I. R. H.*[149] *frequens primo vere in / pratis humidioribus ad Uschakow- / kam.*[150]
843[g].	*Juncoides hirsutum, capitulo glomerato / Scheuchz. Agrost.* p*[agina]* 312. *Gramen hirsu- / tum capitulo globoso C. B. P. Gramen / capitulo lucido globoso Tabern[aemontani]*.[h] *J. B.*[151] / *Cum praecedenti eodem loco et tem- / pore occurrit.*[152]
844[i].	*An Juncojdes angustifolium glabrum pani- / cula sparsa Scheuchz. Agrost.* p*[agina]* 320. / *Gramen juncoides junci sparsa pani- / cula Park.*[153] *In udis ad Angaram et / Uschakowkam.*[154]

---

[a] 839 *verbessert aus* 48 [b] spa~rsa~ *verbessert aus* [...] [c] 840 *verbessert aus* 9 [d] ~pra~tis *verbessert aus* [.] [e] 841 *verbessert aus* 50 [f] 842 *verbessert aus* 51 [g] 843 *verbessert aus* 52 [h] Tabaern. [i] 844 *verbessert aus* 53

/146r/

Florae Irkutiensis ordine Instit[utionum] Rei Herb[ariae]
CLASSIS XV.

845[a].	*Gramen junceum foliis et spica Junci / C. B. P. Juncus parvus cum peri- / carpiis rotundis J. B.*[155] *cum priori / eodem loco et tempore occurrit.*[156]
846[b]	*Scirpus minimus capitulo squamoso bre- / viore et crassiore fusco Scheuchzeri / Agrost. p[agina]* 366.[157] *Passim circa Irku- / tiam.*[158]
847[c]	*Juncus laevis panicula sparsa, minor C. / B. P.* 12. *Juncellus omnium mini- / mus Chamoe* [sic!] *Schoenos Lobel[ii] Juncus / parvus, calamo supra paniculam / longius producto Raii Hist.* 1305.[159] *In / locis paludosis circa Roswodnaja.*[160]
848[d].	*Gramen Alpinum enode*[e], *spica parva / subrotunda ferruginea Scheuchz. Agrostogr.*[161] *Passim ad Angaram.*[162]
849[f].	*Gramen hirsutum nemorosum angustifo- / lium Alpinum paniculis obscure*[g] *ruf- / fescentibus Scheuchz. Agrostogr. p[agina]* 312.[163] / *Passim circa Irkutiam in sylvis.*[164]
850[h].	*An Gramen hirsutum elatius, panicula jun- / cea compacta Raii Syn.* 263. *Scheuchz. Agrost. p[agina]* 312.[165]
851[i]	*Scirpus palustris altissimus I. R. H. Jun- / cus maximus seu Scirpus major. C. B.*

/146v/

Florae Irkutiensis Ordine Inst[itutionum] Rei Herb[ariae]
CLASSIS XV.

	P.[166] *in stagnis ad Angaram prope / Roswodnaja et ad Bargusinum / fluvium.*[167]
852[j].	*Scirpus palustris humilior Scheuchz. Agrost. / p[agina]* 356. *Juncus sive Scirpus medius / C. B. P.*[168] *In udis sylvis circa Irkuti- / am siccata exemplaria deperdita / sunt mihi.*[169]
853[k].	*Scirpus Equiseti capitulo maiori I. R. H. Jun- / cus capitulis Equiseti maior, scirpis / latioribus C. B. P.*[170] *Abundè in stagnis ad Angaram.*[171]
854[l].	*Scirpus Equiseti capitulo maiori alter Scheuchz. Agrostogr. p[agina]* 361. *Juncus Equiseti capi- / tulis major, scirpis triplo angustiori- / bus C. B. P.*[172] *Cum praecedenti.*[173]

---

[a] $_{8}$45 *verbessert aus* 54 [b] $_{8}$46 *verbessert aus* 55 [c] $_{8}$47 *verbessert aus* 56 [d] $_{8}$48 *verbessert aus* 57
[e] $_{e}$n$_{ode}$ *verbessert aus* [.] [f] $_{8}$49 *verbessert aus* 58 [g] $_{obscur}$e *verbessert aus* [.] [h] $_{85}$0 *verbessert aus* 9
[i] $_{8}$51 *verbessert aus* 60 [j] $_{8}$52 *verbessert aus* 61 [k] $_{8}$53 *verbessert aus* 62 [l] $_{8}$54 *verbessert aus* 63

855[a]	*Scirpus minimus, spica breviore squamosa / spadicea Scheuchz. Agrost.* 364.[174] *In palust- / ribus ad Angaram frequenter.*[175]
856[b]	*Scirpus Equiseti capitulo minori I. R. H. / Juncellus capitulis Equiseti minor et / fluitans C. B. P.*[176] *In stagnis ad Anga- / ram et Uschakowkam ut et Bargusi- / num. Huius exemplaria siccata deper- / dita sunt.*[177]
857.	*Cyperus rotundus jnodorus germanicus C. B. P.* 14. *Cy- / perus aquaticus Septentrionalis Lobel. Icon.*[178] *flo- / ret Julio in stagnis ad Angaram, Irkutum / ⌈et⌉ Bargusinum.*[179]

/147r/

Florae Irkutiensis ordine Inst⌈itutionum⌉ Rei Herb⌈ariae⌉
CLASSIS XV.

858[c]	*Cyperus minimus panicula sparsa sub / flavescente Tour. I. R. H. Gramen Cype- / roides minus panicula sparsa subfla- / vescente C. B. P.*[180]
859[d]	*Cyperus minimus capitulis aculeatis Buxb. / Cent. IV Tab⌈ulae⌉ LX*[e] *fig⌈ura⌉* 1.[181] *In udis ad U- / schakowkam.*[182]
860[f]	*Juncus radice arundinacea horizontaliter / in terra reptante, calamo supra panicu- / lam longius producto acuto*[183], *quo nomine / autoribus veniat explorare non potui. / Provenit in arenosis ad lacum Baikal / inter saxa.*[184]
861[g]	*Arundo vulgaris sive* φραγμίτης *Dioscor⌈idis⌉ C. B. / P.* 17. *Arundo vulgaris palustris J. B.*[185] */ Ubivis frequens ad ripam Angarae et / Bargusini.*
862[h]	*Cyperoides latifolium spica ruffa sive caule / quadrangulo* [sic!] *Tourn. I. R. H. sp⌈ecies⌉* 1.[186] *Abun- / de cum priori occurrit.*[187]
863[i]	*Cyperoides latifolium spica spadiceo viridi / maius Tourn. I. R. H. Gramen Cyperoides / latifolium spica spadiceo-viridi maius.*[188] */ Nihil hac planta frequentius in udis et / ad stagna circa Irkutiam ita et loca hac / gramine veluti consita. Russis hic locorum / audiunt Solonzi*[189], *aliter ac in Russia ubi*

[a] 855 *verbessert aus* 64 [b] 856 *verbessert aus* 65 [c] 858 *verbessert aus* 67 [d] 859 *verbessert aus* 68 [e] LXI; *in der 2. Textversion (s. Anm.* 1 *in* A.) LX [f] 860 *verbessert aus* 9 [g] 861 *verbessert aus* 70 [h] 862 *verbessert aus* 71 [i] 863 *verbessert aus* 72

/147v/

florae Irkutiensis ordine Instit[utionum] Rei Herb[ariae]
CLASSIS XV.

	talia loca denotat, quae e limo salem ef- / florescente constant Kali[190], *Limonii*[191] *[et] / Salicorniae*[192] *proventui favent.*[193]
864[a]	*Cyperoides angustifolium alpinum spica spadi- / cea tenuiore Scheuchz. Agrost. p[agina]* 413. *Tab[ulae] X. / fig[ura]* 6.[194] *In sylvis circa Irkutiam.*[195]
865[b]	*Gramen sylvaticum, angustifolium, spica alba / C. B. P.* 4. *Prodr. Gramen Cyperoides polysta- / chion minimum spicis per maturitatem / albicantibus*[c] *Raii Hist.* 1295.[196] *In sylvis / circa Irkutiam frequens.*[197]
866[d]	*An Cyperoides Alpinum angustifolium, spicis / seminiferis tenuibus, fusco-viridibus Scheuchz. Agrost. p[agina]* 416. *s[e]q[uens]*[198] *in sylvis circa Irkutiam / et lacum Baikal.*[199]
867[e]	*Cyperoides sylvaticum angustifolium, spicis / parvis, tenuibus spadiceo viridibus Scheuchz. Agrost. p[agina]* 425.[200]
868[f].	*Cyperoides aculeatum angustifolium palustre / mihi, si hoc*[g] *est Cyperoides palustre acule- / atum, capitulo*[h] *breviore*[i201] *nescio quare capituli brevioris*[j] *mentio fiat; Cum / spica tam florifera quam seminifera ob- / longa sit, suspicor autem hanc aliam / speciem autoribus non descriptam esse / pariter ac sequentem*[k202]
869[l]	*Cyperoides aculeatum latifolium, palustre. / Huius spica florifera triplex est, aliter, ac / jn aculeato Cyperoide esse solet et cum / natura multifariam spicarum cassarum / numero ludat, nescio*[m] *sane, cui firmo*

/148r/

Florae Irkutiensis ordine Inst[itutionum] Rei Herb[ariae]
CLASSIS XV.

	fundamento distinctio Scheuchz. Agrostogr. / p[agina] 456[203] *[et]* 458[204] *Cyperoidum una spica et / pluribus spicis cassis floriferis.*
870[n]	*Cyperoides humile spica simplici seminifera / Scheuchz[ero] non recensita p[agina]* 498 *inferenda*[205] */ In sylvis circa Irkutiam.*
871[o]	*An Cyperoides alpinum pulchrum, foliis Caryo- / phyllaeis spicis atris*

---

[a] $_{8}$64 *verbessert aus* 73 [b] $_{8}$65 *verbessert aus* 74 [c] $_{a}$l$_{bicantibus}$ *verbessert aus* [.] [d] $_{8}$66 *verbessert aus* 75
[e] $_{8}$67 *verbessert aus* 76 [f] $_{8}$68 *verbessert aus* 77 [g] $_{h}$o$_{c}$ *verbessert aus* ae [h] $_{capitul}$o *verbessert aus* j
[i] $_{brevior}$e *verbessert aus* is [j] nescio quare capituli brevioris *über der Zeile* [k] $_{sequen}$tem *verbessert aus* [.]
[l] $_{8}$69 *verbessert aus* 78 [m] $_{nesc}$i$_{o}$ *verbessert aus* [.] [n] $_{87}$0 *verbessert aus* 9 [o] $_{8}$71 *verbessert aus* 80

	⌈et⌉ tumentibus Scheuchz. Agrostogr. p⌈agina⌉ 481.[206] *In sylvis circa Irkutiam / et lacum Baikal.*[207]
872[a].	*Cyperoides montanum, foliis angustis, parvis / spica spadicea divisa Scheuchz. Agrost. / p⌈agina⌉* 419[208] *In collibus ad Uschakowkam pri- / mo vere floret.*[209]
873[b]	*An Cyperoides angustifolium spica spadiceo- / viridi, minus Tour. I. R. H.*[210]*? In pratis humi / dis ad Irkutum.*[211]
874[c]	*An Cyperoides nigro-luteum vernum, majus / Tourn. I. R. H.*[212]
875[d]	*An Cyperoides nigro-luteum vernum minus / Tourn. I. R. H.*[213] *Ambo primo vere in pra- / tis ad Irkutum occurrunt.*
876[e]	*Cyperoidis species alia.*
877[f]	*Cyperoidis species alia.*
878[g]	*Cyperoidis species elatior, folio angusto.*
879[h]	*Cyperoidis species humilior, folio angusto.*
880[i].	*Typha palustris major C. B. P.* 20.[214] *Abunde in / stagnis ad Irkutum et Bargusinum.*

/148v/

Florae Irkutiensis ordine Inst⌈itutionum⌉ Rei Herb⌈ariae⌉
CLASSIS XV.

881[j].	*Typha palustris, clava gracili.*[215] *Cum praeced⌈enti⌉.*
882[k].	*Typha palustris minor*[216]*, vix ultra cubitum as- / surgit. Abundè in stagnis desert<i> Urinski- / nensis.*
883[l]	*Typha palustris clava in uno caule gemella, in- / ter utramq⌈ue⌉ clavam spatium duorum pol- / licum intercedit. Saepe obvenit cum prae- / cedenti*
884[m]	*Sparganium ramosum C. B. P.* 15. *Tour. I. R. H. / spec⌈ies⌉* 1.[217] *In stagnis ad Angaram et om- / nes fluvios hunc illabentes.*
885[n]	*Sparganium non ramosum C. B. P. Tourn. I. R. / H. spec⌈ies⌉* 2.[218] *Cum praecedenti*
886[o]	*Sparganium minimum Joh⌈annis⌉ Raii in app⌈endice⌉ / Hist. et C. B. P.*[219] *In locis udis deserti U- / rinskinensis frequens.*
887[p]	*Ricinus vulgaris C. B. P.*[220] *Passim in hortis Irku- / tiae. E semine sinensi laete proveniebat.*

---

[a] 872 *verbessert aus* 81 873 *verbessert aus* 82 [c] 874 *verbessert aus* 83 [d] 875 *verbessert aus* 84 [e] 876 *verbessert aus* 85 [f] 877 *verbessert aus* 86 [g] 878 *verbessert aus* 87 [h] 879 *verbessert aus* 88 [i] 880 *verbessert aus* [.]9 [j] 881 *verbessert aus* 90 [k] 882 *verbessert aus* 91 [l] 883 *verbessert aus* 92 [m] 884 *verbessert aus* 93 [n] 885 *verbessert aus* 94 [o] 886 *verbessert aus* 95 [p] 887 *verbessert aus* 96

888[a]	*Equisetum palustre longioribus setis C. B. P.*[221] */ Abundè in udis pratis ad Angaram.*
889[b]	*Equisetum palustre brevioribus setis C. B. / P.*[222] *In aquosis circa pagum Roswodnaja*
890[c]	*Equisetum sylvaticum tenuissimis setis C. B. / P.*[223] *Tam in sylvis quam campis sicciori- / bus desertorum abundè.*
891[d].	*Equisetum arvense, longioribus setis C. B. P.*[224] */ Huius Julis*[225] *primo vere in pratis circa / Irkutiam nihil frequentius.*
892[e].	*Equisetum foliis nudum, non ramosum sive*

/149r/

Florae Irkutiensis ordine Inst[itutionum] Rei Herb[ariae]
CLASSIS XV.

	junceum ἱππο<ύ>ρις[f] ἀφύλλος[g] *C. B. P.*[226] *Ab- / unde in stagnis ad Angaram et Irku- / tum, eandem speciem quod mirum / Bargusini in rupibus passim inve- / ni.*
893[h]	*Equisetum palustre majus Tabern. Icon.*[227] */ Cum priori.*
894[i]	*Equisetum foliis nudum ramosum*[228] *Cum / priori.*
895[j]	*Equisetum foliis nudum non ramosum, ge- / niculis annulis miniaceis circumval- / latis*[229] *In stagnis desertorum circa Bar- / gusinum.*
896[k]	*Pinastella surrectior Ruppii flor. Jen. / p[agina]* 275. *Polygonum foemina Dioscor[idi] / et Math[ioli] nec non Camerar. Epit. p[agina]* 324. */ Equisetum brevioribus setis polysper- / mon C. B.*[230] *Ubivis circa Irkutiam et la- / cum Baikal in pratis udis [et] ad stagna.*
897[l]	*Pinastella surrectior ramosa, priori anno / jam missa.*[231] *Abunde ijsdem locis obve- / nit cum antecedenti.*
898[m]	*Spinacia vulgaris capsula seminis aculeata / Tour. I. R. H. Spinacia Mas Joh. B.*[232] *In / horto D[omini] Vice-Gubernatoris*[233].
899[n].	*Mercurialis montana repens ocimi folio*[234] */ occurrebat d[ie]* 13.[235] *[Septe]mbr[is] in excelsa rupe /* 5 *stadia a Porta sic dicta insulae Ol- / chon lacus Baikal*

[a] $_{8}$88 *verbessert aus* 97 [b] $_{8}$89 *verbessert aus* 98 [c] $_{89}$0 *verbessert aus* 9 [d] 891 *verbessert aus* 900
[e] 892 *verbessert aus* 901 [f] ἱπποριs; $_{\iota\pi\pi}$o$_{\rho\iota s}$ *verbessert aus* [.] [g] ἀφύλλοs [h] 893 *verbessert aus* 902
[i] 894 *verbessert aus* 903 [j] 895 *verbessert aus* 904 [k] 896 *verbessert aus* 905 [l] 897 *verbessert aus* 906
[m] 898 *verbessert aus* 907 [n] 899 *verbessert aus* 908

/149v/

Florae Irkutiensis Ordine Inst[itutionum] Rei Herb[ariae]
CLASSIS XV.

900[a]	*Urtica urens maxima C. B. Pin. 232*[236] */ Abundè circa Irkutiam et lacum Bai- / kal.*
901[b].	*Urtica urens minor C. B. P.*[237] *Abunde in / hortis et ad sepes Irkutiae.*
902[c]	*Urtica urens maxima, laciniato folio. / Nihil frequentius*[d] *hac specie Urticae / circa Irkutiam et lacum Baikal / Huius matura semina mittuntur.*
903[e]	*Cannabis sativa C. B. P.*[238] *in agris [et] hortis / Irkutiae et circa lacum Baikal.*
904[f]	*Cannabis erratica C. B. P.*[239] *passim in monto- / sis ad Angaram.*
905[g]	*Lupulus mas.*[240] *frequens in hortis Irkutiae / Occurrit abunde sponte sua in / sylvis ad Tom et Tschulimum.*

[1] „[species 3] Beta rubra, radice Rapae C. B. Pin. 118. Beta radice rubrâ, crassâ J. B. 2. 961. Beta rubra, Romana Dod. Pempt. 620. Bette Rave." (Tournefort 1700, S. 502, Genus II. „Beta. Poirée."); „Beta rubra Matth. & offic. Romana Dod. radice Rapae C. BAUH. ... Rother Mangolt, roth Rüben=Kraut, rothe Rüben, Beiß=Rüben, Ronen, Beet=Wurtzeln. Diese Wurtzel wird ... zu den Speisen, statt eines Zugemüses, auffgesetzet. ... Sie ... geben grobe Nahrung, erwecken Blehungen, und schwächen den Magen. Der Safft, in die Nase gezogen, machet Niesen, und ziehet viel Schleim." (Franckenau 1716, S. 79); „Beta rubra, radice rapae C. B. P. 118. ... rothe Rüben vocantur." (Rupp 1726, S. 275); „1. BETA. Caesalp. syst. 159. ... δ Beta rubra, radice rapae. Bauh. pin. 118. ..." (Linné 1737, S. 83f.); „1) Gemeiner oder rother Mangold. Beta vulgaris. ... Beta floribus congestis. LINN. Syst veg. p. 217. Beta Hort. Cliff. 8[3] ... Beta rubra vulgaris DOD pempt. 609. ... C. BAUH. pin. 118. ... g) Beta rubra radice rapae. Ibid. ... Die Wurzel dieser Pflanze, welche insgemein unter dem Namen, rothe Ruben, bekannt ist, ... hat einen süßen Geschmack, ... ihr ausgepreßter Saft, wenn man ihn in die Nase ziehet, ... hilft dadurch bisweilen in Kopf= und Zahnschmerzen. ..." (Linné 1779, S. 816f.); „[Beta] rubra radice rapae; rubra romana; hierunter verstehen C. Bauhin und Dodonäus die rothe Rüben." (Gmelin 1772, Sp. 74); „a) Beta vulgaris. ... Deutsch. Mangold; Bete; Im Zillerthal Biessen. ... Russ. Sweklà, Swiökla. Mordwin. Siekla. Tatar. Tschegundir. Tschuw. Tschegundir. Tscherem. Jobscharschmen. Wotjak. Kuschman. Armen. Takt. Kalmuk. Lobong. ... 2) Beta rubra (vulgaris). Deutsch. Gemeine rothe Rüben. ..." (Nemnich 1793a, Sp. 593f.); wotjakisch gord kušman – rote Rübe (Munkácsi 1896, S. 219); „Beta rubra ist die andere Haupt=Sorte des Mangoldes, welche wieder in zweyerley Arten abgetheilet wird. Die erste davon heisset Beta rubra Brunf. Beta rubra vulgaris, C. B. Tournefort. Teutsch rother Mangold. Sie ist darinne nur von dem weissen unterschieden, daß sie roth aussiehet. Die zweyte heisset: Beta rubra offic. & Matth. Beta rubra Romana Dod. Beta rubra radice Rapae, C. B. Pit. Tournefort. ... Teutsch roth Rüben=Kraut, Beißrüben, Ronen, Beet=Wurtzeln, rothe Rüben. Dies ist von der ersten Sorte darinne unterschieden, daß ihre Blätter ein gut Theil kleiner und viel röther sind; ..." (Zedler 1732–1750, Bd. 3, Sp. 1523f.); „BETA vulgaris L. ... Gemeiner Mangold. W.

---

[a] $_{90}$0 *verbessert aus* 9 [b] $_{9}$0$_{1}$ *verbessert aus* 10 [c] $_{9}$0$_{2}$ *verbessert aus* 11 [d] $_{fr}$e$_{quentibus}$ *verbessert aus* [.]
[e] $_{9}$0$_{3}$ *verbessert aus* 12 [f] $_{9}$0$_{4}$ *verbessert aus* 13 [g] $_{9}$0$_{5}$ *verbessert aus* 14

Rothe Bete. R. Swekla. ... Die Wurzel ist eine allgemein beliebte Speise, und wird auch für den Winter zu einer Löffelspeise, die Borschtsch genannt wird, eingesäuert. Das Kraut nutzet zur Speise als Kohl. ...“ (Georgi 1797–1802, Theil 3, S. 818); „1. BETA vulgaris ... Beta. Hort. cliff. 83. ... α. B. rubra vulgaris. Bauh. pin. 118. ... γ. B. rubra, radice rapae. Bauh. pin. 118. ... Gemeiner Mangold. W. ...“ (Linné 1797–1830, Bd. I, Teil 2, S. 1308); „7. Runkelrübe (Beta vulgaris L., in Chiwa Lablabu genannt).“ (Basiner 1848, S. 235); „45. Beta vulgaris L. (Chenopod.). ... Das russische Volk wendet die Beta als Expectorans und Diureticum und die rothe Varietät auch bei Menstruationsverhaltung innerlich an. Aeusserlich dient das Mittel als reizendes Kataplasma und bei Hautkrankheiten, ...“ (Henrici 1894, S. 56f.); „Mittel gegen Leibschmerzen: ... Der Saft von Beta vulgaris dient gegen Leibschmerzen. ...“ (Alksnis 1894, S. 187ff.); Beta – russ. *svekla* bzw. *burak* (*Annenkov* 1858, S. 22, Nr. 187); mokschanisch yakster räps – rote Rübe (Ahlquist 1861, S. 202); „Bēta L. (Chenopodeae). Vom celtischen bett (roth) in Bezug auf die Species mit rother Wurzel. Angeblich von der Gestalt des griechischen Buchstaben Beta, welche die Pflanze habe, wenn sie in Samen schiesse (?).“ (Wittstein 1852, S. 104)

2 russ. *svekla*

3 „[species 1] Acetosa pratensis C. B. Pin. 114. Oxalis vulgaris, folio longo J. B. 2. 989. Oxalis Dod. Pempt. 648.“ (Tournefort 1700, S. 502, Genus I. „Acetosa. Ozeille.“); „Oxalis vvlgaris folio CAP. XI. ...“ (Bauhin 1651a, liber XXIII, S. 989ff.); „ACETOSA. ... teutsch, der Sauerampfer, ist ein Kraut, dessen es unterschiedene Gattungen giebet. ... Die erste und gemeinste wird genennet ... Acetosa pratensis, C. B. Pit. Tournef. ... Oxalis vulgaris folio longo, J. B. ... teutsch, grosser Sauerampfer. ...“ (Lémery 1721, Sp. 10f.); „Acetosa pratensis C. B. P. 114. ... Germ. Sauer=Ampfer, ...“ (Rupp 1726, S. 46); „⊙ 1. ACETOSA OFFICINARUM. Acetosa pratensis Pin. 114. ... Oxalis vulgaris, folio longo. J. B. 2. lib. 23. ...“ (Vaillant 1727, S. 2); „9. RUMEX foliis oblongo-sagittatis. Fl. lapp. 130. ... Foemina. α. Acetosa pratensis. Bauh. pin. 114. ...“ (Linné 1737, S. 139); „2. LAPATUM acetosum, sexu distinctum, foliorum sagittatorum hamis brevibus.* ... Acetosa pratensis C. B. Basil. p. 33. ... I. R. H. ... γ Oxalis crispa TAB. p. 440. I. B. C. B. ... Acetosa foliis crispis I. R. H. ...“ (Haller 1742, S. 168f.); „1. Der gemeine, große Saurampfer, so gemeiniglich Wiesen=Saurampfer genennet wird: Acetosa pratensis, C. B. P. 114. T. 502. ... Die Blätter sind ... eines lieblichen und sauern Geschmacks, daher sie Kinder ... für ihre Nahrung suchen und essen. ...“ (Zwinger 1744, S. 531); „88. RVMEX floribus dioicis, foliis oblongo-sagittatis, LINN. Vir. 32. Lapp. 130. Cliff. 139. Suec. 295. EI. Sp. pl. 1. p. 481. n. 24. ROY. pr. 231. Oxalis s. acetosa, MATTH. p. 447. Oxalis, DOD. pempt. p. 648. Oxalis s. Lapathum oxalida, acetosa, LOB. ic. p. 290. ex DOD. Oxalis maior, CAM. Epit. p. 230. Acetosa pratensis, C. B. P. 114. TOVRN. I. R. H. 502. Oxalis vulgaris folio longo I. B. II. 989. Lapathum acetosum, sexu distinctum, foliorum sagittatorum hamis breuibus, HALL. Helv. p. 168. α) Oxalis crispa, TAB. p. 440. I. B. II. 990. Acetosa foliis crispis, C. B. P. 114. TOVRN. I. R. H. 502. ...“ (Gmelin 1747–1769, Bd. III, S. 111); „88. Rumex floribus dioicis, foliis oblongo-sagittatis [=] Rumex Acetosa L.!“ (Ledebour 1841, S. 90); „26) Sauerampfer. Rumex Acetosa. ... Rumex floribus dioicis, foliis oblongis, sagittatis. LINN. ... Sp. pl. 481. ... Hort. Cliff. 130. [sic!] ... Acetosa pratensis. C. BAUH. pin. 114. ... Sie wird insgemein wilder Sauerampfer, Wiesensauerampfer, Waldsauerampfer ... genennet. ... frisch aber geben sie [d. h. die Blätter] in hitzigen und faulen Fiebern ein gutes durstlöschendes Mittel, ... Die Grönländer bedienen sich ... dieser Blätter in Verbindung mit Löffelkraut, als eines vortrefflichen Mittels wider den Scharbock.“ (Linné 1780, S. 384ff.); „RVMEX (Acetosa) ... Cliff. 139. ... Щевель [russ. *ščevel'*] Russ. ...“ (*Krašeninnikov* 1761, S. 54); „... Sauerampfer b), verdünnt das Blut und die Feuchtigkeiten; ... |: b) Rumex acetosa, russisch: konewei Schtschawel. :|“ (Lepechin 1774, S. 47); „Rumex Acetosa, ... Sauerampfer, ... Säuerling; gemeiner Sauerampfer; Wiesensauerampfer; ... ihre Wurzel ... kann nicht nur zur Zubereitung des Leders gebraucht, sondern auch ... zu Meel und Brod gemacht werden; das damit abgekochte Wasser ... rühmen einige Aerzte innerlich in Verstopfungen der Leber, und eben diese Wurzel äuserlich in Breyumschlägen in Geschwüren an den Füsen: ...“ (Gmelin 1776, Sp. 57f.);

„Sie [d. h. die Barabinzen] essen ... Sauerampfer ([barabinzisch] Kuschkulak. Rumex Acetosa L.) ...“ (Georgi 1776, S. 194); „433. Rumex Acetosa. Lin. sp. 26. ... Ruß. Konnewoi Schawel. Tat. Kusgalak. Baschk. Kuschkulok und Kermischlik. Kirg. Kumirlik und Kumisdok. ... Die Blätter der letzten werden von allen Nazionen Rußlands, die ich gesehen, gegessen.“ (Falk 1786, S. 165); „a) Rumex acetosa. Acetosa pratensis. Deutsch. Der Sauerampfer, Gemeiner Sauerampfer, Wiesensauerampfer, Wiesenampfer, Ampfer, Säuerling, Sürung, Sürken, Saltling, Sauersenf. ... Russ. Konewoi schawel. ... Tatar. Kusgalak. Baschk. Kuschkulok, Kermischlik. Kirgis. Kumirlik, Kumisdok. ...“ (Nemnich 1795, Sp. 1181f.); „14. RUMEX Acetosa ... Gemeiner Ampfer. R. Maschewelnik. Tat. Kustulak. Das Kraut ist vielleicht bey allen Nationen Rußlands Kohlkraut, ... Es besitzt das bekannte Sauerkleesalz der Oxalis Acetosella L., ohne hier auf dasselbe benutzt zu werden.“ (Georgi 1797–1802, Theil 3, S. 921); „31. RUMEX Acetosa. R. floribus dioicis, ... Hort. cliff. 130. [sic!] Gmel. sib. 3. p. 111. ... Acetosa pratensis. Bauh. pin. <1>14. ... Gemeiner Ampfer. W. ...“ (Linné 1797–1830, Bd. I, Teil 2, S. 260); „564. RUMEX Acetosa ... Linn. Sp. pl. 1. p. 481. ... β. CAULE, Foliis et Floribus majoribus. ... γ. Foliis crispis. ... Germ. Gemeiner Sauerampfer. ... β. Grosser Sauerampfer. Bergsauerampfer. γ. Krausblättrichter Sauerampfer. ... Pharm. ACETOSAE Radix; Herba virens; Semina. ...“ (Gmelin 1806, S. 111f.); „3) Flechtenartige Ausschläge. ... Sowohl gegen Flechten als auch gegen die verschiedenen Arten von Porigo, Acne etc. gebraucht man fein geriebenen Ofenruss und die Wurzel von Rumex acetosa im Nowgorodschen Gouvernement. ... Ausserdem trinkt man noch den Aufguss von ... Rumex acetosa und wäscht den Ausschlag mit der Abkochung des letzteren, vermischt mit dem Saft von Möhren und rothen Rüben ...“ (Krebel 1858. S. 153f.); „29. R[umex] Acetosa (L. Sp. 481) ... M. a BIEB. Fl. t. c. I. p. 291. ... LEDEB. Fl. alt. II. p. 60. ... R. floribus dioicis, ... GMEL. Fl. sib. III, p. 111, No. 88. ...“ (Ledebour 1846–1851, S. 510f.); „719. RUMEX Acetosa. ... Linn. ed. Willd. 2. p. 260. ... Gmel. sib. 3. p. 111. n. 88. ...“ (Marschall von Bieberstein 1808a, S. 291); Rumex Acetosa L. – russ. *ščavel'*, *kislennica polevaja* bzw. *kislica* (*Annenkov* 1858, S. 81, Nr. 954); „8) RUMEX ACETOSA. Linn. ... Willd. Sp. pl. II. p. 260. ... M. a Bieb. Fl. taur. cauc. I. p. 291. No. 719. ... Rumex floribus dioicis, ... Gmel. Fl. sib. III. p. 111. No. 88. ...“ (Ledebour 1830, S. 60f.); „Acetōsa T. (Polygoneae). Von acetum (Essig) wegen des sauren Geschmacks der Pflanze.“ (Wittstein 1852, S. 5); „Rūmex L. (Polygoneae). Von rumex (eine Art Geschoss, Lanze), in Bezug auf die pfeil- oder spiessförmigen Blätter mehrerer Arten.“ (a. a. O., S. 775)

„Acetosa pratensis C. B. P. ...“ (AAW R. I, Op. 105, D. 2, Bl. 16v, s. Anm. 54 in Nr. 17); „Acetosa pratensis CBP. щетель [sic!] [russ. *ščetel'*?] ...“ (AAW R. I, Op. 104, D. 8, Bl. 1v, s. Anm. 18 in Nr. 452); „253. Rumex floribus dioicis, folys oblongo-sagittatis. Linn. h. Cliff. 139. ... Femina. Acetosa pratensis B. Pin. 114.“ (AAW R. I, Op. 13, D. 20, Bl. 28r, s. Anm. 1 in Nr. 1); „110. Acetosa pratensis C. B. P. ...“ (AAW R. I, Op. 105, D. 12, Bl. 14v, s. Anm. 54 in Nr. 17); „107. Acetosa pratensis C. B. P. ...“ (AAW R. I, Op. 105, D. 12, Bl. 6r, s. Anm. 54 in Nr. 17); „108. Acetosa pratensis C. B. P. ...“ (AAW R. I, Op. 13, D. 42, Bl. 13v, s. Anm. 1 in Nr. 1); „1. Acetosa pratensis C. B. P. ...“ (AAW R. I, Op. 13, D. 67, Bl. 23r, s. Anm. 5 in Nr. 4); „343. Acetosa pratensis C. B. P. ...“ (AAW R. I, Op. 105, D. 1^a, Bl. 34r, s. Anm. 29 in Nr. 5); „Acetosa pratensis C. B. Pin.114. Loesel. Fl. Pr. 5. Tournef. Sp. 1. Oxalis Dod. Pempt. 648. ...“ (AAW F. 98, Op. 1, D. 19, Bl. 4r, s. Anm. 59 in Nr. 19); „Acetosa pratensis (Tournefortii sp. 1), Off.“ (Messerschmidt 1962–1977, Bd. 4, S. 205, s. Anm. 1 in Nr. 1)

4 „[species 3] Acetosa foliis crispis C. B. Pin. 114. Oxalis crispa J. B. 2. 990. Tabern. Icon. 440.“ (Tournefort 1700, S. 502, Genus I. „Acetosa. Ozeille.“); „*2. ACETOSA CRISPA. ... Oxalis crispa. Tabern. Icon. 440. Acetosa foliis crispis. C. B. Pin. 114. Oxalis crispa. J. B. 2. lib. 23. 990.“ (Vaillant 1727, S. 2); „[Acetosa] foliis crispis, also nennt Tournefort die krause Spielart des gemeinen Sauerampfers.“ (Gmelin 1772a, Sp. 57)

„434 Acetosa foliis crispis C. B. P. ...“ (AAW R. I, Op. 104, D. 25, Bl. 32r, s. Anm. 61 in Nr. 21); s. Nr. 747

5 „[species 17] Acetosa arvensis, lanceolata C. B. Pin. 124. [müßte heißen: 114] Oxalis parva, auriculata, repens J. B. 2. 992. Oxalis ovina Tabern. Icon. 440.“ (Tournefort 1700, S. 503, Genus I.

„Acetosa. Ozeille.“); „Acetosa arvensis lanceolata, C. BAUH. ... Acetosa ovina Tab. klein Saur=Ampffer, Feldampffer, Schaf=Ampffer. Hat mit dem gemeinen Saur=Ampffer gleiche Krafft.“ (Franckenau 1716, S. 9); „10. RUMEX foliis lanceolatis hastatis. ... Foemina. α ... Acetosa arvensis lanceolata. Bauh. pin. 114. ...“ (Linné 1737, S. 139); „1. LAPATUM acetosum sexu distinctum, foliorum sagittatorum hamis longis & divergentibus. ... Oxalis ovina TAB. p. 440. ... Acetosa arvensis lanceolatis C. B. Bas. p. 33. ... I. R. H. &c. ...“ (Haller 1742, S. 168); „7. Der kleine Saurampfer ... und geminiglich [sic!] spitziger Acker=Saurampfer genennet wird: Acetosa arvensis lanceolata, C. B. P. T. ...“ (Zwinger 1744, S. 532f.); „87. RVMEX floribus dioicis, foliis lanceolata-hastatis, LINN. Lapp. 131. virid. h. 32. Cliff. 139. Suec. 296. EI. Spl. pl. 1. p. 481. n. 25. ROY. pr. 231. Oxalis siue acetosa minor, MATTH. p. 448. Oxalis minor, CAM. Epit. p. 231. Oxalis tenuifolia sinuata veruecina, LOB. ic. p. 291. Acetosa aruensis lanceolata, C. B. P. 114. Oxalis parua auriculata repens, I. B. II. p. 992. Acetosa angustifolia lanceolata elatior, MOR. Ox. II. 583. Lapathum acetosum, sexu distinctum, foliorum sagittatotum hamis longis et divergentibus, HALL. Helv. 168. 1. Caulis repentibus. Acetosa lanceolata angustifolia repens, C. B. Pr. p. 55. 2. Foliis aut omnibus aut plerisque minime hamatis. Acetosa aruensis minima non lanceolata, C. B. P. 114. TOVRN. I. R. H. 503. ...“ (Gmelin 1747–1769, Bd. III, S. 110f.); „87. Rumex floribus dioicis, foliis lanceolato-hastatis [=] Rumex Acetosella L.!“ (Ledebour 1841, S. 90); „[Acetosa] arvensis lanceolata, also nennt C. Bauhin den Schaafampfer.“ (Gmelin 1772a, Sp. 56); „Rumex Acetosella, ... Schafampfer, mit lanzen= oder spondonförmigen Blättern; Akersauerampfer; kleiner Feldampfer; gemeiner Schafampfer; ... Er ... ist ein angenehmes und gesundes Futter für die Schafe.“ (Gmelin 1776, Sp. 58f.); „27) Schafampfer. Rumex Acetosella. .... Rumex floribus dioicis; foliis lanceolato-hastatis. LINN. ... Sp. pl. 481. ... Hort. Cliff. 139. ... Acetosa arvensis lanceolata. C. BAUH. pin. 114. ... Oxalis ovina. TABERN. Ic. 440. ... Diese Art ... wird auch kleiner Feldampfer, und Ackersauerampfer ... genennet. ...“ (Linné 1780, S. 386f.); „... Schaafampfer f) wird wider den Blutsturz getrunken; ... |: f) Rumex acetosella, russ. sorotschei Schtschawel. :|“ (Lepechin 1774, S. 46f.); „70) Schaafampfer, ... Rumex Acetosella, ... Er hat einen sauren nicht unangenehmen Geschmack, und ... kann auch, wie der gemeine Sauerampfer roh oder in Suppen gespeißt werden. ...“ (Gmelin 1779, S. 83f.); „32. RUMEX Acetosella. A. floribus dioicis, ... Hort. cliff. 139. ... Gmel. sib. 3. p. 110. ... Oxalis ovina. Tabern. ic. 440. ... Kleiner Ampfer. W. ...“ (Linné 1797–1830, Bd. II, Teil 1, S. 260f.); „31. R[umex] Acetosella (L. Spec. 481) ... LEDEB. F. alt. II, p. 61. ... R. floribus dioicis, ... GMEL. Fl. sib. III, p. 110, No. 87. ...“ (Ledebour 1846–1851, S. 511f.); „9. RUMEX ACETOSELLA. Linn. ... Willd. Spec. pl. II. p. 260. ... Rumex floribus dioicis, ... Gmel. Fl. sib. III. p. 110. No. 87. ...“ (Ledebour 1830, S. 61); Rumex Acetosella L. – russ. *kvasec, ščavel' vorob'inyj, volosatik, vorob'evaja kislota, dilil'* bzw. *ščavel' polevoj* (*Annenkov* 1858, S. 81, Nr. 955)

„435 Acetosa arvensis lanceolata C. B. P. ...“ (AAW R. I, Op. 104, D. 25, Bl. 32r, s. Anm. 61 in Nr. 21); „Acetosa arvensis lanceolata CBP ...“ (AAW R. I, Op. 104, D. 8, Bl. 1v, s. Anm. 18 in Nr. 452); „111. Acetosa arvensis lanceolata C. B. P. ...“ (AAW R. I, Op. 105, D. 12, Bl. 14v, s. Anm. 54 in Nr. 17); „108. Acetosa arvensis lanceolata C. B. P. ...“ (AAW R. I, Op. 105, D. 12, Bl. 6r, s. Anm. 54 in Nr. 17); „107. Acetosa arvensis lanceolata. C. B. P. ...“ (AAW R. I, Op. 13, D. 42, Bl. 13v, s. Anm. 1 in Nr. 1); „Acetosa arvensis, lanceolata. C. B. P. ...“ (AAW F. 21, Op. 5, D. 98, Bl. 31v, s. Anm. 54 in Nr. 17); „2. Acetosa arvensis, lanceolata. C. B. P. 124. [sic!] Petrop.“ (AAW R. I, Op. 13, D. 16, Bl. 32r, s. Anm. 32 in Nr. 6); „20. Juli 1724 ... Indessen besahe ich die Gegend zur andern Seite des Stroms und fand ... Item Acetosam arvensem lanceolatam (Caspar Bauhini et Tournefortii sp. 17). ...“ (Messerschmidt 1962–1977, Bd. 3, S. 89ff.); „Acetosa arvensis lanceolata (Tournefortii sp. 17), Off.“ (Messerschmidt 1962–1977, Bd. 4, S. 205, s. Anm. 1 in Nr. 1); „28. Juli 1725 ... Am Zelte observierte ... Acetosa arvensis lanceolata Caspar Bauhini et Tournefortii sp. 17 et Officinarum, Dale, ...“ (a. a. O., S. 177f.)

6 „[species 27] Acetosa rotundifolia, Alpina C. B. Pin. 114. Prodr. 55.“ (Tournefort 1700, S. 503, Genus I. „Acetosa. Ozeille.“); „II. Acetosa rotundifolia alpina: ...“ (Bauhin 1620, S. 55); „IX. Acetosa rotundifolia alpina: quae 2. in Prod.“ (Bauhin 1623, S. 114); „5. RUMEX floribus

hermaphroditis digynis. ... Acetosa rotundifolia alpina. Bauh. pin. 55. [sic!] prodr. 114. [sic!]" (Linné 1737, S. 138f.); „89. RVMEX floribus hermaphroditis digynis, LINN. Cliff. 138. Suec. 294. Sp. pl. 1. p. 460. n. 21. ROY. pr. 230. Acetosa rotundifolia, C. B. P. 55. [sic!] Pr. p. 114. [sic!] STELL. Irc. 750. Acetosa rotundifolia, repens, Eboracensis, folio in medio deliquium patiente, MOR. Ox. II. p. 583. s. 5. Tab. 36. f. penult. Acetosa repens Westmorlandica cochleariae folio, apicibus non nihil sinuatis, PLVK. Al. p. 8. PHYTOGR. Tab. CCLII. f. 2. Rumex foliis orbiculatis emarginatis, LINN. lapp. 132. Lapathum acetosum, androgynum, folio orbiculari emarginato, HALL. Helv. 170. STELLERVS ad fontes Bannoi riui, viginti stadia a Bargusinensi munimento sub niue reperit, ..." (Gmelin 1747–1769, Bd. III, S. 111f.); „89. Rumex floribus hermaphroditis digynis [=] Oxyria reniformis Hook.!" (Ledebour 1841, S. 90); „21) Unvollständiger Ampfer. Rumex digynus. ... Rumex floribus hermaphroditis, digynis. LINN. ... Sp. pl. 480. Hort. Cliff. 138. ... Acetosa rotundifolia alpina. C. BAUH. pin. 114. prodr. 55." (Linné 1780, S. 381f.); „[Acetosa] rotundifolia alpina, ist bey C. Bauhin der Ampfer mit zwey Staubwegen." (Gmelin 1772a, Sp. 60); „25. RUMEX digynus R. floribus hermaphroditis digynis. Hort. cliff. 138. ... Gmel. sib. 3. p. 111. n. 89. ... Acetosa rotundifolia alpina. Bauh. pin. 55. [sic!] prodr. 114. [sic!] ... zweygriffliger Ampfer. W. ..." (Linné 1797–1830, Bd. II, Teil 1, S. 258); „9) Rumex digynis, ... Acetosa rotundifolia alpina. Bauh. pin. 55; [sic!] ... Zweigrifflicher Ampfer; ... Wer ihn zum Bedarf der Küche, worin er eben so gut wie andere Sommerampfer gebraucht werden kann, ziehen will, ..." (Krünitz 1773–1858, Bd. 128, S. 672f.); „813 Oxyria. HILL. ... 1. O. reniformis HOOK. scot. p. 111. ... LEDEB. Fl. alt. III, p. 58. ... Rumex floribus hermaphroditis digynis. GMEL. Fl. sib. III, p. 111, No. 89. ..." (Ledebour 1846–1851, S. 498f.); „1) OXYRIA RENIFORMIS. Hook. Rumex digynis. Linn. Sp. pl. I. p. 480. ... Rumex floribus hermaphroditis digynis. Gmel. Fl. sib. III. p. 111. No. 89. ..." (Ledebour 1830, S. 56f.); „Oxy̆ria HILL. (Polygoneae). Von ὀξυς (scharf); die Blätter schmecken sauer." (Wittstein 1852, S.648)

„436 Acetosa rotundifolia alpina C. B. P. Flor. ircut No. 750 ..." (AAW R. I, Op. 104, D. 25, Bl. 32r, s. Anm. 61 in Nr. 21); „345. An Acetosa rotundifolia Alpina C. B. P. 114? ..." (AAW R. I, Op. 105, D. 1[a], Bll. 34r–34v, s. Anm. 29 in Nr. 5); „4. Acetosa rotundifolia Alpina C. B P. 114? Ind Jen. n°. 345. ..." (AAW R. I, Op. 13, D. 67, Bl. 23r, s. Anm. 5 in Nr. 4)

7 in der 2. Textversion (s. Anm. 1 in A.) vor „stadia": „20"

8 „[species 3] Lapathum folio acuto, crispo C. B. Pin. 115. Lapathum acutum, crispum J. B. 2. 988. Tabern. Icon. 436." (Tournefort 1700, S. 504, Genus II. „Lapathum. Patience."); „LAPATHVM ACVTVM acvtvm crispvm. ... kraüß Spitzmengelwürtz. ... Spitziger krauser ampfer. ..." (Bauhin 1651a, liber XXIII, S. 988); „3. RUMEX floribus hermaphroditis, valvulis integerrimis planis. α Lapathum folio acuto crispo. Bauh. pin. 115. ... Lapathum acutum crispum. Bauh. hist. 2. p. 985. ... β Lapathum aquaticum, folio cubitali. Bauh. pin. 116. ... Hydrolapathum majus Dalech. hist. 604. ..." (Linné 1737, S. 138); „5) Krauser Ampfer. Rumex crispus. ... Rumex floribus hermaphroditis, valvalis integris, graniferis; foliis lanceolatis, undulatis, acutis LINN. ... Sp. pl. 476. ... Rumex flor. hermaphr. ... Hort. Cliff. 138. ... Lapathum folio acuto crispo. C. BAUH. pin. 138. ... Lapathum folio acuto crispo. C. BAUH. pin. 115. ... Sie führet ... noch verschiedene Namen, als, wilder Ampfer, Grindwurz, Mengelwurz, Streifwurz, Zitterwurz, Krötenblätter, Doggenblätter; ... In Norwegen gebraucht man den Decoct ihrer Wurzel häufig innerlich wider die Gelbsucht und Krätze; auch äusserlich braucht man sie ... wider die Krätze und andere Geschwüre der Haut. Der Saame ist adstringirend. Das Vieh frißt sie nicht gern." (Linné 1780, S. 368f.); „90. RVMEX floribus hermaphroditis, valuulis integerrimis, planis, LINN. Cliff. 138. foliis cordato-lanceolatis, El. Suec. 292. Rumex floribus hermaphroditis, valuulis integris graniferis, foliis lanceolatis, vndulatis, acutis, LINN. Sp. pl. 1. p. 476. n. 3. Lapathum folio acuto crispo, B. pin. 115. Lapathum acutum crispum, TAB. p. 436. I. Idem caulibus colore rubro saturiori tinctis. II. Idem totus ruber. III. Lapathum aquaticum, folio cubitali, B. pin. 116. Herba Britannica vera Munt. brit. t. 1. IV. Lapathum aquaticum minus, C. B. Basil. p. 32. I. B. II. 987. TOVRN. I. R. H. 504. HALL. Helv. 171. V. Lapathum androgynum obtusifolium, spica confertissima, HALL. Helv. 170. Lapathum folio rotundo alpinum, I. B. II. p. 987. STELL. Irc. 755. Lapathum hortense

rotundifolium siue montanum, C. B. P. 115. ? Acetosa montana, folio cubitali, oblongatiore, crispo, floribus in sub viridi luteolis, MESS. AM. descr. n. 226. Rumex (alpinus) floribus hermaphroditis sterilibus femineisque valuulis integerrimis nudis, foliis cordatis obtusis rugosis, LINN. Sp. pl. 1. p. 480. n. 22. ... Varietatis V. radix Russice nomine черенковой ревень [russ. *čerenkovoj reven'*] dicitur, ... Exportatur etiam magna copia in Russiam, et officinas pharmaceuticas sub nomine rapontici intrat." (Gmelin 1747–1769, Bd. III, S. 112ff.); „90. Rumex floribus hermaphroditis, valvulis integerrimis plano [=] Rumex crispus L.!" (Ledebour 1841, S. 90); „226. ACETOSA montana folio cubitali, oblongatiore, crispo, floribus in subuiridi luteolis Messerscm [sic!] Czerenkowoi Rewen, vel Rhabarbarum Sibiricum Ruthenis dicitur, ... In Diario suo Messerschmidius vlterius refert, a Mogulo-Burathis eandem hanc plantam Yschune vocari, ..." (Amman 1739, S. 160); „7. RUMEX crispus. R. floribus hermaphroditis: ... Gmel. sib. 3. p. 112. ... Hort. cliff. 138. ... Lapathum folio acuto crispo. Bauh. pin. 115. Lapathum acutum crispum. ... Bauh. hist. 2. p. 988. ... Krauser Ampfer. W. ..." (Linné 1797–1830, Bd. II, Teil 1, S. 251f.); „3. RUMEX crispus L., ... Krausblättriger Ampfer. ... Das Kraut ist wie Spinat eßbar." (Georgi 1797–1802, Theil 3, S. 919); „2. Krausblätterige Grindwurzel, krauser Ampfer, wilder Toback, Krötenblätter, Lapathum folio acuto crispo C. B. Tourn. ... Ihre Wurzel, welche zu Paris öfters statt des falschen Rhabarber verkauft wird, ist bitter und gelinde zusammenziehend. ... Ihre Blätter ... werden in einigen Gegenden statt des Tobackes geraucht, ..." (Krünitz 1773–1858, Bd. 20, S. 87ff.); „15. R[umex] crispus (L. Sp. 476) ... M. a BIEB. Fl. t. c. I, p. 289. ... LEDEB. Fl. alt. II, p. 57. ... GMEL. (Fl. sib. III, p. 112, No. 90), qui ab auctoribus hic citatur, plures species confudissime videtur." (Ledebour 1846–1851, S. 505); „712. RUMEX crispus. ... Linn. ed. Willd. 2. p. 251. ... Gmel. sib. 3. p. 112. n. 90. ..." (Marschall von Bieberstein 1808a, S. 289); „1) RUMEX CRISPUS. L. ... Willd. Spec. pl. p. 251. ... M. a Bieb. Fl. taur. cauc. I. p. 289. No. 712. ... Rumex floribus hermaphroditis, ... Gmel. Fl. sib. III. p. 112. No. 90. ..." (Ledebour 1830, S. 57f.); „Mittel gegen Leibschmerzen: ... Rumex crispus wird benutzt. ..." (Alksnis 1894, S. 187ff.); „Mittel gegen ‚Blutseuche'. Gemeint ist die Dysenterie, ... Man bereitet einen Thee aus den Blüthen von Plantago major. – Eine gleiche Anwendung findet Rumex crispus. ..." (a. a. O., S. 195); „Scabies. ... Auch die Wurzeln von Rumex crispus dienen gegen die Krätze. ..." (a. a. O., S. 201f.); Rumex crispus L. – russ. *čistotel* (*Annenkov* 1858, S. 81, Nr. 956); „Lāpathum T. (Polygoneae). Von λαπαζειν (abführen), in Bezug auf die Wirkung der Wurzel. Gehört zu Rumex." (Wittstein 1852, S. 499)

„338. Lapathum folio acuto crispo. C. B. P." (AAW R. I, Op. 105, D. 1^{a}, Bl. 33r, s. Anm. 29 in Nr. 5); „932. Rumex floribus hermaphroditis valvulis integerrimis planis LINN. h. cliff. 138. Lapathum acutum crispum Tab. 436. ..." (AAW R. I, Op. 13, D. 20, Bl. 85r, s. Anm. 1 in Nr. 1); „1066. Rumex floribus hermaphroditis, valvulis integerrimis planis Linn. h. Cliff. 138. Lapathum folio acuto crispo B. Pin. Lapathum acutum minimum Lob. Ic. p. 284. Hall. Alp. ..." (a. a. O., Bl. 98v); „40. Forte Lapathum folio acuto crispo C B. P." (AAW R. I, Op. 15, D. 1, Bl. 11v, s. Anm. 24 in Nr. 64); „112. Lapathum folio acuto crispo C. B. P. In Lenensi Catalogo male hanc speciem sub nomine proris [d. h. Lapathum folio acuto plano; s. Nr. 752] recensui, ..." (AAW R. I, Op. 105, D. 12, Bl. 6r, s. Anm. 54 in Nr. 17); „3. Lapathum folio acuto crispo C. B. P. Ind. Jen. n°. 338. ..." (AAW R. I, Op. 13, D. 67, Bl. 23r, s. Anm. 5 in Nr. 4); „295 Lapathum folio acuto crispo. CBP. 115." (AAW R. I, Op. 6, D. 40, Bl. 36r, s. Anm. 1 in Nr. 1); „29. Juli 1723 ... Von Kräutern fand sich Lapathum ... folio praelongo et acuto crispo, caule rubente (an Lapathum acutum crispum C. B., Pinax, et Tournefortii sp. 3?), ..." (Messerschmidt 1962–1977, Bd. 2, S. 106); s. Nr. 755

9 „[species 2] Lapathum folio acuto, plano C. B. Pin. 115. Lapathum acutum sive Oxylapathum J. B. 2. 983. Lapathum sylvestre sive Oxylapathum Dod. Pempt. 648." (Tournefort 1700, S. 504, Genus II. „Lapathum. Patience."); „Lapathum folio acuto, plano C. B. P. 115. ... Germ. Grind=Wurtz, oder Halb=Pferdt, Pferdts=Ampfer, halbe Gäule, wilde Rhebarber. [sic!] ..." (Rupp 1726, S. 45); „1. RUMEX floribus hermaphroditis, valvulis dentatis, granulo incumbente auctis. ... Lapathum acutum sive Oxylapathum. Bauh. hist. 2. p. 983. Lapathum folio acuto plano. Bauh.

pin. 115. ..." (Linné 1737, S. 138); „* Lapathum folio acuto, plano C. B. Pin. 115. ... Grintzwurtz/ Mengelwurtz mit zugespitzten Blättern/ spitze Mengelwurtz/ ..." (Mappus 1742, S. 162); „91. RVMEX floribus hermaphroditis, valuulis dentatis, granulo incumbente notatis, LINN. Cliff. 138. Suec. 293. ROY. pr. 229. Rumex foliis cordato-oblongis obtusiusculis, crenulatis, LINN. Sp. pl. 1. p. 478. n. 12. I. Valuulis parcius dentatis, plerumque rectis. Lapathum, folio minus acuto, LOB. ic. 285. Lapathum vulgare folio obtuso, I. B. II. p. 984. quod attinet ad descriptionem. Lapathum folio subrotundo, LOES. Pruss. p. 135. Lapathum syluestre folio subrotundo seminis inuolucris, dentatis. MOR. Ox. II. p. 580. Lapathum inuolucro seminis dentato, foliis obtusis, ora crispula, HALL Helv. 172. II. Valuulis copiosus dentatis, dentibus plerumque crispis. Lapathum ramis procumbentibus, seminis inuolucro dentato, foliis inferioribus fidium instar, MOR. Ox. II. 580. p. 5. Tab. 27. fig. 13. Lapathum pulchrum Bononiense sinuatum, I. B. II. 988. Lapathum inuolucro seminis dentato, foliis supra pediculum emarginatis, HALL. Helv. 172. Lapathoides fistuloso caule, angusto salicis folio, semine in calyculis echinatis minutulo, lutescente, MESS. AMM. Ruth. 228. ..." (Gmelin 1747–1769, Bd. III, S. 115f.); „91. Rumex floribus hermaphroditis, valvulis dentatis granulo incumbente notatis I. Valvulis parcius dentatis plerumque rectis [=] Rumex pratensis M. et K.? (Rumex obtusifolius L. – Willd. sp. pl. II. 254. – R. acutus L. – M. a Bieb. Fl. t. c. I. 289. [;] II. Valvulis copiosius dentatis, dentibus plerumque crispis [=] Rumex pulcher L. – (ad mentem cl. M. a Bieb. (Fl. t. c. I. 290), cui tamen non assentirem, quum haec species minime ‚in omni Sibiria frequentissime occurrit.' An forsan R. maritimus L. [s. Nr. 754] aut Marschallianus Reichenb.?)" (Ledebour 1841, S. 90); „228. LAPATHOIDEs fistuloso caule, angusto Salicis folio, semine in calyculis echinatis, minutulo, lutescente Messerschm. ..." (Amman 1739, S. 161); „Lapathum folio acuto, plano. C. B. P. Spitzige Grindwurz, ..." (Miller 1751, S. 613); „Lapathum folio acuto plano; bedeutet bey ihm [d. h. C. Bauhin] die gemeine Grindwurz." (Gmelin 1773a, Sp. 316); „11) Spitziger Ampfer. Rumex acutus. ... Rumex floribus hermaphroditis, valvulis dentatis graniferis, foliis cordato-oblongis, acuminatis. LINN. ... Sp. pl. 478. Hort. Cliff. 138. ... Lapathum acutum s. Oxylapathum. I. BAUH. hist. 2. p. 85. Lapathum folio acuto. C. BAUH. pin. 115. ... Es wird im Deutschen gemeine Grindwurz oder Hungerkraut ... genennet. ... die Wurzel aber wird von Börhaave und andern Aerzten als ein stärkendes, blutreinigendes und der Fäulniß widerstehendes Mittel in Blutflüssen, wackelnden Zähnen, kropfartigen Geschwulsten, im Scharbock, bösartiger Krätze und andern Hautkrankheiten zu innerlichem und äusserlichem Gebrauch empfohlen; ... Auch färbet die Wurzel mit Alaun oder Weinstein sehr schön und beständig gelb." (Linné 1780, S. 372f.); „12) Stumpfblätterichter Ampfer. Rumex obtusifolius. ... Rumex floribus hermaphroditis, valvulis dentatis graniferis; foliis cordato-oblongis, obtusiusculis, crenulatis. LINN. ... Sp. pl. 478. ... Sie kommt in den Eigenschaften mit der vorigen [d. h. Rumex acutus] überein." (a. a. O., S. 373f.); „13) Schöner Ampfer. Rumex pulcher. ... Rumex floribus hermaphroditis, valvulis dentatis, subunica granifera; foliis radicalibus panduriformibus. LINN. ... Sp. pl. 477. ... Die junge Blätter sollen als Gemüse gegessen werden können." (a. a. O., S. 374f.); „8. RUMEX acutus, L., ... Spitzblättriger Ampfer. Gemeine Grindwurz. R. Konskoi Schtschawel (Pferdampfer). ... Die Wurzel färbt gelb und auch blaugrün. Die Kirgisen färben mit derselben und mit Birkenrinde Leder braun." (Georgi 1797–1802, Theil 3, S. 920); „9. RUMEX obtusifolius L., ... Stumpfblättriger Ampfer. ..." (a. a. O., S. 920); „14. RUMEX acutus. R. floribus hermaphroditis: ... Hort. cliff. 138. Lapathum folio acuto. Bauh. pin. 115. Lapathum acutum s. Oxylapathum. Bauh. hist. 2. p. 938. ... Spitzblättriger Ampfer. W. ..." (Linné 1797–1830, Bd. II, Teil 1, S. 253f.); „15. RUMEX obtusifolius. R. floribus hermaphroditis: ... Gmel. sib. 3. p. 115. n. 91. ... Lapathum folio minus acuto. Bauh. pin. 111. ... Stumpfblättriger Ampfer. W. ..." (a. a. O., S. 254); „16. RUMEX pulcher. ... Schöner Ampfer. W. ..." (a. a. O., S. 254f.); „Lapathum acutum, ... Lapathum folio acuto plano, C. B. Pit. Tournef. ... Teutsch spitzer Mangolt, wilder Mangolt, gelb=spitz=Ochsen=Zunge, Grind=Wurtz, weil sie Grind und Raude heilet, Mangel=Wurtz, Mengel= oder Menwel=Wurtz, Streiff=Wurtz, Zitter=Wurtz, Lenden=Wurtz, Lenden=Kraut, Buben=Kraut, Lampatien=Kraut, Lampadien=Kraut, Lapatium, Weyer=Ampfer, wilder Ampfer, Wasser=Ampfer, Stripplattich, Strippert, Schorfflattich,

Paaren=Wurtz, Barden=Wurtzel, Grindkraut, ... Man braucht in denen Apothecen vornehmlich die Wurtzel: sie färbet den Speichel wie die Rhabarber; trucknet, zertheilet, verzehret, treibet gewaltig den Urin, saubert und heilet allerley Raude und Grind, ..." (Zedler 1732–1750, Bd. 16, Sp. 731f.); „1. Gemeine oder spitzblätterige Grindwurzel, Pferdsampfer, ... Bardenwurzel, Bubenkraut, halbe Gäule, ... Halbpferd, rother Hederich, ... Memwelwurz, gelbspitzige Ochsenzunge, ... Lapathum folio acuto plano C. B. Tourn. & Offic. ... Innerlich wird diese Gattung der Grindwurz ... als ein sehr bewährtes Arzeneymittel entgegen gesetzt, als: dem Scorbut, der Gicht, dem Podagra, dem Zittern der Glieder, ... dem Lendenweh, dem hartnäckigsten Samenflusse, dem weissen Flusse, dem tollen Hundsbiß, und der Wassersucht. ..." (Krünitz 1773–1858, Bd. 20, S. 62ff.); „431. Rumex acutus. Lin. sp. 11. ... Ruß. Konskie Schawel. Tat. Sier Kuiruk. Kirg. Akkulak. ... Die Kirgisen gerben und färben mit der Wurzel. Zu letztern Zweck kochen sie sie mit jungen Birkenlaube und etwas Alaun. Diese Brühe giebt dem Leder die Farbe des semischen." (Falk 1786, S. 164); „557. RUMEX acutus ... Linn. Sp. pl. 1. p. 478. ... Lapathum folio acuto plano. Bauh.pin. 115. ... Germ. Gemeine Grindwurz. Spitzblätterichte Grindwurz. ... Pharm. LAPATHI ACUTI s. OXYLAPATHI Radix; Semen. ..." (Gmelin 1806, S. 102f.); „558. RUMEX obtusifolius ... Linn. Sp. plant. 1. p. 478. ... Lapathum folio minus acuto. Bauh. pin. 115. ... Germ. Stumpfblättrichte Grindwurz. ... Radix amaricans, adstringens, tonica. Ex floribus apes mel conguiunt." (a. a. O., S. 103f.); „559. RUMEX pulcher ... Linn. Sp. plant. 1. p. 477. ... Germ. Schöne Grindwurz. ..." (a. a. O., S. 104f.); „8. Art. R[umex] obtusifolius. Stumpfblätteriger Ampfer. (Linné.) ... In der Medizin wurde davon Gebrauch gemacht. In Rußland soll sie als Gemüse gegessen werden. Vulgärnamen: Butterampfer. Ohmblatt. Literatur: ... Gmelin. sib. 3. p. 115. n. 91. ..." (Bechstein 1833, S. 356); „814. Rumex L. ... 2. R. Marschallianus (REICHENB. Ic. pl. rar. IV, p. 58; VI, p. 13, t. 516, f. 710) ... LEDEB. Fl. alt. II, p. 59. ... R. floribus hermaphroditis, ... GMEL. Fl. sib. III, p. 115, No. 91. ... Lapathum fistuloso caule, ... MESSERSCHM. ap. Amman, ruth. p. 161, No. 228? ..." (Ledebour 1846–1851, S. 499f.); „7. R[umex] pulcher (L. Sp. 477) ... M. a BIEB. Fl. t. c. I, p. 290 (excl. syn. GMEL.). ..." (a. a. O., S. 501f.); „9. R[umex] obtusifolius (L. Sp. 478) ... α. genuinus: ... R. obtusifolius. ... M. a BIEB. Fl. t. c. III, p. 279 (licet ‚valvula unica praecipue granifera' dicitur). ... R. floribus hermaphroditis, ... GMEL. Fl. sib. III, p. 115, No. 91. ..." (a. a. O., S. 502f.); „R[umex] cristatus (WALLROTH. Sched. crit. I, p. 160) ... R. pratensis. MERT. et KOCH. Deutschl. Fl. II, p. 609. ..." (a. a. O., S. 503); „5) RUMEX MARSCHALLIANUS. Reich. ... Reichenb. Ic. pl. rar. IV. p. 58. VI. p. 13. t. DXVI. f. 710. R. aegyptiacus. M. a Bieb. Fl. taur. cauc. I. p. 290. (excl. synon. praeter Pallas.) ..." (Ledebour 1830, S. 59); „714. RUMEX acutus. ... Linn. ed. Willd. 2. p. 253. ... Gmel. sib. 3. p. 115. n. 91. ... Lapathum acutum siue Oxylapathum. J. Bauh. hist. 2. p. 983. ... Gmelinus loc. cit. plures affines, qui valuulis dentatis instruuntur, conjungit." (Marschall von Bieberstein 1808a, S. 289f.); „715. RUMEX pulcher. ... Linn. ed. Willd. 2. p. 254. ... Gmel. sib. 3. p. 115. n. 91. II. ..." (a. a. O., S. 290); „716. RUMEX aegyptiacus. ... Linn. ed. Willd. 2. p. 254. ..." (a. a. O., S. 290); „714*. RUMEX obtusifolius. ... Linn. ed. Willd. 2. p. 254. ..." (Marschall von Bieberstein 1819, S. 279); „Lapathum folio acuto rubente (Haec synonymia ad Fl. sib. III. 112. nr. 90. var. II. accedere videtur, quam Cel. Ledeb. Rumicem crispum L. et, secundum determinationem in exemplare manuali Commentarii sui in Floram sibiricam Gmelini manu sua adscriptam, Rumicem Gmelini Turcz. definit.) Valde dentatae et crispae valvae seminis non sinunt hanc esse. Spica accedit ad Anthoxanthon (?) quo refero (Halleri vero notamen de valvis dentatis et crispis Fl. sib. III. 15. nr. 91. var. Rumicem pulchrum L. indicat, cui Cel Ledeb. potius Rumicem maritimum L. aut Marschallianum Reichenb. praefert; in Fl. ross. autem hunc ad R. obtusifolium L. ducit. cf. Linn. spec. pl. 478. nr. 9.)." (A. von Haller in einem undatierten Brief an J. G. Gmelin – Plieninger 1861, S. 146f.)

„237. Lapathum folio acuto plano. C. B. P. et Ind. Len. n°. 102." (AAW R. I, Op. 105, D. 1ª, Bl. 33r, s. Anm. 29 in Nr. 5); „111. Lapatum folio acuto plano. C. B. P. n. 7." (AAW R. I, Op. 104, D. 13, Bl. 4r, s. Anm. 84 in Nr. 29); „438 Lapathum folio acuto plano C. B. P. ..." (AAW R. I, Op. 104, D. 25, Bl. 32r, s. Anm. 61 in Nr. 21); „Lapathum folio acuto plano C B. P. ..."

(AAW R. I, Op. 104, D. 8, Bl. 1v, s. Anm. 18 in Nr. 452); „116. Lapathum folio acuto crispo C. B. P. ...“ (AAW R. I, Op. 105, D. 12, Bl. 14v, s. Anm. 54 in Nr. 17); „111. Lapathum folio acuto plano C. B. P. ...“ (AAW R. I, Op. 105, D. 12, Bl. 6r, s. Anm. 54 in Nr. 17); „103. Lapathum folio acuto plano C. B. P. ...“ (AAW R. I, Op. 13, D. 42, Bl. 13r, s. Anm. 1 in Nr. 1), s, Nr. 751; „2. Lapathum folio acuto plano C. B. P. & Ind. Len. n°. 102. Jen. n°. 337.“ (AAW R. I, Op. 13, D. 67, Bl. 23r, s. Anm. 5 in Nr. 4); „Lapathum folio acuto plano C. B. P. ...“ (AAW F. 21, Op. 5, D. 98, Bl. 31v, s. Anm. 54 in Nr. 17); „Lapathum, folio acuto plano (Tournefortii sp. 2), Off.“ (Messerschmidt 1962–1977, Bd. 4, S. 205, s. Anm. 1 in Nr. 1); s. Nr. 753

10 „Lapathum sylvestre magnum, vulgare J. B. Hippolapathum sylvestre Tabern. Icon. 436. ...“ (Rupp 1726, S. 46); „Hippolapathum syluestre. Wild Mengelwurtz/ oder Menwenwurtzel.“ (Abbildung in: Tabernaemontanus 1590, S. 436); „13. LAPATUM involucro seminis dentato, foliis obtusis, ora crispula. ... Lapathum folio minus acuto LOB. ic. p. 284. Hic primus Lapathi speciem obtusifoliam habet. Hippolapathum sylvestre TAB. p. 436. I. R. H. ... β Lapathum sylvestre magnum vulgare I. B. II. p. 984. ex Hippolapatho sylvestri TAB. RUPP. &c. ...“ (Haller 1742, S. 72); „[Lapathum] sylvestre magnum vulgare; hierunter versteht J. Bauhin eine grose Spielart der stumpfblätterichten Grindwurz.“ (Gmelin 1773a, Sp. 320)

„439 Lapathum sylvestre magnum vulgare J. B. ...“ (AAW R. I, Op. 104, D. 25, Bl. 32r, s. Anm. 61 in Nr. 21); s. Nr. 752

11 „[species 5] Lapathum folio acuto, flore aureo C. B. Pin. 114. [sic!] Lapathum anthoxanthon J. B. 2. 987. Lapathum sylvestre, iiij genus Dalechampii Lugd. 603.“ (Tournefort 1700, S. 504, Genus II. „Lapathum. Patience.“); „IV. Lapathum folio acuto flore aureo. ...“ (Bauhin 1623, S. 115); „LAPATHVM ANTHOXANthum. Lapathum silu. 4. Dalechampii, ...“ (Bauhin 1651a, S. 987f.); „LAPATHUM FOLIO ACUTO FLORE AUREO. ... In ’t Hoogduits, Gulden=Ampfer. ...“ (Weinmann 1748, S. 196); „LAPATHUM folio acuto, flore aureo C. B. 114. Lapathum anthoxanthon J. B. 2. 987. ... In locis humidis, bey Leipzig und Wittenberg, ... auch bey Karßdorff an der Unstruth, ...“ (Rupp 1726, S. 45); „8. Die gold=gelbe Grind=Wurtz: Lapathum folio acuto, flore aureo. C. B. P. 114. ... Lapathum anthoxanthon, J. B. 2. 987. ...“ (Zwinger 1744, S. 539); „[Lapathum] folio acuto, flore aureo; so nennt er [d. h. C. Bauhin] vermuthlich eine Spielart der gemeinen Grindwurz mit goldgelben Blumen.“ (Gmelin 1773a, Sp. 315); „7. RVMEX (Aureus) ... Lapathum folio acuto, flore aureo. C. B. P. 114. Scharf gespitzter Ampfer, mit einer goldenen Blume.“ (Miller 1776a, S. 900); „10. RVMEX (Maritimus) floribus hermaphroditis, valvulis dentatis graniferis, foliis linearibus. ... Wasserampfer mit einem Sternkrautblat.“ (a. a. O., S. 900); „9) Seestrandsampfer. Rumex maritimus. ... Rumex floribus hermaphroditis, valvulis dentatis graniferis; foliis linearibus. LINN. ... Sp. pl. 478. ... Lapathum ... Anthoxanthon. I. BAUH. hist.2. p. 987. Diese Art wächst an Seestranden, und an überschwemmten Orten, wo sich das Regenwasser sammlet, ...“ (Linné 1780, S. 371f.); „k) Rumex maritimus. Anthoxanthon. I. Bauh. Deutsch. Strand-Grindwurz, Kleine Grindwurz, Meerampfer. ...“ (Nemnich 1795, Sp.1185); „7. RUMEX maritimus L., ... Meerstrands=Ampfer. ... In Sibirien am Baikal.“ (Georgi 1797–1802, Theil 3, S. 919); „12. RUMEX maritimus. ... Anthoxanthon. Bauh. pin. [sic!] 2. p. 987. ... Schmalblättriger Ampfer. W. ...“ (Linné 1797–1830, Bd. II, Teil 1, S. 253); „556. RUMEX maritimus ... Linn. Sp. pl. 1. p. 478. ... Lapathum Anthoxanthon. Joh. Bauh. hist. 2. p. 987. ... Germ. Goldgrindwurz. Seegrindwurz. ...“ (Gmelin 1806, S. 100f.); „4. R[umex] maritimus (L. Sp. 478) ...“ (Ledebour 1846–1851, S. 500f.)

„341. Lapathum folio acuto, flore aureo C. B. P. ...“ (AAW R. I, Op. 105, D. 1ª, Bl. 33v, s. Anm. 29 in Nr. 5); „440 Lapathum folio acuto flore aureo C. B. P. ...“ (AAW R. I, Op. 104, D. 25, Bl. 32r, s. Anm. 61 in Nr. 21); „42. An Lapathum folio acuto, flore aureo C. B. P. ...“ (AAW R. I, Op. 15, D. 1, Bl. 11v, s. Anm. 24 in Nr. 64); „109. Lapathum folio acuto, flore aureo C. B. P. ...“ (AAW R. I, Op. 105, D. 12, Bl. 6r, s. Anm. 54 in Nr. 17); „101 Lapathum folio acuto flore aureo C. B. P. ...“ (AAW R. I, Op. 13, D. 42, Bl. 13r, s. Anm. 1 in Nr. 1); „6. Lapathum folio acuto, flore aureo C. B. P.“ (AAW R. I, Op. 13, D. 67, Bl. 23r, s. Anm. 5 in Nr. 4); „[N°.] 477. Lapathum anthoxanthon JB.“ mit der rechts marginalen Anm. „Dill. ox.“ (AAW R. I, Op. 15,

D. 3, Bl. 9v, s. Anm. 65 in Nr. 24); „1. Lapathum anthoxanthon. J. B. 2. 987." mit der rechts marginalen Anm. „Dill. ox." (AAW R. I, Op. 13, D. 16, Bl. 32r, s. Anm. 32 in Nr. 6)

12 „[species 10] Lapathum folio rotundo, Alpinum J. B. 2. 987. Lapathum hortense, rotundifolium sive montanum C. B. Pin. 115. Hippolapathum rotundifolium & Pseudorha recentiorum Lob. Icon. 287." (Tournefort 1700, S. 504, Genus II. „Lapathum. Patience."); „II. Lapathum hortense rotundifolium sive montanum. ..." (Bauhin 1671, S. 115f.); „5. Die rundblättige Grindwurtz/ Hippolapathum rotundifolium montanum, C. B. ... Joh. Bauhin schreibt/ ... er [hat] es Lapathum folio rotundo Alpinum genant. ... In Holland wird es in den Gärten gepflanzet/ und allda Gedult genennet/ dahero nach der meinung Goropii bey den Holländern und Teutschen das Sprichwort entsprungen ist: Gedult wächßt nicht in jedem Garten." (Zwinger 1696, S. 458); „6. LAPATUM androgynum, obtusifolium, spica confertissimo. ... Hippolapathum rotundifolium, & Pseudo-Rha recentiorum LOB. Advers. p. 118. Ic. p. 287. foliis nimis rotundis. ... Lapathum folio rotundo alpinum I. B. II. p. 987. ... Lapathum hortense rotundifolium sive montanum C. B. ..." (Haller 1742, S. 170f.); „Lapathum hortense, rotundifolium, sive Montanum. C. B. P. Unächte Münchsrhabarber." (Miller 1751, S. 613); „[Lapathum] folio rotundo alpinum; bedeutet bey J. Bauhin die Alpengrindwurz." (Gmelin 1773a, Sp. 316); „2. RVMEX (Alpinus) ... Lapathum folio rotundo, Alpinum. J. B. 987. Rundblätteriger Ampfer von den Alpen, insgemein die Mönchs Rhabarber genannt" (Miller 1776, S. 899); „22) Alpenampfer. Rumex alpinus. ... Rumex floribus hermaphroditis sterilibus femineisque, valvulis integerrimis, foliis cordatis, obtusis, rugosis. LINN. ... Sp. pl. 480. ... Lapathum hortense rotundifolium s. montanum. C. BAUH. pin. 115. ... Diese Art, von welcher man die falsche Rhabarber oder Mönchsrhabarber der Apotheken bekommt, ... Ihre Wurzel ... hat ... auch im Geruch und Geschmack und in den Kräften viele Aehnlichkeit mit der wahren Rhabarber, nur ist sie mehr zusammenziehend, und purgirt schwächer." (Linné 1780, S. 382f.); „27. RUMEX alpinus. ... Lapathum folio rotundo alpinum. Bauh. hist. 2. p. 987. ... Lapathum hortense rotundifolium s. montanum. Bauh. pin. 115. ... Alpen Ampfer. W. ..." (Linné 1797–1830, Bd. II, Teil 1, S. 259); „25. R[umex] confertus (WILLD. Enum. h. berol. 1. p. 397.) R. alpinus. M. a BIEB. Fl. t. c. I, p. 291; ..." (Ledebour 1846–1851, S. 509); „718. RUMEX alpinus. ... Linn. ed. Willd. 2. p. 259. ... Lapathum folio rotundo alpinum. J. Bauh. hist. 2. p. 987. ..." (Marschall von Bieberstein 1808a, S. 291)

„442 Lapathum folio rotundo alpinum J. B. Flor. ircut. No. 755. russis tscherengowoi Rewên, ..." (AAW R. I, Op. 104, D. 25, Bl. 32r, s. Anm. 61 in Nr. 21); „Lapathum folio rotundo alpinum JB. ..." (AAW R. I, Op. 104, D. 8, Bl. 1v, s. Anm. 18 in Nr. 452); „102 Lapathum folio rotundo Alpinum. J. B. ... Russis Баданъ. [russ. *badan*] Incolae decocto foliorum loco Theae decocti utuntur." (AAW R. I, Op. 13, D. 42, Bl. 13r, s. Anm. 1 in Nr. 1); „54.) Rad. Lapathifolio rotundo Alpini, Tournef. Sp. 10. Hippolapathum rotundifolium et Pseudo-Rhà recentiorum Lobel. Icon. 287. Hippolapathúm Dale, flore albeola svaviter subrubente, succo foliorum et caulium subadstringente Tungusis Gomdóck ..." (AAW F. 98, Op. 1, D. 21, Bl. 155v, s. Anm. 59 in Nr. 19); s. Nr. 751

13 russ. *čerenkovoj reven'*

14 „[species 2] Atriplex hortensis, rubra C. B. Pin. 119. Atriplex rubra, hortensis J. B. 2. 970. Atriplex sativa, altera folio & flore purpureo-livens Lob. Icon. 253." (Tournefort 1700, S. 505, Genus III. „Atriplex. Arroche."); „1. ATRIPLEX caule erecto annuo, foliis triangulariibus. ... Atriplex rubra & alba hortensis. Bauh. hist. 2. p. 970. Atriplex hortensis alba sive pallide virens. Bauh. pin. 119. ... α Atriplex hortensis rubra. Bauh. pin. 119. ..." (Linné 1737, S. 469); „54. ATRIPLEX caule erecto annuo, foliis triangularibus, LINN. Cliff. 469. Vps. 303. EIVSD. Sp. pl. 2. p. 1493. n. 7. ROY. pr. 217. Atriplex hortensis, DOD. pempt. 615. Atriplex hortensis alba seu pallide virens, B. pin. 119. I. Eadem omnibus partibus maior. Atriplex altissima, rosea, foliis splendentibus, AMM. Ruth. 233. Atriplex folio viridi splendente, GERB. Tan. Atriplex fruticosa Tatarica, GERB. hort. sicc. ? Atriplex foliis deltoidibus sinuatis vndulatis alternis, LINN. Vps. 303. ..." (Gmelin 1747–1769, Bd. III, S. 71f.); „54. Atriplex caule erecto annuo, foliis triangularibus. [=] Atriplex hortense L.! (Diotis atriplicoides M. a Bieb. Fl. t. c. II. 397.)" (Ledebour 1841, S. 87);

„233. ATRIPLEX altissima, rosea, foliis splendentibus. ...“ (Amman 1739, S. 162ff.); „15. Atriplex rubra, rothe Melten. Atriplex hortensis rubra Turn. 505. C. B. P. 119. Atriplex rubra hortensis I. B. 2. 970. ...“ (Carl 1770, S. 27f.); „14. Atriplex alba, Gartenmelten. Atriplex hortensis alba siue pallide virens Turn. 5050. C. B. P. 119. ...“ (a. a. O., S. 27); „7) Garten=Melde. Atriplex hortensis. ... Atriplex caule herbaceo erecto, foliis triangularibus. LINN. ... Sp. pl. p. 1493. Hort. Cliff. 469. ... GMEL. Sib. 3. p. 71. Atriplex hortensis alba s. pallide virens. C. BAUH. pin. 119. ... β) Atrriplex hortensis rubra. C. BAUH. pin. 119. Diese ist unsere gemeine Zaun= oder Gartenmelde, ... Sie hat lindernde, kühlende, erweichende Kräfte, die Alten wollten aber etwas schädliches darinn bemerkt haben. Der Saame welcher flach=rund ist, führt sowohl ober als unter sich aus, wenn er in Menge genommen wird.“ (Linné 1783, S. 323f.); „14. ATRIPLEX hortensis. ... A. caule erecto herbaceo, ... Hort. cliff. 469. ... Gmel. sib. 3. p. 71. ... A. hortensis alba s. pallide virens. Bauh. pin. 119. ... β. A. hortensis rubra. Bauh. pin. 119. ... Garten=Melde. W. ...“ (Linné 1797–1830, Bd. IV, Teil 2, S. 961); „Melte, Melde, Milten, Molten, weisse Garten=Melde, Türckische=Melte. ... Die zahme Garten=Melde ist 3erley: Die erste heisset: ... Atriplex alba hortensis, J. B. virens, C. B. Pit. Tournef. ... Teutsch, weisse Melde. ... Die andre heißt: Atriplex hortensis rubra, C. B. ... Teutsch rothe Melde. Ist von der vorigen nichts unterschieden, ohne daß ihre Blüthe und Kraut roth oder Purpurfarbig ist. ... Ist ein bekandtes Küchenkraut, denn es wird offt unter andre Kohl=Kräuter mit zum Gemüß gekocht, ... Man braucht es [d. h. das Kraut] auch in die erweichende Clystiere, Schmerzstillenden Umschlägen, und in Dürrsucht anzufeuchten. ... Die Bauern aus der Lombardey machen aus Melte Butter und Käß=Pasteten, die sie gar hoch halten. ...“ (Zedler 1732–1750, Bd. 20, Sp. 560f.); „6. ATRIPLEX hortensis ... Garten=Melde. ... In Kaluga und mehr andern Gouvernements nimmt man die Saamen bey Mißernten zur Vermehrung des Mehles zu Nothbrod.“ (Georgi 1797–1802, Theil 3, S. 1368); „2. A[triplex] hortensis (L. Spec. 1493) ... LEDEB. Fl. alt. IV, p. 305. ... A. altissima, ... AMMAN. ruth. p. 162., No. 233. A. caule erecto annuo ... GMEL. Fl. sib. III, p. 71, No. 54. ...“ (Ledebour 1846–1851, S. 716f.); „5. O[bione] pedunculata ... Diotis atriplicoides, M. a BIEB. Fl. t. c. II, p. 397 (excl. syn. PALL Ind. Taur.). ...“ (a. a. O., S. 736f.); „1904. DIOTIS Atriplicoides. ... Linn. ... ed. Willd. 4. p. 966. ... Gmel. sib. 3. p. 71. ...“ (Marschall von Bieberstein 1808, S. 397); „1. ATRIPLEX HORTENSE. Linn. ... A. hortensis. Willd. Sp. pl. IV. p. 961. ... Atriplex. No. 54. Gmel. Fl. sib. III. p. 71. ...“ (Ledebour 1833, S. 305); Atriplex – russ. *lebeda* (*Annenkov* 1858, S. 21, Nr. 168); Atriplex hortensis L. – russ. *loboda* (a. a. O., S. 21, Nr. 169); ersanisch lebeda – Gartenmelde (Wiedemann 1865, S. 198); „Ātriplex L. (Chenopodeae). Zus. aus a (sehr) und triplex (dreifach), in Bezug auf die vorwaltend dreieckige Form der Blätter. ...“ (Wittstein 1852, S. 84); „Diōtis SCHREB. (Chenopodeae). Zus. aus δις (doppelt) und οὖς (Ohr); das weibliche Perigon ist zuletzt zweihörnig.“ (a. a. O., S. 286); „Obīone G. (Chenopodeae). Nach Ob, Obi, einem Flusse in Sibirien, benannt, an dessen Ufern die Pflanze vorkommt.“ (a. a. O., S. 623)

„696. Atriplex caule erecto, annuo, folys triangularibus Linn. h. cliff. 469. Atriplex hortensis rubra B. Pin. 119.“ (AAW R. I, Op. 13, D. 20, Bl. 65r, s. Anm. 1 in Nr. 1); „121 Atriplex hortensis rubra C. B. P. ...“ (AAW R. I, Op. 13, D. 42, Bl. 16r, s. Anm. 1 in Nr. 1); „[N°.] 479. Atriplex hortensis rubra CBP.“ (AAW R. I, Op. 15, D. 3, Bl. 9v, s. Anm. 65 in Nr. 24); „1. Atriplex hortensis rubra. C. B. P. 119.“ (AAW R. I, Op. 13, D. 16, Bl. 32r, s. Anm. 32 in Nr. 6)

15 „[species 13] Atriplex angusto oblongo folio C. B. Pin. 119. Atriplex sylvestris, Polygoni aut Helxines foliis Lob. Icon. 257. Atriplex vulgaris, angustifolia, cum folliculis J. B. 2. 973.“ (Tournefort 1700, S. 505, Genus III. „Atriplex. Arroche.“); „Atriplex syluestris Polygoni aut Helxines foliis. L. 129. T. 310.“ (Lobelius 1581, S. 257); „2. ATRIPLEX caule annuo, foliis superioribus lanceolatis integerrimis. Atriplex angusto oblongo folio. Bauh. pin. 119. ... Atriplex sylvestris polygoni aut helxines foliis. Lob. hist. 129. ...“ (Linné 1737, S. 469); „* Atriplex angusto, oblongo folio C. B. Pin. 119. Atriplex sylvestris ... Lob. Icon. 257. ... wilde schmalblätterige Melten. ...“ (Mappus 1742, S. 35); „4. Die andere wilde Melde: Atriplex sylvestris [sic!] angusto oblongo foliio, C. B. P. 119. ...“ (Zwinger 1744, S. 552); „50. ATRIPLEX caule herbaceo, valuis seminum dentatis. Atriplex syluestris humillima, DOD. pempt. p. 615. Atriplex

syluestris polygoni aut helxines folio, LOB. ic. p. 257. Atriplex angusta oblongo folio, C. B. P. 119. TOVRN. I. R. H. 505. Atriplex caule annuo, foliis superioribus lanceolatis, integerrimis, LINN. Cliff. 469. ROY. pr. 218. Atriplex valuis seminum dentatis, foliis superioribus integris, HALL. Helv. 173. Atriplex caule herbaceo, valuulis femineis seminum disco dentatis, LINN. Suec. 828. Atriplex caule herbaceo, patulo, foliis subdeltaoideo-lanceolatis, calycibus seminum disco dentatis, LINN. Sp. pl. 2. p. 1494. n. 10. ...“ (Gmelin 1747–1769, Bd. III, S. 67f.); „50. Atriplex caule herbaceo, valvis seminum dentatis [=] Atriplex patulum L.! (Atriplex virgatum M. a Bieb. Fl. t. c. II. 444.)“ (Ledebour 1841, S. 87); „1987. ATRIPLEX virgata. ... Atr. caule herbaceo ... Gmel. sib. 3. p. 67. n. 50. Atr. angustifolia. ... Linn. ed. Willd. 4. p. 965. ...“ (Marschall von Bieberstein 1808, S. 444); „7. ATRIPLEX angusto oblongo folio. C. B. P. Melde mit langen schmalen Blättern.“ (Miller 1750, S. 91); „Atriplex patula, ... ausgebreitete Melde, ... gemeine wilde Melde; wilde lang= und schmalblätterichte Mistmelde; ... sie muß von den Schafen mit Vorsicht genossen werden; ... Sie heißt bey C. Bauhin: Atriplex angusto oblongo folio; ...“ (Gmelin 1772a, Sp. 991); „10) Spitzblätterichte Melde. Atriplex patula. ... Atriplex caule herbaceo patulo, foliis subdeltoido-lanceolatis, calycibus seminum disco dentatis. LINN. ... Sp. Pl. p. 1494. Atriplex caule herbaceo, ... Hort. Cliff. 469. ... GMEL. Sib. 3. p. 67. ... Atriplex angusto oblongo folio. C. BAUH. pin. 219. Atriplex sylvestris, ... LOB. Ic. 257. ...“ (Linné 1783, S. 325f.) „ATRIPLEX (patula) ... Linn. Spec. pl. 1053. n. 7. ... Лебѣда [russ. *lebeda*] Russ. ...“ (*Krašeninnikov* 1761, S. 161); „1135. Atriplex patula. Lin. sp. 10. Melde. Ruß. Lebeda. ...“ (Falk 1786, S. 270); „24. ATRIPLEX patula. ... A. caule herbaceo patulo, ... Sp. pl. 1494. Gmel. sib. 3. p. 67. ... A. caule herbaceo, ... Hort. cliff. 469. ... Ausgebreitete Melde. W. ...“ (Linné 1797–1830, Bd. IV, Teil 2, S. 964f.); „7. A[triplex] patula (L. Spec. 1494) ... A. caule herbaceo, ... GMEL. Fl. sib. III, p. 67, No. 50. ...“ (Ledebour 1846–1851, S. 725ff.); „41. Atriplex caule erecto annuo, foliis linearibus integerrimis Roy. (Fl. sib. III. 67. nr. 50. A. patula L. virgata M. a. Bieb.)“ (C. von Linné in einem Brief an J. G. Gmelin? vom 24. August 1748 – Plieninger 1861, S. 93); „Atriplex valvis seminum dentatis (Est synonymia in Fl. sib. III. 67. nr. 50. Atr. patula L. ...) est Atriplex f. deltoides (Halleri synonymia A. roseam L. vel hastatam L. Fl. sib. III. 68. nr. 51. indicare posset?).“ (A. von Haller in einem undatierten Brief an J. G. Gmelin – Plieninger 1861, S. 147f.); „Mittel gegen derartige Wunden: Ein gute Mittel gegen derartige Wunden, welche durch Reissen in der Haut entstehen, ... Ebenso kann man auch Erwachsene behandeln, wenn ihnen in feuchten Sommern die Füsse an gewissen Stellen wund geworden sind. – Man streue in die wunden Stellen zerriebene Melden (Atriplex). ...“ (Alksnis 1894, S. 210f.)

„443) Atriplex angusto oblongo folio C. B. P. ...“ (AAW R. I, Op. 104, D. 25, Bl. 32v, s. Anm. 61 in Nr. 21); „1050. Atriplex valvis seminum dentatis, folys superioribus integris Hall. Alp. 173. Atriplex vulgaris angustifolia cum folliculis J. B. II. 973.“ (AAW R. I, Op. 13, D. 20, Bl. 97r, s. Anm. 1 in Nr. 1)

16 „55. ATRIPLEX valuis seminum integris, foliis omnibus ex lineari lanceolatis, integris et ex sinuato-dentatis. Tab. XIV. fig. 2. Atriplex maritima, angusto folio, semine atriplicis satiuae. STELL. Irc. 758. ...“ (Gmelin 1747–1769, Bd. III, S. 72ff.); „55. Atriplex valvis seminum integris, foliis omnibus ex lineari lanceolatis integris et ex sinuatis dentatis. t. XIV. f. 2. [=] Atriplex Gmelini C. A. Meyer! (Atriplex littoralis L. – Willd. sp. pl. IV. 965.)“ (Ledebour 1841, S. 88); „27. ATRIPLEX littoralis. ... A. caule herbaceo erecto, ... Sp. pl. 1494. ... A. valvis seminum integris, ... Gmel. sib. 3. p. 72. t. 14. f. 2. β. ... A. maritima angustifolia. Bauh. pin. 152. ... Ufer-Melde. W. ...“ (Linné 1797–1830, Bd. IV, Teil 2, S. 965f.); „11) Ufer=Melde. Atriplex littoralis. ... Atriplex caule herbaceo erecto, foliis omnibus linearibus integerrimis LINN. ... Sp. Pl. p. 1494. ...“ (Linné 1783, S. 326); „10. ATRIPLEX littoralis ... Meerstrands=Melde. ...“ (Georgi 1797–1802, Theil 3, S. 1369); „9. A[triplex] littoralis (L. Spec. 1499) ... α. integrifolia: ... WILLD. Spec. pl. IV, p. 965 (ad var. β. simul spect.). ... Ludus 2. ... A. littoralis C. A. MEYER in LEDEB. Fl. alt. IV, p. 311. ... Ludus 4. ... A. littoralis. M. a BIEB. Fl. t. c. II, p. 445. ... β. serratis ... A. valvis seminum integris, ... GMEL. Fl. sib. III, p. 72, No. 55, t. 14, f. 2. ...“ (Ledebour 1846–1851, S. 729f.); „7. ATRIPLEX LITTORALE. Linn. ... A. littoralis. M. a Bieb. Fl. taur. cauc. II, p. 445.

(excl. synon. Gmelini); ..." (Ledebour 1833, S. 311); „1988. ATRIPLEX littoralis. ... Linn. ed. Willd. 3. p. 965. ... Atr. valuis seminum integris, ... Gmel. sib. 3. p. 72. n. 55. t. 14. f. 2. ..." (Marschall von Bieberstein 1808, S. 445); „13. A[triplex] Gmelini (C. A. MEYER ...) ... MOQUIN-TAND. in DEC. Prodr. XIII, 2, p. 96. ... A. valvis seminum integris, ... GMEL. Fl. sib. III, p. 72, No. 55, t. 14, f. 2. (Conf. sub syn. A. littoralis β.). ..." (Ledebour 1846–1851, S. 732); „15. A[triplex] LITTORALIS (Linn. spec. p. 1494, n. 11), ..." (Candolle 1849, S. 96); „18. A[triplex] GMELINI (C. A. Mey. in Bong. veg. Sitch. p. 42, n. 131), ..." (a. a. O., S. 96f.); „354) Atriplex Gmelini C. A. M. in Bong. de Veg. ins. Sitchae n. 42! ... Die Beschreibung in Gmelin's Sib. Reise III, p. 72 [d. h. Gmelin 1747–1769, Bd. III, S. 72ff.] passt nicht genau auf unsere Pflanze, sie ist nach westsibirischen Exemplaren gemacht, dagegen passen die noch erhaltenen Steller'schen Exemplare, die Gmelin erwähnt: ‚A. maritima, angusto folio, semine Atriplicis sativae' und die wahrscheinlich aus Kamtschatka stammen, vollkommen zu unserer Pflanze. ..." (Schmidt 1868, S. 166); „Atriplex valvis seminum integris – mihi ignotum (Fl. sib. III. 72. nr. 55. A. littoralis L. Gmelini Meyer.)." (A. von Haller in einem undatierten Brief an J. G. Gmelin – Plieninger 1861, S. 148)

„1. Atriplex maritimus angusto folio semine Atriplicis Sativae Fl. Irc. n°. 758." (AAW R. I, Op. 13, D. 67, Bl. 21r, s. Anm. 5 in Nr. 4)

17 „64. CHENOPODIVM foliis subulatis, superne planis, subtus conuexis, LINN. Cliff. 86. ACT. STOCKHOLM 1743. p. 107. Suec. 218. Chenopodium foliis latis semicylindricis, Sp. pl. 1. p. 321. n. 17. Kali minus album, semine splendente, B. pin. 289. MOR. Hist. II. p. 610. S. 5. T. 33. f. 3. Blitum Kali minus album dictum, RAI. syn. III. 156. Chenopodium sedi folio minimo, facie Kali, semine splendente, annuum, BOERH. Lugdb. II. p. 91. Atriplex maritima humilior, folio angustiori et breuiori, STELL. Irc. 759. ..." (Gmelin 1747–1769, Bd. III, S. 82f.); „64. Chenopodium foliis subulatis superne planis subtus convexis [=] Schoberia maritima C. A. Meyer!" (Ledebour 1841, S. 88); „12. CHENOPODIUM foliis subulatis superne planis, subtus convexis. Chenopodium sedi folio minimo ... Boerh. lugdb. 2. p. 91. Blitum Kali minus album dictum. Raj. syn. 156. Kali minus album, ... Bauh. pin. 289. Moris. hist. 2. p. 610. s. 5. t. 33. f. 3. ..." (Linné 1737, S. 86); „Chenopodium maritimum, foliis subulatis subcylindricis, Meerstrandsgänsefuß, ... er ... kommt in Sibirien und Astracan zu der Pottasche, und gibt durch gewise Handgriffe spanische Soda: ..." (Gmelin 1772, Sp. 885); „17.) Seestrands=Gänsfuß. Chenopodium foliis subulatis, semicylindricis. LINN. ... Sp. pl. 321. Chenopodium foliis subulatis, ... Hort. Cliff. 86. ... Herr Pallas hat sie auch an den Salzseen der südlichen Theile von Sibirien gefunden; ..." (Linné 1779, S. 814); „13. CHENOPODIUM maritimum L., ... Meerstrands=Gänsefuß. ... An Meerküsten, Salzseeufern, Salzquellen und in salzigen Steppen Rußlands und Sibiriens mit andern Salzpflanzen, mit welchen es auch bey Astrachan zu Soda verbrannt wird. ..." (Georgi 1797–1802, Theil 3, S. 817); „24. CHENOPODIUM maritimum. ... C. foliis subulatis semicylindricis. Gmel. sib. 3. p. 82. n. 64. ... C. foliis subulatis; ... Hort. cliff. 86. ... Kali minus album, ... Bauh. pin. 289. Moris. hist. 2. p. 610. s. 5. t. 33. f. 3. ... Meerstrands Gänsefuss. W. ..." (Linné 1797–1830, Bd. I, Teil 2, S. 1307); „458. CHENOPODIUM maritimum. ... Ch. foliis subulatis ... Linn. ed. Willd. 1. p. 1307. ... Gmel. sib. 3. p. 82. n. 64. ..." (Marschall von Bieberstein 1808a, S. 182f.); „5) SCHOBERIA MARITIMA. C. A. Meyer. ... Chenopodium maritimum. ... M. a Bieb. Fl. taur. cauc. I. p. 182 (excl. var. β. cum synonymis) ... Chenopodium foliis subulatis ... Gmel. Fl. sib. III. p. 82. No. 64. (forsan species distinctas conjungens.) ..." (Ledebour 1829, S. 400f.); „12. S[uaeda] maritima ... Chenopodium maritimum. L. Spec. p. 321. ... M. a BIEB. Fl. t. c. I, p. 182, ... Chenopodium foliis subulatis, ... GMEL. Fl. sib. III, p. 82, No. 64. ... α. vulgaris ... Schoberia maritima. C. A. MEYER in LEDEB. Fl. alt. I, p. 400. ..." (Ledebour 1846–1851, S. 786ff.); „38. Chenopodium foliis subulatis superne planis (subtus) convexis H. C. sic est. (Fl. sib. III. 82. nr. 64. Ch. maritimum L. Schoberia maritima Meyer. cf. Gmelini inter sibir. II. 266.) ... 40. Chenopodium erectum racemis longis, foliis subulatis. eadem cum 37. forte ambae varietates Fl. Suec. 213. (Ch. viride L. quod Fl. sib. III. 79. nr. 60. refert.) quae sic variat ad littora nostra maritima. (An potius per errorem calami Cl. Linnaei Fl. suec. nr. 218. Ch. maritimum L. legendum esset? quod et

synonymia ‚foliis subulatis' et identitas cum nr. 37 et 38 a Linnaeo ipso opinata et variatio speciei ad littora suecica maritima indicare videtur; tum uti nr. 37 et 38. ad Fl. sib. III. 82. nr. 64. Schoberiam maritimam Meyer quadraret.)" (C. von Linné in einem Brief an J. G. Gmelin? vom 24. August 1748 – Plieninger 1861, S. 93); „Chenopodium sedi f. etc. Recte (Fl. sib. III. 82. nr. 64. Ch. maritimum L. Schoberia maritima Meyer. Suaeda maritima Forsk. ...)." (A. von Haller in einem undatierten Brief an J. G. Gmelin – Plieninger 1861, S. 147); Chenopodium – russ. *mar'*, *lebedočnik* bzw. *mučnik* (*Annenkov* 1858, S. 30, Nr. 296); „Chenopōdium L. (Chenopodeae). Zus. aus χην (Gans) und ποδιον, πους (Fuss), wegen der ähnlichen Form der Blätter." (Wittstein 1852, S. 188); „Schobēria C. A. MEY. (Chenopodeae). Nach GOTTL. SCHOBER, Arzt, der 1717 u. 18 die Ufer der Wolga, das kaspische Meer u. N. W. Persien im Auftrag Peters I. bereiste." (a. a. O., S. 795); „Suaēda FORSK. (Chenopodeae). Arabischer Name." (a. a. O., S. 853)

„2. Atriplex maritima humilior, folio angustiori et breviori Fl. Irc. n°. 759." (AAW R. I, Op. 13, D. 67, Bl. 21r, s. Anm. 5 in Nr. 4)

18 „[species 6] Atriplex maritima, angustissimo folio Mor. Hist. Oxon. Part. 2. 608. Halimus seu Portulaca marina C. B. Pin. 120. Portulaca marina, an Crithmum Dioscoridis? Lob. Icon. 392." (Tournefort 1700, S. 505, Genus III. „Atriplex. Arroche."); „23. Atriplex maritima angustissimo folio, nobis. ..." (Morison 1680, S. 608); „4. ATRIPLEX caule fruticoso, foliis deltoidibus integris. ... Halimus. Clus. hist. 1. p. 53. ..." (Linné 1737, S. 469); „53. ATRIPLEX caule fruticoso, foliis obuerse ouatis, LINN. Suec. 829. Halimus I. CLVS. H. 53. Portulaca marina, DOD. Pempt. 771. Halimus siue portulaca marina B. Pin. 120. ? Atriplex caule fruticoso, foliis deltoidibus integris, LINN. h. Cliff. 469. ROY. pr. 218. ..." (Gmelin 1747–1769, Bd. III, S. 70f.); „53. Atriplex caule fruticoso, folis obverse ovatis [=] Atriplex verruciferum M. a Bieb.! (Chenopodiun rubrum L. – Willd. sp. pl. 1. 1300. – Atriplex portulacoides L. – Willd. sp. pl. IV. 957.)" (Ledebour 1841, S. 87); „17. Halimus, Meergewächse. Atriplex latifolia siue Halimus fruticosus Turn. 505. ... Atriplex caule fruticoso foliis deltoidibus integris Lin. sp. 1052. Atriplex Halimus id. Halimus 1. Clus. Hist. 53. ... 18. Atriplex Portulacoides, portulackförmige Melten. Atriplex angustissimo folio Turn. 505. ... Atriplex Portulacoides id. Halimus seu Portulaca marina C. B. P. 120. Portulaca marina, an Crithmum Dioscoridis? Lob. icon. 392." (Carl 1770, S. 28); „[Atriplex] Halimus, ... Meerportulak, Melde mit staudigem Stamm, ... Meerportulakbaum; ... er taugt besser zu Lustwaldungen, die er dik, und durch die Silberfarbe seiner Blätter angenehm macht; ..." (Gmelin 1772a, Sp. 987f.); „Atriplex portulacoides, ... portulakartige Melde, ..." (a. a. O., Sp. 988); „1) Glatträndige Melde. Atriplex Halimus. ... Atriplex caule fruticoso, foliis deltoidibus integris. LINN. ... Sp. Pl. p. 1492. Hort. Cliff. 469. ... Halimus latifolius s. fruticosus. C. BAUH. in. 120. Halimus primus CLUS. hist. 1. p. 53. ... Die jungen Sprossen werden von den Portugiesen wie bey uns der Spargel und Hopfensprößlinge verspeißt. Die Blätter ... haben sich schon öfters als ein schmerzlinderndes Mittel, besonders im Podagra, bewiesen." (Linné 1783, S. 320f.); „2) Portulackartige Melde. Atriplex portulacoides. ... Atriplex caule fruticoso, foliis obovatis. LINN. ... Sp. Pl. p. 1493. ... GMEL. sib. 3. p. 70. n. 53. ... Halimus s. Portulaca marina C. BAUH. pin. 120. Portulaca marina DOD. pempt. 771. Diese Art, die man insgemein Meer=Portulack nennt, ... Die Blätter werden wegen ihres saftigen Wesens wie Kapern eingelegt, und wie Kapern gespeißt." (a. a. O., S. 321); „6. CHENOPODIUM rubrum. ... Gmel. sib. 3. p. 70. ... Rother Gänsefuss. W. ..." (Linné 1797–1830, Bd. I, Teil 2, S. 1300f.); „1. ATRIPLEX Halimus. ... A. caule fruticoso, ... Hort. cliff. 469. ... Halimus latifolius s. fruticosus. Bauh. pin. 120. Halimus. 1. Clus. hist. 1. p. 53. ... Strauchartige Melde. W. ..." (Linné 1797–1830, Bd. IV, Teil 2, S. 957); „2. ATRIPLEX portulacoides. ... A. caule fruticoso, ... Gmel. sib. 3. p. 70. n. 53. ... Halimus s. Portulaca marina. Bauh. pin. 120. ... Portulak-Melde. W. ..." (a. a. O., S. 957); „1129. Atriplex portulacoides. Lin. sp. 2. Kirgis. Ala Buta. ..." (Falk 1786, S. 270); „1. ATRIPLEX Halimus ... Salzige Melde. ... 2. ATRIPLEX portulacoides ... Portulackähnliche Melde. ..." (Georgi 1797–1802, Theil 3, S. 1367); „Halimus, ... Halimus seu portulaca marina C. B. ... Seine Blätter werden zu denen Speisen gebraucht ... Seine Wurtzel soll gut seyn denen säugenden Frauen, die Milch zu vermehren, das Schneiden und Reissen im Leibe zu stillen, zu dem Zucken und Ziehen in denen Gliedern, zu

denen Brüchen, und Verrenkungen, wenn es als ein Pulver oder abgesotten gebrauchet wird. ..." (Zedler 1732–1750, Bd. 12, Sp. 257); „3. O[bione] verrucifera ... Atriplex verruciferum M. a BIEB. Fl. t. c. II, p. 441 (excl. syn. PALL. ...) ... LEDEB. Fl. alt. VI, [sic!] p. 218. ... Atriplex caule fruticoso, ... GMEL. Fl. sib. III, p. 70, No. 53 (excl. omnibus syn., partim ad O. portulacoidem, partim ad Atriplicem Halimum spect.). ..." (Ledebour 1846–1851, S. 734f.); „4. O[bione] portulacoides ... Atriplex portulacoides. L. Spec. 1493 ... WILLD. Spec. pl. IV, p. 957 ... α. latifolia ... Halimus sive Portulaca marina. C. BAUH, Pin. p. 120 (e syn. partim. ad var. β. et γ. spect.). ..." (a. a. O., S. 735f.); „1983. ATRIPLEX verrucifera. ... Gmel. sib. 3. p. 70. n. 53. ..." (Marschall von Bieberstein 1808, S. 441f.); „14. ATRIPLEX VERRUCIFERUM. M. a Bieb. ... A. verrucifera. M. a Bieb. Fl. taur. cauc. II. p. 441. ... Atriplex No. 53. Gmel. Fl. sib. III. p. 70 (excl. syn.) ..." (Ledebour 1833, S. 318); „Spinacia foliis ex oblongo ovatis, racemis terminalibus nudis ramosis. ego non novi hanc plantam ejusque refert Halimum majorem ut ego distinguere nequeam; Halimi flores femineos non examinavi, sed videtur durum admodum Tuam plantam ab Halimi genere distinguere. vel erit Halimus distinctum genus ab Atriplice, quod non dum credo; vel erit Tua plante Atriplicis species. (Cum chenopodio glauco L. Blito glauco Koch. Fl. sib. III. 77. nr. 58. Gmelini synonymia maxime convenit. Sin Linnaei ad Halimum Clusi vel Atriplicem relatio valeret, potius cum Atriplice verrucifera M. a Bieb. A. portulacoide L. Fl. sib. III. 70. nr. 53. conveniret.)" (C. von Linné in einem Brief an J. G. Gmelin vom 2. August 1748 – Plieninger 1861, S. 79); „Pes anseris Dodonaei. Chenopodium f. levi multis e variis dentibus laciniato (Hall.) Enum. (Fl. sib. III. 78. nr. 59. Ch. rubrum L. Blitum polymorphon Meyer.)." (A. von Haller in einem undatierten Brief an J. G. Gmelin – Plieninger 1861, S. 147)

19 „[species 9] Atriplex Halimi folio C. B. Pin. 120. Atriplex Halimoides Lob. Obs. 130. J. B. 2. 974." (Tournefort 1700, S. 505, Genus III. „Atriplex. Arroche."); „3. ATRIPLEX caule annuo, foliis deltoideo-lanceolatis obtuse dentatis, subtus farinaceis. ... Atriplex maritima laciniata. Bauh. pin. 120. ... Atriplex marina. Dod. pempt. 615. ..." (Linné 1737, S. 469); „7. Die wilde Sommer= Melde, mit traublichten Blühmlein und Samen: Atriplex Halimi folio, C. B. P. 120. .." (Zwinger 1744, S. 553); „51. ATRIPLEX caule annuo, foliis deltoideo-lanceolatis, obtuse dentatis, subtus farinaceis, LINN. Cliff. 469. Suec. 826. EIVSD. Sp. pl. 2. p. 1494. n. 8. ROY. pr. 218. Atriplex marina, DOD. pempt. 615. Atriplex maritima laciniata, B. pin. 120. MOR. H. II. 607. S. 5. t. 32. f. 17. I. Eadem foliis leuiter dentatis et integris. Atriplex Halimi folio, C. B. MOR Hist. II. 407. S. 5. t. 32. f. 18. ..." (Gmelin 1747–1769, Bd. III, S. 68f.); „51. Atriplex caule annuo, foliis deltoideo-lanceolatis obtuse dentatis subtus farinaceis [=] Atriplex roseum L.!" (Ledebour 1841, S. 87); „[Atriplex] halimi folio; ist seine [d. h. des Tournefort] neunte Art, welche Blätter hat, wie der Meerportulak. [Atriplex] halimoides; so nennt sie Lobel." (Gmelin 1772a, Sp. 993); „4) Rosen=Melde. Atriplex rosea. ... Atriplex caule herbaceo, foliis incanis serratis, fructibus quadrangularibus centatis. LINN. ... Sp. Pl. p. 193. ..." (Linné 1783, S. 322); „11. ATRIPLEX rosea. ... A. caule herbaceo, ... Sp. pl. 1493. ... A. sylvestris, fructu roseo compresso. Bauh. pin. 119. prodr. 58. ... Rosenartige Melde. W. ..." (Linné 1797–1830, Bd. IV, Teil 2, S. 960); „11. ATRIPLEX ROSEUM. Linn. ... A. rosea. Willd. Spec. pl. IV. p. 960. ... A. laciniata. M. a Bieb. Fl. taur. cauc. III. p. 641. II. p. 442. (partim.) Atriplex. No. 51. Gmel. Fl. sib. III. p. 68 (excl. synon. pl.) Spinacia fera? Pall. it. I. App. No. 114. (excl. synon. Gmel.). ..." (Ledebour 1833, S. 314f.); „1985. ATRIPLEX laciniata. ..." (Marschall von Bieberstein 1819, S. 641); „1985. ATRIPLEX laciniata. Linn. ed. Willd. 4. p. 963. Gmel. sib. 3. p. 69. n. 52. t. 14. f. 1. ... Spinacia fera? Pall. it. 1. app. n. 114. ..." (Marschall von Bieberstein 1808, S. 442f.); „19. ATRIPLEX laciniata. ... A. caule herbaceo, ... Hort. cliff. 469. ... A. maritima laciniata. Bauh. pin. 120. ... A. marina. Dod. pempt. 615. ..." (Linné 1797–1830, Bd. IV, Teil 2, S. 963); „3. A[triplex] rosea (L. Spec. 1493) ... A. caule annuo, ... Gmel. Fl. sib. III, p. 69. No 51 (excl. synon. plur.). Spinacia fera. PALL. It. I, App. p. 496, No. 14 ... Ludus 2. ... LEDEB. Fl. alt. IV, p. 314. A. laciniata. M. a BIEB. Fl. t. c. III, p. 641. ... P. subintegra: ... A. caule annuo, ... GMEL. Fl. sib. III, p. 68, No. 51. ..." (Ledebour 1846–1851, S. 717f.); „12. A[triplex] Halimus (L. Spec. 1492) ... Halimus Clusii. J. BAUH. Hist. III, Lib. VIII, p. 227 c. ic. ..." (a. a. O., S. 731f.); „52. ATRIPLEX foliis ex sinuato hastatis, spicis

arctissimis, valuulis seminum dentatis. Tab. XIV. fig. 1. Atriplex maritima alba fruticosus, foliis angulosis incanis, SIEG. primit. p. 15. ...“ (Gmelin 1747–1769, Bd. III, S. 69f.); „52. Atriplex foliis ex sinuato hastatis, spicis arctissimis, valvulis seminum dentatis. t. XIV. f. t. [sic!] [=] Atriplex laciniatum L.! (Atriplex tataricum L. – Willd. sp. pl. IV. 961.)“ (Ledebour 1841, S. 87); „6) Tatarische Melde. Atriplex tatarica. ... Atriplex caule herbaceo, foliis deltoidibus sinuato-dentatis undulatis alternis. LINN. ... Sp. Pl. p. 1493. ...“ (Linné 1783, S. 323); „8) Zerschlissene Melde. Atriplex laciniata. ... Atriplex caule herbaceo, foliis deltoidibus dentatis subtus argenteis LINN. ... Sp. Pl. p. 1494. Hort. Cliff. 469. ... Atriplex maritima laciniata. C. BAUH. pin. 120. Atriplex marina. DOD. pempt. 615. ...“ (a. a. O., S. 324); „13. ATRIPLEX tatarica. ... A. foliis ex sinuato-hastatis, ... Gmel sib. 3. p. 69. t. 4. f. 1. ... Tatarische Melde. W. ...“ (Linné 1797–1830, Bd. IV, Teil 2, S. 961); „Ausser diesen sahe man fast keine Kräuter, als ... Atriplex tatarica und die Spinacia fera, welche hier ... den Namen Pokatipole und Katun erhält. ...“ (Pallas 1771, S. 401); „114. SPINACIA fera? Cosacc. Катунь. [russ. *katun'*] ...“ (a. a. O., S. 496); „Der am meisten gesalzne trockne Grund hatte ... Atriplex Halimus (*) ... |: (*) ich habe wegen dieser strauchenden Melde im ersten Theil meiner Reise gezweifelt, und eine Beschreibung davon gegeben; ich zweifle aber itzt nicht mehr, daß meine Pflanze nicht dieselbe seyn sollte, welche die Kräuterkenner Halimus nennen. :|“ (Pallas 1773, S. 477); „1110. Spinacia fera. Lin. Syst. Plant. IV. p. 250. sp. 2. Gmel. Flor. Sib. 3. t. 16. Ruß. Kaschun. ...“ (Falk 1786, S. 264); „1128. Atriplex Halimus. Lin. Syst. Plant. IV. p. 322. sp. 1. Tat. Bol. Kalm Keryssun. ...“ (a. a. O., S. 269); „1. ATRIPLEX Halimus ... Salzige Melde. ...“ (Georgi 1797–1802, Theil 3, S. 1367); „5. ATRIPLEX tatarica ... tatarische Melde. ...“ (a. a. O., S. 1368); „7. ATRIPLEX laciniata ... Schlitzblättrige Melde. ...“ (a. a. O., S. 1368); „Seit 1793 brennen in Taurien einige Griechen vorzüglich von Salsola altissima und Atriplex laciniata Soda (Tat. Kallia). Sie hat die Form gerundeter Klumpen und wird mit Vortheil nach Anatolien verschifft. ...“ (Georgi 1797–1802, Nachträge, S. 266); „Atriplex valvis seminum dentatis (Est synonymia in Fl. sib. III. 67. nr. 50. Atr. patula L. ...) est Atriplex f. deltoides (Halleri synonymia A. roseam L. Fl. sib. III. 68. nr. 51. indicare posset?).“ (A. von Haller in einem undatierten Brief an J. G. Gmelin – Plieninger 1861, S. 147f.); Atriplex rosea L. – russ. *katun'* (*Annenkov* 1858, S. 21, Nr. 170); „Hālimus WALLR. (Chenopodeae). Von ἅλιμος (salzig); liebt salzige Standorte.“ (Wittstein 1852, S. 415)

„18. August 1724 ... Auch war das Terrain durchgehends voller Salzadern und –quellen, auf welchen nichts umbher von Kräutern wuchse ohne ... allein Atriplex angusto Halimi folio (an Atriplex Halimi folio Caspar Bauhini et Tournefortii sp. 9) vel Atriplex Halimoides (Lobelii Observationes). ...“ (Messerschmidt 1962–1977, Bd. 3, S. 114f.)

20 „[species 1] Chenopodium, Pes Anserinus 1 Tabern. Icon. 427. Atriplex dicta Pes Anserinus J. B. 2. 975. Atriplex sylvestris, latifolia C. B. Pin. 119.“ (Tournefort 1700, S. 506, Genus IV. „Chenopodium. Pate d'Oye.“); „4. Chenopodium. Pes anserinus I. Gänsefuß. I.“ (Abbildung in: Tabernaemontanus 1590, S. 427); „Chenopodium, pes anserinus I. Tabern. icon. 427. ... Gänse=Fuß, wilde Melte.“ (Rupp 1726, S. 271); „... * CHENOPODIUM SYLVESTRE ALTERUM, COMA PURPURASCENTE. Chenopodium, folio laciniato, coma purpurascente. J. R. H. 506. ... Atriplex sylvestris latifolia. C. B. Pin. 119. ...“ (Vaillant 1727, S. 35f.); „7. CHENOPODIUM erectum, foliis fere triangularibus, antice sinuato-dentatis, racemis erectis foliosis ex alis. Chenopodium sylvestre alterum, ... Vaill. paris. 35. synon. Chenopodium folio laciniato, ... Tournef. inst. 506. ... Atriplex dicta Pes anserinus. Bauh. hist. 2. p. 975. ...“ (Linné 1737, S. 85); „Chenopodium, Pes Anserinus I. Tabern. Icon. 427. Atriplex dicta Pes Anserinus J. B. 2. 975. Atriplex sylvestris, latifolia C. B. Pin. 119. ... wilde Melden/ Gänßfuß/ Schweinstod/ Sauplag. ...“ (Mappus 1742, S. 70); „59. CHENOPODIVM foliis cordato-triangularibus, obtusiusculis, dentatis, racemis erectis compositis subnudis, caule breuioribus, LIN. Suec. 210. El. Sp. pl. 1. p. 318. n. 3. Pes anserinus, DOD pempt. 616. Atriplex syluestris, siue Pes anserinus latifolia, laceris laciniis, LOB. ic. 254. Atriplex dicta pes anserinus, I. B. II. 475. [sic!] Atriplex syluestris latifolia, C. B. P. 119. Chenopodium folio laciniato, coma purpurascente, VAILL. Par. 35. Chenopodium erectum foliis subtriangularibus, antice sinuato-dentatis, racemis erectis foliosis, lateralibus, LINN. Cliff. 85.

ROY. pr. 219, Chenopodium folio leui, multis et variis dentibus laciniato, HALL. Helv. 174. ..." (Gmelin 1747–1769, Bd. III, S. 78f.); „59. Chenopodium foliis cordato-triangularibus obtusiusculis dentatis, racemis erectis compositis subnudis caule brevioribus [=] Blitum polymorphum C. A Meyer!" (Ledebour 1841, S. 88); „8. Pes anserinus, Gänsefuß. Chenopodium Pes anserinus primus Turn. 505. Taber. 812. Atriplex syluestris latifolia C. B. P. 11. ... Chenopodium rubrum id. Atriplex dicta Pes anserinus I. B. 2. 975." (Carl 1770, S. 310); „[Atriplex] sylvestris latifolia: bedeutet bey ihm [d. h. C. Bauhin] den rothen Gänsefus." (Gmelin 1772a, Sp. 996); „Chenopodium rubrum, ... rother Gänsefuß, ... Er heißt bey ... Vaillant: Chenopodium folio laciniato, coma purpurascente." (Gmelin 1772, Sp. 879); „3.) Rother Gänsfuß. Chenopodium rubrum. ... Chenopodium foliis cordato-triangularibus, obtusiusculis, dentatis; racemis erectis; compositis, subfoliosis, caule brevioribus. LINN. ... Sp. pl. 318. ... Chenopodium erectum, ... Hort. Cliff. 85. ... Atriplex sylvestris latifolia. C. BAUH. pin. 119. ... Diese Art, welche in allen Sprachen den Namen Gänsfuß führet, ... Sie ... kan ... als Gemüse gekocht und von Menschen ge[g]essen werden; den Schweinen aber soll sie ... ein tödtliches Gift seyn, ..." (Linné 1779, S. 802f.); „k) Chenopodium rubrum. ... Deutsch. Der rothe Gänsefuss; Schweinetod, Sautod, Saubalg; Mistmelde, Neunspitzen. ..." (Nemnich 1793, Sp. 1016); „6. CHENOPODIUM rubrum. ... Gmel. sib. 3. p. 70. [sic!] ... C. erectum, ... Hort. cliff. 85. ... Atriplex sylvestris latifolia. Bauh. pin. 119. ... Rother Gänsefuss. W. ..." (Linné 1797–1830, Bd. I, Teil 2, S. 1300f.); „3. B[litum] polymorphum (C. A. MEYER in LEDEB. Fl. alt. I, p. 13) ... Syn. generalia v. quod varietates dubia: ... Chenopodium foliis cordato-triangularibus, ... GMEL. Fl. sib. III, p. 78, no. 59. ..." (Ledebour 1846–1851, S. 707f.); „2) BLITUM POLIMORPHUM C. A. Meyer. ... Chenopodium foliis cordato triangularibus etc. Gmel. Flor. sib. III. p. 78. No. 59. ..." (Ledebour 1829, S. 13f.); „Pes anseris Dodonaei. Chenopodium f. levi multis et variis dentibus laciniato (Hall.) Enum. (Fl. sib. III. 78. nr. 59. Ch. rubrum L. Blitum polymorphon Meyer.)." (A. von Haller in einem undatierten Brief an J. G. Gmelin – Plieninger 1861, S. 147); „Blitum L. (Chenopodeae). Βλιτον (Amarantus Blitum L.) von βλητος (niedergeworfen, von βαλλειν), entweder in Bezug auf den liegenden Stängel oder den Mangel an Heilkräften. ..." (Wittstein 1852, S. 110)

„312. Chenopodium, Pes Anserinus dictum, folio integro, angusto et oblongo. ... j. Idem ramosum et alatius." (AAW R. I, Op. 105, D. 1ª, Bll. 29r–29v, s. Anm. 29 in Nr. 5); „295. [Chenopodium] folio laciniato coma purpurascente T. 506. B. n. 3." (AAW R. I, Op. 104, D. 13, Bl. 7v, s. Anm. 84 in Nr. 29); „444) Chenopodium pes anserinus Tabaern. Icon 427. ..." (AAW R. I, Op. 104, D. 25, Bl. 32v, s. Anm. 61 in Nr. 21); „301 Chenopodium, pes anserinus Tabern. Ic. 427." (AAW R. I, Op. 6, D. 40, Bl. 36r, s. Anm. 1 in Nr. 1); „– Chenopodium, pes anserinus 1 Tab. Ic. 427 ..." (AAW R. I, Op. 104, D. 8, Bl. 2r, s. Anm. 18 in Nr. 452); „671. Chenopodium erectum folijs sub-triangularibus antice sinuato-dentatis, racemis erectis foliosis lateralibq. Linn. vir. 22. h. cliff. 85 Chenopodium folio laciniato, coma purpurascente. Tourn. inst. 516 Boerh. lugd. 2. p. 90. Pes anserinus Dod. Pempt. 616. Dalech. hist. 542." (AAW R. I, Op. 13, D. 20, Bl. 63r, s. Anm. 1 in Nr. 1); „7. Chenopodium, Pes anserinus dictum, folio integro, angusto & oblongo Ind. Jen. nº. 312. j. Idem ramosum & elatius. ..." (AAW R. I, Op. 13, D. 67, Bl. 21r, s. Anm. 5 in Nr. 4); „3. Chenopodium Pes anserinus 1, Tab. Ic. 427." (AAW R. I, Op. 13, D. 16, Bl. 32r, s. Anm. 32 in Nr. 6); „Chenopodium, Pes anserinus 1 Tabern. Ic. 427. et Inst. r. h. nº 94" (AAW R. I, Op. 13, D. 19, Bl. 6r, s. Anm. 54 in Nr. 17); „[Nº.] 946. Chenopodium Pes anserinus II? Tab." (AAW R. I, Op. 15, D. 3, Bl. 17v, s. Anm. 65 in Nr. 24)

21 russ. *lebeda*

22 „65. CHENOPODIVM foliis ex lineari lanceolatis, racemis coniugatis, dichotomis, nudis, apice setaceis. Tab. XV. fig. 1. Chenopodium ceratoides humile hysopi folio, STELL. Irc. 763. Chenopodium aristatum, LINN. Sp. pl. 1. p. 321. n. 18. ... Icon plantam ad viuum sistit. A. racemum singulariter expressum exhibet, vt diuisiones apertius in oculos incurrant." (Gmelin 1747–1769, Bd. III, S. 83f.); „65. Chenopodium foliis ex lineari lanceolatis, racemis conjugatis dichotomis nudis apice serratis. t. XV. f. 1. [=] Chenopodium aristatum L.!" (Ledebour 1841, S. 88); „18.) Borstiger Gänsfuß. Chenopodium aristatum. ... Chenopodium foliis lanceolatis, subcarnosis,

integerrimis; corymbis dichotomis aristatis. LINN. ... Sp. pl. 321. ... GMEL. Fl. Sib. 3. p. 83. i. [sic!] 15. f. 1. ..." (Linné 1779, S. 814f.); „[Chenopodium] aristatum, ... mit Grannen versehener Gänsefuß, ..." (Gmelin 1772, Sp. 885f.); „16. CHENOPODIUM aristatum L., ... Borstiger Gänsefuß. W. Gm. S. 3. 83. T. 15. F. 1. ... Alle Gänsefußarten sind junges, eßbares Kohlkraut, wozu auch die größern angewendet werden. Eben so sind die Saamen aller als Grütze, oder unter Getreide gemahlen als Brodmehl anwendbar; ..." (Georgi 1797–1802, Theil 3, S. 818); „26. CHENOPODIUM aristatum. .. C. foliis ex lineari-lanceolatis, ... Gmel. sib. 3. p. 83. t. 15. f. 1. R. ... Borstiger Gänsefuss. W. ..." (Linné 1797–1830, Bd. I, Teil 2, S. 1307f.); „11) CHENOPODIUM ARISTATUM. Linn. ... Chenopodium No. 65. Gmel. Fl. sib. III. p. 83. t. 15. f. 1. ..." (Ledebour 1829, S. 410); „865. Teloxys. ... 1. T. aristata. ... Chenopodium aristatum. L. Spec. ed. 2., p. 321. ... LEDEB. Fl. alt. I, p. 410. ... Chenopodium foliis ex lineari lanceolatis, ... GMEL. Fl. sib. III, p. 83, No. 65, t. 15, f. 1. ..." (Ledebour 1846–1851, S. 692f.); „Telōxys MOQ. (Chenopodeae). Zus aus τηλος (weit entfernt) und ὀξυς (spitz); die unfruchtbaren Aestchen dieses Krauts haben grannenartige Borsten." (Wittstein 1852. S. 868)

„814. Chenopodium folys lineari-lanceolatis, racemis nudis dichotomis, setis terminatricibus v. 550. Chenopodium humi fusum, Musci facie Ind. Irc. 93. Chenopodium ceratoides humile, Hyssopi folio Stell Irc. 763. ..." (AAW R. I, Op. 13, D. 20, Bl. 74v, s. Anm. 1 in Nr. 1); „58. Chenopodium humi fusum Musci facie" (AAW R. I, Op. 15, D. 1, Bl. 2r, s. Anm. 24 in Nr. 64); „14. Chenopodium humifusum Musci facie partim a me, partim a D. Martini collect:" (a. a. O., Bl. 4r); „184. Chenopodium humifusum, Musci facie" (a. a. O., Bl. 10r); „10. Chenopodium humifusum, Musci facie Ind. Irc. n°. 93. Fl. Irc. n°. 763." (AAW R. I, Op. 13, D. 67, Bl. 21v, s. Anm. 5 in Nr. 4); „315. Chenopodium humi fusum, Musci facie Ind. Irc. n°. 93. Fl. Irc. n°. 763. ..." (AAW R. I, Op. 105, D. 1^{a}, Bl. 30r, s. Anm. 29 in Nr. 5); „93. Chenopodium humifusum, Musci facie. ..." mit den rechts marginalen Anm. von J. G. Gmelin auf Bl. 5r „vid. Ic." und „Chenopodium Ceratoides humile Hyssopi folio St. 763." (AAW R. I, Op. 105, D. 12, Bll. 5r–5v, s. Anm. 54 in Nr. 17)

23 „[species 3] Chenopodium, folio sinuato, candicante. Atriplex sylvestris, folio sinuato, candicante C. B. Pin. 119. Atriplex sylvestris J. B. 2. 972. Tabern. Icon. 426." (Tournefort 1700, S. 506, Genus IV. „Chenopodium. Pate d'Oye."); „Chenopodium folio sinuato, candicante Tournefort. instit. ... Germ. Scheiß=Melte." (Rupp 1726, S. 272); „6. CHENOPODIUM foliis inferioribus ovatis acutis antrorsum dentatis, summis lineari-lanceolatis. Chenopodium folio sinuato candicante. Tournef. inst. 506. ... Atriplex sylvestris, ... Bauh. pin. 119. Atriplex sylvestri. Bauh. hist. 2. p. 972. ..." (Linné 1737, S. 85); „Chenopodium folio sinuato candicante Inst. R. Herb. ... Wilde Melde mit weißglänzenden Blättern. ..." (Mappus 1742, S. 71); „61. CHENOPODIVM foliis rhomboideo-triangulis, erosis, postice integris, summis oblongis, racemis erectis, LINN. Suec. 212. El. Sp. pl. 1. p. 319. n. 6. Atriplex syluestris, folio sinuato, candicante, B. pin. 119. Chenopodium folio sinuato, candicante, TOVRN. I. R. H. 506. Chenopodium foliis inferioribus ouatis acutis, antrorsum dentatis, summis lanceolatis, LINN. Cliff. 85. ROY. pr. 219. HALL. Helv. 175. GRON. Virg. 145. ..." (Gmelin 1747–1769, Bd. III, S. 80f.); „61. Chenopodium foliis rhomboideo-triangulis erosis postice integris, summis oblongis, racemis erectis [=] Chenpodium album L.!" (Ledebour 1841, S. 88); „6. Atriplex syluestris, wilde Melte. Chenopodium folio sinuato candicante Turn. 506. ..." (Carl 1770, S. 183); „Das lächerlichste, was die Leute zum Beweise ihres damahligen Elendes anführen, ist, daß sie gezwungen gewesen, wilde Melden * zu essen, welches sie für ein halbes Gift halten, da wir es auch in Ermangelung der Garten=Melde und anderer Gartenkräuter alle Frühjahr gar gerne als ein gutes Zugemüse gegessen haben. ... |: * Chenopodium folio Sinuato candicante. :|" (Gmelin 1751–1752, 2. Theil, S. 37f.); „[Chenopodium] album, ... weisser Gänsefuß, ... Er heißt bey Tournefort: Chenopodium folio sinuato candicante; ..." (Gmelin 1772, Sp. 880); „6.) Weißer Gänsfuß. Chenopodium album. ... Chenopodium folio rhomboideo-triangularibus, erosis, postice integris, summis oblongis racemis erectis. LINN. ... Sp. pl. 319. ... Chenopodium foliis inferioribus ... Hort. Cliff. 85. ... Atriplex sylvestris, ... C. BAUH. pin. 119. ... vielleicht eine bloße Varietät der folgenden, [d. h. Chenopodium viride] ..."

(Linné 1779, S. 804f.); „11. CHENOPODIUM album. C. foliis rhomboideo-triangularibus ... Gmel. sib. 3. p. 80. ... C. foliis inferioribus ... Hort. cliff. 85. ... Atriplex sylvestris. ... Bauh. hist. 3. p. 972. ... Weisslicher Gänsefuss. W." (Linné 1797–1830, Bd. I, Teil 2, S. 1302); „297. CHENOPODIUM ALBUM Linné. WEISSES CHENOPODIUM. ... Die jungen Blätter dieser Pflanze sind ein gutes Gemüse und werden in den Zeiten der Noth von armen Leuten wie der Spinat gegessen. ... In Astrachan wird der Samen zur Bereitung des Chagrins gebraucht; man presst nämlich das aus den Pferdehäuten zubereitete Leder damit, um demselben die körnige Beschaffenheit dadurch zu geben. Deutsche Namen: Gemeinster oder weisser Gänsefuss, gemeine oder weisse Melde." (Dietrich 1837, Nr. 297); „7. Ch[enopodium] album (L. Spec. p. 319 *) ... α. integrifolium: ... Lusus 1. ... Ch. viride. L. Fl. suec. ... β. heterophyllum: ... Lusus 3. ... Ch. album. L. Spec. 319. et Fl. suec. ed. 1 et 2 ... Lusus 6. ... Ch. album. LEDEB. Fl. alt I, p. 304! [sic!] ... Ch. viride, L. Spec. ed. 2, t. 2, p. 319 partim ... Atriplex sylvestris ... TOURNEF. Instit. p. 506 ... Lusus 9. ... Ch. album ... M. a BIEB. Fl. t. c. I, p. 179. ... Ch. foliis rhomboideo-triangulis, GMEL. Fl. sib. III, p. 80, No. 61. ..." (Ledebour 1846–1851, S. 697ff.); „450. CHENOPODIUM album. ... Linn. ed. Willd. 1, p. 1302. ... Gmel. sib. 3, p. 80. n. 61. ...." (Marschall von Bieberstein 1808a, S. 179f.); „3) CHENOPODIUM ALBUM. Linn. M. a Bieb. Fl. taur. cauc. I. p. 179; ... Chenopodium No. 61. Gmel. Fl. sib. III. p. 80. ..." (Ledebour 1829, S. 404); „4) CHENOPODIUM VIRIDE. Linn. ..." (a. a. O., Bl. 404f.); „12. CHENOPODIUM viride. ... Atriplex sylvestris. Bauh. hist. 2. p. 972. ... Grüner Gänsefuss. W. ..." (Linné 1797–1830, Bd. I, Teil 2, S. 1303); „7.) Grüner Gänsfuß. Chenopodium viride. ... Chenopodium foliis rhomboideis, dentato-sinuatis; racemis ramosis, subfoliosis. LINN. ... Sp. pl. 319 ... Atriplex sylvestris. J. BAUH. hist. 2. p. 972. ... Sie kann ... als Gemüse gekocht und von Menschen gegessen werden." (Linné 1779, S. 805); „6. CHENOPODIUM album L., ... Weißlicher Gänsefuß. ... Die jungen Pflanzen sind ein Kohlkraut, und die reifen Saamen ein schickliches Verlängerungsmittel wegen Brodkorns, ... Den Schagringerbern in Astrachan dienen die reifen Saamen den Schagrin zu Uhrgehäusen – körnigt zu machen. ... 7. CHENOPODIUM viride L., ... Grüner Gänsefuß. ..." (Georgi 1797–1802, Theil 3, S. 816); „64) Weisser Gänsefuß; Chenopodium album, ... Man kann seine junge Sprossen als Zugemüß genießen, mit den ältern aber die Schweine mästen. ... 65) Grüner Gänsefuß, Scheinmelten, wilde Melten, Ackermelten, kleine Ackermelte; Chenopodium viride, ... Seine junge Sprossen können als Zugemüse gegessen und seine Blätter zum Mästen der Schweine gebraucht werden. ..." (Gmelin 1779, S. 78f.); „36. Chenopodium folio lanceolato serrato. Specimen imperfectum est. nullus dubito quin sit varietas Chenopodii Fl. Suec. 212. vel alius valde vulgaris. (Hinc esset Ch. albi L. varietas Fl. sib. III. 80. nr. 61, cf. Gmelini iter sib. II. 38.)" (C. von Linné in einem Brief an J. G. Gmelin? vom 24. August 1748 – Plieninger 1861, S. 92); „39. Chenopodium erectum, foliolis subtriangularibus, antice sinuato dentatis, racemis erectis foliolis. (? Fl. sib. 80. nr. 61. Ch. album L.? quod in Fl. sib. loc. ad nr. 36. cit.) vel potius Fl. suec. 209. (Ch. urbicum L. in Fl. sib. III. 76. nr. 57. exh.)" (a. a. O., S. 93); „Chenopodium f. sinuato candicante. Recte ob racemos cylindricos (Fl. sib. III. 80. nr. 61. Ch. album L. cf. ... Gmel. it. sib. II. 38.)." (A. von Haller in einem undatierten Brief an J. G. Gmelin – Plieninger 1861, S. 147)

„506. Chenopodium folys inferioribus ovatis, acutis, summis lineari-lanceolatis Linn. h. Cliff. p. 84. Roy. Pr. p. 219. Atriplex sylvestris folio sinuato candicante C. B. Basil. p. 34. ... (AAW R. I, Op. 13, D. 20, Bl. 50v, Anm. 1 in Nr. 1); „670. Chenopodium folijs inferioribus ovatis, acutis, summis lineari-lanceolatis. Linn. h. cliff.p. 84. Royen. 219. Atriplex sylvestris Fuchs. p. 119. j. Idem folys omnibus lineari-lanceolatis. ..." (a. a. O., Bl. 63r); „95 Chenopodium folio Sinuato candicante I. R. H. ..." (AAW R. I, Op. 13, D. 42, Bl. 12r, s. Anm. 1 in Nr. 1); „3. Chenopodium folio sinuato candicante. I. R. H. j. Idem fructu racemoso Ind. Irc. n°. 90. ..." (AAW R. I, Op. 13, D. 67, Bl. 21r, s. Anm. 5 in Nr. 4); „Chenopodium folio sinuato candicante. Inst. r. h. 506. n° 95." (AAW R. I, Op. 13, D. 19, Bl. 6r, s. Anm. 54 in Nr. 17); „19. August 1723 ... Von Kräutern fand sich hieselbst ... Chenopodium folio sinuato candicante (Tournefortii sp. 3); ..." (Messerschmidt 1962–1977, Bd. 2, S. 117); „Chenopodium, folio sinuato candicante (Tournefortii sp. 3), Sylv." (Messerschmidt 1962–1977, Bd. 4, S. 205, s. Anm. 1 in Nr. 1)

24 „[species 5] Chenopodium angustifolium, laciniatum, minus. Atriplex angustifolia, laciniata, minor J. B. 2. 972." (Tournefort 1700, S. 506, Genus IV. „Chenopodium. Pate d'Oye."); „3. CHENOPODIUM ANGUSTIFOLIUM, LACINIATUM, MINUS. Inst. 506. Atriplex angustifolia, laciniata, minor. J. B. 2. lib. 23. p. 972. ..." (Vaillant 1727, S. 35); „5. CHENOPODIUM foliis ovato-oblongis repando-sinuatis, florum racemis glomeratis ex ala solitariis. Chenopodium angustifolium laciniatum minus. Tournef. inst. 506. ... Vaill. paris. 35. ..." (Linné 1737, S. 85); „Chenopodium angustifolium, laciniatum, minus Inst. R. Herb. ... Mistmelde ..." (Mappus 1742, S. 71); „15. Die schmal=blättige, gezähnlete Melde mit Schuh hohen, gestreiften, ästichten, geraden, zimlich dicken Stengeln; ... Chenopodium, angustifolium, laciniatum, minus. T. 506. B. J. A. II. 90." (Zwinger 1744, S. 554); „58. CHENOPODIVM foliis ouato-oblongis, repandis, racemis nudis simplicibus, glomeratis, solitariis, LINN. Suec. 215. EI. Sp. pl. 1. p. 320. n. 13. Atriplex angustifolia laciniato minor, I. B. II. 972. et 973. Chenopodium angustifolium laciniatum minus, TOVRN. I. R. H. 506. RAI. Syn. III. p. 155. VAILL. Par. 35. Chenopodium foliis ouato-oblongis repando-sinuatis, florum racemis glomeratis, ex ala solitariis, LINN. Cliff. 85. I. Eadem foliis plerisque integerrimis. II. Eadem foliis subulatis. ..." (Gmelin 1747–1769, Bd. III, S. 77f.); „58. Chenopodium foliis ovato-oblongis repandis, racemis nudis simplicibus glomeratis solitariis. (excl. var. II.? – mihi ignota.) [=] Blitum glaucum Koch.!" (Ledebour 1841, S. 88); „[Chenopodium] glaucum, ... eisengrauer Gänsefus, ... Er heißt bey Tournefort: Chenopodium angustifolium laciniatum minus; ..." (Gmelin 1772, Sp. 883); „13.) Eisengrauer Gänsfuß. Chenopodium glaucum. ... Chenopodium foliis ovato-oblongis, repandis; racemos nudis, simplicibus, glomeratis. LINN. ... Sp. pl 320. ... Chenopodium foliis ovato-oblongis, ... Hort. Cliff. 81. [sic!] ... Chenopodium angustifolium ... TOURNEF. 506. ... Diese Art wächst ... an den Häusern, Misthaufen, Strassen, und andern ungebauten Orten; ..." (Linné 1779, S. 810); „18. CHENOPODIUM glaucum. ... C. foliis ovato-oblongis ... Hort. cliff. 85. ... C. angustifolium ... Tournef. inst. 506. ... Grauer Gänsefuss. E. .." (Linné 1797–1830, Bd. I, Teil 2, S. 1305); „8. Ch[enopodium] glaucum (L. Spec. p. 320) ... M. a BIEB. Fl. t. c. II, [sic!] p. 180. ... LEDEB. Fl. alt. I, p. 407. Ch. foliis ovato-oblongis, ... GMEL. Fl. sib. III, p. 77, No. 58 (excl. var. II?) Blitum glaucum. KOCH. in STURM Deutschl. Fl. Heft 75. ..." (Ledebour 1846–1851, S. 700f.); „453. CHENOPODIUM glaucum. ... Linn. ed. Willd. 1. p. 1305. ... Gmel. sib. 3. p. 77. n. 58. ..." (Marschall von Bieberstein 1808a, S. 180); „7) CHENOPODIUM GLAUCUM. Linn. ... M. a Bieb. Fl. taur. cauc. I. p. 180. ... Chenopodium No. 58. Gmel. Fl. sib. III. p. 77. (excl. var.) ..." (Ledebour 1829, S. 407); „Spinacia foliis ex oblongo ovatis, racemis terminalibus nudis ramosis. ego non novi hanc plantam ejusque flores. sed adeo exacte refert Halimum majorem ut ego distinguere nequeam; Halimi flores femineos non examinavi, sed videtur durum admodum Tam plantam ab Halimi genere distinguere. vel eriz Halimus distinctum genus ab Atriplici, quod non dum credo, vel erit Tua planta Atriplicis species. (Cum Chenopodio glauco L. Blito glauco Koch. Fl. sib. III. 77. nr. 58. Gmelini synonymia maxime convenit. Sin Linnaei ad Halimum Clusii vel Atriplicem relatio valeret, potius cum Atriplice verrucifera M. a Bieb. A. portulacoide L. Fl. sib. III. 70. nr. 53. conveniret.)" (C. von Linné in einem Brief an J. G. Gmelin vom 2. August 1748 – Plieninger 1861, S. 79); „Chenopodium f. sinuato candicante. Recte ob racemos cylindricos (Fl. sib. III. 80. nr. 61. Ch. album L. cf. ... Gmel. it. sib. II. 38.). ... Chenopodium angustifolium laciniatum minus. Recte, sed nostrum in parte aversa album est (Fl. sib. III. 77. nr. 58. Ch. glaucum L. Blitum glaucum Koch.)." (A. von Haller in einem undatierten Brief an J. G. Gmelin – Plieninger 1861, S. 147)

„296. Chenopodium angustifolium laciniatum minus T. 506." (AAW R. I, Op. 104, D. 13, Bl. 7v, s. Anm. 84 in Nr. 29); „610. Chenopodium folijs ovato-oblongis, repando-sinuatis, florum racemis glomeratis. lateralibq solitarijs Linn. vir. 22. h. cliff. 85. Chenopodium angustifolium laciniatum minq. Tourn. inst. 506. Boerh. lugd. 2. p. 90." (AAW R. I, Op. 13, D. 20, Bl. 59v, s. Anm. 1 in Nr. 1); „11. Chenopodium angustifolium, laciniatum minus I. R. H. 506. ..." (AAW R. I, Op. 13, D. 67, Bl. 21v, s. Anm. 5 in Nr. 4); „[N°.] 981. Chenopodium angustifolium." (AAW R. I, Op. 15, D. 3, Bl. 18r, s. Anm. 65 in Nr. 24)

25 „[species 1] Blitum album, majus C. B. Pin. 118. Blitum pulchrum, album, magnum J. B. 2. 967. Blitum majus Dod. Pempt. 617." (Tournefort 1700, S. 507, Genus V. „Blitum. Blete."); „BLITUM. ... teutsch, Meyer, ist ein Kraut, dessen es zweyerley Gattungen giebet. Die eine ist weiß, die andere roth, ... Die erste weisse heist Blitum album majus, C. B. grosser weisser Meyer; ... Sie befeuchten, erfrischen, erweichen, und sind gut in der rothen Ruhr, und für das Blut auswerffen. ..." (Lémery 1721, Sp. 171); „4. Der große weiße Meyer: Blitum pulchrum magnum album, J. B. ..." (Zwinger 1744, S. 550); „Blitum album, majus. C. B. P. Weisser Hahnenkamm." (Miller 1751, S. 611); „10) Gemüßartiger Amaranth. Amaranthus oleraceus. ... Amaranthus glomeratis triandris pentandrisque, foliis ovatis obtusissimis emarginatis rugosis. LINN. ... Sp. Pl. p. 1403. ... Blitum album majus. C. BAUH. pin. 118? ..." (Linné 1783, S. 199f.); „Amaranthus oleraceus, ... Kohlamarant, ... wächst in Ostindien wild, wo sie auch ... statt des Spinats genossen wird; ..." (Gmelin 1772a, Sp. 379); „[Blitum] album; album majus; hierunter scheinen Matthiol, ... und C. BAUHin den Kohlamaranth zu verstehen." (Gmelin 1772, Sp. 136); „Meyer (grosser weisser), Blitum album Matth. majus, Dod. album majus. C. B. ... Meyer ist dem Magen schädlich, und verunruhiget den Leib so, daß einige Stühle davon bekommen. ... Der Safft in Wein eingegeben soll ein Mittel wieder der Scorpionen und Spinnen Stich seyn, ..." (Zedler 1732–1750, Bd. 20, Sp. 1494f.); „f) Amaranthus oleraceus. ... Deutsch. Der Kohlamarant, der Gemüseamarant. ... In Portugal speiset man ihn, wie Spinat. ..." (Nemnich 1793a, Sp. 217); „16. AMARANTHUS oleraceus. ... A. glomerulis triandris ... Sp. pl. 1403. ... Salatartiger Amaranth. W. ..." (Linné 1797–1830, Bd. IV, Teil 1, S. 386f.); „Amarāntus L. (Amarantaceae). Von ἀμαραντος (unverwelklich) und diess zus. aus ἀ und μαραινειν (welken), d. h. ein Gewächs, welches beim Trocknen sein frisches Ansehen nicht verliert. Man schreibt auch wohl AMARANTHUS und deutet dann die beiden letzten Sylben auf ἀνδος (Blüthe, allein mit Unrecht; ..." (Wittstein 1852, S. 34f.)

„93. Blitum album majus C. B. P. ..." (AAW R. I, Op. 13, D. 42, Bl. 12r, s. Anm. 1 in Nr. 1)

26 „10. AXYRIS fruticosa, floribus semineis lanatis Tab. II. Fig. 1. Frutex halimi facie, BVRS. Herb. Vol. 22. LINN. in litt. Blitum arborescens, incanum, Lauendulae folio, STELL. Irc. 767. Camphorata species alia hirsuta et lanuginosa ID. l. c. 1150. Axyris foliis lanceolatis tomentosis, floribus seminis lanatis, LINN. Sp. pl. 2. p. 1389. n. 2. cum synon. ... B. STELLERVS, qui fruticosam speciem solam vidit, nihil quidquam seminum detexit, tria tantum stamina in singulis floribus sibi vidisse visus est, dubitat autem, annon imaginatione tantum eiusmodi illi sors contigerit. ... In vastis siccisque lapidosis campis superioris Ieniseae atque in eum labentium fluuiorum regione, vt et ad Angaram et Baicalem vsque in campis praecipue Vrinscinensibus e regione rupis Kladowaiae et in arenosis locis circa Baicalem lacum copiosam sub finem Aug. mensis inuenimus STELLERVS et ego. ... Icon virgam huius fruticis ad viuum sistit." (Gmelin 1747–1769, Bd. III, S. 17ff.); „10. Axyris fruticosa, floribus femineis lanatis. t. II. f. 1. [=] Eurotia Ceratoides C. A. Meyer!" (Ledebour 1841, S. 84); „Kraschenninikouia Ceratoides; cuius synonyma sunt sequentia: Ceratoides orientalis, fruticosa, Elaeagni folio TOURNEFORTII coroll. p. 52. Vrtica foliis lanceolatis, feminis hirsutis ROYEN Lugdb. 210 Axyris foliis lanceolatis tomentosis, floribus femineis lanatis LINNAEI Spec. Plant. ed. 2. p. 1389. Axyris fruticosa, floribus femineis, lanatis GMELINI Flor. Sibir. Tom. III. p. 17. Blitum arborescens incanum, Laverulae [sic!] folio STELLERI Flor. Irc. 767. secundum GMELINVM l. c. Camphorata, species alia hirsuta et lanuginosa Id. l. c. 1150. seundum GMEL. l. c. ..." (Güldenstedt 1772, S. 555); „Ceratoides Orientalis, fruticosa, Elaeagni folio. ... Ceratoides à fructu cornuto, κέρας enim Graece cornu significat." (Tournefort 1703, S. 52); „7. URTICA foliis lanceolatis, floribus femininis hirsutis. Ceratoides orientalis fruticosa, Elaeagnis folio. Tourn. cor. 52." (Royen 1740, S. 210); „874. Eurotia. ... 1. E. ceratoides (C. A. MEYER in LEDEB. Fl. alt. IV, p. 239) ... Axyris Ceratoides. L. Spec. 1389. ... Axyris fruticosa, ... GMEL. Fl. sib. III, p. 17, No. 10, t. 2, f. 1. Axyris erecta, herbacea, ... GMEL. Fl. sib. III (p. 21) t. 2, f. 2 (ex icone, nec e descriptione, quae cum t. 3 ad Axyrim amarantoidem spectat) **). Kraschenninikowia Ceratoides. GÜLDENST. in Nov. comment. Acad. petrop. XVI, p. 548. 555, t. 17, t. 1–6 et 13. ... Diotis Ceratoides. WILLD. Spec. pl. 368. – M. a BIEB. Fl. t. c. II, p. 396. ..." (Ledebour 1846–1851, S. 737ff.); „1903. DIOTIS Ceratoides. Linn. ed. Willd. 4.

p. 368. Axyris (Ceratoides) ... Linn. Sp. pl. p. 1389. ... Gmel. sib. 3. p. 17. n. 10. t. 2. f.1. Kraschenninikouia. [sic!] Guldenst. in act. petrop. 16. p. 568. t. 17. Ceratoides orientalis ... Tournef. cor. p. 52. ...“ (Marschall von Bieberstein 1808, S. 396f.); „1. DIOTIS Ceratoides. W. Axyris (Ceratoides) ... Sp. pl. 1389. ... Axyris fruticosa, ... Gmel. sib. 3. p. 17. n. 10. t. 2. f. 1. ... Krascheninnikovia. Güldenst. Act. petrop. 16. p. 548. t. 17. ... Orientalisches Doppelohr. W. ...“ (Linné 1797–1830, Bd. IV, Teil 1, S. 368); „1. AXYRIS amaranthoides. A. erecta, ... Gmel. sib. 3. p. 21. t. 2. f. 2. et t. 3. Atriplex montana ... Amm. ruth. 23? [sic!] ... Amaranthartige Axyris. W. ...“ (a. a. O., S. 320f.); „11. AXYRIS erecta, herbacea, amentis masculis simplicibus Tab. II. fig. 2. et Tab. III. Axyris foliis ouatis caule erecto, spicis simplicissimis. LINN. Sp. pl. 2. p. 1389. n. 2. ... Icones duae factae sunt. Tab. III. totam plantam siluestrem exprimit, Ircutiae in laetissimo solo notam. Tab. II. fig. 2. sistit ramum plantae hortensis. Vtraque icon ad viuum facta est.“ (Gmelin 1747–1769, Bd. III, S. 21ff.); „11. Axyris erecta herbacea, amentis masculis simplicibus. t. II. f. 2 et t. III. [=] Axyris amarantoides L.!“ (Ledebour 1841, S. 84); „1.) Strauchartige Axyris. Axyris Ceratoides. ... Axyris foliis lanceolatis, tomentosis; floribus femineis lanatis. LINN. ... Sp. pl. 1389. ... Axyris fruticosa, floribus femineis lanatis. GMEL. Fl. Sib. 3. p. 17. t. 2. f. 1. Krascheninnikovia. GULDENST. Act. Petrop. Vol. XVI. p. 548. t. 17. ... Ceratoides orientalis ... TOURNEF. Cor. 52. ...“ (Linné 1779a, S. 490ff.); „2.) Amaranthartige Axyris. Axyris Amaranthoides. ... Axyris foliis ovatis caule erecto; spicis simplicissimus. LINN. ... Sp. pl. 1389. ... Axyris erecta, ... GMEL. Fl. Sib. 3. p. 21. t. 2. f. 2. et t. 3. Atriplex montana incanescens, ... AMM. Ruth. 23? [sic!] ...“ (a. a. O., S. 492); „230. ATRIPLEX montana, incanescens, latiusculo folio, no sinuato, fructu in thyrsulis squarrosis nigricante, paruulo Ejusd. ...“ (Amman 1739, S. 162); „1. AXYRIS AMARANTHOIDES. Linn. A. erecto, ... Linn. Willd. Sp. pl. IV. p. 320. ... Axyris erecta, ... Gmel. Fl. sib. III. p. 21. No. 11. t. II, fig. 2. et t. III. ...“ (Ledebour 1833, S. 237f.); „1. EUROTIA CERATOIDES. C. A. Meyer. ... Diotis Ceratoides. Willd. Sp. pl. IV. p. 368. ... M. a Bieb. Fl. taur. cauc. II. p. 396. ... Axyris ceratoides. Linn. Sp.pl. 1389. ... Axyris fruticosa, ... Gmel. Fl. sib. III. p. 17. No. 10. t. II. f. 1. Krascheninnikowia Ceratoides. Güldenst. in Nov. Comment. Petrop. tom. XVI. p. 548 et 555. t. 17. f. 1–6 et f. 13. ...“ (a. a. O., S. 239f.); „... kriecht die zu vielen graden Ruthen aufschiessende Axyris Ceratoides, welche wegen ihres weißlichen Laubes von den Kasaken Bjelolosnik (Бѣлолозникъ [russ. *beloloznik*]) genennet wird, ...“ (Pallas 1771, S. 221); „1. AXYRIS ceratoides ... KRASCHENNINIKOWIA [sic!] ceratoides Gdst. N. Com. Petrop. XVI. T. 17. Strauchartige Axyris. Gm. Sib. 3. T. F. 1. ... 2. AXYRIS amarantoides ... Amaranthartige Axyris. Gm. Sib. 3. T. 2. F. 2. & T. 3. ...“ (Georgi 1797–1802, Theil 3, S. 1286); „Blitoides fruticosa, floribus femineis lanatis. hanc habe(n)t Burserus in herbario suo, sub nomine Fruticis halimi facie Burs. herb. vol. 22. (Fl. sib. III. 17. nr. 10. Axyris ceratoides L. Diotis' ceratoides Willd. Eurotia ceratoides Meyer.) Blitoides herbaceum erectum, racemis masculis terminalibus simplicibus. Axyris erecta herbacea, amentis masculis simplicibus. haec hodie floret in horto nostro (Fl. sib. III. 21. nr. 11. Axyris amaranthoides L.). Blitoides herbaceum, ramosis masculis lateralibus ramosis. Axyris herbacea, amentis masculis corymbosis pedunculatis (Fl. sib. III. 23. nr. 12. Axyris hybrida L.). Blitoides herbacea(um) spicis capitatis. axyris herbacea, floribus capitatis (Fl. sib. III. 24. nr. 13. Axyris prostata L.). Pulcherrimum et vere distinctum est genus, et uti ego hoc examinavi sic se habet: ...“ (C. von Linné in einem Brief an J. G. Gmelin vom 2. August 1748 – Plieninger 1861, S. 74); „Axyrin pinxi monandriam fructu vagina 3fida cincto, calyce bifolio (? An Axyrin amaranthoidem L. Hallerus innuit, quam et Fl. sib. III. 21. nr. 11. refert? An Ceratocarpum arenarium L.? Sed hunc paulo supra florentem nunciavit.).“ (A. von Haller in einem Brief an J. G. Gmelin vom 16. August 1751 – Plieninger 1861, S. 134); „Blitoides fruticosum mihi non sat notum (Fl. sib. III. 17. nr. 10. Axyris ceratoides W. Eurotia ceratoides Meyer.) nec Blitoides herbaceum (Fl. sib. III. 21. nr. 11. Axyris amaranthoides L. ...).“ (A. von Haller in einem undatierten Brief an J. G. Gmelin – Plieninger 1861, S. 147); Eurotia ceratoides C. A. Meyer – russ. *beloloznik* (*Annenkov* 1858, S. 42, Nr. 466); „Āxyris L. (Chenopodeae). Zus. aus ἀ (nicht) und ξορος (scharf), d. h. ein mild-schmeckendes Kraut.“ (Wittstein 1852, S. 87); „Diōtis SCHREB. (Chenopodeae). Zus. aus δις (doppelt) und οὐς (Ohr);

das weibliche Perigon ist zuletzt zweihörnig.“ (a. a. O., S. 286); „Eurōtia AD. (Chenopodeae). Von εὐρως (Schimmel); die Pflanzen sind sternartig feinbehaart und erhalten dadurch das Ansehen, als seyen sie mit Schimmel überzogen.“ (a. a. O., S. 353)

„6. Blitum arborescens, incanum, Lavandulae folio Fl. Irc. n°. 767.“ mit der links marginalen Anm. „Ic. Stell.“ (AAW R. I, Op. 13, D. 67, Bl. 39v, s. Anm. 5 in Nr. 4); „* 131 Atriplex montana ramis late sparsis, fruticosa, longo angustis simo folio, rigido, pungente, semine in thyrsulis ramorum imbricatis vel squamosis nigro Amm. 229. Vielleicht wird Blitoides erectum fruticosum darunter Verstanden, welche ebenfalß noch nicht in dem horto Academico ist. Blitum Fl. Irc. 767.“ (AAW R. I, Op. 105, D. 16, Bl. 3r, s. Anm. 5 in Nr. 4)

s. auch Nr. 1037, Nr. 1150 und Anhang B.5. Nr. 7

27 russ. *Kladovoj kamen'*

28 „imperfectus, unvollkommen, was eine mangelhafte Bildung zeigt, z. B. die Antheren in den weiblichen Blüthen von Valeriana dioica, der Griffel in den männl. Blüthen von Silphium.“ (Bischoff 1857, S. 77)

29 „[species 12] Alchimilla Linariae folio, calyce florum albo. Linaria montana, flosculis albicantibus C. B. Pin. 213. Linariae similis J. B. 3. 461. Anonymos Lini folio Clus. Hist. 324.“ (Tournefort 1700, S. 509, Genus VIII. „Alchimilla. Pié de Lion.“); „1. THESIUM. ... Alchimilla linariae folio, calyce florum albo. Tournef. inst. 509. ... Linaria montana, flosculis albicantibus. Bauh. pin. 213. ... Anonymos lini folio. Clus. hist. 1. p. 324. ...“ (Linné 1737, S. 41); „Alchimilla Linariae folio, calyce florum albo. Inst. R. H. ... Sinau mit Leinkraut Blättern. ...“ (Mappus 1742, S. 12); „1. THESIUM LINN. Hort. Cliff. p. 41. Anonymus Lini folio CLUS. Pann. p. 312. ... Linariae similis I. B. III. p. 461. ... Alchimilla linariae folio calyce floris albo I. R. H. ...“ (Haller 1742, S. 183f.); „30. THESIVM, LINN. Cliff. p. 41. HALL. Helv. 183. Thesium panicula foliata, foliis lineari-lanceolatis, LINN. Sp. pl. 1. p. 3. n. 1. Anonymos lini folio, CLVS. Pann. 312. Linosyris nuperorum, GFR. [müßte heißen: GER.] ic. Linaria montana flosculis albicantibus, B. pin. 213. Linariae similis, I. B. III. 461. Alchimilla linariae folio calyce florum albo, TOVRN. I. R. H. 509. ... Multum conuenit, cum Thesio linophyllo sesamoide procumbens montanum, Linariae folio, floribus albicantibus, MORIS. hist. 3. pag. 601. s. 15. t. 1. f. 3. ...“ (Gmelin 1747–1769, Bd. III, S. 38f.); „30. Thesium [=] Thesii plures species confusae. (Thesium Linophyllum L. Willd. sp. pl. I. 1211.)“ (Ledebour 1841, S. 85); die Abbildung „† 9 Linosyris Nuperorum, Lob. Golden Star-fashioned Tode-flax.“ (Gerard 1636, S. 553); „10. ALCHIMILLA linariae folio, calyce florum albo. Tourn. Der Frauenmantel, mit Flachskrautblättern, mit einem weissen Blumenkelch.“ (Miller 1750, S. 25); „[Alchemilla] linariae folio, calyce florum albo, hierunter versteht Tournefort das gemeine Leinblatt.“ (Gmelin 1772a, Sp. 252); „Alchimilla, s. Alchemilla.“ (a. a. O., Sp. 253); „1.) Leinblätterichtes Thesium. Thesium Linifolium. ... Thesium panicula foliacea; foliis linearibus. LINN. ... Sp. pl. 301. Hort. Cliff. 41. ... Alchimilla Linariae folio. TOURNEF. inst. 509. Linaria montana, ... C. BAUH. pin. 213. ... Anonymos Lini folio. CLUS. hist. 1. p. 324. PANN. 312. ... sie heißt insgemein Leinkraut, oder gemeines Leinkraut, ...“ (Linné 1779, S. 738f.); „... Thesium mit dem Flachsblatte c) ... |: c) Thesium linophyllum. :|“ (Lepechin 1774, S. 202); „1. THESIUM Linophyllum L., ... Flachsblätriges Thesium. W. ...“ (Georgi 1797–1802, Theil 3, S. 810); „1. THESIUM Linophyllum. T. panicula foliacea, ... Hort. cliff. 41. ... Gmel. sib. 3. p. 38. ... Linaria montana, ... Bauh. pin. 213. Alchemilla Linariae folio, ... Tournef. inst. 509. ... Anonymos lini folio. Clus. hist. 1. p. 324. ... Flachsblättriges Thesium. W. ...“ (Linné 1797–1830, Bd. I, Teil 2, S. 1211); „12. Thesium Linophyllum. L. Flachsblättriges Thesium; Leinblatt; Flachskraut; Bergflachs ... Thesium pratense, intermedium und montanum sind höchst wahrscheinlich bloß Abänderungen, ...“ (Dietrich 1809, S. 702f.); „415. THESIUM LINOPHYLLUM Linné. FLACHSBLÄTTERIGES THESIUM. ... Sachsen: um Halle auf dem Donnersberge bei Kröllwitz usw. ... Deutsche Namen: Leinblatt, Flachsblatt.“ (Dietrich 1838, Nr. 415); „Alchemīlla L. (Rosaceae). Nach Linné von Alchemie; die Alchemisten beschäftigten sich nämlich viel mit dieser Pflanze, schrieben ihrem Thau allerlei wunderbare Kräfte zu. Nach de Souza ist der Name rein arabisch: alkemlyeh, deutet aber dann vielleicht eher auf die folgende Gattung. Alchimīlla T.

(Santaleae). S. die vorige Gattung = Thesium L." (Wittstein 1852, S. 27f.); „Thēsium L. (Santaleae). Θησειον der Alten, hat nach ATHENAEUS, der sich auf einen gewissen Timachides beruft, seinen Namen von THESEUS, welcher der Ariadne einen Kranz gab, worin sich diese Pflanze befunden habe." (a. a. O., S. 877)

„730. Alchimilla Linariae folio, calyce florum albo I. R. H. ..." (AAW R. I, Op. 105, D. 1^{a}, Bl. 28r, s. Anm. 29 in Nr. 5); „445 Alchimilla Linariae folio calyce florum albo. T. i. r. h. ..." (AAW R. I, Op. 104, D. 25, Bl. 32v, s. Anm. 61 in Nr. 21); „88. Linosyris Rivin. Alchimilla Linariae folio, calyce florum albo I. R. H. ..." (AAW R. I, Op. 105, D. 12, Bl. 5r, s. Anm. 54 in Nr. 17); „97 Alchimilla Linariae folio, calyce florum albo I. R. H. ..." (AAW R. I, Op. 13, D. 42, Bl. 12v, s. Anm. 1 in Nr. 1); „1. Alchimilla Linariae folio, calyce florum albo I. R. H. Ind. Jen. n°. 299." (AAW R. I, Op. 13, D. 67, Bl. 20v, s. Anm. 5 in Nr. 4); „129. Alchimilla Linariae folio, calyce florum albo & subluteo Tourn. Fl. Irc. 768. 769." (AAW R. I, Op. 105, D. 16, Bl. 3r, s. Anm. 5 in Nr. 4)

30 „[species 13] Alchimilla Linariae folio, calyce florum subluteo." (Tournefort 1700, S. 509, Genus VIII. „Alchimilla. Pié de Lion."); „11. ALCHIMILLA linariae folio, calyce florum subluteo. Tourn. Der Frauenmantel, mit Flachskrautblättern und einem gelben Blumenkelch." (Miller 1750, S. 25); „THÉSION. THESIUM. ... THESIUM. Théophraste écrit Thésium. ... THESIUM LINOPHYLLUM. ... Alchimilla linariae folio, calyce florum albo et subluteo. Tourn. inst. 508. [sic!] ..." (Willemet 1805, S. 256); s. Nr. 768

31 „[species 1] Persicaria mitis, maculosa C. B. Pin. 101. Persicaria mitis J. B. 3. 779. Persicaria ij Tabern. Icon 857." (Tournefort 1700, S. 509, Genus X. „Persicaria. Persicaire."); „Persicaria mitis, masculosa [sic!] C. B. P. 101. ... Pfersing=Kraut, Flöh=Kraut." (Rupp 1726, S. 77); „Persicaria mitis, maculosa Lob. & non maculosa C. BAUH. ... gelinde Flöh=Kraut, Persick=Kraut. Hält ein wenig an, und zertheilet, dahero es denn als ein sonderlich arcanum alte Schäden zu heilen, in Umschlägen gebrauchet wird. Es dienet auch wider Fistuln, tödtet die Würme in Ohren, zertheilet die Schwulsten, und kan innerlich wider die rothe Ruhr und allerhand Bauch=Flüsse verordnet werden." (Franckenau 1716, S. 437f.); „1. PERSICARIA MITIS NON MACULOSA. C. B. Pin. ... * PERSICARIA MITIS MACULOSA. C. B. Pin, ..." (Vaillant 1727, S. 158); „5. PERSICARIA florum staminibus senis, stylo duplici. Persicaria mitis. Bauh. hist. 3. p. 779. Persicaria mitis maculosa & non maculosa. Bauh. pin. 101. ..." (Linné 1737, S. 42); „36. POLYGONVM spicis densis, floribus hexandris, digynis, seminibus compressis, vaginis ciliaribus. Persicaria DOD. cereal. p. 271. Persicaria altera, MATH. 584. CAM. Epit. p. 353. Tab. 857. Persicaria mitis, I. B. III. 779. TREW. Comm. lit. Nor. 1737. Tab. V. fig. 3. 4. et forte etiam 5. 6. Persicaria mitis non maculosa, C. B. P. 101. TOVRN. I. R. H. 509. Persicaria florum. staminibus senis, stylo duplici, LINN. h. cliff. 42. ROY. pr. 216. GRON. virg. 157. Persicaria foliis non serratis, pene glabris, vaginis florum ciliaribus, spicis densioribus, HALL. Helu. 180. Persicaria floribus hexandris digynis, LINN. Suec. 319. Polygonum floribus hexandris digynis, spicis ouato-oblongis, foliis lanceolatis stipulis ciliatis, LIN. Sp. pl. 1. p. 518. n. 10. α) Foliis infra incanis. Persicaria folio subtus incano R. Syn. III. 145. Persicaria foliis non serratis, subtus tomentosis, HALL. Helu. 181. β) Floribus albis. Persicaria mitis floribus candidis, TOVRN. I. R. H. 509. ... Maculatam varietatem in Sibiria non vidi, STELLERVS autem in flora Ircutensi recenset." (Gmelin 1747–1769, Bd. III, S. 47f.); „36. Polygonum spicis densis, floribus hexandris digynis, seminibus compressis vaginis ciliaribus [=] Persicaria L.! [;] α) Foliis infra incanis [=] Polygonum lapathifolium L. β. incanum! [;] β) Floribus albis [=] Polygoni lapathifolii var.?" (Ledebour 1841, S. 86); „40. Persicaria mitis, gelindes Flöhkraut. Persicaria mitis maculosa Turn. 509. C. B. P. 101. ..." (Carl 1770, S. 139); „[Persicaria] mitis, bedeutet bey J. Bauhin das Flöhkraut. [Persicaria] mitis, floribus candidis, so nennt Tournefort eine Spielart desselbigen mit weisser Blume." (Gmelin 1774, Sp. 903); „[Persicaria] mitis maculosa, hierunter verstehen Lobel, C. Bauhin und Tournefort eine Spielart desselbigen [d. h. des Flöhkrauts] mit geflekten Blättern." (a. a. O., Sp. 903); „9) Flöhkraut. Polygonum Persicaria. ... Polygonum floribus hexandris, digynis; spicis ovato-oblongis; foliis lanceolatis; stipulis ciliatis. LINN. ... Sp. pl. 518. ... Persicaria florum

staminibus senis, ... Hort. Cliff. 42. ... Persicaria mitis. I. BAUH. hist. 3. p. 779. ... GMEL. Fl. sib. 3. p. 47. Persicaria mitis maculosa et non maculosa C. BAUH. pin. 101. β. Persicaria angustifolia. C. BAUH. pin. 101. prodr. 43. ... GMEL. Fl. Sib. 3. p. 49. [s. Nr. 773] ... Sie färbet das Garn, wenn es zuvor in Alaunwasser gebeizt, wieder getrocknet und in kaltem Wasser ausgewaschen worden, hellgelb." (Linné 1780, S. 445f.); „13. POLYGONUM Persicaria. ... P. spicis densis, ... Gmel. sib. 3. p. 47. Persicaria florum staminibus senis, ... Hort. cliff. 42. ... Persicaria mitis. Bauh. hist. 3. p. 779. ... Persicaria mitis maculosa et non maculosa. Bauh. pin. 101. ... Gemeinster Knöterig. W. ..." (Linné 1797–1830, Bd. II, Teil 1, S. 446); „Wasser=Pfeffer, Lat. Persicaria, ... ist ein Kraut, dessen es viel Gattungen giebet; ... Die erste heisset: ... Persicaria mitis maculosa & non maculosa, C. B. Pit. Tournef. ... Gelindes Flöh=Kraut, Pfersich=Kraut, ... Es reiniget hält an, ist gut zu den Wunden, erfrischet, stillet das Bluten, wenn es abgesotten und gebrauchet, oder äusserlich aufgeleget wird. ..." (Zedler 1732–1750, Bd. 53, Sp. 689ff.); „a) Das gemeine Flöhkraut, Mückenkraut, Pfirsichkraut, Pfauenspiegel, Räthschel, Räthsel, Röttrich, Rottig, Persicaria maculosa Offic. Polygonum Persicaria Linn. ..." (Krünitz 1773–1858, Bd. 14, S. 279ff.); „POLYGONVM (Persicaria) ... Почечуйникъ [russ. *počečujnik*] Russ. ..." (*Krašeninnikov* 1761, S. 61f.); „457. Polygonum Persicaria. Lin. Syst. Plant. II. p. 207. sp. 9. ... Ruß. auch Potschednaja Trawa (Nieren Kraut) und Gortschak. [russ. *gorčak*] ... Der Absud in Quas ist beim Rußischen Landvolk ein Mittel wider Verhaltung des Harns und andere Nierenzufälle." (Falk 1786, S. 170); russ. *gorec počečujnyj* – Polygonum persicaria (Pawlowski 1952, S. 259); „71) Flöhkraut, fleckig Flöhkraut, Pfersingkraut, Röttich, Rötschel; Polygonum Persicaria, ... Er schmeckt säuerlicht, salpeterhaft und gelinde anziehend, und ist daher den Schaafen, ... mehr schädlich als nützlich; ... es ist auch von den Aerzten als ein gelinde zusammenziehendes und der Fäulniß widerstehendes Mittel äußerlich, ... in Wunden, besonders in Wunden und Eitergeschwüren der Brust, in andern alten Geschwüren, ... empfohlen ... worden ..." (Gmelin 1779, S. 84ff.); „284. POLYGONUM PERSICARIA Linné. PFIRSICHBLÜTHIGES POLYGONUM. ... P. lapathifolium var. incanum ... γ. lapathifolium: ... Die Pflanze hat einen nur wenig scharfen Geschmack, sie wurde ehemals als ein Wundmittel unter dem Namen Herba Persicaria gebraucht. ... Deutsche Namen: Gemeiner Knöterich, Flachskraut, Pfirsichkraut, Ruttig, Rötschel." (Dietrich 1836, Nr. 284); „6. P[olygonum] Persicaria (L. Sp. 518. α.) ... M. a BIEB. Fl. t. c.I, p. 302. ... P. spicis densis, ... GMEL. Fl. sib. III, p. 47, No. 36. ..." (Ledebour 1846–1851, S. 522); „746. POLYGONUM Persicaria. ... Linn. ed. Willd. 2. p. 446. ... Gmel. sib. 3. p. 47. n. 36. ... 747. POLYGONUM incanum. ... Linn. ed. Willd. 2. p. 446. ... Gmel. sib. 3. p. 48. n. 36. α. ..." (Marschall von Bieberstein 1808a, S. 302); „2. PERSICARIA florum staminibus quinis, stylo bifido, corolla regulari, aequalibus. Persicaria major, lapathi foliis, calyce floris purpureo. Tournef. inst. 510. ..." (Linné 1737, S. 42); „[Polygonum] lapathifolium, ... Wegtritt mit Grindwurzblättern, ..." (Gmelin 1775, Sp. 253f.); „Polygonum Persicaria, ... Flöhkraut, mit lanzenförmigen Blättern, ... flekig Flöhkraut; Pfersigkraut; Rättich; Rötschel; ... ist von den ältern Aerzten als ein Wundmittel, ... in dem Krebs und in dem heisen Brande angepriesen worden; ..." (a. a. O., Sp. 256f.); „5) Grindwurzblätterichter Knöterich. Polygonum Lapathifolium. ... Polygonum floribus pentandris, semidigynis, staminibus corollae regulari aequalibus. LINN. ... Sp. pl. 517. Persicaria florum staminibus quinis, ... Hort. Cliff. 42. ... Persicaria maior, Lapathi foliis, calyce floris purpureo. TOURNEF. inst. 510. ..." (Linné 1780, S. 440f.); „6. POLYGONUM lapathifolium. ... P. floribus pentandris semidigynis, ... Sp. pl. 517. ... Persicaria florum staminibus ... Hort. cliff. 42. ... Ampferblättriger Knöterig. W. ..." (Linné 1797–1830, Bd. II, Teil 1, S. 442f.); „5. P[olygonum] lapathifolium (L. Sp. 517) ... LEDEB. Fl. alt. II, p. 83. (pro parte). ... β. incanum: ... M. a BIEB. Fl. t. c. I, p. 302. ..." (Ledebour 1846–1851, S. 521f.); „8. POLYGONUM LAPATHIFOLIUM. Linn. ... Willd. Spec. pl. III. p. 442. ... β. incanum: ... P. incanum. Willd. Spec. pl. II. p. 446. – M. a Bieb. Fl. taur. cauc. p. 302. No. 747. ... Polygonum Gmel. Fl. sib. III. p. 47. 48. No. 36. α. ..." (Ledebour 1830, S. 83); „IX. Mittel gegen Haemorrhoidalbeschwerden. In Sibirien benutzte man besonders früher den Aufguss des Polygonum persicaria, ..." (Krebel 1858, S. 160f.); „40–44. Polygonum (Polygonac.), Knöterich. In Betracht kommen ... Pol. Persicaria, das Pfannenkraut. ... Demitsch[1] berichtet, dass die russischen

Weiber und Hebammen zwei Arten von Polyg. Persicaria unterscheiden, eine männliche mit rosafarbnen Blüthen und eine weibliche mit weissen Blüthen. Die erstere werde bei Haemorrhoiden, die letztere bei Suppression mensium gegeben. ... Nach Strumpf soll es steinlösende, leicht adstringirende Wirkungen besitzen und unter dem Namen Herba Persicaria mitis zu den genannten Zwecken und als Wundmittel verwendet worden sein. ..." (Henrici 1894, S. 52ff.); „Flöhe. Mittel gegen dieselben: ... Ein gepriesenes Mittel gegen Flöhe ist auch Polygonum persicaria. ..." (Alksnis 1894, S, 202); „60. Persicaria 5 Roy. lugdb. sic videtur (Polygonum persicaria L. Fl. sib. III. 47. nr. 36 excl. var.)" (C. von Linné in einem Brief an J. G. Gmelin? vom 24. August 1748 – Plieninger 1861, S. 95); „65. Persicaria foliis non serratis subtus tomentosis Hall. certe (Fl. sib. III. 47. et 48. nr. 36. var. α. Polygonum lapathifolium var. incanum L.) haec varietas vel Fl. Suec. 320. (P. hydropiper L.) vel 319. (P. persicaria L. vid. supra nr. 60.) quod Tu qui vivam vidisti facile dicas. caute enim in his incedendum, ne species nimis multiplicentur." (a. a. O., S. 96); „Persicaria spicis densioribus etc. est mitis (Fl. sib. III. 47. nr. 36. Polygonum persicaria L. ...)." (A. von Haller in einem undatierten Brief an J. G. Gmelin – Plieninger 1861, S. 147); Polygonum Persicaria L. – russ. *gorčak, blošnaja trava, počečujnaja trava* bzw. *mužskaja gemoroidal'naja* (*Annenkov* 1858, S. 71, Nr. 839); „Pērsica T. (Amygdalaceae). Stammt aus Persien. Persicāria T. (Polygoneae). Die Blätter sind denen von Persica (Amygdalus persica, Pfirsich) ähnlich." (Wittstein 1852, S. 673); „Polȳgonum L. (Polygoneae). Zus. aus πολυς (viel) und γονυ (Knie, Knoten) wegen der knieartigen Gelenke an dem Stängel." (a. a. O., S. 716)

„446 Persicaria mitis maculosa C. B. P. ..." (AAW R. I, Op. 104, D. 25, Bl. 32v, s. Anm. 61 in Nr. 21); „1. Persicaria mitis maculosa C. B. P. 101" mit der rechts marginalen Anm. „Petrop." (AAW R. I, Op. 13, D. 16, Bl. 32v, s. Anm. 32 in Nr. 6); „Persicaria mitis, maculosa. B. Pin. 101. et Inst. r. h. nº 93." (AAW R. I, Op. 13, D. 19, Bl. 6r, s. Anm. 54 in Nr. 17); „6. Persicaria mitis maculosa & non maculosa C. B. P. 101 ..." (AAW R. I, Op. 13, D. 67, Bl. 22r, s. Anm. 5 in Nr. 4); „322. Persicaria mitis maculosa et non maculosa. C. B. P. 101. ..." (AAW R. I, Op. 105, D. 1ª, Bl. 32r, s. Anm. 29 in Nr. 5); „Persicaria mitis, folio maculato, flore carneo. T. Sp. 1. ..." (AAW F. 98, Op. 1, D. 19, Bl. 44r, s. Anm. 59 in Nr. 19); „Persicaria, mitis maculosa (Tournefortii sp. 1), Off." (Messerschmidt 1962–1977, Bd. 4, S. 205, s. Anm. 1 in Nr. 1)

32 „[species 3] Persicaria mitis, non maculosa C. B. Pin. 101." (Tournefort 1700, S. 509, Genus X. „Persicaria. Persicaire."); „PERSICARIA mitis non maculosa C. B. P. ..." (Rupp 1726, S. 78); „41. Persicaria mitis non maculosa, ungeflecktes Flöhkraut. Persicaria mitis non maculosa Turn. 509. C. B. P. 101." (Carl 1770, S. 139); „Persicaria mitis non maculosa, so nennen C. Bauhin und Tournefort das Flöhkraut." (Gmelin 1774, Sp. 904)

„447 Persicaria mitis non maculosa C. B. P." (AAW R. I, Op. 104, D. 25, Bl. 32v, s. Anm. 61 in Nr. 21); „Persicaria mitis non maculosa CBP. ..." (AAW R. I, Op. 104, D. 8, Bl. 1v, s. Anm. 18 in Nr. 452); „667. Persicaria florum staminibus seni, stylo duplici. Linn. h. cliff. 42. Persicaria mitis non maculosa, flore rubro Boerh. lugd. 2. p. 87. Persicaria folijs non serratis, pene glabris, vaginis florum ciliaribq, spicis densioribq Hall. Alp. 180. ..." (AAW R. I, Op. 13, D. 20, Bl. 63r, s. Anm. 1 in Nr. 1); „115. Persicaria mitis non maculosa C. B. P. ..." (AAW R. I, Op. 105, D. 12, Bl. 14v, s. Anm. 54 in Nr. 17); „95. Persicaria mitis non maculosa C. B. P." (AAW R. I, Op. 105, D. 12, Bl. 5v, s. Anm. 54 in Nr. 17); „115. Persicaria mitis non maculosa C. B. P. ..." (AAW R. I, Op. 13, D. 42, Bl. 15r, s. Anm. 1 in Nr. 1); „Persicaria mitis non maculosa C. B. P. ..." (AAW F. 21, Op. 5, D. 98, Bl. 32r, s. Anm. 54 in Nr. 17); „310. Persicaria mitis non maculosa CBP." (AAW R. I, Op. 6, D. 40, Bl. 36v, s. Anm. 1 in Nr. 1); „Persicaria mitis folio non maculoto laetè viridi flore albo. T. Sp. 3. ..." (AAW F. 98, Op. 1, D. 19, Bl. 44r, s. Anm. 59 in Nr. 19); „19. August 1723 ... Von Kräutern fand sich hieselbst Persicaria mitis non maculosa (C. B. et Tournefortii sp. 3); ..." (Messerschmidt 1962–1977, Bd. 2, S. 117); „Persicaria, mitis non maculosa (Tournefortii sp. 3), Off." (Messerschmidt 1962–1977, Bd. 4, S. 205, s. Anm. 1 in Nr. 1); s. Nr. 770

33 „[species 5] Persicaria urens seu Hydropiper C. B. Pin. 101. Persicaria acris sive Hydropiper J. B. 3. 780. Hydropeperi Dod. Pempt. 607. Curage." (Tournefort 1700, S. 509, Genus X. „Persicaria. Persicaire."); „Persicaria urens, seu hydropiper C. B. ... Wasser=Pfeffer, Flöh=Kraut." (Rupp

1726, S. 78); „7. PERSICARIA URENS SEU HYDROPIPER. C. B. Pin. ...“ (Vaillant 1727, S. 158); „4. PERSICARIA florum staminibus senis, stylo bifido. Persicaria urens seu Hydropiper. Bauh. hist. 3. p. 780. Hydropiper. Dod. pempt. 607. ...“ (Linné 1737, S. 42); „* Persicaria urens seu Hydropiper C. B. Pin. 101. ... brennend Flöhkraut mit rothen Blumen/ Wasserpfeffer/ Muckenkraut. ...“ (Mappus 1742, S. 235f.); „38. POLYGONVM spicis strigosis, laxis, foliis lanceolatis, seminibus obtuse triangulis, vaginis debilibus. Hydropiper, FUCHS, p. 842. Hydropiper siue Persicaria, MATTH. p. 583. CAM. Epit. p. 352. Hydropeperi, Persicaria, Hydropiper, LOB. ic. p. 318. Persicaria vrens seu Hydropiper, B. pin. 101. TOVRN. I. R. H. 509. Persicaria florum staminibus senis, stilo bifido, LINN. Cliff. 46. ROY. pr. 216. Persicaria acris, spicis longis, strigosioribus, vaginis non ciliatis, HALL. Helv. 181. Persicaria floribus hexandris, semidigynis, LINN. Suec. 116. Polygonum floribus hexandris semidigynis, foliis lanceolatis, stipulis muticis, LINN. Sp. pl. 1. p. 517. n. 9. ...“ (Gmelin 1747–1769, Bd. III, S. 50f.); „38. Polygonum spicis strigosis laxis, foliis lanceolatis, seminibus obtuse triangulis, vaginis debilibus [=] Polgonum Hydropiper L.!“ (Ledebour 1841, S. 86); „[Polygonum] Hydropiper, ... Wasserpfeffer, scharfes Flöhkraut; scharfes Pfersichkraut; brennendes Pfersigkraut; ... er treibt in seinem Aufgusse ... sehr stark auf den Harn, ... ist auch von den ältern Aerzten innerlich in der Wassersucht, in der Gelbsucht, in dem Stein, in Verstopfungen der Eingeweide, in der Ruhr, und in dem Stuhlgang ... gebraucht worden: Man kann sich seiner auch zur gelben Farbe bedienen: ...“ (Gmelin 1775, Sp. 255f.); „8) Wasserpfeffer. Polygonum Hydropiper. ... Polygonum floribus hexandris, semidigynis; foliis lanceolatis; stipulis submuticis. LINN. ... Sp. pl. 517. ... Persicaria florum staminibus senis, ... Hort. Cliff. 46. [sic!] ... Polygonum Hydropiper. ... GMEL. Fl. Sib. 3. p. 50. ... Persicaria urens seu Hydropiper. C. BAUH. pin. 101. ... Paracelsus und seine Schüler ... nannten sie Mercurius terrestris. ... in Sibirien werden durch Einstreuung eines Pulvers von ihren Blättern, entweder vor sich oder mit etwas Ingwer und Salmiac vermischt, die bösartigste, fressende, und auf andere Art unheilbare Geschwüre des Mundes und Halses geheilt. ...“ (Linné 1780, S. 443f.); „9. POLYGONUM Hydropiper. ... P. spicis strigosis laxis, ... Gmel. sib. 3. p. 50. ... Persicaria florum staminibus senis, ... Hort. cliff. 46. [sic!] ... Persicaria urens s. Hydropiper. Bauh. pin. 101. ... Scharfer Knöterig. W. ...“ (Linné 1797–1830, Bd. II, Teil 1, S. 444); „*POLYGONVM (Hydropiper) ... Persicaria vrens s. Hydropiper. Bauh. pin. 101. ... Чечина трава [russ. *čečina trava*] Russ. ...“ (*Krašeninnikov* 1761, S. 61); „456. Polygonum Hydropiper. Lin. Syst. Pl. II. p. 206. sp. 8. ... Ruß. Potschednaja Trawa und Schednik. ...“ (Falk 1786, S. 170); „7. POLYGONUM Hydropiper L., ... Scharfer Knöterich. Wasserpfeffer. R. Tschetschinaja Trawa. ...“ (Georgi 1797–1802, Theil 3, S. 940); „Wasser=Pfeffer, Lat. Persicaria, ... ist ein Kraut, dessen es viel Gattungen giebet; ... Die andere Gattung heist: ... Persicaria urens sive Hydropiper, C. B. Pit. Tournef. ... Deutsch, ... Flöh=Pfeffer, ... Rottich, brennender Rottich, Rassel, Schmertzen, Blut=Kraut. ...“ (Zedler 1732–1750, Bd. 53, Sp. 689ff.); „II. Wasserpfeffer, scharfes Flöhkraut, scharfes Pfersingkraut, brennendes Pfersingkraut, Mükenkraut, Pfauenkraut, Pfauenspiegel. Polygonum Hydropiper Linn. ... Es hat eine äzende anhaltende Schärfe, die seinen innerlichen Gebrauch gefährlich macht [a]), desto nüzlicher ist er zum äuserlichen Gebrauche in wässerichten Geschwulsten[e]), in alten Geschwüren mit harten Rändern und faulem Fleische [f]) ...“ (Gmelin 1803, S. 341ff.); „602. POLYGONUM Hydropiper ... Linn. Sp. pl. 1. p. 517. ... Pharm. PERSICARIAE URENTIS s. HYDROPIPERIS Herba. ... Ad ulcera putrida purganda et carnem fungosam delendem, praecipue a veterinariis adhibetur.“ (Gmelin 1806, S. 173ff.); „285. POLYGONUM HYDROPIPER Linné. WASSERPFEFFER-POLYGONUM. ... Diese Pflanze hat einen brennend scharfen Geschmack und wird in der Thierheilkunde gebraucht. ... Man kann damit gelb färben, wenn man die Stoffe vorher mit Alaun beizt. Deutsche Namen: Scharfer Knöterig, Wasserpfeffer, Wasserblut, Bitterling, brennender Ruttig, Minkenkraut, Flohpfeffer, ...“ (Dietrich 1836, Nr. 285); „40–44. Polygonum (Polygonac.), Knöterich. In Betracht kommen ... Pol. Hydropiper, der Wasserpfeffer; ... Krylow berichtet, dass im G. Perm Polyg. Hydropiper gegen Haemorhoidalblutungen [sic!] verwandt wird. Krebel führt diese Indication derselben Species auch für Sibirien an ... Nach demselben Autor [d. h. *P. Krylov*] (p. 102) wird die frische zerdrückte Pflanze von Pol. Hydropiper gegen Reissen an der Kreuzgegend und an die Füsse gelegt. Bei Kopfschmerz lege man diesen Brei statt Senfpflaster in den Nacken. Innerlich sei das Mittel bei Haemorrhoiden gut. ... Das russische Volk verwendet also die fünf Species Polygonum bistorta, Hydropiper, ... in ausgedehnter Weise äusserlich und innerlich, ... während Pol. Hydropiper und Persicaria als locale Reizmittel dienen. ..." (Henrici 1894, S. 52ff.); „9. P[olygonum] Hydropiper (L. Sp. 517), ... M. a BIEB. Fl. t. c. I, p. 301. ... LEDEB. Fl. alt. II, p. 84. ... P. spicis strigosis, ... GMEL. Fl. sib. III, p. 50, No. 38. ..." (Ledebour 1846–1851, S. 523f.); „745. POLYGONUM Hydropiper. ... Linn. ed. Willd. 2. p. 444. ... Gmel. sib. 3. p. 50. n. 38. ..." (Marschall von Bieberstein 1808a, S. 301f.); „10) POLYGONUM HYDROPIPER. Linn. ... Willd. Spec. pl. II. p. 444. ... M. a Bieb. Fl. taur. cauc. I. p. 301. No. 745. ... Polygonum spicis strigosis, ... Gmel. Fl. sib. III. p. 50. No. 38. ..." (Ledebour 1830, S. 84); „62. Persicaria foliis angustissimis pene glabris, spicis interruptis rarissimis, vaginis ciliaribus. Hall. bene (Fl. sib. III. 49. nr. 37. Polygonum minus Ait.) si staminum et pistillorum numerus non repugnet, quod in novisti, pro varietate haberes Fl. Suec. 320. (Persicaria Fl. suec. l. c. est Polygonum hydropiper L. cf. sequentem nr. 63.). 63. Persicaria 4ta Roy. omnino. (Fl. sib. III. 50. nr. 38. Polygonum hydropiper L.)" (C. von Linné in einem Brief an J. G. Gmelin? vom 24. August 1748 – Plieninger 1861, S. 96); Polygonum Hydropiper L. – russ. *gorčak babyj*, *girčak*, *brylena*, *ženskaja gemoroidal'naja* bzw. *sobačij perec* (*Annenkov* 1858, S. 71, Nr. 837); „Hydrōpiper ENDL. (Lythrariae). Zus. aus ὑδως (Wasser) und piper (Pfeffer); die Pflanze wächst feucht und die Samen schmecken scharf. Abtheilung von Elatine." (Wittstein 1852, S. 458)

„6. Persicaria urens, seu hydropiper C. B. P. 101. B. n. 6." (AAW R. I, Op. 104, D. 13, Bl. 2r, s. Anm. 84 in Nr. 29); „448 Persicaria urens seu hydropiper C. B. ..." (AAW R. I, Op. 104, D. 25, Bl. 32v, s. Anm. 61 in Nr. 21); „Persicaria urens, seu hydropiper, flore candido CBP, ..." (AAW R. I, Op. 104, D. 8, Bl. 1v, s. Anm. 18 in Nr. 452); „94. Persicaria urens seu Hydropiper C. B. P. ... j. Eadem flore albo." (AAW R. I, Op. 105, D. 12, Bl. 5v, s. Anm. 54 in Nr. 17); „309. Persicaria urens, seu hidropiper CBP." (AAW R. I, Op. 6, D. 40, Bl. 36v, s. Anm. 1 in Nr. 1); „3. Persicaria urens s. Hydropiper. C. B. P. 101." (AAW R. I, Op. 13, D. 16, Bl. 32v, s. Anm. 32 in Nr. 6); „Persicaria urens seu Hydropiper, folio non maculato, obscurè viridi ... T. Sp. 5. ..." (AAW F. 98, Op. 1, D. 19, Bl. 44r, s. Anm. 59 in Nr. 19); s. auch Nr. 773

34 „[species 9] Persicaria angustifolia C. B. Pin. 101. Prodr. 43." (Tournefort 1700, S. 509, Genus X. „Persicaria. Persicaire."); „Persicaria angustifolia C. B. P. pag. 101. & Prodr. pag. 43. ..." (Rupp 1726, S. 78); „4. PERSICARIA foliis angustissimis, pene glabris, spicis interruptis rarissimis, vaginis ciliaribus, Persicaria angustifolia C. B. Prodr. p. 43. ... I. R. H. ..." (Haller 1742, S. 181); „37. POLIGONVM spicis interruptis, rarissimis, foliis ex lineari lanceolatis, seminibus obtuse triangulis, vaginis ciliatis. Persicaria angusti folia, C. B. pr. p. 43. R. Hist. p. 183. TOVRN. I. R. H. 509. Persicaria pusilla repens, LOB. ic. 316. et R. Hist. l. c. Persicaria foliis angustissimis, pene glabris, spicis interruptis rarissimis, vaginis, ciliaribus, HALL. Helu. 181. (Apud Cel. LINNEVM praecedentis varietas videtur esse.) ... Vsum plantae incolis Astrachanensibus perquam familiarem esse dicit in morbo, qui ibi locorum Tschetschai dicatur, sc. in angina, quae cum aphtis coniuncta est, et infantibus plerumque, saepe etiam advlto, contingat, ..." (Gmelin 1747–1769, Bd. III, S. 49f.); „37. Polygonum spicis interruptis rarissimis, foliis ex lineari lanceolatis, seminibus obtuse triangulis, vaginis ciliatis [=] Polygonum minus Ait.!" (Ledebour 1841, S. 86); „[Persicaria] angustifolia, so nennt C. Bauhin eine Spielart des Flöhkrautes mit schmäleren Blättern." (Gmelin 1774, Sp. 900f.); „Die Einwohner in Astracan, sagt Gmelin in seiner Flora Siberica, bedienen sich, zu Heilung der mit Schwämmen verbundenen Bräune, der Blätter des schmalblättrigen Flöhkrautes, wenn diese vorher getrocknet und pulverisirt worden. Sie vermischen dieses Pulver entweder mit einigen Gewürzen, oder mit cyprischem Vitriol und calcinirtem Alaun, um von diesem Pulver, durch einen Federkiel, etwas in den Hals zu blasen, oder sie bringen es, mit Honig vermischt, an die schmerzhaften Theile." (Krünitz 1773–1858, Bd. 14, S. 279f.); „*12. POLYGONUM minus. P. floribus hexandris submonogynis, ... Ait. Kew. 2. p. 31. ... Polygonum Persicaria β. Sp. pl. 518. ... Persicaria angustifolia. Bauh. pin. 101. prodr. 43. ... Kleiner Knöterig. W. ..." (Linné 1797–1830, Bd. II, Teil 1, S. 445f.); „5. Art. P[olygonum] minus.

Kleiner Knöterich. (Linné) ... Synonyme: P. angustifolium. (Roth. Germ. I. p. 453. ...) ... Persicaria minor (Bauch. [sic!] pin. 101. ...) ... Persicaria angustifolia. (Bauch. pin. 101. prodr. 43.) ... Vulgärnamen: brennendes Flöhkraut. Literatur: Lin. sp. pl. ed. Willd. II. p. 445. ... Ait. kew. 2. p. 31. ...“ (Bechstein 1833, S. 346f.); „286. POLYGONUM MINUS Hudson. KLEINES POLYGONUM. ... P. minus ... Ait. hort. Kew. ed. 1. 2. p. 31. ... Sachsen: Um Halle bei Radewell, Döllnitz! Horburg. ... Dieses Polygonum hat keinen scharfen Geschmack, ... Deutsche Namen: Kleiner Knöterig, Kleines Flohkraut.“ (Dietrich 1836, Nr. 286); „8. P[olygonum] minus (HUDS. Fl. angl. t. 148) ... LEDEB. Fl. alt. II, p. 83. ... P. spicis interruptis, ... GMEL. Fl. sib. III, p. 49, No. 37. ...“ (Ledebour 1846–1851, S. 523); „9) POLYGONUM MINUS. Ait. ... Willd. Spec. pl. II. p. 445. ... Polygonum spicis interruptis, ... Gmel. Fl. sib. III. p. 49. No. 37. ...“ (Ledebour 1830, S. 83f.)

„323. Persicaria angustifolia. C. B. P. ...“ (AAW R. I, Op. 105, D. 1^{a}, Bl. 32r, s. Anm. 29 in Nr. 5); „449 Persicaria angustifolia C. B. P. ...“ (AAW R. I, Op. 104, D. 25, Bl. 32v, s. Anm. 61 in Nr. 21); „96. Persicara angustifolia C. B. P. ...“ (AAW R. I, Op. 105, D. 12, Bl. 5v, s. Anm. 54 in Nr. 17); „7. Persicaria angustifolia C. B. P. ...“ (AAW R. I, Op. 13, D. 67, Bl. 22r, s. Anm. 5 in Nr. 4); „Persicaria angustifolia. T. Sp. 9. ...“ (AAW F. 98, Op. 1, D. 19, Bl. 44r, s. Anm. 59 in Nr. 19); „17. Juli 1723 ... Von Kräutern fand sich hieselbst Persicaria angustifolia ...“ (Messerschmidt 1962–1977, Bd. 2, S. 96); s. auch Nr. 770 und Nr. 272

„117. Persicaria multiflora, alba. An Persicaria procumbens, longissima angustifolia, non maculosa, Spica longiori, laxiori et graciliori sloane Cat. Plant. Jam 48 I. R. H? ...“ (AAW R. I, Op. 13, D. 42, Bl. 15v, s. Anm. 1 in Nr. 1); „450 PERSICARIA alba multiflora angustifolia distincta Species est ab ea quae in Flora ircut. No. 774 descripti“ (AAW R. I, Op. 104, D. 25, Bl. 32v, s. Anm. 61 in Nr. 21)

„Persicaria procumbens longissima, angustifolia, non maculosa spica longiori, laxiori & graciliori. ...“ (Sloane 1696, S. 48); „[species 16] Persicaria procumbens, longissima, angustifolia, non maculosa, spicâ longiori, laxiori, & graciliori Sloane Cat. Plant. Jam. 48.“ (Tournefort 1700, S. 510, Genus X. „Persicaria. Persicaire.“); „39. POLYGONVM spicis longis copiosissimis, foliis ex lineari lanceolatis, vaginis debilibus, floribus pentandris, trigynis Tab. VIII, ? Persicaria procumbens, longissima, angusti folia, non maculosa, spica longiori, laxiori et graciliori, SLOAN. cat. plant. Iam. 48. Hist. Iam. 17. Tab. III. fig. 1. Polygonum (ocreatum) floribus pentandris trigynis, foliis lanceolatis, LINN. Sp. pl. ed. 2. p. 517. [sic!] n. 8. ... Ad Polygonum barbatum dubitanter qnamnis [sic!] Persicaria, foliis ouatis glabris, quum in Comment nostrorum nouorum Tom. I. B. KRASCHENINNIKOW descripsit et delineauit, ...“ (Gmelin 1747–1769, Bd. III, S. 51ff.); „39. Polygonum spicis longis copiosissimis, foliis ex lineari lanceolatis, vaginis debilibus, floribus pentandris trigynis. t. VIII. [=] Polygonum ocreatum L.!“ (Ledebour 1841, S. 86); „DE PERSICARIA foliis ouatis, glabris. ...“ (*Krašeninnikov* 1750, S. 375ff.); „2861. P[olygonum] barbatum Sp. I.: ... Persicaria foliis ovatis glabris, Kraschen. comm. petr. 1747. p. 375. t. 13? – Persic. procumbens longissima ... Sloan. jam. 48. hist. 1. p. 17. t. 3. f. 1. ...“ (Richter 1840, S. 378); „[Polygonum] ocreatum, ... gestiefelter Wegtritt, ...“ (Gmelin 1775, Sp. 255); „Polygonatum barbatum, ... gebarteter Wegtritt, ... die Sineser gebrauchen ihn zum Indig.“ (a. a. O., Sp. 257f.); „6. POLYGONUM ocreatum L., ... Langscheidiger Knöterich. G. Sib. 3. T. 8. ...“ (Georgi 1797–1802, Theil 3, S. 940); „8. POLYGONUM ocreatum. P. floribus pentandris trigynis, ... Sp. pl. 517. Persicaria spicis longis ... Gmel. sib. 3. p. 51. n. 39. t. 8. Scheidiger Knöterig. W. ...“ (Linné 1797–1830, Bd. II, Teil 1, S. 444); „16. POLYGONUM barbatum. ... P. floribus hexandris trigynis, ... Gmel. sib. 3. p. 52. Persicaria procumbens ... Sloan. jam. 48. hist. 1. p. 17. t. 3. f. 1. ... Bärtiger Knöterig. W. ...“ (a. a. O., S. 447); „10. P[olygonum] polymorphum: ... α. angustissimum: ... P. ochreatum. L. Sp. 517. – WILLD. Spec. pl. II, p. 444. ... P. spicis longis copiosissimis, ... GMEL. Fl. sib. III, p. 51, No. 39, t. 8. (excl. synon. Sloan.). ... β. salignum: ... P. spicis paniculatis, ... GMEL. Fl. sib. III, p. 55, No. 40, t. 9, f. 1. Persicaria montana, ... AMMAN. ruth. p. 167, No. 240. [s. Nr. 776] γ. alpinum: ... P. alpinum. ... Willd. Spec. pl. II, p. 451. – LEDEB. Fl. alt. II, p. 79 (pro parte). ... P. spicis paniculatis, ... GMEL. Fl. sib. III, p. 56, No. 41, t. 10.

δ. undulatum: ... P. undulatum. ... WILLD. Spec. pl. II, p. 451. – M. a BIEB. Fl. t. c. 1, p. 305; ... P. alpinum LEDEB. Fl. alt. II, p. 79 (pro parte) ..." (Ledebour 1846–1851, S. 524ff.); „240 PERSICARIA montana, foliis longioribus et angustioribus, floribus racemosis. ..." (Amman 1739, S. 167f.); „40. POLYGONVM spicis paniculatis, diffusis, floribus octandris, trigynis, foliorum lanceolatorum vaginis glabris. Tab. IX. fig. 1. Persicaria montana foliis longioribus et angustioribus, floribus racemosis, AMM. Ruth. 240. Helxine foliis lanceolatis, caule diffuso, LINN. Vps. 96. Polygonum floribus octandris trigynis racemosis, foliis lanceolatis, caule diuaricato, patulo, LINN. Sp. pl. 2. p. 520. n. 18. (non Synonyma). ... Icon ramulum florentem sistit." (Gmelin 1747–1769, Bd. III, S. 51ff.); „40. Polygonum spicis paniculatis diffusis, floribus octandris trigynis, foliorum lanceolatorum vaginis glabris. t. IX. t. [sic!] 1. [=] Polygonum salignum W. (Polygonum angustifolium Pall. it. III. 230.)" (Ledebour 1841, S. 86); „... Polygonum angustifolium (†), ... |: (†) Polygonum spicis paniculatis, diffusis, foliorum (linearium) vaginis glabris Flor. Sibir. III, p. 55. n. 40. tab. 9. :|" (Pallas 1776, S. 230); „41. POLYGONVM spicis paniculatis, dense constipatis, floribus octandris, trigynis, foliorum lancelatorum vaginis hirsutis. Tab. X. ... Acidum gustum fouet, propterea Russi ad Isetum fluuium habitantes nomine dignati sunt татарская капуста [russ. *tatarskaja kapusta*] (brassica Tatarica). ..." (Gmelin 1747–1769, Bd. III, S. 56f.); „41. Polygonum spicis paniculatis dense constipatis, floribus octandris trigynis, foliorum lanceolatorum vaginis hirsutis. t. X. [=] Polygonum alpinum All.! (Polygonum undulatum Murr. – Willd. Sp. pl. II. 451.)" (Ledebour 1841, S. 86); „*27. POLYGONUM alpinum. ... Allion. pedem. n. 2049. t. 68. f. 1. ... Alpen Knöterig. W. ... 28. POLYGONUM undulatum. ... P. (undulatum) ... Murr. comment. goett. 17774. p. 34. t. 5.* (exclusis synonymis Bocconi et Allionii.) ... P. spicis paniculatis dense constipatis, ... Gmel. sib. 3. p. 56. t. 10.* Wellenblättriger Knöterig. W. ..." (Linné 1797–1830, Bd. II, Teil 1, S. 451f.); „3) POLYGONUM ALPINUM. All. ... Allion. Fl. pedemont. II. p. 206. No. 2049. t. 68. f. 1. – Willd. Spec. pl. II. p. 451. ... P. undulatum. Murr. nov. comment. goett. V. (p. a. 1774.) p. 34. t. V. – Willd. Spec. pl. II. p. 451. ... M. a Bieb. Fl. taur. cauc. I. p. 305. No. 754. ... Polygonum spicis paniculatis, ... Gmel. Fl. sib. III. p. 56. No. 41. t. X. ..." (Ledebour 1830, S. 79f.); „754. POLYGONUM undulatum. ... Linn. ed. Willd. 2. p. 451. Murray in comment. goett. a. 1774. p. 34. t. 5. Gmel. sib. 3. p. 56. n. 41. t. 10. ..." (Marschall von Bieberstein 1808a, S. 305); „40–44. Polygonum (Polygonac.), Knöterich. ... Mit dem Aufguss von Polygonum barbatum L. pflegen die Kinderärzte in Indien kolikartige Leibschmerzen zu stillen. ..." (Henrici 1894, S. 55); „64. Persicaria spicis longis numerosissimis, vaginis integris floribus pentandris trigynis. (Fl. sib. III. 51. nr. 39. Polygonum ocreatum L.)" (C. von Linné in einem Brief an J. G. Gmelin? vom 24. August 1748 – Plieninger 1861, S. 96); „'Persicaria cujus nomen amisi. Nova f. hirsutis spica ramosa (Haec synonymia ex descriptione ad Fl. sib. III. 56. nr. 41. Polygonum undulatum Murr. vel alpinum All. accedit.)." (A. von Haller in einem undatierten Brief an J. G. Gmelin – Plieninger 1861, S. 147); „Helxine spicis paniculatis (Fl. sib. III. 55. nr. 40. Polygonum salignum W. angustifolium Pall.) et altera Helxine (sine dubio Pol. tataricum L. Fl. sib. III. 64. nr. 48.) mihi novae." (a. a. O., S. 148)

36 „9. Persicaria maritima, purpurea Salicis folio crasso Succido glabro Fl. Irc. n°. 775." (AAW R. I, Op. 13, D. 67, Bl. 22r, s. Anm. 5 in Nr. 4)

37 „42. POLYGONVM spicis paniculatis longissimis, laxis, cauli approximatis, floribus octandris, trigynis, semine duplo minoribus, foliis lanceolatis, rigidiusculis. Tab. XI. fig. 1. Fagopyrum orientale, ramosum et multiflorum, Persicariae folio TOVRN. Cor. 39. BVXB. cent. II. p. 31. Tab. XXXI. Persicaria fruticans angustifolia, flore albo STELL. Irc. 776. ... Floribus octo filamento insunt, corolla breuiora et stili tres, semen pallide fuscum nitens, exacte triangulum, quod in icone ad plantam siccam facta nimis turgidum exhibetur." (Gmelin 1747–1769, Bd. III, S. 57f.); „42. Polygonum spicis paniculatis longissimis laxis cauli approximatis, floribus octandris trigynis semine duplo minoribus, foliis lanceolatis rigidiusculis. t. XI. f. 1. [=] Polygonum divaricatum L.!" (Ledebour 1841, S. 86); „17) Auseinandergesperrter Knöterich, Polygonum divaricatum. ... Polygonum floribus octandris, trigynis, racemosis; foliis lanceolatis; caule divaricato, patulo. LINN. ... Sp. pl. 520. Persicaria caule diffuso. GMEL. Fl. Sib. p. 58. t. 11. f. 2. Persicaria mon-

tana, ... AMM. Ruth. 240. [s. Nr. 774] Fagopyrum Orientale ramosum et multiflorum, Persicariae folio. ... BUXB. Cent. 2. p. 31 t 31. ... β. Polygonum spicis paniculatis. GMEL. Fl. Sib. 3. p. 57. t. 11. f. 1. ... Sie hat einen sauren, etwas zusammenziehenden Geschmack." (Linné 1780, S. 452); „Fagopyrum Orientale, ramosum & multiflorum, Persicariae folio Tourn. Coroll. ..." (Buxbaum 1728a, S. 31); „43. POLYGONVM caule diffusissimo, spicis laxis, floribus octandris, trigynis , seminis aequalibus, foliis lanceolatis. Tab. XI. fig. 2. STELLERVS sub eodem nomine quo priorem plantam transmisit, ... Icon ad siccam plantam exarata est, setis nitida. ..." (Gmelin 1747–1769, Bd. III, S. 58); „43. Polygonum caule diffusissimo, spicis laxis, floribus octandris trigynis semini aequalibus, foliis lanceolatis. t. XI. f. 2. [=] Polygonum Laxmanni Lepach.! [sic!] (Polygonum angustifolium Pall. it. III. 286.)" (Ledebour 1841, S. 86f.); „Auf der sandigen Küste des Baikals und in der angränzenden Waldung wuchsen ... Polygonum diuaricatum, angustifolium (†) ... |: (†) Polygonum caule diffuso, spicis laxis, floribus octandris, trigynis, semini aequalibus, fol. lanceolatis. Flor. Sibir. III. p. 58. n. 43. tab. 11. f. 1. ... :|" (Pallas 1776, S. 286); „[Polygonum] divaricatum, ... auseinander gesperrter Wegtritt, ... Er hat einen sauren und etwas zusammenziehenden Geschmak, und Caccia empfielt das damit gekochte Wasser in der Ruhr: ..." (Gmelin 1775, Sp. 262f.); „11. POLYGONUM divaricatum L., ... Ausgebreiteter Knöterich Gm. Sib. 3. T. 11. ..." (Georgi 1797–1802, Theil 3, S. 941); „26. POLYGONUM divaricatum. ... P. floribus octandris ... Sp. pl. 520. Persicaria montana, ... Amm. ruth. 240. [s. Nr. 774] Fagopyrum orientale ... Buxb. cent. 2. p. 31. t. 31. Polygonum spicis paniculatis. Gmel. sib. 3. p. 57. t. 11. f. 1. ... Ausgebreiteter Knöterig. W. ..." (Linné 1797–1830, Bd. II, Teil 1, S. 451); „... Polygonum divaricatum, einer Pflanze, die mit dem Buchweitzen zu einer Gattung gehört, wird in Sibirien zu einem groben Mehle gerieben und ist die alltägliche Kost der dortigen Einwohner. ..." (Krünitz 1773–1858, Bd. 87, S. 451); „11. P[olygonum] divaricatum (L. Sp. 520) ... α. glabrum: ... WILLD. Spec. pl. II, p. 451 (excl. syn. AMMAN.). ... P. spicis paniculatis ... GMEL. Fl. sib. III, p. 57, No. 42, t. 11, f. 1. ..." (Ledebour 1846–1851, S. 526); „12. P[olygonum] Laxmanni (LEPECH. in n. Act. Acad. petropol. X, p. 414, t. 13) ... α. genuinum: ... P. caule diffusissimo ... GMEL. Fl. sib. III, p. 58, No. 43, t. 11, f. 2. ..." (a. a. O., S. 526f.); „Polygonum Laxmanni. ..." (Lepechin 1797, S. 414ff.); „318. Polygonum divaricatum L. ... Jakut. Arbassin (herbes Grab). ..." (Meinshausen 1871, S. 203)

„5. Fagopyrum ramosum & polystachion, Persicariae folio Ind. Jen. n°. 331. Persicaria Fl. Irc. n°. 776." (AAW R. I, Op. 13, D. 67, Bl. 22v, s. Anm. 5 in Nr. 4); „331. Fagopyrum ramosum et polystachion, Persicariae folio. An Fagopyrum orientale, ramosum et multiflorum, Persicariae folio. Cor. I. R. H. ... Fl. Irc. n°. 776." (AAW R. I, Op. 105, D. 1ª, Bl. 32v, s. Anm. 29 in Nr. 5); „133. Persicariae fruticantes Fl. Irc. 776. 778." (AAW R. I, Op. 105, D. 16, Bl. 3r, s. Anm. 5 in Nr. 4)

38 „(44. POLYGONVM foliis ouatis, hirsutis, floribus pedunculatis in spicis laxissimis Tab. IX. fig. 2. Persicaria geniculata, salicis folio lato et incano, STELL. Irc. 777. ... STELLERVS, solus huius plantae obseruator, de ea praeter nomen et locum natalem nihil memoriae prodidit, siccas tamen plantas transmisit, ex quibus hanc qualemcunque descriptionem concinnaui, iconemque fieri curaui. De numero staminum et stilorum certo mihi non constat. Semen persicariae simile videtur, quia STELLERVS ad hoc genus retulit. STELLERVS obseruauit ad Baicalem lacum, et Iulio, Augustoque mensibus florere, semen Septembri maturare scribit.) (Gmelin 1747–1769, Bd. III, S. 58f.); „44. Polygonum foliis ovatis hirsutis, floribus pedunculatis in spicis laxissimis. t. IX. f. 2. [=] Polygonum sericeum Pall.!" (Ledebour 1841, S. 87); „21. POLYGONUM sericeum Willd. P. 2. p. 452. Sp. 29. Seidenartiger Knöterich. Gm. Sib. 3. p. 58. T. 9. f. 2. ..." (Georgi 1797–1802, Theil 3, S. 944); „*29. POLYGONUM sericeum. ... P. foliis ovatis hirsutis, ... Gmel. sib. 3. p. 58. t. 9. f. 2. Seidenartiger Knöterig. W. ..." (Linné 1797–1830, Bd. II, Teil 1, S. 452); „37. Polygonum sericeum. Pall. Seidenartiger Knöterig. ... P. foliis ovatis hirsutis. Gmel. sib. 3. t. 9. f. 2. ... Diese Art wächst in Sibirien, vornemlich am Baikal ..." (Dietrich 1807, S. 416); „Auf der sandigen Küste des Baikals und in der angränzenden Waldung wuchsen ... Polygonum diuaricatum, ... und sericeum (††), ... |: (††) Dieses trefliche und den Baikalischen Ufern ganz eigentümliche Glieder-

kraut ist Flor. l. c. [d. h. III.] p. 58. n. 44. tab. 9. f. 2. unter dem Nahmen Polygonum fol. ouatis hirsutis, floribus pedunculatis in spicis laxis, beschrieben. :|" (Pallas 1776, S. 286f.); „14. P[olygonum] sericeum (PALL. It. III, p. 286. 320) ... WILLD. Spec. pl. II, p. 452. P. foliis ovatis, ... GMEL. Fl. sib. III, p. 58, No. 44, t. 9, f. 2. ..." (Ledebour 1846–1851, S. 527); „Polȳgonum L. (Polygoneae). Zus. aus πολυς (viel) und γονυ (Knie, Knoten) wegen der knieartigen Gelenke an dem Stängel." (Wittstein 1852, S. 716)

„10. Persicaria geniculata, Salicis folio lato & incano Fl. Irc. n°. 777." (AAW R. I, Op. 13, D. 67, Bl. 22r, s. Anm. 5 in Nr. 4)

39 s. Nr. 776

40 „[species 4] Polygonum brevi angustoque folio C. B. Pin. 281. Polygonum ij Tabern. Icon. 833." (Tournefort 1700, S. 510, Genus XI. „Polygonum. Renouée."); „Polygonum Majus. I. Polygonum latifolium. ... Alius flore est candido, aliud ex purpura candicante, vel rubente. II. Polygonum oblongo angusto folio. ... III. Polygonum brevi angustoque folio. ..." (Bauhin 1623, S. 281); „Polygonum II. Wegtrit/ Weggraß/ Denngraß." (Abbildung in Tabernaemontanus 1590, S. 833); „POLYGONVM brevi angustoque folio. C. B. P. 281. Polygonum angustifolium J. B. 3. 376. Polygonum II. Tabernaem. Icon. 873. ..." (Rupp 1726, S. 77); „2. POLYGONUM LATIFOLIUM FLORE CANDIDO. C. B. Pin. *POLYGONUM LATIFOLIUM, FLORE RUBENTE. C. B. Pin. *POLYGONUM BREVI ANGUSTOQUE FOLIO. C. B. Pin. Polygonum II. Tabern. Icon. 833. ..." (Vaillant 1727, S. 162f.); „1. POLYGONUM. Caesalp. syst. 168. Lob. hist. 228. Polygonum latifolium. Bauh. pin. 281. ... Polygonum sive Centinodia. Bauh. hist. 3. p. 374. α Polygonum oblongo angusto folio. Bauh. pin. 281. ... β Polygonum brevi angustoque folio. Bauh. pin. 281. ..." (Linné 1737, S. 150); „1. POLYGONUM ... LINN. Cliff. p. 150. ... Polygonum latifolium C. B. Bas. p. 82. ... Polygonum s. Centumnodia I. B. III. p. 377. ... Polygonum brevi angustoque folio C. B. P. ..." (Haller 1742, S. 182); „32. POLYGONVM floribus subsolitariis, in alis foliorum sessilibus, staminibus octo. Polygonum latifolium, C. B. P. 281. Polygonum s. Centumnodia, I. B. III. 377. Polygonum, CAES. Syst. 168. LINN. Cliff. 150. Suec. 322. ROY. pr. 215. HALL. Helv. 182. Polygonum floribus octandris trigonis axillaribus, foliis lanceolatis, caule procumbente herbaceo, LINN. Sp. 1. 519. n. 15. ... Russ. подорожникъ [russ. *podorožnik*] (ad vias proueniens) dicitur. ..." (Gmelin 1747–1769, Bd. III, S. 40); „32. Polygonum floribus subsolitariis in alis foliorum sessilibus, staminibus octo [=] Polygonum aviculare L.!" (Ledebour 1841, S. 85); „[Polygonum] brevi angustoque folio; hierunter versteht C. Bauhin eine Abart des Vogelwegtritts mit kurzen und schmalen Blättern." (Gmelin 1775, Sp. 269); „POLYGONVM (auiculare) ... Linn. Spec. pl. 362. n. 15. ... Спорышъ [russ. *sporyš*] siue подорожникъ [russ. *podorožnik*] Russ. ..." (*Krašeninnikov* 1761, S. 62); „72) Wegtritt, Vogelwegtritt, Weggras, Blutkraut; Polygonum aviculare, ... sie besitzt überdies kühlende, zusammenziehende und trocknende Heilkräfte und ist zu diesem Endzweck nicht nur von den ältern Aerzten ... innerlich in Bauchflüssen, und von jenen sogar in Ruhren, in den Blutbrechen ... in Krankheiten der Ohren empfohlen, ... äußerlich bedienten sie sich derselben in frischen Wunden, in Vorfällen des Afters und in Brüchen. ..." (Gmelin 1779, S. 86f.); „14) Vogelknöterich, oder gemeiner Wegtritt. Polygonum aviculare. ... Polygonum floribus octandris, trigynis, axillaribus; foliis lanceolatis; caule herbaceo procumbente. LINN. ... Sp. pl. 519. ... Hort. Cliff. 150. ... Polygonum latifolium. C. BAUH. pin. 281. ... β. Polygonum brevi angustoque folio. C. BAUH. pin. 281. γ. Polygonum oblongo angustofolio. C. BAUH. pin. 281. ... den Schaafen ist sie schädlich, die Schweine aber fressen sie sehr gerne und werden fett davon. ... in theuren Zeiten könnten ihn [d. h. den Samen] auch Menschen geniessen, wiewohl er sehr beschwerlich zu sammlen ist. ..." (Linné 1780, S. 449f.); „Das Polygonum auiculare Linn. welches sie [d. h. die gilanischen Perser] Ramasch nennen, rühmen sie wider den Schlangenbiß, indem dasselbe nicht nur das Gift aus den Wunden ausziehen, sondern auch verhindern soll, daß sich die Geschwulst nicht erweitern könne. Sie legen dasselbe frisch zerdrückt auf die Wunden. ..." (Gmelin 1784 S. 157); „458. Polygonum aviculare. Lin. Syst. Pl. . II. 209. sp. 14. ... Wegetrit. Ruß. Podoroschnik, Tat. Alyknas. Kalm. Tschedirgana. ..." (Falk 1786, S. 170); „394. POLYGONVM auiculare floribus octandris axillaribus, ... L. s. 2. p. 209. ... Officin. CENTVMNODIAE

s. POLYGONI Herba. ..." (Leysser 1783, S. 96); „10. POLYGONUM aviculare L., ... Vögel= Knöterich. R. Podoroschnik. ... Tatar. Alikmas. ..." (Georgi 1797–1802, Theil 3, S. 941); „21. POLYGONVM aviculare. P. floribus octandris ... Hort. cliff. 150. ... P. floribus subsolitariis, ... Gmel. sib. 3. p. 40. n. 32. ... P. latifolium. Bauh. pin. 281. β. P. brevi angustoque folio. Bauh. pin. 281. γ. P. oblongo angusto folio. Bauh. pin. 281. ... Vogel Knöterig. W. ..." (Linné 1797–1830, Bd. II, Teil 1, S. 449f.); „43) Vogelknöterig, Vogelkraut, gemeiner Wegtritt, ... (Polygonum aviculare floribus octandris trigynis, ... Willd. II. p: 449. n. 21. ... Hort. Cliff. 150. ... Polygonum floribus subsolitariis ... Gmel. fl. sibir. 3. p. 40. n. 32. Polygonum latifolium Bauh. pin. 281. ...). ... Es variirt diese Pflanze a) mit kurzen und schmalen Blättern. (Polygonum brevi angustoque folio. C. BAUH. pin. 281. ... Rupp. jen. p. 96.). b) Mit länglichen und schmalen Blättern. (Polygonum oblongo-angusto folio. Bauh. l. c. Rupp. jen. l. c.). ... f) Mit weißen Kelchen (Polygonum latifolium flore candido. ...) Die Saamen dieser Pflanze kann man wie Haidekorn benutzen und eine Menge Vögel nähren sich davon. Die Pflanze selbst ist gelinde zusammenziehend und sowohl innerlich als äußerlich gebraucht ein gutes Wundkraut. ... Bey den ältern Botanisten heißt sie Polygonum mas und Centumnodia, im Deutschen Weggras, Wegtritt, Blutkraut; ..." (Encyclopädie 1801, S. 650); „605. POLYGONUM aviculare ... Linn. Sp. pl. 1. p. 519. ... α. Foliis latioribus. Polygonum latifolium. Bauh. pin. p. 281. ... Polygonum latifolium flore candido. Mapp. ... β. Foliis angustioribus, longioribus. Polygonum oblongo angusto folio. Bauh. pin. 281. ... γ. Foliis angustioribus brevioribus. Polygonum brevi angustoque folio. Bauh. pin. 284. ... Germ. Tausendknotenkraut. Vogelwegetritt. Blutgarbe. Blutkraut. ... Pharm. CENTUMNODIAE s. POLYGONI Herba. ..." (Gmelin 1806, S. 177ff.); „25. P[olygonum] aviculare (L. Sp. 519) ... M. a BIEB. Fl. t. c. I, p. 303. ... LEDEB. Fl. alt. II, p. 85. ... P. floribus subsolitariis, ... GMEL. Fl. sib. III, p. 40, No. 32. ..." (Ledebour 1846–1851, S. 531f.); „749. POLYGONUM auiculare. ... Linn. ed. Willd. 2. p. 449. ... Gmel. sib. 3. p. 40. n. 32. ..." (Marschall von Bieberstein 1808a, S. 303); „POLYGONUM AVICULARE. ... Vogel-Knöterig, gemeiner Wegtritt, Vogelwegtritt, Jungfertritt, Wassertritt, Unvertritt, Wegelauf, Wegegras, Tennegras, Saugras, Zehrgras, Angerkraut, Saukraut, Blattkraut, Blutkraut, Blutgarbe, Tausendknoten. ... Man sammelte ehemals von dem Polygonum aviculare das Kraut, Herba Polygoni, s. Polygoni majoris s. Centumnodi, ... Es gehört zu den adstringirenden Mitteln und wurde vorzeiten als solches wider Blutflüsse, vorzüglich beym Nasenbluten, empfohlen. ..." (Hayne 1817, Nr. 23); „11) POLYGONUM AVICULARE. Linn. ... Willd. Spec. pl. II. p. 449. ... M. a Bieb. Fl. taur. cauc. I. p. 303. No. 749. ... Polygonum floribus subsolitariis, ... Gmel. Fl.sib. III. p. 40. No. 32. ..." (Ledebour 1830, S. 85); „40–44. Polygonum (Polygonac.), Knöterich. In Betracht kommen ... Pol. aviculare L., der Vogelknöterich; ... Krylow ... sagt, dass von Polyg. aviculare die ganze Pflanze in Kataplasmenform gegen Geschwülste gebraucht wird. ... Mit dem Decoct der geruchlosen und schwach adstringirenden Herba Centumnodii s. Polygoni s. Sanguinariae von Polygonum aviculare heilt nach Strumpf das Volk in Algier Wechselfieber. ... Man hat die Samen dieser Species nach Strumpf auch als Brech- und Abführmittel empfohlen; ..." (Henrici 1894, S. 52ff.); Polygonum aviculare L. – russ. *podorožnik*, *svinaja trava*, *gusjatnik*, *podorožnik melkij*, *toptun*, *sporyš* bzw. *svinoj burkun* (*Annenkov* 1858, S. 71, Nr. 832)

„334. Polygonum brevi angustoque folio C. B. P. 281. ... j. Idem flore albo. Polygonum latifolium flore candido C. B. P. Ind. Irc. ..." (AAW R. I, Op. 105, D. 1[a], Bl. 32v, s. Anm. 29 in Nr. 5); „451 Polygonum brevi angustoq₃ folio C. B. P. ..." (AAW R. I, Op. 104, D. 25, Bl. 32v, s. Anm. 61 in Nr. 21); „118. Polygonum brevi angustoq₃ folio C. B. P. ..." (AAW R. I, Op. 105, D. 12, Bl. 14v, s. Anm. 54 in Nr. 17); „2. Polygonum brevi angustoque folio C. B. P. 281. j. Idem flore albo. ..." (AAW R. I, Op. 13, D. 67, Bl. 22v, s. Anm. 5 in Nr. 4); „Polygonum brevi angustoque folio, rubrum (Tournefortii sp. 4), Sylv." (Messerschmidt 1962–1977, Bd. 4, S. 205, s. Anm. 1 in Nr. 1); „Polygonum brevi angustoque folio, flore albo (nobis, Tournefortii sp. 4, varietas), Sylv." (a. a. O., S. 206)

41 „[species 1] Polygonum latifolium C. B. Pin. 281. Polygonum sive Centinodia J. B. 3. 374. Polygonum mas Dod. Pempt. 113." (Tournefort 1700, S. 510, Genus XI. „Polygonum. Renouée.");

„POLYGONVM latifolium C. B. P. 281. Polygonum, sive centinodia. J. B. 3. 374. ... Wege=Tritt, Wege=Graß.“ (Rupp 1726, S. 77); „1. POLYGONUM LATIFOLIUM. C. B. Pin. 281. Polygonum mas vulgare. 1. Raji. Hist. 184. ...“ (Vaillant 1727, S. 162); „19. Centinodia, Tausendknotten. Polygonum latifolium Turn. 510. C. B. P. 281. ...“ (Carl 1770, S. 326)

„333. Polygonum latifolium C. B. P. ... Quam plantam in ind. Irc. nº. 102 sub hoc nomine tradidi, Persicariae species est.“ (AAW R. I, Op. 105, D. 1ª, Bl. 32v, s. Anm. 29 in Nr. 5); „8. Polygonum latifolium C. B. P. B. n. 1.“ (AAW R. I, Op. 104, D. 13, Bl. 2r, s. Anm. 84 in Nr. 29); „452 Polygonum latifolium C. B. P ...“ (AAW R. I, Op. 104, D. 25, Bl. 32v, s. Anm. 61 in Nr. 21); „672. Polygonum Linn. h. cliff. 150 Polygonum latifolium B. Pin. 281. Boerh. lugd. 2. p. 88.“ (AAW R. I, Op. 13, D. 20, Bl. 63r, s. Anm. 1 in Nr. 1); „102. Polygonum latifolium C. B. P. ...“ (AAW R. I, Op. 105, D. 12, Bl. 6r, s. Anm. 54 in Nr. 17); „118. Polygonuum latifolium C. B. P. ...“ (AAW R. I, Op. 13, D. 42, Bl. 15v, s. Anm. 1 in Nr. 1); „Polygonum latifolium. B. Pin. 281. et Inst. r. h. nº 64.“ (AAW R. I, Op. 13, D. 19, Bl. 6r, s. Anm. 54 in Nr. 17); „Polygonum latifolium (Tournefortii sp. 1), Off.“ (Messerschmidt 1962–1977, Bd. 4, S. 205, s. Anm. 1 in Nr. 1); s. Nr. 779

42 „[species 2] Polygonum latifolium, flore candido C. B. Pin. 281.“ (Tournefort 1700, S. 510, Genus XI. „Polygonum. Renouée.“); „I. Polygonum latifolium. ... Aliud flore est candido, aliud ex purpura candicante, vel rubente.“ (Bauhin 1623, S. 281); „Polygonum latifolium flore candido C. B. Pin. 281. Breites Weggraß mit weissen Blümlein. ...“ (Mappus 1742, S. 245); „[Polygonum] latifolium, flore candido; hierunter versteht Tournefort eine Spielart des Vogelwegtrits mit weisser Blume.“ (Gmelin 1775, Sp. 271)

„453 Polygonum latifolium flore candido, C. B. P. ...“ (AAW R. I, Op. 104, D. 25, Bl. 32v, s. Anm. 61 in Nr. 21); „103. Polygonum latifolium flore candido C. B. P. ...“ (AAW R. I, Op. 105, D. 12, Bl. 6r, s. Anm. 54 in Nr. 17); „119. Polygonum latifolium flore candido C. B. P. ...“ (AAW R. I, Op. 13, D. 42, Bl. 16r, s. Anm. 1 in Nr. 1); „20. Juli 1724 ... Indessen besahe ich die Gegend zur andern Seite des Stroms und fand ... Item Polygonum latifolium (Caspar Bauhini et Tournefortii sp. 1). – Item Polygonum latifolium, flore candido (Caspar Bauhini Pinax, et Tournefortii sp. 2). ...“ (Messerschmidt 1962–1977, Bd. 3, S. 89ff.); „Polygonum latifolium, flore candido (Tournefortii sp. 2), Sylv.“ (Messerschmidt 1962–1977, Bd. 4, S. 205, s. Anm. 1 in Nr. 1); s. Nr. 779

43 „[species 3] Polygonum oblongo angusto folio C. B. Pin. 281. Polygonum angustifolium J. B. 3. 376. Polygonum iiij Tabern. Icon. 833.“ (Tournefort 1700, S. 510, Genus XI. „Polygonum. Renouée.“); „POLYGONVM oblongo, angusto folio C. B. P. 281. Polygonum angustifolium J B. 3. 476. Polygonum III. Tabernaem. icon. 833. ...“ (Rupp 1726, S. 77); „3. POLYGONUM OBLONGO ANGUSTO FOLIO. C. B. Pin. III. Tabern. Icon. ...“ (Vaillant 1727, S. 163); „[Polygonum] oblongo angusto folio; so nennt C. Bauhin eine Abänderung des Vogelwegtritts mit länglichten und schmalen Blättern.“ (Gmelin 1775, Sp. 274)

„9. [Polygonum] oblongo angustifolio C. B. P. B. n. 2.“ (AAW R. I, Op. 104, D. 13, Bl. 2r, s. Anm. 84 in Nr. 29); „1. Polygonum oblongo angusto folio. C. B. P. 281.“ mit der rechts marginalen Anm. „Petrop.“ (AAW R. I, Op. 13, D. 16, Bl. 32v, s. Anm. 32 in Nr. 6); „Polygonum oblongo angusto folio C. B. P. ...“ (AAW R. I, Op. 104, D. 8, Bl. 1v, s. Anm. 18 in Nr. 452); „313. Polygonum oblongo angustoq; folio CBP. 281.“ (AAW R. I, Op. 6, D. 40, Bl. 36v, s. Anm. 1 in Nr. 1); „Polygonum oblongo angusto folio. C. B. P. ...“ (AAW F. 21, Op. 5, D. 98, Bl. 32v, s. Anm. 54 in Nr. 17); „6. August 1723 ... Und fand sich hieselbst ... Polygonum oblongo angusto folio C. B. et Tournefortii sp. 3, ...“ (Messerschmidt 1962–1977, Bd. 2, S. 110); s. Nr. 779

44 „[species 1] Fagopyrum vulgare, erectum. Erysimum Theophrasti, folio Hederaceo C. B. Pin. 27. Fagotriticum J. B. 2. 993, Erysimum Theophrasti Lob. Icon. 63.“ (Tournefort 1700, S. 511, Genus XII. „Fagopyrum. Blé noir, ou Sarrasin.“); „FAGOPYRUM. Fagopyrum vulgare erectum, Pit. Tournef. ... Fagotriticum, J. B. ... teutsch, Buchweitzen, Heidekorn. Es ist eine Art Getraidig, [sic!] daraus die Bauren Brod zu backen pflegen; es wird auch das Geflügel damit unterhalten. ... Es reiniget, eröffnet und zertheilet, das Mehl läst sich zu Umschlägen gebrauchen. ...“ (Lémery 1721, Sp. 446f.); „Fagopyrum vulgare erectum Tournef. ... Germ. Heyde=Korn, alias etiam

Buch=Weitzen dicitur, ...“ (Rupp 1726, S. 79); „3. HELXINE caule erecto inermi, foliis cordato-sagittatis. Fagopyrum vulgare erectum. Tournef. inst. 511. ... Fagotriticum. Bauh. hist. 2. p. 993. ... Erysimum cereale, folio hederaceo. Bauh. pin. 27. theatr. 538. ...“ (Linné 1737, S. 151); „1. FAGOPYRUM erectum, fructu ex calyce eminente levi. ... Erysimum Theophrasti folio hederaceo C. B. Bas. p. 18. Fagotriticum I. B. II. p. 440. Fagopyrum vulgare erectum ... I. R. H. ... Helxine caule erecto inermi ... Cliff. p. 151. ...“ (Haller 1742, S. 172); „CAPUT XXIV. Heyden=Korn. Frumentum Sarracenicum. ... Fago-triticum J. B. 2. 933. ... Fagopyr. vulgare, erectum. T. 511. ... In hochdeutscher Sprache wird es auch genennt Bock=Weitzen, Buch=Weitzen und Grütz. Das Heyden=Korn nehret zwar minder als der Weitzen, Korn und Gerste, gibt aber bessere Nahrung denn der Hirse und Fenich. ... In großer Hungers=Noth backet man Brot daraus, so schwartzlicht aber doch geschmackt ist. ...“ (Zwinger 1744, S. 385f.); „1. FAGOPYRUM vulgare erectum. Tourn. Gemeiner aufrecht wachsender Heidel. ... Sein Mehl ist sehr weis, und wenn man es mit etwas Weizenmehl vermischet, so giebt es eine sehr gute Sorte von Pfannenkuchen. Das Stroh ist eine gute Fütterung für das Vieh, ...“ (Miller 1750, S. 309); „4. Fagopyrum, Buchweizen, Heidenkorn. Fagopyrum vulgare erectum Turn. 511. ...“ (Carl 1770, S. 96); „[Fagopyrum] vulgare erectum, hierunter versteht Tournefort den gemeinen Buchweizen.“ (Gmelin 1773, Sp. 955); „24) Gemeiner Buchweizen. Polygonum Fagopyrum. ... Polygonum foliis cordato-sagittatis; caule erectiusculo, inermi; seminum angulis aequalibus. LINN. ... Sp. pl. 522. ... Hort. Cliff. 151. ... Fagopyron vulgare erectum. TOURNEF. inst. 511. ... Ihr nüzlichstes Product aber ... sind die Saamen ... diese geben zu Grütze oder Mehl gemacht, eine gute ... Speise vor gemeine Leute, ...“ (Linné 1780; S. 457f.); „l) Polygonum fagopyrum. Fagopyron, Fagotriticum; Ocymum cereale, Erysimum cereale; Frumentum Saracenicum, Tragotraphon, Irio cerealis, Tragopyron. Deutsch. Der Buchweizen; Heidekorn, Heidenkorn, Heiden, Heidel, Hädern, Haden, Heidefench; Heidenbrein, Hoadn; Franzweizen; Blende, Blendte, Plenten; Gricken. ... Russ. Gretschucha, Gretscha. ... Tatar. Kara Bogdai, Karabdai. Tscherem. Schem Schidan. Tschuw. Chura Dula. Wotjak. Arest Schabei. Mordwin. Gretscha. Kalmuk. Bajar. Jakut. Soba. ... sie soll ... von den Sarazenen nach Europa gebracht worden seyn; daher die Namen Triticum saracenicum, ... Eben so hat man sie im Deutschen Heydenkorn (Frum. ethnicum) genannt, ... Die zusammengesetzten Namen Fagopyrum, Fagotriticum, Buchweizen führt sie wegen der Aehnlichkeit des Samens mit den Bucheckern, ...“ (Nemnich 1795, Sp. 1029ff.); wotjakisch śod čabej – Fagopyrum, Buchweizen (Munkácsi 1896, S. 309); „39. POLYGONUM Fagopyrum. ... Helxine caule erectiusculo inermi, ... Hort. cliff. 151. ... Erysimum cereale, folio hederaceo. Bauh. pin. 27. ... Buchweizen Knöterig. W. ...“ (Linné 1797–1830, Bd. II, Teil 1, S. 455); „461. Polygonum Fagopyrum. Lin. Syst. Pl. II. sp. 24. Buchweizen Ruß. Gretschucha. Tat. Kara Bogdai und Karabdai. Tscher. Schem Schidan. Tschuw. Chura Dula. Wotj. Arest Schabei. Mordw. Gretscha. Kalm. Bajar. Man findet ihn überall ... vermuthlich, weil die Vögel Liebhaberey von den Saamen machen, ...“ (Falk 1786, S. 171); „14. POLYGONUM Fagopyrum L., ... Buchweiz=Knöterich. Buchweizen. R. Gretschicha. Tat. Kara Bogdai. ... Man verwendet den Buchweizen, außer zu Grützwerk, auch zu Brandweinschrot, ...“ (Georgi 1797–1802, Theil 3, S. 942f.); „Buch=Weitzen, Bock=Weitzen, Heidel, Heidel=Korn, Heidekorn, Türckisch=Korn, Welsch=Korn, Indianisch=Korn, Heiden=Graupen, Grütze. Lateinisch ... Fagopyrum vulgare erectum, Pit. Tournef. ... in der Küchen werden gute Breye ... zubereitet, welche die hungrige Mägen zwar wohl befriedigen, aber ... nicht lange andauern, ... dahero das Sprüch=Wort entstanden: Buch=Weitzen=Brey, ist Betrügerey: oder Buch=Weitzen=Grütze ist nicht viel nütze. ...“ (Zedler 1732–1750, Bd. 4, Sp. 1780ff.); „POLYGONUM FAGOPYRUM. ... Buchweizen-Knöterig, Buchweizen, Heidekorn, Heiden, Heidel, Blende, Haden. ... Den Semen Fagopyri, aus welchem die Buchweizengrütze bereitet wird, führt Linné in seiner Materia medica als ein kühlendes und nährendes Mittel auf, welches als Speise genommen werden soll *).“ (Hayne 1817, Nr. 24); „817. Fagopyrum. TOURNEF. ... 1. F. esculentum (MÖNCH Meth. p. 290) ... Polygonum Fagopyrum L. Sp. 522. ...“ (Ledebour 1846–1851, S. 517); „Der Buchweizen. Der Buchweizen, das Heidekorn (Poligonum fagopyrum L. VIII. 1), ... Das Buchweizenmehl eignet sich zur Brodbereitung wegen Mangel an Kleber nicht, und könnte höchstens mit zur Hälfte Weizenmehl vermengt, zu Brot verbacken werden. In Italien pflegt man aus Buchweizenmehl ... einen nicht übelschmeckenden Brei, die sogenannte Polenta nera (schwarze Polenta), zu bereiten. ..." (Burian 1870, S. 53ff.); „Vgl. ... Gmelins sibir. Reise II. 469 das hier angeführte Verzeichniss sibirischer Brodsurrogate; diese sind noch weiter folgende: ... 22) Polygonum tataricum L. Fagopyrum esculentum Mönch. Fl. sib. III. 64. nr. 48. vgl. Gm. 1. R. II. 83. P. ..." (Anm. von W. Plieninger in einem am 25. Januar 1741 empfangenen, undatierten Brief von G. F. Müller an J. G. Gmelin – Plieninger 1861, S. 189f.); Fagopyrum esculentum Moench. – russ. *greča* und *dikuša* bzw. *grečka* (*Annenkov* 1858, S. 43, Nr. 469); mokschanisch lukšä – Buchweizen (Ahlquist 1861, S. 161); ersanisch greťsa bzw. lukše – Buchweizen (Wiedemann 1865, S. 186); syrjänisch gretšuka – Buchweizen (Wiedemann 1880, S. 61); „Ery̆simum L. (Cruciferae). Von ἐρυειν (retten, helfen), in Bezug auf die heilsamen Wirkungen." (Wittstein 1852, S. 336); „Fagōpyrum T. (Polygoneae). Zus. aus Fagus, φηγος (Buche) und πυρος (Weizen, Getreidekorn); der Same ist dreikantig wie die Bucheckern und wird wie das Getreide benutzt." (a. a. O., S. 362); „Helxīne REQ. Von ἑλκειν (ziehen, schleppen, zerren), weil (nach Plin. XXI. 56. XXII. 56.) die in klettenartigen Köpfen steckenden Samen sich leicht an die Kleider hängen. ... Helxīne L. (Polygoneae). Siehe den vorigen Artikel." (a. a. O., S. 428)

„Fagopyrum – гречуха [russ. *grečucha*] – [katschinzisch] Kirlik. – [kamasinzisch] Kirlik. [und] Indirbisch – [tschazkisch] Kyrlik." (J. G. Gmelin in: AAW F. 21, Op. 5, D. 73, Bll. 295v–296r); russ. *grečjucha* – Fagopyrum (RGADA F. 199, Op. 2, kn. 513, D. 27, Bl. 8r; J. G. Gmelin: AAW F. 21, Op. 5. D. 121, Bl. 4v); „116. Fagopyrum vulgare erectum I. R. H. ..." (AAW R. I, Op. 105, D. 12, Bl. 6r, s. Anm. 54 in Nr. 17); „7. Fagopyrum vulgare erectum I. R. H. ..." (AAW R. I, Op. 13, D. 67, Bl. 22v, s. Anm. 5 in Nr. 4); „230. Helxine caule erecto inermi, folijs cordato-sagittatis. Lin. h. cliff. 151. Fagopyrum vulgare erectum. Tourn. inst. 511. Boerh. lugd. 2. p. 88." (AAW R. I, Op. 13, D. 20, Bl. 24r, s. Anm. 1 in Nr. 1); „926. Erysimum Lobel. Ic." mit der rechts marginalen Anm. „Petropol." (AAW R. I, Op. 15, D. 3, Bl. 17r, s. Anm. 65 in Nr. 24); „4 Fagopyrum vulgare erectum T. 511. B. n. 1." (AAW R. I, Op. 104, D. 13, Bl. 2r, s. Anm. 84 in Nr. 29); „2. Fagopyrum vulgare erectum Inst. r. h. 511." (AAW R. I, Op. 13, D. 16, Bl. 32v, s. Anm. 32 in Nr. 6); „LXVIII, De Fagopyro, Krasnojarii nascente. ... Kyrlik ibi dicatur, ... Semina sunt fagopyri vulgaris erecti, Semina tamen vulgari fagopyro minora sunt ..." (AAW R. I, Op. 105, D. 8[a], Bl. 6r, s. Anm. 46 in Nr. 79); „283„ d. 22„ [Januar 1725]„ Sem. Fagopyri vulgaris erecti, Tournef. Sp. 1. Fagotriticum J. B. 2. 993. Erysimum Theophrasti Lob. Ic. ...„ " (AAW F. 98, Op. 1, D. 23, Bl. 13v, s. Anm. 49 in Nr. 653); „22. Januar 1725 ... Er brachte mir indes eine quantité Fagopyri vulgaris erecti, sativi (Tourneforti sp. 1), ..." (Messerschmidt 1962–1977, Bd. 3, S. 255)

45 „[species 2] Fagopyrum vulgare, scandens. Convolvulus minor, semine triangulo C. B. Pin. 295. Helxine semine triangulo J. B. 2. 157. Helxine Cissampelos, altera, Atriplicis effigie Lob. Icon. 624." (Tournefort 1700, S. 511, Genus XII. „Fagopyrum. Blé noir, ou Sarrasin."); „Fagopyrum vulgare, scandens Tournefort. ... Germ. Vogel=Zung, wild Heyden=Korn." (Rupp 1726, S. 79); „3. FAGOPYRUM MAJUS, SCANDENS. ..." (Vaillant 1727, S. 52); „1. HELXINE caule volubili. Fl. lapp. 154. Helxine semine triangulo. Bauh. hist. 2. p. 157. ... Fagopyrum vulgare scandens. Tournef. inst. 511. ..." (Linné 1737, S. 150f.); „FAgopyrum vulgare scandens Inst. R. Herb. ... Buchwinde/ Buchweitzen/ kleine Wind mit dreyeckigtem Saamen, ..." (Mappus 1742, S. 104); „47. POLYGONVM caule volubili, LINN. Lapp. 154. Hort. Cliff. 150. Fl. Suec. 323. ROY. p. 217. Polygonum foliis cordatis, caule volubili, floribus planiusculis, LINN. Sp. pl. 2. p. 522. n. 25. Conuoluum nigrum, DOD. pempt. 396. et ex eo Cissampelos altera atriplicis effigie, LOB. ic. 624. Conuoluulus minor semine triangulo, B. pin. 294. Helxine semine triangulo, I. B. II. 157. Fagopyrum vulgare scandens, TOVRN. I. R. H. 511. Fagopyrum scandens, semine calyci incluso, HALL. Helv. 173. α. Fagopyrum praelongum dumetorum, seminibus tribus alis pellucidis cinctis, RUPP. Ien. I. p. 79. Fagopyrum praelongum dumetorum, seminibus alatis duplici more dispositis, DILL. Giess. p. 236. nov. spec. p. 60. Fagopyrum maius scandens, VAILL bot. Par. 52. Polygonum foliis cordatis, caule volubili leui, floribus carinato-alatis, LINN. Sp. pl. 1. p. 522. n. 26. ..." (Gmelin 1747–1769, Bd. III, S. 62f.); „47. Polygonum caule volubili [=] Polygonum Convolvulus

L. [;] var. α. [=] Polygonum dumetorum L.!“ (Ledebour 1841, S. 87); „11. Conuoluulus niger, schwarze Winde, Buechwinde. Fagopyrum vulgare scandens Turn. 511. ...“ (Carl 1770, S. 304f.); „25) Buchwinde. Polygonum Convolvulus. .. Polygonum foliis cordatis; caule volubili, angulato; floribus obtusatis. LINN. ... Sp. pl. 522. ... Hort. Cliff. 150. ... Fagopyrum vulgare scandens TOURNEF. inst. 511. ... Sie wird insgemein Buchwinde, Schwarzwinde, Heidelwinde, wildes Heidelkorn, wilder Buchweizen genennet; ... Sie gibt ein gutes und angenehmes Futter für das Vieh, ...“ (Linné 1780, S. 458f.); „26) Vogelzunge. Polygonum Dumetorum. ... Polygonum foliis cordatis; caule volubili, laevi; floribus carinato-alatis. LINN. ... Sp. pl. 522. ... Fagopyrum maius scandens. VAILL. paris. 52. ...“ (a. a. O., S. 459f.); „k) Polygonum convolvulus. Convolvulum nigrum; Helxine cissampelos altera; Convolvulus minor semine triangulo; Fagopyrum vulgare scandens. Deutsch. Die Buchwinde; Heidelwinde, Wildes Heidekorn, Kornwinde; Schwarzwinde; Vogelzunge. ... Russ. Polwelika. ... Im Nothfall kann der Same als Buchweizen benutzt werden.“ (Nemnich 1795, Sp. 1029); „Auf diesen erhabenen Kalksteinhügeln wuchs häufig Buchwinde a), mit dessen Samen die Bauern ihr Hausfedervieh füttern. ... |: a) Polygonum convolvulus. :|“ (Lepechin 1783, S. 191); „15. POLYGONUM Convolvulus L., ... Windender Knöterich. ... In Rußland ein Ackerunkraut, ... 16. POLYGONUM dumetorum L., ... Hecken=Knöterich. ...“ (Georgi 1797–1802, Theil 3, S. 943); „608. POLYGONUM Convolvulus ... Linn. Sp. pl. 1. p. 522. ... Fagopyrum vulgare scandens. Tournef. inst. p. 511. ... Germ. Buchwinde. Schwarzwinde. Heidelwinde. ... Semina farinosa, aviculis accepta. 609. POLYGONUM dumetorum ... Germ. Heckenbuchwinde. ... Semina farinosa, esculenta, avibus maxime accepta.“ (Gmelin 1806. S. 182ff.); „40. POLYGONUM Convolvulus. P. foliis cordatis, ... Gmel. sib. 3. p. 62. ... P. caule volubili. ... Hort. cliff. 150. ... Helxine semine triangulo. Bauh. hist. 2. p. 157. R. ... Windender Knöterig. W. ... 41. POLYGONUM dumetorum. P. foliis cordatis, caule volubili laevi, ... Gmel. sib. 3. p. 63. ... Fagopyrum majus scandens. Vaill. paris. 52. ... Hecken Knöterig. W. ...“ (Linné 1797–1830, Bd. II, Teil 1, S. 455f.); „15. P[olygonum] Convolvulus (L. Sp. 522) ... WILLD. Spec. pl. I, p. 455. ... M. a BIEB. Fl. t. c. 1, p. 305. ... LEDEB. Fl. alt. II, p. 81. ... P. caule volubilis. GMEL. Fl. sib. III, p. 62, No. 47 (excl. var. α). ...“ (Ledebour 1846–1851, S. 528); „755. POLYGONUM Conuoluulus. ... Linn. ed. Willd. 2. p. 455. ... Gmel. sib. 3. p. 62. n. 47. ... 766. POLYGONUM dumetorum. ... Linn. ed. Willd. 2. p. 455. ... Gmel. sib. 3. p. 63. n. 47. α. ...“ (Marschall von Bieberstein 1808a, S. 305f.); „5) POLYGONUM CONVOLVULUS. Linn. ... Willd. Spec. pl. II. p. 455. ... M. a Bieb. Fl. taur. cauc. I. p. 305. No. 755. ... Polygonum caule volubili. Gmel. Fl. sib. III. p. 62. No. 47. (excl. var. α.) ... 6) POLYGONUM DUMETORUM. Linn. ... Willd. Spec. pl. II. p. 455. ... M. a Bieb. Fl. taur. cauc. I. p. 305. No. 756. ... Polygonum caule volubili. Gmel. Fl. sib. III. p. 63. No. 47. α. ...“ (Ledebour 1830, S. 81f.); „16. P[olygonum] dumetorum (L. Sp. 522) ... M. a BIEB. Fl. t. c. I, p. 305. ... LEDEB. Fl. alt. II, p. 82. ... P. caule volubili. GMEL. Fl. sib. III, p. 62, No. 47, var. α. (p. 63). ...“ (Ledebour 1846–1851, S. 528f.)

„Fagopyrum vulgare scandens. Inst. r. h. 511. n$^{\underline{o}}$ 125.“ (AAW R. I, Op. 13, D. 19, Bl. 6r, s. Anm. 54 in Nr. 17); „114. Fagopyrum vulgare scandens I. R. H. ...“ (AAW R. I, Op. 105, D. 12, Bl. 6r, s. Anm. 54 in Nr. 17); „1. Fagopyrum vulgare scandens I. R. H. ...“ (AAW R. I, Op. 13, D. 67, Bl. 22v, s. Anm. 5 in Nr. 4); „674. Helxine caule volubili. Linn. flor. Lapp. 154. h. cliff. 150 Fagopyrum, vulgare scandens. Tourn. inst. 511. Boerh. lugd. 2. p. 88.“ (AAW R. I, Op. 13, D. 20, Bl. 63v, s. Anm. 1 in Nr. 1); „Fagopyrum vulgare scandens. I. R. H. ...“ (AAW R. I, Op. 105, D. 2, Bl. 17r, s. Anm. 54 in Nr. 17); „328. Fagopyrum vulgare scandens I. R. H. ...“ (AAW R. I, Op. 105, D. 1^{a}, Bl. 32r, s. Anm. 29 in Nr. 5); „5. Fagopyrum vulgare scandens. T. B. n. 2.“ (AAW R. I, Op. 104, D. 13, Bl. 2r, s. Anm. 84 in Nr. 29); „1. Fagopyrum scandens vulgare Inst. r. h. 511“ mit der rechts marginalen Anm. „Petrop.“ (AAW R. I, Op. 13, D. 16, Bl. 32v, s. Anm. 32 in Nr. 6); „454 Fagopyrum vulgare scandens Tour. i. r. h.“ (AAW R. I, Op. 104, D. 25, Bl. 32v, s. Anm. 61 in Nr. 21); „314. Fagopyrum vulgare Scandens Inst. r. h. 511.“ (AAW R. I, Op. 6, D. 40, Bl. 36v, s. Anm. 1 in Nr. 1); „113. Fagopyrum vulgare scandens I. R. H. ...“ (AAW R. I, Op. 13, D. 42, Bl. 15r, s. Anm. 1 in Nr. 1); „299„ d. [16. September 1724]„ [Sem.] Fagopyri vulgaris scandentis, semine triangulo nigro nitido.„ “ (AAW F. 98, Op. 1, D. 23, Bl. 8v, s. Anm. 49

in Nr. 653); „16. September 1724 ... Von Kräutern fand sich heute ... Item Fagopyrum vulgare scandens, semine splendente nigro (Tournefortii sp. 2). ...“ (Messerschmidt 1962–1977, Bd. 3, S. 144); „Fagopyrum vulgare scandens (Tournefortii sp. 2), Sylv.“ (Messerschmidt 1962–1977, Bd. 4, S. 206, s. Anm. 1 in Nr. 1)

46 „2. HELXINE caule erecto aculcis reflexis exasperato. vid. tab. ...“ (Linné 1737, S. 151); „49. POLYGONVM foliis sagittatis, caule aculeato, GRON. Virg. 44. Tab. nostr. XIII. fig. 2. Helxine caule erecto, aculeis reflexis exasperato, LINN. Cliff. 151. Tab. XII. ROY. pr. 217. Polygonum foliis sagittatis, caule aculato, LINN. Sp. pl. 1. p. 521. n. 24. Fagopyrum palustre scandens, caule quadrangulo, aspero, semine nigro, STELL. Irc. 785. ...“ (Gmelin 1747–1769, Bd. III, S. 65ff.); „49. Polygonum foliis sagittatis, caule aculeato. t. XIII. f. 2. [=] Polygonum sagittatum L.!“ (Ledebour 1841, S. 87); „Polygonum sagittatum, ... pfeilförmiger Wegtritt, ... seine Samen sind meelig, wie die Samen des Buchweizens.“ (Gmelin 1775, Sp. 264); „20) Pfeilförmiger Knöterich. Polygonum sagittatum, ... Polygonum foliis sagittatis; caule aculeato. LINN. ... Sp. pl. 251. Helxine caule erectis aculeis ... Hort. Cliff. 151. t. 12. ... Polygonum foliis sagittatis. GMEL. Fl. sib. 3. p. 65. t. 13. f. 2. ...“ (Linné 1780, S. 454f.); „33. POLYGONUM sagittatum. P. foliis sagittatis, ... Gmel. sib. 3. p. 65. t. 13. f. 2. ... Helxine caule erecto ... Hort. cliff. 15. t. 12. * ... Pfeilförmiger Knöterig. W. ...“ (Linné 1797–1830, Bd. II, Teil 1, S. 453); „12. POLYGONUM sagittatum L., ... Pfeilblättriger Knöterich. Gm. Sib. 3. T. 13. f. 2. ...“ (Georgi 1797–1802, Theil 3, S. 941); „17. P[olygonum] sagittatum (L. h. cliff. 151, t. 12) ... WILLD. Spec. pl. II, p. 453. ... P. foliis sagittatis, ... GMEL. Fl. sib. III, p. 65, No. 49, t. 13, f. 2. ...“ (Ledebour 1846–1851, S. 529); „183. P[olygonum] SAGITTATUM (Linn. h. Cliff. p. 151, t. 12, sp. pl. 1, p. 521), ...“ (Candolle 1856, S. 132)

„4. Fagopyrum erectum, asperum, angusto folio Ind. Irc. n°. 117. palustre scandens, caule quadrangulo aspero, semine nigro Fl. Irc. n°. 785. j. Idem procumbens & ramosum Ind. Irc. n°. 118.“ mit der links marginalen Anm. „vid. Ic.“ (AAW R. I, Op. 13, D. 67, Bl. 22v, s. Anm. 5 in Nr. 4); „134 Fagopyrum palustre scandens caule quadrangulo aspero semine nigro Fl. Irc. 785.“ (AAW R. I, Op. 105, D. 16, Bl. 3r, s. Anm. 5 in Nr. 4); „117. Fagopyrum erectum, asperum, angusto folio. ...“ mit den rechts marginalen Anm. von J. G. Gmelin auf Bl. 6r „Fagopyrum palustre scandens, caule quadrangulo aspero, semine nigro St. n°. 785.“ und „vid. Ic.“ (AAW R. I, Op. 105, D. 12, Bll. 6r–6v, s. Anm. 54 in Nr. 17); „118. Fagopyrum asperum, angusto folio, procumbens & ramosum. ...“ (a. a. O., Bl. 6v)

47 russ. *kočki* (Ez. *kočka*) – (sumpfige) Gras- oder Mooshügel

48 siehe Nr. 409; s. Glossar: York

49 „intortus, einwärtsgedreht, auch abgedreht, was durch eine Drehung wie abgeknickt erscheint, wie z. B. der bleibende Griffel in oder über seiner Mitte bei Geum.“ (Bischoff 1857, S. 84)

50 „[species 2] Bistorta major, radice magis intortâ C. B. Pin. 192. Bistorta media, folio minus rugoso J. B. 3. 538. Serpentaria mas seu Bistorta Fuchs.“ (Tournefort 1700, S. 511, Genus XIII. „Bistorta. Bistorte.“); „I. Bistorta major radice minus intorta. ... Bistorta Britannica, Lob. ... II. Bistorta major radice magis intorta. ... III. Bistorta alpina maxima: ... IV. Bistorta alpina media. ... V. Bistorta alpina minor. ...“ (Bauhin 1623, S. 192); „Bistorta major, radice magis intorta C. B. P. 192. ... Krebs=Wurtz appellant, quia ipsius radix intorta, figuram cancri elixi quadantenus refert. Natter=Wurtz.“ (Rupp 1726, S. 78); „1. BISTORTA foliis ovato-oblongis acuminatis. α Bistorta major, radice minus intorta. Bauh. pin. 192. ... Bistorta ... Dod. pempt. 333. ... β ... Bistorta media, folio minus rugoso. Bauh. hist. 3. p. 539. ...“ (Linné 1737, S. 150); „1. BISTORTA foliis imis appendiculatis, semine triquetro. α Pro varietate magis intorta, folio minus rugoso. ... Bistorta DOD. p. 333. ... Bistorta Britannica LOBEL. ic. p. 292. ... Bistorta major radice magis intorta C. B. ... Bistorta media folio minus rugoso I. B. III. p. 539. ... β Pro varietate minus intorta folio rugoso ... Bistorta major radice minus intorta C. B. Basil. p. 57. ... γ ... Bistorta alpina maxima ... C. B. Prodr. p. 100. I. B. III. p. 539. ...“ (Haller 1742, S. 178f.); „33. POLYGONVM simplici spica terminatum, foliis imis appendiculatis, seminibus triquetris. α) Radice magis intorta, folio minus rugoso. Bistorta, DOD. pempt. 333. Bistorta Britannica, LOB. ic. 292. Bistorta media folio minus rugoso, I. B. III. 539. β) Radice minus intorta, folio rugoso. Bistorta, CAMER. Epit. 683. Bistorta

maior serpentaria, Tab. 434. Bistorta foliis ouato-oblongis, acuminatis, LINN. Cliff. 150. Vps. 95. Sp. pl. 1. p. 516. n. 2. ROY. Lugd. 217. Bistorta foliis imis appendiculatis, semine triquetro, HALL. Helv. 178. I. Spica prolifera. Flores ex ipsa spica passim longioribus pedunculis prodeunt. II. Spica gemina. III. Foliis vtrimque viridibus, minus acuminatis, spica habitiore, Tab. VII. fig. 1. Bistorta saxatilis folio crasso rigido, STELL. Irc. n. 788. Bistorta an alpina media C. B. P. STELL. Ochot. 456. cat. plan. in insula BERINGII prouen. IV. Foliis omnibus ex cordato lanceolatis. ... Var. III. pariter ad Lenam fluuium passim obseruaui. STELLERVS in rupibus excelsis circa Bargusinense munimentum, ad Bielam, Iunam, Iudomam fluuios, et Ochotii vt et in terris Kamtschaticis, in locis montosis, muscosis, siccioribus collegit. ... Russi Ochotensium et Kamtschaticarum terrarum radices Makárschino Korenie (Макаршино Коренье [russ. *makaršino koren'e*]), Tungusi Ochotenses Tschagitsch, Itaelmänni ad fluuium bolschaiam, Sikui, ad Kamtschatcam fluuium ysakoe vocant. Vti radix vulgaris bistortae, per omnem Sibiriam obuiae, Russis ad gonorrhoeas et alui fluxus sistendos adhibetur, ita in hisce regionibus huius radix ad ventris tormina mitiganda comeditur. ...“ (lat. – 33. Das mit einer einfachen Ähre abschließende Polygonum, mit untersten Blättern, die mit kleinen Anhängseln [d. h. Nebenblättern] versehen sind, mit dreieckigen Samen … III. mit auf beiden Seiten grünen Blättern, die weniger zugespitzt sind, mit sehr gut gehaltener Ähre, Tafel VII, Abbildung 1 ... Die Russen der Gegenden von *Ochock* und *Kamčatka* nennen die Wurzeln *makaršino koren'e* ... Wie die Wurzel der in ganz Sibirien vorkommenden Bistorta vulgaris von den Russen bei Gonorrhoe und zum Stillen des Leibflusses gebraucht wird, so wird dessen [d. h. des Polygonum] Wurzel in diesen Regionen zur Besänftigung des Bauchgrimmens verzehrt. ...) (Gmelin 1747–1769, Bd. III, S. 40ff.); „33. Polygonum simplici spica terminatum, foliis imis appendiculatis seminibus triquetris. t. VII. f. 1. [=] Polygonum Bistorta L. c. var.!“ (Ledebour 1841, S. 86); „11. Bistorta, Schlangenwurz, kleine Natterwurz. Bistorta major radice magis intorta Turn. 511. C. B. P. 192. ... 12. Bistorta major. große Natterwurz. Bistorta maior radice minus intorta. Turn. 511. C. B. P. 192. ...“ (Carl 1770, S. 6); „[Bistorta] major radice magis intorta, bedeutet bey C. Bauhin diejenige Spielart [der Natterwurz], deren Wurzel weniger gedreht ist. [Bistorta] major radice minus intorta; major rugosioribus foliis; major serpentina; ist bey beyden Bauhinen, Gesnern, und Theodorn diejenige Abänderung [der Natterwurz], deren Wurzel weniger gedreht ist.“ (Gmelin 1772, Sp. 124f.); „... Natterwurz h), wenn man ihre Wurzel roh kauet und hinterschluckt, so legt sich der gemeine und der blutige Durchfall; ... |: h) Polygonum Bistorta, russ. serdetschnajä Trawa. :|“ (Lepechin 1774, S. 47); „[Polygonum] Bistorta, ... Natterwurz, ... Krebswurz; ... die ganze Pflanze, besonders aber die Wurzel zieht stark zusamen, und ist daher vornemlich von den ältern Aerzten, in Gestalt eines Aufgusses, eines Tranks oder eines Pulvers im Wakeln der Zähne, in Bauch= und Blutflüssen verordnet worden; ... sie kann in der Gerberey, ... auch in der Färberey gebraucht werden; ... ihre Blätter werden, ... als ein Zugemüß gekocht und gespeißt; ...“ (Gmelin 1775, S. 251f.); „Polygonum bistorta L. R. Makarschino Koren. B. Mikir. ... Die hiesigen Heiden [d. h. Burjaten (und Tungusen)] speisen die Wurzel und trinken auch Thee von derselben. Im ersten Fall giessen sie gewöhnlich das erste Wasser ab, zu Thee aber deucht ihnen dasselbe am besten. Sie graben sie selbst, oder nehmen sie den Mäusen. ...“ (Georgi 1775, S. 208f.); „Die Wurzeln des Polygoni bistortae und Vivipari, [s. Nr. 787] die sie [d. h. die Burjaten] beide Mikir nennen, kochen sie mit Milch, und nennen das Gericht Mikirhun.“ (a. a. O., S. 303); „Da diese Gewächse bey mehr tatarischen und andern Nationen dieser Gegenden üblich sind, so will ich sie ... nennen. Die Wurzeln von ... Natterwurzeln ([tatarisch] Mukasen. Polygon. Bistorta L.) ...“ (Georgi 1776, S. 230); „2) Natterwurz. Polygonum Bistorta. ... Polygonum caule simplicissimo, monostachyo; foliis ovatis, in petiolum decurrentibus. LINN. ... Sp. pl. 516. ... Bistorta foliis ovato-oblongis, ... Hort. Cliff. 150. ... Bistorta major, radice magis intorta. C. BAUH. pin. 192. Bistorta Britannica. LOB. Icon. 292. ... Bistorta. ... DOD. pempt. 333. ... Sie hat eine perennirende ... Wurzel; und wird deswegen ... Schlangen= oder Natterwurz genennet, wiewohl sie auch einige wegen der Figur ihrer Blätter die blühende Hirschzunge nennen. ... In Siberien fanden Steller und Gmelin eine Varietät von dieser Art, ... deren Wurzeln angenehm und fast wie Haselnüsse schmecken, so daß Steller selbst auf seiner Reise öfters viele solche Wurzeln mit Vergnügen aß; auch sind diese Wurzeln bey den Russen und Einwohnern von Kamtschatka ... ein gewöhnlicher Leckerbissen, den sie sogar den Feldmäusen ... stehlen." (Linné 1780, S. 437f.); „452. Polygonum Bistorta. Lin. Syst. Plant. II. p. 204. sp. 2. .... Ruß. Serteschnaja Trawa. ... Die Sibirischen Nazionen, besonders die Hirtenvölker essen die Wurzeln und sammlen Winterprovisionen von denselben. ... Beim kochen wird das erste Wasser, welches die Herbigkeit auszieht, weggegossen. Wenn sie in erneuertem Wasser gar geworden, schmecken sie milder und gut." (Falk 1786, S. 169); „Polygonum Bistorta, Natterwurzel oder [kamtschadalisch] Jikoum, wird frisch oder getrocknet und oft mit Kaviar gestoßen, gegessen. ..." (Pennant 1787, S. 150); „242. Polygonum Bistorta. Natterwurz. Gort. Die Finnen außer unsern Kreisen, nutzen die Wurzeln als Nothspeise in Mißwachsjahren. ..." (Georgi 1790, S. 506); „f) Polygonum bistorta. Bistorta; Colubrina. Deutsch. Die Natterwurz; Schlangenwurz, Viperwurz, Otterwurz, Drachenwurz, Schlangenkraut, Krebswurz, Schlippenwurz, Gänseampfer. ... Russ. Serteschnaja trawa. ... Radices vocantur (nach Gmelin Fl. Sib.) a Russis Ochotensium & camtschaticarum terrarum: Makarschino korenie; A Tungus. Ochotens: Tschagitsch; Ab Itälmän. ad fluv. Bolchajam: Sikui; ad Camtschatcam fluvium: Isako; die daraus bereitete Lieblingsspeise heisst auf Russisch: Tolkuscha, und Itälm: Selaka; ..." (Nemnich 1795, Sp. 1028f.); „2. Polygonum Bistorta L., ... Wiesen=Knöterich. Natterwurz. R. Gordez Makarschinokoren, ... Burät. Mikir. ... Gm. Sib. 3. T. 7. f. 1. ... Die Wurzeln sind herbe und ein Hausmittel des Landvolks wider Durchfälle und andere Krankheiten. Die Tungusen, Ostiaken, Burätten, Kamtschadalen und übrigen Sibirischen Völker, auch einige östliche Insulaner nutzen die knolligen, mehlreichen, nahrhaften Wurzeln als ein gemeines Nahrungsmittel, von welchen sie auch für den Winter Vorräthe sammeln. Dieses geschieht durch eigenes Ausgraben, oder auch durch Aufsuchen der Mäusemagazine, in welchen man sie mit andern eßbaren Wurzeln häufig antrifft. Vor dem Genuß werfen die Sibiriaken die geschnittenen Wurzeln in siedend Wasser, welches die widrige Herbigkeit auszieht und weggegossen wird, und dann kochen sie sie für sich, oder mit Fischen oder Fleisch, auch wohl mit Milch. ..." (Georgi 1797–1802, Theil 3, S. 938f.); „3. POLYGONUM Bistorta. P. caule simplicissimo monostachyo, ... Gmel. sib. 3. p. 40. ... Bistorta foliis ovato-oblongis ... Hort. cliff. 150. ... Bistorta major, radice magis intorta. Bauh. pin. 192. ... Bistorta media, folio minus rugoso. Bauh. hist. 3. p. 539. R. ... Wiesen Knöterig. W. ..." (Linné 1797–1830, Bd. II, Teil 1, S. 441); „1. Natterwurz, Wiesen=Knöterich Willd. Polygonum Bistorta, ... Die Ißländer machen aus ihr Mehl, welches mit sauern Molken zu Kuchen zugerichtet, und solche auf heißen Platten gebacken werden. ..." (Krünitz 1773–1858, Bd. 101, S. 477ff.); „32) Wiesenknöterich, gemeine Natterwurz, ... Bistorta major radice magis intorta. C. BAUH. pin. p. 192. ... Die Wurzel ... giebt mit Eisenvitriol eine Dinte. ... Als Varietät gehört höchst wahrscheinlich hieher die große Bergnatterwurz (Bistorta alpina maxima C. BAUH. prodr. p. 100. ...), ..." (Encyclopädie 1801, S. 648f.); „1. P[olygonum] Bistorta (L. Sp. 516) ... WILLD. Spec. pl. II, p. 441. ... M. a BIEB. Fl. t. c. I, p. 301; ... LEDEB. Fl. alt. II, p. 77. ... P. simplicis spica terminaum, ... GMEL. Fl. sib. III, p. 40, No. 33, t. 7. f. 1. ..." (Ledebour 1846–1851, S. 518f.); „742. POLYGONUM Bistorta. ... Linn. ed. Willd. 2. p. 441. ... Gmel. sib. 3. p. 40. n. 33. ..." (Marschall von Bieberstein 1808a, S. 301); „1) POLYGONUM BISTORTA. Linn. ... Linn. Willd. Spec. pl. II. 441. ... M. a Bieb. Fl. taur. cauc. I. p. 301. No. 742. ... Polygonum simplici spica terminatum, ... Gmel. Fl. sib. III. p. 40. No. 33. t. VII. f. 1. ..." (Ledebour 1830, S. 77f.); „3) Durchfall und Ruhr. Der gemeine Mann in Russland trinkt dagegen die Abkochung von ... Polygonum Bistorta; ..." (Krebel 1858, S. 131f.); „XVI. Mittel gegen den Biss toller Thiere. ... 3) Polygonum Bistorta. Mit diesem Mittel will man im Gouvernement Grodno vorzüglich günstigen Erfolg erreicht haben. ..." (a. a. O., S. 182ff.); „40–44. Polygonum (Polygonac.), Knöterich. In Betracht kommen Polygonum Bistorta L., der Natternknöterich; ... So berichtet Krebel (20, p. 131), dass der gemeine Mann in Russland namentlich die Abkochung von Polyg. Bistorta allenthalben gegen Durchfall und Ruhr trinkt. ... Polyg. Bistorta wird im G. Perm nach Krylow (25, p. 99) in Form einer Wurzelabkochung für das zuverlässigste Mittel gegen Durchfall gehalten. ... erwies sich die Wurzel von Pol. bistorta (offenbar äusserlich und innerlich angewandt) als heilsam gegen Lyssa: ... nach

Reipolsky ... dient die Abkochung der genannten Pflanze bei Skorbut zur Befestigung wackelnder Zähne und Heilung blutenden Zahnfleisches (offenbar als Gargarisma). ... wird der Schnapsaufguss der genannten Pflanze und zwar der Wurzel gegen choleraartige Durchfälle getrunken. – Nach Annenkow (27, p. 264) dient die Tinctur der Wurzel gegen Zahnschmerz und die Wurzel selbst sowie verschiedene Präparate daraus gegen Schleimausflüsse, Fieber, Geschwülste und Geschwüre. ... Deriker (23, p. 133) berichtet, dass die Wurzel von Pol. bistorta mit gelbem Arsen mit Erfolg bei Lippenkrebs verwandt worden sei. ... Pol. bistorta dient als innerliches und äusserliches Adstringens, namentlich die Wurzel; ... In Sibirien wird ... von Pol. Bistorta in geröstetem Zustand gegessen und das Kraut als Gemüse und Viehfutter gebraucht; ..." (Henrici 1894, S. 52ff.); jakut. „макāршын" bzw. „мäкāрсін" – eßbare Wurzel, vermutlich. russ. *makarša* (Polygonum Bistorta L.), verwendet als Arzneimittel gegen Durchfall (*Pekarskij* 1958–1959, Bd. II, Sp. 1508); „Vgl. ... Gmelins sibir. Reise II. 469 das hier angeführte Verzeichniss sibirischer Brodsurrogate; diese sind noch weiter folgende: ... 21) Polygonum bistorta L. Fl. sib. III. 40. nr. 33. ..." (Anm. von W. Plieninger in einem am 25. Januar 1741 empfangenen, undatierten Brief von G. F. Müller an J. G. Gmelin – Plieninger 1861, S. 189f.); „Bistōrta T. (Polygoneae). Zus. aus bis (doppelt) und tortus (gedreht, von torquere), in Bezug auf die Form der Wurzel." (Wittstein 1852, S. 107)

„5. Bistorta major radice magis intorta C. B. P. ..." (AAW R. I, Op. 13, D. 67, Bl. 22v, s. Anm. 5 in Nr. 4); „327. Bistorta major radice magis intorta C. B. P. ..." (AAW R. I, Op. 105, D. 1[a], Bl. 32r, s. Anm. 29 in Nr. 5); „Bistorta maior, radice magis intorta (Tournefortii sp. 2), Sylv." (Messerschmidt 1962–1977, Bd. 4, S. 206, s. Anm. 1 in Nr. 1); s. auch Nr. 788

51 russ. *myker*

52 in der 2. Textversion (s. Anm. 1 in A.): „profluvia"; „PROFLUVIUM, heißt bey den Aertzten insgemein ein Fluß, solcher mag nun ein Saamen= Wasser= oder Blutfluß seyn. Man sagt es auch von dem Ausfallen der Haare; ingleichen von der Milch, wenn sie überflüßig aus den Brüsten der Weiber hervor schüsset. PROFLUVIUM ALVI, der Durchfall, Durchlauf; ... PROFLUVIUM MULIERUM, heißt die monathliche Reinigung, ... PROFLUVIUM SANGVINIS, Blutfluß, ... PROFLUVIUM SEMINIS, Saamenfluß; Siehe Gonorrhoea, ... PROFLUVIA URINAE, siehe Harnruhr, ..." (Zedler 1732–1750, Bd. 29, Sp. 775f.)

53 „Gonorrhöe ... 2) (Tripper, Blenorrhoea urethrae, Chaudepisse), Entzündung der Schleimhaut der Harnröhre, ..." (Pierer 1857–1865, Bd. 7, S. 468f.)

54 „2. BISTORTA foliis lanceolatis. Fl. lapp. 152. ... Bistorta minor. Clus. hist. 2. p. 69. ..." (Linné 1737, S. 150); „34. POLYGONVM caule simplici, spica terminato, foliis ad oram neruosis, seminibus ouatis. Tab. VII. fig. 2. Bistorta minor siue alpina, CAM. epit. p. 684. Bistorta alpina minor, C. B. GMEL. AMM. Ruth. p. 169. Bistorta alpina pumila varia, RAI. hist. p. 187. Bistorta alpina minima foliis imis subrotundis et minutissime serratis, RAI. Syn. III. p. 147. Bistorta foliis lanceolatis, LINN. Lapp. 152. Cliff. 150. ROY. pr. 217. Polygonum caule simplicissimo monostachyo, foliis lanceolatis, LINN. Sp. pl. 1. p. 516. n. 3. Bistorta foliis ad oram neruosis, imis oualibus, superioribus linearibus, semine gigantino, [sic!] HALL. Helv. 179. Bistorta pumila foliis inferioribus latioribus, superioribus angustioribus, STELL. Irc. 787. Ochot. 455. I. Eadem spica bulbifera. Bistorta montana, minor, radice intorta, angusto folio, flosculis in spicae cacumine albis, sterilibus, inferne spicae parte tuberculis prolificis, turbinatis, puniceis foecunda, MESS. Xen. Is. Sib. AMM. Ruth. n. 243. Bistorta foliis lanceolatis, vivuipara. LINN. Lapp. 152. et alior. auct. Bistorta angustifolia, spica foliosa, STELL. Irc. 789. ... Iacutis Mjaeka-arschin dicitur, iisdemque siccata contusa, et cum lacte cocta cibum eximium praestat. ... In icone est inegra planta ad viuum picta, a. spica prolifera eiusdem plantae, qualis saepe occurrit." (Gmelin 1747–1769, Bd. III, S. 44ff.); „34. Polygonum caule simplici spica terminato, foliis ad oram nervosis, seminibus ovatis. t. VII. f. 2. [=] Polygonum viviparum L.!" (Ledebour 1844–1846, S. 86); „243. BISTORTA montana, minor, ... Messerschm. Xen. Isid. Sibir. De hac Auctor in Diario suo sequentia refert: ad Karesch Yull herbam reperi, Bistortae vulgari radice, ... Haec a Tataris

Irgennoek vocantur; integra vero planta cum radice, cujus decocto in alui profluviis tominosis vtuntur, Meckoasin dicitur. De eadem procul dubio planta Gmelinus in catalogo plantarum transbaikalensium sub titulo Bistortae Alpinae minoris C. B. P. haec habet ... An igitur Bistorta Alpina media C. B. P? ..." (Amman 1739, S. 169f.); „... Die Hauptabsicht meines Besuches war, zu erfahren, was es für eine Wurzel wäre, welche die Gasimurische Tungusen essen, und Muka heißt. Ich bekam gleich einen Sack voll davon, sie hohlten mir auch das Kraut, und ich erkannte bald, daß es eine Art von der Bistorta*) war. Sie sagten dabey, daß sie die Wurzel nicht ausgrüben, sondern um die Herbstzeit nur auf die Steppe ausgiengen, um Murmelthier=Löcher zu suchen, in welchen sie diese Wurzel und die Sarana in großem Ueberfluß anträfen, womit sich die Murmelthiere auf den Winter versorgten. * Bistorta foliis ad oram nervosis, imis ovalibus, superioribus linearibus, semine gigartino Hall. Helv. 179. Bistorta montana minor &c. Mess. Xen. Isid. Sib. 243. p. 169." (Gmelin 1751–1752, 2. Theil, S. 50); burjat. „мэхээр" – Polygonum (russ. *grečicha-gorlec*) und Polygonum viviparum (russ. *grečicha živorodjaščaja*) (*Čeremisov* 1973, S. 313); Nach *Abaeva* 2004, S 177, wird zwischen burjat. „хуса мэхээр" (burjat. „хуса" – Schaf) und burjat. „улаан мэхээр" (burjat. „улаан" – rot) unterschieden. Die erste Pflanze, die im Frühling gesammelt wird, besitzt eine Wurzel von bläulicher Farbe und schneeweißem, süßem Fruchtfleisch, während die zweite im Herbst in Mäuselöchern gesucht wird. „Die Lebensart der Jakuten ist von der Lebensart anderer Sibirischen heydnischen Nationen nicht sehr unterschieden. Sie bekümmern sich um kein Brodt. Sie essen die Wurzeln von dem ... von der kleinen Natterwurz *** |: *** Bistorta alpina minor B. pin. 192. :| (Jak. Mjäka=Arschin) ..." (Gmelin 1751–1752, 2. Theil, S. 469); „Polygonum viviparum, ... keimender Wegtritt, ... grose Natterwurzel; ... die Tungusen, Samojeden und Kamtschadalen speisen seine Wurzel; auch in Norwegen gebraucht man sie in Hungersnoth, und macht sie zu Brod, sowie sein Samen mit Milch zu Brey: ..." (Gmelin 1775, Sp. 252f.); „Polygonum viviparum L. B. Mikir. In Gründen noch häufiger wie das Vorige [d. h. Polygonum bistorta], mit welchem es so wie einerley Nahmen, auch einerley Gebrauch hat." (Georgi 1775, S. 209); „Die Wurtzeln welche sie [d. h. die Jakuten] aus der Erden graben und aus den Mäuse Löcher nehmen sind ... Maekersin Lamut: Tschakitsch oder Bistrotae [sic!], ... Koelassa oder Undschula wächst in den See$_{)}$ wird getroknet gestoße$_{)}$ mit Schmand oder Milch gekocht und heist das gerücht bey ihne$_{)}$ Bulumak gleicher weiße thun sie auch den Maekersin praeparire$_{)}$, worzu sie auch die getroknete und klein gestoßene Rinde von den Tanne$_{)}$ darzu lege$_{)}$." (J. J. Lindenau in: AAW F. 934, Op. 1, D. 89, Bl. 191r, Kopie aus dem Archiv RGADA); „3) Keimender Knöterich. Polygonum viviparum. ... Polygonum caule simplicissimo, monostachyo; foliis lanceolatis. LINN. ... Sp. pl. 516. Bistorta foliis lanceolatis. ... Hort. Cliff. 150. ... Polygonum caule simplici, ... GMEL Fl. sib. 3. p. 44. t. 7. f. 2. Bistorta alpina media C. BAUH. pin. 192. [s. Nr. 788] ... Bistorta alpina s. minor. C. BAUH. pin. 192. ... AMM. Ruth. 169. ..." (Linné 1780, S. 439); „3. Polygonum viviparum L., ... Sprossender Knöterich. Zwiebeltragender Knöterich. ... Gm. Sib. 3. T. 7. f. 2. . Es hat mit dem vorigen [d. h. Polygonum Bistorta] im Ansehen Aehnlichkeit, nur ist es kleiner, auch sind die Wurzeln weniger herbe und weißer; sind aber für Menschen und Mäuse von eben dem Gebrauch der vorigen. Die Jakuten, die die Wurzel Mjaka Arschen nennen, kochen die getrockneten und zerstoßenen Wurzeln mit Milch, und finden sie so sehr wohlschmeckend." (Georgi 1797–1802, Theil 3, S. 939); „4. POLYGONUM viviparum. P. caule simplicissimo ... Gmel. sib. 3. p. 44. t. 7. f. 2. ... Bistorta foliis lanceolatis. ... Hort. cliff. 50. Bistorta montana minor, ... Amm. ruth. 169. ... Bistorta alpina minor. Bauh. pin. 192. Amm. ruth. 169. ... Zwiebeltragender Knöterig. W. ..." (Linné 1797–1830, Bd. II, Teil 1, S. 441f.); „2. P[olygonum] viviparum (L. Sp. 516) ... WILLD. Spec. II, p. 441. ... M. a BIEB. Fl. t. c. I, p. 301. ... LEDEB. Fl. alt. II, p. 78. ... P. caule simplici, ... GMEL. Fl. sib. III, p. 44, No. 34, t. 7. f. 2. Bistorta montana, ... MESSERSCHM. in AMMAN. ruth. p. 169, No. 243. ..." (Ledebour 1846–1851, S. 519f.); „743. POLYGONUM viuiparum. ... Linn. ed. Willd. 2. p. 441. ... Gmel. sib. 3. p. 44. n. 34. t. 7. f. 2. ..." (Marschall von Bieberstein 1808a, S. 301); „2) POLYGONUM VIVIPARUM. Linn. ... Willd. Spec. pl. II. p. 441. ... M. a Bieb. Fl. taur. cauc. I. p. 301. No. 743. Polygonum caule simplici, ... Gmel. Fl. sib. III. p. 44. No. 34. t. VII. f. 2. Bistorta montana, ... Messerschm. in Amman. ruth.

p. 169. No. 243. ..." (Ledebour 1830, S. 78f.); „Vgl. ... Gmelins sibir. Reise II. 469 das hier angeführte Verzeichniss sibirischer Brodsurrogate; diese sind noch weiter folgende: ... 3) Polygonum viviparum L. Fl. sib. III. nr. 34. vgl. Gmelins sibirische Reise II. 50. ..." (Anm. von W. Plieninger in einem am 25. Januar 1741 empfangenen, undatierten Brief von G. F. Müller an J. G. Gmelin – Plieninger 1861, S. 189f.)

„Bistorta montana minor, Meckoasin Tattar. Messerschm. Sem. sub titulo Pimpinellae ex incuria missa sunt." (AAW R. III, Op. 1, D. 162, Bll. 18v–19r, s. Anm. 54 in Nr. 17); „Bistorta montana minor. Amm. Descr. p. 169." (AAW F. 1, Op. 2–1746, D. 1, Bl. 17v, s. Anm. 107 in Nr. 46); „1. Bistorta minor folio utrinq) viridi Ind. Len. n°. 111. Bistorta pumila folys inferioribus latioribus superioribus angustioribus Fl. Irc. n°. 787." mit der links marginalen Anm. „vid. Ic:" (AAW R. I, Op. 13, D. 67, Bl. 22v, s. Anm. 5 in Nr. 4); „100. Bistorta minor folio utrinque viridi Ind. Len. ..." (AAW R. I, Op. 105, D. 12, Bll. 5v–6r, s. Anm. 54 in Nr. 17); „* Bistorta alpina minor C. B. P. ..." (AAW R. I, Op. 105, D. 2, Bl. 17v, s. Anm. 54 in Nr. 17); „325. Bistorta minor folio utrinque viridi Ind. Len. ..." (AAW R. I, Op. 105, D. 1ª, Bl. 32r, s. Anm. 29 in Nr. 5); „455) Bistorta pumila foliis inferioribq latioribus superioribq angustioribq Flor. ircut. ..." (AAW R. I, Op. 104, D. 25, Bl. 32v, s. Anm. 61 in Nr. 21); „111. Bistorta minor, folio utrinque viridi. ... Jacutis dicitur Mjaeká arschin, quibus radix collecta, siccata & contusa, farinaeq) instar cum lacte cocta in nutrimentum cedit." (lat. – 111. Kleinere Bistorta mit auf beiden Seiten grünem Blatt ... Mjaeká arschin wird sie von den Jakuten genannt, denen die gesammelte, getrocknete und zerstoßene Wurzel, auch an Stelle von Mehl mit Milch gekocht, als Nahrungsmittel bekommt.) (AAW R. I, Op. 105, D. 10, Bl. 9r, s. Anm. 1 in Nr. 1); „111. Bistorta minor, folio utrinq3 viridi Spica florum alba & interdum in carneum inclinans. ..." mit der links marginalen Anm. „Tab. X. A." (AAW R. I, Op. 13, D. 42, Bl. 14v, s. Anm. 1 in Nr. 1); „442„ d. [8. Juli 1725]„ Sem. Bistortae (: Meckoasín Tattaricae;) montanae minoris, ...„ " (AAW F. 98, Op. 1, D. 23, Bl. 16r, s. Anm. 49 in Nr. 653); s. auch Nr. 786

55 s. Anm. 49 in Nr. 786

56 siehe „De BISTORTA MINORE. CAP. XIIII. ..." mit der Abbildung „Bistorta minor." auf S. 479 (Clusius 1583, S. 478ff.); „BISTORTA. CAP. XLVI. ..." mit den Abbildungen „Bistorta major." sowie „Bistorta minor." auf S. lxix (Clusius 1601, S. lxviij-lxix; ab Buch IV gesonderte Seitennumerierung mit römischen Zahlen) und „BISTORTA. ..." (Bauhin 1623, S. 192)

57 „[species 5] Bistorta Alpina, minor C. B. Pin. 192. Bistorta minima J. B. 3. 539. Bistorta minor Clus. Hist. lxix. ..." (Tournefort 1700, S. 511, Genus XIII. „Bistorta. Bistorte."); „V. Bistorta alpina minor. ... Bistorta alpina minor, Clus. hist. ..." (Bauhin 1623, S. 192)

58 „Bistorta saxatilis folio crasso rigido Fl. Irc. n°. 788. Fagopyrum. ..." (AAW R. I, Op. 13, D. 67, Bl. 22v, s. Anm. 5 in Nr. 4); „456) Bistorta an alpina media C. B Pin. ea est quam in flor. ircut No. 788 descripsi ..." (AAW R. I, Op. 104, D. 25, Bll. 32v–33r, s. Anm. 61 in Nr. 21); s. Nr. 786 und Nr. 787

59 s. Nr. 786

60 s. Nr. 787

61 „[species 1] Triticum hybernum, aristis carens C. B. Pin. 21. Triticum vulgare, glumas triturando deponens J. B. 2. 407. Siligo spicâ muticâ Lob. Icon. 25." (Tournefort 1700, S. 512, Genus I. „Triticum. Froment."); „TRITICUM. ... Triticum hybernum aristis carens, C. B. Pit. Tournef. Triticum vulgare, glumas triturando deponens, J. B. ... teutsch, Weitzen. ... Es ist trefflich gut für die Brust und lindert sehr, wann es abgesotten gebraucht wird: ... Das Weitzenmehl dient zum erweichen und zeitig zu machen, zum lindern, zum zertheilen, wann es als ein Umschlag gebrauchet wird. ..." (Lémery 1721, Sp. 1155); „Triticum hybernum aristis carens C. B. P. 21. ... Weitzen, & a tempore sationis dicitur Winter= oder Sommer=Weitzen." (Rupp 1726, S. 243); „2. TRITICUM radice annua, spica mutica. Triticum hybernum, aristis carens. Bauh. pin. 21. theat. 352. Triticum vulgare, glumas triturando deponens. Bauh. hist. 2. p. 407. ..." (Linné 1737, S. 24); „Triticum officin. Dale Pharm. 339. Triticum hybernum aristis carens. C. B. Pin. 21. Weitzen. Winterweitzen. Die Saamen gehören unter die schleimigmehligen Arzeneyen, welche

einen innerlichen und äußerlichen Gebrauch haben. Sie erweisen eine nährende, mäßigende und verdickende Kraft, und werden äußerlich mit andern erweichenden und lindernden Mitteln bey Augenkrankheiten, harten schmerzhaften Beulen und andern Geschwulsten in Gebrauch gezogen. ..." (Gleditsch 1769, S. 447f.); „Triticum hybernum, ... Winterweizen, ... Weizen: ... er gibt unter allen Getreidesamen das meiste, und das weisseste Meel und das beste Bier; ... Man hat aber in der Landwirthschaft noch mehrere Spielarten davon ... Er heißt bey ... C. Bauhin: Triticum hybernum aristis carens; ... bey J. Bauhin: Triticum vulgare, glumas tritunando [sic!] deponens." (Gmelin 1777, Sp. 285ff.); „2) Winter=Weizen. Triticum hybernum. ... Triticum calycibus quadrifloris ventricosis laevibus imbricatis submuticis. LINN. ... Sp. Pl. p. 126. Triticum radice annua ... Hort. Cliff. 24. ... Triticum hybernum aristis carens. C. BAUH. pin. 21. ... Siligo. LOB. Ic. 25. ... Der Weizen, der in dem hebräischen Chittach oder Chintach ... genennt wird, ist nun durchgehends unter der Benennung Triticum gegenwärtig bekannt, ehemals aber unter dem Namen Robur und Siligo. ... mit der hochdeutschen Benennung Weiten, Weitsen oder Weizen ... wenn man die Füsse in einen Haufen Weizen bringt, hiedurch das Podagra gehoben werden solle. Ein Brey von Weizenmehl ... soll die Eiterung befördern. Auch in Brustkrankheiten ist das Mehl als ein linderndes Mittel berühmt. eben so als es an äusserlichen Theilen, als ein blutstillendes bekannt ist. ..." (Linné 1785, S. 558ff.); „Man baut hier [d. h. um *Kazan'*] ... Winterweitzen, Rußisch Ptscheniza. Tat. und Türk. Budai. Tscherem. Tschedau und Schidau. Tschuw. Tola. Mordw. Tonfiara. Wotj. Dsjabei. Georg. Chorbaly. Armen. Zoreu. Kalmük. Tschagan Taran. Indian. Kanyk. Sommerweizen, Rußisch Jariza. ..." (Falk 1785, S. 152); „e) Triticum sativum. Triticum; Robur; Siligo; Griech. Pyros. Deutsch. Der Weitzen; Weizen, Wehten. ... Russ. Ptscheniza; Jariza. ... Tatar. Budai; Kalm. Schagan taran. Tscherem. Tschedau; Tschuw. Tola. Mordw. Tongfjara; Wotj. Dsjäbei. Georg. Chorbali; ... Diese so wichtige Pflanze, ... besteht aus einer Menge Varietäten und Spielarten, ... Es sind diese Abarten verschiedentlich abgetheilt worden z. B. ... 3) in Sommerweizen (... Russ. Jariza) und in Winterweizen (... Russ. Pscheniza); ..." (Nemnich 1795, Sp. 1492f.); wotjakisch čabej – Triticum vulgare, Weizen (Munkácsi 1896, S. 309); „TRITICUM hybernum L., ... Winterweizen. W. R. Pscheniza Osimaja. Tat. Budai, oder Kusluk Bogdai. ... Georg. Gorbati. ... Die Morgenländer und alle Tatarn lieben Weizenbrod und Backwerk, ... Weizen=Bier ist bisher nicht gebräuchlich. Das Brod der Morgenländer besteht gewöhnlich aus ungesäuerten, daumesdicken Fladen aus Weizenteig, ..." (Georgi 1797–1802, Theil 3, S. 719f.); „2. TRITICVM hybernum. ... T. radice annua, ... Hort. cliff. 24. ... T. hybernum aristis carens. Bauh. pin. 21. ... Winter Weizen. W. ..." (Linné 1797–1830, Bd. I, Teil 1, S. 477); „337. 2. TRITIUM vulgare VILL. Gemeiner Weizen. ... Synon. Triticum sativum Lam. ... Tr. aestivum Linn. (die begrannte Form). Tr. hybernum Linn. (die grannenlose Form), Sommer= und Winterweizen." (Bischoff 1831, S. 463f.); „Man theilt die echten Weizenarten nach Beschaffenheit der Ähre in vier Gruppen ein: a) Der gemeine Kolben=Weizen (Triticum vulgare oder hibernum). Fig. 1. Es ist dieß die verbreitetste Art und das eigentliche feine Getreide. ..." (Burian 1870, S. 26f.); Triticum vulgare L – russ. *pšenica* bzw. *girka* (*Annenkov* 1858, S. 96, Nr. 1138); mokschanisch tozir bzw. tozi̥r – Weizen (Ahlquist 1861, S. 177); ersanisch toiźuro bzw. viš – Weizen (Wiedemann 1865, S. 255); wotjakisch c'abej – Weizen (Wiedemann 1851, S. 385); wogulisch pūtī – Weizen (Ahlquist 1891, S. 46); georgisch ip'kli bzw. chorbali – „Waitzen" (Klaproth 1831, S. 121); armenisch zorjean – „Waitzen" (Klaproth 1831, S. 106); syrjänisch šobdy bzw. šogdy – Weizen (Wiedemann 1880, S. 322); bucharisch kandum – „Waitzen" (Klaproth 1831, S. 250); mongolisch bochodai, zagan-tarija bzw. tsagan-tálcha – „Waitzen" (Klaproth 1831, S. 283); „Trīticum L. (Gramineae). Von triturare (austreten, dreschen) oder terere (reiben, zerkleinern, mahlen), in Bezug auf die Gewinnung und Benützung der Körner." (Wittstein 1852, S. 903)
„385„ d. 25. [Januar 1725]„ [Sem.] Tritici vulgaris aestivi; ...„ " (AAW F. 98, Op. 1, D. 23, Bl. 13v, s. Anm. 49 in Nr. 653)

62 russ. *pšenica*

63 „Ăpicĭus, ii, m. ein röm. Beiname, unter dem bes. bekannt: M[arcus] Gabius Apicius, der berühmteste Gourmand u. Gastronom der Römerwelt unter Tiberius, ..." (Georges 1869, Sp. 379);

„APICIUS (M. Gabius) [1]), ein in der Geschichte der Schlemmerei berüchtigter Name, welcher zur Bezeichnung des Höchsten, was die verschwenderischste Ueppigkeit kennt, sprichwörtlich geworden ist [2]). Unter der Regirung des Tiberius, wo nur Auszeichnung im Laster unverdächtig war, hatte er sich die Vollendung der Kochkunst zum Geschäft gemacht, ...“ (Ersch/Gruber 1820, S. 402f.)

64 „[species 1] Secale Hybernum vel majus C. B. Pin. 23. Secale J. B. 2. 416. Rogga sive Secale Dod. Pempt. 499.“ (Tournefort 1700, S. 513, Genus II. „Secale. Ségle.“); „II. Secale hybernum vel majus. ...“ (Bauhin 1623, S. 23); „De Rogga siue Secali. CAP. XV. ...“ mit der Abbildung „Rogga siue Secali.“ auf S. 499 (Dodoens 1616, S. 499f.) ; „Secale hybernum majus C. B. P. 23. ... Rogga sive secale Dodon. Pempt. 499. ... Korn, Rocken.“ (Rupp 1726, S. 244); „SECALE. Secale, Secla, Briza. ... teutsch, Korn, Roggen, Rocken. Ist ein Gewächs, dessen es zwey Sorten giebet. Die erste wird genannt ... Secale hybernum, vel majus, C. B. Raji Hist. Tournef. ... teutsch, Winterkorn. ... Das Korn wird zum Brodbacken und zur Arzney gebraucht. ... Das Roggenmehl ist gut und dienlich zur Erweichung der Geschwulst, und zum zertheilen, wann es als ein Umschlag gebraucht und aufgeleget wird. Die Roggenkleyen reinigen, erweichen, sind gut zum Durchfall, die Schärffe auf der Brust zu mildern, wann sie abgesotten innerlich gebrauchet werden, oder wann ein Clystir davon bereitet wird. Das Roggenbrod wird bisweilen in Umschlägen gebrauchet, zum einweichen, zum zertheilen, und zum stärcken. Die Rinde von Roggenbrod geröstet ist gut die Zähne zu puten. ...“ (Lémery 1721, Sp. 101f.); „1. SECALE. Bauh. hist. 2. p. 416. Secale hybernum vel majus. Bauh. pin. 22. theatr. 425. ...“ (Linné 1737, S. 25); „Secale officin. Dal. Pharm. 339. Secale hybernum vel majus, & vernum vel minus. C. BAUH. Pin. 23. Siligo, Rogga vel Secale Plinii. Roggen, Rocken. Korn. Sommmer= und Winter=Roggen. Die junge Roggenpflanze ... wird von den Engbrüstigen und Lungensüchtigen öfters als ein Kräuterthee gebraucht, ... Die Staubhülsen (antherae) ... werden ... gegen die Wechselfieber sehr gerühmet. ... Der geröstete Saamen wird zu einem warmen Infuso genommen, welches die Stelle des Coffees vertreten soll, ...“ (Gleditsch 1769, S. 367f.); „[Secale] cereale, glumarum ciliis scabris; gemeiner Roggen, ... Man hat aber von dieser Getreideart mehrere Spielarten: 1) Winterroggen, ... 2) Sommerroggen, ... den Saft des Krautes rechnen einige unter die steinzermalmende Mittel; seine Samen haben ... vielen nährende, mildernden, kühlenden Schleim in sich; ...“ (Gmelin 1776, Sp. 382ff.); „[Secale] Farrago Plinii, hybernum vel majus, so nennen Dalechamp, C. Durante und C. Bauhin den Winterroggen.“ (a. a. O., Sp. 387); „1) Gemeiner Roggen. Secale cereale. ... Secale glumarum ciliis scabris. LINN. ... Sp. Pl. p. 124. ... Secale (vernum) vernum vel minus. C. BAUH. pin. 23. TOURNEF. Inst. R. H. p. 513. tab. 294. ... Man hat die Erfahrung gemacht, daß die Schwindsucht, oftmals durch den einzigen Gebrauch eines Breyes an Roggenmeel geheilet worden. ...“ (Linné 1785, S. 535ff.); „1. SECALE cereale. ... S. (hybernum) hybernum vel majus. Bauh. pin. 22. theatr. 425. ... S. (vernum) vernum vel minus. Bauh. pin. 23. ... Gemeiner Roggen. W. ...“ (Linné 1797–1830, Bd. I, Teil 1, S. 471); „SECALE cereale. a) Hybernum L., ... Gemeiner Roggen, W. Winterroggen. R. Rosch. Osimowaja. Tat. Kugluk Arysch. ... b) Vernum seu aestivum L. Sommerroggen. R. Jariza. Tat. Kasaruis, auch Jastyk Arusch. ...“ (Georgi 1797–1802, Theil 3, S. 710ff.); „1028. Secale. L. ... 1. S. fragile (M. a BIEB. Suppl. Fl. t. c. I, p. 93.) ... S. cereale. ... M. a BIEB. Fl. t. c. I, p. 84. ...“ (Ledebour 1853, S. 334); „215. SECALE cereale. S. glumarum ciliis scabris. Linn. ed. Willd. 1. p. 471. ...“ (Marschall von Bieberstein 1808a, S. 84f.); „215. SECALE fragile. ... S. cereale. Flor. taur. cauc. n. 215 (excluso Synonymo). ...“ (Marschall von Bieberstein 1819, S. 93f.); „340. SECALE cereale Linn. Gemeiner Roggen. ... Gebräuchl. Theile. Die Roggenkleien, das Roggenmehl und der daraus bereitete Sauerteig: Furfur, Farina et Fermentum Secalis s. Frumenti. Anwendung. Des Mehls: zur Bereitung eines zähen, einhüllenden Breies gegen scharfe Gifte; des Mehls und der Kleien zu trocknen Bähungen und Kataplasmen vorzüglich geeignet, ... Präpar. Das früher gebräuchliche Brodkrustenpflaster (Emplastrum Crustae Panis) ist veraltet. ...“ (Bischoff 1831, S. 466f.); „Der Roggen. Der Roggen, das Korn (Secale cereale L. III. 2), der Proletarier unter den Cerealien, ist ... die Hauptbrodfrucht Deutschlands ... Es gibt nur eine einzige Art: den gemeinen Roggen ... Die sonstige Verwendung des Roggens zu Grütze, Brei, zur Bier=

und Branntweinbereitung, als Kaffeesurrogat, zur Geflügelmästung u. s. w. ist bekannt. ... Das Roggenstroh ... wird zur Füllung von Strohsäcken und Matrazen, als Streu, zum Flechten von Matten, zur Dacheindeckung u. s. w. ... angewendet; ...“ (Burian 1870, S. 33ff.); Secale cereale L. – russ. *rož'* (*Annenkov* 1858, S. 86, Nr. 1009); mokschanisch roz – Roggen (Ahlquist 1861, S. 170); ersanisch roź – Roggen (Wiedemann 1865, S. 150); wotjakisch cizek – Roggen (Wiedemann 1851, S. 371); wogulisch räsex, räsäk bzw. ōris u. ōrs – Roggen (Ahlquist 1891, S. 46 bzw. S. 36); georgisch чuawi [čuawi] bzw. swili – Roggen (Klaproth 1831, S. 118); syrjänisch rudzeg bzw. rudźeg – Roggen (Wiedemann 1880, S. 275); ostjakisch oroṡ – Roggen (Castrén 1858, S. 78); samojedisch aṡ – Roggen (Castrén 1855, S. 264); mongolisch chara-tarija, charàtàlcha bzw. turè – Roggen (Klaproth 1831, S. 281); „Secāle L. (Gramineae). Von secare (schneiden); d. h. was geschnitten wird; in Italien mähet man es gewöhnlich als grünes Viehfutter ab. Celtisch segal, von sega (Sichel), davon das lateinische seges.“ (Wittstein 1852, S. 806)

russ. *rož*; tung. Talgána – Secale hybernum (RGADA F. 199, Op. 2, kn. 513, D. 27, Bl. 8r)

65 „Kopeke f. eine russ. Kupfermünze r. kopeika [russ. *kopejka* (Mz. *kopejki*)] gen., v. kopi [russ. *kop'e* o. *kopie* – Lanze] Lanze o. Spieß, weil darauf der hl. Georg mit der Lanze geprägt war, u. die deßhalb l. mit hastula übersetzt wird.“ (Fähnrich 1844, S. 397); „Kopeika. Vor diesem waren solche vom feinem Silber und noch einmahl so groß als itzo, ... Jetzo aber sind sie schlechter und leichter. Man hat auch welche von Kupffer, welche groß und mit denen silbernen in gleichen Gange sind. ... Der Nahme Kopeika kömmt von Kopae oder Pique, so der Ritter, der darauf stehet in der Hand hat, welche Müntze am ersten im 15. seculo geschlagen, ... Im Jahr 1724. hat der Imperator Petrus I. befohlen, daß keine silbernen Kopeiken mehr solten geschlagen werden, ...“ (Strahlenberg 1730, S. 388)

66 „[species 1] Hordeum polystichum, hybernum C. B. Pin. 22. Hordeum polystichum J. B. 2. 429. Hordeum polystichon, hybernum, majus Tabern. Icon. 274.“ (Tournefort 1700, S. 513, Genus III. „Hordeum. Orge.“); „Hordeum polystichum hybernum C. B. P. 22. ... Gersten.“ (Rupp 1726, S. 244); „1. Hordeum flosculis omnibus hermaphroditis. Hordeum polystichum. Bauh. hist. 2. p. 429. Hordeum polystichum vernum. Bauh. pin. 22. theat. 439. ... α Hordeum polystichum hybernum. Bauh. pin. 22. theat. 438. ...“ (Linné 1737, S. 24); „I. Hordeum polystichon hybernum. ... II. Hordeum polystichum vernum. ...“ (Bauhin 1623, S. 22f.); „I. HORDEVM POLYSTICHVM HYBERNVM. ... Germanis, Wintergersten/ grosse Gersten. ... II. HORDEVM POLYSTICHVM VERNVM. ... Germanis, Groß Som̄ergersten. ...“ (Bauhin 1658, S. 438f.); „10. Hordeum polystichum, Sommergerste mit vielen Reihen. Hordeum polystichum vernum Turn. 513. C. B. P. 22. Hordeum vulgare id. [d. h. Linné] Hordeum“ Hexastichum pulchrum I. B. 2. 329. 11. Hordeum hybernum, Wintergerste, große Gerste. Hordeum polystichum hybernum Turn. 513. C. B. P. 22. Hordeum polystichum I.B. 2. 429. ...“ (Carl 1770, S. 97); „[Hordeum] vulgare, ... gemeine Gerste ... Gemeine Frühlingsgerste ... ihre ... Samen geben ... nicht nur ein Arzneymittel, sondern auch in Gestalt von Meel, Grüze, Brod, Schleim, Brey, Malz, Bier sehr gute und leichte Nahrungsmittel; man hat sie auch geröstet statt des Coffees empfolen: ... sie heißt bey ... J. Bauhin: Hordeum hexastichum pulchrum; ... bey Lobeln und C. Bauhin: Hordeum polystichum vernum; ...“ (Gmelin 1773b, Sp. 908ff.); „1) Gemeine Gerste. Hordeum vulgare. ... Hordeum flosculis omnibus muticis hermaphroditis aristatis: ordinibus duobus erectioribus. LINN. Sp. Pl. p. 125. Hordeum flosculis ... Hort. Cliff. 24. ... Hordeum polystichon vernum. C. BAUH. pin. 22. theatr. 439. ... γ) Hordeum polystichon hybernum. C. BAUH. pin. 22. theatr. 438. ...“ (Linné 1785, S. 542ff.); „2) Sechszeilige Gerste. Hordeum hexastichon. ... Hordeum flosculis omnibus hermaphroditis aristatis, seminibus bifariam positis. LINN. ... Sp. Pl. p. 125. ... Hordeum hexastichon pulchrum. C. BAUH. hist. 2. p. 129. Hordeum polystichon vernum. C. BAUH. theatr. p. 439. Hordeum polystichon hybernum, eiusd. theatr. p. 439. ... Gegenwärtige Art ist diejenige Gerste, die man insgemein die rothe Gerste zu nennen pflegt. ...“ (a. a. O., S. 544f.); „HORDEUM. ... Deutsch. Die Gerste; Der Gersten; N. Sachs. Garste. ... Russ. Jetschmen, Jesmen. ... Tatar. Arpah. Katschink. [sic!] Artsan. Kirgis. Argua. Tscherem. Schasch, Schorsch. Mordw. Schusch. Tschuw. Ir. Wotjak. Jidi. Barab. Arma, Aschik. Georg. Kibiz, Kieri. Armen. Kari. ... Die Eintheilung derselben in Arten und

Varietäten ist bey den Autoren sehr verschieden, so wie auch in der Synomie viel Verwirrung herrscht. ... d) Hordeum hexastichon. ... Deutsch. Die sechszeilige Gerste; Die vielzeilige Wintergerste; Die Wintergerste; Rollgerste; Stockgerste; Rothgerste, Herbstgerste. ... k) Hordeum vulgare. Zeopyrum; Hord. polystichon, Deutsch. Die gemeine Gerste; Zeilengerste; Kerngerste; Wintergerste. ..." (Nemnich 1794, Sp. 172ff.); wotjakisch ǰ̑iđ̑i – Gerste (Munkácsi 1896, S. 266); „1. HORDEVM vulgare. ... H. flosculis ... Hort. cliff. 24. ... Hord. polystichum vernum. Bauh. pin. 22. theatr. 439. ... Gemeine Gerste. W. ... 2. HORDEVM hexastichon. ... H. polystichum pulchrum. Bauh. hist. 2. p. 129. ... H. polystichum hybernum. Bauh. theatr. 439. R. ... Sechszeilige Gerste. W." (Linné 1797–1830, Bd. I, Teil 1, S. 472f.); „HORDEUM L., Gerste. R. Jatschmen. Tat. Arpah. Georg. Kiant. ... Wog. Kalesch. HORDEUM vulgare L., ... Gemeine Gerste. R. Jarowoi Iutschmen. Tat. Arpah, auch Jaslyk. ..." (Georgi 1797–1802, Theil 3, S. 715f.); „HORDEUM hexastichon L., ... Sechszeilige Gerste. W. Wintergerste. W. R. Jatschmin Osimoi. Tat. Kusluk arpa. ..." (a. a. O., S. 716); „Die Gerste. Die Gerste (Hordeum, L. III. 2) unsere nördlichste Kulturpflanze, ... Man unterscheidet vorzugsweise drei Gerstenarten: a) Die gemeine kleine vierzeilige Gerste (Hordeum vulgare) ... sie hat ... Ährchen in sechs ungleich geordneten Körnerreihen, daher sie auch unregelmäßig – sechszeilige Gerste genannt wird. ... b) die große sechszeilige Gerste (Hordeum hexastichon), ... welche als Sommer= und Winterfrucht gebaut wird; ... Weiteres dient die Gerste auch noch zur Fabrikation von Stärke, Graupen, Grütze und Gries, sowie medizinisch als Gerstentrank und Gerstenschleim. ..." (Burian 1870, S. 36ff.); Hordeum – russ. *jačmen'* (*Annenkov* 1858, S. 49, Nr. 556); mordwinisch Sura – Gerste (Witsen 1785, S. 626); mokschanisch ṷuž – Gerste (Ahlquist 1861, S. 178); ersanisch tšuž bzw. šuž – Gerste (Wiedemann 1865, S. 164); wotjakisch jidy – Gerste (Wiedemann 1851, S. 357); wogulisch qoles-tēp-šǟm– Gerste (Ahlquist 1891, S. 21); georgisch keri – Gerste (Klaproth 1831, S. 114); armenisch kari – Gerste (Klaproth 1831, S. 101); syrjänisch id – Gerste (Wiedemann 1880, S. 68); samojedisch ârma, oarba, èarba – Gerste (Castrén 1855, S. 227); mongolisch arabai bzw. arbaï– Gerste (Klaproth 1831, S. 273 bzw. S. 278); „Hōrdeum L. (Gramineae). Von hordus (fordus, schwer), weil das daraus bereitete Brot sehr schwer und fest ist; weniger annehmbar scheint die Ableitung von horridus (rauh), in Bezug auf die steifgegrannten Spelzen. ..." (Wittstein 1852, S. 451)

„1. Hordeum polystichum hibernum. C. B. P. 22." (AAW R. I, Op. 13, D. 16, Bl. 31v, s. Anm. 32 in Nr. 6)

67 „[species 1] Avena vulgaris seu alba C. B. Pin. 23. Avena alba J. B. 2. 432. Avena Dod. Pempt. 511." (Tournefort 1700, S. 514, Genus V. „Avena. Avoine."); „Avena vulgaris sive alba C. B. P. 23. ... Haber." (Rupp 1726, S. 244); „1. AVENA calycibus dispermis, seminibus laevibus. Avena Dod. pempt. 511. Avena alba & nigra. Bauh. hist. 2. p. 432. Avena nigra. Bauh. pin. 23. α Avena vulgaris seu alba. Bauh. pin. 23. theatr. 469. ..." (Linné 1737, S. 25); „AVENA. AVENA VULGARIS ALBA. ... Germ. Habern. Casp. Bauh. Pin. pag. 23. ... AVENA NIGRA. Casp. Bauh. Pin. 2[3]. ... Germ. Schwarzer Haber. ... Aeuserlich: Haber Meel in Wasser gesotten, und den Brey über die hitzige Geschwulsten, Beulen und Fisteln geschlagen, bringet dieselbe zur Heilung. Mit Butter vermischet, heilet den Grind des Haupts. ... An etlichen Orten machet man Bier und Brod von Habern. ..." (Weinmann 1737, S. 99ff.); „CAPUT XVII. Haber. Avena. ... Die Species sind: 1. Avena; vulgaris; seu alba. C. B. P. 23. Th. 469. ... 2. Avena; nigra C. B. P. 23. ... Die Habermehl=Brühlein sind dienlich in denen Kranckheiten des Haupts, dem Schwindel, Husten, Lung=<,> Leber= und Miltz=Sucht, Därm=Ruhr, drey= und viertägigem Fieber, Gries und Harnwinde. ... Die Moscowiter pflegen aus dem Habern ein Wasser zu destillieren, welches sie anstatt des Weins gebrauchen. Es machet die Menschen voll und truncken, wie bey uns der Wein. Mit Habern wird auch der bekannte Haber=Tranck, oder die Haber=Cur zubereitet, welche ... in sehr vielen Beschwerden M. L. trefliche Dienste gethan: ..." (Zwinger 1744, S. 375ff.); „Avena sativa, ... gemeiner Hafer, ... zahmer Hafer, gemeiner Haber; ... heißt bey ... C. Bauhin: Avena vulgaris s. alba; ... Seine Samenkörner sind in der Haushaltungs= und Arzneykunst bekannt; ..." (Gmelin 1772a, Sp. 1009ff.); „„... Saathafer s) ... |: s) Avena sativa. :|" (Lepechin 1783, S. 43); „6) Gemeiner Hafer. Avena sativa. ... Avena paniculata, calycibus dispermis, seminibus laevibus, altero aristato.

LINN. ... Sp. Pl. p. 118. Hort. Cliff. 25. ... Avena nigra. C. BAUH. pin. 23. β) Avena alba. eiusd. pin. 23. ..." (Linné 1785, S. 466ff.); „AVENA. ... Griech. bromos, aigylops. Deutsch. Der Hafer, Haber, Haver. Teuton. Senavus. Russ. Owès. ... Tatar. Sulu. Barab. Sulu. Szirjän. Szor. Tscherem. Schulej, Suloe. Wotjak. Silsi. Mordwin. Pinjemi. Georg. Kari. Armen. Kjarit. ... Der Hafer heiset bey den älteren Botanikern auch gramen avenaceum." (Nemnich 1793a, Sp. 548f.); wotjakisch śezi̊ – bzw. śezė̊ – Avena sativa, Hafer (Munkácsi 1896, S. 450); „i) Avena sativa (alba; nigra). Deutsch. Der gemeine oder zahme Hafer, der Futterhafer; Nach seinen Varietäten erhält er folgende Namen: Der gemeine weisse Hafer, der glatte Hafer (wird am häufigsten gebaut); der weisse englische Hafer, der schwere Pfundhafer, der Winterhafer; der Morgenhafer; der weisse frühzeitige Hafer, der Augusthafer; der weisse einkörnige Hafer; der weisse dreykörnige Hafer, der Fahnenhafer; – der glatte schwarze Hafer, der Eichelhafer; der schwarze Augusthafer; der glatte graue Hafer; der glatte braune Hafer; der rauhe schwarze Hafer; der blaue Hafer; der Sandhafer, der Rauchhafer, der Purrhafer; der Barthafer; der rothe Hafer. ..." (a. a. O., Sp. 552ff.); „AVENA sativa L., ... Gemeiner weißer Hafer. R. Owes. ... Tat. Bijus Jugaw. Wogul. Saila. Georg. Schruba. ... β. AVENA sativa nigra L., ..." (Georgi 1797–1802, Theil 3, S. 702f.); „13. AVENA sativa. A. paniculata, ... Hort. cliff. 25. ... A. nigra. Bauh. pin. 23. β. A. alba. Bauh. pin. 23. ... Gemeiner Hafer. W. ..." (Linné 1797–1830, Bd. I, Teil 1, S. 446); „Avena sativa, (alba; nigra). ... Aus Hafermehl und allerlei Zuthaten wird in London eine Art Kuchen (flummery) gebacken, welche man als Delicatessen häufig verzehrt. ... In der Medizin verordnet man einen Hafertrank, besonders in Brustkrankheiten. Ein anderer Trank ist gut gegen die Kolik. Man nennt ihn Luthertrank, weil ihn Luther häufig gebraucht haben soll. ..." (Langstedt 1801, S. 264f.); „344. 1. AVENA sativa LINN. Rispenhafer. ... Synon. Gemeiner, zahmer, glatter oder Futterhafer. ..." (Bischoff 1831, S. 470); Avena sativa L. – russ. *oves* (*Annenkov* 1858, S. 21, Nr. 175); krim-tatarisch Sula – Hafer (Witsen 1785, S. 582); mokschanisch pinem – Hafer (Ahlquist 1861, S. 167); ersanisch pinime – Hafer (Wiedemann 1865, S. 203); wotjakisch sezi – Hafer (Wiedemann 1851, S. 359); wogulisch sul – Hafer (Ahlquist 1891, S. 55); georgisch шрywa [šrywa] – Hafer (Klaproth 1831, S. 115); armenisch warsag – Hafer (Klaproth 1831, S. 101); samojedisch sulu – Hafer (Castrén 1855, S. 211); mongolisch ušun-gonok – Hafer (Klaproth 1831, S. 278); „Avēna L. (Gramíneae). Vom celtischen aten, und diess von etan (essen); im Norden dient der Hafer dem Menschen als eine der Hauptspeisen. Die Celten lernten ihn durch die Germanen kennen, ..." (Wittstein 1852, S. 86f.)

russ. *oves* – „Auena" (RGADA F. 199, Op. 2, kn. 513, D. 27, Bl. 8r; J. G. Gmelin: AAW F. 21, Op. 5. D. 121, Bl. 4v); „313. Avena vulgaris seu alba. C. B. P." (AAW R. I, Op. 104, D. 13, Bl. 8r, s. Anm. 84 in Nr. 29); „1. Avena vulgaris seu alba. C. B. P. 23." (AAW R. I, Op. 13, D. 16, Bl. 31v, s. Anm. 32 in Nr. 6); „388„ d. [25. Januar 1725]„ [Sem.] Avenae vulgaris albae. Tournef. Sp. 1. ...„ " (AAW F. 98, Op. 1, D. 23, Bl. 13v, s. Anm. 49 in Nr. 653); „25. Januar 1725 ... Hiebei hatte er eine quantité ... item Avenae vulgaris albae (Tournefortii sp. 1) mit sich gebracht, ..." (Messerschmidt 1962–1977, Bd. 3, S. 256f.)

68 „[species 1] Milium semine luteo C. B. Pin. 26. Milium J. B. 2. 446. Dod. Pempt. 506." (Tournefort 1700, S. 514, Genus VI. „Milium. Millet."); „MILIVM semine luteo C. B. P. 26. ... Hirse, rother Hirse, oder Hirschen. MILIVM semine albo C. B. P. 26. ... MILIVM semine nigro C. B. P. 26. ... Schwarzer Hirsen, Sprall=Hirsen." (Rupp 1726, S. 244); „4. PANICUM panicula laxa flaccida, foliorum vaginis pubescentibus. Milium. Bauh. hist. 2. p. 446. ... Milium semine luteo. Tournef. inst. 514. α Milium semine albo. Tournef. inst. 514. β Milium semine nigro. Tournef. inst. 514. ..." (Linné 1737, S. 27); „Milium, ... Hirse. Stopffet, und ist übel zu verdauen, nehret sonst ziemlich wohl. Das Decoctum treibet den Schweiß und Urin, [a]userlich trocknet es die so genannten Flüsse, Catarrhos aus, lindert die Haupt=Schmertzen, vermindert die Milch, treibet den Stein der Nieren, ist gut wider den Durchfall, ... das Decoctum D. Ambrosii, vertreibet die dreytägigen Fieber." (Franckenau 1713, S. 229f.); „15. Milium, gelber Hirs. Milium semine luteo Turn. 514. C. B. P. 26. ... 16. Milium album, weißer Hirs. Milium semine albo Turn. 514. C. B. P. 26. ..." (Carl 1770, S. 98f.); „[Milium] semine luteo vel albo, hierunter versteht C. Bauhin den gemeinen Hirsen. [Milium] semine nigro; semine nigro & latiore juba; ... also nennen C. und

J. Bauhin und Lobel eine Spielart desselbigen mit schwarzen Samen.“ (Gmelin 1774, Sp. 155); „25) Gemeiner Fennich. Panicum miliaceum. ... Panicum panicula laxa flaccida, foliorum vaginis hirtis, glumis mucronatis nervosis. LINN. ... Sp. Pl. p. 86. Hort. Cliff. 27. ... Milium semine luteo et albo. C. BAUH. pin. 26. ... Der gemeine Mann kocht selbigen zu einem Muße; ... In Venedig backen sie Kuchen aus dem Hirße, ...“ (Linné 1785, S. 246f.); „m) Panicum miliaceum. Milium vulgare album & nigrum. Deutsch. Der Hirsen; Der Hirse, Die Hirse; Gemeine Hirsen, Hirs, Hirsche, Heers. ... sie ... dient bekanntlich zu mancherley Speisen; sie wurde auch ehedem zu Brod gebacken; ...“ (Nemnich 1795, Sp. 846); „10. PANICUM miliaceum L., ... Hirsefennich. Gemeine gelbe und weisse Hirse. Goldhirse. R. Prossa. Georg. Esse Dam. Tat. Bajas Tadi. ... Die Tatarn, Kaukaser, Georgianer und Armenier essen die Hirse fast täglich als dicken Brey mit Wasser oder Milch, R. Kasch, oder mit Fett (Tat. Plow). Der Braga der Russen, ein dickes, trübes, sehr rauschendes Bier aus einer Mischung von Getreide= und Hirsemalz. Busa ist Hirsebier, blos von Hirsemalz. Es ist trübe, sehr schaumend und greift den Kopf sehr an, wird aber von gemeinen Leuten gern getrunken.“ (Georgi 1797–1802, Theil 3, S. 682f.); „Hirse, ... eine Hülsenfrucht, welche der kleine rundliche glänzende Same einer Art des Schwaden=Grases, Panicum miliaceum Linn. ist, welches ... gleichfalls Hirse genannt wird; gemeine oder Saat=Hirse, ... Milium semine luteo et albo C. B.... In einigen Gegenden wird die Hirse bey Ausrichtungen, als: Taufmahlen, Hochzeiten u. s. f. mit Reiß vermenget, und ein angenehmes Essen daraus bereitet. ... Zum Arzeneygebrauche kommt sie auch in keine Betrachtung; ... In Frankreich macht man daraus den so genannten Ambrosiustrank, Decoctum S. Ambrosii, welcher urin= und schweißtreibend seyn soll. ...“ (Krünitz 1773–1858, Bd. 23, S. 774ff.); „49. PANICVM miliaceum. P. panicula laxa flaccida, Hort. cliff. 27. ... Milium semine luteo et albo. Bauh. pin. 26. theatr. 502. ... Hirsen-Fennich. W. ...“ (Linné 1797–1830, Bd. I, Teil 1, S. 348); „4. Hirse (Panicum miliaceum L. in Chiwa Tare genannt) ...“ (Basiner 1848, S. 232f.); „1101. Panicum. L. ... 1. P. miliaceum (L. Spec. 86) ... LED.! Fl. alt. I, p. 77. ...“ (Ledebour 1853, S. 469f.); „3) PANICUM MILIACEUM. L. ...“ (Ledebour 1829, S. 77f.); „Die Hirse. Die Hirse (Panicum L. II. 2.) ... a) Die gemeine, echte oder Rispenhirse, Fench oder Pfennich (Panicum miliaceum) ... Die echte Hirse kommt am häufigsten im Handel vor und finden die ... Körner als Nahrungsmittel die gleiche Verwendung wie der Reis. ...“ (Burian 1870, S. 49ff.); mokschanisch sura – Hirse (Ahlquist 1861, S. 173); ersanisch prosa – Hirse (Wiedemann 1865, S. 206); wotjakisch tari – Hirse (Wiedemann 1851, S. 361); syrjänisch prosa – Hirse (Wiedemann 1880, S. 255); „Milium L. (Gramineae). Vom celtischen mil (Stein), wegen der harten und glänzenden Samen; vielleicht hängt auch das Wort mit mel (Honig) zusammen, denn Plin. (XVIII. 24) bemerkt, dass die Hirse ein sehr süsses Brot gebe. Endlich verdient auch noch nach FESTUS: mille (tausend) Berücksichtigung, denn die Rispe trägt sehr zahlreiche Körner.“ (Wittstein 1852, S. 583); „Pānicum L. (Gramineae). Entweder von πηνικη (falsches Haar, Perüke), weil der Blüthenstand mit zahlreichen Haaren versehen ist; oder von panis (Brot), in Bezug auf die früheste Anwendung der Frucht zum Brotbacken; ... Die Rispe (panicula) erhielt erst ihren Namen von Panicum, nicht umgekehrt.“ (a. a. O., S. 655f.)

„826. Panicum panicula laxa, flaccida, foliorum vaginis pubescentibus Linn. h. cliff. 27. Milium Bauh. hist. 2. p. 446 Lob. ic. 39. Matth. diosc. 1. p. 367. Milium semine luteo vel albo B. Pin. 26. Theatr. 502.“ (AAW R. I, Op. 13, D. 20, Bl. 75r, s. Anm. 1 in Nr. 1); „318. Milium semine luteo C. B. P.“ (AAW R. I, Op. 104, D. 13, Bl. 8r, s. Anm. 84 in Nr. 29)

69 „[species 1] Gramen Loliaceum, radice repente sive Gramen officinarum. Gramen caninum, arvense sive Gramen Dioscoridis C. B. Pin. 1. Gramen repens officinarum, fortè Triticeae spicae aliquatenus simile J. B. 2. 457. Gramen Dod. Pempt. 558.“ (Tournefort 1700, S. 516, Genus VIII. „Gramen. Chien-dent.“); „2. Gramen Caninum arvense, sive Gramen Dioscoridis. C. B. Pin. 1. ... Gr. Loliaceum Radice repente seu Gramen officinarum, Inst. 516. ...“ (Scheuchzer 1719, S. 5f.); „⊙ 7. GRAMEN LOLIACEUM RADICE REPENTE SIVE GRAMEN OFFICINARUM. Inst. 516. ... * GRAMEN LOLIACEUM, RADICE REPENTE, SIVE GRAMEN OFFICINARUM, ARISTIS LONGIORUM DONATUM. Inst. 615. [sic!] Planche XVII. fig. 2. [s. Nr. 796] ...“

(Vaillant 1727, S. 81); „320. Triticum Vaillantianum. – T. repens L. δ. aristatum Neilr. ... Gramen loliaceum radice repente, ... Vaill. bot. paris. p. 81. Tab. 17. fig. 2. ...“ (Wulfen 1858, S. 70f.); „1. TRITICUM radice repente, foliis viridibus. Fl. lapp. 33. Gramen loliaceum, radice repente, ... Tournef. inst. 516. ... Gramen caninum arvense. Bauh. pin. 1. theat. 7. ...“ (Linné 1737, S. 24); „53. TRITICUM radice perenni, spiculis solitariis, breuius aristatis, glumis calicum acutissimis. Gramen caninum aruense, siue Gramen Dioscoridis C. B. SCHEUCHZ. Agr. p. 5. HALL. Helv. p. 207. Triticum radice perenni, foliis viridibus LINN. Lapp. 33. h. Cliff. 24. Suec. 105. ROY. pr. p. 70. ...“ (Gmelin 1747–1769, Bd. I, S. 118); „53. Triticum radice perenni, spiculis solitariis breviu aristatis, glumis calycum acutissimis [=] Triticum repens L.!“ (Ledebour 1841, S. 55); „GRAMEN loliaceum radice repente, sive Gramen officin. T. 516. Gramen caninum. Peden. Hundegras. Queckengraß. Die Wurzeln sind in denen Apothecken zur Genüge bekannt, und werden stark unter die blutreinigenden Tränke gebraucht. ... Sie gehöret unter die fünf eröffnenden Wurzeln, ... Der eingesottene Saft, ... gleichet dem Mannasaft überaus.“ (Gleditsch 1769, S. 135f.); „41. Gramen, Graß, Hundsgraß, Wurmgraß. Gramen loliaceum radice repente siue gramen offic. Turn. 516. Gramen caninum aruense, siue Gramen Dioscoridis C. B. P. 1. ...“ (Carl 1770, S. 267); „[Gramen] caninum arvense; caninum arvense sive Gramen Dioscoridis; also nennen Magnol und C. Bauhin die Queken.“ (Gmelin 1773b, Sp. 537); „[Gramen] loliaceum radice repente sive gramen officinarum, bedeutet bey ihm [d. h. Tournefort] die Queken.“ (a. a. O., Sp. 567); „[Triticum] repens, ... Queken, ... gemeine Queken; Quäken; Quekweizen; Quekengras; Graswurzel; Spizgras; Knöpfliegras; Hundsgras; Pädergras; ... Man hat davon mehrere Spielarten. ... Es ist ein äuserst beschwerliches Unkraut auf Aekern, ...“ (Gmelin 1777, Sp. 292ff.); „11) Quecken, gemeine Quecken, Quäcken, Queckweitzen, Queckengras, Graswurzel, Spitzgras, Knöpfliggras, Hundgras, Pädergras; Triticum repens: ... sie [d. h. die Wurzeln und das Kraut] werden von den Aerzten ... in Krankheiten der Brust und der Harnwege und in Würmern ... verordnet; ...“ (Gmelin 1779, S. 16ff.); „11) Quecke. Triticum repens. ... Triticum calycibus quadrifloris subulatis acuminatis, foliis planis. LINN. ... Sp. Pl. p. 128. Triticum radice repente, ... Hort. Cliff. 24. ... Triticum radice perenni, ... GMEL. Sib. 1. p. 118. n. 53. ... Gramen caninum arvense ... C. BAUH. pin. 1. SCHEUCHZ. Gram. p. 5. ... Einen weit größeren Nutzen leistet die Quecke als ein Nahrungsmittel. ... Desto ausgebreiteter ist hingegen der Gebrauch der Quecke als Arzeney. ... Vorzüglich gebraucht man sie gegen die Verstopfungen und Verhärtungen der Eingeweide, insonderheit der Leber, der Milz, der Drüsen im Gekröse; ... Um des Arzneynutzens willen ist die Quecke ... eine Waare für die Apotheker, die sie unter den Namen Radix graminis führen. ...“ (Linné 1785, S. 582ff.); „138. Triticum repens. Lin. Syst. Pl. I. 241. ... Kalmük. das Gras Charoschal. die Wurzel Bodesuk. ... Die Kalmücken trocknen und zerpulvern die Wurzeln und kochen von dem Mehle Breye.“ (Falk 1786, S. 110); „93. Triticum repens. Quek. Пирей. [russ. *pirej*] Gort. ... Die Quekwurzeln sind bey Miswachs ein ... Verlängerungsmittel des Mehles, ...“ (Georgi 1790, S. 500); „d) Triticum repens. Gramen loliaceum, radice repente; ... Deutsch. Die Quecke; Quecken, Queckweitzen, Queckengras, Tewecken, Grasquecken, Laufquecken, Schnurrquecken, Quåken, Tzwecken, Zweckengras, Quitschen; Hundsgras, Hundsweitzen, Hundswurzel, Weitzengras, Spitzgras, Apothekergras, Rehegras, Reihgras, Graswurzel, Knöpfligras, Påden, Peden, Plåten, Wurmgras, Flechtgras, Bayer, Peyer, Schosswurz. ... In den Apotheken sind sie u. d. N. Radices graminis, Graswurzeln, bekannt, und werden häufig zu Tisanen gebraucht; ...“ (Nemnich 1795, Sp. 1491f.); „Der Bach Kjachta, eigentlich auf mongolisch Kjäktu, hat seinen Namen von den vielen daherum wachsenden Quecken (Triticum repens) dessen Mongolischer Name Kjäk ist. ...“ (Sievers 1796, S. 175); „3. TRITICUM repens L., ... Queck. Weizen=Queck. R. Pyrei. ... Mongol. Kiäk. (wovon Kiächta den Namen erhielt.) ... Die strohförmigen Wurzeln sind ein vorzügliches Ersatzmittel fehlenden Brodmehls, ...“ (Georgi 1797–1802, Theil 3, S. 721f.); „13. TRITICVM repens. ... T. radice repente, ... Hort. cliff. 24. ... T. radice perenni, ... Gmel. sib. 1. p. 118. n. 53. ... Gramen caninum arvense ... Bauh. pin. 1. Scheuchz. gram. 5. ... Quecken Weizen W. ...“ (Linné 1797–1830, Bd. I, Teil 2, S. 481); „336. 1. TRITICUM repens

LINN. Queckenweizen. ... Gebräuchl. Theil. Der halmartige, kriechende Stock: Radix Graminis, Queckenwurzel, Graswurzel. ... Wirkung. Gelind=auflösend, einhüllend, nährend, die Absonderung in den Schleimhäuten befördernd. Anwendung. Bei Verschleimungen der Brust und Stockungen in den Unterleibsorganen ... Präpar. Das Extract und der Dicksaft (Extractum et Mellago Graminis): ..." (Bischoff 1831, S. 462f.); „15. T[riticum] repens (L. Spec. 128) ... M. a BIEB. Fl. t. c. I, p. 88; ... LEDEB. Fl. alt. I, p. 116. ... T. radice perenni, ... GMEL. Fl. sib. I, p. 118, No. 53. ..." (Ledebour 1853, S. 340f.); „224. TRITICUM repens. ... Linn. ed. Willd. 1. p. 481. ... Gmel. sib. 1. p. 118. n. 53. ... Scheuchz. agr. p. 5. n. 2. ..." (Marschall von Bieberstein 1808a, S. 88f.); „7) TRITICUM REPENS. L. ... Triticum radice perenni, ... Gmel. Sib. I. p. 118. ..." (Ledebour 1829, S. 116f.); mordwinisch Tise – Gras (Witsen 1785, S. 624); georgisch Tzamali bzw. Tiva – Gras (a. a. O., S. 507 bzw. S. 514); kalmykisch Ebesiun, Ibussun bzw. Ibiusiun – Gras (a. a. O., S. 578); samojedisch Oemsekoe – Gras (a. a. O., S. 892); mokschanisch nar – Gras (Ahlquist 1861, S. 194); ersanisch tikše – Gras (Wiedemann 1865, S. 202); wotjakisch turyn bzw. turun – Gras (Wiedemann 1851, S. 358); burjatisch öbököŋ, nogon(ŋ) – Gras (Castrén 1857, S. 196); syrjänisch turyn – Gras, Kraut, Heu (Wiedemann 1880, S. 380); ostjakisch pûm bzw. pôm – Gras (Castrén 1858, S. 112); tungusisch orokta, xaikta, orokto, cûka bzw. orôkto – Gras (Castrén 1856, S. 124, S. 92 bzw. S. 104); samojedisch paty, ostjakisch pady – Gras (Klaproth 1831, S. 142); samojedisch ˜amde', ˜um, nota, not, ˜ûo, nu̇ʒ, nûʒe, nuʒ, nût bzw. nûʒe – Gras (Castrén 1855, S. 229f.); kurilisch muhn, samojedisch mum – Gras, Kraut (Klaproth 1831, S. 303); mongolisch ebešu nocho – Gras (Klaproth 1831, S. 278); jakutisch от – Gras (Middendorff 1851, S. 21); „Gramen kommmt von Gradi, gehen, her, weil sich die Wurtzeln dieses Krautes fortschleichen, indem sie auf der Erde stets fortkriechen. ..." (Zedler 1732–1750, Bd. 11, Sp. 606)

„мѣтла" [russ. *metla*] – Gramen (AAW F. 21, Op. 5, D. 73, Bl. 269v); „Gramen loliaceum, radice repente, sive gramen officinarum. Inst. r. h. 516. nº 169." (AAW R. I, Op. 13, D. 19, Bl. 6v, s. Anm. 54 in Nr. 17); „261. Triticum radice repente folys viridibus Linn. flor. 33. Gramen caninum arvense B. Pin. 1. ..." (AAW R. I, Op. 13, D. 20, Bl. 28v, s. Anm. 1 in Nr. 1); „Gramen loliaceum radice repente sive Gramen officinarum I. R. H. ..." (AAW R. I, Op. 105, D. 2, Bl. 14v, s. Anm. 54 in Nr. 17); „11. Gramen caninum arvense S. Gramen Di<o>scoridĭs C. B. P. 1." (AAW R. I, Op. 13, D. 16, Bl. 31r, s. Anm. 32 in Nr. 6); „– Gramen loliaceum radice repente siue gramen off. Tourn. ... Poa spiculis ovatis compressis muticis, flosculis lanuginosij." (AAW R. I, Op. 104, D. 8, Bl. 15r, s. Anm. 18 in Nr. 452); „Gramen loliaceum, radice repente, sive Gramen caninum Officinarum (Tournefortii sp. 1), Off." (Messerschmidt 1962–1977, Bd. 4, S. 206, s. Anm. 1 in Nr. 1)

70 in der 2. Textversion (s. Anm. 1 in A.): „agris"

71 „[species 2] Gramen Loliaceum, radice repente, sive Gramen officinarum, aristis longioribus donatum. Graminis spicâ Triticeâ repentis vulgaris varietas cum spicâ aristatâ Raii Synops. 247. [s. Nr. 797]" (Tournefort 1700, S. 516, Genus VIII. „Gramen. Chien-dent."); „§. 1. Gramen spicâ triticeâ repens vulgare, caninum dictum repens, Officinarum fortè, spica Triticeae aliquatenus simile J. B. ... Hujus varietatem cum spica aristata observavimus ..." (Ray 1696, S. 247); „6. Graminis spicâ Triticeâ repentis vulgaris varietas, cum spica aristatâ. Raij. Synops. 247. Gr. Loliaceum, radice repente, sive Gramen officinarum, aristis longioribus donatum. Inst. 516. ..." (Scheuchzer 1719, S. 9); „5. GRAMEN loliaceum radice repente, sive Gramen officinarum, longioribus aristis donatum I. R. H. VAILL. p. 81. T. 17. f. 2. BUXBAUM. Cent. IV. Tab. 50. [s. Nr. 797] Graminis spica triticea repentis vulgaris varietas, cum spica aristata RAJ. syn. III. p. 390. SCHEUCHZ. p. 9. ... Gramen caninum cristatum radice non repente sylvaticum RAJ.syn. III. p. 390. ..." (Haller 1742, S. 208); „2. Gramen caninum aristatum, radice non repente, sylvaticum D. Bobarti. Syn. II. 247. 2. ..." (Ray 1724, S. 390); „5. TRITICUM radice repente, foliis viridibus. hort. cliff. 24. ... Gramen loliaceum radice repente, sive Gramen officinarum, I. R. H. 516. Chiendent. *-idem aristis longioribus donatum. I. R. H. 516. ..." (Dalibard 1749, S. 41)

„3. Gramen spica Triticea repentis vulgaris varietas cum spica aristata. Raj. Syn. 247. Agr. 9. ...“ (AAW R. I, Op. 105, D. 4^{a}, Bl. 1r, s. Anm. 98 in Nr. 810); s. Nr. 795

72 „[species 3] Gramen Loliaceum, fibratâ radice, aristis donatum. Gramen caninum, non repens, elatius, spicâ aristatâ Mor. Hist. Oxon. Part. 3. 177.“ (Tournefort 1700, S. 516, Genus VIII. „Gramen. Chien-dent.“); „Gramen caninum non repens elatius spica aristata. ...“ (Morison 1699, S. 177); „⊙ * 9. GRAMEN LOLIACEUM, FIBROSA RADICE ARISTIS DONATUM. Inst. 516. ... Item Gramen spicatum secalinum, altissimum. J. R. H. 518. [s. Nr. 798] ... Item Gramen Secalinum majus sylvaticum. D. Bobart. Raji Synops. 248. [s. Nr. 799] ...“ (Vaillant 1727, S. 82); „58. TRITICUM radice perenni, spiculis solitariis, longissime aristatis. Tab. XXVII. ... STELLERUS ad fossam prope suburbium VRIK, ab Ircutia vrbe duodeuigintis leucas distans, reperit. [s. Nr. 802] ... Russ. любимая трава [russ. *ljubimaja trava*] (herba amabilis) vocatur.“ (Gmelin 1747–1769, Bd. I, S. 122f.); „58. Triticum radice perenni, spiculis solitariis longissime aristatis. t. XXVII. [=] Triticum caninum Schrad. var. Gmelini!“ (Ledebour 1841, S. 55); „985. TRITICVM (caninum) ... Triticum radice perenni, ... Gmel. Sibir. 1. p. 122. t. 27. Elymus caninus. Linn. sp. p. 124. Gramen caninum non repens elatius, ... Moris. hist. 3. p. 177. s. 8. t. 1. f. 2. ...“ (Schreber 1771, S. 51f.); „5) Queckenartiges Haargras. Elymus caninus. ... Elymus spica nutante arcta, spiculis rectis involucro destitutis, infimis geminis. LINN. ... Sp. Pl. p. 124. ... Triticum radice perenni ... GMEL. Sib. 1. p. 122. tab. 27. Triticum (caninum) ... SCHREBER. spicil. fl. lips. p. 51. ... Gramen caninum non repens elatius, ... MORIS. hist. 3. p. 177. s. 8. tab. 1. f. 2. BUXB. Cent. 4. p. 29. tab. 50. Gramen loliaceum fibrosa radice, ... VAILL. paris. 82. ... Die Wurzel dieses Hunds=Haargrases kriecht gar nicht, ...“ (Linné 1785, S. 529f.); „Tab. L. Gramen caninum, non repens, elatius, spica aristata, Morison. ...“ (Buxbaum 1733, S. 29); „3. ELYMUS caninus L., ... Queckenartiges Haargras, W. Hundehaargras. R. Ljubimaja Trawa, (liebendes Kraut, weil es sich an die Kleider hängt.) Gm. Fl. Sib. T. 27. ...“ (Georgi 1797–1802, Theil 3, S. 709); „7. ELYMVS caninus. Triticum calycibus subulatis ... Sp. pl. 1. p. 86. ... Triticum radice perennis, Gmel. sib. 1. p. 122. t. 27. Triticum (caninum) ... Schreber. spicil. p. 51. ... Gramen caninum non repens elatius, ... Moris. hist. 3. p. 177. s. 8. t. 1. f. 2. Buxb. cent. 4. p. 29. t. 50. Gramen loliaceum, ...Vaill. paris. 82. ... Queckenartiges Haargras. W. ...“ (Linné 1797–1830, Bd. I, Teil 1, S. 469); „4) Queckenartiges Sand= oder Haargras, Hundeweitzen, rothe Queckenwurzel; ... Triticum radice perenni, ... Gmel. sib. 1, t. 27. ... Dieses perennirende Gras ... hat Aehnlichkeit mit der Quecke (Triticum repens) ...“ (Krünitz 1773–1858, Bd. 136, S. 166); „202. TRITICUM caninum ... Elymus caninus ... Linn. Sp. plant. 1. p. 124. ... Gramen loliaceum fibrata radice aristis donatum. Tournef. inst. 516. Germ. Hundewaizengras. ...“ (Gmelin 1806a, S. 298ff.); „12. T[riticum] strigosum ... T. caninum. LED. Fl. alt.! I, p. 118 cum var. Gmelini ... T. radice perenni, ... GMEL. Fl. sib. I, p. 122, No. 58, t. 27. ...“ (Ledebour 1853, S. 339); „14. T[riticum] caninum (SCHREB. Spicil. 51) ... Elymus caninus. ...“ (a. a. O., S. 340); „9) TRITICUM CANINUM. Schreb. ... Triticum radice perenni, ... Gmelinus in Fl. sib. p. 122! ...“ (Ledebour 1829, S. 118); „322. Triticum caninum. ... Triticum caninum: ... Schreber. Spicil. p. 51. n 985. ... Gramen radice perenni, ... Gmel. Fl. Sibir. I., p. 122. Tab. 27. ...“ (Wulfen 1858, S. 171f.); „Triticum etc. Mihi non notum (Gmelinus in Fl. sib. I. 118. sq. septem Tritica enumerat, quorum nr. 53. Tr. repens L., nr. 54. Tr. junceum L. ... nr. 58. Elymus caninus L. Triticum caninum Ledeb. strigosum Lessg., ...“ (A. von Haller in einem undatierten Brief an J. G. Gmelin – Plieninger 1861, S. 149); „Ēlymus L. (Gramineae). Von ἐλυειν (einhüllen); die Blätter dienen zu groben Flechtwerken. ...“ (Wittstein 1852, S. 319)

„160. Graminis spica Triticea repentis vulgaris varietas cum spica aristata R. Syn. 247. ... Fl. Irc. n°. 797. j. Idem spica viridi et scapo glabro. ...“ (AAW R. I, Op. 105, D. 1^{a}, Bll. 11v–12r, s. Anm. 29 in Nr. 5); s. auch Nr. 796

73 „9. Gramen Sparteum maximum maritimum Hollandicum spicâ Secalina Nobis.“ („Methodus graminum, juncorum et cyperorum specialis.“ in: Ray 1703, S. 172); „[species 50] Gramen spicatum, Secalinum, maritimum, maximum, spicâ laxiore. Spartum maximum, maritimum, Hollandicum, spicâ Secalinâ Raii Hist. 1260.“ (Tournefort 1700, S. 518, Genus VIII. „Gramen. Chien-dent.“); „6. Spartum maximum maritimum Hollandicum spicâ Secalinâ. The greatest Holland Matweed. ...“ (Ray 1693, S. 1260); „Mattengras oder Binsen (Gramen sparteum) ist eine

Gattung von Genst oder Pfriemenkraut, ... Herr Ray zählt von diesem Gewächse zehn Gattungen ... 4) Spartum maximum, maritimum Hollandicum spica secalina, das größte holländische Mattengras mit einer Rockenähre. ..." (Mills 1767, S. 391f.); „6) Sand=Schilf. Arundo arenaria. ... Arundo calycibus unifloris, foliis involutis mucronato-pungentibus. LINN. ... Sp. Pl. p. 121. ... Gramen spicatum, secalinum maritimum maximum, spica longiore. T. SCHEUCHZ. Gram. p. 138. ..." (Linné 1785, S. 506ff.); „1. Gramen spicatum, secalinum, maritimum, maximum, spicâ longiore. Inst. 518. ..." (Scheuchzer 1719, S. 138f.); „6. ARUNDO arenaria L., ... Sandrohr. W. ... Das Saamenmehl desselben ist süßlich wie Malz, und wird von den Isländern, wo es häufig ist, zu Brod verwendet, ..." (Georgi 1797–1802, Theil 3, S. 706f.); „19 Arundo arenaria; ... (quibus nomine Psammae arenariae describitur). Arundo arenaria. L. ... Calamagrostis arenaria. DEC. Psamma littoralis. BEAUV. ... β. Gramen sparteum spicatum latifolium. BAUH. pin. 5; ... δ. Gramen sparteum sive spartum maximum maritimum Hollandicum, spicâ secalinâ. RAI. hist. 1260. ..." (Hall 1821, S. 45ff.); „227 Arundo arenaria Linn. Sandreithgras. ... Synon. Arundo arenaria Linn. Sp. pl. – Calamagrostis arenaria Roth. germ. – Psamma arenaria Röm. et Schult. S. V. ... Triv. u. a. Nam. Sandrohr. Sandhalm. Flugsandgras. Halmkraut. Meerfriemengras. ..." (Röhling 1823, 525f.); „n. 387. PSAMMA. ... Psamma arenaria. Addatur synonymon: ... β. Gramen sparteum spicatum latifolium. Bauh. pin. 5. Theatr. 68. ... δ. Gramen sparteum s. spartum maximum ... Rai hist. 1260. ..." (Linné 1824, S. 464f.); „1. Ps[amma] arenaria (R. et SCHULT. Syst 2, p. 845) ... Arundo arenaria. ..." (Ledebour 1853, S. 434); „687. A[rundo] arenaria Sp. I.: ... Gramen sparteum spicatum. ... Bauh. pin. 5. Gr. spicatum secalinum maritimum ... Tourn. Scheuchz. gram. 138. ..." (Richter 1840, S. 93); „Arūndo L. (Gramineae). Vom celtischen aru (Wasser), in Bezug auf den vornehmlichen Standort dieser Arten. Angeblich von arere (trocken seyn) wegen der dürren Halme; oder von ruere (rauschen), beim Wehen des Windes." (Wittstein 1852, S. 74)

„[species 45] Gramen spicatum, Secalinum, altissimum. Gramen spicâ Secalinâ C. B. Pin. 9. Prodr. 18. Gramen Secalinum, majus Park. Theat. 1144." (Tournefort 1700, S. 518, Genus VIII. „Gramen. Chien-dent."); „7. Gramen Secalinum maximum. Rye-Grasse, two great sorts. ... Of this kinde there is a lesser sort also not differing from them before but in the smallnesse, ..." und die Abbildung „7. Gramen Secalinum maximum majus et minus. ..." (Parkinson 1640, S. 1144); „*3. GRAMEN spica secalina Prodr. n. 57. Basil. ..." (Haller 1742, S. 204); „Gramen spicatum, secalinum, altissimum Inst. R. Herb. Gramen spica secalina C. B. P. 9. Prodr. 18. Gramen secalinum, majus Parck. Theatr. 144. ..." (Mappus 1742, S. 130); „[Gramen] secalinum maximum, so nennt Parkinson den rauchen Roggen." (Gmelin 1773b, Sp. 591); „[Gramen] spicatum secalinum altissimum, hierunter scheint er [d. h. Tournefort] eine sehr hohe Art des Roggens zu verstehen." (a. a. O., Sp. 596); „7. Mäuse=Gerste. Hordeum murinum. ... Hordeum flosculis lateralibus masculis cristatis, involucris intermediis ciliatis. LINN. ... Sp. Pl. p. 26. Hort. Cliff. 24. ... Gramen hordeaceum minus et vulgare. C. BAUH. pin. 9. theatr. 134. SCHEUCHZ. Gram. p. 14. ... Gramen spica secalina. C. BAUH. prodr. 57. ... Hordeum flosculis lateralibus ... GMEL. Sib. I. p. 124. cum varietate spica amoene purpurea gaudente. ... Diese Grasart, die auch taube Gerste, Kazenkorn, Mäusekorn und Gerstenwalch im deutschen genennet wird, ... Gmelin beschreibt sie (Fl. Sib. I. p. 24, 125.) also: ..." (Linné 1785, S. 552ff.); „1. Gramen Hordeaceum minus & vulgare. CB. Pin. 9. Theatr. 134. Gramen spicatum vulgare secalinum. Inst. 517. Hordeum murinum JB. II. 431. Hordeum spontaneum spurium Holcus Plinii Anguillarae Lob. Ic. 30. ..." (Scheuchzer 1719, S. 14ff.); „3. HORDEUM flosculis lateralibus masculis aristatis. ... Gramen hordaceum minus & vulgare. Bauh. pin. 8. theatr. 134. ... α Gramen secalinum minus, Tournef. inst. 518. Vaill. par. 83. t. 17. f. 6. Gramen spica quadrata, ad secale accedens. Bauh. hist. 2. p. 477. ..." (Linné 1737, S. 24); „60. HORDEUM flosculis lateralibus masculis, aristatis, calicum valuis setaceis. Gramen spicatum secalinum minus TOURN. I. R. H. p. 518. SCHEUCHZ. Agr. p. 17. et VAILLANT. Par. p. 83. Tab. XVII. Fig. 6. Gramen spica quadrata, ad secale accedens I. B. II. p. 477. j. Idem spica amoene purpurea. ... Folliculi multo minores sunt, quam in gramine hordaceo minori et vulgari C. B. ... Varietas j. a STELLERO in regione Ircutiae vrbis collecta est. ..." (Gmelin 1747–1769, Bd. I, S. 24f.); „60. Hordeum flosculis lateralibus masculis aristatis, calycum valvis setaceis [=] Hordeum secalinum Schreb.!“ (Ledebour 1841, S. 55); „3. Gramen spicatum secalinum minus. Inst. 518. ... Gramen secalinum majus an minus. Park. Theat. 1144. Raij. Hist. Pl. 1258. Syn. 248. ...“ (Scheuchzer 1719, S. 17f.); „14. GRAMEN SPICATUM, SECALINUM MINUS. J. R. H. 518. Est Gramen Secalinum majus. Park. Th. Icon. 1144. ...“ (Vaillant 1727, S. 83); „1167. HORDEVM (secalinum) flosculis lateralibus masculis aristatis, involucris setaceis scabris. Hordeum murinum β. Linn. sp. pl. 126. ... Gramen spicatum secalinum minus. Tourn. inst. 518. Scheuchz. gr. 17. n. 3. Vaill. Paris. 83. t. 17. f. 6. nitida. ...“ (Schreber 1771, S. 148); „7. HORDEVM murinum. H. flosculis lateralibus ... Hort. cliff. 24. ... Gramen hordeaceum minus et vulgare. Bauh. pin. 9. theatr. 134. Scheuchz. gram. 14. ... Mäuse Gerste. W. ...“ (Linné 1797–1830, Bd. I, Teil 1, S. 474f.); „3. H[ordeum] murinum (L. Spec. 126) ... M. a BIEB. Fl. t. c. I, p. 83. ...“ (Ledebour 1853, S. 328); „21. HORDEUM murinum. ... Linn. ed. Willd. 1. p. 474. ... Scheuchz. agr. p. 14. n. 1. ...“ (Marschall von Bieberstein 1808a, S. 83); „716. H[ordeum] murinum Sp. I.: H. flosc. lateralibus ... H. cliff. p. 24. ... Gramen hordaceum minus et vulgare. Bauh. pin. 9. theatr. 134. Scheuchz. gram. 14. ...“ (Richter 1840, S. 96f.)

„2) Zottiger Roggen. Secale villosum. ... Secale glumarum ciliis villosis, squamis calycinis cuneiformibus. LINN. ... Sp. Pl. p. 124. ... Gramen secalinum maximum. PARK. theatr. 1144. β) Gramen creticum spicatum secalinum, glumis ciliaribus. TOURNEF. Cor. 39. BUXBAUM. Cent. 5. p. 21. tab. 41. ...“ (Linné 1785, S. 541); „Tab. XLI. Gramen Creticum spicatum, secalinum, glumis ciliaribus Tournef. Coroll. ...“ (Buxbaum 1740, S. 21); „2. SECALE villosum. S. glumarum ciliis villosis, ... Sp. pl. 124. ... Gramen secalinum maximum. Parck. theatr. 1144. β. Gramen creticum ... Tournef. cor. 39. Buxb. cent. 5. p. 21. t. 41. ... Haariger Roggen. W. ...“ (Linné 1797–1830, Bd. I, Teil 1, S. 471); „2. T[riticum] villosum (M. a BIEB. Fl. t. c. I, p. 85; III, p. 94) ... Secale villosum. L. Spec. 124. ... Secale. J. G. GMEL. [sic!] It. IV. p. 108. ...“ (Ledebour 1853, S. 335); „Das Secale, welches Buxbaum auf der 41sten Tafel in der ersten [sic!] Centurie vorstellt, ... waren hier nicht selten. ...“ (Gmelin 1784, S. 108); „216. TRITICUM villosum. ... Secale villlosum. Linn. ed. Willd. 1. p. 471. ... Gramen creticum ... Tournef. cor. p. 39. Buxb. cent. 5. p. 21. t. 41. mala. ...“ (Marschall von Bieberstein 1808a, S. 85); „207. S[ecale] villosum Sp. I: ... Fr. secal. maximum. Park. theatr. 1144. – Var. β, Sp. I. Gr. cretic. ... Tournef. cor. 39. Buxb. cent. 5. p. 21. t. 41. ...“ (Richter 1840, S. 96f.)

„56. TRITICUM radice perenni, spiculis binis lanuginosis. Tab. XXV. ... In insula lacus Baicalis, Olchon dicta, ad littus, tam largus huius graminis, secale exactissime referentis, prouentis est, inquit STELLERUS in Flora Ircutensi, vt natura sterilibus huius insulae rupibus, quae frugibus perficiendis ineptae sunt, hoc frumento spurio, ad littus lacus veluti sato, illudere videatur. Russis дикая рожъ [*rož*; russ. *dikaja rož'*] (secale siluestre) dicitur. ...“ (Gmelin 1747–1769, Bd. I, S. 119ff.); „56. Triticum radice perenni, spiculis binis lanuginosis. t. XXV. (excl. planta petropolitana.) [=] Elymus dasystachys Trin.! (Elymus arenarius L. Willd. sp. pl. I. 467. Triticum littorale Pall. it. III. 287.)“ (Ledebour 1841, S. 55); „[Elymus] arenarius, ... Sandroggengras, ... Strandroken; Sandhafer; Flugsandhafer; Seehafer; Flugsandgras; ... Es könnte ... vielleicht zu Schiffseilen gebraucht weden; ...“ (Gmelin 1773, Sp. 737f.); „Auf der sandigen Küste des Baikals und in der angränzenden Waldung wuchsen ... Triticum littorale (*); ... |: (*) Triticum radice perenni, spiculis binis lanuginosis. Flor. I. p. 119. tab. 25. Es wächst am Strande oft wie gesät und hat so viel Aehnlichkeit mit grossem Rocken, daß auch die Bauern es Dikaja Rosch, (wilder Rocken) nennen. :|“ (Pallas 1776, S. 286f.); „1) Sand=Haargras. Elymus arenarius. ... Elymus spica erecta arcta, calycibus tomentosis flosculo longioribus. LINN. ... Sp. Pl. p. 122. ... Triticum radice perenni, ... GMEL. Sib. 1. p. 119. tab. 25. Gramen caninum maritimum, ... Scheuchz. Gram. p. 6. ... Gmelin, insbesondere aber Steller trafen es an den Ufern einer kleinen Insel in der See Baikal, ohnweit der Stadt Irkutskoy in Sibirien so häufig, als ob es mit Fleiß angesäet worden wäre. Die Russen nennen es wilden Roggen. ...“ (Linné 1785, S. 524f.); „3. Gramen caninum maritimum spicâ Triticeâ nostras, Raij Hist.1256. Gr. Loliaceum Radice repente maritimum, Inst. 516. ...“ (Scheuchzer 1719, S. 6f.); „ELYMUS. ... Elymus arenarius. ... Deutsch. Das Haargras, Sand-Haargras; Flugsandgras, Sandhafer, Sandweizen, Sandrockengras, Strandrocken, Strandhafer, wilder

Seestrandhafer; Meergras, Strandgras, blauartiges Sandgras, wilder Weizen, wilder Rocken; ... deutsches Sandgras, spanischer Hafer. ..." (Nemnich 1793, Sp. 1474); „1. ELYMVS arenarius. ... Triticum radice perenni, ... Gmel. sib. 1. p. 119. t. 25. ... Gramen caninum maritimum, ... Scheuchz. gram. 6. ... Sand Haargras. W. ..." (Linné 1797–1830, Bd. I, Teil 1, S. 467); „13. E[lymus] dasystachys (TRIN! in LEDEB. Fl.alt. I, p. 120) ... Tr. radice perenni, ... GMEL. Fl. sib. I, p. 119, No. 56, t. 25 (excl. pl. petropolitana), No. 55, t. 24? ... β. litoralis, ... Triticum litorale. PALL. It. III, p. 287. ..." (Ledebour 1853, S. 333); „3) ELYMUS DASYSTACHYS. Tr. ..." (Ledebour 1829, S. 120f.); „55. TRITICUM radice perenni, spiculis binis, submuticis, glaberrimis, Tab. XXIV. ..." (Gmelin 1747–1769, Bd. I, S. 119); „55. Triticum radice perenni, spiculis binis submuticis glaberrimis. t. XXIV. [=] Elymus n. sp.?" (Ledebour 1841, S. 55); „Arūndo L. (Gramineae). Vom celtischen aru (Wasser), in Bezug auf den vornehmlichen Standort dieser Arten. Angeblich von arere (trocken seyn) wegen der dürren Halme; oder von ruere (rauschen), beim Wehen des Windes." (Wittstein 1852, S. 74); „Psāmma P. B. (Gramineae). Von ψαμμη (Sand); liebt sandigen Boden. ..." (a. a. O., S. 729)

74 russ. *dikaja rož'*

75 „Gramen Hordeaceum montanum, spicâ strigosiori brevius aristatâ." (Scheuchzer 1708, S. 14) und a. a. O. auf Tab. I „Gramen Hordeaceum montanum spicâ strigosiori, brevius aristatum."; „2. Gramen Hordeaceum montanum spica strigosiori brevius aristata. Agrostog. Prodr. p. 14. Tab. I. Gr. Secalinum majus sylvaticum D. Bobarti, Raij. Syn. 248. ..." (Scheuchzer 1719, S. 16f.) und a. a. O. auf Tab. I im Anhang (zwischen Textende und Register sind in Scheuchzer 1719 unabhängig von den Tafeln im Text die identischen Tafeln I–VII aus Scheuchzer 1708 beigefügt); „4. Gramen Secalinum majus sylvaticum D. Bobert. An Gramen Secalinum majus Park? [s. Nr. 798] ..." (Ray 1696, S. 248); „2. Gramen Hordaceum montanum spicâ strigosiori, breviùs aristata. Agrost. Prodr. pag. 14. Tab. I. Gramen secalinum majus sylvaticum D. Bobart. Ray Syn. 248. Gr. Spicatum, secalinum, spica duriore & angustiore. Inst. 518."(Scheuchzer 1719a, S. 4); „[species 42] Gramen spicatum, Secalinum, spicâ duriore & angustiore." (Tournefort 1700, S. 518, Genus VIII. „Gramen. Chien-dent."); „2. GRAMEN hordeaceum montanum, spica strigosiore, brevius aristata SCHEUCHZER" p. 16. Prodr. T. 1. ... Gramen secalinum, spica longiore & angustiore I. R. H. ..." (Haller 1742, S. 204); „[Gramen] secalinum majus sylvaticum, ist bey Monti, Morison und Rai das europäische Roggengras." (Gmelin 1773b, Sp. 591); „8) Europäisches Haargras. Elymus europaeus. ... Elymus spica erecta: spiculis bifloris, involucro aequalibus. LINN. Syst. Veg. p. 125. ... Gramen hordeaceum montanum, spica strigosiore, ... SCHEUCHZ. Gram. p. 16. prodr. tab. 1. f. 1. ..." (Linné 1785, S. 531f.); „[Elymus] europaeus, ... europäisches Roggengras, ..." (Gmelin 1773, Sp. 740); „10. ELYMVS europaeus. ... Gramen hordaceum montanum, ... Scheuchz. gram. 16. prodr. t. 1. f. 1. ... Gramen hordeaceum montanum s. majus. Bauh. pin. 9. theatr. 135. ... Wald Haargras. W. ..." (Linné 1797–1830, Bd. I, Teil 1, S. 470); „3. E[lymus] europaeus (L. Mant. 35) ... M. a BIEB. Fl. t. c. I, p. 81. ..." (Ledebour 1853, S. 330); „208. Elymus europaeus. ... Linn. ed. Willd. 1. p. 470. ... Scheuchz. agr. p. 16. append. t. 1. ..." (Marschall von Bieberstein 1808a, S. 81)

76 „[species 41] Gramen spicatum, vulgare, Secalinum. Gramen Hordeaceum, minus & vulgare C. B. Pin. 9. Hordeum murinum J. B. 2. 431. Hordeum spontaneum, spurium. Holcus Plinii Anguillarae Lob. Icon. 30." (Tournefort 1700, S. 517f., Genus VIII. „Gramen. Chien-dent."); „Hordevm mvrinvm. ... Dodon. Lat. Hordeum aut Triticum murinum, vulgò Muyse Corn. ..." (Bauhin 1651a, liber XVIII, S. 431); „DE GRAMINE HORDEACEVM. CAPVT XXVII. ..." mit der Abbildung „I. GRAMEN HORDEACEVM MINVS ET VVLGARE." auf Sp. 134 (Bauhin 1658, Sp. 134f.)
„5. Gramen hordaceum minus et vulgare C. B. P. 9. Agr. 14. ..." (AAW R. I, Op. 105, D. 4[a], Bl. 1r, s. Anm. 98 in Nr. 810); s. Nr. 798

77 „51. FESTUCA culmo spicato, spiculis multifloris. Tab. XXIII. Gramen triticeum, spica latiore compacto, aristatum BUXB. Cent. I. Tab. L. Fig. 3. p. 32. Gramen aristatum Tataricum spica latiore et breuiore AMM. Cat. HEINZ. msct. j. Eadem spica monstrosa maxima, mutica. jj. Eadem spica monstrosa tumente, inter folia longissima sessili. ... STELLERUS j. varietatem, et quae spiculis est proliferis, in rupibus insulae lacus Baicalis, Olchon dictae, inuenit. ... STELLERO

obseruante liquor lentus badius, despumatum colore et sapore referens, adeoque mannae non multum absimilis, copiose ex hoc gramine exsudat. Eius sesquiunciam vir solertissimus ad experimentum medicum collegit, cum infuso herbae Theae soluit et ipse hausit: Sed effectum eius nullum plane sensit, et hinc indicauit, mannae viribus non comparari posse," (Gmelin 1747–1769, Bd. I, S. 115ff.); „51. Festuca culmo spicato, spiculis multifloris [=] Triticum cristatum Schreb.! [;] Icon t. XXIII. [=] Triticum pectinatum M. a Bieb.! (Triticum imbricatum Fl. t. c. I. 88.)" (Ledebour 1841, S. 54); „Tab. L. ... Fig. III. Gramen triticeum, spica latiore compacta, aristatum. ..." (Buxbaum 1728, S. 31f.); „Drey und zwanzigste Platte. Zwote Figur. TRITICUM CRISTATUM. Honig=Weizen. ... Festuca culmo spicato, ... GMEL. sibir. p. 115. t. 23. ... Man hat eine doppelte Abart dieser Grasgattung. ... Dieses Gras schwitzet einen häufigen klebrigen braunen, dem ausgelassenen Honig an Farbe und Geschmack beykommenden, Saft aus, der einige Aehnlichkeit mit der Manna, aber nicht eben dieselben Kräfte hat, sondern in dieser Absicht mehr mit dem Honige übereinzukommen scheinet. Man ist diese Beobachtung dem um die Naturgeschichte Sibiriens sehr verdienten Adjunct Steller schuldig. S. Gmelins flor. sibir. I. Th. S. 117. .." (Schreber 1770, S. 12f.); „220. TRITICUM cristatum. ... Tr. cristatum. Schreb. gram. 1. p. 12. t. 23. f. 3. [sic!] ... Bromus (cristatus) ... Linn. ed. Willd. 1. p. 439. ... 221. TRITICUM pectinatum. ... Gramen triticeum, ... Buxb. cent. 1. p. 32. t. 50. f. 3. ... 222. TRITICUM imbricatum. ... Festuca culmo spicato, ... Gmel. sib. 1. p. 115. n. 51. t. 23. ..." (Marschall von Bieberstein 1808a, S. 87f.); „[Bromus] cristatus, ... hanenkammartiger Tresp, ... kommt mit dem sibirischen Hafer überein, ..." (Gmelin 1772, Sp. 216); „23) Kammförmiger Tresp. Bromus cristatus. ... Bromus spiculis distiche imbricatis sessilibus depressis. LINN. ... Sp. Pl. p. 115. ... Triticum (cristatum) ... SCHREBER. Gram. II. p. 12. tab. 23. f. 2. Festuca culmo spicato ... GMEL. Sibir. I. p. 32. tab. 50. f. 3. [sic!] Gramen triticeum, ... BUXBAUM. Cent. I. p. 32. tab. 50. f. 3. mala. ..." (Linné 1785, 444ff.); „12 BROMUS cristatus L., ... Triticum cristatum Pall. Ind. Pl. Taur. ... Kammförmig Trespe. Schreb. Gr. T. 23. F. 2. Gm. Fl. Sib. I. T. 50. F. 3. ..." (Georgi 1797–1802, Theil 3, S. 699); „31. BROMVS cristatus. ... Triticum (cristatum) ... Schreb. gram. 12. t. 23. f. 2. Festuca culmo spicato, ... Gmel. sibir. 1. p. 32. t. 23. Gramen triticeum, ... Buxb. cent. 1. p. 32. t. 50. f. 3. mala. ... Kammförmige Trespe. W. ..." (Linné 1797–1830, Bd. I, Teil 1, S. 439); „6. T[riticum] cristatum (SCHREB. gram. XII, t. 23, f. 2) ... M. a BIEB. Fl. t. c. I, p. 87. ... LEDEB. Fl. alt. I, p. 113. ... T. imbricatum, M. a BIEB. Fl. t. c. I, p. 88. ... T. pectinatum. M. a BIEB. Fl. t. c. I, p. 87; ... Bromus cristatus. L. ... Festuca culmo spicato, ... GMEL. Fl. sib. I, p. 15, No. 51, t. 23. ..." (Ledebour 1853, S. 337f.); „3. TRITICUM CRISTATUM (Schreb.) ... Festuca culmo spicato, ... Gmel. Sib. I. p. 115! Varietates omnes comprehendit. Ludit: α. ... Triticum pectinatum M. B.! ... c. ... Triticum imbricatum M. B.! ..." (Ledebour 1829, S. 113f.); „15. Festuca locustis multifloris culmo spicato. Triticum spiculis oblongis patulis mucronato-cristatis. (Fl. sib. 115. nr. 51. Bromus cristatus L. Triticum cristatum Schreb. excl. icone.)" (C. von Linné in einem Brief an J. G. Gmelin? vom 24. August 1748 – Plieninger 1861, S. 89); Festuca – russ. *ovsjanica* bzw. *zanoznica* (*Annenkov* 1858, S. 43, Nr. 474); „Brōmus L., BESS. (Gramineae). Von βρομος (der Hafer bei den Alten), in Bezug auf das ähnliche Ansehn. Offenbar erhielt der Hafer der Alten seinen Namen von βρωμα (Nahrung), weil er zur Speise diente." (Wittstein 1852, S. 124)

„327 Gramen cristatum Tataricum spica latiore et breviore" (AAW R. I, Op. 6, D. 40, Bl. 37r, s. Anm. 1 in Nr. 1); „10. Gramen triticeum, Spica laxiore [sic!] compacta, aristatum. Buxb. Cent. 1. Tab. L. f. 3." (AAW R. I, Op. 13, D. 16, Bl. 31r, s. Anm. 32 in Nr. 6); „451. Gramen triticeum spica latiore compacta aristatum Buxb:" (AAW R. I, Op. 13, D. 19, Bl. 18r, s. Anm. 54 in Nr. 17)

78 in der 2. Textversion (s. Anm. 1 in A.): „sesquicubitales"

79 „QUINTE, ... 2) die feinste (ursprünglich fünfte) saite einer geige, die e-saite ..." (Grimm 1991, Bd. 13, Sp. 2376); „QUINTSAITE f. was quinte 2, ..." (a. a. O. Sp. 2373f.)

80 in der 2. Textversion (s. Anm. 1 in A.): „exterior et interior aristatae"

81 „Brand, (im Getreide) der Ruß, der Brenner, Vstilago, ... wird an denē Aehren tragenden Pflantzen, meistens aber am Weitzē u. Hiersē bemercket; Die Saat bekom̄t eine bräunlichte und schwartze Farbe, ... Sie rüchet starck wie Bücklinge oder stinckender Kohl, oder Fischbrühe, schmecket zwar

süß, hat aber eine saure und fressende Schärffe bey sich, statt des Mehls giebt sie ein schwartz subtiles Pulver, so die Mahler, wenn sie schwartz=braun färben wollen, brauchen. ... (Zedler 1732–1750, Bd. 4, Sp. 1019ff.); „VII. Der Brand Ustilago. ... Die Producte dieser ganzen Klasse von Krankheiten bestehen in der Bildung von Bläschen, von verschiedener Grösse bei verschiedenen Pflanzen, welche eine braun-schwärzliche Farbe zeigen und in grosse Massen oft tief schwarz erscheinen. ... Schon seit alten Zeiten umfasste man alle, zur Klasse des Brandes gehörigen Bildungen mit dem Namen: Ustilago ...“ (Meyen 1841, S. 98ff.); „Ustilāgo ... Brandpilzgattung aus der Familie der Gymnomycetes entophyti s. uredinei, kugelige, leere Keimkörner, von dunkler, meist schwarzer Farbe, aus Blüthentheilen u. Früchten hervorbrechend u. diese dann gewöhnlich ganz zerstörend; ...“ (Pierer 1857–1865, Bd. 18, S. 314)

82 „Manna, das, im Plur. ungebräuchlich, ein aus dem Hebr. entlehntes Wort, verschiedene vegetabilische Süßigkeiten zu bezeichnen, welche aus den Rinden gewisser Bäume und Stauden dringen. ... 2. Das oder die Manna der Apotheken oder Calabrische Manna: Manna s. Manna Calabrina, Manna officinalis; ist der verhärtete süße Saft einiger Arten des Aeschebaumes, und wird vorzüglich aus dem südlichen Italien ... zu uns gebracht. ... Es ist aber die Manna ein herrliches Purgirmittel, ...“ (Krünitz 1773–1858, Bd. 83, S. 724ff.)

83 Randbemerkung in der 2. Textversion (s. Anm. 1 in A.) in der Handschrift von J. G. Gmelin: „Festuca / 47.“

84 „recurvatus und recurvus, zurückgekrümmt, auswärts= oder abwärtsgekrümmt, z. B. der eine der beiden Nebenblattdornen von Zyziphus vulgaris und Paliurus australis.“ (Bischoff 1857, S. 136)

85 s. Anm. 84 in Nr. 802

86 Randbemerkung in der 2. Textversion (s. Anm. 1 in A.) in der Handschrift von J. G. Gmelin: „Triticum / 55.“

87 „GRAMEN loliaceum, corniculatum Instit. rei herbar. ...“ (Tournefort 1698, S. 92f.); „[species 19] Gramen Loliaceum, corniculatum, spicis villosis. Gramen Avenaceum dumetorum, spicatum Raii Hist. 1262.“ (Tournefort 1700, S. 516, Genus VIII. „Gramen. Chien-dent.“); „I. Gramen spicâ brizae majus: 58. in Prod.“ (Bauhin 1623, S. 9); „1. Gramen Loliaceum Corniculatum. Tournef. Hist. Plant. Paris. pag. 92. ... Spicae tomento brevissimo obductae, persuadent me, ut credam, hujus synonymon esse Gr. Loliaceum corniculatum, spicis villosis. Inst. 516. ... Si hoc idem Gramen non est Gramen Spicâ Brizae majus. CB. Pin. 9. Prodr. 19. Theatr. 133. cuinam alii melius conveniat fanè nescio. ...“ (Scheuchzer 1719, S. 35f.); „47. Poa culmo alternatim spicato, spicis teretibus hirsutis. Gramen loliaceum corniculatum TOURN. H. Plant. Par. p. 92. SCHEUCHZ. Agr. p. 35. HALL. Helv. p. 208. Gramen spica Brizae C. B. Th. p. 133. Prodr. n.° 58. Gramen corniculatum, spicis villlosis VAILL. p. 81. Festuca culmo alternatim spicato, spicis teretibus LINN. Lapp. 29. ROY. pr. p. 67. Bromus culmo teretibus LINN. Suec. 89. ... STELLERUS etiam in montanis Ircutiae vrbis obseruauit. ...“ (Gmelin 1747–1769, Bd. I, S. 112f.); „47. Poa culmo alternatim spicato, spicis teretibus hirsutis [=] Bromus pinnatus L.!“ (Ledebour 1841, S. 54); „Bromus pinnatus, ... gefiederter Tresp, ... Zittertresp; ... Wann das Gras noch jung ist, so fressen es die Schafe gerne.“ (Gmelin 1772, Sp. 216); „22) Gefiederter Tresp. Bromus pinnatus. ... Bromus culmo indiviso, spiculis alternis subsessilibus teretibus subaristatis. LINN. ... Sp. Pl. p. 115. ... Poa culmo alternatim spicato, ... GMEL. Sib. 1. p. 112. Gramen spica brizae, maius. C. BAUH. pin. 9. prodr. 19. theatr. 113. ... Gramen loliaceum corniculatum. SCHEUCHZ. Gram. 35. ... Gmelin fand es auch in Sibirien. ...“ (Linné 1785, S. 442ff.); „f) Bromus pinnatus. ... Deutsch. Die gefiederte Trespe, die Zittertrespe, das Weizengras. ...“ (Nemnich 1793a, Sp. 683); „30 BROMVS pinnatus. ... Gramen, spica brizae, majus. Bauh. pin. 9. prodr. 19. theatr. 133. ... Gramen loliaceum. Scheuchz. gram. 35. ... Gefiederte Trespe. W. ...“ (Linné 1797–1830, Bd. I, Teil 1, S. 438); „1031. Brachypodium. P. B. ... 1. B. pinnatum (P. B. l. c. p. 101). ... Bromus pinnatus. ... LEDEB. Fl. alt. I, p. 112. ... Poa culmo alternatim spicato, ... GMEL. Fl. sib. I, p. 142, No. 47. ...“ (Ledebour 1853, S. 345f.); „4) BROMUS PINNATUS. L. ... Poa culmo alternatim spicato, ... Gmel. Sib. I. p. 112. ...“ (Ledebour 1829, S. 112); „292. Festuca pinnata. – Brachypodium pinnatum Beauv. ... Bromus pinnatus: ... Linn. Sp. pl. p. 115. n. 14. Gramen loliaceum

corniculatum. Scheuchz. Agrost. p. 35. n. 1. ... Poa culmo alternatim spicato, ... Gmel. Sibir. 1. p. 112. n. 47. ..." (Wulfen 1858, S. 155f.); „1. Gramen Loliaceum corniculatum. Catal. des plantes aux env. de Paris pag. 92. Gr. Loliaceum corniculatum spicis villosis. Inst. 516." (Scheuchzer 1719a, S. 8); Bromus – russ. *dyrsa*, *stokolosnica*, *koster*, *mjatlica*, *ovesec* bzw. *konol* (*Annenkov* 1858, S. 23, Nr. 209); „Brōmus L., BESS. (Gramineae). Von βρομος (der Hafer bei den Alten), in Bezug auf das ähnliche Ansehn. Offenbar erhielt der Hafer der Alten seinen Namen von βρωμα (Nahrung), weil er zur Speise diente." (Wittstein 1852, S. 124); „Brachypōdium P. B. (Gramineae). Zus aus βραχυς (kurz) und ποδιον (Flüsschen); die Aehrchen sind kurz gestielt." (a. a. O., S. 120); „Festūca L. (Gramineae). Vom celtischen fest (Nahrung), weil es ein gutes Viehfutter ist." (a. a. O., S. 364); „Pōa L. (Gramineae). Ποα (von παειν: weiden), allgemeiner Name der Griechen und Römer für Gras, Futter." (a. a. O., S. 709)

„8. Gramen loliaceum corniculatum Hist. Pl. Par. p. 92. Agr. 35. ..." (AAW R. I, Op. 105, D. 4^a, Bl. 1v, s. Anm. 98 in Nr. 810); „11. Gramen Loliaceum corniculatum Cat. Plant. Par. Id. op. Agr. 8. Ind. Jen. n°. 169. ..." (AAW R. I, Op. 13, D. 67, Bl. 12v, s. Anm. 5 in Nr. 4); „169. Gramen Loliaceum corniculatum Cat. Plant. circa Paris. Id. op. Agr. 8. ... j. Idem junci folium et spica brevi crassa atque solitaria. ..." (AAW R. I, Op. 105, D. 1^a, Bl. 13r, s. Anm. 29 in Nr. 5)

88 in der 2. Textversion (s. Anm. 1 in A.) fehlt „C."

89 „[species 12] Panicum vulgare, spicâ simplici & asperâ. Gramen Paniceum, spicâ simplici ἐλνμαχοςἰς C. B. Pin. 8. Panicum sylvestre dictum & Dens canis J. B. 2. 443. Gramen geniculatum Tabern. Icon. 200." (Tournefort 1700, S. 515, Genus VII. „Panicum. Panis."); „PANICVM SYLVESTRE DICTVM, ET DENS CANIS. I. CAP. XXXIX. ..." (Bauhin 1651a, S. 443); „IV. GRAMEN PANICEVM SPICA ASPERA, vel PANICVM SYLVESTRE ASPERVM ... Germanicè, Klebgraß ..." mit der Abbildung „IV. GRAMEN PANICEVM SPICA ASPERA." auf der gleichen Spalte (Bauhin 1658, Sp. 139); „2. Gramen Paniceum spicâ asperâ. CB. Theatr. 139. Gramen Paniceum, spicâ asperâ, vel Panicum sylvestre asperum. CB. ibid. Panicum vulgare, spicâ simplici & asperâ. Inst. 515, Panicum sylvestre dictum & dens Canis primus I. B. II. 443. ..." (Scheuchzer 1719, S. 47f.); „Panicum vulgare, spica simplici & aspera Tournef. instit. ... Wildmann=Graß, wilder Fenich." (Rupp 1726, S. 245); „2. PANICUM spiculis spicatis scabritie adhaerentibus. Panicum sylvestre dictum & ... Bauh. hist. 2. p. 443. Panicum vulgare, ... Tournef. inst. 515. Gramen paniceum, ... Bauh. pin. 8. theatr. 139. Scheuchz. hist. 47. ..." (Linné 1737, S. 27); „2. GRAMEN paniceum spica aspera C. B. Theatr. p. 139. ... SCHEUCHZ. p. 47. ... Gramen paniceum spica & aspera I. R. H. ..." (Haller 1742, S. 233); „17. PANICUM spica composita, aristis spica longioribus LINN. vir. 7. Panicum floribus conglomerato spicatis laeuibus, arista dimidio breuioribus LINN. Suec. 54. I. Gramen paniceum s. Panicum syluestre spica simplici C. B. Theatr. p. 238. SCHEUCHZ. Agr. p. 46. Tab. II. Fig. 2. E. HALL. Helv. 233. Panicum syluestre dictum et dens canis I. B. II. p. 433. Panicum vulgare spica simplici et molliori TOURN. I. R. H. II. Gramen paniceum spica aspera C. B. Theatr. p. 139. ic. SCHEUCHZ. Agr. 47. HALL. Helv. 233. Gramen paniceum spica aspera TOURN. I. R. H. ..." (Gmelin 1747–1769, Bd. I, S. 89f.); „17. Panicum spica composita, aristis spica longioribus [=] Setaria glauca P. de B.! [;] Panicum var. I. var. II. [=] Setaria verticillata P. de B. (excl. syn. Scheuchzeri.)" (Ledebour 1841, S. 52); „10. GRAMEN paniceum, spica aspera C. B. P. Rauähriges Fenichgras." (Miller 1750, S. 374); „90. CYNOSURUS (paniceus) panicula subspicata, flosculis simplicibus biaristatis. Spec. plant. 73. ... Panicum spiculis scabritie adhaerentibus. Hort. cliff. 27. ... Gramen paniceum spica aspera. Bauh. pin. 8. theat. 139. Scheuchz. hist. 47. ..." (Linné 1755, S. 30); „[Gramen] paniceum spica aspera: bedeutet bey ihm [d. h. C. Bauhin] den quirlförmigen Schwaden." (Gmelin 1773b, Sp. 578); „Cynosurus paniceus, so nannte Linné ehmals den schwadenartigen Fuchsschwanz." (Gmelin 1773, Sp. 458); „8) Fennichartiger Fuchsschwanz. Alopecurus paniceus. ... Alopecurus panicula subspicata, glumis villosis, corollis aristatis. LINN. Syst. Veg. p. 109. ... Cynosurus paniceus. Sp. pl. I. p. 73. Fl. Suec. 45; 90. ..." (Linné 1785, S. 271f.); „5. AGROSTIS panicea. ... α. ... Cynosurus paniceum. Sp. pl. 1. p. 73. Fl. suec. 54. 90. ... Fennichartiger Windhalm. W. ..." (Linné 1797–1830, Bd. I, Teil 1, S. 363); „3. S[etaria] glauca (P. DE BEAUV. l. c.) ... Panicum

glaucum. ... M. a BIEB. Fl. t. c. I, p. 50. ...“ (Ledebour 1853, S. 471); „4. S[etaria] verticillata (P. DE BEAUV. l. c.) ... Panicum verticillatum. M. a BIEB. Fl. t. c. I, p. 49. ... P. spica composita, ... GMEL. Fl. sib. I, p. 89, No. 17, II. ...“ (a. a. O., S. 472); „124. PANICUM verticillatum. ... Linn. ed. Willd. 1. p. 334. ... Gmel. sib. 1. p. 89. n. 17. var. II. ...“ (Marschall von Bieberstein 1808a, S. 49); „125. PANICUM glaucum. ... Linn. ed. Willd. 1. p. 335. ...“ (a. a. O., S. 50); „3. PANICVM verticillatum. ... Gramen paniceum, spica aspera. Bauh. pin. 8. theatr. 139. ... Quirlblütiger Fennich. W. ...“ (Linné 1797–1830, Bd. I, Teil 1, S. 334); „5. PANICVM glaucum. ... Grauer Fennich. W. ...“ (a. a. O., S. 335); Panicum – russ. *proso* (*Annenkov* 1858, S. 66, Nr. 765); „Agrōstis L., P. B. (Gramineae). Von ἀγρος (Acker, Feld), um ihr häufiges Vorkommen anzudeuten.“ (Wittstein 1852, S. 25); „Alopecūrus L. (Gramineae). Zus. aus ἀλωπηξ (Fuchs) u. οὐϛα (Schwanz), wegen der Aehnlichkeit des Blüthenstandes.“ (a. a. O., S. 32); „Cynosūrus L. (Gramineae). Zus. κυων (Hund und οὐϛα (Schwanz), in Bezug auf die ährenförmigen Rispen.“ (a. a. O., S. 255); „Setāria P. B. (Gramineae). Von seta (Borste); die Blüthe ist mit Borsten umgeben.“ (a. a. O., S. 811)

90 Randbemerkung in der 2. Textversion (s. Anm. 1 in A.) hinter Klammern neben Nr. 805 und Nr. 806 in der Handschrift von J. G. Gmelin: „una“

91 „V. Gramen paniceum spicis nigris. ...“ (Bauhin 1623, S. 8); „GRAMEN paniceum spicis nigris C. B. P. p. 8. ... Gramen paniceum 3. Tab. ...“ (Rupp 1745, S. 304); „3) Grauer Fennich. Panicum glaucum. ... Panicum spica tereti, involucellis bifloris fasciculato-pilosis, seminibus undulato-rugosis. LINN. ... Sp. Pl. p. 83. ...“ (Linné 1785, S. 224ff.); „Flor. Germ. p. 27. n. 3. Panicum glaucum. P. spica teretis, ... Linn. Syst. Plant. T. 1. p. 153. ... Variat. 2. Spicis purpureis seu nigricentibus. Gramen panicum spicis nigris. C. BAUH. pin. p. 8. ... Rupp. Ien. p. 304. ...“ (Roth 1789, S. 70f.); „177. PANICUM glaucum Linn. Gelbhaariger Fennich. ... Synon. Panicum glaucum Linn. Sp. pl. ... Triv. u. a. Nam. Grauer Fennich. Graugrüner Fench. ...“ (Röhling 1823, S. 470); „3. Art. P[anicum] glaucus. Grauer Fennich. (Linné) ... Synonyme: Setaria glauca. (Roemer und Schultes. 2. p. 490.) ...“ (Bechstein 1833, S. 163)
„73. Gramen paniceum.“ (AAW R. I, Op. 15, D. 3, Bl. 2r, s. Anm. 65 in Nr. 24); s. auch Nr. 805

92 „[species 40] Gramen spicatum, tomentosum, longissimis aristis donatum. Gramen Alopecuros altera Lobelii J. B. 2. 475. Gramen Alopecuros, spicâ rotundiore C. B. Pin. 4. Alopecuros Dod. Pempt. 541.“ (Tournefort 1700, S. 517, Genus VIII. „Gramen. Chien-dent.“); „GRAMEN ALOPECUROIDES. I. Gramen Alopecuroides spicâ rotundiore: Αλοπέκυρος Theoph.“ (Bauhin 1623, S. 4); „GRAMEN ALOPECVROS ALTERA LOBELII. CAPVT. CX. ... Germ. fuch[s]schwantz. ...“ (Bauhin 1651a, S. 475); „GRAMEN ALOPECVRO SIMILE GLAbrum cum pilis longiusculis in spica Onocordon mihi denominatum. CAP: CXI. ...“ (a. a. O., S. 475); „6. Gramen Alopecuro simile glabrum, cum pilis longiusculis in spicâ, Onocordon denominatum J. B.“ („Methodus graminum, juncorum et cyperorum specialis.“ in Ray 1733, S. 176); „1. Gramen spicatum tomentosum ... Inst. 517. ... Gr. Alopecuros, spica rotundiore. CB. Pin. 4. Theatr. 56. Gramen Alopecuros altera Lobelii. J. B. II. 475. ...“ (Scheuchzer 1719, S. 58f.); „1. LAGURUS, spica ovata. ... Gramen alopecuroides, spica rotundiore. Bauh. pin. 4. theatr. 56. Gramen alopecuros altera Lobelii. Bauh. hist. 2. p. 475. ... Gramen spicatum tomentosum, ... Tournef. inst. 517. Scheuch. hist. 58. ...“ (Linné 1737, S. 25); „14. ALOPECURUS culmo erecto ROY. pr. 54. Gramen alopecumum [sic!] minus alterum LOB. ic. p. 9. Gramen cum cauda muris purpurascente I. B. II. p. 473. Gramen typhoides spica angustiore C. B. Theatr. p. 53. Gramen alopecuroides spica longa tenuiore MOR. H. ox. III. p. 192. S. 8. Tab. IV. Fig. 12. Gramen spicatum spica cylindracea tenuissima longiore TOURN. I. R. H. α) Staminibus albis PONTED. Comp. p. 52. β) Spica breuiore C. B. I. R. H. γ) Gramen Alopecuro simile glabrum, cum pilis longiusculis in spica, Onocordon mihi denominatum I. B. II. p. 475. ... Caeterum fateor, non leue mihi dubium superesse, an synonyma allegata praeter γ) ad nostrum gramen spectent. ...“ (Gmelin 1747–1769, Bd. I, S. 87f.); „14. Alopecurus culmo erecto [=] Alopecurus pratensis L.! (Alopecurus agrestis L. – M. a Bieb. Fl. t. c. I. 48)“ (Ledebour 1841, S. 52); „Neunzehnte Platte. Dritte Figur. LAGVRVS OVATVS. Kolbiges Sammtgras. LAGVRVS spica ovata aristata. LINN. Sp. pl. 119. Gramen

spicatum tomentosum, ... TOVRN. inst. p. 517. SCHEVCHZ. agr. 58. Gramen alopecuroides, spica rotundiore. BAVH. pin. 4. theat. 56. ... Gramen, Alopecurus altera Lob. BAVH. hist. 2. p. 475. ... Man weiß aber noch keinen besondern Gebrauch davon zu machen. ..." (Schreber 1769, S. 143f.); „Lagurus ovatus, spica ovata aristata, eyrundes Sammtgras, ... kolbiges Sammtgras; ... von diesem theilt Schreber in seiner Beschreibung der Gräser in der dritten Figur seiner neunzehenden Platte eine Abbildung mit." (Gmelin 1773a, Sp. 290); „[Gramen] alopecuroides spica rotundiore; hierunter versteht C. Bauhin das eyrunde Sammtgras." (Gmelin 1773b, Sp. 520); „[Gramen] alopecuroides minus alterum; hierunter versteht der letztere [d. h. Lobel] den Akerfuchsschwanz." (a. a. O., Sp. 520); „[Gramen] alopecuroides spica longo tenuiore; bedeutet bey Morison den Akerfuchsschwanz." (a. a. O., Sp. 520); „[Gramen] alopecuros altera Lobelii; so nennt J. Bauhin eben dieses [d. h. C. BAUHins zweite Art des Gramen typhoides]." (a. a. O., Sp. 520); „1) Eyförmiges Sammtgras. Lagurus ovatus. ... Lagurus spica ovata aristata. LINN. Sp. Pl. p. 119. Hort. Cliff. 25. SCHREBER. Gram. T. I. p. 143. tab. 19. f. 3. ... Gramen alopecuroides spica rotundiore. C. BAUH. pin. 4. theatr. 56. Gramen spicatum tomentosum ... T. SCHEUCHZ. Gram. p. 58. ..." (Linné 1785, S. 494ff.); „Lagurus ovatus. Deutsch. Das Sammetgras; Der Hasenschwanz. ... Eine Graspflanze, mit sehr weichen, sanften Aehren; ..." (Nemnich 1794, Sp. 315); „1. LAGVRVS ovatus. L. spica ovata aristata. Hort. cliff. 25. Schreb. gram. 143. t. 19. f. 3. ... Gramen alopecuroides, spica rotundiore. Bauh. pin. 4. theatr. 56. Gr. spicatum tomentosum ... Scheuchz. gram. 58. ... Eyförmiges Sammtgras. W. ..." (Linné 1797–1830, Bd. I, Teil 1, S. 453f.); „1) Eyförmiges Sammetgras, Hasenschweif, Fuchsschwanz; Lagurus ovata aristata. Hort. cliff. 25. ... Nach einigen Schriftstellern lassen sich die haarigen Bälge wie Wolle verarbeiten. ..." (Krünitz 1773–1858, Bd. 135, S. 493f.); „1080. Lagurus. L. ... 1. L. ovatus (L. Spec. 119). ..." (Ledebour 1853, S. 444)

„3) Wiesen=Fuchsschwanz. Alopecurus pratensis. ... Alopecurus culmo spicato erecto, glumis villosis, corollis muticis. LINN. ... Sp. Pl. p. 88. ... GMEL. Sib. 1. p. 87. ... Der Wiesenfuchsschwanz, oder wie ihn einige zu nennen pflegen, falsch Canariengras, ..." (Linné 1785, S. 262ff.); „4) Acker=Fuchsschwanz. Alopecurus agrestis. ... Alopecurus culmo spicato erecto, glumis nudis. LINN. ... Sp. Pl. p. 88. ... Von einem besondern Nutzen oder Schaden dieser Grasart ist noch nichts bekannt worden. ..." (a. a. O., S. 265ff.); „g) Alopecurus pratensis. ... Deutsch. Der Wiesenfuchsschwanz; Falsches Canariengras, Wiesencanariengras, Kolbengras, Taubgerste; N. Sachs. Vossensteert. ..." (Nemnich 1793a, Sp. 201); „a) Alopecurus agrestis. Deutsch. Der Acker-Fuchsschwanz, der kleine Fuchsschwanz oder Vosssteert, das Kölbleingras. ..." (a. a. O., Sp. 200); „1. ALOPECURUS pratensis L., ... Weisser Fuchsschwanz. ... 2. ALOPECURUS agrestis L., ... Ackerfuchsschwanz. ..." (Georgi 1797–1802, Theil 3, S. 684); „3. ALOPECVRVS pratensis. A. culmo spicato erecto, ... Gmel. sib. 1. p. 87. ... Wiesen Fuchsschwanz. W. ..." (Linné 1797–1830, Bd. I, Teil 1, S. 357); „6. ALOPECVRVS agrestis. ... Acker Fuchsschwanz. W. ..." (a. a. O., S. 357f.); „7. A[lopecurus] pratensis (L. Spec. 88) ... M. a BIEB. Fl. t. c. I, p. 47; ... LEDEB. Fl. alt.! I, p. 74 (α.). ... A. culmo erecto. GMEL. Fl. sib. I, p. 87, No. 14. ..." (Ledebour 1853, S. 462f.); „11. A[lopecurus] agrestis (L. Spec. 89) ... M. a BIEB. Fl. t. c. I, p. 48. ..." (a. a. O., S. 465); „120. ALOPECURUS pratensis. ... A. (pratensis) ... Linn. ed. Willd. 1. p. 357. ..." (Marschall von Bieberstein 1808a, S. 47f.); „21. ALOPECURUS agrestis. ... Linn. ed. Willd. 1. p. 375. ... Gmel. sib. 1. p. 87. n. 14. ..." (a. a. O., S. 48); „2) ALOPECURUS PRATENSIS L. ... Alopecurus culmo erecto. Gmel. sib. I. p. 87. (exclusis synn. omn.) ..." (Ledebour 1829, S. 74f.); „1) Ackerfuchsschwanz (Alopecurus agrestis), ... Sollte nicht dieses Gras wegen seiner nahen Verwandschaft mit dem Wiesenfuchsschwanze, einem der vorzüglichsten Futtergräser, ... auch einige Aehnlichkeit mit denselben in Betracht seines Nutzens in der Viehzucht haben? ..." (Gmelin 1779, S. 6f.); „4. Alopecurus calyce villoso, corolla uniglumi aristata, est Alopecurus culmo erecto. (Fl. sib. I. 87. nr. 14. A. pratensis L.) 3. sub eodem nomine fere est varietas praecedentis. (? A. agrestis L.?) 5. eadem etiam est." (C. von Linné in einem Brief an J. G. Gmelin vom 24. Juni 1745 – Plieninger 1861, S. 44); „Alopecurus culmo erecto – est Gr. typhoides molle (Fl. sib. I. 87. nr. 14. A. pratensis L. villosus Gilib. ..." (A. von Haller in einem undatierten Brief an J. G. Gmelin – Plieninger

1861, S. 150); Alopecurus – russ. *glašnik, batlačik* bzw. *stal'naja trava* (*Annenkov* 1858, s. 13., Nr. 64); Alopecurus pratensis L. – russ. *divij vor, pyrej lugovoj* bzw. *lisij chvost* (a. a. O., S. 14, Nr. 66); „Lagūrus L. (Gramineae). Zus aus λαγος (Hase) u. οὐος (Schwanz), in Bezug auf die kurze, weiche Aehre." (Wittstein 1852, S. 496)

Randbemerkung in der 2. Textversion (s. Anm. 1 in A.) in der Handschrift von J. G. Gmelin: „Alopecurus 14"

93 „Die Ratte. Tab. LXXXIII. Die Hausratte, oder wie man bey uns spricht, der Ratz, ist eine Mausart, so die Hausmaus an Grösse wohl viermal übertrifft, daher sie denn auch von den Scribenten lateinisch, Mus major, Mus domesticus major, von Linnaeo aber, wegen ihres kahlen Schwanzes, ... Mus cauda longa subnuda, corpore fusco cinerascente, genennet wird. ..." (Meyer 1752, S. 23)

94 „1. Gramen Typhoides, maximum spicâ longissimâ, CB. Th. 49. Gramen cum Caudâ Muris majoris, longâ, majus. IB. II. 472. ..." (Scheuchzer 1719, S. 60f.); „DE GRAMINE TYPHOIDE. CAPVT XII. I. GRAMEN TYPHOIDES MAXIMVM SPICA LONGISSIMA ... Germanis, Großkolbengraß. ..." mit der Abbildung „I. GRAMEN TYPHOIDES MAXIMVM SPICA LONGISSIMA." auf Spalte 49 (Bauhin 1658, Sp. 49ff.); „19. GRAMEN TYPHOIDES MAXIMUM, SPICA LONGISSIMA. C. B. Prodr. 10. Pin. 4. Theat. Bot. 50. ..." (Vaillant 1727, S. 83f.); „1. PHLEUM spica longissima cylindracea. Fl. lapp. 39. Gramen typhoides maximum, spica longissima. Bauh. pin. 4. theatr. 49. ... Gramen, cum cauda muris majoris longa, majus. Bauh. hist. 2. p. 472. ..." (Linné 1737, S. 22); „16. PHLEUM spica longissima cylindracea LINN. Lapp. 139. h. Cliff. 22. Gramen typhinum vel typhae effigie, cylindrica spica LOB. Ill. p. 28. Gramen typhoides maximum spica longissima C. B. Theatr. p. 49. Prodr. n.° 25. SCHEUCHZ. Agr. p. 60. HALL. Helv. 232. ..." (Gmelin 1747–1769, Bd. I, S. 89); „16. Phleum spica longissima cylindracea [=] Phleum pratense L.!" (Ledebour 1841, S. 52); „Vierzehnte Platte. PHLEVM PRATENSE. Wiesen=Lieschgras. ... Phleum pratense spica cylindracea longissima, ... LINN. Sp. pl. p. 87. ... GMELIN. sibir. 1. p. 89. n. 16. ... Gramen typhoides maximum, ... BAVH. pin. p. 4. theatr. 49. prodr. 10. ... Um nur die vornehmsten mir bekannt gewordenen Abarten kennnbar zu machen; so hat man ... 4. Niedrig, 1 bis 1½ Ellen lang, mit Knollen an der Wurzel, ... das knollige Lieschgras. 5. Eben dasselbe mit ganz geraden Halmen. 6. Eben dasselbe mit haarigen Blättern. ... Alle itzt angezeigten Varietäten des Lieschgrases kommen ... so mit einander überein, ... daß ich unmöglich ... sie für besondere Gattungen halten kann *). ... |: Ich habe ... alle obangezeigte ... Gräser, als Varietäten unter eine einzige Gattung vereiniget. ... die vierte, fünfte und sechste, oder das knotige LIESCHGRAS; Phleum nodosum LINN. ... :| ... Der Herr Professor [J. G.] Gmelin hat es [d. h. das Wiesenlieschgras] in dem ganzen von ihm durchreiseten nordlichen Theile von Asien angetroffen, und die große Veränderlichkeit in der Breite der Blätter und Länge der Grannen daran angemerkt. ... Das knotige Wiesen=Lieschgras, oder die vierte und fünfte Varietät, so im Grunde eins sind, und wozu auch noch die sechste gehöret, ..." (Schreber 1769, S. 102ff.); „[Phleum] pratense, ... Wiesenlieschgras, ... Lieschgras; langschwänzig Lieschgras; gros Kolbengras; langer Fuchsschwanz; weisser Fönch; Wiesenfönnich mit sehr langen Kolben; ..." (Gmelin 1774, Sp. 992ff.); „Phleum nodosum, ... knotiges Lieschgras, mit bolliger Wurzel, ..." (a. a. O., S. 994); „1) Wiesen=Lieschgras. Phleum pratense. ... Phleum spica cylindrica longissima ciliata, culmo erecto. LINN. ... Sp. Pl. p. 87. ... Hort. Cliff. 22. Phleum calycibus linearibus ... SCHREBER. Gram. T. I. p. 102. tab. 14. ... GMEL. sib. I. p. 89. n. 16. ... Gramen typhoides ... VAILL. paris. 83. ... Den Schaafen schmeckt das Lieschgras nicht, die Schweine aber lieben die kleinen fleischigen Knollen (der folgenden Art, die Herr Hofrath Schreber für eine zufällige Abänderung der gegenwärtigen hält,) ... Unter den deutschen Landwirthen ist dieses Wiesenlieschgras auch unter dem Namen des Timotheusgrases bekannt, ... Die beyden folgenden Arten hält Herr Hofrath Schreber nur für bloße zufällige Abänderungen dieser Art, ... 2) Alpen=Lieschgras. Phleum alpinum. ... Phleum spica ovato-cylindracea. LINN. ... Sp. Pl. p. 88. ... 3) Knotiges Lieschgras. Phleum nodosum. ... Phleum spica cylindrica, culmo adscendente, foliis obliquis, radice bulbosa. LINN. ... Sp. Pl. p. 88. ... Einige nennen diese Art ... Mäuseschwänzchen. ..." (Linné 1785,

S. 254ff.); „1. PHLEUM pratense L., ... Wiesen=Lieschgras. Timotheusgras. Schreber. Gräs. T. 14. ... 2. PHLEUM nodosum L., ... Knotiges Lieschgras. ... Bey der großen Aehnlichkeit mit dem vorigen unterscheidet es sich vorzüglich durch Wurzelknollen. 3. PHLEUM alpinum L., ... Alpen=Lieschgras. ..." (Georgi 1797–1802, Theil 3, S. 683f.); „1. PHLEVM pratense. P. spica cylindrica ... Hort. cliff. 22. ... Gmel. sib. 1. p. 89. n. 16. ... P. calycibus linearibus ... Schreb. gram. p. 102. t. 14. ... Gramen typhoides maximum, ... Bauh. pin. 4. ... Vaill. paris. 83. ... Wiesen-Lieschgras. W. ... 2. PHLEVM alpinum. ... Alpen-Lieschgras. W. ... 4. PHLEVM nodosum. ... Knotiges Lieschgras . W. ..." (Linné 1797–1830, Bd. I, Teil 1, S. 354ff.); „591. PHLEUM PRATENSE Linné. WIESEN-PHLEUM. ... Linné spec. pl. p. 87. ... Ph. nodosum Linné spec. pl. p. 88. ... Das Gras wird zur Anlage von Rasenplätzen und zu Viehfutter benutzt. Deutsche Namen: Lieschgras, Timothy-Gras, Hirtengras, grosses Kolbengras." (Dietrich 1841, Nr. 591); „6. Phl[eum] pratense (L. Spec. 87) ... Phl. nodosum. ... M. a BIEB. Fl. t. c. I, p. 47. Phl. spica longissima cylindracea. GMEL. Fl. sib. I, p. 89, No. 16. ..." (Ledebour 1853, S. 457f.); „7. Phl[eum] alpinum (L. Spec. 88) ... M. a BIEB. Fl. t. c. I, p. 47; ... LEDEB.! Fl. alt. I, p. 73. ..." (a. a. O., S. 458f.); „118. PHLEUM nodosum. ... Linn. ed. Willd. 1. p. 355. ... 119. PHLEUM alpinum. ... Linn. ed. Willd. 1. p. 355. ..." (Marschall von Bieberstein 1808a, S. 47); „1) PHLEUM ALPINUM. L. ..." (Ledebour 1829, S. 73); „156. Phleum pratense. ... Linn. Sp. pl. p. 87. n. 1. ... 157. Phleum nodosum. ... Linn. Sp. pl. p. 88. n. 2. ... 158. Phleum alpinum. ... Linn. Sp. pl. p. 88. n. 3. ..." (Wulfen 1858, S. 81f.); „1. Phleum spica longissima cylindracea Fl. lapp. 39. omnino. Gr. typhoides maximum spica longissima C. B. (Fl. sib. I. 89. nr. 16. Phl. pratense L.)" (C. von Linné in einem undatierten Brief an J. G. Gmelin – Plieninger 1861, S. 71); Phleum pratense L. – russ. *arženec*, *polevik*, *paločnik*, *sejanec*, *sivucha*, *ržanec* bzw. *Timofeeva trava* (*Annenkov* 1858, S. 68, Nr. 790); „Phlēum L. (Gramineae). Φλεως Theophr. von φλεειν (fliessen), in Bezug auf seine Anwendung gegen fliessende Ohren (Plin. XXI. 54. XXII. 13). ..." (Wittstein 1852, S. 682)

„Gramen typhoides maximum, spica longissima. B. Pin. 4. et Inst. r. h. n° 164." (AAW R. I, Op. 13, D. 19, Bl. 6r, s. Anm. 54 in Nr. 17); „3. Gramen Typhoides maximum, spica longissima C. B. Th. 49. Ind. Jen. n°. 176. ..." (AAW R. I, Op. 13, D. 67, Bl. 13r, s. Anm. 5 in Nr. 4); „951. Phleum spica longissima cylindracea Linn. flor. 39. h. Cliff. 22. Gramen typhoides maximum spica longissima B. Pin. 4. ..." (AAW R. I, Op. 13, D. 20, Bl. 86r, s. Anm. 1 in Nr. 1); „1061. Phleum spica longissima cylindracea Linn. flor. 39. Gramen typhoides maximum Spica longissima C. B. Th. Hall. Alp. ..." (a. a. O., Bl. 98r); „176. Gramen Typhoides maximum spica longissima. C. B. Th. 49. ..." (AAW R. I, Op. 105, D. 1ª, Bl. 14r, s. Anm. 29 in Nr. 5)

95 Randbemerkung in der 2. Textversion (s. Anm. 1 in A.) in der Handschrift von J. G. Gmelin: „Alopecurus / 13."

96 „161. Gramen spica triticea compacta, aristatum folliculis numerosioribus Ind. Gram. n°. 4. Aristae praelongae sunt et exteriora versus incurvae. ... Hanc speciem in Ind. Gram. Len & Angar. in duas plantas discerpari, quarum ea quae n°. 4. recensetur, plantae junioris est, n°. 6. adultae. ... Prioris porro varietas, spica ex amethystino et viridi varia Fl. Irc. n°. 809 recensetur. ..." (AAW R. I, Op. 105, D. 1ª, Bl. 12r, s. Anm. 29 in Nr. 5); „4. Gramen spica Triticea compacta, aristatum, folliculis numerosioribus. ..." (AAW R. I, Op. 105, D. 4ª, Bl. 1r, s. Anm. 98 in Nr. 810); „6. Gramen loliaceum, corniculatum, latifolium, spicis teretiusculis, angustis et glabris Agr. 36. ..." (a. a. O., Bl. 1v); „2. Gramen Loliaceum, corniculatum, latifolium, spicis teretiusculis angustis & glabris. Nob. Gr. Avenaceum dumetorum spicatum. Raij. H. Pl. 1262. Gr. Loliaceum corniculatum spicis glabris. Inst. 516. Festuca dumetorum CB. Theatr. 148. .." (Scheuchzer 1719, S. 36f.)

97 Randbemerkung in der 2. Textversion (s. Anm. 1 in A.) in der Handschrift von J. G. Gmelin: „Est Hord. 56."; vgl. auch Nr. 798

98 „[species 69] Gramen spicâ cristatâ, subhirsutum C. B. Pin. 3. Prodr. 8." (Tournefort 1700, S. 517, Genus VIII. „Gramen. Chien-dent."); „b. Paniculâ densâ & spicatâ. Tab. III. Fig. 15. ... 1. Gramen spicâ aristatâ, subhirsutum, C. B. Pin. 3. Prodr. 8. Theatr. 43. ..." (Scheuchzer 1719, S. 166f.); „26. GRAMEN spica cristata subhirsutum C. B. Theatr. p. 43. Prodr. n. 19, ... Aira panicula spicata, floribus muticis, pednnculo [sic!] longioribus, glumis aculeatis inaequalibus ROYEN. p. 61. ..."

(Haller 1742, S. 217); „24. AIRA panicula spicata, floribus muticis, pedunculo longioribus, glumis acuminatis, inaequalibus ROY. pr. p. 61. Gramen spica cristata subhirsutum B. pin. 2. SCHEUCHZ. Agr. p. 167. Tab. III. Fig. 15. j. Panicula ex viridi argentea. ...“ (Gmelin 1747–1769, Bd. I, S. 93); „24. Aira panicula spicata, floribus muticis pedunculo longioribus, glumis acuminatis inaequalibus [=] Koeleria cristata Pers.!“ (Ledebour 1841, S. 53); „30) Kammförmiges Rispengras. Poa cristata. ... Poa panicula spicata, calycibus subpilosis subquadrifloris pedunculo longioribus, petalis aristatis. LINN. ... Aira (cristata) ... Sp. Pl. p. 94. ... GMEL. Sib. I. p. 93. n. 24. ... Gramen spica cristata subhirsutum. C. BAUH. pin. 13. prodr. 8. ... SCHEUCHZ. Gram. p. 166. ...“ (Linné 1785, S. 354f.); „Poa cristata, ... hanenkammartiges Rispengras, ...“ (Gmelin 1775, Sp. 197); „14. POA aristata L., ... Schmelenförmiges Rispengras. W. Kammförmiges Rispengras. ...“ (Georgi 1797–1802, Theil 3, S. 693); „57. POA aristata. ... Aira (cristata) ... Sp. plant. 2. p. 24. Gmel. sib. 1. p. 93. n. 24. ... Gramen, spica cristata subhirsutum. Bauh. pin. 13. prodr. 8. ... Schmelenartiges Rispengras. W. ...“ (Linné 1797–1830, Bd. I, Teil 1, S. 402); „1057. Koeleria. PERS. ... 1. K. cristata (PERS. Synops. I. p. 97) ... Aira panicula spicata, ... GMEL. Fl. sib. I, p. 93, No. 24. ... β. ... K. cristata ... Led.! Fl. alt. I, p. 104. ...“ (Ledebour 1853, S. 401f.); „1) KOELERIA CRISTATA. Pers. ... Aira, no. 24. Gmel. Sib. I. p. 93. ...“ (Ledebour 1829, S. 103f.); „207. Aira cristata. – Koeleria cristata Pers. ... Linn. Sp. pl. p. 94. n. 2. ...“ (Wulfen 1858, S. 108f.); „Gramen spica cristata subhirsutum – recte (Fl. sib. I. 93. nr. 24. Poa cristata L. Koeleria cristata Pers. ...).“ (A. von Haller in einem undatierten Brief an J. G. Gmelin – Plieninger 1861, S. 150); Aira – russ. *lugovik*, *ščuka trava*, *ščučka* bzw. *vodnjana trava* (*Annenkov* 1858, S. 12, Nr. 40); „Koelēra WILLD. (Bixaceae). Nach GEORG LUDW. KOELER, Professor der Naturgeschichte in Mainz; schrieb: Decriptio graminum in Germania et Gallia sponte nascentium 1802. Koelēria PERS. (Gramineae). Wie vorige Gattung.“ (Wittstein 1852, S. 488); „Aīra L. (Gramineae). αἶρα“ (unser Lolium tumulentum) von αἰρειν (wegnehmen sc. das Leben) in Bezug auf die Wirkung; ...“ (a. a. O., S. 26)

„3. Gramen spica cristata subhirsutum C. B. J. B. Ind. Gram. n°. 27. Jen. n°. 199.“ (AAW R. I, Op. 13, D. 67, Bl. 15r, s. Anm. 5 in Nr. 4); „199. Gramen spica cristata subhirsutum C. B. P. Ind. Gram. n°. 27. ... Ab hoc Gramen Fl. Irc. 810. recensitum spica longiore et teretiore variegatoreq differt.“ (AAW R. I, Op. 105, D. 1ª, Bl. 16v, s. Anm. 29 in Nr. 5); „27. Gramen spica cristata subhirsutum C. B. Pin. Agr. 166. ...“ (Bl. 4r in: J. G. Gmelin „Recensio Graminum, Cyperacearum plantarum, Juncorumque et ijs affinium, quae Annis 1736. 1737. 1738. ad Lenam et Angaram fluvios observata sunt.“ – AAW R. I, Op. 105, D. 4ª, Bll. 1r–8r; eine weitere Textversion in der Handschrift von J. G. Gmelin in: AAW R. I, Op. 105, D. 4; Bll. 1r–5v)

99 „B. Rispen=Getreide. (Gramen paniculata.) Wenn mehrere ungleich verzweigte Blüthenstiele an einer verlängerten gemeinsamen Spindel in verschiedener Höhe stehen, so heißt ein solcher Blüthenstand eine Rispe. ... Je nachdem die Aehrchen Grannen haben oder nicht, unterscheidet man auch begrannte und unbegrannte Rispen. ... Zu den Rispen=Getreidearten gehören: der Hafer, der Reis, die gemeine und die Durrahirse.“ (Burian 1870, S. 43f.)

100 Randbemerkung in der 2. Textversion (s. Anm. 1 in A.) in der Handschrift von J. G. Gmelin: „Est Aira / 20.“

101 „[species 55] Gramen anthoxanthon, spicatum J. B. 2. 466. Gramen pratense, spicâ flavescente C. B. Pin. 3. Gramen anthoxanthon Dalechampii Lugd. 426.“ (Tournefort 1700, S. 518, Genus VIII. „Gramen. Chien-dent.“); „Gramen cristatum & spicatum pratense. ... III. Gramen pratense spicâ flavescente. Gramen anthoxanthon, Lugd. ...“ (Bauhin 1623, S. 3); „1. Gramen spicatum pratense, spica flavescente C. B. Pin. 3. Theatr. 43. Gramen Anthoxanthon spicatum J. B. II. 466 Inst. 528. [sic!] Gramen Anthoxanthon Dalechampii.Hist. Lugd. 426. ...“ (Scheuchzer 1719, S. 88f.); „1. ANTHOXANTHON flosculis diandris. Gramen anthoxanthon. Dalech. hist. 426. Gramen anthoxanthon spicatum. Bauh. hist. 2. p. 466. Gramen pratense, spica flavescente. Bauh. pin. 3. theatr. 44. ...“ (Linné 1737, S. 25); „64. ANTHOXANTHUM LINN. Suec. 29. Gramen pratense spica flauescente C. B. Th. p. 43. SCHEUCHZ. Agr. p. 88. HALL. Helv. p. 230. Gramen anthoxanthon spicatum I. B. II. p. 466. Anthoxanthum flosculis diandris LINN. h. Cliff. 25. ROY.

pr. 58. STELLERUS in pratis circa Ircutiam vrbem collegit. ...“ (Gmelin 1747–1769, Bd. I, S. 127); „64. Anthoxanthum [=] Anthoxanthum odoratum L.!“ (Ledebour 1841, S. 55); „Fünfte Platte. ANTHOXANTHVM ODORATVM. Gelbes Ruchgras. ... LINN. spec. pl. p. 40. ... Anthoxanthum flosculis diandris. LINN. hort. cliff. p. 25. Anthoxanthum. ... GMEL. fl. sibir. 1. p. 127. ... Gramen anthooxanthum spicatum. ... TOURNEF. inst. p. 518. ... Aus dem Geruche läßt sich leicht abnehmen, daß dasselbe nicht ohne Arzneykräfte sey. ... daß es eine erweichende, schmerzstillende Kraft haben müsse, wenn es äußerlich in Entzündungen und harten Geschwulsten, um sie entweder zu zertheilen oder die Vereiterung zu befördern, ... Das Ruchgras gehöret unter die wenigen Grasgattungen, die allen Arten von Vieh wohl schmecken und wohlbekommen, ...“ (Schreber 1769, S. 49ff.); „[Anthoxanthum] odoratum, ... wahres Ruchgras, ... gelbes Ruchgras, Melotengras, Lavendelgras; ... die Wurzel riecht stark nach Bisam; die übrige Pflanze aber ungefähr, wie der Waldmeister, ... es heißt bey J. G. Gmelin mit einem Wort: Anthoxanthum; ...“ (Gmelin 1772a, Sp. 593f.); „2) Gelbes Ruchgras. Anthoxanthum odoratum. ... Anthoxanthum spica oblongo ovata, flosculis subpedunculatis arista longioribus. LINN. ... Sp. Pl. p. 40. Anthoxanthum flosculis diandris. Hort. Cliff. 25. Anthoxanthum ... SCHREBER. Gram. tab. 5. p. 49. ... TOURNEF. Inst. R. H. p. 518. ... GMEL. sib. p. 127. n. 64. ... Gramen pratense spica flavescente. C. BAUH. pin. 3. SCHEUCHZ. Gram. 88. Tab. 11. f. 9. D. E. F. ... Indessen ist der Arzneygebrauch dieses Grases nicht sonderlich beträchtlich, ...“ (Linné 1785, S. 51ff.); „b) Anthoxanthum odoratum. ... Deutsch. Das wahre gelbe Ruchgras, das kornährige Gras, Wiesengras mit gelben Blumen, Goldgras, Ackergras, Berggras, Frühlingsgras, Lavendelgras, wilder Lavendel, Tunkagras, Ruchwerle, Melotengras. ...“ (Nemnich 1793a, Sp. 339); „1. ANTHOXANTHUM odoratum. L., ... Gelbes Riechgras, W. ... Des den Motten widrigen Wohlgeruchs dieses Grases wegen, leget man es in Rußland und Sibirien zur Erhaltung des Pelzwerkes des Sommers zu demselben.“ (Georgi 1797–1802, Theil 3, S. 659f.); „1. ANTHOXANTHVM odoratum. A. spica oblonga ovata, ... Gmel. sib. 1. p. 127. n. 65. ... A. flosculis diandris. Hort. cliff. 25. ... Anthoxanthum. ... Schreb. gram. t. 5. ... Gramen pratense, spica flavescente. Bauh. pin. 3. Scheuch. agrost. 88. ... Gelbes Ruchgras. W. ...“ (Linné 1797–1830, Bd. I, Teil 1, S. 156f.); „1064. Anthoxanthum. L. ... 1. A. odoratum (L. Spec. 40) ... M. a BIEB. Fl. t. c. III, p. 25. ... LEDEB. Fl. alt! I, p. 45. ... Anthoxanthum. GMEL. Fl. sib. I, p. 127, No. 64. ...“ (Ledebour 1853, S. 408f.); „2*. ANTHOXANTHUM odoratum. ... Linn. ed. Willd. 1. p. 156. ... Gmel. sib. 1. p. 127. n. 64. Scheuchz. agr. p. 88. ...“ (Marschall von Bieberstein 1819, S. 25); „1) ANTHOXANTHUM ODORATUM Linn. ... Anthoxanthum. Gmel. Fl. sib. 1. p. 127. ...“ (Ledebour 1829, S. 45); Anthoxanthum odoratum L. – russ. *bobkovinka* (*Annenkov* 1858, S. 17, Nr. 108); „Anthoxānthum L. (Gramineae). Zus. aus ἄνδος (Blüthe) und ξανδος (bräunlichgelb), in Bezug auf die Farbe des Blüthenstandes.“ (Wittstein 1852, S. 57)

„Gramen Anthoxanthon spicatum. J. B. 2. 466 et Inst. r. h. n°. 160.“ (AAW R. I, Op. 13, D. 19, Bl. 6r, s. Anm. 54 in Nr. 17); „254. Agrostis panicula spicata, utroque petalo aristato. Gramen spicatum pratense, spica flavescente C. B. P. 3. Scheuchz. Agrost. 88.“ (AAW R. I, Op. 13, D. 20, Bl. 28r, s. Anm. 1 in Nr. 1); „182. Gramen panicula Miliacea sparsa, minus Ind. Gram. n°. 18. Gramen spicatum pratense spica flavescente CB. Fl. Irc. ...“ (AAW R. I, Op. 105, D. 1^{a}, Bl. 15r, s. Anm. 29 in Nr. 5)

102 „1. Gramen pratense, Cristatum, seu spicâ cristatâ laevi. C. B. Pin. 3. Theatr. 42. Gramen cristatum. J. B. II. 468. Gramen Typhinum, Plantaginis spicâ, glumis digitatis, heteromallon majus. Barrel. Icon. 27. I. ...“ (Scheuchzer 1719, S. 79f.); „1. CYNOSURUS. Gramen cristatum. Bauh. hist. 2. p. 468. Gramen pratense cristatum, ... Bauh. pin. 3. theatr. 43. Scheuchz. hist. 79. Gramen typhinum, ... Barr. rar. t. 27. f. 1. ...“ (Linné 1737, S. 22); „1. GRAMEN pratense cristatum s. spica cristata levi C. B. Theatr. p. 42. ... SCHEUCHZER p. 79. T. 2. f. 8. A. C. ... Gramen typhinum, ... BARR. ic. 27. n. 11. Gramen spicatum, glumis cristatis I. R. H. &c. ...“ (Haller 1742, S. 232f.); „[species 67] Gramen spicatum, glumis cristatis. Gramen cristatum Lob. Adv. Part. 2. 467. Gramen cristatum, Anglicum Park. Theat. 1160.“ (Tournefort 1700, S. 519, Genus VIII. „Gramen. Chien-dent.“); „Achte Platte. Erste Figur. CYNOSURUS CRISTATUS. Steifes Kammgras. ...

Gramen cristatum. BAUH. hist. 2. p. 468. ... Gramen spicatum glumis cristatis. TOURN. inst. p. 519. ... Es dient nehmlich zu einer Mastung für die Hammel, und giebt dem Fleische einen sehr angenehmen Geschmack. ..." (Schreber 1769, S. 69ff.); „Cynosurus cristatus, ... steifes Kammgras, ... sein Geschmak ist nicht unangenehm; seine Halme aber sind etwas zäh, ..." (Gmelin 1773, Sp. 453); „1) Gemeines Kammgras. Cynosurus cristatus. ... Cynosurus bracteis pinnatifidis. LINN. ... Sp. Pl. p. 105. Hort. Cliff. p. 493. ... SCHREBER. Gram. 69. tab. 8. f. 1. ... Gramen typhinum, ... BARREL. ic. 27. n. 11. ... Gramen cristatum. C. BAUH. pin. [sic!] 2. p. 468. ..." (Linné 1785, S. 374ff.); „7) Gemeines Kammgras, steifes Kammgras, gefiedertes oder federartiges Kammgras, Hahnenkamm, Cynosurus cristatus Linn. Syst. nat. XIII. ..." (Encyclopädie 1796, S. 47); „1. CYNOSURVS cristatus. C. bracteis pinnatifidis. Hort. cliff. 493. ... Gramen typhinum, ... Barrel. ic. 27. n. 11. ... Gemeines Kammgras. W. ..." (Linné 1797–1830, Bd. I, Teil 1, S. 411); „1034. Cynosurus. L. ... 1. C. cristatus (L. Spec. 105) ... M. a BIEB. Fl. t. c. III, p. 71. ..." (Ledebour 1853, S. 348); „171*. CYNOSURUS cristatus. ... Schreb. gram. p. 69. t. 8. f. 1. ... C. bracteis pinnatifidis. Linn. ed. Willd. 1. p. 411. ..." (Marschall von Bieberstein 1819, S. 71); Cynosurus cristatus L. – russ. *priplevčatka* bzw. *grebnik* (*Annenkov* 1858, S. 36, Nr. 387); „200. Cynosurus cristatus. ... Linn. Sp. pl. p. 105. n. 1. Schreber. Gram. I. p. 69. Tab. 8. fig. 1. ..." (Wulfen 1858, S. 104)

„Gramen pratense cristatum seu spica cristata laevi CBP." (AAW R. I, Op. 104, D. 8, Bl. 15r, s. Anm. 18 in Nr. 452); „213. An Gramen avenaceum angustifolium, Alpinum, spicata panicula, ex purpureo, viridi et argenteo variegata It. Alp. 1709. Id. op. Agr. 49? ... Fl. Irc. n°. 812." (AAW R. I, Op. 105, D. 1ª, Bl. 18v, s. Anm. 29 in Nr. 5)

Randbemerkung in der 2. Textversion (s. Anm. 1 in A.) vor Klammern neben Nr. 812 und Nr. 813 in der Handschrift von J. G. Gmelin: „una" und „Poa 38."

103 „[species 23] Gramen Loliaceum, minimum, foliolis Junceis, paniculâ unam partem spectante. Gramen Sparteum, Juncifolium C. B. Pin. 5. Spartum parvum Lobelio J. B. 2. 513. Spartum nostras, parvum Lob. Icon. 90." (Tournefort 1700, S. 517, Genus VIII. „Gramen. Chien-dent."); „Spartum nostras paruum. T. 124." (Lobelius 1581, S. 90); „1. Gramen sparteum juncifolium. C. B. Pin. 5. Theatr. 69. Spartum parvum Lobelio, J. B. II. 513. Gramen Loliaceum, minimum, foliolis junceis, paniculâ unam partem spectante. Inst. 517. Spartum nostras, parvum. Lobel. Ic. 90. ..." (Scheuchzer 1719, S. 90f.); „1. NARDUS spica lineari. Fl. lapp. 40. Spartum parvum lobelio. Bauh. hist. 2. p. 512. Spartum parvum nostras. Lob. ic. 90. ... Gramen sparteum juncifolium. Bauh. pin. 5. Scheuch. hist. 90. Gramen loliaceum minimum, ... Tournef. inst. 517. ..." (Linné 1737, S. 22); „1. GRAMEN sparteum juncifolium C. B. Theatr. p. 69. Pin. ... Spartum nostras parvum LOB. ic. p. 90. ..." (Haller 1742, S. 203); „Siebente Platte. NARDUS STRICTA. Haarförmiges Pfriemgras. ... Gramen sparteum juncifolium. BAVH. pin. 5. theat. 70. ... Borstengras. klein Pfriemengras. In der Schweiz Nätsch. ..." (Schreber 1769, S. 65ff.); „[Nardus] stricta, ... senkrechtes Nardengras ... Borstengras; steifes Borstengras; klein Pfriemengras; harförmiges Pfriemengras; Nätsch; ..." (Gmelin 1774, Sp. 415ff.); „1) Starrendes Borstengras. Nardus stricta. ... Nardus spica setacea recta secunda. LINN. ... Sp. Pl. p. 77. ... Hort. Cliff. 42. [sic!] ... Gramen sparteum juncifolium. SCHEUCHZ. Gram. p. 90. C. BAUH. pin. 5. ... Die Lappländer nennen es Lapphaer, wegen der Aehnlichkeit mit dem ungekämmten Kopfhaar dieser Nation, und die Smaländer Kafskiaegg oder alter Manns Bart. In der Schweitz nennt man es Naetsch, ..." (Linné 1785, S. 165ff.); „76. Nardus stricta. Lin. Syst. Plant. I. p. 144. sp. 1. Russ. Belous. [russ. *belous*] Pferde fressen das Gras nur zur höchsten Noth, dagegen ist es ein Leckerbißen der Saigen. (Antilope scytica. Pallas.)" (Falk 1786, S. 104); „b) Nardus stricta. Gramen sparteum juncifolium. Deutsch. Das Borstengras; Das steife oder senkrechte Borstengras; Bürstengras, Kleines oder haarförmiges Pfriemengras, Nardengras; Salzburg Hirschhaar; Schweiz Nätsch. ... Russ. Belous. ... wegen dieser ihrer Härte heisst sie in verschiedenen Orten in Schweden Stålgrâs (Stahlgras); ..." (Nemnich 1794, Sp. 704f.); „1. NARDVS stricta. N. spica setacea recta secunda: Schreb. gram. 65. t. 7. ... N. spica lineari. ... Hort. cliff. 42. Gramen sparteum juncifolium. Bauh. pin. 5. Scheuch. gram. 90. ... Steifes Borstengras. W. ..." (Linné 1797–1830, Bd. I, Teil 1, S. 314f.); „1022. Nardus

L. ... 1. N. stricta (L. Spec. 77). ... M. a BIEB. Fl. t. c. I, p. 41. ..." (Ledebour 1853, S. 324f.; „107. NARDUS stricta. ... Linn. ed. Willd. I. p. 314. Schreb, gram. p. 65. t. 7. ..." (Marschall von Bieberstein 1808a, S. 41); „337. Nardus stricta. ... Linn. Sp. pl. p. 77. n. I. Schreber. Gram. I. p. 65 Tab. 7. ..." (Wulfen 1858, S. 179f.); Nardus stricta L. – russ. *ustnik*, *belous*, *myčka* bzw. *ščetinnica* (*Annenkov* 1858, S. 61, Nr. 719); „Nārdus L. (Gramineae). Von ναρδος, was wiederum vom indischen nard abstammt. Die hier in Rede stehende Gattung des Linné hat mit dem Nardus, ναρδος der Alten nichts gemein, ..." (Wittstein 1852, S. 608)

„136. Nardus spica lineari Linn. Fl. n°. 40. Gramen sparteum juncifolium B. Pin. 5. Theatr. 69. Spartum parvum Lobelio J. B. II. 519. ..." (AAW R. I, Op. 13, D. 20, Bl. 15r, s. Anm. 1 in Nr. 1); „221. Gramen Bromoides, corniculatum, tenuifolium Ind. Gram. n°. 40. ... Ab hoc gramen in Fl. Irc. n°. 813. recensitum, nonnisi humilitate et folijs fere capillaceis differt." (AAW R. I, Op. 105, D. 1^{a}, Bl. 19v, s. Anm. 29 in Nr. 5); „6. Gramen Bromoides corniculatum, tenuifolium Ind. Gram. n°. 40. Jen. n°. 221." (AAW R. I, Op. 13, D. 67, Bl. 16v, s. Anm. 5 in Nr. 4); „40. Gramen Bromoides, corniculatum, tenuifolium. ... In Agrostographia post Gramen Bromoides pumilum, locustis erectus, majoribus, aristatum p. 261 [auf S. 260f. in Scheuchzer 1719] recensendum est. [?] ..." (AAW R. I, Op. 105, D. 4^{a}, Bl. 6r, s. Anm. 98 in Nr. 810); s. auch Nr. 812

104 „[species 160] Gramen capillatum, paniculis viridantibus J. B. 2. 462. Prioris varietas." (Tournefort 1700, S. 524, Genus VIII. „Gramen. Chien-dent."); „GRAMEN CAPILLATVM. ..." (Bauhin 1651a, S. 462); „A. 23. Gramen capillaceum locustellis pennatis, non aristatis. ..." (Ray 1693, S. 1288); „1. Gramen segetum altissimum paniculâ sparsâ, C. B. Pin. 3. Theatr. 34. Gramen capillatum J. B. II. 462. ..." (Scheuchzer 1719, S. 144f.); „Gramen capilllatum, paniculis viridantibus J. B. 2. 462. ... Acker Riedgraß/ Acker Straußgraß. ..." (Mappus 1742, S. 136f.); „22. AGROSTIS petalo exteriore aristam rectam strictam et longissimam exserente ROY. pr. p. 59. Gramen capillatum I. B. II. p. 462. Gramen segetum panicula arundinacea C. B. Basil. p. 5. Gramen segetum altissimum, panicula sparsa SCHEUCHZ. Agr. p. 144. non BAUH. vti monuit HALLERUS. ..." (Gmelin 1747–1769, Bd. I, S. 92); „22. Agrostis petalo exteriore aristam rectam strictam et longissimam exserente [=] Apera Spica venti P. de B.!" (Ledebour 1841, S. 53); „[Gramen] capillatum; bedeutet bey J. Bauhin das Akerstrausgras." (Gmelin 1773b, Sp. 539); „[Gramen] capillatum paniculis viridantibus; hierunter versteht er [d. h. J. Bauhin] das Akerstrausgras." (a. a. O., Sp. 539); „1) Acker=Straußgras. Agrostis Spica venti. ... Agrostis petalo exteriore arista recta stricta longissima, panicula patula. LINN. ... Sp. Pl. p. 91. ... GMEL. sib. 1, p. 92. n. 22. ... Gramen segetum altissimum, ... C. BAUH. pin. 3. SCHEUCHZ. Gram. p. 144. Gramen capillatum. I. BAUH. hist. 3. p. 462. ... Man nennt sie in einigen deutschen Landschaften auch noch große Ackerschmele, Windhalm und Kornstraußgras. Die Blumenbüschel färben grün, besonders auf Wolle, wie die vom Schilfe. ..." (Linné 1785, S. 281f.); „Agrostis Spica venti, ... Aker=Strausgras, ..." (Gmelin 1772a, Sp. 216); „g) Agrostis spica venti. ... Deutsch. Die Windähre oder der Windhalm; Ackerstraussgras, Kornstraussgras; Ackerrietgras mit einem rothen oder grünlichten Strausse; Feldgras; Saatgras; grosse Ackerschmielen; Blüthenrispe. ... Spica ventis oder Windähre heist dies Gras, weil die Sträusse durch den Wind in eine spielende Bewegung gesetzt werden. Die jungen Blätter werden vom Vieh gefressen, ... Aus den trocknen Halmen werden Strohteller, Strohhüte &c. geflochten. ..." (Nemnich 1793a, Sp. 125f.); „2) Windhalm, Ackerstraußgras, Ackerrriedgras, große Ackerschmielen; Agrostis spica venti, ... Zum Futter für das Vieh ist er zu hart, und selbst die Schaafe lassen ihn stehen: ..." (Gmelin 1779, S. 7f.); „1. AGROSTIS Spica venti L., ... Gemeiner Windhalm. W. Ackerstrausgras. ... Die noch grüne Rispe färbt, mit Alaun gebeizt, Wolle olivengrün. ..." (Georgi 1797–1802, Theil 3, S. 685f.); „1 AGROSTIS Spica venti. ... Gmel. sib. 1. p. 92. n. 22. ... Gramen segetum altissimum, ... Scheuchz. gram. 144. Gramen capillatum. Bauh. hist. 3. p. 462. ... Gemeiner Windhalm. W. ..." (Linné 1797–1830, Bd. I, Teil 1, S. 361f.); „1078. Apera. AD. ... 1. A. spica venti (P. DE BEAUV. l. c.) ... Agrostis spica venti. ... M. a BIEB. Fl. t. c. I, p. 54; ... A. petalo exteriore ... GMEL. Fl. sib. I, p. 92, No. 22. ..." (Ledebour 1853, S. 442f.); „135. AGROSTIS Spica venti. ... Linn. ed. Willd. 1. p. 361. ... Gmel. sib. 1. p. 92. n. 22. Scheuchz. agr. p. 144. n. 3. ..." (Marschall von Bieberstein 1808a, S. 54); „178. Agrestis spica venti – Apera

spica venti Beauv. ... Linn. Sp. pl. p. 91. n. 1. ..." (Wulfen 1858, S. 93); „46. Agrostiis petalo exteriore aristam rectam strictam longisimam exserente Roy. lugdb. 59. omnino. (Fl. sib. I. 92. nr. 22. Agr. spica venti L. Apera spica venii [sic!] P. de B.)" (C. von Linné in einem Brief an J. G. Gmelin vom 14. September 1748 – Plieninger 1861, S. 58); „11. Agrostis petalo exteriore aristam rectam strictam et longissimam exserrente. [sic!] Roy. sic. omnino. (Fl. sib. I. 92. nr. 22. Agr. spica venti L. Apera spica venti P. de B. ...)" (C. von Linné in einem Brief an J. G. Gmelin? vom 24. August 1748 – Plieninger 1861, S. 89); „Agrōstis L. P. (Gramineae). Von ἄγρος (Acker, Feld), um ihr häufiges Vorkommen anzudeuten." (Wittstein 1852, S. 25); „Āpera P. B. (Gramineae). Von ἄπηρος (unverstümmelt); Arten v. Agrostis, wo jedes Aehrchen wenigstens das Stielchen einer zweiten Blüthe enthält, während andere Arten dieser Gattung auch das nicht einmal haben." (a. a. O., S. 60)

„[N^{o}.] 4. Gramen capillatum. J. B." (AAW R. I, Op. 104, D. 17, Bl. 8r, s. Anm. 36 in Nr. 8); „22. Gramen segetum altissimum, panicula sparsa. C. B. P. Agr. 144. Secus agros." (AAW R. I, Op. 105, D. 4^{a}, Bl. 3v, s. Anm. 98 in Nr. 810); „44. Gramen capillaceum, locustellis pennatis non aristatis. Raj. Hist. 1288. Agr. 275. ..." (a. a. O., Bl. 6r); „7. Gramen segetum altissimum, panicula sparsa C. B. P. Ind. Jen. n°. 190. ..." (AAW R. I, Op. 13, D. 67, Bl. 14r, s. Anm. 5 in Nr. 4); „1036. Agrostis petalo exteriore aristam rectam strictam & longissimam exserente Roy. prodr. 59. Gramen capillatum Bauh. hist. 2. p. 462. ..." (AAW R. I, Op. 13, D. 20, Bl. 97v, s. Anm. 1 in Nr. 1); „930. Agrostis petalo exteriore aristam rectam strictam & longissimam exserente Roy. pr. 59. Gramen segetum altissimum panicula sparsa B. Pin. 3. Scheuchz. Hist. 144. ..." (a. a. O., Bl. 88v); „190. Gramen segetum altissimum, panicula sparsa C. B. P. ... Fl. Irc. 814. pro eadem specie sub synonymo J. B. recensetur." (AAW R. I, Op. 105, D. 1^{a}, Bl. 16r, s. Anm. 29 in Nr. 5)

105 „[species 108] Gramen paniculatum, spicis crassioribus & brevioribus. Gramen spicatum, folio aspero C. B. Pin. 3. Prodr. 9. Gramen asperum J. B. 2. 467. Gramen spicatum Dalechampiii Lugd. 427." (Tournefort 1700, S. 521, Genus VIII. „Gramen. Chien-dent."); „1. Gramen spicatum, folio aspero, C. B. Pin. 3. Prodr. 9. Theatr. 45. Gramen asperum, J. B. II. 467. ..." (Scheuchzer 1719, S. 299ff.); „2. POA spiculis confertis, uno versu dispositis. Gramen spicatum, folio aspero. Bauh. pin. 3. theatr. 45. prodr. 9. ... Scheuchz. hist. 299. Gramen asperum. Bauh. hist. 2. p. 467. ..." (Linné 1737, S. 28); „2. Gramen spicatum folio aspero C. B. Theatr. p. 45. ... SCHEUCHZ, p. 299. T. 6. f. 15. ... Gramen asperum I. B. p. 467. ... Gramen paniculatum ... I. R. H. ... Poa flosculis confertis, ... LINN. Hort. Cliff. p. 28. ..." (Haller 1742, S. 231); „52. FESTUCA paniculis partialibus secundis glomeratis. Gramen spicatum folio aspero C. B. Th. p. 45. SCHEUCHZ. Agr. p. 299. HALL. Helv. p. 231. Gramen asperum I. B. II. p. 467. Gramen aruense spica compacta diuulsa LOES. Pruss. 110. ic. 23. Gramen paniculatum spicis crassioribus et breuioribus TOURN. I. R. H. Poa spiculis confertis vno versu dispositis LINN. h. Cliff. p. 28. ROY. pr. p. 62. Cynosurus panicula secunda glomerata LINN. Suec. 83. ..." (Gmelin 1747–1769, Bd. I, S. 117f.); „52. Festuca paniculis partialibus secundis glomeratis [=] Dactylis glomerata L.!" (Ledebour 1841, S. 55); „Achte Platte. Zwote Figur. DACTYLIS GLOMERATA. Rauhes Hundsgras. ... Festuca paniculis partialibus ... GMELIN. sibir. 1. p. 117. ... Hundsgras. ... Die Hunde suchen dieses Gras, wenn sie läunisch sind, vorzüglich auf, und schlucken die Blätter halbgekauet nieder, ..." (Schreber 1769, S. 72ff.); „Dactylis glomerata, ... knauelförmiges Hundsgras, ... Büschelweise vertheiltess Hundsgras; rauhes Hundsgras; Knauelgras; Hundsgras; ... Es gibt ein hartes Futer, mit welchem nur die Pferde vorliebnehmen; ..." (Gmelin 1773, Sp. 502f.); „2) Gemeines Knaulgras. Dactylis glomerata. ... Dactylis panicula secunda glomerata. LINN. ... Sp. Pl. p. 105. Poa flosculis. ... Hort. Cliff. p. 28. ... SCHREBER. Gram. I. p. 72. tab. 8. f. 2. ... Festuca paniculis ... GMEL. Sib. 1. p. 117. n. 52. ... Gramen spicatum folio aspero. C. BAUH. pin. 3. prodr. 9. SCHEUCHZ. gram. p. 299. ..." (Linné 1785, S. 369ff.); „4. DACTYLIS glomerata. ... Festuca paniculis ... Gmel. sib. 1. p. 117. n. 52. Poa flosculis ... Hort. cliff. 28. ... Gramen spicatum folio aspero. Bauh. pin. 3. prodr. 9. Scheuchz. gram. 299. ... Gemeines Knaulgras. W." (Linné 1797–1830, Bd. I, Teil 1, S. 408); „1040. Dactylis. L. ... 1. D. glomerata (L. Spec. 105) ... M. a BIEB. Fl. t. c. I, p. 66. ... LEDEB. Fl. alt.! I, p. 104. ... Festuca paniculis ... GMEL. Fl. sib. I, p. 117, No. 52. ..." (Ledebour 1853,

S. 368f.); „168. DACTYLIS glomerata ... Linn. ed. Willd. 1. p. 408. ... Gmel. sib. 1. p. 117. n. 52. ... Scheuchz. agr. p. 299. n. 4. t. 6. f. 15. ..." (Marschall von Bieberstein 1808a, S. 66); „1. DACTYLIS GLOMERATA. L. ... Festuca paniculis ... Gmel. Sib. I. p. 117! ..." (Ledebour 1829, S. 104); Dactylis glomerata L. – russ. *juža*, *mizanočnik*, *resničnik* bzw. *eža* (*Annenkov* 1858, S. 37, Nr. 396); „Dāctylis L. (Gramineae). Von δακτυλος (Finger), wegen der fingerähnlichen Theilungen der Aehre." (Wittstein 1852, S. 260); „Festūca L. (Gramineae). Vom celtischen fest (Nahrung), weil es ein gutes Viehfutter ist." (a. a. O., S. 364)

„[N°.] 3. Gramen asperum J. B. 2. 467." (AAW R. I, Op. 104, D. 17, Bl. 8r, s. Anm. 36 in Nr. 8)

106 „[species 111] Gramen pratense, paniculatum, majus, latiore folio Πὸα Theophrasti C. B. Pin. 2. Gramen pratense, 1 Dod. Pempt. 560." (Tournefort 1700, S. 521, Genus VIII. „Gramen. Chiendent."); „2. Gramen pratense, paniculatum, majus. C. B. Theatr. 28. Gramen pratense, paniculatum, majus, latiore folio, Πόα Theophrasti. C. B. Pin. 2. ..." (Scheuchzer 1719, S. 177f.); „Gramen pratense paniculatum majus. C. B. Theat. 28. Gr. pratense paniculatum majus latiore folio, Πόα Theophrasti. C. B. Pin. 2. ..." (Scheuchzer 1719a, S. 39); „1. POA spiculis ovatis compressis muticis. Fl. lapp. 51. ... α Gramen pratense paniculatum minus rubrum. Scheuchz. hist. 190. tab. III. [s. Nr. 831] β Gramen pratense paniculatum medium. Bauh. pin. 2. theatr. 30. ... γ Gramen pratense paniculatum majus, ... Bauh. pin. 2. theatr. 22. ..." (Linné 1737, S. 27); „18. GRAMEN pratense paniculatum maius C. B. Theatr. p. 28. ... Gramen pratense paniculatum majus, ... C. B. P. ... Poa spiculis ovatis, ... Linn. Hort. Cliff. p. 25. [sic!] ..." (Haller 1742, S. 215); „Gramen pratense, paniculatum, majus, latiore folio Inst. R. Herb. ... Heugraß. ..." (Mappus 1742, S. 133); „34. POA spiculis ouatis, compressis, muticis, flosculis glabris. Gramen pratense paniculatum minus C. B. Th. p. 30. 331. SCHEUCHZ. Agrost. p. 89. Tab. III. Fig. 17. E. Gramen pratense minus I. B. 542. α) Locustis ex spadiceo aut violaceo variis. Gramen paniculatum minus rubrum TAB. ic. 207. β) Panicula longissima, flosculis quatuor et quinque. γ) Gramen pratense paniculatum maius C. B. Th. 28. SCHEUCHZ. Agr. p. 177. ..." (Gmelin 1747–1769, Bd. I, S. 102); „34. Poa spiculis ovatis compressis muticis, flosculis glabris [=] Poa bulbosa L. (ex M. a Bieb. Fl. t. c. I. 61.)" (Ledebour 1841, S. 53); „[Gramen] pratense paniculatum majus, latiore folio, πόα Theophr. so nennt C. Bauhin das Wiesenrispengras." (Gmelin 1773b, Sp. 588); „Poa bulbosa, ... bolliges Rispengras, ... Läuchelgras; kleines Zwibelgras, kleines frühzeitiges Zwiebelgras; Chalottengras; klein Chalottengras; ... Es gehört unter die nahrhafte, feine, süse und frühzeitige Gräser, ..." (Gmelin 1775, Sp. 196); „27) Knolliges Rispengras. Poa bulbosa ... Poa panicula secunda patiuscula, spiculis quadrifloris. LINN. ... Sp. Pl. p. 102. ... α) Gramen xerampelinum, miliacea ... LOB. illustr. 14. SCHEUCHZ. Gram. p. 185. ... Gramen arvense angustifolium ... SCHEUCHZ. Gram. p. 211. ..." (Linné 1785, S. 350ff.); „3. Gramen Xerampelinum, miliaceâ, praetenui ramosâque sparsa paniculâ, ... Lobel. Illustr. 14. Inst. 522. ..." (Scheuchzer 1719, S. 185f.); „1. Gramen arvense, angustifolium, paniculâ, densâ, foliaceâ, foliolis in paniculâ angustissimis. ..." (a. a. O., S. 211); „157. Poa bulbosa. ... Linn. ed. Willd, 1. p. 399. ... Gmel. sib. 1. p. 102. n. 34. ..." (Marschall von Bieberstein 1808a, S. 61f.); „50. Poa bulbosa. ... Sp. pl. 102. ... Knolliges Rispengras. W. ..." (Linné 1797–1830, Bd. I, Teil 1, S. 399f.); „1042. Poa L. ... 2. P. bulbosa (L. Spec. 102) ... M. a BIEB. Fl. t. c. I, p. 61. ... LEDEB.! Fl. alt. I, p. 98. ... P. spiculis ovatis, ... GMEL. Fl. sib. I, p. 102, No. 34. ..." (Ledebour 1853, S. 370f.); „6) POA BULBOSA. L. (vivipara.). ..." (Ledebour 1829, S. 98); „13. Poa spiculis ovatis compressis muticis, flosculis glabris. est Varietas Poae Fl. Suec. 77. ejusmodi plures ubique prostant. (Fl. sib. I. 102. nr. 34. P. bulbosa L.)" (C. von Linné in einem undatierten Brief an J. G. Gmelin – Plieninger 1861, S. 61f.); Poa – russ. *mjatlik* bzw. *mjatlina* (*Annenkov* 1858, S. 70, Nr. 822); Poa bulbosa L. – russ. *tonkonog* (a. a. O., S. 70. Nr. 824)

„1. Gramen pratense paniculatum majus C. B. Th. 28. Id. op. Agr. 39. Ind. Jen. n°. 201." (AAW R. I, Op. 13, D. 67, Bl. 15v, s. Anm. 5 in Nr. 4); „Gramen pratense paniculatum, majus. C. B. P." (AAW R. I, Op. 105, D. 2, Bl. 15v, s. Anm. 54 in Nr. 17); „201. Gramen pratense paniculatum majus C. B. Th. 28. Id. op. Agr. 39. ..." (AAW R. I, Op. 105, D. 1ª, Bl. 17r, s. Anm. 29 in Nr. 5); s. auch Nr. 817 und Nr. 818

107 „[species 114] Gramen pratense, paniculatum, medium C. B. Pin. 2. Gramen pratense, minus J. B. 2. 542. Gramen pratense ij Dod. Pempt. 560." (Tournefort 1700, S. 521, Genus VIII. „Gramen. Chien-dent."); „5. Gramen pratense, paniculatum, medium, C. B. Pin. 2. Theatr. 30. Gramen pratense, minus, J. B. II. 542. ..." (Scheuchzer 1719, S. 180f.); „35. POA spiculis ouatis, compressis, muticis, flosculis lanuginosis. Gramen pratense paniculatum medium C. B Th. p. 30. SCHEUCHZ. Agr. p. 180. HALL. Helv. 214. j. Eadem folliculis numeriosioribus quinque et sex. 1. Foliis latioribus. 2. Foliis angustioribus. ... Varietatis quintae subalternam varietatem STELLERUS Ircutiae collegit, calycibus violaceis, foliisque breuioribus. ..." (Gmelin 1747–1769, Bd. I, S. 103); „35. Poa spiculis ovatis compressis muticis, flosculis lanuginosis [=] Poa pratensis L.! (Poa trivialis L. – M. a Bieb. Fl. t. c. I. 60.)" (Ledebour 1841, S. 53); „[Gramen] pratense paniculatum medium, bedeutet bey C. Bauhin das gemeine Rispengras." (Gmelin 1773b, Sp. 588); „154. POA triuialis. ... Linn. ed. Willd. 1. p. 387. ... Gmel. sib. 1. p. 103. n. 35. Scheuchz. agr. p. 180. n. 5. ..." (Marschall von Bieberstein 1808a, S. 60); „6. POA trivialis. ... Gramen pratense paniculatum medium. Bauh. pin. 2. ... Gemeines Rispengras. W. ..." (Linné 1797–1830, Bd. I, Teil 1, S. 387); „5) Wiesen=Rispengras. Poa pratensis. ... Poa panicula diffusa, spiculis quinquefloris glabris, culmo erecto tereti. LINN. ... Sp. Pl. p. 99. ... Poa spiculis ovatis ... Hort. Cliff. 27. [s. Nr. 816] ... Es wird von allem Vieh gerne gefressen." (Linné 1785, S. 330ff.); „3) Dreyblüthiges Rispengras. Poa trivialis. ... Poa panicula subdiffusa, spiculis trifloris basi pubescentibus, culmo erecto tereti. LINN. ... Sp. Pl. p. 99. ... Poa spiculis ovatis ... GMEL. Sib. 1. p. 103. n. 35. ... Gramen pratense paniculatum medium. C. BAUH. pin. 2. ... Herr Bergrath Scopoli vereinigt dieses Rispengras mit dem nächstfolgenden schmalblätterichten, [d. h. Poa angustifolia] ..." (a. a. O., S. 328f.); „2) POA TRIVIALIS. L. ..." (Ledebour 1829, S. 96); „8. POA pratensis. ... P. spiculis ovatis. ... Hort. cliff. 27. [s. Nr. 816] ... Wiesen-Rispengras. W. ..." (Linné 1797–1830, Bd. I, Teil 1, S. 388); „21. Poa pratensis (L. Spec. 99) ... LEDEB. Fl. alt. I, p. 96. ... P. spiculis ovatis ... GMEL. Fl. sib. I, p. 103, No. 35. P. panicula diffusa, GMEL. Fl. sib. I, p. 104, No. 37. ... γ. angustifolia (L. Spec. 99) ... M. a BIEB. Fl. t. c. I, p. 60; ..." (Ledebour 1853, S. 378f.); „3) POA PRATENSIS L. ... Poa spiculis ovatis, ... Gmel. Sib. I. p. 103! Angustifolia, ..." (Ledebour 1829, S. 96); „155. POA angustifolia. ... Linn. ed. Willd. I. p. 387. ... Scheuchz. agr. p. 178. n. 3. Gmel. sib. 1. p. 104. n. 37. ... P. triuialis. ... Scheuchz. agr. p. 181. n. 6. ..." (Marschall von Bieberstein 1808a, S. 60f.); „3. Gramen pratense, paniculatum, majus, angustiore folio. C. B. Theatr. 29. Pin. 2. J. B. II. 461. ..." (Scheuchzer 1719, S. 178f.); „6. Gramen pratense, paniculatum, medium, angustiore folio. C. B. Pin. 2. Breynio. ..." (a. a. O., S. 181f.); „37. POA panicula diffusa, spiculis quadrifloris pubescentibus, culmo erecto, tereti LINN. Suec. 77. Gramen pratense paniculatum maius angustiore folio C. B. Th. p. 29. SCHEUCHZ. Agr. p. 178. Tab. III. Fig. 17. B. α) Panicula rubra. ..." (Gmelin 1747–1769, Bd. I, S. 104f.); „37. Poa diffusa, spiculis quadrifloris pubescentibus, culmo erecto tereti [=] Poa pratensis L. β. angustifolia. (ex M. a Bieb. Fl. t. c. I. 60.)" (Ledebour 1841, S. 54); „Poa angustifolia, ... schmalblätterichtes Rispengras, ... schmalblätterichtes mittleres Viehgras; ..." (Gmelin 1775, Sp. 190); „[Poa] pratensis, ... Wiesenrispengras, ... gemeines Gras; gemeines Viehgras; gemeines groses Viehgras; ... das Vieh frißt es grün, ..." (a. a. O., Sp. 190f.); „105. Poa pratensis. Lin. sp. 5. Ruß. Miatlika ..." (Falk 1786, S. 106f.); „4) Schmalblätterichtes Rispengras. Poa angustifolia. ... Poa panicula diffusa, spiculis quadrifloris pubescentibus, culmo erecto tereti. LINN. ... Sp. Pl. p. 99. ... GMEL. Sib. 1. p. 104. n. 37. ... Gramen pratense paniculatum maius, angustiore folio. C. BAUH. pin. 2. prodr. 5. SCHEUCHZ, Gram. p. 178. Gramen pratense paniculatum medium angustiore folio. eiusd. gram. p. 181. ..." (Linné 1785, S. 329f.); „16. Poa spiculis ovatis compressis muticis, flosculis lanuginosis Amm. est Poa panicula diffusa, spiculis 4–floris pubescentibus, culmo tereti erecto. Fl. suec. 77. (Fl. sib. I. 103. nr. 35. P. pratensis L. trivialis L.)" (C. von Linné in einem undatierten Brief an J. G. Gmelin – Plieninger 1861, S. 61); „14. Poa spiculis ovato oblongis, foliis subulatis. Poa panicula diffusa, spiculis quadrifloris pubescentibus, culmo erecto tereti. Mihi in Fl. Suecica. Gramen pratense paniculatum majus angustiore folio C. B. Scheuchz. 178. (Fl. sib. I. nr. 37. P. pratensis L. β. angustifolia ...)" (C. von Linné in einem undatierten Brief an J. G. Gmelin – Plieninger 1861,

S. 72); „Gramen pratense panic. medium (C. B.) – recte (Fl. sib. I. 103. nr. 35. Poa pratensis L. strigosa Hoffm. ... Sed syn. C. B. ab Hallero indicatum ad P. annuam L. accedit.).“ (A. von Haller in einem undatierten Brief an J. G. Gmelin – Plieninger 1861, S. 150);

„N°. 1. Gramen pratense paniculatum medium C. B. P. 2.“ (AAW R. I, Op. 104, D. 17, Bl. 8r, s. Anm. 36 in Nr. 8); „Gramen pratense paniculatum medium, C. B. P. ...“ (AAW R. I, Op. 68, D. 2, Bl. 12v, s. Anm. 62 in Nr. 22); „2. Gramen pratense paniculatum medium C. B. P. Ind. Jen. n°. 202.“ (AAW R. I, Op. 13, D. 67, Bl. 15v, s. Anm. 5 in Nr. 4); „911. Poa spiculis ovatis compressis muticis glumis flori[...] externis lanuginosis. Gramen pratense paniculatum majus, angustiore folio C. B. P. Scheuchz. 178. Gramen pratense paniculatum medium C. B. P. Sch. Agr. 180. Gramen pratense paniculatum medium angustiore folio C. B. P. Sch. Agr 181. ...“ (AAW R. I, Op. 13, D. 20, Bl. 83r, s. Anm. 1 in Nr. 1); „Gramen pratense paniculatum medium. C. B. P.“ (AAW R. I, Op. 105, D. 2, Bl. 15v, s. Anm. 54 in Nr. 17); „202. Gramen pratense paniculatum medium. C. B. P. ...“ (AAW R. I, Op. 105, D. 1^a, Bl. 17r, s. Anm. 5 in Nr. 5); „319. Gramen pratense paniculatum medium C. B. P. 2.“ (AAW R. I, Op. 104, D. 13, Bl. 8r, s. Anm. 84 in Nr. 29); „Gramen pratense paniculatum, medium Syn II. 257. CBP ...“ (AAW R. I, Op. 104, D. 8, Bl. 15v, s. Anm. 18 in Nr. 452); „Gramen pratense minus seu vulgatissimum Raj. Syn. II. 256. ...“ (a. a. O., Bl. 15v); „Gramen pratense paniculatum medium (Tournefortii sp. 114), Sylv.“ (Messerschmidt 1962–1977, Bd. 4, S. 206, s. Anm. 1 in Nr. 1); s. Nr. 816

108 „[species 116] Gramen pratense, paniculatum, minus, rubrum C. B. Pin. 3. [müßte heißen: 2] Gramen paniculatum, minus, rubrum Tabern. Icon. 207. J. B. 2. 465.“ (Tournefort 1700, S. 522, Genus VIII. „Gramen. Chien-dent.“); „VI. Gramen pratense paniculatum minus. ... Variat hoc paniculâ & culmis purpurascentibus & albis.“ (Bauhin 1623, S. 2); „10. GRAMEN pratense paniculatum minus rubrum SCHEUCHZ. p. 190. ...“ (Haller 1742, S. 214); „2. Gramen pratense, paniculatum, minus, rubrum. C. B. Pin. 3. Theatr. 31. Inst. 522. ...“ (Scheuchzer 1719, S. 190f.); „6) Jähriges Rispengras. Poa annua. Poa panicula diffusa angulis rectis, spiculis obtusis, culmo obliquo compresso. LINN. ... Sp. Pl. p. 99. ... GMEL. Sib. I. p. 102. n. 34. [s. Nr. 816] et n. 36. ... Gramen caninum supinum maius. C. BAUH. pin. 13. Gramen pratense paniculatum medium. [s. Nr. 817] eiusd. pin. 30. SCHEUCHZ. Gram. p. 180. ... β) Gramen pratense paniculatum minus rubrum. TOURNEF. Inst. R. H. p. 522. TABERN. Ic. p. 207. ...“ (Linné 1785, S. 332f.); „36. POA spiculis ouatis muticis, culmo compresso, panicula coarctata. Gramen paniculatum radice repente culmo compresso, locustis distichis, pulchellis SCHEUCHZ. Agr. p. 198. ... STELLERUS etiam circa Ircutiam vrbem collegit.“ (Gmelin 1747–1769, Bd. I, S. 103f.); „36. Poa spiculis ovatis muticis, culmo compresso, panicula coarctata [=] Poa compressa L. (ex M. a Bieb. Fl. t. c. I. 64.)“ (Ledebour 1841, S. 54); „1. Gramen paniculatum, radice repente, culmo compresso, Locustis distichis, pulchellis. Nob. ...“ (Scheuchzer 1719, S. 198f.); „Poa compressa, ... zusamengedrüktes Rispengras, ...“ (Gmelin 1775, Sp. 195); „11. POA compressa L., ... Flachhalmiges Rispengras. W. ...“ (Georgi 1797–1802, Theil 3, S. 692); „24) Zusammengedrucktes Rispengras. Poa compressa. ... Poa panicula coarctata secunda, culmo obliquo compresso. LINN. ... Sp. Pl. p. 101. ... Poa spiculis ovatis ... GMEL. Sib. 1. p. 103. n. 36. ... Gramen paniculatum, ... SCHEUCHZ. Gram. p. 198. ...“ (Linné 1785, S. 346f.); „42. POA compressa. ... Gramen paniculatum, ... Scheuchz. gram. 198. ... Flachhalmiges Rispengras. W. ...“ (Linné 1797–1830, Bd. I, Teil 1, S. 397f.); „163. POA compressa . ... Linn. ed. Willd. 1. 397. ... Gmel. sib. 1. p. 103. n. 36. ...“ (Marschall von Bieberstein 1808a, S. 64); „4. P[oa] compressa (L. Spec. 101) ... M. a BIEB. Fl. t. c. I, p. 64. ... Poa spiculis ovatis muticis, ... GMEL. Fl. sib. I, p. 103, No. 36. ...“ (Ledebour 1853, S. 371f.); „Poa annua, ... jähriges Rispengras, ... Sommerviehgras; kleines weisses Strausgras; ...“ (Gmelin 1775, Sp. 191); „16. POA annua. ... Gramen pratense paniculatum medium. Bauh. pin. 30. [s. Nr. 817] ... β. Gramen pratense paniculatum minus rubrum. Tournef. inst. 522. Tabern. ic. 207. ... Jähriges Rispengras. W. ...“ (Linné 1797–1830, Bd. I, Teil 1, S. 390); „20. P[oa] annua (L. Spec. 99) ... M. a BIEB. Fl. t. c. I, p. 61. ... LEDEB.! Fl. alt. I, 95. ... P. panicula diffusa, ... GMEL. Fl. sib. I, p. 105, No. 39. ...“ (Ledebour 1853, S. 371f.); „156. POA annua. ... Linn. ed. Willd. 1. P. 390. ... Gmel. sib. p. 105. n. 39. Scheuchz. agr. p. 189. n. 1. t. 3. f. 17. ...“ (Marschall von

Bieberstein 1808a, S. 61); „1) POA ANNUA. L. ... Poa panicula diffusa, ... Gmel. Sib. I. p. 105. ...“ (Ledebour 1829, S. 95); „1. Gramen pratense, paniculatum, minus. C. B. Theatr. 30. ...“ (Scheuchzer 1719, S. 189f.); „39. POA panicula diffusa, angulis rectis, spiculis multifloris, glumis flosculorum breuibus et latiusculis. Gramen pratense minus seu vulgatissimum RAY. Syn. III. 408. Hist. 1284. ...“ (Gmelin 1747–1769, Bd. I, S. 105f.); „39. Poa panicula diffusa angulis rectis, spiculis multifloris, glumis flosculorum brevibus et latiusculis [=] Poa annua L.!“ (Ledebour 1841, S. 54); „15. Poa spiculis ovatis muticis culmo compresso est Poa panicula diffusa angulis rectis, spiculis obtusis, culmo oblongo compresso. Fl. Suec. 75. (Fl. sib. I. 103. 36. P. compressa L.)“ (C. von Linné in einem undatierten Brief an J. G. Gmelin – Plieninger 1861, S. 61); Poa compressa L. – russ. *tonkonog* (*Annenkov* 1858, S. 70, Nr. 825)

„6. Gramen pratense paniculatum minus C. B. Th. 30. Ind. Jen. n°. 206. An Gramen Avenaceum panicula sparsa locustis minoribus non aristatis Breyn. Agr. 512? [s. Nr. 829] Ind. Gram. n°. 42. ...“ (AAW R. I, Op. 13, D. 67, Bl. 15v, s. Anm. 5 in Nr. 4); „7. Gramen pratense paniculatum minus rubrum C. B. P. Ind. Jen. n°. 207. ...“ (a. a. O., Bl. 15v); „123. Poa spiculis ovatis compressis muticis Linn. flor. 51. h. Cliff. 27. Gramen pratense paniculatum minus B. Pin. 2. Theatr. 31. Scheuchz. hist. 189. α. Gramen pratense paniculatum majus folys praeter culmum angustioribus, in culmo latioribus Scheuchz. Agr. 183.“ (AAW R. I, Op. 13, D. 20, Bl. 13v, s. Anm. 1 in Nr. 1); „VI. GRAMEN PRATENSE PANICVLATVM MINVS: ...“ mit der Abbildung auf. Bl. 31r „GRAMEN PRATENSE PANICVLATVM MINVS.“ (Bauhin 1658, S. 30f.); „* Gramen pratense paniculatum minus. C. B. Th.“ (AAW R. I, Op. 105, D. 2, Bl. 15v, s. Anm. 54 in Nr. 17); „206. Gramen pratense paniculatum minus C. B. Th. 30, in ind. Gram. n°. 42. sub alio nomine recensitum. ...“ (AAW R. I, Op. 105, D. 1ª, Bl. 17v, s. Anm. 29 in Nr. 5); „207. Gramen pratense paniculatum, minus rubrum C. B. P. ... Fl. Irc. n°. 834. [sic!] ...“ (a. a. O., Bl. 17v); s. Nr. 816 u. Nr. 817

109 „[species 119] Gramen pratense, paniculatum, molle C. B. Pin. 2. Prodr. 5. Gramen lanatum Dalechampii Lugd. 425. J. B. 2. 466.“ (Tournefort 1700, S. 522, Genus VIII. „Gramen. Chiendent.“); die Abbildung „GRAMEN LANATVM Dalechampij.“ (Daléchamps 1587, S. 425); „2. Gramen pratense, paniculatum, molle, C. B. Pin. 2. Prodr. 5. Theatr. 27. Gramen lanatum, Dalechampii, Lugd. 425. J. B. II. 466. ...“ (Scheuchzer 1719, S. 234f.); „42. GRAMEN PRATENSE PANICULATUM MOLLE. C. B. PIn. 2. ...“ (Vaillant 1727, S. 87); „1. AIRA flosculo masculino aristato, foeminino mutico. Gramen pratense paniculatum molle. Bauh. pin. 2. theatr. 27. prodr. 5. Scheuchz. hist. 234. ... Gramen lanatum. Dalech. hist. 425. Bauh. hist. 2. p. 466. ...“ (Linné 1737, S. 27) „Zwanzigste Platte. Erste Figur. HOLCVS LANATVS. Wolligtes Roßgrass. ... Gramen lanatum. Dalechamp. hist. 425. BAVH. hist. 466. Gramen pratense paniculatum molle. BAVH. pin. 2. ... Pferdegras. ... Unser Roßgras hat sehr weiche saftige Stängel und Blätter von einem guten süßen Geschmacke, ... Es ist daher nicht nur dem großen Viehe ein angenehmes Futter, sondern die Schaafe sind auch sehr begierig darnach, ...“ (Schreber 1769, S. 145ff.); „[Gramen] pratense paniculatum molle, hierunter verseht C. Bauhin das wollige Honiggras.“ (Gmelin 1773b, Sp. 588f.); „Holcus lanatus, ... wolliges Honiggras, ... wolliges Rosgras; wolliges Darrgras; Darrgras; ...“ (a. a. O., Sp. 900f.); „7) Wolliges Pferdgras. Holcus lanatus. ... Holcus glumis bifloris villosis, hermaphrodito mutico, masculo crista recurva. LINN. ... Sp. Pl. p. 1485. Aira flosculo masculo ... Hort. Cliff. 27. ... SCHREBER Gram. 145. tab. 20. f. 1. ... Gramen pratense paniculatum molle. C. BAUH. pin. 2. prodr. 3. theatr. 27. SCHEUCHZ. Gram. p. 234. ... Gramen lanatum. DALECH. hist. 425. ...“ (Linné 1785, S. 774ff.); „d) Holcus lanatus. Gramen pratense paniculatum molle. Gramen lanatum. Deutsch. Das wollige Darrgras, Honiggras, Rossgras, oder Pferdegras. ...“ (Nemnich 1794, Sp. 167); „15. HOLCUS lanatus. ... H. glumis bifloris ... Sp. pl. 1485. ... Schreb. gram. 145. t. 20. f. 1. ... Aira flosculo masculo ... Hort. cliff. 27. ... Gramen pratense, paniculatum molle. Bauh. pin. 2. prodr. 3. theatr. 27. Scheuch. gram. 234. ... Wolliges Pferdegras. W. ...“ (Linné 1797–1830, Bd. IV, Teil 2, S. 933f.); „1066. Holcus L. ... 1. H. lanatus L. Spec. 1485) ... M. a. BIEB. Fl. t. c. III, p. 638. ...“ (Ledebour 1853, S. 409f.); „1965**. HOLCUS lanatus. ... Schreb. gram. 1. p. 245. t. 20. f. 1. ... Scheuchz. agrost. p. 234. t. 4.

f. 24. ...“ (Marschall von Bieberstein 1819, S. 638f.); „Hōlcus L. (Gramineae). Von ὁλκος (ziehend, von ἑλκειν); die Alten fabelten von dieser Pflanze, sie könne die in den Körper gerathenen Dornen herausziehen (Plin. XXVII. 63).“ (Wittstein 1852, S. 447)

110 „[species 147] Gramen paniculatum, Arundinaceum, spica multiplici. Gramen Arundinaceum, spicâ multiplici, Καλαμάγρωςις Dioscoridis C. B. Pin. 6. Gramen Calamagrostis Lobelii J. B. 2. 480. Calamagrostis Lob. Icon. 6.“ (Tournefort 1700, S. 523, Genus VIII. „Gramen. Chien-dent.“); die Abbildungen „Calamogrostis. Latinae editionis pagina 12. T. pag. 8.“ und „Gramen tomentosum & acerosum: Calamogrostis quorundam, & vulgi Gramen plumosum. T. p. 8.“ (Lobelius 1581, S. 6); „Gramen Calamagrostis Lobelii. ... Riedtgras ...“ (Bauhin 1651a, S. 480); „⊙ 68. GRAMEN PANICULATUM ELATIUS, SPICIS LONGIS, MUTICIS SQUAMOSIS. Raji. Hist. 1286. J. R. H. 522. N°. 202. ... Gramen arundinaceum spica multiplici, Calamagrostis Dioscoridis. 1. C. B. Pin. 6. ...“ (Vaillant 1727, S. 92); „43. POA panicula spicata, stricta, spicis oblongis, erectis, multifloris, submuticis. Gramen paniculatum elatius, spicis longis submuticis squamosis R. Hist. 1286. Gramen pratense maius, locustis tumidis BUXB. Cent. V. p. 41. App. n.° 16. Festuca panicula spicata, spiculis vno versu inclinatis, submuticis ROY. pr. p. 68. Festuca panicula secunda erecta, spiculis subaristatis, exterioribus teretibus LINN. Suec. 91. ...“ (Gmelin 1747–1769, Bd. I, S. 109f.); „43. Poa panicula spicata stricta, spicis oblongis erectis multifloris submuticis. [=] Festuca elatior L.!“ (Ledebour 1841, S. 54); „No. 16. Gramen pratense majus, locustis tumidis. ...“ (Buxbaum 1740, S. 41); „Gramen arundinaceum spica multiplici καλαμκγμοςις Dioscoridis, bedeutet bey C. Bauhin den Wiesenschwingel.“ (Gmelin 1773b, Sp. 527); „Festuca elatior, ... erhabener Schwingel, ... Wiesenschwingel; ... er ist eines der vorzüglichstes Futergräser für Rindvieh und Pferde, für Schafe aber taugt er nicht, ... Er heißt ... bey J. G. Gmelin: Festuca panicula spicata stricta, spiculis oblongis erectis multifloris submuticis“ (Gmelin 1773, Sp. 984); „11) Wiesen=Schwingel. Festuca elatior. ... Festuca panicula secunda erecta, spiculis subaristatis: exterioribus teretibus. LINN. ... Sp. Pl. p. 111. ... Poa panicula spicata stricta, ... GMEL. Sib. 1. p. 109. ... Gramen loliaceum, panicula multiplici et spicata. SCHEUCHZ. Gram. p. 200. [s. Nr. 832] ... Gramen paniculatum elatius, ... VAILL. paris. 92. Gramen arundinaceum, spica multiplici ... C. BAUH. pin. 6. β) Gramen pratense maius, ... BUXB. Cent. 5. p. 41. tab. 16. ...“ (Linné 1785, S. 400ff.); „Flor. Germ. p. 46. n. 7. Festuca elatior, ... Gramen arundinaceum ... C. BAUH. pin. p. 6. ... Gramen paniculatum elatius, ... Scheuchz. Agrost. p. 202. ...“ (Roth 1789, S. 128f.); „2. Gramen paniculatum, elatius, paniculis, seu spicis muticis, squamosis. Raij. Catal. Angl. & Insul. adjac. pag. 153. ...“ (Scheuchzer 1719, S. 202); „6. FESTUCA elatior L., ... Hoher Schwingel; hochhalmiger Schwingel; Wiesenschwingel. ... Ein vorzügliches und verschlagsames Heugras guter Wiesen.“ (Georgi 1797–1802, Theil 3, S. 696); „19. FESTVCA elatior. ... Gramen loliaceum panicula multiplici et spicata. Scheuch. 200. [s. Nr. 832] ... Gramen paniculatum elatius, ... Vaill. paris. 92. Scheuchz. 202. Gramen arundinaceum, spica multiplici ... 1. Bauh. pin. 6. ex Vaillant. β. Gramen pratense majus, ... Buxb. cent. 5. app. p. 41. t. 16. ... Hoher Schwingel. W. ...“ (Linné 1797–1830, Bd. I, Teil 1, S. 425); „6. F[estuca] elatior (L. fl. suec. ed. 2, p. 32) ... M. a BIEB. Fl. t. c. I, p. 69; ... LEDEB. Fl. alt. I, p. 109. ... Poa panicula spicata stricta, ... GMEL. Fl. sib. I, p. 109, No. 43. ... Poa panicula stricta, ... GMEL. Fl. sib. I, p. 111, No. 45 (var.?). [s. Nr. 823] ...“ (Ledebour 1853, S. 353); „175. FESTUCA elatior. ... Linn. ed. Willd. 1. p. 425. ... Gmel. sib. 1. p. 109. n. 43. Scheuchz. agrost. p. 200. n. 1. [s. Nr. 832] ...“ (Marschall von Bieberstein 1808a, S. 69); „5. FESTUCA ELATIOR. L. ... Poa panicula, stricta, ... Gmel. Sib. p. 109. ...“ (Ledebour 1829, S. 109); „85. Poa panicula spicata, spicis oblongis muttifloris [sic!] saepe aristatis. (Fl. sib. I. 109. nr. 43. et 111. nr. 45. [s. Nr. 832] Festuca elatior L.) est Bromus culmo paniculato, spicis compressis. Fl. lapp. 7. Hort. cliff. 25. (Br. arvensis L. in Fl. sib, non exh.)“ (C. von Linné in einem Brief an J. G. Gmelin vom 24. Juni 1745 – Plieninger 1861, S. 45f.); „Calamagrōstis Rth. (Gramineae). Zus. aus Calamus (s. dies.) und Agrostis (Gras im Allgemeinen), d. h. die Pflanze hält das Mittel zwischen den eigentlichen Gräsern und den Rohrarten.“ (Wittstein 1852, S. 137)

111 „[species 148] Gramen paniculatum, Arundinaceum, paniculâ densâ, spadiceâ. Gramen Arundinaceum, paniculâ molli, spadiceâ, majus C. B. Pin. 7. Gramen plumosum Lobelii, spicâ candida & serici modo lucens J. B. 2. 476. Gramen tomentosum & acerosum. Calamagrostis quorundam & vulgi Gramen plumosum Lob. Icon. 6.“ (Tournefort 1700, S. 523, Genus VIII. „Gramen. Chiendent.“); „1. Gramen arundinaceum, paniculâ molli, spadiceâ, majus C. B. Th. 94. 95. Agrost. Prodr. p. 21. Tab. V. Gramen plumosum Lobelii, spicâ candidâ & Serici modo lucens J. B. II. 476. ...“ (Scheuchzer 1719, S. 122ff.); „62. ARUNDO culmo ramoso Lapp. p. 42. Gramen arundinaceum, panicula molli spadicea maius C. B. Th. p. 94. SCHEUCHZ. Agr. p. 122. Tab. V. Gramen plumosum Lobelii spica candida, et serici modo lucens I. B. II. p. 476. ... Russis Пырей [russ. *pyrej*] dicitur.“ (Gmelin 1747–1769, Bd. I, S. 126); „62. Arundo culmo ramoso [=] Calamagrostis lanceolata Roth. (cum Cal. epig. conf.)!“ (Ledebour 1841, S. 55); „Die gewöhnlichsten Farbekräuter sind, ... Grün färbt man am meisten auf blaue Wolle, ... doch wissen auch viele durch Sieden mit einem Zusaz von Alaun aus denen unaufgeblühten Aehren des Schilfes (Arundo Calamagrostis russ. Mjetlika [russ. *metlika*] eine hochgrüne ... Farbe zu ziehen. ...“ (Pallas 1771, S. 62f.); „Arundo Calamagrostis, ... Rohrgras mit einblumigen glatten Blumenkelchen, ...“ (Gmelin 1772a. Sp. 813); „5) Rohr=Schilf. Arundo Calamagrostis. ... Arundo calycibus unifloris laevibus, corollis lanuginosis, culmo ramoso. LINN. ... Sp. Pl. p. 121. ... GMEL. Sib. 1. p. 126. ... Gramen arundinaceum, ... BAUH. pin. 7. theatr. 64. SCHEUCHZ. Gram. 122. tab. 3. f. 3. ... Herr Gmelin [versicherte], daß es durch ganz Sibirien als gemeines Gras überall wild angetroffen werde. ... Man nennt es ... auch federartiges Schilfgras, ...“ (Linné 1785, S. 504ff.); „Flor. Germ. p. 34. n. 3. Calamagrostis lanceolatis. ... Linn. Syst. Veget. p. 123. Syst. Plant. T. 1. p. 228. ... Gramen arundinaceum paniculatum montanum Scheuchz. Agrost. p. 124. ...“ (Roth 1789, S. 90f.); „3. Gramen Arundinaceum, paniculatum, montanum, paniculâ spadiceo-viridi, semine papposo. It. Alp. 1709. ...“ (Scheuchzer 1719, S. 124f.); „9. ARVNDO Calamagrostis. ... Gmel. sib. 1. p. 126. Pall. it. 1. p. 62. ... Calamagrostis lanceolata. Roth, germ. I. 34. II. 90. Gramen arundinaceum, ... Bauh. pin. 7. theatr. 64. Scheuchz. gram. 122. t. 3. f. 3. prodr. 21. t. 5. ... Ufer-Rohr. W. ...“ (Linné 1797–1830, Bd. I, Teil 1, S. 456f.); „4. ARUNDO calamagrostis L., ... Uferrohr. W. Rohrgras. R. Mätlik, auch Pircy.[?] ... Die Rispen desselben dienen, wie die des gemeinen Rohres Art 2. [d. h. Arundo phragmites L.] zum Gelbfärben der mit Alaun gebeitzten Wolle.“ (Georgi 1797–1802, Theil 3, S. 706); „5. Art. A[rundo] Calamagrostis, Wiesen=Rohr. (Linné.) ... Synonyme: Agrostis lanceolata. (... Roth. Germ. I. p. 34. II. p. 90.) Abbildungen: ... Scheuchzer. Gram. 122. T. 3. F. 3. prodr. 21. T. 5. ...“ (Bechstein 1833, S. 212f.); „Die Uferstrecken sowohl des schwarzen Irtysch als des Nor-Saissan sind grossentheils mit dichtem Schilfe bedeckt, in welchem sich viele wilde Eber aufhalten*). ... |: Die Eber nähren sich von der Wurzel der Arundo calamagrostis (Sievers), ein Rohr, das bei den Kalmyken Koga heisst. Die Wurzel ist gross, weiss, hohl, süss und wird hier allgemein gebraucht. Die Kinder lieben sie sehr als Naschwerk und saugen sie aus (Sievers, Ssibir. Briefe p. 193, 1796). :|“ (*Vlangali* 1856, S. 20); „188. Arundo Calamagrostis. – Calamagrostis lanceolata Roth. ... Linn. Sp. pl. p. 121. n. 5. ... Gramen arundinaceum paniculatum montanum, ... Scheuchz. Agrost. p. 124. n. 3. ... Calamagrostis lanceolata. Roth. Fl. Germ. II. P. I. p. 90. n. 3. ...“ (Wulfen 1858, S. 98); Calamagrostis lanceolata Roth. – russ. *pyrej* (*Annenkov* 1858, S. 25, Nr. 228)

„4) Land=Schilf. Arundo Epigeios. ... Arundo calycibus unifloris, panicula erecta, foliis subtus glabris. LINN. ... Sp. Pl. p. 120. Gramen arundinaceum paniculatum montanum, ... SCHEUCHZ. Gram. p. 124. ... Sie scheint den Namen Schilf oder Rietgras mit allem Rechte zu verdienen. ... In Schweden ist sie unter dem Namen Bergschilf bekannt. ...“ (Linné 1785, S. 504); „Arundo epigeios, ... Hügelrohr, ...“ (Gmelin 1772a, Sp. 812f.); „8. ARVNDO epigejos. ... Calamagrostis epigejos. Roth germ. I. 34. II. 91. Gramen arundinaceum paniculatum montanum, ... Scheuchz. gram 124. ... Land-Rohr. W. ...“ (Linné 1797–1830, Bd. I, Teil 1, S. 456); „Fl. Germ. p. 34. n. 4. Calamagrostis Epigeios. ... Arundo Epigeios ... Gramen arundinaceum panicula molli spadicea maius. C. BAUH. pin. p. 6. Scheuchz. Agrost. p. 122. Tab. 3. fig. 3. ...“ (Roth 1793, S. 91f.); „3. Art. A[rundo] epigejos. Landrohr. ... Synonyme: Calamagrostis epigejos (Roth. Germ. I. p. 41. II.

p. 1.) ..." (Bechstein 1833, S. 211f.); „190. Arundo Epigejos. – Calamagrostis Epigejos Roth. ... Linn. Sp. pl. p. 120. n. 4. Gramen arundinaceum panicula molli spadicea majus. Scheuchz. Agrost. p. 122. n. 1. Tab. 3. fig. 3. ... Calamagrostis Epigejos. Roth. Fl. Germ. II. P. I. p. 91. n. 4. ..." (Wulfen 1858, S. 99); Calamagrostis Epigeois Roth. – russ. *čeretjanka, lesnaja metla, metlika* bzw. *vejnik trava* (*Annenkov* 1858, S. 25, Nr. 226)

„14. Gramen arundinaceum, panicula, molli, spadicea minus C. B. Pin. 7. Agr. 124. ..." (AAW R. I, Op. 1, D. 4[a], Bl. 2r, s. Anm. 98 in Nr. 810); „Gramen arundinaceum panicula molli spadicea Majus. C. B. Gramen arundinaceum panicula molli spadicea minus. C. B. P. ..." (AAW F. 21, Op. 5, D. 98, Bl. 29v, s. Anm. 54 in Nr. 17); „329 Gramen arundinaceum, panicula molli, spadicea majus CBP. 7." (AAW R. I, Op. 6, D. 40, Bl. 37r, s. Anm. 1 in Nr. 1); „178. Gramen Arundinaceum, panicula molli spadicea, majus C. B. Th. 94. ... Invenio etiam inter consignationes plantarum ... Gramen arundinaceum panicula molli spadicea minus C. B. Quia tamen collatione jam cum siccis plantis, quae apud me servantur, facta, reperire non licuit, dubius sum, annon paulo inferius recensendum Gramen arundinaceum panicula molli aristatum pro illo tunc temporis habuerim." (AAW R. I, Op. 105, D. 1[a], Bl. 14r, s. Anm. 29 in Nr. 5); „1. Gramen Arundinaceum panicula molli, spadicea majus C. B. Th. 94. Ind. Jen. n°. 178. ..." (AAW R. I, Op. 13, D. 67, Bl. 13v, s. Anm. 5 in Nr. 4); „11. Gramen Arundinaceum, panicula molli spadicea majus C. B. Th. 94. ..." (a. a. O., Bl. 14r); „Kyótt; Tatt. ... Vid. Gramen Arundinaceum." (AAW F. 98, Op. 1, D. 19, Bl. 30r, s. Anm. 59 in Nr. 19)

112 „2. Gramina Paniculata Minora, Locustis simplicibus Aristatis paniculâ Avenaceâ. 1. Gramen Avenaceum elatius, jubâ longa splendente Nobis" („Methodus graminum, juncorum et cyperorum specialis." in: Ray 1703, S. 179); „2. Gramen Avenaceum, elatius, jubâ longâ, splendente, Raij. Meth. Gram. ..." (Scheuchzer 1719, S. 239); „Gramen avenaceum panicula acerosa, semine papposo. ..." (Dillenius 1719, S. 93); „GRAMEN avenaceum pratense glumis xerampelinis crassiorius & splendentibus praecocius. ..." (Rupp 1726, S. 255); „* ⊙ 53. GRAMEN AVENACEUM ELATIUS, JUBA LONGA SPLENDENTE. Raji. ..." (Vaillant 1727. S. 89); „11. GRAMEN avenaceum elatius juba longa splendente ... VAILL. SCHEUCHZ. p. 239. ... An Gramen avenaceum pratense, ... RUPP. p. 255." (Haller 1742, S. 225); „Erste Platte. AVENA ELATIOR. Wiesenhafer. Französisches Raygras. ... LINN. ... Sp. pl. ed. 2. p. 117. ... Gramen avenaceum elatius, juba longa splendente RAJ. meth. 179. ... SCHEUCHZ. agrostogr. p. 239. VAILL. paris. p. 89. ... Varietät. Gramen nodosum, avenacea panicula. BAUH. pin. p. 2. prodr. 3. theat. 18. TOURNEF. inst. r. herb. 525. [s. Nr. 827] ... Die Botanisten haben aus dieser Grasart zwo Gattungen gemacht, die sich in nichts anders als in der Structur des Untertheils am Halme unterscheiden, ... (Gramen avenaceum elatius, juba longa splendente. R.) [und] (Gramen nodosum avenacea panicula. C. B. [s. Nr. 827]) ... Der Saame ist ziemlich mehlreich und kann, ... als Mannagrüze zur Speise genuzt werden **). ..." (Schreber 1769, S. 25ff.); „Avena elatior ... rispenförmiger Wiesenhafer, ... Raygras, Hafergras; ... Seine Wurzel ist knollig und eßbar; ... sie heißt sonst auch Knollhafer oder Knollengras ..." (Gmelin 1772a, Sp.1006ff.); „2) Hoher Hafer. Avena elatior. ... Avena paniculata, calycibus bifloris, flosculo hermaphrodito submutico, masculo aristato. LINN. ... Sp. Pl. p. 117. ... SCHREBER. Gram. I. p. 25. tab. 1. ... Gramen avenaceum, panicula acerosa, semine papposo. DILL. app. 48. Gramen avenaceum elatius, juba longa splendente. RAI. meth. 179. ... SCHEUCHZ. Gram. p. 279. VAILL, paris. 89. ... Mithin ist er eines der vortreflichsten Futtergräser für die Pferde und das Rindvieh, auch für Hammel; ... Das Stroh von dem hohen Hafer, ist ein gutes Futter für alerley Vieh. ..." (Linné 1785, S. 457ff.); „a) Avena elatior. Deutsch. Der Wiesenhafer, das Hafergras, der Knollhafer, das Knollengras, das knotige Hafergras, der Glatthafer, das französische oder bretagnische Reygras. ... Der Knollhafer oder das Knollgras ist eine Varietät ..." (Nemnich 1793a, Sp. 549f.); „2. AVENA elatior L., ... Hoher Hafer. W. Rispiger Wiesenhafer. Französisches Raygras. Hochhalmiger Hafer. ... Ein dem Vieh frisch und als Heu zuträgliches, wohlschmeckendes, ... vorzügliche Futtergras. ..." (Georgi 1797–1802, Theil 3, S. 701); „2. AVENA elatior. A. paniculato, ... Schreb. gram. 25. t. 1. ... Gramen

avenaceum, ... Dill. app. 48. Gramen avenaceum elatius, ... Raj. meth. 179. ... Scheuchz. gram. 239. Vaill. paris. 89. ... Hoher Hafer. W. ...“ (Linné 1797–1830, Bd. I, Teil 1, S. 443f.); „1067. Arrhenatherum. P. B. ... 1. A. elatius (MERT. et KCH. Deutschl. Fl. I, p. 546) ... Avena elatior ...“ (Ledebour 1853, S. 410f.); „136. Holcus avenaceus. – Arrhenatherum elatius M. et K. ... Avena elatior: ... Linn. Sp. pl. 117. n. 2. Schreber. Gram. I. p. 25. Tab. I. ... Gramen avenaceum elatius, ... Scheuchz. Agr. p. 239. n. 2. ...“ (Wulfen 1858, S. 69f.); „Arrhenātherum P. B. (Gramineae). Zus. aus ἀρρην (Männchen) und ἀδηρ (Granne); die untere Spelze der männlichen Blüthe hat eine lange Granne, während die Granne der Zwitterblüthe nur kurz ist.“ (Wittstein 1852, S. 71)

„8. Gramen avenaceum, panicula acerosa, Semine papposo. Cat. Giss.“ (AAW R. I, Op. 104, D. 17, Bl. 8r, s. Anm. 36 in Nr. 8); „5. Gramen avenaceum, panicula acerosa, semine papposo Cat. Giss. 93. Ind. Jen. n°. 215. Gramen avenaceum &c. Ind. Gram. n°. 38. ...“ (AAW R. I, Op. 13, D. 67, Bl. 16r, s. Anm. 5 in Nr. 4); „215. Gramen avenaceum panicula acerosa, semine papposo Cat. Giss. 93. sub qua specie etiam recensetur Fl. Irc. n. 822. at a me Ind. Gram n°. 38. sub falsa specie recensitum est. ...“ (AAW R. I, Op. 105, D. 1ª, Bl. 18v, s. Anm. 29 in Nr. 5)

113 Randbemerkung in der 2. Textversion (s. Anm. 1 in A.) in der Handschrift von J. G. Gmelin: „Avena / 63.“

114 „1. Gramen Arundinaceum, Locustis viridi spadiceis, Loliaceis, breviùs aristatis. Nob. An Gramen Arundinaceum, aquaticum, paniculâ avenaceâ, Raij. Synop. 254? ...“ (Scheuchzer 1719, S. 266f.); „2. Gramen Arundinaceum aquaticum paniculâ avenaceâ. Water-Reed-Grass with an Oat-like-Panicle. ...“ (Ray 1696, S. 254f.); „45. POA panicula spicata, stricta, spicis oblongis, erectis, paucifloris, saepe aristatis. Gramen arundinaceum, locustis viridi-spadiceis, loliaceis, breuius aristatis SCHEUCHZ. Agr. p. 266. Tab. V. Fig. 18. HALL. Helv. p. 210. ...“ (Gmelin 1747–1769, Bd. I, S. 111f.); „45. Poa panicula spicata stricta, spicis oblongis erectis paucifloris muticis [=] Festuca elatior L. var.? (ex M. a Bieb. Fl. t. c. III. 75.)“ (Ledebour 1841 S. 54); „175. FESTUCA elatior. ... Gramen pratense majus locustis tumidis. Buxb. cent. 5. p. 41. app. n. 16. [s. Nr. 820] ... Poa Gmel. sib. I. p. 110. n. 44, a Retzio sub Bromo littoreo adducta procul dubio ad Bromum inermum spectat; hujus vero loci esse videtur. Poa flor. sib. n. 45.“ (Marschall von Bieberstein 1819, S. 75); „5. GRAMEN arundinaceum, locustis viridi spadiceis, loliaceis, brevius aristatis. SCHEUCHZ. p. 266. ...“ (Haller 1742, S. 210); „44. POA panicula nutante, laxa, spicis oblongis, multifloris, saepe aristatis. Tab. XXI. ...“ (Gmelin 1747–1769, Bd. I, S. 110f.); „44. Poa panicula nutante laxa, spicis oblongis multifloris saepe aristatis. t. XXI. [=] Bromus inermis Leysser. (ex M. a Bieb. Fl. t. c. I. 72. III. 75.) (Bromus littoreus Retz. – Willd. sp. pl. I. 533. Festuca elatior L. – Spr. Gesch. d. Bot. II. 199.)“ (Ledebour 1841 S. 54); „288. FESTUCA arundinacea. ... Gramen arundinaceum, ... Scheuchz. Agrost. p. 266. n. 1. Tab. 5. fig. 18. ... Poa panicula stricta, ... Gmel. Sibir. I. p. 111. n. 45. ...“ (Wulfen 1858, S. 153f.)

„* Gramen arundinaceum, locustis viridi spadiceis, loliaceis, brevius aristatis. Agr. 266. ...“ (AAW F. 21, Op. 5, D. 98, Bl. 31r, s. Anm. 54 in Nr. 17); „– Gramen arundinaceum, locustis viridi spadiceis, loliaceis breuius aristatis Scheuchz Agr.“ (AAW R. I, Op. 104, D. 8, Bl. 15v, s. Anm. 18 in Nr. 452); s. Nr. 820

Randbemerkung in der 2. Textversion (s. Anm. 1 in A.) in der Handschrift von J. G. Gmelin: „Poa 40.“

115 „[species 206] Gramen Avenaceum, paniculâ sparsâ, locustis majoribus & aristatis. Festuca Avenacea, sterilis elatior C. B. Pin. 9. Aegylops Mathiolo fortè J. B. 2. 439. Bromos Herba Dod. Pempt. 540. Festuca sterile, elatius Hist. Plant. Paris.“ (Tournefort 1700, S. 526, Genus VIII. „Gramen. Chien-dent.“); „AEGILOPS, SIVE FESTVCA. CAP. CXXXIIII. ...“ (Mattioli 1565, S. 1204ff.); „De Bromo herba. CAP. V. ...“ (Dodoens 1616, S. 540f.); „Aegilops Matthiolo forte. ... Aegilops I. Auena fatua. Gersten/ Twalch Gaüchhabern/ habergras ...“ (Bauhin 1651a, liber XVIII, S. 439); „3. Gramen avenaceum, paniculâ sparsâ, locustis majoribus, & aristatis. Inst. 526. Festuca avenacea sterilis elatior. C. B. Pin. ...“ (Scheuchzer 1719, S. 258f.); „Gramen avenaceum, panicula sparsa, locustis majoribus & aristatis Tournef. Inst. ... Haber Twalch ...“ (Buxbaum 1721, S. 142); „1. BROMUS culmo paniculato, spicis compressis, Pl. [sic!] lapp. 27. Bromos herba.

Dod. pempt. 540. Festuca avenacea sterilis elatior. Bauh. pin. 9. theatr.146. AEgilops mattioli forte. Bauh. hist. 2. p. 499. Gramen avenaceum, ... Tournef. inst. 526. ..." (Linné 1737, S. 25); „Gramen Avenaceum, panicula sparsa, locustis majoribus & aristatis Inst. R. Herb. ... Twalch/ Spitzling/ Gauchhabern/ Maußhabern/ ..." (Mappus 1742, S. 137); „5. GRAMEN avenaceum panicula sparsa, locustis majoribus & aristatis I. R. H. SCHEUCHZ. p. 258. ... Bromus culmo paniculato ... LINN. Hort. Cliff. p. 25. ..." (Haller 1742, S. 228); „[Gramen] avenaceum panicula sparsa locustis majoribus & aristatis, bedeutet bey Scheuchzern den unfruchtbaren Tresp." (Gmelin 1773b, Sp. 532); „10) Tauber Tresp. Bromus sterilis. ... Bromus panicula patula, spiculis oblongis distichis, glumis subulato-aristatis. LINN. ... Sp. Pl. p. 113. ... Bromos herba. DOD. cer. 141. Festuca avenacea sterilis elatior. C. BAUH. pin. 9. ... Gramen avenaceum, panicula sparsa, ... T. SCHEUCHZ. Gram. 258. tab. 5. f. 14. ..." (Linné 1785, S. 429f.); „Flor. Germ. p. 48. n. 6. Bromus sterilis. Festuca auenacea sterilis elatior. C. BAUH. pin. p. 9. ... Gramen auenaceum panicula sparsa, ... Buxb. Hal. p. 142. ... Scheuchz. Agrost. p. 258. Tab. 5. fig. 14. ..." (Roth 1789, S. 137f.); „7. BROMUS sterilis L., ... Dünnkörnige Trespe. W. Taube=Trespe. ..." (Georgi 1797–1802, Theil 3, S. 698); „16. BROMVS sterilis. ... Festuca avenacea sterilis elatior. Bauh. pin. 9. ... Gramen avenaeum, panicula sparsa, ... T. Scheuchz. gram. 258. t. 5. f. 14. ..." (Linné 1797–1830, Bd. I, Teil 1, S. 433); „10. B[romus] sterilis (L. Spec. 113) ... M. a BIEB. Fl. t. c. I, p. 73; ..." (Ledebour 1853, S. 359); „185. BROMUS sterilis. ... Linn. ed. Willd. I. p. 433. ... Scheuchz. agr. p. 258. n. 3. t. 5. f. 14. ..." (Marschall von Bieberstein 1808a, S. 73); „305. Bromus sterilis. ... Linn. Sp. pl. p. 113. n. 6. ... Gramen avenaceum ... Scheuchz. Agr. p. 258. n. 3. Tab. 5. fig. 14. ..." (Wulfen 1858, S. 163)

„219. An Gramen avenaceum, panicula sparsa, Locustis majoribus et aristatis I. R. H? ..." (AAW R. I, Op. 105, D. 1ª, Bl. 19r, s. Anm. 29 in Nr. 5); „4. An Gramen avenaceum, panicula sparsa, locustis majoribus & aristatis I. R. H? Ind. Jen. nº. 219." (AAW R. I, Op. 13, D. 67, Bl. 16v, s. Anm. 5 in Nr. 4)

116 Randbemerkung in der 2. Textversion (s. Anm. 1 in A.) in der Handschrift von J. G. Gmelin: „Festuca 45"

117 „IIX. Festuca avenacea sterilis humilior. ..." (Bauhin 1623, S. 10); „4. Festuca avenacea, sterilis, humilior. C. B. Pin. 9. [sic!] Theatr. 148. ..." (Scheuchzer 1719, S. 259); „77. GRAMEN QUOD FESTUCA AVENACEA, STERILIS HUMILIOR. C. B. Pin. 9. [sic!]" (Vaillant 1727, S. 93); „6. GRAMEN avenaceum panicula sparsa locustis minoribus & aristatis I. R. H. [s. Nr. 829] Festuca avenacea sterilis humilior C. B. Theatr. p. 148. ..." (Haller 1742, S. 228); „[species 207] Gramen Avenaceum, paniculâ sparsâ, locustis minoribus & aristatis. [s. Nr. 829] Bromos sterilis, altera. Festuca altera Dodonaei Lob. Icon. 33." (Tournefort 1700, S. 526, Genus VIII. „Gramen. Chien-dent."); „1508. BROMUS hirsutus, panicula nutante, pauciflora, locustis quinquefloris, hirsutis, glumis acute lanceolatis. An Festuca avenacea sterilis humilior C. B. Theatr. p. 128. ? non SCHEUCHZ. p. 259. ..." (Haller 1768a, S. 237f.); „[Festuca] avenacea sterilis humilior, so nennt C. Bauhin eine niedrige Abänderung des unfruchtbaren Tresps." (Gmelin 1773, Sp. 989); „13) Dach=Tresp. Bromus tectorum. ... Bromus panicula nutante spiculis linearibus. LINN. Sp. Pl. p. 114. ... Bromus hirsutus, paniculo nutante pauciflora, ... HALL. helv. n. 1508. ..." (Linné 1785, S. 434f.); „Bromus tectorum, ... Dachtresp, ... Bergtresp; Sandtresp; taube Tresp; ... die Schafe fressen ihn gerne." (Gmelin 1772, Sp. 214); „Flor. Germ. p. 48. n. 8. Bromus tectorum. ... Festuca auenacea sterilis humilior. C. BAUH. pin. p. Scheuchz. Agrost. p. 259. ..." (Roth 1789, S. 139f.); „19. BROMVS tectorum. B. panicula nutante, ... Roth. germ. I. p. 48. II. p. 139. ... Dach-Trespe. W. ..." (Linné 1797–1830, Bd. I, Teil 1, S. 434f.); „364. Bromus tectorum Linn. Dachtrespe. ... Triv.u. a. Nam. Dächertresp. Bergsandtrespe. Mauertrespe. Rauhe Tresp. ..." (Röhling 1823, S. 688f.); „11. B[romus] tectorum (L. Spec. 114) ... M. a BIEB. Fl. t. c. I, p. 74. ... LEDEB. Fl. alt. I, p. 111. ..." (Ledebour 1853, S. 359f.); „187. BROMUS tectorum. Linn. ed. Willd. 1. p. 434. ... Hall. hist. n. 1508. ..." (Marschall von Bieberstein 1808a, S. 74); „1. BROMUS TECTORUM L. ..." (Ledebour 1829, S. 111); „306. Bromus tectorum. ... Linn. Sp. pl. p. 114. n. 8. ... Festuca avenacea sterilis humilior. Scheuchz. Agr. p. 259. n. 4. Bromus hirsutus ... Haller. Hist. II. p. 237. n. 1508. ..."

(Wulfen 1858, S. 164); „2. Poa panicula spicata longissima, spicis oblongis erectis paucifloris muticis (Fl. sib. I. 132. nr. 46. quam cel. Ledeb. Festucam loliaceam Huds. conjicit) est Bromus panicula nutante, spiculis linearibus. Fl. Suec. p. 31. nr. 86. Festuca avenacea sterilis humilior C. B. 10. (Bromus tectorum L. in Fl. sib. non exh.)“ (C. von Linné in einem Brief an J. G. Gmelin vom 24. Juni 1745 – Plieninger 1861, S. 46); „46. POA panicula spicata longissima, spicis oblongis, erectis, paucifloris, muticis. Gramen auenaceum panicula sparsa, locustis minoribus non aristatis D. BREYN. SCHEUCHZ. Agr. App. 512. [s. Nr. 829] ... Cl. LINNAEUS habet pro Festuca auenacea sterili humiliore B. P. 10. ...“ (Gmelin 1747–1769, Bd. I, S. 112); „46. Poa panicula spicata longissima, spicis oblongis erectis, paucifloris muticis [=] Festuca loliacea Huds.?“ (Ledebour 1841 S. 54); „*21. FESTVCA loliacea. ... Lolchartiger Schwingel. W. ...“ (Linné 1797–1830, Bd. I, Teil 1, S. 426)

„222. Gramen Bromoides angustifolium, locustis exiguis et caducis Ind. Gram. n°. 43. An Festuca avenacea sterilis humilior C. B. P. 9? ... et Russico nomine ще⌈т⌉ки [russ. *ščetki*] ... Tattari sua lingua Üngot vocant, ...“ (AAW R. I, Op. 105, D. 1ª, Bl. 19v, s. Anm. 29 in Nr. 5); s. Nr. 824 und Nr. 829

118 Randbemerkung in der 2. Textversion (s. Anm. 1 in A.) in der Handschrift von J. G. Gmelin: „Ead. c. priori“

119 „5. Gramen Bromoides, pumilum, Locustis erectis, majoribus, aristatis. Nob. ...“ (Scheuchzer 1719, S. 260f.); „10) Madritischer Tresp. Bromus madritensis. ... Bromus panicula rariore patulo-erecta, spiculis linearibus: intermediis geminis: pedicellis superne incrassatis. LINN. ... Sp. Pl. p. 114. ... Gramen bromoides pumilum, ... SCHEUCHZ. Gram. p. 260. Diese Trespart wächst in Spanien um Madrit ursprünglich wild, ...“ (Linné 1785, S. 441f.); „Bromus madritensis, ... Tresp von Madrit, ...“ (Gmelin 1772, Sp. 214); „14. BROMUS madritensis L., ... Madritische Trespe. W. ... Die Trespenarten überhaupt nähern sich dem Getreide in der Form und im geschmacklosen, theils süßlichem Mehl. ... und sind den grasfressenden Thieren mit und ohne Saamen beliebte Nahrung; ... Mehrere scheinen sich ... selbst zur Kultur für Vermehrung des Brodmehls und andere Speisen, und für Viehzucht selbst zu empfehlen. ...“ (Georgi 1797–1802, Theil 3, S. 700); „26. BROMVS madritensis. ... Gramen bromoides pumilum, ... Scheuch. gram. 260. ... Madritische Trespe. W. ...“ (Linné 1797–1830, Bd. I, Teil 1, S. 437); „14. B[romus] madritensis (L. Spec. 114) ... M. a BIEB. Fl. t. c. I, p. 73, ...“ (Ledebour 1853, S. 360); „14. BROMUS madritensis. Linn. ed. Willd. I, p. 437. ...“ (Marschall von Bieberstein 1808a, S. 73f.); „308. Bromus madritensis. ... Linn. Sp. pl. p. 114. n. 9. ... Gramen bromoides pumilum, ... Scheuchz. Agrost. p. 260. ...“ (Wulfen 1858, S. 165)

120 Randbemerkung in der 2. Textversion (s. Anm. 1 in A.) in der Handschrift von J. G. Gmelin: „Eadem qua / 827.“

121 „[species 180] Gramen nodosum, Avenaceâ paniculâ C. B. Pin. 2. Prodr. 3. Gramen nodosum J. B. 3. [sic!] 456. Gramen bulbosum, nodosum Lob. Icon. 23. ...“ (Tournefort 1700, S. 525, Genus VIII. „Gramen. Chien-dent.“); „1. Gramen Nodosum, Avenaceâ paniculâ, C. B. Pin. 2. Prod. 3. Theatr. 18. Gramen nodosum J. B. II. 456. ...“ (Scheuchzer 1719, S. 237f.); „48. FESTUCA glumis vnifloris, aristis calice triplo longioribus. Tab. XXII. Cl. LINNAEUS habet pro gramine nodoso auenacea panicula B. Pin. SCHEUCHZ. Agr. 237. ... STELLERUS exemplum huius speciei circa Ircutiam vrbem legit, quod culmo tantum dodrantali est.“ (Gmelin 1747–1769, Bd. I, S. 113f.); „48. Festuca glumis unifloris, aristis calyce triplo longioribus. t. XXII. [=] Stipa sibirica Lam.!“ (Ledebour 1841 S. 54); „Gramen nodosum; nodosum avenacea panicula; nodosum avenacea panicula radice tuberibus praedita; bedeutet bey Dalechamp, C. Bauhin und Scheuchzern die knollige Spielart des Wiesenhafers.“ (Gmelin 1773b, Sp. 576); „1085. Stipa. L. ... 1. St. sibirica (LAM. Ill. I, p. 158) ... LEDEB.! Fl. alt. I, p. 82 ... Festuca glumis unifloris, ... GMEL. Fl. sib. I, p. 114, No. 48, t. 22. ...“ (Ledebour 1853, S. 448); „3) STIPA SIBIRICA. Lam. ... Festuca glumis unifloris, ... Gmel. Sib. I. p. 114. Tab. 22! ...“ (Ledebour 1829, S. 82f.); „27. Festuca glumis unifloris aristis calyce triplo longioribus. Avena panicula nutante, calycibus bifloris, altero flosculo aristato. Roy. lugdb. 66. Gramen nodosum avenacea panicula C. B. Scheuchz.*) (Est Fl. sib. I.

113. nr. 48. Avena sibirica. L. Stipa sibirica Lam.) ... |: ‚Vix ita. Nam in gramine nodoso duo folliculi et aristae infra nodum et calycis glumae admodum inaequales ut taceam colores.‘ Annot. Gmelini ad marg. literae. :|“ (C. von Linné in einem undatierten Brief an J. G. Gmelin – Plieninger 1861, S. 71); „Stīpa L. (Gramineae). Von στυπη (Werg, in Bezug auf die langen federigen Grannen). Irrig ist die Ableitung von stipare (dicht beisammen stehen), weil diese Pflanzen immer zahlreich zusammen vorkämen.“ (Wittstein 1852, S. 846)

„194. Gramen Arundinaceum, panicula laxa, viridi argentea, aristis recurvis. Fl. Irc. n°. 827. ...“ (AAW R. I, Op. 105, D. 1^{a}, Bl. 16r, s. Anm. 29 in Nr. 5); s. Nr. 822

122 Randbemerkung in der 2. Textversion (s. Anm. 1 in A.) in der Handschrift von J. G. Gmelin: „Festuca 44“

123 „[species 182] Gramen Avenaceum, paniculâ purpuro-argenteâ splendente D. Doody Raii Hist. 1909. Gramen Avenaeum, glabrum paniculâ purpuro-argenteâ, splendente D. Doody Raii Synops. 262.“ (Tournefort 1700, S. 525, Genus VIII. „Gramen. Chien-dent.“); „Gramen Avenaceum panicula purpuro-argentea splendente D. Doody. ...“ (Ray 1693, Appendix, S. 1909f.); „1. Gramen Avenaceum, paniculâ purpuro-argenteâ, splendente D. Doody Raij. Hist. 1909. ...“ (Scheuchzer 1719, S. 226ff.); „* 55. GRAMEN AVENACEUM PANICULA PURPURO-ARGENTEA SPLENDENTE. Raji. Hist. ...“ (Vaillant 1727, S. 89); „13. GRAMEN avenaceum panicula purpureo argentea splendente RAI. Cat. Angl. app. p. 9. hist. p. 1909. I. R. H. VAILL. ... SCHEUCHZER P. 226. T. 4. f. 20. ...“ (Haller 1742, S. 226); „66. AUENA calicibus trifloris, paniculata nutante, foliis planis. Gramen auenaceum panicula purpuro-argentea splendente R. Cat. Angl. app. p. 9. Hist. 1909. SCHEUCHZ. Agr. p. 226. Tab. IV. Fig. 20. HALL. Helv. p. 226. Auena spicis erectis, calyce spicis breuiore LINN. Lapp. 31. Suec. 96. ROY. pr. p. 65. I. Panicula viridi et argenteo varia. Gramen auenaceum, panicula argentea splendente BREYN. SCHEUCHZ, Agr. p. 228. ...“ (Gmelin 1747–1769, Bd. I, S. 129); „66. Avena calycibus trifloris, panicula nutante, foliis planis [=] Avena pratensis L. α. pubescens!“ (Ledebour 1841, S. 55); „2. Gramen Avenaceum, paniculâ argenteâ, splendente. Breynij. ...“ (Scheuchzer 1719, S. 228); „[Gramen] avenaceum, panicula purpureo-argentea splendente, so nennt Rai den Silberhafer.“ (Gmelin 1773b, Sp. 532); „10) Zarthäriger Hafer. Avena pubescens. ... Avena subspicata, calycibus subtrifloris basi pilosis, foliis pubescentibus. LINN. ... Sp. Pl. p. 1165. ... Avena calycibus trifloris ... GMEL. Sib. 1. p. 129. ... SCHEUCHZ. Gram. p. 226. tab. 4. f. 20. ... Diese Haferart ... ist ... in dem rußischen Reiche, ingleichen in Sibirien als ein sehr gemeines Gras ... zu Hause. ...“ (Linné 1785, S. 482f.); „h) Avena pubescens. Deutsch. Der haarige Hafer, der haarige Wiesenhafer, das harige Hafergas. ...“ (Nemnich 1793a, Sp. 552); „5. AVENA pubescens L., ... Behaarter Hafer. W. ...“ (Georgi 1797–1802, Theil 3, S. 704); „21. AVENA pubescens. ... A. calycibus trifloris, ... Gmel. sib. 1. p. 129. ... Gramen avenaceum hirsutum, ... Scheuchz. gram. 226. t. 4. f. 20. ... Behaarter Hafer. W. ...“ (Linné 1797–1830, Bd. I, Teil 1, S. 448f.); „265. AVENA pubescens Linn. Kurzhaariger Hafer. ... Triv. u. a. Nam. Fein-weichhaariger Hafer. Behaarter Hafer. Haariges Hafergras. ...“ (Röhling 1823, S. 568f.); „6. A[vena] pubescens (L. Spec. 1665) ... M. a BIEB. Fl. t. c. III, p. 87. ... A. pratensis α. LEDEB. alt.! I, p. 90. ... A. calycibus trifloris, ... GMEL. Fl. sib. I, p. 129, No. 66. ...“ (Ledebour 1853, S. 413f.); „196*. AUENA pubescens. ... Gmel. sib. 1. p. 129. n. 66. Scheuchz. agrost. p. 226. t. 4. f. 20. ...“ (Marschall von Bieberstein 1819, S. 87); „2) AVENA PRATENSIS, ... α, ... Avena calycibus trifloris, ... Gmel. Sib. I. p. 129! ...“ (Ledebour 1829, S. 90); „225. Avena pubescens. ... Gramen avenaceum panicula ... Scheuchz. Agrost. p. 226. n. 1. Tab. 4. fig. 20. ...“ (Wulfen 1858, S. 118f.); Avena pubescens L. – russ. *pyrej* (*Annenkov* 1858, S. 21, Nr. 173)

„38. Gramen avenaceum, panicula purpuro-argentea splendente D. Doody Agr. 226. ...“ mit der rechts marginalen Anm. „Ind. Jen. no. 215.“ (AAW R. I, Op. 105, D. 4, Bl. 3r, s. Anm. 98 in Nr. 810)

Randbemerkung in der 2. Textversion (s. Anm. 1 in A.) in der Handschrift von J. G. Gmelin: „Eadem cum pr.“

124 „2. Huc reipsa pertinerit quinta prioris generis species, nempe Gramen avenaceum, paniculâ sparsâ, locustis minoribus, non aristatis Breynij, cujus brevem descriptionem ob faciem totius plantae externam, quartae speciei simillimam, ejusdem descriptioni superaddere concenientiùs duxi.“ (Scheuchzer 1719, S. 267); „[Gramen avenaceum panicula sparsa, locustis minoribus & aristatis, hierunter versteht er [d. h. Scheuchzer] eine kleinere Abart desselbigen [d. h. des unfruchtbaren Tresp].“ (Gmelin 1773b, Sp. 532); „295. Bromus avenaceum. – Festuca gigantea Vill. ... Gramen avenaceum panicula sparsa, locustis minoribus, non aristatis. Scheuchz. Agrost. p. 512. n. 5. ...“ (Wulfen 1858, S. 157); „5. Aliam etiam misit speciem, ob locustarum totiúsque facie similitudinem haud à superiore separandem, quámque nominat Gramen Avenaceum paniculâ sparsâ, locustis minoribus non aristatis; ...“ (Scheuchzer 1719, S. 512); „5. Gramen avenaceum panicula, sparsa, locustis minoribus, non aristatis. Breynio. ...“ (Scheuchzer 1719a, S. 54); „349. FESTUCA gigantea Vill. Riesenschwingel. ... Synon. ... Bromus giganteus Linn. Sp. pl. ... Triv. u. a. Nam. Grosser Schwingel. Futtertrespe, auch wohl Waldtrespe. Bachweizen. ...“ (Röhling 1823, S. 671f.); „72. Der Riesen=Schwingel. Festuca gigantea Villars. Synonym. Bromus giganteus Linne. Riesen=Trespe, große Futtertrespe. ...“ (Röper 1840, S. 12); „14) Futter=Tresp. Bromus giganteus. ... Bromus panicula nutante, spiculis quadrifloris: aristis brevioribus. LINN. ... Sp. Pl. p. 114. ... ist der Futtertresp ein Gras, welches das Rindvieh gerne frisset. ...“ (Linné 1785, S. 435ff.)

„10. Gramen Arundinaceum, locustis Loliaceis, brevius aristatis, minus Ind. Gram. n°. 41.“ (AAW R. I, Op. 13, D. 67, Bl. 16v, s. Anm. 5 in Nr. 4); „225. Gramen Arundinaceum, locustis Loliaceis, brevius aristatis, minus Ind. Gram. n°. 41. et Fl. Irc. n°. 829. ...“ (AAW R. I, Op. 105, D. 1ª, Bl. 20v, s. Anm. 29 in Nr. 5); „41. Gramen arundinaceum, locustis loliaceis, brevius aristatis, minus. Panicula palmaris, non admodum sparsa, ramulique ejus tenuissimi. ... Structura exacte ipsi convenit cum Gramine arundinaceo, locustis viridi-spadiceis, loliaceis brevius aristatis Agr. 266. [s. Nr. 823] ...“ (AAW R. I, Op. 105, D. 4ª, Bl. 6r, s. Anm. 98 in Nr. 810); s. Nr. 824 und Nr. 825

125 s. Nr. 823

126 Randbemerkung in der 2. Textversion (s. Anm. 1 in A.) in der Handschrift von J. G. Gmelin: „Eadem cum / 824. & 832.“

127 „Gramen Avenaceum paniculatum Alpinum, Locustis varicoloribus, majoribus, aristatis. v. Tab. III. ...“ und auf Tab. III „Gramen Avenaceum paniculatum Alp: Locustis majoribus varicoloribus aristatis.“ (Scheuchzer 1708, S. 23f.); „5. Gramen Avenaceum, paniculatum, alpinum, Locustis varicoloribus, majoribus, aristatis. Agrost. Prodr. pag. 23. Tab. III. ...“ und a. a. O. auf Tab. III im Anhang (zwischen Textende und Register sind in Scheuchzer 1719 unabhängig von den Tafeln im Text die identischen Tafeln I–VII aus Scheuchzer 1708 beigefügt) (Scheuchzer 1719, S. 231ff.); „Festuca avenacea humilior alpina, locustis varicoloribus majoribus, in Aristas purpureas desinentibus, ... Est hoc Gramen avenaceum paniculatum alpinum locustis varicoloribus majoribus aristatis. ...“ (Scheuchzer 1723, S. 455); „16. GRAMEN avenaceum, paniculatum, ... SCHEUCHZER p. 231. T. III. Prodr. Festuca avenacea, humilior, alpina, ... SCHEUCHZ. It. p. 455. & f. 19. ...“ (Haller 1742, S. 226); „[Gramen] avenaceum paniculatum alpinum locustis varicoloribus majoribus ari<sta>tis, hierunter versteht er [d. h. Scheuchzer] Hallers ehemalige sechszehende Art des Hafers.“ (Gmelin 1773b, Sp. 532); „2259. AVENA Scheuchzeri N. ... Festuca avenacea humilior alpina, ... SCHEUCHZ. it. 6. p. 455. tab. 19. Gramen avenaceum paniculatum alpinum ... SCHEUCHZ. agr. helv. prodr. p. 23. tab. 3. ...“ (Allioni 1785a, S. 255f.); „*30. AVENA versicolor. ... Avena Scheuchzeri. Allion. pedem. n. 2259. ... Festuca avenacea humilior alpina, ... Scheuch. it. alp. 6 p. 455. t. 19. Gramen avenaceum paniculatum ... Scheuch. gram. 231. t. 3. Bunter Hafer. W. ...“ (Linné 1797–1830, Bd. I, Teil 1, S. 452); „267. AVENA Scheuchzeri Allion. Bunter Hafer. ... Triv.u. a. Nam. Berghafer. ...“ (Röhling 1823, S. 570); „9. A[vena] Scheuchzeri (All. Fl. ped. 2, p. 255) ...“ (Ledebour 1853, S. 415); „227. Avena Scheuchzeri – Avena versicolor Vill. ... Allion. Pedem. II. p. 255. n. 2258. ... Festuca avenacea humilior alpina, ... Scheuchz. It. alp. 6. p. 455. fig.

19. Gramen avenaceum paniculatum alpinum, ... Scheuchz. Agr. p. 231. n. 5. et Prodr. p. 20. n. 231. Tab. III. ..." (Wulfen 1858, S. 119f.)

128 Randbemerkung in der 2. Textversion (s. Anm. 1 in A.) in der Handschrift von J. G. Gmelin: „avena 64."

„65. AUENA calicibus trifloris, panicula erecta, foliis setaceis. Gramen auenaceum angustifolium, alpinum, spicata panicula, ex purpureo, viridi et argenteo variegata SCHEUCHZ. It. Alp. 1709. Agr. p. 230. HALL. Helv. p. 226. Gramen auenaceum montanum spica simplici, aristis recuruis R. Hist. p. 1290. Syn. III. p. 105. ... Ex descriptione etiam patet, coloribus synonymis graminibus non respondere, sed potius gramini auenaceo, paniculato, alpino, locustis varicoloribus maioribus, aristatis SCHEUCHZ. Agr. pr. p. 23. Agr. 231. sed ab hoc et foliorum angustia et folliculorum paucitata differt. ..." (Gmelin 1747–1769, Bd. I, S. 127f.); „65. Avena calycibus trifloris, panicula erecta, foliis setaceis [=] Avena sempervirens Vill.!" Ledebour 1841, S. 55); „263. AVENA sempervirens Vill. Immergrüner Hafer. ..." (Röhling 1823, S. 566f.); „1) AVENA sempervirens. Vill. ... Avena calycibus triflores [sic!], ... Gmel. Sib. I. p. 127! ..." (Ledebour 1829, S. 89f.)

129 „Gramen Alpinum paniculatum majus, paniculâ speciosâ variegatâ." und auf Tab. III" Gramen paniculatum Alpinũ majus, paniculâ speciosâ variegatâ." (Scheuchzer 1708, S. 20); „4. Gramen alpinum, paniculatum majus, paniculâ speciosâ, variegatâ. Agr. Prodr. p. 20. Tab. III. ..." und auf Tab. III im Anhang (zwischen Textende und Register sind in Scheuchzer 1719 unabhängig von den Tafeln im Text die identischen Tafeln I–VII aus Scheuchzer 1708 beigefügt) (Scheuchzer 1719, S. 186f.); „Poa alpina, ... Alpenrispengras, ..." (Gmelin 1775, Sp. 189); „2) Alpen=Rispengras. Poa alpina. ... Poa panicula diffusa ramosissima, spiculis sexfloris cordatis. LINN. ... Sp. Pl. p. 99. ... Gramen alpinum paniculatum maius, ... SCHEUCHZ. Gram. p. 186. eiusd. prodr. tab. III. ... γ) Gramen pratense paniculatum minus rubrum. eiusd. [d. h. Scheuchzer] gram. p. 190. [s. Nr. 816] ... Dieses Rispengras, ... ist wegen seiner bunten Rispe, die braunröthlich und silberfarb ist, sehr ansehnlich. ..." (Linné 1785, S. 327f.); „2. POA alpina. ... Gramen alpinum paniculatum majus, ... Scheuch. gram. 186. et p. 16. t. 3. ... Alpen-Rispengras. W. ..." (Linné 1797–1830, Bd. I, Teil 1, S. 386); „1. P[oa] alpina (L. Spec. 99) ..." (Ledebour 1853, S. 370); „246. Poa alpina. ... Linn. Sp. pl. p. 99. n. 3. ...Gramen alpinum paniculatum majus, ... Scheuchz. Agrost. p. 186. n. 4. Tab. Append. 3. ..." (Wulfen 1858, S. 129f.)

Randbemerkung in der 2. Textversion (s. Anm. 1 in A.) in der Handschrift von J. G. Gmelin: „Gramen Mariae / Boruss."

„33. HIEROCHLOE. Gramen Mariae Borussorum LOES. cum ic. p. [müßte heißen: Nr.] 26. Gramen paniculatum odoratum BAUH. pin. p. 3. Poa spiculis bifloris cordatis LINN. Lapp. n. 53. Aira foliis planis, floribus trifloris, aristatis, flosculo intermedio mutico diandro LINN. Suec. 70. SCHEUCHZERUS in Agrostogr. p. 236. 237. [s. Nr. 827] hoc gramen optime describit, ..." (Gmelin 1747–1769, Bd. I, S. 101f.); „33. Hierochloe [=] Hierochloa borealis R. et Sch.!" Ledebour 1841, S. 53); „CCXCVII. *Gramen Mariae Borussorum. Joh. Loes. Gramen paniculatum odoratum 13. in Prodr. p. 6. C. B. Marien=Graß Margen=Graß Nostratibus. ..." (Loesel 1703, S. 111); „1. Gramen paniculatum, odoratum, C. B. Pin. 3. Theatr. 36. Gramen Mariae Borussorum, J. Loes. Flor. Pruss. ubi Icon. ..." (Scheuchzer 1719, S. 236f.); „244. HIERÓCHLOA borealis Röm. et Schult. Nördliches Darrgras. ... Triv.u. a. Nam. ... wohlriechendes Darrgras. U. L. Frauengras. ..." (Röhling 1823, S. 548f.); „1063. Hierochloe. GMEL. ... 1. H. borealis (R. et SCHULT. Syst. 2, p. 513) ... LEDEB.! Fl. alt. I, p. 92. ... Hierochloe. GMEL. Fl. sib. I, p. 101, No. 33. ..." (Ledebour 1853, S. 406f.); „2. HIEROCHLOA BOREALIS. ... Hierochloe. Gmel. Sib. p. 101. ..." (Ledebour 1829, S. 92f.); „... Hodie floruit tuum Herocloë, videtur mihi habere multa communia cum Holco. (Fl. sib. I. 101. nr. 33. Hierochloa borealis R. et Sch. Holcus odoratus Kalm., repens M. a. B.)." (C. von Linné in einem Brief an J. G. Gmelin vom 3. Mai 1751 – Plieninger 1861, S. 106); „Hierochloë – mihi non nota (sine dubio Fl. sib. I. 101. nr. 33., una quam Fl. sib. refert: Hierochloa borealis R. et Sch. cf. Linn. Ep. XVI., siquidem reliquae species sibiricae serius in propatulum venerunt.)." (A. von Haller in einem undatierten Brief an J. G. Gmelin –

Plieninger 1861, S. 150); „Hierōchloa GM. (Gramineae). Zus. aus ἱερος (heilig) und χλοη (Gras); in Preussen nennt das gemeine Volk diese Pflanze ‚heiliges Gras,‘ wahrscheinlich aus irgend einem abergläubischen Grunde.“ (Wittstein 1852, S. 442)

130 „[species 14] Gramen Loliaceum, paniculâ multiplici & spicata. Phoenix multiplici spicatâ paniculâ Park. Theat. 1145.“ (Tournefort 1700, S. 516, Genus VIII. „Gramen. Chien-dent.“); „7. Phoenix multiplici spicata panicula. Branched Darnell-Grasse. ...“ (Parkinson 1640, S. 1145); die Abbildung „7. 8. 9. Phoenix multiplici spicata panicula, & longius spicata. The two sorts of branched Darnell-Grasse, and the double kinde with a double toppe. ...“ (a. a. O., S. 1146); „1. Gramen Loliaceum, paniculâ multiplici & spicatâ. Inst. 516. Phoenix, multiplici, spicatâ paniculâ. Park. Theatr. 1145. Fig. 1164. ...“ (Scheuchzer 1719, S. 200ff.) [s. auch Nr. 820]; „3. GRAMEN loliaceum, panicula multiplici & spicata I. R. H. SCHEUCHZER p. 200. T. 4. f. 6. Phoenix multiplici spicata panicula PARK. p. 1146. ...“ (Haller 1742, S. 212)

„Gramen loliaceum, panicula multiplici et spicata I. R. H. ...“ (AAW F. 21, Op. 5, D. 98, Bl. 30v, s. Anm. 54 in Nr. 17); „5. Gramen loliaceum panicula multiplici & spicata. Inst. r. h. 516.“ (AAW R. I, Op. 104, D. 17, Bl. 8r, s. Anm. 36 in Nr. 8); s. Nr. 820

Randbemerkung in der 2. Textversion (s. Anm. 1 in A.) in der Handschrift von J. G. Gmelin: „Eadem Poa cum / 824.“

131 „1. Gramen radice repente, paniculâ delicatâ, spadiceo-viridi. Nob. Gramen Camerarii repens. J. B. II. 458. Tab. III. Fig. 5. A.“ (Scheuchzer 1719, S. 127f.); „Gramen Camerarii repens. ... Tabern. Hist. pag. 636 Gramen primum Queckengraß aut Rechgras. ...“ (Bauhin 1651a, liber XVIII, S. 458f.); „1. GRAMEN radice repente, panicula delicata, spadiceo viridi. SCHEUCHZER p. 127. T. 3. f. 5. A. ... Gramen Camerarii repens I. B. II. p. 458. ...“ (Haller 1742, S. 218); „AGROSTIS stolonifera. LINN. sp. 93. Gramen caninum supinum minus. C. B. th. 13. und Gramen radice repente, panicula delicata spadiceo viridi. SCHEVCHZ. agr. 127. ...“ (Schreber 1770, S. 38); „2. Gramen Caninum, supinum, minus. C. B. Pin. 1. Theatr. 13. Gramen parvum, repens, purpureâ spicâ J. B. II. 459. ...“ (Scheuchzer 1719, S. 128f.); „16) Auslaufendes Straußgras. Agrostis stolonifera. ... Agrostis paniculae ramulis patentibus muticis, culmo repente, calycibus aequalibus. LINN. ... Sp. Pl. p. 93. ... Gramen caninum supinum minus. ... SCHEUCHZ. gram. 128. ... Unter den Namen klein Hundsgras ist diese Grasart ... bekannt. ...“ (Linné 1785, S. 293f.); „19) Weißes Straußgras. Agrostis alba. ... Agrostis panicula laxa, calycibus muticis aequalibus, culmo repente. LINN. ... Sp. Pl. p. 93. ... Dieses Gras, ... wird großes Hirsengras ... genennt., ...“ (a. a. O., S. 296); „21. AGROSTIS stoloniza. ... Gramen caninum supinum minus. ... Scheuch. gram. 128. ... Wuchernder Windhalm. W. ...“ (Linné 1797–1830, Bd. I, Teil 1, S. 369); „28. AGROSTIS alba. ... Sumpf-Windhalm. W. ...“ (a. a. O., S. 371); „13. AGROSTIS alba L., ... Sumpf=Windhalm, W. Weisses Strausgras. ...“ (Georgi 1797–1802, Theil 3, S. 688); „10. AGROSTIS stolonifera L., ... Wuchernder Windhalm. W. Auslaufendes Strausgras. ...“ (a. a. O., S. 687); „593. AGROSTIS STOLONIFERA Linnè. SPROSSENDE AGROSTIS. ... A. stolonifera Linné spec. pl. p. 93. (excl. var. α.). ... A. alba Linné spec.pl. p. 93. Willd. spec. pl. 1. p. 371. ... Deutsche Namen: Weisses Haargras oder Straussgras.“ (Dietrich 1841, Nr. 593); „1077. Agrostis L. ... 2. A. alba (L. Spec. 93) ... A. polymorpha. ... LEDEB! Fl. alt. I, p. 85. ... A. stolonifera. ... M. a BIEB. Fl. t. c. I, p. 417. ... A. alba. ... M. a BIEB. Fl. t. c. I, p. 55; ... A. capillaris. [s. Nr. 834] A. panicula compressa, ... GMEL. Fl. sib. I, p. 91, No. 19. A. panicula laxa, ... GMEL. Fl. sib. I, p. 91, No. 20. ...“ (Ledebour 1853, S. 436ff.); „1) AGROSTIS POLYMORPHA. Huds. ... α. ... Agrostis alba. L. R. ... Agrostis no. 19. Gmel. Sib. I. p. 91. ... β. Agrostis hispida [s. Nr. 834] ...“ (Ledebour 1829, S. 85f.); „[Agrostis] stolonifera, ... auslaufendes kriechendes Hundsgras; ...“ (Gmelin 1772a, Sp. 218); „Agrostis alba, ... weisses Strausgras ...“ (a. a. O., Sp. 219); „140. AGROSTIS alba. ... Linn. ed. Willd. I, p. 371. ...“ (Marschall von Bieberstein 1808a, S. 55f.); „1015. AGROSTIS stolonifera. ... Linn. ed. Willd. I. p. 369. ...“ (a. a. O., S. 417); „171. Agrostis alba. ... Linn. Sp. pl. p. 93. n. 10. ...“ (Wulfen 1858, S. 89f.); „19. AGROSTIS panicula compressa, calycibus subulatis, aequalibus, coloratis. Gramen montanum panicula spadicea delicatiore C. B. Th. p. 36. Prodr. n.° 12. ...“ (Gmelin 1747–1769, Bd. I, S. 91) [s. Nr. 834]; „19. Agrostis panicula

compressa, calycibus subulatis aequalibus coloratis [=] Agrostis polymorpha Huds.!" (Ledebour 1841, S. 52); „20. AGROSTIS panicula laxa, calycibus membranaceis, muticis, aequalibus, vnifloris. Gramen caninum vineale C. B. SCHEUCHZ. Agr. p. 143. 144. [s, Nr. 814] quod adtinet ad SCHEUCHZERI descript. ..." (Gmelin 1747–1769, Bd. I, S. 91f.); „20. Agrostis panicula laxa, calycibus membranaceis muticis aequalibus unifloris [=] Agrostis stolonifera L. (ex synon. Scheuchzeri.)" Ledebour 1841, S. 52); „1. Gramen Caninum Vineale. C. B. Pin. I. Theatr. II. Prodr. I. J. B. II. 458. ..." (Scheuchzer 1719, S. 143f.); „169. Agrostis stolonifera. ... Linn. Sp. pl. p. 93. n. 8. ... Gramen caninum supinum minus Scheuchz. Agrost. p. 128. n. 2. ... Gramen radice repente, ... Scheuchz. Agr. p. 127. n. 1. Tab. 3. fig. 5. A. ..." (Wulfen 1858, S. 88); Agrostis – russ. *puch*, *polevica*, *pyrej* bzw. *pyrejnik* (*Annenkov* 1858, S. 11, Nr. 33)

„16. Gramen radice repente, panicula delicata, spadiceo-viridi. Agr. 127. ..." (AAW R. I, Op. 1, D. 4^{a}, Bl. 2v, s. Anm. 98 in Nr. 810); „330 Gramen radice repente, panicula delicata, spadiceo viridi Scheuchzeri Agrost.127." (AAW R. I, Op. 6, D. 40, Bl. 37r, s. Anm. 1 in Nr. 1); „180. Gramen radice repente, panicula delicata, spadiceo-viridi Id. op. Agr. 29. Ind. Gram. 16. Forte est Gramen sylvaticum panicula miliacea sparsa C. B. P. ..." (AAW R. I, Op. 105, D. 1^{a}, Bl. 14v, s. Anm. 29 in Nr. 5); „3. Gramen radice repente, panicula delicata, spadiceo-viridi Id. op. Agr. 29. Ind. Gram. n°. 16. Jen. n°. 180. ..." (AAW R. I, Op. 13, D. 67, Bl. 13v, s. Anm. 5 in Nr. 4)

132 Randbemerkung in der 2. Textversion (s. Anm. 1 in A.) in der Handschrift von J. G. Gmelin: „Gramen / palustre / paniculat. / altiss. C. B.";

„3. Gramen palustre, paniculatum, altissimum. C. B. Pin. 3. Theatr. 38. Gramen aquaticum, paniculatum, harundinaceum, Tabernemontani. J. B. II. 481. &, Gramen majus, aquaticum Lobelij. J. B. II. 481. Tab. IV. Fig. I. ..." (Scheuchzer 1719, S. 191f.); „4. POA panicula contracta, spicis ovato-teretiusculis. Gramen palustre paniculatum altissimum. Bauh. pin. 3. theatr. 38. Scheuch. hist. 191. ..." (Linné 1737, S. 496); „38. POA panicula diffusa, spiculis sexfloris, linearibus LINN. Suec. 73. Gramen maius aquaticum LOB. ic. p. 4. I. B. II. 481. Gramen palustre paniculatum altissimum C. B. Th. p 38. SCHEUCHZ. Agr. p. 191. Tab. IV. Fig. 1. HALL. Helv. 213. Poa paniculata contracta, spiculis ouatis teretiusculis LINN. h. Cliff. p. 496. ROY. pr. p. 61. ..." (Gmelin 1747–1769, Bd. I, S. 105); „38. Poa panicula diffusa, spiculis sexfloris linearibus [=] Glyceria spectabilis M. et K.!" (Ledebour 1841, S. 54); „Gramen palustre paniculatum altissimum, v. Gramen aquaticum." (Franckenau 1753, S. 292); „[Gramen] palustre paniculatum altissimum; also nennt er [d. h. C. Bauhin] das Wasserrispengras" (Gmelin 1773b, Sp. 577); „d) Poa aquatica. Gramen palustre paniculatum altissimum. Deutsch. Wasser-Viehgras; Hohes Wasser-Viehgras, Grosses Viehgras, Rietstrausgras, Grosses Rispengras, Grosses Wasserriedgras, Grosses Milizgras, Mieliz, Grosses Rohrgras, Schilfgras, Segge. ... Wenn es noch jung ist, wird es vom Rindvieh gern gefressen, ..." (Nemnich 1795, Sp. 1018); „1. POA aquatica. P. panicula diffusa, ... Gmel. sib. 1. p. 105. ... P. panicula contracta, ... Hort. cliff. 494. [sic!] ... Gramen palustre paniculatum altissimum. Bauh. pin. 2. theatr. 38. Scheuch. gram. 191. t. 4. f. 1. ... Gramen majus aquaticum. Bauh. hist. 2. p. 481. R. ... Wasser-Rispengras. W. ..." (Linné 1797–1830, Bd. I, Teil 1, S. 385); „1) Wasser=Rispengras, Poa aquatica, ... Linn. Willd. Spec. plant. Tom. I. p. 385. ... Gmelin traf es auch in Sibirien an, und versichert, daß es so gemein daselbst sey, daß er nicht nur einmahl den ganzen Grund eines Stromes mit den kriechenden Wurzeln dieses Grases überwachsen angetroffen habe, ..." (Krünitz 1773–1858, Bd. 125, S. 94ff.); „52. Glyceria spectabilis Mertens et Koch. Teich-Süssgras, ansehnliches Süssgrass, Wasser-Rispengras. ... Das Wasser-Rispengras empfiehlt man sehr zum Anbau in Sümpfen und Morästen. ..." (Röper 1843, S. 224f.); „4. G[lyceria] aquatica (SM. Comp. Engl. Fl. p. 21) ... G. spectabilis. ... LEDEB. Fl. alt.! I, p. 102. ... Poa aquatica. ... M. a BIEB. Fl. t. c. I, p. 59. ... P. panicula diffusa, ... GMEL. Fl. sib. I, p. 105, No. 38. ..." (Ledebour 1853, S. 392); „4) GLYCERIA SPECTABILIS. Mert. et Koch. Fl. germ. I. p. 586. ... Poa aquatica. ..." (Ledebour 1829, S. 102); „152. POA aquatica. ... Linn. ed. Willd. I. p. 385. ... Gmel. sib. 1. p. 105. n. 38. ..." (Marschall von Bieberstein 1808a, S. 59f.); „260. Poa aquatica. – Glyceria spectabilis M. et K. ... Poa aquatica: ... Linn. Sp. pl. p. 98. n. 1. ... Gramen palustre paniculatum altissimum. Scheuchz. Agr. p. 191. n. 3. Tab. 4. fig. 1. ..." (Wulfen 1858,

S. 137); Glyceria spectabilis Trin. L. – russ. *pljušnik* bzw. *pljucha lugovaja* (*Annenkov* 1858, S. 47, Nr. 520); „Glycēria R. Br. (Gramineae). Von γλυκερος (süss), die süssen, als Mannagrütze bekannten Samen dieses Grases bezeichnend." (Wittstein 1852, S. 393)

„35. Gramen palustre, paniculatum, altissimum C. B. P. Agr. 191. ..." (AAW R. I, Op. 1, D. 4[a], Bl. 5r, s. Anm. 98 in Nr. 810); „* Gramen palustre paniculatum altissimum C. B. P. ..." (AAW F. 21, Op. 5, D. 98, Bl. 30v, s. Anm. 54 in Nr. 17); „11. Gramen palustre paniculatum altissimum C. B. Pin. 3. Id. op. Agr. 41. Panicula albo & spadiceo varia spicae specie vix palmaris. ..." (AAW R. I, Op. 13, D. 67, Bl. 15v, s. Anm. 5 in Nr. 4)

133 „[species 157] Gramen montanum, paniculâ spadiceâ, delicatiore C. B. Pin. 3. Prodr. 6. J. B. 2. 476." (Tournefort 1700, S. 524, Genus VIII. „Gramen. Chien-dent."); „XII. Gramen montanum paniculâ spadiceâ delicatiore: ..." (Bauhin 1620, S. 6); „3. Gramen montanum paniculâ spadiceâ delicatiore. C. B. Pin. 3. Theatr. 36. Prodr. n. 12. [S. 6] J. B. II. 476. Tab. III. Fig. 5. B. ubi aliquot Locustae apertae. ..." (Scheuchzer 1719, S. 129f.); „4. GRAMEN montanum panicula spadicea delicatiore C. B. Theatr. p. 36. Prodr. n. 12. ... I. B. II. p. 436. I. R. H. SCHEUCHZER p. 129. T. 5.B. ..." (Haller 1742, S. 219); „[Agrostis] capillaris, ... bärförmiges [sic!] Strausgras, ... Harschmielen; ..." (Gmelin 1772a, Sp. 218f.); „17) Haarförmiges Straußgras. Agrostis capillaris. ... Agrostis panicula capillari patente, calycibus subulatis aequalibus hispidiusculis coloratis, flosculis muticis. LINN. ... Sp. Pl. p. 93. ... Gramen montanum panicla spadicea delicatiore. SCHEUCHZ. Gram. p. 129. C. BAUH. pin. 3. prodr. 12. ... Alles Vieh, besonders aber die Kühe, fressen dieses Gras sehr gerne. ..." (Linné 1785, S. 294f.); „11. AGROSTIS capillaris L., ... Haarförmiger Windhalm. W. ..." (Georgi 1797–1802, Theil 3, S. 688); „22. AGROSTIS capillaris. ... Agrostis capillaris. Sp. plant. 1. p. 42. ... Haarförmiger Windhalm. W. ..." (Linné 1797–1830, Bd. I, Teil 1, S. 369f.); „23. AGROSTIS hispida. W. Gramen montanum, panicula spadicea delicatiore. Bauh. pin. 3. prodr. 12. Scheuch. gram. 129. ... Feinrispiger Windhalm. W. ..." (a. a. O., S. 370); „139. AGROSTIS capillaris. ... Linn. ed. Willd. I. p. 369. ..." (Marschall von Bieberstein 1808a, S. 55); „170. Agrostis capillaris. ... Linn. Sp. pl. p. 93. n. 9. ... Gramen montanum panicula spadicea delicatiore. Scheuchz. Agr. p. 129. n. 3. Tab. 3. fig. 5. Joh. Bauh. Hist. II. p.476. ..." (Wulfen 1858, S. 89)

„Gramen montanum panicula spadicea delicatiore. Agr. 129. ..." (AAW F. 21, Op. 5, D. 98, Bl. 29v, s. Anm. 54 in Nr. 17); „Gramen montanum, panicula spadicea delicatiore. B. Pin. 3. n° 163." (AAW R. I, Op. 13, D. 19, Bl. 6v, s. Anm. 54 in Nr. 17); s. Nr. 833

134 Randbemerkung in der 2. Textversion (s. Anm. 1 in A.) in der Handschrift von J. G. Gmelin: „Poa 32."

135 „[species 161] Gramen segetum, paniculâ Arundinaceâ C. B. Pin. 3. Gramen agrorum Lobelii J. B. 2. 461. Agrorum venti spica & Gramen agrorum latiore, Arundinaceâ, comosâ paniculâ Lob. Icon. 3. Varietas videtur Graminis capillati J. B. cujus nempe panicula, ut ait Lobelius, in alterum latus agitatur." (Tournefort 1700, S. 524, Genus VIII. „Gramen. Chien-dent."); „Agrorum venti spica, & Gramen agrorum latiore, arundinacea, comosa panicula. T. pag. 5." (Lobelius 1581, S. 3); „Gramen agrorvm Lob. ..." (Bauhin 1651a, liber XVIII, S. 461); „1. Gramen segetum, paniculâ Arundinaceâ, C. B. Theatr. 35. Pin. 3. Inst. 524. Gramen agrorum Lobelii. J. B. II. 461. ..." (Scheuchzer 1719, S. 244f.); „2. GRAMEN segetum, altissima panicula sparsa SCHEUCHZER p. 144. T. 3. f. 10. non autem C. B. Gramen capillatum I. B. II. p. 462. ... Gramen segetum panicula arundinacea C. B. Basil. p. 5. Theatr. p. 35. &c. Gramen agrorum Lobelii I. B. II. p. 461. ..." (Haller 1742, S. 229f.); „1. Gramen segetum altissimum paniculâ sparsâ, C. B. Pin. 3. Theatr. 34. Gramen capillatum J. B. II. 462. ..." (Scheuchzer 1719, S. 144f.); „Gramen capillatum, paniculis rubentibus J. B. 462. Gramen segetum, altissimum, panicula sparsa C. B. Pin. 3. ... Ackergraß mit einem rothen Strauß. ... Gramen capillatum, paniculis viridantibus J. B. 2. 462. Prioris varietas ibidem. Gramen segetum panicula arundinacea C. B. Pin. 3. ... Acker Riedgraß/ Acker Straußgraß. ..." (Mappus 1742, S. 136f.); „27. AIRA foliis planis, panicula patente, petalis basi villlosis, aristatis, arista recta breui LINN. Suec. 63. Segetum gramen panicula speciosa latiore LOB. ic. p. 2. Gramen altissimum segetum panicula sparsa C. B. Th. p. 34. non SCHEUCHZ. Gramen segetum

panicula arundinacea SCHEUCHZ. Agr. 244. non BAUHINI, ex correctione HALLLERI. Aira panicula longissima tenui LINN. Lapp. 50 ? Aira flosculis binis hermaphroditis aristatis, tertio mutico masculino, pedunculis flosculorum pilosis ROY. pr. p. 60. Videtur. ..." (Gmelin 1747–1769, Bd. I, S. 95f.); „27. Aira foliis planis, panicula patente, petalis basi villosis aristatis, arista recta brevi [=] Aira caespitosa L.!" Ledebour 1841, S. 53); „Aira 8. LINN. Sp. Pl. 96. (cespitosa) Gramen segetum panicula arundinacea. C. B. pin. 3. Ackerstraußgras. Ackerwindhalm. Hohe Ackerschmielen. ... Das Stroh ist geschickt zu allerhand feiner geflochtener Arbeit." (Gleditsch 1767, S. 339); „[Gramen] segetum, panicula arundinacea, hierunter verstehen C. Bauhin und Scheuchzer die Rasenschmielen." (Gmelin 1773b, Sp. 591); „6) Rasen=Schmelen. Aira caespitosa. ... Aira foliis planis: panicula patente, petalis basi villosis aristatisque: arista recta brevi. LINN. ... Sp. Pl. p. 96. ... GMEL. Sib. I. p. 95. ... Gramen segetum panicula arundinacea. C. BAUH. pin. 3. theatr. 35. SCHEUCHZ, Gram. 244. tab. 2. f. 2. 3. Gramen segetum altissimum, ... C. BAUH. theatr. 34. ... die auch in verschiedenen deutschen Provinzen unter den Namen Glanzschmelen, Ackerwindhalm, Ackerriedgras, Ackerstraußgras und Rabißgras bekannt ist, ... Die Schaafe, und überhaupt alles Vieh, geht dieser Schmelen sehr nach, besonders wenn sie noch jung ist. ..." (Linné 1785, S. 307ff.); „d) Aira caespitosa. ... Deutsch. Rasenschmelen; Hohe Schmelen; Glanzschmelen; Moorschmelen; Rabisgras; Rohrgras; Scharfer Schilf; Leethardel; Ackerrietgras, Ackerstraussgras, Ackerwindhalm. ... Tungus. Tschuka. Georgi. ... Es ist ein gutes Futter für Kühe, Ziegen, Schafe und Schweine." (Nemnich 1793a, Sp. 128); „4. AIRA cespitosa L., ... Rasen=Schmelen, W. Glanz=Schmelen, ... Die langen Halme sind sehr zähe, und werden hie und da zu Matten und anderm Flechtwerk benutzt." (Georgi 1797–1802, Theil 3, S. 688f.); „7. AIRA cespitosa. A. foliis planis, ... Gmel. sib. 1. p. 95. ... Gramen segetum, panicula arundinacea. Bauh. pin. 3. theatr. 35. Scheuch. gram. 244. t. 2. f. 2. 3. ... Rasen Schmelen. W. ..." (Linné 1797–1830, Bd. I, Teil 1, S. 378); „3. D[eschampsia] caespitosa (P. DE BEAUV. Agrostogr. p. 91) ... Aira caespitosa. ... M. a BIEB. Fl. t. c. I, p. 58; ... LEDEB.! Fl. alt. I, p. 90. ... Aira foliis planis, ... GMEL. Fl. sib. I, p. 95, No. 27. ..." (Ledebour 1853, S. 421f.); „146. AIRA cespitosa. ... Linn. ed. Willd. I. p, 378. ... Scheuchz. agr. p. 244. t. 2. f. 2. 3. Gmel. sib. I. p. 95. n. 27. ..." (Marschall von Bieberstein 1808a, S. 58); „1) AIRA CAESPITOSA. L. ... Deschampsia caespitosa P. Beauv. ... Aira no. 27. Gmel. Sib. I. p. 95. ..." (Ledebour 1829, S. 90f.); „208. Aira caespitosa. ... Linn. Sp. pl. p. 96. n. 8. ... Gramen segetum ... Scheuchz. Agr. p. 244. n. 1. Tab. 5. fig. 2. et 3. ..." (Wulfen 1858, S. 109); Aira caespitosa L. – russ. *metlica* bzw. *molotočnik* (*Annenkov* 1858, S. 12, Nr. 41); „Deschāmpsia P. B. (Gramineae). Nach J. C. A. LOISELEUR-DESLONGCHAMPS, geb. 1774 zu Denis, Mitglied der k. Akademie der Medicin, st. 1849 zu Paris; schrieb besonders über die Pflanzen Frankreichs." (Wittstein 1852, S. 271)

„216. Gramen segetum panicula arundinacea C. B. P. Id. op. Agr. 50. ..." (AAW R. I, Op. 105, D. 1ª, Bll. 18v–19r, s. Anm. 29 in Nr. 5); „255. Aira folys linearibus, flosculis duobus hermaphroditis aristatis basi pilosis. Gramen segetum altissimum panicula sparsa Scheuchz. Haller. Alp. 229. Gramen segetum panicula arundinacea C. B. Theatr. 35. Pin. 3. Scheuchz. Agrost. 244. ..." (AAW R. I, Op. 13, D. 20, Bl. 28r, s. Anm. 1 in Nr. 1); „913. Aira folys subulatis, aristis e basi flosculorum tortilibus, flosculo altero pedunculatis Roy. pr. 60. Gramen segetum panicula arundinacea. C. B. Th. 35. Scheuchz. Magn. Monsp. 296. Scheuchz. Agr. 244. ..." (a. a. O., Bll. 83r–83v); „1. Gramen segetum panicula Arundinacea C. B. P. Id. op. Agr. 50. Ind. Jen. n°. 216." (AAW R. I, Op. 13, D. 67, Bl. 16v, s. Anm. 5 in Nr. 4)

136 Randbemerkung in der 2. Textversion(s. Anm. 1 in A.) in der Handschrift von J. G. Gmelin: „Eadem poa / quae 812. & / 813."

137 „[species 117] Gramen Xerampelinum, Miliaceâ, praetenui, ramosâque sparsâ paniculâ, sive Xerampelino congener, arvense, aestivum, Gramen minutissimo semine Lob. Illustr. 14." (Tournefort 1700, S. 522, Genus VIII. „Gramen. Chien-dent."); „Gramen Xerampelinum Miliacea praetenui ramosaque sparsa panicula, sive Xerampelino congener arvense aestivum Gramen minutissimo semine. ..." (Lobelius 1655, S. 14); „Gramen Xerampelinum, miliaceâ, praetenui, ramosâque sparsa paniculâ, sive Xerampelino congener, arvense, aestivum, Gramen minutissimo semine. Lob.

Illustr. 14. Inst. 522. ..." (Scheuchzer 1719, S. 185f.); „27) Knolliges Rispengras. Poa bulbosa. ... Poa panicula secunda patiuscula, spiculis quadrifloris. LINN. ... Sp. Pl. p. 102. ... α) Gramen xerampelinum, miliacea praetenui ramosaque sparsa panicula, s. Xerampelino congener arvense aestivum, Gramen minutissimo semine. Lob. illustr. 14. SCHEUCHZ. Gram. p. 185. ..." (Linné 1785, S. 350ff.); „50. POA bulbosa. P. panicula secunda ... Sp. pl. 102. ... α. Gramen xerampelinum, ... Lob. illustr. 14. Scheuchz. gram. 185. ... Knolliges Rispengras. W. ..." (Linné 1797–1830, Bd. I, Teil 1, S. 399f.); „299. POA bulbosa Linn. Zwiebeltragendes Rispengras. ... Triv. a. a. Nam. Knolliges Rispengras. Schalottengras. Kleines Zwiebelgras. Läuchelgras. Narbonisch Gras. ..." (Röhling 1823, S. 609); „2. P[oa] bulbosa (L. Spec. 102) ... M. a BIEB. Fl. t. c. I, p. 61. ... LEDEB.! Fl. alt. I, p. 98. ... P. spiculis ovatis compressis muticis, ... GMEL. Fl. sib. I, p. 102, No. 34. ..." (Ledebour 1853, S. 370f.); „157. POA bulbosa. ... Linn. ed. Willd, I, p. 399. ... Scheuchz. agr. p. 85. n. 3. ... Gmel. sib. I. p. 102. n. 34. ..." (Marschall von Bieberstein 1808a, S. 61f.); „6) POA BULBOSA. L. (vivipara,) ... R. et S. S. V. II. p. 536. ..." (Ledebour 1829, S. 98); „34. POA apiculis ouatis, compressis, muticis, flosculis glabris. Gramen pratense paniculatum minus C. B. Th. p. 30. 31. SCHEUCHZ. Agrost. p. 189. Tab. III. Fig. 17. E. Gramen pratense minus I. B. II. 542. α) Locustis ex spadiceo aut violaceo variis. Gramen paniculatum minus rubrum TAB. ic. 207. β) Panicula longissima, flosculis quatuor et quinque. γ) Gramen pratense paniculatum maius C. B. Th. 28. SCHEUHZ. Agr. p. 177. ..." (Gmelin 1747–1769, Bd. I, S. 102); „34. Poa spiculis ovatis compressis muticis, flosculis glabris [=] Poa bulbosa L. (ex M. a Bieb. Fl. t. c. I. 61.)" (Ledebour 1841, S. 53); „1. Gramen pratense, paniculatum, minus album, C. B. Pin. 3. Inst. 521. Theatr. 31. ..." (Scheuchzer 1719, S. 189f.); „2. Gramen pratense, paniculatum, majus. C. B. Theatr. 28. Gramen pratense, paniculatum, ... C. B. Pin. 2. ..." (a. a. O., S. 177f.); „245. Poa bulbosa. ... Linn. Sp. pl. p. 102. n. 19. ... Gramen xerampelinum, ... Scheuchz. Agrost. p. 185. n. 3. ..." (Wulfen 1858, S. 129); „13. Poa spiculis ovatis compressis muticis, flosculis glabris. est Varietas Poae Fl. Suec. 77. ejusmodi plures ubique prostant. (Fl. sib. I. 102. nr. 34. P. bulbosa L.)" (C. von Linné in einem undatierten Brief an J. G. Gmelin – Plieninger 1861, S. 61f.)

138 Randbemerkung in der 2. Textversion (s. Anm. 1 in A.) in der Handschrift von J. G. Gmelin: „Poa 30."

139 „[species 10] Panicum vulgare, spicâ multiplici, asperiusculâ. Gramen Paniceum, spicâ divisâ C. B. Pin. 8. Graminis genus, quibusdam Gallis Dens canis 2 sive Panicum sylvestre, paniculâ divisâ J. B. 2. 443. Panicum sylvestre Tabern. Icon. 279." (Tournefort 1700, S. 515, Genus VII. „Panicum. Panis."); „Gramen paniceum minimum humi stratum, spicà divisà muticà, foliis variegatis. ..." (Sloane 1696, S. 30); „2. Gramen Paniceum spicâ divisâ CB. Pin. 8. Th. 136. Panicum vulgare, spicâ multiplici asperiusculâ. Inst. 515. Graminis genus, quibusdam Gallis Dens Canis II. sive Panicum sylvestre spica divisa IB. II. 434. [sic!] ..." (Scheuchzer 1719, S. 49f.); „3. PANICUM spicis alternis remotis laxis. ... Panicum vulgare, ... Tournef. inst. 515. ... Gramen paniceum, spica divisa. Bauh. pin. 8. theatr. 136. ... Scheuch. hist. 49. Graminis genus, quibusdam gallis Deus [sic!] caninus secundus. Bauh. hist. 2. p. 434. ..." (Linné 1737, S. 27); „1. GRAMEN paniceum spica divisa C. B. Basil. p. 11. ... SCHEUCHZ. p. 49. ... Gramen genus quibusdam, Gallis dens caninum 2. &c. I. B. II. p. 443. ... Panicum vulgare spica multiplici, asperiuscula I. R. H. ... Panicum spicis alternis remotis, laxis LINN. Cliff. p. 27. ..." (Haller 1742, S. 233f.); „PAnicum vulgare, spica multiplici, asperiuscula Inst. R. Herb. Gramen Panicum, spica divisa C. B. Pin. 8. ... Fenchgraß/ Pfennichgraß mit rauhen Aehren/ wilder Fench. ..." (Mappus 1742, S. 230); „18. PANICUM spicis alternis remotis declinatis compositis LINN. vir. 7. Gramen paniceum spica diuisa C. B. Basil. p. 11. SCHEUCHZ. Agr. p. 49. HALL. Helv. 233. Graminis genus quibusdam, Gallis dens caninus 2. etc. I. B. II. p. 443. Panicum vulgare spica multiplici asperiuscula TOURN. I. R. H. α) Altera calycis gluma aristata. Gramen paniceum spica aristis longis armata C. B. Bas. p. 11. SCHEUCHZ. Agr. p. 48. Panicum syluestre spica multiplici, longis aristis circumuallatum TOURN. I. R. H. ..." (Gmelin 1747–1769, Bd. I, S. 90f.); „18. Panicum spicis alternis remotis declinatis compositis [=] Panicum Crus galli L.!" (Ledebour 1841, S. 52); „Panicum Crus galli, ... Hanenfus, Schwaden, ... Er heißt ... in der Beschreibung des Cliffortischen Gartens: Panicum spicis alternis remotis Laxis; ..." (Gmelin 1774, Sp. 760f.);

„[Gramen] paniceum spica divisa; hierunter versteht er [d. h. C. Bauhin] den Hanenfus.“ (Gmelin 1773b, Sp. 578); „5) Hahnenfuß. Panicum Crus galli. ... Panicum spicis alternis conjugatisque, spiculis subdivisis, glumis aristatis hispidis, rachi quinquangulari. LINN. ... Sp. Pl. p. 83. ... Panicum spicis alternis ... Hort. Cliff. 27. ... GMEL. sib. I. p. 90. ... Gramen panicum spica divisa. C. BAUH. pin. 8. SCHEUCHZ. gram. 48. ... Den ausgefallenen Saamen suchen verschiedene Arten von Vögeln auf, ...“ (Linné 1785, S. 229ff.); „e) Panicum crus galli. Deutsch. Der Hahnenfuss, Hahnenfusshirsen, Entengras, Fennich mit getheilten Aehren, Grannichtes Hirsegras, Grannich, Hatschen, Slesischer grauer Schwaden, Sorggras, Wilder Fennich oder Panikorn mit vielen rauhen Aehren. ... ein gutes Viehfutter.“ (Nemnich 1795, Sp. 844); „5. PANICUM Crus galli L., ... Hühner=Fennich. W. Hahnenfuß=Fennich. ... Die Saamen ... sind gute Grütze.“ (Georgi 1797–1802, Theil 3, S. 680f.); „13. PANICVM Crus galli. ... P. spicis alternis ... Hort. cliff. 27. ... Gramen paniceum, spica divisa. Bauh. pin. 8. Scheuchz. gram. 49. ... Dens caninus secundus. Bauh. hist. 2. p. 434. β. Gramen paniceum, spica divisa, aristis longis armata. Bauh. pin. 8. Scheuchz. gram. 48. ... Hüner Fennich. W. ...“ (Linné 1797–1830, Bd. I, Teil 1, S. 337); „1. Gramen Paniceum, spicâ aristis longis armatâ. CB. Pin. 8. Th. 137. Panicum vulgare, spicâ multiplici, longis aristis circumvallata. Inst. 515. ...“ (Scheuchzer 1719, S. 48); „20. Panicum crus galli. L. Hahnenspornähnlicher Fennich; hahnenfüßiges Fennichgras. ...“ (Dietrich 1806, S. 649); „174. PANICUM Crus-galli. Hühnerfennich. ... Synon. ... Echinochloa Crus-galli Pal. de Beauv. Triv.u. a. Nam. Hahnenspornfennich. Hirsegras. Entengras. Sorggras. ... Anmerk. Das Panicum Crus-corvi der deutschen Authoren ist eine Modification von P. Crus-galli und davon nicht wesentlich verschieden.“ (Röhling 1823, S. 467f.); „1104. Echinochloa. P. B. ... 1. E. crus galli (P. DE BEAUV. l. c.) ... Panicum crus galli. ... M. a BIEB. Fl. t. c. I, p. 50; ... LEDEB.! Fl. alt. I, p. 77. ... P. spicis alternis ... GMEL. Fl. sib. 1, p. 90, No. 18. ...“ (Ledebour 1853, S. 473); „127. PANICUM Crus galli. ... Linn. ed. Willd. 1. p. 337. ... Gmel. sib. 1. p. 90. n. 18. ... α. ... Scheuchz. agr. p. 49. n. 2. β. ... Scheuchz. agr. p. 48. n. 1. ...“ (Marschall von Bieberstein 1808a, S. 50f.); „1) PANICUM CRUS GALLI. L. ... Echinochloa crus galli. Pal. Beauv. R. et S. V. II. p. 478. Panicum spicis alternis ... Gmel. sib. I. p. 90. ...“ (Ledebour 1829, S. 77); „141. Panicum Crus galli. ... Linn. Sp. pl. p. 83. n. 8. ... Gramen paniceum spica divisa. Scheuchz. Agr. p. 49. n. 2. Gramen paniceum spica longis armata. Scheuchz. Agr. p. 48. n. 1. Tab. 2. fig. 2. F. ...“ (Wulfen 1858, S. 73); Panicum crus galli – s. Echinochloa Crus galli (*Annenkov* 1858, S. 66, Nr. 766); Echochloa crus Galli P. de Beauv. – russ. *čižik* (a. a. O., S. 39, Nr. 416); „Echinōchloa P. B. (Gramineae). Zus. aus ἔχινος (Igel) und χλοα (Gras); die Spelzen der geschlechtslosen Blüthen haben starke Grannen.“ (Wittstein 1852, S. 311)

„175. Gramen Paniceum spica divisa C. B. P. Id. op. Agr. 11. ...“ (AAW R. I, Op. 105, D. 1ª, Bll. 13v–14r, s. Anm. 29 in Nr. 5); „2. Gramen Paniceum spica divisa C. B. P. Id. op. Agr. 11. Ind. Jen. nº. 175.“ (AAW R. I, Op. 13, D. 67, Bl. 13r, s. Anm. 5 in Nr. 4)

140 Randbemerkung in der 2. Textversion (s. Anm. 1 in A.) in der Handschrift von J. G. Gmelin: „Eranthemum“

„Menderle. Eranthemum. LINN. Gen. pl. n. 23. Ed. nov. 24. ... Von dieser Gattung, die Herr Houttuyn Vroegbloem, Frühblume oder Frühlingsblume nennt, sind jetzo drey Arten bekannt.; ...“ (Linné 1779, S. 53); „7. Eranthemum egregie hujus characterem illustrati. est Dactylis spicis numerosis alternis culmo opppressis longitudine internodiorum, calycibus bifloris. Roy. lugdb. 57. (Fl. sib. I. 130. nr. 68. Phalaris erucaeformis L. Cynosurus erucaeformis Ait. Beckmannia erucaeformis Host.)“ (C. von Linné in einem undatierten Brief an J. G. Gmelin – Plieninger 1861, S. 70); „Erānthemum R. BR. (Acantheae). Zus. aus ἐρι (Partikel der Verstärkung, sehr) u. ἀνδεμον (Blüthe); Gewächse mit schönen, zahlreichen Blüthen. ...“ (Wittstein 1852, S. 328)

141 „VII. Ivncvs alpinus capitulo lanuginoso ...“ (Bauhin 1620, S. 23); „I. Iuncus capitulo lanuginoso: sive Schoenolaguros. 7. in Prod.“ (Bauhin 1623, S. 12); „DE IVNCO CAPITVLO LANVGINOSO ET BOMBYCINO. CAPVT. VII. ...“ mit der Abbildung „I. IVNCVS ALPINVS CAPITVLO LANVGINOSO.“ auf Sp. 188 (Bauhin 1658, Sp. 187f.); „1. Juncus alpinus, capitulo lanuginoso, seu Schoenolaguros, C. B. Pin. 12. Prodr. 7. Juncus alpinus, capitulo lanuginoso, C. B. Theatr.

188. Juncus alpinus cum cauda leporina. J. B. II. 514. ...“ (Scheuchzer 1719, S. 302ff.); „1. Juncus alpinus, capitulo lanuginoso, seu Schoenolaguros. C. B. Pin. 12. Prodr. 7. Juncus alpinus capitulo lanuginosos C. B. Theat. 188. ...“ (Scheuchzer 1719a, S. 61f.); „2. LINAGROSTIS foliis teretibus, spica unica subrotunda. ... Juncus alpinus capitulo lanuginoso C. B. Theatr. p. 187. ... Juncus alpinus cum cauda leporina I. B. II. p. 514. ... Juncus alpinus capitulo lanuginoso. ... SCHEUCHZ. p. 302. T. 7. f. 1. 2. 3. ...“ (Haller 1742, S. 250f.); „10. ERIOPHORUM culmis teretibus vaginatis, spica membranacea LINN. Suec. 45. Iuncus alpinus capitulo lanuginoso seu schoenolaguros C. B. P. 12. Prodr. 7. SCHEUCHZ. Agr. 302. Iuncus alpinus cum cauda leporina I. B. II. 514. Eriophorum spica erecta, caule tereti LINN. Lapp. 23. Linagrostis foliis teretibus, spica vnica subrotunda HALL. Helv. 250. j. Idem foliis triquetris. ...“ (Gmelin 1747–1769, Bd. I, S. 85); „10. Eriophorum culmis teretibus vaginatis, spica membranacea [=] Eriophorum vaginatum L.! [;] I. Idem foliis triquetris [=] Eriophorum alpinum L.!“ (Ledebour 1841, S. 52); „[Juncus] alpinus capitulo lanuginoso; alpinus capitulo lanuginoso s. Schoenolaguros; alpinum cum cauda leporina, bedeutet bey C. BAUHin, Scheuchzern und J. Bauhin eben diese erste Art des Wollgrases nach Linné.“ (Gmelin 1773a, Sp. 154f.); „[Eriophorum] vaginatum, ... scheidentragendes Wollgras, ... frühzeitiges Dungras mit einfachen Blumenquasten; ...“ (Gmelin 1773, Sp. 823f.); „[Eriophorum] alpinum, ... Alpenwollgras, ...“ (a. a. O., Sp. 825f.); „1) Scheidiges Dungras. Eriophorum vaginatum. ... Eriophorum culmis vaginatis. LINN. ... Sp. Pl. p. 76. ... Eriophorum caule tereti, ... SCHEUCHZ. gram. 302. tab. 7. f. 1. 2. Gramen tomentosum alpinum et minus. C. BAUH. pin. 5. prodr. 10. Juncus alpinus capitulo lanuginoso s. Schoenolagurus. eiusd. pin. 12. prodr. 20. theatr. 188. Diese Grasart, die ... die Namen Sumpf=Wollgras und Sumpf=Dungras führt, ... Bauhin nennt sie kleines wolliges Alpengras, so wie Alpen=Haasenpfotbinze. ... Gmelin nahm jedoch in Sibirien eine merkwürdige Abänderung ... wahr, ... Man kann die Wolle dieser Art, wie die Wolle der folgenden [d. h. Eriophorum polystachion; s. Nr. 839] gebrauchen, ...“ (Linné 1785, S. 158ff.); „5) Alpen=Dungras. Eriophorum alpinum. Eriophorum culmis nudis triquetris, spica pappo breviore. LINN. ... Sp. Pl. p. 77. ... Juncus alpinus bombycinus. C. BAUH. pin. 12. prodr. 6. ...“ (a. a. O., S. 164); „1. ERIOPHORVM vaginatum. ... Gramen tomentosum alpinum et minus. Bauh. pin. 5. prodr. 10. ... Juncus alpinus capitulo lanuginoso ... Bauh. pin. 12. prodr. 23. theatr. 188. Scheuchz. gram. 302. t. 7. f. 1. ... Scheidentragendes Wollgras. W. ...“ (Linné 1797–1830, Bd. I, Teil 1, S. 312); „6. ERIOPHORVM alpinum. ... Juncus alpinus bombycinus. C. BAUH. pin. 12. prodr. 6. ...“ (a. a. O., S. 314); „7. Eriophorum vaginatum L. Scheidentragendes Wollgras; scheidiges Dungras; Sumpfwollgras. ...“ (Dietrich 1803, S. 341f.); „1011. Eriophorum. L. ... 1. E. alpinum (L. Spec. 77) ...“ (Ledebour 1853, S. 252); „2. E[riophorum] vaginatum (L. Spec. 76) ... E. culmis teretibus vaginatis, ... GMEL. Fl. sib. I, p. 85, No. 10. ...“ (a. a. O., S. 252f.); „121. Eriophorum alpinum. ... Linn. Sp. pl. p. 77. n. 5. ...“ (Wulfen 1858, S. 61); „122. Eriophorum vaginatum. ... Linn. Sp. pl. p. 76. n. 1. ... Juncus alpinus capitulo lanuginoso, ... Scheuchz. Agr. p. 302. n. 1. Tab. 7. fig. 1. 2. 3. ...“ (a. a. O., S. 61f.); Iuncus – russ. *sat*, *žabik* bzw. *sitnik* (*Annenkov* 1858, S. 51, Nr. 586); Eriophorum – russ. *puchonos*, *pušica*, *puch* bzw. *chlopčatka* (a. a. O., S. 41, Nr. 445); Eriophorum vaginatum L. – russ. *rezun* (a. a. O., S. 41, Nr. 447); „Eriōphorum L. (Cyperaceae). Zus. aus ἔρειν (Wolle) und φερειν (tragen); die Samen sind mit langen, weissen Wollhaaren umgeben.“ (Wittstein 1852, S. 333)

„Jūncus L. (Juncaceae). Von jungere (binden, verbinden), in Bezug auf die Anwendung der Stängel und Blätter.“ (a. a. O., S. 481)

„45. Juncus alpinus capitulo lanuginoso, seu Schoeno.laguros C. B. P. Agr. 302. ...“ (AAW R. I, Op. 1, D. 4^{a}, Bl. 6v, s. Anm. 98 in Nr. 810); „Juncus alpinus capitulo lanuginoso seu Schoenolaguros. C. B. ...“ (AAW F. 21, Op. 5, D. 98, Bl. 31r, s. Anm. 54 in Nr. 17); „226. Juncus Alpinus capitulo lanuginoso seu Schoenolaguros C. B. P. ...“ (AAW R. I, Op. 105, D. 1^{a}, Bl. 20v, s. Anm. 5 in Nr. 5); „– Juncus alpinus capitulo lanuginoso seu Schoenolaguros CBP. ...“ (AAW R. I, Op. 104, D. 8, Bl. 14v, s. Anm. 18 in Nr. 452)

[142] Randbemerkung in der 2. Textversion (s. Anm. 1 in A.): „+“

143 „Linagrostis panicula ampliore. Linagrostis Tabern. Hist. 559. Gramen tomentarium, Linum pratense Tabern. Icon. 130. Gnaphalium Tragi sive Juncus Bombycinus J. B. 2. 514.“ (Tournefort 1700, Appendix, S. 664); „1. Linagrostis paniculâ ampliore, Inst. 664. Gramen pratense, tomentosum, paniculâ sparsâ, C. B. Pin. 4. Gramen tomentosum, pratense, paniculâ sparsâ, C. B. Theatr. 60. Gnaphalium Tragi, sive juncus bombycinus, J. B. II. 514. ...“ (Scheuchzer 1719, S. 306ff.); „1. ERIOPHORUM spicis pendulis. Fl. lapp. 22. Linagrostis panicula ampliore. Tournef. inst. 664. ... Scheuch. hist. 306. Gramen eriophorum. Dod. pempt. 552. ... Gramen pratense tomentosum, panicula sparsa. Bauh. pin. 4. theatr. 61. ...“ (Linné 1737, S. 22); „Linagrostis panicula ampliore Inst. R. Herb. ... Wiesenflachs/ Flachsgraß/ Mattenflachs/ Wiesenwolle. ...“ (Mappus 1742, S. 175); „1. LINAGROSTIS foliis planis spicis multiplicibus. ... Gramen eriophorum DOD. Pempt. p. 562. bene. ... Gramen tomentosum, pratense, ... C. B. Theatr. p. 60. ... Linagrostis panicula ampliore I. R. H. ... SCHEUCHZ. p. 306. ... Eriophorum spicis pendulis LINN. ...“ (Haller 1742, S. 250); „11. ERIOPHORUM culmo folioso tereti, foliis planis LINN. Suec. 44. Gramen eriophoron DOD. Pempt. p. 562. Gramen tomentosum pratense panicula sparsa C. B. Theatr. p. 60. Linagrostis panicula ampliore TOURN. I. R. H. SCHEUCHZ. Agr. 306. Eriophorum spicis pendulis LINN. Lapp. 22. h. Cliff. 22. Linagrostis foliis planis, spicis multiplicibus HALL. Helv. 250. α) Linagrostis palustris angustifolia, panicula sparsa, pappo rariore SCHEUCHZ. Agr. 308. ... [s. Nr. 840] * Linagrostis palustris, foliis angustissimis, panicula sparsa graciliori et breuiori STELL. Irc. 841. ? Eriophorum culmis triquetris nudis, spica pappo breuiore LINN. Suec. 46. In pratis vdis circa Ircutiam vrbem cum varietate α) n. 11. a qua differentiam titulus et plantae siccae facies indicat. Iconem eius in posterum dabo. STELL. l. c.“ (Gmelin 1747–1769, Bd. I, S. 85f.); „11. Eriophorum culmo folioso tereti, foliis planis [=] Eriophorum latifolium Hoppe. [;] α) Linagrostis palustris angustifolia, panicula sparsa, pappo rariore [=] Eriophorum angustifolium Roth.“ (Ledebour 1841, S. 52); „[Gramen] tomentosum pratense, panicula sparsa, so nennt C. Bauhin das vielährige Wollgras.“ (Gmelin 1773b, Sp. 600); „2) Vielähriges Dungras. Eriophorum polystachion. ... Eriophorum culmis teretibus, foliis planis, spicis pedunculatis. LINN. ... Sp. Pl. p. 76. ... Eriophorum spicis pendulis. ... Hort. Cliff. 26. [sic!] ... GMEL. sib. 1. p. 85. ... Linagrostis panicula ampliore. TOURNEF. Inst. R. H. p. 664. ... SCHEUCHZ. gram. 306. ... Gramen eriophorum. DODON. pempt. 562. Gramen pratense tomentosum, ... C. BAUH. pin. 4. theatr. 60. ... woraus sich auch einige noch übliche deutsche Namen, als: Wiesenwolle, Judenfeder, Wiesenflachs, Binzenwolle, Federbinzen, Flockenbinze, Moorseide, Seidenbinze, Binzenseide und Wollgras, erklären und abnehmen lassen. ... Diese Wolle nun ist äusserst schädlich, wenn sie unter das Futter oder das Heu kommt, ... Sie dient vortreflich, Handschuh, Küssen und Polster auszustopfen, zu Dachten, zu Papier, zu Hüten, und ... zu allerhand Arten von Tüchern und Zeugen; ... Es thut ferner diese Wolle in frischen Wunden und sonderlich in Brandschäden gute Dienste, ...“ (Linné 1785, S. 160ff.); „Eriophorum polystachyon, ... vielähriges Wollgras, ... Flachsgras; Quispelbinse; Federbinse; Seidenbinse; Flokenbinse; Binsenwolle; Wiesenwatte; Wiesenflachs; Wiesenwolle; wilde Baumwolle; Morseide; Judenfeder; ... das Vieh, besonders die Schafe, lassen sie stehen, ...“ (Gmelin 1773, Sp. 824f.); „Flor. Germ. p. 24. n. 2. Eriophorum polystachium. ... Linagrostis panicula ampliore et minore. ... Scheuchz. Agrost. p. 306. ... Gramen pratense tomentosum panicula sparsa. C. BAUH. pin. p. 4. ...“ (Roth 1789, S. 63); „2. ERIOPHORUM polystachion L., ... Vielähriges Wollgras. ... Beym Polstern der Kissen, Stühle – backt sie aus mangelnder Federkraft in Klumpen zusammen. Zum Spinnen fehlt es ihr an den langen Faden der Baumwolle und deren Stärke; ...“ (Georgi 1797–1802, Theil 3, S. 677); „2. Eriophorum angustifolium. Roth. germ. 1. p. 24. f. 1. p. 63. ... Schmalblättriges Wollgras. ... Linagrostis palustris angustifolia. Scheuchz. agrost. p. 308. [s. Nr. 840] ...“ (Dietrich 1803, S. 839f.); „5. Eriophorum polystachyon. L. Vielähriges Wollgras; Dunengras; Wiesenwolle; Flockenseide; Judenfeder; Wiesenflachs; Federbinsen; Seidenbinse; Flachsgras; Binsenwatte. ... Dagegen ist aber diese seidenartige Wolle zum Spinnen und andern Verarbeitungen sehr brauchbar, ... auch wird sie von den Armen statt der Federn in die Betten gestopft, ...“ (a. a. O., S. 840f.); „2. ERIOPHORUM polystachyon. ... E. culmis teretibus, ... Gmel. sib. 1. p. 85. ... E. spicis pendulis. ... Hort cliff. 22. ...

Gramen eriophorum. Dodon. pempt. 562. Gramen pratense tomentosum, ... Bauh. pin. 4. theatr. 60. ... Vielähriges Wollgras. W. ..." (Linné 1797–1830, Bd. I, Teil 1, S. 312f.); „*3. ERIOPHORUM angustifolium. E. culmis foliosis teretibus, ... Roth. germ. I. p. 24. ... Linagrostis palustris angustifolia, ... Scheuchz. agrost. p. 308. [s. Nr. 840] Schmalblättriges Wollgras. W. ..." (a. a. O., S. 313); „6. E[riophorum] latifolium (HOPPE Taschenb. 1800. p. 108) ... E. Polystachyum. ... M. a BIEB. Fl. t. c. I, p. 41. ... E. culmo folioso tereti, GMEL. Fl. sib. I, p. 85, No. 11 (excl. var. α). ..." (Ledebour 1853, S. 254); „7. E[riophorum] angustifolium (ROTH Tent. Fl. germ. I, p. 24) ... E. polystachyum. ... LEDEB. Fl. alt. II, p. 71. ... E. culmo folioso tereti, ... GMEL. Fl. sib. I, p. 85, No 11 var. α. ..." (a. a. O., S. 254f.); „106. ERIOPHORUM polystachyon. ... Gmel. sib. I. p. 85. n. 11. ... Linn. ed. Willd. I. p. 312. ..." (Marschall von Bieberstein 1808a, S. 41); „1) ERIOPHORUM POLYSTACHYON. L. Sm. ..." (Ledebour 1829, S. 71); „124. Eriophorum polystachium. – E. latifolium Hoppe. ... Linn. Sp. pl. p. 76. n. 2. ... Linagrostis panicula minore. ... Scheuchz. Agrost. p. 308. n. 2. [s. Nr. 840] ..." (Wulfen 1858, S. 62f.)

„46. Linagrostis panicula ampliore. I. R. H. Agr. 306. ..." (AAW R. I, Op. 1, D. 4ª, Bl. 6v, s. Anm. 98 in Nr. 810); „* Linagrostis panicula ampliore I. R. H. ..." (AAW F. 21, Op. 5, D. 98, Bll. 31r–31v, s. Anm. 54 in Nr. 17); „Linagrostis panicula ampliore. Inst. r. h. 664. nº 158." (AAW R. I, Op. 13, D. 19, Bl. 6v, s. Anm. 54 in Nr. 17); „Linagrostis paniculâ ampliore, Tournef. Sp. 1. ..." (AAW F. 98, Op. 1, D. 19, Bll. 32r–32v, s. Anm. 59 in Nr. 19); s. auch Nr. 841

144 Randbemerkung in der 2. Textversion (s. Anm. 1 in A.): „+"

145 „3. Linagrostis palustris, angustifolia, paniculâ sparsâ, pappo rariore. Nob. ..." (Scheuchzer 1719, S. 308ff.); „228. Linagrostis panicula minore I. R. H. 664. In Ind. Gram. pro linagrostide panicula ampliore habui. Fl. Irc. nº. 840 est junior hujus speciei planta. ..." (AAW R. I, Op. 105, D. 1ª, Bl. 20v, s. Anm. 5 in Nr. 5); s. Nr. 839

146 Randbemerkung in der 2. Textversion (s. Anm. 1 in A.): „+" und vor Klammern neben Nr. 840 und Nr. 841 in der Handschrift von J. G. Gmelin „Eadem / cum 839."

147 „229. Linagrostris palustris angustifolia, panicula sparsa, pappo rariori Id. op. Agr. 61. Fl. Irc. nº. 841. est junior hujus speciei planta Folia triangula sunt et concava. ..." (AAW R. I, Op. 105, D. 1ª, Bl. 20v, s. Anm. 29 in Nr. 5); s. Nr. 839 u. Nr. 840

148 Randbemerkung in der 2. Textversion (s. Anm. 1 in A.): „+"

149 „[species 7] Juncus villosus, capitulis Psyllii. Gramen hirsutum, capitulis Psyllii C. B. Pin. 7. Gramen Cyperinum, pilosum Tabern. Icon. 219. Gramen exile, hirsutum, Cyperoides Lobelii J. B. 2. 493." (Tournefort 1700, S. 246, Genus XIII. „Juncus. Jonc."); „Gramen exile hirsutum Cyperoides. T. pag. 16." (Lobelius 1581, S. 15); „Juncoides villosum, capitulis Psylii, [sic!] Nob. Gramen hirsutum, capitulis Psyllii, C. B. Pin. 7. Theatr. 103. Gramen Luzulae minus, J. B. II. 493. Gramen exile, hirsutum, Cyperoides, Lobelii, J. B. II. 493. Juncus villosus, capitulis Psyllii. Inst. 246." (Scheuchzer 1719, S. 310ff.); „* 14. JUNCUS VILLOSUS, CAPITULIS PSYLLI GLOBOSIS. ... * 15. JUNCUS VILLOSUS PANICULA COMPACTA. ..." (Vaillant 1727, S. 110); „1. JUNCUS foliis planis, panicula rara, spicis sessilibus & pedunculatis. Juncus villosus, ... Tournef. inst. 246. ... Juncoides villosum, ... Scheuchz. hist. 310. ... Gramen hirsutum ... Bauh. pin. 7. ... Gramen luzulae minus. Bauh. hist. 2. p. 493. ..." (Linné 1737, S. 137); „Juncus villosus, capitulis Psyllii Inst. R. Herb. ... Haaricht Cypergraß. ..." (Mappus 1742, S. 157); „14. JUNCUS foliis planis, pilosis, panicula in spicas congesta. Gramen exile hirsutum cyperoides LOB. ic. p. 15. bene. I. B. II. p. 493. Gramen cyperinum pilosum TAB. p. 219. Gramen hirsutum capitulis Psyllii C. B. Prodr. p. 15. bene. ... Juncus villosus capitulis Psyllii I. R. H. ... Juncoides villosum ... SCHEUCHZ. p. 310. ... Juncus foliis planis, ... LINN. Cliff. p. 137. ... Gramen luzulae minus I. B. II. p. 493. ... Juncus villosus capitulis Psyllii globosis VAILL. p. 110. ... Juncus villosus panicula compacta VAILL. l. c. Juncoides hirsutum SCHEUCHZ. p. 312. ..." (Haller 1742, S. 256); „26. IUNCUS foliis planis, pilosis, panicula in spicas congesta HALL. Helv. 256. Gramen hirsutum capitulis Psyllii C. B. Pr. p. 15. Iuncoides villosum, capitulis Psyllii SCHEUCHZ. Agrostogr. 310. Iuncus foliis planis, panicula rara, spicis sessilibus et pediculatis LINN. h. Cliff. p. 137. Iuncus foliis planis, spica sessili pedunculatisque LINN. Suec. 288. j. Idem spica solitaria racemosa erecta, Tab. XVII.

Fig. 1. Praeter varietatem j. illam etiam, quae SCHEUCHZ. Agr. 312. capitulo conglomerato dicitur, [s. Nr. 843] ... j. STELLERUS circa Ircutiam, KRASCHENINNIKOW in Kamtschatca natam collegerunt. ..." (Gmelin 1747–1769, Bd. I, S. 64f.); „26. Juncus foliis planis pilosis, panicula in spica congesta [=] Luzula campestris Dec.! [;] I. Idem spica solitaria racemosa erecta. t. XVII. f. 1. [=] Luzula campestris Dec.! γ. congesta. E. Meyer.!" (Ledebour 1841, S. 50); „[Gramen] hirsutum capitulis psyllii, hierunter versteht C. Bauhin die Feldbinsen." (Gmelin 1773b, Sp. 556); „19) Feld=Simsen. Juncus campestris. ... Juncus foliis planis subpilosis, spicis sessilibus pedunculatisque. LINN. ... Sp. Pl. p. 468. ... Juncus foliis planis, ... Hort. Cliff. p. 137. ... GMEL. Sib. I. p. 64. tab. 17. f. 1. ... Juncus villosus capitulis psyllii. TOURNEF. Inst. R. H. p. 246. Juncoides villosum capitulis psyllii. SCHEUCHZ. Gram. p. 310. Gramen hirsutum ... C. BAUH. pin. 7. theatr. 103. Gramen exile hirsutum cyperoides. LOB. Ic. 15. ... γ) Juncoides hirsutum, capitulo glomerato. SCHEUCHZ. Gram. p. 312 [s. Nr. 843] ... Gramen hirsutum capitulo globoso. C. BAUH. pin. 7. theatr. 104 [s. Nr. 843] ... ε) Juncoides latifolium alpinum glabrum, panicula sublutea splendente. SCHEUCHZ. Gram. p. 314. ... Diese Art ... wird ... auch Feld=Krötegras, haarig Cypergras, Wiesen=Krötengras, Hungerbrod, Hasenbrod und Himmelbrod genennt. ... Die Blüthenköpfchen samt den Saamen schmecken süße und werden von den Kindern unter den Namen Hasebrod – in Schlesien – gegessen. ..." (Linné 1785, S. 620ff.); „4. Juncoides latifolium, alpinum, glabrum, paniculâ subluteâ, splendente. Nob. ..." (Scheuchzer 1719, S. 314f.); „e) Juncus campestris. ... Deutsch. Feldbinsen; Feldkrötengras, Wiesenkrötengras; Himmelbrod, Hungerbrod, Hasenbrod. ..." (Nemnich 1794, Sp. 265); „38. IUNCUS campestris. I. foliis planis subpilosis, ... Gmel. sib. 1. p. 64. ... I. foliis planis, ... Hort. cliff. 137. ... I. villosus, ... Tournef. inst. 246. ... Iuncoides villosum, ... Scheuchz. gram. 310. Gramen hirsutum, ... Bauh. pin. 7. theatr. 103. Gramen exile hirsutum cyperoides. Lob. ic. 15. R. ... γ. Iuncoides hirsutum, ... Scheuch. gram. 312. [s. Nr. 843] Gramen hirsutum, capitulo glomerato. Scheuch. gram. 312. [s. Nr. 843] ... Feld Simse. W. ..." (Linné 1797–1830, Bd. II, Teil 1, S. 221); „8. L[uzula] campestris (DEC. Fl. franc. No. 1827) ... α. minor, ... Juncus campestris. L. ... M. a BIEB. Fl. t. c. I, p. 286. ... Juncus foliis planis pilosis, ... GMEL. Fl. sib. I, p. 64, No. 26. ... β. ... L. campestris. ... LEDEB. Fl. alt. II, p. 45. ... γ. ... L. campestris γ. alpina. LEDEB. Fl. alt. II, p. 45. ..." (Ledebour 1853, S. 219f.); „706. JUNCUS campestris. ... Linn. ed. Willd. 2. p. 221. ... Gmel. sib. 1. p. 64. n. 26. ..." (Marschall von Bieberstein 1808a, S. 286); „2) LUZULA CAMPESTRIS. Decand. ... Juncus campestris. Linn.Willd. Spec. pl. II. p. 221. – M. a Bieb. Fl. taur. cauc. p. 286. No. 706. Juncus foliis planis, ... Gmel. Fl. sib. I. p. 4. No. 26. ..." (Ledebour 1830, S. 45f.); „848. Juncus campestris. – Luzula campestris DC. ... Linn. Sp. pl. 468. n. 17. ... Juncoides villosum capitulis Psyllii. Scheuchz. Agr. p. 310. n. 1. Item Juncoides hirsutum capitulo glomerato. Agr. p. 312. n. 2. [s. Nr. 843] Gramen Luzulae minus Joh. Bauh. Hist. II. p. 492. ..." (Wulfen 1858, S. 446); „Gramen capitulis psyllii – minus quidem nostro sed puto tamen idem (Fl. sib. I. 64. nr. 26. Juncus campestris L. Luzula campestris Dec.)." (A. von Haller in einem undatierten Brief an J. G. Gmelin – Plieninger 1861, S. 150); „Juncoides, ist der Gattungsname, unter welchem Scheuchzer alle Arten der Binsen mit flachen grasartigen Blättern, Micheli aber diejenige Arten dieser Gattung vereiniget, welche eine dreyschalige und dreysamige Samenkapsel haben." (Gmelin 1773a, S. 142); „Lūzula DC. (Juncaceae). Von lucere (glänzen), in Bezug auf die Blätter und Blüthen mehrerer Arten." (Wittstein 1852, S. 540)

„72. Juncoides villlosum, capitulis Psyllij Agr. 310. ..." (AAW R. I, Op. 1, D. 4[a], Bl. 7v, s. Anm. 98 in Nr. 810); „995. Juncoides villosum, capitulis Psyllii Agr. 310. ..." (AAW R. I, Op. 105, D. 1[a], Bl. 103r, s. Anm. 29 in Nr. 5); „910. Juncus folys planis, pilosis, panicula in spicas congesta Hall. Hist. Alp. 256. Juncus villosus capitulis Psyllij I. R. H. Juncus folys planis, panicula rara, spicis sessilibus & pediculatis Linn. H. Cliff. 137. ..." (AAW R. I, Op. 13, D. 20, Bl. 83r, s. Anm. 1 in Nr. 1); „5. Juncoides villosum, capitulis Psyllij Agr. 310. ..." (AAW R. I, Op. 13, D. 67, Bl. 65r, s. Anm. 5 in Nr. 4)

150 Randbemerkung in der 2. Textversion (s. Anm. 1 in A.): „+"

151 „2. & 9. A priore Gramine non multum differt, Juncoides hirsutum, capitulo glomerato, Nob. Gramen hirsutum, capitulo globoso, C. B. Pin. 7. Theatr. 104. Gramen capitulo lucido, globoso Tabernaemontani J. B. II. 468. ad quod etiam revoco Gramen in Methodo p. 63. ordine nonum, scilicet Gramen hirsutum elatius, paniculâ junceâ compactâ, Raij Syn. 263. ...“ (Scheuchzer 1719, S. 312); „GRAMEN CAPITVLO LVCIDO globoso Tabernaemontani. ... Gramen lucidum Germ. kölbleinsgraß. ...“ (Bauhin 1651a, liber XVII, S. 468); „[Juncoides] hirsutum capitulo glomerato, hierunter versteht Scheuchzer eine andere [Abart der Feldbinsen] mit runden Blumenköpfen.“ (Gmelin 1773a, Sp. 143); s. Nr. 842

152 Randbemerkung in der 2. Textversion (s. Anm. 1 in A.): „+“ und in der Handschrift von J. G. Gmelin „Juncus 28.“

153 „10. Juncoides angustifolium, glabrum, paniculâ sparsa, Nob. Gramen Juncoides, junci sparsâ paniculâ Parkins. Theatr. 1190. ...“ (Scheuchzer 1719, S. 320ff.); „7. Gramen Iuncoides Iunci sparsa panicula. Rush Grasse with rush-like sparsed heads. ...“ und eine Abbildung auf S. 1190 (Parkinson 1640, S. 1189); „*21. JUNCOIDES angustifolium glabrum panicula sparsa SCHEUCHZER p. 320. ...“ (Haller 1742, S. 258); „31. IUNCUS foliis mollioribus, carinatis, panicula multiplici et ramosa HALL. Helv. 254. Tab. XVII. Fig. 2. Iuncus paruus, cum pericarpiis rotundis I. B. II. 522. [s. Nr. 845] quod attinet ad ic. Gramen iunceum iuncis sparsa panicula PARK. MOR. Hist. II. [sic!] 227. Gramen iunceum pericarpiis rotundis vulgare PARK. Ei. III. S. 8. Tab. 9. Iuncoides angustifolium, glabrum, sparsa panicula SCHEUCHZ. Agr. p. 320. ex descriptione duntaxat. ...“ (Gmelin 1747–1769, Bd. I, S. 67ff.); „31. Juncus foliis mollioribus carinatis, panicula multiplici & ramosa. t. XVII. f. 2. [=] Juncus compressus Jacq. (Juncus bottnicus. Wahl. lapp. 82.)“ (Ledebour 1841, S. 51); „11. Gramen junceum Junci sparsa panicula, Park. Lob. Illustr. ...“ (Morison 1699, S. 227f.); „[Gramen] juncoides junci sparsa panicula, bedeutet bey Parkinson die bollige Binsen.“ (Gmelin 1773b, Sp. 561); „11) Knollige Simsen. Juncus bulbosus. ... LINN. ... Sp. Pl. p. 466. ... Juncus compressus ... Jacq. vind. 235. ... Juncus parvus cum pericarpiis rotundis. I. BAUH. hist. 2. p. 522. [s. Nr. 845] ... GMEL. Sib. 1. p. 67. t. 17. f. 2. Gramen iunceum, iunci sparsa panicula. MORIS. hist. 3. p. 227. s. 8. tab. 9. f. 11. Diese Simsenart, die auch kleine Sommerbinzen, Zwiebelbinzen und zwiebelartig Krötengras genennt wird, ...“ (Linné 1785, S. 611f.); „8. JUNCUS bulbosus L., ... Knollwurzliche Simse. ...“ (Georgi 1797–1802, Theil 3, S. 914); „Juncus bulbosus, ... bullige Binsen, ... knollige Binsen; kleine Sommerbinse mit runden Samenhülsen; ... Sie ... heißt bey ... J. Bauhin: Juncus parvus cum pericarpiis rotundis. [s. Nr. 845]“ (Gmelin 1773a, Sp. 149f.); „22. IUNCUS bulbosus. ... I. compressus ... Jacq. vind. 235. ... I. paruus cum pericarpiis rotundis. Bauh. hist. 2. p. 522. [s. Nr. 845] ... Gmel. sib. 1. p. 67. t. 17. f. 2. ... Gramen junceum, ... Moris. hist. 3. p. 227. s. 8. t. 9. f. 11. ... Knollllige Binse. W. ...“ (Linné 1797–1830, Bd. II, Teil 1, S. 213f.); „157. JUNCUS bottnicus: ... I. foliis mollioribus etc. Gmel. sib. 1. p. 67. n. 31. t. 17. f. 2. ...“ (Wahlenberg 1812, S. 82f.); „17. J[uncus] compressus (JACQ. Enum. vindob. p. 60. et 235) ... J. bulbosus. L. (pro parte). ... M. a BIEB. Fl. t. c. I, p. 285; ... LEDEB. Fl. alt. II, p. 48. ... J. foliis mollioribus carinatis, ... GMEL. Fl. sib. I, p. 67, No. 31, t. 17, f. 2. ...“ (Ledebour 1853, S. 229); „703. JUNCUS bulbosus. ... Linn. ed. Willd. 2. p. 213. Gmel. sib. I. p. 67. n. 31. t. 17. f. 2. ...“ (Marschall von Bieberstein 1808a, S. 285); „5) JUNCUS BULBOSUS. Linn. ... M. a Bieb. Fl. taur. cauc. I. p. 285. No. 703. ... Juncus foliis mollioribus, ... Gmel. Fl. sib. I. p. 67. No. 31. t. XVII. f. 2. ...“ (Ledebour 1830, S. 48f.); „2538. J[uncus] bulbosus ... Junc. compressus ... Jacq. vind. 235. ... Gramen junceum, foliis et spica junci. Bauh. pin. 5. theatr. 78. Scheuch. gram. 322. [s. Nr. 845] ... Gramen junceum, ... Moris. hist. 3. p. 227. s. 8. t. 9. f. 11. ...“ (Richter 1840, S. 337); „840. Juncus bulbosus. – Juncus compressus Jacqu. ... Linn. Sp. pl. p. 466 n. 10. ... Gramen junceum foliis et spica junci. Scheuchz. Agr. p. 322. n. 1. [s. Nr. 845] ... Juncus parvis cum pericarpiis rotundis. Joh. Bauh. Hist. II. p. 522. [s. Nr. 845] ...“ (Wulfen 1858, S. 441f.); „44. Juncus foliis mollibus carinatis. Juncus foliis linearibus canaliculato-concavis, capsulis obtusis. Fl. Suec. 284. Juncus parvus repens, capsulis triangularibus Vaill. paris. 110. vide. Juncus maximus bulbifer, foliis teretibus non articulosis Mich. gen. 39. Juncus foliis angulatis, culmo subrotundo terminatrice prolifera. Roy. 43. (Fl. sib.

I. 67. nr. 31. J. bulbosus L. compressus Jacq. bottnicus Wahl.)" (C. von Linné in einem Brief an J. G. Gmelin vom 14. September 1748 – Plieninger 1861, S. 58); „44. Juncus foliis mollibus carinatis panicula multiplici ramosa. sub hoc nomine duo specimina misisti, quae diversarum specierum. alterum quod capsulis rotundis pallidis est Juncus Fl. Suec. 284. (Fl. sib. I. 67. nr. 31. J. bulbosis L. compressus Jacq. bottnicus Wahlb. ...) alterum quod capsulis triquetris nigris est Juncus Fl. Suec. 285. (Fl. sib. I. 69. nr. 32. J. articulatus L. lamprocarpus Ehr.)" (C. von Linné in einem undatierten Brief an J. G. Gmelin – Plieninger 1861, S. 63); „Juncus cum pericarpiis rotundis. certe. (Fl. sib. 1. 67. nr. 31. J. bulbosus L. compressus Jacq. ...). Quaeritur qualis planta – Quis dixerit? cum flores non habeat." (A. von Haller in einem undatierten Brief an J. G. Gmelin – Plieninger 1861, S. 150);

„69. Juncoides angustifolium, glabrum, panicula sparsa Agr. 320. ..." (AAW R. I, Op. 1, D. 4[a], Bl. 7v, s. Anm. 98 in Nr. 810); „322. Gramen junceum fol. et spica junci C. B. P. 5. juncus parvus cum pericarpiis rotundis J. B." (AAW R. I, Op. 104, D. 13, Bl. 8r, s. Anm.84 in Nr. 29); „999. Juncoides angustifolium, glabrum, panicula sparsa Agr. 320. ... 1000. Gramen junceum foliis et spica Junci C. B. Pin. 5. ..." (AAW R. I, Op. 105, D. 1[a], Bl. 103r, s. Anm. 29 in Nr. 5); „1074. Juncus folys mollioribus carinatis, panicula multiplici & ramosa Hall. Alp. 254. Juncus parvus cum pericarpys rotundis J. B. II. 522. ..." (AAW R. I, Op. 13, D. 20, Bl. 99r, s. Anm. 1 in Nr. 1); „6. Juncoides angustifolium, glabrum, panicula sparsa Agr. 320," (AAW R. I, Op. 13, D. 67, Bl. 65r, s. Anm. 5 in Nr. 4); „7. Gramen junceum folys et spica Junci C. B. P. 5." (a. a. O., Bl. 65r)

154 Randbemerkung in der 2. Textversion (s. Anm. 1 in A.): „+" und in der Handschrift von J. G. Gmelin „Est Juncus / 26."

155 „[species 16] Juncus parvus, cum pericarpiis rotundis J. B. 2. 522. Gramen Junceum, foliis & spica Junci C. B. Pin. 5. Gramen Junceum, iij Tabern. Icon. 224." (Tournefort 1700, S. 247, Genus XIII. „Juncus. Jonc."); „1. Gramen junceum, foliis & spicâ junci, C. B. Pin. 5. Theatr. 78. Juncus parvus, cum pericarpiis rotundis, J. B. II. 522. Inst. 247. Gramen junceum, III. Tabern. Icon. 224. ..." (Scheuchzer 1719, S. 322f.); s. Nr. 844

156 Randbemerkung in der 2. Textversion (s. Anm. 1 in A.): „+"

157 „4. Scirpus minimus, capitulo squamoso breviore, & crassiore, fusco, Nob. Tab. VII. Fig. 21. ..." (Scheuchzer 1719, S. 366); „7. SCIRPUS culmo unifolio, spica bivalvi, latiuscula, rariori. ... Scirpus minimus capitulo squamoso ... SCHEUCHZ. p, 366. T. 7. f. 21. Videtur. ..." (Haller 1742, S. 249); „10. SCIRPUS Baeothryon. ... Scirpus pauciflorus. Lightf. scot. p. 1078. Huds. angl. 648. ... S. minimus, capitulo squamoso ... Scheuch. agrost. p. 366. t. 7. f. 21. * Torf-Binse. W. ..." (Linné 1797–1830, Bd. I, Teil 1, S. 293); „[Scirpus] pauciflorus. 2–3. SCIRPUS culmo striato nudo, ... Lightf. scot. 1078. ... Scirpus minimus, spica breviore squamosa spadicea. Sch. agrost. 364. t. 7. f. 19. [s. Nr. 855] Anglis, chocolate-head Club-rush. ..." (Hudson 1798, S. 648); „7. Scirphus [sic!] Baeothryon. Linn. suppl. 103. Torfliebende Binse. ..." (Dietrich 1808, S. 646); „1010. Scirpus. L. (excl. spec.). ... 2. S. pauciflorus (LIGHTF. Fl. scot. p. 1078) ... S. Baeothryon. ... M. a BIEB. Fl. t. c. I, p. 38. ..." (Ledebour 1853, S. 246); „98. SCIRPUS Baeothryon. ... Linn. ed. Willd. 1. p. 293. Linn. suppl. p. 103. ... Scheuchz. agr. p. 366. n. 4. t. 7. f. 21. ..." (Marschall von Bieberstein 1808a, S. 38); „Scīrpus L. (Cyperaceae). Vom celtischen sirs (Binse), davon scirpare (binden, flechten)." (Wittstein 1852, S. 800)

158 Randbemerkung in der 2. Textversion (s. Anm. 1 in A.) in der Handschrift von J. G. Gmelin: „Carex"

„Cārex L. (Cyperaceae). Von carere (fehlen, Mangel haben); in den obern Aehren fehlen nämlich die Samen, weil sie meist männlich sind, welche Ursache die Alten nicht kannten." (Wittstein 1852, S. 157)

159 „A. 14. Juncellus omnium minimus, Chamaeschoenos Ad. Lob. Juncellus Lobelii Park. An Juncus humilis J. B? An Juncellus inutilis sive Chamaeschoenos C. B? ... A. 17. Juncus parvus calamo supra paniculam compactam longiùs producto. ..." (Ray 1693, S. 1305); „7. Juncus levis [sic!], paniculâ sparsâ, minor. C. B. Pin. 12. Theatr. 183. cui etiam jungo, Juncellum omnium minimum, chamaeschoenon, Lobel. Adv. Raij Hist. 1305. Item, Juncum parvum, calamo supra paniculam

longiùs producto Raij Hist. 1305. Tab. VII. Fig. 11 ..." (Scheuchzer 1719, S. 347f.); „IVNCELLVS. ..." (Lobelius 1570, S. 44); „35. IUNCUS culmo nudo, nutante, panicula laterali ROY. Pr. 13. Iuncus laeuis panicula sparsa minor B. Pin. 12. SCHEUCHZ. Agr. 347. Iuncus paruus calamo supra paniculam longius producto. R. Hist. 1305. Syn. 432. Iuncus mollis, panicula ad dimidium culmum sessili HALL. Helv. p. 253. n. 5. ... Eadem porro planta est, quae STELLERO in Fl. Irc. [s. Nr. 860] dicitur Iuncus radice arundinacea horizontaliter in terra reptante, calamo supra paniculam longius producto, acuto. ... In arenosis inter saxa ad Baicalem lacum STELLERUS obseruauit." (Gmelin 1747–1769, Bd. I, S. 71f.); „35. Juncus culmo nudo nutante, panicula laterali [=] Juncus filiformis L.!" (Ledebour 1841, S. 51); „[Juncellus] omnium minimum, hierunter verstehen Lobel und Morison die borstenartige Semsen." (Gmelin 1773a, Sp. 142); „[Juncus] filiformis, ... fadenförmige Binsen, ... sie ... heißt ... bey C. Bauhin: Juncus laevis, panicula sparsa minor, ..." (a. a. O., Sp. 146f.); „5) Fadenförmige Simsen. Juncus filiformis. ... LINN. ... Sp. Pl. p. 465. ... GMEL. Sib. 1. p. 71. ... Juncus laevis panicula sparsa, minor. C. BAUH. pin. 12. theatr. 183. SCHEUCHZ. Gram. p. 347. tab. 7. f. 11. ..." (Linné 1785, S. 605f.); „h) Juncus filiformis. Deutsch. Fadenbinsen, Fadenförmige Binsen, Fadenförmiges Krötengras; Dünnhalmige Binsen. ..." (Nemnich 1794, Sp. 266); „4. JUNCUS filiformis L., ... Fadenartige Simse. ..." (Georgi 1797–1802, Theil 3, S. 913); „7. IUNCUS filiformis. I. culmo nudo ... Gmel. sib. 1. p. 71. ... I. laevis, panicula sparsa, minor. Bauh. pin. 12. theatr. 183. Scheuch. gram. 347. t. 7. f. 11. ... Fadenförmige Simse. W. ..." (Linné 1797–1830, Bd. II, Teil 1, S. 207); „5. J[uncus] filiformis (L. Spec. p. 465) ... M. a BIEB. Fl. t. c. III, p. 274. ... LEDEB. Fl. alt. II, p. 46. ... J. culmo nudo, ... GMEL. Fl. sib. I, p. 71, No. 35. ..." (Ledebour 1853, S. 223f.); „701*. JUNCUS filiformis. ... Gmel. sib. I. p. 71. n. 35. Scheuchz. agrost. p. 347. t. 7. f. 11. ..." (Marschall von Bieberstein 1819, S. 274f.); „1) JUNCUS FILIFORMIS. Linn. ... M. a Bieb. Fl. taur. cauc.; III. p. 274. No. 701.* Juncus culmo nudo, ... Gmel. Fl. sib. I. p. 71. No. 35. ..." (Ledebour 1830, S. 46f.); „833. Juncus filiformis. ... Linn. Sp. pl. p. 465. n. 3. ... Juncus laevis panicula sparsa minor. Scheuchz. Agr. p. 347. n. 7. Tab. 7. f. 11. ..." (Wulfen 1858, S. 437)

„66. Juncus levis panicula sparsa minor C. B. P. Agr. 347. ..." (AAW R. I, Op. 1, D. 4ª, Bl. 7v, s. Anm. 98 in Nr. 810); „Juncus laevis, panicula sparsa minor. B. Pin. 12. et Inst. r. h. n°. 167." (AAW R. I, Op. 13, D. 19, Bl. 3v, s. Anm. 54 in Nr. 17); „Juncus laevis panicula sparsa minor CBP. ..." (AAW R. I, Op. 104, D. 8, Bl. 14v, s. Anm. 18 in Nr. 452)

160 Randbemerkung in der 2. Textversion (s. Anm. 1 in A.): „+"

161 „3. Gramen Alpinum, enode, spicâ parvâ, subrotundâ, ferrugineâ, Agr. Prodr. pag. 18. Tab. IV. ..." (Scheuchzer 1719, S. 495f.); „Gramen alpinum parvum latifolium spica subrotunda ferruginea: ... Est id Gramen alpinum enode, ... Fratr. Agrostogr. p. 495. Prodr. p. 18. Tab. IV. ..." (Scheuchzer 1723, S. 458); „4. CAREX spicis plurimis in latissimam spicam arcte congestis. Gramen alpinum parvum, ... I. I. SCHEUCHZ. It. VI. p. 458. f. 18. Gramen alpinum, enode, ... I. SCHEUCHZ. p. 495. ..." (Haller 1742, S. 244); „[Gramen] alpinum enode, spica parva subrotunda ferruginea, hierunter versteht Scheuchzer das stinkende Riedgras." (Gmelin 1773b, Sp. 521); „n) Carex foetida. Deutsch. Das stinkende Riedgras. ... Es hat einen unangenehmen Geruch." (Nemnich 1793, Sp. 885); „*20. CAREX foetida. ... Gramen alpinum parvum ... Scheuchz. it. 458. f. 18. Gramen alpinum enode ... Scheuchz. agrost. 495. prodr. t. 4. f. 3. Stinkende Segge. W. ..." (Linné 1797–1830, Bd. IV, Teil 1, S. 217)

„254. An Gramen alpinum enode, spica parva subrotundo, ferruginea Agr. Pr. Id op. Agr. 92? ... Fl. Irc. n° 873? [sic!] ..." (AAW R. I, Op. 105, D. 1ª, Bl. 22v, s. Anm. 29 in Nr. 5)

162 Randbemerkung in der 2. Textversion (s. Anm. 1 in A.) in der Handschrift von J. G. Gmelin: „Carex"

163 „3. Gramen hirsutum, nemorosum, angustifolium, alpinum, paniculis obscurè rufescentibus. Agrost. Prodr. pag. 25. Tab. VI. ..." (Scheuchzer 1719, S. 312ff.); „Gramen hirsutum angustifolium minus alpinum paniculis rufescentibus. ..." (Scheuchzer 1723, S. 458); „17. JUNCUS foliis planis, paniculae sparsae ramis ramosis. Gramen hirsutum, nemorosum, ... I. SCHEUCHZ. p. 312. T. 6. Prodromi ... Gramen hirsutum angustifolium minus alpinum paniculis rufescentibus II.

SCHEUCHZ. It. alp. VI. p. 458. ..." (Haller 1742, S. 257); „28. IUNCUS foliis planis, culmo paniculato, floribus sparsis LINN Lapp. 124. ROY. Pr. 43. Gramen hirsutum, nemorosum, alpinum, angustifolium, paniculis obscure rufescentibus SCHEUCHZ. Agr. 312, Tab. VI. Iuncus foliis planis, paniculae sparsae ramis ramosis HALL. Helv. 257. STELLERUS in pratis humidioribus ad Uschacowcam amnem, in Angaram influentem, obseruauit. ..." (Gmelin 1747–1769, Bd. I, S. 66); „28. Juncus foliis planis, culmo paniculato, floribus sparsis [=] Luzula parviflora Desv.!" (Ledebour 1841, S. 50); „17) Haarige Simsen. Juncus pilosus. ... Juncus foliis planis pilosis, corymbo ramoso. LINN. ... Sp. Pl. p. 468. ... GMEL. Sib. 1. p. 66. n. 28. Gramen hirsutum nemorosum ... SCHEUCHZ. Gram. p. 312. tab. 6. ..." (Linné 1785, S. 617ff.); „[Juncus] pilosus, ... harige Binsen, ... Waldkrötengras; ... Sie verstopft das Vieh, von welchem sie gefressen wird, ..." (Gmelin 1773a, Sp. 151f.); „12. JUNCUS pilosus L., ... Haarige Simse. ..." (Georgi 1797–1802, Theil 3, S. 914f.); „*32. IUNCUS spadiceus. ... Iuncus pilosus β. Sp. pl. 468. ... Gramen hirsutum nemorosum ... Scheuch. gram. 312. t. 6. optima. Scheuch. it. 6. p. 458. ... Braunblütige Simse. W. ..." (Linné 1797–1830, Bd. II, Teil 1, S. 218); „6. L[uzula] spadicea (DEC. Fl. franc. No. 1824) ... Juncus pilosus var. β. LINN. Fl. suec. No. 308 ... Juncus foliis planis, ... GMEL. Fl. sib. 1, p. 66, No. 28. ..." (Ledebour 1853, S. 217f.); „845. Juncus spadiceus. – Luzula spadicea DC. ... Gramen hirsutum nemorosum ... Scheuchz. Agr. p. 312. n. 3. Prodr. p. 25. Tab. VI. ..." (Wulfen 1858, S. 444); „843. Juncus pilosus. – Luzula pilosa Wild. [sic!] Juncus pilosus: foliis planis pilosis, corymbo ramoso. Linn. Sp. pl. p. 468. ..." (a. a. O., S. 443); „Juncus (Hall.) Helv. p. 257. recte. Multus in hercynia sylva (Fl. sib. I. 66. nr. 28. Luzula spadicea Dec. parviflora Desf.)." (A. von Haller in einem undatierten Brief an J. G. Gmelin – Plieninger 1861, S. 150)

„74. Gramen hirsutum, nemorosum, angustifolium, alpinum paniculis obscure ruffescentibus Agrost. Prodr. p. 25. Tab. VI. ..." (AAW R. I, Op. 1, D. 4[a], Bl. 7v, s. Anm. 98 in Nr. 810)

164 Randbemerkung in der 2. Textversion (s. Anm. 1 in A.): „+"

165 „Gramen hirsutum elatius, paniculâ junceâ compactâ. ..." (Ray 1696, S. 263); „2. & 9. A priore Gramine non multum differt, ... Gramen hirsutum elatius, paniculâ junceâ compactâ, Raij Syn, 263. ..." (Scheuchzer 1719, S. 312); s. Nr. 842 und Nr. 843

Randbemerkung in der 2. Textversion (s. Anm. 1 in A.): „+" und Zusatz in der Handschrift von J. G. Gmelin „Est varietas j. Junci 26."; s. Nr. 842

166 „[species 1] Scirpus palustris, altissimus. Juncus maximus sive Scirpius major C. B. Pin. 12. Juncus maximus, Holoschaenos [sic!] J. B. 2. 522. Juncus palustris, major Tabern. Icon. 249." (Tournefort 1700, S. 528, Genus II. „Scirpus."); „1. Scirpus palustris, altissimus, Inst. 528. Juncus maximus, seu scirpus major, C. B. Pin. 12. Juncus maximus, seu scirpus, C. B. Theatr. 178. Juncus maximus, Holoschoenos, J. B. II. 522. Juncus palustris, major, Tabern. Icon. 249. Juncus aquaticus, maximus, Lobel. Icon. 85. ..." (Scheuchzer 1719, S. 354ff.); „Scirpus palustris altissimus Tournefort. instit. p. 528. ... Germ. Bintzen, Bimsen." (Rupp 1726, S. 256); „Scirpus palustris, altissimus J. R. H. ... Grosse Weyer=Binsen, Wasser=Binsen, ..." (Mappus 1742, S. 281); „2. SCIRPUS teres, panicula sub apice culmi ramosa. ... Juncus aquaticus maximus LOBEL. ic. p. 85. ... Juncus maximus s. schoenos C. B. Theatr. p. 178. cum icone. ... Scirpus palustris altissimus ... SCHEUCHZ. p. 354. ... Scirpus palustris humilior SCHEUCHZ. p. 356. [s. Nr. 852] ..." (Haller 1742, S. 247f.); „2. Scirpus palustris humilior, Nob. Juncus sive Scirpus medius, C. B. Pin. 12. Theatr. 181. Juncus sylvaticus, Tabern. Icon. 250. ..." [s. Nr. 852] (Scheuchzer 1719, S. 356f.); „1. SCIRPUS culmo tereti nudo, spicis plurimis pedunculatis terminatricibus LINN. Suec. 40. Iuncus maximus. s. Schoenos C. B. Theatr. p. 178. Scirpus palustris altissimus TOURN. I. R. H. 528. Scirpus spicis copiosis ROY. prodr. 48. Scirpus teres, panicula sub apice culmi ramosa HALL. Helv. 247. α) Iuncus s. scirpus medius C. B. P. Theatr. p. 181. ... Tatari ex caulibus huius plantae stragula nectunt, quae aestatis tempore corpori substernunt, vt frigidius cubent." (Gmelin 1747–1769, Bd. I, S. 79); „1. Scirpus culmo tereti nudo, spicis plurimis pedunculatis terminatricibus [=] Scirpus lacustris L.! [;] α) Juncus s. scirpus medius [=] Scirpus Tabernaemontani Gmel.!" (Ledebour 1841, S. 51); „[Scirpus] lacustris, ... Seesimsen, ... Seebinsengras; ... In Schweden gebraucht man sie statt des Strohes zu den Dächern, stopft damit Polster aus, ... und

gibt sie dem Rindvieh zu fressen, ... Ihr Mark empfielt man auf Schäden vom Verbrennen; eben daraus ... kann man Papier machen: Sie heißt bey ... Tournefort: Scirpus palustris altissimus; ...“ (Gmelin 1776, Sp. 327f.); „10) See=Binzengras. Scirpus lacustris. ... Scirpus culmo tereti nudo, spicis ovatis pluribus pedunculatis terminalibus. LINN. ... Sp. Pl. p. 72. ... GMEL. sib. I. p. 79. ... Scirpus palustris altissimus. SCHEUCHZ. gram. p. 454. TOURNEF. Inst. R. H. p. 528. Juncus maximus s. Scirpus maior. C. BAUH. pin. 12. theatr. 178. Juncus aquaticus maximus. LOB. Ic. 85. Juncus palustris maior. TAB. 249. 587. ... indem die Holländer ... ihre Fußdecken oder Bodenmatten davon geflochten erhalten. ...“ (Linné 1785, S. 118ff.); „70. Scirpus lacustris. Lin. Syst. Plant. I. 132. sp. 10. Seebinsen. Ruß. Sitnik [russ. *sitnik*] Kalm. Magoi Segeson. Barab. Kagatsak. Kirgis. Kuha. ... Die Barabinzen flechten oder binden auch nur aus paralelen Halmen Jurt= oder Zeltdeken, die ihnen beim Mangel der Wolle als Woiloken dienen. Die Araler und Chiwinesen flechten Seegel aus denselben. Die Bucharen und Chiwinesen umflechten die einzelnen Melonen, Arbusen u. d. gl. mit Binsen, um sie für den Winter in den Stuben an die Decken hangen zu können.“ (Falk 1786; S. 103); „d) Scirpus lacustris. Deutsch. Die Seebinse, Teichbinse; Grosse Pferdebinsen, Waldbinsen, Grosses Wasser-Kameelstroh, Grosse Weiherbinsen, Seesemden, Seesemsen, Grosse Binsen, Grosser Schilf. ... Russ. Sitnik. Kalmuk. Magoi Segeson. Barab. Kagatsak; Kirgis. Kuha. ...“ (Nemnich 1795, Sp. 1244); „6. SCIRPUS lacustris L., ... Seebinse, Teichbinse. ... Die Seebinsen sind von mannigfaltiger häuslicher Anwendung, ... An ihren Standplätzen nutzen sie Fischen, Wasservögeln und andern Thieren, vorzüglich den wilden Schweinen, die ... meistens von Binsenwurzeln leben. Sie dienen zu ... Körben und Fischreusen, in holzlosen Orten mit Rohr zur Feuerung. ...“ (Georgi 1797–1802, Theil 3, S. 675); „18. SCIRPVS lacustris. S. culmo tereti nudo, ... Gmel. sib. 1. p. 79. ... S. palustris altissimus. Scheuch. p. 454. Tournef. inst. 528. Iuncus maximus ... Bauh. pin. 12. theatr. 178. ... See-Binse. W. ... Varietas est Juncus palustris humilior. Scheuch. gram. p. 356. [s. Nr. 852] ...“ (Linné 1797–1830, Bd. I, Teil 1, S. 296); „40. Scirpus lacustris L. See=Binse; Teichbinse; die große Wasser= oder Pferdebinse; große Zunderbinse. ... Die Halme von unserer Seebinse enthalten eine weiße, schwammige Markröhre, die einige Personen wie Zunder benutzen sollen. ...“ (Dietrich 1808, S. 655f.); „68. SCIRPUS lacustris ... Linn. Sp. pl. p. 72. ... Scirpus palustris altissimus. Tournef. inst. 528. ... Scheuchz. Agrost. 454. ... Germ. Grosse Seebinse; Weiherbinse; Wasserbinsen. ... Pharm. JUNCI MAXIMI. s. SCIRPI MAJORIS. Radix; Semina. ... 69. SCIRPUS Tabernaemontani ... Scirpus palustris humilior. Scheuchz. Agrost. p. 356. [s. Nr. 852] Iuncus sive Scirpus medius. C. BAUH. pin. 12. [s. Nr. 852] ... Germ. Kleine Seebinse; Waldbinse. ...“ (Gmelin 1806a, S. 100ff.); „9. S[cirpus] Tabernaemontani (GMEL. Fl. bad. I, p. 101) ... LDEB. Fl. alt. I, p. 66. ... S. culmo tereti nudo, ... GMEL. Fl. sib. I, p. 79, No. 1. α? ... 10. S[cirpus] lacustris (L. Spec. 72) ... M. a BIEB. Fl. t. c. I, p. 38; ... LEDEB. Fl. alt. I, p. 66. ... S. culmo tereti nudo, ... GMEL. Fl. sib. I, p. 79, No. 1. ...“ (Ledebour 1853, S. 248f.); „1. SCIRPUS LACUSTRIS. L. ... M. a Bieb. Fl. taur. caus. [sic!] I. p. 38; ... Scirpus No. 1. Gmel. Fl. sib. I. p. 97. (excl. var. α.) ... 2) SCIRPUS TABERNAEMONTANI. Gmel. ... Gmel. Fl. bad. I. pag. 101. ... Scirpus No. 1. var. a. Gmel. Fl. sib. I. p. 79. ...“ (Ledebour 1829, S. 66f.); „99. SCIRPUS lacustris. ... Linn. ed. Willd. 1. p. 296. ... Gmel. sib. 1. p. 79. n. 1. ...“ (Marschall von Bieberstein 1808a, S. 38); „114. Scirpus lacustris. ... Linn. Sp. pl. p. 72. n. 9. ... Scirpus palustris altissimus. Scheuchz. Agrost. p. 354. n. 1. ... Scirpus palustris humilior. Scheuchz. Agrost. p. 356. n. 2. [s. Nr. 852] ...“ (Wulfen 1858, S. 57); Scirpus lacustris L. – russ. *kura* bzw. *kamyš* (*Annenkov* 1858, S. 85, Nr. 1002)

„335 Scirpus palustris altissimus. Inst. r. h. 528.“ (AAW R. I, Op. 6, D. 40, Bl. 37r, s. Anm. 1 in Nr. 1); „1081. Scirpus spicis copiosis Roy. pr. 48. Scirpus palustris altissimus Tourn. inst. ...“ (AAW R. I, Op. 13, D. 20, Bl. 99v, s. Anm. 1in Nr. 1); „– Scirpus palustris altissimus Tourn. ...“ (AAW R. I, Op. 104, D. 8, Bl. 15r, s. Anm. 18 in Nr. 452); „Scirpus palustris altissimus; Tournef. Spec. 1. ...“ (AAW F. 98, Op. 1, D. 19, Bl. 58r, s. Anm. 59 in Nr. 19); „9. August 1723 ... Sonst fand sich auch ... Scirpus palustris altissimus (Tournefortii sp. 1.) ...“ (Messerschmidt 1962–1977, Bd. 2, S. 112f.); „Scirpus palustris altissimus (Tournefortii sp. 1), Off.“ (Messerschmidt 1962–1977, Bd. 4, S. 206, s. Anm. 1 in Nr. 1)

[167] Randbemerkung in der 2. Textversion (s. Anm. 1 in A.): „+“

[168] „48. Scirpus palustris humilior. Agr. 356. ...“ (AAW R. I, Op. 1, D. 4ª, Bl. 6v, s. Anm. 98 in Nr. 810); „Scirpus palustris humilior Scheuchz. Agrostogr. ...“ (AAW R. I, Op. 104, D. 8, Bl. 14v, s. Anm. 18 in Nr. 452); „230. Scirpus palustris humilior Id. op. Agr. 71. ...“ (AAW R. I, Op. 105, D. 1ª, Bl. 20v, s. Anm. 29 in Nr. 5); s. Nr. 851

[169] Randbemerkung in der 2. Textversion (s. Anm. 1 in A.): „+“ und in der Handschrift von J. G. Gmelin „id. cum / pr.“

[170] „[species 9] Scirpus Equiseti capitulo majori. Juncus capitulis Equiseti, major C. B. Pin. 12. Juncus capitulis longis sive clavatus J. B. 2. 523. Juncus aquaticus, minor, capitulis Equiseti Lob. Icon. 86.“ (Tournefort 1700, S. 528, Genus II. „Scirpus.“); „IVNCVS CAPITVLIS Equiseti. ... I. Iuncus capitulis equiseti major. ... Variat scirpis latioribus & triplo ãgustiorib’. ...“ (Bauhin 1623, S. 12); „1. Scirpus Equiseti capitulo majori Inst. 528. Juncus capitulis Equiseti, major, scirpis latioribus, C. B. Pin. 12. Juncus Equiseti capitulis scirpis triplo latioribus, C. B. Theatr. 187. Juncus capitulis longis, seu clavatus, J. B. II. 523. ...“ (Scheuchzer 1719, S. 360f.); „5. SCIRPUS caule aphyllo, spica imbricata, terete. ... Juncus capitulis longis s. clavatis I. B. II. p. 523. ... Scirpus equiseti capitulo majori I. R. H. ... SCHEUCHZ. p. 360. ... II. Omnino non differt Scirpus equiseti capitulo major alter SCHEUCHZ. p. 361. T. 7. f. 17. ...“ (Haller 1742, S. 248f.); „Scirpus Equiseti capitulo majori I. R. H. ... Grosse Kölblichte Bintzen ... Est Juncellus, cyperoides capitulo simplici. Flor. Pruss. fig. [sic!] 131. ...“ (Mappus 1742, S. 281); „8. SCIRPUS culmo tereti nudo, spica subouata, imbricata, terminatrice LINN. Suec. 41. Iuncellus cyperoides capitulo simplici LOES. GOTTSCHED. Pruss. 131. ic. 36. Scirpus equiseti capitulo maiori TOURN. I. R. H. 528. SCHEUCHZ. Agr. 360. et. Scirpus equiseti capitulo maiori alter SCHEUCHZ. p. 361. Tab. VII. Fig. 17. [s. Nr. 854] quam varietatem, notante Michelio, optime exprimit. Scirpus culmo nudo, spica terminatrice subouata ROY. pr. 48. Scirpus caule aphyllo, spica imbricata, terete HALL. Helv. 248. Scirpus equiseti capitulo maiori, prouti SCHEUCHZERIANA descriptio habet, a STELLERO in stagnis ad Angaram nasci perhibetur, mihi nusquam obseruatis est, sed Scirpus equiseti capitulo maiori alter passim et vbique prouenit. ... Altior varietas Tataris Dschegèn dicitur, et apud ipsos materiam tempore ephippiis, aut stragulis e filo laneo soloci coactis, (Woilok) ephippium inter et equum collocari solitis, substernunt. ...“ (Gmelin 1747–1769, Bd. I, S. 83f.); „CCCLXVII. *Juncellus cyperoides capitulo simplici. Joh. Loes. Schlechtköpffigte kleine Cyper=Bintzen.“ (Loesel 1703, S. 131); „8. Scirpus culmo tereti nudo, spica subovata imbricata terminatrice [=] Eleocharis palustris R. Br.!“ (Ledebour 1841, S. 52); „Scirpus palustris, ... Sumpfsemsen, ... Sumpfbinsen; ... Sie heißt bey Tournefort: Juncus equisetis capitulo majore.“ (Gmelin 1776, Sp. 325); „4) Sumpf=Binzengras. Scirpus palustris. ... Scirpus culmo tereti nudo, spica subovata terminali. LINN. ... Sp. Pl. p. 70. ... GMEL. Sib. I. p. 83. n. 8. ... Scirpus equiseti capitulo maiore. T. SCHEUCHZ. gram. 360. Juncus palustris, ... C. BAUH. pin. 12. ... Juncus cyperoides ... LOES. Fl. pruss. 131. tab. 36. β) Scirpus equiseti capitulo maior alter. SCHEUCHZ. Gram. 361. tab. 3. f. 17. [s. Nr. 854] ...“ (Linné 1785, S. 111f.); „6. SCIRPVS palustris. S. culmo tereti nudo, ... Gmel. sib. 1. p. 83. n. 8. ... S. equiseti capitulo majore. T. Scheuch. gram. 360. ... Juncellus cyperoides ... Loes. pruss. 131. t. 36. β. S. equiseti capitulo majori alter. Scheuch. gram. 361. t. 7. f. 17. [s. Nr. 854] Sumpf Binse. W. ...“ (Linné 1797–1830, Bd. I, Teil 1, S. 291); „Es hält ein Päckchen Moos*, ... |: *) Was der Verfasser Moos nennt, sind die, in eine Art von Flachs verwandelten Fäden eines Grases, wahrscheinlich des Scirpus palustris LINN., welches die Russen und Tataren Tschegen und Tschitschina Trawa nennen, und dessen sich die Kamtschadalen, weil es weich ist und warm hält, auf mancherlei Art bedienen. :|“ (Lesseps 1791, S. 105); „1. SCIRPUS palustris L., ... Sumpfbimse. W. Tat. Dschegen, ... Aus den Halmen einer Abart ... flechten einige Matratzen und Satteldecken. ...“ (Georgi 1797–1802, Theil 3, S. 674); „Binsen, (Sumpf=) Kleine oder gemeine Binsen, Risch, Ries, ... Scirpus equisetis capitulo majori, SCHEVCHZ. hist. 360. ... Die Binsen sind ein untauglich, und eins der schlechtesten Futterarten für die Schafe, ihrer Gesundheit aber nicht schädlich.“ (Krünitz 1773–1858, Bd. 5, S. 324ff.); „2. E[leocharis] palustris (R. BR. l. c.) ... LEDEB. Fl. alt. I, p. 69. ... Scirpus palustris. L. Spec. 70. ... M. a. BIEB. Fl. t. c. I,

p. 37; ... Scirpus calamo [sic!] tereti nudo, ... GMEL. Fl. sib. I, p. 83, Nr. 8. ..." (Ledebour 1853, S. 244f.); „97. SCIRPUS palustris. ... Gmel. sib. I. p. 83. n. 8. Scheuchz. agr. p. 360. n. 1. ... Linn. ed. Willd. I. p. 29. ..." (Marschall von Bieberstein 1808a, S. 37f.); „1) ELEOCHARIS PALUSTRIS. R. Br. ... Scirpus palustris. ... M. a Bieb. Fl. taur. cauc. I. p. 37; ... Scirpus No. 8. Gmel. Fl. sib. I. p. 83. ..." (Ledebour 1829, S. 69); „Scirpus culmo nudo, spica terminatrice subovata Roy. 48. recte (Fl. sib. I. 83. nr. 8. Sc. palustris L. Eleocharis palustris R. Br.)." (C. von Linné in einem undatierten Brief an J. G. Gmelin – Plieninger 1861, S. 69); „Heleōcharis R. BR. (Cyperaceae). Zus. aus ἕλος (Sumpf) und χαρις (Liebe, Freude); wächst in Sumpfen." (Wittstein 1852, S. 424); „Eleo ... s. Heleo. ..." (a. a. O., S. 316)

„960. Scirpus caule aphyllo, spica imbricata terete Hall. Alp. 248. Scirpus culmo nudo spica terminatrice subovata Roy. pr. 48. Scirpus capitulo equiseti majori I. R. H. ..." (AAW R. I, Op. 13, D. 20, Bl. 91r, s. Anm. 1 in Nr. 1); s. auch Nr. 854

171 Randbemerkung in der 2. Textversion (s. Anm. 1 in A.): „+"

172 „2. 3. Scirpus Equiseti capitulo majori alter, Nob. Juncus Equiseti capitulis major, scirpis triplo angustioribus C. B. Pin. 12. Juncus Equiseti capitulis, scirpis triplo angustioribus, C. B. Theatr. 187. ..." (Scheuchzer 1719, S. 361f.); „42. SCIRPUS (palustris) ... Spec. plant. 47. Scirpus equiseti capitulo majori. Scheuchz. hist. 360. ... β Scirpus equiseti capiulo majori alter Scheuchz. hist. 361. ..." (Linné 1755, S. 15); Scirpus – russ. *kamyš* bzw. *očeretnik* (*Annenkov* 1858, S. 85, Nr. 1001)

„47. Scirpus equiseti capitulo majori alter Agr. 361. ..." (AAW R. I, Op. 1, D. 4ª, Bl. 6v, s. Anm. 98 in Nr. 810); „Scirpus Equiseti capitulo majori, alter Agr. 361. ..." (AAW F. 21, Op. 5, D. 98, Bl. 31v, s. Anm. 54 in Nr. 17); „232. Scirpus Equiseti capitulo majori alter. Id. op. Agrost. 72. ..." (AAW R. I, Op. 105, D. 1ª, Bl. 21r, s. Anm. 29 in Nr. 5); „– Scirpus equiseti capitulo majori alter Scheuchz. Agr. ..." (AAW R. I, Op. 104, D. 8, Bl. 14v, s. Anm. 18 in Nr. 452); s. Nr. 853

173 Randbemerkung in der 2. Textversion (s. Anm. 1 in A.): „+" und vor Klammern neben Nr. 854 und Nr. 855 in der Handschrift von J. G. Gmelin „una"

174 „2. Scirpus minimus, spicâ breviore, squamosâ spadiceâ, Nob. ..." (Scheuchzer 1719, S. 364f.); „9. SCIRPUS spica bivalvi, spadicea, obesiori. Scirpus minimus, spica breviore, ... SCHEUCHZ. p. 364. T. 7. f. 19. ..." (Haller 1742, S. 249); „1335. SCIRPUS caule tereti, spica nuda, pauciflora, glumis calycinis longiore. Scirpus minimus, capitulo squamoso breviore ... SCHEUCHZER p. 366. t. 7. f. 21. [s. Nr. 846] ... & Scirpus minimus spica breviore squamosa, spadicea SCHEUCHZER p. 364. t. 7. f. 19. ..." (Haller 1768a, S. 176); „*11. SCIRPUS campestris. ... S. minimus spica breviore ... Scheuch. agrost. 364. t. 7. f. 19. * bona. Feld-Binse: W. ..." (Linné 1797–1830, Bd. I, Teil 1, S. 293f.); „409. S[cirpus] acicularis ... Juncus minimus, spica breviore ... Scheuch. gram. 364. t. 7. f. 4. [sic!] ... Juncellus minimus, capit. equiseti. Pluk. alm 201. t. 40. f. 7. Moris. hist. 3. p. 234. s. 8. t. 10. f. 37. ..." (Richter 1840, S. 63); „8) Quell=Binzengras. Scirpus acicularis. ... Scirpus culmo tereti nudo setiformi, spica ovata bivalvi, seminibus nudis. LINN. ... Sp. Pl. p. 71. ... Juncellus minimus, capitulis equiseti. PLUK. alm. 201. tab. 40. f. 7. MORIS. hist. 3. p. 234. s. 8. tab. 10. f. 137. [sic!] ... Diese ist vielleicht die kleinste Art unter denen Binzengräsern, die man nicht unschicklich deßwegen Nadelbinzen, wegen der Aehnlichkeit mit einer Nadel, nennen könnte, ..." (Linné 1785, S. 116f.); „[Scirpus] acicularis, ... nadelförmige Semsen, ..." (Gmelin 1776, Sp. 326f.); „a) Sirpus acicularis. Juncus humilis, Juncellus minimus, Juncellus inutilis, Chamaeschoenos. Deutsch. Die kleinste Binse; Nadelbinse, Spiessbinse, Quellbinse, kleinste Weiherbinse. ..." (Nemnich 1795, Sp. 1243); „5. SCIRPUS acicularis L., ... Nadelförmige Binse. W. Spies=, auch Quellbinse. ..." (Georgi 1797–1802, Theil 3, S. 675); „13. Gramen est scirpus magnitudine aciculae. Fl. lapp. Scirpus spica bivalvi spadicea obesiore. Hall. helv. 249. longe diversa a calamistro (Fl. sib. I. 83. nr. 7. Sc. acicularis L. Eleocharis acicularis R. Br.)." (C. von Linné in einem undatierten Brief an J. G. Gmelin – Plieninger 1861, S. 69); s. Nr. 846

175 Randbemerkung in der 2. Textversion (s. Anm. 1 in A.): „+"

176 „[species 10] Scirpus Equiseti capitulo minori. Juncellus capitulis Equiseti, minor & fluitans C. B. Pin. 12. Juncellus capitulis Equiseti, fluitans C. B. Prodr. 23." (Tournefort 1700, S. 528, Genus II.

„Scirpus.“); „3. Scirpus Equiseti capitulo, minori, Inst. 528. Juncellus capitulis Equiseti minor & fluitans C. B. Pin. 12. Juncellus capitulis Equiseti fluitans, C. B. Theatr. 187. Prodr. pag. 23. Tab. VII. Fig. 20. ...“ (Scheuchzer 1719, S. 365f.); „Scirpus Equiseti capitulo minori Inst. R. H. ... Kleine Kölblichte Bintze. Descript. etiam Jcon in Scheuchz. Hist. Gram. 365. Tab. 7. fig. 20.“ (Mappus 1742, S. 281); „9) Schwimmendes Binzengras. Scirpus fluitans. ... Scirpus culmis teretibus nudis alternis, caule folioso flaccido. LINN. ... Sp. Pl. p. 71. ... Scirpus equiseti capitulo minori. TOURNEF. Inst. R. H. p. 528. SCHEUCHZ. Gram. 365. t. 7. f. 20. ...“ (Linné 1785, S. 117f.); „Scirpus flu[i]tans, ... schwimmende Semsen, ... Sie heißt bey ... Tournefort: Scirpus equiseti capitulo minori; ...“ (Gmelin 1776, Sp. 327); „17. SCIRPVS fluitans. ... S. equiseti capitulo minori, T. Scheuch. gram. 365. t. 7. f. 20. Juncellus, capitulis equiseti, ... Bauh. pin. prodr. 23. theatr. 187. ... Schwimmende Binse. W. ...“ (Linné 1797–1830, Bd. I, Teil 1, S. 295); „137. SCIRPUS fluitans. Linn. Fluthende Binse. ... Synon. ... Isolepsis fluitans Brown. Röm. et Schult. S. V. ...“ (Röhling 1823, S. 432f.); „1012. Isolepsis. ... 2. J. fluitans (R. BR. l. c.) ... Scirpus fluitans. L. Spec. 71. ...“ (Ledebour 1853, S. 255f.); „111. Scirpus fluitans. ... Linn. Sp. pl. p. 71. n. 8. ... Scirpus Equiseti capitulo minore. Scheuchz. Agr. p. 365. n. 3. Tab. 7. fig. 20. ...“ (Wulfen 1858, S. 55f.); „Isōlepsis R. BR. (Cyperaceae). Zus. aus ἴσος (gleich) und λεπις (Schuppe); die Schuppen sind gleichförmig.“ (Wittstein 1852, S. 478)

177 Randbemerkung in der 2. Textversion (s. Anm. 1 in A.): „+“

178 „[species 2] Cyperus rotundus, inodorus, Germanicus C. B. Pin. 14. Cyperus aquaticus, Septentrionalis Lobelio J. B. 2. 503. Cyperus aquaticus, Septentrionalis Lob. Icon. 77.“ (Tournefort 1700, S. 527, Genus I. „Cyperus. Souchet.“); „Cyperus aquaticus, Septentrionalis. L. 40. T. 109.“ (Lobelius 1581, S. 77); „1. Cyperus panicula sparsâ, è spicis longioribus, tenuioribus, teretibus compositâ, Nob. Cyperus vulgatior, paniculâ sparsâ, Inst. 527. Gramen Cyperoides, paniculâ sparsâ majus, C. B. Pin. 6. Theatr. 86. Gramen Cyperoides vulgatius, aquaticum, J. B. II. 495. Tab. IX. Fig. 7. ... Cùm radicem integram non viderim, dubitare licet, annon & huc vocandus sit, Cyperus rotundus, inodorus, Germanicus, C. B. Theatr. 215.“ (Scheuchzer 1719, S. 398f.); „[species 5] Cyperus vulgatior, paniculâ sparsâ. Gramen Cyperoides, paniculâ sparsâ, majus C. B. Pin. 6. Gramen Cyperoides, vulgatius, aquaticum J. B. 2. 495. Gramen Cyperoides, aquaticum, vulgatius Lob. Icon. 20.“ (Tournefort 1700, S. 527, Genus I. „Cyperus. Souchet.“); „2. SCIRPUS culmo triquetro, panicula conglobata foliacea, spicularum squamis trifidis, intermedia subulata LINN. Suec. 39. Cyperus panicula compacta, e spicis teretibus crassioribus composita SCHEUCHZ. Agr. 400. Cyperus culmo triquetro, panicula foliosa, pedunculis simplicissimus, spicis confertis ROY. pr. 50. j. Idem monostachius. ... Synonyma Royenianum et Linnaeanum docuit Cel. LINNAEUS, quibus ego Gramen cyperoides panicula sparsa maius B. pin. iungere nequeo, quia SCHEUCHZERI descriptio p. 398. nostro non congruit, maxime autem respondet illi SCHEUCHZERIANO, quod inter nostra synonyma allegauimus. ... STELLERUS etiam in stagnis ad Ircutum, Angaram et Bargusinum collocat Cyperum rotundum inodorum Germanicum C. B. ...“ (Gmelin 1747–1769, Bd. I, S. 79f.); „2. Scirpus culmo triquetro, panicula conglobata loliacea, [sic!] spicularum squamis trifidis, intermedia subulata [=] Scirpus maritimus L.!“ (Ledebour 1841, S. 51); „[Cyperus] rotundus inodorus germanicus, hierunter versteht er [d. h. C. Bauhin] die Seestrandssemsen.“ (Gmelin 1773, Sp. 479); „31) Ufer=Binzengras. Scirpus maritimus. ... Scirpus culmo triquetro, panicula conglobata foliacea, spicularum squamis trifidis; intermedia subulata. LINN. ... Sp. Pl. p. 74. ... GMEL. sib. 1. p. 79. ... Cyperus rotundus inodorus germanicus. C. BAUH. pin. 14. theatr. 215. ... Gramen cyperoides ... SCHEUCHZ. gram. 398. ... γ) Cyperus panicula compacta ... SCHEUCHZ. hist. 400. tab. 9. f. 9. 10. δ) Gramen cyperoides ... C. BAUH. pin. 6. SCHEUCHZ. gram. 398, tab. 9. f. 7. 8. ...“ (Linné 1785, S. 139ff.); „2. Cyperus paniculâ ccompactâ, [sic!] è spicis teretibus, crassioribus compositâ, Nob. Tab. IX. Fig. 9. ...“ (Scheuchzer 1719, S. 400f.); „11. SCIRPUS maritimus L., ... Meerstrand=Binse. ...“ (Georgi 1797–1802, Theil 3, S. 676); „55. SCIRPVS maritimus. S. culmo triquetro, ... Gmel. sib. 1. p. 79. ... Cyperus rotundus inodorus germanicus. Bauh. pin. 14. theatr. 215. ... γ. Cyperus panicula compacta ... Scheuch. hist. 400. t. 9. f. 9. 10. ... δ. Gramen cyperoides ... Bauh. pin. 6. Scheuch. gram. 398. t. 9. f. 7. 8. ... Meerstrands-

Binse. W. ...“ (Linné 1797–1830, Bd. I, Teil 1, S. 306); „12 S[cirpus] maritimus (L. Spec. 74) ... M. a BIEB. Fl. t. c. I, p. 40; ... LEDEB. Fl. alt. I, p. 68. ... S. culmo triquetro, ... GMEL. Fl. sib. I, p. 79, No. 2. ...“ (Ledebour 1853, S. 249f.); „103. SCIRPUS maritimus. ... Linn. ed. Willd. I. p. 306. ... Scheuchz. agr. p. 400. n. 2. t. 9. f. 9. 10. Gmel. I. p. 79. n. 2. ...“ (Marschall von Bieberstein 1808a, S. 40); „4) SCIRPUS MARITIMUS. L. ... M. a Bieb. Fl. taur. cauc. I., p. 40; ... Scirpus No. 2. Gmel. Fl. sib. I. p. 79. ...“ (Ledebour 1829, S. 68); „15. Scirpus culmo triquetro trifolio spicis conglomeratis trivalvibus. Scirpus culmo triquetro panicula conglobata foliaca, spicularum squamis trifoliis: intermedia subulata. Fl. suec. Cyperus culmo triquetro panicula foliacea, pedunculis simplicibus spicis confertis. Roy. lugdb. Gramen cyperoides panicula sparsa majus C. B. licet saepe non sparsa. Cyperus rotundus inodorus germanicus C. B. Cyperus rotundus inodorus anglicus C. B. Cyperus panicula compacta e spicis teretibus crassioribus composita. Scheuchz. (Agr.) (Fl. sib. 1. 79. nr. 2. Sc. maritimus L.)“ (C. von Linné in einem undatierten Brief an J. G. Gmelin – Plieninger 1861, S. 69); Cyperus – russ. *syt'* (*Annenkov* 1858, S. 36, Nr. 388); „Cypērus (Cyperaceae). Κυπειρος oder κυπειρον der Alten, wahrscheinlich von Κυπρις (Venus) wegen der qualitas aphrodisiaca, zu welchem Zweck die schmackhaften Wurzeln von Cyperus esculentus im Oriente gebraucht werden. ...“ (Wittstein 1852, S. 256)

179 Randbemerkung in der 2. Textversion (s. Anm. 1 in A.): „+“ und in der Handschrift von J. G. Gmelin „Cyperus / gramineus J. B.“

„1. Cyperus gramineus, J. B. II. 504. Gramen Cyperoides, Miliaceum. C. B. Pin. 6. Theatr. 90. ... Gramen arundinaceum, foliis acutissimis, paniculâ multiplici, Cyperi facie, J. Loesel. Flor. Pruss. 119. ubi figura laudabilis. ...“ (Scheuchzer 1719, S. 393ff.); „CCCXXVI. *Gramen arundinaceum foliis acutissimis paniculâ multiplici, Cyperi facie, Joh. Loes. Vielstraußiges scharffes Cyperähriges Rohr=Graß. ...“ (Loesel 1703, S. 119); „3. SCIRPUS culmo triquetro folioso, panicula foliosa, pedunculis nudis supradecompositis, spicis confertis LINN. Suec. 38. Cyperus gramineus I. B. III. 504. SCHEUCHZ. Agr. 393. Gramen arundinaceum foliis acutissimis, panicula acutissima, Cyperi facie LOES. Pruss. 119. ic. 33. Scirpus planiformis, caule triquetro, panicula foliis insidente HALL. Helv. 247. ...“ (Gmelin 1747–1769, Bd. I, S. 81); „3. Scirpus culmo triquetro folioso, panicula foliosa, pedunculis nudis supradecompositis, spicis confertis [=] Scirpus sylvaticus L.!“ (Ledebour 1841, S. 51); „Scirpus sylvaticus, ... Waldsemsen, ... Waldbinsengras; Cyperngras; hirseachtiger Galgand; Löthel; falscher Miliz; ... Sie taugt durchaus nicht zum Futer für das Vieh, kann aber als Stroh gebraucht werden. ...“ (Gmelin 1776, Sp. 333); „33) Wald=Binzengras. Scirpus sylvaticus. ... Scirpus culmo triquetro folioso, umbella foliacea, pedunculis nudis supradecompositis, spicis confertis. LINN. ... Sp. Pl. p. 75. ... GMEL. sib. 1. p. 81. n. 3. ... Gramen cyperoides miliaceum. C. BAUH. pin. 6. Cyperus gramineum. I. BAUH. hist. 2. p. 504. SCHEUCHZ. gram. p. 393. Gramen arundinaceum ... LOES. pruss. 119. tab. 33. ... Grasartiger Cyperus oder hirsengrasartiges Cypergras wird diese Binze von den ältern botanischen Scribenten genennt, ...“ (Linné 1785, S. 144ff.); „g) Scirpus sylvaticus. Pseudocyperus, Cyperus sylvestris, Cyperus gramineus, Gramen cyperoides miliaceum. Deutsch. Die Waldbinse; Waldsemsen, Waldschilf, Waldlöchel Löchelbinsen, Geschoster Löchel, Buschgalant, Cypergras, Hirsegras, Hirschegras, Achtiger Galgand, Falscher Militz, Segge. ...“ (Nemnich 1795, Sp. 1245f.); „58. SCIRPVS sylvaticus. ... Gramen cyperoides miliaceum. Bauh. pin. 6. Cyperus gramineus. Bauh. hist. 2. p. 504. Scheuch. gram. p. 393. ... Gramen arundinaceum, ... Loes. pruss. 119. t. 33. ... Wald-Binse. W. ...“ (Linné 1797–1830, Bd. I, Teil 1, S. 307f.); „13. S[cirpus] sylvaticus (L. Spec. 75) ... M. a BIEB. Fl. t. c. I, p. 40. ... LEDEB. Fl. alt. I, p. 67. ... S. culmo triquetro folioso, ... GMEL. Fl. sib. I, . 81, No. 3. ...“ (Ledebour 1853, S. 250); „104. SCIRPUS syluaticus. ... Linn. ed. Willd. 1. p. 307. ... Scheuchz. agr. p. 393. n. 1. Gmel. sib. 1. p. 81. n. 3. ...“ (Marschall von Bieberstein 1808a, S. 40); „3) SCIRPUS SYLVATICUS. Linn. ... M. a Bieb. Fl. taur. cauc. I. p. 40 ...“ (Ledebour 1829, S. 67f.)

„49. Cyperus gramineus J. B. II. 504. Agr. 393. ...“ (AAW R. I, Op. 1, D. 4ª, Bl. 6v, s. Anm. 98 in Nr. 810); „334 Cyperus Gramineus JB. 3. [sic!] 504.“ (AAW R. I, Op. 6, D. 40, Bl. 37r,

s. Anm. 1 in Nr. 1); „234. Cyperus Gramineus J. B. II. 504. ...“ (AAW R. I, Op. 105, D. 1ª, Bl. 21r, s. Anm. 29 in Nr. 5)

180 „[species 11] Cyperus minimus, paniculâ sparsâ, subflavescente. Gramen Cyperoides, minus, paniculâ sparsâ subflavescente C. B. Pin. 6. ...“ (Tournefort 1700, S. 527, Genus I. „Cyperus. Souchet.“); „5. Cyperus minimus, paniculâ sparsâ, subflavescente, Inst. 527. Gramen Cyperoides, minus, paniculâ sparsâ, subflavescente C. B. Pin. 6. ...“ (Scheuchzer 1719, S. 385ff.); „Cyperus minimus panicula sparsa, subflavescente Inst. R. Herb. Gramen cyperoides, minus, ... C. B. Pin. 6. ... Klein Riedgraß mit gelben Kölbleib, ...“ (Mappus 1742, S. 89f.); „1. CYPERUS minimus, panicula sparsa flavescente I. R. H. ... SCHEUCHZER p. 385. Gramen cyperoides minus panicula sparsa subflava C. B. Theatr. 88. bene. ...“ (Haller 1742, S. 246f.); „5. CYPERUS minimus, panicula sparsa subflauescente I. R. H. STELL. Irc. 858. Circa vrbem Ircutiam.“ (Gmelin 1747–1769, Bd. I, S. 82f.); „5. Cyperus minimus, panicula sparsa subflavescente [=] Cyperus flavescens L.!“ (Ledebour 1841, S. 51); „Cyperus flavescens, ... blaßgelbes Cypergras, ... kleine teutsche Cyperwurz mit gelbbraunen Blumenähren; ... es heißt bey Tournefort: Cyperus minimus panicula sparsa subflavescente; ...“ (Gmelin 1773, Sp. 472); „21) Gelblichtes Cypergras. Cyperus flavescens. ... Cyperus culmo triquetro nudo, umbella triphylla, pedunculis simplicibus inaequalibus, spicis confertis lanceolatis. LINN. ... Sp. Pl. p. 68. ... Cyperus minimus ... TOURNEF. Inst. R. H. p. 527. SCHEUCHZ. gram. p. 385. ... Gramen cyperoides minus, ... C. BAUH. pin. 6. theatr. 88. tab. 88. ... Klein Rietgras ist eine niederdeutsche Benennung dieser Grasart, ...“ (Linné 1785, S. 98f.); „3. CYPERUS flavescens L., ... Gelbliches Cyperngras. ...“ (Georgi 1797–1802, Theil 3, S. 673); „39. CYPERVS flavescens. ... Cyperus (flavescens) ... Sp. plant. 68. ... C. minimus, ... Scheuch. gram. 385. ... Gramen cyperoides minus, ... Bauh. pin. 6. theatr. 88. t. 88. ... Gelbes Cyperngras. W. ...“ (Linné 1797–1830, Bd. I, Teil 1, S. 279); „1008. Cyperus L. ... 2. C. flavescens (L. Spec. 68) ... M. a BIEB. Fl. t. c. I, p. 36; ... C. minimus, ... GMEL. Fl. sib. I, p. 82, No. 5. ...“ (Ledebour 1853, S. 239f.); „94. CYPERUS flauescens. ... Linn. ed. Willd. 1. p. 279. ... Gmel. sib. 1. p. 82. n. 5. Scheuchz. agr. p. 385. n. 5. ...“ (Marschall von Bieberstein 1808a, S. 36); „96. Cyperus flavescens. ... Linn. Sp. pl. p. 68. n. 15. ... Cyperus minimus, ... Scheuchz. Agrost. p. 385. n. 5. ...“ (Wulfen 1858, S. 49)

Randbemerkung in der 2. Textversion (s. Anm. 1 in A.): „+“ und in der Handschrift von J. G. Gmelin „Juncus / 26. idem cum / 844. hujus florae“

181 „Tab. LX. Fig. I. Cyperus minimus, capitulis aculeatis. ...“ und die Abbildung auf Tafel LX, Fig. 1 (Buxbaum 1733 S. 33); „6. CYPERUS minimus capitulis aculeatis BUXB. Cent. IV. Tab. IX. Fig. 1. STELL. Irc. 859. In vdis ad Uschacowkam amnem, qui in Angaram mox infra Ircutiam vrbem influit. Vereor, ne sit Scirpi 4. varietas humilior florens. Ego has duas Cyperorum species, si diuersae sint a quarta, in Sibiria non vidi.“ (Gmelin 1747–1769, Bd. I, S. 83); „6. Cyperus minimus capitulis aculeatis [=] Cyperi species adhuc ignota videtur, nisi var. est humilior Caricis cyperoidis, uti Gmelinus opinatur. (Cyperus hamulosus Stev. – M. a Bieb. Fl. t. c. I. 35., quae vero species a Clar. Turczaninow in regione circa urbem Irkutzk non observata est, ubi Stellerus plantam Gmelinianam legit.)“ (Ledebour 1841, S. 52); „92. CYPERUS hamulosus. ... C. minimus capitulis aculeatis. Buxb. cent. 4. p. 33. t. 60. f. 1. Gmel. sib. 1. p. 83. n. 6. ...“ (Marschall von Bieberstein 1808a, S. 35); „7. J[solepis] hamulosa (KUNTH Enum. II, p. 204) ... Cyperus hamulosus. M. a BIEB. Fl. t. c. I, p. 35; ... Cyperus minimus ... BUXB. Cent. IV, p. 73, t. 60, f. 1. ...“ (Ledebour 1853, S. 257)

182 Randbemerkung in der 2. Textversion (s. Anm. 1 in A.): „+“ und in der Handschrift von J. G. Gmelin „Scirpus 4.“

183 „231. Scirpus omnium minimus, capitulo breviori, radice repente. Styli crassiores sunt, ac Scirpi omnium minimi, capitulo breviore I. R. H. Potissimum etiam differt spicis, quae parvae et spadiceae sunt, ad sesquiunciale spatium infra mucronem stylorum dispositis. Raro occurrit. Fl. Irc. n°. 860.“ (AAW R. I, Op. 105, D. 1ª, Bl. 21r; s. Anm. 29 in Nr. 5); s. Nr. 847

184 Randbemerkung in der 2. Textversion (s. Anm. 1 in A.): „+“ und in der Handschrift von J. G. Gmelin „Juncus 33.“

[185] „[species 1] Arundo vulgaris sive φραγμίτης Dioscoridis C. B. Pin. 17. Arundo vulgaris, palustris J. B. 2. 485. Arundo palustris, Canna sepiaria Tabern. Icon. 254." (Tournefort 1700, S. 526, Genus IX. „Arundo. Canne ou Roseau."); „1. Arundo vulgaris, sive φραγμίτης Dioscoridis, C. B. Pin. 17. Arundo vulgaris. C. B. Theatr. 269. Arundo vulgaris, palustris J. B. II. 485. Tab. III. Fig. 14. D. Locustarum unicum folliculum repraesentat. ..." (Scheuchzer 1719, S. 161f.); „Arundo vulgaris, sive Phragmites Dioscorid. C. B. B. 17. ... Rohr, Schilff=Rohr, Riet." (Rupp 1726, S. 255); „3. ARUNDO vulgaris palustris. Bauh. hist. 2. p. 485. Arundo vulgaris sive phragmites dioscoridis. Bauh. pin. 17. Scheuch. hist. 161. ..." (Linné 1737, S. 26); „1. ARUNDO vulgaris sive Phragmites Dioscoridis C. B. Bas. p. 16. I. R. H. ... SCHEUCHZ. p. 161. T. 3. f. 14. D. ... Arundo vulgaris palustris I. B. p. 485. ... CLIFF. p. 24. [sic!] ..." (Haller 1742, S. 221); „In Deutschland findet man allein das dünne, schwache Wasser=Rohr und die Narren=Kolben oder Deitel=Kolben, ... Arundo vulgaris sive phragmites Dioscoridis. C. B. P. 17. T. 526. ... Arundo vulgaris palustris. J. B. 2. 485. ..." (Zwinger 1744, S. 362); „61. ARUNDO panicula laxa, flosculis quinis LINN. Suec. 99. Arundo vulgaris siue phragmites Dioscoridis C. B. Basil. p. 16. SCHEUCHZ. Agr. p. 161. Tab. III. Fig. 14. D. HALL. Helv. p. 221. Arundo vulgaris palustris I. B. II. p. 485. Arundo panicula laxa calycibus quinquefloris ROY. pr. 67. ... Russice Камышъ [russ. *kamyš*] dicitur. ..." (Gmelin 1747–1769, Bd. I, S. 125); „61. Arundo panicula laxa, flosculis quinis. [=] Phragmites communis Trin.!" (Ledebour 1841, S. 55); „Arundo phragmitis, ... gemeines Rohr, ... Schilf; gemeiner Schilf; ... läßt man es gros wachsen, so können es arme Leute auf dem Heerd, oder zu ihren Dächern gebrauchen, mit seinen Blumenbüscheln kann man besonders auf Wolle grün färben: sein Saft ist seifenartig und abführend; seine Wurzeln sind süs und ekelhaft, ... Es heißt bey ... J. Bauhin: Arundo vulgaris palustris; ..." (Gmelin 1772a, Sp. 811f.); „3) Gemeines Rohr. Arundo phragmites. ... Arundo calycibus quinquefloris, panicula laxa. LINN. ... Sp. Pl. p. 120. ... GMEL. Sib. 1. p. 125. ... HUDSON. Fl. Angl. T. I. p. 53. ... Arundo vulgaris ... C. BAUH. pin. 15. SCHEUCHZ. Gram. 161. ... Dieses unser gemeines Schilf, welches ... ausser Schilf, Rohr, noch Deckrohr, Teichrohr, Büschelrohr, Teichschilf, Weiherriet und Pfaffenrohr genennt wird, ... Aus den Rispenbüscheln macht man gewöhnlicherweise artige Fliegenwedel. ... Man soll sogar in einigen Gegenden schon Brod daraus [d. h. aus den Wurzeln] gebacken haben, wenn man sie vorher fein gemahlen hat. ..." (Linné 1785, S. 501ff.); „1. ARUNDO calycibus quinquefloris, ... Sp. pl. 120. ... Arundo vulgaris ... B. pin. 17. ... Anglis, common Reed-grass. ..." (Hudson 1798, S. 53f.); „130 Arundo phragmites, Lin. sp. 3. Rohr. Ruß. Kamysch. Tat. Dgigan. ... Gräbt man auf solchen Plätzen [d. h. auf ‚thonigtmulmigen' Flächen oder Sandflächen] nur 2 bis 3 Fuß, so sammlet sich in der Grube bald Wasser, welches gewöhnlich süß und trinkbar ist. Diese Anzeige lassen die Steppenvölker und Reisende nicht ungenutzt. Des Winters ersetzt das abgestandene Rohr zum Theil das hier ganz fehlende Holz." (Falk 1786, S. 109); „l) Arundo phragmites. ... Deutsch. Das gemeine Rohr; Rohrschilf, Büschelrohr, Pfeifenrohr, Deckrohr, Teichrohr, Wasserrohr, Weiherrohr, Zaunrieth, Wasserfedergras. ... Russ. Kamysch. ... Burät. Eholochon. Georgi. Tatar. Dgigan. Falk. ... Wenn zufälligerweise von dem Samen etwas ins Ohr kommt, so kann man leicht taub darnach werden." (Nemnich 1793a, Sp. 489f.); „2. ARUNDO Phragmites L., ... Gemeines Rohr. R. Kamysch. Tat. Dgigan. ... Man verwendet das Rohr zum Hausdecken, zu Matten aus parallelen Halmen und zu geflochtenen von jungen grünen Halmen. Einige färben mit den grünen Rispen, mit Alaun gebeizt, Wolle grün." (Georgi 1797–1802, Theil 3, S. 705); „2. ARVNDO Phragmites. A. calycibus quinquefloris, ... Gmel. sib. 1. p. 125. ... A. vulgaris ... Bauh. pin. 15. Scheuch. gram. 161. ... Gemeines Rohr. W. ..." (Linné 1797–1830, Bd. I, Teil 1, S. 454f.); „1052. Arundo. L. ... 1. A. Phragmites (L. Spec. 120) ... Phragmites vulgaris. ... LED.! Fl. alt. I, p. 88. ... Arundo Phragmites. ... M. a BIEB. Fl. t. c. I, p. 78; ... Arundo panicula laxa, ... GMEL. Fl. sib. I, p. 125, No. 61. ..." (Ledebour 1853, S. 393f.); „1) PHRAGMITES COMMUNIS. Fr. Tund. [?] Agr. p. 134. ... Arundo panicula laxa. .... Gmel. Sib. I. p. 125. ..." (Ledebour 1829, S. 88f.); „199. ARUNDO Phragmites. ... Linn. ed. Willd. I. p. 454. ... Gmel. sib. I. p. 125. n. 61. Scheuchz. agr. p. 161. n. 1. t. 3. f. 14. D. ..." (Marschall von Bieberstein 1808a, S. 78); „197. Arundo Phragmites. – Phragmites communis Trin. ... Linn. Sp. pl. p. 120. n. 3. ... Arundo vulgaris ... Scheuchz. Agrost.

p. 161. n. 1. Tab. 3. fig. 14. D. ..." (Wulfen 1858, S. 102f.); „1. Phragmites communis Trin. Gemeines Schilfrohr. Rohrschilf. ... Arundo Phragmites L. ... * Benützunng der rohrartigen Halme zur Bekleidung von Wänden und Dächern, zu Rohrdecken, Stukaturarbeiten und zu allerhand Flechtwerken." (Maly 1864, S. 18f.); Arundo Phragmites L. – russ. *trostnik*, *čeret*, *očeret* bzw. *kamyš* (*Annenkov* 1858, S. 19, Nr. 147); „Phragmītes TRIN. (Gramineae). Von φραγμα (Zaun); dient im Süden von Europa zu Umzäunungen." (Wittstein 1852, S. 684)

„331 Arundo vulgaris s. φραγμὶτης Dioscoridis CBP. 17 Agrost. 161." (AAW R. I, Op. 6, D. 40, Bl. 37r, s. Anm. 1 in Nr. 1); „197. Arundo vulgaris sive φραγμίτυς Dioscoridis C. B. Pin. 17. ..." (AAW R. I, Op. 105, D. 1^{a}, Bl. 16v, s. Anm. 29 in Nr. 5); „N°. 119. Arundo vulgaris, s. Phragmites Dioscoridis. C. B. P. 17." (AAW R. I, Op. 104, D. 17, Bl. 8r, s. Anm. 36 in Nr. 8); „1. Arundo vulgaris ... C. B. P. 17. Ind. Jen. n°. 197." (AAW R. I, Op. 13, D. 67, Bl. 15r, s. Anm. 5 in Nr. 4); „Arundo vulgaris palustris JB. ..." (AAW R. I, Op. 104, D. 8, Bl. 14v, s. Anm. 18 in Nr. 452); „Arundo vulgaris sive φραγμίτης Dioscoridis, ... T. Sp. 1. ..." (AAW F. 98, Op. 1, D. 19, Bl. 4v, s. Anm. 59 in Nr. 19)

186 „[species 1] Cyperoides latifolium, spicâ rufâ sive caule triangulo. Gramen Cyperoides, latifolium, spicâ rufâ sive caule triangulo C. B. Pin. 6. Gramen Cyperoides, cum paniculis nigris J. B. 2. 494. Gramen Cyperoides Lob. Icon. 11." (Tournefort 1700, S. 529, Genus I. „Cyperoides."); „1. Cyperoides latifolium, spicâ rufâ, sive caule triangulo, Inst. 529. ..." (Scheuchzer 1719, S. 458ff.); „Cyperiodes latifolium, spica rufa, sive caule triangulo Tournefort. inst. ... Cyper=Graß." (Rupp 1726, S. 256f.); „Cyperoides latifolium, spica rufa sive caule triangulo Inst. R. Herb. ... Gramen cyperoides Lob. Icon. 11. Descript. in Scheuchz. Agrost. p. 458. ... Groß breit blätterich Cypergraß. ..." (Mappus 1742, S. 86); „31. CYPEROIDES spicis maribus obesis, femininis imis longe petiolatis, gracilibus. ... Cyperoides nigroluteum vernum minus I. R. H. ... SCHEUCHZ. p. 460. Carex spicis erectis, oblongis, ... CLIFF. p. 349. [sic!] ..." (Haller 1742, S. 240); „769. CAREX spicis masculis pluribus, ... Carex spicis erectis oblongis ... Hort. cliff. 439. ... β ... Cyperoides nigro-luteum vernum minus. Tournef. inst. 529. ..." (Linné 1745, S. 280); „Cyperoides latifolium, spica rufa, caule triangulo T. ... groß breit blättricht Cypern=Graß, ..." (Lindern 1747, S. 55); „41) Spitzige Seege [sic!]. Carex acuta. ... Carex spicis masculis pluribus, seminis subsessilibus, capsulis obtusiusculis. LINN. ... Sp. Pl. p. 1388. Carex spicis erectis ... Hort Cliff. p. 439. ... GMEL. Sib. 1. p. 142. ... α) Carex acuta nigra. Carex nigra verna vulgaris Fl. Lapp. n. 350. ... Cyperoides nigro-luteum vernum minus. SCHEUCHZ. Gram. p. 460. ... β) Carex acuta ruffa. ... Cyperoides latifolium, ... SCHEUCHZ. Gram. p. 458. Gramen cyperoides spica ruffa s. caule triangulo. C. BAUH. pin. 6. ... Unter den mannichfaltigen deutschen Benennungen ... sind folgende die ... bekanntesten: Schnöte, Nätsch, Leuchel, Schelmengraß, Schnittgraß, Wintersegge, Platzgraß, Sauergraß, Bruchsegge und Eisenpäther. ... Dem Viehe ... ist es äußerst Schädlich, ..." (Linné 1785, S. 704ff.); „9. CAREX spicis erectis oblongis sessilibus alternis folio floralis brevioribus: superioribus masculinis. Carex nigra verna vulgaris. Fl. lapp. 330. Cyperoides nigro-luteum vernum minus. Tournef. inst. 529. Scheuch. hist. 460. ...." (Linné 1737, S. 439); „2. Cyperoides nigro-luteum, vernum, minus, Inst. 529. ... Graminis nigro-lutei verni varietas minor, J. B. II. 494. ..." (Scheuchzer 1719, S. 460ff.); „[species 11] Cyperoides nigro-luteum, vernum, minus. Graminis nigro-lutei verni varietas minor J. B. 2. 494. Gramen Cyperoides, spicis Caryophyllaeis, vulgatissimum Raii Hist. 1293." (Tournefort 1700, S. 529f., Genus I. „Cyperoides."); „83. CAREX spicis per culmum sparsis, masculis, pluribus, spadiceis foemineis subsessilibus variis. Cyperoides nigroluteum vernum minus TOURNEF. I. R. H. p. 529. SCHEUCHZ. Agr. p. 460. Gramen cyperoides foliis caryophyllaeis, vulgatissimum R. Hist. pl. p. 1293. Carex spicis erectis, oblongis, sessilibus, alternis, folio florali breuioribus, superioribus masculinis LINN. h. Cliff. p. 349. [sic!] ROY. pr. p. 74. Cyperoides spicis maribus obesis, foemininis imis longe petiolatis, gracilibus HALL. Helv. p. 240. Carex spicis masculis pluribus, foemineis subsessilibus, capsulis obtusiusculis LINN. Suec. 769. ..." (Gmelin 1747–1769, Bd. I, S. 142f.); „83. Carex spicis per culmum sparsis, masculis pluribus spadiceis, foemineis subsessilibus variis [=] Carex acuta L.!" (Ledebour 1841, S. 57); „[Carex] acuta, ... spiziges Riedgras, ... spiziges gelbrothes Riedgras; scharfes Riedgras; grose

spizige Bruchsegge mit schwarzrothen Aehren; gros Wasserriedgras; wild Galgantgras; breitblätterichtes Riedgras; Berstgras; Schnittgras; Sauergras; Pazgras; Segger; Segge; hohe Wintersegge; ... hat zwo Spielarten, deren die eine den Beynamen: nigra, der schwarzen, führt, ... die andere aber ... den Beynamen; rufa, der gelbrothen hat; ...“ (Gmelin 1772, Sp. 570f.); „[Cyperoides] latifolium spica rufa s. caule triangulo, also nennt er [d. h. Scheuchzer] die gelbrothe Abart des spizigen Riedgrases.“ (Gmelin 1773, Sp. 461); „[Gramen] cyperoides latifolium, spica rufa sive caule triangulo, bedeutet bey C. Bauhin die gelbrothe Spielart des filzigen Riedgrases.“ (Gmelin 1773b, Sp. 544); „a) Carex acuta. Deutsch. Das spitzige Riedgras, die spitzige Segge; Bruchsegge, Wintersegge, Berstgras, falsches Cypergras, Schnittgras, Platzgras, Schelmengrass, kleines Spiesgras, Sauergras, wildes Galgantgras, breitblätteriges Rietgras, scharfes Rietgras, gelbrothes Riethgras, grosses Wasserrietgras, Reitgras, schwarzrothes Rietgras, schwarze Segge, rothbraune Segge, Schnöte, schwarze Märzsegge, Uferschnöte, Wasserschnöte, Uferrrietgras, Leuchel, Statsch, Eisenpater, Eiserpäten, Segger, Nätsch, Plaggras. ... Es giebt vornämlich zwey Varietäten 1) carex nigra, treibt zwey bis drey Schnh [sic!] hohe Halme; 2) carex rufa, treibt kleinere Halme. Das spitzige Rindgras [sic!] ist bey den Landleuten nicht sehr beliebt; ...“ (Nemnich 1793, S. 882f.); „31. CAREX acuta ... Spitzige Segge. Borstgras. ... Carex acuta rufa. R. B. Fuchsrothe Segge. ... In ... schwulem, regenlosem Sommmer sind oft Wurmlarven in derselben, die, wenn sie das Vieh mit frißt, die Eingeweide bis zum Zerborsten (davon der Name) auftreiben, ...“ (Georgi 1797–1802, Theil 3, S. 1285); „199. CAREX acuta. ... β. Sp. pl. 1388. C. spicis masculis. Gmel. sib. 1. p. 142. ... C. spicis erectis ... Hort. cliff. 439. ... Cyperoides nigroluteum, ... Scheuchz. gram. p. 460. ... Schneidende Segge. W. ...“ (Linné 1797–1830, Bd. IV, Teil 1, S. 304f.); „7092. C[arex] acuta ... C. sp. erectis ... H. cliff. p. 439. n. 9. ... Var. α. nigra ... Var. β. ruffa ... Cyperoidesa nigro-luteum vernum minus Tourn. inst. 529. ...“ (Richter 1840, S. 926); „114. C[arex] stricta (GOOD. l. c. 197) ... C. acuta v. rufa. LINN. Suec. – LEERS 204, t. XVI, f. 1. spic. masc. plures. ... Cyperoides etc. LOESEL. 116, t. 30 opt. exc. culmi apice inclinato. ...“ (Ledebour 1853, S. 311f.); „CCCXIV. *Gramen Cyperoides palustre spicâ pendulâ. Joh. Loes. Wasser=Cyper=Graß mit hangenden schwartz=grünen Aehren. ...“ (Loesel 1703, S. 116); „119. C[arex] acuta (LINN. Cod. 7092. ... M. a BIEB. Fl. t. c. II, p. 390. ... LEDEB. Fl. alt. IV, p. 222. ... C. spicis per culmum ... GMEL. Fl. sib. I, p. 912, No. 83. ...“ (Ledebour 1853, S. 313f.); „1891. CAREX acuta. ... Linn. ed. Willd. 4. p. 304. ... Gmel. sib. 1. p. 142. n. 83. ... C. acuta β. rufa. Linn. spec. pl. p. 1388. ...“ (Marschall von Bieberstein 1808, S. 390f.); „22. CAREX ACUTA. Linn. ... Willd. Sp. pl. IV. p. 304. ... M. a Bieb. Fl. taur. cauc. II. p. 390. ... Carex No. 83. Gmel. Fl. sib. I. p. 142. ...“ (Ledebour 1833, S. 222); „1449. Carex acuta. – Carex vulgaris Fries. ... Carex acuta α. nigra. Linn. Sp. pl. p. 1388. n. 53. ... Cyperoides nigro-luteum vernum minus. Scheuchz. Agr. p. 460. n. 2. ...“ (Wulfen 1858, S. 747); „1491. Carex riparia. ... Gooden. in Röm. Arch. II. p. 188. n. 42. ... Cyperoides latifolium spica rufa, sive caule triangulo. Scheuchz. Agr. p. 458. n. 1. ...“ (a. a. O., S. 772f.); „*201. CAREX riparia. ... Strand-Segge. ...“ (Linné 1797–1830, Bd. IV, Teil 1, S. 306); „120 C[arex] riparia (Curt. Londin. IV) ... M. a. BIEB. Fl. t. c. II, p. 392; ... LEDEB. Fl. alt. IV, p. 221. ...“ (Ledebour 1853, S. 314f.); „1893. CAREX riparia. ... Linn. ed. Willd. 4. p. 306. ...“ (Marschall von Bieberstein 1808, S. 392f.); „21. CAREX RIPARIA. Good. ... Willd. Sp. pl. IV. p. 306. ... M. a Bieb. Fl. taur. cauc. II. p. 392? ...“ (Ledebour 1833, S. 221f.); „1. Carex spicis erectis oblongis sessilibus alternis etc. Hort. Cliff. 439. bene. vide Fl. Suec. 769. (Fl. sib. I. 142. nr. 83. C. acuta L.)“ (C. von Linné in einem undatierten Brief an J. G. Gmelin – Plieninger 1861, S. 63); „Cyperoides, ist der Gattungsname, welchen Micheli und Haller denenjenigen Arten des Riedgrases beylegen, deren Aehren von unterschiedenen Geschlechtern sind.“ (Gmelin 1773, Sp. 459); Carex – russ. *osoka*, *osot* bzw. *oset* (*Annenkov* 1858, S. 28, Nr. 262)

„336. Cyperoides latifol. Spica rufa, sive caule triangulo Inst. r. h. 529.“ (AAW R. I, Op. 6, D. 40, Bl. 37r, s. Anm. 1 in Nr. 1); s. Nr. 875

187 Randbemerkung in der 2. Textversion (s. Anm. 1 in A.): „+“

188 „[species 2] Cyperoides latifolium, spicâ spadiceo-viridi, majus. Gramen Cyperoides latifolium, spicâ spadiceo-viridi, majus C. B. Pin. 6. Prodr. 13. J. B. 2. 495." (Tournefort 1700, S. 529, Genus I. „Cyperoides."); „3. Cyperoides latifolium, spicâ spadiceo-viridi, majus, Inst. 529. Gramen Cyperoides latifolium, spicâ spadiceo-viridi, majus, C. B. Pin. 6. Prodr. 13. J. B. II. 495, ..." (Scheuchzer 1719, S. 464f.); „40. Cyperoides angustifolium, ... Gramen palustre, majus Lob. Icon. 11. Gramen angustifolium, spicis longis, erectis C. B. Theatr. 84. sed Icon absque ramulo in medio. An Cyperoides latifolium, spicâ spadiceo-viridi, majus Inst. R. H. 529? ..." (Micheli 1729, S. 60); „*35. CYPEROIDES latifolium, spica spadiceo viridi, maius SCHEUCHZ. p. 464. ..." (Haller 1742, S. 241); „IV. GRAMEN CYPEROIDES ANGVSTIFOLIVM SPICIS LONGIS ERECTIS: ..." (Bauhin 1658, Sp. 84); „Cyperoides latifolium spica spadiceo viridi majus T. & IB. 2. 495. breit blättricht Cypern=Graß, mit braunroth grüner Aehre, ..." (Lindern 1747, S. 55); „84. CAREX spicis masculis pluribus, foemineis pedunculatis, capsulis inflatis, acuminatis LINN. Suec. 768. Gramen cyperoides angustifolium, spicis longis erectis C. B. Th. p. 84. Cyperoides polystachion spicis teretibus erectis TOURN. I. R. H. Cyperoides vesicarium spicis teretibus erectis maius SCHEUCHZ. Agr. p. 476. et medium 474. et minimum 472. Cyperoides spicis maribus gracillimis, foemininis erectis, capsulis ventricosis, collo longo et bifido HALL. Helv. p. 241. j. Idem spicis fere pendulis. α. Folliculis gracilibus. β. Follliculis turgidis. jj. Idem pumilum. ..." (Gmelin 1747–1769, Bd. I, S. 143f.); „84. Carex spicis masculis pluribus, foemineis pedunculatis, capsulis inflatis acuminatis [=] Carex vesicaria L.! (var. II. ‚pumilam' ad C. ampullaceam trahit Wahlenb. lapp. 244.)" (Ledebour 1841, S. 57); „1398. CAREX spica mascula suprema, ... Cyperoides latifolium, spica spadiceo viridi, majus SCHEUCHZER p. 464. ..." (Haller 1768a, S. 197); „Cyperoides latifolium, spica spadiceo-viridi, majus, bedeutet bey ihm [d. h. Scheuchzer] d[i]ejenige Art dieser Gattung, welche Haller unter 1398 beschreibt." (Gmelin 1773, Sp. 462); „Gramen cyperoides latifolium, spica spadiceo-viridi majus; hierunter versteht er [d. h. C. Bauhin] eine andere grösere Abart desselbigen [d. h. des filzigen Riedgrases]." (Gmelin 1773b, Sp. 545); „42) Blasen=Segge. Carex vesicaria. ... Carex spicis masculis pluribus, femineis pedunculatis, capsulis inflatis acuminatis. LINN. ... Sp. Pl. p. 1388. ... GMEL. Sib. I. p. 143. ... Cyperoides vesicarium, spicis viridentibus et subfuscis. Scheuchz. Gram. p. 450. [sic!] Gramen cyperoides angustifolium, spicis longis erectis. C. BAUH. pin. 6. ..." (Linné 1785, S. 708ff.); „6. Cyperoides vesicarium, spicis viridantibus, vel subfuscis, Nob. Cyperoides vesicarium, glabrum, spicâ pendulâ longiore. Inst. 530. Hist. Plant. Paris. 263. ..." (Scheuchzer 1719, S. 470ff.); „204. CAREX vesicaria. ... C. spicis masculis pluribus, ... Sp. Pl. 1388. ... Gmel. sib. 1. p. 143. ... Cyperoides vesicarium, ... Scheuch. gram. 450.[sic!] Gramen Cyperoides angustifolium, ... Bauh. pin. 6. ... Blasen-Segge. W. ..." (Linné 1797–1830, Bd. IV, Teil 1, S. 307f.); „*206. CAREX ampullacea. ... Gramen cyperoides angustifolium spicis longis erectis. Bauh. theatr. 84. Flaschen-Segge. W. ..." (a. a. O., S. 308f.); „450. CAREX ampullacea: ... C. vesicaria ... Gmel. sib. 1. p. 143. n. 83. [sic!] 2. ..." (Wahlenberg 1812, S. 243f.); „451. CAREX vesicaria: ... Gmel. sib. 1. p. 143. n. 84. var. 1. ..." (a. a. O., S. 244); „125. C[arex] vesicaria (LINN. Cod. 7093) ... LEDEB. Fl. alt. Iv, p. 220. ..." (Ledebour 1853, S. 317f.); „19. CAREX VESICARIA. LINN. ... Willd. Sp. pl. IV. p. 307. ... Carex No. 84. Gmel. Fl. sib. I. p. 143. ..." (Ledebour 1833, S. 220); „18. CAREX AMPULLACEA. Good. ... Willd. Sp. pl. IV, p. 308. ..." (a. a. O., S. 219); „1487. Carex ampullacea. ... Gooden. in Röm. Arch. II. p. 192. n. 46. ... Cyperoides polystachyon ... Scheuchz. Agr. p. 472. 474. et 476. ..." (Wulfen 1858, S. 770); „1488. Carex vesicaria. Linn. Sp. pl. p. 1388. n. 36. ... Cyperoides vesicarium, spicis viridantibus et subfuscis. Scheuchz. Agr. p. 470. n. 6. ..." (a. a. O., S. 770f.); „2. Carex spicis maribus gracillimis, capsulis erectis Hall. 241. recte. mihi Carex spicis masculis pluribus, femineis pedunculatis, capsulis inflatis acuminatis. Fl. Suecica 768. vide Moris. 3. f. 8. t. 12. f. 6. (Fl. sib. I. 143. nr. 84. C. vesicaria L.)" (C. von Linné in einem Brief an J. G. Gmelin vom 14. September 1748 – Plieninger 1861, S. 57); „2. Carex spicis maribus gracillimis, femineis erectis, capsulis ventricosis Hall. bene. Carex Fl. Suec. 768. (Fl. sib. I. 143. nr. 84. C. vesicaria L. et ampullacea Wahlb. ..." (C. von Linné in einem undatierten Brief an J. G. Gmelin – Plieninger 1861, S. 63)

„59. Cyperoides latifolium, spica spadiceo-viridi majus I. R. H. Agr. 464.“ mit der links marginalen Anm. „Ind. Jen. n°. 245.“ (AAW R. I, Op. 105, D. 4, Bl. 1v, s. Anm. 98 in Nr. 810); „248. Cyperoides latifolium, spica spadiceo-viridi, majus I. R. H. 529. ...“ (AAW R. I, Op. 105, D. 1ª, Bl. 22v, s. Anm. 29 in Nr. 5)

189 russ. *soloncy* – Salzböden mit den darauf wachsenden Pflanzen (*Slovar'* 2002, S. 136f.); „Man siehet in denen Steppen sehr offters gantz weiße Oerter in ebenem Felde, wo das Erdreich mit Saltz=Blumen, die im Rußischen Solonzi genennet werden, bedeket ist.“ (Gerhard Friedrich Müller in „Historie des Selenginskischen und Nertschinskischen Gebiethes ...“ – AAW F. 21, Op. 5, D. 19, Bl. 15v)

190 s. Nr. 301

191 s. Nr. 484 bis Nr. 487

192 „SALICORNIA. ... teutsch, Glasschmaltz. ... Das gantze Gewächs schmeckt salzig und beissend: ... Aus dieser Asche wird ein Saltz gezogen, ... Salicornia kommt von Sal, Saltz, weil dieses Kraut so saltzig ist.“ (Lémery 1721, Sp. 986f.)

193 Randbemerkung in der 2. Textversion (s. Anm. 1 in A.): „+“

194 „2. Cyperoides angustifolium, alpinum, spicâ spadiceâ, tenuiore, Nob. Tab. X. Fig. 6 Culmi partem, quatenus spicis obsidetur, ob oculos ponit. ...“ (Scheuchzer 1719, S. 413f.); „1474. Carex ferruginea. ... Carex ferruginea. Scopol. Fl. carn. II. P. II. p. 225. n. 1159. ... Carex. Haller Hist. II. p. 195. n. 1390. Cyperoides angustifolium alpinum spica spadicea tenuiore. Scheuchz. Agr. p. 413. n. 2. Tab. 10. fig. 6. ...“ (Wulfen 1858, S. 762f.); „? 1390. CAREX. Cyperoides angustifolium, spica spadiceo tenuiore. SCHEUCHZER. p. 413. t. 10. f. 6. ...“ (Haller 1768a, S. 195); „1159. CAREX Ferruginea. Cyperoides angustifolium, alpinum; ... SCHEUCHZ. Gram. p. 413. Tab. X. fig. 6. HALL. Hist. n. 1390. ...“ (Scopoli 1772a, S. 225); „*137. CAREX ferruginea. ... C. vaginis dimidiatis, spica mascula oblonga, ... Schk. caric. p. 92. n. 77. t. M. fig. 48. * ... Rostfarbene Segge. W. ...“ (Linné 1797–1830, Bd. IV, Teil 1, S. 274f.); „77. Carex ferruginea. Tab. M. No. 48. ... Rostfarbiges Riedgras; ... Carex (ferruginea). Scop. Fl. Carn. n. 1159. ... Cyperoides angustifolium alpinum ... Scheuchz. agr. p. 413. Tab. 10. f. 6. ...“ (Schkuhr 1801, S. 92f.); „74. C[arex] ferruginea (SCOP. Carn. ed. II, 1159) ... SCHKUHR M. f. 48. ...“ (Ledebour 1853, S. 294)

„21. Gramen Cyperoidis, spica e pluribus spicis mollibus composita R. Hist. 1296. ...“ (AAW R. I, Op. 13, D. 67, Bl. 79r, s. Anm. 5 in Nr. 4); „244. Cyperoides minus, spicis in foliorum alis sessilibus, densioribus, suprema seminifera. In indice Graminum n°. 57. sub nomine Graminis cyperoidis, spica e pluribus spicis mollibus composita R. Hist. recensetur. Diversa admodum facie ludit. ... Fl. Irc. n°. 864. ...“ (AAW R. I, Op. 105, D. 1ª, Bll. 21v–22r, s. Anm. 29 in Nr. 5); „246. An Gramen cyperoides spica e pluribus spicis mollibus composita R. Hist. 1296. Id. op. Agr. 89? ...“ (a. a. O., Bl. 22r); „57. Gramen cyperoidis, spica e pluribus spicis mollibus composita. Raij. Hist. 1296. Agr. 456. ...“ (AAW R. I, Op. 105, D. 4ª, Bl. 7r, s. Anm. 98 in Nr. 810)

195 Randbemerkung in der 2. Textversion (s. Anm. 1 in A.): „+“

196 „[species 15] Cyperoides, polystachyon, minimum, spicis per maturitatem albicantibus. Gramen Cyperoides, polystachyon, minimum, spicis per maturitatem albicantibus, Raii Hist. 1295.“ (Tournefort 1700, S. 530, Genus I. „Cyperoides.“); „XXI. Gramen syluaticum angustifolium spica alba. ...“ (Bauhin 1620, S. 8); „II. Gram. sylvatic. angustifol. spicâ albâ: 21. in Prod.“ (Bauhin 1623, S. 4); „Gramen cyperoides polystachyon minimum, spicis per maturitatem albicantibus. ...“ (Ray 1693, S. 1295); „1. Gramen Sylvaticum, angustifolium, spicâ albâ, C. B. Pin. 4. Prodr. n. 22. [sic!] Theatr. 47. Tab. X. Fig. 3. ... Gramen Cyperoides, polystachyon, minimum, spicis per maturitatem albicantibus, Raij Hist. 1295. Tab. X. Fig. 5. ...“ (Scheuchzer 1719, S. 410ff.); „7. CAREX spicis femineis pedunculatis laxis: masculina erecta, fulchris petiolarum aphyllis spataeformibus. Cyperoides polystachyon minimum, ... Tournef. inst. 530. ... Gramen sylvaticum angustifolium, spica alba. Bauh. pin. 4. prodr. 22. theatr. 47. Scheuch. hist. 410. t. 10. f. 3. ...“ (Linné 1737, S. 439); „9. CYPEROIDES spicis albis, femininis pediculatis, suprema supra marem elata. Gramen sylvaticum angustifolium spica alba C. B. Theatr. p. 47. Prodr. n. 21. ... SCHEUCHZ. p. 410.

T. 10. f. 3. 5. ... Carex spicis femininis [sic!] pedunculatis, ... LINN. Hort. Cliff. p. 439. ...“ (Haller 1742. S. 236); „75. CAREX spicis albis, foemininis, pediculatis, suprema supra marem elata HALL. Helv. p. 236. Gramen syluaticum angustifolium spica alba C. B. Th. p. 47. Pr. n.° 21. Carex spicis foeminis pedunculatis laxis, masculina erecta, fulcris pediculorum aphyllis, spathaeformibus LINN. h. Cliff. p. 439. In siluis circa Ircutiam vrbem frequens a STELLERO obseruata est.“ (Gmelin 1747–1769, Bd. I, S. 137); „75. Carex spicis albis, foemineis pediculatis, supremo supra marem elata [=] Carex alba Scopoli.“ (Ledebour 1841, S. 56); „1377. CAREX spicis femininis raris, petiolatis, teretibus, acutis, marem aequantibus. † Gramen spicatum angustifolium, spica alba C. B. Prodr. p. 21. Theatr. p. 47. SCHEUCHZER. p. 410. t. 10. f. 3. 4. 5. ...“ (Haller 1768a, S. 191); „1148. CAREX Alba. ... Carex spicis femineis raris, ... HALL. Hist. n. 1377. ... Gramen sylvaticum ... C. BAUH. SCHEUCHZ. Gram. p. 410. Tab. 10. fig. 4. 5. ...“ (Scopoli 1772a, S. 216f.); „*100. CAREX alba. ... C. vaginis membranaceis ... Schk. caric. p. 95.n. 81. t. O. fig. 55. ... C. spica mare terminali ... Scop. carn. n. 1148. ... C. spicis femineis raris ... Hall. helv. n. 1377. Gramen sylvaticum angustifolium spica alba. Bauh. prodr. 11. n. 21. Scheuch. agrost. 410. t. 10. f. 4. 5. ... Weisse Segge. W. ...“ (Linné 1797–1830, Bd. IV, Teil 1, S. 253f.); „81. Carex alba. Tab. O. No. 55. ... Weißes Riedgras; ... C. (alba) culmo tereti, ... Scop. Fl. Carniol. n. 1148. ... Carex spicis femineis raris, ... Hall. Hist. n. 1377. Gmel. Fl. Sib. I. p. 137. n. 75. Gramen sylvaticum, ... C. B. P. Prodr. 11. n. 21. Scheuchz. agr. 410. t. 10. f. 4. 5. ... Carex spicis femineis ... Linn. H. Cliff. p. 439. ...“ (Schkuhr 1801, S. 95ff.); „1462. CAREX alba vaginis membranaceis ... Schkuhr. l. c. p. 399. ... Carex alba culmo tereti, ... Scop. fl. Carn. 2. n. 1148. ... Carex spicis femineis raris ... Hall. stirp. helv. p. 410. t. 10. f. 4. 5. ... Germ. Weisse Segge. ...“ (Gmelin 1808, S. 665ff.); „58. C[arex] alba (SCOP. Carn. ed. 2. 1148) ... Schkuhr O. f. 55 opt. ... C. spicis albis femineis pediculatis, ... GMEL. Fl. sib. I, p. 137, No. 75. ...“ (Ledebour 1853, S. 288f.)

„1463. Carex alba. ... Scopol. Fl. Carn. II. P. II. p. 216. n. 1148. ... Carex spicis femineis raris ... Haller. Hist. p. 191. n. 1377. Gramen sylvaticum ... Scheuchz. Agr. II. p. 410. Tab. 10. f. 4. 5. ...“ (Wulfen 1858, S. 756)

197 Randbemerkung in der 2. Textversion (s. Anm. 1 in A.): „+“

198 „5. Cyperoides alpinum, angustifolium, spicis seminiferis, tenuibus, fuscoviridibus. Nob. Tab. X. Fig. 7. ...“ (Scheuchzer 1719, S. 416f.); „1386. CAREX spica feminina infima radicali, capsulis ovatis. † Cyperoides alpinum angustifolium, spicis seminiferis tenuibus, fuscovirentibus SCHEUCHZER. agrostograph. p. 416. ...“ (Haller 1768a, S. 194); „[Cyperoides] alpinum angustifolium spicis seminiferis tenuibus fusco-virentibus, hierunter versteht er [d. h. Scheuchzer] eine andere [Art des Riedgrases], welche Haller unter 1386 beschreibt.“ (Gmelin 1773, Sp. 459); „*140. CAREX brachystachys. ... C. foliis caespitosis, ... Hall. helv. n. 1388. Cyperoides alpinum angustifolium, ... Scheuch. agr. 416. t. 10. f. 7. Kurzährige Segge. W. ...“ (Linné 1797–1830, Bd. IV, Teil 1, S. 276); „1388. CAREX foliis cespitosis brevibus, spicis feminibus paucifloris, suprema sessili. † Cyperoides alpinum angustifolium spicis laxis spadiceo viridibus SCHEUCHZER. p. 416. ...“ (Haller 1768a, S. 194); „1453.** CAREX brachystachys ... Willd. Linn. Sp. pl. IV. p. 276. ... Carex foliis caespitosis ... Hall. helv. n. 1386. Cyperoides alpinum angustifolium, ... Scheuchz. Agrostogr. 416. tab. 10. fig. 7. ... Germ. Kurzährige Segge. ...“ (Gmelin 1826, S. 666f.); „1476. Carex brachystachys. ... Cyperoides alpinum angustifolium, ... Scheuchz. Agr. p. 416. n. 5. Tab. 10. f. 7. An Carex: spica feminea infima ... Haller. Hist. II. p. 194. n. 1386. ...“ (Wulfen 1858, S. 763f.)

199 Randbemerkung in der 2. Textversion (s. Anm. 1 in A.): „+“ und Zusatz in der Handschrift von J. G. Gmelin „Est Gramen caryophyllatum, montanum spica varia B. Th. 47. Agr. 448.“

„1. Gramen caryophyllatum, montanum, spicâ variâ, C. B. Pin. 4. Prodr. 23. Theatr. 48. Gramen caryophyllatum, polycarpon fructu triangulo, Flor. Pruss. 112. ubi habetur figura satis bona, Tab. X. Fig. 14. ...“ (Scheuchzer 1719, S. 448ff.); „CCCI. *Gramen Caryophyllatum polycarpon fructu triangulo. Joh. Loes. An gramen caryophyllatum montanum spicâ variâ? 23, in Prodr. C. B. p. 9. Fruchtreiches Näglein Graß mit dreykantichtem Saamen. ...“ (Loesel 1703, S. 112f.);

„* 16. CYPEROIDES SYLVARUM, SPICA VARIA. ... Gramen Caryophyllatum polycarpon ... Flor. Pruss. 114. ...“ (Vaillant 1727, S. 144); „4. CAREX spicis linearibus erectis: masculina breviore quam ultima feminea, bracteis aphyllis, capsulis distantibus. ... Cyperoides sylvarum, spica varia. Vaill. paris. 44. ... Gramen caryophyllatum montanum, ... Scheuch. hist. 448. t. 10. f. 14. Gramen caryophyllatum polycarpon, ... Loes. pruss. 114. ...“ (Linné 1737, S. 438); „10. CYPEROIDES spicis e luteo & spadiceo variis, feminali suprema super spicam marem elata. Gramen caryophyllatum montanum, ... SCHEUCHZ. p. 448. T. X. f. 14. mala ic. Gramen caryophyllatum, ... LOESEL. p. 112. ic. 27. plantae maturae. ...“ (Haller 1742, S. 236); „1376. CAREX spicis femininis petiolatis, raris, masculam superantibus. Gramen caryophyllatum montanum, ... C. B. Prodr. p. 23. ... SCHEUCHZER. p. 448. t. 10. f. 14. ... Carex spicis linearibus erectis, ... LINN. p. 1384. ...“ (Haller 1768a, S. 191); „Carex digitata, ... gefingertes Riedgras, ... Nägeleingras; ...“ (Gmelin 1772, Sp. 565); „23) Fingerförmige Segge. Carex digitata. ... Carex spicis linearibus erectis: mascula breviore inferioreque bracteis aphyllis, capsulis distantibus. LINN. ... Sp. Pl. p. 1384. ... Hort. Cliff. 438. ... Carex spicis femininis ... HALL. helv. n. 1376. ... Gramen caryophyllatum ... C. BAUH. pin. 4. prodr. 8. SCHEUCHZ, Gram. p. 448. tab. 10. f. 14. ... Gramen caryophyllatum ... LOES. pruss. 112. tab. 27. ...“ (Linné 1785, S. 686f.); „16. CAREX digitata ... Gefingerte Segge. ...“ (Georgi 1797–1802, Theil 3, S. 1283); „104. CAREX digitata. ... C. spicis linearibus erectis: ... Hort. cliff. 438. ... C. spicis femineis ... Hall. helv. n. 1376. ... Gramen caryophyllatum ... Scheuch. gram. 448. t. 10. f. 14. ... Gramen caryophyllatum ... Loes. pruss. 112. t. 27. ... Fingerförmige Segge. W. ...“ (Linné 1797–1830, Bd. IV, Teil 1, S. 256f.); „60. C[arex] digitata (LINN. Cod. 7075) ... LOES. Pruss. 112, t. 27. opt. ... M. a BIEB. Fl. t. c. II, p. 385. ..“ (Ledebour 1853, S. 289f.); „1879. CAREX digitata. ... Linn. ed. Willd. 4. p. 256. ... Hall. hist. n. 1376. ... Gramen caryophyllatum ... C. BAUH. prodr. p. 9. Scheuchz. agrost. p. 448. t. 10. f. 14. ...“ (Marschall von Bieberstein 1808, S. 385); „7075. C[arex] digitata ... H. cliff. p. 438. n. 4. ... Gr. caryophyllatum ... Bauh. pin. 4. prodr. 9. Scheuch. gram. 448. Gr. carioph. ... Loes. pruss. 112. t. 27. ...“ (Richter 1840, S. 924); „1461. Carex digitata. ... Linn. Sp. pl. p. 1384. n. 20. ... Carex spicis femineis ... Haller. Hist. II. p. 191. n. 1376. Gramen caryophyllatum ... Scheuchz. Agr. p.448. n. 1. Tab. 10. f. 14. ...“ (Wulfen 1858, S. 754f.)

200 „1. Cyperoides sylvaticum, angustifolium, spicis parvis, tenuibus, spadiceo viridibus, Nob. Tab. X. Fig. 11. ...“ (Scheuchzer 1719, S. 425f.); „76. CAREX spicis erectis cylindricis tribus subsessilibus, mascula terminatrice, culmo triquetro LINN. Suec. 767. Cyperoides maius, spicis breuibus, rotundis, spadiceo-viridibus Buxb. Cent. IV. p. 33. Tab. LIX. Ad Cyperoides syluaticum angustifolium, spicis paruis tenuibuis, spadiceo-viridibus SCHEUCHZ. Agr. p. 425. Tab. X. Fig. 11. proxime accedit. ...“ (Gmelin 1747–1769, Bd. I, S. 137f.); „76. Carex spicis erectis cylindricis tribus subsessilibus, mascula terminatrice, culmo triquetro [=] Carex Buxbaumii Wahlenb. (Carex caespitosa L. – Willd. sp. pl. IV. 287. – Wahlenb. lapp. 247. – M. a Bieb. Fl. t. c. III. 617.)“ (Ledebour 1841, S. 56); „Tab. LIX. Cyperoides majus spicis brevibus, rotundis, spadiceo viridibus. ...“ (Buxbaum 1733, S. 33); „166. CAREX caespitosa. ... C. spicis erectis .... Sp. pl. 1388. ... Gmel. sib. 1. p. 137. ... Roth germ. I. 399. II. 452. ... Rasen-Segge. W. ...“ (Linné 1797–1830, Bd. IV, Teil 1, S. 287); „457. CAREX caespitosa: ... Gmel. sib. 1. p. 137. n. 76. ...“ (Wahlenberg 1812, S. 247f.); „1889*. CAREX caespitosa. ... Linn. ed. Willd. 4. p. 287. ... Gmel. sib. I. p. 137. n. 76. ...“ (Marschall von Bieberstein 1819, S. 617); „Carex cespitosa, Rasenriedgras, ...“ (Gmelin 1772, Sp. 570); „38) Rasen=Segge. Carex caespitosa. ... Carex spicis erectis cylindricis ternis subsessilibus: mascula terminali, culmo triquetro. LINN. ... Sp. Pl. p. 1388. ... GMEL. sib. I. p. 137. ... Cyperoides sylvaticum ... SCHEUCHZ. Gram. p. 425. tab. 10. f. 11. ...“ (Linné 1785, S. 702f.); „Flor. Germ. p. 399. n. 37. CAREX cespitosa. ... Cyperoides sylvaticum ... SCHEUCHZ. Agrost. pag. 425. Tab. 10. fig. 11. bona. ...“ (Roth 1793, S. 452f.); „g) Carex cespitosa. Deutsch. Torfriet. Rasenriet. Rasenriedgras. Rasensegge. ... bildet durch die Vielheit der Blätter torfartige Klumpen, ...“ (Nemnich 1793, Sp. 884); „11. Carex caespitosa. L. Rasenartige Segge; Torfriedgras. ...“ (Dietrich 1802a, S. 562); „7090. C[arex] caespitosa ... Gmel. sib. I. p. 137. ... Cyperoides angustifolium, ... Scheuch. hist. 425.? ...“ (Richter 1840, S. 926); „112. C[arex] caespitosa (LINN. Cod.

7090 ex mente Friesii) ... M. a BIEB. Fl. t. c. III, p. 617. ... LEDEB. Fl. alt. IV, p. 222. ... C. spicis in summo culmo ... GMEL. Fl. sib. I, p. 141, No. 82. ...“ (Ledebour 1853, S. 310f.); „23. CAREX CAESPITOSA. Linn. ... Willd. Sp. pl. IV. p. 287. ... M. a Bieb. Fl. taur. cauc. Suppl. p. 617. ... Carex spicis in summo ... Gmel. Fl. sib. I. p. 141. No. 82? ...“ (Ledebour 1833, S. 222f.); „82. CAREX spicis in summo culmo gracilibus, sessilibus, maribus spadiceis, foeminis variis. Cyperoides spicis maribus gracilibus, foemininis sessilibus, erectis, ex nigro et luteo variis HALL. Helv. p. 241. ...“ (Gmelin 1747–1769, Bd. I, S. 141f.); „82. Carex spicis in summo culmo gracilibus sessilibus, maribus spadiceis, foemineis variis [=] Carex caespitosa L.?“ (Ledebour 1841, S. 57); „1450. Carex caespitosa. – Carex vulgaris Fries. ... Linn. Sp. pl. p. 1388. n. 34. ...“ (Wulfen 1858, S. 747f.)

„240. Cyperoides sylvaticum, angustifolium, spicis parvis, tenuibus, spadiceo-viridibus Id. op. Agr. 86. ...“ (AAW R. I, Op. 105, D. 1^{a}, Bl. 21v, s. Anm. 5 in Nr. 5)

Randbemerkung in der 2. Textversion (s. Anm. 1 in A.): „+“

201 „[species 6] Cyperoides palustre, aculeatum, capitulo breviore. Gramen palustre, aculeatum, Germanicum, vel minus C. B. Pin. 7. Gramen palustre, echinatum Lob. Icon. 15. J. B. 2. 497.“ (Tournefort 1700, S. 529f.; Genus I. „Cyperoides.“); „2. Cyperoides palustre, aculeatum, capitulo breviore. Inst. 529. Gramen palustre, aculeatum, Germanicum vel minus, C. B. Pin. 7. Theatr. 109. Gramen palustre, aculeatum, Germanicum, C. B. Theatr. 109. ante figuram. Gramen palustre, echinatum Lob. Icon. 15. J. B. II. 497. ...“ (Scheuchzer 1719, S. 426ff.); „Cyperoides palustre, aculeatum, capitulo breviore Inst. R. Herb. Gramen palustre, aculeatum, Germanicum vel minus C. B. Pin. 7. ... Wassergraß mit stachlichten Aehren. ...“ (Mappus 1742, S. 86); „21) Gelbe Segge. Carex flava. ... Carex spicis confertis subsessilibus subrotundis: mascula lineari, capsulis acutis recurvis. LINN. ... Sp. Pl. p. 1384. ... Gramen cyperoides palustre aculeatum, ... T. SCHEUCHZ. Gram. 426. Gramen cyperoides aculeatum ... C. BAUH. pin. 7. ... Es ist diese Segge ebenfalls kein taugliches Futter für das Vieh, ...“ (Linné 1785, S. 684f.); „[Carex] flava, ... gelbes Riedgras, ...“ (Gmelin 1772, Sp. 564); „m) Carex flava. Deutsch. Das gelbe Riedgras, die gelbe Segge, Igelkölbleingras. ...“ (Nemnich 1793, Sp. 884); „128. CAREX flava. ... C. spicis confertis ... Sp. pl. 1384. ... Gramen cyperoides palustre aculeatum ... Bauh. pin. 7. ... Gelbe Segge. W. ...“ (Linné 1797–1830, Bd. IV, Teil 1, S. 268ff.); „7073. C[arex] flava. ... Gr. cyperoides palustre aculeatum, ... Tourn. Scheuch. gram. 426. Gr. cyp. aculeatum ... Bauh.pin. 7. ...“ (Richter 1840, S. 923f.); „88. C[arex] flava (LINN. Cod. 7073) ...“ (Ledebour 1853, S. 299f.); „1479. Carex flava. ... Linn. Sp. pl. p. 1384. n. 18. ... Cyperoides palustre aculeatum ... Scheuchz. Agr. p. 426. n. 2. ...“ (Wulfen 1858, S. 765f.); „Seitenstiche ... Carex flava und Geranium pusillum, beide wohl als Thee sowie als Spiritusauszug.“ (Alksnis 1894, S. 186)

„Cyperoides palustre aculeatum, capitulo breviore (Tournefortii sp. 6), Sylv.“ (Messerschmidt 1962–1977, Bd. 4, S. 206, s. Anm. 1 in Nr. 1)

in der 2. Textversion (s. Anm. 1 in A.) folgt „Tour. I. R. H. sp. 6.“

202 Randbemerkung in der 2. Textversion (s. Anm. 1 in A.): „+“

203 „d. Spicâ unicâ caßâ & floriferâ summitati culmi nunc insidente, nunc etiam, imò plerunque, prorsùs absente, vel spicis floriferis pluribus aliis culmis insidentibus. ...“ (Scheuchzer 1719, S. 456ff. im Abschnitt „Cyperoides. ... A. Cyperoidea polystachya, I. Spicis in eadem planta, floriferis & seminiferis.“)

204 „e. Spicarum supremarum unâ pluribus floriferis & caßis, reliquis seminiferis. ...“ (Scheuchzer 1719, S. 458ff. im Abschnitt „Cyperoides. ... A. Cyperoidea polystachya, I. Spicis in eadem planta, floriferis & seminiferis.“)

205 „1. Gramen Cyperoides spicâ simplici, caßâ, Raij Syn. 267. Gramen Cyperoides seminibus deorsùm reflexis, puliciformibus, Raij Hist. 1298. ...“ (Scheuchzer 1719, S. 497ff.)

206 „1. Cyperoides Alpinum, pulchrum, foliis caryophyllaeis, spicis atris & tumentibus. It. Alp. 1709. Tab. XI. Fig. 1. ...“ (Scheuchzer 1719, S. 481ff.); „6. CAREX androgynis terminatricibus petiolatis: florescentibus erectis, fructiferi pendulis. ... Cyperoides alpinum pulchrum, ... Scheuch. hist. 481. ...“ (Linné 1737, S. 438); „92. CAREX spicis androgynis, terminatricibus, petiolatis,

florescentibus erectis, fructiferis pendulis LINN. h. Cliff. p. 438. Cyperoides alpinum, pulchrum, foliis caryophyllaeis, spicis atris et tumentibus SCHEUCHZ. Agr. p. 481. Tab. X. Fig. 1. 2. Carex spicis obesis, simplicibus, petiolatis HALL. Helv. p. 246. ...“ (Gmelin 1747–1769, Bd. I, S. 149); „92. Carex spicis androgynis terminatricibus petiolatis, florescentibus erectis, fructiferis pendulis [=] Carex atrata L. (ex Willd. sp. pl. IV. 221. et Wahlenb. lapp. 242.)“ (Ledebour 1841, S. 57); „1369. CAREX spicis ovatis, petiolatis, congestis, senescendo nutantibus. Cyperoides alpinum pulchrum, ... SCHEUCHZER. p. 481. t. 10. f. 1. 2. ... Carex spicis androgynis, ... GMELIN. p. 149. ...“ (Haller 1768a, S. 188f.); „Carex atrata, ... geschwärztes Riedgras, ...“ (Gmelin 1772, Sp. 567); „31) Schwarze Segge. Carex atrata. ... Carex spicis androgynis terminalibus pedunculatis florentibus erectis; fructiferis pendulis. LINN. ... Sp. Pl. p. 1386. Hort. Cliff. 438. ... GMEL. Sib. I. p. 149. ... Carex spicis ovatis petiolatis ... HALL helv. n. 1369. Gramen alpinum pulchrum ... SCHEUCHZ. Gram. p. 481. ...“ (Linné 1785, S. 694f.); „c) Carex atrara. Deutsch. Das geschwärzte Riedgras, die schwarze Segge. ... die Aehren sind schwarz.“ (Nemnich 1793, Sp. 883); „23. CAREX atrata ... Schwärzliche Segge. ...“ (Georgi 1797–1802, Theil 3, S. 1284); „29. CAREX atrata. ... C. spicis androgynis ... Sp. pl. 1386. Hort. cliff. 438. ... Gmel. sib. 1. p. 149. ... Gramen alpinum pulchrum, ... Scheuch. agrost. 481. t. 11. f. 1. 2. * ... Schwärzliche Segge. W. ...“ (Linné 1797–1830, Bd. IV, Teil 1, S. 221f.); „447. CAREX atrata: ... Gmel. sib. 1. p. 149. n. 92. ...“ (Wahlenberg 1812, S. 242); „7082. C[arex] atrata ... C. spicis androgynis ... H. cliff. p. 438. n. 6. ... Gmel. sib. 1. p. 149. ... Gr. alpinum pulchrum, ... Scheuch. gram. 481. ...“ (Richter 1840, S. 924f.); „54. C[arex] atrata (LINN. Cod. 7082) ... LEDEB. Fl. alt. IV, p. 214. ... C. spicis androgynis ... GMEL. Fl. sib. I, p. 149, No. 92. ...“ (Ledebour 1853, S. 287); „14. CAREX ATRATA. Linn. ...“ (Ledebour 1833, S. 214ff.); „1451. Carex atrata. ... Linn. Sp. pl. p. 1386. n. 26. ... Carex spicis ovatis ... Haller. Hist. II. p. 188. n. 1369. Cyperoides alpinum pulchrum ... Scheuchz. Agr. p. 481. n. 1. Tab. 11. f. 1. et 2. ...“ (Wulfen 1858, S. 748f.)

„251. Cyperoides alpinum pulchrum, folys caryophyllaeis, spicis atris tumentibus It. alp. 1709. Id. op. Agr. 91. ...“ (AAW R. I, Op. 105, D. 1ª, Bl. 22v, s. Anm. 29 in Nr. 5)

207 Randbemerkung in der 2. Textversion (s. Anm. 1 in A.) in der Handschrift von J. G. Gmelin: „Cyperoides 74“

208 „1. Cyperoides montanum, foliis angustis, parvis, spicâ spadiceâ, divisâ, Nob. Tab. X. Fig. 8. ... Fig. 9. easdem sistit maturiores. ...“ (Scheuchzer 1719, S. 419ff.); „1372. CAREX foliis caryophylleis, spicis sessilibus approximatis, paucifloris, capsulis ovatis subhirsutis. † Cyperoides montanum, ... SCHEUCHZER. p. 419. t. 10. f. 8. 9. ... Carex spicis femineis sessilibus, ... LINN. p. 1285. ...“ (Haller 1768a, S. 190); „1014. CAREX (montana) ... Linn. sp. pl. 1385. ... Carex foliis caryophylleis, ... Hall. hist. n. 1472. [sic!] Cyperoides montanum, ... Scheuchz. agr. 419. t. 10. f. 8. 9. ...“ (Schreber 1771, S. 65); „[Carex] montana, ... Bergriedgras, ... Es heißt bey Hallern: Carex foliis caryophylleis, ...“ (Gmelin 1772, Sp. 565f.); „24) Berg=Segge. Carex montana. ... Carex spicis femineis sessilibus subsolitariis ovatis masculae approximatis, culmo nudo, capsulis pubescentibus. LINN. ... Sp. Pl. p. 1385. ... Carex foliis caryophylleis, ... HALL. Helv. n. 1372. Cyperoides montanum, ... SCHEUCHZ. Gram. p. 419. tab. 10. f. 8. 9. ...“ (Linné 1785, S. 687ff.); „110. CAREX collina. W. ... C. foliis caryopyllaeis, [sic!] ... Hall. helv. n. 1372. Cyperoides montanum, ... Scheuch. gram. 419. t. 10. f. 8. 9. Hügel-Segge. W.“ (Linné 1797–1830, Bd. IV, Teil 1, S. 260f.); „92. C[arex] montana (WAHLENB. Act. Holm. 1803, n. 109 non LINN. ex Smithio E. Fl. IV, 112) ...“ (Ledebour 1853, S. 301f.)

„238. Cyperoides alpinum folijs caryophyllaeis, spicis brevibus e nigricante et albido varijs Id. op. Agr. 86. Fl. Irc. no. 872. ...“ (AAW R. I, Op. 105, D. 1ª, Bll. 21r–21v, s. Anm. 29 in Nr. 5)

209 Randbemerkung in der 2. Textversion (s. Anm. 1 in A.) in der Handschrift von J. G. Gmelin: „Cyperoides 74“

210 „[species 3] Cyperoides angustifolium, spicâ spadiceo-viridi, minus. Gramen Cyperoides, angustifolium, spicâ spadiceo-viridi, minus C. B. Pin. 6. Prodr. 13. J. B. 2. 495.“ (Tournefort 1700, S. 529, Genus I. „Cyperoides.“); „XLI. GRAMEN cyperoides angustifolium spica spadiceo-viridi minus: ...“ (Bauhin 1620, S. 13); „? 1407. CAREX spicis maribus tribus, femininis tribus, capsulis

numerosis, breviter bifurcaris. Gramen cyperoides angustifolium, spica spadiceo viridi minus C. B. Theatr. p. 84 [ist Spalte 84] Prodr. n. 41. Gramen cyperoides majus, angustifolium SCHEUCHZER. p. 462. RAJ. ..." (Haller 1768a, S. 200); „... Ab hac praecedente, primáque hujus Classis specie meritò distinguendem est Gramen Cyperoides majus, angustifolium, Parkins. Theatr. 1265. Raij Hist. Plant. 1293. ..." (Scheuchzer 1719, S. 462f.); „III. Gramen cyperoides angustifolium spica spadiceo viridi minus, 41. [sic!] in Prodr. – Carex glauca Scop." (Bruhin 1864, S. 134); „1157. CAREX Glauca. ... Carex spicis maribus, ... HALL. Hist. n. 1408. ... Cyperoides palustre; ... SCHEUCHZ. Gram. p. 467. ..." (Scopoli 1772a, S. 223f.); „Gramen cyperoides angustifolium spica spadiceo-viridi minus; hierunter versteht C. Bauhin eine Abänderung des spitzigen Riedgrases." (Gmelin 1773b, Sp. 543); „5. Cyperoides palustre, spicis purpureo-spadiceis, tenuibus pediculis insidentibus, Nob. ..." (Scheuchzer 1719, S. 467ff.); „1408. CAREX spicis maribus, una, pluribus, femininis pendulis, capsulis ovato triquetris, confertis, ... SCHEUCHZER, p. 467. ..." (Haller 1768a, S. 200); „*186. CAREX recurva. ... Carex glauca. Scop. carn. n. 1157. ... Graublättrige Segge. W. ..." (Linné 1797–1830, Bd. IV, Teil 1, S. 298f.); „81. C[arex] glauca (SCOP. Carn. ed. II, 1157) ... C. recurva. HUDS. Angl. ed. 2, 32. ..." (Ledebour 1853, S. 296f.); „[Carex] recurva. 32. Carex spicis confertis ... Carex spicis maribus ... Hall. hist. 1408. ..." (Hudson 1798, S. 413); „1467. Carex flacca. – Carex glauca Scop. ... Carex glauca Scopol. Fl. Carn. II. P. II. p. 223. n. 1157. ... Carex recurva. Hudson. Fl. Angl. II. p. 913. [sic!] n. 32. ... Carex spica maribus ... Haller. Hist. II. p. 200. n. 1408. Cyperoides palustre ... Scheuchz. Agr. p. 467. n. 5. ..." (Wulfen 1858, S. 758)

„254. An Gramen alpinum enode, spica parva subrotunda, ferruginea Agr. Pr. Id. op. Agr. 92? ... Fl. Irc. 873. ..." (AAW R. I, Op. 105, D. 1ª, Bl. 22v, s. Anm. 29 in Nr. 5)

211 Randbemerkung in der 2. Textversion (s. Anm. 1 in A.) in der Handschrift von J. G. Gmelin: „Carex"

212 „[species 10] Cyperoides, nigro-luteum, vernum, majus. Graminis nigro-lutei verni varietas major J. B. 2. 494." (Tournefort 1700, S. 529, Genus I. „Cyperoides."); „30. CYPEROIDES nigroluteum vernum majus I. R. H. VAILL. &c. Gramen cyperoides angustifolium spica spadiceoviridis minus C. B. Theatr. p. 84. [ist Spalte 84] Prodr. n. 41. ... I. B. p. 495. ex notis. Gramen cyperoides majus angustifolium PARK. p. 1295. RAJ. 1293. SCHEUCHZ. p. 462. ..." (Haller 1742. S. 240); „Cyperoides nigro luteum vernum majus, T. sive Graminis nigro lutei verni varietas major IB. 2. 494. ... frühblühendes schwartz gelbes cypern Graß, ..." (Lindern 1747, S. 20); „[Cyperoides] nigroluteum vernum majus, so nennt Scheuchzer eine Abart des spizigen Riedgrases." (Gmelin 1773, Sp. 462); „60. LAICHE printannière, Carex verna. ... α. Cyperoides nigro-luteum vernum majus. Tournef. 529. Gramen nigro-luteum vernum. J. B. 2. p. 494. ... An Gramen Cyperoïdes, foliis Caryophylleis, ... Hall. Helv. n°. 1400. β. ... Cyperoides nigro-luteum vernum minus. Tournef. 529 [s. Nr. 875] ... γ. Eadem foliis glaucis, spicis foemineis subpendulis. Carex glauca. Scop. Carn. 2. n°. 1157. [s. Nr. 873] ..." (Lamarck 1789, S. 395f.); „1400. CAREX spicis masculis duabus, femininis sessilibus, capsulis ovatis, brevissime mucronatis. Cyperoides foliis caryophyllaeis, spicis erectis sessilibus, ex seminibus confertis compositis RAJ. Syn. III. p. 418. ..." (Haller 1768a, S. 198); s. Nr. 873 und Nr. 875

213 „Cyperoides nigro luteum vernum minus, T. früh blühend kleines cypern Graß, mit schwartz gelber Aehre Ic. IB. 2. pag. 494. ..." (Lindern 1747, S. 20); „[Cyperoides] nigro-luteum vernum minus, bedeutet bey ihm [d. h. Scheuchzer] eine kleinere Abart desselbigen [d. h. des ‚spizigen' Riedgrases]." (Gmelin 1773, Sp. 462)

„247. Cyperoides nigro-luteum vernum, minus. I. R. H. 529. ..." (AAW R. I, Op. 105, D. 1ª, Bl. 22v, s. Anm. 29 in Nr. 5); s. Nr. 862

214 „[species 1] Typha palustris, major C. B. Pin. 20. J. B. 2. 539. Typha Lob. Icon. 81." (Tournefort 1700, S. 530 (Classis XV., Genus II. „Typha. Masse."); „Moßkolben. Typha. ... In Teutscher Sprach wird er auch genannt/ Ließkolben/ Narrenkolben/ Wasserkolben/ Ließknospen/ Weyerkolben/ Maurkolben und Dietelkolben. Gestalt. Der grosse Moßkolben/ Typha palustris major, C. B. J. B. maxima, Park. ..." (Zwinger 1696, S. 313f.); „TYPHA. ... teutsch, Kolben, Narren-

kolben, ist ein Gewächs, von dem es zwey Gattungen giebet, groß und klein. Die erste wird genannt ... Typha palustris maxima Park. Typha palustris major, C. B. J. B. ... Pit. Tournef. ... Die andre wird genannt ... Typha palustris minor, C. B. Pit. Tournef. ... Typha minima, Park. ... Die Gipfel oder Spitzen reinigen, halten an, kühlen, sind zu den Brüchen gut und wann man sich verbrennet hat: dann, da werden sie in Fett gebraten und aufgeleget," (Lémery 1721, Sp. 1162); „Typha palustris major C. B. P. 20. ... Germ. Kolben, Narren=Kolben, Teich=Kolben, ..." (Rupp 1726, S. 260); „1. TYPHA. Lob. hist. 42. ... Typha palustris major. Bauh. pin. 20. theatr. 337. Bauh. hist. 2. p. 539. ... α Typha palustris media. Bauh. hist. 2. 539. ... Typha palustris, clava gracili. Bauh. pin. 20. theatr. 340. β Typha palustris minor. Bauh. pin. 20. theatr. 341. ... Typha minor. Bauh. hist. 2. p. 540. ..." (Linné 1737, S. 439); „70. TYPHA Lob. Hist. 42. LINN. h. Cliff. 439. Typha palustris DOD. Pempt. p. 604. Typha palustris maior B. Pin. 20. Th. 337. α) Typha palustris media I. B. II. p. 539. Typha palustris claua gracili B. Pin. 20. Th. 340. ... Tatari camporum Barabensium culmos stragulis materiam aptissimam praebere praedicunt. Russ. палошникъ [russ. *palošnik*] dicitur. Eius radice vna cum radice rosarum in decocto vtuntur contra singultum a veneficio inductum. Multo autem rumore olim celebratum fuit et maxime frequens in Russia hoc veneficii genus, quo multi se ipsis aut alios adfecerunt, donec perspicacia Imperatoris Petri Magni loco veneficii fraudem deprehendit. ..." (Gmelin 1747–1769, Bd. I, S. 133f.); russ. *paločnik* – Typha (Pawlowski 1952, S. 986); „70. Typha [=] Typha latifolia L.! [;] α) Typha palustris media [=] Typha angustifolia L.!" (Ledebour 1841, S. 56); „Typha palustris major T. ... grose Liesch oder Narren Kolben, ..." (Lindern 1747, S. 104); „678. Typha ... Linn. Cliff. 439. ... Typha palustris major C. B. P. 20. I. B. II. 539. ... Duae adhuc recensentur species, quas Linnaeus, vt varietas, huc refert: 1) Typha palustris claua gracili C. B. P. 2) Typha palustris minor C. B. P. ... Kolben, Teichkolben. ..." (Boehmer 1750, S. 275); „1305. TYPHA clava unica. ... Typha palustris major C. B. Theatr. p. 337. ... Typha foliis subsensiformibus, ... LINN. p. 1377. ..." (Haller 1768a, S. 163); „154. Typha major.Wasserkolben. Typha palustris maior. Turn. 530. C. B. P. 20. I. B. 2. 539. ..." (Carl 1770, S. 371); „... der Scharbock ist in diesen Gegenden [d. h. am Fluß *Jaik*] im Frühling ein allgemeines und mit vielen andern Krankheiten begleitetes Uebel, wovon sich die Einwohner hauptsächlich durch den Genuß der Rapontikblätter und derer Wurzeln von Wasserpumpen (Typhy) welche man hier mit einem tatarischen Namen Tschaaken nennt, zu genesen pflegen." (Pallas 1771, S. 426); „1144. TYPHA latifolia. ... Typha clava unica. HALL. Hist. n. 1305. ... 1145. TYPHA angustifolia. ... Typha clava mascula ... HALL. Hist. n. 1306. ..." (Scopoli 1772a, S. 214); „[Typha] latifolia, ... breitblätterichte Kolben, ... das Wasser, womit man sie begossen hat, soll die Kraft haben, Blut zu stillen; Sie heißt bey C. und J. Bauhin: Typha palustris major. Typha angustifolia, ... schmalblätterichte Kolben, ... Sie heißt bey ... C. Bauhin: Typha palustris, clava gracili; ..." (Gmelin 1777, Sp. 345ff.); „Rohrkolben e), dessen Kolben die Bauern mit Schweineschmeer vermischen, und wider Brandschäden brauchen, ... |: e) Typha angustifolia. :|" (Lepechin 1783, S. 134); „1) Breitblätterichte Kolbe. Typha latifolia. ... Typha foliis subsensiformibus, spica mascula femineaque approximatis. LINN. ... Sp. Pl. p. 1377. ... SCOP. Carn. 2. n. 1144. ... HALL. helv. n. 1505. ... Typha palustris maior. C. BAUH. pin. p. 20. theatr. 137. ... so nennt man sie ausser Lischkolben, auch Rohrkolben, Wasser= Teich= Weyher=Kolben, Moorkolben, Narrenkolben, Deutelkolben, Pumpskeulen, Knospen, Schmakedusen und Schmakedungen. ... Die Wolle, oder vielmehr die haarigen Kelche, ... soll ein gutes Mittel wider die Brandschäden seyn. Arme Leute brauchen auch diese Wolle ... in die Betten, und dergleichen Küssen sollen wider die erhitzten Lenden gut seyn. ... Sonst aber taugt dieses Kolbenrohr besser zum Feuer anmachen, als zum Futter für das Vieh, ..." (Linné 1785, S. 638ff.); „2) Schmalblätterichte Kolben. Typha angustifolia. ...Typha foliis semicylindricis, spica mascula femineaque remotis. LINN. ... Sp. Pl. p. 377. ... Hort. Cliff. 439. ... GMEL. Sib. I. p. 133. Typha clava mascula ... HALL. helv. n. 1306. ... Typha palustris clava gracilis. C. BAUH. pin. 20. ... Typha media. CLUS. pann. 716. β) Typha palustris minor. C. BAUH. pin. 20. [J. G.] Gmelin traf durch ganz Sibirien beyde Arten [d. h. diese und Typha latifolia] sehr häufig an. Die Tatarn sollen aus den Halmen verschiedene Matten und Decken zu flechten wissen. ..." (a. a. O., S. 640f.); „1043. Typha latifolia. ... Ruß. Paloschnik, Ragos, Perdun und Orobinez. Tat. und Baschk. Igan und Irgan auch Dietse. Kalm. Sägesönu und Sägesun. Die Wurzel nennen sie Saga und das Kraut Sägesun. 1044. Typha angustifolia. Lin. sp. 2. Ruß Orobinez und die vorigen Namen, ... Von den Stängeln binden die ärmern Nomaden Teppiche zur Bedeckung der Jurten und zu Lagerstellen; ... Mit den Blättern umflechten die Bucharen Arbusen und Melonen, um sie einzeln zur Winterprovision an die Stubendecken zu hangen. ..." (Falk 1786, S. 250f.); „X. Mittel bei Hydrops, Scorbut, Stomacace und Aphthen. ... In der Kirgisensteppe wendet man gegen den häufig im Frühjahr auftretenden Scorbut an: ... die Wurzel von Typha latifolia, ..." (Krebel 1858, S. 161ff.); „TYPHA. ... Deutsch. Die Rohrkolbe; Kolbe, Kolbenrohr, Weiherkolbe, Teichkolbe, Wasserkolbe, Sumpfkolbe, Narrenkolbe, Lieschkolbe, Tuttelkolbe, Deutelkolbe, Dittlekolbe, Maskolbe, Pumpskäule, Bumskeule, Bullenpesel, Schmackedusen, Schmackedungen, Schlote, Dierküle, Pulsk, Knospen. ... Russ. Paloschnik, Ragos, Perdun, Orobinez. ... Lett. Wahlit. Ehstn. Soe tölw; Gunti kurrikad. Tatar. Igan, Irgan, Dietse. Kalmuk. Sägesönu, Sägesun. ... besteht aus folgenden Arten: a) latifolia, b) angustifolia, ... Die feine Haarwolle der weiblichen Blumen werden ... zum Ausfüllen der Polster, Kopfküssen &c. gebraucht, sie können aber auch als Filz zu Hüten, ferner zu Mützen, Decken &c, genutzt werden; Die Blätter dienen zur Befestigung der Dauben und Fassreifen, ... die Wurzeln wurden ehedem als Arzneymittel gebraucht; sie ... werden zuweilen ... als Salat gegessen; die Kalmücken kochen die Wurzeln an Fleisch und finden sie mehlicht und nahrhaft. ..." (Nemnich 1795, Sp. 1517f.); „1. TYPHA latifolia ... Breitblättrige Rohrkolbe. R. Poloschnik und Orobinez. Tat. Igan. ... 2. TYPHA angustifolia ... Schmalblättrige Rohrkolbe. ... Die Wurzeln beyder werden von Kalmücken, Sajanen und anderen Sibiriaken gekocht, für sich oder an Fleisch gegessen. Aus den Halmen flechten sie Matten zur Bedeckung ihrer Jurten und auf denselben zu schlafen. Mit der Kolbenwolle stopfen Tschuwaschen und andere Polster aus, am Choper und in Klein=Rußland geschieht dieses mit Vermischung der Wachtel= und Feldhühner=Federn, ... Sie ist auch den Papiermühlen sehr nützlich." (Georgi 1797–1802, Theil 3, S. 1278); „1. TYPHA latifolia. ... T. foliis subensiformibus, ... Scop. carn. n. 1144. ... T. clava unica. Hall. helv. n. 1505. T. palustris major. Bauh. pin. 20. ... Breitblättrige Kolben. W. ..." (Linné 1797–1830, Bd. IV, Teil 1, S. 197); „*2. TYPHA minor. ... Typha angustifolia. β. Sp. pl. 1378. Typha minor. Bauh. hist. 2. p. 540. ... T. palustris minor. Bauh. pin. 20. ... Klein Kolben. W. ..." (a. a. O., S. 197f.); „3. TYPHA angustifolia. ... T. foliis semicylindricis, ... Scop. carn. n. 1145. ... T. clava mascula ... Hall. helv. n. 1306. Typha. Hort. cliff. 439. ... Gmel. sib. 1. p. 133. ... T. palustris, clava gracili. Bauh. pin. 20. T. palustris media. ... Bauh. hist. 2, p. 540. ... Schmalblättrige Kolben. W. ..." (a. a. O., S. 198); „1413. TYPHA latifolia ... Willd. Linn. Sp. pl. 4. p. 197. Linn Sp. pl. 2. p. 1377. Typha clava unica. Hall. stirp. helv. n. 1305. Typha palustris major. Bauh. pin. 20. ... Germ. Grosse breitblättrige Rohr-Kolben. Grosse Lieschkolben. ..." (Gmelin 1808, S. 601f.); „910. Typha. L. ... 1. T. latifolia (L. Spec. 1377) ... M. a BIEB. Fl. t. c. III, p. 611. ... LEDEB. Fl. alt. IV, p. 249. ... Typha. GMEL. Fl. sib. I, p. 133, No. 70 (excl. var. α.). ..." (Ledebour 1853, S. 1f.); „2. T[ypha] angustifolia (L. Spec. 1377, excl. var. β.) ... M. a BIEB. Fl. t. c. III, [sic!] p. 379. ... LEDEB. Fl. alt. IV, p. 249. Typha. GMEL. Fl. sib. I, p. 133. 134, No. 70. var. α. ..." (a. a. O., S. 2); „1867***. TYPHA latifolia. ... Linn. ed. Wild. 4. p. 137. ..." (Marschall von Bieberstein 1819, S. 611); „1868. TYPHA angustifolia. ... Linn. ed. Willd. 4. p. 198. ... Gmel. sib. I. p. 133. n. 70. ..." (Marschall von Bieberstein 1808, S. 379); „1. TYPHA LATIFOLIA. Linn. ... Linn. Willd. Spec. pl. IV. p. 197. ... M. a Bieb. Fl. taur. cauc. III. p. 611. No. 1867.*** ... Typha. Gmel. Fl. sib. I. p. 133. No. 70. (excl. var. a.) ... 2. TYPHA ANGUSTIFOLIA. Linn. ... Linn. Willd. Spec. pl. IV. p. 198. ... M. a Bieb. Fl. taur. cauc. II. p. 379. No. 1868. Typha. Gmel. Fl. sib. I. p. 134. No. 70. var. a. ..." (Ledebour 1833, S. 249); „1413. Typha latifolia. ... Linn. Sp. pl. p.1377. n. 1. ... Typha clava unica. Haller. Hist. II. p. 163. n. 1305. Typha palustris major. Joh. Bauh. Hist. II. p. 539. ..." (Wulfen 1858; S. 725f.); „14. Planta cujus radicem Ostiaci comedunt. ... nequeo hanc determinare cum admodum obsoleta sit nisi sit Typha vulgaris; sic videtur cum folia hinc convexa, inde plana. (Flora sibirica I. 133. nr. 70. Typham latifoliam et angustifoliam L. exhibet; folia, hinc convexa, inde plana' T. angustifoliam indicarent. Sed hujus radicem Ostiacis nutrimentum esse nullibi Gmelinus refert. Hinc planta quam Linnaeus determinare nequivit, certo non est nisi Fl. sib. I. 77. nr. 42. Butomus umbellatus L. cf. Gmelini Iter sib. II. 469.)“ (C. von Linné in einem undatierten Brief an J. G. Gmelin – Plieninger 1861, S. 66); Typha angustifolia L. – russ. *rečnoj tyrlič*, bzw. *čakan* (*Annenkov* 1858, S. 96, Nr. 1144); Typha latifolia L. – russ. *paločnik, kubys, ragoza, čakon, počatki* bzw. *rogoz* (a. a. O., S. 96f., Nr. 1145); „Tȳpha L. (Typhaceae). Τυφη der Alten, angeblich von τιφος (Sumpf), in Bezug auf den Standort; besser von τυφος (Rauch), τυφειν (verbrennen), weil der braune weibliche Blütenkolben räucherig, wie angebrannt, aussieht. ...“ (Wittstein 1852, S. 909)

„124 Typha palustris major J. B. II 539. ...“ (AAW R. I, Op. 105, D. 12, Bl. 6v, s. Anm. 54 in Nr. 17); „Typha palustris major. J. B. ...“ (AAW F. 21, Op. 5, D. 98, Bl. 31v, s. Anm. 54 in Nr. 17); „119. Typha palustris major C. B. P. ...“ (AAW R. I, Op. 104, D. 17, Bl. 15r, s. Anm. 36 in Nr. 8); „3. Typha palustris major J. B. II. 539. ...“ (AAW R. I, Op. 13, D. 67, Bl. 18r, s. Anm. 5 in Nr. 4); „Typha palustris major CBP. Russ. палошникъ [russ. *palošnik*] ...“ (AAW R. I, Op. 104, D. 8, Bl. 14v, s. Anm. 18 in Nr. 452); „Typha palustris major C. B. Pin. 20. & Tournef. Sp. 1. clavâ simplici, cui spica florida sterilis insidet. ... Typha ejusdem varietas; spica florida sterili & clava geminatâ qvasi prolifera. ...“ (AAW F. 98, Op. 1, D. 19, Bl. 64r, s. Anm. 59 in Nr. 19); s. auch Nr. 881 und Nr. 882

215 „[species 2] Typha palustris, clavâ gracili C. B. Pin. 20. Typha media Clus. Pan. 716. Typha palustris, media J. B. 3. 540.“ (Tournefort 1700, S. 530, Genus II. „Typha. Masse.“); „Der mittlere Moßkolben/ Typha palustris media, J. B. palustris clavâ gracili, C. B. Ist von dem vorigen/ [s. Nr. 880] als der grösse halben/ nicht underscheiden.“ (Zwinger 1696, S. 313); „Typha palustris clava gracili T. seu media IB. 2. 540. lange schmahle Narren oder Wasserkolben, ...“ (Lindern 1747, S. 104); „1306. TYPHA clava mascula a feminina remota. α. Typha GMELIN. Flor. Sibir. I. p. 133. Typha palustris media J. B. II. p. 540. ... Typha palustris, clava gracili C. B. Theatr. p. 340. β. Typha palustris, minor C. B. Theatr. p. 341. ...“ (Haller 1768a, S. 163f.); „1414. TYPHA media ... Typha angustifolia ... Linn. Sp. pl. 2. p. 1377. α. ...Typha clava, mascula ... Hall. stirp. helv. n. 1306. var. α. Typha palustris clava gracili. Bauh. pin. 20. ... Typha palustris media. Bauh. hist. 2. p. 540. ... Germ. Mittlere Rohrkolben. ...“ (Gmelin 1808, S. 602f.); „1414. Typha angustifolia. ... Linn. Sp. pl. p. 1377. n. 2. ... Typha, clava mascula ... Haller. Hist. II. p. 163. n. 1306. Typha palustris media. ... Joh. Bauh. Hist. II. p. 540. ...“ (Wulfen 1858; S. 726)

„125. Typha palustris media J. B. II. 540. ...“ (AAW R. I, Op. 105, D. 12, Bl. 6v, s. Anm. 54 in Nr. 17); „1. Typha palustris media J. B. II. 540 Ind. Jen. n°. 258.“ (AAW R. I, Op. 13, D. 67, Bl. 18r, s. Anm. 5 in Nr. 4); „258. Typha palustris media J. B. II. 540. ...“ (AAW R. I, Op. 105, D. 1ª, Bl. 23r, s. Anm. 29 in Nr. 5); „254„ d. [10. September 1724]„ [Sem.]„ Typha palustris minoris, clavâ gracili; an Tournef. Sp. 2.„ “ (AAW F. 98, Op. 1, D. 23, Bl. 7v, s. Anm. 49 in Nr. 653); s. Nr. 880 und Nr. 881

216 „[species 3] Typha palustris, minor C. B. Pin. 20. Typha minor J. B. 2. 540. Lob. Icon. 81.“ (Tournefort 1700, S. 530, Genus II. „Typha. Masse.“); „Der kleine Moßkolben aber/ Typha palustris minor, C. B. Typha minor, I. B. minima Park. Hat lange/ gestreiffte/ schmale/ spitzige/ etwas rauhe Graß=blätter/ ...“ (Zwinger 1696, S. 314); „3. TYPHA parte masculina ovatae clavae a feminina distante. Typha palustris minor C. B. Theatr. p. 340. ... I. R. H. ... Typha minor LOB. ic. p. 81. I. B. II. p. 540. ... Typha minima PARK. p. 1204. ...“ (Haller 1742, S. 260f.); „Typha palustris minor T. IB. 2. 540. klein Narren oder Rohr=Kolben, ...“ (Lindern 1747, S. 104); „155. Typha minor, kleines Wasserkölbchen. Typha palustris minor. Turn. 530. C. B. P. 20. Typha minor. I. B. 2. 540.“ (Carl 1770, S. 371); „Typha minima; minima, duplici clava; minor; minor sive Typhula; palustris minor; so nennen Clusius, Morison, Pena, Lobel, Dalechamp, Theodor und C. Bauhin eine kleinere Abänderung der schmalblätterichten Kolben.“ (Gmelin 1777, Sp. 348); „1415. TYPHA elliptica ... Typha angustifolia. var. β. Linn. Hall. stirp. helv. n. 1306. var. β. ... Typha palustris minor. Bauh. pin. 20. ... Typha minor. Bauh. hist. 2. p. 540. ... Germ. Elliptische kleine Rohrkolben. ...“ (Gmelin 1808, S. 603f.); „4. T[ypha] Laxmanni (LEPECH. in Nov. Act. Acad. petropol. XII, p. 84. 335, t. 4) ... T. Laxmanni. GEORGI Beschr. d. Russ. R. Nachtr. p. 307. T. angustifolia β. L. Spec. p. 1378. T. minor in WILLD. Spec. pl. IV, p. 197. ... T. minima. FUNK

in WILLD. Spec. pl. IV, p. 198. – HOPPE pl. exs. Cent. III. – M. a BIEB. Fl. t. c. II, p. 379. ...“ (Ledebour 1853, S. 3); „C’est pour honorer la Mémoire d’un savant qui avoit bien mérité de la Botanique, que Mr. Lepechin emprunte le nom de Laxmann, pour en faire le nom spécifique d’un espèce de Typha qui croît en abondance dans les lieux marecageux de la Sibérie orientale, sur les bords des rivières au de là du Lac Baïcal, et qui, sensiblement différente des Typha latifolia et angustifolia, est définie ar l’Auteur ainsi: Typha foliis angustis, linearibus, a medio fere ad apicem usque subito coarctatis, clava graciliore, spicis mascula foemineaque remotis.“ (Lepechin 1801, S. 84); „3. Typha Laxmanni Lep. N. Act. Petrop. XII. 336. 1278. Laxmanns Rohrkolbe. ...“ (Georgi 1797–1802, Nachträge, S. 307); „1415. Typha minor. – Typha minima Hoppe. ... Typha minor. ... Joh. Bauh. Hist. II. p. 540. ...“ (Wulfen 1858; S. 726f.)

„259. Typha palustris minor C. B. P. 20. ...“ (AAW R. I, Op. 105, D. 1^{a}, Bl. 23r, s. Anm. 29 in Nr. 5); „2. Typha palustris minor C. B. P. 20. Ind. Jen. n°. 259.“ (AAW R. I, Op. 13, D. 67, Bl. 18r, s. Anm. 5 in Nr. 4); s. Nr. 880 und Nr. 881

217 „[species 1] Sparganium ramosum C. B. Pin. 15. Sparganium quibusdam J. B. 2. 541. Platanaria sive Butomon Dod. Pempt. 601.“ (Tournefort 1700, S. 531, Genus III. „Sparganium.“); „SPARGANIUM. ... teutsch, Igelskolben. Ist ein Wassergewächs, davon es drey Arten giebet. Die erste wird genannt ... Sparganium ramosum, C. B. Pit. Tournef. ... Die andere wird genannt ... Sparganium non ramosum, C. B. Pit. Tournef. ... Die dritte Art ist rarer, ... sie wird genennet Sparganium minimum, C. B. J. B. Pit. Tournef. ... Die Wurtzeln der grossen Igelskolben sollen wider den Schlangenbiß gut seyn, den Schweiß treiben, dem Gift widerstehen, wennn sie abgesotten, oder als ein Pulver gebrauchet werden. ...“ (Lémery 1721, Sp. 1065f.); „Sparganium ramosum C. B. P. 15. ... Schwertel.“ (Rupp 1726, S. 260); „1. SPARGANIUM foliis adsurgentibus triangularibus. Fl. lapp. 345. Sparganium ramosum. Bauh. pin. 15. theatr. 228. ... α Sparganium non ramosum. Bauh. hist. 2. pin. 15. theatr. 231. ... Sparganium alterum. Bauh. hist. 2. p. 541. Platanaria altera. Dod. pempt. 601. β Sparganium minimum. Bauh. pin. 15. prodr. 24. ...“ (Linné 1737, S. 439); „69. SPARGANIUM foliis adsurgentibus triangularibus LINN. Lapp. 345. h. Cliff. 439. Suec. 770. ROY. pr. p. 73. Sparganium alterum LOB. ic. p. 80. I. B. II. p. 541. Platanaria altera DOD. Pempt. p. 601. Sparganium non ramosum C. B. Th. p. 231. Sparganium culmo erecto, foliis triquetris HALL. Helv. p. 259. α. Varietas minima foliis planiusculis. Varietas vix palmaris STAEHELINI HALL. Helv. p. 260. ...“ (Gmelin 1747–1769, Bd. I, S. 133); „69. Sparganium foliis adsurgentibus triangularibus [=] Sparganium simplex Sm.! (Sparganium ramosum Sm. – Willd. sp. pl. IV. 199) [;] α) var. minima foliis planiusculis [=] Sparganium natans L.!“ (Ledebour 1841, S. 55); „1303. SPARGANIUM caule foliisque erectis. α. ... Sparganium ramosum C. B. ... β. Sparganium non ramosum TABERNAEMONT. p. 247. ... Sparganium alterum LOBEL. p. 80. ... α. β. Sparganium foliis erectis, triquetris LINN. p. 1378. ...“ (Haller 1768a, S. 162); „50. Sparganium ramosum, ästiger Igelsknospen. Sparganium ramosum Turn. 531. C. B. P. 15. ...“ (Carl 1770, S. 398); „1146. SPARGANIUM erectum Sparganium foliis erectis, triquetris. LINNN. ... Spec. Plant. p. 971. n. 1. ... Sparganium caule foliisque erectis HALL. Hist. n. 1307. Sparganium. ... alterum I. BAUH. Hist. II. p. 542. ...“ (Scopoli 1772a, S. 215); „Sparganium erectum, ... aufrechte Igelskolbe, ... Igelsknospen; Degenkraut; Schwertelried; ... Besser taugt sie daher zum Gerben des Leders: Sie heißt bey ... C. Bauhin: Sparganium ramosum.“ (Gmelin 1776, Sp. 679); „[Sparganium] natans, ... schwimmende Igelskolbe, ...“ (a. a. O., Sp. 679f.); „Sparganium alterum; bedeutet bey Lobeln, Cäsalpin, Dalechamp, Theodor und J. Bauhin eine Spielart der aufrechten Igelskolbe, deren Blumenstiele sich nicht mehr zertheilen.“ (a. a. O., Sp. 680); „1) Aufrechtstehende Igelsknospe. Sparganium erectum . ... Sparganium foliis erectis triquetris. LINN. ... Sp. Pl. p. 1378. Hort. Cliff. 439. ... GMEL. Sib. I. p. 133. TOURNEF. Inst. R. H. p. 530. ... Sparganium caule foliisque rectis. HALL. helv. n. 1303. Sparganium ramosum. C. BAUH. pin. 15. theatr. 228. ... β) Sparganium non ramosum. C. BAUH. pin. 15. theatr. 231. ... verschiedene deutsche Benennungen ... unter welchen Igelsknospen, Igelskolben, Rindknospen, Knospengras ... die bekanntesten und üblichsten sind; eher sind die Namen Degenkraut, Riedtkraut, Schwertelriedt von den ... Blättern hergenommen. ...“ (Linné 1785, S. 641ff.); „2) Schwimmende Igelsknospe. Sparganium natans. ... Sparganium

foliis decumbentibus planis. LINN. ... Sp. Pl. p. 1378. ... Sparganium foliis planis mollibus decumbentibus. HALL. helv. n. 1304. [s. Nr. 886] ..." (a. a. O., S. 643); „a) Sparganium erectum. Sparganium ramosum et non ramosum; ... Deutsch. Die aufrechtstehende Igelsknospe; Igelskolbe, Riedknospe, Rindknospe, Knospengras, Degenkraut, Schwertelried, Schwedelried, Schmertel, Grasriedkraut. ... b) Sparganium natans. Sparganium non ramosum minus. Deutsch. Die schwimmende Igelsknospe. ... Beyde Arten einer Gattung Graspflanzen ... bilden einen flachlichten Knopf, daher die Namen Igelsknospe &c; beyde Pflanzen werden vom Rindvieh gern gefressen, und bey der letzteren pflegen die Fische ihren Aufenthalt zu nehmen; die Wurzel war ehedem als Arzneymittel berühmt. ..." (Nemnich 1795, Sp. 1330); „1. SPARGANIUM erectum ... Aufrechte Igelknospe. .... 2. SPARGANIUM natans ... Schwimmende Igelknospe. ..." (Georgi 1797–1802, Theil 3, S. 1278f.); „1. SPARGANIUM, Igelskolben, ... ist ein Wassergewächs, davon es drey Arten giebet. Die erste wird genannt: ... Sparganium ramosum, C. B. Pit. Tournef. ... Diese hinterlassen keine Früchte oder Saamen, sondern dieselbige wachsen an den Spitzen der Stengel, ... Wenn der Mensch von dieser Frucht etwas genüsset, kommt er einige Stunden von Verstand und Sinnen, ..." (Zedler 1732–1750, Bd. 38, Sp. 1210f.); „Igels=Kolbe, Sparganium Linn. ... Man kennt bis jetzt nur 2 wahre Arten, ... 1. Aufrechte Igelskolbe, mit aufrechten und dreyseitigen Blättern; große Igelskolbe, Igels=Knospe, Degenkraur, Schwertelrieth, Schwertriedel, Sparganium ramosum C. B. ... 2. Schwimmende Igelskolbe mit niederliegenden flachen Blättern; schwimmende flache Schwert=Riedel, Sparganium non ramosum minus Dillen. Sparganium minimum Raj. ... Sparganium natans, ... Linn. ..." (Krünitz 1773–1858, Bd. 29, S. 428ff.); „1. SPARGANIUM ramosum. ... S. (erectum) ... Sp. pl. 1378. ... Hort. cliff. 439. ... Gmel. sib. 1. p. 133. ... S. caule foliisque erectis. Hall helv. n. 1303. S. ramosum. Bauh. pin. 15. theatr. 228. ... Aestiger Igelskopf. W. ... 2. SPARGANIUM simplex. ... Sparganium erectum β. Sp. pl. 1378. ... S. non ramosum. Bauh. pin. 15. theatr. 231. ... Einfacher Igelskopf. W. ... 3. SPARGANIUM natans. ... S. foliis decumbentibus planis. Sp. pl. 1378. ... S. foliis planis mollis dedumbentibus. Hall. helv. n. 1304. [s. Nr. 886] ... S. minimum. Raj. hist. 1910. ... Schwimmender Igelskopf. W. ..." (Linné 1797–1830, Bd. IV, Teil 1, S. 199f.); „26. SPARGANIUM RAMOSUM. Smith. ÄSTIGES SPARGANIUM. ... Sp. erectum Linné ... sp. pl. 1378. ... Die jungen Blätter werden vom Rindvieh gefressen, Pferde und Schaafe rühren sie aber nicht an. Deutsche Namen für diese Pflanze sind: Degenkraut, Igelsknospe, Igelskoben, Igelskopf, Schwertelried, Knospengras, Rindknospen." (Dietrich 1833, Nr. 26); „27. SPARGANIUM SIMPLEX. Smith. EINFACHES SPARGANIUM. ... Sp. erectum β. Linné spec. pl. 1378. ..." (Dietrich 1833, Nr. 27); „28. SPARGANIUM NATANS. Linné. Schwimmendes SPARGANIUM. ... Sachsen: um Halle im Loberbach bei Paupitsch! ..." (Dietrich 1833, Nr. 28); „911. Sparganium. L. ... 1. S. ramosum (HUDS. Fl. angl. ed. 2, p. 401) ... LEDEB. Fl. alt. IV, p. 236. ... S. erectum. L. Spec. 1378. ..." (Ledebour 1853, S. 3f.); „2. S[parganium] simplex (HUDS. Fl. angl. ed. 2, p. 401., excl. var. β.) ... LEDEB. Fl. alt. IV, p. 236. ... S. erectum β. L. Spec. 1378. ... S. foliis adsurgentibus ... GMEL. Fl. sib. I, p. 133, No. 69. (excl. var. α.). ..." (a. a. O., S. 4); „4. S[parganium] natans (L. Spec. 1378) ... S. foliis adsurgentibus ... GMEL. Fl. sib. I, p. 133, No. 69. ..." (a. a. O., S. 5); „1870. SPARGANIUM ramosum. ... Linn. ed. Willd. 4. p. 1999. Hall. hist. n. 1303. Sp. erectum. Linn. spec. pl. p. 1378. ..." (Marschall von Bieberstein 1808, S. 380); „1. SPARGANIUM RAMOSUM. Sm. ... Willd. Spec. pl. IV. p. 199. ... M. a Bieb. Fl. taur. cauc. II. p. 380. No. 1870; ... Sp. erectum. Linn. Sp. pl. 1378. ... 2. SPARGANIUM SIMPLEX. Sm. ... Willd. Sp. pl. IV. p. 199. ... Sp. erectum. β. Linn. Spec. pl. 1378. Sparganium foliis adscendentibus ... Gmel. Fl. sib. I. p. 133. No. 69. (excl. var. α, quae Sp. natans Linn.) ..." (Ledebour 1833, S. 236); „1416. Sparganium erectum. – Sparganium ramosum Huds. ... Linn. Sp. pl. p. 1378. n. 1. ... Sparganium caule foliisque erectis. Haller. Hist. II. p. 162. n. 1303. ... 1417. Sparganium simplex. ... Sparganium alterum. ... Joh. Bauh. Hist. II. p. 541. ... 1418. Sparganium natans. ... Linn. Sp. pl. p. 1378. n. 2. ... Sparganium foliis planis ... Haller. Hist. II. p. 163. n. 1304. ..." (Wulfen 1858, S. 727f.); „30. Sparganium foliis assurgentibus triangularibus Fl. Lapp. omnino. haec immense variat magnitudine. (Fl. sib. I. 133. nr. 69. Sp. erectum L. simplex Sm.) 31. Sparganium foliiis complanatis natantibus spicis paucissimis Hall. non est, sed omnino varietas prioris ex paludibus turfosis. (Fl. sib. I. 133. var. α. Sp. natans L.)" (C. von Linné in einem Brief an J. G. Gmelin vom 24. Juni 1745 – Plieninger 1861, S. 44); Sparganium – russ. *eževika, vodjanoj pyrej* bzw. *bobki volč'i* (*Annenkov* 1858, S. 89, Nr. 1051); Sparganium ramosum L. – russ. *kardovnik* (a. a. O., S. 89, Nr. 1052); „Spargānium T. (Alismaceae). Von σπαργανον (Band), in Bezug auf die Form und Anwendbarkeit der Blätter. ..."(Wittstein 1852, S. 824)

„334. Sparganium ramosum C. B. P. 15. ..." (AAW R. I, Op. 105, D. 12, Bl. 14r, s. Anm. 54 in Nr. 17); „255. Sparganium ramosum Park. 1205. ..." (AAW R. I, Op. 105, D. 1^{a}, Bl. 23r, s. Anm. 29 in Nr. 5); „1. Sparganium ramosum Park. 1205. Ind. Jen. n°. 255. ..." (AAW R. I, Op. 13, D. 67, Bl. 18r, s. Anm. 5 in Nr. 4); „483„ d. [31. August 1725]„ Sem. Sparganii ramosi, Tournef. Sp. 1. Sparganium Off.„ " (AAW F. 98, Op. 1, D. 23, Bl. 18r, s. Anm. 49 in Nr. 653); „171„ d. [31. August 1725]„ Sem. Sparganii ramosi Tournef. Sp. 1. Sparganium officinarum, Anglis Branched, or. Bur-Reed; Germanis Schwerdtel=Rieth; Igels=Knochen=RiethGraß.„ " (a. a. O., Bl. 31r); „31. August 1725 ... Mein botanischer Junge ... wurde ... in den Wald gesandt, ... brachten mir: ... Sparganium ramosum (Tournefortii sp. 1); ..." (Messerschmidt 1962–1977, Bd. 4, S. 223); s. auch Nr. 885 und Nr. 886

218 „[species 2] Sparganium non ramosum C. B. Pin. 15. Sparganium alterum J. B. 2. 541. Platanaria altera Dod. Pempt. 601." (Tournefort 1700, S. 531; Genus III. „Sparganium."); „SPARGANIVM ... II. Sparganium non ramosum. ..." (Bauhin 1623, S. 15); „49. Sparganium, Igelsknospen. Sparganium non ramosum Turn. 531. C. B. P. 15. ..." (Carl 1770, S. 398); „[Sparganium] non ramosum; bedeutet bey ihm [d. h. C. Bauhin] eine andere [Abart der aufrechten Igelskolbe], deren Blumenstiele sich nicht zertheilen." (Gmelin 1776, Sp. 680)

„333. Sparganium non ramosum C. B. P. ..." (AAW R. I, Op. 105, D. 12, Bl. 14r, s. Anm. 54 in Nr. 17); „256. Sparganium non ramosum C. B. P. 15. ..." (AAW R. I, Op. 105, D. 1^{a}, Bl. 23r, s. Anm. 29 in Nr. 5); „2. Sparganium non ramosum C. B. P. 15. Ind. Jen. n°. 256. ..." (AAW R. I, Op. 13, D. 67, Bl. 18r, s. Anm. 5 in Nr. 4); „Sparganium non-ramosum. T. Sp. 2. ..." (AAW F. 98, Op. 1, D. 19, Bl. 58r, s. Anm. 59 in Nr. 19); s. Nr. 884

219 „[species 3] Sparganium minimum C. B. Pin. 15. Prodr. 24. J. B. 2. 541." (Tournefort 1700, S. 531, Genus III. „Sparganium."); „A. 3. Sparganium minimum C. B. J. B. Park. ..." (Ray 1693. S. 1312); „Sparganium minimum Joh. Raj. in app. histor. quod differre videtur a spargano minimo Bauhinorum; ..." (Rupp 1726, S. 260); „1304. SPARGANIUM foliis planis, mollibus, decumbentibus. An Sparganium minimum C. B. Theatr.p. 232. prodr. p. 24? ... Sed est Sparganium minimum RAJ. Synops. III. p. 437. GAJ. 1910. ..." (Haller 1768a, S. 163); „[Sparganium] minimum; so nennt C. Bauhin eine sehr kleine Abart derselbigen [d. h. der aufrechten Igelskolbe]." (Gmelin 1776, Sp. 680)

„459. Sparganium folys complanatis, natantibus, spicis paucissimis Hall. Alp. 260. Sparganium minimum Raj. p. 1910. Synops. III. 437." (AAW R. I, Op. 13, D. 20, Bl. 46v, s. Anm. 1 in Nr. 1); „457. Sparganium minimum Joh. Raii. ..." (AAW R. I, Op. 104, D. 25, Bl. 33r, s. Anm. 61 in Nr. 21); s. Nr. 884

220 „[species 1] Ricinus vulgaris C. B. Pin. 432. J. B. 3. 642. Ricinus Dod. Pempt. 367. Vulgò Palma Christi." (Tournefort 1700, S. 532, Genus VI. „Ricinus. Ricin."); „Ricinus vulgaris C. B. P. 432. ... Wunder=Baum. ..." (Rupp 1726, S. 263); „1. RICINUS foliis peltatis palmatis serratis, petiolis glanduliferis. Ricinus vulgaris. Bauh. pin. 439. Bauh. hist. 3. p. 642. Ricinus. Dod. pempt. 367. ..." (Linné 1737, S. 450); „RICINUS, (wird also genennet, weil der Saame dem Thiere gleichet, so den Namen Ricinus führet, das ist, eine Schaflaus, wovon Hunde und Ochsen geplaget werden. Man nennt dieses Gewächs auch Palma Christi, weil man saget, die Blätter gleichen der flachen Hand.) Insgemein Palma Christi. Der Wunderbaum. ... 1. RICINUS vulgaris C. B. P. Der gemeine Wunderbaum, so in Westindien unter dem Namen der Oehlnus, oder Agnus Castus bekannt ist. ..." (Miller 1751, S. 203ff.); „Ricinus vulgaris, κίκι, Cataputia maior, Granum regium maius, Palma Christi, Wunderbaum, Römischer Hanf, Türkischer Hanf, Kreutzbaum, Zeckenkörner, Mollenkraut, ... Reusische Bohnen, Römische Bohnen. IV. Der Samen oder die Kern sind warm und trocken im dritten Grad, führen die Galle und den Schleim oben und unten gewaltig ab, und

werden in der Wassersucht und Podagra von etlichen gerühmet, ... Das aus den Körnern exprimirte Oel, so man Oleum Ricinum, Oleum de Kerua nennet, ist sehr zart; es zertheilet gewaltig, und wird deswegen allerhand Flecken der Haut, Flechten, Wundmähler und den fliesenden Grind zu vertreiben, gebrauchet. Das Kraut sollen die Maulwürfe nicht leiden können. ...“ (Franckenau 1753, S. 554f.); „98. Ricinus medius, Cataputia maior, Wunderbaum, Purgierkörner, türkischer Hanf. Ricinus vulgaris Turn. 532. C. B. P. 432. ...“ (Carl 1770, S. 243); „[Ricinus] communis, ... gemeiner Wunderbaum, ... Oelnus; Agnus Castus; ... ihre Samen ... treiben mit einer grosen Heftigkeit auf den Stuhlgang, und machen Brechen und leicht Entzündungen in dem Magen und in den Gedärmen; ... Sie heißt bey ... C. und J. Bauhin: Ricinus vulgaris.“ (Gmelin 1775, Sp. 888ff.); „1.) Der gemeine Wunderbaum. Ricinus communis. ... Ricinus foliis peltatis, subpalmatis, serratis. LINN. ... Sp. pl. 1430. Ricinus foliis peltatis, Hort. Cliff. 450. ... Ricinus vulgaris. C. BAUH. 439. TOURNEF. et alior. ... bey den Arabern heißt es Kerroa oder Kerva, und by den Egyptern Kiki, welches einige glauben macht, daß der Kürbis des Propheten Jonas, ... kein Kürbis, sondern ein solcher Wunderbaum gewesen seye; ...“ (Linné 1779a, S. 543ff.); „b) Ricinus communis. Ricinus; Palma Christi. Deutsch. Der Wunderbaum; Kreuzbaum, Agnus Christus, Oelnuss. ... Arab. Charus, Kernua, Kerroa. ... Armen. Kerschang; ... auch wird ein Oel (Oleum ricini s. castor.) daraus gezogen, das verschiedentlich in der Medizin gebraucht, auch in beyden Indien zum Brennen verwandt wird.“ (Nemnich 1795, Sp. 1163f.); „1. RICINUS communis. ... R. foliis peltatis ... Hort. cliff. 450. ... R. vulgaris. Bauh. pin. 439. ... Gemeiner Wunderbaum. W. ...“ (Linné 1797–1830, Bd. IV, Teil 1, S. 564); „Cataputia maj. vulgaris, ... Hunds= oder Schaaffs=Zecken, Schaaff=Lauß, Römische Bonen. ... Die Blätter sollen in Wunden, Rose und wegen ihrer ziehenden Krafft, in allerley Geschwüren dienen. ... Am meisten aber wird der Saame gebraucht: Diese, sonst Treib=Körner, Zecken=Körner, Purgier=Körner, Wunder=Körner genannt, ist eines von denen stärckesten Purgier=Mitteln, ...“ (Zedler 1732–1750, Bd. 5, Sp. 1436f.); „Die Kalmücken gebrauchen den Samen von Ricinus communis als Abführungsmittel, ...“ (Krebel 1858, S. 116ff.); „Rīcinus T. (Euphorbiaceae). Man leitet ab von dem Insekt Ricinus, wegen der ausseren Aehnlichkeit des Samens mit demselben; der Name des Gewächses entstand aber wohl zunächst aus dem griech. κικι, κικινος und das Insekt Ricinus mag erst nach der Pflanze benannt seyn; ...“ (Wittstein 1852, S. 766); russ. *kleščevina* – Ricinus (Pawlowski 1952, S. 549); Ricinus communis L. – russ. *kleščevina* (*Annenkov* 1858, S. 80, Nr. 939)

„1. Ricinus vulgaris C. B. P. 432, J. B. 3. 642.“ mit der rechts marginalen Anm. „H. Ph.“ (AAW R. I, Op. 13, D. 16, Bl. 33r, s. Anm. 32 in Nr. 6); „491. Ricinus vulg.“ mit der rechts marginalen Anm. „H. m.“ (AAW R. I, Op. 15, D. 3, Bl. 9v, s. Anm. 65 in Nr. 24); „623. Ricinus folys peltatis; palmatis, serratis, petiolis glanduliferis. Linn. h. cliff. 450. Ricinus vulgaris. B. Pin. 439 Boerh. lugd. 1. p. 253. ...“ (AAW R. I, Op. 13, D. 20, Bl. 60r, s. Anm. 1 in Nr. 1); „Ricinus vulgaris C. B. P. 432.“ (AAW R. III, Op. 1, D. 162, Bl. 16v, s. Anm. 54 in Nr. 17)

221 „[species 1] Equisetum palustre, longioribus setis C. B. Pin. 15. Equisetum majus, aquaticum J. B. 3. 728. Hippuris Lob. Icon. 793.“ (Tournefort 1700, S. 533, Genus I. „Equisetum. Prêle. Queuë de Cheval.“); „Equisetum palustre, longioribus setis C. B. Pin. 15. ... Pferde=Schwantz.“ (Rupp 1726, S. 281); „Equisetum palustre, longioribus setis C. B. Pin. 15. ... groß Wasserroßschwantz. ...“ (Mappus 1742, S. 98); „6. EQUISETUM caule non sulcato, latissimo, verticillis densissimis. ... Hippuris Caucon Plinii ... LOBEL. ic. p. 793. ... Equisetum palustre longioribus setis C. B. Theatr. p. 241. ... Equisetum majus aquaticum I. B. III. p. 78. ...“ (Haller 1742, S. 144); „Equisetum fluviatile, ... Flußkannenkraut, ... Wasserrosschwanz; groser Wasserkazenstert; groser Kazenstert; Schaftheu mit langen Borsten, Preibusch; Wiesenschafthalm; Wasserschlutten; ... grün gebraucht man sie, verschiedenes Küchengeschirr damit zu puzen: Sie heißt bey ... C. Bauhin: Equisetum palustre longioribus setis, ... bey J. Bauhin: Equisetum majus aquaticum, ...“ (Gmelin 1773, Sp. 774); „4) Fluß=Pferdeschwanz. Equisetum fluviatile.... Equisetum caule striato, frondibus subsimplicibus. LINN. ... Sp. Pl. p. 1517. ... Equisetum palustre longioribus setis. C. BAUH. pin. 15. theatr. 242. Hippuris. LOB. ic. 793. ... Nach des Herrn von Hallers Versicherung ist dieser

Pferdeschwanz eben das nemliche Gewächs gewesen, welches zu Rom von dem gemeinen Volke zur Speise benutzt worden. ... Herr von Gorter räth es zum Arzneygebrauch an; ...“ (Linné 1786, S. 34ff.); „b) Equisetum fluviatile. Deutsch. Das Flusskannenkraut, Wasserrossschwanz; grosser Katzenschwanz; Flussschaftheu; Schaftheu mit langen Borsten; Wasserschlotten; Preybusch. ... ein ähnlicher Gebrauch findet noch in einigen Gegenden Italiens Statt, wo die Wipfel vom gemeinen Mann wie Spargel gegessen ... werden. ...“ (Nemnich 1793, Sp. 1502); „2. EQUISETUM fluviatile. ... E. (Telemateja) ... Ehrh. Beitr. 2. p. 159. ... E. palustre longioribus setis. Bauh. theatr. 241. ... Hippuris major. ... Lob. ic. 793. Fluss-Schachtelhalm. W. ...“ (Linné 1797–1830, Bd. V, Teil 1, S. 2f.); „2. Fluß= oder Rohr=Kannenkraut, im Oberd. Fegekraut, an andern Orten Gänsekraut, Katzen=Kraut, Katzenschwanz, Katzenstert, Katzenwedel, Katzenzagel, Katzenzahl, Pferdeschwanz, Preibusch, Roßschwanz, Scheuerkraut, Wasserschlutten, Zinnkraut, ... Equisetum palustre longioribus setis C. B. ...“ (Krünitz 1773–1858, Bd. 34, S. 166f.); „1113. Equisetum. L. ... 1. E. Telmateia (EHRH. Beitr. II, p. 159) ... E. fluviatile. ...“ (Ledebour 1853, S. 485f.); „Mittel gegen sogenannte Knochenschmerzen: ... Als Einreibung bei Rheumatismus dient auch ... der Spiritusauszug der Wurzeln von Equisetum.“ (Alksnis 1894, S. 193f.); Equisetum – russ. *chvošč'* (*Annenkov* 1858, S. 40, Nr. 436); wogulisch sequant – Equisetum (Ahlquist 1891, S. 51); „Equisētum L. (Equisetaceae). Zus. aus equus (Pfand [sic!]) u. seta (Borste, Haar, Schwanz); in Bezug auf die dünnen Aeste der Pflanze.“ (Wittstein 1852, S. 328)

„AEquisetum – хвощъ [russ. *chvošč*]“ (AAW F. 21, Op. 5, D. 73, Bl. 268r); „Eqvisetum palustre longioribus setis C. B. P. B. h. 1. ...“ (AAW R. I, Op. 68, D. 2, Bl. 8v, s. Anm. 62 in Nr. 22); „62. Equisetum palustre longioribus setis C. B. P. ...“ (AAW R. I, Op. 13, D. 42, Bl. 8r, s. Anm. 1 in Nr. 1); „458. Equisetum palustre longioribq setis C. B. P. ...“ (AAW R. I, Op. 104, D. 25, Bl. 33r, s. Anm. 61 in Nr. 21); „68. Equisetum palustre longioribus setis C. B. P.“ (AAW R. I, Op. 105, D. 12, Bl. 4r, s. Anm. 54 in Nr. 17); „Equisetum palustre, longioribus setis. C. B. P. ...“ (AAW F. 21, Op. 5, D. 98, Bl. 33r, s. Anm. 54 in Nr. 17); „Equisetum palustre, longioribus setis (Tournefortii sp. 1), Off.“ (Messerschmidt 1962–1977, Bd. 4, S. 206, s. Anm. 1 in Nr. 1)
222 „[species 2] Equisetum palustre, brevioribus setis C. B. Pin. 15. ...“ (Tournefort 1700, S. 533, Genus I. „Equisetum. Prêle. Queuë de Cheval.“); „Equisetum palustre, brevioribus setis C. B. Pin. 15. ... Sumpfichter Roßschwantz mit kurtzen Bürstlein. ...“ (Mappus 1742, S. 98); „3. EQUISETUM multiflorum caule tetragono, verticillis rarioribus. ... Equisetum palustre brevioribus setis C. B. Theatr. p. 241. Bas. p. 15. I. R. H. ... β Varietas gravida. Equisetum palustre minus polystachyon C. B. Prodr. p. 24. Theatr. p. 245. ... γ ... Equisetum foliis nudum ramosum C. B. Theatr. p. 249. 250. [s. Nr. 894] & fere omnium Auctorum. ...“ (Haller 1742, S. 143); „Equisetum palustre, ... Sumpfkannenkraut, ... heißt bey ... C. Bauhin: Equisetum palustre brevioribus setis; ...“ (Gmelin 1773, Sp. 773f.); „3) Sumpf=Pferdeschwanz. Equisetum palustre. ... Equisetum caule angulato, frondibus simplicibus. LINN. ... Sp. Pl. p. 1516. ... Equisetum palustre brevioribus setis. C. BAUH. pin. 16. theatr. 242. β) Equisetum palustre minus polystachion. C. BAUH. pin. 16. prodr. 24. ... An den Wurzeln dieses Pferdeschwanzes ... wachsen daselbst [d. h. auf Island] gewisse Knöllchen, die die Grösse einer Haselnuß erreichen, süß und eßbar sind, ...“ (Linné 1786, S. 31ff.); „1142 [Equisetum] palustre. Lin. sp. 3. ... Ruß. Chwostsch.“ (Falk 1786, S. 272); „d) Equisetum palustre. Deutsch. Das Sumpfschaftheu, Sumpfkannenkraut. ... dem Rindvieh ist diese Art besonders nachtheilig; ... In Island werden die kleinen Wurzelknollen gegessen; ...“ (Nemnich 1793, Sp. 1503); „7. EQUISETUM palustre. ... E. caule angulato, ... Sp. pl. 1516. ... E. palustre brevioribus setis. Bauh. pin. 16. theatr. 242. β. E. palustre minus polystachyon. Ban. pin. 16. prodr. 24. ... Sumpf-Schachtelhalm. W. ...“ (Linné 1797–1830, Bd. V, Teil 1, S. 5); „5) Sumpfkannenkraut, Grabenkannenkraut, Morastkannenkraut ... Equisetum palustre brevioribus setis. Bauh. pin. 16. theatr. 242. β. Equisetum palustre minus polystachion Bauh. pin. 16. prodr. 24. ...“ (Encyclopädie 1796, S. 101); „1142 E[quisetum] palustre (L. Spec. 1516) ...“ (Ledebour 1853, S. 488f.)

„63. Equisetum palustre brevioribus Setis C. B. P. ...“ (AAW R. I, Op. 13, D. 42, Bl. 8r, s. Anm. 1 in Nr. 1); „... Equisetum potius est palustre brevioribus setis C. B. P? ...“ mit der links marginalen Anm. „E. palustre L." (AAW R. I, Op. 13, D. 33, Bl. 1[a]v s. Anm. 2 in Nr. 925); „69. Equisetum palustre brevioribus setis C. B. P." (AAW R. I, Op. 105, D. 12, Bl. 4r, s. Anm. 54 in Nr. 17); „Equisetum palustre breuioribus setis CBP. ..." (AAW R. I, Op. 104, D. 8, Bl. 1v, s. Anm. 18 in Nr. 452); „Equisetum palustre, brevioribus setis (Tournefortii sp. 2), Sylv." (Messerschmidt 1962–1977, Bd. 4, S. 206, s. Anm. 1 in Nr. 1)

223 „[species 4] Equisetum sylvaticum, tenuissimis setis C. B. Pin. 16. Equisetum sive Hippuris tenuissima, non aspera J. B. 3. 730." (Tournefort 1700, S. 533, Genus I. „Equisetum. Prêle. Queuë de Cheval."); „EQUISETUM SYLVATICUM TENUISSIMIS SETIS, ... Zinn=Kraut. ... Wald= Schafften=Heu, Wald=Roß=Schwantz, Katzen=Wadel mit zarten, glatten Blättern, Zinn=Kraut. ..." (Weinmann 1739, S. 392); „5. EQUISETUM verticillis ad folia numerosis. ... Equisetum sylvaticum tenuissimis setis C. B. Theatr. p. 245. I. R. H. ... Equisetum s. Hippuris tenuissima non aspera I. B. III. p. 730. ..." (Haller 1742, S. 144); „Equisetum silvaticum, ... Waldkannenkraut ... Es heißt bey C. Bauhin: Equisetum sylvaticum tenuissimis setis; ..." (Gmelin 1773, Sp. 772); „1) Wald=Pferdeschwanz. Equisetum sylvaticum. ... Equisetum caule spicato, frondibus compositis. LINN. ... Sp. Pl. p. 1516. ... Equisetum sylvaticum tenuissimis setis. C. BAUH. pin. 16. theatr. 245. ... In Moscau ist fast kein Wald von dieser Art leer. ... Sie [d. h. die Ackerleute] nennen sie Tännel, ..." (Linné 1786, S. 27ff.); „e) Equisetum sylvaticum. Deutsch. Das Waldkannenkraut; Zinnkraut, Scheuerkraut. ... Auf waldigen Wiesen; ..." (Nemnich 1793, Sp. 1503f.); „6) Waldkannenkraut, Waldpferdeschwanz, Buschkannenkraut, Tännel ... Equisetum sylvaticum tenuissimis setis Bauh. pin. 16. theatr. 245. ... Dem Rindvieh ist sie weniger zuträglich. ..." (Encyclopädie 1796, S. 101f.); „4. EQUISETUM sylvaticum. ... E. caule spicato ... Sp. pl. 1516. ... E. sylvaticum tenuissimis setis. Bauh. pin. 16. theatr. 245. ... Wald-Schachtelhalm. W. ..." (Linné 1797–1830, Bd. V, Teil 1, S. 3f.); „4. E[quisetum] sylvaticum (L. Spec. 1516) ... LEDEB. Fl. alt. IV, p. 321. ..." (Ledebour 1853, S. 487f.); „3. EQUISETUM SYLVATICUM. Linn. ... Linn. Willd. Spec. pl. V. p. 3. ..." (Ledebour 1833, S. 321); „3) Hysterie und Krämpfe. ... Die Ehsten gebrauchen ... die Abkochung von Equisetum sylvaticum." (Krebel 1858, S. 145f.); „61. Equisetum setis ramosis est Equisetum sylvaticum Tabern. 253. recte. s. Equisetum caule spicato, ramis compositis Fl. suec. 834. (E. sylvaticum L.). juxta hanc spicatum foliis nudum, qui pertinet ad sequentem quae" (C. von Linné in einem Brief an J. G. Gmelin vom 14. September 1748 – Plieninger 1861, S. 57); Equisetum sylvaticum L. – russ. *elka* bzw. *pestik* (*Annenkov* 1858, S. 40, Nr. 440)

„459 Equisetum sylvaticum tenuissimis setis C. B. P. ..." (AAW R. I, Op. 104, D. 25, Bl. 33r, s. Anm. 61 in Nr. 21); „3. Eqvisetum caule spicato, ramis compositis Linn. Svec. 834, Eqvisetum Silvaticum Tab. p. 253. Eqvisetum silvaticum tenuissimis setis C. B. Th. p. 245. Tourn. I. R. H. Eqvisetum S. Hippuris tenuissima non aspero J. B. III. p. 730. Eqvisetum setïs ramosis internodiis multoties longioribus Roy. pr. p. 496. Eqvisetum verticilllis ad folio numerosis Hall. Helv. 144. ... Russ. ПЕстикъ [russ. *pestik*] dicitur. ..." mit der rechts marginalen Anm. „Eq. sylvaticum L." (AAW R. I, Op. 13, D. 33, Bl. 2r, s. Anm. 2 in Nr. 925); „Equisetum sylvaticum, tenuissimis setis. B. Pin. 16 et Inst. r. h. n$^{\underline{o}}$ 148." (AAW R. I, Op. 13, D. 19, Bl. 6v, s. Anm. 54 in Nr. 17); „Equisetum sylvaticum tenuissimis setis C. B. P. ..." (AAW F. 21, Op. 5, D. 98, Bl. 33r, s. Anm. 54 in Nr. 17); „Equisetum sylvaticum, tenuissimis setis (Tournefortii sp. 4), Sylv." (Messerschmidt 1962–1977, Bd. 4, S. 206, s. Anm. 1 in Nr. 1)

224 „[species 3] Equisetum arvense, longioribus setis C. B. Pin. 16. Eqisetum minus, terrestre J. B. 3. 730. Hippuris minor. Dod. Pempt. 73." (Tournefort 1700, S. 533, Genus I. „Equisetum. Prêle. Queuë de Cheval."); „1. EQUISETUM arvense. Fl. lapp. 130. Equisetum arvense, longioribus setis. Bauh. pin. 16. theatr. 247. ... Equisetum minus terrestre. Bauh. hist. 3. p. 730. ..." (Linné 1737, S. 471f.); „EQUISETUM ARVENSE LONGIORIBUS SETIS, Katzen=Wedel. ... Germ. Katzen=Wedel, Kanne=Kraut, Tauben=Rock. ..." (Weinmann 1739, S. 392); „* Equisetum arvense, longioribus setis C. B. Pin. 16. Kannenkraut/ Zinnkraut/ Ackerroßschwantz/ nostratibus gemein Katzenwadel. ..." (Mappus 1742, S. 98f.); „7. EQUISETUM caulibus floriferis a foliosis diversis. ... Hippuris minor cum flore DODON. p. 73. ... Equisetum minus terrestre I. B. III. p. 730. ... Equisetum arvense longioribus setis C. B. Theatr. p. 247. ..." (Haller 1742, S. 144f.);

„[Equisetum] arvense, ... Akerkannenkraut, ... Kannenkraut; Akerschaftheu; Kazenzügel; Kazenstert; Rosschwanz; ... Es heißt bey ... C. Bauhin: Equisetum arvense longioribus setis; ...“ (Gmelin 1773, Sp. 772f.); „2) Acker=Pferdeschwanz. Equisetum arvense. ... Equisetum scapo fructificante nudo, sterili frondoso. LINN. ... Sp. Pl. p. 1516. ... Hort. Cliff. 471. ... Equisetum arvense longioribus setis. C. BAUH. pin. 16. & theatr. 247. ... Hippuris minor. DOD. pempt. 73. ... Einige ältere Aerzte haben diesen Pferdeschwanz als ein zusammenziehendes und harntreibendes Mittel in Bauchflüssen, Blutspeyen und andern Krankheiten angerühmt. Vielleicht bedient man sich desselben ... um zinnerne Gefäße ... zu reinigen, oder ... zum Gerben der Häute.“ (Linné 1786, S. 29ff.); „1. EQUISETUM arvense. ... E. scapo fructificante ... Sp. pl. 1516. ... E. arvense. ... Hort. cliff. 471. ... E. arvense longioribus setis. Bauh. pin. 16. ... Hippuris minor. Dod. pempt. 73. ... Acker-Schachtelhalm. W. ...“ (Linné 1797–1830, Bd. V, Teil 1, S. 1f.); „1) Das Ackerkannenkraut, Ackerpferdeschwanz, Fegekraut, Gänsekraut, gemeines Schaftheu, Katzenkraut, Katzenschwanz, Katzenzagel, Kazenzahl, Preibusch, Scheuerkraut, Wasserschlütten, Zinnkraut, Heermos, in Niedersachsen Duwock, Duwog, Duwop, Dovekraut, Dovrusch, längs der Norder= Geest im Dänischen Ahnewoh, in der holsteinischen Wilster=Marsch Rohtod, in den Marschländern Rehdingen und Hadeln Haermoos, Haarmus: ... Equisetum arvense, longioribus setis Bauh. pin. 16. ...“ (Encyclopädie 1796, S. 97ff.); „EQUISETUM ARVENSE. ... Equisetum arvense longioribus setis. C. BAUH. pin. p. 16. ... Acker-Schachtelhalm, falscher Schachtelhalm, Ackerschaften, Katzenstert, Katzenwedel, Katzenzügel, Rossschwanz, Ackerpferdeschwanz, Zinnkraut, Kannenkraut, Kandelwisch; Preybusch, Falbenrock, Dunop. ... Die an der Wurzel des Equisetum arvense vorkommenden kleinen Knollen ... In der Gegend von Moskau kommen dieses Knollen fast von der Grösse der Haselnüsse und in solcher Menge vor, dass sie von den Schweinen, denen sie zur Mast dienen, aufgewühlt werden. Selbst die Bauern graben sie aus und geniessen sie als eine vorzügliche Speise. Man sammelte ehedem die unfruchtbaren Stengel, die man in den Apotheken als Kraut unter dem Nahmen Herba Equiseti aufhob. ...“ (Hayne 1822, Nr. 46); „2. E[quisetum] arvense (L. Spec. 1516) ... LEDEB. Fl. alt. IV, p. 320. ...“ (Ledebour 1853, S. 486f.); „1. EQUISETUM ARVENSE. Linn. ... Linn. Willd. Spec. pl. V. p. 1. ...“ (Ledebour 1833, S. 320); „60. Equisetum setis simplicibus. est Equisetum arvense, longioribus setis. C. B. 16. Fl. lapp. 390. ad hanc pertinet asparagus juxta praecedentem collocatus. (E. arvense L.)“ (C. von Linné in einem Brief an J. G. Gmelin vom 14. September 1748 – Plieninger 1861, S. 57); „Equisetum arvense, longioribus setis C. B. Pin. 16. ... Germ. Kanne=Kraut, Tauben=Rock, ...“ (Rupp 1726, S. 282); Equisetum arvense L. – russ. *pestuški* (*Annenkov* 1858, S. 40, Nr. 437); syrjänisch kök-toin – Equisetum arvense, Ackerschachtelhalm (Wiedemann 1880, S. 117)

„Eqvisetum arvense longioribus setis C. B. P. ...“ (AAW R. I, Op. 68, D. 2, Bl. 8v, s. Anm. 62 in Nr. 22); „64. Equisetum arvense, longioribus setis C. B. P. ...“ (AAW R. I, Op. 13, D. 42, Bl. 8r, s. Anm. 1 in Nr. 1); „304. Equisetum arvense longioribus setis C. B. P. 16.“ (AAW R. I, Op. 104, D. 13, Bl. 7v, s. Anm. 84 in Nr. 29); „2. Eqvisetum seu fructificante nudo, caule sterili, ramis compositis Linn. Svec. 834. [mit der rechts marginalen Anm. auf Bl. 1^ar „Eq. arvense L.“] Hippuris minor. Hippuris fontalis, Eqvisetum alterum Matth. Lob. ic. p. 794. Eqvisetum minus terrestre J. B. III. p. 730. Eqvisetum arvense longioribus setis C. B. Th. p. 247. [mit der links marginalen Anm. auf Bl. 1^av „Eq. arvense L.“] J. Idem scapo ramoso. Eqvisetum foliis nudum, ramosum C. B. Th. 241. [mit der links marginalen Anm. auf Bl. 1^av „Eq. hyemale L.“] [s. Nr. 894] ... Hanc Stellerus etiam in stagnis ad Bargusinum fl. invenit, ...“ (AAW R. I, Op. 13, D. 33, Bll. 1^ar–2r, s. Anm. 2 in Nr. 925); „70. Equisetum arvense longioribus setis C. B. P. ...“ (AAW R. I, Op. 105, D. 12, Bl. 4r, s. Anm. 54 in Nr. 17); „316. Equisetum arvense longioribus setis. CBP. 16.“ (AAW R. I, Op. 6, D. 40, Bl. 36v, s. Anm. 1 in Nr. 1); „154. Eqisetum arvense longioribus setis C. B. P. 16. ...“ (AAW R. I, Op. 105, D. 1^a, Bl. 11r, s. Anm. 29 in Nr. 5); „2. Equisetum arvense longioribus setis C. B. P. 16. Ind. Jen. n°. 154.“ (AAW R. I, Op. 13, D. 67, Bl. 12r, s. Anm. 5 in Nr. 4); „Equisetum aruense longioribus setis CBP. ...“ (AAW R. I, Op. 104, D. 8, Bl. 1v, s. Anm. 18 in Nr. 452)

225 „Kätzchen L.: amentum, julus ... Blütenstand, in dem zahlreiche, meist kleine und unscheinbare Blüten einzeln oder in Cymen dicht gedrängt an einer Achse sitzen. ...“ (Wagenitz 1996, S. 201)

226 „[species 5] Equisetum foliis nudum, non ramosum, sive Junceum ἱππούρις ἄφυλλος C. B. Pin. 16. Hippuris nuda, Equisetum nudum Tabern. Icon. 251.“ (Tournefort 1700, S. 533, Genus I. „Equisetum. Prêle. Queuë de Cheval.“); „X. EQUISETVM FOLIIS NVDVM NON RAMOSVM IUNCEVM: ... Germanis, Schafftheuw/ quibusdam Schabrauß ...“ (Bauhin 1658, Sp. 248f.); „CLIX. Equisetum foliis tractu aetatis nudum, Joh. Loes. Equisetum foliis nudum non ramosum sive junceum ... C. B. Pin. pag. 16. ... Ohnblätteriger Roßschwantz nach Länge der Zeit. Schaffthew ohne Blätter/ Tab. ic. Groß Schaffthew/ oder Roß=Schwantz/ ...“ (Loesel 1703, S. 66); „Equisetum foliis nudum, non ramosum, sive junceum ... Schachtel=Halm ...“ (Rupp 1726, S. 282); „EQUISETUM NUDUM. Schaften=Heu ohne Blätter. ... Equisetum foliiis nudum, non ramosum, sive junceum, ... Blosses Schafften=Heu, das keine Aeste hat, oder vielmehr als eine Binse ist, ... Diese Art Roßschwantz ist diejenige, deren sich unterschiedliche Handwercks=Leute bedienen, saubere Gefässe glatt zu machen und zu poliren, ...“ (Weinmann 1739, S. 393); „2. EQUISETUM caule simplicissimo, aspero, vaginis non laciniatis. ... Equisetum foliis nudum non ramosum sive junceum C. B. ex Trago RUPP. p. 282. ...“ (Haller 1742, S. 143); „Equisetum foliis nudum non ramosum sive junceum T. seu Equisetum nudum Tab. hist. 568. Schaft Heu, ohne neben Zweig, ...“ (Lindern 1747, S. 136); „Equisetum limosum, caule subnudo laevi, leimiges Kannenkraut, ... Haller hält es für eine jüngere blätterlose Spielart des Sumpfkannenkrauts; [s. Nr. 889] ... es ... macht auch das Gras oder Heu, unter welche es kommt, dumpfig und wiedrig; es heißt bey ... Löseln: Equisetum foliis tractu aetatis nudum, bey Rai: Equisetum nudum laevius nostras, ...“ (Gmelin 1773, Sp. 775); „5) Schlamm=Pferdeschwanz. Equisetum limosum. ... Equisetum caule subnudo laevi. LINN. ... Sp. Pl. p. 1517. ... HUDSON. Fl. Angl. T. II. p. 448. Equisetum nudum laevius nostras. RAI angl. 3. p. 131. tab. 5. f. 2. ... Man hat es als ein zusammenziehendes Mittel bey Hämorrhagien, Blutspeyen ... anempfolen. ...“ (Linné 1786, S. 36f.); „5. EQUISETUM limosum ... Schlamm=Kannenkraut. ...“ (Georgi 1797–1802, Theil 3, S. 1376); „6. EQUISETUM limosum. ... E. caule subnudo laevi. Sp. pl. 1517. ... E. nudum laevius nostras. Raj. synop. 131. t. 5. f. 2. E. foliis nudum non ramosum sive junceum. Bauh. theatr, 248. ... Wasser-Schachtelhalm. W. ...“ (Linné 1797–1830, Bd. V, Teil 1, S. 4f.); „[Equisetum] limosum. 5. EQUISETUM caule subnudo laevi. Sp. pl. 1517. Equisetum nudum laevius nostras. R. syn. 131. t. 5. f. 6. ...“ (Hudson 1798, S. 448); „[Equisetum] hyemale. [s. Nr. 894] 6. EQUISETUM caule nudo, scabro basi subramoso. Sp. pl. 1517. ... Equisetum foliis nudum ramosum. B. pin. 16 β Equisetum foliis nudum non ramosum s. junceum. B. pin. 16. ...“ (a. a. O., S. 448f.); „7. E[quisetum] limosum (L. Spec. 1517) ... LEDEB. Fl. alt. IV, p. 322. ...“ (Ledebour 1853, S. 489); „5. EQUISETUM LIMOSUM. Linn. ... Linn. Willd. Spec. pl. V, p. 4. ...“ (Ledebour 1833, S. 322)

„964. Eqvisetum scapo nudo simplicissimo Royen. prodr. p. 496. Eqvisetum folijs nudum non ramosum seu iunceum Bauh. Pin. 16.“ (AAW R. I, Op. 13, D. 20, Bl. 87v, s. Anm. 1 in Nr. 1); „460 Equisetum foliis nudum non ramosum C. B P. ...“ (AAW R. I, Op. 104, D. 25, Bl. 33r, s. Anm. 61 in Nr. 21); „1. Eqvisetum caule nudo, scabro, basi subramoso Linn. Svec. 838. [mit der rechts marginalen Anm. „E. hyemale L.“ [s. Nr. 894] Eqvisetum foliis nudum non ramosum, sive iunceum C. B. [mit der rechts marginalen Anm. „– var.“] Eqvisetum nudum Raii. Hist. 1. p. 129. [mit der rechts marginalen Anm. „?“] Eqvisetum hyemale Linn. Lapp. 394. Eqvisetum scapo nudo simplicissimo Roy. pr. p. 496. [mit der rechts marginalen Anm. „E. limosum L.“] 1. Idem polystachion. Eqvisetum caule simplicissimo aspero, vaginis non laciniatis Hall. Stirp. Helv. 143. [mit der rechts marginalen Anm. „β. ...“] Qvin Stellerus in rupibus Bargusino fl. imminentibus reperit. Varietas j. ad Obum fl. adnotantibus Stellero ...“ (AAW R. I, Op. 13, D. 33, Bl. 1ᵃr, s. Anm. 2 in Nr. 925); „67. Equisetum folys nudum, non ramosum sive junceum ὑππγρις ἄφυλλος C. B. P. ...“ (AAW R. I, Op. 105, D. 12, Bl. 3v, s. Anm. 54 in Nr. 17); „Equisetum foliis nudum, non ramosum, sive iunceum ... C. B. P. ...“ (AAW F. 21, Op. 5, D. 98, Bl. 33r, s. Anm. 54 in Nr. 17); „Eqvisetum foliis nudum non-ramosum sive junceum; ἱππούρις αφυλλος C. B. Pin. 16 et Tournef. Spec. 5. Germ. ... Schaff=halm etc. ...“ (AAW F. 98, Op. 1, D. 19, Bl. 17r, s. Anm. 59 in Nr. 19)

227 „[species 6] Equisetum palustre, majus Tabern. Icon. 252." (Tournefort 1700, S. 533, Genus I. „Equisetum. Prêle. Queuë de Cheval."); „1. Equisetum palustre maius. Groß Wasserschaffthew." (Abbildung in: Tabernaemontanus 1590, S. 252); „Eqvisetum pratense longissimis setis. C. B. p. Eqvisetum palustre majus Tab. Eqvisetum majus aqvaticum. J. B. [s. Nr. 888] Germ. Groß wasser Safftheu. Grosser Pferdeschwantz. ..." (Knauth 1688, S. 171f.); „Das XXXVII. Cap. Von dem Schafftenheu und Kantenkraut. ... IV. Das vierdte Geschlecht/ wird von den Kräutlern Equisetum palustre majus genannt/ und Teutsch/ groß Wasserpferdsschwantz oder Schafftenheu. ..." (Tabernaemontanus 1731, S. 568ff.); „Hippuris altera. Trag. ... Equisetum pratense longissima setis. C. B. Equisetum palustre majus. Tab. Katzen=Schwantz, Katzen=Zagel, Katzen=Wedel, Wasser=Schwantz, Wiesen=Schwantz, Roß=Schwantz." (Zedler 1732–1750, Bd. 13, Sp. 183); „CAPUT VIII. ... SChaftheu ... In Deutscher Sprache wird er auch genennet, Roß= oder Pferd= Schwantz, Katzen=Kraut, Roß=Wadel, Katzen=Wadel, Tauben=Rocken, Roß=Schwantz, Katzen=Zagel und Katzen=Helm. ... Die andere Art, das Wiesen=Schaftheu: Equisetum pratense longissimis setis, C. B. P. 16. ... Hippuris fontalis. Lob. Obs. 461. ... Equisetum palustre majus, Tab. ... auch brauchen ihn die Mägde, das Kuche=Geschirr damit zu reiben, und schön zu behalten, ..." (Zwinger 1744, S. 359ff.); „EQUISETUM PRATENSE EHRH. ... Equisetum palustre majus. Tabern. 569. Icon. Hippuris fontalis. Lobel. Observ. 461. Icon. ..." (Dierbach 1833, S. 137); „1. In dem Equisetum palustre majus Tab. 569, lässt sich, so schlecht auch die Abbildung ist, nicht unschwer Equisetum limosum L. [s. Nr. 892] erkennen. Auch Haller zieht dieses Synomen zu Nr. 1677 β. seiner Historia, welches nach Bernoulli (Gefässkr. der Schweiz) wirklich Equisetum limosum L. ist. Auch das Bauhinische Equisetum pratense longissimis setis gehört hieher." (Reichardt 1868, S. 52)

„Equisetum pratense, longissimis setis. B. Pin. 16 et Inst. r. h. n$^{\underline{o}}$ 147 et 149. [?]" (AAW R. I, Op. 13, D. 19, Bl. 6v, s. Anm. 54 in Nr. 17); s. Nr. 892 und Nr. 888

228 „[species 7] Equisetum foliis nudum, ramosum C. B. Pin. 16. Equisetum Junceum, ramosum Park. Theat. 1202." (Tournefort 1700, S. 533, Genus I. „Equisetum. Prêle. Queuë de Cheval."); „CLX. Equisetum foliis nudum, ramosum C. B. Pin. 16. ... Vielästiger Katzenzagel oder Schafftheu ohne Blätter. Im Ambt Hollandt wird das Kraut genandt Heermoß. Hinc adagium: Der Pferde Brodt/ der Kühe Todt. ..." (Loesel 1703, S. 66); „12. Equisetum foliis nudum ramosum C. B. Pin. 16. junceum ramosum Park. 1207. Branched naked Horsetail. ..." (Ray 1724, S. 132); „Equisetum hyemale, caule nudo scabro, basi subramoso, Winterkannenkraut, Kazenwedel; ... sie dient ... aber vorzüglich, metallische Gefässe zu puzen, und wird von den Schafen verworfen; ... in dem Grosherzogthum Florenz hat man ihre Blumenschäfte entweder als ein Nahrungsmittel in der Theurung oder als ein Arzneymittel in der Ruhr, aber mit schlimmem Erfolg gebraucht: Sie heißt bey ... C. Bauhin: Equisetum foliis nudum ramosum, ..." (Gmelin 1773, Sp. 775f.); „6) Winter=Pferdeschwanz. Equisetum hyemale. ... Equisetum caule nudo scabro, basi subramoso. LINN. ... Sp. Pl. p. 1517. ... Equisetum foliis nudum ramosum. C. BAUH. pin. 16. ... Wie denn wegen der Rauheit der Blätter einige Arten zinnerne Geschirre damit zu säubern angewendet werden, und aus welcher Ursache man sie Kandelkräuter, Kannenwische und Zinnkräuter zu nennen pflegt. ... Von diesem Pferdeschwanz bezeugt der Ritter, [d. h. Linné] daß er ... dem Rindvieh aber sehr schädlich seye, welche die Zähne dadurch verlieren, und ihn deswegen oftmals wieder aus dem Munde werfen. ..." (Linné 1786, S. 37ff.); „c) Equisetum hiemale. Deutsch. Der Schachtelhalm; Winterkannenkraut, Winterschaftheu; Schaftheu, Schafheu, Schafstroh; Zinnkraut; Franken &c. Tauberocken. ... Lett. Aschas, Aschenes, Aschki. Ehstn. Körbeosjad. ..." (Nemnich 1793, Sp. 1502f.); „12. EQUISETUM hyemale. ... E. caule nudo scabro, ... Sp. pl. 1517. ... E. foliis nudum ramosum. Bauh. pin, 16. ... Polier-Schachtelhalm. W. ..." (Linné 1797–1830, Bd. V, Teil 1, S. 8); „8) Winterkannenkraut, Scheuerbinsen, spanische Binsen, Schaftheu, Schachtelhalm, Schachtelrohr ... Equisetum foliis nudum ramosum Bauh. pin. 16. ... wird wegen seiner scharfen rauhen Halme von den Schreinern und Drechslern zum Abreiben und Poliren des Holzes und von den Metallarbeitern, besonders den Goldschmidten und andern Künstlern zum Abreiben der kleinsten Ungleichheiten bey den Metallen gebraucht. ..." (Encyclopädie 1796, S. 102); „3. Art. E[quisetum]

hiemale. Polier=Kannenkraut. (Linné.) ... Synonyme: ... E. foliis nudum ramosum. (Bauh. pin. 16.) ..." (Bechstein 1833a, S. 1305f.); „9. E[quisetum] hyemale (L. Spec. 1517) ... LEDEB. Fl. alt. IV, p. 322. ..." (Ledebour 1853, S. 490); „6. EQUISETUM HYEMALE. Linn. ... Linn. Willd. Spec. pl. V. p. 8. ..." (Ledebour 1833, S. 322); „Mittel gegen ‚tuhsks': ... Das Decoct von Equisetum hyemale wird gegen Hydrops ascites gebraucht." (Alksnis 1894, S. 216); „HORSETAIL. Stem naked, rough; sometimes a little branched at the bottom ... 1. Equisetum nudum. Gerard. 1113. Ray's Syn. 131. [sic!] Equisetum junceum ramosum. Park. 1207. Equisetum foliis nudum ramosum. Bauh. pin. 16." (Withering 1776, S. 647); Equisetum hiemale L. – russ. *ščet* (*Annenkov* 1858, S. 40, Nr. 438)

„461. Equisetum foliis nudum ramosum. ..." (AAW R. I, Op. 104, D. 25, Bl. 33r, s. Anm. 61 in Nr. 21); „87. Equisetum foliis nudum ramosum i. r. h. C. B. P. Equisetum Junceu) ramosum Parkins. 400. Stadiis ab urbe Surgut Narimun versus collegi Medio Julii ad ob fluv." (G. W. Steller in: AAW R. I, Op. 81, D. 23, Bl. 142r, s. Anm. 1 in Nr. 1); „498„ d. [14. September 1725]„ Equisetum foliis nudum, ramosum. Tournef. Sp. 7. Schabheu, vel Schaff Heu Germanis„ " (AAW F. 98, Op. 1, D. 23, Bl. 19r, s. Anm. 49 in Nr. 653); s. auch Nr. 888, Nr. 889, Nr. 891 und Nr. 892

229 „462. Equisetum foliis nudum geniculis minaceis. Flor ircut. 895. ..." (AAW R. I, Op. 104, D. 25, Bl. 33r, s. Anm. 61 in Nr. 21)

230 „... NOMINA POLYGONVM foemina, ... Germanis, Kanten Kraut. ..." (Mattioli 1586, S. 689); „IV. Equisetum palustre brevioribus folijs polyspermon: ... Polygonum foemina, Dioscoridi. ... Polygonum foemina, Matth. ..." (Bauhin 1623, S. 15f.); „III. EQVISETVM PALVSTRE BREVIORIBVS SETIS ... IV. EQUISETVM PALVSTRE FOLIIS POLYSPERMON ... Germanis, Thannenwadel. ..." (Bauhin 1658, Sp. 242f.); „PINASTELLA est herbae genus flore imperfecto sive Apetalo: ... Dioscorides hanc plantam sub nomine Polygoni feminae, ut creditur, descripsit, ... C. Bauhinus denique semina observans Equisetis accensuit, sub nomine Equiseti palustris brevioribus foliis polyspermi, quem & Rajus ... annumeravit. ..." (Dillenius 1719, Appendix, S. 168); „Pinastella surrectior. Polygonum foemina Diosc. & Matthioli, nec non Camerar. Epit. p. 324. Equisetum brevioribus setis, polyspermon C. B. ..." (Rupp 1726, S. 275); „1. HIPPURIS. Fl. lapp. 1. ... Limnopeuce vulgaris. Vaill. act. 1719. p. 15. Pinastella surrectior. Rupp. jen. 275. Equisetum palustre, brevioribus foliis, polyspermum. Bauh. 15. ..." (Linné 1737, S. 3); „1. LIMNOPEUCE ... Polygonum femina MATTH. p. 952. Epit. CAM. p. 689. ... Equisetum palustre brevioribus ... C. B. Theatr. p. 242. ... Pinastella surrectior RUPP. p. 275. Limnopeuce vulgaris VAILL. ..." (Haller 1742, S. 197f.); „1. HIPPVRIS LINN. Lapp. 1. h. Cliff. 3. Sp. pl. 1. pag. 6. n. 1. ROY. pr. 205. Polygonum foemina semine vidua LOB. ic. p. 792. Equisetum palustre breuioribus foliis polyspermon C. B. Th. p. 242. Equisetum palustre linariae scopariae folio C. B. pr. 24. Equiseti facie polygonum foemina I. B. III. 732. Pinastella surrectior RVPP. 275. Limnopeuce vulgaris, VAILL. act. p. 14. 1. Eadem ramosa. ... Ad ostium Lenae fluuii, obseruante STELLERO, integras insulas occupat, ..." (Gmelin 1747–1769, Bd. III, S. 7f.); „1. Hippuris [=] Hippuris vulgaris L.!" (Ledebour 1841, S. 84); „Seetanne, Limnopeuce. ... Wir kennen nur eine Art der weißen Seetanne, Limnopeuce vulgaris. ... Equisetum palustre, brevioribus foliis, polyspermon. B. Pin. 15. ..." (Vaillant 1754, S. 297f.); „1.) Der gemeine Thannenwedel. Hippuris vulgaris. LINN. ... Sp. pl. 6. Hort. Cliff. 3. ... Equisetum palustre, ... C. BAUH. pin. 15. ... Limnopeuce ... VAILL. Act. paris. 1719. t. 1. f. 3. ... Sie wird insgemein Thannenwedel oder Wasserthännel ... genennet. ..." (Linné 1779, S. 45f.); „Hippuris vulgaris. ... Deutsch. Der Schafthalm; Der Thannenwedel, Thannwedel; Schachtelhalm; Die weisse Seetanne; Der grosse Katzenzagel, oder Katzenschwanz, Katzenzahl; Pferdeschwanz; Wasserschwanz, Wasserthännel; Wasserkämelschwanz; Kantenkraut. ... diese Pflanze ist sehr rauh, und dient zum Poliren des Holzes und verschiedener Metalle; ... den Gänsen und wilden Enten soll sie eine beliebte Nahrung seyn; in der Medizin wird sie nicht gebraucht. ..." (Nemnich 1794, Sp. 155); „1. HIPPVRIS vulgaris. ... Hippuris. ... Hort. cliff. 3. ... Limnopeuce. Vaill. act. par. 1719. t. 1. f. 3. ... Equisetum palustre, ... Bauh. pin. 15. ... Gemeiner Thannenwedel. W. ..." (Linné 1797–1830, Bd. I, Teil 1, S. 26f.); „2. Hippuris vulgaris L. Gemeiner Tannenwedel; großes Kannenkraut; großer Katzenzahl; Roßschweif; Seetanne; Wasser-

schwanz. ... Limnopeuce. Vailll. act. par. t. 1. f. 3. Equisetum palustre. Bauh. pin. 15. ... Das Schaftheu, welches von Schreinern, Drechslern, Mahlernu. a. m. zum Poliren gebraucht wird, ist nicht diese Pflanze, ... sondern das polirende Schaftheu (Equisetum hyemale [Nr. 894]) und vielleicht auch andere Arten von Equisetum. Der Stengel von Hippuris vulgaris ist ganz glatt, also zum Poliren untauglich. ..." (Dietrich 1804. S. 663f.); „1. HIPPVRIS vulgaris foiis verticillatis linearibus. ... Limnopevce Vaill. in Act. Par. 1791. [müßte heißen: 1719] p. 14. Hall. Helv. n. 1572. Equiseti facie Polygonum foemina. I. Bauhin Hist. 3. p. 724. c. ic. Equisetum palustre breuioribus foliis polyspermon C. BAUH. Theatr. p. 243. c. ic. ... Germ. Gemeiner Tannenwedel. ..." (Schrader 1806, S. 2f.); „304. HIPPURIS VULGARIS Linné. GEMEINE HIPPURIS. ... Willd. spec. plant. 1. p. 26. ... Die Pflanze wird von den Ziegen und wenn sie jung ist, auch von den Gänsen gern gefressen. ... Deutsche Namen: Tannenwedel, Pferdeschwanz, Katzenschwanz, weisse Seetanne, Wasserschwanz." (Dietrich 1837, Nr. 304); „290. Hippuris. L. (L. Spec. 6) ... LEDEB. Fl. alt. I, p. 7. ... Hippuris. GMEL. Fl. sib. III, p. 7. Nr. 1. ..." (Ledebour 1844–1846, S. 119f.); „1. HIPPURIS VULGARIS Linn. ... Hippuris Gmel. Fl. sib. III. p. 7. No. 1. ..." (Ledebour 1829, S. 7); Hippuris – russ. *chvostnik* (*Annenkov* 1858, S. 49, Nr. 553); „Hippūris L. (Halorageae). Zus. aus ἵππος (Pferd) und οὐρα (Schwanz), in Bezug auf die dünnen schmalen Zweige oder Blätter und das ganze Ansehn der Pflanze. ..." (Wittstein 1852, S. 445); „Pinastēlla DILL. (Halorageae). Zus. aus Pinus und stella (Stern); die Zweige stehen dem Stängel entlang in sternförmigen Gruppen wie bei den Tannen. = Hippuris L." (a. a. O., S. 695)

„958. Hippuris Linn. flor. 1. h. Cliff. 3. Limnopevce vulgaris Vaill. ... 1719. p. 14. ..." (AAW R. I, Op. 13, D. 20, Bl. 90v, s. Anm. 1 in Nr. 1); „463. Pinastella surrectior Ruppij Flor. Jen. ..." (AAW R. I, Op. 104, D. 25, Bl. 33r, s. Anm. 61 in Nr. 21); „80. Limnopeuce vulgaris Vaill. Comm. Ac. Par. 1719. Pinastella aliorum. ... Equisetum palustre brevioribus folijs polyspermon B. Pin. 15." (AAW R. I, Op. 105, D. 12, Bl. 4r, s. Anm. 54 in Nr. 17); „88 Equisetum breviorib) Setis polySpermon non ramosum C. B. Pinastella surrectior. Polygonum foem. Diosc. & Math. ..." (G. W. Steller in: AAW R. I, Op. 81, D. 23, Bl. 142r, s. Anm. 1 in Nr. 1); „291. Limnopeuce vulgaris Comm. Par. 1719. j. Eadem ramosa. ..." (AAW R. I, Op. 105, D. 1^a, Bl. 27r, s. Anm. 29 in Nr. 5); „⁎ Limnopeuce vulgaris. Vaillant Mem. 1719. ..." (AAW F. 21, Op. 5, D. 98, Bl. 13v, s. Anm. 54 in Nr. 17); „513„ d. 16 [September 1725]„ Polygonum foemina Officinarum; Radiatula Nobis„ " (AAW F. 98, Op. 1, D. 23, Bl. 19v, s. Anm. 49 in Nr. 653)

231 „89 Equisetum breviorib) Setis polyspermon ramosum seu Pinastella ramosa Species nec Tournefortio nec Bauhino descripta, neq) ad Equiseta ambo referenda sunt ... ad ob fluvium didici" (G. W. Steller in: AAW R. I, Op. 81, D. 23, Bl. 142r, s. Anm. 1 in Nr. 1); „464 Pinastella surrectior ramosa. ..." (AAW R. I, Op. 104, D. 25, Bl. 33v, s. Anm. 61 in Nr. 21)

232 „[species 1] Spinacia vulgaris, capsulâ seminis aculeatâ. Spinacia mas J. B. 2. 963. Lapathum hortense seu Spinacia semine spinoso C. B. Pin. 114. Spinacia Lob. Icon. 257." (Tournefort 1700, S. 533, Genus II. „Spinacia. Epinars."); „Spinachia & Spinacia Offic. & Dod. ... Spinacia vulgaris, capsula seminis aculeata Tournef. Spinat, Spinetsch, Spinase, Pinetsch, Römische Melte. Ist das beste Kraut, so zum grünen Kräuter=Müsern genommen wird. ..." (Franckenau 1716, S. 548); „SPINACIA. Spinacia, Lob. Icon. Spinachia mas & foemina, J. B. Lapathum hortense, ... C. B. Spinacia vulgaris capsula seminis aculea, Pit. Tournefort. ... teutsch, Spinat, grün Kraut, Binetsch. ... Es macht einen gelinden Leib, mildert die Schärffe auf der Luftröhre, reiniget das Geblüte. ... Spinachia oder Spinacia kommt von spina, Stachel, dieweil die Samenhülse dieses Krautes meistentheils stachlicht ist: doch findet sich auch solcher Spinat, der glatte Hülsen, ohne Stacheln hat." (Lémery 1721, Sp. 1071f.); „Spinacia vulgaris, capsula seminis aculeata Tournefort. instit. p. 533. ... Germ. Spinat, Pinat, Pinet, Spinetsch." (Rupp 1726, S. 262); „1. SPINACIA. Mas. Spinacia vulgaris sterilis. Tournef. inst. 533. ... Femina. Spinacia vulgaris, capsula seminis aculeata. Tournef. ... Spinacia mas. ... Bauh. hist. 2. p. 963. ..." (Linné 1737, S. 457); „CAPUT LXXXIX. ... BInetsch, Spinat oder Spinet, Spinetsch, ... Lateinisch, Spinachia ... Spinacia, ... 2. Der gemeine Binetsch: ... Spinacia vulg. capsulà seminis aculeatâ. T. loc. cit. ... Binetsch ist kalt und feucht, wird mehr in der Küche als in der Arzney gebraucht. Hat ... die Eigenschaft zu erweichen, zu

befeuchten und den glimpfigen Stulgang zu erhalten, kühlet auch etwas, daher es den Gallsichtigen, und mit Leibs=Verstopfung Behafteten eine sehr nutzliche Speise ist. ..." (Zwinger 1744, S. 535ff.); „149. Spinacia, Spinath. Spinacia vulgaris capsula seminis aculeata Turn. 533. Lapathum hortense, seu Spinacia Lin. sp. 1027. Spinacia oleracea id. Spinacia mas I. B. 2. 963" (Carl 1770, S. 59); „Spinacia oleracea, fructibus sessilibus; kohlartiger Spinat, ... Spinat; ... er ist ... auch ein trefliches frühes Futer für Schafe, Schweine und Rindvieh; ... Er heißt bey ... Tournefort: Spinacia vulgaris, capsula seminis aculeata." (Gmelin 1776, Sp. 718); „1) Kohlartiger Spinat. Spinacia oleracea. ... Spinacia fructibus sessilibus. LINN. ... Sp. Pl. p. 1456. Hort Cliff. 457. ... Lapathum hortense ... C. BAUH. pin. 114. ..." (Linné 1783, S. 264f.); „b) Spinacia oleracea. Spinacia, Spinachia, Spenachia. Deutsch. Der Spinat; Spinasche, Grünkraut. Russ. Spinasch. ... Lett. Spinaschi. Eine sehr gemeine, nützliche Küchenpflanze, ... sie besteht aus zwey Varietäten, welche auch als eigne Arten von einander getrennt werden könnten; ..." (Nemnich 1795, Sp. 1344f.); „SPINACIA oleracea ... Gärten=Spinat. ... In Rußland ein jetzt sehr gangbares Gartenkraut: ..." (Georgi 1797–1802, Theil 3, S. 1344); „1. SPINACIA oleracea. S. fructibus sessilibus. Hort. cliff. 457. ... Lapathum hortense, ... Bauh. pin. 114. ... Gemeiner Spinat. W. ..." (Linné 1797–1830, Bd. IV, Teil 2, S. 766f.); „870. Spinacia. L. (TOURNEF.). ... 2. S. oleracea (MILL. Dict. No. 1) ... S. oleracea. L. Spec. p. 1456 ..." (Ledebour 1846–1851, S. 711f.); Spinacia oleracea Mill – russ. *špinat* (*Annenkov* 1858, S. 89, Nr. 1056); „Spinācia T. (Chenopodeae). Von spina (Dorn, Stachel), in Bezug auf die gestachelten Früchte." (Wittstein 1852, S. 831)

„1. Spinachia vulgaris, capsula seminis aculeata. Inst. r. h. 533." (AAW R. I, Op. 13, D. 16, Bl. 33r, s. Anm. 32 in Nr. 6); „946. Spinacia mas & foemina Linn. h. Cliff. 457. ..." (AAW R. I, Op. 13, D. 20, Bl. 89v, s. Anm. 1 in Nr. 1); „27. Spinacia forte species. Stirp. rar." (AAW R. I, Op. 74ª, D. 31, Bl. 1v, s. Anm. 39 in Nr. 181); „Lapathum hortense latifolium C. B. P. ..." (AAW F. 21, Op. 5, D. 98, Bl. 31v, s. Anm. 54 in Nr. 17)

233 *Aleksej Jur'evič Bibikov*

234 „21. PARIETARIA foliis ex lata basi ouatis, brevius mucronatis, verticillis laxissimis Tab. V. Fig. 1. a. b. Mercurialis montana repens ocimi folio, STELL. Irc. 899. ? Parietaria orientalis saxatilis ocymi folio lucido. TOVRN. Cor. 30. [sic!] ? Parietaria minor ocymi folio HALL. Helu. 177. ... Icon a. plantam altiorem, b. humuliorem sistit, ..." (Gmelin 1747–1769, Bd. III, S. 31ff.); „Parietaria Orientalis, saxatilis, Ocimi folio lucido & glabro." (Tournefort 1703, S. 38); „21. Parietaria foliis ex lata basi ovatis brevius mucronatis, verticillis laxissimis. t. V. f. 1. a. b. (excl. syn. Tournef. et Hall.) [=] Parietaria micrantha Ledeb.! (Parietaria lusitanica L. β. M. a Bieb. Fl. t. c. II. 440.)" (Ledebour 1841, S. 85); „[Parietaria] lusitanica, ... portugiesisches Glaskraut, ... Es heißt bey Tournefort: Parietaria lusitanica annua minima; ..." (Gmelin 1774, Sp. 801f.); „[Parietaria] orientalis saxatilis, ocimi folio lucido & glabro, hierunter versteht er [d. h. Tournefort] eine andere morgenländische Art [des Glaskrautes], welche auf Steinen wächst, und glänzende, glatte Blätter ... hat." (a. a. O., Sp. 803); „[species 3] Parietaria Lusitanica, annua, minima." (Tournefort 1700, S. 509, Genus IX. „Parietaria. Parietaire."); „4) Portugiesisches Glaskraut. Parietaria lusitanica. ... Parietaria foliis ovatis obtusis, caulibus filiformibus striatis laevibus procumbentibus. LINN. ... Sp. Pl. p. 1492. Parietaria lusitanica annua minima. TOURNEF. Inst. R. H. 509. ... Diese ... sind kleine unansehnliche Kräutchen, ..." (Linné 1783, S. 319); „11. PARIETARIA lusitanica. P. foliis ovatis .... Sp. pl. 1492. P. lusitanica annua minima. Tournef. inst. 509. ... Portugiesisches Glaskraut. W. ..." (Linné 1797–1830, Bd. IV, Teil 2, S. 955f.); „3. [Parietaria] lusitanica (L. Spec. 1492) ... M. a BIEB. Fl. t. c. II, p. 440 (excl. synon. GMEL.! ..." (Ledebour 1846–1851, S. 639f.); „4. P[arietaria] micrantha (LEDEB. Fl. alt. IV, p. 303.) ... P. foliis ex lata basi ... GMEL. Fl. sib. III, p. 31, No. 21, t. 5. f. 1 a. b. (excl. synon. TOURNEF. et HALL.). ..." (a. a. O., S. 640); „1. PARIETARIA MICRANTHA. m. ... Parietaria foliis ex lata ... GMEL. Fl. sib. III. p. 31. No. 21. t. V. f. 1. a. b. (excl. synon. Tournef. et Hall.) ..." (Ledebour 1833, S. 303); „1982. PARIETARIA lusitanica. ... Linn. d. Willd. 4. p. 955. ... P. lusitanica annua minima. Tournef. inst. p. 509. ... P. foliis ex latà ... Gmel. sib. 3. p. 31. n. 21. t. 5. f. a. b. ... β. ... P. orientalis saxatilis, ... Tournef. cor. p. 38. ..." (Marschall von Bieberstein 1808, S. 440f.); „Plantam Tuam rupestrem esse Parietariam

et parum aut nihil differre a nostrate ocymi folio (P. lusitanica L. micrantha Ledeb. Fl. sib. III. 31. nr. 21.): Reliquae, de quibus nihil addo, plantae omnino exoticae sunt mihique ignotae." (A. von Haller in einem Brief an J. G. Gmelin vom 15. April 1744 – Plieninger 1861, S. 114); Mercurialis – russ. *ščir* (*Annenkov* 1858, S. 60, Nr. 706); „Mercuriālis L. (Euphorbiaceae). Kraut des MERCUR, welcher, der Mythe zufolge, die Heilkräfte desselben entdeckte (Plin. XXV. 18). Angeblich von mulier (Weib), weil es früher bei Frauenkrankheiten angewandt worden sey." (Wittstein 1852, S. 571); „Parietāria T. (Urticeae). Von paries (Wand, Mauer), in Bezug auf den Standort." (a. a. O., S. 658)

„3. Blitoides rupestre procumbens, radice folys et cauliculis Semidiaphanis Ind. Jen. n°. 584. Mercurialis Fl. Irc. n°. 899. ..." (AAW R. I, Op. 13, D. 67, Bl. 39v, s. Anm. 5 in Nr. 4); „584. Blitoides rupestre, procumbens, radice foliis et cauliculis semidiaphanis. ... Fl. Irc. n°. 899." (AAW R. I, Op. 105, D. 1^{a}, Bl. 70v, s. Anm. 29 in Nr. 5)

235 in der 2. Textversion (s. Anm. 1 in A.): „12."

236 „[species 1] Urtica urens, maxima C. B. Pin. 232. Vrtica vulgaris, major J. B. 3. 445. Vrtica urens, altera Dod. Pempt. 151." (Tournefort 1700, S. 534, Genus IV. „Urtica. Ortie."); „Urtica urens maxima C. B. P. 232. ... Brennende Nessel, grosse Nessel. ..." (Rupp 1726, S. 263); „3. URTICA foliis oblongo-cordatis. Dioica. ... Mas. Urtica urens maxima sterilis. ... Foemina. ... Urtica urens maxima. Bauh. pin. 232. ... Urtica vulgaris major. Bauh. hist. 3. p. 445. ..." (Linné 1737, S. 440); „19. VRTICA dioica foliis oblongo cordatis, LINN. h. Cliff. 440. Suec. 774. ROY. pr. 210. HALL. Helu. 177. Vrtica foliis oppositis cordatis, racemis geminis, LINN. Sp. pl. 2. p. 1396. n. 6. VRTICA vrens altera, DOD. pem<p>t. 451. Vrtica syluestris asperior, s. vrtica communis s. maior s. vrtica femina, LOB. ic. p. 521. ex DOD. mutuo sumta. Vrtica vrens maxima B. pin. 233. [müßte heißen: 232] Vrtica vulgaris maior I. B. III. p. 445. Vrtica foliis cordatis, amentis cylindraceis, sexu distincta, LINN. Lapp. 374. j. Eadem caule rubente Vrtica rubra, TAB. GER. B. pin. l. c. ..." (Gmelin 1747–1769, Bd. III, S. 30f.); „19. Urtica dioica, foliis oblongo-cordatis [=] Urtica dioica L.!" (Ledebour 1841, S. 85); „VRTICA (dioica) ... Linn. Spec. pl. 984. n. 4. Кропива [russ. *kropiva*] Russis. ..." (*Krašeninnikov* 1761, S. 153f.); „Ihre [d. h. der Baschkiren] Leinewand ist meistens von gemeinen Nesseln, (B. Kseskan Urtica dioica Linn.) theils auch von Hanf (B. Kinder) und immer sehr grob und schmal. ... Leinene und wollene Kleider nähen sie mit Nessel= oder Hanfzwirn ..." (Georgi 1776, S. 177f.); „Urtica dioica, ... Nessel mit getrennten Geschlechtern, ... grose Brennessel; ... Die Aerzte bedienten sich vormals der Wurzel ... in allen Arten von Blutflüssen; innerlich gebrauchten sie sie ... in der Gelbsucht, in der Engbrüstigkeit, in Schwindsucht, ... den Aufguß oder den Trank von den getrokneten Blättern rühmen einige als ein blutreinigendes und harntreibendes Mittel im Gliedreissen, im Podagra, in dem Halsweh, in den Poken, und selbst in dem Scharbok; ... Ihre Wurzel färbt das Garn ... gelb; ... Sie heißt bey ... C. Bauhin: Urtica urens maxima; bey J. Bauhin: Urtica vulgaris major; ..." (Gmelin 1777, Sp. 371ff.); „7) Gemeine oder große Nessel. Vrtica dioica. ... Vrtica foliis oppositis cordatis, racemis geminis. LINN. ... Sp. Pl. p. 1396. Vrtica dioica, ... Hort. Cliff. 440. ... GMEL. Sib. 3. p. 30. n. 19. ... Vrtica vulgaris major. C. BAUH. hist. III. p. 445. Vrtica urens maxima. C. BAUH. pin. 232. Die Brennnesseln habem eine reinigende und zertheilende Kraft, dienen wider den Husten und die Engbrüstigkeit, ... treiben Harn und Grieß, hemmen das Blutspeien, die Blutstürzungen, ... Die zarte Pflanze wird von vielen in Frühjahr als Kohl gegessen, ... Baumöl lindert die Schmerzen des Nesselstichs." (Linné 1783, S. 175ff.); „... und den Nesseln (Vrtica dioica (†) Pers. Dasgasina). ..." (Gmelin 1784, S. 181); „1071. Urtica dioica. Lin. sp. 7. ... Brennneßel. Ruß. Kropiwa Schikowka. Tat Schalkan Kinder und Ketscherkan. Baschk. Ketskan und Ksetkan. Kirg. Kirtken und Seisir. Tscher. Nuschi. Tschuw. Wildren. Wotj. Puschkir. Mord. Palan. Barab. Parma. Ost. Satschu. Baschkiren, Barabinzen, Ostiaken und mehr Sibirischen Völkern vertritt die wilde Neßel, den gebaueten Hampf. Sie rupfen des Herbstes die abgestandenen Neßelstängel aus, ... spinnen sie auf Spindeln und machen vom Garn Zwirn oder weben ... Leinwand, die sie in Aschenlauge kochen und denn bleichen. Zwirn und Leinwand sind zwar grob, aber sehr stark." (Falk 1786, S. 253f.); wotjakisch pušńer – Urtica urens, Nessel, Brennessel (Munkácsi 1896, S. 596); „Die gemeine

Nessel, Urtica dioica, ist ihnen [d. h. den Bewohnern von *Kamčatka*] auch sehr nützlich. Man ... bindet die Stengel in Bündel ... reiniget sie; alsdenn wird sie gesponnen ... Diese Pflanze allein giebt ihnen Materialien zu ihren Netzen; sie haben aber, weil man die Zubereitung nicht recht versteht, nicht länger als ein Jahr und faulen leicht [u]).“ (Pennant 1787); „Urtica dioica. Urtica urens maxima. Deutsch. Die grosse Brennnessel; Die Nessel mit getrennten Geschlechtern. ... Russ. Kropiwa schikowka. ... Tatar. Schalkan Kinder, Ketscherkan. Baschk, Ketskan, Kesetkan. Kirgis. Kirtken, Seisir. Tscherem. Nuschi; Tschuw. Wildren. Wotj. Puschkir; Mordw. Palan. Barab. Parma; Ostj. Sätscha. ... Die Fäden der Stengel können ... auch zu Papier genutzt werden; ...“ (Nemnich 1795, Sp. 1533f.); „3. URTICA dioica ... Gemeine Nessel. R. Kropiwa Tschigowka. Tat. Schatkan kindei. Tscherem. Nuschi. Ost. Schatschu. ... Die Wurzeln sind vieler Orten Material für häusliche Gelbfärberey. ... auch werden viele Ostereyer in Nesselwurzelbrühe gelb gesotten. ...“ (Georgi 1797–1802, Theil 3, S. 1295); „17. URTICA dioica. ... U. foliis oppositis cordatis, ... Gmel. sib. 3. p. 30. n. 19. ... U. dioica ... Hort. cliff. 440. ... U. vulgaris major. Bauh. hist. 3. p. 445. U. urens maxima. Bauh. pin. 232. ... Gemeine Nessel. W. ...“ (Linné 1797–1830, Bd. IV, Teil 1, S. 352f.); „691. URTICA DIOICA Linné. ZWEIHÄUSIGE BRENNESSEL. ... Willd. spec. pl. 4. p. 352. ... Aus dem Baste der jungen Pflanze macht man ein feines Gewebe, das sogenannte Nesseltuch; ... In den Apotheken wurde ehemals Herba, Semen und Radix Urticae majoris gebraucht. Deutsche Namen: Grosse Nessel oder Brennessel, Donnernessel.“ (Dietrich 1842, Nr. 691); „U. dioica (L. Spec. 1396) ... α. latifolia (LEDEB. Fl. alt. VI, [sic!] p. 240) ... M. a BIEB Fl. t. c. II, p. 936. ... U. dioica, ... GMEL. Fl. sib. III, p. 30, No. 19. ...“ (Ledebour 1846–1851, S. 637f.); „1. URTICA DIOICA *). Linn. ... α. latifolia: ... Linn Willd. Spec. pl. IV. p. 352. ... M. a Bieb. Fl. taur. cauc. II. p. 396. No. 1902. ... Urtica dioica ... Gmel. Fl. sib. III. p. 30. No. 19. ...“ (Ledebour 1833, S. 240f.); „1902. URTICA dioica. ... Linn. ed. Willd. 4. p. 352. ... Gmel. sib. 3. p. 30. n. 19. ...“ (Marschall von Bieberstein 1808, S. 396); „82. Urtica dioica L. (Urticac.). ... Im G. Poltowa [sic!] wird das pulverisirte Kraut der Urt. dioica bei Menstruationsverhaltung ... eingegeben. ... Urt. dioica soll bei Brust-, Steinkrankheit und Lähmung dienlich sein. ... Eine Abkochung von Urt. dioica wird im Kaukasus bei Tripper eingenommen: ...“ (Demitsch 1889, S. 236f.); Urtica urens L. – russ. *krapiva*, *žgučka* bzw. *žigučka* (*Annenkov* 1858, S. 97, Nr. 1153); Urtica dioica L. – russ. *krapiva* (a. a. O., S. 97, Nr. 1152); mokschanisch palaks – Nessel (Ahlquist 1861, S. 200); ersanisch palaks – Nessel (Wiedemann 1865, S. 220); wotjakisch push n'er – Nessel (Wiedemann 1851, S. 368); burjatisch kalakai, xalaxai bzw. xalâxai– Nessel (Castrén 1857, S. 206); wogulisch qosang – Nessel (Ahlquist 1891, S. 22); syrjänisch jon, jön bzw. petsör – Urtica, Nessel (Wiedemann 1880, S. 80 bzw. S. 235); ostjakisch pûden, wotjakisch pyṡ – Brennnessel (Castrén 1858, S. 101); tungusisch kôkûkta – Nessel (Castrén 1856, S. 107); samojedisch hac̀, sâc, sâcu, sâc̀u, soac̀e, seatte, sat – Brennnessel (Castrén 1855, S. 209); „Ūrtica T. (Urticeae). Von urere (brennen); die Blätter erzeugen wegen ihrer äusserst spitzen Stacheln und der daraus sich ergiessenden sauren Flüssigkeit auf der Haut einen brennenden Schmerz.“ (Wittstein 1852, S. 914)

„1. Urtica urens maxima C. B. P. 232.“ (AAW R. I, Op. 13, D. 16, Bl. 33r, s. Anm. 32 in Nr. 6); „998. Urtica vulg. major.“ (AAW R. I, Op. 15, D. 3, Bl. 18v, s. Anm. 65 in Nr. 24); „66. Urtica urens maxima C. B. P. ...“ (AAW R. I, Op. 13, D. 42, Bl. 8v, s. Anm. 1 in Nr. 1); „144. Urtica folijs oblongo cordatis. Dioica Lin. h. cliff. 440. Urtica urens maxima Bauh. Pin. 232. Boerh lugd. 2. p. 105. α) Eadem folijs pinnatifidis“ (AAW R. I, Op. 13, D. 20, Bl. 16r, s. Anm. 1 in Nr. 1); „302. Urtica urens maxima C. B. P.“ (AAW R. I, Op. 104, D. 13, Bl. 7v, s. Anm. 84 in Nr. 29); „301. Urtica major vulgaris J. B. III. 445. ...“ (AAW R. I, Op. 105, D. 1[a], Bl. 28r, s. Anm. 29 in Nr. 5); „317. Urtica urens maxima CBP. 232.“ (AAW R. I, Op. 6, D. 40, Bl. 36v, s. Anm. 1 in Nr. 1); „Urtica urens maxima C. B. P. ...“ (AAW F. 21, Op. 5, D. 98, Bl. 33r, s. Anm. 54 in Nr. 17); „112. Urtica urens maxima. C. B. P. ...“ (AAW R. I, Op. 104, D. 17, Bl. 14v, s. Anm. 36 in Nr. 8); „Urtica urens maxima (Tournefortii sp. 1), Off.“ (Messerschmidt 1962–1977, Bd. 4, S. 206, s. Anm. 1 in Nr. 1)

237 „[species 4] Urtica urens, minor C. B. Pin. 232. Vrtica minor, annua J. B. 3. 446. Vrtica urens, minima Dod. Pempt. 152.“ (Tournefort 1700, S. 535, Genus IV. „Urtica. Ortie.“); „Urtica urens, minor C. B. P. 232. ... Nessel, Heiter=Nessel, Eyter=Nessel, Hetter=Nessel. ...“ (Rupp 1726, S. 263); „2. URTICA foliis ovalibus. Androgyna. ... Urtica urens minor. Bauh. pin. 232. ... Urtica urens minima. Dod. pempt. 152. ... Urtica minor annua. Bauh. hist. 2. p. 446. ...“ (Linné 1737, S. 440); „18. VRTICA androgyna, foliis oualibus, LINN. h. Cl<i>ff. 440. Suec. 773. ROY. pr. 210. Vrtica foliis oppositis oualibus, LINN. Sp. pl. 2. p. 1396. n. 5. Vrtica vrens minima, DOD. pempt. 152. Vrtica minor acrior, LOB. ic. p. 522. Vrtica vrens minor, B. pin. 232. Vrtica minor annua, B. hist. 3. p. 466. Vrtica foliis ouatis, amentis clindraceis, androgyna, LINN. Lapp. 375. HALL. Helu. 178. ...“ (Gmelin 1747–1769, Bd. III, S. 30); „18. Urtica androgyna, foliis ovalibus [=] Urtica urens L.!“ (Ledebour 1841, S. 85); „[Urtica] urens, ... Heiternessel, ... Eiternessel; kleine Brennessel; ... der Aufguß ihrer getrokneten Blätter wird den Schwindsüchtigen empfolen; noch mehr das Extract, ... einige gebrauchen auch das mit dem Kraut gekochte Wasser in der Gicht, oder rühmen es sonst als ein harntreibendes und auflösendes Mittel: Sie heißt bey ... J. Bauhin: Urtica minor annua; ...“ (Gmelin 1777, Sp. 370f.); „75) Heiternessel, Eiternessel, kleine Brennessel; Urtica urens, ... ihre junge zarte Sprossen sind, nicht nur als Zugemüse gekocht, ... eine frühe und gelinde auf den Stuhlgang, auf den Harn und den Auswurf treibende Speise für Menschen, ... sie [d. h. die Ärzte] gebrauchen sie ... zu Zertheilung, oder, ... zu Eröfnung der kropfartigen und andern kalten Geschwulsten, auch zu Linderung der podagrischen Schmerzen: ihre Wurzel ... rühmt man ... in der Gelbsucht, in dem Seitenstich und in der Engbrüstigkeit; der innerliche Gebrauch ihres Krautes läßt uns ... harntreibende, gelinde eröfnende, heilende und reinigende Kräfte von ihr hoffen; ...“ (Gmelin 1779, S. 89ff.); „6) Brenn Nessel. Vrtica urens. ... Vrtica foliis oppositis ovalibus. LINN. ... Sp. Pl. p. 1396. Vrtica androgyna, ... Hort. Cliff. 440. ... GMEL. Sib. 3.p. 30. n. 18. ... Vrtica minor acrior. LOB. Ic. 522. Vrtica urens minor. C. BAUH. pin. 232. ... Dieses ist eigentlich unsere kleine Nessel, die als ein gemeines Unkraut ... häuffig wild vorkommt. ... Sie kommt in ihren Arzneykräften mit der folgenden Art [d. h. Urtica dioica; s. Nr. 900] überein. Das trockene Kraut wird als ein Thee getrunken und Lungensüchtigen empfohlen. ...“ (Linné 1783, S. 174f.); „107. Urtica urens. Lin. Syst. Plant. IV. p. 130. sp. 6. ... Hidderneßel. Ruß. Krapiwa. ...“ (Falk 1786, S. 253); „l) Urtica urens. Utica urens minor, minima. Deutsch. Die kleine Nessel; Kleine Brennnessel, Netternessel, Heiternessel, Hitternettel, Eiternessel, Habernessel. ... Russ. Kropiwa; ...“ (Nemnich 1795, Sp. 1535); „2. URTICA urens ... Brenn=Nessel. Heiter=Nessel. R. Kropiwa. ... Sie ist jung Kohlkraut, welches in den Residenzen, wegen der frühen Erscheinung, umbhergetragen und reichlich bezahlt wird.“ (Georgi 1797–1802, Theil 3, S. 1294); „16. URTICA urens. ... U. foliis oppositis ovalibus. Gmel. sib. 3. p. 30. n. 18. ... U. androgyna, ... Hort. cliff. 440. ... U. urens minor. Bauh. pin. 232. ... Brenn-Nessel. W. ...“ (Linné 1797–1830, Bd. IV, Teil 1, S. 352); „1. Urtia urens Linnn. ... Das Kraut (Herba Urticae minoris) ... wird zuweilen noch ... als heftiges Reizmittel, zum Peitschen (Urticatio) gelähmter Glieder angewendet. ...“ (Bischoff 1831, S. 371); „1. Art. U[rtica] urens. Brennende Nessel. (Linné.) ... Vulgärnamen: Eiternessel. Krebsnessel. ...“ (Bechstein 1833, S. 1146f.); „690. URTICA URENS Linné. GEMEINE BRENNESSEL. ... Willd. spec. pl. 4. p. 352. ... Diese Nessel brennt bei der leisesten Berührung sehr stark, ... Im Frühjahr geniesst man die jungen Blätter unter dem Grünkohl als Gemüse. ... Deutsche Namen: Kleine Nessel oder Brennessel, Eiternessel, Hetternessel, Heiternessel, Habernessel.“ (Dietrich 1842, Nr. 690); „847. Urtica L. ... 2. U. urens (L. Spec. 1396) ... M. a BIEB. Fl. t. c. II, p. 396. ... LEDEB. Fl. alt. IV, p. 241. ... U. androgyna, ... GMEL. Fl. sib. III, p. 30, No. 18. ...“ (Ledebour 1846–1851, S. 636f.); „1901. URTICA urens. ... Linn. ed. Willd. 4. p. 352. ... Gmel. sib. 3. p. 30. n. 18. ...“ (Marschall von Bieberstein 1808, S. 396); „2. URTICA URENS. Linn. ... Linn. Willd. Sp. pl. IV. p. 352. ... M. a Bieb. Fl. taur. cauc. II. p. 396. No. 1901. ... Urtica androgyna, ... Gmel. Fl. sib. III. p. 30. No. 18. ...“ (Ledebour 1833, S. 241); „83. Urt. urens L. (Urticac.). ... Im G. Poltowa [sic!] wird ... ein Aufguss von der getrockneten Urt. urens den scrophulösen Kindern eingegeben. ... Im G. Woronesch werden die fein zerstossenen Blätter der Urt. urens bei Schwindsucht gegessen. ... Der frische Saft der Urt. urens

wird [im G. Perm] bei Blutungen getrunken. ..." (Demitsch 1889, S. 236f.); „Mittel gegen Lungenschwindsucht: ... das Decoct von Urtica urens dient gegen Bluthusten. ..." (Alksnis 1894, S. 185f.); „Mittel gegen Anurie: ... Desgleichen wird Urtica urens benutzt. ..." (a. a. O., S. 192); „Mittel gegen sogenannte Knochenschmerzen: ... Man zerstampft Urtica urens, Salz und Radix Raphani nigri und bindet das Gemisch an die vom Rheumatismus befallene Stelle. ..." (a. a. O., S. 193f.); „Flöhe. ... Man zerhackt Urtica urens und streut sie ins Bett unter das Laken. ..." (a. a. O., S. 202); „Mittel gegen ‚plauskas' (Seborrhöe): Am ‚Tage der Gräser' (d. h. den Tag vor Johanni) pflücke man Urtica urens, koche und quetsche sie gut aus und wasche damit den Kopf. ..." (a. a. O., S. 204); „Furunculosis. ... Urtica urens wird mit Salz zerstampft und auf entstehende Geschwüre gebunden. ..." (a. a. O., S. 217f.); „Mittel gegen Kopfschmerzen: Urtica urens soll an die Stirne gelegt werden. ..." (a. a. O., S. 221)

„2. Urtica urens minor. C. B. P. 232." (AAW R. I, Op. 13, D. 16, Bl. 33r, s. Anm. 32 in Nr. 6); „67. Urtica urens minor C. B. P. ..." (AAW R. I, Op. 13, D. 42, Bl. 8v, s. Anm. 1 in Nr. 1); „302. Urtica minor annua J. B. III. 446. ..." (AAW R. I, Op. 105, D. 1[a], Bl. 28r, s. Anm. 29 in Nr. 5)

238 „[species 1] Cannabis sativa C. B. Pin. 320. Cannabis mas J. B. 3. 447. Cannabis foecunda Dod. Pempt. 535." (Tournefort 1700, S. 535, Genus V. „Cannabis. Chanvre."); „CANNABIS ... I. Cannabis sativa. ..." (Bauhin 1623, S. 320); „Cannabis sativa C. B. P. 320. ... Hanff." (Rupp 1726, S. 263); „1. CANNABIS foliis digitatis. Mas. ... Cannabis sterilis. Dod. pempt. 535. ... Cannabis foemina. ... Bauh. hist. 3. p. 443. Cannabis erratica. Bauh. pin. 320. ... Femina. ... Cannabis foecunda. Dod. pempt. 535. Cannabis mas. ... J. B. 3. p. 447. Cannabis sativa. Bauh. pin. 320. ..." (Linné 1737, S, 457); „80. CANNABIS foliis digitatis, LINN. Cliff. 457. EI. Sp. pl. 2. p. 1457. ROY. pr 221. Cannabis sterilis et foecunda, DOD. pempt. 535. Cannabis mas et foemina, I. B. III. 447. Cannabis erratica et satiua, B. pin. 320. ... Russice Канаплïо [russ. *kanaplio*] (Kanaplio) dicitur." (Gmelin 1747–1769, Bd. III, S. 104); „80. Cannabis foliis digitatis [=] Cannabis sativa L.!" (Ledebour 1841, S. 90); „Cannabis, Hanf, ... Sie hat bey Linné den Beynamen: sativa, zahmer Hanf; ... Sie liefert uns einen grosen Theil unserer Kleidungen, Tücher, Seile und Strike, welche dauerhafter sind, als die von Lein; ... Man kann aus allen diesen Spielarten feines Cammertuch, Drell, Leinwand, Segeltuch, Zelttuch, Sakelinwand und Paktuch bereiten; ... sie geben auch ein Oel ... welches auser der ... erweichenden Kraft, noch eine besondere schmerzstillende besizen solle: ..." (Gmelin 1772, Sp. 470ff.); „1) Gemeiner Hanf. Cannabis sativa. ... Cannabis foliis digitatis. LINN. ... Sp. Pl. p. 1457. Hort. Cliff. 457. ... GMEL. Sib. 3. p. 104. ... Cannabis sativa. C. BAUH. pin. 320. ... Cannabis foecunda. DOD. pempt. 535. ... Cannabis sterilis. DOD. pempt. 535. ... Man nennt die männliche Pflanze im deutschen insgemein Fimmel, tauber Hanf, Femel, und die weibliche grüner Hanf, später Hanf, Bästling. ..." (Linné 1783, S. 267ff.); „Cannabis sativa. ... 1) Cannabis mas; 2) Cannabis femina. Deutsch. Der Hanf (Hampf); das Galgenkraut; N. Sachs. Hemp, Hennep, Hennip. – 1) der männliche oder fruchtbare Hanf; der Sommerhanf; der Stäubhanf; Mark Brandenb. der Hahn, der Hanfhahn; N. Sachs. Gelje Hemp (d. i. gelter oder unfruchtbarer Hanf), Fröhripe Hemp (weil er drey oder vier Wochen früher reif wird, als der weibliche); Salzburg Pastök. – 2) Der weibliche oder unfruchtbare Hanf, der Samentragende Hanf; der Winterhanf; der Saathanf; der Fimmel, Fimel, Femmel (diese Benennungen sind Verstümmelungen des Lateinischen femella); die Hänfin (d. i. das Weibchen des Hanfs); abusive Hampinne; Mark Brandenb. die Henne, die Hanfhenne; Oestreich der Bästling. ... Russ. Konapli, Konopel, Kanaple. ... Tatar. Kinder, Kendirosch, Torma Kinder. Baschkir. Kinder, Torma Kinder. Teleut. Kinder, Kendirosch. Barab. Kendirosch, Kinder. Tschuw. Kandyr. Kalmuk. Alöson, Ullasün. Tscherem. Kina, Musch. Mordwin. Ilganus. Wotjak. Pysch. Burät. Iltnik. Armen. Kanop. ..." (Nemnich 1793a, Sp. 834ff.); wotjakisch p̊ïš – Cannabis sativa, Hanf (Munkácsi 1896, S. 557); „1. CANNABIS sativa ... Gemeiner Hanf. R. Kanaplia. ... Tat. Kinder. ... Die Nomaden rösten ihren gesammleten wilden Hanf, und die Baschkiren auch ihren gebaueten an offner Luft. ... 1. Basthanf (R. Motscha) dient zum Kalfatern der Fahrzeuge, und Gespinnst zu Netzen. ... 1) Die Benutzung der narkotischen Kraft der Hanfblätter, welche von mehrern Tatarn, Armeniern, Bucharen, Persern, Kaukasern in ihren Reisbrey (Tat. Plaw) als Würze ... und auch als Tabak geraucht ...

wird. 2) Der Hanfsaamen wird von Russen, Tatarn, Armeniern – zu einer Saamenmilch, (R. Sok konoplianoi) die man als Löffelspeise isset, benutzt, ...“ (Georgi 1797–1802, Theil 3, S. 1344ff.); „1. CANNABIS sativa. C. foliis digitatis. Hort. cliff. 457. ... Gmel. sib. 3. p. 104. ... C. sativa. Bauh. pin. 320. ... Gemeiner Hanf. W. ...“ (Linné 1797–1830, Bd. IV, Teil 2, S. 768f.); „CANNABIS SATIVA. ... ♂. Cannabis femina, J. Bauh. hist. 3. p. 447. Cannabis erratica. C. BAUH. pin. p. 120. ... ♀. Cannabis mas. J. Bauh. hist. 3. p. 447. Cannabis sativa. C. BAUH. pin. p. 320. .... Gemeiner Hanf: ♂ Femmel, Fimmel, tauber Hanf; ♀ Bästling, grüner Hanf, später Hanf. ... Der Same (eigentlich die Frucht), Semen Cannabis, ist als Arzneymittel aufgenommen worden. ... Man gebraucht diesen Samen vorzüglich zu lindernden und schlaffmachenden Emulsionen in Gonorrhoeen und Strangurien. ...“ (Hayne 1822, Nr. 35); „720. CANNNABIS SATIVA Linné. GEMEINER HANF. ... Die Pflanze hat frisch einen eigenthümlichen, unangenehmen, betäubenden Geruch, weshalb sie auch zur Vertilgung der Ratten und Mäuse gebraucht wird. ... Die Früchte sind ein bekanntes Vogelfutter, ... In der Medizin werden die Früchte als Semen Cannabis benutzt. ...“ (Dietrich 1842, Nr. 720); „3. Hanf (Cannabis sativa L., in Chiwa Kender genannt) wird ... zur Anfertigung von Stricken verwandt. Das Hanföl ist nicht beliebt.“ (Basiner 1848, S. 238); „1. C[annabis] sativa (L. Spec. 1457) ... Willd. Spec. pl. IV, p. 768. ... M. a BIEB. Fl. t. c. II, p. 419. ... LEDEB. Fl. alt. IV, p. 294. ... C. foliis digitatis. GMEL. Fl. sib. III, p. 104, No. 80. ... β? daurica. C. erratica, montana, ... MESSERSCHM. ap. AMMAN. ruth. p. 174, No. 250. ...“ (Ledebour 1846–1851, S. 634); „250. CANNABIS erratica, montana, procera, Daurica, folio minore, semine Lupulino simili, parvulo, guttato Messerschm. An forte Cannabis Africana procerior, semine minori Inst. r. h. 535? A Mogulis in Dauria, notante Messerschmidio, vocatur Schema, a Tanjutis Dschoma, a Ruthenis Konople, a Tataris vero Kentyr.“ (Amman 1739, S. 174); „1946. CANNABIS satiua. C. foliis digitatis. Linn. ed. Willd. 4. p. 768. ... Gmel. sib. 3. p. 104. n. 80. ...“ (Marschall von Bieberstein 1808, S. 419); „1. CANNABIS SATIVA. Linn. ... Linn. Willd. Spec.pl. IV. p. 768. ... M. a Bieb. Fl. taur. cauc.II. p. 419. No. 1946. ... Cannabis foliis digitatis. Gmel. Fl. sib. III. p. 104. No. 80. ...“ (Ledebour 1833, S. 294f.); „38. Cannabis sativa L. (Urticac.). ... Die Pflanze spielt also in der Volksmedicin zunächst äusserlich eine Rolle bei Behandlung von Verbrennungen, Ausschlägen, Verletzungen etc. und zwar als Oel und als Kataplama. Innerlich dient das Mittel als Emeticum ... Diureticum, Anthelminthicum, bei Verdauungsstörungen und bei Wehenschwäche. ...“ (Demitsch 1889, S. 189f.); „Mittel gegen Sodbrennen ... Man esse grünen Hanf (Cannabis sativa). ...“ (Alksnis 1894, S. 187); „Giftige Pflanzen und Vergiftungen. ... hat sich eine Katze mit Nicotin, d. h. mit Tabaksöl vergiftet, so werfe man sie in Cannabis sativa, dann wird sie sogleich munter werden. ...“ (a. a. O., S. 237f.); Cannabis sativa L. – russ. *konoplja* bzw. *konopel'* (*Annenkov* 1858, S. 27, Nr. 249); mokschanisch kańtf – Hanf (Ahlquist 1861, S. 155); ersanisch kańt – Hanf (Wiedemann 1865, S. 122); wotjakisch pysch – Hanf (Wiedemann 1851, S. 326); burjatisch entelek, elenek, u̯ltenek, oloso bzw. olohon – Hanf (Castrén 1857, S. 197); wogulisch ponal, ponla bzw. poanlä – Hanf (Ahlquist 1891, S. 43); ostjakisch pûden – Hanf (Castrén 1858, S. 112); samojedisch jien, jenti, jeddi, hac̀ bzw. sarzo – Hanf (Castrén 1855, S. 232); *Enisej*-ostjakisch kitn, kiten, kiteneŋ, kêtɫeŋ, kîtleŋ – Hanf, Brennnessel (Nr. 900) (Castrén 1858a, S. 903); bucharisch kenâb – Hanf (Klaproth 1831, S. 251); „Cānnabis L. (Urticeae). Καννaβις, zunächst von κaννα (Rohr, Stängel), ursprünglich zus. aus dem celtischen can (Rohr) und ab (klein); der Stängel ist schlank und leicht wie beim Rohre, aber die ganze Pflanze niedriger als das gemeine Sumpfrohr. Im Arabischen heisst sie kaneb. ...“ (Wittstein 1852, S. 153)

russ. *konoplïo* – Cannabis (RGADA F. 199, Op. 2, kn. 513, D. 27, Bl. 8r; „122. Cannabis mas et foemina J. B. III. 447 ...“ (AAW R. I, Op. 105, D. 12, Bl. 6v, s. Anm. 54 in Nr. 17); „Cannabis sativa; mas; T. Sp. 1. ...“ (AAW F. 98, Op. 1, D. 19, Bl. 11r, s. Anm. 59 in Nr. 19); „Cannabis sativa, mas; Tournef. Sp. 1. ...“ (AAW F. 98, Op. 1, D. 20, Bl. 27v, s. Anm. 90 in Nr. 33); „19. Juni 1722 ... Die Tataren gaben mir hierselbst folgende Vocabula: ... Kentyr ‚Cannabis, Hanf‘; ...“ (Messerschmidt 1962–1977, Bd. 1, S. 242f.)

[239] „[species 2] Cannabis erratica C. B. Pin. 320. Cannabis foemina J. B. 3. 447. Cannabis sterilis Dod. Pempt. 535.“ (Tournefort 1700, S. 535, Genus V. „Cannabis. Chanvre.“); „III. Cannabis erratica. ...“ (Bauhin 1623, S. 320); „CANNABIS erratica C. B. P. 320. Cannabis mas I. B. 3. 447. ...“ (Rupp 1726, S. 263); „[Cannabis] erratica; ... hierunter verstehen C. Bauhin, Pena, Lobel, Tragus, Dodonäus und Dalechamp die männliche Pflanze des zahmen Hanfes.“ (Gmelin 1772, Sp. 473f.); „Cannabis erratica foemina.T. Sp. 2. ...“ (AAW F. 98, Op. 1, D. 19, Bl. 11r, s. Anm. 59 in Nr. 19); „Cannabis erratica, foemina. Tournef. Sp. 2. ...“ (AAW F. 98, Op. 1, D. 20, Bl. 27v, s. Anm. 90 in Nr. 33); s. Nr. 903

[240] „[species 1] Lupulus mas C. B. Pin. 298. J. B. 2. 151. Lupulus Dod. Pempt. 409.“ (Tournefort 1700, S. 535, Genus VI. „Lupulus. Houblon.“); „LUPULUS. Lupulus sive Humulus, ... teutsch Hopfen, ... Es giebet seiner zweyerley Arten: die eine wird das Männlein genennet, die andere das Weiblein. Die erste heisset ... Lupulus mas, C. B. Tournef. ... Die andre heist Lupulus foemina, C. B. Tournef. ... Seine Blüte und Frucht wird zum Bierbrauen gebrauchet. So lange der Hopfen annoch jung und zart ist, sind seine Keime gut zu essen, ... Die Hopfenblätter und die Hopfenkeimen, abgesotten, sind gut zu den Beschwerungen der Leber und der Miltz, zur Reinigung des Geblütes, den Harn zu treiben, und auch zu der Krätze. ... Lupulus kommt von Lupus, Wolff, weil man geglaubet hat, daß sich der Wolff gern unter die Hopfenrancken pflege zu verstecken, als welche, wie aus Demuth, sich zu beugen pflegen: daher er auch den Namen Humulus hat überkommen.“ (Lémery 1721, Sp. 664f.); „Lupulus mas Lupulus foemina C. B. P. 298. ... Hopffen.“ (Rupp 1726, S. 263); „1, HUMULUS. Mas. Lupulus mas. ... Bauh. hist. 2. p. 151. Lupulus foemina. Bauh. pin. 298. ... Femina. Lupulus foemina. ... Bauh. hist. 2. p. 152. Lupulus mas. Bauh. pin. 104. [sic!] ...“ (Linné 1737, S. 458); „CAPUT CXLVII. ... HOpfen heißt ... Lateinisch, Lupulus, ... Der Hopfen sind zwey Arten, zahme und wilde. 1. Lupulus mas, CBP. 298. J. B. 2. 151. ... 2. Lupulus foemina, C. B. P. 298. J. B. 2. 151. ... Der zahme wird mit großem Fleiße in etlichen Landen an hohen Stangen gepflantzet, ... Der Hopfen ... hat ... also die Eigenschaft gelind zu erdünnen, zu öfnen, durch Harn und Nieren zu treiben, das Geblüte zu versüssen, und zu reinigen. ... In den Apothecken braucht man bey uns die Hopfen nicht, anderstwo möchte man etwan den Syrup. de Lupulo haben; ...“ (Zwinger 1744, S. 297f.); „81. HVMVLVS, LINN. Cliff. 458. El. sp. pl. 2. p. 1457. ROY. pr. 222. Lupulus, HALL. Helv. 166 et omnium auct. ... Russice хмель [russ. *chmel'*] (chmiel) dicitur.“ (Gmelin 1747–1769, Bd. III, S. 105); „81. Humulus [=] Humulus Lupulus L.!“ (Ledebour 1841, S. 90); „96. Lupulus, Hopfenmännchen. Lupulus Mas Turn. 35. C. B. P. 298. I. B. 2. 151. ... 97. Lupulus foemina, Hopfenweibchen. Lupulus foemina Turn. 535. C. B. P. 298. I. B. 2. 151. ...“ (Carl 1770, S. 46); „Humulus, Hopfen, ... Man kennt von dieser Gattung nur eine wahre Art: [Humulus] Lupulus, Hopfen, Hopfe, Hoppe, Hoppen; die männliche Pflanze nennt man männlichen Hopfen, Nesselhopfen, Femelhopfen, tauben Hopfen, wilden Hopfen, die weibliche aber weiblichen Hopfen, Weidenhopfen, Läufer; nach seinem zerschiedenen Standorte nennt man ihn wilden Hopfen, zahmen Hopfen, Waldhopfen, Buschhopfen, Bruchhopfen, Wiesenhopfen, Hekhopfen, ... man kann auch daraus ... grobe Leinwand verfertigen, ... Seine Blätter ... werden innerlich in der Milzsucht, in dem Scharbok und in langwierigen Fiebern, äuserlich aber zur Stillung der Schmerzen, auch der podagrischen ... empfolen: ...“ (Gmelin 1773b, Sp. 930ff.); „Humulus lupulus L. Hopfen. R. Chmel. T. Adillu. ...“ (Georgi 1775, S. 236); „1) Gemeiner Hopfe. Humulus Lupulus. LINN. ... Sp. Pl. p. 1457. Hort. Cliff. 458. ... GMEL. Sib. 3. p. 105. ... Lupulus mas. C. BAUH. pin. 298. ... Lupulus femina. C. BAUH. pin. 298. ...“ (Linné 1783, S. 270ff.); „Humulus lupulus. ... Deutsch. Der Hopfen; Hopfe, Hoppe, Hoppen; Rasenhopfen, Weidenhopfen, Wiesenhopfen, Waldhopfen, Buschhopfen, Heidehopfen, Zaunhopfen, Heckhopfen, Bruchhopfen, Strauchhopfen, Staudenhopfen, Dornhopfen, Wilder Hopfen; (Alle diese Benennungen unterscheiden den wilden Hopfen vom) Zahmen Hopfen, Gartenhopfen, Feldhopfen. ... Russ. Chmel. ... Lett. Appini. Ehstn. Hummal, Ummal, Dörpt. Hummala, Tap. ... Am Tom [russ. *Tom'*] Tawalgan. Tatar. Kumulak, Kumudak, Kulmak. Tscherem. Umula. Tschuwin. [sic!] Kumula. Mordw. Kant. Wotjak. Pysch. Kirgis. Dnana. Tungus. Adillu. Pers. Hymel. ... es giebt verschiedene Abarten, z. B. der frühzeitige

Staudenhopfen oder Augusthopfen, der kleine späte Hopfen, der weisse Hopfen, der braune Hopfen, der grosse länglichte Hopfen; ...“ (Nemnich 1794, Sp. 183f.); wotjakisch tug – Humulus lupus, Hopfen (Munkácsi 1896, S. 372); „1. HUMULUS Lupulus. Humulus. Hort. cliff. 458. ... Gmel. sib. 3. p. 105. ... Lupulus mas. Bauh. pin. 298. ♀. ... Lupulus femina. Bauh. pin. 298. ... ♂. ... Gemeiner Hopfen. W. ...“ (Linné 1797–1830, Bd. IV, Teil 2, S. 769); „1. HUMULUS Lupulus ... Hopfen. R. Chmet. [sic!] Tat. Kumulak. ... Der wilde Hopfen (R. Dikoi Chmet [sic!]) ist ein inländischer Handelsartikel, und wird oft weit geführt. ...“ (Georgi 1797–1802, Theil 3, S. 1351); „HUMULUS LUPULUS. ... HUMULUS. ... ♂ Lupulus femina. V. ... ♀. Lupulus mas. C. BAUH. pin. p. 198. [sic!] ... Gemeiner Hopfen. ... Man hält die fruchttragenden Köpfe des Hopfens für ein tonisches, gelind excitirendes und harntreibendes Mittel, und von Einigen werden sie auch als narkotisch und krampfstillend betrachtet. ...“ (Hayne 1822, Nr. 36); „1. Art. H[umulus] lupulus, Gemeiner Hopfen. (Linné.) ... Vulgärname: Bierhopfen. ... Bedeutung in der Blumensprache: Es drängt mich ohne Rast, dich liebend zu empfangen.“ (Bechstein 1833, S. 1149f.); „1. H[umulus] Lupulus. ... L. Spec. 1457. – WILLD. Spec. pl. IV, p. 769. ... M. a BIEB. Fl. t. c. II, p. 419; ... LEDEB. Fl. alt. IV, p. 294. ... Humulus. GMEL. Fl. sib. III, p. 105, No. 81. ...“ (Ledebour 1846–1851, S. 635); „1947. HUMULUS Lupulus. Humulus. Linn. ed. Willd. 4. p. 769. ... Gmel. sib. 3. p. 105. n. 81. ...“ (Marschall von Bieberstein 1808, S. 419f.); „1. HUMULUS LUPULUS. Linn. ... Linn. Willd. Spec. pl. IV. p. 769. ... M. a Bieb. Fl. taur. cauc. II. p. 419. No. 1947. ... Humulus. Gmel. Fl. sib. III. p. 105. No. 87. ...“ (Ledebour 1833, S. 294); „9. Humulus Lupulus L. (Cannab.). ... trinken die Esten eine Handvoll Hopfen mit einem Stof Hopfenbier gekocht gegen die Gelbsucht; ... Im G. Kostroma macht man Einreibungen mit Hopfen bei Entzündung der Augenlider; sie sollen das Sehvermögen stärken ... Ein Infus aus den Blättern dieser Pflanze wird ... gegen Cholera und verschiedene sporadische Krankheiten des Magens und Darmes als Thee getrunken ...“ (Henrici 1894, S. 20ff.); „Bart- und Haarwuchs. ... Aus Humulus Lupulus kochen die Frauen ein dickes Oel, welches als eine nützliche Haarsalbe gilt. ...“ (Alksnis 1894, S. 204f.); mokschanisch komlä – Hopfen (Ahlquist 1861, S. 196); ersanisch komol'a – Hopfen (Wiedemann 1865, S. 127); wotjakisch tug – Hopfen (Wiedemann 1851, S. 361); wogulisch qumli̮x bzw. qomli̮x – Hopfen (Ahlquist 1891, S. 23); syrjänisch tag – Hopfen (Wiedemann 1880, S. 336); ostjakisch xondak – Hopfen (Castrén 1858, S. 113); „Lūpulus (Urticeae). Dimin. von lupus (Wolf), weil die Pflanze sich um andere z. B. Weiden herumschlingt und ihnen dadurch schädlich wird; Plin. (XXI. 50) nennt sie daher schon Weidenwolf (Lupus salictarius).“ (Wittstein 1852, S. 540); „Hūmulus L. (Urticeae). Dimin. Von humus (Erde), d. h. ein Gewächs, welches auf der Erde hinkriecht (wenn es nicht gestützt wird), also wesentlich gleichbedeutend mit (dem ebenfalls von humus abgeleiteten) humilis. Man hat auch wohl die Ableitung dahin gedeutet, dass der Hopfen nur in gutem, humusreichem Erdreich fortkommt.“ (a. a. O., S. 454)

„303. Lupulus mas C. B. P. 298.“ (AAW R. I, Op. 104, D. 13, Bl. 7v, s. Anm. 84 in Nr. 29); „344. Lupulus mas & foemina J. B. II. 151. ...“ (AAW R. I, Op. 105, D. 12, Bl. 14v, s. Anm. 54 in Nr. 17); „318 Lupulus mas CBP. 298.“ (AAW R. I, Op. 6, D. 40, Bl. 36v, s. Anm. 1 in Nr. 1); „271. Lupulus mas et foemina C. B. P. ...“ (AAW R. I, Op. 105, D. 1ª, Bll. 23v–24r, s. Anm. 29 in Nr. 5); „Lupulus mas & foemina C. B. P.“ (AAW R. I, Op. 13, D. 67, Bl. 19r, s. Anm. 5 in Nr. 4); „Lupulus mas et foemina CBP. ... Russ. хмѣль [russ. *chmel'*]“ (AAW R. I, Op. 104, D. 8, Bl. 1r, s. Anm. 18 in Nr. 452); „lupulus – Хмѣль. [russ. *chmel'*]“ (AAW F. 21, Op. 5, D. 73, Bl. 270r); „Lupulus mas; seu Salictarius spontaneus Dodonaei & Lobelii. T. sp. 1. ...“ (AAW F. 98, Op. 1, D. 19, Bl. 31r, s. Anm. 59 in Nr. 19); „Lupulus mas seu Salictarius spontaneus Dodonaei & Lobelii; Tournef. Spec. 1. ...“ (AAW F. 98, Op. 1, D. 20, Bl. 28v, s. Anm. 90 in Nr. 33)

[/149v/]

CLASSIS XVI.
Sectio 1.
de
Herbis et suffruticibus qui floribus carent et semine donantur.

906[a]	*Filix ramosa major, pinnulis obtusis non / dentatis C. B. P.* 357.[1] *Ubiq⌈ue⌉ in Sibiria circa / Irkutiam et lacum Baikal occurrit.*

/150r/

Florae Irkutiensis ordine Inst⌈itutionum⌉ Rei Herb⌈ariae⌉
CLASSIS XVI.

907[b]	*filicastrum D⌈omini⌉ D⌈octoris⌉ Ammani*[2]. *Abunde in syl- / vis udis circa Irkutiam et lacum Tour⌈nefortii⌉ / spec⌈ies⌉* 8.[?]
908[c]	*Filix non ramosa dentata C. B. P.* 358. *fi- / lix vulgo mas dicta sive non ramosa / J. B*[d].[3]
909[e]	*Filix non ramosa, petiolis tenuissimis et / tenuissime dentatis C. B. P.* 358.[4] *In syl- / vis ad Angaram.*
910.[f]	*Filix saxatilis rubum idaeum spirans.*[5] */ Abunde provenit in rupibus et prae- / ruptis ad lacum Baikal circa Bargu- / sinum ad Witimum ex ipsis fissuris / rupium prodit. Odore gaudet periu- / cundo, Cerevisiae incocta illam gra- / tisimo rubi idaei*[6] *odore imbuit et / commendat, spiritum frumenti rec- / tificabam addita filice hac neq⌈ue⌉ contem- / nendi saporis liquorem elicui.*
911[g].	*filix non ramosa minor, pinnulis non den- / tatis cauliculis semidiaphanis Raii / Hist. D⌈omini⌉ D⌈octoris⌉ Gmel⌈ini⌉ jnd⌈icis⌉ Plant⌈arum⌉ Len⌈ensium⌉ n⌈umer⌉o* 58.[7] */ A Petripoli hucusq⌈ue⌉ plantam hanc / ubiq⌈ue⌉ observavi in sylvis montosis*
912[h]	*Polypodium vulgare C. B. P.* 359[i] *Tourn. I. / R. H. sp⌈ecies⌉* 1.[8] *Abunde in rupibus ad / Angaram et quaquaversum circa lacum.*

---

[a] $_{9}0_{6}$ *verbessert aus* 15 [b] $_{9}07$ *verbessert aus* 16 [c] $_{9}08$ *verbessert aus* 17 [d] G [e] $_{9}09$ *verbessert aus* 18
[f] $_{91}0$ *verbessert aus* 9 [g] $_{9}11$ *verbessert aus* 20 [h] $_{9}12$ *verbessert aus* 21 [i] 389

/150v/

Florae Irkutiensis ordine Inst[itutionum] Rei Herb[ariae]
CLASSIS XVI.

913[a]	*Polypodium minus C. B. Pin. 359.*[9] *Cum priori / occurrit.*
914[b].	*Filicula fontana maior Adianthum al- / bum, filicis folio C. B. Tourn. sp[ecies]* 1. *Dry- / opteris candida Dod. Pempt.*[10] *Huius ra- / dix squamosa squamis longiusculis spa- / diceis, a trunco extremum versus ra- / dicum dispositis firmatur, insuper / multis nigris fibris capillaribus, cau- / les emittit* 2 *ad* 6, *ad exortum spadi- / ceos dehinc virides a tergo convexos*[c], */ anteriori parte planos, foliola laete / viridia, alterna*[d] *pulchre venosa, pinnu- / lae obtusae pulchrae crenatae. Pro- / venit in saxis et rupibus, seminaq[ue] in / globulis aversa parte disposita habet.*[11]
915[e].	*filicula montana, folio vario Tour. I. R. H. / Adianthum album tenuifolium, Rutae / murariae accedens*[12]. *Crescit haec aspectu / jucunda species in rupibus ad Anga- / ram Radice latet intra fissuras lapidum / fibrosa capillari ruffa, caules virides sunt, / foliola alternatim posita intense viridia / duriuscula, pinnulae argute dentata*[f]. *Semi / na aversa parte Rutae murariae in- / star, integrum folium vel saltim pluri- / mam partem occupare solent*[13]

/151r/

Florae Irkutiensis ordine Inst[itutionum] Rei Herb[ariae]
CLASSIS XVI.

916[g]	*Filicula, quae Adianthum nigrum officina- / rum pinnulis obtusioribus acutioribus / ve Tour. I. R. H.*[14]
917[h]	*Filicula montana hirsuta pinnulis obtusis / integris.*[15]
918[i]	*Filiculae huius varietas*[j]. *Elegans haec spe- / cies semina in limbis foliorum disposi- / ta gerit, ut filix ramosa major*[16]. *Crescit / in saxis udis et rupibus ad Angaram.*[17]
919[k]	*Filicula saxatilis non ramosa, subtus ar- / gentea, semina in limbis foliorum dis- / posita habens*[18]. *Perjucunda haec aspec- / tu filicis species inventa primum / Martio in rupibus circa Udinense mu- / nimentum*[19], *dein occurrit in rupibus / circa Listwenischnoie simowie hy- / bernaculum et abhinc ubivis frequens / in praeruptis et*

[a] $_{9}$13 *verbessert aus* 22 [b] $_{9}$14 *verbessert aus* 2[.] [c] $_{conve}$x$_{os}$ *verbessert aus* [.] [d] $_{alter}$n$_{a}$ *verbessert aus* [.] [e] $_{9}$1$_{5}$ *verbessert aus* 2 [f] $_{dentat}$a *verbessert aus* [.] [g] $_{9}$1$_{6}$ *verbessert aus* 2 [h] $_{9}$1$_{7}$ *verbessert aus* 2 [i] $_{9}$1$_{8}$ *verbessert aus* 2 [j] $_{varieta}$s *verbessert aus* [...] [k] $_{9}$1$_{9}$ *verbessert aus* 2

	sterilioribus rupi- / bus ad Bargusinense munimentum / usq[ue]. Radice gaudet capillari, fibrosa, / cirrosa, nigra. Caules emittit 10. 20. / *spadiceos splendentes, quibus folia fi- / licis ad unum pollicem innascuntur / forma triangulari. folia supine gla- / bra, intense viridia, aversa parte / alba argentea. semina spadicea in / limbis foliorum disposita sunt, ut*

/151v/

Florae Irkutiensis ordine Inst[itutionum] Rei Herb[ariae]
CLASSIS XVI.

	in filice ramosa majori pinnulis obtu- / sis non dentatis,[20] *ad quam et pinnulo- / rum conformatione accedit. Tab[ula] ...*[21] */ plantam exhibet naturali magnitu- / dine satis bene expressam.*
920.	*Lingua Cervina minima, folio undulato / costa in longissimum filum abeunte / an Tourn. spec[ies]* 6. *Lingua Cervina seu / Phyllitis minima, folio undulato H. / R. Par.*[22] *Plantula haec e rupium ex- / celsarum et praeruptarum fissuris / ad Angarae litus dextrum* 7. *stadia / ab urbe Irkutia e regione pagi Schil- / kina sitarum prodiens; Adianthi*[23] *seu / rutae murariae*[24] *more altitudine ra- / ro duas uncias superans. Radice ni- / titur e fibris capillaribus tenuissimis / nigris et cirrosis conflata arenae cum / pauxillo terrae remixtae et à ventis / intra rupium fissuras advectae in / haerente*[a]*, fibrae unciam unam circiter / longae ita arcte sibi invicem imple- / xae sunt, ut leviter intuenti velut / una radicula essent facile imponant. / E radice folia surgunt* 5 10 *imo plu- / ra, pro anni et aestatis, ratione*

/152r/

Florae Irkutiensis ordine Inst[itutionum] Rei H[erbariae]
CLASSIS XVI.

	diversa, figurae diversissimae. No- / vella primo vere prodeuntia pedicu- / lo in costam folii abeunte in nixa / et innascentia, figurae sunt ovalis / linea una tantillum latiora [et] ses- / quilineas longa. Circa medium Junii / seminum initiis aversa parte in / conspectum venientibus, longitudine ma- / gis quam latitudine ita augentur, ut augment- / ta successive subsecuta, undulata parum / ad oras foliola efficiant. Autumno se- / minibus aversam folioli partem ad ner- / vum utrimq[ue]

[a] in / haerente *verbessert aus* ta

	diversi mode positis, vel in / areolis rotundis separatim vel pluribus / in unam veluti lineam coalitis, ex om- / ni parte absolutis, maturis puniceis, si- / mul et folii incrementa cessant, costa / solummodo media ulterius in filum sen- / sim tenuius gliscente et abeunte folia / quovis tempore rigida [et] saturate viri- / dia, simplicia recta neq[ue] emarginata ad / basin nec auriculata sunt venis seu fib- / rillis a costa oras versus excurrentibus / pulcherrime intertexta. Icon[25] *reprae- / sentat plantam A naturali magnitu- / dine*

/152v/

Florae Irkutiensis ordine Inst[itutionum] Rei Herb[ariae]
CLASSIS XVI

	ex omnis aetatis foliolis conflatam. b.) / foliola primo vere prodeuntia c. folia / ad seminis maturitatem aucta d. folia / nervo suo autumno aucta et ab hyeme / residua.
921	*Osmunda foliis lunatis Tourn. I. R. H. sp[ecies] / 2. Lunaria racemosa minor et vul- / garis C. B. P.*[26] *Ubivis in collibus grami- / neis et sylvis floret sub initium Ju- / lii.*
922[a].	*Osmunda foliis lunatis ramosa Tour. I. R. / H. spec[ies]* 4.[b] *Lunaria*[c] *racemosa ramosa / major C. B. P. 355.*[27] *Cum priori*[d] *sed / rarior*
923[e].	*Osmunda Matricariae foliis Tourn. I. R. / H. spec[ies]* 5.[f] *Lunaria racemosa minor / Matricariae foliis Breyn. Cent.* 1. 94[28] */ Eadem; quae Petropoli,*[g] *in insulis / crescit, dubito autem an ea sit cum / Breyniana in Centur[iam] eadem?*

1 „[species 1] Filix ramosa, major, pinnulis obtusis, non dentatis C. B. Pin. 357. Filix major & prior Trago, sive ramosa, repens J. B. 3. 735. Filix foemina Dod. Pempt. 462. Fougére femelle, ou Fougére commune.“ (Tournefort 1700, S. 536, Genus I. „Filix. Fougére.“); „6. Pteris fronde supradecomposita, foliosis pinnatis, pinnis lanceolatis: infimis pinnatifidis; superioribus minoribus. Filix ramosa major, … Bauh. pin. 357. Filix major & prior … Bauh. hist. 3. p. 735. Filix femina Dod. pempt. 462. …“ (Linné 1737, S. 473); „FILIX RAMOSA MAJOR, … Fahrnkraut=Weiblein. … Filix femina … Filix ramosa major pinnulis obtusis non dentatis. … C. B. P. 357. … Das Fahren=Kraut=Weiblein mit Aesten und ausgezahnten Federchen; eben durch die Aeste ist es von dem Fahrenkraut Männlein unterschieden, … Die Wurzel ist … von bitteren, und anziehenden Geschmack. …“ (Weinmann 1739, S. 472f.); „Filix ramosa, major, pinnulis obtusis non dentatis. C. B. P. Aestiges Farenkraut, …“ (Miller 1751, S. 612); „[Filix] ramosa major pinnulis obtusis non dentatis; so nennt C. Bauhin das Adlerkraut.“ (Gmelin 1773, Sp. 1056); „17) Adler=Saumfarrn. Pteris aquilina. … Pteris frondibus supradecompositis: foliolis pinnatis, pinnis lanceolatis:

[a] 922 *verbessert aus* [.] [b] 3. [c] Lunaria *verbessert aus* [.] [d] priori *verbessert aus* j [e] 923 *verbessert aus* 3
[f] 4. [g] *nach* Petropoli, *gestr.* an

infimis pinnatifidis: superioribus minoribus. LINN. ...Sp. Pl. p. 1533. Hort. Cliff. 473. ... Filix ramosa major, ... C. BAUH. pin. 357. ... Theophrastus eignet diesem Farrn eine süße zusammenziehende Wurzel zu, die wider den Bandwurm dienlich seyn soll. ... Das Salz aus der Asche gelaugt, ... Man kann nichtsdestoweniger Seife daraus machen; ..." (Linné 1786, S. 111ff.); „Pteris aquilina, ... Adlerkraut, ... Rosfarren; (falso) Rheinfarren; Flügelfarren; ästig Farrenkraut; Farrenkrautweiblein; gemeiner Saumfarren; groser Waldfarren; ... Man kann sie ... mit Sand zu einem sehr guten zähen Glase machen, ... Ihre Wurzel wird von ... Aerzten in der englischen Krankheit angepriesen; in einigen Ländern mischt man sie unter das Brod, in andern unter das Bier, ..." (Gmelin 1775, Sp. 502ff.); „Pteris aquilina und Polypodium Filix mas sind die einzige Farnkräuter, die in den hiesigen Gebüschen wachsen. ... Die Pteris ist in den Rußischen Apotheken officinell, und vertritt daselbst eben diejenige Stelle, zu welcher sonsten die Wurzel des gewöhnlichen Farnkrauts angewandt wird." (Gmelin 1770, S. 125); „1149. Pteris aquilina. ... Baschkirisch Skasanjak. ..." (Falk 1786, S. 272); „Pteris aquilina. Filix foemina. Deutsch. Der Saumfarren; Flügelfarren, Adlerfarren, Adlerkraut, Rossfarren, unrichtig Rheinfarren; Grosser Waldfarren. Farrenkraut, Aestiges Farrenkraut, Farrenkrautweibchen, Jesuschriftwurz. ... Russ. Wodianoi poporotnik, Tschernio paporotnik. ... Lett. Pappehrdes, Paparischi. Ehstn. Sanna jalg. Baschkir. Skasanjok. ... Sie kann mit Vortheil zu Dünger genutzt werden; ... Ferner dient sie zun Brennen und zur Feurung der Ziegelöfen; ..." (Nemnich 1795, Sp. 1080f.); „2. PTERIS aquilina ... Adler Saumfarn. Adlerkraut. ... Tat. Jak. ..." (Georgi 1797–1802, Theil 3, S. 1378); „105. PTERIS aquilina. P. frondibus supradecompositis, ... Sp. pl. 1533. Hort. cliff. 473. ... Filix ramosa major, ... Bauh. pin. 357. ... Adler-Saumfarrn. W. ..." (Linné 1797–1830, Bd. V, Teil 1, S. 402f.); „1. Art. P[teris] aquilina. Adler=Saumfarrn. (Linné.) ... Historische Nachrichten: πτερις – Pteris – der Griechen ist Filix der Römer, und war der Gesammtname für die Farrnkräuter." (Bechstein 1833a, S. 1326f.); „2. P[teris] aquilina (L. Spec. 1533) ... WILLD. Spec. pl. V, p. 402. ... LEDEB. Fl. alt. IV, p. 326. ..." (Ledebour 1853, S. 524); „2. PTERIS AQUILINA. Linn. ... Linn. Willd. Spec. pl. V. p. 402. ..." (Ledebour 1833, S. 326); „Pteris aquilina L. ... Nom. triv. Germ.: Adlerfarrnkraut; Adlerfarrn; Wurmwürze; Johanniswurzel; Jesus-Christuswurzel. ... Offic. Früher das Rhizom unter dem Namen Radix Pteris feminae. ..." (Bernoulli 1857, S. 26f.); Pteris aquilina L. – russ. *orljak* (*Annenkov* 1858, S. 75, Nr. 885); wotjakisch k̊ik̊i-ńulo – Farnkraut (Munkácsi 1896, S. 148); ersanisch kińal – Farnkraut (Wiedemann 1865, S. 193); syrjänisch paporog, paporos, paporotnik bzw. paporus – Filix, Farn, Farnkraut (Wiedemann 1880, S. 226); „Fīlix (Polypodiaceae). Entweder von filum (Faden), wegen der Fasern am Wurzelstock, oder von πτιλον (Flügel) wegen der Form der Blätter, oder vom hebräischen פלכ (phileg: theilen) wegen der vieltheiligen Blätter; ..." (Wittstein 1852, S. 365); „Ptēris L. (Polypodiaceae). von πτερυξ (Flügel); die meisten dieser Pflanzen sehen wegen ihrer grossen, fein und zart gefiederten Blätter den ausgebreiteten Flügeln der Vögel ähnlich. (a. a. O., S. 735)

„56. Filix ramosa maior, pinnnulis obtusis nondentatis C. B. P. Полевои Попоротникъ [*polevoi poporotnik*, russ. *polevoj poporotnik*] ..." (AAW R. I, Op. 13, D. 42, Bl. 7v, s. Anm. 1 in Nr. 1); „65. Filix ramosa major, pinnulis obtusis, non dentatis. C. B. P. ..." (AAW R. I, Op. 105, D. 4[a], Bl. 11v, s. Anm. 54 in Nr. 17); „880. Pteris fronde supra decompo sita, foliolis pinnatis, pinnis lanceolatis, infimis pinnnatifidis, superioribus, minoribus Linn. H. Cliff. 473. Filix ramosa major, pinnulis obtusis, non dentatis B. pin. 357. ..." (AAW R. I, Op. 13, D. 20, Bl. 80r, s. Anm. 1 in Nr. 1); „467 Filix ramosa major piñulis obtusis non dentatis C. B. P. ..." (AAW R. I, Op. 104, D. 25, Bl. 33v, s. Anm. 61 in Nr. 21); „12. Pteris fronde supra decomposita foliolis pinnatis, pinnis lanceolatis infimis pinnatifidis, superioribus minoribq Linn. h. cliff. 473. [mit der rechts marginalen Anm. „Pteris aquilina L."] Filix femina Fuchs. p. 596. Dod. p. 462. Lob. ic. 812. et Filix maior et prior Trago s. ramoso repens J. B. III. p. 735. Filix ramosa minor [darüber „major?"] pinnulis obtusis non dentatis C. B. P et Tourn. I. R. H. Filix pinnis ramosum pinnatis, pinnnulis non dentatis Hall. Helv. 133. ..." (AAW R. I, Op. 13, D. 33, Bl. 5r, s. Anm. 2 in Nr. 925); „147. Filix ramosa major, pinnulis obtusis non dentatis C. B. P. 357." (AAW R. I, Op. 105, D. 1[a], Bl. 10r, s. Anm. 29 in Nr. 5); „♂. Filix ramosa major pinnulis obtusis non dentatis. C. B. P."

(AAW R. I, Op. 104, D. 17, Bl. 8r, s. Anm. 36 in Nr. 8); „1. Filix ramosa major, pinnulis obtusis non dentatis C. B. P. 357. Ind. Jen. n°. 147.“ (AAW R. I, Op. 13, D. 67, Bl. 11v, s. Anm. 5 in Nr. 4); „DXCI. Filix T. 536. 310. 311. 312. 313. B. 1. 26. ... 10. Filix ramosa maior, pinnulis obtusis non dentatis. C. B. P. T. 536. Tabm. 1181. Foemina. ...“ (Bll. 69v–70r in T. Gerber „Flora Moscuensis ...“, s. Anm. 6 in Nr. 55); „Filix папаратникъ [*paparatnik*].“ (G. W. Steller nach T. Gerber: AAW R. I, Op. 81, D. 23, Bl. 5r, s. Anm. 1 in Nr. 1); russ. *paporotnik* – Filix (Pawlowski 1952, S. 989); „Filix foemina Ger. ...“ (AAW R. I, Op. 104, D. 8, Bl. 1r, s. Anm. 18 in Nr. 452); „Filix ramosa maior, pinnulis obtusis, non dentatis (Tournefortii sp. 1), Off.“ (Messerschmidt 1962–1977, Bd. 4, S. 206, s. Anm. 1 in Nr. 1)

2 Amman 1747 und Amman 1785 (deutsche Übersetzung vom vorigen); „Man theilt daher die Haarpflanzen überhaupt ein in solche, deren Blätter untereinander gleich, und sämmtlich fruchttragend sind, und in solche, die zweyerley Arten von Blättern von verschiedener Struktur besitzen, fruchtbare und unfruchtbare. Die letztern tragen ihre Samen entweder auf besondern Stengeln, ... oder auf besondern auf der Wurzel sitzenden Blättern oder Rippen, ... Die erstern lassen sich sämmtlich unter das Geschlecht Osmunda bringen, aus den letztern mache ich aber ein von der Osmunda verschiedenes Geschlecht, das ich Filicastrum nenne. ... Der Name Filicastrum ist aus Gesners Abhandlung von den lunariis genommen, der ihn vorher der gewöhnlichen Lunaria beylegte. ...“ (Amman 1785, S. 405f.); vgl. „19) Filicastrum septentrionale et palustre, pinnarum laciniis oblongis tenuissime dentatis. Nördliches Sumpf F. ... Auch aus Siberien hat sie uns der berühmte Gmelin geschickt. Cordus erwähnt ihrer zuerst in seiner Historie der Pflanzen unter dem Namen Struthiopteris ...“ (a. a. O., S. 415ff.); „Farnkraut (*), Gr. Pteris, Pterium, L. Filix, ... verschiedene darunter, sonderlich diejenigen, welche zarte Stiele haben, werden Haarpflanzen (plantae capillares) genannt. ...“ (Krünitz 1773–1858, Bd. 12, S. 200ff.)

„[wotjakisch] Kikinulo dictam herbam Semthioxhoram Thalii, seu Filicastrum D. D. Amañi decoctam contra vermes exhibent.“ (AAW R. I, Op. 104, D. 18, Bl. 10v, s. Anm. 20 in Nr. 632); „1. Filicastrum Septentrionale et palustre.“ mit der rechts marginalen Anm. „Petrop.“ (AAW R. I, Op. 13, D. 16, Bl. 34r, s. Anm. 32 in Nr. 6); „767. Filicastrum Septentrionale & palustre. n.“ mit der rechts marginalen Anm. „Petropol.“ (AAW R. I, Op. 15, D. 3, Bl. 14v, s. Anm. 65 in Nr. 24); „468 Filicastrum D. D. am̃añi ...“ (AAW R. I, Op. 104, D. 25, Bl. 33v, s. Anm. 61 in Nr. 21); „Filicastrum Septentrionale. Struthiopteris Cordi.“ (AAW R. III, Op. 1, D. 162, Bl. 22v, s. Anm. 54 in Nr. 17); „8. Osmunda frondibus pinnatis, foliolis semipinnatifidis scapo nudo distícho Linn. Svec. 841. [mit der links marginalen Anm. „Osmunda Struthiopteris L.“] Struthiopteris Cordi Hist. Lit. p. 171. Thal. p. 119. Filix palustris altera subfusco pulvere hirsuta C. B. P. Struthiofera Montin. ic. 86. Filix minor palustris Raii Hist. ex mente Buxb. Cent. V. p. 14. [mit der links marginalen Anm. „(Polyp. Thelypteris L.)“] Filicastrum septentrionale et palustre Amm. Ruth. n°. 252. [mit der links marginalen Anm. „Osmunda Struthiopteris L.“] ...“ (AAW R. I, Op. 13, D. 33, Bll. 3v–4r, s. Anm. 2 in Nr. 925); „252. FILICASTRUM septentrionale et palustre Comment. Acad. Petrop. Tom. nond. edit. vbis fig. et descr. Hujus synonyma sunt: Filix palustris maxima C. B. P. et Prodr. p. 150 et 151. ... Struthiopteris Cordi et Thal. Sylv. Harcyn. p. 119. et 120. Filix palustris altera, subfusco puluere hirsuta, C. B. Pin. 358.“ (Amman 1739, S. 175f.)

3 „[species 6] Filix non ramosa, dentata C. B. Pin. 358. Filix vulgò mas dicta sive non ramosa J. B. 3. 737. Filix mas Dod. Pempt. 462. Fougére mâle.“ (Tournefort 1700, S. 536, Genus I. „Filix. Fougére.“); „FILIX. ... ist ein Gewächse, dessen es gar viele Sorten giebet: ich werde hier nur zwey beschreiben, die zur Artzney gebraucht werden. Die erste heisset ... Filix non ramosa dentata, C. B. Pit. Touruefort. [sic!] ... teutsch, Fahrenkraut, das Männlein. ... Eine ist wie die andere von Geschmack bitter und etwas anziehend, ... Die Wurzeln des Fahrenkrautes werden zur Artzney gebraucht, insonderheit die von dem Männlein; ... Sie ist trefflich gut zum eröffnen, treibt den Urin, dient zur Miltzbeschwerung, die Verstopfung zu heben, und zu der Wassersucht. ...“ (Lémery 1721, Sp. 459f.); „2. FILIX NON RAMOSA DENTATA. C. B. Pin. 385. Filix non ramosa, latifolia, dentata. J. R. H. ...“ (Vaillant 1727, S. 53); „10. Polypodium fronde duplicato-pinnata, foliolis obtusis crenulatis, petiolo strigoso. ... Filix non ramoso dentata. Bauh. pin. 358. ... Filix

vulgo mas dicta, ...Bauh. hist. 3. p. 737. Filix mas. Dod. pempt. 462. ..." (Linné 1737, S. 475); „* Filix non ramosa, dentata C. B. Pin. 358. ... Waldfarren/ Farrenkrautmännlein/ Farrkraut ohne Zweig. ... Filix non ramosa, latifolia, dentata Inst. R. H. Est varietas prioris ..." (Mappus 1742, S. 107); „[species 7] Filix non ramosa, latifolia, dentata." (Tournefort 1700, S. 536, Genus I. „Filix. Fougére."); „[Filix] non ramosa dentata; so nennt C. Bauhin das Farrenkrautmännlein." (Gmelin 1773, Sp. 1051); „[Filix] non ramosa latifolia dentata; hierunter versteht Tournefort eine breitblätterichte Abart des Farrenkrautmännleins." (a. a. O., Sp. 1051); „59) Männlicher Tüpfelfarn. Polypodium Filix Mas ... Polypodium frondibus bipinnatis: pinnis obtusis crenulatis, stipato paleaceo. LINN. ... Sp. Pl. p. 1551. Hort. Cliff. 475. ... TOURNEF. Inst. R. H. p. 536. ... Filix mas. ... DOD. pempt. 462. ... Ausser dem sehr unstatthaften Namen Farrnkraut=Männlein, oder Farrnmännlein wird selbiger auch Farrn geradehin, oder Fahrenkraut, Waldfahren, Wanzenkraut, und Wanzenwurz im deutschen genennt. Man kannte schon in den ältesten Zeiten die ... Heilkräfte wider den Bandwurm der Farrenkrautwurzel. ... Die jungen Sprossen sind gleich Spargel eßbar; die Schuppen von der Wurzel nehmen die armen Leute in Norwegen ... sowohl mit unter das Bier als unter das Brod. ..." (Linné 1786, S. 209ff.); „h) Polypodium filix mas. Filix mas; Pteris. Deutsch. Das männliche Farrenkraut; Der männliche Tüpfelfarren, Farrnkrautmännlein, Fahrenkraut, Tropfkraut, Wanzenwurz, Hexenkraut, Hurenkraut, Snakenkrud. ... Russ. Osokor, Paporotnik. ... Die ganze Pflanze kann zur Gerberey gebraucht werden; ... Uebrigens hat dies Farrenkraut mit Pteris aquilina [Nr. 906] (Filix foemina der Alten) fast einerley Eigenschaften und Nutzen; ..." (Nemnich 1795, Sp. 1038); „94. ASPIDIUM Filix mas. ... Polypodium (Filix mas) ... Sp. pl. 1551. Hort. cliff. 475. ... Filix mas non ramosa dentata. Bauh. pin. 358. ... Gebräuchlicher Wurmfarrn. W. ..." (Linné 1797–1830, Bd. V, Teil 1, S. 259f.); „1. Das Farnkrautmännlein, welches in den Apotheken auch schlechtweg Farnkraut heißt, sonst aber auch glatter Farn ... genannt wird; ..." (Krünitz 1773–1858, Bd. 12, S. 204f.); „4. P[olystichum] Filix mas (ROTH Fl. germ. III, p. 82) ... Polypodium Filix mas. L. Spec. 1551. ... Aspidium Filix mas. ... LEDEB. Fl. alt. IV, p. 329. ..." (Ledebour 1853, S. 514f.); „3. ASPIDIUM FILIX MAS. Sw. ... Willd. Spec. pl. V. p. 529. ... Polypodium Filix mas. Linn. Spec. pl. 1551. ..." (Ledebour 1833, S. 329); „Gegen Schlangenbisse: ... Die Wurzel von Aspidium filix mas ... wird auf Schlangenbiss gelegt. ..." (Alksnis 1894, S. 211); „49. Asplenium frondibus duplicato-pinnatis, foliolis inferioribus minoribus etc. rubum spirans est omnium primo vera Polypodii species ut ex punctis seminalibus judico. multum cum hac laboravi, nec mihi ipsi satisfeci; cum nequivi capere cur vos omnes distinxistis hanc a Filice mare non ramosa dentata C. B. quae Polypodium Fl. Suec. 846. et vereor quod malum specimen acceperim, cum meum specimen videtur omnino 846. Fl. suec., uti crescit ubi parva evadit. puncta dorsalia, eorum squamae, caulis, paleae ferrugineae, statura totius conveniunt; odor posset facile accedere a loco. certe ex misso specimine ego aliter divinare nequeo (? Polypodium filix mas L.?)." (C. von Linné in einem undatierten Brief an J. G. Gmelin – Plieninger 1861, S. 66); „Aspīdium Sw. (Polypodiaceae). Von ἀσπιδιον, Dimin. von ἀσπις (Schild), wegen der schildförmigen Hülle auf den Fruchthaufen." (Wittstein 1852, S. 77); „Polypōdium L. (Polypodiaceae). Zus. aus πολυς (viel) und ποδιον, Dimin. von πους (Fuss), in Bezug auf die zahlreichen Wurzelstöcke (Reste der alljährig absterbenden Wedel)." (a. a. O., S. 717); „Polȳstichum RTH. (Polypodiaceae). Zus. aus πολος (viel) und στιχος (Reihe); die Fruchthaufen bilden mehrere Reihen. Gehört zu Aspidium Sw." (a. a. O., S. 718)

„61. Filix non ramosa, dentata C. B. P. ..." (AAW R. I, Op. 105, D. 4[a], Bl. 11v, s. Anm. 54 in Nr. 17); „141. Filix non ramosa 358. ..." (AAW R. I, Op. 105, D. 1[a], Bl. 9r, s. Anm. 29 in Nr. 5); „337. Filix non ramosa dentata CBP. 358" (AAW R. I, Op. 6, D. 40, Bl. 37v, s. Anm. 1 in Nr. 1); „6. Filix non ramosa dentata C. B. P. 358. Ind. Jen. n°. 141. ..." (AAW R. I, Op. 13, D. 67, Bl. 11r, s. Anm. 5 in Nr. 4); „DXCI. Filix T. 536. ... 1. Filix non ramosa dentata C. B. P. 358. B. n. 1. Mas. vulg. Germ[.] M. H. 3. 579. Tabm. p. 1181. ..." (Bll. 69v–70r in T. Gerber „Flora Moscuensis ...", s. Anm. 6 in Nr. 55); „Filix non-ramosa, dentata (Tournefortii sp. 6), Off." (Messerschmidt 1962–1977, Bd. 4, S. 206, s. Anm. 1 in Nr. 1)

4 „[species 9] Filix non ramosa, petiolis tenuissimis & tenuissimè dentatis C. B. Pin. 358. Filicula petraea, foemina, 1 Tabern. Icon. 79.“ (Tournefort 1700, S. 537, Genus I. „Filix. Fougére.“); „7. Polypodium dupliato pinnatum, pinnulis lanceolatis, acutis, pinnatifidis. LINN. flor. Lapon. n. 386. … Filix petraea femina I. TABERN. p. 793. bon. ic. Filix non ramosa petiolis … C. B. Basil. p. 99. …“ (Haller 1742, S. 140); „Polypodium Filix femina, … Farrenkrautweiblein, … Jesus= Christwurzel; … Seine Wurzel zeigt, wenn sie quer durchgeschnitten wird, ungefähr die Buchstaben C. J. und daher nennen sie die gemeine Leute Jesus Christwurzel; die Landstreicher schneiden daraus … die sogenannte Johannishändgen: …“ (Gmelin 1775, Sp. 293f.); „60) Weiblicher Tüpfelfarrn. Polypodium Filix Femina. … Polypodium frondibus bipinnatis: pinnulis lanceolatis pinnatifidis acutis. LINN. … Sp. Pl. p. 1551. … β) … Filix petraea femina. TABERN. 793. …“ (Linné 1786, S. 222f.); „1155. Polypodium Filix mas. [Nr. 908] … und 1156. [Polypodium Filix] femina … Beyde Ruß. Osokor und Paporotnik. …“ (Falk 1786, S. 273); „h) Polypodium filix foemina. Filix petraea foemina. Deutsch. Der weibliche Tüpfelfarrn. … Warum Linné diesem Tüpfelfarrn den Beynamen gegeben hat, lässt sich nicht erklären; Die ehemalige Benennung Filix foemina, im Gegensatz von Filix mas, kommt eigentlich der Pteris aquilina [Nr. 5906] zu. …“ (Nemnich 1795, Sp. 1037); „* ASPIDIUM Filix femina. … Polypodium (Filix femina) … Sp. pl. 1551. … Filix petraea femina I. Tabern. ic. 793. … Falscher Wurmfarrn. W. …“ (Linné 1797–1830, Bd. V, Teil 1, S. 276f.); „4. Art. A[spidium] filix foemina. Weibliche Schildfarrn. (Willdenow.) … Filix petraea femina 1. (Tabern. ic. 793.) …“ (Bechstein 1833a, S. 1291); „1131. Asplenium L. (excl. spec) … 2. A. Filix femina … LEDEB. Fl. alt. I, p. 327. … Polypodium Filix femina. L. Spec. 1551. … Aspidium Filix femina. … WILLD. Spec. pl. V, p. 276. …“ (Ledebour 1853, S. 518f.); „3. ASPLENIUM FILIX FEMINA. Bernh. … Aspidium Filix femina. Willd. Spec. pl. V. p. 276. … Polypodium Filix femina. Linn. Spec. pl. 1551. …“ (Ledebour 1833, S. 327); „8. Asplenium Filix femina Bernh. … Filix non ramosa, pinnulis (in pinace: petiolis) tenuissimis … C. BAUH. pin. p. 358. cat. Bas. p. 99. … Polypodium Filix femina L. spec. pl. p. 1551. …“ (Bernoulli 1857, S. 19ff.); „Die Koloschen gebrauchen gegen entzündliche Brustleiden den Aufguss von Asplenium.“ (Krebel 1858, S. 428); „Asplēnium L. (Polypodiaceae). Zus. aus ἀ (ohne) und σπλην (Milz), d. h. ein Kraut, welches die Stiche der Milz lindert, die letztere gleichsam unfühlbar macht; die Alten glaubten sogar, dass der fortgesetzte Genuss dieser Pflanze die Milz gänzlich vertreibe.“ (Wittstein 1852, S. 77)

5 „470 Filix saxatilis rubum idaeum Spirans D. D. Gmelini ...“ (AAW R. I, Op. 104, D. 25, Bl. 33v, s. Anm. 61 in Nr. 21); „29. Acrostichum fronde lineari laciniata Linn. Lapp. n°. 380. Roy. pr. p. 501. [mit der links marginalen Anm. „Acrostichum septentrionale L.“] Filix saxatilis Tragi Lob. ic. p. 47[c]. Filicula saxatilis corniculata C. B. Tourn. I. R. H. ...“ (AAW R. I, Op. 13, D. 33, Bl. 10v, s. Anm. 2 in Nr. 925)

6 s. Nr. 1112

7 „471 Filix non ramosa minor pin̄ulis non dentatis cauliculis Semidiaphanis Raii Hist. ...“ (AAW R. I, Op. 104, D. 25, Bl. 33v, s. Anm. 61 in Nr. 21); „60. Filix non ramosa minor, pinnulis non dentatis, cauliculis semidiaphanis R. Hist. ...“ (AAW R. I, Op. 105, D. 12, Bl. 3v, s. Anm. 54 in Nr. 17); „58. Filix non ramosa minor, pinnulis non dentatis, cauliculis Semidiaphanis R. Hist. ...“ (AAW R. I, Op. 13, D. 42, Bl. 8r, s. Anm. 1 in Nr. 1); „138 Filix non ramosa, pinnulis non dentatis, cauliculis semidiaphanis R. Hist. ...“ mit der links marginalen Anm. „<1>39. Est Polypodium trifidum Linn. Lapp. [Nr.] 387.“ (AAW R. I, Op. 105, D. 1, Bl. 8v, s. Anm. 29 in Nr. 5); „387. POLYPODIUM trifidum, ramis pinnatis, pinnis pinnatifidis. … Filix ramosa minor, pinnulis dentatis. Bauh. pin. 358. …“ (Linné 1737a, S. 309)

8 „[species 1] Polypodium vulgare C. B. Pin. 359. Polypodium J. B. 3. 746. Polypodium majus Dod. Pempt. 464.“ (Tournefort 1700, S. 540, Genus IV. „Polypodium. Polipode.“); „Polypodium vulgare C. B. Pin. 359. ... Engel=süß, wild Süß=Holtz.“ (Rupp 1726, S. 278f.); „4. POLYPODIUM fronde pinnata, foliolis lanceolatis integris serrulatis alternis connato-sessilibus. … Polypodium vulgare. Bauh. pin. 359. … Polypodium majus. Dod. pempt. 464. …“ (Linné 1737, S. 475); „1. POLYPODIUM pinnatum, pinnis lanceolatis integris LINN. fl. Lap. n. 380. … Polypodium

majus C. B. Basil. p. 100. ... II. ... Polypodium minus DOD. C. B. I. R. H. ..." (Haller 1742, S. 137f.); „Polypodium vulgare, ... gemeine Engelsüs, ... Engelsüß; ... die Aerzte rühmen sie besonders in Verstopfungen der Leber und des Gekröses, in der Gelbsucht, in dem Scharbok, in der Milzsucht, in der Gicht, in dem Podagra, in der Raserey, in brennendem Harnen, in dem Samenflusse und in dem gesalzenen Husten, ... Er heißt bey ... C. Bauhin: Polypodium vulgare." (Gmelin 1775, Sp. 281f.); „1152. Polypodium vulgare. ... Engelsüß. Ruß. Kamennoi Solotkowoi Paporot. ..." (Falk 1786, S. 273); „17) [müßte heißen: 18] Gemeiner Tüpfelfarrn. Polypodium vulgare. ... Polypodium frondibus pinnatifidis: pinnis oblongis subserratis obtusis: radice squamata. LINN. ... Sp. Pl. 1544. Polypodium fronde pinnata ... Hort. Cliff. 475. ... Polypodium vulgare. C. BAUH. pin. 359. Polypodium majus. DOD. pempt. p. 464. ... β) Polypodium minus. C. BAUH. pin. 359. DOD. pempt. p. 464. ... Im deutschen sind die beyden Benennungen Engelsüß und wild Süßholz die gewöhnlichsten und bekanntesten. ... führt selbige noch in einigen Apothecken den Namen Polypodium quercinum. ... Demohngeachtet wird man selbiger besänftigende, abführende, und auflösende Kräfte nicht absprechen können, ..." (Linné 1786, S. 171ff.); „v) Polypodium vulgare. Polypodium quercinum; Filix arborum; Filicula; Herba radioli. Deutsch. Engelsüss; Süssfarren; Tropfenwurz; Süsswurzel; Korallenwurzel, Kropfwurz, Steinlakritzen, Steinfarren, Steinwurzel; Wildes Süssholz; Baumfarren, Eichenfarren. ... Russ. Kamennoi solotkowoi paporot. ... Der griechische Name Polypodium, d. i. Vielfusz, soll sich auf die Menge der Wurzelfasern beziehen. ..." (Nemnich 1795, Sp. 1039f.); „1. POLYPODIUM vulgare ... Gemeiner Tüpfelfarn. Engelsüß. R. Kamenaja Poporoschnik und Solotkowaja Koren. ... Der Absud der Wurzel ist ein gebräuchliches Hausmittel wider Brustbeschwerden. Siedendes Wasser zieht ihre widrige Süßigkeit aus, und dann können sie zu Nothbrod unter Getreide gemahlen werden." (Georgi 1797–1802, Theil 3, S. 1380); „71. POLYPODIUM vulgare. ... P. frondibus pinnatifidis, ... Sp. pl. 1544. ... P. fronde pinnata, ... 359. ... P. majus et minus. Dod. pempt. 464. Bauh. pin. 359. ..." (Linné 1797–1830, Bd. V, Teil 1, S. 172ff.); „352. 1. † Polypodium vulgare LINN. Gemeiner Tüpfelfarn. ... Gebräuchl. Theil. Der wagrechte Stock: Radix Polypodii, Engelsüß= Kropf= oder Korallenwurzel. ... Wirkung. Einhüllend, die Absonderung, besonders in den Schleimhäuten befördernd. Anwendung. Zuweilen noch als Brustmittel ähnlich den süßen Mitteln (in Aufguß und Abkochung). ..." (Bischoff 1831, S. 481f.); „1125. Polypodium L. (excl. spec.). ...1. P. vulgare (L. Spec. 1544) ... WILLD. Spec. pl. V, p. 172. ... LEDEB. Fl. alt. IV, p. 324. ..." (Ledebour 1853, S. 508); „1. POLYPODIUM VULGARE. Linn. ... Linn. Willd. Spec. pl. V. p. 172. ..." (Ledebour 1833, S. 324); „Beim Bergsteigen essen die Koloschen die Blätter von Polypodium vulgare (?), um die gesteigerte Herzthätigkeit herabzustimmen." (Krebel 1858, S. 128); Polypodium vulgare L. – russ. *sladkij koren'* (*Annenkov* 1858, S. 72, Nr. 843)

„19. Polypodium fronde pinnata, foliolis lanceolatis, integris serrulatis, alternis, cornuto-sessilibus Linn. h. Cliff. 475. [mit der links marginalen Anm. „Polyp. vulgare L."] Polypodium pinnatum, pinnis lanceolatis integris Linn. Lapp. n°. 380. Hall. Helv. p. 137. Polypodium Math. Caesalp. I. B. ... Polypodium vulgare, C. B. P. 359. α Polypodium minus Dod. C. B. et [mit der links marginalen Anm. „Pol. vulgare β. L."] Polypodium Tab. p. 799. ..." (AAW R. I, Op. 13, D. 33, Bl. 7v, s. Anm. 2 in Nr. 925); „Polypodium vulgare (Tournefortii sp. 1), Off." (Messerschmidt 1962–1977, Bd. 4, S. 206, s. Anm. 1 in Nr. 1); s. Nr. 913

9 „[species 2] Polypodium minus C. B. Pin. 359. Dod. Pempt. 464." (Tournefort 1700, S. 540, Genus IV. „Polypodium. Polipode."); „Polypodium minus; so nennt Dodonäus und C. Bauhin eine kleinere Abänderung desselbigen [d. h. vom gemeinen Engelsüß]." (Gmelin 1775, Sp. 303); „59. Polypodium minus C. B. P. ..." (AAW R. I, Op. 105, D. 12, Bl. 3v, s. Anm. 54 in Nr. 17); „338 Polypodium minus CBP. 359." (AAW R. I, Op. 6, D. 40, Bl. 37v, s. Anm. 1 in Nr. 1); „136. Polypodium minus C. B. P. 359. ..." (AAW R. I, Op. 105, D. 1, Bl. 8v, s. Anm. 29 in Nr. 5); „1. Polypodium minus C. B. P. 359. Ind. Jen. n°. 136. ..." (AAW R. I, Op. 13, D. 67, Bl. 11r, s. Anm. 5 in Nr. 4); s. Nr. 912

10 „[species 1] Filicula fontana, major sive Adiantum album, Filicis folio C. B. Pin. 358. Adiantum album, folio Filicis J. B. 3. 741. Dryopteris candida Dod. Pempt. 465." (Tournefort 1700, S. 542,

Genus VI. „Filicula.“); „De Dryoptere. CAP. IIII. ...“ und die Abbildung „Dryopteris candida.“ auf S. 465 (Dodoens 1616, S. 465f.); „FILICULA. … klein Farnkraut, ist ein Kraut, dessen es allerhand Arten giebet; … Die erste heist Filicula montana major, sive Adianthum album Filicis folio C. B. Pit. Tournefort. … Sie dienen für die Brust, eröffnen, sind gut zu alten Husten, befördern den Auswurff, sind gut zum Steine in der Blase und in den Nieren, auch zu der Miltzbeschwer. Filicula kommt von Filix, Farnkraut, als ob man sprechen wolte, klein Farnkraut: dann die Blätter an dieser Art Gewächsen, sehen bey nahe eben also aus, wie die an einer kleinen Farnkrautpflanze.“ (Lémery 1721, Sp. 457f.); „10. POLYPODIUM pinnis ramorum laxe pinnatis, pinnulis acute dentatis. … Filicula fontana major … C. B. P. …“ (Haller 1742, S. 140f.); „[Filicula] fontana major sive adiantum album filicis folio; bedeutet bey C. Bauhin das graubündische Engelsüs.“ (Gmelin 1773, Sp. 1036f.); „63) Graubündtischer Tüpfelfarrn. Polypodium rhaeticum. … Polypodium frondibus bipinnatis: foliosis pinnisque remotis lanceolatis: ferraturis acuminatis. LINN. Sp. Pl. p. 1552. … Filicula fontana major … C. BAUH. pin. 358. TOURNEF. Inst. R. H. p. 542. Dryopteris candida. DOD. pempt. 465. …“ (Linné 1786, S. 232f.); „9. POLYPODIUM rhaeticum … Feinblättriger Tüpfelfarn. … 10. POLYPODIUM fragile … Spröder Tüpfelfarn. …“ (Georgi 1797–1802, Theil 3, S. 1381f.); „135. ASPIDIUM rhaeticum. … Polypodium (rhaeticum) … Sp. pl. 1552. Rhaetischer Wurmfarrn. W. …“ (Linné 1797–1830, Bd. V, Teil 1, S. 280); „136. ASPIDIUM fragile. … Polypodium (fragile) … Sp. pl. 1553. … Zerbrechlicher Wurmfarrn. W. …“ (a. a. O., S. 280f.); „1130. Cystopteris BERNHARDI … 1. C. fragilis … Polypodium fragile. L. Spec. 1533. … Aspidium fragile. … WILLD. Spec. pl. V, p. 280. … LEDEB. Fl. alt. IV, p. 329. … Aspidium rhaeticum. WILLD. Spec. pl. V, p. 280 (excl. syn.) …“ (Ledebour 1853, S. 516f.); „5. ASPIDIUM FRAGILE. Sw. … Willd. Spec. pl. V. p. 280. … Polypodium fragile. Linn. Spec. pl. 1553. …“ (Ledebour 1833, S. 329); „52. Asplenium frondibus duplic. etc. non est, sed est Polypodium fronde duplicato-pinnata, pinnis ramosis, foliolis subrotrundis incisis. Fl. lapp. 384. Fl. Suec. 849. ubi synonyma. (Polypodium fragile L.) (C. von Linné in einem Brief an J. G. Gmelin vom 14. September 1748 – Plieninger 1861, S. 57); „52. Asplenium frondibus duplicato-pinnatis foliolis Roy. non est sed. Polypodium Fl. Suec. 849. (Polypodium fragile L. …) (C. von Linné in einem undatierten Brief an J. G. Gmelin – Plieninger 1861, S. 64); „Filicula est plantae genus, foliis ad Filicem quodammodo accedens.“ (Tournefort 1700, S. 541); „Filicula, ist der Gattungsname, welchen Tournefort denenjenigen Arten des Engelsüses beylegt, deren Blätter ästig, und zweyfach gefiedert sind.“ (Gmelin 1773, Sp. 1035); „Adiāntum L. (Polypodiaceae). Zus. aus ἀ (nicht) und διαινειν (benetzen), weil es die Feuchtigkeit nicht leicht annimmt (durch Wasser nicht, wie z. B. die Moose, wieder belebt wird); die Ableitung von ἀ und διανδησις (Aufblühen), weil das Gewächs keine Blüthen trägt, würde die (übrigens unrichtige) Schreibart ‚Adianthum‘ bedingen.“ (Wittstein 1852, S. 17); „Dryōpteris AD. (Polypodiaceae). Zus. aus δρυς (Eiche) und Pteris; in Bezug auf Standort und Aehnlichkeit in den Blättern.“ (a. a. O., S. 304); „Cystōpteris BRNH. (Polypodiaceae). Zus. aus κυστη (Blasé) und Pteris (Farnkraut); das Indusium bildet ein eiförmiges Bläschen.“ (a. a.. O., S. 258)

„472 Filicula fontana major sive adianthum album filicis folio C. B. P. Flor ircut No. 914 ...“ (AAW R. I, Op. 104, D. 25, Bl. 34r, s. Anm. 61 in Nr. 21); „Filicula fontana major sive Adianthum album Filicis folio C. B. Pin. 358. Tournef. Spec. 1. Dryopteris candida Dodon. Pempt. 465. ...“ (AAW F. 98, Op. 1, D. 19, Bl. 19r, s. Anm. 59 in Nr. 19); „Filicula montana maior sive Adiantum album, Filicis folio (Tournefortii sp. 1), Off.“ (Messerschmidt 1962–1977, Bd. 4, S. 206, s. Anm. 1 in Nr. 1)

11 Randbemerkung in der 2. Textversion (s. Anm. 1 in A.) in der Handschrift von J. G. Gmelin: „Adianthum / nigrum off.“

„Adianthum nigrum, Frauenhaar, und Jungfrauen=Haar: … dient daher wider schweren Athem, Keichen, langwierigen Husten und Lungensucht, ingleichen wider die Miltz und Wassersucht, Blutharnen, und sonderlich wider das geronnene Blut in den Harn=Gängen; …“ (Zedler 1732–1750, Bd. 1, Sp. 504); „[Adiantum] nigrum, ist der Beyname, den der Ritter Linné dem schwarzen Frauenhar gibt; …“ (Gmelin 1772a, Sp. 127)

„12. Adianthum nigrum off. ...“ (AAW R. I, Op. 13, D. 67, Bl. 11r, s. Anm. 5 in Nr. 4); s. Nr. 916

12 „[species 6] Filicula montana, folio vario. Adiantum album, tenuifolium, Ruta muraria accedens J. B. 3. 743. Adiantum foliis minutim in oblongum scissis, pediculo viridi C. B. Pin. 355.“ (Tournefort 1700, S. 542, Sectio I., Genus VI. „Filicula.“); „Filicvla montana, folio vario Tournef. instit. 542. Adianthum album, tenuifolium, rutae murariae accedens I. B. 3. 743. ...“ (Rupp 1726, S. 278); „2. FILIX ramis duplicato ramosis, latissime divisis, pinnulis profunde crenatis, per foecunditatem integris. Adianthum foliis minutim ... C. B. Adianthum album tenuifolium ... I. B. III. p. 743. ... Filicula montana folio vario I. R. H. RUPP. ...“ (Haller 1742, S. 133f.); „VIII. Duas noui e Pteris genere species, quas in Auctoribus non determinatas inuenio vel certe non ita descriptas, vt sapere inde possem. Exstant in Herbario Ammanniano, quod Academia seruat, refertque B. Possessor accepisse se illa a STELLERO in Sibiria lectas. Sit ergo prima. Pteris Stelleri. ... Cum Filicula montana vario folio, TOVRN. multum haec Pteris conuenit. ...“ (Gmelin 1768, S. 518f.); „Osmunda crispa, ... krause Osmunde, ...“ (Gmelin 1774, Sp. 695); „20) Krauser Traubenfarrn. Osmunda crispa. ... Osmunda frondibus supradecompositis: Pinnis alternis subrotundis incisis. LINN. ... Sp. Pl. p. 1522. ... Adianthum album tenuifolium, ... C. [sic!] BAUH. hist. 3. p. 743. Adianthum foliis minutim ... C. BAUH. pin. 355. Filicula montana folio vario. TOURNEF. Inst. R. H. p. 542. ...“ (Linné 1786, S. 71ff.); „89. PTERIS crispa. ... Pteris Stelleri. Amman in Nov. Comm. Petrop. 12. t. 12. f. 1. Adiantum foliis minutim ... Bauh. pin. 755. Adiantum album tenuifolium, ... Bauh. hist. 3. p. 743. ... Krauser Saumfarrn. W. ...“ (Linné 1797–1830, Bd. V, Teil 1, S. 395); „1. Art. A[llosurus] crispus. Krause Schorffarrn (Willdenow.) ... Synonyme: Pteris crispa. (Lin. sp. pl. ed. Willd. V. p. 395.) ...“ (Bechstein 1833a, S. 1287f.); „1136. Allosurus. BERNHARDI ... 3. A. crispus ... Osmunda crispa L. Spec. 1512. Pteris crispa. ... WILLD. Spec. pl. V, p. 395 (excl. syn. AMMAN i. e. GMEL.). ...“ (Ledebour 1853, S. 525f.); „Allosōrus BERNH. (Polypodiaceae). Zus. aus ἄλλος (anders) und σωρος (Haufen); die Fruchthaufen sind erst rundlich und getrennt, bilden aber später eine fortlaufende Linie.“ (Wittstein 1852, S. 31); „Osmūnda L. (Osmundaceae). Von OSMUNDER (Beiname der skandinavischen Gottheit Thor, bedeutet: Kraft), in Bezug auf die angeblichen kräftigen Eigenschaften der Pflanze. Angebl. zus. aus os (Mund) u. mundare (reinigen), d. h. was den Mund reinigt.“ (a. a. O., S. 643)

„473. Filicula montana folio vario flor. ircut. 915. ...“ (AAW R. I, Op. 104, D. 25, Bl. 34r, s. Anm. 61 in Nr. 21); „11. Pteris foliis pinnatis, pinnis alternis, inferioribus tripartitis, superioribus simplicibus. Tab. II. Fig. 2. ... Magna huius conventia cum Filicula montana folio vario Tourn. I. R. H. ... Stellerus in rupibus ad Bielam, Junam et Judomam fluvios invenit. ...“ mit der links marginalen Anm. auf Bl. 4v „Pteris Stelleri Gmel. jun. (Spec. Gmel. sen. et Stelleri in Ms. acad.)“ (AAW R. I, Op. 13, D. 33, Bll. 4v–5r, s. Anm. 2 in Nr. 925); „17. Asplenium frondibus alternatim decompositis, foliolis cuneiformibus crenulatis Roy. pr. 498. Saxifragia Fuchs. p. 730. Ruta muraria Dod. p. 470. J. B. III. p. 753. Salvia vita S. ruta muraria Lob. ic. p. 811. Asplenium ramis duplicato-ramosis, pinnis serratis, aequalibus et laxe dispositis. Hall. Helv. 137. ...“ mit der rechts marginalen Anm. „Asplenium Ruta muraria L.“ (a. a. O., Bl. 7r); „14. Ruta muraria C. B. P. ...“ (AAW R. I, Op. 13, D. 67, Bl. 11r, s. Anm. 5 in Nr. 4)

13 Randbemerkung in der 2. Textversion (s. Anm. 1 in A.) in der Handschrift von J. G. Gmelin: „Ruta muraria / procerior Germ.“

„[species 3] Ruta muraria procerior, Germanica. Adiantum novum, Germanicum, Rutae murariae facie Breyn. Cent. 1. 189.“ (Tournefort 1700, S. 541 Genus V. „Ruta muraria.“); „8. ASPLENIUM ramis duplicato ramosis, pinnis aequalibus, laxe dispositis, apice incisis. Adianthum novum Germanicum ... Breyn. Centur. I. p. 189. ... Ruta muraria procerior Germanica I. R. H. ...“ (Haller 1742, S. 137); „Ruta muraria procerior germanica; bedeutet bey Tournefort eine höhere Abänderung der krausen Osmunde.“ (Gmelin 1776, Sp. 73); „* 63. ASPLENIUM germanicum. ... Adiantum novum germanicum ... Breyn cent. 189. t. 97. Ruta muraria procerior ... Tournef. inst. 541. Deutscher Streifenfarrn. W. ...“ (Linné 1797–1830, Bd. V, Teil 1, S. 330f.); „6. A[splenium] Breynii (RETZ Obs. I, p. 32) ... A. Germanicum. ...Willd. Spec. pl. V, p. 330.

…" (Ledebour 1853, S. 520); „Rūta L. (Rutaceae). Ρυτη, angeblich von ρυεσαι (retten, helfen) in Bezug auf die arzneylichen Kräfte." (Wittstein 1852, S. 776)

14 „[species 3] Filicula quae Adiantum nigrum officinarum, pinnulis obtusioris. Adiantum foliis longioribus, pulverulentibus, pediculo nigro C. B. Pin. 355. Adiantum nigrum officinarum J. B. 3. 742. Dryopteris nigra Dod. Pempt. 466. Capillaire ordinaire." (Tournefort 1700, S. 542, Genus VI. „Filicula."); „[species 4] Filicula quae Adiantum nigrum, officinarum, pinnulis acutioribus." (a. a. O., S. 542); „FILICULA. … klein Farnkraut, … Die dritte Sorte heist Filicula, quae Adiantum nigrum officinarum, Pit. Tournef. Adiantum foliis longioribus pulverulentis, pediculo nigro, C. B. …" (Lémery 1721, Sp. 457f.); „Filicvla, quae Adianthum nigrum officinarum, pinnulis obtusioribus, acutioribusve Tournefortii in instit. pag. 542. Adianthum foliis longioribus, pulverulentis, pediculo nigro C. B. Pin. 355. Adianthum nigrum officinar. I. B. 3. 742. ..." (Rupp 1726, S. 278); „3. ADIANTHUM nigrum officinarum. J.B. Schwarz Frauenhaar derer Krämer." (Miller 1750, S. 19); „22) Schwarzes Venus=Haar. Asplenium Adianthum nigrum. … Asplenium frondibus subtripinnatis: foliolis alternis: pinnis lanceolatis inciso-serratis. LINN. Syst. Veg. p. 934. … Filicula quae Adiantum nigrum officinarum. TOURNEF. Inst. R. H. 542. Adiantum foliis longioribus pulverentis, … C. BAUH. pin. 355. Dryopteris nigra. DOD. pempt. 466. …" (Linné 1786, S. 153ff.); „a) Asplenium adiantum nigrum. … Deutsch. Das schwarze Frauenhaar, das schwarze Venushaar. …" (Nemnich 1793a, Sp. 513); „6. ASPLENIUM Adiantum nigrum …Dreyfach gefiederter Strichfarn. Schwarzer Strichfarn. …" (Georgi 1797–1802, Theil 3, S. 1379); „96. ASPLENIUM Adiantum nigrum. A. frondibus subtripinnatis, … Sp. pl. 1541. … Adiantum foliis longioribus … Bauh. pin. 355. Dryopteris nigra. Dod. pempt. 466. … Schwarzer Streifenfarrn. W. .." (Linné 1797–1830, Bd. V, Teil 1, S. 346f.); „4. A[splenium] Adiantum nigrum (L. Spec. 1541) … WILLD. spec. pl. V, p. 346. …" (Ledebour 1853, S. 519f.); „4. Asplenium Adiantum nigrum L. … Adiantum foliis longioribus, … C. BAUH. pin. p. 355. Adianthum nigrum officinarum J. Bauh. hist. pl. III. p. 742. … Asplenium Adiantum nigrum L. spec.pl. p. 1541. … Offic. Früher als Adiantum nigrum. …" (Bernoulli 1857, S. 12ff.); „54. Pteris fronde supradecomposita, foliolis pinnatis, pinnis lanceolatis etc. Plantam numquam vidi, ego hunc vocarem Asplenium fronde supradecomposita, pinnis oblongis, superioribus concurrentibus, infimis opposite pinnatifidis, lineolis di(f)formibus (? A. Adiantum nigrum L.?)." (C. von Linné in einem undatierten Brief an J. G. Gmelin – Plieninger 1861, S. 66)

„Filicula, quae Adiantum nigrum officinarum, pinnulis obtusioribus (Tournefortii sp. 3), Off." (Messerschmidt 1962–1977, Bd. 4, S. 206, s. Anm. 1 in Nr. 1)

15 „CETERACH MARANTAE DECANDOLLE. Acrostichum Marantae L.) … Lonchitis Maranthae. Camer. Kräuterbuch 306. b. Icon. Lonchitis altera Maranthae. Clus. Histor. CCXII. Icon. Lonchitis adulterina. Tabern. 1190. Icon. …" (Dierbach 1833, S. 146); die Abbildung „*LONCHITIS ASPERA MARANTHAE." (Camerarius 1586, S. 666); die Abbildung „Lonchitis altera Maranthae." (Clusius 1601, S. ccxij, ab Buch IV gesonderte Seitennumerierung mit römischen Zahlen); „Lonchitis altera Marantae; bedeuter bey Clusius den marantischen vollblühenden Farren." (Gmelin 1773a, Sp. 743); „Acrostichum marantae, … Marantischer vollblühender Farren, …" (Gmelin 1772a, Sp. 106); „27) Marantischer Vollblühener Farrn. Acrostichum Marantae. … Acrostichum frondibus subpinnnatis: pinnis opposito-coadunatis subtus hirsutissimis: basi subdentatis. LINN. … Sp. Pl. p. 1527. … Lonchitis foliis ceterach. C. BAUH. pin. 359. … Lonchitis aspera Marantae. CAM. epit. 666. …" (Linné 1786, S. 92f.); „2. ACROSTICHUM Marantae … Polypodium Marantae. Marants vollblühender Farn. …" (Georgi 1797–1802, Theil 3, S. 1378); „53. ACROSTICHUM Marantae. … A. frondibus subpinnatis, … Sp. pl. 1527. … Lonchitis folio Ceterach. Bauh. pin. 359. … Lonchitis aspera Marantae. Cam. epit. 666. … Schuppiger Staubfarrn. W. …" (Linné 1797–1830, Bd. V, Teil 1, S. 121f.); „1434. Cétérach de Maranta. Ceterach Marantae. Acrostichum Marantae. Linn. spec. 1527. excl. Barrel. … Cam. Epit. 666. Ic. …" (Candolle 1805, S. 567); „1123. Nothochlaena. R. BROWN l. c. … 1. N. Marantae … Acrostichum Marantae L. Spec. 1527. – WILLD. Spec. pl. V, p. 121. … Ceterach Marantae. DEC. Fl. franc. II, p. 567. …" (Ledebour 1853, S. 507); Acrostichum – russ. *sytovec* bzw. *kostjanec*

(*Annenkov* 1858, S. 10, Nr. 21); „Acrōstichum L. (Polypodiaceae). Zus. aus ἀκρος (Spitze, Anfang) und στιχος (Reihe, Zeile, Vers) in Bezug auf die Structur; mehrere Arten dieser Gattung haben nämlich auf der Rückseite der Blätter linienartige Zeichnungen, welche wie die Anfänge einer Zeile oder eines Wortes aussehen.“ (Wittstein 1852, S. 11); „Cēterach W. (Polypodiaceae). Arabisch cheterak.“ (a. a. O., S. 179); „Lonchītis L. (Polypodiaceae). Von λογχη (Lanzenspitze, Lanze); die unteren Pinnulae der Blätter sind lang zugespitzt wie Lanzen; auch ist der Stock des Wedels mit Stacheln besetzt. ...“ (a. a. O., S. 533); „Nothochlaēna R. BR. (Polypodiaceae). Zus. aus νοδος (unächt) und χλαινα (Oberkleid); das Indusium fehlt oder ist durch Borsten, Schuppen oder Wolle des Wedels vertreten.“ (a. a. O., S. 620)

„20. Polypodium pinnatum, pinnis utrinque contractis, pinnatifidis, pinnulis infimis maximis literis. [mit der links marginalen Anm. „Polyp. Thalypteris L.“] Filix non ramosa minor silvatica repens Mor. H. O 580. Filix saxatilis foliis non serratis C. B. P. 358. Filix minor non ramosa J. B. 740. [sic!] Filix palustris repens pinnulis non dentatis Mor. Ic. S. 14. t. 4. f. 17. opt. [mit der links marginalen Anm. „Polyp. Thalipteris“] Filix palustris pumila Virginiana Pluk. T. 284. f. 1. opt. ...“ (AAW R. I, Op. 13, D. 33, Bll. 7v–8r, s. Anm. 2 in Nr. 925); „62. Filix minor, non ramosa J. B. 3. 340. [sic!] ...“ (AAW R. I, Op. 105, D. 4ª, Bl. 11v, s. Anm. 54 in Nr. 17); „FILIX MINOR NON RAMOSA. ...“ (Bauhin 1651, S. 732f.); „144. Filix minor non ramosa, rupestris hirsuta. An Lonchitis altera Maranthae Clus. H. ccxij? ... Sub siccis plantis Fl. Irc. nº 917 duae diversae plantae continentur, quarum una haec ipsa species est.“ (AAW R. I, Op. 105, D. 1ª, Bl. 9v, s. Anm. 29 in Nr. 5); „9. Filix minor, non ramosa, rupestris, hirsuta Ind. Jen. nº. 144. Fl. Irc. nº. 917. Est Polypodium fronde duplicato-pinnatis subtus pilosa. ...“ (AAW R. I, Op. 13, D. 67, Bl. 11r, s. Anm. 5 in Nr. 4)

Randbemerkung in der 2. Textversion (s. Anm. 1 in A.) in der Handschrift von J. G. Gmelin „Pteris frondibus / duplicato pinnatis, caule / hirsuto & laci / nioso“

„Polypodium fronde duplicato-pinnato foliolis obtuso etc. non est, sed Polypodium fronde duplicato-pinnata, pinnulis obtusis coadunatis crenatis. Filix non ramosa major, pinnis latiusculis longioribus in profundis denticulos divisis. Moris. hist. 3. f. 14. t. 3. f. 11. Filix fontana, latiori folio, ad imum solummodo ramosa. Pluk. alm. 150. t. 180. f. 6. Filix non ramosa latifolia dentata. Tournef. 836. (Fl. suec. 2. ed. 938. Acrostichum ilvense L.)“ (C. von Linné in einem Brief an J. G. Gmelin vom 6. September 1744 – Plieninger 1861, S. 32f.); „51. Pteris frondibus duplicato-pinnatis, caule hirsuto est Polypodium Fl. Suec. 850. (Acrostichum ilvense L. ...)“ (C. von Linné in einem undatierten Brief an J. G. Gmelin – Plieninger 1861, S. 64); „51. Pteris fronde duplic. pinnata caule hirsuto etc. est Polypodium fronde duplicato-pinnata pinnulis coadunatis obtusis subtus hispidis. Flor. Suec. 850. obtusis remotis subtus villossum[sic!] Fl. lapp. 383. (Acrostichum ilvense L. ...) (C. von Linné in einem Brief an J. G. Gmelin vom 14. September 1748 – Plieninger 1861, S. 57); „28) Elbaischer Vollblühender Farrn. Acrostichum Ilvense. Acrostichum frondibus subpinnatis: pinnis opposito-coadunatis subtus hirsutis: basi integerrimis. LINN. ... Sp. Pl. p. 1528. ... Es scheint daher in einigem Widerspruch zu stehen, wenn der Ritter [Linné] den Beynamen für gedachte Art von der in der Toskanischen See liegenden Insel Elba entlehnt. ...“ (Linné 1786, S. 93f.); „Agrostichum iluense L. T. Jokdikta. ...“ (Georgi 1775, S. 238); „129. Polypodium ilvense. Agrostichum (ilvense) ... Sp. pl. 1528. ... P. fronde duplicato-pinnata, ... Fl. suec, 850; 938. ... Felsen-Engelsüss. W. ...“ (Linné 1797–1830, Bd. V, Teil 1, S. 198); „1126. Woodsia. ... 1. W. ilvensis (R. BROWN. l. c. p. 173) ... LEDEB. alt. IV, p. 330. ... Acrostichium ilvense. L. Spec. 1528. ... Polypodium ilvense. ... WILLD. Spec. pl. V, p. 198. ...“ (Ledebour 1853, S. 510f.); „1. WOODSIA ILVENSIS R. Br. ... Polypodium ilvense. Willd. Sp. pl. V. p. 198. Acrostichum ilvense. Linn. Spec. pl. 1528. ...“ (Ledebour 1833, S. 330); „Woōdsia R. Br. (Polypodiaceae). Nach Jos. Woods, englischem Botaniker.“ (Wittstein 1852, S. 936)

16 „41) Adler=Saumfarrn, gemeiner Flügelfarrn, Adlerkraut, Pteris aquilina. Linn. Hort. cliff. 473. Filix ramosa major. Bauh. pin. 357. ...“ (Krünitz 1773–1858, Bd. 137, S. 686f.); s. Nr. 906

17 Randbemerkung in der 2. Textversion (s. Anm. 1 in A.) in der Handschrift von J. G. Gmelin „Asplenium / fronde pinnata / pinnis pinnatifidis / lacinulis integerrimis.“

„16. Asplenium fronde pinnata, pinnis pinnatifidis, lacinulis integerrimis 7. ... Stellerus etiam in rupestribus Angarae fl. invenit.“ mit der links marginalen Anm. „Woodsia glabella R. Br. (e specimina Stelleriano) Ms. acad.“ (AAW R. I, Op. 13, D. 33, Bl. 6v, s. Anm. 2 in Nr. 925)

„4. W[oodsia] glabella R. BROWN …) … RUPR. in Beitr. z. Pflanzenk. d. Russ. R. III, p. 55. …“ (Ledebour 1853, S. 511); „93. Woodsia glabella R. Brown 1823. … in rupestribus Angarae fluvii (Steller! ex Gmel. sen. mss.); … inter Ircutzk et Ochotzk, nec non in Kamtschatka …“ (Ruprecht 1845, S. 55); „1385. WOODSIA GLABELLA R. Br. … W. hyperborea Turcz. cat. Baic. Dah. n. 1355. …“ (*Turčaninov* 1856, S. 364); „W[oodsia] glabella R. Br. … Synonyme und Literatur: Woodsia hyperborea Turczaninow, Catal. Baic. Dahur. no. 1355, … Geographische Verbreitung: … Gebiet des Baikal-See im südlichen Sibirien. …“ (Rabenhorst 1889, S. 511ff.); „1255. [müßte heißen: 1355.] [Woodsia] hyperborea R. Br.“ (*Turčaninov* 1837, S. 21)

18 „... zugleich ubersende de⌈m⌉ h⌈errn⌉ *Doctor* eine Filiculam quoad seminum ad oras dispo / sitionem der Filici ramosae [lat. – eine Filicula, die hinsichtlich der Anordnung der Samen (Sporen!) an den Rändern] ähnlich davon ich eine Zeichnung [s. Anm. 21] / mach⌈en⌉ lasse⌈n⌉, ...“ (G. W. Steller in einem Brief an J. G. Gmelin vom 10. Mai 1739 aus *Irkuck*: Hintzsche 2001, S. 226); „+136. Filicula saxatilis non ramosa subtus argenteo Fl. Irc. 919.“ (AAW R. I, Op. 105, D. 16, Bl. 3r, s. Anm. 5 in Nr. 4); „8. Filicula saxatilis non ramosa, subtus argentea Fl. Irc. n°. 919. Ind Jen. n°. 143.“ mit der rechts marginalen Anm. „Ic. St.“ (AAW R. I, Op. 13, D. 67, Bl. 11r, s. Anm. 5 in Nr. 4); „143. Filicula saxatilis non ramosa, subtus argentea Fl. Irc. n° 919. ...“ (AAW R. I, Op. 105, D. 1^{a}, Bll. 9r–9v, s. Anm. 29 in Nr. 5); s. Anhang B.5. Nr. 9 und B.6.1.

19 G. W. Steller passierte *Udinskoj ostrog* im März 1739 auf dem Weg von *Enisejsk* nach *Irkuck.*

20 s. Nr. 906

21 Aquarell: AAW R. I, Op. 105, D. 22, Bl. 50r

22 „[species 6] Lingua Cervina seu Phyllitis minima, folio undulato H. R. Par. Lingua Cervina minima Joncq. Hort.“ (Tournefort 1700, S. 544, Genus IX. „Lingua Cervina. Langue de Cerf.“); „Lingua cervina, seu Phyllitis minima folio vndulato.“ (Joncquet 1665, S. 109); „[Lingua] cervina, ist nicht nur die Benennung, unter welche Er. Cordus, Lonicer und Cäsalpin die Hirschzunge verstehen, sondern auch der Gattungsname, unter welchem Plumier, Tournefort und Boerhaave diejenige Arten des Milzkrautes vereinigen, welche lange und unzertheilte, bald ganz einfache, bald nach der Spitze zu zerschlissene Blätter haben.“ (Gmelin 1773a, Sp. 659f.); „[Lingua] cervina phyllitis minima, folio undulato, scheinet bey Tournefort eine sehr kleine krause Abart der Hirschzunge zu seyn.“ (a. a. O., Sp. 666); „LINGUA CERVINA. … teutsch, Hirschzunge … Es hält ein wenig an, ist zu der Brust unf zu den Wunden gut: es eröffnet und dienet zu den Miltz= und Brustbeschwerungen. Lingua cervina wird es genannt, weil dem Vorgeben nach, die Blätter des Krauts wie eine Hirschzunge sehen sollen. …“ (Lémery 1721, Sp. 653); „... ähnlich davon ich eine Zeichnung mach⌈en⌉ lasse⌈n⌉, ... Linguam cervinam minimam, folio undulato nervo in longissimum filum abeunte<,> [lat. – die sehr kleine Lingua cervina mit gewelltem Blatt, mit einem Nerv, der in einen sehr langen Faden ausläuft] ...“ (G. W. Steller in einem Brief an J. G. Gmelin vom 10. Mai 1739 aus *Irkuck*: Hintzsche 2001, S. 226);

„+137. Lingua cervina minima folio undulato costa in longissimum filum abeunte Fl. Irc. 920.“ (AAW R. I, Op. 105, D. 16, Bl. 3r, s. Anm. 5 in Nr. 4); „3. Lingua cervina minima, folio undulato, costa in longissimum filum abeunte Fl. Irc. n°. 920.“ mit der rechts marginalen Anm. „Ic. St.“ (AAW R. I, Op. 13, D. 67, Bl. 11r, s. Anm. 5 in Nr. 4); s. Anhang B.5. Nr. 28 und B.6.5.

23 „ADIANTUM, … teutsch, Frauenhaar. Das ist ein Gewächs, welches einen Hauffen, eines halben, auch eines gantzen Schuhes hohe Stengel treibet, …“ (Lémery 1721, Sp. 18f.)

24 „RUTA MURARIA. … teutsch, Mauerraute. … Es treibet viel kleine, zart und runde Stengel, … die den Blättern an der Ruta oder an den Adianto ziemlich ähnlich sehen, wiewol sie um ein gut Theil kleiner sind. …“ (Lémery 1721, Sp. 973f.)

25 Aquarell: AAW R. I, Op. 105, D. 22, Bl. 54r

26 „[species 2] Osmunda foliis lunatis. Lunaria racemosa, minor vel vulgaris C. B. Pin. 354. Lunaria botrytis J. B. 3. 709. Lunaria Dod. Pempt. 139." (Tournefort 1700, S. 547, Genus I. „Osmunda. Osmonde."); „I. Lunaria racemosa minor vel vulgaris. ..." (Bauhin 1623, S. 354f.); „Lvnaria Rivini, & Dod. pempt. 139. Lunaria botrytis I. B. 3. 709. Lunaria racemosa, minor vel vulgaris C. B. P. 354. Osmunda foliis lunatis Tournefort. instit. p. 547. Mond=Kraut, Mond=Raute, ..." (Rupp 1726, S. 280); „1. OSMUNDA fronde pinnatifida caulina, pinnis lunulatis. Fl. lapp. 389. Osmunda foliis lunatis. Tournef. inst. 547. … Lunaria racemosa minor & vulgaris. Bauh. pin. 354. … Lunaria botrytis. Bauh. hist 3. p. 710. … Lunaria. Dod. pempt. 139. α Osmunda, foliis lunatis, ramosa. Tournef. inst. 547. [s. Nr. 922] Lunaria racemosa ramosa major. Bauh. pin. 355. [s. Nr. 922] Lunaria botrytis minor multifolio. Bauh. hist. 3. p. 711. [s. Nr. 922] β Lunaria racemosa minor, adianthi folio. Breyn. cent. 183. t. 93. …" (Linné 1737, S. 472); „CAPUT LXI. Mond=Raute. Lunaria. … 1. Die gemeine Mond=Raute: Lunaria racemosa, minor, vel vulgaris, C. B. P. 354. … Man findet sie häufig um Cläven in Pündten, allda die Bauern mit diesem Kraut die offenen Schäden des Viehs zu heilen pflegen. …" (Zwinger 1744, S. 947ff.); „Osmunda Lunaria, … Mondraute, … Mondkraut; St. Walpurgiskraut; Leberrauten; gemeiner Traubenfarren; … Von dieser Pflanze haben die Alchimisten den Stein der Weisen, und der Aberglaube des Pöbels Zauberkräfte erwartet; einige Aerzte haben sie in dem Krebs und in den Geschwüren des Viehes empfohlen; … Sie heißt bey Tournefort: Osmunda foliis lunatis; …" (Gmelin 1774, Sp. 689f.); „1. OSMUNDA Lunaria … Mond=Traubenfarn. …" (Georgi 1797–1802, Theil 3, S. 1377); „2) Mondraute. Osmunda Lunaria. …Osmunda scapo caulino solitario, fronde pinnata solitaria. LINN. … Sp. Pl. p. 1519. … Osmunda fronde pinnata … Hort. Cliff. 472. … Lunaria raemosa minor … C. BAUH. pin. 354. β) Lunaria racemosa ramosa major. C. BAUH. pin. 355. γ) Lunaria racemosa minor, … BR[E]YN. Cent.183. tab. 93. … Die Heilkräfte die es besitzen soll, sind für zusammenziehend angepriesen worden. Ingleichen soll es auch ein Wundmittel abgeben können, …" (Linné 1786, S. 55ff.); „1. BOTRYCHIUM Lunaria. … Osmunda (Lunaria) … Sp. p. 1519. … Osmunda fronde … Hort. cliff. 472. … Osmunda racemosa minor … Bauh. pin. 354. … Gemeine Mondraute. W. …" (Linné 1797–1830, Bd. V, Teil 1, S. 61f.); „1. Art. B[otrychium] lunaria. Mondförmige Traubenfarrn. …" (Bechstein 1833a, S. 1302f.); „1121. Botrychium. … 1. B. Lunaria (SWARTZ Syn. fil. p. 171) … WILLD. Spec. pl. V, p. 61. … LEDEB.! Fl. alt. IV. … Osmunda Lunaria. L. Spec. 1519. …" (Ledebour 1853, S. 504f.); „1. BOTRYCHIUM LUNARIA. Sw. …Willd. Sp. pl. p. 61. … Osmunda Lunaria. Linn. Sp. pl. 1519. …" (Ledebour 1833, S. 324); „57. Osmunda frondibus duabas. Lunaria racemosa multifido folio Breyn. bene. est Varietas meae Osmundae Fl. Suec. 842. uti et Lunaria matricariae folio Breyn. (O. lunaria L.) 58. Osmunda fronde caulina duplicato-pinnata, pinnis pinnatifidis; laciniis lanceolatis superne incisis. differentia specifica optima. est Osmunda fronde pinnatifida caulina, fructificationibus spicatis Gron. Fl. virg. 196. et Morisoni synonymon omnino huc spectat. Sed minor quomodo Virginica planta pervenerit in Sibiriam. forte orta ab Osmunda Lunaria dicta Fl. Suec. 842. quamvis Varietas insignis (O. virginiana L.). 59. est varietas omnino Osmundae lunariae Fl. Suec. 842. quales omni anno repeire licet (cf. 57)." (C. von Linné in einem undatierten Brief an J. G. Gmelin – Plieninger 1861, S. 64f.); „Botrȳchium Sw. (Ophioglosseae). Von βοτρυς (Traube): βοστρυχιον (Locke, Weinranke); traubiger Fruchtstand." (Wittstein 1852, S. 116); „Lunāria L. (Cruciferae). Von luna (Mond), in Bezug auf die glänzende, silberweisse Farbe der bleibenden Schotenscheidewand." (a. a. O., S. 539); „Osmunda (Lunaria) … Lunaria racemosa minor et vulgaris. Bauh. pin. 354. Богородицына ручка [russ. *bogorodicyna ručka*] Russ. ..." (*Krašeninnikov* 1761, S. 163); russ. *bogorodicyna ručka* – Botrychium lunaria, Geburtskraut, Jammerkraut, Walpurgiskraut, Mondraute (Pawlowski 1952, S. 68)

„476 Osmunda foliis Lunatis T. i. r. h. spec. 2. ..." (AAW R. I, Op. 104, D. 25, Bl. 34r, s. Anm. 61 in Nr. 21); „4. Osmunda fronde pinnatifida caulina, pinnis lunulatis Linn. h. Cliff. 472. [mit der links marginalen Anm. „Osm. Lunaria L."] Osmunda foliis lunatis Tourn. I. R. H. 547. Lunaria botrytis J. B. III. p. 709. Lunaria racemosa minor et vulgaris C. B. P. 354. Osmunda racemosa minor. Adianthi folio Breyn. Cent. I. ic. 93. p. 183. [mit der links marginalen Anm. „Osm. Lunaria var γ. L."] j. Eadem ramosa. Osmunda foliis lunatis ramosa Tourn. I. R. H. [mit der links marginalen Anm. „Osm. Lunaria var α. L"] ..." (AAW R. I, Op. 13, D. 33, Bl. 2v, s. Anm. 2 in Nr. 925); „* Osmunda foliis lunatis. I. R. H. ..." (AAW F. 21, Op. 5, D. 98, Bl. 33v, s. Anm. 54 in Nr. 17); „4. Osmunda fronde pinnatifida caulina, pinnis lunulatis Linn. Flor. 309. Osmunda folys lunatis I. R. H. 547 ..." (AAW R. I, Op. 13, D. 67, Bl. 11v, s. Anm. 5 in Nr. 4); „DXCII Osmunda T. 547. 314. [müßte heißen: 324.] B. 1. 27. 1. Osmunda foliis lunatis T. 547. B. n. 2. Lunaria racemosa minor vel vulgaris C. B. P. 354. ..." (Bl. 70r in T. Gerber „Flora Moscuensis ...", s. Anm. 6 in Nr. 55); „osmunda Boerhav P. 1. 27 Богороднцина ручка [*bogorodncina* {sic!} *ručka*]" (G. W. Steller nach T. Gerber: AAW R. I, Op. 81, D. 23, Bl. 5r, s. Anm. 1 in Nr. 1); s. auch Nr. 922

27 „[species 4] Osmunda foliis lunatis, ramosa. Lunaria racemosa, ramosa, major C. B. Pin. 355. Lunaria botrytis, minor, multifolia J. B. 3. 711. Lunaria rarior species Cam. Epit. 644." (Tournefort 1700, S. 547, Genus I. „Osmunda. Osmonde."); „2. Die große Mond=Raute: Lunaria racemosa, ramosa major, C. B. P. 355. …" (Zwinger 1744, S. 948); s. Nr. 921

28 „[species 5] Osmunda Matricariae foliis. Lunaria racemosa, minor, Matricariae foliis Breyn. Cent. 1. [Kapitel] 94." (Tournefort 1700, S. 547, Genus I. „Osmunda. Osmonde."); „LUNARIA RACEMOSA MINOR, MATRICARIAE FOLIO. CAP. XCIV. ..." und die Abbildung „LUNARIA RACEMOSA MINOR, MATRICARIAE FOLIO." nach S. 184 (Breyne 1678, S. 184); „[Osmunda] matricariae foliis; hierunter versteht Tournefort eine kleinere Spielart der Mondraute, deren Blätter den Blättern des wahren Muterkrautes gleichen." (Gmelin 1774, Sp. 695); „* BOTRYCHIUM rutaceum. … Osmunda lanceolata. Gmel. Nov. Com. Petrop. 12. p. 516. t. 11. f. 2. … Lunaria racemosa minor matricariae folio. Breyn. cent. t. [sic!] 94. … Wald-Mondraute. W. …" (Linné 1797–1830, Bd. V, Teil 1, S. 62); „1121. Botrychyum. SWARTZ. …2. B. rutaceum (WILLD. Spec. pl. V. p. 62, excl. syn. SWARTZ) … Osmunda lanceolata. S. G. GMEL. in Nov. Comment. Acad. petrop. XII, p. 516, t. 11, f. 2. …" (Ledebour 1853, S. 504f.); „Osmunda Lanceolata. … Similissima est Lunariae racemosae minori, Matricariae folio, BREYN. Cent. I. p. 184. ic. 94. si non eadem. …" (Gmelin 1768, S. 516f.)

„Lunariae racemosae minori Matricariae folio Breyn. Cent. 1. p. 184. ic. 94. ..." mit der links marginalen Anm. „Osm. Lunaria γ. L." (AAW R. I, Op. 13, D. 33, Bl. 2v, s. Anm. 2 in Nr. 925); „148. Osmunda Matricariae folys I. R. H. ..." (AAW R. I, Op. 105, D. 1^{a}, Bll. 10r–10v, s. Anm. 29 in Nr. 5); „1. Osmunda Matricariae folys I. R. H. Ind. Jen. n°. 148. ..." (AAW R. I, Op. 13, D. 67, Bl. 11v, s. Anm. 5 in Nr. 4); „DXCII Osmunda T. 547. 314. [müßte heißen: 324.] ... 2. Osmunda Matricariae foliis T. Lunaria racemosa minor Matricariae foliis Breyn. [.]" (Bl. 70r in T. Gerber „Flora Moscuensis ...", s. Anm. 6 in Nr. 55)

Publikationen zur Geschichte Rußlands und Sibiriens aus den Franckeschen Stiftungen zu Halle

Quellen zur Geschichte Sibiriens und Alaskas aus russischen Archiven

herausgegeben von Wieland Hintzsche im Auftrag der Franckeschen Stiftungen zu Halle und des Archivs der Russischen Akademie der Wissenschaften, Zweigstelle Sankt Petersburg

Band I
Georg Wilhelm Steller – Briefe und Dokumente 1740
bearb. von W. Hintzsche, T. Nickol und O. V. Novochatko. Halle : Verlag der Franckeschen Stiftungen Halle, 2000, XXXVI, 387 S., ISBN 978-3-447-06308-1

Band II
Georg Wilhelm Steller / Stepan Krašeninnikov / Johann Eberhard Fischer Reisetagebücher 1735 bis 1743
bearb. von W. Hintzsche unter Mitarbeit von T. Nickol, O. V. Novochatko und D. Schulze. Halle : Verlag der Franckeschen Stiftungen, 2000, XXIX, 627 S., 1 Karte, ISBN 978-3-447-06309-8

Band III
Georg Wilhelm Steller – Briefe und Dokumente 1739
bearb. von W. Hintzsche unter Mitarbeit von T. Nickol, O. V. Novochatko und D. Schulze. Halle : Verlag der Franckeschen Stiftungen, 2001, XLI, 535 S., 1 Karte, ISBN 978-3-447-06310-4

Publikationen zur Geschichte Rußlands und Sibiriens aus den Franckeschen Stiftungen zu Halle

Band IV,2
Dokumente zur 2. Kamčatkaexpedition 1730–1733. Akademiegruppe

bearb. von W. Hintzsche in Zusammenarbeit mit N. Ochotina Lind u. P. U. Møller; unter Mitarbeit von H. Heklau, K. Küntzel und B. Meister. Halle : Verlag der Franckeschen Stiftungen, 2004, LVIII, 960 S., 2 Karten, ISBN 978-3-447-06311-1

Band V
Dokumente zur 2. Kamčatkaexpedition Januar–Juni 1734. Akademiegruppe

bearb. von W. Hintzsche unter Mitarbeit von H. Heklau, K. Küntzel, B. Meister und O. V. Novochatko. Halle : Verlag der Franckeschen Stiftungen, 2006, XLVIII, 485 S., 1 Karte, ISBN 978-3-447-06312-8

Band VII
Georg Wilhelm Steller / Johann Eberhard Fischer Reisetagebücher 1738 bis 1745

bearb. von W. Hintzsche unter Mitarbeit von H. Heklau. Halle : Verlag der Franckeschen Stiftungen, 2009, XLI, 601 S., 1 Karte, ISBN 978-3-447-06313-5

Band VIII
Gerhard Friedrich Müller – Ethnographische Schriften I

bearb. von W. Hintzsche und A. Ch. Ėlert unter Mitarbeit von H. Heklau. Halle : Verlag der Franckeschen Stiftungen, Harrassowitz Verlag in Kommission 2010, LXXII, 817 S., 1 Karte, ISBN 978-3-447-06402-6

Band XI
Gerhard Friedrich Müller – Ethnographische Schriften II

bearb. von W. Hintzsche und A. Ch. Ėlert. Halle : Verlag der Franckeschen Stiftungen, Harrassowitz Verlag in Kommission 2018, LXIX, 8o8 S., 1 Karte, ISBN 978-3-447-10866-9

Publikationen zur Geschichte Rußlands und Sibiriens aus den Franckeschen Stiftungen zu Halle

RUSSISCHE AUSGABE
(zu beziehen nur über den Buchhandel)

Band I
Georg Vil'gelm Šteller – Pis'ma i dokumenty 1740
bearb. von W. Hintzsche, T. Nickol und O. V. Novochatko. Moskau : Pamjatniki istoričeskoj mysli, 1998, 430 S., ISBN 5-88451-064-0

Band IV, 1
Vtoraja Kamčatskaja Ėkspedicija – Dokumenty 1730–1733
Čast' 1 – Morskie Otrjady
bearb. von N. Ochotina-Lind und P. U. Møller. Moskau : Pamjatniki istoričeskoj mysli, 1998, 640 S., 14 Abb., ISBN 5-88451-102-7

Band VI
Vtoraja Kamčatskaja Ėkspedicija – Dokumenty 1734–1736
Morskie Otrjady
bearb. von N. Ochotina-Lind und P. U. Møller. Sankt Petersburg : Nestor Istorija, 2009, 933 S., 30 Abb., ISBN 978-59818-7315-7

Band VIII
Gerard Fridrich Miller – Opisanie sibirskich narodov
bearb. von A. Ch. Ėlert und W. Hintzsche. Moskau : Pamjatniki Istoričeskoj mysli, 2009, 453 S., 17 Abb., ISBN 978-5-88451-258-0

Band IX
Vtoraja Kamčatskaja Ėkspedicija – Dokumenty 1737–1738
Morskie Otrjady
bearb. von N. Ochotina-Lind und P. U. Møller. Sankt Petersburg : Nestor Istorija, 2013, 944 S., 29 Abb., ISBN 978-4469-0077-0

Band X
Vtoraja Kamčatskaja Ėkspedicija – Dokumenty 1739–1740
Morskie Otrjady
bearb. von N. Ochotina-Lind und P. U. Møller. Sankt Petersburg : Nestor Istorija, 2015, 968 S., 31 Abb., ISBN 978-5-4469-0723-6

Band XII
Vtoraja Kamčatskaja Ėkspedicija – Dokumenty 1741–1742
Morskie Otrjady
bearb. von N. Ochotina-Lind. Sankt Petersburg : Nestor Istorija, 2018, 872 S., 27 Abb., ISBN 978-5-4469-1496-8

Publikationen zur Geschichte Rußlands und Sibiriens aus den Franckeschen Stiftungen zu Halle

Die Große Nordische Expedition
Georg Wilhelm Steller (1709–1746)
Ein Lutheraner erforscht Sibirien und Alaska
herausgegeben von W. Hintzsche und T. Nickol. Gotha : Justus Perthes Verlag, 1996, XII, 360 S., 400 farb. Abb., ISBN 3-623-00300-X; vergriffen
Der reich illustrierte Katalog zur Ausstellung von 1996 enthält neben Erstveröffentlichungen von Manuskripten, Zeichnungen, Druckgraphiken und Landkarten Beiträge von über dreißig Autoren zur Geschichte der Entdeckung und Erforschung Sibiriens und Alaskas.

Monumenta Sibiriae
herausgegeben von W. Hintzsche und T. Nickol. Gotha : Justus Perthes Verlag, 1996, Kartenmappe mit 19 farbigen Reproduktionen und Erläuterungsheft (68 S., deutsch und englisch), ISBN 3-623-00480-4
Karten, Stadtansichten und Stadtpläne von Sibirien aus der ersten Hälfte des 18. Jahrhunderts

Terra incognita Sibirien
Halle : Verlag der Franckeschen Stiftungen, 1999, 52 S., 154 Abb. (russisch/deutsch [vergriffen]; englisch/deutsch)
Katalog der gleichnamigen Wanderausstellung zur Geschichte der Erforschung Sibiriens vom 18. Jahrhundert bis zum Anfang des 19. Jahrhunderts

Die Erforschung Sibiriens im 18. Jahrhundert
Beiträge der Deutsch-Russischen Begegnungen in den Franckeschen Stiftungen herausgegeben von W. Hintzsche und J. O. Habeck. Halle : Verlag der Franckeschen Stiftungen und Max-Planck-Institut für ethnologische Forschung, 2012, 179 S., 23 Abb., ISBN 978-3-939922-28-5

Quellen zur Geschichte Sibiriens und Alaskas aus russischen Archiven

Herausgegeben von

Wieland Hintzsche (Halle)

in Zusammenarbeit mit

Dittmar Dahlmann (Bonn) · Aleksandr Ch. Ėlert† (Novosibirsk)

Peter U. Møller† (Kopenhagen) · Thomas Müller-Bahlke (Halle)

Thomas Nickol (Göhren) · Ol'ga V. Novochatko (Moskau)

Nikolaj N. Pokrovskij† (Novosibirsk) · Paul Raabe† (Wolfenbüttel)

Ortrun Riha (Leipzig) · Vladimir S. Sobolev (St. Petersburg)

Irina V. Tunkina (St. Petersburg)

Band XIII

FRANCKESCHE STIFTUNGEN

Franckesche Stiftungen zu Halle
Archiv der Russischen Akademie der Wissenschaften
Zweigstelle Sankt Petersburg

Georg Wilhelm Steller

Flora Irkutiensis

Bearbeitet von

Wieland Hintzsche
unter Mitarbeit von
Heike Heklau

Teil 2

Verlag der Franckeschen Stiftungen zu Halle
Harrassowitz Verlag in Kommission
2025

Bibliografische Information der Deutschen Nationalbibliothek
Die Deutsche Nationalbibliothek verzeichnet diese Publikation in der Deutschen Nationalbibliografie; detaillierte bibliografische Daten sind im Internet über https://dnb.dnb.de abrufbar.

Bibliographic information published by the Deutsche Nationalbibliothek
The Deutsche Nationalbibliothek lists this publication in the Deutsche Nationalbibliografie; detailed bibliographic data are available on the Internet at https://dnb.dnb.de.

ISSN 2191-3374
ISBN 978-3-447-12384-6

Franckeplatz 1, Haus 37, 06114 Halle, produktsicherheit@francke-halle.de

https://www.francke-halle.de und https://www.harrassowitz-verlag.de

Gedruckt auf alterungsbeständigem Papier.
Printed in Germany.

Satz: Bernhard Sames (Magdeburg)
Gestaltung: Lutz Grumbach (Halle)
Druck: Druckwerk (Halle)

Georg Wilhelm Steller – Flora Irkutiensis.
Bearbeitet von Wieland Hintzsche unter Mitarbeit von Heike Heklau. Halle: Verlag der Franckeschen Stiftungen, 2025 (Quellen zur Geschichte Sibiriens und Alaskas aus russischen Archiven; XIII)

Inhalt

A.6. Klasse 17–22

CLASSIS XVII.
de
Herbis [et] suffruticibus, quorum flores et fructus vulgo desiderantur juxta ordinem Dillenii Catal[ogi] Plant[arum] circa Gissam.
Musci capitulis floridis
destituti
non peltati nec tuberculis donati.

/153r/

924[a]	*Conferva Plinii Lugd. Alga viridis capilla- / ceo folio C. B.*[1] *Passim in rivis Angaram / subeuntibus.* *Alga viridis capillaceo folio.*
925[b]	*Conferva reticulata Dood[ii]*[c] *apud Raium Hist. / Alga bombycina C. B.*[2] *in stagnis. abunde / ad Angaram aestate*
926[d]	*Conferva fontalis geniculata lubrica maior / Eph. N. C. Cent. 5 [et] 6*[3] *ab aquis Baika- / lis copiose eijcitur.*
927[e]	*Conferva fluvii Angarae Ombriae colore, è / fibris tenuissimis capillaribus contexta / clavae effigie fluitans*
928[f]	*Conferva alba chartae bibulae frusta referens / in saxis post inundationem Angarae au- / tumno relicta. Ambae hae confervae u- / num jdemq[ue] sunt et ad ripam Angarae / graminibus et saxis abunde adhaerescen- / tes depraehenduntur*[4]*, gramina muci in- / star seu Algae bombycinae*[5] *quaquaver- / sum et singulos eorundem ramos am- / bit Ombriaeq[ue] pallescentis colore et cla- / vae figurae fluitans cernitur, tum vero / autumno praecipue et vere non*[g] *parum / Angara litora sua transcendit, vicinaq[ue] / loca inundat, relicta per totam aesta- / tem lapidibus in maioribus frustis conferram hanc*[h6] */ chartam bibulam crassiorem exactissime / referentam*[i7] *combusta / odorem accensae chartae spargit.*[8]

/153v/

929[j].	*Conferva arborea cinerea vulgaris brevior / cum orbiculis Dill. Cat. p[agina]* 200. *Lichen / cinereus vulgaris capillaceo folio minor / Tourn.*

---

[a] $_{9}2_{4}$ *verbessert aus* 3 [b] $_{9}2_{5}$ *verbessert aus* 3 [c] D_{ood} *verbessert aus* [.] [d] $_{9}2_{6}$ *verbessert aus* 3 [e] $_{9}2_{7}$ *verbessert aus* 3 [f] $_{9}28$ *verbessert aus* 37 [g] non *über der Zeile* [h] conferram hanc *hinter der Zeile* [i] $_{\text{referen}}$tam *verbessert aus* $_{\text{referen}}$[.]; *nach* referentam *gestr.* relicta cernitur et [j] $_{9}2_{9}$ *verbessert aus* 3

	I. R. H. Muscus arboreus cum / orbiculis C. B.[9]
930	*Conferva arborea cinerea vulgaris longa / Dillen. l[oco] c[itato] Muscus arboreus Usnea*[a] *off[icinarum] / C. B. P.*[10] *abunde in umbrosis*[11]
931	*Conferva arborea fusco-virens jubae ad instar / e ramis arborum dense dependens*[b] *mol- / lis Dill. l[oco] c[itato] Lichen capillaceus longissi- / mus Tourn. Corol. p[agina]* 40. *Muscus arboreus / barbatus J. B.*[12] *Abundè in sylvis cum pri- / ori*

Lichenoides peltis [et] tu-
berculis praedit
caulifera.

932[c]	*Lichenoides tubulosum ramosissimum fruticuli / specie candicans Muscus tubulosus ramo- / sissimus fruticuli specie Raii H. Coralloides / corniculis candidissimis Tourn.* 565.[13] *Septemb- / ri inveni in montosis insulae Olchon.*
933.	*Lichenoides tubulosum ramosissimum fruti- / culi specie candicans corniculis ruffes- / centibus Dill. l[oco] c[itato] sp[ecies]* 3. *Coralloides corni- / culis ruffescentibus Tournef. I. R. H.*[14]

/154r/

	ubiq[ue] in sylvis circa Irkutiam.
934.	*Lichenoidis huius varietas viridescens. Cum / priori.*
935	*Lichenoidis huius varietas albide viridescens, / Acetabulis in summitate serratis seu / fimbriatis denticellis ruffescentibus / Cum priori.*
936	*Lichenoides tubulosum ramosum rigidius / maius et crassius cinereo-fuscum Dill. / l[oco] c[itato] spec[ies]* 4 *Coralloides cornua cervi*[d15] */ referens corniculis brevioribus Tourn. / I. R. H.*[16] *Abunde in vertice rupium in- / sulae Olchon et circa munimentum Bar- / gusinense*
937.	*Lichenoides tubulosum, carneum, pulverulen- / tum, valde crustaceum et ramosum. In ver- / tice rupium insulae Olchon et circa / munimentum Bargusinense. An Licheno- / ides tubulosum cinereum ramosius et / crustaceum Dill. Catal. spec[ies]* 6.[17]
938.	*Lichenoides tubulosum, cinereum, humile / Damae cornua*[18] *referens Dill. l[oco] c[itato] Co- / ralloides cornua Damae referens Tour. / I. R. H.*[19] *Passim in elatioribus. Ad Uscha- / kowkam vere collegi.*

---

[a] Usnea *verbessert aus* i [b] dependens *verbessert aus* d[.]p[.]ndens c 932 *verbessert aus* [..] [d] cervi *verbessert aus* [..]

939.	*Lichenoides tubulosum cinereum non ramo- / sum Muscus*[a] *licheniformis cornu simpli- / ci Dood[ii] Suppl. Hist Raii p[agina]* 28.[20]

/154v/

940[b].	*Lichenoides tubulosum album elatius cor- / nu simplici mihi in vertice rupium / circa Bargusinense munimentum / de quibus vide sub Gentiana.*[21]
941[c]	*Lichenoides tubulosum pyxidatum, cinere- / um. Lichen pyxidatus maior Tourn. I. / R. H.*[22] *Abunde in pratis et sylvis.*
942[d].	*Lichenoides tubulosum pyxidatum, mar- / ginibus serratis Dill. Cat. p[agina]* 204 *Li- / chen pyxidatus non ramosus aceta- / bulis fimbriatis Tourn. I. R. H.*[23] *Cum / priori.*
943[e].	*Lichenoides tubulosum pyxidatum proli- / ferum Dill. cat. Lichen pyxidatus, pro / liferTourn. I. R. H.*[24] *Cum priori ubivis.*
944[f]	*Lichenoides tubulosum pyxidatum, tubercu- / lis fusco-nigris Dill. Cat. Lichen pyxi- / datus minor Tourn. I. R. H.*[25] *Cum praece- / denti.*
945[g].	*Lichenoides tubulosum pyxidatum, tuber- / culis fusco-nigris, proliferum Dill. / l[oco] c[itato] Lichen pyxidatus acetabulo- / rum oris fuscis et tumentibus Tourn. / I. R. H.*[26]
946[h].	*Lichenoides tubulosum pyxidatum, tuber- / culis amoene coccineis.*[27] *Abunde in rupi- / bus circa Irkutiam et lacum.*

/155r/

947[i]	*Lichenoides tubulosum pyxidatum, tuber- / culis amoene coccineis proliferum / Dill. Cat. l[oco] c[itato] Lichen pyxidatus ace- / tabulorum oris coccineis et tumen- / tibus Tourn. I. R. H.*[28] *Cum praeceden- / tibus.*
948[j]	*Lichenoides crustaceum et leprosum*[29], *scu- / tellare, cinereum Dill. Catal. Muscus / crustaceus leprosus scutellaris ci- / nereus Mus. Petiv.*[30] *Ad saxa ubiq[ue] / in rupibus.*
949[k]	*Lichenoides crustaceum et leprosum scu- / tellis nigricantibus maioribus Dill. Cat.*[31] *in uno eodemq[ue] saxo, vel eadem / arbore cum priori occurrit simul.*
950	*Lichenoides tuberculosum amoene pur- / pureum*[32], *primo*[l] *vere*[m] *duo*[n] *Cl[arissimi] Dille- / nii*[o] | *in*[p] *populo tremula*[q] *quaesivi et / abundanter inveni.*

[a] $_{\text{Muscu}}$s *verbessert aus* [.] [b] $_{9}4_{0}$ *verbessert aus* [.] [c] $_{9}4_{1}$ *verbessert aus* [.] [d] $_{9}4_{2}$ *verbessert aus* [.] [e] $_{9}4_{3}$ *verbessert aus* [.] [f] $_{9}4_{4}$ *verbessert aus* [.] [g] $_{9}4_{5}$ *verbessert aus* [.] [h] $_{9}4_{6}$ *verbessert aus* [.] [i] $_{9}4_{7}$ *verbessert aus* [.] [j] $_{9}4_{8}$ *verbessert aus* [.] [k] $_{9}4_{9}$ *verbessert aus* [.] [l] 1 *über* primo [m] 2 *über* vere [n] $_{\text{du}}$o *verbessert aus* as; 3 *über* duo [o] $_{\text{Dilleni}}$ *verbessert aus* $_{\text{Dilleni}}$o [p] 4 *über* in [q] $_{\text{trem}}$u$_{\text{la}}$ *verbessert aus* a

951.	*Lichenoides crusta foliosa, scutellata / flavescens Dill. Cat. l⌈oco⌉ c⌈itato⌉ Lichen*[a] *Dioscor⌈idis⌉ / ⌈et⌉ Plinij colore flavescente Col. et / Tourn. I. R. H.*[33]
952.	*Lichenoides crusta foliosa scutellata pullum / Dill. cat. plant. Muscus crustae modo / arboribus adnascens pullus Raii Hist.*

/155v/

	et Tourn. I. R. H.[34] *In variis arboribus.*
953.	*Lichenoides erectum terrestre, crusta / foliosa, cinereo-virescente.*[35] *Nihil vul- / gatius in pratis udis et sylvis circa / Irkutiam.*
954	*Lichenoides crusta foliosa ex cinereo et / luteo vjrescente*[b] *superne, inferne / nigra et laevi Dill. l⌈oco⌉ c⌈itato⌉*[36] *In rupibus / circa lacum abunde.*
955	*Lichenoides arboreum, crusta foliosa / virescente tenuiter et eleganter dis- / secta Dill. Catal.*[37] *ad arbores primo / vere.*
956.	*Lichenoides saxatile sulphurei coloris /* [*Scy*]*phis*[38] *eleganter spadiceis. tumens mihi / Lichen pulmonarius saxatilis tenu- / iter laciniatus elegantis sulphu- / rei coloris Scheuchz. It. VII. p⌈agina⌉* 14. [sic!] / *Buxb. Cent.* 2. *Tab⌈ula⌉ VII.*[39]
957	*Lichenoides saxatile et arboreum teneri- / us foliis pilosis, scutellis in aversa / foliorum superficie apparentibus / Dill. l⌈oco⌉ c⌈itato⌉ p⌈agina⌉* 207.[40] *Orae huius lichenoi- / dis*[c] *aculeatae magis, quam pilosa / diCi*[d] *merentur; Latitudine raro / duas lineas superat, coloris est / partim albi, partim spadicei. Copio-*

/156r/

	se crescit in Vertice rupium circa / Bargusinum.[41]
958	*Lichenoides peltatum arboreum maxi- / mum platyphyllum Dill. cat. l⌈oco⌉ c⌈itato⌉ Li- / chen arboreus sive Pulmonaria arbo- / rea J. B.*[42] *in sylvis umbrosis circa / lacum et ad Bargusinum fluvium / abunde.*
959	*Lichenoides platyphyllum saxatile rigidum / valdè ramosum, fusco nigrum, ramo- / sum*[e] *extremitatibus*[f] *Cervi cornua, exacte / referentibus, tuberculis aversa par- / te apparentibus. Abunde in vertice ru- / pium circa munimentum Bargusi- / nense*[43]
960[g]	*Lichenoides saxatile flavescens platyphyllum / valdè ramosum; oris valde laciniatis / ⌈et⌉ crispis. Mihi in vertice rupium cir- / ca Bargusinense munimentum.*[44]

[a] Lichen *über der Zeile* [b] vJrescente *verbessert aus* variumente [c] lichenoi- / dis *verbessert aus* licheno- / idis [d] diCi *verbessert aus* [.] [e] ramoSum *verbessert aus* [.] [f] extremitatibus *verbessert aus* s; extremitatibus *über der Zeile* [g] 960 *verbessert aus* 7

961[a]	*Lichenoides flavicans saxatile ramosis- / simum, solidum divisurarum extremi- / tatibus tenuissimis, herbidè viridibus / Abunde occurrit in vertice*[b] *rupium / cum antecedenti*[c]
962[d].	*Lichenoides peltatum terrestre vires- / cens, orbiculatis minimis foliis*[45]*, fo- / lia albide virescunt, jn alijs coerules- / cunt, peltae autem fuscae in aliis*

/156v/

	spadiceae sunt. Occurrit primo[e] *vere / in montosis ad Irkutum.*
963[f]	*Lichenoides tubulosum, cristatum, ombriae / colore, quoad omnia excepta solum co- / lore coincidit cum Coralloide minori / cristata Buxb. Cent. IV. Tab*[ula] 66.[46] *In / sylvis circa Listwenischnoi ostrow / trans lacum Baikal inter Geum Al- / pinum folio subrotundo maximo, / flore specioso*[47] Бада́нъ[48] *Russorum oc- / currit, deperditum autem in via.*
964[g]	*Lichenoides gelatinosum*[h] *Juniperi flavi / cans. Mihi, post imbres Julio et Augusto / exsudantem vidi è Juniperis*[49] *circa la- / cum Baikal solvitur levi digestione*[i] */ in spiritu frumenti; quantum recordor / Celeb*[errimus] *Wedelius de huius virtute Lithon / thriptica*[50] *egit in programmate disser- / tationi*[j] *de Junipero praemisso*[k] *in Ger- / mania, pari modo in sabina*[51] *inveni / et inde collegi de que hac*[l] *Mülle- / rum*[m] *egisse memini in Systemate*[n52].
965[o].	*Lichenoides gelatinosum Aurantium cris- / pum e*[p] *Ribes*[q53] *folio olente exsudans, Con- / tingit hoc praesertim mense Maio / et instantis mortis et marcescentiae*

/157r/

	praestigium est; Ita et in huius ramis / iam deiectis et putrefactis similes / rugosae et crispae excrescentiae oc- / currunt, at sicciores multum et mi- / niacei coloris abunde observatur in / sylvis circa lacum Baikal
966[r].	*Lichenoides gelatinosum flavum alno- / rum deiectorum. Abunde occurrit / ad rivulos sylvarum Angaram et Bar- / gusinum subeuntes.*
967[s]	*Lichen petraeus cauliculo pileolum*[t] *susti- / nente C. B.*[54] *frequens primo vere in ex- / cavatis udis locis sub rupibus ad An- / garam.*
968[u]	*Lichen petalodes polymorphos. Lichen pet- / raeus stellatus C.B.*[55] *In*

---

[a] 961 *verbessert aus* 7 [b] vertice *verbessert aus* [.] [c] antecedenti *verbessert aus* t [d] 962 *verbessert aus* 7 [e] primo *verbessert aus* [.] [f] 963 *verbessert aus* 7 [g] 964 *verbessert aus* 72 [h] gelatinosum *verbessert aus* a [i] degestione [j] dissertationi *verbessert aus* e [k] praemisso *verbessert aus* a [l] *nach* hac *gestr.* et [m] Müllerum *verbessert aus* [.] [n] systemate *verbessert aus* i [o] 965 *verbessert aus* 7 [p] e *über der Zeile* [q] Ribes *verbessert aus* i [r] 966 *verbessert aus* 7 [s] 967 *verbessert aus* 7 [t] pileolum *verbessert aus* [.] [u] 968 *verbessert aus* 7

	udis et irriguis / pratis ad Irkutum et Angaram, ut et / ad rivos intra valles fluentes abundan- / tissime.
969[a].	*Lichen omnium minimus, foliolis scissis / super terram expansis*[56] *In locis udis / et inaequalibus. Russis* Кóчки[57] *di / ctis.*

/157v/

	Musci. *Muscorum curam ob nimios et cumulatos ae- / stivo tempore labores, talem, non ut de- / bui curam habere potui, supplementa / igitur Catalogi, quod ad muscos attinet / in posterum mittam, hinc solummodo / vulgatiores recensebo, ubiq⌈ue⌉ affatim / observatos.*
970[b]	*Hypnum repens trichodes terrestre luteo- / virens, vulgare maius capitulis erectis / Dill. Cat. spec⌈ies⌉* 1. *Muscus terrestris latiori- / bus foliis maior seu vulgaris Raii Hist. Squamosus major seu vulgaris Tourn. / I. R. H.*[58] *frequens in rupibus ad Angaram.*
971[c].	*Hypnum repens trichodes terrestre minimum / capitulis maiusculis, oblongis, erectis. Mus- / cus terrestris omnium minimus, capitu- / lis majusculis oblongis Raii.*[59] *Ubivis in / pratis uliginosis et hortis circa Irku- / tiam.*
972[d]	*Hypnum repens filicinum minus, luteo-vi- / rens. Muscus Filicinus minor, floridus / C. B.*[60] *Ubiq⌈ue⌉ in sylvis humilioribus*[61] *ad Uscha- / kowkam.*
973[e]	*Hypnum repens Filicinum pennatum. Muscus / vulgaris pennatus major C. B.*[62] *Cum priori occurrit praecipue ad fontes rivulorum.*
974[f].	*Polytrichum vulgare et majus, capsula quad- / rangulari. Polytrichum aureum medium*

/158r/

	C. B. Polytrichum Apuleij maius J. B.[63] / *Ubiq⌈ue⌉ in sylvis, capitula maturat Maio*
975[g]	*Polytrichum montanum et minus, capsula / quadrangulari Dillen.*[64] *In montosis ela- / tioribus locis ad arbores.*
976[h]	*Bryum erectis longis et acutis falcatis / capitulis, calyptra*[65] *subfusca, foliis ser- / pilli pellucidis Dill.*[66] *In sylvis ad arbo- / rum truncos.*
977[i]	*Bryum erectis falcatis capitulis, trichodes / foliis latiusculis*

[a] $_{9}6_{9}$ *verbessert aus* 7 [b] 97_{0} *verbessert aus* [.]8 [c] $_{9}7_{1}$ *verbessert aus* 8 [d] $_{9}7_{2}$ *verbessert aus* 8 [e] $_{9}73$ *verbessert aus* 8[.] [f] 974 *verbessert aus* 8[.] [g] $_{9}7_{5}$ *verbessert aus* 8 [h] $_{9}7_{6}$ *verbessert aus* 8 [i] $_{9}7_{7}$ *verbessert aus* 8

	extantibus[a] *in pilum / canescentem desinentibus Dill. p[agina]* 224. / *Muscus capillaris tectorum densis ces- / pitibus nascens, capitulis oblongis, fo- / liis in pilum oblongum desinentibus / Raii.*[67] *Ubiq[ue] pratorum tenui gramine / vestitorum, desertorumq[ue] basin constitu- / it, Crescit et in lignis putridis.*
978[b]	*Bryum erectis capitulis, trichodes foliis / latiusculis congestis, in pilum canes- / centem desinentibus Dill. Muscus ca- / pillaris minor capitulis erectis, vul- / gatissimus Raii.*[68] *Nihil frequentius / ad radices rupium ad Angaram et la- / cum Baikal.*
979[c]	*Bryum erectis capitulis trichodes, lanugi-*

/158v/

	nosum.[69] *In campis desertorum siccio- / ribus ubivis, inq[ue] rupibus.*
980[d]	*Bryum trichodes capitulis reflexis pedi- / culis, ima medietate rubris summa / luteo-virentibus Dill. Muscus capil- / laris, capitulo parvo reflexo, pediculo / ima medietate rubro, summa luteo / viridi Raii*[70] *Ubivis in hortis et cam- / pis circa Irkutiam. floret primo ve- / re*
981[e]	*Sphagnum cauliferum et ramosum palust- / re, molle candicans, reflexis ramulis / foliolis latioribus Dill. p[agina]* 229. *Muscus vul- / gatissimus C. B.*[71] *In sylvis udis et palu- / dosis frequentissimum. Russis in / Sibiria pari modo ac in Russia ad / obstruendas rimas domiciliorum ad- / hibetur.*
982[f]	*Sphagnum cauliferum et ramosum sa- / xatile hirsutum virescens, capitulis / obscure rubris Dill.*[72] *Inter saxa ad / fontes sylvarum Udarum*[g]
983[h].	*Selago aquatica foliis pellucidis triangu- / laribus acutis et complicatis cincta / Dill. cat. p[agina]* 230. *Fontalis minor lu- / cens.*[73] *In rivulis et ad fontes sylva-*

/159r/

	rum hyeme non congelascentes ad / Angaram et circa Tulun cum Nastur- / tio aquatico[74] *et Beccabunga*[75].
984[i]	*Selago rupestris quadrangula acuta, fo- / liis arcte sibi invicem incumbentibus*[76]. / *Provenit. Haec non dum descripta spe- / cies Abunde in rupibus circa lacum / Baikal inq[ue] rimis saxorum et sub sa- / xis solis radios non admittentibus / pariter ac species prior. semina in- / tra foliorum alas disposita gerit / Tab[ula] ... sistit huius figuram mag- / nitudine naturali*

[a] expanditur [b] $_{9}7_{8}$ *verbessert aus* 8 [c] $_{9}7_{9}$ *verbessert aus* 8 [d] $_{9}8_{0}$ *verbessert aus* 9 [e] $_{9}8_{1}$ *verbessert aus* 9 [f] $_{9}8_{2}$ *verbessert aus* 9 [g] $_{\text{Uda}}$rum *verbessert aus* m [h] $_{9}8_{3}$ *verbessert aus* 9 [i] $_{9}8_{4}$ *verbessert aus* 9

985[a][77].	*Selago Thuiae[b] facie[78] non dum descripta. / Abunde in rupibus udis et muscosis / Septentrionem spectantibus. In hac equi- / dem semina manifeste videre non li- / cuit, interim hoc certum neq[ue] capitula / neq[ue] clavas proferre, et ob id, quod se- / lagines mane floreant et semen per- / ficiant, et aliquoties in manibus pul- / verulenti quid reliquerant, huc referre / volui, donec ulterjus[c] inquirendi occa- / sionem, et quidem primo vere, ut spero, / nanciscar. Tab[ula] ... sistit iconem huius / plantae magnitudine naturali.*
986[d].	*Lycopodium officinarum et Tabern. Icon. Muscus / squamosus vulgaris repens a Trago pictus*

/159v/

	I. B. Muscus terrestris clavatus C. B. / P.[79] *Abunde in sylvis circa Irkutiam et / lacum Baikal.*[80]
987[e]	*Lycopodium alterum foliis juniperinis re- / flexis, clavis singularibus sine pedicu- / lis nudis Ruppii flor. Jen. p[agina]* 281. *Mus- / cus squamosus foliis juniperinis / reflexis Tourn.*[81] *Abunde in pinetis hu- / midioribus circa Irkutiam et lacum / Baikal.*
988[f].	*Lycopodium Sabinae facie*[82]. *Muscus terrest- / ris ramosus pulcher J. B.*[83] *et Chabraei*[84] */ Sabina sylvestris Tragi et Matth[ioli]*[85] *Abunde / in sylvis circa Irkutiam et lacum Bai- / kal imo omnes tres species a Petro- / poli hucusq[ue] ubivis in itinere observatae*
989[g]	*Lycopodium Sabinae facie, humilius, clavis / brevioribus minus ramosum, plures cau- / les emittens*[86]. *Observatum in rupibus* 10 */ stadia à Bargusinensi munimento ad / Bannoi rivi fontes, mihi diversa omni- / no species a priori videtur.* 1. *quod nun- / quam duos sesqui-pollices altitudine su- / peret.* 2.) *quod ex uno loco plures den- / se positos caules emittit*[h] *minus ac / prioris speciei ramosos.* 3.) *clavae licet / aequae crassae brevissimae tamen sint.*

/160r/

sequuntur fungi.
Pileati [et] pediculo donati lamellati
esculenti Amanitae Dill. p[agina] 177.[87]

990[i]	*Amanita campestris alba superne, inferne / rubens Dill. l[oco] c[itato]*

---

[a] 985 *verbessert aus* 9 [b] Thuiae *verbessert aus* [.] [c] ulterjus *verbessert aus* u [d] 986 *verbessert aus* 9 [e] 987 *verbessert aus* 9 [f] 988 *verbessert aus* 9 [g] 989 *verbessert aus* 9 [h] emittit *verbessert aus* a [i] 990 *verbessert aus* 10

	sp[ecies] 1. *fungus campestris / albus*[a], *superne, inferne rubens J. B.*[88] *Cham / pignon Gallis Irkutiae delicatioribus sub / hoc etymo*[89] *notus hic locorum juri car- / nis pingui immergere*[b], *mica panis / albi aspergere, lente in craticula*[c] *assa- / re, ac cum succo limonum comedere / Ostreasq[ue] Sibiricas appellare solent, ita / et artem callent e reiectaneis fungo- / rum per noctem aqua*[d] *maceratis, / areolis. hortorum jnspersis novos*[e] *subi- / to producere. Plebeiis*[f] *hic fungus con- / temnitur ac paganus censetur.*
991[g].	*Amanita Divi Georgij Dill. l[oco] c[itato] sp[ecies]* 3. *fungi / D[ivi] Georg[ii] Sterb. p[agina]* 31. *T[abula]* 1. *Fungus orbicu- / laris exalbidus pratensis C. B.* 370 *n[umer]o* 4.[90] */ mense Aug[usto] in sylvis rarioribus et purio- / ribus*
992[h]	*Amanita Kremlinga pileolo rubro aut rubo- / re saltim asperso Dill. l[oco] c[itato] sp[ecies]* 4. *fungi / ruffescentes sylvarum esculenti J. B.* 3. 829.[91] */ Aug[usto] mense occurrit cum praecedenti iisdem / locis Russis dicitur* Сыроега[92] *eo quod crudus / comedi potest, et certe crude comestus*

/160v/

	sapidissimus, sub masticatione linguae / Amygdalarum[i] *dulcedinem jmprimens, / penitus autem saliva resolutus piperis / non ingrato fervore eam*[j] *mitissime fe- / rit. Huius notae sunt.* 1. *rubor pulcherrimus, qualis contritarum / oxycocci baccarum aut rosarum esse / solet, modo intensior, modo dilutior, pi- / leoli supinam superficiem modo to- / tam modo ex parte occupans, ita ta- / men, ut albus color nunquam penitus / evanescat.* 2. *pulpa consistens, pauca candida in / perpendiculo ad pediculum unam pol- / licis tertiam crassa, crude comesta sa- / pidissima*[k] *dulcis cum quodam fervore* 3. *Lamellae, qua sibi invicem accum- / bunt, albae, qua foras spectant et in / conspectum veniunt flavicantes non- / nihil.* 4. *Pileolus ut plurimum exacte rotundus /* 2 *pollices raro diametro superans / glaber, marcescens*[l] *non putrescens, / pediculus sesqui raro duos pollices / altus teres, candidus, glaber, rectus.*
993[m].	*Amanita lateritii coloris, croceo succo / turgens* Rodling oder Reitzker

---

[a] albus *verbessert aus* io [b] immergere *verbessert aus* [.] [c] craticula *verbessert aus* ss [d] aqua *verbessert aus* ae [e] novos *verbessert aus* novo [f] Plebeiis *verbessert aus* [.] [g] 991 *verbessert aus* 1 [h] 992 *verbessert aus* 1 [i] Amygdalarum *über der Zeile* [j] eam *verbessert aus* [.] [k] sapidissima *verbessert aus* saepissime; sapidissima *über der Zeile* [l] marcescens *verbessert aus* i [m] 993 *verbessert aus* 1

	Catal / Altorff et Dill. l⌈oco⌉ c⌈itato⌉ p⌈agina⌉ 179.[93] *Russis audit /* Рыжикъ[94]. *Recens parum comeditur,*

/161r/

	licet assatus sapidissimus, sed sale conditus velut / iejunantium solatium asservatur. Augusto / mense frequens in raris planis et puris / pinastretis. Notae ejus sunt sequentes 1. *Pileus diversae licet magnitudinis, semper / tamen umbilicatus et concavus, orae ar- / cuatae et deorsum levissimè flexae.* 2. *Color lateritius modo intensior, modo re- / missior, in ipso acetabulo tamen seu um- / bilici cavitate*[a] *semper validior.* 3. *Gyri circulares interrupti interdum in su- / pina superficie conspicui, obliterantur / quidem in adultioribus ob superficiem / rugas contrahentem et lutescentem.* 4. *Pediculus, qui licet modo brevior, modo / longior, modo rectus modo obliquus, mo- / do uncinatus et incurvus, modo cent- / rum fungi pertundens modo unam / tertiam acentro*[95] *remotus pileolum / traiicit; Dimidia parte semper solidus / dimidia fistulosus est ac horizontali- / ter dissectus croceus ad oras aut / aurantii potius coloris, qualis et pul- / pae color ad lamellarum insertionem / esse solet.* 5. *lamellae qua se contingunt parte pallidi / carnei coloris sunt intus cavae, horizonta- / liter dissectae succum croceum largius / ac reliquae partes omnes fundunt lamellae / hae in senioribus et corruptioni proximis*

/161v/

	virides evadunt, crudae comestae gra- / tissimae amarae sunt, pulpa contra / pileoli minus et ferme dulcis est.
994[b]	*Amanita pileolo orbiculari seu sublongo / albido splendente, lateritio parum asperse / colore, lamellis ceram albam referenti- / bus pediculo versus basin angustato.*[96] */ Occurrebat d⌈ie⌉* 19. *Aug⌈usti⌉* 1739 *in pinast- / reto supra munimentum Bargusinen- / se. Pileolus orbicularis, in aliis lenti- / cularis, in aliis sublongus, orae deorsum / modice flexae, pediculus in totam pro- / nae*[97] *superficiem diffusus, intus cum / pulpa pileoli, cum qua unum continuum / constituit, candidissimus, tenax, lamellae / rigidae aequaliter a se invicem distantes / cerae albae colore, pediculi color idem, / qui pilei, comestus insipidus, ob id nec Rus- / sis in esum et notitiam venit quamvis / inopia*

---

[a] $_{\text{cavi}}$t$_{\text{ate}}$ *verbessert aus* c [b] 9$_{94}$ *verbessert aus* 1

995[a].	*Amanita major rubescens aut subfulva / pediculo brevi, lamellis crebris alben- / tibus Clar⌈issimi⌉ Dill⌈enii⌉ noxiorum sp⌈ecies⌉* 8 *p⌈agina⌉* 181. / *Fungus major pediculo brevi crasso Ra- / ij Hist.* 95.[98] *Cel⌈eberrimus⌉ Rajus amanitam hanc / sub quercu invenisse prodit, quam ego / in pineto montoso circa Bargusinense / munimentum d⌈ie⌉* 19 *Aug⌈usti⌉ copiosissimam / reperi ac sequentes pro diversa aeta / tis ratione differentias observavi*

/162r/

	Pileolus huius Amanitae in diametro 4 *digitos / latus, planus, parum à sphaerica figura defi- / ciens, orae nonnihil contortae in quibusdam. / Color fundamentalis albus est, huic albo / laete rubens, leviter superinductus, aeta- / te haec rubedo in fulvum transit colorem, / qui ante marcorem in superficie*[b] *corru- / gata spadiceus evadit, ita et in senio- / ribus cutis finditur et ad oras radi- / osa cernitur. Pulpa intus crassa, tenax / minus succulenta, candidissima, lamellae / qua sibi invicem accumbunt cerae albae / colore, qua deorsum spectant in recens / natis candidae, in mediae aetatis ex albo / dilutissime lutescentes, integrae, firmae / latae, ad pediculi insertionem veluti cultro / quaquaversum abscissae, ante marco- / tem obsolete lutescunt. Pediculus bulbo- / sus, teres, jn diametro pollicem unum cras- / sus, et longus jn junioribus ex albo suave- / rubens, in adultioribus lateritius* $^{2}/_{10}$ *pollicis / antequam pileolum intrat, omnino candi- / dus.*
996[c].	*Amanita priori per omnia similis, pediculo / curvo graciliori et longiori*[99]*, pediculus duplo / longior ac in praecedenti, reliqua omnia ex- / acte conveniunt, ita et eodem*[d] *loco, tempore*

/162v/

	pariq⌈ue⌉ copia obvenit ambo nihil crudae / sapiunt, sed putragilosum quiddam lin- / guae communicavit[e].
997[f]	*Amanita noxia, pileolo inaequali, glabro, una / cum pediculo rubro lamellis spadiceis*[100] */ occurrebat in pinastreto circa Bargusi- / num d⌈ie⌉* 22 *Aug⌈usti⌉* 1739 *Huius notae qui- / bus ab aliis distinguitur sunt sequentes* 1. *Pileus nunquam exactae sphaericae figurae / sed modo lenticularis, modo sinuosus, mo- / do reniformis, modo ab uno latere ad pe- / diculum usq⌈ue⌉ emarginatus*

---

[a] 9_{95} *verbessert aus* 1 [b] $_{\text{superfic}}\text{e}$ *verbessert aus* ei [c] 9_{96} *verbessert aus* 1 [d] $_{\text{eo}}\text{d}_{\text{em}}$ *verbessert aus* [.] [e] $_{\text{communic}}\text{a}_{\text{vit}}$ *verbessert aus* [.] [f] 9_{97} *verbessert aus* 1

	2. *Orae semper deorsum flexae, nunquam / planae.* 3. *Pulpa multa consistens flavescens.* 4. *Pediculus rubens, semper flexuosus, per / totam superficiem pronam diffusus ar- / cus more.* 5 *Lamellae quaquaversum circa pediculum / ortae ac sursum flexae, qua sibi in- / vicem accumbunt, ombriae colore im- / butae, qua deorsum spectant fusci ru- / boris umbram spargentes, in quibusdam / supina superficies in circulum fissa, / quod ante marcorem omnibus accidere / observavi.*
998[a].	*Amanita <major,> ex livido albicans, ubiq⌈ue⌉ pediculo / longo Clar⌈issimi⌉ Dill. cat. p⌈agina⌉* 183.[101] *Huius pile- / us exacte sphaericus multum convexius,*

/163r/

	ad oras deorsum flexas[102] *striatus / vel pulchre potius et leviter pecti- / natus superne e livido cum splendo- / re albicans in diametro* 2½ *pollicem / latus*[b], *pulpa intus pauca, ad pediculi / insertionem* ²/₁₀ *poll⌈icis⌉ circiter crassa, ni- / ve candidiori farctus. Lamellae, qua / sibi invicem accumbunt, candidae, / qua deorsum spectant albae, caulis / exacte teres, albidus, ad insertionem non- / nihil striatus* 4 *pollices longus, infe- / rius clavae in modum tumidus ac / bulbosus, insertionem versus sensim / sed parum gracilior, intus candidissima / medulla farctus, quae pediculo perpen- / diculariter dissecto facile a corticali / externa substantia separatur, ad betulas / putredine in pulverem fatiscentes*[c]. *Occur- / rebat d⌈ie⌉* 22 *Aug⌈usti⌉ circa Bargusinense / munimentum.*
999[d]	*Amanita ex livido albicans, plana, in medio / turbinata, ad oras striata, lamellis albis, / pediculo longo*[103] *exacte coincidit cum prio- / ri. Differt, quod pileolus planus, color / huius Amanitae in serico vocatur* aschen[e] / silberfarb. *Eodem loco et tempore oc-*

/163v/

	currebat cum praecedenti.
1000[f]	*Amanita ex livido albicans, oris intus conver- / sis Dill. l⌈oco⌉* <citato p.> 182. *fungus latus, orbicularis, / cineraceus, perniciosus Sterb.* 195. *T⌈abula⌉* 19. *la- / tus orbicularis oris intro* [sic!] *conversis C. B. / P.* 373.[104] *In deserto Kunkurkinensi mar- / cori proximum inveni d⌈ie⌉* 19

---

[a] 9_{98} *verbessert aus* 1 [b] $_{\text{latu}}$S *verbessert aus* [.] [c] $_{\text{fati}}$S$_{\text{centes}}$ *verbessert aus* [.] [d] 9_{99} *verbessert aus* 1
[e] *über der Zeile in anderer Handschrift* aschen [f] $_{10}0_{0}$ *verbessert aus* 1

	Augusti. / Orae e castaneo nigrescebant. Lamellae / tabidae et spadiceae erant. Pediculus / 4 pollices longus, contortus, teres, albidus.
1001[a]	*Amanita seu fungus piperatus, albus, lacteo / succo turgens C. B. P.*[105] *Huius jconem de- / dit Buxb. Cent. IV. Tab⌈ula⌉ XVII. fig⌈ura⌉* 2 *et de- / scriptionem mancam p⌈agina⌉* 11.[106] *Diameter pi- / leoli est* 2½ *poll⌈icem⌉ affatim collectus in / montoso pinastreto ad Bargusinum d⌈ie⌉ /* 22 *Aug⌈usti⌉ Capitulum huius minus circina- / tum, orae intro-flexae, pileus in medio / concavus seu umbilicatus, color supina / parte carneus, in minoribus autem albus, / pulpa ad pediculi insertionem candida, / acris, piperis sapore. Lamellae in recens / natis albae, in adultioribus flavescentes. / Pediculus vix pollicem superat, piperis / sapor lamellis magis quam pulpae pro- / prius, quod an in reliquis piperatis, similiter*[b] *con- / tingat*[c107] *experiundum. Lamellae horizon-*

/164r/

	taliter discissae lac fundunt, ita et om- / nes fungi, quos lac fundere autores af- / firmant. hoc solummodo lamellis non / pulpa praestant. Russis audit волвя́нка[108] *Sale conditus crudus comeditur.*
1002[d]	*Amanita piperata, lamellis candidissimis / mihi*[109] *ut priorem externa figura exac- / te refert, ita saporis jucunditate*[e] *cruda / commesta*[110] *illam multis parasangis*[111] */ antecellit, profundius umbilicatus eti- / am, quam antecedens. Occurrebat d⌈ie⌉* 21. */ Augusti. In Pinastreto circa munimen- / tum Bargusinense*
1003[f].	*Amanita piperata semicircularis, altero / pilei haemisphaerio deficiente*[112]. *Mihi / prioris varietas, contingens ab obstacu- / lo externo ligno vel lapide alteram par- / tem non emittente.*
1004[g]	*Amanita sicca lignosa, umbilicata, orbicula- / ris sordide margae instar albescens, lamel- / lis lutescentibus, pediculo brevi.*[113] *Occurre- / bat sub finem Julii in Listwienisch- / noje ostrow insula trans lacum in salice / dejecta. Huius siccum exemplar mittitur.*
1005[h].	*Amanita arborea, flava, ceu crocea, orbicula- / ris, lamellis citrinis*[114], *nulli autorum*[i] *descri- / pta. Amanita haec juxta Agaricum è salice*

/164v/

	prodibat. Pileus orbicularis erat, cro / cei coloris, pulpa intus ex albo flavi- / cante farctus, quae ad pediculi inser- / tionem $^{4}/_{10}$ *pollicis*

---

[a] $_{1}0_{01}$ *verbessert aus* 1 [b] similiter *über der Zeile* [c] $_{\text{conting}}a_{t}$ *verbessert aus* i [d] $_{10}02$ *verbessert aus* [..] [e] $_{j}u_{\text{cunditate}}$ *verbessert aus* [.] [f] $_{10}03$ *verbessert aus* [..] [g] $_{10}04$ *verbessert aus* [..] [h] $_{10}0_{5}$ *verbessert aus* [.] [i] $_{a}u_{\text{torum}}$ *verbessert aus* [.]

	*crassa erat, pileoli / diameter* $1^{6}/_{10}$ *poll[ices] Lamellae citrini co- / loris. Pediculus uncialis pileolum sus- / tentans, inq[ue] arbore haerens, figuram / exprimebat candelabri trochlea*[115] *ad pa- / rietes firmari soliti*[a]*. a.) substantiae / erat firmae, tenacis, alius cum priori / in eadem caudice haerens, ea parte qua / arborem attingebat fissus erat ad pe- / diculum usq[ue], adeoq[ue] reniformis. Occur- / rebat in sylva circa Bargusinense mu- / nimentum.*
1006[b]	*Amanita infundibulum referens, superne spadi- / cea, lamellis fuscis*[116] *mihi occurrebat. d[ie] / 22. Aug[usti] In Pinastreto circa munimen- / tum Bargusinense; Pediculo nititur pol- / licari calami Olorini crassitje*[c] *figuram / S latinorum exprimente. Lamellae quaqua- / versum ad pediculum jnq[ue]*[d] *pediculo ipso / oriuntur et arcuato ductu*[e] *ad pileoli in*[f] */ fundibuliformis oras inflexas pertingunt. / Pileolus 1½ poll[ices] in diametro latus, parum / infundibuli in modum concavus, pulpa*

/165r/

	intus cum laevi[g] *purpurascentia alba, fe- / re ad carneum colorem accedente, senio- / rum lamellae ferme nigrae; Non comedi- / tur haec Amanita.*
1007[h]	*Amanita pileo ex livido fusco lamellis ma- / gis albicantibus Dill. l[oco] c[itato] p[agina]* 183[117] *reper- / ta d[ie]* 22 *Aug[usti] ad radices rupis in vi- / cinia Bannoi rivi prope munimentum*[118]*. / Pediculo surgit biunciali tereti, calami O- / lorini crassitie albo, glabro, recto, pileus / orbicularis leviter umbilicatus* 2 *poll[ices] / in diametro latus, superficie repanda mu- / rini coloris, intus candidus, siccus, fragilis, / lamellae albae tenues, creberrime pulpo- / sae substantiae per parum continet.*
1008[i].	*Amanita candida, tenera, fragilis, lamellis sordide / albis.*[119] *Mihi pileolus pectinatus leviter candidis- / simus, orbicularis 1½ poll[ices] in diametro latus, / lamellae linteamen madefactum colore refe- / runt. Pediculus pollicaris, calami Olorini cras- / sitie, tenerrimus, fragilis, ob id quod pulpam / fere omnino nullam intus fovet ad Ban- / noi rivum occurrebat d[ie]* 21. *Aug[usti]*
1009[j]	*Amanita pileolo oblongo, leviter turbinato rubro, / oris deorsum flexis.*[120] *Occurrebat in pineto / circa Bargusin d[ie]* 21 *Aug[usti] Pileolus oblongus*

---

[a] soliti *verbessert aus* e [b] 1006 *verbessert aus* 1 [c] crassitje *verbessert aus* crassite [d] jnque *verbessert aus* [..] [e] ductu *verbessert aus* [.] [f] in *verbessert aus* s [g] laevi *verbessert aus* levi [h] 1007 *verbessert aus* 1 [i] 1008 *verbessert aus* [...] [j] 1009 *verbessert aus* [.]

/165v/

	in medio laevissime turbinatus, Alkanae[121] */ more rubens, pediculus litui*[122] *instar cur- / vus striatus, ut pileolus rubens 2½ pol- / licem longus, per totam superficiem / prone diffusus, lamellae quaquaversum / in caule et ad caulem oriuntur*
1010[a]	*Amanita pileo minus rotundo aut circulari / superne ingratius fusco, inferne ex albo, / fusco seu sublivido Clar⌈issimi⌉ Dill. Cat.*[123] *Occur- / rebat in pinastreto circa Bargusinum / d⌈ie⌉* 20 *Aug⌈usti⌉ Pediculo nititur calami Olori- / ni crassitie, tereti, ex albo leviter lutes- / cente, sesquipollices longo, pileolus coni- / cus deorsum flexus, inaequalis, color in / aliquibus, qualis Boleti vulgaris. Pulpa / ad pediculum unam lineam crassa, alba, / lamellae ex albo fucescunt.*
1011[b].	*Amanita huic affinis, superne è spadiceo / fusca, turbinata, lamellis, qua sibi in- / vicem accumbunt, candidis, qua deorsum / spectant, lutescentibus*[124] *pediculus* 1½ *poll⌈icem⌉ / longus, digiti auricularis crassitie. Pulpa / intus candidissima, pediculus per totam / inferne superficiem diffusus. Pileolus or- / bicularis* 2½[125] *poll⌈ices⌉ in diametro latus, jn / aliis lenticularis*[c].

/166r/

1012[d].	*Amanita muscaria, miniata Dill. sp⌈ecies⌉* 3. *noxi- / orum Fungus muscarius miniatus Sterb.*[126] */ Copiosissimus in salicetis et sylvis circa / Irkutiam et lacum Baikal inveni, quo- / rum pileorum diameter* 7. 8. *digitos ae- / quaret, verrucosus ut plurimum, areo- / lisq⌈ue⌉ albis aut ochroleucis distinctus / occurrit.*
1013[e].	*Amanita muscaria turbinata, miniata Dill. / l⌈oco⌉ c⌈itato⌉ spec⌈ies⌉* 4.[127] [?] *Occurrit cum priori pari / ferme copia initio Aug⌈usti⌉*
1014[f].	*Amanita Muscaria plana ochroleuca Au- / toribus*[g] *non descripta circa Listwenisch- / noi insulam lacus Baikal aliquoties oc- / currebat; forma ⌈et⌉ magnitudine Ama- / nitam muscariam miniatam*[128] *ex asse / refert, colore solummodo differt. In- / super*[h] *verrucis ac areolis albicantibus / magis distinguitur. Russis omnes hae / tres species audiunt* Мухомóръ.[129]
1015[i].	*Amanita magna castanei coloris Dill. l⌈oco⌉ c⌈itato⌉*[130] */ Occurrit in pinastreto ad radices rupium / è regione Bargusinensis munimenti / circa medium Augusti, ponderosa ad- / modum, pediculo nititur albo, tereti crasso, / bulboso, non nihil flavicante* 2½ *unciam*

[a] $_{10}1_{0}$ *verbessert aus* 2 [b] $_{1}0_{11}$ *verbessert aus* 2 [c] $_{\text{lenticula}}\text{r}_{\text{is}}$ *verbessert aus* [.] [d] $_{10}1_{2}$ *verbessert aus* 2
[e] $_{10}13$ *verbessert aus* 2[.] [f] $_{10}14$ *verbessert aus* 2[.] [g] $_{\text{A}}\text{u}_{\text{toribus}}$ *verbessert aus* [.] [h] $_{\text{I}}\text{n}_{\text{super}}$ *verbessert aus* [.]
[i] $_{10}1_{5}$ *verbessert aus* 2

/166v/

	longo 1½ *pollicem in diametro lato, / intus albo et materia tenaci ad Agari- / ci ferme substantiam accedente con- / flato. Pileus orbicularis, amplus con- / vexus Boleti*[131] *figura* 4 *digitos circi- / ter in diametro latus, unum in ipso / centro crassus, corio obductus spadiceo / aspero, et ob corii fissuras creberri- / mas veluti squamatus, pulpa intus can- / dida, tenax, dura, lamellae qua se mu- / tuo lateraliter contingunt, albidae, qua / deorsum spectant dilute flavae. Rus- / si nulla peculiari nisi pagani nomen- / clatura*[a] *illum distinguunt, etiamsi au- / tem nulla noxa infamis esset, attamen / ob duram substantiam culinae Strata- / gematibus non facile morem geret aut / palato*[b] *arridebit*[c].

Amanitae fasciculosae.

1016[d]	*Amanita fasciculosa, lutea, dumetorum Dill. / l[oco] c[itato] Nodi aurei Sterb.* 223. [sic!] *fungus per- / niciosus ex eodem pede multiplex Tour. / I. R. H.* 560[132] *Occurrit ad radices pino- / rum deiectorum* 20 *Aug[usti] circa Bargusinen- / se munimentum quinque ex uno pede, at,*

/167r/

	statim ad horizontem divaricatis pe- / diculis prodibant, et quidem diver- / sae magnitudinis, pilei superne lu- / tei erant, valdè fissi, oblique pediculis / insidebant. Pulpa intus per pauca cit- / rini coloris, unam saltim lineam in / medio ad pediculum crassa, lamellae / spadiceae, in novellis flavae, pediculi / 1½ *pollicem ut plurimum longi fere / digiti auricularis crassitie lutescentes, / in medio ventricosi, striati vel sulcati / potius Russis audit* Сабáчьи Грибы[133]. *Nomen vero hoc magis genericum quam / specificum est.*
1017[e].	*Amanita fasciculosa, priori per omnia / similis.*[134] *Differt pediculo exacte tereti / non ventricoso, superius crassiori et / paulatim tenujori. Lamellae huius om- / briam colore referunt. Occurrit Augusto / in pinastretis.*
1018[f].	*Amanita fasciculosa sphaerica, pectinata, / supine lutescens, inferne lateritii colo- / ris, lamellis rarioribus et longe distan- / tibus mihi. An Amanita fasciculosa / ex luteo et* [sic!] *fusco rufa, radicibus arborum / adnascens* [sic!] *Dill. flor[ae] Jen[ensis]*[135] *p[agina]* 186. *fungus*

---

[a] nomenclatura *verbessert aus* e [b] palato *über der Zeile* [c] *vor* arridebit *gestr.* petalo [d] 1016 *verbessert aus* 2[.] [e] 1017 *verbessert aus* 2[.] [f] 1018 *verbessert aus* 2[.]

/167v/

	truncis humi iacentibus innatus, plu- / ribus ex uno pede prodeuntibus C. B. P. / 374.[136] *fungum hunc in alno putrida / dejecta inveni d⌈ie⌉* 17. *Aug⌈usti⌉ In sylva ad ra- / dices rupium è regione munimenti Bar- / gusinensis. Tres ex uno pede enati erant, / ita tamen, ut statim ad horizontem / in ramos se*[a] *diffunderentur*[b] *ac super terram / unusquisq⌈ue⌉ proprio suo niteretur pedi- / culo, quorum medius erectus stabat, re- / liqui duo utrinq⌈ue⌉ ad latera inclinabant, / extimorum pediculi sesqui uncias longi e- / rant, teretes, colore ex albo in rufum in- / clinantes intus fistulosi, calami colum- / bini crassitie, medius calami anserini cras- / sitie, tantillum brevior; Pilei extimorum / orbiculares, superne lutescentes pectun- / culi*[137] *instar ad oras imbricati erant, ac / ob tenuem mollemq⌈ue⌉ substantiam scissi, me- / dii pileolus lateralibus vix non altero tanto / latior,* 2 *uncias in diametro aequans, oris / sursum flexis, forma porcellanae seu Con- / chae Venerae*[138]. *Lamellae subtus lateritii co- / loris tenuissimae, lacerae, longe a se invi- / cem distantes. Nidum haec amanita con- / debat insecto tenello vix conspicuo sub*

/168r/

	Microscopio pediculi forma se offeren- / tis at celerrimi motus.
1019[c]	*Amanita fasciculosa, viscida, arborea, mollis / alba Dill. p⌈agina⌉* 186. *Fungi albi lucentes / ex uno principio plures ex radicibus / arborum J. B.* 3. 835[d] [139]. *Observata è radici- / bus Betulae*[e] *enascens d⌈ie⌉* 22. *Aug⌈usti⌉ circa / Bargusinum. Quinque ex una basi ortae, / diffusae dein singulae pediculis suis cur- / vis teretibus ventricosis, candidis* 2 *vel /* 2½ *unciam longis fulciebantur. Mediae / pediculus latiusculus, teres, lateralibus tri- / plo crassior, ita et pileus reliquis triplo / latior. singuli pediculi intus candidissimi, / tenaces, per totam pileoli*[f] *superficiem / pronam diffusi adeoq⌈ue⌉ unum cum pileolo / constituentes continuum. Pileoli superne / paulatim turbinati, superficie et oris in- / aequalibus oblongi, irregularis figurae / supine albi, turbinem versus dilutissime / lutescunt. Pulpa in majoribus in perpendi- / culo ad pediculum* 2 *lineas, in*[g] *minoribus / unam saltim crassa. Lamellae linteami- / nis madefacti instar albae*
1020[h]	*Amanita fasciculosa, arborea, durior, alba, pe- / diculis uncialibus, pileolis figurae et ma- / gnitudinis variae.*[140] *Mihi Obvenit Bar- / gusini d⌈ie⌉* 22 *Augusti XII ex uno centro*

[a] se *über der Zeile* [b] diffunderentur *unter der Zeile* [c] 1019 *verbessert aus* 2[.] [d] 385 [e] Betulae *verbessert aus* [.] [f] pileoli *verbessert aus* pileolis [g] in *verbessert aus* [.] [h] 1020 *verbessert aus* 3

/168v/

	prodibant, maiores, minores et mini- / mae, majorum pileorum diameter / pollicem non superabat, minimorum / pileolus vix obulum Bambergen- / sem[141]. *Pileoli pediculi teretes, et lamel- / lae*[a] *albae*[b] *erant et duriorjs*[c] *consis- / tentiae, pediculi sibi invicem varie / implexi, unam cum pileolis sibi in- / vicem jncumbentibus, testudinem ef- / formabant antiquam Romanam.*

Amanitae minimae noxiae.

1021[d]	*Amanita minima*[e] *alba; leviter tur- / binata, lamellis ad pediculum ortis al- / bis. Pediculus sex lineas longus, calami / columbini crassitie. Pileoli*[f] *orbiculares, / leviter turbinati, diameter* 6 *lineae / lamellae ad ipsum*[g] *pediculum ortae / candidae. Obvenit in Betuletis circa / finem Augusti, forte haec est Amani- / ta parva, viscida alba Dill. Raii et / Tourn. I. R. H.*[142]
1022[h].	*Amanita parva lutea Dill. et C. B. P.*[?][143] *Ob- / venit cum priori. Pediculus uncialis, / teres, albidus, litui*[144] *in modum curva- / tus, columbini calami crassitie*

/169r/

1023[i]	*Amanita fasciculosa, parva, pileolo plano, / turbinato, luteo, lamellis fuscis*[145], *In pine- / tis Augusto Ubiq[ue] occurrit. Pileoli dia- / meter* 8 *lineae, pediculi teretis, erecti / altitudo uncialis.*
1024[j].	*Amanita fasciculosa, turbinata minima, Prae- / cedenti minor multum, et tenerior.*[146] *In / Pinetis occurrit sub finem Augusti.*
1025[k]	*Amanita capitulo conico, luteo, parvo, la- / mellis fuscis.*[147] *Occurrit cum praeceden- / ti eodem loco et tempore.*
1026[l]	*Amanita orbicularis laevis, coloris obscuri- / us albi, lamellis castanei coloris Dill. / l[oco] c[itato] p[agina]* 185.[148] *Huius pilei diameter ma- / ximus* 3, *in plurimis* 2 *solummodo un- / cias aequat, pediculus S latinorum more / flexuosus, collectus d[ie]* 29. *Aug[usti] circa Bar- / gusinum.*

---

[a] lamellae *verbessert aus* lamellaea [b] albae *verbessert aus* a [c] duriorjs *verbessert aus* [.] [d] 1021 *verbessert aus* 3 [e] *nach* minima *in eckigen Klammern (Kennzeichnung des Schreibers Aleksej Gorlanov für Streichung)* noxia [f] Pileoli *verbessert aus* [.] [g] ipsum *verbessert aus* [.] [h] 1022 *verbessert aus* 3 [i] 1023 *verbessert aus* 3 [j] 1024 *verbessert aus* 3 [k] 1025 *verbessert aus* 3 [l] 1026 *verbessert aus* 3

Sequuntur fungi lamellis carentes, 1. *Aculeis subtus donati seu villosi.*

1027[a].	*Erinaceus coloris pallide lutei Clar[issimi] Dill[enii] / Flor[ae] ...*[149] *p[agina]* 188. *Fungus pulvinatus / buxei fere coloris, volam manus exae- / quans, inferne multis appendiculis lin- / guae vitulin<a>e instar exasperatus, nullo*

/169v/

	succo turgens. Fl. alt.[150] *In pineto monto- / so ad fontes calidos Bargusini fluvii* 3 */ stadia infra munimentum: Prolixiori de- / scriptione non indiget quam Titulus fl. / alt involvit*[b]; *siquidem cuivis cui so- / lum nomen*[c] *notum primo intuitu / notus erit, hoc saltem addere debeo. / Nunquam illum orbicularis aut unius / ejusdem figurae esse, sed semper oblon- / gum, oris et superficie varie inaequa- / libus, quod plusquam in centenis a- / nimadverti, quidam superius fissi / et veluti characteribus incisis insig- / niti, superne pallidè lutescit, inferne / villi in quibusdam albescunt, in plu- / rimis cinerascunt, in paucioribus lutescunt, / in marcori proximis fucescunt, quod / non species diversas, verum aetatem / diversam potius arguit. Pulpa intus / siccissima, candida, solida, durior, Comes- / tus primo veluti insipidus, nullum / distinctum linguae jmprimit sapo- / rem, saliva autem valde dilutus cum / levi et grato amarore dulcis depre- / henditur. Pediculus nunquam pileoli*

/170r/

	medium pertundit, sed ita locatur, / ut ante se et ad latera tres pileoli di- / ametri quartas, unam modo post / se habeat. Pediculus pollicem longus, / digitum annularem crassitie aequat, / teres, inaequalis, in aliis cum fuscedi- / ne albens, in aliis levem purpuram / aspersam habens.
1028[d]	*Erinaceus coloris pallide lutei, semicircula- / ris*[151], *prioris saltim rara et curiosa va- / rietas obveniebat. Aliquoties cum pri- / ori.*
1029[e]	*Erinaceus lignosus Agarici substantia.*[152] *fun- / gum hunc curiosum in seminum cista*[f] */ repositum mitto. Superficies valde gib- / bosa et sinuosa multis villis hirta*[g], *per / huius pileolum pulsatilla Anemones / folio*[153] *penetrarat, inq[ue] meditullio pile- / oli florens deprehendebatur; Inveni / d[ie]* 15. *Aug[usti] in rupe circa Bargusinum.*

[a] $_{10}2_{7}$ *verbessert aus* 3 [b] $_{i}$n$_{volvit}$ *verbessert aus* [.] [c] n$_{omen}$ *verbessert aus* [.] [d] $_{10}2_{8}$ *verbessert aus* 3
[e] $_{10}2_{9}$ *verbessert aus* 3 [f] $_{cista}$ *verbessert aus* $_{cista}$m [g] h$_{irta}$ *verbessert aus* [.]

Fungi scrobiculis excavati
Morchellae dicti

1030	*Morchella seu Boletus rugosus albicans, / quasi fuligine infestus Tour. I. R. H.*

/170v/

	species 1. *Fungus porosus, rugosus, albi- / cans quasi fuligine infestus C. B. P. / Primi generis esculentorum fungo- / rum spec[ies]* 1. *Clusii*[154] *abunde in sylvis / circa Irkutiam Junio Russis di- / cuntur* Сморчки́[155].
1031.	*Morchella seu Boletus esculentus rugosus / fulvus Tourn. I. R. H. Clus. sp[ecies]* 2.[156] *Cum / priori*
1032.	*Morchella seu Boletus esculentus in me- / tam fastigiatus Tour. I. R. H. sp[ecies]* 4.[157] *I- / bidem.*

Fungi Porosi
Dill[enii] Boleti dicti.

1033.	*Boletus luteus Dill. flor. Gies. p[agina]* 188. *spec[ies]* / 1.[158] *Russis in Sibiria audit* Березовикъ[159] / *Ubivis abundanter in sylvis Julio et Au- / gusto.*
1034[a]. A	*Boletus laevis ac viscidus obscure flaves- / cens Dill. spec[ies]* 2[160] *in Pinetis Julio et Au- / gusto. Russis audit* Мáсленикъ[161]. *Corii / externi color pisorum coctorum / colorem refert Germanis* Erbsenfarbig. / *Huius corium interdum admodum / splendet, corii veluti auro obducti more / interdum pallidius corticis Aspalathi*[162]

/171r/

	instar, pileoli ambitus multum variat. jn- / veni aliquoties in densis et umbrosis pi- / netis sinuosum ambitu triangularem et / pentagonum, ubi scilicet a Pinis et fru- / ticibus undiq[ue] dense confertis[b] *cingeba- / tur, ac tum*[c] *è terra prodiret impedi- / retur, quominus circularem fungis so- / lennem figuram assumeret, inferne sul- / phurei coloris est, ac poris minutissi- / mis et numerosissimis patet. Pedicu- / lus teres, pollicaris, intus albus, modo / rectus, modo obstaculo quodam jm- / peditus, curvus, cito a vermibus cor- / rumpitur. Pulpa intus candida, qua*[d] *poris / propinqua*[e] *sulphurei coloris, modo di- / lutissime rubens aut*

[a] 1034 *verbessert aus* [.] [b] confertis *verbessert aus* [.] [c] tum *verbessert aus* a [d] qua *über der Zeile*
[e] propinqua *verbessert aus* [.]

	purpurascens, / senio confecti, intus toti sulphurei eva- / dunt. Ita et caulis in iuniori⌈us⌉[a] *albus, in / adultioribus flavus.*
B. 1034.	*Boletus / laevis ac viscidus / semicircularis / prioris saltim / varietas.*[b163]
1035	*Boletus laevis ac viscidus, superne coloris / spadicei, inferius lutei.*[164] *Cum priori eodem / tempore; Verum semper sub Populo tre- / mula. Occurrit hinc et Russis* Осинникъ[165] */ dicitur. Citissime omnium a vermibus*

/171v/

	corroduntur et in putredinem abire so- / lent. Hinc Russis non adeo expetuntur.
1036[c].	*Boletus laevis ac viscidus flavescens, pi- / leolo superne plano inferne convexo*[166] */ Boleti ⌈secun⌉di mihi varietas*[167]*, talis semper / occurrit hic*[d] *Boletus in palustribus / dum musco innascitur. Ratio formae / haec est Pori spongiosi ob humorem / nimium quem ob structuram citius, / quam pulpa imbibunt*[e]*, valde spongiae / instar intumescunt et sursum am- / pliati tendunt, pulpa autem humore / emollita, resistere impotens, sursum / cedere et in planum. abire cogitur*[f].
1037[g].	*Boletus magnus Julii mensis Dill. spec⌈ies⌉ /* 4. *fungus porosus magnus Raii.*[168] *Abun- / de in sylvis circa lacum Baikal habui, / quorum pilei* 8. 9 *digiti in diametro / lati erant. Pileus orbicularis, parum / convexus, et ferè planus, coloris sordi- / de spadicei, pediculi, modo unciam u- / nam modo* 2 *et* 3 *alti, crassi, teretes, / cito verminosi*[h] *fiunt.*
1038[i].	*Boletus pediculo crasso pileolo superius*

/172r/

	cancellatim fisso.[169] *Inveni d⌈ie⌉* 16 *Aug⌈usti⌉ In / pineto foliis Pini innascentem non pro- / cul a Bargusinensi munimento. Pedicu- / lus pollicem manus crassitie superat, / oblongus cylindricus, pollicem longus / pile⌈us⌉*[j170]*, orbicularis, subtus porosus, vi- / telli in modum lutescens, superne* 9 */ lineas latus; jn diametro superficie / undiq⌈ue⌉ cancellatim et profunde fissa, / hae fissurae autem non a senio*[k] *et / marcore contingebant, sed connatae / in tenello hoc Boleto, fissurarum et e- / nim cavitates pari modo ac protu- / berantiae elatae, cute tectae*

---

[a] iniunioriq *verbessert aus* [.] [b] *von* B. 1034. *bis* saltim varietas. *rechts marginal* [c] 1036 *verbessert aus* 4 [d] hic *verbessert aus* [...] [e] imbibunt *verbessert aus* a [f] abire cogitur *nachträglich eingefügt* [g] 1037. *verbessert aus* 4 [h] verminosi *verbessert aus* n [i] 1038 *verbessert aus* 4[.] [j] pileq *verbessert aus* osus [k] senio *verbessert aus* [....]

	erant, / quae in eminenti parte cum splen- / dere[a] *flavebat*[b], *in cavitatibus autem / albida erat*[c].

Fungi pileis destituti cauli-
feri non ramosi ter-
restres.

1039[d]	*Fungoides clavatum maius*[171]; *Passim in syl- / vis circa Irkutiam et lacum Baikal / Septembr[is]*

Agarici lamellati

/172v/

1040[e]	*Agaricus lamellatus coriaceus*[f] *albus*[172] *sub / finem Augusti, non tantum e quer- / cu ut Clarissimus Dill. l[oco] c[itato] putat sed / et e deiectis betulis eadem facie pro- / dit circa Bargusinum.*
1041[g]	*Agaricus lamellatus, pectunculi*[173] *forma / major, coloris murini Dill.*[174] *In salicibus / frequens Augusto*
1042[h]	*Agaricus lamellatus albus, pluribus ex eo- / dem centro prodeuntibus.*[175] *Tota facie / cum priori coincidit, è putridis betulis / excrescit*
1043[i]	*Agaricus lamellatus flavescens betularum / mihi*[176]. *Cum priori occurrit.*
1044[j]	*Agaricus lamellatus simplex Betulae, supe- / rius ex albo spadiceus, lamellis subtus ru- / gosis*[177] *sub finem Augusti occurrit cum / priori*

Agarici porosi.

1045[k]	*Agaricus igniarius Betulae, superne lutescens, / inferne porosus, oris marginatis tumen- / tibus*[178] *Collectus Bargusini sub finem Au- / gusti.*
1046[l]	*Agaricus Betularum fasciculosus, superne / luteus, in medio orbiculum*[m] *jncludens*[n] */ aurantium, infernè porosus, cinereus*[179] */ Cum praecedenti huius figuram vide Tab[ula] ...*

/173r/

1047[o]	*Agaricus sive fungus Laricis C. B. P. Tour. / I. R. H.*[180] *In laricetis densis, et umbrosis / Circa lacum Baikal.*

---

[a] splendere *verbessert aus* [.] [b] flavebat *verbessert aus* flavebant [c] erat *verbessert aus* erant [d] 1039 *verbessert aus* 4 [e] 1040 *verbessert aus* 5 [f] coriaceus *verbessert aus* [.] [g] 1041 *verbessert aus* 5 [h] 1042 *verbessert aus* 5 [i] 1043 *verbessert aus* 5 [j] 1044 *verbessert aus* 5 [k] 1045 *verbessert aus* 5 [l] 1046 *verbessert aus* 5 [m] orbiculum *verbessert aus* atum [n] jncludens *verbessert aus* i [o] 1047 *verbessert aus* 5

1048[a]	*Agaricus pedis Equini*[b] *facie Tourn. I. R. H. / spec [ies] 2.*[181] *In variis arboribus abunde oc- / currit, ut pote, salicibus*[182], *populis*[183], *Betulae*[184]. */ Tattari*[c], *tscheremisi, Wotiaki Tiliis*[185] *inna- / tum optimum censent, post hunc Betu- / linus, praecipuae aestimationis est ad / fungum igniarium et fomitem*[186] *parandum.*
1049[d]	*Agaricus terrestris, dilute flavicans, Chiro- / thecae*[187] *forma*[188]. *Initio aug[usti] aliquoties circa / lacum Baikal in sylvis inveni, terrae / immediate innatus*[e] *erat, longus* 8 *pol- / lices latus,* 6 *superius squamosus et ve- / luti è plurimis parvis Agaricis aggre- / gatus*[f], *inferne planus nec lamel- / latus, nec porosus, sed papillis veluti / rotundioribus asper periit, mihi hic / rarus Agaricus dum solus in sylva / oberrans et plantis onustus nocte / obscura appressus, minus attentus / eram, quod admodum doleo.*

Membranacei et tenuiores

1050[g].	*Peziza subfusca maior*[189]. *Ubivis in sylvis*

/173v/

	circa lacum Baikal Augusto.
1051[h].	*Peziza subfusca maior fasciculosa*[190] *mi- / hi. Cum priori.*
1052[i].	*Peziza acetabuliformis coccinei intus / coloris.*[191] *Ubivis primo vere in Pinetis / et Alnetis*[j].
1053[k].	*Peziza acetabuliformis subfusca.*[192] *In pra- / tis cis Angaram, qua itur ad Mona- / sterium Wosnesenskense. Primo vere / cum Viola lutea.*[193]
1054[l]	*Peziza acetabuliformis coccinea mar- / ginibus pilosis Dill. p[agina]* 195. *Fungoides / coccineum, oris pilosis acetabuli for- / ma Tour. I. R. H.*[194] *Passim in sylvis / ad Angaram Maio [et] Junio.*

Agarici plani minuti, ob id, quod Au-
toribus descriptos non jnve-
nio, mihi dicti.
Agarici lamellati seu Lamellae

1055[m]	*Lamella coccinea, inferne coerulescens, / plana orbicularis*[195], *In*

---

[a] $_{10}$4$_{8}$ *verbessert aus* 5 [b] E$_{quini}$ *verbessert aus* [.] [c] $_{Tatt}$a$_{ri}$ *verbessert aus* [.] [d] $_{10}$4$_{9}$ *verbessert aus* 5 [e] in$_{natus}$ *verbessert aus* ad [f] *nach* aggregatus *gestr.* erat [g] $_{10}$50 *verbessert aus* 6[.] [h] $_{10}$5$_{1}$ *verbessert aus* 6 [i] $_{10}$52 *verbessert aus* 6 [j] A$_{lnetis}$ *verbessert aus* a [k] $_{10}$53 *verbessert aus* 6 [l] $_{10}$54 *verbessert aus* 6[.] [m] $_{10}$55 *verbessert aus* 6[.]

	deiectis Alno- / rum ramis, ad rivulos sylvarum, ma- / gnitudine vix nummum Bambergen- / sem[196].
1056[a]	*Lamella lutea, orbicularis, plana*[197]. *Cum prio- / ri occurrit.*

/174r/

1057	*Lamella alba, punctulis nigris aspersa*[198] */ fimo Equino innascitur, inq[ue] desertis / abunde reperitur Icones in posterum / dabo.*

Fungi pulverulenti.

1058	*Lycoperdon minus et multiplex, foeti- / dum Tour. I. R. H.*[199] *In hortis et planis / desertorum campis frequens.*
1059	*Lycoperdon minus et multiplex ovatum. / Tourn I. R. H.*[200] *Cum priori.*
1060	*Lycoperdon pyriforme album asperum Tourn. / I. R. H.*[201] *Circa Irkutiam in insulis / Angarae fluvij.*
1061.	*Lycoperdon globosum, candidum, praegnans*[b], */ exterius, Lycoperdon vulgare*[202] *refert, / intus autem mucilagine refertum e- / rat, intra hanc mucilaginem latebat. / globulus substantia Bovistis propria / farctus, alba nempe, qualis in non / maturis esse solet. Inveni sub finem / Julii in ligno putrido*[c] *ad Angaram, / non procul a telonii domo Nikol- / skaia sastawa dicta.*
1062.	*Lycoperdon caule magno, fistuloso insi-*

/174v/

	dens, pulvere intus Hispanico pulveri / sternutatorio[203] *simili repletum*[204], *occurre- / bat una saltim vice in deserto Kunkur- / kinensi. Caulis sub terra bulbosus, dein / teres, albus,* 5 *digitos altus unum cras- / sus, intus fistulosus erat; In Summita- / te erat capitulum sphaericum globo- / sum, in diametro* 4 *pollices latum, / pulvere repletum Hispanico pulveri / sternutatoria*[d][205]. *Per omnia simili / pulverem misi forte areolis fimo / Equino mixtis commissus, simile quid- / dam producet, quod experiundum.*

Boletoides mihi dictum.
fungi genus quorsum referam ne
scius

1063.	*Boletoides coriaceum cinereum, triplici / pediculo, unum pileolum sustinente*[206] */ huius jconem fieri curavi naturali / magnitudine Occurrit*

---

[a] 1056 *verbessert aus* [.] [b] praegnans *verbessert aus* [.] [c] putrida [d] sternutatoria *verbessert aus* o

	ubivis in Pi- / netis Augusto et ⌈Septe⌉mbr⌈i⌉ Raro unciam / unam superare visum.

/175r/

1064	*Boletoides minimum coriaceum cinereum / umbilicatum*[207] *abunde in pinetis ex ipsis fo- / liis pini enascitur pediculus dimidium / pollicem longus, teres, calami gallina- / cei crassitie, colore ombriae imbutus, / et per superficiem porosam inferne / diffusus. Pileolus superne cinereus, in / aliis fuscus, villosus, multisq⌈ue⌉ in orbem / ovatis gyris varius magis aut minus / fuscis in ipso centro umbilici in mo- / dum excavatus instar acetabuli.*
1065.	*Fungus orbicularis niger, petraeus, lamellis carens*[208]*. / Hunc fungum die 22. Augusti inveni in rupe / circa Bargusinum, pileolo gaudebat orbiculari / sesquipollices in diametro lato, nigro intus sub- / stantiae densae tenacis candidae inferne itidem / planus, nec striatus nec porosus nec lamellatus, / caulis unciam unam longus, rectus, albus, teres.*
1066.	*Spongia ramosa frutescens lacus Baikal. An Spon- / gia ramosa frutescens Bocc. Mus. Part.* 1. */ Tab⌈ula⌉* 116[209] *Abunde ad lacum Baikal sub aquis /* 8. 9. *saschen*[210] *lapidibus et rupibus innascitur. / procella vero orta fluctibus abreptae et / in frusta fractae ad litora humiliora a- / renosa et lapidosa eijciuntur, maximoq⌈ue⌉ / numero circa Listwienischnoie*[a] *Simowie, / ad angae et Bargusini ostia occurrunt, / ob aquarum plusquam hyalinam limpi- / damq⌈ue⌉ perspicuitatem ut nascuntur*

/175v/

Florae Irkutiensis ordine Instit⌈utionum⌉ Rei Herb⌈ariae⌉
CLASSIS XVIII.

	attente contemplari potui. Crescit instar / fruticis ramosissimae assurgit ad altitu- / dinem cubiti, imo duorum cubitorum. / Hic locorum ad vasa aenea et argentea / purganda ⌈et⌉ laeviganda pumicis loco ab / artificibus adhibetur.

1 „[species 7] Alga viridis, capillaceo folio C. B. Pin. 364. Conferva Plinii Lob. Icon. 257." (Tournefort 1700, S. 569, Genus II. „Alga."); „CONFERVA TRICHODES. CAP. XIX. ..." und die

a Listwienischnoie *verbessert aus* [.]

Abbildung „CONFERVA Plinij, & Lobellij. [sic!]“ auf S. 1023 (Daléchamps 1587, S. 1022f.); „CDLXXX. *Muscus aquaticus bombycinus tenuissimis filamentis Joh. Loes. Waßer=Moos von gantz zarten Fädemchen. …“ (Loesel 1703, S. 173); „Conferva Plinii Lugd. Alga viridis capillaceo folio C. B. 364. ...“ (Dillenius 1719, S. 199); „* 1. CONFERVA PLINII. Lob. Icon. 257, Alga viridis capillaceo folio. C. B. 364. Muscus aquaticus bombycinus filamentis. Flor. Pruss. 173. cum fig.“ (Vaillant 1727, S. 40); „II. 1. Conferva fluviatilis sericea vulgaris & fluitans hairy River-Weed, Crow-Silk, or Common floating Silk Conferva. … Alga viridis capillaceo folio C. B. Pin. p. 364. n. 1. Tourn. Inst. R. H. p. 569. …“ (Dillenius 1741, S. 12f.); „2. Conferua, … Alga viridis capillaceo folio. Turn. 569. …“ (Carl 1770, S. 332); „[Alga] viridis capillaceo folio; so nennt C. Bauhin das Bachgrasleder.“ (Gmelin 1772a, Sp. 262); „[Conferva] rivularis, … Bachgrasleder, mit einfachen, gleichen, sehr langen Fäden; … Tournefort hat sie unter der Gattung Alga, …“ (Gmelin 1773, Sp. 42); „1) Bach=Wasserfaden. Conferva rivularis. … Conferva filamentis simplicissimis aequalibus longissimis. LINN. … Sp. Pl. p. 1633. … Conferva fluviatilis sericea … DILL. musc. 12. tab. 2. f. 2. … Conferva Plinii. LOB. ic. 2. p. 257. … dieser Wasserfaden im Stande seyn solle, gebrochene Knochen zusammen zu heilen. … daß man aus diesem Wasserfaden so wohl Flachs als Papier machen könne, … daß man ihn sehr wohl zu Dachten in Lampen, zur Ausfüllung der Betten und Kissen benutzen, …“ (Linné 1786, S. 391f.); „s) Conferva rivularis. … Deutsch. Der Bach-Wasserfaden; Wasserschlamm, Wasserschwamm. … die Fäden werden wohl bis fünf Ellen lang; …“ (Nemnich 1793, Sp. 1156f.); „Gras=Leder, … Conferva Linn. … wird auch Krötengerippe genannt, … 1. Bachgrasleder, mit einfachen, gleichen, sehr langen Fäden, auch Wasserschlamm oder Wasser=Schwamm genannt, …“ (Krünitz 1773–1858, Bd. 19, S. 768ff.); „25. Conferva rivularis. L. Bachwasserfaden; Wasserwolle; Wasserschwamm. …“ (Dietrich 1803, S. 263); „Alga von alligare (fesseln, umbinden), weil diese Wasserpflanze vermöge ihrer fadigen Beschaffenheit sich leicht um andere Gegenstände schlingen.“ (Wittstein 1852, S. 29); „Confērva L. (Confervaceae). Von confervere, conferruminare (zusammenfügen, gleichsam fest wie Eisen machen); Plinius (XXVII. 45) rühmt die Pflanze als ein vorzügliches Mittel, gebrochene Glieder wieder zusammenzuheilen.“ (a. a. O., S. 221)

„Pliny Lob. Ic. T. II. 257. ... Russico nomine жолковникъ [russ. *žolkovnik*] a quibusdam, ab aliis тина [russ. *tina*] dicitur. Quam superiori anno sub hoc nomine transmisi erat Conferva fontalis ramosissima, glomeratim congesta, Dill. Raj. Syn.“ (AAW F. 21, Op. 5, D. 98, Bl. 34r, s. Anm. 54 in Nr. 17); „36. Conferva Plinij Lob. Ic. ...“ (AAW R. I, Op. 13, D. 42, Bl. 6v, s. Anm. 1 in Nr. 1); „66. Conferva Plinij Lob. Ic. T. II. Russ. жо[л]ковникъ [russ. *žolkovnik*] ...“ (AAW R. I, Op. 105, D. 1^{a}, Bl. 3r, s. Anm. 29 in Nr. 5); „31. Conferva Plinij Lob. Ic. ...“ (AAW R. I, Op. 105, D. 12, Bl. 3r, s. Anm. 54 in Nr. 17); „1. Conferva Plinij Lob. Ic. T. II. Ind. Jen. n°. 66.“ (AAW R. I, Op. 13, D. 67, Bl. 6v, s. Anm. 5 in Nr. 4); „– Conferva Plinij Lob. Ic. ...“ (AAW R. I, Op. 104, D. 8, Bl. 1r, s. Anm. 18 in Nr. 452)

2 „Conferva reticulata D. Doody. ...“ (Ray 1693, Appendix, S. 1852); „... Conferva reticulatam Doody apud Raj. Hist. App. p. 1852. Pluk. Ph. Part. 1. T. 24 F. 2. cui Alga bombycina C. B. Pin. & Pr. eadem nobis videtur: confervam geniculatam minimam Pluk. Pl. T. 84. F. 9. in aquis pigrioribus & in fossis pratrum Aa alibique per aestatem & auctumnum conspiciendam: & confervam geniculatam lubricam majorem & minorem a nobis primum observatam, a prioribus insigniter differentem, admirabilique structura constantem. ...“ und die Abbildung 3 „Conferva geniculata lubrica major,“ auf Tafel XIII. (Dillenius 1717, appendix, S. 60); „Conferva reticulata Dood. apud Raj. H. App. 1852. Pluk. T. 24. F. 2. Alga bombycina C. B. 363. Pr. 155. ...“ (Dillenius 1719, S. 199); „IV. 14. A. B. Conferva reticulata Doody Raj. Fasc. p. 5. … The Net Conferva. …“ (Dillenius 1741, S. 20); „[Conferva] reticulata, … nezförmiges Grasleder, … Bey Dillenius heißt sie: Conferva reticulata; …“ (Gmelin 1773, Sp. 44f.); „11) Netzförmiger Wasserfaden. Conferva reticulata. … Conferva filamentis reticulato coadunatis. LINN. … Sp. Pl. p. 1635. … Conferva reticulata. DILL. musc. 20. tab. 4. f. 14. … Muscus aquaticus bombycinus retiformis. LOES. pruss. 173. t. 54. … Er stellt ein netzförmiges Gewebe vor, welche sehr fein und zart ist, …“ (Linné 1786, S. 397f.); „CDLXXIX. *Muscus aquaticus bombycinus retiformis Joh. Loes.

Subtiler Netz=förmiger Waßer=Moß. ..." (Loesel 1703, S. 173); „9. CONFERVA reticulata ... Gestrickter Wasserfaden. ..." (Georgi 1797–1802, Theil 3, S. 1433)

„105. Conferva filis ramosis, frequentissime radicatis Hall. Helv. p. 2. – Alga bombycina C. B. Pr. p. 155. P. 363. – Muscus aquaticus bombycinus, tenuissimis filamentis Loes. Fl. Pruss. p. 173. ic. 55. – Conferva palustris bombycina Raj. Syn. III. p. 60. Dill. Sylv. p. 18. Tab. III. n°. 11. ... Russis Шелковникъ [russ. *šelkovnik*] dicitur propter similitudinem cum bombyce." Bll. 31r–31v mit der rechts marginalen Anm. auf Bl. 31r „Conf. bullosa L. ..." im nicht publizierten Manuskript von J. G. Gmelin der „Flora Sibirica", Bd. V (AAW R. I, Op. 13, D. 33, Bll. 1r–66v, Kopie in unbekannter Handschrift, ein weiteres Manuskript dieses Textes in der Handschrift von J. G. Gmelin mit z. T. unregelmäßiger Reihenfolge der Blätter – AAW R. I, Op. 104, D. 15, Bll. 1r–62v)

„III. 11. A. B. Conferva palustris bombycina Syn. St. Brit. III. p. 60. n. 18. The Ditch Cotton Conferva. ... Alga bombycina C. B. P. p. 155. ... Muscus aquaticus bombycinus, tenuissimis filamentis Loes. Fl. Pruß. p. 173. ic. 55. ..." (Dillenius 1741, S. 18f.); „CDLXXX. *Muscus aquaticus bombycinus tenuissimis filamentis Joh. Loes. Waßer=Moß von gantz zarten Fädemchen. ..." (Loesel 1703, S. 173); „1156. CONFERVA (bullosa) ... Linn. Sp. pl. 1634. ... Alga bombycina. Bauh. pin. 363. Wiesenpelz, Wiesenwatte. ..." (Schreber 1771, S. 142f.); „Conferva bullosa, ... blasichtes GRASLEDER, mit gleichen ästigen Fäden, welche Luftblasen in sich schliessen; ... Dillenius nennt sie Confervam palustrem bombycinam; ..." (Gmelin 1773, Sp. 43); „3) Blasichter Wasserfaden. Conferva bullosa. ... Conferva filamentis aequalibus ramosis, aereas bullas includentibus. LINN. ... Sp. Pl. p. 1634. ... Conferva palustris bombycina. DILL. musc. 18. t. 3. f. 11. Muscus aquaticus ... LOES. pruss. 173. t. 55. Alga bombycina. C. BAUH. pin. 363. ... Herr Kriegsrath von Leyser hat bemerkt, daß dieser Wasserfaden diejenige Art ist, die unter dem Namen von Wiesenpelz und Wiesenwatte bekannt ist, ..." (Linné 1786, S. 393f.); „d) Conferva bullosa. ... Deutsch. Die Blasenconferve; der blasenartige Wasserfaden. ... die Fäden sind sehr fein, und in Flocken verwebt, worin sich die aufsteigenden Wasserbläschen gemeiniglich aufhalten." (Nemnich 1793, Sp. 1154)

3 „Conferva fontalis geniculata lubrica major Eph. N. Cur. Cent. 5. & 6. App. p. 60. T XIII. F. 3. ..." (Dillenius 1719, S. 199); „VII. 42. Conferva fontana nodosa, spermatis ranarum instar lubrica, major & fusca Syn. St. Brit. p. 62. n. 26. The bigger Mouse-colour'd Frog-Spawn Conferva. ... Conferva fontalis geniculata, ... Ephem. Nat. Cur. Cent. V. & VI. Ap. p. 60. ..." (Dillenius 1741, S. 36f.); „3. CONFERVA fontana nodosa spermatis ranarum instar lubrica major & fusca DILLEN. l. c. p. 64. n. 26. ..." (Haller 1742, S. 2); „[Conferva] gelatinosa, ... gallertartiges Grasleder, ... Dillenius nennt sie in dem Tagebuch der kaiserl. Academie der Naturforscher: Confervam fontalem geniculatam lubricam majorem; ..." (Gmelin 1773, Sp. 45); „13) Gallertartiger Wasserfaden. Conferva gelatinosa. ... Conferva filis ramosis moniliformibus: articulis globosis gelatinosis. LINN. ... Sp. Pl. p. 1635. ... Conferva fontana nodosa, ... DILL. musc. 36. t. 7. f. 42. ... Conferva fontalis geniculata ... ejusd. in E. N. C. Cent. 5. 6. app. 60. tab. 13. f. 3. ...Von Substanz ist er ... gallertartig, und wie Froschlaich, schlüpfrig. ..." (Linné 1786, S. 399f.); „Conferva gelatinosa. ... Deutsch. Der gallertartige Wasserfaden; Froschlaich. ... In den reinsten Quellen." (Nemnich 1793, Sp. 1156)

4 in der 2. Textversion (s. Anm. 1 in A.): „deprehenduntur"

5 s. Nr. 925

6 in der 2. Textversion (s. Anm. 1 in A.) fehlt: „conferram hanc"

7 in der 2. Textversion (s. Anm. 1 in A.): „referens relicta cernitur et"

8 „108. Conferva filis intricatissimis, fusca, clava effigie Stell. Flor. Irc. Descriptio Stelleri haec est: Ombriae pallescentis colore graminibq et saxis Angarae fl. abunde adhaeret, ..." (AAW R. I, Op. 13, D. 33, Bl. 32r, s. Anm. 2 in Nr. 925)

9 „[species 41] Lichen cinereus, vulgaris, capillaceo folio, minor. Muscus arboreus, cum orbiculis C. B. Pin. 361. ... Muscus arboreus, peltatus, & scutellaris J. B. 3. 764." (Tournefort 1700, S. 550, Genus III. „Lichen."); „Conferva arborea cinerea vulgaris brevior, cum orbiculis: Lichen cinereus

vulgaris capillaceo folio minor Turn. 550. Muscus arboreus cum orbiculis C. B. 361. n. 3. arboreus peltatus & scutellaris J. B. 3. 764. ..." (Dillenius 1719, S. 200); „1. LICHEN caule ramoso solido, foliis setaceis, receptaculis maximis orbiculatis peltatis, foliis radiatis. Muscus arboreus cum orbicularis. Bauh. pin. 361. Muscus arboreus peltatis & scutellatus. Bauh. hist. 3, p. 764. ..." (Linné 1737, S. 477); „XII. 13. A. B. C. D. Usnea vulgatissima tenuior & brevior, cum orbiculis. Common small Usnea, with Rundles. ... Muscus arboreum cum orbicularis C. B. Pin. p. 361. n. 3. ... Muscus arboreus peltatus ... J. B. Hist. III. p. II. L. 37. p. 764. ... Lichen cinereus vulgaris, ... I. R. H. p. 550. ... Conferva arborea cinerea ... Cat. Giss. p. 200. ..." (Dillenius 1741, S. 69ff.); „[Lichen] cinereus vulgaris, capillaceo folio minor; hierunter scheint Tournefort die blühende Flechte zu verstehen." (Gmelin 1773a, Sp. 512); „129) Sterntragende Flechte. Lichen floridus. ... Lichen filamentosus ramosus erectus, scutellis radiatis. LINN. ... Spec. Plant. p. 1624. ... Lichen caule ramoso solido, ... Hort. cliff. p. 477. ... Usnea vulgatissima ... DILL. musc. p. 69. t. 13. f. 13. ... Muscus arboreus ... C. BAUH. pin. p. 361. ... Zuweilen häufig genug an Stämmen abgestorbener Bäume ..." (Linné 1787, S. 523); „[Lichen] floridus ... blühende zaserichte, ästige und aufrechte Flechte, ..." (Gmelin 1773a, Sp. 500f.); „aa) Lichen floridus. ... Muscus ramosus floridus. Deutsch. Die blühende Flechte. ..." (Nemnich 1794, Sp. 397); „69. LICHEN floridus ... Blumen=Fadenflechte. Blühende Flechte. ... die mehresten Flechtenarten besitzen Farbstoffe, und werden auch von vielen, besonders Russischen Landleuten, zur Hausfärberey der Wolle auf gelb, orange, zimmt=, dunkel= oder schwarzbraun, blau und grün angewendet. ..." (Georgi 1797–1802, Theil 3, S. 1418ff.); „Usnea florida. Sterntragende Haarflechte. ... Lichen floridus. Linn. Spec. Plant. Tom. II. p. 1624. Diese Art ist besonders ... an den Aesten der Eichen, Buchen und Nadelbäume zu Hause. ..." (Krünitz 1773–1858, Bd. 77, S. 625f.); „Līchen (Lichenes) Von λειχην (Flechte) und dieses von λειχειν (lecken, streifen), weil die Flechten überall auf der Oberhaut hinkriechen; ein ähnliches kriechendes Wachsthum auf der Erdoberfläche zeigen die pflanzlichen Flechten." (Wittstein 1852, S. 523); „Usnēa HOFFM. (Parmeliace). Dieser Name stammt aus dem Arabischen und bedeutet ‚Moos.' " (a. a. O., S. 914); „Mūscus von μοσχος (junger Sprössling), um auf das Zarte dieser Pflanze hinzudeuten." (a. a. O., S. 599); „Der Lichen auf Tungusisch: Lelükta ..." (Hintzsche/*Ėlert* 2010, S. 305); tungus. (ewenk.) „лэлуктэ" – Flechte, Moos (an Bäumen) (*Boldyrev* 2000, Teil 1, S. 336); tungus. (ewenk.) „лолукта", „лелукта" bzw. „лэлуктэ" – Moos an Bäumen (*Myreeva* 2004, S. 340 bzw. S. 348); tungus. (ewenk.) „лолукта", „лелукта", „ловукта", „лэвуктэ" bzw. „лэлуктэ" – Moos an Bäumen (*Vasilevič* 1958, S. 238, S. 235, S. 237, S. 242 bzw. S. 243); „Lichen auf Samojed.: Jàrra" (Hintzsche/*Ėlert* 2010, S. 305)

„52. Lichen cinereus vulgaris capillaceo folio minor I. R. H. ..." (AAW R. I, Op. 13, D. 42, Bl. 7v, s. Anm. 1 in Nr. 1); „71. Lichenoides arboreum, cum orbiculis. Muscus arboreus cum orbiculis C. B. P. ..." (AAW R. I, Op. 105, D. 1^{a}, Bl. 3v, s. Anm. 29 in Nr. 5); „43. Muscus arboreus cum orbicularis C. B. P. ..." (AAW R. I, Op. 105, D. 12, Bl. 3r, s. Anm. 54 in Nr. 17); russ. *pozponec* – Muscus (AAW F. 21, Op. 5, D. 73, Bl. 270r)

10 „Conferva arborea cinerea vulgaris longa: Muscus arboreus, Usnea Off. C. B. 361. n. 1. arboreus villosus J. B. 763. ..." (Dillenius 1719, S. 200); „XI. 1. Usnea vulgaris, loris longis implexis. Stringy Tree-Moss, or Usnea of the Shops. ... Muscus arboreus: Usnea Officinarum C. B. Pin. p. 361. n. 1. ... Conferva arborea cinerea, vulgaris, longa Cat. Giss. p. 200. ..." (Dillenius 1741, S. 56ff.); „116. Verworrene Flechte. Lichen plicatus. ... Lichen filamentosus pendulus, ramis implexis, scutellis radiatis. LINN. ... Sp. Pl. p. 1622. ... Vsnea vulgaris, ... DILL. musc. p. 56. t. 11. f. 1. Muscus arboreus ... C. BAUH. pin. p. 361. ... Diese Fadenflechte war ehehin in den Apotheken unter dem Namen Vsnea bekannt, ..." (Linné 1787, S. 532f.); „[Lichen] plicatus ... faserichte, hängende Faltenflechte, ... sie heilt die fratte Haut, und wird von den Lappen auf die Füse gebraucht: ..." (Gmelin 1773a, Sp. 497f.); „ss) Lichen plicatus. ... Lichen implexus. Encycl. Muscus arboreus, usnea officinarum. Deutsch. Die Wickelflechte; Das Wickelmos, Die Faltenflechte; Das Baummos. ... ehemals brauchte man sie, um das Bluten, insonderheit der Nase, damit zu stillen." (Nemnich 1794, Sp. 400); „1. Usnea plicata. Verworfene Haarflechte. ... Lichen plicatus. Linn. Spec. Plant. Tom. II. p. 1622. ... Findet sich vorzüglich in Nadelgehölzen ... Uebrigens

ließen sich die innern weißen Fäden vielleicht mit zum Papiermachen anwenden.**)“ (Krünitz 1773–1858, Bd. 77, S. 620f.); „Ferner P[armelia] barbata Fries, in drei Unterarten. α) P. florida ... Lichen floridus L. [s. Nr. 929] ... β) P. barbata (Usnea barbata Hoffm. Lichen barbatus [Nr. 931] und articulatus L. ... γ) P. plicata ... Lichen plicatus L. ... Die Bartflechte ... war früher unter dem Namen Muscus arboreus, M. albus quernus, officinell, ... Gegenwärtig gebraucht man diese Flechte nur noch zum Gelbfärben, zur Darstellung von Gummi und als Viehfutter. ...“ (Ersch/Gruber 1839, S. 232); „8245. L[ichen] plicatus ... Usnea vulgaris, ... Dill. musc. 56. t. 11. f. 1. Muscus arboreus, Usnea officinarum. Bauh. pin. 361. ...“ (Richter 1840, S. 1064); „Parmēlia L. (Parmeliaceae). Von παρμη, parma (kleiner runder Schild), in Bezug auf die Form der Fruchtlager.“ (Wittstein 1852, S. 659)

„70. Lichenoides arboreum, Usnea officinarum. Muscus arboreus, Usnea officinarum C. B. P. ...“ (AAW R. I, Op. 105, D. 1ª, Bl. 3v, s. Anm. 29 in Nr. 5); „47. Muscus arboreus, Usnea officinarum C. B. P. ...“ (AAW R. I, Op. 105, D. 12, Bl. 3r, s. Anm. 54 in Nr. 17)

11 in der 2. Textversion (s. Anm. 1 in A.) folgt: „sylvis circa lacum Baikal.“

12 „Lichen capillaceus, longissimus ex Fago & Abiete pendens. An Muscus arboreus, barbatus J. B. 3.764.“ (Tournefort 1703; S. 40); „Conferva arborea fusco-virens, jubae ad instar e ramis arborum dense dependens, mollis: Lichen capillaceus longissimus, ex Fago & Abiete pendens Turn. Cor. 40. Muscus arboreus barbatus J. B. 3. 764. ...“ (Dillenius 1719, S. 200); „XII. 6. Usnea barbata, loris tenuibus fibrosis. The Beard Usnea. ... Muscus arboreus barbatus J. B. Hist. III. P. II. L. 37. p. 764. ... Lichen capillaceus longissimis, ... Tourn. Cor. p. 40. ...“ (Dillenius 1741, S. 63f.); „Lichen barbatus ... zaserichte, hängende und etwas gegliederte Bartflechte, ...“ (Gmelin 1773a, Sp. 498); „117) Langbärtige Flechte. Lichen barbatus. ... Lichen filamentosus pendulus subarticulatus, ramis patentibus. LINN. ... Spec. Plant. p. 1622. ...Vsnea barbata, ... DILL. musc. p. 63. t. 12. f. 6. Muscus capillaceus longissimus. C. BAUH. pin. 361. ... daher sie ... um pomeranzenfärbig zu färben benutzt wird. ... ist sie ein Schlaf zuwege bringendes, magenstärkendes, Erbrechen und Diarhöen [sic!] aufhaltendes, blutstillendes Arzneymittel, dessen Kräfte sie auch in der Gelbsucht ... wirksam befunden haben sollen, ...“ (Linné 1787, S. 533f.); „g) Lichen barbatus. ... Usnea barbata. Dillen. Deutsch. Die Bartflechte; Die langbärtige Fadenflechte; Berchtegaden. Der Baumbart. ...“ (Nemnich 1794, Sp. 393f.); „60. LICHEN barbatus ... Bart=Fadenflechte. Bartflechte. Wenn die Bartflechte lange im Wasser liegt, wird sie Orangegelb, und dann roth. Sie färbt vorzüglich Seide Orangegelb. ...“ (Georgi 1797–1802, Theil 3, S. 1417); „2. Usnea barbata. Bärtige Haarflechte. ... Nach des Herrn Medicinal=Raths Schrader Behauptung ist diese vom Herrn Professor Hoffmann gemeinte Usnea barbata; nicht Lichen Barbatus Linn., sondern nur eine Abart von dem vorhergehenden Lichen plicatus; [Nr. 930] so wie er den Lichen barbatus Linn. auch nicht als eine eigene Art ansieht, sondern mit dem Lichen articulatus Linn. und der Usnea articulata Hoffm. zu einer Art rechnet. ...“ (Krünitz 1773–1858, Bd. 77, S. 621ff.); „Ich habe in meiner Abhandlung behauptet, daß des Hrn. Prof. Hoffmann’s Vsnea barbata von seiner U. plicata oder dem Linneischen L. plicatus nicht verschieden ist, weil die filamenta patientia, worauf der Unterschied derselben beruhen soll, kein bestimmtes Unterscheidungszeichen abgeben; ...“ (Schrader 1799, S. XXXIII); „8246. L[ichen] barbatus ... Usnea barbata, ... Dill. musc. 63. t. 12. f. 6. Muscus capillaceus longissimus Bauh. pin. 361. ...“ (Richter 1840, S. 1064)

„69. Lichenoides capillaceum, longissimum, ex Abiete pendens. An Lichen capillaceus longissimus ex Fago et Abiete pendens Cor. I. R. H? ...“ (AAW R. I, Op. 105, D. 1ª, Bll. 3r–3v, s. Anm. 29 in Nr. 5); „71. Lichen filamentosus pendulus subarticulatus, ramis putentissimis Linn. Svec. 985. Lichen capillaceus longissimus; ex Fago et abiete pendens Tourn. Cor. p. 40. Usnea barbata, loris tenuibq fibrosis Dill. Sylv. p. 63. Tab. XII. n°. 6. J. Idem cum tuberculi. ...“ (AAW R. I, Op. 13, D. 33, Bl. 22r, s. Anm. 2 in Nr. 925); „Lichen capillaceus longissimus, ex Abiete pendens, barbatus (Tournefortii. Corollarium, sp. 1), Sylv.“ (Messerschmidt 1962–1977, Bd. 4, S. 207, s. Anm. 1 in Nr. 1)

13 „[species 17] Coralloides corniculis candidissimis. Muscus Coralloides sive cornutus, montanus C. B. Pin. 361. Muscus Corallinus, sive Coralllina montana Tabern. Icon. 810.“ (Tournefort 1700,

S. 565, Genus VII. „Coralloides.“); „A. 8. Muscus tubulosus ramosissimus Fruticuli specie. .... Coralloides sive cornutus montanus C. B. ...“ (Ray 1686, S. 113); „Lichenoides tubulosum ramosissimum fruticuli specie, candicans: Muscus tubulosus ramosissimus fruticuli specie Raj H. 113. Coralloides corniculis candidissimis Turn. 565. ...“ (Dillenius 1719, S. 202); „Lichenoides tubulosum ramosissimum fruticuli specie, candicans, corniculis rufescentibus: Coralloides corniculis rufescentibus Turn. 565. ...“ (a. a. O., S. 203); „XVI. A. B. 30. Coralloides fruticuli specie candicans, corniculis rufescentibus. The common Mountain brown tipt Coralloides. ... Coralloides corniculis rufescentibus Tourn. ... I. R. H. p. 565. ... Lichenoides tubulosum ramosissimum, fruticuli specie candicans, cauliculis rufescentibus Cat. Giss. p. 203. ...“ (Dillenius 1741, S. 110ff.); „Coralloides corniculis candidissimis Inst. R. H. Muscus coralloides ... C. B. Pin. 361. ... Erdcorallenmooß/ wild Corallenmooß. ... Coralloides corniculis rufescentibus Inst. R. Herb. ... Est Lichenoides tubulosum ramosissimum, fruticuli specie candicans, corniculis rufescentibus Dillen. Cat. Giss. p. 203.“ (Mappus 1742, S. 80f.); „Lichen rangiferinus L. T. Lawikta.“ (Georgi 1775, S. 240); „106) Rennthierflechte. Lichen rangiferinus. ... Lichen fruticulosus perforatus ramosissimus, ramulis nutantibus. LINN. ... Sp. Pl. p. 1620. ... Muscus coralloides ... C. BAUH. pin. p. 361. ... β) ... Coralloides fructuli specie candicus, ... DILL. musc. p. 110. t. 16. f. 30. ... Die Rennthierflechte ist dem Lappländer von ungemein großen Nutzen, und die einzige und zuträglichste Nahrung seiner Rennthiere im Winter. ... Mit dieser Flechte kann ... das Rindvieh und die Schaafe gefüttert werden. ... wie wohl dem Viehe dieses Futter bekommt. Die Milch wird schön, die Butter gut, das Fleisch fett, und bekommt einen Geschmack wie Rennthierfleisch. ...“ (Linné 1787, S. 516ff.); „[Lichen] rangiferinus ... strauchartige, durchbohte und äuserst ästige Rennthierflechte, ... Rennthiermos; ...“ (Gmelin 1773a, Sp. 493ff.); „yy) Lichen rangiferinus ... Deutsch. Die Renthierflechte, Das Renthiermos. ... Tungus. Lawikta. Georgi. ... bey auszehrenden Krankheiten und der Lungensucht soll man sie eben so gut, als das Isländische Mos brauchen können.“ (Nemnich 1794, Sp. 402f.); „Ausser demselb₎ [d. h. Lelükta] aber essen die RennThiere auch noch ein Kleines Graß oder Kraut, welches im winter grun bleibet, und Von ihnen LawiKtà genennet wird. was dieses vor ein Kraut sey, habe nicht erfahr₎. (Hintzsche/*Ėlert* 2010, S. 305); tungus. (ewenk.) „лавукта“, „лабикта“, „лавикта“, „ловукта“ bzw. „лэвуктэ“ – russ. *jagel'* (‚Rentiermoos‘, Isländisches Moos, Rentierflechte) (*Myreeva* 2004, S. 332; Pawlowski 1952, S. 1768); tungus. (ewenk.) „лабикта“, „лавикта“ bzw. „лавукта“ – russ. *jagel'* (*Vasilevič* 1958, S. 232); „Die Rennthiere ernehren sich im Sommer und Winter von Moß, der auf dem Geburgen wächst, nicht aber von dem der auf den Morasten ist. Der Moß auf den Geburgen ist suß und wird [bei den Tungusen bei *Udskoj ostrog* am *Ochock*ischen Meer] Laukta ... genennt, ...“ (J. J. Lindenau in: AAW F. 934, Op. 1, D. 89, Bl. 378r, Kopie aus dem Archiv RGADA); „54. LICHEN rangiferinus ... Rennthier=Strauchflechte. Rennthiermoos. Samojed. Jekelet. ... Eines der wohltätigsten Gewächse des so ausgebreiteten Arctischen Landstrich des Reichs; vorzüglichste Nahrung der Renn= und andern Thiere, Material ihrer Läger im Klima auszudauren, ... In einigen Archangelischen Kreisen dient die Rennthierflechte auch zur Vermehrung des Nothbrodes; ...“ (Georgi 1797–1802, Theil 3, S. 1415f.); „8238. L[ichen] rangiferinus ... Muscus coralloides s. cornutus montanus Bauh. pin. 361. ... Coralloides fruticuli specie candicans, cornic. rufescentibus. Dill. musc. 110. t. 16. f. 30. ...“ (Richter 1840, S. 1063f.); „Lichenoides, ist der Gattungsname, welchen Micheli einigen Arten des Staubaftermoses, Dillen aber, Ludwig und Böhmer allen aussäzigen, blätterichten und lederartigen Arten der Flechte mit Körnern, Bechern und Schildchen beylegen; und der Beyname, den Linné seine vierte Art der Gallerte, und seiner zweyten Art des Schimmels gibt.“ (Gmelin 1773a, Sp. 566); „Coralloides HOFFM. (Parmeliaceae). Zus. aus κοραλλιον (Koralle) und εἰδειν (ähnlich seyn); der Thallus ist ähnlich verzweigt und steif wie die Koralle.“ (Wittstein 1852, S. 225)

„379. Lichen coralloides tubulosus, maior ramosissimus receptaculis florum rufescentibq, per exiguis. Mich. ord. 6. N 1. t. 4. f. 1. Lychenoides tubulosum ramosissimum fruticuli specie candicans. Dill. cat. Kis. [sic!] p. 202“ (AAW R. I, Op. 13, D. 20, Bl. 40v, s. Anm. 1 in Nr. 1); „Lichenoides tubulosum, ramosissimum, fruticuli specie candicans C. G. ...“ (AAW F. 21, Op. 5,

D. 98, Bl. 34r, s. Anm. 54 in Nr. 17); „74. Lichenoides tubulosum, ramosissimum fruticuli specie candicans C. G. 202. ...“ (AAW R. I, Op. 105, D. 1ª, Bl. 3v, s. Anm. 29 in Nr. 5); „38. Lichenoides tubulosum, ramosissimum, fruticuli Specie candicans C. G. ...“ (AAW R. I, Op. 105, D. 12, Bl. 3r, s. Anm. 54 in Nr. 17); „6. Lichenoides tubulosum, ramosissimum, fruticuli specie candicans C. G. 202. ...“ (AAW R. I, Op. 13, D. 67, Bl. 7r, s. Anm. 5 in Nr. 4); „127 Lichenoides tubulosum ramosissimum fruticuli specie candicans C. G. ...“ (AAW R. I, Op. 104, D. 17, Bl. 15r, s. Anm. 36 in Nr. 8); „78. Lichen fruticulosus perforatus ramosissmus, ramulis nutantibus Linn. Svec. 980. Coralloides montanum fruticuli specie, ubique candicans Dill. Sylv. p. 107. Tab. XVI. n°. 29. Lichen caule erecto, tereti ramosiissimo, alis perforatis Linn. Lapp. 437. Roy. pr. 511. Coralloides corniculis candidissimis Tourn. I. R. H. 565. ...“ (AAW R. I, Op. 13, D. 33, Bl. 23v, s. Anm. 2 in Nr. 925); „ ‚Lichen cinereus cornua Damae referens‘ (Tournefortii sp. 32), quo vescuntur Rangiferi, Lauktà ‚weißer Moos‘ “ (Messerschmidt 1962–1977, Bd. 2, S. 90); s. auch Nr. 933

14 „[species 18] Coralloides corniculis rufescentibus. Muscus terrestris, coralloides, erectus, corniculis rufescentibus C. B. Pin. 361. Prodr. 151.“ (Tournefort 1700, S. 565, Genus VII. „Coralloides.“); „[species 3] Lichenoides tubulosum ramosissimum fruticuli specie, candicans, corniculis rufescentibus: Coralloides corniculis rufescentibus Turn. 565. ...“ (Dillenius 1719, S. 203)

„5. Lichenoides tubulosum ramosissimum, fruticuli specie candicans C. G. Corniculis rufescentibus variat, et tunc videtur esse Lichenoides tubulosum, ramosissimum fruticuli Specie candicans corniculis rufescentibus. Ej. ...“ (AAW R. I, Op. 13, D. 42, Bl. 7r, s. Anm. 1 in Nr. 1); „75. Lichenoides tubulosum, ramosissimum, fruticuli specie candicans, corniculis ruffescentibus C. G. 203. ...“ (AAW R. I, Op. 105, D. 1ª, Bll. 3v–4r, s. Anm. 29 in Nr. 5); „7. Lichenoides tubulosum, ramosissimum, fruticuli specie candicans, corniculis ruffescentibus C. G. 203.“ (AAW R. I, Op. 13, D. 67, Bl. 7r, s. Anm. 5 in Nr. 4); s. Nr. 932

15 „CORONOPUS. ... frantzösisch, Corne de cerf, teutsch, Krähenfuß, Schlangenzwang, ist ein Gewächs, dessen es zwey Sorten giebet, ... Die erste wird genannt ... Coronopus, sive Cornu cervinum, ... J. B. ... Cornu cervinum, Lob. Ger. ... Corne de cerf wird es auf frantzösisch, und Cornu cervinum lateinisch genennét, dieweil diese Blätter als wie kleine Hirschgeweih aussehen.“ (Lémery 1721, Sp. 351f.); „Hirschgeweih oder Hirschhorn, cornu cervinum, cornu cervi.“ (Scheller 1805, Sp. 1495)

16 „[species 15] Coralloides cornua Cervi referens, corniculis brevioribus. Muscus Coralloides, saxatilis, Cervi cornua referens C. B. Pin. 361. Lithobryon Coralloides Col. Part. 2. 83.“ (Tournefort 1700, S. 565, Genus VII. „Coralloides.“); „Lichenoides tubulosum ramosum, rigidius, majus & crassius, cinereo-fuscum: Coralloides cornua Cervi referens, corniculis brevioribus Turn. 565. ...“ (Dillenius 1719, S. 203); „982. LICHEN fruticulosus subdichotomus, ramis subulatis. Sp. 1621. n. 68. … Coralloides corniculis referens, corniculis longioribus. Tourn. inst. 565. … β. Coralloides sparsum, caulibus tortuosis & spinosis. Dill. musc. 101. t. 16. f. 24. Coralloides cornua cervi referens, corniculis brevioribus. Tourn. inst. 565. …“ (Gorter 1781, S. 313); „XVI. A. B. C. 26. Coralloides corniculis longioribus & rarioribus. The less branched horned Coralloides. … Coralloides cornua cervi referens, corniculis longioribus … J. R. H. p. 565. …“ (Dillenius 1741, S. 102ff.); „XVI. 25. Coralloides sparsum, caulibus tortuosis & spinosis. The prickly distorted Coralloides. … Coralloides cornua cervi referens, corniculis brevioribus Tourn. … J. R. H. p. 565. …“ (a. a. O., S. 101f.); „Lichen subulatus … pfriemenförmige, strauchige und ziemlich zweytheilige Flechte, …“ (Gmelin 1773a, Sp. 496); „1107. LICHEN (subulatus) … Linn. sp. pl. 1621. n. 68. … Coralloides corniculis longioribus … Dill. musc. 102. t. 16. f. 26. Coralloides cornua cervi referens, corniculis longioribus. Tourn. inst. 565. …“ (Schreber 1771, S. 117f.); „109) Pfriemenförmige Flechte. Lichen subulatus. … Lichen fructiculosus subdichotomus ramis simplicibus subulatis. LINN. Spec. Plant. p. 1621. … SCHREBER. Spicil. n. 1107. … Coralloides corniculis longioribus … DILL. musc. p. 102. t. 16. f. 26. …“ (Linné 1787, S. 522f.); „56. LICHEN subulatus … Gespitzte Strauchflechte. …“ (Georgi 1797–1802, Theil 3, S. 1416)

„26. An Coralloides Cornua cervi referens, corniculis brevioribus I. R. H? Cum priori Icon in I. R. H. Tab. 332. ...“ mit der rechts marginalen Anm. „Tab. III. B.“ (AAW R. I, Op. 13, D. 42, Bl. 6r, s. Anm. 1 in Nr. 1); „41. Fungoides ramosum, flavum & albidum. Fungus ramosus flavus & albidus J. B. III. 837. An Coralloides Cornua Cervi referens, corniculis brevioribus I. R. H? Ind. Len. n°. 26. ...“ (AAW R. I, Op. 105, D. 1, Bl. 3r, s. Anm. 29 in Nr. 5); „23. An Coralloides Cornua Cervi referens corniculis brev[ioribus] I. R. H? ...“ (AAW R. I, Op. 105, D. 12, Bl. 2v, s. Anm. 54 in Nr. 17)

17 „[species 6] Lichenoides tubulosum cinereum, ramosius & crustaceum. ...“ (Dillenius 1719, S. 203); „XVI. A. B. C. 27. Coralloides corniculis brevioribus & crebioribus. The more branched horned Coralloides. … Lichenoides tubulosum cinereum, ramosius & crustaceum. Cat. Giss. p. 203. Syn. St. Br. III. p. 67. n. 18. …“ (Dillenius 1741, S. 104ff.); „[Lichen] furcatus. 69. LICHEN fruticulosus tubulosus ramosus, ramis erectis furcatis. Lichenoides tubulosum cinereum, … R. Syn. 67. Coralloides corniculis brevioribus et crebioribus. Dill. musc. 104. t. 16. f. 27. … Anglis, forked Liverwort. …“ (Hudson 1762, S. 458); „[Lichenoides] tubulosum cinereum ramosius & crustaceum, hierunter versteht er [d. h. Dillenius] eine andere Art der Flechte mit Kelchen.“ (Gmelin 1773a, Sp. 574); „[Lichen] subulatus. 88. … Coralloides corniculis longioribus et rarioribus. Dill. musc. 102. f. 26. … [Lichen] furcatus. β. Lichen fruticulosus tubulosus ramosus, ramis erectis furcatis. Fl. angl. 458. … Coralloides corniculis brevioribus et crebioribus. Dill. mus. 104. t. 16. f. 27. … Anglis, horned, β. forked Lichen. …“ (Hudson 1778, S. 556f.); „1106. LICHEN (furcatus) fruticulosus tubulosus rarioris, ramis erectis furcatis. Huds. Angl. 458. Coralloides corniculis brevioribus et crebioribus. Dill. musc. 104. t. 16. f. 27. …“ (Schreber 1771, S. 117); s. Nr. 936

18 „Gems, wilde Geiß, Felsen=Geiß Lat. Rupicapra, capra Alpina, ... ist ein Geschlecht derer wilden Ziegen, ... Ihre Hörner sind klein, gekrümmet, sehr scharff und schwartz. ... Der Gemsen=Bock heisset auf lateinisch Dama, ...“ (Zedler 1732–1750, Bd. 10, Sp. 822ff.); „1. Gemse ... wilde Feld= oder Felsen= und Stein=Geiße, Steinziege, Capra, Rupicapra, cornibus erectis vncinatis Linn. ... Dama veterum, ... eine Art kleiner und wilder Felsenziegen, ...“ (Krünitz 1773–1858, Bd. 17, S. 291ff.); vgl. aber „Damhirsch, ... L. Dama, Cervus Dama Linn. ... eine Art Wildbret, so das Mittel zwischen dem Hirsch= und Rehwildbrete hält, ...“ (a. a. O., Bd. 8, S. 658ff.); „Horn, z. E. der Ochsen etc., cornu: ...“ (Scheller 1805, Sp. 1531)

19 „[species 19] Coralloides cornua Damae referens.“ (Tournefort 1700, S. 565, Genus VII. „Coralloides.“); „Lichenoides tubulosum, cinereum humile, Damae cornua referens: Coralloides cornua Damae referens Turn 565. ...“ (Dillenius 1719, S. 203); „XXVIII. A. B. 111. Lichenoides rigidum, Eryngii folia referens Syn. St. Brit. III. p. 77. n. 90. The Eryngo-leaf'd Lichenoides. … Coralloides cornua damae referens Tourn. … J. R. H. p. 565. …“ (Dillenius 1741, S. 209ff.); „979. LICHEN fruticulosus perforatus, ramulis brevissimis acutis. … Dill. musc. 99. t. 16. f. 22. β Lichenoides tubulosum cinereum humile, damae cornua referens. Dill. giss. 203. …“ (Linné 1745, S. 357f.); „XVI. A. B. C. D. 22. Coralloides perforatum minus, molle & tenue. The small soft open Coralloides. …“ (Dillenius 1741, S. 99f.); „1108. LICHEN (uncialis) fruticulosus perforatus, ramulis brevissimis acutis. Linn. Sp. pl. 1621. n. 67. … Coralloides perforatum minus molle et tenue. Dill. musc. 99. t. 16. f. 22. …“ (Schreber 1771, S. 118); „[Coralloides] cornua damae referens; ist seine [d. h. Tourneforts] neunzehnte Art [der Flechte], und stellt die Hörner eines Damhirsches vor.“ (Gmelin 1773, Sp. 140); „107) Kurzästige Flechte. Lichen uncialis. … Lichen fruticulosus perforatus, ramulis brevissimis acutis. LINN. … Spec. Plant. p. 1621. Fl. Suec. n. 979; … SCHREBER. spicil. n. 1108. … Coralloides perforatum minus … DILL. musc. p. 99. t. 16. f. 22. … Findet sich auf dürren Heidegegenden, …“ (Linné 1787, S. 521f.); „55. LICHEN uncialis … Korallen=Strauchflechte. …“ (Georgi 1797–1802, Theil 3, S. 1416); „3. Cladonia uncialis. Zollhohe Strunkflechte. … Lichen uncialis Linn. Spec. Plant. Tom. II. p. 1621. Coralloides perforatum … Dill. Hist. Musc. 99. t. 16. f. 22. ...“ (Krünitz 1773–1858, Bd. 77, S. 608f.); „Kurzästige Flechte. Lichen uncialis L. … Diese Flechte enthält einen braunen Farbstoff. Weicht man sie 7 Tage … ein und legt dann Wolle hinein, so wird diese karmelitfarbig, Seide nußbraun.

…" (Leuchs 1825, S. 288); „8239. L[ichen] uncialis … L. fruticulosus perforatus, … Fl. suec. 1. n. 979. … Coralloides perforatum … Dill. musc. 99. t. 16. f. 22. …" (Richter 1840, S. 1064); „Tab. VI. Fig. I. Lichen terrestris foliis Eryngii. ... Est Muscus Islandicus, purgans Barthol. Rai. Hist. ..." (Buxbaum 1728a, S. 11); „50) Isländische Flechte Lichen islandicus. ... Lichen foliaceus adscendens laciniatus; marginibus elevatis ciliatis. LINN. ... Sp. Pl. p. 1611. Fl. Suec. n. 959; 1085. ... Lichenoides rigidum, eryngii folia referens. DILL. musc. p. 209. t. 28. f. 111. ... Lichen terrestris, foliis eryngii. BUXB. cent. 2. p. 11. t. 6. f. 1. 2. ... Ausserdem hat sich diese Flechte noch als ein in Verstopfungen des Unterleibes auflösendes, Stein zermalmendes, Wasser abführendes, gelinde schweistreibendes, und abführendes Mittel bekannt gemacht." (Linné 1787, S. 462ff.); „hh) Lichen islandicus. ... Musco-fungus terrestris, superne cinereus, islandicus; Muscus islandicus purgans; Muscus pulmonarius terrestris sanguineus; Muscus catharticus; Lichenoides islandicum. Deutsch. Die isländische Flechte, Das isländische Mos; Das purgierende Erdmos, Die Baumkratze, Das Heidegras, die braune, harte Hirschhornflechte; Im Zillerthal Rispal raspal. ... Sie ist ... ein bekanntes gutes Brustmittel, das ... oft gute Wirkung geleistet hat. Die Isländer bereiten daraus eine Art Grütze, auch backen sie ein nahrhaftes Brod daraus. ..." (Nemnich 1794, Sp. 398); „27. LICHEN islandicus ... Isländische Blätterflechte. ... Für erstere [d. h. ein aus der Flechte gewonnener Schleim als Brustmittel] wird er in Russischen und andern Apotheken aufbewahrt. Als Speise benutzen ihn Is= und Lappländer und mehrere Russische und Sibirische Nomaden, ... In einigen Archangelischen Kreisen mahlet man ... zerhackte, stark getrocknete Isländische Blätterflechte unter das ... Getreide, und bäckt denn davon unschädliches Nothbrod. Mit Wasser und etwas Alaun gekocht, giebt diese Flechte eine blaßgelbe färbende Tinktur für Wolle. ..." (Georgi 1797–1802, Theil 3, S. 1409f.); „Cladōnia ACH. HFFM. (Cladoniaceae). Von κλαδος (Zweig); ein verzweigter Pilz." (Wittstein 1852, S. 203)

„105. Lichenoides rigidum, Eryngij folia referens R. Syn. III. 77. ..." (AAW R. I, Op. 105, D. 1ª, Bl. 7v, s. Anm. 29 in Nr. 5); „46. Lichenoides rigidum, Eryngij folia referens Raj. Syn. III. ..." (AAW R. I, Op. 105, D. 12, Bl. 3r, s. Anm. 54 in Nr. 17); „37. Lichenoides rigidum, Eryngij folia referens R. Syn. III. 77." (AAW R. I, Op. 13, D. 67, Bl. 8r, s. Anm. 5 in Nr. 4); „124. Lichenoides rigidum, Eryngii folia referens Rai Syn. ed. 3ª. ..." (AAW R. I, Op. 104, D. 17, Bl. 15r, s. Anm. 36 in Nr. 8); „99. Lichen foliaceus adscendens, laciniatus, marginibus elevatis, ciliatis Linn. Svec. 959. Muscus Islandicus Bartholini R. Hist. 1. p. 114. Coralloides cornua damae referens Tourn. I. R. H. p. 565. Lichen terrestris foliis Eryngij Buxb. Comm. [müßte heißen: Cent.] II. p. 11. Tab. VI. f. 1. Lichen foliis oblongis laciniatis, marginibus conniventibus, ciliatis Linn. Lapp. n°. 445. Lichenoides rigidum, Eryngiii foliis referens Raj. Syn. III. p. 77. n°. 90. Dill. Sylv. p. 209. Tab. xxviii, n°. III. α. Lichenoides corniculatum rigidum, spadiceum. Dill. musc. p. 545. n°. 4. Tab. LXXXII. ... α. ... Stellerus eandem pulchram et insignem varietatem in vertice rupium circa munimentum Bargusinense collegit, ..." (AAW R. I, Op. 13, D. 33, Bll. 29v–30r, s. Anm. 2 in Nr. 925); s. Nr. 957, Nr. 959 und Nr. 960

20 „Muscus licheniformis cornu simplici D. Doody. ..." (Ray 1704, S. 28); „Lichenoides tubulosum cinereum, non ramosum: Muscus licheniformis cornu simplici Dood. Suppl. Hist. Raj. p. 28. ..." (Dillenius 1719, S. 204); „XV. A. B. C. D. E. 14. Coralloides vix ramosum, scyphis obscuris. The Skewer Coralloides. … Muscus licheniformis cornu simplici Doody Syn. St. Brit. II. App. p. 332. … Lichen tubulatus cinereum Tourn. J. R. H. p. 549. … Lichenoides tubulosum cinereum, non ramosum Cat. Giss. p. 204. …" (Dillenius 1741, S. 90f.); „[species 35] Lichen tubulatus, cinereus." (Tournefort 1700, S. 549, Genus III. „Lichen."); „3. LICHEN cinereus proboscideus & corniculatus, ut plurimum non ramosus MICHEL. p. 81. n. 12. … Lichenoides tubulosum cinereum non ramosum DILLEN. Syn. III. p. 68. n. 27. …" (Haller 1742, S. 63f.); „[Lichenoides] tubulosum cinereum non ramosum, bedeutet bey ihm [d. h. Dillenius] die gehörnte Flechte." (Gmelin 1773a, Sp. 574); „1113. LICHEN (cornutus) scyphifer simplex clavatus, scyphyis obscuris integris. Linn. sp. pl. 1620. n. 64. … Coralloides vix ramosum, scyphis obscuris. Dill. musc. 90. t. 25 [sic!] f. 14. …" (Schreber 1771, S. 121); „Lichen cornutus … gehörnte zimlich einfache und etwas bauchige Flechte, mit unzertheilten Blumenkelchen" (Gmelin 1773a,

Sp. 492f.); „103) Gehörnte Flechte. Lichen cornutus. ... Lichen scyphifer simpliciusculus subventricosus, calycibus integris. LINN. ... Sp. Pl. p. 1620. ... SCHREBER. spicil. n. 1113. ... Coralloides vix ramosum, ... DILL. musc. p. 90. t. 15. f. 14. ..." (Linné 1787, S. 514f.); „52. LICHEN cornutus ... Gehörnte Becherflechte. ..." (Georgi 1797–1802, Theil 3, S. 1415); „8235. L[ichen] cornutus ... Coralloides vix ramosum, ... DILL. musc. 90. t. 15. f. 14. ..." (Richter 1840, S. 1063)

„* Lichenoides tubulosum cinereum non ramosum. C. G. ..." (AAW R. I, Op. 105, D. 2, Bl. 18v, s. Anm. 54 in Nr. 17); „77. Lichenoides tubulosum cinereum, non ramosum C. G. 204. ..." (AAW R. I, Op. 105, D. 1[a], Bl. 4r, s. Anm. 29 in Nr. 5); „9. Lichenoides tubulosum, cinereum, non ramosum C. G. 204." (AAW R. I, Op. 13, D. 67, Bl. 7r, s. Anm. 5 in Nr. 4)

21 s. Nr. 4

22 „[species 21] Lichen pyxidatus, major. Muscus pyxioides, terrestris C. B. Pin. 361. Muscus pyxidatus J. B. 3. 767. Muscus terrestris, pyxidatos alabastriculos imitatus Lob. Icon. 267. ..." (Tournefort 1700, S. 549, Genus III. „Lichen."); „Lichenoides tubulosum pyxidatum, cinereum: Lichen pyxidatus major Turn. 549. ..." (Dillenius 1719, S. 204); „1. LICHEN PYXIDATUS MAJOR. Inst." (Vaillant 1727, S. 115); „XIV. A. B. C. D. E. F. G. H. I. K. L. M. 6. Coralloides scyphiforme, tuberculis fuscis. Common cup or Chalice Coralloides. ... Muscus pyxioides terrestris C. B. ... Pin. p. 361. n. 13. Muscus pyxidatus ... J. B. Hist. III. P. II. L. 37. p. 767. ... Lichen pyxidatus major Tourn. J. R. H. p. 549. ... Lichenoides tubulosum ... Cat. Giss. p. 204. ..." (Dillenius 1741, S. 79ff.); „Lichen pyxidatus ... büchsenförmige Flechte, ... Sie hat mehrere Spielarten; ... Sie heißt bey Tournefort: Lichen pyxidatus major, ..." (Gmelin 1773a, Sp. 491); „1109. LICHEN (pyxidatus) scyphifer simplex crenulatus, tuberculis fuscis. Linn. sp. pl. 619. n. 60. Coralloides scyphiforme, tuberculis fuscis. Dill. musc. 79. t. 14. f. 6. ... Lichen pyxidatus major. Tourn. inst. 549. t. 325. f. D. Vaill. Paris. 115. t. 21. f. 8. ..." (Schreber 1771, S. 118ff.); „99. Gemeine Becherflechte. Lichen pyxidatus. ... Lichen scyphifer simplex crenulatus, tuberculis fuscis. LINN. ... Sp. pl. p. 1619. ... SCHREBER. spicil. n. 1109. ... Coralloides scyphiforme, ... DILL. musc. p. 79. t. 14. f. 6. ... Lichen pyxidatus major. TOURNEF. inst. p. 549. t. 325. ..." (Linné 1787, S. 509ff.); „xx) Lichen pyxidatus. ... Deutsch. Die gemeine Büchsenflechte, oder Becherflechte; das büchsenförmige Erdmos. ... ein Decoct aus derselben mit Milch präparirt, soll gut wider den Kickhusten (Engl. Whooping cough), ... seyn." (Nemnich 1794, Sp. 402); „48. LICHEN pyxidatus ... Büchsenförmige Becherflechte. ..." (Georgi 1797–1802, Theil 3, S. 1414); „Die bechertragende Säulenflechte (... Lichen pyxidatus Linn. ...) oder gemeine Becherflechte, ... Sie war ehemals unter gleichen Namen, wie die Scharlachflechte, oder auch als Bechermoos oder Becherflechte (Muscus s. Lichen pyxidatus) gegen Wechselfieber und Keuchhusten im Gebrauche. ..." (Bischoff 1833, S. 1111); „8232. L[ichen] pyxidatus ... L. pyxidatus major Tournef. Inst. 549. t. 325. fig. D. Vaill. paris. 115. t. 21. f. 8. ... Coralloides scyphiforme, ... Dill. musc. 79. t. 14. f. 6. ..." (Richter 1840, S. 1063)

„341. Lichen pyxidatus major Inst. r. h. 549." (AAW R. I, Op. 6, D. 40, Bl. 37v, s. Anm. 1 in Nr. 1); „81. Lichenoides tubulosum pyxidatum cinereum C. G. 204." (AAW R. I, Op. 105, D. 1[a], Bl. 4v, s. Anm. 29 in Nr. 5); „13 Lichenoides tubulosum, pyxidatum, cinereum C. G. 204. j. Idem cornu simplici." (AAW R. I, Op. 13, D. 67, Bl. 7r, s. Anm. 5 in Nr. 4); „125. Lichenoides tubulosum pyxidatum cinereum C. G. ..." (AAW R. I, Op. 104, D. 17, Bl. 15r, s. Anm. 36 in Nr. 8); „79. Lichen scyphifer simplex crenulatus, tuberculis fuscis Linn. Svec. 971. Coralloides scyphiforme tuberculis fuscis Dill. Sylv. p. 79. Tab. XIV. n°. 6. ..." (AAW R. I, Op. 13, D. 33, Bll. 23v–24r, s. Anm. 2 in Nr. 925); s. auch Nr. 943 und Nr. 944

23 „[species 25] Lichen pyxidatus, non ramosus, acetabulis fimbriatis." (Tournefort 1700, S. 549, Genus III. „Lichen."); „Lichenoides tubulosum pyxidatum, marginibus serratis. Lichen pyxidatus non ramosus, acetabulis fimbriatis Turn. 549. ..." (Dillenius 1719, S. 204); „LICHEN PYXIDATUS MINOR Inst." (Vaillant 1727, S. 115); „XIV. A. B. C. 8. Coralloides scyphiforme gracili, marginibus serratis. The indented Cup Coralloides. ... Lichen pyxidatus minor Tourn. ... J. R. H. p. 549. Vaill. Bot. Par. p. 115. ... Lichenoides tubulosum pyxidatum, ... Cat. Giss. p. 204. ..."

(Dillenius 1741, S. 84f.); „1111. LICHEN (fimbriatus) scyphifer simplex denticulatus, stipite cylindraceo. Linn. Sp. pl. 1619. n. 61. ... Coralloides scyphiforme gracile, ... Dill. musc. 84. t. 14. f. 8. A. B. Lichen pyxidatus minor. T. Vaill. Paris. 115. t. 21. f. 6. ...“ (Schreber 1771, S. 120f.); „[Lichen] fimbriatus, ... gesaumte Flechte, ... Sie heißt ... bey Vaillant und Micheli: Lichen pyxidatuss minor, ...“ (Gmelin 1773a, Sp. 491f.); „100) Gezähnte Flechte. Lichen fimbriatus. ... Lichen scyphifer simplex denticulatus, stipite cylindrico. LINN. ... Spec. Pl. p. 1619. ... SCHREBER. spicil. n. 1111. ... Coralloides scyphiforme ... DILL. musc. p. 84. t. 14. f. 8. 9. Lichen pyxidatus minor. VAILL. paris. p. 115. t. 21. f. 6. ...“ (Linné 1787, S. 511f.); „49. LICHEN fimbriatus ... Gesäumte Becherflechte. ...“ (Georgi 1797–1802, Theil 3, S. 1414); „LICHEN fimbriatus. Fringed Cup Lichen. ... SYN. Lichen fimbriatus. Linn. Sp. Pl. 1619. ... Coralloides scyphiforme ... Dill. Musc. 84. t. 14. f. 8. ...“ (Smith 1811, S. 2438)

„43 Lichen pyxidatus minor I. R. H. Cum quo et occurrit. I. Lichen pyxidatus non ramosus, acetabulis fimbriatis. I. R. H. II. Lichen pyxidatus corniculis aduncis I. R. H. III. Lichen pyxidatus ramosus, acetabulis fimbriatis I. R. H. IV. Lichen pyxidatus, acetabulum oris coccineis et tumentibus. I. R. H. ...“ (AAW R. I, Op. 13, D. 42, Bl. 7r, s. Anm. 1 in Nr. 1); „80. Lichenoides tubulosum pyxidatum, marginibus serratis C. G. 204. ...“ (AAW R. I, Op. 105, D. 1^{a}, Bl. 4v, s. Anm. 29 in Nr. 5); „12 Lichenoides tubulosum, pyxidatum, marginibu<s> serratis C. G. 204.“ (AAW R. I, Op. 13, D. 67, Bl. 7r, s. Anm. 5 in Nr. 4)

24 „[species 31] Lichen pyxidatus, prolifer.“ (Tournefort 1700, S. 549, Genus III. „Lichen.“); „Lichenoides tubulosum pyxidatum proliferum: Lichen pyxidatus prolifer Turn. 549. ...“ (Dillenius 1719, S. 204); „LICHEN PYXIDATUS PROLIFER. Inst.“ (Vaillant 1727, S. 115); „431. LICHEN caule simplici, calice turbinato, centro simpliciter prolifero. ... Lichen pyxidatus prolifer. Vaill. par. 115. t. 21. f. 5. ...“ (Linné 1737a, S. 330); „15. LICHEN tubulatus, pyxidatus, prolifer. Lichen pyxidatus prolifer I. R. H. VAILL. T. XXI. f. 5. Lichen caule simplici, ...LINN. Lap. 431. ...“ (Haller 1742, S. 65); „[Lichen] pyxidatus prolifer, bedeutet bey Tournefort und Vaillant eine Spielart der büchsenförmigen Flechte, welche aus der Mitte des Kelchs Junge treibt.“ (Gmelin 1773a, Sp. 553); s. Nr. 941

25 „[species 22] Lichen pyxidatus, minor. Muscus pyxioides, saxatilis C. B. Pin. 361. Prodr. 152. J. B. 3. 767.“ (Tournefort 1700, S. 549, Genus III. „Lichen.“); „Lichenoides tubulosum pyxidatum, tuberculis fusco-nigris: Lichen pyxidatus minor Turn. 549. Muscus pyxioides saxatilis J. B. 3. 767. C. B. 361. n. 14. Pr. 152. n. 16. ...“ (Dillenius 1719, S. 204); „971. LICHEN scyphifer simplex crenulatus, tuberculis fuscis. Coralloides scyphiforme, ... Dill. musc. 79. t. 14. f. 6. ... δ ... Lichenoides tubulosum pyxidatum, ... Dill. giss. 204. ε Lichenoides tubulosum pyxidatum, ... Dill. giss. 204. ...“ (Linné 1745, S. 354f.)

„381. Lichen tubulosus pyxidatus cinereus Hall. Alp. 64. 9. Lichen pyxidatus minor & major Vaill. 115. T. XXI. ff. 68.“ (AAW R. I, Op. 13, D. 20, Bl. 40v, s. Anm. 1 in Nr. 1); s. Nr. 941, Nr. 942 und Nr. 945

26 „[species 27] Lichen pyxidatus, acetabulorum oris fuscis & tumentibus.“ (Tournefort 1700, S. 549, Genus III. „Lichen.“); „Lichenoides tubulosum pyxidatum, tuberculis fusco-nigris, proliferum: Lichen pyxidatus acetabulorum oris fuscis & tumentibus Turn. 549. ...“ (Dillenius 1719, S. 204)

„78. Lichenoides tubulosum, cinereum, difforme, cum tuberculis fusco-nigris. An Lichenoides tubulosum pyxidatum tuberculis fusco-nigris, proliferum. C. G. 204?“ (AAW R. I, Op. 105, D. 1^{a}, Bll. 4r–4v, s. Anm. 5 in Nr. 5); s. Nr. 944

27 „Lichenoides tubulosum pyxidatum, tuberculis amoene coccineis. ...“ (Dillenius 1719, S. 204f.); „XIV. A. B. C. D. E. F. G. H. I. K. L. M. 7. Coralloides scyphiforme, tuberculis coccineis. Scarlet tipt Cup coralloides. ... Lichenoides tubulosum pyxidatum, tuberculis amoene coccineis Cat. Giss. p. 204. ... Lichen pyxidatus, acetabulorum oris coccineis & tumentibus Tourn. ... J. R. H. p. 549. [s. Nr. 947] Vaill. Bot. Par. Tab. 21. f. 4. bon. Lichen pyxidatus, oris coccineis & tumentibus Eid. p. 115. nom. ...“ (Dillenius 1741, S. 82ff.); „LICHEN PYXIDATUS ORIS COCCINEIS ET TUMENTIBUS. ...“ (Vaillant 1727, S. 115); „972. LICHEN scyphifer simplex integerrimis,

stipite cylindrico, tuberculis coccineis. Coralloides scyphiforme, ... Dill musc. 82. t. 14. f. 7. α Lichenoides tubulosum pyxidatum, ... Dill. giss. 204. ... β ... Lichen pyxidatus oris coccineis & tumentibus. Vaill. paris. 115. t. 21. f. 4. ... Lichenoides tubulosum pyxidatum, tuberculis amoene coccineis, proliferum. Dill. giss. 205. ..." (Linné 1745, S. 355); „26. Lichen caule simplici, calyce turbinato, centro simpliciter prolifero. LINN. flor. 431. Lichen pyxidatus, acetabulorum oris coccineis & tumentibus. Vailll. par. 115. t. 21. f. 4. Lichenoides tubulosum pyxidatum, tuberculis amoene coccineis, proliferum Dill. giss. 205. [Nr. 947] ..." (Royen 1740, S. 512); „1110. LICHEN (cocciferus) scyphifer simplex integerrimis, ... Linn. sp. pl. 1618. n. 58. ... Coralloides scyphiforme, tuberculis coccineis. Dill. musc. 82. t. 14. fig. 7. Lichen pyxidatus, acetabulorum oris coccineis et tumentibus. T. Vaill. Par. 115. t. 21. f. 4. ..." (Schreber 1771, S. 120); „[Lichen] cocciferus ... körnichte Flechte, ... Sie färbt roth, und ist vormals in dem Krampfhusten der Kinder häufig gebraucht worden, ... Sie heißt ... by Tournefort: Lichen pyxidatus acetabulorum oris coccineis ..." (Gmelin 1773a, Sp. 489f.); „97) Scharlachköpfige Flechte. Lichen cocciferus. ... Lichen scyphifer simplex integerrimus, stipite cylindrico, tuberculis coccineis. LINN. ... Sp. Pl. p. 1618. Pl. Suec. n. 972. ... ROY. lugdb. p. 512. ... SCHREBER. spicil. n. 1110. ... Coralloides scyphiformes, ... DILL. musc. p. 82. t. 14. f. 7. Lichen pyxidatus, ... VAILL. paris. p. 115. p. 115. t. 21. f. 4. ..." (Linné 1787, S. 507f.); „q) Lichen cocciferus. ... Deutsch. Die Cochenilflechte; Die scharlachwarzige Becherflechte, Die körnichte Flechte; Feuerkraut, Fieberkraut, Fiebermos. ... ihre Knötchen sollen eine dauerhafte rothe Farbe liefern." (Nemnich 1794, Sp. 395f.); „46. LICHEN cocciferus ... Rothkörnige Becherflechte. ... Sie färbt roth und gelb." (Georgi 1797–1802, Theil 3, S. 1414); „8230. L[ichen] cocciferus ... L. scyphifer simplex ... Fl. suec. I. p. 972. ... L. pyxidatus, ... Vaill. paris. 115. t. 21. f. 4. ... Coralloides scyphiforme, ... Dill. musc. 82. t. 14. f. 7. ..." (Richter 1840, S. 1063)

„79. Lichenoides tubulosum, pyxidatum, tuberculis amoene coccineis C. G. 204. ... j. Idem simplici corniculo sine tuberculis. ..." (AAW R. I, Op. 105, D. 1^{a}, Bl. 4v, s. Anm. 29 in Nr. 5); „11. Lichenoides tubulosum pyxidatum, tuberculis amoene coccineis C. G. 204. j. Idem simplici corniculo sine tuberculis Ind. Jen. n°. 79. var. j." (AAW R. I, Op. 13, D. 67, Bl. 7r, s. Anm. 5 in Nr. 4); „80. Lichen Scyphifer simplex integerrimus, stipite cylindrico, tuberculis coccineis Linn. Svec. 972. Coralloides Syphiforme, tuberculi coccineis Dill. Sylv. p. 82. Tab. XIV. n°. 7. ... Eadem ... Linn. Lapp. n°. 433. 433. Tab. XI. f. 5. ..." (AAW R. I, Op. 13, D. 33, Bll. 24r–24v, s. Anm. 2 in Nr. 925); s. Nr. 947

28 „[species 28] Lichen pyxidatus, acetabulorum oris coccineis & tumentibus. ..." (Tournefort 1700, S. 549, Genus III. „Lichen."); „Lichenoides tubulosum pyxidatum, tuberculis amoene coccineis, proliferum: Lichen pyxidatus acetabulorum oris coccineis & tumentibus Turn. 549. ..." (Dillenius 1719, S. 205)

„Lichen pyxidatus acetabulorum oris coccineis et tumentibus (Tournefortii sp. 28), Sylv." (Messerschmidt 1962–1977, Bd. 4, S. 206, s. Anm. 1 in Nr. 1); s. Nr. 942 und Nr. 946

29 „leprosus, schorfartig oder schorfig, aus schuppenförmigen oder schülferartigen Theilen bestehend, welche, bald lose, bald zusammengeflossen, in ihrer Vereinigung einem Hautausschlage mehr oder weniger ähnlich sehen, ..." (Bischoff 1857, S. 89)

30 „A. 79. Muscus crustaceus leprosus scutellaris cinereus. ..." (Petiver 1695, S. 12); „Muscus crustaceus leprosus, scutellaris, cinereus Mus. Pet. ..." (Ray 1704, S. 29); „Lichenoides crustaceum & leprosum, scutellare, cinereum: Muscus crustaceus leprosus, scutellaris, cinereus M. P. ap. Raj. Suppl. p. 29. ..." (Dillenius 1719, S. 205); „Lichen crustaceus & leprosus, totus cinereus. An Lichenoides crustaceum & leprosum, scutellare, cinereum Dill. Cat. ..." (Buxbaum 1721, S. 187); „* 33. LICHEN CRUSTACEUS, LEPROSUS, SCUTIS CINEREIS." (Vaillant 1727, S. 116); „XVIII. 10. Lichenoides leprosum tinctorium, scutellis lapidum cancri figura. The Crawfish Eyelike Lichenoides. ... Muscus crustaceus leprosus, ... Pet. Mus. n. 79. ... Lichenoides crustaceum ... Cat. Giss. p. 205. ... Lichen crustaceus leprosus, ... Vaill. ... Bot. Par. p. 116. n. 22. ..." (Dillenius 1741, S. 130); „*2048. LICHEN verrucosus tenax, albus, scutellis excavatis, marginatis, concoloribus. † Lichenoides leprosum tinctorium, ... DILLEN. p. 130. t. 18. f. 10. ..." (Haller 1768b,

S. 97f.); „[Lichenoides] leprosum tinctorium, scutellis lapidum cancri figura; hierunter versteht er [d. h. Dillenius] Linne's neun und achtzigste Art der Flechte." (Gmelin 1773a, Sp. 571); „32) Erdorseille. Lichen Parellus. ... Lichen crustaceus albus, peltis concavis obtusis pallidis. LINN. Syst. veg. p. 958. ... Lichen verrucosus tenax, ... HALL. helv. n. 2048. Lichenoides leprosum tinctorium, ... DILL. musc. 130. t. 18. f. 10. ... Aus dieser Flechte, die uns auch unter den Namen Parelle und Orseille von Auvergne bekannt ist, wird der berühmte Lackmus (Lacca caerulea) bereitet. ..." (Linné 1787, S. 444f.); „nn) Lichen parellus ... Lichen crustaceus leprosus, scutellis cinereis Vaillant; Patellaria parella. Hofmann. Deutsch. Die weisse Schildflechte; Die weisse Mauerflechte, Die Parelle oder Orseille von Auvergne, Die Erdorseille. ... in Urin eine Zeitlang macerirt, giebt sie eine rothe oder violette Farbe." (Nemnich 1794, Sp. 399); „8180. L[ichen] Parellus ... Lichenoides leprosum tinctorium, ... Dill. musc. 130. t. 18. f. 10. ..." (Richter 1840, S. 1058)

„83. Lichenoides crustaceum et leprosum, scutellare, cinereum C. G. 205. ..." (AAW R. I, Op. 105, D. 1ª, Bl. 5r, s. Anm. 29 in Nr. 5)

31 „Lichenoides crustaceum & leprosum, scutellis nigricantibus majoribus: Muscus crustaceus leprosus, scutis nigricantibus M. P. ap. Raj. Suppl. 29. ..." (Dillenius 1719, S. 205); „Lichenoides crustaceum & leprosum, scutellis nigricantibus minoribus. ..." (a. a. O., S. 205); „Lichen crustae modo saxis adnascens, scutellis nigricantibus majoribus, ... In saxis campestribus bey Giebichenstein. Lichen crustae modo saxis adnascens, scutellis nigricantibus, minoribus. Praecedentis varietas." (Buxbaum 1721, S. 186); „* LICHEN CRUSTACEUS LEPROSUS SCUTIS NIGRICANTIBUS." (Vaillant 1727, S. 116); „XVIII. A. B. & LV. f. 8. 15. Lichenoides crustaceum nigricantibus majoribus & minoribus Cat. Giss. p. 205. ... Black spangled leprous Lichenoides. Lichen crustae modo saxis adnascens, scutellis nigricantibus majoribus & minoribus Buxb. En. Pl. Hal. p. 186. Lichen crustaceus leprosus, Vaill. Bot. Par. p. 116. n. 21. ..." (Dillenius 1741, S. 133f.); „*2056. LICHEN crusta glauca, verrucosa, tenace. † Lichenoidess crustaceum & leprosum, ... DILLEN. p. 133. t. 18. f. 15. ..." (Haller 1768b, S. 99); „1133. LICHEN (scruposus) crustaceus cinereus granosus, ... Lichenoides crustaceum et leprosum, scutellis nigricantibus etc. Dill. musc. 133. t. 18. f. 15. var. B. ..." (Schreber 1771, S. 133f.); „50. LICHEN SCRUPOSUS. ... Lichen scruposus; crustaceus cinereus granosus, ... SCHREB. spicil. p. 133. n. 1133. ... Lichenoides crustaceum et leprosum, ... DILL. Hist. musc. p. 133. Tab. 18. f. 15. var. B. ... Bleifarbige Schildflechte. ..." (Hoffmann 1784, S. 41); „VII. Lichen brun. Lichen subfuscus. Lin. Sp. 1609. ... Lichenoides crustaceum & leprosum, scutellis sub fuscis. Dil. 134. t. XVIII, f. 16. β. Lichen crustaceus, leprosus, scutis nigricantibus. Vaill. Paris. 116. Lichenoides crustaceum & leprosum, scutellis nigricantibus, majoribus & minoribus. Dillen. 33, [sic!] t. XVIIII, [sic!] f. 15. ..." (Lamarck 1778a, S. 77 in: Méthode analytique); „XVIII. A. B. 16. Lichenoides crustaceum & leprosum, scutellis subfuscis Cat. Giss. p. 205. ... Brown or variously spangled leprous Lichenoides. ..." (Dillenius 1741, S. 133f.); „Lichenoides crustaceum & leprosum, scutellis subfuscis. ..." (Dillenius 1719, S. 205); „1129. LICHEN (subfuscus) crustaceus albicans, scutellis nigris: junioribus urceolatis cavis. Linn. syst. nat. 710. n. 16. sp. pl. 1609. ... Lichenoides crustaceum et leprosum, ... Dill. musc. 134. t. 18. f. 16. ..." (Schreber 1771, S. 132); „30) Braune Schildflechte. Lichen subfuscus. ... Lichen crustaceus albicans, scutellis nigris: junioribus urceolatis cavis. LINN. Syst. Veg. p. 958. Lichen (subfuscus) crustaceus albicans, scutelllis subfuscis: margine cinereo subcrenato. Sp. pl. p. 1609. ... SCHREBER spic. n. 1129. ... Lichenoides crustaceum & leprosum, ... DILL. musc. p. 134. t. 18. f. 18. [sic!] ..." (Linné 1787, S. 442f.); „18. LICHEN subfuscus ... Bräunliche Schild=Flechte. ... Sie färbt bräunlichgelb und bräunlich. ..." (Georgi 1797–1802, Theil 3, S. 1407)

„84. Lichenoides crustaceum et leprosum scutellis nigricantibus, majoribus et minoribus C. G. 205. ..." (AAW R. I, Op. 105, D. 1ª, Bl. 5r, s. Anm. 29 in Nr. 5)

32 „Lichenoides tuberculosum, amoene purpureum. ..." (Dillenius 1719, S. 206); „* NOSTOC GRANULOSUS COCCINEUS ARBORIBUS COCCINEUS. ..." (Vaillant 1727, S. 144); „XVIII. 6. Lichenoides tuberculosum amoene purpureum Cat. Giss. p. 206. Syn. St. Br. III. p. 71. n. 50.

The red nobb'd Lichenoides. ... Nostoc granulosum coccineum, arboribus adnascens Vaill. ... Bot. Par. p. 144. n. 6. ..." (Dillenius 1741, S. 127); „*2189 SPHAERIA convexa, miniata, hirsuta. † ... Lichenoides tuberculosum amoene purpureum DILLEN. Sylv. p. 127. t. 18. n. 6. ..." (Haller 1768b, S. 121); „1092. ELVELA (purpurea) subglobosa sessilis solitaria glabra. Linn. sp. pl. 1626. sub TREMELLA. Sphaeria convexa miniata hirsuta. Hall hist. n. 2189. Lichenoides tuberculosum amoene purpureum. DILL. musc. 127. t, 18. f. 6. ..." (Schreber 1771, S. 112); „[Tremella] purpurea, subglobosa sessilis, solitaria glabra, vestsizende, zimlich kugelrunde, einzelne und glatte purpurrothe Gallerte; ... Sie hat eine angenehme purpurrothe Farbe." (Gmelin 1777, Sp. 204); „TABVLA VI. FIG. 2. 18. TREMELLA PVRPVREA. ... Linn. ... syst. pl. 565. ... Elvela purpurea Schreb. spicil. 112. Sphaeria convexa ... Hall. hist. 2189. Lichenoides tuberculosum ... Dill. hist. musc. 127. tab. 8. fig. 6. Nostoc granulosum coccineum Vaill par. 144. ..." (Hoffmann 1787, S. 29f.); „10) Purpurrothe Gallerte. Tremella purpurea. ... Tremella subglobosa sessilis solitaria glabra. LINN. ... Sp. Pl. p. 1625. Eluela purpurea. SCHREBER. spicil. n. 1092. HOFFMANN. Veg. crypt. Fasc. 1. Tab. 6. fig. 2. ... Sphaeria convexa ... HALL. helv. n. 2159. Lichenoides tuberculosum ... DILL. musc. 127. t. 18. f. 6. ..." (Linné 1787, S. 553); „TREMELLA. ... Deutsch. Die Gallerte. ... Eine Gattung Aftermose; Einförmige, durchsichtige, häutige, gallertartige, blättrige Massen, welche sich ... von den Flechten unterscheiden; Einige Arten sind zu bemerken: a) nostoc; Nostoch; Carefolium; Erdgallerte; Erdblume, Himmelsblatt, Sternschnuppe; ... bey den Alchemisten steht sie in grossem Ansehen, und ist mit den Namen Spiritus mundi, Flos coeli &c. belegt worden; ..." (Nemnich 1795, Sp. 1470f.); „6. TREMELLA purpurea ... Purpurfarbne Gallert. ... auf abgestandenen Bäumen, in Form kleiner Hügel. ..." (Georgi 1797–1802, Theil 3, S. 1421); „Tremēlla DILL. (Tremellinae). Von τρεμειν (zittern); diese Pilze bilden eine zitternde Gallerte." (Wittstein 1852, S. 890); „Tremella, Gallerte, ist nicht nur der Gattungsname, unter welchem Dillen, und Adanson einige Arten der Ylle mit der Gallerte vereinigen, ... und Haller nur einige Arten der Gallerte begreift, sondern auch bey Linné eine Gattung Aftermose, welche in einem filzigen Wesen kaun merkliche Befruchtungstheile trägt: ..." (Gmelin 1777, Sp. 201f.); „Nōstoc VAILL. (Nostochinae). Von νοστις, νοτις (Feuchtigkeit, Wasser), in Bezug auf das Vorkommen und die Beschaffenheit dieser Algen." (Wittstein 1852, S. 619); „Sphaēria HALL. (Sphaeriaceae). Von σφαιρα (Kugel); das Pyrenium ist kugelförmig." (a. a. O., S. 827); „Elvela; ist der Gattungsname, welchen Gleditsch, Ludwig und Böhmer einigen Arten des Blätterschwamms, des Becherschwamms, und der Gallerte beylegen." (Gmelin 1773, Sp. 731); „[Schwamm] (Falten=), Helvella, s. Elvela, Linn. eine Schwamm=Gattung mit einem irregulär aufgestutzten und zugespitzten Hute, welcher oben und unten eben, übrigens aber faltig ist" (Krünitz 1773–1858, Bd. 150, S. 130); „Helvēlla L. (Morchellinae). Dimin. von helvus (gelbröthlich), in Bezug auf die Farbe des Pilzhutes. Auch kann das Wort als das Dimin. vom altlateinischen helus (olus: Küchenkraut, Gemüse etc.) betrachtet werden, u. bezeichnet dann die Benützung dieses Pilzes als Nahrungsmittel." (Wittstein 1852, S. 428)

„85. Lichenoides tuberculosum, amoene purpureum C. G. 206." (AAW R. I, Op. 105, D. 1[a], Bl. 5r, s. Anm. 29 in Nr. 5); „17. Lichenoides tuberculosum, amoene purpureum C. G. 206." (AAW R. I, Op. 13, D. 67, Bl. 7r, s. Anm. 5 in Nr. 4)

33 „[species 3] Lichen Dioscoridis & Plinii secundus, colore flavescente Col. Part. 1. 331. Muscus crustae modo arboribus adnascens, colore flavescente C. B. Pin. 361. Muscus crustae modo arboribus adnascens, flavus Raii Hist. 116." (Tournefort 1700, S. 548, Genus III. „Lichen."); „Lichen Dioscoridis, & Plinij secundus. Cap. CLIV. ... colore viridante, flauescente, ..." und die Abbildung „Lichen Dioscoridis et Plinii secundus" auf S. 331 (Columna 1616, S. 330); „Lichenoides crusta foliosa, scutellata, flavescens: Lichen Diosc. & Plinii 2. colore flavescente Col. P. 1. 331. Turn. 548. Muscus crustae modo arboribus adnascens flavus Raj. H. 116. ..." (Dillenius 1719, S. 206); „19. LICHEN DIOSCORIDIS ET PLINII SECUNDUS, COLORE VIRIDANTE. Col. 1. 331. LICHEN DIOSCORIDIS ET PLINII SECUNDUS, COLORE FLAVESCENTE. Col. 1. 331." (Vaillant 1727, S. 116); „XXIV. A. B. C. 76. Lichenoides vulgare sinuosum, foliis & scutellis luteis. The common curl'd Lichenoides, with yellow Leafes and Plates. ... Lichen

Dioscoridis & Plinii secundus Col. Ecphr. C. 154. p. 330. 331. ... Muscus crustae modo ... C. B. Pin. p. 361. n. 8. ... Lichen Dioscoridis & Plinii secundus, colore flavescente & viridante Tourn. ... J. R. H. p. 548. ... Lichenoides crusta foliosa ... Cat. Giss. p. 206. ..." (Dillenius 1741, S. 180ff.); „Lichen Dioscoridis & Plinii secundus, colore flavescente Col. Part. 1. 331. Muscus crustae modo adnascens, ... C. B. Pin. 361. ... Gelbes Baummooß. ..." (Mappus 1742, S. 169); „70. LICHEN Dioscoridis & Plinii secundus, ... Ecphr. 1. p. 330. cum bon ic. p. 331. I. R. H. ... Lichenoides crusta foliosa ... DILLEN. Cat. Gißs. p. 206. ..." (Haller 1742, S. 76); „861. Lichen foliaceus laciniatus crispus fulvus Linn. Fl. Suec. 967. Lichen Dioscoridis et Plinii secundus, ... Col. Ecphr. I. 330. ... Lichenoides vulgare sinuosum ... Dill. Musc. 180. t. 24. f. 76. ..." (Boehmer 1750, S. 334); „[Lichen] parietinus ... Wandflechte, ... Sie färbt ... Papier und leinen Garn gelb, auch fleisch= und blaßroth, und zieht in Bauchflüssen zusamen: Sie heißt bey Tournefort: Lichen Dioscoridis & Plinii, secundus, colore flavescente; ..." (Gmelin 1773a, Sp. 471); „[Lichenoides] crusta foliosa scutellata flavescente, also nennt er [d. h. Dillenius] die Lichtflechte." (Gmelin 1773a, Sp. 568); „100. LICHEN PARIETINUS. ... LINN. ... Syst. Pl. 4. p. 534. n. 35. ... Lichenoides crusta foliosa ... Cat. Giss. p. 206. Lichen Dioscoridis et Plinii secundus, ... TOURNEF. Inst. p. 548. ... Lichenoides vulgare sinuosum, ... DILL. Hist. Musc. p. 180. Tab. 24. Fig. 76. A. B. ... Goldgelbe Blätterflechte. Gemeine gelbe Baumkrätze. KRÜNITZ Enc. Vol. 14. p. 73. Wandflechte. ..." (Hoffmann 1785, S. 89ff.); „43) Wandflechte. Lichen parietinus. ... Lichen imbricatus, foliolis crispis fulvis, peltis concoloribus fulvis. LINN. ... Sp. Pl. p. 1610. ... HOFFM. Enum. Lich. n. 100. p. 889. t. 18. f. 1. ... Lichenoides vulgare sinuosum, ... DILL. musc. p. 180. t. 24. f. 76. Lichen Dioscoridis & Plinii secundus, ... TOURNEF. Inst. R. H. p. 548. ... Eine Handvoll von dieser ... wird als ein vorzügliches Mittel wider die Gelbsucht angerühmt. ... Nach Herrn von Hallern soll die Wandflechte bei Diarrhöen auch zusammenziehende Kräfte äussern. ..." (Linné 1787, S. 456f.); „10. Goldgelbe Schuppenflechte; gemeine gelbe Baumkrätze, Lichen (parietinus) imbricatus, foliolis crispis fulvis, peltis concoloribus fulvis, ..." (Krünitz 1773–1858, Bd. 14, S. 73); „oo) Lichen parietinus. ... Deutsch. Die Wandflechte; Die goldgelbe Schuppenflechte; Die gemeine gelbe Baumflechte. ... sie soll der Lichen der Alten seyn; sie soll ... eine gute gelbe oder Orangenfarbe liefern." (Nemnich 1794, Sp. 399); „23. LICHEN parietinus ... Wand=Schuppenflechte. ... Sie färbt baille gelb und auch braunroth." (Georgi 1797–1802, Theil 3, S. 1408); „PARMELIA PARIETINA. ... Lichenoides vulgare sinuosum, foliis et scutellis luteis. Dill. Musc. p. 180. t. 24. f. 26. Wand-Schildflechte, goldgelbe Becherflechte, goldgelbe Schuppenflechte Windflechte, Wand-Lappenflechte, Steinflechte gemeine gelbe Baumkrätze. ... Die Flechte zeigte sich äusserst wirksam bey intermittierenden Fiebern und in Rückfällen übertraf sie Chinarinde, und so auch beym Typhus ... Auch hat sie der schon genannte Arzt, [d. h. Georg Karl Heinrich Sander] in der Hautwassersucht, ferner bey Schwäche der Verdauungswerkzeuge ... auch in der Chlorosis, wo er sie ... anwendete, ... Auch bey Scropheln und bösartigen Geschwüren war die Flechte nicht one Nutzen. ..." (Hayne 1817, Nr. 47)

„49. Lichen Dioscoridis et Plinij Secundus colore flavescente Col. I. R. H. ..." (AAW R. I, Op. 13, D. 42, Bl. 7v, s. Anm. 1 in Nr. 1); „40. Lichenoides crusta foliosa scutellata, flavescens C. G. ..." (AAW R. I, Op. 105, D. 12, Bl. 3r, s. Anm. 54 in Nr. 17); s. Nr. 954

34 „[species 4] „Lichen crustae modo arboribus adnascens, pullus Raii Hist. 116." (Tournefort 1700, S. 548, Genus III. „Lichen."); „A. 4. Muscus crustae modo arboribus adnascens pullus. ..." (Ray 1686, S. 116); „Lichenoides crusta foliosa scutellata, pullum: Muscus crustae modo arboribus adnascens pullus Raj. H. 116. Lichen crustae modo arboribus adnascens pullus Turn. 548. ..." (Dillenius 1719, S. 206); „20. LICHEN CRUSTAE MODO ARBORIBUS ADNASCENS, PULLUS. Inst. 548." (Vaillant 1727, S. 116); „XXIV. A. B. 77. Lichenoides olivaceum, scutellis laevibus. The Olive colour'd Lichenoides, with smooth Plates. ... Lichen crustae modo ... Tourn. ... J. R. H. p. 548. ... Lichenoides crusta foliosa ... Cat. Giss. p. 206. ..." (Dillenius 1741, S. 182f.); „*2013. LICHEN fronde semipinnatis, rotunde lobata, olivacea, scutellis levibus. † ... Lichenoides olivaceum, scutellis levibus DILLEN. p. 77. t. 24. f. 77. ..." (Haller 1768b, S. 91); „1127. LICHEN (pullus) imbricatus, foliosis lobatis olivaceis, scutellis integerrimis. Lichen fronde

semipinnata ... Hall. hist. n. 2013. Lichenoides olivaceum scutellis laevibus. Dill. musc. 182, t. 24. f. 77. ...“ (Schreber 1771, S. 131); „[Lichen] crustae modo arboribus adnascens pullus, bedeutet bey Tournefort eine dunkelgefärbte rindenartige Art der Flechte, welche an Bäumen wächst.“ (Gmelin 1773a, Sp. 528); „59. LICHEN olivâtre. Fl. Fr. ... Lichen crusta modo arboribus adnascens, olivaceus. Vaill. Paris. t. 20. f. 8. Lichenoides olivaceum, scutellis amplioribus crenatis. [sic!] DILL. Musc. 184. t. 24. f. 78. Lichen Hall. Helv. n°. 2014. ... Hoffm. Enum. Lich. p. 86. β. ... Lichen crusta modo ... Tournef. 548. Lichenoides olivaceum, ... DILL. p. 182. t. 24. f. 77. Lichen pullus. Schreb. Spicil. n°. 1127. ...“ (Lamarck 1789, S. 482f.); „XIV. A. B. 78. Lichenoides olivaceum, scutellis amplioribus verrucosis. The Olive colour'd Lichenoides, with warty Dishes. ... Lichenoides arboreum virescens, acetabula ferens, crusta foliosa, tenuiter dissecta Cat. Giss. p. 207. Lichen crustae modo arboribus adnascens, olivaceus Vaill. Bot. Par. Tab. 20. f. 8. a. b. c. d. ic. b. ... In Bot. Par. hujus Musci mentio facta non est, nisi pro eo intelligatur, Lichen crustae modo arboribus adnescens, pullus J. R. H. qui Prodr. p. 69. n. 6. Bot. par. p. 116. n. 20. nominetenus occurrit. ...“ (Dillenius 1741, S. 184f.); „Lichenoides arboreum virescens, acetabula ferens, crusta foliosa tenuiter dissecta ...“ (Dillenius 1719, S. 207); „2014. LICHEN fronde semipinnata, rotunde lobata, olivacea, pulla, scutellis crenatis. ... Lichenoides olivaceum, ... DILLEN. Sylv. p. 84. f. 24. f. 78. Lichen imbricatus, ... LINN. p. 1610. ...“ (Haller 1768b, S. 91); „1128. LICHEN (olivaceus) imbricatus, foliolis lobatis nitidis olivaceis, scutellis crenatis. Linn. sp. pl. 1610. n. 21. Lichen fronde semipinnata ... Hall. hist. n. 2014. ... Lichenoides olivaceum, ... Dill. musc. 184. t. 24. f. 78. ...“ (Schreber 1771, S. 131f.); „[Lichen] olivaceus imbricatus, ... Olivenflechte, ... sie wächst in Europa an Felsen und häufig an Kirschbäumen: ... Sie heißt bey ... Hallern: Lichen fronde semipinnata rotunde lobata olivacea pulla, scutellis crenatis; ...“ (Gmelin 1773a, Sp. 470); „99. LICHEN OLIVACEUS. A. ... Lichen olivaceus; ... LINN. Syst. Veg. Ed. 14. p. 959. n. 37. ... Lichen fronde semipinnata, ... HALL. Hist. n. 2014. ... B. ... Lichenoides olivaceum ... DILL. Hist. Musc. p. 184. Tab. 24. Fig. 78. ... C. ... Lichen pullus; ... SCHREB. Spicil. p. 131. n. 1127. ... Lichen fronde semipinnata, ... HALL. Hist. n. 2013. ... Lichenoides olivaceum scutellis laevibus. DILL. Hist. Musc. p. 182. Tab. 24. Fig. 87. [sic!] ... Olivenfarbige Blätterflechte. ...“ (Hoffmann 1785, S. 86ff.); „37) Olivenfärbige Flechte. Lichen olivaceus. ... Lichen imbricatus, foliolis lobatis nitidis lividis. LINN. ... Sp. Pl. p. 1610. ... SCHREBER. spic. n. 1128. HOFFM. Enum. Lich. n. 99. p. 86. t. 13. f. 3. ... Lichen fronde semipinnata, ... HALL. helv. n. 2014. Lichenoides olivaceum, ... DILL. musc. p. 184. t. 24. f. 78. ...“ (Linné 1787, S. 451f.); „5. Art. P[armelia] olivacea. Olivengüne Schüsselflechte. ... Synonyme: Lichen olivaceus. ... Abbildungen: ... Dillen. T. 24. F. 77. ...“ (Bechstein 1833a, S. 1143); „8185. L[ichen] olivaceus ... Lichenoides olivaceum, ... Dill. musc. 184. t. 24. f. 78. ...“ (Richter 1840, S. 1059)

„Lichenoides erectum terrestre, crusta foliosa, cinereo-virescente ...“ (Dillenius 1719, S. 206); „XIV. A. B. 10. Coralloides scyphis gracilibus tubiformibus, Pedicularis folio. The small Rattle leaf'd Trumpet Coralloides. ... Lichenoides erectum terrestre, ... Cat. Giss. p. 206. it. Lichenoides tubulosum pyxidatum exiguum, fusco-virens Ej. Cat. p. 204. ... Lichen pyxidatus exiguus Buxb. En. Pl. Hal. p. 191. ...“ (Dillenius 1741, S. 85f.); „Lichenoides tubulosum pyxidatum exiguum, fusco-virens. ...“ (Dillenius 1719, S. 204); „Lichen pyxidatus, exiguus. Lichenoides tubulosum exiguum, fusco virens Dill. Cat. ...“ (Buxbaum 1721, S. 191); „*1908. LICHEN corniculo simplici, apice depresso, scutellato. Coralloides scyphis gracilibus, ... DILLEN. p. 85. t. 14. f. 10. ...“ (Haller 1768b, S. 71); „[Lichen] filiformis. 61. LICHEN scyphifer simplex integerrimis filiformis tuberculis fuscis. ... Coralloides scyphis gracilibus tubiformibus, pedicularis folio. Dill. musc. 85. t. 14. f. 10. Anglis, Trumpet Liverwort. ...“ (Hudson 1762, S. 456f.); „[Lichen] pyxidatus. 86. LICHEN stipite erecto cylindrico cyphifero, tuberculis marginalibus subrotundis. Lichen scyphifer simplex crenulatis, tuberculis fuscis. Sp. pl. 1619. ... [Lichen] filiformis ζ Lichen scyphifer simplex integerrimis filiformis, tuberculis fuscis. Fl. angl. 456. Lichen corniculo, Hall. hist. 1908. Lichenoides tubulosum pyxidatum exiguum fusco-virens. Dill. giss. 206. [sic!] ... Coralloides scyphis gracilibus ... Dill musc. 85. t. 14. f. 10. ... Anglis, cup Lichen. ...“ (Hudson 1798, S. 551ff.); „99) Gemeine Becherflechte. Lichen pyxidatus. ... Lichen scyphifer simplex crenulatis,

tuberculis fuscis. LINN. ... Sp. Pl. p. 1619. ... HUDSON. Fl. Angl. T. II. p. 551. ... Willis machte zuerst die spezifike Wirkung dieser Flechte in dem convulsivischen Husten der Kinder bekannt. ...“ (Linné 1787, S. 509ff.); „124. Lichen tubiforme. Lichen tubiformis. ... Coralloides scyphyi gracilibus ... Dill. Musc. 91. [sic!] t. 14. f. 10. ... Lichen filiformis. Huds. Fl. Angl. p. 456. ...“ (Lamarck 1789, S. 500); „[Cladonia] polydactyla * 33. Cl[adonia] thallo minuto, ... Lichen ... filiformis Huds., ...“ (Linné 1827, S. 274)

36 „[species 2] Lichen Dioscoridis & Plinii secundus, colore viridante Col. Part. 1. 331. [sic!] Muscus crustae modo arboribus adnascens, colore viridante C. B. Pin. 361.“ (Tournefort 1700, S. 548, Genus III. „Lichen.“); „Lichenoides crusta foliosa ex cinereo & luteo virescente superne, inferne nigra & laevi: Lichen Diosc. & Pl. 2. colore viridante Col. P. 1. 330. Turn. 548. ...“ (Dillenius 1719, S. 207); „XXV. A. B. C. 97. Lichenoides caperatum, rosacee expansum, e sulphureo virens. The wrinkl'd Rose-leaf'd Lichenoides. ... Lichen pulmonarius saxatilis, maximum, cinereus Tourn. ... J. R. H. p. 549. ... Lichenoides crustae foliosa, ... Cat. Giss. p. 207. ... Lichen pulmonarius saxatilis maximus rufescens Tourn. J. R. H. p. 549. ...“ (Dillenius 1741, S. 193ff.); „[species 11] Lichen Pulmonarius, saxatilis, maximus, cinereus.“ (Tournefort 1700, S. 549, Genus III. „Lichen.“); „[species 12] Lichen Pulmonarius, saxatilis, maximus, ruffescens.“ (a. a. O., S. 549); „73. LICHEN pulmonarius saxis & arboribus adnascens, major, ... MICHELI Ord. xx. n. 1. p. 89 T. 48. n. 1. Lichenoides crusta foliosa, ... Cat. Giess. p. 207. ...“ (Haller 1742, S. 76); „2005. LICHEN fronde rotunde lobata, rugosa, inferne atra & aspera. ... Lichenoides caperatum, ... DILLEN. p. 193. t. 25. f. 97. Lichen pallide viridis, ... LINN. p. 1024. ...“ (Haller 1768b, S. 89); „863. LICHEN (caperatus) foliaceus repens ... Linn. sp. pl. 1614. ... Lichen fronde rotunde lobata ... Hall. hist. n. 2005. ... Lichenoides caperatum rosacee expansum. Dill. musc. 193. t. 25. f. 97. ...“ (Schreber 1771, S. 123); „[Lichenoides] caperatum, rosacee expansum, bedeutet bey ihm [d. h. Dillenius] die zweyte runzlichte Flechte.“ (Gmelin 1773a, Sp. 567); „[Lichenoides] crusta foliosa, ex cinereo & luteo virescente superne, inferne nigra laevi, ist bey ihm [d. h. Dillenius] die zweyte runzlichte Flechte.“ (a. a. O., Sp. 568); „103. LICHEN CAPERATUS. ... LINN. Syst. Veget. Ed. 14. p. 960. n. 65. ... Lichen fronde rotunde lobata, ... HALL. Hist. n. 2005. ... Lichenoides crusta foliosa, ... Cat. Giss. p. 207. ... Lichenoides caperatum ... DILL. Hist. Musc. p. 193. Tab. 25. Fig. 97. A. B. V. ... Runzliche, Rosenförmige Blätterflechte. ...“ (Hoffmann 1785, S. 94ff.); „65) Rosenförmige Flechte. Lichen caperatus. ... Lichen pallide viridis rugosus margine undulatus. LINN. ... Spec. Plant. p. 1614. ... Lichen caperatus; ... HOFFM. Enum. Lich. n. 102. p. 94. t. 19. f. 2. t. 20. f. 2. ... Lichen fronde rotunde ... HALL. helv. n. 2005. Lichenoides caperatum ... DILL. musc. p. 193. t. 25. f. 97. ... Mit Eisenvitriol erhält man aus dieser Flechte eine sehr schöne umber=eisenrostfarbige Farbe.“ (Linné 1787, S. 480f.); „Lichen caperatus pallide viridis rugosus, ... runzlichte, blaßgrüne ... Flechte; ... Sie heißt bey Hallern: Lichen fronde rotunde lobata rugosa; inferne atra & aspera; ...“ (Gmelin 1773a, Sp. 481); „36. LICHEN caperatus ... Rosenförmige Blätterflechte. ... Mit Salmiak und Kalk färbt sie Wolle gelb, und Seide goldgelb, auch braun.“ (Georgi 1797–1802, Theil 3, S. 1411f.)

„48. Lichen Dioscoridis et Plinii Secundus colore viridante Col. I. R. H. ...“ (AAW R. I, Op. 13, D. 42, Bl. 7v, s. Anm. 1 in Nr. 1); „93. Lichenoides crusta foliosa, ex cinereo et luteo-virescente superne, inferne nigra et laevi, C. G. 207. ...“ (AAW R. I, Op. 105, D. 1^a, Bl. 6r, s. Anm. 29 in Nr. 5); „41. Lichen Dioscoridis & Plinij secundus, colore viridante Col. I. R. H. ...“ (AAW R. I, Op. 105, D. 12, Bl. 3r, s. Anm. 54 in Nr. 17); s. Nr. 951

37 „Lichenoides arboreum, crusta foliosa virescente, tenuiter & eleganter dissecta. ...“ (Dillenius 1719, S. 207); „XXIV. A. B. C. D. & XXI. 57. D. a. 71. Lichenoides glaucum orbiculare, segmentis latiusculis, scutellis nigris. The green blunt-cut round Lichenoides. ... Lichenoides arboreum, crusta foliosa virescente, tenuiter & eleganter dissecta, scutellis nigris Cat. Giss. p. 207. ...“ (Dillenius 1741, S. 177f.); „*2016. Lichen fronde cinerea, profunde laciniata, rotunde lobata, scutellis nigris. † Lichenoides glaucum orbiculare, ... DILLEN. p. 177. t. 24. f. 71. ...“ (Haller 1768b, S. 91); „1123. LICHEN (pulverulentus) imbricatus; foliolis lobatis crenatis obtusis viridibus, polline conspersis, scutellis nigris margine crenatis. Lichen fronde semipinnata ... Hall.

hist. n. 2016. ... Lichenoides glaucum orbiculare, ... Dill. musc. 176. t. 24. f. 71. ..." (Schreber 1771, S. 128f.); „[Lichen] stellaris. 43. Lichen imbricatus, foliolis oblongis laciniatis ... Sp. pl. 1611. ... β Lichen imbricatus, foliolis lobatis ... Schreb. spicil. 128. Lichen fronde semipinnata ... Hall. hist. 2016. Lichenoides arboreum, crusta foliosa virescente, tenuiter et eleganter dissecta, scutellis nigris. Dill. giss. 207. ... Lichenoides glaucum orbiculare, ... Dill. musc. 177. t. 24. f. 71. ..." (Hudson 1778a, S. 534); „88. LICHEN STELLARIS. ... LINN. Syst. Veget. Ed. 14. p. 959. n. 45. ... Sternförmige Blätterflechte. ... C. ... Lichen imbricatus: ... Lichenoides arboreum crusta foliosa, ... DILL. Cat. Giss. p. 207. HUDS. Fl. Angl. Ed. 2. p. 534. (var. β, Lich. Stell.?) ..." (Hoffmann 1785, S. 71ff.); „45) Sternförmige Flechte. Lichen stellaris. ... Lichen imbricatus, foliolis oblongis laciniatis angustis cinereis, scutellis pullis. LINN. ... Sp. Pl. p. 1610. ... HOFFM. Enum. Lich. n. 88. p. 71. t. 13. f. 1. 2. ... HUDSON. Fl. Angl. T. II. p. 534. ..." (Linné 1787, S. 459)

38 in der 2. Textversion (s. Anm. 1 in A.) „Scyphis"

39 „Lichen pulmonarius saxatilis tenuiter laciniatus elegantis sulphurei coloris. ..." (Scheuchzer 1723, S. 514); „Tab. VII. ... Fig. III. Lichen pulmonarius saxatilis tenuiter laciniatus, elegantis sulphurei coloris Scheuchz. Huius figuram profert Scheuchz. It. VII. p. 14. ..." u. die Abbildung auf Tafel VII., Fig. 3 (Buxbaum 1728a, S. 12f.); „XXIV. A. B. 75. Lichenoides imbricatum viridans, scutellis badiis. The greenish Lichenoides, with Chesnut Colour'd Dishes. ... Hujus figuram, sed parum exactam, exhibere videtur Buxbaum Cent. II. Tab. 7. f. 3. ubi p. 12. Lichenem pulmonarium saxatilem, tenuiter laciniatum, elegantis sulphurei coloris J. J. Scheuchz, Itin. Alp. VII. p. 514. ..." (Dillenius 1741, S. 180); „2015. LICHEN fronde profunde laciniata, semipinnata, rotunde lobata, crasse villosa, scutellis peramplis. Lichen pulmonarius saxatilis, ... BUXBAUM Centur. II. t. 7. f. 3. Lichen imbricatum viridans, ... DILLEN. p. 180. t. 24. f. 75. Lichen imbricatus, ... LINN. p. 1609. ..." (Haller 1768b, S. 91); „1125. LICHEN (centrifugus) imbricatus foliolis obsolete multifidis laevibus ... Linn. Syst. nat. 720. n. 18. Lichen fronde semipinnata ... Hall. hist. n. 2015. Lichenoides imbricatum viridans, ... Dill. musc. 180. t. 24. f. 75. excluso syn. Bxbaumii. ..." (Schreber 1771, S. 129f.); „95. LICHEN CENTRIFUGUS, ... LINN. Syst. Nat. 720. n. 18. SCHREB. p. 129. n. 1125. ... Lichen fronde semipinnata, ... HALL. Hist. n. 2015. ... Lichen pulmonarius saxatilis, ... BUXB. Cent. Tab. 7. fig. 3. ... Lichenoides imbricatum viridans, ... DILL. Hist. Musc. p. 180. Tab. 24. fig. 75. A. B. ... Concentrische Blätterflechte. ..." (Hoffmann 1785, S. 78ff.); „[Lichen] centrifugus imbricatus, ... kalte Flechte, ... Sie heißt ... vielleicht bey Buxbaum: Lichen pulmonarius saxatilis tenuiter laciniatus eleganter slphurei coloris." (Gmelin 1773a, Sp. 468f.); „34) Concentrische Flechte. Lichen centrifugus. ... Lichen imbricatus, foliolis obsolete multifidis laevibus albidis centrifugis, scutellis rufo-fuscis. LINN. ... Sp. Pl. p. 1609. ... SCHREBER spicil. n. 1125. HOFFM. Enum. Lich. n. 95. p. 78. t. 10. f. 3. Lichen fronde semipinnata, ... HALL. helv. n. 2015. Lichen imbricatus viridans, ... DILL. musc. p. 180. t. 24. f. 75. Lichen pulmonarius saxatilis, ... BUXB. cent. 2. t. 7. f. 3. ... Mit einer Zinnsolution färbte sie kastanienbraun=gelblicht." (Linné 1787, S. 446f.); „o) Lichen centrifugus. ... Deutsch. Die strahlige Flechte; Die kalte Flechte. ..." (Nemnich 1794, Sp. 395); „19. LICHEN centrifugus ... Strahlige Schuppen=Flechte. ... Sie ist reich an Farbe und ertheilt Wolle und Seide mit Kalk und Salmiak eine lichtbraune= und Orangefarbe, auch durch kalte lange Mazeration mit alkalischer Lauge eine gelbe Farbe." (Georgi 1797–1802, Theil 3, S. 1407)

„84. Lichen leprosus luteus, scutellis spadiceis. Lichenoides saxatile sulphurei coloris, Scyphis eleganter spadiceis Stell. Irc. n°. 956. ... Locum natalem cl. Stellerus non adiecit, videtur autem in rupibus aut Baicalis lacus aut Bargusini fl. collegisae" (AAW R. I, Op. 13, D. 33, Bl. 25v, s. Anm. 2 in Nr. 925)

40 „Lichenoides saxatile & arboreum tenerius, foliis pilosis, scutellis in aversa foliorum superficie apparentibus. ..." (Dillenius 1719, S. 207); „Lichen cinereus, marginibus fimbriatis, tenerior, sine orbicularis, In saxis lapidicinae Hallensis." (Buxbaum 1721, S. 190); „3. LICHEN CINEREUS, ARBOREUS, MARGINIBUS PILOSIS MAJOR. ... * 4. LICHEN CINEREUS ARBOREUS, MARGINIBUS PILOSIS, MINOR." (Vaillant 1727, S. 115); „XX. A. B. C. D. E. 46. Lichenoides

hispidum minus & tenerius, scutellis nigris. The small gray hairy Lichenoides. ... Lichenoides saxatile & arboreum ... Cat. Giss. p. 207. ... Lichen cinereus, marginibus fimbriatis ... Buxb. En. Pl. Hal. p. 190. Lichen cinereus arboreus, ... Vaill. ... Bot. Par. p. 115. n. 4. nom. ..." (Dillenius 1741, S. 152ff.); „86. LICHEN cinereus minor marginibus pilosis VAILL. T. XX. f. 5. ... An Lichen cinereus marginibus fimbricatis, ... BUXBAUM, plant. Hal. p. 190. Lichenoides saxatile & arboreum, ... Cat. Giess. p. 207. ..." (Haller 1742, S. 79); „Lichen ciliaris, ... gefranzte blätterichte und zimlich aufrechte Flechte, ... Sie heißt bey Vaillant: Lichen cinereus arboreus, marginibus pilosis, major, ..." (Gmelin 1773a, Sp. 473); „49) Gefranzte Flechte. Lichen ciliaris. ... Lichen foliaceus erectiusculus: laciniis linearibus ciliatis, scutellis pedunculatis crenatis. LINN. ... Sp. Pl.. p. 1611. ... Lichenoides hispidum majus, & rigidum, scutellis nigris. DILL. musc. p. 150. t. 20. f. 45. Lichen cinereus arboreus marginibus pilosis, major. VAILL. paris. p. 115. t. 20. f. 4. ... So lange diese Flechte noch trocken ist, ist sie durchgehends ... aschgrau, aber vom Regen oder Nässe befeuchtet, wird sie ganz grün." (Linné 1787, S. 461f.); „[Lichen] ciliaris. Lichen foliaceus erectiusculis; ... Sp. pl. 1611. ... Lichen cinereus arboreus, marginibus pilosis, major. Vaill. paris. 115. t. 20. f. 4. Lichenoides arboreum foliosum cinereum, ... Dill. giss. 207. ... Lichenoides hispidum majus et rigidius, ... Dill. musc. 150. t. 20. f. 45. ... β. ... Lichen cinereum arboreum, marginibus pilosis, minor. Vaill. paris. 115. t. 20. f. 45. Lichenoides hispidum minus et tenerius, scutellis nigris. Dill. musc. 152. t. 20. f. 46. ... Anglis, ciliated Lichen. ..." (Hudson 1798, S. 538f.); „TAB. XX. ... Fig. 4. Lichen cinereus, arboreus, marginibus fimbriatis. J. R. H. 550. a. Varietas prioris una. b. Ejusdem varietas altera. Fig. 5. Lichen cinereus, minor, marginibus pilosis. ..." (Vaillant 1727, unpaginiert im Anhang); „p) Lichen ciliaris. ... Deutsch. Die Haarflechte; Die gefranzte Flechte. ..." (Nemnich 1794, Sp. 395); „26. LICHEN ciliaris ... Gefranzte Blätterflechte. ..." (Georgi 1797–1802, Theil 3, S. 1409)

41 Randbemerkung in der 2. Textversion (s. Anm. 1 in A.) in der Handschrift von J. G. Gmelin: „Lichenoides folijs / Eryngij."
„44. Lichenoides Eryngii folia referens Dill. et Buxb." (AAW R. I, Op. 13, D. 42, Bl. 7r, s. Anm. 1 in Nr. 1); s. Nr. 938, Nr. 959 und Nr. 960

42 „LICHEN. Lichen arboreum, sive Pulmonaria, J. B. ... teutsch, Steinflechten, Steinleberkraut, Brunnenkraut, Moosflechten. Ist eine Gattung Moos, das an den Stämmen der Eichen und der Buchen in den Höltzern gefunden wird, ingleichen an bemoosten Steinen. ..." (Lémery 1721, Sp. 635); „[species 8] Lichen arboreus sive Pulmonaria arborea J. B. 3. 759. Muscus Pulmonarius C. B. Pin. 361. Pulmonaria Dod. Pempt. 474. Pulmonaire de Chêne." (Tournefort 1700, S. 549, Genus III. „Lichen."); „* Lichenoides peltatum arboreum maximum, platyphyllum: Lichen arboreus sive Pulmonaria arborea J. B. 3. 759. Muscus pulmonarius C. B. 361. n. 7. ..." (Dillenius 1719, S. 208); „Lichen arboreus, sive pulmonaria arborea I. B. 3. 759. ... Baum=Lungen=Kraut. ..." (Rupp 1726, S. 296f.); „8. LICHEN ARBOREUS SIVE PULMONARIA ARBOREA. J. B. ..." (Vaillant 1727, S. 115f.); „XXIX. A. B. C. 113. Lichenoides pulmoneum reticulatum vulgare, marginibus peltiferis. Common Lungwort. ... Pulmonaria Dod. Pempt. p. 474. ... Muscus pulmonarius C. B. Pin. p. 361. n. 7. ... Lichen arboreus seu Pulmonaria arborea J. B. Hist. III. P. II. L. 37. p. 759. ... Lichenoides peltatum ... Cat. Giß. p. 208. ..." (Dillenius 1741, S. 212ff.); „1986. LICHEN laciniatis, inferne gibbosus, reticulo farinoso, scutellis lateralibus. ... Lichenoides pulmonarius, ... DILLEN. Sylv. p. 212. t. 29. f. 113. Lichen foliaceus laciniatus, ... LINN. p. 1612. ..." (Haller 1768b, S. 85); „[Lichen] pulmonarius ... blätterichte, zerschlissene, stumpfe und glatte Lungenflechte, ... Lungenkraut; Lungenmos; grose Baumflechte; ... zu unsern Zeiten aber wird sie ... nur zuweilen von dem Landvolk gebraucht; ... in Sibirien mischt man sie statt des Hopfens unter das Bier; Sie heißt bey ... J. Bauhin: Lichen arboreus sive pulmonaria arborea, ..." (Gmelin 1773a, Sp. 475f.); „52) Lungen=Flechte. Lichen pulmonarius. ... Lichen foliaceus laciniatus obtusis glaber; supra lacunosus subtus tomentosus. LINN. ... Sp. Pl. p. 1612. ... HUDSON. Fl. Angl. T. II. p. 542. ... Lichen lacunatis, ... HALL. helv. n. 1986. Lichenoides pulmoneum ... DILL. musc. p. 212. t. 29. f. 113. ... Man empfahl diese Flechte ehehin in Lungenkrankheiten sehr nachdrücklich, ... soll sie ... wider den langwierigen Husten, die Engbrüstigkeit, und selbst in der

Schwindsucht mit Erfolg angerathen werden können. Von besonderer Wirksamkeit soll in der Gelbsucht erwiesen haben, ... Man soll auch eine angenehme braune Farbe aus ihr bereiten können, ... An einigen Orten soll man sie zum Leder gärben gebrauchen können. ..." (Linné 1787, S. 469f.); „vv) Lichen pulmonarius. ... Lichen arboreus s. Pulmonaria arborea. Muscus pulmonarius. Pulmonaria reticulata. Hoffm. Deutsch. Die Lungenflechte; Das Lungenmos, Lungenkraut, Baumlungenkraut; Das grüne Lungenkraut. ... Russ. Karastnaja trawa. ... Lett. Senniolis. Ehstn. Kopsu rohhud. ... ehemals brauchte man diese Flechte, die etwas Aehnlichkeit mit einer Lunge hat, sehr häufig bey Menschen und Vieh, ... Sie hemmt den Blutfluss. ..." (Nemnich 1794, Sp. 401f.); „29. LICHEN pulmonarius ... Lungen=Blätterflechte. Lungenmos. ... Sie ist als Brustmittel in Apotheken, und auch ein Hausmittel. Schon mit bloßem Wasser giebt sie eine gute Karmeliterfarbe, ..." (Georgi 1797–1802, Theil 3, S. 1410); „[Lichen] pulmonarius. 62. LICHEN foliaceus laciniatus obtusis glaber, ... Sp. pl. 1612. Lichen lacunatus inferne gibbosus, ... Hall. hist. 1986. ... Lichenoides pulmoneum reticulatum vulgare, ... Dill. musc. 212. t. 29. f. 113. ... Muscus pulmonarius. B. pin. 361. ... Anglis, Lungwort, or tree Lichen. ..." (Hudson 1798, S. 542)
„340. Lichen arboreus seu Pulmonaria arborea JB 3. 759." (AAW R. I, Op. 6, D. 40, Bl. 37v, s. Anm. 1 in Nr. 1); „1000. Lichen folijs oblongis divisis, superficie reticulata & punctata Linn. flor. 444. Lichen pulmonarius sive pulmonaria arborea B. Hist. 3. 759. ..." (AAW R. I, Op. 13, D. 20, Bl. 101r, s. Anm. 1 in Nr. 1); „51. Lichen arboreus sive Pulmonaria arborea J. B. I. R. H. ..." (AAW R. I, Op. 13, D. 42, Bl. 7v, s. Anm. 1 in Nr. 1); „104. Lichenoides peltatum arboreum maximum. C. G. 208. ..." (AAW R. I, Op. 105, D. 1ª, Bl. 7v, s. Anm. 29 in Nr. 5); „44. Lichenoides peltatum arboreum maximum C. G. ..." (AAW R. I, Op. 105, D. 12, Bl. 3r, s. Anm. 54 in Nr. 17); „36. Lichenoides peltatum arboreum maximum C. G. 208." (AAW R. I, Op. 13, D. 67, Bl. 7v, s. Anm. 5 in Nr. 4); „123. Lichenoides peltatum maximum C. G. ..." (AAW R. I, Op. 104, D. 17, Bl. 15r, s. Anm. 36 in Nr. 8); „Lichen arboreus, seu Pulmonaria arborea T. Sp. 8. ..." (AAW F. 98, Op. 1, D. 19, Bl. 31r, s. Anm. 59 in Nr. 19); „Lichen arboreus, seu Pulmonaria arborea; Tournefort. Spec. 8. ..." (AAW F. 98, Op. 1, D. 20, Bl. 28v, s. Anm. 90 in Nr. 33); „98. Lichen foliaceus, repens, laciniatus, obtusus, glaber, supra lacunosus, subtus tomentosus Linn. Svec. 960. Lichen foliis oblongis, divisis, superficie reticulata et punctata Linn. Lapp. n°. 444. Pulmonaria Matth. Dod. Tab. Muscus pulmonarius C. B. P. p. 361. Lichen arboreus, Seu Pulmonaria arborea J. B. III. 759. Lichenoides pulmonium reticulatum vulgare, marginibus peltiferis Dill. Sylv. p. 212. Tab. xxix. n°. 113. ..." (AAW R. I, Op. 13, D. 33, Bl. 29v, s. Anm. 2 in Nr. 925)

43 Randbemerkung in der 2. Textversion (s. Anm. 1 in A.) vor Klammern neben Nr. 959 und Nr. 960 in der Handschrift von J. G. Gmelin: „Lichenoides fo / lijs Eryngij"; s. auch Nr. 957, Nr. 960 und Nr. 938

44 s. Nr. 938, Nr. 959 und Nr. 957

45 „Lichenoides peltatum (forte) terrestre virescens, orbiculatis minimis foliis. ..." (Dillenius 1719, S. 209); „XXVIII. 110. Lichenides (peltatum forte) terrestre virescens, orbiculatis minimis Cat. Giß. p. 209. The least round leaf'd Lichenoides. ..." (Dillenius 1741, S. 209); „F. 110. Lichenoides (peltatum forte) terrestre virescens, orbiculatis minimis foliis, p. 209,= NORMANDINA LAETEVIRENS (T. & B.). ..." (Crombie 1880, S. 575); „1. Normandina laetevirens Tur. Borr. (Nyl. Scand. 264. Id. Pyrenoc. pg. 11. Normandina viridis Nyl. Ach. Syn. 100. cf. Krb. Prg. 44. sub DC.) VZ^2 . ..." (Ohlert 1871, S. 48); „ ‚Normandina viridis (Ach). Nyl.' – Der ältere Name lautet N. laetevirens (Turn und Borr.) Light. Lich. Fl. 408." (Leighton 1874, S. 149); „Normandina <Schüppchenflechte>: Name von NYL. (1820–80) [?] nach einem frz. Forscher C. [?] Lenormand ..." (Genaust 2005, S. 422)

46 „Tab. LXVI. Fig. I. Coralloides minor cristata, ..." (Buxbaum 1733 S. 39); „*2200. CLAVARIA caule plano, sulcato, ramis serratis. † Coralloides minor cristata BUXBAUM. Centur. IV. p. 39. t. 66. f. 1. ..." (Haller 1768b, S. 124); „[Coralloides] minus cristata; bedeutet bey Buxbaum diejenige Art, welche Haller unter 2200 beschreibt." (Gmelin 1773. Sp. 142); „[Clavaria] fastigiata, ... Waldkeulschwamm, ... er stinkt." (Gmelin 1772, Sp. 1040); „10) Buschigter Hörnerschwamm. Clavaria fastigiata. ... Clavaria ramis confertis, ramosissimis fastigiatis obtusis luteis. LINN. ...

Sp. Pl. p. 1652. ... HUDSON. Fl. Angl. T. II. p. 640. ... Clavaria caule plano sulcato ... HALL. helv. n. 2200. Coralloides minor cristata. BUXB. Cent. 4. p. 39. tab. 66. f. 1. ..." (Linné 1786, S. 529f.); „c) Clavaria fastigiata. Deutsch. Der kleine Korallenschwamm, oder Bocksbart; der breite buschichte Keulscher. ... Auf Viehweiden und in Waldungen findet man diesen Schwamm im Herbste; ... er ist ebenfalls essbar." (Nemnich 1793, Sp. 1060); „6. CLAVARIA fastigiata ... Gleichzweigiger Keulenschwamm. ..." (Georgi 1797–1802, Theil 3, S. 1455); „8) Stumpfspiziger Keulschwamm, Clavaria fastigiata, ... L. Sp. pl. 1652. ... Die Farbe des ganzen Gewächses ist gewöhnlich gelb oder goldfarben, zuweilen sieht man auch weiße und rothe Abänderungen." (Krünitz 1773–1858, Bd. 150, S. 157); „[Clavaria] fastigiata 7. CLAVARIA ramis confertis ... Sp. pl. 1652. ... Clavaria caule plano ... Hall. hist. 2200. Coralloides minor cristata. Buxb. cent. IV. 39. t. 66. f. 1. ... Anglis, yellow Clavaria. ..." (Hudson 1798, S. 640); „**) Der buschige Keulenschwamm (Clavaria fastigiata) wird, seines unangenehmen Geruches, der ihn verdächtig macht, ohngeachtet, hie und da ebenfalls gegessen, ja von Manchen für besonders wohlschmeckend gehalten. Anm. d. Ueb." (Candolle 1818a, S. 385); „Clavāria L. (Morchellinae). Von clava (Keule), in Bezug auf die Form dieses Pilzes." (Wittstein 1852, S. 205)

47 s. Nr. 302

48 russ. *badan*

49 zu Juniperus s. Nr. 1082

50 vermutlich die Dissertation Wedel, Georg Wolfgang ; Dieterichs, Johann Georg Nicolaus: Dissertatio medico-chirvrgica De lithotomia, ... svb praesidio Georgii Wolffgangi Wedelii, ... publicae philiatrorum disquisitioni proposita, a Iohanne Georgio Nicolao Dieterichs, Ratisponensi, ... Nouembr. a. c. MDCCIV. Jena : Christoph Krebs, 1704; „Lithontriptica, Stein=Artzneyen, Steinmittel, heissen diejenigen Artzneyen, welche den Stein zermalmen, und den Gries aus der Blase mit dem Urine abführen sollen. Solche sind nun ... Ol. junip. ... Alle diese und noch andere mehr werden darum gelobt,weil sie den schon zusammen gebackenen Stein wegbringen sollen, so doch aber nichts anders, als Harn=treibende Mittel sind, darum sie auch solchen Titel mit Unrecht führen, ..." (Zedler 1732–1750, Bd. 17, Sp. 1666)

51 „SABINA. ... teutsch, Sevenbaum, ist ein Strauch, dessen es zwey Arten giebet. Die eine heist Sabina vulgaris, Park. ... Die andre wird genannt Sabina major, Ges. Ap. ... Die erstere wird am meisten zur Artzney gebrauchet. Sie zertreibet, öffnet, macht dünne, und ist durchtringend. ..." (Lémery 1721, Sp. 974f.)

52 Philipp Ludwig Statius Müller oder Müller, Samuel: Vade-Mecum Botanicum, oder, Beyträgliches Kräuter-Büchlein ... Frankfurt ; Leipzig : Johann Christoph Mieth ; Johann Christoph Zimmermann, 1694 mit einem Abschnitt über Sabina (S. 738–740), in dem auch eine Therapie gegen „Grieß" und „Stein" angegeben wird.

53 „RIBES. ... teutsch, rother Johannisbeerstrauch. Ist ein kleiner Strauch, der hart und krumme Zweige treibet. ..." (Lémery 1721, Sp. 957f.)

54 „Lichen petraeus, cauliculo pileolum sustinente C. B. 362. ..." (Dillenius 1719, S. 210); „* HEPATICA PILEATA ET STELLATA. Lichen petraeus cauliculo pileolum sustinente. C. B. Pin. 362. ..." (Vaillant 1727, S. 98); „LXXV. A. B. 1. Lichen vulgaris major, pileatus & verrucosus. The common Mushroom-headed Liverwort. ... Lichen petraeus, caulicolo pileolum sustinente C. B. Cat. Giß. p. 210. ... Hepatica pileata et stellata Vaill. ... Bot. Par. p. 98. n. 4. ..." (Dillenius 1741, S. 516ff.); „1889. MARCHANTIA verrucis asperis, capitulis conicis. ... Hepatica reticulata & verrucosa DILLEN. Sylv. p. 516. t. 75. f. 1. ... Marchantia calyce communi ... LINN. p. 1604. ..." (Haller 1768b, S. 65); „853. MARCHANTIA (conica) calyce communi ... Linn. sp. pl. 1604. ... Marchantia verrucis aspera, ... Hall. hist. n. 1889. Lichen vulgaris major ... Dill. musc. 516. t. 75. f. 1. ..." (Schreber 1771, S. 111f.); „[Marchantia] conica, ... kegelförmiges Marchantisches Aftermos, ... es wird auch in einigen Gegenden gebraucht, geronnenes Blut zu zertheilen. Es heißt bey Hallern: Marchantia verrucis asperis, capitulis conicis." (Gmelin 1773a, Sp. 1002); „6) Kegelförmige Marchantie. Marchantia conica. ... Marchantia calyce communi quinque loculari subovato. LINN. ... Sp. Pl. p. 1604. ... SCHREBER. spicil. n. 853. ... HUDSON. Fl. Angl. T. II.

p. 521. ... Marchantia verrucis asperis, ... HALL. helv. n, 1889. Lichen vulgaris major ... DILL. musc. 516. t. 75. f. 1. ... Lichen petraeus, ... C. BAUH. pin. 362. ...“ (Linné 1787, S. 391f.); „[Marchantia] conica. 4. MARCHANTIA calyce communi ... Sp. pl. 1604. ... Marchantia verrucis asperis, ... Hall. hist. 1889. ... Lichen vulgaris major ... Dill. musc. 516. t. 75. f. 1. Lichen petraeus cauliculo ... B. pin. 362. ... Anglis, conic Marchantia. ...“ (Hudson 1798, S. 521); „XIV. Mittel gegen Syphilis. ... Auf offene Bubonen legen sie [d. h. die Koloschen] Marchantia mit dem Fette von Squalus carcharius. ...“ (Krebel 1858, S. 171ff.); „Marchāntia MARCH. P. (Jungermannieae). Von JEAN MARCHANT, der als Direktor des botan. Gartens in Paris 1738 starb, nach seinem Vater NICOL. MARCHANT, Arzt des Herzogs von Orleans [Gaston de Bourbon, Herzog von Orléans], benannt.“ (Wittstein 1852, S. 556)

„67. Hepatica vulgaris maior sive officinarum Italiae Mich. p. 3. Tab. II. f. 1. [mit der rechts marginalen Anm. „Marchantia conica L.“] Lichen vulgaris maior, pileatus et verrucosus Dill. Sylv. p. 516. Tab. LXXV. n°. 1. ...“ (AAW R. I, Op. 13, D. 33, Bl. 21r, s. Anm. 2 in Nr. 925) „Lichen petalodes polymorphos: Lichen petraeus stellatus C. B. 362. ...“ (Dillenius 1719, S. 210); „LXXVI. A. B. C. D. E. F. 6. Lichen fontanus major, stellatus aeque, ac umbellatus, & cyathophorus. The great Star-headed Water Liverwort. Lichen petalodes Cat. Giss. p. 210. ... Hepatica Officinarum Vaill. ... Bot. Par. p. 97. n. 1. ...“ (Dillenius 1741, S. 523ff.); „1. HEPATICA OFFICINARUM. ... Lichen petraeus stellatum. C. B. Pin. 362. ...“ (Vaillant 1727, S. 97); „1891. MARCHANTIA linea frondem bipertiente, cyathis scobiferis serratis, setis umbellatis & stellatis decemfidis. ... Hepatica officinarum VAILLANT. p. 97. ... Lichen fontanus major, ... DILLEN. p. 523. t. 76. f. 6. ... LINNAEUS cum sequente conjungit, cui nomen est Marchantia calyce communi decemfido p. 1603. ...“ (Haller 1768b, S. 66); „Marchantia polymorpha, ... sternartiges Marchantisches Aftermos, ... sternförmige Marchantie; ... Man schreibt dieser Pflanze ... besondere Würkungen in denen Krankheiten der Haut zu, so wie sie auch von andern in Fehlern der Leber, in der Gelbsucht, und in geronnenem Geblüte oder Milch empfolen wird: ...“ (Gmelin 1773a, Sp. 1000f.); „1) Gemeine Marchantie. Marchantia polymorpha. ... Marchantia calyce communi decemfido. LINN. ... Sp. Pl. p. 1603. ... HUDSON. Fl. Angl. T. II. p. 519. ... Marchantia linea frondem ... HALL. helv. n. 1891. Lichen fontanus major ... DILL. musc. 523. t, 76. f. 6. ... Lichen petraeus stellatus ... C. BAUH. pin. 362. ... Die Marchantia polymorpha gehört unter die Gewächse mit ganz getrennten Geschlechtern ... Uns Deutschen ist sie unter den kräftigen Namen Leberkraut, Steinleberkraut, und Brunnenleberkraut bekannt genug, wenn sich schon deren Wirkungen in Leberbeschwerden, Verstopfungen dieses Eingeweides, ... auch noch gegenwärtig erwiesen haben. ...“ (Linné 1787, S. 375ff.); „Marchantia polymorpha. March. stellata. Lamarck. Scopoli. Lichen petraeus latifolius. Hepatica fontana; Hepatica officinarum. Deutsch. Die vielförmige Marchantie; Das Stein-Lebermos. ...“ (Nemnich 1794, Sp. 508f.); „1. MARCHANTIA polymorpha ... Vielstaltige Marchantie. ...“ (Georgi 1797–1802, Theil 3, S. 1402); „[Marchantia] polymorpha. 1. MARCHANTIA calyce communi ... Sp. pl. 1603. ... Marchantia linea frondem ... Hall. hist. 1891. Lichen fontanus major ... Dill. musc. 524. t. 76. f. 6. ... β ... Lichen petraeus stellatus. B. pin. 362. ...“ (Hudson 1798, S. 519f.); „8140. M[archantia] polymorpha ... Lichen fontanus major ... DILL. musc. 523. f. 76. f. 6. ... Var. β. ... L. petraeus stellatum Bauh. pin. 362. ...“ (Richter 1840, S. 1055)

„1091. Marchantia calyce com̄uni decem partito, lacinijs linearibus Linn. flor. 422. ...“ (AAW R. I, Op. 13, D. 20, Bl. 100r, s. Anm. 1 in Nr. 1); „55. Lichen petreus stellatus C. B. P. ...“ (AAW R. I, Op. 13, D. 42, Bl. 7v, s. Anm. 1 in Nr. 1); „134. Lichen petraeus Stellatus C. B. P. 362. ...“ (AAW R. I, Op. 105, D. 1, Bl. 8v, s. Anm. 29 in Nr. 5); „69. Marchantia calice communi multifido, foliis unicoloribus. Lichen domesticus minor, stellatus aeque, ac umbellatus et cyathophorus. Dill. Sylv, p. 527. Tab. LXXVII. n°. 7. [mit der links marginalen Anm. „M. polymorpha β. L.“] I. Laciniis linearibus fertilibus. Muscus fontanus sive Hepatica aqvatica minor C. B. Pr. p. 152. n°. II. [?] et Lichen petraeus stellatus Ej. Pin. p. 362. [mit der links marginalen Anm. „M. polymorpha β. L.“] Marchantia calice communi decempartito, Laciniis linearibus Linn. Lapp. n°. 422. [mit der links marginalen Anm. „M. polym. L.“] II. Lacinii plano-convexis et sterilibus. Lichen petraeus

umbellatus C. B. Pin. p. 362. n°. 3. [mit der links marginalen Anm. „M. polymorpha γ. L."] Marchantia calice communi octo-partito, laciniis, plano-convexis Linn. Lapp. n°. 423. [mit der links marginalen Anmerk. „{M. polymorpha} γ. L."] Nullam in Sibiria plantam vidi, qua responderet. Licheni fontano maiori, stellato aeque ac umbellato et cyathophoro Dill. Sylv. p. 523. [mit der links marginalen Anm. „(M. polymorpha α. L.)"] ..." (AAW R. I, Op. 13, D. 33, Bl. 21v, s. Anm. 2 in Nr. 925)

56 „Lichen omnium minimus, foliolis scissis, super terram expansis. ..." (Dillenius 1719, S. 210f.); „LXXVIII. 11. Lichen omnium minimus, foliolis scissis, super terram expansis Cat. Giß. p. 210. ... The least Star-spread Liverwort, with sharp divided leafes. ..." (Dillenius 1741, S. 534); „934. RICCIA foliis glabris bipartitis acutis. Act. stockh. 1741. p. 209. ... Lichen omnium minimus, ... Dill. giss. 210. musc. 534. t. 78. f. 11. ..." (Linné 1745, S. 341); „2) Kleinste Riccie. Riccia minima. ... Riccia frondibus glabris bipartitis acutis. LINN. ... Sp. Pl. p. 1605. Fl. Suec. 934. SCHMIDEL. Ic. pl. p. 171. tab. 45. fig. III. ... HUDSON. Fl. Angl. T. II. p. 521. ... Lichen omnium minimus, ... DILL. musc. 534. t. 78. f. 11. ... Ist nach den zuverläßigen Wahrnehmungen des Herrn Geheimden Hofrath Schmidels a. a. O. nur eine Abänderung der Riccia glauca L. ..." (Linné 1787, S. 403f.); „*1897. RICCIA fronde sulco divisa, lobis bifurcatis, lobulis lanceolatis obtusis. ... Riccia frondibus glabris, ... LINN. p. 1605. Hepatica palustris bifurcata, ... VAILLANT. t. 19. f. 1. ..." (Haller 1768b, S. 67f.); „1091. RICCIA (glauca) frondibus glabris canaliculatis bilobis obtusis. Linn. sp. pl. 1605. Riccia fronde dulco divisa, ... Hall. hist. n. 1897. ... Hepatica palustris bifurca, lobis brevioribus carinatis. Vaill. Paris. 98. t. 19. f. 1. Lichen minimus, foliis venosis bifariam ... Dill. musc. 533. t. 78. f. 10. ..." (Schreber 1771, S. 111); „* 6. HEPATICA PALUSTRIS BIFURCATA LOBIS BREVIORIBUS CARINATIS." (Vaillant 1727, S. 98); „LXXVII. 10. Lichen minimus, foliis venosis, bifariam vel trifariam se dividendo progredientibus Raj. Syn. St. Br. II. p. 41. n. 8. f. d. ... Ray's small Star-spread Liverwort, with blunt divided Leafes. ... Hepatica palustris bifurcata, ... Vaill. Bot. Par. p. 98. n. 6. ..." (Dillenius 1741, S. 533f.); „[Riccia] minima, frondibus glabris bipartitis acutis; kleinstes Riccisches Aftermos, ..." (Gmelin 1775, Sp. 882); „[Riccia] glauca, frondibus glabris canaliculatis bilobis obtusis; eisengraues Riccisches Aftermos, ..." (a. a. O., Sp. 882f.); „TABVLA XLIV. RICCIA. Riccia fronde punctata. ... Riccia (glauca) frondibus glabris canaliculatis bilobis obtusis LINN. Spec. Pl. Ed. II. p. 1605. n. 3. ... SCHREBER. Spicileg. Lips. pag. 111. n. 1091. ... VARIETATES. ... β) ... Lichen omnium minimus, foliolis fissis [sic!] super terram expansis DILLEN. ... Hist. Musc. p. 534. n. 11. T. LXXVIII. fig. 11. ..." (Schmidel 1783, S. 170ff.); „3) Graue Riccie. Riccia glauca. ... Riccia frondibus glabris canaliculatis bilobis obtusis. LINN. ... Sp. Pl. p. 1605. Riccia fronde punctata. SCHMIDEL. Ic. pl. p. 170. tab. 44. fig. I. SCHREBER. spicil. n. 1091. ... HUDSON. Fl. Angl. T. II. p. 522. ... Riccia fronde sulco ... HALL. helv. n. 1897. Lichen minimus, ... DILL. musc. 533. t. 78. f. 10. Hepatica palustris bifurca, ... VAILL. paris. 98. t. 19. f. 1. ... α) ... SCHMIDEL. l. c. p. 171. t. 44. f. II. ... γ) ... SCHMIDEL. l. c. p. 171. Tab. 45. fig. IV. ..." (Linné 1787, S. 404ff.); „[Riccia] minima. 1. RICCIA frondibus glabris bipartitis acutis. Sp. pl. 1605. ... Lichen omnium minimus, ... Dill. musc. 534. t. 78. f. 11. Anglis, least Riccia. ..." (Hudson 1798, S. 521); „[Riccia] glauca. 2. Riccia frondibus glabris canaliculatis, bilobis obtusis. Sp. pl. 1605. Schreb. spicil. 111. Riccia fronde sulcodivisa, [sic!] ... Hall. hist. 1897. ... Hepatica palustris bifurca, ... Vaill. paris. 98. t. 19. f. 1. Lichen minimus, ... Dill. musc. 533. t. 78. f. 10. ... Anglis, glaucous Riccia. ..." (a. a. O., S. 522); „Riccia minima Lin. Sp. pl. 1605, ... ist nach meiner Ansicht eine blosse Abänderung von Riccia glauca, als welche sie auch von den meisten spätern Schriftstellern aufgeführt wurde. ..." (Bischoff 1835, S. 1057); „2. RICCIA glauca Lin. ... Riccia glauca Lin. Sp. pl. 1605 (excl. synon. Michel.). ... b. Intermedia, ... Lichen minimus, ... Dill. Hist. Musc. 533. tab. 78. fig. 10. ... c. Minor, ... β. Acutiloba, ... Lichen omnium minimus, ... Dill. Cat. Giss. 210. Hist. Musc. 534. tab. 78. fig. 11. ..." (a. a. O., S. 1058ff.); „Riccia MICH. (Riccieae). Nach P. Fr. Ricci, Botaniker in Florenz, benannt." (Wittstein 1852, S. 765)

57 russ. *kočki* (Ez. *kočka*) – (sumpfige) Gras- oder Mooshügel

58 „[species 36] Muscus squamosus, major, sive vulgaris. Muscus terrestris, latioribus foliis, major seu vulgaris Raii Hist. 122. Muscus terrestris & hortensis J. B. 3. 764.“ (Tournefort 1700, S. 553, Genus I. „Muscus. Mousse.“); „1. Muscus terrestris latioribus foliis major seu vulgaris. Muscus terrestris & hortensis J. B. The most common Earth=moss. ...“ (Ray 1686, S. 122); „Hypnum repens trichodes terrestre luteo-virens, vulgare majus capitulis erectis: Muscus terrestris latioribus foliis major seu vulgaris Raj H. 122. squamosus major seu vulgaris Turn. 553. ...“ (Dillenius 1719, S. 215f.); „Muscus squamosus major, sive vulgaris Inst. R. Herb. Muscus terrestris & hortensis J. B. 3. 764. Mousse, Erdmooß/ das gemeine Mooß auf feuchten Wiesen; ...“ (Mappus 1742, S. 203); „2. MUSCUS ARBOREUS, SPLENDENS, SERICEUS. ...“ (Vaillant 1727, S. 132); „XII. 59. Hypnum vulgare sericeum recurvum, capsulis erectis cuspidatis. The common bending Silk-Hypnum, with strait pointed Heads. ... Muscus terrestris & hortensis J. B. Hist. III. P. II. L. 37. p. 764. ... Hypnum repens trichodes ... Cat. Giss. p. 215. ... Muscus arboreus ... Vaill. Bot. Paris. p. 132. n. 2. ...“ (Dillenius 1741, S. 323ff.); „[Hypnum] sericeum, ... Seidenmos, ... es heißt ... bey Dillen: Hypnum vulgare sericeum recurvum, ...“ (Gmelin 1773b, Sp. 1030); „1750. HYPNUM ramis teretibus, foliis pilo praepilatis, capsulis cylindricis erectis, aristatis. Muscus arboreus ... VAILLANT. p. 118. t. 27. f. 3. Hypnum vulgare sericeum, ... DILLEN. p. 332. t. 42. f. 59. ...“ (Haller 1768b, S. 30); „41) Seidenartiges Astmooß. Hypnum sericeum (Neckeria Hedwigii.) ... Hypnum furculo repente, ramis confertis erectis, foliis subulatis, antheris erectis, LINN. ... Sp. Pl. p. 1595. ... HUDSON. Fl. Angl. T. II. p. 505. ... Hypnum ramis teretibus, ... HALL. helv. n. 1750. Hypnum vulgare sericeum ... DILL. musc. 323. t. 42. f. 59. ... Muscus arboreus ... VAILL. paris. 132. t. 27. f. 3. ... Die Blätter ... zeichnen sich durch einen seidenartigen ins gelbe fallenden Glanz sehr merklich aus. ...“ (Linné 1787, S. 310f.); „31. HYPNUM sericeum ... Seiden=Astmoos. DILL. Musc. T. 42. F. 59. ...“ (Georgi 1797–1802, Theil 3, S. 1398); „5. Leskea sericea Hedw. 228. Hypnum sericeum Linn. ... Dieses Mos ... wächst sehr häufig an alten Eichen, Weiden, so wie an der Erde und an Felsen.“ (Krünitz 1773–1858, Bd. 94, S. 488); „34. HYPNUM furculo repente, ... Sp. pl. 1595. ... Hypnum ramis teretibus, ... Hall. hist. 1750. Hypnum vulgare sericeum ... Dill. musc. 323. t. 42. f. 59. ... Muscus arboreus ... Vaill. paris. 123. t. 27, f. 3. ...“ (Hudson 1798, S. 505f.); „8102. H[ypnum] sericeum ... H. vulgare sericeum ... Dill. musc. 323. t. 42. f. 59. ... M. arboreus ... Vaill. paris. 132. t. 27. f. 3. ...“ (Richter 1840, S. 1052); Hypnum – russ. *roket* (*Annenkov* 1858, S. 50, Nr. 565); wogulisch kas – Hypnum, Moos (Ahlquist 1891, S. 14); ostjakisch têdep – Moos (Castrén 1858, S. 92); tungusisch ʒamak bzw. kupkun, burjatisch xöp̣kön – Moos (Castrén 1856, S. 107 bzw. S. 81); samojedisch n̵ada, n̵ank, đie, nara, nada, ŧumb, ċumb, ŧumba, kyċ, kŷt bzw. nor – Moos (Castrén 1855, S. 253); jakutisch myox – Moos (Middendorff 1851, S. 149); „Hȳpnum L. (Bryoideae). Von ὕπνος (Schlaf), in Bezug auf seine angeblich schlafmachende Wirkung.“ (Wittstein 1852, S. 464); „Neckēria HDWG. (Bryoideae). Nach NOEL JOS. NECKER, geb. 1729 in Flandern, Arzt, widmete sich besonders der Botanik, st. 1793 zu Mannheim; schrieb: Methodus muscorum, Physiologia muscorum, Traité sur la mycetologie, Elementa botanica.“ (a. a. O., S. 610); „Lēskea HEDW. (Bryoideae). Nach NATH. GOTTFR. LESKE, geb. zu Muskau 1757 [?], 1775 Prof. in Leipzig, 1786 Prof. der Cameralwissenschaften in Marburg, wo er bald nach seiner Ankunft starb. Schrieb u. a.: Handbuch der Naturgeschichte, über die Erzeugung der Pflanzen.“ (a. a. O., S. 519)

„Hypnum repens trichoides terrestre luteo-virens, vulgare majus, capitulis erectis. C. G. ...“ (AAW F. 21, Op. 5, D. 98, Bl. 34r, s. Anm. 54 in Nr. 17); „38. Muscus squamosus maior sive vulgaris I. R. H.“ (AAW R. I, Op. 13, D. 42, Bl. 6v, s. Anm. 1 in Nr. 1); „111. Hypnum repens trichoides terrestre luteo virens, vulgare, majus, capitulis erectis C. G. 215. ...“ (AAW R. I, Op. 105, D. 1^{a}, Bl. 8r, s. Anm. 29 in Nr. 5); „4. Hypnum repens trichoides, terrestre, luteo-virens, vulgare, majus, capitulis erectis C. G. 215.“ (AAW R. I, Op. 13, D. 67, Bl. 9r, s. Anm. 5 in Nr. 4); „47. Hypnum dentatum vulgatissimum, operculi obtusis Dill. Musc. p. 295. n°. 29. Tab. XXVIII. A. B. C. Muscus terrestris latioribus foliis maior seu vulgaris Rai H. 1. 122. n°. 1. qvo ad nomen attinet. Muscus squamosus ramosus crassivo capitulis incurvis Tourn. I. R. H. p. 553. j. Idem

ramuli et foliolis reflexis. jj. Idem extremitatibus ramulorum stellatis. jjj. Idem gemmiparum. ..." (AAW R. I, Op. 13, D. 33, Bll. 16r–16v, s. Anm. 2 in Nr. 925)

59 „[species 44] Muscus squamosus, ramosus, tenuior, capitulis erectis." (Tournefort 1700, S. 553, Genus I. „Muscus. Mousse."); „Muscus terrestris omnium minimus, capitulis majusculis, oblongis. ..." (Ray 1704, S. 45); „Hypnum repens trichodes terrestre minimum, capitulis majusculis oblongis, erectis: Muscus terrestris omnium minimus, capitulis majusculis oblongis Raj. Suppl. 45. squamosus ramosus tenuior, capitulis erectis Turn 553 ..." (Dillenius 1719, S. 216); „* MUSCUS TERRRESTRIS OMNIUM MINIMUS CAPITULIS MAJUSCULIS, OBLONGIS ERECTIS. Raji. Syn. 38. 11. …" (Vaillant 1727, S. 138); „XLII. A. B. 64. Hypnum trichodes serpens, setis & capsulis longis erectis. The long red shank'd, capillary, trailing Hypnum, with long Heads. … Muscus terrestris omnium minimus, … Raj. Syn. St. Br. II. p. 38. n. 11. … Muscus squamosus ramosus … J. R. H. p. 553. … Hypnum repens trichodes … Cat. Giss. P. 216. …" (Dillenius 1741, S. 329ff.); „1756. HYPNUM caulibus prostratis, foliis minimis, pilo terminatis, capsulis cylindraceis erectis, mucronatis. ... Hypnum trichodes serpens, ... DILLEN. Sylv. musc. p. 329. t. 42. f. 64. Hypnum surculis repentibus, ... LINN. p. 1596. ..." (Haller 1768b, S. 31f.); „760. HYPNUM (serpens) surculis repentibus, … (Linn. Sp. Pl. 1596.) … Hypnum caulibus prostratis, … Hall. Hist. N. 1756. Hypnum trichodes serpens, … Dill. Musc. 329. t. 42. f. 64. excluso syn. Vaillantii. …" (Schreber 1771, S. 99); ... Hypnum serpens, … kriechendes Astmos, … es heißt bey … Dillen: Hypnum trichodes serpens, …" (Gmelin 1773b, Sp. 1031); „43) Kriechendes Astmooß. Hypnum serpens. … Hypnum surculis repentibus, ramis filiformibus, foliis obliteratis. LINN. … Sp. Pl. P. 1596. Hypnum surculis repentibus, … SCHREBER. Spicil. N. 760. … HUDSON. Fl. Angl. T. II. p. 507. … Hypnum caulibus prostratis, … HALL. Helv. n. 1756. Hypnum trichodes serpens, … DILL. Musc. 329. t. 42. f. 46. … VAILL. paris. 138. t. 28. f. 2. 6. 7. 8. … Ihre Farbe ist hell grasartig. …" (Linné 1787, S. 313); ... [Hypnum] serpens. 36. HYPNUM surculis repentibus, … Sp. Pl. 1596. … Hypnum caulibus prostratis, … Hall. Hist. 1756. Hypnum trichoides serpens, … Dill. Musc. 329. t. 42. f. 64. … Anglis, creeping Hypnum. …" (Hudson 1798, S. 507); wogulisch kas – Hypnum, Moos (Ahlquist 1891, S. 14)

60 „[species 102] Muscus Filicinus, minor C. B. Prodr. 151. Muscus Filicinus, minor, floridus C. B. Pin. 360. Mor. Hist. Oxon. Part. 3. 625. Sect. 15. Tab. 5. fig. 21." (Tournefort 1700, S. 556, Genus I. „Muscus. Mousse."); „[species 101] Muscus Filicinus, major C. B. Pin. 360. Muscus Filicinus J. B. 3. 764. Tabern. Icon. 807." (a. a. O., S. 556); „Hypnum repens filicinum minus, luteo-virens: Muscus filicinus minor floridus C. B. 360. n. 5. Pr. 151. n. 2. ..." (Dillenius 1719, S. 217); „1. MUSCUS FILICINUS MAJOR. C. B. Pin. 360. ... 2. An MUSCUS FILICINUS MINOR. C. B. Pin. 360? ..." (Vaillant 1727, S. 140); „XXXV. 14. Hypnum filicinum, Tamarisci foliis minoribus, non splendentibus, The leßer Fern-Hypnum, with Tamarisk leafes. ... Muscus filicinus major ... Vaill. Bot. Par. p. 140. n. 1. ... Hypnum repens filicinum minus, ... Cat. Giss. p. 217. ... Muscus filicinus minor repens Loes. Fl. Pruss. p. 167. ..." (Dillenius 1741, S. 276ff.); „CDLV. *Muscus filicinus minor repens. Joh. Loes. Klein kriechender Waldfahren=Moß. ..." (Loesel 1703, S. 167); „1764. HYPNUM ramis teretibus pinnatis, pinnulis pinnatis, foliis adpressis. Muscus filicinus ... LOESEL. p. 167. ic. 44. ... Muscus filicinus minor VAILLANT. p. 140. t. 23. f. 9. ... Hypnum filicinum, ... DILLEN. p. 276. t. 35. f. 14. ... Hypnum surculis ... LINN. p. 1590. ..." (Haller 1768b, S. 33); „Muscus filicinus major; so nennt Buxbaum das Wandastmos, Morison und Tournefort das sprossende Astmos." (Gmelin 1774, Sp. 299); „[Muscus] filicinus minor; scheint bey C. Bauhin das Wandastmos zu seyn." (a. a. O., Sp. 299); „19) Wand=Astmooß. Hypnum parietinum. (Hypnum Hedwigii.) ... Hypnum surculis plano-pinnatis continuatis, pedunculis aggregatis. LINN. ... Sp. Pl. p. 1590. ... HUDSON. Fl. Angl. T. II. p. 499. ... Hypnum ramis teretibus, ... HALL. helv. n. 1764. Hypnum filicinum; ... DILL. musc. 276. t. 35. f. 14. Muscus filicinus ... LOES. paris. [sic!] 167. ic. 44. Muscus filicinus minor. VAILL. paris. 140. t. 23. f. 9. ..." (Linné 1787, S. 285f.); „[Hypnum] proliferum. 16. HYPNUM surculis proliferis, ... Sp. pl. 159. ... Hypnum ramis teretibus ... Hall. hist. 1764. Hypnum filicinum, ... Dill musc. 276. t. 35. f. 14.

Muscus repens filicinum ... Dill. giss. 217. ... Muscus filicinus major ... Vaill. paris. 140. t. 25. f. 1. Anglis, proliferous Hypnum. ..." (Hudson 1798, S. 499)

„112. Hypnum repens filicinum, minus, luteo virens. C. G. 217. ..." (AAW R. I, Op. 105, D. 1ª, Bl. 8r, s. Anm. 29 in Nr. 5); „5. Hypnum repens filicinum, minus luteo-virens C. G. 217." (AAW R. I, Op. 13, D. 67, Bl. 9r, s. Anm. 5 in Nr. 4); „39. Muscus Filicinus maior C. B. P." (AAW R. I, Op. 13, D. 42, Bl. 6v, s. Anm. 1 in Nr. 1); „51. Hypnum ramis plano-pennatis continua [sic!] serie extensis Linn. Lapp. p. 319. Muscus filicinus maior C. B. Buxb. Cent. II. p. 2. Tab. 1. f. 2. et Muscus ramosus repens spicatus Ej. ib. p. 2. et 3. Tab. 2. f. 1. Hypnum filicinum Tamarisci foliis maioribus splendentibus Dill. Sylv. 274. Tab. XXXV. n°. 13. ..." (AAW R. I, Op. 13, D. 33, Bl. 17r, s. Anm. 2 in Nr. 925)

61 in der 2. Textversion (s. Anm. 1 in A.): „humidioribus"

62 „[species 93] Muscus vulgaris, pennatus, major C. B. Pin. 360. Muscus pennatus Prodr. 151." (Tournefort 1700, S. 556, Genus I. „Muscus. Mousse."); „Hypnum repens filicinum pennatum: Muscus vulgaris pennatus major C. B. 360. n. 2. pennatus Ejusd. Pr. 151. n. 1. ..." (Dillenius 1719, S. 218); „3. MUSCUS FILICINUS, MAJOR, FLAVESCENS, RAMOSUS. Muscus vulgaris pennatus major, C. B. Pin. 360. ..." (Vaillant 1727, S. 140); „XXV. 13. Hypnum filicinum, Tamarisci foliis majoribus splendentibus. The large shining Fern-Hypnum, with Tamarisk leafes. ... Muscus vulgaris pennatus major ... Inst. R. H. p. 556. ... Hypnum repens filicinum, ... Cat. Giss. p. 217. ... Muscus filicinus major flavescens, ramosus Vaill. Bot. Par. p. 140. n. 3. d. b. ..." (Dillenius 1741, S. 274ff.); „1765. HYPNUM caule subrecto, flexuoso, ramis teretibus pinnatis, pinnulis pinnatis, operculis aristatis. ... Muscus filicinus flavescens maior, ... EJUSDEM [d. h. Vaillant] t. 28. f. 1. ... Hypnum filicinum, ... DILLEN. p. 274. t. 35. f. 13. Hypnum surculis proliferis, ... LINN. p. 1590. ..." (Haller 1768b, S. 33f.); „[Muscus] vulgaris pennatus major; also nennt C. Bauhin das krause Astmos." (Gmelin 1774, Sp. 319); „17) Sprossendes Astmooß Hypnum proliferum. (Hypnum Hedwigii.) ... Hypnum surculis proliferis, plano-pinnatis, pedunculis aggregatis. LINN. ... Sp. Pl. p. 1590. ... HUDSON. Fl. Angl. T. II. p. 499. ... Hypnum caule suberectis, [sic!] flexuoso, ... HALL. helv. n. 1765. Hypnum filicinum, ... DILL. 274. t. 35. f. 13. Muscus filicinum flavescens ... VAILL. paris. 140. n. 3. ... Es hat mit dem ... Wand=Astmooß (Hypnum parietinum L. [Nr. 972]) sehr viel ähnliches, ..." (Linné 1787, S. 283f.); „[Hypnum] parietinum. 17. HYPNUM surculis plano-pinnatis ... Sp. pl. 1590. ... Hypnum caule suberecto [sic!] flexuoso, ... Hall. hist. 1765. Hypnum filicinum, ... Dill. musc. 274. t. 35. f. 13. ... Muscus filicinus flavescens ... Vaill. paris. 140. t. 29. f. 1. et t. 28. f. 1. Anglis, wall Hypnum. ..." (Hudson 1798, S. 499)

„Muscus vulgaris, pennatus maior (Tournefortii sp. 93), Sylv." (Messerschmidt 1962–1977, Bd. 4, S. 207, s. Anm. 1 in Nr. 1)

63 „[species 1] Muscus capillaceus, major, pediculo & capitulo crassioribus, Polytricum aureum, majus C. B. Pin. 356. Polytricum Apulei majus quibusdam J. B. 3. 760. Adiantum aureum Tabern. Icon. 797." (Tournefort 1700, S. 550, Genus I. „Muscus. Mousse."); „Polytrichum vulgare & majus, capsula quadrangulari: Pol. aureum medium C. B. 356. Pol. Apuleji majus quibusdam J. B. 3. 760. Muscus capillaceus major, pediculo & capitulo crassioribus Turn. 550. ..." (Dillenius 1719, S. 221); „Muscus capillaceus, major, pediculo & capitulo crassioribus Tournefort. ... Polytrichum Apuleji; majus quibusdam I. B. 3. 760. ... Germ. güldner Wiederthon. ..." (Rupp 1726, S. 285); „LIV. A. B. C. D. E. F. G. H. 1. Polytrichum quadrangulare vulgare, Juccae foliis serratis. The Common bigger square-headed Bog Polytrichum, or great Goldilocks. ... Polytrichum aureum majus C. B. Pin. p. 356. n. 2. ... Polytrichum Apuleji majus quibusdam J. B. Hist. III. P. II. L. 37. p. 760. ... Muscus capillaceus major, pedivulo & capitulo crassioribus ... J. R. H. p. 550. ... Polytrichum vulgare & majus, ... Cat. Giss. p. 221. ... Muscus juniperifolius, capitulo quadrangulo Vaill. Bot. Par. p. 131. n. 15. ..." (Dillenius 1741, S. 420ff.); „15. MUSCUS JUNIPERI-FOLIUS, CAPITULO Quadrangulo. ..." (Vaillant 1727, S. 131); „POLYTRICHVM (commune) ... Linn. Spec. pl. 1109. n. 1. ... Polytrichum quadrangulare vulgare ... Dill. musc. 420. t. 54. f. 1. Кокушкинъ ленъ [russ. *kokuškin len*] Russ. α. Polytrichum quadrangulare, iuniperis foliis ... Dill. musc.

424. t. 54. f. 2. ..." (*Krašeninnikov* 1761, S. 168); „733. POLYTRICHUM (commune) ... Polytrichum caule simplici, ... Linn. sp. pl. 1573. Polytrichum quadrangulare vulgare, ... Dill. musc. 420. t. 54. f. 1. Muscus capillaceus major, ... Tourn. inst. 550. ..." (Schreber 1771, S. 73); „734. Var. Polytrichum quadrangulare, ... Dill. musc. 424. t. 54. f. 2. ..." (a. a. O., S. 73f.); „[Polytrichum] commune, ... gemeines Harmos, ... Goldhar; gulden Wiederthon; ... Es ... hat sich durch seine goldgelbe Stiele bey den Goldmachern beliebt und berühmt gemacht: die Lappen bedienen sich desselben öfters statt eines Bettes, ... ein neuerer Schriftstelller empfielt seinen Gebrauch in der Gelbsucht, in dem Stein, in dem Seitenstiche, und in verstopften Drüsen: Es heißt bey J. Bauhin: Polytrichum Apuleji & majus quibusdam; ..." (Gmelin 1775, Sp. 320f.); „1) Gemeines Haarmooß. Polytrichum commune. ... Polytrichum caule simplici, anthera parallelepipeda. LINN. ... Sp. Pl. p. 1573. ... Polytrichum (commmune) ... SCHREBER. spic. n. 733. ... Polytrichum quadrangulare vulgare, ... DILL. musc. 420. tab. 54. f. 1. ... Polytrichum aureum majus, C. BAUH. pin. 356. ... β. Polytrichum commune minus. Polytrichum quadrangulare juniperi foliis ... DILL. musc. 424. t. 54. f. 2. ... Polytrichum aureum medium. C. BAUH. pin. 356. ... Das grosse Haarmooß ist in Deutschland unter dem Namen golden Frauenhaar, gelbes Frauenhaar, golden Venushaar, golden Haar, golden Widerthon, oder Widerdod, ein sehr bekanntes Gewächse, ..." (Linné 1787, S. 176ff.); „910. POLYTRICHUM commune surculo simplici, ... Polytrichum quadrangulare vulgare, Juccae foliis serratis. Dill. musc. pag. 420. fig. 1. ..." (Willdenow 1787, S. 304f.); „Haarmoos oder Goldhaar, Polytrichum, ist ein mit dem Sternmoos (mnium) nah verwandtes Moosgeschlecht, ... 1) Das gemeine Haarmoos, Goldhaar, goldener Wiederthon, Jungfernhaar, Wolfsgerste, Ziperill, Polytrichum commune ... Linn. & al. ... Polytrichum aureum majus C. Bauh. ... Auf den Apotheken hat man dieses Moos noch unter dem Namen herba adianthi aurei, ... Es giebt einige Varietäten davon: a) Polytrichum quadrangulare, juniperi foliis ... Dill. ..." (Encyclopädie 1788, S. 657f.); „Polytrichum commune. Polytrichum aureum; Adianthum aureum: Muscus capillaris; Muscus scoparius; Muscus coronatus. Deutsch. Das Haarmos; Jungfernhaar, Goldhaar; Güldener Widerton, Gegliederter Wiederton, Bärenmos. ... Russ. Kokuschnik lenn. ... Lett. Adspehre fahles, Dseggunes linni. Tungus. Lalbocha. ... sie ... führt die obigen Namen, weil der Hut ihrer Büchse mit Haren besetzt ist; ... Die Bären polstern im Winter ihr Lager damit aus; ..." (Nemnich 1795, Sp. 1040f.); „1. POLYTRICHUM commune ... Gemeines Haarmoos. Güldener Wiederthon. R. Kokuschkina Len. (Kukuksflachs) ..." (Georgi 1797–1802, Theil 3, S. 1387); „47. GEMEINER WIDERTHON. ... Polytrichum quadrangulare vulgare Yuccae foliis serratis. DILL. musc. p. 420. ... Yuccablätteriger Widerthon: ... Gemeines Haarmoos: ... Gülden Wiedertodt, oder Wiederthon. ... Langes aloeblätteriges Polytrichum, ... Goldenes Frauenhaar. ... Beesen-Moos. ... Es soll zusammenziehende heilende Kräfte haben, ... In gewissen Gegenden macht man Staubbesen und Kehrwische daraus, ..." (Röhling 1800, S. 170ff.); „XI. Mittel bei Blutflüssen. ... Im Smolenskischen rühmt man als sehr bewährt bei Blutungen nach der Niederkunft die Abkochung von Polytrichum commune zu 3–4 Gläsern." (Krebel 1858, S. 164); „Polȳtrichum L. (Bryoideae). Zus. aus πολος (viel) und δριξ (Haar), in Bezug auf die haarige Mütze der Kapsel, oder auch die zahlreichen haarförmigen Blätter, womit der Stängel besetzt ist." (Wittstein 1852, S. 719)

„Muscus capillaceus major, pediculo et capitulo crassioribus. Inst. r. h. n° 168. [müßte heißen: 150f.]" (AAW R. I, Op. 13, D. 19, Bl. 6v, s. Anm. 54 in Nr. 17); „Polytrichum vulgare, et majus capsula quadrangulari. C. G." (AAW F. 21, Op. 5, D. 98, Bl. 34r, s. Anm. 5 in Nr. 17); „115. Polytrichum vulgare et majus, capsula quadrangulari C. G. 221. ..." (AAW R. I, Op. 105, D. 1ª, Bl. 8r, s. Anm. 29 in Nr. 5); „30. Polytrichum vulgare et majus capsula quadrangula Dill Giss. 221. Polytrichum aureum maius C. B. P. 356. Polytrichum Apulei et maius quibusdam J. B. III. 760. Polytrichum quadrangulare vulgare Jucca foliis serratis Dill. Sylv. p. 240. [?] Muscus capillaceus maior pediculo et capitulo crassioribus Tourn. Buxb. Cent. I. p. 41. Tab. LXII. j. Idem cum gemmis. Muscus capillaceus stellatus prolifer Tourn. I. R. H. ..." (AAW R. I, Op. 13, D. 33, Bl. 11r, s. Anm. 2 in Nr. 925); „Muscus capillaceus maior, pediculo et capitulo crassioribus (Tournefortii sp. 1), Off." (Messerschmidt 1962–1977, Bd. 4, S. 207, s. Anm. 1 in Nr. 1); s. Nr. 975

64 „Polytrichum montanum & minus, capsula quadrangulari: Pol. aureum minimum montanum Mentz. Adiantum aureum minimum Merr. pileolo villoso minimum Raj. Syn. 20. Suppl. 34. ...“ (Dillenius 1719, S. 221); „LIV. A. B. C. D. E. F. G. H. I. K. 2. Polytrichum quadrangulare, Juniperi foliis brevioribus & rigidioribus, The leßer and stiffer square-headed Heath Polytrichum. ... Polytrichum aureum medium C. B. Pin. p. 356. n. 2. ... Muscus capillaceus minimus, calyptra longissima erecta Tourn. J. R. H. p. 552. ... Polytrichum montanum & minus capsula quadrangulari Cat. Giss. p. 221. ... Muscus erectus, Juniperi folio glauco rigido, calyptra longissima Vaill. Bot. Par. p. 131. n. 17. ...“ (Dillenius 1741, S. 424ff.); „[species 28] Muscus capillaceus, minimus, calyptrâ longissimâ, erectâ. Muscus coronatus humilis, rigidior, capitulis longis, acutis, sessilibus, erectis Mor. Hist. Oxon. Part. 3. 630. Sect. 15. Tab. 7. fig. 8.“ (Tournefort 1700, S. 552, Genus I. „Muscus. Mousse.“); „* 17. MUSCUS ERECTUS, JUNIPERI FOLIO, GLAUCO, RIGIDO, CALYPTRA LONGISSIMA. ...“ (Vaillant 1727, S. 131); „2. POLYTRICHUM montanum & minus, capsula quadrangulari ... Muscus erectus Juniperi folio ... VAILL. T. 23. f. 6. p. 131. ...“ (Haller 1742, S. 107); „734. Polytrichum montanum et minus, capsula quadrangulari Hall. 107. Muscus erectus Iuniperi folio Vaill. Par. t. 23. f. 6. ...“ (Boehmer 1750, S. 301); „1835. MNIUM calyptris villosis, ... TABERNAEMONT. p. 797. bene. ... α. β. POLYTRICHUM quadrangulare vulgare, ... DILLEN. Sylv. musc. p. 420. t. 54. f. 1. ... α. γ. Polytrichum quadrangulare, Juniperi foliis ... DILLEN. Sylv. musc. p. 424. t. 54. f. 2. ...“ (Haller 1768b, S. 50f.); „911. POLYTRICHUM juniperinum surculo simplici ... Polytrichum commune. β. Lin. syst. ed. R. 4. p. 456. ... Polytrichum quadrangulare, juniperi foliis ... Dill. musc. 464 [sic!] t. 54. f. 2. ...“ (Willdenow 1787, S. 305); „48. WACHHOLDERBLÄTTERIGER WIDERTHON: ... Polytr. commune β. LINN. ... Gemeiner Widerthon. ... Wachholderblätteriges Haarmoos. ... Klein gülden Widerthon. ... Büscheliges aloeblätteriges Polytrichum. ... Wachholderblätteriges Goldhaar. ... Dieses Moos ist dem vorhergehenden [Nr. 974] so ähnlich, dass es lange Zeit für eine blosse Varietät von demselben gehalten ... wurde. ...“ (Röhling 1800, S. 178ff.); „623. Polytrichum juniperum Willd. Flor. berol. prodr. p. 305, No. 911 (1787). Synonyme; Polytrichum montanum et minus, ... Dill. Cat. giss, p. 221 (1718). Polytrichum quadrangulare juniperi foliis ... Dill. Hist. musc. p. 424. f. 2 ... Polytrichum commune var. β. L. Sp. plant. II. p. 1109 ...“ (Rabenhorst 1895, S. 627f.)
„Polytrichum montanum et minus, capsula quadrangulari C. G.“ (AAW F. 21, Op. 5, D. 98, Bl. 34r, s. Anm. 54 in Nr. 17); „116. Polytrichum montanum et minus, capsula quadrangulari C. G. 221. ... j. Idem calycibus stellatis proliferis.“ (AAW R. I, Op. 105, D. 1[a], Bll. 8r–8v, s. Anm. 29 in Nr. 5); „51. Polytrichum montanum et minus, capsula quadrangulari C. G. ...“ (AAW R. I, Op. 105, D. 12, Bl. 3v, s. Anm. 54 in Nr. 17); „2. Polytrichum montanum & minus, capsula quadrangulari C. G. 221. Ind. Jen. n°. 116.“ (AAW R. I, Op. 13, D. 67, Bl. 9r, s. Anm. 5 in Nr. 4); s. Nr. 974

65 „Calyptra, die Haube, Mooshaube, 1) eine vertrocknete, häutige Decke, welche bei Moosen die Sporenbehälter meist von oben überdeckt, bei Lebermoosen aber den Stiel des Sporenbehälters (die Borste) am Grunde umgibt oder völlig einschließt; ...“ (Bischoff 1857. S. 19); s. auch Nr. 625, Anm. 10

66 „Bryum erectis longis & acutis falcatis capitulis, calyptra subfusca, foliis Serpilli pellucidis. ...“ (Dillenius 1719, S. 223); „* 6. MUSCUS CAPILLARIS CORNICULIS LONGISSIMIS INCURVIS. Raji. Syn. 29, 3, ...“ (Vaillant 1727, S. 133); „XLV. A. B. C. D. E. 10. Bryum capsulis longis subulatis. The Awl-headed Bryum. ... Bryum erectis, longis, acutis & falcatis capitulis, ... Cat. Giss. p. 223. ... Muscus capillaris, corniculis longissimis incurvis Raji Vaill. Bot. Par. p. 133. n. 6. ...“ (Dillenius 1741, S. 350f.); „*1827. BRYUM caule brevissimo, foliis lanceolatis, capsulis longissimis, operculo praelongo. ... Muscus capilllaceus, ... VAILLANT. t. 25. f. 8. Bryum capsulis longis subulatis DILLEN. Sylv. p. 350. t. 45. f. 10. ...“ (Haller 1768b, S. 48); „744. BRYVM (subulatum) ... Linn. sp. pl. 1581. Bryum caule brevissimo, ... Hall. hist. n. 1827. Bryum capitulis longis subulatis. Dill. musc. 350. t. 45. f. 10. Muscus capillaris, ... Vaill. Paris. 133. t. 25. f. 8. ...“ (Schreber 1771, S. 76); „[Bryum] subulatum, ... pfriemenförmiges Knotenmos, ... es heißt bey Dillenius: Bryum capsulis longis subulatis; ...“ (Gmelin 1772, Sp. 240); „6) Pfriemenförmiges

Knotenmooß, Bryum subulatum. (Tortula Hedwigii.) Bryum antheris erectis subulatis, surculis acaulibus. LINN. ...Sp. Pl. p. 1581. ... SCHREB. spicil. n. 744. ... Bryum cauliculo brevissimo, ... Hall. helv. n. 1827. Bryum capsulis longis subulatis. DILL. musc. 350. t. 45. f. 10. ... Muscus capillaris, ... VAILL. paris. 133. t. 25. f. 8. ... Diese Art variirt so wohl mit haartragenden als nicht haartragenden Blätchen." (Linné 1787, S. 119f.); „108. PFRIEMENFÖRMIGES SCHRAUBEN-MOOS: ... Bryum subulatum ... SCHREB. spicil. pag. 76. n. 744. ... Bryum caule brevissimo, ... HALL. hist. III. p. 42. [sic!] n. 1827. Bryum capsulis longis subulatis. Dill. muscol. p. 350. Muscus capillaris ... VAILL. par. p. 133. n. 6. Pfriemenförmiges Mollie: ... Pfriemenförmiges Knotenmoos: ... Pfriemenförmiges Moos: ... Pfriemenförmiges Strickmoos. ... Pfriemenförmiges Capseln-Bryum. ..." (Röhling 1800, S. 384ff.); „272. Tortula subulata (L.) Hedw. Fund. II. p. 92. (1782). Synonyme: Bryum erectis, longis, ... Cat. Giss. p. 223. (1718). Bryum capsulis longis subulatis Dill. Hist. musc. p. 350, t. 45, f. 10. Bryum subulatum L. Sp. plant. 1. ed. II. p. 1116 (1753). ..." (Rabenhorst 1890, S. 669ff.); „Brȳum L. DILL. (Bryoideae). Unter βρυον (von βρυειν, sprossen wachsen) verstanden die Alten verschiedene Gewächse, ... welche ohne Pflege (von selbst) üppig emporschiessen und sich ausbreiten." (Wittstein 1852, S. 127); „Tortula HDWG. (Bryoideae). Von torus (gedreht); die Zähne des einfachen Peristonium sind spiralig gedreht." (a. a. O., S. 885)"

67 „Muscus capillaris tectorum, densis caespitibus nascens, capitulis oblongis, foliis in pilum oblongum desinentibus. ..." (Ray 1704, S. 34); „Bryum erectis falcatis capitulis, trichodes foliis latiusculis extantibus, in pilum canescentem desinentibus: Muscus capillaris tectorum, densis caespitibus nascens, capitulis oblongis, foliis in pilum oblongum desinentibus Raj. Suppl. 34. ..." (Dillenius 1719, S. 224); „* 5. MUSCUS CAPITULIS TECTORUM, DENSIS CESPITUS, CAPITULIS OBLONGIS, FOLIIS IN PILUM OBLONGUM DESINENTIBUS. Raji. Synop. 28. N°. 2. ..." (Vaillant 1727, S. 133); „XLV. A. B. C. 2. Bryum rurale unguiculatum hirsutum, elatius & ramosius. The hoary branded Country Bryum, with clawed Heads. ... Muscus capillaris tectorum, ... Vaill. Bot. Par. p. 133. n. 5. ... Bryum erectis falcatis capitulis, ... Cat. Giss. p. 224. ..." (Dillenius 1741, S. 352ff.); „1789. HYPNUM caulibus erectis, foliis lanceolatis, pilo fluitante terminatis, capsulis erectis, longe rostratis. Musus capillaris tectorum, ... VAILLANT t. 25. f. 3. ... Muscus capillaceus, foliis Linariae, ... BUXBAUM. Cent. V. t. 44. f. 1. Bryum rurale unguiculatum ... DILLEN. Sylv. p. 352. t. 45. f. 12. ..." (Haller 1768b, S. 39); „Tab. XLIV. Fig. 1. Muscus capillaceus, folio Linariae, capitulis corniculatis, longissimis. ..." (Buxbaum 1740, S. 22f.); „[Bryum] rurale, ... Feldknotenmos, ... Ein Strohdach ... kann hundert Jahre aushalten, wann es damit überwachsen ist; ..." (Gmelin 1772, Sp. 240f.); „7) Feld=Knotenmooß. Bryum rurale. (Barbula Hedwigii.) ... Bryum antheris erectiusculis, foliis piliferis recurvis. LINN. ... Sp. Pl. p. 1581. ... Hypnum caulibus erectis, ... HALL. helv. n. 1789. Bryum rurale ... DILL. musc. 352. t. 45. f. 12. Muscus capillaceus, ... BUXB. cent. 5. t. 44. f. 1. Muscus capillaris tectorum, ... VAILL. paris. 133. t. 25. f. 3. ..." (Linné 1787, S. 231f.); „7. BRYUM rurale ... Dach=Knotenmoos. ..." (Georgi 1797–1802, Theil 3, S. 1392); „4) Omiss. in Flor. Germ. TORTULA ruralis. ... Bryum rurale unguiculatum ... Dill hist. Musc. p. 352. Tab. 45. fig. 12. Bryum erectis falcatis capitulis, ... Dill. Cat. Giss. p. 224. ..." (Roth 1800, S. 205f.); „Bārbula HDWG. (Bryoideae). Dimin. von barba (Bart); die Zähne des Peristonium sind haarförmig und haben das Ansehen eines Bartes." (Wittstein 1852, S. 93)

„1104. Bryum rurale unguiculatum hirsutum, elatius & ramosius Dill. Hist. Musc. 352. n°. 12. Tab. XLV. Muscus capillaceus folys linaria capitulis corniculatis longissimis Buxb. Cent. V. T. 44. f. 1. Bryum majus, erectis falcatis capitulis, folys latiusculis exstantibus, in pilum canescentem desinentibus Dill. Giess. R. Syn. III. p. 94. Hall. Alp. 112. n. 17. ..." (AAW R. I, Op. 13, D. 20, Bl. 101r, s. Anm. 1 in Nr. 1)

68 „Muscus capillaris minor, capitulis erectis vulgatissimus. ..." (Ray 1704, S. 34); „Bryum erectis capitulis trichodes, foliis latiusculis congestis, in pilum canescentem desinentibus: Muscus capillaris minor, capitulis erectis vulgatissimus Raj. Suppl. 34. ..." (Dillenius 1719, S. 224); „4. * MUSCUS CAPILLARIS MINOR, CAPITULIS ERECTIS VULGATISSIMUS, FOLIIS IN PILUM

DESINENTIBUS ...“ (Vaillant 1727, S. 133); „Tab. LXIV. ... Fig. IV. Muscus minimus foliis acutis, in pilum canescentem desinentibus. ...“ (Buxbaum 1728, S. 44f.); „XLV. A. B. C. D. E. 14. Bryum tegulare humile pilosum & incanum. The common dwarf hoary Wall Bryum. ... Bryum erectis capitulis trichodes, ... Cat. Giss. p. 224. ... Muscus capillaris minor, ... Vaill. Bot. Par. p. 133, n. 4. ... Muscus minimus, foliiis acutis, ... Buxb. cent. I. p. 45. ...“ (Dillenius 1741, S. 355f.); „1825. BRYUM cauliculis brevissimis, foliis ovato lanceolatis patulis, pilo terminatis, capsulis aristatis. ... Muscus minimus, ... BUXBAUM. Centur. I. p. 45. t. 64. f. 4. Bryum tegulare humile, ... DILLEN. Sylv. p. 355. t. 45. f. 14. ...“ (Haller 1768b, S. 48); „Bryum murale, ... Mauerknotenmos, ... Es heißt bey Dillenius: Bryum tegulare humile pilosum ...“ (Gmelin 1772, Sp. 241); „742. BRYUM (murale) ... Linn. sp. pl. 1581. Bryum cauliculis brevissimis, ... Hall. hist. n. 1825. Bryum tegulare humile ... Dill. musc. 355. t. 45. f. 14.“ (Schreber 1771, S. 76); „8) Mauer=Knotenmooß. Bryum murale. (Tortula Hedwigii.) ... Bryum antheris erectis, foliis piliferis rectiusculis, surculis simplicibus caespitosus. LINN. ... Sp. Pl. p. 1581. ... SCHREBER. spicil. n. 742. ... Bryum cauliculis brevissimis, ... HALL. helv. 1825. Bryum tegulare humile ... DILL. musc. 355. t. 45. f. 14. Muscus muralis, ... VAILL. paris. 133. t. 24. f. 15. Muscus minimus, ... BUXB. cent. I. p. 45. t. 64. f. 4. ... Mauern, Stämme der Bäume, hölzerne Gartenmauern, Dächer so wie Felsen bewohnt dieses Laubmooß in Menge. ...“ (Linné 1787, S. 232f.); „3) Flora Germ. p. 461. n. 1. TORTULA muralis. ... Bryum cauliculis brevissimis, ... Hall. helv. n. 1825. Bryum tegulare humile ... Dill. hist. Musc. p. 355. Tab. 45. fig. 14. Bryum erectis capsulis ... Dill. Cat. Giss. p. 224. ...“ (Roth 1800, S. 203ff.)

69 „Bryum erectis capitulis trichodes, lanuginosum. ...“ (Dillenius 1719, S. 224); „XLVII. A. B. C. D. E. F. G. 27. Bryum hypnoides, hirsutie canescens, vulgare. The common hoary, Hypnum-like Bryum. ... Muscus trichodes lanuginosus Alpins ... Raj. Hist. III. p. 37. n. 36. ... Bryum trichodes, erectis capitulis, lanuginosum Cat. Giss. p. 224. ...“ (Dillenius 1741, S. 368ff.); „834. BRYUM capsulis erectis, ... Fl. lapp. 396. ... β Bryum hypnoides, hirsutie ... Dill. musc. 368. t. 47. f. 27. Bryum trichodes, erectis ... Dill. giss. 224. ...“ (Linné 1745, S. 326); „1034. BRYVM (hypnoides) ... Linn. sp. pl. 1584. Bryum hypnoides hirsutie ... Dill. musc. 368. t. 47. f. 27. ...“ (Schreber 1771, S. 77); „[Bryum] hypnoides, ... astmosartiges Knotenmos, ... es heißt bey Dillenius: Bryum hypnoides hirsutie ...“ (Gmelin 1772, Sp. 245); „24) Astmooßartiges Knotenmooß. Bryum hypnoides. (Trichostomum Hedwigii.) ... Bryum antheris erectis, surculo erectiusculo, ramis lateralibus brevibus fertilibus. LINN. ... Sp. Pl. p. 1584. Fl. Suec. n. 894. ... SCHREBER. spicil. n. 1034. ... δ) ... Bryum hypnoides hirsutie ... DILL. musc. 368. t. 47. f. 27. ...“ (Linné 1787, S. 251f.); „74. BLASS-GRAUER HAARMUND: ... Trichostomum canescens, ... HEDW. musc. III. p. 5. ... Bryum hypnoides ... SCHREB. spic.p. 77. n. 1034. var. β. minus. ... Bryum hypnoides ... DILL. musc. p. 368. ... Grauer Kahlmund: ... Weisses Wimpermoos. ... Grauer Haarmund. ... Kurz grauhaariges Büschel-Hypnum. ...“ (Röhling 1800, S. 266ff.); „344. Racomitrium canescens ... Synonyme: Bryum trichoides erectis ... Dill. Cat. Giss. p. 224 (1718). Bryum hypnoides hirsutie ... Dill. Hist. musc. p. 368, t. 47, f. 27 A–E (1741) ... Bryum hypnoides Schreb. Spic. fl. lips. p. 77 (171). ...“ (Rabenhorst 1890, S. 809ff.); „Racomītrium BRID. (Bryoideae). Zus. aus ρακος (Lappen) und μιτρα (Mütze); die Mütze der Kapsel ist an der Basis geschlitzt.“ (Wittstein 1852, S. 749)

70 „[species 30] Muscus capillaceus, minimus, capitulo nutante, pediculo purpureo. Muscus trichoides, capitulo parvo, reflexo, pediculo ima mediate rubro, summâ luteo viridi Raii Synops. 34. Mor. Hist. Oxon. Part. 3. 629. Sect. 15. Tab. 6. fig. 15.“ (Tournefort 1700, S. 552, Genus I. „Muscus. Mousse.“); „Musci capillares capitulis reflexis. ... 2. Muscus trichoides, capitulo parvo reflexo, pediculo ima medietate rubro, summa luteo-viridi. ...“ (Ray 1696, S. 33f.); „Muscus capillaris, capitulo parvo reflexo, pediculo ima medietate rubro, summa luteo-viridi. ...“ (Ray 1704, S. 38); „Bryum trichodes capitulis reflexis, pediculis ima medietate rubris, summa luteo-virentibus: Muscus capillaris capitulo parvo reflexo, pediculo ima medietate rubro, summa luteo-viridi Raj. Syn. 34. Suppl. 38. Mor. H. Ox. P. 3. capillaceus minimus capitulo nutante, pediculo purpureo Turn. 552. ...“ (Dillenius 1719, S. 226); „* 3. MUSCUS CAPILLACEUS MINIMUS, CAPITULO NUTANTE, PEDICULO PURPUREO. Inst. 552. ...“ (Vaillant 1727, S. 134); „L. A.

B. C. D. E. F. G. H. 66. Bryum pendulum ovatum, caespiticium & pilosum, seta bicolori. The tufted red and yellow shank'd Bryum, with pendulous Heads. ... Muscus trichodes, capitulo parvo reflexo, ... Raj. Syn. St. Brit. II. p. 34. n. 2. ... Muscus capillaceus minimus, ... Tourn. J. R. H. p. 552. Vaill. Bot. Par. p. 134. n. 3. ... Muscus capillaris Raj. Hist. III. p. 38. n. 2. d. b. Bryum trichodes, capitulis reflexis, ... Cat. Giss. p. 226. ..." (Dillenius 1741, S. 396ff.); „1790. HYPNUM foliis ovato lanceolatis, aristatis, patulis, capsulis ovatis, obtusis, pendulis. ... Muscus capilllaceus minimus, ... VAILLANT. t. 29. f. 7. Bryum pendulum ovatum ... DILLEN. Sylv. musc. p. 396. t. 50. f. 66. ..." (Haller 1768b, S. 39); „[Bryum] caespiticium, ... Rasentorfmos, ... Es heißt bey Dillenius: Bryum pendulum ovatum caespiticium ..." (Gmelin 1772, Sp. 247f.); „[Muscus] capillaceus minimus capitulo nutante, pediculo purpureo; bedeutet bey Vaillant das Rasentorfmos." (Gmelin 1774, Sp. 290); „33) Rasen=Knotenmooß. Bryum caespiticium. ... Bryum antheris pendulis, foliis lanceolatis acuminato-setaceis, pedunculis longissimis. LINN. ... Sp. Pl. p. 1586. ... Hypnum foliis ovato lanceolatis ... HALL. helv. 1790. Bryum pendulum ovatum ... DILL. musc. 396. t. 50. f. 66. Muscus capillaceus minimus, ... VAILL. paris.134. t. 29. f. 7. ... Dieses Knotenmooß wächst auf Mauern, Wällen, alten Gebäuden, so wie auf der Erde, ..." (Linné 1787, S. 261f.); „531. Bryum atropurpureum ... Synonyme: Bryum trichodes, capitulis reflexis, ... Dill. Cat. Giss. p. 226 (1718). ... Bryum pendulum ovatum, ... Dill. Hist. musc. p. 396, t. 50, fig. 66. A, F et G (1741). ... Auf feuchtem Sandboden, Schutthaufen, unbebauten Aeckern und wüsten Plätzen, auch in Mauerritzen, ... Provinz Sachsen: bei Halle, nahe der Ruine Schönburg, bei Naumburg und Allstedt ..." (Rabenhorst 1895, S. 405ff.)

„54. Bryum trichoides capitulis reflexis, pediculis ima medietate rubris, summa luteo-virentibus. C. G. ..." (AAW R. I, Op. 105, D. 12, Bl. 3v, s. Anm. 54 in Nr. 17); „26. August 1723 ... Von Kräutern observierte ... am Feldfeuer Muscum capillaceum minimum capitulo nutante, pediculo purpureo (Tournefortii sp. 30), ..." (Messerschmidt 1962–1977, Bd. 2, S. 121f.)

71 „Sphagnum cauliferum & ramosum palustre, molle candicans, reflexis ramulis, foliolis latioribus: Muscus vulgatissimus C. B. 360. n. 1. ... [Muscus] squamosus palustris candicans mollissimus Turn. 554. ..." (Dillenius 1719, S. 229); „1. Sphagnum cauliferum & ramosum palustre molle candicans, reflexis ramulis, foliolis latioribus C. G. 229. ... [Muscus] palustris albicans terrestri similis, capitulis erectis brevibus, pediculis etiam brevissimis insidentibus Syn. II. 37. 4. ..." (Ray 1724, S. 104); „24. MUSCUS PALUSTRIS, IN ERICETIS NASCENS Raji. Syn. ... Muscus squamosus palustris candicans mollissimus Inst. 554." (Vaillant 1727, S. 139); „[species 69] Muscus squamosus, palustris, candicans, mollissimus. Muscus palustris Dod. Pempt. 472. Muscus palustris, terrestris similis Raii Hist. 122." (Tournefort 1700, S. 554, Genus I. „Muscus. Mousse."); „XXXII. 1. Sphagnum palustre molle deflexum, squamis cymbiformibus. The larger soft and hollow-leaf'd Bog Sphagnum. ... Muscus palustris albicans terrestris, ... Raj. Syn. St. Brit. II. p. 37. n. 4. d. br. Muscus squamosus palustris candicans, ... Tourn. ... J. R. H. p. 554. ... Sphagnum cauliferum & ramosum ... Cat. Giss. p. 229. ... Muscus palustris, in ericetis nascens ...Vaill. Bot. Par. p. 139. n. 24. ..." (Dillenius 1741, S. 240ff.); „1. SPHAGNUM cauliferum, ramosum, palustre, molle, candicans, reflexis ramulis, foliis latioribus DILL. Giss. p. 229. ... Muscus palustris in ericetis nascens VAILL. p. 138. T. XXXIII. f. 3. icon. opt. ..." (Haller 1742, S. 95f.); „864, SPHAGNUM ramis deflexis. Fl. lapp. 415. Sphagnum palustre molle deflexum, ... Dill. musc. 240. t. 32. f. 1. Sphagnum cauliferum & ramosum ... Dill. giss. 229. Hall. helv. 95. Muscus palustris in ericetis nascens. ... Vaill. paris. 139. t. 23. f. 3. ... β Sphagnum palustre molle deflexum, squamis capillaceis. Dill. musc. 243. t. 32. f. 2. ..." (Linné 1745, S. 313f.); „XXXII. A. B. 2. Sphagnum palustre molle deflexum, squamis capillaceis. The soft Bog Sphagnum, with finer leafes. ... Sphagnum cauliferum & ramosum palustre, molle candicans, reflexis ramulis, foliolis angustioribus Cat. Giß. p. 229. ... Muscus squamosus purpurascens, mollissimis Vaill. ... Bot. Par. p. 109. n. 25. nom. ..." (Dillenius 1741, S. 243f.); „Sphagnum cauliferum & ramosum palustre, molle candicans, reflexis ramulis, foliolis angustioribus. ..." (Dillenius 1719, S. 229); „* 25. MUSCUS SQUAMOSUS PALUSTRIS PURPURASCENS MOLLISSIMUS." (Vaillant 1727, S. 139); „774. Sphagnum ramis deflexis Linn. Fl. Suec. 864. Sphagnum cauliferum ramosum ... Hall. 95.

Sphagnum palustre molle deflexum, ... Dill. musc. 240. t. 32. f. 1. Muscus palustris in ericetis ... Vaill. Par. t. 23. f. 3. ..." (Boehmer 1750, S. 311f.); „775. Sphagnum cauliferum et ramosum, ... Hall. 96. Sphagnum palustre molle deflexum, ... Dill. Musc. 243. t. 32. f. 2. ..." (a. a. O., S. 312); „SPHAGNUM (palustre) ... Sphagnum palustre molle ... Dill. musc. 240. t. 32. f. 1. In districtu Coporiensi saepius integra paludes tegit, quae loca et Мхи [russ. *mchi*] id est Musci, vulgo vocatur; ..." (*Krašeninnikov* 1761, S. 167f.); „1724. SPHAGNUM cauliferum, ramis teretibus pendulis. ... Muscus palustris ... VAILLANT. p. 138. t. 23. f. 3. Sphagnum palustre molle deflexum, ... DILLEN. Sylv. Musc. p. 240. t. 32. f. 1. ... β. ... Sphagnum palustre, molle deflexum, ... DILLEN. Sylv. Musc. p. 243. t. 32. f. 2. ..." (Haller 1768b, S. 23f.); „[Sphagnum] palustre, ramis deflexis; Sumpftorfmos, ... Torfmos; ... Die Lappen machen sich aus diesem Mose Küssen, Deken und Windeln, und die Russen und Norweger füllen damit die Spalten ihrer hölzernen Häuser aus, ... Es heißt bey Hallern: Sphagnum cauliferum ramis teretibus pendulis; ..." (Gmelin 1776, Sp. 706f.); „1) Gemeines Torfmooß. Sphagnum palustre. ... Sphagnum ramis deflexis. LINN. ... Sp. Pl. p. 1569. ... Fl. Suec. 864. 959. ... HUDSON Fl. Angl. T. II. p. 465. ... Sphagnum cauliferum ... HALL. helv. n. 1724. ... Sphagnum palustre molle ... DILL. musc. 240. tab. 32. f. 1. Muscus palustris in ericetis ... VAILL. paris. 139. t. 23. f. 3. ... Sphagnum palustre molle ... DILL. musc. 243. tab. 32. f. 2. ... Neuern Erfahrungen ... nach, ... ist die hier nach Herrn Archiater von Linne's Vorgange angeführte Varietät, eine wahre sehr verschiedene Art, welchennach das Sphagnum palustre L. in zwo besondere Arten zerfällt, ... wie 1. Sphagnum cymbifolium. – Sphagnum palustre molle deflexum, squamis cymbiformibus, Dill. musc. 1. &c. 2. Sphagnum capillifolium. – Sphagnum palustre molle deflexum, squamis capillaceis. Dill. musc. 2. &c. ... Das gemeine Torfmooß giebt die erste Grundlage zu dem sich in der Folge erzeugenden Torf ab. ..." (Linné 1787, S. 139ff.); „Sphagnum palustre. Deutsch. Das Torfmos. ... Die Lappländer wickeln ihre Kinder in dies Mos, weil es so weich ist; ..." (Nemnich 1795, Sp. 1340); „[Sphagnum] palustre. 1. SPHAGNUM ramis deflexis. Sp. pl. 1569. Sphagnum cauliferum ... Hall. hist. 1724. Sphagnum palustre molle deflexum, ... Dill musc. 240. t. 32. f. 1. Sphagnum cauliferum et ramosum Dill. giss. 229. ... β Sphagnum palustre molle deflexum, ... Dill. musc. 243. t. 32. f. 2. Sphagnum cauliferum et ramosum palustre molle cauliculis, reflexis ramulis, foliolis angustioribus." (Hudson 1798, S. 465); „1. Sph[agnum] cymbifolium Ehrh. ... Synonyma: Sph. palustre molle deflexum, ... Dill. musc. p. 240; tab. 32, fig. 1 (1741) ..." (Rabenhorst 1890, S. 103f.); „21. Sph[agnum] cuspidatum Ehrh. Pl. crypt. No. 251 (1791) ... Schon durch Dillen, Cat. pl. Giss. p. 229 (1718) als Sphagnum cauliferum et ramosum palustre, molle candicans, foliis angustioribus – für das Gebiet bekannt. ..." (a. a. O., S. 129ff.); „Sphāgnum DILL. (Jungermannieae). Das veränderte σφογγος (Schwamm), weil das Gewächs locker und leicht ist und in Masse wie ein Schwamm erscheint." (Wittstein 1852, S. 829)

„Sphagnum cauliferum et ramosum palustre, molle, candicans, reflexis ramulis, foliis latioribus. C. G. ..." (AAW F. 21, Op. 5, D. 98, Bl. 33v, s. Anm. 54 in Nr. 17); „349. Sphagnum cauliferum & ramosum palustre molle, candicans, reflexis ramulis, foliolis latioribus Cat. Gies. 229." (AAW R. I, Op. 6, D. 40, Bl. 38r, s. Anm. 1 in Nr. 1); „Sphagnum cauliferum et ramosum palustre, molle candicans, reflexis ramulis foliolis latioribus Raij Syn. 104. 1. Muscus palustris albicans terrestris similis, capitulis erectis brevibus, pediculis etiam brevissimis insidentibus. Raj. Syn. ..." mit der links marginalen Anm. „Fig. 1. ..." (AAW R. I, Op. 104, D. 17, Bl. 7v, s. Anm. 36 in Nr. 8); „Sphagnum cauliferum & ramosum palustre molle, candicans, reflexis ramulis, foliolis latioribus C. G. 229 ..." (AAW R. I, Op. 105, D. 1, Bl. 8r, s. Anm. 29 in Nr. 5); „55. Sphagnum cauliferum & ramosum, palustre, molle, candicans, reflexis ramulis, foliolis latioribus. C. G. ..." (AAW R. I, Op. 105, D. 12, Bl. 3v, s. Anm. 54 in Nr. 17); „1. Sphagnum cauliferum & ramosum palustre molle, candicans, reflexis ramulis foliolis latioribus Cat. G. 229. Ind. Jen. n°. 127." mit der links marginalen Anm. „vid. Ic." (AAW R. I, Op. 13, D. 67, Bl. 10v, s. Anm. 5 in Nr. 4); „56. Sphagnum ramis reflexis Linn. Lapp. 415. Roy. pr. 505. I. Sphagnum cauliferum et ramosum palustre molle candicans, reflexis ramulis, foliolis latioribus Dill. Giss. 229. Sphagnum palustre molle deflexum, squamis cymbiformibus Dill. Sylv. 243. [sic!] Tab. XXXII. n°. 1. II. Sphagnum cauli-

ferum et ramosum palustre molle candicans, reflexis ramulis, foliolis angustioribus Dill. Giss. 229. Sphagnum palustre molle deflexum, squamis capillaceis Dill. Sylv. p. 243. Tab. XXXII. n. 2. ...“ (AAW R. I, Op. 13, D. 33, Bll. 18r–18v, s. Anm. 2 in Nr. 925)

72 „Sphagnum cauliferum & ramosum saxatile, hirsutum virescens, capitulis obscure rubris Sher. ap. Raj. Suppl. p. 40. ...“ (Dillenius 1719, S. 229); „XXXII. 4. Sphagnum subhirsutum, obscure virens, capsulis rubellis. The rough Sphagnum, with red Heads. ... Muscus apocarpos hirsutus, saxis adnascens, ... Vaill. Bot. Par. p. 129. n. 4. f. d. ... Sphagnum cauliferum & ramosum saxatile, ... Cat. Giss. p. 229. ...“ (Dillenius 1741, S. 245f.); „*4. MUSCUS APOCARPOS HIRSUTUS, SAXIS ADNASCENS, CAPITULIS OBSCURE RUBRIS. Raji Hist. 3. 40. ...“ (Vaillant 1727, S. 129); „1793. HYPNUM caulibus ramosis, foliis lanceolatis, hirsutis, operculo aristato. Muscus apocarpos, saxis adnascens, ... VAILLANT. p. 129. t. 27. f. 15. Sphagnum subulatum [sic!] obscure virens, capsulis rubellis DILLEN. Sylv. musc. p. 245. p. 245. t. 32. f. 4. ...“ (Haller 1768b, S. 40); „Bryum apocarpum, ... unfruchtbares Knotenmos, ...“ (Gmelin 1772, Sp. 239); „1) Scharlachköpfiges Knotenmooß. Bryum apocarpum. (Grimmia Hedwigii.) ... Bryum antheris sessilibus terminalibus, calyptra minima. LINN. ... Sp. Pl. p. 1579. ... Hypnum caulibus ramosis, ... HALL. helv. n. 1793. Sphagnum subhirsutum ... DILL. musc. 245. t. 32. f. 4. Muscus apocarpos ... VAILL. paris. 129. t. 27. f. 15. ...“ (Linné 1787, S. 220ff.); „1. BRYUM apocarpum ... Braunes Knotenmoos. ...“ (Georgi 1797–1802, Theil 3, S. 1391); „1) Flor. Germ. pag. 455. n. 1. GRIMMIA apocarpa. ... Sphagnum subhirsutum ... Dill. hist. musc. p. 245. Tab. 32. fig. 4. Sphagnum cauliferum ... Dill. Gies. p. 229. ...“ (Roth 1800, S. 138ff.); „289. Schistidium apocarpum (L.) ... Synonyme: Sphagnum cauliferum ... Dill. Cat. Giss. p. 229 (1718). Sphagnum subhirsutum, ... Dill. Hist. musc. p. 245, t. 32, f. 4. (1741) ... Bryum apocarpum α L. Sp. pl. p. 1115 (1753). ...“ (Rabenhorst 1890, S. 704f.); „Grīmmia EHR. Bryoideae). Nach J. F. K. GRIMM, geb. 1737 in Eisenach, st. 1821 als gothaischer Leibarzt und geh. Hofrath in Gotha, schrieb u. a. eine Flora der Umgebung von Eisenach.“ (Wittstein 1852, S. 402); „Schistīdium BRID. (Bryoideae). Von σχιστος (gespalten), in Bezug auf die Schlitzung der Mütze.“ (a. a. O., S. 792)

„128. Sphagnum cauliferum & ramosum saxatile hirsutum virescens, capitulis obscure rubris C. G. 229. ...“ (AAW R. I, Op. 105, D. 1, Bl. 8r, s. Anm. 29 in Nr. 5); „2. Sphagnum cauliferum & ramosum saxatile hirsutum, virescens, capitulis obscure rubris C. G. 229. Ind. Jen. n°. 128.“ (AAW R. I, Op. 13, D. 67, Bl. 10v, s. Anm. 5 in Nr. 4)

73 „[species 72] Muscus squamosus, foliis acutissimis, in aquis nascens. Muscus aquaticus, folio expanso Prodr. 154. Fontalis minor, lucens J. B. 3. 778. Muscus aquaticus, viticulis longis, minus ramosis, lucidis, foliis acutis, triangularibus cinctis Mor. Hist. Oxon. Part. 3. 626. Sect. 15. Tab. 6. fig. 32.“ (Tournefort 1700, S. 554f., Genus I. „Muscus. Mousse.“); „CDLXXVIII. *Muscus aquaticus denticulatus, Joh. Loesel. Zähnigter Waßer=Moß. ...“ (Loesel 1703, S. 173); „Selago aquatica foliis pellucidis triangularibus acutis & complicatis cincta: Fontalis minor lucens J. B. 3. 779. ...“ (Dillenius 1719, S. 230); „5. MUSCUS SQUAMOSUS FOLIIS ACUTISSIMIS IN AQUIS NASCENS. Inst. 554. ...“ (Vaillant 1727, S. 140); „XXXIII. 1. Fontinalis triangularis major complicata, e foliorum alis capsulifera. The common large triangular Fontinalis. ... Muscus squamosus, foliis acutissimis, in aquis nascens. Tourn. J. R. H. p. 554. Muscus aquaticus denticulatus Loes. Fl. Pruss. p. 173. ... Selago aquatica, ... Cat. Giss. p. 230. ...“ (Dillenius 1741, S. 254ff.); „1794. HYPNUM foliis complicatis, ovato lanceolatis, capsulis ex alis petiolatis, ovatis. ... Muscus aquaticus denticulatus LOESEL. Flor. Pruss. p. 113. ic. 53. ... Muscus squamosus acutissimus, [sic!] ... VAILLANT. p. 140. t. 32. f. 5. ... Fontinalis triangularis major, ... DILLEN. Sylv. musc. p. 254. t. 33. f. 1. ...“ (Haller 1768b, S. 40f.); „[Fontinalis] antipyretica, ... Fieberflußmoos, ... es ist ehemals wider das kalte Fieber gebraucht worden: Es heißt bey ... Dillen: ... Fontinalis triangularis major ...“ (Gmelin 1773b, Sp. 1f.); „1) Grosses Hüllenmooß. Fontinalis antipyretica. ... Fontinalis foliis complicato-carinatis trifariis acutis, antheris lateralibus. LINN. ... Sp. Pl. p. 1571. ... α. Hypnum foliis complicatis, ... HALL. helv. n. 1794. ... Fontinalis triangularis major ... DILL. musc. 254. tab. 33. f. 1. Muscus squamosus ... VAILL. paris. 140. t. 33. f. 5. ... Muscus aquaticus denticulatus. LOES. pruss. 173. t. 52. ... Mit Kofent abgekocht, wird es im Fußbad bey Brustfie-

bern als zweckmäßig gerühmt. ...“ (Linné 1787, S. 151ff.); „FONTINALIS. ... Deutsch. Das Hüllmos; Flussmos, Quellmos. ... Eine mit dem Astmos (Hypnum) sehr nahe verwandte Gattung Mose; ... Die Fontinalis antipyretica braucht man in Fussbädern, und beym Brustfieber; wenn man den Raum zwischen einen Kamin und einer hölzernen Wand mit diesem Mos anfüllt, so wird die Wand nicht in Brand gerathen, daher der Beyname antipyretica.“ (Nemnich 1793, Sp. 1638); „1. FONTINALIS antipyretica ... Fieber=Hüllmoos. ...“ (Georgi 1797–1802, Theil 3, S. 1386); „1) Flor. Germ. p. 482. n. 1. FONTINALIS antipyretica. ... F. triangularis major ... Dill. hist. Musc. p. 254. Tab. 33. fig. 1. Hypnum foliis complicatis, ... Hall. Helv. n. 1794. ... Selago aquatica, ... Dill. Cat. Giss. p. 230. ...“ (Roth 1800, S. 260f.); „630. Fontinalis antipyretica L. Spec. plant. p. 1571 (1753). ... Synonyme: Fontinalis triangularis major ... Dill Hist. musc. p. 254, t. 33, f. 1 (1741). ...“ (Rabenhorst 1895, S. 652ff.); „Fontinālis L. (Bryoideae). Von fons (Quelle), in Bezug auf den Standort. Der Speciesname antipyretica (zus. aus ἀντι: gegen, und πυρ: Feuer), soll die angebliche Eigenschaft der Pflanze, kein Feuer zu fangen, andeuten; man empfahl sie daher auch zum Ausstopfen der Wände.“ (Wittstein 1852, S. 369); „Selāgo (Lycopodiaceae). Der Name ist celtisch, und zus. aus sel (Gesicht) und jach (heilsam); die Pflanze galt nämlich bei den alten Galliern als ein Mittel gegen viele Uebel, besonders gegen Augenkrankheiten (Plin. XXIV. 62). ...“ (a. a. O., S. 807)

„543. Selago. Breynii & Dillenii russis ваданецъ [russ. *vadanec*?]“ (AAW R. I, Op. 104, D. 25, Bl. 38v, s. Anm. 61 in Nr. 21)

74 s. Nr. 235 und Nr. 241

75 s. Nr. 107, Nr. 108 und Nr. 109

76 „1. Selago rupestris, quadrangula, acuta, folys arcte sibi invicem incumbentibus Fl. Irc. n°. 984.“ mit der links marginalen Anm. „Ic. St.“ (AAW R. I, Op. 13, D. 67, Bl. 10v, s. Anm. 5 in Nr. 4)

77 in der 2. Textversion (s. Anm. 1 in A.): „985. a“

78 „THUYA. ... teutsch, Baum des Lebens. ... Dieser Baum hat durchaus einen starcken Geruch und sonderlich die Blätter; ... Die Blätter zertheilen, trocknen, treiben die Blähungen und den Schweiß. Das Holz reiniget, ist gut für den Kopf, treibet den Schweiß, widerstehet dem Gift, und ist gut zu den Gebrechen der Augen und der Ohren, wann es als ein Pulver oder abgesotten gebrauchet wird. ...“ (Lémery 1721, Sp. 1134f.); „Thūja T. (Strobilaceae). Θυιον, δυια von δυειν (Rauchwerk zum Ofer anzünden, duften), in Bezug auf das Holz beim Brennen; auch schon an sich riechen die Zweige, besonders beim Zerquetschen.“ (Wittstein 1852, S. 879)

„4. An Lycopodij aut Selaginis species? Ind. Jen. n°. 132. Selago Fl. Irc. 985. a.“ mit der links marginalen Anm. „Ic. St.“ (AAW R. I, Op. 13, D. 67, Bl. 10v, s. Anm. 5 in Nr. 4); „132. [?] An Lycopodij aut Selaginis species? ... Fl. Irc. 985. a“ (AAW R. I, Op. 105, D. 1, Bl. 71v, s. Anm. 29 in Nr. 5)

79 „[species 47] Muscus squamosus, vulgaris, repens, clavatus. Muscus terrestris, repens, à Trago pictus J. B. 3. 766. Muscus terrestris, clavatus C. B. Pin. 360. Lycopodium Tabern. Icon. 814.“ (Tournefort 1700, S. 553, Genus I. „Muscus. Mousse.“); „Lycopodium. Katzenleyterlein.“ (Abbildung in: Tabernaemontanus 1590, S. 814); „Mvscvs terrestris repens à Trago pictus. ...“ (Bauhin 1651, S. 758f.); „* Lycopodium clavatum pediculis foliosis: Muscus terrestris sive Lycopodium Dod. lat. fol. 469. ...“ (Dillenius 1719, S. 230); „Lycopodium officinarum, & Tabern. icon. 814. Muscus squamosus, vulgaris, repens a Trago pictus I. B. 3. 766. Muscus terrestris, clavatus C. B. P. 360. ... Germ. Bärlap, Wolffs=Klauen, Gürtel=Kraut, Gürtel=Moß, Teuffels=Klau, Haarschaar ...“ (Rupp 1726, S. 280f.); „1. LYCOPODIUM caule repente, foliis patulis, pedunculis spica gemina terminatis, Fl. lapp. 418. Lycopodium clavatum, pediculis foliosis. DILL. giss. 230. Lycopodium Tabern. ic. 814. ... Muscus terrestris clavatus. Bauh. pin. 360. Muscus repens .... Bauh. hist. 3. p. 766. ...“ (Linné 1737, S. 476); „LVIII. 1. Lycopodium vulgare pilosum, amfragosum & repens. The common hairy rambling Lycopodium: Club-moss or Wolfs-claw. ... Muscus terrestris clavatus C. B. Pin. 360. n. 10. ... Muscus terrestris repens, ... J. B. Hist. III. P. II. L. 37. p. 766. ... Muscus squamosus vulgaris ... J. R. H. p. 553. ...“ (Dillenius 1741, S. 441ff.); „* Muscus squamosus, vulgaris, repens, clavatus Inst. R. H. ... Bärlapp/ Truttenfuß/ Johannesgürtel/

Gürtelkraut/ Waldgürtel/ Weingrün/ ...“ (Mappus 1742, S. 204f.); „LYCOPODIUM (clauatum) ... Lycopodium vulgare pilosum ... Dill. musc. 441. t. 58. f. 1. ... Плаунъ [russ. *plaun*] Russis. ...“ (*Krašeninnikov* 1761, S. 166); „42. Lycopodium, Zigeunerkraut, Schlangenmooß. Muscus squamosus vulgaris repens clavatus Turn. 553. ...“ (Carl 1770, S. 206); „... das staubende Mooß (Lycopodium clauatum).“ (Pallas 1771, S. 7); „[Lycopodium] clavatum, ... keulenförmige Bärlappen, ... Bärlappen; gemeine Bärlappen; Gürtelkraut; Weinkraut; Schlangenkraut; gemeines Kolbenmoos; ... die Aerzte schreiben einem daraus zubereiteten Tranke eine zusammenziehende Eigenschaft, und innerlich besondere Kräfte in dem Weichselzopf, in dem Gries und Stein, in der Verhaltung des Harns, in der Ruhr, in dem Grimmen der Kinder zu; ... die Aerzte bedienen sich desselbigen [d. h. des Samenstaubes] äuserlich in Wunden, bey dem Frattwerden der Kinder, ...“ (Gmelin 1773a, Sp. 878f.); „Lycopodium clauatum, ... ist bey dem Landvolk als ein Hülfsmittel bey schweren Geburten üblich, da sie es als ein gesätigt Dekokt geben. ...“ (Georgi 1775, S. 536); „4) Gemeines Kolbenmooß. Lycopodium clavatum. ... Lycopodium foliis sparsis filamentosis, spicis teretibus pedunculatis geminis. LINN. ... Sp. Pl. p. 1564. ... Lycopodium caule repente, ... Hort. Cliff. 476. ... HUDSON. Fl. Angl. T. II. p. 462. ... Lycopodium vulgare pilosum, ... DILL. musc. 441. tab. 58. f. 1. ... Muscus terrestris ... C. BAUH. pin. 360. ... Dieses Kolbenmooß, welches ... unter dem Namen Bärlapp, Wolfsklauen, Bärentappen, St. Johannisgürtel, Gürtelkraut, Neunheil, Drutenfuß, Teufelsklau, Löwenfuß und Weinkraut bekannt ist, ... In den Apotheken ist er [d. h. der Samenstaub] unter dem Namen Trutenfuß, Trutenfußmehl und Hexenmehl (Semen s. Sulphur Lycopodii offic.) bekannt, ... nicht minder soll er innerlich wider die Lungensucht, Diarrhöen, Ruhren, Verhaltung des Harns, Nierenentzündungen von grossen Nutzen seyn, ... Der in Rußland ... wahrgenommene Schwefelregen, wird dieser Pflanze zugeschrieben, ...“ (Linné 1787, S. 112ff.); „d) Lycopodium clavatum. Muscus squamosus vulgaris repens clavatus; Muscus terrestris clavatus; Muscus terrestris s. Lycopodium; Plicaria, Cingularia. Deutsch. Bärlapp, Bärlappen; Keilförmiges Kolbenmos; Gemeines Kolbenmos; Gürtelkraut, Gürtelmos, Gürtelmost, Johannesgürtel, Gürtelklau, Haarschar, Haarschauer, Erdmos, Wolfsklau, Teufelsklau, Jungferkraut, Drudenkraut, Truttenfuss, Druitenfuss, Weinkraut, Weingrün, Schlangenmos, Kölerkraut, Seilkraut, Löwenfuss, Krähenfuss, Kruttenfuss, Neunheil, Neungleich, Zigeunerkraut, Dehnkraut, Katzenleiterlein, Sautanne, Erdschwefel, Streupulvermos. ... Russ. Plaun. ... es wird dieser Samenstaub (Semen lycopodii s. sulphur vegetabile; Hexenpulver) nicht nur in der Medizin, ... gebraucht; so dient er z. B. auf Schaubühnen, um den Blitz nachzumachen; ... ehemals trieb man auch mittelst dieses Moses allerley abergläubische Possen; unter andern, glaubte man den Alp oder die Drude, ... damit von den Zimmern abhalten zu können; ...“ (Nemnich 1794, Sp. 475f.); „1. LYCOPODIUM clavatum ... Keulenförmiger Bärlapp. ... Der Saamenstaub wird für die Apotheken gesammlet. Aus den Ranken werden kleine Fußteppige geflochten.“ (Georgi 1797–1802, Theil 3, S. 1383f.); „[Lycopodium] clavatum. 1. LYCOPODIUM foliis sparsis ... Sp. pl. 1564. ... Lycopodium. Tab. ic. 814. ... vulgare pilosum anfragosum et repens. Dill. musc. 441. t. 58. f. 1. Muscus terrestris clavatus. B. pin. 360. ... Anglis, common Club-moss. ...“ (Hudson 1798, S. 462f.); „Zahnschmerzen. ... Die Ehsten gebrauchen als Mundwasser eine Abkochung von Lycopodium clavatum in Bier.“ (Krebel 1858, S. 170f.); „68. Lycopodium clavatum L. (Lycopodiac.). 69. Lycopodium Selago L. (Lycopodiac.). Der Bärlapp ist ein sehr verbreitetes russisches Volksmittel. Im G. Perm. werden die Sporen des Lyc. clavat. ... als ein Abführmittel eingenommen. ... Im G. Wologda wird Lycop. clavat. bei Verstopfung und Schlaflosigkeit gebraucht. Mit ihm verbindet man auch verschiedene abergläubische Vorstellungen. ... Die beiden Lycopodiumarten werden vom Volke als Abführmittel gebraucht. Die Sporen des Lyc. clav. dienen den Bauern zur Behandlung der Wunden und des Intertrigo. ...“ (Demitsch 1889, S. 224f.); „Lycopōdium L. (Lycopodiaceae). Zus. aus λυκος (Wolf) und ποδιον, πους (Fuss, Klaue), entweder in Bezug auf die Wurzel, welche den Wolfsklauen (entfernt) ähnlich sieht, oder wegen der weichhaarigen Zweigspitzen.“ (Wittstein 1852, S. 542)

„588. Lycopodium caule repente, folys patulis, pedunculis spica gemina terminatis Linn. flor. 418. Muscus terrestris clavatus B. Pin. 360.“ (AAW R. I, Op. 13, D. 20, Bl. 58r, s. Anm. 1 in

Nr. 1); „Muscus squamosus, vulgaris repens, clavatus. Inst. r. h. n° 137." (AAW R. I, Op. 13, D. 19, Bl. 6v, s. Anm. 5 in Nr. 17); „Muscus sqvamosus, vulgaris, repens, clavatus; Lycopodiusm officin. T. Sp. 47. ..." (AAW F. 98, Op. 1, D. 19, Bl. 35r, s. Anm. 59 in Nr. 19); „Muscus squamosus vulgaris repens, clavatus; Lycopodium Officinarum; Tournefort. Spec. 47. ..." (AAW F. 98, Op. 1, D. 20, Bl. 29r, s. Anm. 90 in Nr. 33)

80 in der 2. Textversion (s. Anm. 1 in A.) links marginale Anm. auf Bl. 102v in der Handschrift von G. W. Steller: „985b) Selaginis / species alio"

81 „[species 48] Muscus squamosus, foliis Juniperinis, reflexis. Muscus clavatus, Juniperinis foliis reflexis, clavis singularibus, sine pediculis Mor. Hist. Oxon. Part. 3. 624. Sect. 15. Tab. 5. fig. 3." (Tournefort 1700, S. 553, Genus I. „Muscus. Mousse."); „LYCOPODIUM alterum, foliis juniperinis, reflexis, clavis singularibus, sive pediculi nudis. Muscus squamosus, foliis jniperinis reflexis Tournefort. ..." (Rupp 1718, S. 328); „LYCOPODIVM alterum, foliis juniperinis, reflexis, clavis singularibus, sine pediculis nudis. Muscus squamosus, foliis juniperinis reflexis Tournefort. ..." (Rupp 1726, S. 281); „419. LYCOPODIUM caule erecto, ... Lycopodium alterum, ... Rupp. jen. 1. p. 328. Muscus squamosus, foliis juniperinis reflexis. Tournef. inst. 553. ..." (Linné 1737a, S. 326); „LXIII. 9. Lycopodium elatius juniperinum, clavis singularibus, sine pediculis Raj. Syn. St. Br. I. p. 16. ... The Juniper-leaf'd Lycopodium, with single Footless Spikes. ... Muscus clavatus, juniperinis foliis reflexis, ... Hist. Ox. III. p. 624. n. 3. f. d. ... Muscus squamosus, foliis juniperinis reflexis Tourn. J. R. H. p. 553. ..." (Dillenius 1741, S. 455f.); „Lycopdium annotinum, ... jährige Bärlappen, ... Sie heißt ... bey Dillen: Lycopodium elatius juniperum, ..." (Gmelin 1773a, Sp. 883); „Unter den Moosen gab es drey Arten von Kolbenmoosen ... in Ueberfluß, ... und jährliches Kolbenmoos c) Alle diese drey Arten von Moos werden von den Einwohnern gesammlet und weitweg zum Verkauf verführet, wo man sie braucht, Leinwand und wollene Sachen zu färben, ... |: c) Lycopodium annotinum. :|" (Lepechin 1774, S. 18); „Lycopodium ... annotinum ... ist bey dem Landvolk als ein Hülfsmittel bey schweren Geburten üblich, da sie es als ein gesätigt Dekokt geben. ..." (Georgi 1775, S. 536); „11) Wachholderblätterichtes Kolbenmooß. Lycopodium annotinum. ... Lycopodium foliis sparsis quinquefariis subserratis, surculis annotino articulatis, spicis terminalibus glabris erectis. LINN. ... Sp. Pl. p. 1566. ... HUDSON. Fl. Angl. T. II. p. 464. ... Lycopodium elatius juniperinum, ... DILL. musc. 455. tab. 63. f. 6. [sic!] ... Man kann aus diesem Kolbenmooß auch eine gelbe Farbe bereiten, ..." (Linné 1787, S. 121ff.); „b) Lycopodium annotinum. Muscus ramosus, foliis juniperinis reflexis. Deutsch. Das jährige Kolbenmoos. ..." (Nemnich 1794, Sp. 475); „6. LYCOPODIUM annotinum ... Bärlapp mit Jahrschöslingen. R. Bolotnaja Moschucha. ... Der Absud ist Hausmittel wider weibliche Empfänglichkeit." (Georgi 1797–1802, Theil 3, S. 1384f.); „[Lycopodium] annotinum. 5. LYCOPODIUM foliis sparsis ... Sp. pl. 1566. ... Lycopodium elatius juniperinum, ... Dill. musc. 455. t. 63. f. 9. ... Anglis, Welsh Club-moss. ..." (Hudson 1798, S. 464); „351. 2. LYCOPODIUM annotinum LINN. Sprossender Bärlapp. ... Wirkung und Anwendung. Als adsorbirendes schmerzlinderndes, die Heilung befördemdes Mittel bei Excorationen der Kinder (zum Einstreuen), ... als schmerzlinderndes Mittel bei Strangurie und convulsivischen Krankheiten der Kinder. Die Abkochung der ... Stengel (Herba Musci elevati s. terrestris), welche drastisch=purgirend und brechenerregend wirken soll, ... ist aber bei uns ganz ausser Gebrauch. In Rußland und Ungarn gehört dasselbe aber noch unter die zahlreichen Volksmittel gegen die Wasserscheu. ..." (Bischoff 1831, S. 479); „3) Verhütung der Schwangerschaft. In Russland trinkt man zu diesem Behufe den Aufguss von Lycopodium annotinum, oder am Morgen nüchtern ein Glas warmes Wasser. ..." (Krebel 1858, S. 134); Lycopodium annotinum L. – russ. *bolotnaja možžucha* bzw. *baranec* (*Annenkov* 1858, S. 57, Nr. 662)

„Sibirienses Lycopodium Juniperi folio reflexam vocant Solotucha, hanc herbam aqua coquunt, decoctum usurpant 1.) ad foetum expellendum 2./ partum legitimum promovendum 3./ Icterum abigendum 4./ ad febrem tertianam curandam." (AAW R. I, Op. 104, D. 18, Bll. 10v–11r, s. Anm. 20 in Nr. 632); „42. Muscus Squamosus foliis Juniperinis I. R. H. ..." (AAW R. I, Op. 13, D. 42, Bl. 7r, s. Anm. 1 in Nr. 1); „Muscus squamosus, foliis Iuniperis, reflexis, clavatus

(Tournefortii sp. 48), Sylv.“ (Messerschmidt 1962–1977, Bd. 4, S. 207, s. Anm. 1 in Nr. 1); „Muscus sqvamosus foliis Juniperinis reflexis, Tournef. Sp. 48.“ (Bl. 256v im Reisejournal von D. G. Messerschmidt vom 23. August 1726 – AAW F. 98, Op. 1, D. 5)

82 in der 2. Textversion (s. Anm. 1 in A.) folgt: „humilius clavis brevioribus ramosum“

83 in der 2. Textversion (s. Anm. 1 in A.) folgt über der Zeile: „III. p. 767“

84 in der 2. Textversion (s. Anm. 1 in A.) folgt über der Zeile: „p. 560“

85 „[species 51] Muscus squamosus, montanus, repens, Sabinae folio. Muscus terrestris, ramosus, pulcher J. B. 3. 767“ (Tournefort 1700, S. 553, Genus I. „Muscus. Mousse.“); „MVSCVS TERRESTRIS RAMOSVS PVLCHRUM. ...“ (Chabrey 1666, S. 560); „LYCOPODIUM sabinae facie. Muscus terrestris, ramosus, pulcher I. B. & Chabr. p. 560. Sabina sylvestris Tragi & Matthioli. Muscus squamosus, montanus, repens, sabinae folio Tournefortii. ...“ (Rupp 1718, S. 328); „Lycopodium sabinae facie. Muscus terrestris, ramosus, pulcher I. B. & Chabr. p. 560. Sabina sylvestris Tragi & Matthioli. ...“ (Rupp 1726, S. 281); „LIX. A. B. C. 3. Lycopodium digitatum foliis Arboris Vitae, spicis bigemellis teretibus. The long and round double-forked Lycopodium, with fing’red Arbor Vitae Leafes. ...“ (Dillenius 1741, S. 448f.); „Die Hauptsache bey ihrer [d. h. der Einwohner von *Saransk*] Färberey ist das in allen sumpfigen Nadel=Wäldern Rußlands häufige Mooß (Lycopodium complanatum) welches unter dem Namen Seleniza allgemein bekannt und gebräuchlich ist. Weshalb es auch von den Landleuten gesammlet, Handvoll weise in lange Kränze zusammen gebunden und auf denen Märkten um einen sehr wohlfeilen Preiß verkauft wird. ...“ (Pallas 1771, S. 61f.); „Lycopodium complanatum, ... geebnete Bärlappe, ... Sie heißt ... bey Dilllen: Lycopodium digitatum, foliis arboris vitae, ...“ (Gmelin 1773a, Sp. 885); „Unter den Moosen gab es drey Arten von Kolbenmoosen ... in Ueberfluß, ... plattstämmiges Kolbenmoos mit angedrückten Blättern b) ... Alle diese drey Arten von Moos werden von den Einwohnern gesammlet und weitweg zum Verkauf verführet, wo man sie braucht, Leinwand und wollene Sachen zu färben, ... |: b) Lycopodium complanatum. :|“ (Lepechin 1774, S. 18); „Lycopodium ... complanatum ... ist bey dem Landvolk als ein Hülfsmittel bey schweren Geburten üblich, da sie es als ein gesätigt Dekokt geben. ...“ (Georgi 1775, S. 536); „Lycopodium complanatum (Plaun), ...“ (a. a. O., S. 818); „Die mehresten wissen ihre Wolle zum Ausnähen selbst zu färben, ... gelb mit Lycopodio complanato, mit welchem sie die Wolle mit Wasser übergossen, säuren lassen und denn kochen; ...“ (a. a. O., S. 841); „1164. Lycopodium complanatum. ... Ruß. Selenika, Seleniza. Baschk. Seretna. Wotj. Jukschus. ...“ (Falk 1786, S. 274); „18) Cypressen=Kolbenmooß. Lycopodium complanatum. ... Lycopodium foliis bifariis connatis: superficialibus solitariis, spicis geminis pedunculatis. LINN. ... Sp. Pl. p. 1567. ... Lycopodium digitatum, ... DILLL. musc. p. 448. tab. 59. f. 3. ... Muscus terrestris ramosus pulcher. I. BAUH. hist. 3. p. 759. ... Man kann aus diesem Kolbenmooß eine schöne feuergelbe Farbe bereiten. Nach Lepechins Erzählung wird es von den Russen mit einigen Arten des Labkrautes zum rothfärben, und mit dem Färbeginster zum gelbfärben angewendet.“ (Linné 1787, S. 126f.); „e) Lycopodium complanatum. Deutsch. Das zweyzeilige Kolbenmos; Platter Bärlappen, wilder Sadebaum, wilde Maase, Waldcypressenmos. ... Russ. Selenika, Seleniza. Baschkir. Seretna. Wotjak. Jukschus ... Russische und andre Landleute bedienen sich dieser Pflanze zum Gründen für grüne Färberey; ...“ (Nemnich 1794, Sp. 476f.); wotjakisch l’og-čuž – Lycopodium complanatum (Munkácsi 1896, S. 751); „8. LYCOPODIUM complanatum ... Platter Bärlapp. R. Selenik und Seleniza. ... Das Kraut ist ein vorzügliches Material für grüne und gelbe Hausfärberey. ... Alle Zeuge nehmen in dieser Beize eine gelblich grünliche Farbe an, die sie für nachherige, gelbe, blaue oder grüne Farbe empfänglich macht. Alle Bärlapparten haben diese beizende und färbende Kraft, doch in mindern Graden.“ (Georgi 1797–1802, Theil 3, S. 1385f.); „17. LYCOPODIUM complanatum. ... L. foliis bifariis ... Sp. pl. 1567. ... L. digitatum. ... Dill. musc. 448. t. 59. f, 3, ... Muscus terrestris ... Bauh. hist. 3. p. 759. ... Flachästige Bärlappe. W. ...“ (Linné 1797–1830, Bd. V, Teil 1, S. 19); „4. Art. L[xcopodium] complanatum. Flache Bärlappe. (Linné.) ... Synonyme: ... L. digitatum, ... (Dillen.) ... Muscus terrestris ... (Bauh. hist. 3. p. 759.) ...“ (Bechstein 1833a, S. 1313f.); „5. Lycopodium complanatum ... α. flabellatum ... Muscus terrestris, ... J. Bauh. hist. pl. III. p. 767. ...

Lycopodium complanatum L. spec. pl. p. 1567. ...“ (Bernoulli 1857, S. 82ff.); „82. L[ycopodium] complanatum L. Spec. plantar. 1104. et editio II. 1567. ... Synonyme: Lycopodium complanatum L. l. c. ... Willd. Spec. plant. V. 19. ... I. Verbreitung des Lycopodium complanatum α anceps ... Anhalt-Dessau: Bei Oranienbaum und Coswig ...“ (Rabenhorst 1889, S. 822ff.); Lycopodium complanatum L. – russ. *zelenica*, *zelenika*, *zelenik*, *derjažka* bzw. *derjaba* (*Annenkov* 1858, S. 57, Nr. 664); syrjänisch gag-poz bzw. viž-turyn – Lycopodium complanatum, Bärlapp, flacher Bärlapp (Wiedemann 1880, S. 246 bzw. 283f.)
„Lycopodium Sabina facie Flor. Jen. ...“ (AAW R. III, Op. 1, D. 162, Bl. 22v, s. Anm. 54 in Nr. 17); „63. Lycopodium caule repente, ramis triquetro-planis Linn. Lapp. 416. [mit der rechts marginalen Anm. „L. complanatum L.“] Lycopodium Sabinae facie Rupp. Jen. 1. p. 328, Dill. Musc. p. 445. Tab. LVIII. n°. 2. Muscus squamosus montanus repens Tourn. I. R. H. 553. ... Russis Зеленица [russ. *zelenica*] audit, ...“ (AAW R. I, Op. 13, D. 33, Bll. 20r–20v, s. Anm. 2 in Nr. 925); „542. Lycopodium Sabinae facie, ...“ (AAW R. I, Op. 104, D. 25, Bl. 38v, s. Anm. 61 in Nr. 21); „57. Lycopodium Sabinae facie Fl. Jen. 328. ...“ (AAW R. I, Op. 105, D. 12, Bl. 3v, s. Anm. 54 in Nr. 17); „131. Lycopodium Sabinae facie Fl. Jen. 328. ... j. Idem clavis singularibus.“ (AAW R. I, Op. 105, D. 1, Bl. 8r, s. Anm. 29 in Nr. 5); „328. Fagopyrum vulgare scandens I. R. H. ...“ (a. a. O., Bl. 22v); „5. Lycopodium Sabinae facie humilius, clavis brevioribus, ramosum Fl. Irc. n°. 988.“ (AAW R. I, Op. 13, D. 67, Bl. 10v, s. Anm. 5 in Nr. 4)

86 „6. Lycopodium Sabinae facie humilius, clavis brevioribus, minus ramosum Fl. Irc. n°. 989.“ (AAW R. I, Op. 13, D. 67, Bl. 10v, s. Anm. 5 in Nr. 4)

87 „FUNGI PILEATI ET PEDICULO DONATI. I. Lamellati. I. Esculenti. ...“ (Dillenius 1719, S. 177ff.)

88 „[species 1] Fungus pileolo lato & rotundo C. B. Pin. 370. Fungus campestris, albus supernè, infernè rubens J. B. 3. 824. [sic!] Fungus vulgatissimi, esculenti Lob. Icon. 271. ix genus esculentorum Fungorum Clus. Hist. cclxviij.“ (Tournefort 1700, S. 556, Genus II. „Fungus. Champignon.“); „FVNGVS CAMPESTRIS ALBVS SUPERnè, infernè rubens. CAP. IV. ...“ (Bauhin 1651, S. 808f.); „Amanita campestris alba superne, inferne rubens: Fungus campestris albus superne, inferne rubens J. B. 3. 824. [sic!] pileolo lato & rotundo livido C. B. 370. n. 13. ...“ (Dillenius 1719, S. 177); „*2443. AMANITA petiolo anulato, pileo campaniformi albido, laminis roseis. ... Fungus campestris, albus superne, inferne rubens. I. B. III. p. 824. ... Agaricus stipitatus, ... LINN. p. 1641. ... β. Fungus totus albus edulis VAILLANT, p. 75. n. 8. ... γ. Fungus non vescus XXII. LOESEL. p. 94. ...“ (Haller 1768b, S. 173); „7. An FUNGUS CAMPESTRIS, ALBUS SUPERNE, INFERNE RUBENS, J. B. 3. 824.“ (Vaillant 1727, S. 75); „8. FUNGUS TOTUS ALBUS EDULIS. ...“ (a. a. O., S. 75.); „CCXLIV. Fungus non vescus. XXII. Groß Poggenstuel. ...“ (Loesel 1703, S. 94); „AGARICVS (campestris) stipitatus, ... Linn. Spec. pl. 1173. n. 9. ... Fungus campestris albus superne, ... Грибы [russ. *griby*] Russ. ...“ (*Krašeninnikov* 1761, S. 182); „73 Fungus esculentus, Schampignon. Fungus pileolo lato et rotundo Turn. 556. C. B. P. 370. Agaricus stipitatus, ... Linn. sp. 1173. ...“ (Carl 1770, S. 41); „Agaricus campestris, rußisch Grib (Грибъ [russ. *grib*]; ...“ (Pallas 1771, S. 44); „... so wie auch izt auf allen Steppen eine Menge Champignons (Agaricus campestris), den man nur Stepnoi Grib [russ. *stepnoj grib*] nennt, zum Vorschein kam. ...“ (a. a. O., S. 438); „Agaricus campestris, ... Ehegürtel, gestielter Blätterschwamm, ... gemeiner Champignon. ...“ (Gmelin 1772a, Sp. 160); „9) Champignon. Agaricus campestris. ... Agaricus stipatus, pileo convexo squamato albido, lamellis ruffis. LINN. ... Sp. Pl. p. 1642. ... HUDSON. Fl. Angl. T. II. p. 613. [sic!] ... Amanita pileolo annulato ... HALL. helv. n. 2443. ... Man kennt sie fast überall unter dem Namen Champignon. [Johann] Bauhin nennt sie auf deutsch Heiderlinge, oder Drüschlinge, Tabernämontan aber Treutschlinge. ...“ (Linné 1787, S. 447ff.); „II. Blätterschwamm, eßbarer, oder Champignon, Heiderling, Erdgürtel, Ehegärtel, Kuckeumke, Drüschling, Treutschling (Agaricus campestris 28). ... Man verspeist diesen Schwamm auf verschiedene Art zubereitet, in Saucen; in Butter gebraten u. s. w. ... Dem wahren Champignon ist sehr ähnlich: II. Blätterschwamm, großer, weißer, der große weiße glatte Champignon oder Ehegärtel (Agaricus arvensis 29). ... |: 28) Fungorum esculentorum gen. XI. Clus.

hist. 268. Fungus pileolo lato et rotundo. C. Bauh. pin. 370. Tournef. inst. 556. ... :| |: 29) Fungus totus albus edulis. Vaill. paris. p. 75. n. 8. ... :|" (Hoffmann 1789, S. 39ff.); „i) Agaricus campestris. ... Deutsch. Der essbare Blätterschwammm oder Champignon. Oestreich und Steyerm. Die Kuckenmucken (Nach dem Wendischen); Steyermark, nahe an Ungarn Angerling (weil er auf Angern, oder begraseten Oertern wächst); Bayern Aegertling (Aehgarten, d. i. ein verlassener Acker) abusive Aegerling; Slesien Brachbütz; Oettingen Egetling; Meissen Leedling (Von Leede d. i. verlassenes Land); Schwaben Weidling (von der Weide); An einigen Orten Wiesenpfifferling; Böhmen Wiesenschwamm; Der Herrenschwamm (so heisst auch der Herbstling &c.) Nördlingen Haidschwamm; An einigen Orten Drüschling (von Drüsche, d. i. ein verlassener Acker); Sonst heisst er noch Erdgürtel, Ehegürtel; Feldschwamm; Brachmannchen. ... Russ. Griby. Falk, (Dieser Name kommmt auch, besonders in den verwandten Sprachen, den Bilzen zu). ..." (Nemnich 1793a, Sp. 104f.); „9. AGARICUS campestris ... Champignon=Blätterschwamm. Champignon. R. Schampinok, auch Griby. ... Einer der gemeinen Speiseschwämme." (Georgi 1797–1802, Theil 3, S. 1440); „[Agaricus] campestris. 3. AGARICUS stipitatum, ... Sp. pl. 1641. ... Amanita petiolis annulato, ... Hall. hist. 2443. Fungus pileolo lato et rotundo. B. Pin. 370. ... Fungus campestris album superne, ... B. hist. III. 824. ... [Agaricus] georgii. [s. Nr. 991] β Agaricus stipitatus pileo flavo ... Sp. pl. 1642. Amanita pileo flavo ... Hall. hist. 2367. ... Fungus croceus magnus, Sterb. fung. 63. t. 11. f. 3. Anglis, common Agaric or Mushroom. ..." (Hudson 1798 S. 610); „1. Agaricus campestris Linn. Champignon. ... ist unter folgenden Namen bekannt: Gemeiner Champignon; Gartenpilz; Eßbarer Schwamm; Mistbeetschwamm; Herrenschwamm; Tafelschwamm; Feldpilz; Erdgürtel. ..." (Dietrich 1820, S. 155); Agaricus campestris L. – russ. *pečerica* bzw. *šampin'on* (*Annenkov* 1858, S. 103, Nr. 1200); syrjänisch pa-tšak, patšak, pon-tšak bzw. jedžyd-jura tšak – Agaricus campestris, Champignon (Wiedemann 1880, S. 222, S. 228 bzw. 351); „Agāricus L. (Hymeninae). 'Αγαρικος, angeblich nach Agaria, einem früheren Distrikte in Polen, wo der Pilz häufig wachsen soll, benannt. ..." (Wittstein 1852, S. 22); „Amānita P. (Hymeninae). Von ἀμανιται (eine Art Erdpilze, Champignons), welche auf dem Berge Amanus zwischen Cilicien und Syrien wuchsen." (a. a. O., S. 34)

„Fungus campestris, albus superne, inferne rubens J. B. ..." (AAW R. I, Op. 105, D. 2, Bl. 19r, s. Anm. 54 in Nr. 17); „19. Amanita campestris, alba superne, inferne rubens. Fungus campestris, albus superne, inferne rubens J. B. T. III. P. 2. 824." (AAW R. I, Op. 105, D. 1, Bll. 1v–2r, s. Anm. 29 in Nr. 5); „19. Amanita campestris, alba superne, inferne rubens Ind. Jen. n°. 19." (AAW R. I, Op. 13, D. 67, Bl. 2r, s. Anm. 5 in Nr. 4); „69. Amanita campestris alba superne, inferne rubens. Dill. l. c. Sp. 1. Fl. Irc. Stell. 990. Fungus campestris albus superne, inferne rubens J. B. Champignon Gallis ..." (AAW R. I, Op. 13, D. 33, Bll. 44v–45r, s. Anm. 2 in Nr. 925); „138. Amanita campestris alba superne, inferne rubens. Fungus campestris albus superne, inferne rubens J. B. P. 2. 824." (a. a. O., Bl. 56v); „Fungus campestris albq superne, inferne rubens. J. B. ..." (Zeichnung auf Bl. 83r in einem Manuskript mit Dokumenten und Ausschnitten aus den Reisejournalen von D. G. Messerschmidt in in deutscher und russischer Sprache – AAW F. 98, Op. 1, D. 31, Bll. 1r–88r); „! Agaricus campestris L." (Heklau/Dörfelt 2017, S. 37); Im angegebenen Artikel wurde versucht, eine Deutung der unter Nr. 990–1065 bei G. W. Steller angegebenen Pilze und des Schwammes Nr. 1066 nach der modernen Nomenklatur zu geben.

89 „ĕtўmŏn, ... die wahre Bedeutung und Erklärung eines Wortes vermöge seiner Abstammung, die Herleitung eines Wortes von seinem Stamm= od. Wurzelwort, das Etymon, ..." (Georges 1869, S. 1831)

90 „[species 14] Fungus orbicularis, exalbidus, pratensis C. B. Pin. 370. Fungi D. Georgii, coloris exalbidi, cum pauca flavitie esculenti, pratenses J. B. 3. 824. iij genus esculentorum Fungorum Clus. Hist. cclxiv." (Tournefort 1700, S. 557, Genus II. „Fungus. Champignon."); „Sint Ioris Fungi, Fungi divi Georgij. ..." (Sterbeeck 1675, S. 31f.); „Amanita divi Georgii: Fungi divi Georgii Sterb. p. 31. T. 1. G. divi Georgii, coloris exalbidi cum pauca flavitie, esculenti pratenses J. B. 3. 824. Fungus orbicularis exalbidus pratensis C. B. 370. n. 4. ..." (Dillenius 1719, S. 178);

„FUNGUS ORBICULATUS ALBIDUS PRATENSIS. St. Georgen=Schwamm. ... St. Georgen=Schwamm, Mayen=Schwam̄ ist von Farbe blaß, weiß und etwas gelblicht; ... Er wächst im Monath April um St. Georgi=Tag, daher er auch den Nahmen hat. ...“ (Weinmann 1739, S. 513); „10) St. Georgen=Blätterschwamm. Agaricus Georgii. ... Agaricus stipitatus, puleo flavo convexo, lamellis albis. LINN. ... Sp. Pl. p.1642. ... HUDSON. Fl. Angl. T. II. p. 610. var. anteced. [s. Nr. 990] Amanita pileo flavo, ... HALL. helv. n. 2367. ... Fungus orbicularis ... C. BAUH. pin. 370. Fungus divi Georgii, ... I. BAUH. hist. 3. p. 824. Fungus eraceus [sic!] magnus STEERB. fung. 63. t. 11. f. 3. ... Dieser Blätterschwamm, den man ausser St. Georgen=Schwamm im deutschen auch Mayschwamm oder Weißling zu nennen pflegt, ... wird von einigen berühmten Botanikern nur für eine bloße Abänderung des vorhergehenden Schwammes, [Nr. 990] gehalten. ...“ (Linné 1786, S. 450f.); „... Fungus croceus magnus, de groote saffraen Fungi, sy is oock de vierde van MATTIOLUS.“ (Sterbeeck 1675, S. 63); „*2367. AMANITA pileo flavo, oris striatis & lanuginosis, lamellis albis. ... Fungus croceus magnus STERBEEK. p. 63. t. 4. C. Agaricus stipitatus, ... LINN. p. 1642. ...“ (Haller 1768b, S. 159); „A[garicus] integer [Nr. 992] und Georgii, russ. Wolui, (Волуй [russ. *voluj*]); (Груздь [russ. *gruzd'*]): ...“ (Pallas 1771, S. 44); „[Agaricus] Georgii, ... Weißling, Blätterschwamm, mit einem Stiel, ... Mayschwamm, St. Georgenschwamm; ...“ (Gmelin 1772a, Sp. 160f.); „y) Agaricus georgii. ... Deutsch. Der Jürgenschwamm; Mayenschwamm; Weissling. Russ. Wolni. Fischer. ... Eine Varietät des agar. campestris [Nr. 990] ... Er erscheint um das Fest St. Georgi, wird aber auch, das ganze Jahr hindurch, ... gezogen.“ (Nemnich 1793a, Sp. 110); „747. Georgienschwamm, Agaricus Georgii. ... Russisch heißt er Wolni. ... 752. Purpurfarbener Schwamm. Agaricus integer. [Nr. 992] ... Russisch wird er Wolni genennet.“ (Fischer 1791, S. 673f.); vgl. russ. *volnucha*, *volnuška*, *volnjanka* bzw. *volnjanica* – ein eßbarer Pilz (*Slovar'* 1988, S. 41); „AGARICUS Georgii ... Georgens Blätterschwamm. R. Wolni. ... Man isset ihn in Georgien gebraten. ...“ (Georgi 1797–1802, Theil 3, S. 1440f.); „[preußisch] Beiszerling, m. Georgenschwamm, Agaricus Georgii. ...“ (Frischbier 1882, S. 65); „[preußisch] Woruschken, plur., eine Blätterpilzart, ... Agaricus Georgii; auch, seines brennenden Geschmackes wegen, Beiszerling.“ (Frischbier 1883, S. 480)

„33. Amanita Divi Georg Dill. l. c. spec. 3. Fungi Divi Georg. Sterb. p. 31. T. 1. Fungus orbicularis exalbidus, pratensis C. B. 370 n°. 4. Mense Aug. in silvis rarioribus, et purioribus Stell. Fl. Irc. 991.“ (AAW R. I, Op. 13, D. 33, Bl. 37v, s. Anm. 2 in Nr. 925); „? Calocybe gambosa (Fr. DONK = Calocybe georgii (L.) KÜHNER“ (Heklau/Dörfelt 2017, S. 38; s. Anm. 2 in Nr. 925); s. auch Nr. 990

91 „Amanita Kremlinga pileo rubro, aut rubore saltem asperso: De rosse off Palmenhoute Fungi, i. e. Fungi rufi Sterb. p. 66. T. 5. B. Fungi rufescentes silvarum esculenti J. B. 3. 829. Fungi pileolo lato & rotundo 4. species C. B. 370. n. 12. [s. Nr. 990] ...“ (Dillenius 1719, S. 178); „Fvngi silvestres escvlenti duo. I. subalbidus. II. purpureus, maculati. CAP. XVIII. ...“ (Bauhin 1651, S. 829 {813}); „Al is't dat CLUSIUS dese de vierde van sijne neghenste noemt, nochtans heeft cleyne ghemeynschap by de voorgaende, van hem ... in't Hooghduytsch Rotte kremling/ De rosse Funghi ghenoemt: haer coleur is even ghelijck aen de onde Palmenhoute dammen oft schijven van eender verheer berdt. ...“ (Sterbeeck 1675, S. 66); „21. LES PETITS PRÉVATS ... α. Espèces rouges, ... 1. Moyenne. ... Amanita kremlinga, pileo rubro, aut rubore saltem asperso Dillen. Cat. pl. giss. p. 178. ... Agaricus integer Linnaei, Spec. pl. ... c. De coleur rousse ou d'ocre. Fungi ruffi Sterb. tab. 5, fig. B. 4^{a} spec. fungor. esculent. ... Clusii. ...“ (Paulet 1793, S. 527); „2374. AMANITA petiolo farto, pileolo convexo, umbilicato, oris rugosis, lamellis crassis & albis. ... Fungus piperatus non lactescens VAILLANT. p 62. ... Agaricus stipitatus, ... LINN. p. 1640. ...“ (Haller 1768b, S. 161); „* 11. FUNGUS PIPERATUS NON LACTESCENS. ...“ (Vaillant 1727, S. 62); „[Agaricus] integer, ... ungetheilter, gestielter Blätterschwamm, Speyteufel, ... er erregt starkes Brechen, ...“ (Gmelin 1772a, Sp. 156f.); „3) Ungetheilter Blätterschwamm. Agaricus integer. ... Agaricus stipitatus, lamellis omnibus magnitudine aequalibus. LINN. ... Sp. Pl. p. 1640. ... HUDSON. Fl. Angl. T. II. p. 610. ... Amanita petiolo farto, ... HALL. helv. n. 2374. ... Herr von Haller

hat denselben in der Schweiz fast mit allen Farbenabänderungen wahrgenommen. Diese sind roth, braun=roth, blutroth, violet, blau, gelb, und grün, ... Das Fleisch dieses Schwammes ist sehr mürbe, von Geschmack scharf, gleichwohl aber eßbar. ...“ (Linné 1786, S. 439f.); „aa) Agaricus integer. Deutsch. Der ungetheilte Blätterschwamm; vulgo der Täubling ... Russ. Wolni. (Der purpurfarben Schwamm. Fischer.) ... Dieser Schwamm hat mehrere Varietäten, wovon einige essbar und andre schädlich sind. ...“ (Nemnich 1793a, Sp. 111); „3. AGARICUS integer ... Ungetheilter Blätterschwamm. Röthlicher, bläulicher und weißlicher Täubling, mit ganz gleichen Lamellen. R. Wolyn und Wolun. ... Er ist eßbar.“ (Georgi 1797–1802, Theil 3, S. 1438); „[Agaricus] integer. 4. AGARICUS stipitatus, ... Sp. pl. 1640. ... Amanita petiolo farto, Hall. hist. 2373. [sic!] ... Fungus major rubescens, pediculo brevi crasso, lamellis crebris albentibus. R. syn. 4. Anglis, red Agaric, ...“ (Hudson 1798, S. 610f.); „11) Täubling, Agaricus integer Linn. ... So wohl frisch ... oder gekocht, ... selbst das Wasser, womit man ihn gekocht hat, erregt Brennen im Munde, und auf der Zunge, Niesen, Thränen, Drüken im Magen, Schwäche der Augen, Blähungen, Ekel, Neigung zum Erbrechen, wirkliches Erbrechen, heftige Bauchflüsse, Beängstigung, Schwindel, kalten Schweis, Unmachten, anhaltende Leibschmerzen und zuweilen den Tod. ...“ (Gmelin 1803, S. 650); „Der brechenerregende Blätterpilz – Agaricus integer, L. Benennungen. Agaricus emeticus, Sch. ... Agaricus russela, Scop. ... Agaricus georgii, L. [s. Nr. 991] ... Speiteufel. Röthling. Täubling. Bläuling. Grauling. Grünling. Brödling. Hinderling. Grüner Brätling. Kremling. Grünbock. Speitäubling. Brechteufel. Rother Täubling. Glockenförmiger Blätterschwamm. Blutfarbiger Blätterschwamm. Ungetheilter Blätterschwamm. Zerbrechlicher Blätterschwamm. ... Der hier in Rede stehende Pilz ... dient an manchen Orten als Nahrungsmittel, ...“ (Berge/Riecke 1850, S. 307ff.); Agaricus integer L. – russ. *syroeška* (*Annenkov* 1858, S. 103, Nr. 1205)

„64. Fungus lividus carneus aut violaceus, ad oras pilei eleganter striatus. Fungus subtus niveus, brevi petiolo, pileo ad oras rugoso, varii coloris Hall. Helv. p. 39. ... Russ. Сыраега [russ. *syraega*] dicitur qvod et a quvibusdū cradus comedatur. Ad Ob fl. nomen Синявка [russ. *sinjavka*] ipsi impositum audivi. Fungus pileo magno, orbiculari sublivido, lamellis albis, pediculo brevi, bulbiformi violaceo Dill. Raj. Syn. iam descripti fungi varietas esse videtur. An non et fungus maior pediculo longo, modice crasso, lamellis albis, creberrimis, superne ad marginis adparentibus S. Dale ... Fl. Petrop. n°. 413. ... Stell. Fl. Irc. 992.“ (AAW R. I, Op. 13, D. 33, Bll. 43r–44r, s. Anm. 2 in Nr. 925); „! Russula div. spec.“ (Heklau/Dörfelt 2017, S. 38; s. Anm. 2 in Nr. 925)

92 russ. *syroega*

93 „Fungorum esculentor. XIV. generis I. & II. species Clus. F. angulosus & velut in lacinias sectus Bauh. F. VII. Tragi, ... Rödling oder Reitzker croceo succo turgens. ...“ (Hoffmann 1662, unpaginierte Seite); „Amanita lateritii coloris, croceo succo turgens: Rödling oder Reitzker croceo succo turgens C. Alt. ...“ (Dillenius 1719, S. 179); „AGARICUS (deliciosus) stipitatus, pileo testaceo succo latescente. [sic!] Linn. Spec. pl. 1172. n. 6. ... Amanita lateritis coloris, croceo succo turgens. Dill. giss. 179. Fungus vescus 2. Loes. pruss. 179. Fungus croceus, succo chelidonii majoris similis turgens. Buxb. cent. 5. p. 20. t. 45. f. 1. Рыжики [russ. pl. *ryžiki*] Russ. ...“ (*Krašeninnikov* 1761, S. 180f.); „CXCVI. Fungus vescus II. Fungi 4. genus. Trag. Seb. in Trag. deutsch. fol. 736. ... Reitzken. ...“ (Loesel 1703, S. 79f.); „Tab. XLV. Fig. I. Fungus croceus, succo Chelidonii majoris simili turgens. ...“ (Buxbaum 1740, S. 23); „*2419. AMANITA fulvus, lacte croceo. ... δ. ... Agaricus pileo hemisphaerico, in centro depresso, ... GLEDITSCH. p. 101. n. 11. ... Edulis est p). Germanis Reitzke dicitur, ob saporis acrimoniam.“ (Haller 1768b, S. 168f.); „XI. AGARICVS; pileolo hemisphaerico, in centro depresso, et in margine fornicato; petiolo brevi et crasso. Amanita lateritii coloris, ... Dill. Cat. Giss. 179. ... Germ. Ein Reitzker. Rietzsche. Ein essbarer Reitzker. ...“ (Gleditsch 1753, S. 101ff.); „A[garicus] deliciosus, russ. Ryschik (рыжикъ [russ. *ryžik*]), wovon der deutsche Namen dieses Schwammes her zu kommen scheinet;“ (Pallas 1771, S. 44); „[Agaricus] deliciosus stipitatus, pileo testaceo: succo lutescente; Reizker, gestielter Blätterschwamm mit erdfarbem Hute und gelblichtem Saft; Riezsche, s. Agaricus pileolo hemisphaerico ... in dem ersten Theil der Onomat. hist. nat. ...“ (Gmelin 1772a, Sp. 158f.); „Agaricus pileolo

hemisphaerico, in centro depresso, et in margina fornicato, petiolo breui et crasso, ... der Reitzker, Rietzsche, der eßbare Reitzker. Er ist ein eßbarer Herbstschwamm, welcher ... häuffig von dem Pöbel vor die Köche gesammlet wird. ...“ (Gmelin 1758, Sp. 178); „6) Tännlinge. Agaricus deliciosus. ... Agaricus stipitatus, pileo testaceo: succo lutescente. LINN. ... Sp. Pl. p. 1641. ... HUDSON. Fl. Angl. T. II. p. 613. ... Amanita fulvus, lacte croceo. HALL. helv. n. 2419. var. δ. ... Agaricus pileo haemisphaerico [sic!] ... GLEDITSCH. fung. 101. n. 11. Amanita lateritii coloris, ... DILL. giss. 179. ... Dieser Schwamm ... ist in Tannenforsten auf bergichten Gegenden zu Hause, ...“ (Linné 1786, S. 443f.); „1252. Agaricus deliciosus. Lin. sp. 6. Ruß. Royschick.“ (Falk 1786, S. 280); „II. Blätterschwamm, leckerer (Agaricus deliciosus 155). Eßbarer Hirschling oder Reizker; Tännling, Milchschwamm. ... Der Schwamm ist fleischig, durchschnitten oder eingeritzt giebt er einen rothen Saft von sich. Dieser Schwamm ist eßbar, wenn schon seine rothe Milch scharf schmeckt, und er wird unter die Leckerbissen gerechnet. Er scheint ... der berühmte Boletus der Römer zu seyn. ... |: 155) Agaricus (deliciosus) pileo testaceo: ... Linn. ... Sp. pl. 1641. ... Huds. angl. 2. 613. ... :|“ (Hoffmann 1789, S. 127f.); „756) Riezchen, Reizchen. Agaricus deliciosus, russisch Ryschick, lett. Sehnes, esthn. Sened, in Lievland Salatriezchen. ...“ (Fischer 1791, S. 675); „75. GIROLLE FEUILLETÉE, À SUC JAUNE. ... Fungus vescus II Loësel. Flora prussica. ... Amanita fulvus lacte croceo Haller, Histor. n.° 2419.“ (Paulet 1793, S. 546); „r) Agaricus deliciosus. ... Deutsch. Der delikate oder leckere Blätterschwamm; der essbare Reizker. Sachsen und Slesien die Reiske; Königsberg &c. Ritzke, Rietsche; An einigen Orten Rheitziker; Lievland Salatriezchen; Weimar, Thüringen &c. Reische; Niedersachsen Röten; Wien, Gotha, Weimar, Preussen &c. der Rödling; An der Donau der Rässling (von räs, d. i. Herbe); Zu Eger in Böhmen Reissigel, Egerla; Zu Raab der Reibling; An einigen Orten Die Rippen; Zu Gissingen &c. Der Tanneling (weil er auch in Tannenwäldern wächst); An mehreren Orten Der Tännling; Ob der Ens Förling, Förchling (weil er am liebsten in Föhrenwäldern wächst); Bayern Hirschling (d. i. Herbstling, denn der Herbst heisst in Bayern Hirscht); Um Wien Der Blütling (wegen seines rothen Saftes); Ob der Ens &c. Der Brütling (von brüten, also nicht Brätling), Brietling, Brüttäubling; Oestreich, Regensburg, Böhmen, Mähren Der Herrenschwamm (so heissen mehrere essbare Schwammarten); An einigen Orten Der Milchschwamm (vermuthlich wenn man ihn mit Milch anmacht). ... Russ. Ryschik, Royschik. Lett. Sehnes. [Jakob Benjamin] Fischer Ehstn. Sened. Fischer. ... Den Namen Rhitzker &c. soll er wegen seines reitzenden Geschmacks erhalten haben; ... im Russischen heisst ryschii röthlich, und ryschuik also, so viel, als Röthling. ...“ (Nemnich 1793a, Sp. 107f.); „6. AGARICUS deliciosus ... Schmackhafter Blätterschwamm. Reitzker. Hirschling. R. Rischik. ... Ein eßbarer gelblicher Blätterschwamm“ (Georgi 1797–1802, Theil 3, S. 1439f.); „13. AGARICUS stipitatus pileo testaceo, ... Sp. pl. 1641. ... Agaricus pileo hemisphaerico ... Gled. fung. 101. Amanita fulvus, lacte croceo. Hall. hist. 2419 δ. ... Anglis, orange Agaric. ...“ (Hudson 1798, S. 613); „Köstlicher Blätterschwamm, schmackhafter Reizker. – Agaricus deliciosus, LIN. Sinnverwandte Namen. Reissger, Reisgen, Reitzgen, Reske, Ritzker, Reisch, Ritschling, Tännling, Tannenresken, Föhrling, essbarer Hirschling, Herbstling, Blüthling, Brütling, Brietling, Brüttäubling, Herrnschwamm; ... lett. Schnes ... Zubereitungsweise. Die der Länge nach klein geschnittenen Stücke des Hutes werden ohne Fleischbrühe (denn der Schwamm ist saftig genug) in Butter oder Oel gedünstet. Salz, Petersilie, Kümmel und etwas Zwiebel geben auch ihm einen angenehmen Geschmack. ... Auch pflegt man ihn in Böhmen fast in allen Haushaltungen wie Gurken zu behandeln, ...“ (Krombholz 1832, S. 20f.); Agaricus deliciosus L. – russ. *ryžik* (*Annenkov* 1858, S. 103, Nr. 1203); syrjänisch ryžik-tšak – Agaricus deliciosus, Riezchen, Reizker (Wiedemann 1880, S. 278)

„10. Amanita major, laterum fere colore, circelllata et umbilicata, pedunculo brevi. Fungus major e lutescente lateritij coloris, pedunculo brevi Ind. Fung. ...“ (AAW R. I, Op. 105, D. 1ª, Bl. 2r, s. Anm. 29 in Nr. 5); „15. Amanita major e lutescente lateritij coloris, pedunculo brevi Ind. Fung. ...“ (a. a. O., Bl. 2v); „7. Fungus major, e lutescente lateritij coloris, pedunculo brevi. Ind. Fung. Russ рыжикъ [russ. *ryžik*]. ...“ (AAW R. I, Op. 105, D. 12, Bl. 2r, s. Anm. 54 in Nr. 17); „148. Fungus maior e lutescente lateritii coloris, pedunculo brevi. An fungus pileolo magno,

plano, orbiculato, venis exasperato C. B. P? aut Fungus pileolo magno extuberante, superne variegato, inferne rubescente? Tourn. ... Russ. рыжикъ [russ. *ryžik*] dicitur. Ind. Irc. n°. 17. Stell. Irc. 993. Amanita maior laterum fere colore circellata et umbilicata, pedunculo brevi Ind. Jen. n°. 10. et n°. 15" (AAW R. I, Op. 13, D. 33, Bl. 58v, s. Anm. 2 in Nr. 925); „! Lactarius deliciosus (L.) Gray agg." (Heklau/Dörfelt 2017, S. 40; s. Anm. 2 in Nr. 925)

94 russ. *ryžik*

95 in der 2. Textversion (s. Anm. 1 in A.): „a centro"

96 „34. Amanita pileolo orbiculari, vel sublongo, albido splendente, lateritio parum adsperso colore, lamellis ceram albam referentibq, pediculo versus basin angulato Stell. Fl. Irc. 994. Occurrebat d. 19. Aug. 1739 in pinastro supra munimentum Bargusinense. ..." (AAW R. I, Op. 13, D. 33, Bl. 38r, s. Anm. 2 in Nr. 925); „! Hygrophorus agathosmus (FR.) FR." (Heklau/Dörfelt 2017, S. 40; s. Anm. 2 in Nr. 925)

97 in der 2. Textversion (s. Anm. 1 in A.): „prone"

98 „[species 31] Fungus major, rubescens, pediculo brevi, crasso, lamellis crebris, albentibus Raii Synops. 12. Fungus major, pediculo brevi, crasso, lamellis crebris, albentibus Raii Hist. 95." (Tournefort 1700, S. 558, Genus II. „Fungus. Champignon."); „CAP. IX. A. Fungus major, pediculo brevi crasso, lamellis crebris albentibus. ..." (Ray 1686, S. 95); „Amanita major rubescens aut subfulva, pediculo brevi, lamellis crebris albentibus: Fungus major, pediculo brevi, crasso, lamellis crebris albentibus Raj H. 95. ..." (Dillenius 1719, S. 181); „Tab. XXXI. Fig. I. Fungus major, pileo lato & rotundo, pediculo brevissimo. ... An Fungus major pediculo brevi, crasso, lamellis crebris albentibus Raji in Hist ?" (Buxbaum 1733, S. 20f.); „27. FUNGUS subtus niveus, brevi petiolo, pileo ad oras rugoso, varii coloris. ... An Fungus major rubescens pediculo brevi ... RAI. Syn. III. p. 4. n. 16. ..." (Haller 1742, S. 39f.); „[Fungus] major rubescens, pediculo brevi crasso lamellis crebris albentibus, scheint bey Rai Hallers sieben und zwanzigste Art des Fungi zu bedeuten." (Gmelin 1773b, Sp. 189)

„70. Amanita maior rubescens, aut subfulva pediculo brevi, lamellis crebris albentibus Cl. Dill. noxioru⌈m⌉ Sp. 8 p. 187. Fungus maior pediculo brevi, crasso Raj hist. 95. cel. Rajus Amanitam hanc sub quercu invenisse prodit, qvam ego in pineto montoso circa Bargusinense munimentum d. 19 Aug. copiosissimam reperi, ac sequentes pro diversa aetatis ratione differentias observavi. ... Flor. Irc. 995." (AAW R. I, Op. 13, D. 33, Bll. 45r–45v, s. Anm. 2 in Nr. 925); „! Amanita rubescens PERS." (Heklau/Dörfelt 2017, S. 42; s. Anm. 2 in Nr. 925); s. Nr. 992

99 „71. Amanita priori per omnia similis, pediculo curvo, graciliori et longiori. ... Flor. Irc. 996." (AAW R. I, Op. 13, D. 33, Bl. 45v, s. Anm. 2 in Nr. 925); „! Amanita rubescens PERS." (Heklau/Dörfelt 2017, S. 42; s. Anm. 2 in Nr. 925)

100 „155. Amanita noxia, pileolo inaequali, glabro, una cum pediculo rubra, lamellis spadiceis. Occurrebat in pinastreto circa Bargusinu⌈m⌉ d. 22. Aug. 739. ... Fl. Irc. 997." (AAW R. I, Op. 13, D. 33, Bll. 59v–60r, s. Anm. 2 in Nr. 925); „! Cortinarius (Telamonia) armillatus (FR.: FR.) FR." (Heklau/Dörfelt 2017, S. 43; s. Anm. 2 in Nr. 925)

101 „Amanita major, ex livido albicans ubique, pediculo longo. ..." (Dillenius 1719, S. 183)

„35. Amanita ex livido albicans, ubique, pedunculo longo Clar. Dill. Cat. p. 183. Fl. Irc. 998. ... occurrebat d. 22. Aug. circa Bargusinense munimentum." (AAW R. I, Op. 13, D. 33, Bl. 38r, s. Anm. 2 in Nr. 925); „! Amanita vaginata (BULL.: FR.) VITT." (Heklau/Dörfelt 2017, S. 43; s. Anm. 2 in Nr. 925)

102 in der 2. Textversion (s. Anm. 1 in A.): „flexus"

103 „36. Amanita ex livido albicans, plana, in medio turbinata, ad oras striata, lamellis albis, pediculo longo Fl. Irc. 999. Exacte coincidit cum priori. Differt, quod pileolus planus. Color huius Amanitae in serico vocatur Aschen-Silber-Farb. Eodem loco et tempore occurrebat cum priori." (AAW R. I, Op. 13, D. 33, Bll. 38r–38v, s. Anm. 2 in Nr. 925); „! Amanita vaginata (BULLL.: FR.) VITT." (Heklau/Dörfelt 2017, S. 43; s. Anm. 2 in Nr. 925)

104 „[species 64] Fungus latus, orbicularis, oris intus conversis C. B. Pin. 373. Fungi duo à Sue appellati, albi, sed maculati, sylvestres, perniciosi J. B. 3. 845. xiij [sic!] genus noxiorum

Fungorum Clus. Hist. cclxxx." (Tournefort 1700, S. 560, Genus II. „Fungus. Champignon."); „XXI. Fungus latus orbicularis oris intus conversis. ..." (Bauhin 1623, S. 373); „FVNGI DVO, A SVE APPELLATI, albi sed maculati, siluestres perniciosi. CAP. LXII. IN caeduis siluis extremo Augusto crescit fungorum noxiorum clusii genus decimum quartum, cuius clusius Vngaricum nomen intelligere non potuit; sed Germani Saw tasch appellant, ... c. Bauh. pin. Fungus noxius 21. siue Fungus latus, orbicularis, oris intus conuersis." (Bauhin 1651, S. 845); „GENVS XIIII. IN caeduis etiam silvis crescit Decimum-quartum genus, atque eodem quo praecedens tempore invenitur. Vngaricum nomen intelligere non licuit: sed Germani Saw taschen appellant, ..." (Clusius 1601, S. cclxxx–cclxxxj; ab Buch IV gesonderte Seitennumerierung mit römischen Zahlen); „... van de veertiende quaede van CLUSIUS, de welcke van GASPER BAUHINUS de eenentwindighste quaede is, die hy noemt in't Latijn Fungus latus orbicularis oris intus conversis, dese heb ick de breede ronde aschvervighe quaede Fungi ghenaemt, in't Latijn Fungus latus orbicularis cineraceus perniciosus. ..." (Sterbeeck 1675, S. 195); „Amanita ex livido albicans, oris intus conversis: Fungus latus orbicularis cineraceus perniciosus St. 195. T. 19. C. latus orbicularis, oris intus conversis C. B. 373. n. 21. ..." (Dillenius 1719, S. 182f.); „Fungorum noxiorum decimum quartum genus, hierunter versteht er [d. h. Clusius] C. Bauhins ein und zwanzigste Art der schädlichen Schwämme, oder den Mistschwamm." (Gmelin 1773b, Sp. 155); „AGARICUS ATRAMENTARIUS BULL. Fungorum noxiorum genus XIV. Sautaschen. Clusius Histor. 280. ..." (Dierbach 1833, S. 152); „II. Blätterschwamm, dintenartiger (Agaricus atramentarius 355). ... Der Schwamm zerfließt in einen schwarzen Saft, aus dem sich mit Gummi versetzt eine Dinte bereiten läßt, ... |: 355) Agaricus (atramentarius.) Bulliard, herb. tab. 164. :|" (Hoffmann 1789, S. 246); „2. C[oprinus] atramentarius. Dinten M[istpilz]. Agaricus atramentarius Bull. ..." (Willdenow/Link 1833, S. 287); „390. AGARICUS ATRAMENTARIUS Bulliard. DINTEN-BLÄTTERSCHWAMM. ... An faulenden Baumstämmen oder moderndem Holze in Gärten, an Strassen, in Laubwaldungen. ... Ungeniessbar." (Dietrich 1838b, Nr. 390); „Coprinārius FR. (Hymeninae). Von κοπρος (Mist), in Bezug auf den Standort dieses Pilzes. Coprīnus PERS. (Hymeninae). Wie vorige Gattung." (Wittstein 1852, S. 225)

„160. Amanita ex livido albicans, oris intus conversis Dill. p. 182. Fungus latus orbicularis, cineraceus, perniciosus Sterb. 195. Tab. 19. Fungus latus orbicularis, oris intro conversis C. B. P. 375. [müßte heißen: 373.] In deserto Kunkurkinensi marcori proximu⌈m⌉ d. 19 Aug. ... Fl. Irc. 1000." (AAW R. I, Op. 13, D. 33, Bl. 61r, s. Anm. 2 in Nr. 925); „??" (Heklau/Dörfelt 2017, S. 44; s. Anm. 2 in Nr. 925)

105 „[species 24] Fungus piperatus, albus, lacteo succo turgens J. B. 3. 825. Fungus albus, acris C. B. Pin. 371." (Tournefort 1700, S. 558, Genus II. „Fungus. Champignon."); „XXVII. Fungus albus acris. ..." (Bauhin 1623, S. 371); „Fungus albus acris. C. B. P. ... Fungus piperatus albus ... J. B. Pfefferlinge. ..." (Knauth 1688, S. 174); „Amanita piperata alba, lacteo succo turgens: Fungus piperatus albus, lacteo succo turgens J. B. 3. 825. albus acris C. B. 371. n. 27. ..." (Dillenius 1719, S. 179); „FUNGUS PIPERATUS, ALBUS, LACTEO SUCCO TURGENS, weisser Milchschwamm. ... Diß ist eine Art eßbahrer Schwämme, ..." (Weinmann 1739, S. 514); „AGARICUS (piperatus) stipitatus, ... Linn. Spec. pl. 173. n. 3. ... Fungus albus acris. Bauh. pin. 371. Грузди [russ. *gruzdi*] Russis. ..." (*Krašeninnikov* 1761, S. 181f.); „2338. AMANITA umbilicatus, albus, lacte acri manans. Fungus vescus IX. LOESEL p. 82. & forte X. EJUSD. Fungus piperatus albus crassus, ... I. B. III. p. 823. ... Agaricus stipitatus, ... LINN. p. 1641? videtur. ..." (Haller 1768b, S. 153f.); „CCIII. Fungus vescus IX. Joh. Loes. fungus albus acris. C. B. ... Pfefferling oder Bitterling. ... CCIV. Fungus vescus X. Joh. Loes. Herbstling. ..." (Loesel 1703, S. 82); „[Agaricus] piperatus, stipitatus, ... Pfefferschwamm, gestielter Blätterschwammm ... s. Onomat. hist. nat. 1. Th. Agaricus pileolo pulvinato integerrimo & in centro ..." (Gmelin 1772a, Sp. 159f.); „Agaricus pileolo puluinato, integerrimo, et in centro ... der rechte, wahre Kayserschwamm, der weisse Milchpfefferschwamm, weil er sehr viel Milch von sich gibt, ... seine Milch brennet sehr scharf auf der Zunge, gleich wie das ganze feste Fleisch des Schwammes einen solchen brennenden Geschmack hat, welcher lange auf der Zunge, und in dem Hals bleibt. ..." (Gmelin 1758,

Sp. 189f.); „8) Pfeffer=Blätterschwamm. Agaricus piperatus. ... Agaricus stipitatus, pileo planiusculo lactescente: margine deflexo, lamellllis incarnato-pallidis. LINN. ... Sp. Pl. p. 1641. ... HUDSON. Fl. Angl. T. II. p. 613. ... SCHAEFF. fung. t. 83. Amanita umbilicatus ... HALL. helv. n. 2338. ... Fungus piperatus albus ... I. BAUH. hist. III. p. 823. ... Fungus albus acris. C. BAUH. pin. 371. ... Ohngeachtet dieser ... Schärfe, verspeißt man denselben dennoch in den preusischen und russischen Staaten, in welchen ganze Fässer davon eingesalzen werden, um sie unversehrt zur Fastenzeit aufzubehalten, ..." (Linné 1786, S. 445ff.); „mm) Agaricus piperatus. Deutsch. Der Pfefferfferschwamm; [sic!] Der Pfifferling. oder eigentlich der Pfefferling; – Der weisse Pfefferling Mapp: Oestreich der klare Pfifferling, der Härbling, Bitterling, Säuerling; Bayern Der Rechtling; Würtemberg Der Milchling; An einigen Orten Der bittere oder händige Täubling, Kayserschwamm. ... Russ. Grusdi. Falk. ... Die Eichhörnchen lieben ihn sehr; ..." (Nemnich 1793a, Sp. 114f.); „8. AGARICUS piperatus ... Pfeffer=Blätterschwamm. Pfifferling. R. Grusda. ... Ein weißer sehr milchreicher Schwamm, mit pfefferartig brennender Schärfe, die ihn hier nicht vom Genuß als Speise ausschließt." (Georgi 1797–1802, Theil 3, S. 1440); „[Agaricus piperatus.] 12. AGARICUS stipitatus, pileo planiusculo, ... Sp. pl. 1641. Schaeff. fung. t. 11. Amanita umbilicatus albus, ... Hall. hist. 2338. Fungus albus acris. B. pin. 371. Fungus piperatus albus, ... B. hist. III. 823. ... Anglis, pepper Agaric. ..." (Hudson 1798, S. 613); „LXXIX. AGARICVS AMARVS. Bitterer Täubling, Pfefferschwamm, Bauaris händiger Täubling. Tom. I. Tab. LXXXIII. ... Amanita vmbilicatus, albus, ... Hall. hist. n. 2338. Amanita piperata alba, ... Dill. cat. Giess. p. 179. ... Fungus piperatus albus crassus, ... I. Bauh. hist. III. p. 823. Tourn. inst. p. 558. ... Fungus vescus IX. Loesel. pruss. p. 371. ... Fungus albus acris. C. Bauh. pin. p. 371. ..." (Schaeffer 1800, S. 36f.); Agaricus piperatus L. – russ. *gruzd'* (*Annenkov* 1858, S. 103, Nr. 1210); syrjänisch lözur, löz-ur? bzw. göś-tšak – Agaricus piperatus, Pfifferling, Pfefferschwamm (Wiedemann 1880, S. 158 bzw. S. 351)

„Fungus e flavo rubens, lamellis albicentibus. An fungus pileolo magno extuberante, superne variegato inferne candicante Tourn? An fungus major rubescens, pediculo breui, crasso, lamellis crebris albenticus Raj Syn. ... Russ. болвянка [?] [russ. *bolvjanka*] (A)" (Bl. 8r in „Fungorum descriptio" – AAW R. I, Op. 104, D. 10, Bll. 1r–13r); „20. Amanita flavo rubens, circellata, & umbilicata, subtus albens. Fungus e flavo rubens, lamellis albentibus Ind. Fung. ..." (AAW R. I, Op. 105, D. 1, Bl. 2r, s. Anm. 29 in Nr. 5); „54. Fungus e flavo rubens lamellis albentibus. An Fungus pileolo magno extuberante, superne variegato inferne candicante Tourn? An Fungus minor rubescens, pedunculo brevi crasso lamellij crebris albentibus Raj. Syn? ... M. 7br. Russ. волвянка. [russ. *volvjanka*] Fl. Irc. Stell. 1001. ... Idem Ind. Len. sub nomine fungi lamellati umbilicati, pallidi, circulis concentricis notati [sic!] scriptas est. ... Ind. Len. n°. 6. Amanita e flavo rubens circellata et umbilicata subtus albens. Ind. Jen. n°. 20." (AAW R. I, Op. 13, D. 33, Bl. 41v, s. Anm. 2 in Nr. 925); „6. Fungus lamellatus, umbilicatus, pallidus, circulis, concentricis notatus. ... Russice волвянка. [russ. *volvjanka*] dicitur, ..." (AAW R. I, Op. 13, D. 42, Bl. 2v, s. Anm. 1 in Nr. 1); „! Lactarius pubescens F. = L. tominosus (SCHAEFF.: FR.) PERS. subsp. pubescens (FR.) KONR. et FAVRE" (Heklau/Dörfelt 2017, S. 44; s. Anm. 2 in Nr. 925)

106 „Tab. XVII. ... Fig. II. Fungus fuscus, lacte acri turgens. Pediculo breviore, & capitulo majore minus circinato a praecedente, cum quo lamellis & lacte acri convenit, differt. Fungus piperatus albus, lacteo succo turgens. C. B. saepius etiam occurrit capitulo fusco, sed nostro omnibus partibus major. In silvis Septembri gregatim interdum nascitur. Observavi & aliam Fungi piperati speciem in silva Duderoviana lamellis multo latioribus & laxius positis, quam, quia pictor non ad manus erat, negligere coactus sum." und die Abbildung auf Tafel XVII, Fig. 2 (Buxbaum 1733 S. 11)

107 in der 2. Textversion (s. Anm. 1 in A.): „contingit"

108 russ. *volvjanka*

109 „55. Amanita piperata lamellis candidissimis Stell. Irc. 1002. Mihi at priorem (Wolwianka) externa figura exacte refert. ... Occurrebat die 21. Aug. in pinastro circa muniment. Bargusinense. Amanita piperata semicircularis, altero pilei hemispaerio deficiente. Stell Irc. 1003. ..." (AAW R.

I, Op. 13, D. 33, Bll. 41v–42r, s. Anm. 2 in Nr. 925); „! Lactarius sp.“ (Heklau/Dörfelt 2017, S. 45; s. Anm. 2 in Nr. 925); s. Nr. 1003

110 in der 2. Textversion (s. Anm. 1 in A.): „comesta“

111 „părăsanga, ae ... eine Parasange, persische Meile, das persische Farsang, gew. von 30 Stadien oder ¾ deutscher Meile, ...“ (Georges 1869a, Sp. 708)

112 „! deformierte Lactarius-Exemplare“ (Heklau/Dörfelt 2017, S. 46; s. Anm. 1 in Nr. 925); s. Nr. 1002

113 „126. Amanita sicca lignosa, umbilicata, orbicularis, Sordidae margae instar albescens, lamellis lutescentibq, pediculo brevi Fl. Irc. 1004. Occurrebat sub finem Julii in Listwenischnoi insula, trans lacum in Salice deiecta.“ (AAW R. I, Op. 13, D. 33, Bll. 54v–55r, s. Anm. 2 in Nr. 925); „?? Lentinus, ?? Panus sp.“ (Heklau/Dörfelt 2017, S. 46; s. Anm. 2 in Nr. 925)

114 „119. Amanita arborea, flava, seu crocea, orbicularis, lamellis citrinis Stell. Irc. 1005. ... Occurrebat in Silva circa Bargusinsense munimentū.“ (AAW R. I, Op. 13, D. 33, Bl. 53v, s. Anm. 2 in Nr. 925); „! Phyllotopsis nidulans (PERS.) SINGER.“ (Heklau/Dörfelt 2017, S. 47; s. Anm. 2 in Nr. 925)

115 „trochlĕa, ae, ... eine Maschine, Lasten in die Höhe zu ziehen, ein Kloben, eine Flasche, Winde, ...“ (Georges 1869a, Sp. 2045)

116 „185. Amanita infundibulum referens, superne spadicea, lamellis fuscis Stell. Irc. 1006. Occurrebat d. 22. Aug. in pinastreto circa munimentum Bargusinense. ...“ (AAW R. I, Op. 13, D. 33, Bl. 65v, s. Anm. 2 in Nr. 925); „?? Clitocybe sp.“ (Heklau/Dörfelt 2017, S. 47; s. Anm. 2 in Nr. 925)

117 „Amanita pileo ex livido fusco, lamellis magis albicantibus. ...“ (Dillenius 1719, S. 183); „28. Fungus parvus ex luteo fuscus, pileo per maturitatem inverso Doody Syn. II. App. 337, Amanita parva luteo-fusca, orbicularis C. Giss. 187. it. Amanita pileo ex livido fusco, ... Ib. 183. ...“ (Ray 1724, S. 6); „Amanita parva luteo fusca, orbicularis. ...“ (Dillenius 1719, S. 187)
„78. Amanita pileo ex livido fusco, lamellis magis albicantibus Dill. l. c. p. 183. Reperta d. 22. Aug. ad radices rupis in vicinia Bannoi rivi prope munimentum. ... Fl. Irc. 1007.“ (AAW R. I, Op. 13, D. 33, Bl. 46v, s. Anm. 2 in Nr. 925); „?? Clitocybe sp.“ (Heklau/Dörfelt 2017, S. 47; s. Anm. 2 in Nr. 925)

118 *Barguzinskoj ostrog*

119 „195. Amanita candida, tenera, fragilis, lamellis sordide albis Stell. Irc. 1008. ... Ad Bannoi rivum occurrebat d. 21 Aug.“ (AAW R. I, Op. 13, D. 33, Bl. 66v, s. Anm. 2 in Nr. 925); „?? Clitocybe sp.“ (Heklau/Dörfelt 2017, S. 48; s. Anm. 2 in Nr. 925)

120 „196. Amanita pileolo oblongo, leviter turbinato, rubro, oris deorsum flexis. Stell. Irc. 1009. ...“ (AAW R. I, Op. 13, D. 33, Bl. 66v, s. Anm. 2 in Nr. 925); „??“ (Heklau/Dörfelt 2017, S. 48; s. Anm. 2 in Nr. 925)

121 „Alkannawurzel (Pharm.), 1) unechte A. (Radix alcannae spuriae), die braunrothe Wurzel von Anchusa tinctoria. Der Färbestoff der Rinde färbt Weingeist, Öle, Fette u. Wachs purpurroth, das Wasser aber nur schwach braunroth, er wird nur zum Färben verschiedener Tincturen u. Salben benutzt. ... 2) echte A. (Radix alcannae verae), Wurzel von Lawsonia inermis, mehr Färbestoff enthaltend als die vorige; außer im Orient, wo die Frauen die Nägel damit färben, nicht mehr gebraucht.“ (Pierer 1857–65, Bd. 1, S. 324)

122 s. Nr.128, Anm. 8

123 „Amanita pileo minus rotundo aut circulari, superne ingratius fusco, inferne ex albo fusco seu sublivido. ...“ (Dillenius 1719, S. 183); „Tab. VII. Fig. I. Fungus spadiceus, arvensis. ... An Amanita pileo minus roundo aut circulari, superne ingratius fusco, inferne ex albo fusco, seu sublivido. Dill. Cat.? ...“ (Buxbaum 1733, S. 6); „*2435. AMANITA pediculo bulboso, pileo hemisphaerico spadiceo, lamellis luteis. † An Fungus spadiceus arvensis BUXBAUM. Centur. IV. t. 8. f.1.? non recedit. SCHAEFFERI t. 71. 72. ..“ (Haller 1768b, S. 171); „[Fungus] spadiceus arvensis, hierunter scheint Buxbaum diejenige zu verstehen, welche Haller unter 2435 beschreibt.“ (Gmelin 1773b, Sp. 224); „II. Blätterschwamm, bauchiger, schiefstieliger (Agaricus ventricosus 54). ... Es

giebt zweyerley Spielarten: ... a); die andere wächst mehr in Wiesen ... b). |: 54) a) Agaricus (lateralis.) Schaeff. tab. 71. varietas lignis innascens. ... b) Agaricus (lateralis.) Schaeff. tab. 72. varietas terrestris. Amanita pediculo bulboso, ... Hall. 2435. Fungus spadiceus arvensis. Buxb. cent. 4. Tab. 8. fig. 1. :|" (Hoffmann 1789, S. 72); „LXIII. AGARICUS LATERALIS. Schiefstieliger Blätterschwamm. Tom. I. Tab. LXXI & LXXXII. ... α) LXXI. Lignis innascens varietas. ... β) Tab. LXXII. Terrestris varietas. Amanita pediculo bulbos, ... Hall. hist. n. 2435. Fungus spadiceus aruensis. Buxb. cent. IV. tab. 8. fig. 1. ..." (Schaeffer 1800, S. 31); „Einwärts gerollter Blätterschwamm. Agaricus involutus. BATSCH. ... Sein Fleisch ist gelblich, saftig, zart, von einem etwas starken, aber angenehmen Geruche und gewürzhaften Geschmack. Er ist essbar. ... Agaricus lateralis. SCHAEFF, Tom. I. tab. 71 et 72. ..." (Krombholz 1846, S. 7f.)

„161. Amanita pileo minus rotundo aut circulari, superne ingratius fusco, seu sublivido Cl. Dill. Cat. Stell. Fl. Irc. 1010. Occurrebat in pinastreto circa Bargusinum d. 20. Aug. ..." (AAW R. I, Op. 13, D. 33, Bll. 61r–61v, s. Anm. 2 in Nr. 925); „?? Inocybe sp." (Heklau/Dörfelt 2017, S. 48; s. Anm. 2 in Nr. 925)

124 „162. Amanita huic affinis, superne e spadiceo fusca, turbinata, lamellis, qva sibi invicem accumbunt, candidis, qva deorsum spectant lutescentibus Stell. Irc. 1011. ..." (AAW R. I, Op. 13, D. 33, Bl. 61v, s. Anm. 2 in Nr. 925); „??" (Heklau/Dörfelt 2017, S. 48; s. Anm. 2 in Nr. 925)

125 in der 2. Textversion (s. Anm. 1 in A.): „1½"

126 „De tweede vlieghen Fungi. Dese tweede vlieghen Fungi heb ick om de naerbeschreven reden van haer roodt coleur, de Fermillione vlieghen Fungi ghenaemt, in't Latijn Fungus muscarius miniatus. ..." (Sterbeeck 1675, S. 215); „Amanita muscaria miniata: Fungus muscarius miniatus St. 215. T. 22. B. C. Fungi muscus interficientis 3. species aut varietas C. B. 737, n. 19. ..." (Dillenius 1719, S. 181); „AGARICUS; volvo exceptus, pileolo conico, in margine striato, petiolo anulato, in basin squamoso-tuberosam desinente. ... Amanita muscaria, miniata. Dill. Cat. Giss. 181. ... Fungi muscas interficiens III. species aut varietas. C. B. Pin. 373. no. 19. Germ. Ein Fliegen-Schwamm. Ein rother Mücken-Schwamm. ... VARIETAS. a. Agaricus; volva exceptus, ... Amanita muscaria, turbinata, miniata. [Nr. 1013] Dill. Cat. Giss. 181. Germ. Ein Cinnober-rother weis gefleckter Fliegen-Schwamm, ... b. Agaricus; volva exceptus, ... Fungus muscas interficiens, sine maculis. Buxb. Enum. Pl. 121. Germ. Ein hoch-roth-gelber und platt-runder Fliegen-Schwamm, sonder Flecken, ... c. Agaricus; volva exceptus, pileolo orbiculari, fusco maculato, in margine striato, petiolo anulato, in basin tuberosam desinete. Fungus muscas interficiens, fuscus maculis albis. Buxb. Enum. Pl. 121. [s. Nr. 1015] Germ. Ein brauner weis gefleckter Fliegen-Schwamm, ... d. Agaricus; volva exceptus, ... Germ. Ein weisser Fliegen-Schwamm, ..." (Gleditsch 1753, S. 82ff.); „Fungus muscas interficiens C. B. P. Fungi venenati, Muscarii dicti J. B. Fungorum noxiorum XII. genus Clus. Hist. ... Fungus muscas interficiens, sine maculis. Cum praecedente cujus varietas." (Buxbaum 1721, S. 121); „*AGARICVS (muscarius) ... Linn. Spec. pl. 1172. n. 4. ... Fungorum pernicsiosorum genus XII. n. 4. Clus. hist. 2. p. 280. Мухаморъ [russ. *muchamor*] Russ. ..." (*Krašeninnikov* 1761, S. 180); „Unter den Erd=Schwämmen ist der vergiftete Fliegen=Schwamm, auf Russisch Muchamoor, auf Itälmenisch Ghugakop genannt, in großem und sonderlichen Werte; ... sie ... essen solche ohngekäuet in ganzen Stücken, und trinken eine gute Portion kalt Wasser darauf: nach Verlauf einer halben Stunde werden sie davon toll und besoffen, ... Die Koräken und Jukagiri sind dieser Speise noch mehr ergeben, ... daß sie ihn überall von denen Russen aufkaufen; die sich aber aus Armuth keinen anschaffen können, fangen den Urin von denen Besoffenen auf und trinken ihn aus, ... und wirket der Urin bis auf den vierten und fünften Mann. ..." (Steller 1774, S. 92); „4) Fliegen=Blätterschwamm. Agaricus muscarius. ... Agaricus stipitatus, lamellis dimidiatis solitariis, stipite volvato: apice dilatato,basi ovata. LINN. ... Sp. Pl. p. 1640. ... Agaricus volva excepto, ... GLEDITSCH. fung. p. 82. n. 1. ... SCHAEF. fung. tab. 27. 28. ... Fungorum perniciosorum genus 12. n. 4. CLUS. hist. 2. p. 280. ... Dieser Blätterschwamm gehört mit unter die giftigsten Schwämme, eben so wie ... unter die schönsten und prächtigsten. Zu Frankfurt ... wird dieser Schwamm ... um die Fliegen zu tödten verkauft. ... Er ist auch ein sicheres Mittel wider die Wanzen; ... Die Russen hingegen verspeisen ihn doch. ...

ohne Schaden. ..." (Linné 1786, S. 440ff.); „Der Mucho=more der Russen, Agaricus muscarius Sp. pl. 1640. schaft ihnen ein anderes Mittel sich zu berauschen. Die Kamtschadalen und Koriaken essen diesen Blätterschwamm, der schrecklichen Folgen ungeachtet, ... Es entstehen davon anfänglich fürchterliche Convulsionen in allen Gliedern, dann folgt ein Rasen wie beim hitzigen Fieber; ... einige tanzen und andere werden von schrecklicher Wuth ergriffen. ... Sie nehmen Mucho=more um einen vorhabenden Mord desto besser ausführen zu können. ..." (Pennant 1787, S. 148f.); „I. Blätterschwamm, gefeinelter, Fliegenschwamm, gemeiner Mückenschwamm. (Agar. muscarius 2). ... Nach Hrn. Prof. [Johann Friedrich] Gmelin macht er Berauschung, Wahnwitz, Tollkühnheit, Wuth, Zittern, und kann auch den Tod verursachen. ... Der untere Knollen des Stiels kann innerlich in verschiedenen Nervenkrankheiten, äußerlich bey Geschwüren, gute Dienste leiste<n>, |: 2) Fungorum perniciosorum genus XII. sp. IV. Clus. hist. II. p. 280. Fungi venenati muscarii species IV. J. Bauh. hist. III. 841. ... :|" (Hoffmann 1789, S. 20ff.); „4. AGARICUS muscarius ... Fliegenblätterschwamm. Fliegenschwamm. Russisch. Tat. Ostiak. Tung. Muchomor. ... Die Jakuten, Jukagiren, Koräken, Tschuktschen, Kamtschadalen, Kurilen – nutzen die Fliegenschwämme, als ein trunkenmachendes Mittel, ... Um sich damit zu berauschen, isset man einen kleinen ... Schwamm, oder weichet ihn in Milch und trinket diese. Der Trinker wird davon anfänglich fröhlich, dann närrisch und sinnlos, ..." (Georgi 1797–1802, Theil 3, S. 1438f.); „XXIV. AGARICVS MVSCARIVS. Der gemeine Fliegenschwamm. Tom. I. Tab. XXVII. ... Agaricus volua exceptus, ... Gled. fung. p. 82. n. 1. ... Amanita muscaria miniata. Dill cat. giess. p. 181. ... Fungi venenati muscarii species IV. J. Bauh. hist. III. p. 841. ... AGARICI MVSCARII VARIETATAS. PILEO NON VERRVCOSO. Der gemeine Fliegenschwamm ohne Warzen auf dem Hute. Tom. I. Tab. XXVIII. ... Agaricus volua exceptus, ... Gled. fung. p. 83. n. I. var. b. Fungus muscas interficiens, sine maculis. Buxb. enum. plant. p. 121. ..." (Schaeffer 1800, S. 13ff.); „11) Lähmung. ... Innerlich gebraucht man ... Agaricus muscarius, letzteren in Pulver zu 5–15 Gran mit Honig mehrere Male täglich; ..." (Krebel 1858, S. 150f.); „XIII. Mittel gegen Rheumatismus und Gicht. ... 18) Agaricus muscarius. Man setzt nämlich entweder den ganzen Fliegenschwamm ... der Sonnenhitze aus ... oder man stellt ihn in ... einen Ofen. Die so gewonnene Gallerte wird ... in der Badstube, oder vor dem Ofen eingerieben." (a. a. O., S. 166ff.); „8. Agaricus muscarius L. ... Aeusserlich gebraucht man ihn [d. h. den Fliegenpilz] fast überall in Russland als ein schmerzstillendes Mittel bei Rheumatismus, Schwellungen und dergleichen. Der innere Gebrauch des Mittels kommt in Betracht; 1) bei Durchfällen und Krankheiten des Magen-Darmcanals; 2) bei Nervenleiden und 3) als ein Berauschungsgetränk. ..." (Demitsch 1889, S. 156ff.); „Mittel gegen Brustschmerzen: ... Der Fliegenpilz (Agaricus muscarius) wird in eine Flasche gesteckt, wo man ihn faulen lässt und dann mit Spiritus begiesst. Dieses Mittel dient gegen Brustschmerzen, ..." (Alksnis 1894, S. 184); „Mittel gegen sogenannte Knochenschmerzen: ... Man lege den Fliegenpilz (Agaricus muscarius) in eine Flasche und thue diese in den Ofen. Mit der aus dem Schwamm austretenden Flüssigkeit behandelt man Hände, Füsse etc., wenn sie schmerzen. ..." (a. a. O., S. 193f.); Agaricus muscarius L. – russ. *muchomor* (*Annenkov* 1858, S. 103, Nr. 1208); mokschanisch karu-paṅga – Fliegenschwamm (Ahlquist 1861, S. 192); ersanisch karvo pango – Fliegenschwamm (Wiedemann 1865, S. 195); wotjakisch kut wen' turyn – Fliegenschwamm (Wiedemann 1851, S. 355); wogulisch paṅx bzw. piṅka – Fliegenschwamm (Ahlquist 1891, S. 38 bzw. S. 42); syrjänisch gut-tšak bzw. gut-kula-tšak – Agaricus muscarius, Fliegenschwamm (Wiedemann 1880, S. 351)

„Ostiaki ad Irtisch et ob fluvios cum Samojedis, Jukagiris, Lamutis et Kamtschadalibus utpote reliquarum infidelium gentium Quisquiliis hoc commune ac domesticum habent: quod Tabaco, spiritu frumenti, fungis muscas interficientibus C. B. XII. gen. pernicios. Clus. Mucha Mohr dictis utantur, nec saporis, nec laetitiae ergo, sed quo profunde ebrii deliri, vesani, ad varias phantasias stultissimas prone et dispositi evadant. Didici hoc ex ipsissima OstiaKorum non solum confessione sed et multorum praxi, quoniam autem ob rerum inopiam, stultitiae spiritu frumenti litare nequeunt, eadem re quibusvis obvia nulloq) pretio constante succurrere didicerunt, funge nempe Muscas interficiente C. B. duo, tres quatuor aut plures conveniunt sexus et aetatis cujuscunq) in

hoc consentientes, dies aliquod ebrietate gratis phantasiis, saltationibus et cantationibus transigendi quo facto habita virium ratione comedunt unum, duos, tres, et quatuor usq) fungos muscarios pilleolum una cum caule bulboq) terrae inhaerere solito, absq) praevia ulla praeparatione crudum, aquam fluvii frigidam superbibentes, dimidia hora vix elapsa titubare, tremere, et ebrii vel potius deliri fieri incipiunt, ambulare firmiter loco quodam consistere minus valentes concidunt in terram vel in ipso tuguriolo vel extra illud, ad primum plerumq) delirij insultum dorso incumbunt pedes in sublime elevantes, varie motitantes et quatientes, risum deinde vel praesagia vel cantiones e vestigio e Cerebro fluentes im̃iscentes, vultu maxime ad hilaritatem composito & liberali, nisi quod rigidis omnes intueantur oculis, non tantum pulcherrima loca, prata, arbores, similimaq), sed puellas elegantissimas, colores quoscunq) amoenissimos variaq) subjecta visui offerri nugantur praeterea audire se dulcissimum avium cantum, instrumentorumq) musicarum harmoniam gratissimam, imo se ad magnam excrevisse corporis molem, se ulnas aliquot in diametro corporis crassos et ad 3. aut plures perdiccas [d. h. pertica] longos evasisse intense gaudent post 4 aut 5 horas discussa quodammodo ebrietate, pedibus rursus aegre insistentes, gressibus satis ridiculis superbis et Thrasonicis lente incedunt circumstantes e regione solummodo aspicientes, deinde jactare insolenter inchoant majores, divitias, robur, omnesq) qualitates indagandi feras, haecq) canentes, Instrumento Thumbra vel russorum Kudok accepto vocis strepitum augent, aspicientes circumstantes, quos concentu in admirationem raptum iri sibi imaginantur. circum vagantur deinde per integras noctes vociferando sylvas replentes, nec somno ad plenarim usq) ebrietatis discussionem locum concedunt, quo magis ad se redeunt, eo affabiliores evadunt, ac pro nimia civilitate morum, stultissima coram me egerunt offerentes Manna hoc propheticum mihi gustandum cogitabam autem Juvenalis illud Boletos Domino, discussa omni Ebrietate post 24 horas interdum denuo, imo saepius tertia et quarta vice Phantasticum hunc cibum repetunt, Rutheni curiositatis ergo comedentes fungum, se in coelum sublatos, inq) angelorum sanctorumq) consortio recreari credunt; At vero non omnes Ostiaki hos impune com̃edunt fungos, nonnulli ad mortem usq) deliri manent, et brevi post moriuntur, alij eo dementiae perveniunt, ut semetipsos cultris vulnerent, ventrem medium dissecent sundis submersi pereant, nec haec medicina mentis cautelis caret: Nemini enim licet durante festivo delirio con cumbere cum uxore, eo quod exinde vel ad mortem usq) deliri maneant, vel in ipso actu moriantur quod nec rationibus suis adeo destituitur. Antequam haec gens baptismo initiaretur haec fungorum comestio, fanaticorum semper sacerdotum sacer cibus erat, antequam cultum inchoarent, quo eo majori impudentia mentiri possent, imo ut certis autoribus habeo, Jukagiri tantarum virium hunc fungum censent ut unus ab altero ad decium usq) urinam post com̃estionem patera suscipiant inq) hunc finem hauriant, quo ex urina viribus impraegnata ebrii fieri possint. De reliquo durante delirio nullam pulsus accelerationem vel orgasmi cujusdam sanguinis indicium in reliquo corpore deprehendere potui, quin potius nervos hoc venenium petere certum sit, quoniam convelluntur post commestionem, et plerumq) senes continuo tremere et pecorum instar stupidissimi evadere solent, idq) apud plerosq) jam circa 40 aut 50 aetatis annum.“ (AAW R. I, Op. 104, D. 18, Bll. 6r–7v, s. Anm. 20 in Nr. 632); „Ruthe, ... Lat. Pertica, ... ein Maaß, siehe Decempeda Pertica, ...“ (Zedler 1732–1750, Bd. 32, Sp. 2002); „Decempeda Pertica, ... eine Ruthe, ist ein Längen=Maß, so aus einer gewissen Anzahl Schuhen bestehet, ... Bey einigen [Orten] machen 6., bey andern 10, bey andern 12., 14, 15, am gewöhnlichsten 16. Fuß eine Ruthe aus. Die alten Römer setzten sie aus 10. Füssen zusammen, daher sie auch den Namen Decempeda führet, ... In Teutschland variiren die Ruthen fast an allen Orten, so wohl der Länge, als Anzahl der Schuhe nach. ...“ (Zedler 1732–1750, Bd. 7, Sp. 309ff.); „18. Fungus muscas interficiens. C. B. P. мухоморъ [russ. *muchomor*] ...“ (AAW R. I, Op. 13, D. 42, Bl. 4v, s. Anm. 1 in Nr. 1); „23. Amanita coccinea, maculata, muscas interficiens. Fungus muscas interficiens C. B. P. ...“ (AAW R. I, Op. 105, D. 1, Bl. 2r, s. Anm. 29 in Nr. 5); „15. Fungus muscas interficiens C. B. P. ...“ (AAW R. I, Op. 105, D. 12, Bl. 2r, s. Anm. 54 in Nr. 17); „57. Fungus muscas interficiens C. B. P. Russ. Мухоморъ [russ. *muchomor*]. Ubique Ind. Len. 18. Ind. Jen. 15. Amanita coccinea maculata muscus interficiens Ind. Jen. n°. 23. ... Fungus pileo cervinos verrucoso, lamellis albis annulatis Fl. Petrop. 414. ... Flor. Irc. Stell. 1012. 1013. 1014.“

(AAW R. I, Op. 13, D. 33, Bl. 42r, s. Anm. 2 in Nr. 925); „... doch war ihm [d. h. Peter Krahtz] ein hübscher Fungus Zu theil worde⌈n⌉; nemlich Fungus non Vescus secund⌈us⌉ muscarius ruber, Rother FliegenSchwam; ... An-Fungus muscas interficiens, C. B. Pin. 373 Tournef. Sp. 62? Гри̏бъ–муХомо́рїи; [russ. *grib-muchomorii*] Sibiriâ, ...“ (Bl. 257r im Reisejournal von D. G. Messerschmidt vom 24. August 1726 – AAW F. 98, Op. 1, D. 5); „! Amanita muscaria (L.) LAM.“ (Heklau/Dörfelt 2017, S. 49; s. Anm. 2 in Nr. 925); s. Nr. 1013 und Nr. 1014

127 „Amanita muscaria turbinata miniata. ...“ (Dillenius 1719, S. 181)
„! Amanita muscaria (L.) LAM.“ (Heklau/Dörfelt 2017, S. 49; s. Anm. 2 in Nr. 925); s. Nr. 1012 und Nr. 1014

128 „! Amanita citrina Pers.“ (Heklau/Dörfelt 2017, S. 50; s. Anm. 2 in Nr. 925); s. Nr. 1012 und Nr. 1013

129 russ. *muchomor*

130 „Amanita magna, castanei coloris. ...“ (Dillenius 1719, S. 183); „Fungus muscas interficiens, fuscus, maculis albis. ... an Amanita magna, castanei coloris Dill. Cat.? ...“ (Buxbaum 1721, S. 121); „Tab. VII. Fungus spadiceus major nemorosus. ... Videtur esse Amanita magna castanei coloris. Dill. Cat. ...“ (Buxbaum 1733, S. 5); „99. FUNGUS castanei coloris lamellis fulvis. ...“ (Haller 1742, S. 54); „† 19. Amanita magna castanei coloris. DILL. Giss. fuugus [sic!] castanei coloris lamellis fuluis. HALL. Helv.“ (Bergen 1750, S. 363); „[Fungus] castanei coloris lamellis fulvus, ist Hallers neun und neunzigste Art, ... ihre Blättlein gelbroth; ihr Hut bald platt, bald polsterartig, castanienbraun und mit einem trokenen Fleische.“ (Gmelin 1773b, Sp. 166f.); „Agaricus volua exceptus, pileolo orbiculari, ... fungus muscas interficiens, fuscus albis maculis, der braune weißgefleckte Wiesenschwamm; ...“ (Gmelin 1758, Sp. 199); „Fungus muscas interficiens fuscus albis, so nennt Buxbaum eine braune, weisgeflekte Spielart desselbigen. [d. h. des Fliegenschwammms]“ (Gmelin 1773b, Sp. 196); „117. LE MARRON À TIGE TIGRÈE, À FEUILLETS BLANCS. ... Fungus pileatus major, supernè coloris castanei, ... Raii, Hist. pl. tom. III, p. 17. Amanita magna castanei coloris Dillen. Cat. pl. giss. p. 183.“ (Paulet 1793, S. 554); „CXXIX. AGARICVS MACVLATVS, Der fleckige, braune, wilde Fliegenschwamm. Tom. I. Tab. XL. ... Agaricus volua exceptus, ... Gled. fung. p. 83. n. 1. var. c. Fungus muscas interficiens, ... Buxb. enum. pl. hall. p. 121. ...“ (Schaeffer 1800, S. 39)
„90. Amanita magna, castanei coloris Dill. l. c. Occurrit in pinastreto ad radices rupium e regione Bargusinensis munimenti circa medium Aug. ...“ (AAW R. I, Op. 13, D. 33, Bll. 49r–49v, s. Anm. 2 in Nr. 925); „? Russula sp.; ? Russula adusta (PERS.) FR.; ? Russula nigricans FR.“ (Heklau/Dörfelt 2017, S. 50; s. Anm. 2 in Nr. 925); s. Nr. 1012

131 „Boletus, Löcherschwamm, Bilz, Baumbülz, Schwammbülz; ...“ (Gmelin 1772, Sp. 146f.)

132 „[species 73] Fungus perniciosus, ex eodem pediculo, multiplex. Fungi dumetorum ex uno pede prodeuntes C. B. Pin. 374. Fungi multi ex uno pede, perniciosi J. B. 3. 835. xij [sic!] generis perniciorum Fungorum 5 species Clus. Hist. cclxxxv.“ (Tournefort 1700, S. 560, Genus II. „Fungus. Champignon.“); „GENVS XXII. VICESIMI-SECVNDI generis noxiorum fungorū, quod VNGARIS dicitur Tuuis alya gomba, Germanis Vnder dorn schwammen ...“ mit der Abbildung auf S. cclxxv „XXI. Generis perniciosorum Fungorum 5. species.“ (Clusius 1601, S. cclxxxv–cclxxxvj; ab Buch IV gesonderte Seitennumerierung mit römischen Zahlen); „... ten opsicht van haer schoon bleeck gout geil coleur: on welcke reden dat ick de selve de Goude knoppen hab ghenaemt, in't Latijn, Nodi aurei. Dese is de eerste vande tweentwindighste van CLUSIUS, die hy onder den naem van Doren Fungi veel te samen ghenaemt heeft, in't Hongersch Tubis alija gomba/ ende in't Hoog-duytsch Buder dorn schwammen: ...“ (Sterbeeck 1675, S. 233); „Amanita fasciculosa lutea dumetorum: Nodi aurei St. 223. [sic!] T. 4. M. Fungi multi ex uno pede perniciosi J. B. 3. 835. dumetorum ex uno pede prodeuntes C. B. 375. n. 35. Fungus perniciosus ex eodem pede multiplex Turn. 560. ...“ (Dillenius 1719, S. 186); „57. Fungus mediae magnitudinis, pileo superne e rufo flavicante, lamellis subtus sordide virentibus Syn. II. 12. 6. ...“ (Ray 1724, S. 10); „2. FUNGUS NOSTRAS, MULTIPLEX, PEDICULO FISTULOSO. ...“ (Vaillant 1727, S. 70f.); „IV. Fungus major, subluteus, lamellis lurides. ...“ (Buxbaum 1733,

S. 3f.); „107. FUNGUS flavus, anulo fugaci, lamellis ex sulfureo fuliginosis. Fungorum noxiorum gen. 22. spec. 2. CLUS. II. Fungi multi ex uno pede ... I. BAUHINI 2. spec. p. 835. Fungus nostras, multiplex, ... VAILL. p. 70. n. 2. Non recedit. Fungus mediae magnitudinis, ... RAI. Syn. III. p. 10. n. 57. Fungus major subluteus ... BUXBAUM. Cent. IV. T. IV. ? videtur. ...“ (Haller 1742, S. 55); „XXVIII. AGARICVS, ex una basi multiplex, pileo plano, petiolo anulato, cylindraceo. Fungus esculentus, ... Germ. Ein ganz gelber aus einer Wurzel vielfach hervor kommender Schwamm, ... a. Agaricus, croceus, parvus, ... Germ. Ein kleiner Saffran-gelber und aus einer Wurzel vielfach hervor wachsender Schwamm, ... Hujus loci dubio procul est Amanita fasciculosa, lutea, dumetorum. Dill Cat. Giss. 186. quarum una esculenta, altera vero noxia est. b. Agaricus, parvus, ... Germ. Ein kleiner aus einer Wurzel vielfach hervor kommender Schwamm, ... c. Agaricus; ex una basi multiplex, ... Germ. Ein gelber und braun gefleckter vielfach aus einer Wurzel hervor kommender Baum-Schwamm, ...“ (Gleditsch 1753, S. 131ff.); „[Fungi] multi ex uno pede perniciosi; hierunter versteht er [d. h. J. Bauhin] Hallers hundert und siebende Art des Fungi.“ (Gmelin 1773b, Sp. 144); „IX. AGARICVS MVTABILIS. Stockschwamm. Tom. I. Tab. IX. ... Agaricus ex vna basi multiplex, ... Gled. fung. p. 131. n. XXVIII. Amanita fasciculosa lutea dumetorum. Dill. cat. giess. p. 186. ...“ (Schaeffer 1800, S. 6)

„120. Amanita fasciculosa lutea, dumetorum Dill. l. c. Nodi aurei Sterb. 223. Fungus perniciosus ex eodem pede multiplex Tourn. I. R. H. 560. Stell. Irc. 1016. Occurrebat ad radices pinorum deiectorum d. 20. Aug. circa Bargusinense munimentum. ... Russ. audit Сабáчьи грибы [russ. *sabač'i griby*] ...“ (AAW R. I, Op. 13, D. 33, Bll. 53v–54r, s. Anm. 2 in Nr. 925); „? Pholiata flammans (BATSCH) P. KUMM., ? Pholiata squarrosa (VAHL) P. KUMM., ? Armillaria mellea (VAHL) P. KUMM. (agg.) ...“ (Heklau/Dörfelt 2017, S. 51; s. Anm. 2 in Nr. 925)

133 russ. *sabač'i griby*

134 „121. Amanita fasciculosa priori per omnia similis Fl. Irc. 1017. ... Occurrit Aug. mense in pinastretis.“ (AAW R. I, Op. 13, D. 33, Bl. 54r, s. Anm. 2 in Nr. 925); „! Pholiota sp.“ (Heklau/Dörfelt 2017, S. 51; s. Anm. 2 in Nr. 925); s. Nr. 1016

135 müßte heißen: „Catalogus plantarum sponte circa Gissam nascentium.“ – s. Dillenius 1719 in der 2. Textversion (s. Anm. 1 in A.): „Dill. flor. Gess.“

136 „[species 44] Fungus truncis humi jacentibus innatus, pluribus ex uno pede prodeuntibus C. B. Pin. 374. xxij generis pernicosorum Fungorum 3 & 4 spècies Clus. Hist. cclxxxv.“ (Tournefort 1700, S. 559, Genus II. „Fungus. Champignon.“); „Amanita fasciculosa ex luteo aut fusco rufa, radicibus arborum innascens: Fungus truncis humi jacentibus innatus, pluribus ex uno pede prodeuntibus C. B. 374. n. 36. ...“ (Dillenius 1719, S. 186); „19. AGARICVS POLYMYCES: ... Agaricus melleus: ... Bolt. fung. t. 141. (optima.) ... Agaricus annularius. Bulll. herb. t. 540. f. 3. ...“ (Persoon 1801, S. 269ff.); „33. AGARIC annulaire. Agaricus annularius. Bull. Agaricus (polymyces), ... Persoon, Synops pag. 270. ... Agaricus (mellleus), ... Bolt. Fung. tab. 141. Optima. ... β. Agaricus mutabilis. Schoeff. [sic!] Fung. tab. 9. [s. Nr. 1016] ... Agaricus annularis. Bull. Herb. tab. 543.“ (Lamarck 1810, S. 162f.); „Fig. VI Agaricus polymyces. 45. Agaricus polymyces. ... id. [Agaricus] polymyces. Pers. Syn. Fung. p. 269. n. 19. ... id. [Agaricus] melleus ... Bolt. l. c. t. 141. ... id. [Agaricus] annularius Lam. ... Bull. l. c. ... Amanita fasciculosa ex luteo aut fusco rufa, ... Dillenius l. c. p. 186. Fungus truncis humi jacentibus innatus, ... Caspar. Bauhin. Pin. p. 374. n. 36. ...“ (Larber 1829, S. 134ff.); „Tafel XLIII. Bild. 2–6. Hallimasch, Heckenschwamm. Agaricus melleus, WAHL. [?] ... Geschmack süsssäuerlich; Geruch süsslich. Essbar. ... Synonyme Bezeichnungen. ... Agaricus melleus. VAHL. Fl. Dan. ... Agaricus annularius. BULLIARD. Herb. Franz. ... Ag. polymyces. PERSOON Syn. p. 269. ... Dieser Pilz wird in Böhmen und Oesterreich häufig genossem, und gibt ein angenehmes sättigendes Gericht. ...“ (Krombholz 1841, S. 15); „2. Der Halimasch Agaricus (Lepiota) polymyces Persooon, Agricus melleus Vahl. ... Andre weniger gebräuchliche Namen sind: Winterschwamm, Späthling, Heckenschwamm, auch Stockschwamm, womit jedoch vorzugsweise ein anderer Schwamm bezeichnet wird, ... Bei Persoon wird er unter dem Namen Medusenhaupt, Agaricus plymyces, und von Bull als Agaricus annulatus unter die Giftschwämme gezählt.“ (Brum 1842, S. 186)

„56. Amanita fasciculosa sphaerica, pectinata, supine lutescens, inferne lateritii coloris, lamellis rarioribus et longe distantibus Stell. Irc. 1018. An Amanita fasciculosa ex luteo et fusco rufa, radicibus arborum adnascens Dill. Fl. m̃s̃ p. 186? Fungus truncis humi iacentibus innatus, pluribq ex uno pede prodeuntibq C. B. P. 374. Fungus hunc in alno putrida deiecta inveni d. 17. Aug. in sylvis ad radices rupium e regione munimenti Bargusinensis. ...“ (AAW R. I, Op. 13, D. 33, Bll. 60r–60v, s. Anm. 2 in Nr. 925); „! Kuehneromyces mutabilis (SCHAEFF.) SINGER & A. H. SM.“ (Heklau/Dörfelt 2017, S. 52; s. Anm. 2 in Nr. 925)

137 „Pectunculiten, Versteinerungen aus der Muschelgattung Pectunculus Lam., so v. w. Sammetmuschel, ...“ (Pierer 1857–65, Bd. 12, S. 774); „Sammetmuschel, Gattung der Familie Archen.“ (a. a. O., Bd. 14, S. 840); J. G. Gmelin beschreibt einen Fund am Fluß *Orlenga* im Jahr 1736 „Es waren nicht gar große versteinerte Kammfische* ohngefähr einer Haselnuß groß und etwas größer, die hin und wieder in einem weißgrauen kalkichten sehr harten und von zarter Materie zusammengesetzten Steine eingemischt waren. ... *Pectunculitae“ (Gmelin 1751–1752, 2. Theil, S. 259f.); „Pectunculiten, ... werden nach dem verschiedenen Redegebrauch verschiedene Muschelarten genennet. ... Ich könnte mehrere Conchylienbeschreiber mit ihrem sogar verschiedenen Gebrauche des Wortes Pectunculus anführen, ... Die angeführten Beyspiele beweisen, wie sogar unbeständig und verschieden man in dem Gebrauch des Wortes Pectunculit und Pectunculus ist.“ (Schröter 1782, S. 150ff.)

138 s. Nr. 561, Anm. 69

139 „[species 45] Fungus albus, splendens, ex uno pediculo, multiplex. Fungi albi, lucentes, ex uno principio plures, ex radicibus arborum J. B. 3. 835.“ (Tournefort 1700, S. 559, Genus II. „Fungus. Champignon.“); „FVNGI ALBI LVCENTI, EX VNO principio plures ex radicibus arborum. CAP. XXXIV. ...“ (Bauhin 1651, S. 835); „Amanita fasciculosa viscida, arborea, mollis, alba: Fungi albi lucentes, ex uno principio plures, ex radicibus arborum J. B. 3. 835. ...“ (Dillenius 1719, S. 186); „26. FUNGUS ALBUS, SPLENDENS, EX UNO PEDICULO MULTIPLEX. J. R. H. 559.“ (Vaillant 1727, S. 64); „Tab. XXXVI. ... Fig. II. Fungi albi lucentes ex uno principio plures ex radicibus arborum J. B. ...“ (Buxbaum 1733, S. 23); „545. AGARICUS stipitatus, ... Spec. plant. 1174. n. 16. ... †. FUNGI albi lucentes ... JOH. BAUH. 3. pag. 835. ...“ (Meese 1760, S. 82); „5. FUNGUS albus laminis tenerioribus, saepe viscidus. γ. Fungus albidus splendens ... I. R. H. VAILLANT. p. 64. n. 26. Fungi albi lucentes ex uno principio ... I. BAUHINI III. p. 834. ... Fungus non vescus XXXIV. LOESEL. p. 94. ...“ (Haller 1742, S. 35); „CCXLVI. Fungus non vescus XXIX. ... Vielköpfichter Poggenstuel. ...“ (Loesel 1703, S. 94f.); „XXVII. AGARICVS; pileolo campanulato, in centro depresso, lamellis tenuibus; petiolo sulcato, gracili. ... Germ. Ein ganz weisser klebrichter Schwamm, ... a. Agaricus caulibus et viscidus, ... Fungus albidus, [sic!] splendens, Vaill. Bot. Paris. 64. no. 26. Fungus non vescus, XXIV. Loesel p. 94. Fungi albi lucentes, ... I. B. Hist. III. 834. Germ. Ein weisser glaenzender und klebrichter Schwamm, ...“ (Gleditsch 1753, S. 130f.); „2341. AMANITA albus, viscidus, laminis tenuissimis. † ... Agaricus pileolo campanulato, in centro depresso, ... GLEDITSCH. p. 130. Annon t. 39. SCHAEFFERI? ... β. Varietas cespitosa, ... Fungi albi lucentes, ex uno principio plures, ... I. B. III. 834. Fungus non vescus LOESEL. p. 94. ...“ (Haller 1768b, S. 155); „[Fungi] albi lucentes ex uno principio plures, ad [sic!] radices arborum; hierunter versteht J. Bauhin eine andere vielfache glänzende Abänderung derselbigen [d. h. der sieben und zwanzigsten Art des Blätterschwamms nach Gleditsch] mit einem glokenförmigen und in der Mitte eingedrükten Hütgen, und einem schlanken Stiele.“ (Gmelin 1773b, Sp. 140); „II. III. [Blätterschwamm] milchfarbiger, der milchfarbige Fleischschwamm (Agaricus lacteus 40. ... |: 40) Agaricus lacteus.) Schaeff. tab. 39. ... Agaricus (virgineus) stipitatus niveus, ... Linn. syst. veg. 975. ... :|“ (Hoffmann 1789, S. 48f.); „XXXIV. AGARICVS LACTEVS. Milchfärbiger Blätterschwamm. Tom. I. Tab. XXXIX. ... Lamellae crassae distinguunt ab Amanita albo viscido, laminis tenuissimis. Hall. hist. n. 2341. Ad radices arborum crescit. ...“ (Schaeffer 1800, S. 19)

„37. Amanita fasciculosa, viscida, arborea, mollis alba Dill. p. 186. Fl. Irc. 1019. Fungi albi lucentes ex uno principio plures ex radicibq arborum J. B. III. 385. [sic!] Observata e radicibus

betulae enascens, d. 22. Aug. circa Bargusinum, ...“ (AAW R. I, Op. 13, D. 33, Bl. 38v, s. Anm. 2 in Nr. 925); „! Pleurotus pulmonarius (Fr.) Quél.“ (Heklau/Dörfelt 2017, S. 53; s. Anm. 2 in Nr. 925)

140 „38. Amanita fasciculosa arborea, durior, alba, pediculis, uncialibus pileolis figurae et magnitudinis variae. Stell. Fl. Irc. 1020 Mihi obvenit Bargusini d. 22. Aug. XII. ex uno centro ...“ (AAW R. I, Op. 13, D. 33, Bl. 38v, s. Anm. 2 in Nr. 925); „? Pleurotus sp.“ (Heklau/Dörfelt 2017, S. 53; s. Anm. 2 in Nr. 925)

141 „OBOLUS, ... eine kleine griechische Müntze, ... Anfänglich wurden sie nur von Eisen gepräget, und waren länglicht von Figur, etwan wie die Rußische Copeicken sonst gewesen, daher sie auch den Namen von Obelus, Οβελος einem Bratspiesse bekommen haben sollen. ... Heut zu Tage wird die geringste Scheidemüntze, ein Heller oder Schärf, durch Obolus verstanden, ...“ (Zedler 1732–1750, Bd. 25, Sp. 234); zu den Bamberger Münzen siehe: Heller, Joseph: Die bambergischen Münzen ... Bamberg : Johann Georg Sickmüller, 1839

142 „39. Amanita minima alba, leviter turbinata, lamellis ad pediculum ortis albis. Fl. Irc. 1021. ... Forte haec est Amanita parva viscida alba Dill. Ray et Tourn. I. R. H.“ (AAW R. I, Op. 13, D. 33, Bl. 39r, s. Anm. 2 in Nr. 925)

„Amanitae parvae viscidae albae, luteae & rubentes: Fungi pratenses parvi, externe viscidi, albi, lutei vel rubentes Raj. H. 99. Fungus pratensis minor, externe viscidus, albus, luteus & rubens Turn. 558. ...“ (Dillenius 1719, S. 185f.); „Fungi pratenses parvi, externè viscidi, albi, lutei vel rubentes. ...“ (Ray 1686, S. 99); „[species 33] Fungus pratensis, minor, externè viscidus, albus & luteus. Fungi pratenses, minores, externè viscidi, albi & lutei, pediculis brevibus Raii Synops. 13.“ (Tournefort 1700, S. 558, Genus II. „Fungus. Champignon.“); „[species 34] Fungus pratensis, minor, externè viscidus, rubens. Fungi pratenses, minores, externè viscidi, rubentes Raii Synops. 13.“ (a. a. O., S. 558); „10. Fungi pratenses minores, externè viscidi albi & lutei, pediculis brevibus. Meadow slimy Mushromes. ...“ (Ray 1696, S. 13); „11. Fungi pratenses minores, externè viscidi, rubentes. Red slimy Mushromes. Cum prioribus. ...“ (a. a. O., S. 13); „Fungus pratensis minor, externe viscidus, albus, luteus & rubens Tournefortius Inst. Fungus pratenses parvi, externe viscidi, albi, lutei vel rubentes Raj. Hist. ...“ (Buxbaum 1721, S. 123f.); „Fungus pratensis, minor, externe viscidis, rubens Inst. R. Herb. Fungi pratenses, minores, viscidi, rubentes Raji. Synops. 13. ...“ (Mappus 1742, S. 118); „AGARICUS. Fungi albi venenati & viscidi I. B. III. 826. Fungus pratensis minor externe viscidus, albus & luteus TOURNEFORT I. R. H. p. 558. Fungus albus laminis ternerioribus saepe viscidis HALLER Enum. Plant. Helvet. pag. 35 [s. Nr. 1019] ... Agaricus pileolo campanulato, in centro depresso ... GLEDITSCH Method. Fuug. [sic!] p. 30. [s. Nr. 1019] ...“ (Spielmann 1766, S. 44f.); „[Fungus] pratensis minor externe viscidus albus & luteus, ist bey Tournefort eine kleine Art des Löcherschwammms, welche auf Wiesen wächst; sie ist von ausen klebricht, und weis und gelb. Fungus pratensis minor, externe viscidus rubens, hierunter versteht er eine andere, welche von der vorhergehenden nur durch ihre röthliche Farbe unterschieden ist.“ (Gmelin 1773b, Sp. 217f.)

„?? Hemimycena sp.“ (Heklau/Dörfelt 2017, S. 53; s. Anm. 2 in Nr. 925); s. Nr. 1019

143 vielleicht „Amanita parva luteo-fusca, orbicularis. ...“ (Dillenius 1719, S. 187); „28. Fungus parvus ex luteo-fuscus, pileo per maturitatem inverso Doody Syn. II. App. 337. Amanita parva luteo-fusca, orbicularis C. Giss. 187. ...“ (Ray 1724, S. 6)

„122. Amanita parva lutea Dill. et C. B. P. Obvenit in betulis circa finem Aug. Pediculis uncialis, ... Fl. Irc. 1022.“ (AAW R. I, Op. 13, D. 33, Bl. 54r, s. Anm. 2 in Nr. 925); „?? Galerina sp.“ (Heklau/Dörfelt 2017, S. 53; s. Anm. 2 in Nr. 925)

144 s. Anm. 122 in Nr. 1009

145 „186. Amanita fasciculosa parva, pileolo plano, turbinato, luteo, lamellis fuscis. In pinetis M. Aug. ubique occurrit. ... Fl. Irc. 1023.“ (AAW R. I, Op. 13, D. 33, Bl. 65v, s. Anm. 2 in Nr. 925); „??“ (Heklau/Dörfelt 2017, S. 54; s. Anm. 2 in Nr. 925)

146 „187. Amanita fasciculosa, turbinata minima, praecedenti minor multum et tenuior. In pinetis occurrit sub finem Aug. Fl. Irc. 1024." (AAW R. I, Op. 13, D. 33, Bl. 65v, s. Anm. 2 in Nr. 925); „??" (Heklau/Dörfelt 2017, S. 54; s. Anm. 2 in Nr. 925)

147 „188. Amanita capitulo conico, luteo, parvo, lamellis fuscis. Occurrit cum praecedenti eodem locoe et tempore. Fl. Irc. 1025." (AAW R. I, Op. 13, D. 33, Bl. 65v, s. Anm. 2 in Nr. 925); „? Conocybe sp." (Heklau/Dörfelt 2017, S. 54; s. Anm. 2 in Nr. 925)

148 „Amanita orbicularis laevis, coloris obscurius albi, lamellis castanei coloris. ..." (Dillenius 1719, S. 185); „157. Amanita umbilicaris [sic!] laevis, coloris obscurius albi, lamellis castanei coloris Dill. l. c. p. 185. ... Fl. Irc. 1026. Collectus d. 29 Aug. circa Bargusin[um] ..." (AAW R. I, Op. 13, D. 33, Bl. 60v, s. Anm. 2 in Nr. 925); „? Psathyrella sp." (Heklau/Dörfelt 2017, S. 54; s. Anm. 2 in Nr. 925);

149 in der 2. Textversion (s. Anm. 1 in A.) nach „Clar. Dill. Flor.": „Gess."

150 „Fungus pulvinatus buxei fere coloris, volam manus exaequans, inferne multis appendiculis linguae vitulinae instar exasperatus, nullo succo turgens, ..." (Hoffmann 1662, unpaginierte Seite); „Erinaceus coloris pallide lutei: Fungus pulvinatus buxei fere coloris, volam manus exaequans, inferne multis appendiculis linguae vitulinae instar exasperatus, nullo succo turgens Fl. Alt. ..." (Dillenius 1719, S. 188); „Fungus pene candidus, prona parte erinaceus J. B. Raj. H. Fungus pulvinatus, ... Fl. Alt. Erinaceus coloris pallide lutei Dil. ..." (Buxbaum 1721, S. 129); „* FUNGUS ERINACEUS. ..." (Vaillant 1727, S. 58); „ERINACEUS. ... Lutei. ERINACEUS esculentus, pallide luteus Tab. 72. fig. 3. Erinaceus coloris pallide lutei Dill. Cat. Giss. 188. Fungus pulvinatus, Buxei fere coloris, ... Flor. Altdorf. ..." (Micheli 1729, S. 132); „2. ERINACEUS esculentus pallide luteus MICHELI, p. 32. T. 72. f. 3. Erinaceus coloris pallide lutei DILLEN. Cat. Giess. p. 188. & T. I. Fungus pulvinatus buxei fere coloris HOFMAN. delic. Altdorf. Fungus erinaceus VAILL. p. 58. ..." (Haller 1742, S. 32); „VI. BOLETUS; pileolo pulvinato, integerrimo, tubulis connexis, echinato-denticulatis. Erinaceus coloris pallide lutei. Dill. Cat. Giss. 188. Erinaceus esculentus, pallide luteus. Mich. N. Pl. G. 132. tab. 72. fig. 3. Fungus pene candidus, prona parte erinaceus. Buxb. Enum. Pl. 129. Fungus pulvinatus, ... Hoffm. Fl. Altdorff. variet: forte? Germ. Ein gelber fleischichter Bülz, mit einem platten gepolsterten Hüthlein, ..." (Gleditsch 1753, S. 74); „Erinaceus, ist der Gattungsname, welchen Micheli und ehmals Haller dem Stachelschwamm geben. ... [Erinaceus] coloris pallide lutei, bedeutet bey Dillen den ausgeschweiften Stachelschwamm." (Gmelin 1773, Sp. 814); „Stachelschwamm. Hydnum. ... Nach des Herrn Archiaters von Linne Bestimmung ist der Stachelschwamm ein horizontaler Schwamm, dessen Huth an der untern Seite mit Stacheln besetzt ist. ... 2) Geschweifter Stachelschwamm. Hydnum repandum. ... Hydnum stipitatum, pileo convexo laevi flexuoso. LINN. ... Sp. Pl. p. 1647. ... Boletus pileolo pulvinato, ... GLEDITSCH. fung. 74. n. 6. ... Erinaceus esculentus pallide luteus. MICH. gen. 132. tab. 71. f. 3. ... Nach Micheli ist er bleichgelb von Farbe und eßbar. ..." (Linné 1786. S. 491ff.); „[Hydnum] repandum, stipitatum, pileo convexo laevi flexuoso; ausgeschweifter gestielter Stachelschwamm, ..." (Gmelin 1773b, Sp. 972); „HYDNUM. ... Erinaceum, Echinus. Deutsch. Der Stachelschwamm. ... Eine Gattung Schwämme; ... Es giebt folgende Arten: ... b) repandum; in Waldungen; Anfänglich hat er einen angenehmen Geschmack, nachher aber wird er scharf und ekelhaft; ..." (Nemnich 1794, Sp.189); „CCIX. Der gelbliche Stachelschwamm, Tom. IV. Tab. CCCXVIII. ... Erinaceus esculentus, pallide luteus. Mich. nou. gen. plant. pag. 132. tab. 72. fig. 3. ... Boletus puluinatus, ... Gled. fung. pag. 74.. Fungus puluinatus, ... Hoffm. fl. altdorf. ..." (Schaeffer 1800, S. 99); „2. Hydnum repāndum, der Stoppelschwamm. ... Der Geruch des rohen, frischen Schwammmes ist schwach, der Geschmack ebenfalls und nicht unangenehm. ..." (Lenz 1831, S. 92); „Tafel L. Fig. 1–9. Ausgeschweifter Stachelpilz. ... Hydnum repandum LINNÉ. Stoppelpilz; Süssling; blasser Hirschschwamm; ... Hydnum flavidum. SCHAEFFER Index. p. 99. no. 209. Erinaceus esculentus, pallide luteus; Micheli nv. gen. p. 132 (?). ... Man kocht, bratet ihn, macht Suppen davon, oder richtet ihn als Gemüse zum Fleische zu. ..." (Krombholz 1841a, S. 10f.); russ. *ežovik vyemčatyj, ežovik vygibnoj* – Hydnum repandum, ausgeschweifter Stachelschwamm, Stoppelpilz, Süßling (Pawlowski 1952,

S. 351); „Bolētus DILL. (Hymeninae). Von βωλος (Erdkloß), weil der Hut der meisten Arten dieser Gattung kugelig ist und einem Kloss Erde nicht unähnlich sieht.“ (Wittstein 1852, S. 112); „Hȳdnum L. (Hymeninae). Von ὕδνον, οἶδνον (eigentlich die Trüffel) und dieses von οἰδαειν (schwellen), weil diese Art Pilze ein lockeres, gleichsam aufgeschwollenes Gefüge hat, etwa wie eine Geschwulst aussieht.“ (a. a. O., S. 456)

„! Hydnum repandum L. (incl. Hydnum albidum PECK)“ (Heklau/Dörfelt 2017, S. 55; s. Anm. 2 in Nr. 925);

151 „! Hydnum repandum L.“ (Heklau/Dörfelt 2017, S. 55; s. Anm. 2 in Nr. 925); s. Nr. 1027

152 „? Sarcodon sp.“ (Heklau/Dörfelt 2017, S. 55; s. Anm. 2 in Nr. 925); s. Anhang B.5. Nr. 48

153 s. Nr. 368

154 „[species 1] Boletus esculentus, rugosus, albicans, quasi fuligine infestus. Fungus porosus, rugosus, albicans, quasi fuligine infestus C. B. Pin. 370. Fungus rugosus vel cavernosus sive Merulius ex albo nonnihil rubescens J. B. 3. 836. Primi generis esculentorum Fungorum species 1 Clus. Hist. cclxiij.“ (Tournefort 1700, S. 561, Genus IV. „Boletus. Morille.“); „FVNGI ESCVLENTI CAP. I. ... PRIMVM GENVS. ... Vocatur autem ... à Germanis Maurachen: ... Prima enim, ... coloris albicantis quasi fuligine infecti, ...“ (Clusius 1601, S. cclxiij–cclxiiij; ab Buch IV gesonderte Seitennumerierung mit römischen Zahlen); „I. Fungus porosus. ... Fungi esculenti primum genus, Clus. hist. ... Hujus quatuor sunt species: nam primus fungus parvus est, rugosus albicans, quasi fuligine infestus: ...“ (Bauhin 1623, S. 370); „FVNGVS RVGOSVS, VEL CAVERNOsus, siue Merulius niger & albus. CAP. XXXVII. ...“ (Bauhin 1651, S. 836f.); „Morchella minor oblonga, fuligine quasi infecta: Boletus esculentus rugosus, ... Turn. 561. Fungus rugosus ... J. B. 3. 836. porosus C. B. 370. n. 1. ...“ (Dillenius 1719, S. 188); „Boletus esculentus, rugosus, albicans, quasi fuligine infectus [sic!] Tournefort. Morcheln Germanis, ...“ (Rupp 1726, S. 302); „2. Boletus esculentus, rugosus, albicans, ... Inst. R. H. 561. Fungus porosus, rugosus, ... C. B. Pin. 370. Fungus rugosus, ... I. B. 3. 836. Primi generis esculentorum fungorum species I. Clus. Hist. CCLXIII. ...“ (Micheli 1729, S. 203); „3. PHALLUS petiolo nudo, pileo subtus undique adnexo. Boletus esculentus rugosus albicans ... Tournef. inst. 561. Mich. gen. 203. t. 85. f. 2. ... Morchella minor oblonga, ... Dill. gen. 74. giss. 188. Fungus porosus. Bauh. 370. Fungus rugosus seu cavernosus ... Bauh. hist. 3. p. 836. ...“ (Linné 1737, S. 479); „Boletus esculentus, rugosus, albicans, ... Inst. R. Herb. Fungus porosus, ... C. B. Pin. 370. ... Morchlen/ Morchelschwämme/ ...“ (Mappus 1742, S. 41); „IV. PHALLVS capitulo fastigiato, subtus operculato, petiolo nudo. ... α. Phallus; capitulo fastigiato longiore, ... Boletus esculentus rugosus, albicans Tourn. Inst. 561. Mich. N. Pl. G. tab. 85. fig. 1. Morchella minor, ... Dill. Cat. Giss. 188. Fungus porosus, ... C. B. Pin. 370. Fungus rugosus vel cavernosus, sive Merulius, ex albo nonnihil rubescens. I. B. III. 836. Fungorum esculentorum primi generis spec. 1. Clus. Hist. 263. ... Germ. Eine lange weiss-roethliche Spiz-Morchel. ... b. Phallus; capitulo longiore, ... Boletus esculentus, rugosus, fulvus. Tourn. Inst. 561. [s. Nr. 1031]... Germ. Eine lange braun-gelbe Spiz-Morchel. ... c. Phallus; capitulo fastigiato, ... Germ. Eine lange Schnee-weisse Spiz-Morchel, ... d. Phallus; capitulo oblongo et obtuso, ... Germ. Eine Spiz-Morchel, mit einem kolbichten ... Hüthlein ... e. Phallus; capitulo subgloboso, ... Germ. Eine runde Morchel, ... f. Phallus; exiguus, ... Germ. Eine ganz kleine Kugelrunde Morchel, ...“ (Gleditsch 1753, S. 59ff.); „2. PHALLUS pileolo ovato, stipite nudo, rugoso. Linn. Fl. Suec. 1102. ... Boletus esculentus, rugosus, albicens, quasi fuligine infectus. Tour. 561. ... Var. 2. ... Boletus esculentus, rugosus, fulvus. Tour. 561 [Nr. 1031] Var. 3. Boletus esculentus, in metam fastigiatus. Tour. 562. [sic!] [Nr. 1032] ...“ (Gérard 1761, S. 10f.); „24. Boletus, Maurachen. Boletus esculentus rugosus albicans, quasi infestus Turn. 561. ...“ (Carl 1770, S. 29f.); „... Phallus esculentus russ. Smortschok (Сморчокъ [russ. *smorčok*]).“ (Pallas 1771, S. 44); „[Phallus] capitulo fastigiato subtus operculato, petiolo nudo; bedeutet bey ihm [d. h. Gleditsch] eine andere [Spielart der es(s)baren Morchel], mit unten angewachsenem Hute oder die Spizmorchel.“ (Gmelin 1774, Sp. 950); „1) Eßbarer Aderschwamm. Phallus esculentus. ... Phallus pileo ovato celluloso, stipite nudo rugoso. LINN. ... Sp. Pl. p. 1648. ... Phallus petiolo nudo, ... Hort. Cliff. 479. ... Phallus capitulo fastigiato, ... GLEDITSCH. fung. 59. n. 4. Boletus esculentus ...

TOURNEF. Inst. R. H. 561. ... Jene Morcheln mit dem spitzigen mehr pyramidenförmigen Huthe, nennt man insgemein die Spitzmorcheln, ...“ (Linné 1786, S. 494ff.); „a) Phallus esculentus. Boletus esculentus rugosus albicans; Fungi favaginosi; Fungi praecoces; Morchella. Deutsch. Die Morchel; Morche; Morgel; Der Morchelschwamm; Oestreich &c. Maurachen. ... Russ. Smortschok; Spitzmorcheln Strotschki; Breitmorcheln Smortschki. ... Lett. Kehwu puppas, Kehwju puppu, Bissenes. Ehstn. Lemna nissed. ... Sie ... sollen schon bey den Römern sehr beliebt gewesen seyn; Nero nannte sie eine Götterspeise (Cibus Deorum), weil sein Vorgänger Claudius daran gestorben ... allein diese Morcheln waren mit Gift gefüllt ... Es giebt vornämlich zweyerley Varietäten, Spitzmorcheln und Breitmorcheln, Ohrenmorcheln, Stockmorcheln. ...“ (Nemnich 1795, Sp. 930f.); „CCLXXXIX, PHALLVS ESCVLENTVS. Die gemeine spitzige Maurache. ... Phallus capitulo fastigiato, ... Gled. fung. pag. 59. n. IV. ... Boletus esculentus rugosus ... Tourn. inst. pag. 561. ... Morchella minor, ... Dill. cat. giess. p. 188. ... Fungus rugosus, vel cavernosus,... I. Bauh hist. III. p. 836. ...“ (Schaeffer 1800, S. 135); „1. PHALLUS esculentus ... Küchen=Morchelschwamm. Gemeine Morchel. Spitzmurchel. ... R. Smortschok und Smortschka. ... Ein beliebter Küchenschwamm.“ (Georgi 1797–1802, Theil 3, S. 1451); „Morchēlla DILL. (Morchellinae): Vielleicht vom niederländischen mör (mürbe), um die Weichheit des Pilzes anzudeuten.“ (Wittstein 1852, S. 595); „Phāllus MICH. (Lycoperdaceae). Von φαλλος (männliches Glied), wegen der ähnlichen Form dieses Pilzes.“ (a. a. O., S. 678)

„1. Boletus esculentus, rugosus albicans, quasi fuligine infectus I. R. H.“ mit der rechts marginalen Anm. „Vid. xxix. xxx.“ (AAW R. I, Op. 13, D. 67, Bl. 4r, s. Anm. 5 in Nr. 4); „! Morchella esculenta (L) PERS.“ (Heklau/Dörfelt 2017, S. 56; s. Anm. 2 in Nr. 925)

155 russ. *smorčki*

156 „[species 2] Boletus esculentus, rugosus, fulvus. Fungus porosus, coloris ex rufo fusci C. B. Pin. 370. Fungus rugosus vel cavernosus sive Merulius fuscus J. B. 3. 836. Primi generis esculentorum Fungorum species ij Clus. Hist. cclxiij.“ (Tournefort 1700, S. 561, Genus IV. „Boletus. Morille.“); „FVNGI ESCVLENTI CAP. I. ... PRIMVM GENVS. ... Vocatur autem ... à Germanis Maurachen: ... Altera, ... cujus rei causa Germani Braun maurachen cognominant. ...“ (Clusius 1601, S. cclxiij–cclxiiij; ab Buch IV gesonderte Seitennumerierung mit römischen Zahlen); „3. Boletus esculentus, rugosus, fulvus Inst. R. H. 561. Fungus porosus, coloris ex fulvo fusci C. B. Pin. 370. Fungus rugosus, vel cavernosus, sive merulus, fuscus I. B. 3. 836. Primi generis esculentorum fungorum species II. Clus. Hist. CCLXIII. ...“ (Micheli 1729, S. 203); „Boletus esculentus, rugosus, fulvus Inst. R. Herb. 561. Fungus porosus coloris ex rufo fusci C. B. Pin. 370. ...“ (Mappus 1742, S. 41); „25. Boletus fuluus, gelber Maurach. Boletus esculentus rugosus fuluus Turn. 561. ...“ (Carl 1770, S. 30)

„! Gyromitra esculenta (PERS.) FR.“ (Heklau/Dörfelt 2017, S. 56; s. Anm. 2 in Nr. 925); s. Nr. 1030

157 „[species 4] Boletus esculentus, in metam fastigiatus. Fungus porosus, in longitudinem metae instar excrescens C. B. P. Pin. 370. Primi generis Fungorum esculentorum species iiij Clus. Hist. cclxiij.“ (Tournefort 1700, S. 561, Genus IV. „Boletus. Morille.“); „FVNGI ESCVLENTI CAP. I. ... PRIMVM GENVS. ... Vocatur autem ... à Germanis Maurachen: ... Quarta ... Germani illá vol maurechen ...“ (Clusius 1601, S. cclxiij–cclxiiij; ab Buch IV gesonderte Seitennumerierung mit römischen Zahlen); „4. Boletus esculentus in metam fastigiatus Inst. R. H. 562. Fungus porosus in longitudinem, meta instar excrescens C. B. Pin. 370. Primi generi fungorum esculentorum species iiii. Clus. Hist. CCLXIII. ...“ (Micheli 1729, S. 203); „Boletus esculentus in metam fastigiatus Inst. R. Herb. 562. ... Spitzmorcheln ...“ (Mappus 1742, S. 41); „27. Boletus fastigiatus, länglichter Maurach. Boletus esculentus in metam fastigiatus Turn. 561. ...“ (Carl 1770, S. 30)

„Boletus esculentus in metam fastigiatus. I. R. H. ...“ (AAW R. I, Op. 105, D. 2, Bl. 19r, s. Anm. 54 in Nr. 17); „! Morchella elata FR.“ (Heklau/Dörfelt 2017, S. 56; s. Anm. 2 in Nr. 925); s. Nr. 1030

158 „Boletus luteus. ...“ (Dillenius 1719, S. 188); „Tab. XIV. Fungus porosus, autumnalis, viscidus. ...“ (Buxbaum 1740, S. 7f.); „2301. POLYPOROS carne secedente, petiolatus, anulatus. Boletus

luteus DILLEN. Catal. Giess. p. 18<8>. t. 10. n. 1. ... Fungus porosus ... BUXBAUM. Cent. V. t. 14. ... Boletus stipitatum, ... LINN. p. 1646. SCHAEFFERI Fungus t. 114. ...“ (Haller 1768b, S. 145); „[Boletus] luteus, ... gelber Löcherschwamm mit weißlichtem Strunke, ... Schweinbülz, Steinbilz, Augstbilz; ... s. onomat. hist. nat. Vol. I. [sic!] Boletus magnus Augusti mensis.“ (Gmelin 1772, Sp. 149); „Boletus magnus, Augusti mensis, Dillen. ... Fungus Augusti mensis. C. B. P. ... der Augstbülz, Steinbülz, der fleischichte, sehr grosse, und braunrothe Bülz, ... wird auch oft als eine Speise genossen, und zwar, wo er ... noch ganz hart und dicht ist, daher ihm vermuthlich die gemeine Leute den Namen Steinbülz gegeben haben.“ (Gmelin 1761, Sp. 235); „Boletus luteus, Dillen. ... der dunkelgelbe, glänzende Bülz, ... Ein Sommerbülz, den man häuffig in Waldungen findet, wo die jungen Birken dicht beyeinander wachsen. In der Churmark Brandenburg sammeln ihn die arme Leute ... unter dem Namen Kühbülz, Judenbülz; ...“ (a. a. O., Sp. 235); „Boletus magnus Augusti mensis: Fungus porosus magnus crassus J. B. 3. 833. Augusti mensis C. B. 371. n. 22 ...“ (Dillenius 1719, S. 188f.); „B[oletus] luteus, russ. Beresowik (березовикъ [russ. *berezovik*])“ (Pallas 1771, S. 44); „16) Gelber Löcherschwamm. Boletus luteus. Boletus stipitatus, pileo pulvinato subviscido, poris rotundatis convexis flavissimis, stipite albido. LINN. ... Sp. Pl. p. 1646. ... HUDSON Fl. Angl. T. II. p. 627. ... Polyporos carne secedente, ... HALL. helv. n. 2301. SCHAEFF. fung. tab. 114. ... Boletus luteus. DILL. giss. 18<8>. tab. 10. n. 1. ... Fungus porosus ... BUXB. Cent. 5. p. 7. tab. 14. ... Er hat einen tiefgefärbten, kastanienbraunen Huth, goldgelbe Röhrchen, ...“ (Linné 1786, S. 485); „k) Boletus luteus. Deutsch. Der gelbe Löcherschwamm; der Schweinsbilz, Schweinling; Steinbilz, Augustbilz. ... Russ. Borowik, Korowik. ... kommt unter verschiedenen Farbenveränderungen war; [sic!] einige davon sind essbar, andere verdächtig.“ (Nemnich 1793a, Sp. 635); „11. BOLETUS luteus ... Gelblicher Löcherschwamm. Schweinepilz ... R. Beresowik. ... Er ist eßbar, die Farbe gelb, in bräunlich übergehend.“ (Georgi 1797–1802, Theil 3, S. 1448f.); „[Boletus] luteus. 11. BOLETUS stipitatus, pileo pulvinato ... Sp. pl. 1646. ... Boletus luteus. Dill. giss. 188. ... Polyporus carne secedente ... Hall. hist. 2301. Fungus porosus ... Buxb. cent. 5. t. 14. Anglis, yellow Boletus. ...“ (Hudson 1798, S. 627); „CLXXII. BOLETVS LVTEVS. Das doppelte Schaafeiterl. Tom. II. Tab. CXIV. ... Boletus luteus. ... Dill. cat. giess. p. 188. t. 10. n. 1. ... Boletus (luteus) stipitatus; ... LINN. spec. pl. ... II. p. 1646. ... Polyporus carne secedente, ... Hall. hist. n. 2301. Fungus porosus ... Buxb. cent. V. t. 14. ...“ (Schaeffer 1800, S. 81f.); „23) Gelbe Kuhpilsen, Boletus luteus Linn. Schäffer ... Sie ... riechen ganz schwach nach Schwefel, und sind schleimig und ohne Geschmak. ...“ (Gmelin 1803, S. 655); „377. BOLETUS LUTEUS Linné. GELBER RÖHRENSCHWAMM. ... Boletus luteus Linné Flora Suecica 1247. ...“ (Dietrich 1838b, Nr. 377); „1876. B[oletus] luteus ... Fungus porosus ... Buxb. cent. 5. p. 7. t. 14. ...“ (Richter 1840, S. 1079); Boletus luteus – russ. *berezovik* (*Annenkov* 1858, S. 23, Nr. 200)

„! Leccinum scabrum (BULL.) GRAY sl.“ (Heklau/Dörfelt 2017, S. 57; s. Anm. 2 in Nr. 925); s. Nr. 1034A

159 russ. *berezovik*

160 „Boletus laevis & viscidus, obscure flavescens. ...“ (Dillenius 1719, S. 188); „Fungus porosus, esculentus, superne obscure flavescens, viscidus, inferne luteus. an Boletus laevis & viscidus obscure flavescens Dil. Boletus laevis & viscidus, superne coloris fusci castanei, inferne lutei ejusdem? nam colore variat.“ (Buxbaum 1721, S. 128f.); „I. BOLETVS; pileolo hemisphaerico, tubulis angulatis, petiolo ventricoso; Boletus magnus julii mensis. Dill. Cat. Giss. 188. ... Germ. Ein grosser dunckel-gelber Bülz, ... Ein grosser frühzeitiger oder Sommer-Bülz. ... a. Boletus, pileolo hemisphaerico, desuper obscuro, ... Germ. Ein grosser Bülz, mit einem halb-kugel-runden, ... Hüthlein, ... in foro sub nomine Brat-Bülz saepius prostat. b. Boletus; pileolo latissimo, ... Boletus magnus, augusti mensis. Dill. Cat. Giss. 188. [s. Nr. 1033] ... Germ. Ein sehr grosser und fleischichter braun-rother Bülz, unde a plebeculis vulgo Stein-Bülz appellatur. c. Boletus; pileolo hemisphaerico, fulvo et splendente, ... Boletus luteus. Dill. Giss. 18<8>. forte? [s. Nr. 1033] Germ. Ein dunckel-gelber glaenzender Bülz, mit denen allerzartesten Citronen-faerbigen Roehrgen, ... Colligunt fungum pauperculi, et in deliciis habent, sub nomine Küh-Bülz vel Iuden-Bülz,

... d. Boletus; pileolo hemisphaerico, superne viscido et fulvo, inferne luteo, ... Boletus laevis et viscidus, obscure flvescens. Dill. Cat. Giss. 188. ... Fungus porosus, esculentus, superne obscure flavescens, viscidus, inferne luteus Buxb. Enum. Pl. 128. Germ. Ein dunckel-gelber klebrichter Bülz, ... ubi ruricolae Viadrini vocant gute Schweine-Bülze. e. Boletus; pileolo crasso, campanulato, Boletus laevis et viscidus, superne coloris fusci, castanei, inferne lutei. Dill. Cat. Giss. 188. ... Germ. Ein dunckel-brauner oder gelb-brauner klebrichter Bülz, mit platt-rundem ... Hüthlein, ... g. Boletus; pileolo orbiculari, ... Germ. Ein dunckel-brauner Bülz, mit einem platt-rundem ... Hüthlein, ... h. Boletus; pileolo nonnihil fastigiato, ... Boletus verrucosus, e fusco sordide niger. Dill. Cat. Giss. 189. forte? Germ. Ein schwarz-brauner Bülz, mit einem etwas zugespiztem ... Hüthgen, ... i. Boletus; pileolo magno, crasso, ... Germ. Ein braun-gelbichter grosser und fleischichter Bülz, ... Plebeculae vocant giftigen Schweine-Bülz. k. Boletus exiguus, totus fuscus, pileolo orbiculari. Boletus parvus, dilute fusci ubivis coloris. Dill. Cat. Giss. 189. Germ. Ein ganz kleiner brauner Bülz, ... l. Boletus; pileolo hemisphaerico, superne sub-obscuro, interne flavo; ... Germ. Ein dunckel-brauner grosser Bülz, ..." (Gleditsch 1753, S. 63ff.); „Boletus magnus Julii mensis: Fungus porosus magnus Raj. H. ..." (Dillenius 1719, S. 188); „Boletus verrucosus, ex fusco sordide niger. ..." (a. a. O., S. 189); „Boletus parvus, dilute fusci ubivis coloris. ..." (a. a. O., S. 189); „Boletus laeuis et viscidus, obscure flauescens, Dillen. ... Fungus porosus, esculentus, ... Buxbaum ... der dunkelgelbe, klebrichte Bülz, ... Eine Gattung von Sommerbülzen, die man häufig auf Fichtenplätzen findet; die Bauren nennen sie bey Frankfurt an der Oder: gute Schweinebülze." (Gmelin 1761, Sp. 234); „Boletus exiguus, totus fuscus, ... Gleditsch. ... der ganz kleine, braune Wurzelnbülz, ... Er ist eine Spielart der Sommerbülze, die ... an den Wurzeln der Fichten und Birken zum Vorschein kommen." (a. a. O., Sp. 233); „Boletus pileolo hemisphaerico, desuper obscuro, ... der grosse, halbkugelrunde Bülz; ... auf dem Markt verkauffen sie ihn öfters unter dem Namen Bratbülz." (a. a. O., Sp. 242f.); „Boletus, pileolo nonnihil fastigiato. ... Boletus verrucosus, ... der schwarzbraune Waidenbülz, ... Er ... wird ... auf Waiden angetroffen." (a. a. O., Sp. 244); „Boletus viscidus russ. Maslenik (Масленикъ [russ. *maslenik*])" (Pallas 1771, S. 44)

„! Suilllus [sic!] luteus (L.) ROUSSELL" (Heklau/Dörfelt 2017, S. 57; s. Anm. 2 in Nr. 925); s. Nr. 1033, Nr. 1035 und Nr. 1037

161 russ. *maslenik*

162 „ASPALATHUS. ... teutsch, Rosenholz, Rhodiserdorn, ist ein dichtes schweres Holz, ... Die Rinde ist dicke, rauh und grau. ..." (Lémery 1721, Sp. 114f.)

163 „? Suillus luteus (L.) ROUSSELL" (Heklau/Dörfelt 2017, S. 58; s. Anm. 2 in Nr. 925); s. Nr. 1034A

164 vermutlich „Boletus laevis & viscidus, superne coloris fusci castanei, inferne lutei. ..." (Dillenius 1719, S. 188); „SUILLUS esculentus, crassus, viscidus, superne obscurus, ... Tab. 69. fig. 1. ..." (Micheli 1729, S. 128); „CLXIV. BOLETVS OLIVACEVS. Der olivenfarbige Kühpilz. Tom. II. Tab. CV. ... Boletus laevis & viscidus, superne coloris fusci, castanei, inferne lutei, inferne lutei. Dill. cat. giess. p. 188. Suillus esculentus, crassus; viscidus superne obscurus inferne subluteus, ... Mich. nou. gen. plant. p. 128. ..." (Schaeffer 1800a, S. 77); „Boletus laeuis et viscidus, superne coloris fusci, castanei, inferne lutei, Dillen. ... der dunkelbraune, oder gelbbraune, kleberichte Bülz ... Eine Gattung von Sommerbülzen, die sich oft erst an dem Ende des Sommers zeigen; man trift sie oft ... auf mageren Waiden, ..." (Gmelin 1761, Sp. 234f.); „14. CEPES À TUBES JAUNES. ... a. ... Boletus luteus Dillen. Catal. giss. p. 188. ... b. ... Boletus laevis & viscidus obscurè flavescens Dillen. Cat. p. 188. ... c. ... Boletus laevis & viscidus supernè coloris fusci castanei, internè lutei Dillen. Cat. pl. giss. p. 188. ..." (Paulet 1793, S. 523f.); „Suĭllus MICH. (Hymennae). Von sus (Schwein), weil er von den Schweinen gern gefressen werden soll (Plin. II. 47)." (Wittstein 1852, S. 854)

„! Suillus clintonianus (PECK) Kuntze, Leccinum leucopodium (PERS.) DÖRFELT & G. BERG" (Heklau/Dörfelt 2017, S. 58; s. Anm. 2 in Nr. 925); s. Nr. 1033 und Nr. 1034A

165 russ. *osinnik*

166 „! Suillus flavidus (FR.) J. PRESL" (Heklau/Dörfelt 2017, S. 61; s. Anm. 2 in Nr. 925)

167 Nr. 1034A?

[168] „A. 2. Fungus porosus magnus nostras. ...“ (Ray 1686, S. 100f.); „Boletus magnus Julii mensis: Fungus porosus magnus Raj. H. ...“ (Dillenius 1719, S. 188); „Boletus magnus Iulii mensis, Dillen. ... der Sommerbülz, der grose, frühzeitige Bülz, ... Man trifft diese Gattung zu Ende des Sommers ... auf Eichplätzen und Fichtenplätzen, ...“ (Gmelin 1761 Sp. 236); „B[oletus bouinus], russ. Borowik auch Korowik (боровикъ [russ. *borovik*]); ...“ (Pallas 1771, S. 44); „Boletus bovinus, ... Kuhbilze, Löcherschwamm, mit einem Strunke, ... Bratbülze; Sommerbülz; groser frühzeitiger Bilz; groser dunkelgelber Bilz; ... Man speißt sie, ehe sie sich entfaltet hat: denen Kühen soll die Milch davon blau werden: ... s. onomat. hist. nat. Boletus magnus Julii Mensis.“ (Gmelin 1772, Sp. 150); „17) Kuh=Löcherschwamm. Boletus bovinus. ... Boletus stipitatus, pileo glabro pulvinato marginato, poris compositis acutis: porulis angulatis brevioribus. LINN. ... Sp. Pl. p. 1646. ... Boletus Julii mensis. DILL. giss. 188. SCHAEFF. fung. tab. 123. 126. ... Suillus esculentus crassus, ... MICH. gen. 127. tab. 68. f. 1. ... Dieser so wie der vorhergehende Schwamm [d. h. Boletus luteus; Nr. 1033] nebst andern ähnlichen führen im deutschen auch die Namen Schweinpilze, ...“ (Linné 1786, S. 485ff.); „SUILLUS esculentus, crassus, superne fuscus, inferne initio albidus, ... An Fungus porosus, magnus, nostras Raii Hist. 100. ...“ (Micheli 1729, S. 127f.); „CLXII. BOLETVS RVFVS. Der rothe Kühbilz, in Bayern der rothkopfige Bilzling. Tom. II. Tab. CIII. ... Boletus pileolo hemispaerico; tubulis angulatis, petiolo ventricoso. Gled. fung. p. 63. ... Boletus magnus Iulii mensis. Dill. cat. giess. p. 188. ... Polyporus carne secedente, petiolatus, ... Hall. hist. fl. [sic!] 2310. ... Fungus aurantius, pediculo longo. Sterb. theatr. fung. pag. 119. tab. 16. fig. A. Fungus vescus VII. Loesel. pruss. p. 84. ...“ (Schaeffer 1800, S. 75f.); „CLXXVI. BOLETVS FLAVORVFVS. Der gelbrothe Kühbilz. Tom. II. Tab. CIII. ...“ (a. a. O., S. 83f.); „CLXXIX. BOLETVS FERRVGINEVS, Der rostfärbige Kühbilz. Tom. II. Tab. CVI. ...“ (a. a. O., S. 85); „*2310. POLYPORUS carne secedente, petiolatus, pileo ovato miniato, poris ochroleucis. † ... Fungus vescus VII. LOESEL. p. 84. Fungus aurantius, pileolo longo STERBEEK. p. 119. t. 16. f. A. & alii plures. Tabula 103. SCHAEFFERI. ...“ (Haller 1768b, S. 146f.); „CCXI. Fungus vescus XVII. Joh. Loes. Roth=köpffchen. ...“ (Loesel 1703, S. 84); „... ende heb haer genaemt, de Aranie=fungi met den langhen stele, in't Latijn Fungus aurantius pediculo longo.“ (Sterbeeck 1675, S. 119); „a) Boletus bovinus. Deutsch. Der Kuhbilz, der Bratbilz, der braune Bilz, der kastanienbraune Bilz; der Judenbilz; Schweinebilz; Bülzling, Bülssling; Schwaben Fleischling; Bamberg Fleischpfiffer. ... Russ. Korrawik. Lett. Pekke. Fischer. ... Der Kuhbilz wird, wie der gelbe Bilz, an mehreren Orten gegessen ... Es giebt aber von beyden mehrere Abarten, ... 1) Der Birkenbilz; Leipzig Bergbilze; im Vogtland Pfaffenköpfchen. Er ist entweder braun oder er fällt ins Rothe, Der braune heisst in Oestreich Geissbülss, Hasenbülss, Krahüte; zu Grossglogau Graukappen; Leipzig Mählpülz, Malpülz; Im Preussischen Kotzelarke. Der rothe heisst: in Oestreich Schafbülss; in Troppau Tannenbülz; in Sachsen Rothbülz; um Leipzig Rothköpfchen; Regensburg Frauenbülss, Grasbülss; im Glazischen Rotdocken; zu Grossglogau Rotkappen. ... 2) Der Herrenbilz; der Maybilz; der Steinbilz; der Steinpilzling; ... 3) Der zimmetrothe Bilz; Oestreich der grobe Bülss, Schmiedling, der wilde Bülss, Kuhbülssling; Regensburg Kuhpülss, Rothstrumpf; Ob der Ens Wagenbülss. ... 4) Der Schafbilz; Oestreich Schafeiterl, Kühling, Schmerling; Troppau Kiferpilz. ...“ (Nemnich 1793a, Sp. 632f.); „8477. B[oletus] bovinus ... Boletus julii mensis Dill. giss. 188. ...“ (Richter 1840, S. 1079); syrjänisch jag-ryžyk bzw. kyz-ryžyk – Boletus edulis, Fichtenschwamm (Wiedemann 1880, S. 278)

„521. Suillus fulvus inferne ex flavo virescens Haller. Alp. 29. Boletq magnus Julii M. Dill. Cat. Giess. p. 188. Russ. Боровикъ [russ. *borovik*] aut Коровякъ [russ. *korovjak*] ...“ (AAW R. I, Op. 13, D. 20, Bll. 52r–52v, s. Anm. 1 in Nr. 1); „! Boletus edulis Bull.“ (Heklau/Dörfelt 2017, S. 61; s. Anm. 2 in Nr. 925); s. Nr. 1034A

[169] „! Buchwaldoboletus lignicola (KALLENB.) PILÁT (Boletus lignicola KALLENB.)“ (Heklau/Dörfelt 2017, S. 62; s. Anm. 2 in Nr. 925)

[170] in der 2. Textversion (s. Anm. 1 in A.): „pileosus“

[171] „Fungoides clavatum majus. ...“ (Dillenius 1719, S. 189); „* 2. CLAVARIA, ALBA, PISTILLI FORMA. ...“ (Vaillant 1727, S. 39); „CLAVARIA major, lutea Tab. 87. fig. 1. ...“ (Micheli 1729,

S. 208); „1. CLAVARIA clavata integerrima obtusa erecta. Clavaria alba, Vaill. paris. 39. t. 7. f. 5. ... Fungoides clavatum majus. Dill. giss. 189. ...“ (Linné 1737, S. 479); „I. CLAVARIA; erecta, corpore simplici, obtuso, integro. Clavaria major, lutea, Mich. N. Pl. G. 208. ... Clavaria clavata, integra, obtusa, erecta. Linn. Hort. Cliff. 479. ... Fungoides clavatum, majus. Dill. Cat. Giss. 189. Germ. Ein gelber Keilen-Schwamm. ...“ (Gleditsch 1753, S. 26ff.); „[Fungoides] clavatum majus; also nennt Dillen den stempfelförmigen Keulschwamm.“ (Gmelin 1773b, Sp. 149); „1) Stempfelförmiger Hörnerschwamm. Clavaria pistillaris. ... Clavaria clavaeformis simplicissima.LINN. ... Sp. Pl. p. 1651. ... Clavaria clavata ... Hort. Cliff. 479. ... Clavaria erecta, corpore simplici, ... GLEDITSCH. fung. 26. SCHAEFF. fung.tab. 169. ... Clavaria alba pistilliforma. VAILL. paris. 39. tab. 8. f. 5. Clavaria major lutea. Mich. gen. 208. tab. 87. f. 1. ... Diese Art ... stellt überaus einfache keul=stempfel= oder glockenschwengelförmige Körper vor; ...“ (Linné 1786, S. 523f.); „h) Clavaria pistillaris. Deutsch. Der stempelförmige Keulenschwamm. ... In China und Cochinchina wächst er häufig auf Elephantenmist, ist zart, essbar und schmackhaft.“ (Nemnich 1793, Sp. 1061); „CCLVII. CLAVARIA PISTILLARIS. Der gelbe große Käulschwamm, die Herkuleskäule. Tom. II. Tab. CLXIX. ... Clauaria erecta, corpore simplici, ... Gled. fung. pag. 26. n. 1. ... Clauaria maior lutea. Mich. nou. gen. plant. pag. 208. tab. 87. fig. 1. ... Fungoides clauatum maius. Dill. cat. giess. n. 189. ...“ (Schaeffer 1800, S. 115f.); „Fungoides; ist der Gattungsname, welchen Dillen denen ästigen Arten des Keulschwamms, Micheli, Vaillant, Tornefort und Boerhaave einige Arten des Becherschwamms beylegen.“ (Gmelin 1773b, Sp. 149); „Fungóides, is. adj. pilzähnlich, im Wesen und Gestalt fast wie ein Pilz.“ (Frege 1808, S. 125); „Clavāria L. (Morchellinae). Von clava (Keule); die Fäden des Thallus haben an der Spitze eine keulenförmige Fructification“ (Wittstein 1852, S. 205)

„! Clavariadelphus sp.“ (Heklau/Dörfelt 2017, S. 62; s. Anm. 2 in Nr. 925)

172 „Agaricus quernus lamellatus, coriaceus albus. ...“ (Dillenius 1719, S. 191); „Agaricus quernus lamellatus coriaceus albus Dillen. Weisser Leber=förmiger Eich=Schwam̃ an alten faulen Eich=Bäum=Stecken.“ (Leopold 1728, S. 5); „5. Agaricum squamosum, album, coriaceum, superne glabrum, inferne lamellatum, lamellis cartilagineis. ...“ (Micheli 1729, S. 123); „Tab. IV. Agaricus villosus, lamellis sinuosis & invicem implexis. Dill. Cat. ... Describitur a Löselio non vescus XXXVIII.“ (Buxbaum 1740, S. 3); „CCL. Fungus non vescus XXVIII. Scheibenbüchsen=Schwam. ... wird zu den Scheibenbüchsen gebraucht.“ (Loesel 1703, S. 98); „XXX. AGARICVS; coriaceus, durus, sessilis, squamosus et multiplex, lamellis ramosis, sinuosis et sibi invicem implexis. Agaricus quernus lamellatus, coriaceus, albus. Dill. Cat. Giss. 191. ... Agaricus villosus lamellis sinuosis ... Bux. Cent. V. tab. 4. fig. 1. Agaricus squamosum, album coriaceum, ... Mich. N. Pl. G. 123. Germ. Ein schuppen-artig wachsender, vielfacher, glatter und Leder-hafter Baum-Schwamm, ...“ (Gleditsch 1753, S. 134); „Agaricum squamosum, album, coriaceum, superne glabrum, ... der lederhafte, glatte und schuppenartige Baumschwamm; ... Er spielt sehr viel in der Farbe, ...“ (Gmelin 1758, Sp. 138); „Agaricus quercinus ... Eichenschwamm, ungestielter Blätterschwamm, dessen Blätter wie ein Labyrinth in einander laufwn. s. Onomatol. hist. nat. I. Th. ... er ist Schäfers fünfzigste Art.“ (Gmelin 1772a, Sp. 166); „36) Eichen=Blätterschwamm. Agaricus quercinus. ... Agaricus acaulis, lamellis labyrinthiformibus. LINN. ... Sp. Pl. p. 1644. ... SCHAEFF, fung. t. 57. ... Agaricus coriaceus durus ... GLEDITSCH. fung. 134. n. 30. Agaricus villlosus; ... BUXB. Cent. 5. tab. 4. f. 1. ... Vonkhout. STEERB. [sic!] theatr. n. 128. p. 262. Agaricus quercinus lamellatus coriaceus villosus. DILL. giss. 191. ... Es wird dieser gegenwärtige Schwamm gröstentheils auf Eichenholz, oder Eichenbalken, und Eichensparren gefunden, ...“ (Linné 1786, S. 469); „Agaricus quernus lamellatus, coriaceus, villosus.“ (Dillenius 1719, S. 191); „Van het recht vonck-hout. ...“ (Sterbeeck 1675, S. 262); „nn) Agaricus quercinus. Deutsch. Der Eichenschwamm. ... Russ. Dubowyj trud. ...“ (Nemnich 1793a, Sp. 115); „L. AGARICVS QVERCINVS. Der Eichenschwamm, Rehling. Tom. I. Tab. LVII. ... Agaricus coriaceus ... Gled. fung. p. 134. n. XXX. Agaricus quernus lamellatus coriaceus villosus. Dill. cat. giess. p. 191. Agaricus villosus, Buxb. cent. n. t. 4. f. 1. ... Vonkhout. Sterb. theatr. fung. n. 128. p. 262. ... Man findet ihn an alten Holzstämmen ... und braucht ihn zum Zunder.“ (Schaeffer 1800, S. 25)

„? Trametus betulina (L.) PILÁT“ (Heklau/Dörfelt 2017, S. 62; s. Anm. 2 in Nr. 925)

173 s. Anm. 137 in Nr. 1018

174 „Agaricus lamellatus, pectunculi forma major, coloris murini. ...“ (Dillenius 1719, S. 192); „AGARICUM squamosum, arboribus adnascens, ...“ (Micheli 1729, S. 122); „Tab. VII. Fig. I. Agaricus imbricatus hirsutus, lamellis violaceis. ...“ (Buxbaum 1740, S. 4); „I. AGARICVS; sessilis, squamosus, lobatus et villosus; lamellis dissectis. Agaricus lamellatus, pectunculi forma, major. Dill. Cat. Giss. 192. Agaricum squamosum, arboribus adnascens, ... Mich. N. Pl. G. 122. Germ. Ein rauer, weisser, gestreiffter und Schuppen-artig wachsender Baum-Schwamm. ...“ (Gleditsch 1753, S. 134f.); „20. AGARICUS acaulis, squamosus, ... Gled. fung. 134. Agaricus lamellatus, ... Dill. Fl. Giss. 192. Agaricum squamosum, arboribus adnascens, ... Mich. Gen. 122. ...“ (Gérard 1761, S. 21); „[Agaricus] alneus, ... Erlenschwamm, ungestielter Blätterschwamm, ... er wächst auf Erlen.“ (Gmelin 1772a, Sp. 166); „38) Elern=Blätterschwamm. Agaricus alneus. ... Agaricus acaulis, lamellis bifidis pulverulentis. LINN. ... Sp. Pl. p. 1645. ... Agaricus sessilis squamosus ... GLEDITSCH. fung. 134. n. 3. Agaricus imbricatus hirsutus, ... BUXB. Cent. V. tab. 7. f. 1. Agaricus lamellatus ... Dill. giss. 192. Agaricus alneus. SCHAEFF. fung. t. 246? ...“ (Linné 1786, S. 470f.); „b) Agaricus alneus. Lin. Deutsch. Der Erlenschwamm, Ellernschwamm. ... Er wird, wie die übrigen Baumschwämme, in mehreren Sprachen, schlechtweg Schwamm genannt.“ (Nemnich 1793a, Sp. 102); „CXXIV. AGARICUS ALNEVS. Der Erlenschwamm. Tom. III. Tab. CCXLVI. ... Agaricus sessilis, squamosus .... Gled. fung. p. 134. ... Agaricus lamellatus, ... Dill. cat. giess. p. 192. Agaricus imbricatus, ... Buxb. cent. V. tab. 7. fig. 1. ... Agaricus squamosus, arboribus adnascens, ... Mich. nou. gen. pl. 122. n. 1. ... Man trift ihn auf vermoderten Erlen und andern Baumstöcken ... an.“ (Schaeffer 1800, S. 63f.); „SCHIZOPHYLLUM COMMUNE. ... AGARICUS alneus, ... Sp. Pl. 1645. – Schoeff. [sic!] Fung. t. 246. f. 1. AGARICUS acaulis, squamosus, ... Gled. Method. Fung. p. 134. – Gerard, Fl. Gallo-prov. n. 20. ... AGARICUS lamellatus, pectunculi forma, major, DILL. Cat. Giss. 192. AGARICUS squamosus, ... Mich. Gen. Pl. 122. ...“ (Greville 1824, Nr. 61); „Schizophȳllum FR. (Hymeninae). Zus. aus σχιζειν (spalten) und φυλλον (Blatt); die Lamellen des Huts sind der Länge nach zweitheilig.“ (Wittstein 1852, S. 794)

„? Schizophyllum commune FR.“ (Heklau/Dörfelt 2017, S. 63; s. Anm. 2 in Nr. 925)

175 „? Schizophyllum commune FR.“ (Heklau/Dörfelt 2017, S. 63; s. Anm. 2 in Nr. 925)

176 „??“ (Heklau/Dörfelt 2017, S. 63; s. Anm. 2 in Nr. 925)

177 „! Trametes betulina (L.) PILÁT“ (Heklau/Dörfelt 2017, S. 63; s. Anm. 2 in Nr. 925)

178 „! Piptoporus betulinus (BULL.: FR) P. KARST.“ (Heklau/Dörfelt 2017, S. 63; s. Anm. 2 in Nr. 925)

179 „! Trametes sp., ? Trametes versicolor (L.) PILÁT, ? Trametes ochracea (PERS.) GILB. & RYVARDEN“ (Heklau/Dörfelt 2017, S. 64; s. Anm. 2 in Nr. 925)

180 „[species 1] Agaricus sive Fungus Laricis C. B. Pin. 375. Agaricus Dod. Pempt. 486.“ (Tournefort 1700, S. 562, Genus V. „Agaricus. Agaric.“); „AGARICUM. ... Agaricus sive fungus Laricis, C. B. Pit. Tournef. ... teutsch, Lerchenschwamm. ... Es giebet seiner zweyerley Sorten: die eine, das Männlein genannt, ... wird gar nicht zur Artzney gebraucht. Die Färber brauchen sie zum schwartz färben. Die andre wird das Weiblein genennet ... und wird gebraucht ... Er purgiret und führet die schleimichten Feuchtigkeiten ... ab: hebt die Verstopfungen, treibt den Urin. ...“ (Lémery 1721, Sp. 22f.); „AGARICUM, sive Fungus Laricis (Tab. 61. fig. 1.) C. B. Pin. 375. I. R. H. 562. Agaricus Dod. Pempt. 486. ...“ (Micheli 1729, S. 119); „Der am Lerchenbaum wachsende Schwamm dient den Baschkiren, wegen des in Menge darinne enthaltenen Harzes zu einem Abführungsmittel. Sie heilen damit auch ihr Vieh, indem sie das Pulver des Schwammes auf äußerliche Wunden und Schäden streuen, wodurch ... auch die Insekten abgehalten werden, die Wunde mit ihrer Brut zu beschmeißen, ...“ (Lepechin 1775, S. 58); „BOLETUS Larycinus, seu Agaricus purgans officinarum. LINN. mat. med. 497. ... MICHEL. gen. plant. p. 119. Tab. 61. Fig. 1. ... Domestico medicamento etiamnum nostratibus inservit, pro emetico in ebribus intermittentibus et ad revellendum in fluore albos foeminarum. A Baschkiris et Sibiriae incolis

inspergitur pulvis ulceribus foedis equorum et boum, tanquam detergens et antiverminosum.“ (Pallas 1784, S. 3); „1270. Boletus laricis. ... Lärichenschwamm. ... Die frischen Schwämme sind gelblich, zähe, von widrigem Geruch, ... Ihre purgirende Kraft ist den Sibiriaken nicht unbekannt. Ausser dieser Anwendung benutzen sie ihn bey Reinigung der Kleider als Seiffe, weil er mit Wasser schäumt und es für Schmutz auflösend macht.“ (Falk 1786, S. 281); „Pinus Larix ... Lerchen=Fichte. Lerchenbaum. Lerche. ... Viele Bäume haben Lerchenschwämme (Agaricus officinalis), die als ein brechenwirkendes Hausmittel gebräuchlich sind ...“ (Georgi 1797–1802, Theil 3, S. 1313ff.); „8. BOLETUS laricinus Pall. Fl. Ross. T. 1. P. 1. p. 3. Agaricus albus Jacq. ... Lerchen=Löcherschwamm. Lerchenschwamm. Tung. Agutschan. R. Listwinaju Guba. ... Mit Waser lodert er, und macht es seifenhaft, so daß ihn einige Sibiriaken als Seife benutzen. Er hat purgirende Kräfte, und ist deswegen Hausmittel und auch officinell. Die Tungusen färben die weißen Pferdehaare für ihre Stickerey – mit einer Brühe aus Wurzeln des Galii mit Zusatz dieses Schwammes roth. ...“ (a. a. O., S. 1447f.); „An der Rinde alter [Lärchen-]Bäume entsteht aus den Fasern ein weißes und leichtes Gewächs ... nähmlich der sogenannte Lärchen=Schwamm, Agaricus albus Offic. ... Agaricum Fungus laricis C. B. ... Einige unterscheiden Männlein und Weiblein, ohne allen Grund. ... Wirklich besitzt er die ihm zugeschriebene purgirende Eigenschaft, wodurch sie [d. h. die Alten] Galle und Schleim auszuführen suchten. ... Die Alpen=Bewohner ... gebrauchen ihn ohne Unterschied fast in allen Krankheiten, im Breye mit Pfeffer vermischt. ...“ (Krünitz 1773–1858, Bd. 65, S. 32ff.); „358. 1. † POLYPORUS officinalis FRIES. Gebräuchlicher Löcherpilz. ... Synon. Boletus Laricis Linn. Bol. purgans Pers. Bol. officinalis Vill. Lärchenschwamm. ... Anwendung. Innerlich früher bei Würmern, Gelbsucht, Wassersucht und Schwindsucht, so wie gegen Kröpfe, ... äusserlich bei Blutungen und Geschwüren ... in der Thierarzneikunde als Purgirmittel. ...“ (Bischoff 1831, S. 499); „Lärchenschwamm, Blätterschwamm, lat. Agaricus officinalis, Boletus pinilaricis, Agaricum, Fungus laricis, ... zum Gebrauch in Apotheken wird er geschält, an der Sonne gebleicht, und ... zerschlagen, wodurch er weiß, leicht und zerreiblich wird, ... Man braucht den Lärchenschwamm bisweilen in den Schwarzfärbereien. Er ist ein heftiges Purgirmittel. ...“ (Courtin 1835, S. 468f.); „33. Boletus laricis L. s. Polyporus officinalis Fries (Fungi). Nach Lepechin gebrauchen die Baschkiren den auf dem Lärchenbaum wachsenden Lärchenschwamm ... als Abführmittel; ferner bestreuen sie die Wunden bei ihrem Vieh mit dem Pulver des Schwammes, ... Ferner hat Pallas gehört, ‚dass man sich dieses heftigen Mittels als einer Brecharzney in kalten Fiebern und zum Eröffnen bey einem langwierigen weissen Fluss unter dem Landvolk bedienen soll‘ ...“ (Henrici 1894, S. 47ff.)

„101 Agaricus Laricis ...“ (AAW R. I, Op. 19, D. 1, Bl. 38v, s. Anm. 1 in Nr. 1); „1 Agaricus sive Fungus Laricis imbricatus.“ (AAW R. I, Op. 105, D. 19, Bl. 1r, s. Anm. 55 in Nr. 18); „Agaricus siue fungus laricis CBP. ...“ (AAW R. I, Op. 104, D. 8, Bl. 1r, s. Anm. 18 in Nr. 452); „47. Agaricus sive Fungus Laricis C. B. P. ...“ (AAW R. I, Op. 105, D. 1, Bl. 3v, s. Anm. 29 in Nr. 5); „29. Agaricus sive Fungus Laricis C. B. P. ...“ (AAW R. I, Op. 105, D. 12, Bl. 3r, s. Anm. 54 in Nr. 17); „! Laricifomes officinalis (VILL.) KOTL. & POUZAR“ (Heklau/Dörfelt 2017, S. 64; s. Anm. 2 in Nr. 925)

181 „[species 2] Agaricus pedis Equini facie. Fungus in caudicibus nascens, unguis Equini figurâ C. B. Pin. 372. Fungi ignarii Trag. 943.“ (Tournefort 1700, S. 562, Genus V. „Agaricus. Agaric.“); „Bovista igniaria: Agaricus pedis equini figura Turn. 562. Fungus in caudicibs nascens ... C. B. 372 n. 3. ...“ (Dillenius 1719, S. 197); „Agaricus pedis equini facie Tournefortii. ... Ex hoc praeparatur fomes, qui germanis Zunder oder Schwamm dicitur.“ (Rupp 1726, S. 305); „AGARICUM igniarium, Agarici officinalis facie, sed non amarum, ... Agaricus pedis equini facie I. R. H. 562. Fungus in caudicibus nascens ... C. B. Pin. 372. ...“ (Micheli 1729 S. 118); „4. Agaricus pedis equini facie. TOURN. inst. 572. [sic!] ... Er wird sogar in der Lapländischen Oeconomie gebraucht (10). Sie verbrennen ihn bey ihren Wohnungen, wenn sie die Rennthiere füttern, um eine Art von Insekten zu vertreiben (11), welches ihnen unerträglich ist, und zugleich so vielen Schaden thut, daß der dritte oder vierte Theil der jungen Rennthiere daran sterben muß, ...“ (Schreber 1760, S. 338f.); „[Boletus] igniarius, ... Feuerschwamm, gepolsterter und glatter Löcherschwamm

ohne Strunk, ... aus diesem Schwamm ... macht man den Zunder, wann man ihn in eine Lauge von Harn und Asche einweicht, ... siehe Onomat. hist. nat. P. III. Vol. I. Agaricum igniarium." (Gmelin 1772, Sp. 147f.); „Agaricum igniarium, ... agaricus pedis equini facie, ... der weißgraue, halbrunde Baumbülz; man könnte ihn bey nahe am eigentlichsten den Birkenbülz nennen, ... Man pfleget manchmal diesen Bülz als Feuerschwamm zu verkauffen, ... in Franken wissen sie ihn, wie das weicheste Leder zu verarbeiten, ..." (Gmelin 1758, Sp. 136); „5) Feuerschwamm. Boletus igniarius. Boletus acaulis pulvinatus laevis, poris tenuissimis. LINN. ... Sp. Pl. p. 1645. ... SCHAEF. fung. tab. 106. 137. 138. ... Agaricus pedis equini facie. TOURNEF. Inst. R. H. p. 562. ... Agaricum igniarium. MICH. gen. 118. t. 61. Fungus in caudicibus nascens, ... C. BAUH. pin. p. 372. ... Dieser Löcherschwamm ist eben derjenige, der ... unter dem Namen des Schwammes, oder Zunder und Feuerschwammes bekannt ist, und von vielfachem Gebrauch, um Feuer anzuzünden, ist. Er stellt die Figur eines Pferdehufes vor, ... man kann auch Kleidungsstücke daraus verfertigen: ..." (Linné 1786, S. 475ff.); „e) Boletus fomentarius, f) igniarius. ... Deutsch. Der Zunderschwamm; der Feuerschwamm. ... Russ. Trut. Lett. Daglis. Ehstn. Torik; Teal. ... Man bereitet daraus den Feuerschwamm (Schwamm, Zunder, Pulverschwamm), ..." (Nemnich 1793a, Sp. 634); „4. BOLETUS igniarium ... Feuer=Löcherschwamm. Feuerschwamm. R. Frud [sic!] [russ. *trut* – Zunder, Feuerschwamm] Wiasowoi, ... An Birken, Ulmen und andern Bäumen Rußlands und Sibiriens." (Georgi 1797–1802, Theil 3, S. 1447); „CLVI. BOLETVS VNGVLATVS. Der Pferdehufbilz, Feuerschwamm, Zunderschwamm. Tom. II. Tab. CXVII. & CXVIII. ... Agaricus pedis equini facie Tourn inst. p. 562. Agaricum igniarium, Agarici officinalis facie, ... Mich. nou. gen. plant. pag 117. [sic!] Bouista igniaria. Dill. cat. giess. p. 197. Fungus in caudicibus nascens, ... C. Bauh. pin. p. 372. ... Man ... braucht ihn verschiedentlich zugerichtet zum Zunder und bey Wunden zum Blutstillen." (Schaeffer 1800, S. 88f.)

„34. Agaricus pedis equini facie I. R. H. ..." (AAW R. I, Op. 13, D. 42, Bl. 6v, s. Anm. 1 in Nr. 1); „Agaricus pedis equini facie Tourn. Salicibus et betulis adhaeret." (AAW R. I, Op. 104, D. 8, Bl. 1r, s. Anm. 18 in Nr. 452); „122. Agaricus pedis eqvini facie I. R. H ..." (AAW R. I, Op. 104, D. 17, Bl. 15r, s. Anm. 36 in Nr. 8); „49. Agaricus pedis equini, I. R. H. ..." (AAW R. I, Op. 105, D. 1, Bl. 3v, s. Anm. 29 in Nr. 5); „30. Agaricus pedis equini facie I. R. H. ..." (AAW R. I, Op. 105, D. 12, Bl. 3r, s. Anm. 54 in Nr. 17); „6. Agaricus pedis equini facie. I. R. H." (AAW R. I, Op. 13, D. 67, Bl. 5v, s. Anm. 5 in Nr. 4); „Agaricus pedis equini facie, rufus, ignarius, in Populis et Betulis (Tournefortii sp. 2), Sylv." (Messerschmidt 1962–1977, Bd. 4, S. 207, s. Anm. 1 in Nr. 1); „! Fomes fomentarius (L.) FR." (Heklau/Dörfelt 2017, S. 65; s. Anm. 2 in Nr. 925)

[182] „SALIX. ... teutsch, Weide" (Lémery 1721, Sp. 987f.)

[183] „POPULUS. ... teutsch, eine Pappel, ein Pappelbaum, ..." (Lémery 1721, Sp. 906ff.)

[184] „BETULA. ... teutsch, Bircke ..." (Lémery 1721, Sp. 162f.)

[185] „TILIA. ... teutsch, Linde, Lindenbaum, ..." (Lémery 1721, Sp. 1140f.)

[186] „ZUNDER, ... eine lockere, pulverige masse aus pflanzlichen stoffen, welche durch den am stein geschlagenen funken zum glimmen gebracht wird. seit alter zeit wird dieser zunder aus gewissen baumschwämmen, polyporus, siehe zundelschwamm, zunderschwamm durch kochen in lauge, dann auch aus verkohlter leinwand hergestellt. noch älter aber, und bis heute bei einfachen völkern üblich, ist dafür die verwendung von mulmigem holze, ..." (Grimm 1991, Bd. 32, Sp. 556ff.); „Biltz, Schwamm, Erdschwamm, ... Pültz, Lateinisch Fungus, ... 11) Die Feuer=Schwämme, oder Zunder=Schwämme, fungi ignarii genannt, mit welchen man Feuer anzündet, wenn sie dürre sind; sie wachsen an denen Buchen, Nuß= und andern Bäumen. Einige wissen gemeldete Schwämme wohl zu bereiten, daß sie gar bald Feuer fangen, kochen und sieden sie in Lauge, lassen sie trucknen, dann klopffen sie dieselbigen weich, und sieden sie alsobald noch einmal in Salpeter= Wasser, alsdenn werden sie desto geschickter, Feuer zu fangen. ..." (Zedler 1732–1750, Bd. 3, Sp. 1852ff.); „Boletus igniarius. Feuerschwamm. Ein Präparat aus dem Boletus igniarius LINN., einem durch ganz Europa an Eichen, Birken und andern Bäumen sehr häufig vorkommenden Schwamme. ... Polyporus igniarius FRIES. Synon. Boletus igniarius LINN. et auct. – Boletus

fulvus WILLD. Boletus ungulatus et obtusus PERS. ... Polyporus fomentarius FRIES. Synon. Boletus fomentarius LINN. ... Beide genannte Arten, [sind] unter dem Namen Feuer- Zünd- oder Wundschwamm bekannt, ... Der eigentliche Feuerschwamm ist jedoch die letztere der beiden genannten Arten, ... Diese letztere Art liefert den guten Wund- und Feuerschwamm; der aus der ersteren bereitete ist mehr langfaserig, härter und weniger brauchbar. ..." (Dulk 1839, S. 205f.); „[Boletus] fomentarius, ... Zunderschwamm, gepolsterter ungleich stumpfer Löcherschwamm ohne Strunk, ..." (Gmelin 1772, Sp. 147); „3. BOLETUS fomentarius ... Zunder=Löcherschwamm. ..." (Georgi 1797–1802, Theil 3, S. 1446); „Zunderschwamm, so v. w. Feuerschwamm." (Pierer 1857–1865, Bd. 19, S. 728); „Feuerschwamm, der rohe Baum= od. Buchenschwamm. Er wächst an den Eichen u. Buchen als Löcherschwamm (Boletus igniarius u. B. fomentarius L.); ... Man schneidet od. stößt den Schwamm von den Stämmen der Bäume ab, beseitigt Holz u. Rinde, schlägt ihn mit Holzschlägeln recht weich, kocht ihn in Ätzlauge, trocknet u. klopft ihn noch einmal. ... Der F. wird auch zum Blutstillen gebraucht" (a. a. O., 6. Bd., S. 245); mokschanisch säyam – Zunder (Ahlquist 1861, S. 171); ersanisch seje – Zunder, Feuerschwamm (Wiedemann 1865, S. 151); wotjakisch senki – Zunder, Feuerschwamm (Wiedemann 1851, S. 327); burjatisch ûla – Zunder (Castrén 1857, S. 224); wogulisch taplex bzw. taplak – Zunder (Ahlquist 1891, S. 57); georgisch abedi, armenisch apet, persisch pedeh – Feuerschwamm (Klaproth 1831, S. 113); syrjänisch biva-tšak – Feuerschwamm (Wiedemann 1880, S. 351); ostjakisch ċêget bzw. ċîget – Zunder (Castrén 1858, S. 125); tungusisch hula bzw. ula – Zunder (Castrén 1856, S. 135); tungusisch ûla bzw. ulo – Schwamm, Zunder (Castrén 1856, S. 76); samojedisch peamea, fuṇ, fe'e, kab, kappe, käp, puŧ, puc, puć, puŧet-par bzw. phê'mä – Zunder (Castrén 1855, S. 307); *Enisej*-ostjakisch bulba bzw. buołeba – Zunder (Castrén 1858a, S. 191); jakutisch кыа – Feuerschwamm (Middendorff 1851, S. 60)

187 „Hand=Schuh, Chirothecae, Manicae, Gants, sind ein Stück der Kleidung, welches über die Hände gezogen wird, selbige wieder des Wetters Ungemach, oder andere Beschädigungen dadurch zu beschützen. ..." (Zedler 1732–1750, Bd. 12, Sp. 446f.)

188 „? Sparassis crispa (WULFEN) FR." (Heklau/Dörfelt 2017, S. 67; s. Anm. 2 in Nr. 925)

189 „Peziza subfusca major. ..." (Dillenius 1719, S. 194); „* 4. FUNGOIDES FUSCUM ACETABULIFORMA, EXTERNE RAMIFICATUM, SIVE FUNGOIDES MAXIMUM, PYXIDATUM. ..." (Vaillant 1727, S. 57); „5. Fungoides purpureum, pediculo ramoso. ... addimus hic duas species sine pediculo, nondum descriptas. Prima est Fungoides fuscum maius; ..." (Buxbaum 1735, S. 283); „5. PEZIZA sordide alba acetabulo variabili. Fungoides fuscum majus BUXBAUM Act. Petropol. Tom. IV. p. 283. ... An Peziza subfusca major DILL. Cat. Gieß. p. 194. ... Fungoides fuscum acetabulis forma ... VAILL. p. 57. T. XIII. f. 1. ... Fungoides maximum vasis fusorii forma [MICHELI] p. 207. n. 7. T. 86. f. 1. ..." (Haller 1742, S. 19); „7. Fungoides maximum, vasis fusorii forma, subalbidum Tab. 86. fig. 1. ..." (Micheli 1729, S. 207); „VI. ELVELA; corpore hemisphaerico; excavato, exterius costis ramosis et sibi invicem implexis circumdata; basi brevissima. ... Fungorum maximum, ... Vaill. Bot. Paris. 57. no. 4. tab. 13. fig. 1. Fungoides fuscum, acetabuli forma, ... Mich. N. Pl. G. 205. no. 3. Germ. Ein harter brauner Schwamm, auf einem ganz kurzen Fusse, ..." (Gleditsch 1753, S. 42ff.); „3. Fungoides fuscum, acetabuli forma, externe ramificatum, sive Fungoides maximum, pyxidatum Bot. Paris. 57. num. 4. Tab. XIII. fig. 1. ..." (Micheli 1729, S. 205); „Peziza Acetabulum, ... Essigbecher, becherförmiger Becherschwamm, ... in seiner Farbe und Gestalt äusserst unterschieden, bald und zwar meistens braun, bald rusig, bald weißlicht, bald blutroth, bald rothgelb, bald gelb, bald grau, ... Er heißt ... bey Dillen vermuthlich: Peziza subfusca major." (Gmelin 1774, Sp. 924f.); „4) Fingerhuthförmiger Schüsselschwamm. Peziza acetabulum. ... Peziza cyathiformis, extus angulata, venis ramosis. LINN. ... Sp. Pl. p. 1650. ... Elvela corpore hemisphaerico, ... GLEDITSCH. fung. 42. Fungoides fuscum acetabuliforma: ... VAILL. paris. 57. tab. 13. f. 1. Fungoides fuscum majus. BUXB. act. 4. p. 283. tab. 29. f. 1. 2. Fungoides maximum vasis fusorii ... MICH. gen. 206. tab. 86. f. 1. ..." (Linné 1786, S. 515f.); „Faltenschwammähnlicher Schüsselpilz. Peziza Acetabulum. ... Dieser Becherschwamm hat ... keinen Geruch und einen fast morchelartigen Geschmack. ... Peziza Acetabulum.

LINNÉ spec. 1650. ...“ (Krombholz 1843, S. 27); „Pezīza DILL. (Hymeninae). Von πεζα, πεζις (Fuss), weil dieser Pilz meist gestielt ist; oder von πεσος (Fäulniss), weil er auf faulenden Stoffen wächst. ...“ (Wittstein 1852, S. 676)

„? Peziza sp.“ (Heklau/Dörfelt 2017, S. 67; s. Anm. 2 in Nr. 925)

190 „? Peziza sp.“ (Heklau/Dörfelt 2017, S. 67; s. Anm. 2 in Nr. 925)

191 „Peziza acetabuliformis, coccinei intus coloris. ...“ (Dillenius 1719, S. 194); „6. Fungoides pyxidatum, intus coccineum, externe album, pediculo prorsus albo Tab. 86. fig. 5. An Peziza acetabuliformis, coccinei intus coloris Dill. Cat. Giss. 194? ...“ (Micheli 1729, S. 205); „IX. ELVELA; hemisphaerica, excavato et sessilis, radice longa. ... g. Elvela; orbicularis, sessilis, excavata, intus coccinea, tota glabra. Peziza acetabuliformis, coccinei intus coloris. Dill. Cat. Giss. 194. Fungoides coccineum, acetabuli forma. Tourn. Inst. 561. ... Parva concha marina, colore coccineo. Sterb. Theat. 242. tab. 26. D. Germ. Ein runder ausgehohlter Scharlach-farbner und glatter Baum-Schwamm, sonder Stiel. ...“ (Gleditsch 1753, S. 46ff.); „[species 6] Fungoides coccineum, Acetabuli formâ. Fungus membranaceus seu coriaceus, Acetabuli modo concavus, colore intus coccineo, seu cremesimo saturo D. Dale Raii Synops. 19.“ (Tournefort 1700, S. 561, Genus III. „Fungoides.“); „... Dese tweede is de Carmosijne cleyne zee schelp ghenaemt, in’t Latijn, Parva concha marina colore coccinea: ...“ (Sterbeeck 1675, S. 242); „[Peziza] acetabuliformis coccinei intus coloris, hierunter versteht er [d. h. Dillenius] eine andere [Abänderung der neunten Art der Elvela nach Gleditsch], welche plattrund, ganz glatt, und innwendig scharlachroth ist.“ (Gmelin 1774, Sp. 927); „CCX. ELVELA COCCINEA. Der hochrothe Faltenschwamm. Tom. II. Tab. CXLVIII. ... Eluela orbicularis, sessilis, ... Gled. fung. p. 49. n. IX. var. g. ... Peziza acetabuliformis, ... Dill. cat. giess. p. 194. ... Fungoides coccineum, ... Tourn. inst. p. 561. ... Parua concha marina, ... Sterb. theatr. fung p. 242. tab. 26. D. ... wächst in feuchten Wäldern an faulen Baumstöcken, auch in thonigtem Erdreich, an den Fußsteigen und neben den Wegen ...“ (Schaeffer 1800, S. 100); „384. PEZIZA AURANTIA Oeder. POMERANZENFARB. KELCHSCHWAMM. ... Peziza aurantia Oeder in Flora Danica t. 657. t. 2. ... Elvella g. Gleditsch Methodus fungorum p. 49. ... Dieser Pilz ist vermöge seiner lebendigen Färbung sehr in die Augen fallend; ...“ (Dietrich 1838b, Nr. 384); „6190. [Peziza] aurantia Oed. Fl. dan. T. 657 F. 2. ... P. acetabuliformis, coccinei intus coloris Dill. cat. giess. 194. ... Concha marina parva, colore coccineo Sterb. theat. 242 T. 26. ...“ (Streinz 1862, S. 414); „Elvela, s. Helvella.“ (Dietrich 1803, S. 748); „Helvella. L. Glattschwamm, Faltenschwamm, ...“ (Dietrich 1804, S. 592f.); „Helvēlla L. (Morchellinae). Dimin. von helvus (gelbröthlich), in Bezug auf die Farbe des Pilzhutes. Auch kann das Wort als das Dimin. vom altlateinischen helus (olus: Küchenkraut, Gemüse etc.) betrachtet werden, u. bezeichnet dann die Benützung diess Pilzes als Nahrungsmittel.“ (Wittstein 1852, S. 428)

„! Sarcoscypha coccinea (SCOP.) LAMBOTTE agg., ? Sarcoscypha austriaca (BECK ex SACC.) BOUD.“ (Heklau/Dörfelt 2017, S. 67; s. Anm. 2 in Nr. 925)

192 „Peziza acetabuliformis subfusca. ...“ (Dillenius 1719, S. 194); „CCLIX. Fungus non vescus XXXVII. Fungus lignosus pediculo longiore. Holtz=ächtiger Schwam mit einem langem Stiel. ...“ (Loesel 1703, S. 98); „* 12. Peziza acetabuliformis subfusca C. Giss. 194. ...“ (Ray 1724, S. 19); „2. Fungoides infundibli forma, griseum, externe costis, ...“ (Micheli 1729, S. 205); „22. PEZIZA petiolo rugoso acetabulo hemisphaerico. An Fungus non vescus XXXVII. LOESEL. p. 98. ... An Fungoides infundibiliforme, griseum, externe costis ... MICHEL. p. 205. n. 2. ... An Peziza acetabuliformis subfusca DILLEN. Cat. Giess. p. 194. Syn. III. p. 19. n. 12. ...“ (Haller 1742, S. 22); „[Peziza] acetabuliformis subfusca, so nennt Dillen vermuthlich Hallers zwey und zwanzigste Art des Becherschwamms.“ (Gmelin 1774, Sp. 927f.); „[Peziza] petiolo rugoso, acetabulo hemisphaerico, ist Hallers zwey und zwanzigste Art [des Becherschwamms], und scheint eine Spielart des Essigbechers [s. Nr. 1050] mit halbkugelrunden Kelchen zu seyn.“ (a. a. O., Sp. 933)

„1. Peziza acetabuliformis subfuscus C. G. 194. ...“ (AAW R. I, Op. 13, D. 67, Bl. 6r, s. Anm. 5 in Nr. 4); „? Peziza sp.“ (Heklau/Dörfelt 2017, S. 68; s. Anm. 2 in Nr. 925)

193 „27. Viola lutea. Smith fl. brit. 1. p. 248. Gelbes Veilchen. ... In den Gärten ist diese Art als eine gelbe Spielart der V. tricolor bekannt.“ (Dietrich 1810, S. 489)

194 „[species 5] Fungoides coccineum, oris pilosis, Acetabuli formâ. Fungus arboreus, Acetabuli more cavus, coccineus, marginibus pilosis D. Sherard Raii Synops. 19.“ (Tournefort 1700, S. 561, Genus III. „Fungoides.“); „Peziza acetabuliformis coccinea, marginibus pilosis: Fungoides coccineum, oris pilosis, acetabuli forma Turn. 561. Fungus arboreus acetabuli modo cavus, coccineus, marginibus pilosis. Sher. apud Raj. Suppl. p. 24. ...“ (Dillenius 1719, S. 195); „12. Fungoides coccineum, oris pilosis, acetabuli forma Inst. R. H. 561. Peziza acetabuliformis, ... Dill. Cat. Giss. 195. & Raii Synops. ed. 3. 19. num. 14. Fungus arboreus, acecabuli [sic!] modo cavus, coccineus, marginibus pilosis D. Sherard. Raii Synops. ed. 2. 19. num. 41. ...“ (Micheli 1729, S. 206); „41. Fungus arboreus acetabulis more cavus, coccineus, marginibus pilosis D. Sherard. ...“ (Ray 1696, S. 19); „14. Peziza acetabuliformis coccinea marginibus pilosis C. Giss. 195. Fungus arboreus acetabulis modo cavus, coccineus, marginibus pilosis D. Sherard Syn. II. 19. 41. ...“ (Ray 1724, S. 19); „IX. ELVELA; hemisphaerica, excavato et sessilis, radice longa. ... f. Elvela; orbicularis, excavata, coccinea et sessilis, margine piloso. Peziza acetabuliformis, coccinea, ... Dill. Cat. Giss. 195. Fungoides coccineum, oris pilosis, ... Tourn. Inst. 561, ... Germ. Ein runder ausgehohlter Scharlach-farbner Baum-Schwamm, sonder Stiel, mit einem haarichten Rande. ...“ (Gleditsch 1753, S. 46ff.); „Fungus arboreus acetabulis more cavus coccineus marginibus pilosis, hierunter versteht Sherard eine scharlachrothe und an dem Rande harige Abart des Essigbechers [s. Nr. 1050]“ (Gmelin 1773b, Sp. 161); „[Fungoides] coccineum oris pilosis acetabuli forma, hierunter scheint Tournefort eine scharlachrothe und an dem Rande harige Abart des Essigbechers [s. Nr. 1050] zu verstehen.“ (a. a. O., Sp. 150); „Schildförmiger Achtsaame. Schildförmiger Achtsaame, mit etwa glatt und eingebogenen haarigen Rand. LINN. Sp. pl. 1651. ... Abänderung β. Peziza acetabulis coccinea, marginibus pilosis. DILL. Giss. 195. ... Eluela orbicularis excauata coccinea et sessilis, margine piloso. GLED. Meth. Fung. p. 84 [sic!] Fungoides coccineum, acetabuli forma. TOURN. inst. 561. ...“ (Hedwig 1789, S. 12ff.); „[Becherschwamm] weißer, halbkugelrunder weißer hohler und schildförmiger Herbstschwamm ohne Stiel mit einer langen Wurzel. ... Von diesem Schwamm führt Gleditsch noch fünf Spielarten an, ... Die vierte, ... hat keinen Stiel, ... eine Scharlachfarbe, und am Rande eine Einfassung von Haaren u). ... |: u) Elvela orbicularis excavato ... Gleditsch meth. fung. p. 48. n. IX. f. Fungoides coccineum, ... Tournefort inst. herb. p. 651. ... Peziza acetabuliformis coccinea, ... Dillenius Catal. plant. Giess. p. 185. ... :|“ (Martini 1786, S. 533ff.); „7) Schildförmiger Becherschwamm. Peziza scutellata. ... Peziza plana: margine convexo-pilosos. LINN. ... Sp. Pl. p. 1651. ... HUDSON. Fl. Angl. T. II. p. 637. ... SCHAEFF. fung. tab. 284. ... Er ist von Farbe größtentheils scharlachroth, kommt auch zuweilen ganz weiß vor, ...“ (Linné 1786, S. 518f.); „[Peziza] scutellata. 14. PEZIZA plana, margine convexo piloso. ... Elvela ciliata. ... Schoeff. [sic!] fung. 284. Anglis, ciliated Peziza.“ (Hudson 1798, S. 637); „CCXL. ELVELA CILIATA. Der hochrothe haarige schaalenförmiger Faltenschwamm. Tom. II. Tab. CCLXXXIV. ...“ (Schaeffer 1800, S. 112f.); „M[idland] F[lora] 1036. PEZIZA SCUTELLATA. ADD. SYN. Peziza scutellata. Linn. Sp. Pl. 1651. ... Elvela ciliata. Schoeff. [sic!] t. 284. ...“ (Purton 1821, S. 459f.); „[Peziza] scutellata ... schildförmiger flacher Becherschwamm, mit gewölbtem und harigem Rande; ... Er ist meistens hochgelb, zuweilen auch menningroth oder schneeweiß, ...“ (Gmelin 1774, Sp. 925f.)

„52. Peziza acetabuliformis coccinea, marginibus pilosis C. G. ...“ (AAW R. I, Op. 105, D. 1, Bl. 4r, s. Anm. 29 in Nr. 5); „2. Peziza acetabuliformis coccinea, marginibus pilosis C. G.“ (AAW R. I, Op. 13, D. 67, Bl. 6r, s. Anm. 5 in Nr. 4); „? Scutellinia sp.“ (Heklau/Dörfelt 2017, S. 68; s. Anm. 2 in Nr. 925); s. Nr. 1052

195 „?? Scutellinia sp.“ (Heklau/Dörfelt 2017, S. 68; s. Anm. 2 in Nr. 925)

196 s. Anm. 141 in Nr. 1020

197 „? Helotium s. l., ! Helotiaceae“ (Heklau/Dörfelt 2017, S. 68; s. Anm. 2 in Nr. 925)

198 „! Poronia punctata (L.) FR.“ (Heklau/Dörfelt 2017, S. 69; s. Anm. 2 in Nr. 925)

199 vermutlich „[species 5] Lycoperdon minus & multiplex, sphaericum.“ (Tournefort 1700, S. 563, Genus VI. „Lycoperdon. Vesse de Loup.“); „Bovista offic. Panc. Fungus pulverulentus, Crepitus lupi dictus J. B. 3. L. 40. C. 74. rotundus orbicularis C. B. 374. n. 42. ...“ (Dillenius 1719, S. 196);

„8. LYCOPERDON MINUS ET MULTIPLEX, SPHAERICUM. J. R. H. 563." (Vaillant 1727, S. 122); „[Lycoperdon] minus & multiplex sphaericum, hierunter versteht er [d. h. Tournefort] eine kleine, vielfache und kugelrunde Abart desselbigen [d. h. des Bovists]." (Gmelin 1773a, Sp. 868); „Lycoperdon Bovista, Bovist, rundlichter Staubschwamm, ... gemeiner Kugelschwamm; ... man findet ihn häufig und unter einer ungeheuren Menge von Abänderungen ... In Padua genießt man diesen Schwamm, wann er noch jung ist, ... die Viehärzte gebrauchen ihn bey Kälbern, ... um die Ruhr zu verhüten; ... so wie seine äusere Haut zu Handschuhleder zubereitet wird: ..." (a. a. O., Sp. 858f.); „Bovista, ist der Beyname, den Linné dem Bovist gibt, der Name, den er bey denen Wundärzten führt, und der Gattungsname, welchen Dillenius dem Kugelschwamm beylegt." (Gmelin 1772, Sp. 176); „[Lycoperdon] Bovista. 1054. LYCOPERDON subrotundum: lacerato-dehiscens. Sp. 1053. n. 3. ... Lycoperdon vulgare. Tourn. inst. 563. ... Fungus rotundus orbicularis. Bauh. pin. 374. ... Fungus pulverulentus, dictus Crepitus lupi. Bauh. hist. 3. p. 848. ... β. Fungus maximum rotundus pulverulentus, dictus germanis Bofist. Bauh. hist. 3. p. 848. ... ε. Lycoperdon minus & multiplex sphaericum Tourn. inst. 563. ... ζ, Lycoperdon minus & multiplex ovatum. Tourn. inst. 563. [Nr. 1059] ... Pharm. BOVISTA s. CREPITUS LUPI. ..." (Gorter 1781, S. 330f.); „[species 3] Lycoperdon vulgare. Fungus rotundus, orbicularis C. B. Pin. 374. Fungus orbicularis Dod. descript. Pempt. 484. Fungus pulverulentus, dictus Crepitus Lupi J. B. 3. 848." (Tournefort 1700, S. 563, Genus VI. „Lycoperdon. Vesse de Loup."); „4) Bovist. Lycoperdon Bovista. ... Lycoperdon subrotundum: lacerato-dehiscens. LINN. ... Sp. Pl. p. 1653. ... GORT. belg. 2. p. 330. ... Lycoperdon vulgare. TOURNEF. Inst. R. H. p. 563. ... Bovista officinarum. DILL. giss. Fungus maximus rotundus pulverulentus, dictus germanis Bofist. I. BAUH. hist. 3. p. 848. ... Es ist dieser Schwamm im Deutschen unter dem Namen Bovist sehr bekannt: ... Der Bovist ... ist nicht selten so groß als ein Menschenkopf und größer. ... Die Alten haben dieses Pulver [des Bovists] nicht allein als ein blutstillendes Mittel gebraucht, sondern auch den ganzen Bovist auf die Wunde gelegt. ..." (Linné 1786, S. 540ff.); „LYCOPERDON. ... Lycoperdon. Tournef. Micheli. Vaill. Bovista. Dillen. Deutsch. Der Staubschwamm; Kugelschwamm. ... a) Lycoperdum bovista. Fungus pulverulentus; Lycoperdon vulgare; Fungus vesicarius; bovista officinarum; Crepitus lupi; Ovum lupinum; Fungus orbicularis; Lycoperdum polymorphum. Deutsch. Der Bovist, Bofist; Der gemeine Kugelschwamm; Fist, Bubenfist, Weiberfist, Puffist, Pfafist, Blindfist, Wolfsfist, Hundsfist, Gagenfist, Krafist, Bofuss, Stoibenfist, Stauber, Stieber, Staubschwamm, Tauber Schwamm, Goldschwamm, Giftschwamm, Trudenbeutel, Rabeney; Wolfsfurz (nach dem Griechischen Lykoperdon). ... Lett. Buhpode. ... er ist nicht essbar; jedoch sollen die jungen Staubschwämme in Italien gegessen, und ihr Geschmack für edel gehalten werden; ... Der Name Bofist &c. scheint zusammengesetzt zu seyn aus Buffen (Tumere, Frz. Bouffir) und aus Fist, welches ein sachter Wind ist." (Nemnich 1794, Sp. 471f.); „Kugelschwamm. Lycoperdon. ... Nach der Linneischen Bestimmung ist der Kugelschwamm, ein fast kugelrunder Schwamm, der mit einem feinen Saamenstaube angefüllt ist. ..." (Linné 1786, S. 532); „Lycoperdum, Lycoperdon, Staubschwamm; Kugelschwamm, ... bey den meisten ... neuern Schriftstellern aber ist es eine rundlichte Gattung Schwämme, welche mit mehlartigen Samen angefüllt ist; ..." (Gmelin 1773a, Sp. 853f.); wotjakisch gudĭri-puz – Lycoperdon bovista (Munkácsi 1896, S. 595); mokschanisch pis-pańga – Bovist (Ahlquist 1861, S. 168); ersanisch babań poznamo – Bovist (Wiedemann 1865, S. 210); syrjänisch jengyš bzw. pon-puš – Lycoperdon, Lycoperdon bovista, Bovist, Staubpilz (Wiedemann 1880, S. 76 bzw. S. 243); „Lycopērdon L. (Lycoperdaceae). Zus. aus λυκος (Wolf) und περδειν (furzen), also wörtlich: Wolffurz oder soviel als Wolfsdreck, und das Unansehnliche, Untaugliche, Schädliche, und somit die Verachtung dieses Gewächses zu bezeichnen. Die Alten glaubten sogar, aus den Excrementen des Wolfs entstünde dieser Pilz." (Wittstein 1852, S. 542)

lat. „Lycoperdum", russ. пороховиꞌкꞋ [russ. *porochovik*]", katschinsk. „Tóosun.", mator. „Mod. Mérgenmö", kotowz. „Tuó-poldschóje.", tschatzk. „Kulágusgür." (J. G. Gmelin in: AAW F. 21, Op. 5, D. 73, Bll. 296v/297r); „1. Lycoperdon vulgare. Inst. r. h. 563." (AAW R. I, Op. 13, D. 16, Bl. 34r, s. Anm. 32 in Nr. 6); „31. Lycoperdon vulgare I. R. H. ..." (AAW R. I, Op. 13, D. 42,

Bl. 6r, s. Anm. 1 in Nr. 1); „? Lycoperdon pratense PERS.: PERS." (Heklau/Dörfelt 2017, S. 69; s. Anm. 2 in Nr. 925); s. Nr. 1059 und Nr. 1061

200 „[species 6] Lycoperdon minus & multiplex, ovatum." (Tournefort 1700, S. 563, Genus VI. „Lycoperdon. Vesse de Loup."); „9. LYCOPERDON MINUS ET MULTIPLEX, OVATUM. J. R. H. 563." (Vaillant 1727, S. 122); „[Lycoperdon] minus & multiplex ovatum, bedeutet bey ihm [d. h. Tournefort] eine andere kleine, vielfache und eyrunde Spielart desselbigen [d. h. des Bovists]." (Gmelin 1773a, Sp. 868)

„? Disciseda bovista (KLOTZSCH) HENN." (Heklau/Dörfelt 2017, S. 69; s. Anm. 2 in Nr. 925); s. Nr. 1058 und Nr. 1061

201 „[species 11] Lycoperdon Pyriforme, album, asperum. Fungus lupinus, Pyriformis, albus, scaber Bocc. Mus. Part. 1. Tab. 301. fig. 8." (Tournefort 1700, S. 563, Genus VI. „Lycoperdon. Vesse de Loup."); die Abbildung „8. F. lup. pyriform. alb. scaber." auf Tafel 301 (Boccone 1697, nach S. 304); „[Lycoperdon] pyriforme album asperum, so nennt Tournefort eine birnförmige, weisse und rauhe Abart des Bovists." (Gmelin 1773a, Sp. 870); „[Fungus] lupinus pyriformis albus scaber, bedeutet bey ihm [d. h. Boccone] Tourneforts eilfte Art des Kugelschwamms." (Gmelin 1773b, Sp. 187)

„Lycoperdon pyriforme. ... An Lycoperdon pyriforme levcophaeum Tourn?" (AAW R. I, Op. 104, D. 10, Bl. 12r, s. Anm. 105 in Nr. 1001); „30. Lycoperdon pyriforme, album, asperum I. R. H. ..." (AAW R. I, Op. 13, D. 42, Bl. 6v, s. Anm. 1 in Nr. 1); „25. Lycoperdon pyriforme, album, asperum J. B. ..." (AAW R. I, Op. 105, D. 12, Bl. 2v, s. Anm. 54 in Nr. 17); „? Lycoperdon sp." (Heklau/Dörfelt 2017, S. 70; s. Anm. 2 in Nr. 925); s. Nr. 1058

202 „? Reticularia lycoperdon BULL." (Heklau/Dörfelt 2017, S. 70; s. Anm. 2 in Nr. 925); s. Nr. 1058 und Nr. 1059

203 „PULVIS STERNUTATORIUS, Niesepulver oder Schnupftobak, Schnubtobak; ... PULVIS STERNUTATORIUS HISPANICUS, Spanischer Schnupftobak, oder Spanniol, ..." (Ernsting 1770, S. 1089);"... Vocatur hic Pulvis sternutatorius a Patria, ubi primum confectus fuit, Hispanicus, vulgò Spaniol, ... Die Spanier machen ihn auf eine andere Art ... allwo sie einen guten Brasilianischen Taback nehmen, ... Diesen also wohl getrocknet, thun sie in zwey von klarer Leinenwand gefertigte Säckgen, welche ein eigener Mann ... starck zusammen rütteln und stossen muß, daß ein solches zartes Pulver, unter der Gestalt eines Rauchs, durch das dünne Tuch heraus flieget, welches ... zum Gebrauch verwahret wird. Dieses Pulver ist so zarte als immermehr ein Staub= Meel seyn kann, und wird von seinem Vaterlande, wo es zubereitet wird, Spaniol genennet, ..." (Schmieder 1717, S. 21)

204 „! Battarrea phalloides (DICKS.) PERS." (Heklau/Dörfelt 2017, S. 70; s. Anm. 2 in Nr. 925)

205 in der 2. Textversion (s. Anm. 1 in A.): „sternutatorio"

206 „... boletoïdes, die pl., zweite Abtheil. der ersten Classe der Schwämme, nach Persoon, welche sich durch den unten aus regelmäßigen od. unregelmäßigen Röhren od. Löchern bestehenden Hut charakterisirt, u. die Gattungen boletus u. polypŏrus begreift; ..." (Lexikon 1837, S. 571)

„8. Boletoides coriaceum cinereum triplici pediculo unum pileolum sustinente Fl. Irc. n°. 1063" mit der rechts marginalen Anm. „Ic. St." (AAW R. I, Op. 13, D. 67, Bl. 5r, s. Anm. 5 in Nr. 4); „??" (Heklau/Dörfelt 2017, S. 71; s. Anm. 2 in Nr. 925)

207 „9. Boletoides minimum coriaceum cinereum umbilicatum. E folys Pini Fl. Irc. n°. 1064." (AAW R. I, Op. 13, D. 67, Bl. 5r, s. Anm. 5 in Nr. 4); „! Coltricia perennis (L.) MURRILL" (Heklau/Dörfelt 2017, S. 71; s. Anm. 2 in Nr. 925)

208 „10. Fungus orbicularis niger, petraeus lamellis carens Fl. Irc. 1065" (AAW R. I, Op. 13, D. 67, Bl. 5r, s. Anm. 5 in Nr. 4); „?? Umbilicaria sp." (Heklau/Dörfelt 2017, S. 71; s. Anm. 2 in Nr. 925)

209 „[species 8] Spongia ramosa, frutescens Bocc. Mus. Part. 1. Tab. 116. pag. 289." (Tournefort 1700, S. 576, Genus IX. „Spongia. Eponge."); „Spongia marina frutescens. ..." und die Abbildung „Spongia marina frutescens." auf Tafel 116 (Boccone 1697, S. 289); „SPONGIA. ... Fungus marinus. ... teutsch, Schwamm, Seeschwamm, Meerschwamm. ... Die Naturforscher haben die

Schwämme unter die Zahl der Zoophytorum, der Thierpflantzen ... gestellet. ... Die Schwämme sind gut, die saltzigen Feuchtigkeiten in den Wunden oder Schäden aufzuschlucken, wie auch den Schleim dererselbigen zu verzehren und sie zu reinigen, ... Spongia kommt vom griechischen σπόγγος, das bedeutet eben soviel. ...“ (Lémery 1721, Sp. 1074f.); „Die Seeschwämme (Spongias marinas) überhaupt, brauchen sie, ... um gepulvert in die Geschwüre zu streuen und selbige damit auszutrocknen; auch nicht ohne Nutzen, weil selbige wegen der bey sich habenden Salztheile kein faules und wildes Fleisch wachsen lassen. ...“ (Steller 1768, S. 174); „Spongia baicalensis Pall. Reise 3ter Theil R. Morskaja Guba. In einigen sandigen Busen und Uferstellen, oft auf 2. Klaftern Tiefe. ... Der einzige Gebrauch desselben ist, daß man metallenes Geräthe, besonders die Rahmen der heiligen Bilder mit dem Schwamm poliret, und gleichsam abschleift.“ (Georgi 1775, S. 193); „... nämlich einen vortreflich zarten, im See wachsenden Schwamm (Spongia baikalensis Anh. N. 59 [sic!]) der von allen bisher bekanten Arten unterschieden und von ansehnlicher Grösse ist. Er wird unter dem Nahmen Morskaja Guba (Seeschwamm) gelegentlich aufgesammlet, und in Irkuzk von Silberschmieden zur Reinigung und gröbern Politur an Kupfer, Meßing und Silbergeschirr gebraucht.“ (Pallas 1776, S. 100f.); „58. SPONGIA baicalensis. ... Prouenit copiose in rupibus Baikalis lacus in profunditate plurium orgyarum.“ (a. a. O., S. 710); „1. Veluspa polymorpha Mcl. ... 11. Var. baicalensis (Spongia baicalensis der Autoren). Eine der Veluspa sehr nahe stehende Form ist die interessante Spongia Baikalensis ... Der Baikalschwamm, der in beträchtlichen Tiefen im Baikal vorkommt, erreicht die Länge von 1 Fuss und mehr und ist sehr verschieden gestaltet. ... Die äusserst nahe Beziehung des Baikalsüsswasserschwammes zu den Schwämmen des nördlichen Stillen Oceans scheint mir von Interesse zu sein, ...“ (*Miklucho-Maklaj* 1870, S. 4ff.); „Die ersten Nachrichten über das Vorkommen von Schwämmen im Baikalsee finden wir bei Pallas[2]). ... 2) Ich unterscheide unter den Baikal-Schwämmen vier Arten und eine Anzahl an Varietäten. 3) Alle vier Arten fasse ich in eine Gattung zusammen, welche als eine neue anzusehen ist. Diese Gattung will ich zu Ehren eines unserer eifrigsten Warschauer Naturforscher, des Fürsten Wladislaw Lubomirski, ‚Lubomirskia‘ nennen. 4) Die Lubomirskia-Arten sind: a) L. baicalensis Pallas sp. b) L. bacillifera n. sp. c) L. papyracea n. sp. und d) L. intermedia n. sp., ... 1) LUBOMIRSKIA BAIKALENSIS, Pallas sp. ... 1771. Spongia baicalensis Pallas, ... 1773 Georgi, ... 1871. Veluspa polymorpha Var. baicalensis Miklucho-Maclay, ... Miklucho-Maclay ... hat unter den Halichondrien des nördlichen stillen Oceans und des Eismeere eine Schwamm-Gattung wegen der Mannichfaltigkeit der Formen besonders hervorgehoben; er bezeichnet diese Gattung mit dem neuen Namen Veluspa und fügt, wegen der schon erwähnten Mannichfaltigkeit der Formen, den Beinamen (Speciesnamen) polymorpha hinzu. ...“ (Dybowski 1880, S. 6ff.); „Auch die Baikal-Schwämme besitzen ... ungleich grössere Ähnlichkeit mit den Meeres- als mit den Süsswasser-Formen. Unter diesen Schwämmen hat Lubomirskia baicalensis W. Dyb. (Spongia baicalensis Pallas) eine besondere Bedeutung ... erlangt, durch den Nachweis nämlich, dass dieselbe Form, welche das Süsswasser jenes Alpensees bewohnt, auch im Meere heimisch ist, ... Lubomirskia baicalensis ist somit der einzige bisher bekannte Schwamm, welcher ebensogut im süssen Wasser wie im salzigen gedeiht, ohne die geringste Abweichung in seinem Habitus zu erleiden. ...“ (Credner 1887, S. 59f.); Spongia fluviatilis – russ. *bodjaga* (*Annenkov* 1858, S. 90, Nr. 1067)

russ. *morskaja guba* – Spongia (AAW F. 21, Op. 5, D. 73, Bl. 271v); „3 Spongia ramosa maxima ...“ (AAW R. I, Op. 105, D. 19, Bl. 1r, s. Anm. 55 in Nr. 18); „2. Spongia ramosa albicans, ramis crassioribus ex lacu Baykal in Siberia.“ (AAW R. III, Op. 1, D. 162, Bl. 11r, s. Anm. 54 in Nr. 17); „CXLIII. Spongia ramosa maxima. ...“ (AAW R. I, Op. 105, D. 8^{a}, Bl. 57r, s. Anm. 46 in Nr. 79); „4“ d. 23 [Martius 1724]“ Spongia frutescens ramosa ceratoïdes, Baÿkul-Lacus. (i)„ “ (AAW F. 98, Op. 1, D. 23, Bl. 2r, s. Anm. 49 in Nr. 653); „N°. 1, d. 23 [Martius 1724]„ Spongia frutescens ramosa, ceratoides, Baykul lacus. (½)“ (a. a. O., Bl. 24r); „17. März 1724 ... Item einige specimina eines gewissen Spongi ceratoides fruticantis, wie ich selbige ad interim genennet, so am Ufer des Baikal-lacus en abondance sollte zu finden ...“ (Messerschmidt 1962–1977, Bd. 2, S. 230f.); „! Lubomirskia baicalensis (PALLAS 1766).“ (Heklau/Dörfelt 2017, S. 72; s. Anm. 2 in Nr. 925); „Spongia ramosa lacus Baikal praeter id, quod priori anno monui hoc

peculiare habet non contemnendum sed certissimi effectus quod suffusiones et sugillationes citior ac certior tollat et discutiat quam nostra omnia in officinis remedia; Spongia Scilicet in minutissimum pulverem teritur, pulvis hic linteolo inspergitur locusq) suffusus leniter fricatur post aliquot momenta pars affecta insigniter rubere et abhinc album nativumq) colorem inducere solet nullo remanente vestigio nec macula flava; ratio effectus pure mechanica et in propatulo est, Scabitrie scilicet sua et motu intra poros excitato sanguinem stagnantem resolvit, quod rubor innuit et quo ostiola venarum rursus petat, eundem cogit. Licet averitate jam non alienum pumicem similia perficere posse, mihi tamen alius usus praecipuus succurrit, licet tentandi nondum tot heterogeneis laboribus distracto occasio arriserit, scilicet in Erysipelate, ubi forsan pulvis hic pari modo applicatus non minoris efficaciae esset, quam magisterium Zinci, quod me hucusq) nunquam fefellit. Alij dispiciant et experiantur, num mea musa desipiat, hoc vero notandum remedium non valere si vulnus una praesto sit, et circa oculos caule procedendum ne ipsos oculos inflammet, ultimo non sine ardore pruriente et seorsu molesto quodam hanc frictionem administrari ut audio, pulvis hic ubiq) Moskuae in tabernis huic usuj destinatis venalis prostat, e Spongia fluviatili Moskwae, Occae, Kamae et Wolgae fluvij aurifices variiq) insuper opifices ad polienda vasa et ad abstergendum a ferreis rebus erocum seu aeruginem improbie adhibere solent. Haec Spongia Lacus Baikal non est seminiferae, ut ea, q[ua] in fluvijs habetur et priori anno transmissa Russis audit Bodiaga Бодяга [russ. *bodjaga*].“ (AAW R. I, Op. 13, D. 56, Bll. 4r–4v, s. Anm. 48 in Nr. 1094); „1. Spongia ramosa. C. B. P. 2. Spongia ramosa albicans, ramis crassioribus ex lacu Baykal in Siberia. ...“ (AAW R. III, Op. 1, D. 162, Bl. 11r, s. Anm. 54 in Nr. 17)

210 russ. *sažen'* – s. Glossar: *sažen'*

[/175v/]

CLASSIS XVIII.
de
Arboribus et fruticibus flore apetalo.

1067	*Empetrum montanum fructu nigro Tourn. / I. R. H. spec*[ies] 1. *Erica baccifera, procum- / bens nigra C. B. P.* 486. *Math*[ioli] *et J. B. / Erica, coris folio Clusio.*[1] *Circa Irkutiam / rarius, in sylvis trans Baikalem et / rupibus altissimis frequentius occurrit, / imo non raro integros rupium vertices / occupare solet.*

CLASSIS XIX.
De arboribus et fruticibus flore amentaceo.

1068.	*Abies Taxi folio, fructu sursum spectante / Tourn. I. R. H. Abies conis sursum spectan- / tibus sive mas C. B. P.*[2] *In sylvis densio- / ribus circa Irkutiam et lacum Baikal / abies alba Russis* Éльникъ[3][?]
1069.	*Abies tenuiore folio, fructu deorsum inflexo / Tourn. I. R. H. spec*[ies] 2. *Picea maior prima / sive Abies rubra C. B. P.*[4] *Passim circa / Irkutiam et lacum* Пи́хта[5] *Russis*

/176r/

Florae Irkutiensis ordine Inst[itutionum] *Rei Herb*[ariae]
CLASSIS XIX

1070.	*Pinus sylvestris vulgaris C. B. P.*[6] *Ubivis in / sylvis Russis audit* Сóсна[7]
1071	*Pinus maritima minor C. B. P.* 492.[8] *Cum / Larice minori* Сланецъ[9] *Russorum. Abunde / occurrit circa Listwienischnoi ostrow trans / lacum Baikal.*
1072	*Larix folio deciduo conifera J. B. Tourn. I. R. / H. spec*[ies] 1.[10] *Russis* Листвя́къ.[11] *Ubivis frequens / circa Irkutiam et lacum Baikal.*
1073	*Larix orientalis fructu rotundiore obtuso. Ced- / rus conifera foliis Laricis C. B. P. Cedrus / Tab*[[*a*]]*er. et J. B.*[12] Кедръ[13] *Russis. In sylvis cir- / ca Irkutiam frequentior circa lacum Bai- / kal.*
1074.	*Larix Orientalis, maritima, humilis, fructu / rotundiori minori obtuso. Russis* Сланецъ[14]. */ Frequens in rupibus ad Irkutum item / Tunkinskinensibus, circa Bargusinum, / Olchon et circa Listwenischnoi insulam / in sylvis humilioribus, huius coni mittun- / tur.*
1075.	*Alnus rotundifolia, glutinosa, viridis C. B. / P.* 428.[15] *In palustribus circa Irkuti- / am et lacum Baikal, verum rarissime / occurrit. Russorum* Óльха[16].

1076.	*Alnus folio oblongo viridi*[a] *C. B. P.*[17] *Ubiq[ue] / in sylvis circa Irkutiam et lacum / Baikal. Gemmae ejus primo vere val- / de pingues et aromaticae sunt, nec fa- / cile Populi gemmis cedunt.*
1077.	*Alnus Alpina minor C. B. P.* 428.[18] *Coincidit*

/176v/

Florae Irkutiensis Ordine Inst[itutionum] Rei Herb[ariae]
CLASSIS XIX.

	cum praecedenti, differt solummodo / quod humilior. Occurrat[b], *nec facile / tres cubitos superat*[c]. *Dein gemmis / nigris splendentibus. Abunde in rupi- / bus* 10 *stadia a Bargusinensi mu- / nimento*[d] *ad Bannoi rjvi*[e] *fontes.*
1078.	*Betula Dod. Pempt.* 839, *et J. B.*[19] *Ubivis / in sylvis. Russis* Береза[20]. *Lepra alba / in ramis Betulae apparens, et quae / per microscopium tot acetabula et / scyphulos refert, nihil aliud est quam / resina Betulae, et enim Baculus ta- / lis spiritui frumenti calido immer- / sus absq[ue] his inde retrahitur, essen- / tia autem inde parata vim diureti- / cam obtinet, ita et aquae destillatae / ex gemmulis Betulae oleum super- / natat, colore, sapore et odore Balsamo / Copaivae*[21] *per omnia similis, id quod / experimento fortuito didici.*
1079	*Betula pumila palustris, ultra sesqui- / cubitos nunquam excrescit*[22]. *Huius fo- / liola subrotunda acuminata tamen / et pulcherrime denticulata Collegi d[ie] /* 5 *Junij in palustribus juxta Piwowari- / chae saimka*[f] *in via, qua abhinc i- / tur ad Uschakowkam* 10 *circiter sta- / dia ab urbe Irkutia.*

/177r/

Florae Irkutiensis ordine Inst[itutionum] Rei Herb[ariae]
CLASSIS XIX.

1080.	*Betula pumila rupestris, folio rotundo / obolari*[23] *pulcherrime crenato, fruticuli / parum surrecti in modum crescit, hu- / mi interdum fusa*[24], *in vertice rupium /* 10 *stadia a Bargusinensi munimento / juxta Bannoi rivi fontes cubitalem nan- / ciscitur ad summam altitudinem plerumq[ue] / pedalis aut sesquipedalis, tantum cor- / tex ramulorum cinereus. folia*

[a] viridis [b] Occurrat *verbessert aus* i [c] superat *verbessert aus* e [d] munimento *verbessert aus* [.] [e] rjvi *verbessert aus* [.] [f] saimka *verbessert aus* saimkam

	fere ro- / tunda, ambitu pulchre crenata in dia- / metro 3 *lineas lata, rubicunda perpe- / tuo*[a]. *Ob continua frigora et ventos; amen- / ta crassitie ad Betulae vulgaris*[25] *amen- / ta accedunt, imo nonnihil crassiora, dup- / lo autem breviora vix* 5 *lineas longa.*
1081.	*Betula humilior rupestris foliis Betulae / vulgaris rigidioribus amentis breviori- / bus crassioribus*[26], *ad viri proceritatem tan- / tundem assurgit, multisq[ue] ramis super- / terram sparsis latior multum quam lon- / gior, imo modo crescendi et diffusione / ramorum iter facientibus per haec*[27] *mo- / lestissima plane coincidit cum Larice / minori*[28] Сланéцъ[29] *Russorum. Cum priori / occurrit.*
1082.	*Juniperus vulgaris fruticosa C. B. Pin. /* 488.[30] *Passim circa lacum Baikal / et Bargusinum*[b] *Irkutiae non occurrit*

/177v/

Florae Irkutiensis Ordine Inst[itutionum] Rei Herb[ariae]
CLASSIS XIX[c].

	60 *stadia autem abhinc ad Irkutum / in sylvosis abunde.*
1083.	*Salix vulgaris <alba> arborescens C. B. P.* 473. */ Tourn. I. R. H. spec[ies]* 1[31]. *Ubiq[ue] circa Irkuti- / am jmo per totam sibiriam frequentissi- / ma species*
1084	*Salix vulgaris nigricans folio non serrato / T. sp[ecies]* 2.[32] *Occurrit cum praecedenti / ad fluviorum ripas.*
1085	*Salix vulgaris rubens C. B. P.*[33] *ad Uschakow- / kam sed rarior occurrit.*
1086.	*Salix folio longissimo angustissimo utrinq[ue] al- / bido C. B. P. Elaeagnus Dalechampii Lugd /* 278.[34] *frequens ad Bargusinum fluvium.*
1087	*Salix folio ex rotunditate acuminato C. B. / P. Tourn. I. R. H. spec[ies]* 27. *Salix caprea*[35] */ latifolia Tabern.*[d] *Icon.* 1038.[36] *folia huius / Citri*[e37] *foliis similia sunt, pollices quinque / longa duos lata, utrinq[ue] acuminata, mar- / gine serrato laete viridia, subtus inca- / na, nervo albo, rami non fragiles, ve- / rum valde tenaces, cortex e viridi gry- / seus. frequens ad rivos inq[ue] sylvis / humidioribus.*
1088.	*An salix saxatilis minima C. B. Prod.*[38] *Crescit in / summo rupium vertice* 10 *stadia a Bargusinen- / si munimento ad Bannoi rivi fontes humi / jacet vel ad unciam unam saltim erigitur, / folia in terra spargit bina aut quaterna / sesquiuncias longa dimidiam lata, e horum / medio amentum seminiferum surgit sesqui / pollices altum. Digiti auricularis crassitie, Sin*

[a] perpetuo *verbessert aus* a [b] Bargusinum *verbessert aus* i [c] XIX *verbessert aus* V [d] Tabaern. [e] Citri *verbessert aus* [.]

/178r/

Florae Irkutiensis Ordine Instit[utionum] Rei Herb[ariae]
CLASSIS XIX

	haec aliter eadem est cum Bauhiniana[a] */ revera minima in hoc genere species est. / semina transmitto.*
1089.	*Salix rupestris humilis, procumbens, folio- / lis dense congestis oblongis, pulcherrime / serratis.*[39] *Hic fruticulus aspectu jucundis- / simus, ut princeps inter salices summa te- / net in saxis, ibiq[ue] crescit, ubi nulla ampli- / us planta, excepto musco cui incumbit, / alimenta sibi idonea et locum amplius / vindicare potest. Radice gaudet valde / lignosa tortuosa et flexuosa, sub musco sa- / xis instrato latitante et repente, ramos / spargit quam plurimos reptitantes*[b]*, e qui- / bus alii ramuli undiq[ue] / foliolis densissimo / agmine confertis ad Horizontem erigun- / tur inq[ue] horum summitate fasciculi folio- / rum oblongorum visuntur singula dimi- / dium pollicem longa ¼ pollicis lata utrinq[ue] / acuminata, ambitu profunde aequaliter / et pulchre serrata, ita ut tota planta / crispa et cristata appareat ob oras / foliorum in multis inflexas, color folio- / rum*[c] *flavo rubens cum quo- / dam splendore, frutex spatium ulnae / unius longitudine et latitudine occupat, / vix autem ultra tres aut 4 pollices / ad Horizontem erigitur.*
1090	*Salix caule nodoso, humilis rupestris, folio utrinq[ue]*

/178v/

Florae Irkutiensis ordine Inst[itutionum] Rei Herb[ariae]
CLASSIS XIX.

	incano[40]*. Cum priori occurrit et in locis humi- / lioribus muscosis, surgit ad pedalem al- / titudinem, caules [et] rami valdè nodosi, / cortice puniceo cinerascente, glabro obtec- / ti, folia in summitate ramulorum tan- / tundem disposita sunt, utrinq[ue] acumina- / ta et*[d] *incana e viridi flavican- / tia, Origani foliis*[41] *quodammodo similia, / pollicem circiter longa et* $^{4}/_{10}$ *pollicis / lata, ubi latissima, amenta, seminifera / pollicem longa surrecta, hirsuta valde / et lanuginosa. Huius semina mittuntur.*
1091.	*Salix Alpina angustifolia, repens non inca- / na, quae 5. in Prodr. C. B.*[42] *Cum praece- / denti occurrit.*

---

[a] Bauhiniana *verbessert aus* [.] [b] reptitantes *verbessert aus* [..] [c] *nach* foliorum *in eckigen Klammern (Kennzeichnung des Schreibers Aleksej Gorlanov für Streichung)* in multis [d] *nach* et *in eckigen Klammern (Kennzeichnung des Schreibers Aleksej Gorlanov für Streichung)* in acuta

1092.	*Salix arborescens, folio oblongo, utrinq[ue] viridi, / pediculis foliorum ad exortum singu- / laribus foliolis cinctis*[43] *Collect[a] ad Angae / et Buguldeichae fluvij ostium in lacum / Baikal. Huius siccum exemplar mitti- / tur.*
1093.	*Populus nigra C. B. P.* 429.[44] *Abunde ad Irkutum / Russis audit* Осокорь[45]. *E gemmis huius ar- / boris valde aromaticis primo vere colle- / ctis et spiritu frumenti simplici infusis / incolae Irkutiensis liquorem eliciunt / haustu jucundum et urinam valde pel- / lentem laudant illum eximie in dys*[[*s*]]*uria*[46] */ a morbi Gallici*[47] *vestigiis verrucosis in*

/179r/

Florae Irkutiensis ordine Inst[itutionum] Rei Herb[ariae]
CLASSIS XIX.

	urethera relictis item in Scorbuto.
1094	*Populus tremula C. B. P.*[48] осина[49] *Russorum / Abunde per omnem Sibiriam quousq[ue] veni. / Huius corticis decocto Sibirienses hic loco- / rum peculiari experimento edocti utuntur / in Scorbuto et morbo Gallico*[50]. *Vide plura / in Catal[ogo] Empiricorum medicamentorum / anno* 1739[51] *collectorum.*
1095.	*Elaeagnus humilis Barbae Jovis folio, fructu / racemoso minori dulci nigro.*[52] *Planta haec / abunde occurrit ad lacum salsum deser- / ti Urinskinensis e regione rupis Klado- / woi Kamen dictae. E radice lignosa, crassa / cinerea ramos spargit in orbem procum- / bentes in terra, ad* 20 *et plures valde / ramosos, lignosos, teretes cortice obdu- / ctos gryseo, cubitales, imo longiores, / tam in ipso caule quam ramis folia / prodeunt nullo pediculo fulta, sed / ipsa costa cauli adhaerentia partim / duo partim tria, imo* 4 *et* 5 *in fascicu- / los nullo ordine ad caules congesta / folia longissima, octo lineas nunquam / superant, plurima dimidiam unciam / adaequant tenella seu novella* 3 *sal- / tim lineas latitudine ubi latissima* 2 */ lineas non excedunt. Folia surgunt è*

/179v/

Florae Irkutiensis ordine Inst[itutionum] Rei Herb[ariae]
CLASSIS XIX.

	basi acuminata, sensim latiora fiunt, / apice autem ipso evadunt rotunda, / Barbae jovis[53] *folia, ut memini referunt / vel Thymeleae*

	Polygalae foliis glabris / Sanamundae viridis Bauhinorum[54]*, reli- / quum succida, glabra, crassa, utrinq[ue] vi- / ridia, sapore salso praedita sunt; flo- / res videre non licuit, quantum è fru- / ctu oblongo umbilicato nigro dulci os- / siculo intus foeto oblongo unico, faris*[55] */ grani forma hariolari*[a] *solummodo de- / bui aut pro Elaeagni aut Thymeleae spe- / cie habeo, ab utraq[ue] autem recedit, quod / fructus a* 5 *ad* 15 *e racemis Solani*[56] */ in modum pendeant Berberis*[57] *fructum / magnitudine superantes, sapore dulci / ad cerasa*[58] *fere accedunt. semina opti- / mè matura mittuntur, quid ve sit illis / in horto*[b] *satis luculentius patebit. Tab[ula] sistit / ramum magnitudine naturali.*
1096.	*Uva Ursi Clus. Hist.* 63. *Vitis jdaea foliis car- / nosis et veluti punctatis sive Idaea ra- / dix Dioscorid[i] C. B. P.*[59] *Russis* Толокня́н- / ка[60] *a pulpa sicca farinosa. Abundè circa / Irkutiam, lacum Baikal et praecipuè / Bargusini in sylvis siccioribus.*

/180r/

Florae Irkutiensis ordine Instit[utionum] Rei Herb[ariae]
CLASSIS XIX.

1097.	*Chamaerhododendros*[61] *flore purpureo spe- / cioso Obs[ervationum] D[omini] D[octoris] Gmel[ini]*[62] *in N[escio quo] N[umero] Ubi- / vis in sylvis ab Udinski ostrog mu- / nimento Irkutiam usq[ue] et circa lacum / Baikal abunde. Huius semina et / frutices* 4 *mittuntur.*
1098.	*Chamaerhododendros*[63] *glabra, magno folio, / subtus non rubiginoso*[64] *Russis* Пья́на / трава[65] *seu* Черногри́въ[66]. *Abundè in ru- / pibus excelsis* 10 *stadia a Bargusi- / nensi munimento ad Bannoi rivi / fontes. Huius semina mittuntur / et frutices aliquot. Decoctum huius / herbae inebriat sensimq[ue] obnubilatio- / nem sensuum*[c] *inducit non tantum in hominibus / verum et brutis et feris ut in caprea Plinii*[67] *jucundo experimento vidi*[d]
1099.	*Sambucus racemosa rubra C. B. P. Tour. I. / R. H. spec[ies]* 3.[68] *Ubivis in sylvis circa Ir- / kutiam et lacum Baikal. Huius se- / mina mittuntur.*
1100.	*Opulus Ruellii Tourn. I. R. H. spec[ies]* 1. *Sam- / bucus aquatica flore simplici C. B. P.*[69] */ Ubivis in sylvis Russis audit* Кали́на[70].
1101[e].	*Vitis jdaea foliis oblongis crenatis fructu / nigricante C. B. P. Tour. I. R. H. spec[ies]* 1.[71] */ Russis* Черни́ца[72], *rarius circa Irkutiam / Abunde in sylvis circa Bargusinense / munimentum.*

---

[a] hariolari *verbessert aus* [.] [b] in horto *vor der Zeile* [c] sensuum *über der Zeile* [d] ut in caprea Plinii jucundo experimento vidi *nachträglich eingefügt, teilweise rechts marginal* [e] 1101 *verbessert aus* 0

1102.	*Vitis jdaea foliis subrotundis non crenatjs*[a],

/180v/

Florae Irkutiensis ordine Instit[utionum] Rei Herb[ariae]
CLASSIS XIX.

	baccis rubris C. B. P. Tourn. I. R. H. sp[ecies] / 2.[73] *Russis* Брусница[74]. *Abunde per omnem / Sibiriam et hic locorum.*
1103.	*Vitis idaea magna, quibusdam sive Myrtil- / lus grandis J. B.*[75] *Russis, in Russia* Пья- / ни́ца[76] *in Sibiria* Голуби́ца[77]. *Abunde hic / locorum in sylvis.*
1104.	*Chamaecerasus Alpina fructu nigro gemino / C. B. P. Tourn. I. R. H. spec[ies] 2.*[78] *Russis /* Жи́молость[79]. *Ubivis in sylvis.*
1105.	*Chamaecerasus montana, fructu singulari / coeruleo C. B. P. Tourn. I. R. H. spec[ies] / 3.*[80] *In sylvis udis passim. Huius baccae / mittuntur.*

[1] „[species 1] Empetrum montanum, fructu nigro. Erica baccifera, procumbens, nigra C. B. Pin. 486. Erica baccifera Mathioli J. B. 1. 526. Erica Coris folio, xj Clus. Hist. 45." (Tournefort 1700, S. 579, Genus II. „Empetrum."); „Erica baccifera Matth. ..." (Bauhin 1650, S. 526f.); die Abbildung „Erica Coris folio XI." (Clusius 1601, S. 45); „1. EMPETRUM procumbens. Hermaphroditus. ... Empetrum montanum fructu nigro. Tournef. inst. 579. ... Erica baccifera procumbens nigra. Bauh. pin. 486. Erica baccifera matthioli. Bauh. hist. 1. p. 526. ... Erica coris folio. Clus. hist. 1. p. 45. ..." (Linné 1737, S. 470); „7. EMPETRVM procumbens, LINN. h. Cliff. 470. Lapp. 379. Suec. 832. Sp. pl. 2. p. 1450. n. 2. ROY. pr. 206. Erica baccifera MATTHIOLI, LOB. obs. 621. I. B. I. 526. Erica baccifera procumbens nigra, C. B. P. 486. b. Empetrum montanum fructu nigro, TOVRN. I. R. H. 579. ... Russis Tobolensibus ad Ieniseam vsque водяница [russ. *vodjanica*], vlterius in Sibiria ad Ochotense vsque mare et in Kamtschatkam vsque dicitur, шикша [russ. *šikša*], et licet baccae aquosi atque fatui sint saporis, ab idolorum cultricibus tamen vt et ruthenis gentius pro obsonio non infimae notae habentur." (Gmelin 1747–1769, Bd. III, S. 16); „7. Empetrum procumbens [=] Empetrum nigrum L.!" (Ledebour 1841, S. 84); „38. Erica baccifera, Krähenbeeren. Empetrum montanum fructu nigro Turn. 579" (Carl 1770, S. 453); „[Empetrum] nigrum procumbens; schwarze gestrekte Affenbeere; Heide mit schwarzen Beeren; Kraenbeeren; ... ihre Beere genießt man in Kamtschatka häufig, ob sie gleich ... Kopfschmerzen und Schwindel erregen sollen; einige rühmen sie in dem Scharbok an; sie geben mit leinenem oder wollenem Garn ... eine braune, dunkelrothe oder violette Farbe; ... die Grönländer bereiteten ehmals einen Wein, nun aber eine Art Limonade daraus: Sie heißt ... bey Tournefort: Empetrum montanum, fructu nigro; ..." (Gmelin 1773, Sp. 743f.); „ ... Die andere Art Beeren wird auf Rußisch Schikscha ... genannt, auf Lateinisch Empetrum. ... Diese werden ebenfalls auf dem Torfland in größester Menge gesammlet, und den ganzen Winter über aufbehalten, auch zu allerhand Speisen und Gebäckel genommen; haben eine große Kraft wider den Schaarbock. Ausser diesem so färbet man allerhand Seidenzeug, wo es verbleichet, damit Kirschfarb. Die Betrüger kochen dasselbe mit Alaun und Fischfett, geben damit denen Seebiebern und Zobeln eine schöne Schwärze, die nicht abfärbet, ..." (Steller 1774, S. 77f.); „2.) Schwarze Rauschbeere. Empetrum nigrum. ... Empetrum procumbens. LINN. ... Sp. pl. 1450 Hort. Cliff 470. ... Empetrum montanum fructu nigro. TOURNEF. inst. 579. Erica baccifera ... C. BAUH. pin. 436. Erica Coris folio. XI. CLUS. Hist. 1.p. 46. ...

[a] crenatjs *verbessert aus* [.]

Sie wird ... im Deutschen insgemein Rausch oder Rauschbeere, wie auch Affenbeere genennet. ...“ (Linné 1779a, S. 568ff.); „EMPETRUM nigrum. EMPETRUM procumbens (ramulis foliisque glabris). ... Gmelin Fl. sib. III. p. 16. n. 7. Rossis vulgo Wodaeniza (Водяница [russ. *vodjanica*]) i. e. bacca aquosa; Archangelopolitanis Ssicha (Ссиха [russ. *ssicha*]) ab effectu diuretico; in Sibiria orientali Schikscha (Шикша [russ. *šikša*]), Esthonis Kukkosilmad; Votjakis Jeosis. Tungusis Onukta; Lamutis Unta. Curilis Etschkumamai, Jatschmomai, Kurep. Camtschadalis Oyn; Coraecis Getschúbana. ... Baccae a Russis comeduntur, et laudantur tanquam antiscorbuticae atque diureticae. ...“ (Pallas 1788, S. 49); „b) Empetrum nigrum. ... Deutsch. Die schwarze Rauschbeere; Rauschbeerheide, Rausch, die Heide mit schwarzen Beeren, Trinkelbeere, Apenbeere, Affenbeere, Apfra, Steinheide, Kranbeere, Gichtkraut; Felsenstrauch, ... Russ. Wodäniza (i. e. bacca aquosa). Archangel Ssicha (ab effectu diuretico). Siberia orient. Schikscha. Lett. Nisen. Ehstn. Kukkosilmad. Wotjak. Jeosis. Tungus. Onuka. Kalmuk. Unta. ...“ (Nemnich 1793, Sp. 1485f.); „Empetrum nigrum ... Schwarze Rauschbeere. R. Weres, Wodianiza, auch Schikscha. Kamtsch. Orn. Korak. Getschubano. ... Der ... Halbstrauch giebt mit Alaun eine gelbfärbende Brühe. Die Beeren mit Alaun gekocht geben eine kirschrothe Brühe, ... Die schwarzen, den Heidelbeeren (Vacc. Myrt.) ähnlichen Beeren werden ihres schlechten Geschmacks ohngeachtet von Sibiriaken und auch von Russen roh und gekocht, von Kamtschadalen mit Fischen häufig gegessen.“ (Georgi 1797–1802, Theil 3, S. 1340f.); „3. EMPETRUM nigrum. ... E. procumbens. Hort. cliff. 470. ... Gmel. sib. 3. p. 16. ... Erica baccifera ... Bauh. pin. 436. ... Schwarze Rauschbeere. W. ...“ (Linné 1797–1830, Bd. IV, Teil 2, S. 713); „1940. EMPETRUM nigrum. ... Linn. ed. Willd. 4. p. 713. ... Pall. ross. 2. p. 49. Gmel. sib. p. 16. n. 7. ...“ (Marschall von Bieberstein 1808, S. 415f.); „1. EMPETRUM NIGRUM. Linn. ... Linn. Willd. Spec. pl. IV. p. 713. ... Pallas Fl. ross. II. p. 49. – M. a Bieb. Fl. taur. cauc. II. p. 415. No. 1940. Empetrum procumbens. Gmel. Fl. sib. III. p. 16. No. 7. ...“ (Ledebour 1833, S. 292f.); „829. Empetrum. L. ... 1. E. nigrum (L. Spec. 1450) ... PALL. Fl. ross. II, p. 49. ... M. a BIEB. Fl. t. c. I, [sic!] p. 415. ... LEDEB. Fl. alt. IV, p. 292. ... E. procumbens. GMEL. Fl. sib. III, p. 16, No. 7. ...“ (Ledebour 1846–1851, S. 555f.); „Empetrum. Recte (cf. Fl. sib. III. 16. nr. 7. E. nigrum L. unum, quod Gmelinus refert).“ (A. von Haller in einem undatierten Brief an J. G. Gmelin – Plieninger 1861, S. 148); „Mittel gegen Icterus: ... Man benutzt das Decoct von Empetrum nigrum, wenn der Icterus auf Darmkatarrh beruht.“ (Alksnis 1894, S. 192); Empetrum nigrum L. – russ. *veris*, *voronika*, *vodjanika*, *vodjanica* bzw. *šikša* (*Annenkov* 1858, S. 40, Nr. 430); ersanisch kusu koreń – Empetrum nigrum L., Rauschbeere (Wiedemann 1865, S. 225); syrjänisch pon tśöd, ur-tśöd bzw. katś-pomol’ – Empetrum, Rauschbeere (Wiedemann 1880, S. 243, S. 364 bzw. S. 95); samojedisch tôsołea, tosałea, tôsałe, ˜ôdea, ˜odea, warŋô, warŋê bzw. sil-toper – Empetrum nigrum, Wasserbeere (Castrén 1855, S. 301); „Empētrum L. (Rutaceae). Zus. aus ἐν (in) und πετρος (Fels), in Bezug auf den Standort. ...“ (Wittstein 1852, S. 320); „Erīca L. (Ericeae). Von ἐρεικειν (brechen), weil diese Pflanzen leicht zu brechen sind und –wohl dieses Umstandes wegen – früher als Mittel zur Zerkleinerung und Abtreibung der Blasensteine galten.“ (a. a. O., S. 330)

„72 Empetrum montanum fructu nigro I. R. H. ...“ (AAW R. I, Op. 13, D. 42, Bl. 8v, s. Anm. 1 in Nr. 1); „480 Empetrum montanum fructu nigro T. i. r. h.“ (AAW R. I, Op. 104, D. 25, Bl. 34v, s. Anm. 61 in Nr. 21); „922. Empetrum montanum fructu nigro I. R. H. ...“ (AAW R. I, Op. 105, D. 1, Bl. 72v, s. Anm. 29 in Nr. 5); „487. Empetrum montanum fructu nigro I. R. H. ...“ (AAW R. I, Op. 105, D. 12, Bl. 22v, s. Anm. 54 in Nr. 17); „Empetrum montanum fructu nigro I. R. H. ...“ (AAW R. I, Op. 13, D. 67, Bl. 59v, s. Anm. 5 in Nr. 4); russ. *vodjanica* – lamutisch Sichsae. Untae (J. J. Lindenau in: AAW F. 934, Op. 1, D. 89, Bl. 335r, Kopie aus dem Archiv RGADA); russ. *šikša*, kamtschadalisch (itelmenisch) – Éninitsch (J. G. Gmelin in: RGADA F. 199, Op. 2, Portf. 527, D. 11, Bl. 4r); „22. Juli 1723 ... Sonst fand ich von Kräutern Empetrum montanum fructu nigro (Tournefortii sp. 1). ...“ (Messerschmidt 1962–1977, Bd. 2, S. 100); „Empetrum montanum, fructu nigro, coridis folio, procumbens (Tournefortii sp. 1), Sylv.“ (Messerschmidt 1962–1977, Bd. 4, S. 207, s. Anm. 1 in Nr. 1)

[2] „[species 1] Abies Taxi folio, fructu sursum spectante. Abies conis sursum spectantibus, sive mas C. B. Pin. 505. Abies foemina sive Ἐλάτη τηλεια J. B. 1. 231. Abies Clus. Hist. 34. Sapin." (Tournefort 1700, S. 585, Genus I. „Abies. Sapin."); „ABIES taxi folio, fructu sursum spectante Tournefort. instit. 585. Abies sursum spectantibus, sive mas. C. B. P. 505. Weisse Tanne. ABIES foemina sive ἐλάτη τηλεία I. B. 231. Abies Clus. hist. 34. ..." (Rupp 1726, S. 270); „2. ABIES foliis solitariis apice emarginatis. Abies taxi folio, fructu sursum spectante. Tournef. inst. 585. ... Abies conis sursum ... Bauh. pin. 505. Abies foemina sive Elate teleja Bauh. hist. 1. 231. [?]" (Linné 1737, S. 449); „27. ABIES foliis solitariis, apice emarginatis LINN. h. Cliff. p. 494. [sic!] Abies candida Trag. p. 1117. Abies foemina siue ελατη δηλεια I. B. p. 231. Abies alba siue foemina C. B. Basil. p. 113. Abies Taxi folio fructu sursum spectante siue mas TOURN. I. R. H. Abìes foliorum apice bifido HALL. Helv. p. 148. ... Russis пихта [russ. *pichta*] dicitur." (Gmelin 1747–1769, Bd. I, S. 176); „27. Abies foliis solidariis apice emarginatus. (excl. syn.) [=] Abies sibirica m. (Pinus Picea L. – Pall. Fl. russ. [sic!] I. (ed. min.) 16." (Ledebour 1841, S. 60); „1. ABIES taxi folio, fructu sursum spectante, Tourn. Der silberblätterichte, der taxblätterichte Tannenbaum." (Miller 1758, S. 1); „Pinus Picea, ... Weißtanne, ... Edeltanne, Silbertanne; taxblätterichte Tanne; edle Tanne; Tanne; Danne; Thannenbaum; ... das flüsige Harz, von welchem der Baum voll ist, ... ist ein wahrer Terpentin ... und gibt ... einen sehr guten Firnis; ..." (Gmelin 1775, Sp. 85ff.); „Terpenthin, Terpentin, Latein. Terebinthina, ... ist ein flüßiges Harz, ... Er ist so dicke, wie die andern natürlichen Balsame, und auch also beschaffen. Er kommt aus allerley Bäumen, ... z. E. vom Terpenthin= Lerchen= Fichten= Tannen= und Kiefern=Baume. ..." (Zedler 1732–1750, Bd. 42, Sp. 1068ff.); „8) Die Weistanne. Pinus Picea. ... Pinus foliis solitariis, emarginatis. LINN. ... Sp. pl. 1420. ... Abies foliis solitariis, ... LINN. Hort. Cliff. 449. ... GMEL. Sib. 1. p. 176. Abies taxi folio, ... TOURNEF. inst. 585. Abies conis sursum ... C. BAUH. pin. 505. Abies femina sive Elate theleja. I. BAUH. hist. 1. p. 231. ... Dieser Baum wird auch die Edeltanne, oder Silbertanne genennet; ... Das flüssige Harz, von welchem sie voll ist, ... ist der sogenannte gemeine Terpenthin, ... Die äussern Theile der jungen Zweige sollen einen guten Thee wider den Scharbock geben. ..." (Linné 1777, S. 363ff.); „PINUS Picea. Tab. I. Fig. F. P. foliis solitariis emarginatis (subtus albis) Lin. syst. pl. IV. p. 175. n. 8. Gmel. Fl. lib. [sic!] I. p. 176. Anglis Yew-leaved Fir. Gallis Sapin. Germanis Weiss- Kreuz- Silber- oder Edle Tanne. Rossis Пихта [russ. *pichta*] (Pichta), composita ex iis sylva Пихтовник [russ. *pichtovnik*], Tataris Ak-Scherschae (alba Abies). Permiensibus et Siraenis Niu. Mongolis et Buraetis Chadsura, Tungusis Naankta vel Gangta. ..." (Pallas 1784. S. 7); „1090. Pinus Picea. ... Pall. Flor. Ross. t. 1. f. F. Weißtanne. Ruß. Pichta. Tat. Tschibe und Akscharsche. Baschk. Ak-Tirsche Teleut. Tschite. Wog. Stut. Tscher. Nulga. Wotj. Nil. Pu. [sic!] Ost. Karaschu, ..." (Falk 1786, S. 259); wotjakisch ńil-pu – russ. *pichta*, Silbertanne, Pechtanne (Munkácsi 1896, S. 527); „4. Die Edel=Tanne, Silber=Tanne, ... Abies Taxi folio, fructu sursum spectante Tourn. ... Zu Pfählen in das Wasser schickt sich dieselbe sehr gut; das Holz soll im Wasser nicht faulen.Venedig und Amsterdam sollen auf dergleichen Pfählen stehen. ... Die jungen frischen Zapfen werden, ... mit Zucker eingekocht ... nicht so wohl als Confect, ... sondern als eine heilende und stärkende Arzeney wieder den Samenfluß angerathen." (Krünitz 1773–1858, Bd. 37, S. 300ff.); „m) Pinus picea. Lin. Pinus abies; [s. Nr. 169] Abies conis sursum spectantibus; Abies taxi folio, fructu sursum spectante; Pinus alba; Pinus pectinata. Deutsch. Die Tanne, Weisstanne, Silbertanne, Edeltanne, Tannenbaum, Weisse Tanne, Edle Tanne, Tanne mit Taxusblättern, Taxtanne, Kreuztanne, Tenne, Danne, Mastbaum. ... Russ. Pichta (Tannenwald Pichtownik). Tatar. Ak-Scherschae. (Pinus alba.) Baschk. Ak-Tirsche. Teleut. Tschite. Wogul. Stut. Tscherem. Nulga. Wotjak. Nil Pu. Ostjak. Karaschu. Perm. Niu; Szirjän. Niu. Mogoln. [sic!] Chadsura; Burät. Chadsura. Tungus. Naankta, Gangta ... dient es [d. h. das Holz] sehr gut zum Holzwerk der musikalischen Instrumente, zu Schachteln, ... auch zu Bretern für die Barometer, Thermometer, Hygrometer &c., ..." (Nemnich 1795, Sp. 981ff.); „4. PINUS Picea ... Weißtannen=Fichte. Weißtanne. Silbertanne. Edle=Tanne. R. Pichta, (Weißtannenwaldung, Pichtownik). Tat. Gedla und Tschersche. Wogul. Stict. Burätt. Jado. ... Man nutzt es [d. h. das Holz] zu Bau= und Brennholz, und vorzüglich in Kolywan zu Kohlen. ... Die Sirjanen in

Permien, Wologda – nehmen die Rinde zu Nothbrod. Ihr Terpentin ist die Basis eines sehr nützlichen Hauspflasters.“ (Georgi 1797–1802, Theil 3, S. 1316); „26. PINUS Picea. ... Abies foliis solitariis ... Hort. cliff. 449. ... Gmel. sib. 1. p. 176. Abies taxi folio, ... Tournef. inst. 585. Abies conis sursum ... Bauh. pin. 505. Abies femina s. Elate teleja. Bauh. hist. 1. p. 231. ... Edel-Fichte. W. ...“ (Linné 1797–1830, Bd. IV, Teil 1, S. 504); „1927. PINUS Picea. ... Linn. ed. Willd. 4. p. 504. ... Pall. ross. I. ... Gmel. sib. I. p. 176. n. 27. ...“ (Marschall von Bieberstein 1808, S. 409); „3. [Pinus] sibirica: ... P. Picea ... PALL. Fl. ross. I, p. 7. (excl. p. caucasica et synon. LINN.). ... Abies sibirica. LEDEB. Fl. alt. IV, p. 202. ... Abies foliis solitariis, ... GMEL. Fl. sib. I, p. 176, No. 27. ... 4. P[inus] Picea (L. Spec. 1420) ... M. a BIEB. Fl. t. c. II, p. 409: ...“ (Ledebour 1846–1851, S. 669f.); „1. ABIES SIBIRICA m.*) Pinus Picea Pall. Fl. ross. I. p. 7. (excl. synon. Linn. ...). – Falk topogr. Beytr. II. No. 1190. [sic!] Abies foliis solitariis, ... Gmel. Fl. sib. I. p. 176. No. 27 (excl. synon. omn.) ...“ (Ledebour 1833, S. 202ff.); „Die sibirische Edeltanne oder Pichta (Abies sibirica Ledeb.) (Jakutisch s'atygán Charja d. h. Stink-Tanne; am Ochotskischen Meere: An͡gtá.).“ (Middendorff 1864, S. 548ff.); Pinus Picea L. – russ. *evrop. pichta*, *grebenčataja pichta* bzw. *pol'skaja pichta* (*Annenkov* 1858, S. 68, Nr. 801); Pinus Sibirica Led. – russ. *sibirskaja pichta* (a. a. O., S. 68, Nr. 800); mokschanisch pịtä – Tanne (Ahlquist 1861, S. 168); ersanisch kuz – Abies excelsa D. C., Tanne (Wiedemann 1865, S. 241); wotjakisch kyz pu – Tanne (Wiedemann 1851, S. 378); wotjakisch nyl' pu – Weißtanne (a. a. O., S. 386); syrjänisch koz, kooz, köz bzw. koz-pu – Abies excelsa, Fichte, Rottanne (Wiedemann 1880, S. 115, S. 122 bzw. S. 256); burjatisch kasûruŋ, xasûra, xacur bzw. borolʒe – Tanne (Castrén 1857, S. 216); wogulisch quāp-jiv, quout, xout bzw. qai̯t – Tanne (Ahlquist 1891, S. 18 bzw. 22); wogulisch ńol-jiv, ńel, ńuli bzw. ni̯l – Weißtanne (Ahlquist 1891, S. 33); wogulisch nuilla (nach D. G. Messerschmidt) – Tanne (Klaproth 1831, S. 191), ostjakisch ꞥaxta bzw. ꞥatkai – Silbertanne (Castrén 1858, S. 121); tungusisch gagnta, mar, asikta bzw. ŋâkta – Silbertanne, Tanne (Castrén 1856, S. 132, S. 112 bzw. S. 133); samojedisch ꞥulg, ꞥolg, ꞥulge, ꞥulgo, nelga – Weißtanne (Castrén 1855, S. 302); samojedisch hâdy, ku'a, kari, kadi, kâde, kût, kûtö, kûtil-pu, ko'd bzw. ko'n – Tanne (a. a. O., S. 288); tungusisch amíkta – Tanne (Klaproth 1831, S. 288); *Enisej*-ostjakisch hoi bzw. dyn – Silbertanne (Castrén 1858a, S. 174 bzw. S. 183); jakutisch харыја – Tanne (Middendorff 1851, S. 81); „Ābies TOURN. (Strobilaceae). Das veränderte πιτυς (Fichte, Tanne), was wiederum von πιτυειν (spitzen) herkommt, und die spitze nadelförmige Beschaffenheit der Blätter andeutet. ... Der griechische Grammatiker HESYCHIUS (im 3. oder 5. Jahrhundert n. Chr.) nennt den Baum ἀβιν. Im Celtischen heisst er abetoa, davon das italienische und spanische abete, abeto.“ (Wittstein 1852, S. 2); „Pīnus L. (Strobilaceae). Vom celtischen pin (ursprünglich Berg, Fels, also: Gebirgsbaum).“ (a. a. O., S. 965)

lat. „Abies“, russ. „e⌈ль⌉ни⌈къ⌉“ [russ. *el'nik*], arinz. „Tìn“, katschinsk. „Schö“, kaidin. „Schö“, taiginz. „Nínge“, kamass. „Köt.“, kotowz. „Tódes.“, tschatzk. „Zebé. e⌈ль⌉ [russ. *el'*]“ (J. G. Gmelin in: AAW F. 21, Op. 5, D. 73, Bll. 294v/295r); „e⌈ль⌉никъ“ [russ. *el'nik*], barabinz. „Dsúu.“ (a. a. O., Bl. 277v); lat. Abies, russ. *el'nik*, tung. AhìKta (RGADA F. 199, Op. 2, kn. 513, D. 27, Bl. 8v); „2. Abies tenuiore folio, fructu deorsum inflexo I. R. H. Russ. ел<ь>никъ [russ. *el'nik*] Ind. Jen. n°. 262. Abies Taxi folio fructu sursum spectante I. R. H. Fl. Irc. n°. 1068“ (AAW R. I, Op. 13, D. 67, Bl. 19r, s. Anm. 5 in Nr. 4); „74. Abies Taxi folio, fructu sursum Spectante I. R. H. ... Russis Ельникъ. [russ. *el'nik*]“ (AAW R. I, Op. 13, D. 42, Bl. 9r, s. Anm. 1 in Nr. 1); „Abies Taxi folio, fructu sursum spectante TOURN. Russ Ел<ь>никъ. [russ. *el'nik*] ...“ (AAW R. I, Op. 104, D. 8, Bl. 12r, s. Anm. 18 in Nr. 452); „Abies Taxi folio fructu sursum spectante I. R. H. ...“ (AAW F. 21, Op. 5, D. 98, Bl. 35r, s. Anm. 54 in Nr. 17); „335. Abies Taxi folio, fructu sursum spectante I. R. H.“ (AAW R. I, Op. 105, D. 12, Bl. 14v, s. Anm. 54 in Nr. 17); „62.) Sem. Abietis Gerard. Emac. Park. et Officinarum seu Abietis Taxi folio fructu sursum spectante, Tournef. Sp. i. non-officinale, ...“ (AAW F. 98, Op. 1, D. 21, Bl. 156r, s. Anm. 59 in Nr. 19); „475“ d. [31. Augustus 1725]“ ... Chaiilássu Mungulo Davuri; ПиХта [russ. *pichta*] Pichta Russis; Ebraeis Jes. 14. 37. & 41. ... Berósch; Burathis ad Lenam Dschidóh; Kystim Tattaris, Baÿláng; Abies Taxi

folio fructu sursum spectante Tournef. Sp. 1. Cortex et Fol.“ (AAW F. 98, Op. 1, D. 23, Bl. 17v, s. Anm. 49 in Nr. 653); „476“ d. [31. Augustus 1725]“ Abietis Taxi folio fructu sursum spectante T. Sp. 1. Resina sicca“ (a. a. O., Bl. 17v); „477“ d. [31. Augustus 1725]“ – ejusd. Resina liqvida, seu Terebinthina Argentoratensis.“ (a. a. O., Bl. 17v); „163„ d. [31. Augustus 1725]„ Abies Taxi folio, fructu sursum spectante (: squama defluxili :) Tournef. sp. 1. Abies officinarum. Chaijlassu, Mongolis in Davuria; Borathis ad Lena fluvivm Dschido! Kystim-Tattaris Baӱlang; Orotong-Tungusis Aschickta, Uhdmurdt seu Wuad-jach; Getis vel Goethis forsan, Niul-pa; Ass-jach-Lapponibus circa Artesch-fluvii ostium Niölgaӱ; Iisdem circa Surgut ad Ass- seu Ob-fluvium Niólanggai; Russis Pichta Germ. Tannen (-) Cortex c. foliis„ “ (AAW F. 98, Op. 1, D. 23, Bl. 30r, s. Anm. 49 in Nr. 653); „164„ d. [31. Augustus 1725]„ Ejusd. - - - - - Resina sicca Abiegna Off.„ “ (a. a. O., Bl. 30r); „165„ d. [31. Augustus 1725]„ Ejusd. - - - - Resina liquida seu Terebinthina Argentoratensis Officinarum (-)„ “ (a. a. O., Bl. 30r); „9. September 1723 ... und ... observierte hie sehr viel Abietes Taxi folio, fructu sursum spectante (Tournefortii sp. 1), dessen Conus in Lochneri Rariora Musei Besleriani, Tab. 2., sub tituli Piceae fructus seu Conus Abietis marinae (forsan maris, h. e. masculi) Bauhini et Bellonii seu ‚roter Tannenzapfen‘ deutlich und schön gezeichnet zu sehen. [s. S. 5ff. und Tab. 2 in: Lochner 1716] Die Rinde dieser Tannen ist allezeit glatt und glänzend, dahingegen die andern Abies fructu deorsum tendente [sic!] (Tourneforti sp. 2) [Nr. 1069] eine ganz krause und schuppichte Rinde hat. Die Semina in Abiete Taxi folia etc., wenn sie gekauet werden, kommen der Cardamomum-Frucht an Geschmack etwas gleich, wiewohl ihre Kraft unendlich schwächer als jener, doch möchten selbige wohl wert sein, fleißig gesammlet zu werden, umb in Scorbuticis effectibus in substantia zu propinieren. Es fällt aber sehr schwer, die reifen Conos und Semina zu sammlen, weil die Squamulae sehr leicht abfallen und nichts als die bloße axis Coni stehenbleibet.“ (Messerschmidt 1962–1977, Bd. 2, S. 130); „15. September 1723 ... observierte occasione des Feldfeuers, so die umbherstehende Abietes sehr erhitzete, daß Abies officinarum oder Abies Taxi folio, fructu sursum tendente [sic!] (Tournefortii sp. 1), ihre Resinam liquidam, welche man sonst Argentoratensem terebinthinam nennet, bei der geringsten Ritzung der Rinden sehr reichlich auströpfelte und sehr schönen konfortierenden Geruchs war. ... Die Terebinthina argentoratensis ist ein fürtrefflich Antiscorbuticum, und ... befinde mich auf meinen Reisen sehr wohl dabei, wenn ich frühe beim Aufbruch ausm Nachtlager etwan einer Lorbeeren groß oder mehr zu mir nehme ...“ (a. a. O., S. 133f.); „[Terebinthina] argentoratensis; hierunter versteht man in den Apotheken das natürliche flüssige Harz der Weißtanne.“ (Gmelin 1777, Sp. 6); „Abies Taxi folio, molli, [sic!] fructu sursum spectante (Tournefortii sp. 1), Officinarum, cortice laevi.“ (Messerschmidt 1962–1977, Bd. 4, S. 207, s. Anm. 1 in Nr. 1); „31. August 1725 ... brachten mir ... Abietis Taxi folio, fructu sursum spectante (Tournefortii sp. 1) corticem cum foliis; eiusdem resinam siccam et resinam liquidam ex inciso cortice collectam, vulgo Terebinthinam Argentoratensem (1 Gläschen voll); ...“ (Messerschmidt 1962–1977, Bd. 4, S. 222ff.); „11.) Abies Taxi folio; T. Sp. 1. Offic. ...“ (Bl. 268v im Reisejournal von D. G. Messerschmidt vom 31. August 1726 – AAW F. 98, Op. 1, D. 5); „475“ d [31. Augustus 1725]“ ... ChaiLássu Mongolis in Dauria; пихта [russ. *pichta*], Pichta Russis; Boraethis ad Lena fluvium Dshidóh; Kistim-Tattaris BaӱLáng, Orotong Tungusis Áschíckta; An Ebraeorum ... Bérosch, Jes. 14. 37 & 41. Abies Taxi folio fructu sursum, spectante (: squamâ deflexili :) Tournef. Sp. 1. Cortex cum Foliis; „ “ (AAW F. 98, Op. 1, D. 22, Bl. 306v, s. Anm. 61 in Nr. 21); s. auch Nr. 1069

3 russ. *el'nik*

4 „[species 2] Abies tenuiore folio, fructu deorsum inflexo, Picea major, prima, sive Abies rubra C. B. Pin. 493. Picea latinorum ... Abies mas Theophrasti J. B. 1. 238. Abies Dod. Pempt. 866.“ (Tournefort 1700, S. 585, Genus I. „Abies. Sapin.“); „Abies tenuiore folio, fructu deorsum inflexo Tournefort. Picea major, prima, sive abies rubra C. B. P. 493, Picea Latinorum ἐλάτη ἀῤῥην, Abies mas Theophrasti I. B. 1. 238. Abies Dod. Pempt. 866 ... Germ. rothe Tanne. ...“ (Rupp 1726, S. 270); „1. ABIES foliis solitariis apice acuminatis. ... Abies tenuiore folio, ... Tournef. inst. 585. ... Picea major prima ... Bauh. pin. 493. Picea latinorum sive Elate arrhen, ... Bauh. hist.

1. p. 238. ...“ (Linné 1737, S. 449); „26. ABIES foliis solitariis, apice acuminatis LINN. h. Cliff. p. 449. Suec. 789. ROY. pr. 89. Abies rubra Trag. p. 1117. Picea Matthioli p. 97. Picea latinorum sive ελατη αςςην I. B. p. 238. Picea maior prima siue abies rubra C. B. Abies tenuiori folio, fructu deorsum inflexo TOURN. I. R. H. Abies foliis apice acuminatis LINN. Lapp. n.° 347. HALL. Helv. p. 147. ... Russ. ель [russ. *el'*] silua autem huius generis arborum ельникъ [russ. *el'nik*] dicitur.“ (Gmelin 1747–1769, Bd. I, S. 175f.); „26. Abies foliis solitariis apice acuminati, (excl. syn.) [=] Picea obovata Ledeb.! (Pinus Abies L. – Pall. Fl. ross. I. (ed. min.) 15.)“ (Ledebour 1841, S. 60); „Abies tenuiori folio, fructu deorsum inflexo. Tourn. inst. 585. Ель [russ. *el'*] Russ. ...“ (*Krašeninnikov* 1761, S. 156); „Pinus Abies, ... gemeine Tanne, norwegische Tanne, schwarze Tanne; Schwarztanne; Rothtanne; Harztanne; Pechtanne; Pechbaum; Kiefe; Fichte; Fichtenbaum; Grämenholz; Granenholz; ... man erhält aus den unreifen Zapfen ... Pech, welches nicht nur für sich in der äuserlichen Arzneykunst ... gute Dienste leistet, ... aus ihren langen und dünnen Wurzeln machen die Lappen Strike; ... Ihre Samen sind ein Lekerbissen des Kreuzvogels; ...“ (Gmelin 1775, S. 91ff.); „Pinus abies L. Tanne. R. Jel. T. Aschikta. B. Ischagun.“ (Georgi 1775, S. 235); „11) Die gemeine Tanne, oder Rothtanne. Pinus Abies. ... Pinus foliis solitariis, subulatis, mucronatis, laevibus, bifariam versis, LINN. ... Sp. pl. 1421. Abies foliis solitariis ... LINN. Hort. Cliff. p. 449. ... GMEL. Sib. p. 175. ... Abies tenuiore folio, ... TOURNEF. inst. 585. ... Picea major prima, ... C. BAUH. pin. 493. ... Diese Tannne wird insgemein die Rothtanne oder Schwarztanne genannt, weil ihre Rinde ... ganz braunroth, oder schwärzlicht ist; ... Sonsten heißt sie auch die Harztanne oder Pechtanne, wie auch Grämenholz oder Granenholz, ... Seine Sprossen werden ... wider den Scharbock, wider die Schwindsucht und Wassersucht, Geschwühre an den Füssen, den Samenfluß, und andere Krankheiten, ... gerühmt, ...“ (Linné 1777, S. 368ff.); „PINUS Abies. Tab. I. Fig. G. P. foliis solitariis subulatis laevibus bifariam versis Lin. syst. pl. IV. p. 177. n. 11. Flor. dan. t. 193. Gmel. Flor. sib. I. p. 75. ... Germanis Rothe Tanne, in Livonia Grähnbaum. Rossis Ель [russ. *el'*] (Jel), sylva abiegna Ельникъ [russ. *el'nik*] (Jelnik). Livonis Skuije vel Egle; Esthonis Kuusk. Tataris Kara-Scherschoe s. nigra Abies; Sibirici Tschiby, Krasnojarensibus Schigschi; Teleutis Tigén; Iacutis Charja-Bess. Permecis et Siraenis Kôs. Vogulis Kant, Choud, Kauta, Ostiacis Chull, Koll. Samojedis Obensibus Cha, Chády; ad Ieniseam Ka, Chari, Tamgis Kuo, circa Narym Chade, ad Ketam Kyt, Carassinis Kut; monticolis Kat; Camaschis Kote. Mongolis et Buraetis Chailassù. Tungusis Aschikta, Ahikta; Lamutis Njungtu. Camtschadalis Sókar. ...“ (Pallas 1784. S. 6f.); „1091. Pinus Abies. ... Pall. Flor. Ross. t. 1. f. G. Rothtanne. Ruß. Jel. Tat. Tegan. Teleut. Tagen, Baschk. und Tschuw. Tschirsche und Sirsche. Wog. Out. Wotj. Küs Pu. Tscher. Kosch. Kalm. Jaman Charagae. Ost. Naergi. ... Alle diese Fichtenarten geben des Frühlings ... ein harziges Gummi, welches die Baschkiren von allen durch einander sammlen. Das von den Fichten nennen sie besonders Karagai Dan, ... von Weißtannen Narat Kapkara und von Rothtannen Scherschie Kapkara. ...“ (Falk 1786, S. 259f.); wotjakisch k̊ez-pu – Rottanne (Munkácsi 1896, S. 585); „a) Pinus abies. Lin. Pinus picea; [s. Nr.1068] Abies tenuiore folio, fructu deorsum inflexo; Abies rubra. Deutsch. Die Fichte; Der Fichtenbaum, Fiechte, Feichte, Feuchte; Fichtentanne, Feuchttanne, Rothfichte; Die Rothtanne, Harztanne, Pechtanne, Pechbaum, Schwarze Tanne, Schwarztanne, Norwegische Tanne, Gränbaum, Granenholz, Grannenholz, Gränenfichte; Daxen. ... Russ. Jel; Ein Fichtenwald Jelnik. ... Lett. Egle; Riga Skuje, Schuje. Ehstn. Kuske pu. ... Tatar. Kara-Scherschä (Schwarztanne) Siber. Tschiby. Krasnoj. Schichschi. Teleut. Tigen, Tegan, Tagen. Baschkir. Tschirsche. Tschuw. Sirsche. Wogul. Out, Choud, Kaut. Wotjak. Küs pu. Tscherem. Kosch. Kalmuk. Jaman Charagae. Ostjak. Naergi; Chull. Koll. Jakut. Charja bess. Perm. Kôs; Szirjän. Kôs. Am Oby Cha, Chády. Am Jenis. Ka, Chari. Tamg. Kuo. Bey Nar. Chade. Am Keta. Kyt. Karass. Kut. Kamasch. Kote. Mongol. Chailassu. Burät. Chailassu. Tungus. Aschikta, Ahikta. Lamut. Njungtu. Kamtsch. Sókar. ... Die Rinde wird von den Rothgärbern zur Gahrmachung der Häute gebraucht; ... aus dem besten Harz wird das weisse oder burgundische Pech (Pix burgundica; ...) bereitet; ...“ (Nemnich 1795, Sp. 974ff.); „PECH, der gemeinschaftliche Name verschiedener harziger Körper, ... Insbesondere führen die Harze der Nadelhölzer, ... den Namen Pech, mit verschiedenen Beisätzen. Es gehören hierher: 1) Waldpech, das rohe, ...

Föhren=, Fichten= und Tannenharz, ... 2) weißes Pech, burgundisches Pech, wird erhalten, indem man das vorige ... mit Wasserzusatz schmelzt, dann das Wasser bis zur gänzlichen Verdampfung ... kochen läßt; endlich den Harzrückstand ... filtrirt ... PECH. Der medicinische Gebrauch ... ist seine äußere Anwendung als Pechpflaster (Emplastrum picis). Dieses wird gewöhnlich aus dem sogenannten burgundischen Pech, ... bereitet. ... wird es besondes vom Volke vorzüglich gegen chronische Rheumatismen angewendet, ..." (Ersch/Gruber 1840, S. 373); „5. PINUS Abies ... Rothtannen=Fichte. Rothtanne. Gemeine Tanne. Pechtanne. In Lievland Gräne. R. Jel, (Tannenwald, Jelnik). ... Tat. Kara Tscherschoe. Mongol. und Burätt. Chalassu. Tung. Ahicta. Kamtschadal. Sökur. ... Nach alter Russischer ... Sitte werden beim Begraben die Leichenhäuser und auch die Gassen ... mit zerhacktem Tannenreißig reichlich bestreuet, ..." (Georgi 1797–1802, Theil 3, S. 317f.); „32. PINUS Abies. ... Abies foliis solitariis ... Hort. cliff. 449. ... Gmel. sib. 1. p. 175. ... β. Picea major prima ... Bauh. pin. 493. ... Tannen-Fichte. W. ..." (Linné 1797–1830, Bd. IV, Teil 1, S. 506f.); „35. PINUS orientalis. ... P. foliis solitariis tetragonus. Sp. pl. 1421. ... Orientalische Fichte. W. ..." (a. a. O., S. 508); „6. P[inus] Abies (L. Spec. 1421) ... P. orientalis. WILLD. Spec. pl. IV, p. 508. ... PALL. Fl. ross. I, p. 6 (excl. pl. sibirica et caucasica cum synon GMEL.). ... 7. P[inus] orientalis (L. Spec. 1421) ... M. a BIEB. Fl. t. c. II, p. 409; ... Picea obovata. LEDEB. Fl. alt. IV, p. 201. ... Abies foliis solitariis, ... GMEL. Fl. sib. I, p. 175, No. 26. ..." (Ledebour 1846–1851, S. 670ff.); „1928. PINUS orientalis. ... Linn. ed. Willd. 4. p. 508. ..." (Marschall von Bieberstein 1808, S. 409); „1. PICEA OBOVATA. m. ... Pinus Abies. Pall. Fl. ross. I. p. 6. ... Abies foliis solitariis, ... Gmel. Fl. sib. I. p. 175. No. 26. (excl. synon.) ..." (Ledebour 1833, S. 201); Pinus Abies L. – russ. *el'* (*Annenkov* 1858, S. 68, Nr. 802); Pinus orientalis L. – russ. *el'* (a. a. O., S. 68, Nr. 803); ersanisch kuz – Rottanne (Wiedemann 1865, S. 227); wotjakisch kyz pu – Rottanne (Wiedemann 1851, S. 372); wogulisch kcholda (nach D. G. Messerschmidt) – Rottanne, Grände (Klaproth 1831, S. 191); mongolisch šukuršu, garachai bzw. šachúra– Tanne (Klaproth 1831, S. 283)

„75. Abies tenuiore folio fructu deorsum inflexo I. R. H. ... Russis Пихта. [russ. *pichta*]" (AAW R. I, Op. 13, D. 42, Bl. 9r, s. Anm. 1 in Nr. 1); „Abies tenuiore folio, fructu deorsum inflexo Tourn. Ruß. пихта [russ. *pichta*] ..." (AAW R. I, Op. 104, D. 8, Bl. 12r, s. Anm. 18 in Nr. 452); „Abies tenuiore folio, fructu deorsum inflexo. I. R. H. ..." (AAW F. 21, Op. 5, D. 98, Bl. 35r, s. Anm. 54 in Nr. 17); „141. Abies tenuiore folio, fructu deorsum inflex I. R. H. ..." (AAW R. I, Op. 104, D. 17, Bl. 16r, s. Anm. 36 in Nr. 8); „262. Abies tenuiore folio fructu deorsum inflexo I. R. H. Russ. ел<ь>никъ. [russ. *el'nik*] ..." (AAW R. I, Op. 105, D. 1^{a}, Bl. 23v, s. Anm. 29 in Nr. 5); „336. Abies tenuiore folio, fructu deorsum inflexo I. R. H. JB." (AAW R. I, Op. 105, D. 12, Bl. 14v, s. Anm. 54 in Nr. 17); „1. Abies conis sursum spectantibussive mas C. B. P. Russ. пихта [russ. *pichta*] Ind. Jen. n°. 261. tenuiore folio fructu deorsum inflexo I. R. H. Fl. Irc. 1069." (AAW R. I, Op. 13, D. 67, Bl. 19r, s. Anm. 5 in Nr. 4); „261. Abies conis sursum spectantibus sive mas C. B. P. ..." (AAW R. I, Op. 105, D. 1^{a}, Bll. 23r–23v, s. Anm. 29 in Nr. 5); „Abies. tenuiori folio fructu deorsum inflexo. T. Sp. 2. ..." (AAW F. 98, Op. 1, D. 19, Bl. 2v, s. Anm. 59 in Nr. 19); „Abies, tenuiore folio fructu deorsum inflexo; Tournefort. Species 2. ..." (AAW F. 98, Op. 1, D. 20, Bl. 27r, s. Anm. 32 in Nr. 33); „478" d. [31. Augustus 1725]" ... Chassaechór, Mungulo-Davuris; Chazo͡ora Burathis ad Lenam; Tanjutis ... Tangdi. Tschúlim-Tattaris ... Teigendshu; Kÿstim-Tattaris, Schibbho; Russis Ель; [russ. *el'*] Jél; Abies tenuiore folio fructu deorsum spectante, [sic!] Tournef. Sp. 2. Abies rigida folio pungente, fructu deorsum spectante, sqvama non defluxili; Picea Offic. Cort. Fol. et Con." (AAW F. 98, Op. 1, D. 23, Bll. 17v–18r, s. Anm. 49 in Nr. 653); „479„ d. 31. [Augustus 1725]„ Abietis tenuiore folio fructu deorsum spectante [sic!] Tournef. Sp. 2. Resina sicca, Officinarum Tanjutis proprie ... Tangtschu dicta; Burgundisch Hartz, êqvâ Pix Burgundica„ " (a. a. O., Bl. 18r); „166„ d. 31. [Augustus 1725]„ Abies picea Volck. Fl. Norib. Abies folio rigido pungente tenuiore, fructu deorsum spectante, squama non defluxili; [sic!]. Tournef. Sp. 2. Picea Officinarum; Chaschor Mongolis, Chazoora Borathis; Tanjutis Tangdi, Tschulim Tattaris Teigendsu; Kystim-Tattaris Schibho; Ass-jach-Lapponibus circa Artesch-ostium; Kuhl; Jisdem circa Surgut urbem Asspay; Uhd-murdt, seu

Wuad-jach Getis vel Göthis, Cüÿss-pay; Marec-jeng seu Czeremissis, Coshe; Russis Jeel; ... Germ. eine rothe Tanne, ... Gründe; (-) Cortex, Folia et Coni“ (a. a. O., Bl. 30v); „167„ d. [31. Augustus 1725]„ Ejusd. Resina sicca è scapo collecta; Resina communis Officinarum; è quâ pix burgundica Officinis dicta; Tangtzu Tanjutisch seu Indis ultra Gangem“ (a. a. O., Bl. 30v); „15. September 1723 ... Die Resina der anderen Tannen oder Abietis tenuiore folio, fructu deorsum spectante [sic!] (Tournefortii sp. 2), sonst Picea officinarum genannt, flosse bei weitem so häufig nicht, sondern war viel dickerer und zäherer Konsistenz, auch eines ganz diversen Geruchs, welche sonst Pix Burgundica genannt wird, und in Thüringen, auch andern Orten Teutschlandes, zu Auspechung der Bierfässer employieret zu werden pfleget.“ (Messerschmidt 1962–1977, Bd. 2, S. 133f.); „Abies tenuiore folio, rigido pungente, fructu deorsum flexo, cortice rugoso scabro (Tournefortii sp. 2) [sic!], Off.“ (Messerschmidt 1962–1977, Bd. 4, S. 207, s. Anm. 1 in Nr. 1); „31. August 1725 ... brachten mir ... Abietis tenuiore folio, fructu deorsum spectante [sic!] (Tournefortii sp. 2) corticem cum foliis et conis, eiusdem resinam siccam, ...“ (Messerschmidt 1962–1977, Bd. 4, S. 222ff.); lat. „Abies alba“, russ. „пихта“ [russ. *pichta*], arinz. „Páj-iga. p’haidja“, katschinsk. „Tegén Schö [durchgestrichen], Númschach-Schö.“, kaidin. „Nemsach-Schö (мя<г>кои е⌊ль⌋никъ) [russ. *mjagkoj el’nik*]“, taiginz. „Lébgu“, mator. „Kàt“, kamass. „Nólgo“, kotowz. „Schújang.“, tschatzk. „Wáilang. пихта. [russ. *pichta*]“ (J. G. Gmelin in: AAW F. 21, Op. 5, D. 73, Bll. 294v/295r); „пихта [russ. *pichta*]“, barabinz. „Báilan“ (a. a. O., Bl. 277v); lat. Abies picea dicta, russ. *pichta*, tung. Gángta (RGADA F. 199, Op. 2, kn. 513, D. 27, Bl. 8v); „... Num abietis albae resinam a plebe germanica Mastichis a Russis Semlanoi aut Murabei Ladan [russ. *zemljanoj ladan* und *muravejnyj ladan*] nomine insignitam et a formicis in acervos colligi solitam, indicare velint vix probabile est, cum Russi posteriq) singulari nomine donaverint, annon quidam fungorum rudimenta mucosa subintelligant, rei propius accedere videtur. Quicquid autem sit, hoc indicare volui, propterea, quod Russi a Moscua huc usq), nihil magis in ore habere omnibusque magnificis verbis commendare soleant quam hoc oleum formicarum, quo saltem constet historia hujus subjecti, donec alius ipsius subjecti detectione, quid quam certius communicare possit.“ (AAW R. I, Op. 104, D. 18, Bl. 2v, s. Anm. 20 in Nr. 632); „Mastix, der oder das, ... Lat. Mastiche, ... ein Harz, welches aus der Rinde des Mastix=Baumes oder der Mastix=Pistacie, Pistacia Lentiscus Linn., fließet, ...“ (Krünitz 1773–1858, Bd. 85, S. 409ff.); s. auch Nr. 1068

5 russ. *pichta*

6 „[species 2] Pinus sylvestris, vulgaris, Genevensis J. B. 1. 253. Pinus sylvestris C. B. Pin. 491. Pinus sylvstris, montana Cam. Epit. 40.“ (Tournefort 1700, S. 586, Genus II. „Pinus. Pin.“); „II. Pinus sylvestris. ...“ (Bauhin 1623, S. 491); „Pinus sylvestris vulgaris, Genevensis I. B. 1. 253. ... Fichte, Fichten=Baum, Kihn=Baum, unde fuligo ex ejus ligni fumo collecta dicitur Kihn=Ruß. ...“ (Rupp 1726, S. 270); „1. PINUS foliis geminis, primordialibus solitariis glabris. Pinus sylvestris vulgaris genevensis. Bauh. hist. 1. p. 253. Tournef. inst. 586. ...“ (Linné 1737, S. 450); „29. PINUS foliis geminis, primordialibus solitarii glabris LINN. h. Cliff. p. 450. Suec. 788. ROY. pr. p. 89. Pinaster LOB. ic. II. p. 226. Picea CAESALP. p. 130. Pinus syluestris Geneuensis et taeda I. B. I. p. 252. et TOURN. I. R. H. Pinus foliis geminis, cono pendulo, nucleis strigosis HALL. Helv. p. 149. α) Pumila foliis breuioribus et conis minoribus. Pinus humilis incubacca FRANK. et LIND. LINN. Lapp. p. 346. Pinus syluestris Gagnebin HALL. Helv. p. 150. ... Russ. Сосна [russ. *sosna*] dicitur. silua pinea соснякъ [russ. *sosnjak*], eadem cum immixtis betulis боръ [russ. *bor*]. ...“ (Gmelin 1747–1769, Bd. I, S. 178f.); „29. Pinus foliis geminis, pimordialibus solitariis glabris [=] Pinus sylvestris L. β. sibirica Ledeb.!“ (Ledebour 1841, S. 60); „Pinus sylvestris, ... gemeine Fichte, ... Fichte; wilde Fichte; Fichtenbaum; Forchen; Foren; Fure; Ferge; Forle; Förling; Kiefer; gemeine Kiefer; Kienbaum; Kienfore; Kühnbaum; Mändelbaum; Ziegenholz; Schlaiholz; Spanholz; Dale; Thäle; ... das Holz ... dient auch sehr gut zu ... Balken, zu Bretern, Schindeln; Sparren, und Latten und anderem Hausgeräthe; ... Seine harzig und wolriechende Spitzen werden von den Aerzten als ein harn= und schweißtreibendes, auch blutreinigendes Mittel in einem Thee verordnet: ...“ (Gmelin 1775, Sp. 62ff.); „Pinus sylvestris L. Fichte. R. Sosna. T. Jekta. B. Narahun. ... Der noch saftige Jahrwuchs, der Sosnowoi Sok heißt, wird im Frühlinge als ein Leckerwerk

gegessen (*). Die Buräten und Heiden bedienen sich dessen zu aller Zeit als Durst stillenden Mittels. |: (*) Er ist einer mit von den allervortrefflichsten Blutreinigungen, und macht den mehresten Kräutersäften der Apotheken den Vorzug streitig. :|" (Georgi 1775, S. 235); „1) Die gemeine Fichte. Pinus sylvestris. ... Pinus foliis geminis; primordialibus solitariis glabris. LINN. ... Sp. pl. 1418. Hort. Cliff. 450. ... GMEL. Sib. 1. p. 178. ... Pinus sylvestris. C. BAUH. pin. 491. ... Dieser Baum wird auch insgemein die wilde Fichte, oder schlechthin die Fichte, oder Fichtenbaum; desgleichen Fore, Forche, Forle, oder Kienbaum, Kienforle, Kiefer oder Harzbaum genennet. ... Die Fichte enthält ... ein weisses und klares Harz, ... dieses Harz wird von den Lappländern wider das Zahnweh gekauet, ... Den Splint, ... essen gemeine Leute in Schweden häufig frisch und roh als Leckerbissen; ... er enthält einen wahren Balsam oder ein im Wasse aufgelöstes Harz vermöge dessen er zugleich gegen Ausschlag, Würmer, Engbrüstigkeit, Lungensucht und Scorbut eine vortrefliche Arzney ist; er treibet stark auf den Urin, ... Aus der zarten und innern Rinde dieses Baums verfertigen die Lappländer ... ein Brod, ..." (Linné 1777, S. 347ff.); „PINUS Sylvestris. Tab. II. Fig. Ii. P. foliis geminis, primordialibus solitariis glabris ... Gmel. Fl. sib. I. p. 178. ... Germanis Föhre, Kiefer, Fichte, Kienbaum, in Livonia Tanne. Ross. Сосна [russ. *sosna*] (Sosna), Pinetum Соснякъ [russ. *sosnjak*] (Sosnäk), et frondosis arboribus mixtum Боръ [russ. *bor*] (Bor); sylvulae pumilae in campo Barabensibus Рями [russ. *rjami*] (Raemi) [Nr. 1071] ... Livonis Prehde; Esthonis Moen. Tataris in Sibiria et Baschkiris Karagai vel Charagai; Casaniensibus Narak. Permiensibus et Siraenis Poschom et Poschem. Vogulis Taeri, ad Tschussovajam Taeru. Ostiacis Untsche, Ontsche; Wassuganis Ontsch. Samojedis ad Obum Ié, ad Ieniseam Sié; Tamginis Taimua, Tomensibus Tiu, ad Ketam Tschyé vel Kyé; Carassinis Tsché; Camaschis Dshu. Arinzisch Aja; Pumpocoliensibus Kógongho; Assanis Ei. Mongolis Narassù; Buraetis Nar'hun vel Narassun. Tungusis Dschagda. ... Varietas etiam magis nana, tortuosa, ... occurrit in Novae Rossiae quibusdam locis, itemque in campis Barabensibus, ..." (Pallas 1784, S. 5f.); „1087. Pinus sylvestris. ... Gemeine Fichte. Ruß. Sosna. Tat. Baschk. Barab. und Kirg. Karagai auch Nurat. Kalm. Scharu Charagai. Wogul. Tari. Tscher. Pandsche und Pysche. Wotj. Üashim und Puschym. Mordw. Pitscha. ..." (Falk 1786, S. 257); „q) Pinus sylvestris. Deutsch. Die Kiefer, Die Föhre, misbräuchlich Die Fichte; – Kyfer, Kiehne, Kiene, Kienbaum, Kienföre, Kühnbaum, Kühfichte; Forche, Forchel, Fohre, Füre, Feure, Ferche, Fure, Ferent, Farche, Ferge, Forle, Förling, Perge, Werge, ... Fackel, Fackelföre, Schleissföre, Schleinholz, Schleissholz, Grauholz, Grünholz, Spanholz, Wirbelbaum, Cirkelbaum, Ziege, Krätzfichte, Mändelbaum, Mädelbaum, Festenbaum, Dale, Thäle, Livland Tanne; In einigen Ländern unterscheidet man die rothe Före von der weissen, jene heißt daselbst Rothföre, Schwarzföre, Kienföre, Kiefer, und diese Weissföre. ... Russ. Sosna; Pinetum Sosnäk; Pinetum frondosis arboribus mixtum Bor; ... Lett. Prehde, Sunku kohks. Ehstn. Män. ... Tatar. Karagai; Baschk. Charagai. Barab. Karagai; Kirgis. Karagai, Nurat. Kasan. Narak. Kalmuk. Schru Charagai. Perm. Poschom; Szirj. Poschem. Wogul. Tari; Ad Tschussov. Taeru. Tscherem. Pandsche, Pysche. Ostjak. Untsche, Ontsche. Wassug. Ontsoch. Wotjak. Paschim, Puschym. Mordwin. Pitscha. Samojed. 1) Ad Obum Jé; 2) Ad Jenis. Sie; 3) Tamgin. Taimua; 4) Tomers. [sic!] Tiu; 5) Ad Ketam Tschye, Key; 6) Karass. Tsché; 7) Kamass. Dshu. Arinz. Aja; Pumpocol. Kógongho. Assan. Ei. Mongol. Naressu. Buraet. Narassun, Narhun. Tungus. Dschagda, Jekta. ... die harzreichen Stöcke liefern den Kiehn (Taeda), den man zu Fackeln, und zum Anmachen des Feuers braucht; ... Die Rinde dient zur Gerberlohe; ... Wenn der Blüthenstaub mit Regen vermischt herabfällt, so wird er ... für Schwefelregen gehalten; ... Als Varietäten rechnet man hieher: ... 2) maritima; Die Meerkiefer, Meerfuhre; [s. Nr. 1071] ..." (Nemnich 1795, Sp. 984ff.); „1. PINUS sylvestris ... Gemeine Fichte. Gemeine Kiefer, Fuhre, Föhre, Kienbaum ... Auf Kamtschatka und den Inseln ist sie sparsam. Auch hier ist die kleinere Abart. Pinus maritima [Nr. 1071] ... vorzüglich aber in der Baraba, ..." (Georgi 1797–1802, Theil 3, S. 1307ff.); „1. PINUS sylvestris. ... P. foliis geminis: ... Hort. cliff. 450. ... Gmel. sib. 1. p. 178. ... P. sylvestris. Bauh. pin. 491. ... Gemeine Fichte. W. ..." (Linné 1797–1830, Bd. IV, Teil 1, S. 494f.); „13. P[inus]sylvestris (L. Spec. 1418) ... PALL. Fl. ross. I, p. 5, t. 2, f. J. i. ... M. a BIEB. Fl. t. c. II, p. 407; ... LEDEB. Fl. alt. IV, p. 199. ... P. foliis geminis, ... GMEL. Fl. sib. I, p. 17,

No. 29. β. sibirica (LEDB. Fl. alt. l. c.) ..." (Ledebour 1846–1851, S. 674f.); „1925. PINUS syluestris. ... Linn. ed. Willd. 4. p. 494. ... Pall. ross. I. t. 2. f. Ii. ... Gmel. sib. I. p. 178. n. 29. ..." (Marschall von Bieberstein 1808, S. 407f.); „1925. PINUS SYLVESTRIS. Linn. ... Linn. Spec. pl. ed. 2. p. 1418. ... M. a Bieb. Fl. taur. cauc. II. p. 407. No. 1925.; ... β. sibirica: ... P. sylvestris Pall. Fl. ross. I. p. 5. ... Gmel. Fl. sib. I. p. 178. No. 29. (excl. synon. omnibus). ..." (Ledebour 1833, S. 199f.); Pinus sylvestris L. – russ. *sosna*, *osocharnica*, *pužum* bzw. *bias-čami* d. h. *belaja sosna* (*Annenkov* 1858, S. 69, Nr. 809); wotjakisch pužĭm bzw. pužim – Pinus sylvestris (Munkácsi 1896, S. 597); wotjakisch kyz pu – Fichte (Wiedemann 1851, S. 354); wotjakisch pushim pu – Kiefer (Wiedemann 1851, S. 363); mokschanisch kuz – Fichte (Ahlquist 1861, S. 162); ersanisch kuz – Fichte (Wiedemann 1865, S. 195); ersanisch pitše – Kiefer (Wiedemann 1865, S. 210); burjatisch nârahaŋ, narahaŋ(n), nârohuŋ bzw. naraso – Fichte (Castrén 1857, S. 193); wogulisch tärī bzw. tarịg – Kiefer, Föhre (Ahlquist 1891, S. 58); wogulisch tarim (nach D. G. Messerschmidt) – Fichte (Klaproth 1831, S. 191); syrjänisch požůṃ, požuma bzw. požyma – Pinus sylvestris, Kiefer (Wiedemann 1880, S. 247); ostjakisch unʒ̇a, xût bzw. onʒ̇ex – Fichte (Castrén 1858, S. 111); ostjakisch ꞥaxsem, ꞥanxsem, omplak bzw. lawlak – Kiefer (Castrén 1858, S. 114); tungusisch ʒagda, đägda bzw. ʒ'agda – Fichte (Castrén 1856, S. 123); tungusisch jággela – Fichte (Klaproth 1831, S. 288); samojedisch jie, küe, ŧüe, ċwe, ŧǘ, töl-pu, ŧül-pu, ŧo' bzw. ŧo̊ – Fichte (Castrén 1855, S. 220); *Enisej*-ostjakisch ei – Fichte (Castrén 1858a, S. 160); bucharisch šurû – Fichte (Klaproth 1831, S. 250); mongolisch narašu bzw. narašù – Fichte (Klaproth 1831, S. 277); jakutisch бäс – Fichte (Middendorff 1851, S. 134)

„1. Pinus sylvestris C. B. P. Russ. сосна [russ. *sosna*]." (AAW R. I, Op. 13, D. 67, Bl. 19r, s. Anm. 5 in Nr. 4); „2. Pinus minor breviore folio, ... in Barabensibus campis occurrunt. hanc Pinus specie fertilia, quae loca Russice Rjam vocant⟨.⟩" (a. a. O., Bl. 19r); „Pinus sylvestris CBP. Russ сосна. [russ. *sosna*] ..." (AAW R. I, Op. 104, D. 8, Bl. 12v, s. Anm. 18 in Nr. 452); „140. Pinus sylvestris C. B. P. ..." (AAW R. I, Op. 104, D. 17, Bl. 16r, s. Anm. 36 in Nr. 8); „337. Pinus sylvestris C. B. P." (AAW R. I, Op. 105, D. 12, Bl. 14v, s. Anm. 54 in Nr. 17); „357 Pinus sylvestris CBP. 491." (AAW R. I, Op. 6, D. 40, Bl. 38v, s. Anm. 1 in Nr. 1); „Pinus sylvestris C. B. P. ..." (AAW F. 21, Op. 5, D. 98, Bl. 35r, s. Anm. 54 in Nr. 17); „263. Pinus sylvestris C. B. P. ..." (AAW R. I, Op. 105, D. 1ª, Bl. 23v, s. Anm. 29 in Nr. 5); „76. Pinus Sylvestris C. B. P. ... Russ. Сосна. [russ. *sosna*]" (AAW R. I, Op. 13, D. 42, Bl. 9r, s. Anm. 1 in Nr. 1); „13. Mai 1724 ... Item Pinum sylvestrem vulgarem Genevensem (J. B. Tournefortii sp. 2.), ..." (Messerschmidt 1962–1977, Bd. 3, S. 17f.); „8. Juli 1725 ... Von Kräutern fand sich ... Pinus sylvestris vulgaris (Tournefortiii sp. ***); ..." (Messerschmidt 1962–1977, Bd. 4, S. 152ff.); „Pinus sylvestris vulgaris Genevensis (Tournefortii sp. 1), Off." (Messerschmidt 1962–1977, Bd. 4, S. 207, s. Anm. 1 in Nr. 1); lat. „Pinus", russ. „Сосна. [russ. *sosna*]", arinz. „Aja.", katschinsk. „Karagàss", kaidin. „Karagàss", taiginz. „Dshje", mator. „Dshje", kamass. „Dshjò.", kotowz. „Éi.", tschatzk. „карага^и [russ.? – *karagai*]" [?] (J. G. Gmelin in: AAW F. 21, Op. 5, D. 73, Bll. 294v/295r); „Сосна. [russ. *sosna*]", barabinz. „Karagài" (a. a. O., Bl. 277v); „Эль [russ. *ėl'*] – Pinus" (a. a. O., Bl. 270v); lat. Pinus, russ. *sosna*, tung. Dschagdà (RGADA F. 199, Op. 2, kn. 513, D. 27, Bl. 8v)

7 russ. *sosna*

8 „[species 7] Pinus maritima, minor C. B. Pin. 492. Pinaster tertius, Hispanicus, pumilus J. B. 1. 246. Pinaster iij. Hispanicus Clus. Hist. 33." (Tournefort 1700, S. 586, Genus II. „Pinus. Pin."); „V. Pinus maritima major. ... VI. Pinus maritima altera, Matth. Tab. Lug. ... VII. Pinus maritima minor. ... Pinaster tertius, Clus. hisp. Lob. Lugd. ... Pinaster tenuifolius julo purpurascente, Clus. pan. ..." (Bauhin 1623, S. 492); „VI. Das sechste Geschlechte [von Pinus] ist der kleine Meer=Zirbel=Baum, oder Meer=Fichten=Baum, Pinus maritima minor, C. B. P. 492. Park. T. 586. Pinaster tertius Hispanicus humilis, J. B. 1. 2. 256. Raj H. 1400. ... Ist ein Baum von zimlicher Höhe, ... VII. das sibende Geschlecht [von Pinus] ist der große Meer=Zirbel=Baum, Pinus maritima major. C. B. P. ..." (Zwinger 1744, S. 179f.); „8 *Pinus maritima; ... Große Meer=Fuhre. ... b Pinus maritima altera Matthioli. c Pinus maritima minor. Sind nur Varietäten. ..." (Münchhausen

1770, S. 218f.); „[Pinus] maritima altera; bedeutet bey ... C. Bauhin ... die Meerfichte." (Gmelin 1775, Sp. 101); „[Pinus] maritima, foliis geminis: conis pyramidatis, ... Meerfichte, ... Meerkiefer; Meerfuhre; langblätterichter Pinaster; ... Linné hält sie für eine blose Spielart der gemeinen Fichte: Ihr Stamm ... hat ein minder harziges, weisses Holz, einen braunen Splint, und eine braune äusere Rinde; ..." (a. a. O., Sp. 101ff.); „Pinus maritima major; so nennen Gerard, Dodonäus und C. Bauhin eine Spielart der Meerfichte mit röthlichen Trieben im Frühlinge." (a. a. O., Sp. 103); „[Pinus] maritima minor; hierunter verstehen Dodonäus und C. Bauhin die niedrige Büschelkiefer oder eine niedrige Abart der Meerfichte, ..." (a. a. O., Sp. 103); „[Pinus] maritima prima; so nennen Matthiol, Theodor und du Hamel die Büschelkiefer, oder eine Abänderung der Meerfichte, ..." (a. a. O. Sp. 103); „Art. 150. Deutsche K[iefer] P[inus] silvestris. ... &. 543. Halbarten. Subspecies. a) Deutsche Meerkiefer. Pinus maritimus. ... Man hat zwey Abarten (Varietates) von ihm. aa) Pinus maritima minor und bb) Pinus maritima β. ..." (Walther 1793, S. 311ff.); „10. Die zwey= langblättrige Kiefer=Fichte, die Meer=Kiefer, Meer=Föhre, der langnadelige Pinaster, ... Pinus maritima altera Matthioli ... Pinus maritima, foliis geminis, conis pyramidatus ... du Roi. ... Die Büschel=Kiefer, Pinaster tenuifolia, iulo purpurascente C. B. Pinus maritima prima Matthiol. ... ist nur eine Varietät der vorigen, ..." (Krünitz 1773–1858, Bd. 37, S. 416ff.); „5. PINUS (maritima) foliis geminis; conis pyramidatis: ... Pinus sylvestris var. γ. Linn. Sp. Pl. Pinus maritima altera MATTHIOL. pag. 23 ... Meerkiefer. Meerfuhre. Der langnadeliche Pinaster. b. PINUS maritima prima MATTHIOLI pag. 23 ... Pinaster tenuifolius, iulo purpurascente C. BAUH. Pin. 492. Die Büschelkiefer. ... Sie ist von der vorigen nur eine Abart, ... C. PINUS maritima minor C. BAUH. Pin. Die niedrige Büschelkiefer. Als diese Abart muß ich eine hier befindliche zweiblättrige Kiefer ansehen, ..." (Du Roi 1800, S. 56ff.); „Pinaster, ist ... die Benennung, unter welcher ... Gesner, Lobel, ... die gemeine Fichte verstehen." (Gmelin 1775, Sp. 54); s. Nr. 1070; lat. „Larix minor fructu majore obtuso", russ. „сланецъ [russ. *slanec*]", kotowz. „Peü-bu" (J. G. Gmelin in: AAW F. 21, Op. 5, D. 73, Bll. 294v/295r); lat. Cedrus humilis, russ. *slanec*, tung. Bolgíkta (RGADA F. 199, Op. 2, kn. 513, D. 27, Bl. 8v)

9 russ. *slanec*

10 „[species 1] Larix folio deciduo, conifera J. B. 1. 265. Larix Dod. Pempt. 868." (Tournefort 1700, S. 586, Genus III. „Larix. Meleze."); „LARIX. ... Larix folio deciduo conifera, J. B. Pit. Tournef. ... teutsch, Lerchenbaum. ... Aus seiner Schale rinnet ein flüßiges Hartz oder eine Gattung Terpentin, die wird Resina larigna, Lerchenbaumhartz genennet. ... Aus den stärcksten Aesten ... rinnet eine weisse, trockene Manna, welche auf lateinisch, Manna laricea, ... auf teutsch, Manna vom Lerchenbaum, Lerchenbaummanna, genannt wird. Sie purgiret. Die Früchte und die Blätter des Lerchenbaumes halten an. Das Wort Larix soll, wie man glaubet, von einem alten teutschen Wort Larch oder Larich, herkommen, welches einen Lerchenbaum bedeutete. Wie aber andere angeben, so soll es aus dem Griechischen λαρὸς, suavis, lieblich, kommen, dieweil die Blätter von dem Lerchenbaum gar angenehm riechen." (Lémery 1721, Sp. 615f.); „4. ABIES foliis fasciculatis obtusis. Larix folio deciduo, conifera. Bauh. hist. 1. p. 265. Tournef. inst. 586. ... Larix. Bauh. pin. 493. Dod. pempt. 868, 869. ..." (Linné 1737, S. 450); „28. ABIES foliis fasciculatis obtusis LINN. h. Cliff. p. 450. Larix fere omnium Auctorum. Larix folio deciduo conifera I. B. I. p. 265. TOURN. I. R. H. Larix folio deciduo HALL. Helv. p. 149. ... Silua tota paene laricibus constans лиственишной боръ [russ. *listvenišnoj bor*] dicitur. Larix autem Russis vocatur лиственица [russ. *listvenica*]. ..." (Gmelin 1747–1769, Bd. I, S. 176ff.); „28. Abies foliis fasciculatis obtusis [=] Laricis species plures confusae." (Ledebour 1841, S. 60); „Pinus Larix, foliis fasciculatis obtusis; Lerchenbaum, ... Leerbaum, Lierbaum; Brechtannne; Rothbaum; ... die sibirischen Jäger bedienen sich des süsen, saftigen Splints, den sie ... mit Meele vermischen ... statt des Sauerteigs: ..." (Gmelin 1775, Sp. 80ff.); „... man bemerkt auch fast jährlich unter dem Horn= und Schaafvieh eine Seuche, die sich mit einem innerlichen Brand endigt, und wieder welche man, mit einigem Erfolg, das Räuchern mit Gummi von Lerchenbäumen zu gebrauchen angefangen hat. ... wenig wird der purgirende Lerchenschwamm der Apotheken, ... gesammlet; doch habe ich gehört, daß man sich dieses heftigen Mittels, als einer Brecharzney in kalten Fiebern, und zum eröfnen bey

einem langwierigen weissen Fluß, unter dem Landvolk bedienen soll (*)." (Pallas 1773, S. 127ff.); „Pinus larix L. Lerchenbaum. R. Listweniza. T. Riokta. B. Schinohun. ..." (Georgi 1775, S. 235); „7) Der Lerchenbaum. Pinus Larix. ... Pinus foliis fasciculatis, obtusis LINN. ... Sp. pl. 142. ... Abies foliis fasciculatis ... LINN. Hort. Cliff. 450. ... GMEL. Sib. 1. p. 176. ... Larix folio deciduo, conifera. I. BAUH. hist. 1. p. 265. ... Larix C. BAUH. pin. 493. ... TORRNEF. [sic!] inst. 586. ... Der Terpenthin ... wird ... in der Arzneykunst sowohl innerlich als äuserlich gebraucht, und thut besonders äusserlich in Wunden und Geschwüren ... vortrefliche Dienste, innerlich genommen treibt er sehr stark auf den Urin, ... Das Holz [wird] ... zu Mastbäumen und zum Schiffbau überhaupt, zu Mühlenwellen, zu Wasserrädern, Wasserleitungen, Brunnenröhren, ... gebraucht ..." (Linné 1777, S. 359ff.); „PINUS Laryx. Tab. I. P. foliis fasciculatis deciduis. ... Gmelin. Flor. I. p. 176. ... Germanis Lärichen d. Lärchenbaum. Rossice Лиственица [russ. *listvenica*] (Listveniza), larycetum Листвяк [russ. *listvjak*] ... Tataris Sibiriae Tyt vel Tet-agatsch. Baschkiris Karagàs. Sirjaenis Njapu. Vogulis Nank, ad Tschussovajam Nüg, Ostiacis Nank. Samojedis ad Obum Chàru; ad Jeniseam Kamu vel Chamme; Tamginis Moeä. Samojedis Tomensibus Tydsching; ad Ketam Toeo vel Tyu; Carassinis Tyyn; Tayginzis seu monticolis Toima; Camaschinzis (qui ut praecedentis omnes Samojedicae sunt stirpis) Schóeme. Arinzis Tschítt; ejusdem stirpis Pumpocoliensibus Tag, Inbazkiensibus Sess, Assanis Schet. Mongolis Schinoessù; Buratis Itschehun; Tunguso-Dauuris Tschinahùn. Tungusis Irjaktò; Lamutis Irjat, Iroet, Isich. Camtschadalis Krom. ... Usus Larycis insignis et admodum varius: ... Si tunc lignum usque ad medullam exedesit ignis, ... inferius lignum exstillat Gummi glutinosum, ... quod nuperis temporibus, Clar. Rinder praesertim suadente, in Officinas Russicas sub improprio nomine Gummi Orenburgensis susceptum est. Posset aptius Gummi Uralense vel Gummi Larycis appellari; Laryceta enim Uralensia ab Orenburgo longe absunt. – Hoc Gummi praeter usum medicum pro cupediis, dentes firmat et antiscorbutica nutrìtorìaque virtute podest, partim ad glutinandos arcus aliaque adhibetur. ..." (Pallas 1784, S. 1ff.); „1089. Pinus Larix ... Pall. Flor. Ross. t. 1. Leriche. Ruß. Listwiniza. Tat. Til. Agatsch, auch Tut. Ost. Tut. Barab. Tet. Baschk. Kisil Karagas. ... Die Leriche hat von andern Fichtenarten das Verschiedene, daß sie jährlich ihre Blätter erneuert. ... Alte Bäume geben an kranken Stellen ein dem Kirsch= oder arabischen Gummi etwas ähnliches Gummi, welches die Baschkiren sammlen und es theils des Sommers wider den Durst im Munde vom Speichel schmelzen lassen, theil es in Orenburg pudweise unter dem Namen Sagis verkauffen. ... Der seel. Dr. Rinder in Orenburg empfahl das Sagis in den Apotheken statt des arabischen Gummi einzuführen, ..." (Falk 1786, S. 258f.); „Lärche, (die) der Lärchenbaum (*), Lärbaum, Leerbaum, Leertanne, (weil der Stamm während des Winters von Blättern entblößt und leer ist,) Lierbaum, in Schlesien Löhrbaum, die Lerche, der Lerchenbaum, die Lerchtanne, Lorchbaum, Rothbaum, (wegen der rothen Farbe des Holzes,) Schönholz, ... 1. Der gemeine, oder der europäische Lärchenbaum, ... Larix folio deciduo conifera J. Bauh. ... der König der Nadelhölzer, ..." (Krünitz 1773–1858, Bd. 65, S. 2ff.); „h) Pinus larix. Deutsch. Der Lärchenbaum; Lerchenbaum, Lorchbaum, Lorche, Lerche, Lerchentanne, Leerbaum, Leertanne, Lierbaum, Löhrbaum; Rothbaum; Schönbaum, Schönholz; Brechtanne. ... Russ. Listweniza (Laricetum Listwäk). ... Tatar. Tyt, Tet-agutsch, Tut. Baschkir. Karagàs, Kisil-Karagas. Barab. Tet; Ostjak. Tut; Nank. Szirjän. Njapu. Wogul. Nank; Ad Tschussovajam Niig. Samojed. 1) Ad Obum Charu; 2) Ad Jenis. Kamu, Chamme; 3) Tamgin. Moeä, 4) Tomens. Tydsching; 5) Ad Ketam Taeo, Tyu; 6) Carass. Tyyn; 7) Tayginz. Toima; 8) Kamasch. Schóme. Arinz. Tschitt; Pumpocol. Tag; Inbazkiens. Sess; Assan. Schet. Mongol. Schinaessu. Tungus. Irjakto; Daur. Tschinahun. Burät. Itschehun. Lamut. Irjat, Iraet, Isich. Kamtsch. Krom. ... die Rinde dient zum Gerben, von den sibirischen Landleuten wird sie zum Braunfärben genutzt; ... Orenburgisches Gummi heisst ein dem arabischen etwas ähnliches Gummi, das von den kranken Stellen alter Lärchen gesammelt ... wird; ..." (Nemnich 1795, Sp. 979f.); „3. PINUS Larix ... Lerchen=Fichte. Lerchenbaum. Lerche. R. Listwiniza, ... Tat. Tet Agatsch, Baschk. Karagasch, Samojed. am Ob Saru, Burätt. und Mongol. Itschehun, Tung. Irjakto, Kamtschad. Krom. ... Viele Baschkiren höhlen auch alte wachsende Lerchen=Bäume zu Bienenstöcken aus. ... Viele Bäume haben Lerchenschwämme (Agaricus officinalis), [s. Nr. 1047] ..." (Georgi 1797–1802, Theil 3,

S. 1313ff.); „9. P[inus] Larix (L. Spec. 1420) ... PALL. Fl. ross. I, p. 1 (quoad pl. europaeam, excl. icon.). ...“ (Ledebour 1846–1851. S. 672); „10. P[inus] Ledebourii ... P[inus] Larix. ... PALL. Fl. ross. I, p. 1 (quoad pl. sibir., excl. pl. davurica (saltem ex parte) et kamtschatica) t. 1, f. C. ... Larix sibirica. LEDEB. Fl. alt. IV. p. 204. ...“ (a. a. O., S. 672f.); „1. LARIX SIBIRICA. ... Pinus Larix. Pall. Fl. ross. I. p. 1. t. I (quoad stirpum sibiricam.) ... Abies foliis fasciculatis obtusis. Gmel. sib. I. p. 176. No. 28. (excl. synon.) ...“ (Ledebour 1833, S. 204f.); „Auch Lärchenrinde oder vielmehr der Splint dieses Baumes wird ... [von Jakuten] zu Mehl verarbeitet.“ (Middendorff 1875, S. 1565); „34. Larix europaea DC. s. Pinus Larix L. (Conif.). ... Das Lärchenharz wirkt also der Volksanschauung zufole zähnereinigend, zahnfleischstärkend, foetorbeseitigend, beseitigt Koliken, wirkt abführend und wundheilend. Mit der Verwendung als Mundmittel stehen die genannten Völkerschaften keineswegs allein da, indem diese Sitte sich weit in den Orient hinein erstreckt.“ (Henrici 1894, S. 49); „Die 8te art. [, diese Fische in *Ochock* zu gebrauchen] bestehet dariñe) das) sie den fischroge) ... entweder alleine, ... oder mit dem perixylo von Larice [geniessen] ... u. ist dieses gemeiniglich derer Kamtschadalen wege u. reise futter. ...“ (G. W. Steller am 27. August 1740 in: Hintzsche 2000, S. 154); gr. peri- – um, herum; gr. xylon – Holz; vermutlich die Rinde; „... mit einer harten und dichten Rindenschicht, die unmittelbar das Holz umgiebt ... nenne ich diese Schicht périxyle (perixylon). Diese Stamm périxyle umgiebt die aufsteigenden Gefässe, ... so wie die absteigenden. ...“ (Link 1844, S. 12); Pinus Larix L. – russ. *listvennica* (*Annenkov* 1858, S. 69, Nr. 804); burjatisch ṡineheŋ, ṡụnöhöŋ(n) bzw. ṡụnösö – Lärchenbaum (Castrén 1857, S. 202); wogulisch ńix, ńiṅ bzw. naṅk – Lärchenbaum (Ahlquist 1891, S. 32); wogulisch njich (nach D. G. Messerschmidt) – Lärichenbaum (Klaproth 1831, S. 191); syrjänisch lisveń, nija, nia bzw. nija-pu – Larix sibirica, Lärche (Wiedemann 1880, S. 152 bzw. S. 192); ostjakisch nânk – Lärchenbaum (Castrén 1858, S. 115); ostjakisch naŋ (nach D. G. Messerschmidt) – „Lärichenbaum“ (Klaproth 1831, S. 195); tungusisch garra, iräkta, ŭrukta bzw. iråktä – Lärche, Lärchenbaum (Castrén 1856, S. 127 bzw. S. 74); tungusisch yráakte – „Lerchenbaum“ (Klaproth 1831, S. 288); samojedisch hâru, haru, tuimua, karu, töu, tüu bzw. ċuu – Lärche (Castrén 1855, S. 245); *Enisej*-ostjakisch seäs bzw. säs – Lärchenbaum (Castrén 1858a, S. 186 bzw. S. 188); mongolisch garchai bzw. mihinišù – „Lärichenbaum“ (Klaproth 1831, S. 280); jakutisch тīт – Lärchenbaum (Middendorff 1851, S. 104); „Lārix T. (Strobilaceae). Λαριξ, vielleicht vom celtischen lar (reichlich), in Bezug auf die grosse Menge Harz, welche der Baum liefert. Nach Dioscorides (I. 77) ist Larix der gallische Name des Harzes.“ (Wittstein 1852, S. 500);

„1. Larix folio deciduo conifera J. B. Russ. листвякъ [russ. *listvjak*].“ (AAW R. I, Op. 13, D. 67, Bl. 19r, s. Anm. 5 in Nr. 4); „Larix folio deciduo conifera J. B. Russ листвякъ [russ. *listvjak*] ...“ (AAW R. I, Op. 104, D. 8, Bl. 12v, s. Anm. 18 in Nr. 452); „338. Larix folio deciduo conifera J. B.“ (AAW R. I, Op. 105, D. 12, Bl. 14v, s. Anm. 54 in Nr. 17); „358 Larix folio deciduo conifera JB 1. 265“ (AAW R. I, Op. 6, D. 40, Bl. 38v, s. Anm. 1 in Nr. 1); „Larix folio deciduo, conifera J. B. ...“ (AAW F. 21, Op. 5, D. 98, Bl. 35r, s. Anm. 54 in Nr. 17); „264. Larix folio deciduo conifera J. B. ...“ (AAW R. I, Op. 105, D. 1[a], Bl. 23v, s. Anm. 29 in Nr. 5); „77. Larix folio deciduo, conifera J. B. ... Russis листвя́къ [russ. *listvjak*]“ (AAW R. I, Op. 13, D. 42, Bl. 9r, s. Anm. 1 in Nr. 1); „483 Larix folio deciduo conifera J. B. листвякъ [russ. *listvjak*] ...“ (AAW R. I, Op. 104, D. 25, Bl. 35v, s. Anm. 61 in Nr. 21); „Larix folio deciduo, conifera. J. B. 1. 265. Tournef. Sp. 1. ...“ (AAW F. 98, Op. 1, D. 19, Bl. 32r, s. Anm. 59 in Nr. 19); „65.) Gummi Laricis, quae Larix folio deciduo conifera J. B. et Tournef. Sp. 1. Russis Listbhennítza; Tattaris Tétt; Tungusis Ÿráack; Burattis Tschínne-hung; ...“ (AAW F. 98, Op. 1, D. 21, Bl. 56r, s. Anm. 59 in Nr. 19); „6. April 1721 ... kam ein schwedischer Fähnrich ... welcher ... von den Listwenniza-Baum (Larix Tournef., sp. 1) ... sagte, daß solche den Winter nicht grüneten wie die andern Fichtenbäume; das Holz wäre etwas härter als das ... Fichten, würde allhier nicht zum ordinären Brennholz gebraucht, denn es hitzete allzu stark, sondern es bedienten sich solches nur die Töpfer und Bierbrauer; würde es aber in andern, dünnern Öfens gebrannt, so bersteten und zersprüngen solche gemeiniglich ... Es prasselte aber im Brennen recht, als wenn man Pistolen losschösse. So wollte er mich auch sagen, daß dieses dasjenige Holz wäre, welches zu Stein würde, wenn es in

Wasser läge. ...“ (Messerschmidt 1962–1977, Bd. 1, S. 86f.); „25. Juli 1722 ... folgende tatarische Vocabula: ... Tett, Larix Tournef., Sp. 1. russ. „лиственница [russ. *listvennica*] ‚ein Lärichenbaum ...‘ “ (a. a. O., S. 278ff.); „17. Juli 1723 ... Larix folio deciduo ...“ (Messerschmidt 1962–1977, Bd. 2, S. 96); „23. November 1723 ... Dieser Tunguse sagte mir, daß sie ihre Ziegenhaare mit dem Cortice Laricis färben durch bloßes Aufsieden, ...“ (a. a. O., S. 167ff.); „Larix [ostjak.] Nangg“ (Messerschmidt 1962–1977, Bd. 4, S. 269); „Larix, folio deciduo conifera (Tournefortii sp. 1), Off.“ (Messerschmidt 1962–1977, Bd. 4, S. 207, s. Anm. 1 in Nr. 1); russ. *listvennica*, auch *listvenica* – Pinus Larix (*Slovar'* 2000, S. 187); lat. „Larix“, russ. „листвякъ [russ. *listvjak*]“, arinz. „Schìt. t'schit“, katschinsk. „Tèt“, kaidin. „Tòtt“, taiginz. „Tóima“, mator. „Tóima“, kamass. „Schómae.“, kotowz. „DShjèt.“, tschatzk. „Tèt.“ (J. G. Gmelin in: AAW F. 21, Op. 5, D. 73, Bll. 294v/295r); „листвякъ [russ. *listvjak*]“, barabinz. „Tìt“ (a. a. O., Bl. 277v); lat. Larix, russ. *listvjak*, tung. Irjókta (RGADA F. 199, Op. 2, kn. 513, D. 27, Bl. 8v); lat. Larix, itelmenisch (Dialekt Chuhachtscha) Kuschhùm, itelmenisch (kamtschadalisch) Krom, ukinzisch (korjakischer Dialekt) Kúdschuhul (*St. P. Krašeninnikov* in: RGADA F. 199, Op. 2, Portf. 513, D. 13, Bl. 26v); lat. Larix, itelmenisch (Dialekt Kschaagschi) Kúschhùm, korjakisch Gégu (*St. P. Krašeninnikov* in: RGADA F. 199, Op. 2, Portf. 513, D. 6, Bl. 8r); „lat. Larix, kurilisch Kúi (a. a. O., Bl. 15v); russ. *listvjak*, kamtschadalisch (itelmenisch) – Krom (J. G. Gmelin in: RGADA F. 199, Op. 2, Portf. 527, D. 11, Bl. 4r)

11 russ. *listvjak*

12 „[species 2] Larix Orientalis, fructu rotundiore, obtuso. Cedrus conifera, foliis Laricis C. B. Pin. 490. Cedrus Tabern. Icon. 942. Cedrus magna sive Libani, conifera J. B. 1. [l. IX.] 277.“ (Tournefort 1700, S. 586, Genus III. „Larix. Meleze.“); „Cedrus. Cederbaum.“ (Abbildung in: Tabernaemontanus 1590, S. 942); „CEDRVS MAGNA SIVE LIBANI CONIFERA, CAP. XV. ... Cedrus, cedrus conifera ... Cederbaum ...“ (Bauhin 1650, l. IX. S. 277ff.); „Cedrus, Tabern. Icon. Cedrus magna, sive Libani conifera, J. B. Cedrus conifera, foliis Laricis, C. B. Larix orientalis fructu rotundiore obtuso, Pit. Tournef. ... teutsch, Cedern von Libanon. ... Er wird für einen unter den ältesten und grösten Bäumen auf der Welt gehalten. Bei groser Hitze ... rinnt von demselben ... ein kleines und durchsichtiges, weisses Hartz, ... teutsch, Cedernhartz, auch Cederngummi genennet. ... Cedria wird nicht gar recht Cederngummi genañt, ... Es digeriret, erweichet, reiniget und stärcket. ...“ (Lémery 1721, Sp. 264f.); „3. ABIES foliis fasciculatis acuminatis. Larix orientalis, fructu rotundiori obtuso. Tournef. inst. 586. Cedrus conifera, foliis laricis Bauh. pin. 490. ... Cedrus magna sive libani conifera. Bauh. hist. 1. p. 277. ...“ (Linné 1737, S. 449f.); „[Cedrus] magna; magna sive Libani conifera, hierunter verstehen Dodonäus, Porta und J. Bauhin den Cederbaum.“ (Gmelin 1772, Sp. 699f.); „Pinus Cedrus, foliis fasciculatis acuminatis: Ceder, ... Ceder von Libanon; dieser Baum, der so häufig mit zerschiedenen Arten des Wacholders ... und selbst mit dem Cemberbaum verwechselt wird, ... sein feines, dauerhaftes und wohlriechendes Holz kann zu zerschiedenen, feinern Arbeiten gebraucht werden, ...“ (Gmelin 1775, Sp. 77ff.); „6) Die wahre Ceder, oder die Ceder von Libanon. Pinus Cedrus. ... Pinus foliis fasciculatis, acuminatis. LINN. Syst. veg. p. 719. ... Abies foliis fasciculatis, acuminatis. Hort. Cliff. 449. ... Cedrus conifera, foliis laricis. C. BAUH. pin. 490. ... Larix orientalis fructu rotundo obtuso, TOURNEF. inst. 586. ...“ (Linné 1777, S. 356ff.); „e) Pinus cedrus. Cedrus Libani; Griech. Kedros. Deutsch. Die Ceder von Libanon, Zeder. ... Russ. Kedr. ... In Asien, vornämlich auf dem Berge Libanon, ... Der Tempel Salomons wurde mit Cederholz ausgeschmückt; ...“ (Nemnich 1795, Sp. 977f.); „21. PINUS Cedrus ... Cedrus conifera, foliis laricis. Bauh. pin. 490. ... Ceder-Fichte. W. ...“ (Linné 1797–1830, Bd. IV, Teil 1, S. 501f.);

vgl. aber „30. PINUS foliis quinis, cono erecto, nucleo eduli HALL. Helv. p. 150. Pinaster GESNERI hort. Germ. p. 272. Pinus sylvestris nucleis fragilibus CAESALP. p. 13. Pinus cui ossicula fragili putamine s. Cembro I. B. I. p. 251. Pinaster Bellonii de conif. 19. MICHELI n. g. p. 223. Pinus satiua cortice fisso, foliis setosis subrigidis etc. etc. AMM Ruth. p. 257. [sic!] j. Eadem pumila conis minoribus. Tab. XIX. ... Russis кедръ [russ. *kedr*] dicitur. Varietas j. proprio Russico nomine сланецъ [russ. *slanec*] salutatur, ... Icon ramulum fructu immaturo onustem

exhibet. ...“ (Gmelin 1747–1769, Bd. I, S. 179ff.); „30. Pinus foliis quinis, cono erecto, nucleo eduli [=] Pinus Cembra L. [;] I. Eadem pumila, conis minoribus. t. XXXIX. [=] Pinus Cembra L. γ. pumila.“ (Ledebour 1841, S. 60); „257. PINUS satiua cortice fisso, foliis setosis subrigidis, ab vna vagina non binis, ... Messerschm. Est Pinaster Bellonii de conif. 19, et Micheli Nov. plant. gener. p. 223, Tab. 19. Vocatur teste Messerschmidio, Choeschi a Mogulis in Dauria; a Burathis Cosche et Cohung; a Kystim Tataris Chussuk et Chorsun agatsch; a Kara-Jus Tataris Sayr et Sarah; a Tungusis Orontog vel Olenii; ... Nuculas has auide Sibiriae incolae comedunt; suntque dulcis et admodum grati saporis, ...“ (Amman 1739, S. 178f.); „Pinus Cembra, foliis quinis laevibus; Cemberbaum, Zirbelnußkiefer; Ziernußbaum; Zürbe; Arve; Aerbe; Leinbaum; rußische Ceder; sibirische Ceder; ... mit der äusern Schale desselbigen [d. h. des Holzes] färbt man in Sibirien den Brandewein roth; ... seine süse angenehme Nüsse ... haben mit den Mandeln sehr viele Aehnlichkeit, und können statt derselben ... in der Arzneykunst gebraucht werden; ...“ (Gmelin 1775, Sp. 73ff.); „4) Die Cedernfichte oder der Cembrobaum. Pinus Cembra. ... Pinus foliis quinis laevibus LINN ... Sp. pl. 1419. ... GMEL. Sib. p. 179. t. 39. ... Pinus sativa, cortice fisso, ... AMM. BUTH [sic!] 178. ... Diese Fichte wird auch Arveln, oder Arole, oder Limbaum, desgleichen die russische oder siberische Ceder genennet, ... Ihre Zapfen ... enthalten, ... braune keilförmige Nüßlein, ... Diese Nüsse werden in Rußland ... häufig gespeißt, ... und sollen im Husten und andern Brustkrankheiten besonders gesund seyn; ... Ein aus den jungen Sprossen bereitetes Decoct soll in dem Scharbock sehr wirksam seyn, Auch bekommt man aus diesem Baum ... einen von selbst herausfliessenden Balsam, welcher innerlich und äusserlich zu Heilung der Wunden und Geschwüre, und Abtreibung des Steins gebraucht wird. ...“ (Linné 1777, S. 353ff.); „PINUS Cembra Tab. II. P. foliis quinis laevibus ... Gmelin. Flor. Sibir. I. p. 179. Tab. 39. ... Germanis Zürbel, Zürlinbaum; in Helvetia Arben vel Arveln. Rossis Кедръ [russ. *kedr*] (Kedr), sylva Cembris composita Кедровникъ [russ. *kedrovnik*] (Kedrovnik). ... Tataris Sibiriae, Kussuk, Kusu-agatsch; Tomensibus Syra. Permaecis et Siraenis Sus-pu. Vogulis Toet, ad Tschussovajam Olba, ad Sosvam Utpe. Ostiacis Loegal, Liggel; Vassuganis Iilgat. Samojedis obensibus Tiddi, ad Ketam Tiddek, ad Jeniseam Tyri, monticolis Tydeng, Tomensibus Njarga; Camaschis Tjadyng. Arinzis Imp'hai, affinibus Pumpocoliensibus Py, Inbazkiensibus Hai, Assanis Péi. Buraetis Chutschi, Mongolis Choschì. Tungusis Bolgikda; Lamutis Bolgytt. Camtschadalis Sutum, vel Schotom. Coraecis Katschivok; Curilis Paxepni. ... Varietas B. pumila, Russis Slanez dicta, ...“ (Pallas 1784, S. 3ff.); burjatisch kuṡa, xuṡa bzw. xuṡe – Ceder (Castrén 1857, S. 187)

lat. Cedrus, russ. *kedrovnik*, tung. Taktykàr (RGADA F. 199, Op. 2, kn. 513, D. 27, Bl. 8v); lat. Cedrus – Ке[д]ровникъ [russ. *kedrovnik*] (Bl. 5r in: J. G. Gmelin AAW F. 21, Op. 5. D. 121); lat. Cedrus, itelmenisch (Dialekt Chuhachtscha) Schotóm. itelmenisch (kamtschadalisch) Schótom, ukinzisch (korjakischer Dialekt) Schólam (*St. P. Krašeninnikov* in: RGADA F. 199, Op. 2, Portf. 513, D. 13, Bl. 26v); lat. Cedrus Russ. Slanez., itelmenisch (Dialekt Kschaagschi) Kúschhum, korjakisch Gégu. (*St. P. Krašeninnikov* in: RGADA F. 199, Op. 2, Portf. 513, D. 6, Bl. 8r); „lat. Cedrus, kurilisch Paxepnì (a. a. O., Bl. 15v); lat. Cedrus, korjakisch KarvóKar, karaginisch (korjakischer Dialekt) TúftKenf, tigilisch (korjakischer Dialekt) Schótom (a. a. O., Bl. 3v);

„18. PINUS Cembra. ... P. foliis quinis laevibus. Sp. pl. 1419. ... Pall. ross. 1. p. 3. t. 2.* P. foliis quinis, ... Gmel. sib. 1. p. 179. t. 39. ... P. sativa, ... Amm. ruth. 178. ... Zürbel-Fichte. W. ...“ (Linné 1797–1830, Bd. IV, Teil 1, S. 500); „12. P[inus] Cembra (L. Spec. 1419) ... PALL. Fl. ross. I, p. 3, t. 2. ... P. foliis quinis, ... GMEL. Fl. sib. I, p. 179, No. 30. P. sativa ... MESSERSCHM. Amman. ruth. p. 178. No. 257. β. Cembra pumila ... P. Cembra pumila. ... GMEL. l. c. var. I, t. 39. ...“ (Ledebour 1846–1851, S. 673f.); „2. PINUS CEMBRA. Linn. ... Linn. Willd. Spec. pl. IV. p. 500. ... Pall. Fl. ross. I. p. 3. t. II. Pinus foliis quinis ... Gmel. Fl. sib. I. p. 179. No. 30. Pinus sativa ... Amman. ruth. p. 178. No. 257. ...“ (Ledebour 1833, S. 200); Pinus Cembra L. – russ. *kedr sibirskij* (*Annenkov* 1858, S. 69, Nr. 807); Pinus Cembra β. pumila – russ. *kedr-slanec* (a. a. O., S. 69, Nr. 808); wogulisch tēt bzw. t̮īt – Pinus Cembra, sibirische Ceder (Ahlquist 1891, S. 59); syrjänisch suź, sus, suś bzw. suź-pu – Pinus Cembra, sibirische Ceder (Wiedemann 1880,

S. 312); ostjakisch teagat – Ceder (Castrén 1858, S. 109); tungusisch ŋâŋtö, bolgeta, bolgikta – Ceder (Castrén 1856, S. 121); tungusisch táktichan – Ceder (Klaproth 1831, S. 288); samojedisch tydy', tydyŋ, tede, tädäk, täsik, teteŋ, täceŋ, tyteŋ, tyteł-pu, tytel-pu, massu bzw. thêdeŋ – Ceder (Castrén 1855, S. 211); *Enisej*-ostjakisch hai bzw. fai – Ceder (Castrén 1858a, S. 173 bzw. S. 191); jakutisch сылах – Ceder (Middendorff 1851, S. 164); „Cēdrus T. (Strobilaceae). Von κεδρος (die Ceder) und dieses von κεειν, καιειν (brennen, räuchern) wegen der Anwendung des balsamischen Cedernholzes zum Räuchern." (Wittstein 1852, S. 168)

„2. Larix perennis longifolia, minus odorata, fructu rotundiore obtuso Ind. Jen. n°. 265. Russ. кедръ [russ. *kedr*]." (AAW R. I, Op. 13, D. 67, Bl. 19r, s. Anm. 5 in Nr. 4); „265. Larix perennis, longifolia, minus odorata, fructu rotundiore, obtuso. ..." (AAW R. I, Op. 105, D. 1ª, Bl. 23v, s. Anm. 29 in Nr. 5); „Larix orientalis, fructu rotundiore obtuso Tourn. ... Russ. кедръ [russ. *kedr*]" (AAW R. I, Op. 104, D. 8, Bl. 12v, s. Anm. 18 in Nr. 452); „339. Larix Orientalis fructu rotundiore obtuso I. R. H." (AAW R. I, Op. 105, D. 12, Bl. 14v, s. Anm. 54 in Nr. 17); „Larix orientalis, fructu rotundiore obtuso I. R. H. ..." (AAW F. 21, Op. 5, D. 98, Bll. 35r–35v, s. Anm. 54 in Nr. 17); „78. Larix orientalis fructu rotundiore, obtuso I. R. H. ... Russis Кедръ. [russ. *kedr*]" (AAW R. I, Op. 13, D. 42, Bl. 9r, s. Anm. 1 in Nr. 1); „Pinaster Bellon. de Conif. 19. Sem. ex Sibiria." (AAW R. III, Op. 1, D. 162, Bl. 22v, s. Anm. 54 in Nr. 17); lat. „Larix fructu majore obtuso", russ. „кедръ" [russ. *kedr*], arinz. „Impai", katschinsk. „Kusú-agasch.", kaidin. „Kusun-agàsch", taiginz. „Didèng", mator. „Títèng", kamass. „Taedèng", kotowz. „Péi.", tschatzk. „Kusug-agatsch." (J. G. Gmelin in: AAW F. 21, Op. 5, D. 73, Bl. 294v/295r); „Ке⌈д⌉ръ [russ. *kedr*]", barabinz. „Kusuk-Agatsch." (a. a. O., Bl. 277v)

13 russ. *kedr*

14 russ. *slanec*

lat. Cedrus humilis – Сланецъ [russ. *slanec*] (Bl. 5r in: J. G. Gmelin AAW F. 21, Op. 5. D. 121); „3. Larix perennis longifolia, minus odorata, fructu rotundiore obtuso, montana & humilior. Larix fructu rotundiore obtuso, humilis. Ind. Len. n°. 79. Russ. сланецъ [russ. *slanec*]." (AAW R. I, Op. 13, D. 67, Bl. 19r, s. Anm. 5 in Nr. 4); russ. *slanec*, kamtschadalisch (itelmenisch) – Schótom (J. G. Gmelin in: RGADA F. 199, Op. 2, Portf. 527, D. 11, Bl. 4r); s. Nr. 1071 und Nr. 1073

15 „[species 1] Alnus rotundifolia, glutinosa, viridis C. B. Pin. 428. Alnus vulgaris J. B. 1. 151. Alnus Dod. Pempt. 839." (Tournefort 1700, S. 587, Genus VI. „Alnus. Aune."); „ALNUS. ... Alnus rotundifolia glutinosa viridis, C. B. Pit. Tournef. ... teutsch, Eller, Erle, El= oder Erlenbaum. ... Mit der Rinde wird das Leder schwartz gemacht. ... Die Blätter zertheilen, wann sie zerstossen und auf die Geschwulst geleget werden: die entzündeten Feuchtigkeiten und humores halten sie an und temperiren sie: Die Rinde und die Frucht sind anziehend, und erfrischend, dienen zu entzündeten Hälsen im Gurgelwasser. ..." (Lémery 1721, Sp. 36f.); „Alnus rotundifolia, glutinosa, viridis, C. B. P. 428. ... Erlen oder Elster=Baum. ..." (Rupp 1726, S. 265); „1. ALNUS. Fl. lapp. 340. Alnus rotundifolia glutinosa viridis. Bauh. pin. 428. ... Alnus vulgaris. Bauh. hist. 1. p. 151. ... Alnus Dod. pempt. 839. ... δ Alnus alpina minor. Bauh. pin. 428. [s. Nr. 1077] ..."(Linné 1737, S. 441); „24. ALNUS Linn. Lapp. p. 340. h. Cliff. p. 441. I. Foliis glutinosis, subrotundis, obtusis. Alnus rotundifolia, glutinosa, viridis B. Pin. 428. Alnus vulgaris I. B. I. 151. II. Foliis glutinosis, oblongis, mucronatis. Alnus folio oblongo viridi C. B. P. 428. [Nr. 1076] α) Pumila. Alnus Alpina minor C. B. P. STELL. Irc. 1077. Vtraque varietas in omni Sibiria obuia est. II. montosa amat loca, tricubitalis et humanae altitudinis. ... De humiliori planta, quam STELLERUS decem stadiis a munimento Bargusinensi ad Bannoi riui fontes vsque inuenit, idem vir Cl. commemorat, gemmas eius nigras et splendentes esse. ..." (Gmelin 1747–1769, Bd. I, S. 171); „24. Alnus. I. Foliis glutinosis subrotundis obtusis. [=] Alnus glutinosa Willd.! [;] II. Foliis glutinosis oblongis mucronatis. [=] Alnus viridis DeC.? Betula incana Pall. Fl. ross. I. (ed. min.) 151. Obs. betula incana Pall. (excl. synon.) forsan ad Alnum sibiricam Fisch. pertinet." (Ledebour 1841, S. 60); „2109. Aulne glutineux. Alnus glutinosa. ... Betula alnus. Linn. spec. 1394. ..." (Candolle 1805a, S. 303); „2110. Aulne blanchâtre. Alnus incana. ... Betula alnus, β. Linn. spec.

1394. ..." (a. a. O., S. 304); „2111. Alnus verd. Alnus viridis. ..." (a. a. O., S. 304); „1063. Alnus Sibirica Fisch." (*Turčaninov* 1837, S. 17); „Alnus rotundifolia glutinosa viridis. C. B. P. Rundblätterige Erle." (Miller 1751, S. 570); „BETVLA (Alnus) ... Alnus. Linn. Lapp. 340. Cliff. 441. Gmel. sib. 1. p. 71. Alnus rotundifolia glutinosa viridis. Bauh. pin. 428. Ольха [russ. *ol'cha*] Russ. ..." (*Krašeninnikov* 1761, S. 153); „1630. ALNUS foliis glabris, rotundis crenatis, spongiolis ad nervorum angulos. ... Alnus rotundifolia, glutinosa, viridis C. B. ..." (Haller 1768a, S. 300f.); „4. Alnus, Erle, Erlenbaum, Elsenbaum. Alnus rotundifolia glutinosa viridis Turn. 587. C. B. P. 428. ..." (Carl 1770, S. 159); „[Betula] Alnus, foliis glabris rotundis, ... Erle, ... schwarze Eller; gemeine Eller; ... man hat sie auch ... in Lähmungen, kalten Flüssen, und Hüftweh ... angerühmt: ..." (Gmelin 1772, Sp. 89ff.); „Betula Alnus incana, ... bestäubte Erle, ... nordische weisse Eller; rothe Eller; ..." (a. a. O., Sp. 92f.); „[Alnus] folio incano; so nennt C. Bauhin die zotige Spielart derselben [d. h. der gemeinen Erle]." (Gmelin 1772a, Sp. 300); „[Alnus] incana; incana & hirsuta, bedeutet bey dem Ritter v. Linné und J. Bauhin eben dieselbige [d. h. die zotige Spielart der gemeinen Erle]." (a. a. O., Sp. 300); „6) Die Erle. Betula Alnus. ... Betula pedunculis ramosis. LINN. ... Sp. pl. 1394. ... Hort. Cliff. 441. ... GMEL. sib. 1. p. 171. TOURN. inst. p. 587. t. 359. ... Alnus rotundifolia, ... C. BAUH. pin. 428. ... b) Alnus incana. Alnus folio incano. C. BAUH. pin. 428. ... Man hat aber von diesem Baum zweyerley Sorten oder Varietäten; nemlich 1) die Schwarzerle, und 2) die Weißerle. ... Die Lappländer pflegen die Rinde zu kauen, und alsdann ihre Felle damit zu schmieren, welche davon roth gefärbet werden. ... Auch wird es [d. h. das Holz] zu Leitern, Handheben, Milchgefässen, Tellern, Rädern und andern Werkzeuchen ... verarbeitet; ..." (Linné 1777, S. 280ff.); „Alnus, Alnus vulgaris J. B. Alnus rotundifolius glutinosa viridis, C. B. ... Erle, Erlenbaum, ... Eller mit runden kleberigen und dunkelgrünen Blättern, ... Die weiße Erlen= Art, oder der weiße Erlenbaum, die Weißerle, die Grauerle, eine Art Erlen mit grauen oder weißen, gleichsam mit Mehl bestreueten Blättern, Alnus alba, Alnus incana & hirsuta BAVH. Hist. Alnus folio incano, BAVH. Pin. wird häufig in Lappland angetroffen, ... so wird das aus den Erlenblättern gesammelte Wasser in der Gicht, und in Glieder=Reissen, ... für ein bewährtes Mittel gehalten. ... Die innere röthliche Rinde, in Wein gesotten, ... ist gut für die Liebestränke; den Mund damit ausgewaschen, stärket das Zahnfleich, und verhindert die Zahnschmerzen. Laub und Rinden in Wasser gesotten, ... heilet auch Flechten und Krätze, damit bestrichen. ..." (Krünitz 1773–1858, Bd. 1, S. 541ff.); „Betula Alnus. B. pedunculis ramosis ... Gmelin. Flor. sib. I. p. 171, n. 24. var. I. Rossis Олъха [russ. *olcha*] (Olcha); ad Terec fl. Іолъха [russ. *iolcha*] (Jolcha); Malorossis Вилъха [russ. *vilcha*] (Vilcha). Alnetum Олъховникъ [russ. *olchovnik*] (Olchovnik). Tataris Jirik, Baschkiris Dshirek. Permiensibus Lopu. Esthonis Lep. Livonis Alkschnis. Mongolis Nörgossù. Burattis Kurguhún. Tungusis Buduk. Camtschadalis Kyscht; ad Bolschaja fl. Sikyt. Curilis As. Coraecis Nikylion. ..." (Pallas 1784, S. 64); „BETULA incana. ... B. Alnus incana ... Gmelin Flor. sib. I. p. 171. n. 24. var. II. ... Germanis Weisse oder Spitzerle. Rossis in Sibiria (Каменная олъха [russ. *kamennaja olcha*] i. e. Alnus alpestris) pumila Олъховой Ерникъ [russ. *olchovoj ernik*] (Olchovoi Jernik). Burattis Schara-modon i. e. lignum flavum. Tungusis Dulgikda. Coraecis Uitschugui. Camtschadalis Chyschkat; ad Bolschaja fl. Jkéschin. ... imo a Stellero etiam ultra Camtschatcam in insulas observata; ..." (a. a. O., S. 64); „1068. Betula Alnus. ... α. nigra & β. incana [s. Nr. 1076]. Erle. Ruß. Olcha. Tat. Serek auch Sirek und Makar Agatsch. Baschk. Dierek. Tscher. Lül Pu. Ost. Su Agatsch. Mordw. Le Pu. Buchar. Sirk. Kalm. Baschtun. ..." (Falk 1786, S. 253); „b) Betula alnus (glutinosa). ... Deutsch. Die Erle, der Erlenbaum (abusive Erl, Arle, Orle, Orlin, Erlin, Eilen, Urle, ... Elster, Elten, Otteri, Otter, ...); ... Russ. Olcha. Am Terek. Jolcha. Kl. Russ. Vilcha, ... Die Blätter sollen zur Viehfütterung dienen; ..." (Nemnich 1793a, Sp. 600ff.); „d) Betula (alnus) incana. ... Deutsch. Die bestäubte Erle, die nordische weisse Erle, die rothe Erle. ... Russ. Olchownik. Sibir. Kamennaja Olcha (i. e. alnus alpestris.) Burät. Scharamodon. (i. e. lignum flavum.) Tungus. Bulgikda. Korjäk. Uitschugui. Kamtsch. Chyschkal. An der Bolschaja Ikáschin. Unterscheidet sich durch die Gestalt der Blätter von der gemeinen Erle; ..." (a. a. O., Sp. 602); „3. Betula Alnus ... Erlen=Birke. Erle. Schwarze Erle. R. Olchatschernaja [russ. *ol'cha černaja*], ... Tat. Serek. ... Ostiak. Su Apotsch. [sic!] ... Das Erlenholz ist Nutzholz

für Schreiner und giebt unsern Pulverwerken die Kohlen zum Schießpulver. Mit der Rinde und den Blättern färben einige. Die Kalmücken kochen die zerkleinte Erlenrinde in eisernen Grapen mit Wasser; diese Brühe färbt dann das Leder braun. Getrocknete und zerpulverte Erlenrinde mit Zusatz von Alaun in Wasser gekocht, giebt eine Brühe, mit welcher die Landleute an der Wolga gelblichroth färben, Lep. Schwarz färbt die Brühe, wenn sie mit Hammerschlag einige Tage steht. ..." (Georgi 1797–1802, Theil 3, S. 1291f.); 4. Betula incana ... Betula glutinosa. Graue Erlenbirke. Graue Erle. Weiße= oder Spitzerle. Mit grauer Rinde und bestaubten Blättern; in Sibirien Kamenaja Olcha (Stein-Erle). ... Ihre Benutzung ist die der vorigen. [d. h. Betula Alnus] In Kamtschatka dient sie mit der weißen Pappel zu Bauholz. Die Tungusen und Jakuten färben mit einer Brühe aus Erlenrinde und etwas Asche weiße Pferdehaare für ihre Stickerey roth; Leder aber wird vom Ueberstreichen mit dieser Brühe bräunlich, wie Semisch, und dunkler, wenn sie beym Sieden ein Messer oder anderes Eisen in den Kessel legen. ..." (Georgi 1797–1802, Theil 3, S. 1292f.); „1. ALNUS glutinosa W. ... Alnus. ... Hort. cliff. 441. ... Gmel. sib. 171. ... A. rotundifolia glutinosa viridis. Bauh. pin. 428. ... Gemeine Else. W. ..." (Linné 1797–1830, Bd. IV, Teil 1, S. 334f.); „3. ALNUS incana. W. ... α. ... A. folio incano Bauh. pin. 428. ... Graue Erle. W. ..." (a. a. O., S. 335f.); „ALNUS GLUTINOSA. ... Linn. Spec. pl. ed. Willd. T. IV. P. I. p. 334. ... Kleberle, Eller, Else, Aller, Arle, Elder, Eilen, Orle, Orlin, Otle, Otte, Rotherle, Schwarzerle, Schwarzeiche, Urle. ... Die von der Kleberle abgeleiteten Arzneistoffe sind ganz veraltet. Man gebrauchte sonst Blätter und Rinde (Folia et Cortex Betulae Alni) als adstringirende Mittel ..." (Hayne 1837, Nr. 48); „3. A[lnus] glutinosa (WILLD. Spec. pl. IV, p. 334) ... M. a BIEB. Fl. t. c. II, p. 394. ... LEDEB. Fl. alt. IV, p. 242. ... Alnus. GMEL. Fl. sib. p. 171, No. 24, I. Foliis glutinosis, subrotundis, obtusis. ... Betulus Alnus. ... PALL. Fl. ross. I, p. 64. ..." (Ledebour 1846–1851, S. 657); „2. A[lnus] incana (WILLD. Spec. pl. IV, p. 335) ... Betula incana. PALL. Fl. ross. I, p. 64. ..." (a. a. O., S. 656); „197. ALNUS glutinosa. ... Linn. ed. Willd. 4. p. 334. ... Betula Alnus, Linn. spec. pl. 1394. ... Gmel. sib. 1. p. 17. n. 24. I. Pall. ross. I. p. 64. ..." (Marschall von Bieberstein 1808, S. 394); „1898. ALNUS incana. ... Linn. ed. Willd. 4. p. 335. ... Betula (incana) ... Pall. ross. 1. p. 64. ..." (a. a. O., S. 395); „1. ALNUS GLUTINOSA. Willd. ... Willd. Spec. pl. IV. p. 354. ... M. a Bieb. Fl. taur. cauc. II. p. 394. No. 1897. ... Betula Alnus. Linn. Sp. pl. 1394. – Pall. Fl. ross. I. p. 171. No. 24. ..." (Ledebour 1833, S. 242); „Cl. XXI. Alnus glutinosa. Willd. (Betula Alnus.) L. Schwarze Erle, oder Eller, Morast-Erle. (Russ.: Ольха черная. [russ. *ol'cha černaja*], ... lett. Mel alksnis, Melmisi, ... esthn. Sang-lep, Werre-lep, Ema-lep, – kamschadal.: [sic!] Kyscht, – tartar.: [sic!] Jirik, – mongolisch: Nörgossu, – am Bolschaja Fluss: Sikyt, – baschk.: Dshirek, – burät.: Kurguhûn, – kurilisch: As, ... tungus.: Buduk, – koräkisch: Nikylion, ... in Kleinreussen; Ольховникъ [russ. *ol'chovnik*] (Olchownik). ... Aus den Blättern und Samen, ... soll man ein Oel pressen können, welches als Lampenöl zu gebrauchen ist. ... Die Zapfen werden statt der Galläpfel zur Tinte gebraucht. ... In Venedig sind fast alle Häuser auf eingerammelten Pfählen von Erlenholz erbaut. Cl. XXI. Alnus hirsuta. Turczaninow. Rauhe Erle. Das Vaterland ist der Baikal und Daurien. ... Cl. XXI. Alnus incana. Willd. (Betula alnus). L. Weisse Erle oder Eller. (Russ. Ольха бѣлая [russ. *ol'cha belaja*] (Olcha bielaja), ... lett. Balt-alksnis, Melmisi, ... Esthn.: Sang-lep, Werre-lep, Ema-lep, ... Dieser strauchartige Baum mit aschgrauer Rinde ist nach Linnée [sic!] als eine Abart der A. glutinosa zu betrachten ... er ist sogar von Steller auf den Inseln jenseits Kamtschatka gefunden worden. ... Die jungen Sprösslinge giebt man im Frühjahr den Schafen, um eine Art Wassersucht zu verhüten u. s. w. Cl. XXI. Alnus sibirica. Fischer. Sibirische Erle. Am Baikal und Daurien einheimisch. ..." (Zigra 1839, S. 52ff.); Alnus glutinosa Willd. – russ. *olech*, *olyšnjak*, *iolcha*, *vilcha* bzw. *černaja ol'cha*; tatar. *iryk* bzw. *čarik-agač*; wotjak. *lul'pu* (*Annenkov* 1858, S. 13, Nr. 62); Alnus incana Dec. – russ. *ol'cha*, *kamennaja ol'cha* bzw. *ol'chovyj ernik*; tatar. *iryk*; wotjak. *lul'pu* (a. a. O., S. 13, Nr. 63); wotjakisch lul-pu – russ. *ol'cha*, Alnus glutinosa (Munkácsi 1896, S. 749); mokschanisch lepä – Erle (Ahlquist 1861, S. 191); ersanisch läpe – Erle (Wiedemann 1865, S. 192); wogulisch qoarixt-jiv – Erle (Ahlquist 1891, S. 20); wogulisch kchórchta (nach D. G. Messerschmidt) – Erle (Klaproth 1831, S. 191); syrjänisch lol-pu, lov-pu bzw. lo-pu – Alnus, Erle (Wiedemann 1880, S. 154); tungusisch dulk, dukdö

bzw. duky – Erle (Castrén 1856, S. 122); tungusisch dolgímkora – Erle (Klaproth 1831, S. 288); *Enisej*-ostjakisch sujuŋoks bzw. sujeŋoks – Erle (Castrén 1858a, S. 188 bzw. S. 187); „Alnus T. (Cupiliferae). Zus. aus den Celtischen at (bei) u. lan (Ufer) in Bezug auf den nassen Standort, welchen der Baum liebt.“ (Wittstein 1852, S. 31)

„1. Alnus rotundifolia, glutinosa, viridis C. B. P. ...“ (AAW R. I, Op. 13, D. 67, Bl. 19r, s. Anm. 5 in Nr. 4); „484) Alnq rotundifolia glutinosa viridis C. B. Pin. 428.“ (AAW R. I, Op. 104, D. 25, Bl. 35v, s. Anm. 61 in Nr. 21); „Alnus vulgaris JB. Russ. олї̈ха [russ. *olicha*] ...“ (AAW R. I, Op. 104, D. 8, Bl. 12v, s. Anm. 18 in Nr. 452); „133. Alnus rotundifolia glatinosa [sic!] viridis C. B. P. ...“ (AAW R. I, Op. 104, D. 17, Bl. 15v, s. Anm. 36 in Nr. 8); „341. Alnus rotundifolia, glutinosa viridis C. B. P.“ (AAW R. I, Op. 105, D. 12, Bl. 14v, s. Anm. 54 in Nr. 17); „□ Alnus rotundi folia, glutinosa, viridis C. B. P. ...“ (AAW F. 21, Op. 5, D. 98, Bl. 35v, s. Anm. 54 in Nr. 17); „266. Alnus rotundifolia, glutinosa viridis C. B. P. ...“ (AAW R. I, Op. 105, D. 1[a], Bl. 23v, s. Anm. 29 in Nr. 5); „80. Alnus rotundifolia glutinosa viridis C. B. P. ... Russis Ольха [russ. *ol'cha*]“ (AAW R. I, Op. 13, D. 42, Bl. 9v, s. Anm. 1 in Nr. 1); russ. *olchovnik*, kamtschadalisch (itelmenisch) – Kyschkt (J. G. Gmelin in: RGADA F. 199, Op. 2, Portf. 527, D. 11, Bl. 4r); russ. *olchovnik kamennoj*, kamtschadalisch (itelmenisch) – Chýschkat (a. a. O., Bl. 4r); „Alnus rotundifolia glutinosa viridis C. B. Pin. 428 & Tourn. Spec. 1. ...“ (AAW F. 98, Op. 1, D. 19, Bl. 5r, s. Anm. 59 in Nr. 19); „480„ d. [31. Augustus 1725]„ ... Noérgussu Mungulo-Davuris; Óлха [russ. *olcha*] Olcha Russis; Kÿstim-Tattaris Schuck; Alnus rotundifolia glutinosa viridis; C. B. et Tournef. Sp. 1. Elern; Cort. c. Fol.„ “ (AAW F. 98, Op. 1, D. 23, Bl. 18r, s. Anm. 49 in Nr. 653); „169„ d. 31. [Augustus 1725]„Alnus rotundifolia glutinosa viridis Bauhini, conis majoribus ferè globosis. Nobi; Tournef. Sp. 1. Germanis eine Eller oder Erlen=Baum (-) Cortex cum foliis„ “ (a. a. O., Bl. 31r); „1. Juni 1723 ... Sonst ware ... nicht als lauter Sumpf und Morast mit Weiden und Ellern- ... Gebüschen – nämlich Alno rotundifolia glutinosa viridi (C. B. et Tournefortii sp. 1); ...“ (Messerschmidt 1962–1977, Bd. 2, S. 57f.); „Alnus rotundifolia, glutinosa, viridis (Tournefortii sp. 1), Off.“ (Messerschmidt 1962–1977, Bd. 4, S. 208, s. Anm. 1 in Nr. 1); „Alnus [ostjak.] Kchaltepp-juch“ (Messerschmidt 1962–1977, Bd. 4, S. 282); lat. „Alnus“, russ. „ о⸢ль⸣ха [russ. *ol'cha*]“, katschinsk. „Ìndirbisch“, kaidin. „Dschílbö“, taiginz. „Nílhe“, mator. „Nílhe“, kamass. „Schù.“, kotowz. „Schéang.“, tschatzk. „KírZin. [durchgestrichen]“ (J. G. Gmelin in: AAW F. 21, Op. 5, D. 73, Bll. 294v/295r); „о⸢ль⸣ха„ [russ. *ol'cha*], barabinz. „Dshór-Tal“ (a. a. O., Bl. 277v); „Олха [russ. *olcha*]“ – Alnus (a. a. O., Bl. 268r); lat. Alnus – Ольха [russ. *ol'cha*] (Bl. 5r in: J. G. Gmelin AAW F. 21, Op. 5. D. 121); lat. Alnus, russ. *olcha*, tung. Budùk (RGADA F. 199, Op. 2, kn. 513, D. 27, Bl. 9r); s. Nr. 1076 und Nr. 1077

16 russ. *ol'cha*

17 „[species 2] Alnus folio oblongo, viridi C. B. Pin. 428.“ (Tournefort 1700, S. 587, Genus VI. „Alnus. Aune.“); „ALNUS FOLIO OBLONGO. Viridi Casp. Bauh. Pin. pag. 428. ... Germ. Ellern=Baum. ... In der Bau=Kunst ist dieser Baum, ... viel besser zu dem sogenannten Purstenschlagen, als das eichene Holtz. ... Die Leder=Färber brauchen es die Felle zu schwärtzen, ... In der Gicht und Glieder=Krankheiten ist solches nicht ohne Nutzen äusserlich appliciret worden. ...“ (Weinmann 1737, S. 28f.); „682. Alnus ... Linn. Cliff. 441. ... Gmel. I. 171. Alnus rotundifolia glutinosa viridis C. B. P. 428. ... Var. 1) Alnus folio incano C. B. P. 2) Alnus folio oblongo viridi. C. B. P. Erlen, Elsterbaum. ...“ (Boehmer 1750, S. 276); „Alnus folio oblongo viridi. C. B. P. Langblätterige Erle.“ (Miller 1751, S. 570); „1631. ALNUS foliis mucronatis, acute serratis, subtus lanuginosis. ... Alnus incana & hirsuta J. B. I. P. II. p. 154. ... Alnus folio incano C. B. ... γ. Alnus alpina minor C. B. J. R. H. ... δ. Alnus folio oblongo C. B. ... Alnus folio oblongo, viridi J. R. H. ...“ (Haller 1768a, S. 301); „[Alnus] folio oblongo viridi; ist bey ihm [d. h. C. Bauhin] eine andere [Abänderung der gemeinen Erle] mit grünen länglichten Blättern.“ (Gmelin 1772a, Sp. 300)

„2. Alnus folio oblongo viridi C B P. ...“ (AAW R. I, Op. 13, D. 67, Bl. 19r, s. Anm. 5 in Nr. 4); „485 Alnq folio oblongo viridi C. B. P.“ (AAW R. I, Op. 104, D. 25, Bl. 35v, s. Anm. 61 in Nr. 21); „267. Alnus folio oblongo viridi C. B. P. ...“ (AAW R. I, Op. 105, D. 1[a], Bl. 23v,

s. Anm. 29 in Nr. 5); „Alnus, folio oblongo viridi (Tournefortii sp. 2), Sylv.“ (Messerschmidt 1962–1977, Bd. 4, S. 208, s. Anm. 1 in Nr. 1); s. Nr. 1075 und Nr. 1077

18 „[species 4] Alnus Alpina, minor C. B. Pin. 428.“ (Tournefort 1700, S. 587, Genus VI. „Alnus. Aune.“); „ALNUS Alpina minor. C. B. P. Kleine Erle der Alpen.“ (Miller 1751, S. 573); „[Alnus] alpina minor, ist bey C. Bauhin eine kleine niedrige Spielart der gemeinen Erle, welche auf den österreichischen Alpen wächst.“ (Gmelin 1772a, Sp. 299)

„3. Alnus pumila acuminato folio pulchre dentato Ind. Len. n°. 81. Jen. n°. 268.“ (AAW R. I, Op. 13, D. 67, Bl. 19r, s. Anm. 5 in Nr. 4); „4. An Alnus Alpina minor C. B. P? Obs. in H. N. XLV,“ (a. a. O., Bl. 19r); „XLV. An alnus alpina minor C. B. P? ...“ (AAW R. I, Op. 105, D. 7, Bll. 11r–11v, s. Anm. 57 in Nr. 616); „486 Alnq alpina minor C. B. P. russis vocat) олховои ерникъ. [*olchovoi ernik*, russ. *ol'chovoj ernik*]“ (AAW R. I, Op. 104, D. 25, Bl. 35v, s. Anm. 61 in Nr. 21); „– An Alnus alpina minor CBP. ...“ (AAW R. I, Op. 104, D. 8, Bl. 12v, s. Anm. 18 in Nr. 452); „81 Alnus pumila acuminato folio, pulchre dentato. An Alnus montana, lato crispo glutinoso folio serrato Bocc. Mus. P. 2. I. R. H. ...“ (AAW R. I, Op. 13, D. 42, Bll. 9v–10r, s. Anm. 1 in Nr. 1); „268. Alnus pumila acuminato folio, pulchre dentato Ind. Len. n°. 81. A priori specie nonnisi folijs saturius viridibus differre videtur. ... Fl. Irc. n°. 1077.“ (AAW R. I, Op. 105, D. 1^{a}, Bl. 23v, s. Anm. 29 in Nr. 5); s. Nr. 1075 und Nr. 1076;

19 „Betula Dod. Pempt. 839. J. B. 1. 148.“ (Tournefort 1700, S. 588, Genus VII. „Betula. Bouleau.“); „De Betula. CAP. XVIII. ...“ (Dodoens 1616, S. 839f.); „Betula Dod. pempt. 839. I. B. 1. 148. ... German. Bircken. ...“ (Rupp 1726, S. 265); „1. BETULA foliis acuminatis serratis. ... Betula. Bauh. pin. 427. Bauh. hist. 1. p. 148. Dod. pempt. 839. ...“ (Linné 1737, S. 442); „258. BETULA cortice scabro, hinc inde nigro Gmel. ... Circa Argunienses officinas ... prouenit, ... Incolae Черилуа [sic!] береза [*čerilua bereza*, muß heißen: *černaja bereza*] vocant et vere succum cum succo Betulae tam odore quam sapore eundem fundere affirmant. Gmel.“ (Amman 1739, S. 179f.); „CAPUT LXXXVII. ... Die Bircke Betula Dod. 839. ... Man macht auch jetzund Ruthen, Bäsen, Sättel und Reife zu denen Weinfässern daraus. Wird heut zu Tage zu Abstrafung der ungehorsamen Jugend gebraucht. ... Es ist unter allen Bäumen kaum einer ... als die Bircke, ... wenn sie mit einem Messer geritzt wird, alsbald ein süßes, lauteres Wasser heraus fleußt, so man Bircken=Wasser nennet. Von welchem FRIDERICUS HOFFMANNUS ... also schreibet: So man davon Morgens nüchter ein Glas voll trincket, haltet man es für das beste Mittel zur Verhütung des Steins in denen Nieren und Blasen. ... Auf dieses Baumes weisse Rinde haben die Alten geschrieben, eh denn das Papier erfunden worden. An diesem Baume wächst zuweilen ein Schwamm, welcher gedörrt zu Pulver gebracht, und auf die goldene Adern gelegt, derselben Fluß alsobald stillet. ...“ (Zwinger 1744, S. 198f.); „22. BETULA foliis acuminatis serratis LINN. h. Cliff. p. 442. Betula omnium Auctorum R. Hist. 1410. ... α) Epidermide caudicis obscure fusca. 1. Cortice laeui. 2. Cortice scabro. Betula cortice scabro hinc inde nigro AMM. Ruth. 258. β) Humilior rupestris, amentis breuioribus et crassioribus. γ) Humilior palustris, amentis per omnes dimensionibus minoribus. Tab. XXXVI. Fig. 2. Vulgaris arbor per omnem Russiam et Sibiriam in Kamtschatcam vsque. ... α. 2. In locis montanis Arguni fluuii et amnium Argunum influentium frequens nascitur, vbi черная береза [russ. *černaja bereza*] dicitur. ... β. a STELLERO in rupestribus Bargusini fluuii obseruata, ipso describente, ... γ) ... Russis haec varietas березовой ерникъ [russ. *berezovoj ernik*] dicitur. Ерникъ [russ. *ernik*] adpellatiuum est pro fruticibus, quorum similes arbores habentur. ... ε) Conspiciuntur interdum in ramis betulae, vti in illo cuius hic icon, sistitur, plurima stigmata alba, quae per microscopium spectata acetabula et scyphulos referunt. Haec, inquit STELLERUS in Flora Ircutensi, nihil aliud sunt, quam resina betulae. Virga enim eiusmodi leprosa spiritus frumenti calido immersa imbuit illum virtute diuretica et virga retrahitur, omni stigmate orba. Sic est, pergit idem, aquae, ex gemmis betulae destillatae, oleum supernatat, colore, sapore et odore balsamo Copaiuae per omnia simile, id quod experimento quodam fortuito didici. ...“ (Gmelin 1747–1769, Bd. I, S. 166ff.); „22. Betula foliis acuminatis serratis [=] Betula alba L.! [;] α) Epidermide caudicis obscure fusca. 1) Cortice laevi [=] Betula alba L. var.? [;] 2) Cortice scabro [=] Betula davurica Pall. [;] β) Humilior rupestris, amentis brevioribus et

crassioribus [=] Betula divaricata Ledeb. ... [;] γ) Humilior palustris, amentis per omnes dimensiones minoribus, t. XXXVI. f. 2. [=] Betula Gmelini Bunge. (B. fruticosa Pall. Fl. ross. II. (ed. min.) 147.) ..." (Ledebour 1841, S. 59); „Betula alba, ... weisse Birke, ... gemeine Birke; Maye; Wunnebaum; ... Man hat auch einige Spielarten davon; die Maserbirke, ... die Früh= und Spatbirken; die Wasser= oder Rothbirken, ... und die Hangel und Mutterbirken, ... hieher gehört auch die Brokelbirke, ... das Holz ... taugt ... zu Schlitten, Karren, Radspeichen, Laiterbäumen, Hammerschaften, Drukern, Hebarmen, Fas= und Kuffreifen; ... in Frankreich macht man Schuhe daraus, in Sibirien papierdünne durchsichtige kleine Schüsseln und Tabaksdosen; ... Sie färbt auch mit Alaun hellbraun, und gibt ein abgezogenes Oel, welches die Russen zum Juchtenleder gebrauchen, ... Betulinus, ist der Beyname, welchen Linné dem Birkenschwamm gibt." (Gmelin 1772, Sp. 84ff.); „13. BETVLA fruticosa Tab. Kk. fig. 1. 2. 3. Russsis Ерникъ березовой. [russ. *ernik berezovoj*] Betula humilior palustris, ... GMEL. Flor. sib. I. p. 167. γ. tab. 36. fig. 2. (pro varietate B. albae). ..." (Pallas 1776, S. 758f.); „1) Die weisse Birke. Betula alba. ... Betula foliis ovatis, acuminatis serratis. LINN. ... Sp. pl. 1393. ... Hort. Cliff p. 442. ... GMEL. Sib. 1. p. 166. ... Dieser Baum, welcher auch die gemeine Birke, dergleichen der May= oder Wunnebaum genennet wird, ... Die Blätter, ... werden auch von einigen als ein gutes auflösendes und eröfnendes Mittel, äusserlich und innerlich wirder die Wassersucht, Raude und andere Krankheiten empfohlen; ... Die äussere Rinde des Stamms und der Aeste ... ist daher von einigen Aerzten als ein sehr kräftiges Mittel innerlich wider die Wechselfieber, insonderheit wenn sie mit dem Scharbock verbunden sind, und äusserlich wider bösartige Geschwüre gerühmet worden. ..." (Linné 1777, S. 273ff.); „BETULA dauurica. Tab. XXXIX. B. foliis ovatis acuminatis serratis, nervo pilosis. ... Gmelin. Flor. sib. I. p. 167. var. α 2. Betula cortice scabro hinc inde nigro Amman. stirp. p. 179. n. 258. Rossis in Dauuria Черная Береза [russ. *černaja bereza*] (Tschernaja Beresa i. e. nigra Betula). Mongolis Charà–Berkoe. ..." (Pallas 1784, S. 60); „BETULA alba. B. foliis ovatis acuminatis serratis (glabris). ... Gmelin. Flor. sib. IV. p. 166. n. 22. ... Germanis Birke. Rossis Береза [russ. *bereza*] (Berésa); betuletum Березникъ [russ. *bereznik*] (Beresnik), acerosis mixtum Боръ [russ. *bor*] (Bor). Tataris Kaïn; Tomensibus Kasin; Krasnojarensibus Chásen; Jacutis Chatyng. Livonis Behrs, Boerse; Esthonis Kask, circa Dorpat Koeiw. ... Tscheremissis Kúe. Tschuvaschis Chorn. Morduanis Kiling. Permiensibus Kydsch. Vogulis Koel, Chall, Kjoela. Votjacis Kyspi. Ostiacis ad Demjansk Tundo, aliis Tumut, Sugmut; Vassuganis Tjentoch. Samojedis ad Petschoram et Obum Chu, ad Jeniseam Kóë, Kua; Tomensibus Njulcha; ad Ket fl. Tuje; Kamaschis Kujo. Arinzis Kuss; Assanis Utscha; Pumpocoliensibus Uta. Mongolis Chussu; Brattis Kuhun. Tungusis Tschalban; Lamutis Dyhut. Jucagiris Jaijel. Camtschadalis Kyll; Caraginzis Vistui. Coraecis Luhùn, Lgún. ... Medico usu haud videtur carere oleum limpidum betulinum et a plebe non raro interne et externe adhibetur. Praesertim notum est interno usu ad Gonorrhoeas, ubi non sine fructu adhibetur; externe cum Cerussa ad ulcera venerea. Concisae virgae et gemmae betulinae spiritum infusione balsamica virtute imbuunt, quae punctis resinosis debetur. Betula alba secundum stationum non solum, ... Eandem varietatem Stellerus in rupestribus ad Bargusinum fluvium observavit, et Gmelinus (Flor. sib. l. c. variet. b.) recensuit. ..." (a. a. O., S. 61f.); „BETULA fruticosa. Tab. XL. ... Betula humilior palustris, ... Gmelin Flor. sib. I. p. 167. variet. 3. tab. 36. fig. 2. Rossis in Sibiria orientali Березовй Ернкъ [russ. *berezovoj ernik*] (Beresovoi Jernik). Tungusis Buhykar, Marik. ... Stellero observante etiam ultra Lenam et in Camtschatca frequens est. ..." (a. a. O., S. 62f.); „1066. Betula alba. ... Weiße Birke. Ruß. Beresa. Tat. Kain, Sirak und Baju. Tscher. Koa. Wogul. Kal. Ost. Kasun und Kasen. Kalm. Chussun. Tschuw. Chorum. Wotj. Kispu. Mord. Kileng. ... Außer der mancherley Anwendung des Holzes, setzen Kalmüken und Kirgisen einen besonderen Werth auf Gefäße aus Birkenmasur. ..." (Falk 1786, S. 252); wotjakisch kiś-pȇ – Birke (Munkácsi 1896, S. 173); „a) Betula alba. ... Deutsch. Die Birke, der Birkbaum, die weisse Birke, die gemeine Birke, die weisse Wasserbirke; N. Sachs. Barke (An vielen Orten Meye); Bey älteren Autoren Wunnebaum; 1) Hangelbirke, Haarbirke, Frauenbirke, Mutterbirke; 2) Glasbirke; 3) Maserbirke; 4) Spitzbirke. ... Durch den Absud des Birkenlaubes ... erhalten die Maler eine gelbe Farbe,

welche sie Schüttgelb nennen; ... c) Betula fruticosa. Fl. Ross. ... Siber. Beresowoi Jernik. ... †) Betula dauurica. Fl. Ross. &c. ... Russ. Tschernaja beresa (i. e. Nigra betula). ... Ist von der schwarzen Birke [d. h. Betula nigra] verschieden." (Nemnich 1793a, Sp. 596ff.); „Betula L., Birke. 1. Betula alba ... Weiße Birke. Gemeine Birke. Maye. R. Beresa. ... Den Birkensaft nutzen die Baschkiren im Ural und andere Nomaden im Frühlinge, ehe sie von ihren Heerden hinreichend Milch erhalten können, als nährendes und wohlschmeckendes Getränk. ... Russen und andere ansäßige Einwohner bohren die Stämme an, und sammeln den auslaufenden Saft ... Der für sich behutsam eingetrocknete Birkensaft giebt eine Art Manna. ... Das Holz stockt zu bald an offner Witterung, als daß es zum Bauen brauchbar seyn kann. Zu allerley Acker= und Hausgeräth, Pflügen, Schlitten, Wagen, Schaufeln, Mulden Löffeln und mannigfaltiger Stellmacher=, Schreiner= und Drechslerarbeit ist es unter den übrigen Holzarten das gebräuchlichste. Viele Birkenwurzeln haben Masurauswüchse, aus welchen Schalen, Schüsseln, Becher, Dosen – geschnitzet oder gedrechselt werden ... Die Rinde junger Birken ... läßt sich durch Einweichen in heißes Wasser wie Leinewand ausbreiten, an einander nähen und aufrollen ... Die alte Birkenrinde dient theils zum Decken der Hüttendächer, mehr aber noch zur Gärberlohe. Eine Rußland eigenthümliche Anwendung der alten Birkenrinde, ... ist zur Bereitung des Birkentheers (R. Doggot) zur Juchtengärberey, auch zum Schmieren der Wagen und sich reibender Maschinen. ... In den Tonnen ist nach völligem Erkalten der obere Theer gelbbraun und flüssiger, als der untere schwarze. Man nennet diesen feinen Theer Wetotschnoi Dogt und füllet ihn zum Theil in einer Spanne langen Gedärme, in welcher Wurstform er als Hausarzney für Menschen und Vieh, theuer verkauft wird. ... Auch die Hausfärberey nutzt die Birke. ... Junges Birkenlaub ist überall ein vorzügliches Material der Gelbfärberey ..." (Georgi 1797–1802, Theil 3, S. 1287ff.); „5. BETULA dauurica Pall. Fl. Ross. Tom. 1. P. 1. T. 39. Betula fusca ... Daurische Birke. Schwarze Birke. R. Betula tschernaja. ... 6. BETULA fruticosa Pall. Fl. Ross. T. 1. P. 1. T. 40. p. 62. Strauch=Birke. R. Jernik beresowi Tung. Marik. ..." (a. a. O., S. 1293); „1. BETULA alba. B. foliis acuminatis serratis. Sp. pl. 1393. Hort. cliff. 442. ... Gmel. sib. 1. p. 166. ... Betula. Bauh. pin. 427. ... Weisse Birke. W. ..." (Linné 1797–1830, Bd. IV, Teil 1, S. 462); „*5. BETULA davurica ... B. (davurica) foliis ovatis ... Pall. ross. 1. p. 60. t. 39. * Davurische Birke. W. ..." (a. a. O., S. 463); „*15. BETULA fruticosa. ... B. (fruticosa) ... Pall. ross. 1. p. 62. t. 40. * ... Strauchartige Birke W. ..." (a. a. O., S. 466f.); „1. B[etula] alba (L. Spec. 1393). ... PALL. Fl. ross. I, p. 61 (excl. varr.). ... M. a BIEB. Fl. t. c. II, p. 404. ... LEDEB. Fl. alt. IV, p. 244. ... B. foliis acuminatis serratis. GMEL. Fl. sib. I, p. 166, No. 22 (excl. varr.): ..." (Ledebour 1846–1851, S. 650f.); „3. B[etula] davurica (PALL. ... Fl. ross, I, p. 60, t. 39. f. A) ... B. foliis acuminatis serratis. α. Epidermide caudicis obscure fusca. 2. cortice scabro. GMEL. Fl. sib. I, p. 166. 167., No. 22. B. cortice scabro ... AMMAN. ruth. p. 79, No. 179. ..." (a. a. O., S. 651f.); „6. B[etula] divaricata (LEDEB. ...) ... B. foliis acuminatis serratis. β. humilior rupestris, ... GMEL. Fl. sib. I, p. 166. 167, No. 22. B. alba var. PALL. Fl. ross. I, p. 62? (excl. tamen t. 39, f. C). ..." (a. a. O., S. 652); „7. B[etula] Gmelini (BUNGE ...) ... B. foliis acuminatis serratis. γ. humilior palustris, ... GMEL. Fl. sib. I, p. 166. 167, No. 22, t. 26. t. 2. B. alba var. posterior. PALL. Fl. ross. I, p. 62? ..." (a. a. O., S. 652); „9. B[etula] fruticosa ... PALL Fl. ross. I, p. 62, t. 40. f. A, B, C (excl. syn. GMEL.). ..." (a. a. O., S. 653); „1918. BETULA alba. ... Linn. ed. Willd. 4. p. 462. ... Pall. ross. 1. p. 61. ... Gmel. sib. 1. p. 166. n. 32. [sic!] ..." (Marschall von Bieberstein 1808, S. 404); „1. BETULA ALBA. Linn. ... Linn. Willd. Spec. pl. IV. p. 462. ... Pallas Fl. ross. I. p. 61. – M. a Bieb. Fl. taur. cauc. II. p. 404. No. 1918. ... GMEL. Fl. sib. I. p. 166 (excl. varr.) ..." (Ledebour 1833, S. 244f.); „2. BETULA DAVURICA. Pall. ... Pall. Fl. ross. I. p. 60. t. XXXIX. (excl. forsan fig. C., ...) – Willd. Spec. pl. IV. p. 463. ... Betula epidermides caudicis obscure fusca. Gmel. Fl. sib. I. p. 167. No. 22. α. Betula cortice scabro ... Amman. ruth. p. 179. No. 258. ..." (a. a. O., S. 245); „3. BETULA FRUTICOSA. Pall. ... B. fruticosa. Pall. it. III. app. p. 758. No. 133. t. Kk. f. 1. 2. 3. – Pall. Fl. ross. I. p. 62. t. L. – Willd. Spec. pl. IV. p. 466. ... Betula humilior palustris, ... Gmel. Fl. sib. I. p. 167. No. 22. γ. t. XXXVI. f. 2. ..." (a. a. O., S. 246); „4) Wechselfieber. ... 19) Betula alba. Man benutzt den Birkentheer, durch welchen ein 6stündiger Schlaf bewirkt werden soll. ... wird im Kurskischen

Gouvernement mit Erfolg die Birkenessenz ... benutzt. ..." (Krebel 1858, S. 119ff.); „XIII. Mittel gegen Rheumatismus und Gicht. ... 22) Folia recentia Betulae. Bei rheumatischen Schmerzen werden die Theile in dieselben gehüllt. ... Eben so benutzt man äusserlich mit der Hand eingerieben die Essentia gemmarum Betulae, ..." (a. a. O., S. 166ff.); In der russischen Volksmedizin fand die Birke (Saft, Aufguß der Knospen, Blätter, Rinde, Teer) eine breite Anwendung (Demitsch 1889, S. 185ff.); „10. Geburtshilfe. ... Geburt. ... Zugleich wird empfohlen, Birkenknospen (Betula) in spirituösem Aufguss (mit Spiritus, Wein oder Bier) innerlich zu benutzen. Daraufhin wird nicht nur die Frau leicht gebären, sondern das Kind wird dann auch nie Epilepsie haben." (Alksnis 1894, S. 222ff.); Betula alba L. – russ. *bereza* bzw. *presnec*; tatar. *kaen* (*Annenkov* 1858, S. 22, Nr. 189); Betula davurica Pall. – russ. *černaja bereza* (a. a. O., S. 22, Nr. 190); mokschanisch kelu – Betula (Ahlquist 1861, S. 156); mokschanisch kelu-paṅga – Birkenschwamm (a. a. O., S. 156); ersanisch kilei – Birke (Wiedemann 1865, S. 184); ersanisch kilei pango – Birkenschwamm (Wiedemann 1865, S. 210); wotjakisch kys' pu – Birke (Wiedemann 1851, S. 348); burjatisch kuhuŋ, xuhuŋ(n) bzw. xusu – Birke (Castrén 1857, S. 187); wogulisch qēl, qāl, q̦il' bzw. xāl' – Birke (Ahlquist 1891, S. 20); wogulisch kcheille (nach D. G. Messerschmidt) – Birke (Klaproth 1831, S. 191); syrjänisch kydź – Birke (Wiedemann 1880, S. 133); syrjänisch kulö-buka? bzw. va-kola – Birkenschwamm (a. a. O., S. 126 bzw. S. 397); ostjakisch sŭmet, sûŋmet, bzw. sûgmet – Birke (Castrén 1858, S. 108 bzw. S. 97); ostjakisch sâna bzw. sânex – Birkenschwamm (a. a. O., S. 108); tungusisch ċalban, kîwa, câlban bzw. câlbân – Birke (Castrén 1856, S. 120, S. 80 bzw. S. 92); tungusisch dállbann – Birke (Klaproth 1831, S. 288); samojedisch hô, ho, ku̯a, kwe, kwä, kwäl-pu, köe, küe, kä, käl-pu, kâ, köel-pu bzw. küjü – Birke (Castrén 1855, S. 207); *Enisej*-ostjakisch û'os, uos bzw. ûseŋ – Birke (Castrén 1858a, S. 164); bucharisch dah', samojedisch duje – Birke (Klaproth 1831, S. 303); mongolisch gušu bzw. chušu – Birke (Klaproth 1831, S. 276); jakutisch хатыҥ – Birke (Middendorff 1851, S. 76), „Bētula L. (Amentaceae). Vom celtischen betu (Birke). Angeblich das veränderte batula von batuere (schlagen, abhauen), entweder weil die Ruthen zum Züchtigen der Kinder dienen oder weil von dem Baume das Material für die Fasces der Lictoren genommen wurde." (Wittstein 1852, S. 104)

„1. Moscuae et quaqua versum in pagis, e traharum betulinis soleis attritis in taleolos discissis, addito ligno Jasni [russ. *jasen'* – Esche] russis dicto, aequali portione, in frusta dissecto ollae injectis parant spiritum acidum rubicundum clarum destillatione per descensum, quo externe membra inungunt in doloribus scorbutico arthriticis Kostenaja lom, [russ. *kostolom* – der Knochenschmerz, die Gicht (Pawlowski 1952, S. 582)] aut grischa [russ, *gryža* – Heilk. hernia, der Bruch; jeder nagende anhaltende Schmerz, das Gliederreißen, veraltete Leibschmerzen (Pawlowski 1952, S. 278)] dictis, et interne singulis diebus guttas 40 ad 100 bibunt, spiritus hic spiritui Tartari fere per omnia similis, eodem ut posthac comperi Finni Wiburgenses frequenter utuntur." (AAW R. I, Op. 104, D. 18, Bl. 1r, s. Anm. 20 in Nr. 632); „1. Betula Dod. Pempt. ..." (AAW R. I, Op. 13, D. 67, Bl. 19r, s. Anm. 5 in Nr. 4); „487 Betula Dod. ..." (AAW R. I, Op. 104, D. 25, Bl. 35v, s. Anm. 61 in Nr. 21); „Betula JB. Russ. береза [russ. *bereza*] ..." (AAW R. I, Op. 104, D. 8, Bl. 12v, s. Anm. 18 in Nr. 452); „134 Betula Dod. Pempt. I. R. H. ..." (AAW R. I, Op. 104, D. 17, Bl. 15v, s. Anm. 36 in Nr. 8); „342. Betula Dod. Pempt." (AAW R. I, Op. 105, D. 12, Bl. 14v, s. Anm. 54 in Nr. 17); „Betula Dod. Pempt. ..." (AAW F. 21, Op. 5, D. 98, Bl. 35v, s. Anm. 54 in Nr. 17); „269. Betula Dod. Pempt. ..." (AAW R. I, Op. 105, D. 1[a], Bl. 23v, s. Anm. 29 in Nr. 5); „83. Betula Dod. Pempt. I. R. H." (AAW R. I, Op. 13, D. 42, Bl. 10r, s. Anm. 1 in Nr. 1); lat. „Betula", russ. „береза [russ. *bereza*]", arinz. „Kûs", katschinsk. „Kásang-agatsch", kaidin. „Kásang", mator. „Nerga", kamass. „Kúijo.", kotowz. „Údsche.", tschatzk. „Kaìn. береза [russ. *bereza*]" (J. G. Gmelin in: AAW F. 21, Op. 5, D. 73, Bll. 294v/295r); „береза [russ. *bereza*]", barabinz. „Dshór-Tal" (a. a. O., Bl. 277v); „Береза. [russ. *bereza*]" – Betula (a. a. O., Bl. 268r); lat. Betula – березникъ [russ. *bereznik*] (Bl. 5r in: J. G. Gmelin AAW F. 21, Op. 5. D. 121); lat. Betula, itelmenisch (Dialekt Chuhachtscha) Itsch, itelmenisch (kamtschadalisch) Kyll, ukinzisch (korjakischer Dialekt) Ítschud. Kylch, (*St. P. Krašeninnikov* in: RGADA F. 199, Op. 2, Portf. 513, D. 13, Bl. 26v); russ. *bereznik na chrebtach*, kamtschadalisch

(itelmenisch) – J́itsch (J. G. Gmelin in: RGADA F. 199, Op. 2, Portf. 527, D. 11, Bl. 4r); russ. *bereznik beloj*, kamtschadalisch (itelmenisch) – Kyll (a. a. O., Bl. 4r); lat. Betula, itelmenisch (Dialekt Kschaagschi) Ítschu, korjakisch Lúgun. (*St. P. Krašeninnikov* in: RGADA F. 199, Op. 2, Portf. 513, D. 6, Bl. 8r); „lat. Betula, kurilisch Tannì (a. a. O., Bl. 15r); lat. Betula, korjakisch Lgun, karaginisch (korjakischer Dialekt) Víftvi. tigilisch (korjakischer Dialekt) Itsch. (a. a. O., Bl. 3v); lat. Betula, russ. *bereznik*, tung. Tschálban (RGADA F. 199, Op. 2, kn. 513, D. 27, Bl. 8v); „19. Juni 1722 ... Die Tataren gaben mir hierselbst folgende Vocabula: ... Toss ‚Cortex Betulae', russ. береста [russ. *beresta*] ‚Birkenrinde'; Chasen ‚Betula arbor, eine Birke'; ..." (Messerschmidt 1962–1977, Bd. 1, S. 86f.); „25. Juli 1722 ... folgende tatarische Vocabula: ... Chasun-agasch, aliis Chain-agasch, Betula, russ. береза ‚eine Birke'; ... Toss, Cortex Betulae seu Liber, russ. береста'." (a. a. O., S. 278ff.); „Betula [ostjak.] Sugmedt" (Messerschmidt 1962–1977, Bd. 4, S. 269); lat. Betula – wogulisch Kcheille" (Bl. 88v im Reisejournal von D. G. Messerschmidt vom 4. April 1726 – AAW F. 98, Op. 1, D. 5); lat. Betula – udmurtisch (wotjakisch) Kisch-pu (Bl. 361r im Reisejournal von D. G. Messerschmidt vom 27. Dezember 1726 – AAW F. 98, Op. 1, D. 5)

20 russ. *bereza*

21 „Balsamum Copaivae, oder de Copaiva, ... Balsamum Americanum C. B. ... Deutsch weisser Indianischer, oder Americanischer Balsam. Ist ein Balsam, der im Sommer aus einem Americanischen Bäumlein tröpffelt, oder aus dessen verwundeten Rinde fliesset, ... Von dem Balsam werden zweyerley Gattungen zu uns gebracht. Der Portugiesische, der ist so klar wie ein weiß Oehl, und riecht wie Hartz; er rinnet zuerst aus dem Baume; und noch einer, der ist so dicke, als Terpenthin, oder wie Balsam, und siehet gelblicht. Alle beyde haben einen scharffen, bittern Geschmack, eine zusammenziehende oder leimende und reinigende Eigenschafft, dadurch sie so wohl innerliche als äusserliche Verletzungen und Wunden heilen, auch zugleich das Bluten stillen, dahero sie auch öffters zu den Wund=Balsamen und Pflastern gebrauchet werden. ..." (Zedler 1732–1750, Bd. 3, Sp. 262f.)

22 „2. Betula pumila Ind. Len. n°. 84. Fl. Irc. 1079." mit der rechts marginalen Anm. „vid. Ic." (AAW R. I, Op. 13, D. 67, Bl. 19r, s. Anm. 5 in Nr. 4); „488 Betula palustris pumila foliis oblongis ... beresowi Jernik [russ. *berezovoj ernik*] vocat) ..." (AAW R. I, Op. 104, D. 25, Bl. 35v, s. Anm. 61 in Nr. 21); „343. Betula pumila Ind. Len. ..." (AAW R. I, Op. 105, D. 12, Bl. 14v, s. Anm. 54 in Nr. 17); „270. Betula pumila Ind. Len. n°. 84. ... Fl. Irc. 1079." (AAW R. I, Op. 105, D. 1[a], Bl. 23v, s. Anm. 29 in Nr. 5); „84. Betula pumila. Hic locorum Березовой Ерникъ [russ. *berezovoj ernik*] dicitur. ..." mit der rechts marginalen Anm. auf Bl. 10r „Tab. VII." (AAW R. I, Op. 13, D. 42, Bll. 10r–10v, s. Anm. 1 in Nr. 1); lat. „Betula pumila", russ. „ерникъ березовои [sic!] [russ. *ernik berezovoj*]", katschinsk. „Scherèb (ерникъ березовои<)> [*ernik berezovoi*]" (J. G. Gmelin in: AAW F. 21, Op. 5, D. 73, Bll. 294v/295r); lat. Betula humilis – березовой Ерникъ [russ. *berezovoj ernik*] (Bl. 5r in: J. G. Gmelin AAW F. 21, Op. 5. D. 121); lat. Betula humilis, russ. *berezovoj jarnik*, tung. Buhykàr (RGADA F. 199, Op. 2, kn. 513, D. 27, Bl. 8v)

23 „Obolāria L. (Rhinantheae). Von ὀβολος (eine kleine Münze); die obern Blätter dieser Pflanze sind rund und kupferroth." (Wittstein 1852, S. 623)

24 „23. BETULA foliis orbiculatis crenatis LINN. Lapp. p. 342. Tab. VI. Fig. 4. et Diss. de betula nana Stockh. 1743. cum ic. Betula pumila foliis subrotundis AMM. Ruth. n.° 259. Betula pumila folio subrotundo Ej. Comm. Acad. Petrop. Tom. IX. p. 314. Tab. XIV. Ex Kamtschatca ad me transmissit est. STELLERUS etiam in rupestribus Bargusini fluuii obseruauit, fruticulum parum erectum referre scribens, humi interdum fusum esse, in vertice rupium, decem leucas a Bargusinensi munimento iuxta Bannoi riui fontes, cubitalem admodum altitudinem attingere, plerumque pedalem aut sesquipedalem tantum, folia ob continua frigora et ventos perpetuo esse rubicunda." (Gmelin 1747–1769, Bd. I, S. 170f.); „23. Betula foliis orbiculatis crenatis [=] Betula nana L!" (Ledebour 1841, S. 60); „2. BETULA foliis orbiculatis crenatis. Fl. lapp. 342. t. 6. f. 4. ..." (Linné 1737, S. 442); „259. BETULA pumila, foliis subrotundis. Est haec Betula pumila Loesel. Flor.

Pruss. Betula palustris nana Rudbec. ..." (Amman 1739, S. 180); „LXXIII. Betula pumila. Joh. Loesel. Kleine niedrige Bircke. ..." (Loesel 1703, S. 27); „De Betvla pvmila, folio svbrotundo. ..." (Amman 1744a, S. 313ff.); „BETVLA (nana) ... Linn. Lapp. 266. t. 6. f. 4. ... Березовой ерникъ [russ. *berezovoj ernik*] in Sibiria vocatur. ..." (*Krašeninnikov* 1761, S. 153); „Betula nana, ... Zwergbirke, ... Zwergbirkenbaum; ... aus ihren harartigen Wurzeln bereiten die Lappländer und Norwegen [sic!] sehr schöne Deken, ihre Blätter färben Tuch, ... sie heißt bey ... Amman: Betula pumila, foliis subrotundis." (Gmelin 1772, Sp. 89); „4) Die Zwergbirke. Betula nana. ... Betula foliis orbiculatis, crenatis. LINN. ... Sp. pl. 1394. ... Flor. lapp. p. 266. t. 6. f. 4. ... Hort. Cliff. 442. ... GMEL. Sib. 1. p. 170. ... Diese Birke, welche auch die Sumpfbirke genennet wird, ... Die Blätter ... geben eine ... gelbe Farbe, ... Im Frühling gibt sie, ... eine häufiges, süsses und angenehmes Wasser, das, ... innerlich wider Auszehrungen, und wider das Podagra, Grieß und Stein, und äusserlich zu Vertreibung der Flecken auf der Haut, dienlich seyn soll." (Linné 1777, S. 278f.); „BETULA nana. Tab. XL. D. E. F. G. B. foliis orbiculatis crenatis ... Gmelin. Flor. sib. I. p. 170. Amman. stirp. ruth. p. 180. n. 259. ... Rossis Березка [russ. *berezka*] (Bereska), in Ingria Карла [russ. *karla*] (Karla), in Sibiria Ерникъ сланецъ [russ. *ernik slanec*] (Jernik Slanez). Esthonis Tarne-pu. ... Tungus. Oktan. ..." (Pallas 1784, S. 63); „f) Betula (nana). ... Deutsch. Die Zwergbirke. Im Zillerthal Ludern. Lievland. Morastbirke. ... Russ. Bereska; Beresowoi Järnik. Ingr. Karla. Siber. Jernik slanez. Ehstn. Tarnepu (?) ... Lappl. Skirre, Skere. Tungus. Oktan. In ... Dännemark und Schweden heisst sie Freytagsbirke, weil der gemeine Mann glaubt, dass der Heiland am Charfreytage mit Birkenruthen gegeisselt worden ist." (Nemnich 1793a, Sp. 602f.); „2. BETULA nana ... Zwerg=Birke. R. Beresownik und Beresowoi Jernik. ..." (Georgi 1797–1802, Theil 3, S. 1291); „12. BETULA nana. B. foliis orbicultis crenatis Sp. pl. 1394. ... Hort. cliff. 422. [sic!] ... Gmel. sib. p. 170. ... B. pumila ... Amman ... ruth. 259. ... Zwerg-Birke. W. ..." (Linné 1797–1830, Bd. IV, Teil 1, S. 465f.); „11. B[etula] nana (L. Spec. 1394) ... PALL. Fl. ross. I. p. 63, f. 40, f. D. E. F. G. ... LEDEB. Fl. alt. IV, p. 246. ... B. pumila ... AMMAN. ruth. p. 180, No. 259. ... B. foliis orbiculatis crenatis. GMEL. sib. I, p. 170, No. 23." (Ledebour 1846–1851, S. 653f.); „4. BETULA NANA, Linn. ... Linn. Willd. Spec. pl. IV. p. 465. ... Pall. Fl. ross. I. p. 63. t. XL. f. D. E. F. G. Betula foliis orbiculatis crenatis. Gmel. Fl. sib. I. p. 170.No. 23. Betula pumila ... Amman. ruth. p. 180. No. 259. ..." (Ledebour 1833, S. 246); Betula nana L. – russ. *veresk*, *ernik* (*slanec berezovyj*), *berezka* bzw. *karla* (*Annenkov* 1858, S. 22, Nr. 194)

„4. Betula pumila rupestris folio rotundo obolar pulcherrima crenato Fl. Irc. n°. 1080" (AAW R. I, Op. 13, D. 67, Bl. 19r, s. Anm. 5 in Nr. 4); „1. Betula pumila foliis subrotundis." mit der rechts marginalen Anm. „Petrop." (AAW R. I, Op. 13, D. 16, Bl. 33v, s. Anm. 32 in Nr. 6)

25 „Betula vulgaris Dodonaei (Tournefortii sp.1), Off." (Messerschmidt 1962–1977, Bd. 4, S. 208, s. Anm. 1 in Nr. 1 und Tournefort 1700, S. 588); s. auch Nr. 1078

26 „5. Betula humilior rupestris folijs Betulae vulgaris rigidioribus, amentis brevioribus, crassioribus Fl. Irc. 1081." (AAW R. I, Op. 13, D. 67, Bl. 19r, s. Anm. 5 in Nr. 4); s. Nr. 1078

27 in der 2. Textversion (s. Anm. 1 in A.) folgt: „loca" nach „haec"

28 vgl. „Larix minor fructu majore obtuso" – russ. *slanec* (AAW F. 21, Op. 5, D. 73, Bl. 294v); s. auch Nr. 1071

29 russ. *slanec*

30 „[species 1] Juniperus vulgaris, fruticosa C. B. Pin. 488. Juniperus vulgaris, baccis parvis, purpureis J. B. 1. 293. Juniperus Dod. Pempt. 852." (Tournefort 1700, S. 588, Genus II. „Juniperus. Genévrier."); „JUNIPERUS. ... Juniperus vulgaris fruticosa, C. B. ... teutsch, Wacholderstrauch, kleiner Wachholder. Ist ein sehr bekannter Strauch, dessen Stamm dünne ist und mit einer rauchen Schale überzogen. ... Das Wachholderholtz ... wird auch in den Häusern verbrennet und die Zimmer wegen ungesunder Luft damit durchräuchert. JUNIPER ARBOR. ... teutsch, Wachholderbaum, grosser Wachholder. ... Das Holtz des Wachholderbaums treibet den Schweiß und ist gut vor die böse Luft. ..." (Lémery 1721, Sp. 586ff.); „Juniperus vulgaris, fruticosa C. B. P. 488. ... Wacholder=Staude, Krammet=Beeren=Staude, unde turdi, qui hujus baccis mire delectantur, vulgo dicuntur Krammets=Vögel. ..." (Rupp 1726, S. 271); „1. JUNIPERUS foliis sessilibus

patentissimis. Mas. ... Femina. ... Juniperus vulgaris fruticosa. Bauh. pin. 488. ... Juniperus baccifera. Tabern. hist. 3. p. 40. ...“ (Linné 1737, S. 464); „32. IUNIPERUS foliis sessilibus patentibus LINN. h. Cliff. 464. Suec. 824. ROY. pr. p. 89. HALL. Helv. 146. Iuniperus MATT. p. 121. Tab. p. 948. Iuniperus vulgaris baccis paruis purpureis I. B. I. p. 293. Iuniperus vulgaris fruticosa C. B. P. TOURN. I. R. H. ... In Russia можжевел<ь>никъ [russ. *možževel'nik*] in Sibiria Вересъ [russ. *veres*] audit.“ (Gmelin 1747–1769, Bd. I, S. 182); „32. Juniperus foliis sessilibus patentibus [=] Juniperus communis L.“ (Ledebour 1841, S. 60); „Juniperus Offic. vulgaris Clus. vulgaris fruticosa C. Bauh. vulgaris baccis paruis purpureis J. B. Juniperus baccifera Tab. ... Rechbaum, Reckbaum, Wegbaum, Wachholderbaum, Krammetbaum, Machandel, Jachandel, Kattickbaum, Knirk. ... Das Holz ... wird zu Haupt= und Nervenstärkenden Kräutermützgen, ingleichen wider Wassersucht und Franzosen gebrauchet. Die Beere zertheilen, dringen durch, verdünnen, eröfnen, treiben Schweis, und die Monatzeit, curiren Verstopfungen der Milz, Beschwerungen des Haupts, der Nerven und der Brust, Husten, Windcolic, den Schleim, ... äusserlich dienen sie wider geschwollene Füse und Schlangenbiß, ... Aus denen trockenen Beeren entsteht ein bequemes Schweis= und Bezoarmittel, so wider das böse Wesen, die Pest, ansteckende Krankheiten, einen sonderlichen Ruhm erhält. ...“ (Franckenau 1753, S. 340f.); „IVNIPERVS (communis) ... Linn. Spec. pl. 1040. n. 8. ... Russ. Можжевельникъ [russ. *možževel'nik*] ... Baccae Мажжухи [russ. *mažžuchi*] dictae Russis inseruiunt pro suffitu et cum spiritu vini infunduntur.“ (*Krašeninnikov* 1761, S. 160f.); „20. Iuniperus, Wachholderstaude, Krametstaude. Iuniperus vulgaris fruticosa Turn. 588. ...“ (Carl 1770, S. 119); „Juniperus communis, ... gemeiner Wachholder, ... gemeiner englischer Wachholderbaum; Wachholder; Feldcypresse; Jachandelbaum; Feuerbaum; Kaddigbaum; Krouwitbaum; Kranwetbaum; Krametbaum; Kranzerizstaude; Dürenstaude; ... aus ihm kann man ... Terpentin, Geigenharz und Terpentinöl, und ... aus allen seinen Theilen Campfer zubereiten; ... In wärmern Ländern sammlet sich zwischen seiner Rinde und dem Holze ein ... Harz, das unter dem Namen des Gummi sandarach ... mit andern Harzen gleiche Eigenschaften, Kräfte und Gebrauch in der Arzneykunst hat, ... Ein Trank davon wird in der Lustseuche, in dem Scharbok, in Catarrhen, und überhaupt als ein schweißtreibendes Mittel, ... angerathen: ... Er heißt bey ... C. Bauhin: Juniperus vulgaris fruticosa; ...“ (Gmelin 1773a, Sp. 176ff.); „7) Der gemeine Wachholder. Juniperus communis. ... Juniperus foliis ternis, patentibus; mucronatis, bacca longioribus. LINN. ... Sp. pl. 1470. ... LINN. Hort. Cliff. 465. [sic!] ... GMEL. Sib. 1. p. 182. binerviis. ... Juniperus vulgaris fruticosa. C. BAUH. pin. 488. ... In der Arzneykunst dienen sie [d. h. die Beeren] als ein magenstärkendes, eröfnendes, schweiß= und urintreibendes Mittel in Husten, ... und Wassersucht; ...“ (Linné 1777, S. 473ff.); „1121. Juniperus communi. ... Wacholder. Ruß. Moschewelnik, die Beeren Moschuchi. Tat. Atersch Agatsch. Tscher. Lame Kosch. Wotj. Susu Pu. Kalm. Jaman Arzau“ (Falk 1786, S. 268); wotjakisch susi̊-pu – Juniperus communis (Munkácsi 1896, S. 433); „JUNIPERUS communis. Tab. LIV. JUNIPERUS foliis ternis patentibus mucronatis, bacca longioribus. ... Gmelin. Flor. sib. I. p. 182. Rossice Moshevelnik (можжевельникь [sic!] [*možževel'nik'*, russ. *možževel'nik*]; in Sibiria Weresk (Верескь [sic!] [*veresk'*, russ. *veresk*] ... Livonice Paegle, Paegles; Esthonice Kadakas, Kadajas. ... Tscheremissis Lame-kosch. Votjacis Susu-pu. Permice Tuschgapu. Tataris Artesch-agatsch; tauricis Arditsch; cubanis Sany. Calmuccis Jaman-artzà. Georgianis Nadscha; ... Tungusis Opkonkura. Kamtschatice Kákain; Ukintzis (korjakischer Dialekt) Kálanschungad. Kurilis Paschkuratsch-kumamai. ...“ (Pallas 1788, S. 12); russ. *veres* – *možževel'nik* (Juniperus communis L.) (*Slovar'* 1975a, S. 85); russ. *veresk* u. *veres* – Erica vulgaris; in Sibirien auch Juniperus communis L. (*Brokgauz/Efron* 1991, Bd. 11, S. 24); „d) Juniperus communis. Griech. Arkcuthis, arkeuthos. Deutsch. Der Wachholderstrauch; Wachholderbaum, Wachholderbeeren, Wegholder, Wegbaum, Weckholder, Queckholder, Machholder, Wachandel, Machandel, Jachantel, Johandel, Reckholder, Rackholder; Krammetbaum, Krammel, Kramot, Kranwet, Kronwit, Kronawet, Krenneet, Kranzbeere, Kranzeriz, Kranewecken; Rehbaum, Rackbaum, Reckbaum; Kaddich, Kattich; Kanickbaum; Knirk, Knirke, Knickel; Quackelbeere, Quäkelbusch; Stechbaum, Steckbaum; Feuerbaum; Feldcypresse; Felddrypers; Klupers; Duxenstaude, Dexenstaude, Diijenstaude. ...“ (Nemnich 1794, Sp. 268ff.); „2. JUNIPERUS communis ... Gemeiner

Wachholder. R. Moschewelnik. Die Beeren Moschun, der Strauch in Sibirien Weres. ... Georg. Nadscha. Tung. Opkonkura. Kamtschadal. Kakain. Kuril. Paschkuratsch Kumanai, ... Von seinem, sehr festen, wohlriechenden Holze macht man Trinkgeschirre. Die Finnen brauen mit den Beeren Wachholderbier. Das Oel ist ein sehr übliches Harntreibende Hausmittel; ..." (Georgi 1797–1802, Theil 3, S. 1358f.); „10. JUNIPERUS communis. J. foliis ternis ... Sp. pl. 1470. ... J. foliis patentibus. Hort. cliff. 465. [sic!] ... Gmel. sib. 1. p. 182, ... J. vulgaris fruticosa. Bauh. pin. 488. ... Gemeiner Wachholder. W. ..." (Linné 1797–1830, Bd. IV, Teil 2, S. 853f.); „6. J[uniperus] communis (L. Spec. 1470) ... WILLD. Spec. pl. IV, p. 853. ... PALL. Fl. ross. II, p. 12, t. 54, f. B. C. ... M. a BIEB. Fl. t. c. II, p. 425. ... J. foliis sessilibus ... GMEL. Fl. sib. I, p. 182, No. 32. ..." (Ledebour 1846–1851, S. 684); „1958. JUNIPERUS communis. ... Linn. ed. Willd. 4. p. 853. ... Pall. ross. 2. p. 12. t. 4. ... Gmel. sib. 1. p. 182. n. 32. ..." (Marschall von Bieberstein 1808, S. 425f.); „62. Juniperus communis L. (Conif.). ... Sehr beliebt ist auch in vielen Gegenden Russlands der Wachholderbeerenschnaps als Arzneimittel, den man natürlich auch als Tinctur bezeichnen kann. ... Junip. com. ist innerlich in erster Reihe ein beliebtes Volksdiureticum und wird ferner bei Fieber, Bauch- und Uterinleiden gebraucht. Ausserdem ist er seit Jahrhunderten ein Räucherungsmittel bei Epidemieen und wird äusserlich zu den verschiedensten Zwecken gebraucht. ..." (Demitsch 1889, S. 218ff.); Juniperus communis L. – russ. *veres*, *verest*, *elenec*, *možževel'nik* bzw. *jalovec* (*Annenkov* 1858, S. 51f., Nr. 589); ersanisch meževel' – Wacholder (Wiedemann 1865, S. 252); wotjakisch susu pu – „Wachholderstrauch" (Wiedemann 1851, S. 384); wogulisch qāsipjiv bzw. masis-jiv – Wacholder (Ahlquist 1891, S. 20 bzw. S. 28); syrjänisch ponul' bzw. tuśa-pu – Juniperus, Juniperus communis, Wacholder (Wiedemann 1880, S. 243 bzw. 383); tungusisch obkómchora – Wacholder (Klaproth 1831, S. 288); samojedisch lattar-tóbert-pu – Wacholder (Castrén 1855, S. 299); jakutisch кытыан – Wacholder (Middendorff 1851, S. 62); „Junīperus L. Strobilaceae). Vom celtischen juneprus (rauh, dornig), in Bezug auf die stachelspitzigen Blätter. ..." (Wittstein 1852, S. 481)

„Juniperus vulgaris baccis parvis purpureis J. B. 1. 293." (AAW R. I, Op. 13, D. 67, Bl. 59v, s. Anm. 5 in Nr. 4); „491 Juniperus vulgaris fruticosa C. B." (AAW R. I, Op. 104, D. 25, Bl. 35v, s. Anm. 61 in Nr. 21); „Juniperus vulgaris fruticosa CBP Russ можжевельникъ [russ. *možževel'-nik*] ..." (AAW R. I, Op. 104, D. 8, Bl. 13r, s. Anm. 18 in Nr. 452); „485. Juniperus vulgaris fruticosa C. B. P. ..." (AAW R. I, Op. 105, D. 12, Bl. 22v, s. Anm. 54 in Nr. 17); „363 Juniperus vulgaris baccis parvis purpureis. JB. 1. 293." (AAW R. I, Op. 6, D. 40, Bl. 38v, s. Anm. 1 in Nr. 1); „Juniperus vulgaris fruticosa. C. B. P. ..." (AAW F. 21, Op. 5, D. 98, Bl. 35v, s. Anm. 54 in Nr. 17); „923. Juniperus vulgaris baccis parvis purpureis J. B. 1. 293." (AAW R. I, Op. 105, D. 1, Bl. 72v, s. Anm. 29 in Nr. 5); „73. Juniperus vulgaris fruticosa C. B. P. ... Ad Lenam fluvium вересъ [russ. *veres*], in Russia & Sibiria occidentali мо⌈ж⌉жевельни⌈къ⌉ [russ. *možževel'nik*] dicitur." (AAW R. I, Op. 13, D. 42, Bll. 8v–9r, s. Anm. 1 in Nr. 1); „мо⌈ж⌉жеве⌈ль⌉никъ [russ. *možževel'nik*], вересъ [russ. *veres*]" – Juniperus (J. G. Gmelin in: AAW F. 21, Op. 5, D. 73, Bl. 269v); „Juniperus vulgaris fruticosa. T. Sp. 1. ..." (AAW F. 98, Op. 1, D. 19, Bl. 28r, s. Anm. 59 in Nr. 19); „Juniperus vulgaris fruticosa, Tournef. Sp. 1. ..." (AAW F. 98, Op. 1, D. 20, Bl. 28v, s. Anm. 90 in Nr. 33); „72.) Baccae Juniperi vulgaris fruticosa C. B. et Tournef. Sp. 1. Bhéresh Russorum; Tattaris Arzén, ..." (AAW F. 98, Op. 1, D. 21, Bl. 148r, s. Anm. 59 in Nr. 19); „61.) Summitates Juniperi (: vulgaris fruticosa C. B. et Tournef. Sp. 1.) ..." (a. a. O., Bl. 156r); „24. Juli 1723 ... und Wald, in welchem sich zuweilen viel Iuniperus vulgaris fruticosa (Tournefortii sp. 1) fande." (Messerschmidt 1962–1977, Bd. 2, S. 101); „4. August 1725 ... Von Kräutern: ... Iuniperus vulgaris fruticosa (Caspar Bauhini Pinax 488, Tournefortii sp. 1), so ... häufig zu finden ..." (Messerschmidt 1962–1977, Bd. 4, S. 183f.); „Iuniperus vulgaris fruticosa (Tournefortii sp. 1), Off." (Messerschmidt 1962–1977, Bd. 4, S. 208, s. Anm. 1 in Nr. 1)

31 „[species 1] Salix vulgaris, alba, arborescens C. B. Pin. 473. Salix maxima, fragilis alba, hirsuta J. B. 1. 212. Salix Dioscoridis Lob. icon. 136." (Tournefort 1700, S. 590, Genus I. „Salix. Saule."); „SALIX ... I. Salix vulgaris alba arborescens. ..." (Bauhin 1623, S. 473ff.); „Salix vulgaris, alba arborescens C. B. P. 473. ... Weide German." (Rupp 1726, S. 266); „4. SALIX foliis

lineari-lanceolatis acuminatis serratis: utrinque vix pubescentibus, infimis serraturis glandulosis. Mas. Salix vulgaris alba arborescens. Bauh. pin. 473. Femina. Salix vulgaris alba arborescens. Bauh. pin. 473. ...“ (Linné 1737, S. 454); „12. SALIX foliis elliptico-lanceolatis, serratis, subtus sericeis, vimine fragili HALL. Helv. p. 152. Salix LOB. ic. II. p. 136. Salix vulgaris alba arborescens C. B. Basil. 111. Pin. 473. TOURN. I. R. H. Salix maxima fragilis alba hirsuta I. B. I. p. 212. Salix foliis lineari-lanceolatis acuminatis, serratis, vtrinque pubescentibus, infimis serraturis glandulosis LINN. h. Cliff. p. 454. ... et Russis sub nomine вѣтла [russ. *vetla*] nota est. ...“ (Gmelin 1747–1769, Bd. I, S. 158f.); „12. Salix foliis elliptico-lanceolatis serratis subtus sericeis, vimine fragilis [=] Salix alba L.!“ (Ledebour 1841, S. 58); „69. Salix alba, gemeine weiße Weide, Weidenbaum. Salix vulgaris alba arborescens Turn. 590. ...“ (Carl 1770, S. 176); „[Salix] alba, ... weisse Weide, ... Pappelweide; Silberweide; bittre Weide; Felbe; Welge; Wilgenbaum; Wüdeln; ... mit ihrer Rinde kann man Wolle und Seide zimmet= und blutroth färben, ... Auch die Blätter dieses Baums werden als ein kühlendes gelinde zusammenziehendes Mittel gebraucht; ...“ (Gmelin 1776, Sp. 125ff.); „Salix vitellina, ... gelbe Weide, ... zähe Weide; Dotterweide; Goldweide; ... ihre Zweige [taugen] sehr wol zu Wagenkörpern, ihre Ruthen zum Anbinden der Bäume, ...“ (a. a. O., Sp. 103f.); „32) Die weisse Weide. Salix alba. ... Salix foliis lanceolatis, acuminatis, serratis, untrinque [sic!] pubescentibus, serraturis infimis glandulosis. LINN. ... Sp. pl. 1449. Hort. Cliff. 473. ... Salix vulgaris ... C. BAUH. pin. 473. ... die Aeste und Zweige dienen zu Faßreifen, Stangen, Körben, Fischreusern, und dergleichen. ...“ (Linné 1777, S. 416ff.); „5) Die gelbe Weide. Salix vitellina. ... Salix foliis serratis, ... LINN. ... Sp. pl. 1442. ...“ (a. a. O., S. 405f.); „SALIX alba. SALIX foliis lanceolatis acuminatis serratis, ... Gmelin. Fl. sib. I. p. 158. Rossis Wetla (Ветла [russ. *vetla*], Wetlovnik (Ветловникъ [russ. *vetlovnik*]. Malorossis Werba (Верба [russ. *verba*]. Lettis Witahlo, Wihtolh. Esthonis Pao-pu, Pajo, Roenmal. Coraecis Tykyl. ... Decoctum foliorum vel corticis etiam Russi passim ad ulcerationes gangraenosas adhibere norunt. Cortex in Pharmacopoea Rossica officinalis. ...“ (Pallas 1788, S. 76); „SALIX vitellina. SALIX foliis serratis ovatis acutis glabris, ... Lin. syst. plant. II. p. 224. sp. 5. ... Rossis Werba (Верба [russ. *verba*]. ...“ (a. a. O., S. 76); „c) Salix alba. Salix vulgaris alba arborescens. Deutsch. Die weisse Weide; Gemeine Weide, Grosse Weide, Zähe Weide, Baumweide, Kopfweide, Silberweide, Pappelweide, Kolbweide, Pottweide, Kampweide, Weisse Bruchweide, Felber, Felbinger, Falbinger, Falbe, Bittere Weide, Wichel, Wüchel; Weichel, Welge, Wilge. ... Russ. Wetla; Maloross. Werba. ... Korjäh.[sic!] Tykyl. ...“ (Nemnich 1795, Sp. 1198); „hh) Salix vitellina. Deutsch. Die Goldweide; Gelbe Weide, Gelbe Haarweide, Gelbe Kieferweide, Gelber Felber, Braune Weide, Dotterweide, Gelbe Korbweide, Gelbe Bindweide, Bandweide, Berlweide. ... Russ. Werba. ...“ (a. a. O., Sp. 1204); „SALIX. ... Deutsch. Die Weide, Der Weidenbaum; Nied. Sachs. Wichel, Wilgen. ... Russ. Wetla; Tal; Iwa. ...“ (a. a. O., Sp. 1196f.); „30. SALIX alba ... Weiße Weide. ... Die Rinde gehört zur Russischen Materia medica, und ist auch Hausmittel, Gärbe= und Färbematerial. ... Bey Mißernten mahlt man die Rinde einiger Orten unter die Getreidereste zu Nothbrod.“ (Georgi 1797–1802, Theil 3, S. 1336); „5. SALIX vitellina ... Gelbe Weide. Teutsche Goldweide. Dotterweide. R. Werba. ... Sie treibt im Frühlinge früh und große Blumenkätzchen, daher die Ruthen oft zu Osterpalmen für für den Palmsontag dienen.“ (a. a. O., S. 1329); „116. SALIX alba. ... S. foliis lanceolatis ... Hort cliff. 473. Gmel. sib. 1. p. 158. ... S. vulgaris alba ... Bauh. pin. 473. ... Gemeine Weide. W. ...“ (Linné 1797–1830, Bd. IV, Teil 2, S. 710); „30. SALIX vitelllina. ... S. foliis serratis ... Sp. pl. 1442. ... Dotter-Weide. W. ...“ (a. a. O., S. 668f.); „SALIX ALBA. ... Weisse Weide, Baumweide, Alleweide, Falbe, Felbe, Feller, Fallinger, Gerbweide, Kampweide, Kolbweide, Kopfweide. Korbweide, Mürbweide, Papppelweide, Silberweide, Wunschel, bittere oder zähe gemeine Weide, Wilgenbaum, Wuchel. ... Salix vitellina Linn. ... ist ... nur eine sehr schwache Var. von S. alba. ...“ (Hayne 1837, Nr. 42); „4. S[alix] alba (L. Spec. 1449) ... PALL. Fl. ross. II, p. 72 [sic!] ... M. a BIEB. Fl. t. c. II, p. 413. ... LEDEB. Fl. alt. IV, p. 255. ... S. vitellina. L. Spec. 1442. – PALL. Fl. ross. II, p. 76. ... S. foliis elliptico-lanceolatis, ... GMEL. Fl. sib. III, p. 158, No. 12. ...“ (Ledebour 1846–1851, S. 598f.); „1936. SALIX alba. Linn. ed. Willd. 4. p. 7710. ... Gmel. sib. 1. p. 158, n. 12. Pall. ross. 2. p. 76 ...“ (Marschall von Bieber-

stein 1808, S. 413f.); „2. SALIX ALBA Linn. ... Willd. Spec. pl. IV. p. 710 No. 116. ... Pall. Fl. ross. II. p. 76. ... M. a Bieb. Fl. taur. cauc. II. p. 413. ... S. vitellina Linn. – Willd. Spec. Pl. IV. p. 668. No. 30. ... Pall. Fl. ross. II. p. 76. ... S. foliis elliptico-lanceolatis, ... Gmel. Fl. sib. I. p. 158. No. 2. ...“ (Ledebour 1833, S. 255ff.); Salix – russ. *iva*, *molokitnik*, *verba*, *vetla*, *bredina*, *loza*, *tal* bzw. *tal'nik* (*Annenkov* 1858, S. 82, Nr. 964); Salix alba L. – russ. *verba*, *loza*, *rakita*, *tal*, *vetla* bzw. *iva* (a. a. O., S. 82, Nr. 966); mordwinisch Tisilet – Weide (Witsen 1785, S. 624); kalmykisch Togoi – Weide (a. a. O., S. 298); mokschanisch kuža bzw. akšḭks – Weide (Ahlquist 1861, S. 160 bzw. S. 149); ersanisch kal’ bzw. tal’nik – Salix L., Weide (Wiedemann 1865, S. 254); wotjakisch bad’ pu bzw. uj pu – Weide (Wiedemann 1851, S. 385); burjatisch iṡêheŋ, ụṡôhön, burgâhaŋ(n) bzw. burgâso – Weide (Castrén 1857, S. 221); syrjänisch ɓad’, bad’-pu bzw. berba – Weide (Wiedemann 1880, S. 7 bzw. S. 10); ostjakisch maxta bzw. magdi – Salix pentandra, Weide (Castrén 1858, S. 103); tungusisch sirikta, tiɨäkta, burgan, ṡêktan, ṡîktan – Weide, Weidengebüsch (Castrén 1856, S. 134, S. 84); tungusisch máktá – Weide (Klaproth 1831, S. 288); samojedisch ɲero – Weide, Weidengebüsch (Castrén 1855, S. 302); *Enisej*-ostjakisch dê̂ɫget – Weidengebüsch (Castrén 1858a, S. 181); bucharisch bìd – Weide (Klaproth 1831, S. 250); jakutisch ӱӧт – Weide, russ. *tal’nik* (Middendorff 1851, S. 47); jakutisch талах – Sandweide, Weide (a. a. O., S. 93); „Sālix T. (Salicineae). Dieser Name hat verschiedene Etymologien, ... 1) von σαλευειν (schwanken), in Bezug auf die Biegsamkeit der Zweige; 2) von ἑλιξ (Windung), wegen ihrer Anwendung zu Flechtwerken; 3) von den celtischen sal (nahe) und lis (Wasser); endlich 4) von salire (springen, emporsteigen), in Bezug auf das schnelle Wachsthum.“ (Wittstein 1852, S. 781)

„1. Salix vulgaris alba arborescens C. B. P. j. Eadem Gallas ferens ...“ (AAW R. I, Op. 13, D. 67, Bl. 19v, s. Anm. 5 in Nr. 4); „330. Salix vulgaris alba arborescens C. B. P. ...“ (AAW R. I, Op. 105, D. 12, Bl. 14r, s. Anm. 54 in Nr. 17); „277. Salix vulgaris alba arborescens C. B. P. ... j. Eadem Gallas ferens.“ (AAW R. I, Op. 105, D. 1[a], Bl. 24v, s. Anm. 29 in Nr. 5); lat. „Salix“, russ. „талъ та⌈ль⌉ни⌈къ⌉ [russ. *tal*, *tal’nik*]“, arinz. „Chő́nung“, katschinsk. „Sötga“, kaidin. „Sȍt“, taiginz. „Nérga“, mator. „R̤ùa“, kamass. „Nérga“, kotowz. „Tíli“, tschatzk. „Tàl. та⌈ль⌉никъ“ (J. G. Gmelin in: AAW F. 21, Op. 5, D. 73, Bll. 294v/295r); „та⌈ль⌉никъ [russ. *tal’nik*]“, barabinz. „Tàl“ (a. a. O., Bl. 277v); lat. Salix, russ. *tal’nik*, tung. Schékta (RGADA F. 199, Op. 2, kn. 513, D. 27, Bl. 8v); russ. *tal’nik*, kamtschadalisch (itelmenisch) – Tschem (J. G. Gmelin in: RGADA F. 199, Op. 2, Portf. 527, D. 11, Bl. 4r); „127. Salix ... 128. Salix ...“ (AAW R. I, Op. 15, D. 1, Bl. 6r, s. Anm. 24 in Nr. 64); „Salix vulgaris arborescens fragilis folio non-serrato longiore angusto et acuminato, subtus incano. An – T. sp. 1. ...“ (AAW F. 98, Op. 1, D. 19, Bl. 58r, s. Anm. 59 in Nr. 19); „Salix vulgaris arborescens fragilis, folio non-serrato longiore, angusto, et acuto, subtus incano, An-Tournef. Spec. 1. ...“ (AAW F. 98, Op. 1, D. 20, Bl. 30r, s. Anm. 90 in Nr. 33); „482„ d. [31. Augustus 1725]„ ... Boerchássu Mungulo-Davuris; Tanjutis ... vel ... r’Gschengmàh; Ebraeis ... Arabhím; Psalm 137. Russis Верба [russ. *verba*] Bhérba; Tattaris Tál; Tungusis Schéckta; Salix vulgaris alba arborescens. Tournef. Sp. 1. Weyden. Folia„ “ (AAW F. 98, Op. 1, D. 23, Bl. 18r, s. Anm. 49 in Nr. 653); „170„ d. [31. Augustus 1725]„ Salix officinarum; Salix vulgaris alba arborescens; Tournef. Sp. 1. Germanis eine Weyde & Kramp=Weïde (-) Folia„ “ (a. a. O., Bl. 18r); „3. Juni 1722 ... [tatarisch] Byr ‚salix, eine Weide‘; Byr-agatsch ‚Weidenbaum‘; Tall ‚salix, eine Weide‘ etc.“ (Messerschmidt 1962–1977, Bd. 1, S. 229f.); „19. Juni 1722 ... [tatarisch] Chastrack ‚Cortex Salicis, Weidenrinde‘; ... Tall ‚Salix, eine Weide‘;“ (a. a. O., S. 242f.); „25. Juli 1722 ... folgende tatarische Vocabula: ... Tall, Salix, russ. верба [russ. *verba*] ‚eine Weide‘ “ (a. a. O., S. 278ff.); „Salix vulgaris, alba arborescens (Tournefortii sp. 1), Off.“ (Messerschmidt 1962–1977, Bd. 4, S. 208, s. Anm. 1 in Nr. 1); „Salix [ostjak.] Niársche u. Dshagal“ (Messerschmidt 1962–1977, Bd. 4, S. 269); s. auch Nr. 625

32 „[species 2] Salix vulgaris, nigricans, folio non serrato C. B. Pin. 473. Salix rubea, [sic!] minimè fragilis, folio longo, angusto J. B. 1. 215. Salix Phoenicophlaeos sive Phoenicea Lugd. 277.“ (Tournefort 1700, S. 590, Genus I. „Salix. Saule.“); „Salix vulgaris, nigricans folio non serrato C. B. Pin. 473. ... Seil= oder Korb=Weiden, Rothweiden, Rothe Baum=Weyden, Schwartzweiden,

Hanffweiden. ..." (Mappus 1742, S. 274); „[Salix] vulgaris nigricans, folio non [[non]] serrato; scheint bey C. Bauhin eine Abart der purpurrothen Weide zu bedeuten." (Gmelin 1776, Sp. 134); „Salix purpurea, ... purpurrothe Weide, ... rothe Weide; ... Sie heißt bey ... C. Bauhin: Salix vulgaris rubens. [s. auch Nr. 1085]" (a. a. O., Sp. 109f.); „11) Purpurrothe Weide. Salix purpurea. ... Salix foliis serratis, glabris, lanceolatis, inferioribus oppositis. LINN. ... Sp. pl. 1444. ... Salix vulgaris nigricans, ... C. BAUH. pin. 473. ... Ihre Zweige ... haben ... eine schöne Blut= oder Corallenrothe Farbe, und sind ... den Korbflechtern vorzüglich brauchbar. ..." (Linné 1779a, S. 553f.); „12.) Die Bachweide. Salix Helix. ... Salix foliis serratis, glabris, lanceolato-linearibus superioribus oppositis, obliquis LINN. ... Sp. pl. 1444. ..." (a. a. O., S. 554f.); „12. S[alix] purpurea (L. Spec. 1442) ... M. a BIEB. Fl. t. c. II, p. 412; ... S. Helix ... S. monandra. ... PALL. Fl. ross. II, p. 75. ..." (Ledebour 1846–1851, S. 602f.); „SALIX monandra. ... Lin. syst. pl. IV. p. 226. sp. 11. et 12. Rossice Sheltolosnik (Желтолозникъ [russ. *želtoloznik*]). ..." (Pallas 1788, S. 75); „q) Salix helix. Deutsch. Die Bachweide; Rosenweide, Heckenrosenweide, Niedrige Buschweide, Heckweide, Hagenweide, Kleine niedrige Strauchweide, Kleine Dammweide, Sandweide. ... sie wird zur Bindung des Flugsands genützt; ..." (Nemnich 1795, Sp. 1201); „bb) Salix purpurea. Deutsch. Die purpurrothe Weide; Rothe Bindweide. ..." (a. a. O., Sp. 1202); „10. SALIX purpurea ... Purpurrothe Weide. Rothe Bandweide. ... Die Blätter haben oft Gallen von Größe kleiner Kirschen. ..." (Georgi 1797–1802, Theil 3, S. 1330); „11. SALIX Helix ... Heck=Weide. R. Schetolosnik [sic!] ... Sie hat mit der vorigen No. 10. so große Aehnlichkeit, daß der Ritter Pallas ... beyde als eine Art unter der Benennung Salix monandra aufstellt. ..." (a. a. O., S. 1331); „36. SALIX purpurea. ... S. foliis serratis ... Sp. pl. 1444. ... Purpur–Weide. W. ..." (Linné 1797–1830, Bd. IV, Teil 2, S. 672); „37. SALIX Helix. ... S. foliis serratis ... Sp. pl. 1444. ... Bach-Weide. W. ..." (a. a. O., S. 672f.); „1933. SALIX purpurea. ... Linn. ed. Willd. 4. p. 672. ..." (Marschall von Bieberstein 1808, S. 412); „1506. Salix Helix. – Salix purpurea L. ... Linn. Sp. pl. p. 1444. n. 11. Salix purpurea: ... Linn. Sp. pl. p. 1444. n. 10. ... Salix monandra: ..." (Wulfen 1858, S. 779f.)

„136. Salix vulgaris nigricans folio non serrato C. B. P. ..." (AAW R. I, Op. 104, D. 17, Bl. 15v, s. Anm. 36 in Nr. 8); „327. Salix vulgaris nigricans, folio non serrato C. B. P. ... Est Salix folio rugoso, obiter serrato, subtus lanuginoso, julo crasissimo Hall. Stirp." (AAW R. I, Op. 105, D. 12, Bl. 14r, s. Anm. 54 in Nr. 17); „* Salix vulgaris nigricans, folio non serrato. C. B. P. ..." (AAW F. 21, Op. 5, D. 98, Bl. 36r, s. Anm. 54 in Nr. 17); „68. Salix vulgaris nigricans, folio non serrato. C. B. P. ..." (AAW R. I, Op. 13, D. 42, Bl. 8v, s. Anm. 1 in Nr. 1); „Salix vulgaris nigricans, folio non serrato (Tournefortii sp. 2), Sylv." (Messerschmidt 1962–1977, Bd. 4, S. 208, s. Anm. 1 in Nr. 1)

33 „[species 3] Salix vulgaris, rubens C. B. Pin. 473. Salix Amerina Lugd. 274." (Tournefort 1700, S. 590, Genus I. „Salix. Saule."); „SALIX. ... teutsch, Weide, ist ein Gewächs, dessen es zwey Hauptgattungen giebt, grosse und kleine. ... Die andere Gattung wird wieder in viel Sorten eingetheilt. ... Salix vulgaris rubens, C. B. Pit. Tournef. ... teutsch, Bandweide, Zäheweide. ... Die Rinde, das Laub und die Samen von den Weiden halten an und kühlen: abgesotten werden sie gebraucht die Venushitze zu dämpfen und das Bluten zu stillen: man wäscht auch die Beine damit, wann einer nicht wol schlafen kan, oder hat das hitzige Fieber. ..." (Lémery 1721, Sp. 987f.); „2. SALIX VULGARIS RUBENS, C. B. Pin. 473. ..." (Vaillant 1727, S. 175); „1. SALIX foliis serratis glabris, flosculis pentandris. Salix pentandris. Fl. lapp. 370. t. 8. f. 2. ..." (Linné 1737, S. 454); „Salix vulgaris, rubens C. B. Pin. 473. Salix Amerina Lugd. 714. ... Rothe Bandweiden" (Mappus 1742, S. 274); „7. SALIX foliis serratis glabris, flosculis pentandri LINN. h. Cliff. 454. Suec. 792. Tab. nostr. XXXIV. Fig. 1. Salix persica folio non auriculato COMMEL. plant. indig. Holl. p. 99. Salix folio laureo siue lato glabro odorato R. Hist. p. 1420. Salix pentandra LINN. Lapp. 370. Tab. VIII. Fig. 2. Salix foliis serrratis glabris ouatis acutis subsessilibus ROY. pr. p. 83. Salix foliis elliptico-lanceolatis, vtrinque glabris et rigentibus, non auriculatis HALL. Helv. p. 152. ... Icon ranulum florentem, ..." (Gmelin 1747–1769, Bd. I, S. 153ff.); „7. Salix foliis serratis glabris, flosculis pentandris. t. XXXIV. f. 1. [=] Salix pentandra L.!" (Ledebour 1841, S. 58); „Salix pentandra, ... Wasserweide, ... Jälster; Lorbeerweide; lorbeerblätterichte Weide;

Baumwollenweide; Streichweide; Bitterweide; ... ihre Blätter gegeben getroknet, eine schöne gelbe Farbe: ..." (Gmelin 1776, Sp. 99ff.); „3) Die fünf fädige Weide, insgemein die Wasserweide oder Lorbeerweide genannt. Salix pentandra. ... Salix foliis serratis glabris, floribus pentandris. LINN. ... Sp. pl. 1442. Hort. Cliff. 454. ... GMEL. sib. I. p. 153. t.34. f. 1. ... Salix vulgaris rubens. C. BAUH. pin. 473. ... Diese Weide wird auch rothe Weide, oder wohlriechende Weide, Baumwollenweide, Streichweide, Bitterweide, und an einigen Orten Jälster, wie auch Jolster, Halster, Hilster, Wilster und Juster genennet. ... daß diese Rinde, als ein Mittel ... in Wechselfiebern, in der Bleichsucht und ... Wassersuchten, ... in dem Scharbok, der Krätze, und in Flüssen ... gebraucht werden könne; ..." (Linné 1777, S. 401ff.); „SALIX pentandra. SALIX foliis serratis glabris, floribus pentandris. ... Gmelin. Flor. sib. I. p. 153. tab. 34. f. 1. Rossice Tschernotal (Чернотаљ [russ. *černotal'*]). ..." (Pallas 1788, S. 83); „z) Salix pentandra. Salix vulgaris rubens. Salix folio laureo s. lato glabro odorato. Deutsch. Die Lorbeerweide; Wohlriechende Weide, Bauwollenweide, Glatte Saalweide, Wilde Weide, Strohweide, Bitterweide, Schafweide, Fieberweide, Faulweide. ... Russ. Tschernotal. ... die lange, feine Samenwolle ist u. d. N. Thüringische und Märische Baumwolle bekannt." (Nemnich 1795, Sp. 1202); „3. SALIX pentandra ... Fünfkolbige Weide, Wasser=, Lorbeer= auch Fieber=Weide. R. Tschernoi Talnik. ... Ihre Rinde hat im Auslande die Chinarinde vertreten sollen, hier nützt man sie mit andern zum Gerben." (Georgi 1797–1802, Theil 3, S. 1328); „11. SALIX pentandra. S. foliis serratis ... Sp. pl. 1142. Hort. Cliff. 454. ... Gmel. sib. 1. p. 153. t. 34. f. 1. ... S. vulgaris rubens. Bauh. pin. 473? S. pentandra. Fl. lapp. 370. t. 8. f. 2. ... Lorbeer-Weide. W. ..." (Linné 1797–1830, Bd. IV, Teil 2, S. 658f.); „SALIX PENTANDRA. ... Fünfmännige oder Lorbeerweide. wohlriechende Weide, Baumwollenweide, Bitterweide, Faulweide, Fieberweide, Halster, Hilster, Julster, Schafweide, Stechweide, Streichweide, Strichweide, Wasserweide, Wollweide, Sahlweide. ... Auch von der Lorbeerweide sammelt man Weidenrinde ... als Cortex Salicis pentandrae seu laureae, ... zum Arzneigebrauch, ... im Volke gelten Rinde und Laub der Lorbeerweide als vortreffliche Heilmittel, nicht blos beim Fieber, sondern auch bei Entzündungen, Geschwüren u. dergl. ..." (Hayne 1837, Nr. 40); „1. S[alix] pentandra (L. Spec. 1442) ... PALL. Fl. ross. II, p. 83. ... LEDEB. Fl. alt. IV, p. 254. ... S. foliis serratis glabris, ... GMEL. Fl. sib. I, p. 153, No. 7, t. 34, f. 1. ..." (Ledebour 1846–1851, S. 597); „1. SALIX PENTANDRA. Linn. ... Willd. Spec. pl. IV. p. 658. ... Pall. Fl. ross. II. p. 83. ... S. foliis serratis glabris, ... Gmel. Fl. sib. I. p. 153. No. 7. t. 34. f. 1. ..." (Ledebour 1833, S. 254f.); „8. Salix pentandra Fl. lapp. 370. Omnino (Fl. sib. I. 153. nr. 7. S. pentandra L.)." (C. von Linné in einem undatierten Brief an J. G. Gmelin – Plieninger 1861, S. 64); „Salix flosculis pentandris – recte (Fl. sib. I. 153. nr. 7. S. pentandra L. ...)." (A. von Haller in einem undatierten Brief an J. G. Gmelin – Plieninger 1861, S. 149; Salix pentandra L. – russ. *černotal*, *tala*, *tal'nik*, *iva*, *verbovnik* bzw. *sinetal* (*Annenkov* 1858, S. 83, Nr. 973); wotjakisch *uj-pu – Salix pentandra, Wasserweide (Munkácsi 1896, S. 85); wotjakisch kamdor bad' pu – Sahlweide (Wiedemann 1851, S. 372); ersanisch kal' – Sahlweide (Wiedemann 1865, S. 228)

34 „[species 7] Salix folio longissimo, angustissimo, utrinque albido C. B. Pin. 474. Elaeagnus Dalechampii Lugd. 278." (Tournefort 1700, S. 591, Genus I. „Salix. Saule."); „ELAEAGNVS Dalechampij." (Abbildung in: Daléchamps 1587, S. 278); „5. SALIX FOLIO LONGISSIMO ANGUSTISSIMO, UTRINQUE ALBIDO. C. B. Pin. ... C'est le ... Salix angustis & longissimis foliis crispis, subtus albicantibus. J. B. 1. lib. 8. p. 212. ..." (Vaillant 1727, S. 175); „22. SALIX angustis & longissimis foliis crispis subtus albicantibus I.B. I. P. II. p. 212. ... Et Salix folio longissimo, angustissimo, utrinque albido C. B. ex LUGD. ..." (Haller 1742, S. 155f.); „16. SALIX foliis ex lineari lanceolatis, integris, subtus incanis. ..." (Gmelin 1747–1769, Bd. I, S. 162); „16. Salix foliis ex lineari lanceolatis integris subtus incanis [=] Salix viminalis L." (Ledebour 1841, S. 59); „SALIX (viminalis) foliis subintegerrimis lanceolato-linearibus ... Linn. Spec. pl. 1021. n. 27. ... Іва [russ. *iva*] Rossis. ..." (*Krašeninnikov* 1761, S. 158f.); „Salix viminalis und [Salix] Caprea [Nr. 1087] zeigten auch schon ihre Blumen. jener heißn [sic!] [in] der Landsprache талажчаникъ [russ. *talažčanik*] und dieser тали [russ. *tali*]." (Gmelin 1770, S. 66); „Salix viminalis, ... Bandweide, ... Korbweide, Seilweide; ... Uferweide; Aemelsweide; ... Sie heißt bey ... C. Bauhin: Salix folio

longissime angustissimo utrinque albido; ..." (Gmelin 1776, Sp. 123ff.); „29) Die Bandweide. Salix viminalis. ... Salix foliis subintegerrimis, lanceolato-linearibus, longissimis, acutis, subtus sericeis; ramis virgatis LINN. ... Spec. pl. 1448. ... Salix folio longissimo, ... C. BAUH. pin. 474. Salix foliis angustis & longissimis crispis, subtus albicantibus, J. BAUH. hist. 1. p. 212. ... Salix foliis ex lineari lanceolatis integris subtus incanis. GMEL. sib. I. p. 163. ... sie ist die eigentliche Bandweide, wiewohl sie auch die Korbweide, Seilweide, Salweide, Hartweide, Krebsweide, Fischerweide und Uferweide genennet wird. Ihre Zweige sind den Korbmachern, und zum Zusammenbinden der Zäune, und anderen Flecht= und Bandwerk sehr nützlich; ..." (Linné 1777, S. 413ff.); „109. SALIX viminalis. ... S. folio longissimo ... Bauh. pin. 474. ... Korb-Weide. ..." (Linné 1797–1830, Bd. IV, Teil 2, S. 706f.); „gg) Salix viminalis. Deutsch. Die Korbweide; Rothe Bandweide, Grosse Korbweide, Grosse rothe, lange Haarweide, Rother Wilgenbaum, Grossse Flachsweide, Hanfweide, Grosse rothe Krebsweide, Wasserweide, Uferweide, Fischerweide, Rothweide, Elbweide, Seilweide, Saalweide, Spitzweide, Arintsweide, Armetsweide, Grundweide, Schüssweide, Kneyenbusch, Kaneyen, Kneyen. ... Russ. Werbolas; Am Terek. Talaschennik. ..." (Nemnich 1795, Sp. 1203f.); „18. S[alix] viminalis (L. Spec. 1448) ... PALL. Fl. ross. II, p. 76. ... LEDEB. Fl. alt. IV, p. 265. ... S. foliis ex lineari lanceolatis, ... GMEL. Fl. sib. I, p. 162, No. 16. S. foliis ex elliptico lanceolatis, ... GMEL. Fl. sib. I, p. 162, No. 17 (a cl. PALL. (Fl. ross. II. p. 75) fide specim. herb. Gmelin. ad S. incubaceum L. ducitur). ..." (Ledebour 1846–1851, S. 605); „8. SALIX VIMINALIS. Linn. ... Willd. Spec. pl. IV. p. 706. No. 109. ... Pall. Fl. ross. p. 76 ... S. foliis ex lineari lanceolatis, ... Gmel. Fl. sib. I. p. 162. No. 16. S. foliiis ex elliptico lanceolatis, ... Gmel. Fl. sib. I. p. 162. No. 17. ..." (Ledebour 1833, S. 265f.); „17. SALIX foliis ex elliptico lanceolatis, integris, subtus sericeis, amentis longis et tenuibus. ..." (Gmelin 1747–1769, Bd. I, S. 162); „17. Salix foliis elliptico-lanceolatis integris subtus sericeis, amentis longis et tenuibus [=] Salix viminalis L. (S. incubacea Pall. Fl. ross. II. (ed. min.) 151.)" (Ledebour 1841, S. 59); „SALIX incubacea. Salix foliiis integerrimis lanceolatis, ... Lin. syst. pl. IV. p. 231. sp. 24. Rossice Maloi Talnik (малой Талникъ [russ. *maloj talnik*]); Tataris Tall. Esthonis Hannapajo. Permiensibus et Siraenis Bad vel Bag; Vogul. Njörsi; ad Tschussovajam Tip; Ostiacis Sachal vel Sagal; Samojedis ad Petschoram Nerka; Obensibus Nero; ad Jeniseam Niggi; Tomensibus Tjoeba; ad Ket fl. Njaerch; Arinzis et affinibus Doligit. Mongolis Azola. Tungusis Schekta; Lamutis Set. Curilis Susu. Coraecis Jai. Camtschadalis Tschetschim. ... Salix foliis ex elliptico lanceolatis, ... Gmel. Flor. sib. I. p. 162. n. 17. mihi, ex specimine Herbarii Gmeliniani, a S. incubacea haud differre visa est." (Pallas 1788, S. 75); „t) Salix incubacea. Deutsch. Die Mattenweide; Kleine Feldangerweide, Kleine Silberweide, Koppelweide. ... Russ. Maloi talnik. ..." (Nemnich 1795, Sp. 1201); „89. SALIX incubacea. ... S. foliis integerrimis lanceolatis ... Sp. pl. 1447. ... Matten-Weide. W. ..." (Linné 1797–1830, Bd. IV, Teil 2, S. 696f.); „42. S[alix] incubacea (WILLD. Spec. pl. IV, p. 696) ... PALL. Fl. ross. II, p. 75. ..." (Ledebour 1846–1851, S. 615); „SALIX VIMINALIS. ... Band-, Fischer- oder Korbweide, Arietsweide, Armetsweide, Buschweide, Elbweide, Flachsweide, Grundweide, Haarweide, Hanfweide, Kneienbusch, Kneienweide, Krebsweide, Kreybusch, Langhaarweide, Seilweide, Spitzweide, Uferweide. ... Ihre Blätter werden vom Vieh besonders gern angenommen. ..." (Hayne 1837, Nr. 45); „395. (22.) Salix viminalis L. ... Namen. – Russisch: Bjelotal (i. e. Weissweide), Bjelyj-Tal'nik; Losa, Losnik; Korsinna-losa (i. e. Korbweide), Korsinotschnik, Kusowiza (in der Ukraine); Malokitnik (am Uralflusse, nach Karelin); Talashtschanik (im Gouv. Woronesh); Talashennik (am Terek, nach Pallas); Rakita, Rakitnik (im Gouv. Wjatka); Werbolos (Pallas). ... Kozlina (Annenkow). Lettisch: Bukka wihtols ... Syrjanisch: Bat'. – Ssamojedisch: Nérka (A. G. Schrenck). Anmerkung. – Andersson (l. c. p. 266) zieht zu S. vinimalis als Varietät Salix Gmelini Pall., ... Andersson bemerkt übrigens, dass die von Ledebour zu S. Gmelini gezogenen Synonyma sehr unsicher seien. ..." (Köppen 1889, S. 292ff.); „SALIX viminalis. SALIX foliis subintegerrimis (repansis) ... Gmelin. Fl. sib. I. p. 162. n. 16. Rossis Werbolos (Верболозь [russ. *verboloz'*]); ad Terec fl. Talashennik (Талаженникъ [russ. *talažennik*]). ..." (Pallas 1788, S. 76); „SALIX Gmelini. SALIX foliis elliptico-lanceolatis, ... Gmelin. Fl. sibir. I. p. 163. n. 19. ..." (a. a. O., S. 77); „SALIX serotonina. Salix foliis oblongis acutis ... Pall. itiner.

III. p. 759. app. n. 135. tab. Nn. Rossis ad Volgam Bjelolos (Бѣлолозъ [russ. *beloloz'*]) [?] ...“ (a. a. O., S. 77); „20. S[alix] Gmelini (PALL. Fl. ross. II. p. 77) ... S. serotonina. PALL. It. III, p. 679, app. p. 759, No. 135, t. N. n. – Ej. Fl. ross. II, p. 77. ... S. foliis ex elliptico lanceolatis, ... GMEL. Fl. sib. I, p. 163, No. 19. ...“ (Ledebour 1846–1851, S. 606); „135. SALIX serotonina. Tab. Nn. Russis бѣлолозъ [russ. *beloloz*]. ... Eandem omnino speciem ... descripsit GMELINVS Flor. sib. I. p. 163.“ (Pallas 1776, S. 759f.); „19. SALIX foliis ex elliptico lanceolatis, subtus sericeis, appendiculatis. ...“ (Gmelin 1747–1769, Bd. I, S. 163f.); „19. Salix foliis ex elliptico lanceolatis subtus sericeis appendiculatis [=] Salix Gmelini Pall. Fl. ross. II. (ed. min.) 153. (An spec. a S. stipulari Sm. vere distinct?) (S. repens L. γ. fusca Sm. – Fl. alt. IV. 276.)“ (Ledebour 1841, S. 59); „28. SALIX viminalis ... Band=Weide. R. Werbolos. ... Ihre gelbbräunlichen Zweige dienen zu Tonnenreiffen, gemeinen und Fischkörben (R. Mordwa.) Die alte Rinde giebt Lohe, die junge Stricke.“ (Georgi 1797–1802, Theil 3, S. 1335); „32. SALIX Gmelini ... Gmelin's=Weide. ...“ (a. a. O., S. 1337); „11. Salix foliis lineari-lanceolatis integris subtus incanis. est Salix foliis subintegris lanceolato-linearibus Fl. Suec. 813. (Fl. sib. I. 162. nr. 16. S. viminalis L.)“ (C. von Linné in einem undatierten Brief an J. G. Gmelin – Plieninger 1861, S. 64); „14. Salix foliis elliptico-lanceolatis integris, subtus sericeis appendiculatis. ego hanc sumerem pro salice Fl. suec. 805. (S. cinerea L. in Fl. sib. non exh.), sed in specimine Tuo folia nimis aetate recentia sunt, quam ut ex iis aliquid certi determinari queat; si vidissimem adultiora certius dixissem. certe flores etiam conveniunt cum hac specie. (Est Fl. sib. I. 163. nr. 19. S. Gmelini. Hall.) ...“ (a. a. O., S. 67); „Salix (Fl. sib. p. 162. (nr. 16. 17.) vulgaris rubens C. B. non haec certe (Cel. Ledeb. Fl. sib. I. 162. nr. 16. et 17. utramque S. viminalem L. definit, ... posteriorem circumscripte etiam S. incubaeam Pall. conjicit.).“ (A. von Haller in einem undatierten Brief an J. G. Gmelin – Plieninger 1861, S. 148); Salix viminalis L. – russ. *talažčanik*, *rakita*, *rakitnik*, *belotal*, *vjazinnik* bzw. *loza* (*Annenkov* 1858, S. 83, Nr. 975)

35 „Capreus, ist ein Geschlecht der Böcke, oder eine wilde Ziege, ... teutsch, ein Rehebock, genannt. Das Weiblein heist lateinisch, Caprea, ... teutsch eine Reheziege, ...“ (Lémery 1721 Sp. 229f.)

36 „[species 27] Salix folio ex rotunditate acuminato C. B. Pin. 474. Salix Caprea, latifolia Tabern. Icon. 1038.“ (Tournefort 1700, S. 591, Genus I. „Salix. Saule.“); „4. Salix caprea latifolia. Breyt groß Seylweiden.“ (Abbildung in: Tabernaemontanus 1590, S. 1038); „8. SALIX LATIFOLIA ROTUNDA. C. B. Pin. ... SALIX FOLIO EX ROTUNDITATE ACUMINATO. C. B. Pin. ...“ (Vaillant 1727, S. 176); „17. SALIX folio rugoso, obiter serrato, subtus lanuginoso, julo crassissimo. Salix aquatica LOBEL. ic. II. p. 137 (longiore folio.) Salix caprea latifolia TABERN. p. 1038. cum auriculis. ... Salix latifolia ... I. B. I. P. II. p. 215. ...“ (Haller 1742, S. 155); „11. SALIX foliis ouatis, rugosis, subtus tomentosis, margine vndulatis, superne denticulatis LINN. Suec. 811. Salix aquatica LOB. ic. II. p. 137. Salix caprea latifolia TAB. p. 1038. Salix latifolia inferne hirsuta I. B. I. 215. Salix foliis ouatis rugosis, subtus tomentosis, sursum denticulatis ROY. pr. 83. n. 6. Salix folio rugoso, obiter serrato, subtus lanuginoso, iulo crassissimo HALL. Helv. p. 155. j. Eadem foliis in extremis ramis confertis, rosaceis. jj. Eadem ramis extremis fere herbaceis, foliis quasi dissectis, et lichenis instar expansis. jjj. Eadem foliis ouatis, vtrinque glabris, serratis, oblonge appendiculatis. jjjj. Eadem foliis ouatis, incondite serratis, vtrinque lanuginosis. ...“ (Gmelin 1747–1769, Bd. I, S. 157f.); „11. Salix foliis ovatis rugosis subtus tomentosis margine undulatis superne denticulatis [=] Salix Caprea L.“ (Ledebour 1841, S. 58); „Salix latifolia rotunda. C. B. P. Rundblätterige Weide. Salix folio ex rotunditate acuminato. C. B. P. Spitzige rundblätterige Weide.“ (Miller 1751, S. 573); „1653. SALIX foliis ovatis rugosis, subtus reticulatis, tomentosis, julis ovatis, stipulis amplexicaulibus, serratis. Salix caprea ... TABERNAEMONT, p. 1038. Salix latifolia ... J. B. I. p. 215. ... Salix foliis ovatis rugosis, ... GMELIN. Flor. Sibir. I. p. 157. & Salix foliis elliptico lanceolatis, subtus sericeis, appendiculatis GMELIN. Flor. I. p. 169. [sic!] [Nr. 1086] ...“ (Haller 1768a, S. 310f.); „71. Salix minor, kleine Weide. Salix folio ex rotunditate acuminato Turn. 591. ...“ (Carl 1770, S. 176); „Salix caprea L B. Ilbur. ...“ (Georgi 1775, S. 236); „[Salix] acuminata, foliis oblongo-ovatis acuminatis rugosis subtus tomentosis, spizige Weide, ... spizblätterichte Solweide; ... Sie heißt bey ... C. Bauhin: Salix folio ex rotunditate acuminato; ...“

(Gmelin 1776, Sp. 129); „Salix caprea, ... Palmweide, ... Salweide, Holweide, Sölweide, rundblätterichte Solweide; Werftweide; groser Werft; gemeiner Werft; rauher Werft; Söle; Sallen; ... Sie heißt bey ... C. Bauhin: Salix latifolia rotunda; ...“ (a. a. O., Sp. 121ff.); „28) Die Palmweide. Salix Caprea. ... Salix foliis ovatis, rugosis, subtus tomentosis, undatis, superne denticulatis. LINN. ... Spec. pl. 1448. ... GMEL. Sib. 1. p. 157. Salix foliis ovatis, ... HALL. hist. n. 1653. ... Salix latifolia rotunda. C. BAUH. pin. 474. ... Salix foliis elliptico lanceolatis, ... GMEL. Sib. 1. p. 169 [sic!] [Nr. 1086] ... Sie ... hat vielerley Namen, indem man sie ... auch die Salweide, Solweide, Sölweide, Hohlweide, Werftweide, Söhle, Sallen, Sählen, und Strichpalmen nennet. ... der Zweige bedient man sich zu ... Körben, Gittern, und anderen Geflechte; ... An ihren Blättern findet man öfters Galläpfel; und der Schwamm (Boletus), welcher an derselben wächst, hat einen sehr angenehmen Geruch.“ (Linné 1777, S. 411ff.); „SALIX caprea. Tab. LXXXI. fig. 2. SALIX foliis ovatis rugosis, ... Gmelin. Flor. sib. I. p. 157. ... Rossice Verba (Верба [russ. *verba*]), Bredina (Бредина [russ. *bredina*]). ...“ (Pallas 1788, S. 81); „101. SALIX caprea. ... S. foliis ovatis rugosis: ... Sp. pl. 1448. ... Gmel. sib. 1. p. 157. ... S. foliis ovatis, rugosis, ... Hall. helv. n. 1653. ... S. latifolia rotunda. Bauh. pin. 474. ... Sohl-Weide. W. ...“ (Linné 1797–1830, Bd. IV, Teil 2, S. 703f.); „1938. SALIX Caprea. ... Linn. ed. Willd. 4. p. 703. ... Hall. hist. n. 1653. Gmel. sib. 1. pp. 157. n. 11. Pall. ross. 2. p. 81. f. 2. ...“ (Marschall von Bieberstein 1808, S. 414f.); „10. SALIX CAPREA. Linn. ... Willd. spec. pl. IV. p. 703. No. 101. ... Pall. Fl. ross. II. p. 81. ... M. a Bieb. Fl. taur. cauc. II. p. 414. No. 1938. ... S. foliis ovatis, rugosis, ... Gmel. Fl. sib. I. p. 157. No. 11. ...“ (Ledebour 1833, S. 268f.); „SALIX CAPREA. ... Palm- oder Sahlweide, ... Sale, Werft oder grosser, rauher Werft, Werftweide, Balm- oder Palmbaum, Balmkätzlein, Bergweide, Geisweide, Hohlweide, Pfahlweide, Pfeifenholz, Seile, Seilweide, oder Streich- oder Strichpalme, Wildkatzenstrauch, Wurzelweich. ... Die Rinde der Saalweide ... wurde sonst auch als Cortex Salis Capreae ... als heilkräftig geschätzt. ... Es [d. h. das Holz] dient sowohl als Werkholz bei der Fabrikation von Büchsen und Schachteln, als auch als Brennholz, ... Allgemein bekannt ist der Gebrauch der blühenden Zweige (Palmzweige), welche am Palmsonntage zur sogenannten Palmweihe getragen werden. ...“ (Hayne 1837, Nr. 43); „29. S[alix] Caprea (L. Spec. 1448) ... PALL. Fl. ross. II, p. 81, t. 81, f. 2. ... M. a BIEB. Fl. t. c. II, p. 414; ... LEDEB. Fl. alt. IV, p. 268. ... S. foliis ovatis, rugosis, ... GMEL. Fl. sib. I, p. 157, No. 11. ...“ (Ledebour 1846–1851, S. 609f.); „10. Salix folio rugoso Hall. sic est. vide Fl. Suec. 811. (Fl. sib. I. 157. nr. 11. S. caprea L.“ (C. von Linné in einem undatierten Brief an J. G. Gmelin – Plieninger 1861, S. 64); „Salix Linn. (Fl. suec.) nr. 811. – Salix f. ex rotunditate acuminato C. B. (Fl. sib. 1. 157. nr. 11. S. caprea L.)“ (A. von Haller in einem undatierten Brief an J. G. Gmelin – Plieninger 1861, S. 148); Salix Caprea L. – russ. *iva*, *tala*, *verbaloz* bzw. *bredina* (*Annenkov* 1858, S. 82, Nr. 968)

„19. Salix folio ex rotunditate acuminato C. B. P. 474. ...“ (AAW R. I, Op. 13, D. 67, Bl. 83r, s. Anm. 5 in Nr. 4); „492 Salix folio ex rotunditate acuminato C. B. P. ...“ (AAW R. I, Op. 104, D. 25, Bl. 35v, s. Anm. 61 in Nr. 21); „137. Salix folio ex rotunditate acuminato C. B.P. ...“ (AAW R. I, Op. 104, D. 17, Bl. 16r, s. Anm. 36 in Nr. 8); „Salix folio ex rotunditate acuminato, C. B. Pin. 474. Tournefort. Spec. 27. ...“ (AAW F. 98, Op. 1, D. 19, Bl. 58r, s. Anm. 59 in Nr. 19); s. auch Nr. 1086

37 „CITRUS, Citronenbaum. Dieses ist: ... Citreum vulgare TOURNEF. Inst. Rei Herb. p. 621. ... Lemery nennet diesen Baum mit dem Tournefort Citreum Mater. Lexic. S. 317. ...“ (Ernsting 1770, S. 305f.); „CITREUM. ... teutsch, ein Citronenbaum. ... Die Blätter sind gleich aus, ohne Schild, lang und so breit, als wie Nußlaub, vorne zugespitzt und den Lorbeerblättern nicht ungleich, jedoch viel dicker, am Rande ausgezackt, von schöner grün und gleissender Farbe, insonderheit oben, und von gar starckem Geruch. ...“ (Lémery 1721, Sp. 317ff.)

38 „VII. Salix saxatilis minima: ...“ (Bauhin 1620, S. 159); „1649. SALIX foliis orbiculatis serratis, glabris, julis paucifloris ... Salix saxatilis minima C. B. Prodr. p. 159. ... Salix foliis seratis, glabris orbiculatis LINN. Flor. Lapon. n. 355. t. 7. f. 2. 4. ...“ (Haller 1768a, S. 309); „Salix herbacea, ... krautartige Weide, ... Sie heißt bey ... Hallern: Salix foliis orbiculatis serratis glabris, jubis [sic!] paucifloris; ... und bey Hallern: Salix saxatilis minima.“ (Gmelin 1776, Sp. 114); „15.) Krautartige

Weide. Salix herbacea. ... Salix foliis serratis, glabris, orbiculatis. LINN. ... Sp. pl. 14445. ... HALL. Helv. 155. ... Salix saxatilis minima. C. BAUH. pin. 474. ... RAI, Suppl. 12. Angl. 3. p. 448. ..." (Linné 1779a, S. 557); „SALIX herbacea, SALIX foliiis serratis glabris orbiculatis. Lin. syst. pl. IV. p. 228. n. 15. ... Rossice Talovaja Karla (Таловая Карла [russ. *talovaja karla*]). ..." (Pallas 1788, S. 85); „r) Salix herbacea. Deutsch. Die Krautweide. ... Russ. Talowaja karla. Sie wird kaum 2 Schuh hoch." (Nemnich 1795, Sp. 1201); „62. S[alix] herbacea (L. Spec. 1445). ... PALL. ... Fl. ross. II. p. 85. ..." (Ledebour 1846–1851, S. 624); „1521. Salix herbacea. ... Linn. Sp. pl. 1445. n. 16. ... Haller. Hist. stirp. helv. Tom. II. p. 309. n. 1649. ..." (Wulfen 1858, S. 786f.)

„11. An Salix saxatilis minima C. B. Pr? ... Fl. Irc. n° 1088." (AAW R. I, Op. 13, D. 67, Bl. 19v, s. Anm. 5 in Nr. 4); „493 Salix saxatilis minima Flor ircut No 1088" (AAW R. I, Op. 104, D. 25, Bl. 35v, s. Anm. 61 in Nr. 21)

39 „*138. Salix rupestris humilis procumbens foliolis dense congestis oblongis pulcherrime serratis Fl. Irc. 1089." (AAW R. I, Op. 105, D. 16, Bl. 3r, s. Anm. 5 in Nr. 4); „12. Salix rupestris humilis procumbens, foliolis dense congestis, oblongis, pulcherrima serratis Fl. Irc. n°. 1089." (AAW R. I, Op. 13, D. 67, Bl. 19v, s. Anm. 5 in Nr. 4); „494 Salix rupestris humilis procumbens, foliolis dense congestis oblongis, pulcherrime serratis Flor irc. No 189. ..." (AAW R. I, Op. 104, D. 25, Bl. 35v, s. Anm. 61 in Nr. 21)

40 „13. Salix caule nodoso humilis rupestris, folio utrinq) incano. Fl. Irc. 1090. vid. VI. et VII. VIII. XXXVIII."(AAW R. I, Op. 13, D. 67, Bl. 19v, s. Anm. 5 in Nr. 4)

41 „Origanum. ... teutsch, Wohlgemuth, Doste. ... Die grösten Blätter sehen wie die an der Calamenthe; die kleinsten wie am Majoran, und sind rauch, riechen gut, und schmecken scharff und gewürtzhaftig. ..." (Lémery 1721, Sp. 816)

42 „[species 24] Salix Alpina, angustifolia, repens, non incana C. B. Pin. 474. Prodr. 159." (Tournefort 1700, S. 591, Genus I. „Salix. Saule."); „V. Salix alpina angustifolia repens: ..." (Bauhin 1620, S. 159); „13. SALIX foliis levibus, ovatis, spica rarissima. ... Salix alpina angustifolia repens C. B. ..." (Haller 1742, S. 154); „13. SALIX pumila, foliis oualibus, obscure serratis, vtrinque leuibus, inferne glaucis. Tab. XXXV. Fig. 1. ... STELLERUS in rupestribus Bargusini fluuii inuenit, et pro salice alpina angustifolia repente, non incana, quae 5. Prodr. C. B. P. 474. habet. ..." (Gmelin 1747–1769, Bd. I, S. 159f.); „13. Salix pumila, foliis ovalibus obscure serratis utrinque laevibus inferne glaucis. t. XXXV. f. 1. et var. α. [=] Salix hastata L. (fig. 1. S. arbuscula L. – Pall. Fl. ross. II. (ed. min.) 160. var. α. – rhamnifolia. Pall. l. c. 67.)" (Ledebour 1841, S. 58); „SALIX arbuscula. SALIX foliis subserratis glabris subdiaphanis ... Gmelin. Flor. sib. I. p. 159. n. 13. tab. 35. fig. 1. Rossice Talnik Tonkolistvennyi (Тальникъ Тонколиственный [russ. *tal'nik tonkolistvennyj*]). ..." (Pallas 1788, S. 80); „Salix Alpina angustifolia repens non incana. C. B. P. Schmalblätterige, grüne kriechende Alpenweide." (Miller 1751, S. 577); „[Salix] retusa, ... zugestumpfte Weide, ... Sie heißt bey C. Bauhin: Salix alpina angustifolia repens non incana; ..." (Gmelin 1776, Sp. 113f.); „16.) Stumpfblätterichte Weide. Salix retusa. ... Salix foliis subserratis, glabris, obovatis, obtusissimis. LINN. ... Sp. pl. 1445. Salix foliis laevibus ovatis, ... HALL. Helv. 154. ... Salix alpina angustifolia repens non incana. C. BAUH. pin. 474. prodr. 159. ... sie ... liegt aber meistens auf dem Boden; sie wird deswegen insgemein Erdweide, wie auch Berg= und Stein= oder Felsenweide genennet. ..." (Linné 1779a, S. 558); „61. S[alix] retusa (L. Spec. 1445) ... PALL. Fl. ross. II, p. 85 (excl. synon. Gmelini). ..." (Ledebour 1846–1851, S. 624); „SALIX retusa. SALIX foliis subserratisglabris obovatis obtusissimis. ... Gmelin. Flor. sib. I. p. 160. n. 14. tab. 35. fig. 2. Rossices Travaenoi Talnik (травяной Тальникъ [russ. *travjanoj tal'nik*]). ..." (Pallas 1788, S. 85); „14. SALIX pumila, folio ouali, basi serrato. Tab. XXXV. Fig. 2. Salix pusilla humilis Camerar. Epit. p. 108. Salix pumila vtrinque glabra I. B. I. 217. Salix foliis leuibus, ouatis, spica rarissima HALL. Helv. 154. ..." (Gmelin 1747–1769, Bd. I, S. 160f.); „14. Salix pumila, folio ovali basi serrato t. XXXV. f. 2. [=] Salix hastata L. (S. arbutifolia Pall. Flor. ross. II. (ed. min.) 158. et retusa Pall. l. c. 168." (Ledebour 1841, S. 59); „34. S[alix] hastata (L. Spec. 1443) ... PALL. Fl. ross. II, p. 84. (excl. syn. GMEL.). ... LEDEB. Fl. alt. IV, p. 272 (excl. syn. nonnullis)

..." (Ledebour 1846–1851, S. 612); „SALIX hastata. SALIX foliis serratis glabris subovatis, ... Gmelin. Flor. sib. I. p. 156. n. 10. Rossice Slivolistvennaja krylataja Verba (Сливолиственная крылатая Верба [russ. *slivolistvennaja krylataja verba*]). ..." (Pallas 1788, S. 84); „10. SALIX foliis glabris, ouatis, serratis, appendicibus latissimis HALL. Helv. 151. Salix latifolia non hirsuta I. B. I. p. 216. ... STELLERUS ad Bargusinum fluuium, ... inuenimus." (Gmelin 1747–1769, Bd. I, S. 156f.); „10. Salix foliis glabris ovatis serratis, appendicibus latissimis. (excl. syn.). [=] Salix Starkeana W. (Salix hastata L. Pall. Fl. ross. II. (ed. min.) 161.)" (Ledebour 1841, S. 58); „35. S[alix] rhamnifolia (PALL. Fl. ross. II. p. 84.) ... S. pumila, foliis ovalibus, ... GMEL. Fl. sib. I, p. 159. 160, No. 13, t. 35, f. A. ..." (Ledebour 1846–1851, S. 612f.); „SALIX rhamnifolia. SALIX foliis ovatis obtusis serratis glabris, subtus glaucis. Gmelin Flor. sib. I. p. 159. n. 13. Tab. 35. fig. 1. A. Rossis Cruglolistvennyi Talnik (Круголиственный Талникъ [russ. *krugolistvennyj talnik*]). ..." (Pallas 1788, S. 84); „57. S[alix] arbuscula (L. secundum ...) ..." (Ledebour 1846–1851, S. 622); „SALIX arbuscula. SALIX foliis subserratis glabris ... Gmelin. Fl. sib. I. p. 166. n. 21. Rossice Talovoi Jernik (Таловой Ерникъ [russ. *talovoj ernik*]). ..." (Pallas 1788, S. 83); „21. SALIX foliis subserratis, glabris, subdiaphanis, subtus glaucis, caule suffruticoso LINN. Suec. 798. j. Eadem foliis longe ellipticis. ... STELLERUS in muscosis rupium Bargusinensium reperit. j. a STELLERO ibidem loci lecta est, cum fructu admodum adulto. ..." (Gmelin 1747–1769, Bd. I, S. 166); „21. Salix foliis subserratis glabris subdiaphanis subtus glaucis, caule suffruticoso [=] Salix arbuscula L.!" (Ledebour 1841, S. 59); „7) Die spondonförmige Weide. Salix hastata. ... Salix foliis serratis, glabris, subovatis, acutis, sessilibus, stipulis subcordatis. LINN. ... Sp. pl. 1443. ..." (Linné 1777, S. 407); „14.) Das Weiden=Bäumchen, oder die Zwerg=Weide. Salix Arbuscula. ... Salix foliis subserratis, glabris, subdiaphanis; subtus glaucis; caule suffruticosa. LINN. ... Sp. pl. 1445. ... GMEL. Sib. 1. p. 166. ..." (Linné 1779a, S. 556f.); „7. SALIX hastata ... Spondonblättrige Weide. R. Krilataja Werba. ... Die jungen Reiser sind seidig, rauch. ..." (Georgi 1797–1802, Theil 3, S. 1329); „13. SALIX arbuscula ... Bäumchen=Weide. Weiden= Bäumchen. R. Talowoi Jernik. ... Ein nur 2 Fuß hoher Strauch, mit aufrechten braunröthlichen Ruthen, ..." (a. a. O., S. 1331); „15. SALIX retusa ... Stumpfblättrige Weide. R. Trawianoi Talnik. ... Eine bis eine Spanne hohe Strauchweide." (a. a. O., S. 1332); „38. SALIX rhamnifolia ... Wegedornblättrige Weide. R. Kruglolistwennii Talnik. Mit eyförmigen, stumpf gesägten, glatten, unten grauen Blättern. ..." (a. a. O., S. 1339); „20. SALIX hastata ... S. foliis serratis glabris ... Sp. pl. 1433. ... Spontonförmige Weide. W. ..." (Linné 1797–1830, Bd. IV, Teil 2, S. 664); „*45. SALIX rhamnifolia. † ... S. foliis ovatis obtusis ... Pall. ross. 2. p. 84. S. pumila foliis ovalibus ... Gmel. sib. 1. p. 159. t. 35. f. A. Wegdornblättrige Weide. W. ..." (a. a. O., S. 677); „*46. SALIX Starkeana. W. ... Starkesche Weide. W. ..." (a. a. O., S. 677); „54. SALIX Arbuscula. ... S. foliis subserratis glabris ... Sp. pl. 1445. ... Zweigrifflige Weide. W. ..." (a. a. O., S. 681f.); „59. SALIX retusa. ... S. foliis subserratis glabris ... Sp. pl. 1445. S. alpina angustifolia repens non inana. Bauh. pin. 474. prodr. 159. ... Ausgerandete Weide. W. ..." (a. a. O., S. 684); „13. SALIX HASTATA. Linn. ... Willd. Spec. pl. IV. p. 664. No. 20. ... Pall. Fl. ross. II. p. 84. (edit. minor. p. 166. excl. syn. Gmel.)? ... S. rhamnifolia. Pall. Fl. ross. II. p. 84. (edit. min. p. 167). ... S. arbutifolia Pall. Fl. ross. II. p. 73. (edit. min. p. 158) ... S. pumila, ... Gmel. Fl. sib. I. p. 160. No. 14. t. 35. f. 2. ..." (Ledebour 1833, S. 272f.); „14. SALIX STARKEANA. Willd. ... Willd. Spec. pl. IV. p. 677. No. 46. ... S. foliis glabris, ovatis, serratis, ... Gmel. Fl. sib. I. p. 156. No. 10. ..." (a. a. O., S. 274f.); „16. Salix foliis integris glabris ovatis alba T. est Salix Fl. suec. 798. (Fl. sib. I. 159. nr. 13. S. hastata L; sec. synon. Linnaei S. arbuscula L.) 21. Salix foliis inferne adnatis opposit. lanceol. Hort. cliff. sic est. (Hoc synonymon, ut videtur mutilum, in H. C. non reperitur neque in Fl. sib., nec sane liquet ad quam salicis speciem referendum sit; nisi forsan de specie quadam, stipulis at basin petiolorum oppositis instructa, ut S. amygdalina, vel hastata L. intelligendum sit, quarum priorem Fl. sib. non refert, alteram cel. Ledeb. ad Fl. sib. I. 159. nr. 13., 160. nr. 14. et 156. nr. 10. definit.)" (C. von Linné in einem undatierten Brief an J. G. Gmelin – Plieninger 1861, S. 64)

„6. Salix pumila Saxatilis, procumbens, oblongo & lato leviter Serrato folio, subtus subglauco Ind. Jen. n°. 282. ... Fl. Irc. 1091.“ (AAW R. I, Op. 13, D. 67, Bl. 19v, s. Anm. 5 in Nr. 4); „282. Salix pumila saxatilis, procumbens, oblongo et lato leviter serrato folio, subtus subglauco. ... Fl. Irc. 1091.“ (AAW R. I, Op. 105, D. 1ª, Bl. 25r, s. Anm. 29 in Nr. 5); lat. „Salix pumila“, russ. „е⌈р⌉ни⌈къ⌉ таловои [*ernik talovoi*; russ. *ernik talovoj*]“ (J. G. Gmelin in: AAW F. 21, Op. 5, D. 73, Bll. 294v/295r); lat. Salix pumila, russ. *talovoj ernik*, tung. Schékta (RGADA F. 199, Op. 2, kn. 513, D. 27, Bl. 8v)

43 „3. SALIX foliis elliptico lanceolatis, utrinque glabris, serratis, appendiculatis. Salix folio auriculato splendente flexilis RAJ. hist. p. 1420. Salix folio articulato splendente flexilis RAJ. syn. III. p. 448. n. 9. ...“ (Haller 1742, S. 152); „9. SALIX foliis elliptico-lanceolatis, vtrinque glabris, serratis, appendiculatis HALL. Helv. p. 152. Tab. nostr. XXXIV. Fig. 3. Salix folio auriculato splendente flexilis R. Hist. 1420. Salix folio articulato splendente flexilis R. Syn. III. p. 448. n.° 9. ...“ (Gmelin 1747–1769, Bd. I, S. 155f.); „9. Salix foliis elliptico-lanceolatis utrinque glabris serratis appendiculatis. t. XXXIV. f. 3. [=] Salix triandra L.!“ (Ledebour 1841, S. 58); „Salix triandra, ... Buschweide; Erdweide; ... Ihre biegsame zähe und veste Zweige dienen zu Zäunen, Körben, zum Anbinden anderer Bäume, ...“ (Gmelin 1776, Sp. 98f.); „Salix amygdalina, Weide mit dem Mandelbaumblatte, ... mandelblätterichte Weide; ... sein Stamme ... hat ein zähes brachbares Holz, ...“ (a. a. O., Sp. 104f.); „SALIX triandra. SALIX foliis serratis ... Gmelin. Flor. sib. I. p. 155. tab. 34. fig. 3. Rossis Loskloi Talnik (лосклой тальникъ [russ. *loskloj tal'nik*] Cosaccis Terekiensibus Tagalnik (тагалникъ [russ. *tagalnik*]). ...“ (Pallas 1788, S. 78); „SALIX amygdalina. SALIX foliis lanceolatis ... Lin. syst. plant. IV. p. 224. sp. 6. ... Rossis Mindalnoi Talnik (Миндальной Тальникъ [russ. *mindal'noj tal'nik*]). ...“ (a. a. O., S. 79); „2) Die dreyfädige Weide. Salix triandra. ... Salix foliis serratis, glabris, floribus triandris. LINN. ... Sp. pl. 1442. ... Salix foliis elliptico-lanceolatis ... HALL. Helv. 152. GMEL. sib. I. p. 155. t. 34. f. 3. ... Salix folio auriculato splendente, flexilis. RAI. Hist. p. 1420. ... Diese Weide ... wird auch die Buschweide oder Erdweide genennet, ... Diese Weide taugt sehr gut zu Faschinen, ...“ (Linné 1777, S. 400f.); „6) Die Weide mit dem Mandelbaum=Blatte. Salix Amygdalina. ... Salix foliis serratis, glabris, lanceolatis, petiolatis; stipulis trapeziformibus. LINN. ... Sp. pl. 1443. ... Salix folio amygdalino, ... C. BAUH. pin. 473. RAI. hist. 1420. ... Gledtisch [sic!] sagt, daß ihre Rinde einen angenehmen Geschmack habe und zieht sie der Quasia und Chinarinde, selbst zur Heilung des kalten Brandes vor.“ (a. a. O., S. 406f.); „ff) Salix triandra. Deutsch. Die Buschweide; Erdweide; Korbweide. ... Russ. Loskloi talnik; Casaccis Terekensibus Tagalnik. ... die Gerten haben eine dunkelrothe Farbe, ...“ (Nemnich 1795, Sp. 1203); „d) Salix amygdalina. Deutsch. Die Weide mit Mandelblättern; Pfirsichweide, Hägenweide, Buschweide, Pfalweide, Korbweide, Schlickweide. Russ. Mindalnoi talnik.“ (a. a. O., Sp. 1198); „2. SALIX triandra ... Dreykolbige Weide, Busch= auch Korbweide. R. Loskloi Talnik, Gm. Sib. 1. 155, T. 34. f.3. ...“ (Georgi 1797–1802, Theil 3, S. 1328); „6. SALIX amygdalino ... Mandel=Weide. Mandelblättrige Weide. R. Mindalnoi Talnik. ... Die Saamenkätzchen gehören zu den wollreichsten.“ (a. a. O., S. 1329); „3. SALIX triandra. ... S. foliis elliptico-lanceolatis ... Gmel. hist. 1420. ... Dreymännige Weide. W. ...“ (Linné 1797–1830, Bd. IV, Teil 2, S. 654f.); „6. SALIX amygdalina. ... S. foliis serratis glabris ... Sp. pl. 1443. ... S. folio auriculato ... Raj. synop. 448. Mandelblättrige Weide. W. ...“ (a. a. O., S. 656); „1934. SALIX triandra. ... Linn. ed. Willd. 4. p. 654. ... Gmel. sib. 1. p. 155. n. 9. Pall. ross. 2. p. 78. ...“ (Marschall von Bieberstein 1808, S. 413); „3. SALIX TRIANDRA. Linn. ... Willd. Spec. pl. IV. p. 654. No. 5. ... Pall. Fl. ross. II. p. 78. (edit. minor. p. 155). M. a Bieb. Fl. taur. cauc. II. p. 413. ... S. amygdalina Linn. – Willd. Spec. pl. IV. p. 656. No. 6. ... Pall. Fl. ross. II. p. 79. (edit minor. p. 157.) ... S. foliis elliptico-lanceolatis, ... Gmel. Fl. sib. I. p. 155. No. 9. t. 34. f. 3. et α. ...“ (Ledebour 1833, S. 257ff.); „SALIX TRIANDRA. ... Dreimännige Weide, Mandelblättrige Weide, Buschweide, Hängeweide, Jakobsholz, Korbweide, grossblättrige Weide, Mandelweide, Mayholz, Pfahlweide, Pfirsichweide, Schälweide, Schlickweide. ... thut sie [d. h. die Rinde] zuweilen gute Dienste gegen Wechselfieber, ... auch bei passiven Schleim- und Blutflüssen, Durchfällen aus Erschlaffung und Wurmkrankheiten. Aeuserlich kann man sie auch zu Umschlägen bei Quet-

schungen, zu Einspritzungen und selbst zu Salben gebrauchen. ...“ (Hayne 1837, Nr. 39); „6. S[alix] amygdalina (L. Spec. 1443) ... S. triandra. LEDEB. Fl. alt. IV, p. 257. α. discolor ... S. amygdalina. L. l. c. ... PALL. Fl. ross. II. p. 79. ... β. concolor ... S. triandra. L. Spec. 1442. ... PALL. Fl. ross. II. p. 78. ... M. a BIEB. Fl. t. c. II, p. 413; S. foliis elliptico-lanceolatis, ... GMEL. Fl. sib. I, p. 155, No. 9, t. 31, f. 3. ...“ (Ledebour 1846–1851, S. 600f.); „Salix fl. Sibir. p. 155. Etsi valde accedit ad Vitellinam, differt f. ad partes glabro quod Vitellinae villosum est (Relatio ad S. vitellinam pro Fl. sib. I, 155. nr. 9. S. triandra L. decernit. ...).“ (A. von Haller in einem undatierten Brief an J. G. Gmelin – Plieninger 1861, S. 148); Salix amygdalina L. – russ. *belotal*, *tala*, *krasnotel*, *tal'nik* bzw. *loza* (*Annenkov* 1858, S. 82, Nr. 967)

„285. Salix flexilis folio utrinq3 viridi, splendente, angustiore. A Salice folio articulato splendente flexili Cat. Cant. R. Syn. III. 448. pro qua habeo Salicem Fl. Irc. nº. 1092. recensitant, differt folijs multo angustioribus et aliquantum etiam brevioribus et auriculis ad foliorum exortum minutissimis. ...“ (AAW R. I, Op. 105, D. 1ª, Bl. 25v, s. Anm. 29 in Nr. 5); „495. Salix Flor. ircut. No 1092. ...“ (AAW R. I, Op. 104, D. 25, Bl. 36r, s. Anm. 61 in Nr. 21)

44 „[species 3] Populus nigra C. B. Pin. 429. ...“ (Tournefort 1700, S. 592, Genus II. „Populus. Peuplier.“); „Populus nigra C. B. P. 429. ... Rhein=Weiden, schwartzer Pappel=Baum. ...“ (Rupp 1726, S. 268); „3. POPULUS foliis deltoidibus acuminatis serratis. Mas. ... Populus nigra C. B. Dod. Lob. ... Populus nigra sive Aigeros. J. B. Femina. ... Populus nigra. Bauh. pin. 429. Dod. pempt. 836. Lob. hist. 609. ... Populus nigra sive Aigeros, Bauh. hist. 1. p. 155. ...“ (Linné 1737, S. 460); „5. POPULUS foliis deltoidibus acuminatis serratis LINN. h. Cliff. 460. ROY. pr. p. 82. Populus nigra MATTH. p. 137. DOD. p. 836. LOB. II. p. 194. Populus nigra siue αιγειρος I. B. I. 155. ... Russis Осокорь [russ. *osokor'*] dicitur. ...“ (Gmelin 1747–1769, Bd. I, S. 151f.); „5. Populus foliis deltoides acuminatis serratis [=] Populus nigra L.!“ (Ledebour 1841, S. 58); „1632. POPULUS foliis glabris, cordato rhomboideis, serratis. Populus nigra ... MATTHIOL. p. 137. ... Populus foliis deltoidibus ... LINN. p. 1469. ...“ (Haller 1768a, S. 302); „Populus nigra, ... schwarze Espe, ... schwarze Pappel; schwarzer Pappelbaum; schwarzer Allerbaum; Allerbaum; Pappelweide; Sarbaum; Sarbache; ... ihr Holz ... kann ... auch zu Salztrögen, Wagenbrettern, Schuhen, Schusolen, ... das feinere zu Tischler= und Drechslerarbeiten, und das Holz der Aeste zu Bindweiden, Fasreifen, Korbmacherarbeit und Zäunen gebraucht werden; ... ihre Knospen ... enthalten ein ... Harz, das ... zu einer Salbe gemacht von den Aerzten theils innerlich, theils äuserlich als ein ... Mittel in Wunden, in Pulsader=Geschwulsten, in Blutflüssen, innerlichen Geschwüren ... gebraucht worden; ... Sie heißt ... bey den meisten ältern Schriftstellern: Populus nigra; ...“ (Gmelin 1775, Sp. 334ff.); „3) Die schwarze Espe. Populus nigra. ... Populus foliis deltoidibus, acuminatiss, serratis. LINN. ... Sp. pl. 1464. Hort. Cliff. 460. ... GMEL. Sib. 1. p. 151. ... Populus foliis glabris, ... HALL. hist. n. 1632. Populus nigra. C. BAUH. pin. 429. ... Dieser Baum ... wird auch der schwarze Papppelbaum, schwarze Alberbaum, oder schlechthin Alberbaum genennnet; ... Seine Knospen, welche insgemein unter dem Namen, Albersprossen bekannt, enthalten ein sehr reichliches ... Harz, ... Dieses Harz, ... gebrauchen nicht nur die Tatarn, nach Gmelins Bericht, ... wider das schmerzhafte Harnen, ... sondern ist auch in Europa äusserlich als ein schmerzstillendes und heilendes Mittel bei Verwundungen ... bekannt. ...“ (Linné 1777, S. 449ff.); „POPULUS nigra. P. foliis deltoïdibus ... Gmelin. Flor. sib. I. p. 151. ... Germanis Die Schwarz-Pappel, der Sarbaum. Rossis Осокоръ [russ. *osokor*] (Ossokor). Kirgiso-Tataris Korà-Tirek. Calmuccis Ulaas. Deegst in borealioribus et forte in omni Sibiria orientali, excepto, quod Stellerus Ochotii a se observatam prodiderit. ...“ (Pallas 1784, S. 66); „1115. Populus nigra. ... Schwarzpappel. Ruß. Topol. Tat. und Kirgis. Akscha. Buchar. Ulassen Terek und eine Abart Hschar Terek. Kalm. Ulasseri Wlasun und Cööeri Ulösen. ...“ (Falk 1786, S. 266); „e) Populus nigra; Griech. Aigeiros. Deutsch. Die schwarze Pappel; Schwarzpappel, Schwarze Espe, Schwarze Pappelweide; Sarbache, Sarbaum, Saare, Saarbauch, Salbenbaum; Schwarzer Alberbaum, Schwarze Alberlen, Albern; Bollen, Bellen, Palmbaum, Muckenbaum, Wollenbaum, Felbaum, Rheinweide. ... Russ. Ossokor. ... Lett. Pehpeles. Ehstn. Küna päpu; Saksam aaw. Tatar. Akscha; Kirgis. Kara-tirek. Buchar. Ulassen Terek, variet. Hschar Terek. Kalmuk. Ulasseri Wlasun, Cöeri Ulösen. ... Aus den

Blätterknospen (Alberbrossen, Alberknöpfe; ...) wird das bekannte Pappelöhl (Populneum Im Oestreichischen Bettlersalbe) bereitet. ...“ (Nemnich 1795, Sp. 1045); „3. Populus nigra ... Schwarze Espe. Schwarze Pappel. R. Osokor. Tat. Tschide Agatsch. Kirg. Kara Terek. ... Sie macht hohe Bäume, mit zur halben Höhe reinen Stämmen, oft von ansehnlicher Dicke, aus welchen Kähne zu schwimmenden Brücken und zur Wasserfarth gehauen werden können. ... Die Rinde ist korkhaft, fester als Kork, und doch leicht, giebt Pfropfe für Krüge= und Schwimmklötze der Fischernetze. Rinde und Blätter färben auch gelb. ...“ (Georgi 1797–1802, Theil 3, S. 1354f.); „7. POPULUS nigra. ... P. foliis deltoidibus ... Hort. cliff. 460. ... Gmel. sib. 1. p. 151. ... P. foliis glabris ... Hall. helv. n. 1632. P. nigra. Bauh. pin. 429. ... Schwarze Pappel. W. ...“ (Linné 1797–1830, Bd. IV, Teil 2, S. 804); „1953. POPULUS nigra. ... Linn. ed. Willd. 4. p. 804. ... Gmel. sib. 1. p. 151. n. 5. Pall. ross. 1. p. 66. ...“ (Marschall von Bieberstein 1808, S. 422f.); „3. POPULUS NIGRA. Linn. ... Linn. Willd. Spec. pl. IV. p. 804. ... Pall. Fl. ross. 1. p. 66. M. a Bieb. Fl. taur. cauc. II. p. 422. No. 1953. Populus foliis deltoidibus ... Gmel. Fl. sib. I. p. 151. n. 5. ...“ (Ledebour 1833, S. 296); „POPULUS NIGRA. ... Schwarzpappel, Alberbaum, Alberbeess, Bellen, Fellbaum, Muckenbaum, Palmbaum, Saare, Salbenbaum, Sarbach, Sarbacken, Schwarzespe, Wollenbaum. ... Das Holz dieses Baumes ist, ... dem Weidenholze sehr ähnlich, ...“ (Hayne 1837, Nr. 47); „5. P[opulus] nigra (L. Spec. 1464) ... PALL. Fl. ross. I. p. 6. ... M. a BIEB. Fl. t. c. II, p. 422. ... LEDEB. Fl. alt. IV, 296. ... P. foliis deltoidibus ... GMEL. Fl. sib. I, p. 151, No. 5. ...“ (Ledebour 1846–1851, S. 628f.); „Populus omnino (Sine dubio de Fl. sib. I. 152. nr. 6. P. laurifolia Ledeb. vel suaveolente Fisch. balsamifera Pall. agitur, siquidem reliquae tres Populi in Fl. sib. nr. 3. P. alba L. nr. 4. P. tremula L [s. Nr. 1094] nr. 5. P. nigra L. Hallero et Gmelino notissimae erant. ...).“ (A. von Haller in einem undatierten Brief an J. G. Gmelin – Plieninger 1861, S. 148); Populus nigra L. – russ. *osokor'* bzw. tatar. *adširek-agač* (*Annenkov* 1858, S. 72, Nr. 851); wotjakisch *urîš-pu – Populus nigra, Schwarzpappel (Munkácsi 1896, S. 110); ersanisch oskeŕ – Populus nigra L., Schwarzpappel (Wiedemann 1865, S. 234); burjatisch kailâhaŋ, xailâhaŋ(n), xailâhan bzw. ułâso – Pappel (Castrén 1857, S. 207); syrjänisch osokor – Populus nigra, Schwarzpappel (Wiedemann 1880, S. 211); syrjänisch topol' – populus nigra, Schwarzpappel (Wiedemann 1880, S. 342); ostjakisch âs-pai bzw. rem-jux – Pappel (Castrén 1858, S. 118); tungusisch hul, kailâhan bzw. čurin – Pappel (Castrén 1856, S. 129, S. 78 bzw. S. 92); samojedisch izo – Pappel (Castrén 1855, S. 258); „Pōpulus T. (Salicineae). Von populus (Volk), um das (einem Volksgemurmel ähnliche) Klappern der beweglichen Blätter anzudeuten; man könnte auch übersetzen: Baum des Volkes, öffentlicher (zu Alleen u. dergl. dienender) Baum.“ (Wittstein 1852, S. 721)

„*139. Populus nigra Fl. Irc. 1093.“ (AAW R. I, Op. 105, D. 16, Bl. 3r, s. Anm. 5 in Nr. 4); „5. Populus nigra C. B. P. j Eadem baccifera.“ (AAW R. I, Op. 13, D. 67, Bl. 19v, s. Anm. 5 in Nr. 4); „497 Populus nigra C. B: ...“ (AAW R. I, Op. 104, D. 25, Bl. 36r, s. Anm. 61 in Nr. 21); „Populus nigra Ger. Russ. осокорь [russ. *osokor'*] ...“ (AAW R. I, Op. 104, D. 8, Bl. 12v, s. Anm. 18 in Nr. 452); „3. Populus Aurantij folio Ind. Jen. n°. 274. ... Populus nigra Ind. Irc. n°. 331.“ (AAW R. I, Op. 13, D. 67, Bl. 19v, s. Anm. 5 in Nr. 4); „331. Populus nigra C. B. P. ...“ (AAW R. I, Op. 105, D. 12, Bl. 14r, s. Anm. 54 in Nr. 17); „Populus nigra. C. B. P. ...“ (AAW F. 21, Op. 5, D. 98, Bl. 36r, s. Anm. 54 in Nr. 17); „276. Populus nigra C. B. P. 429. j. Eadem baccifera, ...“ (AAW R. I, Op. 105, D. 1^a, Bl. 24r, s. Anm. 29 in Nr. 5); „86. Populus nigra C. B. P. Russis Осокорь [russ. *osokor'*] ...“ (AAW R. I, Op. 13, D. 42, Bl. 10v, s. Anm. 1 in Nr. 1); lat. Populus nigra – ОСокорь [russ. *osokor'*] (Bl. 5r in: J. G. Gmelin AAW F. 21, Op. 5. D. 121); lat. Populus alba –Топольни⸢къ⸣ [russ. *topol'nik*] (a. a. O., Bl. 5r); lat. Populus nigra, russ. *osokor* (RGADA F. 199, Op. 2, kn. 513, d. 27, Bl. 8v); lat. „Populus nigra“, russ. „топо⸢ль⸣никъ [russ. *topol'nik*]“, arinz. „Tutúng-chönung. (rothe Weyden)“, katschinsk. „TéreK“, kaidin. „Térek“, taiginz. „Nérga“, mator. „Hi“, kamass. „Isò.“, kotowz. „Ibal.“, tschatzk. „Jeúg derek. топо⸢ль⸣-ни⸢къ⸣ [russ. *topol'nik*] Újongu Осокоръ“ (J. G. Gmelin in: AAW F. 21, Op. 5, D. 73, Bll. 294v/295r); russ. *topol'nik*, kamtschadalisch (itelmenisch) – Kytsche (J. G. Gmelin in: RGADA F. 199, Op. 2, Portf. 527, D. 11, Bl. 4r); „топо⸢ль⸣никъ [russ. *topol'nik*]“, barabinz. „Üjange“

(a. a. O., Bl. 277v); „Populus nigra C. B. Pin. 429. Tournef. Sp. 3. ...“ (AAW F. 98, Op. 1, D. 19, Bll. 46v–47r, s. Anm. 59 in Nr. 19); „25. Juli 1722 ... folgende tatarische Vocabula: ... Tereck-agasch, Populus nigra, russ. топольник [russ. *topol'nik*] ‚ein Pappelnbaum ...‘; ...“ (Messerschmidt 1962–1977, Bd. 1, S. 278ff.); „21. August 1722 ... Am Populo nigra (Tournef., Sp. 3) observierte ... daß sein Julus oder Amentum ganz mit kleinen vaginulis campaniformibus ... besetzt waren, ...“ (a. a. O., S. 301f.); „23. Mai 1724 ... doch fand ich hin und wieder unter den salicibus des Ona-Stromes einige Pappelbäume oder Populum nigram officinarum et Caspar Bauhini et Tournefortii sp. 3. ...“ (Messerschmidt 1962–1977, Bd. 3, S. 33); „28. Mai 1724 ... Nach gehaltenem Mittage ginge ... botanisieren, und fand sich ... Populus nigra (Tournefortii sp. 3.), Mongalo-Burjatis Uhlaess, Russis топольник [russ. *topol'nik*]; ...“ (a. a. O., S. 38f.)

45 russ. *osokor'*

46 „Dysurīe, ... die Harnwinde, Harnstrenge, der Harnzwang.“ (Heyse 1848, S. 256); „DYSURIA ... bedeutet überhaupt Beschwerde beim Harnlassen; ... und bezeichnet damit die geringern Arten und Grade von Harnbeschwerden, diejenigen Fälle nämlich, in welchen der Kranke sich sehr anstrengen und zwingen muß, um den Harn zu lassen, der dann nur tropfenweise, nicht in einem Strahle oder mit unangenehmen Empfindungen abgeht und oft gleich zu Boden fällt. ...“ (Ersch/ Gruber 1836, S. 490)

47 „FRANZOSEN, pl. morbus gallicus, lues venerea, lustseuche. ...“ (Grimm 1991, Bd. 4, Sp. 62f.); „Venus=Seuche, Lustseuche, venerische Krankheit. Lues venerea oder Syphilis. ... Unter Syphilis versteht man eine größtentheils allgemeine Krankheit, welche durch ein Gift eigner Art, das syphilitische oder venerische erzeugt, durch Ansteckung weiter verbreitet wird, und sich unter verschiedenen Formen in der Haut, den Drüsen und endlich selbst in den Knochen darstellt. ... So wurde sie ... von den Neapolitanern: morbus gallicus, ... von den Deutschen: französische Pocken oder auch Franzosen ... genannt“ (Krünitz 1773–1858, Bd. 204, S. 322ff.)

48 „[species 4] Populus tremula C. B. Pin. 429. Populus Lybica, κερκὶς Theophrasti J. B. 1. 163. Populus Lybica Dod. Pempt. 836. Tremble.“ (Tournefort 1700, S. 592, Genus II. „Populus. Peuplier.“); „Populus tremula C. B. P. 429. ... Germ. Aspen, Espe, Zitter=Pappeln, ...“ (Rupp 1726, S. 268f.); „2. POPULUS foliis subrotundis dentato-angulatis utrinque glabris. Mas. ... Populus tremula. C. B. Populus lybica. Dod. ... Femina. ... Populus tremula. Bauh. pin. 429. ... Populus lybica. Dod. pempt. 836. ...“ (Linné 1737, S. 460); „4. POPULUS foliis subrotundis, dentato-angulatis, vtrinque glabris LINN. h. Cliff. p. 460. ROY. pr. p. 82. Populus Lybica MATTH. p. 138. Populus tremula C. B. P. TOURN. I. R. H. j. Eadem gallas baccarum specie ferens. ... Referente STELLERO Ircutenses incolae decocto corticis vtuntur in scorbuto et lue venerea, quod et aliis in locis fieri audiui. ... Russis осина [russ. *osina*] dicitur.“ (Gmelin 1747–1769, Bd. I, S. 151); „4. Populus foliis subrotundis dentato-angulatis utrinque glabris [=] Populus tremula L.!“ (Ledebour 1841, S. 58); „1633. POPULUS foliis glabris orbiculatis, acuminatis, laxe serratis. ... Populus foliis subrotundis, ... LINN. p. 1964. ...“ (Haller 1768a, S. 303); „Populus tremula, ... Zitterespe, ... Flatteraspe; Aspe; Espe; Esche; Asche; Beberasche; Aschenbaum; Zitterpappel; lybische Pappel; ... gebraucht man es [d. h. das Holz] doch in geringen Bauernhäusern zu Balken und Sparren, auch sonst zu hölzernen Löffeln, zu Schuhen, Solen, Pantoffeln, zu Schnitzelwerk, zu Sätteln, auch zum Ziegelbrennen, ... Sie heißt bey ... C. Bauhin: Populus tremula.“ (Gmelin 1775, Sp. 332ff.); „2) Die Zitter=Espe. Populus tremula. ... Populus foliis subrotundis dentato angulatis, utrinque glabris. LINN. ... Sp. pl. 1464. Hort. Cliff. 460. ... GMEL. Sib. 1. p. 151. ... Populus foliis glabris, ... HALL. hist. n. 1633. Populus tremula C. BAUH. pin. 429. ... Dieser Baum ist die gemeine Espe, und wird auch die Zitter=Pappel oder lybische Pappel, am gewöhnlichsten aber schlechthin Espe, Aespe oder Aspe genennet; ... Die Rinde dieses Baums ist vor die Biber eine vorzügliche Nahrung; ... In Siberien gebraucht man nach Gmelins Bericht ein Decockt von dieser Rinde wider den Scharbock und die Lustseuche. ...“ (Linné 1777 S. 248f.); „POPULUS tremula. P. foliis subrotundis ... Gmelin. Flor. sib. I. p. 151. ... Germanis Aespe oder Aespenbaum. Rossis Осина [russ. *osina*] (Ossina); in Malorossia Осичина [russ. *osičina*] (Ossitschina); Populetum Осинникъ [russ. *osinnik*] (Ossinik). Tataris Dshida-agatsch. Baschkiris Usak.

Kirgiso-Tataris Asak-Tirek. Livonis Apsa. Esthonis Aaw, Haaw. ... Mongolis Olaessù. Calmuccis Ulaas. Buraetis Ulaehung. Tungusis Dugil. Lamutis Ul. Camtschadalis Liumtsch. ... Usum domesticum corticis, a Stellero apud incolas Sibiriae observatum, nimis breviter adtigit Gmelinus (Flor. l. cit.). ... Acerrime alcalici cineres obtinentur e combusto Boleto populis immaturo, et lignum putridum passim penetrante, quem Ostiaci et Russi чага [russ. *čaga*] (Tschaga) vocitant, et priores praesertim requirunt ad Tabacum nasale cineribus ejus acuendum. ..." (Pallas 1784, S. 65); „1114, Populus tremula. ... Espe. Ruß. Osina. Tat. Apsal, Ulosen und Usak Kalm. Ulasen. und Torai. Teleut. Apsaik Agatsch. Tscher. Tschapki. Tschuw. Uwai. Ost. Acksak. Kirg. Kirek Aksak. Georg. Tschandury. Wotj. Pi Pu. Arm. Kuwak. ..." (Falk 1786, S. 266); wotjakisch pi-p̊e – Espe (Munkácsi 1896, S. 551); „f) Populus tremula. Pop. libyca; Griech. kerkis. Deutsch. Die Espe oder Aspe; Zitterpappel; Zitterespe, (abusive Esche, Asche, Tirol. Aschenbaum). Zitteresche, Beberäsche, Boberesche, Bäbersäspe, Zitterbaum, Flitteresche, Flatterpappel, Loofespe, Rattelesche, Pattelesche, Faulesche, Libysche Pappel, Hesse. ... Lett. Aspe, Apsa. ... Tatar. Apsel, Dschidaagatsch. ... Kalm. Ulaas, Torai. Burät. Ulaenung, Ulahun. Teleut. Apsaik Agatsch. Tscher. Tschapki; Tschuw. Uwai. Ostjak. Acksak; Wotj. Pi Pu. Georg. Tschandury. Armen. Kuwak. ... Korjäk. Gintschang. ... Die Bergschotten glauben, dass das Kreuz des Heilands von einem Espenstamme gewesen sey, und dass aus dieser Ursache die Blätter desselben keine Ruhe haben können." (Nemnich 1795, Sp. 1046f.); „2. Populus tremula ... Zitter=Espe. Gemeine Espe. R. Osina. Tat. Asak, Usak Terek. Georg. Tschindury, ... Burätt. Ulachug. Kamtschad. Liumtsch. ... Das Holz ist weiß, weich, leicht und nutzt zu Hausrath, stockt und modert aber an ofner Witterung bald, und dient meistens nur zur Feurung. Die jungen Zweige und Blätter werden frisch und getrocknet von Hornvieh und Schafen gern gefressen und dazu angewendet. Mit der Rinde gerbt man Leder und einige färben mit derselben schlecht blau. ... Das durch starke Digestion gesättigte wässerige Extrakt aus der Rinde, ist in Sibirien ein bewährt befundenes, innerliches Mittel wider venerische Ausschläge. ..." (Georgi 1797–1802, Theil 3, S. 1353f.); „4. POPULUS tremula. P. foliis subrotundis ... Hort. cliff. 460. ... Gmel. sib. 1. p. 151. ... P. foliis glabris, ... Hall. helv. n. 1633. P. tremula. Bauh. pin. 429. ... Zitter-Pappel. W. ..." (Linné 1797–1830, Bd. IV, Teil 2, S. 803); „1952. POPULUS tremula. ... Linn. ed. Willd. 4. p. 803. ... Hall. hist. n. 1633. Gmel. sib. 1. p. 154. n. 4. Pall. ross. 1. p. 65. ..." (Marschall von Bieberstein 1808, S. 422); „2. POPULUS TREMULA Linn. ... Willd. Spec. pl. IV. p. 803. ... Pall. Fl. ross. I. p. 65. M. a Bieb. Fl. taur. cauc. II. p. 422. No. 1952. ... Populus foliis subrotundis, ... Gmel. Fl. sib. I. p. 151. No. 4. ..." (Ledebour 1833, S. 296); „2. P[opulus] tremula (L. Spec. 1464) ... Pall. Fl. ross. I, p. 65. ... M. a BIEB. Fl. t. c. II, p. 422. ... LEDEB. Fl. alt. IV., p. 296. P. foliis subrotundis, ... GMEL. Fl. sib. I, p. 151, No. 245. [sic!] ..." (Ledebour 1846–1851, S. 627); „77) Populus tremula. L., Maxim. Amur. n. 38. ... Bei den Orotschonen und Manegern [d. h. Tungusen] am obern Amur; holigdán, den Tungusen an der Sungari-Mündung: holó-mo und bei den Goldi [Tungusen] an der Usuri-Mündung: foló." (Maack/Ruprecht 1858, S. 239); Populus Tremula L. – russ. *osina*; tatar. *pusak-agač* bzw. wotjak. *pipu* (*Annenkov* 1858, S. 72, Nr. 853); mokschanisch poyu – Espe (Ahlquist 1861, S. 191); ersanisch poi – Espe (Wiedemann 1865, S. 193); wotjakisch pi pu – Espe (Wiedemann 1851, S. 353); burjatisch ułâhaŋ, ułâheŋ(n) bzw. ułâhan – Espe (Castrén 1857, S. 191); syrjänisch pi bzw. pi-pu – Populus tremula, Espe (Wiedemann 1880, S. 235); ostjakisch poi bzw. pai – Espe (Castrén 1858, S. 110); ostjakisch „Póy" (nach D. G. Messerschmidt – Zitterpappel, Aspe (Klaproth 1831, S. 195); tungusisch ołeson – Espe (Castrén 1856, S. 102); tungusisch huláh – Espe (Klaproth 1831, S. 288); samojedisch n̶ürka, pi, pî, pîkko, pîkku, pîgo, pügo bzw. phîni – Espe (Castrén 1855, S. 217); *Enisej*-ostjakisch ŷsel bzw. ŷl – Espe (Castrén 1858a, S. 163); wogulisch „kcheipa" (nach D. G. Messerschmidt) – Zitter-Pappel, Äspe (Klaproth 1831, S. 191); jakutisch тäтiҥ – Espe (Middendorff 1851, S. 94)

„1. Populus tremula C. B. P. ..." (AAW R. I, Op. 13, D. 67, Bl. 19v, s. Anm. 5 in Nr. 4); „498. Populus tremula C. B. P. ..." (AAW R. I, Op. 104, D. 25, Bl. 36r, s. Anm. 61 in Nr. 21); „332. Populus tremula C. B. P. ..." (AAW R. I, Op. 105, D. 12, Bl. 14r, s. Anm. 54 in Nr. 17); „Populus

tremula C. B. P. ...“ (AAW F. 21, Op. 5, D. 98, Bl. 36r, s. Anm. 54 in Nr. 17); „272. Populus tremula C. B. P. ...“ (AAW R. I, Op. 105, D. 1[a], Bl. 24r, s. Anm. 29 in Nr. 5); „85. Populus tremula C. B. P. Russ. оСина [russ. *osina*] ...“ (AAW R. I, Op. 13, D. 42, Bl. 10v, s. Anm. 1 in Nr. 1); lat. „Populus tremula“, russ. „осиникъ [russ. *osinik*]“, arinz. „Kjǽbel“, katschinsk. „Oss.“, kaidin. „Òss.“, taiginz. „Hì“, mator. „Hì“, kamass. „Píni“, kotowz. „Kasirang-tile“, tschatzk. „Ápsak осина.“ (J. G. Gmelin in: AAW F. 21, Op. 5, D. 73, Bll. 294v/295r); russ. *osinnik*, kamtschadalisch (itelmenisch) – Liumltsch (J. G. Gmelin in: RGADA F. 199, Op. 2, Portf. 527, D. 11, Bl. 4r); „осина [russ. *osina*]“, barabinz. „Aúsak.“ (a. a. O., Bl. 277v); lat. Populus Lybica, russ. *osinnik*, tung. Dugìl (RGADA F. 199, Op. 2, kn. 513, D. 27, Bl. 8v); „481„ d. [31. Augustus 1725]„ ... Olœ́iissuh, Mungulo Davuris. Tanjutis ... vel ... Jérwa, et Jérwa-sching; Оси́на [russ. *osina*] Ossína Russis; Populus tremula Tournef. Sp. 4. Cort. et Fol.„ “ (AAW F. 98, Op. 1, D. 23, Bl. 18r, s. Anm. 49 in Nr. 653); „168„ d. [31. Augustus 1725]„ Populus tremula, Tournef. Sp. 4. Populus Lybica Dodon. Pempt. Oloeijssu Mongolis in Davuria; Uloechung Boraethis, Jerbha, et Jerbha-Sching Tanjutis seu ultra Gangem Indis, ... Ebraeis Libhenaeh Gen. 30. Tattaris Muhamedanis; Aussack; Kystim- in Kirgisia Tattaris Aussack; Orotong- seu Oleni Tungusis Hulàh, ... Russis Ossina; ... Germanis eine Aspe vel Äspe ... (-) Corti cum foliis„ “ (AAW F. 98, Op. 1, D. 23, Bl. 30v, s. Anm. 49 in Nr. 653); „Populus tremula (Tournefortii sp. 4), Off.“ (Messerschmidt 1962–1977, Bd. 4, S. 208, s. Anm. 1 in Nr. 1)

49 russ. *osina*

50 s. Anm. 47 in Nr. 1093

51 in der 2. Textversion (s. Anm. 1 in A.): „1738“
siehe „... so erfuhre auch daselbst 3. remedia so in de[m] Catalogo Experimentorum empiricorum [lat. – Verzeichnis der auf Erfahrung gegründeten {Heilkunde-}Versuche; ...“ (G. W. Steller im Reisejournal von 1739 in: Hintzsche 2009, S. 59); Wahrscheinlich handelt es sich um die von G. W. Steller in einem Brief vom 23. Dezember 1739 an den Präsidenten der Akademie der Wissenschaften (Dokument 146 in: Hintzsche 2001, S. 385–390) als „Continuatio Medicinae siberiensium empiricae“ (lat. – Fortsetzung der Erfahrungsheilkunde der Sibirier) bzw. die (gleiche?) in einem Brief von G. W. Steller an J. G. Gmelin vom 17. November 1739 (Dokument 128 in: Hintzsche et al. 2001, S. 339–356) als „Medicina et Experimenta Empirica russorum“ (lat. – Heilkunde und auf Erfahrung beruhende [Heilkunde-]Versuche der Russen) bezeichnete Arbeit, vermutlich das Manuskript AAW R. I, Op. 13, D. 56, Bll. 1r–9v (ohne Titel). Diese Arbeit stellt die Fortsetzung des im Februar 1739 an die Akademie der Wissenschaften übersandten (s. Dokument 5 in: Hintzsche et al. 2001, S. 17–23) „Catalogus Medicamentorum tam simplicium quam compositorum ...“ (s. Nr. 632) dar. „Lignum populi tremulae combure in cineres candidos aquam infunde et para lixivium, quod aeger prolubito mane & vesperi bibat, donec materia amplius non profluat aut tumor siquis evanuit. His remedijs equidem nullum restitutum sui, hac tamen experientia cognovi corticem Populi Tremulae insigni vi polleretam habiem simplicem quam veneream versus peripheriam corporis pellendi, quod monere volui cum nemini simplici fortarum aut scriptorum materiae medicae, quantum recordor, quidquid de eius viribus cognitum aut proditum suo, unde et arbor haec nostrisafficinis nihil plane suppeditat.“ (AAW R. I, Op. 13, D. 56, Bl. 9r)

52 „11. OSYRIS foliis obtusis LINN. Vps. 295. Tab. nostr. XLVIII. Casia fructu nigro AMM. Ruth. n. 256. Elaeagnus humilis barbae Iouis folio, fructu racemoso minori, dulci, nigro STELL. Irc. n. 1095. ... Egregius vero STELLERUS ad lacum salsum deserti Vrunscinensis e regione rupis (Кладовой камень [russ. *Kladovoj kamen'*]) obseruauit, ... Haec ex descriptione b. STELLERI addete necesse duxi ... Iconem ramuli idem ad viuum fieri curauit. ...“ (Gmelin 1747–1769, Bd. II, S. 237ff.); „11. Osyris foliis obtusis. t. XCIII. [sic!] [=] Nitraria Schoberi L.“ (Ledebour 1841, S. 84), nahezu identisch auf Bll. 139r–140v in: AAW R. I, Op. 105, D. 28 – s. Anm. 61 in Nr. 21; „256. CASIA fructu nigro Gmel. ...“ (Amman 1739, S. 178); „NITRARIA Schoberi. Casia fructu nigro. Amman. Ruthen. 178. n. 256. ... Osyris foliis obtusis. ... Gmelin. Sibir. 2. p. 237. t. 98. ... GMELINVS in Flora Sibirica proponit descriptiones Stelleri, Schoberi, Lerchii destitutas floribus,

...“ (Linné 1761, S. 315ff.); „Ich fand hier auch hin und wieder ... Nitraria mit grossen auf der Erde ausgebreiteten Sträuchen. Wegen ihrer schwarzen, süßlich schmeckenden Früchte ist sie bey denen Kasaken wohl bekannt, und wird von ihnen Samanicha (die Anlockende) genennt; auf teutsch könnte man es den Salzbeerenstrauch nennen, denn die Beeren sind würklich, wie die ganze Pflanze etwas salzhaft. ...“ (Pallas 1771, S. 384); „110. NITRARIA Schoberi. ...“ (a. a. O., S. 494); „Nitraria schoberi L. R. Sumaricha. T. Mojukto. ...“ (Georgi 1775, S. 216); „1. Schoberischer Salpeterstrauch. Nitraria Schoberi. LINN. ... Sp. pl. 638. ... Osyris foliis obtusis. ... GMEL. 2, p. 237. t. 98. Casia fructu nigro. AMM. Ruth. 256. Dieses Gewächse findet man an salzigen Morästen, an der Wolga, bey Astrachan und an anderen Orten von Siberien; wo es vom D. Schober, von dem es den Namen hat, zuerst entdecket worden. Es ist nach Stellers und Gmelins Bericht eine Staude, die selten eine Elle hoch wird, ...“ (Linné 1778, S. 616f.); „NITRARIA Schoberi. Tab. L. ... Nitraria Lin. syst. plant. II. p. 422. ... Osyris foliis obtusis Gmelin. Flor. sib. II. p. 237. tab. 98. Casia fructu nigro Amman. stirp. ruth. p. 178. n. 256. Rossis versus Mare Caspium habitantibus Заманиха [russ. *zamanicha*] (Samanicha). ... Hanc Stellerus et Gmelinus praesertim observarunt. ...“ (Pallas 1784, S. 79f.); „Nitraria Schoberi. ... Deutsch. Der Salpeterstrauch. ... Russ. Solotucha, Samaricha. Kirgis. Diesengir. ... Tungus. Mojukto. ... die Kameele gehen dem jungen Gewächs sehr nach; die Beeren schmecken fast wie Kirschen, und werden von den Kindern mit vollem Appetit gegessen.“ (Nemnich 1794, Sp. 728); „1. NITRARIA Schoberi L., ... Schober's Salpeterstrauch. R. Samanicha. ... Die Beeren sind eßbar, doch von wenig Wohlgeschmack. ...“ (Georgi 1797–1802, Theil 3, S. 990); „1. NITRARIA SCHOBERI. ... Pall. ross. 1. p. 80. t. 50. f. A.* Osyris foliis obtusis. ... Gmel. sibir. 2. p. 237. t. 98. Casia fructu nigro. Amman ruth. 256. ... O. [sic!] Schoberi. Pall. ross. 1, p. 79. t. 50. f. B.* ... Ganzblättriger Salpeterstrauch. W. ...“ (Linné 1797–1830, Bd. II, Teil 2, S. 858f.); „897. NITRARIA Schoberi. ... Linn. ed. Willd. 2. p. 858. Pall. ross. 1. p. 50. ... Gmelin. sib. 2. p. 237. n. 11. t. 98. Amm. ruth. p. 178. n. 256. ...“ (Marschall von Bieberstein 1808a, S. 364f.); „1. NITRARIA SCHOBERI. Linn. ... Willd. Spec. pl. II. p. 858. ... Pall. Fl. ross. I. p. 79. t. L. Osyris foliis obtusis. Gmel. Fl. sib. II. p. 237. No. 11. t. XCVIII, Casia fructu nigro. Amman. ruth. p. 178. No. 256. ...“ (Ledebour 1830, S. 202); „1. N[itraria] Schoberi (L. SP. 638) ... PALLAS Fl. ross. I, p. 79, t. 50. ... M. a BIEB. Fl. t. c. I, p. 364. LEDEB. Fl. alt. II, p. 202. ... Casia fructu nigro. AMMAN. ruth. p. 178, Nr. 256. Osyris foliis obtusis. GMEL. Fl. sib. II, p. 237, Nr. 11, t. 38. ...“ (Ledebour 1842, S. 505); „256. Casia fructu nigro qua in re differt ab altera europaea? (Fl. sib. II. 237. nr. 11. Nitraria Schoberi L., ...)“ (C. von Linné in einem Brief an J. G. Gmelin vom 4. April 1744 – Plieninger 1861, S. 21); „Nitraria Sc[h]oberi (Fl. sib. II. 237. nr. 11. ...) pulchre crescit in horto, sed non floret; nescio quo referam plantam; ex fructu nequit esse Lycium, cum ille monospermos, de flore non viso nulla mihi idea.“ (C. von Linné in einem Brief an J. G. Gmelin vom 3. Mai 1751 – Plieninger 1861, S. 104); Nitraria Schoberi L. – russ. *zamanicha* (*Annenkov* 1858, S. 62, Nr. 730); „Cāsia T. (Santaleae). So nannten die römischen Schriftsteller die Daphne Gnidium; wahrscheinlich leiteten sie den Namen von καιειν (brennen) ab, um auf den brennend scharfen Geschmack der Rinde und Beeren hinzudeuten. Unsere Casia=Osyris hat einige Aehnlichkeit mit der Casia der Alten.“ (Wittstein 1852, S. 162); „Elaeāgnus L. (Santalaceae). Zus. aus ἐλαιος (Oelbaum) und ἀγνος (Vitex Agnus castus), d. h. die Frucht dieses Baumes hat Aehnlichkeit mit der Olive, die Blätter sehen denen des Keuschbaumes ähnlich. ...“ (a. a O., S. 315); „Nitrāria L. (Tamariscineae). Von νιτρον, nitrum (Natron, Laugensalz); die Pflanze wächst in den salzigen Gewässern Sibiriens und der Salzsteppen am kaspischen Meere, ist salzreich und besonders werden die salzig schmeckenden Steinfrüchte in Sibirien verspeist.“ (a. a. O., S. 618); „Osȳris L. (Santaleae). Ὀσυρις (Diosc. IV. 141. Plin. XXVII. 88). Was die Abstammung dieses Namens betrifft, so lässt sich darüber nichts Sicheres sagen; vielleicht war die Pflanze in Aegypten der Gottheit OSIRIS geweihet.“ (a. a. O., S. 644)

„Elaeagnus humilis Barbae Jovis folio, fructu racemoso minori, dulci, nigro Fl. Irc. n°. 1095.“ mit der links marginalen Anm. „Ic. St. rami fructiferi.“ (AAW R. I, Op. 13, D. 67, Bl. 59v, s. Anm. 5 in Nr. 4); „⁎142. Elaeagnus humilis Barbae Jovis folio Fl. Irc. 1095.“ (AAW R. I, Op. 105, D. 16, Bl. 3r, s. Anm. 5 in Nr. 4); s. Anhang B.5. Nr. 29 und B.6.19.

53 „Barba Jovis est plantae genus, ...“ (Tournefort 1700, S. 650f., Genus V. „Barba Jovis.“); „BARBA JOVIS. ... teutsch, Jovisbart, ist ein Suffrutex und niedriger Strauch, ... Die Blätter stehen an der Ribbe oder dem Stiel Paarweise ... sind rauch, silberweiß, schön und gläntzend. ...“ (Lémery 1721, Sp. 150)

54 „[species 18] Thymelaea foliis Polygalae glabris C. B. Pin. 463. Sanamunda viridis vel glabra Prodr. 160. Sanamunda glabra J. B. 1. 593.“ (Tournefort 1700, S. 594, Genus II. „Thymelaea. Garou.“); „THYMELAEA. ... französisch, Garou. Ist ein kleiner Strauch, ... die [d. h. die Zweige] mit Blättern besetzet, welche fast wie Leinkraut sehen, nur daß sie grösser und breiter, allzeit grüne und klebrig sind. ...“ (Lémery 1721, Sp. 1136)

55 „far, farris, n., die Getreideart Spelt, Dinkel, ...“ (Freund 1844, S. 517)

56 „SOLANUM. ... teutsch, Nachtschatten. ...“ (Lémery 1721, Sp. 1059f.)

57 „BERBERIS. ... teutsch, Berbisbeer, Berberisbeer, Das ist ein grosser Strauch, welcher gar ästig und stachlicht ist. ...“ (Lémery 1721, Sp. 159f.)

58 „CERASA. Cerasa, Cerasia, ... teutsch, Kirschen, sind kleine, runde wohlbekannte Früchte. Es giebt ihrer gar vielerley Arten. ...“ (Lémery 1721, Sp. 272f.)

59 „Uva Ursi Clus. Hist. 63. Vitis Idaea foliis carnosis & veluti punctatis, sive Idaea radix Dioscoridi C. B. Pin. 470.“ (Tournefort 1700, S. 599, Genus III. „Uva Ursi.“); „VVA VRSI. CAP. XLI. ...“ und die Abbildung „Vva Vrsi.“ auf S. 63 (Clusius 1601, S. 63f.); „Arctostaphylon. s. Uva ursi. Clus. Hist. stirp. rar. Hispan. pag. 78. 79. ...“ (Siegesbeck 1736, S. 13); „3. ARBUTUS caulibus procumbentibus, foliis integerrimis. Fl. lapp. 162. t. 6. f. 3. Uva ursi. Clus. hist. 1. p. 63. Tournef. inst. 599. ...“ (Linné 1737, S. 163); „2. ARBUTUS cauliculis procumbentibus, foliis integerrimis LINN. Lapon. n. 162. T. 6. f. 3. Cliff. p. 163. ... Uva ursi CLUS. p. 63. Hispan. p. 79. bene. ... Arctostaphylon SIEGESB. Flor. p. 13. ...“ (Haller 1742, S. 415f.); „1. ARBVTVS caulibus procumbentibus, foliis integerrimis, LIN. fl. lapp. 162. t. b. f. 3. Sp. pl. 1. 566. n. 5. ROY. Lugd. 440. Vua vrsi, CLVS. Hist. 1. p. 63. OED. dan. t. 33. Radix idaea putata et vua vrsi, BAVH. Hist. 1. p. 524. ... Ibidem толокилика [russ. *tolokilika*] in Russia медвежїе ягоды [russ. *medvežie jagody*] dicta. Iacutis Ongochtach Oton audit, oton autem baccam denotat. Baccae maturae subdulces sunt a Russis, quam a Iacutis comeduntur. In Russia ... ibidem planta талагнаникъ [russ. *talagnanik*] dicitur. D. D. GVELDENSTEDT.“ (Gmelin 1747–1769, Bd. IV, S. 118), nahezu identisch auf Bl. 55r in: AAW R. I, Op. 104, D. 14 – s. Anm. 32 in Nr. 6, jedoch fehlt dort der Schluß „in Russia ... GVELDENSTEDT.“; „1. Arbutus caulibus procumbentibus, foliis integerrimis [=] Arctostaphylos Uva ursi Spr.!“ (Ledebour 1841, S. 124); „ARBVTVS (Vua vrsi) caulibus procumbentibus, ... Linn. Lapp. 162. t. 6. f. 3. ... Медвежьи [russ. *medvež'i*] siue волчьи ягоды [russ. *volč'i jagody*] Russ.. ...“ (*Krašeninnikov* 1761, S. 64f.); „Arbutus Uva ursi, ... Sandbeere; Erdbeerbaum, ... Bärentrauben, Bärenbeere, Steinbeere, Meelberstaude, spanischer Heidelbeerstrauch; ... diese ganze Pflanze hat, so wie ihr Saft, ... einen bittern, herben und anziehenden Geschmak; ... man hat ... die Färber gelehrt, wie sie mit Alaun eine schöne graue und mit Vitriol eine braune oder schwarze Farbe für wollene Zeuge bereiten können; ...“ (Gmelin 1772a, Sp. 710f.); „5.) Die Bärentraube. Arbutus Uva ursi ... Arbutus caulibus procumbentibus; foliis integerrimis. LINN. ... Sp. pl. 566. Fl. Lapp. 162. t. 6. t. 3. ... Hort. Cliff. 163. ... HALL. Helv. 415, GMEL. Sib. 4. p. 118. n. 1. ... Uva ursi CLUS. Hist. I. p. 63. ... Diese Art, welche auch Sandbeere, ... genennet wird, ... In Schweden werden die Blätter, ... wie auch in Rußland, zum Gerben gebraucht; ... Am wichtigsten aber ist die ... Arzneykraft dieser Blätter, womit sie ... die Steinschmerzen ... bisweilen zu heben, auch in beschwehrlichem oder unterdrücktem Harnen und andern Krankheiten der Nieren und Blase manchmal nüzlich zu seyn pflegen; ...“ (Linné 1778, S. 578f.); „ARBUTUS Uva ursi. ARBUTUS caulibus procumbentibus, ... Gmelin. Flor. sibir. IV. p. 118. n. 1. Rossice Toloknoenka (Толокнянка [russ. *toloknjanka*] i. e. bacca farinacea. ... Esthonis Moehk-marjad. Livonis Miltenes. Permiensibus Pòn-pul i. e. baccae caninae. Coraecis Kitschim muna; Camtschadalis ad Bolschaja Katakynun. Curilis Acácapu. ...“ (Pallas 1788, S. 48); „d) Arbutus uva ursi. ... Griech. idaia rhiza, arctostaphylon? Deutsch. Die Bärentraube, die Bärenbeere, die Mehlbeere, die Sandbeere, die Steinbeere, die spanische Heidelbeere; die Wolfsbeere (die

Preiselbeere); Zelle Möhrbeere (d. i. mürbe Beere). ... Russ. Toloknjanka (d. i. Mehlbeere), Tolujanik. Medweschi, woltschi jagodii. Lett. Miltenes (d. i. Mehlbeere). Ehstn. Mähk-marja, Mähk-marri (d. i. klebrichte Beere) Sibir. Tolokilika. Ad urbem Toropez Talagnanik. Jakut. Ongochtach oton (Oton heisst daselbst eine Beere). Perm. Pòn-pul (d. i. Hundbeere). Korjäk. Kitschimmuna. Kamtsch. Katakynun. Kuril. Acácapu. ... Die Frucht heisst Mehlbeere, weil sie, nach abgeschälter Haut, in Mehl zerfällt; ... für Menschen ist sie keine Speise, ... Im Casanschen Gouvernement ... bedienen sich die Saffianbereiter des ganzen Strauches mit Stämmchen und Blättern zum Gärben des Saffians, weil er, so wie andre Felle, damit geschwinde und gut durchgegerbt wird. ..." (Nemnich 1793a, Sp. 412ff.); „4. ARBUTUS Uva ursi L., ... Gemeine Sandbeere. Bärentraube. R. Talownianka ... Der ganz kleine Strauch mit Wurzeln und Blättern ist für Safiangerber in Kasan Gerbermaterial; der Absud der Blätter ist Hausmittel wider Gicht. Mit Vitriol färbt man denselben schwarz. Die Beeren werden von den Jakuten gegessen, und in Wosnesensk mahlt man sie zur Verlängerung wenigen Getreides unter das Brodmehl." (Georgi 1797–1802, Theil 3, S. 959f.); „ARBUTUS UVA URSI ... Gemeine Sandbeere, Bärentraube, Bärenbeere, Steinbeere, Mehlbeerstaude, spanischer Heidelbeerstrauch. ... Die Blätter dieses Gewächses werden in den Apotheken unter dem Nahmen Herba Uvae ursi aufbewahrt. Sie ... bewirken einen starken Zufluss von Speichel. Sie gehören zu den zusammenziehenden Mitteln, ..." (Hayne 1816, Nr. 20); „2. A[rctostaphylos] Uva ursi (SPRENG. l. c.) Arbutus Uva ursi, L. SP. 566. ... PALL. Fl. ross. II, p. 48. ... Arbutus caulibus procumbentibus, ... GMEL. Fl. sib. IV, p. 118, Nr. 1. ..." (Ledebour 1844–1846, S. 909f.); „Mittel gegen Leibschmerzen: ... Desgleichen gebraucht man ... Arctostaphylus Uva ursi. ..." (Alksnis 1894, S. 187ff.); Arbutus Uva ursi et alpina – s. Arctostaphylos (*Annenkov* 1858, S. 18, Nr. 122); Arctostaphylos Uva ursi Spr. – russ. *roschidnik, vovči jagudki, toloknica, toloknjanik, toloknjanka, mučnica, tolokilika, medvež'i jagody* bzw. *talagannik* (a. a. O., S. 22, Nr. 125); Arctostaphylos alpina Spr. – russ. *amprik* (a. a. O. S. 22, Nr. 126); syrjänisch pon-pul bzw. oš-tšöd́ – Arctostaphylos offic., Sandbeere, Bärentraube (Wiedemann 1880, S. 259 bzw. S. 364); „Arbūtus L. (Ericeae). Zus. aus dem celtischen ar (rauch, herbe) und butus (Busch), in Bezug auf den rauhen, herben Geschmack der Blätter und Früchte." (Wittstein 1852, S. 66); „Arctostāphylos ADANS. (Ericeae). Zus. aus ἀρκτος (Bär) und δηκγ (Behälter); der Same ist, wie der Bär, in einer rauhen Hülle eingeschlossen." (a. a. O., S. 67); wotjakisch śizir–turin – Arctostaphylus, Bärentraube, Sandbeere (Munkácsi 1896, S. 456); tungusisch ikarilkantaukta – Steinbeere (Castrén 1856, S. 132)

„Uva Ursi Clus. Hisp." (AAW R. III, Op. 1, D. 162, Bl. 22v, s. Anm. 54 in Nr. 17); „1. Uva Ursi. Clus." mit der rechts marginalen Anm. „Lena" (AAW R. I, Op. 13, D. 16, Bl. 4v, s. Anm. 32 in Nr. 6); „Uva ursi Clus. H, 63?" mit der links marginalen Anm. „vid. Ic." (AAW R. I, Op. 13, D. 67, Bl. 56v, s. Anm. 5 in Nr. 4); „464. An Uva ursi Clus. Hist. 63? Ind. Len. ..." (AAW R. I, Op. 105, D. 12, Bl. 21v, s. Anm. 54 in Nr. 17); „874 An Uva Ursi, Clus. H. 63? ..." (AAW R. I, Op. 105, D. 1, Bl. 69v, s. Anm. 29 in Nr. 5); lat. „Uva ursi", russ. „Толокнянка. Толокняница [russ. *toloknjanka, toloknjanica*]" (J. G. Gmelin in: AAW F. 21, Op. 5, D. 73, Bll. 294v/295r); „64.) Baccae Uvae ursi Clus. et Tourneforti Sp. 1. Vitis Idaea officinarum Dale; Russis Tolocknáncka vel; Tungusis Kungjáckta; ..." (AAW F. 98, Op. 1, D. 21, Bl. 156r, s. Anm. 59 in Nr. 19); „24. Juli 1723 ... Item ein niedriger frutex, welchen ... <confer die 23. Augusti> pro Uva Ursi hielte." (Messerschmidt 1962–1977, Bd. 2, S. 101); „23. August 1723 ... Von Kräutern fand sich ... Uva Ursi (Clus., Hist. 63; Tournefortii sp. 1) Toloknanka vel Toloknaenitza, i. e. Farinaria Russis dicta, ..." (a. a. O., S. 120)

60 russ. *toloknjanka*; auch russ. *tolokilika*, *toloknica*, von russ. (adj.) *tolokonnyj* – aus zerstoßenem Mehl (Hafermehl); auch russ. *medvež'i jagody*, von russ. *medvežij* – Bären- und *jagoda* (Mz. *jagody*) – Beere

„302. An uva ursi Clus. Hist. 68? Russis ad Lenam толокняница [russ. *toloknjanica*] & толокнянка [russ. *toloknjanka*]; In Russia ме⌈д⌉в<е>жіе Ягоды [russ. *medvežie jagody*] Jacutis Ongochtách-oton (oton baccam denotat) ..." (AAW R. I, Op. 13, D. 42, Bll. 47v–48r, s. Anm. 1 in Nr. 1)

61 in der 2. Textversion (s. Anm. 1 in A.): „Chamaerrhododendros"

62 „10. ANDROMEDA foliis ouatis, vtrinque punctatis, floribus patentibus subsessilibus, GM. Inst. [müßte heißen: Mst.] Chamaerhododendros flore purpureo specioso, GM. Obs. in hist. n. 146. Chamaerhododendros folio glabro maiusculo amplo, flore roseo, MESS. AMM. 161. [sic!] T. XXVII. ... Ruthenis audit Багульникъ [russ. *bagul'nik*], Buratis toroltschi." (Gmelin 1747–1769, Bd. IV, S. 124f.), nahezu identisch auf Bl. 56r in: AAW R. I, Op. 104, D. 14 – s. Anm. 32 in Nr. 6; „10. Andromeda foliiis ovatis utrinque punctatis, floribus patentibus subsessilibus. [=] Rhododendron davuricum L.!" (Ledebour 1841, S. 125); „261. CHAMAERHODODENDROS folio glabro majusculo, amplo flore roseo Messerschm. T. XXVII. ... in omnibus syluis trans Baikal lacum fitis frequens est. ... A Russis earum regionum багулникъ [russ. *bagulnik*], a Buratis Toroltschi dicitur." (Amman 1739, S. 181ff.); „Rhododendron dauricum, foliis glabris utrinque nudis, corollis rotatis; Daurischer Rosenbaum, mit glatten und auf beyden Flächen nakenden Blättern, und radförmigen Blumenkronen; ..." (Gmelin 1775, Sp. 849); „2. Daurischer Alpbalsam. Rhododendron Dauricum. Rhododendron foliis glabris, punctatis, nudis; corollis rotatis. LINN. ... Sp. pl. 562. Andromeda foliis ovatis ... GMEL. Sib. 4. p. 124. Chamaerhododendros folio glabro ... AMM. Ruth 181. t. 21. ... Mit dem Griffel der Blume soll man Fische berauschen können." (Linné 1778, S. 555); „RHODODENDRON dauuricum. Tab. XXXII. ... Andromeda foliis ovatis ... Gmelin. Flor. sib. IV. p. 124. n. 10. Chamaerhododendros folio glabro ... Amman stirp. ruth. p. 181. n. 261. tab. 27. (sine foliis). Rossice Пѣянишникъ боровой [russ. *pejanišnik borovoj*] (Pjanischnik borovoi), ultra Jeniseam proprie Багулникъ [russ. *bagulnik*] (Bagulnik). Burattis Toroltschi. Mongolis Tschirenghé. Tungusis Namdikta. Tangutis Ssurnak. ... ultra Lenam in tractu Bjelae et Junae fl. a Stellero observata, ..." (Pallas 1784, S. 47f.); „b) Rhododendron dauuricum. Russ. Pjanischnik borowoi; Ultra Ieniseam proprie Bagulnik. Burät. Toroltschi; Mongol. Tschirenghe. Tungus. Namdikta; Tangut. Ssurnak. ... die Blätter haben ... eine narkotische Kraft; man kann die Wanzen damit vertreiben; von den Bergbewohnern werden sie wie Thee getrunken, ..." (Nemnich 1795, Sp. 1155); „1. RHODODENDRON dauricum L. ... Daurischer Alpbalsam. R. Bagulnik und Pianischnik borowoi. Burät. Torolzi. Tung. Namdicta. ... Einige nutzen die Blätter als Thee, und mir scheinen sie der beste Ersatz des chinesischen Thees, ..." (Georgi 1797–1802, Theil 3, S. 954); „2. RHODODENDRON dauricum. R. foliis glabris ... Sp. pl. 562. Pall. ross. 1. p. 47. t. 32.* ... Andromeda foliis ovatis ... Gmel. sib. 4. p. 124. n. 10. Chamaerododendros [sic!] folio glabro ... Amman. ruth. 181. t. 27. ... Davurischer Alpbalsam. W. ..." (Linné 1797–1830, Bd. II, Teil 1, S. 604); „1) RHODODENDRON DAVURICUM. Linn. ... Willd. Spec. pl. II. p. 604. ... Pall. Fl. ross. I. p. 47. t. XXXII. Andromeda foliis ovatis ... Gmel. Fl. sib. IV. p. 124. No. 10. Chamaerhododendros folio glabro ... Messerschm. in Amman. ruth. p. 181. No. 261." (Ledebour 1830, S. 96f.); „6. R[hododendron] davuricum (L. SP. 562.) ... PALL. ... Fl. ross. II, p. 47, t. 32. ... LEDEBOUR Fl. alt. II, p. 96. Andromeda foliis ovatis, ... GMEL. Fl. sib. IV, p. 124, Nr. 10. Chamaerhododendros folio glabro, ... MESSERSCHM. in AMMAN. ruth. p. 181, Nr. 261. ..." (Ledebour 1844–1846, S. 921); „Andromeda foliis ovatis utrimque punctatis, floribus patentibus subsessilibus. habet haec planta multa affinia cum Azalea flor. lapp. 89, ut jurassem primo intuitu esse eandem, nisi stamina in Tua decem, in mea 5, dissuaderent omnino. et flores in Tua majores. (Fl. sib. IV. 124. nr. 10. Rhododendron dauricum. L.)" (C. von Linné in einem Brief an J. G. Gmelin vom 2. August 1748 – Plieninger 1861, S. 82); „Andrōmeda L. (Ericeae). Nach ANDROMEDA, der Tochter des äthiopischen Königs Cepheus und der Cassiope, welche nach der Mythe, von ihrer Mutter für schöner als Juno gepriesen und desshalb von dieser bei Joppe an einen Felsen geschmiedet und einem Seeungeheuer preigegeben wurd. Linné entlehnte diesen Namen, um damit die liebliche Bewohnerin der felsigen Sümpfe Lapplands zu bezeichnen." (Wittstein 1852, S. 47); „Rhododēndron L. (Ericeae). Zus aus ροδον (Rose) und δενδρον (Baum); strauchige Gewächse, von denen mehrere Arten rosenrothe Blüthen haben." (a. a. O., S. 762)

„Chamaerrhododendros folio glabro majusculo amplo flore. roseo. ... Herr Resident L. Lange erzehlte ... daß die Rußen diesen strauch Bagulnick nenne) und daß sie sich deßelben Pistilli flor. bedienen ad inebriandos pisces. ... lingua Tangutica Ssurnack appelllari ..." (AAW R. I, Op. 15,

D. 14, Bll. 10v–11r, s. Anm. 75 in Nr. 101); „*143. Chamaerrhododendros folio glabro, majusculo, amplo flore roseo Amm. 261." (AAW R. I, Op. 105, D. 16, Bl. 3r, s. Anm. 5 in Nr. 4); „1. Chamaerrhododendros flore purpureo specioso Obs. in H. N. CXLVI. ..." (AAW R. I, Op. 13, D. 67, Bl. 56r, s. Anm. 5 in Nr. 4); „501). Chamaerrhododendros flore purpureo Specioso. obs. D. D. Gmelini in Hist. nāālem ..." (AAW R. I, Op. 104, D. 25, Bl. 36v, s. Anm. 61 in Nr. 21); „449. Chamaerrhododendros flore purpureo specioso Obs. in H. N. CXLVI. ..." (AAW R. I, Op. 105, D. 12, Bl. 21v, s. Anm. 54 in Nr. 17); „848 Chamaerrhododendros flore purpureo specioso Obs. in H. N. CXLVI. ..." (AAW R. I, Op. 105, D. 1, Bl. 68r, s. Anm. 29 in Nr. 5); „342. Chamaerrhododendros flore purpureo Specioso obs. in H. N. ... Russis василишникъ [russ. *vasilišnik*] & Горлянка [russ. *gorljanka*]. Decocto tam radicis quam foliorum interne Sumpto in ranula utuntur..." (AAW R. I, Op. 13, D. 42, Bl. 61r, s. Anm. 1 in Nr. 1); „RANULA, Ranunculo, Ranunculus, Fröschlein, ist eine Geschwulst unter dem vordersten Theile der Zunge bey den Froschadern, ... und den Gebrauch der Zunge, sonderlich das Sprechen und Schlingen, versindet. [sic!] ..." (Zedler 1732–1750, Bd. 30, Sp. 824ff.); „15. Mai 1724 ... Erit ergo Chamaerhododendrí species, folio glabro maiusculo, flore roseo amplo (an Chamaerhododendros flore dilute purpureo Tournefortii, Corollario sp. 4?). ..." (Messerschmidt 1962–1977, Bd. 3, S. 19ff.)

63 in der 2. Textversion (s. Anm. 1 in A.): „Chamaerrhododendros"

64 „9. ANDROMEDA foliis ouatis, vtrinque venosis, corollis campanulatis obliquis longissimis, T. LIV. ? Chamaerhododendros pontica maxima, folio lauro cerasi, TOVRN. Cor. 42. Chamaerhododendros foliis ouatis venosis, GM. Inst. [müßte heißen: mst.] Chamaerhododendros glabra, folio magno, subtus non rubiginoso, GM. Ind. Len. Chamaerhododendros glabra, magno folio, subtus non rubiginoso, flore amplissimo, sulphureo. STELL. Ochot. 502 ? Rhododendron, foliis nitidis, lanceolatis, vtrinque glabris, racemis terminalibus, LIN. Sp. pl. 1. p. 562. n. 5. ... Frutex hic Russis пьяная трава [russ. *p'janaja trava*] (piana trawa) audit, ... In Beringii insula epota et decocta nec phantasias excitat, vt ad Baical, nec catharcticam efficaciam ostendit, ..." (Gmelin 1747–1769, Bd. IV, S. 121ff.), nahezu identisch auf Bll. 55v–56v in: AAW R. I, Op. 104, D. 14 – s. Anm. 32 in Nr. 6; „9. Andromeda foliis ovatis utrinque venosis, corollis campanulatis obliquis longissimis. t. LIV. (excl. synon. Tourn. et Linn. [=] Rhododendron chrysanthum Pall.!" (Ledebour 1841, S. 124f.); „[Rhododendron] maximum, ... gröster Rosenbaum, ... Seine Aeste und Blätter haben die Gröse und Vestigkeit, wie bey der Lorbeerkirsche, ..." (Gmelin 1775, Sp. 850); „Rhododendron aureum. Andromeda, foliis ouatis ... Gm. Fl. 4. 121. no. 9. T. 54. R. Pianaja Trawa. ... Um dem Baikal ist er überall ansehnlicher als ihn Gmelin beschreibt. ... Das Holz ist wie bey den übrigen Arten weiß, und auch eben so brüchig." (Georgi 1775, S. 214); „87. RHODODENDRON Chrysanthum. Tab. N. fig. 1. 2. Andromeda foliis ouatis vtrinqe venosis, corollis campanulatis obliquis GMEL. Flor. Sibir. IV. p. 121. tab. 54." (Pallas 1776, S. 729); „6. Gröster Alpbalsam. Rhododendron maximum. ... Rhododendron foliis nitidis, ovalibus, obtusis, venosis margine acuto reflexo; pedunculis unifloris. LINN. ... Sp. pl. 563. ... Andromeda foliis ovatis ... GMEL. Sib. 4. p. 121. t. 54. Rhododendron Chrysanthum, PALLAS. It. 3. ... app. n. 87. tab. N. fig. 1, 2. ... Herr Pallas meldet von den Arzneykräften dieses Strauches folgendes: ‚... brauchen es die Kosaken fast wider allerley rhevmatische Zufälle und wider chronische Gliederschmerzen, ...' " (Linné 1778, S. 557ff.); „Die erste Nachricht von diesem Strauche findet man in dem vierten Theile der Flora Sibirica S. 121. u. f. unter dem Namen: ANDROMEDA foliis ouatis, ... Nachdem ... Hr. Samuel Gottlob Gmelin die Beschreibung dieses Gewächses theil aus den hinterlassenen Nachrichten seines seel. Vetters Joh. Georg Gmelin, theils aus den Stellerschen Papieren geliefert ... hat, so führet er folgendes von dem Gebrauche derselben an: Sie ist, nach der Erzählung meines Vaterbruders, in großem Ruf bey den Jägern und Fraueneisgräbern, welche an der Lena wohnen. Denn so wie sie ... besonders in den Knien die heftigsten Schmerzen leiden: so werden sie, ... durch das 2 bis 3 Tage fortgesetzte Trinken eines Decoctes der Blätter dieses Strauches, geheilet. ... Sonst erzählt Steller von dieser Pflanze: ... Auch ist noch zu bemerken, daß ihre Kräfte, nach Beschaffenheit des Standplatzes und des Klimats, sehr verschieden sind. ... In Sibirien, schreibt Hr. Pallas, ... Dieses gebrauchen die Heiden und Russen ... in allerley Krank-

heiten und hauptsächlich als ein specifisches Mittel wider allerley arthritische und ähnliche Schmerzen. ...“ (Kölpin 1779, S. 10ff.); „RHODODENDRON Chrysanthum. Tab. XXX. ... Rhododendron Chrysanthum Pall. itin. III. p. 369. app. p. 729. n. 87. tab. N. fig. 1. 2. ... Rhododendron aureum Georgi itin. p. 214. Andromeda foliis ovatis, ... Gmelin Flor. sib. IV. p. 121. tab. 54. Germanis Sibirische gelbe Schneerose, Gichtrose. Rossis ad Jeniseam Сабина [russ. *sabina*] vel Шабина трава [russ. *šabina trava*] (Sabina vel Schabina trava), tempore Messerschmidii Листовая трава [russ. *listovaja trava*] (Listovaja trava), quod herbam folioram denotat); circa Baïcalem et ad Lenam Пьяная трава [russ. *p'janaja trava*] (Pjanaja trava); in Dauria Черногривъ [russ. *černogrif*] et Келарскъ [russ. *kelarsk*] (Tschernogrif et Kelarsk); in Ochotensi regione et Camtschatca Коряцкая трава [russ. *korjackaja trava*] (Koraezkaja trava). Coibalis [samojedisch] Kaschkarà. Tataris ad Jeniseam vulgo Schéi i. e. Thea. Camtschadalis Katanágtsch. ... Gmelino et Stellero observatibus per omnem frigidam Sibiriam orientalem ultra Lenam, ... Gmelino et Stellero jam laudatior inclaruit virtus. ... Stellerus itidem narcoticam hujus fruticis virtutem, subinde cum catharctica junctam acceperat, ...“ (Pallas 1784, S. 44ff.); „a) Rhododendron chrysanthum. Rhodod. aureum. Georgi. Deutsch. Die sibirisches gelbe Schneerose, Gichtrose. Ross. 1) Ad Ieniseam Sabina, Schabina trawa, tempore Messerschmidii: Listowaja trawa, i. e. herba foliosa; 2) Circa Baïcalem et ad Lenam Pianaja trawa; 3) in Dauuria Tschernogrif, Kelarsk; 4) In Ochotensi regione et Camtschatca Koräzkaja trawa. Koibal. Kaschkara; Kamtsch. Katanagtsch. Tatar. (am Ienisey) Schei, i. e. Thea. ...“ (Nemnich 1795, Sp.1154f.); „3. RHODODENDRON Chrysanthum ... Gelber Alpbalsam. Goldblümige Gichtrose. Alpbalsam. ... Die Blätter sind sehr narkotisch und der Absud, der auch in geringer Menge den Kopf angreift und wie trunken macht, ist im östlichen Sibirien seit Alters ein bewährtes Mittel wider die Gicht. ...“ (Georgi 1797–1802, Theil 3, S. 955f.); „7. RHODODENDRON Chrysanthum. ... R. foliis ovatis scabris, ... Pall. ross. 1. p. 44. t. 30.* ... Rhododendron aureum Georgi itin p. 214. Andromeda foliis ovatis ... Gmel. sib. 4. p. 121. t. 54. Gelber Alpbalsam. W. ...“ (Linné 1797–1830, Bd. II, Teil 1, S. 605f.); „γ) Sibirische Schneerose, Rhododendron Chrysanthum Linn. Pallas Flor. rossic. Pl. 30. ... Obgleich diese Pflanze von Hirschen und Bisamthieren ... gefressen wird[f]), so fieng doch ein zahmes Reh ... nach einigen Minuten an, auf den Beinen zu wanken und den Kopf anzustossen, fiel auf die Knie, und in Schlaf, ... auch bei Menschen erregt das Wasser, womit man die Pflanze ... gekocht hat, Trockenheit und Durst[h]), Uebelkeit, Erbrechen, Bauchflus, Brennen und Zusammenschnüren des Halses, Juken und Schmerzen von allerlei Art[i]), Schwindel[k]); es macht sinnlos[l]), berauscht und schläfert ein[m]); ...“ (Gmelin 1803, S. 466f.); „RHODODENDRON CHRYSANTHUM. ... Gelber Alpbalsam, sibirische gelbe Schneerose, Gichtrose. ... Die Ästchen und Blätter des Rhododendron Chrysanthum haben einen sehr schwachen, fast rhabarberähnlichen Geruch, ... und sind narkotisch. ...“ (Hayne 1827, Nr. 27); „2. R[hododendron] Chrysanthum (PALL. It. III, ... app. 729, Nr. 87, t. N. f. 1, 2) ... PALL. Fl. ross. I, p. 44, t. 30. ... R. aureum. GEORGI It. I, p. 91. 214. ... Andromeda foliis ovatis, ... GMEL. Fl. sib. IV, p. 121, Nr. 9, t. 54 (excl. TOURNEFORT et LINN.). ...“ (Ledebour 1830, S. 920); „Lumbago und Ischias. ... In Sibirien kleine Gaben des Rhododendron chrysanthemum, ...“ (Krebel 1858, S. 169); „Andromeda foliis ovalibus, utrinque venosis, adde obtusis, corollis campanulatis obliquis. Chamaerhododendros pontica forte Tournef. coroll. (Fl. sib. IV. 121. nr. 9. Rhododendron chrysanthum Pall.)“ (C. von Linné in einem Brief an J. G. Gmelin vom 2. August 1748 – Plieninger 1861, S. 82); Andromeda L. – russ. *tundrica, bolotnaja bylina, bezplodnyj kust* bzw. *bagul'nik* (*Annenkov* 1858, S. 15, Nr. 89); Rhododendron chrysanthum Pall. – russ. *p'janaja trava, sabina, šabina, listovaja trava, černogriv, kelarsk, korjackaja trava* bzw. *kaškara* (a. a. O., S. 79, S. 89)

„... Provenit planta tam quo ad flores quam folia pulcherrima si vero vires spectes mirabilis, in altissimis rupibus sylvosis praefertim plagae meridionalis ad Selengam, Ircutum Bargusinum circa lacum BaiKal quam ad Lenam fluvium circa Kirengense munimentum, praesertim in vallibus ad Tscherepanowa fluviolum 8 leucas a munimento deprehenditur etiam ad Nischniiaia [sic!] TungusKam Kirengam et Witimum Lenam subeuntem Russis vocatur ab effectu (Пьяна трава [russ. *p'jana trava*] Pijana trawa vel circa lacum Baikal Schernogriff черногривъ [russ. *černogriv*]

secundum Tournefortium D. Doct. Gmelinus optimo iure retulit ad genus Chamaerrhododendrj illudq) vocavit Chamaerrhododendros glabra magno folio, subtus non rubiginoso magna huius fruticuli fama in dictis locis est uti Dom. Doct. Gmel. in ind. plant. Lenensium N.° 343 iam indicavit licebit autem observationibus ejus quantum ad vires, experientias iungere. ...“ (AAW R. I, Op. 13, D. 56, Bl. 7r, s. Anm. 48 in Nr. 1094); „2. Chamaerrhododendros glabra, magno folio, subtus non rubiginoso Ind. Len. n°. 343, Fl. n°. 1098,“ (AAW R. I, Op. 13, D. 67, Bl. 56r, s. Anm. 5 in Nr. 4); „502) Chamaerrhododendron glabra magno folio subtus non rubiginosus flore amplissimo sulphurico. D D. Gmelini ind Len. russis püaña draba [russ. *p'jana trava*] ...“ (AAW R. I, Op. 104, D. 25, Bl. 36v, s. Anm. 61 in Nr. 21); „849. Chamaerrhododendros glabra, magno folio, subtus non rubinigoso Ind. Len. n°. 343. ... Fl. Irc. n°. 1098.“ (AAW R. I, Op. 105, D. 1, Bl. 68v, s. Anm. 29 in Nr. 5); „343. Chamaerrhododendros glabra, magno folio, subtus non rubiginoso. ...“, mit der rechts marginalen Anm. auf Bl. 61r „Tab. XLV.“ (AAW R. I, Op. 13, D. 42, Bll. 61r–62r, s. Anm. 1 in Nr. 1)

65 russ. *p'jana trava*

66 russ. *černogriv*

67 nach J. G. Gmelin ‚Caprea Plinij – Козелъ. Foemina Коза [*kozel*, das Weibchen *koza*]‘ (AAW R. I, Op. 105, D. 7, Bl. 22v); „124. Aegoceros Hircus. ... Capra domestica ... Alpen-Ziegenbok ... Rossice Mas Kosell, femina Kosà ... Jam antiquis temporibus hanc Capram in Anatolia viguisse testes sunt Plinius et Aelianus. ...“ (Pallas 1811–1831, Vol. I, S. 227ff.); „2. Capra Hircus ... Gemeiner Hausbock. Gemeine Hausziege. R. der Bock Kosel. Die Ziege Kosa. ...“ (Georgi 1797–1802, Theil 3, S. 1619ff.)

68 „[species 3] Sambucus racemosa, rubra C. B. Pin. 456. Sambucus racemosa, acinis rubris J. B. 1. 551. Sambucus montana, racemosa Lob. Icon. 163.“ (Tournefort 1700, S. 606, Genus I. „Sambucus. Sureau.“); „Sambucus racemosa, rubra C. B. P. p. 456. ... Germ. Hirschholder. ...“ (Rupp 1726, S. 35); „17. SAMBVCVS racemis compositis, ouatis, caule arboreo, LINN. Spec. Tom. 1. 386. n. 4. Sambucus caule arboreo, ramoso, floribus racemosis, ROY. pr. 243. Sauv. Monsp. 222. Sambucus montana, CAMER. Epit. 976. Sambucus montana racemosa, LOB. Ic. 11. 163. Sambucus racemosa acinis rubris, B. Hist. 1. P. 551. Sambucus racemosa rubra, C. B. P. 456. TOVRN. I. R. H. 606. Sambucus arborea floribus spicatis, HALL. Helv. 467. n. 3. ... Incolis Russicis, forte propter similitudinem, quam cum Sambuco fructu nigro intercedere obseruant, illius instar пищальникъ [russ. *piščal'nik*] (pischtschalnik) dicitur. ...“ (Gmelin 1747–1769, Bd. III, S. 147f.); „17. Sambucus racemis compositis ovatis caule arboreo [=] Sambucus racemosa L.! (Sambucus nigra L. – M. a Bieb. Fl. t. c. I. 245.)“ (Ledebour 1841, S. 92); „672. SAMBUCUS arborea, floribus spicatis. Sambucus montana CAMERAR. Epit. p. 976. cum charactere. ... Sambucus racemis compositis, ... LINN. I. p. 386. Wilder Holunder CRAMER. t. 32. B. ...“ (Haller 1768, S. 300); „Sambucus racemosa, ... Hirschhollunder, ... rother Holder; Hirschholder; wilder Hollunder; ... Er heißt bey ... C. Bauhin: Sambucus racemosa rubra; ...“ (Gmelin 1775, Sp. 177f.); „4.) Der rothe Hollunder. Sambucus racemosa. ... Sambucus racemis compositis, ovatis, caule arboreo. LINN. ... Sp. pl. 314. ... Sambucus arborea, ... HALL. Hist. num. 672. Sambucus racemosa, ... J. BAUH. hist. 1. p. 549. Sambucus racemosa rubra. C. BAUH. pin. 456. Wilder Holunder CRAMER. ... man nennet ihn den rothen Holder, Hirschholder, Waldhollunder, oder wilden Hollunder, auch Bergholder. ... Die Hirsche laufen, wie man sagt, seinen Blättern nach; und die Beere sind den Birk= Hasel= und Feldhühnern, auch den Auerhahnen eine angenehme Speise.“ (Linné 1778, S. 367f.); „361. Sambucus racemosa. ... Traubenflieder, Ruß. Dikaja Kalina und Pistschalnik, ... Ost. Ymesan Soje d. i. Alteweiberknochen. ... Blumen und Blätter riechen widrig, ... Die Beeren schmecken übel doch werden sie von Kindern gegeßen. Der Saft der Beeren ist zu einem Trinkglase voll ein Schweismittel.“ (Falk 1786, S. 151); „SAMBUCUS racemosa. Sambucus racemis compositis ... Gmelin. Fl. sib. III. p. 147. Rossis Pistschalnik (Пищальникъ [russ. *piščal'nik*]) i. e. arbor sclopetaria; in Sibiria Butschkan (Бучкан [russ. *bučkan*], itemque Dikaja Kalina (Дикая калина [russ. *dikaja kalina*]) s. fera Opulus. Permecis Tschewoschnik. Votjacis Syeri-vu. Ostiacis Ymesan-Soje, i. e. ossa vetularum. Tataris Usul-agatsch. Tungusis

Bolokomkor. ... Stellerus vero in Camtschatcam usque observavit, ...“ (Pallas 1788, S. 29); „c) Sambucus racemosa (rubra). Deutsch. Der rothe Hohlunder; Traubenholunder, Hirschholder, wilder Holunder, Bergholunder, Waldholder, Steinholder, Wandelbaum, Zwitschen, Resken, Refken, Restken, Relken, Schiebchen, Bergelhorn, Schalaster. ... Russ. pistschalnik (i. e. Arbor sclopetaria); Dikaja kalina (i. e. Fera opulus); Siber. Butschkan. Lett. Irbenai; Ehstn. Ois pu. Perm. Tschewoschnik; Wotj. Syeri-vu. Ostjak. Ymesan soje (i. e. Ossa vetularum). Tatar. Usul-agatsch; Tungus. Bolokomkor. ... das Holz ... kann auch zu Schnitzarbeit, zu Zähnen in Mühlrädern &c. genutzt werden.“ (Nemnich 1795, Sp. 1219); wotjakisch śeri̊-pu – Sambucus nigra, Hollunderbaum (Munkácsi 1896, S. 452); „1) SAMBUCUS RACEMOSA. Linn. ... Pall. ross. II. p. 29. Sambucus racemis compositis, ... Gmel. Fl. sib. III. p. 147. No. 17. ...“ (Ledebour 1829, S. 420f.); „3. S[ambucus] racemosa (L. SP. 386.) ... PALL. Fl. ross. II, p. 29. ... LEDEB. Fl. alt. I, p. 420. ... S. racemis compositis, ... GMEL. Fl. sib. III, p. 147, Nr. 17 ...“ (Ledebour 1844–1846, S. 383f.); „34) Sambucus racemosa L., ... Gillakisch [giljakisch]: Koñḡ ēī̄, Amur-Tungusisch: Hañḡ gákora.“ (Maksimovich/Ruprecht 1858, S. 132); „58) Sambucus racemosa. L. ... Bei den Goldi an der Usuri-Mündung: [tungusisch] hañḡgóñḡ-kura“ (Maack/Ruprecht 1858, S. 231f.); „1. SAMBUCUS caule perenni ramoso. ... Sambucus fructu in umbella nigro. Bauh. pin. 456. ... α Sambucus fructu in umbella viridi. Bauh. pin. 456. ...“ (Linné 1737, S. 109f.); „3.) Der schwarze Hollunder. Sambuccus [sic!] nigra. ... Sambucus cymis quinquepartitis; caule arboreo. LINN. ... Sp. pl. 385. ... Sambucus fructu in umbella nigro. C. BAUH. 465. in umbella viridi. ibid. ... Es wird insgemein der schwarze oder gemeine Hollunder oder Holder, Holderbaum, Holderstrauch, ... genennet. ... Die Blumen ... sind ein ... gelinde schmerzstillendes und schweißtreibendes Mittel. ... Die Saamen purgiren stark, und töden und vertreiben die Würmer.“ (Linné 1778, S. 365ff.); „... erfuhr ich von den Einwohnern des hiesigen Dorfes, daß der schwarze Hollunder (Sambucus nigra Lin.) ihnen als ein heilsames Hausmittel bekannt ist. Sie nennen es [persisch?] Palchum, und bedienen sich des ausgepreßten Safts von dem Kraute desselben zu Heilung der Wunden wenn sie sich mit einem schneidenden Instrumente am Leibe verletzen.“ (Gmelin 1784, S. 158); „360. Sambucus nigra. ... Schwarzer Flieder. Ruß. Selenik. ... Die Beeren werden daselbst zum Schwarzfärben der Baumwolle und Seide gebraucht.“ (Falk 1786, S. 150f.); „SAMBUCUS nigra. SAMBUCUS cymis quinquepartitis, ... Lin. syst. pl. I. p. 737. sp. 3. ... Rossis Busina, Bos-derewo (Бузина, Бозь дерево [russ. *buzina*, *boz' derevo*]). Malorossis Pustoryl (Пусторыль [russ. *pustoryl'*]); ad Terec Basownik (Базовникь [russ. *bazovnik'*]). ... Georgianis Ditgula. ...“ (Pallas 1788, S. 28); „b) Sambucus nigra. Deutsch. Der schwarze Hohlunder; Gemeiner Hohlunder, Hollunder, Holder, Holler, Hohler, Alhorn, Alhern, Elhorn, Ellhorn, Ahlshorn; Flieder, Flidder, Flitter, Vlieder, Fleern; Baumholder, Reckholder, Rechholder; Schwarzer Beerstrauch; Schibicken, Schipken, Zibken, Schibchen, Schübicken, Schebicken, Schibbecke, Schotschken, Quebecken, Schetschken, Zetschken, Resken, Zwitschen, Hitscheln, Teuton. Holantar. ... Russ. Busina, Bos derewo; Maloross. Pustoryl; Terek Basownik. ... Lett. Pluschu kohks, Pleder. Ehstn. Holundri pu, Wledri pu. ... Georg. Ditgula; Pers. Palchum. ... In den Apotheken führen sie [d. h. die Beeren] den Namen Baccae Actes, und haben, nebst der Blüthe und Rinde (besonders Cortex medianes), in der Medizin einen vielfältigen Nutzen.“ (Nemnich 1795, Sp. 1218f.); „3. SAMBUCUS nigra. ... S. caule perenni ramoso. Hort. Cliff. 109. α. fructu nigro. S. fructu in umbella nigro. Bauh. pin. 456. ... β. fructu viridi. Sambucus fructu in umbella viridi. Bauh. pin. 456. ... Gemeiner Hollunder. W. ...“ (Linné 1797–1830, Bd. I, Teil 2, S. 1495); „612. SAMBUCUS nigra. ... Linn. ed. Willd. 1. p. 1495. ... Gmel. sib. 3. p. 147. n. 17. Pall. ross. 2. p. 28. ...“ (Marschall von Bieberstein 1808a, S. 245); „2. S[ambucus] nigra (L. SP. 385) ... PALL. Fl. ross. II, p. 28. ... M. a BIEB. Fl. t. c. I, p. 245. ...“ (Ledebour 1844–1846, S. 383); „76. Sambucus nigra L. (Caprifol.). ... Das Volk bedient sich der Präparate von Samb. nigra innerlich als Schwitzmittel, ruft damit Durchfall und Erbrechen hervor und gebraucht sie bei Fieber und anderen Leiden. ...“ (Demitsch 1889, S. 230f.); „Mittel gegen ‚tuhsks‘: ... Gegen ‚tuhkams‘ (Oedeme) dienen: ... und Sambucus nigra. Unzweifelhaft werden die Decocte von genannten Pflanzen benutzt.“ (Alksnis 1894, S. 216); Sambucus nigra L. – russ. *buzina* bzw. tatar. *chaval-agač* (*Annenkov* 1858, S. 84, Nr. 982); wogulisch

lūquent-jiv – Sambucus (Ahlquist 1891, S. 26); „Sambūcus L. (Caprifoliaceae). Von σαμβυκη (dreieckiges Saiteninstrument), welches aus dem Holz dieses Baumes gemacht worden seyn soll. Σαμβυξ oder σανδυξ bedeutet eine rothe Farbe, und lässt sich auf den dunkelrothen Saft der Früchte beziehen." (Wittstein 1852, S. 782)

„1. Sambucus racemosa rubra C. B. P. Pr. ind. [...] ..." (AAW R. I, Op. 13, D. 67, Bl. 50v, s. Anm. 5 in Nr. 4); „509 Sambucus racemosa rubra C. B. ..." (AAW R. I, Op. 104, D. 25, Bl. 37r, s. Anm. 61 in Nr. 21); „358. Sambucus racemosa rubra C. B. P. ..." (AAW R. I, Op. 105, D. 12, Bl. 18r, s. Anm. 54 in Nr. 17); „Sambucus racemosa rubra. C. B. P. ..." (AAW F. 21, Op. 5, D. 98, Bl. 36r, s. Anm. 54 in Nr. 17); „744. Sambucus racemosa rubra C. B. P. ..." (AAW R. I, Op. 105, D. 1^{a}, Bl. 88r, s. Anm. 29 in Nr. 5); „288. Sambucus racemosa rubra C. B. P. Russis Пищальникъ [russ. *piščal'nik*] ..." (AAW R. I, Op. 13, D. 42, Bl. 46r, s. Anm. 1 in Nr. 1); lat. „Sambucus racemosa rubra", russ. „пища⌈ль⌉никъ [russ. *piščal'nik*]", arinz. „Sánangae", katschinsk. „Áwaschansch", kaidin. „Üsítagasch", taiginz. „Chocholdai", mator. „Schángesch", kamass. „Chocholói.", kotowz. „Sánges.", tschatzk. „It-agatsch" (J. G. Gmelin in: AAW F. 21, Op. 5, D. 73, Bll. 295v/296r); „Sambucus racemosa rubra, baccis vix piper aequantibus (Tournefortii sp. 3.), Off." (Messerschmidt 1962–1977, Bd. 4, S. 208, s. Anm. 1 in Nr. 1)

69 „[species 1] Opulus Ruelli 281. Sambucus aquatica, flore simplici C. B. Pin. 564. [müßte heißen: 456] Sambucus aquatica J. B. 1. 552. Sambucus palustris Dod. Pempt. 846." (Tournefort 1700, S. 607, Genus II. „Opulus. Obier."); „Opulus Ruelli p. 281. ... Hirsch=Holder. ..." (Rupp 1726, S. 33)); „1. OPULUS. Opulus ruelli. Tournef. inst. 607. ... Sambucus aquatica. Bauh. hist. 1. p. 552. fig. transposita. ... Sambucuc aquatica, flore simplici. Bauh. pin. 456. ..." (Linné 1737, S. 109); „16. VIBURNVM foliis lobatis, petiolis glandulosis, LIN. Spec. 384. n. 7. Opulus, LINN. h. Cliff. 109. Suec. 249. ROY. pr. 243. HALL. Helv. 463. Sambucus aquatica, CAM. Epit. 977. I. BAVH. 1. P. 1. 552. Sambucus aquatica flore simplici, C. B. Pin. 456. Opulus Ruellii, TOVRN. I. R. H. 607. ..." (Gmelin 1747–1769, Bd. III, S. 145ff.); „Viburnum foliis lobatis, petiolis glandulosis [=] Viburnum Opulus L.!" (Ledebour 1841, S. 92); „[Viburnum] Opulus, ... Wasserholder, ... Affholder; Bachholder; Hirschholder; Schwelgenbaum; Schwalkenbaum; Schwalkenbeerbaum; Schwalbeerbaum Schwalbisbeerbaum; Schwalgesbeerenbaum; Schweißbeerenbaum; Kalkbeerenbaum; Callcinihen; Kalinken; Galinken; Halinken; wilde Schneeballen, Drosselbeeren, Fakelbeeren; Markholz; rot Scheisbeerholz; ... Sein Holz wird von den Schuster zu Pflöken unter die Absäze genommen, und seine Zweige geben sehr gute Pfeifenröhren, ... die Russen speisen die Beeren." (Gmelin 1777, Sp. 502ff.); „7.) Der gemeine Schwelkenbaum. Viburnum Opulus, ... Viburnum foliis lobatis, petiolis glanduloso. LINN. ... Sp. pl. 384. ... Opulus. Hort. Cliff. p. 109. ... Sambucus aquatica, flore simplici. C. BAUH. pin. 450. ... Dieser Strauch ... wird insgemein Wasserholder, Wasserholunder, Waldholder, Sumpfhollunder, Hirschholder, Schwalken= oder Schwelkenbaum, Schwelkenholz, Callinichen, Callinkenbeere, wilde Schneeballen, ... genennet. ... Die Beere aber dienen vornämlich den Vögeln, besonders den Haselhühnern zur Speise, und sind von einem sonderbaren Gebrauche, den die Einwohner in Siberien davon machen, siehe Gmelin Flor. Sibir. Tom. III. p. 146." (Linné 1778, S. 354ff.); „358. Viburnum Opulus. ... Faulbeeren. Ruß. Kalina Dikaja. Tscherem. und Tschuw. Polan. Tat. Barab. und Baschk. Bolan. Kirg. Asar Masa und Tschingis. Kalm. Tschangis. Katschinsk. Schangis. Wotj. Schu Pu. Teleut. Sschangis Agatsch. Arm. Alaschari. Georg. Ditula. ... In Orenburg werden die gefrornen Beeren eymerweise, ... verkauft, weil man sie zu Kalinina, einem sehr üblichen Fastengericht nutzte. ..." (Falk 1786, S. 150); „VIBURNUM Opulus. VIBURNUM foliis lobatis, ... Gmelin. Flor. sib. II. p. 145. Rossis Kalina (Калина [russ. *kalina*]), Kalinnik. ... Votjacis Schu-pu; Tscheremissis et Tschuvaschis Polan. Ostiacis ad Ket fl. Tut; Wassuganis Sokolt; Tymensibus Naerg, fructus Tom vel Top. Tataris Joetel-bolàn; Kirgisis Asarmasa et Tschingis; Sagais Schangesch. Teleutis Schangis. Calmuccis Tschangis. Armenis Alaschari. Georgianis Msakaeli, Ditula. ... Stellero observante ultra Lenam, in terris versus orientalem oceanum declivibus, deest opulus. – Baccae a Rossis satis frequenter comeduntur, praesertim cum farina hordei fermenti in olla tostae, quod magma Calinina vocant et in placentulis adhibent, vel cum melle et farina in pastam coctae. – De

experimento, quod Gmelinus et Stelleri observatione recenset, nunquam quidquam audivi, neque satis verosimile videtur spiritus frumenti odorem et saporem his baccis ita temperari posse, ut aquae fiat similis.“ (Pallas 1788, S. 31); „b) Viburnum opulus. Sambucus aquatica. Deutsch. Der Schneeballen; Wasserholunder, Bachholder, Bechholder, Afholder, Hirschholder, Rosenholder, Holderrose, Baumrose, Ballrose, Gelderische Rose, Wasserflieder, Wasserflittern, Gänseflieder, Marsholder, Wasserahorn, Schwelkenbaum, Schwalken, Schwelken, Schwalbenbeere, Schwallbeere, Schwelgenbeere, Schwalgesbeere, Schweisbeere, Rothes Schiesbeerholz, Kaline, Kalinke, Calcinthe, Galinke, Galinge, Halinke, Kalunke, Kalkbeere, Kolkbeere, Kaninchenbeere, Maline, Fackelbaum, Fackelbeere, Drosselbeere, Markholz, Falscher Faulbaum, Strauchholz, Dampfbeerstrauch, Frörbeerstaude, Salbenbaum, Wasserbeerstaude. ... Russ. Kalina dikaia; Kalinik. ... Tatar. Joetel-bobán; Sagais Schangesch. Teleut. Schangis; Kirg. Asarmasa, Tschingis; Wotj. Schu-pu. Tscherem. Polan; Tschuw. Polan. Ostj. Tut; Wassug. [ostjakisch] Sokolt. Armen. Alaschoari; Georg. Ditula. ... Das Holz ... dient zu Schuhnägeln, zum Brennen, zu Kohlen für Kleinschmiede &c. ...“ (Nemnich 1795, Sp. 1562ff.); wotjakisch šu-pu – russ. *kalina*, Wasserhollunder (Munkácsi 1896, S. 495); 4. Viburnum Opulus ... Gemeiner Schneeball. W. Faulbaum. Wasserflieder. R. Dikaja Kalina. ... Tat. und Georg. Ditala. Ost. Fut. ... Die Beeren werden in den nördlichen Gegenden nach erlittenem Frost, der sie milde macht, gegessen; auch zu Fruchtwein werden die Beeren verwendet. An der Orenburgschen Linie und mehr O. sind Kuchen, die Kalinicca genannt werden, eine gewöhnliche Speise. Man macht aus Mehl von Getreide und Malz mit den aufgethaueten und zerquetschten Schneeballbeeren einen Teig und bäckt aus demselben in Töpfen Kuchen. Die Rinde des Strauchs giebt einen brauchbaren Vogelleim.“ (Georgi 1797–1802, Theil 3, S. 863f.); „16. VIBURNUM Opulus. ... V. lobatis, ... Sp. pl. 384. Gmel. sib. 3. p. 145. ... Opulus. Hort. cliff. 109. ... Sambucus aquatica, ... Bauh. pin. 450. ... Gemeiner Schneeball. W. ...“ (Linné 1797–1830, Bd. I, Teil 2, S. 1490); „610. VIBURNUM Opulus. ... Linn. ed. Willld. 1. p. 1490. ... Gmel. sib. 3. p. 145. n. 16. Pall. ross. 2. p. 31. ...“ (Marschall von Bieberstein 1808a, S. 245); „1) VIBURNUM OPULUS. Linn. ... Pall. Fl. ross. II. p. 31. – M. a Bieb, Fl. taur. cauc. I. p. 245. No. 610. ... Viburnum foliis lobatis, ... GMEL. Fl. sib. III. p. 145. No. 16. ...“ (Ledebour 1829, S. 420); „1. V[iburnum] opulus (L. SP. 384) ... PALL. Fl. ross. II, p. 31. ... M. a BIEB. Fl. t. c. I, p. 245. ... LEDEB. Fl. alt. I, p. 420. ... V. foliis lobatis, ... GMEL. Fl. sib. III, p. 145, Nr. 16. ...“ (Ledebour 1844–1846, S. 384f.); „Husten. Phthisis. Beim Husten überhaupt gebraucht man Aufgüsse von ... Viburnum Opulus; ...“ (Krebel 1858, S. 127); „XII: Kropf und Krebs. ... Bei demselben [d. h. Kropf] und Scropheln, einer Krankheitsgattung. die in ungemeiner Ausbreitung zumal im nördlichen Russland vorkommt, gebraucht man auch ... die Abkochung von Turiones Viburni opuli.“ (a. a. O., S. 165f.); „Mittel gegen Brandwunden: ... Gegen Brandwunden dienen die bitteren Beeren von Viburnum opulus.“ (Alksnis 1894, S. 211); Viburnum Opulus L. – russ. *kalina*, *germeni* bzw. tatar. *koropala* (*Annenkov* 1858, S. 100, Nr. 1175); mokschanisch ṭivgä bzw. ṭivk – Viburnum opulus, Massholderbeere (Ahlquist 1861, S. 178); ersanisch tšavdire – Viburnum opulus L. Wasserholunder (Wiedemann 1865, S. 162); wotjakisch schu pu – Wasserholunder (Wiedemann 1851, S. 385); wogulisch qansa-nal-jiv – Viburnum opulus (Ahlquist 1891, S. 19); syrjänisch žol-pu, žov-pu. žo-pu – Viburnum opulus, Wasserholunder (Wiedemann 1880, S. 454); „Ōpulus T. (Caprifoliaceae). Von populus (Pappel), in Bezug auf die Aehnlichkeit der Blätter mit denen der Pappel. Die Römer schrieben oft opulus stattt populus.“ (Wittstein 1852, S. 636); „Vibūrnum L. (Caprifoliaceae). Von viere (binden, flechten); mehrere Species haben lange und biegsame Zweige.“ (a. a. O., S. 923)

„Opuli Ruellii flore simplici albo baccas maturas rubras Sibirienses rutheni curioso experimento producendo adhibent. Sumunt nempe baccas maturas injiciunt ollae novae, addendo Saccharum album, pro lubitu affundunt Spiritum frumenti, vel simplicem libentius vero cohaebatum [von cohobiren?] ollam operculo clausam, massa panis obductam, ne quidquam exhalare possit. Clibano emittunt tam diu, donec aliquot signis edocti credant jam jam omnem ruborem e baccis extractum illasq; cerae albae instar candidissimas, quibus obtentis, Liquorem pararunt omni odore et sapore liberum, aquae simplici per omnia simillimum, vi autem inebrianti vehementi, sed absq;

omni damno praeditum hoc liquore calefacto Theam Sinensium herbam infundunt, infusum illis offerunt qui Spiritus ipsius sorbitionem et Ebrietatem detrectantes illorum consortiis se immiscent, et ita intra momenta quaedam, incautum ebrium sibiq3 viae conscium reddunt, immiscent etiam hunc liquorem cerevisiae et aliis potibus quibuscunq3, quod Ukrainenses faciunt dum mulso vel cerevisiae recenter coctae et fermentanti adhucdum in dolio, Lagenam spiritu frumenti aliquoties cohaebato probe obduralam immittunt, quo facto licet clausam vitrum vis omnis spiritus transit in mulsum & cerevisiam, donec in Lagena excepta vappa quadam, nihil reliquum maneat.“ (AAW R. I, Op. 104, D. 18, Bll. 13v–14r, s. Anm. 20 in Nr. 632); „Cohobatio, Cohobiren, Wann die Alchymisten und Apothecker die einmal abgezogene Feuchtigkeit wieder aufgiessen, und zum zweyten oder drittenmahl destilliren, damit sie desto kräfftiger werden möge, so wird solches eine Cohobation genennet. ...“ (Zedler 1732–1750, Bd. 6, Sp. 62); „Opulus Ruelli T. B. h. i.“ (AAW R. I, Op. 68, D. 2, Bl. 13v, s. Anm. 62 in Nr. 22); „Opulus Ruellii. Inst. r. h. 607. n°. 107.“ (AAW R. I, Op. 13, D. 19, Bl. 6v, s. Anm. 54 in Nr. 17); „63. Opulus Ruell. 208.1.: T. 13. N. 1.“ (AAW R. I, Op. 104, D. 13, Bl. 3r, s. Anm. 84 in Nr. 29); „510 opulus Ruellii ...“ (AAW R. I, Op. 104, D. 25, Bl. 37r, s. Anm. 61 in Nr. 21); „– Opulus Ruellij Tourn Russ Калина. [russ. *kalina*] ...“ (AAW R. I, Op. 104, D. 8, Bl. 13v, s. Anm. 18 in Nr. 452); „367. Opulus Ruellii 281 Sambucus aquatica flore simplici CBP. 564.“ (AAW R. I, Op. 6, D. 40, Bl. 38v, s. Anm. 1 in Nr. 1); „Opulus Ruellij. I. R. H. ...“ (AAW F. 21, Op. 5, D. 98, Bl. 36r, s. Anm. 54 in Nr. 17); „289. Opulus Ruellij 281 ... Russis Калина. [russ. *kalina*]“ (AAW R. I, Op. 13, D. 42, Bl. 46r, s. Anm. 1 in Nr. 1); „Opulus Ruellii, flore simplici, albo, in muscarium distributo, odoratissimo. T. Sp. 1. ... Калина [russ. *kalina*] Russorum.“ (AAW F. 98, Op. 1, D. 19, Bl. 41r, s. Anm. 59 in Nr. 19); „Opulus Ruellii, flore simplici albo in muscariam distributo, odoratissimo; Tournefort. Spec. 1. ...“ (AAW F. 98, Op. 1, D. 20, Bl. 29r, s. Anm. 90 in Nr. 33); „489„ d. [31. Augustus 1725]„ Opuli Ruellii, Tournef. Sp. 1. Кали́на [russ. *kalina*], Kalína Russis; Tschangis Tattaris. Waßer=Hollunder.„ “ (AAW F. 98, Op. 1, D. 23, Bl. 18r, s. Anm. 49 in Nr. 653); „175„ d. [31. Augustus 1725]„ [Sem.] Opuli Ruellii, Tournef. Sp. 1. Tattaris Tschangis; Wuad-jach sibi Uhd-Murt dictis [d. h. wotjakisch] Schui-pu, et Schas pu. Czeremissis sibi Mar et Maree-jeng ... Russis Kalina. Waßer Hollunder.„ “ (AAW F. 98, Op. 1, D. 23, Bll. 31r–31v, s. Anm. 49 in Nr. 653); „19. Juni 1722 ... Die Tataren gaben mir hierselbst folgende Vocabula: ... Schangis ‚Opulus Ruelli‘, Tournef., Sp. 1; Schangisghad ‚Baccae Opuli‘;“ (Messerschmidt 1962–1977, Bd. 1, S. 242f.); lat. „Opulus“, russ. „калина [russ. *kalina*]“, arinz. „Sánpae“, katschinsk. „Schángesch“, taiginz. „Schángesch“, kamass. „Nímmisde.“, kotowz. „Sánges.“, tschatzk. „Balàn“ (J. G. Gmelin in: AAW F. 21, Op. 5, D. 73, Bll. 295v/296r); „Калина [russ. *kalina*]“ – Sambucus aquatica (a. a. O., Bl. 71v); lat. Opulus – Калина [russ. *kalina*] (Bl. 5r in: J. G. Gmelin AAW F. 21, Op. 5. D. 121); lat. Opulus, russ. *kalina* (RGADA F. 199, Op. 2, kn. 513, D. 27, Bl. 9r)

70 russ. *kalina*

71 „[species 1] Vitis Idaea foliis oblongis, crenatis, fructu nigricante C. B. Pin. 470. Vitis Idaea angulosa J. B. 1. 520. Vitis Idaea sive Myrtillus I Tabern. Icon. 1078.“ (Tournefort 1700, S. 608, Genus V. „Vitis Idaea. Airelle ou Mirtile.“); „Vaccinium Rivini. Vitis idaea Tournefortii. Vitis idaea, foliis oblongis, crenatis, fructu nigricante C. B. P. p. 470. ... Germ. Heidelbeeren. ...“ (Rupp 1726, S. 39); „1. VACCINIUM caule angulato, foliiis serratis annuis. Fl. Lapp. 143. Vaccinium Rivini. Rupp. jen. 39. ... Vitis idaea angulosa. Bauh. hist. 1. p. 520. Vitis idaea, foliis oblongis crenatis, ... Bauh. pin. 470. ...“ (Linné 1737, S. 148); „9. VACCINIUM pedunculis vnifloris, foliis serratis, ouatis, deciduis, caule angulato, LINN. Lapp. 143. h. Cliff. 148. Suec. 313. Spec. Tom. I. p. 498. n. 1. ROY. pr. 239. HALL. Helv. 415. Vaccinia nigra, DOD. pempt. p. 768. Vitis idaea folio oblongis crenatis, fructu nigricante, C. B. 470. TOVRN. I. R. H. 608. Vitis idaea angulosa, I. B. 1. P. 1. p. 520. cum aliena icone. α) Idem baccis albis. Vaccinium foliis oblongis crenatis fructu albo, RVPP. Ien. ed. HALL. 1745. p. 52. ... Bacca Russico nomine черница [russ. *černica*] (tscherniza) dicitur, ...“ (Gmelin 1747–1769, Bd. III, S. 136f.); „9. Vaccinium pedunculis unifloris, foliis serratis ovatis deciduis, caule angulato [=] Vaccinium Myrtillus L.!“ (Ledebour 1841, S. 92); „Vaccinium myrtillus L. Blaubeere. R. Tscherniza. T. Hinnikto. ...“ (Georgi 1775, S. 207);

„[Vaccinium] Myrtillus, ... gemeine Heidelbeere, ... schwarze Heidelbeere; schwarze Besinge; Gandelbeere; Preuselbeere; Bikbeere; Blaubeere; Schwarzbeere; Staudenbeere; Rosbeere; Pikelbeere; Besingen; ... Er taugt sehr gut zum Gerben des Leders, ... sie ... werden von einigen in der Ruhr, in den Bauchflüssen der Schwindsüchtigen, in Krankheiten der Brust, in dem Scharbock, empfolen; ... so geben sie für die Maler eine Purpurfarbe; ...“ (Gmelin 1777, Sp. 391ff.); „1.) Heidelbeere. Vaccinium Myrtillus. ... Vaccinium pedunculis unifloris; foliis serratis, ovatis; caule angulato. LINN. ... Sp. pl. 498. ... Hort. Cliff. 148. ... Vitis idaea foliis oblongis, ... C. BAUH. pin. 470. ... und insgemein Heidelbeere oder Heydelbeere, Heidelbeerstaude, Schwarzbeere; ... genennet wird. ... Die ... Beere haben eine kühlende und gelinde zusammenziehende Eigenschaft; man kocht sie auch, und macht Torten daraus; ... die gedörrten Beere werden wider Durchfälle gerühmt; man soll auch Wolle damit blau oder violett färben könen; ... Herr von Haller erzählet, daß ein Trank von Heidelbeeren, ... gefährliche Verstopfungen verursachen könne. ...“ (Linné 1778, S. 413f.); „VACCINIUM Myrtillus. VACCINUM [sic!] pedunculis unifloris, ... Gmelin. Flor. sib. III. p. 136. nr. 9. Rossice Tscherniza (Черница [russ. *černica*]) a negredine. Esthonis Mustikud. Livonis Bruhclenes. Permiensibus Tschoet ... Morduanis Petschitsculi; Votiacis Kudumalu. Tscheremissis Moda; Ostjacis Tschirtek, Sagortschegar; Wassuganis Pygyttiull. Tataris Karà-Bulagai; Baschkiris Karà-Kugei, Kara-Kubugei. Tschuwaschis Charà-sirla. Mongolis Noerr, Noerssu; Buraetis Noergun; Tungusis Hinnicto. ... Stellero observante ad Aldanum fluvium rarissime occurrit ...“ (Pallas 1788, S. 46); „b) Vaccinium myrtillus, Vitis idaea s. Myrtillus. Deutsch. Die Heidelbeere; Schwarze oder blaue Heidelbeere; Schwarze Besinge, Besinge, Heidel, Myrtenbeere, Bickbeere, Bickelbeere, Pikelbeere, Bixbeere, Pückelbeere, Puckelbeere, Schwarze Preiselbeere, Blaubeere, Schwarzbeere, Waldbeere, Staudelbeere, Krackbeere, Gadelbeere, Schwanzbeere, Schwarze Moosbeere, Kuhtäcken, Kuhdäcken, Aigelbeere, Eigelbeere, Sibbeere, Bebern. ... Russis Tscherniza. ... Lett. Glasenes, Sillenes; Mellenes. Ehstn. Sinnikud; So marjad; Mussikud. ... Tatar. Korà-bulagai; Mongol. Närr, Närsu. Baschk. Karà-kugei, Kara-kubugei. Tschuw. Charà-sirla; Burät. Närgun. Perm. Tschoet; Mordw. Petschitsculi. Wotj. Kudumalu; Tscherem. Moda. Ostj. Tschirtek, Sagortschegar. Wassug. Pygyttiull; Tungus. Hinnicto. ... sie [d. h. die Beeren] werden entweder roh gegessen, oder zu Backwerk und anderen Speisen verwendet; ...“ (Nemnich 1795, Sp. 1537f.); „1. Vaccinium Myrtillus. L. ... Gemeine Heidelbeere. Schwarze Heidelbeere. R. Tscherniza. ... Tat. Kara Balagai. ... Die reifen Beeren sind roh für sich oder auch mit Milch als kalte Schaale, und eben so zu Mus mit oder ohne Wasser gekocht, eine allgemein beliebte Speise, und in den nördlichen Gegenden ohne Ackerbau, ein Hauptnahrungsartikel. Die Früchte werden auch hie und da getrocknet und bey Getreidemangel zu dessen Verlängerung für Brod und Breye gemahlen. Die Beeren sind auch ein überall gebräuchlich Material für die häusliche Blau=, violett= und Rothfärberey, wozu die Wolle mit Alaun, Quas oder sauern Brühen – gebeitzt wird. ... Wolle erhält eine vorzügliche violette Farbe, Linnen aber nur eine immer schmutzige Farbe. Die Nomaden tauchen ihre Zeuge meistens nur in die gequetschten Beeren über Feuer. Auch unsern Mahlern, besonders aber den zahlreichen Spielkartenfabrikanten, dient der Heidelbeersaft, mit Alaun, Kalk, Grünspan – nach ihren Absichten versetzt und als Saftfarbe in aufgehangenen Blasen getrocknet. Mit den Blättern färbt man in Island gelb. –“ (Georgi 1797–1802, Theil 3, S. 930f.); russ. *černica* o. *černika* (Mz. *černicy* bzw. *černiki*); „1. VACCINIUM Myrtillus. V. pedunculis unifloris, ... Hort. cliff. 148. ... Gmel. sib. 3. p. 136. ... Vitis idaea foliis oblongis crenatis, ... Bauh. pin. 420. ... β. Vaccinium foliis oblongis crenatis fructu albo. ... Gmel. sib. 3. p. 136. n. 9. R. ... Gemeine Heidelbeere. W. ...“ (Linné 1797–1830, Bd. II, Teil 1, S. 348f.); „734. VACCINIUM Myrtillus. ... Linn. ed. Willd. 2. p. 348. ... Gmel. sib. 3. p. 136. Pall. ross. 2. p. 44. ...“ (Marschall von Bieberstein 1808a, S. 298); „1. VACCINIUM MYRTILLUS. Linn. ... Willd. Spec. pl. II. p. 348. ... Pall. Fl. ross. II. p. 46. – M. a Bieb. Fl. taur. cauc. I. p. 98. No. 734. ... Vaccinium pedunculis unifloris, ... Gmel. Fl. sib. III. p. 136. No. 9. ...“ (Ledebour 1830, S. 66); „3. V[accinium] Myrtillus (L. SP. 438) ... PALLAS Fl. ross. II, p. 44. ... M. a BIEB. Fl. t. c. I, p. 298. ... LEDB. Fl. alt. II, p. 66. ... V. pedunculis unifloris, ... GMEL. Fl. sib. III, p. 136, Nr. 9. ...“ (Ledebour 1844–1846, S. 902f.); „3) Durchfall und Ruhr. Der gemeine Mann in Russland trinkt

dagegen die Abkochung von Vaccinium myrtillus, ..." (Krebel 1858, S. 131f.); „X. Mittel bei Hydrops, Scorbut, Stomacace und Aphthen. ... Aphthen. Bei denselben gebraucht man den Saft von Vaccinium myrtillus und Rosenhonig." (a. a. O., S. 61ff.); „84. Vaccinium Myrtillus L. (Vaccinieae.). Bei der Mundfäule und dem Schwamm (aphthae) brauchte man in Russland früher äusserlich den Beerensaft der Heidel- oder Schwarzbeere. ... Vacc. Myrtillus ist ein geschätztes. von vielen Seiten gelobte Stopfmittel des Volks. ..." (Demitsch 1889, S. 237); „Mittel gegen Keuchhusten ... Das Decoct aus Valeriana officinalis und Vaccinium Myrtillus." (Alksnis 1894, S. 184f.); „Mittel gegen Durchfall: ... Gegen Durchfall esse man ein Blatt Vaccinium Myrtillus mit Brod auf und trinke sodann etwas Wasser." (a. a. O., S. 189); „Diarrhöe. Haben die Kinder Durchfall, so giebt man ihnen Schwarzbeerensuppe (Vaccinium Myrtillus)." (a. a. O., S. 236); Vaccinium Myrtillus L. – russ. *černika* bzw. *černica* (*Annenkov* 1858, S. 98, Nr. 1155); ersanisch tšernik – Vaccinium Myrtillus L., Schwarzbeere (Wiedemann 1865, S. 163); wogulisch sāvin-pi̮l bzw. savni-pi̮l – Vaccinium myrtillus (Ahlquist 1891, S. 49); syrjänisch tš́öd́ bzw. śöd – Vaccinium myrtillus, Schwarzbeere (Wiedemann 1880, S. 364); wotjakisch kuđi – Vaccinium myrtillus, Heidelbeere (als Pflanze) (Munkácsi 1896, S. 212); wotjakisch kuđi- mul'i – Heidelbeere (als Frucht) (a. a. O., S. 212); ostjakisch ût – Heidelbeere (Castrén 1858, S. 113); *Enisej*-ostjakisch huos bzw. fuos – Schwarzbeere (Castrén 1858a, S. 174 bzw. S. 192); „Vītis L. (Ampelideae). Celtisch gwid (Strauch); zunächst von viere (binden), weil sich das Gewächs an andere Gegenstände anklammert. Angeblich von vita (Leben, in Bezug auf die belebende Wirkung des Weins)." (Wittstein 1852, S. 925)

„Vitis idaea foliis oblongis, crenatis, fructu nigricante. B. Pin. 470. et Inst. r. h. nº. 135." (AAW R. I, Op. 13, D. 19, Bl. 7r, s. Anm. 54 in Nr. 17); „411 vitis idaea, foliis oblongis crenatis fructu nigricante C. B. Pin. ..." (AAW R. I, Op. 104, D. 25, Bl. 37r, s. Anm. 61 in Nr. 21); „Vitis idaea foliis oblongis, crenatis, fructu nigricante, C. B. P." (AAW F. 21, Op. 5, D. 98, Bl. 36r, s. Anm. 54 in Nr. 17); „291. Vitis idaea oblongis crenatis, fructu nigricante C. B. P. Russ. черни́ца [russ. *černica*] ..." (AAW R. I, Op. 13, D. 42, Bl. 46r, s. Anm. 1 in Nr. 1); „Vitis idaea angulosa JB. Russ черница [russ. *černica*] ..." (AAW R. I, Op. 104, D. 8, Bl. 13v, s. Anm. 18 in Nr. 452); „19. Juni 1722 ... Die Tataren gaben mir hierselbst folgende Vocabula: ... Kubhugei ‚Vitis idaea'; ... Kara-Kubhugei, Vitis idaea baccis nigris' " (Messerschmidt 1962–1977, Bd. 1, S. 242f.); lat. „Vitis idaea angulosa", russ. „че⌈р⌉ница. [russ. *černica*], arinz. „Kara-chapte", katschinsk. „Karaner", taiginz. „Schilbe", kamass. „Bodán-chebde.", kotowz. „Icodadsch.", tschatzk. „Kúgume" (J. G. Gmelin in: AAW F. 21, Op. 5, D. 73, Bll. 294v/295r); „че⌈р⌉ница. [russ. *černica*]", barabinz. „Kűschilek." (a. a. O., Bl. 277v); че⌈р⌉ница [russ. *černica*] – „vitis idea" [sic!] (a. a. O. Bl. 272r); russ. *černica* – lamutisch Or (J. J. Lindenau in: AAW F. 934, Op. 1, D. 89, Bl. 335r, Kopie aus dem Archiv RGADA)

72 russ. *černica*

73 „[species 2] Vitis Idaea foliis subrotundis, non crenatis, baccis rubris C. B. Pin. 470. Vitis Idaea sempervirens, fructu rubro J. B. 1. 522. Vaccinia rubra Lob. Icon. 109." (Tournefort 1700, S. 608, Genus V. „Vitis Idaea. Airelle ou Mirtile."); „Vaccinium foliis buxi, semper virens, baccis rubris. Vitis idaea foliis subrotundis, non crenatis, baccis rubris C. B. P. p. 470. ... Germani vocant Preussel=Beeren." (Rupp 1726, S. 39); „2. VACCINIUM foliis perennantibus obverse ovatis Fl. lapp. 144. Vaccinium, foliis buxi, ... Rupp. jen. 39. ... Vitis idaea sempervirens, ... Bauh. hist. 1. p. 522. Vitis idaea, foliis subrotundis ... Bauh. pin. 470. ..." (Linné 1737, S. 148); „11. Vaccinium racemis terminalibus nutantibus, foliis obouatis reuolitis integerrimis, subtus punctatis, LINN. Spec. Tom. 1. p. 500. n. 10. Vaccinium foliis obuerse ouatis, perennantibus, LINN. Lapp. 145. H. Cliff. 148. Suec. 314. ROY. pr. 239. HALL. Helv. 414. Vitis idaea buxeis nec deciduis foliis, CLVS. Pann. p. 77. Vitis idaea rubra, CAM. ep. p. 136. Vitis idaea foliis subrotundis non crenatis, baccis rubris, B. pin. 470. TOVRN. I. R. H. 608. I. Idem calycibus et corollis pedunculisque, vt et horum foliolis monstrose carnosis, albis. ... Baccae a Russis брусница [russ. *brusnica*] (brussniza vocatur. ..." (Gmelin 1747–1769, Bd. III, S. 138ff.); „11. Vaccinium racemis terminalibus

nutantibus, foliis obovatis revolutis integerrimis subtus punctatis [=] Vaccinium Vitis idaea L.!“ (Ledebour 1841, S. 92); „... rothe Heydelbeeren, Brussniza, das Kraut aber, und die Blätter sind mehr als die Helfte kleiner, als in Rußland, ob gleich die Beeren eben so gros sind: Die Cosaken kochen das Kraut und trinken das Wasser statt Thee boy. ...“ (Steller 1774, S. 77); „Vaccinium vitis idaea L. Preisselbeere. R. Brusniza. T. Iminkura. B. Allarhun. ... In Irkutzk, Bargusin etc. ist eine weinhaftes Geträncke von Preisselbeeren üblich, ...“ (Georgi 1775, S. 208); „Vaccinium Vitis idaea, ... Preuselbeere, ... rothe Heidelbeere, Kranbeeren; Kreuzbeeren; Kraußbeeren; Kraußbeerenstrauch; Steinbeeren; Griffelbeeren; Grandenbeeren; Hölperbeeren; ... die ganze Pflanze ... taugt sehr gut zum Gerben des Leders: ... in Sibirien bereitet man durch die Gährung einen brennenden Geist daraus; man kann auch mit ihrem Safte roth färben, ...“ (Gmelin 1777, Sp. 397f.); „10.) Gemeine Preuselbeere. Vaccinium Vitis idaea. ... Vaccinium racemis terminalibus, nutantibus; foliis obovatis, revolutis, integerrimis, subtus punctatis. LINN. ... Sp. pl. 500. ... Hort. Cliff. p. 148. ... Vitis idaea foliis subrotundis ... C. BAUH. pin. 470. ... sie wird auch Vitis idaea rubra, rothe Heidelbeere, rothe Heidelbeerstaude ... genennet. ... auch reicht man sie [d. h. die Beeren] in hitzigen Krankheiten zu Stillung des Dursts und der Hitze. ...“ (Linné 1778, S. 419f.); „VACCINIUM Vitis idaea. VACCINIUM racemis terminalibus nutantibus, ... Gmelin Flor. sib. III. p. 138. n. 11. Rossice Brusniza (Брусница [russ. *brusnica*]). ... Esthonis Poolcad, Pohlacad; circa Dorpat Pallaco marjad. Livonis Bruhclenes. Morduanis Pitschumar. Permiensibus Pul; Votjacis Jagmuhli; Tscheremissis Tschare potsches; Ostiacis Mandy; Vassuganis Ul. Samojedis Noerjanà ode. Tataris Kisil-Kubeged, Narrad-dshillek i. e. bacca pini, Karagatschi. Mongolis Noer; Buraetis Aloergu. Tungusis Iminkurà. Camtschadalis Kutschiljatsch, ad Bolschaja fl. Tschàchatscha; Curilis Nebobké, Nipopkip. ... Succo sic optimum paebent potum acidulum, in morbis acutis commendabilem. ...“ (Pallas 1788, S. 46); wotjakisch l’ag-mul’i̊ bzw. jag-mul’i̊ – russ. *brusnika*, Vaccinum vitis idaea, Preiselbeere (Munkácsi 1896, S. 751); „e) Vaccinium vitis idaea. Vitis idaea foliis subrotundis non crenatis, baccis rubris. Deutsch. Die Preiselbeere, Preisselbeere, Preuselbeere, Praiselbeere, Prausbeere, Krausbeere, Rauschbeere, Kleiner Rausch, Rausch, Kreubeere, Krackbeere, Kranbeere, Kronsbeere, Steinbeere, Strickbeere, Griffelbeere, Mehlbeere, Rothe Heidelbeere; Peselbeere, Rother Besingstrauch, Grandenbeere, Granten, Hölperbeere, Hölperle, Hölperchen, Mostjökchen, Moosjäckchen, Mosjoken, Hammerbeere, Bückebeere, Buckelbeere, Pichelbeere. ... Russ. Brusniza. Lett. Bruklenes. Ehstn. Polkad, Pollako marjad. ... Tatar. Kisil-kubeged, Närrad-dshillek, Karagatschi, Molt; Mongol. När. Burät. Alärga, Tungus. Iminkurà. Mordw. Pitschumar; Wotj. Jagmuli. Perm. Pul; Wassug. [ostjakisch] Ul; Ostj. Mandy. Samoj. Närjanà ode; Tscher. Tscharepotscheg. Kamtsch. Kutschiljatsch; Ad Bolschaja fl. Tschachatscha; Kuril. Nebobkè, Nipopkik. ... Die Blätter können als Thee getrunken werden, ...“ (Nemnich 1795, Sp. 1540f.); „4. Vaccinium Vitis idaea L., ... Preußel=Heidelbeerstrauch. Preußelbeere. R. Brusniza. ... Tat. Kisil Kubegad. Esthn. Peol Kad. ... Die reifen, rothen sauern Beeren werden überall und von allen gegessen und zu Getränk verwendet, auch zur Speise und Trank nach dem ersten Froste, der sie milder macht, in großer Menge gesammelt und gefroren in Gruben oder Kellern mit Schnee bedeckt bis zur künftigen Beerenernte aufbewahret. Ihre Verwendung zu Speisen, Musen, Backwerk, Eingemachten, auch erfrischenden Getränken ist mannigfaltig. Sie dienen auch vorzüglich zum Getränke der Kranken. ... Im gemäßigten Sibirien war folgendes gegohrnes Preußelbeergetränk (Brusniznoi Kwas) im Gebrauch ... Der Halbstrauch und die Blätter gerben. ...“ (Georgi 1797–1802, Theil 3, S. 931ff.); „24. VACCINIUM Vitis idaea. ... V. foliis obverse ovatis ... H. cliff. 148. ... Vitis idaea foliis subrotundis ... Bauh. pin. 470. ... Rothe Heidelbeere. W. ...“ (Linné 1797–1830, Bd. II, Teil 1, S. 354); „736. VACCINIUM Vitis idaea. ... Linn. ed. Willd. 2. p. 354. ... Gmel. sib. 3. p. 138. n. 11. Pall. ross. 2. p. 46. ...“ (Marschall von Bieberstein 1808a, S. 298); „VACCINIUM VITIS IDAEA. ... Rothe Heidelbeere, Preisselbeere, Preusselbeere, Praussbeere, Kronsbeere, Kronbeere, Krenbeere, Krackbeere, Krausbeere, Bückebeere, Buckelbeere, Graudenbeere, Griffelbeere, Steinbeere, Mehlbeere, Rauschbeere, Holperlebeere, Hölperlebeere, Hammerbesien, Peselbesien, rother Besinstrauch, immergrüner Heidelbeerstrauch. ... Die Blätter des Vaccinium Vitis idaea sind zwar nicht als Arzneymittel gebräuchlich; aber dennoch

angewendet worden, ... In Sachsen kocht man sie [d. h. die Beeren] ohne Zusatz beynahe zu einem Muss ein, ..." (Hayne 1816, Nr. 19); „2) VACCINIUM VITIS IDAEA. Linn. ... Willd. Spec. pl. p. 354. ... Pall. Fl. ross. II. p. 46. ... M. a Bieb. Fl. taur. cauc. I. p. 298. No. 736. ... Vaccinium racemis terminalibus ... Gmel. Fl. sib. III. p. 138. No. 11. ..." (Ledebour 1830, S. 67); „2. V[accinium] Vidis [sic!] idaea (L. SP. 500) ... PALL. Fl. ross. II. p. 46. ... M. a BIEBERST. Fl. t. c. I, p. 298. ... LEDEB. Fl. alt. II, p. 67. ... V. racemis terminalibus, ... GMEL. Fl. sib. IIII, p. 138, Nr. 11. ..." (Ledebour 1844–1846, S. 901f.); „59) Vaccinium Vitis Idaea. L. ... Bei den Orotschonen am obern Amur: [tungusisch] himíkta; bei den Manegern: [tungusisch] imúkte." (Maack/Ruprecht 1858, S. 232); „Mittel gegen sogenannte Knochenschmerzen: ... Man sammmele Strickbeerenstauden (Vaccinium Vitis idaea) mit allen Wurzeln, ... und trinkt den Auszug ..." (Alksnis 1894, S. 193f.); „Mittel gegen das Fieber: ... Empfehlenswerth sei es, auch einen Thee von Eichenrinde (Quercus) und von Vaccinium Vitis idaea zu trinken. ..." (a. a. O., S. 200f.); „Rhagaden, Aetzwunden, wunde Stellen. ... Mittel gegen derartige Wunden: ... Die Blätter der Strickbeerenstaude (Vaccinium Vitis idaea) werden getrocknet, zerrieben ... Dadurch erhält man ein reines und feines Pulver, welches Kindern in die wundgewordenen Falten gestreut wird. Diese werden bis zum nächsten Morgen verheilen. Ebenso kann man auch Erwachsene behandeln, wenn ihnen in feuchten Sommern die Füsse an gewissen Stellen wund geworden sind. ..." (a. a. O., S. 210); „4. Viehkrankheiten. ... Allgemeine Mittel. Der Saft von Vaccinium vitis Idaea dient, mit Wasser vermischt, gegen Krankheiten der Kühe. ..." (a. a. O., S. 239ff.); Vaccinium Vitis Idaea L. – russ. *brusnica* bzw. *brusnika* (*Annenkov* 1858, S. 98, Nr. 1158); ersanisch pitšeń stei – Preiselbeere (Wiedemann 1865, S. 224); wotjakisch jag muli – Preiselbeere (Wiedemann 1851, S. 370); burjatisch ulâgana, âɫerso bzw. aɫerhon(ŋ) – Preiselbeere (Castrén 1857, S. 207); wogulisch suipul – Preiselbeere (Ahlquist 1891, S. 55); syrjänisch pul bw. puv – Vaccinium Vitis Idaea, Preiselbeere (Wiedemann 1880, S. 259); tungusisch imukta, aɫersun bzw. imäktä – Preiselbeere (Castrén 1856, S. 129, S. 71 bzw. S. 108); samojedisch jienđidei, jiensidei – Preiselbeere (Castrén 1855, S. 260); *Enisej*-ostjakisch eäl bzw. eäser – Preiselbeere (Castrén 1858a, S. 159 bzw. S. 160); jakutisch ӯлāх отон – Preiselbeere (Middendorff 1851, S. 44)

„2) брустница [sic!] [russ. *brustnica*], T. strikkbeere, wachsen auch auf stauden an trokkenen oder bergichten örtern, sind hellroht, säuerlich und klein fast wie die erbsen." (AAW F. 21, Op. 5, D. 41, Bl. 14v, s. Anm. 248 in Nr. 438); „100. Vaccinium foliis perennantibus, obverse ovatis Linn. flor. 144. h. Cliff. 148. Vaccinium folys Buxi, semper virens, baccis rubris Rupp. Jen. 39. Vitis idaea semper virens, fructu rubro B. Hist.1. p. 522. Vitis idaea folijs subrotundis non crenatis, baccis rubris B. Pin. 470." AAW R. I, Op. 13, D. 20, Bl. 12r, s. Anm. 1 in Nr. 1); „1. Vitis idaea foliis subrotundis, non crenatis, baccis rubris. C. B. P. 470." (AAW R. I, Op. 13, D. 16, Bl. 4v, s. Anm. 32 in Nr. 6); „512 vitis idaea foliis subrotundis non crenatis baccis rubris. C. B. P. ..." (AAW R. I, Op. 104, D. 25, Bl. 37r, s. Anm. 61 in Nr. 21); „Vitis idaea folys subrotundis, non crenatis, baccis rubris CBP. Russ. брусница [russ. *brusnica*] ..." (AAW R. I, Op. 104, D. 8, Bl. 13v, s. Anm. 18 in Nr. 452); „+ 3. Vitis idaea semper virens, fructu rubro J. B. Russ. бру<c>-ница [russ. *brusnica*] ..." (AAW R. I, Op. 104, D. 17, Bl. 9r, s. Anm. 36 in Nr. 8); „Vitis idaea foliis subrotundis, non crenatis, baccis rubris, C. B. P. ..." (AAW F. 21, Op. 5, D. 98, Bll. 36r–36v, s. Anm. 54 in Nr. 17); „879. Vitis idaea semper virens, fructu rubro J. B. I. 522. ..." (AAW R. I, Op. 105, D. 1, Bl. 70r, s. Anm. 29 in Nr. 5); „290. Vitis idaea foliis subrotundis non crenatis baccis rubris C. B. P. Russ. Брусни́ца [russ. *brusnica*] ..." (AAW R. I, Op. 13, D. 42, Bl. 46r, s. Anm. 1 in Nr. 1); russ. *brusnica*, kamtschadalisch (itelmenisch) – Kutschiljatsch (J. G. Gmelin in: RGADA F. 199, Op. 2, Portf. 527, D. 11, Bl. 4r); „Vitis-Idaea foliis subrotundis non-crenatis baccis rubris. T. Sp. 2. ... Russis Брусни́чникъ [russ. *brusničnik*]." (AAW F. 98, Op. 1, D. 19, Bl. 70r, s. Anm. 59 in Nr. 19); „Vitis Idaea Tournef. Sp. 2. ... Vitis Idaea Tournef. Sp. 2. Tatt. Beltӯris, Nungnuck, Russis B'rusniza, (a. a. O., Bl. 71r); lat. „Vitis idaea baccis rubris", russ. „Брусница. [russ. *brusnica*]", arinz. „Káragasajesdaek", katschinsk. „Kisilner.", taiginz. „Schilbe", kamass. „Kùmu.", kotowz. „Nemschíken.", tschatzk. „Kisilgàt" (J. G. Gmelin in: AAW F. 21, Op. 5, D. 73, Bll. 294v/295r); russ. *brusnica* – lamutisch Hoemta (J. J. Lindenau in: AAW

F. 934, Op. 1, D. 89, Bl. 335r, Kopie aus dem Archiv RGADA); russ. Брусница [russ. *brusnica*], lamutisch – Ìmt, kamtschadalisch (itelmenisch) – Tscháchatscha, korjakisch – Gyínaan (AAW R. I, Op. 13, D. 10, Bl. 202r, s. Anm. 49 in Nr. 298); russ. Брусница [russ. *brusnica*], kurilisch – NípopKip." (a. a. O., Bl. 221v); „брусница [russ. *brusnica*]", barabinz. „Dshíe." (a. a. O., Bl. 277v); lat. Vitis idaea foliis subrotundis fructu rubro, russ. *brusnica*, tung. Ímikta (RGADA F. 199, Op. 2, kn. 513, D. 27, Bl. 8v); „19. Juni 1722 ... Die Tataren gaben mir hierselbst folgende Vocabula: ... Kysil-Kubhugei, Vitis idaea baccis rubris' " (Messerschmidt 1962–1977, Bd. 1, S. 242f.); „23. August 1723 ... Von Kräutern fand sich ... Vitis idaea foliis subrotundis non crenatis, baccis rubris (sphaericis) (C. B. et Tournefortii sp. 2)." (Messerschmidt 1962–1977, Bd. 2, S. 120); „Vitis-Idaea, foliis perpetuis subrotundis non crenatis, fructu rubro (Tournefortii sp. 2.), Off." (Messerschmidt 1962–1977, Bd. 4, S. 208, s. Anm. 1 in Nr. 1)

74 russ. *brusnica*

75 „[species 4] Vitis Idaea magna quibusdam sive Myrtillus grandis J. B. 518. Vitis Idaea foliis subrotundis, exalbido C. B. Pin. 470." (Tournefort 1700, S. 608, Genus V. „Vitis Idaea. Airelle ou Mirtile."); „Vaccinium altissimum, foliis subrotundis, exalbidis. Vitis idaea magna quibusdam, sive myrtillus grandis J. B. 1. 518. ... ubi Trunckel=Beeren vel corrupte Tunckel=Beeren appellant, quia baccae vim inebriandi habent; ..." (Rupp 1726, S. 39); „10. VACCINIVM pedunculis vnifloris, foliis integerrimis, oualibus basi ciliatis, LINN. Spec. Tom. I. p. 499. n. 3. Vaccinium foliis oualibus, integerrimis deciduis, LINN. Suec. 312. p. 313. Vitis idaea Gesneri maior, CAM. Hort. p. 182. Vitis idaea foliis subrotundis exalbidis, B. pin. p. 470. Vitis idaea magna, quibusdam myrtillus grandis, I. B. 1. P. 1. p. 518. TOVRN. I. R. H. 608. Vaccinium foliis annuis integerrimis, LINN. Lapp. 142. Vaccinium foliis annuis exalbido, HALL. Helv. 414. n. 2. ... Baccae etiam ab incolis valde sunt expeditae, ... vnde пїяница [russ. *pijanica*] (pjaniza) nomen a Russis obtinuerunt. ... Aliis Russicis nominibus hae baccae porro dicuntur голубица [russ. *golubica*], (golubiza) голубѣль [russ. *golubel'*], (golubel) гонобобѣль [russ. *gonobobel'*] (gonobobel)." (Gmelin 1747–1769, Bd. III, S. 137f.); „10. Vaccinium pedunculis unifloris, foliis integerrimis ovalibus basi ciliatis [=] Vaccinium uliginosum L.!" (Ledebour 1841, S. 92); „VACCINIUM (vliginosum) ... Linn. Spec. pl. 350. n. 3. ... Пьяница, Голубица, Гонобобель [russ. *p'janica*, *golubica*, *gonobobel'*] Russ. ..." (*Krašeninnikov* 1761, S. 58); „... grose schwarze Heydel oder Trunkelbeeren, Golubitza, ..." (Steller 1774, S. 77); „Vaccinium vliginosum L. R. Golubiza. T. Jikta. ..." (Georgi 1775, S. 207); „Vaccinium uliginosum, morastige Heidelbeere, ... Trunkelbeerenstrauch; Trunkelbeeren; Drümpelbeeren; Rauschbeeren; grose Heidelbeeren; Kosbeeren; Bruchbeeren, Krakbeeren; Irgelbeeren Mosheidelbeeren; ..." (Gmelin 1777, Sp. 394f.); „3. Sumpfbeere. Vaccinium uliginosum. ... Vaccinium pedunculis unifloris; foliis integerrimis, obovatis, obtusis, laevibus. LINN. ... Sp. pl. 499. ... Vitis Idaea foliis subrotundis ... C. BAUH. pin. 470. ... nur soll ein reichlicher Genuß derselben [d. h. der Beeren] den Kopf ein wenig berauschen. ..." (Linné 1778, S. 415f.); „VACCINIUM uliginosum. VACCINIUM pedunculis unifloris, ... Gmelin. Fl. sib. III. p. 137. n. 10. Rossis Golubiza, Golubèl (Голубица, Голубелъ [russ. golubica, *golubel*], Gonobobyl (Гонобобылъ [russ. *gonobobyl*], et ab effectu inebriante Pjaniza (Пьяница [russ. *p'janica*]). ... Esthonis Sinnikud, et So-marjad. Livonice Glasenes. Permiensibus Tschoet-latsch. Tscheremissis Tscheride. Ostiacis Koda; Wassuganis [ostjakisch] Tachtagul. Tataris Kuk-Tsia, Djer-Tschestek; Catschinzis Tulga. Tungusis Dschiktà; Lamutis Dshit, Guikitsch. Camtschadalis Ningul; Coraecis Linyal. Curilis Enumu-cutan. ... baccarum inde magna vis colligitur et in orientali Sibiria pro eliciendo spiritu fermentatur. ... Stellerus etiam in insulis et ora Americes, Asiae opposita hanc speciem observavit; ad Bjelam fl. idem notat baccas ..." (Pallas 1788, S. 45); „d) Vaccinium uliginosum. Vitis idaea foliis subrotundis exalbidis; Vitis idaea magna quibusdam, sive Myrtillus grandis. Deutsch. Die Sumpf-Preiselbeere; Sumpfbeere, Moorbeere, Moosheidelbeere, Bruchbeere, Wasserbeere, Grosse Heidelbeere, Grosse Kuthecken, Rauschbeere, Grosser Rausch, Trunkelbeere, Drumpelbeere, Tringelbeere, Kostbeere, Kossbeere, Jägerbeere, Jagelbeere, Jugelbeere, Irgelbeere, Krackbeere, Krombeere, Grosse Puttegnaden, Bullgrafen. ... Russ. Golubiza, Golubel, Gonobobyl, Pjaniza. Tatar. Kuk-tsia, Djer-Tschestek. Katschinz. Tulga;

Tungus. Dschiktà. Perm. Tschoetlatsch; Tscherem. Tscheride, Ostjak. Koda; Wassug. Tachtagul. Barab. Djilek; Lamut Dschit, Guikitsch. Kamtsch. Ningul; Korj. Linyal. Kuril. Enumu-cutan. ... Die Beeren ... werden an einigen Orten mit Appetit gegessen, an anderen Orten hingegen wenig geachtet und für ungesund gehalten; ..." (Nemnich 1795, S. 1539f.); „2. Vaccinium uliginosum L. ... Sumpf=Heidelbeerstrauch. Blaubeere. R. Golubiza. Tat. Kuk Tsia. ... Esthn. Sinni Kut. ... Die Beeren sind schwarz, wie mit einem blauen Reif bedeckt. Sie sind wohlschmeckend, aber ihr häufiger Genuß soll den Kopf betäuben. Im östlichen Sibirien, ... äußerten sie diese Würkung bey mir nicht merklich. Vielleicht hat sie statt, wenn man sie, ... nüchtern häufig genießt. Die Benutzung der Beeren zur Speise und Färberey ist wie bei Vaccin. Myrtillus. [Nr. 1101]" (Georgi 1797–1802, Theil 3, S. 931); russ. *golubica* o. *golubika*; „5. VACCINIUM uliginosum. V. pedunculis unifloris, ... Gmel. sib. 3. p. 137. n. 10. ... Vitis idaea foliis subrotundis ... Bauh. pin. 470. Rausch Heidelbeere. W. ..." (Linné 1797–1830, Bd. II, Teil 1, S. 350); „10. V[accinium] uliginosum (L. SP. 499) ... PALL. Fl. ross. II, p. 45. ... V. pedunculis unifloris, ... GMEL. Fl. sib. III, p. 137, Nr. 10. ..." (Ledebour 1844–1846, S. 904f.); „60) Vaccinium uliginosum. L. ... Bei den Manegern: [tungusisch] dshíkta." (Maack/Ruprecht 1858, S. 232); Vaccinium uliginosum L – russ. *golubica, golubel', gonobobel', p'janica, durnica, durnika, p'janika* bzw. *gonobob* (*Annenkov* 1858, S. 98, Nr. 1157); mokschanisch šäi-maŕ – Sumpfheidelbeere (Ahlquist 1861, S. 174); ersanisch golubik – Vaccinium uliginosum L., Blaubeere (Wiedemann 1865, S. 118); wotjakisch bor muli – Blaubeere (Wiedemann 1851, S. 348); burjatisch nereheŋ, neröhöŋ(n), nerehụŋ bzw. nere – Blaubeere (Castrén 1857, S. 187); wogulisch tāx̯it-pi̯l – Vaccinium uliginosum (Ahlquist 1891, S. 56); syrjänisch latš́, lapa bzw. tš́od-latš́ – Vaccinium uliginosum, Blaubeere (Wiedemann 1880, S. 147); tungusisch żiktä – Blaubeere (Castrén 1856, S. 121)

„1. Vitis idaea magna quibusdam sive Myrtillus grandis J. B. 1. 518." (AAW R. I, Op. 13, D. 67, Bl. 56v, s. Anm. 5 in Nr. 4); „513 vitis idaea magna in russia Püaniza [russ. *p'janica*] per sibiriam Golubitza [russ. *golubica*] dictae ..." (AAW R. I, Op. 104, D. 25, Bl. 37r, s. Anm. 61 in Nr. 21); lat. „Vitis idaea, Myrtillus grandis dicta.", russ. „Голубица. Гонобобль. Голубель. пьяница. [russ. *golubica, gonobobl', golubel', p'janica*]", mator. „óte.", kamass. „Charachàt", tschatzk. „Kúgume. [durchgestrichen]" (J. G. Gmelin in: AAW F. 21, Op. 5, D. 73, Bll. 294v/295r); „Vitis idaea magna quibusdam siue myrtillus grandis JB. Russ Гонобобель [russ. *gonobobel'*] Siue пьяница. [russ. *p'janica*] ..." (AAW R. I, Op. 104, D. 8, Bl. 13v, s. Anm. 18 in Nr. 452); „+ 4. Vitis idaea magna quibusdam sive myrtillus grandis JB Russ Гонобобель [russ. *gonobobel'*] siue пьяница. [russ. *p'janica*]; ..." (AAW R. I, Op. 104, D. 17, Bll. 9r–9v, s. Anm. 36 in Nr. 8); „475. Vitis idaea magna quibusdam, sive Myrtillus grandis J. B. 1. 518. ..." (AAW R. I, Op. 105, D. 12, Bl. 22r, s. Anm. 54 in Nr. 17); „*Vitis Idaea magna quibusdam sive Myrtillus grandis in J. B. Hisce in terris Ruthenis голубица [russ. *golubica*] audit. ..." (AAW F. 21, Op. 5, D. 98, Bl. 36v, s. Anm. 54 in Nr. 17); „292. Vitis idaea magna quibusdam Sive Myrtillus grandis J. B. Russis Голубéль, Голуби́ца, Гонобобель Пьяни́ца. [russ. *golubel', golubica, gonobobel', p'janica*] ..." (AAW R. I, Op. 13, D. 42, Bl. 46r, s. Anm. 1 in Nr. 1); lat. Vitis idaea magna quibusdam siue Myrtillus grandis, russ. *golubica, golubel', gonobobel', p'janica*, tung. Dschíkta (RGADA F. 199, Op. 2, kn. 513, D. 27, Bl. 8v); russ. Голубица [russ. *golubica*], lamutisch – Dschit. GniKítsch, kamtschadalisch (itelmenisch) – Níngul, korjakisch – Língal (AAW R. I, Op. 13, D. 10, Bl. 202r, s. Anm. 49 in Nr. 298); russ. Голубица [russ. *golubica*], kurilisch – ÉnumuKuta" (a. a. O., Bl. 221v); russ. *golubica* – lamutisch GniKitsch (J. J. Lindenau in: AAW F. 934, Op. 1, D. 89, Bl. 335r, Kopie aus dem Archiv RGADA); russ. *golubiza*, kamtschadalisch (itelmenisch) – Lingultsch (J. G. Gmelin in: RGADA F. 199, Op. 2, Portf. 527, D. 11, Bl. 4r); „Vitis-Idaea folio minùs rigido, cordiformi, non crenato, subtus incanescente ... Russis голубица [russ. *golubica*]. ..." (AAW F. 98, Op. 1, D. 19, Bl. 70r, s. Anm. 59 in Nr. 19); „20. Juli 1723 ... Vitis idaea foliis subrotundis exalbidis (C. B. et Tournefortii sp. 4), ... Sapor subdulcis et expetitus Russis, quibus baccae Golub belyj, i. e. Vitis idaea alba audiunt; Prussis iuxta Loeselium ‚Trunkelbeeren' dici solent." (Messerschmidt 1962–1977, Bd. 2, S. 97ff.); „13. Juni 1724 ... Im Gebürge observierte ...

Vitis idaea foliis subrotundis exalbidis, Tournefortii sp. 4 (confer die 20. Iulii 1723) ..." (Messerschmidt 1962–1977, Bd. 3, S. 53f.)

76 russ. *p'janica*

77 russ. *golubica*

78 „[species 2] Chamaecerasus Alpina, fructu nigro, gemino C. B. Pin. 451. Periclymenum rectum, folio serrato J. B. 2. 107. Periclymenum rectum, ij. Clus. Hist. 58." (Tournefort 1700, S. 609, Genus VIII. „Chamaecerasus."); „6. LONICERA pedunculis bifloris, foliis ovatis obtuso integris. Chamaecerasus dumetorum, ... Bauh. pin. 451. Tournef. inst. 609. ... Xylosteum. Dod. pempt. 412. ..." (Linné 1737, S. 58); „5. LONICERA pedunculis bifloris, baccis distinctis, foliis integerrimis pubescentibus, ROY. pr. 238. LINN. Suec. 192. Spec. Tom. I. p. 248. n. 6. Xylosteum, DOD. Pempt. 412. RIV. mon. irr. T. 119. Allobrogum periclymenum, siue periclymenum rectum, LOB. ic. 633. Periclymenum rectum 1. CLVS. H. 57. Chamaecerasus dumetorum fructu gemino rubro, C. B. P. 451. TOVRN. I. R. H. 609. Periclymenum rectum fructu rubro, I. B. II. p. 106. Lonicera pedunculis bifloris, ouatis, obtusis, integris, LINN. h. Cliff. p. 98. [sic!] Caprifolium floribus geminis, foliis ouatis, lanuginosis, integerrimis, HALL. Helv. 464. I. Eadem baccis nigris. Periclymenum rectum, 1. CLVS. ann. baccis nigris p. 87. ... Haec planta ... Russice жимолостъ [russ. *žimolost*] dicitur. Plantam I) Cl. KRASCENINNIKOW, [sic!] Bot. Professor, dum viueret, Petropolitanus, e Kamtschatca ad me misit siccam, quam sane a descripta nulla alia re, quam baccarum colore diuersam sentio, et eandem iudico, quam b. STELLERVS in Flora Irc. n. 1104. et Ochot. n. 515. sub nomine Chamaecerasi alpinae fructu nigro gemino B. Pin. recensuit; ... Ex ligno huius plantae in Russia oleum parant empyreumaticum per decensum, nigrum, ponderosum, graue, densum, quo externe tumores frigidos inungunt, ... Sed et contra quascunque impuritates, quas in sanguine coniiciunt, interne sumtum summe proficuum censent, vt in variis luis symptomatibus, in scorbuto et in scabie palmarium ipsis praebeat remedium." (Gmelin 1747–1769, Bd. III, S. 129ff.); „5. Lonicera pedunculis bifloris, baccis distinctis, foliis integerrimis pubescentibus [=] Lonicera Xylosteum L.!" (Ledebour 1841, S. 91); „[species 4] Chamaecerasus dumetorum, fructu gemino rubro C. B. Pin. 451. Periclymenum rectum, fructu rubro J. B. 2. 106. Xylosteum Dod. Pempt. 412." (Tournefort 1700, S. 609, Genus VIII. „Chamaecerasus."); „LONICERA (Xylosteum) ... Linn. Spec. pl. 174. n. 6. ... Жимолость [russ. *žimolost'*], siue жимолостникъ [russ. *žimolostnik*]. Russ. ..." (*Krašeninnikov* 1761, S. 35f.); „Ferner die Beeren der Beinholzstaude, (Lonicera Xylosteum) welche schwarz ... auch so süß und wohlschmeckend, als anderwärts herb und widerlich befunden werden. Man gebraucht sie ... um das Kraut zum Branteweinbrennen zur Gährung zu bringen. Ueber die Rinde des Strauches aber zieht man den Brantewein ab, um ihm einen angenehmen Geschmack zu geben. ..." (Steller 1769, S. 427); „Lonicera Xylosteum, ... Hekenkirsche, ... gemeine Hekenkirsche; Fliegenhekenkirsche; Zwergkirsche mit gedoppelter rother Frucht; Hundskirsche; Teufelskirsche; Teufelsmarterholz; Zekholz; Beinholz; Seelenholz; Tabakröhrgenholz; Strüzern; Wolpermaien; Zäunling; Waldwinde; Schiesbeere; Fospiepen; Fiedelrümpgen; ..." (Gmelin 1773a, Sp. 753f.); „7.) Die gemeine Heckenkirsche. Lonicera Xylosteum. ... Lonicera pedunculis bifloris; baccis distinctis; foliis integerrimis pubescentibus. LINN. ... Sp. pl. 248. ... Lonicera pedunculis bifloris, ... LINN. Hort. Cliff 58. Chamaecerasus dumetorum, ... C BAUH. pin. 451. TOURNEF. inst. p. 609. Xylosteum. DOD. pempt. 412. ... Dieser Strauch wird insgemein auch Beinholz, Zweckholz, Teufelsmatten, Hundsbeere, rothe Hundsbeere, Hundskirsche, Teufelskirsche, und Schießbeere genennet. ... sein weisses, sehr hartes und zähes Holz wird zu Wiesen=Rechen und zu Ladstöcken gebraucht; ... die Beeren treiben stark auf den Stulgang, und in grosser Menge genossen erregen sie Erbrechen; ..." (Linné 1778, S. 182f.); „LONICERA Xylosteum. L. pedunculis bifloris, ... Gmelin. Flor. sib. III. p. 129. n. 5. ... Germanis Wolpermey, Zäunling, Hundskirsche, Brechweide, Beinholz. Rossis simpliciter Жимолостъ [russ. *žimolost*] (Shimolost). Tataris et Calmuccis eodem quo L. tatarica nomine. Tungusis Utschumuchta. Coraecis Nytschivou. Camtschadalis ad Bolschaja fl. Auschinum; orientalibus Angulschunatsch; Ukinzis (korjakischer Dialekt) Eltachtanud. Curilis Enumitanne. ... In Sibiria varietatem baccis nigris observavit Gmelinus, quam Camtschatcae etiam communem Stellerus et Crascheninicovius

recenset, ..." (Pallas 1784, S. 56); „238. Lonicera Xylosteum. Lin. Syst. Pl. I. p. 482. sp. 7. ... Beinholz. Ruß. Schimolost. Tat. Selpe. Kirgis. Salupe. Kalmük. Emögeldjin. Ost. Tagustan. Wotj. Gusem Pu. ... sehr festes Holz haben, welches besonders Kasaken, Kalmüken und Kirgisen durch Bähen gerade machen und zu Karbatschenstöcken nehmen. Die Tataren eßen die Beeren und nennen sie Ignii." (Falk 1786, S. 129); „q) Lonicera xylosteum. Chamaecerasus dumetorum, fructu gemino rubro; xylosteum s. periclymenum rectum; Allobrogum periclymenum. Deutsch. Die Heckenkirsche; Die gemeine Heckenkirsche; Rothe Hundsbeeren, Ahlkirsche, Fliegenkirsche, Flühkirsche, Zwergkirsche, Purgierkirsche, Teufelskirsche, Baumkirsche, Flükkirsche; Schiessbeere; Beinholz, Bünholz, Beinrohrholz, Pfeifenröhrleholz, Tabakröhrleholz, Weissröhrle, Zweckholz, Mutterholz, Mettenholz, Märterholz, Seelenholz, Sälenholz, Sellenholz, Frauenholz, Striesenholz; Zaunling; Berchwinde, Brechweide, Grinsenwinde, Waldwinde; Aalbaum, Ahlbaum, Lausbaum; Walpurgisstrauch, Walpurgismay, Wolpermay, Weelpermey, Wolbermay, Wolbertmay; Sprözern, Strözern, Sprotzern, Strützern, Strezern; Fasspiepen, Fosspiepen; Fiedelrümpchen; Teufelsmarter, Teufelsmatten. ... Russ. Schimolost. ... Lett. Sausserdes. Ehstn. Kukkepu, Kukke kuusma. Tatar. Selpe; Baccae ignii. Kirgis. Salupe. Kalmuk. Emögeldjin. Ostjak. Tagustan. Wotjak. Gusem pu. Tungus. Uschumuchta. Korjäk. Nytschiwou, Kamtsch. Auschinum; Angulschunatsch. Ukinz. (korjakischer Dialekt) Eltachtanud. Kuril. Enumitanne. ... es [d. h. das Holz] wird verschiedentlich zu Tabacksröhren, Ladestöcken, Peitschenstöcken, Stricknadeln, Weberkämmen &c. benutzt; ..." (Nemnich 1794, Sp. 443f.); „4. LONICERA Xylosteum L., ... Gemeine Lonicere. W. Beinholz. R. Schimolost. ... Tat. Selpe. ... Tung. Utschunuchta. ... Fast überall bereiten Russen und Finnen aus dem Holze mit der Rinde ein brenzlichtes Oel, welches innerlich und äußerlich als Hausmittel fast wider alle Krankheiten gebräuchlich ist. ..." (Georgi 1797–1802, Theil 3, S. 779); „11. LONICERA Xylosteum. ... Lonicera pedunculis bifloris, ... Hort. cliff. 58. Chamaecerasum dumetorum, ... Bauh. pin. 451. ... Xylosteum. Dod. pempt. 412. ... Gemeine Lonicere. W. ..." (Linné 1797–1830, Bd. I, Teil 2, S. 986f.); „394. LONICERA Xylosteum. ... Linn. ed. Willd. 1. p. 986. ... Pall. ross. 1. p. 56. ... Gmel. sib. 3. p. 129. n. 5. ..." (Marschall von Bieberstein 1808a, S. 158); „4) LONICERA XYLOSTEUM. Linn. ... Pall. Fl. ross. I. p. 56. – M. a Bieb. Fl. taur. cauc. I. p. 158. No. 394. ... Lonicera pedunculis bifloris, ... Gmel. Fl. sib. III. p. 129. No. 6. ..." (Ledebour 1829, S. 250); „6. L[onicera] Xylosteum (L. SP. 248.) ... PALL. Fl. ross. I, p. 56 (excl. var. baccis nigris). ... M. a BIEB. Fl. t. c. I, p. 158. ... LEDEB. Fl. alt. I, p. 250. ... L. Pedunculis bifloris, ... GMEL. Fl. sib. III, p. 129, Nr. 5 (excl. var. I. baccis nigris). ..." (Ledebour 1844–1846, S. 388f.); „7) Geschwüre. Bei Geschwüren gebraucht man ... den Branntwein-Aufguss der Wurzel und der Beeren von Lonicera xylosteum. ..." (Krebel 1858, S. 179f.); Lonicera Xylosteum L. – russ. *žilomustina*, *žimolost'* bzw. *volč'i jagody* (*Annenkov* 1858, S. 57, Nr. 656); wotjakisch guzäm-pu bzw. guzän-pu – russ. *žimolost'*, Lonicera xylosteum (Munkácsi 1896, S. 251); wotjakisch guzäm-pu – Lonicera, Heckenkirsche, Hundskirsche (a. a. O., S. 585); wotjakisch guzem pu – Heckenkirsche (Wiedemann 1851, S. 359); wogulisch golo-pi̮l-jiv – Lonicera xylosteum (Ahlquist 1891, S. 21); syrjänisch už-ńoń-pu, yž-man, yžman?, yž-ńoń, žimolośt – Lonicera xylosteum, Heckenkirsche (Wiedemann 1880, S. 396, S. 441 bzw. S. 453); syrjänisch pon-setör – Lonicera, Heckenkirsche (Wiedemann 1880, S. 286); „Chamaecērasus T. (Loniceгeae). Zus. aus χαμαι (klein) und κερασος (Kirsche); die Früchte sind kirschenähnlich aber klein und der Strauch ist ebenfalls klein. = Lonicera." (Wittstein 1852, S. 182); „Lonicēra L. (Caprifoliaceae). Nach ADAM LONICER, geboren 1528 zu Marburg, 1553 Prof. der Mathematik in Nürnberg, 1554 Prof. der Med. in Mainz, dann Stadtphysikus in Frankfurt a. M., st. hier 1586; schrieb: Botanicon, Herbarum, arborum, fruticum etc. imagines." (a. a. O., S. 534)

„2. ibidem [d. h. Moskau] usq) ad Nischna Novogrodum [*Nižnij Novgorod*], parant e ligno Xylostei oleum empyrevmatico vitriolicum ope destillationis per descensum, nigrum, ponderosum, graveolens, quo externe tumores frigidos inungunt, bono ut plurimum successu, interne sumunt, ad morbum gallicum, quoad omnes gradus, scorbutum, scabiem profligandum, audit illis Химоложная масла [*chimoložnaja masla*; d. h. жимоложное масло, russ. *žimoložnoe maslo*] dictis locis in tabernis prostat, et unum e palmariis russorum medicamentis est." |: am Ende von Bl. 8r

„vitriolum ut avellanae immaturae, et quercus Juniores in se continet Xylosteum facili negotio p⌈er⌉ ducendum nec medicamentum hoc irridendum puto, quoniam nihil mercurialibus medicamentis ita affine quam olea Empyrevtica“ :|“ (AAW R. I, Op. 104, D. 18, Bll. 1r–1v, s. Anm. 20 in Nr. 632); „108. Chamaecerasus dumetorum fructu gemino rubro C. B. P.“ (AAW R. I, Op. 104, D. 13, Bl. 4r, s. Anm. 84 in Nr. 29); „Chamaecerasus dumetorum, fructu gemino, rubro C. B. P. ...“ (AAW F. 21, Op. 5, D. 98, Bl. 36v, s. Anm. 54 in Nr. 17); „679. Chamaecerasus dumetorum, villosa, fructu gemino rubro Mich.“ (AAW R. I, Op. 15, D. 3, Bl. 12v, s. Anm. 65 in Nr. 24); „Chamaecerasus dumetorum, fructu gemino rubro. Inst. r. h. 60. n$^{\underline{o}}$. 16.“ (AAW R. I, Op. 13, D. 19, Bl. 7r, s. Anm. 54 in Nr. 17); „147. Lonicera pedunculis bifloris folys cordato-ovatis distinctis, floribus bilabiatis. Lonicera pedunculis bifloris, folijs ovatis obtusis integris. Lin. h. Cliff. 58. Chamaecerasus dumetorum, fructu gemino rubro. B. Pin. 451. Tourn. inst. 609 Boerh. lugd. 2. p. 227. ...“ (AAW R. I, Op. 13, D. 20, Bl. 16r, s. Anm. 1 in Nr. 1); „3. Periclymenum rectum folijs subrotundis lanuginosis, floribus geminis albidis inodoris. Periclymenum rectum fructu rubro. J. B. ... Chamaecerasus dumetorum fructu gemino rubro C. B. P. Caprifolium floribus geminis, folijs ovatis lanuginosis integerrimis Hall. En. plant. 464.“ (a. a. O., Bl. 113v); „3. Chamaecerasus dumetorum fructu gemino rubro C. B. P. Ind. Irt. & Transbaic. ...“ (AAW R. I, Op. 13, D. 67, Bl. 74r, s. Anm. 5 in Nr. 4); „515 Chamaecerasus alpina fructu gemino nigro C. B.“ (AAW R. I, Op. 104, D. 25, Bl. 37r, s. Anm. 61 in Nr. 21); „Chamaecerasus dumetorum glabra, fructu gemino, nigro Micheli. Chamaecerasum dumetorum villosa fructu gemino, rubro Mich.“ (AAW R. III, Op. 1, D. 162, Bl. 30v, s. Anm. 54 in Nr. 17); „– Chamaecerasus dumetorum, fructu gemino, rubro CBP. Russ. жимолос<т>ъ [russ. *žimolost*] ...“ (AAW R. I, Op. 104, D. 8, Bl. 13v, s. Anm. 18 in Nr. 452); „240. Chamaecerasus dumetorum, fructu gemino rubro C. B. P. ...“ (AAW R. I, Op. 105, D. 12, Bl. 9r, s. Anm. 54 in Nr. 17); „Chamaecerasus dumetorum, fructo gemino, rubro. C. B. P. ...“ (AAW F. 21, Op. 5, D. 98, Bl. 36v, s. Anm. 54 in Nr. 17); „173. Chamaecerasus dumetorum, fructu gemino rubro C. B. P. Russis жимолость [russ. *žimolost'*] ...“ (AAW R. I, Op. 13, D. 42, Bl. 25r, s. Anm. 1 in Nr. 1); „Chamaecerasus dumetorum fructu gemino rubro, mali Cotonei folio lanuginoso, Tournef. Spec. 4. ...“ (AAW F. 98, Op. 1, D. 20, Bl. 27v, s. Anm. 32 in Nr. 33); „Chamaecerasus dumetorum, fructu gemino rubro (Tournefortiii sp. 4), Sylv.“ (Messerschmidt 1962–1977, Bd. 4, S. 208, s. Anm. 1 in Nr. 1); lat. „Chamaecerasus“, russ. „жимолость“ [russ. *žimolost'*], katschinsk. „Ùm.“, kaidin. „Úschchun.“, taiginz. „Ûm“, mator. „Ûm“, kamass. „Ûm.“, kotowz. „Tjéden.“ (J. G. Gmelin in: AAW F. 21, Op. 5, D. 73, Bll. 295v/296r); russ. ***žimolosnik***, kamtschadalisch (itelmenisch) – Ángultschunatsch, ukinzisch (korjakischer Dialekt) Éltachtanud (J. G. Gmelin in: RGADA F. 199, Op. 2, Portf. 527, D. 11, Bl. 4r)

79 russ. *žimolost'*

80 „[species 3] Chamaecerasus montana, fructu singulari, caeruleo C. B. Pin. 451. Periclymenum rectum, fructu caeruleo J. B. 2. 108. Periclymenum rectum, ijj Clus. Hist. 58.“ (Tournefort 1700, S. 609, Genus VIII. „Chamaecerasus.“); „6. LONICERA pedunculis bifloris, baccis coadunate globosis, stilis indiuisis, LINN. Spec. Tom. I. p. 174. n. 9. Periclymenum rectum fructu coeruleo, CLVS. Pann. p. 85. I. B. 108. Periclymenum rectum III, CLVS. H. 58. Chamaecerasus montana fructu singulari coeruleo, B. Pin. 451. TOVRN. I. R. H. 609. Lonicera pedunculis bifloris, bilabiatis, bacca singulari globosa integerrima, ROY. pr. 239. Caprifolium floribus geminis, foliis longe ellipticis, neruosis, HALL. Helv. 465. n. 3. ...“ (Gmelin 1747–1769, Bd. III, S. 131ff.); „6. Lonicera pedunculis bifloris, baccis coadunato-globosis, stylis indivisis [=] Lonicera coerulea L. et L. Pallasii Ledeb.! (Lonicera coerulea L. – Pall. Fl. ross. I. 58. et Willd. sp. pl. I. 98.)“ (Ledebour 1841, S. 91); „Lonicera caerulea, ... blaue Lonicere, ... blaubeerichte Hekenkirsche; einzelne blaue Beere tragende gerade stehende Heckkirsche; Bergzwergkirsche mit einer einzelnen blauen Frucht; hochstaudiger Alpenzäunling; ...“ (Gmelin 1773a, Sp. 755f.); „10.) Die blaue Lonicere. Lonicera caerulea. ... Lonicera pedunculis bifloris; baccis coadunato globosis; stylis indivisis. LINN. ... Sp. pl. 249. ... Chamaecerasus montana, ... C. BAUH. pin. 451. TOURNEF. inst. 609. ... die Beere ... enthalten eine dunkelrothen färbenden Saft, ...“ (Linné 1778, S. 185f.);

„LONICERA coerulea. Tab. XXXVII. L. pedunculis bifloris, ... Gmelin. Flor. sib. III. p. 131. n. 6. ... Rossice Жимолость Сливошная [russ. *žimolost slivošnaja*] (Shimolost Slivoschnaja). Nomina pleraque gentilia eadem quae Lon. Xylosteo. Tungusis Indomkora. ... A Stellero etiam in insulis Americae adjacentibus observata est. ...“ (Pallas 1784, S. 58); „c) Lonicera caerulea. Chamaecerasus montana, fructu singulari caeruleo. Bauh. Deutsch. Die blaue Lonizere; Die Heckenkirsche mit blauen Beeren, Blaue Hundsbeeren, Der hochstaudige Alpenzäunling. ... Russ. Schimolost sliwoschnaja. Tatar. Schitbe. Buchar. Otschkil. Kalmuk. Emögodiun. Tungus. Indomkora. ...“ (Nemnich 1794, Sp. 439); „14. LONICERA coerulea. L. pedunculis bifloris, ... Syst. Veg. p. 180. Gmel. sib. 3. p. 131. n. 6 * ... Pall. ross. 1. p. 58. t. 37. * ... Chamaecerasus montana, ... Bauh. pin. 451. ... Blaue Lonicere. W. ...“ (Linné 1797–1830, Bd. I, Teil 2, S. 988); „1) LONICERA COERULEA. Linn. ...“ (Ledebour 1829, S. 247); „2) LONICERA PALLASII. ... L. caerulea. Pall. Fl. ross. descript. I. 1. p. 58. (excl. syn. praeter Gmelini.) ...“ (a. a. O., S. 247f.); „10. L[onicera] coerulea (L. SP. 249) ... Pall. Fl. ross. I, p. 58, t. 37. ... LEDEB. Fl. alt. I, p. 247. ... L. Pallasii. LEDEB. ... Fl. alt. I, p. 247. ... L. pedunculis bifloris, ... GMEL. Fl. sib. III, p. 131, Nr. 6. ...“ (Ledebour 1844–1846, S. 390f.); „Lonicera pedunculis 2-floris, fl. infundibulif. bacca solitaria oblonga angulosa. est ni me omnia fallant Lonicera ultima ROY. 239. (Fl. sib. III. 131. nr. 6. L. coerulea L. Pallasii Ledeb.)“ (C. von Linné in einem Brief an J. G. Gmelin vom 2. August 1748 – Plieninger 1861, S. 80); „Chamaecerasus montana fr. singulari caeruleo (Fl. sib. III. 131. n. 6. Lonicera caerulea L. et Pallasii Ledeb. ...). Non est nostra alpina (L. alpigena L.) cui folia glabra serrata. Multo similior est illi fr. gemino rubro (L. xylosteum L.). Sed si flos tubulosus est nec bilabiatus, tum mihi ignota est.“ (A. von Haller in einem undatierten Brief an J. G. Gmelin – Plieninger 1861, S. 146); Lonicera coerulea L. – russ. *žimolost' slivošnaja*, *gotovik* bzw. *žimolost'belaja* (*Annenkov* 1858, S. 56f., Nr. 653)

„241. An Chamaecerasus montana, fructu singulari caeruleo. C. B. P? ...“ (AAW R. I, Op. 105, D. 4[a], Bll. 31v–32r, s. Anm. 54 in Nr. 17); „2. Periclymenoides recta folys oblongis, glabris & rigidis, floribus geminis albis, baccis ovatis atro-caeruleis Periclymenum rectum fructu caeruleo J. B. Chamaecerasus montana fructu singulari caeruleo C. B. P. Caprifolium floribus geminis, folijs longe ellipticis, nemorosis Hall. En. 465. ...“ (AAW R. I, Op. 13, D. 20, Bl. 113v, s. Anm. 1 in Nr. 1); „1. Chamaecerasus montana fructu singulari caeruleo C. B. P. 451. Ind. Jen. 1105. ...“ (AAW R. I, Op. 13, D. 67, Bl. 74r, s. Anm. 5 in Nr. 4); „516 Chamaecerasus montana fructu singulari coeruleo C. B. ...“ (AAW R. I, Op. 104, D. 25, Bl. 37r, s. Anm. 61 in Nr. 21); „1105. Chamaecerasus montana fructu singulari caeruleo C. B. P. 451. ...“ (AAW R. I, Op. 105, D. 1[a], Bl. 117r, s. Anm. 29 in Nr. 5)

/180v

CLASSIS XXI.
de
Arboribus ⌈et⌉ fruticibus flore rosaceo.

1106.	*Frangula Dod. Pempt. Tourn. I. R. H. Alnus / nigra baccifera C. B. P.*[1] *In sylvis passim.*
1107	*Rubus Alpinus humilis J. B. Chamaerubus / saxatilis C. B. P.* 479. *Rubus saxatilis / Alpinus Clusii Hist.* 118. *Tourn. I. R. H. sp⌈ecies⌉ /* 12.[2] *Rubus hic non spinosus, trifolius, hu- / milis, erectus, cauliculis asperiusculis / foliis utrinq⌈ue⌉ herbide viridibus, rugosis, pro- / funde ambitu crenatis Rhomboidejs ⌈et⌉ a / cute acuminatis, fructu in corymbos col- / lecto rubeo*[a] *e paucioribus baccis compo- / sito subacidis modo ternis, quaternis,*

/181r/

Florae Irkutiensis Ordine Inst⌈itutionum⌉ Rei Herb⌈ariae⌉
CLASSIS XXI

	quinis, senis et raro pluribus donatur. / Baccae singulae ossiculo foetae sunt / seu acino osseo oblongo albo. Radix / lignosa[b], *longius repens foris fusca, / Ubivis per Russiam et Sibiriam / Russis audit* Костени́ца[3]. *Variat / floribus rubris et albis.*
1108.	*Rubus fragariae folio, flore rubro, fructu / brunneo dulci sapidissimo*[4] *Russis* Кня- / жени́ца[5]. *floret circa initium Junij. / fructum maturat sub initium Julij. / Huius folia non acuminata sed ob- / tusa et subrotunda sunt. Flos ruber, / fructus granati instar brunneus / Tab⌈ula⌉*[6] *... sistit plantam magnitudine / naturali.*
1109.	*Rubus repens, fructu caesio C. B. P.* 479. */ Rubus minor fructu*[c] *coeruleo J. B.*[7] *in / pratis et agrorum limitibus et ad / sepes Irkutiae*[8] *et lacum circa. Ubivis / locorum Russis audit Gamanika*[9] *seu /* Ежевикя[10].
1111.[11]	*Rubus palustris humilis. Chamaerubus foliis / Ribes Anglica C. B. Pin.* 480. *Chamae- / morus Clusij*[d] *Hist.* 118.[12] *Rarius hic / lo<co>rum*[13] *in palustribus.*
1112	*Rubus idaeus spinosus C. B. P. Rubus jdae- / us spinosus, fructu rubro J. B.*[14] *Russis /* малина[15] *Ubivis circa Irkutiam et lacum*

---

[a] rubeo *verbessert aus* rubeoS [b] lignosa *verbessert aus* [.] [c] fructu *verbessert aus* [.] [d] Clusij *verbessert aus* [.]

/181v/

Florae Irkutiensis Ordine Inst⌈itutionum⌉ Rei H⌈erbariae⌉
CLASSIS XXI.

	Baikal in sylvis montosis abundè. / Russis audit Мали́на[16].
1113.	*Spiraea Salicis folio Tourn. I. R. H. sp⌈ecies⌉* 1.[17] *U- / bivis in palustribus circa Irkutiam / et lacum Baikal floret Julio semen / maturat sub initium ⌈Septe⌉mb⌈ris⌉ frutices. / aliquot una cum seminibus mittuntur.*
1114.	*Spiraea Hyperici folio crenato Tourn. I. R. / H. spec⌈ies⌉* 4.[18] *Ubivis circa Irkutiam, jmo / per omnem Sibiriam. floret Majo. Se- / men maturat sub finem Julii. Semen / mittitur et aliquot frutices.*
1115	*Spiraea folio Sorbi aucupariae D⌈omini⌉ D⌈octoris⌉ Gmel⌈ini⌉*[19] *In mon- / tosis* 10 *stadia a Bargusinensi munimento. / semina mittuntur. Spiraeae species Russis au- / diunt uno nomine omnes* Тавалга[20].
1116.	*Cerasus racemosa sylvestris, fructu non eduli / C. B. P. Cerasus racemosa quibusdam aliis / padus J. B.*[21] *Nihil frequentius in hortis ⌈et⌉ syl- / vis haec Russis audit* Черемха[22] *hic locorum / valde edulis est fructus adversus sententi- / am C⌈aspari⌉ B⌈auhini⌉ jmo deliciae plebis sunt*[a]*, comedunt re- / centia una cum ossiculis, torrent in fornace, / tosta, manipulatim ori ingerunt vel massae / panis immiscent, placentas efformant, / aqua infundunt et liquorem tinctum bibunt, / ut et spiritu frumenti. Tungusi ⌈et⌉ Buraeti / una cum ossiculis in farinam tosta cerasa*[b][23] *com- / minuunt inq⌈ue⌉ marsupiis*[24] *coriaceis asser- / vant. Infantulis os replent plorantibus,*

/182r/

Florae Irkutiensis ordine Instit⌈utionum⌉ Rei Herb⌈ariae⌉
CLASSIS XXI.

	ut et advenis offerunt, ut pote donum / palmarium.
1117.	*Crataegus Pyri folio glabro*[25]*. Russis audit /* Яблоко[26]*. fructus solitari Cerasorum in- / star e pediculis sesquiuncias longis pen- / dent. fructus sapore Crataegi*[27] *seu Mes- / pili*[28]*, ruber, magnitudine Cerasi racemo- / sae fructus*[29]*. Arbores aliquot mittun- / tur ut et semina.*
1118.	*Sorbus aucuparia J. B.*[30] *Russis audit* ре– / бина[31]*. Passim in sylvis et hortis. fru- / ctus inter bellaria hic locorum mensis / apponuntur, frigore praesertim ad- / usta et mitiora reddita, extractum e / baccis paratum*

---

[a] sunt *über der Zeile* [b] cerasa *über der Zeile*

	tam diu quam cali- / dum fumum emittit, ita subtilem / et penetrantem, ut omnes in illo hy- / pocausto sedentes quam diu fornaci / aut carbonibus imponitur, faciem / et oculos velut ad somnum compo- / suisse videantur, nec aperire aut a- / pertos diu servare eosdem possint / quod propria experientia didici.
1119	*Malus sativa ejusq[ue] variae species*[32]. *Hoc / anno primum Irkutiae plantatae / in horto Dom[ini] Vice-Gubernatoris*[33] */ An fructus ad maturitatem per- / veniat hic loci, ut non dubito, sequens / annus evincet.*

/182v/

Florae Irkutiensis Ordine Inst[itutionum] Rei Herb[ariae]
CLASSIS XXI.

1120.	*Rosa sylvestris pumila spinosissima / flore rubro J. B.*[34] *Huius folia Sangui- / sorbae foliis simillima sunt*[35]. *jn / montosis ad Angaram floret sub / finem Maij Russis audit* шиповникъ[36].
1121.	*Rosa sylvestris pumila rubens C. B. P. / Rosa pumila pannonica flore rubel- / lo J. B.*[37] *In montosis circa Medwie / dew Saimka. floret circa medium / Junij.*
1122.	*Rosa sylvestris vulgaris, flore odorato / incarnato C. B. P.*[38] *Ubivis frequens / hic locorum et circa lacum. floret / cum praecedenti.*
1123.	*Grossularia multiplici acino sive non / spinosa hortensis rubra sive Ribes / officinarum C. B. P. Ribes vulgaris / acidus ruber J. B.*[39] *Ubivis in hortis / et sylvis praesertim ad Angaram / jn vicinia lacus Baikal.*
1124.	*Grossularia vulgaris, fructu dulci C. / B. P. Ribes Alpinus dulcis*[a] *J. B.*[40] */ Passim in sylvis circa Irkutiam et / lacum Baikal.*
1125.	*Grossularia non spinosa, fructu nigro / majore C. B. Pin. Ribes nigrum / vulgo dictum folio olente Joh. B.*[41] */ Ubivis in hortis et sylvis frequens; / Baccas Cerasi acidi*[42] *amarelle*[43] *dicti / magnitudine vidi ad Bannoi rivum in*

/183r/

florae Irkutiensis ordine Inst[itutionum] Rei Herb[ariae]
CLASSIS XXI.

	sylvosis.
1126.	*Grossularia non spinosa, fructu nigro mi- / nore C. B. P.*[44] *Abunde circa*

---

[a] dulcis *verbessert aus* c

	lacum Bai- / kal, praecipue ad sinum lacus Pesch- / tschana guba dictum. Fructus ma- / turus erat circa initium Augusti. Huius / semina mittuntur.
1127	*Grossularia seu Ribes spinosa, fructu / rubro dulci minori, Grossulariae spi- / nosae sativae folio*[45]*. Crescit valde ra- / mosus frutex. Hic altitudine trium / cubitorum circa Bargusinum et ad / jnsulam Olchon in rupibus. fructum / maturat septembri. folia angusta, ob- / longa, apice trifida, spinis suis exacte / grossulariam spinosam sativam*[46] *re- / fert. fructu solummodo Ribesii, mino- / ri rubro, dulci, acidiusculo differt. fo- / lia per totum annum rubra aut flava / sunt. Fruticem mitto et semina Tab⌈ula⌉ ... / sistit ramulum fruticis cum fructu.*
1128.	*Cornus foemina C. B. P. Virga sanguinea / J. B.*[47] *Russis* Курослепникъ[48]*. Abunde / in sylvis.*
1129	*Cotoneaster Gesneri. In montosis ad / Irkutum et angaram, imo ubivis / circa lacum abunde. floret sub finem / Maij Tourn. I. R. H. sp⌈ecies⌉* 19 *p⌈agina⌉* 642.[49] *flos / pentapetalus albus, amoene rubens*

/183v/

florae Irkutiensis ordine Inst⌈itutionum⌉ Rei Herb⌈ariae⌉
CLASSIS XXI.

	calyci folioso insidet; flores semper ge- / melli ex uno ramulo at singuli suis / pediculis haerent, folium subrotundum / seu ovoideum intense viride, pilosum, / aversa parte albidum et ferè inca- / num.
1130	*Mespilus Apii folio laciniato*[a] *C. B. P.* 453. */ Mespilus aronia veterum J. B. et Dod. / Oxyacantha vulgaris sive spina alba / Tourn. I. R. H. spec⌈ies⌉* 13.[50] *Huius flores albi / sunt, apices staminum rubri, pistillum / superius trifidum, ubivis circa Irku- / tiam et lacum Baikal frequens. Lig- / num durissimum, hic locorum ad va- / ria utensilia paranda inservit. fructus / umbilicati rubri valde adstringunt / dicitur Russis frutex* боя́рошникъ[51].
1131	*Mespilus Apii folio sylvestris non spinosa / sive sorbus torminalis C. B. Crataegus / fol⌈io⌉*[b] *laciniato Tourn. sp⌈ecies⌉* 4.[52] *Cum priori / ad Uschakowkam in sylva non / procul a molendino*[c]*. folia huius mol- / li lanugine obsita sunt spinis tota / arbor caret.*
1132.	*Mespilus Pyri folio utrinq⌈ue⌉ viridi*[53]*. frutex hic ad / viri proceritatem assurgit, foliis utrinq⌈ue⌉ / viridibus a spec⌈ie⌉* 19 *Tourn. I. R. H.*[54] *differt.*

---

[a] laciniato *verbessert aus* [.] [b] fol. *verbessert aus* [.] [c] molendino *verbessert aus* a

/184r/

Florae Irkutiensis Ordine Inst[itutionum] Rei Herb[ariae]
CLASSIS XXII.

	In rupibus circa lacum Baikal. Huius / fructus maturi mittuntur.
1133.	*Mespilus Pyri folio subtus incano, fru- / ctu nigro*[55] *ad Bargusinum fluvium / passim fructus maturi mittuntur. / Inveni Mespilum Oxyacanthae*[56] *similem / per omnia fructus autem majores / erant, lucidi, rubri et fere diaphani, / nescio hinc an peculiaris, an cum / Oxyacantha eadem species sit. fru- / ctus maturos misi, si forte fructus*[57] */ e seminibus prodiret. Petropoli id / melius dijudicabitur, misi et Mespi- / lorum fructus varios, quorum fru- / ticum nomina hic*[a] *non recensentur / ob id, quod ob labores cumulatos, / species omnes comparare et exacte*[b] */ describere mihi jmpossibile vi- / sum*

1 „[species 1] Frangula Dod. Pempt. 784. Alnus nigra, baccifera C. B. Pin. 428. J. B. 1. 560." (Tournefort 1700, S. 612, Genus II. „Frangula."); „De Frangula. CAP. XXV. ..." und die Abbildung „Frangula." auf S. 784 (Dodoens 1616, S. 783f.); „Frangula Dod. Pempt. 787. [sic!] Alnus nigra, baccifera C. B. P. p. 428. J. B. 1. 560. ... Germ. Faul=Baum und Pinnholtz. ..." (Rupp 1726, S. 34f.); „5. RHAMNUS inermis, floribus monogynis hermaphroditis. Rhamnus inermis ... Fl. lapp. 60. Frangula Dod. pempt. 784. Tournef. inst. 612. ... Alnus nigra baccifera. Bauh. pin. 428. ..." (Linné 1737, S. 70); „CAPUT XXXVI. Faul=Baum. Frangula. ... Man nennt diesen Baum um seines übelen Geruchs willen, Faul=Baum oder Läus=Baum. Andere geben ihm den Nahmen Zapfen=Holtz, darum, daß die Küfer auch daraus Zäpfen in die Wein=Fässer machen. Lateinisch heisset er Frangula, Dod. pempt. 784. ... In diesem Gewächse stecken viele, herbe, zusammenziehende, wie auch scharfflicht=etzende Theile, davon der Baum, sonderlich seine Rinde, die Kraft hat zu laxiren, und zusammen zu ziehen, ..." (Zwinger 1744, S. 93f.); „85. RHAMNVS frangula, LINN. Sp. pl. 1, p. 280. n. 5. Frangula MATTH. p. 1271. CAM. Epit. p. 978. TOVRN. I. R. H. 612. Alnus nigra baccifera, C. B. P. 428. I. B. 1. p. 1. p. 560. Rhamnus inermis foliis annuis, LIN. Lapp. 60. Rhamnus inermis floribus monogynis hermaphroditis, LINN. Cliff. p. 70. Suec. 194. ROY. pr. 224. ... Russis Крушина [russ. *krušina*] dicitur. Incolae ad Iaiam fluvium, ... mutuato a Tataris nomine Сабачьи ягоды [russ. *sabač'i jagody*] (baccae Canum) vocant. ..." (Gmelin 1747–1769, Bd. III, S. 107); „85. Rhamnus Frangula [=] Rhamnus Frangula L.!" (Ledebour 1841, S. 90); „RHAMNUS (Frangula) ... Linn. ... Cliff. 70. ... Крушина [russ. *krušina*] Russis. ... Cortex Russis Крушиноваго дерева кора [russ. *krušinovago dereva kora*] audit. Baccae a Russis Волчьи ягоды [russ. *volč'i jagody*], id est Lupi baccae, a Tataris Собачьи ягоды [russ. *sobač'i jagody*], id est baccae cininae vocantur." (*Krašeninnikov* 1761, S. 37f.); „Rhamnus Frangula, ... Faulbaum, ... eben so rühmen einige Aerzte die mittlere Rinde des Stamms, ... in der Kräze, in dem Scharbok und in der Wassersucht, ..." (Gmelin 1775, Sp. 810ff.); „Faulbaum, eine Benennung verschiedener Bäume und Staudengewächse. 1. Des Prunus Padus Linn. ... 2. Des Viburnum Lantana Linn. ... 3. Des Rhamnus Frangula Linn. von welchem hier handle. D. Bechner, Beerenholz, Elsebaum, ... Das Holz ist ... sehr brüchig. Letzterer Umstand hat die lat. Benennung Frangula (von frangere, brechen) veranlaßt. ... Die kleinen saftigen Beeren, von der Größe einer Erbse, (welche Faulbeeren, Ahlkirschen, wilde Kirschen, Knitschelbeeren, Schießbeeren, Spörgelbeeren,

---

[a] $_{h}$i$_{c}$ *verbessert aus* a [b] $_{ex}$acte *verbessert aus* $_{ex}$ in / de

genannt werden), sind im Anfang grün, werden aber ... im September schwarz und reif; ... Der Hauptvortheil, welchen man von dem Holze, welches auch Grindholz und Läuseholz genannt wird, ziehet, besteht darin, daß man daraus Kohlen brennet, ... Das Holz dienet auch, seiner Leichtigkeit halber, zu Pfeilen. ...“ (Krünitz 1773–1858, Bd. 12, S. 294ff.); „14.) Der Faulbaum. Rhamnus Frangula. ... Rhamnus inermis; floribus monogynis hermaphroditis; foliis integerrimis LINN. ... Sp. pl. 280. Hort. Cliff. 70. ... Rhamnus inermis, ... LINN. Fl. Lapp. 60. ... Alnus nigra baccifera. C. BAUH. pin. 428. Frangula. DOD pempt. 784. ... TOURNEF. inst. 612. ... Er wird auch Hundsbaum, Lausbaum, Lauseholz, Pulverholz, Pinnholz, Zapfenholz, Schiesbeere, Knitschelbeere, Sporgelbeerbaum, Spräzern ... genennet. ... Linneus rühmet die innere Rinde des Stamms und der Wurzeln, als ein vortrefliches Purgirmittel in der Wassersucht, und in der Raude, und als eine unfehlbare Arzney bey Verstopfungen des Rindviehs, ...“ (Linné 1778, S. 243ff.); „RHAMNUS Frangula. RHAMNUS inermis, ... Gmelin. Fl. sib. III. p. 107. Rossice Cruschina (Крушина [russ. *krušina*]), Sabatschie Jagody (Сабачьс ягоды [russ. *sabač'e jagody*]) s. baccae caninae; Ucranis Bodlak (Бодлакъ [russ. *bodlak*])? ... Esthonis Tomicas. Livonis Eewe, Leewe. Votjacis Set-lampu. Tscheremissis Pibompu vel Punn-lum. Tartaris Tschumurt. Kirgis. Et-Tschumurt (baccae caninae). Mongolis Jaschil. ... Baccas ... et corticem etiam Rossorum plebs in usus tinctorios adhibere novit. ...“ (Pallas 1788, S. 23); „k) Rhamnus frangula. Alnus nigra baccifera; Frangula; Arbor foetida. Deutsch. Der Faulbaum; Die schwarze Faulbeere, Schwarze Schiesbeere, Scheissbeere, Stinkbaum, Schwarze Erle, Schwarzholz, Beerenholz, Knitschelbeere, Kintschelbeere, Almer, Amselkirsche, Drosselkirsche, Vogelkirsche, Fluhrbirlein, Gilbholz, Grundholz, Grindholz, Grindbaum, Lausbaum, Mausbaum, Zweckenbaum, Wiedebaum, Elsebaum, Spillbaum, Sporgelbaum, Spergelbaum, Spargelbaum, Deutscher Rhabarberbaum, Purgierbaum, Hühneraugenbaum, Drachenbaum, ... Pulverholz, Pinnholz, Sporkenholz, Späckerholz, Sprötzerholz, Spreckenholz, Spräzern, Zapfenholz, Butterstielholz, Hinholz, Becheer, Spicker, Hohlkirsche, Ahlkirsche. ... Russ. Kruschina; Sabatschie jagodi (i. e. baccae caninae). ... Lett. Eewa. Leewe. Ehstn. Tomikas. ... Tatar. Tschumurt; Kirg. Et Tschumurt. Mongol. Iaschil ... Wotjack. Set-lampu; Kör. Aelloae. Tscherem. Popompur, Puun-lum. ... das Holz ... wird zum Fourniren, zu Schuhzwecken &c. benutzt; ... [die Rinde] wird auch ... wie die Beeren und Blätter, zum Färben genutzt; ...“ (Nemnich 1795, Sp. 1146f.); „5. RHAMNUS Frangula L., ... Glatter Wegedorn. W. R. Kruschina, ... Tat. Tschumar. Georg. Tipsala. Tscherem. Pamu. Wotj. Sel Lampu. Esthn. Tomicus. ...“ (Georgi 1797–1802, Theil 3, S. 793); „20. RHAMNUS Frangula. R. inerma, ... Hort. cliff. 70. ... Gmel. sib. 3. p. 307. ... R. inermis, ... Fl. lapp. 60. Alnus nigra baccifera. Bauh. pin. 428. Frangula. Dod. pempt. 784. ... Glatter Wegdorn. W. ...“ (Linné 1797–1830, Bd. I, Teil 2, S. 1098); „420. RHAMNUS Frangula. ... Linn. ed. Willd. 1. p. 1098. ... Gmel. sib. 3. p. 107. n. 85. Pall. ross. 2. p. 23. ...“ (Marschall von Bieberstein 1808a, S. 168); „2) RHAMNUS FRANGULA. Linn. ... Gmel. Fl. sib. III. p. 107. No. 85. – Pall. Fl. ross. II. p. 23. – M. a Bieb. Fl. taur. cauc. I. p. 168. No. 420. ...“ (Ledebour 1829, S. 252f.); „9. R[hamnus] Frangula (L. SP. 280) ... GMEL. Fl. sib. III, p. 107, Nr. 85. ... PALL. Fl. ross. II, p. 23. ... M. a BIEB. Fl. t. c. I, p. 168. ... LEDEB. Fl. alt. I, p. 252. ...“ (Ledebour 1842, S. 503f.); „Mittel gegen Anurie: ... Das Decoct aus der Rinde von Rhamnus Frangula dient gegen Harnbeschwerden. ...“ (Alksnis 1894, S. 192); „Scabies. ... Die Rinde von Sambucus ebulus (lettisch: kruhklis, – mit welchem Namen in einigen Gegenden auch Rhamnus Frangula bezeichnet wird) soll ... als Krätzesalbe benutzt werden. ...“ (a. a. O., S. 201f.); „Mittel gegen einige Krankheiten der Kopfhaut. ... Die gelbe Rinde von [lettisch] kruhklis wird mit saurem Rahm gekocht und als Kopfsalbe benutzt. Es ist möglich, dass unter dieser Pflanze Sambucus Ebulus zu verstehen ist: aber noch wahrscheinlicher ist an Rhamnus Frangula oder auch an Rhamnus cathartica zu denken, welche Pflanzen eben alle den gleichen lettischen Namen tragen.“ (a. a. O., S. 203); Rhamnus Frangula L. – russ. *sobač'i jagody*, *krušina* bzw. *gniloe derevo* (*Annenkov* 1858, S. 78, Nr. 922); „Frāngula T. (Rhamnaeae). Von frangere (brechen), in Bezug auf die Sprödigkeit des Holzes.“ (Wittstein 1852, S. 371); „Rhāmnus L. (Rhamneae). Ραμνος, vom celtischen ram (Gesträuch).“ (a. a. O., S. 758)

russ. *krušina* – Frangula (AAW F. 21, Op. 5, D. 73, Bl. 269r); „139. Frangula Dod Pempt. ...“ (AAW R. I, Op. 104, D. 17, Bl. 16r, s. Anm. 36 in Nr. 8); „Frangula seu alnus nigra baccifera CBP. Russ черемуха [russ. *čeremucha*] ubique Maternus I Clus. Hist. 56 ...“ (AAW R. I, Op. 104, D. 8, Bl. 14r, s. Anm. 18 in Nr. 452); „166. Rhamnus inermis floribus monogynis, hermaphroditis Lin. h. Cliff. 70. Frangula Dod. Pempt. 784. Tourn. inst. 612. ...“ (AAW R. I, Op. 13, D. 20, Bl. 18r, s. Anm. 1 in Nr. 1); „1. Frangula Dod. Pempt. 784“ mit der rechts marginalen Anm. „Sibiria.“ (AAW R. I, Op. 13, D. 16, Bl. 16r, s. Anm. 32 in Nr. 6); „Frangula Dodonaei, seu alnus nigra baccifera Bauhini. T. Sp. 1. ...“ (AAW F. 98, Op. 1, D. 19, Bl. 19r, s. Anm. 59 in Nr. 19); „Frangula Dodonaei; seu Alnus nigra baccifera Bauhini; Tournef. Sp. 1. ...“ (AAW F. 98, Op. 1, D. 20, Bl. 28r, s. Anm. 90 in Nr. 33); „507„ [d. 14 September 1725]„ Sem. Frangulae Dodon. Pempt. Tournef. Sp. 1 „508 [d. 14. September 1725]„ Semen Frangulae Ejusdem – – DGM“ (AAW F. 98, Op. 1, D. 23, Bll. 19r–19v, s. Anm. 49 in Nr. 653); lat. Frangula – udmurtisch (wotjakisch) Punnù (Bl. 361r im Reisejournal von D. G. Messerschmidt vom 27. Dezember 1726 – AAW F. 98, Op. 1, D. 5); „14. September 1725 ... brachten mir meine Denstschiken baccas Frangulae vulgaris (Tournefortii sp. 1) cum cortice, ...“ (Messerschmidt 1962–1977, Bd. 4, S. 232)

2 „[species 12] Rubus Alpinus, humilis J. B. 2. 61. Chamaerubus saxatilis C. B. Pin. 479. Rubus saxatilis, Alpinus Clus. Hist. 118.“ (Tournefort 1700, S. 615, Genus VI. „Rubus. Ronce.“); „RVBVS SAXATILIS, sive PETRAEVS. CAP. LXXXIII. ...“ und die Abbildung „Rubus saxatilis alpinus.“ auf S. 118 (Clusius 1601, S. 117f.); „1. RUBUS radice repente annua foliis ternatis LINN. Lap. n. 206. ... Rubus alpinus humilis ... I. B. II. p. 61. I. R. H. ... Rubus saxatilis alpina CLUS. Pann. p. 115. 116. cum ic. ... Chamaerubus saxatilis C. B. ...“ (Haller 1742, S. 344); „12. RUBUS Alpinus humilis. I. B. Kleiner Brombeerstrauch der Alpen.“ (Miller 1751, S. 211); „RVBVS (saxatilis) ... Linn. Spec. pl. 494. n. 8. ... Костяница [russ. *kostjanica*] Russ. ...“ (*Krašeninnikov* 1761, S. 79f.); „1111 RUBUS caule herbaceo, foliis ternatis, glabris, acinis baccarum distinctis, paucissimis. ... Rubus alpinus, humilis ... J. B. II. p. 61. ... Rubus saxatilis alpinus CLUS. Pannon. p. 115. 116. ...“ (Haller 1768a, S. 43); „123. Chamaerubus, Thaubeer, Bocksbeer. Rubus alpinus humilis Turn. 615, I. B. 3. 2. 61. ...“ (Carl 1770, S. 91); „Von Arzneykräutern habe ich bey ihnen [d. h. den Mokschanern] in Gebrauch gefunden: ... die Blätter von Kräuselbeer (Rubus Saxatilis. moksch. Eida=lopart), ingleichen den Hopfenklee (Trifolium spadiceum) und den gemeinen Thymian, mit Quaß oder Wasser, in Augenentzündungen, womit sie wegen ihrer räucherigen Hütten sehr geplagt sind; ...“ (Pallas 1771, S. 72); „[Chamaerubus] saxatilis, bedeutet bey ihm [d. h. C. Bauhin] die Felsenhindbeere.“ (Gmelin 1772, Sp. 853); „... besuchten wir den tatarischen Starosten, welcher ... uns von seinem allerbesten Trunk vorsetzte. Dieses Getränk bestand aus gesäuerter Milch, welche eine röthliche Farbe und einen angenehmen Geschmack hatte. Wir löschten damit unsern Durst geschwind, doch würkte es auch zugleich bey uns eine gelinde Abführung. Wir ... erhielten zur Antwort, er besteht aus bloßer gesäuerter Milch, worunter der Saft von Steinbeeren d) gemischt werde, ... |: d) Rubus saxatilis, russ. kostjännik ... :|“ (Lepechin 1774, S. 77); „Rubus saxatilis, ... Felsenhimbeere, ... kleine Steinbeere; Brunitschen; ... Der Saft ihrer Beeren wird ... in dem Scharbok gerühmt; die Russen vermengen ihn mit Honig, und bereiten daraus durch die Gährung ein sehr angenehmes Getränk; in einigen Ländern macht man sie ein, und speißt sie zum Fleische: ...“ (Gmelin 1776, Sp. 25f.); „12) Steinbeer. Rubus saxatilis. ... Rubus foliis ternatis, nudis; flagellis reptandibus, herbaceis. LINN. ... Sp. pl. 708. ... Chamaerubus saxatilis. C. BAUH. pin. 110. Rubus saxatilis alpinus. CLUS. Pann. 115, 116. ... die Frucht ... besteht ... selten [in] mehreren Beeren, die ziemlich groß, schön hellroth und durchsichtig [sind] ... sie haben einen angenehmen säuerlichten Geschmack, und kommen in den Eigenschaften mit den Brombeeren ziemlich überein.“ (Linné 1781, S. 138f.); „RUBUS saxatilis. RUBUS foliis ternatis nudis, flagellis reptantibus herbaceis. Lin. syst. pl. II. p. 536. sp. 12. ... Rossis Kostaenica (Костяница [russ. *kostjanica*]) i. e. ossiculosa bacca. ... Esthonis Lillákad, Limmokad; Permiensibus Selaoesch, i. e. bacca Bonasiae; Morduanis Rida-lopat. Ostiacis Kuskatschuk. Tataris Kusergil, Tschertak; Baschkiris Burlugòn; Kirgisis Kisil-Bildurgàn. Calmuccis Sadarganà, Mórin-Byldshirganà. ...“ (Pallas 1788, S. 66); „h) Rubus saxatilis. Chamaerubus saxatilis. Deutsch. Die

Steinbrombeere; Felsenhimbeere, Kleine Steinbeere, Kriechende Brombeere, Brunitschen. ... Russ. Kostäniza (i. e. Ossiculosa bacca). Ehstn. Tillakad, Kunnuskad ... Perm. Selaoesch; Mordw. Eidalopat. Ostjak. Kuskatschuk; Kalm. Sadagonà. Tatar. Kusergil-tolkis, Tschertak. Kirgis. Kisil-Bildurgàn; Baschk. Bulugòn. ... sie [d. h. die Beeren] werden, ... für ein Antiscorbuticum gehalten.“ (Nemnich 1795, Sp. 1179f.); „5. RUBUS saxatilis L., ... Stein=Brombeerpflanze. R. Kostianika. ... Tat. Kusergit. ...“ (Georgi 1797–1802, Theil 3, S. 1030); „25. RUBUS saxatilis. ... R. caule herbaceo, ... Hall. helv. n. 1111. ... R. saxatilis alpinus. Clus. pann. 115, 116. Chamaerubus saxatilis. Bauh. pin. 480. ... Stein-Himbeere. W. ...“ (Linné 1797–1830, Bd. II, Teil 2, S. 1088); „770. RUBUS saxatilis foliis ternatis nudis, ... Rubus caule herbaceo, ... Hall. stirp. helv. n. 1111. Rubus alpinus humilis. Bauh. hist. 2, p. 61. ... Germ. Steinhimbeere. Scharlachbocksbeere. ...“ (Gmelin 1806, S. 438f.); „987. RUBUS saxatilis. ... Linn. ed. Willd. 2. p. 1088. ... Hall. hist. n. 1111. Pall. ross. 2. p. 66. ...“ (Marschall von Bieberstein 1808a, S. 402); „3) RUBUS SAXATILIS. Linn. ... Linn. Willd. Spec. pl. II. p. 1088. ... Pall. Fl. ross. II. p. 66. ... M. a Bieb. Fl. taur. cauc. I. p. 402. No. 987. ...“ (Ledebour 1830, S. 231); „11. R[ubus] saxatilis (L. SP. 708). ... PALLAS. Fl. ross. II, p. 66. ... M. a BIEBERST. Fl. t. c. I, p. 402. ... LEDEB. Fl. alt. II, p. 231. ...“ (Ledebour 1844–1846, S. 69f.); „Rubus saxatilis L., die Steinhimbeere ... liefert wohlschmeckende Früchte, welche im frischen Zustande sowie als spirituöse Maceration bei Skorbut sowie seltener auch bei Wassersucht verwandt werden, Im G. Kiew dient ein Decoct aus Blättern und Blüthen unserer Pflanze gegen Haemorrhoiden und ein Decoct der ganzen Pflanze zur Herbeiführung der Menses. ...“ (Henrici 1894, S. 62); Rubus saxatalis L. – russ. *kamenka*, *kamenica*, *kamenika* bzw. *kostjanika* (*Annenkov* 1858, S. 81, Nr. 953); mokschanisch sarasi̥n-selmä – Rubus saxatilis, Steinbrombeere (Ahlquist 1861, S. 207); ersanisch sarazoń sel'me – Rubus saxatilis L., Steinbeere (Wiedemann 1865, S. 238); wotjakisch namer' – Steinbeere (Wiedemann 1851, S. 377); wogulisch ńoxus-pul – Rubus saxatilis (Ahlquist 1891, S. 33); syrjänisch ńamyr – Rubus saxatilis, Steinbeere (Wiedemann 1880, S. 187); „Rūbus L. (Rosaceae). Von ruber (roth), in Bezug auf die Farbe der Früchte mehrerer Arten.“ (Wittstein 1852, S. 774)

„8) костеница. [russ. *kostenica*], sind hellroht wachsen an trokkenen örtern, u. büschelweis, so daß jedes beerlein seinen eigenen kern hat.“ (Bl. 15r in: AAW F. 21, Op. 5, D. 41, s. Anm. 248 in Nr. 438); „Rubus alpinus, humilis. B. hist. 2. p. 61. et Inst. r. h. n° 110.“ (AAW R. I, Op. 13, D. 19, Bl. 7r, s. Anm. 54 in Nr. 17); „374 Rubus alpinus, humilis JB. 2. 61.“ (AAW R. I, Op. 6, D. 40, Bl. 39r, s. Anm. 1 in Nr. 1); „686. Rubus Alpinus humilis J. B. II. 61. ... Russ. Костеница. [russ. *kostenica*]“ (AAW R. I, Op. 105, D. 1^{a}, Bl. 81r, s. Anm. 29 in Nr. 5); „305. Chamaerubus saxatilis C. B. P. Russis костеница [russ. *kostenica*] ...“ (AAW R. I, Op. 105, D. 12, Bl. 13r, s. Anm. 54 in Nr. 17); „4. Rubus Alpinus humilis J. B. II. 61. Ind. Jen. n°. 606. ...“ (AAW R. I, Op. 13, D. 67, Bl. 47r, s. Anm. 5 in Nr. 4); „1111. Rubus radice repente annua, folijs ternatis Linn. flor. 206. Hall. Alp. Rubus alpinus humilis B. Hist. II. 61. ...“ (AAW R. I, Op. 13, D. 20, Bl. 101v, s. Anm. 1 in Nr. 1); „518 Rubus alpinus humilis J. B. Flor ircut 1107. ...“ (AAW R. I, Op. 104, D. 25, Bl. 37v, s. Anm. 61 in Nr. 21); „203. Chamaerubus obs. in Hist. Nat. Russis Костеница. [russ. *kostenica*] ...“ (AAW R. I, Op. 13, D. 42, Bl. 29r, s. Anm. 1 in Nr. 1); lat. „Chamaerubus saxatilis“, russ. „костеница [russ. *kostenica*]“, arinz. „Kaltümae-schúlpa.“, katschinsk. „(Vögel beer) Kuschgaschak dschischdek.“, kaidin. „Dschéssdeck“, taiginz. „Schílbe“, kamass. „Sjungchébde“, kotowz. „Schul-búlang.“, tschatzk. „KuschKatschúch-jeme“ (J. G. Gmelin in: AAW F. 21, Op. 5, D. 73, Bll. 295v/296r); russ. *kostenica* – lamutisch KangKa (J. J. Lindenau in: AAW F. 934, Op. 1, D. 89, Bl. 335r, Kopie aus dem Archiv RGADA); „5. August 1723 ... Hieselbst fande sich ... Rubum Alpinum humilem (Tournefortii sp. 12), qui Chamaerubus Officinarum, Dale et Russis ... Rostjaniza [sic!] dicitur, alibi descriptum memini.“ (Messerschmidt 1962–1977, Bd. 2, S. 108ff.); „22. Juni 1724 ... Unterwegens observierte ... Rubus alpinus humilis (J. Bauhini et Tournefortii sp. 12) seu Rubus tricoccas (Park.) костяница [russ. *kostjanica*] Russorum, florealbo et rubro trifolia, levissime spinosa. ...“ (Messerschmidt 1962–1977, Bd. 3, S. 61ff.)

3 russ. *kostenica*; auch russ. *kostjanica* u. *kostjanika*

4 „688. Rubus palustris, humilis, flore majore roseo. Rubus herbaceus non speciosus, fructu rubro Ind. Irc. nº. 301. ... Fl. Irc. nº 1108. ...“ (AAW R. I, Op. 105, D. 1ª, Bl. 81r, s. Anm. 29 in Nr. 5); „5. Rubus palustris humilis, flore majore roseo Ind. Jen n.º 688. Rubus Ind. Irc. n.º 301 ...“ mit der rechts marginalen Anm. „vid. Ic. m. & St.“ (AAW R. I, Op. 13, D. 67, Bl. 47r, s. Anm. 5 in Nr. 4); „301. Rubus herbaceus non spinosus, fructu rubro.“ (AAW R. I, Op. 105, D. 4ª, Bl. 37r, s. Anm. 54 in Nr. 17); „519 Rubus fragariae folio flore rubro fructu bruñeo княженица. [russ. *knjaženica*]“ (AAW R. I, Op. 104, D. 25, Bl. 37v, s. Anm. 61 in Nr. 21); russ. Княженица [russ. *knjaženica*], lamutisch – Tschikmàt, kamtschadalisch (itelmenisch) – Jáanun, korjakisch – Ujáit (AAW R. I, Op. 13, D. 10, Bl. 202r, s. Anm. 49 in Nr. 298); russ. *knjaženica*, kamtschadalisch (itelmenisch) – Íhyltsch (J. G. Gmelin in: RGADA F. 199, Op. 2, Portf. 527, D. 11, Bl. 4v); russ. Княженица [russ. *knjaženica*], kurilisch – NuKarùr (a. a. O., Bl. 221v); „Княженица [russ. *knjaženica*], barabinz. „Kisilgàt“ (AAW F. 21, Op. 5, D. 73, Bl. 277v)

„5. RUBUS caule unifloro, foliis ternatis. Fl. lapp. 207. t. 5. f. 2. ...“ (Linné 1737, S. 192); „263. RUBUS trifolius, humilis, non spinosus, ... Rubus idaeo simili Messerschm. ... Hic procul dubio est Rubus humilis, flore purpureo Buxbaum. Cent. V. ...“ (Amman 1739, S. 185); „Tab. XXVI. Rubus humilis, flore purpureo. ...“ (Buxbaum 1740, S. 13); „22. RVBVS foliis ternatis, caule inermi, vnifloro, LINN. fl. suec. 412, sp. p. 1. p. 708. n. 11. Rubus caule vnifloro, foliis ternatis, LINN. fl. lapp. 207. Tab. V. fig. 2. H. Cliff. 192. Rubus trifolius humilis non spinosus, sapore et odore fragrariae, fructu rubro, polycocco, rubo idaeo simili, MESS. 185. Rubus humilis flore purpureo, BUXB. cent. 5. p. 13. t. 26. ...“ (Gmelin 1747–1769, Bd. III, S. 179); „22. Rubus foliis ternatis, caule inermi unifloro [=] Rubus arcticus L.!“ (Ledebour 1841, S. 96); „Hernach haben sie [d. h. die Jakuten] allerhand Beeren, als ... rothe Braunbeeren ******, ... |: ****** Rubus foliis ternatis, ... Linn. Suec. Knjaschniza Russ. :|“ (Gmelin 1751–1752, 2. Theil, S. 467); „† RVBVS (arcticus) ... Linn. Spec. pl. 494. n. 9. ... Княжница [russ. *knjažnica*] Russ. ...“ (*Krašeninnikov* 1761, S. 80); „Rubus arcticus, ... norrländische Himbeere, ... Akerbeeren; ... ihre Beeren sind braunroth, ... Ihre Beeren werden auf zerschiedene Art eingemacht und versandt; ... Sie heißt bey ... Buxbaum: Rubus humilis, flore purpureo; ...“ (Gmelin 1776, Sp. 26f.); „13) Nordische Himbeere. Rubus Arcticus. ... Rubus foliis ternatis; caule inermi, unifloro. Linn. ... Sp. pl. 708. Hort. Cliff. 192. ... Rubus humilis, flore purpureo. BUXB. Cent. 5. p. 13. t. 26. mala. Rubus trifolius humilis ... AMM. Ruth. 185. ... und [die Früchte] sind daher als eine kühlende und erfrischende Herzstärkung im Scharbock, in hitzigen, faulenden und bösartigen Fiebern von einem vorzüglichen Nutzen. ...“ (Linné 1781, S. 139f.); „RUBUS arcticus. Rubus foliis ternatis, ... Lin. syst. pl. II. p. 536. sp. 13. ... Buxbaum. plant. centur. V. p. 13, 26. Amman. ruthen. Rossis Knaesheniza (Княженица. [russ. *knjaženica*]) i. e. Principalis bacca. Permiensibus Namur. Tataris Kustischi. ...“ (Pallas 1788, S. 67); „a) Rubus arcticus. Deutsch. Die nordische Himbeere; Ackerbeere. ... Russ. Knäsheniza (i. e. principalis bacca). Perm. Namur; Tatar. Kustischi. Tungus. Turinkoro. Diese nordische Pflanze trägt zierliche, sehr wohl und aromatisch schmeckende, dunkelrothe Beeren, welche meistens roh gegessen werden; im nördlichen Siberien wird ein Weingetränk daraus gezogen, ...“ (Nemnich 1795, Sp. 1175f.); „6. RUBUS arcticus L., ... Nord=Brombeerpflanze. Nordbeere. R. Kniasniza. ... Tung. Tunnkoro. Tat. Kusergit. ... Diese [d. h. die Früchte] sind theils Naschwerk, theils geben sie, wo sie häufig sind, den vortreflichsten Fruchtwein. ...“ (Georgi 1797–1802, Theil 3, S. 1030); „26. RUBUS arcticus. R. foliis ternatis, ... Gmel. sib. 3. p. 179. n. 22. ... R. caule unifloro, ... Hort. cliff. 292. ... R. humilis, flore purpureo. Buxb. Cent. 5. p. 13. t. 26. mala. R. trifolius humils ... Amm. ruth. 185. ... Nordische Himbeere. W. ...“ (Linné 1797–1830, Bd. II, Teil 2, S. 1088f.); „12. R[ubus] arcticus (L. SP. 708) ... PALL. Fl. ross. I, p. 67. ... R. foliis ternatis, ... GMEL. Fl. sib. III, p. 179, Nr. 22. R. trifolius, humilis, ... MESSERSCHM. in AMMAN. Ruth. p. 185, Nr. 263. ...“ (Ledebour 1844–1846, S. 70); „Husten. Phthisis. ... Die Tungusen [gebrauchen] den Thee aus den Blüthen und Blättern von Rubus arcticus gegen Husten und aus Erkältungen hervorgegangene Zustände.“ (Krebel 1858, S. 127ff.); „Rubus arcticus L., die echte Mamura, auch nordische Himbeere oder Ackerbrome genannt, liefert die in den nordischen Ländern früher officinellen Baccae norlandicae, welche ... vom Volke in

Sibirien und Finnland gegen Skorbut verwandt werden ... auch ein sehr aromatischer Magenliqueur wird daraus dargestellt ... Die Blätter ... werden als Thee mit gleichen Indicationen wie Rubus Chamaemorus verwendet. ..." (Henrici 1894, S. 61); „Rubus f. ternatis caule unifloro-procul dubio (Fl. sib. III. 179. nr. 22. R. arcticus L. cf. Gmelini iter sib. II. II. 467.)." (A. von Haller in einem undatierten Brief an J. G. Gmelin – Plieninger 1861, S. 146); Rubus arcticus L. – russ. *polenika*, *knjažnica*, *lap-moroška*, *chochljanica*, *knaženika* bzw. *mamura* (*Annenkov* 1858, S. 80, Nr. 948); syrjänisch śöla-oz – Rubus arcticus, nordische Himbeere (Wiedemann 1880, S. 213); jakutisch ыт тыҥiläӡă – Rubus arcticus, „nordische Himbeere" (Middendorff 1851, S. 104)

5 russ. *knjaženica*

6 s. Anhang B.5. Nr. 11 und B.6.22

7 „[species 11] Rubus repens, fructu caesio C. B. Pin. 479. Rubus minor, fructu caeruleo J. B. 2. 59. Rubus minor Dod. Pempt. 742." (Tournefort 1700, S. 614f., Genus VI. „Rubus. Ronce."); „RUBUS caule aculeato, foliis ternatis. ... Rubus repens fructu caesio. Bauh. pin. 479. ... Rubus minor, fructu caeruleo. Bauh. hist. 2. p. 59. Rubus minor. Dod. pempt. 742. ..." (Linné 1737, S. 192); „1110. RUBUS caule aculeato, prostrato, foliis ternatis, subtus hirsuto. Rubus minor DODON. p. 742. fructu caeruleo J. B. II. p. 59. ..." (Haller 1768a, S. 43); „[Rubus] caesius, ... Boksbeere, ... Akerbromen; Akerbeere; Fuchsbeere; Traubenbeere; blaue Brombeere, blaue Krazbeere; kriechende blaue Brombeere; blauer Krazelbeerenstrauch; Brombeerstrauch; ... Sie heißt bey ... C. Bauhin: Rubus repens, fructu caesio; ..." (Gmelin 1776, Sp. 18ff.); „6.) Bocksbeere. Rubus caesius. ... Rubus foliiis ternatis, subnudis, lateralibus bilobis; caule aculeato tereti. LINN. ... Sp. pl. 706. Hort. Cliff. 192. ... HALL. Hist. n. 1110.* Rubus repens, fructu caesio. C. BAUH. pin. 479. Rubus minor. DOD. pempt. 742. ... Seine Früchte ... enthalten einen rothen Saft, und sind auch eßbar, ..." (Linné 1778, S. 677); „RUBUS caesius. RUBUS foliiiis ternatis subnudis, ... Lin. syst. pl. II. p. 534. sp. 6. ... Rossis Komonika (Комоника [russ. *komonika*]); ad Volgam Birusà (Бирузà [russ. *birusa*]." (Pallas 1788, S. 65); „b) Rubus caesius. Deutsch. Der Bocksbeerenstrauch; Blaue Kratzbeere, Blaue Kratzelbeere, Blaue Branbeere, Ackerbranen, Ackerbremen, Traubenbeere, Taubenbeere, Fuchsbeere. ... Russ. Komonika; Ad Volgam Birusa. ... dem rothen Weine sollen sie einen angenehmen Geschmack mittteilen." (Nemnich 1795, Sp. 1176); „12. RUBUS caesius. R. foliis ternatis subnudis: ... Hort. Cliff. 192. ... R. caule aculeato ... Hall. helv. n. 1110. R. repens, ... Bauh. pin. 479. R. minor. Dod. pempt. 742. ... Kriechende Himbeere. W. ..." (Linné 1797–1830, Bd. II, Teil 2, S. 1084); „985. RUBUS caesius. ... Linn. ed. Willd. 2. p. 1084. ... Hall. hist. n. 1110. Pall. ross. 2. p. 65. ..." (Marschall von Bieberstein 1808a, S. 401); „RUBUS CAESIUS. ... Kriechende Himbeere, Brammbeere, Brommbeere, Ackerbeere, Fuchsbeere, Taubenbeere, Bocksbeere, blaue Kratzbeere, kleiner Brommbeerstrauch. ... Die Beeren des Rubus caesius, die sich durch den hechtblauen Reif, womit sie bedeckt sind, auszeichnen, besitzen einen angenehmen, säuerlich süssen Geschmack, ..." (Hayne 1813, Nr. 9); „2) RUBUS CAESIUS. Linn. ... Linn. Willd. Spec. pl. II. p. 1084. ... Pall. Fl. ross. II. p. 65. – M. a Bieb. Fl. taur. cauc. I. p. 401. No. 985. ..." (Ledebour 1830, S. 230f.); „2. R[ubus] caesius (L. SP. 706) ... PALL. Fl. ross. II, p. 65. ... M. a BIEB. Fl. t. c. I, p. 401. ... LEDEB. Fl. alt. II, p. 230. ..." (Ledebour 1844–1846, S. 66f.); „Rubus caesius L., die blaue Ackerbrombeere oder Bocksbeere ... Ihre Blätter, welche als Folia Rubi bati früher in Westeuropa officinell waren, werden in Russland noch heute als Schwitzmittel benutzt. Die Früchte werden gegessen. ..." (Henrici 1894, S. 61f.); „Mittel gegen ‚tuhsks': ... Gegen Hydrops ascites dient Rubus caesius. ..." (Alksnis 1894, S. 216); Rubus caesius L. – russ. *gluchaja malina*, *eževika*, *ožina* bzw. *kumanika* (*Annenkov* 1858, S. 81, Nr. 949); ersanisch ovt' umaŕ – Brombeere (Wiedemann 1865, S. 185); wotjakisch namer' – Brombeere (Wiedemann 1851, S. 349)

„Rubus minor fructu coeruleo JB ..." (AAW R. I, Op. 104, D. 8, Bl. 14r, s. Anm. 18 in Nr. 452); „Rubus repens fructu caesio C. B. P. ..." (AAW R. I, Op. 68, D. 2, Bl. 15r, s. Anm. 62 in Nr. 22); „199. Rubus repens fructu caesio." (AAW R. I, Op. 104, D. 13, Bl. 6r, s. Anm. 84 in Nr. 29); „250. Rubus caule aculeato folijs ternatis. Lin. h. Cliff. 192. Rubus repens Caesio B. P. 479."

(AAW R. I, Op. 13, D. 20, Bl. 27v, s. Anm. 1 in Nr. 1); „ежевика [russ. *eževika*]“, barabinz. „Bórgo“ (AAW F. 21, Op. 5, D. 73, Bl. 277v); vgl. „RUBUS fruticosus. Rubus foliis ternatis, ... Lin. syst. pl. II. p. 534. sp. 7. ... Rossis Jeshevika (Ежевика [russ. *eževika*]). Lettice Kassenaji, Kasaohges; ... Esthonis Poeld- vel Kitse-marjad (Baccae campestres vel caprinae); Tscheremissis Tschem-Egefeh. Tataris Kupanos; Baschkiris Karagàt; Kirgis. Karà-Bildurgan; ... Calmuccis Ukir-charà-büldshirgenoe. Armenis Masch; Georgianis Makvali. ...“ (Pallas 1788, S. 65); „4. RUBUS fruticosus L., ... Gemeiner Brombeerstrauch, R. Jeschewika und Cholodok. ... Tat. Kupernos. Georg. Maquala. ... auch diese Frucht ist Naschwerk und wird, wo sie häufig ist, zu Fruchtweinen verwendet, ...“ (Georgi 1797–1802, Theil 3, S. 1029f.)

8 der Text nach „Irkutiae“ in Nr. 1109 fehlt in der 2. Textversion (s. Anm. 1 in A.)

9 russ. (Ez.) *kamanika* u. *komonika* – Name verschiedener Beerenarten wie z. B. (Mz.) *maliny, smorodiny, kamaniki* u. *eževiki* (*Slovar'* 1980, S. 40 u. S. 266)

10 russ. *eževikja*

11 Nr. 1110 im Manuskript ausgelassen; Nr. 1111 dieses Manuskripts in der 2. Textversion (s. Anm. 1 in A.) als Nr. 1110; Randbemerkung in der 2. Textversion (s. Anm. 1 in A.): „N⌈ota⌉ B⌈ene⌉ In per / scripto Cata / logo Num. / Omissus.“

12 „[species 13] Rubus palustris, humilis. Chamaerubus foliis Ribes, Anglica C. B. Pin. 480. Chamaemorus Clus. Hist. 118.“ (Tournefort 1700, S. 615, Genus VI. „Rubus. Ronce.“); „CHAMAEMORVS. CAP. LXXXIIII. ...“ (Clusius 1601, S. 118); „II. Chamaerubus foliis Ribes. ... IV. Chamaerubus foliis Ribes Anglica. ...“ (Bauhin 1623, S. 480); „6. RUBUS caule bifolio unifloro, foliis simplicibus. Fl. lapp. 208. t. 5. f. 1. ... Chamaerubus foliis ribes. Bauh. pin. 480. ...“ (Linné 1737, S. 192); „23. RVBVS foliis simplicibus, lobatis, caule vnifloro. LINN. spec. Tom. I. 12. 12. Rubus caule bifolio, vnifloro, foliiis simplicibus. Fl. Lapp. 208. Tab. V. fig. 1. h. Cliff. 192. ROY. lugd. 279. Chamaerulus [sic!] foliis ribes, B. pin. 480. Morus Norwegica, TILL. Aböens. 47. t. 150. ... морошка [russ. *moroška*] dicitur.“ (Gmelin 1747–1769, Bd. III, S. 179f.); „23. Rubus foliis simplicibus lobatis, caule unifloro [=] Rubus Chamaemorus L.!“ (Ledebour 1841, S. 96); „Die berühmtesten häufigsten und nützlichsten Beeren sind die gelben Schaarbocks=Beeren, Moroschkā, auf Nischna-Schandalsky, [kamtschadalisch/(itelmenisch)] Essĕltāētsch, auf Bolschaia, Rezkischen [kamtschadalisch/itelmenisch)] Sütsch und Süth auch Süaeh, von welchen man ganze Fäser voll aufsammlet, Getränk daraus machet, bey allen Mahlzeiten aufsetzet, und zu allerley Gebäckels brauchet. ...“ (Steller 1774, S. 77); „Rubus Chamaemorus L. R. Moroschka. T. Nejil. ...“ (Georgi 1775, S. 218); „Rubus Chamaemorus, ... Multbeere, ... Molterbeere; Pautkenbeere, Tetinbeere; ... sie [d. h. die Beeren] geben auch durch die Gährung einen Wein, ... Sie heißt bey ... Tournefort: Rubus palustris humilis.“ (Gmelin 1776, Sp. 27); „14. Maultbeere. Rubus Chamaemorus. ... Rubus foliis simplicibus, lobatis; caule inermi, unifloro. LINN. ... Sp. pl. 708. Hort. Cliff. 192. ... Chamaerubus foliis Ribes. C. BAUH. pin. 480. ... Chamaemorus. CLUS. Hist. 1. p. 118. fig. mala. ... Linne empfiehlt sie [d. h. die Beeren] als ein vorzüglich anfeuchtendes Mittel den Schwindsüchtigen, ingleichen wider das Blutspeyen und den Scharbock.“ (Linné 1781, S. 140f.); „Von Beeren wuchsen überflüßig in diesem Walde: ... Pautbeeren n). ... |: n) Rubus chamaemorus. :|“ (Lepechin 1783, S. 38); „587. Rubus Chamaemorus. Lin. Syst. Plant. II. p. 536. sp. 14. ... Gelbe Maulbeeren. Roß. Maroschka. ...“ (Falk 1786, S. 192); „RUBUS Chamaemorus. RUBUS foliis simplicibus lobatis, ... Lin. syst. pl. II. p. 536. sp. 14. ... Rossis Moroschka (Морошка [russ. *moroška*]). Lettonice Lahzenes; Esthonis Murra-kad; circa Revaliam Kaarlad; circa Dorpat Koebbared. ... Permiensibus Myrpan; Ostiacis Obensibus Palgo; Wassuganis Moroch. Tataris Marak, Murak. Samojedis Mórenga; Tungusis Morónga. Lamutis Tschikmat. Coraecis Jettyet; Camtschadalis Schije. Curilis Apnimenip. ...“ (Pallas 1788, S. 66); „c) Rubus chamaemorus, Chamaerubus, Chamaebatus; ... Deutsch. Die kriechende Himbeere; Multbeere, Molterbeere, Maultbeere, Berghimbeere, Thaubeere, Wolkenbeere, Pautkenbeere, Tetinbeere, Krätzbeere, Schellbeere. ... Russ. Maroschka. Lett. Lahzenes. Ehstn. Murakad; Reval. Karlad; Dörpt. Käbbarad. ... Tatar. Marak, Murak. Perm. Myrpan; Ostj. Palgo. Wassug. Moroch; Samoj. Móren-

ga. Tungus. Morónga; Lamut. Tschikmat. Korjäk. Iettyet; Kamtsch. Schije. Kuril. Apnimenip. ... die Beeren werden ... in Schweden, Norwegen und Russland als ein gutes Antiscorbuticum aufbewahrt.“ (Nemnich 1795, Sp. 1176f.); „7. RUBUS Chamaemorus L., ... Gelber Brombeerstrauch. Gelbe Maulbeere. R. Maroschka. ... Tat. Marak, auch Murak. Ost. Palga. Kuril. Apnimenik. ...“ (Georgi 1797–1802, Theil 3, S. 1031f.); „30. RUBUS Chamaemorus. R. caule bifolio unifloro, ... Hort. cliff. 192. ... R. palustris humilis. Tournef. inst. 615. Chamaerubus foliis ribes. Bauh. pin. 480. ... Sumpf-Himbeere. W. ...“ (Linné 1797–1830, Bd. II, Teil 2, S. 1090); „4) RUBUS CHAMAEMORUS. Linn. ... Willd. Spec. pl. II. p. 1090. ... Pall. Fl. ross. II. p. 66. Rubus foliis simplicibus, ... Gmel. Fl. sib. III. p. 179. No. 23. ...“ (Ledebour 1830, S. 231f.); „15. R[ubus] Chamaemorus (L. SP. 708) ... PALL. Fl. ross. II, p. 66. ... LEDEB. Fl. alt. II, p. 231. ... R. foliis simplicibus, ... GMEL. Fl. sib. III, p. 179, Nr. 23. ...“ (Ledebour 1844–1846, S. 71f.); „Die Ehsten [gebrauchen bei Wassergeschwulst] das Pulver von Rubus chamomaerus, ... Scorbut. Bei demselben gebraucht man in Russland ... die Beeren von Rubus Chamomaerus ...“ (Krebel 1858, S. 162f.); „74. Rubus Chamaemorus L. (Rosac.). ... Richter führt die Beere der Mamura oder Torfbeere als ein Prophylacticum wider den Scorbut an. ... Das Mittel ist in erster Reihe ein Volksdiureticum und dann ein Antiscorbuticum. Die Beeren wurden auch ... gegen Scorbut und Blutspeien, die Blätter gegen Krankheiten der Harnwege empfohlen. ...“ (Demitsch 1889, S. 228f.); „Rubus Chamaemorus L., die Mult-, Schell- oder Torfbeere, ist schon von Demitsch[1] angeführt worden, ... Demitsch legt ihr fälschlich den Namen Mamura bei, ... Das russische Volk wendet von ihr, ... Wurzeln, Blätter, Blüthen und Früchte an. Alle vier Theile dienen als ein sehr wirksames Diureticum, ... Die Früchte werden vom russischen Volke als Antiscorbuticum gebraucht.“ (Henrici 1894, S. 60f.); Rubus Chamaemorus L. – russ. *moroška* bzw. *mochovaja smorodina* (*Annenkov* 1858, S. 81, Nr. 950); ersanisch eid'al – Rubus Chamaemorus L. Schellbeere (Wiedemann 1865, S. 118); samojedisch maraŋa, mura'ka, mołagga, moragga, palgok, palgoŋ bzw. pelkoŋ – Rubus Chamaemorus, Schellbeere (Castrén 1855, S. 270); „Chamāemorus (Rosaceae). Zus aus χαμαι (klein) u. μορεα (Maulbeerbaum); Frucht und Blätter haben viel Aehnlichkeit mit denen des Maulbeerbaums, die Pflanze ist aber klein. Art von Rubus.“ (Wittstein 1852, S. 183f.)

„687. Rubus palustris humilis I. R. H. ...“ (AAW R. I, Op. 105, D. 1[a], Bl. 81r, s. Anm. 29 in Nr. 5); „302. Rubus palustris humilis I. R. H. ... Russis морошка [russ. *moroška*] dicitur. ...“ (AAW R. I, Op. 105, D. 12, Bl. 13r, s. Anm. 54 in Nr. 17); „520 Chamaerubus foliis ribes angelica C. B. морожка [russ. *morožka*] ...“ (AAW R. I, Op. 104, D. 25, Bl. 37v, s. Anm. 61 in Nr. 21); russ. *moroška*, kamtschadalisch (itelmenisch) – Éscheletsch (J. G. Gmelin in: RGADA F. 199, Op. 2, Portf. 527, D. 11, Bl. 4r); russ. *moroška* – lamutisch Ingmanta (J. J. Lindenau in: AAW F. 934, Op. 1, D. 89, Bl. 335r, Kopie aus dem Archiv RGADA); „5. August 1723 ... Hieselbst fand sich ... Rubus palustris humilis (Tournefortii sp. 13), ... Chamaemorus officinarum (Dale, Pharmacologia, Suppl. 137), Anglis ‚cloudberries', Russis Moroschka, Tungusis ad Chatangam-fluvium Moronga; ...“ (Messerschmidt 1962–1977, Bd. 2, S. 108ff.)

13 in der 2. Textversion (s. Anm. 1 in A.) „locorum“

14 „[species 7] Rubus Idaeus, spinosus C. B. Pin. 479. Rubus Idaeus, spinosus, fructu rubro J. B. 2. 59. Rubus Idaeus Dod. Pempt. 743. Framboisier.“ (Tournefort 1700, S. 614, Genus VI. „Rubus. Ronce.“); „Rubus idaeus spinosus C. B. P. 479. ... Hind=Beeren. Hohl=Beeren, ...“ (Rupp 1726, S. 114f.); „3. RUBUS caule erecto hispido, foliis ternatis. Fl. lapp. 204. Rubus idaeus spinosus. Bauh. pin. 479. ... Rubus idaeus spinosus, fructu rubro & albo. Bauh. hist. 2. p. 59.“ (Linné 1737, S. 192); „20. RVBVS foliis quinato-pinnatis ternatisque, caule aculeato, petiolis canaliculatis, LINN. Fl. suec. 408. spec. Tom. I. n. 1. Rubus idaeus spinosus, B. Pin. 479. Russ. малина [russ. *malina*] audit.“ (Gmelin 1747–1769, Bd. III, S. 178); „20. Rubus foliis quinato-pinnatis ternatisque, petiolis canaliculatis [=] Rubus Idaeus L.!“ (Ledebour 1841, S. 96); „[Rubus] idaeus, ... gemeine Himbeere, ... Himbeerstrauch; Himbekbeerenstrauch; Hombeerenstrauch; Hindbeerenstrauch; Himpelbeerenstrauch; Himmelbremenstrauch; Himbremenstrauch, Holbeerenstrauch, Hollbeerenstrauch; Harbeerenstrauch; ... Seine reife Früchte ... [sind] ein trefliches, kühlendes,

erfrischendes, harntreibendes und der Fäulniß widerstehendes Mittel, das vornemlich in zerschiedenen Arten hiziger, besonders faulender Fieber, vorträgliche Dienste leistet, und von einigen Aerzten auch in faulen Zähnen, und in Fehlern der Nieren empfolen wird: ..." (Gmelin 1776, Sp. 14ff.); „1.) Die gemeine Himbeerstaude. Rubus idaeus. ... Rubus foliis quinato-pinnatis, ternatisque; caule aculeato; petiolis canaliculatis. LINN. ... Sp. pl. 706. ... Hort. Cliff. 192. ... Rubus idaeus spinosus ... C. BAUH. pin. 479. ... Der allgemeine und mannigfaltige Gebrauch dieser, ... mit Recht beliebten Früchte ist bekannt." (Linné 1778, S. 673f.); „582. Rubus Jdaeus. ... Hindbeerstrauch. Ruß. Malinik. ... Ausser der allgemeinen Nutzung der Frucht zu Naschwerk, verwenden auch viele Rußische Wirthinnen eine große Menge zu Hindbeerwein (Malinowka), Hindbeerquas und Hindbeermeeth; ..." (Falk 1786, S. 191); „RUBUS idaeus. RUBUS foliis quinque-pinnatis. ... Lin. syst. plant. II. p. 532. sp. 1. ... Rossis Malina (Малина [russ. *malina*]). Lettice Avenes, Aweeschni. Esthnice Waar-marjad, Warikud; ... Permiensibus et Sirjaenis Omytsch; Tscheremissis Engesch, Ipiw; Morduanis Insoe; Votjacis Lysemes, Ermen; Tschuvaschis Chamla-sirli; Ostiacis Entschege. Tataris Uptschera, Umese, Kura-dshilek; Baschkiris Dshilek; Chivensibus et Persis Bukurtlén. Teleutis Kuperei. Calmuccis Jandigari, Ulan-Ukir. Georgianis Dscholi ... Tungusis Imiruka. Camtschadalis Otschkyhyl. ... Ultra Lenam quoque et in Camtschatca a Stellero observata fuit, ..." (Pallas 1788, S. 64); „e) Rubus idaeus. Deutsch. Der Himbeerstrauch; Himbeere, Himbekbeere, Hindebeere, Hombeere, Himmelbeere, Himpelbeere, Himpelbrem, Himbrem, Hohlbeere, Hollbeere, Haarbeere, Madebeere, Hünkbeere (d. i. Honigbeere). ... Russ. Malinik, Malina. ... Lett. Achwenes, Aweschi. Ehstn. Waarmarjad, Warikud. ... Tatar. Uptschera, Umese, Kura-dschilek Tschestek; Baschkir. Kura silaga, Dschilek. Kalmuk. Uban-ukir, Bölschörgöna ukur, Jan digari; Teleut. Kuperei. Georg. Dscholi ... Pers. Bukurtlén; Chiw. Bukurtlén. Perm. Omytsch; Szirjän. Omytsch. Tscherem. Engesch, Ipiw; Mordw. Insà. Ostjak. Entschege; Wotj. Ermen, Lysemes. Kamtsch. Otschkihyl; Tungus. Imiruka. ... die Beeren sind roth (bey einer Varietät weiss), und mit einer feinen Wolle überzogen, ... Die Bären fressen sie mit Begierde in Menge, und sollen trunken darnach werden." (Nemnich 1795, Sp. 1178f.); wotjakisch ämeǯ – Rubus idaeus, Himbeere (Munkácsi 1896, S. 32); „1. Rubus idaeus L., ... Hind=Brombeerstrauch. Hindbeerstrauch. R. ... Malina. Tat. Uptschara. ... Tung. Imeruka. Ost. Entschige. Georg. Dschali. ... Die Früchte, die besonders den Bären schmecken, sind von mannigfaltiger häuslicher Anwendung. Sie werden nicht nur von allen Nationen häufig frisch gegessen, sondern auch getrocknet aufbewahret. Außer ihrer Anwendung zu Milch= und Weinkalteschalen, Syrupen, Mus, Eingemachten – werden sie, und besonders in Sibirien, zu Hindbeerwein (R. Malinowka) ... bereitet. ... Auch der Russische stehende Gallert (Postila, Sib. Pyrus) wird vorzüglich häufig von Hindbeeren bereitet." (Georgi 1797–1802, Theil 3, S. 1028f.); „4. RUBUS Idaeus. ... R. caule erecto hispido, ... Hort. cliff. 192. ... R. idaeus spinosus. Bauh. pin. 479. ... Gemeine Himbeere. W. ..." (Linné 1797–1830, Bd. II, Teil 2, S. 1081f.); „984. RUBUS Idaeus ... Linn. ed. Willd. 2. p. 1081. ... Gmel. sib. 3. p. 178. n. 20. Pall. ross. 2. p. 64. ..." (Marschall von Bieberstein 1808a, S. 400f.); „1) RUBUS IDAEUS. Linn. ... Linn. Willd. Spec. pl. II. p. 1081. ... Pall. Fl. ross. II. p. 64. – M. a Bieb. Fl. taur. cauc. I. p. 400. No. 984. ... Rubus foliis quinato-pinnatis ... Gmel. Fl. sib. III, p. 178. No. 20. ..." (Ledebour 1830, S. 230); „1. R[ubus] idaeus L. SP. 706) ... PALL. Fl. ross. II, p. 64. ... M. a BIEB. Fl. t. c. I, p. 400. ... LEDEB. Fl. alt. II, p. 230. ... R. foliis quinato-pinnatis ... GMEL. Fl. sib. III. p. 1786, Nr. 20. ..." (Ledebour 1844–1846, S. 65f.); „Rubus Idaeus L., die Himbeere, ist natürlich der russischen Volksmedicin sehr genau bekannt und dient nicht nur als Geschmackscorrigens, sondern auch als Antiscorbuticum und als Schwitzmittel (in Form eines Infus der getrockneten Beeren). ..." (Henrici 1894, S. 62f.); Rubus Idaeus L. – russ. *malina* (*Annenkov* 1858, S. 81, Nr. 952); mokschanisch inizi – Himbeere (Ahlquist 1861, S. 153); ersanisch indzei – Himbeere (Wiedemann 1865, S. 206); wotjakisch emez' – Himbeere (Wiedemann 1851, S. 359); syrjänisch ömidź-pu – Himbeerstrauch (Wiedemann 1880, S. 216); *Enisej*-ostjakisch holtaŋ, fulta bzw. holtaŋ – Himbeere (Castrén 1858a, S. 174 bzw. S. 192)

„9.) малина [russ. *malina*], T. himbere" (AAW F. 21, Op. 5, D. 41, Bl.15r, s. Anm. 248 in Nr. 438); „202. Rubus idaeus Spinosus C. B. P. Russis Малина. [russ. *malina*] ..." (AAW R. I,

Op. 13, D. 42, Bl. 29r, s. Anm. 1 in Nr. 1); „Rubus idaeus spinosus C. B. P. ...“ (AAW F. 21, Op. 5, D. 98, Bl. 36v, s. Anm. 54 in Nr. 17); „684. Rubus idaeus spinosus C. B. P. 479. ...“ (AAW R. I, Op. 105, D. 1[a], Bl. 80v, s. Anm. 29 in Nr. 5); „Rubus Idaeus spinosus CBP. ... Russ. малина [russ. *malina*]“ (AAW R. I, Op. 104, D. 8, Bl. 14r, s. Anm. 18 in Nr. 452); „304. Rubus idaeus spinosus C. B. P. ...“ (AAW R. I, Op. 105, D. 12, Bl. 13r, s. Anm. 54 in Nr. 17); „2. Rubus Idaeus spinosus C. B. P. 479. ...“ (AAW R. I, Op. 13, D. 67, Bl. 47r, s. Anm. 5 in Nr. 4); „517 Rubus idaeq spinosus C. B. ...“ (AAW R. I, Op. 104, D. 25, Bl. 37v, s. Anm. 61 in Nr. 21); „942. Rubus idaeus.“ (AAW R. I, Op. 15, D. 3, Bl. 17v, s. Anm. 65 in Nr. 24); russ. *malina*, kamtschadalisch (itelmenisch) – Ótschkihyl (J. G. Gmelin in: RGADA F. 199, Op. 2, Portf. 527, D. 11, Bl. 4r); „малина [russ. *malina*]“, barabinz. „Gílak.“ (AAW F. 21, Op. 5, D. 73, Bl. 277v); lat. „Rubus idaeus spinosus“, russ. „малина [russ. *malina*]“, katschinsk. „Dschissdek“, kamass. „Tschuding-chébde“, tschatzk. „Hílek“ (J. G. Gmelin in: AAW F. 21, Op. 5, D. 73, Bll. 295v/296r); „Rubus Idaeus spinosus fructu rubro. T. Sp. 7. ...“ (AAW F. 98, Op. 1, D. 19, Bl. 51r, s. Anm. 59 in Nr. 19); „Rubus Idaeus spinosus fructu rubro maximo, Tournef. Sp. 7. ...“ (AAW F. 98, Op. 1, D. 20, Bl. 30r, s. Anm. 90 in Nr. 33); „27. Juli 1723 ... Von Kräutern observierte ... Rubus idaeus spinosus (C. B. et Tournefortii sp. 7); ...“ (Messerschmidt 1962–1977, Bd. 2, S. 103f.); „Rubus idaeus spinosus (Tournefortii sp. 7), Off.“ (Messerschmidt 1962–1977, Bd. 4, S. 208, s. Anm. 1 in Nr. 1)

15 russ. *malina*

16 russ. *malina*

17 „[species 1] Spiraea Salicis folio. Frutex spicatus, foliis Salignis, serratis C. B. Pin. 475. Spiraea Theophrasti fortè Clusio J. B. 1. 559. Speirea [sic!] Theophrasti fortè Clus. Hist. 84.“ (Tournefort 1700, S. 618, Genus I. „Spiraea.“); „1. SPIRAEA foliis obtuse lanceolatis serratis, floribus duplicato-racemosis. Spiraea salicis folio. Tournef. inst. 618. ... Spiraea theophrasti forte. Clus. hist. 1. p. 84. Bauh. hist. 1. p. 559. Frutex spicatus, foliis salignis serratis. Bauh. pin. 475. ...“ (Linné 1737, S. 190); „265. SPIRAEA Salicis folio longiore, serrato, floribus rubris Messerschm. ...“ (Amman 1739, S. 186ff.); „266. SPIRAEA Salicis folio breuiore, latiusculo, crenato, floribus rubris Messerschm. Tab. XXVIII. ... Idem in Diario suo [d. h. von D. G. Messerschmidt] refert hanc et praecedentem a Ruthenis et Tataris istorum fluuiorum accolis Tawalgah vocari.“ (a. a. O., S. 188); „47. SPIRAEA foliis lanceolatis, obtusis, serratis, nudis, floribus duplicato-racemosis, LINN. h. Cliff. 199. [sic!] Vps. 139. ROY. lugdb. 277. LINN. Sp. pl. 1. p. 700. n. 1. Tab. XXXIX. Spiraea Theophrasti forte. CLVS. Hist. 1. LXXX. Frutex spicatus foliis serratis salignis, BAVH. pin. 475. Spiraea salicis folio longiori serrato, floribus rubris, AMM. Ruth. 265. Spiraea salicis folio breuiore latiusculo crenato floribus rubris, MESS. AMM. Ruth. 266. Tab. XXVIII. mala. ...“ (Gmelin 1747–1769, Bd. III, S. 188f.); „47. Spiraea foliis lanceolatis obtusis serratis nudis, floribus duplicato-racemosis. t. XXXIX. [=] Spiraea salicifolia L.!“ (Ledebour 1841, S. 97); „[Spiraea] salicifolia, ... Spierpflanze mit dem Weidenblatte, ... weidenblätterichte Spierstaude; ... ihre junge zähe Zweige [taugen] zu den Spizen der Angelruthen: Sie heißt bey Tournefort: Spiraea salicis folio; ...“ (Gmelin 1776, Sp. 720f.); „2.) Weidenblätterichte Spierstaude. Spiraea Salicifolia. ... Spiraea foliis lanceolatis, obtusis, serratis, nudis; floribus duplicato-racemosis. LINN. ... Spec. plant. 700. Hort. Cliff. 191. ... Spiraea salicis folio TOURN. inst. 618. ... Spiraea forte Theophrasti. CLUS. Hist. 1. p. 80. Frutex spicatus, ... C. BAUH. pin. 475. Spiraea Salicis folio ... AMM. Ruth. 265. ... Sie wird von den Russen und Tartaren Tawalgah ... genennet. ...“ (Linné 1778, S. 657f.); „SPIREA [sic!] salicifolia. Tab. XXI. XXII. S. foliis lanceolatis serratis, ... S. Salicifolia ... Gmelin. Flor. sib. III. p. 181. n. 47. p. 39. ... S. salicis folio longiore serrato, ... Messerschm. apud Amman. stirp. ruth. p. 186. n. 265. b. S. salicis folio breviore, ... Messerschm. Amman. stirp. ruth. p. 188. n. 266. tab. 28. Rossice Таволга иволистная [russ. *tavolga ivolistnaja*] (Tavolga Ivolistnaja i. e. salicifolia). ...“ (Pallas 1784, S. 36f.); „10. S[piraea] Salicifolia (L. SP. 700) ... PALL. Fl. ross. I, p. 36, t. 21. 22. ... S. foliis lanceolatis, ... GMELIN Fl. sib. III, p. 188, Nr. 47, t. 39. S. Salicis folio longiore, ... MESSERSCHM. in AMMAN. ruth. p.186, Nr. 265. S. Salicis folio breviore, ... MESSERSCHM. in AMMAN. l. c. p. 188, Nr. 266, t. 28. ...“

(Ledebour 1844–1846, S. 15); „30) Spiraea salicifolia L., ... Die Tungusen an der Usuri-Mündung nennen ihn bolókto.“ (Maack/Ruprecht 1858, S. 218); „265. 266. Spiraea salicis folio (Fl. sib. III. 188. nr. 47. Sp. salicifolia L.) varietates sunt? an etiam reliquae?“ (C. von Linné in einem Brief an J. G. Gmelin vom 4. April 1744 – Plieninger 1861, S. 21); „Spiraeam (Inter Spiraeas Florae sib. sunt quae et in Am. bor. proveniunt: Sp. salicifolia L. Fl. sib. III. 188. nr. 47; Sp. aruncus L. Fl. sib. III. 192. nr. 57. a Michauxio var. β. americana denominata; et Sp. digitata W. Fl. sib. III. 192. nr. 56 quam Cl. Linnaeus facile cum lobata sua confuderit.).“ (C. von Linné in einem Brief an J. G. Gmelin vom 3. Mai 1751 – Plieninger 1861, S. 106); tungusisch sûkai, burjatisch xuxai – Spierpflanze (Castrén 1856, S. 111 bzw. S. 92); „Spiraēa L. (Spiraeaceae). Von σπειρα (Spirale), in Bezug auf die spiralig gewundenen Kapseln einer ihrer Arten, nämlich der S. Ulmaria. ...“ (Wittstein 1852, S. 832)

„616. Spiraea folio Salicis angustiore, utrinque viridi Obs. in H. N. CXLVIII. ...“ (AAW R. I, Op. 105, D. 12, Bl. 34v, s. Anm. 54 in Nr. 17); „CXLVIII. Spiraea salicis folio utrinque viridi ...“ mit der rechts marginalen Anm. „vid. Fig.“ (AAW R. I, Op. 105, D. 8, Bl. 40r, s. Anm. 46 in Nr. 79); „□ Spiraea salicis folio utrinque viridi. Obs. in hist. CXLVIII. ...“ (AAW F. 21, Op. 5, D. 98, Bl. 36v, s. Anm. 54 in Nr. 17); „422. Spiraea Salicis folio utrinq$_{3}$ viridi obs. in H. CXLVIII. ...“ (AAW R. I, Op. 13, D. 42, Bl. 80v, s. Anm. 1 in Nr. 1); „423. Spiraea Salicis folio amplo, utrinque viridi. ...“ mit der links marginalen Anm. „Tab. LXVI“ (a. a. O., Bll. 80v–81r); „1122. Spiraea Salicis folio amplo, utrinque viridi Ind. Len. 423. ...“ (AAW R. I, Op. 105, D. 1[a], Bl. 118v, s. Anm. 5 in Nr. 5); „Spiraea Salicis folio breviore, latiusculo, crenato, floribus rubris. ...“ (AAW R. I, Op. 15, D. 14, Bl. 8v, s. Anm. 75 in Nr. 101); „Spiraea Salicis folio Inst. r. h. longiore serrato fl. rubeis Mess. ...“ (a. a. O., Bll. 8r–8v); „Spiraea Salicis folio longiore serrato, floribus rubris Amm. 265 ut et Spiraea Salicis folio breviore latiusculo Amm. 266. Sind varietaeten von der gemeinen Spiraea, die in dem Apotheker Garten vorhanden, woraus sie leichtlich bekom̄en werden kan.“ (AAW F. 1, Op. 2–1743, D. 12, Bl. 20r, s. Anm. 5 in Nr. 4); „Tawaлgu [russ. *tavalga*], Tówolgo [barabinz.] Júmrut“ (AAW F. 21, Op. 5, D. 73, Bl. 277v); „1. Juni 1723 ... Spiraea Theophrasti Salicis folio serrato ... Tawalgah Russis et Tataris (Tournefortii sp. 1) – etc. ...“ (Messerschmidt 1962–1977, Bd. 2, S. 56f.); „8. Juli 1723 ... Spiraeam Theophrasti Salicis folio serrato (Tournefortii sp. 1) ...“(a. a. O., S. 86f.); „17. Juli 1723 ... Von Kräutern fand sich hieselbst ... Spiraea Salicis folio ...“ (a. a. O., S. 96); „<Spiraea salicis folio (Tournefortii sp. 1.), descripta.> Item Spiraeam salicis folio (Tournefortii sp. 1. ...“ (Messerschmidt 1962–1977, Bd. 4, S. 181f.); „Spiraea, Salicis folio, longiore serrato, floribus rubeis (Tournefortii sp. 1), Off.“ (Messerschmidt 1962–1977, Bd. 4, S. 208, s. Anm. 1 in Nr. 1)

18 „[species 4] Spiraea Hispanica, Hypericifolio crenato.“ (Tournefort 1700, S. 618, Genus I. „Spiraea.“); „268. SPIRAEA foliis variis, hirsutis. ... In Sibiria ad Irtim fluuium Gmelinus, ...“ (Amman 1739, S. 189f.); „270. SPIRAEA Hyperici folio ampliori, modo integro, modo dentato. ... Quantum differat e Spiraea Hispanica, Hyperici folio crenato Inst. r. h. 618, ...“ (a. a. O., S. 191); „Spiraea Crenato fieng an zu blühen. Das ist eine trefliche Staude zu Heken. ... Von denen hölzernen Stengeln dieser Pflanze macht man folgenden Gebrauch, es werden dieselbe in Büschel gebunden und auf denen Webstülen die gesponnene leinene Fäden über sie gewunden.“ (Gmelin 1770, S. 112); „Daselbst wuchs, ... gekerbter Schlingbaum a), ... |: a) Spiraea crenata, russ. Tawoloshnik, Tawolga :|“ (Lepechin 1774, S. 198); „Spiraea crenata L. R. Tawalga. T. Mikta. ...“ (Georgi 1775, S. 217); „4. SPIRAEA (Crenata) ... Lin. Sp. Plant. 489. ... Spiraea Hispanica, hyperici folio crenato. Tourn. Inst. R. H. 618. Spanische Spiraea mit einem gekerbten Blat.“ (Miller 1776, S. 320); „Spiraea crenata, ... gekerbte Spierpflanze, ... Sie heißt bey ... Tournefort: Spiraea hispanica, hyperici folio crenato; ...“ (Gmelin 1776, Sp. 723); „6.) Gekerbte Spierstaude. Spiraea crenata. ... Spiraea foliis oblongiusculis, apice serratis; corymbis lateralibus. LINN. ... Sp. pl. 701. MILL. Dict. n. 4. Spiraea Hispanica, Hyperici folio crenato. TOURNEF. inst. 618. ... Spiraea Hyperici folio ampliore, ... AMM. ruth. 270. ...“ (Linné 1778, S. 660f.); „„... gekerbter Geisbart, **) ... |: **) Spiraea crenata. :|“ (Lepechin 1783, S. 35); „SPIRAEA crenata. Tab. XIX.

S. foliis oblongiusculis ... Lin. syst. pl. III. p. 521. n. 6. ... S. foliis variis hirsutis Amman. stirp. ruth. p. 189. n. 268. ... Rossis Таволга сѣрая [russ. *tavolga seraja*] (Tawolga Sjeraja), ad Borysthenem Степная Береска [russ. *stepnaja bereska*] (Stepnaja Bereska). ...“ (Pallas 1784, S. 35); „574. Spiraea crenata. Lin. Syst. Plant. II. p. 521. sp. 6. ... Ruß. und Tat. Tawalga. Kirgis. Tabulga. Tschuw. Towolha. Wotj. und Ost. Tubulgah und Tutsch. Mordw. Dubaljah. ... Die ... Stämmchen sind ... sehr zähe, daher die geraden zu Handhaben der Karbatschen genutzet werden.“ (Falk 1786, S. 190); wotjakisch tube̊lge̊ – Spiraea, Spierstrauch (Munkácsi 1896, S. 382); „e) Spiraea crenata. Russ. Tawolojnik, Tawalga, Tawolga sjeraja; ad Borysthenem Stepnaja bereska. Kirgis. Tabulga; Tschuw. Towolha. Wotj. Tubulgah; Ostiak. Tubulgah, Tutsch. Mor<d>w. Dubuljah; Teleut. Tabuljah. ... das Holz ist sehr zähe, daher werden die geraden Ruthen zu Peitschenstöcken gebraucht; Die ganze Staude kann zur Gerberey genutzt werden.“ (Nemnich 1795, Sp. 1346); „5. SPIRAEA crenata L., ... Kerbblättriger Spierstrauch. R. Tawolga seraja. Am Dnepr, Stepnaja Beresina. ... Ein 3 bis 5 Fuß hoher Strauch mit graulich grünen Blättern, die so wie die Reißer zu Gerberlohe anwendbar sind.“ (Georgi 1797–1802, Theil 3, S. 1021); „10. SPIRAEA crenata. ... S. foliis oblongiusculis ... Mill. dict. n. 4. ... Pall. ross. 1. p. 35. t. 18.* ... S. hyperici folio ampliore, ... Amm. ruth. 270. ... Gekerbte Spierstaude. W. ...“ (Linné 1797–1830, Bd. II, Teil 2, S. 1058f.); „965. SPIRAEA crenata. ... Linn. ed. Willd. 2. p. 1058. ... Pall. ross.1. p. 35. t. 19. Gmel. sib. 3. p. 189. n. 49. Amm. ruth. n. 268 et 270. ...“ (Marschall von Bieberstein 1808a, S. 392); „3) SPIRAEA HYPERICIFOLIA. Linn. ... α. latifolia: ... Sp. crenata. Linn. Willd. Spec. pl. II. p. 1058 (excl. synon. Amman. ...) – Pall. Fl. ross. I. p. 35. t. XIX. ... Sp. crenata ... M. a Bieb. Fl. taur. cauc. I. p. 392. BNo. 965. ...“ (Ledebour 1830, S. 214ff.); „2. S[piraea] crenata (L. SP. 701) ... PALL. Fl. ross. I, p. 35, t. 19 ... M. a BIEB. Fl. t. c. I, p. 392. ... S. hypericifolia α. latifolia. LEDEB. Fl. alt. II, p. 215. ... S. foliis variis, ... AMMAN. ruth. p. 189, Nr. 268. S. Hyperici folio ampliori, ... AMMAN. ruth. p. 191, Nr. 270? ...“ (Ledebour 1844–1846, S. 11f.); Spirae crenata L. – russ. *tavolga* bzw. *stepnaja berezka* (*Annenkov* 1858, S. 89, Nr. 1059)

„375 Spyrea hyperici folio, floribus brevioribus pediculis insidentibus“ (AAW R. I, Op. 6, D. 40, Bl. 39r, s. Anm. 1 in Nr. 1); „1125. Spiraea Hyperici folio subhirsuto, crenato. An Spiraea Hispanica Hyperici folio crenato I. R. H? ...“ (AAW R. I, Op. 105, D. 1[a], Bl. 119r, s. Anm. 29 in Nr. 5); „523. Spiraea hyperici folio crenato T. i. r. h. ...“ (AAW R. I, Op. 104, D. 25, Bl. 37v, s. Anm. 61 in Nr. 21); „731. Spiraea Hyperici folio“ mit der rechts marginalen Anm. „Heinz. Tatar.“ (AAW R. I, Op. 15, D. 3, Bl. 14r, s. Anm. 65 in Nr. 24); „Spiraea Hyperici folio leviter in Summitate crenato, albido, molle, floribus candidis Messerschm. ...“ (AAW R. I, Op. 15, D. 14, Bl. 8v, s. Anm. 75 in Nr. 101); „Spiraea, Hyperici folio, leviter in summmitate crenato albido, molli, floribus candidis (nobis, sp. ***, an Tournefortii sp. 4?)“ (Messerschmidt 1962–1977, Bd. 4, S. 208, s. Anm. 1 in Nr. 1)

19 vermutlich „51. SPIRAEA foliis pinnatis, foliolis vniformibus serratis, caule fruticoso, floribus paniculatis, LIN. Sp. 1. p. 702. n. 7. T. 401. Spiraea foliis pinnatis, AM. ac. 2. 352. Spiraea sorbi folio tenuiter crenato, floribus in thyrso albis, AMM. Ruth. 264. ...“ (Gmelin 1747–1769, Bd. III, S. 190f.); „51. Spiraea foliis pinnatis, foliolis uniformibus serratis, caule fruticoso, floribus paniculatis. t. XL. [=] Spiraea sorbifolia.!“ (Ledebour 1841, S. 97); „264. SPIRAEA Sorbi folio, tenuiter crenato, floribus in thyrso albis Messerschm. ... Eandem Gmelinus ad omnes fluuios trans Baikal lacum ... obseruauit.“ (Amman 1739, S. 186); „9.) Speyerlingsblätterichte Spierstaude. Spiraea Sorbifolia. ... Spiraea foliis pinnatis, foliolis uniformibus, serratis; caule fruticoso; floribus paniculais. LINN. ... Sp. pl. 702. ... Spiraea Sorbi folio ... AMM. Ruth 264. ...“ (Linné 1778, S. 662f.); „SPIREA sorbifolia. Tab. XXIV. & XXV. S. foliis pinnatis, ... Gmelin. Flor. sib. III. p. 190. n. 51. tab. 40. Ammann, stirp. ruth. p. 186. n. 264. Rossice Таволга рябинолистная [russ. *tavolga rjabinolistaja*] (Tavolga roebinolistnaja); ad Baïcalem Пустои Таволожникъ [russ. *pustoi tavoložnik*] (Pustoi Tavoloshnik i. e. Spirea cava seu fistulosa). ...“ (Pallas 1784, S. 38); „9. SPIRAEA sorbifolia L., ... Spierlingsblättrige Spierstaude. R. Tawolga Riabinolistnaja. ... Ein schönes

Zwergbäumchen, ... Eine sehr schöne Zwergabart haben die Alpen am Baikal. ... Man nennt sie Russisch Trawoloschnik (hohler Spierstrauch). ...“ (Georgi 1797–1802, Theil 3, S. 1021); „11. S[piraea] sorbifolia (L. SP. 701) ... PALL. Fl. ross. I, p. 38, t. 24. ... S. foliis pinnnatis, ... GMEL. Fl. sib. III, p. 190, Nr. 51, t. 40. S. sorbi folio, ... MESSERSCHM. in AMMAN. ruth. p. 186, Nr. 264. ...“ (Ledebour 1844–1846, S. 15f.); Spiraea sorbifolia L. – russ. *pustoj tavoložnik* bzw. *ugrjum* (*Annenkov* 1858, S. 90, Nr. 1065)

„observirte ich ... Spiraeam Sorbi folio so aber noch nicht aufgebluhet war, ...“ (G. W. Steller am 6. Juli 1740 in: Hintzsche 2000, S. 120); „Spiraea Sorbi folio. Amm.“ (AAW R. III, Op. 1, D. 162, Bl. 111r, s. Anm. 36 in Nr. 8); „524 Spiraea folio Sorbi aucupariae DD Gmel.“ (AAW R. I, Op. 104, D. 25, Bl. 37v, s. Anm. 61 in Nr. 21); „⋆145. Spiraea Sorbi folio &c. Amm. 264.“ (AAW R. I, Op. 105, D. 16, Bl. 3r, s. Anm. 5 in Nr. 4); „Spiraea Sorbi folio flore in corymbis oblongis, albo, rosaceo, pentapetalo, pistillo abeunte ...“ (AAW R. I, Op. 15, D. 14, Bl. 1r, s. Anm. 75 in Nr. 101); „Spiraea Sorbi folio tenuiter crenato, floribus in thyrso albis. ...“ (a. a. O., Bl. 4r); „Spiraea Sorbi folio conjugato, acutiore floribus in thyrso candidis. ...“ (a. a. O., Bl. 8v); „5. Juni 1722 ... Diese Tataren gaben mir folgende Vocabula: ... Tawalgah ‚Spiraea Tournefortii folio Sorbi‘ etc.; ...“ (Messerschmidt 1962–1977, Bd. 1, S. 231f.); „6. Juni 1723 ... observierte nichts als ... item Spiraeam Sorbifolium ...“ (Messerschmidt 1962–1977, Bd. 2, S. 60f); „Spiraea Sorbi folio ... (nobis, sp. ***)“ (Messerschmidt 1962–1977, Bd. 4, S. 208, s. Anm. 1 in Nr. 1)

20 russ. *tavalga*

21 „[species 18] Cerasus racemosa, sylvestris, fructu non eduli C. B. Pin. 451. Cerasus racemosa quibusdam aliis Padus J. B. 1. 228. Cerasia racemosa, nigra Tabern. Icon. 988. Bois de Sainte Lucie.“ (Tournefort 1700, S. 626, Genus IV. „Cerasus. Cerisier.“); „CERASVS RACEMOSA QVIBVSDAM: ALIIS PADVS. ... Cerasia racemosa nigra, Schwartz Vogel Kirsen ...“ (Bauhin 1650, S. 228f.); „CXI. Cerasus avium racemosa, Lob. ic. 174. 0. Cerasus racemosa, Adv. Lob. fol. 436. ... Cerasus racemosa sylvestris fructu non eduli, C. B. Pin. 451. ... Schwartze und rothe Vogel=Kirschen ... Arbor Borussis Faulbaum/ baccae Ahlkirschen dicuntur. ...“ (Loesel 1703, S. 42); „1. PADUS glandulis duabus basi foliorum subjectis, ... Cerasus racemosa quibusdam, ... Bauh. hist. 1. p. 228. Cerasus racemosa sylvestris, ... Bauh. pin. 451. Tournef. inst. 626. ...“ (Linné 1737, S. 185); „1. PADUS glandulis duabus basi foliorum subjectis LINN. Cliff. p. 185. ... Cerasus racemosa sylvestris ... I. R. H. ...“ (Haller 1742, S. 357); „5. PRVNVS floribus racemosis, foliis deciduis, basi subtus biglandulosis, LINN. spec. Tom. I. p. 6. 77. n. 1. Padus foliis annuis, LINN. fl. Lapp. 198. ...“ (Gmelin 1747–1769, Bd. III, S. 172f.); „5. Prunus floribus racemosis, foliis deciduis, basi subtus biglandulosis [=] Prunus Padus L.!“ (Ledebour 1841, S. 95); „PRVNVS (Padus) ... Linn. Spec. pl. 473. n. 1. ... Черемха [russ. *čeremcha*] Russ. ...“ (*Krašeninnikov* 1761, S. 77); „186. PADUS foliis ovato lanceolatis, serratis. ... Prunus floribus racemosis, ... LINN. p. 677-...“ (Haller 1768a, S. 30); „[Cerasus] racemosa quibusdam, aliis Padus; racemosa sylvestris fructu non eduli, bedeutet bey J. Bauhin, Clusius und C. Bauhin die schwarze Vogelkirsche.“ (Gmelin 1772, Sp. 777); „[Prunus] Padus, ... schwarze Vogelkirsche, ... Vogelkirsche; Büschelkirsche; ... Ihre innere Rinde färbt grün, und damit färbt man die Vogelneze; ... ihre herbe und ekelhafte Beeren, welche ... von einigen Aerzten in der Ruhr empfolen werden, speisen die Kamtschadalen und Schweden mit Salz bestreut, und die Lappländer, mit Wein oder Brandewein getränkt.“ (Gmelin 1775, Sp. 427ff.); „1. Elsenbeer= oder Elzbeerbaum. Prunus Padus. ... Prunus floribus racemosis; foliis deciduis basi subtus biglandulosis. LINN. ... Spec. pl. 677. ... Padus foliis ovato lanceolatis. HALL. hist. n. 1086. Padus glandulis ... LINN. Hort. cliff. 185. ... HALL. Helv. 357. ... Cerasus racemosa silvestris, ... C. BAUH. pin. 451. TOURNEF. inst. 626. ... in Deutschland ... wo seine Früchte Alsen, Elsen, Elxen, Elzenbere, Elpel, Töpelchen, Vogelkirschen, Büschelbeeren, Traubenkirschen, schwarze Vogelkirschen, wilde Traubelkirschen, Haubeere, Schießbeere heissen, ... Diese Früchte, welche einen unangenehmen und eckelhaften Geschmack haben, ... werden von den Finnländern als ein stopfendes Mittel wider die Ruhr gebraucht, ... Sein Holz ... kann von Drechslern und Tischlern zu Handheben, Peitschenstöcken, Tobacksröhren und allerhand kleinem Hausgeräthe gebraucht werden. Die Finnländer curiren mit

einem sehr starken Decockt von seiner Rinde die Lustseuche. ..." (Linné 1777a, S. 731ff.); „PRUNUS Padus. P. floribus racemosis, ... Gmel. flor. sib. III. p. 171. [sic!] ... Germanis Elzbeerbaum, Traubelkirsche, Ahlkirsche, Hexenbaum, cet. Rossis Черемуха [russ. *čeremucha*] (Tscheremucha). Tataris Casaniensibus Gumerut; Tomensibus Tschumurt; Baschkiris Schumart. Sirjaenis et Permecis Ljompu. Lettice Eewa, Lewe. Esthonis Tomikas. Mongolis Moijil vel Môïl. Tungusis Turíkta. Lamutis Ingit. Camtschadalis ad Bolschaja fl. Kákham, ad Camtschatka fl. Kéilem. ..." (Pallas 1784, S. 16f.); „559. Prunus Padus. Lin. Syst. Pl. II. p. 483. sp. 1. ... Vogelkirschenbaum ... Die Kalmücken kochen die Früchte mit Milch, sondern Steine und Hülsen durch ein weites Sieb ab, und kochen das Durchgelassene zu einer festen Masse, die sie Moisun Chat nennen und eine vorzügliche Reisekost ist, ..." (Falk 1786, S. 186f.); „o) Prunus padus. Cerasus racemosa sylvestris fructu non eduli; Pseudo-ligustrum. Deutsch. Die Traubenkirsche; Traubelkirsche, Büschelkirsche, Taubenkirsche, Alpkirsche, Ohlkirsche, Hohlkirsche, Oltkirsche, Schwarze Vogelkirsche, Ahlkirsche, Faulbeere, Kaulbeere, Trixelbeere, Schiessbeere, Kintschelbeere, Haubeere, Holzbeere, Gichtbeere, AElexe, Elxen, Elexbeere, Exen, Elsenbeere, Ehlen, Epen, Elpeln, Alpen, Ahlen, Apen, Alasasa, Elsterbaum, Olantbaum, Hühneraugenbaum, Drachenbaum, Dirleinbaum, Hundsbaum, Maibaum, Kietschbaum, Falscher oder unächter Faulbaum, Wiedebaum, Kandelweide, Papstweide, Schwarze Weide, Schwarz Bändelholz, Lucienholz, Moskowitische Lorbeerkirsche, Harholz, Scherpenholz, Potscherpen, Patscherpen, Scherpenpapst, Scherbken, Scherben, Scherkenholz, Tölpelchen, Drutenblüh, Wasserschlinge. ... Russ. Tscheremucha. ... Lett. Eewa, Lewe. Esthn. Tomikas. ... Tatar. Jumurt agatsch, Gumerut, Mojel; Am Tom. Tschumurt; Baschkir. Schumart. Kalmuk. Moisun; Ostjak. Tschim Po. Wogul. Nolamto; Tscherem. Lambu. Wotjak. Lumpu; Szirsän [sic!]. Ljompu. Mongol. Moijil; Lamut. Ingit. Tungus. Turikta; Inukta. Kamtsch. Kakham; Keilem. ... die russischen Landleute kochen von den Beeren ein Mnss [sic!], welches für sich und in Kuchen gegessen wird; die Kalmucken kochen die Beeren mit Milch, ... Die alten nordischen Völker glaubten, daß dieser Baum die Unholden, den Alp &c. vertreiben, und den Zaubereyen widerstehen, ..." (Nemnich 1795, Sp. 1074f.); „1. PRUNUS Padus L., ... Gemeine Traubenkirsche. Elzbeerbaum. R. Tscheremucha. ... Tung. Junckta und Turikta. ... An einigen Orten werden die starkgetrockneten Beeren ... unter das Getreide, zur Verlängerung des Brodmehls, gemahlen" (Georgi 1797–1802, Theil 3, S. 1001); „1. PRUNUS padus. P. floribus racemosis, ... Gmel. sib. 3. p. 171. [sic!] ... Padus glandulis ... Hort. cliff. 185. ... Padus foliis ovato-lanceolatis serratis. Hall. helv. n. 1086. ... Vogel Pflaume. W. ..." (Linné 1797–1830, Bd. II, Teil 2, S. 984f.); „940. PRUNUS Padus. ... Linn. ed. Willd. 2. p. 984. ... Pall. ross. 1. p. 16. Hall. hist. n. 1086. Gmel. sib. 3. p. 172. n. 5. ..." (Marschall von Bieberstein 1808a, 383); „PRUNUS PADUS. ... Vogel-Pflaume, gemeine Traubenkirsche, ... Prunus Padus ist schon früher in Rücksicht seiner Heilkräfte empfohlen worden, ... Nachher hat er [d. h. J. I. Bremer] sie [d. h. die Rinde] nicht allein bei dieser Krankheit [d. h. Gicht bei an Fieber leidenden Kranken] ... auch bey Rheumatismen, beym Hüftweh, beym Magenkrampf und bey Lähmungen mit dem glücklichsten Erfolg gebraucht. ..." (Hayne 1816, Nr. 40); „3) PRUNUS PADUS. Linn. ... Willd. Spec. pl. II. p. 984. ... Pall. Fl. ross. I. p. 16. – M. a Bieb. Fl. taur. cauc. I. p. 383No. 940. ... Prunus floribus racemosis, ... Gmel. Fl. sib. III. p. 172. No. 5. ..." (Ledebour 1830, S. 212); „143. Prunus Padus, L. ... Die Früchte (Tscherjumchi der Russen; Tschia der Baschkiren) sind eine beliebte Nahrung am Ural und auf Kamtschatka. ..." (Erman 1835, S. 64); „13. P[runus] Padus (L. SP. 677) – PALL. Fl. ross. I, p. 17. ... M. a BIEB. Fl. t. c. I, p. 383. ... LEDEB. Fl. alt. III. [sic!] 212. ... P. floribus racemosis, ... GMEL. Fl. sibir. III, p. 172, Nr. 5. ..." (Ledebour 1844–1846, S. 6f.); „Als kühlendes Getränk gebrauchen auch die Kalmücken ein Gelée, aus den Beeren des Prunus padus mit Milch gekocht (Moison-Chan), mit Wasser vermischt." (Krebel 1858, S. 115); „1) Träge, schwache Verdauung, Flatulenz und Koliken. ... Bei Leibschmerzen wendet man ... im Kiew'schen einen Schnaps mit den Beeren von Prunus padus [an]." (a. a. O., S. 129ff.); „3) Durchfall und Ruhr. ... Im Kasanschen Gouvernement ist das gebräuchlichste Volksmittel gegen epidemischen Durchfall eine Abkochung der frischen Rinde des Prunus padus. Man rühmt dieses auch an andern Orten dagegen gebrauchte Mittel als sehr wirksam." (a. a. O., S. 131f.); „16) Durchfall. ... Im Kiewschen Gouvernement gebraucht man eine Ab-

kochung der Beeren des Prunus padus.“ (a. a. O., S. 140); „1) Epilepsie. ... Im Kiewschen wird dagegen eine starke Abkochung der Rinde und der Blätter von Prunus padus angewendet.“ (a. a. O., S. 144); „XI. Mittel bei Blutflüssen. ... Bei Blutungen aus den Lungen: Emulsionen vom Samen des Carduus Mariae, den Knoblauch und Prunus padus, beide letztere fein zerstossen mit Honig zum dicken Brei eingekocht und theelöffelweise genommen.“ (a. a. O., S. 164); „Bei sehr hartnäckigem von Blutspeien begleitetem Husten brauchte man früher Knoblauch mit Prunus Padus fein gestossen und mit Honig vermischt. ...“ (Demitsch 1889, S. 162); Prunus Padus L. – russ. *čeremna*, *čeremucha* bzw. tatar. *šimyrt* (*Annenkov* 1858, S. 75, Nr. 878); wotjakisch l'om-pu – Prunus padus (Munkácsi 1896, S. 586); wotjakisch l'öm pu – Traubenkirschbaum (Wiedemann 1851, S. 379); mokschanisch laimä – Prunus padus, Traubenkirsche (Ahlquist 1861, S. 208); ersanisch l'om – Prunus padus L., Traubenkirsche (Wiedemann 1865, S. 242); burjatisch moihaŋ, moihaŋ(n) bzw. moihoŋ – Prunus padus, Traubenkirsche (Castrén 1857, S. 174); syrjänisch l'öm-pu – Prunus padus, Traubenkirschenbaum (Wiedemann 1880, S. 156); ostjakisch jûm bzw. jôm – Traubenkirsche (Castrén 1858, S. 122); tungusisch iŋukta, iŋakta bzw. iŋäktä – Traubenkirsche (Castrén 1856, S. 133, S. 74); samojedisch ˜ôdembea, muge, muko, mugo, mukko, mukku, muke, müke bzw. mükeł-pu – Prunus padus, Traubenkirsche (Castrén 1855, S. 291); *Enisej*-ostjakisch hî, hîgaŋ bzw. fi – Traubenkirsche (Castrén 1858a, S. 174 bzw. S. 191)

„Cerasus racemosa seu Padus Theophrasti, Russis et omnibus Tataricis gentibus varia esculenta et potulenta suppeditat. Russi praecipue Tomienses omnium optimé fructum hic exsicccare norunt in Clibano, quae Cerasa exsiccata convivis bellariorum loco apponunta & una cum ossiculis com̃inuta dentibus, deglutiuntur, recentes, et Rutheni & Tataricae gentes com̃edunt, nec raro ab ursis hac aestate, ad Ob fluvium & Tschulimum vindicta cruenta exercita fuit, ab fructus hos et illis in cibum venientes, ita et modo dicti populi placentas inde formant, inq3 clibano pinsunt solent et cerasis his recentibus Doliolum ad dimidium replere aquam fervidam affundere, deinde in cellam repositum, et tectum, tam diu servare donec aqua omnem tincturam extraxerit, viniq3 rubri colorem imitetur, quofacto, seorsim hic Potus per inclicationem separatus servatur, vini rubri loco, hospitibus apponitur, eiusq3 vices subit nec facile a vilioris notae vino distinguitur.“ (AAW R. I, Op. 104, D. 18, Bl. 15r, s. Anm. 20 in Nr. 632); „92. Cerasus racemosa sylvestris, fructu non eduli C. B. P. Russis черемуха. [russ. *čeremucha*] ...“ (AAW R. I, Op. 13, D. 42, Bl. 12r, s. Anm. 1 in Nr. 1); „378 Cerasus racemosa, sylvestris, fructu non edul. CBP. 451,“ (AAW R. I, Op. 6, D. 40, Bl. 39r, s. Anm. 1 in Nr. 1); „∗ Cerasus racemosa sylvestris fructu non eduli, C. B. P. ... Russico nomine черемуха [russ. *čeremucha*] dicitur, ...“ (AAW F. 21, Op. 5, D. 98, Bl. 36v, s. Anm. 54 in Nr. 17); „286. Cerasus racemosa sylvestris fructu non eduli C. B. P. ...“ (AAW R. I, Op. 105, D. 1[a], Bl. 25v, s. Anm. 29 in Nr. 5); „123. Cerasus racemosa sylvestris fructu non eduli C. B. P. ...“ (AAW R. I, Op. 105, D. 12, Bl. 6v, s. Anm. 54 in Nr. 17); „1. Cerasus racemosa sylvestris fructu non eduli C. B. P. ...“ (AAW R. I, Op. 13, D. 67, Bl. 20r, s. Anm. 5 in Nr. 4); „Cerasus racemosa sylvestris, fructu non eduli. Inst. r. h. 626, n°. 19. [sic!]“ (AAW R. I, Op. 13, D. 19, Bl. 7r, s. Anm. 54 in Nr. 17); „525 Cerasus racemosa, ...“ (AAW R. I, Op. 104, D. 25, Bl. 37v, s. Anm. 61 in Nr. 21); „Cerasus racemosa sylvestris, fructu non-eduli nigro. C. B. Pin. 451. Tournefort. Spec. 18. Pseudo-Ligustrum Dodon. Pempt. 777. Cerasus avium racemosa Lobel. Icon. P. 2. 174 & Loesel. Flor. Pruss. [Nr.] 111. Cerasus racemosa Advers. Lobel. 436. Cerasus avium Clus. Hist. 1. 65. Cerasus racemosa sylvestris Eystetens. An–Cerasus sylvestris Caesalp. 2. 20. p. 51. Arbuscula sylvestris Cerasi foliis fructu Virgae sanguineae ferè Gesn. Hort. 248. Vogel= Kirschen; Ahl=Kirschen; Faul=Baum Prussis et Livonis. Czeremucha, Russis. ...“ (AAW F. 98, Op. 1, D. 19, Bl. 10r, s. Anm. 59 in Nr. 19); „548„ d. 3 [October 1725]„ Moïl=su et Moil Mongolis; Cerasus racemosa sylvestris fructu non eduli; Tournef. Sp. 18. Padus Officinarum Dale. Germanis AhlKirsche); ...„ “ (AAW F. 98, Op. 1, D. 23, Bl. 21v, s. Anm. 49 in Nr. 653); „Cerasus racemosa sylvestris, fructu non eduli nigro, pulpa viridi (Tournefortii sp. 18), Off.“ (Messerschmidt 1962–1977, Bd. 4, S. 208, s. Anm. 1 in Nr. 1); russ. *čeremcha* – lamutisch Ing-it (J. J. Lindenau in: AAW F. 934, Op. 1, D. 89, Bl. 335r, Kopie aus dem Archiv RGADA)

22 russ. *čeremcha*

23 in der 2. Textversion (s. Anm. 1 in A.) fehlt „cerasa“

24 in der 2. Textversion (s. Anm. 1 in A.): „marsuppiis“

25 „893. Crataegus flore magno Obs. in H. N. CLI. ... Fl. Irc. n°. 1117.“ (AAW R. I, Op. 105, D. 1, Bl. 70v; s. Anm. 29 in Nr. 5); „* Crataegus flore magno obs. in hist. nat. CLI. Russ. Russ. Уяблокъ [russ. *ujablok*?] ...“ (AAW R. I, Op. 105, D. 2, Bl. 20v, s. Anm. 54 in Nr. 17); lat. „Crataegus flore magno“, russ. „яблинь [russ. *jablin'*]“ (J. G. Gmelin in: AAW F. 21, Op. 5, D. 73, Bl. 295v); „1. Crataegus flore magno Obs. in H. N. CLI. Sorbus acris rubris, folio & ligno fere instar pomorum sylvestrium, Gabloltschky“ (AAW R. I, Op. 13, D. 67, Bl. 57r, s. Anm. 5 in Nr. 4); „2. Crataegus flore magno Gmel.“ mit der rechts marginalen Anm. „Sibiria“ (AAW R. I, Op. 13, D. 16, Bl. 17r, s. Anm. 32 in Nr. 6); „CLI. Crataegus flore magno.“ mit der links marginalen Anm. auf Bl. 60r „vid. Fig.“ (AAW R. I, Op. 105, D. 8ª, Bll. 60r–61r, s. Anm. 46 in Nr. 79); „CLI. Crataegus flore magno. Et huius Cl. Messerschmidius iconem dedit, et vocavit: Malus davurica montana, magno flore albo fructu cerasoide exiguo luteolo-rubro, austero, per maturitatem acido, petiolo praelongo, tenui. ... Russico nomine propter saporem fructus malo analogum ЯБлонь [russ. *jablon'*] dicitur, qva denominatione seductus Cl. Messerschmidius eandem latinam fecit. Propter theca vero, in qvas fructus dividitur, extremitate rotundas et fructum superius tantum umbilicatum ego ad Crataegum retuli. Buraeti öröl vocant, Cl. Messerschmidius oeroel vel urulmodo describit. Modo vero nomen est adpellativum cujusque arboris.“ mit der rechts marginalen Anm. auf Bl. 41r „vid. Fig.“ (AAW R. I, Op. 105, D. 8, Bll. 41r–41v, s. Anm. 46 in Nr. 79); „339„ d. [20 October 1724]„ Fruct. Mali Davuricae montanae, magno flore albo, fructu Cerasoïde exiguo luteolo rubeo, austero praelongo petiolo tenui.„ “ (AAW F. 98, Op. 1, D. 23, Bl. 11r, s. Anm. 49 in Nr. 653);

vgl. „6. ALISIER à feuilles de Poirier, Crataegus pyrifolia. Crataegus foliis oblongo ovatis, crenatis, subtus argenteis. Enc. Mill. Dict. Tab. 109. ...“ (Lamarck 1783, S. 83f.); „TAB. 165. CRATAEGUS PYRIFOLIA. Der birnbaumblätterichte Hagedorn. ... Eyförmigrund sind die Früchte oder Beere, ... roth an der Farbe, ... und werden im Oktober reif. ...“ (Schultz 1792, S. 62); „17. Crataegus pyrifolia. Willd. arb. Birnblättriger Weißdorn. ... Mit eyförmigen, elliptischen, eingeschnittenen, gezähnten Kelcheinschnitten, und vielblümigen Blumenstielen; ...“ (Dietrich 1803, S. 391); „4. Der birnbaumblätterige Azerolbaum. ... Mespilus pyrifolia. Crataegus pyrifolia. ... wird in dem Pflanzengarten zu Paris unter dem Namen birnblättriger Hagedorn ... erzogen. ... Die Früchte sind verschieden in Form und Größe; ... Die Farbe der Haut ist ein lebhaftes Roth, ...“ (Dietrich 1841, S. 419); „174. Crataegus coccinea L. Pomaceae Lindl. Scharlachrother Hagedorn. ... 183. Crataegus pyrifolia Ait. Pomaceae Lindl. ... Anmerkung. Alle diese Crataegusarten haben ein mehr oder weniger weisses, bis ins bräunliche ziehendes Holz, welches ziemlich fein und hart ist und namentlich von Drechslern und Mechanikern, weniger von Tischlern verarbeitet wird. Das letztere hat einen schönen, dunkelbraunen und sehr starken Kern.“ (Fuchs 1866, S. 11); ersanisch bojarka bzw. bojaroń jagodat – Crataegus L., Weißdorn L. (Wiedemann 1865, S. 261); wogulisch juxtpi̮n-pul-jiv – „Crategus“, Nadel-Beere-Baum (Ahlquist 1891, S. 12); tungusisch żelikta bzw. ʒ'alikta – Crataegus, Weißdorn (Castrén 1856, S. 134); jakutisch долоҕн – Weißdorn (Middendorff 1851, S. 116); „Crataēgus L. (Pomaceae). Zus aus κρατος (Stärke, Kraft) und ἀγειν (führen), wegen der bedeutenden Härte des Holzes, vielleicht auch wegen der gleichsam als Waffen dienenden Dornen.“ (Wittstein 1852, S. 235f.)

26 russ. *jabloko*

27 „F. Die Azerolen. ... Crataegus. ... Unter der großen Anzahl der zur Familie der Crataegus gehörenden Früchte, ... befinden sich mehrere, welche zum Dessert=Obst oder zu Confitürs dienen, und demnach unter die Obstfrüchte gezählt werden. ... Die Frucht ist nicht groß, wie große Kirschen, ... von Farbe theils roth, theils weißlich oder bleichgelb. Ihr Fleisch ist hellgelb, trocken oder mehlig, von angenehm säuerlichem Geschmacke, daher sie meist zu Confitüren verwendet werden. ...“ (Dietrich 1841, S. 417)

28 „MESPILUS. ... teutsch, Mispelstrauch. ... Die Frucht heist ... teutsch, eine Mispel. Ihre Haut ist zarte, das Fleisch hart, weiß und herbe. Es wird aber weicher, wenn es zeitiget, und überhaupt einen angenehmen, sehr lieblichen Weingeschmack. ...“ (Lémery 1721, Sp. 727f.)

29 „11. CERASUS racemosa, Oltkirsche. Cerasus racemosa syluestris fructu non eduli. Turn. 626. C. B. P. 454. ...“ (Carl 1770, S. 403); „1. Die Ahl=Kirsche, ... Olt=Kirsche, ... Cerasus racemosa syluestris, fructu non eduli. C. B. ... Die Frucht ist eine kleine runde Beere, in der Größe einer Erbse von mittlerer Größe. ...“ (Krünitz 1773–1858, Bd. 39, S. 177f.)

30 „[species 8] Sorbus aucuparia J. B. 1. 62. Sorbus sylvestris, foliis domestica similis C. B. Pin. 415. Sorbus sylvestris, Alpina Lob. Icon. 107.“ (Tournefort 1700, S. 634, Genus IV. „Sorbus. Sorbier.“); „Aucuparia Rivini. Sorbus aucuparia J. B. 1. 62. ... Germ. Quitsch=Beeren. ...“ (Rupp 1726, S. 112); „1. SORBUS foliis pinnatis. ... Sorbus sylvestris alpina, LOB. hist. 544. Sorbus sylvestris, Bauh. pin. 415. Sorbus aucuparia. Bauh. hist. 1. p. 62. ... Aucuparia rivini. Rupp. jen. 112. ...“ (Linné 1737, S. 188); „19. SORBVS foliis pinnatis vtrinque glabris, HALL. Helv. 250. LINN. spec. 1. p. 683. n. 1. Sorbus syluestris, foliis domesticae similis, B. pinn. [sic!] 415. Sorbus syluestris, CAM. Epit. 161. ...“ (Gmelin 1747–1769, Bd. III, S. 178); „19. Sorbus foliis pinnatis utrinque glabris [=] Pyrus Aucuparia Gaertn.!“ (Ledebour 1841, S. 96); „[Sorbus] aucuparia, ... wilder Sperberbaum, ... Vogelbeerbaum; ... Eschrüsel; Arschrösel; Maasbeere; Güreschbaum; ... seine Beeren werden ... in Wechselfiebern, in der blinden Goldader und in Durchfällen angerühmt; ...“ (Gmelin 1776, Sp. 672ff.); „1) Der wilde Speyerling, Vogel=Speyerling. Sorbus aucuparia. ... Sorbus foliis pinnatis, utrinque glabris. LINN. ... Sp. pl. 683. ... Hort. Cliff. p. 188. ... Sorbus aucuparia. TOURNEF. inst. 634. Sorbus sylvestris, ... C. BAUH. pin. 425. ... Dieser Baum heißt auch der wilde Sperberbaum, Güreschbaum oder Mahlbaum; ... Seine Früchte werden insgemein Speyerling oder Vogelbeere, wie auch Quitschenbeere, Quitsenbeere, Abereschen= Ebereschen= Waldeschenbeere, Ebschen, Eschrüsel, Aschrösel, Aressel und Maalbeere genennet. ... Der ausgepreßte Saft von diesen Beeren wird ... als ein Erbrechen machendes und Wasser abführendes Mittle gebraucht; die getrockneten Beere aber hält man für zusammenziehend und stopfend; ... Sein Holz ... ist zu verschiedener Wagner= Tischler= und Drechslerarbeit, zu Wagenrädern, Deichseln, Büchsenschäften, Schrauben in Pressen, Holzstichen, zum Mühlenbau und dergleichen, vortreflich zu gebrauchen. ...“ (Linné 1777a, S. 772ff.); „Eberäsche, (*) Eibischbaum, ... Sorbus aucuparia I. B. ... Das Landvolk in England ist, wie Ellis berichtet, der Meynung, es sey das Kreutz des Erlösers aus diesem Holze verfertigt worden. ... Die Beeren sind zuförderst von gar beträchtlichem Nutzen, zur Lockspeise beym Vogelfange, ... Auch nehmen die Landleute die Beeren, wider den Stein, in Brandwein ein. ... Die Beeren sind auch in einigen Apotheken zu haben, und dienen, ... zum Gurgelwasser. ... Endlich habe ich noch des abergläubischen Gebrauches zu gedenken, da man aus den Aesten dieses Baums einen Kranz zu machen pflegt, worein ein von Zauberey gebundener sein bezaubertes Glied stecken, und hiernach Besserung verspüren soll. ... |: (*) Den Namen Aesche hat dieser Baum vermuthlich wegen seiner Aehnlichkeit mit der eigentlich sogenannten Aesche. ... :|“ (Krünitz 1773–1858, Bd. 10, S. 20ff.); „SORBUS aucuparia. P. [sic!] foliis pinnatis, utrinque glabris ... Gmelin Flor. sib. III. p. 178. ... Germanis Vogelsbeer- Aebreschen- oder Quitschenbaum. Rossis Рябина [russ. *rjabina*] (Rjaebina). Livonis Piladsis vel Sehrmaukschi. Esthonis Pihlakas, Permecis Melisch. Tataris Seibe-agatsch, Mongolis Bolgichda, Tungusis Amikta. Lamutis Góluka. Camtschadalis ad fl. Bo[l]schaja Káilym; ad Camtschatka fl. Bitschanun. Coraecis Elóën. Curilis Kóksuneni. ...“ (Pallas 1784, S. 28); „a) Sorbus aucuparia. Sorbus sylvestris; Ornus, Deutsch. Der Vogelbeerbaum; wilder Sperberbaum, Aberesche (d. i. unächte Esche) Abrasche, Ebersche, Everesche, Ewischbaum, Ebischbeere, Ebsche, Eibischbeere, Eibschbeere, Ebschbeere, Ebrizbeere, Eibrischbeere, Eschrüssel, Eschrösel, Arschrösel, Aressel, Güresche, Hanresche, Wielaisch, Gärmischbaum, Gürmschbaum, Waldesche, Waldeschern, Aueräscher, Adelsbeere, Quitschen, Qizbeere, Qickenbeere, Quitsern, Quitschelbeere, Qualsterbaum, Moschbeere, Masbeere, Mehlbeere, Pfilbeere, Pilbeere, Linbaum, Limbaum, Stinkbeere, ... Russ. Rjäbina, Lett. Pihladsie, Pattenes, Sehrmänkschi, Klukles. Ehstn. Pihlakas; ... Tatar. Seibeagatsch; Mongol. Molgichda. Tscherem. Pisle; Tschuw. Oilesch. Mordw. Pisel; Wogul. Passei.

Perm. Melesch, Melisch, Kindritsch. Wotj. Palis pu, Inderbesch. Baschkir. Sagale agatsch. Ostjak. Enderbitsch, Sag-po. Kamtsch. Káilym; Bitschanun. Tungus. Amikta; Lamut. Góluka. Korjak. Elóen. Kuril. Koksuneni. ... Die Blätter haben, ... einen unangenehmen Geruch; die Beeren haben eine schöne rothe Farbe, ... die Rinde dient zur Gerberey; ..." (Nemnich 1795, Sp. 1326f.); wotjakisch paleǯ-pu – Sorbus aucuparia, Vogelbeerbaum (Munkácsi 1896, S. 541); „1. Sorbus aucuparia L. ... Gemeiner Speierling. Abresche. Quitsche. R. Riäbina. ... Tat. Serbe Agatsch. Mong. Bolgigda. Tung. Amykta. Kuril. Kök Sumi. Esthn. Pihlacas. ... Er wächset als Baum bis zur Mannsdicke und mit 1½ bis 2 Faden und darüber hohen Stämmen, aus weißem, zähen Nutzholz; ... Die reifen Beeren werden von vielen, und meistens mit etwas Honig zu Mus für Winterspeise eingekocht, auch wenn sie der Frost milde gemacht hat, roh gegessen. In den langen, strengen Wintern sind sie die vorzüglichste Nahrung der bey uns bleibenden Vögel." (Georgi 1797–1802, Theil 3, S. 1012); „1. SORBUS aucuparia. S. foliis pinnatis ... Gmel. sib. 3. p. 178. ... S. foliis pinnatis. Hort. cliff. 188. ... S. aucuparia. Tournef. inst. 634. ... S. sylvestris, ... Bauh. pin. 415. ... Gemeine Eberesche. W. ..." (Linné 1797–1830, Bd. II, Teil 2, S. 1008); „951. SORBUS aucuparia. ... Linn. ed. Willd. 2. p. 1008. ... Pall. ross. 1. p. 28. ... Gmel. sib. 3. p. 178. n. 19. ..." (Marschall von Bieberstein 1808a, S. 387); „3. PYRUS AUCUPARIA. Gaertn. ... Sorbus aucuparia. Linn. Willd. Spec. pl. II. p. 1008. – Pall. Fl. ross. I. p. 28. – M. a Bieb. Fl. taur. cauc. I. p. 387. No. 951. ... Sorbus foliis pinnatis ... Gmel. Fl. sib. III. p. 178. No. 19. ..." (Ledebour 1830. S. 223); „18. P[yrus] aucuparia (GAERTN. de fruct. et semin. II, p. 45, t. 87) ... LEDEB. Fl. alt. II, p. 233. [sic!] ... Sorbus aucuparia. L. SPEC. 684. ... PALL. Fl. ross. I, p. 28. ... M. a BIEB. Fl. t. c. I, p. 387. ... Sorbus foliis pinnatis ... GMEL. Fl. sib. III, p. 178, Nr. 39. ..." (Ledebour 1844–1846, S. 100); „Pȳrus L. (Pomaceae). Celtisch peren. Viellleicht zunächst von πυρος (Weizen), weil die Frucht Kerne enthält, die ohngefähr die Grösse der Weizenkörner haben." (Wittstein 1852, S. 744); „Sōrbus T. (Pomaceae). Vom celtischen sor (rauh, herb), in Bezug auf den Geschmack der Frucht; noch näher liegt sorbere (essen), denn die Frucht mancher Arten, (z. B. S. domestica) wird noch jetzt im südlichen Europa gegessen. Auch leitet man ab vom arabischen sorbet oder sherbet (Getränk), was aus dem gegohrenen Safte der Früchte bereitet wird oder wurde." (a. a. O., S. 822); Pyrus aucuparia Gaertn. – russ. *rjabina*, *rjabika* bzw. tatar. *miljaš* (*Annenkov* 1858, S. 76f., Nr. 901); mokschanisch pizäl – Eberesche (Ahlquist 1861, S. 168); ersanisch pizel'– Sorbus aucuparia L., Sperberbaum, Vogelbeerbaum (Wiedemann 1865, S. 237); wotjakisch palez' pu – Vogelbeerbaum (Wiedemann 1851, S. 384); wogulisch pǟšer-jiv. päser-jiv bzw. pasar-jiv – Eberesche, Vogelbeerbaum (Ahlquist 1891, S. 40); syrjänisch pelyś, pelyś-pu, ŕabina bzw. sös-pu – Sorbus aucuparia, Eberesche, Vogelbeerbaum (Wiedemann 1880, S. 231, S. 267 bzw. S. 301); ostjakisch peǥar bzw. peđar – Eberesche (Castrén 1858, S. 109); ostjakisch johmjuch (nach D. G. Messerschmidt – Vogelkirsche (Klaproth 1831, S. 195); samojedisch saipa, sait-po, saiba, seaiba, halbe, sâna bzw. ŧeltä – Eberesche (Castrén 1855, S. 213); *Enisej*-ostjakisch sâꞥef – Eberesche (Castrén 1858a, S. 186)

„Sorbus aucuparia ut per totam russiam, sic et per Sibiriam frigore mitiores redditos fructus incolis suppeditat bellariorum loco, parant Tomii ex solo fructu contuso, affusae ferventis aquae et fecis cerevisiae ope spiritum parant, spiritu frumenti vehementiorem nec ingratum, albumqꝫ subducentem, cum fructus tamen ipsi non obscure adstringentis facultatis participes sint." (AAW R. I, Op. 104, D. 18, Bl. 15v, s. Anm. 20 in Nr. 632); russ. *rebina* – lamutisch Ngnoluka (J. J. Lindenau in: AAW F. 934, Op. 1, D. 89, Bl. 335r, Kopie aus dem Archiv RGADA); lat. Sorbus aucuparia – russ. *rebina* (Bl. 5r in: J. G. Gmelin AAW F. 21, Op. 5. D. 121); russ. *rjabinnik*, kamtschadalisch (itelmenisch) – Bítschanun (J. G. Gmelin in: RGADA F. 199, Op. 2, Portf. 527, D. 11, Bl. 4r); lat. „Sorbus aucuparia", russ. „рябина [russ. *rjabina*]", arinz. „Sánangae", kaidin. „Schángesch", taiginz. „Tedemdángu", kamass. „Tíltjae", kotowz. „Schée" (J. G. Gmelin in: AAW F. 21, Op. 5, D. 73, Bll. 295v/296r); „353. Sorbus aucuparia J. B. 1. 22 [sic!] ... Russis рябина [russ. *rjabina*]" (AAW R. I, Op. 13, D. 42, Bl. 63v, s. Anm. 1 in Nr. 1); „142. Sorbus aucuparia J. B. ..." (AAW R. I, Op. 104, D. 17, Bl. 16r, s. Anm. 36 in Nr. 8); „379 Sorbus aucuparia JB. 1. 62." (AAW R. I, Op. 6, D. 40, Bl. 39v, s. Anm. 1 in Nr. 1); „894. Sorbus aucuparia

J. B. 1. 62. ..." (AAW R. I, Op. 105, D. 1, Bl. 70v, s. Anm. 29 in Nr. 5); „972. Sorbus aucuparia" (AAW R. I, Op. 15, D. 3, Bl. 18r, s. Anm. 65 in Nr. 24); „Sorbus aucuparia JB ..." (AAW R. I, Op. 104, D. 8, Bl. 13r, s. Anm. 18 in Nr. 452); „484. Sorbus aucuparia J. B. 1. 62. ..." (AAW R. I, Op. 105, D. 4[a], Bl. 48r, s. Anm. 54 in Nr. 17); „Sorbus aucuparia J. B. 1. 62. ..." (AAW R. I, Op. 13, D. 67, Bl. 57v, s. Anm. 5 in Nr. 4); „Sorbus aucuparia J. B. 1. 62. B. n. 2. ..." (AAW R. I, Op. 68, D. 2, Bl. 16v, s. Anm. 62 in Nr. 22); „Sorbus aucuparia ut per totam russiam, sic et per Sibiriam frigore mitiores redditos fructus incolis suppeditat bellariorum loco, parant Tomii [russ. *Tomsk*] ex solo fructu contuso, affusae ferventis aquae et fecis cerevisiae ope spiritum parant, spiritu frumenti vehementiorem nec ingratum, albumq) subducentem, cum fructus tamen ipsi non obscure adstringentis facultatis participes sint." (AAW R. I, Op. 104, D. 28, Bl. 15v, s. Anm. 20 in Nr. 632); „1. Sorbus aucuparia J. B. 1. 62." (AAW R. I, Op. 13, D. 16, Bl. 17r, s. Anm. 32 in Nr. 6); „6. Juni 1723 ... observierte nichts als ... Sorbum aucuparia ..." (Messerschmidt 1962–1977, Bd. 2, S. 60f.); „8. Juli 1725 ... Von Kräutern fand sich hieselbst ... Sorbus aucuparia (Tournefortii sp. ***); ..." (Messerschmidt 1962–1977, Bd. 4, S. 152ff., s. Anm. 1 in Nr. 1)

31 russ. – *rebina*; russ. *rjabina* – Sorbus sylvestris (AAW F. 21, Op. 5, D. 73, Bl. 271v)

32 „[species 8–species 37] Malus sativa, ..." (Tournefort 1700, S. 634ff., Genus V. „Malus. Pommier."); „Malus sativa, the Apple tree, Off. Malus vulgaris, the Apple tree, Ger. Park. ... Among the numerous Variety of Apples, those which are best for medical Use, are the Pearmain and Pippin, ... ‚They are cordial, comforting the Heart, chearing the Spirits, and driving away Melancholy, and are very grateful and strengthning the Stomach. ...' " (Miller 1722, S. 282f.); „MALUS, The Apple-tree. ... The Species are; ... 6. MALUS sativa, foliis eleganter variegatis. ... 9. MALUS sativa, fructu pediculo ferme carente. ... [species 10. bis 15. – Malus sativa, ...] ..." (Miller 1754a, unpaginiert); kalmykisch Aliman – Apfel (Witsen 1785, S. 298); krim-tatarisch Almà – Apfel (Witsen 1785, S. 578); mokschanisch mař – Apfel (Ahlquist 1861, S. 162); ersanisch umař – Apfel (Wiedemann 1865, S. 178); wotjakisch ulmo – Apfel (Wiedemann 1851, S. 344); „Mālus (Pomaceae). Μᾶλον, μῆλον (Apfel)." (Wittstein 1852, S. 554); syrjänisch jabloko, jablög bzw. jablök – Apfel (Wiedemann 1880, S. 73)

„Malus sativa folio ordinario, fructu luteo, rubentibus striis subtiliter radiato, maculis vitreis foris & intus notato, ferè tanslucida, gratissimae aciditatis, Succi plenissimo. Russis Наливныги [russ. *nalivnygi*?] или [russ. *ili* – oder] Наливныи яблеки [russ. *nalivnyi jableki* ?] lege Naliweni, vel Naliwnii Jableki; h. e. Fusa (sc. (è saccharo vel melle :) vel Fusa Poma. Tournef. Sp. 8. Mala Vitrea Cordi Histor. 181. ..." (AAW F. 98, Op. 1, D. 19, Bl. 10r, s. Anm. 59 in Nr. 19)

33 *Aleksej Jur'evič Bibikov*

34 „ROSA SPINOSISSIMA PVMILA flore rubro. LVgd. Icon est sub titulo Cynorrhodis Polyacanthi, ..." (Bauhin 1651a, S. 41); „ROSA pumila spinosissima, foliis pimpinellae glabris, flore albo I. B. ... ROSA spinosissima pumila flore rubro I. B. Cynorrhodon polyacanton LUGD. ..." (Magnol 1686, S. 223); „[species 39] Rosa pumila, spinosissima, flore rubro J. B. 2. 41. Cynorrhodon polyacanthon Lugd. 127." (Tournefort 1700, S. 638, Genus VII. „Rosa. Rosier."); „1. ROSA calycis foliosis indivisis, pomo globoso, Cynorrhodis polyacantha. LUGD. p. 127. Rosa spinosissima pumila flore rubro I. B. p. 41. ex LUGD. ZWING. ... Rosa pumila spinosissima foliis pimpinellae glabris flore albo I. B. II. p. 40. ..." (Haller 1742, S. 347f.); „13. ROSA calicis foliolis indiuisis pomo globoso. HALL. Helv. 347. Rosa spinosissima, pumila, flore rubro, I. B. 2. 41. ..." (Gmelin 1747–1769, Bd. III, S. 176); „13. Rosa calycis foliolis indivisis, pomo globoso [=] Rosa cinnamomea L.?" (Ledebour 1841, S. 95); „[Rosa] Spinosissima. 4. ROSA germinibus ovatis glabris, pedunculis caule petiolisque aculeatissimis. Linn. Syst. 1062. ... Rosa spinosissima pumila flore rubro. ... Tour. 638. ..." (Gouan 1762, S. 246); „[Rosa] Spinosissima. 6. ROSA germinibus ovatis, pedunculis caule petiolisque aculeatissimis. h. m. 246. Rosa spinosissima pumila flore rubro. mag. Bot. 223. mag. hort. 174. β. Rosa pumila spinosissima, foliis pimpinellae glabris, flore albo mag. Bot. 223. ..." (Gouan 1765, S. 257); „Rosa pumila spinosissima, flore rubro; hierunter scheint J. Bauhin eine andere [Spielart der dornichten Rose] mit rother Blume zu verstehen." (Gmelin 1775, Sp. 956); „1106. ROSA spinis rectis, confertis, foliis novens, glabris, pomis &

petiolis subspinosis. ... Rosa pumila spinosissima, foliis Pimpinellae, glabris, flore albo J. B. II. p. 40. ... Rosa germinibus ovatis, glabris, pedunculis, caule petiolisque, aculeatissimis LINN. p. 705. ..." (Haller 1768a, S. 40f.); „6.) Die stachlichte Rose. Rosa spinosissima. ... Rosa germinibus globosis, glabris; pedunculis hispidis; caule petiolisque aculeatissimis. LINN. ... Sp. pl. 705. ... HALL. Hist. n. 1106. ... Rosa campestris spinosissima, ... C. BAUH. p. 483. ..." (Linné 1778, S. 666f.); „3.) Die Zimmetrose. Rosa cinnamomea. ... Rosa germinibus globosis pedunculisque glabris; caule aculeis stipularibus. LINN. ... Spec. pl. 703. n. 4. ... Rosa cinnamomea, ... J. BAUHIN. hist. 2. p. 39. ... Man nennt sie auch die Mayrose oder Zuckerrose. Ihre Blumen riechen sehr angenehm, fast wie Zimmet, ..." (a. a. O., S. 665); „n) Rosa spinosissima. Deutsch. Die Haferrrose, Dünenrose, Haidrose, Frauenrose, Mariendorn, Marterdorn, Halverrrose, Kleine sehr dornige Heckrose, Erdrose. ..." (Nemnich 1795, Sp. 1171); „5. ROSA cinnamomea. R. germinibus globosis ... Sp. pl. 703. ... R. minor rubello flore, ... C. Bauh. pin. 483. ..." (Linné 1797–1830, Bd. II, Teil 2, S. 1065f.); „969. ROSA cinnamomea. ... Linn. ed. Willd. 2, p. 1065. ..." (Marschall von Bieberstein 1808a, S. 393f.); „3) ROSA CINNAMOMEA. Linn. ... Linn. Willd. Spec. pl. II. p. 1065. ... M. a Bieb. Fl. taur. cauc. I. p. 393. no. 969; ..." (Ledebour 1830, S. 227); „6. R[osa] cinnamomea (L. SP. 703) ... M. a BIEB. Fl. t. c. I, p. 393; ... LEDEB. Fl. alt. II, p. 127. [sic!] ... R. davurica. PALL. Fl. ross. II. p. 61. ... R. calycis foliolis ... GMEL. Fl. sib. III, p. 176, Nr. 13. ..." (Ledebour 1844–1846, S. 76); „ROSA dauurica. ROSA germinibus pedunculisque glabris, aculeis stipularibus, petiolis subvillosis, foliolis semiserratis. Rossis Schipovnik sakamennyi (Шиповниъ закаменный [russ. *šipovnik zakamennyi*]). ..." (Pallas 1788, S. 61); „12. ROSA dauurica Pall. Fl. Ross. 1. p. 2. p. 61. Daurische Rose. ..." (Georgi 1797–1802, Theil 3, S. 1027); „37) Rosa cinnamomea. L. var. R. davurica Pallas. ... Bei den Tungusen an der Sungari-Mündung: khajî ... Bei den Goldi am unteren Amur: omaktá." (Maack/Ruprecht 1858, S. 220f.); Rosa cinnamomea L. – russ. *sirbjaričnik*, *šipovnik* bzw. *šipšina* (*Annenkov* 1858, S. 80, Nr. 944); georgisch Vartin – Rose (Witsen 1785, S. 512); krim-tatarisch Juil – Rose (a. a. O., S. 580); „Rōsa T. (Rosaceae). Ροδον, vom celtischen rhodd oder rhudd (roth), die Farbe der Blumen andeutend." (Wittstein 1852, S. 771)

russ. Шиповникъ [russ. *šipovnik*], lamutisch – ItaKri, kamtschadalisch (itelmenisch) – Káaschu, korjakisch – Pitschkútschan (AAW R. I, Op. 13, D. 10, Bl. 202r, s. Anm. 49 in Nr. 298); russ. Шиповникъ [russ. *šipovnik*], kurilisch – KópoKon (a. a. O., Bl. 221v); russ. *šipovnik*, kamtschadalisch (itelmenisch) – Kéhusch, ukinzisch (korjakischer Dialekt) Kékuidschid (J. G. Gmelin in: RGADA F. 199, Op. 2, Portf. 527, D. 11, Bl. 4r); „[bucharisch/tatarisch?] Chulüsuruk ist eine gemeine Art einer Rose, heißt auf Rußisch шипишникъ [russ. *šipišnik*] oder шиповникъ [russ. *šipovnik*]." (J. G. Gmelin in einem Brief an G. F. Müller vom 28. Januar 1741 aus *Tomsk* – AAW F. 21, Op. 3, D. 115, Bl. 199r)

35 „1.) Gewöhnliches Sperberkraut. Sanguisorba officinalis. ... Sie hat wegen einiger Aehnlichkeit ihrer Blätter mit den Blättern des Speyerling= oder Sperberbaums den Namen Sperbenkraut, im lateinischen Sanguisorba, ... Die Blätter stehen wechselsweise auf rothen Stielen, und sind gefiedert; sie bestehen je aus fünf, sechs, bis sieben Paaren herzförmig=länglichter, stumpfer, glatter, und am Rande spitzig=sägenartiggezähnter Blättlein, und einem einzelen am Ende; diese Blättlein sind meergrün und nezförmig geadert, ..." (Linné 1779, S. 330ff.)

36 russ. *šipovnik*

37 „[species 41] Rosa sylvestris, pumila, rubens C. B. Pin. 483. Rosa pumila, pannonica, flore rubello J. B. 2. 35. Rosa sexta sive pumila Clus. Hist. 117." (Tournefort 1700, S. 638, Genus VII. „Rosa. Rosier."); „ROSA PVMILA PANNONICA, flore rubello. ... Latinis Rosa pumila: Austriaci Erdtrosen vnd Heydrosen ... ROSA SYLVESTRIS RVBELLA, parvo, frutice. ..." (Bauhin 1651a, S. 35f.); „15. ROSA non spinosa, fructu turbinato. Rosa syluestris rubella, paruo frutice, I. B. 2. p. 35. ..." (Gmelin 1747–1769, Bd. III, S. 177); „15. Rosa non spinosa, fructu turbinato. (excl. synon.) [=] Rosa Gmelini Bunge! (Rosa pygmaea? M. a Bieb. Fl. t. c. I. 397.)" (Ledebour 1841, S. 95); „? 1104. ROSA ... Rosa sylvestris, rubella, parvo frutice J. B. II. p. 35. ... Rosa pumila pannonica flore rubello. J. B. II. p. 35. ..." (Haller 1768a, S. 40); „[Rosa] sylvestris pumila rubens,

so nennt C. Bauhin eine Abänderung derjenigen Art, welche Haller unter 1104 beschreibt.“ (Gmelin 1775, Sp. 960); „762.* ROSA pumila germinibus ovatis ... Ait. hort. Kew. 2. p. 206. – Willd. Sp. pl. 2. p. 1072. ... Rosa sylvestris, pumila rubens. Bauh. pin. 483. Rosa VI. pumila. Clus. hist. 1. p. 117. ... Niedrige Rose. ...“ (Gmelin 1826, S. 364f.); „4. R[osa] Gmelini (BUNGE in LEDEB. Fl. alt. II, p. 228) ... R. alpina. PALL. Fl. ross. II, p. 61. ... R. non spinosa, fructu turbinato. GMEL. Fl. sib. III, p. 177, Nr. 15. (excl. syn.). ...“ (Ledebour 1844–1846, S. 75); „ROSA alpina. Rosa germinibus ovatis glabris, pedunculis petiolisque hispidis, caule subinermi. Lin. syst. plant. II. p. 529. sp. 13. ... Rossice Schipovnik nagornyi (Шиповникъ нагорный [russ. *šipovnik nagornyj*]). ...“ (Pallas 1788, S. 61); „7. ROSA alpina L. ... Alpenrose. Schipownik nagornoi. ... die Früchte roth und fleischicht.“ (Georgi 1797–1802, Theil 3, S. 1026); „6) ROSA GMELINI. Bunge. ... Rosa non spinosa, fructu turbinato. Gmel. sib. III. p. 177. No. 15. ...“ (Ledebour 1830, S. 228ff.); „977. ROSA pumila. ... Linn. ed. Willd. 2. p. 1072. ... Hall. hist. n. 1104, ... R. syluestris rubella paruo frutice. J. Bauh. hist. 2. lib. 14. p. 35. ...“ (Marschall von Bieberstein 1808a, S. 397); „978. ROSA pygmaea. ... R. non spinosa, fructu turbinato. Gmel. sib. 3. p. 177. n. 15. (excl. synon. Bauh.)? ...“ (a. a. O., S. 397f.); „19. ROSA pumila . R. germinibus ovatis ... Ait. Kew. 2. p. 206. ... R. sylvestris pumila rubens. Bauh. pin. 483. Rosa VI. Pumila. Clus. hist. 1. p. 117. Niedrige Rose. W. ...“ (Linné 1797–1830, Bd. II, Teil 2, S. 1072f.); „16. R[osa] gallica (L. SP. 704) ... R. pumila ... M. a BIEB. Fl. t. c. I, p. 397; ... R. pygmaea. M. a BIEB. Fl. t. c. I, p. 393 [sic!] (excl. syn. GMEL.); ...“ (Ledebour 1844–1846, S. 82f.); „16. ROSA gallica. R. germinibus ovatis pedunculisque hispidis, ... Sp. pl. 704. ... R. rubra multiplex. Bauh. pin. 481. ... Zucker-Rose. W. ...“ (Linné 1797–1830, Bd. II, Teil 2, S. 1071f.); „12.) Die französische Rose. Rosa Gallica. ... Rosa germinibus ovatis pedunculisque hispidis; caule petiolisque hispido aculeatis. LINN. ... Sp. pl. 704. n. 8. ... Rosa rubra multiplex. C. BAUH. pin. 481. ... Ihre schönen rothen und wohlriechenden Blumen werden insgemein in den Apothecken unter dem Namen der rothen Rose gebraucht, und haben eine anhaltende oder zusammenziehende Eigenschaft, da hingegen, die von den übrigen Arten mehr laxirend sind.“ (Linné 1778, S. 669f.); „6. ROSA gallica L., ... Französische Rose. ... Rothe und bunte in Taurien. P.“ (Georgi 1797–1802, Theil 3, S. 1026); „14. ROSA pumila ... Zwerg=Rose ...“ (a. a. O., S. 1028); „g) Rosa gallica. Deutsch. Die Essigrose. ...“ (Nemnich 1795, Sp. 1170); „35) Die niedrige Rose, die europäische Zwergrose, ... Rosa pumila, germinibus ovatis ... Ait. Kew. 2. p. 206. ... Die Frucht ist groß und birnförmig. ...“ (Krünitz 1773–1858, Bd. 127, S. 85); „Rosa campestris spinis carens. – Nihil impedit quin sit nostra non spinosa (Fl. sib. III. 177. nr. 14. R. alpina L.).“ (A. von Haller in einem undatierten Brief an J. G. Gmelin – Plieninger 1861, S. 146);

„– Rosa sylvestris, pumila, rubens CBP. ...“ (AAW R. I, Op. 104, D. 8, Bl. 13v, s. Anm. 18 in Nr. 452)

38 „[species 26] Rosa sylvestris, vulgaris, flore odorato, incarnato C. B. Pin. 483. Rosa sylvestris, alba, cum rubore, folio glabro J. B. 2. 43. Rosa sylvestris Tabern. Icon. 1088.“ (Tournefort 1700, S. 638, Genus VII. „Rosa. Rosier.“); „Dorn=Rose, Buttel=Rose, ... Horn=Hacke. Lateinisch Cynorrhodos, Cynorrhodon, ... Rosa siluestris vulgaris, flore odorato incarnato, C. B. ... Diese Frucht wird insgemein Teutsch Hambutte, ... Buttel=Hieffe, Arsch=Kützel, Arsch=Klammer, ... genennet. ... Sie bekommen auch, nebst dem daraus bereiteten Mueß oder Rob, der Leber und Lunge sehr wohl, reinigen das Geblüt, stillen das Nasen=Bluten, das Blut=speyen, die übrige Monath= Zeit, den Saamen=Fluß. ... Wie auch den Durchlauff, die rothe Ruhr, das stetige Erbrechen, den Sod und Schlucken, ...“ (Zedler 1732–1750, Bd. 7, Sp. 1318ff.); „No. 97. ROSA sylvestris, vulgaris, flore odorato incarnato. C. B. Pin. 483. ... Rosa canina vulgo dicta. Dod. Pempt. 705. Rosa spinis aduncis, ... Hall. Hist. II. 38. Rose. Feldrose. Heckrose. Hundsrose. Dornrose. Hornrose. Gemeine Rose. Zaunrose. Hagedornrose. Rosendorn. Wilder Rosenstock, Strauch, oder Busch. Hage= Hau= oder Hainbutten. Hahneklößgen, Hahnehödgen. Hagehüttgen. Hogehotten. Hagehüften. Buttelhüfen. Hainhocken. Wirbgen. Wiegenstrauch. Feldwiegenstrauch. Wipen. Wiepcken. Arschkitzeln. Hiefe. Hüsen. Hüften. Schlafkunz. Schlafkautz. ...“ (Gleditsch 1775a, S. 259f.); „1101. ROSA spinis aduncis, foliis septenis, calycibus tomentosis, sequentis pinnatis &

semipinnati, tubis brevissimis. Rosa canina (p) vulgo dicta DODON. ... Rosa germinibus ovatis pedunculisque glabris, caule petiolisque aculeatis LINN. p. 765. ...“ (Haller 1768a, S. 38f.); „Rosa canina, ... wilde Rose, ... gemeine wilde Rose; Hundsrose; Feldrose; Hekenrose; Hagerose; Hagendorn; Hanbuttenstrauch; ... ihre Blätter kann man zum Gerben des Leders gebrauchen; ... Sie heißt bey ... C. Bauhin: Rosa sylvestris vulgaris, ...“ (Gmelin 1775, Sp. 931ff.); „14.) Die Hundsrose. Rosa canina. ... Rosa germinibus ovatis pedunculisque glabris; caule petiolisque aculeatis. LINN. ... Sp. pl. 704. n. 10. ... HALL. Hist. n. 1101. ... Rosa sylvestris vulgaris, ... C. BAUH. pin. 483. Rosa canina vulgo dicta. DOD. pempt. 187. Diese Art ... wird auch die gemeine wilde Rose, Heckenrose, und Hagebuttenstrauch genennet. ... Ihre reifen Früchte ... werden ... in den Apothecken Fructus Cynobati genennet; sie ... dienen ... zu Speisen und Getränken in hitzigen Krankheiten. ...“ (Linné 1778, S. 670f.); „ROSA canina. ROSA geminibus ovatis pedunculisque glabris, ... Gmelin. Fl. sibir. III. p. 177. n. 17. Rossis (*) Schipownik (Шиповникъ [russ. *šipovnik*]), fructus Schip (Шипъ [russ. *šip*]); Malorossis Schipschina (Шипшина [russ. *šipšina*]). Lettice Ehrksch, Wikku drihzekle; Esthonis Orjawits; ... Permecis Schupitschi. Morduanis Vergasynlengax. Votjacis Logges-pu; Tscheremissis Tschugar-ponda; Ostiacis Nesch; Wassuganis Antschich. Tataris Güll, fructus It-barun (fr. caninus); ... Teleutis Tegenek. Georgianis Eskili; Armenis Wart. ... Mongolis Nochoïn-chonschir; Calmuccis Nochoïn-choschun, i. e. caninae baccae. Tungusis Móvara; Lamutis Itakri; Coraecis Pitschkútschan. Camtschadalis Kéhusch, Kauhaschù; Ukinzis (korjakischer Dialekt) in Camtschatca Kehnidschid. Curilis Mauni, Kópokon, baccae Sarankop. ...“ (Pallas 1788, S. 60); wotjakisch l’egeʒ – russ. *šipovnik*, Rosa canina (Munkácsi 1896, S. 752); „17. ROSA spinosissima, calicis foliis interdum diuisis, fructu subrotundis. ... Vix mihi dubium est, quin sit Rosa canina vulgo dicta DOD. ...“ (Gmelin 1747–1769, Bd. III, S. 177f.); „17. Rosa spinosissima, calycis foliis interdum divisis, fructu subrotundo [=] Rosa alpina L. [s. Nr. 1121] (ex Palles [sic!] Fl. ross. II. 118. [?])“ (Ledebour 1841, S. 96); „c) Rosa canina. Cynorhodon, Cynosbaton. Deutsch. Die Hundsrose; Gemeine wilde Rose, Feldrose, Heckenrose, Zaunrose, Hornrose, Rosendorn, Dornrose, Haidrose, Hagerose, Hagedorn, Hagedornrose, Hanbuttenstrauch, Hagebutten, Hambutten, Hainbutten, Butten, Hagehotten, Hagehüften, Hainhöcken, Hahnehüften, Hainhüften, Hanehödchen, Hahnenhödlein, Hahneklöschen, Hissen, Hiefen, Hüfen, Hüften, Hiffen, Buttelhüfen, Buttelrose, Hahnrose, Hanewüpten, Heinzerlein, Kunz, Schlafkunz, Schlafkauz, Hagebutze, Hetschepetsch, Hatschapetsch, Hetscherl, Kippen, Wirbchen, Wiegen, Wiebken, Wieken, Wipen, Arschkitzel, Arschkratzel, Mufeln. ... Russ. Schipownik; Schip; Maloross. Schipschina. ... Lett. Ehrksch, Ehrkschu ohges, Wilkahbole, Wikku drihzekle. Ehstn. Orjawits; ... Tatar. Gul, Güll, Tockme gul; fructus Itbarum (i. e. fructus caninus). Kirgis. Tockme gul; Buch. Tockme gul. Kalmuk. Nuchon koschan, Nochoin choschun (i. e. baccae caninae). ... Teleut. Segenek. Perm. Schupitschi; Ostj. Nesch. Mordw. Wergasynlengax. Wotj. Legespu; Wassug. Antschich, Tscherem. Tschugar-ponda. Georg. Eskili; Armen. Wart. ... Tungus. Mavara; Lamut. Itakri. Korjäk. Pitschkutschan. Kamtsch. Kéhusch; Ukinz. (korjakischer Dialekt) Kehnidschid. Kuril. Mauni, Kópokon, baccae Sarankop, ... Oft findet man an den Zweigen dieses Strauchs gewisse rauchhhaarige, zottige Stellen, welche durch den Stich eines Insects ... entstanden sind; sie heissen: Lat. Spongiae s. spongiolae cynosbati, Fungi comosi, Bedeguar ... Deutsch Rosenschwämme, Rosenäpfel, Kunz, Schlafkunz, Schlafäpfel, Siebenschläfer (weil sie den Schlaf befördern sollen); ... Ehedem wurden die Rosenschwämme in verschiedenen Krankheiten verordnet.“ (Nemnich 1795, Sp. 1168ff.); „8. ROSA canina L., ... Hundsrose. Heckrose. ... Das Laub und die Blumen ... werden von einigen Sibiriaken als Thee benutzt. An der Wolga ... meescht man Blumen und Früchte oder Hanbutten mit Brandweinschrot ein, und nennt den erhaltenen Brandwein Doppel=Rosenbrandwein (Schipownaja Wodka), der ... ein nützliches Hausmittel seyn soll.“ (Georgi 1797–1802, Theil 3, S. 1026); „31. ROSA canina. ... R. spinis aduncis, ... Hall. helv. n. 1101. ... R. sylvestris vulgaris, ... Bauh. pin. 483. R. canina vulgo dicta. Dod. pempt. 187. ... Hecken-Rose. W. ...“ (Linné 1797–1830, Bd. II, Teil 2, S. 1077f.); „982. ROSA canina. ... Linn. ed. Willd. 2. p. 1077. ... Hall. hist. n. 1101. Pall. ross. 2. p. 60. ...“ (Marschall von Bieberstein 1808a, S. 399f.); „10. R[osa] canina (L. SP. 704) ... PALL. Fl. ross. II,

p. 60. ... M. a BIEB. Fl. t. c. I, p. 399; ... R. spinosissima, ... GMEL. Fl. sib. III, p. 177, Nr. 17? ..." (Ledebour 1844–1846, S. 77f.); „4) Wechselfieber. ... 5) Rosa canina. In Volhynien wird die Abkochung als Geheimmittel gebraucht. ..." (Krebel 1858, S. 119ff.); Rosa canina L. – russ. *šipišnik*, *šipšna*, *šipovnik* bzw. tatar. *itburun* (*Annenkov* 1858, S. 80, Nr. 943); ersanisch ovt' umań – Hagebutte (Wiedemann 1865, S. 203); ostjakisch anʒ̇a, anʒ̇e bzw. anʒ̇ex – Hagebutte (Castrén 1858, S. 112); jakutisch дöлÿсÿöн – Hagebutte (Middendorff 1851, S. 116)

„Russi ad Wolgam a floribus rosarum sylvestrum, spiritum per fermentationem parant, et ad cor roborandam valde extollunt vocant жиповна вотка [russ. *žipovna votka* u. *šipovnaja vodka*]. Rutheni Jakutenses radices rosarum sylvestrium [sic!] excisas et coctas eundem in finem bibunt Thea Sinensi loco de eo jactant, hilaritatem homini afferre" (AAW R. I, Op. 104, D. 18, Bl. 9r, s. Anm. 20 in Nr. 632); „293. Rosa sylvestris vulgaris, flore odorato incarnato C. B. P. Russis шипошникъ [russ. *šipošnik*] ..." (AAW R. I, Op. 13, D. 42, Bl. 46r, s. Anm. 1 in Nr. 1); „885. Rosa sylvestris vulgaris flore odorato, incarnato C. B. P. 483. ... j. Eadem flore albo. ..." (AAW R. I, Op. 105, D. 1, Bl. 70r, s. Anm. 29 in Nr. 5); „Rosa sylvestris vulgaris, flore odorato, incarnato, CBP. ..." (AAW R. I, Op. 104, D. 8, Bl. 13v, s. Anm. 18 in Nr. 452); „476. Rosa sylvestris vulgaris, flore odorato, incarnato C. B. P. ..." (AAW R. I, Op. 105, D. 12, Bl. 22r, s. Anm. 54 in Nr. 17); „1. Rosa sylvestris vulgaris, flore odorato, incarnato C. B. P. 483. j. Eadem flore albo. ij. Eadem gallas rubras aculeatas ferens. ..." (AAW R. I, Op. 13, D. 67, Bl. 57r, s. Anm. 5 in Nr. 4); „526 Rosa sylvestris vulgaris C. B. P. ..." (AAW R. I, Op. 104, D. 25, Bl. 37v, s. Anm. 61 in Nr. 21); lat. „Rosa", russ. „шипишникъ" [russ. *šipišnik*], arinz. „Tómsan", katschinsk. „Ittegen", kaidin. „Itpuren.", taiginz. „Endetehoẻ", mator. „Nimdschingö", kamass. „Túnga", kotowz. „Nemschiken-Sulbùl.", tschatzk. „Tigének." (J. G. Gmelin in: AAW F. 21, Op. 5, D. 73, Bll. 295v/296r)

39 „[species 8] Grossularia multiplici acino, sive non spinosa, hortensis rubra sive Ribes officinarum C. B. Pin. 455. Ribes vulgaris, acidus, ruber J. B. 2. 97. Ribesium fructu rubro Dod. Pempt. 749." (Tournefort 1700, S. 639, Genus VIII. „Grossularia. Groselier."); „Grossularia multiplici acino, sive non spinosa hortensis, rubra, sive ribes officinarum C. B. Pin. 455. Ribes vulgaris, acidus, ruber J. B. 2. 97. ... Johannis=Beeren, Johannis=Träublein, ..." (Rupp 1726, S. 40); „3. GROSSULARIA, MULTIPLICI ACINO, SIVE NON SPINOSA, HORTENSIS, RUBRA, SIVE RIBES OFFICINARUM. C. B. Pin. ..." (Vaillant 1727, S. 95); „2. RIBES inerme, floribus planiusculis, racemis pendulis. ... Grossularia multiplici acino, sive non spinosa hortensis rubra, ... Bauh. pin. 455. Tournef. inst. 639. ..." (Linné 1737, S. 82); „[Grossularia] multiplici acino s. non spinosa hortensis rubra s. ribes officinarum, hierunter versteht C. Bauhin die rothe Johannisbeere." (Gmelin 1773b, Sp. 621); „9. RIBES inerme, racemis glabris, pendulis, floribus planiusculis, LINN. spec. Tom. I, 121. Grossularia multiplici acino s. non spinosa hortensis rubra, B. pin. 455. Ribes vulgare acidum, BAVH. hist. 2. p. 7. j. Eadem flore et fructu minore. ..." (Gmelin 1747–1769, Bd. III, S. 173f.); „9. Ribes inerme, racemis glabris pendulis, floribus planiusculis [=] Ribes rubrum L. [;] I. Eadem flore et fructu minor [=] Ribes Dikuscha Fisch.? [s. Nr. 1125]" (Ledebour 1841, S. 95); „RIBES (rubra) ... Grossularia, multiplici acino, ... Bauh. pin. 455. Смородина [russ. *smorodina*] Russ. ..." (*Krašeninnikov* 1761, S. 196f.); „Ribes rubrum, ... rothe Johannisbeeren, ... Johannisbeerenstrauch mit rothen Beeren; Johannistrauben; Rübizelstaude; ... Ihre Beeren ... werden ... als ein kühlendes und der Fäulniß widerstehendes Mittel in Fiebern und andern Krankheiten ... verordnet; man genießt sie ... mit Kirschen und Himbeeren zu einem Julep, oder zu einem Gele'e gemacht: ..." (Gmelin 1775, Sp. 868ff.); „Ribes rubrum L. R. Smorodina Krasnaja. T. Igalikta. B. Ulagana. ..." (Georgi 1775, S. 202); „1.) Rothe Johannisbeere. Ribes rubrum. ... Ribes inerme; racemis glabris, pendulis; floribus paniusculus. LINN. ... Sp. pl. 290. Ribes inerme, ... Hort. Cliff. 82. ... TOURNF. inst. 639. ... Grossularia multiplici acino ... C. BAUH. pin. 455. ... Diese angenehme, kühlende Früchte ... geben auch ein sehr gesundes Mittel zur Stillung des Dursts in hitzigen Krankheiten. ..." (Linné 1778, S. 295ff.); „263. Ribes rubrum ... Rother Johannisbeerstrauch. Ruß. Smorodina krasnaja u. Kisliza. Tat. Kisilagatsch. Barab. und Katschinsk. Kisilgol. Kalm. und Türk. Kisiluk Muk. Tscher. Jakschar. Wotjak. Sutur Pu. Ost. Kelpö. ..."

(Falk 1786, S. 134f.); wotjakisch sutär-pu – Johannisbeerstrauch (Munkácsi 1896, S. 586); „RIBES rubra. RIBES inermis, ... Lin. spec. pl. I. p. 564. sp. 1. ... Rossis Smorodina krasnaja (Смородина красная [russ. *smorodina krasnaja*]), in Sibiria Kisliza (Кислица [russ. *kislica*]). Livonis Sustrini; Esthonis Soestra- vel Harraka-marjad; ... Permecis et Sirjaenis Kellits-soeter; Tscheremissis Jakschar; Votjacis Sutur-pu; Ostjacis Kelpo. Tataris Kysil-gat. Turcis Kysilmac. Mongolis Olàtzachanà. Buraetis Ulaganà. Tungusis Igelikta, Lamutis Jógala. Kamtschadalis Brórotatsch. Georgianis Mods-chari. ...“ (Pallas 1788, S. 35); „f) Ribes rubrum. Ribes acidum, vulgaris, hortense, album & rubrum. Deutsch. Die rothe Johannisbeere, Johannistrauben, rothe oder weisse Trauben, Corinthen, Weinbeerle, Hundsbeere, Ribissel, Ribisel, Riebesel, Rübitzel, Rübsel, Fürwitzlein, Kossberten, Jibern. ... Russ. Smorodina krasnaja. Siberien Kisliza. ... Lett. Süstrini. Ehstn. Söstra, Harracka margad. ... Tatar. Kisilagatsch. Barab. Kisilgol; Katschins. Kisilgol. Kalmuk. Kisiluk muk; Türk. Kysilmak. Mongol. Olalzachana; Burät. Ulagana. Perm. Kellits-soeter. Tscherem. Jakscher; Wotj. Suturpu. Ostjak. Kelpo; Tungus. Igelikta. Lamut. Jogala; Kamtsch. Brorotatach. Georg. Mods-chari ...“ (Nemnich 1795, Sp. 1162f.); „1. RIBES rubrum L. ... Gemeine Johannisbeere. ... Georg. Medichoi. ... Tung. und Jakut. Iga likta. In Sibirien sind die Früchte ... beliebtes Naschwerk, roh und eingekocht. Ihre häufigste Verwendung ist zu Johannisbeerwein, ...“ (Georgi 1797–1802, Theil 3, S. 796); „1. RIBES rubrum. R. inerme, racemis glabris nutantibus, ... R. inerme, racemis glabris pendulis, ... Gmel. sib. 3. p. 173. ... R. inerme, floribus planiusculis, ... Hort. cliff. 82. ... Grossularia, multiplici acino, ... Bauh. pin. 455. ... Gemeine Johannisbeere. W. ...“ (Linné 1797–1830, Bd. I, Teil 2, S. 1153); „RIBES RUBRUM. Ribes (rubrum) inerme, racemis glabris nutantibus, ... Linn. Spec. plant. ed. Willd. T. I. p. 1153. ... α. erythrocarpum baccis rubris. ... Grossularia multiplici acino, sive non spinosa ... C. Bauh. pin. p. 455. Rupp. Jen. 53. [d. h. Rupp. 1745, S. 53] ... Gemeine Johannisbeere, rothe Krausbeere, Hundsbeere, Johannisträublein, Fürwitzelein, Ribissel, Johannisbeerstrauch, Riebeselstrauch, Rübitzelstaude. Die Beeren, Baccae Ribium rubrorum, werden in den Apotheken gesammelt, um Syrup und Roob, Syrupus et Roob Ribium rubrorum, *) daraus zu bereiten. Sie besitzen einen angenehmen, süßlich-sauern Geschmack, ... Der Johannisbeersyrup wird als ein erquickendes Mittel gegeben, oder auch zum Versüssen der Mixturen zugesetzt. ...“ (Hayne 1813, Nr. 25); „1) RIBES RUBRUM. Linn. ... Hayne Arzneyg. III. t. 25. R. rubra. Pall. Fl. ross. II. p. 35. .... Ribes No. 9. Gmel. Fl. sib. III. p. 173. (excl. var.) ...“ (Ledebour 1829, S. 267f.); „15. R[ibes] rubrum (L. SP. 290) ... PALL. Fl. ross. II, p. 35. ... LEDEB Fl. alt. I, p. 267. ... R. inerme, racemis glabris, ... GMEL. Fl. sib. III, p. 173, Nr. 9. ...“ (Ledebour 1844–1846, S. 199f.); „Mittel gegen Lungenschwindsucht: ... Johannisbeerensuppe (Ribes rubrum) tellerweis. ...“ (Alksnis 1894, S. 185f.); Ribes rubrum L. – russ. *knjažica*, *kislica*, *porečka* bzw. *krasnaja smorodina* (*Annenkov* 1858, S. 80, Nr. 937); ersanisch smorodina – Johannisbeere (Wiedemann 1865, S. 153); wotjakisch suter' – Johannnisbeere (Wiedemann 1851, S. 362); burjatisch ulâgana – rote Johannisbeere (Castrén 1857, S. 199); wogulisch vi̮rmel' – rote Johannisbeere (Ahlquist 1891, S. 66); syrjänisch setör bzw. setör-pu – Johannisbeere, Johannisbeerstrauch (Wiedemann 1880, S. 286); tungusisch oŋalikta, bu̥ltänä bzw. bu̥ltäl-ɖigena – rote Johannisbeere (Castrén 1856, S. 126 bzw. S. 95); samojedisch kapte, käpte, kepti, kepte bzw. keptä – Johannisbeere (Castrén 1855, S. 238); ostjakisch kanek (nach D. G. Messerschmidt – rote Johannisbeere (Klaproth 1831, S. 195); jakutisch хаптаҕас – rote Johannisbeere (Middendorff 1851, S. 78); „Grossulāria T. (Ribesieae), Von grossulus, Dimin. von grossus (eine Art kleiner Feigen), um die rundlich-längliche Form und den süssen Geschmack der Frucht anzudeuten.“ (Wittstein 1852, S. 403)

„295. Grossularia multiplici acino Sive non Spinosa hortensis rubra Sive Ribes officinarum C. B. P. Russis ad Lenam Кислица. [russ. *kislica*] ...“ (AAW R. I, Op. 13, D. 42, Bl. 46r, s. Anm. 1 in Nr. 1); „381 Ribes vulgaris, acidus ruber JB. 2. 97.“ (AAW R. I, Op. 6, D. 40, Bl. 39v, s. Anm. 1 in Nr. 1); „Ribes vulgaris, acidus, ruber. J. B. ...“ (AAW F. 21, Op. 5, D. 98, Bl. 37r, s. Anm. 54 in Nr. 17); „887. Grossularia multiplici acino sive non spinosa hortensis rubra sive Ribes officinarum C. B. P. Ind. Irc: n.° 478. ...“ (AAW R. I, Op. 105, D. 1, Bl. 70r, s. Anm. 29 in Nr. 5); „Ribes vulgaris, acidus, ruber. JB. Russ красная смородина [russ. *krasnaja smorodina*]

..." (AAW R. I, Op. 104, D. 8, Bl. 13v, s. Anm. 18 in Nr. 452); „478. Grossularia multiplici acino sive non spinosa hortensi rubra sive Ribes officinarum C. B. P. ..." (AAW R. I, Op. 105, D. 12, Bl. 22r, s. Anm. 54 in Nr. 17); „1. Grossularia multiplici acino sive spinosa hortensis rubra sive Ribes officinarum C. B. P. Ind. Irc. n.° 478. Jen. 887. Ribes inerme floribus planiusculis racemis pendulis Linn. h. Cliff. 82 ..." (AAW R. I, Op. 13, D. 67, Bl. 57r, s. Anm. 5 in Nr. 4); „1. Grossularia multiplici acino, s. non spinosa, rubra, seu Ribes officinarum. C. B. P. 455." (AAW R. I, Op. 13, D. 16, Bl. 17r, s. Anm. 32 in Nr. 6); „527 Ribes officinarum C. B. P. ..." (AAW R. I, Op. 104, D. 25, Bl. 37v, s. Anm. 61 in Nr. 21); russ. *krasnaja smorodina*, kamtschadalisch (itelmenisch) – Brórotatsch (J. G. Gmelin in: RGADA F. 199, Op. 2, Portf. 527, D. 11, Bl. 4r); lat. Ribes rubrum, russ. *kislica*, *krasnaja smorodina*, tung. Igeliktà (RGADA F. 199, Op. 2, kn. 513, D. 27, Bl. 8v); lat. „Ribesium rubrum", russ. „кислица, красная Смородина [russ. *kislica*, *krasnaja smorodina*]", arinz. „Tulu-Schulpoe", katschinsk. „Kisilgut", kaidin. „Kisilgat", mator. (modorisch „Schílbe", kamass. „Kápede", kotowz. „Káltun-dile", tschatzk. „Kisíl-Karagat." (J. G. Gmelin in: AAW F. 21, Op. 5, D. 73, Bll. 294v/295r); „Grossularia multiplici acino, non spinosa, rubra, sive Ribes Officinarum (Tournefortii sp. 8), Off." (Messerschmidt 1962–1977, Bd. 4, S. 209, s. Anm. 1 in Nr. 1)

„[species 13] Grossularia vulgaris, fructu dulci C. B. Pin. 455. Clus. Hist. 120. Ribes Alpinus, dulcis J. B. 2. 98." (Tournefort 1700, S. 640, Genus VIII. „Grossularia. Groselier."); „RIBES ALPINVS dulcis. ..." (Bauhin 1651a, S. 98); „3. RIBES inerme, floribus planiusculis, racemis erectis. Ribes alpinum dulce. [sic!] Bauh. hist. 2. p. 98. ... Grossularia vulgaris, fructu dulci Bauh. pin. 55. Tournef. inst. 640. ..." (Linné 1737, S. 82); „Grossularia vulgaris, fructu dulci C. B. Pin. 455. ... Ribes Alpinus, dulcis J. B. 2. 98. Rechbeer ..." (Mappus 1742, S. 139); „2. RIBES inerme, foliis planiusculis, racemis erectis LINN. Cliff. p. 82. ... Ribes alpinus dulcis I. B. II. p. 98. ... Grossularia vulgaris fructu dulci C. B. I. R. H.?" (Haller 1742, S. 346); „7. RIBES inerme, floribus planiusculis, racemis erectis, LINN. h. Cliff. 82. sp. pl. 1. p. 291. n. 2. ROY. pr. 270. Ribes alpinum dulce, [sic!] BAVH. hist. 2. p. 98. Grossularia vulgaris fructu dulci, B. pin. 455. ..." (Gmelin 1747–1769, Bd. III, S. 173); „7. Ribes inerme, floribus planiusculis, racemis erectis [=] Ribes alpinum L.!" (Ledebour 1841, S. 95); „Ribes alpinum, ... süse Johannisbeere, wilde Johannisbeere; Strausbeere; Rechbeere; Rechbeerenstaude; Corinthenstaude; wilde Corinthen; falsche Rosinbeere; ... Ihre Beeren werden wenig geachtet, und besitzen auch ihre kühlende Kräfte in einem weit geringeren Grade, als die rothe [Nr. 1123]: Sie heißt bey J. Bauhin: Ribes alpinus dulcis; ..." (Gmelin 1775, Sp. 872f.); „2.) Wilde Johannnisbeere. Ribes alpinum. ... Ribes inerme; racemis erectis; bracteis flore longioribus. LINN. ... Sp. pl. 291. Ribes inerme, ... Hort. Cliff. 82. ... Ribes alpinum dulce. [sic!] I. BAUH. hist. 2. p. 93. Grossularia vulgaris, fructu dulci, ... C. BAUH. pin. 455. ... Diese Art, welche man auch süsse Johannnisbeere, Strausbeere, Bergbeere, wilde Corinthen, falsche Rosinlein, ... nennet, ..." (Linné 1778, S. 297f.); „II. Der Johannisbeerstrauch mit aufgerichteten Träubchen, der Alpen=Johannisbeer=Strauch, ... Die Beere oder Frucht wird wilde Johannisbeere, süßliche Johannisbeere, Folkbeere, ... genannt. ... Das Holz ist hart und zäh, und wird in Schweden zu Rechenzinken gebraucht." (Krünitz 1773–1858, Bd. 30, S. 594ff.); „RIBES alpina. RIBES inermis, racemis erectis: ... Gmelin. Fl. sib. III. p. 173. Rossis Gluchaja Smorodina (Глухая смородина [russ. *gluchaja smorodina*]) i. e. Ribes fatua; aliis Ribes Toloknaeschka (Толокняшка [russ. *toloknjaška*]) i. e. bacca farinacea. Tungusis Ajut. ... a Stellero in Camtschatca observata. ..." (Pallas 1788, S. 36); „5. RIBES alpinum. R. inerme, ... Gmel. sib. 3. p. 173. ... R. inerme, ... Hort. cliff. 82. R. alpinum dulce. [sic!] Bauh. hist. 2. p. 93. ... Grossularia vulgaris, fructu dulci. Bauh. pin. 455. ... Alpen Iohannisbeere. W. ..." (Linné 1797–1830, Bd. I, Teil 2, S. 1154f.); „a) Ribes alpinum. Deutsch. Die wilde Johannisbeere; Alpen-Johannisbeere, Berg-Johannisbeere, Süsse Krausbeere, Wilde süsse Johannisbeere, Wilde Straussbeere, Wilde Fraubeere, Johannisbeerstrauch mit Stachelbeerblättern, Korinthenbaum, Korinthenstrauch, Korinthenstaude, Falsche Korinthen, Falsche Rosinen, Rauchbeere, Rechbeere, Reichbeere, Passelbeere, Folkbeere, Mehldrossel, Weinbeerle, Wilde Kirschen. ... Russ. Gluchaja smorodina (Ribes fatua); Toloknäschka (Bacca farinacea). Lett. Sarkane wilkune. ... Tungus. Ajut. ... die

Beeren sind klein, roth, und haben einen süssen, sehr faden Geschmak; ..." (Nemnich 1795, Sp. 1159f.); „425. RIBES alpinum. ... Linn. ed. Willd. 1. p. 1154. ... Gmel. sib. 3. p. 173. n. 7. Pall. ross. 2. p. 36. ..." (Marschall von Bieberstein 1808a, S. 170); „7. R[ibes] alpinum (L. SP. 291) ... PALL. Fl. ross. II, p. 36. ... M. a BIEB. Fl. t. c. I, p. 170. ... R. inerme, ... GMEL. Fl. sib. III, p.173. Nr. 7. ..." (Ledebour 1844–1846, S. 196f.)

„* Grossularia vulgaris fructu rubro Ungarica. Clus. Hist. 120 An Grossularia vulgaris fructu dulci. C. B. P? ..." (AAW F. 21, Op. 5, D. 98, Bl. 37r, s. Anm. 54 in Nr. 17); „14. Ribes inerme, floribus planiusculis, racemis erectis Linn. h. Cliff. 82. Ribes alpinum dulce [sic!] B. hist. 2. p. 98. ..." (AAW R. I, Op. 13, D. 20, Bl. 2v, s. Anm. 1 in Nr. 1); „3. Grossularia vulgaris fructu dulci. C. B. P. 455." (AAW R. I, Op. 13, D. 16, Bl. 17r, s. Anm. 32 in Nr. 6); „528 Grossularia vulgaris fructu dulci C. B. Pin. ..." (AAW R. I, Op. 104, D. 25, Bl. 37v, s. Anm. 61 in Nr. 21)

41 „[species 14] Grossularia non spinosa, fructu nigro, majore C. B. Pin. 455. Ribes nigrum vulgò dictum, folio olente J. B. 2. 98. Ribesium fructu nigro Dod. Pempt. 749." (Tournefort 1700, S. 640, Genus VIII. „Grossularia. Groselier."); „XI. Grossularia non spinosa fructu nigro. ... Variat baccis minoribus & majoribus." (Bauhin 1623, S. 455); „Grossularia non spinosa, fructu nigro majore C. B. Pin. 455. ... Hujus frutex Germanis Gicht=Baum dicitur, illumque superstitiose certis temporibus transplantant." (Rupp 1726, S. 41); „2. GROSSULARIA NON SPINOSA, FRUCTU NIGRO, MAJORE C. B. Pin." (Vaillant 1727, S. 95); „1. RIBES inerme, floribus oblongis. ... Ribes nigrum vulgo dictum, folio olente. Bauh. hist. 2. p. 98. ... Ribesium fructu nigro. Dod. pempt. 749. ... Grossularia non spinosa, fructu nigro. Bauh. pin. 455. ..." (Linné 1737, S. 82); „6. RIBES inerme, floribus oblongis, LINN. h. Cliff. 269. Ribes inerme racemis pilosis, floribus oblongis, LINN. Sp. pl. 1. p. 291. n. 3. Ribes nigrum vulgo dictum, folio olente, B. hist. 2. p. 98. Grossularia non spinosa, fructu nigro, B. pin. 455. ..." (Gmelin 1747–1769, Bd. III, S. 173); „6. Ribes inerme, floribus oblongis [=] Ribes nigrum L.!" (Ledebour 1841, S. 95); „RIBES (nigrum) inerme, ... Linn. Spec. pl. 201. n. 3. ... Чорная Смородина [russ. *čornaja smorodina*] Russ. ..." (*Krašeninnikov* 1761, S. 38); „819. RIBES inerme, olidum, calyce oblongo, petalis ovatis. ... Ribes nigrum vulgo dictum, folio olente. I. B. II. ... Ribes inerme racemis pilosis, floribus oblongis LINN. I. p. 291. ..." (Haller 1768, S. 364); „[Glossularia; sic!] ... non spinosa fructu nigro majore; so nennen Dalechamp, C. Bauhin und Tournefort die schwarze Johannisbeere. Glossularia [sic!] non spinosa, fructu nigro minore, bedeutet bey Tournefort eine kleinere Spielart derselbigen." (Gmelin 1773b, Sp. 621f.); „[Ribes] nigrum L. Smorodina Tschernaja. T. Kusirgana. ..." (Georgi 1775, S. 202); „Ribes nigrum, ... schwarze Johannisbeere, ... schwarze Stachelbeere; schwarze Zeitbeere; Bräunebeere; Wendelbeerenbusch; Aalbeerenbusch; Boksbeerenbusch; Gichtbeerenstrauch; Gichtstrauch; Gichtbaum; ... ein Aufguß von der inneren Rinde, von den ganz jungen Sprossen oder auch von den Blättern wird ... als ein auf den Harn und den Beyschlaf treibendes Mittel zu zerschiedenen Krankheiten, in der Wassersucht, in den Zufällen, die auf den Biß wütender Thiere oder Schlangen erfolgen, empfolen, ... Sie heißt bey ... J. Bauhin: Ribes nigrum vulgo dictum, folio olente.; ..." (Gmelin 1775, Sp. 873ff.); „3.) Schwarze Johannisbeere. Ribes nigrum. ... Ribes inerme, racemis pilosis; floribus oblongis. LINN. ... Sp. pl. 291. Ribes inerme, ... Hort. Cliff. 82. ... HALL. Hist. I. p. 364. ... Grossularia non spinosa, ... C. BAUH. pin. 455. ... Seine Früchte ... sind sie wegen dem unangenehmen Geruch den meisten Personen verhaßt. Wegen diesem geruchhaften Wesen besitzen auch die Blätter und Früchte ... blutreinigende und harntreibende Kräfte; und werden daher; ... wider Entzündungen im Halse, wider die Ruhr und Wassersucht und giftige Schlangenbisse gerühmet. ..." (Linné 1778, S. 298f.); „265. Ribes nigrum. ... Schwarzer Johannisberstrauch. ... In Sibirien legten Rußen und Tataren die Blätter in den Quas, weil er davon medizinische Kräfte erhält, auch ist ihnen der Geruch angenehm." (Falk 1786, S. 135); „8. RIBES nigrum. ... R. inerme, ... Gmel. sib. 3. p. 173. ... R. inerme, ... Hort. cliff. 269. ... R. nigrum vulgo dictum, ... Bauh. hist. 2. ... Schwarze Johannisbeere. W. ..." (Linné 1797–1830, Bd. I, Teil 2, S. 1156); „RIBES nigra. RIBES inermis, racemis pendulis pubescentibus, ... Lin. syst. pl. I. p. 565. sp. 3. ... Rossis Smorodina tschernaja (Смородина черная [russ. *smorodina černaja*]). ... Permice Soeterpu. Sirjaenis Soetir-pu. Tscheremissis

Schem, Schepter. Votjacis Sutir-pu. Ostiacis ad Ob et Ket fl. Kapte; Wassuganis Tschovtschak. Tataris Karagat; Calmuccis Chara-Toschli. Buraetis Kusirganà. Mongolis Chatchuur vel Chân-Idoehn, i. e. Cibus regius. Tungusis Ajulil; Lamutis Jogala. ..." (Pallas 1788, S. 34); „d) Ribes nigrum. Grossularia non spinosa fructu nigro; Piperella. Deutsch. Die schwarze Johannisbeere; Schwarze falsche Stachelbeere, Bocksbeere, Gichtbeere, Gichtstrauch, Pfefferbeere, Pfaffenstrauch, Jungfernbeere, Stinkbaum, Schwarze Zeitbeere, Wendelbeere, Brännebeere, Ahlbeere, Aaalbeere, Albefing, Alantbeere, Braune Beere, Bräunebeere; Schwarze Riebesel. ... Russ. Smorodina tschernaja. Lett. Mellni süstrini. ... Tatar. Karagat; Baschkir. Karagat. Kirgis. Karagat; Burab. [sic!] Karagat. Kalmuk. Chara-toschli; Mongol. Chatchuur; Chan-Idähn (i. e. Cibus regius). Perm. Soeterpu; Sirjän. Soetirpu. Wotj. Sutirpu; Tscherem. Schem, Schepter. Ostjak. Kapte; Wassug. Tschowtschak. Tungus. Ajulil. Lamut. Jogala. ... ehedem wurden sie für giftig gehalten, gegenwärtig werden sie als gesund gerühmt; ..." (Nemnich 1795, Sp. 1161f.); wotjakisch śod-sutär – Ribes nigrum (Munkácsi 1896, S. 464); „RIBES NIGRUM. ... Schwarze Johannisbeere, Ahlbeere, ... Ahlbesie, Ahlbeerenbusch, Gichtbeerenbusch, Bocksbeerenbusch, Wendelbeerenbusch, Pfaffenstrauch, Stinkbaum, Jungferbaum. ... Man sammelt von Ribes nigrum die Blätter nebst den Stengeln, Folia seu Herba Ribium nigrorum cum stipitatus ... Sie sind harn- und schweisstreibend und dabei etwas ekelerregend. ... Die Beeren, ... werden im frischen Zustande zur Bereitung eines Roob, Roob Ribium nigrorum, gebraucht. ..." (Hayne 1813, Nr. 26); „20. * R[ibes] nigrum: ... Willd. Spec. 1. p. 1156. ... Obs. ... licet adducta a Pallas Fl. ross. ed. in 8. T. 1. P. II. p. 61. nomine americanae. Pallas ... a Steller Mant. MS. ‚Grossulariam americanam non spinosam, ...' addit. Synonymon subjungit RIB. inermis, racemis suberectis pubescentibus Medic. Soc. oecon. palat. ... ‚Forma et modo crescendi' Steller scribit, ‚per omnia coincidit exacte cum R. nigra; ...' ..." (Linné 1819, S. 498); „3) RIBES NIGRUM. Linn. ... Hayne Arzneyg. III. t. 26. ... R. nigra. Pall. Fl. ross. II. p. 34. ... Ribes No. 6. Gmel. Fl. sib. III. p. 173. ..." (Ledebour 1829, S. 269f.); „16. R[ibes] nigrum (L. SP. 291) ... PALL. Fl. ross. II, p. 34. ... LEDEB. Fl alt. I, p. 269. ... R. Dikuscha. FISCH. (ex TURCZ. miss.). R. inerme, floribus oblongis. GMEL. sib. III, p. 173. Nr. 6. ... R. Dikuscha. FISCH. TURCZ. ... PALLAS in Fl. rossica II, p. 34, minime conveniens, a R. nigro non differre videtur." (Ledebour 1844–1846, S. 200); „RIBES americana. Ribes inermis, racemis suberectis pubescentibus. Medic. Soc. oecon. palat. 1764. p. 268. Grossularia americana non spinosa, fructu nigro majore in racemis longissimis erectis, folio non olente. Steller mantiss. manuscr. Hunc fruticem Stellerus in littore Americae ad Promontorium Eliae observavit, et similem circa Kovyma, Indigirka et Anadyr fl. provenire et a Rossis Anadyrensibus vulgo Dikuscha (дикуша [russ. *dikuša*]) appellatum fuisse accepit. ... Forma et modo crescendi per omnia coincidit exacte cum Ribe nigra; ... Baccas immaturas vidit Steller, sed nigras evasuras ex obscure viridi et opaco earum colore concludit." (Pallas 1788, S. 34); Ribes nigrum L. – russ. *černaja smorodina* (*Annenkov* 1858, S. 80, Nr. 935); „472. RIBES DIKUSCHA Fisch. ... R. Dikuscha Fisch. in litt. R. Americanum Pall. fl. Ross. II. p. 94. [sic!] ... Baccae rubrae magnitudine fere praecedentis [d. h. Ribes nigrum] inebriantes, unde nomen vernaculum Dikuscha provenit. ..." (*Turčaninov* 1844, S. 254f.); „6. RIBES nigrum L., ... Schwarze Johannisbeere. Aalbeerstrauch. R. Smorodina tschernaja ... Tat. Kuragat. ... Ein schöner Strauch mit starkriechenden Blättern und schwarzen, eßbaren Früchten, Die Blätter sind in Form von Thee, Hausmittel wider gichterische Zufälle. Am Iset und Tobol legt man sie beym Brauen in den Biermeesch. β. Ribes nigrum, β. americanum. Pall. Fl. Ross. Tom. I. p. 2. p. 34. Grossularia americana Stell. R. Dikusch. ... Sie gleicht der R. nigro ganz, hat große, sehr schwarze Beere, die aber so wie die Zweige und Blätter geruchlos sind." (Georgi 1797–1802, Theil 3, S. 797f.); „[jakut.] yoxta, eine Art berauschende Johannisbeere, Ribes Dikuscha (der Russ. Localname) Fisch. ..." (Middendorff 1851, Theil 2, S. 40); „933. Ribes Dikuscha Fisch. – Дикуша [russ. *dikuša*]." (*Annenkov* 1858, S. 80); „72581. RIBES DIKUSCHA Fisch. ... A native Russian plant closely related to the common black currant; the fruits are used to make beverages. ..." (Inventory 1927, S. 47); „1029. R[ibes] nigrum ... R. inerme, racemis pilosis ... H. cliff. p. 82. n. 1. ... Grossul. nigra Dalech. hist. 133., C. Bauh. l. c., Gr. (etc.) fr. minore Tourn. inst. 640.: – varr. α. Gr. etc. fr. nigro majore Tourn. l. c., ..." (Richter 1840, S. 219); mokschanisch

šukšteru – schwarze Johannisbeere (Ahlquist 1861, S. 197); ersanisch šukštoru – schwarze Johannisbeere (Wiedemann 1865, S.158); burjatisch kuldirgene, ukuri-nụŋdeŋ(n), uxuri nụde bzw. uxuȓê-nụden – schwarze Johannisbeere (Castrén 1857, S. 199); wogulisch šaši – schwarze Johannisbeere (Ahlquist 1891, S. 49); *Enisej*-ostjakisch èif, èife bzw. èäji – schwarze Johannisbeere (Castrén 1858a, S. 161); jakutisch моiноҕон – schwarze Johannisbeere (Middendorff 1851, S. 149); jakutisch уохта – Ribes Dikuscha, eine Art berauschende Johannisbeere (a. a. O., S. 40) „Grossularia fructu nigro majore non spinosa CB copiose ad Irtisch ob, & Tom fluvios crescens, alteram Sibiriensibus Ruthenis & Tataricis gentibus una cum ursis vindemiam suppeditat, parant exinde triplicem potum. Primus quoad praeparationem convenit cum priori alter addito solummodo melle differt ac priori sapidior, tertius fit affusione spiritus frumenti, vel Expressus succus solum̄odo miscetur cum spiritu frumenti hiq₃ potus inserviunt diebus festis vini loco, ad fundenda vola, similiq₃ veneratione bibuntur. Vitis Ideae fructus simili ratione praeparantue." (AAW R. I, Op. 104, D. 18, Bl. 15v s. Anm. 20 in Nr. 632); „Grossularia Americana non spinosa, fructu nigro majore in racemis longissimis erectis, folio non olente magnitudine foliorum modo & loco crescendi per omnia coincidit exactissime cum Grossularia non spinosa fructu nigro majore, folio olente. C. B. Differt, quod racemi dodrantales sint, ... Quantum Anadirenses incolae, quibus exsiccatum ramum fruticis huius ostenderam, hariolari poterant, putant illi, fruticem hanc circa Anadirense munimentum ad Kolymam, & Indigirkam provenire; baccas frutices sapidas diKuschka vocant, & spiritum ardentem inde parare solent; plura edocebit avdoxia quando illa loca peragraturus ero." (Bll. 60v–61r in G. W. Steller „Catalogus plantarum intra sex horas in parte Americae septentrionalis iuxta promontorium Eliae observatarum anno 1741 die 21 Julii sub gradu latitudinis 59." – AAW R. I, Op. 13, D. 61, Bll. 56r–61r); lat. Ribes nigrum folio olente, russ. *černaja smorodina*, tung. Ajúlill (RGADA F. 199, Op. 2, kn. 513, D. 27, Bl. 8v); „296. Grossularia non Spinosa, fructu nigro maiore C. B. P. Russis ad Lenam смородина [russ. *smorodina*] ..." (AAW R. I, Op. 13, D. 42, Bl. 46r, s. Anm. 1 in Nr. 1); „Ribes nigrum vulgo dictum, folio olente J. B. ..." (AAW R. I, Op. 105, D. 2, Bl. 21r, s. Anm. 54 in Nr. 17); „888. Grossularia non spinosa fructu nigro majore C. B. P. ..." (AAW R. I, Op. 105, D. 1, Bl. 70r, s. Anm. 29 in Nr. 5); „Ribes nigrum vulgo dictum, folio olente JB Russ Смородина [russ. *smorodina*] ..." (AAW R. I, Op. 104, D. 8, Bl. 13v, s. Anm. 18 in Nr. 452); „Смородина [russ. *smorodina*]", barabinz. „Karagut" (AAW F. 21, Op. 5, D. 73, Bl. 277v); lat. „Ribes nigrum", russ. „Смородина, чо⌈р⌉ная смородина [russ. *smorodina, čornaja smorodina*]", arinz. „Kéü ipoe", katschinsk. „Kara-chat", kaidin. „Kara-chat", taiginz. „Dő-eloe", mator. (modorisch) „Schílbe", kamass. „Mórgedeoe", kotowz. „Sánges.", tschatzk. „Kára-karagat." (J. G. Gmelin in: AAW F. 21, Op. 5, D. 73, Bll. 294v/295r); „479. Grossularia non spinosa fructu nigro majore C. B. P. ..." (AAW R. I, Op. 105, D. 12, Bl. 22r, s. Anm. 54 in Nr. 17); „2. Grossularia non spinosa fructu nigro majore C. B. P. ..." (AAW R. I, Op. 13, D. 67, Bl. 57r, s. Anm. 5 in Nr. 4); „Grossularia fructu nigro majore non spinosa CB copiose ad Irtisch ob, & Tom fluvios crescens, alteram Sibiriensibus Ruthenis & Tataricis gentibus una cum ursis vindemiam suppeditat, parant exinde triplicem potum. Primus quoad praeparationem convenit cum priori alter addito solummodo melle differt ac priori sapidior, tertius fit affusione spiritus frumenti, vel Expressus succus solum̄odo miscetur cum spiritu frumenti hiq₎ potus inserviunt diebus festis vini loco, ad sundenda vola, similiq₎ veneratione bibuntur. ..." (AAW R. I, Op. 104, D. 28, Bl. 15v, s. Anm. 20 in Nr. 632); „Grossularia non-spinosa folio olente, fructu nigro majore. T. Sp. 14. ... Tattaricè Karághad." (AAW F. 98, Op. 1, D. 19, Bl. 22r, s. Anm. 59 in Nr. 19); „Grossularia, non-spinosa, folio olente, fructu nigro majore; Tournef. Spec. 14. ..." (AAW F. 98, Op. 1, D. 20, Bl. 28r, s. Anm. 90 in Nr. 33); „17. September 1722 Von Kräutern war wenig mehr zu finden, außer ... Grossularia non spinosa fructu in racemis nigro, odorata (Tournef. Sp. ***); ..." (Messerschmidt 1962–1977, Bd. 1, S. 319); „6. Juni 1723 ... observierte nichts als ... Grossulariam non spinosam, folio olente, baccis nigris ..." (Messerschmidt 1962–1977, Bd. 2, S. 60f.); s. auch Nr. 1123

42 „CERASUM ACIDUM. PRUNUS Cerasus acida L. Saure Kirschen. Weixel. Amarella. ...“ (Plenck 1784, S. 104f.)

43 „C. Saure Kirschen. Es gibt deren zweyerley Arten: 1. recht saure, ... Wenn solche groß, dunkelroth oder schwarz und saftig sind, nennt man sie Morellen, Morillen, Marelllen, Marillen, Amarellen, oder Amorellen ...“ (Krünitz 1773–1858, Bd. 39, S. 40)

44 „[species 15] Grossularia non spinosa, fructu nigro, minore C. B. Pin. 455.“ (Tournefort 1700, S. 640, Genus VIII. „Grossularia. Groselier.“); s. Nr. 1125

45 „9. RIBES inerme, racemis glabris, pendulis, floribus planiusculis, LINN. Spec. Tom. 1. 121. Grossularia multiplici acino s. non spinosa hortensis rubra, B. pin. 455. Ribes vulgare axidum, BAVH. hist. 2. p. 7. j. Eadem flore et fructu minore. ... Ribes ramis aculeatis lateralibus fructu, rubro dulci minori, fere grossulariae spinosae sativua folio. Obuenit mihi trans Baicalem haud procul Vdinio, quae STELLERO procul inde in montosis [erg. regionibus] lacus Baicalis obuiam facta est, quae sine dubio noua species est, quam vero non ita cognoui, vt distinctam eius ideam habeam, hinc et proponere nolo.“ (lat. – 9. Ribes ... Sie [d. h. die Pflanze], die Steller fern von hier in den Gebirgsgegenden des Sees *Bajkal* begegnet ist, begegnete mir jenseits des [Sees] *Bajkal*, unweit von *Udinsk*. Zweifellos ist sie eine neue Art, die ich jedoch nicht so [genau] kenne, daß mir die Gesamtheit der Merkmale [wörtlich: das deutliche Urbild] zu Gebote stünde, und ich sie [d. h. diese Gesamtheit der Merkmale] deshalb auch nicht darlegen möchte.) (Gmelin 1747–1769, Bd. III, S. 173f.); „Ribes ramis aculeatis lateralibus fr. glabro. Credo differre a grossularia spinis numerosis (cf. Fl. sib. III. 174. annot. ad nr. 9. R. uva crispa L. aciculare Dec.).“ (A. von Haller in einem undatierten Brief an J. G. Gmelin – Plieninger 1861, S. 145)

„889. Grossularia quaedam spinosa rupestris ... Forte eadem planta est cum Grossularia Fl. Irc. n°. 1127.“ (AAW R. I, Op. 105, D. 1, Bl. 70r, s. Anm. 29 in Nr. 5); „3. Grossularia quaedam spinosa rupestris Ind. Jen. n°. 889. Grossularia Seu Ribes spinosa fructu rubro dulci minori Grossulariae spinosa sativae folio Fl. Irc. n°. 1127. ...“ mit der rechts marginalen Anm. „Ic. Stell. cum fructu.“ (AAW R. I, Op. 13, D. 67, Bl. 57r, s. Anm. 5 in Nr. 4); s. Anhang B.5. Nr. 18

46 „X. Stachelbeer. ... Es sind aber der stachelbeer bey uns drey arten. ... Die andre, Grossularia spinosa sativa, C. B. Grossularia majore fructu, Clus. Grosse oder spanische Stachelbeer. ...“ (Elsholtz 1715, S. 297f.)

47 „[species 6] Cornus foemina C. B. Pin. 447. Lob. Icon. 169. Cornus foemina, putata Virga sanguinea J. B. 1. 214. Sanguin.“ (Tournefort 1700, S. 641, Genus I. „Cornus. Cornouïller.“); „Cornvs foemina, pvtata Virga sangvinea. ... Cornum foeminam esse puto, quam Germ. Faulbeerbaum & Faulholtz vocant, ...“ (Bauhin 1650, S. 214ff.); „1. CORNUS umbelllis involucro multoties longioribus. Cornus foemina. Bauh. pin. 447. ... Cornus foemina, ... Bauh. hist. 1. p. 214. Virga sanguinea. Dod. pempt. 782. ...“ (Linné 1737, S. 38); „32. CORNVS arborea, cymis nudis, LINN. it. W. goth. 32. Spec. pl. 1. p. 171. n. 3. Cornus vmbellis involucro multoties longioribus, LINN. h. Cliff. Spec. 38. ROY. lugdb. 249. HALL. Helv. 463. DALIB. Paris. 52. Cornus foemina, B. pin. 447. Virga sanguinea, DOD. pempt. 782. Cornus syluestris fructu albo, AMM. Ruth. 277. Tab. XXXII. I. Baccis albis s. niueis. II. Baccis subcoeruleis. ...“ (Gmelin 1747–1769, Bd. III, S. 163); „32. Cornus arborea, cymis nudis [=] Cornus alba L. ! (Cornus sanguinea L. – Willd. sp. pl. I. 662. – Cornus purpurea Tausch. in Flora Jahrg. XXI. Bd. II. 731.“ (Ledebour 1841, S. 93); „277. CORNUS syluestris, fructu albo Gmelin. Tab. XXXII. ... Ruthenis dicitur Курaслѣпникъ [russ. *kuraslepnik*]. Messerschmidio eadem audit: Cornus foemina seu virga sanguinea, baccis albis racematim haerentibus, succo lactescente plenis. ...“ (Amman 1739, S. 198ff.); „257. Cornus vmbelllis inuolucro multoties longioribus Linn. Cliff. 38. ... Cornus foemina ... C. B. P. 447. Tourn. 641. ... Hartreder, Hartriegel ...“ (Boehmer 1750, S. 110); „17. Cornus foemina, Spindelbaum, Faulbeerbaum. Cornus foemina Turn. 641. C. B. P. 447. ...“ (Carl 1770, S. 162); „Cornus sanguinea arborea, ... baumartiger Hartreder, ... Hartriegel; Härtern; Hundsbeere; weibliche Hundsbeere; Hundsbeerstrauch; Teufelsmettern; Teufelsmatten; wilde Dürlizen; ... sein Holz ist hart und zäh, und taugt daher treflich zu Ladstöken; seine Rinde mischen die Americaner unter den Rauchtabak, und in Trient preßt man und kocht man aus seinen Beeren ein Lampenöl. Er heißt ... bey den mei-

sten alten Schriftstellern: Cornus foemina; ...“ (Gmelin 1773, Sp. 172f.); „[Cornus] alba arborea, ... weisse baumartige Dürlizen, ... Hartriegel mit weissen Beeren; wilde Hundsbeere mit einer weissen Frucht; ... Er heißt bey Amman und du Hamel: Cornus sylvestris, fructu albo; ...“ (a. a. O., Sp. 173f.); „... die Blutruthe (Cornus sanguinea), ...“ (Pallas 1773, S. 14); „Cornua sanguinea fieng an zu blühen. Der türkische Nahmen des Baums ist Murdadscha, der armenische Alaschai; der Aberglaube hält ihn hier für verdächtig, so, daß man ihn nicht in die Hand zu nehmen räth, woferne man nicht unglüklich seyn will.“ (Gmelin 1774b, S. 312); „3) Wilder Cornelbaum, oder Hartreder. Cornus sanginea arborea. ... Cornus cymis nudis, ramis rectis. LINN. Syst. veg. p. 134. ... Cornus umbellis multitoties ... Hort. Cliff. 38. ... Cornus femina. BAUH. pin. 447. Virga sanguinea. DOD. pempt. 782. ... Er wird im Deutschen auch Hartriegel; Härtern; Hundsbeerenstrauch, weiblicher Hundsbeerenstrauch; Teufelsmettern; Teufelsmatten; wilder Dürlitzenbaum genennet; ... Der lateinische Beyname, Virga sanguinea rühret daher, weil seine ... Zweige oder Ruthen, ... ganz dunkelroth werden, als wenn sie in Blut getunkt wären. ...“ (Linné 1777a, S. 240f.); „6) Weisser Cornelbaum. Cornus alba arborea. ... Cornus ramis recurvatis, cymis nudis. LINN. Syst. veg. p. 134. ... Cornus sylvestris fructu albo. AMM. Ruth. 277. ... ist ein Baum, welcher ... beym Herr Miller der Cornelbaum aus der Tartarey, ... genennet [wird]. ... Seine Wurzel riecht nach Rosen. ...“ (a. a. O., S. 242); „CORNUS sanguinea. C. arborea, cymis nudis, ramis rectis. ... Gmelin Fl. Sib. III. p. 163. n. 32. II. ... Germanis Hartriegel, Hartröthern, Hundsbeerstrauch. Rossis Слѣпокурникъ [russ. *slepokurnik*] (Sljepokurnik) vel Курослѣпникъ [russ. *kuroslepnik*] (Kurosljepnik). ...“ (Pallas 1784, S. 50); „CORNUS alba. Tab. XXXIV. C. arborea, cymis nudis, ramis recurvatis. Lin. syst. plant. I. p. 332. n. 4. Gmelin Flor. sib. III. p. 163. n. 32. I. Amman stirp. ruth. p. 198. n. 277. tab. 32. Rossis in Sibiria Курослѣпникъ [russ. *kuroslepnik*] (Kurosljepnik), in Dauuria Красное дерево [russ. *krasnoe derevo*] (Krasnoe derevo i. e. frutex ruber). Tataris Sibiriae Schagatsch vel Schaitan subok. Mongolo-Burattis Ulàn-Burgassù i. e. frutex ruber. Tungusis Irà, ad Baïcalem Junko. ...“ (a. a. O., S. 51); „172. Cornus sanguinea. Lin. Syst. Pl. I. p. 331. sp. 2. ... 173. Cornus alba. Lin. Syst. Pl. I. p. 332. sp. 4. ... Er ist dem Corn. Sang, n, 172. in Wuchs, Größe, Ansehen, Blättern und Blumen sehr ähnlich. ... Beym Corn. sang. n. 172, ist bis auf die schwärzliche Farbe der Beeren ... alles eben so, ... daher ich nicht finde, daß beydes zwey verschiedene Arten, sondern nur Abarten von einer Art seyn können. ...“ (Falk 1786, S. 117f.); „6) Weißer Hartriegel, weiße baumartige Dürlizen, ... Cornelbaum aus der Tartarey, weißbeerigter Cornelbaum, ... Cornus tartarica arborea, ... Mill. ...“ (Encyclopädie 1789, S. 433); „7) Wilder Hartriegel, ... Rothbeinholz, Rothgarten, baumartiger Hartreder, ... Cornus sanguinea Linn. ... Er taugt zu Dammwegen in den Wäldern, aber ... nicht wohl zu Hecken. ...“ (a. a. O., S. 433f.); „a) Cornus alba. ... Deutsch. Der weisse Kornelbaum; der Hartriegel mit weissen Beeren. ... Russ. (in Siberien) Kurosljepnik. Daurien. Krasnoe derewo (i. e. frutex ruber.) Tatar. (in Siberien) Schagatsch, Schaitan subok. Burät. Ulàn-burgassù (i. e. frutex ruber). Tungus. Irà. Am Baikal. Junko. Am Irtisch. Kisil subok. Barab. Metscher. Wotjak. Schukara pu. ... im Winter habe die Zweige eine sehr glänzende Korallenröthe.“ (Nemnich 1793a, Sp. 1225f.); „f) Cornus sanguinea. ... Deutsch. Der Hartriegel; Hartreder, Hartröder, Hartrötern, Härtern, Härten, Harten, Hartredel, Hartstrauch, Hartbaum, Hartwiede; Rötern, Rothgerben, Rothbeinholz; Beinholz; die Hundsbeere; der Haberspies; das Schusterholz; der Heckenbaum, das Heckholz; Kürbeeren; wilde Dürlizen; Teufelsbeere, Teufelsmatten, Teufelsmartern, Teufelsmettern; wilde Kornelkirschen. ... Russ. Sljepokurnik, Kurosljepnik; Schimolost prostaja. ... Am Terek. Lidina. Tatar. Tschubak, Kara bolan. Kalmuk. Thausir, Chansier. Tscherem. Kusiponda. Wotjak. Schutem. Tungus. Junko. Armen. Alaschari. Türk. Murdadscha. ...“ (a. a. O., Sp. 1227f.); „Hundsbeerdürlitze, Cornus sanguinea, L. ... Von seinen grünen ... Beeren (baccae corni foeminae), welche ... ein grünes äußerst widrig bitter und zusammenziehend schmeckendes Fleisch haben, versprach man sich Abflüsse hemmende Eigenschaften.“ (Hahnemann 1795, S. 430); „2. Cornus sanguinea L., ... Rother Hartriegel. R. Kuro Slepnik. Tat. Tschubuk. Tscherem. Kusiponda. ... Die röthliche Rinde der Ruthen macht, wenn die Erde mit Schnee bedeckt ist, ganze Strecken rothscheinend. Diese Ruthen dienen zu Tobakspfeifenröhren, und die schwärzlichen Beere werden gegessen. ...“ (Georgi 1797–

1802, Theil 3, S. 740); „4. Cornus alba L., ... Weißer Hartriegel. W. Weißer Kernel. R. Sibirskoe Kuroslepnik und krasnoe Derewo. (Rothes Holz.) Pall. Flor. Ross. T. 34. ... Ein 1 bis 2 Faden hoher Strauch, dem rothen sehr ähnlich, der er mir auch am Baikal zu seyn schien, vom Ritter Pallas aber (Flor. Ross.) als eine eigene Art befunden ist. Wie derselbe hat er rothe Ruthen und weißes Holz, aber keine schwarzen, sondern weiße Beeren. ...“ (a. a. O., S. 740); „6. CORNUS sanguinea. ... C. arborea, ... Gmel. sib. 3. p. 63. [sic!] excluso Ammano. ... C. umbellis ... Hort. cliff. 38. ... C. femina. Bauh. pin. 447. ... Virga sanguinea. Dod. pempt. 782. ... Rother Hartriegel. W. ...“ (Linné 1797–1830, Bd. I, Teil 2, S. 662); „7. CORNUS alba. ... C. sylvestris, fructu albo. Amm. ruth. 277. t. 32. ... Weisser Hartriegel. W. ...“ (a. a. O., S. 662f.); „284. CORNUS sanguinea. ... Linn. ed. Willd. 1. p. 662. ... Gmel. sib. 3. p. 163. n. 32. ... Pall. ross. 1. p. 50. ...“ (Marschall von Bieberstein 1808a, S. 112); „1) CORNUS SANGUINEA. Linn. ... Pall. Fl. ross. I. p. 50. – M. a Bieb. Fl. taur. cauc. I. p. 112. No. 284. ... Cornus arborea, ... Gmel. Fl. sib. III. p. 163. (partim) (excl. synon. Amman.). ...“ (Ledebour 1829, S. 149f.); „2) CORNUS ALBA Linn. ... Pall. Fl. ross. I. p. 51. tab. XXXIV. ... C. sylvestris fructu albo. Amman. ruth. p. 198. No. 277. tab. XXXII. ...“ (a. a. O., S. 150); „5. C[ornus] sanguinea (L. SP. 171) ... PALL. Fl. ross. I, p. 50. ... M. a BIEB. Fl. t. c. I, p. 112. ... LEDEB. Fl. alt. I, p. 149. ... C. arborea, ... GMEL. Fl. sib. III, p. 163 (excl. syn. Amman.); ...“ (Ledebour 1844–1846, S. 378f.); „6. C[ornus] alba (L. Mant. 40) ... PALL. Fl. ross. I, p. 51, t. 34. – LEDEB. Fl. alt. I, p. 150. ... C. purpurea. TAUSCH in Flora XXI. Jahrg., Bd. 2, p. 731. C. arborea, cymis nudis. GMEL. Fl. sib. III, p. 163, Nr. 32, I. Baccis albis. C. sylvestris fructu albo. AMMAN. ruth. p. 198, Nr. 277, t. 32. ...“ (a. a. O., S. 379); „52) Cornus (alba var.) sibirica. C. A. Meyer, ... Bey den Orotschonen und Manegern am oberen Amur: náñḡta.“ (Maack/Ruprecht 1858, S. 228f.); „2469. Cornus sibirica Lodd. ... Cornus Gmel. Fl. sib. III. p. 163. nº 32. ... C. purpurea Tausch, C. alba Ledeb. Fl. ross. II. p. 379 excl. synon. plur. et C. sanguinea Ledeb. l. c. p. 378 ... C. tatarica Mill. ... 2470. Cornus tatarica Mill. ... C. alba Ledeb. Fl. ross. II. p. 379 (non Linné) et C. sibirica Lodd. ...“ (Trautvetter 1883, S. 409f.); „Cornus sylvestris fructu albo – valde accedit ad vulgarem Virgam sanguineam (Fl. sib. III. 163. nr. 33. I. C. alba L.)“ (A. von Haller in einem undatierten Brief an J. G. Gmelin – Plieninger 1861, S. 145); „Cornus tatarica Mill. (C. purpurea Tausch; C. alba L.) Weißbeeriger Hartriegel (C. alba L.) ... Weißer Hornstrauch ...“ (Marzell 1943–1977, Bd. 1, Sp. 1181); Cornus alba L. – russ. *kuričʼja slepota*, *kuroslepnik* bzw. *krasnoe derevo* (*Annenkov* 1858, S. 33, Nr. 343); Cornus sanguinea L. – russ. *slepokurnik*, *kuroslepnik*, *kuroslep*, *svidina*, *gloch*, *svidovnik* bzw. *spiž* (a. a O., S. 33, Nr. 346); „Cōrnus L. (Corneae). Von cornu (Horn), wegen der Härte und Zähigkeit des Holzes.“ (Wittstein 1852, S. 228)

lat. „Cornus foemina“, russ. „курослѣпникъ [russ. *kuroslepnik*]“, kaidin. „Kisil agasch“, taiginz. „Nermindi hoe et Mod“, kamass. „Tuíja“, kotowz. „Kischilak-heudéten.“, tschatzk. „KírZin“ (J. G. Gmelin in: AAW F. 21, Op. 5, D. 73, Bll. 295v/296r); „Ostiaken am Ket [russ. *Ketʼ*] fl. machen ein Infusum Von Olcha<,> Von BirkenRinden und die Rinde Vom KurosljäpniK. Damit bestreichen sie die Stöhr und SterledS-Häute welche sie Zur Kleidung Gebrauche), dass sie roth werden, auch nicht soleicht Nass werde) und Kein wasser durch laßen. ...“ (G. F. Müller in: RGADA F. 181, Op. 16, D. 1386, Č. 1, Bl. 167r); lat. Cornus, russ. *kuroslepnik*, tung. Irà (RGADA F. 199, Op. 2, kn. 513, D. 27, Bl. 9r); „98. An Cornus foemina. C. B. P?“ (AAW R. I, Op. 14, D. 8, Bl. 2v, s. Anm. 98 in Nr. 39); „Cornus foemina C. B. P. ...“ (AAW F. 21, Op. 5, D. 98, Bl. 37v, s. Anm. 54 in Nr. 17); „755. Cornus foemina C. B. P. Ind. Irc. n.º 389. ...“ (AAW R. I, Op. 105, D. 1ª, Bl. 89r, s. Anm. 29 in Nr. 5); „389. Cornus foemina C. B. P. ...“ (AAW R. I, Op. 105, D. 12, Bl. 17r, s. Anm. 54 in Nr. 17); „1. Cornus foemina. C. B. P. Ind. Irc. n.º 389. ...“ mit der rechts marginalen Anm. „vid. Ic. ...“ (AAW R. I, Op. 13, D. 67, Bl. 51r, s. Anm. 5 in Nr. 4); „Cornus foemina Seu Virga Sanguinea baccis albis racematim haerentibus, ...“ (AAW R. I, Op. 15, D. 14, Bl. 7v, s. Anm. 75 in Nr. 101); „529. Cornus foemina C. B. P. ...“ (AAW R. I, Op. 104, D. 25, Bl. 38r, s. Anm. 61 in Nr. 21); „5. Juni 1722 ... Diese Tataren gaben mir folgende Vocabula: ... Kysil-gadd ‚Cornus foemia Tournefortii seu Virga sanguinea baciae [sic!] albis‘; ...“ (Messerschmidt 1962–1977, Bd. 1, S. 231f.); „10. Mai 1723 ... observierte von Kräutern ... Cor-

num Foeminam ... (Tournefortii sp.***) etc." (Messerschmidt 1962–1977, Bd. 2, S. 47f.); „11. August 1723 ... Von Kräutern fand sich Cornus foemina (C. B. et Tournefortii sp. 6), ..." (a. a. O., S. 114)

48 russ. *kuroslepnik*

49 „[species 19] Mespilus folio subrotundo, fructu rubro. Cotonaster folio rotundo, non serrato C. B. Pin. 452. Cotoneaster J. B. 1. 73." (Tournefort 1700, S. 642, Genus II. „Mespilus. Neflier."); „II. Cotonaster folio rotundo non serrato. ..." (Bauhin 1623, S. 452); „Cotoneaster Gesneri. J. B. Cotoneaster & Chamaemespilus C. B. p. Germ. ZwergNosseln. Auf einem Hügel bey Kröllwitz/ ..." (Knauth 1688, S. 183); „5. MESPILUS foliis ovatis integerrimis. Mespilus folio subrotundo, fructu rubro. Tournef. inst. 642. Cotoneaster. Bauh. hist. 1. p. 73. Cotoneaster [sic!] folio rotundo non serrato. Bauh. pin. 452. ..." (Linné 1737, S. 189); „279. Mespilus folio rotundiori, non serrato, fructu nigro. Tab. XXXIV. Est Mespilus montana, folio subrotundo, lanato, rubello, flore exiguo, fructu in racemulis exsucco, non vesco, nigro, Sibirica Messerschm. Xen. Isid. Sibir. ... Heinzelmanus in Kirgisiorum Tatarorum desertis quoque reperit." (Amman 1739, S. 201ff.); „Mespilus folio subrotundo, fructu rubro Inst. R. Herb. Cotonaster Gesneri, J. B. I. 73. ... Berg=Mispelbaum ..." (Mappus 1742, S. 196); „2. MESPILUS foliis ovatis integerrimis LINN. Cliff. 189. ... Chamaemespilus GESN. App. p. 214. b. ic. p. 215. ... Chamaemespilus Cordi ... C. B. ... Mespilus folio subrotundo fructu rubro I. R. H ... Mespilus folio rotundiori ... AMMAN. pl. Ruth. p. 201. II. Omnino eadem est ... Cotoneaster [sic!] folio subrotundo non serrato C. B. ..." (Haller 1742, S. 352); „10. MESPILVS foliis ouatis integerrimis, LINN. h. Cliff. 189. fl. suec. 438. ROY. Lugd. 271. HALL. helv. 352. spec. 1. 12. 7. Cotoneaster folio rotundo non serrato, B. pin. 452. Chamaemespilus cordi, B pin. 452. Mespilus folio rotundiori non serrato fructu nigro, AMM. Ruth. 279. Tab. 10. Admodum ipsi conuenit cum cotoneastro GESN. a quo nonnisi varietate recedere existimo. ..." (Gmelin 1747–1769, Bd. III, S. 174f.); „10. Mespilus foliis ovatis integerrimis [=] Cotoneaster vulgaris Lindl.!" (Ledebour 1841, S. 95); „51) Chamaemespilus GESN. Comment. I. p. II. a. Tabul. XV. Chamaemespilus GESN. App. ad Cord. p. 214. b. icon. p. 215. a. haex ipsa reuersa. ... Chamaemespilus Cordi C. B. Pin. p. 452. N. III. ... 52) Cotonaster GESN. Comment. II. p. 256. b. Tab. XVI. Cotonaster GESN. Epist. L. III. p. 91. b. ... Cotoneaster I. B. I. p. I. p. 73. ... Cotoneaster [sic!] folio rotundo non serrato C. B. Pin. p. 452. n. II. Mespilus folio subrotundo fructu rubro TOUR. I. R. H. p. 454. ... Mespilus folio rotundiore ... AMMAN Fl. Ruth. p. 201. T. XXXIV. ... Mespilus Cotoneaster foliis ouatis integerrimis LINN. Cliff. p. 189. n. 5. ..." (Gesner 1770, S. 1f.); „Chamaemespilum; Chamaemespilum Cordi; bedeutet bey Gesnern, Pena und Lobeln die siebende Art der Mispeln nach Linné. Chamaemespilus, ist nicht nur der Beyname, welchen Linné seiner sechsten Art der Mispeln gibt, sondern auch die Benennung, unter welcher J. Bauhin eben diese, Gesner und Cordus aber die siebende Art verstehen. [Chamaemespilus] Cordi; Gesneri; hierunter verstehen C. Bauhin, Thalius, J. Camerer und Clusius die leztere." (Gmelin 1772, Sp. 844); „Cotonaster & Cydonogo; bedeutet bey Gesnern die siebende Art der Mispel nach Linné." (Gmelin 1773, Sp. 213); „[Cotoneaster] folio rotundo non serrato; ist bey ihm [d. h. C. Bauhin] die siebende Art dieser Gattung [d. h. der Mispel nach Linné]." (a. a. O., Sp. 213); „Mespilus Cotoneaster inermis, ... kleine Mispeln ohne Stacheln, ... Zwergmispelbaum mit rother Frucht; wilde Quitten; Bergquitten; ... Sie hat eine Spielart, deren Früchte anfangs grün, hernach dunkelroth, und zuletzt schwarz sind, und welche in Rußland zu Hause ist: Sie heißt bei Amman: Mespilus folio rotundiori non serrato, fructu rubro [?]; bei Tournefort: Mespilus folio subrotundo, fructu rubro; ..." (Gmelin 1774, Sp. 137f.); „[Mespilus] folio rotundiori non serrato, fructu nigro; hierunter versteht Ammann eine rußische Spielart der kleinen Mispeln mit schwarzer Frucht." (a. a. O., Sp. 141); „63. Mespilus folio subrotundo fructu rubro Tourn. Inst. Rei Herb. 642. Cotonaster folia rotundo non serrato C. B. Cotoneaster J. B. I. p. 73. ... Haec planta eadem illa est, quae Cotoneaster GESNERI, & Chamaemespilus GESNERI, prout optime mihi judicasse videtur J. BAUHINUS l. c. ..." (Scheuchzer 1775, Appendix IV., S. 86); „No. 85. MESPILUS folio subrotundo, fructu rubro. Tourn. Inst. ... *Cotoneaster Gesner J. B. Hist. 1. 75. ... Zwergnesseln. Zwerg=Neßpelstrauch. Bergquittenstrauch. Bergquittenbeerstrauch. Quittenbeerstrauch.

Hirschbirle. Flübirle. Wild Hüttenbeer. Steinneßpeln. ... Der kleine Quittenbeerstrauch No. 85. ... liebet die steilen Berge und die erhabensten Klippen und Steinfelsen in Schlesien, dem Saalkreise, am Vorderharze, im Halberstädtischen, und Thüringen, ... wegen der Zähigkeit, der dünnen und feinen Ruthen, wird es [d. h. das Holz] ... in Ermangelung des Birkenreißes, zu Besen gebraucht. ..." (Gleditsch 1775a, S. 208ff.); „Mespilus cotoneaster L. R. Kisilnik. T. Irgai. ..." (Georgi 1775, S. 217); „7.) Mespilus Cotoneaster. ... Mespilus inermis; foliis ovatis, integerrimis, subtus tomentosis. LINN. ... Sp. pl. 686. Hort. Cliff. 189. ... Cotoneaster folio rotundo non serrato. C. BAUH. pin. 452. ... Chamae-Mespilus Cordi. C. BAUH. pin. 452. Diese Art, welche auch wilde Quitten oder Bergquitten genennet wird, ..." (Linné 1778, S. 653f.); „MESPILUS Cotoneaster. Tab. XIV. M. inermis, foliis ovalibus ... Lin. syst. plant. II. p. 500. n. 7. ... Mespilus folio rotundiore non serrato, fructu nigro. Amman. stirp. ruth. p. 201. n. 279. tab. 34. Gmelin. Flor. sib. III. p. 174. n. 10. ... Germanis Quittenbeerstrauch, Steinnespeln, Hirschbeere. Rossis e tatarico Ирга [russ. *irga*] (Irga) vel Кизильникъ [russ. *kizil'nik*] (Kysilnik). Tataris Crasnojarensibus Irgéi. Kirgisis Karskirtschumur. Tungusis Burúngnja. ..." (Pallas 1784, S. 300f.); „567. Mespilus Cotoneaster. Lin. Syst. Plant. II. p. 500. sp. 7. ... Ruß. Tat. und Buchar. Irga und Irgai. Kalm. Ergai. ..." (Falk 1786, S. 188f.); „f) Mespilus cotoneaster. Deutsch. Quittenmispel; Bergquitten, wilde Quitten, Kleine Mispeln, Zwergmispel, Wilde Küttenbeeren, Steinmispeln, Hirschbirle, Flühbirle. ... Russ. Irga, Irgai; Kysilnik. Tatar. Irgei. Buchar. Irgei, Irga. Kalmuk, Ergai. Kirgis. Karskirtschumur. Baschkir. Bonschla Tschebga. Tungus. Burungnja. ..." (Nemnich 1794, Sp. 566); „5. MESPILUS Cotoneaster. ... M. inermis, ... Hort. cliff. 189. ... Pall. ross. 1. p. 30. t. 14. ... Cotoneaster folio rotundo non serrato. Bauh. pin. 452. Chamae Mespilus Cordi. Bauh. pin. 452. ... Quitten-Mispel. W. ..." (Linné 1797–1830, Bd. II, Teil 2, S. 1012); „743. MESPILUS Cotoneaster, inermis, ... Mespilus folio subrotundo, fructu rubro. Tournef. inst. p. 641. ... Cotoneaster folio rotundo non serrato. Bauh. pin. 452. ... Germ. Quittenmispel. Zwergmispel. Steinmispel. Rothe Steinäpfelchen. Laienäpfelchen. ..." (Gmelin 1806, S. 382ff.); „955. MESPILUS Cotoneaster. ... Linn. ed. Willd. 2. p. 1012. Pall. ross. 1. p. 30. t. 14. ... Gmel. sib. 3. p. 147. n. 10. ..." (Marschall von Bieberstein 1808a, S. 388f.); „1. COTONEASTER VULGARIS. Lindl. ... α. erythrocarpa: fructu maturo rubro. ... Mespilus Cotoneaster. Linn. Willd. Spec. pl. II. p. 1012. ... M. a Bieb. Fl. taur. cauc. I. p. 388. No. 955; ... β. melanocarpa: fructu nigro. Mespilus Cotoneaster. Pall. Fl. ross. I. p. 30. t. XIV. ... Mespilus foliis ovatis ... Gmel. Fl. sib. III. p. 174. No. 10. Mespilus folio rotundiori, ... Amman. ruth. p. 201. No. 279. t. XXXIV. ..." (Ledebour 1830, S. 219); „448. COTONEASTER VULGARIS Lindley. GEMEINER COTONEASTER. ... Sachsen: um Halle bei Lettin, in der Heide, bei Guttenberg. ... Das zähe Holz wird zu Pfeifenröhren und Ladestöcken gebraucht. Deutsche Namen: Zwergmispel, Bergquitten, Steinmispel, Quittenmispel; rothe Steinäpfelchen, Laienäpfelchen, Hirschbirle." (Dietrich 1839, Nr. 448); „3. C[otoneaster] vulgaris (LINDL. l. c.) ... LEDEB. alt. II, p. 219. excl. var. β. ... Mespilus Cotoneaster. L. Spec. 686. ... PALL. Fl. ross. I, p. 30. t. 14. M. a BIEB. Fl. t. c. I, p. 388. ... Mespilus foliis ovatis ... GMEL. Fl. sib. III, p. 174, Nr. 10. Mespilus folio rotundiori, ... AMMAN. ruth. p. 201, Nr. 279., t. 34. ..." (Ledebour 1844–1846, S. 92f.); „Mespilus etc. Cotoneaster simillima et forte eadem, cum solo colore differat fructus (Fl. sib. III. 174. nr. 10. M. cotoneaster L. Cotoneaster vulgaris Lindl.)." (A. von Haller in einem undatierten Brief an J. G. Gmelin – Plieninger 1861, S. 145); Mespilus Cotoneaster – s. Cotoneaster vulgaris (*Annenkov* 1858, S. 60, Nr. 708); Cotoneaster vulgaris Lindl. – russ. *irga*, *kizil'nik*, *cevočnik*, *daderik*, *čiškovoe derevo*, *kizil*, *cvetočnik* bzw. *kuroslep* (a. a. O., S. 34, Nr. 357); „Cotoneāster MEDIK. (Pomaceae). Zus aus cotoneum oder cydoneum (Quittenbaum) und aster (Stern, Bild, Abbild), dem Quittenbaume ähnlich, aber hier im verächtlichen Sinne zu verstehen, also soviel als schlechter, unächter, niedriger Quittenbaum." (Wittstein 1852, S. 233); „Mēspilus L. (Pomaceae). Zus. aus μεσος (Hälfte) und πιλος (Kugel), weil die Frucht Aehnlichkeit mit einer Halbkugel habe, diese Aehnlichkeit liegt aber nicht nahe, und jedenfalls steht die Form näher einer Kugel als einer Halbkugel. ..." (a. a. O., S. 574)

„Mespilus folio rotundiori, non serrato, fructu nigro." (AAW F. 1, Op. 2–1743, D. 11, Bl. 22v, s. Anm. 5 in Nr. 4); „Mespilus folio rotundiori, non serrato, fructu nigro. Amm. Descr. p. 201."

(AAW F. 1, Op. 2–1746, D. 1, Bl. 29r, s. Anm. 107 in Nr. 46); „100. An Mespilus folio subrotundo fructu rubro. I. R. H? 101. Mespilus folio rotundiori fructu nigro, satuo.“ (AAW R. I, Op. 14, D. 8, Bl. 2v, s. Anm. 98 in Nr. 39); „Mespilus folio rotundiori non serrato, fructu nigro Amm. 279 Ist in dem Academischen so wohl als Apotheker Garten.“ (AAW F. 1, Op. 2–1743, D. 12, Bl. 420v, s. Anm. 5 in Nr. 4); „Mespilus folio rotundiore, non serrato, fructu nigro. Sem. Heinz.“ (AAW R. III, Op. 1, D. 162, Bl. 22v, s. Anm. 36 in Nr. 8); „382. Mespilus folio rotundiore, non serrato fructu nigro,“ (AAW R. I, Op. 6, D. 40, Bl. 39v, s. Anm. 1 in Nr. 1); „5. Mespilus folio rotundiori lanato, fructu nigro austero Ind. pr. ... Forte Fl. Irc. 1129. ...“ mit der rechts marginalen Anm. „vid. Ic.“ (AAW R. I, Op. 13, D. 67, Bl. 57r, s. Anm. 5 in Nr. 4); „Mespilus folio rotundiore, non serrato, fructu nigro. Sem. Heinz.“ (AAW R. III, Op. 1, D. 162, Bl. 22v, s. Anm. 54 in Nr. 17); „1. Mespilus folio rotundiori fructu nigro satuo. Mess.“ mit der rechts marginalen Anm. „Lena fl.“ (AAW R. I, Op. 13, D. 16, Bl. 17r, s. Anm. 32 in Nr. 6); „2. Mespilus folio subrotundo, fructu rubro. Inst. r. h. 642.“ mit der rechts marginalen Anm. „Sibiria.“ (a. a. O., Bl. 17r); „891. Mespilus folio rotundiori lanato, fructu nigro, austero Ind. prior. ... Forte Fl. Irc. 1129.“ (AAW R. I, Op. 105, D. 1, Bl. 70v, s. Anm. 29 in Nr. 5); „892. Mespilus folio subrotundo, fructu rubro I. R. H. ...“ (a. a. O., Bl. 70v); „... wir gieng) nach Verfloßner Mahlzeit im Walde, u. observirte ... Cotoneastrum Gesneri, ... welche hauffiger noch auf dem Wege nach Tumeen an der Landstrase anzutreffen, ...“ (G. W. Steller am 18. Juni 1738 in: AAW R. I, Op. 81, D. 23, Bl. 79v, s. Anm. 1 in Nr. 1); „– Mespilus montana folio subrotundo, lanato, rubello flore exiguo, fructu in racemulis exsucco, non vesco, nigro, Sibirica, Mess. vid. obs.“ (AAW R. I, Op. 104, D. 8, Bl. 13r, s. Anm. 18 in Nr. 452); „... Register derer Kraüter= und Bluhmen=Zeichnungen, so in obgesetztem Revers in Original und Copeÿ geZeichnet Zu seyn sindt angeführet worden: ... 6.) Mespilus montana folio subrotundo lanato etc. ... Solches bescheinige St. Petersb. d. 29. Maj 1728. Georg. Johann. Unverzagt. ...“ (Bl. 188v in AAW F. 98, Op. 1, D. 32, Bll. 1r–202v – Dokumente zu D. G. Messerschmidt 1718–1728)

50 „[species 6] Mespilus Apii folio laciniato C. B. Pin. 453. Mespilus Aronia veterum J. B. 1. 67. Mespilus Aronia Dod. Pempt. 801. Azarolier ou Azerolier.“ (Tournefort 1700, S. 641f., Genus II. „Mespilus. Neflier.“); „[species 13] Mespilus Apii folio, sylvestris, spinosa sive Oxyacantha C. B. Pin. 454. Oxyacantha vulgaris sive Spinus albus J. B. 1. 49. Oxyacanthus sive spina acuta Dod. Pempt. 751. Epine blanche. Aubepin.“ (a. a. O., S. 642); „VI. Mespilus Apii folio laciniato. ...“ (Bauhin 1623, S. 453f.); „AZAROLUS. ... Mespilus aronia Veterum, J. B. ... Mespilus Apii folio laciniato, C. B. Pit. Tournef. ... Die Frucht wird Azarole genennet: ... Sie ist anhaltend, stärcket den Magen, stillet das Brechen und den Durchfall, wann sie roh, oder eingemacht genossen wird. Azarolus kommt von dem Neapolitanischen Azarolo.“ (Lémery 1721, Sp. 139f.); „OXYACANTHA vulgaris, Mespilus apii folio laciniato C. B. P. 454. [sic!] Oxyacantha vulgaris, sive spina alba J. [B. liber VI.] 1. 49. Oxyacantha, sive spina acuta Dodon. Pempt. 751. ... Weiß=Dorn item Hag= Dorn, Meel=Dorn, fructum vero Meel=Fäßgen, Meel=Feistgen, vulgus vocat, uti prunum sylvestrem Schwartz=Dorn.“ (Rupp 1726, S. 109); „De Spina acuta. CAP. XI. ...“ und die Abbildung „Oxyacanthus siue Spina acuta.“ auf S. 751 (Dodoens 1616, S. 750f.); „OXYACANTHA VVLGARIS, SEV SPINVS ALBVS, ...“ (Bauhin 1650, liber VI, S. 49ff.); „76. Mespilus aronia, wälsche Nespeln. Mespilus apii folio laciniato Turn. 641 C. B. P. 453. ...“ (Carl 1770, S. 81); „9) Der Azerolbaum. Crataegus Azarolus. ... Crataegus foliis obtusis, subtrifidis, subdentatis. LINN. ... Spec. Plant. 683. ... Mespilus apii folio laciniato. C. BAUH. pin. 453. Mespilus Aronia veterum. J. BAUH. hist. 1. pag. 67. ... Diese Früchte werden ... sowohl roh, als auch in Zucker eingemacht, zum Nachtische aufgestellt und ge<g>essen. ...“ (Linné 1777a, S. 770f.); „CRATAEGUS Azarolus. C. foliis glabris cuneiformibus trifidis, ... C. Azarolus Lin. syst. pl. I. p. 495. n. 9. Mespilus Apii folio laciniato C. Bauh. pin. 453. ...“ (Pallas 1784, S. 27); „c) Crataegus azarolus. Deutsch. Der Azarolbaum; Azerol, Lazerolen, wälsche Espeln. ... die Frucht ist etwas kleiner als eine Mispel, ...“ (Nemnich 1793, Sp. 1268); „5. CRATAEGUS Azarolus L. ... Azarol=Hagedorn. Azarolbaum. Tat. Kotschin Agatsch. ... Die Früchte werden roh und eingemacht gegessen.“ (Georgi 1797–1802, Theil 3, S. 1010); „19. CRATAEGUS Azarolus. ... C. foliis obtusis ... Sp. pl. 683. ...

Mespilus apii folio laciniato. Bauh. pin. 453. Mespilus Aronia veterum. Bauh. hist. 1. p. 67. ... Azarol-Weißdorn. W. ...“ (Linné 1797–1830, Bd. II, Teil 2, S. 1007); „1441. CRATAEGUS Azarolus. Lin. Azarolweissdorn. ... Azarolbirne, Azarolmispel, welsche Espeln. Den vorigen [d. h. Crataegus Oxyacantha L. und Crataegus monogyna Jacq.] ähnlich, aber doch deutlich verschieden. ... Die Früchte ... sind gross, rundlich, roth, an einer Abart gelb, wohlschmeckend. ...“ (Röhling 1831, S. 418); „7. C[rataegus] Azarolus (L. SP. 683) ... PALL. ross. I., p. 27. ...“ (Ledebour 1844–1846, S. 90); „4. CRATAEGUS foliis obtusis bis trifidis. Mespilus, apii folio, sylvestris spinosa, sive Oxyacantha. Bauh. pin. 454. Tournef. inst. 642. ... Oxyacantha vulgaris. Rupp. jen. 109. ... Oxyacantha vulgaris seu Spinosus albus. Bauh. hist. 1. p. 49. ... β Mespilus apii folio laciniato. Bauh. pin. 453. Tournef. inst. 642. ... Mespilus Aronia Dod. pempt. 801. ...“ (Linné 1737, S. 188); „12. CRATAEGVS foliis obtusis bi- trifidis serratis, LINN. spec. 1. 8. H. Cliff. 188. Fl. suec. 399. ROY. Lugd. 272. LINN. Sp. pl. 1. n. 9. Mespilus apii folio, syluestris spinosa seu Oxyacantha s. spina acuta DOD. pempt. 751. ...“ (Gmelin 1747–1769, Bd. III, S. 176); „12. Crataegus foliis obtusis bi- trifidis serratis, planta sibirica [=] Crataegus sanguinea Pall. [;] planta rossica [=] Crataegus monogyna Jacq.!“ (Ledebour 1841, S. 95); „Oxyacantha. Weis=Dorn, Bojaresnik wächset mit rothen und schwarzen Beeren, und sind 2. verschiedene Sorten, die Itälmenen essen die rothen rohe, die schwarzen aber mit Fischfett, weil sie aus der Erfahrung haben, daß sie erschrecklich stopfen und adstringiren, und ohne Fett gegessen, einigen den Tod zuwegen gebracht. Beyde wachsen als hohe Bäume und heisset der letzte nach der Nischna=schandalischen Sprache Kŏărătō.“ (Steller 1774, S. 77); „8) Gemeiner Hagdorn, Weißdorn. Crataegus Oxyacantha. ... Crataegus foliis obtusis, subtrifidis, serratis. LINN. ... Spec. plant. 683. ... Hort. cliff. ... Mespilus, apii folio, sylvestris spinosa, seu Oxyacantha. C. BAUH. pin. 454. TOURNEFORT. inst. 642. Oxyacantha s. Spina acuta. DOD. pempt. 751. ... Er wird auch Meeldorn, und seine Früchte Möllerbrod, oder unserer lieben Frauen Birnlein, ... genennet. ... Sein Holz ... taugt sehr gut zu allerhand Büchsen, ingleichen zu Wagnerarbeit, zum Mühlbau, zu Spazierstöcken, Dreschflögeln, und zu Stielen der Hämmer und Axten. Das destillirte Wasser von seinen Blumn wurde ... als ein grosses Mittel wider das Grieß, den Stein, und die Colic gerühmt. ...“ (Linné 1777a, S. 768ff.); „CRATAEGUS sanguinea. Tab. XI. C. spinosa, foliis septangulis serratis ... Germanis Sibirischer Hagedorn. Rossis Сибирскїй или Горный Боярышникъ [russ. *Sibirskij ili* {oder} *gornyj bojaryšnik*] (Sibirskii vel Gornyi Bojaryschnik). Tataris Jabeschkan. Burattis Dologonn. Mongolis Tolochanà. Tungusis Póta. Camtschadalis Koriom. Coraecis Pitschkitscha. ... Hanc sine dubio Gmelinus (Fl. sib. III. p. 176. n. 12.) pro Crataegus Oxyacantha posuit, ...“ (Pallas 1784, S. 25); „CRATAEGUS monogyna Jacquin. flor. austr. tab. 292. fig. 1. ... Germanis Weisdorn, Hagedorn, Heckdorn. Rossis Боярышникъ [russ. *bojaryšnik*] (Bojaryschnik). Malorossis Глодъ, Глидина [russ. *glod*, *glidina*] (Glod, Glidina). Livonis Soeehrschki. Estonis Wür pu, circa Dorpatum Loemme pu. ...“ (a. a. O., S. 26); „CRATAEGUS monogyna NIGRA. Tab. XII. C. spinosa foliis quinquefididis ... Rossice itidem Глодъ [russ. *glod*] (Glod) vel Боярышникъ [russ. *bojaryšnik*] (Bojaryschnik). ...“ (a. a. O., S. 26f.); „564. Crataegus Oxyacantha. Lin. Syst. Plant. II. p. 494. sp. 8. ... Kreuzdorn, Weisdorn, Hagedorn. Ruß. Bojarina Derewa, Bojarischnik. Tat. To Agatsch und Jubeskan. Kalm. Tolona und Nohomuschan. Ost. Tu Agatsch. Teleut. Tolonna. Kirgis. Tolonna und Dologa. Arm. Sisda. Buch. Dolna. ... Von demselben findet man oft in Blättern und Früchten so starke Abweichunge, daß man sie für ganz verschiedene Arten halten sollte, ... Beym fleißigen Nachsuchen aber findet man alle Gradationen des Uebergangs zur gemeinen Art. Kalmücken und Kirgisen essen die Beeren roh und zu Muus gekocht, ...“ (Falk 1786, S. 188); „k) Crataegus oxyacantha. ... Deutsch. Der Hagedorn, Hagdorn, der gemeine Hagedorn; Hegedorn, Heckdorn, Hagehat, Hagäpfelstrauch, Hundsdorn, Haynerholz; der Weissdorn; Mehlbaum, Mehlbeerstrauch; Mehlfäustelstaude, Mehlhosenholz, Mehlfesergenstrauch, Mehlfässchen, Mehlfeitchen, Mehlplaten; Möllerbrod; Christdorn; Unserer lieben Frauen Birnlein; Heinzerleinsdorn. ... Russ. Bojarischnik; Bojarina derewa. Tatar. To agatsch; Jubeskan. Kalmuk. Tolona; Nohomuschan. Teleut. Tolonna. Kirgis. Tolonna, Tologa. Ostjak. Tu agatsch. Buchar. Dolna. Armen. Sisda. ... die Zweige haben eine weissgraue Farbe, daher der Name

Weissdorn in den meisten Sprachen, um ihn vom Schwarzdorn ... zu unterscheiden; Hagedorn heisst er, weil er zu Hagen d. i. lebendigen Hecken gebraucht wird; ..." (Nemnich 1793, Sp. 1270f.); „i) Crataegus monogyna. ... Russ. Bojaryschnik, Fl. Ross. Maloross. Glod, Glidina. Fl. Ross. ... Lett. Säehrschki. Fl. Ross. Rähekschi, Paehrkschis. Fischer. Ehstn. Würpu; Dörpt. Lämmo pu. Eine eigne Art in der Flora rossica ... Falk hat die monogyna rubra und nigra nebst der sanguinea in der flora rossica, nicht von der Oxyacantha getrennt, sondern zeigt, dass ... man ... alle Gradationen des Uebergangs zur gemeinen Art (oxyacantha) findet." (a. a. O., Sp. 1269f.); „l) Crataegus sanguinea. Fl. Ross. Deutsch. Der siberische Hagedorn. Russ. Sibirskii bojarischnik; Gornii bojarischnik. Tatar. Jabeschkan. Burät. Dologonn. Mongol. Tolochaná. Tungus. Póta. Kamtsch. Koriom. Korjäk. Pitschkitscha. ..." (a. a. O., Sp. 1271); „3. CRATAEGUS Oxyacantha L., Crataegus Monogyna rubra Pall. Fl. ross. Tom. 1. P. 1. p. 26. Gemeiner Hagedorn. Gemeiner Weißdorn. R. Bojarina. Klein=Russisch Glot und Glidina. ... Nach dem Ritter Pallas ist unser Crataegus eine Ab= oder auch eigene Art, die er in der Flora Rossica l. c. näher beschreibt, ... Die Beeren werden durch den Frost milder und eßbar; in Kamtschatka wird von denselben Brandwein gemacht." (Georgi 1797–1802, Theil 3, S. 1009f.); „4. CRATAEGUS Monogyna nigra Pall. Fl. Ross. Tom. 1. P. 1. p. 26. T. 12. Hagedorn mit schwarzen Beeren. ..." (a. a. O., S. 1010); „6. CRATAEGUS sanguinea Pall. Fl. Ross. Tom. 1. P. 1. p. 25. T. 11. Rother oder Sibirischer Hagedorn. R. Sibirskoi, auch Gornoi Bojarischnik (Sibirischer= oder Berg=Hagedorn) T. Jabeschkan. Burätt. Doloyon. Mongol. Tolochana. ... Er hat übrigens mit dem gemeinen so viel Aehnlichkeit, daß Pallas vermuthet, Gmelin meyne mit dem Cr. Oxyacantha diesen Pallassischen sanguinea. ..." (a. a. O., S. 1011); „Weißhagedorn, Crataegus Oxyacantha, ... ein ... sehr häufiger Strauch, der im Mai weiße Blumen (Flor. Spinae alba, Oxyacanthae vulgaris) trägt, welche, getrocknet, widrig riechen und von den Alten ... gegen Seitenstechen, noch jezt aber ... wider den Keuchhusten und in andern Brustkrankheiten als Hausmittel gebraucht worden sind. Seine ... Beeren scheinen nichts arzneiliches zu enthalten, obgleich die Alten eine Harn und Nierengrieß treibende Kraft darin suchten." (Hahnemann 1799, S. 424); „16. CRATAEGUS Oxyacantha. ... C. foliis obtusis ... Hort. cliff. 188. ... Gmel. sib. 3. p. 176. ... Mespilus spinosa, ... Bauh. pin. 454. Oxyacantha s. Spina acuta. Dod. pempt. 751. ... Gemeiner Weissdorn. W. ..." (Linné 1797–1830, Bd. II, Teil 2, S. 1005f.); „*17. CRATAEGUS monogyna. ... C. (monogyna) rubra spinosa, ... Pall. ross. . p. 26. β. C. (monogyna nigra) spinosa, ... Pall. ross. 1. p. 26. t, 13. ... Einsamiger Weissdorn. W. ..." (a. a. O., S. 1006); „947. CRATAEGUS Oxyacantha. ... Linn. ed. Willd. 2. p. 1005. ..." (Marschall von Bieberstein 1808a, S. 385f.); „948. CRATAEGUS monogyna. ... Linn. ed. Willd. 2. p. 1006. ... Pall. ross. 1. p. 26. t. 12. ..." (a. a. O., S. 386); „NÉFLIER ÉPINE BLANCHE. (Mespilus Oxyacantha. – Crataegus Oxyacantha. L. – Mespilus Apii folio sylvestris spinosa sive Oxyacantha. C. B. P.; I. R. H. – Oxyacantha vulgaris, sive Spina alba. J. B." (Fée/Jourdan 1826, S. 123); „1. CRATAEGUS SANGUINEA. Pall. ... Pall. Fl. ross. I. p. 25. t. XI. ... Crataegus, Gmel. Fl. sib. III. p. 176. No. 12. excl. synon. ..." (Ledebour 1830, S. 221f.); „1439. CRATAEGUS Oxyacantha. Linn. Gemeiner Weissdorn. ... Mehlbeere. Hagedorn. Heckdorn. Christdorn. Müllerbrod. Wunddornmespel. ... Die Pflanze ändert ab mit bleichrosenrothen Blüthen; ..." (Röhling 1831, S. 416f.); „1440. CRATAEGUS monogyna. Jacq. Einsamiger Weissdorn. Der vorhergehenden Art [d. h. Crataegus Oxyacantha L.] sehr ähnlich, ..." (a. a. O., S. 417); „4. C[rataegus] Oxyacantha (L. SP. 683) ... M. a BIEB. Fl. t. c. I, p. 385. ..." (Ledebour 1844–1846, S. 88f.); „3. C[rataegeus] sanguinea (PALL. Fl. ross. I, p. 25, t. 11, ... LEDEB. Fl. alt. II, p. 201. ... C. foliis obtusis ... GMEL. Fl. sib. III, p. 176, Nr. 12. ..." (a. a. O., S. 88); „5. C[rataegus] monogyna (JACQ. Fl. austr. t. 292, f. 1) ... M. a BIEB. Fl. t. c. I., p. 386. ... C. monogyna rubra. PALL Fl. ross. I, p. 26? ..." (a. a. O., S. 89); „Oxyacantha (Crataegus oxyac. L. Fl. sib. III. 176. nr. 12) etiam manifestissimas in sylvis nostris auriculas habet. ..." (A. von Haller in einem Brief an J. G. Gmelin vom 3. September 1744 – Plieninger 1861, S. 116); Crataegus monogyna Jacq. – russ. *bojaryšnik*, *glod* bzw. *glidina* (*Annenkov* 1858, S. 35, Nr. 363); Crataegus Oxyacantha L. – russ. *barynja*, *glod*, *gludina*, *glog*, *bojaryšnik*, *bojarka*, *glot* bzw. tatar. *japuš-chan* (a. a. O., S. 35, Nr. 364); Crataegus sanguinea Pall. – russ. *bojaryšnik gornyj* bzw. *bojaryšnik sibirskij* (a. a. O., S. 35, Nr. 365); samojedisch

thuŋa – Crataegus oxy<a>cantha (Castrén 1855, S. 302); „Azārolus. (Pomaceae). Vom arabischen azzarur oder al zarrur (eine Art wilder Apfel). Species von Crataegus.“ (Wittstein 1852, S. 88); „Crataēgus L. (Pomaceae). Zus. aus κρατος (Stärke, Kraft) und ἄγειν (führen), wegen der bedeutenden Härte des Holzes, vielleicht auch wegen der gleichsam als Waffe dienenden Dornen.“ (a. a. O., S. 235f.); „Oxyacāntha (Pomaceae). Zus. aus ὀξυς (scharf, spitz) und ἀκανδα (Dorn); hat spitze Dornen. Art der Gattung Crataegus.“ (a. a. O., S. 646)
„304. Mespilus Apii folio Sylvestris Sive Oxyacantha C. B. P. Russis Боярошни[къ]. [russ. *bojarošnik*] ...“ (AAW R. I, Op. 13, D. 42, Bl. 48v, s. Anm. 1 in Nr. 1); „Mespilus apii folio sylvestris Spinosa, sive oxyacantha C. B. P. ...“ (AAW F, 21, Op. 5, D. 98, Bl. 37v, s. Anm. 54 in Nr. 17); „890. Mespilus Apij folio, sylvestris, spinosa sive Oxyacantha C. B. P. 454. ...“ (AAW R. I, Op. 105, D. 1, Bl. 70v, s. Anm. 29 in Nr. 5); „– Mespilus apij folio sylvestris Spinosa siue oxyacantha CBP. Russ. Боярышна [russ. *bojaryšna*]“ (AAW R. I, Op. 104, D. 8, Bl. 13r, s. Anm. 18 in Nr. 452); „Mespilus Apii folio laciniato C. B. P. B. n. 4. – russ. Bojaroki jagodi“ (AAW R. I, Op. 68, D. 2, Bl. 13r, s. Anm. 62 in Nr. 22); „481. Mespilus Apij folio sylvestris, spinosa sive Oxyacantha C. B. P. ...“ (AAW R. I, Op. 105, D. 12, Bl. 22r, s. Anm. 54 in Nr. 17); „1. Mespilus Apij folio sylvestris, spinosa sive Oxyacanthus C. B. P. 454“ (AAW R. I, Op. 13, D. 67, Bl. 57r, s. Anm. 5 in Nr. 4); russ. *bojaryšnik* – Crataegus oxyacantha, der Mehlbeerstrauch, Mehldorn, Hagedorn, Weißdorn (Pawlowski 1952, S. 77); russ. *bojaryšnik*, tung. P′ta (RGADA F. 199, Op. 2, kn. 513, D. 27, Bl. 9r); russ. Боярышникъ, Корїòмъ [russ. *bojaryšnik*, *koriom*], kamtschadalisch (itelmenisch) – Chorátanun, korjakisch – PítKitscha (AAW R. I, Op. 13, D. 10, Bl. 202r, s. Anm. 49 in Nr. 298); russ. *bojaryšnik*, kamtschadalisch (itelmenisch) – Kóirem (J. G. Gmelin in: RGADA F. 199, Op. 2, Portf. 527, D. 11, Bl. 4r); „боярышникъ [russ. *bojaryšnik*]“, barabinz. „Jábüschichan“ (AAW F. 21, Op. 5, D. 73, Bl. 277v); lat. „Oxyacantha“, russ. „боярышникъ [russ. *bojaryšnik*]“, katschinsk. „Tà“, kaidin. „Tóo“, mator. „Mod. Herrìm“, kotowz. „Itangag“, tschatzk. „Tôl.“ (a. a. O., Bll. 295v/296r); „Mespilus, apii folio laciniato, flore in umbellis vel corymbis albo, fructu umbilicato primum viridi mox croceo tandem rubro, tribus ossiculis foeto. T. Sp. 6. & 13. ...“ (AAW F. 98, Op. 1, D. 19, Bl. 35r, s. Anm. 59 in Nr. 19); „Mespilus Apii folio laciniato, flore in Corymbis albo, fructu umbilicato minori primum viridi, ... Tournefort. Spec. 6. et 13. ...“ (AAW F. 98, Op. 1, D. 20, Bl. 29r, s. Anm. 90 in Nr. 33); „24. August 1722 ... Ich fand hieselbst Mespilum Apiifolio silvestrem spinosam sive Oxyacantham (C. B. Pin. et Tournef. Sp. 13), baccis rubris racematim cohaerentibus, welchen die Russen bojarin nennen; ...“ (Messerschmidt 1962–1977, Bd. 1, S. 303); „Mespilus Apii folio, minus laciniato, sylvestris spinosa, fructu rubro, sive Oxyacantha (Tournefortii sp. 13), Off.“ (Messerschmidt 1962–1977, Bd. 4, S. 209, s. Anm. 1 in Nr. 1); „1043. [Mespilus] Apii folio laciniato, C. B. Pin. 453. Tourn. Sp. 6. Aronia, officinar. ...“ (AAW F. 98, Op. 1, D. 22, Bl. 151r, s. Anm. 61 in Nr. 21)

51 russ. *bojarošnik*

52 „[species 4] Crataegus folio laciniato. Mespilus Apii folio, sylvestris, non spinosa sive Sorbus torminalis C. B. Pin. 454.“ (Tournefort 1700, S. 633, Genus III. „Crataegus. Alisier.“); „Crataegus folio laciniato Tournefort. Inst. pag. 633. Mespilus apii folio, sylvestris, non spinosa, sive Sorbus torminalis C. B. Pin. 454. ... Germ. wilder Sperber=Baum, Arlß=Beeren, Eltz=Beeren, ...“ (Rupp 1726, S. 109); „2. CRATAEGUS foliis cordati acutis, laciniatis acutis serratis. Crataegus folio laciniato. Tournef. inst. 633. ... Mespilus apii folio, ... Bauh. pin. 454. ... Sorbus torminalis & Crataegus theophrasti. Bauh. hist. 1. p. 63. ...“ (Linné 1737, S. 187); „3. CRATAEGUS folio septangulo, subtus subhirsuto. ... Sorbus torminalis & crataegus theophrasti ... I. B. 1. P. 1. p. 63. ... Crataegus folio lacinato ... I. R. H. ...“ (Haller 1742, S. 354); „Der andere wilde Sperwer=Baum wird auf Teutsch sonsten auch genennet gemeiner Arschrösel, Eschrösel, Aressel. Lateinisch, Sorbus torminalis, Matth. Lon. Dod. ... Sorb. torminalis & Crataegus Theophrasti, J. B. 1. 62. ...“ (Zwinger 1744, S. 22); „Crataegus torminalis, Elsebeere, ... ihre Beere ... sind ehmals unter die verstopfende Mittel gezählt worden, ... Sie heißt ... bey Tournefort: Crataegus folio laciniato; ...“ (Gmelin 1773, Sp. 251f.); „Crataegus torminalis L. R. Bogoroschnik. B. Dologon. ...“ (Georgi 1775, S. 217); „Elsebeere, ... 3. Am häufigsten führt diesen Namen die Frucht des Crataegus

torminalis Linn. ... Man nützet es [d. h. das Holz] ... zu mittlern, kurzen und kleinen Mühlwellen, Armen, Kämmen, Walzen, Spulen, Spindeln und guten Weberkämmen, Schrauben, Pressen, mechanischen und musikalischen Instrumenten, Stielen, Handgriffen, Setzwagen und andern. ..." (Krünitz 1773–1858, Bd. 10, S. 764ff.); „2) Darmbeerenbaum. Crataegus torminalis. ... Crataegus foliis cordatis septangulis; lobis infimis divaricatis. LINN. ... Sp. pl. 681. ... Crataegus folis cordatis, ... Hort Cliff. 187. ... Crataegus folio laciniato, TOURNEF. inst. 633. Sorbus torminalis et ... J. BAUH. hist. 1. p. 63. Mespilus, apii folio, ... C. BAUH. pin. 454. ... Dieser Baum wird auch der wilde oder ahornblätterichte Speyerbaum, Darmspeyerling ... und seine Früchte, Elsebeere, Arlsbeere, Darmbeere, Meelbeere, Elzbere, Atlasbeere, Elritzen, Eschrösel, Speierling, Spörapfel ... genennet. ... Das Holz dieses Baums, ... taugt sehr gut zum Mühlenbau, zu musicalischen Instrumenten, und zu andern verschiedenen Dreher= und Schreinerarbeiten." (Linné 1777a, S. 761ff.); „CRATAEGUS torminalis. C. foliis septangulis (serratis), ... Lin. syst. pl. II. p. 492. n. 2. ... Germanis Elzbeer, Arles- oder Darmbeerbaum. ..." (Pallas 1784, S. 24); „n) Crataegus torminalis. ... Deutsch. Die Elsenbeere, oder Darmbeere; Elzbeere, Aelsbeere, Aelschbeere, Arlsbeere, Elschbirle, Elsbere, Eischbirle, Eischleben, Eischbelen, Eize, Aelebaum, Ehl, Egele, Egelbaum, Egelbirn, Ehelein, Eyerling, Eyerlinsbirnbaum, Eisenbere, Atlasbere, Aarbere, Aarkirsche, Adlersbere, Abraschbaum, Aeschröslein, wilde Eschröslein, Arösslein, Arschröslein, Elrizen, Sersebaum, Sersebirlein, Sersch, Hörnicke, Hörlicke, Huttelbere, Mehlbere; wilder Speierbaum, Sperberbaum, wilder Sperberbaum mit braunen Beren; Zürgelbaum; zahme falsche Vogelbere; Ahornblättrige wilde Sporäpfel, Spieräpfel; Drachenbaum. ... Russ. Bogoroschnik. ... auch braucht man sie [d. h. die Beeren] zur Mast, zu Brandtewein und zu Essig; sie sollen ein Mittel gegen den Durchlauf, und das Kneipen im Leibe (tormina ventris) seyn, ..." (Nemnich 1793, Sp. 1271f.); „2. CRATAEUS torminalis L., ... Elzbeer-Hagedorn. Elzbeerbaum. Dornbeerbaum. ... Er ... erfordert um 70 Jahre zu seiner Volllendung. ... Die Reißer gerben und färben auch mit Alaun gelb. ..." (Georgi 1797–1802, Theil 3, S. 1009); „2. PYRUS torminalis. ... Crataegus (torminalis) ... Sp. pl. 681. ... Crataegus foliis cordatis ... Hort. cliff. 287. ... Crataegus foliis laciniatis Tournef. inst. 633. ... Mespilus apii folio ... Bauh. pin. 454. ... Elzbeer-Birne. W. ..." (Linné 1797–1830, Bd. II, Teil 2, S. 1021f.); „963. PYRUS torminalis. ... Linn. ed. Willd. 2. p. 1022. ... Crataegus torminalis. Linn. spec. pl. p. 681. ... Pall. ross. 1. p. 24. ..." (Marschall von Bieberstein 1808a, S. 391); „13. Pyrus torminalis (EHRH. Beitr. VI. p. 92) ... M. a BIEB. Fl. t. c. I, p. 391. ... Crataegus torminalis. L. SP. 681. ... PALL. Fl. ross. I, p. 24. ..." (Ledebour 1844–1846, S. 98f.); „Pȳrus L. (Pomacae). Celtisch peren. Vielleicht zunächst von πυρος (Weizen), weil die Frucht Kerne enthält," (Wittstein 1852, S. 744)

„Crataegus folio laciniato I. R. H. Russ: Тавалга [russ. *tavalga*]" (AAW F, 21, Op. 5, D. 98, Bl. 36v, s. Anm. 54 in Nr. 17); „2. Mespilus Apij folio sylvestris non spinosa sive Sorbus torminalis C. B. Fl. Irc. n.° 1131." (AAW R. I, Op. 13, D. 67, Bl. 57r, s. Anm. 5 in Nr. 4)

53 „3. Mespilus Pyri folio utrinque viridi Fl. Irc. n.° 1132." (AAW R. I, Op. 13, D. 67, Bl. 57r, s. Anm. 5 in Nr. 4)

54 s. Nr. 1129

55 „4. Mespilus Pyri folio, subtus incano, fructu nigro Fl. Irc. n.° 1133." (AAW R. I, Op. 13, D. 67, Bl. 57r, s. Anm. 5 in Nr. 4); „PYRUS. ... teutsch, Birnbaum, dessen es zwey Hauptgattungen giebet, ... Die erste wird genannt ... Pyrus sativa, C. B. Pit. Tournef. ... Seine Blätter sind ziemlich breit, rundlicht oder etwas länglicht, und vorne spitzig, grün, doch unten an dem Ende weißlicht. ... Die andre heisst, Pyrus sylvestris, C. B. Pit. Tournef. ... teutsch, Birnenbaum, Holtzbirnenbaum. ... Die Blätter sind länglicht, oder etwas rund, fleischig und rauch, vorn am Ende spitzig. ..." (Lémery 1721, Sp. 933f.)

56 s. Nr. 1130

57 muß wie in der 2. Textversion (s. Anm. 1 in A.) heißen: „frutex"

[/184r/]

CLASSIS XXII.
de
Arboribus ⌈et⌉ fruticibus flore[a] *papilionaceo.*

1134[b]	*Arbor hic locorum Kisil dicta*[1], *cujus flo- / rem non vidi, siliquas saltim immaturas / oblatas obtinuj, arborem ipsam hinc*

/184v/

Florae Irkutiensis ordine Inst⌈itutionum⌉ Rei H⌈erbariae⌉
CLASSIS XXII.

	mittere consultum duxi. Crescit in sylvis / circa Smolenski pagum 12 *stadia ab / urbe Irkutia*[2]
1135.	*Genistaspartium glabrum cortice aureo acu- / leis tridentatis, foliis senis in aciculam / desinentibus. Aspalathus Laricis folio / D⌈omini⌉ D⌈octoris⌉ Gmelini*[3] *descript⌈ionis⌉ et Icon⌈is⌉ Incipit / frutex crescere ad Buguldejchae fluvii / ostium in lacum Baikal et abhinc / ubivis*[c] *circa lacum, occurrit prae / sertim in rupibus jnsulae Olchon. / frutex mittitur. Russis audit* Золо- / тáрникъ[4].

1 „22. ROBINIA pedunculis simpliycibus, foliis abrupte pinnatis, LIN. Sp. pl. 2. p. 1044. n. 4. Caragana vel carachana MESS. GM. Ind. Ird. [sic!] ROY. lugd. 537. Pseudoacacia lutea non spinosa, floribus in singularibus pediculis per fasciculos exeuntibus. Ind. Irc. n. 585. Ien. 1076. Arbor hic locorum kisyl dicta, STELL. Irc. 1134. Asphalatus frutescens [sic!] pinnis foliorum crebrioribus oblongis, AMM. Ruth. 283. [sic!] ..." (Gmelin 1747–1769, Bd. IV, S. 17), nahezu identisch auf Bll. 5v-6r in: AAW R. I, Op. 104, D. 14 – s. Anm. 32 in Nr. 6; „22. Robinia pedunculis simplicibus, foliis abrupte pinnatis [=] Caragana arborescens Lam.!" (Ledebour 1841, S. 111); „285. ASPALATHUS arborescens, pinnis foliorum crebrioribus, oblongis. ... Est Caragana vel Carachana Burato-Mogulis, Zachom Kirgisiae Tataris, an Pseudo-Acacia species spinosa, flore luteo, Sibirica. ... Ruthenis teste Gmelino dicitur Гороховикъ [russ. *gorochovik*]. ..." (Amman 1739, S. 210); [Robinia] Caragana, ... Erbsenbaum, ... Erbsenstrauch; Taubenerbsen; Robinienbaum; Robinienbaum mit einzeln stehenden Blumenbüscheln; Bohnenbaum; Caragana; ... seine Samen können zu Pfannenkuchen dienen, oder wie Erbsen gekocht, gespeißt werden, ..." (Gmelin 1775, Sp. 902ff.); „Ihre [d. h. der Teleuten] Sommerjurten sind von einem Stangengeribbe, kegelförmig, mit Matten vom Bast des Erbsenbaumes (Robinia Caragana L.) oder Schilf bekleidet ..." (Georgi 1776, S. 243f.); „Diese ganze Steppe ... hat viel zerstreutes Strauchwerk von Weidenruthen, und Schotenbaum (Robin. Caragana) der in allen daurischen Steppen ... aufschiest; ... die Tungusen behaupten, daß ihre Schaafe hauptsächlich vom Genuß dieses Strauches, den sie mit den Mongolen Altaganà nennen, so groß und fett werden. ..." (Pallas 1776, S. 212f.); „5.) Der Caraganastrauch oder Caraganabaum. Robinia Caragana. ... Robinia pedunculis simplicibus; foliis abrupte-pinnatis; petiolis inermibus. LINN. ... Sp. pl. 1044. ... Aspalathus arborescens, ... AMM.

[a] flore *über der Zeile* [b] $_{1}$1$_{34}$ *verbessert aus* 3 [c] $_{u}$b$_{ivis}$ *verbessert aus* [.]

Ruth. 285. Caragana Sibirica. ... GEMEL. [sic!] Fl. Sib. 4. p. 17. n. 22. Diese Art ... wird ... von den Tataren Caragana oder Carachana, in Europa aber, ... insgemein Erbsenbaum, oder der siberische Erbsenbaum genennet, ... Sein schönes gelbes Holz kann zu Verfertigung von allerhand Werkzeuchen gebraucht werden, und in Siberien macht man Spazierstöcken und mancherley andere kleine Waaren daraus; aus dem Splint kann man Stricke verfertigen. ... Auch geben die Blätter, ... eine blaue Farbe. ..." (Linné 1779a, S. 252ff.); „Acacia communis, gemeiner Acacienbaum. Die Botanisten haben den Nahmen Acacia verschiedenen Bäumen ... beygelegt. Ich handle aber hier bloß von der Pseudo-Acacia vulgaris; ... D. Die gemeine unechte Acacia. ... Man zählet zwo Gattungen, ... Die kleine Gattung davon heißt: Aspalatus minor; Asphalatus Amman. Ruthen. 210., Nr. 285. Caragana Sibirica, Ray. Hist. Lugd. Bat. 537. D. Sibirischer Erbsenbaum. Baumerbsen. Sibirische Erbsen. ... Die unechten sibirischen Acacienbäume sind mehr Sträucher, als Bäume. Eine von diesen Arten ist die Caragana, ..." (Krünitz 1773–1858, Bd. 1, S. 193ff.); „ROBINIA Altagana. Tab. XLII. R. pedunculis simplicibus, ... R. Caragana ... Gmelin. Flor. sib. IV. p. 17. n. 22. Aspalathus arborescens, ... Amman stirp. ruth. p. 210. n. 285. ... Germanis Der Sibirische Erbsenbaum. Rossis in Sibiria Гороховикъ [russ. *gorochovik*] (Gorochóvik). Kirgisis et Tataris Tomensibus Cará-Caragàn; Crasnojarensibus Tschàkem. Mongolis Altaganà. Tunguso-Dauuris Zachóm? ..." (Pallas 1784, S. 68f.); „ROBINIA Altagana. ГОРОХОВНИКЪ Алтагана [russ. *gorochovnik altagana*]." (Pallas 1784, Tab. XLII.); „b) Robinia caragana. Robinia altagana. Fl. Ross. Deutsch. Die siberische Acacia; Der siberische Erbsenbaum; Taubenerbsen; Bohnenbaum. ... Russ. (In Siberien) Gorochownik. Tatar. Karagan, Schapoi agatsch, Tomens. & Kirgis. Kara-Karagan; Krasnoj. Tschakem. Teleut. Karagan; Kalm. Charagana, Changah. Mongol. Altaganà; Ostj. Tschakkem. ... die Samen sind wie Erbsen oder Linsen, herbe von Geschmack, und werden von einigen Vögeln gefressen; ..." (Nemnich 1795, Sp. 1165f.); „1. ROBINIA Caragana ... Robinia Althagana ... Karagan=Robinie. Althagan=Robinie. R. Chorochownik Sibirskoi. Tat. Karagan. Mong. Altagan. ... Man hat hier viele Gartenhecken von der Karagan=Robinie, ..." (Georgi 1797–1802, Theil 3, S. 1173f.); „12. ROBINIA Caragana. ... R. pedunculis simplicibus, ... Gmel. sib. 4. p. 17. n. 22. R. (Altagana) pedunculis simplicibus, ... Pall. ross. 68. t. 42. fig. intermedia. Aspalathus arborescens, ... Amm. ruth. 285. ... Sibirische Robinie. W. ... *13. ROBINIA Altagana. ... Robinia Altagana β Pall. ross. 69. [sic!] t. 42. figurae laterales. SandRobinie. W. ..." (Linné 1797–1830, Bd. III, Teil 2, S. 1135f.); „2. CARAGANA ARBORESCENS. Lam. ... Robinia Caragana. Linn. Willd. Spec. pl. III. p. 1135. ... Robinia Allagana. [sic!] Pall. Fl. ross. I. p. 68. t. XLII. fig. intermedia. Robinia pedunculis ... Gmel. Fl. sib. IV. p. 17. No. 22. Aspalathus frutescens [sic!] pinnis foliorum crebrioribus oblongis. Amman. ruth. p. 210. No. 285. ..." (Ledebour 1831, S. 263f.); „2. C[aragana] arborescens (LAM. Encycl. méth. I, p. 625) ... LEDEB. Fl. alt. III, p. 263. ... Robinia Caragana. L. SP. 1044. ... Robinia Altagana. PALL. Fl. ross. I, p. 68, t. 42, fig. intermed. Robinia pedunculis ... GMEL. Fl. sib. IV, p. 1. Nr. 22, Aspalathus arborescens, ... AMMAN. ruth. p. 210. Nr. 285. ..." (Ledebour 1842, S. 569); „Aspalathus Caragana Amm. ruth. 285. crescit hic in horto cujusdam nobilis ad altitudinem sorbi vulgaris arboris, et quotannis floret et fructum fert et hyemes sub aëre aperto perfert (Fl. sib. IV. 17. nr. 22. Robinia caragana L. Carag. arboresc. Lam.)." (C. von Linné in einem Brief an J. G. Gmelin vom 22. Juli 1744 – Plieninger 1861, S. 24); Caragana arborescens Lam. – russ. *bakacija*, *gorochovik*, *altagana*, *kara-karagan*, *zolotarnik* bzw. *gorochovnik* (*Annenkov* 1858, S. 27, Nr. 253); „Aspālathus L., NECK. (Cassieae). Nach der Insel Aspalathe an der Küste von Lycien, wo die Pflanze zuerst gefunden wurde. ..." (Wittstein 1852, S. 76); „Caragāna LAM. (Papilionaceae). Name dieses Gewächses in der Tatarei. Caragana heisst dort ‚schwarzes Ohr' und bezeichnet eine Art Fuchs, welche sich vorzüglich in den Gegenden, wo dieser Strauch häufig vorkommt, aufhält." (a. a. O., S. 155); „Robīnia L. (Papilionaceae). Nach dem Franzosen JEAN ROBIN, der im Jahre 1601 ein Verzeichniss der Pflanzen seines Gartens herausgab. Sein Sohn, VESPASIAN ROBIN, Demonstrator am kgl. Garten zu Paris, schrieb 1624 ein Werk: Enchiridon du jardin royal, pflanzte auch zuerst die Robinia Pseudoacacia, deren Samen er aus Amerika bekommen hatte, an." (a. a. O., S. 768)

„Figura 5. Arbor sic dicta Kisil crescit in montibus in proclivitatibus versus septentrionem et in vallibus, ..." (AAW R. I, Op. 14, D. 8, Bll. 17r–17v, s. Anm. 98 in Nr. 39); „1076. Pseudo-Acacia lutea, non spinosa, floribus in singularibus pediculis per fasciculos exeuntibus Ind. Irc. n.° 585. ... Quae sub nomine Caragana quo Messerschmidius hanc plantam donat, Tattari Krasnojarenses Cargana vocant, a Stellero in ind. plant. CIƆIƆCCXXXVIII. [1738] n° 97 recensetur et inter siccas transmissa est, ..." (AAW R. I, Op. 105, D. 1ª, Bl. 112v, s. Anm. 29 in Nr. 5); „585. Pseudo-Acacia lutea non spinosa, floribus in singularibus pediculis per fasciculos exeuntibus. An Caragana Mess.? ..." (AAW R. I, Op. 105, D. 4ª, Bl. 60v, s. Anm. 54 in Nr. 17); lat. „Psevdo-acacia", russ. „гороховикъ [russ. *gorochovik*]", katschinsk. „Índirbisch", kotowz. „Teudéten.", tschatzk. „Tschápkon." (J. G. Gmelin in: AAW F. 21, Op. 5, D. 73, Bll. 295v/296r); „– Caraganā vel Carachanā Boraetho-Mongolis, zachōm Cirgisiae tattaris; An pseudo accaciae Tourn. species spinosa flore luteo, Sibirica Mess? Russ. Гороховникъ [russ. *gorochovnik*] ..." (AAW R. I, Op. 104, D. 8, Bl. 14v, s. Anm. 18 in Nr. 452); „Psevdo Acacia lutea, non spinosa, floribus in singularibus per fasciculos exeuntibus Ind. Irc. n.° 585. Jen. 1076. ..." (AAW R. I, Op. 13, D. 67, Bl. 70r, s. Anm. 5 in Nr. 4); „20. Pseudo Acacia Mers:" (AAW R. I, Op. 15, D. 1, Bl. 10r, s. Anm. 24 in Nr. 64)

2 Randbemerkung in der 2. Textversion (s. Anm. 1 in A.) in der Handschrift von G. W. Steller: „est D. D. / Gmelino / Pseudoaca / cia. mihiq₉ / falso sub / Kisil nomine offerebat)"

3 „21. ROBINIA pedunculis simplicissimis foliis quaternatis sessilibus, LIN. Sp. pl. 2. p. 1044. n. 6. Asphalatus frutescens minor angustifolius, cortice aureo AMM. Ruth. 282. t. 35. Nihil plane habeo addenda descriptioni, quae in libro AMMANNIANO extat, ... STELLERVS, eandem in Flora Ircutiensi sub nomine: Genista spartium glabrum cortice aureo, aculeis tridentatis, foliis senis, in aciculam desinentibus, n. 1135 proposuit." (Gmelin 1747–1769, Bd. IV, S. 16) nahezu identisch auf Bll. 5r–5v in: AAW R. I, Op. 104, D. 14 – s. Anm. 32 in Nr. 6; „21. Robinia pedunculis simplicissimis, foliis quaternatis sessilibus [=] Caragana pygmaea DeC.!" (Ledebour 1841, S. 111); „282. ASPHALATUS frutescens, minor, angustifolius, cortice aureo. Tab. XXXV. ... Ruthenis Золотáрникъ [russ. *zolotarnik*], Buratis Altagana dicitur. ... Est forte Genista-Spartium foliolis Gallii pluribus et aculeis ternis, quaternis, paruulis, confertis, flore luteo Messerschmid." (Amman 1739, S. 204f.); „[Robinia] pygmaea, ... niedrige Robinische Pflanze, ... vierblätterichter kleinster sibirischer Erbsenbaum; ... Sie ist sehr dauerhaft gegen die Kälte, ..." (Gmelin 1775, Sp. 905f.); „8. Zwerg=Robinie. Robinia pygmaea. ... Robinia pedunculis simplicibus; foliis quaternis, sessilibus. LINN. ... Sp. pl. 1044. ... GMEL. Fl. Sib. 4. p. 16. n. 21. Aspalathus frutescens minor, ... AMM. Ruth. n. 282. t. 35. ... Die Wurzel, ... hat einen Geschmack, fast wie Süßholz. ..." (Linné 1779a, S. 257f.); „ROBINIA pygmaea. Tab. XLV. R. pedunculis simplicibus, ... Lin. syst. pl. III. p. 487. n. 8. Gmelin. Flor. sib. IV. p. 6. n. 21. Aspalathus frutescens minor ... Amman. stirp. ruth. p. 204. n. 282. tab. 35. Rossis transbaïcalensibus Солотарникъ [russ. *solotarnik*] (Solotarnik i. e. aureus frutex), ad Jeniseam Жидовникъ [russ. *židovnik*] (Shidownik, i. e. Judaeus frutex, ob spinulas). Kirgiso-Tataris Bus-Caragàn, i. e. alba Caragana. Mongolis Altan-Charaganà (aurea Caragana). ..." (Pallas 1784, S. 71); „4. ROBINIA pygmaea ... Zwerg=Robinie. R. Solotarnik. Tat. Buskaragan. ... Ein kleiner, schöner Strauch, dessen zähe Rinde in Sibirien zu Seilen verwendet wird." (Georgi 1797–1802, Theil 3, S. 1175); „20. ROBINIA pygmaea. R. pedunculis simplicibus, ... Gmel. sib. 4. p. 16. n. 21. Pall. ross. 1. p. 71. t. 45. * ... Aspalathus frutescens ... Amm. ruth. 282. t. 35. ... Niedrige Robinie. W. ..." (Linné 1797–1830, Bd. III, Teil 2, S. 1138); „7. C[ARAGANA] PYGMAEA, ... Robinia pygmaea Linn. spec. 1044. Pall. ross. 1. t. 45. Amm. ruth. t. 35. ..." (Candolle 1825, S. 268f.); „5) CARAGANA PYGMAEA. Decand. Prodr. II. p. 268. No. 7. Robinia pygmaea. Linn. Willd. Spec. pl. III. p. 1138. ... Pall. Fl. ross. p. 7. t. XLV. Robinia pedunculis ... Gmel. Fl. sib. IV. p. 16. No. 21. Aspalathus frutescens, ... Amman, ruth. p. 204. No. 282. t. XXXV. ..." (Ledebour 1831, S. 265f.); „6. C[aragana] pygmaea (DEC. Prodr. II, p. 268) ... LEDEB. Fl. alt. III, p. 255. ... Robinia pygmaea. L. SP. 1044. ... PALL. Fl. ross. I, p. 71. t. 45. ... Robinia pedunculis ... GMELIN. Fl. sib. IV, p. 16. Nr. 21. Aspalathus frutescens, ... AMMAN.

ruth. p. 204. Nr. 282. t. 35. ...“ (Ledebour 1842, S. 570f.); Caragana pygmaea Dec. – russ. *zolotarnik*, *židovnik* bzw. mongol. *galtan-aragana* (*Annenkov* 1858, S. 27, Nr. 256)

„Genista Spartium aculeis tridentatis, cortice aureo Ind. Jen. n.° 1054. Asphalathus folys Laricis, cortice aureo Obs. in H. N. CLVI. Fl. Irc. n.° 1135.“ mit der rechts marginalen Anm. „vid. Ic.“ (AAW R. I, Op. 13, D. 67, Bl. 68r, s. Anm. 5 in Nr. 4); „1054. Genista, Spartium aculeis tridentatis, cortice aureo. Asphalatus foliis Laricis cortice aureo. Obs. in H. N. CLVI. Immerito ex hac planta olim novum genus factum esse lubens jam fateor. ... Fl. Irc. n.º 1135.“ (AAW R. I, Op. 105, D. 1ª, Bl. 108v, s. Anm. 29 in Nr. 5); „* Aspalathus foliis Laricis, cortice aureo Obs. in Hist. nat. CLVI. Russ. ЗолоТарникъ [russ. *zolotarnik*]. ...“ (AAW F. 21, Op. 5, D. 98, Bl. 37v, s. Anm. 54 in Nr. 17); „CLVI. Aspalathus folijs laricis, cortice aureo. ....“ mit der links marginalen Anm. „vid. Fig.“ (AAW R. I, Op. 105, D. 8, Bll. 42v–43r, s. Anm. 46 in Nr. 79); „281„ d. [15 September 1724]„ [Sem.] Genistae-Spartii foliolis Gallii pluribus et aculeis saepè ternis brevibus confertis, flore luteo.„ “ (AAW F. 98, Op. 1, D. 23, Bl. 8r, s. Anm. 49 in Nr. 653)

4 russ. *zolotarnik*

/185r/

Plantae in Catalogo
omissae

1136	*Camphorata hirsuta C. B. P.*[1] *Planta haec / humifusa late in orbem sparsa. Radice / nititur lignosa sicca in sabulosis et prae- / ruptis locis delitescente caules* 8-10 */ in orbem spargit cubitales et breviores, / teretes flexiles, pilis hirtos, sordide purpu- / rantes; folia more Laricis*[2] *in fasciculos / collecta e caule immediate prodeunt di- / midiam unciam ut plurimum longa / unam lineam lata acuta pilis hir- / suta et fere incana. flores apetali / staminei, ad foliorum nodos partim / singuli partim in fasciculos collecti / prodeunt basi sua absq[ue] pediculo cau- / li adnata. In summo caule folia sin- / gula non amplius in fasciculos col- / lecta prodeunt. Odorem Camphorae / vel in pultem trita, tantum abest, / ut ullum spiret. Ubivis circa lacum / Baikal Occurrit.*
1137	*Blitoides D[omini] D[octoris] Gmel[ini]*[3] *Abunde circa Irku- / tiam et lacum Baikal. Huius semi- / na mittuntur.*
1138.	*Acorum legitimum cum et sine Julo Carol[i] / Clus[ii] Acorus verus sive calamus aro-*

/185v/

	maticus offic[inarum] C. B. P.[4] *Passim in / palustribus ad Angaram et Irku- / tum ut et circa lacum Baikal ab / unde Russis* Йръ[5] *dicitur.*
1139	*Corisperum Hyssopifolium D[omini] Jussieu*[6] *circa / Oiok et lacum Baikal, jn arenosis / praecipue circa Listwjenischnoj insu- / lam, huius semina mittuntur.*
1140	*Corisperum Hyssopifolium purpureum*[7] *ad / lacum salsum deserti Kunkurkinen- / sis. Huius semina matura mittuntur, / e quibus satis Petropoli*[a] *patebit, / num diversa species, num diversitas / ob soli natalis salsam conditionem.*
1141	*Cuscuta major C. B. P.*[8] *Abunde circa la- / cum Baikal et Irkutiam, Urticae / adhaerens deprehenditur.*
1142.	*Ephedra maritima minor Tourn. I. R. H. / appendix* 663. *Polygonum bacciferum / maritimum minus C. B. P. Tragus / sive*[b] *Uva marina J. B.*[9] *florentem / jnveni d[ie]* 6. *Jun[ii] in rupibus è re- / gione pagi Schilkina. Planta haec in altissimis rupibus aeque / ac humilioribus*[c] *siccis et*[d] *arenosis / locis ad lacum Baikal occurrens, / dimidium pedem altitudine nunquam*

---

[a] Petropoli *verbessert aus* p [b] sive *verbessert aus* [.] [c] humiliOribus *verbessert aus* [.] [d] et *verbessert aus* [.]

/186r/

	superat, saepius 3 *quatuorve uncias / saltim longa, modo erecta, modo pro- / cumbens inclinata modo deprehendi- / tur. Radice nititur horizontaliter su- / per saxa vel sub arena reptante mul- / tum fibrosa geniculata, sicca lignosa, / foris fusca, e geniculis emittit cau- / les Equiseti*[10] *instar geniculatos, quae / veris tenellae propagines, modo sin- / gularibus ramulis lignosis et nodosis, / ad singula genicula innatos, qui pri- / oris anni sunt. Caules Equiseti instar / foliis orbi, teretes, virides, secundum / longitudinem striati, multoties genicu- / lati ramosi, partim non ramosi, com- / missurae ad singula genicula flaven- / te, brevi tunica cinguntur, flores et / fructus nullo ordine, modo infimo / medio, modo apici caulis, interdum / singuli, interdum bino, trino, quater- / no quino ordine confertim, at sem- / per brevissimis pediculis appensi / enascuntur. Flores ipsi sunt imper- / fecti, staminei, steriles et a fructu / remoti, ramiq[ue] florentes, vel nullum / omnino ferunt fructum, vel si fru- / ctus in eodem ramo adest. flos non*

/186v/

	ad plenariam efflorescentiam et expan- / sionem pertingit sed minutus[a] *veluti / embryo staminum apparatu non os- / tenso obit et decidit; Rami autem / fructum ferentes omnino vel non / florent vel rudimenta saltim flo- / ris in summo caule ostendunt, ita [et] / observavi quasdam plantas omni- / no floriferas solummodo, fructu om- / ni destitutos esse praecipue novellos / non dum adultos quod concernit, alias / aetate provectiores tantum fructus / ferre flos ipse stamineus è sex squa- / mulis vel glumis sibi Lupuli*[11] *in mo- / dum incumbentibus componitur. E / singula gluma stamen exit, sex gra- / nulosis flavis apicibus minutissimis / in capitulum collectis onustum fru- / ctus tenellus*[b] *itidem e sex squamis / viridibus sibi invicem alternatim / arcte jncumbentibus constat, crassius- / culis succulentis, e viridi flavis, qui / color tum squamae fructus sensim / magis magisq[ue] intumescendo gran- / diores fiunt in rubrum transit; fru- / ctus maturatur sub initium Aug[usti] Dul- / cis est at ingratus, ac largiter commestus*

/187r/

	raucedinem conciliat[c]*, et titillationem / molestam in faucibus excitat. Baccae / maturae*[d] *ad solem siccatae mit- / tuntur. Tab[ula] ... exhibet*

---

[a] $_{min}u_{tus}$ *verbessert aus* [.] [b] $_{tenell}us$ *verbessert aus* i[.] [c] $_{concili}a_{t}$ *verbessert aus* [.] [d] $matur_{ae}$ *verbessert aus* [....]

	ramulum flo- / riferum a. et cum fructu tenello / b. fructum ipsum D[ominus] D[octor] Gmelinus / antea delineare curavit. c. stamen / cum suis apicibus granulosis[12].
1143.	*Glyzyrrhyza*[13] *qualis species nescio; Abun- / de in collibus circa Balaganski. Ra- / dices a Buraetis effodiuntur ac Ir- / kutiae in foro venales prostant.*
1144.	*Salicornia ramosa rubra*[14]. *Copiose prove- / nit ad lacum salsum in deserto Kun- / kurkinensi. Hic locorum semper rubra / occurrit tenella,* 3. 4 *uncias adulta, /* 6. 7 *alta, caulis geniculatus radix / fusca, tortuosa, lignosa, fragilis ra- / muli terno, imo quaterno ordine e / caule geniculato prodeunt, una spica / summum terminante caulem; flores / non vidi nec simile quidpiam. semina / in ipsius caulis reticulati commissuris / nidulantur, favi instar excavati; se- / mina qua parte cauli innidulantur, vi- / ridia elliptice rotunda, parti anterio- / ri foliolum adnascitur rubrum Rhom- / bojdeum, haecq[ue] foliola seu margines*

/187v/

	foliosi exterius ita arcte sibi invicem / committuntur, ut commissurae non / appareant, quousq[ue] scalpello unum ho- / rum non è caule separes, sed unam / veluti continuam jnaequalem saltim / clavam efficere videntur. Icon plan- / tam sistit magnitudine et colore na- / turali a.) Planta integra b.) semen / qua clavae[a] *caulis innidulatur. c.) / seminis pars anterior foliosa, semen / insuper optime maturum transmitto / nec dubito, si terrae limosae Nitro [et] / sale, vel sale a me misso remixtae / committatur*[b] *et aqua salsa saepe as- / pergatur*[c], *quin non laete proveniat.*
1145.	*Agaricofungus ligneus, superficie scrobi- / culis excavata, prominentiis tubulosis / caule duplici, crasso, lato, superius et / inferius in unum coalito*[15]. *Huius figuram*[d] */ vide Tab[ula] ... Fungum transmitto sub hac / inscriptione. Inveni ad Maximichae / fluvii ostium in lacum Baikal d[ie]* 8 / *Aug[usti] e ligno enatum.*
1146.	*Lentibularia Gesneri et Rivini. Millefolium / aquaticum lenticulatum C. B. P.* 141. */ foeniculum aquaticum galericulatum / Tabern[aemontani]*[e16] *In stagnis ad Angaram,*

/188r/

	circa Oiok, ad Kudam, infra sub- / urbium Kudinskaia sloboda di- / ctum et ad Bargusinum floret / Julio.
1147	*Lenticula aquatica trifolia*[17] *C. B. Pin.* / 362.[18] *In stagnis circa Roswod-*

---

[a] clavae *verbessert aus* a [b] committatur *verbessert aus* i [c] aspergatur *verbessert aus* i [d] figurari [e] Tabaern.

	/ naja.
1148.	*An Stellaria aquatica Raii Meth. / emend. p[agina]* 93.[19] *In stagnis deserto- / rum Urinskinensis deserti.*
1149.	*Ulva Raij seu Pila lacustris viridis / intus gelatinosa*[a20]. *Russis* озéрное / масло[21]. *de cujus variis virtuti- / bus varissimis*[b22] *a plebe Sibirica tributis vi- / de Catal[ogum] Empiricorum medica- / mentorum anni* 1738. *Ubivis jn / stagnis ad Angaram retibus, tum / pisces capiuntur extrahitur*[c].
1150.	*Camphoratae species alia hirsuta [et] / lanuginosa*[23] *In arenosis circa la- / cum Baikal.*
1151.	*Chenopodium folio Deltoide*[d] *sinu- / ato, semine magno nigro*[24]. *Cre- / scit in rupibus insulae Olchon. Huius semina benè matura / mittuntur.*
1152.	*Planta mihi incognita*[25], *cujus semi- / na matura mittuntur, e planta / jam penitus emarcida collecta / In locis salsis*[e] *deserti Kunkurki- / nensis.*

[1] „I. Camphorata hirsuta. ...“ (Bauhin 1623, S. 486); „CAMPHORATA. Camphorata hirsuta, C. B. Raji. Hist. ... Es ist dem Kopfe gut, eröffnet, zertheilet, reiniget und führet ab: widerstehet dem Gifte, treibet der Weiber Zeit, dämpfet die Dünste, ist gut wider Würme. Es erwecket den Schweiß, wird gut erachtet wider die Wassersucht, und zu der Engbrüstigkeit, ...“ (Lémery 1721, Sp. 215f.); „Tab. XXVIII, Fig. I. Camphorata hirsuta C. B. P. Camphorata Monspeliensium I. B. ...“ (Buxbaum 1728, S. 18); „2. SELAGO caule procumbente, floribus sparsis. ... Camphorata hirsuta. Bauh. pin. 486. ... Camphorata monspeliensium. ... Bauh. hist. 3. pp. 379. ...“ (Linné 1737, S. 321); „92. CAMPHORATA caulibus ascendentibus ramosis, floribus sparsis, foliis alternis linearibus. Tab. XXII. Camphorata hirsuta, C. B. P. STELL. Irc. 1136. Fallitur optimus STELLER, dum hanc plantam vnam et eandem putat cum camphorata hirsuta BAVHINI, quae camphorosma monspeliensium L. est. ... Camphorae odorem in siccis plantis non percipio, nec de recenti STELLERUS aliquid memoriae prodidit.“ (Gmelin 1747–1769, Bd. III, S. 116f.); „92. Camphorata caulibus adscendentibus ramosis, floribus sparsis, foliis alternis linearibus, t. XXII. [=] Pro hucusque neglecta Kochiae vel Salsolae specie habet am. C. A. Meyer. (Fl. alt. I. 416.) – Kochia hyssopifolia Roth. M. a. Bieb. in act. mosquens. I. 144.“ (Ledebour 1841, S. 91); „3. E[chinopsilon] sedoides (MOQU.-TAND. ...) ... Kochia sedoides. SCHRAD. N. Journ. III, 3, p. 86. ... Salsola foliis linearibus, ... GMEL. Fl. sib. III, p. 95, No. 74, t. 20. f. 1 (excl. BARREL.). Camphorata caule simplicissimo. GMEL. Fl. sib. III, p. 118, No. 94, t. 23, f. 2. Camphorata caulibus adscendentibus etc. GMEL. Fl. sib. III, p. 116, No. 92, t. 22 (fortasse) ...“ (Ledebour 1846–1851, S. 753f.); „74. SALSOLA foliis linearibus, alternis, caule lanuginoso, ramis parallelis. Tab. XX. Fig. 1. ? Kali vermiculatum fruticans, minori folio, Hispanicum BARR. ic. 216. ...“ (Gmelin 1747–1769, Bd. III, S. 95f.); „74. Salsola foliis linearibus alternis, caule lanuginoso, ramis parallelis. t. XX. f. 1. [=] Kochia sedoides Schrad.!“ (Ledebour 1841, S. 89); „94. CAMPHORATA caule simplicissimo, Tab. XXIII. Fig. 2. ...“ (Gmelin 1747–1769, Bd. III, S. 118f.); „94. Camphorata caule simplicissimo. t. XXIII. f. 2. [=] Kochia sedoides Schrad.!“ (Ledebour 1841, S. 91); „1. E[chinopsilon] hyssopifolius (MOQU.-TAND. Chenop. p. 87) ... Kochia hyssopifolia ROTH.

---

[a] galatinosa [b] varissimis *über der Zeile* [c] extrahitur *verbessert aus* s [d] Deltoide *verbessert aus* [.] [e] salsis *verbessert aus* [.]

N. Beitr. p. 176. ... LEDEB. Fl. alt. I, p. 415. ... Salsola hyssopifolia. ... M. a BIEB. in Mém. de la Soc. des Nat. de Mosc. I, p. 144, No, 17 (excl. syn. GMEL.); ..." (Ledebour 1846–1851, S. 751f.); „4) KOCHIA HYSSOPIFOLiA. Roth. ... Salsola hyssopifolia. ... M. a Bieb. in Mém. des Nat. de Mosc. I. p. 144. (excl. synon. Gmel.); ..." (Ledebour 1829, S. 415f.); „[Salsola] hyssopifolia. 17. ... S. herbacea, foliis linearibus planis, ... LINN. ed. Wilden. [sic!] 1. p. 1314. PALL. it. 1. p. 491. app. n. 107. t. H. f. 1. Camphorata caulibus adscendentibus ... GMEL. Sib. 3. p. 116. n. 92. t. 32. ..." (Marschall von Bieberstein 1806, S. 144f.); „*14. SALSOLA hyssopifolia. S. herbacea, foliis linearibus planis, ... W. Salsola hyssopifolia. Pall. it. 1. app. n. 107. tab. L * Isopblättriges Salzkraut W." (Linné 1797–1830, Bd. I, Teil 2, S. 1314); „107. SALSOLA hyssopifolia (*) tab. H. fig. 1. ..." (Pallas 1771, S. 491f.); „[Camphorosma] monspeliensium, ... Campferpflanze von Montpellier, ... man gebraucht entweder ihre zärteste und dünneste Aeste in Gestalt einer Tisane mit Wasser oder Wein, oder als einen Thee; ..." (Gmelin 1772, Sp. 461f.); „1.) Languedokisches Kampherkraut. Camphorosma Monspeliensis. ... Camphorosma foliis linearibus, hirsutis. LINN. Syst. veg. p. 139. ... Selago caule procumbente, ... Hort. Cliff. 321. ... Camphorata hirsuta. C. BAUH. pin. 485. ... BUXB. Cent. 1. p. 18. t. 28. f. 1. ... Camphorata Monspeliensium. J. BAUH. hist. 3. p. 379. ... Die Pflanze besitzt einen gewürzhaften, ... und einen etwas scharfen Geschmack, und hat daher auflösende, Harn= und Schweißtreibende Kräfte; ..." (Linné 1779, S. 362f.); „CAMPHOROSMA. ... Deutsch. Die Kampferpflanze. ... Eine Pflanzengattung die zur Familie der Melden gehört. ... Bey älteren Botanikern hieß sie camphorata. – Am bekanntesten ist die Camphorosma monspeliaca; ... sie hat einigen officinellen Nutzen." (Nemnich 1793a, Sp. 785); „2. COMPHOROSMA [sic!] monspeliaca. ... Selago caule procumbente, ... Hort. cliff. 321. ... Camphorata hirsuta. Bauh. pin. 486. ... Buxb. cent. 1. p. 18. t. 28. f. 1. Camphorata monspeliensium. Bauh. hist. 3. p. 379. ... Haariges Kampferkraut. W. ..." (Linné 1797–1830, Bd. I, Teil 2, S. 696); „3. Camphorosma monspeliaca. L. Haariges Kampferkraut. ... Camphorata hirsuta. Bauh. pin. 486. ... Diese Pflanze wird in den Apotheken als ein erhitzendes und reinigendes Mittel gebraucht, vorzüglich soll sie bey der Wassersucht, im Fall der Kranke kein Fieber hat, und in der Engbrüstigkeit gute Dienste thun. ..." (Dietrich 1802a, S. 501f.); „287. CAMPHOROSMA monspeliaca. ... Linn. ed. Willd. 1. p. 696. ... Buxb. cent. 1. p. 18. t. 28. f. 1. ..." (Marschall von Bieberstein 1808a, S. 113f.); „1. C[amphorosma] perennis (PALL. ..) ... C. monspeliaca. M. a BIEB. Fl. t. c. p. 113; ..." (Ledebour 1846–1851, S. 743); „22. Camphorata humilis, forte camphorata lignosa valde hirsuta. (Haec Linnaei conjectio ad Camphorosmam monspeliacam L. Salsolam arenariam Pers. pertinet, quae est Synonymia camphoratae primae Bauhinianae, in Fl. sib. III. 116. nr. 92. a Stellero noncupata, a Gmelino vero ob foliorum mollitiem et longitudinem plantae suae in Fl. sib. Tab. 22. delineatae, et a Cel. Ledebourio ad Kochiam hyssopifoliam Roth. vel Salsolam hyssopifoliam L. relatae, repudiatae. Sed cf. et Fl. sib. III. 88. nr, 69. var. 1. quam Gmelinus ‚Camphoratae hirsutae simillimam' refert et Cel. Ledebour secundum duas Gmelini icones alteram ad Salsolam tamariscinam Pall. alteram ad Salsolam monandram L. Halicnemin monandram Meyer ducit, Sed quaenam harum omnium ‚humilis' prae reliquis vocanda sit, quis decidat? Camphorosma glabra L. quae est secunda Bauhiniana ‚synonymo ‚Camphorata minor' gaudet.) 23. Camphorata secunda. 24. Camphorata tertia caule simplicissimo. (‚caulis simplicissimus' ad Fl. sib. III. 118. nr. 94. accedit quam Cel. Ledeb. Kochiam sesoidem Schrad. Salsolam sesoidem L. conjicit.) 25. Camphoratae species. 26. Planta ignota, sed unica, capsula bifariam hiante, ego nunquam vidi Camphorosmam foliis linearibus hirsutis, quam Camphorata(m) hirsuta(m) C. B. (C. monspeliaca L. v. supra.) sponte nascentem. ego nescio num hae 22. 23. 24. 25. 26. sint varietates vel diversae species. certe omnes e genere camphorasmae sunt. Tu quo viva vidisti facile determinabis." (C. von Linné in einem Brief an J. G. Gmelin vom 24. August 1748 – Plieninger 1861, S. 90f.); „Echinōpsilum MOQ. (Chenopodeae). Zus. aus ἐχινος (Igel) und ψιλος (kahl, nackt); die Frucht selbst ist nackt, aber in das strahlig fünfstachelige Perigon eingeschlossen." (Wittstein 1852, S. 312); „Cāmphora NEES. (Laurineae). Von καφοορα, arabisch: kafour; die Araber brachten ihn nämlich zuerst nach Europa. Camphorāta T. (Chenopodeae). Von camphora; die ganze Pflanze riecht campherartig. ... Camphorōsma L. (Chenopodeae). Zus. aus

camphora und ὀσμη (Geruch), synonym mit der Gattung Camphorata.“ (a. a. O., S. 150); „Kōchia ROTH (Chenopodeae). Nach W. D. J. KOCH, geb. 1771 zu Kusel, Arzt in Trarbach und Kaiserslautern, seit 1824 Professor und Direktor des botanischen Gartens zu Erlangen, st. 1849; schrieb u. a.: Synopsis florae germanicae et helveticae, bearbeitete mit Mertens: Röhlings Deutschlands Flora. ...“; „Sālsola L. (Chenopodeae). Dimin. von salsus (gesalzen); die Pflanze ist salzreich und liebt Salzboden.“ (a. a. O., S. 782); „Selāgo (Lycopodiaceae). Der Name ist celtisch, und zus. aus sel (Gesicht) und jach (heilsam); Die Pflanze gilt nämlich bei den alten Galliern als ein Mittel gegen viele Uebel, besonders gegen Augenkrankheiten (Plin. XXIV. 62). Daran schließt sich das lateinische seligere (auswählen), d. i. eine auserwählte, heilsame Pflanze. – Art der Gattung Lycopodium, wahrscheinlich identisch mit der Selago der Gallier.“ (a. a. O., S. 807)

„320. Camphorata hirsuta CBP.“ (AAW R. I, Op. 6, D. 40, Bl. 36v, s. Anm. 1 in Nr. 1); „An Chenopodium maritimum ramulis virgatis Buxb. Cent. III. 27. Tab. xlix? ...“ (AAW R. I, Op. 105, D. 2, Bl. 17r, s. Anm. 54 in Nr. 17); „5. Kali folio brevi hirsuto, semine minus intorto. Ind. Jen. n.º 298. An Chenopodium maritimum, ramulis virgatis Buxb. Cent. III. 87? [sic!] Ind. Tansbaic. ...“ (AAW R. I, Op. 13, D. 67, Bl. 20v, s. Anm. 5 in Nr. 4); „Camphorata hirsuta Simplici caule. ...“ (AAW R. I, Op. 68, D. 2, Bl. 5r, s. Anm. 62 in Nr. 22); „409. Camphorata hirsuta JB. ...“ (AAW R. I, Op. 13, D. 19, Bl. 176r, s. Anm. 54 in Nr. 17); „299. Camphorata hirsuta. C. B. P. Rupp. flor. Jen. pag. 273. Dill Cat. Giss. Nov. gen. pl.“ (AAW R. I, Op. 104, D. 13, Bl. 7v, s. Anm. 84 in Nr. 29); „298. Kali folio brevi hirsuto, semine minus intorto. An Chenopodium maritimum ramulis virgatis Buxb. Cent. III. 27? Ind. Trans=Baic. ... Fl. Irc. n°. 1136.“ (AAW R. I, Op. 105, D. 1^{a}, Bll. 27v–28r, s. Anm. 29 in Nr. 5); „An Chenopodium maritimum ramulis virgatis Buxb. Cent. III. 27. Tab. XLIX? ...“ (AAW R. I, Op. 105, D. 2, Bl. 17r, s. Anm. 54 in Nr. 17)

2 „LARIX. ... teutsch, Lerchenbaum. ... Die Aeste sind ... mit Blättern besetzt, welche weit schmäler und viel weicher sind, als wie die an der Fichte, stehen Büschelweise oder ungefehr zwantzig Stück auf einem Hübel, sind grün und ein wenig wolriechend. ...“ (Lémery 1721, Sp. 615f.)

3 vgl. die Zitate von Plieninger 1861 in Nr. 767; „243. Blitoides folio oblongo, leviter lanuginoso. An Chenopodium Lini folio villoso I. R. H? Ind. Len. idem Blitum album majus C. B. P. ib. ...“ mit der links marginalen Anm. „vid. Ic.“ (AAW R. I, Op. 105, D. 12, Bl. 9v, s. Anm. 54 in Nr. 17); „548. Blitoides tenerius & hirsutius, semine Persicariae. Ind. Jen. 583. ...“ (AAW R. I, Op. 13, D. 20, Bl. 54v, s. Anm. 1 in Nr. 1); „652. Blitoïdes fruticosum, procumbens, Gnaphalii facie. caule procumbente, spicis nudis.“ (a. a. O., Bl. 62r); „810. Blitoides folio oblongo leviter. lanuginoso, Ind. Irc: n^{o}·243. ...“ (a. a. O., Bl. 74r); „1. Blitoides folio oblongo, leviter lanuginoso Ind. Irc. n.º 243. ...“ mit der links marginalen Anm. „vid. Ic.“ (AAW R. I, Op. 13, D. 67, Bl. 39v, s. Anm. 5 in Nr. 4); „2. Blitoides tenerius & hirsutius, semine Persicariae Ind. Jen. n.º 583.“ (a. a. O., Bl. 39v); „4. Blitoides fruticosum, procumbens, Gnaphalij facie. Ind. Jen. n.º 585.“ (a. a. O., Bl. 39v); „5. Blitoides frutescens Lavandulae folio cinerascente villosum. Ind. Jen. n.º 586.“ mit der links marginalen Anm. „vid. Ic.“ (a. a. O., Bl. 39v); „7. Blitoides fruticosum, minus & villosum, folio latiusculo oblongo & incano. Ind. Jen. n.º 587“ (a. a. O., Bl. 39v); „8. Blitoides fruticosum, majus & villosum, Betae folio incanis Ind. Jen. n.º 588.“ (a. a. O., Bl. 40r); „9. Blitoides fruticosum, majus & villosius, Betae folio viridiori. Ind. Jen. n.º 589. ...“ (a. a. O., Bl. 40r); „31. Blitoides tenerius et hirsutius, semine Persicariae Ind. Jen. n°. 583. 32. Blitoides fruticosum procumbens, Gnaphalij facie Ind. Jen. n°. 585.“ (AAW R. I, Op. 15, D. 1, Bl. 12v, s. Anm. 24 in Nr. 64); „16. Blitoides vulgare 17. Blitoides Gnaphalii facie ... 18. Blitoides ...“ (a. a. O., Bl. 4r); „582. Blitoides folio oblongo, leviter lanuginoso. Ind. Irc. n° 243. ... Hac in ind. Len. n° 93 pro Bliti specie exhibui ...“ (AAW R. I, Op. 105, D. 1^{a}, Bl. 70v, s. Anm. 29 in Nr. 5); „583. Blitoides tenerius et hirsutius, semine Persicariae. ...“ (a. a. O., Bl. 70v); „585. Blitoides fruticosum, procumbens, Gnaphalii facie. ...“ mit der links marginalen Anm. „Vid. Ic.“ (a. a. O., Bll. 70v–71r); „586. Blitoides frutescens Lavandulae folio cinerascente, villosum. ...“ (a. a. O., Bl. 71r); „587. Blitoides fruticosum, minus et villosum, folio latiusculo, oblongo, incano. ...“ (a. a. O., Bll. 71r–71v); „588. Blitoides fruticosum majus et villosum, Betae folio incano. ...“ (a. a. O., Bl. 71v); „589. Blitoides fruticosum, majus et villosius, Betae folio viridiori. ...“ (a. a. O., Bl. 71v)

4 „Acorum legitimum, cum & sine julo Caroli Clusii in Histor. Pannon. p. 258. 259. Acorus verus, sive calamus aromaticus officinarum C. B. Pin. 34. Acorum legitimum Clus. Hisp. Germ. Kalmuß, corrupte a voce calamus, olim enim omnes Medici opinabantur, hanc plantam esse verum calamum aromaticum montis Libani. Graecorum. ...“ (Rupp 1726, S. 261); „De Acoro. ...“ und die Abbildungen „Acorum legitimum sine iülo.“ und „Acorum legitimum cum suo iulo.“ auf S. 358 bzw. S. 359 (Clusius 1583, S. 257ff.); „1. ACORUS verus sive Calamus aromaticus officinarum. Bauh. pin. 34. ... Calamus aromaticus vulgaris, ... Bauh. hist. 2. p. 734. ...“ (Linné 1737, S. 137); „CAPUT XXX. ... Acorus verus, sive Calamus aromaticus Officinarum , C. B. P. 34. ... Acorum oder Kalmus wächßt ... auch bey den Tartaren, und ... gegen Moscau ... wird allda Tartarski gennennet, dieweil dieser Wurtzel Gebrauch von denen Tartaren ihnen erstlich ist angezeigt worden, welche kein Wasser trinken, sie haben denn zuvor diese Wurtzel eine Weile darinnen ligen lassen, ... Kalmus hat ... die Tugend zu erwärmen, zu eröfnen, das Gehirne, Magen und Mutter zu stärcken, die zähen Feuchtigkeiten zu erdünneren, und daher entstehende Verstopfungen des Miltzes, Leber, Nieren und Mutter zu öfnen und zu lösen. ... In denen Apothecken findet sich die gedörrte Wurtzel; hin und wider das destillierte Wasser, so aber sehr eckelhaft; ...“ (Zwinger 1744, S. 407ff.); „[1.] ACORUS DOD. Pempt. 249. Acorus verus sive calamus aromaticus officinarum C. B. P. 34. Tatarice Ir dicitur, quae vox in Russicam linguam recepte est ... Tataris adscribit quod aquam non bibant, nisi acori radicem prius in ea maceraverint, Sibiriae Tataris incognitum est. ...“ (Gmelin 1747–1769, Bd. I, S. 1); „1. Acorus [=] Acorus Calamus L.!“ (Ledebour 1841, S. 47); „[Acorus] verus; verus s. calamus officinarum; vulgaris; hierunter verstehen C. Bauhin, Ray und Gesner den gemeinen Calmus.“ (Gmelin 1772a, Sp. 99); „1) Acorus calamus. LINN. ... Sp. pl. 462. Hort. Cliff. 137. ... Acorus s. Calamus aromaticus Officinarum. C. BAUH. pin. 34. ... Die Chineser legen die Blätter in die Better, um die Wanzen zu vertreiben; auch hängen sie die Pflanze in ihren Häusern auf, in der Meynung, die böse Geister zu verjagen, ...“ (Linné 1780, S. 354ff.); „415. Acorus Calamus. ... Tat. Jir. Kirg. Jekin. Buch. Eger. ... Die Bucharen legen die frischen Wurzeln in heiße Asche, ... und zerstoßen sie zu einem Brey, mit welchen sie alle Brustzufälle, selbst Lungensucht heilen zu können vermeinen.“ (Falk 1786, S. 163); „a) Acorus calamus. ... Deutsch. Der Kalmus oder Calmus; die wohlriechende Schwertlilie. Ackermann, Ackerwurz, ... Magenwürz; Schwertheu; Teichlilie. ... Russ. Koren, Ir. (In der Tatarey heisst er ebenfalls Ir, oder Iir. ...); Kirgis. Iekin; Buchar. Eger. ... Lett. Kalmus sakkenes, karweles, Karili. Fischer. Ehstn. Kalmusid, kalmus; So ingwer (d. i. Sumpfingwer). ...“ (Nemnich 1793a, Sp. 53f.); „Kalmuswurzeln (Acorus Calamus L.) kauen sie [d. h. die *Čulym*skischen Tataren] wie die Indianer Betel.“ (Georgi 1776, S. 230); „Acorus L., Kalmus. 1. Acorus Calamus L. ... Gemeiner Kalmus. R. und Tat. Ir. ... Die Wurzeln sind zu Nothmehl anwendbar, müssen aber vor dem Trocknen und Mahlen durch siedend Wasser von ihrer würzhaften Herbigkeit befreyt werden.“ (Georgi 1797–1802, Theil 3, S. 912f.); „1. ACORUS Calamus. ... Acorus. ... Gmel. sib. 1. p. 1. ... α. Acorus vulgaris. A. verus s. Calamus aromaticus ... Bauh. pin. 34. Hort. cliff. 137. ... Gemeiner Calmus. W. ...“ (Linné 1797–1830, Bd. II, Teil 1, S. 199); „Acorus calamus Linn. Acorus verus, Kalmus (in der Arzneimittelehre). Die Wurzel ... wirkt belebend auf die Nerven, und wird so gegen mancherlei mit Schwäche verbundene Fieber, Wechselfieber und Typhus angewendet. Zugleich zeigt sie tief eindringende Wirkungen auf die plastischen Functionen, und gibt dadurch ein Heilmittel ab gegen Gicht, Skorbut, Skropheln, veraltete, unreine, syphilitische, krebsartige, cariöse Geschwüre.“ (Ersch/Gruber 1818, S. 335); „ACORUS CALAMUS... Gemeiner Calmus, Ackerwurzel, Ackermann, Zehrwurzel, Magenwurz. ... Sie ... besitzen excitirende, erhitzende, schweißtreibende, und magenstärkende Kräfte, und werden daher bey Wechselfiebern, in andern asthenischen Fiebern, bey Schwäche des Magens, bey Würmern, in Blut- und Schleimflüssem, bey Nervenzufällen, im Scorbut und Beinfraß angewendet. ...“ (Hayne 1819, Nr. 31); „699**. ACORUS Calamus. ... Linn. ed. Willd. 2. p. 199. ... Gmel. sib. 1. p. 1. n. 1. ...“ (Marschall von Bieberstein 1819, S. 274); „1. ACORUS CALAMUS. Linn. ... M. a Bieb. Fl. taur. cauc. III. p. 274. No. 699.** ... Gmel. Fl. sib. I. p. 1. No. 1. ...“ (Ledebour 1830, S. 40f.); „830. ACORUS CALAMUS Linné. KALMUS-ACORUS. ... Die Wurzel Radix Calami aromatici ist ein kräftiges Arzeneimittel, und wird in Zucker eingemacht

und zum Brandtwein benutzt Mit den Blättern schmückt man an festlichen Tagen Häuser und Kirchen, und werden sie, ihres starken Geruchs wegen, auch zur Vertilgung der Hausinsekten benutzt.“ (Dietrich 1844, Nr. 830); „1. A[corus] Calamus (L. Spec. 462. excl. var. β.) ... WILLD. Spec. pl. II, p. 199, excl. var. β. ... M. a BIEB. Fl. t. c. III, p. 274. ... LEDEB. Fl. alt. II, p. 40. ... Acorus ... GMEL. Fl. sib. I, p. 1, No. . ...“ (Ledebour 1853, S. 13); „4. Acorus Calamus L. (Aroid.). Die Wurzel des Kalmus wird innerlich in Kleinrussland und in Sibirien (Nertschinsk) bei Fieber gebraucht. ... Die wichtigsten Indicationen zum inneren Gebrauche dieses so sehr vom Volke geschätzten Mittels sind: Fieber und Krankheiten des Verdauungstractus. Weniger wichtig scheint uns seine Anwendung bei Brustleiden und Syphilis zu sein. Aeusserlich behandelt man damit Wunden und in Form von Bädern schwächliche Kinder. ...“ (Demitsch 1889, S. 148ff.); „Mittel gegen Brustschmerzen: ... Extract aus Rhiz. Acori Calami in Branntwein. ...“ (Alksnis 1894, S. 184); „Mittel gegen Durchfall: ... Das Extract von Kalmuswurzeln (Acorus Calamus) in Branntwein. ...“ (a. a. O., S. 189); „Mittel gegen sogenannte Knochenschmerzen: ... Kalmusblätter (Acorus Calamus) brühe man in heissem Wasser und bade sich darin, wenn man Knochenschmerzen hat. ...“ (a. a. O., S. 193f.); „Flöhe. Mittel gegen dieselben: ... Klein zerhacktes Kalmuskraut (Acorus Calamus) in das Bett gestreut, soll alle Flöhe aus demselben entfernen. ...“ (a. a. O., S. 202); „Mittel gegen Zahnschmerzen: ... Gut getrocknet und fein geschnittene Kalmuswurzeln (Acorus Calamus) werden mit Spiritus extrahirt. Das Extract wird mit Wasser gemischt, ... Hiermit soll man den Mund ausspülen, dann werden die Zähne stets gesund sein. ...“ (a. a. O., S. 207f.); „Stärkende Mittel: ... Kocht man die Wurzel von Acorus Calamus mit Honig, so erhält man ein Mittel, welches der Erholung dient. ...“ (a. a. O., S. 237); Acorus Calamus L. – russ. *lir*, *lepecha*, *ir*, *lepicha*, *kosatik*, *lepešnik*, *tatarskij sabel'nik*, *air*, *pyščalka* bzw. *trost' blagovonnaja* (*Annenkov* 1858, S. 10, Nr. 20); „Ācorus L. (Aroideae). Von ἄκορος (ungeschmückt), wegen der Unansehnlichkeit der Pflanze, in so fern sie keine schönen Blüthen trägt; nach Plinius (XXV. 100.), von ἀ (wider) und χορη (Augapfel), weil man bei Augenübeln Gebrauch davon machte.“ (Wittstein 1852, S. 9); „Cālamus L. (Palmae). Καλαμος, arabisch: Kalem (Rohr).“ (a. a. O., S. 137)

lat. „Acorus verus“, russ. „Иръ [russ. *ir*]“, arinz. „Póldschet“, katschinsk. „Ir“, kotowz. „Póltscheti̯“ (J. G. Gmelin in: AAW F. 21, Op. 5, D. 73, Bll. 296v/297r); „Acorus verus sive Calamus aromaticus officinarum. C. B. P. ...“ (AAW F. 21, Op. 5, D. 98, Bl. 31v, s. Anm. 54 in Nr. 17); „260. Acorus verus sive Calamus aromaticus officinarum C. B. P. 34. ...“ (AAW R. I, Op. 105, D. 1ª, Bl. 23r, s. Anm. 29 in Nr. 5); „Acorus verus siue calamus aromaticus off. CBP. Russ. e. Tatt. идъ [russ. *id*] ... Tattari collegerunt, in futurum usum in morbis pectoris. De usu illo, quem Clus. Hist. 232. Tattaris adscribit, quod aquam non bibant, nisi prius acori radicem in ea maceraverint, nihil percepi.“ (AAW R. I, Op. 104, D. 8, Bl. 14v, s. Anm. 18 in Nr. 452); „126. Acorus verus sive Calamus aromaticus officinarum C. B. P. 34 ...“ (AAW R. I, Op. 105, D. 12, Bl. 6v, s. Anm. 54 in Nr. 17); „57.) Rad. Acori; Acorus verus et Calamus aromaticus officin. Dale Acorus, Sim. Pauli et Dodon. Tournefortio non recensitus. ... Russis Ÿr; Tungusis Koptahún dicta, ...“ (AAW F. 98, Op. 1, D. 21, Bl. 155v, s. Anm. 59 in Nr. 19); „368„ d. 28 [November 1724]„ Acorus verus et Calamus aromaticus Officinarum C. B. ...„ “ (AAW F. 98, Op. 1, D. 23, Bl. 12r, s. Anm. 49 in Nr. 653); „28. Dezember 1724 ... ließe daselbst ... Rad⌈icem⌉ Acori veri Officinarum, Dale seu Acori Dodonaei, ... Pempt⌈ades⌉ sex, ... ausgraben, ...“ (Messerschmidt 1962–1977, Bd. 3, S. 238)

5 russ. *ir*; russ. *ir* und *ir'* – Acorus calamus (*Slovar'* 1997a, S. 110)

6 „DESCRIPTION DU CORYSPERMUM HYSSOPIFOLIUM, ...“ (Jussieu 1714, S. 187ff.; Jussieu 1731, S. 185f.; Jussieu 1740, S. 244ff.); „Tab. LV. Rhagostris semine Pastinacae. ... Rhagostris dicitur quasi Gramen Wolgae. Tab. LVI. Rhagostris foliis arundinaceis. ...“ (Buxbaum 1729, S. 30f.); „1. CORISPERMUM foliis alternis. Corispermum hyssopifolium. Juss. act. 1712. p. 244. t. 10. ...“ (Linné 1737, S. 3); „3. CORISPERMVM foliis alternis LIN. h. Cliff. 3. ROY. pr. 205. Coryspermum D. IVSSIEV act. Par. 1712, p. 244.–246. Corispermum floribus lateralibus,

LIN. VPS. 2. n. 1. Sp. pl. 1. p. 6. n. 1. Rhagostris semine pastinacae BVXB. Cent. III. p. 30. Tab. LV. Coryspermum glabrum maius longissimis foliis AMM. Ruth. 225. Atriplex ramosa, hyssopi foliis crassiusculis in spicam squarrosam congestis, semine ad foliorum vnguiculos nudo, ouato, plano, maiore MESS. AMM. Ruth. 231. Rhagostris foliis arundinaceis BVXB. Cent. III. p. 30. Tab. LVI. j. Idem caulibus rubris. jj. Idem spicis ouatis. Corispermum spicis squarrosis LINN. h. Vps. p. 3. n. 2. Sp. pl. 1. p. 6. n. 2. AMM. Ruth. spec. 2da p. 159. ..." (Gmelin 1747–1769, Bd. III, S. 10ff.); „3. Corispermum foliis alternis (cum var. I. caulibus rubris [=] Corispermum hyssopifolium L.! (Corispermum squarrosum L. – Willd. sp. pl. I. 28.) [;] II. Idem spicis ovatis [=] Corispermum squarrosum L. (ex M. a Bieb. Fl. t. [c.] I. 3.)" (Ledebour 1841, S. 84); „1. CORISPERMUM floribus lateralibus. Corispermum foliis alternis. Hort cliff. 3. ... Corispermum hyssopifolium. Juss. act. 1712. p. 244. t. 10. Rhagostris semine pastinacae. Buxb. cent. 3. p. 30. t. 55. ... 2. CORISPERMUM spicis squarrosis, Corispermum glabrum majus, longissimis foliis. Amm. ruth. 158. Rhagostris foliis arundinaceis, Buxb. cent. 3. p. 30. t. 55 [sic!] ..." (Linné 1748, S. 2f.); „225. Coryspermon glabrum, majus, longissimis foliis. Coryspermon, Auctore Cl. de Iussieu Comment. Acad. Reg. Scient. A. 1712, est plantae genus flore calyce destituto, ... Est Rhagostris semine Pastinacae Buxb. Cent. III, pag. 30, Tab. LV. ..." (Amman 1739, S. 158ff.); „231. ATRIPLEX ramosa, Hyssopi foliis crassiusculis in spicam squarrosam congestis, semine ad foliorum vnguiculos nudo, ouato, plano, majore; rectius forsam sui generis nomine Paronychioides dicenda Ejusd. ..." (a. a. O., S. 162); „97. CORISPERMVM hyssopifolium. ... 98. CORISPERMVM squarrosum. ..." (Pallas 1771, S. 484f.); „[Corispermum] hyssopifolium, ... Wanzensame mit Hyssopblättern, ..." (Gmelin 1773, Sp. 166f.); „Corispermum squarrosum, ... sparrichter Wanzensamen, ... S. G. Gmelin macht dieses beyde Arten nur zu einer einigen." (a. a. O., Sp. 167); „1.) Isopenblätterichter Wanzensaame. Corispermum Hyssopifolium. ... Corispermum floribus lateralibus. LINN. Sp. pl. 6. Hort. Ups. 2. Corispermum floribus alternis. Hort. Cliff. 3. ... Corispermum Hyssopifolium. JUSS. Act. paris. 1712. p. 244. ..." (Linné 1779, S. 47f.); „2.) Sparrichter Wanzensaame. Corispermum squarrosum. ... Corispermum spicis squarrosis. LINN. ... Sp. pl. 6. ... Rhagostris foliis Arundinaceis. BUXB. Cent. 3. p. 30. t. 55. ..." (a. a. O., S. 48); „CORISPERMUM hyssopifolium. Tab. XCVIII. CORISPERMUM spicis terminalibus, ... Jussieu act. paris. 1712. p. 244. Gmelin. Fl. sibir. II. p. 10. Rhagostris semine pastinacae Buxbaum plant. cent. III. p. 30. t. 55. Rossice Werbludna kolosistaja (Верблюдна колосистая [russ. *verbljudna kolosistaja*], vel Werblushje trava (Верблюжье трава [russ. *verbljuž'e trava*], i. e. Herba Cameli. ..." (Pallas 1788, S. 112f.); „CORISPERMUM squarrosum, Tab. XCIX. CORISPERMUM spicis axillaribus squarrosis, ... Rhagostris foliis arundinaceis Buxbaum. plant. cent. III, p. 30. t. 56. Rossice Werbludna kolkaja (Верблюдна колькая [russ. *verbljudna kol'kaja*]. ..." (a. a. O., S. 113); „CORISPERMUM ... Deutsch. Der Wanzensame. ... Ihre Samenkörner haben Aehnlichkeit mit den Wanzen, daher der obige Name, nach dem Griechischen koris, cimex, und spermos, semen. a) Corispermum hyssopifolium. Fl. Ross. ... Russ. ... Werbluschje trawa (i. e. herba cameli). Führt den Russischen Namen, weil sie ein vorzügliches Futter für die Kamele ist: b) Corispermum squarrosum. Fl. Ross. ..." (Nemnich 1793, Sp. 1223); „1. CORISPERMUM hyssopifolium, Wanzensaame mit dem Isopblatte. ... 2. CORISPERMUM squarrosum, sparrichter Wanzensaame. W. ..." (Georgi 1797–1802, Theil 3, S. 641); „1. CORISPERMVM hyssopifolium. C. spicis terminalibus, ... Pall. ross. 2. p. 112. tab. 98. C. floribus lateralibus. Hort. ups. 2. ... C. floribus alternis. Hort. cliff. 3. ... C. hyssopifolium. Juss. act. par. 1712. p. 244. Rhagostris semine pastinacae. Buxb. cent. 3. p. 30. t. 55. ... Isopblättriger Wanzensaame. W. ..." (Linné 1797–1830, Bd. I, Teil 1, S. 28); „2. CORISPERMVM squarrosum. C. spicis axillaribus ... Pall. ross. 2. p. 113. t. 99. ... Rhagostris foliis arundinaceis. Buxb. cent. 3. p. 30. t. 56. ... Sparrichter Wanzensaame. W. ..." (a. a. O., S. 28); „4. CORISPERMUM hyssopifolium. ... Linn. ed. Willd. 1. p. 28. Hort. ups. p. 2. n. 1. Pall. ross. 2. p. 112. t. 98. f. A. E. Gmel. sib. 3. p. 10. n. 3. (exclus. variet.) ..." (Marschall von Bieberstein 1808a, S. 3); „5. CORISPERMUM squarrosum. ... Gmel. sib. 3. p. 10. n. 3. var. I. et II. C. hyssopifolium. var. Pall. ross. 2. p. 112. t. 98. f. B. C. D. ... Corispermum glabrum ... Amm. ruth. n. 225.. et 231. Rhagostris semine Pastinacae. Buxb. cent. 3. p. 30. t. 55. ..." (a. a. O., S. 3);

„1) CORISPERMUM HYSSOPIFOLIUM Linn. ... M. a Bieb. Fl. taur. cauc. I. p. 3. ... Pall. Fl. ross. II. p. 112. t. XCVIII. f. A (opt.). ... Coryspermon glabrum, ... Amm. ruth. p. 158. No. 225. ... Corispermum foliis alternis Gmel. Fl. sib. III. p. 10. No. 3. (excl. var. II.) Atriplex ramosa ... Amman. ruth. p. 262. No. 231. ...“ (Ledebour 1829, S. 10); „2. C[orispermum] hyssopifolium (ANT. JUSS. in Mém de l'Acad. royal d. sc. ...) L. Spec. p. 6. – WILLD. Spec. pl. I, p. 28. ... LEDEB. Fl. alt. I, p. 10. ... C. foliis alternis. GMEL. Fl. sib. III, p. 10 et var. I. caulibus rubris (excl. var. II. ...) ...“ (Ledebour 1846–1851, S. 759ff.); „3. A[griophyllum] arenarium (M. a BIEB. ...) ... Corispermum squarrosum. PALL. ... Fl. ross. II, p. 113, t. 99. – WILLD. Spec. pl. I. p. 28 ... Corispermum foliiis alternis. GMEL. Fl. sib. III, p. 10, No. 3 var. II spicis ovatis. Rhagostris foliis arundinaceis. BUXB. Cent. III, p. 30, t. 56. ...“ (a. a. O., S. 756f.); „Corispermum tataricum fol. brevioribus rigidis (Fl. sib. III. 11. nr. 3. II. C. squarrosum L. cum hyssopifolia L. confus.).“ (C. von Linné in einem Brief an J. G. Gmelin vom 18. September 1744 – Plieninger 1861, S. 28); „Corispermum foliis alternis spicis longis. Corispermum floribus lateralibus. Hort. ups. 2 (Fl. sib. III. 10. nr. 3. C. hyssopifolium L.). Corispermum foliis alternis spicis ovatis. Corispermum spicis squarrosis. Hist. up. 3 (Fl. sib. III. 11. nr. 3. var. II. ‚spicis ovatis.‘ C. squarrosum L. ...).“ (C. von Linné in einem Brief an J. G. Gmelin vom 2. August 1748 – Plieninger 1861, S. 79); „Corispermum vestrum (C. hyssopifolium L. Fl. sib. III. 10. nr. 3. ...) 1. 2. 3. staminibus variat. Aliquot vestratium icones paravi, si quando Gerberi ms. edere videbitur; exspectabo tamen quid agat Siegesbeckius.“ (A. von Haller in einem Brief an J. G. Gmelin vom 3. September 1744 – Plieninger 1861, S. 118); „Corispermum mihi frequenter trispermum fuit (cf. Fl. sib. III. 10. squ. nr. 3. Cor. hyssopifolium L. ubi haec Halleri nota citatur. ...).“ (A. von Haller in einem Brief an J. G. Gmelin vom 26. November 1744 – Plieninger 1861, S. 119); „Corispermum, recte (? Fl. sib. III. 10. nr. 3. C. hyssopifolium L. squarrosum L. ? ...“ (A. von Haller in einem undatierten Brief an J. G. Gmelin – Plieninger 1861, S. 147); „Rhagostris, ist der Gattungsname, welchen Buxbaum einer Art des Wanzensamens beylegt.“ (Gmelin 1775, Sp. 803); „Corispērmum L. (Amarantaceae). Zus. aus κορις (Wanze) und σπερμα (Same); in Bezug auf dessen Form.“ (Wittstein 1852, S. 228); „Agrophȳllum M. B. (Chenopodeae). Zus. aus ἄγριος (wild, scharf) und φυλλον (Blatt); die Blätter haben Stacheln.“ (a. a. O., S. 25); „Ātriplex L. (Chenopodeae). Zus aus α (sehr) und triplex (dreifach), in Bezug auf die vorwaltend dreieckige Form der Blätter. Andere sind der Meinung, das Wort sey nichts als das latinisirte Atraphaxis.“ (a. a. O., S. 84)

„387. Corispermu) Memoire de l'academie des Science 1712 p. 187 388. [Corispermum] majus Tataricu) caulibq purpurascentibq Rhagrostis Bux.“ (G. W. Steller im Reisejournal von 1738: AAW R. I, Op. 81, D. 23, Bl. 21r); „2 An Rhagrostis species von udinsky bis Irkutsky ubiq copiose“ (G. W. Steller im Reisejournal von 1739 in: Hintzsche 2009, S. 53); „95. An Rhagostris semine Pastinacae Buxb?“ (AAW R. I, Op. 14, D. 8, Bl. 2v, s. Anm. 98 in Nr. 39); „98. An Rhagostris Pastinacae Semine Buxb. ...“ (AAW R. I, Op. 13, D. 42, Bll. 12v–13r, s. Anm. 1 in Nr. 1); „110. Coryspermum Tataricum majus, caulibus purpurascentibus, Rhagostris Sem. Pastinacae Buxb. Cent. 3. p. 30. T LV.“ (AAW R. I, Op. 104, D. 13, Bl. 4r, s. Anm. 84 in Nr. 29); „728 Corispermum folijs alternis prior. Ind.“ (AAW R. I, Op. 13, D. 20, Bl. 68r, s. Anm. 1 in Nr. 1); „Coryspermon Jussieu Sem. ab Heinz. ...“ (AAW R. III, Op. 1, D. 162, Bl. 18r, s. Anm. 54 in Nr. 17); „86. An Rhagostris Pastinacae semine Buxb? I. L. R. Corispermon“ (AAW R. I, Op. 15, D. 1, Bl. 2v, s. Anm. 24 in Nr. 64)

7 s. Nr. 1139

8 „Cuscuta major C. B. Pin. 219. Cassuta sive Cuscuta J. B. 3. 266. Cassitha Tabern. Icon. 901. Cuscute de Venise.“ (Tournefort 1700, S. 652, Appendix); „Cassuta, sive Culcuta, J. B. Cuscuta, ... Cuscuta major, C. B. ... Demnach reiniget es mächtig das ... Geblüt, erlediget das Geäder von ... Schleim und faulen Feuchtigkeiten, öffnet die verstopffung der Leber Miltz, und Nieren: dienet wieder die Gelb= und Wassersucht, vertreibet die Harn Winde und Colic, wird auch in denen drey= und viertägigen Fiebern nützlich gebrauchet; ist aber vornemlich gut zu denen Fiebern derer Kinder und die Gallen abzuführen, ... Cuscuta oder Cassutha ist ein Syrisches Wort, und bedeutet ein Kraut ohne Wurtzel und Blätter. ...“ (Zedler 1732–1750, Bd. 5, Sp. 1294ff.); „1. Das Filtzkraut:

Cuscuta major. C. B. P. 219. T. 65. Ist gleich einem verwirrten Garne, mit viel Fäden durch einander geflochten. ... Eine Hand voll Filtz=Kraut in einer Maas weißen Weins gesodten, ... ist gut wider die Verstopfung der Leber und Miltz, dienet in der Gelbsucht, Wassersucht und viertägigem Fieber. ..." (Zwinger 1744, S. 1191f.); „1. CVSCVTA floribus sessilibus, LIN. Sp. pl. 1. 180. 1. Cuscuta maior et minor, ONM. [müßte heißen: omn.] Ind. ..." (Gmelin 1747–1769, Bd. IV, S. 71), nahezu identisch auf Bl. 40r in: AAW R. I, Op. 104, D. 14 – s. Anm. 32 in Nr. 6; „1. Cuscuta floribus sessilibus [=] Cuscuta europaea L.!" (Ledebour 1841, S. 118); „CVSCVTA (europaea) ... Linn. Spec. pl. 124. n. 1. ... Cuscuta maior. Bauh. pin. 219. Павлица [russ. *pavlica*], siue кропивная малина [russ. *kropivnaja malina*], siue шелковая трава [russ. *šelkovaja trava*] Russ. ..." (*Krašeninnikov* 1761, S. 25); „[Cuscuta] europaea, ... europäische Flachsseide, ... Flachsseide; Seide; Seidenkraut; Filzkraut; Teufelszwirn; Range; ... diese gelind abführende Pflanze ist ein Fluch der Akersleute, ... dieses Gewächs heißt ... bey C. Bauhin: Cuscuta major; ..." (Gmelin 1773, Sp. 393f.); „1.) Große Seiden. Cuscuta Europaea. ... Cuscuta floribus sessilibus. LINN. ... Sp. pl. 180. ... Cuscuta maior. C. BAUH. pin. 219. ... Man findet dieses sonderbare Gewächse in ganz Europa auf vielerley Pflanzen, vornemlich an der großen Brennessel, am Hopfen, Hanf und Flachs, aber auch an Ginster, Heiden, Brombeeren, Wolfsmilch, Wicken und andern. Dasselbe wird insgemein Seide, Flachsseide, Seidenkraut, ingleichen Dotter, Flachsdotter, Filzkraut, Teufelszwirn; ... genenent. ... Die Gewächse, an denen sich diese Schmarotzerpflanze befindet, werden oft ganz von ihr überzogen, ... man gebraucht sie in der Arzneykunst, als ein auflösendes Mittel, ..." (Linné 1779, S. 373f.); „Flachsseide, oder vielmehr Flachssaite, Cuscuta europaea, L. ... Dieses Kraut ... scheint erhitzende und einschneidende Kräfte zu besitzen. Die Voraltern rühmten es vorzüglich zur Zertheilung der zähen Galle, gegen hypochondrische Melancholie u. s. w." (Hahnemann 1793, S. 304); „Cuscuta europaea. ... Deutsch. Die Flachsseide; Flachsdotter und Leindotter sind eigentlich die Namen von Myagrum; Flachsdotterstauden, wilder Flachs, Seidenkraut, Grosse Seide, grosse und kleine Vogelseide, Seite, Siden, Sien, Thymseide, Hopfenseide, Nesselseide; Nesselranken, Rangen, Quendelwolle, Filzkraut; Teufelszwirn; Leithaar; Unserer Lieben Frauen Blumenhaar, falsches Frauenhaar; Stolzkraut; Klebe, Kleise. ... Russ. Pawiliza, Krapiwaja Malina. Tschelkowaja trawa. ... Lett. Idit. Ehstn. Wörm. ... Uebrigens hat sie einigen medizinischen Nutzem, ..." (Nemnich 1793, Sp. 1330ff.); „1. CVSCVTA europaea. ... C. maior. Bauh. pin. 219. ... Europäische Flachsseide. W. ..." (Linné 1797–1830, Bd. I, Teil 2, S. 702); „293. CUSCUTA europaea. ... Linn. ed. Willd. 1. p. 702. ... Gmel. sib. 4. p. 71. n. 1. ..." (Marschall von Bieberstein 1808a, S. 115f.); „2) CUSCUTA EUROPAEA. Linn. ... M. a Bieb. Fl. taur. cauc. I. p. 115. No. 293. ... Cuscuta floribus sessilibus. Gmel. Fl. sib. IV. p. 71. No. 1. ..." (Ledebour 1829, S. 294); Cuscuta – russ. *šelkovica*, *vojločnaja trava*, *šelkovnik*, *soroč'ja prjaža*, *soročij len*, *povelica*, *povilika* bzw. *povitel'* (*Annenkov* 1858, S. 36, Nr. 382); russ. *pavilika* bzw. *pavilica* – Cuscuta, Flachskraut, Seidenkraut, Vogelseide bzw. Flachsseide (Pawlowski 1952, S. 982); „Cūscuta L. (Aizoideae). Vom arabischen kechout. Καδυτας Theophr., verstümmelt von καττυειν (anheften), in Bezug auf das schlingende und schmarotzende Wachsthum der Pflanze." (Wittstein 1852, S. 247)

„26. Cuscuta major CBP. 219. Cassuta seu Cuscuta JB. 3. 266." (AAW R. I, Op. 6, D. 40, Bl. 23r, s. Anm. 1 in Nr. 1); „825. Cuscuta major C. B. P. 219. ..." (AAW R. I, Op. 105, D. 1ª, Bl. 94r, s. Anm. 29 in Nr. 5); „1. Cuscuta major C. B. P. 219. Ind. Jen. n.° 825." (AAW R. I, Op. 13, D. 67, Bl. 54r, s. Anm. 5 in Nr. 4); „Cuscuta major. C. B. P. ..." (AAW R. I, Op. 104, D. 25, Bl. 38r, s. Anm. 61 in Nr. 21); „Cuscuta major C. B. ..." (AAW R. I, Op. 13, D. 61, Bl. 61r, s. Anm. 40 in Nr. 1124); „369„ d. 18 [September 1724]„ Sem. Cuscutae majoris Tournef. Sp. 1. (N° 80. Specif. ⊕B). DGM." (AAW F. 98, Op. 1, D. 23, Bl. 23r, s. Anm. 49 in Nr. 653); „314„ d. [18 September 1724]„ [Sem.]" Cuscutae majoris super Clymenoangustifolia scandentis. Tourn. Sp. 1." (a. a. O., Bl. 9v); „80„ d. 18 [September 1724]„ [Sem.] Cuscutae majoris super Clymenoangustifolio scandentis Tourn. Sp. 1." (a. a. O., Bl. 26r, s. Anm. 49 in Nr. 653); „Cuscuta maior (Tournefortii sp. 1), Off." (Messerschmidt 1962–1977, Bd. 4, S. 209, s. Anm. 1 in Nr. 1)

9 „Ephedra maritima, minor. Polygonum bacciferum maritimum, minus C. B. Pin. 15. Tragus sive Uva marina J. B. 1. 406. Polygonum marinum, ij Tabern. Icon. 836." (Tournefort 1700, S. 663, Appendix); „1. EPHEDRA petiolis oppositis, amentis geminis. Mas. Ephedra maritima minor. Tourn. Femina Ephedra maritima minor. Tournef. inst. 663. ... Tragus sive Uva marina. Bauh. hist. 1. p. 406. Polygonum bacciferum maritimum minus. Bauh. pin. 15. ..." (Linné 1737, S. 465); „25. EPHEDRA petiolis saepe pluribus, amentis solitaris Tab. XXXVIII. Fig. 1. Ephedra saxatilis supina, baccis coccineis MESS. AMM. Ruth. p. 178. Ephedra minima, flagellis breuioribus et tenuioribus AMM. Ruth. n.° 254. Tab. XXVI. j. Eadem monosperma. Tab. nostr. XXXVIII. Fig. 2. Ephedra monospermos AMM. Ruth. n.° 255. ... STELLERUS scribit, baccas dulce esse, sed ingrata, ... Russi ob aliquam cum rubo idaeo similitudinem степная малина [russ. *stepnaja malina*] vocant. Tab. XXXVII.A. est integra planta, fructu maturo onusta. ... B. Pars plantae fructiferae fructibus adhunc immaturis. Tab. XXXVIII. Fig. 1. plantam sistit florentem. ..." (Gmelin 1747–1769, Bd. I, S. 171ff.); „25. Ephedra petiolis saepe pluribus, amentis solitariis. t. XXVII. et XXXVIII. t. 1. [=] Ephedra monostachya L.! [;] I. Eadem monosperma. t. XXXVIII. t. 2. [=] Ephedra monostachya L. var." (Ledebour 1841, S. 60); „254. EPHEDRA minima, flagellis breuioribus et tenuioribus. Tab. XXVI. ... Gmel. Idem postea eandem plantam ... sub titulo Ephedrae maritimae minoris Inst. r. h. a qua tamen manifeste differt. ... Ruthenis, ad Irtim fluuium degentibus степная Малина [russ. *stepnaja malina*] dicitur. Est forte Ephedra saxatilis supina , baccis coccineis Messerschm. ..." (Amman 1739, S. 176ff.); „255. EPHEDRA monospermos Gmel. ..." (a. a. O., S. 178); „23. Ephedra, kleinerer Seeroßschwanz. Ephedra maritima minor. Turn. 663. ..." (Carl 1770, S. 164); „[Ephedra] distachya, ... zweyähriger Rosschwanz, ... kleinerer Seerosschwanz; ... seine reife Beere haben einen säuerlicht süsen nicht unangenehmen Saft: ... Er heißt bey ... Tournefort: Ephedra maritima minor." (Gmelin 1773, Sp. 747f.); „Ephedra monostachya, ... einähriger Rosschwanz, ... sein Name bey Amman: Ephedra monospermos, ..." (a. a. O., Sp. 748); „In der Steppe selbsten sind Tamariscus=Sträuche gemein, die Ephedra monostachya aber giebt mit ihren Beeren einen Leckerbißen für die Füchse, Saigaken, Steppen= Tierchen, Trappen und Kraniche ab. ..." (Gmelin 1774a, S. 13); „1.) Europäischer Meerträubel. Ephedra distachya. ... Ephedra pedunculis oppositis, amentis geminis. LINN. ... Sp. pl. 1472. Hort. Cliff. 465. ... Polygonum bacciferum maritimum minus. C. BAUH. pin. 15. ... Ephedra. TOURNEF. inst. 663. ... Diese Staude ... wird insgemein Meerträubel oder auch Roßschwanz, staudiger Roßschwanz, kleiner Seeroßschwanz ... genennet. ... diese Kelchblätter ... formiren eine ... Beere, welche ein wenig kleiner als eine Kirsche und von rother Farbe ist, ..." (Linné 1779a, S. 622f.); „2.) Siberischer Meerträubel. Ephedra monostachya. ... Ephedra pedunculis pluribus, amentis solitariis. LINN. ... Sp. pl. 1472. GMEL. Sib. 1. p. 171. t. 38. f. 1. Ephedra minima, ... AMM. Ruth. 254. t. 26. Ephedra monospermos. ibid. n. 255. ... Ihre Beere geben in heissen Tagen vor die Reisende eine angenehme Erfrischung." (a. a. O., S. 623f.); „Im Jahr 1778 berichtete der Translateur Jährig, ... daß sich die Kalmücken in gichtischen und rheumatischen Fällen mit sehr gutem Erfolg des Krauts oder Strauchs Sergenä oder Ephedra monostachya, ... bedienen. Sie kochen fünf bis sechs Handvoll ... dieses Krauts mit einigen Pfund Wasser, vermischen dieses Kochsel ... mit Milch und etwas Butter, und trinken es warm, wodurch ... ein heftiger Schweiß erregt, und der Schmerz gemeiniglich gehoben wird. Nach einem neuern Bericht desselben sollen die an der Wolga wohnenden Russen eine gute Handvoll dieses Krauts zu einem Topf voll anzusetzenden Bieres, Meths oder starken Quasses thun, und solchergestalt ein Getränk erhalten, das ... eine so sonderbare Art von Trunkenheit macht, daß die Leute so lange singen und springen, bis sie vor Ermattung niederfallen. ... Die Mongolen bedienen sich des Kochsels von eben diesem Strauch, den sie Dserganä nennen, bey epileptischen Zufällen, und räuchern auch die Pferde damit." (Pallas 1781a, S. 163f.); „Le raisin de mer (d) qui donne de la fluidité au sang qui s'épaissit, qui appaise la soif, & procure une sueur abondante sans agiter sensiblement le sang, promet un des meilleurs remédes dans les rheumatismes & autres maladies de cette nature. ... |: (d) Ephedra monstachia [sic!]. Linn. Flora Sibirica. Part I. p. 173. [sic!] :|" (Lepechin 1787, S. 106); „EPHEDRA polygonoides. Tab. LXXXIII. EPHEDRA amentis oppositis pedunculatis. ... Gmelin. Flor. sib. I.

p. 171. tab. 38. fig. 1. Rossice Chwoinik jagodnoi (Хвойникъ ягодной [russ. *chvojnik jagodnoj*]); vulgo in Sibiria Stjepnaja malina (Стѣпная малина [russ. *stepnaja malina*]) i. e. Vitis id[a]ea desertorum; Astrachanens. Cosaccis Birutschyi Jagody (Бирючыи ягоды [russ. *birjučyi jagody*] i. e. Baccae lupi. Mongolis et Calmuccis Dshergana̍. Kirgiso-Tartaris Kysiltscha̍. ... Calmucci expressum parenchyma baccarum incoquunt et gelatinam (Sergana̍-chat) pro cupediis et remedio anticatharrhali servant. Iidem aeque ac Kirgiso-Tatari, decoctum herbae satis sapidem et sudorificum contra rheumaticos dolores cum fructu usurpant (Neue Nordische Beyträge III [sic!] Band). Mongoli hac herba et oleo betulino suffumigant equos ulcere narium laborantes; et cineres Kirgisi tabaco nasali immiscent. ..." (Pallas 1788, S. 87f.); „Endlich so gebrauchen sie [d. h. die Kamtschadalen/Itelmenen] ... um Schlaf zu erregen, den Samen vom Katzenschwanz (Ephedra)." (Finke 1792, S. 662); „a) Ephedra distachya. ... Deutsch. Die Seetraube mit doppelten Aehren, Meerträubel, Rossschwanz mit doppelten Kätzchen, Meerwegtritt, Meertritt. ... ein Strauch ohne Blätter, der die Höhe eines Mannes erreicht, ..." (Nemnich 1793, Sp. 1490f.); „b) Ephedra monostachya. ... Deutsch. Der Rossschwanz mit einfacher Aehre. ... Russ. Stepnaja malina. Kalmuck. Kirsik, Pärgea. Falk. Mongol. Dsergenä. Pallas Nord. Beytr. Kirgis. Kisiltscha. Die Kalmukken kochen aus den Beeren ein Mus, welches sie Sergena Chat nennen, theils wird es von ihnen gegessen, theils als Brustmittel gebraucht. – Der Absud der Pflanze ist bey den Kirgisen ein gewöhnliches Brustmittel." (a. a. O., Sp. 1491); „1. EPHEDRA polygonoides Pall. Fl. Ross. T. 1. P. 2. p. 87. T. 83. Ephedra monostachya et distachya Linn. ... die der Ritter Pallas als nicht genug verschieden in seiner Eph. polygonoides vereint Gm. Sib. 1. 171. T. 37. u. 38. Die Früchte haben in Gestalt und Farbe Aehnlichkeit mit Hindbeeren, ..." (Georgi 1797–1802, Theil 3, S. 1361f.); „1. EPHEDRA distachya. ... E. pedunculis oppositis: ... Sp. pl. 1472. Hort. cliff. 465. ... Polygonum bacciferum ... Bauh. pin. 15. ... Europäischer Meerträubel. W. ..." (Linné 1797–1830, Bd. IV, Teil 2, S. 858f.); „2. EPHEDRA monostachya. ... E. pedunculis pluribus: ... Sp. pl. 1472. Gmel. sib. 1. p. 171. t. 38. f. 1. ... Pall. ross. 2. p. 87. t. 83. E. saxatilis supina, ... Amm. ruth. 178. E. minima, ... Amm. ruth. 854. t. 26. β. E. monospermos. Amm. ruth. 255. t. 38. f. 2. ... Sibirischer Meerträubel. W. ..." (a. a. O., S. 859); „1692. EPHEDRA monostachya. ... Linn. ed. Willd. 4. p. 859. ... Gmel. sib. 1. p. 171. n. 25. t. 37. 38. ... E. polygonoides. Pall. ross. 2. p. 87. t. 83. E. minima, ... Amm. ruth. n. 254. t, 26. ..." (Marschall von Bieberstein 1808, S. 427f.); „1. EPHEDRA MONOSTACHYA. Linn. ... Linn. Willd. Spec. pl. IV. p. 859. ... Pallas Fl. ross. II. p. 87. t. LXXXV. ... M. a Bieb. Fl. taur. cauc. II. p. 427. No. 1962. ... Ephedra petiolis ... Gmel. Fl. sib. I. p. 171. No. 25. t. XXXVII. et XXXVIII. Ephedra minima, ... Amman. ruth. p. 176. No. 254. t. XXVI. ..." (Ledebour 1833, S. 300f.); „7. Ephedra vulgaris Rich. ... Inter E distachyam et E. monostachyam ***) nullos inveni characteres firmos ad illarum distinctionem. α. subtristachya: ... Tragus sive Uva marina. Joh. Bauh. hist. plant. Vol. I. P. 2. p. 406 ... Polygonum bacciferum maritimum minus. Casp. Bauh. Pinax p. 15; ... Polygonum marinum II, Meerweggras. Tabernaemontan. ... Ephedra maritima minor. Tournef. Instit. rei herb. App. 663; ... Ephedra. Linn. hort. Cliff. p. 465, ... E. distachya. Linn. spec. pl. (ed. 1) p. 1040; ... β media: ... E. monostachya β. Marsch a Bieb. fl. taur. cauc. II. p. 427, ... Omnino media inter E. distachyam et E. monostachyam. ... γ. submonostachya: ... Ephedra saxatilis supina, baccis coccineis. Messerschm. Ephedra minima, ... Amman. ruthen. p. 176. N°. 254 ... Ephedra petiolis saepe pluribus, ... Gmel. fl. sib. I p. 171 tab. XXVII fig. A! (ex Amman repetit.) ... E. monostachya. Linn. sp. pl. (ed. 1) p. 1040; ... E. polygonoides. Pall. fl. ross. II p. 87. (excl. syn. pl.) t. 83 ... Хвойникъ ягодной [russ. *chvojnik jagodnoj*] (Chwoinik jagodnoi) rossic. Степная малина [russ. *stepnaja malina*] (Stjepnaja malina, i. e. Rubus idaea desertorum) in Sibir. Бирючый ягоды [russ. *birjučyj jagody*] (Birutschyi jagody, i. e. Baccae lupi), Cosaccis astrachanens. Sergana, Calmucc. (Jährig), Kirsik et Pärgea (Falk). Kysiltscha, Kirgiso-tatar. (Falk). ..." (Meyer 1846, S. 80ff.); „2. E[phedra] vulgaris (RICHARD Conif. p. 26. t. 4. ...) ... β. media: ... E. monostachya: ... E. monostachya. L. Spec. 1472. ... PALL. Fl. ross. II, t. 83. [sic!] ... M. a BIEB. Fl. t. c. II, p. 427. ... LEDEB. Fl. alt. IV, p. 300. ... E. polygonoides. PALL. Fl. ross. II, p. 87 (ex parte – non L.). ... E. minima, ... AMMAN. ruth. p. 176, No. 254, t. 26. E. petiolis saepe pluribus, ... GMEL. Fl. sib. I, p. 171, t. 37, fig. A (excl. var. I et t. 37. f. B et

t. 38). ..." (Ledebour 1846–1851, S. 663f.); „4. E[phedra] monosperma (J. G. GMEL. ex AMM. ruth. p. 178, No. 255) ... E. monostachya β. WILLD. Spec. pl. IV, p. 859 (excl. ic. cit.) ... E. petiolis saepe pluribus, ... I. monosperma. GMEL. Fl. sib. I, p. 172, No. 25, t. 37, B? et 38. ..." (a. a. O., S. 664); „55. Ephedra monostachya L. s. Ephedra polygonoides Pall. (Gnetac.). Die Früchte der ährigen Meerträubel, welche schleimig sind, bilden in Sibirien ein nicht unwichtiges Nahrungs- und Arzneimitiel. Sie werden als Gallerte bei Catarrhen, sowie die ganze Pflanze in Abkochung als schweisstreibende Mittel bei Rheumatismus und Gicht angewendet. ..." (Demitsch 1889, S. 211f.); „255. Ephedra monospermos unico semine; an credam (Fl. sib. 1. 171. nr. 25. var. 1. Ephedra monostachya L. var. ...)." (C. von Linné in einem Brief an J. G. Gmelin vom 4. April 1744 – Plieninger 1861, S. 21); „17 Ephedras nullas novi, nisi unicam Horti cliffortiani (E. distachya L.), nec extant earum descriptiones aut figurae, quae possunt praebere differentias. Ephedera H. Cliff. gaudet vaginis geniculorum obtusis nigro ferrugineis. at Tua 17 gaudet vaginis acuminatis et exalbidus. Ephedra Hort. Cliff. habet pedunculos oppositos; singuli pedunculi ferunt duplicem spicam s. amentum, quale in Tuis speciminibus colore et structura iisdem. ex speciminibus a Te missis est 17 pedunculis itidem oppositis, sed singulis amentum unicum ferentibus; Tu evolvas Tua specimina, et observes numne interdum reperias amenta duo in singulo pedunculo; si hoc, habeas Tuam 17 pro varietate vulgaris, sin minus dici potest: Ephedra pedunculis oppositis, amentis solitariis (Fl. sib. 171. nr. 25. E. monostachya L. ...). 18. Ephedra Tua minor baccis monospermis videtur ex facie cum praecedente convenire, ejusque esse solam varietatem, sed observo in hac ternos pedunculos e regione ad genicula caulis; si hoc constans, dicatur. Ephedra pedunculis ternis, amentis solitariis. at quod ad hanc speciem attinet, ego non capio quod sit monosperma; et vereor quod hoc unicum semen abortiat, proinde evolvas flore femineos et videas num ne illi duobus instruantur pistillis seu stylis, quod uti necesse faciant, ita et numerus naturalis erit dispermos (Fl. sib. I. 172. nr. 25. I. E. monostachya var. L.)." (C. von Linné in einem undatierten Brief an J. G. Gmelin – Plieninger 1861, S. 67); „Ephedra (cf. Fl. sib. I. 171. 172. nr. 25. E. monostachia L. polygonoides Pall. et monosperma Meyer.). Eadem cum ea in Enum. helv. quae mihi in sabulosis Valesiae provenit (Syn. Halleri est E. distachya L. ...)." (A. von Haller in einem undatierten Brief an J. G. Gmelin – Plieninger 1861, S. 148); Ephedra (monostachya) vulgaris Rich. – russ. *stepnaja malina* bzw. *chvojnik* (*Annenkov* 1858, S. 40, Nr. 431); „Ephēdra L. (Taxeae). Zus aus ἐπι (einst) und ἕδρα (Sitz); kommt an Felsen klimmend vor." (Wittstein 1852, S. 325); „Trāgus WALL. (Gramineae). Von τραγος (Bock). = Lappago Schreb." (a. a. O., S. 889)

lat. „Ephedra", russ. „степная малина [russ. *stepnaja malina*]" (J. G. Gmelin in: AAW F. 21, Op. 5, D. 73, Bl. 295v); „355 Ephedra maritima minor Inst. r. h. 663." (AAW R. I, Op. 6, D. 40, Bl. 38r, s. Anm. 1 in Nr. 1); „Ephedra maritima minor. I. R. H. ... Dedi superiori anno hujus et figuram et descriptionem sub nomine Chamaemori Juncei aphylli; ..." (AAW F. 21, Op. 5, D. 98, Bl. 35v, s. Anm. 54 in Nr. 17); „Ephedra maritima minor C. B. P. ..." (AAW R. I, Op. 68, D. 2, Bl. 8v, s. Anm. 62 in Nr. 22); „439. Ephedra maritima minor. ..." (AAW R. I, Op. 13, D. 19, Bl. 17v, s. Anm. 54 in Nr. 17); „532 Ephedra maritima minor T. i. r. h. ..." (AAW R. I, Op. 104, D. 25, Bl. 38r, s. Anm. 61 in Nr. 21); „Ephedra Saxatilis Supina, baccis coccineis." (AAW R. I, Op. 15, D. 14, Bl. 5r, s. Anm. 75 in Nr. 101); „24. Juli 1722 ... Von Kräutern fand ich hieselbst am Gebürge Ephedram saxatilem supinam, baccis coccineis (an Tournefort. Sp. ..); ..." (Messerschmidt 1962–1977, Bd. 1, S. 277f.); s. Anhang B.5. Nr. 12 sowie B.6.8, B.6.9. und B.6.20.

10 „EQUISETUM. ... teutsch, Schaftheu, Schachtelhalm, ... es giebet dessen zweyerley Gattungen. Die eine wird genannt Equisetum majus aquaticum, J. B. Pit. Tournefort. ... Die treibet Stengel von anderthalben bis auf zwey Schuhe hoch; dieselbigen sind rund und rauch, hol, bestehen aus vielen Röhrlein, deren immer eine in das andere gestecket ist, und in gemessener Weise Knoten geben, aus denen Blätter entspriessen, die aus vielen Röhrlein bestehen, welche Gliederweise und mit den Enden zusammen gestossen sind. ..." (Lémery 1721, Sp. 430f.)

11 „LUPULUS. ... teutsch Hopfen, ... Es giebet seiner zweyerley Arten: ... Die erste heisset: ... Lupulus mas, C. B. Pit. Tournef. ... Die Blüten hangen als wie Trauben dran, sind klein, weiß, bleich

oder grasgrüne. Eine iede bestehet aus sehr vielen Fäslein, die mitten in dem Kelche wachsen, der aus Blättern bestehet, welche als wie Rosen geordnet sind. ..." (Lémery 1721, Sp. 664f.)

12 „granulosus, körnig, von körniger Substanz, aus Körnchen zusammengesetzt, ..." (Bischoff 1857, S. 71)

13 „GLYZYRRHIZA, dulcis radix, ... Süßholtz, Lakritzen=Holtz, Lakritzen=Wurtzel. Germ. ... Die Wurtzel des Süß= oder Lacritzen=Holtzes ist in den Apothecken sehr gebräuchlich, ... Es hat die Krafft abzuwischen, zu reinigen, zu lindern, ... Am allermeisten ist sie vor die Lunge und Nieren ein vortreffliches Mittel, ... Im Husten, Heiserkeit, angegriffener Blase, schneidenden Harn, Sodbrennen, und auch Bluth harnen thut es gute Dienste. ..." (Weinmann 1742, S. 50ff.); „S. 40. Glycyrrhiza, das süsse Holz ist die Wurzel: ... Man lässet jährlich an der Wolga viel 100 Pud graben, und dann macht man in der Astrachanischen Apothek den Succum glycyrrhizae, so viel, als für ganz Rußland nöthig ist." (Lerche 1763, S. 536); „die ganze Strecke nahm ... die Süßholzwurzel a) ein. Dieser kleine Strauch schaft viel armen Leuten Nahrung, welche im Frühjahr die Wurzeln ausgraben, ... und ... verkaufen, ... |: a) Glycirrhiza officinalis. :|" (Lepechin 1774, S. 235); „Wider Husten trinken sie [d. h. die Kalmyken] den Absud von einem gelben Steppenmoos und von Süßholzwurzeln (Glyzirrhyza)." (Falk 1786a, S. 567); „GLYCYRRHIZA. ... Dulcis radix; Liquiritia. Deutsch. Süssholz; Lackrizen. ... Russ. Dubez solotkoi (d. i. Süsseiche). ... Kalmuk. Schiker boja, Bugangina yasur, Tatle tamar. Kirgis. Kutle, Bja tamer. Buchar. Tschuschu mya. ... Eine bekannnte Hülsenpflanze, wovon es mehrere Arten (nach Einigen blos Varietäten) giebt; die gemeine Art (Gl. glabra) hat glatte Hülsen; die Wurzel ist süss, und in den Apotheken u. d. N. Süssholz (Dulcis radix) bekannt; es wird auch aus derselben ein verdickter Saft gezogen, der u. d. N. Lakrizensaft (Succus liquoritiae), so wie die Wurzel, als ein vorzügliches Brustmittel verordnet wird. – Die Hülsen sind der übliche Thee der Kalmucken und Kirgisen, sie nennen ihn Age tschai, ..." (Nemnich 1794, Sp. 58); russ. *solodkij dubec*, *solodkij koren'*, *solodka* bzw. *lakrica* – Glycirrhiza glabra (*Slovar'* 2002, 133); Glycirrhiza asperrima L. – russ. *kalmyckij čaj* (*Annenkov* 1858, S. 47, Nr. 522); Glycirrhiza glabra L. – russ. *solodka* bzw. *solodkovyj koren'* (a. a. O., S. 47, Nr. 523); „Glyzirrhīza L. (Papilionaceae). Zus. aus γλυκος (süss) u. ῥιζα Wurzel); die Wurzel schmeckt süss." (Wittstein 1852, S. 393)

„99. Glycirrhiza vulgaris." (AAW R. I, Op. 15, D. 1, Bl. 11r, s. Anm. 24 in Nr. 64); „56.) Rad. Glycirrhizae, qvae radix Scythica vulgò. Tournef. Sp. 1. ..." (AAW F. 98, Op. 1, D. 21, Bl. 147v, s. Anm. 59 in Nr. 19)

14 „1. SALICORNIA. DOD. pempt. 82. Salicornia geniculata annua, Tournef. cor. 51. Kali geniculatum majus. Bauh. pin. 289. ..." (Linné 1737, S. 490); „2. SALICORNIA herbacea LINN. act. Stockh. 1741. p. 180. Suec. 1. Salicornia patula articulis apice compressis emarginato bifidis, LINN. Sp. pl. 1. p. 5. n. 1. Salicornia DOD. pempt. 82. LINN. h. Cliff. 490. Kali geniculatum maius annuum B. pin. 289. Salicornia geniculata annua TOVRN. I. R. H. cor. 51. j Salicornia ramosa rubra STELL. Irc. n. 1144. jj Eadem fruticosa. Tab. I. fig. 1. ..." (Gmelin 1747–1769, Bd. III, S. 8ff.); „2. Salicornia herbacea [=] Salicornia herbacea L.! [;] Eadem fruticosa. t. I. f. 1. [=] Halocnemum strobilaceum M. a Bieb.! (Salicornia fruticosa L.? – Willd. sp. pl. I. 24.)" (Ledebour 1841, S. 84); „49. Salicornia, Salzkraut. Salicornia geniculata semperuirens Turn. cor. 15. ... Salicornia fruticosa Lin. sp. 3." (Carl 1770, S. 292); „Das gemeinste Kraut ist hier die gewöhnliche Salicornia herbacea. (*) welche in gewürzten Eßig gelegt auf englischen Tafeln zu einem angenehmen Salat gebraucht wird." (Pallas 1771, S. 244); „89. SALICORNIA herbacea Tab. A. fig. I. ..." (a. a. O., S. 479f.); „... grasigte Salikornia g), ... |: g) Salicornia herbacea. :|" (Lepechin 1774, S. 254); „[Salicornia] herbacea, ... krautartiger Glasschmelz, ... Seekrappe; ... benutzen sie die Leute, welche an den Seeküsten wohnen, um ihre Asche zum Glasmachen und zur Seife zu gebrauchen; ... In Spanien bereitet man daraus die sogenannte Sode, oder die spanische Pottasche, ein feuervestes in der Scheidekunst und Apothekerkunst vornemlich bekanntes Laugensalz, ... Dieses Gewächs heißt bey ... Tournefort: Salicornia geniculata annua; ..." (Gmelin 1776, Sp. 90ff.); „Salicornia fruticosa, ... staudiger Glasschmelz, ... knotiger immergrüner Glasschmelz; ... Er heißt bey ... Tournefort: Salicornia geniculata sempervirens; ..." (a. a. O.,

Sp. 92f.); „1.) Krautartiges Glasschmalz. Salicornia herbacea. ... Salicornia herbacea patula, articulis apice compressis, emarginato-bifidis. LINN. ... Sp. pl. 5. ... Salicornia. Hort. Cliff. 490. ... DOD. pempt. 82. ... Salicornia geniculata annua. TOURNEF. Inst. Cor. 51. t. 485. ...“ (Linné 1779, S. 41f.); „2.) Strauchartiges Glasschmalz. ... Salicornia caule erecto, fruticoso. LINN. ... Sp. pl. 5. ... Kali geniculatum maius. C. BAUH. pin. 289. ...“ (a. a. O., S. 42f.); „1. Salicornia herbacea. Lin. Syst. Plant. Vol. I. p. 8. Sp. 1. ... Kirgis. Sorokisch Tschup, d. i. Roth Salpeterkraut. ...“ (Falk 1786, S. 93); „1. SALICORNIA herbacea, L. ... Krautartiges Glasschmalz, W. Tat. Sorokisch Tschup. ... Ihre Asche ist reich an Kochsalz, aber sehr arm an Natrum.“ (Georgi 1797–1802, Theil 3, S. 639); „3. SALICORNIA fruticosa, L. ... Strauchendes Glasschmalz, W. Gm. Fl. Sib. 3. T. 1. ...“ (a. a. O., S. 640); „6. SALICORNIA strobilacea, Willd. I. p. 25. Sp. 4. ... Zapfenartiges Glasschmalz. ...“ (a. a. O., S. 640); „1. SALICORNIA herbacea. ... S. herbacea, patula, ... Gmel. sib. 3. p. 8. ... Salicornia. Hort. cliff. 490. ... Dod. pempt. 82. Kali geniculatum s. Salicornia. Bauh. hist. 3. p. 705. n. 1. 2. 3. ... Krautartiges Glasschmalz. W. ...“ (Linné 1797–1830, Bd. I, Teil 1, S. 23f.); „*4. SALICORNIA strobilacea ... Salicornia arboracea sive geniculis. Buxb. cent. 1. p. 6. t. 10. f. 2. Zapfenartiges Glasschmalz. W. ...“ (a. a. O., S. 25); „3. SALICORNIA fruticosa. ... S. caule erecto ... Gmel. sib. 3. p. 8. t. 1. f. 1? ... Kali geniculatum majus. Bauh. pin. 289. Strauchartiges Glasschmelz. W. ...“ (a. a. O., S. 24); „Tab. X. ... Fig. II. Salicornia arborescens sine geniculis. ...“ (Buxbaum 1728, S. 6); „1. SALICORNIA herbacea. ... Linn. ed. Willd. 1. p. 25. ... Gmel. sib. 3. p. 8. n. 2. ...“ (Marschall von Bieberstein 1808a, S. 1f.); „2. SALICORNIA strobilacea. ... Linn. ed. Willd. 1. p. 25. ... Gmel. sib. 3. p. 8. n. 2. II. t. 1. f. 1. S. arborescens sine geniculis. Buxb. cent. I. p. 6. t.10. f. 2. ...“ (a. a. O., S. 2); „1. SALICORNIA herbacea. ... S. perennans. Linn. ed. Willd. 1. p. 24. ...“ (Marschall von Bieberstein 1819, S. 1f.); „2. HALOCNEMUM strobilaceum. ... Salicornia strobilacea. Flor. taur. cauc. n. 2. (cum synonym.) ...“ (a. a. O., S. 3); „1) SALICORNIA HERBACEA Linn. ... M. a Bieb. Fl. taur. cauc. I. p. 1. III. p. 1. (excl. varr. β et γ) ... Salicornia No. 2. Gmel. Fl. sib. III. p. 8. (excl. varr. II. et ic.)“ (Ledebour 1829, S. 2f.); „1) HALOCNEMUM STROBILACEUM M. a Bieb. (M.) ... M. a Bieb. Fl. taur. cauc. III. p. 3. ... Salicornia strobilacea. ... M. a Bieb. Fl. taur. cauc. I. p. 2. ... Salicornia Gmel. Fl. sib. III. p. 8. No. 2. varr. II. t. I. f. 1. S. arborescens sine geniculis. Buxb. cent. I. p. 6. t. X. f. 2. ...“ (a. a. O., S. 6); „1. S[alicornia] herbacea (L. Spec. p. 5) ... GMEL. Fl. sib. III, p. 8, No. 2 (excl. var. II. et ic. ad Halocnemum strobilaceum spect.). ... M. a BIEB. Fl. t. c. I, p. 1; III, p. 1. ... LEDEB. Fl. alt. I, p. 2. ...“ (Ledebour 1846–1851, S. 767ff.); „2. H[alocnemum] strobilaceum (M. a BIEB. Fl. t. c. III, p. 3) ... LEDEB. alt. I, p. 6. ... Salicornia strobilacea ... M. a BIEB. Fl. t. c. I, p. 2. Salicornia herbacea. GMEL. Fl. sib. III, p. 8, No. 2, var. II, t. 1, f. 1. Salicornia arborescens ... BUXB. Cent. I, p. 6. t. X, f. 1. ...“ (a. a. O., S. 773); „2. Salicornia fruticosa (Est Fl. sib. III. 8. nr. 2. var. II. ‚fruticosa.‘ S. strobilacea W. Halicnemum strobilaceum M. a Bieb.) vix specie diversa ab annua (S. herbacea L. Fl. sib. loc. cit. var. I.).“ (C. von Linné in einem Brief an J. G. Gmelin vom 24. August 1748 – Plieninger 1861, S. 87f.); „Salicornia omnino (Fl. sib. Sal unam refert III. 8. nr. 2. ubi S. herbaceam L., fruticosam L. vel Halocnemum strobilaceum M. a B. Cel. Ledeb. conjunctas videt. ...).“ (A. von Haller in einem undatierten Brief an J. G. Gmelin – Plieninger 1861, S. 148); Salicornia – russ. *sol'nik* (*Annenkov* 1858, S. 82, Nr. 963); „Salicōrnia T. (Chenopodeae). Von salicot oder salicor, dem alten Namen dieser Pflanze in Languedok; es hat als Stammwort sal (Salz). die Pflanze ist nämlich sehr salzreich. Die letzten Sylben lassen sich auch von cornu (Horn) ableiten, denn die Zweige stehen spitz hervor wie Hörner.“ (Wittstein 1852, S. 780); „Halōcnemum BIEBERST. (Chenopodeae). Zus. aus ἅλς (Salz) u. κνημη (Bein), d. h. eine Pflanze mit salzreichem Stängel.“ (a. a. O., S. 416)

„100 Salicornia geniculata annua I. R. H. ...“ (AAW R. I, Op. 13, D. 42, Bl. 13r, s. Anm. 1 in Nr. 1); s. Anhang B.5. Nr. 19

15 s. Tournefort 1700, S. 562 (Genus V. „Agaricus. Agaric.“); „9. Agarico Fungus ligeneus, superficie scrobiculis excavata prominentys tubulosis caule duplici crasso lato, superius & inferius in unum coalito Fl. Irc. n.° 1145“ (AAW R. I, Op. 13, D. 67, Bl. 4v, s. Anm. 5 in Nr. 4)

16 „Lentibularia, vide Meon aquaticum." (Gesner 1587, S. 85); „Meon aquaticum circa lacum felium, folia enim vt Meon Beerwurtz exilia & similiter diuisa habet, ..." (a. a. O., S. 90); die Abbildung „Lentibularia" auf Tafel 79 (Rivinus 1690); „Lentibularia Gesneri & Rivini Millefolium aquaticum, lenticulatum C. B. P. 141. Foeniculum aquaticum, galericulatum Tabernaemontani. ..." (Rupp 1726, S. 192); „Von dem Namen des Wasserfenchel. ... V. Das fünffte Geschlecht/ heisset bey den Kräutlern Foeniculum aquaticum galericulatum, und Millefolium aquaticum galericulatum. ... Und zu Teutsch/ Wasserhelmkraut genandt. ..." (Tabernaemontanus 1731, S. 188f.); „1. LENTIBULARIA RIVIN. T. 78. ... Foeniculum aquaticum galericulatum TAB. Teut. p. 189. ... Millefolium aquaticum lenticulatum C. B. Bas. p. 43. ... Utricularia GESN. RIVINI. RUPP. p. 192. Utricularia nectario conico LINN. Lap. n. 14. ..." (Haller 1742, S. 612); „LENTIBULARIA Rivini. Millefolium aquaticum lenticulatum. C. B. P. 141. Foeniculum aquaticum galericulatum Tabernaemontani. ... Wasser=Fenchel mit gelben Blumen, Linsen=Kraut, Wasser=Helm=Kraut. ... Den Nahmen Lentibularia, Wasser=Linsen=Kraut, hat Gesner dieser Pflantze wegen der häuffigen Linsenförmigen Blasen beygeleget, als wodurch sie auf dem Wasser schwimmt. ..." (Weinmann 1742, S. 245f.); „Lentibularia, ist ... die Benennung, unter welcher Rivin den gemeinen Wasserschlauch versteht. [Lenticularia] & meou [sic!] aquaticum; major; vulgaris; bedeutet bey Gesnern, Vaillant und Tournefort eben diesen." (Gmelin 1773a, Sp. 404); „[Utricularia] vulgaris, ... gemeiner Wasserschlauch, ... Man hat zwo Spielarten, ..." (Gmelin 1777, Sp. 385); „3.) Gemeiner Wasserschlauch. Utricularia vulgaris. ... Utricularia nectario conico; scapo paucifloro. LINN. ... Sp. pl. 26. Fl. Lapp. 14. Millefolim aquaticum, lenticulatum. C. BAUH. pin. 141. Lentibularia. RIVIN. Monop. 78. ... HALL. Helv. 612. ..." (Linné 1779, S. 115f.); „Utricularia vulgaris. Lentibularia; Millefolium aquaticum lenticulatum; Millefol. flore luteo galericulato. Deutsch. Der Wasserschlauch; Wassergarbe, Wasserfenchel, Helmkraut, Leichenkraut. ... wächst in stehenden Wassern; ... das Kraut wird von keinem Vieh gefressen." (Nemnich 1795, Sp. 1535f.); „3. UTRICVLARIA vulgaris. U. nectario conico, ... Flor. lapp. 14. ... Lentibularia RIV. mon. 78. ... Millefolium aquaticum lenticulatum. Bauh. pin. 141. ... Gemeiner Wasserschlauch. W." (Linné 1797–1830, Bd. I, Teil 1, S. 112); „1) UTRICULARIA VULGARIS L. ... Linn. Fl. Suec. No. 28. ..." (Ledebour 1829, S. 17); „1. U[tricularia] vulgaris (L. SP. 26) ... LEDEB. Fl. alt. I., p. 17. ..." (Ledebour 1846–1851, S. 1f.); „Lentibulāria GESN. (Lentibularieae). Zus aus lens (Linse) und tubulus (Röhre), in Bezug auf die häutigen rundlichen Schläuche an den Wurzeln." (Wittstein 1852, S. 509)

„... ich fande eine) See so gantz mit Lentibularia uber u. uber bewachse) war u. sehr schön anzuseh) war ..." (G. W. Steller am 2. Juli 1740 in: Hintzsche 2000, S. 118); „Utriculāria L. (Lentibularieae). Von utriculus, Dimin. von uter (Schlauch), in Bezug auf die blasigen Anhänge der Wurzeln." (a. a. O., S. 915); „533. Lentibularia Gesneri & rivini ..." (AAW R. I, Op. 104, D. 25, Bl. 38r, s. Anm. 61 in Nr. 21); „Lentibularia major Petiv. Herb. Brit. Tab. 36. fig. 11 Vaillant. Stud. Krascheninnikow ..." (AAW F. 21, Op. 5, D. 98, Bl. 13v, s. Anm. 54 in Nr. 17); „897. Lentibularia major Petiv. Herb. Brit. Tab. 36. Fig. 11. ..." (AAW R. I, Op. 105, D. 1, Bl. 70v, s. Anm. 29 in Nr. 5); „898. Lentibularia minor Petiv. Herb. Herb. Brit. Tab. 36. Fig. 12." (a. a. O., Bl. 70v); „1. Lentibularia major Pet. Herb. Brit. Tab. 36. Fig. 11. ... 2. Lentibularia minor Petiv. Herb. Brit. Tab. 36. Fig. 12. Ind. Jen. n.° 898. ..." (AAW R. I, Op. 13, D. 67, Bl. 57v, s. Anm. 5 in Nr. 4); „20. Juni 1724 ... Hiezunebst brachte er mir auch eine quantité Lentibularia Gesneri; ..." (Messerschmidt 1962–1977, Bd. 3, S. 59f.)

17 muß wie in der 2. Textversion (s. Anm. 1 in A.) heißen: „trisulca"

18 „III. Lenticula aquatica trisulca. ..." (Bauhin 1623, S. 362); „4. LEMNA foliis petiolatis. Fl. lapp. 470. Lenticula aquatica trisulca. Bauh. pin. 362. Bauh. hist. 3. 786. ..." (Linné 1737, S. 477); „LENTICULA AQUATICA TRISULCA. Wasser=Grütze. ... Wasser=Grütze oder Wasser=Epheu, indem die drey sehr zart aneinander hangende Blätter diesen letzteren fast gleichen. Weil diese drey Blätter ... dreygespalten aneinander stehen, haben die Alten es die Wasser=Dreyfaltigkeit genennet." (Weinmann 1742, S. 247); „Lenticula aquatica trisulca; bedeutet bey C. Bauhin die Wasserlinse mit drey Furchen." (Gmelin 1773a, Sp. 405); „Lemna, Wasserlinse, Entengrün, ...

aus ihren Wurzeln, ... kann man Garn spinnen, das dem leinenen gleich kommt; ehmals sind sie ... als ein zertheilendes, auflösendes Mittel, gebraucht worden. [Lemna] trisulca, ... Wasserlinse mit drey Furchen, ..." (a. a. O., Sp. 401); „1) Grosser Entengrün. Lemna trisulca. ... Lemna foliis petiolatis lanceolatis. LINN. ... Sp. Pl. p. 1376. Fl. lapp. 470. ... Hort. Cliff. 417 [sic!] ... Lenticula aquatica trisulca. C. BAUH. pin. 362. ... Im deutschen sind die Benennungen grosse Wasserlinsen, dreyspitzige Wasserlinsen und Wasserewig, die bekanntesten. ... Die Enten finden daran eine sehr angenehme Speise. ..." (Linné 1786, S. 309f.); „LEMNA. ... Deutsch. Die Teichlinse, Wasserlinse; Das Entengrün, Entengrütze, Entenflot, Entenlinse; Seelinse, Meerlinse; Wasserblüthe. ... Russ. Riäska. ... sie sollen in der Medizin einigen Nutzen haben: ... Die Lemna trisulca ist von Lobel Hederula aquatica genannt worden." (Nemnich 1794, Sp. 360f.); „1. LEMNA trisulca ... Dreyfurchige Lemna. ... In Klein=Polen nutzt man sie zu Schweinefutter." (Georgi 1797–1802, Theil 3, S. 1277); „1. LEMNA trisulca. ... L. foliis petiolatis ... Hort. cliff. 417. [sic!] ... Lenticula aquatica trisulca. Bauh. pin. 362. Hederula aquatica. Lob. ic. 2. p. 36. ... Grosses Entengrün. W. ..." (Linné 1797–1830, Bd. IV, Teil 1, S. 193f.); „1866. LEMNA trisulca. ... Linn. ed. Willd. 4. p.193. ..." (Marschall von Bieberstein 1808, S. 378); „2) LEMNA TRISULCA Linn. ... M. a BIEB. Fl. taur. cauc. II. p. 378. ..." (Ledebour 1829, S. 43f.); „2. L[emna] trisulca (L. Spec. 1376) ... M. a BIEB. Fl. t. c. II, p. 378. ... LEDEB. Fl. alt. I, p. 43. ..." (Ledebour 1833, S. 17); Lemna minor L. et trisulca L. – russ. *rjaska* (*Annenkov* 1858, S. 54, Nr. 622); „Lēmna L. (Potamogetoneae). Von λιμνη (Sumpf); wächst in sumpfigem Wasser." (Wittstein 1852, S. 509); „Lentīcula (Papilionaceae). Dimin. von lens (Linse); ... Lentīcula MICH. (Potamogetoneae). Wie vorige Gattung, aber in Bezug auf die kleinen linsenförmigen Blätter. = Lemna L." (a. a. O., S. 509)

„152. Lenticula aquatica trisulca C. B. P. 362. ..." (AAW R. I, Op. 105, D. 1^{a}, Bll. 10v–11r, s. Anm. 29 in Nr. 5); „2. Lenticula aquatica trisulca C. B. P. 362. Ind. Jen. n.° 152. ... Lemna folys petiolatis Linn. Lapp. 470. ..." (AAW R. I, Op. 13, D. 67, Bl. 12r, s. Anm. 5 in Nr. 4); „534. Lenticula aquatica trisulca C. B. ..." (AAW R. I, Op. 104, D. 25, Bl. 38r, s. Anm. 61 in Nr. 21)

19 „9. Stellaria aquatica, ..." (Ray 1703, S. 93); „Stellaria aquatica Raji in Meth. emend. p. 93. Stellaria aquatica Lobel. icon. Foeniculum aquaticum, stellatum Tabern. ..." (Rupp 1726, S. 43f.); „2. CORISPERMUM foliis oppositis. Fl. lapp. 2. Stellaria aquatica. Bauh. pin. 141. Raj. hist. 1223. ... Alsine aquatica innatans, ... Bauh. hist. 3. p. 786. ..." (Linné 1737, S. 3); „4. CALLITRICHE foliis oppositis, oblongis, fructibus integris. Stellaria aquatica, LOB. ic. p. 792. Alsine aquis innatans foliis longiusculis, I. B. III. 786. Corispermum foliis oppositis, LINN. Lapp. 2. h. Cliff. 3. Corispermum foliis superioribus oualibus, floribus androgynis, LINN. flor. Suec. 3. El. Sp. pl. 1. p. 6. n. 1. Stellaria foliis ad caulem angustis, in summmitate subrotundis, HALL. Helv. p. 198. ..." (Gmelin 1747–1769, Bd. III, S. 13); „4. Callitriche foliis oppositis oblongis, fructibus integris [=] Callitriche verna L.!" (Ledebour 1841, S. 84); „[Callitriche] verna, ... Frühlingswasserstern, ... sie blüht im Frühling in Europa in Wassergräben." (Gmelin 1772, Sp. 403); „1.) Frühlings=Wasserstern. Callitriche verna. ... Callitriche foliis superioribus ovalibus; floribus androgynis. LINN. ... Sp. pl. 6. ... Corispermum foliis oppositis. Fl. Lapp. 2. ... Stellaria aquatica. C. BAUH. pin. 141. ... Alsine aquae innatans. ... J. BAUH. hist. 3. p. 786. ..." (Linné 1779, S. 49); „b) Callitriche verna. ... Deutsch. Der Frühlings=Wasserstern, der Wasserstern, das Sternkraut, die Sternblume; die Wasserlinse. ... Russ. Kaldunowa trawa. ... Den griechischen Namen Kallitriche (Schönhaar) führt sie wegen ihrer feinen Haarwurzeln. ..." (Nemnich 1793a, Sp. 761); „1. CALLITRICHE verna. ... C. foliis oppositis ... Gmel. sib. 3. p. 13. n. 4. ... Stellaria aquatica. Bauh. pin. 141. ... Frühlings Wasserstern. W. ..." (Linné 1797–1830, Bd. I, Teil 1, S. 28f.); „6*. CALLITRICHE pallens. ... α. Foliis breuioribus, ... C. (verna) ... Linn. ed. Willd. 1. p. 28. ..." (Marschall von Bieberstein 1819, S. 6f.); „1) CALLITRICHE VERNA Linn. ... C. pallens ... M. a Bieb. Fl. taur. cauc. III. p. 6. No. 6*. Callitriche foliis oppositis, ... Gmel. Fl. sib. III. p. 13. No. 4. α. foliis omnibus obovatis, ... C. verna Lin. Willd. Sp. pl. 1. . 28. ..." (Ledebour 1829, S. 8f.); „4. C[allitriche] hamulata ... C. verna. L. SP. 2. ... LEDEB. Fl. alt. I, p. 8. ... C. foliis oppositis, GMEL. Fl. sib. III, p. 13. Nr. 4. ..." (Ledebour 1844–1846, S. 121f.); Callitriche L. – russ. *zvezdoplavka*, *bolotnik* bzw. *rosa kamennaja* (*Annenkov* 1858, S. 25, Nr. 237); „Callītriche L. (Onagreae). Zus. aus

καλλος (Schönheit) u. δριξ (Haar); die kleinen zarten Blüthen geben der auf dem Wasser schwimmenden Pflanze, in Masse betrachtet, das Ansehen eines grünen Haarschopfs. Plinius bezeichnet mit Callitrichum eine Pflanze, welche den Haaren eine schöne Farbe geben sollte, verstand aber darunter unser Adiantum Capillus Veneris.“ (Wittstein 1852, S. 142); „Stellāria DILL. (Onagreae). Von stella (Stern), die Blätter bilden einen Stern.“ (a. a. O., S. 840)
„744. Corispermum foliis oppositis. Linn. Flor. 2. h. Cliff. 3. Stellaria aquatica Bauh. Pin. 141.“ AAW R. I, Op. 13, D. 20, Bl. 69r, s. Anm. 1 in Nr. 1)

20 „II. ULVA. ...“ (Ray 1724, S. 62ff.); „Vlua an pruniformis L.? R. Wodenoje Maslo (Wasserbutter). α. Var. alba. ... β. Viridis. Tunica obscure-viridis, crassior. Cetera in alba. ... Die grüne wird im Olchonschen Kanal in der Blochina Bucht ziemlich häufig ausgeworffen. ...“ (Georgi 1775, S. 240f.); „In einigen stinkenden Pfühlen *) findet man die runde, grüne Wassergallert (Ulva pomiformis) häufig, welche man unter dem Namen Wasserbutter sammelt, und zu Vertreibung der Geschwulst an Augen, Füssen u. dergl. in Siberien als ein wohlbekanntes Hausmittel gebraucht. Ene andere braune gelbliche Wassergallerte, ... wird in gleicher Absicht gebraucht. ...“ (Finke 1792, S. 566); „4. ULVA pruniformis ... Pflaumenförmige Ulva. R. Wodenoi Masla (Wasserbutter). ... an der Angara, auch auf Kamtschatka. ... Man findet sie weißlich und grünlich, von Größe einer Kirsche bis eines Hühnereyes und darüber.“ (Georgi 1797–1802, Theil 3, S. 1431); „1. Nostoc. ... war ich überrascht, den Boden eines Teiches ... mit schmutziggrünen, gallertartigen, durchscheinenden, erbsgrossen bis nussgrossen Schleimkugeln, von ziemlich fester ... Konsistenz dicht bedeckt zu finden. ... Nach der Bestimmung des Hrn. Akad. Ruprecht ist es die gewöhnliche Wasserpflanze Europa's, Nostoc pruniforme Ag. Sie kommt, wie ich in Georgi finde[1]), auch im Baikal vor, und wird dort See-Butter (Wodjänoje-Mas'lo) genannt; auch aus Kamtschatka gebracht, habe ich sie gesehen[2]). ... Gleich dem Nostoc edule der Chinesen dürfte allerdings der Pflanzenschleim aus dem sie besteht, zur menschlichen Nahrung geeignet sein, ... |: 1) Georgi, Reise I, p. 241. :|“ (Middendorff 1867, Anhang Nr. V, S. XLIf.); „Watt. Ulva. LINN. Gen. Plant. p. 1206. ... Die wesentlichen Kennzeichen dieser Gattung bestehen in einer durchsichtigen entweder flach ausgebreiteten, verschiedentlich gefalteten, auch oft eingeschnittenen, oder in Röhren, auch ganz umschlossenen Blasen, geformten Haut, von Substanz und Gewebe wie Watt, in der die Fructificationen befindlich sind. ...“ (Linné 1786, S. 379ff.); „In Sibirien gebraucht man gegen Oedem der Augenlider, der Flüsse etc. Ulua proniformis (Wassergallert). Eben so eine eiförmige Ulua, welche in feuchten Tannenwäldern an gefallenen Bäumen wächst und eine dunkelbraune Farbe hat.“ (Krebel 1858, S. 162); „Nōstoc VAILL. (Nostochinae). Von νοστις, νοτις (Feuchtigkeit, Wasser), in Bezug auf das Vorkommen und die Beschaffenheit dieser Algen.“ (Wittstein 1852, S. 619); „Ūlva L. (Ulvaceae). Vom celtischen ul (Wasser), wovon uligo, uliginosus (nass); diese Pflanzen kommen nur im Wasser oder an feuchten Orten vor.“ (a. a. O., S. 912); „... wodenaja Masla soll auch am Jenisei in oseren seyn, ...“ (G. W. Steller im Reisejournal von 1739 in: Hintzsche 2009, S. 9)
„Oleum secundum vocatur wodenaja Masla, deq) hoc traditur piscatores circa oppidum Cosmi et Damiani [russ. *Koz'modem'jansk*], item circa Werchoturiam [russ. *Verchotur'e*] et Tobolsky [russ. *Tobol'sk*] urbem, retibus piscatoriis e lacubus simul expiscari, forma externa, figurae ovalis vesicam esse, flavo intus oleo repletam, hocq) contingere solere mense Julio et Augosto, sanari perhibent inunctione hujus olei inflammationes oculorum, tumoresq) pedum oedematosos, nullibi autem locorum, ut solerter scisscitabar obtinere potui, hinc saltim indicata traditione rei, aliis inquirendi ulterius ansam suppeditare volui.“ mit der links marginalen Anm. „во[д]еное масло [russ. *vodenoe maslo*]“ (AAW R. I, Op. 104, D. 18, Bl. 2v, s. Anm. 20 in Nr. 632); „535 Ulva Raii ...“ (AAW R. I, Op. 104, D. 25, Bl. 38r, s. Anm. 61 in Nr. 21)

21 russ. *ozernoe maslo*

22 in der 2. Textversion (s. Anm. 1 in A.) fehlt „varissimis“

23 s. Nr. 767 und Nr. 1236

24 „9. CHENOPODIUM STRAMONII FOLIO. Dans l'herbier de Mr. Tournefort cette plante y est nommée Chenopodium Pes Anserinus II. ..." (Vaillant 1727, S. 36); „1. CHENOPODIUM folis triangulari-sagittatis, margine integerrimis. ..." (Linné 1737, S. 84); „56. CHENOPODIVM foliis cordatis, angulato acuminatis, racemis ramosis nudis, LINN. Suec. 214. EI. Sp. pl. 1. p. 319. n. 8. Atriplex syluestris latifolia, acutiore folio, B. pin. 119. Chenopodio affinis, folio lato, laciniato, in longissimum mucronem procurrente, florum racemulis sparsis, R. Hist. III. p. 123. Chenopodium stramonii folio, VAILL. Tom. VIII, fig. 2. p. 36. R. Syn. III. 54. Chenopodium foliis triangulari-sagittatis, infra medium sinuato-dentatis, racemis longissimis, LINN. Cliff. 84. ROY. pr. 219. Chenopodium folio leui, paucis et amplissimis dentibus inciso, ramis florigeris laxis et ramosis, HALL. Helv. 174. I Idem foliis triangulis. ..." (Gmelin 1747–1769, Bd. III, S. 76); „56. Chenopodium foliis cordatis angulato-acuminatis, racemis ramosis nudis [=] Chenopodium hybridum L.!" (Ledebour 1841, S. 88); „Chenopodium hybridum, ... unächter Gänsefus, ... Er heißt bey Vaillant: Chenopodium stramonii folio; ..." (Gmelin 1772, Sp. 881); „8.) Unächter Gänsfuß. Chenopodium hybridum. ... Chenopodium foliis cordatis, angulato-acuminatis; racemis ramosis nudis. LINN. ... Sp. pl. 319. Chenopodium foliis triangulari-sagittatis, ... Hort. Cliff. 84. ... Chenopodium Stramonii folio. VAILL. paris. 36. t. 7. f. 2 ... Schon Tragus hat angemerkt, daß diese Pflanze den Schweinen, ... ein tödtliches Gift sey; ..." (Linné 1779, S. 805f.); „f) Chenopodium hybridum. ... Deutsch. Der unächte Gänsefuss, Bastart-Gänsefuss; Ackermelde, wilde Melde, Schweinemelde, Saumelde, Säutod; breitblättriger Pizer. ... sie hat einen stinkenden Geruch." (Nemnich 1793, Sp. 1015); „13. CHENOPODIUM hybridum. C. foliis cordatis ... Gmel. sib. 3. p. 76. ... C. foliis triangulari-sagittatis: ... Hort. cliff. 84. ... C. stramonii folio. Vaill. paris. 36. t. 7. f. 2. ... Stechapfelblättriger Gänsefuss. W. ..." (Linné 1797–1830, Bd. I, Teil 2, S. 1303f.); „451. CHENOPODIUM hybridum. ... Linn. ed. Willd. 1. p. 1803. ... Gmel. sib. 3. p. 76. n. 56. ..." (Marschall von Bieberstein 1808a, S. 180); „6) CHENOPODIUM HYBRIDUM. Linn. ... M. a Bieb. Fl. taur. cauc. I. p. 180. ... Chenopodium No. 56. Gmel. Fl. sib. III, p. 76. β. foliis triangularibus subintegris. Gmel. l. c. var. I. ..." (Ledebour 1829, S. 406f.); „11. Ch[enopodium] hybridum (L. Spec. p. 319) ... M. a BIEB. Fl. t. c. I, p. 180. LEDEB. Fl. alt. I, p. 406. ... Ch. foliis cordatis, ... GMEL. Fl. sib. III, p. 76, No. 56. ..." (Ledebour 1846–1851, S. 702f.); Chenopodium – russ. *mar'*, *lebedočnik* bzw. *mučnik* (*Annenkov* 1858, S. 30, Nr. 296); ersanisch marž – Chenopodium L., Atriplex L., Melde (Wiedemann 1865, S. 217); wotjakisch pukro – Melde (Wiedemann 1851, S. 324); wotjakisch pot – Chenopodium, Melde (Munkácsi 1896, S. 571); syrjänisch lebeda – Chenopodium, Atriplex, Melde (Wiedemann 1880, S. 148); „Chenopōdium L. (Chenopodeae). Zus. aus χην (Gans) und ποδιον, πους (Fuss), wegen der ähnlichen Form der Blätter." (Wittstein 1852, S. 188)

„307. Chenopodium Stramonij folio R. Syn. 154. et Ind. Irc. n°. 92. ... Fl. Irc. 1151. ..." mit der links marginalen Anm. in anderer Handschrift „Steller. Fl. Ircut" (AAW R. I, Op. 105, D. 1ª, Bl. 28v, s. Anm. 29 in Nr. 5); „1. Chenopodium Stramonij folio R. Syn. 154. & Ind. Irc. n.° 92. Fl. Irc. 1151." (AAW R. I, Op. 13, D. 67, Bl. 21r, s. Anm. 5 in Nr. 4); „92. Chenopodium Stramonij folio Raj. Syn. III. 154. ..." (AAW R. I, Op. 105, D. 12, Bl. 5r, s. Anm. 54 in Nr. 17); „92. Chenopodium Stramonij folio Raj. Syn. III. 154. ..." (AAW R. I, Op. 105, D. 4ª, Bl. 13v, s. Anm. 54 in Nr. 17); „9. Chenopodium stramonii folio ..." (AAW R. I, Op. 15, D. 1, Bl. 4r, s. Anm. 24 in Nr. 64); „10. Forte Chenopodium Stramonii folio ..." (a. a. O., Bl. 4r)

25 „66. SPINACIA foliis triangularibus, ex sinuato dentatis. Tab. XV. fig. 2. Planta mihi incognita, STELL. Irc. 1152. Inueni cIↃIcxxxix. die IX. Septembris ad Kalem amnem Krasnoiarensis territorii interitui proximam. STELLERVS pariter plantam iam prorsus emarcidam in locis salsis camporum Konkurkinensium legit, nulla eius facta descriptione. ... Icon smmum plantae ramum exhibet." (Gmelin 1747–1769, Bd. III, S. 85f.); „Spinacia foliis triangularibus ex sinuato dentatis. t. XV. f. 2. [=] Atriplex sibiricum L.!" (Ledebour 1841, S. 88); „[Atriplex] sibirica, ... sibirische Melde, ... ihre Frucht ist unten filzig, ausen stachlicht." (Gmelin 1772a, Sp. 989); „5) Sibirische Melde. Atriplex sibirica. ... Atriplex caule herbaceo, foliis deltoides angulatis, calycibus fructus

extus muricatis. LINN. ... Sp. Pl. p. 1493. ... Diese ist in Sibirien zu Hause, und hat die Grösse der Gartenmelde [d. h. Atriplex hortensis]. ...“ (Linné 1783, S. 322f.); „12. ATRIPLEX SIBIRICUM. Linn. ... Obione muricata. Gaertn. II. p. 198. t. CXXVI. f. 5. Spinacia foliis triangularibus ... Gmel. Fl. sib. III. p. 85. No. 66. t. XV. f. 2. ...“ (Ledebour 1833, S. 315f.); „2. O[bione] muricata (GÄRTN. de fruct. et sem. II, p. 198, t. 126, f. 5) ... Atriplex sibirica. L. Spec. 1493. .... LEDEB. Fl. alt. IV, p. 215. Atriplex montana, procerior, ... MESSERSCHM. in AMMAN. ruth. p. 162, No. 232. SPINACIA foliis triangularibus, ... GMEL. Fl. sib. III, p. 85, No. 66, t. 15, f. 2. ...“ (Ledebour 1846–1851, S. 734); „232. ATRIPLEX montana, procerior, ramosissima, folio sinuato Messerschm. ...“ (Amman 1739, S. 162); „Spinacia f. triangularibus etc. Nova planta. in horto floruit 1747 (Fl. sib. III. 85. nr. 66. Atriplex sibirica L. Obione muricata Gärtn.).“ (A. von Haller in einem undatierten Brief an J. G. Gmelin – Plieninger 1861, S. 147); „Spinācia T. (Chenopodeae). Von spina (Dorn, Stachel), in Bezug auf die gestachelten Früchte.“ (a. a. O., S. 831)

„316. Chenopodio-Beta folio Atriplicis sativae. ... Fl. Irc. 1152.“ (AAW R. I, Op. 105, D. 1[a], Bl. 30r, s. Anm. 29 in Nr. 5)

A.7. Übersetzung von Klasse 1–22

/8r/

*Irkuck*er Flora nach der Ordnung der ‚Institutiones rei herbariae'
I. Klasse

Kräuter und Halbsträucher mit
monopetaler, glockenförmiger Blüte
II. Sektion
mit einem Stempel, der in eine weiche Frucht übergeht

1.	Polygonatum latifolium, flore majore, odoro (Breitblättriges Polygonatum mit größerer, wohlriechender Blüte) des Caspar Bauhin, ‚Pinax' [Seite 303]; 6. Species des Tournefort, [‚Institutiones rei herbariae']; Polygonatum floribus e singularibus pediculis (Polygonatum mit Blüten, die aus einzelnen Stielen hervorgehen); Polygonatum latifolium flore majore odoro, e singulis foliorum alis solitario (Breitblättriges Polygonatum mit größerer, wohlriechender Blüte, die, aus den einzelnen Blattachseln heraustretend, jeweils allein steht) des Herrn Doktor Gmelin, ‚Index plantarum ad Lenam fluvium'; Diese auf den Bergen am *Angara*[-Fluß] und am gesamten [See] *Bajkal* sehr häufige Pflanze blüht gegen Ende Mai. Sie stützt sich auf eine weiße, stielrunde, horizontal in der Erde kriechende und viele weiße Fasern abwärts schickende Wurzel. Die Wurzel selbst ist nicht von so vielen Näpfchen und Grübchen ausgehöhlt wie Polygonatum latifolium, vulgare (Gewöhnliches, breitblättriges Polygonatum) des Caspar Bauhin, ‚Pinax' [Seite 303], 1. Species des Tournefort, [‚Institutiones rei herbariae']. Der runde, mit Kanten versehene, kahle Stengel ist an der Wurzel schneeweiß und von dort aus schwach rötlich sowie weiter oben grün, eine Vorderarmslänge lang und überragt nicht selten anderthalb Vorderarmslängen. Er ist von einer aus dem ersten Gelenk entspringenden weißen, leicht rötlichen Hülle umgeben. Die Blätter sind glatt, nervenreich wie bei [Polygonatum] vulgare (Gewöhnliches Polygonatum) und breiter. Aus je einer Blattachsel kommt eine einzige, einem einen Zoll langen Blütenstiel aufsitzende Blüte hervor, manchmal aufrecht, manchmal hängt sie herab. Im übrigen sind aber die Blüten des Polygonatum vulgare (Gewöhnliches Polygonatum) größer. Die Mündung der Blüte

/8v/

*Irkuck*er Flora nach der Ordnung der ‚Institutiones rei herbariae'
I. Klasse

	ist von sehr blassem Grün.
2.	Polygonatum latifolium, flore gemello odoro (Breitblättriges Polygonatum mit wohlriechender, doppelter Blüte); Die Pflanze kommt zusammen mit der vorhergehenden zur gleichen Zeit und am gleichen Ort in ebenso großer Anzahl vor. Sie unterscheidet sich von der vorhergehenden durch weniger breite und nicht so runzlige Blätter sowie durch eine Doppelblüte. An einem Exemplar kommen nicht selten bald einzelne, bald doppelte Blüten vor.
3.	vielleicht Polygonatum latifolium, minus, flore majore (Breitblättriges, kleineres Polygonatum mit größerer Blüte) des Caspar Bauhin, ‚Prodromus', [Seite] 136, 8. Species des Tournefort, [‚Institutiones rei herbariae']; Ich habe die Pflanze sehr zahlreich auf Felshängen an einer Bucht des Sees *Bajkal*, die *Peščanaja guba* genannt wird, gefunden. Auf der Insel *Ol'chon* und beim *Barguzin*[-Fluß] war sie schon verblüht, und die Frucht vollendet. Ihre Beeren sind gesammelt worden, aber mit den [Früchten] der vorhergehenden Pflanze durcheinandergeraten. Die Pflanze ist selten höher als eine Spanne, ihre Blätter sind breit, die Blüten hängen, teils einzeln, teils paarweise, wie ich an der Frucht erkannt habe, an langen Stielen. Es scheint sich mir nur um eine Varietät zu handeln, die wegen der Trockenheit des Standortes auftritt.

III. Sektion
Von Kräutern mit monopetaler, glockenförmiger Blüte, bei denen der Stempel in eine trockene Frucht oder in eine Schale, die zur ein- oder mehrfächrigen Kapsel gehört, übergeht
II. Gattung

4.	Gentiana rupestris, folio Plantaginis angustifoliae, flore albo diaphano, striis et punctis coeruleis vario (Felsen-Gentiana mit dem Blatt des schmalblättrigen Plantago, mit weißer durchscheinender Blüte, die mit blauen Streifen und Punkten gezeichnet ist);

/9r/

*Irkuck*er Flora nach der Ordnung der ‚Institutiones rei herbariae‘
I. Klasse

	Diese Gentiana fand ich am 21. August beim *Barguzin*[-Fluß] auf dem Scheitel der höchsten Felshänge, die von hier an mit ewigem Schnee bedeckt sind. Sie stützt sich auf eine Wurzel aus vielen stielrunden, reinweißen und durchsichtigen Fasern, die unter dem dort mehr als eine halbe Elle dicken Moos verborgen ist. Aus dem Scheitel der Wurzel breiten sich kreisförmig sehr viele Blätter von verschiedener Länge aus; die längsten sind nicht länger als 5 Zoll, die kürzesten nicht länger als zwei Zoll. Sie sind an der Spitze $^{3}/_{10}$ Zoll breit und darauf schmal, kahl sowie mit einer nervenreichen Blattrippe der Wurzel unmittelbar angewachsen. Aus einem Zweiglein treten fünf, sechs bis zu acht Blätter bündelweise hervor. Die Farbe der Blätter ist gelbgrün, so wie sie bei den im Winterlager (*zimov'e*) aufbewahrten Pflanzen zu Frühjahrsbeginn zu sein pflegt. Aus der Mitte der Blätter steigen gelbgrüne, stielrunde, gelenkige Stengel auf, je nach dem Alter der Pflanze bald vier, drei, zwei, oder auch nur ein einziger, die mindestens 2 oder 3, manchmal auch 5 Zoll lang sind. An den einzelnen Gelenken des Stengels richten sich zwei Blätter in gegenständiger Stellung auf. Die anderen [Blätter], die während der Blütezeit granatrot oder von schwächerem Rot waren, waren wenig lebenskräftig und beinahe verwelkt. Aus dem oberen Stengelbereich erheben sich ein, zwei, drei, vier bis zu fünf Blüten, die sich büschelartig eng aneinanderdrängen. Die Blüten sind glockenförmig, offen, vielspaltig und anderthalb Zoll lang und, wenn die Blüte aufgegangen und zerrissen ist,

/9v/

*Irkuck*er Flora nach der Ordnung der ‚Institutiones rei herbariae‘
I. Klasse

	am Ende ebenso breit und werden von einem weißen Kelch umfaßt, der aus einem Blatt gebildet wurde und oben fünfspaltig sowie weiter unten röhrig und durchscheinend ist. Aus dem Boden der Blüte wachsen fünf dreieckige, pyramidenförmige Staubblätter hervor, die zu den Staubbeuteln hin geschärft und spitz und gleichfalls durchscheinend und schwach bläulich sind. Diesen [Staubblättern] sind Staubbeutel von zitronengelber Farbe der Länge nach eingewachsen. Aus der Mitte dieser erhebt sich der spindelförmige, eiförmig zugespitzte Stempel von einem Zoll Höhe, der violett ist und gegen Mitte September in eine

häutige Schale übergeht. In ihren zwei Fruchtklappen befinden sich dunkle, mohnartige Samen. Unter allen mir bekannten Pflanzen der Gentiana-Species kommt dieser eine ganz besondere Farbe zu, die weder weiß noch gelblich weiß genannt werden kann, sondern durchsichtig wie die blutlose Blase (anämische Blase) von Fischen teils gescheckt mit bleigrauen, leichenfarbenen und teils grün unterlaufenen Streifen und Punkten. Von mir wurde die Beschaffenheit des natürlichen Standortes nicht ohne Staunen und höchste Verwunderung bis zum Einbruch der Nacht angeschaut, als die Dunkelheit eine weitere Betrachtung verhinderte. Der Felsen ist offenbar mindestens 2000 Klafter, *sažen'* bei den Russen, hoch, auf allen Seiten steil und ungleichförmig und nach Norden hin von ewigem Schnee bedeckt.

/10r/

*Irkuck*er Flora nach der Ordnung der ‚Institutiones rei herbariae'
I. Klasse

Die höchste Stelle wird umsäumt von Larix pumila folio non deciduo (Zwerg-Larix mit immergrünen Nadeln), Betula pumila (Zwerg-Betula), Alnus (Erle) und Salix (Weide), die jedoch nicht mehr in die Höhe wachsen (*salire*), sondern sich sehr flach am Boden ausbreiten, und sie [d. h. alle aufgezählten Pflanzen] umschließen diese Fläche so wie ein Haarkranz ein kahles Greisenhaupt. Dieselbe Fläche bzw. der Scheitel vom Felsen ist ungefähr 3 russische Stadien lang und ein Stadium breit. Weder eine hohe Pflanze noch ein Baum schmücken ihn, er wird allein von einer zusammenhängenden Schicht weißgrauen Mooses wie von einer Decke völlig überzogen, die höher als eine halbe Elle ist. Direkt in der Mitte lagen gewaltige Steine in einem Kreis. Innerhalb dieser befand sich ein mit reinstem Quellwasser gefüllter See mit einem Durchmesser von einer russischen Leuca, jedoch ohne alle Fische und Insekten. Zwischen jenen Steinen am moosbedeckten Ufer des Sees wächst diese Gentiana. Um sie herum treten andere, aber sehr schmächtige Pflanzen auf wie Geum foliis pulchre denticulatis (Geum mit schön kleingezähnten Blättern), Androsace, Caryophyllata Alpina Chamaedris folio (Alpen-Caryophyllata mit dem Blatt von Chamaedris), Arenaria und Pedicularis Achilleae folio (Pedicularis mit dem Blatt von Achillea), die aber wegen der Höhe des Ortes gegenüber ihrem natürlichen Aussehen entstellt sind, so daß es schwerfällt, sie nicht für andere [Species] zu halten. Sogar aus den Spalten dieser Steine wachsen Betula pumila folio rotundo (Zwerg-Betula mit rundlichem Blatt), die mit zugespitzem Blatt und Salix folio oblongo serrato crispo (Salix mit

	länglichem, gesägtem, krausem Blatt), die weiter unten zu beschreiben sind. Alle Pflanzen sind nun nicht mehr grün,

/10v/

*Irkuck*er Flora nach der Ordnung der ‚Institutiones rei herbariae'
I. Klasse

	sondern sind wegen des Südwindes bleich und hellgelb oder sind sogar wegen der Dürftigkeit ihrer Gestalt gleichsam mit roter Farbe getränkt. Wegen der Leichtigkeit der Luft und des einzigartigen Anblicks des Ortes hatte ich einen anmutigen Wachtraum und fühlte mich gerade so [in den Zustand versetzt], wie es in meiner Erinnerung war, als ich zum ersten Mal in Stalberga in die Tiefe der Erzgruben von Stalberga eingefahren war und in das Erdinnere schaute. Als ich nach Norden blickte, zeigte der wie Rubin glänzende Schnee aus der Ferne beobachtet die Farben des Regenbogens, indem er bei der ganz klaren Luft die Sonnenstrahlen zurückwarf. Indem ich dies mit Erstaunen sah, fiel mir ein, daß also wahr ist, was Olaus [Magnus?] von rotem Schnee berichtet hat, und nichts bedauerte ich [mehr], als zu sehen, daß es keine Möglichkeit gab, diese Wasser-Rubine für die Akademische Kunst- und Naturalienkammer und für deren aufmerksame Betrachter zu sammeln und zu übersenden. Zur gleichen Zeit hatte ich einem Bauern in meiner Gesellschaft im Mikroskop Würmchen gezeigt, die die Gestalt und Farbe von Flöhen hatten, vielleicht Oryps des Aristoteles und des Bartholinus. Sie, die sonst nämlich unsere forschernde Arbeit meistens verspotten,

/11r/

*Irkuck*er Flora nach der Ordnung der ‚Institutiones rei herbariae'
I. Klasse

	konnten jedoch diese erst von ganz wenigen gesehene Sache und unsere, der Deutschen, Erfindungen nicht genug loben. Beim Weitergehen trifft man hie und da auf Geweihe von unterschiedlicher Größe. Verschiedene der Rentiere pflegen, nämlich hier in der Gegend zu Frühjahrsbeginn diese Spolien (Rüstungen), indem sie ihre alte Haut abstreifen, diese wie ein Dankespfand diesem weißen Alten [d. h. dem Schnee] zu überlassen, damit er sie im (nächsten) Winter üppig mit Moos nähre. So läßt sich auch die Grausamkeit der Adlerkrallen bei so vielen im Moos eingeflochtenen, mit Blut bespritzten Federn der Vögel deutlich ersehen. Als wir auf den Felsen stiegen, wurden wir von sehr dichtem Nebel begleitet, der aber, als wir zum Gipfel vorgedrungen

waren, durch die Sonnenstrahlen vertrieben worden war. Er ließ, nachdem er verschwunden war, seinen Tau äußerlich auf uns fließen, während wir innen in Schweiß gebadet waren. Daß es sich bei jenem Phänomen, als ob die Berge besonders in morgendlicher Zeit Wasserdampf ausschickten, anders verhält, als ich zuvor geglaubt hatte, habe ich in Erfahrung gebracht. Die mit Feuchtigkeit beladene und schwere Luft wird infolge der Parallaxe vor die benachbarten Berge wie eine Sichtgrenze geschoben, wenn sie von dem aus den Tälern blasenden Wind in Bewegung gesetzt wird. Der Tau wie auch der Regen fallen in gebirgigen Orten schneller als auf den Ebenen.

/11v/

*Irkuck*er Flora nach der Ordnung der ‚Institutiones rei herbariae'
I. Klasse

Vor Augen trat mir dies, als die Nebel zerstreut waren und ich nicht weit vom Bergscheitel entfernt war. Vor mir wurde das Gras schon naß, obgleich ich hinten noch deutlich trockene Stellen wahrnehmen konnte. So war auch die Luft, die sich über dem Gipfel befand, schon sehr klar. Die dampfende Luft über dem *Barguzin*-Fluß aber nahmen wir wahr in Gestalt einer länglichen, dunklen Wolke, die in der Mitte hell war, wo sie dem gegenüberliegenden Tal zweier hohen Berge, und auch zu denselben gegenüberliegenden Bergen parallel war. Sie wurde infolge der Parallaxe (bei Veränderung des Betrachtungspunktes) vor diese [Berge] geschoben und ist dampfend gesehen worden. So beobachtete ich auf diese Art und Weise wie eine gesättigte Wolke, vom Wind bewegt und in Schwingung versetzt, allmählich abgesenkt und aufgelöst worden ist. Über dem Fluß jedoch löste sich der Teil, der unmittelbar über ihm schwebte, von allem am langsamsten auf, was ich einer dem Aufstieg geradewegs entgegengesetzten Rückbewegung von Dämpfen zuschreibe, was nicht selten zu sein pflegt. Ich habe das einige Male beobachtet, als ich mich auf Strömen befand, wie für einige Augenblikke eine Wolke in einer Art von Regen auf den Fluß fällt, welche auf dem festen Land als Morgentau niedergeht. So wird auch, wenn es regnet, der Regen auf den Strömen etwas früher als auf dem festen Land beobachtet. Die Begründung dafür wird schon

/12r/

*Irkuck*er Flora nach der Ordnung der ‚Institutiones rei herbariae‘
I. Klasse

	vor aller Augen sein. Mit dem Gesicht zum See *Bajkal* gewandt, läßt sich die Höhe des Felsens daraus folgern, daß nicht nur das *Svjatoj nos* genannte Vorgebirge, sondern die Insel *Ol'chon* im Norden und das nur 100 Stadien von der Stadt *Irkuck* entfernte *Tunkinsk*ische Gebirge jenseits des [Sees] *Bajkal* in Sicht kommen. Doch damit ich jetzt nicht weiter abschweife, werde ich später noch einiges in der „Historia fossilium circa lacum Baikal“ (Geschichte der Fossilien in der Umgebung des Sees *Bajkal*) erwähnen. Diese Pflanze, die den Russen unbekannt ist, ist von sehr intensiver Bitterkeit. Wieviel sie mit ihren Kräften vermag, habe ich an mir selbst in Erfahrung gebracht. Nach *Irkuck* zurückgekehrt, verspürte ich wegen der veränderten Verhältnisse und der durch den Herbst mit sitzender Tätigkeit verbundenen Lebensweise ein Nachlassen des Appetits und Anzeichen von Abnahme und Erschlaffung der Kräfte. Durch das Besteigen der Felsen und Berge, das nicht poetisch, sondern satyrisch war, schmerzten die Knie und schwollen stark an. Durch die Anwendung eines Aufgusses aus den Blüten von Gentiana über einige Tage verschwanden nicht nur die Schwellung und der Schmerz des Knies an einem einzigen Tag, sondern auch der Appetit kehrte zurück, und der trübe, weiße Urin, wie

/12v/

*Irkuck*er Flora nach der Ordnung der ‚Institutiones rei herbariae‘
I. Klasse

Abbildung 1	er bei an Ödemen Leidenden aufzutreten pflegt, wurde reichlich ausgeschieden. Ich wies an, die Samen dieser seltenen Pflanze während meiner Abwesenheit im Monat September zu sammeln. In *Irkuck* erhielt ich die bestens gereiften Samen überbracht, und ich wünsche infolgedessen, daß diese, in Petersburg erfolgreich ausgesät, keimen mögen. Die Abbildung zeigt die Pflanze in natürlicher Größe.
5.	Gentiana major, purpurea (Größere purpurrote Gentiana) des Caspar Bauhin, ‚Pinax‘, [Seite] 187; Gentiana magna, flore purpureo (Große Gentiana mit purpurroter Blüte) des Johann Bauhin, [‚Historia plantarum ...‘, Band] 3, [liber XXXI, Seite] 521; Diese Pflanze kommt sehr

	zahlreich beim *Barguzin*[-Fluß] und am See *Bajkal* auf feuchteren Wiesen vor. Sie stützt sich auf eine Wurzel, die fleischig, hellgelb, eine Handbreit groß, netzartig und intensiv bitter ist. Sie kann beim Fehlen von Gentiana rubra (Rote Gentiana) diese bequem ersetzen. Sie schickt fünf bis zehn Stengel aus, die vorderarmslang, stielrund und gelenkig sind. Die Blätter treten teils aus dem Scheitel der Wurzel, teils aber zu zweit aus den Gelenken des Stengels aus. Die Blattpaare stehen in abwechselnder Stellung. Die ersteren Blätter sind nicht selten einen Fuß lang, sehr nervenreich und grün, auf der Unterseite weißlich, wobei die breitesten selten breiter als ein Zoll sind. Im obersten Teil des Stengels sind die Blätter zugespitzt. Die Blätter am Stengel sind nur kürzer als die zuerst genannten. Im oberen

/13r/

*Irkuck*er Flora nach der Ordnung der ‚Institutiones rei herbariae'

I. Klasse

	Bereich des Stengels wachsen entweder ein oder zwei Blüten-Quirle hervor. Die Blüten selbst sind in Größe und Gestalt den Blüten von Gentiana cruciata (Kreuz-Gentiana) sehr ähnlich. Die gesamte Pflanze ist außerordentlich bitter. Sie blüht im Juli und vollendet die Samen gegen Anfang September. Ich habe diese bestens gereift gesammelt und übersandt.
6.	Gentiana cruciata (Kreuz-Gentiana) des Caspar Bauhin, ‚Pinax', [Seite] 188; Gentiana III. cruciata (Dritte Kreuz-Gentiana[-Species] des Clusius, ‚Historia plantarum', [Seite] 313; Die Pflanze kommt zahlreich auf Wiesen und in Wäldern am See *Bajkal*, bei *Irkuck* und am *Barguzin*-Fluß vor. Sie blüht im Juli. Die Samen sind gegen Ende August reif.
7.	Gentiana procumbens Salicis folio glabro (Niederliegende Gentiana mit dem kahlen Blatt von Salix); Diese Pflanze kommt auf dem Boden kreisförmig ausgebreitet bei *Irkuck* und am *Barguzin*[-Fluß] in Wäldern vor. Sie stützt sich auf eine Wurzel, die einen Zoll stark, eine Handbreit lang und am Scheitel dicker und breiter ist. Sie sendet 15 bis 20 vorderarmslange, stielrunde, gelbgrüne, gelenkige Stengel aus. An den einzelnen Gelenken kommen je zwei Blätter hervor, die schön grün, länglich und schmal, spitz zulaufend und kahl sind, ähnlich den Blättern von Salix Amerina (Salix von Amerina). An der Spitze treten sie teils einzeln, teils zu zweit heraus. Die blauen Blüten sind zuweilen vereinzelt, zuweilen zu mehreren in einem Bündel vereinigt. Sie sind in Gestalt und Struktur den Blüten von Calathiana oder Pneumonanthe des Cordus

	sehr ähnlich. Die Pflanze blüht im Juli. Die Samen, die ich geschickt habe, reifen Anfang September.
8.	Gentiana angustifolia, autumnalis, major (Schmalblättrige, größere Herbst-Gentiana)

/13v/

*Irkuck*er Flora nach der Ordnung der ‚Institutiones rei herbariae'

I. Klasse

	des Caspar Bauhin, ‚Pinax', [Seite] 188; Gentiana palustris, angustifolia (Schmalblättrige Sumpf-Gentiana) desselben [‚Pinax', Seite 188]; Calathiana quibusdam, radice perpetua, sive palustris (bei manchen [Autoren] Calathiana mit überdauernder Wurzel oder im Sumpf wachsende Calathiana) des Johann Bauhin, [‚Historia plantarum ...', Band] 3, [liber XXXI, Seite] 524; Pneumonanthe des Cordus [‚Historia stirpium']; Die Pflanze kommt sehr zahlreich auf Wiesen und in Wäldern bei *Irkuck* und am See *Bajkal* vor. Sie blüht im Juli und August. Die Samen sind im September gereift. Ihre Blätter, jeweils zwei gegenüberliegende, sind schmal, scharf zugespitzt und pflegen selten oder nie länger als vier Zoll zu sein. Die Blüten kommen bisweilen in einer, bisweilen in zwei, manchmal aber auch in drei Reihen in [Blüten-]Quirlen vor. In den Blattachseln sind die Blüten gewöhnlich reich gebüschelt.
9.	Gentiana humilis flore fasciculoso magno purpureo folio angusto (Niedrige Gentiana mit großer purpurroter Blüte in reichen Büscheln und mit schmalem Blatt); Diese Pflanze findet sich sehr häufig auf den ungeschützten, sehr trockenen Steppenflächen an der Mündung des *Bugul'deicha*-Fluß in den See *Bajkal*, am *Barguzin*-Fluß und in der Steppe von *Kungurga*. Sie blüht Ende Juli. Die Samen sind Ende September reif. Die Pflanze hat eine faserreiche Wurzel. Sie ist selten höher als eine Handbreit. Öfter erhebt sie sich nur zwei bis drei Zoll und legt sich zum Boden nieder. Die Blätter sind schön grün, kahl, zugespitzt und schmal, ähnlich den Blättern von Pneumonanthe, jedoch kürzer und von zweifacher Art: die, die aus dem Scheitel (Krone) der Wurzel hervorgehen, sind in einem Bündel von fünf, sechs bis zu acht in einem Bündel zusammengefaßt

/14r/

Irkucker Flora nach der Ordnung der ,Institutiones rei herbariae'
I. Klasse

	und breiten sich auf dem Boden aus; die am Stengel sind zwei- oder dreimal schmaler als diese und immer zu zweit einander gegenüberstehend angeordnet. Die Blüten sind den Blüten von Calathiana in Struktur und Größe ähnlich. Sie sind zierlich purpurrot, bisweilen sind sie einzeln. Bei einzelnen Pflanzen sind meistens jedoch drei Blüten je Blütenstand in den Blattachseln aufgestellt und pflegen an der Spitze zu erscheinen. Sie erfreuen sich der gleichen Bitterkeit, welche die übrigen Gentiana-Species aufweisen. Sie ist von den Russen mit dem Namen *zveroboj* bezeichnet worden.
10.	Gentiana coerulea, oris pilosis (Blaue Gentiana mit behaarten Blütenrändern) des Tournefort, ,Institutiones rei herbariae'; Gentianella caerulea, oris pilosis (Blaue Gentianella mit behaarten Blütenrändern) des Caspar Bauhin, ,Pinax', [Seite] 188; Gentianella coerulea, fimbriata, angustifolia autumnalis (Blaue, gefranste, schmalblättrige, Herbst-Gentianella) des Columna, ,Minus cognitarum stirpium' [Teil] 1, [Seite] 222; Diese Pflanze kommt sehr zahlreich in den Sümpfen am *Angara*[-Fluß], am See *Bajkal* und am *Barguzin*-Fluß vor. Sie blüht Ende Juni. Die Samen reifen eher als bei allen bisher beschriebenen Gentiana-Species. Ich habe nämlich Anfang August eine große Menge davon gesammelt und übersandt. Bei den Russen nennt man sie *ljutik*. Man hat sie nicht gern auf Wiesen, weil die Zug- und Lasttiere ihr gegenüber eine heftige Abneigung haben.
11.	Gentiana coerulea oris pilosis minor (Kleinere blaue Gentiana mit behaarten Blütenrändern); Diese Species stimmt mit der vorhergehenden in allem genau überein. Sie blüht zur gleichen Zeit und kommt am gleichen Ort zusammen mit der vorhergehenden an der *Nikol'skaja zastava* genannten Zollstation vor. Weil sie aber im Verhältnis zur vorhergehenden hinsichtlich aller Teile kleiner ist und häufig vorkommt,

/14v/

Irkucker Flora nach der Ordnung der ,Institutiones rei herbariae'
I. Klasse

	sehe ich keinen Hinderungsgrund dafür, daß die Species für eine weniger besondere gehalten wird. So beschaffen kam die Pflanze denn auch am gesamten [See] *Bajkal* vor.
12.	Gentiana Alpina, pumila, Centaurii minoris folio (Zwerg-Alpen-Gen-

	tiana mit dem Blatt des kleineren Centaurium) des Tournefort, ‚Institutiones rei herbariae'; Gentianella Alpina, aestiva, Centaureae minoris foliis (Im Sommer blühende Alpen-Gentianella mit den Blättern der kleineren Centaurea) des Caspar Bauhin, ‚Pinax', [Seite] 188; Die Pflanze beginnt Ende Juli zu blühen, sie kommt sehr häufig bei *Irkuck*, am See *Bajkal* und am *Barguzin*-Fluß vor. Die Blüte ist intensiv purpurrot und klein. Die Petalen (Kronblätter) sind an der Innenseite mit einem in gleicher Weise wie bei den Lychnis-Species behaarten Kranz versehen. Ich kann mich nicht mehr recht daran erinnern, ob er [d. h. der Kranz] vielleicht auch bei jener Species, die um Petersburg und *Krasnoe selo* auf den Wiesen vorkommt, auftritt. Ich habe hier Samen gesammelt und geschickt.
13.	vielleicht Gentianella omnium minima (Die von allen [Species] kleinste Gentianella) des Tournefort, ‚Institutiones rei herbariae', letzte Species, und des Caspar Bauhin, ‚Prodromus', [Seite] 97? mit weißer Blüte. Dieses überaus schöne Pflänzchen, das von Anfang Mai bis Anfang Juni bei *Irkuck*, auf nassen und sumpfigen Wiesen am [Fluß] *Irkut* und am Fluß *Kaja*, der in den [Fluß] *Irkut* mündet, am See [*Bajkal*] sowie am *Barguzin*[-Fluß] blüht, ist niemals höher als zwei Zoll. Es stützt sich auf eine Wurzel, die einen halben Zoll

/15r/

*Irkuck*er Flora nach der Ordnung der ‚Institutiones rei herbariae'
I. Klasse

	dünn, faserreich, weiß oder gelblich ist. Bei manchen Pflanzen treten 3, 4, 5 bis zu 8, ja sogar 10 Stengel hervor, meist jedoch nur 5 oder 6. Die unteren Blättchen sind drei Linien lang und zwei breit, dicklich, abgerundet zugespitzt, gleich der Alsine media, aber viel kleiner sowie mit weißem häutigen Saum. Nahe der Blüte sind die Blätter kleiner, und an den einzelnen Knoten stehen je zwei in gegenständiger Anordnung. Der Stengel ist, wie größtenteils, überaus knotig, röhrenartig und stielrund. Den obersten Stengelbereich besetzt der fünfkantige, unten röhrige, oben hellgrüne fünfspaltige Kelch, der ungefähr einen halben Zoll lang ist. Diesem sitzt innen die glockenförmige röhrige, fünfzipflige Blüte an. Zur Blütezeit ist sie ausgebreitet und in der Art und Weise eines Sterns nach hinten gebogen, weiß, mit einer grün werdenden Mittelrippe, die zur Ausdehnung neigt. Auf der abgewandten Seite ist die Blüte weißlich-grün und von sehr schneeweißer Farbe, wenn sie sich den Sonnenstrahlen widersetzt. Die Blüte wird in strahlender Sonne entfaltet, am Abend und in der Nacht wird sie geschlossen. Im Grunde

	der Blütenröhre sind fünf sehr bleiche gelbliche Staubblätter angewachsen, ebenso viele sind mit Spitzen (Staubbeuteln) beladen. Aus der Mitte dieser Staubblätter erhebt sich

/15v/

*Irkuck*er Flora nach der Ordnung der ‚Institutiones rei herbariae'
I. Klasse

Abbildung 2 auf Tafel 12	der eiförmig spitz zulaufende spindelförmige Stempel, der vom Grünen ins Gelbliche übergeht und in der Blütenröhre gleichsam in einer eng anliegenden Scheide verborgen ist. Er [d. h. der Stempel] geht in eine zweiklappige, einkapslige Fruchtschale über, die mit vielen kleinen meist braunen Samen gefüllt ist, welche mittels eines Fadens an der Plazenta befestigt sind und bei der Reife etwa Mitte Juni, wenn sich die Fruchtschale spaltet, herausfallen. Die gesammelten Samen dieser Pflanze werden geschickt. Die Abbildung zeigt das Pflänzchen in natürlicher Größe: a) die Schale der Frucht, b) die Samen.
14.	Gentianella omnium minima, flore pallide coerulescente (Kleinste aller Gentianella[-Species] mit blaßbläulicher Blüte); Sie kommt in der gleichen Anzahl wie die vorhergehende Species, an den gleichen Orten und zur gleichen Zeit vor. Sie pflegt sogar an manchen Orten wie in der Nähe der Mühle am [Bach] *Ušakovka* und bei *Žilkina*, dem Dorf des Erzbischofs, allein vorzukommen. Die gut gereiften Samen dieser Pflanze werden geschickt.
15.	Gentianella verna omnium minima pentagona flore coeruleo (Fünfeckige, kleinste aller Frühlings-Gentianella[-Species] mit blauer Blüte); Dieses zierliche und sehr schön anzuschauende Pflänzchen ist zusammen mit der vorhergehenden Species an den gleichen Orten zu finden, zieht jedoch die höhergelegenen vor. Es beginnt gegen Mitte Mai zu blühen und wird bis Mitte September in Blüte angetroffen, so daß gegen Ende Juni immer reife

/16r/

*Irkuck*er Flora nach der Ordnung der ‚Institutiones rei herbariae'
I. Klasse

Abbildung 3 auf Tafel 11	Samen zusammen mit neuen Blüten auftreten. In Anbetracht des Unterschiedes von Zeit und Ort wächst sie hinsichtlich ihrer äußeren Gestalt außerordentlich gut. Zu Frühlingsbeginn kommt sie aus der Erde hervor. Der Stengel ist blattreich und fünfkantig. Er ist manchmal einzeln, manchmal von vier, fünf oder sechs Seitenzweigen umgeben. Die äuße-

	ren sind kürzer, der mittlere pflegt höher zu sein. Die Blüten sind sehr schön blau, den Blüten der vorhergehenden Species vollkommen ähnlich und in der Art eines Sterns ausgebreitet sowie zurückgebogen. Die Blätter aber sind meist dreieckig, intensiv grün und in dichter Reihe an den Stengel gestellt. Die gesamte Pflanze pflegt selten höher als zwei Zoll zu sein. Die bestens gereiften, zu verschiedenen Zeiten gesammelten Samen dieser Pflanze werden geschickt. Ich habe auch diese Pflanze zeichnen lassen: a) zeigt das Pflänzchen in natürlicher Größe, b) die Blüte im Längsschnitt, so daß die Staubblätter mit ihren Spitzen (Staubbeuteln) zu erkennen sind, c) die Samenschale, d) die Samen selbst.

III. Sektion
V. Gattung

16.	Convolvulus major, albus (Größerer, weißblühender Convolvulus) des Caspar Bauhin, ‚Pinax', [Seite] 294; Convolvulus major (Größerer Convolvulus) des Johann Bauhin, [‚Historia plantarum ...', Band] 2, [liber XV, Seite] 154; 1. Species des Tournefort, ‚Institutiones rei herbariae'; weit und breit zwischen Salix (Weide) am [Fluß] *Irkut*

/16v/

*Irkuck*er Flora nach der Ordnung der ‚Institutiones rei herbariae'
I. Klasse

	und beim See *Bajkal*; blüht Ende Juni
17.	Convolvulus minor, arvensis, flore roseo (Kleinerer Acker-Convolvulus mit rosenroter Blüte) des Caspar Bauhin, ‚Pinax', [Seite] 294; Helxine Cissampelos multis, sive Convolvulus minor (Helxine Cissampelos bei vielen [Autoren] oder Kleinerer Convolvulus) des Johann Bauhin, [‚Historia plantarum ...', Band] 2, [liber XV, Seite] 157; Die Pflanze blüht im Monat Juli auf steilen Hügeln bei *Turčeninova zaimka*, vier Stadien von *Oeckaja sloboda* entfernt.
18.	Convolvulus Elatines folio acuminato, et ad basin aurito, floribus speciosis roseis (Convolvulus Elatines mit zugespitztem Blatt, das an der Blattbasis geöhrt ist, mit ansehnlichen rosenroten Blüten); Diese Pflanze ist auf den Bergen am *Angara*[-Fluß] und an kahlen Felshängen blühend zu finden. Sie stützt sich auf eine lange, wurzelrankige, gelenkige, weiße, kriechende Wurzel. Anfang Juni tritt sie mit zusammengerollten Blättern in der Knospe wie in der Art des Arum (Aronstab) aus der Erde heraus und erhebt sich in schnellem Wuchs. Schon mit einer

	Höhe von einem bis zwei Fuß nimmt man die Pflanze ungefähr zu Beginn des Juli wahr, wobei sie entweder auf der Erde kriecht oder sich unter Umschlingung benachbarter Pflanzen aufrichtet. Der Stengel ist stielrund mit hervortretenden Streifen, etwas kantig, unscheinbar grün und behaart. Die vom Stengel ausgeschickten Blätter folgen keiner Ordnung, sie sind einzeln, einen halben Zoll breit, anderthalb Zoll lang, aufrecht mit kurzen Stielchen, an der Basis geöhrt,

/17r/

*Irkuck*er Flora nach der Ordnung der ‚Institutiones rei herbariae'
I. Klasse

	sich nach dem vorderen Abschnitt hin allmählich zuspitzend, runzlig, behaart, krautig grün und im abgewandten Teil weißgraulich. Sie sehen den Blättern von Elatine folio acuminato, in basi auriculato, flore luteo (Elatine mit zugespitztem Blatt, das an der Blattbasis geöhrt ist, mit gelber Blüte) des Caspar Bauhin, ‚Pinax', [Seite] 253, oder Linaria des Tournefort, ‚Institutiones rei herbariae', 12. Species, täuschend ähnlich. Die Blattstiele sind bis zur Spitze des Stengels gleichmäßig durch einen Abstand von etwa einem halben Zoll voneinander getrennt. Aus den Blattachseln kommen gegen Ende Juni Stiele hervor, die 1 bis 2 Zoll lang sind und jeweils die Blüten einzeln hochhalten, die glockenförmig, monopetal, wohlgestaltet und aufrecht oder etwas zur Erde hinab niedergebeugt sind, eine rosenrote Farbe besitzen und einen Durchmesser von 1½ Zoll haben. An der Basis der Blüte richten sich fünf Staubblätter (Stamina) auf, die einen Zoll lang und weiß sind und zu den Spitzen (Staubbeuteln) hin leicht purpurrötlich werden. Diesen sind ebenso viele weiße, lange Staubblätter der Länge nach angewachsen. Diese Staubblätter umgeben den Stempel, der eine Länge von einem Zoll hat, weiß und stielrund ist. Er haftet im Boden des Kelches und wird zu einer häutigen, einkapsligen, die Samen enthaltenden Frucht.

/17v/

*Irkuck*er Flora nach der Ordnung der ‚Institutiones rei herbariae'
I. Klasse

	Die Samen und deren Beschaffenheit kenne ich nicht, weil sie vor meiner Rückkehr nach *Irkuck* ausfielen und wegen der Nachlässigkeit des dort zurückgelassenen Sammlers nicht aufgelesen wurden. Die einzelnen (Blüten-)Teile werden von dem grünen, kahlen Kelch zusammengehalten, den an der Ansatzstelle des Blütenstiels zwei gelbgrüne Blätt-

	chen an der Basis umgeben. Das Bild stellt die Pflanze in natürlicher Größe dar. Ich habe zwar die von meinem Sammler überbrachten Kelche empfangen, kann jedoch daran nichts erkennen, was den Samen ähnlich sieht, doch wollte ich von diesem Wertlosen wenig schicken. Selten erblühen mehr als eine oder zwei Blüten zugleich; und diese überdauern selten länger als zwei Tage, doch wenn sie verwelkt sind, folgen andere nach.
19.	Tithymalus tuberosa oblonga radice (Tithymalus mit knolliger, länglicher Wurzel) des Caspar Bauhin, ‚Pinax' [Seite 292]; 46. Species des Tournefort, ‚Institutiones rei herbariae'; Diese Pflanze ist auf den Bergen am *Angara*[-Fluß] und am gesamten [See] *Bajkal* häufig. Die Wurzel tritt in verschiedener Gestalt auf. Manche Pflanzen haben eine birnenförmige Wurzel mit wenigen, auf beiden Seiten hervorstoßenden Fasern, andere haben eine rübenförmige, zweigeteilte. Die Wurzeln sind außen braun; wenn die braune Schicht abgeschabt ist, sind sie glänzendbraun. Im Inneren sind sie mit einer weißen, markigen Substanz gefüllt. Wenn sie verletzt worden sind, fließt ein vom Weißen ins Grünliche übergehender Saft aus,

/18r/

*Irkuck*er Flora nach der Ordnung der ‚Institutiones rei herbariae'
I. Klasse

	der klebrig, sehr zäh und scharf ist. Sie treibt Stiele, die spannen- bis fußlang, ja je nach Alter auch länger, rund, grün, innen gefüllt und behaart sind. Die wechselständigen Blätter am Stengel sind länglich mit abgerundeter Spitze, in der Mitte mit einem weißen Nerv versehen und behaart.
20.	Tithymalus Myrsinites, latifolius (Breitblättriger, der Myrsine ähnlicher Tithymalus) des Caspar Bauhin, ‚Pinax', [Seite] 290; Tithymalus Myrsinites (Der Myrsine ähnlicher Tithymalus) des Johann Bauhin [‚Historia plantarum ...', Band 3, liber XXXIV, Seite 674] und des Tabernaemontanus [‚Icones plantarum', Seite 591]; Die Pflanze kommt vereinzelt in der Umgebung der *Nikol'skaja zastava* genannten Zollstation vor und blüht im Juni sowie im Juli.
21.	Tithymalus Myrsinites, angustifolius (Schmalblättriger, der Myrsine ähnlicher Tithymalus) des Caspar Bauhin [‚Pinax', Seite 290]; Esula degener Rivini (Aus der Art schlagende Esula des Rivinus) des Tournefort, ‚Institutiones rei herbariae', 31. Species; Die Pflanze kommt dort auf den Bergen am *Angara*[-Fluß] vor, wo man zum Dorf *Rozvodnaja* reist; auch auf den Bergen am [Bach] *Ušakovka*, doch kommt diese

	Species dort recht spärlich vor.
22.	Tithymalus maritimo affinis, Linariae folio (Dem Tithymalus maritimus [Strand-Tithymalus] verwandter Tithymalus mit dem Blatt von Linaria) des Caspar Bauhin, ‚Pinax', [Seite] 291; Tithymalus Amygdaloides, angustifolius (Schmalblättriger, Amygdalus-ähnlicher Tithymalus) des Tabernaemontanus [‚Icones plantarum', Seite 591]; Diese Pflanze ist mehrjährig und blüht etwa Mitte Juni am [Fluß] *Angara*, wo sie sehr häufig vorkommt. Sie stützt sich auf eine zarte Wurzel, die kaum stärker als ein dickerer Faden, außen glänzendbraun und innen weiß ist. Sie schickt meist drei Stengel aus. Die Blätter sind in der Gestalt den Blättern von Linaria sehr ähnlich, meist sind sie dunkel rot.

/18v/

*Irkuck*er Flora nach der Ordnung der ‚Institutiones rei herbariae'
I. Klasse

23.	Tithymalus tuberosa, oblonga radice, foliis longioribus angustioribus et rarioribus (Tithymalus mit knolliger, länglicher Wurzel, mit längeren, schmaleren, sehr vereinzelten Blättern); Ich vermute, daß es jedenfalls eine Varietät der Species Nummer 19 ist.
24.	Glaux maritima (Strand-Glaux) des Caspar Bauhin, ‚Pinax', Seite 215; Glaux exigua, maritima (Kleine Strand-Glaux) des Johann Bauhin, [‚Historia plantarum ...', Band] 3, [liber XXIX, Seite] 373; Die Pflanze kommt sehr häufig bei der *zaimka Medvedova* und am *Barguzin*-Fluß vor, ebenso auf den offenen Steppenflächen, die von Salzausblühungen reinweiß schimmern. Sie blüht im Juni. Die Samen sind gegen Ende August gereift; ich habe sie gesammelt und schicke sie.
25.	Apocynum rupestre polyanthos, flore Persico, folio angustissimo denticulato (Vielblütiges Felsen-Apocynum mit der Blüte von Persica, mit sehr schmalem feingezähntem Blatt); Dies ist eine Hochgebirgspflanze, die eine ansonsten kahle Stelle am *Angara*[-Fluß], 12 Stadien flußabwärts von *Irkuck* entfernt, ansehnlich macht. Sie blüht von etwa Anfang Juni bis zum Ende des Juni. Sie erhebt sich zu einer Höhe von einem Fuß bis zu einer Vorderarmslänge; je tiefer sie im Gebirge auftritt, um so höher wird sie. Sie stützt sich auf eine Wurzel von einer Spanne Länge, die einen Finger dick, außen aschgrau und innen weiß ist. Diese ist sehr saftig und von süßem Geschmack. Sie hat keinen bemerkenswerten Geruch und kriecht horizontal unter der sandigen, über die Felsen ausgebreiteten Erde.

/19r/

*Irkuck*er Flora nach der Ordnung der ‚Institutiones rei herbariae'
I. Klasse

	Die Pflanze bringt manchmal einen, manchmal zwei, manchmal drei Stengel hervor, die bei einigen Exemplaren verzweigt, bei anderen einfach sind. Die Stengel selbst sind stielrund, aufrecht, braungrün sowie gelenkig, und solange sie ohne Blüten sind, fehlen ihnen auch die Blätter. Ungefähr in der Mitte des Stengels richtet sich an den einzelnen Gelenken ein Stiel auf, der im untersten Stengelbereich zwei bis drei Zoll, im mittleren einen Zoll und im obersten Stengelbereich aber kaum einen halben Zoll lang ist. Der oberste Corymbus der Blüten begrenzt selbst den Stengel. Aus jedem Stiel gehen 10, 12 bis 15 andere, zartere, purpurrötliche Blütenstiele hervor, die länger als ungefähr ein halber Zoll sind, jeweils eine bald aufrechte, bald hängende Blüte tragen, die zu einem Corymbus angeordnet sind. Jede Blüte wird von einem Kelch umgeben, der monophyll, fünfspaltig, strahlig und mit vielen kurzen Haaren rauhaarig ist. Die Blüten bestehen aus einem Kronblatt [d. h. sind monopetal], sind glockenförmig, im unteren Teil röhrig, im oberen Teil fünfspaltig und nach Art der radförmigen Blüten sehr fein ausgebreitet sowie von sehr feiner purpurrötlicher Farbe

/19v/

*Irkuck*er Flora nach der Ordnung der ‚Institutiones rei herbariae'
I. Klasse

	wie üblicherweise bei den Blüten von Persica. Der Stempel, der das Zentrum der Blüte durchstößt, wird von fünf breiten Staubblättern, nachdem sie sich dem Stempel dicht angelegt haben, umschlossen. Eine purpurrote Scheide, die an der Spitze fünfspaltig ist, umgibt alle diese Teile und stellt die vom Kelch abgetrennte und umgedrehte Blüte gleichwie in Form eines Trichters dar. Nachdem die Blüte entfernt worden war, kamen die Rudimente zweier Scheidchen zum Vorschein. Wie sehr ich mich auch darum bemüht habe, es war aber nicht möglich, nach meiner Rückkehr nach *Irkuck* eine reife Frucht zu finden und der Beschreibung hinzuzufügen. Die Blättchen kommen an dieser Pflanze sehr spärlich vor. Bei einzelnen Ansätzen der Stiele nämlich, die eine Blütendolde tragen, kommen zwei sich gegenüberstehende, kurze, schmale und an den Rändern gezähnte [Blättchen] vor. Im obersten Stengelbereich erscheinen einige Bündel Blätter, die durch einzelne Stiele aufrecht gehalten werden. Ich ließ von dieser schönen Pflanze,

/20r/

Irkucker Flora nach der Ordnung der ‚Institutiones rei herbariae'
I. Klasse

	die meines Wissens nach noch nicht beschrieben worden ist, eine Zeichnung anfertigen, die die Pflanze in natürlicher Größe sehr gut darstellt. Anzumerken ist noch, daß einer beschädigten Pflanze zu Frühlingsbeginn ein milchiger Saft entströmt, jedoch in ganz geringer, kaum merklicher Menge.
26.	Apocynum rupestre Lavandulae folio, flore flavescente (Felsen-Apocynum mit dem Blatt von Lavandula und gelblicher Blüte); Diese Pflanze kommt in rauhen, gebirgigen Gegenden und an sonnenbeschienenen Plätzen am *Angara*[-Fluß] sowie jenseits des [Sees] *Bajkal* vor. Sie blüht etwa Ende Juni. Sie stützt sich auf eine lange Wurzel die machmal länger als zwei Ellen, wurzelrankig, weiß, dünn und stielrund ist. Sie kriecht waagerecht in der Erde, und senkt sich nicht sonderlich tief hinab. Die Stengel, die aus der mehrjährigen Wurzel hervorgehen, ein, zwei bis drei, überschreiten nie 5, 6 und 8 Fuß. Immer je zwei Blätter befinden sich in wechselständiger Stellung am Stengel. Diese sind lang, schmal, glatt und kahl. Sie erinnern an das Blatt von Lavandula (Lavendel). Aus den Blattachseln treten runde, einen Zoll lange Stiele aus. Aus diesen wiederum treten zahlreiche weitere kürzere, einzelne Stiele aus, die einzelne Blüten tragen und in Bündel dicht zusammengefaßt sind. Die Blüte ist monopetal, glockenförmig, fünfspaltig, weit offen und gelblich. Hinsichtlich der Struktur des Stempels

/20v/

*Irkuck*er Flora nach der Ordnung der ‚Institutiones rei herbariae'
I. Klasse

	und der Staubblätter stimmt die Pflanze weitgehend mit der vorhergehenden überein. Der Kelch ist grün, kahl, monophyll und fünfspaltig. Der Stempel, der die Blüte durchstößt, geht in eine längliche Frucht über, die von der Basis zur Spitze aufspringt und mit vielen Samen gefüllt ist, welche mit Pappi versehen sind. Alle Samen befinden sich in einem Körper, der einer Nudel ähnlich ist. Die breiten granatroten Samen strahlen im silbernen Glanz ihres Haarkleides. Die Frucht ist anderthalb Zoll lang, sie stellt sich dar wie auf Tafel 21 bei Tournefort. Den Blättern und dem angeritzten Stengel entströmt Milch, die zäh und langsam so austritt, als ob Fäden ausgeschwitzt würden. Ich habe dafür gesorgt, daß eine Zeichnung dieser Pflanze angefertigt wird. Die Pflan-

	ze ist in natürlicher Größe dargestellt: a) ist die Pflanze, b) die Frucht, c) ein ‚Packen' von Samen, d) der Samen mit Pappus. Ich schicke die ausgereiften Samen, die Anfang September in der Steppe von *Kungurga* gesammelt worden sind.
27.	Tamnoides scandens altissimum, folio umbilicato, anguloso, semine alato (Kletterndes, sehr hohes Tamnoides mit nabelartigem, eckigem Blatt, mit geflügeltem Samen); Diese mehrjährige Pflanze kommt auf den Bergen am *Angara*[-Fluß] gegenüber dem Dorf *Žilkina* wie auch in der Nähe von *Malaja Rozvodnaja* vor. Sie blüht Ende Mai. Sie kriecht mit einer sehr langen, stielrunden, holzigen Wurzel, die außen braun und innen weiß ist sowie aus vielen dicht gedrängten Fasern besteht. Wo die Wurzel [erste] Stengel ausschickt, hat sie die Stärke eines Gänsefederkiels und wird allmählich dicker, bis sie die Stärke

/21r/

*Irkuck*er Flora nach der Ordnung der ‚Institutiones rei herbariae'

I. Klasse

	eines Schwanenfederkiels überschreitet. Sie schickt zwei, bisweilen sogar drei Ellen lange dünne Zweige (Ranken) oder zwei bis fünf Stengel voller Zweige aus, die an der Erde kriechen oder benachbarte Bäume und Sträucher umschlingen sowie mannshoch klettern. Die dünnen Zweige selbst sind stielrund und kahl, ohne Ranken oder Keulchen (Zapfen), und umschlingen sich wie Schlangen fünf, sechs Mal, bis zu 10 Mal gegenseitig. Wie auch die Blattstiele gehen sie von Grün ins Rötliche über. Die Pflanze wächst üppig mit vielen Blättern von unterschiedlicher Größe in der Art des Convolvulus major (Größerer Convolvulus). Die Blätter im unteren Teil sitzen mit längeren, drei Zoll langen Stielen an und sind sehr groß. Je höher die Blätter ansitzen, und je weiter sie von der Wurzel entfernt sind, desto kürzer sind die Stiele und desto kleiner sind die Blätter. Die Blätter an der Pflanzenspitze sind am kleinsten und nahezu dreieckig. Die großen Blätter sind kahl, intensiv grün und wie die Blätter des Acer (Ahorn) kantenreich; auf der abgewandten Seite sind sie etwas weißlich und genabelt. Der Stengel durchstößt wie bei Hydrocotyle das Blatt selbst und tritt nicht an den Rändern ein. Aus den Achseln der Blattstiele gehen andere, einen halben

/21v/

Irkucker Flora nach der Ordnung der ‚Institutiones rei herbariae'
I. Klasse

	Zoll lange Stiele hervor und Blüten, die monopetal und glockenförmig sowie in der Gestalt einer Schelle offen und vielspaltig sind; unten sind es fünf oder sechs, nach oben allmählich weniger Blüten, die herabhängen, von Grün ins Weißliche übergehen, im Durchmesser eine Linie weit sind und innen mit zahlreichen, mit hellgelben Spitzen (Staubbeuteln) beladenen Staubblätter angefüllt sind. Der Stempel wird, soweit ich es an der kleinen zarten Blüte mit der Schärfe meiner Augen wahrnehmen konnte, zu einer dünnhäutigen Beere, die mit granatroten winzigen geflügelten Samen gefüllt ist. Die Beere entläßt den fruchtbaren Samen gegen Ende August, und danach vergeht sie mit der gesamten Pflanze. Nach meiner Rückkehr nach *Irkuck* etwa Mitte September versuchte ich, mit aller nur möglichen Geschicklichkeit und Mühe, der Frucht habhaft zu werden, doch fand ich nichts dergleichen. Die überall gesammelte und mit dem Sieb gereinigte Erde lieferte jedoch einige wenige Samen, deren Form auf der Tafel in c) dargestellt ist; a) zeigt einen Zweig der Pflanze, b) die Blüte. Wenige Tage bevor ich diese ‚Flora' nach Petersburg schicken wollte, erkannte ich, daß die ganze Arbeit vergeblich war und ich schmählich getäuscht worden bin. Die herbeigeschafften Samen gehörten nicht zu dieser Pflanze, sondern waren Samen einer Betula (Birke), die sich über diese Pflanze neigte und ihre Samen ausgeschüttet hatte.

/22r/

Irkucker Flora nach der Ordnung der ‚Institutiones rei herbariae'
I. Klasse

28.	Malva vulgaris, flore majore, folio sinuato (Gewöhnliche Malva mit größerer Blüte, mit buchtigem Blatt) des Johann Bauhin, [‚Historia plantarum ...', Band] 2, [liber XXI, Seite] 949; Die Pflanze kommt überall in den Gärten von *Irkuck*, in den Dörfern bei *Irkuck* und am See *Bajkal* vor. Sie wächst üppig aus den Samen, die aus China gebracht worden waren. Sicherlich wird man sich wundern, daß in dieser Gegend nicht irgendeine Species von Malva, Althea, Alcea und von Abutilon oder wenigstens eine einzige natürlich vorkommende [Species aus dieser Verwandtschaft], gefunden wird, und daß öfter ganze Gattungen fehlen. Andere, seltenere Pflanzen dagegen wie Astragalus oder Absinthium sind sehr speciesreich vertreten. Mir scheint dies ohne Zweifel

	einer gründlicheren Untersuchung zu bedürfen. Wenn ich über den Zustand und die natürliche Beschaffenheit des sibirischen Landes sprechen werde und dessen Unterschied zu anderen Ländern, werde ich die Meinungen und meine eigenen Ansichten darlegen. Auf jeden Fall ist fast ganz Sibirien von erweichenden und schleimbildenden Pflanzen entblößt.
29.	Malva foliis crispis (Malva mit krausen Blättern) des Caspar Bauhin, ‚Pinax', [Seite] 315; Diese Pflanze ist in den Gärten sehr häufig anzutreffen, und zwar gleichfalls auf Grund chinesischen Saatguts.
30.	Malva rosea, folio subrotundo, flore dilutius rubente (Rosenrote Malva mit rundlichem Blatt, mit hellrötlicher Blüte) des Caspar Bauhin, ‚Pinax', [Seite] 315; 1. Species des Tournefort, ‚Institutiones rei herbariae'; Auch diese Pflanze wird in gleicher Weise in den Gärten kultiviert.
31.	Ketmia Sinensis, fructu subrotundo, flore simplici (Chinesische Ketmia, mit rundlicher Frucht, mit einzelner Blüte) des Tournefort, ‚Institutiones rei herbariae', [Seite] 100; Diese

/22v/

*Irkuck*er Flora nach der Ordnung der ‚Institutiones rei herbariae'
I. Klasse

	Pflanze blühte üppig in den Gärten des Herrn Vizegouverneurs und verschiedener Kaufleute, nachdem die Saat aus China herbeigebracht worden war.
32.	Xylon sive Gossypium herbaceum (Xylon oder Krautiges Gossypium) des Johann Bauhin, [‚Historia plantarum ...', Band] 1, [liber III, Seite] 343; Nachdem die Samen aus China herbeigebracht worden war, hatten sie in den Gärten von *Irkuck* üppig gekeimt, waren jedoch weder zur Blüte, noch zur Frucht gekommen.
33.	Cucumis sativus, vulgaris, maturo fructo subluteo (Gewöhnlicher, kultivierter Cucumis, mit bei der Reife leicht gelber Frucht) des Caspar Bauhin, ‚Pinax', [Seite] 310; bei den Russen *ogurcy*; Die Pflanze wird überall in Sibirien bis hin zum *Kirenga*[-Fluß] in den Gärten angebaut.
34.	Cucumis flexuosus (Geschlängelter Cucumis) des Caspar Bauhin, ‚Pinax', [Seite] 310; Cucumeres longissimi (Sehr lange Cucumeres) des Johann Bauhin, [‚Historia plantarum ...', Band] 2, [liber XVI, Seite] 247; Nachdem die Samen aus China gebracht worden waren, keimte die Pflanze in *Irkuck* überaus üppig und brachte sehr lange Früchte hervor.
35.	Pepo oblongus (Länglicher Pepo) des Caspar Bauhin, ‚Pinax', [Seite] 311; bei den Russen *tykva*; Die Pflanze wird in den Gärten sehr zahl-

	reich angebaut.
36.	Anguria Citrullus dicta (Anguria, die Citrullus genannt wird) des Caspar Bauhin, ‚Pinax', [Seite] 312; 1. Species des Tournefort, ‚Institutiones rei herbariae'; Nachdem die Saat aus China herbeigebracht worden waren, brachte die Pflanze in den Gärten verschiedener Personen Blüten und Früchte hervor, die aber nicht ausreiften. Man hat versucht, durch Verwendung von Fenstern aus Marienglas die Wärme zu verstärken, doch war dies vergeblich. Man behauptet nämlich, daß sich dadurch die Erde nicht erwärmen ließe. Warum dies so ist oder welcher Grund dahinter steckt, erkenne ich bislang nicht.

/23r/

*Irkuck*er Flora nach der Ordnung der ‚Institutiones rei herbariae'
I. Klasse

37.	Campanula Serpilli folio (Campanula mit dem Blatt von Serpyllum) des Caspar Bauhin, ‚Pinax' [Seite 93], und des Buxbaum; Die Pflanze blüht zahlreich zu Beginn des Juni auf waldreichen Bergen bei *Irkuck* und am See *Bajkal* an morschen Wurzeln umgestürzter Bäume.
38.	Campanula minor, rotundifolia, Alpina (Kleinere, rundblättrige Alpen-Campanula) des Caspar Bauhin, ‚Pinax' [Seite 93]; Campanula minor rotundioribus imis foliis (Kleinere Campanula bei der die untersten Blätter rundlicher sind) des Clusius, ‚Historia plantarum'; Die Pflanze wächst überall bei *Irkuck* und am See *Bajkal* aus Felsen heraus. Sie blüht im Juni, Juli und August.
39.	Campanula Lini folio, flore coeruleo (Campanula mit dem Blatt von Linum, mit blauer Blüte); sehr zahlreich bei *Irkuck* und am See *Bajkal*; Die Pflanze blüht zusammen mit der vorhergehenden Species und ist eine gänzlich verschiedene Species. Nirgendwo fand man diese mit untersten rundlicheren Blättern wie bei der vorhergehenden.
40.	Campanula Lini folio, flore albo (Campanula mit dem Blatt von Linum, mit weißer Blüte); von der vorhergehenden durchaus zu unterscheidende Species kam nämlich häufig vor. Sie blüht zusammen mit der vorhergehenden.
41.	Campanula Persicae folio (Campanula mit dem Blatt von Persica) des Clusius, ‚Historia plantarum', [Seite] CLXXI; auf den Bergen am *Angara*[-Fluß] und am See *Bajkal*; Die Pflanze blüht im Juni und Juli.
42.	vielleicht Campanula angustifolia, pumila, monanthos, Lusitanica (Schmalblättrige, einblütige, Lusitanische Zwerg-Campanula) des Tournefort, ‚Institutiones rei herbariae', Seite 112; Die Pflanze stützt sich auf eine weiße, rübenförmige Wurzel, die einen Zoll lang ist und

	eine sehr große Anzahl von Blättern ernährt. Diese sind in der Art von Atriplex (Melde) leicht buchtig,

/23v/

*Irkuck*er Flora nach der Ordnung der ‚Institutiones rei herbariae'
I. Klasse

	auf beiden Seiten grün, einen Zoll lang, zwei Linien breit und sehr dicht zusammengedrängt. An der Spitze der Pflanze befindet sich eine einzige blaue, aufrechte Blüte, die in Größe und Gestalt der Blüte der vorhergehenden Species ähnlich ist. Die gesamte Pflanze ist ungefähr 4 Zoll hoch. Sie kam wenigstens an einer einzigen Stelle am See *Bajkal* gegen Ende Juli in Blüte vor.
43.	Campanula foliis Echii (Campanula mit den Blättern von Echium) des Caspar Bauhin, ‚Prodromus', Seite 36; Die Pflanze ist sehr zahlreich auf Bergen und Wiesen am *Angara*[-Fluß] und am gesamten [See] *Bajkal* anzutreffen. Sie blüht gegen Anfang Juli bis Mitte August.
44.	Campanula foliis Echii flore albo (Campanula mit den Blättern von Echium, mit weißer Blüte); eine Varietät der vorhergehenden Species; Die Pflanze kam einige Male zusammen mit der vorhergehenden vor.
45.	Campanula pratensis, flore conglomerato (Wiesen-Campanula mit geknäulter Blüte) des Caspar Bauhin, ‚Pinax', [Seite] 94; Trachelium minus multis (Sehr viel kleineres Trachelium bei vielen [Autoren]) des Johann Bauhin, [‚Historia plantarum ...', Band] 2, [liber XX, Seite] 800; häufig am *Angara*[-Fluß] und am See *Bajkal*; Die Pflanze blüht im Juli.
46.	Campanula vulgatior, foliis Urticae (Sehr weit verbreitete Campanula mit den Blättern von Urtica) des Caspar Bauhin, ‚Pinax', [Seite] 94; häufig bei *Irkuck* und am See *Bajkal*; Die Pflanze blüht zusammen mit den vorhergehenden.
47.	Aparine vulgaris (Gewöhnliche Aparine) des Caspar Bauhin, ‚Pinax', [Seite] 334; überall in Sibirien häufig
48.	Gallium album, vulgare (Weißblühendes gewöhnliches Gallium) des Tournefort, ‚Institutiones rei herbariae', 2. Species; Mollugo montana, angustifolia, vel Gallium album, latifolium (Schmalblättrige Berg-Mollugo oder Weißblühendes breitblättriges Gallium) des Caspar Bauhin, ‚Pinax', [Seite] 334; Die Pflanze blüht im Juni und Juli bei

/24r/

*Irkuck*er Flora nach der Ordnung der ‚Institutiones rei herbariae'
I. Klasse

	Irkuck und am See *Bajkal.*
49.	Gallium luteum (Gelbes Gallium) des Caspar Bauhin, ‚Pinax', [Seite] 335; zusammen mit der vorhergehenden [Species]
50.	Cruciata glabra (Kahle Cruciata) des Caspar Bauhin, ‚Pinax', [Seite] 335; Rubia quadrifolia, glabra, angustifolia (Vierblättrige, kahle, schmalblättrige Rubia) des Johann Bauhin, [‚Historia plantarum ...', Band] 3, [liber XXXVI, Seite] 717; bei den Russen *mariona koren'*; sehr zahlreich bei *Irkuck* und am See *Bajkal*
51.	Cruciata palustris, alba (Weiße Sumpf-Cruciata) des Tournefort, ‚Institutiones rei herbariae'; Gallium palustre, album (Weißes Sumpf-Gallium) des Caspar Bauhin, ‚Pinax', [Seite] 335; häufig an allen Flüßchen und bei stehenden Gewässern; Die Pflanze blüht im Juni und Juli.

Zweite Klasse
von
Kräutern und Halbsträuchern mit monopetaler trichterförmiger Blüte von radförmiger Gestalt
I. Sektion

52.	Menyanthes palustre, latifolium et triphyllum (Breit- und dreiblättriges Sumpf-Menyanthes) des Tournefort, ‚Institutiones rei herbariae', 1. Species; Trifolium Tiberinum recentissum (Unlängst beschriebenes Tiber-Trifolium) des Herrn Doktor Siegesbeck; häufig in den Sümpfen bei *Irkuck*
53.	Nicotiana minor (Kleinere Nicotiana) des Caspar Bauhin, ‚Pinax', [Seite] 170; Priapeia quibusdam, Nicotiana minor (Priapeia bei manchen [Autoren], Kleinere Nicotiana) des Johann Bauhin [‚Historia plantarum ...', Band 3, liber XXXIV, Seite 630]; Die Pflanze kommt häufig in den Gärten von *Irkuck* vor, nachdem die Saat aus China herbeigebracht worden waren.
54.	Hyoscyamus vulgaris vel niger (Gewöhnlicher oder schwarzer Hyoscyamus) des Caspar Bauhin, ‚Pinax', [Seite] 169; sehr zahlreich bei *Irkuck* und am See *Bajkal*; Bei den Russen nennt man die Pflanze *belena*.
55.	Androsace minima alba, subrotundis fo-

/24v/

*Irkuck*er Flora nach der Ordnung der ‚Institutiones rei herbariae'
II. Klasse

	liis glabra (Sehr kleine weiße, kahle Androsace mit rundlichen Blättern); Eine Beschreibung und ein Bild dieser Pflanze hat Herr Doktor Gmelin im ‚Index plantarum Lenensium', Nummer 233, gegegeben. Sie kommt häufig auf den Waldwiesen am gesamten See *Bajkal* vor. Die Pflanze blüht im Juni, Juli und August; die gesammelten Samen werden geschickt.
56.	Androsace angustifolia glabra folio subrotundo (Schmalblättrige kahle Androsace mit rundlichem Blatt); Die Pflanze blüht im Frühling und Sommer überall bei *Irkuck* und am gesamten See *Bajkal*. Ihre Samen werden geschickt.
57.	Androsace folio glabro oblongo multiflora (Vielblütige Androsace mit kahlem, länglichem Blatt); Die Pflanze tritt zusammen mit der vorhergehenden in gleicher Anzahl auf. Vielleicht ist sie nur eine Varietät von dieser.
58.	Androsace folio angusto glabro acuto et serrato (Androsace mit schmalem, kahlem, spitzem und gesägtem Blatt); Die Pflanze tritt zusammen mit der vorhergehenden in gleicher Anzahl auf. Ihre zugespitzten Blätter sind an den Rändern etwas gesägt oder vielmehr gezähnt. Hinsichtlich der Anzahl und Gestalt der Blüten, der Höhe und Anzahl der Stengel stimmt die Pflanze mit der vorhergehenden überein. Ihre Samen werden geschickt.
59.	Androsace Musci aut parvi Sedi facie (Moos-Androsace oder Androsace in Gestalt des kleinen Sedum); Diese Pflanze kommt auf sehr trokkenen Bergen und an Felshängen, auch auf niedriger gelegenen, trockenen, sandigen Steppenflächen am See *Bajkal* häufig vor. Ihre in kugelförmigen Köpfchen versammelten Blätter sind in der Verteilung und Struktur den Blättern von Sedum sehr ähnlich. Sie sind zottig und klein. Aus ihrer Mitte dieser erheben sich ein, zwei oder drei kleine Stiele, die meist anderthalb Zoll

/25r/

*Irkuck*er Flora nach der Ordnung der ‚Institutiones rei herbariae'
II. Klasse

	lang sind und drei, vier oder fünf Blüten tragen. Die Blüten sind von äußerst reinweißer, milchiger Farbe und erschienen nur einmal. Der Stempel geht über in die kugelförmige Frucht, die von einem Kelch eingehüllt und oben durch ein Köpfchen geschützt ist, das bei der Reife der Samen abfällt. Die zu verschiedener Zeit gesammelten, bestens gereiften Samen werden geschickt.
60.	Androsace prolifera duplici florum corolla, una intra folia sessili, altera ex hac in altum surgente (Sprossende Androsace mit zweifachem Blütenstand, mit einem, der innerhalb der Blätter sitzt, und einem weiteren, der aus dem ersten aufsteigt); Wegen der sehr feuchten Bodenverhältnisse ist diese Pflanze als eine Varietät zu betrachten, obwohl sie sehr reichlich in den Bergwäldern um die Kreuz-Kirche, die *Krest* genannt wird, vorkommt. Sie blüht zusammen mit der vorhergehenden fast den ganzen Sommer..
61.	Androsace polyflora monstrosa, caule latissimo (Vielblütige, mißgebildete Androsace mit sehr breitem Stengel); Die Pflanze kommt zusammen mit der vorhergehenden vor. Der Stengel, der normalerweise einem dickeren Faden gleicht, ist bei dieser Varietät so stark angeschwollen, daß seine Breite über anderthalb Linien hinausgeht. An seiner Spitze tritt der sehr dichte Blütenstand aus.
62.	Androsace prolifera triplici et quadruplici florum corolla (Sprossende Androsace mit dreifachem und vierfachem Blütenstand); Nachdem sich der erste, innerhalb von Blättern an einem einfachen, unverzweigten Stengel sitzende Blütenstand etwa 4 bis 5 Zoll in die Höhe erhoben hat, treibt nach beiden Seiten wiederum ein ebensolcher Blattknoten, wie er am Kopf der Wurzel erblickt wird, aus dem Stengel, mit einem zweiten Blütenstand innerhalb der Blätter sitzend, heraus.

/25v/

*Irkuck*er Flora nach der Ordnung der ‚Institutiones rei herbariae'
II. Klasse

	Aus dem in Blätter und doppelt so viele Blüten aussprossenden Stengel gehen erneut Dolden hervor, von denen die dritte mit Blattknoten und Blüten innerhalb der Blätter sitzt, und der Stengel proliferiert. Die vierte Blütendolde jedoch ist anmutig, purpurrötlich werdend und proliferiert. Nur in diesem viertem Stockwerk erscheinen die Blüten in ihrer

	natürlichen Größe, übrigens sind die Blüten sehr dicht gedrängt, winzig und bringen keine Samen hervor. Im übrigen ist bemerkenswert, daß alle diese Varietäten, deren Anzahl ich, wenn ich wollte, leicht auf 20 erhöhen könnte, bei keiner anderen Species als bei Androsace folio angusto glabro acuto et serrato (Androsace mit schmalem, kahlem, spitzem und gesägtem Blatt) vorkommen. Auch pflegen nur bei dieser, wie auch bei ihren Varietäten, die Blätter mitunter ebenfalls rot zu sein, während die Blätter der übrigen Species stets grün auftreten. Die Russen gebrauchen ein Dekokt von Androsace als Dekokt bei Eingeweidevorfall (Hernie) sowie nicht ohne große Linderung bei Gonorrhoe. Wenn die Natur es so will, daß es bestimmte, beständige Varietäten gibt, so zweifle ich nicht, daß diejenigen aus den gesammelten Samen, welche freilich wegen der großen Beschwerlichkeiten auf der Reise in Unordnung gebracht worden sind,

/26r/

*Irkuck*er Flora nach der Ordnung der ‚Institutiones rei herbariae'
II. Klasse

	hervorkommenden Pflanzen, die in Petersburg in den Gärten ausgesät werden, das gleiche Schauspiel bieten werden.
63.	Primula veris folio amplissimo subrotundo, laciniato, mellis favi odore (Frühlings-Primula mit sehr großem rundlichem geschlitztem Blatt und dem Geruch der Honigwabe); Diese sehr schöne Pflanze von angenehmen Geruch wurde an der Mündung des *Maksimicha*[-Fluß] in den See *Bajkal* ungefähr Mitte August nach der Blüte in den Wäldern gefunden. Wegen der nicht gesehenen Blüte wurde beschlossen, die Species unterdessen so zu bezeichnen, bis Herr Doktor Amman anhand der getrockneten Exemplare, die zusammen mit den bestens gereiften Samen nach Petersburg geschickt worden sind, festgestellt hat, ob es sich nicht, wie ich mit Herrn Doktor Gmelin vermute, um Cortusa Mathioli flore rubro (Cortusa des Matthiolus mit roter Blüte) der ‚Institutiones rei herbariae' handelt, oder unter welchem anderen Namen sie dort womöglich erscheint. Daher möchte ich hier auf eine ausführliche Beschreibung verzichten.
64.	Primula veris rubro flore (Frühlings-Primula mit roter Blüte) des Clusius, ‚Historia plantarum', [Seite] CCC; 8. Species des Tournefort, ‚Institutiones rei herbariae'; Verbasculum umbellatum, Alpinum, minus (Doldiges, kleineres Alpen-Verbasculum) des Caspar Bauhin, ‚Pinax', [Seite] 242; Primula veris minor (Kleinere Frühlings-Primula) des Johann Bauhin [‚Historia plantarum ...', Band 3, liber XXX, Seite 498];

	Die Pflanze blüht etwa von Mitte Mai bis Mitte Juni sehr reichlich auf den Wiesen diesseits des *Angara*[-Flusses] und am [Fluß] *Irkut*, auch am gesamten [See] *Bajkal*. Sie ist schön im Anblick und blüht reichlich auf sehr feuchten Wiesen. Sie erhebt sich zu unterschiedlicher Höhe und stellt sich in verschiedener

/26v/

*Irkuck*er Flora nach der Ordnung der ‚Institutiones rei herbariae'
II. Klasse

	Gestalt dar. Es hat jedoch den Anschein, daß sie niemals höher als einen halben Fuß wird; im allgemeinen erreicht sie in Abhängigkeit von der Beschaffenheit des Bodens und der Anzahl an Blüten eine Höhe von drei oder vier Zoll. Es pflegen nämlich viele der sich hinausschiebenden Sprosse der Pflanze nur eine mittlere, wenige oder nur ein einzelner die genannte Höhe zu erreichen. Die Pflanze stützt sich auf sehr zarte, weiße Wurzeln, die bald senkrecht, bald horizontal in der Erde haften. Sie bildet zu Frühlingsbeginn sehr viele Blätter, die in je drei Rängen im Raum um den Sproß angeordnet sind. Der unterste Blattrang liegt nach Art der Blätter der Androsace-Species dem Boden an, der zweite Blattrang steht aufrecht am Sproß und überragt die übrigen an Umfang, der dritte umschließt den Stengel bei bereits offener Blüte und ist von allen der kleinste. Die einzelnen Blätter sind blaß grün, im abgewandten Teil sind sie schwefelgelb besprüht, gleichsam wie von Tau befeuchtet. Sie sind ausgesprochen nervenreich, im Umriß gering mit einer Spitze versehen, zum vorderen Blattende hin zugespitzt und dicklich wie bei den Blättern von Valerianella.

/27r/

*Irkuck*er Flora nach der Ordnung der ‚Institutiones rei herbariae'
II. Klasse

	Aus der Mitte des Sprosses erheben sich ein, zwei, drei oder mehr stielrunde, sukkulente, kahle, bleich grüne Blütenstiele, die eine Dolde von Primelblüten tragen. Die Blüten sind monopetal, haben nahezu die Form eines Kraters, sind unten röhrig, oben fünfspaltig und ausgedehnt, bald intensiver, bald schwächer, purpurrot leuchtend, und haften an ihren grünen bei Ausbreitung der Krone ausgedehnen fünfeckigen sowie oben fünfzipfligen Kelchen. Der Stempel ist im untersten Teil der Blüte wie ein Nagel eingeheftet. Er ist im oberen Teil der Blüte von vier sehr kurzen hellgelben Staubblättern mit ihren breiten Spitzen

	(Staubbeuteln) umgeben, die aus der Blütenröhre herankommen. Die Blütenröhre verengt sich unterhalb der Staubblätter allmählich und wird schließlich vom Stempel durchbrochen, welcher längliche Samenanlagen im Fruchtknoten (Kügelchen) oder Köpfchen enthält, der am Pol befestigt ist. Er [der Fruchtknoten] bringt vorwiegend sehr kleine Samen hervor, die ich gut gereift schicke. Die Pflanze ist fast ohne Geruch, durch ihren gefälligen und süßen Geschmack aber ist sie unserer Primula (Primel) ähnlich; siehe ihr Bild auf der Tafel.

/27v/

*Irkuck*er Flora nach der Ordnung der ‚Institutiones rei herbariae'
II. Klasse

65.	Primula veris albo flore (Frühlings-Primula mit weißer Blüte) des Clusius, ‚Historia plantarum', [Seite] 300; Verbasculum umbellatum Alpinum, majus (Größeres, doldiges, Alpen-Verbasculum) des Caspar Bauhin, ‚Pinax', [Seite] 242; 9. Species des Tournefort, [‚Institutiones rei herbariae']; Die Pflanze blüht gegen Ende Mai auf den Bergwiesen am [Fluß] *Irkut* und unterscheidet sich nur in der Blütenfarbe von der vorhergehenden; siehe ihre Abbildung auf der Tafel, die die Pflanze in natürlicher Größe wiedergibt.
66.	Primula veris rubro flore, unico vel duplici folio, subrotundo, utrimque viridi (Frühlings-Primel mit roten Blütenblättern, die ein- oder zweiteilig sind, mit rundlichem Blatt, das auf beiden Seiten grün ist); Dies ist eine durchaus sehr verschiedene Species, die man [Primula] palustris (Sumpf-Primula) nennen könnte, da sie immer an feuchten Stellen vorkommt. Ihr Standort auf den Wiesen an der Pfahlbrücke in *Irkuck*, wo es nach *Kačeg* geht, am See *Bajkal* zwischen den am Ufer liegenden vom Spritzwasser nassen Steinen sowie an den Mündungen der Ströme *Bugul'deicha*, *Maksimicha* und *Barguzin* in den See [*Bajkal*] zeigt den Unterschied [zu den bekannten Species]. Der Pflanzenname weist auf die wenigeren Blüten hin, die sehr zarten, rundlichen Blätter oder daß sie einen dünneren Stengel hat. Eine Abbildung dieser Pflanze findet sich auf der Tafel ... Es werden gut gereifte Samen geschickt. Die Pflanze blüht gegen Anfang Juni, die Samen sind gegen Anfang August völlig ausgereift.

/28r/

*Irkuck*er Flora nach der Ordnung der ‚Institutiones rei herbariae'
II. Klasse

67.	Primula veris pumila, flore unico folio praelongo subrotundo (Zwerg-Frühlings-Primel mit einer einzigen Blüte mit sehr langem rundlichem Blatt); Dieses Pflänzchen kam lediglich einmal im Moos eingewachsen am [Fluß] *Irkut* vor und ist vielleicht nur eine Varietät der 8. Species von Tournefort, ‚Institutiones rei herbariae'.
68.	Primula veris folio oblongo angusto nonnihil laciniato (Frühlings-Primel mit länglichem, schmalem Blatt, das etwas geschlitzt ist); Ich fand diese Species, als die Samen bereits völlig gereift waren, an der Mündung des *Bugul'deicha*-Flusses in den See *Bajkal* und zwischen Steinen am Ufer des Sees von der Insel *Listvenišnoj* bis zur Mündung des *Maksimicha*-Flusses in den See. Ich übersende die gut gereiften Samen.
69.	Plantago latifolia, glabra (Breitblättrige, kahle Plantago) des Caspar Bauhin, ‚Pinax', [Seite] 189; 1. Species des Tournefort, ‚Institutiones rei herbariae'; auf Wiesen und an Wegen bei *Irkuck* und am See *Bajkal*; Die Pflanze blüht Anfang Juni.
70.	Plantago latifolia, glabra, minor (Breitblättrige, kahle, kleinere Plantago) des Caspar Bauhin, ‚Pinax', [Seite] 189; zusammen mit der vorhergehenden [Species] auf sehr trockenen Wiesen
71.	Plantago latifolia, glabra, minor (Breitblättrige, kahle, kleinere Plantago) des Caspar Bauhin, ‚Pinax', Seite 189; zusammen mit der vorhergehenden [Species] auf sehr trockenen Wiesen; Die Pflanze ist beim Beschreiben aus Unachtsamkeit zweimal aufgeführt worden.
72.	Plantago angustifolia, major (Schmalblättrige, größere Plantago) des Caspar Bauhin, ‚Pinax', [Seite] 189; auf Wiesen und in den Gärten von *Irkuck*
73.	Plantago angustifolia, minor (Schmalblättrige, kleinere Plantago) des Tabernaemontanus, ‚Icones plantarum', [Seite] 732; überall bei *Irkuck* und am See [*Bajkal*]

/28v/

*Irkuck*er Flora nach der Ordnung der ‚Institutiones rei herbariae'
II. Klasse

74.	Plantago latifolia, sinuata (Breitblättrige Plantago mit buchtigem Blatt) des Caspar Bauhin, ‚Pinax', [Seite] 189; 2. Species des Tournefort, ‚Institutiones rei herbariae'; Die Pflanze wächst hinsichtlich der Größe

	der Blätter sehr üppig. Ich fand Blätter, die breiter als eine Spanne waren. Die Pflanze wächst beim Dorf *Miljušina*, 8 Stadien von *Barguzinskoj ostrog* entfernt.
75.	vielleicht Plantago lato, sanguineo folio (Plantago mit breitem, blutrotem Blatt) des ‚Hortus Regius Monspeliensis'; Diese Species kommt sehr zahlreich in der Steppe von *Kungurga*, 40 Stadien von *Barguzinskoj ostrog* entfernt, an dem Salzsee vor. Die Wurzel ist fasrig. Die Blätter sind steif aufgerichtet, kahl, nervenreich und rötlich. Eine Blüte sah ich nicht, aber ich schicke die gut gereiften Samen.
76.	Plantago maritima, foliis gramineis (Strand-Plantago mit grasartigen Blättern); Coronopus maritima nostras (Strand-Coronopus von uns) des Johann Bauhin [‚Historia plantarum ...', Band 3, liber XXXI, Seite 511]; Die Pflanze kommt zusammen mit der vorhergehenden am gleichen Ort vor. Ihre Wurzel besitzt die Stärke eines Fingers und steigt einen halben Fuß im ausblühenden Salz senkrecht in den Schlamm hinab. Im Inneren ist sie weiß und saftig. Die Blätter sind lang, grasartig und rinnenförmig. Sie schickt sehr viele Blüten-Ähren aus. Von den Pferden werden die Samen begierig herausgeholt. Ich habe die gut gereiften Samen gesammelt und geschickt.
77.	Plantaginella palustris (Sumpf-Plantaginella) des Caspar Bauhin, ‚Pinax', [Seite] 190; Diese Pflanze mit einer monopetalen fünfspaltigen Blüte habe ich hier angegeben, weil ich nicht weiß, wie Tournefort sie eingeordnet hat oder ob er sie beschrieben hat. Das ist jedoch hier

/29r/

*Irkuck*er Flora nach der Ordnung der ‚Institutiones rei herbariae'
II. Klasse

	ohne Belang. Weil die Pflanze aber nicht nur überall an den Strömen und in Sümpfen in Sibirien vorkommt, sondern auch in Rußland und in Petersburg sehr häufig ist, wollte ich sie nicht lang und breit beschreiben.
78.	Valeriana palustris, major (Größere Sumpf-Valeriana) des Caspar Bauhin, ‚Pinax' [Seite 164]; *zemljanoj ladon* der Russen; Die Pflanze kommt überall bei *Irkuck* und am See *Bajkal*, auf den Feldern in den Bergen und auf feuchten Wiesen vor. Sie blüht im Juni. Die Samen mit Pappus (Haarkranz) sind Anfang August gereift.
79.	Scutellaria Valerianae folio, flore flavo (Scutellaria mit dem Blatt von Valeriana, mit hellgelber Blüte) des Herrn Doktor Gmelin, ‚Index plantarum Lenensium'; Von diesem stammt eine sehr ausführliche Beschreibung dieser Pflanze und ein Bild. Sie blüht im Juli auf den Bergen

	am *Angara*[-Fluß] und am See *Bajkal*. Die gut gereiften Samen werden geschickt.
80.	Borrago floribus coeruleis (Borrago mit blauen Blüten) des Johann Bauhin, [‚Historia plantarum ...', Band] 3, [liber XXXIII, Seite] 574; in den Gärten von *Irkuck*
81.	Buglossum arvense, annuum, Lithospermi folio (Einjähriges Acker-Buglossum mit dem Blatt von Lithospermum) des Tournefort, ‚Institutiones rei herbariae'; Lappula des Rivinus; sehr zahlreich bei *Irkuck* und am gesamten [See] *Bajkal*
82.	Buglossum arvense annuum, Lithospermi folio, flore albo (Einjähriges Acker-Buglossum mit dem Blatt von Lithospermum, mit weißer Blüte); Die Pflanze kommt seltener vor und ist eine Varietät der vorhergehenden.
83.	vielleicht Buglossum angustifolium, minus (Kleineres, schmalblättriges Buglossum) des Caspar Bauhin, ‚Pinax' [Seite 256]; Diese Pflanze kommt sehr häufig an sandigen Ufern der Insel *Listvenišnoj* bis hin zur Mündung des *Barguzin*[-Flusses] vor. Ich habe die gut gereiften Samen gesammelt und schicke sie.
84.	Pulmonaria Italorum ad Buglossum accedens (Pulmonaria der Italiener, die Buglossum ähnlich ist) des Johann Bauhin, [‚Historia plantarum ...', Band] 3, [liber XXXIII, Seite] 595; häufig bei *Irkuck* und am [See] *Bajkal*; Die Pflanze blüht im Mai.

/29v/

*Irkuck*er Flora nach der Ordnung der ‚Institutiones rei herbariae'
II. Klasse

85.	Lithospermum palustre, minus, flore caeruleo (Kleineres Sumpf-Lithospermum mit blauer Blüte) des Tournefort, ‚Institutiones rei herbariae', 5. Species, Seite 137; Echium Scorpioides, palustre (Sumpf-Echium, das Scorpioides ähnlich ist) des Caspar Bauhin, [‚Pinax', Seite 254]; Die Pflanze blüht gegen Ende Mai bei *Irkuck* an sumpfigen Orten. Ihre Blätter sind kahl und viel grüner als die von [Lithospermum] arvense (Acker-Buglossum).
86.	Lithospermum palustre, minus, flore albo (Kleineres Sumpf-Lithospermum mit weißer Blüte) des Tournefort, [‚Institutiones rei herbariae'], 6. Species; Diese Pflanze ist der vorhergehenden ähnlich und kommt häufig vor.
87.	Lithospermum palustre, minus, flore purpurascente (Kleineres Sumpf-Lithospermum mit purpurrötlicher Blüte); eine Varietät der vorhergehenden [Species]

88.	Lithospermum arvense, minus (Kleineres Acker-Lithospermum), 4. Species des Tournefort, [,Institutiones rei herbariae']; auf Feldern und sandigen Orten auf den Bergen bei *Irkuck* und am See *Bajkal*; Die Pflanze blüht den gesamten Sommer.
89.	Lithospermum arvense, minus, flore purpurascente (Kleineres Acker-Lithospermum mit purpurrötlicher Blüte); eine Varietät der vorhergehenden [Species]
90.	vielleicht Lithospermum Alpinum, tomentosum, minimum (Filziges, sehr kleines Alpen-Lithospermum), 7. Species des Tournefort, [,Institutiones rei herbariae']; Echium Scorpioides, Alpinum, tomentosum, nanum, supinum (Dem Scorpioides ähnliches, filziges, kleines, rücklingsgelegtes Alpen-Echium) des Boccone, [,Museo di piante', Seite 149]; Die Pflanze kommt sehr zahlreich auf den trockenen Flächen der Steppe von *Kungurga* vor. Sie ist selten höher als zwei Zoll. Sie hat sehr schmale filzige Blätter; die Blüte habe ich nicht gesehen. Die gut gereiften Samen aber werden geschickt.
91.	Lithospermum majus, erectum (Größeres, aufrechtes Lithospermum) des Caspar Bauhin, ,Pinax', [Seite] 258; Lithospermum sive Milium solis (Lithospermum oder Sonnen-Milium) des Johann Bauhin [,Historia plantarum ...', Band 3, liber XXXIII, Seite 590]; sehr zahlreich am Fuße der Berge beim *Angara*[-Fluß] und am [Bach] *Ušakovka* wie auch auf Felshängen am See *Bajkal*. Die Pflanze blüht im Mai

/30r/

*Irkuck*er Flora nach der Ordnung der ,Institutiones rei herbariae'
II. Klasse

	und im Juni. Die Samen sind im August reif.
92.	Plumbago Psyllii folio, flore rubro (Plumbago mit dem Blatt von Psyllium, mit roter Blüte); Die Samen dieser Pflanze waren, obwohl sie erst vor kurzem verblüht war, bereits ausgefallen. Die Pflanze wurde auf den Bergen gegenüber den heißen Quellen beim *Barguzin*[-Fluß], 2 Stadien vom *ostrog* entfernt, angetroffen. Die Pflanze hielt mich einige Tage lang in Atem, bis ich sie, durch rauhe Abgründe kriechend, mit einem Mal blühend an der Spitze eines Felshanges erkannte. Ich schickte sie auf der Stelle dem Maler. Nach einigen Tagen habe ich noch zwei weitere Pflanzen blühend auf einem anderen Felshang gefunden und mit diesen auch 25 bestens gereifte Samen. Sie hat eine monopetale, glocken- und radförmige, flache Blüte, die wie bei Caryophyllus ausgebreitet, fünfspaltig, purpurrot und unten röhrig ist. Die Röhre tritt mit einer Länge von einer Linie aus dem Kelch hervor. Sie wird dann von

	jenem umfaßt und bis zum Welken festgehalten. Der Stempel, der sich aus dem Kelch erhebt, dehnt sich bis zur Entfaltung der Blüte aus und geht danach über in die eiförmig-zugespitzten Frucht, die bis zur vollständigen Reife im Kelch versteckt ist. Der Kelch ist länglich, grün und etwa wie bei der Primula (Primel) oben fünfspaltig.

/30v/

*Irkuck*er Flora nach der Ordnung der ‚Institutiones rei herbariae'
II. Klasse

	Die Blätter sind trocken (saftlos), lang, schmal, grasartig und den Blättern von Psyllium ähnlich. Es bilden sich in wechselständiger Ordnung drei oder vier aus einer Scheide. Der Stengel ist zart, trocken und gelenkig; er bildet Ausläufer. Die unversehrte Pflanze kriecht manchmal, bisweilen findet man sie aufrecht. Daß die grazile und schwache Wurzel nicht mehrjährig sein soll, überzeugt mich leicht. Etwa Mitte August war die Pflanze bereits verwelkt. Alle Samen waren zu dieser Zeit bereits ausgefallen; siehe die Abbildung der Pflanze in natürlicher Größe auf Tafel ...
93.	Lysimachia lutea, major, quae Dioscoridis (Gelbe, größere Lysimachia, die des Dioscorides) des Caspar Bauhin, ‚Pinax', [Seite] 245; 1. Species des Tournefort, [‚Institutiones rei herbariae']; überall bei *Irkuck* und am See *Bajkal*; Die Pflanze blüht im Juni und Juli.
94.	Lysimachia mit drei Blättern
95.	die gleiche mit vier Blättern
96.	die gleiche mit fünf Blättern; Es handelt sich nur um Varietäten, nicht um verschiedene Species.
97.	Lysimachia bifolia, flore globoso, luteo (Zweiblättrige Lysimachia mit gelber, kugeliger Blüte) des Caspar Bauhin, ‚Pinax', [Seite] 245; sehr zahlreich an stehenden Gewässern beim *Angara*[-Fluß] und am [Bach] *Ušakovka*
98.	Lysimachia folio angusto, flore luteo (Lysimachia mit schmalem Blatt, mit gelber Blüte); Die Pflanze erhebt sich mit einem stielrunden, kahlen, vorderarmslangem, einfachem Sproß, aus dem in regelmäßigen Abständen je zwei gegenständige Blätter hervorgehen, die zwei oder zweieinhalb Zoll lang und ein drittel Zoll breit, also

/31r/

*Irkuck*er Flora nach der Ordnung der ‚Institutiones rei herbariae'
II. Klasse

	länglich, schmal, zugespitzt und üppig grün sind. Sowohl aus dem obersten Sproßbereich als auch aus den Achseln der Blätter erheben sich Stiele, die eineinhalb Zoll lang sind und gelbe Blüten wie die von Lysimachia tragen. Lediglich durch die Schmalheit der Blätter weicht sie ab von der 1. Species des Tournefort, ‚Institutiones rei herbariae'. Die Pflanze blüht im Juni, Juli und August am *Angara*[-Fluß], am [See] *Bajkal* sowie auf den Steppenebenen. Die gut gereiften Samen werden geschickt.
99.	Veronica foliis Chamaedrios altera (Zweite Veronica[-Species] mit den Blättern von Chamaedris) des Rupp, ‚Flora Ienensis', Seite 198; Von Tournefort ist die Pflanze nicht beschrieben worden. Sie unterscheidet sich von der 39. Species [des Tournefort, ‚Institutiones rei herbariae'], da ihre Blüte völlig blau ist und die Blätter weniger zerschnitten als vielmehr zierlich gekerbt sind. Sie blüht gegen Ende Mai auf den Wiesen am *Angara*[-Fluß] und bei der Kreuz-Kirche.
100.	vielleicht Veronica supina, facie Teucrii pratensis (Rücklingsgelegte Veronica mit dem Aussehen von Wiesen-Teucrium) des Lobelius, ‚Plantarum seu stirpium icones' [Band 1, Seite 473]; Chamaedris spuria, major, angustifolia (Zweifelhafte, größere, schmalblättrige Chamaedris) des Caspar Bauhin, ‚Pinax' [Seite 249]; die 23. Species bei Tournefort, [‚Institutiones rei herbariae']; Dem steht entgegen, daß die Pflanze immer aufrecht und nicht rücklingsgelegt vorkommt. Sie blüht zusammen mit der vorhergehenden auf Wiesen.
101.	Veronica spicata lanuginosa et incana floribus coeruleis (Ährige, wollige und weißgraue Veronica mit blauen Blüten); Die Pflanze wird sehr zahlreich von Anfang Juli bis Mitte August auf den Bergen am *Angara*[-Fluß] und am See [*Bajkal*] sowie auf ebenen Steppenflächen blühend angetroffen. Die Samen sind gegen Anfang September reif. Ich schicke sie gut gereift.

/31v/

*Irkuck*er Flora nach der Ordnung der ‚Institutiones rei herbariae'
II. Klasse

102.	Veronica spicata, lanuginosa et incana floribus albus (Ährige, wollige und weißgraue Veronica mit weißen Blüten); Die Pflanze kommt zusammen mit der vorhergehenden am gleichen Ort und zur gleichen Zeit

	vor.
103.	Veronica spicata lanuginosa et incana floribus phoeniceis (Ährige, wollige und weißgraue Veronica mit hochroten Blüten); Die Pflanze kommt zusammen mit der vorhergehenden vor; beide sind lediglich Varietäten.
104.	Veronica spicata, latifolia (Ährige, breitblättrige Veronica) des Caspar Bauhin, ‚Pinax' [Seite 246]; Die Pflanze kommt häufig in den Bergwäldern am *Angara*[-Fluß] sowie auf Wiesen vor. Sie blüht im Juni und Juli.
105.	Veronica spicata foliis circa caulem quinis (Ährige Veronica mit je fünf Blättern am Stengel), ‚Index plantarum Lenensium' des Herrn Doktor Gmelin; Die Pflanze kommt sehr zahlreich am *Angara*[-Fluß] und an den Strömen, die in diesen münden, vor. Ihre Samenkapsel unterscheidet sich von der Frucht der Veronica-Species und ist ähnlich der Frucht von Salicaria. Die gut gereiften Samen schicke ich.
106.	Veronica spicata foliis circa caulem senis (Ährige Veronica mit sechs Blättern am Stengel); eine Varietät der vorhergehenden Species; Die Pflanze kommt zusammen mit der vorhergehenden vor.
107.	Veronica aquatica, major, folio oblongo (Größere Wasser-Veronica mit länglichem Blatt) des Morison, ‚Plantarum historiae universalis Oxoniensis', [Teil] 2, [Seite] 323; Anagallis aquatica, major, folio oblongo (Größere Wasser-Anagallis mit länglichem Blatt) des Caspar Bauhin, ‚Pinax', [Seite] 252; zahlreich an stehenden Gewässern beim Dorf *Rozvodnaja*; Die Pflanze blüht im Juni und Juli.
108.	Veronica aquatica, minor, folio oblongo (Kleinere Wasser-Veronica mit länglichem Blatt) des Tournefort, ‚Institutiones rei herbariae'; Die Pflanze kommt zusammen mit der vorhergehenden vor.
109.	Veronica aquatica, major, folio subrotundo (Größere Wasser-Veronica mit rundlichem Blatt) des Morison, ‚Plantarum historiae universalis Oxoniensis', an der gleichen Stelle im Werk [d. h. Teil 2, Seite 323]; Die Pflanze blüht zur gleichen Zeit an den Flüßchen der Talhänge am See *Bajkal*. Die Russen um *Udinsk* erzählen viele Dinge von dieser Pflanze. Sie rühmen,

/32r/

*Irkuck*er Flora nach der Ordnung der ‚Institutiones rei herbariae'
II. Klasse

	daß sie von großen Kräften sei und zur winterlichen Zeit um das Fest der Geburt Christi blühe. Sie bemerken aber nicht, daß alle übrigen Pflanzen in den Flüßchen, die nicht mit winterlichem Eise zugefroren

	waren, wie auch bestimmte Species von Sisymbrium, beständig grünten.
110.	Veronica aquatica, minor, folio subrotundo (Kleinere Wasser-Veronica mit rundlichem Blatt); Diese vier Species [von Veronica aquatica] scheinen mir auf nur zwei reduziert werden zu müssen.
111.	Veronica Serpilli folio crenato (Veronica mit dem gekerbten Blatt von Serpillum) ist der Veronica pratensis, Serpilli folio (Wiesen-Veronica mit dem Blatt von Serpillum) des Caspar Bauhin, ‚Pinax', [Seite] 247 ganz ähnlich. Deswegen aber, weil ich mich nicht erinnere, ob die Blätter der gewöhnlichen gekerbt sind, schicke ich die reifen Samen. Ich habe die Pflanze in Sibirien nirgendwo außer an steilen, hochragenden Felshängen, 10 Stadien von *Barguzinskoj ostrog* entfernt, an den Quellen des Flusses *Bannoj* gesehen. Sie war gegen Ende August schon völlig verwelkt.
112.	Chrysosplenium foliis minoribus, subrotundis (Chrysosplenium mit sehr kleinen, rundlichen Blättern) des Tournefort, ‚Institutiones rei herbariae'; sehr zahlreich überall in Sibirien, bei *Irkuck* und am See *Bajkal*. Die Pflanze blüht zu Frühlingsbeginn.
113.	Polemonium vulgare, coeruleum (Gewöhnliches, blaues Polemonium) des Tournefort, ‚Institutiones rei herbariae', 1. Species; Valeriana coerulea (Blaue Valeriana) des Caspar Bauhin, ‚Pinax', [Seite] 164; sehr zahlreich in den Wäldern und auf den Wiesen bei *Irkuck* und am See *Bajkal*
114.	Polemonium vulgare, album (Gewöhnliches, weißes Polemonium); Die Pflanze kommt zusammen mit der vorhergehenden vor, jedoch sehr selten.

/32v/

*Irkuck*er Flora nach der Ordnung der ‚Institutiones rei herbariae'
II. Klasse

115.	Verbascum mas, latifolium, luteum (Männliches, breitblättriges, gelbes Verbascum) des Caspar Bauhin, ‚Pinax', [Seite] 239; in den Gärten einiger Personen in *Irkuck*; Von dieser Gattung kommt hier keine Species wild vor, auch nicht am gesamten See [*Bajkal*], die Pflanze ist jedoch zahlreich am *Taseeva*[-Fluß], am *Enisej*[-Fluß] und bei *Tomsk* vertreten.
116.	Solanum scandens seu Dulcamara (Kletterndes Solanum oder Dulcamara) des Caspar Bauhin, ‚Pinax', [Seite] 167; Diese Pflanze ist sehr zahlreich bei *Irkuck*, nahe *Rozvodnaja* und am See *Bajkal* vertreten. Sie blüht im Juni und Juli.

117.	Nymphoides aquis innatans (In Gewässern schwimmende Nymphoides) des Tournefort, ‚Institutiones rei herbariae', 1. Species; Nymphaea lutea, minor, flore fimbriato (Gelbe, kleinere Nymphaea mit gefranster Blüte) des Caspar Bauhin, [‚Pinax', Seite 194]; Am *Barguzin*[-Fluß] nimmt die Pflanze oft stehende Gewässer ganz ein. Sie blüht im Juni, Juli und im August.
118.	Moschatellina foliis Fumariae bulbosae (Moschatellina mit den Blättern der zwiebeligen Fumaria) des Johann Bauhin, [‚Historia plantarum ...', Band] 3, [liber XXVI, Seite] 206; Die Pflanze kommt sehr häufig bei *Irkuck*, vornehmlich in Wald am [Bach] *Ušakovka*, und am gesamten [See] *Bajkal* vor. Sie blüht zu Frühlingsbeginn.
119.	Pimpinella Sanguisorba, major (Größere, der Sanguisorba ähnliche Pimpinella) des Caspar Bauhin, ‚Pinax', [Seite] 160; sehr häufig bei *Irkuck* und am See [*Bajkal*]
120.	Pimpinella major, rigida, praealta, auriculata, Sabauda (Größere, steife, sehr hohe, kleinöhrige Savoyer Pimpinella) des Boccone, Teil 2 [d. h. ‚Museo di piante', Seite] 19; sehr häufig auf Wiesen und gebirgigen Stellen bei *Irkuck*; Die Pflanze blüht gegen Ende Juni. Die Samen sind etwa Anfang September gereift. Ich habe sie gereift gesammelt und schicke sie.

/33r/

*Irkuck*er Flora nach der Ordnung der ‚Institutiones rei herbariae'
II. Klasse

121.	Tetragonanthos elatior (Höherwachsende Tetragonanthos) des Herrn Doktor Gmelin, ‚Index plantarum Lenensium'; Quadruncinata des Herrn Doktor Messerschmidt; benannt nach den vier an der Basis der Blüte hervorstehenden Häkchen; Die Pflanze wächst sehr zahlreich bei *Irkuck*, am gesamten [See] *Bajkal* und am *Barguzin*-Fluß. Eine ausführliche Beschreibung und eine Abbildung dieser Pflanze ist durch Herrn Doktor Gmelin geliefert worden. Die Samen werden gegen Anfang September reif und werden geschickt.
122.	Tetragonanthos humilior, Valerianellae folio (Niedrigere Tetragonanthos mit dem Blatt von Valerianella); Diese Pflanze kommt in niedrigwüchsigen Birkenwäldern vor, besonders an grasigen, schattigen Orten und an den Wurzeln der Bäume. Sie blüht gegen Ende Mai. Zu Frühlingsbeginn kommt sie aus der Erde hervor, und sieht der Valerianella täuschend ähnlich. Sie stützt sich auf eine Wurzel, die zwei Zoll lang, rübenförmig, von der Stärke eines Taubenfederkiels, außen gelblich und nicht sehr faserreich ist, senkrecht in die Erde hinabläuft sowie

	geschmacklos und geruchlos ist. Etwa Mitte Mai schickt sie vier, fünf, sechs bis sieben verzweigte Stengelchen aus, die selten höher als drei Zoll sind, und zwei oder drei Gelenke aufweisen. Sie sind kantig und an der Basis rötlich und danach grün. In der Art eines kleinen Strauches

/33v/

*Irkuck*er Flora nach der Ordnung der ‚Institutiones rei herbariae'
II. Klasse

	treten aus dem untersten Gelenk in der Regel drei Ästchen fortlaufend aus. Aus diesen Ästchen treten am zweiten Gelenk nacheinander viele weitere aus. An diesen Ästchen erheben sich in den Blattachseln [Blüten-]Stiele, die ungefähr einen halben Zoll lang sind und, wie auch im oberen Stengelbereich, mit Blüten beladen sind. Die oberen Blätter erinnern an die Blätter von Anagallis, sind höchstens einen halben Zoll lang und an der breitesten Stelle ein drittel Zoll breit. Im übrigen sind die Blätter beidseitig zugespitzt, schön geadert und grün. Die Blüten, die an der Spitze der Stengel angeordnet sind, blühen eher als die tiefer angeordneten. Die Blüte selbst befindet sich in einem einfachen bis zur Einfügung des Blütenstiels vierspaltigen Kelch. Sie [d. h. die Krone] ist monopetal und radförmig, und zwar mit vier Kronblättern versehen, die bis zur Mitte eingeschnitten und stetig weiß, bei manchen Pflanzen hingegen sehr blaß bläulich sind. Aus der Mitte der Blüte erhebt sich der Stempel, wie bei den Gentiana-Species mit zwei Klappen, der spindelförmig, zugespitzt aber kürzer [als bei Gentiana] ist und in jeder Klappe zwei Reihen von Samen, die denen der Papaveraceae (Mohnartige Pflanzen) ähneln, aufbewahrt,

/34r/

*Irkuck*er Flora nach der Ordnung der ‚Institutiones rei herbariae'
II. Klasse

	die vermittels eines Fadens an der mittelständigen Plazenta angeheftet sind. Der Stempel ist umgeben von vier grünen Staubblättern, die mit roten Spitzen (Staubbeuteln) besetzt sind. Die Blüte fällt nicht ab, sondern bleibt bei der Reife der Samen stehen und verwelkt. Die einzelnen Kronblätter haben etwas Eigentümliches. Sie besitzen nämlich zwei kleine Grübchen wie Pünktchen. Die Petalen sind im inneren Teil der Nägel ausgehöhlt, im äußeren Teil der Nägel etwas bauchig und ragen heraus. Ich habe die Samen dieser Pflanze nur mit großer Mühe erhalten; sobald sie nämlich reif geworden sind, spaltet sich die Frucht-

	schale, die Blüte dreht sich um, und die sehr kleinen braunen Samen werden herausgeschleudert. Die Pflanze wächst häufig in Wald am [Bach] *Ušakovka* und kommt noch zahlreicher bei *Oeck* zusammen mit Androsace hirsuta rotundifolia (Rauhhaarige, rundblättrige Androsace) vor.

Neue Gattung

123.	Gentianoides stellatum Gratiolae folio, flore coeruleo (Sternartiges Gentianoides mit dem Blatt von Gratiola, mit blauer Blüte); Diese Pflanze kommt in den Sümpfen an der Mündung des *Anga*-Flusses in den See *Bajkal* und darauf folgend am *Barguzin*[-Fluß] vor. Sie blüht von Beginn des Monats August bis Mitte September und kommt in unterschiedlicher Größe vor. Ich fand Pflanzen, die nicht höher als zwei Zoll waren, während andere 6 bis 8 Zoll hoch, sehr verzweigt und

/34v/

*Irkuck*er Flora nach der Ordnung der ‚Institutiones rei herbariae'
II. Klasse

	mit vielen Blüten versehen waren. Die Pflanze hat eine faserige, weiße, dünne Wurzel, die nur locker im Moos hängt. [Die Wurzel] schickt bald einen bis zwei, bald drei bis vier Stengel aus, die meist eine Spanne und eine Handbreit hoch sind. Diese Stengel sind aufrecht, gelenkig und vierkantig. Bei manchen Pflanzen sind sie grün, bei anderen sind sie leicht und unscheinbar purpurrötlich. An den einzelnen Gelenken des Stengels erheben sich je zwei Blätter in gegenständiger Stellung, die sich jeweils in gleicher Entfernung voneinander befinden. Die Blättchen sind krautig grün und auf beiden Seiten kahl. Sie sind den Blättern von Gratiola sehr ähnlich. An der Spitze [des Stengels] entfaltet sich die wohlgestalte, blaue, monopetale, radförmige Blüte, die bis ins Zentrum der Blüte stets in fünf gleiche Segmente getrennt ist, die an beiden Seiten zugespitzt sind. Die Pflanze ist auf diese Weise von den Gentiana-Species, die eine monopetale, glockenförmige Blüte besitzen, unterschieden. Die Blüte bleibt dennoch unversehrt stehen, auch wenn der Kelch entfernt wird. Unterseits geht ihre Farbe von Blau in Grün über. Der Durchmesser der Blüte beträgt ungefähr einen Zoll. Sie sitzt ohne dazwischen angeordnete Röhre an dem sternförmigen, fünfblättrigen Kelch, der die Blüte etwas überragt. Der Stempel steht in der Mitte, so wie es bei den Gentiana-Species zu sein pflegt.

/35r/

*Irkuck*er Flora nach der Ordnung der ,Institutiones rei herbariae'
II. Klasse

	Er ist spindelförmig, eiförmig zugespitzt, blau und bei manchen Individuen blau-grünlich (,Stahlgrün'). Er geht in ein zweiflügelige [Frucht-]Schale einer einzigen Kapsel über, die mit winzigen Samen gefüllt ist, welche im reifen Zustand braun sind und beim Aufspringen der Schale herausfallen. Um den Stempel stehen fünf stielrunde, vom Blauen ins Grünliche übergehende Staubblätter, die mit grünen, bei einigen Pflanzen aber mit wäßrig blauen Spitzen (Staubbeuteln) beladen sind. Bei den einzelnen Kronblättern hängen an den Nägeln zwei herausragende, weißliche, kahnförmige Blättchen, die, um den Stempel vereint, eine [Neben-]Krone in der Art von Lychnis ausbilden. Die Blüten kommen bei einigen Pflanzen einzeln, bei anderen in größerer Anzahl – 7, 8 bis 10 – vor. Sie werden alle mit Stielen aufgerichtet, die etwa einen halben Zoll lang sind und aus den Blattachseln hervorgehen. Gentianoides ist folglich nach ihrer radförmigen Blüte, ihrer Frucht und ihren Samen eine eigene Pflanzengattung, die, bevor sich die Blüte entfaltet, aussieht wie Gentiana. Sie unterscheidet sich von Tetragonanthus durch die in Segmente geteilte und weit ausgebreitete Blüte. Ein weiterer Unterschied ist, daß es ihr an Spornen oder auch nur Rudimenten von diesen, nämlich Grübchen, mangelt. Ich habe dafür gesorgt, daß eine Bild dieser Pflanze in natürlicher Größe angefertigt wird: a) zeigt die gesamte Pflanze, b) den Stempel. So übersende ich auch die bestens gereiften Samen.

/35v/

*Irkuck*er Flora nach der Ordnung der ,Institutiones rei herbariae'
III. Klasse

Von Kräutern und Halbsträuchern mit monopetaler, unregelmäßiger Blüte

124.	Arisarum seu Dracunculus palustris [sive Dracunculus] radice arundinacea Plinii (Arisarum oder Sumpf-Dracunculus oder Dracunculus mit schilfartiger Wurzel des Plinius) des Caspar Bauhin, ,Pinax', [Seite] 193; Die Pflanze blüht etwa Anfang Juni in Sümpfen am *Angara*[-Fluß] und überall am See *Bajkal*. Sie hat die gleichen Heilwirkungen wie die Wurzeln von Arum vulgare (Gewöhnliches Arum), jene [Wirkungskräfte] findet man bei dieser Species in den Samen. Da die Wurzel nämlich mit Mark gefüllt und schwammig ist, eignet sie sich nicht für

	diese Verwendungen, insbesondere in Pulverform.
125.	Scrophularia nodosa, foetida (Knotige, stinkende Scrophularia) des Caspar Bauhin, ‚Pinax', [Seite] 235; Die Pflanze kommt auf beiden Seiten [des Flusses] bei *Irkuck* vor und blüht im Juli.
126.	Scrophularia Melissae folio (Scrophularia mit dem Blatt von Melissa) des Tournefort, ‚Institutiones rei herbariae'; Scrophularia Scorodoniae folio (Scrophularia mit dem Blatt von Scorodonia) des Morison, ‚Plantarum historiae universalis Oxoniensis', Teil II, [Seite] 482; Diese Pflanze ist mehrjährig und ziemlich strauchig. Sie kommt an sandigen Ufern des Sees *Bajkal* vor. Ich habe sie zum ersten Mal an der *Peščanaja guba* genannten Bucht gesehen und danach überall, wohin ich kam. Sie stützt sich auf eine Wurzel, die je nach Alter, bald wie eine Faust, bald wie ein Daumen dick, spannenlang und holzig sowie stielrund ist. Außen ist die Wurzel braun,

/36r/

*Irkuck*er Flora nach der Ordnung der ‚Institutiones rei herbariae'
III. Klasse

	innen gelblich. Sie ist innen voller Fasern und erstreckt sich in höherem Alter mit einer Länge von zwei Spannen abwärts in den lockeren Sand. Die Stengel, entweder nur einen oder bis zu 30 an der Zahl, fuß- und vorderarmslang, richtet sie entweder auf oder breitet sie kreisförmig auf dem Boden aus. Während die jüngeren Pflanzen zerstreute Stengel haben, besitzen die älteren aufrechte und kräftigere. Die Stengel sind von der Basis bis zu Hälfte ihrer Höhe purpurrötlich, der übrige Teil ist grün. Die Pflanze schickt sehr viele Blätter aus, die kahl, krautig grün, im Umriß gesägt und bei einigen leicht purpurrot gefleckt sind. Diese werden von einen Zoll langen Blattstielen gehalten. In abwechselnder Stellung kommen immer je zwei Blätter aus dem zentral runden mit meist sechs Kanten versehenen Stengel hervor. Die größten Blätter erreichen eine Länge von 1½ Zoll und eine Breite von ½ Zoll. Nach den Blüten zu werden die übrigen allmählich kürzer und schmaler und erinnern an die Blätter von Melissa. Die mit Blütenstielen von einem Zoll Länge aufgerichteten Blüten der Scrophularia erstrecken sich über ein Drittel der Länge des Stengels. Nachdem die Blüte verwelkt ist, entwickelt sich die rundlich zugespitzte Frucht, die anfangs grün,

/36v/

*Irkuck*er Flora nach der Ordnung der ‚Institutiones rei herbariae'
III. Klasse

	bei der Reife purpurrötlich und beim Verfall weiß ist. Sie reißt zweifach auf, ist durch eine mittelständige Scheidewand in zwei Fächer geteilt und mit sehr vielen, schwärzlichen kleinen eiförmigen Samen gefüllt. Die Pflanze blüht von Anfang Juni bis Mitte Juli. Die Samen, die ich reif übermittle, sind gegen Anfang August vollendet.
127.	Pinguicula Gesneri des Johann Bauhin, [‚Historia plantarum ...', Band] 3, [liber XXXII, Seite] 546. Sanicula montana, flore calcari donato (Berg-Sanicula mit gespornter Blüte) des Caspar Bauhin, ‚Pinax', [Seite] 243. Pinguicula des Clusius, ‚Historia plantarum'; Die Pflanze kam auf den höchsten, mit Gräsern bewachsenen Flächen der Felsen auf der Insel *Ol'chon* des Sees *Bajkal* vor, etwa Mitte September aber ist sie bereits fast völlig verwelkt gewesen.
128.	Antirrhinoides Linariae folio argenteo flore flavo (Antirrhinoides mit dem silberweißen Blatt von Linaria und hellgelber Blüte); Diese Pflanze wurde erstmals an der Mündung des *Bugul'deicha*-Flusses in den See *Bajkal* angetroffen; danach ist sie überall an der Mündung des *Barguzin*-Flusses gefunden worden. Sie kommt sowohl auf sehr trockenen Felsen als auch in den sehr trockenen Steppenebenen vor. Sie blüht im Juni und im Juli. Die Samen sind etwa Ende August gereift. Vielleicht ist es auf Grund der Gestalt der Frucht, die zwei nachenförmige Trinkgefäße vorspiegelt, welche jeweils mit der Oberseite aneinander und zusammengefügt worden sind, die [Gattung] Cymbaria des Messerschmidt.

/37r/

*Irkuck*er Flora nach der Ordnung der ‚Institutiones rei herbariae'
III. Klasse

	Diese Pflanze von der Höhe einer Handbreite stützt sich auf eine fasrige, holzige, trockene Wurzel, die locker in Kies steckt. Sie schickt in der Art eines kleinen Strauchs drei, sechs bis acht stielrunde, weißgraue Stengel von etwa der Länge einer Handbreite aus. Am Stengel erheben sich immer [pro Gelenk] je zwei Blätter aufgerichtet, die in wechselständiger Stellung stehen. Die Blätter sind etwa einen Zoll lang und eine Linie breit, besitzen eine scharfe Spitze und werden von keinen Stielen gestützt. Sie sind weißgrau, silberweiß und den Blättern von Linaria ähnlich. Die Blüten, zuweilen je zwei, zuweilen je vier sich

	wechselständig in der Form eines Kreuzes gegenüberstehend, erheben sich recht ansehnlich an der Spitze des Stengels und aus den Blattachseln. Die hellgelbe Blüte ist zusammen mit der Röhre einen Zoll lang, oben aufgegangen einen halben Zoll breit, monopetal, unregelmäßig maskiert und in zwei Lippen unterschieden, von denen die obere in zwei gleiche Segmente gespalten und die untere dreifach gespaltene schmaler und kürzer ist. Aus dem Grunde der Blüte erhebt sich aus dem Kelch der Stempel in schwach hellgelber Farbe wie ein Lituus, der in seinem herausragenden Teil zurückgebogen gekrümmt ist. Diesen umgeben

/37v/

*Irkuck*er Flora nach der Ordnung der ‚Institutiones rei herbariae'
III. Klasse

	vier weißliche Staubblätter, die mit Spitzen (Staubbeuteln) besetzt sind und mit ihrer Gestalt den Buchstaben S der Lateiner abbilden. Von diesen Staubblättern zeigen zwei durch ihre Krümmung aufwärts, ebenso viele abwärts. Der Stempel geht in eine eiförmig zugespitzte Fruchtschale über, die von der Seite etwas zusammengedrückt ist. Durch eine mittelständige Zwischenwand ist sie in zwei Fächer geteilt und mit an der Plazenta befestigten Samen gefüllt. Alle [Frucht-]Teile werden von dem runden mit Kanten versehenen silberweißen, vielspaltigen Kelch eingeschlossen. Ich benannte diese Pflanze Antirrhinoides wegen der Ähnlichkeit, die ihre Blüte mit der von Antirrhinum hat. Wegen der Struktur der Frucht aber mußte ich sie als Untergattung unterscheiden. Daraus ergibt sich die folgende Gattungsdefinition.
129.	Antirrhinoides ist eine Pflanzengattung mit monopetaler, unregelmäßiger Blüte, die unten röhrig ist und oben maskiert in zwei ungleiche Lippen getrennt ist, von denen die obere zweigeteilt, die untere aber breiter und dreigeteilt ist. Aus dem runden mit Kanten versehenen fünfzipfligen Kelch erhebt sich der Stempel, der dem hinteren Teil der Blüte wie ein Nagel angeheftet ist und später in die Frucht oder die eiförmig zugespitzte Fruchtschale übergeht. Die Frucht ist durch eine mittelständige Scheidewand in zwei Fächer geteilt, die mit eiförmig zugespitzten, zusammengedrückten Samen gefüllt sind. Die Samen sind mittels eines Fadens an der Plazenta angeheftet. Die gut gereiften Samen dieser

/38r/

*Irkuck*er Flora nach der Ordnung der ‚Institutiones rei herbariae'
III. Klasse

	Pflanze werden geschickt.
130.	Linaria vulgaris, lutea (Gewöhnliche gelbe Linaria), überall bei *Irkuck* und am See [*Bajkal*]. Die Pflanze blüht im Juni und Juli.
131.	vielleicht Linaria flore pallido, rictu aureo (Linaria mit blasser Blüte, mit goldgelbem Schlund) des Caspar Bauhin, ‚Pinax', [Seite] 213. Die Pflanze blüht etwa Ende Juni beim Dorf *Rozvodnaja*. Ihre Blätter sind breiter als die von [Linaria] vulgaris. Die Blüte ist kürzer und von schwefelgelber Farbe. Die Farbe des Blütenschlunds geht in Orange über. Die Samen dieser Pflanze werden geschickt.
132.	Linaria pumila, flore parvo, calyce floris hirsuto (Zwerg-Linaria, mit kleiner Blüte, mit rauhhaarigem Blütenkelch); häufig auf den kahlen Felsen der Insel *Ol'chon*; Ich schicke die gut gereiften Samen dieser Pflanze. Wegen der vielen Beschäftigungen zu jener Zeit konnte ich keine Beschreibung verfassen.
133.	Pedicularis montana Achilleae folio ampliori crispo, flore ochroleuco (Berg-Pedicularis mit dem stärker krausen Blatt von Achillea, mit gelblich weißer Blüte); Diese Pflanze entdeckte ich gegen Ende Juli auf den Bergen bei *Listvenišnoe zimov'e* am See *Bajkal*, 60 Stadien von der Stadt *Irkuck* entfernt, als die Samen schon gereift waren und fand sie darauf häufig am See. Meist ist diese Pflanze einen Fuß hoch und stützt sich auf eine dicke, braune, fasrige Wurzel. Die Blätter bringt sie sowohl aus der Wurzel als auch aus dem stielrunden grünen Stengel in unbestimmter Stellung hervor. Die unteren Blätter sind eine Spanne lang, sehr geschlitzt, breiter als die Blätter von Achillea,

/38v/

*Irkuck*er Flora nach der Ordnung der ‚Institutiones rei herbariae'
III. Klasse

	kommen diesen aber hinsichtlich ihrer Untergliederungen einigermaßen nahe, insbesondere diejenigen in der Nähe der Blütenähre sind viel kürzer und viel schmaler als die Blätter an der Wurzel. Die einzelnen Untergliederungen des Blattes oder Fiederchen laufen in einen schwachen, sehr kurzen, gelb werdenden Dorn aus. Zum abgewandten Teil hin sind die Fiederchen zurückgebogen und bewirken so eine krause Oberfläche des Blattes. Die Blüten sind in dichter Ähre in abwechselnder Stellung versammelt. Soweit ich dies an der getrockneten Blüte

	erkennen konnte, sind sie gelblich weiß. Das Samengefäß, das vorher der Kelch der Blüte war, ist aufgerichtet eiförmig und besitzt fünf Zipfel. Nach oben ist es offen, nach außen gerichtet und etwas zurückgelehnt, innen ist es mit glänzendbraunen, kleinen Samen gefüllt. An den einzelnen Kelchen der Blüten ist jeweils ein kleines Blättchen zu finden, das aus der breiten Rippe herausgewachsen ist und den nach außen gerichteten Kelch umschließt und in dem den Kelch überragenden Teil sehr feinspaltig gegliedert ist. Diese Blätter ergeben die sehr blattreiche und anmutige [Blüten-]Ähre. Ich vermute, daß diese Pflanze jene ist, die der Herr Doktor Gmelin im ‚Index plantarum Lenensium' beschrieben hat, nur im Entwurf in einer Abbildung dargestellt und unter dem Namen Pedicularis montana flore ochroleuco albove (Berg-Pedicularis mit gelblich weißer oder weißer Blüte) geschickt hat. Ihre gut gereiften Samen werden übermittelt.

/39r/

*Irkuck*er Flora nach der Ordnung der ‚Institutiones rei herbariae'
III. Klasse

134.	Pedicularis montana Achilleae folio, pumila (Kleine Berg-Pedicularis mit dem Blatt von Achillea); Ich übermittle die gesammelten Samen der schon völlig verwelkten Pflanze. Ich fand die Pflanze am 21. August auf dem Scheitel der kahl emporragenden, beständig mit Schnee bedeckten Felsen, 20 Stadien von *Barguzinskoj ostrog* entfernt. Man sah sie zahlreich an eben dieser Stelle, jedoch niemals eine Höhe von zwei oder drei Zoll übersteigend. Ich vermute, daß dieser Unterschied eher eines des Bodens, wie auch immer dieser beschaffen sein sollte. Nachdem die Samen ausgesät worden sind, wird es sich zeigen, ob es wirklich eine unterschiedliche Species ist.
135.	Pedicularis palustris, rubra, elatior (Rote, höherwachsende Sumpf-Pedicularis) des Ray, ‚Historia plantarum', [Band I, Seite] 770; Die Pflanze kommt sehr häufig an feuchten Stellen und in sumpfigen Gegenden im sibirischen Rußland bis *Barguzinskoj ostrog* vor. Sie blüht im Juli und August.
136.	Pedicularis palustris rubra, repens, pusilla (Kleine rote, kriechende Sumpf-Pedicularis); Ich sammelte die Samen dieser Pflanze am 21. August an einem stehenden Gewässer auf dem Scheitel des Felsens, von dem ich ausführlich unter Gentiana berichtet habe. Sie war kaum höher als ein Zoll und kroch auf der Erde. Ob es tatsächlich eine verschiedene Species ist? Die ausgesäten Samen werden Klarheit bringen, im übrigen war die gesamte Pflanze schon vertrocknet.

137.	Pedicularis floribus spicatis ochroleucis (Pedicularis mit gelblich weißen Blüten an den Ähren); An dieser schon durch das Welken verdorbenen Pflanze sah ich am 29. August in der Steppe von *Kungurga* nichts als reife Samen.

/39v/

*Irkuck*er Flora nach der Ordnung der ‚Institutiones rei herbariae'
III. Klasse

	Ich erinnere mich aber, jene Pflanze im vorigen Jahr blühend bei *Epančin* und der Stadt *Tjumen'* gesehen zu haben. Die ausgesäten Samen werden Klarheit bringen, um welche der von Tournefort beschriebenen Species es sich handelt, oder ob es tatsächlich eine völlig neue ist.
138.	Pedicularis Nigellastri folio (Pedicularis mit dem Blatt von Nigellastrum); Außer den reifen Samen am trockenen Stengel konnte ich nichts erkennen. Die Blätter hingegen, die vertrocknet und schwarz waren, scheinen den Blättern von Nigellastrum nahezukommen. Die Fruchtknoten (Ovarien) waren nach der Art von Melampyrum von einem Schopf umgeben, der purpurrötlich ist. Dennoch ist die Species von jener durch die Frucht und die Samen unterschieden. Die Samen scheinen den Samen von Euphrasia, die ich am 29. August in bester Reife sammelte, nahezukommen. Wie die Pflanze beschaffen ist, die hieraus hervorwächst, und auf welchen Namen sie umzutaufen ist, wünsche ich vom hochedlen Herrn Doktor Amman zu erfahren. Sie tritt auf am *Ina*[-Fluß], 12 Stadien von *Barguzinskoj ostrog* entfernt, und kam nur ein einziges Mal vor.
139.	Pedicularis Alpina, Filicis folio, major (Größere Alpen-Pedicularis mit dem Blatt von Filix) des Caspar Bauhin, ‚Pinax', [Seite] 163; des Tournefort, ‚Institutiones rei herbariae'; Die Pflanze blüht etwa Anfang Juli auf Wiesen der

/40r/

*Irkuck*er Flora nach der Ordnung der ‚Institutiones rei herbariae'
III. Klasse

	Talniederungen bei *Irkuck* dort, wo man nach *Urik* [*sloboda*] reist. Die Fiedern der Blätter sind an den Rändern gesägt, die Blüte ist von schwefelgelber Farbe. Der Kelch ist oben gezähnt. Die Pflanze ist zwei, auch bis zu drei Vorderarmslängen hoch. Die bestens gereiften Samen übermittle ich.

140.	Pedicularis Alpina, folio Ceterak (Alpen-Pedicularis mit dem Blatt von Ceterak) des Caspar Bauhin, ‚Pinax', [Seite] 163; Die Pflanze blüht Anfang Juli auf feuchten Wiesen und bei Weidenbüschen nahe *Irkuck* und am See *Bajkal* wie auch an Flüßchen in der Nähe von *Oeck* und der *Monastyrskaja zaimka* des *Posol'skoj*-Klosters dort, wo man zum *Lena*-Fluß reist.
141.	Pedicularis folio angusto serrato, flore purpureo rubro (Pedicularis mit schmalem, gesägtem Blatt, mit purpurroter-roter Blüte) von welcher Herr Doktor Gmelin eine Abbildung und eine Beschreibung gab; Sie blüht gegen Anfang Juli auf Wiesen am *Angara*[-Fluß]. Ihre gesammelten Samen übermittle ich.
142.	Pedicularis folio angusto serrato, flore carneo (Pedicularis mit schmalem, gesägtem Blatt, mit fleischfarbener Blüte); in dieser Farbe bei *Brečalovo zimov'e* auf dem Weg nach *Nikol'skaja zastava*; Die Pflanze kam gegen Ende Juli laufend vor. Bei der vorhergehenden Species ist das Rot nicht wie bei dieser so auffallend gewesen, so daß ich sicher bin, daß es jedenfalls eine verschiedene Species ist.
143.	Pedicularis folio angusto, serrato, flore candido (Pedicularis mit schmalem, gesägtem Blatt, mit reinweißer Blüte); Die Pflanze wurde nur einmal vertrocknet und mit vergangener weißer Farbe vorgefunden. Ich weiß nicht, wieso sie entartet ist und mit welchem Farbnamen sie benannt werden sollte. Sie sollte eher als Varietät denn als unterschiedliche Species betrachtet werden.

/40v/

*Irkuck*er Flora nach der Ordnung der ‚Institutiones rei herbariae'
III. Klasse

144.	Pedicularis lutea, pratensis vel Crista Galli (Gelbe Wiesen-Pedicularis oder Crista Galli) des Caspar Bauhin, ‚Pinax' [Seite 163]; überall bei *Irkuck*; Die Pflanze hat einen violetten Schlund; die Kelche aber sind beständig kahl, so daß es nicht Pedicularis pratensis, lutea, erectior, calyce floris hirsuto (Gelbe, aufrechte Wiesen-Pedicularis mit rauhhaarigem Blütenkelch) des Tournefort, 2. Species, sein kann.
145.	vielleicht Crista Galli angustifolia, montana (Schmalblättrige, Berg-{Crista Galli}) des Caspar Bauhin, ‚Prodromus', [Seite] 86; Diese Pflanze blüht etwa Mitte Juni in den westlichen Talniederungen der Berge am *Angara*[-Fluß]. Die Samen sind gegen Ende Juli reif. Die Pflanze hat eine rübenförmige Wurzel, die unten zweispaltig, meist weiß, holzig und einen Zoll lang ist sowie senkrecht in die Erde hinab verläuft. Sie schickt drei, vier, sechs bis zu 10 Stengel aus dem Scheitel

	der Wurzel aus, die sehr verzweigt sind und in großer Anzahl weitere Zweige ausbilden, so daß sich nach dem Aussehen eher ein Strauch als ein Kraut darbietet. Die Stengel sind ungefähr bis zur halben Höhe leicht purpurrötlich, stielrund und behaart. Die Blätter kommen aus dem rücklings liegenden Stengel schmutzigdunkel purpurrot hervor, unten sind sie in Art der Blätter von Filix grün. Andere Blätter, nämlich über der Wurzel und in der Mitte des Stengels, sind deutlich gezackt und größer, die übrigen stumpf gesägt. Die Blüten gehen an den Spitzen der einzelnen Zweige, aus den Blattachseln oder aus abgesonderten ährigen Blütenständen hervor;

/41r/

*Irkuck*er Flora nach der Ordnung der ‚Institutiones rei herbariae'
III. Klasse

	einige sind blaß hellgelb, andere beinah von glänzendbrauner Farbe. Die Unterlippe ist dreigeteilt, hellgelb und mit purpurrötlichen Pünktchen leicht gefleckt. Der mittlere Lappen ist ausgehöhlt, schwach herausragend und abwärts gebogen. Die Oberlippe ist helmartig und an den Seiten zusammengepreßt, schmutzig hellgelb und innen purpurrötlich. Aus dem oberen Teil des Helms ragt der Stempel heraus, der in einem Faden endet und in Gestalt eines Hakens gekrümmt ist und von vier weißen, mit hellgelben Spitzen (Staubbeuteln) beladenen Staubblättern umgeben ist. Zwei von diesen sind am inneren Teil der Blüte, wo sie nach dem Helm weisen, die anderen beiden, die auf die Unterlippen weisen, sind im unteren Teil angewachsen. Die Samen dieser Pflanze, die in bester Reife gesammelt worden sind, übermittle ich.
146.	Melampyrum cristatum, flore albo et purpureo (Kammartiges Melampyrum mit weißer und purpurroter Blüte) des Tournefort, ‚Institutiones rei herbariae', 3. Species; Die Pflanze kam einige Male, aber selten, auf Waldwiesen am See *Bajkal* vor. Sie blüht im Juni und Juli.
147.	Euphrasia officinarum (Offizinale Euphrasia) des Caspar Bauhin, ‚Pinax', [Seite] 233; Die Pflanze kommt häufig bei *Irkuck* und am See *Bajkal* auf Wiesen vor. Sie blüht im Juni und Juli.
148.	Euphrasia ramosa, pratensis, flore albo (Verzweigte Wiesen-Euphrasia mit weißer Blüte) des ‚Hortus Eystettensis', des Tournefort, [‚Institutiones rei herbariae'], 2. Species; Die Pflanze ist eher eine Varietät der vorhergehenden

/41v/

*Irkuck*er Flora nach der Ordnung der ‚Institutiones rei herbariae‘
III. Klasse

	als eine unterschiedliche Species.
149.	Euphrasia minus ramosa, flore ex caeruleo purpurascente (Kleinere, verzweigte Euphrasia mit einer Blüte, die aus Blau ins Purpurrötliche übergeht) des ‚Hortus Eystettensis‘; Die Pflanze kommt häufig am Fuße der Berge bei *Irkuck* und am See *Bajkal* vor. Mit welchem Recht sie unverzweigt genannt wird, kann ich nicht verstehen, da sie zuweilen so üppig mit Zweigen ausgestattet ist, so daß sie vielmehr einem kleinen Strauch ähnelt. Hier in der Gegend fand ich sie nicht selten vorderarmslang. Ihre Samen werden geschickt. Sie blüht zusammen mit den vorhergehenden [Species].
150.	Polygala major (Größere Polygala) des Caspar Bauhin, ‚Pinax‘, [Seite] 215, des Tournefort, [‚Institutiones rei herbariae‘], 1. Species; Die Pflanze kommt sehr zahlreich bei *Irkuck* und am See [*Bajkal*] vor. Sie blüht im Juni und Juli. Die Samen reifen gegen Ende August.
151.	Polygala major, alba (Größere, weißblühende Polygala) des Tabernaemontanus, ‚Icones plantarum‘, [Seite] 829, des Tournefort, [‚Institutiones rei herbariae‘], 2. Species; häufig zusammen mit der vorhergehenden [Species anzutreffen]
152.	Polygala major, purpurea (Größere purpurrote Polygala) des Tabernaemontanus, ‚Icones plantarum‘, [Seite] 830, des Tournefort, [‚Institutiones rei herbariae‘], 3. Species; Die Pflanze kommt zusammen mit der vorhergehenden [Species] vor.
153.	Polygala vulgaris (Gewöhnliche Polygala) des Caspar Bauhin, ‚Pinax‘, [Seite] 215; Polygalon multis (Polygalon bei vielen [Autoren]) des Johann Bauhin [‚Historia plantarum ...‘, Band 3, liber XXIX, Seite 386]; zusammen mit der vorhergehenden [Species]
154.	Polygala alba (Weißblühende Polygala) des Tabernaemontanus, ‚Icones plantarum‘ [Seite 831]; zusammen mit der vorhergehenden [Species], jedoch seltener
155.	Polygala purpurea (Purpurrote Polygala) des Tabernaemontanus, [‚Icones plantarum‘, S. 831], des Tournefort, [‚Institutiones rei herbariae‘], 6. Species; zusammen mit der vorhergehenden [Species], jedoch seltener
156.	Polygala major spica laxiori, labio inferiori intense coeruleo, tenuissime et latissime fimbriato (Größere Polygala mit lockerer Ähre, mit intensiv blauer, sehr zarter und sehr breiter gefranster Unterlippe); Diese Pflanze ist mehrjährig

/42r/

*Irkuck*er Flora nach der Ordnung der ‚Institutiones rei herbariae'
III. Klasse

	und blüht gegen Anfang Juni auf den Bergen am *Angara*[-Fluß] und am See *Bajkal*. Sie stützt sich auf eine sechs bis zu sieben Zoll lange Wurzel, die verholzt und stielrund ist, außen schmutzig gelb und innen weiß ist, senkrecht in die Erde hinab verläuft sowie von vielen Fasern umgeben ist. Sie schickt 10, 12, bis zu 18 Stengel von einem Fuß Länge aus, die am Ansatz schwach purpurrötlich und darauf blaß grünlich sowie stielrund sind, aufrecht stehen und im unteren Viertel blattlos sind sowie danach einzelne Blätter in alternierender Stellung ausschicken, die auf keinen Blattstiel gestützt sind. Unten sind die Blätter sehr klein, länglich und myrtenähnlich. Die Blätter werden zur Blütenähre hin allmählich größer und breiter als bei Polygala vulgaris (Gewöhnliche Polygala). An der Spitze des Stengels erhebt sich ein Blütenstiel ohne Blätter, der sechs, neun und mehr an kurzen, ungefähr eine Linie langen Stielen anhängende Blüten trägt. Gestalt und Farbe des Kelches sowie der Frucht sind wie bei [Polygala] vulgaris. Die Flügel jedoch, die auf beiden Seiten die Oberlippe der Blüte umgeben, sind hellaschgrau mit sehr leichtem Purpurrot, während sie bei [Polygala] vulgaris von einheitlicher Farbe wie die Lippe selbst sind. Die Unterlippe ist viermal

/42v/

*Irkuck*er Flora nach der Ordnung der ‚Institutiones rei herbariae'
III. Klasse

	breiter als die Oberlippe, stärker gefranst, wohlgestaltet und blau. Die unteren Blüten erblühen viel schneller als die oberen. Die gut gereiften Samen werden übermittelt.
157.	Orobanche subcoeruleo flore, sive II. Clusii (Orobanche mit schwach blauer Blüte oder II. [Species] des Clusius), [‚Historia plantarum']; Ich habe die Pflanze am 1. August blühend an der Mündung des *Anga*-Flusses in den See *Bajkal* gefunden.
158.	Orobanche Lusitanica, flore atropurpureo (Lusitanische Orobanche mit dunkelpurpurroter Blüte); Die Pflanze blüht gegen Anfang Juli auf den Bergen am *Angara*[-Fluß]. Ihre Wurzel ist in der Art eines Quirls (Wirtels) rundlich, glänzendbraun und schuppig mit fest aneinander angewachsenen Schuppen. Sie treibt abwärts Fasern aus, die ebenfalls glänzendbraun sind. Der blütentragende Stengel erhebt sich einen Fuß in die Höhe und besitzt die Stärke eines Mittelfingers. Innen ist er mit einem

	gelblichen saftigen Mark gefüllt. Die Blüten nehmen manchmal die Hälfte, bisweilen jedoch nur ein Drittel der Länge des Stengels ein und sind dunkelpurpurrot. Der Stempel der Blüte erinnert sehr an den Rüssel eines Elefanten. Es erscheinen nur Andeutungen von Blättern oder gleichsam verkümmerte Blätter, die den Stengel schuppig aussehen lassen wie bei Tussilago und Petasites.

/43r/

*Irkuck*er Flora nach der Ordnung der ‚Institutiones rei herbariae'
III. Klasse

159.	Orobanche ramosa, floribus subcoeruleis (Verzweigte Orobanche mit schwach blauen Blüten) des Caspar Bauhin, ‚Pinax', [Seite] 88; Die Blüten dieser Pflanze sind sehr blaß blau. Aus der Mitte des Stengels erheben sich zwei Zweige. Die Pflanze trat gegen Ende Juni auf den Bergen am *Angara*[-Fluß] gegenüber dem Dorf *Žilkina* auf.
160.	Orobanche flore candido (Orobanche mit reinweißer Blüte); Ich fand die Pflanze am 1. August an mindestens einer Stelle am Fuße der Felsen nahe der Mündung des *Anga*[-Flusses] in den See [*Bajkal*]. Ich habe ein Bild von dieser Pflanze anfertigen lassen; Tafel ...
161.	Orobanche major, Caryophyllum olens (Größere Orobanche, die nach Caryophyllum riecht) des Tournefort, [‚Institutiones rei herbariae'], 1. Species; auf einem sandigen Hügel innerhalb des Himmelfahrts-[Männer-]Klosters und im Dorf *Žilkina* des Erzbischofs.

IV. Klasse

Von Kräutern und Halbsträuchern mit monopetaler Lippenblüte

162.	Phlomis herbacea Hormini foliis, floribus parvis villosissimis ex carneo violaceis caulibus purpurascentibus (Krautige Phlomis mit den Blättern von Horminum, mit kleinen, sehr zottigen Blüten, die von Fleischfarbe in Violett übergehen, an purpurrötlichen Stengeln); Galeopsis maxima Hormini folio (Größte Galeopsis mit dem Blatt von Horminum) des Buxbaum, ‚Centuria' 1, Seite 4, Tafel 6; eine sehr häufige Pflanze bei *Irkuck* und auf den offenen Steppenflächen sowie jenseits des Sees [*Bajkal*]; Sie blüht im Juli. Die Samen sind

/43v/

*Irkuck*er Flora nach der Ordnung der ‚Institutiones rei herbariae'
IV. Klasse

	gegen Ende August reif. Ich schicke sie.
163.	Cassida montana, foliis integris et crenatis (Berg-Cassida mit ungeteilten und gekerbten Blättern) des Herrn Doktor Gmelin, ‚Index plantarum Lenensium', Nummer 135; Er gab eine Abbildung und eine Beschreibung dieser Pflanze.
164.	Cassida palustris repens et minus ramosa, flore purpurascente (Kriechende und weniger verzweigte Sumpf-Cassida mit purpurrötlicher Blüte) des Dillenius, ‚Catalogus plantarum', Seite 122; Scutellaria folio non serrato (Scutellaria mit nicht gesägtem Blatt) des Rivinus; überall an Flüßchen und Quellen bei *Oeck*; Die Pflanze blüht gegen Anfang Juli.
165.	Lamium vulgare, album sive Archangelica, flore albo (Gewöhnliches, weißblühendes Lamium oder Archangelica mit weißer Blüte) des Parkinson, ‚Theatrum botanicum'; des Tournefort, [‚Institutiones rei herbariae'], 4. Species; häufig bei *Irkuck* und am See *Bajkal*
166.	Lamium folio caulem ambiente, minus (Kleineres Lamium mit einem den Stengel umfassenden Blatt) des Caspar Bauhin, ‚Pinax', [Seite] 231; auf Äckern und in den Gärten bei *Urik sloboda*, 18 Stadien von *Irkuck* entfernt
167.	Moldavica Melissae folio, flore purpureo (Moldavica mit dem Blatt von Melissa, mit purpurroter Blüte); sehr zahlreich auf den Bergen am *Angara*[-Fluß] und am See *Bajkal*; Die Pflanze kommt schon bei *Udinskoj ostrog*, 400 Stadien von der Stadt *Irkuck* entfernt, vor. Ihre gut gereiften Samen übermittle ich.
168.	Die gleiche Moldavica mit fleischfarbener Blüte; Die Pflanze tritt selten auf und ist

/44r/

*Irkuck*er Flora nach der Ordnung der ‚Institutiones rei herbariae'
IV. Klasse

	als eine Varietät der vorhergehenden anzusehen.
169.	Moldavica Melissae folio profundius secto (Moldavica mit dem tiefer eingeschnittenen Blatt von Melissa); häufig am See *Bajkal*; Diese Species kommt zusammen mit der vorhergehenden vor. Sie unterscheidet sich von dieser durch die breitere Blüte und die tiefer eingeschnittenen Blätter. Ihre reifen Samen schicke ich. Sie blüht zusammen mit der

	vorhergehenden [Species].
170.	Ruyschiana floribus coeruleis, seu Pseudochamaepitis Muntingii (Ruyschiana mit blauen Blüten oder Pseudochamaepitis des Munting); Chamaepitis Austriaca (Österreichische Chamaepitis) des Clusius, ‚Historia plantarum', [Seite] CLXXXIV; mit blauer Blüte; Die Pflanze tritt in großer Anzahl bei *Irkuck* und am See *Bajkal* auf. Sie blüht etwa von Mitte Juni bis gewöhnlich Ende Juli. Ihre Samen schicke ich.
171A.	die gleiche Ruyschiana mit reinweißen Blüten; eine Varietät der vorhergehenden Species; Die Pflanze kommt selten, zusammen mit der vorhergehenden [Species], vor.
171B.	die gleiche Ruyschiana mit fleischfarbenen Blüten
172.	Boguldea Chamaedryos folio duriori, subtus incano, flore coeruleo (Boguldea mit dem derberen, unterseits weißgrauem Blatt von Chamaedrys, mit blauer Blüte); Die Pflanze wird von mir inzwischen Boguldea genannt; sie konnte auf Grund der eigentümlichen Struktur der Blüte bis jetzt keiner bekannten Gattung der IV. Klasse von Tourneforts ‚Institutiones rei herbariae' zugeordnet werden. Erst wenn möglicherweise aus den nach Petersburg geschickten Samen dort eine Pflanze herangewachsen ist, mögen andere entscheiden, ob man meiner Ansicht beipflichten möchte, oder ob man sie mit irgendeinem anderen Namen benennen soll. Die Pflanze wächst auf Kalkbergen

/44v/

*Irkuck*er Flora nach der Ordnung der ‚Institutiones rei herbariae'
IV. Klasse

	nahe der Mündung des in den See *Bajkal* eintretenden *Bugul'deicha*-Flusses, 186 Stadien von *Irkuck* entfernt. Diese mehrjährige Pflanze liebt sandige, kalkreiche, trockene und sonnige Standorte. Sie stützt sich auf eine Wurzel, die je nach Alter am Scheitel (Krone) manchmal einen Zoll dick, manchmal aber von der Stärke eines Schwanenfederkiels ist, und mit vielen Fasern ungefähr eine Handbreit unter Sand oder Steinen verläuft. Sie streut viele Zweige aus, die nicht nur unter dem Sande kriechen, sondern teilweise bis zu den Blütenähren unter ihm verborgen bleiben und nach Aussendung neuer Fasern aus den Stengeln wiederum (sproßbürtige) Wurzeln bilden. Aus den Ästchen treten die Blätter immer zu zweit in abwechselnder Stellung aus. Die Blätter im unteren Bereich, die mit einem halben Zoll langen Stielen versehen sind, werden nach den Blüten hin durch allmählich kürzer werdende, behaarte, blassgrüne Stiele aufrecht gehalten. Die Länge der Blätter

	überschreitet selten einen halben Zoll, ihre Breite selten ein drittel Zoll. Rücklingsgelegt sind die Blätter intensiv grün, auf der abgewandten Seite sind sie weißgrau. Die Oberfläche ist schön gefurcht, steif und fest, sowie im Umriß tief in gleichförmige Zipfel geteilt. Bezüglich ihrer Gestalt erinnern sie an die Blätter von Chamaedrys, hinsichtlich der Zipfel an Myrtus (Myrte) mit dem Blatt von Quercus (Eiche).

/45r/

*Irkuck*er Flora nach der Ordnung der ‚Institutiones rei herbariae'
IV. Klasse

	Sie besitzen den charakteristischen Duft und den aromatischen Wohlgeruch von Lavandula (Lavendel). An der Spitze der auf der Erde liegenden Stengel werden vier, fünf, bis sechs Blätter angelegt. Aus deren Zentrum wächst die Blütenähre heraus, die den Stengel begrenzt. Der Blütenähre selbst sind an einzelnen Stellen schmalere, purpurrötliche Blätter eingefügt. Meist ist die Ähre einen Zoll lang und im Durchmesser ebenso dick. Die Blüten sind intensiv blau und monopetal; sie entsprechen nicht der IV. Klasse, Sektion III, von Tourneforts ‚Institutiones rei herbariae'. Die Oberlippe ist nämlich aufgerichtet, schmaler als die Unterlippe, löffelartig ausgehöhlt, zweispaltig und besitzt stumpfe und sehr rundliche Einschnitte. Die Lippe erscheint, wenn sie nicht geöffnet ist, als wäre sie ungespalten. Die Unterlippe ist in drei Teile geteilt, wobei der mittlere Teil breiter und herzförmig ist. Aus dem Kelch erhebt sich der blaue Stempel, der aus der Blüte herausragt und zur Oberlippe hin zurückgebogen ist. Er ist von vier kurzen Staubblätter umgeben, die mit feinen glänzendbraunen Spitzen (Staubbeuteln) besetzt sind, welche sehr tief in der Blütenröhre angewachsen sind und den Löffel [den löffelartig ausgehöhlten Teil] der Oberlippe einnehmen.

/45v/

*Irkuck*er Flora nach der Ordnung der ‚Institutiones rei herbariae'
IV. Klasse

	Der Stempel (Fruchtknoten) ist mit vier Embryonen (Samenanlagen), die reif in ebensoviele dreieckige, längliche Samen übergehen, dicht gefüllt. Der Kelch ist oben fünfzipflig, röhrig, darauf stielrund, gestreift und durch viele Härchen rauhhaarig. Der zur Achse zeigende Einschnitt (Zipfel) ist breiter, die übrigen Einschnitte sind spitzer und schmaler. Die Pflanze blüht von Anfang Juni bis Mitte Juli. Im August bildet sie

	die Samen aus, die ich gut gereift gesammelt und geschickt habe.

Gattungsdefinition

	Boguldea ist eine Pflanzengattung mit monopetaler Lippenblüte, deren Oberlippe aufgerichtet, etwas stumpf zweispaltig und löffelartig ausgehöhlt ist. Die Unterlippe ist mit einem breiteren, halbrunden oder leicht herzförmigen mittleren Abschnitt in drei Teile geteilt. Aus dem fünfteiligen, stielrunden Kelch aber erhebt sich der Stempel. Er ist am hinteren (unteren) Teil der Blüte wie ein Nagel befestigt und mit vier Embryonen (Samenanlagen) dicht gefüllt, die darauf in ebenso viele längliche, braune, dreieckige Samen übergehen, welche in der Kapsel, die der Kelch der Blüte war, versteckt sind. Diesen bekannten Kennzeichen

/46r/

*Irkuck*er Flora nach der Ordnung der ‚Institutiones rei herbariae'
IV. Klasse

	ist hinzuzufügen, daß die Blüten immer in eine dicke Ähre gestellt sind. Boguldea ist nach dem *Bugul'deicha*[-Fluß] benannt worden, an dessen Mündung sie vorkommt.
173.	Boguldea erecta flore magno purpuro-coeruleo, Betonicae foliis longis, pediculis insidentibus (Aufrechte Boguldea mit großer purpurrot-blauer Blüte, mit den länglichen Blättern von Betonica, die auf Blattstielen sitzen); Diese Pflanze wurde am 21. August 1739 in Tälern zwischen sehr steilen Felsen am Ursprung des Flusses *Bannoj*, 10 Stadien von *Barguzinskoj ostrog* entfernt, gefunden. An den Quellen hatte sie die Samen schon voll ausgebildet. In der Höhe zeigte sich die Pflanze noch blühend. Sie stützt sich auf eine fasrige, braune Wurzel, die unter dem die Steine bedeckenden Moos kriecht. Die Pflanze selbst ist einen halben Fuß hoch und aufrecht. Sie prunkt mit Blättern auf ungefähr einen halben Fuß langen Blattstielen, die teilweise aufrecht, teilweise am Boden liegend bald einen, bald zwei Stengel umgeben. Die Blätter ähneln ganz genau denen von Betonica officinarum (Offizinale Betonica), sind gut geadert, grün und im Umriß gekerbt. Die Stengel sind vierkantig, blaßgrün, ungefähr einen halben Fuß lang und gelenkig mit gleichen Abständen zwischen den Gelenken. Nach den einzelnen Internodien erheben sich am Stengel jeweils zwei Blätter in gegenständiger, gegenseitig abwechselnder Stellung. Die Blätter sind von denen, die aus dem Scheitel der Wurzel hervorgehen, deutlich verschieden.

/46v/

*Irkuck*er Flora nach der Ordnung der ‚Institutiones rei herbariae‘
IV. Klasse

	Sie weichen ein wenig von der kreisförmigen Gestalt ab, wachsen ohne Stiel aus den Gelenken des Stengels hervor, sind im Umriß tief gesägt und leicht rauhhaarig. Die Blüten sind wie bei Ruyschiana innerhalb dieser Blattachseln an der Spitze des Stengels deutlich in Form eines Quirls angeordnet. Die Blüten sind breit, aufrecht, purpurrot-blau, monopetal, irregulär und lippig. Die Oberlippe ist gewölbt und ragt etwas über die Unterlippe hinaus. Sie ist zweispaltig herzförmig und besitzt abgerundete Einschnitte. Die Unterlippe ist in drei Teile geteilt. Der mittlere Teil ist ausgehöhlt und zweispaltig. Ihm haften die übrigen zwei Teile, die aber kürzer sind, an den Seiten wie Flügel an. In der Blütenröhre sind dort, wo sich diese zu erweitern beginnt, vier weiße Staubblätter angeheftet, die oben mit blauen Spitzen (Staubbeuteln) beladen sind. Die Staubblätter sind hakenförmig und unter der Oberlippe verborgen, aber abwärts zur Unterlippe hin gekrümmt. Innerhalb dieser Staubblätter ist der Stempel verborgen, der an der Spitze zweispaltig ist, zurückgebogene Spalten besitzt und mit vier Embryonen (Samenanlagen) gefüllt ist. Diese gehen in ebenso viele längliche, schwarze Samen über, die im Kelch bis zur Reife verborgen sind und bei leichter Berührung herabfallen.

/47r/

*Irkuck*er Flora nach der Ordnung der ‚Institutiones rei herbariae‘
IV. Klasse

	Hinzugefügt sei noch, daß die Oberlippe rauhhaarig mit bläulichen Härchen ist, die sich an zwei kleinen Stellen befinden, wobei je eine Stelle [mit Haaren] einen einzelnen Einschnitt [der Oberlippe] besetzt. Die Unterlippe hingegen ist in ihrem mittleren, ausgehöhlten Teil weiß und mit purpurrötlich-rötlichen Punkten gesprenkelt. Oberhalb, in Richtung des hier engen Schlundes, erscheinen auf beiden Seiten zwei Bärtchen mit hohen Haaren. Der purpurrötliche Kelch ist rauhhaarig und in fünf Abschnitte geteilt, wobei die Einschnitte, die zur Blütenachse zeigen, doppelt so breit ist. Es sei ferner hinzugefügt, daß bei bestimmten [Blüten] die Spalten der Oberlippe bei bevorstehendem Verwelken wie bei Moldavica aufwärts zurückgebogen sind, jedoch mit einer stei-

	fen Blüte, die ebenso wie bei Lamium in der Art eines Löffels ausgehöhlt ist. Vielleicht gehören beide [Boguldea-Species] zusammen mit Ruyschiana in eine Gattung, was ich jedoch wegen des Fehlens der Blüte von Ruyschiana und da mir der ‚Index' von Boerhaave nicht zur Verfügung steht, nicht untersuchen kann. Aber wo Tournefort Chamaepitys Austriaca (Österreichische Chamaepitys) des Clusius eingeordnet hat, habe ich bisher noch nicht in den ‚Institutiones rei herbariae' gefunden. Die gereiften Samen dieser Pflanze werden ebenfalls übermittelt.
174.	Galeopsis procerior, foetida, spicata (Hochwüchsige, stinkende, ährige Galeopsis) des Tournefort, ‚Institutiones rei herbariae', 1. Species; Lamium maximum, sylvaticum, foe-

/47v/

*Irkuck*er Flora nach der Ordnung der ‚Institutiones rei herbariae'

IV. Klasse

	tidum (Größtes, stinkendes, wildwachsendes Lamium) des Caspar Bauhin, ‚Pinax', [Seite] 231; Die Pflanze blüht im Juni und Juli an Zäunen und bei Weidengebüschen.
175.	Galeopsis procerior, caliculis aculeatis, flore purpurascente (Hochwüchsige Galeopsis mit spitzen Hüllkelchen, mit purpurrötlicher Blüte) [des Tournefort], ‚Institutiones rei herbariae'; überall in Sibirien zahlreich; Die Pflanze blüht zusammen mit der vorhergehenden [Species].
176.	Galeopsis patula segetum, flore purpurascente (Weit ausgebreitete, auf Saatfeldern wachsende Galeopsis mit purpurrötlicher Blüte) [des Tournefort], ‚Institutiones rei herbariae'; überall auf den Feldern bei *Irkuck* und an den Wegen
177.	Galeopsis altera, caliculis aculeatis, flore flavescente (Zweite Galeopsis mit spitzen Hüllkelchen, mit gelblicher Blüte) des Tournefort, ‚Institutiones rei herbariae', 4. Species; Der Bart dieser Pflanze ist sehr zierlich von purpurroter, gelber und weißer Farbe bunt gescheckt. Ich habe die Pflanze in den Gärten verschiedener Einwohner von *Irkuck* beobachtet. Es kann sein, daß ihre Samen mit anderen Gemüsesamen aus Rußland herbeigeführt worden sind; die Pflanze ist jedenfalls nirgendwo in den Gegenden, die ich in Sibirien bereist habe, natürlich anzutreffen.
178.	Cardiaca des Johann Bauhin, [‚Historia plantarum ...', Band] 3, [liber XXVIII, Seite] 320; des Dodonaeus, ‚Pemptades' [Seite 94]; des Tournefort, ‚Institutiones rei herbariae', 1. Species; häufig an Zäunen und auf Hügeln, besonders bei *Malaja Rozvodnaja*; Die Pflanze blüht etwa

	Mitte Juni.
179.	Mentha aquatica seu Pulegium vulgare (Wasser-Mentha oder Gewöhnliches Pulegium) [des Tournefort], ,Institutiones rei herbariae'; überall an wasserreichen Stellen und an Flüßchen bei *Irkuck* und am See *Bajkal*
180.	Mentha arvensis, verticillata, hirsuta (Quirlständige, rauhhaarige Acker-Mentha) des Johann Bauhin [,Historia plantarum ...', Band 3, liber XXVIII, Seite 217]; Calamintha arvensis, verticillata (Quirlständige Acker-Calamintha) des Caspar Bauhin, ,Pinax', [Seite] 229; Die Pflanze blüht im Juli sehr zahlreich in Gärten und auf Feldern sowie auch

/48r/

*Irkuck*er Flora nach der Ordnung der ,Institutiones rei herbariae'

IV. Klasse

	an Weidengebüschen bei *Irkuck*. Sie erhebt sich einen Fuß bis vorderarmslang in die Höhe. Der Stengel ist vierkantig und rauhhaarig. Die Blätter sind länglich, krautig grün und im Umriß gekerbt. In den Blattachseln werden die blaß blauen Blüten quirlförmig angeordnet. Bei diesen ist die Oberlippe etwas gewölbt, die Unterlippe ist in drei Einschnitte geteilt, so daß durch die nahezu gleichgroßen Segmenten eine fast radförmige Blüte vorgetäuscht wird. Die Blüten werden von einem fünfspaltigen Kelch umschlossen, der an einem Blütenstiel von einer Linie Länge ansitzt. Die gesamte Pflanze besitzt einen Geruch, der dem von Mentha crispa (Krause Mentha) sehr nahekommt; Mentha crispa kommt jedoch hier in der Gegend nicht vor.
181.	vielleicht Marrubiastrum Cardiacae folio (Marrubiastrum mit dem Blatt von Cardiaca) des Boccone, [,Museo di piante'] Teil 2, Tafel 98, 5. Species des Tournefort, ,Institutiones rei herbariae'; Diese Pflanze wurde am 1. August an der Mündung des *Anga*-Flusses in den See *Bajkal* in Blüte vorgefunden. Die Pflanze erhebt sich ungefähr vorderarmslang in die Höhe, sie ist in der Art eines kleinen Strauches sehr verzweigt. Die Stengel sind vierkantig, die Blätter sind wie die Blätter von Cardiaca weißlich grün und runzlig. An den einzelnen [Blüten-]Quirlen stehen sich je zwei Blätter gegenüber. Die Blüte ist groß und reinweiß;

/48v/

*Irkuck*er Flora nach der Ordnung der ‚Institutiones rei herbariae‘
IV. Klasse

	zusammen mit der Blütenröhre ist sie mehr als einen Zoll lang. Die Oberlippe ist löffelartig ausgehöhlt und auf allen Seiten mit sehr dichter reinweißer Wolle bedeckt und angenehm rauhhaarig. Die Unterlippe ist in drei Teile gespalten, wobei der mittlere Teil, der etwas hervorragt, herzförmig, von reinweißer Farbe und mit vielen purpurroten Strichen gezeichnet ist, die aus der Blütenröhre bis hin zu den Rändern der Unterlippe verlaufen. Der Kelch der Blüte ist rauhhaarig, fünfeckig, fünfspaltig und spitz. Gewöhnlich sind sechs oder je fünf beziehungsweise sechs Blüten in einer Reihe zu einem [Blüten-]Quirl am Stengel angeordnet. Ich habe eine Zeichnung dieser Pflanze anfertigen lassen, die diese in natürlicher Größe darstellt. Die Samen habe ich gesammelt und geschickt.
182.	Lycopus palustris, glaber (Kahler Sumpf-Lycopus) des Tournefort, ‚Institutiones rei herbariae‘, 1. Species; Marrubium palustre, glabrum (Kahles Sumpf-Marrubium) des Caspar Bauhin, ‚Pinax‘, [Seite] 230; Die Pflanze blüht im Juli in Sümpfen am *Barguzin*-Fluß.
183.	Clinopodium Origano simile, elatius, majore folio (Hochwachsendes, dem Origanum ähnliches Clinopodium, mit größerem Blatt) des Caspar Bauhin, ‚Pinax‘, [Seite] 225; in den Bergwäldern bei der *zaimka* des *Afanasij Dement'ev*, 60 Stadien von der Stadt *Irkuck* entfernt, wo man zum *Lena*[-Fluß] reist; Die Pflanze blüht im Juni und Juli.

/49r/

*Irkuck*er Flora nach der Ordnung der ‚Institutiones rei herbariae‘
IV. Klasse

184.	Clinopodium arvense, Ocimi facie (Acker-Clinopodium mit dem Aussehen von Ocimum) des Caspar Bauhin, ‚Pinax‘, [Seite] 225; Acinos multis (Acinos bei vielen [Autoren]) des Johann Bauhin, [‚Historia plantarum ...‘, Band] 3 [liber XXVIII, Seite 259]; des Tournefort, ‚Institutiones rei herbariae‘, 4. Species; Die Pflanze kommt zusammen mit der vorhergehenden auf Kalkbergen oder auf trockenen, aus Lehm bestehenden Hügeln vor. Sie blüht zusammen mit der vorhergehenden.
185.	Serpillum vulgare, minus (Kleineres, gewöhnliches Serpillum); Die Pflanze kommt sehr häufig in den Bergen bei *Irkuck* und am See *Bajkal* sowie überall am *Lena*[-Fluß] vor. Sie fehlt völlig an den [Strömen] *Irtyš* und *Ob'* an der Route von *Tobol'sk* bis *Tara*[?].

186.	Serpillum angustifolium, hirsutum (Schmalblättriges, rauhhaariges Serpillum) des Caspar Bauhin, ‚Pinax', [Seite] 220; Serpillum Pannonicum (Pannonisches Serpillum) III. [Species] des Clusius, ‚Historia plantarum' [Seite] 360; Die Pflanze trat erstmals an einer Bucht des Sees *Bajkal*, die *Peščanaja guba* genannt wird, und darauf bei *Barguzinskoj ostrog*, auf. Sie kommt immer zusammen mit der vorhergehenden [Species] an sandigen und trockenen kalkhaltigen Orten vor.
187.	Serpillum vulgare, flore albo (Gewöhnliches Serpillum mit weißer Blüte) des ‚Hortus Edinburgensis'; des Tournefort, ‚Institutiones rei herbariae', 5. Species; häufig bei *Barguzinskoj ostrog*
188.	Serpillum vulgare, flore carneo (Gewöhnliches Serpillum mit fleischfarbener Blüte); Die Pflanze kommt zusammen mit der vorhergehenden häufig vor. Sie ist eine Varietät, die von Tournefort nicht beschrieben worden ist. Bei den Russen wird diese Species *bogorodskaja trava* genannt.

/49v/

*Irkuck*er Flora nach der Ordnung der ‚Institutiones rei herbariae'
IV. Klasse

189.	Satureia sativa (Kultivierte Satureia) des Tournefort, ‚Institutiones rei herbariae' und des Johann Bauhin [‚Historia plantarum ...', Band 3, liber XXVIII, Seite 272]; sehr zahlreich in den Gärten bei *Irkuck*; Die Russen pflegen die trockene Pflanze zu Cucumis (Gurke) und in Salzlake eingelegtem Kohl (Brassica) wie ein Gewürz zuzufügen.
190.	vielleicht Lavandula folio dissecto (Lavandula mit zerschlitztem Blatt) des Caspar Bauhin, ‚Pinax', [Seite] 216. Lavandula multifido folio (Lavandula mit vielspaltigem Blatt) des Johann Bauhin, [‚Historia plantarum ...', Band] 3, [liber XXVIII, Seite] 281; des Clusius, ‚Historia plantarum', [Seite] 345; Die Pflanze wächst sehr reichlich auf überaus trockenen Wiesen der Steppen dort, wo man zum *Lena*[-Fluß] reist, wo sie viel niedriger ist, und auf den Bergen am *Angara*[-Fluß] und am See *Bajkal*. Dort ist sie viel höher und verzweigter. Sie blüht gegen Anfang Juli. Die Samen reifen gegen Anfang September. Sie stützt sich auf eine fasrige, holzige Wurzel, die außen schwarz und innen weiß ist. Sie schickt bald einen, bald zwei, drei oder mehr Stengel aus, die mitunter vorderarmslang, mitunter einen Fuß hoch, vierkantig, behaart, blaß grün und verzweigt sind sowie jeweils mit einer an der Spitze gelegenen, quirlartigen Blütenähre beladen sind. Die Ähren an der Spitze des Hauptsprosses sind aber länger, die an den Zweigen um die Hälfte kürzer. Aus dem Scheitel der Wurzel gehen je zwei Blätter hervor, die

	kleiner sind als die übrigen am Stengel.

/50r/

*Irkuck*er Flora nach der Ordnung der ‚Institutiones rei herbariae'
IV. Klasse

	Sie sind fünfspaltig, aber nicht sehr tief geschlitzt. Danach bilden sich in Abständen von anderthalb Zoll sechs oder sieben Mal Blätter. Diese sind alle fünfspaltig, wobei immer zwei Blätter gegenüber gestellt sind. Aus ihren Achseln treten meist zwei weitere, kleinere, dreispaltige Blätter aus sowie zugleich Stiele, die ein oder zwei Zoll lang und mit einer sehr kurzen Blütenähre beladen sind. Die Oberlippe der Blüte ist zweispaltig mit zugespitzten Abschnitten und, soweit ich sehen konnte, nicht aufgerichtet. Die Unterlippe dagegen ist dreispaltig und besitzt einen mittleren breiteren ausgehöhlten Abschnitt, der einen Umriß in der Gestalt eines Herzen hat. Der Stempel, den vier blaue Staubblätter umgeben, die mit purpurroten Spitzen (Staubbeuteln) beladen sind, enthält vier Samen. Der Kelch ist einblättrig, fünfspaltig, rauhhaarig, unten grün gestreift und oben bläulich. Unter den einzelnen Quirlen der Ähre befinden sich Blättchen, die von Grün ins Schwärzliche übergehen. Der Duft der Pflanze ähnelt mehr dem von Mentha (Minze) als dem von Lavandula (Lavendel). Die Einwohner von *Irkuck* pflegen die Blätter und Blüten der Pflanze in Branntwein einzulegen, in der Sonne auslaugen zu lassen und in Badestuben an den Feuerstellen

/50v/

*Irkuck*er Flora nach der Ordnung der ‚Institutiones rei herbariae'
IV. Klasse

	über die glühend heißen Steine zu sprengen. Dem in dieser Badestube schwitzenden Menschen versprechen sie sichere Hilfe bei Dreitagefieber. Die gut gereiften Samen dieser Pflanze übermittle ich.
191.	vielleicht Lavandula folio rarius nec ita profunde dissecto (Lavandula mit einem dünneren Blatt, das nicht so tief zerschlitzt ist); Die unteren Blätter dieser Pflanze sind fast ungeteilt und an den Rändern gesägt. Sie tritt in gleicher Menge wie die vorhergehende auf. Ihre Samen werden geschickt. Sie wurden jedoch auf dem Weg aus Achtlosigkeit mit den Samen der vorgehenden Species vermischt.
192.	Origanum sylvestre, Cunila bubula Plinii (Wildwachsendes Origanum, Ochsen-Cunila des Plinius) des Caspar Bauhin, ‚Pinax', [Seite] 223; des Tournefort, ‚Institutiones rei herbariae', 1. Species; sehr zahlreich bei

	Irkuck und am See *Bajkal*. Bei den Russen nennt man die Pflanze *dušnica*.
193.	Ballote des Matthiolus, [‚Commentarii‘, Seite] 825; des Tournefort, ‚Institutiones rei herbariae‘, 1. Species; Marrubium nigrum, foetidum, Ballote Dioscoridis (Schwarzes, stinkendes Marrubium, Ballote des Dioscorides) des Caspar Bauhin, ‚Pinax‘, [Seite] 230; Die Pflanze blüht im Juni und Juli an Zäunen bei *Rozvodnaja*.
194.	Chamaedris montana, odorata, flore minore coeruleo, Cannabis folio (Duftende Berg-Chamaedris mit kleinerer, blauer Blüte, mit dem Blatt von Cannabis); Diese Pflanze an den schroffen, sonnenbeschienenen und gebirgigen Standorten am *Angara*[-Fluß] und beim See *Bajkal* blüht im Juni und Juli. Sie stützt sich auf eine kleine, fasrige, weiße, trockene

/51r/

*Irkuck*er Flora nach der Ordnung der ‚Institutiones rei herbariae‘
IV. Klasse

	Wurzel, die nur locker in Sand und Kies haftet, die Pflanze aber ungeachtet dessen stets aufrecht hält. Gleich über der Wurzel richten sich an einen halben Zoll langen Stielen Blätter auf, die an dem, vierkantigen, leicht grünen, gefurchtem Stengel angewachsen sind. Die Blätter sind dreispaltig und im Umriß gesägt. Sie sind den Blättern des Cannabis erratica (Wilder Cannabis) sehr ähnlich; rücklingsgelegt sind sie krautig grün und auf der Unterseite leicht purpurrötlich. Aus den Blattachseln erheben sich zu beiden Seiten des Stengels einen Zoll lange, oft auch längere Stiele, die grün und vierkantig sind und Blüten tragen, die von wiederum einen halben Zoll langen Stielen gestützt werden. Die Blüten sitzen, manchmal jeweils eine, manchmal jeweils zwei oder drei, an einem einzigen Stiel. Die Blüte ist lippig. Die Unterlippe ist mit einem breiteren mittleren Teil, der wie ein Löffel ausgehöhlt und nicht zerteilt ist, in fünf Teile gespalten. Die Staubblätter nehmen den Platz in der Oberlippe ein. Der Stempel ist in ihrer Mitte und wird von diesen überragt. Er sitzt zugleich in der Mitte von vier rundlichen Samen, die sich im röhrigen, fünfzipfligen grünen Kelch einnisten. Die Blüte ist sehr klein und kaum eine Linie lang. Diese Pflanze

/51v/

*Irkuck*er Flora nach der Ordnung der ‚Institutiones rei herbariae'
IV. Klasse

	ist sehr wohlriechend und bietet so der Nase Annehmlichkeit, wie Melissa (Melisse), wenn sie mit Basilicum zu einem gemeinsamen Strauß gebunden wird. Die Stengel mit den reifen Samen sind „wie angelaufener Stahl" völlig bläulich. Die gut gereiften Samen dieser Pflanze werden geschickt.

V. Klasse
Von den Kräutern und Halbsträuchern mit polypetaler, kreuzförmiger Blüte

195.	Isatis sylvestris vel angustifolia (Wildwachsende oder Schmalblättrige Isatis) des Caspar Bauhin, ‚Pinax', [Seite] 113; Isatis sive Glastum spontaneum (Isatis oder Frei wachsendes Glastum) des Johann Bauhin, [‚Historia plantarum ...', Band] 2, [liber XXI, Seite] 909; Die Pflanze blüht im Juni und Juli. Sie läßt die Samen gegen Mitte bis Ende August reifen. Zum ersten Mal zeigte sie sich am Ufer des *Angara*[-Flusses] bei *Ščerbakovo zimov'e*, 40 Stadien von *Irkuck* entfernt, von da an überall am gesamten See. Die größten Blätter dieser Pflanze sind eine Handbreit lang und anderthalb Zoll breit, an der Basis sind sie sehr geöhrt, zum vorderen Blattende hin zugespitzt, blaugrün und kahl. Im gesamten Äußeren, von der Art der Blüte, der Blätter und des verzweigten Stengels kommt sie der kultivierten Pflanze sehr nahe, so daß ich Zweifel habe, ob diese nicht unsere angebaute Pflanze ist, die ich einst in Thüringen auf den Feldern ausgesät gesehen habe.

/52r/

*Irkuck*er Flora nach der Ordnung der ‚Institutiones rei herbariae'
V. Klasse

196.	Thlaspi arvense, siliquis latis (Acker-Thlaspi mit breiten Schoten) des Caspar Bauhin, ‚Pinax', [Seite] 105; Thlaspi cum siliquis latis (Thlaspi mit breiten Schoten); sehr zahlreich bei der Zollstation am See *Bajkal*, die *Nikol'skaja zastava* genannt wird. Die Pflanze blüht im Mai und Juni.

197.	Nasturtium sylvestre, tenuiter incisum, minori fructu (Leicht eingeschnittenes, wildwachsendes Nasturtium mit kleinerer Frucht) des Tournefort, [‚Institutiones rei herbariae'']; Iberis des Matthiolus [‚Commentarii', Seite] 293; Die Pflanze blüht im Juni und Juli auf sehr trockenen und sonnenbeschienenen Stellen bei der Mühle am [Bach] *Ušakovka*, ebenso überall auf dem Weg zum *Lena*[-Fluß] und am See *Bajkal*.
198.	Nasturtium hortense, vulgatum (Weit verbreitetes Garten-Nasturtium) des Caspar Bauhin, ‚Pinax', [Seite] 103; des Tournefort, ‚Institutiones rei herbariae', 1. Species; zahlreich in allen Gärten der Einwohner von *Irkuck*
199.	Cochlearia folio cubitali (Cochlearia mit vorderarmslangem Blatt) des Tournefort, ‚Institutiones rei herbariae', letzte Species; Raphanus rusticanus (Landmännischer Raphanus) des Caspar Bauhin, ‚Pinax', [Seite] 96; zahlreich in den Gärten bei *Irkuck* und am See *Bajkal*, nicht kultiviert bei *Jakuck*; Ein Maler und Priester in *Irkuck* lehrte, aus dem Saft der zerstoßenen Blätter dieser Pflanze zu Frühlingsbeginn eine feine grüne Farbe zu bereiten. Dem Grün, das aus den Blüten von Iris bereitet worden war, stand dieses in nichts nach. Er gab an, die Farbe entweder mit Öl oder mit Wasser zu verdünnen. Dieser Versuch, der bei anderen Pflanzen bereits von dem Maler Berckhan erprobt wurde, verdient es, empfohlen zu werden.

/52v/

*Irkuck*er Flora nach der Ordnung der ‚Institutiones rei herbariae'

V. Klasse

200.	Bursa pastoris major, folio non sinuato (Größere Bursa pastoris [Hirtentäschel] mit nicht buchtigem Blatt) des Caspar Bauhin, ‚Pinax', [Seite] 108; des Tournefort, ‚Institutiones rei herbariae', 1. Species
201.	Bursa pastoris major, folio sinuato (Größere Bursa pastoris [Hirtentäschel] mit buchtigem Blatt) des Caspar Bauhin, ‚Pinax' [Seite 108]; Beide Pflanzen sind sowohl in den Gärten als auch an grasigen Orten bei *Irkuck* und am See [*Bajkal*] überall häufig zu sehen. Sie blühen von Anfang Juni bis Ende August.
202.	Alysson Veronicae folio (Alysson mit dem Blatt von Veronica) der ‚Institutiones rei herbariae'; Bursa pastoris [major], loculo oblongo (Größere Bursa pastoris mit länglichem Fruchtknotenfach) des Caspar Bauhin, [‚Pinax', Seite 108], des Tournefort, 14. Species; Diese Pflanze ist hinsichtlich der Größe und der Verzweigung erstaunlich veränderlich. Sobald der Schnee gegen Mitte bis Ende April völlig ver-

	schwunden ist, erscheint die Pflanze sehr häufig sowohl an tiefer gelegenen, als auch an bergigen, trockenen und sehr nährstoffreichen Stellen. Von dieser Zeit an blüht sie bis Anfang August überall. In *Irkuck* wird sie als ein Unkraut der Gärten angesehen. Ihre Samen werden geschickt. Ich sehe daher von einer ausführlichen Beschreibung ab.
203.	Alysson segetum, foliis auriculatis, acutis, flore et semine majore (Alysson der Saatfelder mit geöhrten, spitzen Blättern, mit größerer Blüte und größerem Samen) des Tournefort; Myagrum des Chabraeus [,Stirpium icones']; Myagrum sativum (Kultiviertes Myagrum) des Caspar Bauhin, ,Pinax' [Seite 109]; häufig auf Äckern und an Wegen bei *Irkuck*; Die Pflanze blüht im Juni.
204.	Alysson segetum foliis auriculatis latioribus flore luteo (Alysson der Saatfelder mit geöhrten, breiteren Blättern, mit gelber Blüte); Die Blätter dieser Pflanze sind auf beiden Seiten rauh, geöhrt, in der Breite einen Zoll überragend, nach dem oberen Blattende hin allmählich zugespitzt, aber nicht so spitz wie bei der vorhergehenden. Der Stengel ist stielrund und röhrig hohl. Die Wurzel ist weiß,

/53r/

*Irkuck*er Flora nach der Ordnung der ,Institutiones rei herbariae'
V. Klasse

	rübenförmig und von der Stärke eines Schwanenfederkiels. Die Pflanze blüht zusammen mit der vorhergehenden etwa Mitte Juni. Vielleicht ist sie Alysson segetum elatius, foliis auriculatis, flore et semine minore (Hochwachsendes Alysson der Saatfelder mit geöhrten Blättern, mit kleinerer Blüte und kleinerem Samen) des Tournefort, vielleicht Myagrum sylvestre (Wildwachsendes Myagrum) des Caspar Bauhin, [,Pinax', Seite 109].
205.	Alysson foliis Globulariae affine (Alysson mit Blättern, die denen der Globularia ähnlich sind) des Herrn Doktor Gmelin, ,Index plantarum Lenensium'; Die Pflanze blüht zu Frühlingsbeginn auf offenen und sehr trockenen Steppenflächen dort, wo man zum *Lena*[-Fluß] reist. Die Blüte habe ich nicht gesehen. Ich habe aber von der etwa Mitte Juni schon völlig vertrockneten Pflanze einige wenige Samen sammeln können, die noch an der Scheidewand [der Schote] hafteten.
206.	Alysson incanum, luteum, Serpilli folio, majus (Größeres, weißgraues, gelbblühendes Alysson mit dem Blatt von Serpillum) des Tournefort, ,Institutiones rei herbariae', 2. Species; auf den Felsen am See *Bajkal*; Die Pflanze blüht zahlreich im gesamten Sommer. Ich übermittle ihre

	Samen.
207.	Alysson incanum, Serpilli folio, minus (Kleineres, weißgraues Alysson mit dem Blatt von Serpillum) des Tournefort, ‚Institutiones rei herbariae', 3. Species; Thlaspi Alysson dictum, campestre minus (Alysson genanntes kleineres Feld-Thlaspi) des Caspar Bauhin, ‚Pinax', [Seite] 107; Die Pflanze blüht an sandigen Stellen am See [*Bajkal*] zusammen mit der vorhergehenden. Auch ihre Samen werden geschickt.
208.	Alysson Alpinum, hirsutum, luteum (Rauhhaariges, gelbblühendes Alpen-Alysson) des Tournefort, ‚Institutiones rei herbariae', 11. Species; Sedum Alpinum, hirsutum, luteum (Rauhhaariges, gelbblühendes Alpen-Sedum) des Caspar Bauhin, ‚Pinax', [Seite] 284; Sedum petraeum, montanum (Auf Felsen wachsendes Berg-Sedum) des Lobelius, ‚Plantarum seu stirpium icones', [Band 1, Seite] 381; in sandigen, höher gelegenen Wäldern am Fuße der *Barguzinskoj ostrog* überragenden Felsen; Die Pflanze war gegen Anfang August schon fast völlig verblüht und lieferte wohlgereifte Samen, die gleichzeitig

/53v/

*Irkuck*er Flora nach der Ordnung der ‚Institutiones rei herbariae'
V. Klasse

	geschickt werden. Die Pflanze stützt sich im Sandboden auf eine holzige, stielrunde und gelbliche Wurzel. Die in alle Richtungen ausgestreckten Zweige sind fast bis zu den Blüten von Sand bedeckt. Die Blüte ist vollständig gelb und unterscheidet sich überhaupt nicht von der vorhergehenden Pflanze. Die Blätter sind länglich, etwas länger als ein drittel Zoll, spitz, schmal und auf beiden Seiten weißgrau. Vom Scheitel (Krone) der Wurzel bis zu den Blüten sind sie sehr dicht und überall dem Stengel angesetzt so wie bei Sedum vermicularis.
209.	Alysson fruticosum, incanum minus, folio flore albo (Weißgraues, kleineres Strauch-Alysson mit weißem Blatt und weißer Blüte [?]); Diese Species weicht von Alysson fruticosum incanum des Tournefort, ‚Institutiones rei herbariae', 10. Species, ab. Ihre Blätter sind viel schmaler, und die Pflanze erhebt sich nicht so stark in die Höhe. Sie kommt auf Felsen am sogenannten Felsentor, 10 Stadien von *Peščanaja guba* entfernt, vor. Die Pflanze blüht gegen Anfang August, auch bei der Insel *Ol'chon* und am *Barguzin*[-Fluß]. Den reifen Samen konnte ich jedoch Anfang September noch nicht erhalten.
210.	Brassica alba vel viridis (Weiße oder Grüne Brassica) des Caspar Bauhin, ‚Pinax' [Seite 111]; Brassica alba, vulgaris (Gewöhnliche

	weiße Brassica) des Johann Bauhin, [‚Historia plantarum ...‘, Band] 2, [liber XXI, Seite] 829; überaus zahlreich in *Irkuck* und am See *Bajkal*; Diese Brassica-Species wird in Gärten und auf Äckern angebaut.
211.	Brassica capitata alba, capite minori et densiori Ingrica (Weiße Ingrische Brassica mit kleinerem und dichterem Kopf); häufig in den Gärten der Einwohner von *Irkuck*; ‚Coporischer kleiner Kopfkohl‘

/54r/

*Irkuck*er Flora nach der Ordnung der ‚Institutiones rei herbariae‘
V. Klasse

212.	Brassica alba, crispa (Krause, weiße Brassica) des Caspar Bauhin, [‚Pinax‘, Seite 111]; Brassica Sabauda, rugosa (Runzlige Savoyer Brassica [Runzliger Savoyer Kohl]) des Johann Bauhin [‚Historia plantarum ...‘, Band 2, liber XXI, Seite 828]; in den Gärten des Herrn Vizegouverneurs und vornehmer Einwohner
213.	Brassica capitata, rubra (Rote Kopf-Brassica) des Caspar Bauhin, ‚Pinax‘ [Seite 111]; häufig in den Gärten des Herrn Vizegouverneurs und der Einwohner
214.	Brassica gongylodes (Rübenähnliche Brassica) des Caspar Bauhin, ‚Pinax‘ [Seite] 111; Brassica caulorapa (Brassica mit rübenartigem Stengel) des Johann Bauhin [‚Historia plantarum ...‘, Band 2, liber XXI, Seite 829]; Die Pflanze gedieh im Garten des Herrn Vizegouverneurs vortrefflich.
215.	Brassica cauliflora (Stengelblütige Brassica) des Caspar Bauhin, [‚Pinax‘, Seite 111]; Chartiviol; im Garten des Herrn Vizegouverneurs
216.	vielleicht Leucoium angustifolium, Alpinum, flore sulphureo (Schmalblättriges Alpen-Leucoium mit schwefelgelber Blüte) des ‚Hortus Regius Parisiensis‘; letzte Species des Tournefort, ‚Institutiones rei herbariae‘; Die Pflanze blüht zahlreich von der Mündung des *Bugul'deicha*-Flusses bis zur Insel *Ol'chon* und von dort an bis zum *Barguzin*[-Fluß]. Je nach Beschaffenheit des Bodens ist sie bald von einer Vorderarmslänge, bald von zwei Vorderarmslängen. Die Blätter sind aufrecht, zum Stengel hin schmal, weißgräulich und einen Zoll bis anderthalb Zoll lang. Die Pflanze ist manchmal sehr verzweigt, manchmal fehlen ihr die Zweige. Die Blüten mit einem einen halben Zoll langen Blütenstielen erscheinen sowohl im oberen Bereich des Stengels als auch an sechs, sieben oder mehr Seitenzweigen und sind von schwefelgelber Farbe wie bei Leucoium. Der Stempel (Griffel) geht in eine lange, stielrund-zylindrische Schote über,

/54v/

*Irkuck*er Flora nach der Ordnung der ,Institutiones rei herbariae'
V. Klasse

	die durch eine mittelständige Scheidewand getrennt wird, und mit länglichen, gerandeten, hellgelben Samen gefüllt ist, welche an der Scheidewand haften. Die gut gereiften Samen werden geschickt.
217.	Hesperis sylvestris, inodora (Geruchlose, wildwachsende Hesperis) des Caspar Bauhin, ,Pinax' [Seite 202]; Hesperis Pannonica, inodora (Geruchlose, Pannonische Hesperis) des Johann Bauhin [,Historia plantarum ...', Band 2, liber XXI, Seite 878]; 3. [Species] des Clusius, ,Historia plantarum'; überall am *Angara*[-Fluß] und am See *Bajkal*; Die Pflanze blüht im Juni und Juli. Die Samen sind gegen Mitte August gereift.
218.	vielleicht die gleiche Hesperis, jedoch verzweigter; in Sümpfen zusammen mit der vorhergehenden [Species]
219.	vielleicht Hesperis maritima, supina, exigua (Unansehnliche, rücklingsgelegte Strand-Hesperis) des Tournefort, ,Institutiones rei herbariae'; Leucoium marinum, parvum, folio virente, crassiusculo (Kleines Meer-Leucoium mit grünlichem, dicklichem Blatt) des Johann Bauhin [,Historia plantarum ...', Band 2, liber XXI, Seite 877]; Die Blätter dieser Pflanze breiten sich ringsum aus und bedecken auf der Erde eine kreisförmige Fläche. Sie sind intensiv grün, länglich und auf Grund von vielen Warzen rauh. Der in den Achseln innerhalb der Blätter sitzende Stengel mit Blüte ist sehr kurz. Bei manchen Pflanzen ist er einen Zoll lang, er überschreitet aber selten eine Länge von drei bis vier Zoll. Die Blüten duften schwach und sind purpurrot-rötlich, wie auch die Schoten leicht und dunkel purpurrötlich gesprenkelt sind. Die Samen sind länglich und gelb. Die gut gereift gesammelten Samen werden geschickt. So wie der Stengel hinsichtlich seiner Höhe variiert, unterscheiden sich auch die Blätter hinsichtlich Schmalheit und Breite auffallend. Die Pflanze kommt auf den Felsen am See

'55r/

*Irkuck*er Flora nach der Ordnung der ‚Institutiones rei herbariae'
V. Klasse

	Bajkal sowie auf ebenen und offenen Steppenflächen vor. Sie tritt überall dort am See [*Bajkal*] auf, wo ich gewesen bin.
220.	Hesperis lutea, siliquis strictissimis (Gelbblühende Hesperis mit sehr steifen Schoten) des Tournefort, ‚Institutiones rei herbariae', 11. Species; Draba lutea, siliquis strictissimis (Gelbblühende Draba mit sehr steifen Schoten) des Caspar Bauhin, ‚Pinax', [Seite] 110; Arabis des Camerarius, ‚Epitome'; Die Pflanze blüht im Juli am *Angara*[-Fluß] und am See *Bajkal*. Die Samen sind gegen Ende August vollendet, sie werden gut gereift geschickt.
221.	Hesperis Leucoii folio non serrato, siliqua quadrangula (Hesperis mit dem nicht gesägten Blatt von Leucoium, mit vierkantiger Schote) des Tournefort, ‚Institutiones rei herbariae'; Leucoium luteum, sylvestre, angustifolium (Gelbblühendes, schmalblättriges, wildwachsendes Leucoium) des Caspar Bauhin, ‚Pinax', [Seite] 202; sehr zahlreich und in allen Gegenden von Rußland und Sibirien; Die Pflanze tritt in Abhängigkeit von den Bodenbedingungen in vielen Varietäten auf. Auf den brachliegenden Äckern in dieser Gegend hier wachsen die Pflanzen sehr zahlreich wie ausgesät.
222.	Hesperis montana Psyllii folio hirsuto, flore purpurascente exiguo (Berg-Hesperis mit dem rauhhaarigen Blatt von Psyllium, mit einer sehr kleinen purpurrötlichen Blüte); Diese Pflanze kommt sehr zahlreich an bergigen, rauhen und sonnenbeschienenen Stellen am *Angara*[-Fluß] vor. Sie blüht etwa Ende Juni und erhebt sich, manchmal gering verzweigt, manchmal ohne Zweige, bis vorderarmslang in die Höhe. Sie stützt sich auf eine weiße, holzige, rübenförmige Wurzel von der Stärke eines Taubenfederkiels. Der Stengel ist stielrund, blaß grün, behaart,

'55v/

*Irkuck*er Flora nach der Ordnung der ‚Institutiones rei herbariae'
V. Klasse

	mit sehr vielen schmalen, rauhen und und zahlreichen, geringfügig behaarten Blättern, die denen von Psyllium ähnlich sind. Ohne Ordnung und ohne Stiele treten die Blätter an beliebigen Stellen aus dem Stengel hervor, welcher so von einem dichten Schwarm von Blättern umgeben ist. Sowohl an der Spitze des Stengels als auch an den

	Ästchen erscheinen vier, fünf bis acht kleine Blüten mit einer Länge von kaum einer Linie, die aus vier Kronblättern bestehen, kreuzförmig und leicht purpurrötlich sind. Der Stempel (Griffel) geht darauf in eine ein Zoll lange, stielrund-zylindrische Schote über, die durch eine mittelständige Scheidewand in zwei Fächer geteilt und mit länglichen Samen gefüllt ist, die ungefähr Anfang August reif werden. Ich sammelte einige Samen etwa Mitte September, die noch bis nach meiner Rückkehr nach *Irkutsk* an der Scheidewand hingen. Weil sich aber keine nennenswerte Spur eines Blattes mehr zeigte, bin ich unsicher, ob es wirklich der Samen dieser Pflanze ist. Welcher es aber auch immer sein mag, wollte ich sie übermitteln.
223.	Hesperis montana Psyllii folio, valde ramosa, flore purpurascente ampliori (Sehr verzweigte Berg-Hesperis mit dem Blatt von Psyllium, mit purpurrötlicher, größerer Blüte); Diese Pflanze ist äußerst verzweigt, manchmal niederliegend, manchmal jedoch wie ein kleiner Strauch hoch aufgerichtet. Sie kommt an bergigen Orten mit grobem Sand, ja selbst an schroffen Hängen vor. Sie stützt sich auf eine dünne, holzige, nicht sehr

/56r/

*Irkuck*er Flora nach der Ordnung der ‚Institutiones rei herbariae'
V. Klasse

	fasrige, trockene, ungefähr eine Handbreit lange Wurzel und zeichnet sich mit 4, 8, 12 bis 20 Zweigen durch üppiges Wachstum aus. Die Blätter sind einen Zoll lang, krautig grün und schmal. Sie ähneln den Blättern von Psyllium und sind gekielt. Die Stengel und Zweige sind stielrund, grün und mit Härchen sowie sehr zarten, purpurroten, kleinen Stacheln rauh; ebenso die Schoten, die jedoch seltener sind und oft sogar völlig fehlen. Unter den niedrigeren und schwächeren Pflanzen aber fallen die üppigeren ins Auge. Bei den stärker verzweigten und älteren Pflanzen werden an der Spitze der Stengel und Zweige jeweils fünf, sechs oder mehr purpurrote Blüten mit intensiver oder blasserer Färbung angelegt. Die äußeren Blüten blühen eher als die inneren. Sie besitzen vier Kronblätter, sind regelmäßig kreuzförmig ausgebreitet und ungefähr drei Linien breit. Den Blüten folgen die Schoten, die länglich, stielrund, zylindrisch sowie rauh sind und durch eine mittelständige, den Klappen auf beiden Seiten parallelen Scheidewand in zwei Fächer geteilt ist. Die Schoten sind mit länglichen hellgelben Samen gefüllt, die Ende August reif werden. Die Samen, die ausgereift gesammelt worden sind, übermittle ich zusammen mit

	einer Zeichnung. Die Pflanze ist in natürlicher Größe angegeben: a) die Pflanze, b) die Schote, c) der Samen.
224.	Hesperis montana Polemonii folio, flore albo, siliqua brevi, quadrangula (Berg-Hesperis mit dem Blatt von Polemonium, mit weißer Blüte, mit kurzer, vierkantiger Schote); Diese

/56v/

*Irkuck*er Flora nach der Ordnung der ‚Institutiones rei herbariae'
V. Klasse

	Species ist noch nicht von Tournefort beschrieben worden. Sie blüht von Juni bis Mitte Juli. Die Samen sind gegen Anfang August gereift. Die Pflanze ist an rauhen, sonnenbeschienen und unfruchtbaren schroffen Felshängen an der Mündung des *Anga*-Flusses in den See *Bajkal* anzutreffen und ist mehrjährig. Sie stützt sich auf eine Wurzel, die in Abhängigkeit von ihrem Alter bisweilen die Stärke eines Gänsefederkiels besitzt, bisweilen aber einen Zoll dick ist und senkrecht in den groben Sand oder in Gesteinsspalten hinab verläuft. Diese ist außen braun, innen weiß, recht saftig und etwas fasrig. Direkt an der Wurzel treibt die Pflanze 8 bis 10 oder mehr Blätter aus, die wie bei Polemonium tief bis zur Blattrippe so sehr geschlitzt sind, daß sie gleichsam gefiedert erscheinen. Diese Blätter sind blaß grün, rauhhaarig und weißgraulich. Zwischen den Blättern erheben sich bisweilen ein, zwei oder drei Stengel mit einer Länge von einer Spanne, die aufrecht stehen oder niederliegend sind. Die einzelnen Stengel besitzen fünf oder sechs stielrunde Seitenzweige, die bis zum Beginn des Blütenstandes reich beblättert sind. Die Blüten nehmen zwei Drittel der Länge des Stengels ein. Die einzelnen Blüten sitzen an drei Linien langen Blütenstielen und sind wie bei Alysson fruticosum (Strauchförmiges Alysson) zu je 8 bis 10 Blüten in einem Corymbus zusammengefaßt. Am oberen Stengelbereich und an den Zweigen befinden sich weiße bis reinweiße Blüten, die vier Kronblätter besitzen und regelmäßig kreuzförmig sind. Sie sitzen in einem vierblättrigen, weißlichen Kelch, der bei ausgebreiteter Blüte abwärts gebogen ist. Aus der Mitte der Blüte erhebt sich der Stempel, der von vier weißlichen Staubblättern umgeben ist, die mit ebenso vielen Spitzen (Staubbeuteln) beladen sind. Der Stempel (Griffel) geht in die kurze, 3 bis 4 Linien lange, vierkantige Schote über, die an jeder Seite

/57r/

*Irkuck*er Flora nach der Ordnung der ‚Institutiones rei herbariae'
V. Klasse

	zugespitzt und durch eine mittelständige, den Klappen auf beiden Seiten parallele Scheidewand in zwei Fächer geteilt ist. Die Schote ist mit jeweils drei oder vier granatroten Samen gefüllt. Ich fand nur ein einziges Exemplar auf dem höchsten Gipfel des Felsens in Blüte, während die Samen aller übrigen schon fast ausgestreut waren, so daß ich eine kleine Menge gut ausgereifter Samen in mühevoller Arbeit sammeln konnte. Ein Bild dieser Pflanze wird also in Petersburg sorgfältiger angefertigt werden können, denn mir war es während der Reise nicht möglich, sie dem Maler zur Verfügung zu stellen, noch erschien dies wegen der schon fast verwelkten Pflanze günstig zu sein.
225.	Hesperis montana Bellidis minoris folio glabro (Berg-Hesperis mit dem kahlen Blatt des kleineren Bellis); Die Pflanze war schon völlig vertrocknet. Sie stützt sich auf eine Wurzel von der Stärke eines Gänsefederkiels, die fasrig und braun ist, und bringt Blätter von dreifacher Art hervor. Die Blätter, die aus der Wurzel hervortreten, sind länglich mit abgerundeter Spitze und kommen etwa denen von Conyza caerulea, acris (Spitzblättrige, blaue Conyza) des Caspar Bauhin [‚Pinax', Seite 265] nahe. Andere Blätter erinnern an die Blätter von Bellis. Die aber, die den Stengel umgeben und umschließen, sind an der Basis geöhrt und wachsen in eine Spitze aus. Die Pflanze schickt zwei oder drei einfache Stengel aus, die Blüten konnte ich ohne Mühe erhalten. Ich habe nur wenige Samen, und zwar die am besten gereiften, gegen Anfang August an der Mündung des *Anga*-Flusses in den

/57v/

*Irkuck*er Flora nach der Ordnung der ‚Institutiones rei herbariae'
V. Klasse

	See *Bajkal* und auf der Insel *Ol'chon* gesammelt. Ich übermittle sie, damit ein Bild der daraus hervorwachsenden Pflanze angefertigt werden kann. Die Samenkapseln haben die gleiche Struktur wie die der vorhergehenden Species. Was hingegen die Klappen angeht, so habe ich davon keinen Augenschein.
226.	Turritis des Lobelius, ‚Plantarum seu stirpium icones', [Band 1, Seite] 220; Brassica sylvestris, hispida, non ramosa (Wildwachsende, steifhaarige, unverzweigte Brassica) des Caspar Bauhin, ‚Pinax', [Seite] 112; Turritis vulgatior (Ganz gewöhnliche Turritis) des Johann Bauhin

	[,Historia plantarum ...', Band 2, liber XXI, Seite 836]; häufig auf den Bergen am *Angara*[-Fluß]; Die Pflanze blüht im Juni und Juli.
227.	Turritis foliis inferioribus Cichoraceis, caeteris perfoliatae (Turritis mit unteren Blättern, die denen von Cichorium ähnlich sind, sowie mit stengelumfassenden übrigen Blättern) des Tournefort, ,Institutiones rei herbariae'; Zu dieser Species gehört auch Leucoium Hesperidis folio (Leucoium mit dem Blatt von Hesperis) [des Tournefort, ,Institutiones rei herbariae']. Sie kommt häufig in den Gärten und auf den Feldern bei *Irkuck* und am See *Bajkal* vor. Hinsichtlich der Verzweigung variiert die Pflanze stark. Sie blüht gegen Anfang Juli.
228.	Turritis Leucoii folio (Turritis mit dem Blatt von Leucoium) des Tournefort, ,Institutiones rei herbariae', 4. Species; Myagrum siliqua longa (Myagrum mit langer Schote) des Caspar Bauhin, ,Pinax', [Seite] 109; Die Pflanze blüht im Juli auf den Feldern bei *Irkuck*.
229.	Cardamine pratensis, magno flore purpurascente (Wiesen-Cardamine mit größerer, purpurrötlicher Blüte) des Tournefort, ,Institutiones rei herbariae', 1. Species; Nasturtium pratense, magno flore (Wiesen-Nasturtium mit größerer Blüte) des Caspar Bauhin, ,Pinax', [Seite] 104; Die Pflanze blüht von Mai bis Mitte Juni auf feuchten Wiesen bei *Urik* [*sloboda*] und beim Dorf *Smolenskaja*.
230.	Cardamine pratensis, magno flore albo (Wiesen-Cardamine mit größerer weißer Blüte) des Tournefort, ,Institutiones rei herbariae', 2. Species; nur als Verschiedenheit von der vorherigen zu betrachten; seltener, mit der vorherigen

/58r/

*Irkuck*er Flora nach der Ordnung der ,Institutiones rei herbariae'
V. Klasse

231.	Cardamine pratensis, parvo flore (Wiesen-Cardamine mit kleiner Blüte) des Tournefort, ,Institutiones rei herbariae'; Die Blätter dieser Pflanze sind rundlicher. Sie blüht gegen Ende Mai an feuchten Standorten beim [Bach] *Ušakovka*.
232.	die gleiche [Species] mit weißer Blüte; von der vorhergehenden unterschieden
233.	vielleicht Cardamine Alpina, minor, Resedae foliis, flore purpurascente (Kleinere Alpen-Cardamine, mit den Blättern von Reseda, mit purpurrötlicher Blüte) des Tournefort, ,Institutiones rei herbariae', 9. Species; Die Pflanze kommt sehr zahlreich an feuchten Orten beim [Bach] *Ušakovka* vor. Sie blüht etwa Anfang Mai und ist eine der frühestblühenden Pflanzen in *Irkuck*. Sie erreicht eine Höhe von bis zu

	einer Spanne und stützt sich auf eine fasrige weiße Wurzel. An den Fasern haften zahlreiche weiße, herzförmige Brutzwiebeln, die den Zähnen von Hundewelpen ähneln. An der Wurzel erscheinen keine Blätter, aber an einzelnen oder doppelten Stengeln sind je zwei Blätter gegenüber an die Spitze gestellt, die dreispaltig und fünfspaltig, krautig grün und denen von Reseda ähnlich sind. Der Geschmack der Pflanze ist bitter und scharf sowie kresseartig und sie diente mir zu Frühlingsbeginn als Salat. Den Samen habe ich mit dem größten mir möglichen Bemühen gesucht, konnte ihn aber wegen der enormen Elastizität der Schoten nie gewinnen. Ein Bild der Pflanze in Originalgröße habe ich anfertigen lassen
234.	Cardamine Alpina minor, Resedae foliis, flore albo (Kleinere Alpen-Cardamine mit den Blätter von Reseda, mit weißer Blüte); Auch diese Pflanze ist nur als Varietät der vorhergehenden anzusehen

/58v/

*Irkuck*er Flora nach der Ordnung der ‚Institutiones rei herbariae‘
V. Klasse

	und kommt ebenso häufig vor.
235.	Sisymbrium aquaticum (Wasser-Sisymbrium) des Matthiolus, [‚Commentarii‘, Seite] 487; Nasturtium aquaticum, supinum (Rücklingsgelegtes Wasser-Nasturtium) des Caspar Bauhin, ‚Pinax‘ [Seite 104]; Die Pflanze kommt zahlreich an den Flüßchen vor, die in den *Birjusa*[-Fluß] münden, und wurde Mitte März beobachtet. Bei *Irkuck* hingegen und am See *Bajkal* ist sie nirgendwo beobachtet worden.
236.	Sisymbrium Erucae folio glabro, flore luteo (Sisymbrium mit dem kahlen Blatt von Eruca, mit gelber Blüte) des Tournefort; Eruca latifolia, lutea, sive Barbarea (Breitblättrige, gelbblühende Eruca oder Barbarea) des Caspar Bauhin, ‚Pinax‘, Seite 98; in den Sümpfen am [Bach] *Ušakovka* und beim *Angara*[-Fluß]; Die Pflanze blüht im Juni und Juli. Ich fand die gleiche Pflanze an verschiedenen Orten kaum höher als eine Handbreite, an anderen Stellen hingegen von ein bis zwei Vorderarmslängen, und stärker oder weniger verzweigt.
237.	Sisymbrium aquaticum, Raphani folio, siliqua breviori (Wasser-Sisymbrium mit dem Blatt von Raphanus, mit kürzerer Schote) des Tournefort, [‚Institutiones rei herbariae‘]; Raphanus aquaticus, alter (Zweite Wasser-Raphanus[-Species]) des Caspar Bauhin, ‚Pinax‘, Seite 97; Alysson aquaticum foliis variis (Wasser-Alysson mit verschiedenartigen Blättern) des Herrn Doktor Gmelin; am *Barguzin*-Fluß
238.	Sisymbrium aquaticum, foliis in profundas lacinias divisis, siliqua

	breviori (Wasser-Sisymbrium mit Blättern, die in tiefe Zipfel geteilt sind, mit kürzerer Schote) des Tournefort, [,Institutiones rei herbariae'], oder Raphanus aquaticus, foliis in profundas lacinias divisis (Wasser-Raphanus mit Blättern, die in tiefe Zipfel geteilt sind) des Caspar Bauhin, ,Pinax' [Seite 97]; Die Pflanze blüht im Juni und Juli und kommt überall dort in Sibirien häufig vor, wohin ich bisher gekommen bin.
239.	Sisymbrium palustre, repens, Nasturtii folio (Kriechendes Sumpf-Sisymbrium mit dem Blatt von Nasturtium)

59r/

*Irkuck*er Flora nach der Ordnung der ,Institutiones rei herbariae'
V. Klasse

	des Tournefort, ,Institutiones rei herbariae'; überall an den Flüßchen bei *Irkuck*; Die Pflanze blüht gegen Anfang Juli. Ihre Schoten sind etwas länger als die der vorhergehenden Species.
240.	Sisymbrium annuum, Absinthii minoris folio (Einjähriges Sisymbrium mit dem Blatt des kleineren Absinthium) des Tournefort, ,Institutiones rei herbariae', letzte Species; Nasturtium sylvestre, tenuissime divisum (Wildwachsendes, sehr fein geteiltes Nasturtium) des Caspar Bauhin, Pinax, [Seite] 105; Sophia Chirurgorum (Sophia der Wundärzte) des Lobelius, ,Plantarum seu stirpium icones' [Band 1, Seite 738]; in ganz Sibirien häufig; Die Pflanze blüht im Juni und Juli an Ruderalstandorten, an Wegen und auf trockenen Hügeln.
241.	vielleicht Sisymbrium Pyrenaicum, latifolium, purpurascente flore (Breitblättriges Pyrenäisches Sisymbrium mit purpurrötlicher Blüte) des Tournefort, ,Institutiones rei herbariae', 2. Species, [Seite] 226; Die Pflanze kommt an Flüßchen und Quellen der Täler am *Angara*[-Fluß] bei *Nikol'skaja zastava* und am gesamten [See] *Bajkal* vor. Sie blüht ungefähr Ende Juli. Die Samen sind gegen Ende August gereift. Der Geschmack der Pflanze ist der von Nasturtium aquaticum (Wasser-Nasturtium), jedoch viel schärfer. Sie diente mir nicht selten in Salaten an Stelle von Sisymbrium aquaticum (Wasser-Sisymbrium), ich empfand aber danach eine äußerst starke, brennende Hitze im Magen. Als ich sie 1738 erstmals an den Bächen der Täler im Gebirge von *Verchotur'e* fand, blühte sie noch nicht. Vielleicht ist sie Sisymbrium Dentariae facie (Sisymbrium mit der Gestalt von Dentaria) des Herrn Doktor Gmelin, ,Index plantarum Lenensium', Nummer 380. Ich schicke ihre reifen Samen.

/59v/

*Irkuck*er Flora nach der Ordnung der ‚Institutiones rei herbariae'
V. Klasse

242.	Eruca saxatilis foliis Conyzae coeruleae acris (Felsen-Eruca mit den Blättern der spitzblättrigen, blauen Conyza); Von dieser Pflanze habe ich am 21. August außer verwelkten Blättern nichts gesehen. Ich habe die Samen mit großer Mühe aus dem Sand aufgelesen und übermittle sie unter diesem Namen. Die Wurzel ist weiß und fasrig. Die Blätter waren verwelkt. Sie verursachen auf der Zunge den feurigen Geschmack von Eruca, und auch die Schoten sind denen von Eruca ähnlich. Die Pflanze wächst an den Quellen des Flusses *Bannoj* aus kahlen Steinblöcken hervor sowie auf den hohen Felsen, von denen ich unter ‚Gentiana' berichtet habe. Was für eine Pflanze aus den gut gereiften Samen zum Vorschein kommt, wünsche ich vom hochedlen Herrn Doktor Amman zu erfahren.
243.	Sinapi arvense, praecox, semine nigro (Frühes Acker-Sinapis mit schwarzen Samen) des Morison, ‚Plantarum historiae universalis Oxoniensis', Teil 2, [Seite] 216; Rapistrum arvorum (Rapistrum des Ackerlands) des Lobelius, ‚Plantarum seu stirpium icones' [Band 1, Seite 198]; in Gärten und auf Äckern bei *Rozvodnaja*; Die Pflanze blüht im Juni und Juli. Von den Deutschen wird sie Hederich genannt.
244.	Rapa sativa, rotunda radice rubra Russica (Russische kultivierte Rapa mit rundlicher, roter Wurzel); zahlreich auf den Äckern und in den Gärten von Irkuck und rings um den See; Ich habe Exemplare gesehen, die 8 Pfund wogen.
245.	Rapa sativa, rotunda, radice foris et intus flavescente (Kultivierte Rapa mit rundlicher, innen und außen gelblicher Wurzel) des Caspar Bauhin, ‚Pinax', [Seite] 90; zusammen mit der vorhergehenden [Species]
246.	Rapa sativa, oblonga, seu foemina (Kultivierte längliche oder Weibliche Rapa) des Caspar Bauhin, ‚Pinax', [Seite] 90; Die Pflanze wächst aus chinesischen Samen in *Irkuck* in Gärten und hatte gegen Ende Juni bereits ein Gewicht von 4 bis 5 Pfund erreicht.

/60r/

*Irkuck*er Flora nach der Ordnung der ‚Institutiones rei herbariae'
V. Klasse

247.	Napus sativa, radice alba (Kultivierte Napus mit weißer Wurzel), ‚Mayrüben'; im Garten des Herrn Vizegouverneurs in *Irkuck*
248.	Napus sylvestris (Wildwachsende Napus) des Caspar Bauhin, ‚Pinax', [Seite] 95; Bunias sylvestris (Wildwachsende Bunias) des Lobelius, [‚Plantarum seu stirpium icones', Band 1, Seite 200]; in den Gärten und auf den Äckern bei *Irkuck*; Die Pflanze blüht im Juni.
249.	Raphanus albus, oblongus (Weißer, länglicher Raphanus); in den Gärten von *Irkuck* und den Dörfern am See [*Bajkal*]
250.	Raphanus niger, oblongus (Schwarzer, länglicher Raphanus); zusammen mit der vorhergehenden [Species]
251.	Raphanus minor, oblongus (Kleinerer, länglicher Raphanus) des Caspar Bauhin, ‚Pinax', [Seite] 96; Radicula sativa, minor (Kultivierte, kleinere Radicula) des Dodonaeus, ‚Pemptades' [Seite 676]
252.	Raphanus minor, oblongus seu Radicula sativa minor, extus et intus purpurea Sinensium (Kleinerer, länglicher Raphanus oder Kleinere, kultivierte Radicula der Chinesen, die außen und innen purpurrot ist); In den Gärten der Einwohner von *Irkuck*, wobei die Samen aus China hergebracht worden waren. Es ist eine völlig neue Spezies entstanden. Ich schicke ihre Samen.
253.	Hypecoon tenuiore folio (Hypecoon mit sehr dünnem Blatt), Caspar Bauhin, ‚Pinax', [Seite] 172, Alterum Dioscoridis Cuminum, sylvestre, siliquosum (Zweite, wildwachsende Cuminum[-Species] des Dioscorides mit Schoten) des Lobelius, ‚Plantarum seu stirpium icones' [Band 1, Seite 743]; Die Samen dieser Pflanze zeichnen sich durch ihre sonderbare Gestalt aus: sie sind zwölfeckig. Ich übermittle die gut gereiften Samen. Die Pflanze blüht im Juli. Ihre Samen sind gegen Ende August gereift. Sie kommt an sandigen Orten am See *Bajkal* und bei *Barguzinskoj ostrog* vor.
254.	Chelidonium majus, vulgare (Größeres, gewöhnliches Chelidonium) des Caspar Bauhin, ‚Pinax', [Seite] 144; Die Pflanze kommt zahlreich auf den Bergen und in den Wäldern am *Angara*[-Fluß] sowie am See *Bajkal* vor. Sie blüht gegen Anfang Juni. Die Samen sind ungefähr Mitte Juli reif.
255.	Potamogeton foliis pennatis (Potamogeton mit gefiederten Blättern) des Tournefort, [‚Institutiones rei herbariae'], und des Merret, [‚Pinax rerum naturalium'];

/60v/

*Irkuck*er Flora nach der Ordnung der ‚Institutiones rei herbariae‘
V. Klasse

	Millefolium aquaticum, pennatum, spicatum (Gefiedertes, ähriges Wasser-Millefolium) des Caspar Bauhin, ‚Prodromus‘, [Seite] 73; in stehenden Gewässern am *Angara*[-Fluß] bei *Rozvodnaja* und am [Bach] *Ušakovka*, ebenfalls am *Barguzin*[-Fluß]
256.	Potamogeton foliis pennatis, alterum et surrectius, ad nodos florens (Zweite, an den Knoten blühende, aufrechtere Potamogeton[-Species] mit gefiederten Blättern); Millefolium alterum aquaticum, flosculis ad foliorum nodos (Zweite Wasser-Millefolium[-Species] mit kleinen Blüten an den Blattknoten) des Caspar Bauhin, ‚Pinax‘ [Seite 141]; zusammen mit der vorhergehenden [Species]; Die Pflanze blüht im Juni.
257.	Potamogeton foliis crispis, sive Lactuca ranarum (Potamogeton mit krausen Blättern oder Frosch-Lactuca) des Caspar Bauhin, ‚Pinax‘, [Seite] 193; Die Blätter dieser Pflanze sind länglich, kraus, zugespitzt und an der Basis geöhrt, sitzen einzeln am Stengel und sind durchsichtig. Die Pflanze trägt gegen Ende Juni Blüten an der Spitze. Sie kommt zusammen mit der vorhergehenden [Species]vor.
258.	Potamogeton pusillum, Gramineo folio, caule rotundo (Sehr kleines Potamogeton mit grasartigem Blatt, mit rundlichem Stengel) des Ray, ‚Historia plantarum‘, [Band I, Seite] 190; zusammen mit der vorhergehenden [Species]
259.	Potamogeton rotundifolium (Rundblättriges Potamogeton) des Caspar Bauhin, ‚Pinax‘, [Seite] 193; Potamogeton rotundiori folio (Potamogeton mit rundlicherem Blatt) des Johann Bauhin [‚Historia plantarum ...‘, Band 3, liber XXXVIII, Seite 776]; zusammen mit der vorhergehenden [Species]
260.	vielleicht Potamogeton Alpinum, Plantaginis folio (Alpen-Potamogeton mit dem Blatt von Plantago) des Tournefort, ‚Institutiones rei herbariae‘, 3. Species; Die Blätter dieser Pflanze sind eine Handbreit lang, ungefähr einen Finger breit, kahl, schön geadert, unten geöhrt, oben zugespitzt, hängen an mit mehr als Vorderarmslänge sehr langen Blattstielen und sind gelblich. Die Blüte habe ich nicht gesehen. Ich entdeckte die Pflanze gegen Anfang August im *Barguzin*-Fluß.
261.	Herba Paris des Dodonaeus, ‚Pemptades‘ [S. 444f.]
262.	die gleiche [Species] mit drei Blättern

/61r/

Von der *Irkuck*er Flora nach der Ordnung der ‚Institutiones rei herbariae'
V. Klasse

263.	die gleiche [Species] mit jeweils fünf oder sechs Blättern
264.	Herba Paris prolifera (Sprossende Herba Paris); Aus der Mitte der vier unteren Blätter entsteht nämlich ein Stiel, der einen Zoll lang ist und an dem sonst die Frucht zu entstehen pflegt. Anstelle der Frucht aber wachsen wiederum vier etwas kleinere Blätter heraus. Ich habe diese seltene Varietät bei *Irkuck* gefunden.

VI. Klasse
Von den Kräutern und Halbsträuchern mit rosenartiger Blüte

265.	Amaranthus maximus (Größter Amaranthus) des Caspar Bauhin, ‚Pinax', [Seite] 120; Blitum maximum sive Amaranthus major, semine albo (Größtes Blitum oder Größerer Amaranthus mit weißen Samen) des Johann Bauhin [‚Historia plantarum ...', Band 2, liber XXIII, Seite 968]; in den Gärten der Einwohner von *Irkuck*
266.	Portulaca latifolia, sive sativa (Breitblättrige oder Kultivierte Portulaca) des Caspar Bauhin, ‚Pinax', [Seite] 288; in den Gärten von *Irkuck*
267.	Papaver Horti Elthamensis, colore flavo (Papaver des ‚Hortus Elthamensis' mit hellgelber Farbe); bei *Irkuck* und am See *Bajkal*; Die Pflanze blüht reichlich im Juni, Juli und August. Ich schicke ihre Samen.
268.	Papaver idem, flore albo (Das gleiche Papaver mit weißer Blüte); eine Varietät der vorhergehenden [Species]; kommt zusammen mit dieser vor
269.	Papaver hortense, semine albo, sativum Dioscoridis (Kultiviertes Garten-Papaver mit weißem Samen des Dioscorides) des Caspar Bauhin, ‚Pinax', [Seite] 170; aus chinesischem Samen in den Gärten
270.	Papaver hortense, flore pleno, violaceo (Garten-Papaver mit gefüllter, violetter Blüte) des ‚Hortus Regius Parisiensis'; Die Pflanze blüht im Juli und August in den Gärten.
271.	Papaver hortense, semine nigro (Garten-Papaver mit schwarzem Samen) des Caspar Bauhin, ‚Pinax' [Seite 171]; kommt zusammen mit der vorhergehenden [Species] vor

/61v/

*Irkuck*er Flora nach der Ordnung der ‚Institutiones rei herbariae'
VI. Klasse

272.	Papaver cristatum, floribus et semine album (Kammförmiges Papaver [d. h. mit gezackten Kronblättern] mit weißen Blüten und Samen) des Caspar Bauhin, ‚Pinax' [Seite 171]; in den Gärten
273.	Papaver cristatum, floribus ex albo et rubeo mixtum (Kammförmiges Papaver [d. h. mit gezackten Kronblättern], gemischt aus Pflanzen mit roter und weißer Blüte); in den Gärten

Zur besseren Unterscheidung folgen 1. die Alsine-Species mit ungeteilten Kronblättern unter der Bezeichnung Arenaria

274.	Arenaria Hyperici folio (Arenaria mit dem Blatt von Hypericum); Alsine Hyperici folio (Alsine mit dem Blatt von Hypericum) des Herrn Doktor Vaillant; Die Pflanze blüht gegen Ende Juni überall auf den Wiesen und auf an Gräsern reichen Stellen bei *Irkuck* und am See *Bajkal*. Ihre Samen werden geschickt.
275.	Arenaria verna, strictissimo folio (Frühlings-Arenaria mit sehr schmalem stark zusammengezogenem Blatt); Alsine tenuifolia (Dünnblättrige Alsine) des Chabrey; Die Pflanze kommt in sehr trockenen und sandigen Wäldern bei *Irkuck* vor und blüht gegen Ende Mai. Das Samengefäß dieser Pflanze ist eiförmig und springt an der Spitze dreispaltig auf. Ihre Samen werden geschickt.
276.	Arenaria pusilla teretifolia minima, capsula seminali ovata (Sehr kleine Zwerg-Arenaria mit rundlichem Blatt, mit eiförmiger Samenkapsel); Ein Bild dieser Pflanze übermittelte ich unter Tafel ... Ich habe sie am 21. August auf dem sehr hohen Felsen an den Quellen des Flusses *Bannoj* gefunden, von dem ich unter Gentiana berichtet habe [d. h. Nr. 4]. Die Pflanze stützt sich auf eine winzige, sehr fasrige Wurzel. Nahe der Wurzel kommen sehr viele, ungefähr $^{3}/_{10}$ Zoll lange Blätter hervor. Die Pflanze schickt einzelne, 1½ Zoll hohe, gelenkige, stielrunde, haarfeine, blattreiche Stengel mit jeweils zwei gegenüberstehenden Blättchen aus, [wobei sich die Blattpaare] in alternierender Stellung befinden. Die einzelnen Stengel sind jeweils mit einer einzigen

/62r/

*Irkuck*er Flora nach der Ordnung der ‚Institutiones rei herbariae'
VI. Klasse

	regelmäßigen, rosenartigen Blüte mit je fünf Kronblättern besetzt. Die Kronblätter selbst sind klein, ungeteilt und weiß.
277.	Arenaria Laricis folio, major (Größere Arenaria mit dem Blatt von Larix); Alsine saxatilis, Laricis folio, major et majori flore (Größere Felsen-Alsine mit dem Blatt von Larix und größerer Blüte) des Tournefort, ‚Institutiones rei herbariae'; Auricula muris pulchro flore, folio tenuissimo (Mäuse-Ohr mit schöner Blüte, mit sehr dünnem Blatt); Die Pflanze war bereits verblüht. Ihre Samen werden geschickt. Sie kommt auf Felsen bei *Listvenišnoe zimov'e* vor.
278.	Arenaria Laricis folio minor (Kleinere Arenaria mit dem Blatt von Larix); Alsine saxatilis Laricis folio, minor et minori flore (Kleinere Felsen-Alsine mit dem Blatt von Larix und kleinerer Blüte) des Tournefort, ‚Institutiones rei herbariae'; sehr zahlreich auf den Felsen der Insel *Ol'chon* des Sees *Bajkal*. Die Pflanze blüht im Juli; die Samen sind Ende August gereift. Ihre Samen werden geschickt.
279.	Arenaria verna, fugax, glabra, bifolia (Vergängliche, kahle, zweiblättrige Frühlings-Arenaria); Caryophyllus arvensis, umbellatus, folio glabro (Doldiger Acker-Caryophyllus mit kahlem Blatt) des Caspar Bauhin, ‚Pinax', [Seite] 210; Die Pflanze blüht im Mai bei *Irkuck*.
280.	Arenaria arvensis vulgatior (Verbreitetere Acker-Arenaria); Alsine spergula dicta, major (Größere Alsine, die Spergula genannt wird) des Caspar Bauhin, ‚Pinax', [Seite] 251; bei *Irkuck* und am See [*Bajkal*] auf Äckern; Die Pflanze blüht im Juli und im August.

Alsine-Species mit zweispaltigen Kronblättern.

281.	Alsine media (Mittlere Alsine des Caspar Bauhin, ‚Pinax' [Seite 250]; Alsine vulgaris sive Morsus Gallinae (Gewöhnliche Alsine oder Morsus Gallinae) des Johann Bauhin [‚Historia plantarum ...', Band 3, liber XXIX, Seite 363]; Alsine officinarum (Offizinale Alsine) des Tournefort, ‚Institutiones rei herbariae'; *mokrica* der Russen; Die auf die befallene Körperpartie aufgelegte Pflanze vertreibt nach der zuverlässigen Erfahrung der Russen ödematische Schwellungen oder mildert sie ab.

/62v/

*Irkuck*er Flora nach der Ordnung der ‚Institutiones rei herbariae‘
VI. Klasse

	Sie kommt sehr zahlreich bei *Irkuck* und am See *Bajkal* vor.
282.	Alsine nemorensis, foliis strictissimis, multiflora et multicaulis, nondum descripta (Vielblütige und vielstenglige Hain-Alsine mit äußerst schmalen Blättern, die noch nicht beschrieben ist) des Rupp, ‚Flora Ienensis‘, Seite 87; Die Pflanze blüht etwa Ende Mai in sumpfigen Wäldern an der Pfahlbrücke, über die man nach *Kačeg* reist, wie auch beim *Barguzin*[-Fluß] gegenüber den warmen Quellen. Die Samen dieser Pflanze habe ich geschickt.
283.	Alsine verna, glabra, floribus umbellatis albis (Kahle Frühlings-Alsine mit weißen Blüten-Dolden) des Tournefort, 12. Species; Die Pflanze blüht gegen Ende Mai auf nassen Wiesen am [Fluß] *Irkut.*
284	Alsine pratensis, gramineo folio ampliore (Wiesen-Alsine mit größerem, grasartigem Blatt) des Tournefort, ‚Institutiones rei herbariae‘; Caryophyllus arvensis, glaber, flore majore (Kahler Acker-Caryophyllus mit größerer Blüte) [des Caspar Bauhin, ‚Pinax‘ Seite 210; überall bei *Irkuck* in den Wäldern und in Hecken; Die Pflanze blüht im Mai und im Juni.
285.	Alsine pratensis, gramineo folio angustiori (Wiesen-Alsine mit schmalerem, grasartigem Blatt) des Tournefort, ‚Institutiones rei herbariae‘, 15. Species; Die Pflanze blüht zusammen mit der vorhergehenden am gleichen Ort und zur gleichen Zeit in gleicher Menge.
286.	Alsine aquatica, media (Mittlere Wasser-Alsine) des Caspar Bauhin, ‚Pinax‘, [Seite] 251; Alsine longifolia, uliginosis proveniens locis (Langblättrige, an sumpfigen Stellen vorkommende Alsine) des Johann Bauhin, [‚Historia plantarum ...‘, Band] 3, [liber XXIX, Seite] 365; Alsine fontana (Brunnen-Alsine) des Tabernaemontanus, ‚Icones plantarum‘, [Seite] 712; Die Pflanze blüht im Mai und im Juni bei der Mühle am [Bach] *Ušakovka.*
287.	vielleicht Alsine Lini folio (Alsine mit dem Blatt vom Linum) des Mentzel, ‚Pugillus rariorum plantarum‘; Die Pflanze kommt zusammen mit der vorhergehenden in Sümpfen vor.
288.	vielleicht Alsine palustris, Serpilli folio (Sumpf-Alsine mit dem Blatt von Serpillum) des Boccone, ‚Icones et descriptiones‘, [Seite] 48; Die Pflanze kommt häufig am [Bach] *Ušakovka* vor und blüht im Juni.

/63r/

*Irkuck*er Flora nach der Ordnung der ‚Institutiones rei herbariae'
VI. Klasse

289.	vielleicht Alsine Alpina, Serpilli folio, multicaulis et multiflora (Vielstenglige und vielblütige Alpen-Alsine mit dem Blatt von Serpillum) des Boccone; Die Pflanze kommt sehr zahlreich auf Felsen am See *Bajkal* vor und blüht im Juli und im August. Die Samen, die ich bestens gereift übersende, reifen Anfang September. Die Pflanze ist sehr schön, in der Gestalt eines kugelförmigen Sträuchleins. Sie sendet 60 oder mehr Zweige aus. Die Blüten sind weiß und rosenartig. Die Kronblätter sind leicht zweigespalten und von weißer Farbe. Je zwei Laubblätter stehen sich gegenüber und sind den entsprechenden Blättern von Alsine media (Mittlere Alsine) sehr ähnlich. Die Samenkapsel ist eiförmig und schließt immer jeweils drei größere glänzendbraune Samen ein.
290.	Alsine maxima, Solanifolia (Größte Alsine mit den Blättern von Solanum) des Mentzel, ‚Pugillus rariorum plantarum', Tafel 2; des Tournefort, ‚Institutiones rei herbariae', 2. Species; Die Pflanze ist von Vorderarmslänge und sendet gelenkige, stielrunde, leicht rauhhaarige Stengel aus. Aus den einzelnen Gelenken treten je zwei sich gegenüberstehende Blätter aus, die den Blättern von Solanum (Nachtschatten) ähnlich sind. Aus den oberen Blattachseln erheben sich 4 oder 5 [Zoll] lange nackte Blütenstiele, welche die wiederum von eigenen, einen Zoll langen Blütenstielen gehaltenen Blüten tragen. Die Blüte selbst besteht aus fünf Kronblättern und ist rosenartig. Die einzelnen Kronblätter sind reinweiß und zweispaltig. Am Nagel ein- und desselben Kronblattes befinden sich zwei weiße Staubblätter, die hellgelbe Spitzen (Staubbeutel) tragen. Der Stempel geht in eine Frucht oder eiförmige, häutige, grüne Kapsel über. Letztere ist einen halben Zoll lang und

/63v/

*Irkuck*er Flora nach der Ordnung der ‚Institutiones rei herbariae'
VI. Klasse

	birgt im Innern recht zahlreiche Samen. Weiter oben an der Kapsel ragt der in sechs Fäden (Griffel) geteilte Stempel hervor. Alle diese Teile sind in einem grünen fünfblättrigen, bei anderen Blüten an derselben Pflanze sechsblättrigen, Kelch enthalten.
291.	Alsine altissima nemorum (Sehr hohe Alsine der Haine) des Caspar Bauhin, ‚Pinax', [Seite] 250; des Tournefort, 1. Species; Diese Pflanze kommt in den Bergen am *Angara*[-Fluß] auf halbem Weg zwischen *Irkuck* und *Rozvodnaja* vor. Sie zeigt sich gegen Ende Juni zusammen

	mit Tamnoides in Blüte. Sie hat deutlich milchweiße, zweispaltige Kronblätter. Die vier, fünf bis acht Stengel, die aus einer Wurzel hervorkommen, sind stielrund, röhrig und gelenkig. An den einzelnen Gelenken, die einen Abstand von etwa 3 Zoll voneinander haben, stehen zwei sich gegenüberstehende längliche, breite, kahle Blätter, die nicht auf einen Stiel gestützt sind und deutlich grün wie Brassica sind. Sie sind den Blättern von Lychnis Vaccaria des Dodonaeus in allem sehr ähnlich. Die Pflanze erreicht eine Höhe von einer, ja sogar von zwei Vorderarmslängen. Ihre gut gereiften Samen werden geschickt.
292.	Alsine montana, latifolia, flore laciniato (Breitblättrige Berg-Alsine mit geschlitzter Blüte) des Caspar Bauhin, ‚Pinax', [Seite] 251; Alsine Hederacea, montana, maxima (Sehr große, der Hedera ähnliche Berg-Alsine) des Columna, ‚Minus cognitarum stirpium', Teil 1, [Seite] 290; Die Pflanze blüht etwa Mitte Juli auf sumpfigen, unebenen Stellen am *Angara*[-Fluß] in der Nähe des Dorfes *Kryženovskaja*, wo sie entweder

/64r/

*Irkuck*er Flora nach der Ordnung der ‚Institutiones rei herbariae'
VI. Klasse

	auf der Erde kriecht oder sich an Pentaphylloides fruticosum Eboracense (Strauchiges, Eborachisches Pentaphylloides) festzuklammern pflegt. Sie stützt sich auf einen sehr zerbrechlichen, gelenkigen, rauhhaarigen Stengel. Die Blätter sind ebenfalls rauhhaarig und blaß grün. Die Pflanze pflegt sich meist vorderarmslang in die Höhe zu erheben und mit vielen Zweigen üppig zu wachsen. Die milchweißen Kronblätter der Blüte sind in fünf tief eingeschnittene Zipfel geteilt und in dem fünfspaltigem Kelch eingebettet. An den einzelnen Kronblättern stehen zwei Staubblätter, die mit gelblichen Spitzen (Staubbeuteln) besetzt sind. Der an der Spitze vierspaltige Stempel geht in eine häutige, einkapslige, rundliche Frucht über. Die Samen reifen gegen Ende August.

Es folgen die Alsine-Species mit vierblättriger Blüte (mit vier Kronblättern), die als Spergula bezeichnet werden

293.	Alsine pusilla, Graminea, flore tetrapetalo (Winzige grasartige Alsine mit vierblättriger Blüte) des Tournefort, ‚Institutiones rei herbariae'; Saxifraga Graminea, pusilla, flore parvo, tetrapetalo (Winzige grasartige Saxifraga mit kleiner vierblättriger Blüte) des Ray, ‚Historia plantarum' [Band II, Seite 1026]; Alsinella muscosa (Moosartige Alsinella) bei anderen [Autoren]; häufig bei *Irkuck* und am See *Bajkal*; Die Pflan-

	ze blüht im Juni und im Juli an sumpfigen Orten.
294.	Myosotis arvensis, subhirsuta, flore majore (Schwach rauhhaarige Akker-Myosotis mit größerer Blüte) des Tournefort, ‚Institutiones rei herbariae'; Die Pflanze blüht zahlreich im Mai und im Juni bei *Irkuck* auf den Feldern.
295.	Myosotis arvensis hirsuta, parvo flore (Rauhhaarige Acker-Myosotis mit kleiner Blüte) des Tournefort, [‚Institutiones rei herbariae']; Alsine hirsuta, vasculo corniculato, flore minore (Rauhhaarige Alsine mit gehörntem Samengefäß, mit kleinerer Blüte); Auricula muris quorundam, flore parvo, vasculo tenui longo (Auricula muris [Mäuse-Ohr], bei einigen [Autoren] mit kleiner Blüte, mit langem, dünnem Samengefäß) des Johann Bauhin [‚Historia plantarum ...', Band 3, liber XXIX, Seite 359]; Die Pflanze blüht gegen Ende Mai in *Irkuck* und stützt sich auf eine dünne, holzige, weiße Wurzel in der Stärke der Quintsaite,

/64v/

*Irkuck*er Flora nach der Ordnung der ‚Institutiones rei herbariae'
VI. Klasse

	die anderthalb Zoll lang ist und senkrecht in die Erde hinab verläuft. Sie schickt zwei, vier bis fünf Stengel aus, die ungefähr drei Zoll hoch, stielrund, behaart, rötlich und mit länglichen, zugespitzten, rauhharigen, blaß grünen Blättchen, die den Stengel umfassen, versehen sind. Von diesen stehen sich zwei immer gegenüber. Aus den Blattachseln gehen wiederum andere, jedoch kleinere Blätter hervor. An der Spitze erscheinen im allgemeinen drei Blüten, zwei wachsen unmittelbar ohne Blütenstiel hervor, die dritte Blüte, die den Stengel selbst oben abschließt, sitzt mit einem längeren Stiel an. Der Kelch ist grün und in fünf fast bis zum Boden getrennte Spalten geteilt. Die Kronblätter der Blüte sind milchweiß und zweispaltig. Wegen der tiefen Spaltung werden von einem oberflächlichen Betrachter leicht 10 Kronblätter wahrgenommen.
296.	Myosotis pumila et procumbens glabro brevi, gramineo folio (Winzige und niederliegende Myosotis mit kahlem, kurzem, grasartigem Blatt) des Herrn Doktor Gmelin, ‚Index plantarum Lenensium'; Die Pflanze ist zahlreich an sehr trockenen, mit Gras (Gramen) bedeckten Orten bei *Irkuck* und am See *Bajkal* anzutreffen. Sie blüht fast den gesamten Sommer. Ich schicke ihre gut gereiften Samen.
297.	Alsinastrum Kali folio (Alsinastrum mit dem Blatt von Kali) des Herrn Doktor Gmelin, ‚Index plantarum Lenensium', Nummer 248, Tafel 27, der eine Beschreibung und ein Bild dieser Pflanze angegeben hat. Die

	Pflanze blüht sehr zahlreich in den Steppen und auf den Hügeln am See *Bajkal*.

/65r/

*Irkuck*er Flora nach der Ordnung der ‚Institutiones rei herbariae'
VI. Klasse

298	Alsinanthemos des Thal; Trientalis des Cordus und des Rivinus; Pyrola Alsines flore Europaea major (Größere europäische Pyrola mit der Blüte von Alsine); Die Pflanze kommt häufig in den Wäldern bei *Irkuck* und am See *Bajkal* vor und blüht im Juni sowie im Juli. Ich habe sie hierher gestellt, nicht etwa weil sie hierhin gehörte, sondern weil Tournefort ihr noch keine bestimmte Gattung und keinen entsprechenden Platz zugewiesen hat. Sie gehört nämlich zu den Pflanzen mit regelmäßiger, radförmiger Blüte, und ich vergaß, sie dort einzufügen.
299.	Ros solis folio oblongo, perennis (Mehrjähriger Ros solis [Sonnentau] mit länglichem Blatt) des Tournefort, ‚Institutiones rei herbariae', 4. Species; Rorella longifolia, perennis (Mehrjährige, langblättrige Rorella) des Ray, ‚Synopsis', [Seite] 227; Die Pflanze kommt reichlich an sumpfigen, unebenen Orten bei der Pfahlbrücke vor, über die man nach *Kačeg* reist.
300.	Parnassia palustris et vulgaris (Gewöhnliche Sumpf-Parnassia) des Tournefort, ‚Institutiones rei herbariae'; Gramen Parnassi, albo simplici flore (Gramen des Parnassus mit weißer, einfacher Blüte) des Caspar Bauhin, ‚Pinax', [Seite] 309; Die Pflanze kommt sehr zahlreich an sumpfigen Stellen bei *Irkuck* und am See *Bajkal* vor. Sie blüht im Juli und im August. Bei den Russen nennt man sie *perelojna*[*ja*] *trava*, weil gesagt wird, daß diese Pflanze die Gonorrhoe, die man dort *pereloj* nennt, heile. In der Tat wird sie nicht ohne Erfolg verwendet, denn sie vertreibt [die Gonorrhoe] nämlich gut.
301.	Kali spinosum, foliis longioribus et angustioribus (Dorniges Kali mit längeren und schmaleren Blättern) des Tournefort, ‚Institutiones rei herbariae', 2. Species; Tragus spinosus (Dorniger Tragus) des Matthiolus; Die Samen dieser Pflanze werden geschickt.
302.	Geum montanum folio subrotundo, amplissimo, flore roseo, specioso (Berg-Geum mit rundlichem, sehr großem Blatt, mit rosenroter, prächtiger Blüte); Diese Pflanze bewohnt die Kämme der höchsten Berge und gleichermaßen die dunklen schmalen Täler

/65v/

*Irkuck*er Flora nach der Ordnung der ‚Institutiones rei herbariae'
VI. Klasse

	überall am See *Bajkal*, am *Angara*[-Fluß] gegenüber *Brečalovo zimov'e*, und am [Fluß] *Irkut* 50 Stadien von der Stadt *Irkuck* entfernt. Sie stützt sich auf eine Wurzel, die einen Zoll dick ist, 3 bis 4 Fuß lang ist und unter Moos und der über die Felsen gebreiteten Erde nur leicht anhängend und mit vereinzelten Fasern kriecht. Diese Wurzel ist außen braun und innen reinweiß. Sie ist mit einer markigen Substanz gefüllt, ohne Geruch, von sehr bitterem Geschmack und in hohem Maße adstringierend. Gegen Beginn des Monats Mai schickt sie Blätter aus, die dick, steif, klein, leicht rundlich sowie am Blattrand mit Spitzen versehen sind und denen von Pyrola gleichkommen. Diese sind von vielen kräftigen Blattnerven durchzogen, die von der Hauptrippe zum Rand hin auslaufen. Rücklingsgelegt sind sie intensiv grün, glatt, geradezu glänzend, auf der Rückseite etwas bleicher. Wenn sie etwa Anfang Juli herangewachsen sind, dann sind diese Blätter ohne Stiel ungefähr sechs Finger lang, oft jedoch noch weit länger, sowie an der breitesten Stelle 5½ Finger breit. Die Blattstiele an der gleichen Pflanze sind fast immer von der Länge der Blätter. Sie sind stielrund, auf eine Länge von einem Zoll vom Ansatz an und von da an auf der zum Stengel gerichteten Seite ausgekehlt, nach außen zu aber rund, schön grün mit rotem Ton und kräftig. Zu jeder beliebigen Zeit werden Blätter von dreierlei Art und Alter angetroffen. Die jungen,

/66r/

*Irkuck*er Flora nach der Ordnung der ‚Institutiones rei herbariae'
VI. Klasse

	zu Frühlingsbeginn erscheinenden Blätter sind kleiner. Die vom vergangenen Jahr stammenden Blätter sind am größten und dicksten; sie sind auch bis dahin noch nicht durch die Winterkälte geschädigt, allein daß hie und da rote Flecken als Vorzeichen einer Krankheit und des nahenden Welkens auftreten. Die Blätter des vorvorigen Jahres schließlich sind welk, braun und lederartig. Gegen Anfang Mai ist der Stengel stielrund, abgerundet und, dem Alter der Pflanze entsprechend, 4, 5 bis 6 Zoll, nicht selten bis zu vorderarmslang hoch. Er ist angenehm rötlich, saftgefüllt und an der Spitze mit zahlreichen sehr schönen Blüten von rosenroter Farbe besetzt. Die einzelnen Blüten an $^{3}/_{10}$ Zoll langen roten Blütenstielen hängen traubenartig abwärts und sind nur nach einer

	Seite hin ausgerichtet. Die Blüte selbst ist rosenartig, der Kelch ist ungeteilt, oben fünffach gespalten und grün. Aus der Mitte der Blüte erhebt sich der zweihörnige, gelbliche Stempel, der in eine längliche, zweihörnige und zweifächrige Frucht übergeht. Diese enthält sehr kleine glänzendbraune Samen, die der Plazenta unmittelbar angeheftet sind. Den Stempel umgeben zehn weiße Staubblätter, die im Grunde des Kelches angewachsen sind und jeweils mit gelblichen Spitzen (Staubbeuteln) versehen sind, die mit ihrem unteren Teil

/66v/

*Irkuck*er Flora nach der Ordnung der ‚Institutiones rei herbariae'
VI. Klasse

	der Länge nach den Staubblättern [d. h. den Staubfäden] angewachsen sind. Die Blüten besitzen, indem sie sich alle auf- und abbewegen, das Aussehen einer Schelle. Die Blätter des ersten und zweiten Jahres sind von bitterem Geschmack, adstringieren viel sanfter als die Wurzel und sind überdies durch ein schönes Grün geschmückt. Die verwelkten Blätter des vorvorigen beziehungsweise dritten Jahres, die ihrer Farbe völlig beraubt, lederartig braun und von Kälte und Schnee milder geworden sind, dienen den Russen am *Angara*[-Fluß] und am See *Bajkal* wie auch den Anwohnern an [den Flüssen] *Lena*, *Vitim*, *Selenga* und dem [Fluß] *Irkut* als chinesischer Thee (Thea Sinensis). Sie werfen sie nämlich, nachdem sie von den Blattadern bzw. den Mittelrippen abgeschnitten sind, in einen Kessel, stellen sie, nachdem sie kaltes Wasser dazugegossen haben, auf das Feuer und lassen sie mehrmals aufkochen. Danach trinken sie den Aufguß. Nicht nur ahmt die Farbe diejenige von The Boy nach, sondern auch im Geschmack reicht [das Getränk] an Tee einer preiswerteren Sorte heran. Wie ich aus eigener Erfahrung weiß, schmeckt er doch etwas erdig. Nachdrücklich empfehlen die Russen diesen Trank den an Durchfall Leidenden. Sie pflegen die gesamte Pflanze wie auch den daraus bereiteten Trank *badan* zu nennen. Diese Pflanze liebt Vertiefungen, die eisernen Kesseln ähnlich sind und häufig auf den Kämmen der Berge selbst auftreten. Sie pflegt alle diese Vertiefungen, so groß sie auch sein mögen, gleichsam in Besitz zu nehmen. Ich habe die gut gereiften Samen dieser Pflanze zu verschiedenen Zeiten und an verschiedenen Orten gesammelt und übermittle sie in großer Menge. Ich bezweifele nicht,

/67r/

*Irkuck*er Flora nach der Ordnung der ‚Institutiones rei herbariae‘
VI. Klasse

	daß diese üppig keimen werden, wenn sie an einem schattigen, moosigen, feuchten Ort zwischen Steinbrocken dem Boden anvertraut worden sind. Das Bild zeigt die Pflanze in natürlicher Größe: a) die Pflanze, b) den Stempel, c) die Frucht, d) den Samen, e) ein verwelktes Blatt.
303.	Geum rotundifolium, majus (Größeres rundblättriges Geum) des Tournefort, [‚Institutiones rei herbariae‘]; Sanicula montana, rotundifolia, major (Größere, rundblättrige Berg-Sanicula) des Caspar Bauhin, ‚Pinax‘, [Seite] 243; Sanicula montana (Berg-Sanicula) 2. [Species] des Clusius, ‚Historia plantarum‘, [Seite] 307; Die Pflanze kommt in großer Menge vor an Flüßchen, die aus den Bergtälern austreten und zum *Angara*[-Fluß] fließen, direkt gegenüber dem *Brečalovo zimov'e* genannten Winterlager bis zum *Nikol'skaja zastava* genannten Zollhaus, wie auch an allen Sturzbächen, die zahlreich in den See *Bajkal* und in den *Barguzin*[-Fluß] münden. Nicht selten schien sie höher als eine Vorderarmslänge zu sein. Sie blüht im Juni und im Juli. Die Samen bilden sich gegen Ende Juli und Anfang August aus. Ich übermittle eine ausreichende Menge davon.
304.	Geum palustre folio minus circinato, pulchre serrato (Kleineres Sumpf-Geum mit schneckenartig eingerolltem, schön gesägtem Blatt); Die Pflanze blüht im Juni und im Juli auf feuchten Felsen am *Angara*[-Fluß], kommt aber auch an den Ufern von Sturzbächen und mit starker Strömung über Steine laufender Flüsse bei *Nikol'skaja zastava* und *Barguzinskoj ostrog* vor. Ihre Samen reifen gegen Ende Juli. Von diesen

/67v

*Irkuck*er Flora nach der Ordnung der ‚Institutiones rei herbariae‘
VI. Klasse

	übermittle ich eine ausreichend Menge.
305.	Geum palustre folio angusto, brevi, pulchre denticulato, flore guttato (Sumpf-Geum mit schmalem, kurzem, schön gezähntem Blatt, mit gesprenkelter Blüte) des Herrn Doktor Gmelin, der ein Bild dieser Pflanze und eine Beschreibung im ‚Index plantarum Lenensium‘ unter Nummer 313 besorgt hat; allerdings muß ich hier nur darauf hinweisen, daß ich diese Pflanze niemals in Sümpfen, sondern immer auf Felsen oder an höher gelegenen Orten gefunden habe. Sie beginnt aufzutreten am *Listvenišnoe zimov'e* genannten Winterlager und ist von da an auf

	den Felsen am See *Bajkal* bis hin nach *Barguzinskoj ostrog* sehr häufig. Sie blüht im Juni. Die Samen reifen gegen Anfang August. Ich habe von diesen gut gereiften Samen eine ausreichende Menge geschickt.
306.	Geum folio angusto brevi pulchre denticulato, floribus intra folia sessilibus (Geum mit schmalem, kurzem, schön gezähntem Blatt, mit innerhalb der Blätter sitzenden Blüten); Die Blüten sind stiellos und sitzen innerhalb der Blätter. Die gesamte Pflanze ist kaum höher als anderthalb Zoll. Sie zeigt im übrigen in allem eine sehr genaue Übereinstimmung mit der vorhergehenden und kommt überaus zahlreich an sehr trockenen und bergigen Orten am *Barguzin*[-Fluß] sowie an den Quellen des Flusses *Bannoj* vor.
307.	Geum saxatile, folio angusto brevi pulchre denticulato, minimum, foliolis Sedi facie in capitulum congestis (Sehr kleines Felsen-Geum mit schmalem, kurzem, schön gezähntem Blatt, mit Blättchen in der Gestalt von Sedum, die zu einem Köpfchen zusammengedrängt); Diese Pflanze ist keine Varietät, sondern eine völlig verschiedene

/68r/

*Irkuck*er Flora nach der Ordnung der ‚Institutiones rei herbariae'
VI. Klasse

	Species, wie das Fehlen der Pünktchen oder Tropfen an der Blüte, die Kleinheit der Blätter und deren Zusammenschluß zu einem kugeligen Köpfchen in der Gestalt von Sedum und die gesamte Pflanze, wenn sie mit Geum palustre (Sumpf-Geum) verglichen wird, hinreichend dartun. Dazu noch, als lichtvollstes Zeugnis für den Speciesunterschied, daß die Pflanze in gleicher Menge wie die vorherigen auftritt. Die Pflanze wächst an den Quellen des Flusses *Bannoj*, 10 Stadien von *Barguzinskoj ostrog* entfernt. Sie blüht im Juni und im Juli. Die Samen reifen gegen Ende August. Ich habe die bestens gereiften Samen gesammelt und schicke sie anbei.
308.	Saxifraga rotundifolia, alba (Weißblühende, rundblättrige Saxifraga) des Caspar Bauhin, ‚Pinax' [Seite 309]; Saxifraga alba, radice granulosa (Weißblühende Saxifraga mit körniger Wurzel) des Johann Bauhin [‚Historia plantarum ...', Band 3, liber XXXV, Seite 706]; auf den Bergen und Felsen am *Angara*[-Fluß]; Die Pflanze blüht gegen Ende Mai.
309.	Hypericum ramosum folio lato, glauco, punctato nec perforato, caule compresso glabro (Verzweigtes Hypericum mit breitem, blaugrünem, punktiertem, nicht perforiertem Blatt, mit zusammengedrücktem, kahlem Stengel); Die Pflanze blüht gegen Ende Juni auf den Bergen oberhalb der Stadt *Irkuck* am *Angara*[-Fluß]. Ich schicke ihre Samen von

	hier, sehe aber von einer ausführlichen Beschreibung ab.
310.	Hypericum minus, erectum (Kleineres, aufrechtes Hypericum) des Caspar Bauhin, ‚Pinax', [Seite] 279; Hypericum pulchrum Tragi (Schönes Hypericum des Tragus) des Johann Bauhin, [‚Historia plantarum ...', Band] 3, [liber XXIX, Seite] 383; blüht gegen Ende Juni in den Bergwäldern am *Angara*[-Fluß]
311.	Ascyrum erectum, Salicis folio, magno flore (Aufrechtes Ascyrum mit dem Blatt von Salix, mit großer Blüte) des Tournefort, ‚Institutiones rei herbariae', 3. Species; in den Wäldern und auf waldreichen Bergen wie auch auf Waldwiesen

68v/

*Irkuck*er Flora nach der Ordnung der ‚Institutiones rei herbariae'
VI. Klasse

	bei *Irkuck* und am See *Bajkal*. Die Pflanze blüht gegen Anfang Juli. Die Samen reifen gegen Anfang September. Ich schicke die reifen Samen dieser Pflanze.
312.	Pyrola rotundifolia major flore suave rubente odoro (Größere rundblättrige Pyrola mit lieblicher, rötlicher, wohlriechender Blüte); Diese Pflanze, die gegen Ende Mai in den Wäldern bei *Irkuck* im Überfluß blüht, ist nach der vom hochedlen Herrn Doktor Gmelin und meiner eigenen Beobachtung als gänzlich unterschiedene Species zu bestimmen, denn sie blüht bei weitem früher als Pyrola rotundifolia major (Größere, rundblättrige Pyrola) des Caspar Bauhin, ‚Pinax' [Seite 191]. Diese kam zu jener Zeit nicht vor, sondern als sie blühte, war jene [erstere] schon völlig verblüht. Weiterhin überzeugt davon ihr angenehmer Geruch. Ich füge noch hinzu, daß die drei Samen [pro Frucht] etwas größer sind, doch bedarf dies einer genaueren Bestätigung, weil es mir, als ich mich am *Barguzin*[-Fluß] aufhielt, nicht möglich war, die völlig reifen Samen zu sehen und genauer zu prüfen.
313.	Pyrola rotundifolia, major (Größere, rundblättrige Pyrola) des Caspar Bauhin [‚Pinax', Seite 191]; häufig in Wäldern; Die Pflanze blüht etwa Mitte Juni.
314.	Pyrola rotundifolia minor (Kleinere, rundblättrige Pyrola), die bei Tournefort nicht beschrieben ist; Die Blüte habe ich nicht gesehen. Ich vermute, daß die Pflanze vielleicht Pyrola flore viridi (Pyrola mit grüner Blüte) des Carl Schaeffer und des Knauth, in der ‚Enumeratio plantarum circa Halam Saxonum ...' oder des Clusius, ‚Historia plantarum' [S. CXVIff., und] ‚Rariorum aliquot stirpium per Pannoniam', [Seite] 504, 505. ist.

315.	Pyrola minima vel 4ta (Sehr kleine Pyrola oder 4. [Species]) des Clusius, ‚Rariorum aliquot stirpium per Pannoniam, ...‘, [S. 508ff.]; Pyrola minima (Sehr kleine Pyrola) des ‚Hortus Eystettensis‘ und der [Pyrola] monanthos des Rivinus; Diese Pflanze habe ich bereits im vorigen Jahr, nachdem Sie am *Ob'* [-Fluß] beobachtet und getrocknet worden war, geschickt. In den

/69r/

*Irkuck*er Flora nach der Ordnung der ‚Institutiones rei herbariae‘
VI. Klasse

	Sümpfen bei *Oeck* blüht sie im Juni. Sie kommt auch in dem Wald von Petersburg am Ende der Straße, die *Perspektivaja* genannt wird, vor.
316.	Pyrola folio mucronato, serrato (Pyrola mit zugespitztem, gesägtem Blatt) des Caspar Bauhin, ‚Pinax‘, [Seite] 191; Pyrola II., tenerior (Zweite, zartere Pyrola[-Species]) des Clusius, ‚Historia plantarum‘, [Seite] CXVII; Die Pflanze blüht gegen Ende Juni sehr zahlreich in den Wäldern bei *Irkuck* und am See *Bajkal.*
317.	Ledum Rosmarini folio (Ledum mit dem Blatt von Rosmarinus) des Tabernaemontanus, [‚Icones plantarum‘]; Ledum Silesiacum (Schlesisches Ledum) des Clusius, ‚Rariorum aliquot stirpium per Pannoniam, ...‘ [Seiten] 68–71; Rosmarinum sylvestre (Wildwachsendes Rosmarinum) des Matthiolus, [‚Commentarii‘]; sehr zahlreich in den Wäldern bei *Irkuck* und am See *Bajkal*; Die Pflanze blüht im Juni. Bei den Russen nennt man sie *bagul'nik*. Die Russen pflegen jenes Ledum mit Wasser zu begießen, zu kochen und, wie sie versichern, für die Gesundheit zu trinken. Die Burjaten aber und die Tungusen werfen das Ledum immer in den Hütten ins Feuer, und versicherten mich, daß sie es wegen des Geruchs tun. Ich vermute aber, daß irgendwelche religiöse oder abergläubische Gründe dahinterstecken, was ich künftig vielleicht noch in Erfahrung bringen werde.
318.	Polyfolia des Buxbaum der ‚Acta Academiae Scientiarum Petropolitanae‘; sehr zahlreich in den Sümpfen bei *Irkuck* und am See *Bajkal.*
319.	Chamaedaphne des Buxbaum; kommt zusammen mit der vorhergehenden [Species] vor; Diese drei Pflanzen [d. h. Nr. 317, 318 und 319] kommen, wie durch ein unlösbares Band der Gemeinschaft verknüpft, immer zusammen vor, weshalb ich sie nicht trennen wollte. Ich habe aber auch nie recht auf ihren Charakter geachtet.
320.	Nymphaea alba, major (Größere, weißblühende Nymphaea) des Caspar Bauhin, ‚Pinax‘, [Seite] 193;

/69v/

*Irkuck*er Flora nach der Ordnung der ‚Institutiones rei herbariae'
VI. Klasse

	Die Pflanze kommt sehr zahlreich in stehenden Gewässern bei [den Strömen] *Angara* und *Barguzin* vor. Sie blüht im Juni und im Juli.
321.	Nymphaea lutea, major (Größere, gelbblühende Nymphaea) des Caspar Bauhin, ‚Pinax', [Seite] 193; Die Pflanze tritt zusammen mit der vorhergehenden an den gleichen Orten und zur gleichen Zeit in Blüte auf.
322.	Sedum flores tanquam in clava gerens, lutescens (Gelb werdendes Sedum, das die Blüten gleichsam in einem Kolben hervorbringt) des Herrn Doktor Gmelin, ‚Index plantarum Lenensium', [Nummer] 415; überall in den Bergen am *Angara*[-Fluß] und am See *Bajkal*. Die Pflanze blüht im Juli. Die Samen, die ich in reifem Zustand schicke, vollendet sie etwa Mitte September.
323.	Sedum flores tanquam in clava gerens, folio longo et angusto (Sedum, das die Blüten gleichsam in einem Kolben hervorbringt, mit langem und schmalem Blatt); Die Pflanze tritt zusammen mit der vorhergehenden auf, und beide sind durch den hochedlen Herrn Doktor Gmelin durch eine Beschreibung und ein Bild erklärt worden.
324.	Sedum montanum humile, folio angusto non dentato, spica florum simplici lutescente (Niedriges Berg-Sedum mit schmalem, nicht gezähntem Blatt, mit einer einfachen, gelblichen Blütenähre); Die Pflanze ist selten mehr als drei oder 4 Zoll hoch. Ihre Blätter sind schmal, länglich, krautig grün, kahl, nicht gezähnt und zu einem eher lockeren Kopf geordnet. Der Stengel ist blattreich. Die Blüten stimmen im Aufbau, in der Größe und der Farbe mit denen der vorhergehenden Species überein. Sie wächst auf sehr trockenen Hügeln der Steppen bei der *zaimka* des *Vorošilov*, 56 Stadien von der Stadt *Irkuck* entfernt, sowie bei *Barguzinskoj ostrog* und blüht im August.
325.	Sedum montanum, humile, folio angusto non dentato, spica florum multiplici

/70r/

*Irkuck*er Flora nach der Ordnung der ‚Institutiones rei herbariae'
VI. Klasse

	ramosa (Niedriges Berg-Sedum mit schmalem, nicht gezähntem Blatt, mit vielfach verzweigter Blütenähre); Die Pflanze kommt zusammen mit der vorhergehenden an den gleichen Orten und zur gleichen Zeit in Blüte vor. Sie unterscheidet sich [von der vorhergehenden] allein durch

	die Blütenähre, die sehr und vielfach verzweigt ist, zwei Finger lang und ebensoviele Finger breit ist.
326.	Anacampseros vulgo Faba crassa (Anacampseros, gewöhnlich Dicke Faba) des Johann Bauhin [‚Historia plantarum ...‘, Band 3, liber XXXV, Seite 681]; Telephium vulgare (Gewöhnliches Telephium) des Caspar Bauhin, ‚Pinax‘, [Seite] 287; Die Pflanze tritt überall am See *Bajkal* auf und hat eine gelbliche Blüte.
327.	Anacampseros purpurea (Purpurrote Anacampseros) des Johann Bauhin [‚Historia plantarum ...‘, Band 3, liber XXXV, Seite 682]; häufig am *Angara*[-Fluß] und am See *Bajkal*, gleichermaßen auf Bergen wie Wiesen.
328.	Anacampseros flavo flore (Anacampseros mit hellgelber Blüte) des Herrn Doktor Gmelin, ‚Observationes in historiam naturalem‘; sehr zahlreich am *Angara*[-Fluß] und am See *Bajkal*; Die Pflanze blüht im Juli. Die Samen, die ich wohlgereift schicke, vollendet sie etwa Anfang September.
329.	Ulmaria des Clusius, ‚Historia plantarum‘; Barba caprae, floribus compactis (Barba caprae [Ziegenbart] mit dichten Blüten) des Caspar Bauhin, ‚Pinax‘, [Seite] 164; sehr zahlreich auf den Wiesen bei *Irkuck* und am See *Bajkal*; Die Pflanze blüht etwa Mitte Juni.
330.	Ulmaria sylvarum folio latiori digitato (Wald-Ulmaria mit sehr breitem, gefingertem Blatt) des Herrn Doktor Gmelin, ‚Index plantarum Lenensium‘, wo man ein Bild und eine Beschreibung finden wird; sehr zahlreich in sehr feuchten Wäldern, an Waldflüssen bei *Irkuck* und am See *Bajkal*; Ich habe die bestens gereiften Samen dieser Pflanze gesammelt und geschickt.
331.	Barba Caprae, floribus oblongis (Barba caprae [Ziegenbart] mit länglichen Blüten) des Caspar Bauhin, ‚Pinax, [Seite] 163; überall in den Wäldern am See *Bajkal*; Die Pflanze blüht gegen Ende Juni.

/70v/

*Irkuck*er Flora nach der Ordnung der ‚Institutiones rei herbariae‘
VI. Klasse

332.	Juncago palustris et vulgaris (Gewöhnliche Sumpf-Juncago) des Tournefort, ‚Institutiones rei herbariae‘; Gramen junceum, spicatum seu Triglochin (Ähriges Binsengras oder Triglochin) des Caspar Bauhin, ‚Pinax‘ [Seite 6]; sehr zahlreich auf feuchten Wiesen und in den lichteren Wäldern am [Bach] *Ušakovka* sowie am See *Bajkal*; Die Pflanze blüht etwa Mitte Juni.
333.	Juncago altera (Zweite Juncago[-Species]) des Herrn Doktor Gmelin,

	‚Index plantarum Lenensium'; Die Pflanze tritt sehr zahlreich zusammen mit der vorhergehenden auf. Ihre gesammelten reifen Samen schicke ich.
334.	Geranium Batrachoides Aconiti folio, flore coeruleo (Batrachium ähnliches Geranium mit dem Blatt von Aconitum, mit blauer Blüte) des Caspar Bauhin, ‚Pinax' [Seite 317]; des Tournefort, ‚Institutiones rei herbariae', 1. Species; Die Blätter dieser Pflanze sind sehr rauhhaarig. Die Pflanze ist eine Vorderarmslänge hoch oder höher. Ihre Staubblätter sind blau.
335.	Geranium Batrachoides floribus minoribus intensius coeruleis (Batrachium ähnliches Geranium mit kleineren, intensiv blauen Blüten); Die Staubblätter der Blüte sind bei dieser Pflanze von ziegelroter Farbe. Alles übrige stimmt [mit der vorhergehenden] überein.
336.	Geranium Batrachioides flore albo (Batrachium ähnliches Geranium mit weißer Blüte); Die Pflanze stimmt in allem mit der vorhergehenden genau überein, jedoch haben die Blütenstiele eine stärker bräunlichrote Farbe als die der vorhergehenden und ihre Blüte ist weiß. Ich habe sie sehr zahlreich blühend am 5. Juni in den Wäldern bei der *Pivovarova zaimka* (*zaimka* der Witwe des *Pivovarov*) gesehen.
337.	Geranium Batrachioides flore majore coeruleo, folio rugosiori (Batrachium ähnliches Geranium mit größerer, blauer Blüte, mit runzligerem Blatt); Die Pflanze mit fasriger, braunrötlicher Wurzel kommt auf den Bergen am *Angara*[-Fluß], dem Dorf *Žilkina* gegenüber, vor.

71r/

*Irkuck*er Flora nach der Ordnung der ‚Institutiones rei herbariae'
VI. Klasse

338.	vielleicht Geranium latifolium, longissima acu (Breitblättriges Geranium mit sehr langer Spitze); Geranium Creticum, annuum haematodes (Einjähriges Kretisches Geranium von blutähnlicher Farbe) des Lobelius, [‚Plantarum seu stirpium icones', Band 1, Seite 662]; sehr zahlreich in den Wäldern; Die Pflanze blüht etwa Anfang Juni. Ich schicke ihre Samen.
339.	vielleicht Geranium Columbinum, annuum, minus, folio tenuius laciniato, flore pediculo longissimo insistente (Einjähriges, kleineres taubengraues Geranium, mit feiner geschlitztem Blatt und einer auf einem sehr langen Stiel sitzenden Blüte) des Morison, ‚Plantarum historiae universalis Oxoniensis', Teil 2, [Seite] 512; Geranium Columbinum, dissectis foliis, pediculis florum longissimis (Taubengraues Geranium mit eingeschnittenen Blättern, mit sehr langen Blütenstielen) des Ray,

	‚Historia plantarum', [Band II, Seite] 1059; Die Pflanze kommt auf Feldern und Beeten in den Gärten sowie am Fuße der Berge am *Angara*[-Fluß] vor. Sie blüht im Juni und im Juli. Ihre Samen werden geschickt.
340.	Geranium Columbinum majus vulgatius (Taubengraues, größeres, weiter verbreitetes Geranium); Diese Species variiert sehr hinsichtlich der Blütenfarbe.
341.	Geranium Cicutae folio, inodorum (Geruchloses Geranium mit dem Blatt von Cicuta) des Caspar Bauhin, ‚Pinax', [Seite] 319; Die Blüten dieser Pflanze sind klein und blau. Die Spitze des Stempels ist sternförmig. Der Schnabel des Samens ist anderthalb Zoll lang. Die Pflanze blüht im Juni und im Juli am Bach *Kuda* an tonreichen Orten. Sie streut verzweigte, sehr gelenkige, purpurrötliche Sprosse aus, die vorderarmslang lang sind, auf der Erde liegen und einen Raum von einer Elle einnehmen. Ihre Samen werden geschickt.
342.	vielleicht Geranium Cicutae folio, erectum, Romanum (Aufrechtes, Römisches Geranium mit dem Blatt von Cicuta) des Boccone, [‚Museo di piante'] Teil 2, [Seite] 93; Die Pflanze kommt in den Steppen an sonnenbeschienenen und trockenen Orten bei der

/71v/

*Irkuck*er Flora nach der Ordnung der ‚Institutiones rei herbariae'
VI. Klasse

	zaimka des *Afanasij Dement'ev* vor. Ihre Blätter sind aufrecht, viel kürzer und blasser grün [als die der vorhergehenden Species]. Sie blüht im Juni.
343.	Geranium Cicutae folio, minus et supinum (Kleineres und rücklingsgelegtes Geranium mit dem Blatt von Cicuta) des Caspar Bauhin, ‚Pinax', [Seite] 319; Die Pflanze kommt dort am Bach *Kuda* vor, wo man zum *Lena*[-Fluß] reist. Sie blüht zusammen mit den vorhergehenden.
344.	Geranium Aconiti folio humilius (Niedrigeres Geranium mit dem Blatt von Aconitum); Die Blüte dieser Pflanze sind klein und blau. Sie sitzen wie bei Geranium Columbinum (Taubengraues Geranium) einem sehr langen Blütenstiel an.
345.	Geranium Malvae folio, rotundo flore, pallide coeruleo (Malvenblättriges Geranium mit runder blaßblauer Blüte); Zu Beginn des September, als alle Geranium-Species nicht nur verblüht waren, sondern schon fast die Samen ausgeschüttet hatten, habe ich die Pflanze noch herrlich blühend auf einem sehr hohen Felsen bei *Barguzinskoj ostrog* gefunden.
346.	Geranium Batrachioides, Gratia Dei Germanorum (Batrachium ähnli-

	ches Geranium, Gratia Dei [Gottes Gnade] der Deutschen) des Caspar Bauhin, ‚Pinax', [Seite] 318; Die Pflanze kam sehr zahlreich auf Wiesen am Fuß der Berge am *Angara*[-Fluß], dem Dorf *Žilkina* gegenüber, gegen Mitte Juli in Blüte vor.
347.	Thalictrum majus, siliqua angulosa aut striata (Größeres Thalictrum mit kantiger oder gestreifter Frucht) des Caspar Bauhin, ‚Pinax' [Seite 336]; Die Pflanze kommt überall in Wäldern und auf Wiesen vor. Sie blüht ungefähr Ende Juni.
348.	Thalictrum majus, non striatum (Größeres, nicht gestreiftes Thalictrum) des Caspar Bauhin, ‚Pinax', [Seite] 336; zusammen mit der vorhergehenden [Species]
349.	Thalictrum minus (Kleineres Thalictrum) des Caspar Bauhin, ‚Pinax' [Seite 337]; des Tournefort, ‚Institutiones rei herbariae', 16. Species; Die Pflanze blüht im Juli auf den Bergen am *Angara*[-Fluß].

/72r/

*Irkuck*er Flora nach der Ordnung der ‚Institutiones rei herbariae'
VI. Klasse

350.	Thalictrum minimum, foetidissimum (Sehr kleines, stark stinkendes Thalictrum) des Caspar Bauhin, ‚Pinax', [Seite] 337; Die Pflanze blüht etwa Anfang Juli auf den Hügeln bei *Oeck* und auf Felsen am See *Bajkal* sowie in den Wäldern. Die Staubblätter der Blüte sind dunkel rötlich wie Sauerkirschen. Die Blätter sind runzlig und klebrig, zerrieben reichen sie hinsichtlich ihres Geruchs fast an Geranium Robertianum heran. Die Samen dieser Pflanze werden geschickt.
351.	Thalictrum pusillum Aquilegiae folio glauco rigido (Winziges Thalictrum mit dem blaugrünen, steifen Blatt von Aquilegia); Diese Species tritt dort auf den ebenen Steppenflächen auf, wo man zum *Lena*[-Fluß] reist. Gegen Anfang Juli zeigten sich noch keine Anzeichen einer Blüte. Die Pflanze kriecht an der Erde oder richtet sich ein wenig gegenüber der Horizontalen auf, niemals ist sie höher als eine Handbreit. Der Stengel und die Blätter sind blaugrün. Die Blätter sind der Form nach denen der Aquilegia ähnlich, jedoch um vieles zarter und hinlänglich steif. Besonders häufig tritt die Pflanze bei der [*Monastyrskaja*] *zaimka* des *Posol'skoj*-Klosters, 50 Stadien von der Stadt *Irkuck* entfernt, am Wege auf.
352.	Butomus flore roseo (Butomus mit rosenroter Blüte) des Tournefort, ‚Institutiones rei herbariae'; in sumpfigen Gegenden und stehenden Gewässern beim *Barguzin*-Fluß. Die Pflanze blüht im Juli.
353.	Helleborus niger, Ranunculi folio, flore globoso, majore (Schwarzer

	Helleborus, mit dem Blatt von Ranunculus, mit kugelförmiger, größerer Blüte) des Tournefort, ‚Institutiones rei herbariae'; Ranunculus montanus, Aconiti folio, flore globoso (Berg-Ranunculus mit dem Blatt von Aconitum, mit kugelförmiger Blüte) des Caspar Bauhin, ‚Pinax', [Seite] 182; Trollius des Johann Bauhin [‚Historia plantarum ...', Band 3, liber XXX, Seite 419]; Die Pflanze besetzt ganze Wiesen bei *Irkuck*. Tatsächlich ist diese

/72v/

*Irkuck*er Flora nach der Ordnung der ‚Institutiones rei herbariae'
VI. Klasse

	Species verschieden von der, die in Rußland und Deutschland wächst. Ihre Blütenfarbe ist nämlich orangefarben oder goldgelb, die der deutschen ist gelb, in der Art von Ranunculus, weswegen dies in der Tat besser bekannt werden sollte. Die gereiften Samen habe ich zur Aussaat in den Garten [nach Sankt Petersburg] geschickt. Die Pflanze blüht etwa Anfang Juni.
354.	Helleborus niger, Ranunculi folio, flore globoso, minore (Schwarzer Helleborus mit dem Blatt von Ranunculus, mit kleinerer, kugelförmiger Blüte); Die Pflanze ist nur eine Varietät und nicht, wie Tournefort meint, als eine verschiedene Species anzusehen. Wenn es irgendetwas zur Sache beitrüge, zum Beispiel 30 Species aus ein und derselben Pflanze zu bilden, könnte dies jemand leicht machen. Die Pflanze begegnete mir einmal mit sehr voller Blüte, ein anderes Mal mit geschlitzt auslaufenden Kronblättern, und noch ein weiteres Mal niedrigwachsend mit innerhalb der Blätter sitzender Blüte. Eine beständigere Varietät ist die folgende Pflanze.
355.	Helleborus niger Ranunculi folio tenuius laciniato flore globoso majore (Schwarzer Helleborus mit feiner geschlitzten Blatt von Ranunculus, mit größerer, kugelförmiger Blüte); an Flüssen in dichten und dunklen Wäldern; Ich schicke die Samen dieser Pflanze. Ich traf sie gegen Ende August am See *Bajkal* und am *Barguzin*[-Fluß] an, doch ist auch dies vielleicht nur eine Varietät, was erst nach der Anzucht der Pflanze aus den Samen ersichtlich sein wird.
356.	Veratrum flore subviridi (Veratrum mit schwach grüner Blüte) des Tournefort, ‚Institutiones rei herbariae', 1. Species; Helleborus albus, flore subviridi (Weißer Helleborus mit schwach grüner Blüte) des Caspar Bauhin, ‚Pinax', [Seite] 186; sehr zahlreich überall in Sibirien, auf Wiesen am [Fluß] *Irkut* und am *Angara*[-Fluß] sowie am See [*Bajkal*];

/73r/

*Irkuck*er Flora nach der Ordnung der ‚Institutiones rei herbariae'
VI. Klasse

	Die Samen dieser Pflanze werden geschickt.
357.	Veratrum flore atro-rubente (Veratrum mit dunkel rötlicher Blüte) des Tournefort, ‚Institutiones rei herbariae', 2. Species; Helleborus albus, flore atro-rubente (Weißer Helleborus mit dunkel rötlicher Blüte) des Caspar Bauhin, ‚Pinax', [Seite] 186; Die Pflanze liebt besonders gebirgige Orte. Beide [Veratrum-Species] blühen ungefähr zu Beginn des Monats Juli. Die Blätter dieser Pflanze sind länger und spitzer, am Stengel sind weniger Blätter vorhanden. Sie kommen denen von Helleborine näher. Ihre Samen werden geschickt. Bei den Russen nennt man diese in gleicher Weise wie die vorhergehende Pflanze *čemerica*.
358.	Populago flore majore (Populago mit größerer Blüte) des Tournefort, ‚Institutiones rei herbariae'; Caltha palustris, flore simplici (Sumpf-Caltha mit einfacher Blüte) des Caspar Bauhin, ‚Pinax' [Seite 276]; Nichts findet sich im Mai und im Juni an den Ufern der Ströme und stehenden Gewässer bei *Irkuck* häufiger.
359.	Populago flore minore (Populago mit kleinerer Blüte), 2. Varietät nach Tournefort; Nur diese findet sich gewöhnlich am [Bach] *Ušakovka*. Sie blüht zusammen mit der vorhergehenden.
360.	Populago Fumariae foliis (Populago mit den Blättern von Fumaria) des hochedlen Herrn Doktor Gmelin; Auch diese Pflanze wächst an fast allen Orten bei *Irkuck*, sowohl auf den Ebenen als auch in den Gärten, sogar zweimal im Jahr. Aus den Samen, die etwa Ende Juni reif ausgefallen sind, wächst sie wieder und blüht, wie ich es am *Barguzin*[-Fluß] beobachtet habe. Ihre Samen werden geschickt.
361.	Thalictrioides glutinosum foetidissimum,

/73v/

*Irkuck*er Flora nach der Ordnung der ‚Institutiones rei herbariae'
VI. Klasse

	amplissimis foliis (Klebriges, stark stinkendes Thalictroides mit sehr großen Blättern) des Herrn Doktor Gmelin, ‚Index plantarum Lenensium', Nummer 426, auf der Tafel LXVI; Die Pflanze kommt sehr zahlreich bei *Irkuck* und am See *Bajkal* vor. Sie blüht gegen Anfang Juli. Die Samen sind gegen Ende August gereift. Die reifen Samen dieser Pflanze werden geschickt.
362.	Paeonia foliis lobatis, flore dilute purpureo (Paeonia mit gelappten

	Blättern, mit hellpurpurroter Blüte) des Herrn Doktor Gmelin, ‚Index plantarum Lenensium', Nummer 429; sehr zahlreich in den Bergen am *Angara*[-Fluß] gegenüber von *Brečalovo zimov'e*; Die Pflanze blüht im Juni. Ihre Samen reifen gegen Anfang August. Sie werden geschickt. Bei den Russen wird die Pflanze *mar'ino koren'e* genannt. Sie pflegen diese dem einfachen Branntwein zuzufügen, damit er nicht im Winter, wenn er vom Ort zum See transportiert wird, gefriert und durch den Frost verdorben wird.
363.	Anemone sylvestris, alba, major (Wildwachsende, weißblühende, größere Anemone) des Caspar Bauhin, ‚Pinax' [Seite 176]; Anemone alba, magna, plurima parte anni florens (Weißblühende, große, den größten Teil des Jahres blühende Anemone) des Johann Bauhin [‚Historia plantarum ...', Band 3, liber XXX, Seite 411]; Anemone sylvestris (Wildwachsende Anemone) des Clusius, [‚Historia plantarum']; sehr zahlreich bei *Irkuck* und am See *Bajkal*; Die Pflanze blüht etwa Ende Mai. Ich übersende ihre mit einem Haarkranz versehenen Samen. Die Blüte dieser Pflanze ist meistens fünfblättrig (mit fünf Kronblättern), zuweilen spielt sie auch mit mehreren Variationen. Die Kronblätter sind rücklingsgelegt reinweiß, auf der Unterseite an der Einfügungsstelle des Stengels etwas rötlich schimmernd und gewissermaßen rauhhaarig. Die Staubblätter sind hellgelb. Die Wurzel ist außen glänzendbraun und innen weiß. Die Samen sind mit einem Flaum versehen und wie [die Samen] von Baumwolle (Gossypium) wollig. Aus diesem Grund wird die Pflanze Borometz Chirurgorum (Borometz der Wundärzte) genannt, so wie wir bereits die Sophia Chirurgorum (Sophia der Wundärzte) haben.
364.	vielleicht Anemone foliosa, flore albo (Blattreiche Anemone mit weißer Blüte) des ‚Hortus Regius Parisiensis'; Anemone multiflora (Vielblütige Anemone) des Herrn Doktor Gmelin; Die Blüten dieser Pflanze sind zuweilen durch blaue Linien gefärbt.

/74r/

*Irkuck*er Flora nach der Ordnung der ‚Institutiones rei herbariae'
VI. Klasse

	Sie sitzen auf einen halben Zoll langen, jedoch oft auch längeren Blütenstielen. Am Austritt dieser [Blüten-]Stiele aus dem oberen Bereich des Stengels umgibt ein Blatt, das dem Blatt von Geranium Batrachoidis ähnlich ist, den Stengel, der stielrund, von der Stärke eines Gänsefederkiels, grün, rauh mit Haaren und innen röhrig hohl ist. Die Pflanze kommt sehr zahlreich auf den Bergen bei *Irkuck* und am See *Bajkal* vor.

	Ihre Samen werden geschickt.
365.	Anemone multiflora humilis serotina (Späte, vielblütige, niedrige Anemone); Diese Pflanze wurde am 21. August in Blüte 10 Stadien von *Barguzinskoj ostrog* entfernt auf dem höchsten Gipfel eines Felsens beobachtet. Ihre Blätter sind zart und vortrefflicher geschlitzt als bei der vorhergehenden, und sie schien nicht leicht über einen halben Fuß in die Höhe zu wachsen. Die Samen, die am 8. September gesammelt worden sind, werden geschickt. Man wird daraus ersehen, ob die Pflanze tatsächlich eine verschiedene Species oder nur eine Varietät gegenüber der beschriebenen Gestalt auf Grund des Standortes ist.
366.	Anemonoides flore majore (Anemonoides mit größerer Blüte) von der neuen Gattung des Dillenius; Anemone nemorosa flore majore (Hainbewohnende Anemone mit größerer Blüte) des Caspar Bauhin, ‚Pinax', [Seite] 176; Die Samen dieser Pflanze sind nicht mit einem Haarkranz versehen. Die Pflanze blüht gegen Ende Mai auf Wiesen und in feuchten Wäldern bei *Irkuck*. Ihre Samen sind im vorigen Jahr geschickt worden.
367.	Pulsatilla folio crassiore et majore flore (Pulsatilla mit dickerem Blatt und größerer Blüte) des Caspar Bauhin, ‚Pinax', [Seite] 177; Die Pflanze blüht sehr zahlreich gegen Anfang Mai auf den Bergen am *Angara*[-Fluß] gegenüber dem Dorf *Žilkina*. Ihre Samen werden geschickt.

/74v/

*Irkuck*er Flora nach der Ordnung der ‚Institutiones rei herbariae'
VI. Klasse

368.	Pulsatilla folio Anemones secundae sive subrotundo (Pulsatilla mit dem Blatt der zweiten Anemone[-Species] oder rundlichem Blatt) des Caspar Bauhin, ‚Pinax', [Seite] 177; Die hellgelbe Blüte dieser Pflanze erscheint zusammen mit der Blüte der vorhergehenden. Die Einwohner von *Irkuck* nennen sie Tulpe. Daher stammt, wie ich vermute, das Gerücht, in Sibirien wüchsen Tulpen. Die Pflanze blüht zur gleichen Zeit wie die vorhergehende überall bei *Irkuck*. Ihre Samen werden geschickt. Sie hat die folgenden Varietäten:
369.	die gleiche Pulsatilla mit weißer Blüte
370.	die gleiche Pulsatilla mit bläulicher Blüte
371.	die gleiche Pulsatilla mit leicht rötlicher Blüte
372.	Pulsatilla Apii folio, autumnalis (Herbst-Pulsatilla mit dem Blatt von Apium) des Caspar Bauhin, ‚Pinax' [Seite 177]; Wenn die, die ich schicke, jene Species ist, dann würde sie besser Pulsatilla Aconiti folio (Pulsatilla mit dem Blatt von Aconitum) genannt, da ihre Blätter den

	Blättern von diesem viel näher kommen. Sie blüht im Juli und im August. Die innen gelbliche Blüte ist außen unscheinbar violett. Die Wurzel ist groß, außen glänzendbraun und innen weiß. Die Blätter sind ziemlich steif.
373.	Pulsatilla Dauci folio flore coerulescente (Pulsatilla mit dem Blatt von Daucus, mit bläulicher Blüte); Ich habe die Pflanze nur einmal blühend gefunden, mit Samen aber trat sie häufig an sehr trockeneren Orten an etlichen Stellen beim See *Bajkal* auf der Seite der Mündung des *Bugul'deicha*-Flusses wie auch der des *Barguzin*[-Flusses] auf. Ihre Samen werden geschickt. Die Blätter ahmen genau die von Daucus sativus (Kultivierter Daucus) nach, sie sind jedoch weicher.

/75r/

*Irkuck*er Flora nach der Ordnung der ,Institutiones rei herbariae'
VI. Klasse

374.	Ranunculus phragmites, albus, vernus (Schilfartiger weißblühender Frühlings-Ranunculus); Die Pflanze wurde gegen Ende Mai in den Wäldern bei *Brečalovo zimov'e* und an der Straße angetroffen, auf der man von *Nikol'skaja zastava* zu dem Winterlager *Listvenišnoe zimov'e* reist. Mir scheint es aber eine völlig verschiedene Species zu sein, denn die Kronblätter der Blüten sind schmaler, kürzer und eher gelblich weiß als weiß, wie selbst einem Betrachter der getrockneten Pflanze ersichtlich sein wird.
375.	Ranunculus palustris, folio sagittato, maximo (Sumpf-Ranunculus mit pfeilförmigem, sehr großem Blatt) des Tournefort, ,Institutiones rei herbariae'; Sagitta aquatica, major (Größere Wasser-Sagitta) des Caspar Bauhin, ,Pinax', [Seite] 194; Die Pflanze kommt vor in den sumpfigen Gegenden diesseits des *Angara*[-Flusses] auf halbem Wege zwischen der Stadt [*Irkuck*] und dem Himmelfahrts-[Männer]-Kloster sowie überall in sumpfigen Gegenden und am See *Bajkal.* Sie blüht gegen Ende Juni.
376.	Ranunculus palustris, folio sagittato, minori (Sumpf-Ranunculus mit kleinerem, pfeilförmigem Blatt) des Tournefort, ,Institutiones rei herbariae'; Sagitta aquatica, minor, latifolia (Kleinere, breitblättrige Wasser-Sagitta) des Caspar Bauhin, ,Pinax' [Seite 194]; zusammen mit der vorhergehenden [Species]
377.	Ranunculus palustris, folio sagittato, angustiori (Sumpf-Ranunculus mit pfeilförmigem, schmalerem Blatt) des Tournefort, ,Institutiones rei herbariae'; Sagitta aquatica, minor, angustifolia (Kleinere, schmalblättrige Wasser-Sagitta) des Caspar Bauhin, ,Pinax' [Seite 194]; zwischen

	Arundo (Schilf) und Gramen Cyperoides (Zypergras) am [Bach] *Ušakovka* gegenüber der *Pivovarova zaimka* (*zaimka* der Witwe des *Pivovarov*) wie auch in stehenden Gewässern am *Barguzin*-Fluß
378.	Ranunculus Asari folio flore albo (Ranunculus mit dem Blatt von Asarum, mit weißer Blüte); Ra-

/75v/

*Irkuck*er Flora nach der Ordnung der ‚Institutiones rei herbariae'
VI. Klasse

	nunculus Populaginis folio flore albo (Ranunculus mit dem Blatt von Populago, mit weißer Blüte) des Herrn Doktor Gmelin, ‚Observationes in historiam naturalem', der die Pflanze in einem Bild dargestellt hat. Sie tritt zahlreich in stehenden Gewässern am [Bach] *Ušakovka* auf. Ihre ausgereiften Samen schicke ich.
379.	Ranunculus nemorosus vel sylvaticus, folio rotundo (Hainbewohnender oder wildwachsender Ranunculus mit rundlichem Blatt) des Caspar Bauhin, ‚Pinax' [Seite 178]; 14. Species des Tournefort, ‚Institutiones rei herbariae'; Ranunculus auricomus Clusii; [Ranunculus] dulcis Tragi (Goldschopf-Ranunculus des Clusius, Süßer Ranunculus des Tragus) des Lobelius, ‚Plantarum seu stirpium icones', [Band 1, Seite] 669; Die Pflanze blüht gegen Anfang Mai und kommt überall auf Wiesen, besonders am [Bach] *Ušakovka*, vor. Die unteren Blätter sind wie die von Populago, ungeteilt und rundlich, die Blätter am Stengel sind wie die von Gallium schmaler geteilt.
380.	Ranunculus Myrrhidis foliis Hellebori nigri radice (Ranunculus mit den Blättern von Myrrhis, mit der Wurzel von Helleborus niger [Schwarzer Helleborus]); Die Pflanze blüht etwa von Mitte bis Ende Mai an gebirgigen Orten am [Fluß] *Irkut* und an der Mündung des *Kaja*-Flüßchens in den [Fluß] *Irkut* wie auch gegenüber *Medvedova zaimka*. Weil der Herr Doktor Gmelin die zu zeichnende Pflanze ohne Blüte übergab, habe ich eine Pflanze mit Blüte beschafft, mit der sie dargestellt werden soll. Zugleich schicke ich die reifen Samen. Ich erwähne dabei, daß ich im vorigen Jahr auf den Unterschied zu Ranunculus foeniculaceis foliis Hellebori nigri radice (Ranunculus mit den Blättern von Foeniculum, mit der Wurzel von Helleborus niger [Schwarzer Helleborus]) hingewiesen habe.
381.	Ranunculus vernus, rotundifolius, major (Größerer, rundblättriger Frühlings-Ranunculus) des Tournefort, ‚Institutiones rei herbariae'; Chelidonia rotundifolia, major (Größere, rundblättrige Chelidonia) des Caspar Bauhin, ‚Pinax' [Seite 309]; an feuchteren Orten am *Angara*[-Fluß]

	und am [Fluß] *Irkut*; Die Pflanze blüht etwa Mitte Mai.

/76r/

*Irkuck*er Flora nach der Ordnung der ‚Institutiones rei herbariae'
VI. Klasse

382.	Ranunculus vernus, rotundifolius minor (Kleinerer, rundblättriger Frühlings-Ranunculus) des Tournefort, ‚Institutiones rei herbariae', 20. Species; Scrophularia minor, sive Chelidonium minus vulgo dictum (Kleinere Scrophularia oder, wie es gewöhnlich benannt wurde, Kleineres Chelidonium) des Johann Bauhin [‚Historia plantarum ...', Band 3, liber XXX, Seite 468]; überall bei *Irkuck*; Die Pflanze blüht im Monat Mai.
383.	Ranunculus Hederae folio, palustris, pusillus, flore luteo (Winziger Sumpf-Ranunculus mit dem Blatt von Hedera, mit gelber Blüte); vielleicht Ranunculus arvensis parvus, folio trifido (Kleiner Acker-Ranunculus mit dreispaltigem Blatt); Ranunculus minimus, Apulus (Kleinster Apulischer Ranunculus) des Columna [‚Minus cognitarum stirpium', Teil 1, Seite 314]; Die Pflanze blüht gegen Ende Mai sowohl an trockeneren wie an sumpfigen Stellen am *Angara*[-Fluß]. Ihre Samen werden geschickt.
384.	Ranunculus Plantaginis folio (Ranunculus mit dem Blatt von Plantago), mit teils ungeteilten, teils an der Spitze zwei- oder dreispaltigen Blättern; Auch wenn die Zerteilung der Blätter in etwa der vorhergehenden entspricht, so ist es doch eine verschiedene Species, weil die Blätter vier- oder fünfmal größer sind und immer aufrecht stehen, wie auch die Blüten viel größer sind und der Stengel meist einen halben Fuß höher ist. Es werden auch viele Exemplare gefunden, bei denen alle Blätter völlig ungeteilt und nicht an der Spitze gespalten sind. Die Pflanze kommt an einem Salzsee in der Steppe von *Kungurga*, 30 Stadien von *Barguzinskoj ostrog* entfernt, vor. Ihre Samen werden geschickt.

/76v/

*Irkuck*er Flora nach der Ordnung der ‚Institutiones rei herbariae'
VI. Klasse

385.	Ranunculus arvensis, echinatus (Stachliger Acker-Ranunculus) des Caspar Bauhin, ‚Pinax' [Seite 179]; Ranunculus arvorum (Ranunculus der Äcker) des Lobelius, [‚Plantarum seu stirpium icones', Band 1, Seite 665]; überall bei *Irkuck* und am See *Bajkal*; Die Pflanze blüht gegen Anfang Juni.
386.	Ranunculus pratensis, erectus, dulcis (Aufrechter, süßer Wiesen-

	Ranunculus) des Caspar Bauhin, ‚Pinax' [Seite 179]; Ranunculus dulcis (Süßer Ranunculus) des Tabernaemontanus oder Batrachium salutiferum (Gesundheit bringendes Batrachium) [‚Icones plantarum', Seite 51]; Die Pflanze blüht im Mai und im Juni bei *Irkuck* und am See *Bajkal*.
387.	Ranunculus palustris, Apii folio (Sumpf-Ranunculus mit dem Blatt von Apium) des Caspar Bauhin, ‚Pinax' [Seite 180]; Die Blätter der Pflanze sehen aus wie die von Apium, ihre Stengel sind innen röhrig hohl, die zahlreichen Wurzeln sind weiß, stielrund und unter der Erde kreisförmig zerstreut. Die Pflanze blüht im Mai, im Juni und im Juli überall in sumpfigen Gegenden bei *Irkuck* und am See *Bajkal*.
388.	Ranunculus pratensis, erectus, acris (Aufrechter, scharfer [d. h. spitzblättriger] Wiesen-Ranunculus) des Caspar Bauhin, ‚Pinax' [Seite 178]; Die Wurzeln dieser Pflanze haben eine Länge von einer Spanne und sind weiß. Ihre Stengel sind außen rauhhaarig und innen hohl. Die Blätter sind in drei weite und steife Zipfel geteilt, einzelne Einschnitte wiederum in je drei kleinere Zipfel. Die Pflanze kommt häufig bei *Irkuck* und am See *Bajkal* vor.
389.	Ranunculus montanus, folio Aconiti, magno flore (Berg-Ranunculus mit dem Blatt von Aconitum, mit großer Blüte) des Caspar Bauhin, ‚Pinax' [Seite 182]; Ranunculus magnus, valde hirsutus, flore luteo (Großer, stark rauhhaariger Ranunculus mit gelber Blüte) des Johann Bauhin [‚Historia plantarum ...', Band 3, liber XXX, Seite 417]; Die Pflanze blüht gegen Ende Mai auf den Bergen am *Angara*[-Fluß].
390.	Ranunculus aquaticus, capillaceus (Haarförmiger Wasser-Ranunculus) des Caspar Bauhin, ‚Pinax', [Seite] 180; in sumpfigen Gegenden am *Angara*[-Fluß]; Die Pflanze blüht im Juni.

/77r/

*Irkuck*er Flora nach der Ordnung der ‚Institutiones rei herbariae'
VI. Klasse

391.	Ranunculus aquaticus, folio rotundo et capillaceo (Wasser-Ranunculus mit rundlichem und haarförmigem Blatt) des Caspar Bauhin, ‚Pinax', [Seite] 180; Ranunculus aquatilis, albus, tenuifolius (Weißblühender, zartblättriger Wasser-Ranunculus) des Johann Bauhin [‚Historia plantarum ...', Band 3, liber XXXVIII, Seite 781]; zusammen mit der vorhergehenden [Species] in stehenden Gewässern am [Bach] *Ušakovka* und bei *Bol'šaja Rozvodnaja*
392.	Ranunculus aquatilis, albus, fluitans, Peucedani foliis (Weißblühender, schwimmender Wasser-Ranunculus mit den Blättern von Peucedanum) des

	‚Hortus Lugduni Batavorum'; in stehenden Gewässern am *Angara*[-Fluß]; Die Pflanze blüht im Juni.
393.	Ranunculus ad singula genicula radices agens (Ranunculus, der an den einzelnen Gelenken Wurzeln treibt) des Buxbaum; Die Pflanze bedeckt ganze Rasenstücke. Am *Angara*[-Fluß] ist sie häufig und kommt überall in Rußland und Sibirien vor. Sie blüht im Juni und im Juli.
394.	Ranunculus pratensis, repens, hirsutus (Kriechender, rauhhaariger Wiesen-Ranunculus) des Caspar Bauhin, ‚Pinax' [Seite 179]; Ranunculus repens, flore luteo, simplici (Kriechender Ranunculus mit gelber, einfacher Blüte) des Johann Bauhin [‚Historia plantarum ...', Band 3, liber XXX, Seite 419]; Ranunculus pratensis, reptante cauliculo (Wiesen-Ranunculus mit kriechendem Sproß) des Lobelius, [‚Plantarum seu stirpium icones', Band 1, Seite 664]; in Gärten und auf Äckern; Die Pflanze blüht im Juli.
395.	Ranunculus longifolius, palustris, major (Langblättriger, größerer Sumpf-Ranunculus) des Caspar Bauhin, ‚Pinax' [Seite 180]; Lingua Plinii (Lingua des Plinius) des Johann Bauhin [‚Historia plantarum ...', Band 3, Appendix, Seite 865]; zwischen Cyperoides (Zypergras) am [Bach] *Ušakovka*, 12 Stadien von der Stadt *Irkuck* entfernt; Diese Standorte werden hier in der Gegend ungenau *soloncy* genannt und liegen in Richtung [der *zaimka*] des *Boris Dement'ev*.
396.	Clematitis sive Flammula repens (Clematitis oder Kriechende Flammula) des Caspar Bauhin, ‚Pinax' [Seite 300]; überall in den Wäldern bei *Irkuck* und am See *Bajkal*; Die Samen dieser Pflanze werden geschickt. Sie blüht im Juni und im Juli.
397.	Caryophyllata vulgaris (Gewöhnliche Caryophyllata) des Caspar Bauhin, ‚Pinax' [Seite 321]; überall bei *Irkuck* und am See *Bajkal*. Die Pflanze blüht im Juni und im Juli.

/77v/

*Irkuck*er Flora nach der Ordnung der ‚Institutiones rei herbariae'
VI. Klasse

398.	Caryophyllata montana Chamaedryos folio longiori, viscosa (Klebrige Berg-Caryophyllata mit dem längeren Blatt von Chamaedrys); vielleicht Caryophyllata Alpina, Chamaedryos folio (Alpen-Caryophyllata mit dem Blatt von Chamaedrys) des Morison, ‚Plantarum historiae universalis Oxoniensis', Teil 2, [Seite] 432; Chamaedrys Alpina, Cisti flore (Alpen-Chamaedrys mit der Blüte von Cistus) des Caspar Bauhin, ‚Pinax', [Seite] 248; siehe den ‚Index plantarum Lenensium' des Herrn Doktor Gmelin und die Tafel; Ich habe die Pflanze zugleich in Blüte

	und im Samen (in Frucht) auf schroffen Felsen an der Mündung des *Anga*-Flusses in den See *Bajkal* entdeckt, besonders am rechten Ufer dieses Flusses. Hier komme ich nun nicht umhin, voller Bewunderung die Ausgewogenheit der Natur zu loben. Denn sie vergilt beim gefährlichen und beschwerlichen Besteigen der schroffen Felsen dem Pflanzenliebhaber reichlich den übermäßig strömenden Schweiß durch die in unterschiedlichster Entwicklungsstufe dargebotenen Pflanzen. Nicht selten, sondern häufig geschah es, daß ich, wenn ich am Fuße der Berge die völlig ausgereiften Samen der im Mai und im Juni blühenden Pflanzen sammelte, durch den Wunsch entbrannt, die Blüte zu sehen, gleichsam ein wenig erholt, die höchsten Gebirgskämme und Gipfel der Felsen erklomm, dort die Pflanzen noch sehr üppig blühend fand, die unten, nachdem Blüte und Samen vollendet waren, schon fast vollkommen vergangen waren. So zeigten sich auch die sukkulenten (saftigen) Pflanzen am Fuß der Felsen größer, beim Aufstieg nach und nach kleiner, auf dem Gipfel selbst aber winzig klein,

/78r/

*Irkuck*er Flora nach der Ordnung der ‚Institutiones rei herbariae‘
VI. Klasse

	als seien es verschiedene Species. Die trockeneren [dünneren, nicht sukkulenten] Pflanzen dagegen zeigen ein umgekehrtes Schauspiel, und erheben sich an sehr hohen Standorten oft zu dreifacher Höhe. Daher schicke ich gesammelte Samen von Pflanzen verschiedener Größe und freue mich schon darauf, dann zu erfahren, ob, wenn sie in den Gärten ausgesät worden sind, diese Spiele aufhören oder andauern, woraus man bezüglich der Unterscheidung in höher oder niedriger wachsende Species in der Folge ein sichereres Urteil wird fällen können. So wird man sich auch wundern, daß ich hier in der Gegend Pflanzen wie zum Beispiel [verschiedene] Species von Viola Alpinarum (Alpen-Viola), die in Italien, Sizilien und Spanien in den Alpen und an gebirgigen Standorten wachsen, auf Wiesen gesammelt habe und umgekehrt [d. h. Pflanzen in Sibirien in Gebirgen, die in Europa auf Wiesen wachsen]. Daraus wird klar, wie unangemessen es ist, daß den Namen der Pflanzen die Beschaffenheit des Standorts beigefügt wird, die eher zur Beschreibung der Pflanze gehört, und dem Pflanzenliebhaber öfters die Identifizierung der in Wirklichkeit gleichen Pflanze zweifelhaft macht.
399.	Caryophyllata eadem flore albo, humilior folio longiori (Die gleiche, [aber] niedrigere Caryophyllata mit weißer Blüte, mit längerem Blatt); Die Pflanze trat auf am 21. August auf dem höchsten Gipfel der Felsen,

	10 Stadien von *Barguzinskoj ostrog* entfernt; zu welchen man das unter Gentiana (Enzian) Gesagte vergleiche. Ihre Samen schicke ich gesondert. Sie scheint mir nur eine wegen der seltenen Beschaffenheit des Ortes eigentümliche Varietät zu sein.

/78v/

*Irkuck*er Flora nach der Ordnung der ‚Institutiones rei herbariae'
VI. Klasse

400.	Fragaria vulgaris (Gewöhnliche Fragaria) des Caspar Bauhin, ‚Pinax' [Seite 326]; Fragaria ferens fraga rubra (Rote Erdbeeren tragende Fragaria) des Johann Bauhin [‚Historia plantarum ...', Band 2, liber XVII, Seite 394]; Die Pflanze kommt zahlreich bei *Irkuck* und am See *Bajkal* vor. Sie blüht ungefähr Mitte Mai. Die Frucht reift etwa Anfang Juli. Bei den Russen wird sie *zemljanica* genannt.
401.	Fragaria fructu albo (Fragaria mit weißer Frucht) des Caspar Bauhin, ‚Pinax' [Seite 326]; Fragaria ferens fraga alba (Weiße Erdbeeren tragende Fragaria) des Johann Bauhin [‚Historia plantarum ...', Band 2, liber XVII, Seite 394]; bei den Russen *glubnica* genannt; Die Pflanze kommt zusammen mit der vorhergehenden und in Gärten vor, ist jedoch seltener.
402.	Fragaria flore luteo (Fragaria mit gelber Blüte) des Caspar Bauhin, ‚Pinax', [Seite] 327; Die Pflanze blüht sehr zahlreich im Mai, Juni und Juli bei *Irkuck*, am See *Bajkal* und bei *Barguzinskoj ostrog*. Die Samen reifen ungefähr Anfang Juli.
403.	Fragaria sterilis, sylvestris, sericea seu incana (Unfruchtbare, wildwachsende, seidenglänzende oder weißlichgraue Fragaria) des Morison, ‚Plantarum historiae universalis Oxoniensis', Teil 2, Seite 187; Fragariae affinis sericea, incana (Verwandt [ähnlich] der seidenglänzenden, weißlichgrauen Fragaria) des Caspar Bauhin, ‚Pinax', [Seite] 327; des Tournefort, ‚Institutiones rei herbariae', 15. Species; Die Pflanze belegt ganze Rasenflächen. Sie blüht von Juli bis Anfang September auf ebenen Steppenflächen dort, wo man zum *Lena*[-Fluß] reist, bei *Irkuck*, am See *Bajkal* und am *Barguzin*[-Fluß].
404.	Fragaria hirsuta procumbens, folio subtus argenteo, flore luteo (Rauhhaarige, niederliegende Fragaria mit unterseits silberweißem Blatt, mit gelber Blüte); Die Pflanze stützt sich auf eine fasrige, außen rötliche Wurzel. Die Blätter sind rücklingsgelegt krautig grün. Sie sind mit leichter Rauhigkeit unterseits weißgrau bis weiß. Die Blüte ist gelb und größer als die von Fragaria vulgaris (Gewöhnliche Fragaria). Ich habe dafür gesorgt, daß ein Bild der Pflanze angefertigt wird, das sie in na-

	türlicher Größe recht gut wiedergibt. Sie blüht im Juli und im August in einem Hauwald bei *Barguzinskoj ostrog*.

/79r/

*Irkuck*er Flora nach der Ordnung der ,Institutiones rei herbariae‘
VI. Klasse

405.	Fragaria palustris erecta, folio utrinque viridi, flore minori luteo (Aufrechte Sumpf-Fragaria mit auf beiden Seiten grünem Blatt, mit kleiner gelber Blüte); Die Pflanze tritt in sumpfigen Gegenden bei *Barguzinskoj ostrog* auf. Sie ist eine Spanne hoch, sehr verzweigt und hat die Gestalt eines kleinen Strauchs. Ihre einzelnen Blätter am Stengel sind denen von Fragaria flore luteo (Fragaria mit gelber Blüte) des Caspar Bauhin, ,Pinax‘ [Seite 327], sehr ähnlich, aber viel schmaler. Sie blüht im Juli. Die Samen reifen gegen Ende August. Ich schicke die gesammelten Samen dieser Pflanze; vielleicht ist sie nur eine Varietät von Fragaria flore luteo (Fragaria mit gelber Blüte) des Caspar Bauhin, ,Pinax‘ [Seite 327].
406.	Fragaria rupium humilis, et procumbens folio glabro, viridi, apice bis vel ter diviso, flore minuto luteo (Niedrige und niederliegende Felsen-Fragaria mit kahlem, grünem Blatt, das an der Spitze zwei- oder dreimal geteilt ist, mit kleiner gelber Blüte); Diese Pflanze kommt in den Tälern der sehr hohen, schroffen und durch den beständigen Schnee starren Felsen vor. Sie blüht, wie ich aus dem reifen Samen schließe, im Juni. Sie stützt sich auf eine Wurzel, die sich hier und da zwischen Steinen verbirgt, sehr fasrig, rankenartig und zart ist sowie außen schwärzlich und eine Handbreit lang ist. In der Umgebung streut sie, über Steine verteilt, je nach Alter der Pflanze 10 bis 20 niederliegende blattreiche Stengel aus. Je drei Blätter sitzen auf einem einen oder höchstens eineinhalb Zoll langen Stiel, und zwar so, daß zwei verbunden sind und das dritte zwischen diesen in der Art von Trifolium oder Fragaria den Blattstiel abschließt. Die einzelnen Blätter sind ungefähr einen halben Zoll lang, herzförmig, vortrefflich grün und nervenreich

/79v/

*Irkuck*er Flora nach der Ordnung der ,Institutiones rei herbariae‘
VI. Klasse

	sowie auf beiden Seiten kahl. Sie sind nur an den Rändern mit unbedeutenden Haaren rauh, an der Spitze sind sie gesägt oder dreifach geteilt. Die Blüten sind auf einen oder höchsten zwei Zoll langen Stielen aufge-

	richtet, büschelartig innerhalb des Ursprungs der Blätter verborgen, winzig klein und gelb. Ihr Durchmesser beträgt zusammen mit dem weiten, rosenartigen, fünfblättrigen Kelch nur ein viertel Zoll. Die einzelnen Kronblätter sind kleiner als die ausgebreiteten Blättchen des Kelchs von Pentaphyllum und so angeordnet, daß sich die einzelnen zwischen zwei Blättern des Kelches befinden. Staubblätter sind fünf an der Zahl, sehr klein, grün, mit gelben, feinen nierenförmigen Spitzen (Staubbeuteln) versehen und befinden sich [unten] an den Nägeln der Kronblätter. Wenn die Blüte verwelkt ist, ist der Kelch wieder zusammengezogen und bewahrt die im Köpfchen gesammelten nackten Samen bis zur vollkommenen Reife auf. Die reifen Samen lösen sich gegen Mitte bis Ende August. Sie sind braun und rund bis eiförmig. Diese bestens gereiften Samen übermittle ich, damit ein Bild der Pflanze in Petersburg angefertigt werden kann.
407.	vielleicht Fragaria sterilis, Alpina caulescens (Unfruchtbare, stengelbildende Alpen-Fragaria) des ‚Hortus Regius Parisiensis'; Fragaria Pentaphylli fructu (Fragaria mit der Frucht von Pentaphyllum) des Morison, ‚Hortus Regius Blesensis'; Pentaphylloides Fragariae folio (Pentaphylloides mit dem Blatt von Fragaria) des ‚Botanicum Monspeliense', [Appendix, Seite 309]; Diese Pflanze, die auf den höchsten und unfruchtbaren Felsen wächst, war am 21. August verblüht sowie schon völlig trocken und verwelkt. Sie stützt sich auf eine Wurzel, die außen glänzendbraun, innen weiß, verholzt,

/80r/

*Irkuck*er Flora nach der Ordnung der ‚Institutiones rei herbariae'
VI. Klasse

	so dick wie ein Gänsefederkiel und gekrümmt ist. Sie steckt oft in Gesteinsspalten. Jüngere Pflanzen schicken sogleich Blätter in die Umgebung aus, die auf langen Blattstielen aufrecht stehen. Ältere Pflanzen dagegen erheben sich mit einem trockenen Stengel eines früheren Jahres oder des vorigen Jahres, der überall dicht gedrängt von Stielresten umgeben ist. Die Pflanze bringt ziemlich viele Blätter hervor, die mit langen Stielen versehenen sind, aufrecht stehen und in Gestalt und Größe denen der Fragaria des Tournefort, ‚Institutiones rei herbariae', 1. Species, sehr ähnlich sind, außer daß die Ränder stärker gesägt sowie nicht stumpf und die Blätter im abgewandten Teil völlig weißgrau und silberweiß sind. Die gesamte verwelkte Pflanze ist rot. Diese Röte aber vergeht beim Übergießen mit Wasser und färbt dieses. Die Pflanze aber geht mit ihrem ursprünglichen Grün aus diesem Bad hervor, wie man

	bei trockenen Exemplaren sehen kann. Ich habe die gereiften Samen dieser Pflanze gesammelt und übermittelt.
408.	Quinquefolium majus, repens (Größeres, kriechendes Quinquefolium) des Caspar Bauhin, ‚Pinax', [Seite] 325; Pentaphyllum sive Quinquefolium vulgare, repens (Gewöhnliches, kriechendes Pentaphyllum oder Quinquefolium) des Johann Bauhin [‚Historia plantarum ...', Band 2, liber XVII, Seite 397]; Die Pflanze wächst an bergigen Orten bei *Irkuck*. Sie blüht etwa Mitte Juni. Die Pflanze ist sehr oft eine Vorderarmslänge lang und kriecht auf der Erde. Der Stengel ist gelenkig und rot. Aus den Gelenken, die Abstände von 1, 2, 3 bis 4 Zoll voneinander haben, schickt die Pflanze wechselständig Blätter

/80v/

*Irkuck*er Flora nach der Ordnung der ‚Institutiones rei herbariae'
VI. Klasse

	von Quinquefolium aus, die krautig grün, kahl, bis zum Stiel eingeschnitten und in fünf Segmente geteilt sind. Sie stehen auf zarten Blattstielen. Die Blütenstiele sind einen Zoll bis zwei Zoll lang und treten zusammen mit den Blattstielen aus einem Gelenk aus. Sie tragen Blüten mit fünf rosenartigen gelben Kronblättern. Mir sind nicht geringe Bedenken gekommen, ob dies jene Pflanze sei. Eher scheint es eine neue Species zu sein. In Ermangelung von Bildern überlasse ich es anderen, ein Urteil zu fällen.
409.	Pentaphylloides rectum, fruticosum, Eboracense (Aufrechtes, Eborachisches Strauch-Pentaphylloides) des Morison, ‚Plantarum historiae universalis Oxoniensis', Teil 2, [Seite] 193; Pentaphylloides fruticosum (Strauch-Pentaphylloides) des Ray, ‚Catalogus plantarum Angliae' [Seite 228f.]; sehr häufig bei *Irkuck* und am See *Bajkal*, sowohl an trockenen als auch an sumpfigen Orten. Die Pflanze blüht im Juni, Juli und August. Es treten sogar Blüten und reife Samen im August immer an ein und derselben Pflanze auf. Warum Tournefort diese Pflanze nicht den Sträuchern zurechnen will, verstehe ich nicht. Daraus erhellt zum Beispiel, daß, während Ray unrichtig dazu auffordert, die Sträucher von den Pflanzen und Halbsträuchern zu unterscheiden, keine klaren Grenzen vorhanden sind. Die gut gereiften Samen dieser Pflanze werden geschickt.
410.	Pentaphylloides argenteum, alatum, seu Potentilla (Silberweißes, geflügeltes Pentaphylloides oder Potentilla) des Tournefort, ‚Institutiones rei herbariae'; Die Pflanze blüht reichlich ungefähr Mitte Juni überall bei *Irkuck* und am See *Bajkal*.

/81r/

*Irkuck*er Flora nach der Ordnung der ‚Institutiones rei herbariae'
VI. Klasse

411.	Pentaphylloides palustre, rubrum (Rotblühendes Sumpf-Pentaphylloides) des Tournefort, ‚Institutiones rei herbariae'; häufig bei *Irkuck* und am See *Bajkal*; Die Pflanze blüht im Juni und im Juli.
412.	Pentaphylloides erectum (Aufrechtes Pentaphylloides) des Johann Bauhin [‚Historia plantarum ...', Band 2, liber XVII, Seite 398]; Quinquefolium fragiferum (Erdbeeren tragendes Quinquefolium) des Caspar Bauhin, ‚Pinax' [Seite 326]; überall bei *Irkuck* und am See *Bajkal*. Die Pflanze blüht gegen Anfang Juni.
413.	Pentaphylloides Orientale, supinum, foliis alatis, bifidis, vel trifidis (Orientalisches, rücklingsgelegtes Pentaphylloides mit geflügelten zwei- oder dreispaltigen Blättern), ‚Institutiones rei herbariae', Corollarium; Nichts kommt häufiger bei *Irkuck* und am See *Bajkal* vor. Die Pflanze blüht gegen Ende Mai bis Mitte August. Ihre Samen werden geschickt.
414.	Pentaphylloides supinum (Rücklingsgelegtes Pentaphylloides) des Tournefort, [‚Institutiones rei herbariae'], 2. Species; überall bei *Irkuck* und am See *Bajkal*
415.	Pentaphylloides erectum flore minori sulphureo (Aufrechtes Pentaphylloides mit kleinerer, schwefelgelber Blüte); Auf den Felsen der Insel *Ol'chon* war die Pflanze schon verblüht. Die am 10. September gesammelten Samen werden geschickt.
416.	Pentaphylloides supinum Pimpinellae folio et facie (Rücklingsgelegtes Pentaphylloides mit dem Blatt und der Gestalt von Pimpinella); Die Pflanze unterscheidet sich von Tourneforts Pentaphylloides erectum Pimpinellae folio et facie (Aufrechtes Pentaphylloides mit dem Blatt und der Gestalt von Pimpinella), weil die Pflanze immer niederliegend auftritt, niemals aufrecht. Die Blüte ist gelb und sehr klein. Ich habe dafür gesorgt, daß ein Bild dieser Pflanze in natürlicher Größe angefertigt wird: a) die Pflanze, b) die Blüte, c) der Kelch, d) der Samen. Ich schicke die wohl gereiften Samen. Die Pflanze blüht am *Barguzin*[-Fluß] im Juni und im Juli.

/81v/

Irkucker Flora nach der Ordnung der ‚Institutiones rei herbariae'
VI. Klasse

	Die Samen sind gegen Ende August gereift.
417.	Pentaphylloides humifusum Potentillae facie, folio subtus hirsuto (Niederliegendes Pentaphylloides in der Gestalt von Potentilla, mit unterseits rauhhaarigem Blatt); Diese Pflanze habe ich am 6. September ohne Blüte und Samen am *Barguzin*-Fluß gefunden.
418.	Pentaphylloides erectum, hirsutum et incanum Potentillae folio (Aufrechtes, rauhhaariges und weißgraues Pentaphylloides mit dem Blatt von Potentilla); Ich habe diese Pflanze am 10. September auf Felsen der Insel *Ol'chon* des Sees *Bajkal* gefunden. Die Pflanze ist mehrjährig. Sie stützt sich auf eine Wurzel von der Stärke eines Gänsefederkiels, die außen glänzendbraun und innen weiß ist. Diese wächst zwei bis drei Zoll in Gesteinsspalten hinein. Sie schickt 8 [bis] 10 Blätter aus, die mit 12 Zoll langen, sehr rauhhaarigen Stielen aufrecht gehalten werden. Die Blätter sind mit vier oder fünf Verbindungen gefiedert und besitzen an der Spitze ein Blättchen, das den Stiel begrenzt. Sie sind denen von Potentilla gleich, sehr zottig behaart und rauhhaarig sowie im abgewandten Teil mit weißen, dicht stehenden Wollhaaren besetzt. Innerhalb der Blätter [Blattrosette; s. Glossar] aus der Wurzelkrone [s. Glossar] schickt die Pflanze zwei, drei bis vier dattelbraune, weniger rauhhaarige, stielrunde, gelenkige Stengel aus. An den einzelnen Gelenken richtet sich jeweils ein Blatt mit einem ½ Zoll langen Stiel auf, das kleiner als die aus der Wurzel hervorgehenden ist. An der Spitze der 6, 7, oder 8 Finger langen Stengel kommen Blüten hervor, die man nicht sehen konnte. Die Blüten befinden sich im einblättrigen und vielspaltigen, rauhhaarigen Kelch. Die Samen werden

/82r/

Irkucker Flora nach der Ordnung der ‚Institutiones rei herbariae'
VI. Klasse

	gegen Ende August freigesetzt. Die gereiften Samen habe ich gesammelt und übermittle sie.
419.	Pentaphylloides, vielleicht Quinquefolium folio argenteo (Quinquefolium mit silberweißem Blatt) des Caspar Bauhin, ‚Pinax', [Seite] 325; Pentaphyllum rectum, foliis profunde sectis, subtus argenteis, flore luteo (Aufrechtes Pentaphyllum mit tief eingeschnittenen Blättern, die unterseits silberweiß sind, mit gelber Blüte) des Johann Bauhin [‚Histo-

	ria plantarum ...‘, Band 2, liber XVII, Seite 398]; häufig bei *Irkuck* und am See *Bajkal*; Die Pflanze blüht gegen Ende Juni. Ihre Samen werden geschickt. Mir scheint, daß sie sich von Quinquefolium folio argenteo unterscheidet.
420.	Pentaphylloides, vielleicht Quinquefolium montanum, erectum, hirsutum, luteum (Aufrechtes, rauhhaariges, gelbblühendes Berg-Quinquefolium) des Caspar Bauhin, ‚Pinax‘ [Seite 325]; überall bei *Irkuck* und am See *Bajkal*; Die Blätter dieser Pflanze sind eher die von Pentaphylloides als die von Quinquefolium, wie dem genauen Betrachter offenbar sein wird.
421.	Pentaphylloides tenuifolium flore parvo purpurascente (Zartblättriges Pentaphylloides mit kleiner, purpurrötlicher Blüte); Diese mehrjährige Pflanze kommt an bergigen, schroffen, sonnigen und steinigen Orten am *Angara*[-Fluß] und am See *Bajkal* vor. Sie blüht gegen Ende Juni. Sie stützt sich auf eine Wurzel, die eine Handbreit lang ist, ja sogar je nach Alter der Pflanze oft kaum zwei Zoll überschreitet. Sie ist geruchlos, verholzt, kaum fasrig und besitzt die Stärke eines Gänsefederkiels, bei jüngeren Pflanzen die eines Taubenfederkiels. Außen ist die Wurzel wie bei Anchusa rot und färbt Papier beim feuchten Abreiben. Sie wächst senkrecht hinab.

/82v/

*Irkuck*er Flora nach der Ordnung der ‚Institutiones rei herbariae‘
VI. Klasse

	Sofort zu Frühlingsbeginn treten rund um den Scheitel der Wurzel Blätter aus, die im Umkreis zerstreut sind und der Erde eng anliegen. Gegen Mitte Mai schickt die Pflanze aus der Mitte der Blätter einen stielrunden, verzweigten, schmutziggrünen, von Haaren rauhen Stengel aus, an dem auf beiden Seiten 3 bis höchstens 15 Zweige an der Spitze hervorwachsen, aus denen etwa Ende Juni ein oder zwei, bisweilen sogar drei Zoll lange Stiele aus den Blattachseln austreten. Diese sind mit einer Blüte, zwei, drei oder vier Blüten beladen, von denen meist die in der Mitte befindliche zuerst aufzublühen pflegt. Die übrigen Blüten sind mit dieser nach der Art von Pentaphyllum ohne Stiel verbunden, blühen viel später. Die Blüte ist fünfblättrig (mit fünf Kronblättern), rosenartig, klein und leicht purpurrötlich. Der Kelch ist schüsselförmig, haarig, einblättrig und oben fünfspaltig. Aus dem Grund des Kelches erheben sich dicht neben den Nägeln der Kronblätter ebenso viele grüne Staubblätter, die sehr klein sind und hellgelbe Spitzen (Staubbeutel) besitzen und in ihrer Mitte der Stempel, der in die fast kugelförmigen Frucht

	übergeht, in der viele Samen in einem vom Kelch eingehüllten Köpfchen versammelt sind. Die gesamte Pflanze ist sehr blattreich. Die Blätter selbst gehen in keiner Ordnung in dichter Folge

83r/

*Irkuck*er Flora nach der Ordnung der ‚Institutiones rei herbariae'
VI. Klasse

	aus dem Stengel und den Zweigen hervor und werden nicht durch einen Stiel, sondern nur durch die Mittelrippe aufrecht gehalten. Die sich weiter unten an der Wurzel befindenden Blätter sind länger und breiter, die nach den Blüten gelegenen aber kürzer und schmaler. Sie sind schmutziggrün und nahe der Blattrippe rauhhaarig. Abgerissene Blätter sind durch ihre Zartheit und Zerteilungen denen von Abrotanum sehr ähnlich. Jedes einzelne Blatt ist in fünf größere Segmente geteilt, von denen die zwei unteren breiter sind, die zwei darauffolgenden nur wenig kürzer sind und das fünfte endlich die Blattrippe umschließt. Die größeren Segmente des Blattes wiederum sind in jeweils drei kleinere gespalten, während die an der Seite befindlichen Segmente in je zwei gespalten sind, das oberste hingegen in drei, bisweilen in vier gespalten ist. Ich schicke die Samen dieser Pflanze gut gereift. Es scheint mir, daß die Pflanze eher eine Species von Quinquefolium ist, wie auch die folgenden.
422.	Pentaphylloides tenuifolium flore parvo albo (Zartblättriges Pentaphylloides mit kleiner, weißer Blüte); bei *Barguzinskoj ostrog*; Diese Species kommt ganz allein vor, niemals allerdings mit purpurrötlicher Blüte. Daher ist diese Species durchaus als eine verschiedene anzusehen. Ich schicke ihre Samen.
423.	Pentaphylloides tenuifolium, flore purpurascente ampliori (Zartblättriges Pentaphylloides mit purpurrötlicher größerer Blüte); Diese Pflanze

83v/

*Irkuck*er Flora nach der Ordnung der ‚Institutiones rei herbariae'
VI. Klasse

	entspricht in der Art und Weise des Wachsens, der Blütezeit und der Blattform ganz der vorhergehenden. Ihre Blüten sind durch eine freundlichere, purpurrötlich-rötliche Farbe gekennzeichnet. Sie sind viermal größer [als die der vorhergehenden]. Sie wächst an der *Peščanaja guba* genannten Bucht des Sees *Bajkal* sowie von dort aus bis zur Mündung des *Barguzin*-Flusses in den See. Sie blüht im Juli. Ihre Samen reifen

	gegen Anfang August. Die gut gereiften Samen werden geschickt. Es wird alsdann in Petersburg ein Bild angefertigt werden können.
424.	Pentaphylloides saxatile humillimum flore purpurascente (Sehr niedriges Felsen-Pentaphylloides mit purpurrötlicher Blüte); Diese Pflanze, die in den Felsschluchten bei der Mündung des *Anga*-Flusses ganze Steinblöcke einnimmt, stützt sich auf eine holzige Wurzel, die zwei bis drei Zoll lang, außen glänzendbraun und innen weiß ist. Am Scheitel der Wurzel befinden sich, dicht gedrängt, zahlreiche Blätter. Die sich aus der Mitte der Blätter erhebenden Stengel sind kaum länger als einen Zoll. Die Blüten sind, soweit ich es an der trockenen Pflanze erkennen konnte, schwach purpurrötlich. Die reifen Samen dieser Pflanze werden geschickt.
425.	Pentaphylloides saxatile elatius foliosum flore flavicante intra folia sessili (Hochwachsendes, blattreiches Felsen-Pentaphylloides mit innerhalb von Blättern ansitzender gelblicher Blüte); Ich habe diese Pflanze gegen Ende Juli 8 Stadien von *Listvenišnoe zimov'e* entfernt auf Felsen gesammelt. Die Stengel sind auf allen Seiten blattreich. Die Blüten sind in der Tat gelblich. Ich schicke die gesammelten Samen dieser Pflanze.

/84r/

*Irkuck*er Flora nach der Ordnung der ‚Institutiones rei herbariae'
VI. Klasse

426.	vielleicht Christophoriana Americana, racemosa, baccis rubris, longo pediculo insidentibus Sarraceni (Amerikanische, traubige Christophoriana mit roten Beeren, die einem langen Stiel ansitzen des Sarracenus) [des Tournefort, ‚Institutiones rei herbariae']; Die Pflanze wächst auf den Bergen am *Angara*[-Fluß] und am See *Bajkal*. Ich schicke ihre gesammelten Samen.
427.	Circaea minima (Sehr kleine Circaea) des Columna, ‚Minus cognitarum stirpium', Teil 2, [Seite] 80; Solanifolia Circaea Alpina (Solanumblättrige Alpen-Circaea) des Caspar Bauhin, ‚Pinax', [Seite] 168; Die Pflanze blüht im Juni, im Juli und im August überall in feuchten Wäldern und auf morschen Baumstämmen.
428.	Agrimonia officinarum (Offizinale Agrimonia) des Tournefort, ‚Institutiones rei herbariae'; Agrimonia seu Eupatorium (Agrimonia oder Eupatorium) des Johann Bauhin, [‚Historia plantarum ...', Band] 2, [liber XVII, Seite 398+10]; Die Pflanze blüht sehr zahlreich etwa Mitte Juli bis Mitte August bei *Irkuck* am See *Bajkal*.
429.	Chamnaerion [Chamaenerion] latifolium, vulgare (Breitblättriges, gewöhnliches Chamnaerion) des Tournefort, ‚Institutiones rei herbariae';

	Lysimachia Chamnaerion [Chamaenerion] dicta, latifolia (Breitblättrige Lysimachia, die Chamnaerion [Chamaenerion] genannt wird) des Caspar Bauhin, ‚Pinax', [Seite] 245; Nichts kommt bei *Irkuck* und am See *Bajkal* häufiger vor. Die Pflanze blüht im Juni und im Juli.
430.	Chamnaerion [Chamaenerion] latifolium, vulgare, flore albo (Breitblättriges, gewöhnliches Chamnaerion [Chamaenerion] mit weißer Blüte) des Tournefort, ‚Institutiones rei herbariae', 2. Species; Die Pflanze kommt sehr selten vor, [dann aber] zusammen mit der vorhergehenden.
431.	vielleicht Chamnaerion [Chamaenerion] Siculum, glabrum, majus et nitidum, Amygdali folio (Sizilisches, kahles, größeres und glänzendes Chamnaerion [Chamaenerion] mit dem Blatt von Amygdalus) des Tournefort, ‚Institutiones rei herbariae'; Lysimachia pulchra, Amygdali folio nitido, rubente caule, flore magno purpureo (Schöne Lysimachia mit dem glänzendem Blatt von Amygdalus, mit rötlichem Stengel, mit großer purpurroter Blüte) des ‚Hortus Catholicus'; sehr zahlreich an sandigen Orten am See *Bajkal*; Die Samen dieser Pflanze werden geschickt.
432.	Chamnaerion [Chamaenerion] palustre, folio saligno, molli et angusto (Sumpf-Chamnaerion [Chamaenerion] mit weichem und schmalem Weiden-Blatt) des Tournefort, ‚Institutiones rei herbariae'; in feuchten Wäldern bei *Irkuck* und am See *Bajkal*

/84v/

*Irkuck*er Flora nach der Ordnung der ‚Institutiones rei herbariae'
VI. Klasse

433.	Chamnaerion [Chamaenerion] palustre, hirsutum, parvo flore (Rauhhaariges Sumpf-Chamnaerion [Chamaenerion] mit kleiner Blüte); Lysimachia siliquosa, hirsuta, parvo flore (Schotenreiche [d. h. Kapselreiche], rauhhaarige Lysimachia mit kleiner Blüte) des Caspar Bauhin, ‚Pinax' [Seite 245]; zusammen mit der vorhergehenden [Species]
434.	Smilax unifolia, humillima (Einblättrige, sehr niedrige Smilax) des Tournefort, ‚Institutiones rei herbariae', 4. Species; Unifolium des Dodonaeus, ‚Pemptades', [Seite] 205; Lilium Convallium minus (Kleineres Lilium der Täler) des Caspar Bauhin, ‚Pinax', [Seite] 304; Die Pflanze blüht etwa Ende Mai überall in den Wäldern am *Angara*[-Fluß].
435.	Smilax seu Unifolium foliis oblongis (Smilax oder Unifolium mit länglichen Blättern) des Herrn Doktor Gmelin, ‚Index plantarum Lenensium'; Die Pflanze blüht etwa Anfang Juni an feuchten Orten bei *Pivovarova zaimka* (*zaimka* der Witwe des *Pivovarov*) und der Branntweinbrennerei, dort, wo man zum [Bach] *Kuda* reist, 13 Stadien von der

	Stadt *Irkuck* entfernt. Beide [Pflanzen, d. h. Nr. 434 und Nr. 435] scheinen mir Species von Asphodelus zu sein.
436.	Smilax seu Unifolium foliis oblongis latioribus (Smilax oder Unifolium mit länglichen, breiteren Blättern); Die Pflanze blüht etwa Anfang Juni; ich habe die Blüte nicht gesehen. Anfang Juli war überdies noch keine einzige Frucht am Damm des Fischteiches der Mühle bei *Vorošilov zaimka*, 52 Stadien von der Stadt *Irkuck* entfernt, gereift.
437.	Tribuloides vulgare, aquis innascens (Gewöhnliches, in Gewässern lebendes Tribuloides) des Tournefort, ‚Institutiones rei herbariae'; Tribulus aquaticus (Wasser-Tribulus) des Caspar Bauhin, ‚Pinax' [Seite 194]; im *Barguzin*-Fluß
438.	Oxycoccus sive Vaccinia palustris (Oxycoccus oder Sumpf-Vaccinia) des Johann Bauhin, [‚Historia plantarum ...', Band] 1, [liber V, Seite] 525; Vitis Idaea palustris (Sumpf-{Vitis Idaea [Idäische Vitis]}) des Caspar Bauhin, ‚Pinax', [Seite] 471; Die Pflanze blüht im Juni. Ihre Frucht reift im September. Von den Russen wird sie *kljukva* genannt. Sie kommt, jedoch seltener, in der näheren Umgebung von *Irkuck* vor, häufiger am See *Bajkal*, beim *Barguzin*[-Fluß] und am Oberlauf des [Flusses] *Irkut*.

/85r/

*Irkuck*er Flora nach der Ordnung der ‚Institutiones rei herbariae'
VII. Klasse

VII. Klasse
Von Kräutern und Halbsträuchern mit polypetaler, rosenähnlicher, doldiger Blüte

439.	Cicuta minor, Petroselino similis (Kleinere, Petroselinum ähnliche Cicuta) des Caspar Bauhin, ‚Pinax', [Seite] 160; Cicutaria Apii folio (Cicutaria mit dem Blatt von Apium) des Johann Bauhin [‚Historia plantarum ...', Band 3, liber XXVII, Seite 179]; in den Gärten zwischen Gemüse (Kohl) und an Zäunen überall bei *Irkuck*; Die Pflanze blüht im Juni und im Juli. Bei Rivinus und Tabernaemontanus wird sie Cynapium genannt.
440.	Carvi des Caesalpinus, [‚De plantis', Seite] 291; Cuminum pratense, Carvi officinarum (Wiesen-Cuminum, Offizinales Carvi) des Caspar Bauhin, ‚Pinax' [Seite 158]; Die Pflanze kommt häufig auf den Wiesen am *Angara*[-Fluß] vor, besonders dort, wo man nach *Urik* [*sloboda*] reist, nicht weit entfernt von der Pfahlbrücke, von der aus der Weg zum *Lena*[-Fluß] führt. Sie tritt nicht so häufig am See [*Bajkal*] auf, wenn

	doch, dann ist sie wegen der Trockenheit des Bodens viel niedriger. Bei den Russen nennt man sie *polevoj anis*.
441.	Carvi foliis tenuissimis, Asphodeli radice (Carvi mit sehr feinen Blättern, mit der Wurzel von Asphodelus) des Tournefort, ‚Institutiones rei herbariae', 2. Species; Daucus pratensis, Millefolii palustris folio (Wiesen-Daucus mit dem Blatt von Sumpf-Millefolium) des Caspar Bauhin, ‚Pinax', [Seite] 150; Die Pflanze tritt seltener zusammen mit der vorhergehenden [Species], jedoch häufiger am Bach *Kuda* und am *Angara*[-Fluß] bei *Malaja Rozvodnaja* auf. Beide Pflanzen blühen im Juni. Ihre Samen sind gegen Mitte Juli gereift.
442.	Daucus sativus, radice lutea (Kultivierter Daucus, mit gelber Wurzel) des Tournefort, ‚Institutiones rei herbariae'; Pastinaca tenuifolia, sativa, radice lutea (Schmalblättrige, kultivierte Pastinaca mit gelber Wurzel) des Caspar Bauhin, ‚Pinax', [Seite] 151; Die Pflanze wird häufig in Gärten

/85v/

*Irkuck*er Flora nach der Ordnung der ‚Institutiones rei herbariae'
VII. Klasse

	bei *Irkuck* und am See *Bajkal* angebaut.
443.	Daucus vulgaris (Gewöhnlicher Daucus) des Clusius, ‚Historia plantarum', [Seite] CXCVIII; überall auf Wiesen bei *Irkuck*; Die Pflanze blüht etwa Mitte Juni.
444.	Sium sive Apium palustre, foliis oblongis (Sium oder Sumpf-Apium mit länglichen Blättern) des Caspar Bauhin, ‚Pinax', [Seite] 154; überall in Gräben und Strömen bei *Irkuck* und am See *Bajkal*; Die Pflanze blüht im Juni.
445.	Sium palustre, alterum, foliis serratis (Zweite Sumpf-Sium[-Species] mit gesägten Blättern) des Tournefort, ‚Institutiones rei herbariae', 2. Species; Die Pflanze tritt zusammen mit der vorhergehenden auf und kommt besonders häufig am *Barguzin*-Fluß oberhalb des *ostrog* vor. Sie blüht zusammen mit der vorhergehenden [Species].
446.	Sium latifolium (Breitblättriges Sium) des Caspar Bauhin, ‚Pinax', [Seite] 154; des Tournefort, ‚Institutiones rei herbariae', 3. Species; Sium medium, Pastinaca palustris (Mittleres Sium, Sumpf-Pastinaca) des Tabernaemontanus, ‚Icones plantarum', [Seite] 78; in Sümpfen diesseits des *Angara*[-Flusses]; Die Pflanze blüht zusammen mit der vorhergehenden Species.
447.	Sium Erucae folio (Sium mit dem Blatt von Eruca) des Caspar Bauhin, ‚Pinax', [Seite] 154; Cicutaria des Rivinus [,Ordo plantarum quae sunt

	flore irregulari']; Cicuta aquatica (Wasser-Cicuta) des Gesner und des Wepfer; Sium Olusatri facie (Sium in der Gestalt des Olusatrum) des Lobelius [,Plantarum seu stirpium icones', Seite 208]; häufig an feuchten Orten und in Sümpfen am [Bach] *Ušakovka*; Die Pflanze blüht gegen Ende Juni. In Rußland wird sie *omeg* genannt. Welche Pflanze aber in *Jakuck* unter diesem Namen wegen des Todes von Vieh verrufen ist, wie Herr Doktor Gmelin im ,Index plantarum Lenensium' mitteilt, weiß ich nicht. Diese [d. h. Sium Erucae folio] wenigstens, die bei *Irkuck* freilich seltener vorkommt, ist, auch wenn sie nach Lobelius keinen schlechten Ruf hat, nach Wepfer in der Schrift ,De Cicuta aquatica' und Gesner schon früher wegen ihrer Giftigkeit berüchtigt gewesen.

/86r/

*Irkuck*er Flora nach der Ordnung der ,Institutiones rei herbariae'
VII. Klasse

448.	Bupleurum montanum, latifolium (Breitblättriges Berg-Bupleurum) des Tournefort, ,Institutiones rei herbariae', 10. Species; Perfoliata montana, latifolia (Breitblättrige Berg-Perfoliata) des Caspar Bauhin, ,Pinax', [Seite] 277; auf den Bergen am *Angara*[-Fluß] und am See *Bajkal*; Die Pflanze blüht etwa Mitte Juli. Ich schicke ihre Samen.
449.	vielleicht Bupleurum folio rigido (Bupleurum mit steifem Blatt) des Caspar Bauhin, ,Pinax', [Seite] 278; des Tournefort, ,Institutiones rei herbariae', 1. Species; sehr zahlreich auf den Bergen am *Angara*[-Fluß]; Die Pflanze blüht zusammen mit der vorhergehenden. Ihre Samen schicke ich.
450.	vielleicht Bupleurum annuum, minimum, angustifolium (Einjähriges, sehr kleines, schmalblättriges Bupleurum) des ,Hortus Regius Monspeliensis'; des Tournefort, ,Institutiones rei herbariae', 4. Species?; Die Pflanze tritt auf trocknen Steppenflächen an der Mündung des *Bugul'deicha*-Flusses in den See *Bajkal* auf. Sie überragt selten eine Handbreite und ist meistens zwei bis drei Zoll hoch. Sie blüht etwa Mitte Juli.
451.	Foeniculum vulgare, Germanicum (Gewöhnliches Deutsches Foeniculum) des Caspar Bauhin, Pinax, [Seite] 147; Foeniculum des Dodonaeus, ,Pemptades' [Seite 297–298]; des Tournefort, ,Institutiones rei herbariae', 2. Species; Die Pflanze wird in den Gärten von *Irkuck* und am See *Bajkal* ausgesät.
452.	Foeniculum sylvestre, humilius, Peucedani folio (Wildwachsendes, niedrigeres Foeniculum mit dem Blatt von Peucedanum) des Tournefort, ,Institutiones rei herbariae', 10. Species; Caucalis folio Peucedani

	(Caucalis mit dem Blatt von Peucedanum) des Caspar Bauhin, ‚Pinax', [Seite] 153; sehr häufig in sehr feuchteren und nassen Wäldern am [Bach] *Ušakovka*, bei *Urik* [*sloboda*] und am Bach *Kuda*; Die Pflanze blüht im Juli.
453.	Oenanthe Apii folio (Oenanthe mit dem Blatt von Apium) des Caspar Bauhin, ‚Pinax', [Seite] 162; des Tournefort, ‚Institutiones rei herbariae', 1. Species; Die Pflanze blüht gegen Anfang Juli auf sehr feuchteren Wiesen bei *Oeck* und

/86v/

*Irkuck*er Flora nach der Ordnung der ‚Institutiones rei herbariae'
VII. Klasse

	am Bach *Kuda*.
454.	vielleicht Oenanthe Chaerophylli foliis (Oenanthe mit den Blättern von Chaerophyllum) des Caspar Bauhin, ‚Pinax', [Seite] 162; Oenanthe succo viroso, Cicutae facie Lobelio (Oenanthe mit giftigem Saft, in der Gestalt von Cicuta [wie] bei Lobelius) des Johann Bauhin [‚Historia plantarum ...', Band 3, liber XXVII, Seite 193]; Die Pflanze tritt zusammen mit der vorhergehenden am gleichen Ort und zur gleichen Zeit auf.
455.	Angelica sylvestris, minor sive erratica (Wildwachsende kleinere oder sich ausbreitende Angelica) des Caspar Bauhin, ‚Pinax', [Seite] 155; Aegopodium, Herba Gerardi (Aegopodium, Kraut des Gerard) des Tabernaemontanus, ‚Icones plantarum', [Seite] 83; des Tournefort, ‚Institutiones rei herbariae', 1. Species; häufig bei *Irkuck* und am See *Bajkal*; Die Pflanze blüht gegen Ende Mai.
456.	Vielleicht Angelica pratensis, Apii folio (Wiesen-Angelica mit dem Blatt von Apium) des Tournefort, ‚Institutiones rei herbariae', 5. Species; Seseli pratense (Wiesen-Seseli) des Caspar Bauhin, ‚Pinax' [Seite 162]; auf feuchteren Wiesen am Bach *Kuda*.
457.	Chaerophyllum sativum (Kultiviertes Chaerophyllum) des Caspar Bauhin, ‚Pinax', [Seite] 152; Die Pflanze wird in den Gärten von *Irkuck* angebaut. Sie blüht gegen Ende Juni.
458.	Myrrhis tuberosa, nodosa (Knollige, knotige Myrrhis) des Morison, ‚Plantarum umbelliferarum', [Seite] 67; Cicutaria bulbosa (Zwiebelige Cicutaria) des Caspar Bauhin, ‚Pinax' [Seite 161]; Die Pflanze blüht etwa Mitte Juni sehr zahlreich auf Wiesen in *Irkuck*.
459.	Myrrhis palustris, latifolia, alba (Breitblättrige, weißblühende Sumpf-

	Myrrhis) des Tournefort, ‚Institutiones rei herbariae', 7. Species; wie auch Cicutaria palustris, latifolia, alba (Breitblättrige, weißblühende Sumpf-Cicutaria) des Caspar Bauhin, ‚Pinax' [Seite 161]; Die Pflanze tritt sehr häufig auf Wiesen bei *Irkuck* und am See *Bajkal* auf. Sie blüht im Juli.
460.	Myrrhis palustris, latifolia, rubra (Breitblättrige, rote Sumpf-Myrrhis) des Tournefort, ‚Institutiones rei herbariae', 8. Species; Die Pflanze tritt mit der vorhergehenden zusammen am gleichen Ort auf und blüht zur gleichen Zeit. Von der vorhergehenden unterscheidet sie sich allein durch die Röte des Stengels.
461.	Imperatoria pratensis, major (Größere Wiesen-Imperatoria) des Caspar Bauhin, ‚Pinax', [Seite] 156;

/87r/

*Irkuck*er Flora nach der Ordnung der ‚Institutiones rei herbariae'
VII. Klasse

	des Tournefort, 5. Species; häufig bei *Irkuck* und am See *Bajkal*; Die Pflanze blüht gegen Anfang Juli.
462.	Imperatoria Archangelica dicta (Imperatoria, die Archangelica genannt wird) des Tournefort, ‚Institutiones rei herbariae', 4. Species; auf feuchteren Wiesen am [Fluß] *Irkut*; Die Pflanze blüht zusammen mit der vorhergehenden.
463.	Anethum hortense (Garten-Anethum) des Caspar Bauhin, ‚Pinax', [Seite] 147; bei den Russen *ukrop*; häufig in den Gärten von *Irkuck*
464.	vielleicht eine Species von Oreoselinum; Die ausgereiften Samen dieser Pflanze werden geschickt. Die Beschreibung dieser Pflanze ist von mir aus Vergeßlichkeit unterlassen worden, aus der trockenen aber wage ich nichts zu entscheiden. Sie wächst sehr zahlreich auf den Bergen bei *Irkuck* sowie am See *Bajkal* und blüht im Juni. Die Samen, die ich gereift schicke, vollendet sie gegen Mitte August.
465.	vielleicht Oreoselinum pratense, Cicutae folio (Wiesen-Oreoselinum mit dem Blatt von Cicuta) des Tournefort, ‚Institutiones rei herbariae'; Die Pflanze kommt am Bach *Kuda* vor und blüht im Juli.
466.	Sphondylium vulgare, hirsutum (Gewöhnliches, rauhhaariges Sphondylium) des Caspar Bauhin, ‚Pinax', [Seite] 157; überall auf Wiesen bei *Irkuck*; Die Pflanze blüht gegen Mitte Juli.

VIII. Klasse

Von Kräutern und Halbsträuchern mit polypetaler, nelkenartiger Blüte

467.	Caryophyllus flore tenuissime dissecto (Caryophyllus mit sehr fein zerschnittener Blüte) des Caspar Bauhin, ‚Pinax' [Seite 209]; sehr zahlreich in den Bergwäldern am *Angara*[-Fluß] und am See *Bajkal*; Die Pflanze blüht im Juli. Ihre Samen schicke ich.

/87v/

*Irkuck*er Flora nach der Ordnung der ‚Institutiones rei herbariae'

VIII. Klasse

468.	Caryophyllus flore tenuissime dissecto, carneo (Caryophyllus mit sehr fein zerschnittener, fleischfarbener Blüte) des Caspar Bauhin, ‚Pinax', [Seite] 210; Die Pflanze kommt zusammen mit der vorhergehenden vor, tritt jedoch seltener auf.
469.	Caryophyllus flore tenuissime dissecto, albo (Caryophyllus mit sehr fein zerschnittener, weißer Blüte) des Tournefort, ‚Institutiones rei herbariae' und des Caspar Bauhin, ‚Pinax' [Seite 210]; Ich habe die Pflanze am 26. August am *Barguzin*[-Fluß] gefunden.
470.	Caryophyllus sylvestris, humilis, flore unico (Wildwachsender, niedriger Caryophyllus mit einer einzigen Blüte) des Caspar Bauhin, ‚Pinax' [Seite 209]; Die Pflanze blüht Anfang Juli auf den Bergen am *Angara*[-Fluß].
471.	Caryophyllus sylvestris purpureus, circulo in medio rubro piloso (Purpurroter, wildwachsender Caryophyllus mit einem roten Haarkranz in der Mitte [der Blüte]); zusammen mit der vorhergehenden [Species]
472.	Caryophyllus sylvestris purpureus circulo puniceo hirsuto (Purpurroter, wildwachsender Caryophyllus mit rauhharigem, granatrotem Kranz); eine Varietät der vorhergehenden [Species]; kommt zusammen mit der vorhergehenden [Species] vor
473.	Caryophyllus pusillus flore minimo pulchro (Winzig kleiner Caryophyllus mit sehr kleiner, schöner Blüte); an der Mündung des *Bugul'deicha*-Flusses in den See *Bajkal*; Es kam nur ein einziges Exemplar vor, das 3 Zoll hoch war. Die Pflanze hat nur eine Blüte. Ihre Blätter sind kurz, schmal, steif, blaugrün und kahl. Die Blüte ist rot und besitzt einen Durchmesser von immerhin 4 Linien.

474.	Caryophyllus sylvestris, prolifer (Wildwachsender, sprossender Caryophyllus) des Caspar Bauhin, ‚Pinax' [Seite 209]; Die Pflanze trat zumindest an einer Stelle in der Nähe der Insel *Listvenišnoj* des Sees *Bajkal* auf.
475.	Lychnis sylvestris, hirsuta, annua, flore minore, carneo (Wildwachsende, rauhhaarige, einjährige Lychnis mit kleinerer, fleischfarbener Blüte) des Morison, ‚Plantarum historiae universalis Oxoniensis', Teil 2, [Seite] 541; Der Kelch dieser Pflanze ist gestreift, und die die einzelnen Stengel, die 5 bis 6 Finger hoch sind, sind mit meist drei Blüten geschmückt. Zwei oder drei sind es an der Zahl, mit zwei oder drei Gelenken. An jedem Gelenk befinden sich zwei gegenständige längliche, schmale, rauhhaarige und dunkelgrüne Blätter. Um den Scheitel der Wurzel herum sind weitere, größere Blätter zerstreut. Der Durchmesser der fleischfarbenen Blüte beträgt

/88r/

*Irkuck*er Flora nach der Ordnung der ‚Institutiones rei herbariae'
VIII. Klasse

	$^{3}/_{10}$ Zoll. Die Samen reifen gegen Mitte Juli. Die Pflanze tritt sehr zahlreich auf den Bergen am *Angara*[-Fluß] und am See *Bajkal* auf. Sie blüht Anfang Juni. Ihre Samen werden geschickt.
476.	Lychnis saxatilis hirsuta, annua flore majore (Rauhhaarige, einjährige Felsen-Lychnis mit größerer Blüte); Die Pflanze wächst an den aufragenden Felsen bei *Barguzinskoj ostrog*. Außer hinsichtlich des Kelchs, der zusammen mit der Blüte doppelt so breit ist, stimmt sie in allem mit der vorhergehenden überein. Die Blüte geht mehr ins Weißliche. Ihre Samen schicke ich.
477.	Lychnis pratensis, flore laciniato, simplici (Wiesen-Lychnis mit geschlitzter einfacher Blüte) des Morison, ‚Plantarum historiae universalis Oxoniensis', Teil 2, [Seite] 537; Flos cuculi Odontites quibusdam (Flos cuculi, bei einigen Autoren Odontites) des Johann Bauhin, [‚Historia plantarum ...', Band] 3, [liber XXIX, Seite] 347; Caryophyllus pratensis, flore laciniato simplici, sive Flos cuculi (Wiesen-Caryophyllus mit geschlitzter einfacher Blüte oder Flos cuculi) des Caspar Bauhin, ‚Pinax', [Seite] 210; Lychnis Dunbrigensis des John Ray in ‚Historia plantarum universalis'; Die Pflanze kommt überall auf den Wiesen bei *Irkuck* vor, und zwar immer mit weißer Blüte. Sie blüht gegen Mitte Juni. Ihr Stengel ist stielrund, besitzt vier oder meist fünf Gelenke und ist rauhaarig. Um den Scheitel der Wurzel herum werden viele Blätter, die mit langen Blattstielen versehen sind, aufgerichtet. Die Blätter sind

	länglich, intensiv grün, behaart und auf beiden Seiten rauhaarig. An den einzelnen Gelenken des Stengels richten sich zwei gegenständige, längliche, einen Stiel entbehrende, den Stengel umfassende Blätter auf. Aus den Blattachseln treten ungefähr in der Mitte des Stengels Stiele aus, die etwa einen Zoll

/88v/

*Irkuck*er Flora nach der Ordnung der ‚Institutiones rei herbariae'
VIII. Klasse

	lang sind. Diese tragen weiße Blüten, deren einzelne Kronblätter stark geschlitzt und in zwei Teile gespalten sind. Die Staubblätter sind fadenförmig, sehr zart, weiß und sehr lang. Sie besitzen granatrote Spitzen (Staubbeutel), die weit aus der Blüte herausragen. Der Kelch ist stielrund, länglich, weißlich grün, mit purpurroten Strichen schön gestreift und rauhhaarig. Die Samen dieser Pflanze werden geschickt.
478.	Lychnis sylvestris, alba, simplex (Wildwachsende, weißblühende, einfache Lychnis) des Caspar Bauhin, ‚Pinax', Seite 204; Die Kronblätter dieser Pflanze sind bis zu einem Drittel ihrer Länge in zwei Teile gespalten und herzförmig. Der Kelch ist rauhhaarig und aus dem Grünen ins Weiße übergehend gestreift. Die Blütenhülle (Perianthium) ist auf der Seite, wo sie hervorragt, in jeder Hinsicht grün. An den einzelnen Gelenken erheben sich je zwei gegenüberliegende Blätter. Aus den Achseln dieser Blätter treten weitere Blätter zusammen mit Stielen, die Blüten tragen, aus. Die Blätter selbst sind oben intensiv grün, haarig, länglich, zugespitzt und drei Finger lang, unten sind sie sehr blaß grün. Die Pflanze blüht etwa Mitte Juni.
479.	Lychnis sylvestris, quae Behen album vulgo (Wildwachsende Lychnis, die allgemein Weißes Behen genannt wird) des Caspar Bauhin, ‚Pinax' [Seite 205]; sehr zahlreich bei *Irkuck* und am See *Bajkal*; Die Pflanze blüht im Juli.
480.	vielleicht Lychnis sylvestris, alba, spica reflexa (Wildwachsende weißblühende Lychnis mit zurückgebogener Ähre) des ‚Botanicum Monspeliense' [Seite 171]; Die Pflanze kommt sehr zahlreich auf den Bergen am *Angara*[-Fluß] und am See *Bajkal* vor, sie blüht gegen Ende Juni. Sie stützt sich auf eine fasrige und zarte Wurzel von einer Spanne Länge, die bald einen, bald zwei Stengel ausschickt, welche 6-, 8-, 10-fach gelenkig mehrfach gelenkig sind, wobei die unteren Gelenke einen halben, die folgenden einen, und die oberen 3 oder 4 Zoll voneinander entfernt sind. Die unteren Gelenke des Stengels sind purpurrötlich,

/89r/

*Irkuck*er Flora nach der Ordnung der ‚Institutiones rei herbariae'
VIII. Klasse

	die oben befindlichen sind grün. An den einzelnen Gelenken stehen sich je zwei Blätter gegenüber, die rücklingsgelegt krautig und im abgewandten Teil blasser grün sowie kahl sind. Diese sind den Blätter von Lavandula (Lavendel) sehr ähnlich. Aus den einzelnen Blattachseln richten sich meist Stiele auf, die unten blattreich wie der Stengel sind. An der Spitze aber sind sie mit vier in Gestalt eines Kreuzes angeordneten schmaleren und kürzeren Blättern geschmückt. Aus den oberen Blattachseln richten sich Stiele auf, die ungefähr einen Zoll lang sind und mit drei oder auch vier Blüten versehen sind, die auf kurze Stiele gestützt sind und in eine Richtung schauen. Die Blüte ist fünfblättrig (mit fünf Kronblättern) und nelkenähnlich. Die Kronblätter selbst sind weiß, schmal und zweifach gespalten. Eine kleine Blumenkrone umgibt diese im inneren Teil. Zu jedem Kronblatt sind zwei weiße Staubblätter gestellt, die grüne Spitzen (Staubbeutel) besitzen. Der Kelch ist etwa einen halben Zoll lang, weißlich grün, nicht sehr rauhhaarig, gestreift und voller Kanten. Er ist oben fünfzipflig. Die oben befindliche Blütenähre nickt ein wenig und ist zurückgebogen. Die Samen dieser Pflanze werden geschickt.
481.	Lychnis segetum, major (Auf Saatfeldern wachsende größere Lychnis) des Caspar Bauhin, ‚Pinax', [Seite] 204; Pseudomelanthium des Johann Bauhin, [‚Historia plantarum ...', Band] 3, [liber XXIX, Seite] 341; Nigellastrum des Dodonaeus, [‚Pemptades']; Die Pflanze blüht gegen Anfang Juli zwischen den Saaten wie auch dort auf den ebenen Steppenflächen, wo man zum *Lena*[-Fluß] reist.
482.	Linum sylvestre, coeruleum, folio acuto (Wildwachsendes blaues Linum mit spitzem Blatt) des Tournefort, ‚Institutiones rei herbariae', 17. Species, und des Caspar Bauhin, ‚Prodromus' [Seite 107]; Die Pflanze blüht gegen Mitte Juni auf den Wiesen am [Fluß] *Irkut*. Ihre Samen werden geschickt.

/89v/

*Irkuck*er Flora nach der Ordnung der ‚Institutiones rei herbariae'
VIII. Klasse

483.	Linum sylvestre coeruleum folio acuto breviori (Wildwachsendes blaues Linum mit kürzerem, spitzem Blatt); Die Pflanze blüht gegen Ende Juli dort auf offenen Steppenflächen, wo man zum *Lena*[-Fluß] reist.

	Ihre Samen werden geschickt.
484.	vielleicht Limonium Orientale Plantaginis folio, floribus umbellatis (Orientalisches Limonium mit dem Blatt von Plantago, mit doldigen Blüten) des Boerhaave, ‚Index plantarum' oder Limonium Lusitanicum Auriculae ursi folio majus (Größeres Lusitanisches Limonium mit dem Blatt von Auricula ursi [Bärenohr]); Diese Pflanze pflegt auf den Bergen eine Höhe von bis zu einer Vorderarmslänge zu erreichen. Die Blätter sind beinahe die von Auricula ursi. Sie sind auf der Oberseite verwaschen grün, unten purpurrötlich, steif, kahl, mit einer dicken Blattrippe versehen, die in einer weißen Spitze oder Nadel ausläuft. Die Blüte ist doldig und blau. Die Samen dieser Pflanze habe ich übermittelt. Sie blüht gegen Anfang Juli auf den Bergen am *Angara*[-Fluß] in Richtung des Himmelfahrts-[Männer-]Klosters.
485.	das gleiche Limonium mit schmalerem Blatt; Die Pflanze stimmt in allem mit der vorhergehenden überein, kommt mit dieser zusammen vor und blüht an den gleichen Orten zur gleichen Zeit.
486.	das gleiche niedrige Limonium; Die Pflanze tritt auf trockenen Steppenflächen bei der *zaimka* des *Afanasij Dement'ev*, bei *Oeck* und am See *Bajkal* auf. Sie scheint in der Höhe ihres Wuchses selten eine Handbreite zu überschreiten und stimmt hinsichtlich der Form ihrer Blätter und Blüten mit der vorhergehenden überein, jedoch ist alles proportional kleiner. Ihre Samen werden geschickt, damit durch den Anbau bekannt wird, ob es tatsächlich eine unterschiedliche Species ist, oder ob dies

/90r/

*Irkuck*er Flora nach der Ordnung der ‚Institutiones rei herbariae'
VIII. Klasse

	durch die Trockenheit des Bodens am Standort bedingt ist? Sie blüht zusammen mit der vorhergehenden.
487.	Limonium folio Conyzae acris (Limonium mit dem Blatt von Conyza acris [scharfe Conyza]); Ich habe die Pflanze gegen Anfang September in der Steppe von *Kungurga*, 30 Stadien von *Barguzinskoj ostrog* entfernt, gefunden. Außer den reifen Samen konnte ich an der verwelkten Pflanze nichts anderes genau beobachten. Sie erreicht eine Höhe von bis zu einer Spanne, ihre Blätter sind den Blättern von Conyza ähnlich. Die ausgereiften Samen dieser Pflanze werden geschickt.

IX. Klasse
Von Kräutern und Halbsträuchern mit lilienartiger Blüte

488.	Lilio-Asphodelus luteus (Gelber Lilio-Asphodelus) des Parkinson, Theatrum [botanicum], [Seite] 148; des Tournefort, ‚Institutiones rei herbariae', 1. Species; Lilium luteum, Asphodeli radice (Gelbes Lilium mit der Wurzel von Asphodelus) des Caspar Bauhin, ‚Pinax', [Seite] 80; Die Pflanze blüht gegen Anfang Juni sehr zahlreich auf den Bergen am *Angara*[-Fluß] und am See *Bajkal*. Ihre Samen werden geschickt.
489.	Iris angustifolia elatior flore internis florum petalis violaceis externis violaceo et flavo viridi colore variegatis (Schmalblättrige, höherwachsende Iris mit einer Blüte aus inneren, violetten Kronblättern und äußeren Kronblättern, die violett und gelbgrün gescheckt sind; vielleicht Iris angustifolia, Prunum redolens, major (Schmalblättrige, größere, wie Prunus riechende Iris) des Caspar Bauhin, ‚Pinax' [Seite 33]; Diese mehrjährige Pflanze stützt sich auf eine holzige, braune Wurzel, die mit vielen weißen Fasern versehen ist und durch braune, nach oben schauende Borsten um den Scheitel der Wurzel sehr kurzhaarig ist. Die Pflanze ist anderthalb Vorderarmslängen hoch, ihre Blätter sind flach, schmal und einen Fuß lang. Die drei inneren Kronblätter der Blüte sind intensiv violett, kürzer als die äußeren

/90v/

*Irkuck*er Flora nach der Ordnung der ‚Institutiones rei herbariae'
IX. Klasse

	und liegen, so wie bei den Iris-Species, diesen dicht an. Die drei äußeren Kronblätter variieren vom Nagel an bis über die halbe Länge hinaus in der Farbe von Gelbgrün bis Braun. Der gesamte übrige Teil ist ungefähr zu einem Drittel von violetter Farbe. Gewöhnlich pflegen zwei Blüten aus einem Stengel hervorzugehen. Die Pflanze blüht Anfang Juni auf den Bergwiesen bei *Medvedova zaimka* und an der Pfahlbrükke, wo man nach *Kačeg* reist.
490.	Iris angustifolia, Prunum redolens, minor (Schmalblättrige, kleinere, wie Prunus riechende Iris) des Caspar Bauhin, ‚Pinax' [Seite 33]; Gegen Ende Mai kommt nichts in den Wäldern und an bergigen Orten bei *Irkuck* häufiger vor. Ihre gegen Ende Juli gereiften Samen werden geschickt.
491.	Iris angustifolia, Prunum redolens minor flore aquate coeruleo (Schmalblättrige, kleinere, wie Prunus riechende Iris mit wäßrig blauer Blüte);

	Die Pflanze tritt überall zusammen mit der vorhergehenden auf.
492.	Iris angustifolia, Prunum redolens minor, flore candido (Schmalblättrige, kleinere, wie Prunus riechende Iris mit reinweißer Blüte); zusammen mit der vorhergehenden [Species] vorkommend, aber seltener; Ich habe die Pflanze einige Male im Wald bei *Pivovarova zaimka* (*zaimka* der Witwe des *Pivovarov*) gefunden.
493.	Iris vulgaris, Germanica sive sylvestris (Gewöhnliche, Deutsche oder wildwachsende Iris) des Caspar Bauhin, ‚Pinax' [Seite 30]; Iris vulgaris, violacea sive sylvestris, purpurea (Gewöhnliche, violettblühende oder wildwachsende, purpurrote Iris) des Johann Bauhin, [‚Historia plantarum ...', Band] 2, [liber XIX, Seite] 709; sehr zahlreich an stehenden Gewässern bei *Bol'šaja Rozvodnaja*; Die Pflanze blüht gegen Anfang Juni.
494.	Lilium floribus reflexis, montanum, flore rubente (Berg-Lilium mit zurückgebogenen Blüten, mit rötlicher Blüte) des Caspar Bauhin, ‚Pinax', [Seite] 77; Lilium flore nutante, ferrugineo, majus et minus (Größeres und kleineres Lilium mit rostbrauner, nickender Blüte); Bei den Russen und Tataren in Sibirien wird die Pflanze *sarana* genannt. [Die Zwiebel] wird gegen Ende August ausgegraben und sowohl frisch als auch getrocknet gegessen. Sie ist nicht von unangenehmen Geschmack, gleich ob sie mit Brühe oder mit Milch gekocht wird. Die Pflanze wächst überall sowohl in Gebirgen als auch an offenen Steppenflächen. |: Nach meiner Ansicht ist diese Pflanze jene, welche bei den Hebräern דודאים genannt wird, was nach meiner Erinnerung keiner der [Kirchen?-]Väter und Deuter angemerkt hat :|
495.	Lilium minii colore cruentum (Mennigefarben-blutrotes Lilium); Herr Doktor Gmelin hat ein Bild dieser Pflanze bereitgestellt, siehe Tafel LXXII; vielleicht Lilium purpurosanguineum, flore reflexo (Purpurblutrotes Lilium mit zurückgebogener Blüte)

/91r/

*Irkuck*er Flora nach der Ordnung der ‚Institutiones rei herbariae'
IX. Klasse

	des Caspar Bauhin, ‚Pinax', [Seite] 78; Hemerocallis Chalcedonica purpurosanguinea, polyanthos (Chalcedonische, purpur-blutrote, vielblütige Hemerocallis) des Lobelius, ‚Plantarum seu stirpium icones', [Band 1, Seite] 169; Diese mehrjährige Pflanze, die gegen Anfang Juni sehr zahlreich auf den sonnenbeschienenen Bergen am *Angara*[-Fluß] und am See *Bajkal* blüht, wächst entsprechend ihrem Alter unterschiedlich hoch. Sie ist mit ein oder zwei Blüten versehen oder prunkt mit

	deren acht bis zehn. Die jüngeren Pflanzen erreichen kaum eine Höhe von einem Fuß, die älteren pflegen einer, ja nicht selten sogar zwei Vorderarmslängen gleichzukommen. Die Pflanze stützt sich auf eine zwiebelige, längliche, weiße, nicht schuppige, sondern schalige, d. h. aus sehr vielen Schalen, die übereinander gezogen sind, bestehende Wurzel. Der Stengel, der wie ein Nagel im Zentrum der Zwiebel sitzt, läßt sich leicht aus der Zwiebel wie aus einer Scheide herausziehen. In dem Abschnitt, der aus der Zwiebel herausragt und mit Erde bedeckt ist, schickt er dünne weiße Fasern aus, die an der Erde haften und denen sehr ähnlich sind, die weiter unten an der Zwiebel hängen. Der Stengel ist stielrund, kahl, weißlich grün und bis zur Mitte an sowie darüber mit Blättern bedeckt. Die Blätter sind zwei Zoll lang und eine Linie breit; an der Spitze sind sie zugespitzt, scharf und intensiv grün. Blüten gibt es, wie ich oben gesagt habe, bald mehr, bald weniger, die nicken, sechs Blütenblätter haben, lilienartig, zurückgebogen und mennigerot oder vielmehr durch die Farbe von Zinnober gekennzeichnet sind. Der sechseckige grüne Stempel ist oben dreispaltig. Die Staubblätter sind granatrot, ihre Spitzen (Staubbeutel) sind schwächer

/91v/

*Irkuck*er Flora nach der Ordnung der ‚Institutiones rei herbariae'
IX. Klasse

	gerötet als die Blütenblätter. Für die Russen und Tataren kommt die Pflanze der *sarana* nahe. Die Russen pflegen sie im Hinblick auf die Wurzel durch ein hinzugefügtes *belaja* von der vorigen als hellgelbe zu unterscheiden. Als Nahrung wird sie nach beider [Völker] Übereinstimmung der vorigen weit vorgezogen, obwohl sie an Größe diese niemals zu erreichen schien. Zwiebeln dieser Pflanze werden geschickt.
496.	Ornithogalum spicatum album, bulbo exiguo (Ähriges, weißes Ornithogalum mit kleiner Zwiebel) des Herrn Doktor Gmelin, ‚Index plantarum Lenensium', Nummer 445, Tafel LXXIII; Die Pflanze blüht sehr zahlreich gegen Anfang Juli in Bergwäldern bei *Irkuck* und am See *Bajkal*. Ihre Samen werden geschickt.
497.	Cepa vulgaris, floribus et tunicis purpurascentibus (Gewöhnliche Cepa mit purpurrötlichen Blüten und Schalen {Zwiebel-Häuten}) des Caspar Bauhin, ‚Pinax' [Seite 71]; des Tournefort, ‚Institutiones rei herbariae', 1. Species; überall in den Gärten
498.	Cepa vulgaris, floribus et tunicis candidis (Gewöhnliche Cepa mit reinweißen Blüten und Schalen {Zwiebel-Häuten}) des Caspar Bauhin, ‚Pinax' [Seite 71]; in den Gärten von *Irkuck* und *Urickaja sloboda*

	[*Urikovskaja sloboda*]
499.	Cepa rupestris, radice turbinata, dulci (Felsen-Cepa mit kreiselförmiger, süßer Wurzel); Die Pflanze wächst unmittelbar aus den Spalten der höchsten Felsen an der Bucht des Sees *Bajkal*, die *Peščanaja guba* genannt wird, reichlich auf der Insel *Ol'chon* und auf Felsen an der Mündung des [Flusses] *Verchnaja Angara* in den See *Bajkal*. Bei den Tungusen ist sie sowohl roh, als auch unter Asche geröstet, immer als willkommene Speise vorrätig. Die Zwiebel ist länglich, kreiselförmig, innen weiß und außen mit einer purpurrötlichen Schale umgeben. Sie schickt einen röhrigen, angeschwollenen Stengel aus, der nicht selten länger als zwei Vorderarmslängen ist und mit weißen, lilienartigen Blüten beladen ist, die aus sechs Kronblättern bestehen. Die Blätter sind breit und röhrig.

/92r/

*Irkuck*er Flora nach der Ordnung der Institutiones Rei herbariae
IX. Klasse

	Die Pflanze blüht gegen Anfang Juni. Die Samen sind gegen Ende Juli vollendet und werden bestens gereift geschickt. Diese Cepa ist von sehr süßem, angenehmem und dem der Gartenvariante weit vorzuziehendem Geschmack. Bei den Russen nennt man sie *kamennoj luk*. Ich habe eine beträchtliche Menge der Samen gesammelt, damit diese eifrigen Liebhabern von Gärten übermittelt werden können, wenn sie [d. h. die Cepa] durch ihren Geschmack anderen ebenso gefallen sollte wie mir.
500.	Cepa Alpina, palustris, tenuifolia (In Sümpfen wachsende, zartblättrige Alpen-Cepa) des Tournefort, ‚Institutiones rei herbariae', 9. Species; Die Pflanze besitzt einer längliche, zarte Wurzel, die in unbedeutende Kerne zerlegbar ist, und abwärts mit vielen ausgestreckten langen, haarförmigen Fasern versehen ist. Das röhrige Blatt, das der zwei Spannen lange, stielrunde, kahle und grüne Stengel durchstößt, ist von der Stärke eines Gänsefederkiels. Dieser [d. h. der Stengel] besitzt eine Blütendolde von zahlreichen lieblich rötlichen, lilienartigen Blüten, die auf längeren Stielen stehen und mit jeweils sechs Blütenblättern versehen sind. Die Blütenblätter haben eine scharfe Spitze und sind durch eine granatrote, kleine Linie der Länge nach geteilt. Die Staubblätter sind weiß und tragen granatrote Spitzen (Staubbeutel). Die Pflanze blüht gegen Ende Mai. Der Samen reift gegen Ende Juni und wird ausgereift geschickt.
501.	Cepa Alpina palustris, tenuifolia, flore candido (In Sümpfen wachsende zartblättrige Alpen-Cepa mit reinweißer Blüte); Die Pflanze tritt seltener zusammen mit der vorhergehenden auf und ist vielleicht nur eine

	Varietät jener.
502.	vielleicht Cepa Lusitanica, foliis capillaceis, minima, purpurascente flore (Lusitanische Cepa mit haarförmigen Blättern, mit sehr kleiner, purpurrötlichen Blüte) des Tournefort, ‚Institutiones rei herbariae'; Diese Pflanze, die gegen Ende Juni auf offenen, sehr trockenen Steppenflächen bei der *zaimka* des *Afanasij Dement'ev*,

/92v/

*Irkuck*er Flora nach der Ordnung der ‚Institutiones rei herbariae'
IX. Klasse

	an der Mündung des *Bugul'deicha*-Flusses in den See *Bajkal* und in den Steppen bei *Barguzinskoj ostrog* blüht, stützt sich auf eine längliche Wurzel von der Stärke eines Schreibfederkiels. Diese ist purpurrötlich, von einer Hülle umgeben, verläuft mit vielen weißen Fasern senkrecht abwärts und haftet fest in der Erde. Von ihr geht ein Stengel von 4, 5 bis 6 Zoll Länge aus, der stielrund, intensiv grün, haarförmig und dünn ist. Obwohl ich auf Grund der Schlankheit durch die Höhlung innen bei der Schärfe meiner Augen nicht hindurchsehen konnte, legten doch die ebenfalls stielrunden Blätter und die von einer Hülle umgebene Wurzel nahe. Es ist empfohlen worden, die Pflanze den Cepa-Species zuzurechnen. An der Spitze des Stengels sind fünf, sechs bis acht lilienartige, fleischfarbene Blüten mit je sechs Kronblättern zu erkennen, die sich auf längere Stiele stützen. Die sechs Staubblätter erheben sich jählings von einer breiten Basis zu einer Spitze wie bei einer Pyramide. Sie sind leicht purpurrötlich und sind mit ebensovielen gelblichen Spitzen (Staubbeuteln) beladen. Sie [d. h. die Staubblätter] umgeben den dreikantigen Stempel, der von ähnlicher Farbe ist. Im Geruch erinnert die Pflanze an Cepa, im Geschmack in gewisser Weise an Allium. Ich übermittle ihre Samen zusammen mit einem Bild der Pflanze von guter Aussagekraft in natürlicher Größe: a) die Pflanze, b) der Samen.
503.	vielleicht Porrum sylvestre, vinearum (Wildwachsendes Porrum der Weinberge) des Caspar Bauhin, ‚Pinax', [Seite] 72; Ampeloprasum des Matthiolus, ‚Commentarii' [Seite] 552; Die mehrjährige Pflanze blüht Anfang Juli an sonnenbeschienenen Stellen auf den Bergen am *Angara*[-Fluß] sowie am See *Bajkal* und und erreicht eine Höhe von einem Fuß bis zu einer Vorderarmslänge.

/93r/

*Irkuck*er Flora nach der Ordnung der ‚Institutiones rei herbariae'
IX. Klasse

	Die Blätter sind gekielt und intensiv grün. Die Wurzel ist länglich und zwiebelig. Die Zwiebel läuft in viele weiße Fasern aus. Die Zwiebel umgeben viele netznervige, aschgraue Häute, in genau der gleichen Art wie bei Victorialis longa. Hinsichtlich Geruch und Geschmack entspricht sie ganz leicht Allium, gekostet aber ist sie süß und frei von aller Schärfe. Die Samen dieser Pflanze werden geschickt.
504.	Porrum radicum bulbo et fibris purpureis, folio carinato, crasso, flore albo (Porrum den Wurzeln nach mit Zwiebel und purpurroten Fasern, mit gekieltem dickem Blatt, mit weißer Blüte); vielleicht Porrum sylvestre, vitigineum (Wildwachsendes Porrum an den Weinstöcken) des Gerard, ‚Historia plantarum emaculata', [Seite] 176; Die Pflanze blüht gegen Anfang Juli an sonnenbeschienen schroffen Stellen am *Angara*[-Fluß] gegenüber dem Himmelfahrts-[Männer-]Kloster. Die geschlossenen Blüten sind dreieckig und wie bei Persicaria reinweiß. Die dicken, dreikantigen und spitzen Blätter werden auf der Erde zerstreut. Das übrige ist im Namen der Pflanze angegeben. Die dreikantigen schwarzen Samen sind gegen Mitte August gereift und werden geschickt.
505.	Allium sativum (Kultiviertes Allium) des Caspar Bauhin, ‚Pinax', [Seite] 73; des Tournefort, ‚Institutiones rei herbariae', 1. Species; bei den Russen *česnok*; in den Gärten von *Irkuck*
506.	Cepa bicornis, tenuifolia, flore obsoleto (Zweihörnige, zartblättrige Cepa mit unscheinbarer Blüte) des Tournefort, ‚Institutiones rei herbariae', oder Allium sylvestre, bulbiferum, angustifolium (Wildwachsendes, zwiebeltragendes, schmalblättriges Allium) des Rupp, ‚Flora Ienensis', [Seite] 122–123; Allium sylvestre, bicorne, flore obsoleto (Wildwachsendes, zweihörniges Allium mit unscheinbarer Blüte) des Caspar Bauhin [‚Pinax', Seite 74]; in *Irkuck* zwischen Lupulus in den Gärten von *Čečetkin* [?] und in der Nachbarschaft.

/93v/

*Irkuck*er Flora nach der Ordnung der ‚Institutiones rei herbariae'
IX. Klasse

507.	vielleicht Allium montanum, foliis Narcissi, minus (Kleineres Berg-Allium mit den Blättern von Narcissus) des Caspar Bauhin, ‚Pinax', [Seite] 75; Allium sive Moly Narcissinis foliis II (Allium oder Moly mit den Blättern der Zweiten Narcissus[-Species]) des Clusius, ‚Historia

	plantarum', [Seite] 196; sehr zahlreich auf den offenen Steppenflächen bei der *zaimka* des *Afanasij Dement'ev*, an der Mündung des *Bugul'-deicha*-Flusses in den See *Bajkal* und bei *Barguzinskoj ostrog*. Die Pflanze blüht im Juli. Ihre Samen reifen im August. Die Blüten sind fleischfarben. Die einzelnen Blütenblätter sind unscheinbar. Sie erhalten durch einen purpurroten Streifen in der Mitte eine Zierde. Die denen von Narcissus ähnlichen Blätter sind blaugrün, dick und saftig. Die Samen dieser Pflanze werden geschickt.
508.	Allium sylvestre, latifolium (Wildwachsendes, breitblättriges Allium) des Caspar Bauhin, ‚Pinax', [Seite] 74; Allium Ursinum, bifolium, vernum, sylvaticum (Zweiblättriges, im Frühjahr blühendes, im Wald wachsendes Allium Ursinum [Bärlauch]) des Johann Bauhin, [Band] 2, [liber XIX, Seite] 565; Allium Ursinum, latifolium (Breitblättriges Allium Ursinum [Bärlauch]) des Lobelius, ‚Plantarum seu stirpium icones', [Band 1, Seite] 159; zahlreich in den Wäldern bei *Irkuck* in der Nähe des Sees *Bajkal*; Die Pflanze blüht etwa Mitte Juni. Bei den Russen nennt man sie *čeremša*. In der hiesigen Gegend wird sie so sehr von den Bewohnern verlangt, daß ganze damit vollbeladene Kähne sie zum Verkauf ans Ufer des *Angara*[-Flusses] neben dem Markt bringen, und solange diese Ernte dauert, atmen die Gassen und Badestuben, die Küsse und Gespräche diesen süßen Wohlgeruch. Denn es wird schwerlich jemand auf der Straße ohne diesen Kranz gesehen.
509.	Allium saxatile Acori radice, flore purpureo (Felsen-Allium mit der Wurzel von Acorum, mit purpurroter Blüte) des Boccone, ‚Museo di piante' [Teil] 2, [Seite] 84; was nach Tournefort, ‚Institutiones rei herbariae',

/94r/

*Irkuck*er Flora nach der Ordnung der ‚Institutiones rei herbariae'
IX. Klasse

	Seite 384, ein und dieselbe Pflanze zu sein scheint wie Allium montanum, radice oblonga (Berg-Allium mit länglicher Wurzel) des Caspar Bauhin, ‚Pinax' [Seite 75], und des Gesner; Diese mehrjährige Pflanze erreicht selten eine Höhe von einem Fuß. Sie stützt sich auf eine zweifache Wurzel, nämlich eine längliche aus dickeren Schalen bestehende Zwiebel. Nachdem die Zwiebel zerschnitten worden ist, sind die Spuren einer zweifachen Krümmung (Windung) zu erkennen, von denen eine den Stengel, die andere die Blätter hervorbringt. Die Schalen der Zwiebel sind reinweiß. Dieser sekundären Zwiebel ist horizontal eine Wurzel angewachsen, die genau der Wurzel von Calamus aromaticus ähnelt.

Sie kriecht unter Felsen oder deren Bruchstücken und ist außen braun. Es laufen viele Windungen spiralförmig um sie herum, und sie ist zwei, drei oder vier Finger lang. Sowohl an der Zwiebel als auch an der Wurzel sind unterseits sehr viele weiße, dünne etwa eine Handbreit lange Fasern angewachsen, mit denen die Pflanze, damit sie nicht vom Wind leicht losgerissen wird, sicherer befestigt wird. Es liegen sich sowohl die Zwiebel als auch die Wurzel nämlich sehr häufig frei und sind nicht einmal von ein klein wenig Erde bedeckt. Der Stengel von einem Fuß Länge ist stielrund und grün; bei der Reife der Samen ist er purpurrötlich. Oben ist er mit einem kugelförmigen Köpfchen von Blüten beladen, die lilienartig und purpurrötlich sind sowie je sechs Kronblätter besitzen. Die Blätter sind 5 bis 6 Finger lang, ein drittel Zoll breit, zugespitzt, kahl, dicklich und blaugrün. Sie sind denen von Iris humilis prunum redolens (Niedrige, wie Prunus riechende Iris) sehr ähnlich. Im Geruch und im Geschmack erinnert die Pflanze an Cepa.

94v/

*Irkuck*er Flora nach der Ordnung der ‚Institutiones rei herbariae'

IX. Klasse

Gekaut, mit einer gewissen unangenehmen klebrigen Schärfe, wird sie von den Russen und Tungusen dort geschätzt. Im Russischen nennt man sie *dikoj česnok*. Sie kommt sehr zahlreich auf den Felsen bei *Barguzinskoj ostrog* wie auch auf dem Felsen, der *Kladovoj kamen'* genannt wird, 30 Stadien von *Barguzinskoj ostrog* entfernt, vor. Ich übermittle die ausgereiften Samen zusammen mit den Wurzeln. Ich habe auch dafür gesorgt, daß ein Bild angefertigt wird, das die Pflanze in natürlicher Größe gut darstellt: a) die Pflanze, b) die Samen. Die Pflanze blüht im Juli. Ihre Samen sind gegen Ende August ausgereift.

X. Klasse

Von Kräutern und Halbsträuchern mit polypetaler, schmetterlingsartiger Blüte

510. Onobrychis foliis Viciae, fructu echinato, major, floribus dilute rubentibus (Größere Onobrychis mit den Blättern von Vicia, mit stachliger Frucht, mit hellrötlichen Blüten) des Caspar Bauhin, ‚Pinax', [Seite] 350; Polygalon Gesneri (Polygalon des Gesner) [des Johann Bauhin, ‚Historia plantarum ...', Band 2, liber XVII, Seite 335]; des Tournefort, ‚Institutiones rei herbariae', 1. Species; dort in der Steppe, wo man zum *Lena*[-Fluß] reist, 80 Stadien von der Stadt *Irkuck* entfernt; Die Pflanze

	blüht gegen Ende Juni.
511.	Onobrychis foliis Viciae, fructu echinato, major, floribus eleganter rubentibus (Größere Onobrychis mit den Blättern von Vicia, mit stachliger Frucht, mit zierlich rötlichen Blüten) des Caspar Bauhin, ‚Pinax', [Seite] 350; Die Pflanze kommt zusammen mit der vorhergehenden vor Sie ist vielleicht, wie auch die folgende, eher eine Varietät als eine unterschiedliche Species.

/95r/

*Irkuck*er Flora nach der Ordnung der ‚Institutiones rei herbariae'
X. Klasse

512.	Onobrychis foliis Viciae, fructu echinato, major, floribus candidis (Größere Onobrychis mit den Blättern von Vicia, mit stachliger Frucht, mit reinweißen Blüten) des Caspar Bauhin, ‚Pinax' [Seite 350]; Die Pflanze kommt zusammen mit der vorhergehenden vor, sie ist jedoch seltener.
513.	Vulneraria pentaphyllos (Fünfblättrige Vulneraria) des Tournefort, ‚Institutiones rei herbariae', 4. Species; Lotus pentaphyllos, vesicaria (Fünfblättrige, aufgeblasene Lotus) des Caspar Bauhin, ‚Pinax', [Seite] 332; Trifolium halicacabum sive vesicarium (Herzsamenartiges oder aufgeblasenes Trifolium) des Johann Bauhin [‚Historia plantarum ...', Band 2, liber XVII, Seite 361]; Diese mehrjährige und im Sand niederliegende Pflanze ist an der Mündung des Flusses *Bugul'deicha* in den See *Bajkal* zu finden. Sie stützt sich auf eine Wurzel von der Stärke eines Schwanenfederkiels. Die Blätter sind gefiedert mit 8 bis 10 Paaren von Fiederblättchen und an der Rippe angewachsen. Von den Paaren gehen immer jeweils fünf aus einem Zentrum hervor. Die Fiederblättchen sind wollig, stark silberweiß oder auch seidenglänzend, länglich und zugespitzt. Bei einigen Pflanzen sind die Blüten weißlich, bei anderen gelblich weiß; sie befinden sich eher im dicken, kugel- oder eiförmigen Blütenkopf. Der Kelch ist aufgeblasen geschwollen. Im Inneren enthält er eine kurze, kahle Schotenfrucht, die mit einem rundlichen, flachen und glänzendbraunen Samen gefüllt ist. Die Pflanze blüht von Juni bis Mitte Juli. Die Samen reifen im August. Die ausgereiften Samen werden geschickt. Wie ich nach Betrachtung von vertrockneten Blüten vermute, werden aus den sehr reichlich ausgebrachten Samen vielleicht Species in mehreren Farben hervorgehen, die bei den verwelkten Pflanzen anzugeben ich für zu leichtfertig hielt.
514.	Faba flore candido, lituris nigris conspicuo (Faba mit reinweißer Blüte, die durch schwarze Flecken auffällt) des Caspar Bauhin, ‚Pinax', [Sei-

	te] 338; des Tournefort, ‚Institutiones rei herbariae'; in den Gärten von *Irkuck* und der Dörfer; sehr zahlreich am See [*Bajkal*]

/95v/

*Irkuck*er Flora nach der Ordnung der ‚Institutiones rei herbariae'
X. Klasse

515.	Orobus sylvaticus, foliis oblongis, glabris (Wildwachsender Orobus mit länglichen, kahlen Blättern) des Tournefort, ‚Institutiones rei herbariae', 9. Species; Orobus radice tuberosa (Orobus mit knolliger Wurzel) des Rivinus; Astragalus sylvaticus, foliis oblongis, glabris (Wildwachsender Astragalus mit länglichen, kahlen Blättern) des Caspar Bauhin, ‚Pinax' [Seite 351]; sehr zahlreich auf den Bergen am *Angara*[-Fluß] und am [Bach] *Ušakovka* und überall am See *Bajkal*, wohin ich gekommen bin. Die Pflanze errreicht mit vielen Zweigen eine Höhe von einem Fuß. Der Stengel ist vierkantig. Die auf kurze Stiele gestützten Blätter [Fiederblättchen] sind durch paarige Verbindungen an der Blattrippe angewachsen, die in eine Spitze übergeht. An den einzelnen Austriebstellen der Zweige befinden sich gesondert zwei Blätter. Die Blüten sind schmetterlingsartig, blau, treten fast immer zu zweit auf und befinden sich an ungefähr zwei Linien langen rötlichen Stielen. Die Blätter sind länglich, auf beiden Seiten zugespitzt, kahl, schön geadert und grün sowie im abgewandten Teil blasser. Die Pflanze blüht gegen Ende Mai, die Samen reifen gegen Ende Juli. Ich habe nur mit Mühe wenige erhalten, weil ich nicht weiß, ob die reifen Schoten von selbst herunterfallen oder von Vögeln abgerissen werden, denen die Samen als Nahrung dienen.
516.	Orobus latifolius, parvo flore purpureo (Breitblättriger Orobus mit kleiner purpurroter Blüte) des Caspar Bauhin, ‚Pinax' [Seite 351] und des Tournefort, ‚Institutiones rei herbariae', 3. Species; Galegae nemorensi vernae similis, multiflora, flore purpureo (Der Galega nemorensis verna ähnliche, vielblütige Pflanze mit purpurroter Blüte) des Johann Bauhin [‚Historia plantarum ...', Band 2, liber XVII, Seite 345]; Orobus Venetus (Venezianischer Orobus) des Clusius, ‚Historia plantarum', CCXXXII; Die Pflanze schickt aus einer Wurzel sechs bis acht vorderarmslange Stengel aus. Zu einem großen Teil

/96r/

*Irkuck*er Flora nach der Ordnung der ‚Institutiones rei herbariae'
X. Klasse

	blüht sie Anfang Juni dort in den Wäldern, wo man vom Bach *Ušakovka* aus nach *Pivovarova zaimka* (*zaimka* der Witwe des *Pivovarov*) reist. Die Samen sind in meiner Abwesenheit von meinem Sammler nicht beachtet worden.
517.	Orobus sylvaticus, purpureus, vernus (Wildwachsender, purpurroter Frühlings-Orobus) des Caspar Bauhin, ‚Pinax' [Seite 351]; in den Bergwäldern bei *Barguzinskoj ostrog*; nirgendwo bei *Irkuck*
518.	Pisum majus quadratum (Größeres, quadratisches Pisum) des Caspar Bauhin, ‚Pinax', [Seite] 342; ‚Zuckererbsen'; im Garten des Herrn Vizegouverneurs *Bibikov*, aus chinesischen Samen gezogen
519.	Pisum umbellatum (Doldiges Pisum) des Caspar Bauhin, ‚Pinax', [Seite] 342; Pisum comosum (Schopfiges Pisum) des Rivinus; im Garten des Herrn Vizegouverneurs, aus chinesischen Samen gezogen
520.	Pisum arvense (Acker-Pisum) des Caspar Bauhin, ‚Pinax' [Seite 342]; Pisa [potissimum] vulgaria, parva, alba sive arvensia (Gewöhnliche [hauptsächlichste], kleine, weiße Pisa oder Acker-Pisa) des Johann Bauhin, [‚Historia plantarum ...', Band] 2, [liber XVII, Seite] 297; sehr zahlreich auf den Feldern bei *Irkuck* und am *Lena*[-Fluß]
521.	Lathyrus sylvestris, major (Wildwachsender, größerer Lathyrus) des Caspar Bauhin, ‚Pinax' [Seite 344]; auf den Bergen am Flüßchen *Kaja* und auf den Wiesen jenseits des [Flusses] *Irkut*; Die Pflanze blüht gegen Mitte Juni.
522.	Lathyrus sylvestris, luteus, foliis Viciae (Wildwachsender, gelber Lathyrus mit den Blättern von Vicia) des Caspar Bauhin [‚Pinax', Seite 344]; überall auf den Wiesen; Die Pflanze blüht im Juni.
523.	Lathyroides Messerschmidtii (Lathyroides des Messerschmidt); Die Pflanze kommt sehr zahlreich auf den Bergen am *Angara*[-Fluß] und am [Fluß] *Irkut*, am [Bach] *Ušakovka* sowie am See *Bajkal* vor und blüht etwa Ende Juni; ihr Samen reift gegen Anfang August. Die reifen Samen der Pflanze werden geschickt.
524.	Clymenum latifolium flore purpuro-coeruleo (Breitblättriges Clymenum mit purpurrot-blauer Blüte); vielleicht Clymenum Parisiense, flore coeruleo (Pariser Clymenum mit blauer Blüte)

/96v/

*Irkuck*er Flora nach der Ordnung der ‚Institutiones rei herbariae'
X. Klasse

	des Tournefort, ‚Institutiones rei herbariae', 3. Species; Die Pflanze blüht Anfang Juli auf sehr feuchteren Wiesen am *Angara*[-Fluß]. Die Samen werden geschickt, wurden aber auf Grund der Nachlässigkeit des Gehilfen mit anderen, ähnlichen Samen durcheinandergebracht.
525.	Clymenum latifolium Pisi facie (Breitblättriges Clymenum in der Gestalt von Pisum) des Herrn Doktor Gmelin, ‚Index plantarum Lenensium'; Ich habe die Pflanze in den Wäldern bei *Barguzinskoj ostrog*, jedoch ohne Blüte und Samen gefunden.
526.	Vicia maxima dumetorum (Größte, gestrüppbewohnende Vicia) des Caspar Bauhin, ‚Pinax' [Seite 345]; auf beiden Seiten [des Flusses] bei *Irkuck*; Die Pflanze blüht im Juni.
527.	Vicia multiflora (Vielblütige Vicia) des Caspar Bauhin, ‚Pinax', [Seite] 345; Vicia multiflora, perennis, nemorensis sive dumetorum (Vielblütige, mehrjährige, hain- oder gestrüppbewohnende Vicia) des Johann Bauhin [‚Historia plantarum ...', Band 2, liber XVII, Seite 314]; sehr zahlreich in den Bergwäldern am *Angara*[-Fluß] und beim See *Bajkal*. Diese Pflanze ist mehrjährig, völlig strauchartig sowie aufrecht und erreicht eine Höhe von zwei bis drei Vorderarmslängen. Sie stützt sich auf eine große, dicke, wuchernde (wurzelrankende) Wurzel und bringt gegen Ende Mai sechs oder neun Blüten von purpurrot-bläulicher Farbe hervor. Die Blättchen befinden sich in abwechselnder Weise am Stengel, der in Ranken ausläuft. Der Stengel ist nahezu vierkantig. Die Blättchen sind etwas länger als ein halber Zoll, auf beiden Seiten zugespitzt, gut geadert und laufen in einer schwachen und dünnen Spitze oder Nadel aus. Die Rippe der Blättchen läuft gleichermaßen in Ranken aus. Die Schotenfrucht ist zusammengedrückt und weichspitzig oder vielmehr geschnäbelt. Die Wurzel hat einen süßen Geschmack. Ich schicke die Samen dieser Pflanze, ich zweifle nämlich, ob es sich um die oben angegebene Species handelt.

/97r/

*Irkuck*er Flora nach der Ordnung der ‚Institutiones rei herbariae'
X. Klasse

528.	Vicia angustifolia (Schmalblättrige Vicia) des Rivinus; Vicia semine parvo, nigro, frugum (Vicia mit kleinen, schwarzen Samen der Früchte)

	des Chabraeus; auf sehr trockenen Wiesen; Die Pflanze blüht im Mai und im Juni.
529.	Vicia minima, praecox Parisiensium (Sehr kleine, frühe Vicia der Pariser [Gärten?]) des ‚Hortus Regius Parisiensis'; überall in den Gärten und an Zäunen; Die Pflanze blüht zusammen mit der vorhergehenden.
530.	Astragaloides colore flavo (Astragaloides mit hellgelber Farbe) des Herrn Doktor Gmelin, der ein Bild und eine Beschreibung dieser Pflanze geliefert hat; Die Pflanze blüht etwa Anfang Juli auf den Wiesen am [Fluß] *Irkut* und auf offenen Steppenflächen bei der *zaimka* des *Afanasij Dement'ev* [sowie am] *Barguzin*[-Fluß]. Ihre ausgereiften Samen werden geschickt.
531.	Hedysarum Alpinum, siliqua laevi, flore purpuro-coeruleo (Alpen-Hedysarum mit glatter Schote, mit purpurrot-blauer Blüte) des Tournefort, ‚Institutiones rei herbariae'; Onobrychis semine clypeato, laevi (Onobrychis mit schildartigen, glatten Samen) des Caspar Bauhin, ‚Pinax', [Seite] 350; auf sehr niedrig gelegenen Wiesen am *Angara*[-Fluß], am [Fluß] *Irkut* sowie am *Barguzin*[-Fluß]; Die Pflanze blüht gegen Anfang Juli. Ihre Samen sind gegen Ende August gereift. Die bestens gereiften Samen werden geschickt.
532.	Hedysarum clypeatum, flore suaviter rubente (Schildartiges Hedysarum mit angenehm rötlicher Blüte) des ‚Hortus Eystettensis'; des Tournefort, ‚Institutiones rei herbariae'; Onobrychis semine clypeato, aspero, major (Größere Onobrychis mit schildartigen, rauhen Samen) des Caspar Bauhin, ‚Pinax', [Seite] 350; Die Pflanze kommt sehr zahlreich an den Mündungen der Ströme *Bugul'deicha* und *Anga* in den See *Bajkal* vor. Die Samen reifen gegen Mitte August. Sie werden wohlgereift geschickt.

/97v/

Irkucker Flora nach der Ordnung der ‚Institutiones rei herbariae'
X. Klasse

533.	Hedysarum clypeatum, flore albido (Schildartiges Hedysarum mit weißlicher Blüte) des Ray, ‚Sylloge', [Seite] 140; des Tournefort, ‚Institutiones rei herbariae', 2. Species; an der Mündung des *Anga*-Flusses in den See *Bajkal*; Die Pflanze blüht zusammen mit der vorhergehenden.
534.	vielleicht Lotus πολυκερατος fruticosa, Cretica, argentea siliquis longissimis, propendentibus rectis (Vielhörnige, strauchige, Kretische, silberweiße Lotus mit sehr langen, herabhängenden, geraden Schoten) des Morison,

	‚Plantarum historiae universalis Oxoniensis', [Teil 2, Seite 176]; sehr zahlreich dort auf offenen Steppenflächen, wo man zum *Lena*[-Fluß] reist wie auch am See *Bajkal* [und] bei *Barguzinskoj ostrog*. Die Pflanze blüht im Mai. Die Frucht reift etwa Mitte bis Ende August. Ich habe die Pflanze nicht blühend gesehen, habe jedoch die gereiften Samen gesammelt.
535.	Lotus siliquosus, rubello flore (Schotentragender Lotus mit rötlicher Blüte) des Clusius, ‚Historia plantarum', [Seite] 244; Lotus ruber, siliqua angulosa (Roter Lotus mit kantiger Schote); Die Pflanze entwickelte sich üppig in den Gärten von *Irkuck* aus chinesischen Samen.
536.	Trifolium pratense, flore albo, minus et foemina glabrum (Kleineres und weibliches, kahles Wiesen-Trifolium mit weißer Blüte) des Johann Bauhin [‚Historia plantarum ...', Band 2, liber XVII, Seite 380]; Trifolium supinum (Rücklingsgelegtes Trifolium) des Rivinus; auf den Feldern am Bach *Ušakovka*; Die Pflanze blüht Anfang Juni.
537.	vielleicht Trifolium montanum, purpurascens, folio obtuso, crenato (Purpurrötliches Berg-Trifolium mit stumpfem, gekerbtem Blatt) des Caspar Bauhin, ‚Pinax', [Seite] 328, ‚Prodromus', [Seite] 140; Die Blüten erheben sich nicht nur an der Spitze des Stengels, sondern auch auf langen Stielen sitzend am Stengel. Die Wurzel ist rübenförmig. Die Pflanze blüht Anfang Juni überall in *Irkuck* und am See [*Bajkal*]. Die Samen reifen gegen Mitte August. Die reifen Samen werden geschickt.
538.	Melilotus major, odorata, violacea (Größere, duftende, violette Melilotus) des Morison, ‚Plantarum historiae universalis Oxoniensis', Teil II., [Seite] 161; Lotus hortensis odora (Duftende Garten-Lotus) des Caspar Bauhin, ‚Pinax', [Seite] 331; des Tournefort, ‚Institutiones rei herbariae', 14. Species; in den Gärten

/98r/

*Irkuck*er Flora nach der Ordnung der ‚Institutiones rei herbariae'
X. Klasse

	von *Irkuck*; Bei den Russen nennt man die Pflanze *gumpa*. Sie fügen die Samen dem Brot an Stelle von Kümmel zu. Die Pflanze blüht gegen Ende Juni.
539.	Melilotus capsulis reni similibus, in capitulum congestis (Melilotus mit nierenähnlichen Kapseln, die sich in einem Köpfchen befinden) des Tournefort, ‚Institutiones rei herbariae', 13. Species; Trifolium pratense, luteum, capitulo breviore (Gelbes Wiesen-Trifolium mit kurzem Köpfchen) des Caspar Bauhin, ‚Pinax' [Seite] 328; [Trifolium pratense ...], semine multo (Wiesen-Trifolium ... mit vielen Samen) des Johann

	Bauhin [,Historia plantarum ...', Band 2, liber XVII, Seite 380]; auf sehr trockeneren Wiesen und an Wegen, dort wo man nach *Kudinskaja sloboda* reist; Die Pflanze blüht etwa Anfang Juli.
540.	Melilotus officinarum Germaniae (Offizinale Melilotus in Deutschland) des Caspar Bauhin, ,Pinax', [Seite] 331; Trifolium odoratum sive Melilotus vulgaris, flore luteo (Duftendes Trifolium oder Gewöhnliche Melilotus mit gelber Blüte) des Johann Bauhin, [,Historia plantarum ...', Band] 2, [liber XVII, Seite] 370; Die Pflanze blüht sehr zahlreich gegen Anfang Juli an der Straße zur Branntweinbrennerei und zur Vorstadt *Kudinskaja sloboda* sowie beim Dorf *Smolenskaja* und am *Barguzin*-Fluß.
541.	Melilotus officinarum Germaniae, flore albo (Offizinale Melilotus in Deutschland mit weißer Blüte) des Caspar Bauhin, ,Pinax' [Seite 331]; Die Pflanze kommt zusammen mit der vorhergehenden vor, ist jedoch seltener.
542.	Melilotus siliquosa (Schotentragende Melilotus) des Herrn Doktor Amman; auf den offenen Steppenwiesen dort, wo man zum *Lena*[-Fluß] reist; Die Pflanze blüht gegen Ende Juni. Ihre Samen sind etwa Anfang August gereift.
543.	Medica major, erectior, floribus luteis (Größere, aufrechtere Medica mit gelben Blüten) des Tournefort, ,Institutiones rei herbariae', [Seite] 410, 3. Species; Trifolium siliqua cornuta, sive Medica flore luteo (Trifolium mit gehörnter Schote oder Medica mit gelber Blüte) des Caspar Bauhin, ,Pinax', [Seite] 330; Die Pflanze blüht gegen Ende Juni

/98v/

*Irkuck*er Flora nach der Ordnung der ,Institutiones rei herbariae'
X. Klasse

	auf den Grasflächen der Gärten und auf Wiesen bei *Irkuck*, am See *Bajkal* und am *Barguzin*[-Fluß]. Die Samen sind gegen Anfang August gereift und werden geschickt.
544.	vielleicht Astragalus floribus Viciae dilute purpureis aut coeruleis (Astragalus mit den hell purpurroten oder blauen Blüten der Vicia) des Morison, ,Plantarum historiae universalis Oxoniensis', Teil II, [Seite] 106; Onobrychis floribus Viciae dilute coeruleis (Onobrychis mit den hellblauen Blüten der Vicia) des Caspar Bauhin, ,Pinax', [Seite] 351; Onobrychis II des Clusius, ,Historia plantarum'; Diese mehrjährige Pflanze ist eine der ersten in *Irkuck* blühenden Pflanzen. Ich habe sie nämlich am 10. Mai auf trockeneren und sonnenbeschienen Hügeln bei

der Mündung des Bachs *Ušakovka* in den *Angara*[-Fluß] beim [Frauen-]Kloster der Gottesmutter des Zeichens gefunden. Sie stützt sich auf eine teils einfache, teils doppelte oder zweispaltige, eine Spanne lange Wurzel von der Stärke eines Taubenfederkiels, die wenig fasrig ist, gerade in die Erde hinabläuft und außen wie Alkanna rot ist. Wenn die Wurzel befeuchtet worden ist, färbt sie beim Reiben Papierblätter. Innen ist die Wurzel weiß; sie ruft gekaut auf der Zunge den Geschmack von Linsen hervor. Hinsichtlich des übrigen ist sie von keinem herausragenden Geruch. Von der Wurzel werden regelmäßig vier, fünf bis sechs Blätter auf die Erde zerstreut, denen ebensoviele weitere folgen, wenn die Blüte vollendet ist. Die Fiederblättchen der Blätter selbst sind über Verbindungen, meistens sieben an der Zahl,

/99r/

*Irkuck*er Flora nach der Ordnung der ‚Institutiones rei herbariae‘
X. Klasse

der Blattrippe angewachsen, wobei ein unpaariges die Rippe abschließt. Die Blattrippe ist rauh und stielrund, sie geht von aschgrauer in leicht braunrötliche Farbe über. Die Blätter sind länglich, zwei Linien lang und eine Linie breit, auf beiden Seiten zugespitzt, rücklingsgelegt intensiv grün, etwas behaart und im abgewandten Teil weißgrau. Hinsichtlich der Blätter ist zu bemerken, daß sie je nach der Zeit sehr unterschiedlich sind. Diese Beschreibung ist an Hand der frischen Blätter des Frühlingbeginns verfaßt, die mit der verschwindenden Blüte gleichermaßen verschwinden. Auf diese folgen andere, nicht niederliegende, sondern aufrechte Blätter, die nicht so wollig sind. Die einzelnen Verbindungen der Blätter sind etwa einen halben Zoll voneinander entfernt, die Blättchen selbst erreichen eine Länge von einem halben Zoll. Dieses Spiel hätte mich schwerlich getäuscht, wenn ich nicht bestimmte Pflanzen wegen der zu sammelnden Samen mit Stäbchen gekennzeichnet hätte. Die Blüten entwickeln sich zu Frühlingsbeginn auf Stielen von einem Zoll Länge, im Sommer auf Stielen von zwei bis zu drei Zoll Länge. Sie sind schmetterlingsartig, immer zu zweit, hellblau und bisweilen purpurrötlich. Zu Frühlingsbeginn liegen sie auf der Erde und werden später aufgerichtet. Sie sitzen fest in einem ein drittel Zoll langen Kelch, der rauhhaarig und weißgrau ist sowie oben fünffach gespalten ist. Aus dem Kelch erhebt sich der Stempel,

/99v/

*Irkuck*er Flora nach der Ordnung der ‚Institutiones rei herbariae'
X. Klasse

	der von einer Scheide umhüllt ist. Der Stempel geht danach in eine glatte Schote über, die $^{4}/_{10}$ Zoll lang, braun, kahl und aufgerichtet ist sowie von der Basis zur Spitze hin aufreißt. Die Frucht ist mit winzigen nierenförmigen glänzendbraunen Samen gefüllt, die etwa Mitte Juli reif sind. Jene wohlgereiften Samen werden geschickt. Wenn dies eine Species ist, dann könnte sie gewiß durch weit sicherere Merkmale von den übrigen unterschieden werden. Nun ist diese Species freilich sehr unentschieden. Es würde mir gefallen, sie mit folgender Benennung von allem Zweifel zu befreien: Astragalus vernus, radice rubra floribus gemellis, siliqua tereti fusca glabra (Frühlings-Astragalus mit roter Wurzel, mit Doppelblüten, mit glatter, brauner und kahler Schote).
545.	Astragalus supinus, siliquis villosis, glomeratis (Rücklingsgelegter Astragalus mit zottigen Schoten, die zu einem Knäuel angehäuft sind) des Tournefort, ‚Institutiones rei herbariae'; Astragalus Hispanicus, siliqua Epiglottidi simili, flore purpureo, major Tournefortii (Größerer spanischer Astragalus mit einer dem Kehldeckel ähnlichen Schote, mit purpurroter Blüte des Tournefort) des ‚Hortus Lugduni Batavorum'; Die Pflanze blüht im Juni und im Juli auf sonnenbeschienenen, mit Gras bedeckten Hügeln am *Angara*[-Fluß] und am See *Bajkal*. Die Samen reifen etwa Anfang August, sie werden bestens gereift geschickt. Auch wenn diese Pflanze hinsichtlich der Jahreszeit und des Bodens des Standortes sowohl bezüglich der Größe als auch durch die verschiedene Form der Blätter in unterschiedlicher Weise variiert, läßt sie sich doch an Hand der folgenden beiden Merkmale leicht von allen sehr ähnlichen Species unterscheiden: 1. Die einzelnen Blättchen

/100r/

*Irkuck*er Flora nach der Ordnung der ‚Institutiones rei herbariae'
X. Klasse

	an den Spitzen der Blattrippe sind ein wenig, wenn auch nur sehr leicht eingeschnitten und in zwei Teile gespalten. 2. Die Kelche sind fünfspaltig und strahlig; die einzelnen Einschnitte des Kelches nämlich enden in rauhhaarigen Strahlen.
546.	Astragalus pumilus, siliqua Epiglottidis forma (Winziger Astragalus mit einer Schote in der Gestalt des Kehldeckels) des Tournefort, ‚Institutio-

	nes rei herbariae'; Astragalus Hispanicus, siliqua Epiglottidi simili, flore albo, minor (Spanischer Astragalus mit einer dem Kehldeckel ähnlichen Schote, mit weißer, kleinerer Blüte) des Tournefort, des ‚Hortus Lugduni Batavorum'; zusammen mit der vorhergehenden [Species]; Die Blätter dieser Pflanze sind länger, spitzer und kahler als bei der vorhergehenden Species. Ihre Samen werden geschickt.
547.	vielleicht Astragalus quidam montanus vel Onobrychis aliis (Gewissermassen ein Berg-Astragalus oder Onobrychis bei anderen Autoren) des Johann Bauhin, [‚Historia plantarum ...', Band] 2, [liber, XVII, Seite] 339; Onobrychis floribus Viciae majoribus, coeruleo-purpurascentibus vel foliis Tragacanthae (Onobrychis mit den blau-purpurrötlichen größeren Blüten der Vicia oder mit den Blättern von Tragacantha) des Caspar Bauhin, ‚Pinax' [Seite 351]; Die Blüten dieser Pflanze sind den Blüten von Vicia in der Größe und Farbe ähnlich; ebenso ist es bei den Blättern. Die kleinen Schoten sind kurz und fast dreikantig, in einem Teil eckig, im anderen Teil gekielt. Sie enthalten winzige nierenförmige Samen. Die Pflanze blüht an den sandigen Ufern des Sees *Bajkal*. Die gegen Anfang ... reif gesammelten Samen werden geschickt.

/100v/

*Irkuck*er Flora nach der Ordnung der ‚Institutiones rei herbariae'
X. Klasse

548.	Astragalus pratensis, procumbens, Viciae foliis, flore coeruleo (Niederliegender Wiesen-Astragalus, mit den Blättern der Vicia, mit blauer Blüte); Ich habe diese Pflanze gegen Ende Juli auf den Wiesen jenseits des *Bugul'dejcha*-Flusses gegenüber von [*Bogul'dejcha*] *zimov'e* gefunden. Die Blätter von Vicia sind rauhhaarig. Die Blüten sind kleiner als bei der vorhergehenden. Die Samenschötchen sind auf beiden Seiten zugespitzt und vierkantig, in der Form ganz wie das Schiffchen der Weber, ‚wie ein leinweber Schifflein'. Samen konnte ich nicht erhalten, weil wir auf der Rückkehr mit günstigem Wind jene Gegend bei Nacht passierten.
549.	Astragalus procumbens albus Viciae foliis (Niederliegender, weißblühender Astragalus mit den Blättern von Vicia), eine Pflanze, die dem Astragalus pumilus, siliqua Epiglottidis forma (Winziger Astragalus mit einer Schote in der Form des Kehldeckels) des Tournefort, ‚Institutiones rei herbariae' ähnlich ist. Diese Pflanze ist zusammen mit Samen von dem in *Irkuck* verbliebenen Samensammler gesammelt

	worden, während ich am *Barguzin*[-Fluß] war. Ob es der gleiche Astragalus oder ein anderer ist, wage ich an der trockenen Pflanze nicht zu entscheiden. Das Niederliegen der Blätter und ihre Kleinheit sowie ihre stumpfen Spitzen legen die Übereinstimmung jedoch nahe. Mit Hilfe der ausgesäten Samen wird es letzten Endes besser erkennbar sein.
550.	vielleicht Astragalus Alpinus, foliis Viciae, ramosus et procumbens, flore glomerato, oblongo caeruleo (Verzweigter und niederliegender Alpen-Astragalus mit den Blättern von Vicia und geknäuelter länglicher blauer Blüte) des Tournefort, ‚Institutiones rei herbariae', 21. Species; Ich habe dafür gesorgt, daß ein Bild dieser Pflanze angefertigt wird: a) stellt einen Zweig in natürlicher Größe dar; die ganze Pflanze nämlich breitet so 8, 10 bis 15 derartige Zweige im Kreis herum aus;

/101r/

*Irkuck*er Flora nach der Ordnung der ‚Institutiones rei herbariae'
X. Klasse

	b) der Samen. Die Pflanze blüht gegen Ende Juni auf hohen grasigen Stellen am [Fluß] *Irkut* und am Bach *Kuda*. Die Samen reifen gegen Ende August. Die reifen Samen werden geschickt.
551.	vielleicht Astragalus Alpinus, Tragacanthae folio, vesicarius (Aufgeblasener Alpen-Astragalus mit dem Blatt von Tragacanthus) des Tournefort, ‚Institutiones rei herbariae', 22. Species?; Diese Pflanze blüht gegen Anfang Juni auf rauhen und steilen Felsen, 7 Stadien vom *Listvenišnoe zimov'e* genannten Winterlager entfernt, und von dort aus in unterbrochener Reihe bis *Barguzinskoj ostrog*. Die Samen vollendet sie gegen Ende Juli und diese werden wohl gereift geschickt. Die Pflanze stützt sich auf eine holzige, braune, mehrjährige Wurzel von der Stärke eines Fingers, die mitunter jedoch nicht dicker als eine Schreibfeder ist. Sie schickt sehr viele Blätter aus, die durch sieben, acht oder neun Verbindungen (Paare von Fiederblättchen) an der stielrunden, kahlen Blattrippe angewachsen sind, wobei ein unpaariges [d. h. ein Laubblatt ohne Partner] die Rippe krönt oder begrenzt. Die Blätter (Fiederblättchen) sind länglich, nach einem Ende hin sehr zugespitzt und scharf, kahl und krautig grün. Die Pflanze schickt zwei, drei bis vier oder mehr Stengel von einer Spanne Länge aus, die mit einer lockeren Ähre von blauen Schmetterlingsblüten beladen sind. Die Blütenähre ist selten länger als anderthalb Zoll. Der in eine Scheide eingehüllte Stempel geht über in

	eine aufgeblasene, kahle, weiße, durchscheinende, aufgerichtete, längliche, geschwollene

/101v/

*Irkuck*er Flora nach der Ordnung der ‚Institutiones rei herbariae'
X. Klasse

	und in eine Spitze auslaufende Kapsel, in deren Inneren sich die Samen befinden. Die nierenförmigen, braunen Samen sind mittels eines Fadens an der Plazenta angeheftet. Wenn die Samen reif sind, spaltet sich die Kapsel von der Basis zur Spitze und verbreitet die Samen.
552.	der gleiche Astragalus, jedoch höherwachsend und mit sehr langer Blütenähre; eine Varietät der vorhergehenden Species
553.	vielleicht Astragalus Alpinus, Tragacanthae folio, ramosus, flore coeruleo glomerato (Verzweigter Alpen-Astragalus mit dem Blatt von Tragacanthus, mit blauer, knäuelförmiger Blüte) des Tournefort, ‚Institutiones rei herbariae', 23. Species; Diese mehrjährige Pflanze tritt im Monat Juni an sehr hohen und steilen Felsen der Insel *Ol'chon* und bei *Barguzinskoj ostrog* in Blüte auf. Sie stützt sich auf eine unter Steinen fest sitzende dünne, holzige und fasrige Wurzel. Sie [d. h. die Pflanze] schickt einen sehr verzweigten Stengel aus, in seltenen Fällen zwei. An den einzelnen Zweigen, von denen es oft 6, 8 oder 10 gibt, hängt an der Spitze ein Knäuel von Schmetterlingsblüten, die zum Teil purpurrötlich, zum Teil blau sind. Die Blüten stützen sich nicht auf Stiele, sondern wachsen unmittelbar am Stengel hervor. Sowohl am Stengel als auch an den Zweigen befinden sich zahlreiche Blätter, deren Fiederblättchen in dichter Schar paarweise an der Blattrippe angewachsen sind, wobei ein unpaariges die Rippe abschließt. Die Blätter sind schmal, auf beiden Seiten zugespitzt, intensiv

/102r/

*Irkuck*er Flora nach der Ordnung der ‚Institutiones rei herbariae'
X. Klasse

	grün, länger als einen halben Zoll, kaum eine Linie breit und den Blättern von Vicia Parisiensis (Pariser Vicia) ähnlich. Der Stempel, der in eine Scheide gehüllt ist, geht gegen Ende Juli in eine kurze kleine Schote über, die eiförmig, auf beiden Seiten zugespitzt, in der Mitte bauchig und weiß ist. Die Schote hat nierenförmige, braune Samen. Die Samen dieser Pflanze werden wohlgereift geschickt.

554.	Astragalus Alpinus Tragacanthae folio, ramosus, flore candido glomerato (Verzweigter Alpen-Astragalus mit dem Blatt von Tragacantha, mit reinweißer, knäuelartiger Blüte); Ich habe diese Pflanze, eine sehr schöne Species, auf dem Gipfel des höchsten Felsens der Insel *Ol'chon* gefunden, 5 Stadien vom sogenannten Tor [von *Ol'chon*], das ist jene ‚schmale Wasserstraße' durch den die Insel *Ol'chon* vom Festland getrennt ist und die bei den Russen [*Ol'chonskie*] *vorota*, Tor, genannt wird, und zwar, was mich wunderte, am 10. September; so habe ich auch nur sehr wenige Samen erhalten. Außer in der Blütenfarbe stimmt die Pflanze in den übrigen [Merkmalen] mit der vorhergehenden [Species] überein.
555.	Astragalus frutescens, purpureis, siliquis cinereis, villosis (Strauchiger purpurroter Astragalus mit aschgrauen zottigen Schoten) des Herrn Doktor Gmelin, ‚Index plantarum Lenensium', Nummer 409; sehr zahlreich auf den Bergen am *Angara*[-Fluß], am See [*Bajkal*] und am *Barguzin*-Fluß; Die Pflanze blüht gegen Anfang Juni, die Samen reifen gegen Ende

/102v/

*Irkuck*er Flora nach der Ordnung der ‚Institutiones rei herbariae'
X. Klasse

	Juli. Die ausgereiften Samen werden geschickt. Diese Pflanze bevorzugt sonnenbeschienene, kalkhaltige und steinige Orte und die südliche Region.
556.	Astragalus luteus, annuus, Monspeliacus procumbens (Gelber, einjähriger, niederliegender Montpellier-Astragalus) des Morison, ‚Plantarum historiae universalis Oxoniensis', [Teil 2, Seite 108]; auf den Bergen am See *Bajkal* bei *Peščanaja guba*; Die Pflanze blüht im Juli. Es war nicht möglich, gereifte Samen zu erhalten.
557.	vielleicht Astragalus purpureus, perennis, spicatus, Pannonicus (Purpurroter, mehrjähriger, ähriger, Pannonischer Astragalus) des Morison, ‚Plantarum historiae universalis Oxoniensis', Teil 2, [Seite 106]; des Tournefort, ‚Institutiones rei herbariae', 2. Species; Die Pflanze kommt in Bergwäldern vor, dort wo man zum Dorf *Smolenskaja* reist, auf dem halben Weg zwischen der Stadt und dem Dorf. Sie blüht im Juni. Die Samen sind in meiner Abwesenheit vom Samensammler vernachlässigt worden.
558.	vielleicht Astragalus Orientalis foliis Viciae argenteis, caule nudo, floribus pallide luteis (Orientalischer Astragalus mit den silberweißen Blät-

	tern der Vicia, mit nacktem Stengel, mit blaß gelben Blüten) des Tournefort, ‚Corollarium institutionum rei herbariae', Seite 28; Die Pflanze tritt zusammen mit der vorhergehenden am gleichen Ort auf und blüht zur gleichen Zeit. Sie erhebt sich einen Fuß in die Höhe. Die aus der Blattrippe hervorgehenden Blättchen sind zwar gepaart, jedoch so, daß jeweils eins oberhalb des anderen liegt. Sie gehen nicht wie bei den übrigen Species aus einem Mittelpunkt hervor.
559.	Astragalus elatior Viciae foliis angustioribus incanis, caule nudo, floribus dilute luteis, vexillo floris atro-purpureo (Höherwachsender Astragalus mit den schmalen, weißgrauen Blättern von Vicia, mit einem nackten Stengel, mit hellgelben Blüten und dunkelpurpurroter Fahne der Blüte); vielleicht Astragalus perennis, spicatus, floribus

/103r/

*Irkuck*er Flora nach der Ordnung der ‚Institutiones rei herbariae'
X. Klasse

	pallidis, nigris radiis notatis (Mehrjähriger, ähriger Astragalus mit blassen Blüten, die durch schwarze Strahlen gezeichnet sind) des Morison, ‚Plantarum historiae universalis Oxoniensis', Teil 2, [Seite] 107; Onobrychis spicata, floribus pallidis, nigris radiis notatis (Ährige Onobrychis mit blassen Blüten, die durch schwarze Strahlen gezeichnet sind) des Caspar Bauhin, ‚Pinax' [Seite 350]; des Tournefort, ‚Institutiones rei herbariae', 4. Species; Diese Pflanze ist mehrjährig und hat eine Höhe von bis zu einem Fuß. Sie stützt sich auf eine Wurzel, deren Stärke größer ist als der Ohrfinger, und die ist außen glänzendbraun, innen weiß und ziemlich süß ist. Diese verläuft mit einigen Verzweigungen senkrecht in die Erde hinab. Die Pflanze schickt sehr viele Blätter aus, die auf Stiele gestützt sind, welche bis über die halbe Höhe hinaus ziemlich nackt sind. Die Blätter sind etwas länger als ein halber Zoll und kaum eine Linie breit; ihre Fiederblättchen sind paarweise unmittelbar an der Blattrippe angewachsen. Sie sind stark zugespitzt und scharf, rücklingsgelegt weißlich grün sowie im abgewandten Teil weißgrau bis silberweiß. Die Pflanze schickt zwei, drei oder mehr einen Fuß lange, nackte, rauhhaarige, weiße Stengel aus. Die Blüten sind sehr blaß gelblich oder gelblich weiß und besitzen eine dunkelpurpurrote Blütenfahne. Die Blütenähre ist lang und locker. Die kleinen Schoten und die reifen Samen sind während meiner Abwesenheit nicht beachtet worden. Die Pflanze wächst genau am gleichen Ort wie die vorhergehende. Sie blüht im Juni.

560.	vielleicht Astragalus montanus, purpureus, Anglicus (Englischer, purpurroter Berg-Astragalus) des Tournefort, ‚Institutiones rei herbariae', 20. Species; Glaux montana, purpurea, nostras (Purpurroter Berg-Glaux von uns) des Ray, [‚Historia plantarum', Band I, Seite 939]; Die Pflanze blüht im Juni auf den Wiesen am [Fluß] *Irkut* und am *Angara*[-Fluß] sowie überall am See *Bajkal*. Die Samen reifen etwa Mitte bis Ende Juli. Die gut ausgereiften Samen werden geschickt. Weil der hochedle Herr Doktor Gmelin

/103v/

*Irkuck*er Flora nach der Ordnung der ‚Institutiones rei herbariae'
X. Klasse

	vorab eine Beschreibung und ein Bild dieser Pflanze übermittelt hat, unterlasse ich es, eine ausführliche Beschreibung anzugeben. Ich erinnere nur daran, daß diese Pflanze in der Blütenfarbe sehr variiert. Diese ist bald purpurrot [bis] blau, bald purpurrötlich und zur roten Farbe tendierend.
561.	Astragalus frutescens valde ramosus, floribus minoribus albis, vexilli et carinae oris coerulescentibus Medicae folio (Strauchiger, sehr verzweigter Astragalus, mit kleineren, weißen Blüten, mit bläulichen Säumen der Fahne und des Kiels (Schiffchens), mit dem Blatt von Medica); Diese Pflanze blüht gegen Ende Juli auf bergigen, rauhen, schroffen und kalkhaltigen Orten an der Mündung des *Bugul'deicha*-Flusses in den See *Bajkal*. Sie stützt sich auf eine einen Zoll dicke holzige Wurzel, die ungefähr eine Spanne lang ist und sich unter Steinen verbirgt. Sie schickt 30 jeweils vorderarmslange, sehr verzweigte Stengel aus. Die Pflanze trägt kleine Blüten, die wie bei Melilotus in einer langen Ähre verteilt und schneeweiß sind. Die Säume der Fahne und des Schiffchens sind blau, bei manchen Pflanzen auch hellpurpurrot. Die Blüte erscheint, wenn sie noch nicht ganz entfaltet ist, ganz purpurrötlich wegen der Zartheit der Blütenblätter, besonders der Flügel, die es [d. h. das Purpurrötliche] in das Purpurrot des Schiffchens und der Fahne übergehen lassen. Der Kelch ist fünfspaltig, kurz und kahl. Er enthält eine zweiklappige kleine Schote, die auf der einen Seite wie bei Porcellana bucklig, im anderen Teil konkav ist.

/104r/

*Irkuck*er Flora nach der Ordnung der ‚Institutiones rei herbariae'
X. Klasse

	In jeder Klappe ist ein einzelner schwarzer, nierenförmiger Samen verborgen, der mittels eines Fadens an der Plazenta angeheftet ist. Die sowohl am Stengel als auch an den Zweigen äußerst zahlreichen Blätter sind denen von Medica sehr ähnlich. Sie besitzen ein oder höchstens zwei Paare von Fiederblättchen, die der Blattrippe angewachsen sind und unpaarig [d. h. mit einem Endfiederchen] abschließen, so daß ich sie gern auf Melilotus, zu dessen Familie sie sich ihrem ganzen Aussehen nach hinneigt, zurückführte, wenn sie nicht mehr als dreifache Blätter hätte. Dazu kommt noch, daß die kleinen Schoten und Samen jene mehr zu den Astragalus-Species als zu diesen [d. h. den Melilotus-Species?] in Verbindung bringen. Ich habe die Samen am 10. September in bester Reife auf Felsen der Insel *Ol'chon* gesammelt, und nachdem daraus die wunderschöne Pflanze gewachsen ist, steht es jenen frei, die mehr Muße haben als ich jetzt, sie mit welchem Namen auch immer sie möchten zu benennen.
562.	Astragalus flore ochroleuco procumbens, Viciae foliis glabris (Niederliegender Astragalus mit gelblich weißer Blüte, mit den kahlen Blättern von Vicia); Es ist nicht möglich, mehr über diese Pflanze anzuführen, weil das immerhin einzige Exemplar mir vom Samensammler nach meiner Rückkehr nach *Irkuck* getrocknet überreicht wurde. Es wurde am Bach *Kuda* in der Nähe der Vorstadt *Urik* [*sloboda*] gesammelt.
563.	Baikalia oder Astragalaster wird von mir eine Pflanzen-

/104v/

*Irkuck*er Flora nach der Ordnung der ‚Institutiones rei herbariae'
X. Klasse

	gattung genannt, die ich wegen der Bildung der Blätter auf keine bis heute bekannte Gattung zurückführen konnte. Deswegen aber, weil sie am See *Bajkal* zahlreich und zwar mit einigen Species prunkend gefunden wurde, wollte ich sie Baikalia benennen. Wenn sie nun aber jemandem als eine untergeordnete Gattung dem Astragalus hinzuzufügen zu sein schiene, mit dem sie nach Blüte und Samen übereinstimmt, so wollte ich einen anderen Namen vorschlagen, dergestalt daß das Wort Astragalus auf die Struktur von Blüte und Samen, das Wort αστηρ aber auf die Struktur der Blätter hinwiese. Es bilden sich nämlich die Blätter

	teils aus einem doppelten Paar oder vier aus einem Zentrum hervorgegangenen Blättern, nämlich unten; oben aber prunkt die Pflanze mit fünf-, sechs-, ja sogar siebenfachen [Blättern] in der Art von aus ebenso vielen Strahlen bestehenden Sternen.
564.	Baikalia flore ochroleuco (Baikalia mit gelblich weißer Blüte); Diese mehrjährige Pflanze, die auf Felsen am See *Bajkal* von der Mündung des *Bugul'deicha*-Flusses bis *Barguzinskoj ostrog* vorkommt, stützt sich auf eine bisweilen einfach, bisweilen zweifach oder dreifach gespaltene, außen braune und innen weiße Wurzel, die in der Stärke einer Schreibfederkiels senkrecht in den Sand eindringt.

/105r/

*Irkuck*er Flora nach der Ordnung der ‚Institutiones rei herbariae'
X. Klasse

	Die Pflanze streut um sich herum sehr viele Blätter aus, die der Erde eng anliegen, die Stengel sind meist bis zu einem Drittel blattlos, stielrund, wollig und rauhhaarig. Die Blätter sind am Stengel sternförmig angeordnet, wobei unten vier, danach fünf, sechs bis sieben aus einem Zentrum hervorgehen. Ein Blatt an der Spitze bildet den Abschluß des Stengels. Die Blätter sind den Blättern von Vicia ähnlich. Sie sind auf beiden Seiten zugespitzt, wollig und weißgrau. Innerhalb der Blätter erheben sich je nach Alter der Pflanze zwei, drei, vier bis sechs Stengel, die sich auf die Erde niederlegen und bisweilen einen halben Fuß, bisweilen aber kaum drei Zoll lang, stielrund, weißgrau sowie blattlos sind und an der Spitze eine Blütenähre tragen. Die Schmetterlingsblüten sind gelblich weiß und sind in einem länglichen, oben fünfzipfligen, rauhhaarigen Kelch enthalten. Der Stempel ist wie bei den Astragalus-Species in eine Scheide gehüllt, der in die längliche, gerade, zweiklappige kleine Schote übergeht, die bei Reife der Samen von der Basis zur Spitze hin aufreißt und die mittels eines Fadens an der Plazenta angehefteten nierenförmigen braunen Samen enthält. Die Pflanze blüht etwa Anfang Juli bis Anfang August

/105v/

*Irkuck*er Flora nach der Ordnung der ‚Institutiones rei herbariae'
X. Klasse

	sowohl an tiefer gelegenen als auch an schroff abschüssigen Orten. An der gleichen Pflanze werden Anfang August immer Blüten und reife

	Samen zugleich gefunden. Ich habe die wohlgereiften Samen gesammelt und überschickt.
565.	Baikalia flore ochroleuco vexillo floris coerulescente (Baikalia mit gelblich weißer Blüte, mit bläulicher Blütenfahne); Diese Pflanze kommt zusammen mit der vorhergehenden am gleichen Ort und zur gleichen Zeit in Blüte vor. Mit Ausnahme einer auffallenden blauen Zeichnung an der Blütenfahne stimmt alles mit der vorhergehenden überein. Ich habe dafür gesorgt, daß von der Pflanze ein Bild in natürlicher Größe angefertigt wird: A) stellt einen Zweig der Pflanze dar, b) die Samen, c) den Kelch. Ihre Samen werden übermittelt.
566.	Baikalia flore pallide coeruleo (Baikalia mit blaß blauer Blüte); Die Pflanze tritt zusammen mit der vorhergehenden am gleichen Ort und zur gleichen Zeit auf. Die reifen Samen werden geschickt.
567.	Baikalia flore atrorubente (Baikalia mit dunkelroter Büte); Die übrigen Merkmale stimmen mit den vorhergehenden [Species] überein. Die Pflanze blüht am gleichen Ort und zur gleichen Zeit. Das Bild stellt die Pflanze in natürlicher Größe dar: a) ein Zweig der Pflanze, b) der Samen, c) der Kelch. Die reifen Samen werden geschickt.
568.	Baikalia flore atro-purpureo foliis angustioribus et densioribus (Baikalia mit dunkelpurpurroter Blüte mit schmaleren und dichter gedrängten Blättern); Die Pflanze kommt am Ufer des Sees *Bajkal* vor und wird häufig von den Winden völlig mit Sand bedeckt. Es scheint mir nichtsdestoweniger eine [von den vorhergehenden] verschiedene Species zu sein,

/106r/

*Irkuck*er Flora nach der Ordnung der ‚Institutiones rei herbariae'
X. Klasse

	weil ich eine Pflanze mit dunkelpurpurroter Blüte niemals an tiefer gelegenenen Stellen gefunden habe, sondern immer nur auf sonnenbeschienenen und schroffen Felsen. Ihre Samen werden geschickt.
569.	Astragalus Tragacanthae folio, capsula seminis ampla cinerea rotunda (Astragalus mit dem Blatt von Tragacantha, mit großer, aschgrauer, rundlicher Samenkapsel); Ich hatte diese Pflanze am 18. August auf einem sehr hohen Felsen, 5 Stadien von *Barguzinskoj ostrog* entfernt, gefunden, wobei an der trockenen Pflanze weder eine Spur der Samen, noch der Blüte zu sehen war. Die Samen habe ich zusammen mit den Kapseln von der Erde aufgelesen und übermittle sie. Ich wünsche später eine Nachricht darüber zu erhalten, wie die Pflanze, die daraus hervor-

	gehen wird, beschaffen ist oder auch unter welchem Namen sie geführt wird.

XI. Klasse
Von Kräutern und Halbsträuchern mit anomaler, polypetaler Blüte

570.	Balsamina lutea sive Noli me tangere (Gelbe Balsamine oder ‚Rühr-mich-nicht-an') des Caspar Bauhin, ‚Pinax', [Seite] 306; des Tournefort, ‚Institutiones rei herbariae'; Impatiens herba (Ungeduldiges Kraut) des Dodonaeus, [‚Pemptades']; an Flüßchen und in schattenreichen Wäldern; Die Pflanze blüht im Juli, die Samen reifen im August.
571.	Viola folio subrotundo valde emarginato seu Asari folio, capsula seminali erecta variegata (Viola mit rundlichem, stark ausgerandetem Blatt oder dem Blatt von Asarum, mit aufrechter, gesprenkelter Samenkapsel); Die Pflanze wächst sehr zahlreich auf sehr hohen Felsen,

/106v/

*Irkuck*er Flora nach der Ordnung der ‚Institutiones rei herbariae'
XI. Klasse

	10 Stadien von *Barguzinskoj ostrog* entfernt, an den Quellen des Flusses *Bannoj*, der beim *ostrog* in den *Barguzin*[-Fluß] mündet. Sie blüht im Juni. Eine Blüte habe ich nicht gesehen, ich konnte sie auch mit keiner Anstrengung erhalten. Ich schicke aber reife Samen, damit in Petersburg eine vollständige Beschreibung erfolgen kann. Die Pflanze besitzt eine unbedeutende fasrige, weiße Wurzel, die sich zwischen Steinen verbirgt. Sie streut überallhin im Umkreis ihre Blätter aus, die auf 2 Zoll langen Stielen sitzen. Dort, wo der Blattstiel in die [Blattspreite] eingefügt ist, sind die Blätter sehr ausgerandet. Sie sind ansonsten im Umriß nahezu rund. Die Samenkapseln sind grün und mit kleinen, purpurrötlichen Pünktchen gesprenkelt und bunt. Sie stehen aufrecht, nicken nicht wie die übrigen Viola-Species, sondern sitzen auf anderthalb Zoll langen Stielen, fünf, sechs bis acht an der Zahl. Die Samen reifen gegen Ende August.
572.	Viola montana arborescens, folio oblongo mucronato flore pallide coerulescente (Baumartige Berg-Viola mit länglichem Blatt, das mit einer Spitze versehen ist, mit blaß bläulicher Blüte); Diese Pflanze kommt auf trockeneren, gebirgigen Orten am Bach *Ušakovka* in östlicher Richtung vor. Sie blüht gegen Ende Mai und erreicht eine Höhe von einer

	Spanne. Sie stützt sich auf eine zarte, fasrige, außen glänzendbraune, innen weiße, verholzte Wurzel, die bis zu zwei oder drei Zoll senkrecht in die Erde hinabläuft. Die Pflanze treibt einen stielrunden, aufrecht stehenden Stengel hervor, der unten schwach purpurrötlich und zu den Austrittsstellen der Blätter hin grünlich wird. Die Blätter sind länglich,

107r/

*Irkuck*er Flora nach der Ordnung der ,Institutiones rei herbariae'
XI. Klasse

	zum oberen Ende hin stark zugespitzt und scharf. Im Umriß sind sie mit einer Spitze versehen und am Übergang von [der Blattspreite] in den Stiel sind sie ausgerandet. Rücklingsgelegt sind sie intensiv grün, im abgewandten Teil blasser grün. Sie sind reichlich mit Blattnerven versehen und stehen auf einen Zoll langen Blattstielen, die von einer blattreichen Rippe umschlossen [?], auf der zum Stengel schauenden Seite eben und auf der zur Unterseite des Blattes schauenden Seite konvex sind. Am Ursprung der einzelnen, mit Blattstiel versehenenen Blätter gehen zwei weitere, gegenüberstehende, kleinere Blätter hervor. Die Spitze des Stengels begrenzt eine Masse von 10 oder mehr länglichen und schmaleren Blättern. Aus ihren Achseln erheben sich ein, zwei oder drei oder anderthalb Zoll lange blattlose Stiele, die Viola-Blüten tragen. Die blaß bläulichen Blüten sind mit kleinen violetten Strichen und von einem fünfspaltigen, gerillten Kelch umschlossen. Die gesamte Pflanze besitzt keinen herausragenden Geruch und Geschmack. Die wenigen Samen werden geschickt.
573.	Viola pumila rupestris, flore purpureo amplo, foliolis oblongis (Zwerg-Felsenviola mit großer purpurroter Blüte, mit länglichen Blättchen); Ich habe diese Viola am 21. August üppig blühend direkt auf dem Gipfel des Felsens, 10 Stadien von *Barguzinskoj ostrog* entfernt, an den Quellen des Flusses *Bannoj* gefunden. Sie stützt sich auf eine sehr kleine weiße und fasrige Wurzel von der Stärke eines Kerzendochts, die sich unter Moos verbirgt. Die Blättchen, jeweils fünf oder sechs an der Zahl, nehmen eine waagerechte Stellung ein. Sie sind länglich, herrlich grün

/107v/

*Irkuck*er Flora nach der Ordnung der ,Institutiones rei herbariae'
XI. Klasse

	und besitzen Stiele von einem halben Zoll Länge. Sie selbst sind einen

	halben Zoll lang, ihre Breite beträgt ein drittel Zoll. Sie sind auf beiden Seiten kahl, im abgewandten Teil etwas gelblich getönt, längs des Umfangs schön und nicht tief gesägt, eher mit Spitzen versehen. Aus der Mitte der Blätter erhebt sich ein kahler Stiel, der einen Zoll lang und schwach purpurrötlich ist sowie die Viola-Blüte trägt. Die große, beziehungsweise ansehnliche Blüte ist purpurrot, ungefähr einen Zoll breit und etwas länger als breit. Die Samenkapsel ist stumpf dreikantig, nahezu stielrund [bzw.] eiförmig. Ich schicke, wenn auch nur sehr wenige Samen dieser Pflanze und habe den Auftrag erteilt, die Pflanze zu zeichnen. Das Bild stellt sie in natürlicher Größe dar: a) die Pflanze, b) die Samenkapsel, c) der Samen.
574.	Viola flore lacteo, caule aphyllo folio oblongo acuminato (Viola mit milchweißer Blüte, mit blattlosem Stengel, mit länglichem, zugespitztem Blatt); Diese Pflanze tritt gegen Ende Mai blühend in sumpfigen Gegenden, die bei den Russen *kočki* genannt werden, an den Bächen *Ušakovka* und *Kuda* sowie am *Barguzin*[-Fluß] auf. Sie stützt sich auf eine zarte, holzige, faserige meist in zwei Teile gespaltene Wurzel, die drei Zoll lang ist und senkrecht in die Erde hinabläuft. Sie treibt vier, fünf bis sechs Blätter aus, die an 2 bis 3 Zoll langen Stielen sitzen. Diese Stiele sind auf der zum Stengel schauenden Seite eben,

/108r/

*Irkuck*er Flora nach der Ordnung der ‚Institutiones rei herbariae'
XI. Klasse

	außen jedoch auf der zur Unterseite des Blattes schauenden Seite stielrund und grün. Gelegentlich zeigen sie sich am Ansatz schwach rot und ein wenig geflügelt. Die Blätter sind länglich, an der Eintrittsstelle des Blattstiels ausgerandet, anderthalb Zoll lang oder länger und an der breitesten Stelle $^{8}/_{10}$ Zoll breit. Weiter oben sind sie zugespitzt, üppig grün, sehr nervenreich und im abgewandten Teil des Blattes etwas blasser. An den Rändern sind sie in recht großen Abständen mit Spitzen versehen. Die Pflanze bringt ein, zwei, drei, vier bis fünf einzelne Blüten tragende Stiele hervor. Die Blüten sind polypetale, unregelmäßige der Viola und besitzen eine milchweiße Farbe. Das Kronblatt, das in den Sporn ausläuft, ist schön mit violetten kleinen Linien geziert, die vom Nagel des Kronblattes nach den Rändern zu verlaufen. Der Stempel [d. h. der Griffel], der sich aus dem grünen fünfzipfligen Kelch erhebt, geht nach Violenart in eine dreikantige, an drei Stellen aufreißende Frucht über. Die Frucht enthält rundliche, weiße Samen. Der

	Stempel ist von fünf großen, weißlichen Staubblätter umgeben, die mit safrangelben, zweifach gespaltenen Spitzen (Staubbeuteln) beladen sind. Ich schicke die gegen Anfang August reif gesammelten Samen dieser Pflanze. Das Bild auf der Tafel stellt die Pflanze in natürlicher Größe dar: a) die Pflanze selbst, b) die Samenkapsel, c) der Samen.

'108v/

*Irkuck*er Flora nach der Ordnung der ‚Institutiones rei herbariae'
XI. Klasse

575.	Viola purpurea folio digitato (Purpurrote Viola mit gefingertem Blatt) des Herrn Doktor Gmelin, ‚Index plantarum Lenensium'; Die Pflanze blüht gegen Ende Mai und Anfang Juni in den Wäldern am [Bach] *Ušakovka* und auf den Bergen am See *Bajkal*.
576.	Viola Alpina, folio in plures partes dissecto (Alpen-Viola mit einem in viele Teile zerschnittenem Blatt) des Caspar Bauhin, ‚Pinax' [Seite 199]; Viola montana, folio multifido (Berg-Viola mit vielteiligem Blatt) des Johann Bauhin [‚Historia plantarum ...', Band 3, liber XXXII, Seite 544]; Viola montana, laciniato folio (Berg-Viola mit geschlitztem Blatt) des Clusius, ‚Historia plantarum' und des Tournefort, ‚Institutiones rei herbariae', 15. Species; Die Blüte ist blaurötlich. Das Blatt mit acht Blattzipfeln ist bis zum Hauptnerv eingeschnitten. Die Pflanze blüht Anfang Mai bis Mitte Juni, die Samen reifen gegen Anfang Juli. Diese Samen werden wohlgereift geschickt. Die Pflanze kommt sehr zahlreich vor auf den Bergen am *Angara*[-Fluß], am [Fluß] *Irkut* und am [Bach] *Ušakovka* sowie am See *Bajkal*.
577.	Viola montana, lutea, subrotundo crenato folio (Gelbe Berg-Viola mit rundlichem, gekerbtem Blatt) des Barrelier ‚Icones'; des Tournefort, ‚Institutiones rei herbariae', 26. Species; überall bei *Irkuck* und am See *Bajkal*; sehr zahlreich sowohl in Wäldern als auch an bergigen Orten und tiefer liegenden Wiesen; Die Pflanze blüht Anfang Mai. Sie ist eine der am frühesten blühenden Pflanzen. Ich schicke die Samen, die gegen Mitte Juni gereift sind.
578.	Viola palustris, rotundifolia, glabra (Rundblättrige, kahle Sumpf-Viola) des Morison, ‚Plantarum historiae universalis Oxoniensis', [Teil 2, Seite 475]; des Tournefort, ‚Institutiones rei herbariae', 14. Species; in einem feuchten Wald am [Bach] *Ušakovka*; Die Pflanze blüht im Mai.
579.	Viola Martia inodora, sylvestris, foliis mucronatis, oblongis et strictioribus (Geruchlose, wildwachsende März-Viola mit gekerbten, länglichen und steiferen Blättern) des Tournefort,

/109r/

*Irkuck*er Flora nach der Ordnung der ‚Institutiones rei herbariae'
XI. Klasse

	‚Institutiones rei herbariae', 4. Species; Die Pflanze prangt mit purpur-rot-rötlicher Blüte und blüht gegen Mitte Mai auf den Wiesen bei *Rozvodnaja* wie auch auf den Hügeln bei der *zaimka* des *Afanasij Dement'ev*. Ihre gegen Anfang Juli gereiften Samen schicke ich.
580.	Viola autumnalis, foliis oblongis, mucronatis, flore purpureo (Herbst-Viola mit länglichen, mit Spitzen versehenen Blättern, mit purpurroter Blüte); Die Pflanze stimmt in allen Merkmalen mit der vorhergehenden überein und unterscheidet sich lediglich in der Blütezeit, sowie darin, daß die Blüten ansehnlicher und die Blätter größer sowie länger sind. Sie kommt sehr zahlreich bei *Barguzinskoj ostrog* vor. Ihre gereiften Samen werden geschickt.
581.	Viola autumnalis, foliis oblongis, mucronatis, flore pallide coeruleo (Herbst-Viola mit länglichen, mit Spitzen versehenen Blättern, mit blaß blauer Blüte); Die Pflanze unterscheidet sich von der vorhergehenden nur in der Farbe der Blüte. Sie ist eher als Varietät denn als eine verschiedene Species, anzusehen, auch wenn sie häufig vorkommt, da auch alle übrigen Pflanzen, die spät im Herbst blühen, in der Blütenfarbe sehr abweichen.
582.	vielleicht Viola Martia, inodora, sylvestris, foliis majoribus et rotundioribus (Geruchlose, wildwachsende März-Viola mit größeren und rundlicheren Blättern) des Caspar Bauhin, ‚Pinax' [Seite 199]; Die Samen dieser Pflanze werden geschickt. Ihre Blüte habe ich nicht gesehen. Sie wächst am *Angara*[-Fluß] und am See *Bajkal* an sandigen Ufern.

/109v/

*Irkuck*er Flora nach der Ordnung der ‚Institutiones rei herbariae'
XI. Klasse

583.	Viola Martia, sylvestris, aquate coerulea, folio et flore minore (Wildwachsende, wäßrig-blau blühende März-Viola mit kleinerem Blatt und kleinerer Blüte) des ‚Hortus Catholicus'; sehr zahlreich in den Wäldern und an Baumstämmen am *Angara*[-Fluß] und am [Bach] *Ušakovka* sowie beim See *Bajkal*. Nicht selten tritt die Pflanze mit schwärzlichen wie auch mit rein purpurroten Blättern auf. Sie blüht im Mai, ihre Samen sind im Juni und Juli gereift.
584.	Fumaria flava palustris, caule pentagono (Hellgelbe Sumpf-Fumaria

	mit fünfkantigem Stengel); Diese Pflanze, die den gesamten Juli in sumpfigen Gegenden am *Angara*[-Fluß] und an sandigen Stellen beim See *Bajkal* blüht, stützt sich auf eine fasrige, brüchige Wurzel. Sie [d. h. die Pflanze] treibt zwei, drei und mehr Stengel aus, die einen Fuß bis zu einer Vorderarmslänge lang, aufrecht, fünfkantig und schmutzig grün sind. Sie sind auf allen Seiten mit einem verwaschenen und schwachen Purpurrot gefärbt und verzweigt. Von der Wurzel und von allen Seiten des Stengels gehen Blätter aus, die durch kantige Stiele gestützt werden. Die Blätter sind denen der Fumaria sehr ähnlich, sie sind aber feiner geschlitzt, und besitzen längliche, schmalere Abschnitte. Die intensiv hellgelben Blüten der Fumaria, die an anderthalb Linien langen Stielen hängen, treten sowohl aus den Blattachseln als auch an der Sproßspitze aus. Der Sporn der Oberlippe ist eine Linie breit und aufwärts zurückgebogen.

/110r/

*Irkuck*er Flora nach der Ordnung der ‚Institutiones rei herbariae'
XI. Klasse

	Den Blüten folgen die Schoten[-Früchte], die bisweilen grün, bisweilen unscheinbar purpurrötlich sind. Sie hängen nach unten, laufen in eine Spitze aus und enthalten im Innern kreisunde, schwarze, kahle, glänzende Samen. Die Blüten an der Spitze des Stengels erblühen eher als die, die sich in den Blattachseln im mittleren oder im unteren Stengelbereich befinden, so daß die Samen an der Spitze des Stengels beinahe zur Reife kommen, wenn die unteren Blüten gerade aufgehen. Die Samen dieser Pflanze, die gegen Anfang August gereift sind, werden geschickt.
585.	vielleicht Aconitum Lyctoconum [Lycoctonum], luteum (Gelbes, wolftötendes Aconitum) des Caspar Bauhin, ‚Pinax', [Seite] 183; Aconitum folio Platani, flore luteo-pallescente (Aconitum mit dem Blatt von Platanus, mit verblassender gelber Blüte) des Johann Bauhin [‚Historia plantarum ...', Band 3, liber XXXIV, Seite 652]; sehr zahlreich in Bergwäldern bei *Irkuck* und am See *Bajkal*. Die Pflanze blüht etwa Mitte Juni. Die Samen reifen gegen Ende August; jene gereiften Samen werden geschickt.
586.	vielleicht Aconitum Pyrenaicum, ampliore folio tenuius laciniato (Pyrenäisches Aconitum mit größerem, fein geschlitztem Blatt) des Tournefort, ‚Institutiones rei herbariae', 4. Species; Die Pflanze stützt sich auf eine gerade, nahezu netzförmige Wurzel, die eine Handbreit lang

	und einen Zoll stark ist. Diese besteht aus Fasern, die miteinander auf verschiedene Weise fest verknüpft sind. Der Stengel

/110v/

*Irkuck*er Flora nach der Ordnung der ‚Institutiones rei herbariae'

XI. Klasse

	ist zwei bis drei Vorderarmslängen lang. Die ein bis anderthalb Fuß langen und überall mit Haaren bedeckten Blattstiele nehmen nicht selten eine blaß grünliche Färbung an. Vom rücklingsgelegten Teil des Blattes aus gesehen sind sie flach, vom abgewandten Teil aus gesehen stielrund. Das Blatt, das ganz oben am Blattstiel angewachsen ist, ist sehr groß, intensiv grün, glänzend, kahl, auf dem abgewandten Teil blasser und rauhhaarig. Es ist in fünf größere Segmente geteilt. Die einzelnen, größeren Segmente sind wiederum zart in viele Zipfel geteilt, die sich bis an den Nerv der größeren Segmente ausdehnen. Die Blüten sind von gelber Farbe, nahezu wie die des Schwefels. Der Helm der Blüte ist groß und weit ausladend. Die Flügel des Helms überziehen sich an den Säumen mit gelber, weicher Wolle. Der Mittelteil der Spitzen (Staubbeutel), mit dem sie an den Staubblättern sitzen, wird gelb, die Ränder auf beiden Seiten sind schwarz. Am Stempel stehen drei gehörnte kleine Scheiden (Fruchtblätter) zusammen. Die Pflanze blüht gegen Anfang Juli auf den Bergen am *Angara*[-Fluß] und beim See *Bajkal*. Die Samen, die geschickt werden, reifen gegen Anfang September.

/111r/

*Irkuck*er Flora nach der Ordnung der ‚Institutiones rei herbariae'

XI. Klasse

587.	Aconitum inflexa coma, maximum (Größtes Aconitum mit eingebogenem Schopf) des Caspar Bauhin, ‚Pinax', [Seite] 183; Aconitum Lyctoconum [Lycoctonum] coma nutante, maximum (Größtes wolfstötendes Aconitum mit nickendem Schopf) des Johann Bauhin [‚Historia plantarum ...', Band 3, liber XXXIV, Seite 658]; Die Pflanze blüht gegen Anfang Juli sehr zahlreich in den Bergwäldern bei *Irkuck* und am See *Bajkal*.
588.	Aconitum coeruleum seu Napellus primus (Blaues Aconitum oder Erste Napellus[-Species]) des Caspar Bauhin, ‚Pinax' [Seite] 183; sehr zahlreich in den Bergwäldern bei *Irkuck* und am See *Bajkal*; Bei den

	Russen in Sibirien heißt die Pflanze *prigrid.* Das Dekokt ihrer Wurzel verwenden sie bei Krätze.
589.	vielleicht Aconitum violaceum seu Napellus secundus (Violettblühendes Aconitum oder Zweite Napellus[-Species]) des Caspar Bauhin, ‚Pinax', [Seite] 183; Aconitum Napello simile, sed minus coeruleum, praecocius (Aconitum, das dem Napellus ähnlich, jedoch weniger blau ist und früher blüht) des Johann Bauhin [‚Historia plantarum ...', Band 3, liber XXXIV, Seite 656]; [Aconitum Lycoctonum, 4.] Tauricum (Taurisches wolfstötendes Aconitum, 4. [Species]) des Clusius, ‚Historia plantarum'; Die Pflanze blüht sehr zahlreich im Juni und im Juli auf den Bergwiesen am *Angara*[-Fluß] und am See *Bajkal.* Sie erreicht eine Höhe von bis zu einer Vorderarmslänge und ist niemals üppig mit Zweigen versehen. Aus einer Wurzel wachsen höchstens drei Stengel, gewöhnlich aber nur ein einziger. Ansonsten ist die Pflanze der Ersten Napellus[-Species] genau gleich.
590.	Delphinium perenne, montanum, Aconiti folio, villosum (Mehrjähriges, zottiges Berg-Delphinium mit dem Blatt von Aconitum) des Tournefort, ‚Institutiones rei herbariae', 1. Species; Aconitum caeruleum hirsutum, flore Consolidae regalis (Blau blühendes, rauhhaariges Aconitum mit der Blüte von Consolida regalis [Königliche Consolida]) des Caspar Bauhin, ‚Pinax' [Seite] 183; Die Pflanze blüht gegen Anfang Juli sehr zahlreich auf den Bergwiesen der Wälder

/111v/

*Irkuck*er Flora nach der Ordnung der ‚Institutiones rei herbariae'
XI. Klasse

	am *Angara*[-Fluß] und am See *Bajkal.* Die Samen reifen gegen Anfang September.
591.	Delphinium perenne, montanum, Aconiti folio, villosum (Mehrjähriges, zottiges Berg-Delphinium mit dem Blatt von Aconitum) des Herrn Doktor Gmelin, ‚Index plantarum Lenensium', Nummer 437, zweite Varietät; Die Pflanze kommt zusammen mit der vorhergehenden am See *Bajkal* vor.
592.	Delphinium foliis rotundioribus Aconiti et magis divisis (Delphinium mit den rundlicheren Blättern des Aconitum, die stärker geteilt sind) des Herrn Doktor Gmelin, ‚Index plantarum Lenensium', Nummer 438; Die Pflanze tritt in gleicher Anzahl wie die vorhergehende auf. Sie scheint mir wie Herrn Doktor Gmelin eine unterschiedliche Species zu sein. Die gesammelten Samen schicke ich.

593.	Delphinium segetum, flore coeruleo (Auf Saatfeldern wachsendes Delphinium mit blauer Blüte) des Tournefort, 3. Species; Die Pflanze kommt auf offenen, sehr trockenen Steppenflächen dort vor, wo man zum *Lena*[-Fluß] reist, sowie sehr zahlreich auf Felsen am See *Bajkal*. Sie blüht ungefähr Anfang Juli, die Samen reifen gegen Ende August. Ihre Samen werden geschickt. Ob es nicht eine unterschiedliche Species sein könnte, weil sie in der Länge selten einen Fuß überschreitet? So scheint sie mir auch hinsichtlich der Blätter abzuweichen.
594.	Delphinium segetum humilius (Niedrigeres, auf Saatfeldern wachsendes Delphinium); Die Pflanze, die eine Handbreite nicht überragt, kommt in den Steppen an der Mündung des *Bugul'deicha*-Flusses in den See *Bajkal* vor.
595.	Delphinium segetum, flore albo (Auf Saatfeldern wachsendes Delphinium mit weißer Blüte) des Tournefort, ‚Institutiones rei herbariae', 4. Species; Die Pflanze tritt auf in der Steppe von *Kungurga*, 30 Stadien von *Barguzinskoj ostrog* entfernt.

/112r/

*Irkuck*er Flora nach der Ordnung der ‚Institutiones rei herbariae'
XI. Klasse

596.	Aquilegia sylvarum humilis (Niedrige Aquilegia der Wälder) des Herrn Doktor Gmelin, ‚Index plantarum Lenensium', [Nummer] 440; vielleicht Aquilegia sylvestris (Wildwachsende Aquilegia) des Caspar Bauhin [‚Pinax', Seite 144], des Tournefort, ‚Institutiones rei herbariae', 1. Species; Die Pflanze kommt sehr zahlreich in den Wäldern und auf den Bergen am *Angara*[-Fluß] sowie am See *Bajkal* vor und blüht im Juni. Die Samen reifen gegen Ende Juli. Bei dieser Species sind die äußersten Ränder der inneren helmartigen Blütenblätter wie auch die Spitzen (Staubbeutel) der Staubblätter von schwefelgelber Farbe. Ich erinnere mich nicht daran, daß es bei unserer gemeinen Aquilegia (Akelei) so ist, deswegen habe ich Samen geschickt.
597.	Orchis trifolia major, flore purpureo (Größere, dreiblättrige Orchis mit purpurroter Blüte) des Caspar Bauhin, ‚Pinax', [Seite] 83; Die Pflanze ist mit mindestens einem länglichem ‚Hoden' (Sproßknolle von hodenartiger Gestalt) versehen, der am Ausgang des Stengels aus der Krone weiße fleischige Fasern austreibt. Es gibt zwei Blätter, die rücklingsgelegt aus dem Grünen ins Gelbliche übergehen, im abgewandten Teil weißlich sind mit senkrechten Linien. Sie sind nervenreich und glänzend. Darüber hinaus umschließen zwei weitere, kleinere und schmale-

	re Blätter den Stengel. Der außen und innen gestreifte Helm und der Sporn sind blaß purpurrötlich gefärbt, die Spitze des Helms ist schwarz. Die Flügel und die Lippe, die zweifach gespalten und in drei Teile gegliedert ist, sind rötlich. Der mittlere Abschnitt zwischen den Flügeln und den Lippen ist weiß und mit purpurrot-rötlichen Punkten gesprenkelt. Die Pflanze bringt etwa 12 in einer Ähre dicht zusammengedrängte Blüten hervor. Die Ähre selbst ist seitlich auf beiden Seiten zusammengedrückt. Die Pflanze blüht in *Irkuck* gegen Ende Mai.
598.	Orchis bifolia, latissima (Sehr breite zweiblättrige Orchis) des Caspar Bauhin, ‚Pinax' [Seite 82]; siehe die von Rupp in der ‚Flora Ienensis', Seite 241; Ich habe jedenfalls diese Varietäten fast alle gesammelt. Die einzige Knolle ist nahezu herzförmig.

/112v/

*Irkuck*er Flora nach der Ordnung der ‚Institutiones rei herbariae'
XI. Klasse

599.	Orchis palmata, palustris, tota rubra (Völlig rote handförmige Sumpf-Orchis) des Caspar Bauhin, ‚Pinax', Seite 86; Die gesamte Blüte ist purpurrot-rötlich. Der Helm ist dreifach gespalten, die Unterlippe ist nicht gespalten, breit und zugespitzt. Der Sporn ist länglich, kegelförmig und $^{2}/_{10}$ Zoll lang. Den einzelnen Blüten sind jeweils einzelne rote Blättchen untergelegt. Die Laubblätter, die wechselweise den Stengel umschließen, sind ebenfalls rot, dreinervig, länglich und zugespitzt; meist sind jeweils vier vorhanden. Der Stengel ist grün. Die Pflanze blüht gegen Anfang Juni auf sehr feuchteren Wiesen am [Fluß] *Irkut*. Sie erreicht meist eine Höhe von einer Spanne oder 8 Zoll.
600.	Orchis palmata, palustris, tertia (Dritte handförmige Sumpf-Orchis[-Species]) des Caspar Bauhin, ‚Pinax' [Seite 86]; Die Pflanze stimmt mit der vorhergehenden überein, unterscheidet sich aber durch die vom Grünen ins Gelbliche übergehenden Blätter.
601.	Monorchis minima bifolia, flore lutescente (Sehr kleine zweiblättrige Monorchis mit gelblicher Blüte); Die Pflanze blüht ungefähr Mitte Juni auf trockeneren Wiesen am [Bach] *Ušakovka* wie auch in den Wäldern am [Fluß] *Irkut*. Ich habe dafür gesorgt, daß ein Bild dieser Pflanze angefertigt wird, das sie in natürlicher Größe darstellt.
602.	Orchis Morio, minor, foliis maculosis (Kleinere Orchis Morio [Narrenkappenähnliche Orchis] mit gefleckten Blättern) des Caspar Bauhin, ‚Pinax' [Seite 82]; Cynosorchis minima, secundum caulem maculosis foliis, floribus purpureis (Sehr kleine Cynosorchis mit gefleckten Blät-

	tern entlang des Stengels, mit purpurroten Blüten) des Johann Bauhin [,Historia plantarum ...', Band 2, liber XIX, Seite 760]; Die Pflanze blüht etwa Mitte Juni in den Bergwäldern am *Angara*[-Fluß].
603.	Orchis alba, bifolia, minor, calcari oblongo (Weißblühende zweiblättrige, kleinere Orchis mit länglichem Sporn) des Caspar Bauhin, ,Pinax' [Seite 83]; Orchis alba, calcari longo (Weißblühende Orchis mit langem Sporn) des Johann Bauhin [,Historia plantarum ...', Band 2, liber XIX, Seite 771]; Die Pflanze blüht Anfang Juni sehr zahlreich in den Wäldern bei *Irkuck* und am See *Bajkal*.

/113r/

*Irkuck*er Flora nach der Ordnung der ,Institutiones rei herbariae'

XI. Klasse

604.	Palmata angustifolia maculata (Schmalblättrige, gefleckte Palmata) des Rivinus; Palmata foemina flore rubro vel dilute purpureo, folio maculato (Weibliche Palmata mit roter oder hellpurpurroter Blüte, mit geflecktem Blatt) des Chabrey, [,Stirpium icones'], Seite 254; Die Pflanze blüht etwa Mitte Juni auf Bergwiesen am [Fluß] *Irkut*. Sie weist starke Variationen hinsichtlich der Größe, der Farbe der Blüte und der Breite der Blätter auf. Bei größeren Pflanzen sind die Blätter ungefähr einen Finger breit. Die Blüte ist bei einigen Pflanzen rot, bei anderen ist sie sehr hell purpurrötlich. Die Unterlippe der Blüte ist sehr breit, herzförmig und dreifach gespalten.
605.	Palmata angustifolia non maculosa (Schmalblättrige, nicht gefleckte Palmata) des Rivinus; Orchis palmata pratensis, angustifolia minor, flore odoratissimo (Schmalblättrige, kleinere handförmige Wiesen-Orchis mit stark duftender Blüte) des Caspar Bauhin, ,Prodromus', Seite 30; wie auch Orchis palmata montana maxima (Größte handförmige Berg-Orchis) des Caspar Bauhin, ,Prodromus', Seite 31. Die Blüten sind doppel so breit als hoch; der Sporn ist sehr lang.
606.	Monorchis Ophioglossoides unifolia Mentzelii (Ophioglossum ähnliche, einblättrige Monorchis des Mentzel); Von deren kleinerer, nicht jüngerer, hat Mentzel, von deren größerer Buxbaum, Centurium III, Tafel XXVI, eine Abbildung geliefert. Sowohl Mentzels als auch Buxbaums Species habe ich nahe beieinander an ein und demselben Ort und zur gleichen Zeit gefunden. Wenn jemand die größere und kleinere für eine Species halten will, möchte ich dem nicht widersprechen, mache jedoch darauf aufmerksam, daß Buxbaum die bei Mentzel beschriebene Pflanze kaum für die Jugendform, seine aber für die ältere halten wird,

	und zwar deswegen,

/113v/

*Irkuck*er Flora nach der Ordnung der ‚Institutiones rei herbariae'
XI. Klasse

	weil beide an ein und derselben Stelle vorkommen und die Zwiebeln der kleineren des Mentzel an Größe nicht nachstehen. Die Zwiebeln (Knollen) der größeren [Pflanze] sind durchscheinend. Ich habe dafür gesorgt, daß ein Bild von ihr gemäß der Pflanze in natürlicher Größe angefertigt wird.
607.	Orchis spiralis seu Monorchis floribus purpurascentibus (Schneckenförmig gewundene Orchis oder Monorchis mit purpurrötlichen Blüten); Ich habe wenigstens ein Exemplar Mitte Juni am [Bach] *Ušakovka* gefunden.
608.	Monorchis bifolia, foliis sessilibus, flore purpurascente (Zweiblättrige Monorchis mit sitzenden Blättern, mit purpurrötlicher Blüte); Diese kleine Pflanze wurde am 22. Juli auf einem Hügel nahe *Sukino zimov'e* blühend gefunden und ist danach auf beiden Seiten des Sees *Bajkal* beobachtet worden. Sie überschreitet selten die Höhe von einer Spanne. Sie stützt sich auf eine einzige kugelförmige, weiße, durchscheinende Knolle. Die Blätter des Calceolus flabelliformis (Fächerförmiger Calceolus) entsprechen genau ihren Blättern. Sie sind etwa anderthalb Zoll lang, einen Zoll breit, völlig sitzend, nervenreich und grün. An der Spitze des Stengels sind drei bis sechs oder acht Blüten in einer lockeren Ähre angeordnet. Diese sind nach einer Seite gerichtet und hängen spiralartig an längeren Stielen, die in eine Richtung verdreht sind. Der am Bart hängende Helm ist ganz unversehrt, an der Spitze ist er dreifach eingeschnitten, etwas aufwärts gebogen und einfarbig purpurrötlich. Der Bart ist ebenso dreifach gespalten mit einem breiteren und stärker purpurroten mittleren Segment. Die Nägel der Kronblätter sind innen weiß und mit purpurroten Pünktchen gesprenkelt. Die Tafel stellt die Pflanze in natürlicher Größe dar.

/114r/

*Irkuck*er Flora nach der Ordnung der ‚Institutiones rei herbariae'
XI. Klasse

609.	Helleborine bifolia minor caule aphyllo, floribus minutissimis albis (Zweiblättrige kleinere Helleborine mit blattlosem Stengel, mit sehr

	kleinen, weißen Blüten); Ich habe diese Pflanze im vorigen Jahr in *Tobol'sk* gesehen. Sie kommt überall bei *Irkuck* und am See *Bajkal* vor und blüht im Juli. Sie unterscheidet sich einzig und allein durch die fasrigen Wurzeln von Monorchis minima bifolia, flore lutescente (Sehr kleine zweiblättrige Monorchis mit gelblicher Blüte) meiner ‚Flora Irkutiensis'.
610.	Helleborine ceram redolens floribus candidis pilosis (Nach Wachs riechende Helleborine mit reinweißen, behaarten Blüten); Diese kleine Pflanze, die innerhalb der Täler der tiefsten Felsschluchten an der sandigen Bucht des Sees *Bajkal*, die *Peščanaja guba* genannt wird, vorkommt, und von dort überall bis *Barguzinskoj ostrog* anzutreffen ist, blüht gegen Ende Juli zwischen Myrtillus fructu rubro (Myrtillus mit roter Frucht) und Geum folio amplissimo flore specioso (Geum mit sehr großem Blatt, mit ansehnlicher Blüte). Sie stützt sich auf eine fasrige und stark verzweigte, gelbliche Wurzel, die sich unter dem Moos verbirgt, das die Felsen überzieht. An der Basis des Stengels kommen bald zwei, bald drei oder vier Blätter hervor, die üppig grün, kahl, vortrefflich nervenreich, länglich und zugespitzt sind. Bei manchen Pflanzen pflegt darüber hinaus ein schmaleres, den Stengel umfassendes Blatt vorzukommen. In der Folge erscheinen zwei bis drei weitere, sehr kleine Blätter, die man vielleicht als Rudimente von Blättern bezeichnen würde. Der Stengel ist höchstens eine Spanne hoch, meist aber ist er kaum länger als eine Handbreit und besitzt eine bestimmte, leicht gelbliche Farbe wie Wachs, ist schwach grün, stielrund und etwas behaart. Die Blütenähre ist einen Zoll bis höchstens anderthalb Zoll lang. Die einzelnen Blütenkelche werden durch ein Blättchen

/114v/

Irkucker Flora nach der Ordnung der ‚Institutiones rei herbariae'
XI. Klasse

	eingeschlossen. Der Kelch ohne Stiel tritt unmittelbar aus den Achseln dieser Blättchen aus. An diesem sitzen die reinweiß behaarten Blüten, die keinen Sporn haben. Die Kapuze [s. Glossar: Cucullus] ist aus drei Kronblättern verschmolzen, von denen die zwei seitlichen in der Mitte so eng anliegen, daß sie dem Hineinschauenden leicht wie ein Kronenblatt erscheinen. Diese besitzen die Gestalt eines Helms [s. Glossar: Galea] oder einer Kapuze. Dieser Kapuze werden etwas weiter unten an den Seiten zwei [weitere] Kronblätter gleichsam als Flügel zugefügt. Das sechste schindelartige Kronblatt oder der Bart, wird von diesen

	fünf Kronblättern umgeben. Der Kelch, der später in das Samenbehältnis übergeht, erinnert an einen sechskantigen, eiförmigen und an beiden Seiten zugespitzten Schlauch und ist reichlich mit Samenstaub gefüllt. Eine Abbildung dieser Pflanze ist auf der Tafel ..., die die Pflanze in natürlicher Größe darstellt, zu sehen.
511.	Helleborine latifolia, montana (Breitblättrige Berg-Helleborine) des Caspar Bauhin, ‚Pinax', [Seite] 186; Elleborine des Dodonaeus, ‚Pemptades' [Seite 384f.], und des Johann Bauhin, [‚Historia plantarum ...', Band] 3, [liber XXXI, Seite] 516; Die Pflanze blüht etwa Ende Juni und kommt auf den Bergen am *Angara*[-Fluß] sowie am *Barguzin*[-Fluß] vor.
512.	Calceolus minimus flabelliformis (Sehr kleiner, fächerförmiger Calceolus) des Herrn Doktor Gmelin, ‚Index plantarum Lenensium'; Die Tafel zeigt ein Bild dieser Pflanze, wobei sie gut in natürlicher Größe dargestellt ist. Sie blüht gegen Ende Mai an gebirgigen, waldreichen Orten nahe der *Nikol'skaja zastava* genannten Zollstation beim See *Bajkal*.

/115r/

*Irkuck*er Flora nach der Ordnung der ‚Institutiones rei herbariae'
XI. Klasse

513.	Calceolus morio flore minore unico, ex albo et purpureo variegato (Calceolus Morio [Narrenkappenähnlicher Calceolus] mit einer einzigen kleineren, aus dem Weißen und Purpurroten gescheckten Blüte); Die Pflanze kommt sehr zahlreich in den Wäldern am *Angara*[-Fluß] sowie am See *Bajkal* vor und blüht etwa Mitte Juni.
514.	Calceolus Marianus (Marien-Calceolus [Marien-Schuh]) des Dodonaeus, ‚Pemptades', [Seite] 180; Helleborine flore rotundo sive Calceolus (Helleborine mit rundlicher Blüte oder Calceolus) des Caspar Bauhin, ‚Pinax', [Seite] 187; mit einer einzigen Blüte; Die Pflanze tritt zusammen mit der vorhergehenden am gleichen Ort und zur gleichen Zeit auf.
515.	Calceolus Marianus flore duplici (Marien-Calceolus [Marien-Schuh] mit doppelter Blüte); Ich bemerkte, daß dann, wenn doppelte Blüten auftreten, nur ein Stengel aus der Wurzel hervorgeht, während dann, wenn nur eine einzige Blüte vorhanden ist, immer mindestens zwei, sich gegenüberstehende Stengel aus der Wurzel hervorwachsen. Die Pflanze tritt zusammen mit der vorhergehenden auf.
516.	Calceolus flore majore unico purpureo sacculo introrsum reflexo et fimbriato (Calceolus mit einer einzigen größeren, purpurroten Blüte,

	mit einem nach innen zurückgebogenen, gefranstem Säckchen); vielleicht Calceolus flore majore (Calceolus mit größerer Blüte) des Tournefort, 2. Species
617.	Calceolus flore purpureo geminato (Calceolus mit purpurroter doppelter Blüte); eine Varietät der vorhergehenden Species; Die Pflanze tritt sehr zahlreich auf waldreichen Bergen und Wiesen am *Angara*[-Fluß] und am See *Bajkal* auf. Sie blüht zusammen mit den anderen [Species] zur gleichen Zeit.
618.	Calceolus flore albo, petalis 4 in crucem positis purpureo-rubris (Calceolus mit weißer Blüte, mit vier ein Kreuz bildenden purpurrot-roten Kronblättern); Die Pflanze kommt zusammen mit der vorhergehenden [Species] gegenüber *Žilkina*, dem Dorf des Erzbischofs, vor.
619.	Calceolus flore albo majori purpureis punctis consperso (Calceolus mit weißer, größerer Blüte, die mit purpurroten Pünktchen gesprenkelt ist); Die Pflanze tritt zusammen mit der vorhergehenden [Species] auf.

/115v/

*Irkuck*er Flora nach der Ordnung der ‚Institutiones rei herbariae'
XII. Klasse

XII. Klasse
Von Kräutern und Halbsträuchern mit blütenreichem Blütenstand

620.	Carduus caule crispo (Carduus mit krausem Stengel) des Johann Bauhin, [‚Historia plantarum ...', Band] 3, [liber XXV, Seite] 59; Carduus spinosissimus, angustifolius, vulgaris (Gewöhnlicher, sehr stachliger, schmalblättriger Carduus) des Caspar Bauhin, [‚Pinax', Seite] 385; Die Pflanze kommt überall bei *Irkuck* auf Äckern und Wiesen sowie auch an bergigen Orten vor.
621.	vielleicht Carduus Acanthoides polycephalos (Vielköpfiger, dem Acanthus ähnlicher Carduus); Die Pflanze kommt sehr zahlreich auf den Wiesen beim Landgut *Medvedova zaimka* wie auch am See *Bajkal* vor. Sie blüht im Juli und bringt die Samen gegen Ende August zur Reife. Die an einem sehr kurzen Stengel, der zum Teil völlig unbedeutend ist, befestigten Blüten[körbe], sechs bis acht an der Zahl, befinden sich zwischen den sitzenden Blättern (Blattrosette). Die Blätter werden kreisförmig ausgebreitet. Der gereifte Samen dieser Pflanze wird geschickt. Ich würde gern in der Folge erfahren, ob ich die Pflanze richtig benannt habe, und ob es eine völlig neue Species ist. Die Pflanze könn-

	te vielleicht in Petersburg gezeichnet werden.
622.	vielleicht Carduus Acanthoides polycephalos erectus (Vielköpfiger, aufrechter, dem Acanthus ähnlicher Carduus); Ich habe wenigstens ein Exemplar bei *Barguzinskoj ostrog* gefunden. Die Blüten dieser Pflanze saßen nicht innerhalb der Blätter, sondern waren dem mehr als vorderarmslangen Stengel aufgepflanzt. Ihre Samen schicke ich getrennt, damit mit ihnen im [Botanischen] Garten Versuche angestellt werden können.

/116r/

*Irkuck*er Flora nach der Ordnung der ‚Institutiones rei herbariae'
XII. Klasse

623.	Cinara hortensis, foliis non aculeatis (Garten-Cinara mit nicht stachligen Blättern) des Caspar Bauhin, ‚Pinax', [Seite] 383, und des Tournefort, ‚Institutiones rei herbariae', 1. Species; Carduus sive Scolymus sativus, non spinosus (Carduus oder kultivierter, nicht dorniger Scolymus) des Johann Bauhin [‚Historia plantarum ...', Band 3, liber XXV, Seite 48]; Die Pflanze kam im Garten des Herrn Vizegouverneurs üppig hervor.
624.	Jacea des Herrn Doktor Gmelin, ‚Index plantarum Lenensium', Nummer 484; Die Pflanze ist unter dem Namen Rhaponticoides elatior, oblongiori capitulo, folio subtus argenteo (Höherwachsende Rhaponticoides mit länglicherem Köpfchen, mit unterseits silberweißem Blatt) beschrieben worden. Ich habe diese Pflanze auf Bergwiesen am *Angara*[-Fluß], auf halbem Weg zwischen *Malaja Rozvodnaja* und *Bol'šaja Rozvodnaja* gefunden. Weil sie gegen Anfang Juli aber noch nicht geblüht hatte, hatte ich auch noch keine Pflanze zum Trocknen gesammelt, sondern markierte die Stelle, wo ich an die Samen gelangen könnte, mit einem Zeichen. Nach der Rückkehr nach *Irkuck* bemerkte ich nicht ohne Entrüstung, daß mir diese Pflanze durch das gleiche Mißgeschick, nämlich durch die Unachtsamkeit meines Sammlers, entgangen war.
625.	Jacea, vielleicht Cyanus montanus, caule folioso, capitulo oblongo (Berg-Cyanus mit blattreichem Stengel, mit länglichem [Blüten]köpfchen) des Boccone, [‚Museo di piante'], [Teil] 2, [Seite] 20. Die Pflanze blüht gegen Ende Juli auf Wiesen am *Angara*[-Fluß] bei *Rozvodnaja* und bei *Sukino zimov'e*. Sie erhebt sich mit einem Stiele von drei bis zu vier Vorderarmslängen, der stielrund, kantig und blattreich beziehungsweise geflügelt ist. Die Rippe der Blätter nämlich wird von der Stelle

	an, an der sie dem Stengel eingefügt wird, bis zum Ausgangspunkt des darauffolgenden Blattes

/116v/

*Irkuck*er Flora nach der Ordnung der ‚Institutiones rei herbariae'

XII. Klasse

	am Stengel weitergeführt und führt zur Bildung des geflügelten Stengels. Die Blätter sind ungefähr fünf Finger lang und übertreffen, wo sie am breitesten sind, nicht einen Zoll. Sie sind an der Basis geöhrt, schmal, länglich, sehr zugespitzt sowie scharf und erinnern an die Blätter von Salix sativa (Kultivierte Salix). Die unteren Blätter sind an den Rändern leicht gesägt und mit sehr kleinen, aber schwachen und nicht stechenden Spitzen versehen. Sie sind viel breiter als die oberen Blätter am Stengel. Diese sind sehr schmal und unversehrt (nicht geteilt), mit nur für den sorgfältigen Beobachter merklichen bemerkenswerten Spitzen umgeben. Der rücklingsgelegte Teil der Blätter wird intensiv grün, der abgewandte Teil wird grau und ist mit locker stehenden Haaren bedeckt. Der Kelch ist länglich und schuppig. Die kleinen purpurrot-rötlichen Blüten blühen nie alle gleichzeitig. Nach oben werden die einwärtsgebogenen Säume der Blüten [d. h. der fünf Kronblätter] wie zu einem Kügelchen zusammengezogen. Unten laufen sie in ein Röhrchen aus, das von einer fasrigen, weißen Scheide umgeben ist, welche seidenglänzend ist und aus dem Kelch herausragt; unten stellt sie sich auf das befiederte Ovarium. Die Mitte der Blüte durchdringt der Stempel, der oben, ähnlich wie bei Polytrichum purpureum nigricans (Purpurrot-schwärzliches Polytrichum), wie von einer Haube (Kalyptra) verhüllt ist. Ich schicke die ausgereiften Samen dieser Pflanze. Die Umstände des Reiseweges erlaubten keine vollständige Beschreibung und auch nicht die Ruhe, die Pflanze zu zeichnen. Die Samen reifen gegen Ende August.

/117r/

Irkucker Flora nach der Ordnung der ,Institutiones rei herbariae'

XII. Klasse

626.	vielleicht Jacea Alpina, Calcitrapae folio, flore coeruleo (Alpen-Jacea mit dem Blatt von Calcitrapa, mit blauer Blüte) des Tournefort, ,Institutiones rei herbariae'; Carduus mollis, laciniato folio (Weicher Carduus mit geschlitztem Blatt) des Caspar Bauhin, ,Pinax', [Seite] 377; Carduus mollior 1. (1. [Species] von Weicherer Carduus) des Clusius, ,Historia plantarum'; Die Pflanze blüht etwa Mitte Juli dort auf Feldern und Hügeln der Steppen, wo man zum *Lena*[-Fluß] reist, beim See *Bajkal* und am *Barguzin*[-Fluß]. Ihre Samen werden geschickt.
627.	Jacea saxatilis, longo, incano, angusto Helichrysi Cretici folio (Felsen-Jacea mit langem, weißgrauem, schmalem Blatt von Helichrysum Creticum [Kretisches Helichrysum]) des Boccone, [,Museo di piante'] [Teil] 2, Tafel 17; des Tournefort, ,Institutiones rei herbariae', Seite 445, letzte Species; Die Pflanze kommt sehr zahlreich vor ab der Mündung des *Bugul'deicha*-Flusses bis *Barguzinskoj ostrog*, sowohl auf sehr trockenen Kalkfelsen als auch auf den tiefer gelegenen Steppenflächen. Sie blüht etwa Mitte Juli. Die Samen reifen gegen Ende August. Jene gut gereiften Samen werden geschickt.
628.	Jacea saxatilis, longo, incano, angusto Helichrysi Cretici folio, flore candidissimo (Felsen-Jacea mit langem weißgrauem, schmalem Blatt von Helichrysum Creticum [Kretisches Helichrysum], mit äußerst reinweißer Blüte); Die Pflanze fand sich an wenigstens einer Stelle an der Mündung des *Anga*-Flusses in den See *Bajkal*. Siehe ihr Bild auf der Tafel, auf der ein kleiner Zweig in natürlicher Größe in ausreichender Genauigkeit abgebildet ist
629.	Jacea flore purpureo, foliis inferioribus Asplenii, superioribus valde laciniatis (Jacea mit purpurroter Blüte, mit unteren Blättern von Asplenium, mit oberen, sehr geschlitzten Blättern); sehr zahlreich in höher gelegenen Wäldern am *Barguzin*[-Fluß]

/117v/

Irkucker Flora nach der Ordnung der ,Institutiones rei herbariae'

XII. Klasse

	und bei *Barguzinskoj ostrog*. Die sehr gut gereiften, gegen Ende August gesammelten Samen dieser Pflanze werden geschickt.
630.	Jacea saxatilis perennis, Helichrysi Cretici folio utrinque lanuginoso

	(Mehrjährige Felsen-Jacea mit dem Blatt von Helichrysum Creticum [Kretisches Helichrysum], das auf beiden Seiten wollig ist); Diese fast völlig verwelkte und zu Staub zerfallende Pflanze wurde am 21. August an der Spitze der Felsen, die ständig von Schnee starr sind, 10 Stadien von *Barguzinskoj ostrog* entfernt, an den Quellen des Flusses *Bannoj* gefunden. Ob sie eine Varietät oder eine gänzlich unterschiedliche Species ist, wird aus den wenn auch nur wenigen erhaltenen reifen Samen durch das Aussäen klar werden.
631.	Jacea des Herrn Doktor Gmelin, ‚Index plantarum Lenensium', Nummer 484, die unter dem Namen Rhaponticoides humilior, folio subtus argenteo, ovariis plumosis (Niedrigere Rhaponticoides, mit unterseits silberweißem Blatt, mit Ovarien, die von Flaum bedeckt sind) beschrieben wurde. Ich schicke die Samen dieser Pflanze, die in ausreichender Menge von einer schon verwelkten Pflanze gesammelt worden sind. Die Pflanze wächst in den Steppen am *Barguzin*-Fluß oberhalb des *ostrog*.
632.	Cirsium pratense Valerianae folio laciniato utrimque viridi (Wiesen-Cirsium mit dem geschlitzten Blatt von Valeriana, das auf beiden Seiten grün ist); Die Pflanze kommt auf feuchten Wiesen und an den Rändern der Äcker am [Bach] *Kuda* und beim Landgut *Vorošilov zaimka* vor. Sie blüht im Juli und stützt sich auf eine knollige, außen schwarze, innen gelbgrüne Wurzel, die reichlich schwarze Fasern

/118r/

*Irkuck*er Flora nach der Ordnung der ‚Institutiones rei herbariae'

XII. Klasse

	abwärts ausschickt, die den Fasern von Helleborus niger (Schwarzer Helleborus) ähnlich sind. Je nach Alter bildet die Pflanze drei, vier, fünf bis sechs Stengel aus, die zwei Vorderarmslängen lang und stielrund sind. Gleich von der Wurzel aus gehen ausladende Blätter wie die von Valeriana hervor, die bis hin zum Nerv zerschlitzt sind. Die einzelnen Abschnitte der Blätter sind an den Rändern gesägt, durch Zähnchen mit tausenden biegsamen Spitzen sind sie rauh. Die Blätter entstehen am Stengel einzeln und umfassen am Blattgrund den Stengel ein wenig. An der Spitze des Stengels gehen aus den Blattachseln Blüten hervor, die in einem verwaschenen purpurroten, schuppigen Kelch enthalten sind. Zu jener Zeit war es nicht möglich, diese Blüten geöffnet zu sehen. Die gegen Ende August am *Barguzin*[-Fluß] gesammelten Samen dieser Pflanze werden geschickt.

633.	Cirsium majus, singulari capitulo magno, folio viridi, varie dissectum (Größeres Cirsium mit einem einzelnen großen Köpfchen, mit grünem Blatt, das verschiedenartig zerschnitten ist), ‚Hortus Lugduni Batavorum'; Die Pflanze blüht gegen Ende Juli auf den Wiesen am *Angara*[-Fluß]. Die getrockneten Exemplare sind in meiner Abwesenheit völlig verfault, die Samen wurden jedoch, wie ich vermute, von meinem Sammler gesammelt, ohne einen Namen anzugeben.

/118v/

*Irkuck*er Flora nach der Ordnung der ‚Institutiones rei herbariae'
XII. Klasse

634.	vielleicht Cirsium maximum, Asphodeli radice (Größtes Cirsium mit der Wurzel von Asphodelus) des Caspar Bauhin, ‚Pinax', [Seite] 377; Die Blätter dieser Pflanze sind sehr breit, lang, auf beiden Seiten zugespitzt, rücklingsgelegt intensiv grün und im abgewandten Teil weißgrau-silberweiß. Die Köpfchen (Blütenkörbchen) sind purpurrot, etwas klebrig sowie etwas größer. Die Pflanze blüht im Juli auf den Wiesen am *Angara*[-Fluß] und beim See *Bajkal*. Die im August gereiften Samen werden geschickt.
635.	Cirsium monocephalon, caule admodum folioso (Einköpfiges Cirsium mit sehr blattreichem Stengel) des Herrn Doktor Gmelin, ‚Index plantarum Lenensium', Nummer 477
636.	das gleiche Cirsium, 1. Varietät des ‚Index plantarum Lenensium'
637.	das gleiche Cirsium, 2. Varietät des ‚Index plantarum Lenensium', Nummer 477; überall auf den Wiesen und an bergigen Orten in *Irkuck* und am See *Bajkal*
638.	vielleicht Centaurium majus, incanum, humile, capite Pini (Größeres, weißgraues, niedriges Centaurium mit einem Schopf wie von Pinus) des Tournefort, ‚Institutiones rei herbariae', 10. Species; Jacea montana, incana, capite Pini (Weißgraue Berg-Jacea mit einem Schopf wie von Pinus) des Caspar Bauhin, ‚Pinax' [Seite 272]; Rhaponticoides major folio in amplas lacinias diviso (Größeres Rhaponticoides mit einem Blatt, das in weite Zipfel geteilt ist) des Vaillant und des Herrn Doktor Gmelin, ‚Index plantarum Lenensium', Nummer 479
639.	vielleicht Centaurium seu Rhaponticoides major folio in amplas lacinias diviso (Größeres Centaurium oder Rhaponticoides mit einem Blatt, das in weite Zipfel geteilt ist) des Vaillant, ‚Memoires de l'Academie [Royale] des Sciences 1712 [?]' [nach] Herrn Doktor Gmelin, ‚Index plantarum Lenensium', Nummer 480; Die Pflanze tritt zusammen mit der

	vorhergehenden sehr zahlreich auf den Bergen am *Angara*[-Fluß] und beim See *Bajkal* auf. Sie blüht gegen Mitte Juni. Die Samen reifen gegen Anfang August. Von beiden

/119r/

*Irkuck*er Flora nach der Ordnung der ‚Institutiones rei herbariae'
XII. Klasse

	Species werden die Samen geschickt.
640.	Lappa major, Arctium Dioscoridi (Größere Lappa, Arctium des Dioscorides) des Caspar Bauhin, ‚Pinax', [Seite] 198; Personata sive Lappa major aut Bardana (Personata oder Größere Lappa oder Bardana) des Johann Bauhin [‚Historia plantarum ...', Band 3, liber XXXII, Seite 570]; des Tournefort, ‚Institutiones rei herbariae', 1. Species; überall bei *Irkuck*; sehr häufig in den Gärten zwischen Weggeworfenem und an den Zäunen
641.	Cnicus pratensis, Acanthi folio, flore flavescente (Wiesen-Cnicus mit dem Blatt von Acanthium, mit gelblicher Blüte) des Tournefort, ‚Institutiones rei herbariae', 4. Species; Carduus pratensis, latifolius (Breitblättriger Wiesen-Carduus) des Caspar Bauhin, ‚Pinax', [Seite] 376; sehr zahlreich auf den sehr feuchten Wiesen am *Angara*[-Fluß]; Die Pflanze blüht im Juni.
642.	vielleicht Petasites minor, Alpinus, folio anguloso, crassiori (Kleinerer Alpen-Petasites mit stärkerem, sehr eckigen Blatt) des Tournefort, ‚Institutiones rei herbariae', 4. Species; Die Pflanze stützt sich auf eine schilfrohrartige, fasrige, horizontal in sumpfiger Erde kriechende, wohlriechende Wurzel, die auf der Zunge den Geschmack von Petasites major (Größerer Petasites) und [Petasites] vulgaris officinarum (Gewöhnlicher offizinaler Petasites) hinterläßt, und blüht im Mai. Die wenigen Samen habe ich am 2. Juli 52 Stadien von der Stadt *Irkuck* entfernt in sumpfigem, unebenem Wald, 2 Stadien bevor ich von der *zaimka* des [*Afanasij*] *Dement'ev* zur *zaimka* des *Vorošilov* gelangte, gesammelt. Die Blattstiele sind stielrund, innen röhrig, wohlriechend, mit Mark gefüllt, außen wollig und unscheinbar purpurrötlich. Die Blätter sind großbuchtig, stark zugespitzt und erinnern an die Blätter von Acer (Ahorn). Rücklingsgelegt sind sie krautig grün, im abgewandten Teil weißgrau,

119v/

*Irkuck*er Flora nach der Ordnung der ‚Institutiones rei herbariae‘
XII. Klasse

	mit weicher Wolle überzogen und dicklich. Durch einen verständlicheren Namen könnte diese Pflanze von den übrigen bei Tournefort beschriebenen unterschieden werden, nämlich durch diesen: Petasites radice arundinacea, folio sinuoso, subtus incano molli crasso (Petasites mit schilfartiger Wurzel, mit einem großbuchtigen Blatt, das unterseits weißgrau, weich und dick ist).
643.	Elichrysum montanum, flore rotundiore, candido (Berg-Elichrysum mit rundlicherer, reinweißer Blüte) des Tournefort, ‚Institutiones rei herbariae‘, 13. Species; Gnaphalium montanum, flore rotundiore, candido (Berg-Gnaphalium mit rundlicherer, reinweißer Blüte) des Caspar Bauhin, ‚Pinax‘ [Seite 263]; sehr zahlreich an trockeneren Orten bei *Irkuck* und am See *Bajkal*; Die Pflanze blüht etwa Mitte Mai.
644.	Elichrysum montanum, flore rotundiore, suaverubente (Berg-Elichrysum mit rundlicherer, angenehm rötlicher Blüte) des Tournefort, ‚Institutiones rei herbariae‘, 14. Species; häufig zusammen mit der vorhergehenden [Species]
645.	Elichrysum montanum, flore rotundiore, subpurpureo (Berg-Elichrysum mit rundlicherer, schwach purpurroter Blüte) des Tournefort, ‚Institutiones rei herbariae‘, 12. Species; zusammen mit der vorhergehenden [Species]
646.	Filago Alpina, capite folioso (Alpen-Filago mit blattreichem [Blüten-]Kopf) des Tournefort, ‚Institutiones rei herbariae‘; sehr zahlreich auf trockeneren Bergwiesen am *Angara*[-Fluß] und am [Fluß] *Irkut* sowie beim See *Bajkal*. Die Pflanze blüht etwa Mitte Juni, die Samen sind gegen Ende Juli gereift. siehe das Bild der Pflanze auf der Tafel; Die reifen Samen werden mitgeschickt.
647.	Filago altera (Zweite Filago[-Species]) des Dodonaeus, ‚Pemptades‘, [Seite] 67; des Tournefort, ‚Institutiones rei herbariae‘, 2. Species; Gnaphalium majus, angusto, oblongo folio (Größeres Gnaphalium mit schmalem, länglichem Blatt) des Caspar Bauhin, ‚Pinax‘ [Seite 263]; überall bei *Irkuck* und am See *Bajkal*. Die Pflanze blüht etwa Mitte Juni.

/120r/

*Irkuck*er Flora nach der Ordnung der ‚Institutiones rei herbariae'
XII. Klasse

648.	Filago seu Impia (Filago oder Impia) des Dodonaeus, ‚Pemptades' [Seite 66]; überall bei *Irkuck*. Die Pflanze blüht zusammen mit der vorhergehenden.
649.	Senecio foliis superioribus angustis dentatis inferioribus triangulis (Senecio mit höher [am Stengel] befindlichen schmalen, gezähnten Blättern und dreieckigen Blättern am unteren [Stengel]); Die Pflanze kommt ab der Stadt *Turinsk* überall in Sibirien, so weit ich gekommen bin, vor und tritt sehr häufig sowohl an bergigen als auch an tiefergelegenen Orten auf, in Wäldern und auf Wiesen. Sie blüht gegen Ende Juni. Die Samen reifen gegen Anfang August, sie werden geschickt.
650.	Carthamus officinarum, flore croceo (Offizinaler Carthamus mit safrangelber Blüte) des Tournefort, ‚Institutiones rei herbariae', 1. Species; Cnicus sativus sive Carthamum officinarum (Kultivierter Cnicus oder Offizinaler Carthamus) des Caspar Bauhin, ‚Pinax' [Seite] 378; Er blühte überall in den Gärten von *Irkuck*, aus chinesischen Samen [gezogen]. Hierzulande ist kaum ein anderer [Carthamus] im Gebrauch, als die aus China unter dem Namen *kitajskoj šafran'* herbeigeführten und getrockneten Blüten von Carthamus. Die Weibspersonen rühmen jenen [Carthamus] sehr zur Beförderung der Geburt. Mir aber scheint jener, der durch den Handel hierher kommt, ein anderer zu sein als jener aus den Carthamusblüten, der äußerst fein und zart ist, dem aber jeglicher Geruch und Geschmack fehlt. Als Muster habe ich unter den Samen etwas geschickt.
651.	Absinthium arborescens (Baumartiges Absinthium) des Lobelius, ‚Plantarum seu stirpium icones', [Band 1, Seite] 753; [Absinthium arborescens Lobelii] des Johann Bauhin, [‚Historia plantarum ...', Band] 3, [liber XXVI, Seite] 173; des Tournefort, ‚Institutiones rei herbariae', 1. Species; Abrotanum latifolium, arborescens (Breitblättriges, baumartiges Abrotanum) des Caspar Bauhin, ‚Pinax', [Seite] 136;

/120v/

*Irkuck*er Flora nach der Ordnung der ‚Institutiones rei herbariae'
XII. Klasse

	Dieses Absinthium, das nirgendwo sonst gesehen worden ist, trat sehr zahlreich auf den Felsen an den Quellen des Flusses *Bannoj*, 10 Stadien von *Barguzinskoj ostrog* entfernt, auf. Es besitzt einen starken Geruch und einen intensiv bitteren, aromatischen Geschmack. Die Pflanze stützt sich auf eine große, dicke, holzige Wurzel, erreicht mit vielen Zweigen eine Höhe von bis zu einer Vorderarmslänge sowie darüber hinaus und besitzt Blätter in zweifacher Gestalt. Die Blätter am Stengel sind ungeteilt, ungefähr anderthalb Zoll lang, $^{1}/_{3}$ Zoll breit, rücklingsgelegt weißlich grün und auf der abgewandten Seite weißgrau-silberweiß. Die übrigen Blätter an den nicht blütentragenden Zweigen sind in Bündeln zusammengefaßt. An der Spitze sind sie eingeschnitten und meist dreifach gespalten, so wie es bei den Blättern von Artemisia zu sein pflegt. Die Blüten sind wie die von Absinthium vulgare (Gewöhnliches Absinthium) beschaffen, sie sind nur etwas größer. Nach der äußeren Gestalt ähnelt die Pflanze Artemisia mehr als Absinthium, der sie aber wegen der Kugelform der Köpfchen keineswegs zugeordnet werden kann. Dazu kommt noch der Geruch und Geschmack nach Absinthium. Die Pflanze blüht im Juli. Die Samen reifen gegen Ende August; diese werden gereift geschickt.
552.	Absinthium humile, Anethi tenui, flosculis rubentibus, calyculis majusculis e viridi et albo striatis (Niedriges Absinthium mit den rötlichen Blüten des zarten Anethum, mit etwas größeren Hüllkelchen, die grün und weiß gestreift sind); vielleicht Absinthium Seriphium, Gallicum (Seriphisches, Gallisches Absinthium) des Tournefort, ‚Institutiones rei herbariae'; des Caspar Bauhin, ‚Pinax',

/121r/

*Irkuck*er Flora nach der Ordnung der ‚Institutiones rei herbariae'
XII. Klasse

	[Seite] 139; Absinthium Seriphium, tenuifolium, marinum, Narbonense (Seriphisches, zartblättriges, Narbonensisches Meer-Absinthium) des Johann Bauhin [‚Historia plantarum ...', Band 3, liber XXVI, Seite 177]; Die Pflanze wächst sehr zahlreich an unebenen Orten der Steppe von *Kungurga*, die reich an Salzausblühungen und sumpfig sind. Sie bringt weit gestreut krause Blätter hervor, die den Blättern von

	Anethum oder eher Peucedanum sehr ähnlich und sehr zart sind. Die Pflanze stützt sich auf eine zarte, fasrige, braune Wurzel. Weiteres ist in der Benennung angegeben.
653.	Absinthium corymbiferum, annuum (Einjähriges, corymbustragendes Absinthium) des Tournefort, ‚Institutiones rei herbariae', Seite 458; Elichrysum foliis Abrotani (Elichrysum mit den Blättern von Abrotanum) des Caspar Bauhin, ‚Pinax', [Seite] 264; Elichryson des Dodonaeus, ‚Pemptades', [Seite] 267; Die Pflanze kommt vor in *Irkuck* auf trockeneren Bergen, jedoch nicht so häufig, zahlreicher auf schroffen, sonnenbeschienen Felsen an der Mündung des *Bugul'deicha*-Flusses in den See *Bajkal* und von dort ab bis *Barguzinskoj ostrog*. Die Pflanze läßt sich schnell durch die Größe und den intensiven Gelbton der Blüten von allen anderen Absinthium-Species unterscheiden. Sie blüht im Juli, die Samen reifen gegen Ende August.
654.	vielleicht Absinthium insipidum, Absinthio vulgari simile (Nicht schmackhaftes Absinthium, das dem Absinthium vulgare [Gewöhnliches Absinthium] ähnlich ist) des Tournefort, ‚Institutiones rei herbariae', 9. Species; des Caspar Bauhin, ‚Pinax', [Seite] 139; Absinthium insipidum (Nicht schmackhaftes Absinthium) des Johann Bauhin [‚Historia plantarum ...', Band 3, liber XXVI, Seite 173]; Die Pflanze wächst sehr zahlreich auf den Bergen am *Angara*[-Fluß] und beim See *Bajkal*. Sie erreicht mit 15 bis 20 Zweigen eine Höhe von bis zu einer Vorderarmslänge. Die Stengel glänzen in unscheinbarem Purpurrot. Die einzelnen Blätter am Stengel sind in höchstens in drei größere Abschnitte

/121v/

*Irkuck*er Flora nach der Ordnung der ‚Institutiones rei herbariae'
XII. Klasse

	unterteilt, die zwei seitlichen Abschnitte sind wiederum in zwei oder drei kleinere gespalten, während der mittlere Abschnitt durch vier Teilungen getrennt ist. Das ganze Blatt erreicht kaum eine Länge von einem Zoll, es wird auf beiden Seiten weißgrau und glänzt wie Silber. Gekaut sticht sie [die Pflanze] die Zunge mit keinerlei Bitterkeit, sondern kommt dem Geschmack nach eher Artemisia nahe. Ihr Kelch wird weißgrau, die kleinen Blüten sind gelb. Sie blüht im Juli und im August, die Samen reifen gegen Anfang September.
655.	Absinthium Ponticum, tenuifolium, Austriacum (Pontisches zartblättriges Österreichisches Absinthium) des Caspar Bauhin, ‚Pinax', [Seite]

	139; des Tournefort, ‚Institutiones rei herbariae', 7. Species; Absinthium Seriphium (Seriphisches Absinthium) des Dodonaeus, ‚Pemptades' [Seite 25]; Die Pflanze blüht gegen Mitte Juli auf rauhen und sonnenbeschienenen Bergen bei *Irkuck* und am See *Bajkal* sowie auf sehr trockeneren Steppenflächen. Sie erreicht eine Höhe von anderthalb Fuß. Der Stengel ist an seinem Ursprung schmutzig rot. Die kleinen Blätter sind weißgrau, silberweiß, glänzend, klein und sehr fein geteilt. Die Corymbi der Blüten sind sehr klein. Im Vergleich zu allen anderen Species von Absinthium in dieser Gegend empfiehlt sich diese Species durch einen angenehmen, nicht belästigenden Geruch. So erfüllt sie überdies auch gekostet die Zunge mit dem mittelmäßig bitteren und aromatischen öligen Geschmack der Blätter von Lavandula.
556.	vielleicht Absinthium Ponticum tenuifolium incanum (Pontisches, zartblättriges, weißgraues Absinthium) des Tournefort, ‚Institutiones rei herbariae', 5. Species; des Caspar Bauhin, ‚Pinax', [Seite] 138; Absin-

/122r/

*Irkuck*er Flora nach der Ordnung der ‚Institutiones rei herbariae'
XII. Klasse

	thium Ponticum vulgare folio inferius albo (Pontisches, gewöhnliches Absinthium mit auf der Unterseite weißem Blatt) des Johann Bauhin [‚Historia plantarum ...', Band 3, liber XXVI, Seite 175]; Die Pflanze tritt sehr zahlreich auf Felsen beim See *Bajkal* auf. Sie blüht im Juli. Ihr Samen reift gegen Anfang September. Sie stützt sich auf eine Wurzel, die einen Zoll stark und außen glänzendbraun ist. Die Blätter sind zart und vielfach geteilt; im abgewandten Teil sind sie stärker als rücklingsgelegt wollig weißgrau. Die kleinen Schuppen des Kelches gehen von weißer in grüne Farbe über. Die Blüten sind in einer dichten Ähre zusammengefaßt.
557.	vielleicht Absinthium Ponticum tenuifolium, caulibus purpurascentibus, foliis supina parte viridioribus (Pontisches, zartblättriges Absinthium mit purpurrötlichen Stengeln, mit rücklingsgelegt kräftiger grünen Blättern) des Caspar Bauhin, ‚Pinax', [Seite 138–]139; des Tournefort, ‚Institutiones rei herbariae', 6. Species; Die gelblichen Blüten, die etwas größer und kugelförmig sind, werden bei dieser Pflanze in einer lockeren Ähre zusammengefaßt. Die kleinen Schuppen des Kelches sind weißgrau, glänzend und enden in einer glänzendbraunen Spitze. Die Pflanze blüht zusammen mit der vorhergehenden zur gleichen Zeit und am gleichen Ort.

658.	vielleicht Absinthium Seriphium montanum candidum (Seriphisches, reinweißes Berg-Absinthium) des Caspar Bauhin, ‚Pinax', [Seite] 139; Absinthium Vallesianum, tenuifolium, candidum sive Herba alba (Walliser, zartblättriges, reinweißes Absinthium oder Herba alba [Weißes Kraut]) des Johann Bauhin [‚Historia plantarum ...', Band 3, liber XXVI, Seite 179]; Auf den Felsen der Insel *Ol'chon* des Sees *Bajkal* ist nichts häufiger als dieses Absinthium. Es blüht im Juli, die Samen reifen gegen Ende August.
659.	Absinthium Tanaceti folio utrimque viridi florum corymbis exiguis, caule rubro (Absinthium mit dem Blatt von Tanacetum, das auf beiden Seiten grün ist, mit kleinen Corymbi von Blüten, mit rotem Stengel); Auf den sonnenbeschienenen Bergen am *Angara*[-Fluß] sowie beim See *Bajkal* ist nichts häufiger. Sie erreicht eine Höhe von drei bis vier Vorderarmslängen und

/122v/

*Irkuck*er Flora nach der Ordnung der ‚Institutiones rei herbariae'

XII. Klasse

	schickt wie ein gewaltiger Strauch 15, 20 bis 30 Stengel aus. Die Pflanze blüht etwa Anfang Juli, der Samen reift gegen Ende August.
660.	Absinthium Tanaceti folio utrimque incano, florum corymbis exiguis, caule rubro (Absinthium mit dem Blatt von Tanacetum, das auf beiden Seiten weißgrau ist, mit kleinen Corymbi von Blüten, mit rotem Stengel); Die Pflanze kommt zusammen mit der vorhergehenden vor und blüht am gleichen Ort und zur gleichen Zeit.
661.	Absinthium Tanaceti folio latiori utrinque viridi corymbis majoribus odore nauseoso (Absinthium mit dem breiteren Blatt von Tanacetum, das auf beiden Seiten grün ist, mit größeren Corymbi, mit ekelerregendem Geruch); Die Pflanze tritt sehr zahlreich auf Steppenflächen dort, wo man zum *Lena*[-Fluß] reist, sowie am See *Bajkal* auf. Sie blüht etwa Ende Juni.
662.	Absinthium Chrysanthemi folio odore nauseoso (Absinthium mit dem Blatt von Chrysanthemum, mit ekelerregendem Geruch); Die Pflanze tritt wie ein unzertrennlicher Gefährte zusammen mit der vorhergehenden auf. Sie blüht gegen Ende Juni.
663.	Absinthium humile, corymbis florum spadiceis Abrotani vulgaris folio (Niedriges Absinthium, mit glänzendbraunen Corymbi von Blüten, mit dem Blatt von Abrotanum vulgare [Gewöhnliches Abrotanum]); Diese Pflanze habe ich, 10 Stadien von *Barguzinskoj ostrog* entfernt, am

	21. August an den Quellen des Flusses *Bannoj* auf dem Gipfel eines Felsens, der von beständigem Schnee starr ist, gefunden.
664.	Absinthium montanum humile, Tanaceti foliis, corymbis quam plurimis minutis (Niedriges Berg-Absinthium mit den Blättern von Tanacetum, mit sehr vielen kleineren Corymbi); Diese Pflanze habe ich am 10. September auf den Felsen der Insel *Ol'chon* gefunden. Die Anzahl an Absinthium-Species ist hier in der Gegend so groß, daß es umöglich ist, angesichts eines durch die übergroße Fülle verunsicherten Gedächtnisses und aus Furcht, Wesenheiten zu vermehren, weil sie mit so vielen Erscheinungsformen spielen, ihre Schilderung innerhalb eines Sommers korrekt zu vollenden. Was den kurzen Beschreibungen fehlt, werde ich später hinzufügen.

/123r/

*Irkuck*er Flora nach der Ordnung der ‚Institutiones rei herbariae'
XII. Klasse

665.	Abrotanum campestre, cauliculis albicantibus (Feld-Abrotanum mit weißlichen Sprossen) des Caspar Bauhin, ‚Pinax', [Seite] 136; Abrotanum sylvestre, inodorum, cauliculis ex viridi et albicantibus (Wildwachsendes, geruchloses Abrotanum mit sich von Grün ins Weißliche [verfärbenden] Sprossen) des Schwenkfeldt, [Stirpium & fossilium Silesiae ... Seite] 5, des Tournefort, ‚Institutiones rei herbariae', 6. Species; Die Pflanze kommt sehr zahlreich auf den Bergen am *Angara*[-Fluß] und am [Fluß] *Irkut* vor und blüht im Juli.
666.	Abrotanum campestre, cauliculis rubentibus (Feld-Abrotanum mit rötlichen Sprossen) des Caspar Bauhin, ‚Pinax', [Seite] 136; Abrotanum inodorum, cauliculis purpurascentibus (Geruchloses Abrotanum mit purpurrötlichen Sprossen) des Schwenkfeldt, [‚Stirpium & fossilium Silesiae', Seite] 5, des Tournefort, ‚Institutiones rei herbariae', 8. Species; zusammen mit der vorhergehenden [Species]
667.	Abrotanum campestre inodorum florum corymbis minutissimis et numerosissimis cauliculis rubentibus (Geruchloses Feld-Abrotanum mit sehr kleinen und zahlreichen Corymbi von Blüten, mit rötlichen Sprossen); Die Pflanze kommt auf den Felsen der Insel *Ol'chon* vor, aber nicht häufig.
668.	Abrotanum Lini folio acriore et odorato (Abrotanum mit dem spitzeren und [wohl]riechenden Blatt von Linum) des Tournefort, ‚Institutiones rei herbariae', 11. Species; Dracunculus hortensis (Garten-Dracunculus) des Caspar Bauhin, ‚Pinax', [Seite] 98; Draco herba (Drachenkraut) des

	Dodonaeus, ‚Pemptades' [Seite 709]; Auf den Steppenflächen wie auch auf den Bergen am *Angara*[-Fluß] und beim See *Bajkal* kommt nichts häufiger vor. Sie wurde erstmalig bei der Stadt *Tjumen'* beobachtet und ist von dort an bis hierher überall sehr häufig.
669.	Abrotanum Lini folio acriori et odorato incano humilius (Niedrigeres Abrotanum mit dem spitzeren und [wohl]riechenden weißgrauen Blatt von Linum); Die Pflanze blüht zusammen mit der vorhergehenden auf sehr trockeneren Weiden bei *Oeckaja sloboda.*
670.	Abrotanum humilius, palustre, flore aureo, foliis succulentis, teretibus, tenuioribus, Coronopi divisura (Niedrigeres Sumpf-Abrotanum mit goldgelber Blüte, mit saftigen, stielrunden, feineren Blättern, mit einem Einschnitt [des Blatts] wie bei Coronopus); Ich habe die blühende Pflanze am 20. August in Sümpfen bei *Barguzinskoj ostrog*

/123v/

*Irkuck*er Flora nach der Ordnung der ‚Institutiones rei herbariae'
XII. Klasse

	gefunden. Die ausgereiften Samen dieser Pflanze werden geschickt. Die Pflanze wächst auch am Ufer der Insel *Ol'chon.*
671.	Artemisia vulgaris, major, caule et flore purpurascentibus (Gewöhnliche, größere Artemisia mit Stengel und Blüte, die purpurrötlich sind) des Caspar Bauhin, ‚Pinax', [Seite] 137; Artemisia rubra (Rote Artemisia) des Tabernaemontanus, ‚Icones plantarum', [Seite] 7; sehr zahlreich bei *Irkuck* und beim See *Bajkal*
672.	Artemisia vulgaris, major, caule ex viridi albicante (Gewöhnliche, größere Artemisia mit einem vom Grünen ins Weißliche übergehenden Stengel) des Tournefort, ‚Institutiones rei herbariae', 2. Species; Artemisia alba (Weiße Artemisia) des Tabernaemontanus, [‚Icones plantarum', Seite 8]; zusammen mit der vorhergehenden [Species]
673.	Tanacetum vulgare, luteum (Gewöhnliches, gelbes Tanacetum) des Tournefort, ‚Institutiones rei herbariae', 1. Species; des Caspar Bauhin, ‚Pinax', [Seite] 132; überall bei *Irkuck* und am See *Bajkal*; Die Pflanze wird in dieser Gegend von den Russen *devjatil'nik* genannt. In Rußland wird so eine Inula bezeichnet.
674.	Tanacetum foliis crispis (Tanacetum mit krausen Blättern) des Caspar Bauhin, ‚Pinax' [Seite 132]; des Tournefort, ‚Institutiones rei herbariae', 2. Species; überall in den Gärten von *Irkuck*
675.	Tanacetum folio angustiori, tenuius laciniato odore Melissae (Tanace-

	tum mit schmalerem, feiner geschlitztem Blatt, mit dem Geruch von Melissa); Die Pflanze tritt zusammen mit der vorhergehenden Species sehr häufig auf und blüht im Juli. Die Samen reifen etwa Mitte August. Die Samen dieser Pflanze werden geschickt.
676.	Bidens foliis tripartito divisis (Bidens mit dreifach geteilten Blättern) des Caesalpinus, [,De plantis libri XVI. '], [Seite] 488; des Tournefort, ,Institutiones rei herbariae', 1. Species; Die Pflanze blüht an stehenden Gewässern beim *Angara*[-Fluß] und am See *Bajkal*.
677.	Bidens folio non dissecto (Bidens mit nicht zerschnittenem Blatt) des Caesalpinus, [,De plantis libri XVI. ']; des Tournefort, ,Institutiones rei herbariae', 2. Species; Die Pflanze blüht zusammen mit der vorhergehenden an Flüßchen und Quellen.

/124r/

*Irkuck*er Flora nach der Ordnung der ,Institutiones rei herbariae'
XII. Klasse

678.	Echinopus Orientalis, Cardui lanceolati folio, capite magno, caeruleo (Orientalischer Echinopus mit dem Blatt von Carduus lanceolatus [Lanzettlicher Carduus] mit großem, blauem Kopf) des ,Corollarium institutionum rei herbariae', Seite 34; Diese Pflanze von sehr angenehmen Anblick erreicht eine Höhe von drei bis vier Vorderarmslängen. Sie stützt sich auf eine außen braune, innen weiße, eine Spanne lange Wurzel von der Stärke eines Zolls und treibt bisweilen einen, bisweilen zwei bis drei Stengel aus, die bisweilen sehr verzweigt, nicht selten einfach sind und keine Zweige besitzen. Der Stengel ist stielrund, blaß grün und von der Stärke des Ohrfingers oder eines Schwanenfederkiels. Die Blätter, die nur mit der Blattrippe am Stengel festsitzen und diesen umfassen, treten ohne Stiel einzeln aus dem Stengel aus. Sie sind grün und mit leicht abzuwischender Wolle bedeckt, auf dem abgewandten Teil aber stark weißgrau und wie die Blätter von Carduus lanceolatus (Lanzettlicher Carduus) stark geschlitzt. Die einzelnen Zipfel enden in einem kräftigen, stechenden kleinen Stachel. Sowohl an der Spitze des Stengels als auch an den Zweigen ist ein großes kugelförmiges Köpfchen zu bemerken, das bald aufrecht, bald nickend ist und mit in alle Richtungen dicht sitzenden kleinen Blüten von Echinopus gefüllt ist. Diese kleinen Blüten sind in viele Teile gespalten und von sehr ansprechender kornblumenblauer Farbe. Die Köpfchen an den kleinen Zweigen sind gewöhnlich viel kleiner als das Köpfchen, das den Stengel selbst abschließt. Bei einem Teil [der Blütenköpfchen] blüht die gesam-

	te Kugel zur gleichen Zeit, bei dem anderen Teil, nämlich den verzweigteren, blüht zuerst die obere Halbkugel, und wenn diese fast verwelkt sind, folgt die untere.

/124v/

*Irkuck*er Flora nach der Ordnung der ,Institutiones rei herbariae'
XII. Klasse

	Die Pflanze blüht gegen Ende Juli auf unfruchtbaren Felsen von der Mündung des *Bugul'deicha*-Flusses bis *Barguzinskoj ostrog*. Die Samen reifen gegen Anfang September. Die erwähnten, gereiften Samen werden geschickt.
679.	Scabiosa multifido folio, flore flavescente (Scabiosa mit in viele Teile gespaltenem Blatt, mit gelblicher Blüte) des Caspar Bauhin, ,Pinax', [Seite] 270; Scabiosa ochroleuco flore sive VII. [Clusii] (Scabiosa mit gelblich weißer Blüte oder die VII. [Species des Clusius]), ,Historia plantarum'; auf den Steppenflächen und Bergen am *Angara*[-Fluß] und beim See *Bajkal*; Die Pflanze blüht gegen Anfang Juli. Ihre Samen reifen gegen Ende August, sie werden geschickt.
680.	Scabiosa montana, glabra, foliis Scabiosae vulgaris (Kahle Berg-Scabiosa mit den Blättern von Scabiosa vulgaris [Gewöhnliche Scabiosa]) des Caspar Bauhin, ,Pinax', [Seite] 270; Die Pflanze tritt überall zusammen mit der vorhergehenden auf; ihre Samen werden zusammen geschickt. Je nach Bodenbeschaffenheit variieren beide [Species] stark hinsichtlich Größe und Verzweigtheit. Auf den unfruchtbaren Felsen der Insel *Ol'chon* erreicht sie kaum die Höhe einer Handbreite; im Vergleich dazu erreicht sie auf grasigen Stellen eine Höhe von mehr als einer Vorderarmslänge. Die Samen beider Varietäten habe ich gesammelt.
681.	Dipsacus sylvestris aut Virga Pastoris major (Wildwachsender Dipsacus oder Größere Virga Pastoris [Hirtenstab]) des Caspar Bauhin, ,Pinax', [Seite] 385; Die Pflanze tritt, jedoch nur sehr selten, überall am See [*Bajkal*] auf.

XIII. Klasse
Von Kräutern und Halbsträuchern mit Zungenblüten

682.	Dens Leonis latiore folio (Dens Leonis [Löwenzahn] mit breiterem Blatt) des Caspar Bauhin, ‚Pinax' [Seite 126]; überall bei *Irkuck*; Die Pflanze blüht von Mai bis Juni.

/125r/

*Irkuck*er Flora nach der Ordnung der ‚Institutiones rei herbariae'
XIII. Klasse

683.	Dens Leonis angustiore folio (Dens Leonis [Löwenzahn] mit schmalerem Blatt); zusammen mit der vorhergehenden [Species]
684.	Dens Leonis tenuissimo folio (Dens Leonis [Löwenzahn] mit sehr zartem Blatt) des Tournefort, ‚Institutiones rei herbariae'; überall bei *Irkuck*
685.	Dens Leonis folio admodum laciniato et supine aspero (Dens Leonis [Löwenzahn] mit völlig geschlitztem und rücklingsgelegt rauhem Blatt); Die Pflanze kommt in bergigen Gegenden am *Angara*[-Fluß] auf halbem Weg zwischen *Malaja Rozvodnaja* und *Bol'šaja* [*Rozvodnaja*], auf Bergen, die reich an Terra ampelites waren, vor.
686.	Dens Leonis, qui Pilosella officinarum (Dens Leonis [Löwenzahn], der Offizinale Pilosella heißt) des Tournefort, ‚Institutiones rei herbariae'; auf mit zartem Gras bedeckten, sonnenbeschienenen, rauhen Stellen am [Bach] *Ušakovka* und überall an anderen Orten; Die Pflanze blüht im Juli.
687.	Hieracium Alpinum, latifolium, maculatum, hirsutie incanum, flore magno (Breitblättriges, geflecktes, rauhhaarig weißgraues Alpen-Hieracium mit großer Blüte) des Caspar Bauhin, ‚Pinax' [Seite 128]; Herba costa officinarum (Offizinale Herba costa [Kostenkraut]); Die Pflanze kommt in vier Varietäten vor: gefleckt, verzweigt und [gefleckt,] unverzweigt sowie nicht gefleckt, verzweigt und [nicht gefleckt,] unverzweigt.
688.	Hieracium murorum, laciniatum, minus pilosum, folio angustiore (An Mauern wachsendes, geschlitztes, weniger behaartes Hieracium mit schmalerem Blatt) des Caspar Bauhin, ‚Pinax' [Seite 129]; Pulmonaria Gallica, tenuifolia (Gallische zartblättrige Pulmonaria) des Tabernaemontanus ‚Icones plantarum' [Seite 195]; in den Wäldern am *Barguzin*-Fluß; Die Pflanze blüht im Juli. Die Samen sind im August gereift und

	werden geschickt.
689.	Hieracium Dentis Leonis folio obtuso, majus (Größeres Hieracium mit dem stumpfen Blatt von Dens Leonis [Löwenzahn]) des Caspar Bauhin, ‚Pinax' [Seite 127]; [Hieracium] macrocaulon, junceum sive minus, primum Dodonaeo (Großstengliges, binsenartiges Hieracium oder Kleineres [Hieracium], erste [Species] des Dodonaeus); überall bei *Irkuck*; Die Pflanze blüht im Juni und im Juli.
690.	Hieracium fruticosum, latifolium, hirsutum (Breitblättriges, rauhhaariges Strauch-Hieracium) des Caspar Bauhin, ‚Pinax' [Seite 129]; Hieracii Sabaudi varietas prima, Erinus quibusdam Matthioli dicta (Erste Varietät des Savoyer Hieraciums, von manchen Erinus des Matthiolus genannt) des Johann Bauhin [‚Historia plantarum ...', Band 2, liber XXIV, Seite 1030]; in Wäldern und bergiger Gegend am *Angara*[-Fluß]; Die Pflanze blüht im Juli und im August.

/125v/

*Irkuck*er Flora nach der Ordnung der ‚Institutiones rei herbariae'
XIII. Klasse

691.	Hieracium latifolium, praemorsa radice, caule singulari, pilosellae majori affine (Breitblättriges Hieracium mit abgebissen [erscheinender] Wurzel, das mit Pilosella major verwandt ist, mit einem einzelnen Stengel) des Chabraeus [‚Stirpium icones'], [Seite] 322; Die Pflanze kommt häufig auf den Bergen am *Angara*[-Fluß], besonders direkt gegenüber *Žilkina*, dem Dorf des Erzbischofs, vor und blüht im Juni. Ihre etwa Mitte Juli gereiften Samen werden geschickt. Sie stützt sich auf eine Wurzel, die im Mittelteil abgebissen [erscheint] wie bei Succisa. Aus dem Scheitel der Wurzel schickt sie viele weiße Fasern in die Erde hinab. Die Blätter sind länglich, rauhhaarig, fühlen sich etwas uneben an und sind an der Spitze abgerundet. Sie sind am Scheitel der Wurzel rundum angeordnet und. Der Stengel ist stielrund, mit Haaren rauh, vorderarmslang, unverzweigt und ohne Blätter. An der Spitze des Stengels sind 7, 8 bis 9 Blüten[-Körbe] wie in einer lockeren Ähre zusammengefaßt und [jeweils] von einem walzenförmigen, grünen Kelch umschlossen. Die Pflanze blüht etwa Anfang bis Mitte Juni auf den Bergen am *Angara*[-Fluß].
692.	Hieracium fruticosum, angustifolium, majus (Schmalblättriges, größeres Strauch-Hieracium) des Caspar Bauhin, ‚Pinax' [Seite 129]; überall an bergigen, mit Gras bedeckten Orten am *Angara*[-Fluß]; Die Pflanze blüht im Juli, die Samen sind im August ausgereift.

693.	Hieracium minus, Dentis Leonis folio oblongo (Kleineres Hieracium mit dem länglichen Blatt von Dens Leonis [Löwenzahn]) des Caspar Bauhin, ‚Pinax' [Seite 127]; überall auf den Feldern bei *Irkuck*; Die Pflanze blüht im Juli.
694.	vielleicht Hieracium asperum (Rauhes Hieracium) des Johann Bauhin [‚Historia plantarum ...', Band 2, liber XXIV, Seite 1029]; Die Pflanze blüht gegen Ende

/126r/

*Irkuck*er Flora nach der Ordnung der ‚Institutiones rei herbariae'
XIII. Klasse

	Juli auf den sonnenbeschienenen Bergen direkt gegenüber der Mühle am [Bach] *Ušakovka* und auf den Felsen beim See *Bajkal*. Die gegen Ende August gereiften Samen werden geschickt.
695.	vielleicht Hieracium Pyrenaicum, longifolium, amplexicaule (Pyrenäisches langblättriges, stengelumfassendes Hieracium) der ‚Institutiones rei herbariae'; Die Pflanze blüht etwa Ende Juli auf den Bergen jenseits des *Angara*[-Flusses] direkt gegenüber *Brečalovo zimov'e*.
696.	Hieracium oblongo acuto late dentato glabro folio (Hieracium mit länglichem, spitzem, reich gezähntem, kahlem Blatt); zusammen mit der vorhergehenden [Species]; Ich möchte etwas darüber erfahren, was für zwei Species dies sind und ob sie dem Tournefort zugeschrieben werden müssen.
697.	vielleicht Hieracium Dentis Leonis folio, monoclonon, glabrum (Kahles, einsprossiges Hieracium mit dem Blatt von Dens Leonis [Löwenzahn]) des Caspar Bauhin, ‚Pinax', [Seite] 127; Die Pflanze kommt sehr zahlreich auf den Bergen am *Angara*[-Fluß] und am [Fluß] *Irkut* wie auch beim See *Bajkal* vor und blüht im Juli. Die Samen reifen gegen Ende August. Es werden Samen geschickt, die zwei- oder dreimal aus Species gesammelt wurden, die sich der äußeren Gestalt nach stark unterschieden.
698.	Hieracium, dessen Samen mit dem Buchstaben α bezeichnet sind; Ich fand diese Pflanze am *Ina*-Fluß, 12 Stadien von *Barguzinskoj ostrog* entfernt, wo außer den Samen nichts von der Pflanze übrig war.
699.	vielleicht Lactuca montana, latifolia, laciniata, flore coeruleo (Breitblättrige, geschlitzte Berg-Lactuca mit blauer Blüte) der ‚Institutiones rei herbariae'?; Sonchus laevis, laciniatus, coeruleus, vel Sonchus Alpinus, coeruleus (Glatter, geschlitzter, blauer Sonchus oder Blauer Alpen-

	Sonchus) des Caspar Bauhin, ‚Pinax' [Seite 124]; überall auf den Bergwiesen am *Angara*[-Fluß]; Die Pflanze blüht etwa Anfang Juli.

/126v/

*Irkuck*er Flora nach der Ordnung der ‚Institutiones rei herbariae'

XIII. Klasse

700.	Lactuca sativa (Kultivierte Lactuca) des Caspar Bauhin, ‚Pinax', [Seite] 122; in den Gärten der Einwohner von *Irkuck*
701.	Lactuca maculosa (Gefleckte Lactuca) des Caspar Bauhin, ‚Pinax' [Seite 123]; ‚Forell Salat'; in den Gärten von *Irkuck*
702.	Lactuca capitata (Kopf-Lactuca) des Caspar Bauhin, ‚Pinax' [Seite 123]; in den Gärten der Einwohner von *Irkuck*
703.	Lactuca sylvestris, costa spinosa (Wildwachsende Lactuca mit dorniger Blattrippe) des Caspar Bauhin, ‚Pinax', [Seite] 123; Lactuca sylvestris sive Endivia multis dicta, folio laciniato, dorso spinoso (Wildwachsende Lactuca oder die bei vielen [Autoren] so genannte Endivia mit geschlitztem Blatt, mit stachligem Rücken) des Johann Bauhin [‚Historia plantarum ...', Band 2, liber XXIV, Seite 1003]; im Garten des Herrn Vizegouverneurs
704.	Sonchus asper, non laciniatus (Rauher, nicht geschlitzter Sonchus) des Caspar Bauhin, ‚Pinax', Seite 123; häufig in den Gärten und an Zäunen in *Irkuck* und beim See *Bajkal*
705.	vielleicht Chondrilla viscosa humilis (Niedrige, klebrige Chondrilla) des Caspar Bauhin, ‚Prodromus', [Seite 68] 2. Species; Diese wirkliche Chondrilla-Species ist von Tournefort, ‚Institutiones rei herbariae', und von Vaillant nicht beschrieben worden, die vielleicht vermutet haben, dass es eine Varietät der ersten Chondrilla[-Art] des Dioscorides sei. Sie kommt sehr zahlreich an sehr trockeneren sandigen und steinigen Stellen bei *Barguzinskoj ostrog* vor und ist selten höher als eine Spanne; größtenteils liegt sie auf der Erde. Sie stützt sich auf eine weiße, saftige, durch die Steine abgerundete Wurzel, die von wenigen Fasern umgeben ist und die Stärke eines Taubenfederkiels hat. Zerbrochen läßt sie, wie auch alle übrigen Teile, reichlich milchweißen, bitteren, scharfen und ekelerregender Saft ausströmen. Aus dem Wurzelscheitel gehen Blätter,

127r/

*Irkuck*er Flora nach der Ordnung der ‚Institutiones rei herbariae'
XIII. Klasse

	zwanzig und mehr, hervor, die auf der Erde ausgebreitet sind. Diese sind anderthalb bis zwei Zoll lang, $^{2}/_{10}$ bis $^{3}/_{10}$ Zoll breit, schmal, stark zugespitzt und scharf sowie kahl. Die untersten Blätter sind geschlitzt und kraus, bei anderen [Pflanzen] sind sie unversehrt [d. h. nicht geschlitzt], wenigstens leicht buchtig und gezähnt. Bei manchen [Pflanzen] sind alle Blätter sehr geschlitzt, bei anderen sind alle Blätter unversehrt [d. h. nicht geschlitzt]. So sind auch die Blätter von einigen meergrün, die von anderen dagegen ganz verwaschen purpurrot. Die Pflanze treibt bald zwei, bald drei und vier, selten aber mehr Stengel aus, die rutenförmig, sehr verzweigt, stielrund, dicht gestreift und meergrün sind, niederliegen oder etwas über dem Horizont aufgerichtet sind, Wo der Stengel sich verzweigt, tritt das Blättchen aus, das den übrigen in allem gleicht und den Stengel umfaßt. Von hier an spreizen sich die Ästchen zwei- oder dreifach in andere feinere aus und sind mit gelben Blüten[-Körben] beladen. Der Kelch ist sehr klein und mit einer an den Kelch anschließenden Einfassung verstärkt. Er ist zylindrisch, gestreift, oder vielmehr gefurcht, 2½ Zehntel eines Zolls lang, ist oben mit acht Einschnitten offen und mit stark oder auch schwach gelben Zungenblüten gefüllt. Die Zungenblüten sind flach, an der Spitze wohlgestaltet und

127v/

*Irkuck*er Flora nach der Ordnung der ‚Institutiones rei herbariae'
XIII. Klasse

	zart eingeschnitten oder gesägt. Der Stempel der einzelnen [Blüten] ist in eine Scheide [Hülle aus fünf verwachsenen Staubfäden] gehüllt, oben zweihörnig [d. h. mit zwei Narbenästen], und geht in der Folge in den kegelförmigen Samen über, welcher gefurcht ist und mittels eines Fadens mit einem Haarkranz beladen ist. Die Samen oder Ovarien selbst sitzen der kahlen Plazenta (Blütenstandsboden) an. Die in natürlicher Größe gezeichnete Pflanze ist auf der Tafel zu sehen: a) die Pflanze, b) der Samen. Ihr gegen Ende August ausgereifter Samen wird geschickt.
706.	Chondrilla viscosa, humilis flore candido (Niedrige, klebrige Chondrilla mit reinweißer Blüte); Die Pflanze stimmt in allen Merkmalen, in Grö-

	ße, Gestalt und Standort, mit der vorhergehenden überein und kommt in der gleichen Anzahl vor. Sie unterscheidet sich nur durch die reinweiße Farbe der Blüte. Manche Blüten sind gänzlich reinweiß, bei anderen werden die Spitzen rötlich. Die Nägel aller Blüten sind zitronengelb. Die Scheiden der Stempel sind hellgelb-grün. Die Hörner (Narbenäste) des Stempels sind abwärts gebogen und braun. Etwa Ende August treten oftmals an ein und derselben Pflanze sowohl Blüten als auch reife Samen auf. Die gereiften Samen werden geschickt.
707.	Scorzonera angustifolia, prima (Erste [Species] der schmalblättrigen Scorzonera) des Caspar Bauhin, ‚Pinax', [Seite] 275; des Tournefort, ‚Institutiones rei herbariae'; Die Wurzel dieser Pflanze ist dick, lang und süß. Die Pflanze kommt auf den Bergen am *Angara*[-Fluß] vor, besonders gegenüber dem Himmelfahrts-[Männer-]Kloster. Bei den Russen nennt man sie *volčej koren'*. Bei den Burjaten

/128r/

*Irkuck*er Flora nach der Ordnung der ‚Institutiones rei herbariae'
XIII. Klasse

	und Jakuten verwendet man sie wie andere Wurzeln als Speise. Ihre Samen werden geschickt.
708.	Scorzonera gramineo seu angustissimo folio radice amaricante (Scorzonera mit grasartigem oder sehr schmalem Blatt, mit leicht bitter werdender Wurzel); Wenn die Blätter dieser Pflanze aus der Erde hervorkommen, sind sie völlig wollig. Die Pflanze blüht etwa Ende Mai in den Wäldern oberhalb von *Monastyrskaja derevnja* und in den Bergen direkt gegenüber dem Zusammenfluß des [Flusses] *Irkut* und des *Angara*[-Flusses].
709.	Scorzonera latifolia, altera (Zweite [Species] der breitblättrigen Scorzonera) des Caspar Bauhin [‚Pinax', Seite 275]; des Tournefort, ‚Institutiones rei herbariae', 4. Species; Die Blätter dieser Pflanze sind kahl und glatt wie bei Bupleurum. Die Blattrippe ist weiß. Die Wurzel ist durch viele braune Borsten am Scheitel rauhhaarig. Die Pflanze blüht zusammen mit der vorhergehenden gegen Ende Mai. Durch Insektenstiche schwellen ihre Stengel an den Gelenken oft an, und es kommt zu einer unnatürlichen Stengelbildung.

XIV. Klasse
Von den Kräutern und Halbsträuchern mit strahlenförmiger Blüte

710.	Aster vernalis, folio hastato, incano, flore albo (Frühlings-Aster mit spießförmigem, weißgrauem Blatt, mit weißer Blüte); Diese Pflanze, die von Anfang bis Mitte Mai blüht, ist selten höher als ein halber Fuß, meist erhebt sie sich mindestens 4 Zoll

128v/

	in die Höhe. Sie stützt sich auf eine fasrige Wurzel, die aus 10, 15 bis 20 weißen Fasern besteht, welche in allen Richtungen in der Erde festhängen. Zu Frühlingsbeginn bildet sie ein Blattpaar, das weißgrau und beidseitig rauhhaarig ist, auf dem abgewandten Teil rauhhaariger. Wenn die Wolle auf der rücklings gelegten Seite, die gegen Ende Mai spontan von den Blättern verschwindet, weggewischt wird, sind diese blaß grün. Sie sind spießförmig und dicklich und mittels eines kurzen, breiten, wolligen Stiels am Stengel angewachsen. Mit hervorkommender Blüte folgen zwei weitere, schmalere und längere Blätter, und danach mehrere, bis zu fünf oder sechs. Die Blüten, die sich am nackten, stielrunden, weißgrauen, 3, 4 bis 5 Zoll hohen Stengel bilden, werden jeweils von einem schuppigen, grünen, röhrenförmigen Kelch umfaßt. Die Spitzen der Schuppen aber nehmen eine purpurrötliche Färbung an. Die scheibenartige Blüte [d. h. der Blütenkorb] besteht aus den weiblichen Zungenblüten [bzw. Strahlblüten] und den zwittrigen ‚Strahlen' (Röhrenblüten bzw. Scheibenblüten). Die Anzahl der Strahlen [d. h. der Zungen- oder Strahlblüten] der Blüte [d. h. des Blütenkorbs] beträgt meist 12; sie besitzen eine äußerst reinweiße, milchige Farbe. Die kleinen Scheibenblüten [d. h. die Röhrenblüten] sind mit geringfügig abwärts gebogenen Einschnitten in vier Zipfel geteilt. Die Scheide aus [fünf verwachsenen] Staubblättern ist hellgelb getönt. Der Stempel der Zungenblüten ist zweihörnig [d. h. er hat zwei Narbenäste]. Sowohl die kleinen Blüten [Röhrenblüten] als auch die Zungenblüten sitzen den Ovarien (Fruchtknoten) an, die mit Haaren bekront oder mit jeweils einem Pappus versehen sind. [Die Ovarien] sind der kahlen, mit kleinen Gruben ausgehöhlten Plazenta eingepflanzt. Die Ränder

/129r/

*Irkuck*er Flora nach der Ordnung der ‚Institutiones rei herbariae‘
XIV. Klasse

	der beiden Blütentypen [Zungenblüten und Röhrenblüten] sind schwach purpurrot. Die Pflanze wächst auf den schroffen und sonnenbeschienenen Bergen gegenüber der Mühle am [Bach] *Ušakovka*, in geringerer Anzahl am *Angara*[-Fluß] und am [Fluß] *Irkut*. Sie liebt tonreiche Erde, die mit Sand vermischt ist. Die Samen reifen etwa Mitte Juni und fliegen, sobald sie reif sind, davon, so daß ich sie nur mit Mühe in geringer Menge fand. Die Tafel zeigt die gezeichnete Pflanze in natürlicher Größe: a) die Pflanze b) der Samen.
711.	Aster arvensis, coeruleus, acris (Blauer, spitzer Acker-Aster) des Tournefort, ‚Institutiones rei herbariae‘; Conyza coerulea, acris (Blaue, spitze Conyza) des Caspar Bauhin, ‚Pinax‘, [Seite] 265; Die Pflanze kommt sehr zahlreich in trockeneren Wäldern sowie an den Wegen vor und blüht etwa Ende Juni.
712.	Aster montanus, luteus, Salicis folio glabro (Gelber Berg-Aster mit dem kahlen Blatt von Salix) des Tournefort, ‚Institutiones rei herbariae‘ und des Caspar Bauhin, ‚Pinax‘, [Seite] 266; Die Pflanze ist sehr zahlreich auf den Bergen am *Angara*[-Fluß] und beim See *Bajkal* und blüht im Juli.
713.	Aster Salicis folio glabro, flore intra folia sessili (Aster mit dem kahlen Blatt von Salix mit einer innerhalb der Blätter sitzenden Blüte); Die Pflanze blüht im August und im September auf den Steppen bei *Barguzinskoj ostrog*. Sie ist vielleicht nur eine Varietät der vorhergehenden, die wegen der Trockenheit des Ortes auftritt.
714.	vielleicht Aster montanus, coeruleo, magno flore, foliis oblongis (Blauer Berg-Aster mit großer Blüte, mit länglichen Blättern) des Caspar Bauhin, ‚Pinax‘, [Seite] 267; des Tournefort, ‚Institutiones rei herbariae‘, 4. Species; Nichts kommt Anfang des Monats Juli häufiger auf den Bergen am *Angara*[-Fluß] und beim See *Bajkal*

/129v/

*Irkuck*er Flora nach der Ordnung der ‚Institutiones rei herbariae‘
XIV. Klasse

	wie auch dort auf den Steppenflächen, wo man zum *Lena*[-Fluß] reist, und bei *Barguzinskoj ostrog* vor. Diese Orte werden von den Pflanzen gleichsam wie von einer blauen Decke überzogen. Auf den Bergen

	erreicht die Pflanze eine Höhe von bis zu einem Fuß, in den Steppen kaum mehr als einen Zoll. Sie stützt sich auf eine verholzte, knotige Wurzel, die außen braun ist und viele Fasern besitzt. Sie treibt blaß grüne, etwas wollige, längliche Blätter mit abgerundeter Spitze aus, die den spitzen Blättern von Conyza ähneln. Die einzeln stehenden Blätter sind abwechselnd am stielrunden, behaarten Stengel angeheftet. Der Kelch der Blüte ist schuppig, die Zungenblüten [Strahlblüten] sind blau, die Scheibe wird aus gedrängten gelben Blütchen [Röhrenblüten] gebildet. Die Samen werden etwa Mitte August reif und werden reif geschickt.
715.	der gleiche Aster mit reinweißer Blüte; zusammen mit der vorhergehenden [Species], aber seltener
716.	vielleicht Aster Spiraeae folio rigido et glabro (Aster mit dem steifen und kahlen Blatt von Spiraea) des Herrn Doktor Gmelin, ‚Index plantarum Lenensium', Nummer 513; Die Pflanze blüht im Juli auf den Bergen am *Angara*[-Fluß].
717.	Aster magno flore coeruleo Doriae folio (Aster mit großer, blauer Blüte, mit dem Blatt von Doria); vielleicht Aster hirsutus, Austriacus, coeruleus magno flore (Rauhhaariger, Österreichischer, blauer Aster mit großer Blüte) des Caspar Bauhin, ‚Pinax', [Seite] 267; auf den Bergen am *Angara*[-Fluß]; Die Pflanze blüht im Juli. Die Samen reifen gegen

/130r/

*Irkuck*er Flora nach der Ordnung der ‚Institutiones rei herbariae'

XIV. Klasse

	Anfang September; sie werden geschickt.
718.	vielleicht Aster Conyzoides angustissimo Linariae folio hirsuto (Conyza-ähnlicher Aster mit dem sehr schmalen rauhhaarigen Blatt von Linaria) des Barrelier, ‚Icones'; Die Pflanze kommt zusammen mit der vorhergehenden vor, reichlicher auf trockenen Steppenflächen.
719.	Aster flore viridi disco nudo (Aster mit grüner Blüte, mit kahler Scheibe); Die Pflanze kommt zusammen mit der vorhergehenden vor und blüht Anfang Juli. Sie wurde mit einer Höhe, die kaum eine Handbreite überragt, beobachtet.
720.	Aster Tripolii flore (Aster mit der Blüte von Tripolium) des Caspar Bauhin, ‚Pinax', [Seite] 267; Aster Atticus, Monspeliensis, purpureus, angustioribus foliis (Attischer, aus Montpellier stammender purpurroter Aster mit schmaleren Blättern) des Johann Bauhin [‚Historia plantarum

	...', Band 2, liber XXIV, Seite 1045]; Aster minor, Narbonensium, Tripolii flore, Linariae folio (Kleinerer Aster der Narbonenser, mit der Blüte von Tripolium, mit dem Blatt von Linaria) des Lobelius, [,Plantarum seu stirpium icones', Band 1, Seite 349]; Die Pflanze blüht im Juli sehr zahlreich bei *Irkuck* und am See *Bajkal*. Ihre Samen werden geschickt.
721.	Aster luteus capitulo folioso, Salicis folio longo, molli (Gelber Aster mit blattreichem Köpfchen, mit dem langen, weichen Blatt von Salix); Die Pflanze blüht im August in den sumpfigen Gegenden bei *Barguzinskoj ostrog*.
722.	Aster maritimus, palustris, coeruleus, minor (Blauer kleinerer Strand- [und] Sumpf-Aster); Tripolium minus (Kleineres Tripolium) des Lobelius, ,Plantarum seu stirpium icones' [Band 1, Seite 296]; Nichts kommt häufiger am Salzsee der Steppe von *Kungurga*, 30 Stadien von *Barguzinskoj ostrog* entfernt, vor. Sie blüht im Juli und im August. Die Samen reifen gegen Anfang September; diese werden reif geschickt.
723.	Aster maritimus, palustris, albus, minor (Weißer kleinerer Strand- [und] Sumpfaster) des Tournefort, ,Institutiones rei herbariae'; Die Pflanze wurde zusammen mit der vorhergehenden [Species] an einem Ort gefunden und ist zumindest eine Varietät von dieser.

/130v/

*Irkuck*er Flora nach der Ordnung der ,Institutiones rei herbariae'
XIV. Klasse

724.	Virga aurea latifolia, serrata (Goldgelbe, breitblättrige, gesägte Virga) des Caspar Bauhin, ,Pinax', [Seite] 268; des Tournefort, ,Institutiones rei herbariae', 1. Species; Virga aurea, sive Solidago Saracenica, latifolia, serrata (Goldgelbe Virga oder Sarazenische, breitblättrige, gesägte Solidago) des Johann Bauhin [,Historia plantarum ...', Band 2, liber XXIV, Seite 1063]; Virga aurea, margine crenato (Goldgelbe Virga mit gekerbtem Rand) des Dodonaeus, ,Pemptades' [Seite 142]; häufig in Wäldern; Die Pflanze blüht im Juli und im August.
725.	Jacobaea Alpina, foliis longioribus, serratis (Alpen-Jacobaea mit längeren, gesägten Blättern) des Tournefort, ,Institutiones rei herbariae'; Virga aurea angustifolia, serrata, sive Solidago Saracenica (Goldgelbe, schmalblättrige, gesägte Virga oder Sarazenische Solidago) des Johann Bauhin, [,Historia plantarum ...', Band] 2, [liber XXIV, Seite] 1063; sehr zahlreich in Wäldern; Die Pflanze blüht im Juli und im August. Ihre Samen werden geschickt.

726.	vielleicht Jacobaea Orientalis, Cacaliae folio (Orientalische Jacobaea mit dem Blatt von Cacalia), ‚Corollarium institutionum rei herbariae', Seite 37; Die Pflanze kommt sehr zahlreich in den sumpfigen Gegenden und auf feuchten Wiesen bei *Irkuck* und beim See *Bajkal* vor. Ihre Samen werden geschickt.
727.	vielleicht Jacobaea Orientalis, Senecionis folio tenuissime diviso, non incano, flore magno (Orientalische Jacobaea mit sehr feinem, geteiltem, nicht weißgrauem Blatt von Senecio, mit großer Blüte) des Tournefort, ‚Corollarium institutionum rei herbariae', Seite 36; Die Pflanze blüht gegen Ende Juli am Bergwerk bei *Urik* [*sloboda*]. Ihre Mitte September gesammelten Samen werden geschickt.
728.	vielleicht Jacobaea palustris sive aquatica (Sumpf- oder Wasser-Jacobaea) des Ray, ‚Historia plantarum', [Band I,] Seite 285; Einen gezeichneten blütentragenden Stengel der Pflanze in natürlicher Größe sieht man auf der Tafel ... Außerdem werden die Samen geschickt. Die Pflanze wächst in großen stehenden Gewässern nahe Schukùr Tungusi, ein Gebiet, das 50 Stadien von *Barguzinskoj ostrog* entfernt ist. Eine ausführlichere Beschreibung erlaubten die Zeit, die Reise und die übrigen Aufgaben nicht.

/131r/

*Irkuck*er Flora nach der Ordnung der ‚Institutiones rei herbariae'
XIV. Klasse

729.	vielleicht Jacobaea montana, integro sublongo folio (Berg-Jacobaea mit nicht zerteiltem, fast länglichem Blatt) des Barrelier ‚Icones'; des Tournefort, 8. Species; nach Vaillant; Diese [Species] muß der Gruppe der Solidago[-Species] zugeordnet werden. Die kleinen Blüten sind nämlich zwittrig, die Strahl- oder Zungenblüten sind von weiblichem Geschlecht. Die behaarten Ovarien, die an der kahlen Plazenta (Blütenstandsboden) angeheftet sind, sind in dem röhrenförmigen, einfachen Kelch, der an der Plazenta zerteilt und oben gezähnt ist, zusammengehalten. Vielleicht handelt es sich um Solidago longifolia, tomentosa et incana, foliis profunde et raro dentatis (Langblättrige, filzige und weißgraue Solidago mit tief, aber selten gezähnten Blättern) des Herrn Doktor Gmelin, ‚Index plantarum Lenensium', und des Vaillant. Diese Pflanze blüht sehr zahlreich Anfang Juni in den Bergwäldern bei *Irkuck* und am See *Bajkal*. Sie stützt sich auf eine fasrige, weiße Wurzel. Der Stengel ist einen Fuß lang, manchmal vorderarmslang, stielrund, gestreift, aufrecht und unverzweigt. Ihn umgürten gewöhnlich dort, wo er

	aus der Wurzel austritt, vier sitzende und der Erde anliegende sowie als Kreuz angeordnete (kreuzgegenständige), angeheftete Blätter ohne Stiel. Die Blätter selbst sind länglich und nicht zerteilt, bei manchen Pflanzen sehr rundlich. Rücklingsgelegt sind sie blaß grün, im abgewandten Teil ziemlich weißgrau. Viele Blätter sind mit Wolle bedeckt, manche besitzen an den Rändern wenige, andere jedoch zahlreiche Zähne. Den übrigen Teil des Stengel umgürten gewöhnlich drei weitere schmalere Blätter, die den Stengel umfassen und abwechselnd gleiche

/131v/

*Irkuck*er Flora nach der Ordnung der ‚Institutiones rei herbariae'
XIV. Klasse

	Abstände voneinander haben. An der Spitze des Stengels sind gewöhnlich drei, bisweilen vier, fünf oder sechs Corymbi von Blüten, die durch etwa $^{4}/_{10}$ Zoll lange Stiele gestützt werden, aus einem Zentrum aufgerichtet. Der Blütenstand ist vielstrahlig. Die Strahlen (Strahl- oder Zungenblüten) sind weiblich, und besitzen weder eine Röhre noch Staubblätter. Die mit Flaum bedeckten Ovarien sind der kahlen Plazenta angeheftet. Die kleinen [Röhren-]Blüten, die die Scheibe bilden, sind zwittrig. Die Farbe beider Blütentypen [d. h. von Röhren- und Zungenblüten] ist intensiv safrangelb. Der Kelch ist röhrenförmig und vielspaltig bis zur Plazenta geteilt. Die reifen Samen sind etwa Mitte Juli gesammelt worden und werden geschickt.
730.	vielleicht Jacobaea Alpina, foliis subrotundis, serratis (Alpen-Jacobaea mit rundlichen, gesägten Blättern) des Caspar Bauhin, ‚Pinax' [Seite 131]; des Tournefort, ‚Institutiones rei herbariae', 6. Species; Die Pflanze stimmt in fast allen Merkmalen mit der vorhergehenden überein, unterscheidet sich jedoch durch die etwas längeren und schmaleren Blättern sowie die Farbe des Blütenstands, der bei dieser Pflanze gelb ist. Sie blüht zusammen mit der vorhergehenden den gesamten Juni überall bei *Irkuck*. Die Samen sind um Mitte Juli gereift und werden geschickt.
731.	vielleicht Doronicum Conyzae folio (Doronicum mit dem Blatt von Conyza); Von dieser Pflanze habe ich am 21. August außer den Samen, die in der Pflanze schon völlig vertrocknet waren, nichts erhalten. Sie wächst auf dem Gipfel des Felsens, der ständig von Schnee starr ist an den Quellen des Flusses *Bannoj*, 10 Stadien von *Barguzinskoj ostrog* entfernt. Durch die Struktur des Kelches veranlaßt hielt ich sie für diese Spezies.

/132r/

*Irkuck*er Flora nach der Ordnung der ‚Institutiones rei herbariae'
XIV. Klasse

732.	eine andere Species von Doronicum; Ich erhielt nur die Samen am 29. August in der Steppe von *Urinsk* (*Urinskaja step'*). Ich wünsche sehr, daß ich von Herrn Doktor Amman benachrichtigt werde, wie die Pflanze beschaffen sein wird, die aus dem bestens gereiften Samen zum Vorschein kommen wird.
733.	Corona Solis (Sonnenkrone) des Tabernaemontanus, ‚Icones plantarum', [Seite] 763; Helenium Indicum, maximum (Größtes, Indisches Helenium) des Caspar Bauhin, ‚Pinax' [Seite 276]; überall in den Gärten von *Irkuck* und in den Dörfern; Die Pflanze blüht im August.
734.	Leucanthemum vulgare (Gewöhnliches Leucanthemum) des Tournefort, ‚Institutiones rei herbariae', 1. Species; Bellis sylvestris, caule folioso, major (Größere, wildwachsende Bellis mit blattreichem Stengel) des Caspar Bauhin, ‚Pinax', [Seite] 261; Die Pflanze kommt überall bei *Irkuck* und am See [*Bajkal*], sowohl auf Wiesen als auch an den Wegen vor und blüht im Juli.
735.	Leucanthemum montanum, foliis Chrysanthemi (Berg-Leucanthemum mit den Blättern von Chrysanthemum) des Tournefort, ‚Institutiones rei herbariae'; Bellis Tanaceti folio (Bellis mit dem Blatt von Tanacetum) des Pilletier, [Seite] 61; Bellis montana major, foliis Chrysanthemi Cretici angustioribus (Größere Berg-Bellis mit dem schmaleren Blatt des Chrysanthemum Creticum [Kretisches Chrysanthemum) des ‚Botanicum Monspeliense', Appendix; Die Pflanze kommt sehr zahlreich auf den Bergen am *Angara*[-Fluß] und am gesamten See *Bajkal* vor; im Geruch erinnert sie an Chamomillum. Die Russen nennen sie *serdešnaja trava* und rühmen sie sehr beim Seitenstechen und bei Kolik, wobei sie mit Wasser gekocht und [das Dekokt] getrunken wurde. Andere legen sie in Branntwein ein. Sie blüht im ausgehenden Juli. Die Samen reifen etwa Ende August. Diese gut gereiften Samen werden geschickt. Die Blütenfarbe ist meist leicht purpurrötlich oder sehr hellrötlich. Ich habe aber auch häufiger eine [mit weißer Blüte] gefunden, die wegen der großen Anzahl genannt werden könnte.

/132v/

*Irkuck*er Flora nach der Ordnung der ‚Institutiones rei herbariae'
XIV. Klasse

736.	Leucanthemum montanum foliis Chrysanthemi flore albo (Berg-Leucanthemum mit den Blättern von Chrysanthemum, mit weißer Blüte)
737.	Millefolium vulgare, album (Gewöhnliches, weißes Millefolium) des Caspar Bauhin, ‚Pinax', [Seite] 140; überall auf den Wiesen und in den Wäldern bei *Irkuck* und am See *Bajkal*
738.	Millefolium vulgare purpurascens (Gewöhnliches purpurrötliches Millefolium) des Caspar Bauhin, ‚Pinax' [Seite 140]; überall bei *Irkuck*; sehr häufig
739.	Millefolium album folio angusto, serrato (Weißes Millefolium mit schmalem, gesägtem Blatt); Die Pflanze blüht gegen Anfang Juli am Bach *Kuda*.
740.	Ptarmica vulgaris, folio longo, serrato, flore albo (Gewöhnliche Ptarmica mit langem, gesägtem Blatt, mit weißer Blüte) des Johann Bauhin [‚Historia plantarum ...', Band 3, liber XXVI, Seite 147]; des Tournefort, ‚Institutiones rei herbariae', 1. Species; Dracunculus pratensis, serrato folio (Wiesen Dracunculus mit gesägtem Blatt) des Caspar Bauhin, ‚Pinax', [Seite] 98
741.	Ptarmica Alpina, foliis profunde incisis (Alpen-Ptarmica mit tief eingeschnittenen Blättern) der ‚Institutiones rei herbariae'; Ptarmica Alpina, Millefolii folio (Alpen-Ptarmica mit dem Blatt von Millefolium) des Boccone, [‚Museo di piante'], [Teil] 2. [Seite] 144; sehr zahlreich in den Wäldern und auf den Wiesen bei *Irkuck* sowie am See *Bajkal*; Die Pflanze blüht im Juli. Ihre Samen werden geschickt.
742.	Caltha vulgaris, flore pallido (Gewöhnliche Caltha mit blasser Blüte) des Caspar Bauhin, ‚Pinax' [S. 275]
743.	die gleiche [Caltha], mit zitronengelber Blüte
744.	die gleiche [Caltha], mit fuchsroter Blüte, des Caspar Bauhin, ‚Pinax' [Seite 275]; in den Gärten der Einwohner von *Irkuck*
745.	Carlina sylvestris, vulgaris (Gewöhnliche, wildwachsende Carlina) des Clusius, ‚Historia plantarum', [Seite] CLVI; Cnicus sylvestris, spinosior (Wildwachsender, stärker stachliger Cnicus) des Caspar Bauhin [‚Pinax', Seite 378]; Attractylis des Johann Bauhin [‚Historia plantarum ...', Band 3, liber XXV, Seite 81]; Die Pflanze kommt sehr zahlreich auf den Bergen am *Angara*[-Fluß] und den sonnenbeschienenen Hügeln der Steppen vor und blüht gegen Ende Juli.

/133r/

*Irkuck*er Flora nach der Ordnung der ‚Institutiones rei herbariae‘
XV. Klasse

XV. Klasse
Von Kräutern und Halbsträuchern mit apetaler Blüte oder mit staubblattartiger Blüte

746.	Beta rubra, radice Rapae (Rote Beta mit der Wurzel von Rapa) des Caspar Bauhin, ‚Pinax‘, [Seite] 118; überall in den Gärten von *Irkuck*; Bei den Russen nennt man die Pflanze *svekla*.
747.	Acetosa pratensis (Wiesen-Acetosa) des Caspar Bauhin, ‚Pinax‘, [Seite] 114; Oxalis vulgaris, folio longo (Gewöhnliche Oxalis mit langem Blatt) des Johann Bauhin [‚Historia plantarum ...‘, Band 2, liber XXIII, Seite 989]; auf den Wiesen am [Fluß] *Irkut*
748.	Acetosa foliis crispis (Acetosa mit krausen Blättern) des Caspar Bauhin, ‚Pinax‘ [Seite 114]; Die Pflanze tritt zusammen mit der vorhergehenden überall auf und blüht gegen Ende Juli.
749.	Acetosa arvensis, lanceolata (Lanzettliche Acker-Acetosa) des Caspar Bauhin, ‚Pinax‘ [Seite 114]; überall bei *Irkuck*; Die Pflanze blüht im Juni.
750.	Acetosa rotundifolia, Alpina (Rundblättrige Alpen-Acetosa) des Caspar Bauhin, ‚Pinax‘ [Seite 114]; vielleicht die 2. [Species] im ‚Prodromus‘, [Seite 55]; Ich habe die Pflanze am 21. August unter Schnee und an den Quellen des Flusses *Bannoj* in einer Entfernung von ... Stadien von *Barguzinskoj ostrog* gefunden. Ihre Samen werden geschickt.
751.	Lapathum acutum, crispum (Spitzes, krauses Lapathum) des Johann Bauhin [‚Historia plantarum ...‘, Band 2, liber XXIII, Seite 988]; Lapathum folio acuto, crispo (Lapathum mit spitzem, krausem Blatt) des Caspar Bauhin, ‚Pinax‘ [Seite 115]; des Tournefort, ‚Institutiones rei herbariae‘, 3. Species; häufig auf den Wiesen bei *Irkuck* und am See *Bajkal*
752.	Lapathum folio acuto, plano (Lapathum mit spitzem, flachem Blatt) des Caspar Bauhin, ‚Pinax‘ [Seite 115]; Lapathum acutum sive Oxylapathum (Spitzes Lapathum oder Oxylapathum) des Johann Bauhin, [‚Historia plantarum ...‘, Band] 2, [liber XXIII, Seite] 983; Die Pflanze blüht im Juni und im Juli auf den Wiesen am [Fluß] *Irkut* und beim Dorf *Rozvodnaja*.

/133v/

*Irkuck*er Flora nach der Ordnung der ‚Institutiones rei herbariae'
XV. Klasse

	Die Wurzeln dieser Pflanze sind rübenförmig. Aus einer Krone gehen bis zu 10 [Wurzeln], die außen braun und innen ganz hellgelb sind, hervor.
753.	Lapathum sylvestre magnum, vulgare (Wildwachsendes, großes, gewöhnliches Lapathum) des Johann Bauhin [‚Historia plantarum ...', Band 2, liber XXIII, Seite 984]; Hippolapathum sylvestre (Wildwachsendes Hippolapathum) des Tabernaemontanus, ‚Icones plantarum', [Seite] 436; Die Pflanze blüht Anfang Juli auf den rauhen und sonnenbeschienenen Bergen am *Angara*[-Fluß]. Ihre Blätter sind sehr breit und auch blasser als die von Lapathum acutum (Spitzes Lapathum). Sie wächst sehr hoch und erreicht die Höhe eines sehr großen Mannes.
754.	Lapathum folio acuto, flore aureo (Lapathum mit spitzem Blatt, mit goldgelber Blüte) des Caspar Bauhin, ‚Pinax', [Seite] 114; Lapathum anthoxanthon (Gelbblühendes Lapathum) des Johann Bauhin [‚Historia plantarum ...', Band 2, liber XXIII, Seite 987]; überall an sandigen Orten beim See *Bajkal* und am *Barguzin*[-Fluß]
755.	Lapathum folio rotundo, Alpinum (Alpen-Lapathum mit rundem Blatt) des Johann Bauhin, [‚Historia plantarum ...', Band] 2, [liber XXIII, Seite] 987; Lapathum hortense, rotundifolium sive montanum (Rundblättriges Garten-Lapathum oder Berg-Lapathum) des Caspar Bauhin, Pinax, [Seite] 115; Die Blattrippe dieser Pflanze wird intensiv rot. Die Wurzeln erreichen ein Gewicht von 8 bis 10 Pfund. Bei den Russen nennt man sie *čerenkovoj reven'*. Sie kommt sehr zahlreich vor auf den Felsen an der Mündung des *Anga*-Flusses in den See *Bajkal* und von dort bis *Barguzinskoj ostrog* wie auch an den Felsen am [Fluß] *Irkut* und denen bei *Tunkinskoj ostrog*. Die bestens gereiften Samen werden geschickt.
756.	Atriplex hortensis, rubra (Rote Garten-Atriplex) des Caspar Bauhin, ‚Pinax' [Seite 119]; überall in den Gärten von *Irkuck* und bei der Stadt.

/134r/

*Irkuck*er Flora nach der Ordnung der ‚Institutiones rei herbariae'
XV. Klasse

757.	Atriplex angusto oblongo folio (Atriplex mit schmalem, länglichem Blatt) des Caspar Bauhin, ‚Pinax', [Seite] 119; Atriplex sylvestris, Polygoni aut Helxines foliis (Wildwachsende Atriplex mit den Blättern von Polygonum oder von Helxine) des Lobelius, ‚Plantarum seu stirpium icones', [Band 1, Seite] 257; überall an den Zäunen bei *Irkuck*; Die Pflanze blüht im Juli und im August.
758.	Atriplex maritima, angusto folio, semine Atriplicis sativae (Strand-Atriplex mit schmalem Blatt, mit den Samen von Atriplex sativa [Kultivierte Atriplex]); am Salzsee der Steppe von *Kungurga*; Die Samen dieser Pflanze werden geschickt.
759.	Atriplex maritima humilior, folio angustiori et breviori (Niedrigere Strand-Atriplex mit schmalerem und kürzerem Blatt); zusammen mit der vorhergehenden [Species]
760.	vielleicht Atriplex maritima, angustissimo folio (Strand-Atriplex mit sehr schmalem Blatt) des Morison, ‚Plantarum historiae universalis Oxoniensis', [Teil 2, Seite 608]; Halimus sive Portulaca marina (Halimus oder Meer-Portulaca) des Caspar Bauhin, ‚Pinax', [Seite] 120; am Salzsee der Steppe von *Kungurga*; Die Samen dieser Pflanze werden geschickt.
761.	Atriplex humilis Alsines mediae folio subtus incano (Niedrige Atriplex mit dem Blatt von Alsine media [Mittlere Alsine], das unterseits weißgrau ist); Oben sind die Blätter mit Staub bedeckt gleichsam als wären sie völlig mit kleinen Pünktchen besetzt. Die Pflanze wächst an Ruderalstandorten und in den Gärten von *Irkuck*. Sie blüht etwa Mitte Juli. Vielleicht ist es Atriplex Halimi folio (Atriplex mit dem Blatt von Halimus) des Caspar Bauhin, ‚Pinax', [Seite] 120.
762.	Chenopodium Pes Anserinus 1 (Chenopodium [oder] Pes Anserinus [Gänsefuß] 1. [Species]) des Tabernaemontanus, ‚Icones plantarum', [Seite] 427; Atriplex dicta Pes Anserinus (Atriplex, die Pes Anserinus [Gänsefuß] genannt wird) des Johann Bauhin, [‚Historia plantarum ...', Band] 2, [liber XXIII, Seite] 975; Atriplex sylvestris, latifolia (Wildwachsende, breitblättrige Atriplex) des Caspar Bauhin, ‚Pinax', [Seite] 119; überall zwischen Kohl (Gemüse) und Saaten; Die Pflanze blüht im Juli und im August. Sie wird von den Russen gegessen und bei ihnen *lebeda* genannt.

/134v/

*Irkuck*er Flora nach der Ordnung der ‚Institutiones rei herbariae'
XV. Klasse

763.	Chenopodium ceratoides humile Hyssopi folio mihi (Niedriges, hornartiges Chenopodium mit dem Blatt von Hyssopus von mir); überall bei *Irkuck* und am See *Bajkal*; Die Pflanze blüht im Juli. Die Samen reifen gegen Ende August: Diese bestens gereiften Samen werden geschickt, so daß ich auch eine Beschreibung unterlassen kann.
764.	Chenopodium, folio sinuato, candicante (Chenopodium mit buchtigem, weißlichem Blatt) des Tournefort, ‚Institutiones rei herbariae', 3. Species; Atriplex sylvestris, folio sinuato, candicante (Wildwachsende Atriplex mit buchtigem, weißlichem Blatt) des Caspar Bauhin, ‚Pinax' [Seite 119]; an Wegen nahe der am [Bach] *Kuda* errichteten Vorstadt, die *Kudinskaja sloboda* genannt wird
765.	Chenopodium angustifolium, laciniatum, minus (Schmalblättriges, geschlitztes, kleineres Chenopodium) des Tournefort, ‚Institutiones rei herbariae', 5. Species; Die Blätter dieser Pflanze verdienen es, mehr buchtig als geschlitzt bezeichnet zu werden. Rücklingsgelegt gehen sie vom Grünen ins Gelbliche über, unten sind sie mit weißgrauem, leicht wegzuwischendem Staub bedeckt.
766.	Blitum album, majus (Größeres, weißes Blitum) des Caspar Bauhin, ‚Pinax', [Seite] 118; des Tournefort, ‚Institutiones rei herbariae', 1. Species; Die Pflanze blüht sehr zahlreich im Juli bei *Irkuck*.
767.	Blitum arborescens, incanum, Lavandulae folio (Baumartiges, weißgraues Blitum mit dem Blatt von Lavandula); Diese Pflanze ist Ende August in der Steppe von *Urinsk* (*Urinskaja step'*) gegenüber dem *Kladovoj kamen'* genannten Felsen gefunden worden. Sie stützt sich auf eine große, dicke, breite und holzige Wurzel, die im Durchmesser 6 bis 10 Zoll lang und 4 bis 5 Zoll breit ist. Diese ist trocken sowie aschgrau und schickt bisweilen einen Zweig, bisweilen zwei oder mehr Zweige, die oft stärker als ein Zoll, stielrund, verholzt, hart, außen glänzendbraun und innen buchsbaumfarbig sind, bis zu einen Fuß in die Erde hinab. Die Wurzelkrone ragt aus der Erde hervor und treibt strauchartig 20 bis 30 vorderarmslange Stengel aus. Die Stengel sind holzig, stielrund, hier und da kahl, größtenteils rauhhaarig und weißgraulich

/135r/

*Irkuck*er Flora nach der Ordnung der ‚Institutiones rei herbariae'
XV. Klasse

	vom Ausgang des Stengels aus der Wurzel bis zur Ähre der unvollkommenen Blüten. Die Blätter gehen ohne Ordnung aus dem Stengel hervor. An diesem Stengel werden Blätter aufgerichtet, die ungefähr einen Zoll lang sind und an den breitesten Stellen selten breiter als $^{2}/_{10}$ eines Zolls sind. Diese Blätter sind an beiden Enden zugespitzt und erinnern an die Blätter von Lavandula (Lavendel). Rücklingsgelegt sind sie weißlich grün und rauhhaarig, im abgewandten Teil weiß und völlig weißgrau. Manche Stengel sind völlig ohne blütentragende Ähren, andere treiben aus den einzelnen Achseln der gebündelten Blätter aufwärts gerichtete Stiele aus, die einen halben Zoll lang sind und an der Spitze eine blütentragende Ähre besitzen. Die Blüte ist unvollkommen und staubblattartig und es war nicht möglich, die Zahl und Gestalt der Blüten und Staubblätter, die äußerst dicht an die Achse angewachsen sind, noch die Samen oder irgendetwas Entsprechendes mit bloßem Auge, bei welcher Anstrengung auch immer, auch nur zu entdecken, und obgleich es mir schien, drei Staubblätter gesehen zu haben, zweifle ich selbst, ob es sich nicht eher aus Einbildung zugetragen hat. So bleibt auch die Struktur des Kelches unklar.

/135v/

*Irkuck*er Flora nach der Ordnung der ‚Institutiones rei herbariae'
XV. Klasse

	Ich möchte daher freimütig sagen, daß ich diese Pflanze auf Grund der Analogie, die ich aus dem Aufbau und der Form der blütentragenden Ähren hergeholt habe, in die Gattung Blitum eingeordnet habe. Dies, ob ich es getroffen habe, überlasse ich dem Urteil anderer. Auf der Tafel ... ist die gesamte Pflanze in natürlicher Größe abgebildet; gesondert schicke ich die blütentragenden Ähren, obwohl ich unter den Samen keinen solchen entdecken konnte.
768.	Alchimilla Linariae folio, calyce florum albo (Alchimilla mit dem Blatt von Linaria, mit weißem Blütenkelch) des Tournefort, ‚Institutiones rei herbariae'; Linaria montana, flosculis albicantibus (Berg-Linaria mit weißlichen kleinen Blüten) des Caspar Bauhin, ‚Pinax', [Seite] 213; Die Pflanze blüht gegen Ende Mai bis Mitte Juni überall auf den Bergen bei *Irkuck*.

769.	Alchimilla Linariae folio, calyce florum subluteo (Alchimilla mit dem Blatt von Linaria, mit schwach gelbem Blütenkelch) des Tournefort, ‚Institutiones rei herbariae'; auf der Insel *Ol'chon* des Sees *Bajkal* und auf den Hügeln bei *Oeck*; Die Pflanze blüht im Juli. Sie ist überdies viel verzweigter als die vorhergehende.
770.	Persicaria mitis, maculosa (Milde, gefleckte Persicaria) des Caspar Bauhin, ‚Pinax', [Seite] 101; Die Pflanze blüht Anfang Juli bei *Irkuck* und variiert von weißer bis zu purpurroter Blüte.

/136r/

*Irkuck*er Flora nach der Ordnung der ‚Institutiones rei herbariae'
XV. Klasse

771.	Persicaria mitis, non maculosa (Milde, nicht gefleckte Persicaria) des Caspar Bauhin, ‚Pinax' [Seite 101]; zusammen mit der vorhergehenden [Species]
772.	Persicaria urens seu Hydropiper (Brennende Persicaria oder Hydropiper) des Caspar Bauhin, [‚Pinax', Seite 101]; Die Pflanze blüht im Juni und im Juli in den Sumpfgegenden am [Bach] *Ušakovka* und am *Angara*[-Fluß].
773.	Persicaria angustifolia (Schmalblättrige Persicaria) des Caspar Bauhin, ‚Pinax', Seite 101; überall dicht neben Zäunen und Gruben; Die Pflanze blüht im Juni und im Juli.
774.	Persicaria alba, multiflora (Weiße, vielblütige Persicaria) des Herrn Doktor Gmelin, ‚Index plantarum Lenensium'; sehr zahlreich an bergigen und grasreichen Orten am *Angara*[-Fluß] und am See *Bajkal*; Die Samen dieser Pflanze werden geschickt.
775.	Persicaria maritima purpurea Salicis folio crasso succido glabro (Purpurrote Strand-Persicaria mit dem dicken, saftigen, kahlen Blatt von Salix); Die Pflanze tritt am Salzsee der Steppe von *Kungurga* auf. Ihre Samen werden geschickt.
776.	Persicaria fruticans angustifolia, flore albo (Schmalblättrige Strauch-Persicaria mit weißer Blüte); sehr zahlreich an sandigen Orten am See *Bajkal*; Die Samen dieser Pflanze werden geschickt.
777.	Persicaria geniculata, Salicis folio lato et incano (Gelenkige Persicaria mit dem breiten und weißgrauen Blatt von Salix); Die Pflanze tritt zusammen mit der vorhergehenden auf. Sie blüht im Juli und im August. Die Samen reifen im September; die gut gereiften Samen werden geschickt.

778.	Persicaria fruticosa alia (Eine andere Strauch-Persicaria); Die Pflanze wurde während meiner Abwesenheit in *Irkuck* gesammelt.
779.	Polygonum brevi angusto folio (Polygonum mit kurzem, schmalem Blatt) des Caspar Bauhin, ‚Pinax', [Seite] 281; des Tournefort, ‚Institutiones rei herbariae', 4. Species; Polygonum,

/136v/

Irkucker Flora nach der Ordnung der ‚Institutiones rei herbariae'
XV. Klasse

	2. [Species] des Tabernaemontanus, [‚Icones plantarum', Seite 833]; zwischen Kieselsteinen an den Ufern des *Angara*[-Flusses]; Die Pflanze blüht im Juni.
780.	Polygonum latifolium (Breitblättriges Polygonum) des Caspar Bauhin, ‚Pinax', [Seite] 281; Polygonum sive Centinodia (Polygonum oder Centinodia) des Johann Bauhin [‚Historia plantarum ...', Band 3, liber XXIX, Seite 374]; des Tournefort, ‚Institutiones rei herbariae', 1. Species; überall an den Wegen; Die Pflanze blüht zusammen mit der vorhergehenden.
781.	Polygonum latifolium, flore candido (Breitblättriges Polygonum mit reinweißer Blüte) des Caspar Bauhin, ‚Pinax' [Seite 281]; des Tournefort, 2. Species; zusammen mit der vorhergehenden [Species]
782.	Polygonum oblongo angusto folio (Polygonum mit länglichem, schmalem Blatt) des Caspar Bauhin, ‚Pinax' [Seite 281]; des Tournefort, ‚Institutiones rei herbariae', 3. Species; Die Pflanze blüht zusammen mit der vorhergehenden.
783.	Fagopyrum vulgare, erectum (Gewöhnliches, aufrechtes Fagopyrum) des Tournefort, ‚Institutiones rei herbariae', 1. Species; Erysimum Theophrasti, folio hederaceo (Erysimum des Theophrast mit Hederaceum-ähnlichem Blatt) des Caspar Bauhin, ‚Pinax', [Seite] 27; Die Pflanze wird in den Dörfern bei *Irkuck* häufig angebaut.
784.	Fagopyrum vulgare, scandens (Gewöhnliches, kletterndes Fagopyrum) des Tournefort, ‚Institutiones rei herbariae', 2. Species; Convolvulus minor, semine triangulo (Kleinerer Convolvulus mit dreikantigem Samen) des Caspar Bauhin, ‚Pinax', [Seite] 295; Helxine semine triangulo (Helxine mit dreikantigem Samen) des Johann Bauhin, [‚Historia plantarum ...', Band] 2, [liber XV, Seite] 157; reichlich auf Wiesen und bergigen Orten bei *Irkuck*; Die Pflanze blüht gegen Anfang Juli.
785.	Fagopyrum palustre scandens, caule quadrangulo, aspero, semine nigro

	(Kletterndes Sumpf-Fagopyrum mit rauhem, vierkantigem Stengel, mit schwarzen Samen); Diese Pflanze blüht im Juli an feuchten Orten am *Angara*[-Fluß] bei *Rozvodnaja*. Sie stützt sich auf eine fasrige, knotige, kleine, braunrötliche Wurzel und treibt zwei, drei, selten mehrere verzweigte, vierkantige,

/137r/

*Irkuck*er Flora nach der Ordnung der ‚Institutiones rei herbariae'
XV. Klasse

	gelenkige Stengel aus, die wie die Species von Aparine (Klebkraut) rauh sind. An den einzelnen Gelenken, von denen es insgesamt drei, höchstens aber vier gibt, befindet sich ein Blatt, das auf beiden Seiten eine schwache gelblich-grüne Färbung besitzt, eine Länge von einem Zoll und eine Breite von $^{6}/_{10}$ Zoll hat, an der Basis kleinöhrig ist, den Stengel umfaßt, in eine Spitze auslaufend und stechend ist. Am obersten Gelenk wird der Stengel in zwei Zweige gespalten, die dichte kugelförmige Blütenähren tragen. Der fünfspaltige Kelch hat eine aus dem Grünen ins Weißliche übergehenden Farbe, die Spitzen der Kelchzipfel aber werden rot. Der Kelch schließt einen dreikantigen, schwarzen Samen ein. Die Mitte September bestens gereiften Samen sind gesammelt worden und werden geschickt. Die Pflanze wächst zusammen mit Pentaphylloides fruticosum Eboracensis (Eborachisches Strauch-Pentaphylloides), an das sie sich gewöhnlich anzuhängen pflegt, mitten in Quellen und stehenden Gewässern wie auch an nassen, unebenen Orten, die bei den Russen *kočki* genannt werden.
786.	Bistorta major, radice magis intorta (Größere Bistorta mit mehr einwärtsgedrehter Wurzel) des Tournefort, ‚Institutiones rei herbariae', 2. Species; des Caspar Bauhin, ‚Pinax' [Seite 192]; Die Pflanze kommt sehr zahlreich auf den Wiesen und in den Wäldern von *Irkuck* vor und blüht im Juni. Bei den Russen nennt man sie hier in der Gegend *myker*. Die Wurzel wird bei Durchfall und zur Hemmung von Gonorrhoe angewendet.
787.	Bistorta pumila foliis inferioribus latioribus, superioribus angustioribus (Zwerg-Bistorta mit breiteren unteren Blättern, mit schmaleren oberen Blättern);

/137v/

*Irkuck*er Flora nach der Ordnung der ‚Institutiones rei herbariae‘
XV. Klasse

	Die Pflanze blüht etwa Mitte Juni mehr als genug bei *Irkuck* und ist eine Spanne hoch. Die Wurzel ist einwärtsgedreht und klein. Sie ist von Bistorta pumila (Zwerg-Bistorta), die bei Petersburg auftritt, verschieden. Bei jener sind die Blätter am Stengel immer und überall dieselben, nämlich schmal. Daher komme ich in Ermangelung der Beschreibungen und der Bilder von Clusius und Caspar Bauhin nicht davon los, daß vielleicht unsere Pflanze von Petersburg die Bistorta Alpina, minor (Kleinere Alpen-Bistorta) des Caspar Bauhin, ‚Pinax‘, [Seite] 192 ist. Vielleicht ist uns diese bei *Irkuck* begegnet? In dieser Gegend kommt sie an feuchten Stellen am *Angara*[-Fluß], am [Bach] *Ušakovka* und am [Fluß] *Irkut* vor. Merkwürdig ist es, daß ich beobachtet habe, daß sie an bergigen Orten höher und in allen Teilen größer, in niedrigeren und feuchten kleiner und niedriger vorkommt. Ihre Samen werden geschickt.
788.	Bistorta saxatilis folio crasso rigido (Felsen-Bistorta mit dickem, starrem Blatt); Die Samen der Pflanze habe ich am 21. August von der schon verwelkten Pflanze auf dem Gipfel sehr hoher Felsen, 10 Stadien von *Barguzinskoj ostrog* entfernt, gesammelt. Jene Samen werden geschickt; Vielleicht handelt es sich um Bistorta Alpina media (Mittlere Alpen-Bistorta) des Caspar Bauhin, ‚Pinax‘, [Seite] 192.
789.	Bistorta angustifolia, spica foliosa (Schmalblättrige Bistorta mit blattreicher Ähre); Die Pflanze kommt an stehenden Gewässern bei *Oeckaja sloboda* vor. Die reifen Samen werden geschickt.

/138r/

*Irkuck*er Flora nach der Ordnung der Institutiones Rei Herbariae
XV. Klasse

790.	Triticum hybernum, aristis carens (Winter-Triticum ohne Grannen) des Caspar Bauhin, ‚Pinax‘, [Seite] 21; Triticum vulgare, glumas triturando deponens (Gewöhnliches Triticum, das die Spelzen durch das Dreschen verliert) [des Johann Bauhin, ‚Historia plantarum ...‘, Band 2, liber XVIII, Seite 407]; Die Pflanze wird sehr zahlreich bei *Irkuck* und auf den Äckern angebaut. Bei den Russen wird sie *pšenica* genannt. Nicht mehr zufrieden mit ihrem Weizen sind hingegen die *Irkuck*er Feinschmecker. Jene aber, die begüterter sind, nutzen das aus China herbei-

	geführte äußerst reinweiße Weizenmehl sowohl für die Speisen als auch zum Brotbacken.
791.	Secale hybernum [vel] majus (Größeres [Secale oder] Winter-Secale) des Caspar Bauhin, ‚Pinax' [Seite 23]; Rogga des Dodonaeus, [‚Pemptades']; auf den Feldern in ganz Sibirien, ausgenommen die Gegend von *Samarov* bis *Narym* und das Gebiet unterhalb von *Kirensk* bis *Jakuck*; Als ein so großes Gut gilt hier das Secale (Roggen), so daß 40 Pfund Mehl auf dem Markt für 11, 12, bei den Bauern aber für 8, 9 Silberkopeken gekauft werden können. Jenseits des Sees *Bajkal* werden bei den *Argunsk*er (Silber-)Hütten nicht selten 40 Pfund für 5 oder 6 Kopeken verkauft.
792.	Hordeum polystichum, hybernum (Winter-Hordeum mit vielzeiliger Ähre) des Caspar Bauhin, ‚Pinax' [Seite 22]; [Hordeum bzw. Gerste] wird zur Genüge auf den Feldern dieser Gegenden angebaut.
793.	Avena vulgaris seu alba (Gewöhnliche oder weiße Avena) des Caspar Bauhin, ‚Pinax' [Seite 23]; [Avena bzw. Hafer] findet sich in diesen Gegenden selten auf den Feldern, deswegen müssen die Pferde enthaltsam sein und sich allein mit Heu begnügen.
794.	Milium semine luteo (Milium mit gelben Samen) des Caspar Bauhin, ‚Pinax' [Seite] 26; In dieser Gegend

/138v/

*Irkuck*er Flora nach der Ordnung der ‚Institutiones rei herbariae'
XV. Klasse

	wird die Pflanze nicht ausgesät; sie tritt aber auf natürliche Weise auf halbem Weg zwischen der Branntweinbrennerei und *Kudinskaja sloboda* auf. Aufgrund welchen Geschicks dies passiert ist, weiß ich nicht, vielleicht wurde es einst dort angebaut.

Von den Gräsern im *Irkuck*er Gebiet und beim See *Bajkal*
Musterung der dort wachsenden [Gräser] nach der Methode des hochedlen Scheuchzer in der ‚Agrostographia';
als erstes folgen die Ähren-Gräser mit einer Ähre (Monostachia)

795.	Gramen loliaceum, radice repente sive [Gramen] officinarum (Loliumartiges Gras mit kriechender Wurzel oder Offizinales Gras) des Tournefort, ‚Institutiones rei herbariae', 1. Species; Gramen caninum, arvense sive Gramen Dioscoridis (Acker-Hundsgras oder Gras des Dioscorides) des Caspar Bauhin, ‚Pinax' [Seite 1]; auf den Feldern in *Irkuck* und

	beim See *Bajkal*, jedoch nicht sehr häufig
796.	Gramen loliaceum, radice repente, sive Gramen officinarum, aristis longioribus donatum (Loliumartiges Gras mit kriechender Wurzel oder Offizinales Gras, das mit längeren Grannen versehen ist) des Tournefort, ‚Institutiones rei herbariae', 2. Species; Graminis spicae Triticeae repentis vulgaris varietas, cum spica aristata (Kriechendes, gewöhnlichen Gras mit der Ähre von Triticum, eine Varietät mit begrannter Ähre) des Ray, ‚Synopsis', [Seite] 247, und des Scheuchzer, ‚Agrostographia', Seite 9, 6. Species; sehr häufig auf den Wiesen und bergigen Orten bei *Irkuck*
797.	Gramen loliaceum, fibrata radice, aristis donatum (Loliumartiges Gras mit fasriger Wurzel, das mit Grannen versehen ist) des Tournefort, ‚Institutiones rei herbariae', 3. Species; Gramen caninum, non repens, elatius, spica aristata (Nicht kriechendes, hochwachsendes Hundsgras mit begrannter Ähre) des Morison, ‚Plantarum historiae universalis Oxoniensis', 3. Teil, [Seite] 177

/139r/

*Irkuck*er Flora nach der Ordnung der ‚Institutiones rei herbariae'
XV. Klasse

798.	vielleicht Gramen sparteum maximum maritimum Hollandicum spica Secalina nobis (Größtes Holländisches, spartumähnliches Strand-Gras mit secaleähnlicher Ähre von uns) des Ray, ‚Methodus graminum', [Seite] 172, Nummer 9; vielleicht aber eher Gramen spicatum, Secalinum, altissimum (Secaleähnliches, sehr hohes Ährengras) des Tournefort, ‚Institutiones rei herbariae', Seite 518; Gramen spica Secalina (Gras mit secaleähnlicher Ähre) des Caspar Bauhin, ‚Pinax' [Seite 9] und ‚Prodromus', [Seite] 18; Gramen Secalinum, majus (Größeres, secaleähnliches Gras) des Parkinson, ‚Theatrum botanicum', [Seite] 1144, für das ich diese Pflanze eher halte. Durch die reichliche Aussaat dieses Grases, das so völlig den Roggen vorspiegelt, daß es selbst den sehr genau Hinsehenden und auch in der Nähe täuscht, scheint die Natur die unfruchtbaren und zum Hervorbringen von Früchten ungeeigneten Felsen der Insel *Ol'chon* zu verspotten, indem sie dieses falsche Getreide am Ufer des Sees gleichsam anpflanzt. Die Pflanze erreicht die Höhe eines sehr großen Mannes oder wird noch höher und ist mit einer knotigen, weißlichen, fasrigen und rankenden Wurzel ausgestattet. Der Stengel ist mit drei bis vier Gelenken versehen und spiegelt in Gestalt und in der Anzahl [der Individuen] den Halm von Secale (Roggen)

	vollständig wider. Die an den einzelnen Gelenken hervorkommenden Blätter, die den Halm bis zur Mitte jedes Zwischenraums wie eine Scheide umfassen und einhüllen, sind von dort an ausgespannt, breit, weißlich grün, gestreift, kahl und gehen unmittelbar in eine dünne Spitze über. Weiter unten [am Halm] sind sie einen halben Fuß und in der Mitte einen Fuß lang, weiter oben etwas kürzer als ein Fuß, wobei die

/139v/

*Irkuck*er Flora nach der Ordnung der ‚Institutiones rei herbariae'
XV. Klasse

	breitesten Blätter nicht breiter als $^{2}/_{10}$ Zoll sind. Die Ähre ist ganz allgemein einen halben Fuß lang, rauhhaarig [und] weiß mit einer Beimischung von hellvioletter Farbe. Den Zähnchen von deren Schaft sitzen immer zwei Ährchen abwechselnd am Halm an, die $^{7}/_{10}$ Zoll lang sind und deren Kelch aus zwei leeren ungleichen Spelzen besteht mit einer Granne von einer Linie Länge. Aus der Mitte dieser Spelzen erhebt sich die Blütenachse, der abwechselnd vier Fruchtknoten ansitzen, die die Samen einschließen. Die einzelnen Ährchen werden, wo sie an der kleingezähnten Blütenachse befestigt sind, von drei $^{6}/_{10}$ Zoll langen schmalen und mit Grannen versehenen Spelzen wie von ebensovielen Pfählen schützend umgeben. Das längliche, feine [Gras] heißt bei den Russen *dikaja rož'*. Es kommt sehr zahlreich am Ufer der Insel *Ol'chon* vor.
799.	Gramen hordeaceum montanum spica strigosiori brevius aristata (Hordeumähnliches Berg-Gras mit schmächtigerer, kürzerer, begrannter Ähre), [des Scheuchzer] ‚Agrostographiae Helveticae podromus', Seite 14, Tafel 1; Gramen Secalinum majus sylvaticum (Größeres, secaleähnliches wildwachsendes Gras) des Herrn Bobart, des Ray, ‚Synopsis', [Seite] 248; sehr häufig auf den Bergen am *Angara*[-Fluß] und am [Fluß] *Irkut* sowie am gesamten See *Bajkal*

/140r/

*Irkuck*er Flora nach der Ordnung der ‚Institutiones rei herbariae'
XV. Klasse

800.	Gramen hordeaceum, minus et vulgare (Kleineres und gewöhnliches hordeumähnliches Gras) des Caspar Bauhin, ‚Pinax', [Seite] 9. ‚Theatrum', [Spalte] 134; Gramen spicatum, vulgare, Secalinum (Gewöhnliches, secaleähnliches Ährengras), ‚Institutiones rei herbariae', [Seite]

	517; Hordeum murinum (Mäuse-Hordeum) des Johann Bauhin [‚Historia plantarum ...', Band 2, liber XVIII, Seite 431]; Hordeum spontaneum, spurium. Holcus Plinii et Anguillarae (Im wilden Zustand wachsendes falsches Hordeum. Holcus des Plinius und des Anguillara) [des Lobelius, ‚Plantarum seu stirpium icones', Band 1, Seite 30]; zusammen mit der vorhergehenden [Species] anzutreffen
301.	Gramen hordeaceum montanum spica latissima prolifera (Hordeumähnliches Berg-Gras mit sehr breiter, sprossender Ähre); Diese sehr schöne Grasspecies tritt sehr zahlreich auf den Felsen der Insel *Ol'chon* des Sees *Bajkal* auf. Die Pflanze stützt sich auf eine fasrige, weiße Wurzel. Aus einer Wurzel erheben sich drei, vier bis fünf Halme, die eine bis zwei Vorderarmslängen lang sind und höchstens zwei Gelenke besitzen. Die Halme erreichen unten die Stärke eines Halms von Hordeum (Gerste), werden darauf abrupt schmaler und kommen unterhalb der Ähre in der Stärke etwa der Quintsaite gleich. Die Pflanze treibt aus dem zweiten Gelenk ein Blatt aus, das, wobei es als Scheide dient, ungefähr zwei Zoll vom Gelenk entfernt zu einem eine Handbreit langen kahlen, gestreiften grünen Blatt ausgebreitet wird, unvermittelt schmaler wird und sehr zugespitzt ist. Die Ähre übertrifft selten einen oder höchstens zwei Zoll in der Länge; sie ist anderthalb Zoll breit. Auf den einzelnen Zähnchen der Achse, die begrannt und paarig,

/140v/

*Irkuck*er Flora nach der Ordnung der ‚Institutiones rei herbariae'

XV. Klasse

	eine Linie lang und eine Linie voneinander entfernt sind, wachsen drei Balgkapseln, die das Ährchen bilden. Die äußeren beiden wachsen ohne, die mittlere mit einem sehr kurzen Stiel an der kleingezähnten Achse. Die seitlichen Balgkapseln besitzen zwei Spelzen, von denen der äußere zu einer eineinhalb Linien langen Granne verjüngt wird. Die mittlere Balgkapsel besteht aus drei Spelzen, von denen die äußere begrannt, die mittlere unbegrannt ist. Das Korn oder der Samen der mittleren Balgkapsel ist, sei es von Natur aus, sei es durch einen Stich und ein durch das Nest eines Insekts zu einem länglichen, auf beiden Seiten zugespitzten, beblätterten Körperchen aus drei, selten vier, sich eng umschließenden Blättchen angeschwollen. Das Körperchen ist $^{6}/_{10}$ bis $^{8}/_{10}$ Zoll lang, bisweilen gelblich wie Stroh, bisweilen mit einer Beimischung von violetter Farbe. Im Inneren der getrockneten Pflanze fand ich keine Samen, jedoch grünen Ustilago oder süßen Staub, und so

	habe ich gewisse derartige Körperchen gefunden, die von Insekten mit kleinen Löchern durchbohrt waren, so daß ich gezwungen bin, diese widernatürliche blütentragende Ähre

/141r/

*Irkuck*er Flora nach der Ordnung der ‚Institutiones rei herbariae'
XV. Klasse

	und die Verschiedenheit des vorherigen Grases von dem vorliegenden gänzlich anzuerkennen. Dies aber darf ich nicht übergehen, daß ich bei beiden Species dieses Grases eine zähfließende, tiefbraune Flüssigkeit gefunden habe, die in Farbe und Geschmack einem abgeschäumten Honig ähnlich ist und reichlich ausschwitzt, so daß ich zu einem arzneikundlichen Versuch anderthalb Unzen gesammelt habe, ob sie vielleicht die Kräfte des Manna besäße. Ich konnte jedoch keine der am Manna gepriesenen Kräfte entdecken. Daraufhin würde ich die durch einen Teeaufguß aufgelöste Flüssigkeit auflösen und [sogar] einem sehr zarten kleinen Kind zum Trinken geben.
802.	Gramen loliaceum locustis singularibus alternis aristis recurvis longissimis (Loliumartiges Gras mit einzelnen, abwechselnden Ährchen mit sehr langen, zurückgekrümmten Grannen); Dieses selten auftretende Gras ist höchstens anderthalb Vorderarmslängen lang und hat zwei Gelenke, die schwärzlich sind. Der Halm ist der Länge nach grün gestreift und schlank. Die Scheide (Hülle) des Halms breitet sich etwa acht Finger vom Gelenk an zu einem anderthalb Zoll langen, eine Linie breiten, gestreiften Blatt aus. Wenn der Finger unten entlang geführt wird, ist es rauh. Die Ähre ist 5 Zoll lang und schmal. Die Ährchen, die ohne Grannen 6 Linien lang sind,

/141v/

*Irkuck*er Flora nach der Ordnung der ‚Institutiones rei herbariae'
XV. Klasse

	stehen abwechselnd und einzeln an der kleingezähnten knotigen [Blütenstands-]Achse. Die Gelenke sind purpurrötlich. Die Ährchen bestehen aus fünf zweispelzigen, loliumartigen, sich auf beiden Seiten [der Blütenstandsachse] gleichmäßig abwechselnd gegenüberstehenden Balgkapseln; wobei aus der fünften eine Granne hervorgeht. Die äußeren Spelzen sind an den Rändern rauh und mit Wimpern versehen und sind untereinander nicht am Rücken sondern an den Seiten verbunden.

	Jede äußere Granne der Balgkapseln verjüngt sich zu einer auswärts gebogenen, rauhen, unter dem Mikroskop quadratischen und gezähnten Granne mit einer Länge von mehr als einem Zoll, so daß das Gras mit seinen sehr langen Grannen an Festuca erinnert. Es wächst an einem Graben nahe der Vorstadt *Urik* [*sloboda*], 18 Stadien von der Stadt *Irkuck* entfernt.
803.	Gramen spica loliacea inflexa, triticeam locustarum situ aemulante, aristis recurvis longissimis donata. (Gras mit loliumartiger, eingebogener Ähre, bei der die Stellung der Ährchen wie bei Triticum ist, und die mit zurückgekrümmten, sehr langen Grannen besetzt ist); Das Gras tritt hier und da bei *Irkuck* und am See *Bajkal* auf.
804.	Gramen loliaceum, corniculatum (Loliumartiges gehörntes Gras) des Tournefort, ‚Histoire des plantes de Paris', Seite 92; ebenso Gramen loliaceum, corniculatum, spicis villosis (Loliumartiges gehörntes Gras mit zottigen Ähren) ‚Institutiones rei herbariae', [Seite] 516; vielleicht Gramen spica Brizae majus (Größeres Gras mit der Ähre von Briza) des Caspar Bauhin, ‚Pinax' [Seite] 9, ‚Prodromus' [Seite] 19, des Scheuchzer, ‚Agrostographia', [Seite] 35–36; sehr zahlreich auf den Bergen bei *Irkuck*
805.	Gramen paniceum, spica aspera (Panicumartiges Gras mit rauher Ähre) des Caspar Bauhin, ‚Theatrum' [Spalte] 139; Panicum vulgare, spica simplici et

/142r/

*Irkuck*er Flora nach der Ordnung der ‚Institutiones rei herbariae'
XV. Klasse

	aspera (Gewöhnliches Panicum mit einfacher und rauher Ähre) [des Tournefort], ‚Institutiones rei herbariae'; Panicum sylvestre dictum et Dens canis primus (Wildwachsendes Panicum, das auch Dens canis [Hundezahn] genannt wird und erster des Johann Bauhin [‚Historia plantarum ...', Band 2, liber XVIII, Seite 443]); sehr zahlreich auf den Wiesen und in den Gärten bei *Irkuck* und am See *Bajkal*
806.	Gramen Panic<e>um spicis nigris (Panicumartiges Gras mit schwarzen Ähren) des Caspar Bauhin, ‚Pinax' [Seite 8]; Keine andere Species von [diesem] Gramen Panic<e>um als diese kommt am *Barguzin*[-Fluß] vor, von der überdies noch Samen geschickt werden.
807.	Gramen Alopecuroidi simile glabrum cum pilis longissimis (Kahles Gras, das [Gramen] Alopecuroides ähnlich ist, mit sehr langen Haaren) des Caspar Bauhin, ‚Pinax' [Seite 4]; vielleicht Gramen spicatum, to-

	mentosum, longissimis aristis donatum (Filziges Ährengras, das mit sehr langen Grannen versehen ist) des Tournefort, ‚Institutiones rei herbariae‘
808.	Gramen typhinum maximum spica longissima (Sehr großes, typhaartiges Gras mit sehr langer Ähre) des Caspar Bauhin, ‚Theatrum‘, [Seite] 49; Gramen cum cauda muris majoris longa majus (Größeres Gras mit dem langen Schwanz von Mus major) des Johann Bauhin [‚Historia plantarum ...‘, Band 2, liber XVIII, Seite 472]; auf den Wiesen bei *Irkuck*
809.	Gramen loliaceum spica angusta densiori purpurea locustis aristis denticulatis asperis circumvallatis (Loliumartiges Gras mit schmaler, dichter, purpurroter Ähre mit Ährchen, die von gezähnten, rauhen Grannen eingeschlossen sind); Weil nur ein Exemplar der Pflanze zur Hand ist, wollte ich dieses nicht auseinanderreißen und die Ähre nicht sorgfältiger untersuchen.
810.	Gramen folio angusto valde piloso spica Secalina, praelonga locusta brevissimis aristis donatum (Gras mit schmalem, sehr behaartem Blatt, mit sehr langem secaleähnlichem Ährchen, das mit sehr kurzen Grannen versehen ist); sehr zahlreich auf den Wiesen bei *Irkuck*; Das Gras erreicht eine Höhe von bis zu einer Vorderarmslänge. Die Blätter sind einen Fuß lang, kaum breiter als eine halbe Linie, sehr behaart und weißgrau. Wenn sie unten mit den Fingern berührt werden, fühlen sie sich rauh an. Der Halm ist gestreift, rauhhaarig und

/142v/

*Irkuck*er Flora nach der Ordnung der ‚Institutiones rei herbariae‘

XV. Klasse

	von einer Scheide umgeben, die, einen Zoll von der Basis der Ähre entfernt, deutlich in eine Blattspreite entfaltet wird. Die Ähre ist 3 bis 4 Zoll lang, ihre Farbe geht von Grün ins unansehnlich Rötliche über. Wie ich später beobachtet habe, gehört das Gras zu den Gramina paniculata (Rispen-Gräser). Wegen der Dichte der Ährchen und der Kürze der kleinen Stiele spiegelt sie eine Ähre vor, was auch mich getäuscht hat.
811.	Gramen spicatum pratense, spica flavescente (Wiesen-Ährengras mit gelblicher Ähre) des Caspar Bauhin, ‚Pinax‘, [Seite] 3; Gramen Anthoxanthon, spicatum (Ährengras Anthoxanthon) des Johann Bauhin [‚Historia plantarum ...‘, Band] 2, [liber XVIII, Seite] 466 und des Tournefort, ‚Institutiones rei herbariae‘; überall auf den Wiesen bei *Irkuck*; Ich

	habe zwei Exemplare von diesem Gras geschickt, von denen das eine zu Frühlingsanfang, das andere, hochwachsende, im Herbst gesammelt worden ist.
812.	Gramen pratense, cristatum, seu spica cristata laevi (Kammförmiges Wiesen-Gras oder [Wiesen-Gras] mit schwach kammförmiger Ähre) des Caspar Bauhin, ‚Pinax' [Seite] 3; Gramen cristatum (Kammförmiges Gras) des Johann Bauhin [‚Historia plantarum ...', Band] 2, [liber XVIII, Seite] 468
813.	Gramen sparteum, juncifolium (Spartumartiges, juncusblättriges Gras) des Caspar Bauhin, ‚Pinax', [Seite] 5; Spartum parvum Lobelio (Kleines Spartum bei Lobelius), des Johann Bauhin [‚Historia plantarum ...', Band 2, liber XVIII, Seite 513]; Gramen loliaceum, minimum, foliolis Junceis, panicula unam partem spectante (Loliumartiges, sehr kleines Gras mit juncusartigen Blättchen, mit nach einer Seite gerichteter Rispe) des Tournefort, ‚Institutiones rei herbariae' und des Scheuchzer, ‚Agrostographia', Seite 90
814.	Gramen capillatum, paniculis viridantibus (Fein behaartes Gras mit grünlichen Rispen) des Johann Bauhin [‚Historia plantarum ...', Band 2, liber XVIII, Seite 462]; Gramen capillatum locustellis pennatis et aristatis (Fein behaartes Gras mit federartigen und begrannten kleinen Ährchen) des Ray; auf Bergwiesen am *Angara*[-Fluß]

/143r/

*Irkuck*er Flora nach der Ordnung der ‚Institutiones rei herbariae'

XV. Klasse

815.	Gramen paniculatum, spicis crassioribus et brevioribus (Rispengras mit dickeren und kürzeren Ähren) des Tournefort, ‚Institutiones rei herbariae'; Gramen spicatum, folio aspero (Ährengras mit rauhem Blatt) des Caspar Bauhin, ‚Pinax' [Seite 3]; sehr zahlreich auf feuchten Wiesen bei *Irkuck*
816.	Gramen pratense, paniculatum, majus, latiore folio Ποα Theophrasti (Größeres Wiesen-Rispengras mit breiterem Blatt, Ποα [Poa] des Theophrast) des Caspar Bauhin, ‚Pinax' [Seite 2]; überall auf den Wiesen bei *Irkuck*
817.	Gramen pratense, paniculatum, medium (Mittleres Wiesen-Rispengras) des Caspar Bauhin, ‚Pinax' [Seite 2]; Gramen pratense, minus (Kleineres Wiesengras) des Johann Bauhin [‚Historia plantarum ...', Band 2, liber XVIII, Seite 542]; zusammen mit der vorhergehenden [Species] auf Wiesen

818.	Gramen pratense, paniculatum, minus rubrum (Kleineres rotes Wiesen-Rispengras) des Caspar Bauhin, ‚Pinax' [Seite 2]; sehr zahlreich an sehr trockenen Orten des kleinen Waldes auf der rechten Seite des Bachs *Ušakovka*
819.	Gramen pratense, paniculatum, molle (Weiches Wiesen- Rispengras) des Caspar Bauhin, ‚Pinax' [Seite 2]; Gramen lanatum Dalechampii (Wolliges Gras des Dalechamps), ‚Historia generalis plantarum'; auf den Waldwiesen am *Angara*[-Fluß] und am [Fluß] *Irkut*
820.	Gramen paniculatum, arundinaceum, spica multiplici (Arundoartiges Rispengras mit reich gegliederter Ähre) des Tournefort, ‚Institutiones rei herbariae'; Gramen Calamogrostis Lobelii (Gras Calamogrostis des Lobelius) des Johann Bauhin [‚Historia plantarum ...', Band 2, liber XVIII, Seite 480]; sehr zahlreich an stehenden Gewässern beim *Angara*[-Fluß] und am [Fluß] *Irkut*
821.	Gramen paniculatum, arundinaceum, panicula densa, spadicea (Arundoartiges Rispengras mit dichter, glänzendbrauner Rispe) des Tournefort, ‚Institutiones rei herbariae'; Gramen arundinaceum, panicula molli, spadicea, majus (Größeres arundoartiges Gras mit weicher, glänzendbrauner Rispe) des Caspar Bauhin, [‚Pinax', Seite 6f.]; auf den Wiesen am [Fluß] *Irkut* und auf Flächen der Steppe von *Kungurga* an durch das Ausblühen des Salzes an weißen Stellen

/143v/

*Irkuck*er Flora nach der Ordnung der ‚Institutiones rei herbariae'

XV. Klasse

822.	Gramen avenaceum, elatius, juba longa, splendente (Hochwachsendes, avenaartiges Gras mit langer, glänzender Mähne) des Ray, ‚Methodus graminum ...', [Seite] 179, und des Scheuchzer, ‚Agrostographia' [Seite 239]; überall an sonnenbeschienenen Orten bei *Irkuck* und am See *Bajkal*
823.	Gramen arundinaceum, locustis viridi spadiceis, loliaceis, brevius aristatis (Arundoartiges Gras mit grün-glänzendbraunen, loliumartigen, kürzer begrannten Ährchen) des Scheuchzer, ‚Agrostographia', Seite 266; vielleicht Gramen arundinaceum, aquaticum, panicula avenacea (Arundoartiges Wasser-Gras mit avenaartiger Rispe) des Ray, ‚Synopsis'
824.	Gramen avenaceum, panicula sparsa, locustis majoribus et aristatis (Avenaartiges Gras mit zerstreuter Rispe, mit größeren und begrannten Ährchen) des Tournefort, ‚Institutiones rei herbariae'; Festuca avena-

	cea, sterilis elatior (Avenaartige, unfruchtbare, höherwachsende Festuca) des Caspar Bauhin, ‚Pinax' [Seite 9]; Aegilops Matthioli (Aegilops des Matthiolus) [des Johann Bauhin, ‚Historia plantarum ...', Band 2, liber XVIII, Seite 439]; Bromos Herba (Kraut Bromos) des Dodonaeus, [‚Pemptades']; sehr zahlreich am *Angara*[-Fluß] und beim See *Bajkal*
825.	vielleicht Festuca avenacea, sterilis, humilior (Avenaartige, unfruchtbare, niedrigere Festuca) des Caspar Bauhin, ‚Pinax', [Seite] 9; Die Pflanze erscheint zusammen mit der vorhergehenden.
826.	Gramen bromoides, pumilum, locustis erectis, majoribus, aristatis (Bromusartiges Zwerg-Gras mit aufrechten, größeren, begrannten Ährchen) des Scheuchzer, ‚Agrostographia', [Seite] 260; auf sehr trockeneren Steppenflächen
827.	Gramen nodosum, avenacea panicula (Knotiges Gras mit avenaartiger Rispe) des Caspar Bauhin, ‚Pinax' [Seite 2], ‚Prodromus', [Seite] 3; Gramen nodosum (Knotiges Gras) des Johann Bauhin [‚Historia plantarum ...', Band 2, liber XVIII, Seite 456], des Scheuchzer, ‚Agrostographia', Seite 237; sehr zahlreich am *Angara*[-Fluß] und beim See *Bajkal*

/144r/

*Irkuck*er Flora nach der Ordnung der ‚Institutiones rei herbariae'
XV. Klasse

828.	vielleicht Gramen avenaceum, panicula purpuro-argentea, splendente Domini Doody (Avenaartiges Gras mit purpurrot-silberweißer, glänzender Rispe des Herrn Doody), des Ray, ‚Historia plantarum', [Band II, Appendix, Seite] 1909; des Scheuchzer, ‚Agrostographia', [Seite] 226
829.	Gramen arundinaceum, locustis viridibus loliaceis non aristatis (Arundoartiges Gras mit grünen, loliumartigen, nicht begrannten Ähren); vielleicht Gramen avenaceum, panicula sparsa, locustis minoribus non aristatis Breynii (Avenaartiges Gras mit zerstreuter Rispe, mit kleineren, nicht begrannten Ährchen des Breyne), des Scheuchzer, ‚Agrostographia', Seite 267; Dieses Gras stimmt hinsichtlich der Struktur der Ährchen in allem mit Gramen arundinaceum, locustis viridi spadiceis, loliaceis, brevius aristatis (Arundoartiges Gras mit grün-glänzendbraunen, loliumartigen, kürzer begrannten Ährchen) des Scheuchzer, ‚Agrostographia', Seite 266, überein, ausgenommen in der Farbe, die bei diesem Gras grün oder sogar gelbgrün ist; es hat auch keine Grannen. Es tritt bei *Irkuck* wie auch am See *Bajkal* auf.

830.	vielleicht Gramen avenaceum, paniculatum Alpinum, locustis majoribus varicoloribus, aristatis (Avenaartiges Alpen-Rispengras mit größeren, verschiedenfarbigen, begrannten Ährchen) des Scheuchzer, ‚Agrostographia', Tafel III, die dem Buch beigefügt worden ist; Das Gras kommt bei *Irkuck* und am See *Bajkal* vor.
831.	Gramen paniculatum Alpinum majus, panicula speciosa variegata (Größeres Alpen-Rispengras mit ansehnlicher, bunter Rispe) des Scheuchzer, ‚Agrostographia', Bilder, [im Anhang auf] Tafel III
832.	Gramen loliaceum, panicula multiplici et spicata (Loliumartiges Gras mit reich gegliederter und ährenartiger Rispe), ‚Institutiones rei herbariae', [Seite] 516; Phoenix multiplici, spicata panicula (Phoenix mit reich gegliederter, ährenartiger Rispe) des Parkinson, ‚Theatrum botanicum', des Scheuchzer, ‚Agrostographia', Seite 200

/144v/

*Irkuck*er Flora nach der Ordnung der ‚Institutiones rei herbariae'
XV. Klasse

833.	Gramen radice repente, panicula delicata, spadiceo-viridi (Gras mit kriechender Wurzel mit zarter, glänzendbraun-grüner Rispe) des Scheuchzer, ‚Agrostographia', Seite 127; überall in den sumpfigen Gegenden bei *Irkuck*; Gramen Camerarii repens (Kriechendes Gras des Camerarius) des Johann Bauhin, [‚Historia plantarum ...', Band] 2, [liber XVIII, Seite] 458
834.	vielleicht Gramen montanum, panicula spadicea, delicatiore (Berg-Gras mit glänzendbrauner, sehr zarter Rispe) des Caspar Bauhin, ‚Pinax' [Seite 3], des Scheuchzer, ‚Agrostographia', Seite 129; Das Gras kommt überall am *Angara*[-Fluß] und beim See *Bajkal* auf höheren, grasbedeckten Stellen vor.
835.	Gramen segetum, panicula arundinacea (In Saatfeldern wachsendes Gras mit arundoartiger Rispe) des Caspar Bauhin [‚Pinax', Seite 3]; Gramen agrorum Lobelii (Gras der Äcker des Lobelius), [des Johann Bauhin, ‚Historia plantarum ...', Band 2, liber XVIII, Seite 461]; überall bei *Irkuck*; des Scheuchzer, ‚Agrostographia', Seite 244
836.	vielleicht Gramen Xerampelinum, miliacea, praetenui, ramosaque panicula, sive Xerampelino congener, arvense, aestivum (Gras Xerampelinum mit miliumartiger, sehr feiner verzweigter Rispe oder Ackerbewohnendes, im Sommer wachsendes, dem Xerampelinum verwandtes Gras); Gramen minutissimo semine (Gras mit sehr winzigen Samen) des Lobelius [‚Stirpium illustrationes', Seite 14]; blüht im Sommer auf

	den Äckern bei *Irkuck*
837.	Gramen Panicum majus erectum, spica divisa mutica (Größeres, aufrechtes Gras Panicum mit geteilter, grannenloser Ähre); ähnlich dem Gramen Panicum minimum humi stratum spica divisa mutica (Kleines, an der Erde ausgestrecktes Gras Panicum mit geteilter, grannenloser Ähre) des Sloane, ‚Catalogus plantarum', [Seite] 30; vielleicht Gramen paniceum, spica divisa (Panicumartiges Gras mit geteilter Ähre) des Caspar Bauhin, ‚Pinax' [Seite 8], des Scheuchzer, ‚Agrostographia', Seite 49; sehr zahlreich zwischen arundoartigen Gräsern in den sumpfigen Gebieten an den [Strömen] *Angara* und *Barguzin*. Die reifen Samen dieses Grases werden geschickt. Es verlangt einen fetten und feuchten Boden.

/145r/

*Irkuck*er Flora nach der Ordnung der ‚Institutiones rei herbariae'
XV. Klasse

838.	Juncus Alpinus, capitulo lanuginoso, seu Schoenolaguros (Alpen-Juncus mit wolligem Köpfchen oder Schoenolaguros) des Caspar Bauhin, ‚Pinax', [Seite] 12, ‚Prodromus', [Seite 23, Nummer] 7; Juncus Alpinus cum cauda leporina (Alpen-Juncus mit Hasenschwanz) des Johann Bauhin [‚Historia plantarum ...', Band 2, liber XVIII, Seite 514], des Scheuchzer, ‚Agrostographia', Seite 302; im Mai und im Juni sehr zahlreich bei *Irkuck* auf den sehr feuchten Wiesen der Täler in den Bergen am *Angara*[-Fluß], dem Himmelfahrts-[Männer-]Kloster gerade gegenüber
839.	Linagrostis panicula ampliore (Linagrostis mit ansehnlicherer Rispe) der ‚Institutiones rei herbariae', [Seite] 664; Gramen pratense, tomentosum, panicula sparsa (Filziges Wiesen-Gras mit zerstreuter Rispe) des Caspar Bauhin, ‚Pinax' [Seite 4]; Gnaphalium Tragi, sive Juncus bombycinus (Gnaphalium des Tragus oder Seidenartiger Juncus) des Johann Bauhin [‚Historia plantarum ...', Band 2, liber XVIII, Seite 514], des Scheuchzer, ‚Agrostographia', [Seite] 306; Mir scheint, daß es sich um eine Species handelt, die von der völlig verschieden ist, die in Deutschland sowie in Petersburg auf nassen Wiesen beim Palast des Grafen Münnich, rechts des Weges, auf dem man zum *Aleksandr-Nevskij*-Kloster geht, vorkommt, was in Petersburg zu prüfen ist. Und wenn sie, wie ich vermute, sich unterscheidet, wird diese hier Linagrostis panicula amplissima sparsa squamis puniceis (Linagrostis mit sehr ansehnlicher, zerstreuter Rispe mit granatroten Schuppen) sein.

840.	Linagrostis palustris, angustifolia, panicula sparsa, pappo rariore (Sumpf-Linagrostis mit schmalblättriger, zerstreuter Rispe mit lockerem Haarkranz) des Scheuchzer, ‚Agrostographia', Seite 308; sehr zahlreich auf den feuchten Wiesen bei *Irkuck*

/145v/

*Irkuck*er Flora nach der Ordnung der ‚Institutiones rei herbariae'
XV. Klasse

841.	Linagrostis palustris, folio angustissimo, panicula sparsa graciliori et breviori (Sumpf-Linagrostis mit sehr schmalem Blatt, mit zerstreuter zierlicherer und kürzerer Rispe) von mir; Die Pflanze kommt zusammen mit der vorhergehenden sehr zahlreich vor. Den Unterschied zur vorhergehenden zeigt der Name und die Gestalt der trockenen Pflanze an. Ich werde später ein Bild dieser Pflanze liefern.
842.	Juncoides villosum, capitulis Psyllii (Zottiges Juncoides mit den Köpfchen von Psyllium) des Scheuchzer, ‚Agrostographia', Seiten 310 [und] 311; Gramen hirsutum, capitulis Psyllii (Rauhhaariges Gras mit dem Köpfchen von Psyllium) des Caspar Bauhin, ‚Pinax' [Seite 7]; Gramen Luzulae minus (Kleineres Luzula-Gras) des Johann Bauhin [‚Historia plantarum ...', Band 2, liber XVIII, Seite 493]; Gramen exile, hirsutum, cyperoides Lobelii (Winziges, rauhhaariges, cyperusartiges Gras des Lobelius), des Johann Bauhin [‚Historia plantarum ...', Band 2, liber XVIII, Seite 493]; Juncus villosus, capitulis Psylli (Zottiger Juncus mit dem Köpfchen von Psyllium) des Tournefort, ‚Institutiones rei herbariae'; zu Frühlingsbeginn häufig auf feuchteren Wiesen am [Bach] *Ušakovka*
843.	Juncoides hirsutum, capitulo glomerato (Rauhhaariges Juncoides mit knäuelförmigem Köpfchen) des Scheuchzer, ‚Agrostographia', Seite 312; Gramen hirsutum, capitulo globoso (Rauhhaariges Gras mit kugligem Köpfchen) des Caspar Bauhin, ‚Pinax' [Seite 7]; Gramen capitulo lucido, globoso Tabernaemontani (Gras mit hellem, kugligem Köpfchen des Tabernaemontanus), des Johann Bauhin [‚Historia plantarum ...', Band 2, liber XVIII, Seite 468]; Die Pflanze tritt zusammen mit der vorhergehenden am gleichen Ort und zur gleichen Zeit auf.
844.	vielleicht Juncoides angustifolium, glabrum, panicula sparsa (Schmalblättriges, kahles Juncoides mit zerstreuter Rispe) des Scheuchzer, ‚Agrostographia', Seite 320; Gramen Juncoides, Junci sparsa paniculata (Gras Juncoides mit der zerstreuten Rispe von Juncus) des Parkinson [‚Theatrum botanicum']; an feuchten Orten am *Angara*[-Fluß] und am

	[Bach] *Ušakovka*

/146r/

*Irkuck*er Flora nach der Ordnung der ‚Institutiones rei herbariae'
XV. Klasse

845.	Gramen junceum, foliis et spica Junci (Juncusartiges Gras mit den Blättern und der Ähre von Juncus) des Caspar Bauhin, ‚Pinax' [Seite 5]; Juncus parvus, cum pericarpiis rotundis (Kleiner Juncus mit rundlichen Fruchthüllen) des Johann Bauhin [‚Historia plantarum ...', Band 2, liber XVIII, Seite 522]; Die Pflanze tritt zusammen mit der vorhergehenden am gleichen Ort und zur gleichen Zeit auf.
846.	Scirpus minimus, capitulo squamoso breviore et crassiore, fusco (Sehr kleiner Scirpus mit schuppigem, kürzeren und dickerem, braunem Köpfchen) des Scheuchzer, ‚Agrostographia', Seite 366; überall bei *Irkuck*
847.	Juncus laevis, panicula sparsa, minor (Kleinerer, glatter Juncus mit zerstreuter Rispe) des Caspar Bauhin, ‚Pinax', [Seite] 12; Juncellus omnium minimus, Chamoe [sic!] Schoenos Lobelii, Juncus parvus, calamo supra paniculam longius producto (Der von allen kleinste Juncellus, Chamoeschoenos [?] des Lobelius; Kleiner Juncus mit über die Rispe hinaus länger ausgedehntem Halm) des Ray, ‚Historia plantarum', [Band II, Seite] 1305; an sumpfigen Orten bei *Rozvodnaja*
848.	Gramen Alpinum, enode, spica parva, subrotunda, ferruginea (Knotenloses Alpen-Gras mit kleiner, rundlicher, rostbrauner Ähre) des Scheuchzer, ‚Agrostographia'; überall am *Angara*[-Fluß]
849.	Gramen hirsutum, nemorosum, angustifolium, Alpinum, paniculis obscure ruffescentibus (Rauhhaariges, hainbewohnendes, schmalblättriges Alpen-Gras mit dunkel braunrötlichen Rispen) des Scheuchzer, ‚Agrostographia', Seite 312; überall bei *Irkuck* in den Wäldern
850.	vielleicht Gramen hirsutum elatius, panicula juncea compacta (Rauhhaariges, hochwachsendes Gras mit juncusartiger, gedrungener Rispe) des Ray, ‚Synopsis', [Seite] 263, des Scheuchzer, ‚Agrostographia', Seite 312
851.	Scirpus palustris, altissimus (Sehr hoher Sumpf-Scirpus) der ‚Institutiones rei herbariae'; Juncus maximus seu Scirpus major (Größter Juncus oder Größerer Scirpus) des Caspar Bauhin,

/146v/

*Irkuck*er Flora nach der Ordnung der ‚Institutiones rei herbariae'
XV. Klasse

	‚Pinax' [Seite 12]; in stehenden Gewässern am *Angara*[-Fluß] bei *Rozvodnaja* und am *Barguzin*-Fluß
852.	Scirpus palustris humilior (Niedrigerer Sumpf-Scirpus) des Scheuchzer, ‚Agrostographia', Seite 356; Juncus sive Scirpus medius (Juncus oder Mittlerer Scirpus) des Caspar Bauhin, ‚Pinax' [Seite 12]; in feuchten Wäldern bei *Irkuck*; Die getrockneten Exemplare [dieser Pflanze] sind mir verdorben.
853.	Scirpus Equiseti capitulo majori (Scirpus mit dem größeren Köpfchen von Equisetum) der ‚Institutiones rei herbariae'; Juncus capitulis Equiseti, major, scirpis latioribus (Größerer Juncus mit den Köpfchen von Equisetum mit breiteren Halmen [Binsen]) des Caspar Bauhin, ‚Pinax' [Seite 12]; sehr zahlreich in stehenden Gewässern am *Angara*[-Fluß]
854.	Scirpus Equiseti capitulo majori alter (Zweite Scirpus[-Species] mit dem größerem Köpfchen von Equisetum) des Scheuchzer, ‚Agrostographia', Seite 361; Juncus Equiseti capitulis major, scirpis triplo angustioribus (Größerer Juncus mit den Köpfchen von Equisetum mit dreifach schmaleren Halmen [Binsen]) des Caspar Bauhin, ‚Pinax' [Seite 12]; zusammen mit der vorhergehenden [Species]
855.	Scirpus minimus, spica breviore, squamosa spadicea (Sehr kleiner Scirpus mit kürzerer, schuppiger, glänzendbrauner Ähre) des Scheuchzer, ‚Agrostographia', [Seite] 364; häufig an sumpfigen Stellen am *Angara*[-Fluß]
856.	Scirpus Equiseti capitulo minori (Scirpus mit dem kleineren Köpfchen von Equisetum) der ‚Institutiones rei herbariae'; Juncellus capitulis Equiseti, minor et fluitans (Kleinerer und schwimmender Juncellus mit den Köpfchen von Equisetum) des Caspar Bauhin, ‚Pinax' [Seite 12]; in stehenden Gewässsern am *Angara*[-Fluß], am [Bach] *Ušakovka*, wie auch am *Barguzin*[-Fluß]; Die getrockneten Exemplare dieser [Pflanze] sind verdorben.
857.	Cyperus rotundus, inodorus, Germanicus (Deutscher rundlicher, geruchloser Cyperus) des Caspar Bauhin, ‚Pinax', [Seite] 14; Cyperus aquaticus, Septentrionalis (Nördlicher Wasser-Cyperus) des Lobelius, ‚Plantarum seu stirpium icones' [Band 1, Seite 77]; blüht im Juli in stehenden Gewässern am *Angara*[-Fluß], am [Fluß] *Irkut* und am *Barguzin*[-Fluß]

/147r/

*Irkuck*er Flora nach der Ordnung der ‚Institutiones rei herbariae'
XV. Klasse

858.	Cyperus minimus, panicula sparsa, subflavescente (Sehr kleiner Cyperus mit zerstreuter, schwach gelblicher Rispe) des Tournefort, ‚Institutiones rei herbariae'; Gramen Cyperoides, minus panicula sparsa subflavescente (Kleineres cyperusartiges Gras mit zerstreuter, etwas gelblicher Rispe) des Caspar Bauhin, ‚Pinax' [Seite 6]
859.	Cyperus minimus, capitulis aculeatis (Sehr kleiner Cyperus mit stachligen Köpfchen) des Buxbaum, ‚Centuria' IV.; Tafel LX, Abbildung 1; an feuchten Stellen beim [Bach] *Ušakovka*
860.	Juncus radice arundinacea horizontaliter in terra reptante, calamo supra paniculam longius producto acuto (Juncus mit arundoartiger, horizontal in der Erde kriechender Wurzel, mit einem schneidend scharfen Halm, der über die Rispe hinaus ausgedehnt ist); Ob die Pflanze von den Autoren einen Namen erhalten hat, konnte ich nicht prüfen. Sie kommt zwischen Steinen an sandigen Stellen am See *Bajkal* vor.
861.	Arundo vulgaris sive φραγμίτης Dioscoridis (Gewöhnlicher Arundo oder φραγμίτης [Phragmites] des Dioscorides) des Caspar Bauhin, ‚Pinax', [Seite] 17; Arundo vulgaris, palustris (Gewöhnlicher Sumpf-Arundo) des Johann Bauhin [‚Historia plantarum ...', Band 2, liber XVIII, Seite 485]; überall am Ufer der [Ströme] *Angara* und *Barguzin* häufig
862.	Cyperoides latifolium, spica rufa sive caule quadrangulo (Breitblättriges Cyperoides mit fuchsroter Ähre oder [Breitblättriges Cyperoides] mit vierkantigem Stengel) des Tournefort, ‚Institutiones rei herbariae', 1. Species; Die Pflanze tritt sehr zahlreich zusammen mit der vorhergehenden auf.
863.	Cyperoides latifolium, spica spadiceo-viridi, majus (Größeres breitblättriges Cyperoides mit glänzendbraun-grüner Ähre) des Tournefort, ‚Institutiones rei herbariae'; Gramen Cyperoides latifolium, spica spadiceo-viridi majus (Größeres breitblättriges, cyperusartiges Gras mit glänzendbraun-grüner Ähre); Nichts ist häufiger als diese Pflanze an feuchten Stellen und stehenden Gewässern bei *Irkuck*, und so heißen Orte, die mit diesem Gras wie bepflanzt sind, bei den Russen hierzulande *soloncy*, anders als in Rußland, wo

/147v/

*Irkuck*er Flora nach der Ordnung der ‚Institutiones rei herbariae'
XV. Klasse

	er [d. h. der Name] solche Stellen bezeichnet, die aus Salz ausblühendem Schlamm bestehen. [Diese Stellen] fördern das Wachstum von Kali, Limonium und Salicornia.
864.	Cyperoides angustifolium, Alpinum, spica spadicea, tenuiore (Schmalblättriges Alpen-Cyperoides mit glänzendbrauner, dünnerer Ähre) des Scheuchzer, ‚Agrostographia', Seite 413, Tafel X, Abbildung 6; in den Wäldern bei *Irkuck*
865.	Gramen sylvaticum, angustifolium, spica alba (Schmalblättriges Wald-Gras mit weißer Ähre) des Caspar Bauhin, ‚Pinax', [Seite] 4, des ‚Prodromus' [Seite 8]; Gramen Cyperoides, polystachyon, minimum, spicis per maturitatem albicantibus (Sehr kleines, vielähriges Gras Cyperoides mit bei Reife weißlichen Ähren) des Ray, ‚Historia plantarum', [Band II, Seite] 1295; häufig in den Wäldern bei *Irkuck*
866.	vielleicht Cyperoides Alpinum, angustifolium, spicis seminiferis, tenuibus fusco-viridibus (Schmalblättriges Alpen-Cyperoides mit dünnen, samentragenden, braun-grünen Ähren) des Scheuchzer, ‚Agrostographia', Seite 416 [und die] folgende [Seite]; Das Gras kommt in den Wäldern bei *Irkuck* und am See *Bajkal* vor.
867.	Cyperoides sylvaticum, angustifolium, spicis parvis, tenuibus, spadiceo viridibus (Schmalblättriges Wald-Cyperoides mit kleinen zarten, glänzendbraun-grünen Ähren) des Scheuchzer, ‚Agrostographia', Seite 425
868.	Cyperoides aculeatum angustifolium palustre (Stachliges schmalblättriges Sumpf-Cyperoides) von mir; Falls es sich um Cyperoides palustre, aculeatum, capitulo breviore (Stachliges Sumpf-Cyperoides mit kürzerem Köpfchen) handelt, weiß ich nicht, weshalb das kürzere Köpfchen erwähnt wird, da doch die Ähre [d. h. der Blütenstand] sowohl blüten- als auch samentragend länglich ist. Ich vermute aber, daß diese eine andere, von den Autoren noch nicht beschriebene Species ist, ebenso wie die folgende Species von den Autoren noch nicht beschrieben worden ist.
869.	Cyperoides aculeatum latifolium, palustre (Stachliges, breitblättriges Sumpf-Cyperoides); Die blütentragende Ähre dieser [Species] ist dreifach, und anders als es [gewöhnlich] beim Cyperoides aculeatum (Stachliges Cyperoides) zu sein pflegt; und weil die Natur an vielen Stellen mit der Zahl der unfruchtbaren Ähren spielt, weiß ich tatsächlich nicht, auf welcher sicheren

/148r/

*Irkuck*er Flora nach der Ordnung der ‚Institutiones rei herbariae'
XV. Klasse

	Grundlage die Unterscheidung der Cyperoides-Species mit einer Ähre und mit mehreren blütentragenden, aber unfruchtbaren Ähren bei Scheuchzer in der ‚Agrostographia' auf Seite 456 und [Seite] 458 beruht.
870.	Cyperoides humile spica simplici seminifera (Niedriges Cyperoides mit einfacher, samentragender Ähre), von Scheuchzer, nicht beschrieben, auf S. 498 einzureihen; in den Wäldern bei *Irkuck*
871.	vielleicht Cyperoides Alpinum, pulchrum, foliis caryophyllaeis, spicis atris et tumentibus (Schönes Alpen-Cyperoides mit caryophyllaeaartigen Blättern, mit samtschwarzen und anschwellenden Ähren) des Scheuchzer, ‚Agrostographia', Seite 481; Das Gras kommt in den Wäldern bei *Irkuck* und am See *Bajkal* vor.
872.	Cyperoides montanum, foliis angustis, parvis, spica spadicea, divisa (Berg-Cyperoides mit schmalen, kleinen Blättern mit glänzendbrauner, geteilter Ähre) des Scheuchzer, ‚Agrostographia', Seite 419; blüht zu Frühlingsbeginn auf Hügeln am [Bach] *Ušakovka*
873.	vielleicht Cyperoides angustifolium, spica spadiceo-viridi, minus (Kleines, schmalblättriges Cyperoides mit glänzendbraun-grüner Ähre) des Tournefort, ‚Institutiones rei herbariae'?; Das Gras kommt auf feuchten Wiesen am [Fluß] *Irkut* vor.
874.	vielleicht Cyperoides, nigro-luteum, vernum, majus (Größeres, schwarzgelbes Frühlings-Cyperoides) des Tournefort, ‚Institutiones rei herbariae'
875.	vielleicht Cyperoides nigro-luteum, vernum, minus (Kleineres, schwarzgelbes Frühlings-Cyperoides) des Tournefort, ‚Institutiones rei herbariae'; Beide [Species] treten zu Frühlingsbeginn auf den Wiesen am [Fluß] *Irkut* auf.
876.	eine andere Cyperoides-Species
877.	eine andere Cyperoides-Species
878.	eine höherwachsende Cyperoides-Species mit schmalem Blatt
879.	eine niedrigere Cyperoides-Species mit schmalem Blatt
880.	Typha palustris, major (Größere Sumpf-Typha) des Caspar Bauhin, ‚Pinax', [Seite] 20; sehr zahlreich in stehenden Gewässern am [Fluß] *Irkut* und am *Barguzin*[-Fluß]

/148v/

*Irkuck*er Flora nach der Ordnung der ‚Institutiones rei herbariae'
XV. Klasse

881.	Typha palustris, clava gracili (Sumpf-Typha mit zierlicher Keule); zusammen mit der vorhergehenden [Species]
882.	Typha palustris, minor (Kleinere Sumpf-Typha); Die Pflanze erhebt sich kaum über eine Vorderarmslänge und kommt sehr zahlreich in stehenden Gewässern der Steppe von *Urinsk* (*Urinskaja step'*) vor.
883.	Typha palustris, clava in uno caule gemella, inter utramque clavam spatium duorum pollicum intercedit (Sumpf-Typha mit doppelter Keule an einem Stengel, mit einem Abstand von zwei Zoll zwischen beiden Keulen); Die Pflanze stellt sich oft zusammen mit der vorhergehenden ein.
884.	Sparganium ramosum (Verzweigtes Sparganium) des Caspar Bauhin, ‚Pinax', [Seite] 15; des Tournefort, ‚Institutiones rei herbariae', 1. Species; in stehenden Gewässern am *Angara*[-Fluß] und allen Strömen, die in diesen münden
885.	Sparganium non ramosum (Unverzweigtes Sparganium) des Caspar Bauhin, ‚Pinax' [Seite 15]; des Tournefort ‚Institutiones rei herbariae', 2. Species; zusammen mit der vorhergehenden [Species]
886.	Sparganium minimum (Sehr kleines Sparganium) des John Ray, im Appendix der ‚Historia plantarum' [Band II, Seite 1312], und des Caspar Bauhin, ‚Pinax' [Seite 15]; häufig an feuchten Stellen der Steppe von *Urinsk* (*Urinskaja step'*)
887.	Ricinus vulgaris (Gewöhnlicher Ricinus) des Caspar Bauhin, ‚Pinax' [Seite 432]; überall in den Gärten von *Irkuck*; Die Pflanze wuchs aus chinesischen Samen üppig hervor.
888.	Equisetum palustre, longioribus setis (Sumpf-Equisetum mit längeren Borsten) des Caspar Bauhin, ‚Pinax' [Seite 15]; sehr zahlreich auf feuchten Wiesen am *Angara*[-Fluß]
889.	Equisetum palustre, brevioribus setis (Sumpf-Equisetum mit kürzeren Borsten) des Caspar Bauhin, ‚Pinax' [Seite 15]; an wasserreichen Stellen beim Dorf *Rozvodnaja*
890.	Equisetum sylvaticum, tenuissimis setis (Wald-Equisetum mit sehr dünnen Borsten) des Caspar Bauhin, ‚Pinax' [Seite 16]; sehr zahlreich sowohl in den Wäldern als auch auf trockeneren Steppenflächen
891.	Equisetum arvense, longioribus setis (Acker-Equisetum mit längeren Borsten) des Caspar Bauhin, ‚Pinax' [Seite 16]; Nichts kommt häufiger

	vor als seine Kätzchen zu Frühjahrsbeginn in den Wiesen bei *Irkuck.*
892.	Equisetum foliis nudum, non ramosum sive

/149r/

Irkucker Flora nach der Ordnung der ‚Institutiones rei herbariae'
XV. Klasse

	Junceum ἱππούρις ἀφύλλος (Blattloses, unverzweigtes Equisetum oder Junceum ἱππούρις ἀφύλλος) des Caspar Bauhin, ‚Pinax' [Seite 16]; sehr zahlreich in stehenden Gewässern am *Angara*[-Fluß] und am [Fluß] *Irkut*; Ich habe, was erstaunlich ist, die gleiche Species überall auf den Felsen [beim] *Barguzin*[-Fluß] gefunden.
893.	Equisetum palustre, majus (Größeres Sumpf-Equisetum) des Tabernaemontanus, ‚Icones plantarum'; zusammen mit der vorhergehenden [Species]
894.	Equisetum foliis nudum, ramosum (Blattloses, verzweigtes Equisetum); zusammen mit der vorhergehenden [Species]
895.	Equisetum foliis nudum non ramosum, geniculis annulis miniaceis circumvallatis (Blattloses, unverzweigtes Equisetum, mit Gelenken, die von mennigeroten Ringen eingeschlossen sind); in stehenden Gewässern der Steppen beim *Barguzin*[-Fluß]
896.	Pinastella surrectior (Stark aufgerichtete Pinastella) des Rupp, ‚Flora Ienensis', Seite 275; Polygonum foemina (Weibliches Polygonum) des Dioscorides und des Matthiolus und auch des Camerarius, ‚Epitome', Seite 324; Equisetum brevioribus setis, polyspermon (Vielsamiges [d. h. vielsporiges] Equisetum mit kürzeren Borsten) des Caspar Bauhin; überall auf feuchten Wiesen und an stehenden Gewässern bei *Irkuck* und am See *Bajkal*
897.	Pinastella surrectior ramosa (Stark aufgerichtete verzweigte Pinastella); Die Pflanze wurde bereits im vergangenen Jahr geschickt. Sie kommt sehr zahlreich zusammen mit der vorhergehenden an den gleichen Stellen vor.
898.	Spinacia vulgaris, capsula seminis aculeata (Gewöhnliche Spinacia mit stachliger Samenkapsel) des Tournefort, ‚Institutiones rei herbariae'; Spinacia mas (Männliche Spinacia) des Johann Bauhin [‚Historia plantarum ...', Band 2, liber XXIII, Seite 963]; im Garten des Herrn Vizegouverneurs
899.	Mercurialis montana repens Ocimi folio (Kriechende Berg-Mercurialis mit dem Blatt von Ocimum); Die Pflanze trat am 13. September auf

	einem hochaufragenden Felsen, 5 Stadien vom *Ol'chonskie vorota* genannten [Sund] bei der Insel *Ol'chon* im See *Bajkal* entfernt, auf.

/149v/

*Irkuck*er Flora nach der Ordnung der ‚Institutiones rei herbariae'
XV. Klasse

900.	Urtica urens, maxima (Größte brennende Urtica) des Caspar Bauhin, ‚Pinax', [Seite] 232; sehr zahlreich bei *Irkuck* und am See *Bajkal*
901.	Urtica urens, minor (Kleinere brennende Urtica) des Caspar Bauhin, ‚Pinax' [Seite 232]; sehr zahlreich in den Gärten und an den Zäunen von *Irkuck*
902.	Urtica urens, maxima, laciniato folio (Größte brennende Urtica mit geschlitztem Blatt); Nichts kommt bei *Irkuck* und am See *Bajkal* häufiger vor als diese Species der Urtica. Die reifen Samen dieser Pflanze werden geschickt.
903.	Cannabis sativa (Kultivierte Cannabis) des Caspar Bauhin, ‚Pinax' [Seite 320]; auf den Äckern und in den Gärten von *Irkuck* und beim See *Bajkal*
904.	Cannabis erratica (Wildwachsende Cannabis) des Caspar Bauhin, ‚Pinax' [Seite 320]; überall auf den Bergen am *Angara*[-Fluß]
905.	Lupulus mas (Männlicher Lupulus); häufig in den Gärten von *Irkuck*; Die Pflanze kommt sehr zahlreich spontan in den Wäldern an den [Strömen] *Tom'* und *Čulym* vor.

XVI. Klasse
Sektion 1.
Von den Kräutern und Halbsträuchern, denen Blüten fehlen und die mit Samen (Sporen) versehen werden.

906.	Filix ramosa, major, pinnulis obtusis, non dentatis (Größere, verzweigte Filix mit stumpfen, nicht gezähnten Fiederchen) des Caspar Bauhin, ‚Pinax', [Seite] 357; Die Pflanze kommt überall in Sibirien, bei *Irkuck* und am See *Bajkal* vor

/150r/

*Irkuck*er Flora nach der Ordnung der ‚Institutiones rei herbariae'
XVI. Klasse

907.	Filicastrum des Herrn Doktor Amman; des Tournefort, 8. Species; [?]

	sehr zahlreich in feuchten Wäldern bei *Irkuck* und am See [*Bajkal*]
908.	Filix non ramosa, dentata (Unverzweigte, gezähnte Filix) des Caspar Bauhin, ‚Pinax', [Seite] 358; Filix vulgo mas dicta sive non ramosa (Filix, die gewöhnlich Männliche [Filix] oder Unverzweigte [Filix] genannt wird) des Johann Bauhin [‚Historia plantarum ...', Band 3, liber XXXVII, Seite 737]
909.	Filix non ramosa, petiolis tenuissimis et tenuissime dentatis (Unverzweigte Filix mit sehr zarten Blattstielen, die fein gezähnt sind) des Caspar Bauhin, ‚Pinax', [Seite] 358; in den Wäldern am *Angara*[-Fluß]
910.	Filix saxatilis Rubum Idaeum spirans (Felsen-Filix, die nach Rubus Idaeus [Idäischer Rubus] duftet); Die Pflanze tritt sehr zahlreich an Felsen, auch an sehr schroffen, am See *Bajkal*, beim *Barguzin*[-Fluß] [und] am *Vitim*[-Fluß] auf. Sie tritt aus deren Felsspalten aus und hat einen angenehmem Geruch. Ungekocht dem Bier beigefügt, verleiht sie jenem den sehr angenehmen Geruch von Rubus Idaeus (Idäischer Rubus) und macht es [d. h. das Bier] empfehlenswert. Nach Zusatz dieser Filix destillierte ich Branntwein und habe eine Flüssigkeit von nicht zu unterschätzendem Geschmack gewonnen.
911.	Filix non ramosa minor, pinnulis non dentatis, cauliculis semidiaphanis (Kleinere, unverzweigte Filix, mit ungezähnten Fiederchen, mit halbdurchsichtigen Sprossen) des Ray, ‚Historia plantarum', des Herrn Doktor Gmelin, ‚Index plantarum Lenensium', Nummer 58; Ich habe diese Pflanze von Petersburg an bis hierher überall in den Bergwäldern beobachtet.
912.	Polypodium vulgare (Gewöhnliches Polypodium) des Caspar Bauhin, ‚Pinax', [Seite] 359, des Tournefort, ‚Institutiones rei herbariae', 1. Species; sehr zahlreich auf den Felsen am *Angara*[-Fluß] und überall am See [*Bajkal*]

/150v/

*Irkuck*er Flora nach der Ordnung der ‚Institutiones rei herbariae'
XVI. Klasse

913.	Polypodium minus (Kleineres Polypodium) des Caspar Bauhin, ‚Pinax', [Seite] 359; Die Pflanze tritt zusammen mit der vorhergehenden auf.
914.	Filicula fontana, major sive Adianthum album, Filicis folio (Größere Quell-Filicula oder Weißes Adianthum mit dem Blatt von Filix) des Caspar Bauhin, [‚Pinax', Seite 358], des Tournefort, [‚Institutiones rei herbariae'], 1. Species; Dryopteris candida (Reinweiße Dryopteris) des

	Dodonaeus, ‚Pemptades' [Seite 465]; Ihre schuppige Wurzel ist durch ziemlich lange, glänzendbraune Schuppen, die vom Schaft bis zum äußersten Ende der Wurzeln angeordnet sind, gefestigt, darüber hinaus mit vielen schwarzen, haarfeinen Fasern. Sie treibt zwei bis sechs Stengel aus, die am Ursprung glänzendbraun und dann grün sind. Auf dem hinteren Teil sind diese konvex und im vorderen Teil flach. Die kleinen Blätter sind üppig grün, wechselständig und schön geadert. Die Fiederblättchen sind stumpf, vortrefflich ausgebildet und gekerbt. Die Pflanze kommt auf Steinen und Felsen vor und hat Samen (Sporen), die in kleinen Kugeln (Sporangien) auf dem abgewandten Teil [der Fiederblättchen] angeordnet sind.
915.	Filicula montana, folio vario (Berg-Filicula mit verschiedenartigem Blatt) des Tournefort, ‚Institutiones rei herbariae'; Adianthum album tenuifolium, Rutae murariae accedens (Weißes zartblättriges Adianthum, das Ruta muraria [Mauerraute] nahekommt); Diese Pflanze mit angenehmem Anblick wächst in den Felsen am *Angara*[-Fluß]. Sie versteckt sich mit ihrer faserreichen, haarfeinen und fuchsroten Wurzel in den Felsspalten. Die Stengel sind grün. Die Blättchen stehen sich abwechselnd gegenüber, sind intensiv grün und etwas steif. Die Fiederchen sind spitz gezähnt. Die Samen (Sporen) befinden sich wie bei Ruta muraria (Mauerraute) auf der abgewandten Seite [der Fiederchen] und pflegen das gesamte Blatt oder wenigstens den größten Teil davon, zu besetzen.

/151r/

*Irkuck*er Flora nach der Ordnung der ‚Institutiones rei herbariae'
XVI. Klasse

916.	Filicula, quae Adianthum nigrum officinarum, pinnulis obtusioribus acutioribusve (Filicula, die das Offizinale schwarze Adianthum ist, mit stumpferen und spitzeren Fiederchen) des Tournefort, ‚Institutiones rei herbariae'
917.	Filicula montana hirsuta pinnulis obtusis integris (Rauhhaarige Berg-Filicula mit stumpfen, unzerteilten Fiederchen)
918.	eine Varietät dieser Filicula; Diese zierliche Species trägt Samen (Sporen), die wie bei Filix ramosa major (Größere, verzweigte Filix) an den Rändern der Blätter verteilt sind. Sie wächst auf feuchten Steinen und Felsen am *Angara*[-Fluß].
919.	Filicula saxatilis non ramosa, subtus argentea, semina in limbis foliorum disposita habens (Unverzweigte, unterseits silberweiße Felsen-

	Filicula mit Samen [Sporen], die an den Rändern der Blättchen verteilt sind); Diese Species von Filix (Farn) mit sehr angenehmem Aussehen ist zuerst im März auf den Felsen bei *Udinskoj ostrog* gefunden worden, außerdem kommt sie auf den Felsen beim Winterlager *Listvenišnoe zimov'e* vor, und von dort an überall häufig auf schroffen und unfruchtbaren Felsen bis *Barguzinskoj ostrog.* Sie besitzt eine haarfeine, fasrige, rankende, schwarze Wurzel und treibt 10 bis 20 glänzendbraune, glänzende Stengel aus, an denen sich Blätter in dreieckiger Form wie die von Filix mit einer Länge von einem Zoll bilden. Die Blätter sind rücklingsgelegt kahl, intensiv grün und auf dem abgewandten Teil weiß bis silberfarben. Die glänzendbraunen Samen (Sporen) sind an den Rändern der Blättchen verteilt wie

/151v/

*Irkuck*er Flora nach der Ordnung der ‚Institutiones rei herbariae'
XVI. Klasse

	bei Filix ramosa major pinnulis obtusis non dentatis (Größere, verzweigte Filix mit stumpfen, nicht gezähnten Fiederchen), der sie auch in der Gestalt der Fiederchen ähnlich ist. Die Tafel ... stellt die Pflanze sehr anschaulich in natürlicher Größe dar.
920.	Lingua Cervina minima, folio undulato costa in longissimum filum abeunte (Sehr kleine Lingua Cervina [Hirschzunge] mit gewelltem Blatt mit einer in einen sehr langen Faden auslaufenden Mittelrippe); vielleicht die 6. Species des Tournefort, Lingua Cervina seu Phyllitis minima, folio undulato (Lingua Cervina [Hirschzunge] oder Sehr kleine Phyllitis mit gewelltem Blatt) des ‚Hortus Regius Parisiensis'; Dieses Pflänzchen tritt aus den Spalten der emporragenden und schroffen Felsen aus, die rechter Hand am Ufer des *Angara*[-Flusses], 7 Stadien von der Stadt *Irkuck* entfernt, direkt gegenüber dem Dorf *Žilkina* liegen. Wie Adianthum oder Ruta muraria (Mauerraute) überragt sie selten eine Höhe von zwei Zoll. Sie stützt sich auf eine Wurzel, die aus haarfeinen, sehr zarten, schwarzen und rankenden Fasern besteht und in dem mit wenig Erde vermischten und vom Wind in die Felsritzen getriebenen Sand festhängt. Die Fasern sind etwa einen Zoll lang und eng miteinander verflochten, so daß sie dem flüchtig Betrachtenden leicht den Eindruck vermitteln, als wäre es ein Würzelchen. Aus der Wurzel erheben sich fünf bis zehn oder noch mehr Blätter, die je nach der Beschaffenheit des Jahres und des Sommers unterschiedlich sowie

/152r/

*Irkuck*er Flora nach der Ordnung der ‚Institutiones rei herbariae'
XVI. Klasse

	in der Gestalt sehr verschieden sind. Die zu Frühlingsbeginn hervorkommenden jungen Blätter stützen sich auf einen in die Blattrippe auslaufenden Stiel und sind daran angewachsen. Von der Gestalt her sind sie eiförmig, etwas breiter als eine Linie und anderthalb Linien lang. Etwa Mitte Juni, wenn die Anfänge der Samen auf der Rückseite sichtbar werden, wachsen sie in der Länge mehr als in der Breite, so daß die nach und nach aufeinander folgenden Zuwächse die Blättchen an den Rändern ein wenig wellig machen. Im Herbst, wenn die Samen (Sporen) auf dem abgewandten Teil des Blättchens zu beiden Seiten des Blattnervs in verschiedener Art und Weise angelegt worden sind – entweder bilden sie einzeln rundliche Stellen oder aus vielen Samen (Sporen) bestehende Stellen, welche wie zu einer Linie zusammengewachsen sind – wenn sie gänzlich vollendet, reif und granatrot sind, endet auch gleichzeitig das Wachstum des Blattes, wobei einzig die Mittelrippe noch länger zu einem allmählich dünneren Faden weiterwächst und darin ausläuft. Die Blätter sind zu jeder Zeit steif und von sattgrüner Farbe. Sie sind einfach, aufrecht, nicht ausgerandet und an der Basis nicht geöhrt. Indem die Adern oder kleinen Fasern von der Blattrippe nach den Blatträndern auslaufen, sind sie sehr schön verziert. Das Bild zeigt: A) die Pflanze in natürlicher Größe zusammengewürfelt

/152v/

*Irkuck*er Flora nach der Ordnung der ‚Institutiones rei herbariae'
XVI. Klasse

	aus Blättchen aller Altersstufen; b) die Blättchen, die sich zu Frühlingsbeginn bilden; c) zur Zeit der Samenreife vergrößerte Blätter; d) durch ihre herbstliche Rippe vergrößerte und vom Winter übriggebliebene Blätter.
921.	Osmunda foliis lunatis (Osmunda mit mondförmigen Blättern) des Tournefort, ‚Institutiones rei herbariae', 2. Species; Lunaria racemosa, minor et vulgaris (Kleinere, traubige und gewöhnliche Lunaria) des Caspar Bauhin, ‚Pinax' [Seite 354]; Die Pflanze kommt überall auf grasbewachsenen Hügeln sowie in den Wäldern vor und blüht gegen Anfang Juli.
922.	Osmunda foliis lunatis, ramosa (Verzweigte Osmunda mit mondförmi-

	gen Blättern) des Tournefort, ,Institutiones rei herbariae', 4. Species; Lunaria racemosa, ramosa, major (Traubige, verzweigte, größere Lunaria) des Caspar Bauhin, ,Pinax', [Seite] 355; zusammen mit der vorhergehenden [Species], jedoch seltener
923.	Osmunda Matricariae foliis (Osmunda mit den Blättern von Matricaria) des Tournefort, ,Institutiones rei herbariae', 5. Species; Lunaria racemosa, minor, Matricariae foliis (Traubige, kleinere Lunaria mit den Blättern von Matricaria) des Breyne, ,Centuria 1', [Kapitel] 94; Dies ist die gleiche [Osmunda], die in Petersburg auf den Inseln wächst, ich bezweifle aber, daß sie mit der [Lunaria] von Breyne in der ,Centuria' identisch ist.

XVII. Klasse

Von den Kräutern und Halbsträuchern, bei denen Blüten und Früchte gewöhnlich fehlen, nach der Ordnung des ,Catalogus plantarum circa Gissam' von Dillenius.

Moose, ohne blühende Köpfchen, die nicht schildförmig sind und nicht mit Höckerchen versehen sind.

/153r/

924.	Conferva Plinii (Conferva des Plinius), ,Historia generalis plantarum'; Alga viridis, capillaceo folio (Grüne Alge mit haarförmigem Blatt) des Caspar Bauhin, [,Pinax', Seite 364]; überall in Flüssen, die in den *Angara*[-Fluß] münden; Alga viridis capillaceo folio (Grüne Alge mit haarförmigem Blatt)
925.	Conferva reticulata Doodii (Netzartige Conferva des Doody) bei Ray, ,Historia plantarum', [Band II, Appendix, Seite 1852]; Alga bombycina (Seidenartige Alge) des Caspar Bauhin, [,Pinax', Seite 363 und ,Prodromus', Seite 155]; in stehenden Gewässern; sehr zahlreich im Sommer am *Angara*[-Fluß]
926.	Conferva fontalis geniculata lubrica major (Größere gelenkige, schmierige Quell-Conferva), ,Ephemerides Naturae Curiosorum', Centuria 5 und 6; wird reichlich ausgeworfen vom Wasser des [Sees] *Bajkal*
927.	Conferva fluvii Angarae Ombriae colore (Umbrafarbene Conferva des *Angara*[-Flusses]); aus sehr dünnen, haarförmigen Fasern zusammengesetzt; in der Gestalt einer Keule auf dem Wasser treibend
928.	Conferva alba chartae bibulae frusta referens (Weiße Conferva, die an Stücke von Löschpapier erinnert); Die Pflanze ist im Herbst an Steinen nach der Überschwemmung des *Angara*[-Flusses] zurückgeblieben;

	Diese beiden Conferva-[Species] sind identisch und werden am Ufer des *Angara*[-Flusses] gefunden, wo sie sehr zahlreich an Gräsern und Steinen haften. Die Pflanze umgibt die Gräser überall wie Schleim oder wie die Alga bombycina (Seidenartige Alge), auch an ihren einzelnen Zweigen, und wird mit einer Farbe von verblassender Umbra und in der Gestalt einer Keule auf dem Wasser treibend wahrgenommen, aber vornehmlich im Herbst und im Frühjahr überschreitet der *Angara*[-Fluß] in nicht geringem Maße seine Ufer und überschwemmt die Orte in der Nachbarschaft. Dabei ließ er den ganzen Sommer über den Steinen in größeren Stücken diese Conferva zurück, die dickem Löschpapier sehr genau ähnelt. Wenn man sie verbrennt, verbreitet sie einen Geruch von angezündetem Papier.

/153v/

929.	Conferva arborea cinerea vulgaris brevior, cum orbiculis (Aschgraue, gewöhnliche, kürzere Baum-Conferva mit kleinen Scheiben) des Dillenius, ‚Catalogus plantarum‘, Seite 200; Lichen cinereus, vulgaris, capillaceo folio, minor (Aschgrauer, gewöhnlicher, kleinerer Lichen mit haarfeinem Blatt) des Tournefort, ‚Institutiones rei herbariae‘; Muscus arboreus, cum orbiculis (Baum-Muscus [Baum-Moos] mit kleinen Scheiben) des Caspar Bauhin, [‚Pinax‘, Seite 361]
930.	Conferva arborea cinerea vulgaris longa (Aschgraue, gewöhnliche, lange Baum-Conferva) des Dillenius, am angegebenen Ort; Muscus arboreus, Usnea officinarum (Baum-Muscus [Baum-Moos], Offizinale Usnea) des Caspar Bauhin, ‚Pinax‘ [Seite 361]; sehr zahlreich an schattigen Orten
931.	Conferva arborea fusco-virens, jubae ad instar e ramis arborum dense dependens, mollis (Braun-grüne, weiche Baum-Conferva, die wie eine Mähne dicht von den Zweigen der Bäume herabhängt) des Dillenius, am angegebenen Ort; Lichen capillaceus longissimus (Haarfeiner, sehr langer Lichen) des Tournefort, ‚Corollarium institutionum rei herbariae‘, Seite 40; Muscus arboreus barbatus (Bärtiger Baum-Muscus [Baum-Moos]) des Johann Bauhin [‚Historia plantarum ...‘, Band 3, liber XXXVII, Seite 764]; sehr zahlreich zusammen mit der vorhergehenden [Species] in den Wäldern

Stengeltragende [Species] von Lichenoides, das mit kleinen Schildchen und Höckerchen versehen ist

932.	Lichenoides tubulosum ramosissimum fruticuli specie, candicans (Röh-

	riges, sehr verzweigtes, reinweiß werdendes Lichenoides mit dem Aussehen eines kleinen Strauchs); Muscus tubulosus ramosissimus fruticuli specie (Röhriger, sehr verzweigter Muscus [Moos] mit dem Aussehen eines kleinen Strauchs) des Ray, ‚Historia plantarum' [Band I, Seite 113]; Coralloides corniculis candidissimis (Coralloides mit äußerst reinweißen Hörnchen) des Tournefort, [‚Institutiones rei herbariae'], [Seite] 565; Ich habe diese Pflanze im September auf den Bergen der Insel *Ol'chon* gefunden.
933.	Lichenoides tubulosum ramosissimum fruticuli specie, candicans, corniculis ruffescentibus (Röhriges, sehr verzweigtes, reinweißliches Lichenoides mit dem Aussehen eines kleinen Strauchs mit braunrötlichen Hörnchen) des Dillenius, am angegebenen Ort, 3. Species; Coralloides corniculis ruffescentibus (Coralloides mit braunrötlichen Hörnchen) des Tournefort, ‚Institutiones rei herbariae';

/154r/

	überall in den Wäldern bei *Irkuck*
934.	Lichenoidis huius varietas viridescens (Eine grünliche Varietät dieses Lichenoides); zusammen mit der vorhergehenden [Species]
935.	Lichenoidis huius varietas albide viridescens, acetabulis in summitate serratis seu fimbriatis denticellis ruffescentibus (Eine weißlich-grünliche Varietät dieses Lichenoides mit Näpfen, die an der Spitze gesägt oder gefranst mit braunrötlichen Zähnchen sind); zusammen mit der vorhergehenden [Species]
936.	Lichenoides tubulosum ramosum, rigidius, majus et crassius, cinereofuscum (Röhriges, verzweigtes, steiferes, größeres und dickeres, aschgrau-braunes Lichenoides) des Dillenius, am angegebenen Ort, 4. Species; Coralloides cornua Cervi referens, corniculis brevioribus (Coralloides, die/das an Cornu cervinum erinnert, mit kürzeren Hörnchen) des Tournefort, ‚Institutiones rei herbariae'; sehr zahlreich auf dem Gipfel der Felsen der Insel *Ol'chon* und bei *Barguzinskoj ostrog*
937.	Lichenoides tubulosum, carneum, pulverulentum, valde crustaceum et ramosum (Röhriges, fleischfarbenes, staubreiches Lichenoides, das ausgeprägt krustenartig und verzweigt ist); auf dem Gipfel der Felsen der Insel *Ol'chon* und bei *Barguzinskoj ostrog*; Vielleicht ist es Lichenoides tubulosum cinereum, ramosius et crustaceum (Röhriges, aschgraues, stärker verzweigtes und krustenartiges Lichenoides) des Dillenius, ‚Catalogus plantarum', 6. Species.
938.	Lichenoides tubulosum, cinereum humile, Damae cornua referens

	(Röhriges, aschgraues, niedriges Lichenoides, das an Gemshörner erinnert) des Dillenius, am angegebenen Ort; Coralloides cornua Damae referens (Coralloides, die/das an Gemshörner erinnert) des Tournefort, ‚Institutiones rei herbariae'; überall auf höher gelegenen Orten; Ich habe die Pflanze im Frühling am [Bach] *Ušakovka* gesammelt.
939.	Lichenoides tubulosum cinereum, non ramosum (Röhriges, aschgraues, unverzweigtes Lichenoides); Muscus licheniformis cornu simplici Doodii (Lichenartiger Muscus [Moos] mit einfachem Horn des Doody), Supplementum der ‚Historia plantarum' [Band III] des Ray, Seite 28

/154v/

940.	Lichenoides tubulosum album elatius cornu simplici (Röhriges, weißes, hochwachsendes Lichenoides mit einfachem Horn) von mir; auf dem Gipfel der Felsen bei *Barguzinskoj ostrog*; zu diesen [d. h. Felsen] siehe unter Gentiana
941.	Lichenoides tubulosum pyxidatum, cinereum (Röhriges, büchsenartiges, aschgraues Lichenoides); Lichen pyxidatus, major (Größerer, büchsenartiger Lichen) des Tournefort, ‚Institutiones rei herbariae'; sehr zahlreich auf Wiesen und in Wäldern
942.	Lichenoides tubulosum pyxidatum, marginibus serratis (Röhriges, büchsenartiges Lichenoides mit gesägten Rändern) des Dillenius, ‚Catalogus plantarum', Seite 204; Lichen pyxidatus, non ramosus, acetabulis fimbriatis (Büchsenartiger, unverzweigter Lichen mit gefransten Näpfen) des Tournefort, ‚Institutiones rei herbariae'; zusammen mit der vorhergehenden [Species]
943.	Lichenoides tubulosum pyxidatum proliferum (Röhriges, büchsenartiges, sprossendes Lichenoides) des Dillenius, ‚Catalogus plantarum'; Lichen pyxidatus, prolifer (Büchsenartiger, sprossender Lichen) des Tournefort, ‚Institutiones rei herbariae'; überall zusammen mit der vorhergehenden [Species]
944.	Lichenoides tubulosum pyxidatum, tuberculis fusco-nigris (Röhriges, büchsenartiges Lichenoides mit braun-schwarzen Höckerchen) des Dillenius, ‚Catalogus plantarum'; Lichen pyxidatus, minor (Kleinerer, büchsenartiger Lichen) des Tournefort, ‚Institutiones rei herbariae'; zusammen mit der vorhergehenden [Species]
945.	Lichenoides tubulosum pyxidatum, tuberculis fusco-nigris, proliferum (Röhriges, büchsenartiges, sprossendes Lichenoides mit braun-schwarzen Höckerchen) des Dillenius, am angegebenen Ort; Lichen pyxidatus, acetabulorum oris fuscis et tumentibus (Büchsenartiger Lichen mit

	braunen und geschwollenen Rändern der Näpfe) des Tournefort, ‚Institutiones rei herbariae‘
946.	Lichenoides tubulosum pyxidatum, tuberculis amoene coccineis (Röhriges, büchsenartiges Lichenoides mit angenehm karminroten Höckerchen); sehr zahlreich auf den Felsen bei *Irkuck* und am See [*Bajkal*]

155r/

947.	Lichenoides tubulosum pyxidatum, tuberculis amoene coccineis, proliferum (Röhriges, büchsenartiges, sprossendes Lichenoides mit angenehm karminroten Höckerchen) des Dillenius, ‚Catalogus plantarum‘, am angegebenen Ort; Lichen pyxidatus, acetabulorum oris coccineis et tumentibus (Büchsenartiger Lichen mit karminroten und geschwollenen Rändern der Näpfe) des Tournefort, ‚Institutiones rei herbariae‘; zusammen mit den vorhergehenden [Species]
948.	Lichenoides crustaceum et leprosum, scutellare, cinereum (Krustenartiges und schorfiges, schüsselförmiges, aschgraues Lichenoides) des Dillenius, ‚Catalogus plantarum‘; Muscus crustaceus leprosus, scutellaris cinereus (Krustenartiger, schorfiger, schüsselförmiger, aschgrauer Muscus [Moos]) des ‚Museum Petiverianum‘; an Steinen und überall auf den Felsen
949.	Lichenoides crustaceum et leprosum, scutellis nigricantibus maioribus (Krustenartiges und schorfiges Lichenoides mit schwärzlichen, größeren Schüsselchen) des Dillenius, ‚Catalogus plantarum‘; Die Pflanze tritt zusammen mit der vorhergehenden am gleichen Stein oder gleichem Baum auf.
950.	Lichenoides tuberculosum, amoene purpureum (Vielhöckriges, angenehm purpurrotes Lichenoides) des hochedlen Dillenius; Ich habe zu Frühlingsbeginn zwei [Lichenoides] an Populus tremula (Zitterpappel) untersucht und dabei zahlreiche Exemplare der Pflanze gefunden.
951.	Lichenoides crusta foliosa, scutellata, flavescens (Gelbliches Lichenoides mit blattreicher, schüsselchenförmiger Kruste) des Dillenius, ‚Catalogus plantarum‘, am angegebenen Ort; Lichen Dioscoridis et Plinii, colore flavescente (Lichen des Dioscorides und Plinius mit gelblicher Farbe) des Columna, [‚Minus cognitarum stirpium‘, Teil 1, Seite 330f.], und des Tournefort, ‚Institutiones rei herbariae‘
952.	Lichenoides crusta foliosa scutellata, pullum (Mattbraunes Lichenoides mit blattreicher, schüsselchenförmiger Kruste) des Dillenius, ‚Catalogus plantarum‘; Muscus crustae modo arboribus adnascens, pullus (Mattbraunes Muscus [Moos], das den Bäumen wie eine Kruste ange-

	wachsen ist) des Ray, ‚Historia plantarum' [Band I, Seite 116]

/155v/

	und des Tournefort, ‚Institutiones rei herbariae'; an verschiedenen [Species] von Bäumen
953.	Lichenoides erectum terrestre, crusta foliosa, cinereo-virescente (Aufrechtes, auf der Erde wachsendes Lichenoides mit blattreicher, aschgrau-grünlicher Kruste); Nichts anderes ist auf den feuchten Wiesen und in den Wäldern bei *Irkuck* mehr verbreitet.
954.	Lichenoides crusta foliosa ex cinereo et luteo virescente superne, inferne nigra et laevi (Lichenoides mit blattreicher Kruste, die oben aus Aschgrau und Gelb ins Grünliche übergeht und unten schwarz sowie glatt ist) des Dillenius, am angegebenen Ort; sehr zahlreich auf den Felsen beim See [*Bajkal*]
955.	Lichenoides arboreum, crusta foliosa virescente, tenuiter et eleganter dissecta (Baum-Lichenoides mit blattreicher, grünlicher Kruste, die zart und geschmackvoll zerschnitten ist) des Dillenius, ‚Catalogus plantarum'; zu Frühlingsbeginn an Bäumen
956.	Lichenoides saxatile sulphurei coloris Scyphis eleganter spadiceis tumens (Geschwollenes Felsen-Lichenoides von schwefelgelber Farbe, mit zierlich glänzendbraunen Bechern) von mir; Lichen pulmonarius saxatilis tenuiter laciniatus, elegantis sulphurei coloris (An Felsen wachsendes, fein geschlitztes Lungen-Lichen von geschmackvoller schwefelgelber Farbe) des Scheuchzer, ‚Iter [Alpinum septimum anni MDCCIX] ', VII., Seite <5>14, des Buxbaum, ‚Centuria' II, Tafel VII.
957.	Lichenoides saxatile et arboreum tenerius, foliis pilosis, scutellis in aversa foliorum superficie apparentibus (An Felsen und Bäumen wachsendes, feineres Lichenoides mit behaarten Blättern, mit Schüsselchen, die auf der abgewandten Oberfläche erscheinen) des Dillenius, am angegebenen Ort, Seite 207; Die Ränder dieses Lichenoides können eher als stachlig denn als behaart bezeichnet werden. In der Breite überschreitet es selten zwei Linien. Es ist teilweise von weißer Farbe, teilweise von glänzendbrauner Farbe und

/156r/

	wächst in großer Anzahl auf dem Gipfel der Felsen beim *Barguzin*[-Fluß].
958.	Lichenoides peltatum arboreum maximum, platyphyllum (Schildförmiges, größtes, breitblättriges, Baum-Lichenoides) des Dillenius, ‚Catalogus plantarum', am angegebenen Ort; Lichen arboreus sive Pulmonaria

	arborea (Baum-Lichen oder Baum-Pulmonaria) des Johann Bauhin [‚Historia plantarum ...', Band 3, liber XXXVII, Seite 759]; sehr zahlreich in schattenreichen Wäldern beim See [*Bajkal*] und am *Barguzin*[-Fluß]
959.	Lichenoides platyphyllum saxatile rigidum valde ramosum, fusco nigrum, ramosum extremitatibus Cervi cornua exacte referentibus, tuberculis aversa parte apparentibus (Breitblättriges, steifes, sehr verzweigtes, braun-schwarzes Felsen-Lichenoides, das an den äußeren Teilen, die an Cornu cervinum erinnern, verzweigt ist, mit Höckerchen, die auf dem abgewandten Teil erscheinen); sehr zahlreich auf dem Gipfel der Felsen bei *Barguzinskoj ostrog*
960.	Lichenoides saxatile flavescens platyphyllum valde ramosum, oris valde laciniatis et crispis (Gelbliches, breitblättriges, stark verzweigtes Felsen-Lichenoides mit sehr geschlitzten und krausen Rändern) von mir; auf dem Gipfel der Felsen bei *Barguzinskoj ostrog*
961.	Lichenoides flavicans saxatile ramosissimum, solidum divisurarum extremitatibus tenuissimis, herbide viridibus (Gelbliches, sehr verzweigtes festes Felsen-Lichenoides mit krautig grünen, sehr zarten äußeren Enden der Einschnitte); Die Pflanze tritt sehr zahlreich zusammen mit der vorhergehenden auf dem Gipfel der Felsen auf.
962.	Lichenoides peltatum terrestre virescens, orbiculatis minimis foliis (Schildartiges, auf der Erde wachsendes, grünliches Lichenoides mit kreisförmigen, sehr kleinen Blättern); Die Blätter sind weißlich-grünlich, bei anderen [Individuen] bläulich, die Schilde dagegen sind bei manchen Pflanzen braun, bei anderen

156v/

	glänzendbraun. Die Pflanze tritt zu Frühlingsbeginn auf den Bergen beim [Fluß] *Irkut* auf.
963.	Lichenoides tubulosum, cristatum, ombriae colore (Röhriges, kammartiges, umbrafarbenes Lichenoides; Die Pflanze stimmt außer in der Farbe in allem mit Coralloide minori cristata (Kleinere, kammförmige Coralloides) des Buxbaum, ‚Centuria' IV, Tafel 66, überein. Sie kommt vor in den Wäldern bei *Listvenišnoj ostrov* jenseits des Sees *Bajkal* zwischen Geum Alpinum folio subrotundo maximo, flore specioso (Alpen-Geum mit rundlichem, sehr großem Blatt, mit ansehnlicher Blüte), bei den Russen *badan*, sie ist aber auf dem Reiseweg verdorben.
964.	Lichenoides gelatinosum Juniperi flavicans (Gallertartiges, gelbliches, an Juniperus wachsendes Lichenoides) von mir; Nach den Gewittern im

	Juli und August habe ich es ausschwitzen gesehen aus den Juniperus-Gehölzen beim See *Bajkal*. Es läßt sich leicht als Auszug in Branntwein auflösen. Soweit ich mich erinnere, behandelte der hochberühmte Wedel dessen Fähigkeit, Steine zu zerstören, in einer Programmschrift ‚Lithonthriptica', die einer Dissertation über Juniperus vorangestellt war. Auf gleiche Weise fand ich es in Deutschland bei Sabina und sammelte es von da und ich erinnere mich, daß Müller diese [Sabina?] im Systema behandelt hat.
965.	Lichenoides gelatinosum aurantium crispum e Ribes folio olente exsudans (Gallertartiges, orangefarbenes, krauses Lichenoides, das aus dem duftenden Blatt von Ribes ausgeschwitzt wird); Dies geschieht besonders im Monat Mai, und gaukelt drohendes Absterben und Welken vor.

/157r/

	So kommen auch an seinen [des Ribes?] abgeworfenen und verfaulten Zweigen ähnliche runzlige und krause Auswüchse vor. Diese sind jedoch viel trockener und von mennigeroter Farbe. Die Pflanze ist sehr zahlreich in den Wäldern beim See *Bajkal* zu beobachten.
966.	Lichenoides gelatinosum flavum alnorum dejectorum (Gallertartiges, hellgelbes Lichenoides der umgestürzten Erlen [Alnus]); Die Pflanze tritt sehr zahlreich an Waldflüßchen auf, die in die [Ströme] *Angara* und *Barguzin* münden.
967.	Lichen petraeus, cauliculo pileolum sustinente (Felsen-Lichen mit einem Hütchen tragenden Trieb) des Caspar Bauhin [‚Pinax', Seite 362]; zu Frühlingsbeginn häufig in feuchten, ausgehöhlten Stellen unterhalb der Felsen am *Angara*[-Fluß]
968.	Lichen petalodes polymorphos (Blütenblattartiger, vielgestaltiger Lichen); Lichen petraeus stellatus (Sternartiger Felsen-Lichen) des Caspar Bauhin [‚Pinax', Seite 362]; auf feuchten und bewässerten Wiesen am [Fluß] *Irkut* und am *Angara*[-Fluß] wie auch an den Flüssen, die in den Tälern fließen, äußerst zahlreich
969.	Lichen omnium minimus, foliolis scissis, super terram expansis (Der von allen [Species] kleinste Lichen mit geschlitzten Blättchen, die auf der Erde ausgestreckt sind); an feuchten und unebenen Stellen, die von den Russen *kočki* genannt werden.

/157v/

Moose

	Um die Moose konnte ich mich wegen der im Sommer übermäßigen und gehäuften Arbeiten nicht so kümmern, wie ich es hätte machen müssen. Daher werde ich, was die Moose betrifft, Ergänzungen des Verzeichnisses nachliefern. Nachfolgend werde ich nur die gewöhnlicheren Moose beschreiben, die überall reichlich beobachtet worden sind.
970.	Hypnum repens trichodes terrestre luteo-virens, vulgare majus capitulis erectis (Kriechendes, haarartiges, auf der Erde wachsendes, gelbgrünes, gewöhnliches, größeres Hypnum mit aufrechten Köpfchen) des Dillenius, ‚Catalogus plantarum', 1. Species; Muscus terrestris, latioribus foliis, major seu vulgaris (Größerer oder Gewöhnlicher Erd-Muscus [Erdmoos] mit breiteren Blättern) des Ray, ‚Historia plantarum' [Band I, Seite 122]; [Muscus] squamosus, major seu vulgaris (Größerer oder Gewöhnlicher, schuppiger Muscus) des Tournefort, ‚Institutiones rei herbariae'; häufig auf den Felsen am *Angara*[-Fluß]
971.	Hypnum repens trichodes terrestre minimum, capitulis majusculis oblongis, errectis (Kleinstes, kriechendes, auf der Erde wachsendes, haarartiges Hypnum mit etwas größeren, länglichen, aufrechten Köpfchen); Muscus terrestris omnium minimus, capitulis majusculis oblongis (Das von allen [Species] kleinste Erd-Muscus [Erdmoos] mit etwas größeren, länglichen Köpfchen) des Ray, [‚Historia plantarum', Band III, Supplementum, Seite 45]; überall auf sumpfigen Wiesen und in den Gärten bei *Irkuck*
972.	Hypnum repens filicinum minus, luteo-virens (Kriechendes, farnartiges, kleineres, gelb-grünes Hypnum); Muscus filicinus, minor, floridus (Farnartiger, kleinerer, reich blühender Muscus) des Caspar Bauhin, [‚Pinax', Seite 360, und ‚Prodromus', Seite 151]; überall in niedriggelegenen Wäldern am [Bach] *Ušakovka*
973.	Hypnum repens filicinum pennatum (Kriechendes, farnartiges, gefiedertes Hypnum); Muscus vulgaris, pennatus, major (Größerer, gewöhnlicher, gefiederter Muscus) des Caspar Bauhin [‚Pinax', Seite 360, und ‚Prodromus', Seite 151]; Die Pflanze tritt zusammen mit der vorhergehenden bevorzugt an den Quellen der Flüßchen auf.
974.	Polytrichum vulgare et majus, capsula quadrangulari (Gewöhnliches und größeres Polytrichum mit vierkantiger Kapsel); Polytrichum aureum medium (Goldgelbes, mittleres Polytrichum)

/158r/

	des Caspar Bauhin [,Pinax', Seite 356]; Polytrichum Apuleii, majus (Größeres Polytrichum des Apuleius) des Johann Bauhin [,Historia plantarum ...', Band 3, liber XXXVII, Seite 760]; überall in den Wäldern; Die Pflanze bringt die Köpfchen im Mai zur Reife.
975.	Polytrichum montanum et minus, capsula quadrangulari (Berg-Polytrichum, das auch kleiner ist, mit vierkantiger Kapsel) des Dillenius, [,Catalogus plantarum']; an höheren, bergigen Stellen an den Bäumen
976.	Bryum erectis longis et acutis falcatis capitulis, calyptra subfusca, foliis Serpilli pellucidis (Bryum mit aufrechten, langen und spitzen, sichelförmigen Köpfchen, mit einer schwach braunen Kalyptra, mit den durchscheinenden Blättern von Serpillum) des Dillenius, [,Catalogus plantarum']; in den Wäldern an Baumstämmen
977.	Bryum erectis falcatis capitulis, trichodes foliis latiusculis extantibus, in pilum canescentem desinentibus (Haarartiges Bryum mit aufrechten, sichelförmigen Köpfchen, mit ziemlich breiten, hervorragenden Blättern, die in ein weißgrauliches Haar auslaufen) des Dillenius [,Catalogus plantarum'], Seite 224; Muscus capillaris tectorum, densis cespitibus, nascens, capitulis oblongis, foliis in pilum oblongum desinentibus (Haarfeiner Muscus der Dächer, in dichten Rasen wachsend, mit länglichen Köpfchen, mit Blättern, die in ein längliches Haar auslaufen) des Ray, [,Historia plantarum', Band III, Supplementum, Seite 34]; Überall bildet es die Grundlage von mit zartem Gras bewachsenen Wiesen und von Steppen und wächst auch auf verfaulendem Holz.
978.	Bryum erectis capitulis trichodes, foliis latiusculis congestis, in pilum canescentem desinentibus (Haarartiges Bryum mit aufrechten Köpfchen, mit etwas breiteren, gedrängten Blättern, die in ein weißgrauliches Haar auslaufen) des Dillenius, [,Catalogus plantarum']; Muscus capillaris minor, capitulis erectis, vulgatissimus (Kleinerer, haarfeiner Muscus mit aufrechten, sehr gewöhnlichen Köpfchen) des Ray [,Historia plantarum', Band III – Supplementum, Seite 34]; Nichts kommt häufiger am Fuß der Felsen am *Angara*[-Fluß] und am See *Bajkal* vor.
979.	Bryum erectis capitulis trichodes, lanuginosum (Wolliges, haarartiges Bryum mit aufrechten Köpfchen);

/158v/

	überall auf den sehr trockeneren Steppenflächen sowie auf Felsen
980.	Bryum trichodes capitulis reflexis, pediculis ima medietate rubris, summa luteo-virentibus (Haarartiges Bryum mit zurückgebogenen Köpfchen, mit vom Fuß bis zur Mitte roten Stielen, die an der Spitze gelbgrün sind) des Dillenius, [‚Catalogus plantarum'']; Muscus capillaris, capitulo parvo reflexo, pediculo ima medietate rubro, summa luteo-viridi (Haarfeiner Muscus, mit kleinem zurückgebogenem Köpfchen, mit einem vom Fuß bis zur Mitte rotem Stiel, der oben gelbgrün ist) des Ray [‚Synopsis' 1996, Seite 34 und ‚Historia plantarum', Band III – Supplementum, Seite 38]; überall in den Gärten und auf den Feldern bei *Irkuck*; Die Pflanze blüht zu Frühlingsbeginn.
981.	Sphagnum cauliferum et ramosum palustre, molle candicans, reflexis ramulis, foliolis latioribus (Stengeltragendes und verzweigtes, weiches, reinweißliches Sumpf-Sphagnum mit zurückgebogenen Ästchen, mit breiteren Blättchen) des Dillenius, [‚Catalogus plantarum'], Seite 229; Muscus vulgatissimus (Ganz gewöhnlicher Muscus) des Caspar Bauhin [‚Pinax', Seite 360]; sehr häufig in feuchten und sumpfigen Wäldern; Bei den Russen in Sibirien wie auch in Rußland wird es zum Abdichten von Ritzen der Wohnstätten verwendet.
982.	Sphagnum cauliferum et ramosum saxatile, hirsutum virescens, capitulis obscure rubris (Stengeltragendes und verzweigtes, rauhhaariges, grünliches Felsen-Sphagnum mit dunkel roten Köpfchen) des Dillenius, [‚Catalogus plantarum']; zwischen Steinen bei den bewaldeten *Uda*-Quellbächen [?]
983.	Selago aquatica foliis pellucidis triangularibus acutis et complicatis cincta (Wasser-Selago, das von durchscheinenden, dreieckigen, spitzen und zusammengefalteten Blättern umgeben ist) des Dillenius, ‚Catalogus plantarum', Seite 230; Fontalis minor lucens (Kleinere, glänzende Fontalis) [des Johann Bauhin]; in Flüßchen und an den

/159r/

	bewaldeten Quellen, die im Winter nicht völlig zufrieren am *Angara*[-Fluß] und bei *Tulun* zusammen mit Nasturtium aquaticum (Wasser-Nasturtium) und Beccabunga
984.	Selago rupestris quadrangula acuta, foliis arcte sibi invicem incumbentibus (Viereckige, spitze Felsen-Selago mit Blättern, die wechselweise eng beieinander stehen); Diese noch nicht beschriebene Species tritt wie die vorhergehende Species sehr zahlreich auf den Felsen am See *Bajkal*

	sowie in den Steinspalten und unter den Steinen auf, die die Sonnenstrahlen nicht zulassen. Sie trägt Samen, die innerhalb der Blattachseln angeordnet sind. Die Tafel ... gibt eine Abbildung dieser [Pflanze] in natürlicher Größe.
985.	Selago Thuiae facie (Selago in der Gestalt der Thuja); Die Pflanze ist noch nicht beschrieben. Sie kommt sehr zahlreich auf feuchten und bemoosten Felsen, die nach Norden gerichtet sind, vor. Bei dieser Pflanze war es in der Tat nicht möglich, die Samen direkt zu sehen, wobei vorerst sicher ist, daß weder Köpfchen noch Keulen hervorgebracht werden, und zwar deswegen, weil die Selagines sehr zeitig blühen und Samen bilden sowie einige Male etwas Staub an den Händen zurückließen. Dies wollte ich hierzu mitteilen, bis ich die Gelegenheit zu einer weitergehenden Untersuchung, und zwar zu Frühlingsbeginn, bekommen werde. Die Tafel ... zeigt ein Bild dieser Pflanze in natürlicher Größe.
986.	Lycopodium officinarum (Offizinales Lycopodium), und des Tabernaemontanus ‚Icones plantarum' [Seite 814]; Muscus squamosus, vulgaris, repens a Trago pictus (Schuppiger, gewöhnlicher, kriechender Muscus, der bei Tragus abgebildet worden ist)

/159v/

	des Johann Bauhin [‚Historia plantarum ...', Band 3, liber XXXVIII, Seite 766]; Muscus terrestris, clavatus (Keulenförmiger Erd-Muscus [Erd-Moos]) des Caspar Bauhin, ‚Pinax' [Seite 360]; sehr zahlreich in den Wäldern bei *Irkuck* und am See *Bajkal*
987.	Lycopodium alterum, foliis Juniperinis, reflexis, clavis singularibus, sine pediculis nudis (Zweite Lycopodium[-Species] mit den zurückgebogenen Blättern von Juniperus, mit einzelnen Keulen, ohne kahle Stiele) des Rupp, ‚Flora Ienenis', Seite 281; Muscus squamosus, foliis Juniperinis, reflexis (Schuppiger Muscus mit den zurückgebogenen Blättern von Juniperus) des Tournefort, [‚Institutiones rei herbariae']; sehr zahlreich in den feuchteren Nadelwäldern bei *Irkuck* und dem See *Bajkal*
988.	Lycopodium Sabinae facie (Lycopodium in der Gestalt von [Juniperus] Sabina); Muscus terrestris, ramosus, pulcher (Verzweigter, schöner Erd-Muscus [Erd-Moos]) des Johann Bauhin [‚Historia plantarum ...', Band 3, liber XXXVIII, Seite 767] und des Chabraeus; Sabina sylvestris (Wildwachsende Sabina) des Tragus und des Matthiolus; sehr zahlreich in den Wäldern bei *Irkuck* und dem See *Bajkal*; Alle drei

	[Lycopodium-]Species wurden überall von Petersburg an bis hierher auf der Reise beobachtet.
989.	Lycopodium Sabinae facie, humilius, clavis brevioribus minus ramosum, plures caules emittens (Niedrigeres, weniger verzweigtes Lycopodium in der Gestalt von [Juniperus] Sabina, mit kürzeren Keulen, das viele Stengel ausschickt); Die Pflanze wurde, 10 Stadien von *Barguzinskoj ostrog* entfernt, an den Quellen des Flusses *Bannoj* auf Felsen beobachtet. Mir scheint es, daß diese Species von der vorhergehenden durchaus verschieden ist: 1. weil sie niemals eine Höhe von mehr als zweimal anderthalb Zoll erreicht; 2. weil sie von einer Stelle [an der Pflanze] viele dicht stehende Stengel ausschickt, die im Vergleich zu denen der vorhergehenden Species auch weniger verzweigt sind; 3. weil die Keulen, auch wenn sie gleich stark sind, doch sehr kurz sind.

/160r/

Es folgen die Pilze:
Die mit Hut und Stielchen versehenen, Lamellen tragenden, eßbaren Amanita-Species des Dillenius, Seite 177

990.	Amanita campestris, alba superne, inferne rubens (Feld-Amanita, die oben weiß und unten rötlich ist) des Dillenius, am angegebenen Ort, 1. Species; Fungus campestris, albus superne, inferne rubens (Feld-Fungus, der oben weiß und unten rötlich ist) des Johann Bauhin [‚Historia plantarum ...', Band 3, liber XL, Seite 824]; Champignon der Franzosen – in *Irkuck* ist der Pilz bei den Feinschmeckern unter diesem Etymon bekannt. Hierzulande pflegen sie ihn in fette Fleischbrühe zu tauchen, mit Weißbrotkrümeln zu bestreuen, langsam auf einem Rost zu braten und mit Zitronensaft zu essen. Sie pflegen sie auch Sibirische Austern zu nennen. Sie sind in der Kunst geübt, aus den verworfenen Teilen der Pilze, die über Nacht in Wasser eingeweicht und danach auf freien Plätzen in den Gärten ausgestreut worden sind, plötzlich neue hervorzubringen. Beim gemeinen Volk wird dieser Pilz gering geschätzt und sogar als bäuerlich angesehen.
991.	Amanita Divi Georgii (Amanita des Heiligen Georg) des Dillenius, am angegebenen Ort, 3. Species; Fungi Divi Georgii (Sankt Georgenschwamm) des Sterbeeck [‚Theatrum fungorum'], Seite 31 [und] Tafel 1; Fungus orbicularis, exalbidus, pratensis (Kreisrunder, weißlicher Wiesen-Fungus) des Caspar Bauhin [‚Pinax', Seite] 370, Nummer 4; im Monat August in lichteren und reineren Wäldern
992.	Amanita Kremlinga pileolo rubro, aut rubore saltim asperso (Amanita

	Kremlinga mit rotem Hütchen oder mit Röte, oder wenigstens mit [roten] Tupfen) des Dillenius, am angegebenen Ort, 4. Species; Fungi ruffescentes silvarum esculenti (Braunrötliche, eßbare Fungi der Wälder) des Johann Bauhin, [,Historia plantarum ...' Band] 3, [Seite] 829; Der Pilz tritt im Monat August zusammen mit den vorhergehenden [Species] an den gleichen Orten auf. Bei den Russen wird er *syroega* genannt, weil er roh gegessen werden kann, und sicherlich ist er roh verzehrt sehr

/160v/

	schmackhaft und vermittelt der Zunge beim Kauen den süßen Geschmack von Mandeln, tief im Inneren [des Mundraums] dagegen, in Speichel aufgelöst, reizt er sie ganz sanft mit der nicht unangenehmen Schärfe des Pfeffers. Er besitzt die folgenden Merkmale: 1. Eine sehr schöne rote Farbe, die wie bei den bekannten Beeren von Oxycoccus oder den Rosen zu sein pflegt, die bald stärker, bald schwächer ist und die rücklingsgelegte Oberfläche des Hütchens teilweise oder völlig einnimmt, jedoch so, daß im Innern die weiße Farbe niemals verschwindet. 2. Das Fruchtfleisch ist fest, geringfügig reinweiß und senkrecht zum Stiel ein drittel Zoll stark, es ist roh gegessen sehr schmackhaft und süß mit einer gewissen Schärfe. 3. Die Lamellen sind weiß, wo sie sich aneinander legen, und wo sie nach außen schauen und sich deutlich sehen lassen, etwas gelblich. 4. Das Hütchen, das meist völlig kreisrund ist, besitzt selten einen Durchmesser von mehr als 2 Zoll, ist kahl und geht in verwelktem Zustand nicht in Fäulnis über. Der Stiel ist anderthalb, selten zwei Zoll hoch, rund, reinweiß, kahl und aufrecht.
993.	Amanita lateritii coloris, croceo succo turgens (Amanita von ziegelroter Farbe, voller safrangelben Saftes) ‚Rödling oder Reitzker' des ‚Catalogus Altorffinus' und des Dillenius, am angegebenen Ort, Seite 179; Bei den Russen wird der Pilz *ryžik'* genannt. Frisch wird er wenig gegessen,

/161r/

	obgleich er gebraten sehr schmackhaft ist, sondern wird in Salzwasser eingelegt zum Trost für die Fastenden aufbewahrt. Im Monat August findet er sich häufig in lichten, ebenen und reinen Nadelwäldern. Er besitzt die folgenden Merkmale: 1. Auch wenn der Hut verschiedene Größe besitzt, so ist er doch immer genabelt und konkav. Die Ränder sind bogenförmig und sehr schwach

	abwärts gebogen. 2. Die Farbe ist bisweilen stärker, bisweilen schwächer ziegelrot, im becherförmigen Hut selbst oder in der Aushöhlung in der Mitte [des Hutes] ist sie jedoch immer kräftiger. 3. Die kreisförmigen, manchmal unterbrochenen, auf der rücklingsgelegten Fläche sichtbaren Bahnen verschwinden freilich bei älteren [Pilzen] wegen der zu Runzeln zusammengezogenen und gelblich gewordenen Oberfläche. 4. Der Stiel, der bisweilen kürzer oder länger, bisweilen aufrecht oder schief, bisweilen hakenförmig oder krumm ist, sitzt der Mitte des Pilzes an oder durchbricht das Hütchen ein Drittel [des Radius?] vom Zentrum entfernt. Die eine Hälfte [des Stiels] ist immer fest, die andere Hälfte ist röhrig. Horizontal zerschnitten ist er safrangelb an den Rändern oder vielmehr orangefarben, so wie auch die Farbe des Fruchtfleisches an der Ansatzstelle der Lamellen zu sein pflegt. 5. Die Lamellen sind dort, wo sie sich berühren, blaß fleischfarben sowie innen hohl, waagerecht zerschnitten bringen sie, reichlicher als alle übrigen Teile, einen safrangelben Saft hervor. Diese Lamellen nehmen bei älteren und der Verderbnis nahen [Pilzen]

/161v/

	eine grüne Farbe an. Roh gegessen sind sie [d. h. die Lamellen] sehr angenehm bitter. Das Fruchtfleisch des Hütchens dagegen ist weniger bitter und beinah süß.
994.	Amanita pileolo orbiculari, seu sublongo, albido splendente, lateritio parum asperse colore, lamellis ceram albam referentibus pediculo versus basin angustato (Amanita mit kreisförmigem oder schwach länglichem, weißlich glänzendem Hütchen, die etwas mit ziegelroter Farbe gesprenkelt ist, mit Lamellen, die an weißes Wachs erinnern, mit einem Stiel, der zur Basis hin schmaler wird); Der Pilz trat am 19. August 1739 in Nadelwald oberhalb von *Barguzinskoj ostrog* auf. Das Hütchen ist kreisförmig, bei manchen Exemplaren linsenförmig, bei anderen etwas länglich. Die Ränder sind schwach abwärts gekrümmt. Der Stiel ist auf die gesamte schräge Oberfläche ausgedehnt und ist innen, wie das Fruchtfleisch des Hütchens, mit dem er eine zusammenhängende Einheit bildet äußerst reinweiß und fest. Die Lamellen in der Farbe von weißem Wachs sind steif und haben untereinander den gleichen Abstand. Die Farbe des Stiels ist die gleiche wie die des Huts. Weil der Pilz fade schmeckt, wird er bei den Russen nicht gegessen und nicht beachtet, auch wenn Mangel herrscht.

995.	Amanita major rubescens aut subfulva, pediculo brevi, lamellis crebris, albentibus (Größere, rötliche oder leicht fahlgelbe Amanita, mit kurzem Stiel, mit dicht stehenden, weißlichen Lamellen) des hochedlen Dillenius, [,Catalogus plantarum'], 8. Species der schädlichen Pilze, Seite 181; Fungus major, pediculo brevi, crasso (Größerer Fungus mit kurzem, dicken Stiel) des Ray, ,Historia plantarum', [Seite] 95; Der hochberühmte Ray teilt mit, daß er diese Amanita unter Quercus (Eiche) gefunden habe. Ich fand den Pilz im gebirgigen Nadelwald bei *Barguzinskoj ostrog* am 19. August sehr reichlich und beobachtete sogar die folgenden Unterschiede je nach unterschiedlichem Alter.

/162r/

	Das Hütchen dieser Amanita hat einen Durchmesser von 4 Fingern, ist flach und weicht nur wenig von einer kugelförmigen Gestalt ab. Die Ränder sind bei manchen Exemplaren etwas verdreht. Die Grundfarbe ist weiß. Dieses Weiß ist von angenehm rötlicher Farbe leicht überzogen. Diese Röte geht im Alter in eine fahlgelbe Farbe über, die vor dem Verwelken an der runzligen Oberfläche in eine glänzendbraune übergeht. Bei älteren Exemplaren spaltet, sich die Haut, die an den Rändern strahlenreich wahrgenommen wird. Das Fruchtfleisch ist innen dicht, fest, nicht sehr saftig und äußerst reinweiß. Die Lamellen, sind von der Farbe weißen Wachses, wo sie sich aneinander legen, und wo sie nach unten schauen, bei jungen Exemplaren reinweiß, im mittleren Alter geht ihre Farbe von Weiß in ein sehr helles, schwaches Gelb über. Sie sind unversehrt, fest und breit. An der Eintrittsstelle des Stiels sind sie nach allen Richtungen hin wie mit einem Messer abgeschnitten. Vor dem Verwelken sind sie unscheinbar gelblich. Der Stiel ist zwiebelig, rund, im Durchmesser einen Zoll dick und lang. Bei jüngeren Exemplaren geht seine Farbe von Weiß in ein angenehmes Rot über. Bei ausgewachsenen Exemplaren ist er ziegelrot, $^{2}/_{10}$ Zoll, bevor er in das Hütchen eintritt, ist er jedoch reinweiß.
996.	Amanita priori per omnia similis, pediculo curvo graciliori et longiori (Amanita, die der vorhergehenden [Species] in allem ähnlich ist, mit einem gekrümmten, feineren und längeren Stiel); noch einmal so lang wie bei der vorhergehenden [Species], alles übrige stimmt genau überein. Der Pilz tritt am gleichen Ort, zur gleichen Zeit

/162v/

	und in der gleichen Anzahl [wie der vorhergehende] auf. Beide schmecken roh nach nichts, teilen aber der Zunge etwas Fauliges mit.

997.	Amanita noxia, pileolo inaequali, glabro, una cum pediculo rubro lamellis spadiceis (Schädliche Amanita mit ungleichförmigem, kahlen Hütchen, zugleich mit rotem Stiel und glänzendbraunen Lamellen); Der Pilz wurde am 22. August 1739 in Nadelwald beim *Barguzin*[-Fluß] gefunden. Die Merkmale, mit denen sich dieser Pilz von den anderen unterscheidet, sind die folgenden: 1. Der Hut ist niemals von genau kugelförmiger Gestalt, sondern bisweilen linsenförmig, bisweilen großbuchtig, manchmal nierenförmig und manchmal von der einen Seite bis zum Stiel ausgerandet. 2. Die Hutränder sind immer abwärts gebogen, sie sind niemals flach. 3. Das reichlich vorhandene feste Fruchtfleisch ist gelblich. 4. Der rötliche Stiel ist immer hin und her gebogen und bogenartig auf die gesamte schräge Oberfläche ausgedehnt. 5. Die rund um den Stiel in alle Richtungen gewachsenen und aufwärts gebogenen Lamellen sind, wo sie sich aneinander legen, umbrabraun gefärbt, und wo sie nach unten schauen, verbreiten sie eine braunrote Umbra. Bei manchen ist die rücklingsgelegte Oberfläche in einen Kreis gespalten, was, wie ich beobachtet habe, vor dem Verwelken allen zustößt.
998.	Amanita major, ex livido albicans, ubique, pediculo longo (Größere Amanita, die überall von Leichenfarbe in weißliche Farbe übergeht, mit langem Stiel) des hochedlen Dillenius, ‚Catalogus plantarum', Seite 183; Der Hut dieser [Species] ist genau kugelförmig sehr gewölbt an den abwärts

/163r/

	gekrümmten Rändern gestreift oder vielmehr schön und leicht kammartig, oben aus glänzender Leichenfarbe in Weiß übergehend und hat einen Durchmesser von 2½ Zoll. Im Innern ist er mit wenig Fruchtfleisch – an der Einfügestelle des Stiels ist es etwa $^{2}/_{10}$ Zoll dick – gefüllt, das von reinerem Weiß ist als Schnee. Die Lamellen sind wo sie sich aneinander legen, reinweiß und weiß, wo sie nach unten schauen. Der Stiel ist völlig rund, weißlich und an der Einfügungsstelle etwas gestreift sowie 4 Zoll lang; weiter unten ist er keulenförmig geschwollen und zwiebelig, wird zur Einfügungsstelle hin aber allmählich wieder etwas schmaler. Im Innern ist er mit einem sehr reinweißen Mark gefüllt, das, wenn der Stiel senkrecht durchgeschnitten ist, leicht von der äußeren, rindenartigen Substanz getrennt werden kann. [Der Pilz kommt] an Birken vor, die durch Fäulnis zu Staub zerfallen. Er trat am 22. August bei *Barguzinskoj ostrog* auf.

999.	Amanita ex livido albicans, plana, in medio turbinata, ad oras striata, lamellis albis, pediculo longo (Amanita, die aus Leichenfarbe in weißliche Farbe übergeht, flach, in der Mitte kreiselförmig, an den Hut-Rändern gestreift, mit weißen Lamellen und langem Stiel); Der Pilz stimmt genau mit dem vorhergehenden überein, unterscheidet sich aber dadurch, daß das Hütchen flach ist. Die Farbe dieser Amanita wird bei der Seide ‚aschen silberfarb' genannt. Sie trat am gleichen Ort und zur gleichen Zeit

/163v/

	auf wie die vorhergehende.
1000.	Amanita ex livido albicans, oris intus conversis (Amanita, die aus Leichenfarbe in weißliche Farbe übergeht, mit nach innen eingerollten Rändern) des Dillenius, am angegebenen Ort, Seite 182; Fungus latus, orbicularis, cineraceus, perniciosus (Breiter, kreisförmiger, hellaschgrauer, schädlicher Fungus) des Sterbeeck, [‚Theatrum fungorum', Seite] 195 [und] Tafel 19; [Fungus] latus, orbicularis, oris intro conversis (Breiter, kreisförmiger Fungus mit nach innen eingerollten Rändern) des Caspar Bauhin, ‚Pinax', [Seite] 373; Ich habe den Pilz am 19. August in der Steppe von *Kungurga* schon sehr nahe dem Verwelken gefunden. Seine [Hut-]Ränder gingen aus Kastanienbraun ins Schwärzliche über. Die Lamellen waren schwindend und glänzendbraun. Der Stiel ist vier Zoll lang, verdreht, rund und weißlich.
1001.	Amanita seu fungus piperatus, albus, lacteo succo turgens (Amanita oder Nach Pfeffer schmeckender, weißer Fungus, der voller Milchsaft ist) des Caspar Bauhin, ‚Pinax' [Seite 371]; Buxbaum gab ein Bild dieses Pilzes in ‚Centuria' IV., Tafel XVII., Abbildung 2, an und lieferte auf Seite 11 eine unvollständige Beschreibung. Der Durchmesser des Hutes beträgt 2½ Zoll. Der Pilz wurde am 22. August in ausreichender Menge in Gebirgsnadelwald beim *Barguzin*[-Fluß] gesammelt. Sein Köpfchen ist nicht völlig kreisförmig. Die Ränder [des Hutes] sind nach innen gekrümmt. Der Hut ist in der Mitte konkav oder genabelt. Im rücklingsgelegten Teil ist er fleischfarben, bei kleineren [Exemplaren] aber weiß. Das Fruchtfleisch ist an der Einfügungsstelle des Stieles reinweiß, scharf, nach Pfeffer schmeckend. Bei frisch hervorgewachsenen Exemplaren sind die Lamellen weiß, bei älteren sind sie gelblich. Der Stiel ist selten länger als ein Zoll. Der Pfeffergeschmack ist den Lamellen mehr als dem Fruchtfleisch zu eigen. Ob dies auch bei den übrigen nach Pfeffer schmeckenden so ist, muß geprüft werden. Den waagerecht angeschnittenen

/164r/

	Lamellen entströmt eine Milch. So verrichten alle Pilze, von denen die Autoren bestätigen, daß sie Milch geben, dies durch die Lamellen und nicht durch das Fruchtfleisch. Bei den Russen wird der Pilz *volvjanka* genannt und gesalzen roh gegessen.
1002.	Amanita piperata, lamellis candidissimis (Nach Pfeffer schmeckende Amanita mit äußerst reinweißen Lamellen) von mir; Wie er der äußeren Gestalt nach dem vorherigen genau entspricht, so ist er, roh gegessen jenem doch um viele Meilen voraus. Er ist auch ist tiefer genabelt als der vorhergehende. Er trat am 21. August in Nadelwald bei *Barguzinskoj ostrog* auf.
1003.	Amanita piperata semicircularis, altero pilei haemisphaerio deficiente (Nach Pfeffer schmeckende, halbkreisförmige Amanita mit fehlender zweiter Halbkugel des Hutes) von mir; eine Varietät der vorhergehenden Species die an ein äußeres Hindernis, ein Holz oder einen Stein, anstößt, das den anderen Teil nicht herauswachsen läßt
1004.	Amanita sicca lignosa, umbilicata, orbicularis, sordide margae instar albescens, lamellis lutescentibus, pediculo brevi (Trockene, holzige, genabelte, kreisrunde Amanita, von schmutzig weißlicher Farbe wie Mergel, mit gelblichen Lamellen und kurzem Stiel); Der Pilz kam gegen Ende Juli auf *Listvenišnoj ostrov*, einer Insel auf der anderen Seite des Sees [*Bajkal*], an einer zu Boden geworfenen Salix (Weide) vor. Ein getrocknetes Exemplar dieses Pilzes wird geschickt.
1005.	Amanita arborea, flava, ceu crocea, orbicularis, lamellis citrinis (Hellgelbe, gleichsam safrangelbe, kreisrunde Baum-Amanita mit zitronengelben Lamellen); Dieser Pilz ist von keinem der Autoren beschrieben worden. Diese Amanita kam neben Agaricus an Salix (Weide)

/164v/

	hervor. Der Hut war kreisrund, von safrangelber Farbe und innen mit einem aus dem Weißen ins Gelbliche übergehenden Fruchtfleisch gefüllt, das an der Einfügungsstelle des Stiels $^{4}/_{10}$ Zoll dick war. Der Durchmesser des Hutes betrug $1^{6}/_{10}$ Zoll. Die Lamellen waren von zitronengelber Farbe. Der einen Zoll lange Stiel, der den Hut aufrecht hielt und am Baum festsaß, bildete die Gestalt eines üblicherweise mit einem Kloben an den Wänden befestigten Leuchters (Kandelabers). a.) Der Pilz war von kräftiger, zäher Substanz, ein anderer, der mit dem ersten am gleichen Baumstamm festsaß, war auf der Seite, wo er den Baum berührte, bis an den Stiel gespalten und so völlig nierenförmig.

	Er trat in Wald bei *Barguzinskoj ostrog* auf.
1006.	Amanita infundibulum referens, superne spadicea, lamellis fuscis (Amanita, die an einen Trichter erinnert, oben glänzendbraun, mit braunen Lamellen) von mir; Der Pilz kam am 22. August in Nadelwald bei *Barguzinskoj ostrog* vor. Er stützt sich auf einen Stiel von einem Zoll Länge in der Stärke eines Schwanenfederkiels, der deutlich die Form des Buchstabens S der Lateiner annimmt. Die Lamellen wachsen in alle Richtungen in Bezug auf den Stiel und am Stiel selbst hervor und erstrecken sich in bogenförmigem Verlauf bis zu den eingebogenen Rändern des trichterförmigen Hütchens. Das Hütchen hat einen Durchmesser von 1½ Zoll und ist etwas konkav in der Art eines Trichters. Das Fruchtfleisch

/165r/

	im Innern ist von schwach purpurrötlich-weißer Farbe, das der Fleischfarbe nahekommt. Die Lamellen von älteren Pilzen sind fast schwarz. Diese Amanita wird nicht gegessen.
1007.	Amanita pileo ex livido fusco, lamellis magis albicantibus (Amanita mit einem aus Leichenfarbe ins Braune übergehendem Hut, mit eher weißlichen Lamellen) des Dillenius, am angegebenen Ort, Seite 183; Der Pilz wurde am 22. August am Fuße der Felsen in der Nähe des Flusses *Bannoj* nahe des *ostrog* gefunden. Er erhebt sich mit einem zwei Zoll langen, runden, weißen, kahlen und aufrechten Stiel von der Stärke eines Schwanenfederkiels. Der Hut ist kreisrund, leicht genabelt und besitzt einen Durchmesser von 2 Zoll mit einer gekrümmten Oberfläche von mausgrauer Farbe. Im Inneren ist er reinweiß, trocken und brüchig. Die Lamellen sind weiß und zart. Sehr häufig enthält [der Pilz] sehr wenig an Fruchtfleisch.
1008.	Amanita candida, tenera, fragilis, lamellis sordide albis (Reinweiße, zerbrechliche, zarte Amanita mit schmutzigweißen Lamellen) von mir; Das Hütchen ist leicht kammartig, hat eine sehr reinweiße Farbe, und ist kreisrund mit einem Durchmesser von 1½ Zoll. Die Lamellen erinnern in der Farbe an feuchtes Leinentuch. Der Stiel von der Länge eines Zolls hat die Stärke eines Schwanenfederkiels, ist sehr zart und zerbrechlich, weil er im Innern fast kein Fruchtfleisch besitzt. Der Pilz trat am 21. August am Fluß *Bannoj* auf.
1009.	Amanita pileolo oblongo, leviter turbinato, rubro, oris deorsum flexis (Amanita mit länglichem Hütchen, das leicht kreiselförmig und rot ist, mit abwärts gekrümmten [Hut-]Rändern); Der Pilz trat am 21. August

	in Nadelwald beim *Barguzin*[-Fluß] auf. Das längliche Hütchen

/165v/

	ist in der Mitte sehr glatt kreiselförmig und wird nach der Art der Alkanna rötlich. Der Stiel ist wie ein Lituus gekrümmt und gestreift. Er ist wie das Hütchen rötlich, 2½ Zoll lang und schräg auf die gesamte Oberfläche ausgedehnt. Die Lamellen wachsen in alle Richtungen am Stiel und in Bezug auf den Stiel hervor.
1010.	Amanita pileo minus rotundo aut circulari, superne ingratius fusco, inferne ex albo fusco seu sublivido (Amanita mit weniger rundlichem oder kreisförmigem Hut, der oben sehr unangenehm braun ist und unten von Weiß ins Braune oder ins schwach Leichenfarbene übergeht) des hochedlen Dillenius, ‚Catalogus plantarum'; Der Pilz trat am 20. August in Nadelwald beim *Barguzin*[-Fluß] auf. Er stützt sich auf einen Stiel von der Stärke eines Schwanenfederkiels, der rund, von weißer Farbe, die leicht ins Gelbliche übergeht, und anderthalb Zoll lang ist. Das Hütchen ist kegelförmig, abwärts gekrümmt und uneben. Manche Exemplare besitzen die Farbe von Boletus vulgaris (Gewöhnlicher Boletus). Das Fruchtfleisch hat am Stiel eine Stärke von einer Linie und ist weiß. Die Lamellen gehen aus weißer Farbe in dunkelbraune Farbe über.
1011.	Amanita huic affinis, superne è spadiceo fusca, turbinata, lamellis, qua sibi invicem accumbunt, candidis, qua deorsum spectant lutescentibus (Eine verwandte Amanita, die oben aus Glänzendbraun in Braun übergeht, kreiselförmig ist und Lamellen besitzt, die, wo sie sich aneinander legen, reinweiß, und wo sie nach unten schauen, gelblich sind); Der Stiel ist 1½ Zoll lang und hat die Stärke des Ohrfingers. Das Fruchtfleisch ist innen äußerst reinweiß. Der Stiel ist auf die gesamte Oberfläche unten ausgedehnt. Das Hütchen ist kreisrund, 2½ Zoll im Durchmesser und bei manchen Exemplaren linsenförmig.

/166r/

1012.	Amanita muscaria, miniata (Mennigerote Fliegen-Amanita) des Dillenius, [‚Catalogus plantarum'], 3. Species der schädlichen Pilze; Fungus muscarius miniatus (Mennigeroter Fliegen-Fungus) des Sterbeeck, [‚Theatrum fungorum']; Ich habe den Pilz sehr reichlich in Beständen von Salix (Weide) und den Wäldern bei *Irkuck* und am See *Bajkal* gefunden. Seine Hüte haben einen Durchmesser von 7 bis 8 Fingern. Er tritt meist voller Warzen und mit kleinen weißen oder gelblich weißen

	Flecken [auf dem Hut] gekennzeichnet auf.
1013.	Amanita muscaria turbinata, miniata (Mennigerote kreiselförmige Fliegen-Amanita) des Dillenius, am angegebenen Ort, 4. Species; Der Pilz tritt Anfang August zusammen mit dem vorhergehenden in etwa gleicher Anzahl auf.
1014.	Amanita Muscaria plana ochroleuca (Gelblich weiße, flache Fliegen-Amanita); von den Autoren noch nicht beschrieben; Der Pilz trat einige Male bei der Insel *Listvenišnoj* des Sees *Bajkal* auf. In Gestalt und Größe gleicht er Amanita muscaria miniata (Mennigerote Fliegen-Amanita) aufs Haar und unterscheidet sich von dieser lediglich in der Farbe. Darüber hinaus wird er sich durch Warzen und kleine weißliche Flecken noch mehr ausgezeichnet. Die Russen nennen diese drei Species alle *muchomor.*
1015.	Amanita magna, castanei coloris (Große Amanita von kastanienbrauner Farbe) des Dillenius, am angegebenen Ort; Der Pilz tritt etwa Mitte August am Fuß der Felsen gegenüber *Barguzinskoj ostrog* in Nadelwald auf und ist sehr schwer. Er stützt sich auf einen weißen, runden, dicken Stiel, der zwiebelig, etwas gelblich getönt und 2½ Zoll lang

/166v/

	ist sowie einen Durchmesser von 1½ Zoll besitzt, der innen weiß und aus einer dichten Materie gemacht ist, die der Substanz von Agaricus nahekommt. Der Hut ist kreisrund weit, in der Gestalt des Boletus konvex gewölbt, besitzt einen Durchmesser von etwa 4 Fingern, ist im Zentrum selbst einen Finger stark, mit glänzendbrauner, rauher Haut bedeckt und wegen der sehr zahlreichen Risse der Haut gleichsam schuppig. Das Fruchtfleisch ist im Inneren reinweiß, dicht und hart. Die Lamellen sind, wo sie sich gegenseitig seitlich berühren, weißlich, wo sie nach unten schauen, schwach hellgelb. Die Russen haben außer einem volkstümlichen keinen anderen Namen für jenen Pilz, aber auch wenn er durch keinerlei Schädlichkeit verrufen ist, so wird er doch wegen der harten Substanz den einfallsreichen Listen der Küche nicht leicht zu Gefallen sein oder dem Gaumen zusagen.

Büschlige Amanita-Species

1016.	Amanita fasciculosa, lutea, dumetorum (Büschlige, gelbe, gestrüppbewohnende Amanita) des Dillenius, am angegebenen Ort; Nodi aurei (Goldgelbe Nodi [Knoten]) des Sterbeeck, [‚Theatrum fungorum', Seite] 223; Fungus perniciosus, ex eodem pede multiplex (Schädlicher

	Fungus, der vielfach aus demselben Fuß hervorkommt) des Tournefort, ‚Institutiones rei herbariae', [Seite] 560; Der Pilz kommt an den Wurzeln von umgestürzten Kiefern (Pinus) vor; Am 20. August gingen bei *Barguzinskoj ostrog* fünf aus einem Fuß, aber mit sofort zum Horizont auseinandergespreizten Stielen hervor,

/167r/

	und zwar von unterschiedlicher Größe. Die Hüte waren oben gelb sowie stark gespalten und saßen schräg auf den Stielen. Das Fruchtfleisch im Innern ist sehr gering, von zitronengelber Farbe und in der Mitte am Stengel immerhin eine Linie stark. Die Lamellen sind glänzendbraun, bei jungen Exemplaren sind sie hellgelb. Die Stiele sind meist 1½ Zoll lang und etwa von der Stärke des Ohrfingers. Sie sind gelblich und in der Mitte bauchig, gestreift oder vielmehr gefurcht. Bei den Russen nennt man diese Pilze *sabač'i griby*. Dieser Name entspricht allerdings eher der Gattung als einer einzelnen [Species].
1017.	Amanita fasciculosa, priori per omnia similis (Büschlige Amanita, die in allem der vorhergehenden ähnlich ist); Der Pilz unterscheidet sich [vom vorhergehenden] durch den völlig runden Stiel, der nicht bauchig ist, weiter oben dicker wird und sich darauf allmählich verjüngt. Seine Lamellen kommen der Farbe von Umbra nahe. Er tritt im August in Nadelwäldern auf.
1018.	Amanita fasciculosa sphaerica, pectinata, supine lutescens, inferne lateritii coloris, lamellis rarioribus et longe distantibus (Büschlige, kugelförmige, kammartige Amanita, die rücklingsgelegt gelblich ist, unten von ziegelroter Farbe, mit weniger dicht angeordneten Lamellen, die weit voneinander entfernt sind) von mir; Vielleicht Amanita fasciculosa ex luteo et fusco rufa, radicibus arborum adnascens (Büschlige Amanita von gelb und braun-fuchsroter Farbe, die an den Wurzeln der Bäume hervorwächst) des Dillenius, ‚Flora Ienensis', [sic!] [Seite] 186; Fungus

/167v/

	truncis humi jacentibus innatus, pluribus ex uno pede prodeuntibus (Fungus, der an am Boden liegenden Baumstämmen wächst, mit vielen [Fruchtkörpern], die aus einem Fuß hervorkommen) des Caspar Bauhin, ‚Pinax', [Seite] 374; Ich habe diesen Pilz am 17. August auf einer faulenden, umgestürzten Erle (Alnus) im Wald am Fuße der Felsen gegenüber *Barguzinskoj ostrog* gefunden. Drei Pilze waren so aus einem Fuß hervorgewachsen, daß sie sogleich waagerecht als Zweige ausgebreitet

	waren, und sich oberhalb der Erde jeder einzelne auf seinen eigenen Stiel stützt, von denen der mittlere aufrecht stand und die übrigen zwei auf beiden Seiten nach außen geneigt waren. Die Stiele der außenstehenden Pilze waren anderthalb Zoll lang, rund und tendierten von weißer zu fuchsroter Farbe, sie waren innen röhrig und besaßen die Stärke eines Taubenfederkiels. Der mittlere Stiel besaß die Stärke eines Gänsefederkiels, war jedoch etwas kürzer. Die Hüte der außenstehenden Pilze waren kreisrund und oben gelblich. An den Rändern waren sie wie Pectunculus geschindelt und auf Grund der zarten, weichen Substanz zerrissen. Das Hütchen des mittleren Pilzes war verglichen mit den seitlichen kaum breiter, nicht doppelt so breit, verglichen mit den seitlichen kaum einen Durchmesser von 2 Zoll, besaß aufwärts gebogene Ränder, und es hatte die Gestalt von Porcellana oder Concha venera. Die sehr zarten Lamellen sind unterseits von ziegelroter Farbe, zerrissen und befanden sich in einem großem Abstand voneinander. Diese Amanita bildete das Nest für ein sehr zartes Insekt, das

/168r/

	kaum zu sehen war, sich unter dem Mikroskop in der Gestalt einer kleinen Laus zeigte, aber sich sehr schnell bewegte.
1019.	Amanita fasciculosa, viscida, arborea, mollis alba (Büschlige, klebrige, weiche, weiße Baum-Amanita) des Dillenius [,Catalogus plantarum‘], Seite 186; Fungi albi lucentes ex uno principio plures, ex radicibus arborum (Viele, aus einem Ursprung hervorkommende, weiße, leuchtende Fungi an den Baumwurzeln) des Johann Bauhin [,Historia plantarum ...‘, Band] 3, [Seite] 835; Es wurde eine am 22. August am *Barguzin*[-Fluß] beobachtet, die aus den Wurzeln einer Birke (Betula) hervorwuchs. Aus einer Basis (Pilzwurzel) traten fünf Pilze hervor, die sich von dort aus ausbreiteten. Die einzelnen Exemplare wurden von ihren gekrümmten, runden, dickbäuchigen, reinweißen, 2 bis 2½ Zoll langen Stielen aufrecht gehalten. Der Stiel des mittleren Pilzes ist relativ breit, rund und dreimal so stark wie bei den seitlich stehenden Exemplaren. Auch der Hut ist dreimal so breit wie bei den übrigen. Die einzelnen Stiele sind innen äußerst reinweiß und von dichter Materie. Sie sind auf die gesamte schräge Oberfläche des Hütchens ausgedehnt und bilden sogar mit dem jeweiligen Hütchen eine zusammenhängende Einheit. Die Hütchen sind oben [zur Mitte hin] nach und nach kreiselförmig, hinsichtlich der Oberfläche und der ungleichen Ränder sind sie länglich und von unregelmäßiger Gestalt. Rücklingsgelegt sind sie weiß, zur Kegelspitze (Kreiselspitze) hin sehr hell gelblich. Das Frucht-

	fleisch ist bei den größeren Exemplaren senkrecht am Stiel 2 Linien, bei den kleineren Exemplaren wenigstens eine Linie stark. Die Lamellen sind weiß wie naß befeuchtetes Leinentuch.
1020.	Amanita fasciculosa, arborea, durior, alba, pediculis uncialibus, pileolis figurae et magnitudinis variae (Büschlige, festere, weiße Baum-Amanita mit Stielen von einem Zoll Länge, mit in Gestalt und Größe verschiedenartigen Hütchen) von mir; Der Pilz wurde am 22. August am *Barguzin*[-Fluß] gefunden. Aus einem Ursprung traten 12

/168v/

	größere, kleinere und sehr kleine [Fruchtkörper] hervor. Der Durchmesser der größeren Hüte war nicht größer als ein Zoll, der des Hütchens der sehr kleinen kaum größer als ein Bamberger Obolus. Die Stiele des Hütchens waren rund, und die Lamellen waren weiß sowie von fester Konsistenz. Die Stiele waren mannigfaltig ineinander verflochten, sie bildeten mit gegenseitig aneinanderliegenden Hütchen ein flach gewölbtes, antikes römisches Dach nach.

Sehr kleine schädliche Amanita-Species

1021.	Amanita minima alba, leviter turbinata, lamellis ad pediculum ortis albis (Sehr kleine, weiße Amanita, die leicht kreiselförmig ist, mit weißen, am Stiel anfangenden Lamellen); Der Stiel ist sechs Linien lang und besitzt die Stärke eines Taubenfederkiels. Die Hütchen sind kreisrund, leicht kreiselförmig und haben einen Durchmesser von 6 Linien. Die am Stiel selbst anfangenden Lamellen sind reinweiß. Der Pilz wurde etwa Ende August in Birkenwäldern gefunden. Er ist vielleicht Amanita parva, viscida alba (Kleine, klebrige, weiße Amanita) des Dillenius, des Ray [‚Historia plantarum‘, Band I, Seite 99] und des Tournefort, ‚Institutiones rei herbariae‘.
1022.	Amanita parva lutea (Kleine, gelbe Amanita) des Dillenius und des Caspar Bauhin, ‚Pinax‘; Der Pilz wurde zusammen mit dem vorhergehenden gefunden. Sein Stiel ist einen Zoll lang, rund, weißlich, in der Art eines Lituus gekrümmt und von der Stärke eines Taubenfederkiels.

/169r/

1023.	Amanita fasciculosa, parva, pileolo plano, turbinato, luteo, lamellis fuscis (Büschlige, kleine Amanita mit flachem, kreiselförmigem, gelbem Hütchen mit braunen Lamellen); Der Pilz tritt im August überall in Nadelwald auf. Das Hütchen hat einen Durchmesser von 8 Linien, die

	Stiele sind rund und einen Zoll hoch.
1024.	Amanita fasciculosa, turbinata minima, praecedenti minor multum, et tenerior (Büschlige, sehr kleine, kreiselförmige, im Vergleich zur vorhergehenden viel kleinere und zartere Amanita); Der Pilz tritt gegen Ende August in Nadelwäldern auf.
1025.	Amanita capitulo conico, luteo, parvo, lamellis fuscis (Amanita mit kegelförmigem, gelbem, kleinem Kopf, mit braunen Lamellen); Der Pilz tritt zusammen mit dem vorhergehenden am gleichen Ort und zur gleichen Zeit auf.
1026.	Amanita orbicularis laevis, coloris obscurius albi, lamellis castanei coloris (Kreisrunde, glatte Amanita von trüber weißer Farbe, mit Lamellen von kastanienbrauner Farbe) des Dillenius, am angegebenen Ort, Seite 185; Bei diesem Pilz beträgt der Durchmesser des Huts maximal 3 Zoll, bei den meisten Exemplaren jedoch nur 2 Zoll. Der Stiel ist nach Art des [Buchstaben] S der Lateiner gekrümmt. Der Pilz wurde am 29. August beim *Barguzin*[-Fluß] gesammelt.

Es folgen die Pilze ohne Lamellen:
1. [Pilze], die unterseits mit Stacheln besetzt oder zottig sind

1027.	Erinaceus coloris pallide lutei (Erinaceus von blaß gelber Farbe) der Flora des hochedlen Dillenius, [‚Catalogus plantarum‘] Seite 188; Fungus pulvinatus Buxei fere coloris, volam manus exaequans, inferne multis appendiculis linguae vitulinae instar exasperatus, nullo

/169v/

	succo turgens (Wulstförmiger Fungus beinahe von der Farbe des Buxus, einer hohlen Hand nahekommend, unten mit vielen Anhängseln wie eine Kalbszunge, nicht mit Saft gefüllt) der Flora Altdorffinae [‚Catalogus Altorffinus‘]; im Bergnadelwald an den warmen Quellen des *Barguzin*-Flusses, 3 Stadien unterhalb des *ostrog*; Er bedarf keiner ausführlichen Beschreibung, es genügt der Titel der ‚Flora Altdorffinae‘ [‚Catalogus Altorffinus‘], in der [diese] enthalten ist; denn jeder, dem auch nur der Name bekannt ist, wird ihn auf den ersten Blick erkennen. Folgendes muß ich aber wenigstens noch hinzufügen. Ich habe bei mehr als hundert Exemplaren festgestellt, daß er niemals kreisförmig ist oder ein und dieselbe [bestimmte], sondern daß er immer länglich ist und verschiedenartige unebene [Hut-]Ränder sowie eine verschiedenartige unebene Oberfläche besitzt. Manche Exemplare sind auf der Oberseite gespalten und gleichsam durch eingeschnittene Zeichen hervorgehoben.

	Oben ist der Pilz blaß gelblich. Unten sind die Zotten bei manchen Exemplaren schwach weiß, bei den meisten hellaschgrau, bei wenigeren gelblich. Bei den der Fäulnis nahen werden sie braun, was nicht für verschiedene Species, sondern eher für unterschiedliches Alter spricht. Das Fruchtfleisch ist innen sehr trocken, reinweiß, fest und sehr hart. Beim Verzehr wirkt er anfangs gleichsam fade, die Zunge empfindet keinen bestimmten Geschmack, wenn er aber durch den Speichel sehr aufgelöst ist, wird er süß mit einer leichten und angenehmen Bitterkeit empfunden. Der Stiel sitzt

/170r/

	niemals in der Mitte des Hütchens, sondern ist so lokalisiert, daß er drei Viertel des Hütchendurchmessers vor sich und an den Seiten hat und lediglich ein Viertel des Durchmessers hinter sich hat. Der Stiel ist einen Zoll lang, in der Stärke entspricht er dem Ringfinger. Er ist rund und uneben. Bei manchen Exemplaren ist er weißlich mit einer Beimischung von etwas Braun, bei anderen Exemplaren ist er etwas purpurrot gesprenkelt.
1028.	Erinaceus coloris pallide lutei, semicircularis (Halbkreisförmiger Erinaceus von blaß gelber Farbe); Dieser Pilz schien eine seltene und sonderbare Varietät des vorhergehenden zu sein. Er trat einige Male zusammen mit dem vorhergehenden auf.
1029.	Erinaceus lignosus Agarici substantia (Holziger Erinaceus mit einer Substanz wie die des Agaricus); Diesen im Samenkasten aufbewahrten sonderbaren Pilz übersende ich. Seine Oberfläche ist sehr bucklig und großbuchtig sowie rauhaarig mit vielen Zotten. Pulsatilla Anemones folio (Pulsatilla mit dem Blatt von Anemone) drang durch das Hütchen dieses Pilzes und wurde in der Mitte des Hütchens blühend vorgefunden. Ich habe den Pilz am 15. August auf einem Felsen beim *Barguzin*[-Fluß] gefunden.

Als Morchella bezeichnete Pilze mit grubenartigen Aushöhlungen

1030.	Morchella seu Boletus rugosus, albicans, quasi fuligine infestus (Morchella oder Runzliger, weißlicher, gleichsam mit Ruß bedeckter Boletus) des Tournefort, ‚Institutiones rei herbariae',

/170v/

	1. Species; Fungus porosus, rugosus, albicans quasi fuligine infestus

	(Poröser, runzliger, weißlicher, gleichsam mit Ruß bedeckter Fungus) des Caspar Bauhin, ‚Pinax' [Seite 370]; von der ersten Gattung der eßbaren Pilze die 1. Species des Clusius, ‚Historia plantarum'; sehr zahlreich im Juni in den Wäldern bei *Irkuck*; Bei den Russen werden die Pilze *smorčki* genannt.
1031.	Morchella seu Boletus esculentus, rugosus, fulvus (Morchella oder Eßbarer, runzliger, fahlgelber Boletus) des Tournefort, ‚Institutiones rei herbariae'; [von der ersten Gattung der eßbaren Pilze] die 2. Species des Clusius [‚Historia plantarum']; zusammen mit der vorhergehenden [Species]
1032.	Morchella seu Boletus esculentus, in metam fastigiatus (Morchella oder Eßbarer Boletus, der nach oben kegelförmig spitz zuläuft) des Tournefort, ‚Institutiones rei herbariae', 4. Species; am gleichen Ort

Poröse Pilze (Röhrlinge), die bei Dillenius Boletus genannt werden

1033.	Boletus luteus (Gelber Boletus) des Dillenius, ‚Flora Giessensis' [‚Catalogus plantarum'], Seite 188, 1. Species; Der Pilz wird bei den Russen in Sibirien *berezovik* genannt. Er kommt im Juli und im August überall in den Wäldern sehr zahlreich vor.
1034. A	Boletus laevis ac viscidus, obscure flavescens (Glatter und auch klebriger, dunkel gelblicher Boletus) des Dillenius, 2. Species; im Juli und im August in Nadelwäldern; Bei den Russen wird der Pilz *maslenik* genannt. Die Farbe der äußeren Haut ist wie die gekochter Erbsen, eine Farbe, die bei den Deutschen als ‚Erbsenfarbig' bezeichnet wird. Bisweilen glänzt die Haut dieses Pilzes wie eine vergoldete Haut, bisweilen ist sie blasser als die Rinde von Aspalathus.

/171r/

	Der Umriß des Hutes variiert sehr. Ich habe den Pilz einige Male in dichten und schattenreichen Nadelwäldern großbuchtig im Umriß gefunden, dreieckig und fünfeckig, wo er nämlich von allseits dicht stehenden Pinus und Sträuchern umgeben war, und als er aus der Erde hervorkam, daran gehindert worden sein dürfte, die für Pilze übliche kreisförmige Gestalt anzunehmen. Unten ist er von schwefelgelber Farbe sowie mit winzigen und zahlreichen Poren versehen. Der Stiel ist mit einem Zoll rund, innen weiß, aufrecht oder gekrümmt, wenn er durch ein Hindernis aufgehalten wird. Von Würmern wird er schnell zerstört. Das Fruchtfleisch ist im Inneren reinweiß; wo es den Poren (Röhren) benachbart ist von schwefelgelber Farbe, bisweilen sehr hell-

	rötlich oder purpurrötlich. Alt geworden, werden sie innen ganz schwefelgelb. Der Stiel ist bei jüngeren Exemplaren weiß, bei älteren hellgelb.
B. 1034.	Boletus laevis ac viscidus semicircularis (Glatter und auch klebriger, halbkreisförmiger Boletus); wenigstens eine Varietät der vorhergehenden [Species]
1035.	Boletus laevis ac viscidus, superne coloris spadicei, inferius lutei (Glatter und auch klebriger Boletus, oben von glänzendbrauner, auf der Unterseite von gelber Farbe); Der Pilz kommt zusammen mit dem vorhergehenden zur gleichen Zeit vor, aber immer unter Populus tremula (Zitterpappel) vor und wird daher bei den Russen *osinnik* genannt. Von allen werden sie am schnellsten von Würmern

/171v/

	zerfressen und pflegen in Fäulnis überzugehen. Daher werden sie bei den Russen nicht sehr viel gesammelt.
1036.	Boletus laevis ac viscidus flavescens, pileolo superne plano inferne convexo (Glatter und auch klebriger, gelblicher Boletus, mit einem oben flachen und unten konvexen Hütchen); für mich eine Varietät des zweiten Boletus von mir; So beschaffen kommt dieser Boletus immer in sumpfigen Gegenden vor, solange er im Moos wächst. Der Grund für die Figur ist folgender: Die schwammigen Röhren schwellen wegen der im Übermaß vorhandenen Feuchtigkeit, die sie wegen ihres Aufbaus schneller einsaugen als das Fruchtfleisch, wie ein Schwamm sehr stark an und dehnen sich, nach oben vergrößert, aus. Das Fruchtfleisch aber, von der Feuchtigkeit erweicht und unfähig, Widerstand zu leisten, ist gezwungen, zurückzuweichen und die flache Form anzunehmen.
1037.	Boletus magnus Julii mensis (Großer Boletus des Monats Juli) des Dillenius, [‚Catalogus plantarum'] 4. Species; Fungus porosus magnus (Poröser, großer Fungus) des Ray, [‚Historia plantarum', Band I, Seite 100]; sehr zahlreich in den Wäldern beim See *Bajkal*; Ich hatte Exemplare, deren Hüte einen Durchmesser von 8 bis 9 Finger hatten. Der Hut ist kreisrund, schwach konvex, nahezu flach und von schmutzig glänzendbrauner Farbe. Die Stiele sind bisweilen einen Zoll, bisweilen 2 oder 3 Zoll lang, dick und rund. Sie werden schnell von Würmern befallen.
1038.	Boletus pediculo crasso pileolo superius

/172r/

	cancellatim fisso (Boletus mit dickem Stiel, mit einem oben gitterförmig gespaltenem Hütchen); Ich habe den Pilz am 16. August unweit von *Barguzinskoj ostrog* in Nadelwald auf Nadeln von Pinus wachsend gefunden. Der Stiel war dicker als ein Daumen, länglich zylinderförmig und einen Zoll lang. Der Hut ist kreisrund, unterseits porös, gelblich wie ein Eidotter und hat oben einen Durchmesser von 9 Linien. An der Oberfläche ist er überall gitterförmig und tief gespalten. Die Spalten traten aber nicht wegen Alter und Fäulnis auf, sondern waren bei diesem sehr zarten Boletus von Anfang an vorhanden. Die Vertiefungen der Spalten waren nämlich wie auch die erhabenen Stellen von einer Haut bedeckt worden, die im herausragenden Teil hellgelb glänzend, in den Vertiefungen aber weißlich war.

Hutlose, stengeltragende, unverzweigte, erdbewohnende Pilze.

1039.	Fungoides clavatum majus (Größeres, keulenförmiges Fungoides); im September überall in den Wäldern bei *Irkuck* und am See *Bajkal*

Lamellentragende Agaricus[-Species]

/172v/

1040.	Agaricus lamellatus, coriaceus albus (Lamellentragender, lederartiger, weißer Agaricus); gegen Ende August; Der Pilz tritt beim *Barguzin*[-Fluß] auf, kommt aber nicht nur aus Eichen hervor, wie der hochedle Dillenius am angegebenen Ort meint, sondern mit der gleichen äußeren Gestalt auch aus umgestürzten Birken.
1041.	Agaricus lamellatus, pectunculi forma major, coloris murini (Lamellentragender, größerer Agaricus in der Gestalt eines Pectunculus von mausgrauer Farbe) des Dillenius; im August häufig an Weiden
1042.	Agaricus lamellatus albus, pluribus ex eodem centro prodeuntibus (Lamellentragender, weißer Agaricus mit vielen vom gleichen Zentrum hervorgehenden [Fruchtkörpern]); Der Pilz stimmt in der Gestalt mit dem vorhergehenden völlig überein. Er wächst aus verfaulten Birken hervor.
1043.	Agaricus lamellatus flavescens betularum (Lamellentragender, gelblicher Agaricus der Birken) von mir; Der Pilz tritt zusammen mit dem vorhergehenden auf.
1044.	Agaricus lamellatus simplex Betulae, superius ex albo spadiceus, lamellis subtus rugosis (Einfacher lamellentragender Agaricus der Birke

	[Betula], der auf der Oberseite vom Weißen ins Glänzendbraune übergehend, mit unterseits runzligen Lamellen); Der Pilz tritt gegen Ende August zusammen mit dem vorhergehenden auf.

Agaricus-Species mit Poren (Röhren)

1045.	Agaricus igniarius Betulae, superne lutescens, inferne porosus, oris marginatis tumentibus (Feuer-Agaricus der Betula [Birke], oben gelblich und unten mit Röhren versehen, mit geschwollenen, eingefaßten Rändern); Der Pilz wurde gegen Ende August am *Barguzin*[-Fluß] gesammelt.
1046.	Agaricus Betularum fasciculosus, superne luteus, in medio orbiculum includens aurantium, inferne porosus, cinereus (Büschliger Agaricus der Birken [Betula], oben gelb, in der Mitte eine orangefarbene kleine Scheibe einschließend, unten mit Röhren versehen und aschgrau); zusammen mit der vorhergehenden [Species]; siehe die Abbildung auf Tafel ...

/173r/

1047.	Agaricus sive Fungus Laricis (Agaricus oder Fungus von Larix [Lärche]) des Caspar Bauhin, ‚Pinax' [Seite 375]; des Tournefort, ‚Institutiones rei herbariae'; in dichten und schattigen Lärchenwäldern beim See *Bajkal*
1048.	Agaricus pedis Equini facie (Agaricus in der Gestalt eines Pferdefußes) des Tournefort, ‚Institutiones rei herbariae', 2. Species; Der Pilz kommt sehr zahlreich an verschiedenen Bäumen vor, zum Beispiel an Weiden, an Pappeln und der Birke. Die Tataren, die Tscheremissen und die Wotjaken sind der Ansicht, daß die besten dieser Pilze an Linden wachsen, wonach der an Birken vorkommende folgt. Dieser Pilz wird besonders geschätzt zur Zubereitung von Feuerpilz und Zunder.
1049.	Agaricus terrestris, dilute flavicans, Chirothecae forma (Hellgelblicher Erd-Agaricus in der Gestalt eines Handschuhs); Ich habe den Pilz Anfang August einige Male in den Wäldern beim See *Bajkal* gefunden. Er wuchs direkt auf der Erde, war 8 Zoll lang, 6 Zoll breit und war auf der Oberseite voller Schuppen, gleichsam als wäre er aus vielen kleinen Agaricus-Exemplaren zusammengesetzt. Unten ist er flach, ist weder mit Lamellen noch mit Poren versehen, sondern durch rundlichere Papillen rauh. Mir ist dieser seltene Agaricus verloren gegangen, als ich allein im Wald umherirrend und mit Pflanzen beladen war, von der dunklen Nacht überrascht, und unachtsam war, was ich sehr bedaure.

Feinhäutige und zartere [Species]

1050.	Peziza subfusca major (Größere, schwach braune Peziza); im August überall in den Wäldern

/173v/

	beim See *Bajkal*
1051.	Peziza subfusca major fasciculosa (Größere, schwach braune, büschlige Peziza) von mir; zusammen mit der vorhergehenden [Species]
1052.	Peziza acetabuliformis, coccinei intus coloris (Becherförmige Peziza, innen von karminroter Farbe); zu Frühlingsbeginn überall in Nadelwald und in Erlengebüsch
1053.	Peziza acetabuliformis subfusca (Becherförmige, schwach braune Peziza); auf Wiesen diesseits des *Angara*[-Flusses], wo man zum Himmelfahrts-[Männer-]Kloster geht; zu Frühlingsbeginn zusammen mit Viola lutea (Gelbe Viola)
1054.	Peziza acetabuliformis coccinea, marginibus pilosis (Becherförmige, karminrote Peziza mit behaarten Rändern) des Dillenius [,Catalogus plantarum'], Seite 195; Fungoides coccineum, oris pilosis acetabuli forma (Karminrotes Fungoides mit behaarten Rändern in Bechergestalt) des Tournefort, ,Institutiones rei herbariae'; im Mai und im Juni überall in den Wäldern am *Angara*[-Fluß]

Flache, winzig kleine Agaricus[-Species], die, weil ich sie von den Autoren nicht beschrieben finde, von mir so benannt wurden
Lamellentragende Agaricus- oder Lamella[-Species]

1055.	Lamella coccinea, inferne coerulescens, plana orbicularis (Karminrote, flache, kreisrunde, unten bläuliche Lamella); auf abgefallenen Erlenzweigen an Waldflüßchen, kaum größer als eine Bamberger Münze
1056.	Lamella lutea, orbicularis, plana (Gelbe, kreisrunde, flache Lamella); Der Pilz tritt zusammen mit dem vorhergehenden auf.

/174r/

1057.	Lamella alba, punctulis nigris aspersa (Weiße, mit schwarzen Punkten gesprenkelte Lamella); Der Pilz wächst auf Pferdemist und wird sehr zahlreich in den Steppen gefunden. Ich werde später Bilder von ihm liefern.

Staubpilze

1058.	Lycoperdon minus et multiplex, foetidum (Kleineres und vielfaches, stinkendes Lycoperdon) des Tournefort, ‚Institutiones rei herbariae'; häufig in Gärten und auf ebenen Steppenflächen
1059.	Lycoperdon minus et multiplex, ovatum (Kleineres und vielfaches, eiförmiges Lycoperdon) des Tournefort, ‚Institutiones rei herbariae'; zusammen mit der vorhergehenden [Species]
1060.	Lycoperdon pyriforme, album, asperum (Birnenförmiges, weißes, rauhes Lycoperdon) des Tournefort, ‚Institutiones rei herbariae'; auf den Inseln des *Angara*[-Flusses] bei *Irkuck*
1061.	Lycoperdon globosum, candidum, praegnans (Kugelförmiges, reinweißes, [vor Inhalt] strotzendes Lycoperdon); Außen erinnert es an Lycoperdon vulgare (Gewöhnliches Lycoperdon), innen aber war es mit einem schleimigen Saft gefüllt. In diesem schleimigen Saft war ein Kügelchen verborgen, das mit einer den Bovisten eigenen Substanz gefüllt war. Diese war nämlich weiß, wie sie bei den unreifen (Bovisten) zu sein pflegt. Ich habe den Pilz gegen Ende Juli an faulem Holz am *Angara*[-Fluß], unweit der *Nikol'skaja zastava* genannten Zollstation gefunden.
1062.	Lycoperdon caule magno, fistuloso insi-

/174v/

	dens, pulvere intus Hispanico pulveri sternutatorio simili repletum (Lycoperdon, das auf einem großen, hohlen Stiel sitzt und innen mit einem dem Spanischen Niespulver ähnlichen Staub gefüllt ist); Der Pilz trat wenigstens einmal in der Steppe von *Kungurga* auf. Der Stiel war unter der Erde zwiebelig, darüber rund, weiß, 5 Finger hoch und einen Finger stark; innen war er hohl. An der Spitze [des Stiels] befand sich das kugelförmige Köpfchen mit einem Durchmesser von 4 Zoll, das mit [Sporen-]Staub gefüllt ist, der in jeder Hinsicht dem Spanischen Niespulver ähnlich ist. Den [Sporen-]Staub habe ich geschickt. Vielleicht wird er [d. h. der Staub], wenn er in mit Pferdemist vermischte Gartenbeete gegeben wird, etwas gleichartiges hervorbringen, was zu versuchen ist.

Die von mir Boletoides genannte Pilzgattung, von der ich nicht weiß, wozu ich sie rechnen soll

1063.	Boletoides coriaceum cinereum, triplici pediculo, unum pileolum susti-

	nente (Lederartiges, aschgraues Boletoides mit dreigeteiltem Stiel, ein Hütchen stützend); Ich habe dafür gesorgt, daß von diesem Pilz ein Bild in natürlicher Größe angefertigt wird. Der Pilz tritt im August und im September überall in Nadelwäldern auf. Er wurde selten mit einer Höhe von mehr als einem Zoll beobachtet.

/175r/

1064.	Boletoides minimum coriaceum cinereum umbilicatum (Kleinstes, lederartiges, aschgraues, genabeltes Boletoides); Der Pilz kommt sehr zahlreich in Nadelwäldern vor, wo er aus den Nadeln von Pinus (Kiefer) herauswächst. Sein Stiel ist einen halben Zoll lang, rund, von der Stärke eines Hühnerfederkiels, umbrafarben und unten über die poröse Oberfläche ausgebreitet. Das Hütchen ist oben aschgrau, bei manchen Exemplaren braun sowie zottig und mit vielen rundum umlaufenden ovalen mehr oder weniger braunen Streifen versehen. Im Mittelpunkt ist [das Hütchen] in der Art eines Nabels wie bei einem kleinen Becher ausgehöhlt.
1065.	Fungus orbicularis niger, petraeus, lamellis carens (Kreisrunder, schwarzer, auf Felsen wachsender Fungus ohne Lamellen); Ich habe diesen Fungus am 22. August auf einem Felsen beim *Barguzin*[-Fluß] gefunden. Er erfreute sich eines kreisrunden Hütchens von anderthalb Zoll Durchmesser und schwarzer Farbe. Innen bestand er aus einer dichten, zähen, reinweißen Substanz, unten ebenso, war flach und hatte weder Streifen noch Röhren, noch Lamellen. Der Stiel war einen Zoll lang, aufrecht, weiß und rund.
1066.	Spongia ramosa, frutescens lacus Baikal (Halbstrauchige, verzweigte Spongia des Sees *Bajkal*); Vielleicht Spongia ramosa frutescens (Verzweigte, halbstrauchige Spongia) des Boccone, ‚Museo di fisica', Teil 1, Tafel 116; Der Schwamm wächst sehr zahlreich 8 bis 9 *sažen'* unter Wasser an Steinen und Felsen am See *Bajkal.* Er wird bei auftretendem Sturm tatsächlich mit den Wellen fortgerissen, in Stücke zerbrochen und an den niedriger gelegenen, sandigen und steinigen Ufern ausgeworfen. In größerer Anzahl tritt er bei *Listvenišnoe zimov'e* und an den Mündungen der [Ströme] *Anga* und *Barguzin* auf. Wegen der mehr als gläsernen und klaren Durchsichtigkeit des Wassers konnte ich mit Aufmerksamkeit betrachten, wie er sich bildet.

/175v/

*Irkuck*er Flora nach der Ordnung der ‚Institutiones rei herbariae'
XVIII. Klasse

	Er wächst wie ein sehr verzweigter Strauch und erreicht eine Höhe von einer Vorderarmslänge bis zu zwei Vorderarmslängen. In den hiesigen Gegenden wird er von den Handwerkern zum Reinigen und Glätten von kupfernen und silbernen Gefäßen an Stelle von Bimsstein verwendet.

XVIII. Klasse
Von Bäumen und Sträuchern mit apetaler Blüte

1067.	Empetrum montanum, fructu nigro (Berg-Empetrum mit schwarzer Frucht) des Tournefort, ‚Institutiones rei herbariae', 1. Species; Erica baccifera, procumbens nigra (Beerentragende, niederliegende, schwarze Erica) des Caspar Bauhin, ‚Pinax', [Seite] 486; des Matthiolus und des Johann Bauhin [‚Historia plantarum ...', Band 1, liber V, Seite 526]; Erica, Coris folio (Erica mit dem Blatt von Coris) des Clusius, [‚Historia plantarum']; Die Pflanze tritt seltener bei *Irkuck* auf, häufiger jedoch in den Wäldern jenseits des [Sees] *Bajkal* und auf sehr hohen Felsen. Nicht selten pflegt sie sogar die gesamten Gipfel der Felsen zu besetzen.

XIX. Klasse
Von Bäumen und Sträuchern mit Blütenkätzchen

1068.	Abies Taxi folio, fructu sursum spectante (Abies mit dem Blatt von Taxus, mit aufwärts gerichteter Frucht) des Tournefort, ‚Institutiones rei herbariae'; Abies conis sursum spectantibus, sive mas (Abies, mit aufwärts gerichteten Zapfen oder Männliche Abies) des Caspar Bauhin, ‚Pinax' [Seite 505]; in sehr dichten Wäldern bei *Irkuck* und am See *Bajkal*; Abies alba (Weiße Abies) heißt bei den Russen *el'nik*.
1069.	Abies tenuiore folio, fructu deorsum inflexo (Abies mit feinerem Blatt, mit abwärts eingebogener [d. h. gebeugter] Frucht) des Tournefort, ‚Institutiones rei herbariae', 2. Species; Picea major, prima, sive Abies rubra (Erste, größere Picea oder Rote Abies) des Caspar Bauhin, ‚Pinax' [Seite 493]; überall bei *Irkuck* und am See [*Bajkal*]; bei den Russen *pichta*

/176r/

*Irkuck*er Flora nach der Ordnung der ‚Institutiones rei herbariae
XIX. Klasse

1070.	Pinus sylvestris, vulgaris (Gewöhnliche wildwachsende Pinus) des Caspar Bauhin, ‚Pinax‘ [Seite 491]; überall in den Wäldern; Bei den Russen heißt der Baum *sosna.*
1071.	Pinus maritima, minor (Kleinere Strand-Pinus) des Caspar Bauhin, ‚Pinax‘, [Seite] 492; zusammen mit Larix minor (Kleinere Larix), bei den Russen *slanec*; [Die Pinus] tritt sehr zahlreich bei *Listvenišnoj ostrov* jenseits des Sees *Bajkal* auf.
1072.	Larix folio deciduo, conifera (Die Nadeln abwerfende, zapfentragende Larix) des Johann Bauhin [‚Historia plantarum ...‘, Band 1, liber IX, Seite 265], des Tournefort, ‚Institutiones rei herbariae‘, 1. Species; bei den Russen *listvjak*; überall bei *Irkuck* und am See *Bajkal* häufig
1073.	Larix Orientalis, fructu rotundiore, obtuso (Orientalische Larix mit rundlicherer, stumpfer Frucht); Cedrus conifera, foliis Laricis (Zapfentragende Cedrus mit den Blättern von Larix) des Caspar Bauhin, ‚Pinax‘ [Seite 490]; Cedrus des Tabernaemontanus, [‚Icones plantarum‘, Seite 942], und des Johann Bauhin [‚Historia plantarum ...‘, Band 1, liber IX, Seite 277]; bei den Russen *kedr*; in den Wäldern bei *Irkuck*, zahlreicher beim See *Bajkal*
1074.	Larix Orientalis, maritima, humilis, fructu rotundiori minori obtuso (Orientalische, niedrige Strand-Larix mit kleinerer, rundlicherer, stumpfer Frucht); bei den Russen *slanec*; Das Gehölz kommt häufig auf den Felsen beim [Fluß] *Irkut* und bei *Tunkinsk*, beim *Barguzin*[-Fluß], auf [der Insel] *Ol'chon* und bei der Insel *Listvenišnoj* in niedrigeren Wäldern vor. Seine Zapfen werden geschickt.
1075.	Alnus rotundifolia, glutinosa, viridis (Rundblättrige, klebrige, grüne Alnus) des Caspar Bauhin, ‚Pinax‘, [Seite] 428; bei den Russen *ol'cha*; Das Gehölz tritt in sumpfigen Gegenden bei *Irkuck* und am See *Bajkal* auf, ist jedoch äußerst selten.
1076.	Alnus folio oblongo, viridi (Alnus mit länglichem, grünem Blatt) des Caspar Bauhin, ‚Pinax‘ [Seite 428]; überall in den Wäldern bei *Irkuck* und am See *Bajkal*; Die Knospen dieses Gehölzes sind zu Frühlingsbeginn sehr dick und wohlriechend, und stehen den Knospen der Pappel schwerlich nach.
1077.	Alnus Alpina, minor (Kleinere Alpen-Alnus) des Caspar Bauhin, ‚Pinax‘, [Seite] 428; Dieses Gehölz stimmt

/176v/

*Irkuck*er Flora nach der Ordnung der ‚Institutiones rei herbariae'
XIX. Klasse

	mit dem vorhergehenden überein, es unterscheidet sich nur dadurch, daß es niedriger auftritt und nicht leicht höher ist als drei Vorderarmslängen. Ferner [unterscheidet es sich] durch die schwarzen, glänzenden Knospen. Es kommt sehr zahlreich auf Felsen an den Quellen des Flusses *Bannoj*, 10 Stadien von *Barguzinskoj ostrog* entfernt, vor.
1078.	Betula des Dodonaeus, ‚Pemptades', [Seite] 839 und des Johann Bauhin [‚Historia plantarum ...', Band 1, liber VIII, Seite 148]; überall in den Wäldern; bei den Russen *bereza*; Der weiße, an den Zweigen der Betula auftretende Aussatz, der im Mikroskop an viele Becher und Pokale erinnert, ist nichts anderes als das Harz der Betula (Birke). Ein solcher Stock (harziger Ast) wird nämlich, nachdem er in warmen Branntwein eingetaucht worden ist, ohne diese [Becher und Pokale] wieder daraus hervorgezogen. Die Essenz aber, die daraus bereitet wird, hat diuretische Wirkung. So schwimmt auch das Öl aus den Birkenknospen auf dem destillierten Wasser. Es ist in der Farbe, im Geschmack und im Geruch dem Copaivabalsam sehr ähnlich, was ich zufällig bei einem Versuch feststellte.
1079.	Betula pumila palustris, ultra sesquicubitos nunquam excrescit (Zwerg-Sumpfbetula, die niemals höher als anderthalb Vorderarmslängen wächst); Ihre kleinen rundlichen, aber dennoch zugespitzten und sehr schön gezähnten Blätter habe ich am 5. Juni ungefähr 10 Stadien von der Stadt *Irkuck* entfernt in Sumpfgegenden nahe *Pivovarova zaimka* auf dem Weg, auf dem man von hier zum [Bach] *Ušakovka* reist, gesammelt.

/177r/

*Irkuck*er Flora nach der Ordnung der ‚Institutiones rei herbariae'
XIX. Klasse

1080.	Betula pumila rupestris, folio rotundo obolari pulcherrime crenato, fruticuli parum surrecti in modum crescit, humi interdum fusa (Zwerg-Betula der Felsen mit rundlichem, wie Obolaria sehr schön gekerbtem Blatt); Sie wächst in der Art eines wenig aufgerichteten Sträuchleins, bisweilen auf der Erde lagernd, auf dem Gipfel der Felsen, 10 Stadien von *Barguzinskoj ostrog* entfernt; nahe den Quellen des Flusses *Bannoj* erreicht sie eine maximale Höhe von einer Vorderarmslänge, meistens nur einen oder höchstens anderthalb Fuß. Die Rinde der Zweige ist

	aschgrau. Die Blätter sind nahezu rund, im Umriß schön gekerbt, 3 Linien im Durchmesser und wegen der anhaltenden Kälte und Winde beständig rötlich. Die Kätzchen kommen in der Dicke den Kätzchen von Betula vulgaris (Gewöhnliche Betula) nahe, sind jedoch etwas stärker, mit kaum 5 Linien aber nur halb so lang.
1081.	Betula humilior rupestris foliis Betulae vulgaris rigidioribus amentis brevioribus crassioribus (Niedrigere Felsen-Betula mit den Blättern von Betula vulgaris [Gewöhnliche Betula], mit steifen, kürzeren, dickeren Kätzchen); [Das Gehölz] erreicht die Höhe eines Mannes und ist mit vielen über der Erde ausgebreiteten Zweigen viel breiter als länger. Ja, durch die Art zu wachsen und die Ausbreitung der Zweige ist es für die durch diese Gegenden Reisenden sehr beschwerlich und stimmt ganz mit Larix minor (Kleinere Larix), *slanec* der Russen, überein. [Das Gehölz] tritt zusammen mit dem vorhergehenden auf.
1082.	Juniperus vulgaris, fruticosa (Gewöhnliche, strauchige Juniperus) des Caspar Bauhin, ‚Pinax' [Seite] 488; überall am See *Bajkal* und beim *Barguzin*[-Fluß]; In *Irkuck*

/177v/

*Irkuck*er Flora nach der Ordnung der ‚Institutiones rei herbariae'
XIX. Klasse

	kommt [das Gehölz] nicht vor, jedoch ist es 60 Stadien von hier in den Wäldern am [Fluß] *Irkut* sehr zahlreich anzutreffen.
1083.	Salix vulgaris, alba, arborescens (Gewöhnliche, weiße, baumartige Salix) des Caspar Bauhin, ‚Pinax' [Seite] 473; des Tournefort, ‚Institutiones rei herbariae', 1. Species; [Das Gehölz] kommt überall bei *Irkuck* vor, im gesamten Sibirien ist es sogar eine sehr häufige Species.
1084.	Salix vulgaris, nigricans, folio non serrato (Gewöhnliche, schwärzliche Salix mit nicht gesägtem Blatt) des Tournefort, [‚Institutiones rei herbariae'], 2. Species; [Das Gehölz] tritt zusammen mit dem vorhergehenden an den Flußufern auf.
1085.	Salix vulgaris, rubens (Gewöhnliche, rötliche Salix) des Caspar Bauhin, ‚Pinax' [Seite 473]; [Das Gehölz] kommt am [Bach] *Ušakovka* vor, jedoch seltener.
1086.	Salix folio longissimo, angustissimo, utrinque albido (Salix mit sehr langem und schmalem Blatt, auf beiden Seiten weißlich) des Caspar Bauhin, ‚Pinax' [Seite 474]; Elaeagnus Dalechampii (Elaeagnus des Dalechamps), ‚Historia generalis plantarum', [Seite] 278; häufig am *Barguzin*[-Fluß]

1087.	Salix folio ex rotunditate acuminato (Salix mit einem rundlich bis zugespitztem Blatt) des Caspar Bauhin, ‚Pinax' [Seite 474]; des Tournefort, ‚Institutiones rei herbariae', 27. Species; Salix Caprea, latifolia (Breitblättrige Salix Caprea) des Tabernaemontanus, ‚Icones plantarum', [Seite] 1038; Die Blätter dieses [Gehölzes] sind den Blättern von Citrus ähnlich, 5 Zoll lang, 2 Zoll breit, auf beiden Seiten zugespitzt und mit gesägtem Rand. Sie sind üppig grün, unterseits weißgrau und haben einen weißen Nerv. Die Zweige sind nicht zerbrechlich, sondern sehr zäh. Die Farbe der Rinde geht von Grün in Perlgrau über. [Das Gehölz] kommt häufig an Flüssen und in feuchteren Wäldern vor.
1088.	vielleicht Salix saxatilis minima (Kleinste Felsen-Salix) des Caspar Bauhin, ‚Prodromus' [Seite 159]; [Das Gehölz] wächst 10 Stadien von *Barguzinskoj ostrog* entfernt auf dem höchsten Gipfel der Felsen bei den Quellen des Flusses *Bannoj*. Es liegt auf dem Boden oder ist wenigstens einen Zoll hoch aufgerichtet. Es treibt auf der Erde zwei oder vier Blätter mit einer Länge von anderthalb Zoll und einem halben Zoll Breite aus. Aus der Mitte dieser Blätter erhebt sich ein samentragendes Kätzchen von anderthalb Zoll Höhe und der Dicke des Ohrfingers. Wenn

/178r/

*Irkuck*er Flora nach der Ordnung der ‚Institutiones rei herbariae'

XIX. Klasse

	diese Species von anderer Beschaffenheit ist als die von Bauhin, so ist sie tatsächlich die kleinste Species in dieser Gattung. Die Samen übersende ich.
1089.	Salix rupestris humilis, procumbens, foliolis dense congestis oblongis, pulcherrime serratis (Niedrige, niederliegende Felsen-Salix mit dicht gedrängten, länglichen, sehr schön gesägten Blättern); Dieser kleine Strauch ist vom Anblick her sehr angenehm. Wie das Oberhaupt unter den Weiden nimmt er die höchste Stelle auf den Felsen ein und wächst dort, wo keine weitere Pflanze, ausgenommen das Moos, das er bedeckt, sich geeignete Nährstoffe und einen Platz mehr verschaffen kann. Er besitzt eine sehr verholzte und sich windende Wurzel voller Krümmungen, die sich unter Moos, das über die Felsen ausgebreitet ist, verborgen hält und kriecht. Er treibt sehr viele kriechende Zweige aus, aus denen weitere Ästchen und Blättchen, die auf allen Seiten mit sehr dichten Reihen von Blättern vollbesetzt sind, sich aus der Waagerechten erheben und an deren Spitze Büschel von länglichen Blättern zu

	sehen sind. Die einzelnen Blätter sind anderthalb Zoll lang, ¼ Zoll breit und an beiden Seiten zugespitzt. Im Umriß sind sie tief, gleichförmig und schön gesägt, so daß die gesamte Pflanze wegen der Blattränder, die bei vielen Exemplaren eingebogen sind, kraus und kammartig erscheint. Die Blätter sind hellgelb-rötlich und besitzen einen gewissen Glanz. Der Strauch nimmt einen Raum von einer Elle in der Länge und in der Breite ein, erreicht aber selten eine Höhe von mehr als 3 oder 4 Zoll über dem Erdboden.
1090.	Salix caule nodoso, humilis rupestris, folio utrinque

/178v/

*Irkuck*er Flora nach der Ordnung der ‚Institutiones rei herbariae'
XIX. Klasse

	incano (Niedrige Felsen-Salix mit gelenkigem Stengel, mit auf beiden Seiten weißgrauem Blatt); [Das Gehölz] tritt zusammen mit dem vorhergehenden auf und erreicht an niedrigeren, moosreichen Standorten eine Höhe von einem Fuß. Die Stengel und Zweige sind sehr gelenkig und mit einer granatroten, hellaschgrauen, kahlen Rinde bedeckt. Blätter sind an der Spitze der Ästchen ebensoviele angeordnet. Sie sind an beiden Enden zugespitzt und aus dem Grün-Gelblichen ins Weißgraue übergehend. Sie sind in etwa den Blättern von Origanum ähnlich, ungefähr einen Zoll lang und an der breitesten Stelle $^{4}/_{10}$ Zoll breit. Die samentragenden Kätzchen sind einen Zoll lang, aufgerichtet, sehr rauhhaarig und wollig. Die Samen dieses [Gehölzes] werden geschickt.
1091.	Salix Alpina, angustifolia, repens, non incana (Schmalblättrige, kriechende, nicht weißgraue Alpen-Salix), die 5. [Species] im ‚Prodromus' [Seite 159] des Caspar Bauhin; [Das Gehölz] tritt zusammen mit dem vorhergehenden auf.
1092.	Salix arborescens, folio oblongo, utrinque viridi, pediculis foliorum ad exortum singularibus foliolis cinctis (Baumartige Salix mit länglichem Blatt, das auf beiden Seiten grün ist, mit Blattstielen, die am Grunde von einzelnen [Neben-]Blättern umgeben sind); [Das Gehölz] ist am *Anga*[-Fluß] und an der Mündung des *Bugul'deicha*[-Flusses] in den See *Bajkal* gesammelt worden. Ein getrocknetes Exemplar dieser [Species] wird geschickt.
1093.	Populus nigra (Schwarze Populus) des Caspar Bauhin, ‚Pinax', [Seite] 429; sehr zahlreich am [Fluß] *Irkut*; Bei den Russen wird der Baum *osokor'* genannt. Die Einwohner von *Irkuck* gewinnen aus den sehr aromatischen Knospen dieses Baumes, nachdem sie zu Frühlingsbeginn

	gesammelt und in einfachen Branntwein gegeben worden sind, eine Flüssigkeit, die beim Trinken sehr angenehm ist und harntreibend wirkt. Sie loben jene Flüssigkeit besonders bei Dysurie, bei warzigen Stellen in der Harnröhre infolge der französischen Krankheit

179r/

*Irkuck*er Flora nach der Ordnung der ‚Institutiones rei herbariae'
XIX. Klasse

	wie auch bei Skorbut.
1094.	Populus tremula (Zitter-Populus [Zitterpappel]) des Caspar Bauhin, ‚Pinax' [Seite 429]; *osina* der Russen; Der Baum kommt in ganz Sibirien, so weit ich gekommen bin, sehr zahlreich vor. Das Dekokt seiner Rinde wenden die Sibirier in der hiesigen Gegend, durch eigene Erfahrung belehrt, bei Skorbut und der französischen Krankheit an. Siehe mehr dazu im „Catalogus empiricorum medicamentorum anno 1739 collectorum" (Verzeichnis der auf Erfahrung gegründeten, im Jahr 1739 gesammelten Heilmittel)
1095.	Elaeagnus humilis Barbae Jovis folio, fructu racemoso minori dulci nigro (Niedrige Elaeagnus mit dem Blatt von Barba Jovis [Bart des Jupiter], mit kleiner, traubiger, süßer, schwarzer Frucht); Diese Pflanze tritt sehr zahlreich am Salzsee der Steppe von *Urinsk* (*Urinskaja step'*) gegenüber dem *Kladovoj kamen'* genannten Felsen, auf. Aus der verholzten, dicken, aschgrauen Wurzel treibt sie rundum bis zu 20 und mehr auf der Erde niederliegende Zweige aus, die sehr verzweigt, holzig, und stielrund sind, mit grauer Rinde überzogen sind und vorderarmslang oder länger sind. Am Sproß selbst, wie auch an den Zweigen bilden sich Blätter, die nicht von einem Stiel gestützt werden, sondern sich mit der Blattrippe selbst am Sproß festhalten. Zum Teil sind zwei oder drei bis zu vier oder fünf Blätter zu Bündeln ohne Ordnung an den Sprossen zusammengedrängt. Die längsten Blätter sind niemals länger als acht Linien, die meisten sind einen halben Zoll lang, die zarten oder jungen immerhin 3 Linien; in der Breite überschreiten sie an der breitesten Stelle 2 Linien nicht. Die Blätter erheben sich

/179v/

*Irkuck*er Flora nach der Ordnung der ‚Institutiones rei herbariae‘
XIX. Klasse

	aus dem zugespitztem [d. h. keilförmigem] Grund, werden allmählich breiter und sind an ihrer Spitze abgerundet. Sie erinnern, wie ich erwähnte, an die Blätter von Barba Jovis oder Thymelea Polygalae foliis glabris (Thymelea mit den kahlen Blättern von Polygala) [oder] Sanamunda viridis (Grüne Sanamunda) der [Brüder] Bauhin. Im übrigen sind sie saftig, kahl, dick, auf beiden Seiten grün und besitzen einen salzigen Geschmack. Es war nicht möglich, Blüten zu sehen. Insofern ich aus der länglichen, genabelten, schwarzen, süßen innen mit einem einzelnen länglichen Steinkern in der Form eines Dinkelkorns gefüllten Frucht nur allein wahrsagen mußte, halte ich es für eine Species entweder von Elaeagnus oder von Thymelea. Sie weicht aber von beiden ab, weil die Früchte – 5 bis 15 an der Zahl – wie bei Solanum in Trauben herabhängen, in der Größe die Frucht der Berberis übertreffen und im süßen Geschmack beinahe an Kirschen herankommen. Die bestens gereiften Samen werden geschickt. Was es sei, wird jenen im [Botanischen] Garten ausreichend deutlich offenbar werden. Die Tafel stellt einen Zweig in natürlicher Größe vor.
1096.	Uva ursi (Uva des Bären [Bärentraube]) des Clusius, ‚Historia plantarum‘, [Seite] 63; Vitis Idaea foliis carnosis et veluti punctatis, sive Idaea radix Dioscoridi (Vitis Idaea [Idäische Vitis] mit fleischigen und gleichsam getüpfelten Blättern oder Idäische Wurzel des Dioscorides) des Caspar Bauhin, ‚Pinax‘ [Seite 470]; bei den Russen auf Grund des trockenen, mehligen Fruchtfleisches *toloknjanka*; Die Pflanze kommt sehr zahlreich bei *Irkuck*, am See *Bajkal* und besonders in den trockeneren Wäldern am *Barguzin*[-Fluß] vor.

/180r/

*Irkuck*er Flora nach der Ordnung der ‚Institutiones rei herbariae‘
XIX. Klasse

1097.	Chamaerhododendros flore purpureo specioso (Chamaerhododendros mit purpurroter, ansehnlicher Blüte) nach einer Beobachtung des Herrn Doktor Gmelin in N. N. [lat. nescio quo numero – ich weiß nicht, unter welcher Nummer?] sehr zahlreich überall in den Wäldern von *Udinskoj ostrog* bis nach *Irkuck* und am See *Bajkal*; Die Samen dieser Pflanze und vier Sträucher werden geschickt.

098.	Chamaerhododendros glabra, magno folio, subtus non rubiginoso (Kahle Chamaerhododendros mit großem Blatt, das unterseits nicht braunrot ist); bei den Russen *p'jana trava* oder *černogriv*; Die Pflanze kommt sehr zahlreich auf hohen Felsen an den Quellen des Flusses *Bannoj*, 10 Stadien von *Barguzinskoj ostrog* entfernt, vor. Ihre Samen und auch einige Sträucher werden geschickt. Das Dekokt dieses Krauts macht trunken und veranlaßt allmählich die Umnebelung der Sinne, nicht nur bei den Menschen, sondern auch bei den unvernünftigen und wilden Tieren, wie ich bei Caprea Plinii (Caprea des Plinius) in einem ergötzlichen Versuch gesehen habe.
099.	Sambucus racemosa, rubra (Traubiger, roter Sambucus) des Caspar Bauhin, ‚Pinax' [Seite 456]; des Tournefort, ‚Institutiones rei herbariae', 3. Species; überall in den Wäldern bei *Irkuck* und am See *Bajkal*; Die Samen dieser Pflanze werden geschickt.
100.	Opulus Ruellii (Opulus des Ruellius) des Tournefort, ‚Institutiones rei herbariae', 1. Species; Sambucus aquatica, flore simplici (Wasser-Sambucus mit einfacher Blüte) des Caspar Bauhin, ‚Pinax' [Seite 456]; überall in den Wäldern; Bei den Russen nennt man die Pflanze *kalina.*
101.	Vitis Idaea, foliis oblongis, crenatis, fructu nigricante (Vitis Idaea [Idäische Vitis] mit länglichen, gekerbten Blättern, mit schwärzlicher Frucht) des Caspar Bauhin, ‚Pinax' [Seite 470]; des Tournefort, ‚Institutiones rei herbariae', 1. Species; bei den Russen *černica*; seltener bei *Irkuck*; sehr zahlreich in den Wäldern bei *Barguzinskoj ostrog*
102.	Vitis Idaea foliis subrotundis, non crenatis,

180v/

*Irkuck*er Flora nach der Ordnung der ‚Institutiones rei herbariae'
XIX. Klasse

	baccis rubris (Vitis Idaea [Idäische Vitis] mit rundlichen, nicht gekerbten Blättern, mit roten Beeren) des Caspar Bauhin, ‚Pinax' [Seite 470]; des Tournefort, ‚Institutiones rei herbariae', 2. Species; bei den Russen *brusnica*; sehr zahlreich in ganz Sibirien und der hiesigen Gegend
103.	Vitis Idaea magna, quibusdam sive Myrtillus grandis (Große Vitis Idaea [Idäische Vitis] oder Große Myrtillus bei etlichen [Autoren]) des Johann Bauhin [‚Historia plantarum ...', Band 1, liber V, Seite 518]; bei den Russen in Rußland *p'janica*, in Sibirien *golubica*; sehr zahlreich in den Wäldern der hiesigen Gegend
104.	Chamaecerasus Alpina, fructu nigro, gemino (Alpen-Chamaecerasus

	mit doppelter, schwarzer Frucht) des Caspar Bauhin, ‚Pinax' [Seite 451]; des Tournefort, ‚Institutiones rei herbariae', 2. Species; bei den Russen *žimolost'*; überall in den Wäldern
1105.	Chamaecerasus montana, fructu singulari, coeruleo (Berg-Chamaecerasus mit einzelner, blauer Frucht) des Caspar Bauhin, ‚Pinax' [Seite 451]; des Tournefort, ‚Institutiones rei herbariae', 3. Species; überall in feuchten Wäldern; Die Beeren dieser Pflanze werden geschickt.

XXI. Klasse
Von Bäumen und Sträuchern mit rosenartiger Blüte

1106.	Frangula des Dodonaeus, ‚Pemptades' [Seite 784]; des Tournefort, ‚Institutiones rei herbariae'; Alnus nigra, baccifera (Schwarze, Beeren tragende Alnus) des Caspar Bauhin, ‚Pinax' [Seite 428]; überall in den Wäldern
1107.	Rubus Alpinus, humilis (Niedriger Alpen-Rubus) des Johann Bauhin [‚Historia plantarum ...', Band 2, liber XIV, Seite 61]; Chamaerubus saxatilis (Felsen-Chamaerubus) des Caspar Bauhin, ‚Pinax', [Seite] 479; Rubus saxatilis, Alpinus (Felsenbewohnender Alpen-Rubus) des Clusius, ‚Historia plantarum', [Seite] 118; des Tournefort, ‚Institutiones rei herbariae', 12. Species; Dieser nicht stachlige Rubus ist dreiblättrig, niedrig, aufrecht, mit kleinen Stengeln, die ziemlich rauh sind und besitzt auf beiden Seiten krautig grüne Blätter, die sehr runzlig und im Umriß tief gekerbt sowie rhomboidisch und scharf zugespitzt sind. Er besitzt rote in Trauben zusammengefaßte Früchte, die aus ziemlich wenigen, bald drei, vier,

/181r/

*Irkuck*er Flora nach der Ordnung der ‚Institutiones rei herbariae'
XXI. Klasse

	fünf und sechs und selten mehr, säuerlichen Beeren besteht. Die einzelnen Beeren sind mit einem Steinkern oder einem beerenartigen, knochenähnlichen, länglichen, weißen [Gebilde] gefüllt. Die Wurzel ist holzig, sehr lang, kriechend und außen dunkelbraun. Die Pflanze kommt überall in Rußland sowie in Sibirien vor und wird bei den Russen *kostenica* genannt. Sie variiert mit roten und weißen Blüten.
1108.	Rubus Fragariae folio, flore rubro, fructu brunneo dulci sapidissimo (Rubus mit dem Blatt von Fragaria, mit roter Blüte, mit tiefbrauner,

	süßer, sehr schmackhafter Frucht); bei den Russen *knjaženica*; Die Pflanze blüht etwa Anfang Juni, ihre Frucht reift gegen Anfang Juli. Ihre Blätter sind nicht zugespitzt, sondern stumpf und rundlich. Die Blüte ist rot, die Frucht ist mit Kernen versehen und tiefbraun. Die Tafel ... stellt die Pflanze in natürlicher Größe dar.
1109.	Rubus repens, fructu caesio (Kriechender Rubus mit hechtblauer Frucht) des Caspar Bauhin, ‚Pinax', [Seite] 479; Rubus minor, fructu coeruleo (Kleinerer Rubus mit blauer Frucht) des Johann Bauhin [‚Historia plantarum ...', Band 2, liber XIV, Seite 59]; auf Wiesen und an den Rändern der Äcker sowie an den Zäunen in *Irkuck* und am See [*Bajkal*]; allerorten heißt die Pflanze bei den Russen *kamanika* oder *eževikja*.
1111.	Rubus palustris, humilis (Niedriger Sumpf-Rubus); Chamaerubus foliis Ribes, Anglica (Englischer Chamaerubus mit den Blättern von Ribes) des Caspar Bauhin, ‚Pinax', [Seite] 480; Chamaemorus des Clusius, ‚Historia plantarum', [Seite] 118; in der hiesigen Gegend seltener; in Sumpfgegenden
1112.	Rubus Idaeus, spinosus (Stachliger Rubus Idaeus [idäischer Rubus]) des Caspar Bauhin, ‚Pinax' [Seite 479]; Rubus Idaeus, spinosus, fructu rubro (Stachliger Rubus Idaeus [idäischer Rubus] mit roter Frucht) des Johann Bauhin [‚Historia plantarum ...', Band 2, liber XIV, Seite 59]; *malina* der Russen; überall bei *Irkuck* und am See *Bajkal*,

/181v/

*Irkuck*er Flora nach der Ordnung der ‚Institutiones rei herbariae'
XXI. Klasse

	sehr zahlreich in den Bergwäldern. Bei den Russen nennt man die Pflanze *malina*.
1113.	Spiraea Salicis folio (Spiraea mit dem Blatt von Salix) des Tournefort, ‚Institutiones rei herbariae', 1. Species; überall in den Sumpfgegenden bei *Irkuck* und am See *Bajkal*; Die Pflanze blüht im Juli, die Samen reifen gegen Anfang September. Einige Sträucher werden zusammen mit den Samen geschickt.
1114.	Spiraea [Hispanica,] Hyperici folio crenato (Spanische Spiraea mit dem gekerbten Blatt von Hypericum) des Tournefort, ‚Institutiones rei herbariae', 4. Species; überall bei *Irkuck*, ja sogar in ganz Sibirien; Die Pflanze blüht im Mai. Ihre Samen reifen gegen Ende Juli. Die Samen und einige Sträucher werden geschickt.
1115.	Spiraea folio Sorbi aucupariae (Spiraea mit dem Blatt von Sorbus aucu-

	paria [zum Vogelfang dienende Sorbus; Vogelbeerbaum]) des Herrn Doktor Gmelin; Die Pflanze kommt auf Bergen, 10 Stadien von *Barguzinskoj ostrog* entfernt, vor. Die Samen werden geschickt. Alle Spiraea-Species bezeichnet man bei den Russen mit dem einen Namen *tavalga*.
1116.	Cerasus racemosa, sylvestris, fructu non eduli (Wildwachsende traubige Cerasus mit nicht eßbarer Frucht) des Caspar Bauhin, ‚Pinax' [Seite 451]; Cerasus racemosa quibusdam aliis Padus (Traubige Cerasus, bei einigen anderen [Autoren] Padus) des Johann Bauhin [‚Historia plantarum ...', Band 1, liber II, Seite 228]; Nichts kommt häufiger in den Gärten und Wäldern vor als diese. Bei den Russen nennt man sie in der hiesigen Gegend *čeremcha*. Die Frucht ist entgegen der Ansicht des Caspar Bauhin gewiß eßbar. Die Früchte sind sogar Leckerbissen des Volkes. Man ißt sie frisch mit den Kernen, röstet sie im Ofen, steckt die gerösteten handvollweise in den Mund oder mischt sie in Brotteig und formt Kuchen. Man begießt sie mit Wasser und trinkt die [mit Fruchtsaft] gefärbte Flüssigkeit, wie auch mit Branntwein. Die Tungusen und Burjaten zerkleinern die gerösteten Cerasa (kirschartigen Früchte) mit den Kernen zu Mehl und verwahren es in ledernen Geldbeuteln auf. Sie füllen den Mund von weinenden kleinen Kindern damit

/182r/

*Irkuck*er Flora nach der Ordnung der ‚Institutiones rei herbariae'
XXI. Klasse

	und sie bieten es Fremden an, nämlich als ein Ehrengeschenk.
1117.	Crataegus Pyri folio glabro (Crataegus mit dem kahlen Blatt von Pyrus); Bei den Russen nennt man die Pflanze *jabloko*. Die einzelnen Früchte hängen wie die von Cerasus (Kirschen) an anderthalb Zoll langen Stielen herab. Die Frucht mit dem Geschmack von Crataegus oder Mespilus ist rot und hat die Größe der Frucht von Cerasus racemosa (Traubige Kirsche). Einige Bäume und die Samen werden geschickt.
1118.	Sorbus aucuparia (Zum Vogelfang dienende Sorbus [Vogelbeerbaum]) des Johann Bauhin [‚Historia plantarum ...', Band 1, liber I, Seite 62]; Bei den Russen nennt man die Pflanze *rebina*. Sie kommt überall in den Wäldern und den Gärten vor. Die Früchte werden in der hiesigen Gegend als Nachspeise auf die Tische aufgetragen, besonders wenn sie durch den Frost gebräunt und weicher geworden sind. Ein aus den Beeren bereiteter Auszug läßt, so lange er warm ist, einen Dunst ausströmen, der so fein und durchdringend ist, daß alle, die in jenem beheizten Raum sitzen, so lange er [d. h. der Auszug] auf den Ofen oder die Koh-

	len gegeben wird, Gesicht und Augen gleichsam auf den Schlaf eingerichtet zu haben scheinen und sie sie nicht öffnen oder lange offen halten können, was ich durch einen eigenen Versuch erfahren habe.
1119.	Malus sativa ejusque variae species (Kultivierte Malus [und] verschiedene Species davon); In diesem Jahr sind diese Pflanzen zum ersten Mal im Garten des Herrn Vizegouverneurs gepflanzt worden. Ob die Frucht in der hiesigen Gegend bis zur Reife gelangt, was ich nicht bezweifle, wird das folgende Jahr erweisen.

/182v/

*Irkuck*er Flora nach der Ordnung der ‚Institutiones rei herbariae'
XXI. Klasse

1120.	Rosa sylvestris pumila spinosissima flore rubro (Wildwachsende, sehr stachlige Zwerg-Rosa mit roter Blüte) des Johann Bauhin [‚Historia plantarum ...', Band 2, liber XIV, Seite 41]; Die Blätter dieser Pflanze sind den Blättern von Sanguisorba sehr ähnlich. In den Bergen am *Angara*[-Fluß] blüht sie gegen Ende Mai. Bei den Russen nennt man sie *šipovnik*.
1121.	Rosa sylvestris, pumila, rubens (Wildwachsende, rötliche Zwerg-Rosa) des Caspar Bauhin, ‚Pinax' [Seite 483]; Rosa pumila, Pannonica, flore rubello (Pannonische Zwerg-Rosa mit rötlicher Blüte) des Johann Bauhin [‚Historia plantarum ...', Band 2, liber XIV, Seite 35]; Die Pflanze blüht etwa Mitte Juni auf den Bergen bei *Medvedova zaimka*.
1122.	Rosa sylvestris, vulgaris, flore odorato, incarnato (Wildwachsende, gewöhnliche Rosa mit wohlriechender, fleischroter Blüte) des Caspar Bauhin, ‚Pinax' [Seite 483]; überall häufig in der hiesigen Gegend und beim See [*Bajkal*.] Die Pflanze blüht zusammen mit der vorhergehenden.
1123.	Grossularia multiplici acino, sive non spinosa, hortensis rubra sive Ribes officinarum (Grossularia mit reich gegliederter Beere oder Nicht stachlige, rote Garten-Grossularia oder Offizinales Ribes) des Caspar Bauhin, ‚Pinax' [Seite 455]; Ribes vulgaris, acidus, ruber (Gewöhnliches, saures, rotes Ribes) des Johann Bauhin [‚Historia plantarum ...', Band 2, liber XV, Seite 97]; überall in den Gärten und Wäldern, besonders am *Angara*[-Fluß] in der Nähe des Sees *Bajkal*.
1124.	Grossularia vulgaris, fructu dulci (Gewöhnliche Grossularia mit süßer Frucht) des Caspar Bauhin, ‚Pinax' [Seite 455]; Ribes Alpinus, dulcis (Süßes Alpen-Ribes) des Johann Bauhin [‚Historia plantarum ...', Band 2, liber XV, Seite 98]; überall in den Wäldern bei *Irkuck* und am See *Bajkal*
1125.	Grossularia non spinosa, fructu nigro, majore (Größere, nicht stachlige

	Grossularia mit schwarzer Frucht) des Caspar Bauhin, ‚Pinax' [Seite 455]; Ribes nigrum vulgo dictum, folio olente (Gewöhnlich Schwarzes Ribes [Schwarze Johannisbeere] genanntes [Gehölz] mit wohlriechendem Blatt) des Johann Bauhin [‚Historia plantarum ...', Band 2, liber XV, Seite 98]; überall häufig in Gärten und Wäldern; Ich habe Beeren in der Größe der als Amarelle bezeichneten Cerasus acidus (Sauerkirsche) am Fluß *Bannoj*

/183r/

*Irkuck*er Flora nach der Ordnung der ‚Institutiones rei herbariae'

XXI. Klasse

	in waldreichen Gegenden gesehen.
1126.	Grossularia non spinosa, fructu nigro, minore (Kleinere, nicht stachlige, Grossularia mit schwarzer Frucht) des Caspar Bauhin, ‚Pinax' [Seite 455]; sehr zahlreich beim See *Bajkal*, besonders an der *Peščanaja guba* genannten Bucht des Sees; Die Frucht war gegen Anfang August reif. Die Samen dieser Pflanze werden geschickt.
1127.	Grossularia seu Ribes spinosa, fructu rubro dulci minori, Grossulariae spinosae sativae folio (Grossularia oder Stachlige Ribes mit roter, süßer, kleinerer Frucht, mit dem Blatt der stachligen, kultivierten Grossularia); Die Pflanze wächst wie ein sehr verzweigter Strauch. Sie ist mit einer Höhe von 3 Vorderarmslängen am *Barguzin*[-Fluß] und auf den Felsen der Insel *Ol'chon* anzutreffen. Die Frucht reift im September. Die Blätter sind schmal, länglich und an der Spitze dreispaltig. Mit ihren Stacheln erinnert die Pflanze an Grossularia spinosa sativa (Stachlige, kultivierte Grossularia). Nur durch die kleinere rote, süße, etwas säuerliche Frucht unterscheidet sie sich von Ribes. Die Blätter sind das ganze Jahr über rot oder hellgelb. Ich schicke den Strauch und die Samen. Die Tafel ... stellt ein Ästchen des Strauches mit der Frucht dar.
1128.	Cornus foemina (Weibliche Cornus) des Caspar Bauhin, ‚Pinax' [Seite 447]; Virga sanguinea (Blutrote Virga) des Johann Bauhin [‚Historia plantarum ...', Band 1, liber II, Seite 214]; bei den Russen *kuroslepnik*; sehr zahlreich in den Wäldern
1129.	Cotoneaster Gesneri (Cotoneaster des Gesner); des Tournefort, ‚Institutiones rei herbariae', 19. Species, Seite 642; auf den Bergen am [Fluß] *Irkut* und am *Angara*[-Fluß], ja überall am See [*Bajkal*] sehr zahlreich; Die Pflanze blüht gegen Ende Mai. Die weiße, angenehm rötliche Blüte mit fünf Kronblättern sitzt

/183v/

*Irkuck*er Flora nach der Ordnung der ‚Institutiones rei herbariae'
XXI. Klasse

	dem blattreichen Kelch an. Immer zwei Blüten hängen an einem Ästchen, jedoch einzeln mit ihren Stielen. Das Blatt ist rundlich oder eiförmig, intensiv grün, behaart und auf dem abgewandten Teil weißlich und fast grau.
1130.	Mespilus Apii folio laciniato (Mespilus mit dem geschlitzten Blatt von Apium) des Caspar Bauhin, ‚Pinax', [Seite] 453; Mespilus aronia veterum (Mespilus Aronia der Alten) des Johann Bauhin [‚Historia plantarum ...', Band 1, liber VI, Seite 49] und des Dodonaeus; Oxyacantha vulgaris sive spina alba (Gewöhnliche Oxyacantha oder Weißer Stachelbusch) des Tournefort, ‚Institutiones rei herbariae', 13. Species; Die Blüten dieser Pflanze sind weiß, die Spitzen der Staubblätter sind rot, und der Stempel ist oben dreispaltig. Sie ist überall bei *Irkuck* und am See *Bajkal* häufig. Das Holz ist sehr hart, es dient in der hiesigen Gegend zur Herstellung verschiedener Gebrauchsgegenstände. Die Früchte sind genabelt und rot. Sie haben eine adstringierende Wirkung. Der Strauch wird bei den Russen *bojarošnik* genannt.
1131.	Mespilus Apii folio, sylvestris, non spinosa, sive Sorbus torminalis (Nicht stachlige, wildwachsende Mespilus mit dem Blatt von Apium oder die Ruhr lindernde Sorbus) des Caspar Bauhin [‚Pinax', Seite 454]; Crataegus folio laciniato (Crataegus mit geschlitztem Blatt) des Tournefort, [‚Institutiones rei herbariae'], 4. Species; zusammen mit der vorhergehenden [Species] am [Bach] *Ušakovka* unweit der Mühle im Wald; Die Blätter dieses Baums sind mit weicher Wolle bedeckt. Der gesamte Baum ist ohne Stacheln.
1132.	Mespilus Pyri folio utrinque viridi (Mespilus mit dem beidseitig grünen Blatt von Pyrus); Dieser Strauch erhebt sich bis zu Mannshöhe. Mit den beidseitig grünen Blättern unterscheidet er sich von der 19. Species des Tournefort, ‚Institutiones rei herbariae'.

/184r/

*Irkuck*er Flora nach der Ordnung der ‚Institutiones rei herbariae'
XXII. Klasse

	Er kommt auf den Felsen beim See *Bajkal* vor. Seine reifen Früchte werden geschickt.
1133.	Mespilus Pyri folio subtus incano, fructu nigro (Mespilus mit dem Blatt

	von Pyrus, das unterseits weißgrau ist, mit schwarzer Frucht); überall am *Barguzin*-Fluß; Die reifen Früchte werden geschickt. Ich habe eine Mespilus gefunden, die der Oxyacantha in allem ähnlich war, die Früchte waren jedoch größer, glänzend, rot und fast durchscheinend. Ich weiß daher nicht, ob diese Pflanze vielleicht eine eigene Species oder die gleiche wie Oxyacantha ist. Die gereiften Früchte habe ich geschickt. Wenn vielleicht ein Strauch aus den Samen hervorwächst, wird das in Petersburg besser entschieden werden. Ich habe auch verschiedene Früchte von Mespilus-Sträuchern geschickt, deren Namen hier nicht aufgeführt werden, weil es mir auf Grund der angehäuften Arbeiten unmöglich schien, alle Species zu vergleichen und genau zu beschreiben.

XXII. Klasse
Von Bäumen und Sträuchern mit schmetterlingsartiger Blüte

1134.	ein Baum, der in der hiesigen Gegend Kisil genannt wird, dessen Blüte ich aber nicht gesehen habe; Ich erhielt zumindest unreife, jedoch breite Schoten und habe beschlossen, diesen Baum von hier

/184v/

*Irkuck*er Flora nach der Ordnung der ‚Institutiones rei herbariae'
XXII. Klasse

	zu schicken. Er wächst in den Wäldern beim Dorf *Smolenskaja*, 12 Stadien von der Stadt *Irkuck* entfernt.
1135.	Genistaspartium glabrum cortice aureo aculeis tridentatis, foliis senis in aciculam desinentibus (Kahles Genistaspartium mit goldgelber Rinde, mit dreizähnigen Stacheln, mit je sechs Blättern, die in einer scharfen kleinen Spitze enden); Aspalathus Laricis folio (Aspalathus mit dem Blatt von Larix) des Herrn Doktor Gmelin mit Beschreibung und Bild; Der Strauch beginnt zu wachsen an der Mündung des *Bugul'deicha*-Flusses in den See *Bajkal* und tritt ab dort überall am See auf, bevorzugt auf den Felsen der Insel *Ol'chon*. Der Strauch wird geschickt. Bei den Russen nennt man ihn *zolotarnik*.

/185r/

Pflanzen, die im Verzeichnis ausgelassen worden sind

1136.	Camphorata hirsuta (Rauhhaarige Camphorata) des Caspar Bauhin,

	‚Pinax' [Seite 486]; Diese am Boden liegende, weit in den Umkreis ausgebreitete Pflanze stützt sich auf eine holzige, trockene Wurzel, die sich an sandigen und abschüssigen Orten verbirgt. Sie treibt 8 bis 10 Stengel in die Umgebung aus, die vorderarmslang oder kürzer, stielrund, gekrümmt und rauhaarig sowie schmutzig purpurrötlich sind. Die wie bei Larix zu Bündeln zusammengefaßten Blätter gehen unmittelbar aus dem Stengel hervor. Sie sind höchstens einen halben Zoll lang, eine Linie breit, spitz, rauhhaarig und fast weißgrau. Die Blüten sind apetal und staubblattartig; sie kommen an den Blattknoten teils einzeln teils zu Bündeln zusammengefaßt hervor, wobei ihre Basis ohne Stiel am Stengel angewachsen ist. An der Spitze des Stengels treten einzelne Blätter aus, die nicht weiter zu Bündeln zusammengefaßt sind. Selbst wenn sie zu Brei zerrieben werden, ist es doch weit entfernt, daß die Pflanze irgendeinen Geruch von Camphora (Kampfer) ausströmte. Die Pflanze tritt überall am See *Bajkal* auf.
1137.	Blitoides des Herrn Doktor Gmelin; sehr zahlreich bei *Irkuck* und am See *Bajkal*; Die Samen dieser Pflanze werden geschickt.
1138.	Acorum legitimum cum et sine julo (Echter Acorum mit und ohne Blütenkolben) des Carolus Clusius [‚Rariorum aliquot stirpium per Pannoniam, ...' [S. 257–261]; Acorus verus, sive Calamus aro-

/185v/

	maticus officinarum (Echter Acorus oder Aromatischer offizinaler Calamus) des Caspar Bauhin, ‚Pinax' [Seite 34]; überall in den Sumpfgegenden am *Angara*[-Fluß] und am [Fluß] *Irkut* sowie beim See *Bajkal* sehr zahlreich; Bei den Russen wird die Pflanze *ir* genannt.
1139.	Corisperum Hyssopifolium (Corisperum mit dem Blatt von Hyssopus [Ysop]) des Herrn Jussieu; bei *Oeck* und am See *Bajkal*; an sandigen Orten, besonders bei der Insel *Listvenišnoj*; Die Samen dieser Pflanze werden geschickt.
1140.	Corisperum Hyssopifolium purpureum (Purpurrotes Corispermum mit dem Blatt von Hyssopus [Ysop]); am Salzsee der Steppe von *Kungurga*; Die reifen Samen dieser Pflanze werden geschickt. Aus ihnen wird in Petersburg hinreichend klar werden, ob es eine unterschiedliche Species ist, oder ob der Unterschied auf die salzige Beschaffenheit des Bodens am Standort zurückzuführen ist.
1141.	Cuscuta major (Größere Cuscuta) des Caspar Bauhin, ‚Pinax' [Seite 219]; sehr zahlreich am See *Bajkal* und bei *Irkuck*; Die Pflanze wurde, an Urtica haftend, wahrgenommen.

1142.	Ephedra maritima, minor (Kleinere Strand-Ephedra) des Tournefort, ‚Institutiones rei herbariae', Appendix, [Seite] 663; Polygonum bacciferum maritimum, minus (Kleineres, beerentragendes Strand-Polygonum) des Caspar Bauhin, ‚Pinax' [Seite 15]; Tragus sive Uva marina (Tragus oder Meer-Uva) des Johann Bauhin [‚Historia plantarum ...', Band 1, liber XI, Seite 406]; Ich fand die Pflanze am 6. Juni blühend auf den Felsen gegenüber dem Dorf *Žilkina*. Diese Pflanze, die auf den höchsten Felsen, wie auch an niedrigeren, trockenen und sandigen Orten am See *Bajkal* vorkommt, erreicht niemals eine Höhe von mehr als einen halben Fuß.

/186r/

	Häufiger ist sie immerhin 3 bis 4 Zoll lang, und man findet sie bisweilen aufrecht, bisweilen niederliegend oder geneigt. Sie stützt sich auf eine Wurzel, die waagerecht auf Steinen oder unter dem Sand kriecht, sehr fasrig, knotig, trocken, verholzt und außen braun ist. Aus den Knoten treibt sie wie Equisetum gelenkige Stengel aus, des Frühlings zarte Schößlinge, die nur mit einzelnen, verholzten, gelenkigen Ästchen versehen sind, die an den aus dem vorigen Jahr stammenden einzelnen Gelenken angewachsen sind. Die Stengel sind wie bei Equisetum blattlos, stielrund, grün, entlang der Längsachse gestreift, vielfach gelenkig und verzweigt, teilweise auch unverzweigt. Die Verbindungen (Bänder) an den einzelnen Gelenken sind von einer gelblichen kurzen Hülle umkränzt. Die Lage der Blüten und Früchte ist völlig ungeordnet, sie wachsen bald ganz unten, [bald] in der Mitte, bald im obersten Teil des Stengels hervor, bisweilen sind sie einzeln, bisweilen sind je zwei, drei, vier oder fünf dicht in einer Reihe gedrängt, immer aber hängen sie an sehr kurzen Stielen. Die Blüten selbst sind unvollkommen [d. h. eingeschlechtig], enthalten nur Staubfäden, sind unfruchtbar und von der Frucht entfernt. Die blühenden Zweige tragen entweder überhaupt keine Frucht oder, falls eine Frucht am gleichen Zweig zugegen ist, gelangt diese

/186v/

	nicht zum vollständigen Aufblühen und zur weiten Öffnung, sondern bleibt ganz klein, wie ein Embryo, ohne daß die Einrichtung der Staubblätter zum Vorschein gekommen wäre und fällt ab. Die fruchttragenden Zweige blühen entweder überhaupt nicht [d. h. sie haben keine männlichen Blüten] oder zeigen nur Andeutungen von Blüten an der Spitze des Stengels. Ich habe beobachtet, daß nur manche Pflanzen

	gänzlich und nur allein blütentragend und ohne jede Frucht sind, was besonders junge, noch nicht herangewachsene Pflanzen betrifft, und daß andere in fortgeschrittenerem Alter nur Früchte tragen. Die mit Staubblättern versehene Blüte selbst setzt sich aus sechs Schüppchen oder Spelzen, die sich wie bei Lupulus (Hopfen) aneinanderlegen, zusammen. Aus einer einzelnen Spelze tritt ein Staubblatt aus, das mit sechs etwas körnigen, hellgelben, sehr winzigen Spitzen (Staubbeuteln) beladen ist, die zu einem Köpfchen zusammengefaßt sind. Die sehr junge Frucht besteht gleichfalls aus sechs grünen, sich gegenseitig wechselweise eng aneinanderlegenden Schuppen. Sie sind dicklich, saftig und gelbgrün, welche Farbe in Rot übergeht, während die Schuppen größer werden, da die Frucht allmählich mehr und mehr anschwillt. Die Frucht reift gegen Anfang August. Sie ist süß, jedoch unangenehm, und reichlich verzehrt

/187r/

	bewirkt sie Heiserkeit und erregt einen lästigen Reiz in der Kehle. Die reifen, an der Sonne getrockneten Beeren werden geschickt. Die Tafel ... zeigt ein blütentragendes Ästchen, a) mit einer sehr jungen Frucht, b) die Frucht selbst hat Herr Doktor Gmelin vorher zeichnen lassen, c) das Staubblatt mit seinen etwas körnigen Spitzen (Staubbeutel).
1143.	Glycyrrhyza, von der ich nicht weiß, welche Species es ist. Die Pflanze kommt sehr zahlreich auf den Hügeln bei *Balagansk* vor. Die Wurzeln werden von den Burjaten ausgegraben und stehen in *Irkuck* auf dem Markt zum Verkauf angeboten.
1144.	Salicornia ramosa rubra (Rote, verzweigte Salicornia); Die Pflanze kommt reichlich am Salzsee in der Steppe von *Kungurga* vor. In der hiesigen Gegend tritt sie immer rot auf, ist sehr zart, 3 bis 4 Zoll stark und 6 bis 7 Zoll hoch. Der Stengel ist gelenkig, die Wurzel ist braun, verdreht, holzig und zerbrechlich. Aus dem gelenkigen Stengel gehen Ästchen dritter und sogar vierter Ordnung hervor, wobei eine Ähre den Stengel an der Spitze abschließt. Blüten oder irgendetwas Ähnliches habe ich nicht gesehen. Die Samen nisten sich in den Fugen dieses netzartigen Stengels, der wie eine Wabe ausgehöhlt ist, ein. Auf der Seite, wo sie im Stengel eingenistet sind, sind die Samen grün und elliptisch rundlich. Ihrem vorderen Teil ist ein rotes, rhomboidisches Blättchen angewachsen. Diese Blättchen oder die blattartigen Ränder [des Samens]

/187v/

	schließen weiter außen so eng aneinander an, daß die Fugen nicht sichtbar sind, solange man nicht eines von ihnen mit dem Skalpell vom Stengel abtrennt, sondern sie scheinen eine, gleichsam zusammenhängende, wenn auch ungleichmäßige Keule zu bilden. Das Bild zeigt die Pflanze in natürlicher Größe und Farbe: a) die vollständige Pflanze, b) der Samen, wo er in der Keule des Stengels eingewachsen ist, c) der vordere, blattartige Teil des Samens. Die bestens gereiften Samen schicke ich zusätzlich, und ich zweifle nicht, daß sie, wenn sie schlammiger mit Salpeter und Salz oder mit von mir geschicktem Salz gemischter Erde anvertraut und oft mit Salzwasser benetzt werden, üppig keimen werden.
1145.	Agaricofungus ligneus, superficie scrobiculis excavata, prominentiis tubulosis caule duplici, crasso, lato, superius et inferius in unum coalito (An Holz wachsender Fungus [der Gattung] Agaricus mit einer von hervorstehenden, röhrigen Grübchen ausgehöhlten Oberfläche, mit einem zweifachen, dicken und weiten Stiel, der oben und unten zu einem verschmolzen ist); Siehe Tafel ... mit einer Abbildung dieses Pilzes. Ich übersende den Pilz unter diesem Namen. Ich habe ihn, aus Holz herausgewachsen, am 8. August an der Mündung des *Maksimicha*[-Flusses] in den See *Bajkal* gefunden.
1146.	Lentibularia des Gesner und des Rivinus; Millefolium aquaticum, lenticulatum (Linsenartiges Wasser-Millefolium) des Caspar Bauhin, ‚Pinax', [Seite] 141; Foeniculum aquaticum, galericulatum (Wasser-Foeniculum mit kleiner, behaarter Kappe) des Tabernaemontanus; in stehenden Gewässern am *Angara*[-Fluß],

/188r/

	bei *Oeck*, am [Bach] *Kuda*, unterhalb der *Kudinskaja sloboda* genannten Vorstadt und am *Barguzin*[-Fluß]; Die Pflanze blüht im Juli.
1147.	Lenticula aquatica trisulca (Dreifach gefurchte Wasser-Lenticula) des Caspar Bauhin, ‚Pinax', [Seite] 362; in stehenden Gewässern bei *Rozvodnaja*
1148.	vielleicht Stellaria aquatica (Wasser-Stellaria) des Ray, ‚Methodus plantarum emendata ...' Seite 93; Die Pflanze kommt in stehenden Gewässern der Steppe von *Urinsk* (*Urinskaja step'*) vor.
1149.	Ulva Raii seu Pila lacustris viridis intus gelatinosa (Ulva des Ray oder Seebewohnende, innen gallertartige, grüne Pila); bei den Russen *ozernoe maslo*; Von den verschiedenartigen und äußerst gegensätzlichen

	Kräften die dieser Pflanze vom sibirischen Volk nachgesagt werden, siehe ‚Catalogus Empiricorum medicamentorum anni 1738‘ (Verzeichnis der auf Erfahrung gegründeten Heilmittel des Jahres 1738); Die Pflanze wird überall in stehenden Gewässern am *Angara*[-Fluß] mit den Netzen herausgezogen, wenn Fische gefangen werden.
1150.	Camphoratae species alia hirsuta et lanuginosa (Eine weitere rauhhaarige und wollige Species von Camphorata); an sandigen Orten beim See *Bajkal*
1151.	Chenopodium folio deltoide sinuato, semine magno nigro (Chenopodium mit deltaförmigem, buchtigem Blatt, mit großem, schwarzem Samen); Die Pflanze wächst auf den Felsen der Insel *Ol'chon*. Ihre gut gereiften Samen werden geschickt.
1152.	eine mir unbekannte Pflanze; Die reifen Samen dieser Pflanze werden geschickt. Sie sind von einer Pflanze gesammelt worden, die schon verwelkt war. Die Pflanze kommt an salzreichen Orten der Steppe von *Kungurga* vor.

B. Anhang

B.1. Georg Wilhelm Steller
Die Vidimation der „Flora Irkutiensis“[1]

In der zeitgenössischen Rechtspraxis hieß „Vidimiren, Lat. *Vidimare*, oder vielmehr *Scriptum exhibere ad archetypum*, Frantz. *Vidimer*, oder auch die Vidimation, ... wenn eine Abschrift gegen ihre Urschrift oder Original gehalten, und darunter bezeuget wird, daß sie mit demselben übereinkomme, ...“.[2]
Den Gepflogenheiten der Akademiker gemäß begnügte sich G. W. Steller nicht damit, unter der Abschrift „... kürtzlich bezeugen, daß sie durchgehends mit dem Original gleichlautend sey“[3], sondern bezog jedes der 180 Blätter (die sieben ersten Blätter enthalten ein „Praefamen“ und eine Widmung) einer der Kopien (AAW R. I, Op. 104, D. 4) durch einen Schriftzug am jeweils rechten Rand der Vorderseite - selten mehr als ein Wort, bisweilen auch nur eine Silbe - in die Vidimation ein. G. W. Steller selbst bestätigte, mit Bezug auf ein passendes Cicero-Zitat[4], daß dabei Übermut im Spiel gewesen ist: „die *fidimation* ist nach dem Sprichwort eingerichtet *acti Labores jucundi*, ...“[5]
Allerdings geben diese marginalen Fragmente in der Reihenfolge zusammengesetzt einen Text, aus dem nicht nur ‚Vergnügen über erledigte Arbeit‘ spricht. G. W. Steller drückt mit diesem ungewöhnlichen Mittel Zweifel über seine Stellung bei der Expedition, über sein Verhältnis zu den Professoren und zur Akademie aus, die ihn in dieser Zeit bewegt haben. Daß diese Bedenken mit einer tiefen Bewegung des reichen, aber auch verletzlichen Gemüts des jungen Wissenschaftlers einhergingen, ist mehrfach bezeugt, besonders deutlich durch den zitierten sehr persönlichen und vertraulichen Brief an den Professor Gerhard Friedrich Müller vom 24. März 1740.
Die Vidimation ist ein interessantes Zeugnis für G. W. Stellers Befindlichkeit in der ersten Phase seiner Teilnahme an der 2. *Kamčatka*expedition und auch für seinen fertigen Umgang mit dem in der Schule und auf Universitäten erworbenen Bildungsgut, vor allem mit den alten Sprachen und mit philosophischem Grundwissen.[6] Der Text lautet:

> hoc apographum avtographo consentaneum esse per omnia, et singula testor Georg Wilhelm Steller Vinceshemio Francus Academiae Caesareae Scientiarum Petripolitanae adjunctus Ebrais dictus נָשׂוּי תֹּאַר graecis προσκείμενος in grammatica sum accidens scilicet adjectivum in Logica sum multiplex per[que] classes oppositorum Adjunctus. vel adjunctum necessarius vel contingens. substantialis vel accidentalis proprius vel com[m]unis inseparabilis vel separabilis οὐσιῶδης essentialis vel ἀπούσιῶδης perficiens Aristoteli σωϑηρικὸς vel destruens φϑαρτικὸς remotus ἔμμεσος vel propinquus ἄμεσος affirmatus vel negatus καταφατικὸς ἤ αποφατικός receptus vel occupatus ἀεργος ἤ ἐνεργητικὸς. το ἔσω internus non diu ἔξω externus non sine taedio consti-

tutivus vel consecutivus οὐσιῶδες συστατικὸς vel οὐσιῶδες παρεπόμενος secundum Academiam φυσικός naturalis secundum pneumaticam ὑπερφυσήκος et contradictio in adjecto scriptoribus de re rustica quadrupes ruminans bipus cum ovidio et Martiali desiderium unius vituperium alterius tot respectus e[ss]e diversos unius nominis vel rei testor Georg Wilhelm Steller Adjunctus

Was hinter dieser Vidimation steckt, läßt sich durch eine bloße wörtliche Übersetzung kaum wiedergeben. Deshalb wird der unübersichtliche Text im folgenden in zusammenhängende Wortgruppen aufgeteilt und sprachlich und sachlich erläutert.

hoc apographum avtographo consentaneum esse per omnia, et singula testor

Auf deutsch etwa: ‚Ich bestätige, daß diese Abschrift als Ganzes und in den Einzelheiten mit der Urschrift übereinstimmt.' Abgesehen von den Gräzismen *apographum*, Abschrift, und *autographum*, Urschrift, entspricht diese Wendung den gebräuchlichen lateinischen und deutschen Formeln für eine Vidimation: „*Hanc copiam praesentem cum vero suo originali verbotenus concordare, attestor ...* ", oder „Daß diese gegenwärtige *Copia* mit dem wahren Original gleichlautend von Wort zu Wort übereinstimmet, wird hierdurch bezeuget."[7]

Georg Wilhelm Steller [,] Vinceshemio Francus [,] Academiae Caesareae Scientiarum Petripolitanae adjunctus

Verbunden mit der Unterschrift folgen Angaben zu Herkunft und Stand: ‚Georg Wilhelm Steller, Franke aus Windsheim, Adjunkt der Petersburger Kaiserlichen Akademie der Wissenschaften.' Was zur Vollständigkeit fehlt, sind Ort und Tag. Ansonsten wäre hier schon alles erfüllt gewesen, was zu einer Vidimation gehört.

Ebrais dictus נשׂוי תּאַר [,] graecis προσκείμενος

Die Fortsetzung des Textes knüpft G. W. Steller an seine Amtsbezeichnung *adjunctus*, die zugleich die vorige Wortgruppe abschließt und – ohne noch einmal wiederholt zu werden – die folgende einleitet. Das griechische προσκείμενος ist das passive Perfektpartizip des Verbs πρόσκειμαι, ‚mit etwas verbunden sein'. Über die Bedeutung gibt der Thesaurus Graecae linguae von Henricus Stephanus Auskunft, das auch zu G. W. Stellers Zeit noch maßgebliche griechische Lexikon. Das Beispiel bei Stephanus: ‚Ich bin dem Staat von Gott beigegeben worden,' läßt die Verantwortlichkeit in dem Verhältnis mitschwingen, das ein Adjunkt eingeht.[8] Wegen der Zusammenstellung von *Ebrais dictus*, ‚auf hebräisch', mit *graecis*, ‚auf griechisch', wäre eine hebräische Entsprechung für *adjunctus* zu erwarten. Nun bedeutet נשׂוי תּאַר, bzw. entsprechend der hebräischen Schriftrichtung תּאַר נשׂוי (tō'ar nāśûj), soviel wie ‚Stand: verheiratet'. Das ist zwar sachlich richtig, denn Steller hatte 1737 vor seiner Abreise aus Sankt Petersburg Brigitta Helena, geb. Böckler, die Witwe des Naturforschers Daniel Gottlieb Messerschmidt, geehelicht. Doch scheint eine Information über den Familienstand nicht recht in den

Zusammenhang zu passen. Wahrscheinlich wollte G. W. Steller ‚verheiratet' im übertragenen Sinn verstanden wissen als ‚eng verbunden', und zwar mit der Akademie (oder der Natur). Ein Treueversprechen, wie es zu einer Eheschließung gehört, war auch in dem Vertrag enthalten, den G. W. Steller mit der Akademie abgeschlossen hatte.[9]
Die Formulierung „tō'ar nāśûj" ist nicht im Wortschatz der hebräischen Bibel enthalten, den G. W. Steller bei seinen theologischen Studien kennengelernt hat. Wann und warum er sich darüber hinaus mit der hebräischen Sprache beschäftigt hat, ist nicht bekannt.

in grammatica sum accidens scilicet adjectivum

Ein *adjectivum* hieß Anfang des 18. Jahrhunderts „ein *nomen*, zu welchem man im Deutschen füglich die Wörter Mann, Weib, Ding setzen kann; oder welches für sich allein nichts völliges bedeutet, sondern, wo dieses geschehen soll, erst zu einem andern Worte muß gesetzet werden. ..."[10] Im übertragenen Sinn paßt das auf G. W. Stellers Lage.
Daß er das Wesen eines Adjektivs mit dem Begriff *accidens* erklärt, scheint eine Erinnerung an das philosophische Grundlagenstudium zu sein, nämlich an antike Dialektik, wie sie seit ihrer Einführung durch Melanchthon zum reformatorischen Bildungskanon gehört hat. Nach der ersten Bekanntschaft während seiner Windsheimer Schulzeit, wird G. W. Steller als Student in Wittenberg mit dieser Lehre in Berührung gekommen sein. Nach Melanchthon entspricht ein *accidens concretum* ‚dem – wie die Grammatiker sagen – Adjektiv: einem Wort, das anzeigt, daß das Subjekt, das Grundding, eine Gestalt hat, und es wird diese Bezeichnung benutzt, weil *accidentia* den Grunddingen zugeschrieben werden, ihnen zu eigen sind'.[11] Vielleicht hat *accidens* bei G. W. Steller eine dialektische Assoziationskette ausgelöst, denn ganz im Sinn dieser „unterredkunst"[12] versucht Steller eine begriffliche ‚Erklärung seiner Lage, die wahrhaftig, treffend, einfach, durchsichtig, vor allem aber so fest und sicher sein soll'[13], um künftig sein Verhalten, vor allem gegenüber den Professoren der akademischen Abteilung, daran orientieren zu können.

in Logica sum multiplex per[que] classes oppositorum Adjunctus. vel adjunctum

Melanchthon verwendet in seinem Lehrbuch der Dialektik *oppositum* in der Bedeutung von Gegensatz. Dort findet sich auch eine Einteilung der Gegensätze in vier ‚Arten', *modi*, die G. W. Steller mit seinen ‚Klassen', *classes*, gemeint haben wird: *contrarie opposita,* wie warm und kalt, *relative opposita,* wie Vater und Sohn, *privative opposita,* wie Licht und Finsternis, und die *contradictio*, wie: Feuer brennt, Feuer brennt nicht, von welchem Gegensatzpaar nie beide Teile zugleich wahr sein können.[14] Viele Erscheinungen seiner Umgebung hat G. W. Steller in diese *classes* einordnen können, mit denen er ‚vielfältig, auf

verschiedene Art und Weise', *multiplex*, ‚eng verbunden', *adjunctus*, war – oder war er doch nur ‚etwas Beigefügtes', ein *adjunctum*?

sc. adjunctus] necessarius vel contingens. substantialis vel accidentialis [,] proprius vel com[m]unis [,] inseparabilis vel separabilis

Was sich anders nicht verhalten kann, das ist ‚notwendig', *necessarius,* erklärt Melanchthon[15] und setzt dieser Seinsart das *contingens* entgegen: ‚etwas, das eine Ursache hat, die ihrer Natur nach auch auf andere Weise hätte wirken können'[16].

Was bei den einen Philosophen *adjuncta necessaria* und *contingentia* hieß, nannten andere, nach Zedlers Universal Lexicon, *adjuncta propria* und *communia*: „Jene können von einer Sache wegen ihrer wesentlichen Würckungen nicht getrennet werden. Diese aber sind nur zufällig, und kommen dem Wesen einer Sache eigentlich nicht zu."[17] Die gleiche Bedeutung hat *substantialis vel accidentialis*. Sprachlich handelt es sich um Adjektive der Zugehörigkeit mit der Endung *-alis*, abgeleitet von ‚Substanz' und ihrem dialektischen Gegensatz ‚Akzidenz': ‚Die Substanz ist ein Wesen, das ein ihm eigentümliches Sein hat und *accidentia* auf sich nimmt bzw. sie unterhält'[18] und *accidens* „bedeutet alles dasjenige, so der *Substanz* entgegen gesetzet wird, worunter alle Wirckungen der *Substanz* verstanden werden, die nicht eigentlich zu dessen innerm Wesen gehören."[19] Die *accidentia* wurden eingeteilt in die ‚abtrennbaren', *separabilia*, und die ‚nicht abtrennbaren', *inseparabilia*. Ein Beispiel für *separabilia* ist, daß die Eigenschaft der Kühle vom Wasser getrennt werden kann. Nicht zu trennen vom Wasser ist dagegen die Eigenschaft der Feuchte; sie gehört deshalb, im Verhältnis zum Wasser, zu den *accidentia inseparabilia*. G. W. Steller ist im Sinn der Logik berechtigt, diese Unterscheidung der *accidentia* auf *adjuncta* anzuwenden, die, nach Melanchthon, nichts anderes als ‚beständige Akzidenzien', *perpetua accidentia,* sind.[20]

οὐσιῶδης essentialis vel ἀπουσιῶδης

Noch sind längst nicht alle Seiten der Abschrift vidimiert, und G. W. Steller sucht nach anderen Ausdrücken für seine Zweifel. Vorerst bleibt er bei Gegenwörtern, verläßt aber die Lehrbuch-Dialektik und gibt den lateinischen Begriffen ihre griechischen Entsprechungen bei, teils wie eine bloße Übersetzungsübung, teils um die Bedeutung zu präzisieren. Das gelingt mehr oder weniger.

Für οὐσιώδης – wir haben den Akzent korrigiert – hat Stephanus in seinem Thesaurus „Substantialis, Essentialis"[21], ‚wesentlich'. Als Gegensatz, ‚unwesentlich', wäre z. B. zu erwarten ἀχρεῖος, unwesentlich im Sinn von ‚unbrauchbar und unnütz', oder περισσός, ‚überflüssig'. Vielleicht wollte G. W. Steller einen Gegensatz zu οὐσιώδης mit Hilfe des sog. α-privativum bilden. Mit dem Präfix ἀπ(ο)- kommt er jedoch eher der Bedeutung ‚abwesend' nahe. Stephanus führt dazu das Substantiv ἀπουσία an, die ‚Abwesenheit', z. B. von einer Gerichtsverhandlung, um den Prozeß zu verzögern.[22]

perficiens Aristoteli σωτηρικὸς vel destruens φθαρτικὸς

Für σωτηρικός konnte kein lexikalischer Beleg gefunden werden. Zu denken is an σωτήριος, als Adjektiv der Zugehörigkeit auf -ιο* von σωτήρ abgeleitet dem ‚Retter, Heilbringer‘, welchen Beinamen in der griechischen Mythologi Zeus, Apoll und Artemis führten und in der christlichen Religion Jesus Christus Eine Ableitung auf -ικό* vom Stamm des Verbs σώζω, ‚am Leben erhalten retten, schützen‘, ist ὁ σωστικός, ‚jemand, der mit der Fähigkeit zu retten ode zu bewahren ausgestattet ist‘. Für dieses Wort führt Stephanus eine Stelle au Aristoteles an: ‚Gleichheit (im Sinn von Ebenbürtigkeit) ist die Bewahrerin de Eintracht.‘[23] Passend zu G. W. Stellers Problem. – Auch σωτηρικὸς, Steller Ableitung von σωτήρ auf -ικό*, würde jemand bezeichnen, ‚der dazu taugt ode geeignet ist, Rettung zu bringen‘, etwa den Professoren J. G. Gmelin und G. F Müller, die meinten, den Strapazen der Expedition nicht länger gewachsen zu sein.

So würde G. W. Steller jedoch nur wirken können, wenn man ihn sein Vorhaben die Reise nach *Kamčatka*, unbehelligt ‚ausführen und vollenden‘ ließe, was da aktive Präsenspartizip von *perficio* ausdrückt. – Oder galt er doch eher als Störer riß er, statt zu helfen, vielmehr das ein, was die Professoren unter Mühen zusammengetragen und aufgehäuft hatten? So kann das analoge Partizip von *destruo* verstanden werden. Dann hätte G. W. Steller allerdings nicht nur di ‚Kraft, alles zu verderben‘, eine *vim corrumpendi*, sondern gegen das vor Krankheit bedrohte Leben der Professoren sogar eine tödliche Kraft, *exitialem vim*, und könnte Ursache ihres Untergangs, die *causa intereundi* werden, welche Bedeutungen nach Stephanus in φθαρτικός stecken.[24]

remotus ἔμμεσος vel propinquus ἄμεσος

ἔμμεσος und ἄμεσος bilden einen Gegensatz, der sich hier am besten mit der Rechtsbegriffen ‚mediat‘ und ‚immediat‘ erklären läßt. Unterstand Steller de Akademie nur mittelbar und war den Professoren direkt untergeben, oder unmittelbar und war damit ausschließlich der Akademie berichts- und rechenschaftspflichtig? Die Attribute *remotus* und *propinquus* formen den Gegensatz aus ‚stand er (der Akademie) fern‘, *remotus*, oder war er den Professoren, den Akademikern, ähnlich, stand er ihrem Stand nahe und war ihnen *propinquus*, ‚verwandt‘?

affirmatus vel negatus [,] καταφατικὸς ἢ ἀποφατικός

Ob er nun *affirmatus*, ‚bestätigt‘, oder *negatus*, ‚abgeschlagen, abgelehnt‘, sei, konnte für G. W. Steller, wenigstens im Hinblick auf die Sankt Petersburger Akademie, eigentlich nicht in Frage stehen. Am 7. Februar 1737 hatte er seinen Vertrag mit der Akademie unterschrieben, in dem es heißt: „Es engagiret sich gedachter Georg Wilhelm Steller zu der Kamtschatkischen Expedition als Adjunctus Historiae Naturalis auf die Zeit, so lange diese Expedition währet, und Verspricht Ihro Kayserl. Majest. Hohes Interesse und die Ehre und Besten der

Academie auf alle möglichste Art und Weise nach der ihm zu ertheilenden Instruction zu befördern, auch sich in allem auf der Reise so angelegen seyn laßen und aufzuführen, wie es einem treuen und gewißenhafften Diener Ihro Kayserl. Majest. gebühret.“[25]

Dem lateinischen *affirmatus vel negatus* entsprechen griechisch καταφατικὸς ἤ ἀποφατικός. Aristoteles hatte dieses Begriffspaar als Beispiel für Gegensätze angeführt, die sich bei gleichzeitigem Auftreten unwirksam machen und aufheben.[26]

receptus vel occupatus [,] ἀεργος ἤ ἐνεργητικός

Offenbar bleibt G. W. Steller dem Muster treu und gibt zu lateinischen Antonymen griechische mit gleicher, oder wenigstens ähnlicher Bedeutung. Dem *occupatus*, einem, der ‚beschäftigt‘ und von seiner Tätigkeit ‚in Anspruch genommen‘ ist, steht ein *receptus* gegenüber. Aus dem Zusammenhang erschlossen, wird damit wohl ein ‚Zurückgezogener‘ gemeint sein, abgeleitet von *se recipere*, ‚sich zurückziehen‘, auch um sich zu sammeln und zu erholen. G. W. Steller verzichtet auf einen Ausdruck für die Rückbezüglichkeit (im grammatischen Sinn), vielleicht dachte er an etwas wie ‚zurückgezogen oder beschäftigt‘.

Der Bezugspunkt ist jedenfalls die Arbeit, griech. τὸ ἔργον. Davon abgeleitet ist ἀεργός, ‚jemand, der ohne alle Arbeit müßig ist, nichts tut‘. Bei Homer wird der Gegensatz dazu umschrieben als ‚einer, der vieles schafft‘[27]. G. W. Steller wählt jedoch, passend zu *occupatus*, ἐνεργητικός, ‚jemand, der in Arbeit steckt, schafft und etwas vollbringt‘. Stephanus führt dazu eine Stelle aus dem Paulus-Brief an die Philipper an: ‚Denn Gott ist’s, der in euch wirkt beides, das Wollen und das Vollbringen.‘[28] Sicher war Steller dieser Vers bekannt; ob ihm wohl auch der folgende manchmal in den Sinn gekommen ist: Tut alles ohne Murren und Zweifel? (Phil. 2, 14)

τὸ ἔσω [,] internus [,] non diu [,] ἔξω [,] externus [,] non sine taedio

Zur Abwechslung wird das Schema der aufeinanderfolgenden lateinischen und griechischen Gegenwortpaare unterbrochen. Das Innere, τὸ ἔσω oder εἴσω, steht zusammen mit *internus*, ‚einem, der sich innen, im Innern befindet‘, jedoch *non diu*, ‚noch nicht lange‘. Wieder reflektiert G. W. Steller sein Verhältnis zur Akademie und zum Kreis der darin tätigen Wissenschaftler. Letzteren gegenüber fühlte er sich bisweilen als [ὁ] ἔξω oder *externus*, ‚einer, der nicht zur Familie gehört, ein Fremdling‘. Und ‚nicht ohne Verdruß‘, *non sine taedio*, kann er diese Wahrnehmung hinnehmen.

constitutivus vel consecutivus [,] οὐσιῶδες συστατικὸς vel οὐσιῶδες παρεπόμενος

Vom Passivpartizip des Verbs *constituo*, ‚setzen, stellen, ordnen‘, hat Steller mi *-ivus*, einer Adjektivendung, *constitutivus* abgeleitet: ‚jemand, der festsetzt, be-stimmt‘ und deshalb wesentlich ist; so auch das griechische οὐσιῶδες, hie richtiger οὐσιώδης, ‚ein Wesentlicher‘[29], συστατικὸς, ‚der die Kraft hat, etwa zu errichten oder zusammenzufügen, der eine Sache sich durchsetzen und erhal-ten bleiben läßt‘.[30] Dem gegenüber stünde ‚ein (Anweisungen) Folgender, ei bloßer Begleiter‘, ein οὐσιώδης παρεπόμενος.[31]

secundum Academiam φυσικός [,] naturalis [,] secundum pneumaticam ὑπερφυσηκός

„... bin ich wie eine gute Stahlfeder ich biege mich mit einem *poklon*[32] und setz mich wieder in den Vorigen Stand und in Ruhe ...“[33] An diese Äußerung G. W Stellers kann man denken, wenn ernstes Abwägen so in Humor übergeht. – Wa er nun im Sinn der Akademie ein φυσικό[ς], ein ‚Physiker‘ im weiteren Sinn ‚jemand, der sich (als Forscher) auf die Natur bezieht‘?[34] Oder war er im Sin der Gaslehre, der Pneumatik, ὑπερφυσηκός, ‚aufgeblasen‘ und, in übertragene Bedeutung, ‚überheblich‘, und zwar ‚maßlos überheblich‘?[35] Dem griechische Wortspiel liegt die etymologische Beziehung zwischen φύσις, ‚Natur‘, un φυσάω, ‚blasen, hineinblasen‘, zu Grunde: „Hier sitz’ ich, forme Menschen Nach meinem Bilde ...“ ließ Goethe seinen Prometheus sprechen. Um die ge-formten Lehmklumpen zum Leben zu erwecken, mußte ihnen der Geist, *spiritus* durch die Nase eingeblasen werden.

et contradictio in adjecto [:] scriptoribus de re rustica quadrupes ruminan bipus

Einmal dabei, setzt G. W. Steller die Scherze fort. Wirklich ein komischer ‚Wi-derspruch im Beiwort‘, *contradictio in adjecto*, so ein ‚widerkäuender Vierfü-ßer‘, ein Ochse, ‚mit zwei Füßen‘, also zweibeinig, *quadrupes ruminans bipus* Bei den Schriftstellern zur Landwirtschaft, den *scriptores de re rustica*, etw Cato, Varro oder Columella, wird man zu diesem Wundertier kaum etwas finden Nebenbei ist G. W. Steller eine unnötige Hybridbildung unterlaufen, denn für da griechische δίπους sollte lateinisch besser *bipes* stehen.

cum ovidio et Martiali [:] desiderium unius [,] vituperium alterius

Des einen Freud, des andern Leid. Oder: was dem einen Wunsch und Begehr ist findet beim anderen nur Schelte und Tadel. Das ist wohl gemeint mit *desiderium unius* [,] *vituperium alterius*. Beim Skandieren kommt man ins Stolpern, un diesen Vers dem gefeierten Dichter Ovid und dem Epigrammatiker Martial zuzu schreiben, ist nichts als Stellerscher Übermut. Auch war den beiden Römer wohl *vituperatio* für ‚Tadel‘ geläufig, nicht aber *vituperium*. Dieses Wort finde sich aber bei einem der philosophischen Schulautoren G. W. Stellers. Georg Bachmann fragte in seinen *Exercitationes philosophicae*: *Cur solae virtute*

laudem merentur, sola vicia vituperium? ‚Warum die bloßen Tugenden Lob, die bloßen Fehler Tadel verdienen?‘[36]

tot respectus e[ss]e diversos unius nominis vel rei testor Georg Wilhelm Steller Adjunctus

Etwa: ‚Daß es so viele Betrachtungsweisen eines einzigen Namens, einer einzigen Sache gibt, bezeuge ich, der Adjunkt Georg Wilhelm Steller.‘ – Dieser Schluß, von Bll. 180–188, täuscht eine Zugehörigkeit zur Vidimation im engeren Sinn vor, die aber spätestens mit dem *adjunctus* auf den Bll. 35–36 abgeschlossen ist (s. oben).

Der längere Zwischentext gehört G. W. Stellers Selbstzweifeln, mit denen er auf seine Weise umgeht, dialektisch und humorvoll: „... und wäre gut wenn ich ewig lustig in meinen Verrichtungen seyn könnte."[37]

Mit Rücksicht auf die vorangegangenen Erläuterungen ließe sich sein Text wie folgt übertragen:

> Daß diese Abschrift als Ganzes und in den Einzelheiten mit der Urschrift übereinstimmt, bestätige ich: Georg Wilhelm Steller, Franke aus Windsheim, der Sankt Petersburger Kaiserlichen Akademie der Wissenschaften Adjunkt. Auf Hebräisch: Stand verheiratet (mit der Akademie oder der Natur?). Adjunkt heißt (auch) auf Griechisch: Jemand, der mit etwas verbunden ist. Für die Grammatik bin ich etwas Zufälliges, nämlich ein Eigenschaftswort. Für die Logik bin ich jemand oder etwas mit unterschiedlichen Klassen von Gegensätzen Verbundenes. Bin ich als Adjunkt aber notwendig oder zufällig verbunden, untrennbar oder abtrennbar? Bin ich wesentlich oder nicht? Bin ich jemand, der, wie Aristoteles sagt, Rettung und Heil bringt, oder zerstöre ich nur? Stehe ich der Akademie fern und bin ihr nur mittelbar untergeben, oder unterstehe ich ihr unmittelbar und bin somit den Akademiemitgliedern hinsichtlich der Stellung verwandt? Hat man mich bestätigt oder abgelehnt? Gelte ich als jemand, der sich nur erholt, oder als einer, den seine Tätigkeit in Anspruch nimmt? Gehöre ich, wenn auch noch nicht lange, zum Kreis der Akademiker, oder stehe ich, allerdings mit Verdruß, außerhalb? Bin ich vielleicht - ein Widerspruch im Beiwort – nur ein zweibeiniger wiederkäuender Vierfüßer, wie es in den alten Schriften zur Landwirtschaft heißt, oder bin ich – mit Ovids und Martials Worten – des einen Freud, des andern Leid? – Daß es so viele Betrachtungsweisen eines einzigen Namens, bzw. einer einzigen Sache gibt, bezeuge ich, Georg Wilhelm Steller, Adjunkt.

G. W. Steller ist kein Hypochonder gewesen, und seine Zweifel waren zu dieser Zeit, Ende 1739, nicht völlig unbegründet. Die Akademie hatte seine Kompetenzen und vor allem sein Unterstellungsverhältnis nicht so eindeutig festgelegt, daß sich eine Konkurrenz zwischen ihm und J. G. Gmelin hätte vermeiden lassen.

Denn der Adjunkt (Steller) und der Professor (Gmelin) waren annähernd gleichaltrig, sie waren für ihre Aufgabe, die Naturforschung, gleich gut qualifiziert, und keinem von beiden fehlte es an gesundem Ehrgeiz. Zum Glück für das Unternehmen und für die Beteiligten konnten durch Vermittlung des Präsidenten der Akademie, Johann Albrecht Baron von Korff, die Mißhelligkeiten zwischen G. W. Steller und J. G. Gmelin ausgeräumt werden. Beide haben es später nicht an Äußerungen gegenseitiger Wertschätzung fehlen lassen.
G. W. Steller hat im weiteren Verlauf der Expedition u. a. die Natur und die Bewohner von *Kamčatka* studiert. Er hat als erster Naturforscher die Küste von Alaska betreten und während einer durch Schiffbruch erzwungenen Überwinterung die Beringinsel erkundet. Die Ergebnisse seiner Untersuchungen gehören zu den wichtigsten der Expedition überhaupt. Ob in seinen wissenschaftlichen Aufzeichnungen oder in offiziellen und Privatbriefen: immer zeigt er sich selbständig denkend und handelnd, als begabter Beobachter der Natur fremder Regionen und der Kultur ihrer Bewohner.

[1] Das vorliegende Dokument stellt die leichte Bearbeitung eines Artikels von T. Nickol und W. Hintzsche von 2002 dar (Nickol/Hintzsche 2002), wobei die Formatierung weitgehend beibehalten wurde. Für die kritische Durchsicht des Textes gewährten Prof. Dr. Erhard Hirsch und Prof. Dr. Arno Sames für die Erklärung der hebräischen Stellen Hilfe. Von der „Flora Irkutiensis" liegen zwei Kopien in der Handschrift des Studenten *Aleksej Gorlanov* vor (AAW AAW R. I, Op. 104, D. 4 und AAW R. I, Op. 13, D. 37), von denen nur die erstere eine Vidimation von G. W. Steller enthält.
[2] Zedler 1732–1750, Bd. 48, Sp. 1026f.
[3] a. a. O., Sp. 1026
[4] „Jucundi acti labores, proverbium, quo Cicero de Finib. lib. 2 cap. 32 usus est, nach gethaner arbeit ist gut ruhen." (Faber 1710, Sp. 1124); nach einem Hinweis von Prof. Dr. Erhard Hirsch
[5] G. W. Steller in einem Brief an G. F. Müller vom 24. März 1740 (Hintzsche 2000a, S. 124–133)
[6] zu Stellers Biographie s. Stejneger 1936 und Hintzsche/Nickol 1996
[7] Zedler 1732–1750, Bd. 48, Sp. 1027
[8] „... Item Apponor. Sic enim exponitur in hoc loco Platonis Apolog. πρόςκειμαι τῆ πόλει ὑπὸ τοῦ θεοῦ, civitati à Deo appositus sum, seu adhibitus. Nisi aliquis malit Attributus ... Sic verò & B(udaeus) προσκείμενος interp. Additus, Adiunctus, ..." (Stephanus 1572, Teil II, Sp. 170)
[9] Hintzsche/Nickol 1996, S. 95, Abb. 101
[10] Zedler 1751, Sp. 528f.
[11] „[Accidens] Abstractum est substantiuum, ut Grammatici loquuntur, ... Sed [accidens] concretum est adiectiuum, significans subiectum habens formam, ... Hac appelatione utimur, cum accidentia tribuuntur subiectis ..." (Melanchthon 1566, S. 18)
[12] Melanchthon 1566, S. 2
[13] „... ut sit explicatio uera, propria, simplex, perspicua, certa & firma ..." (Melanchthon 1566, Bl. A 2r)
[14] Melanchthon 1566, S. 83f.
[15] Melanchthon 1566, S. 132
[16] „Estque contingens, quod cum fit, habet causam, quae poterat ex natura sua aliter agere." (Melanchthon 1566, S. 134)
[17] Zedler 1732–1750, Bd. 1, Sp. 512
[18] „Substantia est Ens, quod habet proprium Esse, & sustinet accidentia." (Melanchthon 1566, S. 27)

19 Zedler 1732–1750, Bd. 1, Sp. 270
20 Melanchthon 1566, S. 331
21 Stephanus 1572, Teil I, Sp. 1132
22 Melanchthon 1566, S. 1132f.
23 „Σωστικὸς, οῦ, ὁ, Servandi seu conservandi vim habens, Conservator, Tutator. Aristot. De mundo, τὸ ἶσον, σωστικόν πως ἐστι τῆς ὁμονοίας, Aequalitate conservari solet concordia. seu, Aequalitas tutrix est concordiae.“ (Stephanus 1572, Teil III, Sp. 1220)
24 „Activam autem significationem habet NOM. Φθαρτικός. sonat enim q. d. Corruptivus, aut Corruptorius: id est Corrumpendi vim habens, Corrumpendi facultate praeditus. Redditur etiam Exitialis, Exitialem vim habens.“ (Stephanus 1572, Teil IV, Sp. 139)
25 Hintzsche/Nickol 1996, S. 95, Abb. 101
26 „ΚΑΤΑ΄φημι, Aio, (ut Aio opponitur verbo Nego. hoc enim opponitur istidem verbo ἀπόφημι.) Affirmo. Aristot. εἰ οὖν ἀδύνατον ἅμα καταφάναι καὶ ἀποφάναι ἀληθῶς, ἀδύνατον καὶ τἀναντία ὑπάρχειν ἅμα. ... Hinc autem EST Κατάφασις oppositum τῷ Α᾽πόφασις, Affirmatio oppositum negationi.“ (Stephanus 1572, Teil IV, Sp. 62)
27 „Α᾽εργὸς, οῦ, ὁ & ἡ, Qui feriatur ab omni opere, Nullum opus agens. Il. ι, ab Homero τῷ ἀεργῷ opponitur ὁ πολλὰ ἐοργώς. id est Qui multa egit, Qui multum laboravit.“ (Stephanus 1572, Teil I. Sp. 1228)
28 „Ε᾽νεργέω, ῶ, In opere sum, Operor, Efficio. Paulus ad Philipp. 2, v. 13, ὁ Θεὸς γαρ ἐστιν ὅ ἐνεργῶν ἐν ὑμῖν καὶ θέλειν καὶ τὸ ἐνεργεῖν.“ (Stephanus 1572, Teil I. Sp. 1231)
29 „Οὐσιώδης, Substantialis, Essentialis.“ (Stephanus 1572, Teil I. Sp. 1132)
30 „Συστατικὸς, οῦ, ὁ, Constituendi vim habens & compingendi, Faciens ut res consistat.“ (Stephanus 1572, Teil I. Sp. 1794)
31 „ΠΑΡέπομαι pro ἕπομαι, de re quae aliam sequitur, & velut comes ei adjuncta est.“ (Stephanus 1572, Teil I. Sp. 1221)
32 russ. *poklon* – Verbeugung, Empfehlung
33 G. W. Steller in einem Brief an G. F. Müller vom 24. März 1740 (Hintzsche 2000a, S. 124–133)
34 „Φυσικὸς, οῦ, ὁ, Naturalis, Ad naturam pertinens, ...“ (Stephanus 1572, Teil IV, Sp. 282)
35 „ὑπερφυσοῦμαι, Supra modum inflor, & efferor, vel immodicé.“ (Stephanus 1572, Teil IV, Sp. 262f.)
36 Quaestio XXXI. (Bachmann 1593, nicht paginiert)
37 G. W. Steller in einem Brief an G. F. Müller vom 24. März 1740 (Hintzsche 2000a, S. 124–133)

B.2. Georg Wilhelm Steller
Verzeichnis von Samen aus der Umgebung von *Irkuck* und um den See *Bajkal*

Quelle[1]: R. I, Op. 13, D. 41, Bll. 10r–21r

/10r/

CATALOGUS
Seminum circa Irkutiam et lacum Baikal
ad Bargusinense munimentum usq⌈ue⌉
collectorum

	1.	*Semen Polygonati Cat⌈alogi⌉ Plant⌈arum⌉ N⌈umer⌉o* 1.
	2.	*Semen Gentianae rupestris Cat⌈alogi⌉ Plant⌈arum⌉ n⌈umer⌉o* 4. / *Amat loca elata, muscosa & saxosa.*
	3.	*Semen Gentianae*[a] *Cat⌈alogi⌉ Plant⌈arum⌉ N⌈umer⌉o* 5. / *Amat loca campestria sicciora.*
	4.	*Semen Gentianae Cat⌈alogi⌉ Plant⌈arum⌉ N⌈umer⌉o* 6. *Amat* / *loca umbrosa sylvosa.*
	5.	*Semen Gentianae Cat⌈alogi⌉ Plant⌈arum⌉ n⌈umer⌉o* 7. *Amat* / *loca sylvosa humidiora.*
	6.	*Semen Gentianae Cat⌈alogi⌉ Plant⌈arum⌉ N⌈umer⌉o* 8. *Amat* / *prata humidiora.*
Fascicu-lus 1.	7.	*Semen Gentianae Cat⌈alogi⌉ Plant⌈arum⌉ N⌈umer⌉o* 10. *Amat* / *loca palustria.*
	8.	*Semen Gentianae Cat⌈alogi⌉ Plant⌈arum⌉ N⌈umer⌉o* 11. *Oc-* / *currit cum priori loci similibus.*
	9.	*Semen Gentianae Cat⌈alogi⌉ Plant⌈arum⌉ N⌈umer⌉o* 12. *Oc-* / *currit cum priori.*
	10.	*Semen Gentianellae Cat⌈alogi⌉ Plant⌈arum⌉ N⌈umer⌉o* 13. *&* / 14. *Amat loca humida, tenui gra-* / *mine vestita et umbrosa.*
	11.	*Semen Gentianellae Cat⌈alogi⌉ Plant⌈arum⌉ N⌈umer⌉o* 15. *In tri-* / *bus chartis, diverso tempore colle-* / *ctum una cum semine Tetragonan-* / *thi humilioris Cat⌈alogus⌉ Plant⌈arum⌉ N⌈umer⌉o* 122.
	12.	*Semina Gentianarum diversarum ab* / *aliis in mea absentia Irkutiae* / *& alibi collectarum.*

[a] *nach* Gentianae *in eckigen Klammern, d. h. gestr.,* rupestris

/10v/

	13.	*Semen Convolvuli Cat⌈alogi⌉ Plant⌈arum⌉ N⌈umer⌉o* 18.
	14.	*Semen Glaucis maritimae Cat⌈alogi⌉ Plant⌈arum⌉ N⌈umer⌉o* 24.
	15.	*Semen Apocyni Cat⌈alogi⌉ Plant⌈arum⌉ N⌈umer⌉o* 26. *Amat / loca arenosa, lapidosa & aprica.*
fascicu-lus 2.	16.	*Semen Tamnoidis Cat⌈alogi⌉ Plant⌈arum⌉ N⌈umer⌉o* 27. *Amat loca um- / brosa, sylvosa, et viciam*[2] [sic!] *arborum vel fru- / ticum.*
	17	*Semen Tithymali, cujusnam speciej, nescio.*
	18.	*Semen Tithymali, cujusnam speciej, nescio.*
	19.	*Semen Campanulae Cat⌈alogi⌉ Plant⌈arum⌉ N⌈umer⌉o* 38.
	20.	*Semen Campanulae Cat⌈alogi⌉ Plant⌈arum⌉ N⌈umer⌉o* 39.
	21.	*Semen Androsaces Cat⌈alogi⌉ Plant⌈arum⌉ N⌈umer⌉o* 55. *In quat- / uor chartulis una cum semine Tetrago- / nanthi humilioris Cat⌈alogi⌉ Plant⌈arum⌉ N⌈umer⌉o* 122.
	22.	*semen Androsaces Cat⌈alogi⌉ Plant⌈arum⌉ N⌈umer⌉o* 58.
	23.	*semen Androsaces Cat⌈alogi⌉ Plant⌈arum⌉ N⌈umer⌉O* 59. *In tribus / chartulis.*
	24.	*Semen Primulae veris Cat⌈alogi⌉ Plant⌈arum⌉ N⌈umer⌉o* 63. *In du- / abus chartis. Amat loca sylvosa & umbros- / sa.*
Fasciculus 3.	25.	*Semen Primulae veris Cat⌈alogi⌉ Plant⌈arum⌉ N⌈umer⌉o* 64. *In / tribus chartis, suspicor & semina speciej / Cat⌈alogi⌉ Plant⌈arum⌉ N⌈umer⌉o* 65. *mixta esse.*
	26.	*Semen Primulae veris Cat⌈alogi⌉ Plant⌈arum⌉ N⌈umer⌉o* 66.
	27	*Semen Primulae veris Cat⌈alogi⌉ Plant⌈arum⌉ N⌈umer⌉o* 68. *In / duabus chartis e' plantis diversae / altitudinis collectum.*
	28	*Semen Primulae veris, cuiusnam speciei, nescio*
	29.	*Semen Plantaginis Cat⌈alogi⌉ Plant⌈arum⌉ N⌈umer⌉o* 74.
Fasci-	30[a].	*Semen Plantaginis Cat⌈alogi⌉ Plant⌈arum⌉ N⌈umer⌉o* 75.
	31.	*Semen Plantaginis Cat⌈alogi⌉ Plant⌈arum⌉ N⌈umer⌉o* 76. *In duabus / chartis.*

/11r/

	32.	*Semen Plantaginis Cat⌈alogi⌉ Plant⌈arum⌉ N⌈umer⌉o* 69.
	33.	*Semen Scutellariae Cat⌈alogi⌉ Plant⌈arum⌉ N⌈umer⌉o* 79. *In dua- / bus chartulis.*

[a] 30 *verbessert aus* 9

culus 4.	{ 34.	*Semen Buglossi Cat⌈alogi⌉ Plant⌈arum⌉ n⌈umer⌉o* 83. *In tribus / chartis. Amat loca arenosa ⌈et⌉ aprica.*
	| 35.	*Semen Lithospermi Cat⌈alogi⌉ Plant⌈arum⌉ N⌈umer⌉o* 90.
	\ 36.	*Semen Lithospermi Cat⌈alogi⌉ Plant⌈arum⌉ N⌈umer⌉o* 91.
	(37	*Semen Plumbaginis Cat⌈alogi⌉ Plant⌈arum⌉ n⌈umer⌉o* 92.
	| 38	*Semen Lysichmachiae Cat⌈alogi⌉ Plant⌈arum⌉ N⌈umer⌉o* 98.
	| 39.	*Semen Veronicae Cat⌈alogi⌉ Plant⌈arum⌉ n⌈umer⌉o* 101. *In duabus / chartulis*
	| 40.	*Semen Veronicae Cat⌈alogi⌉ Plant⌈arum⌉ n⌈umer⌉o* 105.
	| 41.	*Semen Veronicae Cat⌈alogi⌉ Plant⌈arum⌉ n⌈umer⌉o* 110.
fascicu lus 5.	{ 42.	*Semen Polemonij*[a] *Cat⌈alogi⌉ Plant⌈arum⌉ n⌈umer⌉o* 114.
	| 43.	*Semen Sanguisorbae Cat⌈alogi⌉ Plant⌈arum⌉ N⌈umer⌉o* 119.[sic!] *In dua- / bus chartulis.*
	| 44.	*Semen Pimpinellae Sanguisorbae Cat⌈alogi⌉ Plant⌈arum⌉ n⌈umer⌉o* 120. [sic!] *In tribus chartulis*
	| 45.	*Semen Tetragonanthi Cat⌈alogi⌉ Plant⌈arum⌉ n⌈umer⌉o* 121.
	\ 46.	*Semen Tetragonanthi humilioris Cat⌈alogi⌉ Plant⌈arum⌉ N⌈umer⌉o /* 122.
	(47	*Semen Scrophulariae Cat⌈alogi⌉ Plant⌈arum⌉ N⌈umer⌉o* 126. *In tri- / bus chartis. Amat loca arenosa & aprica.*
	| 48.	*Semen Antirrhinoidis Linariae folio Cat⌈alogi⌉ Plant⌈arum⌉ / N⌈umer⌉o* 128. *In tribus chartis.*
fasci culus 6.	{ 49	*Semen Linariae Cat⌈alogi⌉ Plant⌈arum⌉ N⌈umer⌉o* 131.
	| 50.	*Semen Linariae Cat⌈alogi⌉ Plant⌈arum⌉ n⌈umer⌉o* 132.
	\ 51.	*Semen Linariae in Cat⌈alogo⌉ Pl⌈antarum⌉ speciej non de- / scriptae.*
	(52.	*Semen Pedicularis Cat⌈alogi⌉ Plant⌈arum⌉ N⌈umer⌉o* 133. *in duabus / chartis*
fas-	| 53	*Semen Pedicularis Cat⌈alogi⌉ Plant⌈arum⌉ n⌈umer⌉o* 134.
	| 54.	*Semen Pedicularis Cat⌈alogi⌉ Plant⌈arum⌉ n⌈umer⌉o* 135.
	| 55.	*Semen Pedicularis Cat⌈alogi⌉ Plant⌈arum⌉ n⌈umer⌉o* 137.

[a] Pol e monij *verbessert aus* [.]

/11v/

	| 56.	*Semen Pedicularis Cat⌈alogi⌉ Plant⌈arum⌉ N⌈umer⌉o* 138.
	| 57	*Semen Pedicularis Cat⌈alogi⌉ Plant⌈arum⌉ n⌈umer⌉o* 139.
	| 58.	*Semen Pedicularis Cat⌈alogi⌉ Plant⌈arum⌉ n⌈umer⌉o* 141. *In tribus / chartis ubi & varietas num⌈ero⌉* 142 *erit.*
ciculus 7.	{ 59.	*Semen Pedicularis Cat⌈alogi⌉ Plant⌈arum⌉ n⌈umer⌉o* 144.
	| 60.	*Semen Pedicularis Cat⌈alogi⌉ Plant⌈arum⌉ n⌈umer⌉o* 145[a]. [sic!] *In / duabus*[b] *chartis*
	| 61.	*Semen Pedicularis speciei nescio cuiusnam / ab alio collectum.*
	| 62	*Semen Pedicularis palustris rubrae, pumi- / lae Cat⌈alogi⌉ Plant⌈arum⌉ n⌈umer⌉o* 136. [sic!]
	\ 63.	*Semen Pedicularis cujusdam.*
	(64.	*Semen Polygalae Cat⌈alogi⌉ Plant⌈arum⌉ n⌈umer⌉o* 156 *In duabus / chartis.*
	| 65.	*Semen Orobanches Cat⌈alogi⌉ Plant⌈arum⌉ n⌈umer⌉o* 157.
	| 66.	*Semen Phlomidis Cat⌈alogi⌉ Plant⌈arum⌉ n⌈umer⌉o* 162.
	| 67.	*Semen Cassidae Cat⌈alogi⌉ Plant⌈arum⌉ n⌈umer⌉o* 163.
	| 68.	*Semen Moldavicae Cat⌈alogi⌉ Plant⌈arum⌉ n⌈umer⌉o* 167 *In duabus / chartis.*
fasciculus 8	{ 69.	*semen Moldavicae Cat⌈alogi⌉ Plant⌈arum⌉ n⌈umer⌉o* 169.
	| 70.	*Semen Ruyschianae Cat⌈alogi⌉ Plant⌈arum⌉ N⌈umer⌉o* 170.
	| 71.	*Semen Boguldeae Cat⌈alogi⌉ Plant⌈arum⌉ n⌈umer⌉o* 172.
	| 72.	*semen Boguldeae Cat⌈alogi⌉ Plant⌈arum⌉ n⌈umer⌉o* 173.
	\ 73.	*semen Marrubiastri Cat⌈alogi⌉ Plant⌈arum⌉ n⌈umer⌉o* 181.
	(74.	*Semen Lavandulae Cat⌈alogi⌉ Plant⌈arum⌉ n⌈umer⌉o* 190. & 191.
	| 75.	*Semen Chamaedrios Cat⌈alogi⌉ Plant⌈arum⌉ n⌈umer⌉o* 194. *In duabus / chartis.*
fascicu-	| 76.	*Semen Isatidis Cat⌈alogi⌉ Plant⌈arum⌉ N⌈umer⌉o* 195.
	| 77	*Semen Nasturtij Cat⌈alogi⌉ Plant⌈arum⌉ n⌈umer⌉o* 197
	| 78.	*Semen Alyssi Veronicae folio Cat⌈alogi⌉ Plant⌈arum⌉ n⌈umer⌉o* / 202.

[a] 145 *verbessert aus* 2 [b] dabus *verbessert aus* e

/12r/

	79.	*Semen Alyssi Cat⌈alogi⌉ Plant⌈arum⌉ n⌈umer⌉o* 203.
	80.	*Semen Alyssi Cat⌈alogi⌉ Plant⌈arum⌉ n⌈umer⌉o* 205.
	81.	*semen Alyssi Cat⌈alogi⌉ Plant⌈arum⌉ n⌈umer⌉o* 206.
lus 9.	82.	*semen Alyssi Cat⌈alogi⌉ Plant⌈arum⌉ n⌈umer⌉o* 207
	83.	*Semen Alyssi Cat⌈alogi⌉ Plant⌈arum⌉ n⌈umer⌉o* 208.
	84.	*Semen Alyssi lutej folio oblongo an- / gusto.*
	85.	*Semen Alyssi, cujus nec flores nec folia / videre licuit. Crescit in siccioribus / desertorum campis.*
	86	*Semen Leucoij Cat⌈alogi⌉ Plant⌈arum⌉ n⌈umer⌉o* 216 *In duabus / chartis.*
	87.	*Semen Hesperidis spe⌈ciei⌉* 219. *Cat⌈alogi⌉ Plant⌈arum⌉*
	88.	*Semen Hesperidis Cat⌈alogi⌉ Plant⌈arum⌉ n⌈umer⌉o* 220.
	89	*Semen Hesperidis Cat⌈alogi⌉ Plant⌈arum⌉ n⌈umer⌉o* 222.
fascicu- *lus* 10.	90.	*semen Hesperidis Cat⌈alogi⌉ Plant⌈arum⌉ n⌈umer⌉o* 223. *In / tribus chartis.*
	91.	*Semen Hesperidis Cat⌈alogi⌉ Plant⌈arum⌉ n⌈umer⌉o* 224. *In / tribus chartis.*
	92	*Semen Hesperidis Cat⌈alogi⌉ Plant⌈arum⌉ n⌈umer⌉o* 225.
	93.	*Semen Sisymbrii Cat⌈alogi⌉ Plant⌈arum⌉ n⌈umer⌉o* 241. *In du- / abus chartis.*
	94.	*Semen Erucae Cat⌈alogi⌉ Plant⌈arum⌉ n⌈umer⌉o* 242.
	95.	*Semen Hypecoi Cat⌈alogi⌉ Plant⌈arum⌉ N⌈umer⌉o* 253.
	96.	*semen Chelidonij Cat⌈alogi⌉ Plant⌈arum⌉ n⌈umer⌉o* 254.
fasci-	97	*semen Papaveris horti Eltamensis* [sic!] / *Cat⌈alogi⌉ Plant⌈arum⌉ n⌈umer⌉o* 267.
	98.	*Semen Arenariae Hyperici folio / Cat⌈alogi⌉ Plant⌈arum⌉ N⌈umer⌉o* 274.

/12v/

	99.	*Semen Arenariae Cat⌈alogi⌉ Plant⌈arum⌉ N⌈umer⌉o* 275.
	100.	*Semen Arenariae Cat⌈alogi⌉ Plant⌈arum⌉ n⌈umer⌉o* 276.
	101.	*Semen Arenariae Cat⌈alogi⌉ Plant⌈arum⌉ n⌈umer⌉o* 277.
	102.	*Semen arenariae Cat⌈alogi⌉ Plant⌈arum⌉ n⌈umer⌉o* 278.
	103.	*Semen Alsines Cat⌈alogi⌉ Plant⌈arum⌉ N⌈umer⌉o* 282.
	104.	*Semen Alsines Cat⌈alogi⌉ Plant⌈arum⌉ N⌈umer⌉o* 289. *In tribus / chartis diverso tempore collectum.*
	105	*Semen Arenariae ab alio collectum sub / signo A.*

culus 11.	⎨ 106	*semen Arenariae ab alio collectum / sub signo B.*
	| 107	*Semen Alsines ab alio collectum C.*
	| 108	*Semen Alsines Cat⌈alogi⌉ Plant⌈arum⌉ n⌈umer⌉o* 291.
	| 109	*semen Myosotidis Cat⌈alogi⌉ Plant⌈arum⌉ n⌈umer⌉o* 296.
	| 110.	*semen Myosotidis cuius speciej non re- / cordor.*
	| 111.	*semen Myosotidis ab alio collectum.*
	| 112.	*semen Myosotidis ab alio collectum.*
	| 113.	*semen Myosotidis ab alio collectum.*
	⎩ 114.	*semen Alsinastri Cat⌈alogi⌉ Plant⌈arum⌉ n⌈umer⌉o* 297.
fasciculus 12.[a]	⎨ 115.	*Semen Kali in quinque diversis chartis / Cat⌈alogi⌉ Plant⌈arum⌉ n⌈umer⌉o* 301.
	⎧ 116	*semen Gei Cat⌈alogi⌉ Plant⌈arum⌉ N⌈umer⌉o* 302. *Amat loca / umbrosa et muscosa humidumq⌈ue⌉ solum / In quatvor chartis.*
fascicu-	| 117	*Semen Gei Cat⌈alogi⌉ Plant⌈arum⌉ N⌈umer⌉o* 303.
	| 118.	*semen Gei Cat⌈alogi⌉ Plant⌈arum⌉ N⌈umer⌉o* 304.
	| 119.	*semen Gei Cat⌈alogi⌉ Plant⌈arum⌉ n⌈umer⌉o* 305.
	| 120.	*semen Gei Cat⌈alogi⌉ Plant⌈arum⌉ N⌈umer⌉o* 307

/13r/

	| 121.	*Semen Gei ab alio collectum nescio cu- / jus speciej sub signo A*
lus 13	⎨ 122.	*Semen Gei ab alio collectum, sub signo / B.*
	⎩ 123.	*semen Gei ab alio collectum sub signo / C.*
	⎧ 124	*Semen Hyperici Cat⌈alogi⌉ Plant⌈arum⌉ N⌈umer⌉o* 309.
	| 125.	*Semen Ascyri Cat⌈alogi⌉ Plant⌈arum⌉ N⌈umer⌉o* 311.
	| 126.	*Semen Pyrolae Cat⌈alogi⌉ Plant⌈arum⌉ N⌈umer⌉o* 314.
	| 127	*Semen Anacampserotis flore flavo / Cat⌈alogi⌉ Plant⌈arum⌉ N⌈umer⌉o* 328.
	| 128.	*Semen Ulmariae Cat⌈alogi⌉ Plant⌈arum⌉ N⌈umer⌉o* 330.
	| 129	*Semen Juncaginis Cat⌈alogi⌉ Plant⌈arum⌉ n⌈umer⌉o* 332.
fascicu lus 14	⎨ 130.	*Semen Juncaginis Cat⌈alogi⌉ Plant⌈arum⌉ n⌈umer⌉o* 333.
	| 131.	*Semen Geranij Cat⌈alogi⌉ Plant⌈arum⌉ N⌈umer⌉o* 338.
	| 132.	*semen Geranij Cat⌈alogi⌉ Plant⌈arum⌉ N⌈umer⌉o* 341.
	| 133.	*semen Geranij Cat⌈alogi⌉ Plant⌈arum⌉ N⌈umer⌉o* 343.

[a] 1_2. *verbessert aus* [.]

	134.	*semen Geranij Columbini Cat⌈alogi⌉ Plant⌈arum⌉ n⌈umer⌉o /* 339.
	135.	*semen Geranij Cat⌈alogi⌉ Plant⌈arum⌉ n⌈umer⌉o* 339[a]
	136.	*Semina trium specierum geranij / sub signis A. B. C. ab aliis collecta.*
	137.	*Semina Turritidis in duabus chartis.*
	138.	*semen Thalictri Cat⌈alogi⌉ Plant⌈arum⌉ N⌈umer⌉o* 350. *In du- / abus chartis*
fasci-	139	*semen Thalictri ab alio collectum / nescio cujusnam speciej*
	140.	*semen Hellebori nigri Cat⌈alogi⌉ Plant⌈arum⌉ N⌈umer⌉o* 353.
	141.	*semen Hellebori nigri Cat⌈alogi⌉ Plant⌈arum⌉ n⌈umer⌉o* 354

/13v/

	142.	*Semen Veratri Cat⌈alogi⌉ Plant⌈arum⌉ N⌈umer⌉o* 356.
	143.	*Semen Veratri Cat⌈alogi⌉ Plant⌈arum⌉ n⌈umer⌉o* 357.
culus 15.	144.	*Semen Populaginis fumariae folio Cat⌈alogi⌉ Plant⌈arum⌉ / N⌈umer⌉o* 360.
	145.	*Semen Thalictrioidis Cat⌈alogi⌉ Plant⌈arum⌉ N⌈umer⌉o* 361.
	146.	*Semen Paeoniae Cat⌈alogi⌉ Plant⌈arum⌉ N⌈umer⌉o* 362. *In duabus / chartis.*
	147.	*semen Anemones Cat⌈alogi⌉ Plant⌈arum⌉ N⌈umer⌉o* 363.
	148.	*semen Anemones Cat⌈alogi⌉ Plant⌈arum⌉ N⌈umer⌉o* 364.
	149	*semen Anemones Cat⌈alogi⌉ Plant⌈arum⌉ N⌈umer⌉o* 365.
	150.	*semen Anemonoidis Cat⌈alogi⌉ Plant⌈arum⌉ n⌈umer⌉o* 366.
	151.	*Semina Pulsatillae Cat⌈alogi⌉ Plant⌈arum⌉ n⌈umer⌉o* 367. *et* 368. */ in uno fasciculo.*
	152.	*semen Pulsatillae Cat⌈alogi⌉ Plant⌈arum⌉ N⌈umer⌉o* 373.
fascicu lus 16	153.	*semen Ranunculi Cat⌈alogi⌉ Plant⌈arum⌉ N⌈umer⌉o* 378.
	154.	*semen Ranunculi Cat⌈alogi⌉ Plant⌈arum⌉ N⌈umer⌉o* 380. *In duabus / chartis*
	155.	*semen Ranunculi Cat⌈alogi⌉ Plant⌈arum⌉ n⌈umer⌉o* 383.
	156	*Semen Ranunculi Cat⌈alogi⌉ Plant⌈arum⌉ n⌈umer⌉o* 384. *In duabus / chartis.*
	157	*Semen Clematitis* [sic!] *Cat⌈alogi⌉ Plant⌈arum⌉ N⌈umer⌉o* 396. *In duabus / chartis.*
	158.	*Semen Caryophyllatae montanae Cat⌈alogi⌉ Plant⌈arum⌉*

[a] 339 *verbessert aus* 4.

		N[umer]o 398.
	159	*semen Caryophyllatae Cat[alogi] Plant[arum] n[umer]o* 399.
	160	*Semen Fragariae Cat[alogi] Plant[arum] n[umer]o* 405.[a]
	| 161.	*semen fragariae Cat[alogi] Plant[arum] n[umer]o* 406.
fasci-	| 162.	*semen fragariae Cat[alogi] Plant[arum] n[umer]o* 407
	| 163.	*semen fragariae, nescio cuiussnam speciej, ab / alio collectum.*
	| 164.	*Semen Pentaphylloidis recti fruticosi Ebora- / censis Cat[alogi] Plant[arum] N[umer]o* 409

/14r/

	| 165.	*Semen Pentaphylloidis Orientalis foliis / alatis Cat[alogi] Plant[arum] N[umer]o* 413[b]
	| 166	*semen ejusdem Pentaphylloidis elatioris & / hirsutioris. Varietas prima littera A / notata.*
culus 17	167	*Semen ejusdem Pentaphylloidis erecti / & praealti Varietas secunda sub littera / B.*
	| 168.	*Semen Pentaphylloidis Cat[alogi] Plant[arum] n[umer]o* 415
	| 169	*semen Pentaphylloidis Cat[alogi] Plant[arum] n[umer]o* 416 / *In tribus chartis.*
	| 170.	*Semen Pentaphylloidis Cat[alogi] Plant[arum] n[umer]o* 418.
	| 171.	*Semen Pentaphylloidis Cat[alogi] Plant[arum] N[umer]o* 419. *In / duabus chartis.*
	| 172.	*Semen Pentaphylloidis Cat[alogi] Plant[arum] n[umer]o* 420.
	| 173.	*semen Pentaphylloidis Cat[alogi] Plant[arum] n[umer]o* 421. *In tribus chartis.*
	| 174.	*semen Pentaphylloidis Cat[alogi] Plant[arum] N[umer]o* 422.
	| 175.	*semen Pentaphylloidis Cat[alogi] Plant[arum] N[umer]o* 423. *In / duabus chartis.*
	| 176	*semen Pentaphylloidis Cat[alogi] Plant[arum] N[umer]o* 424.
	| 177.	*semen Pentaphylloidis Cat[alogi] Plant[arum] N[umer]o* 425. *In / duabus chartis*
	| 178.	*semen Pentaphylloidis cuiusnam speciej / nescio, ab alio collectum.*
	179	*semen Pentaphylloidis, cuiusnam speciej / nescio, ab alio collectum.*

[a] 405. *verbessert aus* 6 [b] 413 *verbessert aus* 0

/14v/

	⎛180.	*Semen Christophorianae baccis rubris Cat⌈alogi⌉ Plant⌈arum⌉ n⌈umer⌉o* 426. *In duabus chartis.*
	⎜181.	*semen Chamnaerii siculi Cat⌈alogi⌉ Plant⌈arum⌉ n⌈umer⌉o* 431.
	⎜182.	*semen Plantae umbelliferae. An semen / foeniculi sub littera A.*
	⎜183.	*semen Plantae umbelliferae Cat⌈alogi⌉ Plant⌈arum⌉ N⌈umer⌉o* / 464. *in duabus chartis.*
	⎜184	*Semen Bupleuri latifolii Cat⌈alogi⌉ Plant⌈arum⌉ n⌈umer⌉o* 448.
	⎜185	*semen Caryophylli Cat⌈alogi⌉ Plant⌈arum⌉ N⌈umer⌉o* 447. [sic!]
fasciculus 18.	⎨186.	*semen Caryophylli Cat⌈alogi⌉ Plant⌈arum⌉ n⌈umer⌉o* 471.
	⎜187.	*semen Lychnidis Cat⌈alogi⌉ Plant⌈arum⌉ n⌈umer⌉o* 475. *In dua- / bus chartis*
	⎜188.	*semen Lychnidis ejusdem varietas pri- / ma sub N⌈umer⌉o* 1.
	⎜189.	*semen Lychnidis ejusdem varietas se- / cunda sub N⌈umer⌉o* 2.
	⎜190.	*semen Lychnidis Cat⌈alogi⌉ Plant⌈arum⌉ N⌈umer⌉o* 477.
	⎜191.	*Semen Lychnidis Cat⌈alogi⌉ Plant⌈arum⌉ N⌈umer⌉o* 480. *In tribus / chartis.*
	⎜192.	*semen Lychnidis ab alio collectum, in char- / tula filo colligata*
	⎝193.	*semen Lychnidis ab alio collectum sub / littera A.*
	⎛194	*Semen Lini Cat⌈alogi⌉ Plant⌈arum⌉ n⌈umer⌉o* 482 *In duabus / chartis.*
fasci-	⎜195.	*semen Limonij Cat⌈alogi⌉ Plant⌈arum⌉ n⌈umer⌉o* 484.
	⎜196.	*Semen Limonij Cat⌈alogi⌉ Plant⌈arum⌉ n⌈umer⌉o* 487. *In dua- bus / chartis*

/15r/

	⎜197.	*Semen Lilio-asphodeli Cat⌈alogi⌉ Plant⌈arum⌉ n⌈umer⌉o* 488.
	⎜198.	*Semen Ireos Cat⌈alogi⌉ Plant⌈arum⌉ n⌈umer⌉o* 490 *In duabus / chartis.*
	⎜199	*Semen Lilii floribus reflexis. Cat⌈alogi⌉ Plant⌈arum⌉ N⌈umer⌉o* 494
	⎜200.	*semen Lilii Cat⌈alogi⌉ Plant⌈arum⌉ n⌈umer⌉o* 495 *In tribus / chartis. Horum liliorum etiam bul- / bi siccati mittuntur.*

	201.	*Semen Ornithogali Cat⌈alogi⌉ Plant⌈arum⌉ n⌈umer⌉o* 496.
	202.	*semen Cepae Cat⌈alogi⌉ Plant⌈arum⌉ n⌈umer⌉o* 499.
	203.	*semen Cepae Cat⌈alogi⌉ Plant⌈arum⌉ n⌈umer⌉o* 500.
	204	*semen Cepae Cat⌈alogi⌉ Plant⌈arum⌉ num⌈eri⌉* [?] *ejusdem, tan- / tum varietas prioris*
culus 19 & 20.	205.	*semen Cepae ejusdem.*
	206	*semen Cepae Cat⌈alogi⌉ Plant⌈arum⌉ n⌈umer⌉o* 501.
	207	*semen Cepae Cat⌈alogi⌉ Plant⌈arum⌉ n⌈umer⌉o* 502 *In duabus / chartis*
	208.	*Semen Cepae speciej in Catal⌈ogo⌉ Plant⌈arum⌉ non / descriptae sub littera A*
	209	*An semen Porri Cat⌈alogi⌉ Plant⌈arum⌉ n⌈umer⌉o* 504.
	210.	*semen Allii Cat⌈alogi⌉ Plant⌈arum⌉ n⌈umer⌉o* 507.
	211.	*semen Allij Cat⌈alogi⌉ Plant⌈arum⌉ num⌈er⌉o* 507 *varietas*
	212.	*Semen Allii Cat⌈alogi⌉ Plant⌈arum⌉ n⌈umer⌉o* 509.
	213.	*semen Allii cuiusnam speciei nescio / sub littera K.*
	214.	*semen Vulnerariae Cat⌈alogi⌉ Plant⌈arum⌉ N⌈umer⌉o* 513.
fasci-	215.	*semen Vulnerariae variorum*[a] *colorum.*

/15v/

	216.	*Semen Lathyroidis Cat⌈alogi⌉ Plant⌈arum⌉ n⌈umer⌉o* 523. *In tribus / chartis.*
	217.	*Semen Viciae Cat⌈alogi⌉ Plant⌈arum⌉ N⌈umer⌉o* 527 *In duabus char- / tis*
	218.	*Semen Astragaloidis Cat⌈alogi⌉ Plant⌈arum⌉ N⌈umer⌉o* 530.
culus 21.	219	*Semen Hedysari Cat⌈alogi⌉ Plant⌈arum⌉ N⌈umer⌉o* 534. [sic!] *In tribus / chartis.*
	220.	*Semen Loti Cat⌈alogi⌉ Plant⌈arum⌉ N⌈umer⌉o* 534 *In tribus / chartis.*
	221	*semen trifolii montani Cat⌈alogi⌉ Plant⌈arum⌉ N⌈umer⌉o* 537.
	222	*Semen Medicae Cat⌈alogi⌉ Plant⌈arum⌉ N⌈umer⌉o* 543.
	223.	*semen Astragali Cat⌈alogi⌉ Plant⌈arum⌉ N⌈umer⌉o* 544.[b]
	224	*semen Astragali Cat⌈alogi⌉ Plant⌈arum⌉ N⌈umer⌉o* 545.
	225.	*semen Astragali Cat⌈alogi⌉ Plant⌈arum⌉ N⌈umer⌉o* 546.
	226	*semen Astragali Cat⌈alogi⌉ Plant⌈arum⌉ N⌈umer⌉o* 547.
fascicu	227.	*semen Astragali Cat⌈alogi⌉ Plant⌈arum⌉ N⌈umer⌉o* 550.

---

[a] variorum *verbessert aus* [.] [b] 544. *verbessert aus* [.]

lus 22.		
	228.	*semen Astragali Cat⸢alogi⸣ Plant⸢arum⸣ N⸢umer⸣o* 551.
	229	*semen Astragali Cat⸢alogi⸣ Plant⸢arum⸣ n⸢umer⸣o* 552.
	230.	*semen Astragali Cat⸢alogi⸣ Plant⸢arum⸣ n⸢umer⸣o* 553.
	231.	*semen Astragali Cat⸢alogi⸣ Plant⸢arum⸣ n⸢umer⸣o* 554
	232	*Semen Astragali Cat⸢alogi⸣ Plant⸢arum⸣ n⸢umer⸣o* 555.
	233.	*Semen Astragali Cat⸢alogi⸣ Plant⸢arum⸣ N⸢umer⸣o* 556.
	234.	*semen Astragali Cat⸢alogi⸣ Plant⸢arum⸣ N⸢umer⸣o* 557.
	(235.	*semen Astragali Cat⸢alogi⸣ Plant⸢arum⸣ N⸢umer⸣o* 561.
	236.	*Semen Baikaliae Cat⸢alogi⸣ Plant⸢arum⸣ N⸢umer⸣o* 564.
fascicu	237[a]	*Semen Baikaliae Cat⸢alogi⸣ Plant⸢arum⸣ n⸢umer⸣o* 565
	238	*semen Baikaliae Cat⸢alogi⸣ Plant⸢arum⸣ n⸢umer⸣o* 566.
	239.	*semen Baikaliae Cat⸢alogi⸣ Plant⸢arum⸣ N⸢umer⸣o* 567.
	240.	*Semen Astragali Cat⸢alogi⸣ Plant⸢arum⸣ N⸢umer⸣o* 569.

/16r/

	241.	*Semen Astragali, cujus florem non vidi / sub signo A.*
	242.	*semen Astragali ab alio collectum sub / signo B.*
lus 23	243.	*semen Astragali ab alio collectum sub / signo C.*
	244.	*Semen Astragali ab alio collectum sub / signo D.*
	245.	*semen Astragali ab alio collectum sub / signo E.*
	(246.	*Semen Astragali ab alio collectum sub / signo F.*
	247	*semen Astragali flore purpureo-coeruleo, / folio angusto acuto & jncano.*
	248	*Semen Astragali Onobrychidis folio*
	249.	*semen Astragali, varietas Cat⸢alogi⸣ Plant⸢arum⸣ N⸢umer⸣o* 551.
fasci- culus 24.	250.	*semen Baikaliae flore coeruleo In du- / abus chartis.*
	251.	*Semen Baikaliae flore flavo-viridi ve- / xillo coerulescente.*
	252.	*Semen Baikaliae variorum colorum.*
	253.	*semen Baikaliae fl⸢ore⸣ purpureo dilutiori*
	254.	*semen Astragali ab alio collectum*
	255.	*semen Astragali ab alio collectum.*
	(256.	*Semen Violae Cat⸢alogi⸣ Plant⸢arum⸣ n⸢umer⸣o* 571.

---

[a] $_{2}3_{7}$ *verbessert aus* 1

	257.	*semen Violae Cat⌈alogi⌉ Plant⌈arum⌉ N⌈umer⌉o* 573.
asci-	258.	*semen Violae Cat⌈alogi⌉ Plant⌈arum⌉ n⌈umer⌉o* 574.
	259	*Semen Violae Cat⌈alogi⌉ Plant⌈arum⌉ n⌈umer⌉o* 576. *In duabus / chartis*
	260	*semen Violae Cat⌈alogi⌉ Plant⌈arum⌉ N⌈umer⌉o* 577

16v/

	261.	*semen Violae Cat⌈alogi⌉ Plant⌈arum⌉ N⌈umer⌉o* 579
	262.	*semen Violae Cat⌈alogi⌉ Plant⌈arum⌉ N⌈umer⌉o* 580.
	263.	*semen Violae me absente Irkutiae collectum.*
culus 25.	{ 264.	*semen Violae Cat⌈alogi⌉ Plant⌈arum⌉* 582.
	265	*semen Violae, cujus florem non vidi, foliis / hirsutis*
	\ 266.	*Semen Violae fruticosae cuius florem / non vidj*
	(267.	*Semen Fumariae flavae Cat⌈alogi⌉ Plant⌈arum⌉ N⌈umer⌉o* 584. *In / duabus chartis diverso tempore collectum.*
	268.	*semen Aconiti lutej Cat⌈alogi⌉ Plant⌈arum⌉ n⌈umer⌉o* 585
	269.	*semen Aconiti Cat⌈alogi⌉ Plant⌈arum⌉ N⌈umer⌉o* 586.
ascicu- us 26.	{ 270.	*semen Aconiti Cat⌈alogi⌉ Plant⌈arum⌉ N⌈umer⌉o* 587
	271.	*semen Delphinii Cat⌈alogi⌉ Plant⌈arum⌉ N⌈umer⌉o* 590.
	272.	*semen Delphinii Cat⌈alogi⌉ Plant⌈arum⌉ N⌈umer⌉o* 591. *et* [Nr.] 592, *in / una charta*[a] *commixtum.*
	273.	*semen Delphinii Cat⌈alogi⌉ Plant⌈arum⌉ N⌈umer⌉o* 593.
	\ 274.	*semen Aquilegiae Cat⌈alogi⌉ Plant⌈arum⌉ N⌈umer⌉o* 596. *In dua- / bus chartis, forsan specierum diver- / sarum una cum semine Violae folio / dissecto*
	(275	*semen Cardui Cat⌈alogi⌉ Plant⌈arum⌉ N⌈umer⌉o* 621.
	276.	*semen Cardui Cat⌈alogi⌉ Plant⌈arum⌉ N⌈umer⌉o* 622.
	277.	*semen Jaceae Cat⌈alogi⌉ Plant⌈arum⌉ n⌈umer⌉o* 625[b] *In tribus / chartis.*
asci-	{ 278.	*semen Jaceae Cat⌈alogi⌉ Plant⌈arum⌉ n⌈umer⌉o* 626. *in duabus / chartis.*
	279	*semen Jaceae Cat⌈alogi⌉ Plant⌈arum⌉ n⌈umer⌉o* 627
	280	*semen Jaceae Cat⌈alogi⌉ Plant⌈arum⌉ n⌈umer⌉o* 629 *In duabus char- / tis.*
	281.	*semen Jaceae ab alio collectum*

[a] $_{ch}a_{rta}$ *verbessert aus* [.] [b] 6_{25} *verbessert aus* 2

/17r/

	282.	*semen Jaceae ab alio collectum.*
culus 27.	283.	*semen Jaceae Cat⌈alogi⌉ Plant⌈arum⌉ n⌈umer⌉o* 630.
	284.	*semen Jaceae Cat⌈alogi⌉ Plant⌈arum⌉ n⌈umer⌉o* 631.
	285.	*Cirsiorum diversae species in quatuor / chartis*
	286	*semen Petasitidis Cat⌈alogi⌉ Plant⌈arum⌉ n⌈umer⌉o* 642
fasci-culus 28.	287.	*semen filaginis Cat⌈alogi⌉ Plant⌈arum⌉ n⌈umer⌉o* 646 *In du- / abus chartis*
	288	*semen filaginis in Cat⌈alogo⌉ Pl⌈antarum⌉ non recensitae*
	289.	*semen filaginis ab alio collectum.*
	290.	*Semen Absinthii arborescentis Cat⌈alogi⌉ Plant⌈arum⌉ / n⌈umer⌉o* 651 *una cum semine Aquilegiae et / Trolii in itinere huic confusa*
	291.	*semen Absinthij Cat⌈alogi⌉ Plant⌈arum⌉ N⌈umer⌉o* 653.
	292	*semen Absinthij Cat⌈alogi⌉ Plant⌈arum⌉ N⌈umer⌉o* 655.
fasci-culus 29.	293.	*semen Absinthij Cat⌈alogi⌉ Plant⌈arum⌉ N⌈umer⌉o* 660.
	294	*semen Absinthiorum variorum.*
	295	*semen Absinthij*[a]
	296	*semen Absinthij*
	297.	*semina variorum absinthiorum*
	298.	*semen Abrotani Cat⌈alogi⌉ Plant⌈arum⌉ N⌈umer⌉o* 670
	299.	*semen Abrotani Cat⌈alogi⌉ Plant⌈arum⌉ N⌈umer⌉o* 667.
	300	*semen Echinopi Orientalis Cat⌈alogi⌉ Plant⌈arum⌉ N⌈umer⌉o /* 678.
	301.	*semen Scabiosae Cat⌈alogi⌉ Plant⌈arum⌉ N⌈umer⌉o* 679.
	302	*semen Scabiosae Cat⌈alogi⌉ Plant⌈arum⌉ n⌈umer⌉o* 680.
fas-	303.	*semen Hieracij Cat⌈alogi⌉ Plant⌈arum⌉ n⌈umer⌉o* 688.
	304	*semen Hieracii Cat⌈alogi⌉ Plant⌈arum⌉ n⌈umer⌉o* 694
	305	*semen Hieracii Cat⌈alogi⌉ Plant⌈arum⌉ n⌈umer⌉o* 698.
	306.	*semen Hieracii*
	307.	*semen Hieracij Cat⌈alogi⌉ Plant⌈arum⌉* 697
	308	*semen Hieracii diversitas speciej / Cat⌈alogi⌉ Plant⌈arum⌉* 697

[a] $_{\text{Absint}}$h$_{\text{ij}}$ *verbessert aus* [.]

17v/

	309[a]	*semen Chondrillae Cat⌈alogi⌉ Plant⌈arum⌉ N⌈umer⌉o* 705.
	310	*semen Chondrillae Cat⌈alogi⌉ Plant⌈arum⌉ n⌈umer⌉o* 706.
iculus 30.	311.	*semen Chondrillae varietas* 706 *a.*
	312	*semen Chondrillae varietas* 706 *b.*
	313.	*semen Chondrillae varietas* 706 *c.*
	314	*semen Scorzonerae Cat⌈alogi⌉ Plant⌈arum⌉ n⌈umer⌉o* 707.
	315.	*semen Scorzonerae Cat⌈alogi⌉ Plant⌈arum⌉ n⌈umer⌉o* 708.
	316.	*semen Scorzonerae Cat⌈alogi⌉ Plant⌈arum⌉ n⌈umer⌉o* 709.
	317.	*semen Asteris fol⌈io⌉ hastato Cat⌈alogi⌉ Plant⌈arum⌉ N⌈umer⌉o* 710.
	318.	*semen Asteris Cat⌈alogi⌉ Plant⌈arum⌉ N⌈umer⌉o* 714.
asciculus 31.	319.	*semen Asteris praecedentis speciej varietas.*
	320.	*semen Asteris Cat⌈alogi⌉ Plant⌈arum⌉ n⌈umer⌉o* 717.
	321	*semen Asteris Speciej non descriptae in Cata- / logo* [Plantarum].
	322.	*semen Asteris Cat⌈alogi⌉ Plant⌈arum⌉ N⌈umer⌉o* 720
	323.	*semen Asteris Cat⌈alogi⌉ Plant⌈arum⌉ n⌈umer⌉o* 718.
	324	*semen Asteris Cat⌈alogi⌉ Plant⌈arum⌉ n⌈umer⌉o* 722.
	325	*semen asteris ab alio collectum sub signo / A.*
	326.	*semen Asteris ab alio collectum sub signo / B.*
	327	*semen Virgae aureae Cat⌈alogi⌉ Plant⌈arum⌉ n⌈umer⌉o* 724.
	328.	*semen Jacobeae* [sic!] *Cat⌈alogi⌉ Plant⌈arum⌉ N⌈umer⌉o* 726.
	329	*semen Jacobeae* [sic!] *Cat⌈alogi⌉ Plant⌈arum⌉ n⌈umer⌉o* 728 *In duabus / chartis*
ascicu-	330.	*semen Jacobeae* [sic!] *Cat⌈alogi⌉ Plant⌈arum⌉ n⌈umer⌉o* 729. *In duabus / chartis.*
	331.	*semen Jacobeae* [sic!] *Cat⌈alogi⌉ Plant⌈arum⌉ n⌈umer⌉o* 730.
	332.	*Semen Doronici Cat⌈alogi⌉ Plant⌈arum⌉ n⌈umer⌉o* 731.
	333.	*semen Doronici Cat⌈alogi⌉ Plant⌈arum⌉ n⌈umer⌉o* 732.
	334.	*semen Leucanthemi Cat⌈alogi⌉ Plant⌈arum⌉ n⌈umer⌉o* 735.
	335.	*semen Ptarmicae Cat⌈alogi⌉ Plant⌈arum⌉ n⌈umer⌉o* 741.

---

309 *verbessert aus* [.]

/18r/

	| 336	*Semen Ptarmicae Folio tenuissi- / mè laciniato in Cat⌈alogo⌉ Pl⌈antarum⌉ non descri- / ptae*
lus 32	⎨ 337.	*Semen Centaurij Cat⌈alogi⌉ Plant⌈arum⌉ N⌈umer⌉o* 638.
	| 338.	*semen Centaurij Cat⌈alogi⌉ Plant⌈arum⌉ N⌈umer⌉o* 639
	⎩ 339.	*semen Carlinae Cat⌈alogi⌉ Plant⌈arum⌉ N⌈umer⌉o* 745.
	⎧ 340	*semen Acetosae Alpinae Cat⌈alogi⌉ Plant⌈arum⌉ / n⌈umer⌉o* 750.
	| 341	*semen Lapathi Cat⌈alogi⌉ Plant⌈arum⌉ N⌈umer⌉o* 755
	| 342	*semen Atriplicis Cat⌈alogi⌉ Plant⌈arum⌉ n⌈umer⌉o* 758
	| 343	*semen Atriplicis Cat⌈alogi⌉ Plant⌈arum⌉ n⌈umer⌉o* 760.
	| 344	*semen Atriplicis Cat⌈alogi⌉ Plant⌈arum⌉ n⌈umer⌉o* 761.
	| 345	*semen Chenopodij Cat⌈alogi⌉ Plant⌈arum⌉ N⌈umer⌉o* 763.
fasci culus 33.	⎨ 346.	*Semen Chenopodii Cat⌈alogi⌉ Plant⌈arum⌉ n⌈umer⌉o ...*
	| 347	*semen Chenopodii App⌈endicis⌉ Cat⌈alogi⌉ Pl⌈antarum⌉ N⌈umer⌉o* / 1151.
	| 348	*semen Bliti arborescentis Cat⌈alogi⌉ Plant⌈arum⌉ / n⌈umer⌉o* 767.
	| 349.	*semen Blitoidis D⌈ominis⌉ D⌈octoris⌉ Gmel⌈ini⌉ App⌈endicis⌉ / Cat⌈alogi⌉ Pl⌈antarum⌉* 1137. *In duabus chartis.*
	| 350	*semen Persicariae Cat⌈alogi⌉ Plant⌈arum⌉ N⌈umer⌉o* 776
	⎩ 351.	*semen Fagopyri Cat⌈alogi⌉ Plant⌈arum⌉ N⌈umer⌉o* 785.
	⎧ 352	*semen Bistortae Cat⌈alogi⌉ Plant⌈arum⌉ N⌈umer⌉o* 786.[a]
	| 353.	*semen Bistortae Cat⌈alogi⌉ Plant⌈arum⌉ n⌈umer⌉o* 787.
	| 354	*semen Bistortae Cat⌈alogi⌉ Plant⌈arum⌉ N⌈umer⌉o* 788.
fasci- culus 34	⎨ 355.	*semen Bistortae Cat⌈alogi⌉ Plant⌈arum⌉ N⌈umer⌉o* 789
	| 356	*semen Graminis Cat⌈alogi⌉ Plant⌈arum⌉ n⌈umer⌉o* 801. *In / duabus chartis.*
	| 357	*semen Graminis Cat⌈alogi⌉ Plant⌈arum⌉ n⌈umer⌉o* 798.
	| 358	*semen Graminis Cat⌈alogi⌉ Plant⌈arum⌉ n⌈umer⌉o* 837.

/18v/

	| 359.	*semen Schoenolaguri Cat⌈alogi⌉ Plant⌈arum⌉* 838

[a] $_{7}8_{6.}$ *verbessert aus* 7

	| 360.	*Semen Graminis panici Cat⌈alogi⌉ Plant⌈arum⌉ N⌈umer⌉o* 806.
	| 361.	*Semen Urticae Cat⌈alogi⌉ Plant⌈arum⌉* 902
	| 362	*Nuculae Laricis Cat⌈alogi⌉ Plant⌈arum⌉ n⌈umer⌉o* 1074.
	| 363.	*Semen Salicis Cat⌈alogi⌉ Plant⌈arum⌉ N⌈umer⌉o* 1088.
	\ 364.	*semen Salicis Cat⌈alogi⌉ Plant⌈arum⌉ n⌈umer⌉o* 1090
	(365.	*semen Elaeagni Cat⌈alogi⌉ Plant⌈arum⌉ N⌈umer⌉o* 1095
	| 366.	*Semen Elaeagni*[a] *excorticatum.*
	| 367	*Semen Chamaerrhododendri fl⌈ore⌉ purpu- / reo spec⌈ioso⌉ D⌈ominis⌉ D⌈octoris⌉ Gmel⌈ini⌉ Cat⌈alogi⌉ Plant⌈arum⌉ n⌈umer⌉o* 1097.
	| 368	*Semen Chamaerrhododendri glabrae / magno folio, subtus non rubiginoso. / Cat⌈alogi⌉ Plant⌈arum⌉ N⌈umer⌉o* 1098.
	| 369	*Semen Sambuci racemosae rubrae / Cat⌈alogi⌉ Plant⌈arum⌉ N⌈umer⌉o* 1099.
asciculus 35.	{ 370.	*Semen Spireae* [sic!] *Hyperici folio Cat⌈alogi⌉ Plant⌈arum⌉ / N⌈umer⌉o* 1114
	| 371.	*Semen Spireae* [sic!] *Sorbi folio Cat⌈alogi⌉ Plant⌈arum⌉ n⌈umer⌉o* 1115.
	| 372	*Semen Grossulariae Cat⌈alogi⌉ Plant⌈arum⌉* 1126
	| 373.	*semen Grossulariae Cat⌈alogi⌉ Plant⌈arum⌉ N⌈umer⌉o* 1125. / *Huius baccae Avellanam*[3] *magnitu- / dine aequant supe- rantq⌈ue⌉*
	| 374.	*Semen Grossulariae Cat⌈alogi⌉ Plant⌈arum⌉ N⌈umer⌉o* 1127.
	| 375.	*semen Corni fructu coeruleo Cat⌈alogi⌉ Plant⌈arum⌉ / n⌈umer⌉o* 1128.
	\ 376.	*Fructus diversarum Mespilorum in / quinque chartis.*
	(377	*semen Camphoratae Append⌈icis⌉ Cat⌈alogi⌉ Plant⌈arum⌉ / N⌈umer⌉o* 1136.
as-	| 378	*semen Camphoratae App⌈endicis⌉ Cat⌈alogi⌉ Pl⌈antarum⌉ N⌈umer⌉o* 1150.

19r/

	| 379	*Semen Corispermi App⌈endicis⌉ Cat⌈alogi⌉ Pl⌈antarum⌉ n⌈umer⌉o* 1140.
	| 380	*Semen Ephedrae App⌈endicis⌉ Cat⌈alogi⌉ Pl⌈antarum⌉ n⌈umer⌉o* 1142. / *In tribus chartis.*

nach Elaeagni *in eckigen Klammern, d. h. gestr.*, Cat. Pl.

ciculus 36.	{ 381.	*Semen Salicorniae App⌈endicis⌉ Cat⌈alogi⌉ Plantarum / N⌈umer⌉o* 1144.
	⎩ 382.	*Semen Plantae cuiusdam mihi incog- / nitae, semine spinaciae aculeato App⌈endicis⌉ Cat⌈alogi⌉ Pl⌈antarum⌉ N⌈umer⌉o* 1153. [sic!; vermutlich Nr. 1152]

Semina exoticarum plantarum

1.	*semen Dactyli Sinensis.*
2.	*Semen Vitis Bucharici* [sic!] *Kisch-müsch / illis dicti* [sic!]
3.	*semen et fructus fruticis Japanensis, / colore, odore et sapore Crocum Aust- / riacum aemulans.*
4.	*semen Plantae sinensis. An semen / molle Tourn⌈efortii⌉ I⌈nstitutionum⌉ R⌈ei⌉ H⌈erbariae⌉ App⌈endice⌉ pag⌈ina⌉* 661.[4]

Semina partim a me, partim ab aliis collecta, quorum nomina non constant.

	Fasciculus 1*mus decem semina diver- / sarum plantarum continet.*
	Fasciculus 2*dus decem semina diversa- / rum plantarum continet.*

/19v/

	fasciculus tertius decem semina diversa- / rum plantarum continet.
	fasciculus quartus decem semina diversa- / rum plantarum continet.
	Fasciculus quintus decem semina diversa- / rum plantarum continet.
	Fasciculus 6*tus decem semina variarum / plantarum continet.*
	Fasciculus 7*mus Seminum variorum / in itineribus confusorum.*
	Saccus semina quam plurimarum plan- / tarum, in itineribus confusa continens, / meaq⌈ue⌉ sententia haec est: serenda illa / esse quasi neglecta, partim in prato, / partim in loco quodam arenoso ad / littus maris, forte prodibunt plantae / cultoris solertiam Saepè eludentes.

Semina quaedam post absolutum catalogum jnventa.

1.	*semen Tetragonanthi Cat⌈alogi⌉ Plant⌈arum⌉ N⌈umer⌉o* 126. [sic!]
2	*An semen Pulmonariae.*
3	*semina Hedysari clypeati variorum colo- / rum Cat⌈alogi⌉ Plant⌈arum⌉*

	N⌈umer⌉o 532.
4.	*semen Delphinij*

/20r/

5.	*Semen Plantae an Jacobeae* [sic!] *species.*
6.	*Semen Astragali*
7	*semen hesperidis flore carneo*
8.	*Semen Hesperidis folio glabro, glauco Belli- / dis.*
9.	*semen Pulsatillae Carotae folio*
10.	*semen Anacampserotis.*
11.	*semen Astragali cuiusdam.*
12.	*semen an Medicae an Meliloti*
13.	*semen Baikaliae fl⌈ore⌉ intensé purpureo.*
14	*semen Viciae cujusdam.*
15.	*semen Cardiacae*
16.	*semen an Imperatoriae cuiusdam speci- / ej*
17.	*semen Imperatoriae Saxatilis.*
18	*semen Hedysari primae speciej Catal⌈ogi⌉ mej.*
19	*semen Alyssi.*
20	*semen Veratri fl⌈ore⌉ atrorubente.*
21	*semen Cepae*
22.	*Lycoperdon cauliferum, polline pulveri / sternutatorio*[a] *Hispanico simili refertum: / An forte areolis hortorum superinsper- / sus germinaturus sit, tentandum*?

/20v/

Catalogus
Quarundam plantarum & radicum
in seminum cistam repositarum

1.	*Planta mihi incognita, cum semi- / ne maturo. Obveniebat in locis sal- / sis deserti Urinskinensis, Aveo scire / an e semine proditura sit planta / & quomodo vocetur.*
2.	*filicula in Catal⌈ogo⌉ Pl⌈antarum⌉ / N⌈umer⌉o* 919. *descri- / pta, tentare quis potest, non ne / germinatura sit, terrae commissa.*
3.	*Absinthium arborescens frutex in- / teger*
4.	*Elaeagnus frutex*

---

[a] sternutatorio *verbessert aus* [..]

5.	*Ramus Laricis folio non deciduo* / Сланéць [russ. *slanec'* ?] *Russis, cum conis.*
6.	*Ramus Pinastri Catal⌈ogi⌉ mej.*
7.	*Salix crispa Catal⌈ogi⌉ mej.*
8	*frutex Chamaerrhodendros* Пъя́- / на травá [russ. *p'jana travá*] *Russis vel* че⌈р⌉ногри⌈въ⌉ [russ. *černogriv*].
9	*species Baikaliae Radice Alcanae / instar rubra, ab alio mihi allata*
10.	*fasciculus Absinthi cum semi- / ne maturo*
11.	*Orobanche triplici caule, cujus se- / mina insuper misi*:

/21r/

12.	*Bulbi & radices Cepae albae et Lu- / sitanicae allij Acori radice*
13.	*Bulbi Lilii reflexi miniacei Catalogi mej*

Catalogus
fruticum transmissorum

1.	*tres Crataegi* Яблоки [russ. *jabloki*] *Russis.*
2.	*quatuor Chamaerrhododendri frutices*
3.	*Ribes Grossulariae folio, frutex unus*
4.	*Arbor Kisil dicta.*
5.	*Betula Catal⌈ogi⌉ mej N⌈umero⌉* 1079
6.	*frutex spireae*[a] [sic!] *Hyperici folio.*
7.	*frutex spireae* [sic!] *Salicis folio.*

Übersetzung von B.2.

/10r/

Verzeichnis der Samen, die um *Irkuck* und um den See *Bajkal* bis *Barguzinskoj ostrog* gesammelt worden sind

	⎛ 1.	der Samen vom Polygonatum unter Nr. 1 des Pflanzenverzeichnisses
	⎜ 2.	der Samen der Felsen-Gentiana unter Nr. 4. des Pflanzenverzeichnisses; Sie liebt hohe, bemooste und felsige Standorte
	⎜ 3.	der Samen von Gentiana unter Nr. 5 des Pflanzenverzeichnisses; Sie bevorzugt ebene, trockenere Standorte.

[a] spireae *verbessert aus* ae

	4.	der Samen von Gentiana unter Nr. 6 des Pflanzenverzeichnisses; Sie bevorzugt schattige, waldige Standorte.
	5.	der Samen von Gentiana unter Nr. 7 des Pflanzenverzeichnisses; Sie liebt waldige, feuchtere Standorte.
	6.	der Samen von Gentiana unter Nr. 8 des Pflanzenverzeichnisses; Sie liebt feuchtere Wiesen.
Päckchen 1.	7.	der Samen von Gentiana unter Nr. 10 des Pflanzenverzeichnisses; Sie liebt sumpfige Standorte.
	8.	der Samen von Gentiana; Pflanzenverzeichnis unter Nr. 11; Sie kommt mit der vorhergehenden [Species] an ähnlichen Standorten vor.
	9.	der Samen von Gentiana unter Nr. 12 des Pflanzenverzeichnisses; Sie kommt mit der vorhergehenden [Species] vor.
	10.	der Samen von Gentianella unter Nr. 13 und [Nr.] 14 des Pflanzenverzeichnisses; Sie liebt feuchte, mit dünnem Gras bewachsene und schattige Standorte.
	11.	der Samen von Gentianella unter Nr. 15 des Pflanzenverzeichnisses; in drei Briefen, zu verschiedenen Zeiten gesammelt, zusammen mit dem Samen von Tetragonanthos humilior (Niedrigerer Tetragonanthos); Pflanzenverzeichnis Nr. 122
	12.	die Samen von verschiedenen Gentiana[-Species], die von anderen während meiner Abwesenheit in *Irkuck* und an anderen Orten gesammelt worden sind

/10v/

	13.	der Samen von Convolvulus unter Nr. 18 des Pflanzenverzeichnisses
	14.	der Samen von Glaux maritima unter Nr. 24 des Pflanzenverzeichnisses
	15.	der Samen von Apocynum unter Nr. 26 des Pflanzenverzeichnisses; Es liebt sandige, steinige und sonnige Standorte.
Päckchen 2.	16.	der Samen von Tamnoides unter Nr. 27 des Pflanzenverzeichnisses; Es bevorzugt schattige, waldige Standorte und die Nähe von Bäumen und Sträuchern.
	17.	der Samen von Tithymalus, ich weiß nicht, von welcher Spe-

		cies
	18.	der Samen von Tithymalus; ich weiß nicht, von welcher Species
	19.	der Samen von Campanula unter Nr. 38 des Pflanzenverzeichnisses
	20.	der Samen von Campanula unter Nr. 39 des Pflanzenverzeichnisses
	21.	der Samen von Androsace unter Nr. 55 des Pflanzenverzeichnisses; in vier Briefchen zusammen mit dem Samen von Tetragonanthos humilior (Niedriger Tetragonanthos) unter Nr. 122 des Pflanzenverzeichnisses
	22.	der Samen von Androsace unter Nr. 58 des Pflanzenverzeichnisses
	23.	der Samen von Androsace unter Nr. 59 des Pflanzenverzeichnisses; in drei Briefchen
	24.	der Samen von Primula veris (Frühlings-Primula) unter Nr. 63 des Pflanzenverzeichnisses; in zwei Briefen; Sie liebt waldige und schattige Standorte.
Päckchen 3.	25.	der Samen von Primula veris (Frühlings-Primula) unter Nr. 64 des Pflanzenverzeichnisses; in drei Briefen; Ich vermute, daß auch Samen der Species unter Nr. 65 des Pflanzenverzeichnisses daruntergemischt sind.
	26.	der Samen von Primula veris (Frühlings-Primula) unter Nr. 66 des Pflanzenverzeichnisses
	27.	der Samen von Primula veris (Frühlings-Primula); unter Nr. 68 des Pflanzenverzeichnisses; in zwei Briefen; [Der Samen] wurde von Pflanzen unterschiedlicher Höhe gesammelt.
	28.	der Samen von Primula veris (Frühlings-Primel), ich weiß nicht, von welcher Species
	29.	der Samen von Plantago unter Nr. 74 des Pflanzenverzeichnisses
Päck-	30.	der Samen von Plantago unter Nr. 75 des Pflanzenverzeichnisses
	31.	der Samen von Plantago unter Nr. 76 des Pflanzenverzeichnisses; in zwei Briefen

/11r/

	32.	der Samen von Plantago unter Nr. 69 des Pflanzenverzeich-

		nisses
	33.	der Samen von Scutellaria unter Nr. 79 des Pflanzenverzeichnisses; in zwei Briefchen
chen 4.	34.	der Samen von Buglossum unter Nr. 83 des Pflanzenverzeichnisses; in drei Briefen; Es liebt sandige und sonnige Standorte.
	35.	der Samen von Lithospermum unter Nr. 90 des Pflanzenverzeichnisses
	36.	Der Samen von Lithospermum unter Nr. 91 des Pflanzenverzeichnisses
	37.	der Samen von Plumbago unter Nr. 92 des Pflanzenverzeichnisses
	38.	der Samen von Lysimachia unter Nr. 98 des Pflanzenverzeichnisses
	39.	der Samen von Veronica unter Nr. 101 des Pflanzenverzeichnisses; in zwei Briefchen
	40.	der Samen von Veronica unter Nr. 105 des Pflanzenverzeichnisses
	41.	der Samen von Veronica unter Nr. 110 des Pflanzenverzeichnisses
Päckchen 5.	42.	der Samen von Polemonium unter Nr. 114 des Pflanzenverzeichnisses
	43.	der Samen von Sanguisorba unter Nr. 119 [sic!] des Pflanzenverzeichnisses; in zwei Briefchen
	44.	der Samen von Pimpinella Sanguisorba unter Nr. 120 [sic!] des Pflanzenverzeichnisses; in drei Briefchen
	45.	der Samen von Tetragonanthos unter Nr. 121 des Pflanzenverzeichnisses
	46.	der Samen von Tetragonanthos humilior (Niedriger Tetragonanthos) unter Nr. 122 des Pflanzenverzeichnisses
	47.	der Samen von Scrophularia unter Nr. 126 des Pflanzenverzeichnisses; in drei Briefen; Sie liebt sandige und sonnige Standorte.
	48.	der Samen von Antirrhinoides mit dem Blatt von Linaria unter Nr. 128 des Pflanzenverzeichnisses; in drei Briefen
Päckchen 6.	49.	der Samen von Linaria unter Nr. 131 des Pflanzenverzeichnisses
	50.	der Samen von Linaria unter Nr. 132 des Pflanzenverzeichnisses

	⎩ 51.	der Samen einer Species von Linaria, die im Pflanzenverzeichnis, nicht beschrieben ist.
	⎧ 52.	der Samen von Pedicularis unter Nr. 133 des Pflanzenverzeichnisses; in zwei Briefen
Päck-	⎪ 53.	der Samen von Pedicularis unter Nr. 134 des Pflanzenverzeichnisses
	⎪ 54.	der Samen von Pedicularis unter Nr. 135 des Pflanzenverzeichnisses
	⎪ 55.	der Samen von Pedicularis unter Nr. 137 des Pflanzenverzeichnisses

/11v/

	⎪ 56.	der Samen von Pedicularis unter Nr. 138 des Pflanzenverzeichnisses
	⎪ 57.	der Samen von Pedicularis unter Nr. 139 des Pflanzenverzeichnisses
	⎪ 58.	der Samen von Pedicularis; Pflanzenverzeichnis Nr. 141; in drei Briefen, worin auch die Varietät unter Nr. 142 sein wird
chen 7.	⎨ 59.	der Samen von Pedicularis unter Nr. 144 des Pflanzenverzeichnisses
	⎪ 60.	der Samen von Pedicularis unter Nr. 145 [sic!] des Pflanzenverzeichnisses; in zwei Briefen
	⎪ 61.	der Samen einer mir unbekannten Species von Pedicularis, der von jemand anderem gesammelt worden ist.
	⎪ 62.	der Samen von Pedicularis palustris rubra, pumila (Kleine rote Sumpf-Pedicularis) unter Nr. des Pflanzenverzeichnisses
	⎩ 63.	der Samen von einer bestimmten Pedicularis.
	⎧ 64.	der Samen von Polygala unter Nr. 156 des Pflanzenverzeichnisses; in zwei Briefen
	⎪ 65.	der Samen von Orobanche unter Nr. 157 des Pflanzenverzeichnisses
	⎪ 66.	der Samen von Phlomis unter Nr. 162 des Pflanzenverzeichnisses
	⎪ 67.	der Samen von Cassida unter Nr. 163 des Pflanzenverzeichnisses
	⎪ 68.	der Samen von Moldavica unter Nr. des Pflanzenverzeichnisses; in zwei Briefen
Päckchen 8.	⎨ 69.	der Samen von Moldavica unter Nr. 169 des Pflanzenverzeichnisses

	70.	der Samen von Ruyschiana unter Nr. 170 des Pflanzenverzeichnisses
	71.	der Samen von Boguldea unter Nr. 172 des Pflanzenverzeichnisses
	72.	der Samen von Boguldea unter Nr. 173 des Pflanzenverzeichnisses
	73.	der Samen von Marrubiastrum unter Nr. 181 des Pflanzenverzeichnisses
	74.	der Samen von Lavandula unter Nr. 190 und [Nr. 191] des Pflanzenverzeichnisses
	75.	der Samen von Chamaedris unter Nr. 194 des Pflanzenverzeichnisses; in zwei Briefen
Päck-	76.	der Samen von Isatis unter Nr. 195 des Pflanzenverzeichnisses
	77	der Same von Nasturtium unter Nr. 197 des Pflanzenverzeichnisses
	78.	der Samen von Alysson Veronicae folio (Alysson mit dem Blatt von Veronica) unter Nr. 203 des Pflanzenverzeichnisses

/12r/

	79.	der Samen von Alysson unter Nr. 203 des Pflanzenverzeichnisses
	80.	der Samen von Alysson unter Nr. 205 des Pflanzenverzeichnisses
	81.	der Samen von Alysson unter Nr. 206 des Pflanzenverzeichnisses
chen 9.	82.	der Samen von Alysson unter Nr. 207 des Pflanzenverzeichnisses
	83.	der Samen von Alysson unter Nr. 208 des Pflanzenverzeichnisses
	84.	der Samen von Alysson lutei folio oblongo angusto (Gelbblühendes Alysson mit länglichem, schmalen Blatt)
	85.	Der Same von Alysson, von dem es nicht möglich war, die Blüten noch die Blätter zu sehen. Es wächst auf trockneren Ebenen der Steppen.
	86.	der Samen von Leucoium unter Nr. 216 des Pflanzenverzeichnisses; in zwei Briefen
	87.	der Samen von Hesperis unter der 219. Species des Pflanzenverzeichnisses

	| 88.	der Samen von Hesperis unter Nr. 220 des Pflanzenverzeichnisses
	| 89.	der Samen von Hesperis unter Nr. 222 des Pflanzenverzeichnisses
Päckchen 10.	{ 90.	der Samen von Hesperis unter Nr. 223 des Pflanzenverzeichnisses; in drei Briefen
	| 91.	der Samen von Hesperis unter Nr. 224 des Pflanzenverzeichnisses; in drei Briefen
	| 92.	der Samen von Hesperis unter Nr. 225 des Pflanzenverzeichnisses
	(93.	der Samen von Sisymbrium unter Nr. 241 des Pflanzenverzeichnisses; in zwei Briefen
	(94.	der Samen von Eruca unter Nr. 242 des Pflanzenverzeichnisses
	| 95.	der Samen von Hypecoon unter Nr. 253 des Pflanzenverzeichnisses
	| 96.	der Same von Chelidonium unter Nr. 254 des Pflanzenverzeichnisses
Päck-	| 97.	der Samen des Papaver horti Elthamensis (Papaver des Hortus Elthamensis) unter Nr. 267 des Pflanzenverzeichnisses
	| 98.	der Samen von Arenaria Hyperici folio (Arenaria mit dem Blatt von Hypericum) unter Nr. 274 des Pflanzenverzeichnisses

/12v/

	| 99.	der Samen von Arenaria unter der Nr. 275 des Pflanzenverzeichnisses
	| 100.	der Samen von Arenaria unter Nr. 276 des Pflanzenverzeichnisses
	| 101.	der Samen von Arenaria unter Nr. 277 des Pflanzenverzeichnisses
	| 102.	der Samen von Arenaria unter Nr. 278 des Pflanzenverzeichnisses
	| 103.	der Samen von Alsine unter Nr. 282 des Pflanzenverzeichnisses
	| 104.	der Samen von Alsine unter Nr. 289 des Pflanzenverzeichnisses; in drei Briefen, zu verschiedenen Zeiten gesammelt
	| 105.	Der Samen von Arenaria unter dem Zeichen A ist von jemand anderem gesammelt worden.

chen 11.	⎨ 106.	Der Samen von Arenaria unter dem Zeichen B ist von jemand anderem gesammelt worden.
	⎪ 107.	der Samen von Alsine unter [dem Zeichen] C, der von jemand anderem gesammelt worden ist
	⎪ 108.	der Samen von Alsine unter Nr. 291 des Pflanzenverzeichnisses
	⎪ 109.	der Samen von Myosotis unter Nr. 296 des Pflanzenverzeichnisses
	⎪ 110.	der Samen von Myosotis, an deren Species ich mich nicht erinnere
	⎪ 111.	der Samen von Myosotis, der von jemand anderem gesammelt worden ist
	⎪ 112.	der Samen von Myosotis, der von jemand anderem gesammelt worden ist.
	⎪ 113.	der Samen von Myosotis, der von jemand anderem gesammelt worden ist.
	⎩ 114.	der Samen von Alsinastrum unter Nr. 297 des Pflanzenverzeichnisses
Päckchen 12.	⎨ 115.	der Samen von Kali in fünf verschiedenen Briefen unter Nr. 301 des Pflanzenverzeichnisses
	⎧ 116	der Samen von Geum unter Nr. 302 des Pflanzenverzeichnisses; Es liebt schattige und bemooste Standorte und feuchten Boden. in vier Briefen
Päck-	⎪ 117.	der Samen von Geum unter Nr. 303 des Pflanzenverzeichnisses
	⎪ 118.	der Samen von Geum unter Nr. 304 des Pflanzenverzeichnisses
	⎪ 119.	der Samen von Geum; Pflanzenverzeichnis Nr. 305
	⎪ 120.	der Samen von Geum unter Nr. 307 des Pflanzenverzeichnisses

/13r/

	⎪ 121.	der Samen von Geum einer mir unbekannten Species, der von jemand anderem gesammelt worden ist, unter dem Zeichen A
chen 13.	⎨ 122.	der Samen von Geum, der von jemand anderem gesammelt worden ist, unter dem Zeichen B
	⎩ 123.	der Samen von Geum, der von jemand anderem gesammelt worden ist, unter dem Zeichen C

	⎛124.	der Samen von Hypericum unter Nr. 309 des Pflanzenverzeichnisses
	⎜125.	der Samen von Ascyrum unter Nr. 311 des Pflanzenverzeichnisses
	⎜126.	der Samen von Pyrola unter Nr. 314 des Pflanzenverzeichnisses
	⎜127.	der Samen von Anacampseros flore flavo (Anacampseros mit gelber Blüte) unter Nr. 328 des Pflanzenverzeichnisses
	⎜128.	der Samen von Ulmaria unter Nr. 330 des Pflanzenverzeichnisses
	⎜129.	der Samen von Juncago unter Nr. 332 des Pflanzenverzeichnisses
Päckchen 14.	⎨ 130.	der Samen von Juncago unter Nr. 333 des Pflanzenverzeichnisses
	⎜131.	der Samen von Geranium unter Nr. 338 des Pflanzenverzeichnisses
	⎜132.	der Samen von Geranium unter nr. 341 des Pflanzenverzeichnisses
	⎜133.	der Samen von Geranium unter Nr. 343 des Pflanzenverzeichnisses
	⎜134.	der Samen von Geranium Columbini (Taubengraues Geranium) unter Nr. 339 des Pflanzenverzeichnisses
	⎜135.	der Samen von Geranium unter Nr. 339 des Pflanzenverzeichnisses
	⎝136.	die Samen dreier Species von Geranium unter den Zeichen A, B und C, die von anderen gesammelt worden sind.
	⎛137.	die Samen von Turritis in zwei Briefen
	⎜138.	der Samen von Thalictrum unter Nr. 350 des Pflanzenverzeichnisses; in zwei Briefen
Päck-	⎜139.	Der Samen von Thalictrum, der von jemand anderem gesammelt worden ist; ich weiß nicht, von welcher Species
	⎜140.	der Samen von Helleborus niger (Schwarzer Helleborus) unter Nr. 353 des Pflanzenverzeichnisses
	⎜141.	Der Samen von Helleborus niger (Schwarzer Helleborus) unter Nr. 354 des Pflanzenverzeichnisses

/13v/

	⎜142.	der Samen von Veratrum unter Nr. 536 des Pflanzenverzeichnisses

	143.	der Samen von Veratrum unter Nr. 537 des Pflanzenverzeichnisses
chen 15.	144.	der Samen von Populago fumariae folio (Populago mit dem Blatt von Fumaria) unter Nr. 360 des Pflanzenverzeichnisses
	145.	der Samen von Thalictrioides unter Nr. 361 des Pflanzenverzeichnisses
	146.	der Samen von Paeonia unter Nr. 362 des Pflanzenverzeichnisses; in zwei Briefen
	147.	der Samen von Anemone unter Nr. 363 des Pflanzenverzeichnisses
	148.	der Samen von Anemone unter Nr. 364 des Pflanzenverzeichnisses
	149.	der Samen von Anemone unter Nr. 365 des Pflanzenverzeichnisses
	150.	der Samen von Anemonoides unter Nr. 366 des Pflanzenverzeichnisses
	151.	die Samen von Pulsatilla unter Nr. 367 und [Nr.] 368 des Pflanzenverzeichnisses; in einem Päckchen
	152.	der Samen von Pulsatilla unter Nr. 373 des Pflanzenverzeichnisses
Päckchen 16.	153.	der Samen von Ranunculus unter Nr. 378 des Pflanzenverzeichnisses
	154.	der Samen von Ranunculus unter Nr. 380 des Pflanzenverzeichnisses; in zwei Briefen
	155.	der Samen von Ranunculus unter Nr. 383 des Pflanzenverzeichnisses
	156.	der Samen von Ranunculus unter Nr. 384 des Pflanzenverzeichnisses; in zwei Briefen
	157.	Der Samen von Clematitis unter Nr. 396 des Pflanzenverzeichnisses; in zwei Briefen
	158.	der Samen von Caryophyllata montana (Berg-Caryophyllata) unter Nr. 398 des Pflanzenverzeichnisses
	159.	der Samen von Caryophyllata unter Nr. 399 des Pflanzenverzeichnisses
	160.	der Samen von Fragaria unter Nr. 405 des Pflanzenverzeichnisses
	161.	der Samen von Fragaria unter Nr. 406 des Pflanzenverzeichnisses
Päck-	162.	der Samen von Fragaria unter Nr. 407 des Pflanzenverzeich-

		nisses
	| 163.	der Samen von Fragaria, ich weiß nicht, von welcher Species; von jemand anderem gesammelt
	| 164.	der Samen von Pentaphylloides rectum fruticosum Eboracense (Aufrechtes, eboracensisches[5] Strauch-Pentaphylloides); Pflanzenverzeichnis Nr. 409

/14r/

	| 165.	der Samen von Pentaphylloides Orientale foliis alatis (Orientalisches Pentaphylloides mit geflügelten Blättern) unter Nr. 413 des Pflanzenverzeichnisses
	| 166.	der Samen desselben Pentaphylloides, das höher und rauhhaariger ist; Die erste Varietät ist mit dem Buchstaben A bezeichnet worden.
chen 17.	{ 167.	Der Samen desselben Pentaphylloides, das aufrecht und sehr hoch ist; die zweite Varietät unter dem Buchstaben B.
	| 168.	der Samen von Pentaphylloides unter Nr. 415 des Pflanzenverzeichnisses
	| 169.	der Samen von Pentaphylloides unter Nr. 416 des Pflanzenverzeichnisses; in drei Briefen
	| 170.	der Samen von Pentaphylloides unter Nr. 418 des Pflanzenverzeichnisses
	| 171.	der Samen von Pentaphylloides unter Nr. 419 des Pflanzenverzeichnisses; in zwei Briefen
	| 172.	der Samen von Pentaphylloides unter Nr. 420 des Pflanzenverzeichnisses
	| 173.	der Samen von Pentaphylloides unter Nr. 421 des Pflanzenverzeichnisses; in drei Briefen
	| 174.	der Samen von Pentaphylloides unter Nr. 422 des Pflanzenverzeichnisses
	| 175.	der Samen von Pentaphylloides unter Nr. 423 des Pflanzenverzeichnisses; in zwei Briefen
	| 176.	der Samen von Pentaphylloides unter Nr. 424 des Pflanzenverzeichnisses
	| 177.	der Samen von Pentaphylloides unter Nr. 425 des Pflanzenverzeichnisses; in zwei Briefen
	| 178.	Der Samen von Pentaphylloides, von welcher Species weiß ich nicht; von jemand anderem gesammelt
	(179.	der Samen von Pentaphylloides, von welcher Species, weiß ich nicht; von jemand anderem gesammelt

/14v/

	⎛180.	der Samen von Christophoriana baccis rubris (Christophoriana mit roten Beeren) unter Nr. 426 des Pflanzenverzeichnisses; in zwei Briefen
	⎜181.	der Samen von Chamnaerion siculum (Sizilisches Chamnaerion) unter Nr. 431 des Pflanzenverzeichnisses
	⎜182.	der Samen einer doldentragenden Pflanze; vielleicht der Same von Foeniculum (Fenchel) unter dem Buchstaben A
	⎜183.	der Samen einer doldentragenden Pflanze unter Nr. 464 des Pflanzenverzeichnisses; in zwei Briefen
	⎜184.	der Samen von Bupleurum latifolium (Breitblättriges Bupleurum) unter Nr. 448 des Pflanzenverzeichnisses
	⎜185.	der Samen von Caryophyllus unter Nr. 447 [sic!] des Pflanzenverzeichnisses
Päckchen 18.	⎨186.	der Samen von Caryophyllus unter Nr. 471 des Pflanzenverzeichnisses
	⎜187.	der Samen von Lychnis unter Nr. 475 des Pflanzenverzeichnisses; in zwei Briefen
	⎜188.	der Samen von derselben Lychnis; die erste Varietät unter Nr. 1
	⎜189.	der Samen von derselben Lychnis, die zweite Varietät unter Nr. 2
	⎜190.	der Samen von Lychnis unter Nr. 477 des Pflanzenverzeichnisses
	⎜191.	der Samen von Lychnis unter Nr. 480 des Pflanzenverzeichnisses; in drei Briefen
	⎜192.	Der Samen von Lychnis, der von jemand anderem gesammelt worden ist; in einem Briefchen, das von einem Faden zusammengehalten wird.
	⎝193.	Der Samen von Lychnis, der von jemand anderem gesammelt worden ist; unter dem Buchstaben A
	⎛194.	der Samen von Linum unter Nr. 482 des Pflanzenverzeichnisses; in zwei Briefen
Päck-	⎜195.	der Samen von Limonium unter Nr. 484 des Pflanzenverzeichnisses
	⎜196.	der Samen von Limonium unter Nr. 487 des Pflanzenverzeichnisses; in zwei Briefen

/15r/

	| 197.	der Samen von Lilio-asphodelus unter Nr. 488 des Pflanzenverzeichnisses
	| 198.	der Samen von Iris unter Nr. 490 des Pflanzenverzeichnisses; in zwei Briefen
	| 199	der Samen von Lilium floribus reflexis (Lilium mit zurückgebogenen Blüten) unter Nr. 494 des Pflanzenverzeichnisses
	| 200.	der Samen von Lilium unter Nr. 495 des Pflanzenverzeichnisses; in drei Briefen; Von diesen Lilien wurden auch getrocknete Zwiebeln mitgeschickt.
	| 201.	Der Samen von Ornithogalum unter Nr. 496 des Pflanzenverzeichnisses
	| 202.	der Samen von Cepa unter Nr. 499 des Pflanzenverzeichnisses
	| 203.	der Samen von Cepa unter Nr. 500 des Pflanzenverzeichnisses
	| 204.	der Samen von Cepa; Pflanzenverzeichnis von derselben Nummer; bloß eine Varietät der vorhergehenden
chen 19. und 20.	{ 205.	der Samen von derselben Cepa.
	| 206.	der Samen von Cepa unter Nr. 501 des Pflanzenverzeichnisses
	| 207.	der Samen von Cepa unter Nr. 502 des Pflanzenverzeichnisses; in zwei Briefen
	| 208.	der Samen einer Species von Cepa, die im Pflanzenverzeichnis nicht beschrieben worden ist; unter dem Buchstaben A
	| 209.	vielleicht der Samen von Porrum unter Nr. 504 des Pflanzenverzeichnisses
	| 210.	Der Samen von Allium unter Nr. 507 des Pflanzenverzeichnisses
	| 211.	der Samen von Allium unter Nr. 507 des Pflanzenverzeichnisses; eine Varietät
	| 212.	der Samen von Allium unter Nr. 509 des Pflanzenverzeichnisses
	\\ 213.	Der Samen von Allium unter dem Buchstaben K, dessen Species ich aber nicht kenne
	(214.	der Samen von Vulneraria unter Nr. 513 des Pflanzenver-

		zeichnisses
äck-	215.	der Samen von Vulneraria mit verschiedenen Farben

15v/

	216.	der Samen von Lathyroides unter Nr. 523 des Pflanzenverzeichnisses; in drei Briefen
	217.	der Samen von Vicia unter Nr. 527 des Pflanzenverzeichnisses; in zwei Briefen
	218.	der Samen von Astragaloides unter Nr. 530 des Pflanzenverzeichnisses
hen 21.	219.	der Samen von Hedysarum unter Nr. 534 [sic!] des Pflanzenverzeichnisses; in drei Briefen
	220.	der Samen von Lotus unter Nr. 534 des Pflanzenverzeichnisses; in drei Briefen
	221.	der Samen von Trifolium montanum (Berg-Trifolium) unter Nr. 537 des Pflanzenverzeichnisses
	222.	der Samen von Medica unter Nr. 543 des Pflanzenverzeichnisses
	223.	der Samen von Astragalus unter Nr. 544 des Pflanzenverzeichnisses
	224.	der Samen von Astragalus unter Nr. 545 des Pflanzenverzeichnisses
	225.	der Samen von Astragalus unter Nr. 546 des Pflanzenverzeichnisses
	226.	der Samen von Astragalus unter Nr. 547 des Pflanzenverzeichnisses
Päckchen 22.	227.	der Samen von Astragalus unter Nr. 550 des Pflanzenverzeichnisses
	228.	der Samen von Astragalus unter Nr. 551 des Pflanzenverzeichnisses
	229.	der Samen von Astragalus unter Nr. 552 des Pflanzenverzeichnisses
	230.	der Samen von Astragalus unter Nr. 553 des Pflanzenverzeichnisses
	231.	der Samen von Astragalus unter Nr. 554 des Pflanzenverzeichnisses
	232.	der Samen von Astragalus unter Nr. 555 des Pflanzenverzeichnisses
	233.	der Samen von Astragalus unter Nr. 556 des Pflanzenver-

		zeichnisses
	234.	der Samen von Astragalus unter Nr. 557 des Pflanzenverzeichnisses
	235.	der Samen von Astragalus unter Nr. 561 des Pflanzenverzeichnisses
	236.	der Samen von Baikalia unter Nr. 564 des Pflanzenverzeichnisses
Päck-	237.	der Samen von Baikalia unter Nr. 565 des Pflanzenverzeichnisses
	238.	der Samen von Baikalia unter Nr. 566 des Pflanzenverzeichnisses
	239.	der Samen von Baikalia unter Nr. 567 des Pflanzenverzeichnisses
	240.	der Samen von Astragalus unter Nr. 569 des Pflanzenverzeichnisses

/16r/

	241.	der Samen eines Astragalus, dessen Blüte ich nicht gesehen habe, unter dem Zeichen A
	242.	der Samen eines Astragalus, der von jemand anderem gesammelt worden ist, unter dem Zeichen B
chen 23	243.	der Samen eines Astragalus, der von jemand anderem gesammelt worden ist, unter dem Zeichen C
	244.	der Samen eines Astragalus, der von jemand anderem gesammelt worden ist, unter dem Zeichen D
	245.	der Samen eines Astragalus, der von jemand anderem gesammelt worden ist, unter dem Zeichen E
	246.	der Samen eines Astragalus, der von jemand anderem gesammelt worden ist, unter dem Zeichen F
	247.	der Samen von Astragalus flore purpureo-coeruleo, folio angusto acuto & incano (Astragalus mit purpurrot-blauer Blüte mit schmalem, spitzem und weißgrauem Blatt)
	248.	der Samen von Astragalus Onobrychidis folio (Astragalus mit dem Blatt von Onobrychis).
	249.	der Samen von Astragalus, eine Varietät von Nr. 551 des Pflanzenverzeichnisses
Päckchen 24.	250.	der Samen von Baikalia flore coeruleo (Baikalia mit blauer Blüte); in zwei Briefen
	251.	der Samen von Baikalia flore flavo-viridi vexillo coerules-

		cente (Baikalia mit gelb-grüner Blüte, mit blauwerdender Fahne)
	252.	der Samen von Baikalia mit verschiedenen Farben
	253.	der Samen von Baikalia mit schwächer purpurroter Blüte
	254.	der Samen von Astragalus, der von jemand anderem gesammelt worden ist
	255.	der Samen von Astragalus, der von jemand anderem gesammelt worden ist
	256.	der Samen von Viola unter Nr. 571 des Pflanzenverzeichnisses
	257.	der Samen von Viola unter Nr. 573 des Pflanzenverzeichnisses
Päck-	258.	der Samen von Viola unter Nr. 574 des Pflanzenverzeichnisses
	259.	der Samen von Viola unter Nr. 576 des Pflanzenverzeichnisses; in zwei Briefen
	260.	der Samen von Viola unter Nr. 577 des Pflanzenverzeichnisses

16v/

	261.	der Samen von Viola unter Nr. 579 des Pflanzenverzeichnisses
	262.	der Samen von Viola unter Nr. 580 des Pflanzenverzeichnisses
	263.	der Samen von Viola, der in meiner Abwesenheit in *Irkuck* gesammelt worden ist
chen 25.	264.	der Samen von Viola unter Nr. 582 des Pflanzenverzeichnisses
	265.	der Samen von Viola mit rauhhaarigen Blättern, deren Blüte ich nicht gesehen habe
	266.	der Samen von Viola fruticosa (Strauchartige Viola), deren Blüte ich nicht gesehen habe
	267.	der Samen von Fumaria flava (Gelbe Fumaria) unter Nr. 584 des Pflanzenverzeichnisses; in zwei Briefen; zu unterschiedlicher Zeit gesammelt
	268.	der Samen von Aconitum luteum (Gelbes Aconitum) unter Nr. 585 des Pflanzenverzeichnisses
	269.	der Samen von Aconitum unter Nr. 586 des Pflanzenverzeichnisses

Päckchen 26.	{ 270.	der Samen von Aconitum unter Nr. 587 des Pflanzenverzeichnisses
	| 271.	der Samen von Delphinium unter Nr. 590 des Pflanzenverzeichnisses
	| 272.	der Samen von Delphinium unter Nr. 591 und [Nr. 592] des Pflanzenverzeichnisses; in einem Brief vermischt
	| 273.	der Samen von Delphinium unter Nr. 593 des Pflanzenverzeichnisses.
	(274.	der Samen von Aquilegia unter Nr. 596 des Pflanzenverzeichnisses; in zwei Briefen, vielleicht von verschiedenen Species zusammen mit dem Samen von Viola folia dissecto (Viola mit zerschnittenem Blatt)
	(275.	der Samen von Carduus unter Nr. 621 des Pflanzenverzeichnisses
	| 276.	der Samen von Carduus unter Nr. 622 des Pflanzenverzeichnisses
	| 277.	der Samen von Jacea unter Nr. 625 des Pflanzenverzeichnisses; in drei Briefen
Päck-	{ 278.	der Samen von Jacea unter Nr. 626 des Pflanzenverzeichnisses; in zwei Briefen
	| 279	der Samen von Jacea unter Nr. 627 des Pflanzenverzeichnisses
	| 280.	der Samen von Jacea unter Nr. 629 des Pflanzenverzeichnisses; in zwei Briefen
	| 281.	der Samen von Jacea, der von jemand anderem gesammelt worden ist

/17r/

	| 282.	der Samen von Jacea, der von jemand anderem gesammelt worden ist
chen 27.	{ 283.	der Samen von Jacea unter Nr. 630 des Pflanzenverzeichnisses
	(284.	der Samen von Jacea unter Nr. 631 des Pflanzenverzeichnisses
	(285.	verschiedene Cirsium-Species in vier Briefen
	| 286.	der Samen von Petasitis unter Nr. 642 des Pflanzenverzeichnisses
Päckchen 28.	{ 287.	der Samen von Filago unter Nr. 646 des Pflanzenverzeichnisses; in zwei Briefen

	288.	der Samen von Filago, die im Pflanzenverzeichnis nicht beschrieben worden ist
	289.	der Samen von Filago, der von jemand anderem gesammelt worden ist
	290.	der Samen von Absinthium arborescens (Baumartiges Absinthium) unter Nr. 651 des Pflanzenverzeichnisses; zusammen mit Samen von Aquilegia und Trollius, die auf der Reise mit jenem vermischt worden sind
	291.	der Samen von Absinthium unter Nr. 653 des Pflanzenverzeichnisses
	292.	der Samen von Absinthium unter Nr. 655 des Pflanzenverzeichnisses
Päckchen 29.	293.	der Samen von Absinthium unter Nr. 660 des Pflanzenverzeichnisses
	294.	der Samen von verschiedenen Absinthium-[Species]
	295.	der Samen von Absinthium
	296.	der Samen von Absinthium
	297.	der Samen von verschiedenen Absinthium-[Species]
	298.	der Samen von Abrotanum unter Nr. 670 des Pflanzenverzeichnisses
	299.	der Samen von Abrotanum unter Nr. 667 des Pflanzenverzeichnisses
	300.	der Samen von Echinops Orientalis (Orientalischer Echinops) unter Nr. 678 des Pflanzenverzeichnisses
	301.	der Samen von Scabiosa unter Nr. 679 des Pflanzenverzeichnisses
	302.	der Samen von Scabiosa unter Nr. 680 des Pflanzenverzeichnisses
Päck-	303.	der Samen von Hieracium unter Nr. 688 des Pflanzenverzeichnisses
	304.	der Samen von Hieracium unter Nr. 694 des Pflanzenverzeichnisses
	305.	der Samen von Hieracium unter Nr. 698 des Pflanzenverzeichnisses
	306.	der Samen von Hieracium
	307.	der Samen von Hieracium unter Nr. 697 des Pflanzenverzeichnisses
	308.	der Samen von Hieracium; Unterschiedlichkeit der Species unter Nr. 697 des Pflanzenverzeichnisses

/17v/

	| 309.	der Samen von Chondrilla unter Nr. 705 des Pflanzenverzeichnisses
	| 310.	der Samen von Chondrilla unter Nr. 706 des Pflanzenverzeichnisses
chen 30.	{ 311.	der Samen von Chondrilla; Varietät 706a
	| 312.	der Samen von Chondrilla; Varietät 706b
	(313.	der Samen von Chondrilla; Varietät 706c
	(314.	der Samen von Scorzonera unter Nr. 707 des Pflanzenverzeichnisses
	| 315.	der Samen von Scorzonera unter Nr. 708 des Pflanzenverzeichnisses
	| 316.	der Samen von Scorzonera unter Nr. 709 des Pflanzenverzeichnisses
	| 317.	der Samen von Aster folio hastato (Aster mit spießförmigem Blatt) unter Nr. 710 des Pflanzenverzeichnisses
	| 318.	der Samen von Aster unter Nr. 714 des Pflanzenverzeichnisses
Päckchen 31.	{ 319.	der Samen von Aster, eine Varietät der vorhergehenden Species
	| 320.	der Samen von Aster unter Nr. 717 des Pflanzenverzeichnisses
	| 321.	der Samen einer Species von Aster, die im [Pflanzen-]Verzeichnis nicht beschrieben worden ist
	| 322.	der Samen von Aster unter Nr. 720 des Pflanzenverzeichnisses
	| 323.	der Samen von Aster unter Nr. 718 des Pflanzenverzeichnisses
	| 324.	der Samen von Aster unter Nr. 722 des Pflanzenverzeichnisses
	| 325.	der Samen von Aster unter dem Zeichen A, der von jemand anderem gesammelt worden ist
	(326.	der Samen von Aster unter dem Zeichen B, der von jemand anderem gesammelt worden ist
	(327.	der Samen von Virga aurea (Goldgelbe Virga) unter Nr. 724 des Pflanzenverzeichnisses
	| 328.	der Samen von Jacob[a]ea unter Nr. 726 des Pflanzenverzeichnisses

	| 329.	der Samen von Jacob[a]ea unter Nr. 728 des Pflanzenverzeichnisses; in zwei Briefen
Päck-	{ 330.	der Samen von Jacob[a]ea unter Nr. 729 des Pflanzenverzeichnisses; in zwei Briefen
	| 331.	der Samen von Jacob[a]ea unter Nr. 730 des Pflanzenverzeichnisses
	| 332.	der Samen von Doronicum unter Nr. 731 des Pflanzenverzeichnisses
	| 333.	der Samen von Doronicum unter Nr. 732 des Pflanzenverzeichnisses
	| 334.	der Samen von Leucanthemum unter Nr. 735 des Pflanzenverzeichnisses
	| 335.	der Samen von Ptarmica unter Nr. 741 des Pflanzenverzeichnisses

/18r/

	| 336.	der Samen von Ptarmica folio tenuissime laciniato (Ptarmica mit sehr fein zerschlitztem Blatt), die im Pflanzenverzeichnis nicht beschrieben worden ist
chen 32	{ 337.	der Samen von Centaurium unter Nr. 638 des Pflanzenverzeichnisses
	| 338.	der Samen von Centaurium unter Nr. 639 des Pflanzenverzeichnisses
	(339.	der Samen von Carlina unter Nr. 745 des Pflanzenverzeichnisses
	(340.	der Samen von Acetosa Alpina (Alpen-Acetosa) unter Nr. 750 des Pflanzenverzeichnisses
	| 341.	der Samen von Lapathum unter Nr. 755 des Pflanzenverzeichnisses
	| 342.	der Samen von Atriplex unter Nr. 758 des Pflanzenverzeichnisses
	| 343.	der Samen von Atriplex unter Nr. 760 des Pflanzenverzeichnisses
	| 344.	der Samen von Atriplex unter Nr. 761 des Pflanzenverzeichnisses
	| 345.	der Samen von Chenopodium unter Nr. 763 des Pflanzenverzeichnisses
Päckchen 33.	{ 346.	der Samen von Chenopodium unter Nr. ... des Pflanzenverzeichnisses

	347.	der Samen von Chenopodium; Appendix des Pflanzenverzeichnisses unter Nr. 1151
	348.	der Samen von Blitum arborescens (Baumartiges Blitum) unter Nr. 767 des Pflanzenverzeichnisses
	349.	der Samen von Blitoides des Herrn Doktors Gmelin; Appendix des Pflanzenverzeichnisses [unter Nr.] 1137; in zwei Briefen
	350.	der Samen von Persicaria unter Nr. 776 des Pflanzenverzeichnisses
	351.	der Samen von Fagopyrum unter Nr. 785 des Pflanzenverzeichnisses
	352.	der Samen von Bistorta unter Nr. 786 des Pflanzenverzeichnisses
	353.	der Samen von Bistorta unter Nr. 787 des Pflanzenverzeichnisses
	354.	der Samen von Bistorta unter Nr. 788 des Pflanzenverzeichnisses
Päckchen 34	355.	der Samen von Bistorta unter Nr. 789 des Pflanzenverzeichnisses
	356.	der Samen von Gramen (Gras) unter Nr. 801 des Pflanzenverzeichnisses; in zwei Briefen
	357.	der Samen von Gramen (Gras) unter Nr. 798 des Pflanzenverzeichnisses
	358.	der Samen von Gramen (Gras) unter Nr. 837 des Pflanzenverzeichnisses

/18v/

	359.	der Samen von Schoenolagurus unter Nr. 838 des Pflanzenverzeichnisses
	360.	der Samen von Gramen panicum unter Nr. 806 des Pflanzenverzeichnisses
	361.	der Samen von Urtica unter Nr. 902 des Pflanzenverzeichnisses
	362.	die kleinen Nüsse von Larix unter Nr. 1074 des Pflanzenverzeichnisses
	363.	der Samen von Salix unter Nr. 1088 des Pflanzenverzeichnisses
	364.	der Samen von Salix unter Nr. 1090 des Pflanzenverzeichnisses

	⎛ 365.	der Samen von Elaeagnus unter Nr. 1095 des Pflanzenverzeichnisses
	⎢ 366.	der geschälte Samen von Elaeagnus
	⎢ 367.	der Samen von Chamaerrhododendros flore purpureo specioso (Chamaerrhododendros mit ansehnlicher purpurfarbener Blüte) des Herrn Doktor Gmelin unter Nr. 1097 des Pflanzenverzeichnisses
	⎢ 368.	der Samen von Chamaerrhododendros glabra magno folio, subtus non rubiginoso (Kahle Chamaerrhododendros mit großem Blatt, das auf der Unterseite nicht braunrot ist; unter Nr. 1098 des Pflanzenverzeichnisses
	⎢ 369.	der Samen von Sambucus racemosa rubra (Traubige, rote Sambucus) unter Nr. 1099 des Pflanzenverzeichnisses
Päckchen 35.	⎨ 370.	der Samen von Spir[a]ea Hyperici folio (Spiraea mit dem Blatt von Hypericum) unter Nr. 1114 des Pflanzenverzeichnisses
	⎢ 371.	der Samen von Spir[a]ea Sorbi folio (Spiraea mit dem Blatt von Sorbus) unter Nr. 1115 des Pflanzenverzeichnisses
	⎢ 372.	der Samen von Grossularia unter Nr. 1126 des Pflanzenverzeichnisses
	⎢ 373.	der Samen von Grossularia unter Nr. 1125 des Pflanzenverzeichnisses; Deren Beeren sind in der Größe mit [denen von] Avellana vergleichbar und übertreffen diese.
	⎢ 374.	der Samen von Grossularia unter Nr. 1127 des Pflanzenverzeichnisses
	⎢ 375.	der Samen von Cornus fructu coeruleo (Cornus mit blauer Frucht) unter Nr. 1128 des Pflanzenverzeichnisses
	⎝ 376.	die Frucht verschiedener Mespilus[-Species] in fünf Briefen
	⎛ 377.	der Samen von Camphorata; Appendix des Pflanzenverzeichnisses unter Nr. 1136
Päck-	⎢ 378.	der Samen von Camphorata; Appendix des Pflanzenverzeichnisses unter Nr. 1150

/19r/

	⎢ 379.	der Samen von Corispermum; Appendix des Pflanzenverzeichnisses unter Nr. 1140
	⎢ 380.	der Samen von Ephedra; Appendix des Pflanzenverzeichnisses unter Nr. 1142; in drei Briefen
chen 36.	⎨ 381.	der Samen von Salicornia; Appendix des Pflanzenverzeich-

		nisses unter Nr. 1144
	\ 382.	der Samen einer gewissen Pflanze, die mir unbekannt ist, mit dem spitzen Samen von Spinacia; Appendix des Pflanzenverzeichnisses unter 1153 [sic!]

Die Samen von exotischen Pflanzen

1.	der Samen von Dactylis Sinensis (Chinesischer Dactylis)
2.	der Samen von Vitis Bucharica (Vitis aus der Bucharei), der von jenen [d. h. den Bucharen] Kisch-müsch genannt wird
3.	der Samen und die Frucht eines japanischen Strauches, in der Farbe, im Geruch und Geschmack dem Crocus Austriacus (Österreichischer Crocus) gleichkommend
4.	der Samen einer chinesischen Pflanze; vielleicht der Same Molle des Tournefort, Institutiones Rei Herbariae, im Appendix auf Seite 661

Samen, die teilweise von mir, teilweise von anderen gesammelt worden sind, deren Namen nicht feststehen

	Das erste Päckchen enthält zehn Samen verschiedener Pflanzen.
	Das zweite Päckchen enthält zehn Samen verschiedener Pflanzen

/19v/

	Das dritte Päckchen enthält zehn Samen verschiedener Pflanzen.
	Das vierte Päckchen enthält zehn Samen verschiedener Pflanzen.
	Das fünfte Päckchen enthält zehn Samen verschiedener Pflanzen.
	Das sechste Päckchen enthält zehn Samen verschiedener Pflanzen.
	siebentes Päckchen verschiedener Samen, die auf den Reisewegen durcheinander gekommen sind
	ein Sack, der Samen von vielen Pflanzen enthält, die auf den Reisewegen durcheinander gekommen sind; und ich habe folgende Idee: sie sollen ausgesät und sich gewissermaßen selbst überlassen werden, teils auf einer Wiese, teils an irgendeinem sandigen Standort an der Meeresküste; vielleicht werden Pflanzen zum Vorschein kommen, häufig zum Hohn der Geschicklichkeit des Anbauers

Einige Samen, die erst nach Fertigstellung des Verzeichnisses gefunden worden sind

1.	Der Samen von Tetragonanthus unter Nr. 126 [sic!] des Pflanzenverzeichnisses
2.	vielleicht der Samen von Pulmonaria
3.	der Samen von Hedysarum clypeatum (Schildartiges Hedysarum) mit verschiedenen Farben unter Nr. 532 des Pflanzenverzeichnisses
4.	der Samen von Delphinium

/20r/

5.	der Samen einer Pflanze; vielleicht eine Species von Jacob[a]ea
6.	der Samen von Astragalus
7.	der Samen von Hesperis flore carneo (Hesperis mit fleischfarbener Blüte)
8.	der Samen von Hesperis folio glabro, glauco Bellidis (Hesperis mit dem kahlen, meergrünem Blatt von Bellis)
9.	der Samen von Pulsatilla Carotae folio (Pulsatilla mit dem Blatt von Carota)
10.	der Samen von Anacampseros
11.	der Samen von einem bestimmten Astragalus
12.	vielleicht der Samen von Medica, vielleicht von Melilotus
13.	der Samen von Baikalia flore intense purpureo (Baikalia mit stark purpurroter Blüte)
14.	der Samen von einer bestimmten Vicia
15.	der Samen von Cardiaca
16.	vielleicht der Samen von einer bestimmten Species von Imperatoria
17.	der Same von Imperatoria saxatilis (Felsen-Imperatoria)
18.	der Samen von Hedysarum, von der ersten Species meines Verzeichnisses
19.	der Samen von Alyssum
20.	der Samen von Veratrum flore atrorubente (Veratrum mit dunkelroter Blüte)
21.	der Samen von Cepa
22.	Stieltragendes Lycoperdon, das mit Staubmehl angefüllt ist, das dem Spanischen Niespulver ähnlich ist; Ob es vielleicht, auf die kleinen Plätze der Gärten oben aufgestreut, keimen wird, ist auszuprobieren.

/20v/

Verzeichnis einiger in der Samenkiste aufbewahrten Pflanzen und Wurzeln

1.	eine mir unbekannte Pflanze mit reifem Samen; Sie trat an Salzstellen der Steppe von *Urinsk* (*Urinskaja step'*) auf. Ich begehre zu wissen, ob aus dem Samen eine Pflanze zum Vorschein kommen wird, und wie sie heißt.

2.	Filicula, die im Pflanzenverzeichnis unter Nr. 919 beschrieben worden ist; es kann jemand ausprobieren, ob sie nicht sprossen wird, wenn sie der Erde anvertraut ist
3.	Absinthium arborescens (Baumartiges Absinthium); der Strauch ist vollständig
4.	ein Strauch Elaeagnus
5.	ein Zweig Larix mit nicht abfallendem Nadelblatt; bei den Russen *slanec*; mit Zapfen.
6.	ein Zweig von Pinaster meines Verzeichnisses
7.	die krause Salix meines Verzeichnisses
8.	ein Strauch Chamaerrhododendros, bei den Russen *p'jana trava* oder *černogriv*
9.	eine Species von Baikalia mit roter Wurzel wie bei Alkanna, die mir von jemand anderem gebracht worden ist
10.	ein Päckchen von Absinthum mit reifem Samen
11.	Orobanche mit dreifachem [d. h. dreigeteiltem?] Stengel; darüber hinaus habe ich die Samen geschickt

/21r/

12.	Zwiebeln und Wurzeln von Cepa alba und einer [Cepa] Lusitanica mit der Wurzel von Acorum [bzw. Acorus]
13.	Zwiebeln von Lilium reflexum miniaceum (Nach hinten gebogenes, zinnoberrotes Lilium) meines Verzeichnisses

Verzeichnis der übersandten Sträucher

1.	drei Crataegi, bei den Russen *jabloki*
2.	vier Sträucher von Chamaerrhododendros
3.	Ribes Grossulariae folio (Ribes mit dem Blatt von Grossularia); ein Strauch
4.	ein Baum, der Kisil genannt wird
5.	Betula; meines Verzeichnisses unter Nr. 1079
6.	ein Strauch von Spir[a]ea Hyperici folio (Spir[a]ea mit dem Blatt von Hypericum)
7.	ein Strauch von Spir[a]ea Salicis folio (Spir[a]ea mit dem Blatt von Salix)

[1] Maße: 32 x 21 cm; auf Bl.10r oben links „Steller" und zwei russische Wörter; vidimiert auf den Bll. 10–21, jeweils recto folio: „hoc-apo-gra-phum-av-to-gra-pho-con-senta-neum esse-testor.

Georg. Wilhelm Steller." (lat. – Ich versichere, dass diese Abschrift mit dem Autographen übereinstimmt. Georg Wilhelm Steller)
weitere Versionen des Textes (ohne Vidimation):
a) AAW R. I, Op. 13, D. 41, Bll. 2r–9v (Maße: 32 x 21 cm) – Kopie in der Handschrift von *Aleksej Gorlanov*; auf Bl. 2r oben links „Steller", oben rechts „~~No~~. 26."; auf Bl. 1r des Manuskripts „P Observationes in Histor. Natur. Descript. et Catalogi Plant. & Seminum Stelleri & alii. Act. Kamtsch."
b) AAW R. III, Op. 1, D. 162, Bl. 40r–50v, s. Anm. 54 in Nr. 17 der „Flora ...")

2 müßte vermutlich heißen: „viciniam"

3 „Hasel oder Haasel, Hasel=Staude, Hasel=Strauch, Hasel=Baum, ... Vom Macrobio wird sie unter die glücklichen Bäume gezählt, und heisset Lateinisch Corylus, und Avellana, die Früchte davon nuces avellanae oder abellinae, Hasel=Nüsse, ..." (Zedler 1732–1750, Bd. 12, Sp. 693ff.)

4 „MOLLE est plantae genus, flore rosaceo, ... Molle Clus. in Monard. 312. Lenticus Peruana C. B. pin. 399." (Tournefort 1700, S. 661)

5 s. Glossar: York

B.3. Fehler bei den von G. W. Steller geschickten Samen (vielleicht) von Johann Amman

Quelle[1]: AAW F. 21, Op. 5, D. 107, Bll. 1r–7v

/1r/

Angemerkte *Defecten* bey den aus *Sibi*rien
von dem h⌈errn⌉ *Adju<n>cto Steller* eingesandten Saamen.

Fasc⌈iculi⌉ 2. 4. 5. 6. 7. 8. 10. 12. 15. 17. 19. 20. 21. 22 / und 24. fehlen gäntzlich.

Ex Fasc⌈iculo⌉ I.

Caps⌈ulae⌉ 3. 5. 9

ex Fasc⌈iculo⌉ III.

Caps⌈ula⌉ 26.

ex Fasc⌈iculo⌉ IX.

Caps⌈ulae⌉ 77. 79. 80. 81. 82. 84. 85.

ex Fasc⌈iculo⌉ XI.

Caps⌈ulae⌉ 98. 99. 102. 105. 106 in deren Stelle sind 2 Gat= / tungen aber nicht zu unter= / scheiden, welche mit denen / im *Catalogo* befindlichen *N⌈umeris⌉* / zutreffen.

ingl⌈eichen⌉ fehlt

Caps⌈ulae⌉ 107. 109. 112. 113. 114.

ex fasc⌈iculo⌉ XIV.

Caps⌈ulae⌉ 124. 126. 128. 129. 136.

ex Fascicul⌈o⌉ XVI.

Caps⌈ulae⌉ 150. 155. 159.

ex Fasc⌈iculo⌉ XVIII.

Caps⌈ulae⌉ 186. 190. 191. 192. 193.

ex Fasc⌈iculo⌉ XXIII.

Caps⌈ulae⌉ 257. 259. 263. 264. 265. 266.

ex Fasc⌈iculo⌉ XXVI.

Caps⌈ulae⌉ 269. 273. 274.

ex Fasc⌈iculo⌉ XXVII.

Caps⌈ulae⌉ 276. 279. 281. 282.

/1v/

ex Fasc⌈iculo⌉ XXVIII.

Caps⌈ula⌉ 289.

ex Fasc⌈iculo⌉ XXIX.

Caps⌈ulae⌉ 290. 291. 292. 297. 299.

ex Fasc[iculo] XXX.
Caps[ulae] 301. 302. 304. 305. 306. 307.
ex Fasc[iculo] XXXI.
Caps[ulae] 315. 317. 320. 321. 322. 323.
ex Fasc[iculo] XXXII.
Caps[ulae] 330. 333. 335. 336. 338.
ex Fasc[iculo] XXXIII.
Caps[ulae] 340. 343. 345. 346. 347. 351.
ex Fasc[iculo] XXXIV.
Caps[ulae] 354. 358. 359. 360. 362. 364.
ex Fasc[iculo] XXXV.
Caps[ulae] 366. 369. 371. 372. 373. 374. 375.
ex Fasc[iculo] XXXVI.
Caps[ulae] 377. 378. 379. 381.
Semina quaedam ex
N[umer]o 2. 5. 7. 8. 9. 11. 12. 13. 14. 16. 17. 20. 21.

/2r/
I. Fasciculus III. Catal[ogus] Sem[inum] a N[umer]o 21 *ad* 28.

24	*a. Semen Primulae veris, folio amplissimo laciniato, mellis / odore, serius et in excelsa rupe collectum ad Lacum Bai- / Kal* [Nr.] 63.
24	*b. Sem[en] Prim[ulae] Veris, mellis odore, folio subrotundo, amplo, / laciniato, collectum ad maximiCha fluvii ostium, in / Baikal d[ie]* 9. *Aug[usti]* 63.
25	*c. Semen Prim[ulae] Veris, flore purpureo* [Nr.] 64.
25	*d. Semen Prim[ulae] Veris, serius collectum, ad mare Baikal.*[Nr.] 64.
28.	*e. Sem[en] Prim[ulae] Ver[is], cujus speciei nescio, collectum a puero / meo.*
27.	*f. Sem[en] Prim[ulae] Veris folio angustissimo serrato, collect[um] ad / Boguldeicha, fluvii ostium, in Baikal d[ie]* 1 *Aug[usti]* [Nr.] 68.
25.	*g. Sem[en] Prim[ulae] Ver[is], mei catalogi plantarum, collect[um] ad / lacum Baikal, sub initium Aug[usti]* 1739. [Nr.] 64.
23.	*h. Semen Androsaces*[2]*, sedi vermicularis, facie minimae col- / lectum ad Baikal d[ie]* 3 *Aug[usti]* [Nr.] 59.
21.	*i. Semen Androsaces, catal[ogi] plant[arum] d[iei]* 26. *Jun[ii] N[umer]o* 55. 56. 57.
21.	*k. Sem[en] Androsaces, rotundifolio*[a]*, hirsuto*[b] *et Tetragonanthi / humilis flore albo.*

[a] rotundifolio *verbessert aus* [.] [b] hirsuto *verbessert aus* [.]

22.	*l. Sem⌈en⌉ Androsaces angusto oblongo folio collect⌈um⌉ ad Bai- / Kal circa finem Julii* 1739. *N⌈umer⌉o* 58.[a]

/2v/

II. Semen Choncrille [sic!] *Catalogi mei cujus iconem dedi*
709[3]. *a.*

III. Fasciculus XXVIII. Caps⌈ulae⌉ [sic!] *Sem⌈inum⌉ a* [Nr.] 285 – 289.

285	*a. Semen Circii* [sic!] *latifolii catal⌈ogi⌉ plant⌈arum⌉ collectum d⌈ie⌉* 25. *Jul⌈ii⌉* / 1739 *ad Angaram.*
285.	*b* [Semen] *Circii* [sic!] *primi cat⌈alogo⌉ plant⌈arum⌉ collect⌈um⌉ a Bargasin* [sic!] *ad / oras amlecto*[?] *d⌈ie⌉* 21. *Aug⌈usti⌉* 1739
288.	*c* [Semen] *Filaginis cujusdam humilis admodum floribus / fasciculo magno a servo oblatum d⌈ie⌉* 23 *Aug⌈usti⌉ Cat⌈alogus⌉ Sem⌈inum⌉* [Nr.] 288.
287	*d.* [Semen] *Filaginis alpinae cat⌈alogi⌉ plant⌈arum⌉ collectum ad lacum / Baikal d⌈ie⌉* 9 *Aug⌈usti⌉* 1739. [Nr.] 646.
286.	*e.* [Semen] *Petasitidis alpinae folio anguloso coll⌈ectum⌉ d⌈iebus⌉* 1–4. *Jul⌈ii⌉* / 1739. *amat palustria et paludosa loca.*

IV. Fasciculus XXIX Catalog⌈us⌉ Sem⌈inum⌉ a 294 – 299.

296.	*a Semen Absinthii in insula olchon collectum d⌈ie⌉* 10 *Sept⌈embris⌉ Cat⌈alogus⌉ / Seminum N⌈umer⌉o* 296.
295.	*b.* [Semen] *Absinthii rarioris in insula olchon collectum d⌈ie⌉* 10 / *Sept⌈embris⌉ cat⌈alogus⌉ Sem⌈inum⌉* [Nr.] 295.
293.	*c* [Semen] *Absinthii Tanaceti folio incano Catal⌈ogi⌉ Semin⌈um⌉*[4] [sic!] *N⌈umer⌉o* 660.
294.	*d* [Semen] *Absinthii* [Catalogi seminum] *N⌈umero⌉* 294.
298.	*e* [Semen] *Abrotani pulchri aurei Catal⌈ogi⌉ Sem⌈inum⌉*[5] [sic!] *N⌈umer⌉o* 670. *coll⌈ectum⌉ / d⌈ie⌉* 11 *April in insula Olchon.*

V. Fasciculus XXXII. Catalogus Semin⌈um⌉ a N⌈umer⌉o 323 – 339.

328	*a Semen Jacobaeoides Cacalvae* [sic!] *folio D⌈omini⌉ D⌈octoris⌉ Gmelin collectum / Irkutiae d⌈ie⌉* 17 *Sept⌈embris⌉* 1739.[b]

[a] *folgt* II Se- [b] *folgt* b. Se-

/3r/

329.	*b. Semen Jacobaei* [sic!] *palustris foliis*[a] *inferioribus oblongis sinua- / tis superioribus integris collectum d⌈ie⌉* 27 *Aug⌈usti⌉ in* / einem *Osero*[6] der *Kungurski*schen Steppen[7].
331.	*c* [Semen] *Jacobaeae alpinae flore croceo.*
327.	*d.* [Semen] *Doriae*[8] *collectum in Miskolska Sastawa* [sic!] *d⌈ie⌉* 17 *Sept⌈embris⌉* / 1739[b] *N⌈umer⌉o* 724.
332.	*e* [Semen] *an Doronici Speciei vid⌈e⌉ catalog⌈i⌉ Sem⌈inum⌉*[9] *N⌈umer⌉o* 731 *col- / lect⌈um⌉ d⌈ie⌉* 21. *Aug⌈usti⌉ circa Bargusin rupibus.*
334.	*f* [Semen] *Leucanthemi matricariae folio* [Nr.] 735. *coll⌈ectum⌉ in insula / olchon d⌈ie⌉* 11 *Sept⌈embris⌉* 1739.
339.	*g* [Semen] *Heracanthae*[10] *collect⌈um⌉ Burgusini* [sic!] *d⌈ie⌉* 15 *Aug⌈usti⌉* 1739. / *N⌈umer⌉o* 745.
337.	*h* [Semen] *Centaurii capite magno Strobifi*[11] [sic!] *collect⌈um⌉ ad lacum / Baikal d⌈ie⌉* 11 *Aug⌈usti⌉ N⌈umer⌉o* 638.

VI. Fasciculus XXXIII oder *XXVIII. N⌈umer⌉o* 345.

341.	*a Semen Lapathi rotundifolii alpini collect⌈um⌉ ad lacum Bai- / Kal sub Initium Aug⌈usti⌉* 1739 *N⌈umer⌉o* 755.
350.	*b* [Semen] *Persicariae fruticosae angustifoliae coll⌈ectum⌉ ad lacum / Baical d⌈ie⌉* 9 *Aug⌈usti⌉* [Nr.] 776.
349.	*c Blitoides*[c] *D⌈omini⌉ D⌈octoris⌉ Gmelin N⌈umer⌉o* 1137 [cum] *corisper- mi sem⌈ine⌉ collect⌈um⌉ / d⌈ie⌉* 10 *Mart⌈ii⌉* 1739.
348.	*d. Semen Blitoidis.*
344.	*e.* [Semen] *Halimi d⌈ie⌉* 13 *Aug⌈usti⌉* [Nr.] 761.
342.	*f.* [Semen] *Atriplicis seu Halimi angustifoli collect⌈um⌉ / d⌈ie⌉* 29 *Aug⌈usti⌉ N⌈umer⌉o* 758.[d]

/3v/

VII. Fasciculus XXXV. Catal⌈ogus⌉ Semin⌈um⌉ N⌈umer⌉o 365. – 366.

367	*a Semen Chamaerhododendri flore specioso Catalogi mei special⌈is⌉ /* 1*ma* *collect⌈um⌉ Bargusini d⌈ie⌉* 25 *Aug⌈usti⌉* [Nr.] 1097.
368	*b* [Semen] *Chamaerhododendri Spec⌈ies⌉ II catal⌈ogi⌉ mei.* [Nr.] 1098.
376	*c Mespilus elatior folio p⌈erge⌉*
370	*d. Semen Spireae* [sic!] *hyperici folio coll⌈ectum⌉ d⌈ie⌉* 19. *Ju⌈lii⌉* 1739. *circa Irku- / tiam N⌈umer⌉o* 1114.
365	*e* [Semen] *Eleagni* [sic!] *excorticatum* [Nr.] 1095.

---

[a] $_{\text{foli}}$is *verbessert aus* [..] [b] $_{17}3_{9}$ *verbessert aus* [.] [c] Bli$_{\text{toides}}$ *verbessert aus* [...] [d] *folgt* VII.

VIII. Fasciculus XI. a N⸢umer⸣o 94–114.

104.	*a. Semen Alsines Petreae*[12], [sic!] *Alsines mediae*[13] *folio rigido collect⸢um⸣ in / praeruptis ad lacum Baikal sub initium Aug⸢usti⸣* 1739. *N⸢umer⸣o* 289.
101.	*b* [Semen] *Alsines Laricis folio majoris catal⸢ogi⸣ N⸢umer⸣o* 277 *coll⸢ectum⸣ in in- / sula Olchon rupibus d⸢ie⸣* 10 *Sept⸢embris⸣* 1739.
104.	*c* [Semen] *Alsines cujusdam speciei collect⸢um⸣ in rupibus ad Lacum / BaiKal sub init⸢ium⸣ Aug⸢usti⸣* 1739. *N⸢umer⸣o* 289.
	d. Alsine mont⸢ana⸣
104.	*e. Semen Alsines fruticosae multicaulis conjunctus* [sic!] *biangulis / capsulis ternis collect⸢um⸣ in Insul⸢a⸣ Olchon d⸢ie⸣* 12 *Sept⸢embris⸣ /* 1739. [Nr.] 289. [?]
95.	*f.* [Semen] *Hypecoi collect⸢um⸣ d⸢ie⸣* 20. *Aug⸢usti⸣ Bargusini.* 1739. [Nr.] 253.
95.	*g* [Semen] *Hypecoi Bargusin d⸢ie⸣* 15 *Aug⸢usti⸣* 1739. [Nr.] 253.
97	*h* [Semen] *Papaveris horti Elt<h>amensis.*
97.	*i* [Semen] *Papaveris horti Elthamensis* [Nr.] 267.
	k. An Semen Arenariae sereti foliae Ca⸢talogi⸣ mei spec⸢ies⸣ 1[14] *col- lect⸢um⸣ / a milite d⸢ie⸣* 18 *Aug⸢usti⸣*
	l. Semen Arenariae coll⸢ectum⸣ in Insula Olchon d⸢ie⸣ 10 *Sept⸢embris⸣*[a]

/4r/

100.	*m. Semen Arenariae parillae*[15] [sic!] *Saxatilis folio gramineo collectum / in altissima rupe* 10 *stadia a munimento Bargasin* [sic!] */ d⸢ie⸣* 21. *Aug⸢usti⸣* 276.
110.	*n* [Semen] *Myosotidis saxatilis folio gramineo collectum ad Lacum / Baikal sub init⸢ium⸣ Aug⸢usti⸣* 1739 *catal⸢ogus⸣ Sem⸢inum⸣* [Nr.] 110.
111.	*o* [Semen] *cujusdam Myosotidis Speciei collectum ad lacum BaiKal / sub init⸢ium⸣ Aug⸢usti⸣* 1739. *catal⸢ogus⸣ Sem⸢inum⸣* [Nr.] 111.
108.	*p* [Semen] *folio glabro glauco vaccariae coll⸢ectum⸣ d⸢ie⸣* 24. *Jul⸢ii⸣* 1739 [Catalogus plantarum] *N⸢umero⸣* 291.
	q [Semen] *Spergulae* [Nr.] 282.
94.	*r*[b] [Semen] *plantae siliquosae an Erucae species! in summis rupibus* 10 */ stadia a Bargus⸢inensi⸣ munimento* [Nr.] 242.
96.	*s*[c] [Semen] *Chelidonii majoris collect⸢um⸣ d⸢ie⸣* 9 *Jul⸢ii⸣* 1739. [Nr.] 254.

[a] *folgt* m Se- [b] r *verbessert aus* [.] [c] s *verbessert aus* [.]

IX Fasciculus XXXI – N⌈umer⌉o 314. – 326.

325. 326.	*a. b. Semen Asteris collect⌈um⌉ d⌈ie⌉* 3 – 8 *Sept⌈embris⌉*
319.	*c. Semen Asteris, magno flore humilis desertorum collectum ad / Lacum Baikal sub init⌈ium⌉ Aug⌈usti⌉* 1739. *Catal⌈ogus⌉ Sem⌈inum⌉* [Nr.] 319.
318.	*d. Semen Asteris flore coeruleo majori collect⌈um⌉ ad Lacum Baikal / sub init⌈ium⌉ Aug⌈usti⌉* [Nr.] 714.
314.	*e.* [Semen] *Scorzonerae angustifoliae collect⌈um⌉ d⌈ie⌉* 26 *Jun⌈ii⌉*[a] [Nr.] 707.
316.	*f.* [Semen] [Scorzonerae angustifolia – so auf Bl.10r und Bl.18r der 2. und 3. Textversion] *glauco glabro radice dulci / collect⌈um⌉ d⌈ie⌉* 20 *Jun⌈ii⌉* 1739 *N⌈umer⌉o* 709 *amat terram glareosam / et argillaceam.*
324.	*g Trifolii* [sic!] *Semen* [Nr.] 722.

X.

329	*Jacobaeae*[b] *Semen Catal⌈ogi⌉ N⌈umer⌉o* 728.[c]

/4v/

XI. Fasciculus XXX

300	*a. Semen Echinopi orientalis catal⌈ogi⌉ Plant⌈arum⌉ Num⌈ero⌉* 678. *col-lect⌈um⌉ / d⌈ie⌉* 11 *Sept⌈embris⌉* 1739 *in rupibus insulae Olchon lacus / Baikal.*
303	*b. Semen Hieracii collect⌈um⌉ d⌈ie⌉* 28 *Ju⌈lii⌉* [?] 1739.
	c. [Semen] *Hieracoidis species.* [sic!]

XII Fasciculus XVI [a] *N⌈umer⌉o* 147 – 159.

157.	*a Semen clematitis scandentis flore albo collect⌈um⌉ circa Irku- / tiam* d *d⌈ie⌉* 20 *Jul⌈ii⌉* 1739. [Nr.] 396
151.	*b.* [Semen] *utriusq⌈ue⌉ pulsatillae flore coeruleo & flavo collect⌈um⌉ / Irkutiae d⌈ie⌉* 16 *Jun⌈ii⌉* 1739. [Nr.] 367
152.	*c.* [Semen] *pulsatillae daucifolio collectum ad lacum Baikal / d⌈ie⌉* 3. *Aug⌈usti⌉* 1739 *N⌈umer⌉o* 373.
158.	*d* [Semen] *Caryophyllatae chamaedris folio, flore Ochroleuco / coll⌈ectum⌉ ad Ostium Angae fluvii in Baikal* [Nr.] 398.
156.	*e.* [Semen] *Ranunculi Plantaginis folio catal⌈ogi⌉ Plantarum / col-lect⌈um⌉ d⌈ie⌉* 6 *Sept⌈embris⌉* [Nr.] 384.

---

[a] *nach* Jun. *gestr.* N°. [b] Jacobaeae *nachträglich eingefügt* [c] *folgt* XI.

153.	*f.*[a] [Semen] *Ranunculi Asari folio*[16] *collectum d⌈ie⌉* 2 *Aug⌈usti⌉* 1739. [Nr.] 378
154.	*g* [Semen Ranunculi] *radice Ellebori nigri folio Myrrhidis* / [Nr.] 380.
147.	*h. i.* [Semen] *Anemones* [Nr.] 363.
149.	*k* [Semen Anemones] *multiflore* [sic!] *collectum d⌈ie⌉* 27 *Aug⌈usti⌉ circa / Bargus⌈inum⌉* 10 *stadia a munimento foliis mihi differre / videtur* [Nr.] 365.
148.	*l.* [Semen] *Anemones multiflore* [sic!] *collect⌈um⌉ ad lacum Baikal / d⌈ie⌉* 13 *Aug⌈usti⌉* 1739. [Nr.] 364.[b]

/5r/

XIII. Fasciculus XXXVI. [a] *N⌈umer⌉o* 377 – 382

382.	*a Semen Spinaceae maritimae atriplicis folio catal⌈ogi⌉ mei Plant⌈arum⌉* / 1152. *coll⌈ectum⌉ d⌈ie⌉* 29 *Aug⌈usti⌉*
380	*b. Barae*[17] [sic!] *Ephedrae*
380	*c. Fructus Ephedrae monospermae humilis sole siccati* [Nr.] 1142 *coll⌈ectum⌉ / d⌈ie⌉* 18 *Aug⌈usti⌉* 1739. *Bargus⌈ini⌉* [?]
380	*d. Semen Ephedrae monospermae*

XIV. Fasciculus XLVI. 22. Semina continens in catal⌈ogo⌉ Gmelin⌈i⌉ Semi- / num omissa, et postliminio inventa; aperuit cit⌈atum⌉ loco / catalogi.

3.	*a Semen Hedysari clypeati collect⌈um⌉ ad lacum Baical d⌈ie⌉* 12 *Aug⌈usti⌉* / 1739. [Nr.] 532.
18.	*b.* [Semen] *Hedysari glabri cat⌈alogi⌉ plant⌈arum⌉ Spec⌈iei⌉* 1. *col- lect⌈um⌉ d⌈ie⌉* 29 *Aug⌈usti⌉*
4.	*c* [Semen] *Delphini Catal⌈ogi⌉ collect⌈um⌉ d⌈ie⌉* 17 *Sept⌈embris⌉*
19.	*d.* [Semen] *Alyssi flore luteo folio oblongo incano collect⌈um⌉ ad / Lacum Baikal d⌈ie⌉* 10 *Aug⌈usti⌉*
6.	*e* [Semen] *Astragali viciae Parisiensis folio angustissimo / flore purpu- reo collect⌈um⌉ d⌈ie⌉* 1 *Sept⌈embris⌉* 1739.
15.	*f.* [Semen] *an Cardiacae collect⌈um⌉ d⌈ie⌉* 23 *Aug⌈usti⌉* 1739.
22.	*g. Pulvis Lycoperdi catal⌈ogi⌉ Plant⌈arum⌉*

XV. Fasciculus XXIII. a N⌈umer⌉o 233 – 236.

241.	*a b. Semen Astragali collect⌈um⌉ ad mare Baical sub initium Aug⌈usti⌉*
235.	*c. Astragalus purpureo coeruleo folio angusto acutiori et incano.*
239.	*d. Semen Astragali foliis quaternis quinis senis folia hujus an-* /

[a] f. *verbessert aus* [.] [b] *folgt* XIII

	gustissima seliqua [sic!] *breviora et ob id semen collegi / d⌈ie⌉* 30 *Aug⌈usti⌉* [Nr.] 567.[a]

/5v/

237.	*e. Semen Astragali, foliis quaternis, quinis, senis quantum in ex- / sicca-to flore videre potui albo vexillo coeruleo* [collectum] *ante d⌈iem⌉* 30 *Aug⌈usti⌉* [Nr.] 565
236	*f.* [Semen] *Astragali repentis calyce vesicario folio quaterno quinove / flore flavescente seu ochroleuco coll⌈ectum⌉ Bargusin d⌈ie⌉* 18 *Aug⌈usti⌉ N⌈umer⌉o* 564.
240	*g Vid⌈e⌉ N⌈umer⌉o* 569.

XVI. Fasciculus XIV a N⌈umer⌉o 124. – 136.

132.	*a Semen Geranii* [Cicutae] *folio Cat⌈alogi⌉ Plant⌈arum⌉ N⌈umer⌉o* 341 *collectum in insula / Olchon d⌈ie⌉* 10 *Sept⌈embris⌉*
131.	*b* [Semen] *Geranii flore magno expanso purpureo collectum ad An- / garam d⌈ie⌉* 20 *Jul⌈ii⌉* 1739. [Nr.] 338.
134.	*c. An Geranii Mas.*
135	*d. Semen Geranii Batrach⌈ioidis⌉ fl⌈ore⌉ min⌈or⌉* [Nr.] 335.
125	*e. Semen Ascyri Cat⌈alogus⌉ N⌈umer⌉o* 311
130.	*f.* [Semen] *Juncaginis Taura* [?] *coll⌈ectum⌉ d⌈ie⌉* 15 *Aug⌈usti⌉* [Nr.] 333.
127.	*g.* [Semen] *Anacampserotis flore flavo collectum in Insula Olchon / d⌈ie⌉* 11 *Sept⌈embris⌉* 1739 *N⌈umer⌉o* 328.
127.	*h* [Semen] *Anacampserotis flore flavo d⌈ie⌉* 13 *Sept⌈embris⌉* [Nr.] 328.

XVII. Fasciculus[b] *XIII. Catal⌈ogus⌉ Semin⌈um⌉ a* 116 – 123

120.	a. *Semen Geum* [sic!] *folio angusto denticulato pusillum saxatile flore / albo non punctato seu Geum saxatile pusillum sedi facie / coll⌈ectum⌉ d⌈ie⌉* 20 *Aug⌈usti⌉ in altissima collegi* 10 *Stadià a Munimen- / to Bargu-sinensi* [Nr.] 306.
116.	*b. Geum alpinum folio subrotundo amplissimo flore purpureo col- / lectum Baikal ad lacum d⌈ie⌉* 6 *Aug⌈usti⌉* 1739. [Nr.] 302.
122.	*c. Semen Gei catal⌈ogi⌉ Plant⌈arum⌉ N⌈umero⌉ ... coll⌈ectum⌉ d⌈ie⌉* 25 *Jul⌈ii⌉ ad lac⌈um⌉ Baical.*
121.	*d. Semen Gei nescio cujus speciei a servo collect⌈um⌉ ad Lac⌈um⌉ Baical / sub init⌈ium⌉ Aug⌈usti⌉*

---

[a] *folgt* e. Se- [b] FasCiculus *über der Zeile*

116.	*e. Semen Gei folio subrotundo collect⌈um⌉ ad Lac⌈um⌉ Baikal d⌈ie⌉* 25 *Jul⌈ii⌉* [Nr.] 302[a]

/6r/

117.	*f. Semen Gei folio rotundo amplissimo collectum circa Nicolski Sasta- / wa* [sic!] *sub finem July* 1739. [Nr.] 308.[18] [sic!]
117.	*g* [Semen] *Gei palustris folio subrotundo crenato collect⌈um⌉ ad lacum / Baikal sub init⌈ium⌉ Aug⌈usti⌉* 1739. [Nr.] 303.
118.	*h.* [Semen] *Gei folio rotundo minus circinatum* [sic!] *collect⌈um⌉ ad Lacum / Baikal sub initium Aug⌈usti⌉* 1739. [Nr.] 304.
116.	*i* [Semen] *Gei rotundifolii russis* Бадаr[19] [sic!] *collectum ad Nikolski / Sastawa* [sic!] *sub finem July* 1739. [Nr.] 302.
119.	*k* [Semen] *Gei angustifolii Serrati flore albo punctis rubris as- / perso coll⌈ectum⌉ ad lacum Baikal d⌈iebus⌉* 9. 10. 15 *Aug⌈usti⌉* 1739. [Nr.] 305.

XVIII. Fasciculus XXVII. Catal⌈ogus⌉ Semin⌈um⌉ 275 – 284.

275.	*a An Semen Cardui aca<n>thoides* [sic!] *polycephalii d⌈ie⌉* 29 *Aug⌈usti⌉* [Nr.] 621 (*Carduus sessilis.*)
277.	*b. Semen Jaceae caule alato catal⌈ogi⌉ N⌈umer⌉o* 625. *coll⌈ectum⌉ d⌈ie⌉* 30 *Sept⌈embris⌉* 1739 Die= / ser Saamen ist am reiffsten.
277.	*c* [Semen] *Jaceae caule alato*
277.	*d* [Semen Jaceae caule alato] *a puero meo collect⌈um⌉ Irkutiae* [Nr.] 625.
278.	*e.* [Semen Jaceae] *folio valde laciniato flore purpureo vid⌈e⌉ cat⌈alogo⌉ plant⌈arum⌉ / N⌈umer⌉o* 626 *collect⌈um⌉ d⌈ie⌉* 21 *Aug⌈usti⌉* 1739 *in deserta planitine* [sic!] *ad Schadrina pag⌈um⌉*
280.	*f* [Semen] *Jaceae purpureae folio pulchre laciniato infra Limonij / Bargus⌈in⌉ d⌈ie⌉* 15 *Aug⌈usti⌉* 1739. [Nr.] 629.
280.	*g* [Semen] *Jaceae inferioribus foliis Limonii Siriaci instar Laciniatis / flore purpureo serius collectum. Bargus⌈in⌉ d⌈ie⌉* 25 *Aug⌈usti⌉* 1739. [Nr.] 629.
283.	*h* [Semen] *Catal⌈ogi⌉ N⌈umer⌉o* 630.
284.	*i* [Semen] *Jaceae folio subtus incano ultimo in Catal⌈ogo⌉ collect⌈um⌉ d⌈ie⌉* 29 *Aug⌈usti⌉* [Nr.] 631.

XIX. Fasciculus . . . 352 – 36<3>.

352.	*a Semen Bistortae majoris collect⌈um⌉ d⌈ie⌉* 25 *July an Angaram* [Nr.] 786.

---

[a] 302 *verbessert aus* [...]; *folgt* f.

353.	*b. Semen Bistortae alpinae folio oblongo et rotundo collectum*[a]

6v/

	ad Angaram d⸢ie⸣ 24 *Jul⸢ii⸣* 1739. [Nr.] 787.
355.	*c. Semen Bistortae spica florum foliosa* [Nr.] 789.
356.	*d* [Semen] *Graminis spica hordea aristata manna exsudans collect⸢um⸣ / in Insula Olchon d⸢ie⸣* 11 *Sept⸢embris⸣* [Nr.] 801.
356.	*e* [Semen] *Graminis spica horde* [sic!] *dictysta* [?] *Prolifera coll⸢ectum⸣ in Insula Ol- / chon d⸢ie⸣* 11 *Sept⸢embris⸣* 801.
357.	*f.* [Semen] *Graminis spica secalina aristata coll⸢ectum⸣ in Insula Olchon / rupibus d⸢ie⸣* 12 *Sept⸢embris⸣* [Nr.] 798.
361.	*g* [Semen] *Urticae folio laciniato coll⸢ectum⸣ d⸢ie⸣* 23 *Sep⸢tembris⸣* 1739 *circa Irkutiam* [Nr.] 902.
363.	*h* [Semen] *Salicis catal⸢ogi⸣ N⸢umer⸣o* 6 [?] *collect⸢um⸣ d⸢ie⸣* 21 *Aug⸢usti⸣* [Nr.] 1088.

XX. Fasciculus I. Sem⸢inum⸣ catal⸢ogus⸣ a N⸢umer⸣o 1 – 12.

12.	*a Semen Gentianae a milite a Baund*[b] [sic!] *lacu allatum*
2.	*b. Gentianae diaphanae N⸢umero⸣* 4.
4.	*c. Semen gentianae cruciatae collectum d⸢ie⸣* 18. *Aug⸢usti⸣ N⸢umer⸣o* 6.
6.	*d* [Semen Gentianae] *catal⸢ogi⸣ plant⸢arum⸣ N⸢umer⸣o* 8 *collect⸢um⸣ d⸢ie⸣* 4 *Sept⸢embris⸣*
7.	*e* [Semen Gentianae coeruleae] *oris pilosis coll⸢ectum⸣ ad Lac⸢um⸣ Baikal d⸢ie⸣* 10 *Aug⸢usti⸣ N⸢umer⸣o* 10.
8.	*f* [Semen] *genti<an>ae minoris oris pilosis coll⸢ectum⸣ ad Lac⸢um⸣ Bai- kal d⸢ie⸣* 26 *Jul⸢ii⸣ N⸢umer⸣o* 11.
11.	*g Gentianellae Semen vernae*[c] *omnium minimae flore coeruleo collec- tum / ad Ang⸢aram⸣ sub finem Jul⸢ii⸣* 1739. [Nr.] 15.
10.	*h. Semen Gentianellae vernae omnium minimae flore albo et coerulescen- / te* [Nr.] 13. [et] 14. *coll⸢ectum⸣ d⸢ie⸣* 20 *Jun⸢ii⸣* 1739 *Ircuti amat loca humida tenui / gramine vestita et umbrosa.*
1.	*i. Polygonati baccae N⸢umer⸣o* 1.

XXI Fasciculus XVIII. Semin⸢um⸣ Catalog⸢us⸣ a 180 – 193.

181.	*a Semen Chamnaerii amygdali folio glabro collectum ad lacum / Baical d⸢ie⸣* 10. 12. *Aug⸢usti⸣* [Nr.] 429. [?]

---

[a] *folgt* ad [b] Baund *verbessert aus* b [c] vernae *verbessert aus* [....]

184[a].	*b.* [Semen] *Bupleuri latifolii coll⌈ectum⌉ d⌈ie⌉* 21 *Aug⌈usti⌉* 1739. [Nr.] 448.[b]

/7r/

185.	*c. Semen caryophylli flore tenuissime dissecto flore rubro et ut su- / spicor etiam candido coll⌈ectum⌉ d⌈ie⌉* 15 *Aug⌈usti⌉ Bargus⌈in⌉* [Nr.] 467.
187.	*d.* [Semen] *Lychnidis ad* $1^{\underline{mam}}$ *in catalogo accedens humilis, autem / caliculis crassioribus et striatis differt florem non vidi / semen collegi d⌈ie⌉* 21 *Aug⌈usti⌉ in altissima rupe* 10 *stadia a / Bargusinensi munimento* [Nr.] 475.
188.	*e.* [Semen] *Lychnidis floribus uno versu positis, coll⌈ectum⌉ ad Lacum Baikal / d⌈ie⌉* 10 *Aug⌈usti⌉* 1739.
189.	*f. An Semen Lychnidis coll⌈ectum⌉ a milite mihiq⌈ue⌉ oblatum d⌈ie⌉* 12 *Aug⌈usti⌉*
180	*g. Semen Christophorianae baccis rubris coll⌈ectum⌉ d⌈ie⌉* 26 *Jul⌈ii⌉ ad Lac⌈um⌉ Bai- / cal*
180	*h.* [Semen Christophorianae] *baccis rubris coll⌈ectum⌉ Bargus⌈in⌉ d⌈ie⌉* 29 *Aug⌈usti⌉* 1739. [Nr.] 426
182.	*i. Semen Foeniculi patuli coll⌈ectum⌉ ad lacum Baical sub init⌈ium⌉ Aug⌈usti⌉*
183.	*k.* [*Semen Foeniculi*] *catal⌈ogi⌉ N⌈umer⌉o* 464. [sic!] *coll⌈ectum⌉ a puero meo d⌈ie⌉* 20 *Sept⌈embris⌉ circa Irkut⌈iam⌉*

XXII. Fasciculus XXV . . . 236 – 266.

256.	*a Semen Violae folio magno pulchre viridi valde emarginato / e viridi et purpureo variegato coll⌈ectum⌉ d⌈ie⌉* 21 *Aug⌈usti⌉ in al- / tiss⌈imis⌉ rupibus Bargus⌈ini⌉*
258.	*b.* [Semen] *Violae folio oblongo flore albo coll⌈ectum⌉ Ircutiae d⌈ie⌉* 9 *Aug⌈usti⌉* [Nr.] 574.
260.	*c* [Semen] *Violae montanae luteae folio subrotundo crenato collect⌈um⌉ /* 26 *Jun⌈ii⌉ quaevis amat loca* [Nr.] 577.
261.	*d.* [Semen] *Violae rubrae folio*[c] *oblongo coll⌈ectum⌉ d⌈ie⌉* 1 *Jul⌈ii⌉* [Nr.] 579.
262.	*e* [Semen Violae] *betonicae folio flore purpureo Aug⌈usto⌉ & Sept⌈embre⌉ flo- / rens coll⌈ectum⌉ d⌈ie⌉* 2 *Sept⌈embris⌉* [Nr.] 580.

---

[a] $_{1}8_{4}$ *verbessert aus* 4 [b] *folgt* c. [c] $_{\text{foli}}$o *verbessert aus* [.]

XXIII. Fasciculus XXVI - - - 267 – 274

?71.	*a. Semen Delphinii Lusitanici coll⌈ectum⌉ d⌈ie⌉* 21 *Aug⌈usti⌉* [Nr.] 590.[a]

[?]7v/

?72.	*b. Semen Delphinii* 2 *Duplicis speciei coll⌈ectum⌉ d⌈ie⌉* 15 *Sept⌈embris⌉* 591. [et] 592.
?67[b].	*c* [Semen] *Fumariae flavae caule quadrangulo collect⌈um⌉ ad Lacum / Baikal sub init⌈ium⌉ Aug⌈usti⌉* [Nr.] 584.
?68.	*d.* [Semen] *Aconiti lutei Catal⌈ogi⌉ Plant⌈arum⌉ N⌈umer⌉o* 585 *collect⌈um⌉ d⌈ie⌉* 14 *Sept⌈embris⌉* 1739.
?70.	*e* [Semen] *Aconiti coma inflexa maxima collect⌈um⌉ ad Angaram / sub med⌈ium⌉ Jul⌈ii⌉* 1739. [Nr.] 587.
?67[c].	*f* [Semen] *Fumariae flavae caule pentagono serius coll⌈ectum⌉ d⌈ie⌉* 16 *Aug⌈usti⌉* 1739.

XXIV Fasciculus IX, - - - 74 – 85

75.	*a. Semen Chamaedryos folio cañabino coll⌈ectum⌉ in Insulae Olchon / rupibus d⌈ie⌉* 10 *Sept⌈embris⌉ N⌈umer⌉o* 194.
76.	*b* [Semen] *Isatidis sylvestris coll⌈ectum⌉ ad lacum Baikal sub init⌈ium⌉ / Aug⌈usti⌉* 1739. [Nr.] 195.
74.	*c* [Semen] *Lavandulae multifido folio coll⌈ectum⌉ d⌈ie⌉* 29 *Aug⌈usti⌉* [Nr.] 190. [et] 191.
78.	*d* [Semen] *Alyssi Veronicae folio i⌈nstitutionum⌉ r⌈ei⌉ h⌈erbariae⌉ coll⌈ectum⌉ d⌈ie⌉* 30 *Jun⌈ii⌉* 1739. / *Irkutiae* [Nr.] 202.
83.	*e* [Semen] *Alyssi lutei ad flores usq⌈ue⌉ in Arena delitescentis / coll⌈ectum⌉ ad insul⌈am⌉ listvenischnoi sub init⌈ium⌉ Aug⌈usti⌉* 1739. [Nr.] 208.

XXV. Semen Lichni

XXVI. Maravretna Masla[20] [sic!]

XXVII. Semina multarum plantarum in itinere equestri e concus- / sione confusa[r]um d⌈ie⌉ 3 *Sept⌈embris⌉* 1739

---

[a] *folgt* b. [b] 2₆₇ *verbessert aus* [.] [c] 2₆₇ *verbessert aus* [.]

XXVIII.
} *Semina varia in itinere confusa*
XXIX

XXX Eine Art von ZwiebelGewächsen.

Übersetzung von B.3.

/1r/
Angemerkte *Defecten* bey den aus *Sibi*rien
von dem h⌈errn⌉ *Adju<n>cto Steller* eingesandten Saamen.

die Päckchen 2. 4. 5. 6. 7. 8. 10. 12. 15. 17. 19. 20. 21. 22 / und 24. fehlen gäntzlich.

von dem Päckchen I.
die Kapseln 3. 5. 9

von dem Päckchen III.
die Kapsel 26.

von dem Päckchen IX.
die Kapseln 77. 79. 80. 81. 82. 84. 85.

von dem Päckchen XI.
die Kapseln 98. 99. 102. 105. 106 in deren Stelle sind 2 Gat= / tungen aber nicht zu unter= / scheiden, welche mit denen / im Verzeichnis befindlichen *N⌈umeris⌉* / zutreffen.
ingl⌈eichen⌉ fehlt
die Kapseln 107. 109. 112. 113. 114.

von dem Päckchen XIV.
die Kapseln 124. 126. 128. 129. 136.

von dem Päckchen XVI.
die Kapseln 150. 155. 159.

von dem Päckchen XVIII.
die Kapseln 186. 190. 191. 192. 193.

von dem Päckchen XXIII.
die Kapseln 257. 259. 263. 264. 265. 266.

von dem Päckchen XXVI.
die Kapseln 269. 273. 274.

von dem Päckchen XXVII.
die Kapseln 276. 279. 281. 282.

/1v/
von dem Päckchen XXVIII.

die Kapsel 289.
von dem Päckchen XXIX.
die Kapseln 290. 291. 292. 297. 299.
von dem Päckchen XXX.
die Kapseln 301. 302. 304. 305. 306. 307.
von dem Päckchen XXXI.
die Capseln 315. 317. 320. 321. 322. 323.
von dem Päckchen XXXII.
die Kapseln 330. 333. 335. 336. 338.
von dem Päckchen XXXIII.
die Kapseln 340. 343. 345. 346. 347. 351.
von dem Päckchen XXXIV.
die Kapseln 354. 358. 359. 360. 362. 364.
von dem Päckchen XXXV.
die Kapseln 366. 369. 371. 372. 373. 374. 375.
von dem Päckchen XXXVI.
die Kapseln 377. 378. 379. 381.
einige Samen aus
Nummer 2. 5. 7. 8. 9. 11. 12. 13. 14. 16. 17. 20. 21.

/2r/
I. Päckchen III. Samenverzeichnis von Nr. 21 bis 28.

24.	a. der Samen von Primula veris, folio amplissimo laciniato, mellis odore (Frühlings-Primula mit dem sehr weiten, zerschlitzten Blatt [und] dem Geruch von Honig), der später und auf einem hochragenden Felsen am See *Bajkal* gesammelt worden ist; [Nr.] 63
24.	b. der Samen von Primula veris, mellis odore, folio subrotundo, amplo, laciniato (Frühlings-Primula mit dem Geruch von Honig, mit rundlichem, weitem, zerschlitztem Blatt), der am 9. August an der Mündung des *Maksimicha*-Flusses in den [See] *Bajkal* gesammelt worden ist; [Nr.] 63
25.	c. der Samen von Primula veris flore purpureo (Frühlings-Primula mit purpurfarbener Blüte); [Nr.] 64
25.	d. der Samen von Primula veris (Frühlings-Primel), der später am See *Bajkal* gesammelt worden ist; [Nr.] 64
28.	e. der Samen von Primula veris (Frühlings-Primula), deren Species ich nicht kenne; Der [Samen] ist von meinem Burschen gesammelt worden.
27.	f. der Samen von Primula veris folio angustissimo serrato (Frühlings-Primula mit sehr schmalem, gesägtem Blatt), der an der Mündung des *Bugul'deicha*-Flusses in den [See] *Bajkal* am 1. August gesammelt

	worden ist; [Nr. 68]
25.	g. der Samen von Primula veris [Frühlings-Primel] meines Pflanzenverzeichnisses, der am See *Bajkal* gegen Anfang August 1739 gesammelt worden ist; [Nr. 64]
23.	h. der Samen von sehr kleiner Androsace sedi vermicularis facie [Androsace mit dem Aussehen von Sedum vermicularis]; gesammelt am [See] *Baikal*, am 3. August; [Nr.] 59.
21.	i. der Samen von Androsace im Pflanzenverzeichnis vom 26. Juni mit den Nummer 55. 56. 57
21.	k. der Samen von Androsace rotundifolia, hirsuta (Rundblättrige, rauhaarige Androsace) und Tetragonanthos humilis flore albo (Niedrige Tetragonanthos mit weißer Blüte)
22.	l. der Samen von Androsace angusto oblongo folio (Androsace mit schmalem, länglichem Blatt), der am [See] *Bajkal* gegen Ende Juli 1739 gesammelt worden ist; Nummer 58.

/2v/
II. der Samen von Chondrilla meines Verzeichnisses, von dem ich eine Abbildung gegeben habe; [Nr.] 705.

III. Päckchen XVIII. Samenkapseln [sic!] von [Nr.] 285 bis 289

285.	a. der Samen von Cirsium latifolium (Breitblättriges Cirsium) des Pflanzenverzeichnisses; gesammelt am 25. Juli 1739 am [Fluß] *Angara*
285.	b der Samen des ersten Cirsium im Pflanzenverzeichnis; gesammelt an den Ufern des *Barguzin*[-Flusses] von meinem Sammler [?] am 21. August 1739
288.	c der Samen von einer bestimmten, sehr niedrigen Filago mit Blüten in einem großen Päckchen, der vom Diener am 23. August gebracht worden ist; Samenverzeichnis [Nr.] 288
287	d. der Samen von der Alpen-Filago im Pflanzenverzeichnis, der am See *Bajkal* am 9. August 1739 gesammelt worden ist; [Nr.] 646
286.	e. der Samen von der Alpen-Petasites mit eckigem Blatt, der vom 1. bis 4. Juli 1739 gesammelt worden ist; [Die Pflanze] liebt sumpfige und morastige Standorte.

IV. Päckchen XXIX. Samenverzeichnis von [Nr.] 294 bis 299

296.	a. der Samen von Absinthium, der auf der Insel *Ol'chon* am 10. September gesammelt worden ist; Samenverzeichnis Nummer 296
295.	b. der Samen eines selteneren Absinthium, der auf der Insel *Ol'chon* am

	10. September gesammelt worden ist; Samenverzeichnis [Nr.] 295
293.	c. der Samen von Absinthium Tanaceti folio incano (Absinthium mit dem weißlichgrauen Blatt von Tanacetum) im Pflanzenverzeichnis [!]; Nummer 660
294.	d. der Samen von Absinthium; [Samenverzeichnis] Nummer 294.
298.	e. der Samen von Abrotanum pulchrum aureum (Schönes, goldgelbes Abrotanum); Pflanzenverzeichnis [!] Nummer 670; am 11. April auf der Insel *Ol'chon* gesammelt

V. Päckchen XXXII. Samenverzeichis von Nr. 323 bis 339

328.	a. der Samen von Jacobaeoides Cacaliae folio (Jacobaeoides mit dem Blatt von Cacalia) des Herrn Doktor Gmelin; gesammelt am 17. September 1739 in *Irkuck*

/3r/

329.	b. der Samen von Jacobaea palustris foliis inferioribus oblongis sinuatis superioribus integris (Sumpf-Jacobaea mit unteren länglichen, buchtigen Blättern [und] weiter oben befindlichen unversehrten Blättern), der am 27. August in einem See der Steppe von *Kungurga* gesammelt worden ist
331.	c. der Samen von Jacobaea alpina flore croceo (Alpen-Jacobaea mit safrangelber Blüte)
327.	d. der Samen von Doria [?], der in *Nikol'skaja zastava* am 17. September 1739 gesammelt worden ist; Nummer 724 [sic!]
332.	e. der Samen, vielleicht von einer Species des Doronicum, der am 21. August bei den Felsen am *Barguzin*[-Fluß] gesammelt worden ist; siehe im Pflanzenverzeichnis [!] Nummer 731
334.	f. der Samen von Leucanthemum matricariae folio (Leucanthemum mit dem Blatt von Matricaria), der auf der Insel *Ol'chon* am 11. September 1739 gesammelt worden ist; [Nr.] 735
339.	g. der Samen von Heracantha, der in *Barguzinsk* am 15. August 1739 gesammelt worden ist; Nummer 745
337.	h. der Samen von Centaurium mit zapfenförmigem großem Kopf, der am See *Bajkal* am 11. August gesammelt worden ist; Nummer 638

VI. Päckchen XXXIII. oder XXVIII. Nr. 345

341.	a der Samen von Lapathum rotundifolium alpinum (Rundblättriges Alpen-Lapathum), der am See *Bajkal* gegen Anfang August 1739 gesammelt worden ist; Nummer 755

350.	b der Samen von Persicaria fruticosa angustifolia (Schmalblättrige Strauch-Persicaria), der am See *Bajkal* am 9. August gesammelt worden ist; Nr. 776
349.	c. der Samen von Blitoides des Herrn Doktor Gmelin mit der Nummer 1137, der mit dem Same von Corispermum gesammelt worden ist
348.	d. der Samen von Blitoides
344.	e. der Samen von Halimus; 13. August; [Nr.] 761
342.	f. der Samen von Atriplex oder Halimus angustifolius (Schmalblättriger Halimus), der am 29. August gesammelt worden ist; Nummer 758

/3v/
VII. Päckchen XXXV. Samenverzeichnis Nummer 365 bis 366

367.	a. der Samen von Chamaer<r>hododendron mit schöner Blüte, das erste meines speziellen Verzeichnisses; gesammelt in *Barguzinsk* am 25. August; [Nr.] 1097.
368.	b. der Samen der Chamae<r>rhododendron-Species II meines Verzeichnisses; [Nr.] 1098
376.	c. die höhere Mespilus mit Blatt und so weiter
370.	d. der Samen von Spiraea hyperici folio (Spiraea mit dem Blatt von Hypericum), der am 19. Juli 1739 bei *Irkuck* gesammelt worden ist; Nummer 1114
365.	e. der Samen von Elaeagnus, der entrindet worden ist; [Nr.] 1095

VIII. Päckchen XI. von Nummer 94 bis 114

104.	a. der Samen von Alsine Petrea, Alsines mediae folio rigido (Steinvogelkraut mit dem steifen Blatt von Alsine media (Mittlere Alsine), der an sehr steilen Stellen am See *Bajkal* gegen Anfang August 1739 gesammelt worden ist; Nummer 289
101.	b. der Samen von Alsine Laricis folio major (Größere Alsine mit dem Blatt von Larix) im [Pflanzen-]Verzeichnis mit der Nummer 277, der auf den Felsen der Insel *Ol'chon* am 10. September 1739 gesammelt worden ist
104.	c. der Samen von einer Alsine-Species, der auf den Felsen am See *Bajkal* gegen Anfang August 1739 gesammelt worden ist; Nummer 289
	d. Berg-Alsine
104.	e. der Samen von Alsine fruticosa multicaulis (Vielstenglige Strauch-Alsine) in zu je drei verbundenen zweikantigen Kapseln, der auf der Insel *Ol'chon* am 12. September 1739 gesammelt worden ist; [Nr.] 289 [?]

95.	f. der Samen von Hypecoon, der am 20. August in *Barguzinsk* gesammelt worden ist; [Nr.] 253
95.	g. der Samen von Hypecoon; *Barguzinsk*; 15. August 1739; [Nr.] 253
97.	h. der Samen von Papaver des Hortus Elthamensis
97.	i. der Samen von Papaver des Hortus Elthamensis; [Nr.] 267
	k.. vielleicht der Samen von Arenaria sereti folio (Arenaria mit gesägtem [?] Blatt], die erste Species meines Verzeichnisses; am 18. August von einem Soldaten gesammelt
	l. der Samen von Arenaria, der am 10. September auf der Insel *Ol'chon* gesammelt worden ist

/4r/

100.	m. der Samen von Arenaria pusilla [!] saxatilis folio gramineo (Winzige Felsen-Arenaria mit grasartigem Blatt), der auf einem sehr hohen Felsen 10 Stadien von *Barguzinskoj ostrog* am 21. August gesammelt worden ist; [Nr.] 276
110.	n. der Samen von Myosotis saxatilis folio gramineo (Felsen-Myosotis mit grasartigem Blatt), der am See *Bajkal* gegen Anfang August 1739 gesammelt worden ist; Samenverzeichnis; [Nr.] 110
111.	o. der Samen einer bestimmten Myosotis-Species, der am See *Bajkal* gegen Anfang August1739 gesammelt worden ist; Samenverzeichnis; [Nr.] 111
108.	p. der Samen von Vaccaria mit kahlem, meergrünem Blatt, der am 24. Juli 1739 gesammelt worden ist; [Pflanzenverzeichnis] Nummer 291
	q. [der Same] von Spergula [Nr.] 282
94.	r. der Samen einer schotentragenden Pflanze, vielleicht eine Eruca-Species auf den sehr hohen Felsen 10 Stadien von *Barguzinskoj ostrog* entfernt; [Nr.] 242
96.	s. der Samen von Chelidonium majus (Größeres Chelidonium), der am 9. Juli 1739 gesammelt worden ist; [Nr.] 254

IX. Päckchen XXXI. – Nummer 314 bis 326

325. 326.	a. b. der Samen von Aster, der vom 3.–8. September gesammelt worden ist
319.	c. der Samen von Aster magno flore humilis (Niedrige Aster mit größerer Blüte) der Steppen, der am See *Bajkal* gegen Anfang August 1739 gesammelt worden ist; Samenverzeichnis [Nr.] 319
318.	d. der Samen von Aster flore coeruleo majori (Aster mit blauer, größerer Blüte), der am See *Bajkal* gegen Anfang August gesammelt worden

	ist; [Nr.] 714
314.	e. der Samen von Scorzonera angustifolia (Schmalblättrige Scorzonera), der am 26. Juni gesammelt worden ist; [Nummer] 707
316.	f. der Samen der schmalblättrigen Scorzonera mit meergrüner, kahler, süßer Wurzel, der am 20. Juni 1739 mit der Nr. 709 gesammelt worden ist. Sie bevorzugt kiesige Erde sowie Tonerde.
324.	g. der Samen von Tripolium [!] [Nr.] 722

X.

329	der Samen von Jacobaea unter Nummer 728 des [Pflanzen-]Verzeichnisses

/4v/

XI. Päckchen XXX.

300.	a. der Samen von Echinopus orientalis (Orientalischer Echinops) unter Nummer 678 des Pflanzenverzeichnisses, der am 11. September an Felsen auf der Insel *Ol'chon* im See *Bajkal* gesammelt worden ist
303.	b. der Samen von Hieracium, der am 28. Juli [?] 1739 gesammelt worden ist
	c. der Samen einer Hieracium ähnlichen Species

XII Päckchen XVI von Nummer 147 bis 159

157.	a. der Samen von Clematis scandens flore albo (Emporsteigende Clematis mit weißer Blüte), der am 20. Juli 1739 um *Irkuck* gesammelt worden ist; [Nr.] 396
151.	b. der Samen von beiden Pulsatilla[-Species] mit blauer und hellgelber Blüte, der am 16. Juni 1739 in *Irkuck* gesammelt worden ist; [Nr.] 367
152.	c. der Samen von Pulsatilla dauci folio (Pulsatilla mit dem Blatt von Daucus), der am See *Bajkal* am 3. August 1739 gesammelt worden ist; Nummer 373
158.	d. der Samen von Caryophyllata chamaedris folio, flore ochroleuco (Caryophyllata mit dem Blatt von Chamaedris mit weißlich gelber Blüte), der an der Mündung des Flusses *Anga* in den [See] *Bajkal* gesammelt worden ist; [Nr.] 398
156.	e. der Samen von Ranunculus Plantaginis folio (Ranunculus mit dem Blatt von Plantago) des Pflanzenverzeichnisses, der am 6. September gesammelt worden ist; [Nr.] 384
153.	f. der Samen von Ranunculus Asari folio (Ranunculus mit dem Blatt von Asarum), der am 2. August 1739 gesammelt worden ist; [Nr.] 378

154.	g. der Samen von Ranunculus radice Ellebori nigri folio Myrrhidis (Ranunculus mit der Wurzel von Schwarzer Helleborus mit dem Blatt von Myrrhis); [Nr.] 380
147.	h. i. der Samen von Anemone; [Nr.] 363
149.	k. der Samen von Anemone multiflora (Vielblütige Anemone), der am 27. August bei beim [Fluß] *Barguzin*, 10 Stadien vom [*Barguzinskoj*] *ostrog* entfernt, gesammelt worden ist; Es scheint mir, daß sie sich in den Blättern unterscheidet. [Nr.] 365
148.	l. der Samen von Anemone multiflore [?] (Vielblütige Anemone), der am 13. August 1739 beim See *Bajkal* gesammelt worden ist; [Nr.] 364

/5r/

XIII. Päckchen XXXVI. von Nummer 377 bis 382

382.	a. der Samen von Spinacea maritima Atriplicis folio (Meer-Spinacia mit dem Blatt von Atriplex), der am 29. August unter der [Nr.] 1152 meines Pflanzenverzeichnisses gesammelt worden ist.
380.	b. die Beeren [!] von Ephedra
380.	c. Früchte von der Ephedra monosperma humilis (Niedrige, einsamige Ephedra), die an der Sonne getrocknet wurden; am 18. August 1739 in *Bargusinsk* gesammelt; [Nr.] 1142
380.	d. der Samen von Ephedra monosperma (Einsamige Ephedra)

XIV. Päckchen XLVI., das 22 Samen enthält, die in Gmelins Samenverzeichnis fehlen und bei der Rückkehr gefunden worden sind; es erschloß das Angeführte anstatt des Verzeichnisses.

3.	a. der Samen von Hedysarum clypeatum (Schildartiges Hedysarum), der am 12. August 1739 am See *Bajkal* gesammelt worden ist; [Nr.] 532
18.	b. der Samen von Hedysarum glabrum (Kahles Hedysarum), der 1. [Hedysarum?-]Species des Pflanzenverzeichnisses [Nr. 531?], der am 29. August gesammelt worden ist
4.	c. der Samen von Delphinium des Verzeichnisses, der am 17. September gesammelt worden ist
19.	d. der Samen von Alyssum flore luteo folio oblongo incano (Alyssum mit gelber Blüte und länglichem weißlichgrauem Blatt), der am 10. August am See *Bajkal* gesammelt worden ist
6.	e. der Samen von Astragalus viciae Parisiensis folio angustissimo flore purpureo (Astragalus mit dem sehr schmalen Blatt der Pariser Vicia und der purpurroten Blüte), der am 1. September 1739 gesammelt worden ist

15.	f. der Samen von vielleicht der Cardiaca, der am 23. August 1739 gesammelt worden ist
22.	g. der Sporenstaub von Lycoperdon des Pflanzenverzeichnisses

XV. Päckchen XXIII. von Nummer 233 bis 236

241.	a. b. der Samen von Astragalus, der am Meer [d. h. See] *Bajkal* gegen Anfang August gesammelt worden ist
235.	c. Astragalus mit purpurrot-blauer Blüte mit schmalem, spitzerem und weißlichgrauem Blatt
239.	d. der Samen von Astragalus mit Blättern von je vier, fünf oder sechs Fiederblättchen; die Blätter von dieser Species sind sehr schmal, die Schote ist kürzer; deshalb habe ich den Samen gesammelt; am 30. August; [Nr.] 567

/5v/

237.	e. der Samen von Astragalus mit Blättern von je vier, fünf, sechs Fiederblättchen; soweit ich an der vertrockneten weißen Blüte sehen konnte, mit blauer Fahne; gesammelt vor dem 30. August; [Nr.] 565
236.	f. der Samen des kriechenden Astragalus mit aufgeblasenem Kelch mit einem Blatt von je vier oder fünf Fiederblättchen mit gelblicher oder gelblich weißer Blüte, der am 18. August in *Barguzinsk* gesammelt worden ist; Nummer 564
240.	g. siehe Nummer 569

XVI. Päckchen XIV. von Nummer 124 bis 136

132.	a der Samen von Geranium mit dem Blatt von Cicuta unter Nummer 341 des Pflanzenverzeichnisses, der auf der Insel *Ol'chon* am 10. September gesammelt worden ist
131.	b der Samen von Geranium mit großer, ausgebreiteter purpurroter Blüte, der am *Angara*[-Fluß] am 20. Juli 1739 gesammelt worden ist; [Nr.] 338.
134.	c. vielleicht die männliche Pflanze von Geranium
135.	d. der Samen von Geranium Batrachioides (dem Batrachium ähnlichem Geranium mit kleiner Blüte; [Nr.] 335
125.	e. der Samen von Ascyrum; Verzeichnis Nummer 311
130.	f. der Samen von Juncago Taura [?], der am 15. August gesammelt worden ist; [Nr.] 333
127.	g. der Samen von Anacampseros mit hellgelber Blüte, der am 11. September auf der Insel *Ol'chon* gesammelt worden ist; Nummer 328

127.	h. der Samen von Anacampseros mit hellgelber Blüte vom 13. September; [Nr.] 328

XVII. Päckchen XIII. des Samenverzeichnis von [Nr.] 116 bis 123

120.	a. der Samen von dem sehr kleinen Felsen-Geum mit schmalem, gezähntem Blatt, mit weißer, nicht punktierter Blüte oder dem sehr kleines Felsen-Geum in der Gestalt von Sedum; gesammelt am 20. August; ich habe ihn in größter Höhe, 10 Stadien von *Barguzinskoj ostrog* entfernt, am 20. August gesammelt; [Nr.] 306
116.	b. Alpen-Geum mit rundlichem, sehr breitem Blatt mit purpurroter Blüte; gesammelt am See *Bajkal* am 6. August 1739; [Nr.] 302
122.	c. der Samen von Geum unter Nummer ... des Pflanzenverzeichnisses; gesammelt am 25. Juli am See *Bajkal*
121.	d. der Samen von Geum, dessen Species ich nicht kenne; gesammelt vom Diener am See *Bajkal* gegen Anfang August
116.	e. der Samen des Geum mit rundlichem Blatt; gesammelt am See *Bajkal* am 25. Juli; [Nr.] 302

/6r/

117.	f. der Samen des Geum mit rundem, sehr breitem Blatt; gesammelt bei *Nikol'skaja zastava* gegen Ende Juli 1739; [Nr.] 308 [sic!]
117.	g. der Samen vom Sumpf-Geum mit rundlichem, gekerbtem Blatt; gesammelt gegen Anfang August 1739 am See *Bajkal*; [Nr.] 303
118.	h. der Samen von Geum mit rundem, nahezu kreisrundem Blatt; gesammelt etwa Anfang August 1739 am See *Bajkal*; [Nr.] 304
116.	i. der Samen von dem rundblättrigen Geum, bei den Russen *badan*; gesammelt gegen Ende Juli 1739 bei *Nikol'skaja zastava*; [Nr.] 302
119.	k. der Samen von dem schmalblättrigen, gesägten Geum mit weißer, mit roten Punkten gesprenkelter Blüte; gesammelt am 9., 10. [und] 15. August 1739 beim See *Bajkal*; [Nr.] 305

XVIII. Päckchen XXVII. Samenverzeichnis [Nr.] 275 bis 284

275.	a. vielleicht der Samen von dem Vielköpfigen, dem Acanthus ähnlichen Carduus, vom 29. August; [Nr.] 621 (Sitzender Carduus).
277.	b. der Samen von Jacea mit geflügeltem Stengel des Verzeichnisses unter der Nummer 625, gesammelt am 30. September 1739; Dieser Samen ist am reiffsten.
277.	c. der Samen von Jacea mit geflügeltem Stengel

277.	d. der Samen von Jacea mit geflügeltem Stengel, der von meinem Burschen in *Irkuck* gesammelt worden ist; [Nr.] 625
278.	e. der Samen von Jacea mit sehr zerschlitztem Blatt mit purpurroter Blüte, siehe im Pflanzenverzeichnis Nummer 626; gesammelt am 21. August 1739 in der ebenen Steppe bei dem Dorf *Šadrina*
280.	f. der Samen von der Purpurroten Jacea mit schön zerschlitztem Blatt, unten wie dem von Limonium bei *Barguzinsk* vom 15. August 1739; [Nr.] 629
280.	g. der Samen von Jacea mit unteren Blättern mit wie bei Limonium Siriacum (Syrisches Limonium) geschlitzten unteren Blättern und purpurroter Blüte; später gesammelt am 25. August 1739 bei *Barguzinsk*; [Nr.] 629
283.	h. der Samen des Verzeichnisses Nummer 630
284.	i. der Samen von Jacea mit auf der Unterseite fast weißlichgrauem, Blatt; der letzte im Verzeichnis; gesammelt am 29. August; im Verzeichnis [Nr.] 631

XIX. Fasciculus . . . 352 – 36<3>.

352.	a. der Samen von der Größeren Bistorta; gesammelt am 25. Juli am *Angara*[-Fluß]; [Nr.] 786.
353.	b. der Samen von der Alpen-Bistorta mit länglichem und rundem Blatt, gesammelt

/6v/

	am *Angara*[-Fluß] am 24. Juli 1739; [Nr.] 787
355.	c. der Samen von der Blattreichen Bistorta mit einer Blüten-Ähre; [Nr.] 789
356.	d. der Samen von Gramen (Gras) mit gerstenähnlicher, begrannter Ähre, eine Manna aussschwitzend; gesammelt am 11. September auf der Insel *Ol'chon*; [Nr.] 801
356.	e. der Samen von Gramen (Gras) mit gerstenähnlicher [?], wuchernder Ähre; gesammelt am 11. September auf der Insel *Ol'chon*; [Nr.] 801
357.	f. der Samen von Gramen (Gras) mit roggenähnlicher, begrannter Ähre; gesammelt am 12. September auf der Insel *Ol'chon* auf den Felsen; [Nr.] 798.
361.	g. der Samen von Urtica mit zerschlitztem Blatt; gesammelt am 23. September 17739 bei *Irkuck*; [Nr.] 902

363.	h. der Samen von Salix des Verzeichnisses Nummer 6 [sic!]; gesammelt am 21. August; [Nr.] 1088

XX. Päckchen I. Samenverzeichnis von Nummer 1 bis 12

12.	a. der Samen von Gentiana, der von einem Soldaten vom See *Baunt* herangebracht worden ist
2.	b. der Samen von der durchscheinenden Gentiana; [Nr.] 4
4.	c. der Samen von der Kreuz-Gentiana; gesammelt am 18. August; Nummer 6
6.	d. der Samen von Gentiana des Pflanzenverzeichnisses Nummer 8; gesammelt am 4. September
7.	e. der Samen von der blauen Gentiana] mit behaarten Blütenrändern; gesammelt am 10. August am See *Bajkal*; [Nr.] 10
8.	f. der Samen von einer kleineren Gentiana mit behaarten Blütenrändern, der am 26. Juli beim See *Bajkal* gesammelt worden ist; Nr. 11
11.	g. der Samen von der Frühlings-Gentianella, der kleinsten von allen, mit blauer Blüte, der am [Fluß] *Angara* gegen Ende Juli 1739 gesammelt worden ist; [Nr] 15
10.	h. der Samen der Frühlings-Gentianella, der kleinsten von allen, mit weißer und blauwerdender Blüte, der am 20. Juni in *Irkuck* gesammelt worden ist; Nummer 13 und 14; Sie liebt feuchte, mit dünnem Gras bedeckte und schattige Standorte.
1.	i. die Beeren von Polygonatum; Nummer 1.

XXI. Päckchen XVIII. Samenverzeichnis von Nummer 180 bis 193

181.	a. der Samen von Chamnaerium mit dem kahlen Blatt von Amygdalus, der am 10. [und] 12. August beim See *Baikal* gesammelt worden ist; [Nr.] 429 [?]
184.	b. der Samen von dem Breitblättrigen Bupleurum, der am 21. August 1739 gesammelt worden ist; [Nr.] 448

/7r/

185.	c. der Samen von Caryophyllum mit sehr zarter, zerschnittener roter Blüte und, wie ich vermute, auch mit schneeweißer Blüte, der am 15. August bei *Barguzinsk* gesammelt worden ist; [Nr.] 467
187.	d. der Samen von Lychnis, ähnlich der ersten im Verzeichnis ist sie niedrig, unterscheidet sich aber durch dickere und gestreifte kleine Kelche; die Blüte habe ich nicht gesehen. Den Samen habe ich am 21. August an einem sehr hohen Felsen, 10 Stadien von *Barguzinskoj ostrog* gesammelt. [Nr.] 475

188.	e. der Samen von Lychnis mit in einer Reihe angeordneten Blüten; gesammelt am 10. August 1739 beim See *Bajkal*
189.	f. vielleicht der Samen von Lychnis, gesammelt von einem Soldaten und mir angeboten am 12. August
180.	g. der Samen von Christophoriana mit roten Beeren, der am 26. Juli beim See *Bajkal* gesammelt worden ist
180.	h. der Samen von Christophoriana mit roten Beeren, der am 29. August 1739 bei *Barguzinsk* gesammelt worden ist
182.	i. der Samen von dem ausgebreiteten Foeniculum, der gegen Anfang August beim See *Bajkal* gesammelt worden ist.
183.	k. der Samen unter der Nummer 464 [?] desVerzeichnisses, der von meinem Burschen am 20. September bei *Irkuck* gesammelt worden ist

XXII. Päckchen XXV. . . . 236 – 266

256.	a. der Samen von Viola mit großem, schön grünem, stark ausgerandetem Blatt, das grün und purpurrot gescheckt ist, der am 21. August auf sehr hohen Felsen bei *Barguzinsk* gesammelt worden ist
258.	b. der Samen von Viola mit länglichem Blatt, mit weißer Blüte, der am 9. August in *Irkuck* gesammelt worden ist; [Nr.] 574
260.	c. der Samen von der gelbblühenden Berg-Viola mit rundlichem, gekerbtem Blatt, der am 26. Juni gesammelt worden ist; es liebt beliebige Standorte; [Nr.] 577
261.	d. der Samen von der rot[blühenden] Viola mit länglichem Blatt, der am 1. Juli gesammelt worden ist; [Nr.] 579
262.	e. der Samen von Viola mit dem Blatt von Betonica und purpurroter Blüte – sie blüht im August und September – gesammelt 2. September; [Nr.] 580

XXIII. Päckchen XXVI. - - - 267 – 274

271.	a. der Samen vom Lusitanischen Delphinium, der am 21. August gesammelt worden ist; [Nr.] 590.

/7v/

272.	b. der Samen der 2 doppelten Delphinium-Species, der am 15. September gesammelt worden ist; [Nr.] 591 und [Nr.] 592.
267.	c. der Samen von der hellgelben Fumaria mit vierkantigem Stengel, der gegen Anfang August am See *Bajkal* gesammelt worden ist; [Nr.] 584
268.	d. der Samen vom Gelben Aconitum des Samenverzeichnisses unter der Nummer 585, der am 14. September 1739 gesammelt worden ist

270.	e. der Samen von Aconitum mit sehr großem, gekrümmtem Schopf, der gegen Mitte Juli 1739 am *Angara*[-Fluß] gesammelt worden ist; [Nr.] 587
267.	f. der Samen von der Hellgelben Fumaria mit fünfkantigem Stengel, der zu spät am 16. August 1739 gesammelt worden ist

XXIV. Päckchen IX. - - - 74 bis 85

75.	a. der Samen von Chamaedris mit dem Blatt von Cannabis, der am 10. September auf den Felsen der Insel *Ol'chon* gesammelt worden ist; Nr. 194
76.	b. der Samen der Wildwachsenden Isatis, der gegen Anfang August 1739 am See *Bajkal* gesammelt worden ist; [Nr.] 195
74.	c. der Samen von Lavandula mit vielteiligem Blatt, der am 29. August gesammelt worden ist; [Nr.] 190 und [Nr.] 191
78.	d. der Samen von Alysson mit dem Blatt von Veronica der ‚Institutiones Rei Herbariae', der am 30. Juni 1739 in *Irkuck* gesammelt worden ist; [Nr.] 202
83.	e. der Samen vom gelben Alysson, das sich bis zu den Blüten im Sand verkriecht, der gegen Anfang August 1739 auf der Insel *Listvenišnoj* gesammelt worden ist; [Nr.] 208

XXV. der Same von Lichen

XXVI. *muravejnoe maslo*

XVII. die Samen von zahlreichen Pflanzen, die auf dem Weg zu Pferde durch die Erschütterung am 3. September 1739 durcheinander geraten sind.

XXVIII. }
XXIX } verschiedene Samen, die auf dem Weg durcheinander geraten sind

XXX. Eine Art von ZwiebelGewächsen

1 Maße: 32 x 21 cm
weitere Versionen des Textes:
a) AAW F. 21, Op. 5, D. 107, Bll. 8r–15r (Maße: 32 x 21 cm)
b) AAW F. 21, Op. 5, D. 107, Bll. 16r–20v (Maße: 32 x 21 cm)

2 „Andrósace <Mannssschild>": bei der Deutung dieses Namens wurde bislang übersehen, daß die antiken Autoren ... vielmehr Tiere beschrieben haben: lat. androsaces, bei Plin. 27,25 als Pfl. aufgefaßt, ..." (Genaust 2005, S. 62)

3 müßte heißen: 705

4 müßte heißen: Catalogus plantarum

5 müßte heißen: Catalogus plantarum

6 russ. *ozero* – See

7 in den Textversionen a) und b) folgt „bey meine) [...] Tschugurt"

8 vielleicht Doronicum, Nr. 732 der „Flora ..."

9 müßte heißen: Catalogus plantarum

10 „Heracāntha DC. (Compositae). Zus. aus ἥρως (Ritter, Held) und ἄκανδα (Dorn, Stachel); hat harte Dornen. Abtheilung der Gattung Carlina." (Wittstein 1852, S. 432); „Drey=Distel, gemeine Distel, ... Lateinisch Carduus vulgaris, ... Carlina vulgaris Clus. ... Heracantha, Tab. ... ist eine zarte Distel, mit Aschenfarben grauen Distel=Blättern, ..." (Zedler 1732–1750, Bd. 7, Sp. 1446)

11 d. h. Strobili; „strobiliformis, zapfenförmig, einer Zapfenfrucht (s. Strobilus) ähnlich, ... Strobilus, der Zapfen oder die Zapfenfrucht, ..." (Bischoff 1857, S. 159)

12 „Alsine media s. minor, ... Hünerschwären, Myrrhen, Vogelkraut. ... Alsine petraea; v. Alsine. Alsine petraea minima, v. Alsine media." (Franckenau 1753, S. 39); „Alsine, Morsus gallinae, Hünerdarm, Hünerbiß, Vogelkraut, ..." (a. a. O., S. 38); „Das II. Capitel. Von andern Geschlechten des Hünerdarms. ... III. Das dritte Geschlecht/ das Stein=Vogelkraut ist dem gemeinen kleinen Hünerdarm gantz gleich/ allein daß dieses an steinechten Orten finden funden wird. ..." mit der Abbildung auf S. 1088 „III. Klein Stein=Vogelkraut. Alsine Petraea minima." (Tabernaemontanus 1731, S. 1087ff.)

13 Nr. 281

14 vermutlich Nr. 274 der „Flora ..."

15 „SARSAPARILLA. ... teutsch Sarsaparille. ... Sarsaparilla ist aus zwey indianischen Worten zusammengesetzt, nemlich, von Zarza, ... und parilla, das bedeutet einen kleinen Weinstock, ..." (Lémery 1721, Sp. 1007f.)

16 in der Textversion a) folgt: „hier fiel ich in drek bis in die Ohren"

17 vermutlich: baccae

18 müßte wie in den Textversionen a) und b) heißen „302"

19 müßte heißen: (russ.) *badan*

20 „... ita et Russorum AEsculapii nativi, tria praecipue per Russiam et Sibiriam celebrata olea circumferre mihique examinis loco proponere solebant. Primum vocatur Муравеи масла oleum formicarum nativum venditatum pro universali in omnibus morbis remedio, quantum laboraverim hujus Panaceae particeps fieri, nihilotamen minus quam illud ipsum invenire potui. Traditio autem communis est, inveniri in acervis formicarum circa Festum Johannis Baptistae gelatinam quandam aurantii coloris summe odoratam, facile quovis liquore salubilem, quae hausta pene emortuos in vitam revocet, podagricis et arthriticis interne & externe morbum una cum paleis et stipitibus radicibus auferat. Abstulerunt autem mihi Russorum variantes & discrepantes relationes fidem una cum assensu & fiducia, ita ut totam rem commentum esse judicem, grande sonans nihil significans, praecipue cum ipsi indicati possessores aliquot hujus cimelii, se unquam tali quid vidisse aut habuisse constanter negarent. ..." (lat. „... So pflegten auch die einheimischen Heilkundigen drei besonders in Rußland und Sibirien gerühmte Öle unter die Leute zu bringen und mir bei Gelegenheit einer Prüfung vorzulegen. Das erste wird ‚*Muravei masla*' [*muravejnoe maslo*] genannt. Oleum formicarum nativum [natürliches Ameisenöl] wird als allgemeines Heilmittel bei allen Krankheiten verkauft. So sehr ich mich bemüht haben mag, dieses Universalmittels teilhaftig zu werden, konnte ich jedoch nichts weniger als dieses [Öl] selbst finden. Es gibt aber eine allgemeine Überlieferung, daß man um das Fest Johannes des Täufers in den Ameisenhaufen eine gewisse goldfarbene, sehr stark riechende Gallerte finden kann, die in jeder beliebigen Flüssigkeit leicht löslich ist, [und] die getrunken beinahe Tote ins Leben zurückrufen und bei an Podagra und Ar-

thritis Leidenden innerlich und äußerlich die Krankheit zusammen mit Spreu, Stämmen und Wurzeln wegnehmen könnte. Mir haben die wechselnden und [von einander] abweichenden Berichte der Russen die Glaubwürdigkeit zusammen mit dem Beifall und dem Zutrauen geraubt, so daß ich die ganze Sache für eine Erfindung halten möchte, großartig klingend und nichts bedeutend, besonders da diejenigen, die [mir] als Besitzer von einigem dieser Kostbarkeit bezeichet worden sind, beharrlich leugneten, jemals etwas derartiges gesehen oder besessen zu haben. ...“) (AAW R. I, Op. 104, D. 18, Bl. 11v, s. Anm. 20 in Nr. 632 der „Flora ...“); „Ameisenöl (Oleum formicarum), ... 3) fettes A., gelblichgün wie Olivenöl, gerinnt leicht zu einer lichten, durchsichtigen, talgartigen Masse; durch Auspressen gewonnen; 1 Pfund Ameisen gibt 3 Quentchen.“ (Pierer 1857–65, Bd. 1, S. 401); „Ameisensäure (Acidum formicicum), eine ... Säure, die sich in den Ameisen ... findet. ... Früher wurde A. gegen Gicht angewendet u. als wirkender Stoff der Ameisenbäder u. des Ameisenspiritus betrachtet.“ (a. a. O., S. 401)

B.4. Quittungen von Johann Amman über den Samenempfang

B.4.1. Johann Amman
Quittung vom 21. April 1740

in der Handschrift von Johann Amman; Quelle[1]: F. 21, Op. 5, D. 105, Bl. 10r

Von dem H⌈er⌉r⌈n⌉ *Notario Tiedeman*[2] sind mir aus der / *Conferentz* Cantzley[3] der Kayserl⌈ichen⌉ *Academie* der Wißen= / schafften zwey säke mit saat, die H⌈er⌉r *Adjunctus* / *Steller* dieses jahr aus *Sibirien* geschikt, richtig / überlifert worden; welches ich hiemit bezeuge.

S⌈ank⌉t *Petersburg* J⌈ohann⌉ Amman.
d⌈en⌉ 21.ten *April*
1740.

B.4.2. Johann Amman
Quittung vom 12. Mai 1740

in der Handschrift von Johann Amman; Quelle[4]: F. 21, Op. 5, D. 105, Bl. 6r

Aus der Cantzley der *Academie* der Wißen= / schafften habe ich zwey *paqu*ete mit saamen em= / pfangen, die H⌈er⌉r *Steller* aus *Sibiri*en dieses jahr / geschiket hatt, damit sie in dem *Academi*schen garte⌈n⌉ / könten gesäet werden.

S⌈ank⌉t *Petersburg* J⌈ohann⌉ Amman.
d⌈en⌉ 12ten *May* 1740.

B.4.3. Johann Amman
Quittung vom 30. Mai 1740

in der Handschrift von Johann Amman; Quelle[5]: F. 21, Op. 5, D. 105, Bl. 11r

Von dem H⌈er⌉r⌈n⌉ *Notario Tiedeman* ist mir / eine kleine kiste mit gedrukneten kräutern, welche / H⌈er⌉r *Adjunctus* / *Steller* dieses jahr aus *Sibiri*en / an die *Academie* der Wißenschafften geschiket / hatt, richtig übergeben worden.

S⌈ank⌉t *Petersburg* J⌈ohann⌉ Amman.
d⌈en⌉ 30ten *Maii*
1740.

B.4.4. Johann Amman
Quittung vom 5. Juli 1740

n der Handschrift von Johann Amman; Quelle[6]: F. 21, Op. 5, D. 105, Bl. 7r

Aus der Cantzley der *Academie* / der Wißenschafften ist mit eine große / menge saamen von Kräutern und verschie= / dene wurtzeln, die der *Adjunctus Steller* / dieses jahr aus *Irkutsk* geschiket, nebst[a] / übergeben worden, um selbige in dem *Academi*schen / garten zu säen und fortzupflantzen.

S⌈*ank*⌉*t* *Petersburg* J⌈ohann⌉ Amman.
d⌈en⌉ 5.[en] *Julii*
1740.

rechts oben „P⌈r⌉äsent – d(17. Apr. 1740"; s. auch die Angaben dazu in der Einleitung
Christoph Tiedemann
Die Konferenz der Akademie der Wissenschaften ist die Bezeichnung der mit der Gründung der Akademie begonnenen regelmäßigen Sitzungen der Mitglieder und Adjunkten, auf denen wissenschaftliche Vorträge gehalten, Projekte erörtert wurden und die wissenschaftliche Korrespondenz verlesen und diskutiert wurde; institutionalisiert mit dem u. a. mit der Aufgabe der Protokollführung betrauten Konferenzsekretärs
rechts oben „Praes. d. 13. Maij 1740" und „N. 5"; s. auch die Angaben dazu in der Einleitung
s. auch die Angaben dazu in der Einleitung
links oben „Praes. d. 12. Jul. 1740" und oben in der Mitter „N. 9."; s. auch die Angaben dazu in der Einleitung

[a] *nach* nebst *gestr.* einem Catalogo davon,

B.5. Verzeichnis von Georg Wilhelm Steller der durch Johann Christian Berckhan im Jahr 1739 angefertigten Zeichnungen (Aquarelle)

in unbekannter Handschrift; Quelle[1]: AAW F. 21, Op. 5, D. 57, Bll. 100r–101v

Verzeichnis
der übersandten Zeichnungen, die durch den Maler Johann Christian Berckhan im Jahr 1739 gezeichnet wurden, und zwar von Vögeln, Fischen und Kräutern[a]

1. *Trutta salmonata Gallorum* таймень[2] *Russorum.*
2. *<omul'> piscis*[3]. *Truttaceus lacus Baikal.*
3. *Piscis Tomii, Angarae et Lenae fluviorum <sig>*[4] / *qui vero alius est quam noster Petropoli ⌈et⌉ Novogrodi.*
4. *Pisciculus Angarae, Jeniseae et Lenae fluviorum / dictis Taenia cornuta Schonfeldii Cobitidi acolea- / tae seu Dacolitho affinis Raij.*
5. *Merula aquatica*[5]
6. *Salicaria, sub alis flava*
7. *Frutex Blitum arborescens dictus*[b] *Florae Ircutiensis*[6].
8. *Tamnoides florae Ircutiens⌈is⌉*[7]
9. *Filicula aversa parte incana, limbis foliorum semini- / feris Florae Ircutiens⌈is⌉*[8]
10. *Geum Alpinum flore specioso roseo folio subrotundo*[9] / баданъ[10] *Sibiriensium* Siberische *Thée boy*, von dem in Rußland angegeben wird, daß es sich um Tee handelt; diese Angabe erfolgte jedoch meiner Auffassung nach ohne Grund[c]
11. *Rubus fructu brunneo flor⌈ae⌉ Ircut⌈iensis⌉ Russorum / fructu sapidissimo*[11].
12. *Ephedra florae Ircutiensis Russorum*[12] / *Ramulus florifer*[13], *ramulus fructum ferens*[14], *in uno ramo / flos nullus*[15], *fructus in altero fructus sed nullos flos provenit*[16]. /[d] /100v/
13. *Convolvulus Elatines folio Florae Ircut⌈iensis⌉*[17].
14. *Apocynum flore flavo Lavandulae folio flor⌈ae⌉ Ircut⌈iensis⌉*[18]
15. *Apocynum flore Persico Florae Ircutiensis*[19]
16. *An Marrubiastrum Bocconae Florae Ircutiensis*[20].
17. *An Jacobaea latifolia palustris sive aquatica Raij / florae Ircutiensis*[21].
18. *Grossularia seu Ribes spinosa fructu rubro minori / dulci Grossulariae Spinosae sativae folio florae Ircut⌈iensis⌉*[22]
19. *Salicornia florae Ircut⌈iensis⌉*[23]
20. *Plumbago Psyllii folio florae Ircut⌈iensis⌉*[24]

---

[a] *von* Verzeichnis der *bis* und Kräutern *in russischer Sprache* [b] dictum [c] *von* von dem in Rußland *bis* nach ohne Grund *in russischer Sprache* [d] *folgt* 13.

21. *Ranunculus Myrrhidis folio, radice Ellebori*[a] *nigri*[b] / *Flor⌈ae⌉ Ircut⌈iensis⌉*[25]
22. *Filago Alpina flor⌈ae⌉ Ircut⌈iensis⌉*[26]
23. *Jacea Elychrysi Cretici folio incano, flore candido / Florae Ircut⌈iensis⌉*[27]
24. *Gentianella alba florae Ircut⌈iensis⌉*[28]
25. *Gentianella coerulea florae Ircut⌈iensis⌉*[29]
26. *Gentiana rupestris folio angusto, flore magno albo / diaphano striis et punctis viridibus varia flor⌈ae⌉ Ircut⌈iensis⌉*[30]
27. *Allium Acori radice florae Ircut⌈iensis⌉*[31]
28. *Lingua Cervina minima folio undulato florae Ircut⌈iensis⌉*[32]
29. *Elaeagnus florae Ircut⌈iensis⌉*[33]
30. *Primula veris rubra Clusii florae Ircut⌈iensis⌉*[34]
31. *Primula veris flore candido flor⌈ae⌉ Ircut⌈iensis⌉*[35]
32. *Primula veris palustris flore subrotundo flor⌈ae⌉ Ircut⌈iensis⌉*[36]
33. *Cardamine*[c] *Resedae folio Florae Ircut⌈iensis⌉*[d][37] /101r/
34. *Arenaria pusilla teretifolia Florae Ircut⌈iensis⌉*[38]
35. *Astragalus Alpinus, foliis viciae ramosus et procum- / bens flore glomerato, oblongo coeruleo Florae Ircut⌈iensis⌉*[39] *Ramus*

2.(37[e]. *Astragalaster flore atro-purpureo florae Ircutiensis.*[40]
{
1.\ 36. *Astragalaster flore Ochroleuco flor⌈ae⌉ Ircut⌈iensis⌉*[41]

38. *Viola flore lacteo caule aphyllo, folio oblongo, acu- / minato flor⌈ae⌉ Ircut⌈iensis⌉*[42]
39. *Viola montana arborescens mucronato oblongo folio, / flore albo coerulescente Flor⌈ae⌉ Ircut⌈iensis⌉*[43]
40. *Viola pumila rupestris flore purpureo maximo*[f] *foliolis / oblongis Flor⌈ae⌉ Ircut⌈iensis⌉*[44]
41. *Calceolus flabelliformis Flor⌈ae⌉ Ircut⌈iensis⌉*[45]
42. *Orobanche flore candido florae Ircut⌈iensis⌉*[46]
43. *Helleborine ceram redolens, floribus candidis pilosis / flor⌈ae⌉ Ircut⌈iensis⌉*[47]
44. *Monorchis bifolia, foliis sessilibus flore purpurascente / florae Ircut⌈iensis⌉*[48]
45. *Monorchis Ophioglossoides unifolia Menzelii*[49]
46. *Monorchis minima bifolia flore lutescente Florae Ircut⌈iensis⌉*[50]
47. *Agaricus florae Ircut⌈iensis⌉*[51]
48. *Erinaceus lignosus flor⌈ae⌉ Ircut⌈iensis⌉*[52]
49. *Gentianoides stellatum Flor⌈ae⌉ Ircut⌈iensis⌉*[53]
50. *Aster folio hastato Flor⌈ae⌉ Ircut⌈iensis⌉*[54]
51. *Cepa Juncifolia Flor⌈ae⌉ Ircut⌈iensis⌉*[55]

---

[a] Ellebori *verbessert aus* [.] [b] nigri *verbessert aus* [.] [c] Cardaminae [d] *folgt* 34. [e] 37 *verbessert aus* 6
[f] *nach* maximo *gestr.* , [Komma]

52. *An chondrilla viscosa humilis flor⌈ae⌉ Ircut⌈iensis⌉*[56]
53. *Hesperis montana Psyllii folio hirsuto Flor⌈ae⌉ Ircut⌈iensis⌉*[57] /101v/
54. *Fragaria hirsuta folio subtus argenteo, flore luteo / flor⌈ae⌉ Ircut⌈iensis⌉*[58]
55. *Pentaphylloides supinum Pimpinellae folio ⌈et⌉ facie / Flor⌈ae⌉ Ircut⌈iensis⌉*[59]
56. 57. 58. 59. *Prospectus Ablakitici* 4. 15.
15. *rariores plantae in duplo delineatae ⌈et⌉ ad D⌈ominum⌉ D⌈octorem⌉ Gmeli- / num missae*[60].

Numerus omnium ⌈et⌉ singularum plantarum 74.

Georg Wilhelm Steller

Übersetzung

Verzeichnis
der übersandten Zeichnungen, die durch den Maler Johann Christian Berckhan im Jahr 1739 gezeichnet wurden, und zwar von Vögeln, Fischen und Kräutern

1. Trutta salmonata der Franzosen, bei den Russen *tajmen'*
2. Der Fisch <*omul'*>. Ein *Truttaceus* des *Bajkal*sees
3. Der Fisch der Flüsse *Tom*, *Angara* und *Lena* <*sig*>, der tatsächlich ein anderer ist als unserer in Petersburg und *Novgorod*
4. Ein kleiner Fisch der Flüsse *Angara*, *Enisej* und *Lena*, Taenia cornuta Schönfeldii, Cobitis aculeata oder Dacolithus affinis Raij genannt.
5. Merula aquatica
6. Salicaria, die unter den Flügeln gelb ist
7. Der ‚Baumförmiges Blitum' genannte Strauch der ‚Flora Ircutiensis'
8. Tamnoides der ‚Flora Ircutiensis'
9. Filicula, die im abgewandten Teil [des Wedels] grau (geworden) ist, mit samen[bzw. sporen]tragenden Säumen der Blätter der ‚Flora Ircutiensis'
10. Alpen-Geum mit ansehnlicher rosenroter Blüte, mit rundlichem Blatt *badan* der Sibirier; „Siberische Thée boy, von dem in Rußland angegeben wird, daß es sich um Tee handelt; diese Angabe erfolgt jedoch meiner Auffassung nach ohne Grund"
11. Rubus der Russen mit tiefbrauner Frucht [und] einer sehr schmackhaften Frucht der ‚Flora Ircutiensis'
12. Ephedra der Russen der ‚Flora Ircutiensis'; ein Zweiglein die Blüte, ein Zweiglein die Frucht tragend; an einem Zweig keine Blüte; die Frucht an einem anderen [Zweig], die Frucht, jedoch tritt keine Blüte auftretend
13. Convolvulus mit dem Blatt der Elatine der ‚Flora Ircutiensis'
14. Apocynum mit gelber Blüte [und] dem Blatt von Lavandula der ‚Flora Ircutiensis'

15. Apocynum mit Pfirsich-Blüte der ‚Flora Ircutiensis'
16. Vielleicht das Marrubiastrum des Boccone der ‚Flora Ircutiensis'
17. Vielleicht die breitblättrige Sumpf- oder Wasser-Jacobaea des Ray der ‚Flora Ircutiensis'
18. Grossularia oder dornige Ribes mit roter, kleinerer, süßer Frucht mit dem Blatt der angepflanzten, dornigen Grossularia der ‚Flora Ircutiensis'
19. Salicornia der ‚Flora Ircutiensis'
20. Plumbago mit dem Blatt von Psyllium der ‚Flora Ircutiensis'
21. Ranunculus mit dem Blatt von Myrrhis [und] der Wurzel von Elleborus niger der ‚Flora Ircutiensis'
22. Alpen-Filago der ‚Flora Ircutiensis'
23. Jacea mit dem grauen Blatt des Kretischen Elychrysum [und] schneeweißer Blüte der ‚Flora Ircutiensis'
24. Weiße Gentianella der ‚Flora Ircutiensis'
25. Himmelblaue Gentianella der ‚Flora Ircutiensis'
26. Felsen-Gentiana, die [von anderen Arten] durch Streifen und grüne Punkte unterschieden ist, mit schmalem Blatt [und] großer, weißer, durchscheinender Blüte der ‚Flora Ircutiensis'
27. Allium mit der Wurzel von Acorus der ‚Flora Ircutiensis'
28. Sehr kleine Lingua Cervina [Hirschzunge] mit gewelltem Blatt der ‚Flora Ircutiensis'
29. Elaeagnus der ‚Flora Ircutiensis'
30. Im Frühjahr rot blühende Primula des Clusius der ‚Flora Ircutiensis'
31. Im Frühjahr blühende Primula mit schneeweißer Blüte der ‚Flora Ircutiensis'
32. Im Frühjahr blühende Sumpf-Primula mit rundlicher Blüte der ‚Flora Ircutiensis'
33. Cardamine mit dem Blatt von Reseda der ‚Flora Ircutiensis'/101r/
34. Winzige walzenblättrige Arenaria der ‚Flora Ircutiensis'
35. Alpen-Astragalus, der verzweigt und niederliegend ist, mit geknäuelter, länglicher, himmelblauer Blüte [und] den Blättern der Vicia der ‚Flora Ircutiensis'; Ast [Zweig]

2. 37. Astragalaster mit dunkelpurpurroter Blüte der ‚Flora Ircutiensis'

1. 36. Astragalaster mit hellgelber Blüte der ‚Flora Ircutiensis'

38. Viola mit milchweißer Blüte, mit blattlosem Stengel, mit länglichem, zugespitzem Blatt der ‚Flora Ircutiensis'
39. Baumartige Berg-Viola mit länglichem Blatt, das mit einer Spitze versehen ist, mit weißer Blüte, die himmelblau wird, der ‚Flora Ircutiensis'
40. Kleine Fels-Viola mit sehr großer purpurroter Blüte [und] mit länglichen Blättchen der ‚Flora Ircutiensis'
41. Fächerförmiger Calceolus der ‚Flora Ircutiensis'

42. Orobanche mit schneeweißer Blüte der ,Flora Ircutiensis'
43. Helleborine mit schneeweißen, weichhaarigen Blüten, die nach Wachs duftet, der ,Flora Ircutiensis'
44. Zweiblättrige Monorchis mit sitzenden Blättern [und] purpurrot werdender Blüte der ,Flora Ircutiensis'
45. Einblättrige, natterzungenähnliche Monorchis des Mentzel
46. Sehr kleine, zweiblättrige Monorchis mit gelbwerdender Blüte der ,Flora Ircutiensis'
47. Agaricus der ,Flora Ircutiensis'
48. Holziger Erinaceus der ,Flora Ircutiensis'
49. Sternartiges Gentianoides der ,Flora Ircutiensis'
50. Aster mit spießförmigem Blatt der ,Flora Ircutiensis'
51. Binsenblättrige Cepa der ,Flora Ircutiensis'
52. Vielleicht die klebrige niedrige Chondrilla der ,Flora Ircutiensis'
53. Berg-Hesperis mit dem rauhhaarigen Blatt von Psyllium der ,Flora Ircutiensis'
54. Rauhhaarige Fragaria mit dem unten [d. h. auf der Blattunterseite] silbrigweißen Blatt [und] mit gelber Blüte der ,Flora Ircutiensis'
55. Rückwärtsgebeugtes Pentaphylloides mit dem Blatt und der Gestalt von Pimpinella der ,Flora Ircutiensis'
56. 57. 58. 59. *Ablajkiti*sche Ansichten 4. 15.

15 Seltene Pflanzen, in doppelter Ausführung gezeichnet und an Herrn Doktor Gmelin geschickt.

Die Anzahl von allen, und [zwar] der einzelnen Pflanzen ist 74.

Georg Wilhelm Steller

[1] Maße: 32,5 x 21,5 cm; auf Bl. 100r oben links „Copia"; Beschreibung der Handschrift F. 21, Op. 5, D. 57: Reisebeschreibungen und ethnologische Beschreibungen von *St. P. Krašeninnikov* sowie zwei Verzeichnisse von Zeichnungen in russischer und lateinischer Sprache aus den Jahren 1737 bis 1742, Kopien; 101 Einzelblätter; Einband: moderne Klappmappe
Zu: Verzeichnis von G. W. Steller der durch J. C. Berckhan im Jahr 1739 angefertigten Zeichnungen (Aquarelle); Text: braune Tinte; Papier: weiß; Wz. – auf der rechten Bogenseite „КОМЕРЦЪ", auf der linken Bogenseite „КОЛЕГИ" (Nr. 309 in *Klepikov* 1978); Zustand: Papier vergilbt, mit kleinen rötlichen und gelben Flecken
Das hier vorliegende Dokument wurde unter weitgehender Beibehaltung der Formatierung als Dokument 157 unter dem Titel „Verzeichnis der von Johann Christian Berckhan im Jahr 1739 angefertigten Zeichnungen von Georg Wilhelm Steller aus Irkuck" in Hintzsche 2001, S. 424–437 veröffentlicht. Die Anmerkungen dort wurden hier, insbesondere bezüglich der nicht zur „Flora Irkutiensis" gehörenden Zeichnungen, deutlich gekürzt.
G. W. Steller sandte das Verzeichnis und die Zeichnungen zusammen mit einem Rapport und einem *donošenie* vom 30. April 1740 an den Senat in Sankt Petersburg (Dokumente 86 und 87 in Hintzsche 2000a, S. 158–180 bzw. S. 181–186). Als Entstehungsdatum ist der Zeitraum zwischen

10. und 30. April 1740 anzunehmen, da die am Ende des Verzeichnisses genannten 15 an J. G. Gmelin übersandten Zeichnungen vermutlich die 15 Zeichnungen sind, die G. W. Steller mit einem (nicht nachgewiesenen) Brief vom 10. April 1740 an J. G. Gmelin schickte (Angabe von J. G. Gmelin in einem *donošenie* an den Senat vom 3. Dezember 1740 – AAW F. 21, Op. 5, D. 71, Bll. 87r–89r).
Über den Verbleib des Verzeichnisses in Sankt Petersburg wird in den Protokollen der Konferenz der Akademie der Wissenschaften berichtet:
a) am 20. Januar 1741 – „20 Jan. ... Aus der Canzelley kamen ein, ... Hierneben war noch auf einem Bogen Verzeichniss vieler Zeichnungen, welche der Maler Berghan a. 1739 angefertiget hat. Die Zeichnungen ... sind nicht mit eingekommen. ...“ (Protokoly 1897–1900, Bd. 1, S. 653)
b) am 10. März 1741 – „10 Mart. Aus der Canzelley wurden zu den Kamtschatkischen Acten gegeben nachfolgende Tabulae cum fig.: Sub No. 1, 2, 3 et 4 pisces quatuor a. 1739 pictae, sub No. 5 et 6 duae species volatilium de eodem, sub No. seq. 7–55 de eodem anno 49 Figur. botanicae delineata und noch 4 Tabulae mit Figur. von dem Ablaketischen Pallast und der umliegenden Gegend, nämlich: a) der Plan von vorgedachtem Ort und dabey befindlichen Felsen; b) Prospect von dem genannten Pallast nach der gegenwärtigen Beschaffenheit; c) Prospect der Decke oder des Daches vom angezeigten Pallast mit den darin angebrachten Figuren; d) Profil der Mauer des Ablaketischen Pallastes. Summa 59 Zeichnungen und alle von dem Maler J. C. Berckhan im Jahre 1739 gemacht.“ (Protokoly 1897–1900, Bd. 1, S. 664);
c) am 14. März 1741 – „14 Mart. Aus der Canzelley wurden zu den Kamtschatkischen Acten gegeben: ... 5) Index tabularum cum figuris quas Joan Christian Berckhan a. 1739 delineavit, von dem Adj. Georg Wilh. Steller unterschrieben, auf 1 Bogen. ...“ (Protokoly 1897–1900, Bd. 1, S. 665)

2 russ. *tajmen'*

3 vermutlich der Fisch *omul'*

4 vermutlich der Fisch *sig*

5 russ. *vodjanoj vorobej*

6 Flora Irkutiensis Nr. 767: Blitum arborescens, incanum, Lavandulae folio; S. 17ff. und Tab. II, Fig. 1 in Gmelin 1747–1769, Bd. III

7 Flora Irkutiensis Nr. 27: Tamnoides scandens altissimum, folio umbilicato, anguloso, semine alato

8 Flora Irkutiensis Nr. 919: Filicula saxatilis non ramosa, subtus argentea, semina in limbis foliorum disposita habens; Aquarell: AAW R. I, Op. 105, D. 22, Bl. 50r; s. B.6.1.

9 Flora Irkutiensis Nr. 302: Geum montanum folio subrotundo, amplissimo, flore roseo, specioso; S. 166ff. und Tab. LXVI in Gmelin 1747–1769, Bd. IV

10 russ. *badan*

11 Flora Irkutiensis Nr. 1108: Rubus Fragariae folio, flore rubro, fructu brunneo dulci sapidissimo; Aquarell: AAW R. I, Op. 20, D. 25, Bl. 10r; s. B.6.22.

12 Flora Irkutiensis Nr. 1142: Ephedra maritima, minor; Aquarelle: AAW R. I, Op. 105, D. 27, Bl. 197r und AAW R. I, Op. 105, D. 27, Bl. 198r; Tab. XXXVII und Tab. XXXVIII in: Gmelin 1747–1769, Bd. I; s. B.6.8., B.6.9. und B.6.20.

13 „25. EPHEDRA ... Tab. XXXVII. A. ... B. Pars planta fructifera fructibus adhuc immaturis. ...“ (Gmelin 1747–1769, Bd. I, S. 171ff. und Tab. XXXVII Fig. B)

14 „25. EPHEDRA ... Tab. XXXVII. A. est integra planta, fructu maturo onusta. ...“ (Gmelin 1747–1769, Bd. I, S. 171ff und Tab. XXXVII Fig. A)

15 „25. EPHEDRA petiolis saepe pluribus, amentis solitariis Tab. XXXVIII. Fig. 1. ...“ (Gmelin 1747–1769, Bd. I, S. 171ff. und Tab. XXXVIII Fig. I)

16 „25. EPHEDRA ... j Eadem [d. h. Ephedra] monosperma. Tab. nostr. XXXVIII. Fig. 2. ...“ (Gmelin 1747–1769, Bd. I, S. 171ff. und Tab. XXXVIII Fig. II)

17 Flora Irkutiensis Nr. 18: Convolvulus Elatines folio acuminato, et ad basin aurito, floribus speciosis roseis; Aquarell: AAW R. I, Op. 20, D. 25, Bl. 9r; Tab. XLVIII [?] in Gmelin 1747–1769, Bd. IV; s. B.6.21.

[18] Flora Irkutiensis Nr. 26: Apocynum rupestre Lavandulae folio, flore flavescente; „21. ASCLEPIAS foliis reuolutis lineari lanceolatis oppositis, ternatisque caule decumbente, lauendulae folio, flore flavescente, STELL. Irc. 26. ...“ (Gmelin 1747–1769, Bd. IV, S. 77f.)

[19] Flora Irkutiensis Nr. 25: Apocynum rupestre polyanthos, flore Persico, folio angustissimo denticulato; Aquarell: AAW R. I, Op. 105, D. 22, Bl. 15r; S. 78f. und Tab. XLII in: Gmelin 1747–1769, Bd. IV; s. B.6.2.

[20] Flora Irkutiensis Nr. 181: An Marrubiastrum Cardiacae folio; S. 121ff. und Tab. LIV in: Gmelin 1747–1769, Bd. III

[21] Flora Irkutiensis Nr. 728: An Jacobaea palustris sive aquatica Raii; Aquarell: AAW R. I, Op. 105, D. 23, Bl. 123r (Kopie von J. W. Lürsenius nach J. C. Berckhan); S. 158f. und Tab. LXXII in: Gmelin 1747–1769, Bd. II; s. B.6.15.

[22] Flora Irkutiensis Nr. 1127: Grossularia seu Ribes spinosa, fructu rubro dulci minori, Grossulariae spinosae sativae folio; „9. RIBES inerme, racemis glabris, pendulis, floribus planiusculis, LINN. Spec. Tom. 1. 121. ...“ (Gmelin 1747–1769, Bd. III, S. 173f.)

[23] Flora Irkutiensis Nr. 1144: Salicornia ramosa rubra; S. 8ff. und Tab. I, Fig. I in: Gmelin 1747–1769, Bd. III

[24] Flora Irkutiensis Nr. 92: Plumbago Psyllii folio, flore rubro; S. 87f. und Tab. XLVI, Fig. 2 in: Gmelin 1747–1769, Bd. IV

[25] Flora Irkutiensis Nr. 380: Ranunculus Myrrhidis foliis Hellebori nigri radice; „43. ADONIS flore dodecapetalo, fructu ouato, LIN. Sp. pl. 1. p. 771. n. 3. ...“ (Gmelin 1747–1769, Bd. IV, S. 200f.)

[26] Flora Irkutiensis Nr. 646: Filago Alpina, capite folioso; „89. GNAPHALIUM caule non ramoso, vmbella tomentosa, longis foliis insidenti HALL. Helv. 701. ... Filago alpina capite folioso TOURN. I. R. H. 454. ...“ (Gmelin 1747–1769, Bd. II, S. 106f.)

[27] Flora Irkutiensis Nr. 628: Jacea saxatilis longo incano, angusto Helichrysi Cretici folio, flore candidissimo; Aquarell: AAW R. I, Op. 105, D. 23, Bl. 77r (Kopie von J. W. Lürsenius nach J. C. Berckhan); S. 69ff. und Tab. XXVII in: Gmelin 1747–1769, Bd. II; s. B.16.

[28] Flora Irkutiensis Nr. 13: An Gentianella omnium minima ... flore albo; Aquarell: AAW R. I, Op. 105, D. 22, Bl. 24r; Tab. LI, Fig. A in: Gmelin 1747–1769, Bd. IV; s. B.6.3.

[29] Flora Irkutiensis Nr. 15: Gentianella verna omnium minima pentagona flore coeruleo; Aquarell: AAW R. I, Op. 105, D. 22, Bl. 22r; Tab. LII in: Gmelin 1747–1769, Bd. IV; s. B.6.4.

[30] Flora Irkutiensis Nr. 4: Gentiana rupestris, folio Plantaginis angustifoliae, flore albo diaphano, striis et punctis coeruleis vario; Aquarell: AAW R. I, Op. 105, D. 22, Bl. 51r; 75. GENTIANA floribus terminantibus diaphanis, GM. Inst. [müßte heißen: Mst.] Gentiana rupestris, folio plantaginis angustifoliae, flore albo diaphano, striis et puntis caeruleis vario, STELL. Irc. 4. ...“ (Gmelin 1747–1769, Bd. IV, S. 106ff.); s. B.6.18.

[31] Flora Irkutiensis Nr. 509: Allium saxatile Acori radice flore purpureo; Aquarell: AAW R. I, Op. 105, D. 27, Bl. 163r; Tab. XI, fig. II in: Gmelin 1747–1769, Bd. I; s. B.6.10.

[32] Flora Irkutiensis Nr. 920: Lingua Cervina minima, folio undulato costa in longissimum filum abeunte; Aquarell: AAW R. I, Op. 105, D. 22, Bl. 54r; s. B.6.5.

[33] Flora Irkutiensis Nr. 1095: Elaeagnus humilis Barbae Jovis folio, fructu racemoso minori dulci nigro; Aquarell: AAW R. I, Op. 105, D. 23, Bl. 149r (Kopie von J. W. Lürsenius nach J. C. Berckhan); Tab. XCVIII in Gmelin 1747–1769, Bd. II; s. B.6.19.

[34] Flora Irkutiensis Nr. 64: Primula veris rubro flore; Aquarell: AAW R. I, Op. 105, D. 22, Bl. 53r; S. 83 und Tab. XLIV. Fig. 3 in: Gmelin 1747–1769, Bd. IV; s. B.6.6.

[35] Flora Irkutiensis Nr. 65: Primula veris albo flore; Aquarell: AAW R. I, Op. 105, D. 22, Bl. 14r; S. 83 und Tab. XLIV, Fig. II. in Gmelin 1747–1769, Bd. IV; s. B.6.7.

[36] Flora Irkutiensis Nr. 66: Primula veris rubro flore unico vel duplici folio subrotundo utrimq[ue] viridi; „30. PRIMVLA foliis ouatis glabris, integerrimis, vmbellis paucifloris nutantibus T. XLVI. f. 1. ... Primula veris rubro flore, vnico vel duplici folio, subrotundo, vtrinque viridi, STELL. Irc. 66. ...“ (Gmelin 1747–1769, Bd. IV, S. 83f.)

37 Flora Irkutiensis Nr. 233: An Cardamine Alpina minor Resedae foliis flore purpurascente; „41. Cardamine foliis trifidis acutis, laciniis integris vel incisis, caule erecto. Tab. LXV. Cardamine alpina minor resedae foliis, flore purpurascente, ... eademque flore albo, STELL. Irc. 233. 234. ...“ (Gmelin 1747–1769, Bd. 3, S. 272)

38 Flora Irkutiensis Nr. 276: Arenaria pusilla teretifolia minima, capsula seminali ovata;

39 Flora Irkutiensis Nr. 550: An Astragalus Alpinus foliis Viciae ramosus et procumbens flore glomerato oblongo caeruleo; S. 42f. und Tab. XX in Gmelin 1747–1769, Bd. IV

40 Flora Irkutiensis Nr. 568: Baikalia flore atro-purpureo foliis angustioribus et densioribus; „80. ASTRAGALVS pedunculis radicatis, ... Baicalia flore atropurpureo, foliis angustioribus, et densioribus, STELL. Irc. 568. ...“ (Gmelin 1747–1769, Bd. IV, S. 63); Im Text der „Flora Irkutiensis“ führt G. W. Steller unter Nr. 568 keine Abbildung an, jedoch im Text zu Nr. 567. Flora Irkutiensis Nr. 567: Baikalia flore atrorubente; „81. ASTRAGALVS radicibus caulescentibus, ... Baicalia flore atrorubente, STELL. Irc. 567. ...“ (Gmelin 1747–1769, Bd. IV, S. 63); Unter Nr. 563 der „Flora Irkutiensis“ führte G. W. Steller die neue Gattung Baikalia oder Astragalaster ein („563. Baikalia sive Astragalaster ...“).

41 Flora Irkutiensis Nr. 565: Baikalia flore ochroleuco vexillo floris coerulescente; „79. ASTRAGALVS pedunculis radicatis, ... Baicalia flore ochroleuco, vexillo floris caerulescente, STELL. Irc. <565> ...“ (Gmelin 1747–1769, Bd. IV, S. 62)

42 Flora Irkutiensis Nr. 574: Viola flore lacteo, caule aphyllo folio oblongo acuminato; „63 VIOLA acaulis foliis ex cordato-oblonge ellipticis vix crenatis. Viola verna nudicaulis, longifolia glabra et elatior, GM. Ind. Irc. ...“ (Gmelin 1747–1769, Bd. IV, S. 99)

43 Flora Irkutiensis Nr. 572: Viola montana arborescens, folio oblongo mucronato flore pallide coerulescente; „57. VIOLA caule triquetro diffuso, foliis oblongis incisis, stipulis dentatis, Fl. Suec. 721. LIN. Sp. pl. 2. p. 1326. n. 15. ...“ (Gmelin 1747–1769, Bd. IV, S. 97)

44 Flora Irkutiensis Nr. 573: Viola pumila rupestris, flore purpureo amplo, foliolis oblongis; „62. VIOLA acaulis flore foliis multo maiore, HALL. Helu. 502 Viola pumila rupestris, flore purpureo amplo, foliolis oblongis, STELL. Irc. 573. ...“ (Gmelin 1747–1769, Bd. IV, S. 99)

45 Flora Irkutiensis Nr. 612: Calceolus minimus flabelliformis; Aquarell: AAW R. I, Op. 105, D. 27, Bl. 147r; S. 7f. und Tab. II, fig. I in Gmelin 1747–1769, Bd. I; s. B.6.11.

46 Flora Irkutiensis Nr. 160: Orobanche flore candido

47 Flora Irkutiensis Nr. 610: Helleborine ceram redolens floribus candidis pilosis; „9. EPIPACTIS * foliis ouatis radicalibus LINN. Lapp. 314. ... Odorem florum STELLERUS in Flor. Ircut. cerae comparat. ...“ (Gmelin 1747–1769, Bd. I, S. 13)

48 Flora Irkutiensis Nr. 608: Monorchis bifolia, foliis sessilibus flore purpurascente; Aquarell: AAW R. I, Op. 105, D. 27, Bl. 150r; S. 16ff. und Tab. III, fig. II sowie fig. II.* in Gmelin 1747–1769, Bd. I; s. B.6.12.

49 Flora Irkutiensis Nr. 606: Monorchis Ophioglossoides unifolia Mentz⌈elii⌉; „16. ORCHIS * radicibus ouatis, tunicatis, scapo nudo LINN. h. Cliff. 429. ... STELLERUS etiam in Flora Ircutensi habet. ...“ (Gmelin 1747–1769, Bd. I, S. 20)

50 Flora Irkutiensis Nr. 601: Monorchis minima bifolia, flore lutescente; Aquarell: AAW R. I, Op. 105, D. 27, Bl. 152r; S. 18ff. und Tab. IV, fig. 1 in: Gmelin 1747–1769, Bd. I; s. B.6.13.

51 vermutlich Flora Irkutiensis Nr. 1046: Agaricus Betularum fasciculosus, superne luteus, in medio orbiculum jncludens aurantium, infernè porosus, cinereus;

52 Flora Irkutiensis Nr. 1029: Erinaceus lignosus Agarici substantia

53 Flora Irkutiensis Nr. 123: Gentianoides stellatum Gratiolae folio, flore coeruleo; „78. SWERTIA corollis quinquefidis, foliis lanceolato linearibus, LIN. Sp. pl. 1. p. 328. n. 3. T. LII. t. 2. [?] ... Gentianoides stellatum, gratiolae folio flore caeruleo, STELL. Irc. 123. ...“ (Gmelin 1747–1769, Bd. IV, S. 112f.)

54 Flora Irkutiensis Nr. 710: Aster vernalis, folio hastato incano flore albo; Aquarell: AAW R. I, Op. 105, D. 23, Bl. 117r (Kopie von J. W. Lürsenius nach J. C. Berckhan); S. 143ff. und Tab. LXVII, Fig. 2 in: Gmelin 1747–1769, Bd. II; s. B.6.17.

[55] Flora Irkutiensis Nr. 502: An Cepa lusitanica foliis capillaceis minima, purpurascente flore Tourn. I. R. H.; [species 10] Cepa Lusitanica, foliis capillaceis, minima, purpurascente flore. ... [species 12] Cepa Juncifolia, minor purpurascens. ..." (Tournefort 1700, S. 382f., Genus XI „Cepa. Ognon."); Aquarell: AAW R. I, Op. 105, D. 27, Bl. 170r; S. 61ff. sowie Tab. XV, fig. II. u. fig. III. in Gmelin 1747–1769, Bd. I; s. B.6.14.

[56] Flora Irkutiensis Nr. 705: An Chondrilla viscosa humilis

[57] Flora Irkutiensis Nr. 223: Hesperis montana Psyllii folio valde ramosa, flore purpurascente ampliori; im Text zu Nr. 223 wird eine Abbildung erweähnt; „38. SISYMBRIVM foliis linearibus integerrimis, pedunculis glutinoso-hispidis, LIN. Sp. pl. 2. p. 912. n. 25. Hesperis caule ramosissimo foliis linearibus, pedunculis hispidis, GM. Mst. Tab. LXIII. Hesperis montana psyllii folio, valde ramoso, flori amplo purpurascente, STELL. Irc. 223. ..." (Gmelin 1747–1769, Bd. III, S. 270f.); s. auch Flora Irkutiensis Nr. 222: Hesperis montana Psyllii folio hirsuto, flore purpurascente exiguo

[58] Flora Irkutiensis Nr. 404: Fragaria hirsuta procumbens, folio subtus argenteo, flore luteo

[59] Flora Irkutiensis Nr. 416: Pentaphylloides supinum Pimpinellae folio et facie

[60] s. Anm. 1

B.6. Aquarelle von Johann Christian Berckhan für die „Flora Irkutiensis"[1]

B.6.1. Filicula aversa parte incana, limbis foliorum seminiferis (nach B.5. Nr. 9)[2]

B.6.2. Apocynum flore Persico (nach B.5. Nr. 15)[3]

B.6.3. Gentianella (Gentiana) (nach B.5. Nr. 24)[4]

B.6.4. Gentianella (Gentiana) (nach B.5. Nr. 25)[5]

B.6.5. Lingua Cervina minima folio undulato (nach B.5. Nr. 28)[6]

B.6.6. Primula veris rubra Clusii (nach B.5. Nr. 30)[7]

B.6.7. Primula veris flore candido (nach B.5. Nr. 31)[8]

B.6.8. Ephedra (nach B.5. Nr. 12)[9]

B.6.9. Ephedra (nach B.5. Nr. 12)[10]

B.6.10. Allium Acori radice (nach B.5. Nr. 27)[11]

B.6.11. Calceolus flabelliformis (nach B.5. Nr. 41)[12]

B.6.12. Monorchis bifolia, foliis sessilibus flore purpurascente (nach B.5. Nr. 44)[13]

B.6.13. Monorchis minima bifolia flore lutescente (nach B.5. Nr. 46)[14]

B.6.14. 51. Cepa Juncifolia (nach B.5. Nr. 51)[15]

B.6.15. An Jacobaea latifolia palustris sive aquatica Raij (nach B.5. Nr. 17)[16]

B.6.16. Jacea Elychrysi Cretici folio incano, flore candido (nach B.5. Nr. 23)[17]

B.6.17. Aster folio hastato (nach B.5. Nr. 50)[18]

B.6.18. Gentiana rupestris folio angusto, flore magno albo diaphano striis et punctis viridibus varia (nach B.5. Nr. 26)[19]

B.6.19. Elaeagnus (nach B.5. Nr. 29)[20]

B.6.20. Ephedra (nach B.5. Nr. 12)[21]

B. 6.21. Convolvulus Elatines folio (nach B.5. Nr. 13)[22]

B.6.22. Rubus fructu brunneo (nach B.5. Nr. 11)[23]

1 Die hier wiedergegebenen Aquarelle sind eine Auswahl der im Verzeichnis B.5. angegebenen Aquarelle von 1739; Photographien davon wurden angefertigt von *V. V. Eremeev*

2 AAW R. I, Op. 105, D. 22, Bl. 50r mit den Anmerkungen unten in der Mitte „Praes. d. 10. Mart. 1741." und unten rechts „9) J. C. Berckhan delineavit"; Maße: 32 x 29 cm; Flora Irkutiensis Nr. 919: Filicula saxatilis non ramosa, subtus argentea, semina in limbis foliorum disposita habens; s. B.5. Nr. 9

3 AAW R. I, Op. 105, D. 22, Bl. 15r mit den Anmerkungen unten links „Praes. d. 10. Mart. 1741" und oben links „Cl. XVI. n. 24. / Asclepias. / ... in Fl Sibir. IV t XLII."; Maße: 29 x 23 cm; Flora Irkutiensis Nr. 25: Apocynum rupestre polyanthos, flore Persico, folio angustissimo denticulato; Tab. XLII in: Gmelin 1747–1769, Bd. IV; s. B.5. Nr. 15

4 AAW R. I, Op. 105, D. 22, Bl. 24r mit den Anmerkungen unten rechts „Berckhan del.", oben links „Gentiana. Fl. Sib. N. 70. / tab. LI.", oben in der Mitte „A." und oben rechts „tab. XXIII.": Maße: 29 x 23 cm; Flora Irkutiensis Nr. 13: An Gentianella omnium minima ... flore albo; Tab. LI, Fig. A in: Gmelin 1747–1769, Bd. IV; s. B.5. Nr. 24

5 AAW R. I, Op. 105, D. 22, Bl. 22r mit den Anmerkungen unten links „Berckhan del. / Fl. Sibir. IV, t. XII.", oben links „Ad n°. 345." und oben rechts „Ind Irc."; Maße: 29 x 23 cm; Flora Irkutiensis Nr. 15: Gentianella verna omnium minima pentagona flore coeruleo; Tab. LII in: Gmelin 1747–1769, Bd. IV; s. B.5. Nr. 25

6 AAW R. I, Op. 105, D. 22, Bl. 54r mit den Anmerkungen unten links „Praes. d. 21. Mart. 1741." und unten rechts „28, J. C. Berckhan delineavit et copiam fecit 1729"; Maße: 29 x 23 cm; Flora Irkutiensis Nr. 920: Lingua Cervina minima, folio undulato costa in longissimum filum abeunte; s. B.5, Nr. 28

7 AAW R. I, Op. 105, D. 22, Bl. 53r mit den Anmerkungen unten links „Praes. d. 10. Mart. 1741", unten rechts „30) J. C. Berckhan delineavit" und oben links „Cl. XVI. n. 32 I. Primula"; Maße: 29 x 23 cm; Flora Irkutiensis Nr. 64: Primula veris rubro flore; Tab. XLIV. Fig. II. in Gmelin 1747–1769, Bd. IV; s. B.5, Nr. 30

8 AAW R. I, Op. 105, D. 22, Bl. 14r mit den Anmerkungen unten in der Mitte „Praes. d. 10. Mart. 1741.", unten rechts „31) J. C. Berckhan delineavit" und oben links „Cl. XVI. n. 32 II. Primula. / T. XLIV. III. / Fl Sib. IV."; Maße: 29 x 23 cm; Flora Irkutiensis Nr. 65: Primula veris albo flore; Tab. XLIV, Fig. III. in Gmelin 1747–1769, Bd. IV; s. B.5. Nr. 31

9 AAW R. I, Op. 105, D. 27, Bl. 197r mit den Anmerkungen unten links „Berckhan del.", unten rechts „19: Lürsenius cop. fec." und oben in der Mitte „Tab. XXXVII. / A"; Maße: 30 x 20,5 cm; Flora Irkutiensis Nr. 1142: Ephedra maritima, minor; Tab. XXXVII, A in: Gmelin 1747–1769, Bd. I; s. B.5. Nr. 12

10 AAW R. I, Op. 105, D. 27, Bl. 197r mit den Anmerkungen unten rechts „Berckhan del." und oben in der Mitte „Tab. XXXVIII. f. 2."; Maße: 30 x 20,5 cm; Flora Irkutiensis Nr. 1142: Ephedra maritima, minor; Tab. XXXVIII, fig. 2 in: Gmelin 1747–1769, Bd. I; s. B.5. Nr. 12

11 AAW R. I, Op. 105, D. 27, Bl. 163r mit den Anmerkungen unten links „Praes. d. 10. Mart. 1741", unten rechts „27. J. C. Berckhan delineavit" und oben in der Mitte „Tab. XI. Fig. 2."; Maße: 30 x 20,5 cm; Flora Irkutiensis Nr. 509: Allium saxatile Acori radice, flore purpureo; Tab. XI, fig. II in: Gmelin 1747–1769, Bd. I; s. B.5. Nr. 27

12 AAW R. I, Op. 105, D. 27, Bl. 147r mit den Anmerkungen unten in der Mitte „Praes. d. 10. Mart. 1741.", unten rechts „41) J. C. Berckhan delineavit" und oben in der Mitte „Tab. II. Fig. 1."; Maße: 30 x 20,5 cm; Flora Irkutiensis Nr. 612: Calceolus minimus flabelliformis; Tab. II, fig. I in: Gmelin 1747–1769, Bd. I; s. B.5. Nr. 41

13 AAW R. I, Op. 105, D. 27, Bl. 150r mit den Anmerkungen unten in der Mitte „Praes. d. 10. Mart. 1741.", unten rechts „44) J. C. Berckhan delineavit" und oben in der Mitte „Tab. III. Fig. 2."; Maße: 30 x 20,5 cm; Flora Irkutiensis Nr. 608: Monorchis bifolia, foliis sessilibus, flore purpurascente; Tab. III, fig. II. in: Gmelin 1747–1769, Bd. I; s. B.5. Nr. 44

[14] AAW R. I, Op. 105, D. 27, Bl. 152r mit den Anmerkungen unten in der Mitte „Praes. d. 10. Mart. 1741.“, unten rechts „46) J. C. Berckhan delineavit“ und oben in der Mitte „Tab. IV. Fig. 1.“; Maße: 30 x 20,5 cm; Flora Irkutiensis Nr. 601: Monorchis minima bifolia, flore lutescente; Tab. IV, fig. 1 in: Gmelin 1747–1769, Bd. I; s. B. 5. Nr. 46

[15] AAW R. I, Op. 105, D. 27, Bl. 170r mit den Anmerkungen unten in der Mitte „Praes. d. 10. Mart. 1741“, unten rechts „51 J. C. Berckhan delineavit“ und oben in der Mitte „Tab. XV, Fig. 3.“; Maße: 30 x 20,5 cm; Flora Irkutiensis Nr. 502: vielleicht Cepa Lusitanica, foliis capillaceis, minima, purpurascente flore; Tab. XV, fig. 3 in: Gmelin 1747–1769, Bd. I; s. B.5. Nr. 51

[16] AAW R. I, Op. 105, D. 23, Bl. 123r (Kopie von J. W. Lürsenius nach J. C. Berckhan) mit den Anmerkungen links unten „Fl. sib. Tom. II.“ und rechts oben „Tab. LXXII.“; Flora Irkutiensis Nr. 728: An Jacobaea palustris sive aquatica Raii; Tab. LXXII in: Gmelin 1747–1769, Bd. II; s. B.5. Nr. 17

[17] AAW R. I, Op. 105, D. 23, Bl. 77r (Kopie von J. W. Lürsenius nach J. C. Berckhan) mit den Anmerkungen links unten „Fl. sib. Tom. II.“ und rechts oben „Tab. XXVII.“; Flora Irkutiensis Nr. 628: Jacea saxatilis, longo, incano, angusto Helichrysi Cretici folio, flore candidissimo; Tab. XXVII in: Gmelin 1747–1769, Bd. II; s. B.5. Nr. 23

[18] AAW R. I, Op. 105, D. 23, Bl. 117r (Kopie von J. W. Lürsenius nach J. C. Berckhan) mit den Anmerkungen unten links „Fl. Sib. Tom. II“ und oben rechts „Tab. LXVII.“; Fig. II: Flora Irkutiensis Nr. 710: Aster vernalis, folio hastato, incano, flore albo; „124. TUSSILAGO scapo vnifloro, calice subaperto. Tab. LXVII. Fig. 2. Aster vernalis folio hastato, incano, flore albo STELL. Irc. 710. ...“ und Tab. LXVII, Fig. 2 in: Gmelin 1747–1769, Bd. II (Gmelin 1747–1769, Bd. II, S. 143ff.); s. B.5. Nr. 50; Fig. 1: „122. TUSSILAGO scapo imbricato, vnifloro, foliis ouatis, oblongis, ex sinuato dentatis. Tab. LXVII. Fig. 1. Tussilago flore candido, foliis oblongis, sinuosis, subtus incanis STELL. Ochot. 425“ (Gmelin 1747–1769, Bd. II, S. 141)

[19] AAW R. I, Op. 105, D. 22, Bl. 51r mit den Anmerkungen unten in der Mitte „Praes. d. 10. Mart. 1741.“ unten rechts „26) J. C. Berckhan delineavit.“; Maße: 29 x 23 cm; Flora Irkutiensis Nr. 4: Gentiana rupestris, folio Plantaginis angustifoliae, flore albo diaphano, striis et punctis coeruleis vario; s. B.5. Nr. 26

[20] AAW R. I, Op. 105, D. 23, Bl. 149r (Kopie von J. W. Lürsenius nach J. C. Berckhan) mit den Anmerkungen unten links „Fl. sib. Tom. II.“ und oben rechts „Tab. XCVIII.“; Flora Irkutiensis Nr. 1095: Elaeagnus humilis Barbae Jovis folio, fructu racemoso minori dulci nigro; Tab. XCVIII in: Gmelin 1747–1769, Bd. II; s. B.5. Nr. 29

[21] AAW R. I, Op. 105, D. 27, Bl. 198r mit den Anmerkungen unten in der Mitte „Praes. d. 10. Mart. 1741“, unten rechts „12) J. C. Berckhan delineavit“, oben links „Tab. XXXVIII. f. 1.“ und oben rechts „Tab. XXXVII. B.“; Maße: 30 x 20,5 cm; Flora Irkutiensis Nr. 1142 Ephedra maritima, minor; „25. EPHEDRA petiolis saepe pluribus, amentis solitariis Tab. XXXVIII. Fig. 1. ... Tab. XXXVII. A ... B. Pars plantae fructiferae fructibus ad huc immaturis“ sowie Tab. XXXVII. B. und Tab. XXXVIII. fig. 1 (Gmelin 1747–1769, Bd. I, S. 171ff.); s. B.5. Nr. 12

[22] AAW R. I, Op. 20, D. 25, Bl. 9r mit den Anmerkungen unten links „Praes. d. 10. Mart. 1741.“ und unten rechts „13) J. C. Berckhan delineavit“; Maße: 30 x 22,5 cm; Flora Irkutiensis Nr. 18: Convolvulus Elatines folio acuminato, et ad basin aurito, floribus speciosis roseis; Tab. XLVIII [?] in: Gmelin 1747–1769, Bd. IV; s. B.5. Nr. 13

[23] AAW R. I, Op. 20, D. 25, Bl. 10r mit den Anmerkungen unten links „[...]“, unten in der Mitte „Praes. d. 10 Mart. 1741“ und unten rechts „11) J. C. Berckhan delineavit“; Maße: 29,5 x 22,5 cm; Flora Irkutiensis Nr. 1108: Rubus Fragariae folio, flore rubro, fructu brunneo dulci sapidissimo; s. B.5. Nr. 11

GLOSSAR

a) allgemein

abgewandt: ↑aversus

acuminatus: zugespitzt; „acuminatus, zugespitzt, in eine lange, durch einen sehr spitzen Winkel eingeschlossene Spitze ausgehend, ...“ (Bischoff 1857, S. 3)

ährig: ↑spicatus

affinis: „affinis ... lat. affinis <angrenzend, verwandt>; in der bot. Terminologie des 16./17. Jh. vielfach zur Bezeichnung von Pflanzensippen verwendet, die anderen bloß ähnlich sehen, aber nicht verwandt sind ...“ (Genaust 2005, S. 43f.)

Alaun: „Alaun. ... Alumen. ... Art. 3. Thonige Alaunerde. ...“ (Georgi 1797–1802, Theil 3, S. 296ff.); Alaune, vorwiegend aus Alkalisulfat und Aluminiumsulfat zusammengesetzte Doppelsalze, die in wäßriger Lösung sauer reagieren; wurden als Beize, in der Gerberei sowie in der Medizin u. a. als Adstringens und zur Behandlung von Geschlechtskrankheiten verwendet (s. Georgi 1775, S. 816 u. S. 893, Gmelin 1751–1752, 2. Theil, S. 73, Steller 1768, S. 171 u. Steller 1774, S. 68); „Terra ... Terra alumina, Thonerde. ...“ (Pierer 1857–65, Bd. 17, S. 389); „Thonerde (Alaunerde, Aluminiumoxyd), ... findet sich rein in der Natur, krystallisiert als Saphir u. Rubin, mit Eisenoxyd u. Kieselsäure verunreinigt als Korund, am häufigsten aber an Kieselsäure gebunden in einer großen Menge von Mineralien; ... Das Thonerdehydrat hat die Eigenschaft, organische Farbstoffe aus ihren Auflösungen niederzuschlagen u. sich mit ihnen zu verbinden; man nennt solche Verbindungen Farblacke. Auf dieser Eigenthümlichkeit gründet sich die Anwendung der Thonerdesalze als Beizmittel in der Färberei. ...“ (a. a. O., S. 538)

anbar (Mz. *anbary*): Speicher, Vorratsraum

apetalus (apetal): „apetalus, blumenblattlos, wenn die Blume (Corolla) fehlt, wie in den spätern (obern) Blüthen mancher Veilchen ...“ (Bischoff 1857, S. 84)

Apothekergewicht: „Apothekergewicht, ist ziemlich in ganz Deutschland überein, und heisst auch Nürnberger Medicinalgewicht. Ein ↑Pfund, Libra medica (℔j.) hält zwölf Unzen; eine Unze Uncia (℥j.) hat acht Drachmen oder Quenten; eine Drachme drachma (ʒj.) hat drei Scrupel; ein Scrupel (℈j.) hat zwanzig Gran; ein Gran (gr. j.) schätzt man ohngefähr ein Pfefferkorn am Gewichte gleich. ... Bekanntlich hat man in Frankreich ein neues Maas- und Gewichtssystem eingeführt, und dieses erstreckt sich nun auch auf

das Apothekergewicht, ... Reduktion des neuen französischen Gewichts auf das Nürnberger Apothekergewicht. ... 1 Gramm = 16,0986 Gran ...“ (Trommsdorff 1806, S. 201ff.)

arborescens (baumartig): „arborescens, baumähnlich, baumartig, wenn eine krautige Pflanze die Gestalt oder Größe eines Baumes annimmt, oder wenn ein Strauch eine bedeutende Höhe erreicht, auch wohl einen etwas höheren einfachen Hauptstamm als gewöhnlich erhält.“ (Bischoff 1857, S. 11)

Arinzen (Arinzische Tataren; russ. *arincy*): Die ausgestorbenen, nomadisch lebenden eigenständigen Arinzen lebten westlich des Flusses ↑*Enisej* in der Gegend des Flusses *Kača* und standen zeitweise unter der Herrschaft von ↑Tataren und ↑Kirgisen. Die arinzische Sprache (auch als Arinzisch-Tatarisch bezeichnet) ist eng verwandt mit den ketischen Sprachen (z. B. *Enisej*-Ostjakisch; ↑Ostjaken). Auf Grund ihres gemeinsamen Siedlungsgebiets und ihrer engen Wechselbeziehungen mit den *Krasnojarsk*er ↑Tataren (insbesondere mit den ↑Katschinzen) wurden die Arinzen früher diesen zugeordnet wurde, heute werden sie zu den ↑Chakassen gezählt.

armenisch: ↑Armenien (unter Geographie)

Assanen (Assani, Assanische Tataren, russ. *asany*, auch *assany*): Die ausgestorbenen, nomadisch lebenden Assanen (Eigenname wie der der ↑Kotowzen: Kottuen) mit Siedlungsgebiet an den Flüssen *Usolka* und *Taseeva* haben enge Verbindungen zu den ↑Arinzen und sind von ↑Tataren und ↑Burjaten beeinflußt. Früher wurden sie den *Krasnojarsk*er ↑Tataren zugeordnet. Ihre Sprache (Assanisch, Assanisch-Tatarisch) ist eng verwandt mit den ketischen Sprachen (z. B. *Enisej*-Ostjakisch; ↑Ostjaken). Diese und die kotowzische (kottische) Sprache können als Dialekte einer gemeinsamen Sprache angesehen werden.

aufgeblasen: ↑vesicarius

aufwärts: ↑sursum

Auricula: „Auricula, das Oehrchen, ein kurzes, meist gerundetes Anhängsel oder Läppchen, gewöhnlich am Grunde, seltener an den Seiten oder an der Spitze, und meist in der Doppelzahl vorkommend, ...“ (Bischoff 1857, S. 13f.)

auriculatus: „auriculatus, kleingeöhrt, geöhrelt, geohrlappt, mit Oehrchen versehen; s. ↑Auricula“ (Bischoff 1857, S. 14)

auritus: „auritus, geöhrt, gleichbedeutend mit dem vorhergehenden [d. h. auriculatus], aber seltener und mehr bei großen Theilen gebräuchlich.“ (a. a. O., S. 14)

ausgerandet: ↑emarginatus
aversus (abgewandt): „aversus, abgewandt, abgewendet, seitwärts gekehrt; der Gegensatz von zugewandt (s. adversus).“ (Bischoff 1857, S. 14)
Barabinzische Tataren (Barabinzen): ↑Tataren
baumartig: ↑arborescens
bicornis (zweihörnig): „bicornis, zweihörnig, mit zwei hornähnlichen Anhängseln versehen, z. B. die Staubkölbchen bei Erica.“ (Bischoff 1857, S. 15)
Blattrosette: „Blattrosette ... Zusammendrängung von Blättern durch Ausbleiben der Streckung der Internodien. Blattrosetten stehen meist am Stengelgrund ..., das ist aber nicht zwingend.“ (Wagenitz 1996, S. 66)
Blüte, unvollkommene (Blüte, eingeschlechtige): „Eine Blüthe, welche Staubgefäße und Stempel bei einander enthält, nennt man eine Zwitterblüthe, besser vollkommene Blüthe, wie solche die Mehrzahl der Pflanzen tragen, ... Blüthen, die nur eines jener Organe enthalten, entweder nur Staubgefäße oder nur Stempel, heißen eingeschlechtige oder diklinische, besser unvollkommene Blüthen ...“ (Schmid/Curtmann 1856, S. 118)
Bucharen (russ. *bucharcy* bzw. *buchary*): Bereits ab dem 16. Jahrhundert siedelten vorwiegend Kaufleute aus dem zentralasiatischen Khanat Buchara mit einer ethnisch sehr gemischten Bevölkerung in verschiedenen Gegenden Sibiriens und bildeten später Kolonien u. a. in den Städten ↑*Tobol'sk*, ↑*Tara*, ↑*Tjumen'* und ↑*Tomsk*. Von der ethnischen Herkunft sind die Bucharen mit islamischer Religion vorwiegend dem Turkvolk der Usbeken zuzuordnen, unterscheiden sich aber wenig von den ↑Tataren ihrer Siedlungsgebiete. Ihre Sprache (Bucharisch) ist dem Tatarischen sehr nahestehend und enthält zahlreiche Lehnwörter aus dem Türkischen, Persischen und Arabischen.
buchtig: ↑sinuatus
bulbosus (zwiebelig): „bulbosus, zwiebelig, 1) mit einer wirklichen Zwiebel (s. Bulbus) versehen: planta bulbosa, ein Zwiebelgewächs; radix bulbosa, eine zwiebelige oder Zwiebelwurzel (gleichbedeutend mit Bulbus selbst); 2) mit einer zwiebel= (oder vielmehr knollen=) ähnlichen Verdickung am Grunde: stipes bulbosus, zwiebeliger Strunk, bei Agaricus muscarius und A. bulbosus; ...“ (Bischoff 1857, S. 17); „Bulbus, die Zwiebel, eine von einem bleibenden, (meist verkürzten) unterirdischen Stamme oder Rhizom – hier Zwiebelstock (Lecus) genannt – getragene gipfelständige Knospe, welche die Anlage zu allen über die Erde hervortretenden Theilen

der Pflanze enthält. ...“ (a. a. O. S. 17)

Burjaten (russ. *burjaty*, *bracki*, *brackie*, *bratski*, *bratskie*, *braty*): Das Volk der Burjaten ist wie das der ↑Kalmyken mongolischer Abstammung (↑Mongolen) und entstand durch die Vermischung mit mongolischen Stämmen sowie anderen zentral- bzw. nordasiatischen Völkergruppen. Die Lebensweise der Burjaten war ursprünglich nomadisch mit umfangreicher Viehzucht. Unter russischem Einfluß entwickelte sich insbesondere bei den westlicher lebenden Gruppen Ackerbau, der zu einer seßhaften bzw. halbseßhaften Lebensweise führte.

Die Burjaten waren in zahlreiche z. T. kleine Stämme unterteilt. Ihre Siedlungsgebiete auf russischem Territorium lagen westlich und nordwestlich vom See ↑*Bajkal* bis zum Fluß ↑*Enisej*, nördlich und östlich vom See *Bajkal* bis zum Oberlauf des Flusses ↑*Lena*, um den See *Bajkal* und südlich bzw. südöstlich des Sees *Bajkal* bis zur heutigen mongolischen Grenze. Die burjatische Sprache (Brattisch) wird eingeordnet als Teil der altaischen Sprachfamilie als Nord-Mongolisch unter die mongolischen Sprachen, wobei man zahlreiche Dialekte unterscheiden kann. Die Burjaten waren ursprünglich Anhänger animistischer bzw. schamanistischer Naturreligionen. Seit etwa Anfang des 17. Jahrhunderts kam es zu einer Verbreitung der buddhistisch-lamaististischen Religion.

Carina: „Carina, 1) der Kiel, die Rückenschärfe, eine scharfkantige, auf dem Rücken eines meist rinnigen oder mit seinen Hälften zusammengefalteten Theils hinziehende Erhabenheit; ...“ (Bischoff 1857, S. 21)

carinatus: „carinatus, gekielt, kielig, gefalzt, mit einem Kiele oder einer Rückenschärfe (s. ↑Carina, 1) versehen, ...“ (Bischoff 1857, S. 21)

časovnja (tschassobni): Kapelle ohne Altar, mit Heiligenbildern und Lampe

celtisch: „KELTISCHE SPRACHEN. ... Viele keltische Stämme sind frühzeitig in andern Nationen aufgegangen. ... Die keltischen Sprachen gehören zu den indogermanischen oder arischen Sprachen, und zwar stehen sie im Kreise derselben zwischen den italischen und den germanischen Sprachen: ...“ (Ersch/Gruber 1884, S. 132ff.)

Chakassen (russ. *chakasy*: Anfang des 20. Jahrhunderts wurden eine Reihe von turksprachigen Völkern (Tataren), die am Mittellauf des Flusses ↑*Enisej*, im Sajangebirge (*Sajanskoj chrebet*) und um *Krasnojarsk* lebten zum Volk (zur Völkergruppe) der

Chakassen zusammengefaßt (Sprache: Chakassisch).

Corymbus: „Corymbus, die Doldentraube, Schirmtraube, der Ebenstrauß oder Asterstrauß, ein Blüthenstand mit kurzer Spindel, dessen untere Blüthenstiele so verlängert sind, daß ihre Blüthen mit denen der oberen Blüthenstiele ziemlich in eine (ebene oder gewölbte) Fläche zu stehen kommen, ... Wird gar häufig mit der Trugdolde (Cyma) verwechselt.“ (Bischoff 1857, S. 36)

crenatus (gekerbt): „crenatus, gekerbt oder kerbig, am Rande oder überhaupt im Umfange mit Kerben (s. Crena) versehen, ...“ (Bischoff 1857, S. 37); „Crena, die Kerbe oder der Kerbzahn, ein kleiner, gerundeter, stets in der Mehrzahl vorhandener Zacken im Umfange eines Theils, der von den benachbarten Zäckchen durch einen gespitzten Einschnitt getrennt ist.“ (a. a. O. S. 37)“

crustaceus (krustenartig): „crustaceus, krustig, krustenartig, 1) eine Kruste bildend, wie die eben genannten Flechtenlager, ...“ (Bischoff 1857, S. 38); „Crusta, die Kruste, 1) ein dem Boden fest aufgewachsenes oder eingesenktes und einem rindenartigen Ueberzuge ähnelndes Flechtenlager, ...“ (a. a. O. S. 38)

Cucullus: „Cucullus, das Käppchen, die Kappe, Kaputze, so nennt man die kappenförmigen Blumen= und Nebenblumenblätter ...“ (Bischoff 1857, S. 38)

Dekokt (Decoct; Decokt): „Decoctum, Decoct, ... Ein von unterschiedenen Ingredientien abgekochter Tranck, welcher denen Krancken als eine Artzeney auf gewisse Zeit und Maaß verordnet wird. ...“ (Zedler 1732–50, Bd. 7, Sp. 341)

Denstschik: russ. *den'ščik* – Offiziersdiener, Offiziersbursche (ein Soldat, der einem Offizier zur Bedienung beigegeben ist) (Pawlowski 1952, S. 295)

digitatus: „digitatus, fingerig, gefingert, 1) wenn auf dem Ende eines gemeinschaftlichen Blattstiels mehr als drei von ihrem Anheftungspunkte strahlig ausgehende Theilblätter stehen, ... 2) wenn auf ähnliche Weise mehrere Aehren von einem gemeinschaftlichen Blüthenstiele getragen werden, ...“ (Bischoff 1857, S. 46)

digitus auricularis: „OHRFINGER, OHRENFINGER, m. der kleine finger als ohrreiniger ... digitus auricularis, ...“ (Grimm 1991, Bd. 13, Sp. 1262)

dissectus (zerschnitten): „dissectus, zerschnitten, auf verschiedene, nicht genau bestimmte Weise (durch tiefere Einschnitte) wiederholt in Zipfel zertheilt.“ (Bischoff 1857, S. 47)

donošenie (Mz. *donošenija*): ein an eine Institution bzw. Person

höheren Ranges gerichteter schriftlicher Bericht (Eingabe, Vorschlag, Denkschrift, Meldung), für dessen Absendung keine dienstliche Verpflichtung bzw. ein Auftrag vorlag

eingebogen: ↑inflexus

Elle: „2. Die Armslänge oder Elle (Ulna, Brachium), von der Achsel bis zur Spitze des mittlern Fingers, zwei bis drittehalb ↑Fuß.“ (Bischoff 1822, S. 5)

emarginatus: „emarginatus, ausgerandet, ausgezwickt, eingekerbt, mit einem Einschnitt an der Spitze eines Organs, ...“ (Bischoff 1857, S. 51)

ersanisch: ↑Mordwinen

Estnisch (Ehstnisch, Ehsten): „Esthland ... Die Ehsten, nach Sprache, Sitten u. Körperbildung mit den Finnen verwandt, ... die Russen nennen sie Tschuden, ...“ (Pierer 1857–1865, Bd. 5, S. 915f.); „Esthnische Sprache. Die Sprache der Esthen gehört zu der Finnischen Familie des großen Altaischen Sprachstammes ...“ (a. a. O., S. 916f.)

ewenkisch (Ewenken): ↑Tungusen

Faden (Klafter): Längenmaß; 1 Faden = 6 ↑Fuß ≈ 1,8831 m (preußisch) ≈ 1,7512 m (bayrisch); als französisches nautisches Maß 1 Faden (frz. brasse) = 5 alte Pariser Fuß (pieds) = 1,6242 m (Schwabe 1871, S. 404); russ. ↑*sažen’* (meist synonym gebraucht)

Fahne: ↑Vexillum

-fidus (-spaltig): „-fidus (als Anhängsylben), =spaltig (vergl. fissus, gespalten): bi-trimultifidus, zwei=, drei=, vielspaltig, nach der Zahl der durch die Einschnitte entstandenen Zacken, z. B. Antherae bifidae, bei den Gräsern, auch im uneigentlichen Sinne von verästelten Theilen, z. B. Stylus bifidus, ein zweispaltiger Griffel, bei den meisten Compositen, umbella trifida, quinquefida, eine drei=, fünfspaltige Dolde, nach der Zahl der Hauptblüthenstiele oder Strahlen ...“ (Bischoff 1857, S. 59f.); „fissus, gespalten, durch spitze, nicht über die Mitte der Länge oder der halben Breite eindringenden Spalten in spitze Zacken zertheilt, ...“ (a. a. O. S. 61)

fimbriatus (gefranst): „fimbriatus, gefranst, fransig, in sehr schmale, aber lange (nicht starre) Zipfel am Rande getheilt, die gewöhnlich nahe beisammen stehen, ...“ (Bischoff 1857, S. 60)

Finger: Längenmaß, lat. digitus; „Digitus ein ↑Zoll, Pollex ...“ (Zedler 1732–50, Bd. 7, Sp. 906ff.)

Flora Irkutiensis: von G. W. Steller und anderen auch als „Flora Ircutiensis“ bezeichnet

Flügel: „Ala, 1) der Flügel, jede häutige oder blattartige Einfassung an Stengeln und stielartigen Theilen, an Fruchthüllen und Samen; 2) gewisse Theile der Blüthendecken, ...

3) die Achsel, Astachsel oder der Astwinkel, auch Astgabel, ...“ (Bischoff 1822, S. 4)

fluitans: „flúitans (Glyceria, Isolepsis, Ranunculus, Riccia, Scirpus) <flutend>: lat. fluitāns <fließend, schwimmend> (zu fluitāre und weiter zu fluere <fließen>); bezogen auf Wasserpfl., deren flache Laubblätter dem Wasserspiegel aufliegen“ (Genaust 2005, S. 253)

Folliculus: „Folliculus, die Balgfrucht oder Balgapfel, eine aus einem einzigen Carpellarblatt gebildete kapselartige Frucht, welche die Samen an ihrer innern oder Bauchnaht trägt und hier in einer Spalte aufspringt, ...“ (Bischoff 1857, S. 63)

Fuß (Schuh; russ. *fut*): Längenmaß – ↑Zoll; „4. Die Fußlänge (Pes), von dem Ellbogen bis zur Basis des Daumens; 12 ↑Zoll.“ (Bischoff 1822, S. 5)

Galea: „Galea, der Helm, ein stark gewölbtes Kelch= oder Blumenblatt, ... oder auch ein aus mehreren zusammengeneigten Blättern gebildetes Gewölbe, ...“ (Bischoff 1822, S. 66)

gefingert: ↑digitatus

gefleckt: ↑maculatus/maculosus

gefranst: ↑fimbriatus:

gefurcht: ↑sulcatus

gekerbt: ↑crenatus

gekielt: ↑carinatus

Gelenk: ↑Geniculum

gelenkig: ↑geniculatus

genabelt: ↑umbilicatus

geniculatus: „geniculatus, ... 2) gelenkig, mit Gelenken (s. Geniculum) versehen, und dann einerlei mit gegliedert ...“ (Bischoff 1822, S. 67)

Geniculum: „Geniculum, das Gelenk, die Verbindungsstelle zweier Glieder eines gegliederten Theiles ... welche bald nur durch einen ringförmigen Streifen, bald durch eine Einschnürung, bald durch eine Anschwellung (↑Knoten) ausgedrückt ist“ (Bischoff 1822, S. 67)

geöhrt: ↑auritus

georgisch: „Georgische Sprache u. Literatur. Die Sprache der Georgier od. Grusinier, früher wohl auch Iberische Sprache genannt, wird ... von etwa 600,000 Personen gesprochen. ... haben sie [d. h. die Georgier] doch eine eigenthümliche Sprache, welche weder ... trotz einzelner Übereinstimmungen zum Indogermanischen Sprachstamme gehört, sondern einen Sprachstamm für sich bildet. ...“ (Pierer 1857–1865, Bd. 7, S. 209ff.)

gesägt: ↑serratus

geschlitzt: ↑laciniatus

Giljaken: russ. *giljaki* (Eigenname: Niwchen, russ. *nivchi*); Die zur Gruppe der Paläoasiaten gehörenden Giljaken sind ein vorwiegend von Fischfang und der Jagd lebendes halbnomadisches Volk mit vorwiegend schamanistischer Naturreligion auf der Insel *Sachalin* und im Mündungsgebiet

des Flusses *Amur*. Die giljakische Sprache (Giljak; Niwchisch) ist eine isolierte Sprache und gehört zu den paläosibirischen Sprachen. (*Brokgauz/Efron* 1991, Bd. 16, S. 686–688; Forsyth 1992, S. 207–211; Georgi 1776–1780, S. 302–305; Klaproth 1831, S. 301)

Goldi: ↑Tungusen

Gouvernement: Bei der Einteilung des Russischen Reichs in 8 Gouvernements (höchste territoriale Verwaltungseinheiten mit jeweils einem Gouverneur an der Spitze) im Jahr 1708 wurde das Gouvernement ↑Sibirien gebildet, das die östlichen Gebiete bis zum Stillen Ozean umfaßte und von der Stadt ↑*Tobol'sk* aus verwaltet wurde. Dieses Gouvernement wurde 1719 in die drei ↑Provinzen *Vjatsk*, *Solikamsk* und *Tobol'sk* geteilt, von denen die beiden ersteren 1727 dem Gouvernement *Kazan'* zugeordnet wurden. Aus der Provinz *Tobol'sk* wurden 1724 noch die beiden Provinzen *Enisejsk* und ↑*Irkuck* abgeteilt (*Okladnikov* 1968–1969, Bd. 2, S. 137 u. S. 308). Bis 1731 (bis 1726 oder 1727 nach Gmelin 1751–1752, 2. Theil, S. 9f.) wurde *Irkuck* von ↑Wojewoden geleitet, im Jahr 1731 wurde ein Vizegouverneur eingesetzt, der dem Gouverneur in *Tobol'sk* unterstellt war. Ab 1737 (nach Amburger 1966, S. 404 im Jahr 1736) wurde ein Vizegouverneur für Ostsibirien eingesetzt, der direkt dem ↑*Sibirskoj prikaz* unterstellt war. „Die Stadt Irkutzk hat einen Unterstatthalter [Vizegouverneur], welchem die ganze ↑Provinz unterworfen ist. Unter ihm stehen die Woewoden von Selenginsk, Nertschinsk, Ilimsk, ↑Jakutzk, und die Befehlshaber von Ochotzk und Kamtschatka. ...“ (Gmelin 1751–1752, 2. Theil, S. 163)

Granne: „Granne L.: arista ... Deutlich abgesetzter borstenartiger Fortsatz an Blättern oder anderen Organen. Ein typisches Beispiel liefern die Grannen der Gräser, die an der Deckspelze sitzen. ...“ (Wagenitz 1996, S. 163)

großbuchtig: ↑sinuosus

Handbreit(e): „7. Die Handbreite (Palmus), die Breite der Hand, ohne den Daumen; 3 ↑Zoll.“ (Bischoff 1822, S. 5)

Helm: ↑Galea

imbricatus (imbricati): „imbricatus, ziegeldachförmig, ziegeldachig, dachziegelig, dachig, schindelig, geschindelt, wie die Ziegeln eines Daches oder wie Fischschuppen sich mit den Rändern und Spitzen deckend, ...“ (Bischoff 1857, S. 77)

Inbazkische Ostjaken: ↑Ostjaken

inferne (unten): „inferne, unten, nach unten, unterwärts, z. B. caulis inferne hirsutus, der Stengel unten oder unterwärts

rauhhaarig.“ (Bischoff 1857, S. 80)

inflexus (eingebogen): „inflexus, eingebogen, einwärtsgebogen, eingeschlagen, wenn ein Theil mit seinem Rande oder seiner Spitze in einem Bogen gegen seine obere Fläche umgeschlagen ist. ...“ (Bischoff 1857, S. 81)

Ingrier (ingrisch): „Ingrier ... Nach der Völkerschaft der Ingrier, die ihren Namen von dem Flusse Inger od. Ischora erhielt, wurde durch die Schweden die Landschaft Ingermanland benannt, welche das Land zwischen Newa [russ. *Neva*], Ladogasee [russ. *Ladožskoe ozero*], dem Finnischen Golf, der Newa u. den Gouvernements Pleßkow [russ. *Pskov*] u. Nowgorod [russ. *Novgorod*] umfaßt ...“ (Pierer 1857–1865, Bd. 8, S. 942f.)

itelmenisch: ↑Kamtschadalen

iasak: durch die russische Administration von den Völkern ↑Sibiriens erhobene Abgabe (Steuer) in Naturalien, vorwiegend in Form von Pelzen z. T. auch als Vieh oder Fisch, später in Geldform

Jukagiren (Jukagiri): russ. *jukagiry*; zur Gruppe der Paläoasiaten gehörendes, vorwiegend von Jagd und Fischfang lebendes sibirisches Volk mit unklarem Ursprung; Die Jukagiren lebten im Einzugsgebiet der Flüsse *Jana*, *Indigirka* und *Kolyma* (Nordostsibirien) und besaßen zum Teil eine nomadische Lebensweise: Ihre Religion war animistisch-schamanistisch, die Sprache wird zur Gruppe der paläosibirischen Sprachen gezählt. (*Brokgauz/ Efron* 1991, Bd. 81, S. 328–329; Forsyth 1992, S. 74–80; Georgi 1776–1780, S. 328–329; Klaproth 1831, S. 315–317)

Kaidinische Tataren (Kaidini, Kaidinzen): ↑Tataren

Kalmyken (Kalmücken; russ. *kalmyki*): Das aus vier Hauptstämmen (Choschoten, russ. *chošoty* bzw. *chošouty*, Soongoren, russ. *džungary*, *čžungary*, *zjungary* bzw. *zungary*; Derbeten, russ. *durboty*, *durbjuty* bzw. *derbety*, und Torgoten, russ. *turguty* bzw. *torgouty*) bestehende, nomadisch lebende Volk der Kalmyken gehört zur Völkergruppe der Westmongolen. Ein Teil der Kalmyken wanderte im 17./18. Jahrhundert über den *Ural* nach Südwesten und siedelte auf dem Gebiet östlich des Unterlaufs des Flusses *Volga*. Eine Teilgruppe kehrte Ende des 18. Jahrhunderts wieder in chinesisches Gebiet zurück. Die Haupterwerbszweige der Kalmyken sind in erster Linie die Viehzucht und in geringerem Maße die Jagd. Ihre Religion ist lamaistisch (↑Lamaismus). Die kalmykische Sprache gehört zur Gruppe der mongolischen Sprachen (↑Mongolen).

Kamassi: ↑Samojeden

Kamtschadalen (Itelmenen; russ. *kamčadaly*): Eigenname: Itelmenen, russ. *itel'meny*; Die Kamtschadalen sind ein zur Gruppe der Nordost-Paläoasiaten gehörendes, mit den ↑Korjaken und ↑Tschuktschen verwandtes Volk auf der Halbinsel *Kamčatka* mit schamanistischem Glauben. Ihre Haupterwerbszweige sind der Fischfang und die Jagd auf Land- und Seetiere. Die kamtschadalische (itelmenische) Sprache gehört zur tschuktscho-kamtschadalischen Gruppe der paläosibirischen Sprachen. Zu den Dialekten der itelmenischen Sprache gehören u. a. Chuhachtscha und Kschaagschi.

Kapuze: ↑Cucullus

Karagassen: ↑Samojeden

Katschinzen: eine nach dem Fluß *Kača* als Katschinzen (Katschinzi; Katschinzische ↑Tataren; russ. *kačinskie tatary*, *kačinskie* bzw. *kačincy*; Eigenname: Kaschtar o. Katschar; Sprache: Katschinzisch) bezeichnete Tatarengruppe, die vorwiegend am Fluß ↑*Enisej* in den Gegenden zwischen den Flüssen *Abakan* und *Kača* siedelte, früher auch den *Krasnojarsk*er Tataren zugeordnet wurden und heute als den ↑Chakassen zugehörig betrachtet werden

Kiel: ↑Carina

Kirgisen: Das turktatarische Nomadenvolk der Kirgisen besteht aus zwei Hauptgruppen, den Karakirgisen mit Siedlungsgebieten vorwiegend im Tienschan- und im Pamirgebirge und den Kasakkirgisen (Kirgis-Kaissaken), die etwa ab dem 16. Jh. weite Gebiete zwischen dem Kaspischen Meer und der russisch-chinesischen Grenze beherrschten. Die letzteren, auch als *kazač'ja orda* bezeichnet, teilten sich im 17. Jahrhundert in drei ‚Horden'. Ihre Haupterwerbszweige waren Viehzucht und Jagd, ihre Religion der Islam. Die kirgisische Sprache gehört zu den Turksprachen. „Die Kirgisen. Die kirgisischen Horden, die auch unter dem Namen der Kasakenhorde (Kasatschie Orda) nachtheilig bekannt sind, nennen sich selbst Sara Kaisaki (Steppenkasaken) auch Kirgisi, nicht von dem tatarischen Worte Kirgis, schlechter Kerl sondern nach ihrem vermuthlichen Stammvater. ... [Es] werden die Kirgisen das kirgis kasakische Kriegsvolk (Kirgis kaisazkoi Woiskowoi) genannt. ..." (Georgi 1776, S. 197ff.)

Klafter: ↑Faden

kletternd: ↑scandens

knollig: ↑tuberosus

Knoten: ↑Nodus

knotig: ↑nodosus

Kolben: ↑Spadix

Koloschen: „Die Russischen Besitzungen im nordwestlichen Amerika ... werden von mehreren

... Völkerschaften bewohnt. ... zu den bekannteren aber gehören ... 1) Die Koloschen, welche zum Theil die Inseln, zum Theil das feste Land an den östlichsten Gränzen der Russischen Besitzungen bewohnen, ... Nachrichten über die unabhängigen Koloschen oder Koljuschen. Dieses etwa 20000 Köpfe starke Volk nimmt die ganze Nord-West-Küste Amerikas ... ein, ... sich selbst nennen sie Tlinkit, d. i. Menschen, ... Die Koloschen reden eine Stamm-Sprache, die von der Aleutischen gänzlich verschieden ist. ..." (Lowe 1842, S. 460ff.)

Korjaken (russ. *korjaki*): Die Korjaken sind ein zur Gruppe der Nordost-Paläoasiaten gehörendes, mit den Itelmenen (↑Kamtschadalen) und ↑Tschuktschen verwandtes Volk mit Siedlungsgebieten im Norden der Halbinsel *Kamčatka* und nördlich der *Penžinsk*er See (*Penžinsk*er Meerbusen). Man unterscheidet die Gruppe der vorwiegend am Fluß *Anadyr'* nomadisierenden Rentierkorjaken (russ. *olennye korjaki*) mit Rentierzucht von den seßhaften Korjaken (russ. *sidjačie korjaki*), die hauptsächlich von Fischfang und der Jagd auf Land- und Seetiere leben. Die Korjaken haben eine schamanistische Religion. Die korjakische Sprache gehört zur tschuktscho-kamtschadalischen Gruppe der paläosibirischen Sprachen. Zu den Dialekten der korjakischen Sprache gehören u. a. Ukinzisch, Karaginisch und Tigilisch.

Kotowzen (russ. *kotovcy*, *kotty*, *kanskie tatary*): Die (ausgestorbenen bzw. assimilierten) nomadisch lebenden eigenständigen Kotowzen (Eigenname wie der der ↑Assanen: Kottuen) mit Siedlungsgebiet östlich des Flusses ↑*Enisej* zwischen *Abakanskoj ostrog* und *Kanskoj ostrog* haben enge Verbindungen zu den Assanen, aber auch zu den ↑Arinzen und sind von ↑Tataren und ↑Burjaten beinflußt. Die Kotowzen wurden früher auch den *Krasnojarsk*er Tataren zugeordnet, heute betrachtet man sie den ↑Chakassen zugehörig. Ihre Sprache (Kotowzisch, Kotowzisch-Tatarisch, Kottisch) ist eng verwandt mit den ketischen Sprachen (z. B. *Enisej*-Ostjakisch; ↑Ostjaken). Die kotowzische und die assanische Sprache können als Dialekte einer gemeinsamen Sprache angesehen werden.

kreiselförmig: ↑turbinatus

Kronblatt: ↑Petalum

krustenartig: ↑crustaceus

Kunstkammer: Nach dem Vorbild westeuropäischer Kunstkammern (Naturalienkabinette, Wunderkammern) legte Peter I. seit seinen ersten Reise im Jahre 1698 nach Holland umfangreiche Sammlungen von Naturalien,

anatomischen Präparaten, archäologischen Fundstücken, wissenschaftlichen und technischen Gerätschaften usw. an, die ab 1714 in Sankt Petersburg aufbewahrt wurden. Für die Sammlungen und die Bibliothek wurde 1718 der Grundstein für ein eigenes Gebäude gelegt, das 1732 fertiggestellt wurde. Die Kunstkammer (russ. *kunstkamera*) einschließlich der Bibliothek wurde nach der Gründung der Akademie der Wissenschaften dieser unterstellt und diente der wissenschaftlichen Forschung und der Lehre, aber auch als Museum (siehe u. a. Bacmeister 1777).

Kurilen (russ. *kurily*): Das seßhafte bis teilnomadische Volk der Kurilen mit Siedlungsgebieten auf der zwischen der Halbinsel *Kamčatka* und Japan liegenden Inselkette der Kurilen und zu einem kleinen Teil im Süden von *Kamčatka* wird meist als Teil (Stamm) des in Japan ansäßigen Volkes der Ainu (russ. *ajnu*) angesehen. Die Haupterwerbszweige der Kurilen sind der Fischfang und die Jagd auf Land- und Seetiere. Ihre Religion ist schamanistisch. Die kurilische Sprache (Ainu) ist eine zu den paläosibirischen Sprachen gezählte isolierte Sprache.

Lacinia: ↑Zipfel

laciniatus (geschlitzt): „laciniatus, geschlitzt, mit tiefen ungleichen Einschnitten und Zacken, welche regelmäßiger und meist auch schmäler sind als beim Zerfetzten ... z. B. die Blätter von Veronica austriaca unde Crepis alpestris zum Theil, die Blumenblätter bei Reseda-Arten." (Bischoff 1857, S. 87)

Lamaismus: „Lāmaịsmus ... Bezeichnung für die Abart des sog. nördl. →Buddhismus, die in den Himalajaländern, in Tibet, in der Mongolei und an einigen Stellen Chinas bis weit ins westl. Zentralasien (unter Kalmücken [↑Kalmyken] und ↑Kirgisen) zur herrschenden Religion geworden ist. ..." (Brockhaus 1928–1935, Bd. 11, S. 48f.). Charakteristisch für den Lamaismus ist die Tradition der Orden und Klöster u. a. mit den sogenannten ‚Rotmützen' und ‚Gelbmützen'. Der letztere Orden wurde im 14. Jahrhundert gegründet, sein Oberhaupt und gleichzeitig das Oberhaupt des theokratischen Staates ist der Dalai Lama.

lamutisch: ↑Tungusen

lanceolatus (lanzettlich): „lanceolatus, lanzettlich, ein krummliniges Zweieck darstellend, welches drei= bis viermal länger als breit ist, ..." (Bischoff 1857, S. 88)

lanuginosus/lanatus (wollig): „lanuginosus, wollig, meist gleichbedeutend mit lanatus; wird aber auch durch ‚kurzwollig' und von Manchen sogar durch

‚flaumig und flaumhaarig' (s. pubescens) übersetzt, wodurch dieser Ausdruck ziemlich unsicher wird.“ (Bischoff 1857, S. 88); „lanatus, wollig, mit Wolle (s. Lana) überkleidet, ...“ (a. a. O., S. 88); „Lana, die Wolle, eine Art der Haarbekleidung, aus langen, weichen, mehr oder weniger gebogenen, zwar dichtgedrängt stehenden, aber doch nur locker auf einander liegenden und noch einzeln unterscheidbaren Haaren bestehend.“ (a. a. O., S. 88)

lanzettlich: ↑lanceolatus

Lappen (russ. *lopari* bzw. *laplandcy*): Die Lappen bzw. Samen sind ein halbnomadisches Volk unklarer Herkunft mit Siedlungsgebieten in Schweden, Norwegen, Finnland und Nordostrußland (vorwiegend auf der Halbinsel *Kola*) mit ursprünglich schamanistischer Religion. Die Haupterwerbszweige der Lappen sind Rentierzucht, Jagd und Fischfang. Die lappische Sprache (Lappländisch) gehört zum westlichen Zweig der finno-ugrischen Sprachfamilie.

Lappen: „In der Kräuterkunde nennt man Lappen: ... 2. Die Abschnitte, in welche eine einblätterige Blumenkrone, oder ein einfaches Blatt zertheilt ist; L. Laciniae.“ (Krünitz 1773–1858, Bd. 64, S. 732)

Lettisch (Letten): „Letten, ein Volksstamm, der vorzugsweise in Kurland u. dem südlichen Livland (Lettland) wohnt ...“ (Pierer 1857–1865, Bd. 10, S. 309); „Die Lettische Sprache (... d. i. Lettische od. Kurländische Sprache), ist eine Schwester der Lithauischen u. der ausgestorbenen Altpreußischen Sprache, mit denen sie den Lettischen od. Lithauischen Ast der Lituslawischen Familie des großen Indogermanischen Sprachstammes ausmacht. ...“ (a. a. O., S. 309ff.)

Leuca: Johann Georg Gmelin verwendet im Lateinischen als Wegemaß an Stelle von Werst (1 Werst = 1066,78 m) die Maßeinheit Leuca, ein altes gallisches Wegemaß von 1½ römischen Meilen = 2,22 km, während Georg Wilhelm Steller im Lateinischen meist „↑stadium“ für Werst verwendet.

Linie: ↑Zoll; „10. Die Nagelmondlänge (Linea), die Breite des Weißen an der Wurzel des Nagels; eine Linie.“ (Bischoff 1822, S. 5)

Livisch: Livisch gehört zum ostseefinnischen Zweig der finno-ugrischen Sprachen.
Livland (Liefland) – nach dem Volk der Liven benannter, seit 1721 unter russischer Herrschaft stehender Teil des Baltikums

maculatus/maculosus (gefleckt): „maculatus, gefleckt, mit mehreren Flecken (s. Macula) versehen, ...“ (Bischoff 1857,

S. 93); „Macula, 1) der Flecken, eine verschieden gestaltete (rundliche, eckige, winkelförmige etc.), nicht erhabene Stelle von anderer als die Grundfarbe desjenigen Theils, auf welchem sie vorkommt, ...“ (a. a. O., S. 93)

major: „májor, n. majus ...: lat. maior <größer> (s. maior); nach der relativen Größe dieser Arten“ (Genaust 2005, S. 362); „máior ... lat. maior <größer> (Kompar. zu magnus <groß>; vgl. major, maximus“ (a. a. O., S. 362)

Mandschurisch (Mandjurisch; Dauren; Manschjuren): Die Dauren sind eine am Oberlauf des Flusses *Amur* und am Fluß ↑*Vitim* lebende, als Untergruppe der Mandschuren (russ. *man'čžury*) anzusehende Volksgruppe. Die Mandschuren sind eng mit den ↑Tungusen verwandt. Ihre Sprache gehört zur mandschu-tungusischen Sprachgruppe der altaischen Sprachfamilie.

Maneger (Manegren; Minegren; Manygren): ↑Orotschonen

Matoren (Motoren): ↑Samojeden

maximus: „máximus (Androsace, Astrantia, Briza, Caryota, Cattleya usw.): lat. maximus <der größte> (Superl. zu magnus, s. auch maior); die genannten Arten sind die größten ihrer Gatt. (Rhododendron maximum erreicht sogar Baumgröße)“ (Genaust 2005, S. 372)

medius: „médius (Briza, Crocus, Cycas, Plantago, Spiraea usw.) <mittlerer>: lat. medius <der mittlere>; bezogen auf die taxonom. Einordnung der jeweiligen Art zwischen 2 ähnlichen Arten, deutlich sichtbar in der Reihe Briza maxima, media und minor“ (Genaust 2005, S. 374)

Mennige: „MENNIGE, f. bleirot ... mennje, minium, die rote farbe von blei gemacht ...“ (Grimm 1991, Bd. 12, Sp. 2020f.); „Die Mennige. Ganz fein gepülvertes Bleigelb (calcinirtes Bleyweiß) muß 48 Stunden lang auf glühenden Kohlen stehen. Die Flammen derselben müssen die Oberfläche berühren, und die Masse muß dabei beständig in Bewegung gesetzt werden, um Mennig, ein schönes rothes Pulver, zu erlangen.“ (Perrot 1833, S. 26)

minor: „minimiflórus ... – minimus (Arnoseris, Filago, Gagea, Medicago, Myosurus usw.) <Zwerg->: lat. minimus <der kleinste; sehr klein; winzig (Superl. zu parvus). – minor, n. mínus (Arctium, Arthropodium, Astrantia, Begonia, Chaenarrhinum usw.) <klein>: lat. minor, n. minus <kleiner, geringer> (Kompar. zu parvus); ...“ (Genaust 2005, S. 387)

minus: ↑minor

mokschanisch: ↑Mordwinen

Mongolen: Als Mongolen bezeichnet man eine vorwiegend nomadisch lebende Völkergruppe Zentralasiens, deren Sprachen zur Familie der altaischen Sprachen gehören. Man unterteilt sie in Ostmongolen oder eigentliche Mongolen (Sprache: Mongolisch), Nordmongolen mit den vorwiegend um den See *Bajkal* lebenden ↑Burjaten (Sprache: Burjatisch) und die Westmongolen mit vorwiegend ↑Kalmyken (Sprache: Kalmykisch). Ihre Haupterwerbszweige sind Viehzucht und die Jagd, ihre Religion lamaistisch (↑Lamaismus). „... Nach der in der Mitte des vierzehnten Jahrhunderts erfolgten Vertreibung der Mongolen aus China besitzen sie die Gegenden von der Grenze des chinesischen Dauriens ... bis an ... die sibirische Grenze, welches jetzt alles unter dem Namen der Mongoley begriffen wird. ... Sie unterwarfen sich Rußland anfänglich, kehrten aber bald wieder um und unterstützten die Widersetzlichkeit einiger sibirischen Völker. ... Mit China hatten sie oft blutige Kriege, verlohren aber doch endlich ...“ (Georgi 1776–1780, S. 434)

monopetal: „monopetalus, einblättrig, von der Blume (daher eigentlich einblumenblättrig), sollte gebraucht werden, wenn die Korolle wirklich nur aus einem Blumenblatte besteht, wie bei Amorpha; wird aber gewöhnlich von einer mehrblättrigen Korolle gesagt, deren Blumenblätter mit ihren Rändern unter einander verwachsen sind, ...“ (Bischoff 1857, S. 98)

monophyll: „monophyllus, einblättrig, 1) nur aus einem Blatt bestehend; ... 2) aus einem oder mehreren Kreisen verwachseneer Blätter gebildet, ...“(Bischoff 1857, S. 98)

Mordwinen (Morduaner; mordwinisch): Das ostfinnisches Volk der Mordwinen (russ. *mordva*) mit Siedlungsraum im mittleren Gebiet des Flusses *Volga* steht mit den beiden Hauptgruppen (Stämmen) Mokscha und Ersa kulturell den ↑Tscheremissen (Mari) und ↑Wotjaken (Udmurten) nahe. Die Wirtschaft der Mordwinen beruht vorwiegend auf Ackerbau, sie betreiben jedoch auch Viehzucht, Jagd und Fischfang. Seit Mitte des 16. Jahrhunderts sind sie den Russen unterworfen. Ihre Religion ist etwa ab dem 18. Jahrhundert vorwiegend griechisch-orthodox mit Resten schamanistischer Religion. Die mordwinische Sprache gehört zur finno-ugrischen Sprachgruppe. „Die Mordwinen theilen sich in zwei Stämme: Mokschanen [russ. *mokšan*] und Ersanen [russ. *erzjan*]. Die Mokschanen wohnen östlich, hauptsächlich an der Sura und Mokscha, die Ersanen halten

sich westlicher, an der Oka auf. ... Diese beiden Stämme werden bereits von Rubruquis unter dem Namen Moxel und Merdas oder Merduas erwähnt. ...“ (Castrén 1857a, S. 135); „... das Ethnonym mordva wird von den Mordwinen nicht gebraucht. Sie nennen sich ausschließlich erźa oder mokša. Die Erklärung dieser Namen ist völlig unsicher. ...“ (Hajdú/Domokos 1987, S. 93)

Nagel: ↑Unguis

nickend: ↑nutans

niederliegend: ↑procumbens

nodosus (knotig): „nodosus, knotig, wenn ein Stamm oder stielartiger Theil stellenweise in Knoten (s. Nodus) aufgetrieben ist, ...“ (Bischoff 1857, S. 103)

Nodus: „Nodus, der Knoten, 1) im engern und gewöhnlichen Sinne eine ringförmige Anschwellung der ↑Gelenke (s. Geniculum) gegliederter Theile, ... 2) im weitern Sinne, jede Stelle der Pflanzenachse, aus welcher Blätter oder Aeste entspringen, auch wenn diese Stellen im Aeußern nicht angeschwollen sind.“ (Bischoff 1857, S. 103)

nutans (nickend): „nutans, nickend oder überhängend, von Blüthen oder Früchten, deren Stiele mit ihrer Spitze in einem Bogen gegen die Erde gekrümmt sind, wodurch die Blüthen oder Früchte nach dem Boden schauen, ... Zuweilen dient der Ausdruck auch, um die eigenthümliche Richtung des Blüthenstandes vor der Entfaltung der Blüthen zu bezeichnen, z. B. bei Lactuca Scariola.“ (Bischoff 1857, S. 104)

oben: ↑superne

Ordre: ↑*ukaz*

Orotschonen: „Vom Zusammenfluss des Schilka [russ. *Šilka*] und Argun [russ. ↑*Argun’*] – finden wir ... an den Ufern des Amur tungusische Stämme, die den Russen unter der allgemeinen Benennung Orotschon und Manegren bekannt sind. Die Orotschon, ... unterscheiden sich von den Manegren ... dass sie zum Reiten Rennthiere, die Manegren aber Pferde gebrauchen. ... Obgleich die Orotschonen und Manegren feste Wohnsitze haben, so nomadisiren sie doch grösstentheils, ... Die Jagd ... ist im Winter die vornehmste Beschäftigung beider Stämme. ... Die religiösen Gebräuche werden hier ... von sogenannten Schamanen vollzogen. ...“ (Gerstfeldt 1858, S. 582ff.)

Ostjaken (russ. *ostjaki* bzw. *chanty*): Das halbnomadische Volk der Ostjaken wird zusammen mit dem nahe verwandten Volk der ↑Wogulen (nach dem Fluß *Vogulka*; russ. *voguly*, *voguliči*, Eigenname Mansi, Mansen, russ. *mansi*) zur Gruppe der ob-ugrischen Völker gezählt. Die Haupterwerbszweige beider Völker sind die Jagd, der Fisch-

fang und auch die Rentierzucht. Bis mindestens ins 18. Jahrhundert blieben viele Ostjaken und Wogulen Anhänger ihrer ursprünglichen schamanistischen Religion. Ihr Siedlungsgebiet liegt östlich des *Ural*gebirges, früher auch westlich des *Ural*. Die Unterscheidung der verschiedenen Untergruppen dieser Völker und ihrer Sprachen (bzw. Dialekte) erfolgte meist nach den Flüssen oder Orten, an denen sie siedelten. Die ostjakische (Chantisch) und die wogulische Sprache (Mansisch) gehören zur obugrischen Untergruppe der finnougrischen Sprachfamilie. Die ostjakische Sprache wird oft in drei Dialektgruppen unterteilt. Dies sind die Norddialekte, die südlichen (z. T. bereits ausgestorbenen) Dialekte sowie die östlichen Dialekte.
Bis ins 20. Jahrhundert hinein wurden drei verschiedene Völkergruppen als Ostjaken bezeichnet. Zum ersten waren dies die Chanten (s. o.). Die zweite Gruppe waren die als Ostjak-Samojeden (Sprache: Ostjak-Samojedisch) bezeichneten Selkupen (heute den ↑Samojeden zugeordnet). Zur dritten Gruppe gehören Völker nichturalischer Herkunft mit Sprachen der paläoasiatischen bzw. paläosibirischen Sprachfamilie. Zu diesen gehören u. a. die *Enisej*-Ostjaken (Jeniseiskische Ostiaken; russ. *enisejskie ostjaki*), die vermutlich durch Assimilation von ↑Samojeden mit ursprünglich am Mittellauf des Flusses ↑*Enisej* ansässigen Völkern entstanden, die Inbazkischen Ostiaken (am *Enisej*-Nebenfluß *Inbak* bzw. *Imbak*) und die ‚Pumpokolschen Ostiaken‘ (bzw. Pumpokolskische Ostjaken, russ. *pumpokol'skie ostjaki*, am Fluß *Ket'*; Sprache: Pumpokolskisch bzw. Pumpokolisch).
Heute werden diese Völker zusammenfassend als Keten (russ. *kety*; Sprache: Ketisch) bezeichnet. Verwandt (insbesondere sprachlich) mit diesen sind auch die früher den *Krasnojarsk*er ↑Tataren zugeordneten ↑Kotowzen (Kotten), ↑Arinzen und ↑Assanen.
Die Völker der erwähnten dritten Gruppe werden auch als ‚Jenissej-Völker‘, ihre Sprachen als ‚Jenissej-Sprachen (Jenissejisch)‘ bezeichnet.
Ein Dialekt der ostjakischen Sprache der am Fluß *Vasjugan* lebenden Ostjakengruppe ist Wasjuganisch

ostrog (Mz. *ostrogi*): ursprünglich durch behauene Holzstämme oder Balken geschützte hölzerne Festung mit einer Garnison in den Randgebieten des Russischen Reichs und in ↑Sibirien, später auch der gesamte Bereich einer Ansiedlung mit Steinbauten und

meist regelmäßigem Grundriß, aus dem sich größere Städte entwickelten; „Ein Ostrog bestehet aus stehenden Balken, und ist hin und wieder mit Schießthürmen versehen. Eine Festung [russ. *krepost'*] bestehet aus liegenden Balken, meistentheils aus zween Reihen, und ist mit Schießthürmen, zuweilen auch Bastionen, Ravelinen und d. g. versehen.“ (Gmelin 1751–1752, 4. Theil, S. 113)

Pericarpium: „Pericarpium, die Fruchthülle oder das Fruchtgehäuse, der Theil der Frucht bei phanerogamischen Gewächsen, welche aus den Fruchtblättern des freien oder mit dem Kelche verwachsenen Eierstocks entstanden ist, und den oder die Samen in seiner Höhlung einschließt.“ (Bischoff 1857, S. 116)

permisch (Permjaken): ↑Syrjänen

Petalum: „Petalum, ... Kronblatt, Blütenblatt ... eines der Blätter der Blütenkrone, wenn Kelch und Krone vorhanden sind. Die Petalen sind meist lebhaft gefärbt oder weiß und sitzen mit verschmälerter Basis an der Achse an. ...“ (Wagenitz 1996, S. 281)

Pfund: Handelsgewicht; lat. libra (Abk. ℔, ℔); russ. *funt*; 1 *funt* = 409,516 g (Festlegung nach ↑*ukaz* vom 11.10.1835, s. Schwabe 1871, S. 423); 1 Pfund (preußisch, bis 1858) = 467,711 g, 1 Pfund (Frankfurt am Main, bis 1858) = 505,128 g (*Brokgauz/Efron* 1991, Bd. 72, S. 881); 1 Pfund (französisch, bis ca. 1839) = 489,506 g (Schwabe 1871, S. 405)

podorožnaja (Mz. *podorožnye*): Anweisung für ↑*podvody,* die von der einen Reisenden absendenden Institution ausgestellt wurde

podvody (Ez. *podvoda*): gegen Entgelt staatlich bereitgestellte Fuhrwerke einschließlich Kutscher und Pferden, bei Winterreisen Hunde- oder Pferdeschlitten einschließlich der Hunde bzw. Pferde

polypetal: „polypetalus, vielblättrig, von Blumen (s. bei –petalus).“ (Bischoff 1857, S. 124); „-petalus (als Anhängsylben), =blumenblättrig oder auch nur =blättrig, bei Blumen: mono-, di-, tri-, tetra-, penta-, polypetalus, ein=, zwei=, drei=, vier=, fünf=, vielblättrig. Es ist jedoch zu bemerken, daß man unter der sogenannten einblättrigen meist eine mehrblättrige Blume mit verwachsenen Blumenblättern zu verstehen hat.“ (a. a. O. S. 118)

posadskij (Mz. *posadskie*): Bewohner des *posad* (Vorstadt), der Handels- und Handwerkeransiedlung außerhalb des Zentrums von Städten und Festungen; gesellschaftliche Schicht von Handwerkern und Kaufleuten mit bestimmten staatlichen Abgaben und Verpflichtungen

prikaščik (Mz. *prikaščiki*): vom ↑Wojewoden bestimmter Leiter der Verwaltung einer ↑*sloboda* oder eines Amtsbezirkes mit meist mehreren vom Zentrum des Kreises weiter entfernten ↑*ostrogi* und/oder *slobody*

prikaznaja izba: Kanzlei oder Verwaltung eines Amtsbezirkes (oder eines Orts) mit schriftführenden und exekutiven Aufgaben, im allgemeinen von einem ↑*prikaščik* geleitet

procumbens (niederliegend): „procumbens, liegend, niederliegend, von einem Stengel oder von Aesten, welche der Erde flach anliegen ohne aus ihrer unteren Seite Wurzeln zu treiben, ..." (Bischoff 1857, S. 126)

Promemoria: eine an eine Institution bzw. Person etwa gleichen Ranges gerichtete schriftliche Eingabe (oder ein Vorschlag)

promyšlenniki (Ez. *promyšlennik*): freie Personen, die sich auf eigene Rechnung mit der Jagd auf Pelztiere, dem Fischfang u. ä. m. (russ./sib. – *promysel* bzw. *promysl*) beschäftigen, gelegentlich auch für bestimmte Aufgaben in relativ unzugänglichen Gebieten vom Staat beauftragt und besoldet werden.

Pumpokolskische Ostjaken (pumpokolisch): ↑Ostjaken

Quas (Kwaas; Quass): russ. *kvas*; „Quas bedeutet gemeiniglich einen etwas säuerlichen Trank aus Meel, so man mit Wasser einrührt, und gähren läßt, oder auch aus ungesäuertem Brodte wozu Wasser gegossen wird, das durch eine gelinde Wärme in Gährung kommt. Auch ein ganz dünnes Bier, wann man nämlich über den Treber, der vom Bier nachgeblieben ist, noch Wasser gießt, und dasselbe eine Weile darüber stehen und gähren läßt, dienet öfters statt des Quases." (Gmelin 1751–1752, 1. Theil, S. 57); „... Qvas allein gesprochen, ist ein gemeiner Tranck von Rocken=Mehl und Maltz ohne Hopffen gemacht, und wird an statt dünne Bier oder Covent getruncken." (Strahlenberg 1730, S. 401)

racemosus (traubig): „racemosus, traubig, 1) in eine Traube (s. Racemus) geordnet, eine Traube bildend: flores racemosi, traubige Blüthen, ... 2) einer Traube ähnlich, und so viel als traubenartig oder traubenförmig, ..." (Bischoff 1857, S. 132); „Racemus, die Traube oder Blüthentraube, ein Blüthenstand mit verlängerter Spindel, an welcher einfache und einblüthige Blüthenstiele von ziemlich gleicher Länge übereinander entspringen so daß die oberen Blüthen immer die tieferstehenden überragen, ..." (a. a. O., S. 132)

Rapport: ein an eine Institution bzw. Person höheren Ranges

gerichteter schriftlicher Bericht, für dessen Absendung eine dienstliche Verpflichtung bzw. ein Auftrag vorlag z. B. ein Bericht über die Ausführung eines Befehls und die erzielten Ergebnisse

reflexus (zurückgebogen): „reflexus, zurückgebogen, rückwärtsgebogen, was in einer geraden Linie oder in einem leichten Bogen von seinem Grunde an oder über demselben nach der Rückseite oder nach unten gerichtet ist und nach dieser Richtung hin mit seiner (wirklichen oder imaginären) Achse einen spitzen Winkel bildet, z. B. die Stengelblätter von Galium verum, die Blume von Asclepias syriaca und incarnata, der Kelch von Ranunculus bulbosus.“ (Bischoff 1857, S. 136)

repens: „repens, kriechend, wenn ein niederliegender Stamm oder dessen Aeste stellenweise oder in ihrer ganzen Länge Wurzelzasern treiben, vermittelst deren sie sich auf der Erde befestigen, ...“ (Bischoff 1857, S. 136f.)

reptans: „reptans, 1) kriechend, in derselben Bedeutung wie ↑repens; 2) schleichend, wenn ein Stengel oder Halm in weiten Zwischenräumen auf der Erde festgewurzelt ist und sich zwischen den bewurzelten Stellen bogenförmig von der Erde erhebt, ...“ (Bischoff 1857, S. 137)

Ries: Papiermaß; 1 Ries = 20 Buch = 480 Bogen (Schreibpapier)

Ruderalpflanze: „Ruderalpflanze ... Pflanze an stark vom Menschen gestörten (aber nicht in Kultur genommenen) Standorten wie z. B. Schuttplätzen. ... Ruderata (von lat. rudus, ruderis, Schutt, Ruinen) führte schon LINNAEUS ... als Standort auf, ...“ (Wagenitz 1996, S. 321)

rücklingsgelegt: ↑supinus

Sajanen (russ. *sajancy* bzw. *sajanskie tatary*): „Genauere Nachrichten über die Tataren der westlichen Mongolei haben wir nur von Potanin. ... Die Russen bezeichnen diese auf chinesischem Gebiete wohnenden Türken mit dem Gesammtnamen Sajanzy, die Altajer und Abakan-Tataren nennen sie Sojong; in wissenschaftlichen Werken werden sie gemeiniglich Sojonen oder Sojoten genannt. Selbst nennen sich diese Tataren mit dem Gemeinnamen Tuba; ...“ (Radloff 1968, 1. Band, S. 217f.)

Samojeden: Unter dem Begriff Samojeden werden verschiedene Völker zusammengefaßt, die der samojedischen Sprachgruppe der uralischen Sprachfamilie angehören. Die Samojeden sind nomadische oder halbnomadische Völker. Trotz umfangreicher Christianisierungsversuche der Russen blieb ihre schamanistische Naturreligion teilweise erhalten. Ihr ursprüngliches

Siedlungsgebiet ist vermutlich in Sübsibiren zu suchen. Die Nordgruppe der Samojeden (mit nordsamojedischen Sprachen) besteht im wesentlichen aus drei Völkern. Dazu gehören die Juraken (jurakische Samojeden, heute als Nenzen bezeichnet, russ. *nency*, Ez. *nenėc*). Die zweite Gruppe sind die *Enisej*-Samojeden (Jenisej-Samojeden, Jenissei-Samojeden, heute als Enzen bezeichnet, russ. *ėncy*, Ez. *enėc*). Die dritte Gruppe sind die Tawgy (tawgische Samojeden, Tawgy-Samojeden, russ. *tavgi*; heute als Nganasanen bezeichnet, russ. *nganasany*, Ez. *nganasan*). Der Südgruppe der Samojeden mit den weniger homogenen südsamojedischen Sprachen können mehrere Völker zugeordnet werden. Dazu gehören zum einen die früher den ↑Ostjaken zugeordneten Ostjak-Samojeden (heute als Selkupen bzw. Sölkupen bezeichnet, russ. *sel'kupy*, Ez. *sel'kup*; Sprache: Ostjak-Samojedisch bzw. Selkupisch). Die zweite, bereits ausgestorbene (bzw. völlig assimilierte) Völkergruppe mit südsamojedischer Sprache besteht aus den Kamassen und den Koibalen. Die vermutlich nach ihrem ursprünglichen Siedlungsgebiet zwischen den Flüssen *Kan* und *Mana* benannten Kamassen (Kamatschinzen, russ. *kamasincy*, *kamašincy* bzw. *kamazyncy*) mit kamassischer bzw. kamassinischer Sprache (Kamasinzisch) wurde oft auch der Völkergruppe der Tataren zugeordnet (Kamatschinskische Tataren). Zur dritten Völkergruppe mit ebenfalls ausgestorbener südsamojedischer Sprache gehören die Matoren, die Taiginzen und die Karagassen, die (wie ihre Sprachen) ebenfalls oft den ↑Tataren (*Krasnojarsk*er Tataren) zugeordnet wurden. Die Matoren (Modoren, Modori, Motoren; russ. *matory* bzw. *motory*) und die Taiginzen (Taiginzi; russ. *tajgincy*), von denen die letzteren meist als Untergruppe (Stamm) der ersteren angesehen werden, lebten in der Nähe des Sajanischen Gebirges (*Sajanskoj chrebet*). Das Siedlungsgebiet der den vorigen Völkern ähnlichen, heute meist als Tofalaren (russ. *tofalary*) bezeichneten Karagassen (russ. *karagasy*) lag vorwiegend am Fluß *Taseeva*. Die karagassische Sprache wird wie die taiginzische meist auch als Untergruppe der matorischen (modorischen) Sprache angesehen. Nach E. Helimski ist Matorisch-Taiginzisch-Karagassisch (MTK) eine sajansamojedische Sprache bzw. vielmehr eine Gruppe eng verwandter Dialekte (Helimski 1987, S. 49). Samojedischen Ursprungs waren auch die später bei den ↑Tataren einzuordnenden Tubinzen

(Tubiner, russ. *tubincy*, heute *tubalary*) und die ihnen oft zugeordneten Sojoten (Sojeten, russ. *sojoty* bzw. *sajaty*).

sarmentosus: „sarmentosus, wurzelrankig, gleichbedeutend mit ↑reptans, ...“ (Bischoff 1857, S. 142)

sažen' (Saschen): *sažen'* – Längenmaß; 1 *sažen'* = 7 *fut* = 7 englische ↑Fuß = 3 *aršin*= 2,13357 m (Festlegung nach *ukaz* vom 11.10.1835, s. Schwabe 1871, S. 421); synonym gebraucht zu ↑Faden (Klafter)

scandens (kletternd): „scandens, kletternd oder klimmend, so nennt man eine Pflanze mit schwachem Stamme, oder diesen letztern selbst, wenn er sich mit Hülfe von Ranken (s. Cirrhus), hakenförmigen Stacheln u. dgl. an andern Gegenständen festhält und an denselben in die Höhe steigt, ...“ (Bischoff 1857, S. 143)

Scheibenblüte: „Bei den Köpfchen der Compositen mit abweichenden Randblüten die Blüten im Innern, meist sind es zwittrige Röhrenblüten.“ (Wagenitz 1996, S. 328)

Schoren: ↑Tataren

Schote: ↑Siliqua

schüsselförnig: ↑scutellatus

Scorbut: ↑Skorbut

scutellatus (schüsselförmig): „scutellatus und scutelliformis, schüsselförmig, von rundlicher Gestalt, mehr oder minder stark vertieft und mit einem erhabenen Rande eingefaßt, ...“ (Bischoff 1857, S. 144); „Scutellum, 1) das Schüsselchen, eine rundliche, meist stark vertiefte und berandete Flechtenfrucht, z. B. bei Parmelia-Arten; 2) das Schildchen oder Samenschildchen (nach Gärtner), der dicke, breite Samenlappen der Gräser. (Ist in dieser doppelten Bedeutung jetzt nur noch wenig im Gebrauche und dadurch, daß man zweilen auch flache, runde Scheiben, z. B. die beiden Hälften des Schötchens bei Biscutella, so bezeichnet, ziemlich zweideutig geworden).“ (a. a. O. S. 144)

seidenglänzend: ↑sericeus

Senat (Regierender Senat; Dirigierender Senat; russ. *Pravitel'stvujuščij Senat*): von Peter I. im Jahr 1711 nach dem Vorbild des Schwedischen Reichsrates gegründete oberste Verwaltungsbehörde des Russischen Reichs mit Sitz in Sankt Petersburg (und zeitweise in *Moskva*)

sericeus (seidenglänzend): „sericeus, seidenhaarig, seidenglänzend, mit feinen, festanliegenden Haaren dicht überzogen, wodurch ein seideähnlicher Glanz entsteht, ...“ (Bischoff 1857, S. 148)

serratus (gesägt): „gesägt oder sägezähnig, am Rande mit kurzen, gegen die Spitze gerichteten Zacken versehen, welche nach außen oder unten durch eine längere, konvexe, nach innen oder oben durch eine kürzere,

ebenfalls konvexe oder auch vertiefte Bogenlinie begrenzt sind, und gespitzte Einschnitte zwischen sich haben, ...“ (Bischoff 1857, S. 148)

Sibirskoj prikaz: Institution zur Territorialverwaltung Sibiriens, gegründet 1637 in *Moskva* als eigenständige Behörde, seit 1708 Vertretung des Gouverneurs von Sibirien beim ↑Senat ...“

Siliqua: „Siliqua, eine Form der Schotenfrucht (s. ↑siliquosus, 1) welche wenigstens viermal, gewöhnlich aber noch vielmal länger als breit ist, ... siliquaeformis, schotenförmig, einer Schotenfrucht (s. ↑siliquosus), ähnlich, wobei aber die Scheidewand auch fehlen kann, ... Wird von Früchten solcher Pflanzen gebraucht, die nicht zur Familie der Kreuzblüthigen gehören; doch werden solche Früchte bisweilen auch geradezu als Schote (Siliqua) und Schötchen (Silicula) beschrieben.“ (Bischoff 1857, S. 149f.)

siliquosus: „siliquosus, 1) schotenartig: fructus siliquosus, die Schotenfrucht, eine aus zwei Fruchtblättern oder Karpellen gebildete, meist mit einer Scheidewand versehene, also zweifächerige Frucht, welche gewöhnlich an ihren beiden Nähten die Samen trägt und mit Zurücklassung dieser Nähte und der Scheidewand in zwei Klappen aufspringt. Die Schotenfrucht wird den kreuzblüthigen Pflanzen (Cruciferae) zugeschrieben, deren Frucht dann auch unter allen Abweichungen den Namen ‚Schote (Siliqua)‘ und ‚Schötchen (Silicula)‘ führt; ...“ (Bischoff 1857, S. 150)

sinuatus (buchtig): „sinuatus, buchtig, durch gestumpfte oder gerundete, nicht über die Mitte der Länge oder der halben Breite eindringende Einschnitte in breite, ebenfalls gestumpfte oder gerundete Zacken getheilt, ...“ (Bischoff 1857, S. 150)

sinuosus (großbuchtig): „sinuosus, großbuchtig oder vollbuchtig, mit tiefen oder auch mit vielen gerundeten oder gestumpften Einschnitten, ... zum Theil auch nur gleichbedeutend mit ↑sinuatus“ (Bischoff 1857, S. 150)

Skorbut: „Scorbut (Scharbock), den Alten unbekannte Krankheit, in höhern Graden nur bei Seeleuten u. langen Seereisen vorkommend ... Der S. besteht in einer allgemein abnormen Reproduction u. davon abhängenden fehlerhaften Vegetation, welche sich bes. in dem venösen Systeme ausspricht. ... Der S. auf Schiffen (Seescorbut) verläuft am raschesten, der auf dem Lande (Landscorbut) weit langsamer u. erreicht selten die höhern Grade; letzterer charakterisirt sich namentlich durch das eigenthümliche Leiden der Mund= u. Rachenhöhle, ohne die Constitution so allgemein zu

ergreifen, wie der erstere, durch Blutfleckenkrankheit, Geschwüre in den weichen Theilen, Mundfäule ... Die Ursachen des S=s sind verdorbene animalisirte Luft in den eingeschlossenen Schiffsräumen, Mangel an frischem Wasser, frischen bes. vegetabilischen Nahrungsmitteln, ununterbrochener Genuß stark gesalzener u. geräucherter Fleischspeisen, eines verdorbenen Wassers, Mangel an körperlicher Bewegung, niederdrückende Gemüthsaffecten. ...“ (Pierer 1857–1865, Bd. 15, S. 704f.); s. auch Krebel 1862

-spaltig: ↑-fidus

sloboda (Mz. *slobody*): von einem ↑*prikaščik* geleitete Ansiedlung mit einer großen Anzahl von Bauernhöfen, die weitgehend von Steuern und Arbeitsverpflichtungen befreit war; auch Vorstadt (lat. suburbium) bzw. nahe bei einer Stadt gelegenes Dorf; „VORSTADT, ... auch weiter von der stadt abgelegene ortschaften können als vorstädte bezeichnet werden ...“ (Grimm 1991, Bd. 26, Sp. 1641ff.); „... was aber die Sibirischen Slabodden betrifft darinnen wohnen bauren und können die dortigen Slabodden wie ein Stan und theil eines Creyßes angesehen werden, weil darinnen viele Kirch-Spiele und andere Dörffer, auch in einigen gar ↑Ostroge befindlich.“ (AAW R. II, Op. 1, D. 206, Bll. 44v–45r; etwa 1727)

služivoj (Mz. *služivye*): vorwiegend Militärdienst leistende Bauern und *posadskie* (↑*posadskij*) mit dem Recht auf Soldgeld und/oder Verpflegungsdeputat sowie der Befreiung von staatlichen Steuern; umgangssprachliche Bezeichnung für Soldaten

Szolotnik: ↑*zolotnik*

Spanne: „5. Die große Spanne (Dodrans), der Raum zwischen der Spitze des ausgestreckten Daumens und kleinen Fingers; 9 ↑Zoll“ (Bischoff 1822, S. 5)

sparsus (zerstreut): „sparsus, zerstreut, wenn Theile ohne scheinbare Ordnung nicht sehr gedrängt stehen, z. B. die Blätter am Stengel von Lilium candidum und L. bulbiferum, die Aeste von Lithspermum officinale, die Fruchthäufchen auf den Blättern von Woodsia hyperborea und Aspidium aureum. (Ein ziemlich unsicherer und oft unrichtig angewendeter Ausdruck.)“ (Bischoff 1857, S. 152)

Species: „Species, die Art, die Gesammtheit der Pflanzen, welche in ihrem Bau eine solche Uebereinstimmung zeigen, daß man sie von den nämlichen oder von einander gleichen Stammeltern herleiten muß, ...“ (Bischoff 1857, S. 152); „Species, ... In der Naturgeschichte zeigt Species die Art, die Gattung

an." (Krünitz 1773–1858, Bd. 156, S. 718ff.)

Spadix: „Spadix, der Kolben, ein ährenförmiger Blüthenstand mit dicker, fleischiger oder markiger Spindel, welcher die Blüthen (oft sehr gedrängt) aufsitzen oder etwas eingesenkt sind, ..." (Bischoff 1857, S. 152)

spicatus (ährig): „spicatus, 1) ährig, mit einer oder mehreren Aehren (s. Spica) versehen; 2) in eine Aehre zusammengestellt, z. B. die Blüthen bei Plantago major und Pl. media, die Aehrchen (s. Spicula) bei Secale, Triticum und Lolium; 3) auch nicht (ganz richtig) ährenförmig, und dann = spiciformis." (Bischoff 1857, S. 153); „Spica, die Aehre, ein Blüthenstand, bei welchem die ungestielten oder nur sehr kurz gestielten Blüthen der Länge nach übereinander an einem Hauptblüthenstiel (s. Rachis) sitzen, z. B. bei Carex, Lavandula, Orchis u. a. m. ..." (a. a. O., S. 153)

Stadium (Mz. Stadien): gr. stadion, lat. stadium; ursprünglich altgriechisches Wegemaß von 160 m, später u. a. olympisches Stadium zu 600 ↑Fuß (je 0,320 m) = 192 und griechisch-römisches Stadium zu 625 Fuß (je 0,296 m) = 185 m; Steller verwendet meist im Lateinischen ‚Stadium' (russisches Stadium) für das russische Wegemaß ↑Werst (1 Werst = 1066,78 m).

subtus (unterseits): „subtus, unterseits, auf der untern Fläche, von zusammengeflächten Theilen, namentlich von Blättern und blattartigen Organen: subtus pubescens, unterseits flaumartig etc." (Bischoff 1857, S. 161)

sulcatus (gefurcht): „sulcatus, gefurcht, mit einer oder mehreren Furchen (s. Sulcus) versehen, ..." (Bischoff 1857, S. 161); „Sulcus, die Furche, eine gleichförmige, schmale, rinnenförmige Vertiefung, welche meist der Länge nach die Oberseite eines Theiles durchzieht, breiter und stärker vertieft als der Streifen (s. Stria); wird auch schon, wenn sie einzeln vorkommt, Rinne genannt." (a. a. O., S. 161f.)

superne (oben): „superne, oben, nach oben, oberwärts, z. B. caulis superne ramosus, der Stengel nach oben oder oberwärts ästig." (Bischoff 1857, S. 162)

supinus (rücklingsgelegt): „supinus, rücklingsgelegt, auch blos ‚liegend' und dann ziemlich einerlei mit procumbens; wenig gebräuchlich." (Bischoff 1857, S. 162)

sursum (aufwärts): „sursum, aufwärts, z. B. sursum scaber, aufwärts scharf, mit nach oben gerichteten Zäckchen; sursum imbricatus, aufwärts dachig, mit den aufgerichteten Spitzen oder obern Rändern sich deckend." (Bischoff 1857, S. 163)

Syrjänen (Szirjäner): „Im Norden finden wir im Gouvernement Perm’ die Syrjanen und Permjaken, zwei kleine finnische Stämme, die sich zu einem schwach entwickelten Schamanismus bekannten. Ihre Christianisierung wurde in der zweiten Hälfte des 14. Jh.s von dem hl. Stefan von Perm’ und dem hl. Trifon von Vjatka begonnen, ...“ (Smolitsch 1990, S. 258); „Perm [russ. *Perm’*], die Hauptstadt der Permischen Statthalterschaft, ... Die Gegend, in welcher dieses Stadt liegt, heißt Permien, ...“ (Heym 1796, S. 614ff.); „Permien nimt einen Theil der Westseite des Urals, dessen Mittel und Vorgebürge nehmlich ein und reicht in Osten bis an das Scheidegebürge, in S. bis an die Ufaische Provinz und an der Kama bis unter Oßa, in W. bis an und theils über die Kama und in N. so weit die öbersten Kamaflüße reichen. ...“ (Falk 1785, S. 200); Heute werden die Permjaken (Permier; russ. *permjaki*) zusammen mit den Syrjänen (Syrjanen) als Komi bezeichnet mit der Trennung in Komi-Permjaken (Südliche Komi, russ. *komi-permjaki*) für die Permjaken und Komi-Syrjänen (Nördliche Komi o. Komi) für die Syrjänen (russ. *syrjane*). „Die Biarmen, Besarmier oder alten Permiaken und Sirjänen sind den Finnen auf das nächste verwandt; ... Sie haben sich so nach den Rußischen Landleuten in Wohnungen, Kleidern und der Haushaltung geformt, daß außer der finnischen Sprache wenig Unterschied übrig geblieben ist. ...“ (Georgi 1776a, S. 72); „Der eigentliche Stammsitz der Permier ist ... das Flussgebiet der Kama gewesen und sie nennen sich deshalb auch gewöhnlich Komy-mort, Kama-Volk. Ihre nördlichen Nachbarn sind die sogenannten Syrjänen, ... Sie sind sowohl an Sprache als Aussehen von den Permiern nicht verschieden und bilden somit bloss einen Zweig desselben Volkes. Auch die Syrjänen nennen sich Komymurt oder Komi-jas [nach Hajdú/ Domokos 1987, S. 74: „-jas“ – syrjänischer Pluralsuffix], ...“ (Castrén 1857a, S. 136)

syrjänisch: ↑Syrjänen

Taiginzen (Taiginzi): ↑Samojeden

Tanguten (russ. *tanguty*, tangutisch): Die Tanguten waren ein den Tibetern verwandtes (und oft mit ihnen gleichgesetztes), vorwiegend nomadisch lebendes Volk im Nordwesten Chinas (Tibet), das vom 10. bis zum 13. Jahrhundert über ein eigenes Reich herrschte. Die Religion der Tanguten war lamaistisch (↑Lamaismus) mit starken Wechselbeziehungen zur tibetischen Religion. Die ausgestorbene tangutische Sprache mit eigener

Schrift gehört zur Sprachfamilie des Sinotibetischen.

Tataren (Tatarn; Tartaren; Tattari; tatarisch; russ. *tatary*) Tataren; Sammelbegriff für eine Reihe von verwandten seßhaften Völkern (‚Türkisierte Mongolen') einer Sprachgruppe, jedoch mit unterschiedlichen Siedlungsgebieten; Ursprünglich wurden unter Tataren alle Völker verstanden, die ihren Ursprung in den Steppen Zentralasiens hatten. Die Wirtschaft der Tataren beruht vorwiegend auf Ackerbau; Viehzucht spielte in früheren Zeiten eine größere Rolle. Bekannt sind sie durch ihre Lederarbeiten, durch Webereierzeugnisse und Kunstschmiedearbeiten. In ihren Lebensgewohnheiten finden sich Reste einer nomadischen Lebensweise. Zu den Hauptgruppen gehören die *Volga*-Tataren (wegen ihrer ehemaligen Zugehörigkeit zum Khanat von *Kazan'* auch *Kazan'*er Tataren oder Casanische Tataren genannt), die Krimtataren, die Aserbaidshaner (früher als Tataren bezeichnet) und eine Reihe von sibirischen Tatarenstämmen, die getrennt voneinander in verschiedenen Gebieten Westsibiriens siedeln und heute in drei Untergruppen, die *Tomsk*er Tataren, die barabinzischen Tataren und die *Tobol-Irtyš*-Tataren unterteilt werden. Etwa seit dem 14. Jahrhundert sind die Tataren vorwiegend Anhänger des Islam, G. F. Müller unterscheidet jedoch noch zwischen ‚heidnischen' und ‚muhammedanischen' Tataren. Tatarisch gehört zur Gruppe der Turksprachen und stellt die bedeutendste Sprache der turkotatarischen Sprachgruppe dar.
Zu den verschiedenen Tatarengruppierungen, die oft entsprechend ihrem Siedlungsgebiet an einem Fluß oder einer Stadt einen entsprechenden Beinamen besitzen oder von G. F. Müller eine entsprechende Zuordnung erhielten, zählen u. a.:
- die Barabinzen (Barabinzische Tataren; Eigenname: Baraminzi; russ. *barabincy*, *barabinskie tatary*; Sprache: Barabinzisch), die nach ihrer Siedlungsgegend in der Barabinzischen Steppe (russ. *Barabinskaja step'*) benannt wurden; „Sie [d. h. die Barabinzen] sind ein so herumschweifendes Volk, als die übrigen Heyden in Sibirien, ... Sie sind meistentheils Heyden, und haben deswegen ihre gewöhnliche Zauberer. Ihren Unterhalt bekommen sie von ihrer Viehzucht, von den vielen Fischen, so sie ... fangen können, auch von allerley Wildpret und Federvieh, ..." (Gmelin 1751–1752, 4. Theil, S. 132);
- die nach dem Fluß *Čulym* als Tschulymische Tataren bezeichneten Völkergruppen (*Čulym*skische Tataren, Tschulymer;

Tschulimische Tataren; russ. *čulymcy*, *čulymskie tatary*; Sprache: Tschulymisch) mit Siedlungsgebieten zwischen den Flüssen *Ob'* und *Enisej*, die heute meist den ↑Chakassen zugeordnet werden
- die zwischen *Sajanskoj ostrog* und *Abakanskoj ostrog* in der Umgebung des Flusses *Tuba* siedelnden Kaidinischen Tataren (Kaidini, Kaidinzen, russ. *kajdiny*, *kajdincy*, *kajdyncy*, Sprache: Kaidinisch), die bisweilen auch als Geschlecht der ↑Arinzen betrachtet wurden und heute zu den ↑Chakassen gezählt werden
- die nach dem Fluß *Kača* als ↑Katschinzen bezeichnete Gruppe
- die am Fluß *Tom'* bei *Kuzneck* siedelnden Kistimschen Tataren (Kyschtimische Tataren; russ. *kyštymy*), die große Ähnlichkeiten mit den Teleuten aufweisen
- die früher als *Krasnojarsk*er Tataren (Krasnojarskische Tataren) bezeichneten Tatarengruppen bzw. -stämme, die im Gebiet von *Krasnojarsk* siedelten und heute größtenteils den ↑Chakassen zugeordent werden; „Wegen einer großen Gleichheit der Verfassung und Lebensart werden einige, in der krasnojarischen Provinz vorhandene Ueberreste der ehemaligen Koibalen, ↑Kotowzen, ↑Matoren [Motoren], ↑Arinzen und andere im gemeinen Leben unter den krasnojarischen Tataren mit begriffen, die aber wie Sprachen und andere Unterscheidungszeichen beweisen, zu ganz andern Völkern gehören, ...“ (Georgi 1776–1780, S. 224)
- die früher als *Kuzneck*er Tataren bezeichneten Völkergruppen in der Umgebung von *Kuzneck* und am Oberlauf des Flusses ↑*Tom'* werden seit Anfang des 20. Jahrhunderts als Schoren (russ. *šorcy*; Sprache: Schorisch) bezeichnet. Zu diesen gehören u. a. die Abinzen (russ. *abincy*) und die teilweise zu den ↑Chakassen gezählten Birjussen (Birjussische Tataren; russ. *birjusinskie tatary*, *birjusincy* o. *birjusy*).
- die an der Mündung des Flusses *Tom'* in den Fluß ↑*Ob'* (bei *Čatskij gorodok* bzw. *Čatskij ostrog*) siedelnden Tschatzkischen Tataren (Tschatskische Tataren; Tschazkische Tataren; russ. *čaty*, *čatskie tatary*) mit tschatzkischer (tschatzkisch-tatarischer; tschazischer; tschazkischer) Sprache, die zur Gruppe der *Tomsk*er Tataren gehören
- das nach ihrem ursprünglichen Siedlungsgebiet am See *Telengud* bzw. *Telengut* im *Altaj*-Gebirge als Teleuten (Telenguten; Teleutische Tataren; Weiße Kalmyken; russ. *telenguty*, *teleuty*) benannte Volk; Es stand ursprünglich unter dem Einfluß von ↑Kalmyken und ↑Kirgisen und siedelte später in den Gegenden

um ↑*Tomsk* und *Kuzneck*. Die Sprache (Teleutisch) wird meist der Familie der altaischen Sprachen zugeordnet. Die früher u. a. zusammen mit den Teleuten als eine Gruppe betrachteten Telengiten (russ. *telengity*; Sprache: Telengitisch) werden erst seit Ende des 20. Jahrhunderts in der Ethnologie als eigenständige Volksgruppe der Altaier (russ. *altajcy*; früher als Oiroten bezeichnet) betrachtet.

Transliteration: „Transliteration ... buchstabenweise Übertragung in ein anderes Alphabet ...“ (Fremdwörterbuch 1961, S. 642)

traubig: ↑racemosus

Tscheremissen (Tscheremisi; Tscheremissis): ostfinnisches Volk (Eigenname Mari) mit Siedlungsraum im mittleren Gebiet des Flusses *Volga*; Die Tscheremissen sind eng mit den Wotjaken (Wotiaki, Eigenname Udmurten) verwandt, die etwa im gleichen geographischen Raum siedeln. Die ursprünglich nomadisierende Lebensweise haben beide Völker unter russischem Einfluß aufgegeben. Ihr Haupterwerbszweig ist der Ackerbau. Seit dem 18. Jahrhundert ist ihre Religion vorwiegend griechisch-orthodox mit Resten schamanistischer Religion bzw. von Naturreligionen. Die tscheremissische und die wotjakische Sprache gehören zur finno-ugrischen Sprachgruppe.

Tschuktschen (russ. *čukči*) Die Tschuktschen sind ein zur Gruppe der Nordost-Paläoasiaten gehörendes, mit den ↑Korjaken und Itelmenen (↑Kamtschadalen) verwandtes sibirisches Volk im äußersten Nordosten Sibiriens (vorwiegend auf der Tschuktschenhalbinsel, ↑*Čukotka*) mit schamanistischem Glauben.

tuberosus (knollig): „tuberosus, knollig, einen Knollen (s. Tuber) darstellend, oder einem Knollen ähnelnd oder auch aus Knollen oder knollenähnlichen Theilen bestehend ...“ (Bischoff 1857, S. 171); „Tuber, der Knollen, ein verschieden gestalteter, dicker, fleischiger unterirdischer oder theilweise oberirdischer Stengel (Niederblattstengel), welcher an seiner Oberfläche eine oder mehrere Knospen (als Anlagen neuer Stengel oder selbst neuer Pflanzen) trägt und gewöhnlich bald nach der Entfaltung derselben abstirbt. Er stellt immer ein oder mehrere stark verdickte Zwischenknotenstücke eines Stammes oder Astes dar, und ist kein Theil der Wurzel, wie man oft (fälschlich) angenommen hat. ...“ (a. a. O., S. 170f.)

Tungusen: (russ. *tungusy*; u. a. russ. *olennye tungusy* – Rentiertungusen, russ *konnye tungusy* – Pferdetungusen, russ. *sobač'ie tungusy* – Hundetungusen, russ. *lesnye tungusy* – Waldtungusen und russ. *pešie tungusy* – zu Fuß

gehende Tungusen). Als Tungusen bezeichnet man eine Gruppe von ostsibirischen Völkern mit halbnomadischer Lebensweise und schamanistischer Religion, die von Jagd, Rentierzucht und Fischfang lebten. Die tungusischen Sprachen werden im allgemeinen in die altaische Sprachfamilie eingeordnet. Man unterscheidet mit den entsprechenden Völkergruppen meist drei Sprachgruppen – Nord-Tungusisch, u. a. mit Ewenisch (Lamutisch) und Ewenkisch, Südost-Tungusisch sowie Südwest-Tungusisch. Zu den Tungusen gehören u. a. die auch als Lamuten (russ. *lamuty* bzw. *lamutki* – *Slovar'* 2000, S. 113) bezeichneten Ewenen (russ. *ėveny*; Sprache: Ewenisch bzw. Lamutisch) mit Siedlungsgebiet am *Ochock*ischen Meer und die Ewenken (russ. *ėvenki*; Sprache: Ewenkisch), die früher als die eigentlichen Tungusen bezeichnet wurden. Ursprünglich siedelten die letzteren im *Bajkal*gebiet. Zu den Tungusen gehören auch die an den Flüssen *Ussuri* und *Amur* lebenden Goldi.

turbinatus (kreiselförmig): „turbinatus, kreiselförmig, von Gestalt eines umgekehrten Kegels, dabei auch wohl mit einer schwachen Wölbung der Seitenflächen, z. B. der Kelch von Ulmus, Agrimonia und Philadelphus. (Möchte kaum von obconicus, verkehrtkegelig, unterschieden seyn.)“ (Bischoff 1857, S. 172)

Udmurten: ↑Tscheremissen; wotjakisch ud-murt – Volk oder Mensch (Munkácsi 1896, S. 90);

ukaz (Mz. *ukazy*; Ordre): schriftlicher Befehl (Verordnung) an eine Institution oder Person untergeordneten Ranges, meist im Namen des Zaren bzw. der Zarin

umbilicatus (genabelt): „umbilicatus, genabelt, 1) mit einem Samen= oder Fruchtnabel (s. Hilum, 1) versehen; 2) überhaupt mit einer nabelartigen Stelle (s. Umbilicus, 2) versehen, z. B. das schildstielige Blatt von Cotyledon umbilicus, ...“ (Bischoff 1857, S. 173)

Umbra: „Umbra, ... Sehr bekannt ist dieses Wort bei uns, weil eine Farbe so genannt wird. Es giebt deren 2 Sorten, das Türkische Umbra und das Kölnische Umbra. ... Cyprischer Umbra ... ist ein weiches Mineral von brauner Farbe, ... Manche rechnen es auch zum Thoneisenstein. ...“ (Krünitz 1773–1858, Bd. 193, S. 605f.);

Unguis: „Unguis, ... 2) der untere, stielartig verschmälerte Theil eines Blumenblattes, ...“ (Bischoff 1857, S. 174)

unten: ↑inferne

unterseits: ↑subtus

Varietät: „Varietas, die Abart, Spielart oder Varietät, im Allgemeinen eine von der

ursprünglichen Bildung einer Art (der Urart oder Stammart, Species primitiva) in irgend einem oder in mehreren Merkmalen abweichende Form, wobei aber immer noch das gemeinsame Gepräge der Art durchleuchtet, ..." (Bischoff 1857, S. 177)

vesicarius (aufgeblasen): „vesicarius, aufgeblasen, wird von sehr dünnhäutigen Kapselfrüchten, z. B. bei Cysticapnos, oder auch von Kelchen, z. B. bei Hibiscus Trionum, H. vesicarius, gebraucht." (Bischoff 1857, S. 180)

Vexillum: „Vexilllum, die Fahne oder der Wimpel, das nach oben oder gegen Stamm und Ast gekehrte, meist größere, unpaarige Blatt einer Schmetterlingsblüthe ..." (Bischoff 1857, S. 181)

villosus (zottig): „villosus, zottig, mit Zottenhaaren (s. Villus) bekleidet, z. B. die Blattstiele und Blüthenstiele von Fragaria elatior, Stengel, Blätter und Kelche von Hyoscyamus niger, Stengel und Blätter von Ranunculus lanuginosus, Blattscheiden von Panicum miliaceum." (Bischoff 1857, S. 181); „Villus, die Zotte oder das Zottenhaar, ein längeres oder kürzeres, mehr oder weniger abstehendes Haar, welches einen meist dichten weichen, mit bloßem Auge schon erkennbaren Ueberzug bildet. Beispiele dazu s. bei villosus." (a. a. O., S. 181)

Vorderarmslänge, vorderarmslang: „3. Die Vorderarmslänge (Cubitus), von der Spitze des Ellbogens bis zur Spitze des mittlern Fingers, etwa 17 ↑Zoll." (Bischoff 1822, S. 5); „VORDER, ... vorderarmslänge, cubitus, eine ungefähre länge von 18 ↑zoll, als ein botanisches masz ... vorderarmslang, cubitalis ..." (Grimm 1991, Bd. 26, Sp. 948ff.)

Vorstadt: ↑*sloboda*

wasjuganisch: ↑Ostjaken

Wendisch: „Wendische Sprache, ist eine besondere Mundart des Slavonischen, deren sich die bekannten Wendischen Völcker bis in das 14. Jahrhundert bedient haben. ..." (Zedler 1732–50, Bd. 54, Sp. 2057f.); „Wenden und Sorben, eine slavische Nation ... die theils von den deutschen Stämmen vertilgt, oder mit ihnen vermischt wurde, theils in der Lausitz, Pommern (als Kassuben) noch fortdauert. ..." (Krünitz 1773–1858, Bd. 238, S. 359ff.)

Werst (russ. *versta*): Längenmaß, Wegemaß; 1 Werst = 500 ↑*sažen'* = 1066,78 m (Festlegung nach *ukaz* vom 11.10.1835, s. Schwabe 1871, S. 421)

Wogulen: ↑Ostjaken

Wojewode (russ. *voevoda*): Leiter der Administration eines Kreises,

der einem Gouvernement bzw. einer Provinz untergeordneten Verwaltungseinheit, mit weitreichenden juristischen, polizeilichen, wirtschaftlichen und verwaltungsmäßigen Vollmachten

wollig: ↑lanuginosus

Wotjaken: ↑Tscheremissen

Wurzelkrone: „§. 52. ... An dem Stamm sind zu unterscheiden: ... 5. Der Hals (Collum – Collet DeC.), ... Synon.: Wurzelhals, Wurzelkrone ... Er bildet die gemeinschaftliche Basis zwischen Stamm und Wurzel. ...“ (Bischoff 1833, S. 125f.); „Wurzelhals E: root crown F: collet, m. (de la racine) Das obere Ende der Wurzel, an dem sie in die Achse übergeht. Im Bereich des Wurzelhalses vollzieht sich der Übergang von der zentralen Stele der Wurzel zur Anordnung der Leitbündel in der Sproßachse.“ (Wagenitz 1996, S. 401)

wurzelrankig: ↑sarmentosus

zaimka (Mz. *zaimki*): in Sibirien kleine Ansiedlung ohne Besitzer mit nur wenigen Häusern, meist in entfernten Gegenden durch willkürliche Landnahme entstanden; gelegentlich werden die Begriffe *zaimka* und *derevnja* (Dorf) synonym gebraucht

zastava: Zollstation, im 16. –18. Jahrhundert Wachtposten (vorwiegend) an den Ein- und Ausgängen der Städte zur Überprüfung der Reisedokumente und zur Zollerhebung

zerschnitten: ↑dissectus

zerstreut: ↑sparsus

zimov'e (Mz. *zimov'ja*): vorwiegend durch ↑*promyšlenniki* während der Jagd im Winter und beim Fischfang genutzte Hütte oder Behausung einfachster Bauart; die *zimov'ja* dienten auch Reisenden zur Rast und zur Fütterung der Pferde

Zipfel: „Lacinia, der Zipfel oder Fetzen, jeder durch tiefere Einschnitte entstandene Zacken, der nicht sehr breit oder nicht stumpf und zugerundet ist, ...“ (Bischof 1857, S. 86f.)

Zoll: Längenmaß; russ. *djujm*; lat. pollex; nach dem Dezimalsystem (Festlegung nach *ukaz* vom 11.10.1835, s. Schwabe 1871, S. 421); 1 Zoll (*djujm*) = 10 ↑Linien (russ. *linii*; Ez. *linija*) = 100 Minuten = 2,5399 cm; 12 Zoll = 1 *fut* = 1 englischer ↑Fuß = 30,479 cm; nach dem (alten) französischen Duodezimalsystem: 1 Zoll (Pariser Zoll, frz. pouce) = 12 Linien (Pariser Linien, frz. lignes, Ez. ligne) = 144 Punkte (frz. points, Ez. point) = 2,707 cm; 12 Zoll = 1 (alter) Pariser Fuß (französischer Fuß) = 32,484 cm; „8. Die Daumenbreite (Pollex, Uncia), oder die Länge des ersten Gliedes am Daumen; ein Zoll.“ (Bischoff 1822, S. 5)

zolotnik (Szolotnik): Handelsgewicht; 1 *zolotnik* = 4,2658 g
zottig: ↑villosus
zugespitzt: ↑acuminatus
Zungenblüte: „... Bei den Compositae Blüte mit kurzer Röhre und einseitig ausgebildeter Zunge ...“ (Wagenitz 1996, S. 408)
zurückgebogen: ↑reflexus
zweihörnig: ↑bicornis
zwiebelig: ↑bulbosus

b) Geographie

Die hier mit * gekennzeichneten Orte, Flüsse usw. sind verzeichnet auf der Karte „KARTE eines THEILS der Tobolskischen und Irkutskischen Stathalterschafft vom Ienisei bis an den Amur, worauf besonders die Gegenden um und südlich vom Baikal vorgestellt sind“, in: Pallas 1776, nach S. 302
Aleksandr-Nevskij-Kloster (russ. *Aleksandro-Nevskaja lavra*): „§. 183. Das Kloster des heiligen Alexander Newski [russ. *Aleksandr Jaroslavič Nevskij*] [in Sankt Petersburg] steht am linken Newaufer [russ. *Neva*] ... vom Admiralitätsthurm etwas über 4 Werste in O. S. O., am Newabache Tschernaja Retschka [russ. *Černaja rečka*]. Peter der Große erbauete es 1713 von Holz und 1715 von Stein, zur Aufbewahrung der Körperreste seines frommen und tapfern Vorfahren, ... Das Kloster nimmt mit seinen Gebäuden, die im Grundriß dem Umriß eines Adlers mit ausgebreiteten Flügeln gleichen, und mit seinen Mauern, einen großen, meist regelmäßigen Vierek ein und enthält das Kloster für 60 Mönche, den Wohnsitz des Erzbischof oder Metropoliten, ein Seminarium, 5 Kirchen, einen Todtenaker und einen Garten. ...“ (Georgi 1790, S. 98f.)
Aleppo: „ALEP, Aleppo, ... ist die gröste Stadt in Syrien, unter Türckischer Bothmäßigkeit gelegen“ (Martinière 1744, S. sp. 520ff.)
Alpen: „Alpen, lat. Alpes, sind die höchsten Berge in ↑Italien, Franckreich und ↑Deutschland. Sie sind gleichsam eine von der Natur angelegte Mauer, welche Italien von Franckreich und Deutschland scheiden. ...“ (Zedler 1732–50, Bd. 1, Sp. 1334)
Ameria (Amerina): „Ameria eine alte Stadt in Umbrien, nach welcher Plinius eine Weide Salix amerina benannte“ (Leunis 1860, S. 567)
Anga (*): G. W. Steller bezieht sich u. a. auf den Fluß *Anga*, der südlich gegenüber der Insel ↑*Ol'chon* in den See ↑*Bajkal* mündet. Ein zweiter Fluß *Anga* mündet in den Fluß ↑*Lena*. „Die Landspitze der Anga, die das rechte oder Südwest=Ufer des Busens, in den sich die Anga ergiest, macht, steht an der See 1. Werst und fast eben so lang an

die Bucht, als eine meistens seigere [„SEIGER, adj. ... 4) seiger in bergmännischer sprache, senkrecht, dem loth gemäß ...“ (Grimm 1991, Bd. 16, Sp. 199f.)] Felsenwand, an. Ihr Anblick kan ein Grauen erwecken. Sie ist scheinbar von 20. bis 40. Faden hoch, überaus zersplittert und unmittelbar an dieselbe reicht die See, ... Der Busen des Angaflüßchens ... schießt als ein Keil auf 3. W. ins Gebürge und ist von der Anga versandet, ausser dem aber ist er sehr tief. An der Ostseite hat er jähe, nackte, hohe Felsen, die einen Rücken in die See schiessen, ... Die Anga entspringt in WSW. ganz nahe an den Quellen der Lena, die von der Anga= Mündung nur etwan 50. W. sind. ... Nahe über der Mündung hat er ein breites fruchtbares Thal, und macht in demselben eine ziemliche Insel. Oben ist er schnell, steinigt und hell, ...“ (Georgi 1775, S. 54f.); zum 2. Fluß *Anga* – „Anga R: deßen Mündung fallt von der rechten Seite in den Lena ...“ (J. J. Lindenau in: RGADA F. 199, Op. 2, Portf. 511, Č. 1, D. 7, Bl. 8r); *Anga*, ein Nebenfluß des Flusses *Lena* (*Polunin* 1788a, S. 32); „... bis an den Anga=Fluß, der bey Wercholensk [russ. *Vercholensk*] in die Lena fällt, ...“ (Gmelin 1751–1752, 2. Theil, S. 281f.)

Angara (*): „Die untere Angara [russ. *Nižnjaja Angara* (*Semenov* 1863, S. 97)], oder schlechtweg Angara, tritt unter dem 52° N. B. und 123° O. L. aus der westlichen Küste des Baikals [↑*Bajkal*], und führt den Nahmen Angara bis ... ungefähr in die Gegend, wo der Fluß Ilim [russ. *Ilim*], welcher mit derselben eine Strecke geflossen, in dieselbe fällt. Von hier führt sie den Nahmen Tungußka [russ. *Tunguska*], unter welchem Nahmen sie auch in den Jenissei [↑*Enisej*] fällt. ...“ (Heym 1796, S. 29); „... Es ist zu merken, daß der name Angara vorzeiten nur bis an die porogen und an die mündung des Okafluß [russ. *Oka*] gieng; das übrige von diesem strom nennten die Rußen Tunguska. Heutiges tags aber geht der name Angara weiter, nemlich bis zur mündung des Ilim=flußes, und das übrige bis zur vereinigung mit dem Jenisei [russ. *Enisej*] heißet Tunguska.“ (Fischer 1768, S. 485f.); „UNTERE ANGARA und TUNGUSKA. Der mächtige Strom, der einzige Ableiter der Gewässer des Baikal, bildet mit der oberen Tunguska ... nur einen Strom, ... Vom See bis zum Jenissej [russ. *Enisej*] ist die Länge dieser ganzen Stromlinie 1660 W. ... Vom Baikal an bis Irkutsk besteht das ganze linke Angaraufer aus schroffen, doch nicht sehr hohen Felsgebirgen, ... Die ganze

Angara ist so mit – mehrentheils bewaldeten – Inseln angefüllt, ... Manche dieser Inseln, deren man bis gegen 360 zählt, sind bewohnt und angebaut. ... Die Angara hat auf ihrer ganzen Länge Strömungen, die Hauptgruppen derselben liegen indess gleich nach dem Ausflusse aus dem Baikal, und von Bratskoj-Ostrog [russ. *Bratskoj* ↑*ostrog* bzw. *Brackoj ostrog*] bis zum Jenissej. ...“ (Stuckenberg 1844, S. 546ff.)

Anglia: „England oder Engelland, Lat. Anglia, Angleterre, Inghilterra, ist ein schönes Königreich in Groß=Britannien, ...“ (Zedler 1732–1750, Bd. 8, Sp. 1207ff.)

Apulien: „Apulien (Apulia), 1) (a. Geogr.), in weitern Sinne der südöstliche Theil von Italien, ...“ (Pierer 1857–1865, Bd. 1, S. 629f.)

Argun' (*; Argun): „Wenn man den Schilka [russ. *Šilka*] ferner von der Mündung des Flußes Tschorna [russ. *Černaja*] noch 150 Werste abwerts verfolget, so köm⌈m⌉t man an einen andern von der Südl⌈ichen⌉ Seite in denselben einfallenden Fluß, der den Nahmen Argun [russ. *Argun'*] führet. Selbiger hat seinen Lauff aus SüdWest gegen Nord=Ost, und machet die äußerste Sibirische Gräntze gegen Osten mit dem Daurischen Reiche. Aus der Vereinigung dieser Zwey Flüße Schilca und Argun entstehet hiernächst der große Amur Fluß [russ. *Amur*], der sich nach weit und breit durchströhmten ostlich-Daurischer Gegenden in das östliche große WeltMeer ergießet. Kailar [russ. *Kajlar*] oder Chailar [russ. *Chajlar*] ist ein von Süd-Ost aus Daurien kommender großer Fluß, welcher sich in der Nachbahrschafft des Rußischen Gebiethes in drey Arme vertheilet. Wo der mittlere Arm deßelben sich gegen Nord=ost Zu drehen anfängt, da ist der UrsPrung des Argun Flußes, maaßen der Kailar daselbst seinen Nahmen verliehret und den Nahmen Argun annim⌈m⌉t. Der Nordliche Arm vereiniget sich 16. ↑Werste unterhalb besagtem UrsPrunge mit dem Argun. Der Südliche aber fließet gegen SüdWest dem See Dalai [russ. *Dalaj*] zu, biß wohin von dem UrsPrunge des Argun Flußes ohngefehr 50 Werste ist.“ (Gerhard Friedrich Müller in „Historie des Selenginskischen und Nertschinskischen Gebiethes ...“ – AAW F. 21, Op. 5, D. 19, Bll. 8r–8v); „ARGUN; ... ein Fluß in der Irkutzkischen Statthalterschaft in Sibirien, welcher nach seiner Vereinigung mit dem Schilka den Namen Amur erhält und beinahe 90 teutsche Meilen weit die Grenze zwischen dem Russischen und Chinesischen Gebiethe ausmacht. ...“ (Ersch/Gruber 1820a, S. 227)

*Argunsk*er (Silber-)Hütten (*; russ. *Argunskie serebrjanye zavody* oder *Argunskoj zavod* bzw. *Nerčinskoj zavod*): Zu den ältesten bekannten Silbervorkommen des Russischen Reichs gehören die Funde im *Transbajkal*gebiet nahe der chinesischen Grenze. Das Zentrum der Erzförderung und -verarbeitung waren die 47 Werst von *Argunskoj ostrog* bzw. 247 Werst von *Nerčinskoj ostrog* entfernten Silberhütten von *Nerčinsk* (russ. *Nerčinskoj zavod* bzw. *Argunskoj zavod* oder *Argunskie serebrjanye zavody*). „... Obwohl die Nertschinskische Kanzley schon im Jahre 1677. durch einen Kalmuckischen Gesandten von dem Silbererze dieser Gegenden Nachricht bekommen hatte, auch die Sache noch selbiges, und viele darauf folgende Jahre öfters untersucht, und wahr befunden worden, so ist doch der rechte Grund zu den Sawoden erst 1704 durch drey Griechen gelegt worden, welche die Erze zu schmelzen unternahmen. ..." (Gmelin 1751–1752, 2. Theil, S. 52); zur Geschichte der Hütten siehe G. F. Müller „Historie und Beschreibung der Argunischen Silber=Werke im Nertschinskischen Gebiethe der Irkuzkischen Provintz von ↑Sibirien" aus dem Jahr 1735 (AAW F. 21, Op. 5, D. 20, Bll. 3r–22r), J. G. Gmelin „Beschreibung derer Gruben, Schürffe, Ertzen und des Schmeltz=Wesens bey den Argunischen Silber=Werken" (AAW F. 21, Op. 5, D. 20, Bll. 23r–41r) und Georgi 1775, Bd. 1, S. 418ff.

Armenien: „ARMENIEN. ... Die allgemeine Eintheilung ist die in Groß= und Kleinarmenien, ... Unter Großarmenien ... versteht man das gewöhnlich und im engeren Sinne sogenannte Armenien, welches jenseits des Euphrat zwischen dem schwarzen und kaspischen Meere ... gelegen, ..." (Ersch/Gruber 1820a, S. 356ff.); „Die Armenier, ... sind der sechste und letzte Zweig des Indo-Germanischen Stammes in Asien. Ihre Sprache [Armenisch] ... zeigt, ausser einer Menge Indo-Germanischer Wurzeln, viele Berührungspuncte mit Finnischen und anderen Sprachen des nördlichen Asiens. ..." (Klaproth 1831, S. 97)

attisch; „Attisch, 1) was auf Attika u. 2) bes. auf Athen Bezug hat; ..." (Pierer 1857–1865, Bd. 1, S. 910); „Attika, ... Provinz von Hellas, ursprünglich Aktäa (das Küstenland), ... grenzte ... in O. an das Ägäische Meer, ..." (a. a. O., S. 909f.)

Auvergne: „AUVERGNE, Lat. Alvernia, oder Arvernia, eine Provintz in Franckreich. Gegen Mitternacht gräntzet sie an Bourbonnois, gegen Morgen an Forez, ... Sie erstreckt sich von

Mittag gegen Mitternacht ohngefehr 40. Meilen, und von Abend gegen Morgen 30. Meilen weit. Man theilet sie in Ober= und Unter=Auvergne ein. ... AUVERGNE, eine alte Stadt in Franckreich, in der Landschafft, die ietzt eben den Nahmen führet; ...“ (Martinière 1744, Sp. 1841ff.)

Bajkal (*; Baical; Baikal): „Baikal= See, in der Irkutskischen Statthalterschaft und Provinz. Er wird von den dortigen Bewohnern aus Hochachtung das heilige Meer (Swiä=toe More [russ. *Svjatoe more*]) genannt, und ist rund umher mit hohen Bergen umgeben, von welchen das westliche und nordwestliche Gebirge das Sajanische (Sajanskoy Chrebet [russ. *Sajanskoj chrebet*]) genannt wird. Seine Lage ist ... zwischen 52° und 55°41' N. B. Seine ganze Länge beträgt 500 Werste. ... Der See friert zwar nie vor der Mitte des Decembers, oft auch erst zu Anfange des Januars, zu, ... gehet aber dafür auch vor Anfange des Mays nicht wieder auf. ...“ (Heym 1796, S. 50ff.); „... Dem Baikal kommt kein anderes Seebecken auf dem nördlichen Stufenlande Asiens an Grösse gleich; ... einen Raum von mehr als 700 geographischen Quadratmeilen einnehmend, dehnt sich der Baikal ... von N. O. nach S. W. an 600 Meilen in die Länge aus; seine grösste Breite bleibt nicht viel unter hundert Werst (90 bis 95 W.), die Geringste sinkt nicht unter 35 W.; Das Baikal-Wasser ist vollkommen süss und ungemein rein und durchsichtig; ... Der Baikal nimmt drey ansehnliche Ströme auf: die mächtige Sselenga [↑*Selenga*], die obere Angara [russ. *Verchnaja Angara*] und den Bargusin [↑*Barguzin*]. In allem rechnet man 170 bis 180 Einflüsse, allein nur die einzige Angara ... entfliesst dem Baikal. Landspitzen und Vorgebirge hat der See an 80, und ungefähr eben so viele durch sie gebildete, grössere und kleinere Buchten; ... Der Baikal hat nur eine ansehnliche Insel, Namens Olchon [↑*Ol'chon*], nahe am westlichen Ufer. ... Ausser dem Olchon hat der Baikal noch vierzehn kleinere Inseln, die von 2 bis 8 W. Jede lang sind, ...“ (Stuckenberg 1844, S. 487ff.)

Balaganskoj ostrog (*; *Balagansk*): *Balagansk* liegt in nordwestlicher Richtung 180 Werst von ↑*Irkuck* entfernt (*Semenov* 1863, S. 193ff.). „Der andere ostrog, welchen Firsow [russ. *Dmitrej Firsov*] anbefohlener maßen Ao. 1654 aufgerichtet, hieß Balagansk. ... Balagan heißet sonst in ↑Sibirien eine schlechte hütte; die in der geschwindigkeit aufgerichtet ist, um sich vor dem regen und ungewitter zu bergen. Die einwohner sagen, daß der name Balagansk daher gekom-

men, weil die kasaken bei dem bau des ostrogs in dergleichen hütten gewohnet. ... Der name komt her von einem geschlecht Buräten an den flüßen Unga und Ossa, die sich Bologat nennen. Die Rußen haben im anfang selbst dem ostrog den namen Bologat gegeben, welcher nach und nach, weil ihnen das wort Balagan geläufiger war, in Balagansk verwandelt worden.“ (Fischer 1768, S. 740f.). „Dieser Ostrog ist noch vor Erbauung der Stadt Irkutzk viereckigt angelegt, ... In demselben befindet sich die Kanzeley, des Prikaschtschiks Haus, einige Hütten, eine Kirche und zwo metallene Canonen. Außerhalb dem Ostrog gegen die Landseite sind gegen 60. Häuser, die theils von Sluschiwie [↑*služivoj*], theils von Kaufleuten bewohnet werden, und zwar sind es meistens ansehnliche Häuser, welche ziemlich hohe Fenster und helle Stuben haben. ...“ (Gmelin 1751–1752, 1. Theil, S. 406f.)

Bannoj (*Bannaja*): Das Flüßchen *Bannoj* fließt durch ↑*Barguzinskoj ostrog* und mündet dort in den Fluß ↑*Barguzin* (Georgi 1775, S. 128; *A. P. Gorlanov* in: RGADA F. 199, Op. 2, Portf. 517, Č. 1, D. 16, Bl. 6v)

Barguzin (*; Bargusin): Der Fluß *Barguzin* mit einer Länge von ca. 400 ↑Werst hat seinen Ursprung in einem Bergsee an der Wasserscheide des Sees ↑*Bajkal* und des Flusses ↑*Vitim*. Im Oberlauf verläuft der Fluß 120 Werst bis zur Einmündung des Nebenflusses *Staroj Barguzin* durch Felsschluchten und von dort entlang der Steppe *Barguzinskaja step'* bis ↑*Barguzinskoj ostrog*, wo sich der Fluß in drei Arme teilt. Er mündet südlich der Halbinsel *Svjatoj nos* mit der Hauptmündung unter 53°26' nördlicher Breite und 126°49' östlicher Länge in die Bucht *Barguzinskaja guba* des Sees *Bajkal* (*Brokgauz*/*Efron* 1991; Bd. 5, S. 54; *Semenov* 1863, S. 213f.).

Barguzinskoj ostrog (*; *Barguzinsk*): *Barguzinsk* liegt unter 53° 27' nördlicher Breite und 127°27' östlicher Länge auf dem rechten Ufer eines Arms des Flusses ↑*Barguzin* bei der Einmündung des Flusses *Bannoj* in diesen Fluß, 40 Werst von dessen Mündung in den See ↑*Bajkal* entfernt. *Barguzinskoj* ↑*ostrog* wurde 1648 durch den *syn bojarskoj Ivan Galkin* zur Einnahme von ↑*jasak* bei den Burjaten gegründet (*Semenov* 1863, S. 213).
In einer Nachricht aus *Barguzinskoj ostrog* vom 16. August 1739 an G. W. Steller wird u. a. mitgeteilt: „Der ↑*prikaznaja izba* ist nichts darüber bekannt, wann ... der frühere *Barguzinskoj ostrog* erbaut wurde, da jener ... am 17.

April des bereits vergangenen Jahres 1734 abgebrannt ist und die alten Akten verbrannt sind. Der jetzige *ostrog* wurde ... 1736 ... erbaut. An Gebäuden sind in jenem *ostrog* ein Einfahrtsturm, ein Eckturm ohne Ausgang, die *prikaznaja izba*, zwei *anbary*, [↑*anbar*] ... Beim *ostrog* gibt es achtzehn Wohnhäuser, ... Bei jenem *ostrog* gab es zwei Kirchen, eine neue und eine zweite alte auf den Namen der Verklärung des Herrn (russ. *Preobraženskaja cerkov*), die in der Nacht vom 3. zum 4. Februar dieses Jahres 1739 abbrannte. ... Insgesamt wird von einhundertsechsundfünfzig Personen Kopfsteuer erhoben. ..." (Dokument 103 in: Hintzsche 2001, S. 294–300)

Birjusa: „Die Birjussa hat zwey Quellbäche im Ssajanischen Gebirge [russ. *Sajanskoj chrebet*]; 380 W. fliesst sie zwischen Bergen, heisst im Kreise Jenissejsk [russ. *Enisejsk*] Ona, von der Vereinigung mit der Tschuna [russ. *Čjuna*] an, aber Tassejwa [↑*Taseeva*], und als solche vereinigt sie sich mit der Tunguska. Ihre Gesamtlänge beträgt 600 W. ..." (Stuckenberg 1844, S. 560f.)

Bol'šaja Rozvodnaja (*Bol'šaja Razvodinskaja*; Roswodnaja Bolscheia; Gros=Roswodnaja): Das Dorf *Bol'šaja Rozvodnaja* liegt 8 Werst südlich von ↑*Irkuck* und 2 ↑Werst südlich vom Dorf ↑*Malaja Rozvodnaja* am Ufer des Flusses ↑*Angara.* Es hat eine Kapelle (russ. *časovnja*) auf den Namen der heiligen Apostel Peter und Paul (russ. *Svjatye Apostoly Petr i Pavl*) und 16 Höfe der Einwohner (*A. P. Gorlanov* in: RGADA F. 199, Op. 2, Portf. 517, Č. 1, D. 16, Bl. 2r). „Roswodnaja Bolscheia hier ist ein Pricastschik [↑*prikaščik*] liegt an ei) erhaben) ort ringsumher sind sumpfichte busche daselbst) sind viele Stagna [lat. (Ez.) stagnum – stehende Gewässer, Tümpel] ..." (G. W. Steller – Beschreibung der Stadt *Irkuck* in: Hintzsche 2000, Dokument 1, S. 41); „Vom Baikal [↑*Bajkal*] an stehen folgende Dörfer am Fluß [*Angara*]: ... Gros= und Klein Roswodnaja rechts. Sieben Werst unter dem letztern liegt Irkutzk, ..." (Georgi 1775; S. 501f.)

Branntweinbrennerei: Die in Nr. 794 erwähnte Branntweinbrennerei (russ. *kaštak*) ist vermutlich *Karluckoj kaštak*, sieben ↑Werst von ↑*Kudinskaja sloboda* entfernt, eine von drei Branntweinbrennereien der Krone in der Umgebung von ↑*Irkuck* (G. W. Steller – Beschreibung der Stadt *Irkuck* in: Hintzsche 2000, Dokument 1. S. 18f.; Reisejournal 1740 von G. W. Steller in: Hintzsche 2000, S. 79). „Der *kaštak* Ihrer Kaiserlichen Majestät *Karluckoj*

ist 8 Werst von *Irkuck* entfernt und befindet sich eine halbe Werst von der Straße [zum Fluß ↑*Lena*] entfernt auf der rechten Seite oberhalb der Quelle [des Flüßchens] *Karluk.*“ (Hintzsche 2000, Dokument 4, S. 245); Neben den Branntweinbrennereien der Krone gab es noch mehrere, die von Privatleuten betrieben wurden, z. B. die von *Afanasij Dement'ev* und die von *Ivan? Vorošilov*, 60 Werst von *Irkuck* entfernt auf dem Weg nach *Vercholensk* (am Fluß *Lena*) (G. W. Steller – Beschreibung der Stadt *Irkuck* in: Hintzsche 2000, Dokument 1, S. 20).

Brečalovo oder *Molodovo* (*; Mo-- lodowo Simowje): Das *zimov'e* liegt 35 ↑Werst südlich von *Irkuck* und ca. 20 Werst nördlich von ↑*Nikol'skaja zastava* am Ufer des Flusses *Angara* (*A. P. Gorlanov* in: RGADA F. 199, Op. 2, Portf. 517, Č. 1, D. 16, Bl. 2r; *Stepanov* 1966, S. 69); „Vom Baikal [↑*Bajkal*] an stehen folgende Dörfer am Fluß [*Angara*]: ... Molodowo Simowje links, ...“ (Georgi 1775; S. 501)

Bugul'deicha (*; *Bogul'dejcha*; *Bugul'dejcha*): Der Fluß *Bugul'deicha* entspringt in nicht allzu hohen Bergen auf der nordwestlichen Seite des Sees *Bajkal*, und mündet unter 50°30' nördlicher Breite und 123°43' östlicher Länge in den See *Bajkal* (*Brokgauz*/*Efron* 1991, Bd. 8, S. 832; *Semenov* 1863, S. 323; *Stepanov* 1966, S. 133); „Sie [d. h. der Fluß *Bugul'deicha*] ist über 50. W. lang, steinigt und im hohen Gebürge dem Baikal nahe von rauschend schnellem Lauf, aber nicht tief. ... Sie hat ein so schmales und steinigtes Thal, daß ausser dem Dörfchen Kossaja Step [russ. *Kosaja step'*] nur Burätten an ihr zurechte kommen. An der See weitet sich das Thal zu einem kleinen, flachen Vorlande aus, in welchen das Flüßchen in 2. Armen einfällt, deren Mündungen über ½ Werst von einander entfernt sind. ...“ (Georgi 1775, S. 52)

Bugul'dejcha ↑*zimov'e* (*; *Bogul'dejcha zimov'e*): „Buguldeiska Simowie allhier war ehedeßen eine Sastawa [↑*zastava*] weil die Kaufleute die von JakuZk [russ. *Jakuck*] nach der Kiaechta [russ. *Kjachta*] passirte) diesen Weg ginge), ist aber mit einer Ukase verbothen worde). bey dieser Simowie ist 1 Tschas: [d. h. ↑*časovnja*] und 3 Hofe welcher der Lanin in Possession hat. ...“ (J. J. Lindenau in: RGADA F. 199, Op. 2, Portf. 511, Č. 1, D. 7, Bl. 15r von 1745); „... in der Kosai Steppe ist eine Sastawa nebst etliche) Slusiven [↑*služivoj*] hausern u. wird daselbst wache gehalte), das keine Verbothene oder andere wahr) ohne Zoll uber Boguldeicha Simobhio u. Sastawa nach der gräntze oder von dar

zuruke gehe) ...“ (Reisejournal 1740 von G. W. Steller in: Hintzsche 2000, S. 80); „Diejenigen Kaufleute, welche von der chinesischen Gränze nach Jakutzk ... reisen, ... gehen von der Mündung des Selenga quer über den See Baical [↑*Bajkal*] ... nach dem Bache Buguldeicha [↑*Bugul’deicha*], und von dannen durch die sogenannte schräge Steppe (косая степь [russ. *kosaja step’*]) nach Wercholenskoi Ostrog [russ. *Vercholenskoj ostrog*] an dem Flusse Lena, ...“ (Müller 1760, S. 468)

Calabrien (calabrisch): „CALABRIen, Lat. Calabria, ... ist ein Land in dem Südlichen Theile von Italien, und eine von den vier Haupt=Provintzen des Königreichs Neapolis, so den Titul eines Herzogthums führet. ...“ (Martinière 1745, Sp. 104ff.)

Candia (Candien; candisch; Creta; cretisch): „CANDIA, ... eine Insel in Europa, in dem Mittelländischen Meere, ... Sie ist von den Alten Creta, ingleichen Aeria, Curetis, und wegen der schönen Witterung Macaron genennet worden. ...“ (Martinière 1745, Sp. 347ff.); „CRETA, ... ist die Benennung der Insul, die wir heut zu Tag unter dem Nahmen Candia kennen. Sie liegt zwischen 2 Meeren, welche die Alten das AEgaeische und das Lybische Meer nennten. ...“ (a. a. O., Sp. 1959ff.

Caria: „CARIen, Lat. Caria, ... sonst auch Aidinia, Aldinelli, Alidinelli, und Alidinia genannt, ist eine alte Provintz in Natolien, in Klein=Asien ...“ (Martinière 1745, Sp. 587ff.)

Chalcedon (Calchēdōn, gr. Kalchēdṓn): „Chalcedon ... Lat. Chalcedonia, ... Chalcedonien, eine Stadt in klein Asien in der Landschafft Bithynien, ... Sie liegt am Bosphoro oder an der Meer=Enge des schwartzen Meers nicht weit von Scutari, Constantinopel gegen über. ...“ (Zedler 1732–1750, Bd. 5, Sp. 1942f.)

China: „Sina, China, Lat. Imperium Sinense oder Chinense, ... ein Kayserthum. Es ist solches ein grosses und weitläufftiges Land gegen Morgen zu in Asien, welches wegen seiner sonderbaren Fruchtbarkeit, grossen Reichthums, schöner Städte und vielen Einwohner sehr berühmt ist. ...“ (Zedler 1732–1750, Bd. 37, Sp. 1556ff.); „Das nördliche China nebst den angränzenden Ländern führte eine Zeit lang auch den namen Cathai. ... seit dem Anfange des siebzehnten Jahrhundets weiss man, daß China, Cathai und Kitai ein und dasselbe Land bezeichnen. ...“ (Ephemeriden 1798, S. 140)

Chiwa: „KHIWA, auch Chiwa ... ein auf der Grenze von West= und Centralasiens gelegenes

Land, wird in der Regel zu Turkestan gerechnet, welchem es auch ethnographisch zugehört, ... Da seine Regenten den Herrschertitel Khan führen, so wird es als Khanat bezeichnet. ... Die Bevölkerung besteht aus einer herrschenden Rasse, den Usbeken, und einer wol unterworfenen, aber freien solchen, den Sarten oder Tadschiks. ... Erstere, ein osttürkischer Stamm, ... reden einen eigenen türkischen Dialect [Chiwisch]. ... Die Landesreligion ist die sunnitisch=mohammedanische; ... Die Hauptstadt Khiwa liegt in einer Entfernung von ungefähr 21 geogr. Meilen von dem linken Amu=Ufer [d. h. des Flusses *Amu-dar'ja*]. ..." (Ersch/Gruber 1884, S. 390ff.)

Cilicien: „CILICIen, lat. Cilicia, ... eine Provintz in Klein=Asien, auf der Südlichen Küste. Gegen Nord=Westen gräntzete es an eine lange Reihe von dem Berge Taurus, ..." (Martinière 1745, Sp. 1340ff.)

Cläven: „Cläve, oder Cläven, eine Grafschafft in der Schweitz, siehe Cleven." (Martinière 1745, Sp. 1413); „Cleven, ... Lat. Clavenna, eine Stadt in der Schweitz, bey denen Graubündtern, unten an denen Rhaetischen Alpen, in der Grafschafft gleichen Nahmens. ..." (a. a. O., Sp. 1454f.)

coporisch: „Caporio, oder Coporio, Coporie, Koporio, ... eine Stadt in Ingermannland, an dem Finnischen Meerbusen gelegen, ... liegt 6 Meilen von Gama, deren sich 1703 die Russen bemächtiget. ..." (Zedler 1732–1750, Bd. 5, Sp. 677)

Creta (cretisch): ↑Candia

Čulym, ein rechter Nebenfluß des Flusses ↑*Ob'* (*Semenov* 1885, S. 736); „Der Tschulym, Ostiak. Urupa der rechten Seite des Ob, ... gleicht fast dem Tom [russ. *Tom'*] an Größe. Er entsteht aus dem Kara [russ. *Kara Ijus* bzw. russ. *Čornoj Ijus*], (schwarzen) und Beloi Igus [russ. *Beloj Ijus* bzw. Weißer *Ijus*], die im niedrigen Gebürge dem Jenisei [↑*Enisej*] nahe entspringen, ... Seine Gegend ist von sehr mäßiger Fruchtbarkeit, daher seine Ufer auch nur von getauften Ostiacken, und Tschulymischen Tataren ... bewohnt sind. Am rechten Ufer stehen 84, und am linken 55 ostiakische und tatarische Jurten oder Dörfer, ..." (Falk 1785, S. 342); Nach verschiedenen Angaben (Bl. 79r in: J. E. Fischer „Geographica & historica descriptio Irtischi, Obis & Tomi, ..." von 1740? – AAW F. 21, Op. 5. D. 41, Bl. 33v, in: Werstverzeichnis von ↑*Narym* nach ↑*Tomsk* – AAW F. 21, Op. 4. D. 16, Bll. 33r–34r u. Bl. 97r in: geographische Beschreibungen entlang der Flüsse ↑*Ob'*, ↑*Irtyš* und ↑*Tom'* von G. F. Müller von 1740 – AAW F. 21, Op. 5. D. 27, u. a. Bll. 85r–111r)

mündet der Fluß *Čulym* 10 Werst unterhalb des Dorfs *Molčanovskoe* in den Fluß *Ob'*.

Dement'ev, ↑*zaimka* des *Afanasij*: Die *zaimka* liegt auf dem Weg von ↑*Irkuck* zum Fluß ↑*Lena* etwa 26 ↑Werst entfernt von dem Fluß *Ojok* (*Ajok*), der beim Ort ↑*Oeck* (*Oeckaja sloboda*) liegt (Reisejournal 1740 von G. W. Steller in: Hintzsche 2000, S. 79).

Deutschland: „Deutschland, ... D. liegt in der Mitte Europas, ... es grenzt im N. am Dänemark u. Skandinavien ... im S. an Italien, ... im W. an Frankreich, ... im O. an Polen, ..." (Pierer 1857–1865, Bd. 5, S. 8ff.)

Eboracum: ↑York

Elba: „ELBA, oder Elva, … eine Insul in Italien, auf der Küste von Toscana, … Im lateinischen heißt sie Ilva, … ist eine auf dem Toscanischen Meere, … ohngefehr vier deutsche Meilen von dem festen Lande entfernte Insul, deren Länge vier bis fünff, der Breite aber nirgends viel über eine eintzige deutsche Meile austragen wird. …" (Martinière 1745a, Sp. 885f.)

Elsaß (Alsatia): „ELSASS (Alsatia, Alsace), seit dem westfälischen Frieden die östlichste von den Provinzen Frankreichs, scheint den Namen von ihrem Hauptgewässer, von der Ill, zu entlehnen. ..." (Ersch/Gruber 1840a, S. 441ff.)

Enisej (*; Jenisea): „Jenissei, ein Fluß, welchen die Tataren und Mongolen oberhalb der Tungußka [russ. *Tunguska*] Kem [russ. *Kem*] ... nennen, fließet mitten in ↑Sibirien, und entstehet aus der Vereinigung des Ulu=Kem [russ. *Ulu-Kem*] und Bei=Kem [russ. *Bej-Kem*], welche in der Bucharei unter dem 51°30' N. B. und 111° O. L. entspringen. Nach dieser Vereinigung fließt er fast gerade nach Norden, bildet unter dem 70° N. B. einen Meerbusen ... und fällt endlich ins Eismeer. ..." (Heym 1796, S. 251f.; s. auch *Polunin*/Müller 1773, S. 91f.)

Epančin: Die Stadt ↑*Turinsk* wurde nach der sich vormals an der gleichen Stelle befindenden alten tatarischen Stadt auch *Epančin* genannt (*Polunin*/Müller 1773, S. 408). „Die Stadt Turinsk hat den Namen von dem Flusse Tura, woran sie liegt. Sie wird aber auch, doch nur im gemeinen Reden, Jepantschin genannt, weil zur Zeit der Eroberung ein kleiner Tatarischer Fürst, Jepantscha [russ. *Epanča*], allhier wohnhaft gewesen ist. ..." (Gmelin 1751–1752, 4. Theil, S. 254f.); zur Gründung der Stadt im Jahre 1600 (als ↑*ostrog*) s. auch Müller 1761–1762, S. 509ff. u. Fischer 1768, S. 195

Gaugamela: „Gaugamēla ... Flecken in der assyrischen Landschaft Adiabene, bei Arbela daher auch

die Schlacht bei Arbela (s. d.), wo 331 Alexander d. Gr. den Darius besiegte, Schlacht bei G. heißt; jetzt Karmelis.“ (Pierer 1857–65, Bd. 7, S. 14)

Georgien; „GEORGIEN auf dem kaukasischen Isthmus. Mit diesem Namen bezeichnet man ein Land ... welches zur Zeit seiner größten Ausdehnung im Norden den Kaukasus, im Osten das kaspische Meer, [und] ... im Westen das schwarze Meer zu Grenzen hatte. ... Nach der neueren russischen Eintheilung bildet Georgien unter dem Namen Grusien oder Grusinien die westliche der beiden Statthalterschaften Transkaukasiens ... Tiflis, Hauptstadt von ganz Georgien ...“ (Ersch/Gruber 1855, S. 149ff.); „GEORGIER ... Die Religion der Georgier, soweit dieselbe nicht zum Muhammedanismus übergetreten sind, ist die christliche, georgisch=katholische mit ihrem reichen Ritual, ihrem Wunderglauben und Aberglauben. ...“ (a. a. O., S. 19ff.)

Halle (Hala Salica): „Halle, Hallo, Lat. Hala Saxonum, Magdeburgica, Salica, eine Stadt in Ober=Sachsen, zum Hertzogthume Magdeburg gehörig. Sie liegt an der Saale auf einer lustigen Ebene, ...“ (Zedler 1732–50, Bd. 26, Sp. 569f.)

Heraclea: „Die Stadt Heraclea[4]) am Flusse Lycus, 200000 Schritte von der Mündung des Pontus [Pontus bzw. Pontus Euxinus – das Schwarze Meer] entfernt, der Hafen Acone, berüchtigt durch das Gift Aconitum[5]), ... |: [4]) Erekli; [5]) XXVII. B. 2. Cap. :|“ (Plinius 2007, 1. Bd., S. 346); „ACONAE, heute zu Tage Naxio, eine alte, aber sehr kleine Stadt in Bithynien, nicht weit von Heraclea, an dem schwartzen Meere. Die Gelehrten (a) streiten noch, ob nicht Acones der Hafen des Heracleischen Meeres [vermutlich ein Teil des Schwarzen Meeres] gewesen. Plinius (b) schreibt Acone, und fügt bey, es sey ein fürchterlicher Hafen, wegen des grausamen Gifftes Aconit gewesen. Solinus (c), sein Abschreiber, übertrifft ihn noch. Der Hafen Acone, spricht er, der wegen der gifftigen Pflantzen, die er hervor bringt, so beruffen ist, daß wir daher alle der Gesundheit schädliche Kräuter Aconit nennen. ...“ (Martinière 1744, Sp. 165f.)

Himmelfahrts-Männer-Kloster: ↑*Voznesenskoj monastyr'*

idaeus (idäisch): „idǟus (Rubus <Himbeere>: Name vorlinn. als Rubus Idaeus spinosus laevis. C. Bauhin, Pinax 479, gebildet nach ... und Ídē, Idaîon óros, Idaía órē (kret. Vída, Bída), dem Namen des höchsten Gebirges auf Kreta, aber auch eines Bergzuges in der Troas in Mysien. Da gr. ídē, (dor.) ída

auch <Holz, Waldung> bedeutet (FRISK 1,709), braucht nicht an eine geographische Herleitung des gr. Namens der Himbeere gedacht zu werden.“ (Genaust 2005, S. 303); „IDA, Lat. Idaei Montes, ein Gebürge in Asien in Troada, und das höchste im gantzen Hellesponto, ... IDA, oder Ideo Monte, bey denen Alten Idaeus genannt, ein Gebürge in Creta, mitten auf der Insul. ...“ (Martinière 1746, Sp. 143ff.)

Ina (*; *Ino*): Der Fluß *Ina* kommt aus südlicher Richtung aus einem Gebirgszug und mündet ca. 35 ↑Werst von ↑*Barguzinskoj ostrog* von rechts in den Fluß ↑*Barguzin* (Hintzsche 2000a, Dokument 43, S. 76f.; Hintzsche 2001, Dokument 108, S. 305); „Sie [d. h. der Fluß *Ina*] macht in der Steppe eine Insel. Jeder Arm derselben war 30. bis 40. ↑Faden breit und über 4. ↑Fuß tief, der Fluß aber sehr schnell. Ihr Wasser ist helle aber auch gelblich. Ihre Länge beträgt nicht über 80. Werst, ...“ (Georgi 1775, S. 124)

Irkuck (*): Die Stadt *Irkutsk* [in der älteren Schreibweise *Irkuck*] unter 52°17' nördlicher Breite und 121°51' östlicher Länge mit einer Entfernung von 5702 ↑Werst von Sankt Petersburg nahm im Jahr 1652 als ↑*zimov'e* ihren Anfang (*Semenov* 1865, S. 357f.). Über die Gründung von *Irkuck* liegen in der Literatur verschiedene Daten vor. Ursprünglich wurde ein *zimov'e* am linken Ufer des Flusses ↑*Angara* (1620 nach *A. I. Losev* in: *Kulikauskene* 1996, S. 123) oder auf einer Insel bei der Mündung des Flusses ↑*Irkut* in den Fluß ↑*Angara* (1652 durch *Ivan Pochabov* oder 1656 durch *Afonasij Paškov* nach: *Kudrjavcev*/*Vendrich* 1971, S. 10) errichtet. Vermutlich 1661 wurde auf dem rechten Ufer des Flusses *Angara* durch *Ivan Pochabov* oder *Jakov I. Pochabov* ein ↑*ostrog* errichtet, aus dem die spätere Stadt *Irkuck* hervorging (*Kulikauskene* 1996, S. 286; *Kudrjavcev*/*Vendrich* 1971, S. 10f.). „Irkutßk ... liegt an der rechten oder Südseite der Angara, da wo von der Westseite der Irkut, nach welchem die Stadt ihren Nahmen führt, in dieselbe fällt, in einer ebenen und von allen Seiten mit Bergen umgebenen Gegend, ...“ (Heym 1796, S. 214ff.); G. F. Müller arbeitete an einer „Historie und Beschreibung des Irkuzkischen Gebiethes“, die jedoch vermutlich nicht fertiggestellt wurde (s. dazu Hintzsche 2000, S. 47f.); siehe auch die Beschreibung der Stadt *Irkuck* von G. W. Steller (1739/1740) in: Hintzsche 2000, S. 3ff.; Ein Plan von *Irkuck* (aquarellierte Federzeichnung) aus dem Jahr 1739 (AAW F. 21, Op. 5, D. 39/21) und eine Ansicht der Stadt (Federzeichnung) von

1735 (AAW F. 21, Op. 5, D. 39/45) wurden u. a. publiziert in: Hintzsche/Nickol 1996, S. 161 u. S. 160 u. Hintzsche/Nickol 1996a, Bl. 7 u. Bl. 6A.

Irkut (*): Der Fluß *Irkut* entspringt in 1875 m Höhe nahe der chinesischen Grenze unter 51°5' nördlicher Breite mit dem Namen *Černoj Irkut* (Schwarzer *Irkut*) aus dem See *Il'čir* und zwei anderen Seen. Er fließt bis zur Vereinigung mit dem Fluß *Beloj Irkut* (Weißer *Irkut*) in südlicher Richtung, danach in östlicher bzw. nordöstlicher Richtung. Im Oberlauf verläuft der Fluß mit Wasserfällen durch bewaldete Schluchten des Gebirges *Sajanskoj chrebet*. Nach einem Lauf von 360 ↑Werst mündet der Fluß mit zwei Armen gegenüber der Stadt ↑*Irkuck* von der linken Seite in den Fluß ↑*Angara* (*Brokgauz*/*Efron* 1991, Bd. 25, S. 331f.; *Semenov* 1865, S. 359f.; Stuckenberg 1844, S. 554f.).

Irtyš (Irtisch; Irtüsch): *Irtyš*, ein linker Nebenfluß des Flusses ↑*Ob'* (*Semenov* 1865, S. 360ff.); „Irtüsch, ein Fluß ... welcher seinen Ursprung in der Kalmükey unter dem 46°30' N. B. hat, den in dem Lande der Songorischen Kalmüken liegenden See Sayßan [russ. *Zajsan*] durchströhmt, und, nachdem er eine beträchtliche Strecke Landes durchflossen hat, ... in den Obfluß fällt. ...“ (Heym 1796, S. 319f.)

Italien: „Italien, ... eine große Landschaft in Europa, und eine Halbinsel ... Italien liegt zwischen dem 30sten, oder, wenn man Sicilien mitrechnet, zwischen dem 37 und 46sten Grade der Norderbreite, ... gegen Norden wird es durch eine lange Reihe steiler Gebirge, welche man Alpen nennet, ... abgesondert; gegen Osten hat es das adriatische, und gegen Süden das mittelländische ... Meer zu Gränzen. ...“ (Krünitz 1773–1858, Bd. 31, S. 85ff.)

Jakuck (Gebiet von *Jakuck*): Die Gründung der Stadt *Jakuck* [in der älteren Schreibweise *Jakuck* (z. B. Müller 1750, S. 27), später *Jakutsk* (z. B. *Polunin*/Müller 1773, S. 462f.)] am Fluß *Lena* hat seine Ursprünge in der im Jahr 1632 erfolgten Gründung von *Lenskij ostrog* durch *Petr Beketov*. Im Jahr 1643 wurde der *ostrog* etwa 70 km flußaufwärts verlegt und erhielt den Namen *Jakuckoj ostrog* (*Kulikauskene* 1996, S. 283; *Safronov* 1957, S. 11ff. u. S. 24). Ein Kupferstich mit einer Ansicht von *Jakuck* aus dem Jahr 1753 (J. E. Grimmel) nach einer Zeichnung aus dem Jahr 1734? und ein Plan von *Jakuck* (aquarellierte Federzeichnung; AAW F. 21, Op. 5, D. 39/36) wurden u. a. publiziert in: Hintzsche/Nickol 1996, S. 192 und in: Hintzsche/Nickol 1996a, Bl. 12 u. Bl. 13.; „„... von der

gegend um Jakuzk mus ich uberhaupt erriñern, dass die selbe sehr angenehm die Sta<dt> Jakutz lieget auf einer ebene zur linken Seite uber der Lena u. praesentiret sich von weitem ungemein wohl sie ist in die länge gantz irregulair ohne gass) gebauet fast Bey jedem haus ist eine Semlanoi Jurte [russ. *zemljanye jurty* (Ez. *zemljanaja jurta*) – Erd*jurty*, Erdhütten] worine) das vieh nebst dem Gesinde auf gut Jakutisch wohnet, die Stadt solte erstlich um Bolsrovskoi Monastir [russ. *Pokrovskoj monastyr'*] angeleget werd), sie hat diese) fehler das sie allzu weit von waser entfernet, im fruhjahr ist der protok vor der Stadt mit waser angefullet nach der hand fället das waser alles ab ...“ (Reisejournal 1740 von G. W. Steller in: Hintzsche 2000, S. 113–114)

Joppe: „JOPPE (a), oder Jope, Lat. Jopia, eine Stadt, und ein See= Hafen in Palaestina, in dem Mittelländischen Meere, er wird von denen Auctoribus des mittleren Alters, wie auch von denen Neuern Jaffa, oder Jefa, Japha, und Jepho genennet. ...“ (Martinière 1746, Sp. 380ff.)

Kačeg (*Kačinskaja pristan'*; *Kačuga*; *Kačugskaja pristan'*; *Kačugskoe*; Katschega; Kotschuga): Der Ort liegt unter 53°57' nördlicher Breite und 123°34' östlicher Länge am rechten Ufer des Flusses ↑*Lena*, 240 ↑Werst von ↑*Irkuck* entfernt auf dem Weg von *Irkuck* nach ↑*Kirenskoj ostrog*, diente als Hauptumschlagplatz für den Warentransport zwischen *Irkuck* und *Jakuck* sowie als Ausgangspunkt für die Schiffahrt auf dem Fluß *Lena* (*Polunin* 1788, S. 218; *Semenov* 1865, S. 550). „... gelangte) wir nach Katschega den ersten ort an der Lena u. uber derselbe) zur rechte) hand erbauet, ... in Katschega ist vor einig) jahr) eine Kirche angefange) word) zu baue) weg) Kleinigkeit des orts aber von de) h) archiree [russ. *archierej* – Bischof] wieder verbot) word) da sie schon bis unter das dach gefuhret word) u. dienet es nun zu eine) Kasoñi [russ. *kazennyj* – staatlich, Kron-] proviant Magazin. der ort bestehet etwa aus 5. haushalt) ist aber von herbst an 1739 bis diese zeit 1740 sehr durch eine grassirende Seuche mitgenom̄e) welche ... sehr stark grassirte, ...“ (Reisejournal 1740 von G. W. Steller in: Hintzsche 2000, S. 81)

Kaja (Caja): ein rechter Nebenfluß des Flusses ↑*Irkut* mit einer Mühle (*Brokgauz*/*Efron* 1991, Bd. 25, S. 3321; G. W. Steller – Beschreibung der Stadt *Irkuck* in: Hintzsche 2000, Dokument 1, S. 41)

Kirenga (*): „KIRENGA. Ein ansehnlicher Fluss, am Fusse der

Baikalgebirge entstehend, an 466 Werst lang, und 13 W. unterhalb Kirensk [↑*Kirenskoj ostrog*] von der rechten Seite in die ↑Lena mündend. ...“ (Stuckenberg 1844, S. 592f.)

Kirenskoj ostrog (*; *Kirensk*; Kirenskoi Ostrog): *Kirenskoj ostrog* liegt unter 57°41' nördlicher Breite und 13°50' östlicher Länge in einer Entfernung von 1028 ↑Werst von ↑*Irkuck* (*Semenov* 1865, S. 597). „... und kamen gegen 8 Uhr [am 22. Januar 1736] bey Kirenskoi=Ostrog an, der auf dem daselbst merkliche erhabenen rechten Ufer der ↑Lena erbauet ist. Der ↑Ostrog ist ohngefähr um das Jahr 1655 angelegt; ... Außerhalb dem Ostroge, ... befinden sich noch an öffentlichen Gebäuden eine Salz=Vorrathskammer, eine Kammer zum Archiv, ein Brandtweinkeller, und eine dazu gehörige Schenke, ferner eine Bierschenke, ein verfallenes Haus für den Befehlshaber nebst einer Gerichtsstube, und ein Zollhaus. Noch ist eine Kirche, die ebenfalls zu dem Ostroge gehört ...“ (Gmelin 1751–1752, 2. Theil, S. 274ff.)

Kladovoj kamen': „... ritten wir [von ↑*Barguzinskoj ostrog*] durch die Bargusinische Steppe nach Uro [vermutlich das Dorf *Urinskaja*, 19 ↑Werst von *Barguzinskoj ostrog* entfernt], einem grossen Kasakendorf mit einer Kirche am Uro Bache [russ. *Uro*], wo er aus dem Gebürge kömmt. ... Bey Uro ritten wir durch den Uro Bach und am Fusse des Gebürges der Bargusinischen Steppe aufwerts. Vom Gebürge schießt gleich einer Landecke ein Gebürgsrücken auf 2. W. in die flache Steppe [↑*Urinskaja step'*], der Kladowoi Kamen (Grabfelsen) [russ. *kladovoj* (adj.) – zum Aufbewahren dienend] genennet wird und waldigt ist. Der Steig führt über denselben. An dem nordöstlichen Fuß ist ein altes Grabmahl durch einen Steinhaufen kennlich. Unter dem Steinhaufen fanden sie das Grab selbst mit einem grossen Felsenstück bedekt ...“ (Georgi 1775, S. 107); „Wir kamen wieder über den Kladowoi Kamen, gegen welchem an der rechten Seite der Nestricha Bach [russ. *Nestericha*, ein Nebenfluß des Flusses *Barguzin*] in den Fluß fällt. Den nicht grossen Uro See [russ. *Uro*] hatten wir 2. W. vom Steige. Der Uro fließt durch denselben. ...“ (a. a. O., S. 127)

Kreuz-Kirche (*Krest*): Am Rande der Stadt *Irkuck* befand sich am Weg zum See *Bajkal* eine *Krest* (russ. *krest* – Kreuz) genannte Gegend, vermutlich nach der Tradition, am Anfang wichtiger Routen am Ausgang von Städten ein Kreuz zu errichten, an denen Reisende ihr Gebet verrichten konnten (*Kulikauskene* 1996,

S. 271). Im Jahr 1717 wurde begonnen, dort eine hölzerne Kirche zu bauen; im Jahr 1747 begann man mit dem Bau einer steinernen Kirche (*Sukačev* 1902, S. 129 u. S. 154). G. W. Steller vermerkte dazu: „Die heil) Creutz Kirche vor der Stadt vormahls war daselbst eine tschassobni [↑*časovnja*], da aber die tschassobni in dene) Städte) Verbote) wurde [das Verbot erging durch Peter I., um Gottesdienste der Altritualisten, russ. – *staroobrjadcy*, zu unterbinden; es wurde durch *Ekaterina* I. wieder aufgehoben], wurde diese Kirche an eine) Lustig) u. blesirliche) hugel vor der Stadt an dese) Stelle erbauet." (Hintzsche 2000, S. 14)

Kryženovskaja (Kryschenowskaja): Das Dorf *Kryženovskaja* mit 7 Höfen liegt 10 bis 11 ↑Werst südlich von ↑*Irkuck* am rechten (in Fließrichtung) Ufer des Flusses ↑*Angara* und hat als Bewohner *služivye*, (↑*služivoj*), *posadskie* und Ackerbauern (↑*posadskij*) (F. 21, Op. 5, D. 143, Bl. 83r; *A. P. Gorlanov* in: RGADA F. 199, Op. 2, Portf. 517, Č. 1, D. 16, Bl. 2r). „Vom Baikal [↑*Bajkal*] an stehen folgende Dörfer am Fluß [↑*Angara*]: ... Kryschenowskaja ... rechts. ..." (Georgi 1775; S. 501f.)

Kuda (*): Der Bach *Kuda* entspringt bei ↑*Irkuck* im Gebirgszug *Berezovskoj chrebet*, fließt aus Nordosten nach Südwesten mit einem schnellen Lauf anfangs durch bergige Gegenden mit einer Gesamtlänge von 150 ↑Werst und mündet von der rechten Seite gegenüber der Insel *Konnoj* beim Dorf *Ust'-Kudinskaja* in einen Arm des Flusses ↑*Angara* (*Brokgauz/Efron* 1991, Bd. 32, S. 927; Hintzsche 2009, Dokument 4, S. 212; *Semenov* 1865, S. 819). „Der Fluß *Kuda*, der 3 Werst von ↑*Kudinskaja sloboda* entfernt ist, kam aus dem Süden 200 Werst von seinen Quellen her und mündete, 30 Werst vom Übergang entfernt, nahe einem Übergang in den Fluß *Angara.* Auf der rechten Seite jenes Flusses befindet sich die Mühle des *Irkuck*er Einwohners *Granin.*" (in: Hintzsche 2000, Dokument 4, S. 245)

Kudinskaja ↑*sloboda* (*; *Kudinskoe selo*): *Kudinskaja sloboda* liegt in einer Entfernung von ca. 20 ↑Werst von ↑*Irkuck* am Bach ↑*Kuda*. „Die Slobode liegt fast 4. Werste an beyden Seiten des Kuda hinauf, und besteht aus 7. Dörfern, die zusammen für 1030. Köpfe steuern. Die ganze Kuda ist hier für zwey Mühlen aufgedammt. ..." (Georgi 1775, S. 38; *Polunin* 1788, S. 336; *Semenov* 1865, S. 820); „*Kudinskaja sloboda*, ... 20 Werst von der Stadt *Irkuck* entfernt, befindet sich auf der linken Seite des

Flüßchens *Dalaga*, das von Osten aus dem Gebirge kam und in den Fluß *Kuda* mündete. In jener *sloboda* gibt es eine Kirche auf den Namen der lebensspendenden Dreifaltigkeit [russ. *Živonačal'naja Troica*] und 150 Höfe der Einwohner, die sich an verschiedenen Stellen befinden. Einige sind oberhalb des Flüßchens *Tal'ka*, das aus dem Süden von seinen Quellen herkam und unterhalb jener *sloboda* in das Flüßchen *Dalaga* mündete." (Hintzsche 2000, Dokument 4, S. 245)

Kungurga, Steppe von: vermutlich ein Steppengebiet am Fluß *Kungurga*, einem Nebenfluß des Flusses ↑*Barguzin* flußaufwärts des letzteren; vgl. „Wir fuhren am 28. August [1739] mit dem Herrn Adjunkten [G. W. Steller] von ↑*Barguzinsk* ab und reisten 50 Werst bis zur Landmarke *Kungurga*. ... Von dort reiste ich am 31. August ab. Der Weg führte 6 ↑Werst durch Steppe bis zum Flüßchen *Bodon*, über dieses und 8 Werst entlang seiner linken Seite. Jenes Flüßchen mündete in das Flüßchen *Kungurga*, das Flüßchen *Kungurga* aber mündete in den Fluß *Barguzin*. ..." (Reisebeschreibung von *Fedot Klimovskoj* von *Barguzinsk* nach *Nerčinsk*, Dokument 118 in: Hintzsche 2001, S. 323–326)

Languedoc: „Languedoc, eine ziemlich grosse Provintz von Franckreich, und zwar der westliche Theil von demjenigen, welches die alten Römer Gallium Narbonensem [↑Narbonne] ... genennet. ... wird in Ober= und Nieder=Languedoc eingetheilet, deren jenes das westliche, das andere das östliche Stück an der mittelländischen See ist. ..." (Zedler 1732–50, Bd. 26, Sp. 569f.)

Lena (*): Der Fluß *Lena* entspringt in der Nähe des Sees ↑*Bajkal* und mündet nach einem Lauf von 73 Breitengraden in das Nördliche Eismeer (*Polunin*/Müller 1773, S. 164f.). „Die Lena entspringt im Baikal-Gebirge, nur 30 W. vom NO.Ufer des Sees und in nicht grosser Entfernung von Irkutsk ... Dieser Fluss durchströmt die Provinz Jakutsk, nach ihrem Austritt aus dem Gouvernement Irkutsk, von Süden nach Norden, und ergiesst sich zwischen dem 140- und 150sten Längengrade östlich von Ferro mit einem Labyrinthe von Armen ins Meer, deren man überhaupt 19 rechnet, ..." (Stuckenberg 1844, S. 575ff.)

Listvenišnoe (*; Listwenischna; Listwenischnoje; Station Listeníschnaja): Das ↑*zimov'e Listvenišnoe* liegt 52 ↑Werst von ↑*Irkuck* und 5 Werst südlich von ↑*Nikol'skaja zastava* am Ausfluß des Flusses ↑*Angara* aus dem See ↑*Bajkal* (*A. P. Gorlanov* in: RGADA F. 199, Op. 2, Portf.

517, Č. 1, D. 16, Bl. 2v; *Stepanov* 1966, S. 69). „... kamen sie in den Busen, aus welchem die Angara ausfließt, die daselbst 2. Werst breit ist. ... und auf der Ecke zur linken steht Listwenischnoje Simowje, die den Nahmen von der dortigen Waldung hat [russ. *listvenica* – Lärche]. Hier nimmt die See den Anfang, ...“ (Georgi 1775, S. 49); „Nahe vor der Station Listeníschnaja werden plötzlich die Felsen zur Seite des Weges ungleich höher und steiler. Tiefe und bewaldete Schluchten trennen sie von einander. ... Die Station Listeníschnaja oder Lärchendorf hat ihren Namen von einer herrlichen Waldung aus p. larix, welche hier das breite Thal von beiden Seiten einfasst. ...“ (Erman 1838, S. 96); „... Unter alle) ist die gegend um die Mundung [G. W. Steller benutzt den Begriff „Mündung“ sowohl für den Ort des „Einmündens“ (wie im vorliegenden Fall; Grimm 1991, Bd. 3, Sp. 236 „EINMÜNDEN, influere, ...“) als auch für den des „Ausmündens“ (Grimm 1991, Bd. 1, Sp. 919 „AUSMÜNDEN, effluere, ...“).] der angara sehr merkwurdig 7 werst vor der Mundung von Listwenischnae Simobhio ziehe) sich hohe u. waldigte berge in die runde in forms eines Theatri b) den ausfahl der angara zusam̄) in der mitte vor der Mundung stehet ein hervorragender felse) 1½ ↑fade) hoch. u. 3. breit Schamansky Kamen [russ. *Šamanskoj kamen'*] genen̄et ...“ (G. W. Steller – Beschreibung der Stadt *Irkuck* in: Hintzsche 2000, Dokument 1, S. 7); Ein zweites *Listvenišnoe zimov'e* liegt nordwestlich vom See *Bajkal*, 38 Werst von *Bol'šaja Manzurskaja sloboda* und 104 Werst von *Irkuck* entfernt (J. J. Lindenau in: RGADA F. 199, Op. 2, Portf. 511, Č. 1, D. 7, Bl. 31r; Hintzsche 2000, Dokument 6, S. 263)

Listvenišnoj ostrov (Lischwenischnoi Ostrow; *Listveničnoj ostrov*; Listwenischnoi Ostrow): Die Insel *Listvenišnoj ostrov* liegt im See ↑*Bajkal* in einer Entfernung von einer bis zwei ↑Werst am östlichen oder rechten Ufer, hat eine Länge von einer Werst bis zwei Werst und eine Breite von anderthalb Werst (*A. P. Gorlanov* in: RGADA F. 199, Op. 2, Portf. 517, Č. 1, D. 16, Bl. 5r; *Stepanov* 1966, S. 128). „Die Lerchen= Insul (Listwenischnoi Ostrow [von russ. *listvenica* – Lärche]) liegt von der Landspitze [russ. *Listvenišnoj mys*] 1½. W. ... Sie ist von NO. in SW. 1. W. lang, halb so breit und zeigt rund um eine bis 4. Klafter [↑Faden] hohe Wackenwand. Ihre ganze Fläche bedekt Lerchenwald. Am Nordost=Ende, welches das höchste, stehen viele grosse Russische Kreutze. Der Seegrund ist hier

überall felsigt, doch tief. Die Nordspitze von Olchon [die Insel ↑*Ol'chon*] liegt von hier in WNW.“ (Georgi 1775, S. 138)

lusitanisch: „lusitānisch, portugiesisch.“ (Heyse 1848, S. 477)

Maksimicha: Die Mündung des Flusses *Maksimicha*, der von der rechten oder östlichen Seite zum See *Bajkal* fließt, ist etwa 6 ↑Werst von *Tolstoj mys* und etwa 25 Werst von der Mündung des Flusses ↑*Barguzin* in den See ↑*Bajkal* entfernt; er entspringt etwa 40 Werst entfernt östlich in einem Gebirgszug (*A. P. Gorlanov* in: RGADA F. 199, Op. 2, Portf. 517, Č. 1, D. 16, Bl. 5v; *Stepanov* 1966, S. 128).

Malaja Rozvodnaja (Klein=Roswodnaja; Malaja Roswodnaja): Das Dorf *Malaja Rozvodnaja* liegt 6 ↑Werst südlich von ↑*Irkuck* und 2 Werst nördlich vom Dorf ↑*Bol'šaja Rozvodnaja* am Ufer des Flusses ↑*Angara* und hat 6 Höfe (*A. P. Gorlanov* in: RGADA F. 199, Op. 2, Portf. 517, Č. 1, D. 16, Bl. 2r); „Roswodnaja Mala. an ei) lustig) hugel bestehet aus etl(wenig) hause) hat zimlich) akerbau.“ (G. W. Steller – Beschreibung der Stadt *Irkuck* in: Hintzsche 2000, Dokument 1, S. 41);

Marant (marantisch): „MARANT, eine Stadt in Asien, in Persien, und in Adirbeizan, an den Gräntzen von Iran, … Marant ist unter dem 37. Gr. 50. Min. der Breite und dem 81. Gr. 15. Min. der Länge, den Persischen Observationen zu Folge. … Wenn der Himmel heiter ist; so siehet man von Marant aus den Berg, auf welchem, … die Arche sich nach der Sündfluth niedergelassen hat. …“ (Martinière 1747a, Sp. 658f.)

Mecheln: „Mecheln, Malines, Lat. Mechlinia, ... Machlinia, eine grosse Handels=Stadt an dem Fluß Deule in Brabant, 4 Meilen von Brüssel, ...“ (Zedler 1732–1750, Bd. 20, Sp. 27ff.)

Medvedova ↑*zaimka* (Dorf von *Petr Petrovič Medvedev* bzw. *Medvedova zaimka*; Mitwedovs Saymka; Peter Petrowiz Derewna): „d(13 April [1739] ... botanisirte uber der angara in Peter Petrowiz derewna Mitwedovs Saymka [das Dorf (russ. *derevnja*) von *Petr Petrovič Medvedev* bzw. *Medvedova zaimka*] ...“ (Reisejournal 1739 von G. W. Steller in: Hintzsche 2009, S. 61); „[Gl]askowa Saymka [russ. *Glazkova zaimka* oder Dorf *Glazkova*] 2. hauser Midwedovs Kirche [russ. *Troickaja cerkov'* (Dreifaltigkeitskirche) oder *Medvedev*s Kirche] geg)uber [u]ber den berg auf ein) ungemei) lustig) Hugel. liegt Midwe<d>ov Saymka so aber gänzlich zusam̄t sei) eigner so vor 20 <Ja>hr) der gröste Kauffman u. Capitalist in gantz Siberien <w>ar ruiniret. es hat

gut) akerbau, Vortreffliche heuschläge ...“ (G. W. Steller – Beschreibung der Stadt *Irkuck* in: Hintzsche 2000, Dokument 1, S. 41)

Miljušina: Das Dorf (bzw. russ. die *zaimka*) *Miljušina* ist 8 ↑Werst von ↑*Barguzinskoj ostrog* entfernt (*A. P. Gorlanov* in: RGADA F. 199, Op. 2, Portf. 517, Č. 1, D. 16, Bll. 6r–6v). „5. Das Dorf *Miljušina* liegt über dem Fluß ↑*Barguzin* auf der rechten Seite den Fluß *Barguzin* [von *Barguzinskoj ostrog* aus] abwärts. In ihm sind zwei Höfe, in denen ein im Dienst stehender↑*služivoj* und ein *kazačej syn* [russ. *kazačej syn* – aus dem Kosakenstand stammende männliche Person] leben.“ (Hintzsche 2001, Dokument 103, S. 296)

Monastyrskaja derevnja: Das in Nr. 708 erwähnte Klosterdorf ist vermutlich das eine ↑Werst von ↑*Irkuck* entfernte in der Nähe der Mündung des Baches ↑*Ušakovka* in den Fluß ↑*Angara* befindliche Dorf mit dem im Jahr 1690 erbauten Frauenkloster des Zeichens (↑*Znamenskij* {*devičij*} *monastyr'*) (Beschreibung der Stadt *Irkuck* von G. W. Steller in: Hintzsche 2000, S. 9 u. S. 41 sowie AAW F. 3, Op. 10[a], D. 195, Bl. 23r).

Monastyrskaja ↑*zaimka*: Die in Nr. 140 und Nr. 351 erwähnte Kloster-*zaimka* des ↑*Posol'skoj*-Klosters liegt auf dem Weg von ↑*Irkuck* zum Fluß ↑*Lena*, 50 Stadien (↑Werst) von *Irkuck* und 14 Werst von ↑*Oeck* auf dem Weg nach ↑*Vorošilov zaimka*. Ein Klosterdorf (russ. *Monastyrskaja derevnja*) des gleichen Klosters ist offensichtlich 26 Werst von *Oeck* entfernt (Reisejournal 1740 von G. W. Steller in: Hintzsche 2000, S. 79 und die Angaben in Nr. 140 und Nr. 351)

Montpellier: „Montpellier, ... Lat. ... Monspelium, ... liegt in der Provintz Nieder Languedoc in Franckreich an dem kleinen Fluß Letz in einer Eyrunden Gestalt, und ist die Haupt=Stadt besagter Provintz. ...“ (Zedler 1732–1750, Bd. 21, Sp. 1412ff.)

Münnich, Palast des Grafen: vermutlich das Haus (der Palast) des Grafen Burchard Christoph von Münnich (russ. *Burchard-Christofor fon Minich*) in Sankt Petersburg nahe des Flusses *Neva* und der Isaakskirche, einer Vorläuferkirche der 1768 erbauten Isaakskirche (russ. *Isaakievskij sobor*); Münnich tauschte später das Haus mit Graf Heinrich Johann Friedrich von Ostermann (russ. *Genrich-Iogann* o. *Andrej Ivanovič Osterman*) gegen eines auf der *Vasil'evskij*-Insel (*Bogdanov* 1997, S. 206; Georgi 1790, S. 72).

Narbonne: „NARBONNE, Lat. Narbo, oder Narbona, eine Stadt in Franckreich, in Nieder=↑Languedoc. Sie liegt unterm 23. Gr.

13. Min. der Länge, und 43 Gr. 6. Min. der Breite, ... Narbonne hat seinen Nahmen der Provinciae Narbonensi (b) oder Galliae Narbonnensi gegeben, darinne sie die Haupt=Stadt war; ...“ (Martinière 1747, Sp. 98ff.); „NARBONENSIS GALLIA, oder Narbonensis Provinciae, und Provincia Romana. Ehe Augustus Gallien abtheilete, nenneten die Römer Provinciam Romanam (a) alle diejenigen Länder von Gallien, welche von den Pyrenaeischen Gebürgen, oder den Gräntzen von Spanien, bis an die Alpen oder bis an Italien reicheten, ...“ (a. a. O., Sp. 95ff.)

Narym: „Narim, eine kleine Stadt auf dem ost₍ Ufer des ↑Ob F₍ 2 ↑Werste von des Ket [russ. *Ket’*] Flußes Mündung ... mit einer Festung von Pallisaden auf 50 Bis 60 ↑Fade₎ ins Gevierte versehen, und auf denen 4 Eken dieser Festung sind Schießthürme, nebst noch zweye₎ Thürmen über denen Thoren, darvon der eine in der Mitten der Süd₍ Mauer ...“ (Bll. 109v–111r in: J. E. Fischer „Geographica & historica descriptio Irtischi, Obis & Tomi, ...“ – AAW F. 21, Op. 5. D. 41, aus dem Jahr 1740?); zur Gründung (vermutlich im Jahr 1596), Geschichte und Geographie der Stadt siehe Müller 1761–1762, S. 493ff., *Polunin*/Müller 1773, S. 201ff. u. Georgi 1797–1802, Theil 2, S. 1050f.

Nikol’skaja ↑*zastava* (*): „... ist erstlich eine Zollpostirung Nicolskaia Sastawa, welche an dem Ausflusse der ↑Angara aus dem See Baical [↑*Bajkal*], 59 ↑Werste von Irkuzk [↑*Irkuck*], gelegen ist. ...“ (Müller 1760, S. 458); „Nikolskaja Sastawa, (der nikolaische Zollplatz,) an der Mündung des Flusses Angara, ist sehr berühmt, weil dieß Zollhaus von den vielen Waaren, die von der chinesischen Gränze kommen, den Zoll hebt. Das Amt des Zöllners ist sehr wichtig, und ein solcher Mann kann sich in Jahresfrist dabey bereichern. ...“ (Büsching 1768, S. 240); In *Nikol’skaja zastava* gibt es eine Kapelle (↑*časovnja*) auf den Namen des heiligen *Nikolaj* des Wundertäters (russ. *Nikolaj Čudotvorec*) (*A. P. Gorlanov* in: RGADA F. 199, Op. 2, Portf. 517, Č. 1, D. 16, Bl. 2v).

Nižneudinsk (*; *Udinskoj ostrog*): Die 481 ↑Werst von *Irkuck* entfernte Stadt *Nižneudinsk* unter 54°55' nördlicher Breite und 116°42' östlicher Länge am rechten Ufer des Flusses *Uda* wurde im Jahr 1664 als *Udinskoj ostrog* an der Stelle eines bereits seit 1652 existierenden *zimov’e* für den von den Burjaten einzunehmenden ↑*jasak* gegründet (*Semenov* 1867, S. 441). „*Udinskoj ostrog*, ... liegt an der rechten Seite des [Flusses] *Uda*. Dieser *ostrog* ist von drei Seiten

umzäunt, ... Der gesamte *ostrog* ist von diesen drei Seiten kreisförmig von Spanischen Reitern, stehenden Balken und Gräben umgeben, an der Flußseite gibt es jedoch keinerlei Befestigung. In diesem *ostrog* gibt es eine Kapelle auf den Namen des heiligen Erzengels Michael [russ. *Archangel Michail* oder *Archistratig Michail*], ebenfalls auf den Namen des heiligen Erzengels Michael wird eine Kirche neu gebaut, eine ↑*prikaznaja izba*, eine Wache sowie 10 *anbary*, [↑*anbar*] ... Außerhalb des *ostrog* sind vier Höfe der Einwohner, in denen *služivye* [↑*služivoj*] leben. Zu diesen Höfen gehört auch ein Hof eines Geistlichen. ...“ (*A. P. Gorlanov* – Beschreibung des Weges von der Stadt *Enisejsk* bis zur Stadt ↑*Irkuck* aus dem Jahr 1739; in: Hintzsche 2009, S. 195)

Ob': „Ob, ein Fluß, ... welcher aus der bey Biißk [russ. *Biisk* bzw. *Biskaja krepost'*] in der Kolüwanischen Statthalterschaft erfolgenden Vereinigung der Flüsse Katunä [russ. *Katun'*] und Bijä [russ. *Bija* bzw. *Bi*] entstehet, und unter dem 67. Gr. N. B. und 86. Gr. O. L. in das Eismeer fällt. ...“ (Heym 1796, S. 566f.); Die Länge des Flusses *Ob'* beträgt vom Fluß *Katun'* bis zur Mündung in einen Meerbusen des Nördlichen Eismeers (*Obskaja guba*) ca. 3700 ↑Werst (*Semenov* 1867). „Vom Einfalle des Irtysch [↑*Irtyš*] an zerspaltet sich der Ob in mehrere grosse Stromlinien, die bis Obdorsk [russ. *Obdorsk*] miteinander parallel fliessen, durch verschiedene Queerarme mit einander in mehrfacher Verbindung stehen und sich erst ganz nahe vor dem Meere wieder zu einem Stromzuge vereinen, ... Die Hauptarme haben verschiedene Namen, als Grosser und Kleiner Ob [russ. *Bol'šaja Ob'* und *Malaja Ob'*] ... und Andere. ...“ (Stuckenberg 1844, S. 333)

Oeck (*Ajockaja* ↑*sloboda*; *Oeckaja sloboda*; *Oekskaja sloboda*; Ojezkaja Sloboda; *Ojockaja sloboda*; Ojotzka Sloboda): Der Ort liegt an den Flüssen *Oek* und ↑*Kuda* und ist 37 Werst von ↑*Irkuck* entfernt (*Semenov* 1867, S. 602). „*Oeckaja sloboda*, ... 16 ↑Werst von ↑*Kudinskaja sloboda* entfernt, liegt auf beiden Seiten des Flusses *Ajok* [bzw. *Oek*]. Hier gibt es eine Kirche auf den Namen der heiligen Väter *Athanasios* und *Kyrillos* [russ. *Svjatych Otec Afanasija i Kirilla*] und 89 Höfe der Einwohner. Es leben dort *služivye* [↑*služivoj*], *posadskie* [↑*posadskij*] und Ackerbauern.“ (in: Hintzsche 2000, Dokument 4, S. 246). „Höher an der Kuda liegt Turskaja, ein Kasackendorf, über diesem Ojezkaja Sloboda, ... Die Slobo-

de, die ebenfalls aus mehreren Abtheilungen oder Dörfchen besteht, hat den Nahmen von dem auf 40. W. langen, nicht grossen Ojek=Bache [russ. *Oek*], der hier in der Rechte der Kuda fällt. Sie ist etwas kleiner als Kudinskaja [↑*Kudinskaja sloboda*] und hat eine ebenso gute Kirche. ...“ (Georgi 1775, S. 39); „Ojotzka Sloboda ... sind 1741. 32 Baur Hofe abgebrand.“ (J. J. Lindenau in: RGADA F. 199, Op. 2, Portf. 511, Č. 1, D. 7, Bl. 31v von 1745)

Ol'chon (*; Olchon): „Olchon, eine Insel auf dem Baikal=See [↑*Bajkal*], nach dem nördlichen Ufer zu. Sie ist ungefähr 50 ↑Werste lang, 25 breit, und wird von Bratzen bewohnt, ...“ (Heym 1796, S. 576); „Die Insul Olchon (Olchonskoi Ostrow) die die Burätten Olchon Oltruk nennen, besteht aus einem ansehnlichen Bergzuge, den der Olchonsche Sund [russ. ↑*Ol'chonskija vorota*] vom festen Lande trennet. Sie liegt dem nordwestlichen festen Lande völlig parallel, und wie dieses von Südwest zu Nordost. ...“ (Georgi 1775, S. 59); „Mitten im see Baikal liegt die insel Olchon, auf welcher auf einem berg ein dreifuß, und auf demselben ein großer keßel befindlich sein soll; woraus man schließen will, daß der große Tschingis=Chan [Dschingis Khan] mit seinen heerzügen auch dahin gekommen seie. ...“ (Fischer 1768, S. 34)

Ol'chonskija vorota (Felsentor): der Sund zwischen der Insel ↑*Ol'chon* und dem nordwestlichen Ufer des Sees ↑*Bajkal* (*Brokgauz/Efron* 1991, Bd. 42, S. 923; *Semenov* 1867, S. 637; Stuckenberg 1844, S. 495); „Der Olchonsche Sund liegt von der See bis zum Olchonschen Busen in Nord und denn in Nordost. Seine Breite wechselt von 6. bis 10. W. ab. Ueberall ist sein Boden sandig und selbst nahe an den Ufern 2. bis 5. ↑Faden, der Mitte näher aber 15. bis 37. Faden tief. Er enthält 9. Inseln, ...“ (Georgi 1775, S. 64)

Pannonien: „Panonnien, oder Panonien, Lat. Pannonia, Pononia, ein grosses Land in Europa, ... Es wurde in Ober= und Nieder=Pannonien unterschieden. Ober=Pannonien ... lag gegen Abend, wo jetzund Steyermarck, Crain, Croatien, Kärnthen, Windisch Marck, und der gröste Theil von Oesterreich ist. Unter=Pannonien ... begriff in sich Bosnien, Sclavonien, nebst demjenigen Theil von Ungarn, welches zwischen der Donau, dem Flusse Raab und Draue ist. ...“ (Zedler 1732–50, Bd. 26, Sp. 569f.)

Perspektivaja: Es handelt sich hier vermutlich um die Straße *Bol'šaja Perspektivaja* auf der Insel *Vasil'evskij ostrov*, die auf

dem Plan von ↑Sankt Petersburg von 1790 (Georgi 1790, Anhang) unter Nr. 115 angegeben ist. „Der Wasiliostrowsche Stadttheil. ... §. 198. ... Der ausgebreitete westliche Theil hat von O. in W. zwey parallele Perspectivstraßen, von welchen die südliche große Perspectiv in der Breite von etwan 30 ↑Faden, vom adlichen Landkadettencorps bis an den Kronstädtschen Busen reicht. ... Außer der Stadt hat sie zu beyden Seiten naße, gemischte, durch die Überschwemmung im Jahre 1777 sehr mitgenommene Waldung, ... Die zweyte, sogenannte kleine Perspectiv wird durch einen Kanal in zwey Gassen getheilt. Sie führt aus der Stadt durch den Wald, nach dem Galerenhafen. ...“ (Georgi 1790, S. 106f.); Nach den Angaben in der ca. 1750 entstandenen Beschreibung der Stadt Sankt Petersburg (*Bogdanov* 1997, S. 218–220) gab es zu dieser Zeit 13 ‚Perspektivstraßen‘.

Peščanaja guba: Die von G. W. Steller mehrfach erwähnte Sandbucht (*Peščanaja guba*) ist vermutlich eine Bucht mit felsigem Ufer am westlichen Ufer des Sees ↑*Bajkal*, 80 bis 100 ↑Werst oberhalb (nordöstlich) von ↑*Listvenišnoe zimov'e* und in einer Entfernung von 10 Werst von ↑*Ol'chonskija vorota* (*A. P. Gorlanov* in: RGADA F. 199, Op. 2, Portf. 517, Č. 1, D. 16, Bl. 3v; Pallas 1776, S. 292 u. Angabe in Nr. 209). Es ist aber zu beachten, daß mehrere Buchten des Sees *Bajkal* als *Peščanaja guba* bezeichnet werden (Georgi 1775, S. 51; Gmelin 1751–1752, 2. Theil, S. 151).

Pivovarova (*Pivovarovskaja*): Es handelt sich hier vermutlich um eine ↑*zaimka* der Witwe des früheren *Irkuck*er *dvorjanin Ivan Pivovarov* auf dem Weg zum Bach ↑*Kuda* gegenüber dem Bach ↑*Ušakovka*, 13 Stadien (↑Werst) von ↑*Irkuck* entfernt (Angaben nach Nr. 377 und Nr. 435). „... an der Uschakovka [russ. ↑*Ušakovka*] 11 werst von d) Stadt liegt Bibatawichs Melniza [die Mühle der Witwe von *Ivan Pivovarov*] u. 10. werst weiter ihr<e> Saymka. ... (Beschreibung der Stadt *Irkuck* von G. W. Steller in: Hintzsche 2000, S. 42); „... 10 werst von der Muhle ab hat des Bibawarichs witwe ein landguth od) Saymka erbauet auf eine) hugel so rings herum mit Morasten umgeb), ...“ (Beschreibung der Stadt *Irkuck* von G. W. Steller in: Hintzsche 2000, S. 9f.); Eine weitere *zaimka* der Witwe von *Ivan Pivovarov* mit einem Hof befand sich auf der Insel *Usol'skoj* des Flusses ↑*Angara* und eine dritte *zaimka* (Dorf) mit zwei Höfen hinter der Insel *Soljanoj* des Flusses

↑*Angara* (Hintzsche 2009, Dokument 4, S. 214).

ponticus (pontisch): „pónticus ... <pontisch>: lat. Ponticus (<gr. Pontikós) <pontisch, aus Pontus (gr. Póntos), einer antiken Landschaft Kleinasiens am Südrand des Schwarzen Meeres (mare Ponticum), im W begrenzt von Bithynien, im S von Galatien und Kappadokien, im O von Klein-Armenien> ...“ (Genaust 2005, S. 501)

Posol'skoj monastyr' (*; *Monastyrskaja zaimka* des *Posol'skoj monastyr'*): Das Männerkloster *Posol'skoj monastyr'* (*Posol'skij-Preobraženskij monastyr'*) beim Fluß ↑*Selenga* liegt unter 52°1' nördlicher Breite und 123°55' östlicher Länge 146 ↑Werst von ↑*Verchneudinsk* und 165 Werst von ↑*Irkuck* entfernt. Es wurde 1681 mit Mitteln des Kaufmanns *Grigorij Afanas'evič Oskolkov* zur Erinnerung an den 1650 zu den Mongolen geschickten und nach der Überfahrt über den See ↑*Bajkal* getöteten Gesandten (russ. adj. – *posol'skij*, *posol'skoj* – Gesandschafts-) *Erofej Zabolockij* gegründet (*Kulikauskene* 1996, S. 141, 268, 285; *Opisanie* 1834, S. 103f.; *Semenov* 1873, S. 195). „Possolskoy Preobrashenskoy Monaßtür ... an dem südlichen Ufer des Baikal=Sees [russ. *Bajkal*] ... ist unter der Regierung des Zars und Großfürsten Feodor Alexeewitsch [russ. *Feodor Alekseevič*] gegründet worden, und deßwegen merkwürdig, weil hier gewöhnlich die Fahrzeuge, welche sich verspäten ... anlanden und ausgeladen werden müssen, und außerdem der gewöhnliche Winterweg über dieses Kloster geht; diejenigen Schiffe hingegen, welche hier ankommen, ehe der Fluß [↑*Selenga*] zugefroren ist, können ihren Lauf auf demselben fortsetzen.“ (Heym 1796, S. 644)

Rozvodnaja (*): ↑*Bol'šaja Rozvodnaja* und ↑*Malaja Rozvodnaja*

Rußland: G. W. Steller unterscheidet in seinem Manuskript das Russische Reich (in geographischer Hinsicht) in Rußland, d. h. den europäischen Teil des Reichs, und ↑Sibirien. „§. 22. Das rußische Reich liegt theils in Europa, theils in Asia. Der europäische Theil desselben begreift das sogenannte Groß= Klein= und Weiß=Rußland, ... In Groß=Rußland gehören die heutigen Gouvernements Moscau, Nowgorod, Archangel, Woronesch, und Nischneinowgorod: [sic!] zu Klein=Rußland gehören die Gouvernements Kiew und Belgorod, und das rußische Antheil an Weiß=Rußland besteht in dem smolenskischen Gouvernement. Zu diesem europäischen Theil des Reichs kommen noch die von den

Schweden eroberten Lande, welche das St. petersburgische, wiborgische, revelsche und rigaische Gouvernement ausmachen. ..." (Büsching 1768, S. 50)

Sabaudia (Sabauda): ↑Savoyen

Samarov (*Samarovskoj jam*): *Samarovskoj jam* am Fluß *Irtyš*, gegründet im Jahre 1637 zur Ansiedlung russischer Fuhrleute (*Polunin*/Müller 1773, S. 301); *selo Samarovskoe* (Nr. 623 in: *Spiski* 1871); „Dieser [ostjakische] Knäsez hieß Samar, und der rußische flekken Samarowski Jam hat von ihm den namen bekommen, weil er an demselben ort, wo Samar gewohnet, angeleget worden." (Fischer 1768, S. 229); „Samarowskoi Jam, eine Jamschtschiken Slobode auf dem Ost(Ufer an dem Fuße der Samarischen GeBürge [russ. *Samarovye gory*], wo von auch dieselbe den Nahmen erhalten. ... Daselbst ist zuforderst eine Kirche von Zwey Stokwerken. in deren oberm der Gottes-Dienst im Sommer, im untern aber im Winter gehalten wird. ... Die Anzahl der Häußer ist von 111 Höfen, worunter 93 Jamschtschiken Höfe sind. ..." (Bll. 221r–222v in: G. F. Müller „Reise Von Beresow den Ob Fluß und Irtisch aufwerts nach Tobolsk 1740" – AAW F. 21, Op. 5, D. 27, Bll. 215r–248v)

Sankt Petersburg (Petersburg): „St. Petersburg, ... 3) Hauptstadt des Gouvernements u. Haupt= und Residenzstadt des ganzen Russischen Reichs; ... P. liegt in einer breiten Ebene am Ausfluß der Newa [*Neva*] in den Finnischen Meerbusen; die Newa tritt bei dem Alexander=Newskikloster [russ. *Aleksandro-Nevskaja lavra*; ↑*Aleksandr-Nevskij*-Kloster] in P. ein u. theilt sich im Innern der Stadt in mehre Arme. ... Auf diese Weise, sowie durch zahlreiche andere Flußverzweigungen u. Kanäle, werden eine große Menge Inseln gebildet, auf denen die Stadt erbaut ist. ... P. wurde von Peter dem Großen während des Nordischen Kriegs 1703 angelegt, ... 1720 wurde P. Sitz der Regierung. ..." (Pierer 1857–1865, Bd. 12, S. 899ff.)

Savoyen: „Savoyen, Lateinisch Sabaudia, und vor Alters Sapaudia, ... führet jetzo den Titel eines Herzogthums, ist der Nördliche Theil der Savoyischen Länder, und wird durch die Alpen von Piemont abgesondert. Er ist achtzehn deutsche Meilen ins Gevierte groß, und bestehet aus zehen kleinen Provintzen, ..." (Zedler 1732–1750, Bd. 34, Sp. 397ff.); „Savoyen, Sabaudia, Savoie, ist überhaupt auf dreyerley Art zu betrachten; nehmlich so, daß man unter dieser Benennung 1.) die gesammten

Savoyischen Länder, 2) das Herzogthum Savoyen, und 3) das eigentlich sogenannte Savoyen insbesondere verstehet. ...“ (Martinière 1748, Sp. 118ff.); „Savoie, deutsch, Savoyen, alt Sapaudia, ein Alpenland des Rhonegebiets, ...“ (Egli 1973, S. 820)

Ščerbakovo: Das ↑*zimov'e* [*Ščerbakovo*] liegt 40 ↑Stadien (↑Werst) südlich von ↑*Irkuck* und 15 Werst nördlich von ↑*Nikol'skaja zastava* auf dem rechten Ufer des Flusses ↑*Angara* (in Fließrichtung) (*A. P. Gorlanov* in: RGADA F. 199, Op. 2, Portf. 517, Č. 1, D. 16, Bl. 2v u. Angabe in Nr. 195).

Selenga (*): Der Fluß *Selenga* entspringt im *Sajan*gebirge (russ. *Sajanskoj chrebet*) und mündet nach einem Lauf von ca. 330 Werst von der chinesischen Grenze bis zur Mündung mit 8 Mündungsarmen in den See ↑*Bajkal* (*Semenov* 1873, S. 537).

Serphino (Seriphos): „Serphino, Serfino, ... Seriphus, Seryphus, ist eine Insel auf dem Aegeischen Meeren, die von den Corinthiern zuerst ist angebauet worden, und eine von denen, welche Cyclades genennet werden. ...“ (Zedler 1732–1750, Bd. 37, Sp. 412)

Sibirien: „Sibirien (Ssibirien), der Gesamtname für das russische Gebiet in Asien (mit Ausnahme Transkaukasiens), wird im Norden vom Arktischen Polarmeere, im Osten vom Stillen Ocean bespült, grenzt südlich an das Chinesische Reich (Mandschurei, Mongolei u. Songarei), die Turanischen Khanate u. die Aralo=Kaspische Niederung, u. ist im Westen durch den Fluß u. das Gebirge ↑Ural vom Europäischen Rußland getrennt. Es erstreckt sich zwischen dem 67.° u. 208.° östl. Länge von Ferro, reicht vom 40.° bis 77½° nördl. Breite u. umfaßt das ungeheuere Areal von 275,000 Q.M., fast ⅓ des ganzen Erdtheils Asien. ...“ (Pierer 1857–1865, Bd. 15, S. 948ff.)

Sizilien: „Sicilien, Lat. Sicilia, ... ein Königreich, ist die gröste Insel auf dem Mittelländischen Meere, und wird von Calabrien durch eine schmale Meer=Enge ... abgesondert. ...“ (Zedler 1732–50, Bd. 37, Sp. 925ff.)

Smolenskaja (*Smolenščina*): Das Dorf *Smolenskaja* liegt am Fluß *Irkut* unterhalb des Flusses *Olcha*, einem Nebenfluß des Flusses ↑*Irkut*; sechs ↑Werst unterhalb des Dorfes gibt es auf der rechten Seite ein Kohlenflöz (Georgi 1775, S. 15).

Spanien: „Spanien, ... ist eines der grösten und mächtigsten Reiche in Europa, welches gegen Abend an Portugall und das Atlantische Meer, gegen Mitternacht an das Biscaysche Meer; gegen Morgen an Franckreich und die Pyrenäischen Gebürge; gegen Mittag

aber an das Mittelländische Meer und an die so genannte Strasse Estrecho de Gibraltar grentzet, ...“ (Zedler 1732–1750, Bd. 38, Sp. 1107ff.)

Stalberga: Es handelt sich vielleicht um Stolberg am Harz, einen Ort, den G. W. Steller während seines Aufenthalts in ↑Halle besucht haben könnte. „Stolberg oder Stollberg, Lat. Stolberga, die Hauptstadt in der Grafschafft Stolberg, welche ihren Nahmen von den Eisen=Stollen oder Stahl=Bergwercken, die man in selbiger Gegend häuffig findet, führen soll. ... Das daselbst befindliche Schloß Stolberg, welches auf dem Hartze lieget, und wovon auch die Stadt insgemein Stollberg am Hartz genennet wird, ...“ (Zedler 1732–50, Bd. 40, Sp. 349). „Das III. Capitel. Von der Stadt Stolberg. ... Den Nahmen führet sie entweder vom Stahl= und Hütten= Bergwercken/ damit dieser Ort von Anbeginn angefüllet gewesen/ und in jüngern Zeiten durch künstliche Verfertigung eines stattlichen Stahls erneuert worden/ ... mit der alten Schreibart/ da sie nicht Stolberg/ sondern Stalberg geschrieben wurde/ ... Es wird aber diese Stadt Stolberg am Hartz genannt/ zum Unterscheid der Chur=Sächsischen Stadt Stolberg/ im Ertzgebürgischen Kreiß gelegen/ ...“ (Zeitfuchs 1717, S. 129ff.). Angaben zum Bergbau um Stolberg im Harz finden sich in Oelke 1970.

Sukino ↑*zimov'e*: Das *zimov'e* des ↑*posadskij Nikita Sukin*? liegt 16 bis 19 ↑Werst südlich von ↑*Irkuck* am linken (in Fließrichtung) Ufer des Flusses ↑*Angara* (F. 21, Op. 5, D. 143, Bl. 83r; *A. P. Gorlanov* in: RGADA F. 199, Op. 2, Portf. 517, Č. 1, D. 16, Bl. 2r)

Svjatoj nos: „An der Mündung des Bargusin [russ. ↑*Barguzin*] bildet das Vorgebirge Swjatoj-Nos eine ansehnliche Halbinsel, die von langen Felsenriffen und Klippen umgeben ist. ...“ (Stuckenberg 1844, S. 518); „Die Halbinsel Sswjatoje–Nos ist 45 W. lang; in geringer Entfernung vom Ufer ist die Tiefe nicht unter 20 ↑Faden. ...“ (a. a. O., S. 521); „Die Bargusinische Halbinsel, die vielleicht wegen ihrer Form im gemeinen Leben die heilige Nase (Swätoi Nos) genennet wird, liegt fast in einem Dreyeck mit rechten Seiten. Ihre grösseste Länge rechnet man von NO. z. N 15. ↑Werst. Sie besteht aus einem einzigen Gebürgszuge. Der Hauptrücken liegt fast in der Mitte und hat die Länge des Landes. Von 4. W. vom nordostlichen Ende bis 10. W. ist er am höchsten, und wegen der Höhe mit einer Glatze versehen. ...“ (Georgi 1775, S. 106)

Tara (Tarig?): „Tara, ... an der in den Irtüsch [↑*Irtyš*] fallenden

Arkarka [russ. *Archarka*], ... Sie wurde 1594 angelegt, und nach dem Flusse Tara [russ. *Tara*], welcher 32 ↑Werste oberhalb der Stadt in den Irtüsch fällt, also genannt, weil sie an diesem Flusse angelegt werden sollte. ..." (Heym 1796, S. 833)

Taseeva (*Taseevo*; *Taseja*): Der Fluß *Taseeva* entsteht aus der Vereinigung der Flüsse *Čjuna* [auch *Čuna* (*Semenov* 1885, S. 745)] und *Ona* und mündet mit einer Länge von ca. 160 ↑Werst von Süden (d. h. von der linken Seite) in den Fluß *Tunguska*, bevor dieser Fluß 50 bis 60 Werst weiter in den Fluß ↑*Enisej* mündet (*Brokgauz*/*Efron* 1990–1994, Bd. 64, S. 660; *Polunin* 1789, S. 247f.). „TASSEJEWA. Das Bassin dieses ansehnlichen Flusses zu beschreiben hat einige Schwierigkeit, wegen der Namensveränderung, die in demselben herrscht, ... Die Uda, der eigentliche Stamm des Hauptstromes, führt diesen Namen nur auf seinem oberen Laufe, erhält aber bald, unterhalb N. Udinsk [russ. ↑*Nižneudinsk* bzw. *Udinskoj ostrog*], die Benennung Tschjuna [russ. *Čjuna* bzw. *Čuna*]; nach dem Zusammentreffen mit der Ona, die oberhalb Birjussa [↑*Birjusa*] heisst, machen alle diese Benennungen dem Namen Tassejewa Platz. ..." (Stuckenberg 1844, S. 558); „UDA-TSCHJUNA. Die Uda entspringt dicht an der Chinesischen Gränze im Gebirge, fliesst an Nishne-Udinsk vorbey, nimmt ... an der Gränze der Gouv. Irkutsk und Tomsk, den Namen Tschjuna [russ. *Čjuna* bzw. *Čuna*] an, von dem Zusammenströmen mit der Birjussa [russ. *Birjusa*] oder Ona aber, die Benennung Tassejewa. Bis dahin ist sie, von ihrem Quell an gerechnet, an 700 W. lang, ..." (a. a. O., S. 558f.)

Taurien: „Taurien, Landschaft in Südrußland ... umfaßt die Halbinsel Krim (das eigentl. T.) und Teile der im N angrenzenden Steppe." (Brockhaus 1928–1935, Bd. 18, S. 500)

Thüringen (Turingia): „Thüringen, Thuringia, ... eine Landschafft in Ober=Sächsischen Creis, welche gegen Osten an Meissen, gegen Norden an das Fürstenthum Anhalt, gegen Westen an Hessen und das Braunschweigische, gegen Süden aber an Francken grentzet. ..." (Zedler 1732–1750, Bd. 43, Sp. 1861ff.)

Tiber: „Tevere, mod. Name des Flusses von Rom, lat. Tiberis m. ... od. amnis Tiberinus, im Deutschen Tiber ..." (Egli 1973, S. 914)

Tjumen' (Tjumen); „Tiumen, ... Sie ist 1586 unter dem Zar Feodor Johannowitsch [russ. *Feodor Ioannovič*] an eben der Stelle erbauet, wo die ehemalige Tatarische Stadt Tímgi oder

Timgi=Tschura gestanden hat, welchen Namen sie auch noch zuweilen von den Tataren erhält. ...“ (Heym 1796; S. 854); „Tjumen liegt auf dem südlichen Ufer des Flusses Tura, und noch ein kleiner in der Nähe aus verschiedenen Quellen entspringender Bach, so sehr hohe Ufer und den Zunamen Tjumenka hat, fließt quer durch die Stadt, und fällt bey derselben von der südlichen Seite in den Tura. ... Ueber der Tjumenka ist eine große Brücke geschlagen, ... Zunächst unterhalb dieser Brücke befindet sich eine innere Festung, ... in welcher sich auch noch des Woiwoden Haus, die Kanzley, das Zeughaus, und zwey Salzhäuser befinden. (Gmelin 1751–1752, 4. Theil, S. 220ff.); Ein Kupferstich der Stadt *Tjumen’* aus dem Jahr 1753 von J. E. Grimmel nach einer Zeichnung aus dem Jahr 1741 wurde u. a. publiziert in: Hintzsche/Nickol 1996, S. 310.

Tobol’sk (Tobolium; Tobolum): Die Stadt *Tobol’sk* wurde im Jahr 1587 als ↑*ostrog* gegründet. Als Stadt wurde sie bezeichnet, als nach einem Brand im Jahr 1643 der *ostrog* durch eine aus Holz errichtete Stadt ersetzt wurde (*Polunin*/Müller 1773, S. 391ff.). „Dieselbe [d. h. die Stadt *Tobol’sk*] l<i>egt unter der Breite von 58 Gr. 12 M. an dem Irtisch=Strome [↑*Irtyš*], und ist die Hauptstadt von ganz ↑Sibirien. Sie ist in die obere und untere Stadt getheilet. Die obere Stadt liegt auf dem hohen östlichen Ufer des Irtisch=Flusses, und die untere auf dem Felde, welches zwischen dem hohen Ufer und dem Irtisch ist. ... In der oberen Stadt ... ist die Festung, welche beynahe viereckicht ... ist. In derselben ist ein Kaufhaus, welches sowohl als die Regierungskanzeley und der Erzbischöfliche Pallast ebenfalls von Steinen aufgeführet ist. ... in der Festung sind nur zwo steinerne Hauptkirchen, und außerhalb derselben drey hölzerne Kirchen, und ein Kloster, Roschdestwenskoi Monastir [russ. das Frauenkloster *Roždestvenskoj monastyr’* – Frauenkloster zur Geburt (der Gottesgebärerin)]. Die untere Stadt hat nicht mehr als 7 Kirchspiele, und ein steinernes Kloster, mit dem Beynahmen Snamenskoi [russ. das Männerkloster *Znamenskoj monastyr’*, gegründet 1586 o. 1587 jenseits des Flusses *Irtyš* und im Jahr 1610 direkt in die Stadt *Tobol’sk* verlegt (*Ščeglov* 1993, S. 45)]. ...“ (Gmelin 1751–1752, Theil 1, S. 151ff.); s. auch die Beschreibung der Stadt *Tobol’sk* von G. F. Müller in: Hintzsche/Nickol 1997; Eine Federzeichnung der Stadt *Tobol’sk* von J. Ch. Berckhan aus dem Jahr 1734 (AAW F. 21, Op. 5, D. 39/40) und ein Kupferstich (J. E. Grimmel) aus dem

Jahr 1753 nach einer Zeichnung aus dem Jahr 1734 wurden u. a. publiziert in: Hintzsche/Nickol 1996, S. 119 und in: Hintzsche/Nickol 1996a, Bl. 2A u. Bl. 2B.

Tom': „Tom, ein Fluß, welcher ... in dem Kusnezkischen Kreise im hohen Gebirge aus Morästen entspringt, und nach einem Laufe von mehr als 500 ↑Wersten in den Obfluß [↑*Ob'*] fällt. ...“ (Heym 1796, S. 863f.); „Die mündung des Flusses Tom, ist groß, und gibt dem ob selber nicht viel nach; ... Das wasser des Tom-Flusses ist schwärzer als das in dem ob, aber dageg) viel reiner u. heller als des Ob seines: ...“ (Bl. 75r in: J. E. Fischer „Geographica & historica descriptio Irtischi, Obis & Tomi, ...“ von 1740? – AAW F. 21, Op. 5. D. 41); „Mündung des Tom Flußes zum Ob 6 werste von Puschkarewa Saïmka [russ. *Puškareva*]. Die Breite des Tom Flußes in dieser untern Gegend ist von etwan 3 Bis 400 ↑Faden, des Ob Flußes aber allhier von etwan einer Werste. Das Wasser im Tom ist helle, im Ob dagegen Trübe, ...“ (Bl. 90r in: verschiedene geographische Beschreibungen entlang der Flüsse *Ob'*, ↑*Irtyš* und *Tom'* von G. F. Müller von 1740 – AAW F. 21, Op. 5. D. 27, Bll. 85r–111r, Bll. 121r–147v, Bll. 157r–182v und Bll. 215r–248v)

Tomsk: „Tomsk Tat. Tom Tara, d. i. die Stadt Tom ... Sie ward nach einem Fundationsbriefe vom Zaar Boris Fedorowitsch [russ. *Boris Fedorovič Godunov*] im Jahr 1604 erbauet. ...“ (Falk 1785, S. 351); „Der Grund zu dieser Stadt ist ... durch einen angebaueten Ostrog geleget worden ... Nachdem ... ist der Ostrog allmählich in eine Festung, und die Festung in eine Stadt verwandelt worden, welche gegenwärtig über 2000. Häuser in ihrem Bezirke einschließt. Anfänglich war sie nächst Tobolsk [↑*Tobol'sk*], die andere Hauptstadt von ↑Sibirien ... Vor ohngefähr 20. Jahren kam sie unter die Jeniseische Provinz, und jetzo gehöret sie zu der Tobolskischen. ... Es sind zwo Gegenden der Stadt, eine erhabene und eine niedrige. Auf der erhabenen ist eine viereckigte kleine hölzerne Festung ... An allen 4. Ecken und an den zwey Thoren ... hat sie hölzerne Thürme. Zu ihrer Beschützung hat sie 14. Canonen von unterschiedenen Caliber. Innerhalb der Festung ist eine Cathedralkirche von Holz, des Woywoden Haus, die Canzeley, und etliche steinerne Kammern, wie auch ein Zeughaus. ...“ (Gmelin 1751–1752, 1. Theil, S. 308ff., aus dem Jahr 1734); siehe auch die Ansichten von *Tomsk* von J. Ch. Berckhan aus dem Jahr 1734 und von J. W. Lürsenius aus dem Jahr 1741

sowie den Plan der Stadt *Tomsk* (AAW F. 21, Op. 5, D. 39/42, D. 39/43 und D. 39/44, publiziert in: Hintzsche/Nickol 1996, S. 132 u. S. 133)

Tulunskaja (*Tulun*; *Tulunskoj pogost*): Das Dorf *Tulunskaja* liegt auf dem Weg von *Enisejsk* nach ↑*Irkuck* 798 ↑Werst von *Enisejsk* und 445 Werst von *Irkuck* entfernt (Reisejournal 1739 von G. W. Steller in: Hintzsche 2009, S. 12f.); „... kahme) wir durch eitel ebene) Land duñe birke) wälder nach Tulun welches der 1.ste ort auf diese) wege in de) Irkutskisch) district ist bestehet aus etwa 10. hausern u. einer kirche Bogrovka [russ. *Pokrovskaja cerkov'* bzw. Kirche auf den Namen Schutz (und Schirm) der Heiligsten Gottesgebärerin (russ. *Pokrov Presvjatyja Bogorodicy*)] genant. 2 werste davon liegt ein ander dorff Tulun welches Bey den hiesig) einwohnern vor ein dorff passiret noch stehet ein Haus 3. werst auf der Landstrase von dem dorff ab u. wird ebe)falls zu dem dorffe mit gerechnet. ...“ (a. a. O., S. 42); „Das Dorf *Tulunskaja*, das eine Werst vom Übergang des Flüßchens *Tulun*, ... und nach dem im Jahr 1736 neu bestimmten Maß 112 Werst von *Udinskoj ostrog* [↑*Nižneudinsk*] entfernt ist, liegt an der rechten Seite des Flusses *Ija*. In diesem Dorf gibt es eine Kirche auf den Namen Schutz (und Schirm) der Heiligsten Gottesgebärerin und 9 Höfe der Einwohner. Es leben Ackerbauern dort. Auf der anderen Seite des Flusses sind fünf Höfe, in denen ebenfalls Ackerbauern leben.“ (*A. P. Gorlanov* in: Hintzsche 2009, S. 196f.)

*Tunkinsk*isches Gebirge (*Tunkinskij chrebet*): Das Gebirge mit Höhen von etwa 5000 bis 6000 ↑Fuß beginnt nordöstlich von ↑*Tunkinskoj ostrog* in Bergen bei der Wasserscheide zwischen den Flüssen *Oka*, *Kitoj* und ↑*Irkut*, zieht sich erst in ostnordöstlicher und dann in nordöstlicher Richtung parallel zum Fluß *Irkut* hin und läuft in einem Hochplateau zwischen den Flüssen *Irkut* und *Kitoj* aus (*Brokgauz/Efron* 1990–1994, Bd. 67, S. 74f.; *Semenov* 1885, S. 260f.).

Tunkinskoj ostrog (*; *Tunkinsk*; später *selo Tunka*): Der Ort ist 194 ↑Werst von ↑*Irkuck* entfernt, wurde 1709 gegründet und liegt an linken Seite des Flusses ↑*Irkut* bei der Mündung des Flusses *Tunka* in den Fluß *Irkut* (*Brokgauz/Efron* 1990–1994, Bd. 67, S. 74; *Polunin* 1789, S. 357; *Semenov* 1885, S. 260). „Tunkinskoi Ostrog liegt unter dem 51°. 15'. In der Gegend des ↑Ostrogs ziehet eine Art heydnischer Tataren herum, die sich Sojeti [↑Samojeden] nennen, ... An dem Irkut aber sind Buräten [↑Burjaten], welche als ein armes Volk

beschrieben werden. ...“ (Gmelin 1751–1752, 2. Theil, S. 168, vom Dezember 1735)

Turčeninova (Dorf der *Turčaninovy*; Turcenninnovs Saymka): Das Dorf *Turčeninova* liegt 5 ↑Werst von ↑*Kudinskaja sloboda* (Hintzsche 2000, Dokument 5, S. 255) und 4 Stadien bzw. Werst (↑Stadium) von ↑*Oeck* (*Oeckaja sloboda*) (siehe die Angaben in Nr. 17) entfernt. „Das Dorf *Turčeninova*, ... liegt auf der linken Seite des Flusses *Kuda*. In ihm sind 5 Höfe. Es wohnen *Irkuck*er *služilye ljudi* [↑*služivoj*] dort.“ (Hintzsche 2000, Dokument 4, S. 245)

Turinsk: ↑*Epančin*

Uda (*): „UDA Sie entquillt einer sumpfigen Bergsteppe, welche die Gewässer der ↑Lena und des Baikal [↑*Bajkal*] scheidet; ... von O. nach WSW. in ziemlich gerader Richtung fliessend, ergiesst sich die Uda bei W. Udinsk [↑*Verchneudinsk*] ... nach einem Laufe von 352 W. in die Sselenga [↑*Selenga*]. ...“ (Stuckenberg 1844, S. 537ff.)

Udinsk: ↑*Nižneudinsk* u. ↑*Verchneudinsk*

Ufa: „Ufa [russ. (der Fluß) *Ufa*]. – Die Tataren nennen sie Ufi-Idel; sie hat ihren Quell in den Schluchten des Karatasch, oder schwarzen Felsenberges im Ural, ... und ergießt sich bei Ufa [russ. (die Stadt) *Ufa*] in die Belaja [russ. *Belaja*]. Die Ufa ist ... an 650 ↑Werst lang, ...“ (Stuckenberg 1848, S. 618ff.)

Ural: ↑*Verchotur'e*, Gebirge von

Urik (*; *Urickaja* ↑*sloboda*; *Urik sloboda*; *Urikovskaja sloboda*; Urizkaia Sloboda): *Urik* oder *Urikovskaj sloboda* am Fluß (Bach) *Urik*, der in unmittelbarer Nähe in den Bach ↑*Kuda* mündet und ist 18 Werst von ↑*Irkuck* entfernt. Der Ort hat eine Kirche auf den Namen des nicht von Menschenhand geschaffenen Bildes des Erlösers (russ. *Spasa nerukotvorennyj obraz*) (*Polunin* 1789a, S. 27; *Stepanov* 1966, S. 68). „... erreichten wir die Slobode Urik, welche aus mehr als 50. so wohl gebaueten Häusern bestehet, ... Die Slobode hat den Namen von dem Bache Urik, woran sie liegt, der in die Kuda, gleich wie diese in die ↑Angara fällt. Die Angara aber ist 8. ↑Werste von hier entfernt. ...“ (Gmelin 1751–1752, 1. Theil, S. 411, vom März 1735); „Urikskaja Sloboda steht an der rechten Seite des Kuda 8. W. über seiner Mündung, und enthält über 100. Gehöfde, auch eine hölzerne Kirche. ... Von hier ist bis Irkutzk höheres, gangartiges Gebürge, ...“ (Georgi 1775, S. 20); „18.) Úrik slobodà ... an der mündung des flusses Urik, desse) ursPrung von westen etwa 5. w. von der mündung: er fället von d) r. s. in d) fluß Kudà der von Nord) herkom̄t u. ein spati)

[lat. spatium – Zeitraum] von 4 bis 5. Tagereisen durchlauft. Seine mündung ist 4. werste von der sloboda zur rechten der Angara, etwa 13. w. unter Irkuzk. die einwohner der sloboda sind meist bauren, etwa 60. bis 70. und haben einen прикащикъ [russ. ↑*prikaščik*] über sich.“ (Hintzsche 2009, Dokument 7, S. 391)

Urinskaja step' (Steppe von *Urinsk*): vermutlich die Steppe beim Dorf *Urinskaja* und beim Fluß *Uro*, gegenüber dem Bergrücken ↑*Kladovoj kamen'* (s. Nr. 767 u. Nr. 1055); „17. Das Dorf *Urinskaja* liegt oberhalb des Flusses *Uro*. In jenem Dorf sind flußaufwärts auf der rechten Seite neun Höfe und auf der linken Seite sechs Höfe. In ihnen leben im Dienst stehende *služivye* (↑*služivoj*) und nicht mehr im Dienst stehende *služivye* sowie *bobyl'skie* [Ez. *bobylskoj* – Bauern ohne Land, Tagelöhner]. Jenes Flüßchen *Uro* mündet flußaufwärts von der rechten Seite in den Fluß ↑*Barguzin*.“ (Hintzsche 2001, Dokument 103, S. 297)

Urulenguj (*; Urulengui): „Von der Westl⌈ichen⌉ Seite in Rußischem Gebiethe ergiessen sich folgende kleine Flüße in den Argun [↑*Argun'*]. Der Urulengui [*Urulenguj*] hat seine Mündung 8 Werste unterhalb dem Gan=Fluße [*Gan*]. ...“ (Gerhard Friedrich Müller in „Historie des Selenginskischen und Nertschinskischen Gebiethes ...“ – AAW F. 21, Op. 5, D. 19, Bl. 9r)

Ušakovka: „Die Uschakovka so ohngefehr 50 ↑werst von ihre₎ quell₎ ab so in der Nähe des Baikals [↑*Bajkal*] nicht weit von des Golousna [russ. *Golousnaja*] quell₎ zwisch₎ geburg₎ entspringet ist nicht uber 10. bis 15 ↑fad₎ breit fällt nächst unter der Stadt zwisch₎ derselb₎, u. den Monastirskaja derewna [↑*Monastyrskaja derevnja* – dt. Klosterdorf] darin₎ ei₎ Jungfern Kloster [↑*Znamenskij* (*devičij*) *monastyr'* – Frauenkloster der Gottesmutter des Zeichens] erbauet u. an ein₎ hugel lieget in die ↑angara. Sie hat ihr₎ Nahme₎ von de₎ Mañ nahme₎ Uschakov [russ. *Ivaška Ušakov*] so zuerst daran eine Muhle erbauet so nunmehro der witwe des Bibawarichs [die Witwe von *Ivan Pivovarov*] zu gehoret und jahrlich b₎ 500 rubel einträget. Der grund ist steinigt u. die Kiesel darin₎ sind roth und eisenschusig, ...“ (Hintzsche 2000, Dokument 1, S. 9); „Das Flüßchen *Ušakovka*, auf burjatisch aber *Idà*, mündete etwas unterhalb der Stadt von der rechten Seite in den [Fluß] *Angara*. An jenem Fluß sind zwei Werst von der Mündung entfernt drei Getreidemühlen und ein Stampfwerk, in dem Gerbereiche gestampft wird“ (in: Hintzsche

2009, Dokument 4, S. 211); „Sie [d. h. der Bach *Ušakovka*] ist auf 50 W. lang und kömmt aus O. N. O. Als ein Gebürg=Bach ist sie schnell und steinigt. ... Bey der Stadt treibt sie 2. Korn= und eine Lohmühle. ... Nahe über der Stadt kömmt sie an eine von Bergen umgebene, nach der Angara sanft abfallende Fläche, auf der Irkuzk [↑*Irkuck*] steht, und die gleich unter dem Mulm einem Fluß-grunde, gleich eine Schichte runder Bachkiesel, darunter ein starckes Lager Griessand und unter diesem Thon hat. ...“ (Georgi 1775, S. 20)

Vallesia (Valesianum; wallisch): „Wallis, Walliser=Land, Lat. Valesia, Vallesia ... eine kleine mit der Eydgenossenschafft verbundene Republick, in der Schweitz. Nahme. Den Nahmen hat sie von den vielfältigen Thälern, welche Lateinisch Valles heissen. Grösse. Es erstrecket sich diese Landschafft von Osten gegen Westen, von dem Ursprunge der Rhone bis zu derselben Ausfluß in den Genffer=See in die 14, oder ... 16 gemeine Deutsche Meilen lang zwischen hohen Gebürgen. ...“ (Zedler 1732–1750, Bd. 52, Sp. 1672ff.)

Verchneudinsk (*; *Udinsk*): Die 1649 gegründete und 1670 mit einem ↑*ostrog* versehene Stadt *Udinsk* bzw. *Verchneudinsk* im Trans*bajkal*gebiet liegt unter 51°49' nördlicher Breite und 125°24' östlicher Länge liegt auf der rechten Seite des Flusses ↑*Uda* bei dessen Mündung in den Fluß ↑*Selenga* (*Polunin*/Müller 1773, S. 413f.; *Semenov* 1863, S. 433). „... Die zu der Stadt gehörige Festung liegt an der östlichen Seite auf einem Berge, ... an Gebäuden aber befinden sich darin ein Wachthaus, ein Pulverkeller, 3. Kornkammern und ein Zeughaus. ... Der Festung gegen Westen liegen auf einem ebenen Lande die Wohnhäuser der Stadt, deren an der Zahl 116. sind. ... In der Stadt sind an öffentlichen Gebäuden 3. Kirchen, ... die Kanzley, eine Schenke, ein Brauhaus und einige Kramladen. ...“ (Gmelin 1751–1752, 2. Theil, S. 138ff., vom 17.8.1735)

Verchnaja Angara (*; *Verchnjaja Angara*, Obere Angara): Der Fluß *Verchnjaja Angara* im Nordosten des Sees ↑*Bajkal* entspringt in Bergen bei der Wasserscheide zwischen dem See *Bajkal* und dem Fluß ↑*Vitim* und mündet nach einem Lauf von 660 ↑Werst mit mehreren Armen in den See *Bajkal* (*Semenov* 1863, S. 97). „1) Die Obere Angara (верхная Ангара [russ. *Verchnaja Angara*]). Sie kommt aus dem Werchno=Udinskischen Kreise im Irkuzkischen Gouvernement herab, wo sie zwischen Witim und der ↑Lena entspringt, ... In ihrem Laufe hat sie mehrere

Strudel, bildet gegen 460 Inseln, führt eine Menge kleiner Flüsse mit sich, und endet in drei Armen im Baical. ...“ (Wittenheim 1833, S. 265)

Verchotur'e, Gebirge von (*Verchotur'e*): „Uralisches Gebirge. Diese berühmte Gebirgskette, welche die natürliche Grenze zwischen Europa und dem nördlichen Asien bildet, wird insgemein nur schlechtweg der Ural*) genannt. Sie erstreckt sich aus Süden nach Norden ungefähr von dem 45. Grade N.Br. und 75. Grade Länge bis zum 75. Gr. N.Br. fast in gerader Richtung, welches eine Strecke von mehr als 2000 ↑Wersten ... beträgt. Als ihr Anfang können die Gebirge zwischen dem Caspischen Meere und dem Aralsee [russ. *Aral* bzw. *Aral'skoe more*] betrachtet werden, ... endlich ... in den Gebirgen auf Nowajå Semliä [russ. die Insel *Novaja zemlja*], ... ihre Endschaft erreichen. ... Man kann die Uralische Gebirgskette füglich in drey Haupttheile eintheilen, 1) in den Kirgisischen, 2) in den erzreichen, und 3) in den wüsten Ural. ... Man theilt aber insgemein das Erzgebirge in den südlichen oder Orenburgischen, auch Baschkirischen, den mittleren oder Jekaterinburgischen und den nördlichen oder Werchoturischen Ural. Die größte Mächtigkeit hat der Orenburgische und Werchoturische, die geringste hingegen der Jekaterinburgische Ural, ... Die [Gebirge] ... welche sich zwischen dem Ursprunge der Tura und den Quellen der Ssoßwa [russ. *Sosva*] befinden, [machen] den Werchoturischen Ural. ... Im Werchoturischen Ural, welcher von den Russen auch Ssewernoy Pojaß [russ. *Severnoj pojas*] (der nördliche Gürtel) genannt, und bey den Alten die eiserne Pforte, wie auch das Jugorische Gebirge geheissen haben soll, ...“ (Heym 1796, S. 917ff.); „... die Stadt Werchoturie [↑*Verchotur'e*], welche von ihrer Lage, weil sie die oberste [russ. *verchnyj*, *verchnej*, *verchnoj* (adj.) – oberer, Ober-] am Tura ist, diesen Nahmen empfieng. ... Die Zeit der Erbauung wird ... bestimmet, daß solche im Jahre 7106 (1598) geschehen, ... Die Hauptkirche zur heiligen Dreyfaltigkeit [Kirche auf den Namen der lebensspendenden Dreifaltigkeit (russ. *Živonačal'naja Troica*)], ist damahls auch, ob wohl nur von Holze, erbauet worden. ... Eine Haupt=Absicht bey der Stadt Werchoturien war noch, daß daselbst, als in der zunächst an Rußland gräntzenden Stadt von Sibirien, wegen Ein= und Ausführung der Kaufmanns= Waaren ein Zoll=Amt und eine genaue Besichtigung der Reisenden zu verordnen; zu welchem Ende im Jahre 7108 (1600) ein grosses Kaufhauß zur

Niederlage der Waaren erbauet wurde, ...“ (Müller 1761–1762, S. 502ff.)

Vitim (*): Der Fluß *Vitim* entspringt unter 53°58' nördlicher Breite und 129°18' östlicher Länge in einem Gebirgssee in der Nähe des Oberlaufes des Flusses ↑*Barguzin* im Trans*bajkal*gebiet, besitzt im Unterlauf mehrere Wasserfälle und mündet nach ca. 2000 ↑Werst mit drei Mündungen von rechts in den Fluß ↑*Lena* (*Brokgauz*/*Efron* 1990–1994, Bd. 12, S. 571f.; *Semenov* 1863, S. 478).

Vorošilov, ↑*zaimka* des (Waraschilovs Saymka): Die *zaimka* liegt auf dem Weg von ↑*Irkuck* zum Fluß ↑*Lena* etwa 20 ↑Werst entfernt von dem Fluß *Ojok* (russ. *Ajok, Oek*), der beim Ort ↑*Oeck* (*Oeckaja sloboda*) liegt (Reisejournal 1740 von G. W. Steller in: Hintzsche 2000, S. 79).

Voznesenskoj monastyr' (*Žilkina*): Das Himmelfahrts-Männer-Kloster (russ. *Voznesenskoj muženskoj monastyr'*) wurde 1672 gegründet und liegt fünf ↑Werst nördlich von ↑*Irkuck*, das Dorf ↑*Žilkina* liegt 8 Werst von *Irkuck* (Reisejournal 1739 von G. W. Steller in: Hintzsche 2009, S. 13; *Sukačev* 1902, S. 168). „19) Wosnesenski monastir, ein Mannskloster (... an dem linken ufer der ↑Angara<)>, hat einen Archimandriten [russ. *archimandrit* – Vorsteher (Abt) eines Klosters oder mehrerer Klöster] und etliche miserable mönche. zwo werste unter diesem kloster auf eben dieser seite ist des Bischofs von Irkuzk [russ. *Irkuck*] und Nertschinsk [russ. *Nerčinsk*] wohnhaus. der jezige Bischof heisst Innokent) [russ. *Innokentij* II. (*Nerunovič*)]. zwisch) dieser bischöflich) residence und dem Kloster Wosnesenski ligt das dorf Schilkina [russ. *Žilkina*], welches dem Kloster Zugehöret.“ (J. E. Fischer 1744 o. 1745 in: Hintzsche 2009, Dokument 7, S. 391); „17) Schilkina derewna an de) Recht) ufer der angara ... hier hat d) archiree [russ. *archierej* – Bischof] seine wohnung u. eine kirche dem heil(Justino philosopho [Kirche auf den Namen des heiligen Justin des Philosophen; Der in Flavia Neapolis in Palästina etwa 100 u. Z. geborene Justinus der Märtyrer (Justinus der Philosoph) wirkte als Philosph und bekannte sich im Alter zum Christentum. Etwa im Jahr 165 ließ Marcus Aurelius ihn in Rom hinrichten – (*Bucharev* 2004, S. 298; Pierer 1857–1865, Bd. 9, S. 197).] zu ehr) erbauet 18) Wosnasenskoi Monastir 3. werst von de) vorig) an d) recht) ufer der angara ...“ (Reisejournal 1739 von G. W. Steller in: Hintzsche 2009, S. 57); „Das Himmelfahrts-Männer-Kloster liegt am linken Ufer des

[Flusses] *Angara*. In jenem Kloster sind zwei Kirchen, eine [auf den Namen] der Himmelfahrt [der Heiligsten Gottesgebärerin] [russ. *Uspenie Presvjatyja Bogorodicy*], die andere [auf den Namen] der *Odigitria*. [wundertätiges Bild (Ikone) der Heiligsten Gottesgebärerin; „Maria, Mutter des Jesus von Nazareth, ... In der byzant. Kunst entwickelten sich (auf der Grundlage des Konzils von Ephesos, 431, auf dem M. zur Theotokos {griech., Gottesgebärerin} erhoben wurde) dann bestimmte Madonnentypen, die vor allem in der Ikonenmalerei weiterlebten, ... Es gehören dazu: ... Hodegetria (griech., die Wegeführerin) {russ. *Odigitria*}: stehend mit Kind auf dem linken Arm. Urbild in der Hodegonkirche zu Konstantinopel (Mitte 5. Jh.), ...“ (Sachs 1980, S. 250ff.)]. Anstelle der früheren hölzernen Kirche [auf den Namen] der Himmelfahrt des Herrn [russ. *Voznesenie Gospodne*] wird jetzt eine steinerne Kirche auf den gleichen Namen erbaut. In der Nähe des Klosters sind 15 Höfe von *vkladčiki* [russ. *vkladčiki* (Ez. *vkladčik*) – „wkladschik ist ein Wort, das bloß bey Klöstern gebräuchlich ist. Wann jemand schon bey Jahren und ohne Familie ist, auch etwas in Vermögen hat, so giebt er sein Vermögen einem Kloster. Dasselbige nimmt einen solchen Menschen dafür auf, und giebt ihm seinen täglichen Unterhalt, wofür es das Vermögen behält, der Mensch mag so frühe sterben, als er will.“ (Gmelin 1751–1752, 2. Theil, S. 329f.;] sowie von anderen, dem Kloster zugehörigen Leuten. ... Im Dorf *Žilkina* des erwähnten Himmelfahrts-Klosters wurde am gleichen Ufer des [Flusses] *Angara* die Bischofsresidenz neu erbaut sowie bei dieser eine Kirche auf den Namen des heiligen *Justin* des Philosophen. In diesem Dorf sind etwa 10 Höfe von Einwohnern; es leben *vkladčiki* des Klosters dort. Vom Himmelfahrts-Kloster bis zu diesem Dorf sind es [2 Werst] ...“ (*Il'ja Jachontov* 1738 in: Hintzsche 2009, Dokument 4, S. 211f.); „das Wosnasenskische Closter u. das dorff Schilkina [russ. *Žilkina*] wori) der h(Erzbischoff ein ungemein schones Gebaude aufgefuhret u. obgleich beyde orte auf 2 werste voneinand) liege) so urtheilet man Deñoch in der Stadt, wege) nicht wahrnehmung des darzwische) seyend) raumes das es ein ort sey.“ (G. W. Steller – Beschreibung der Stadt *Irkuck* in: Hintzsche 2000, Dokument 1. S. 10f.); „es wohnet derselbe [d. h. der Erzbischof] vor jetzo in den dorff Schilkina 8 werst von der Stadt an dem linken Ufer der angara wo er ein feines haus erbauet u.

so lange wohnet, bis ein Erzbischofflicher Sitz neb) der Sopor Kirche [russ. *sobor* oder *sobornaja cerkov'* – Hauptkirche oder Bischofskirche; die Hauptkirche auf den Namen der Erscheinung des Herrn (Christus) oder Theophanie-Kirche (russ. *Bogojavlenija Gospodnja*)] erbauet werde woruber er jetzo mit der Stadt controvertiret. weil der Gostino Dwor [russ. *Gostinyj* dvor, Gostinoj *dvor* – Kaufhaus; in Städten und Festungen meist steinernes Gebäude, in dem die Waren der Kaufleute aufbewahrt und verkauft wurden und sich durchreisende Kaufleute aufhalten konnten] so deñ an ei) andere) Ort transportiret werd) mus." (a. a. O., S. 23)

Wallis (wallisch): ↑Vallesia

York: „York, Yorke, oder Eborach, Latein. Eboracum, die vornehmste, gröste, und schönste Stadt nach Londen in gantz Engelland. ..." (Zedler 1732–1750, Bd. 60, Sp. 868)

Žilkina (Schilkinga): ↑*Voznesenskoj monastyr'*

Znamenskij (*devičij*) *monastyr'* – Frauenkloster der Gottesmutter des Zeichens, unweit des Baches ↑*Ušakovka*, erbaut 1690 (AAW F. 3, Op. 10[a], D. 195, Bl. 23r)

Zillertal (Zillerthal): „Zillertal, r. Seitental des Inntales im österr. Bz. Schwaz in Tirol ... wird vom Ziller durchflossen. ..." (Brockhaus 1928–1935, Bd. 20, S. 633)

PERSONENREGISTER
A – Anmerkungen

A

F

G

H

K

N

Q

R

Y

Z

REGISTER GEOGRAPHISCHER NAMEN

A – Anmerkungen

A

B

J

SACHREGISTER
A – Anmerkungen

a) allgemein
A

H

Q

R

U

Z

b) Pflanzen

A – Anmerkungen; (xx) – ‚Nr. der Flora ...‘

A

Altraleb: 692A

H

O

Q

arabisch

arinzisch

armenisch

assanisch

barabinzisch

burjatisch

ersanisch

estnisch

finnisch

georgisch

kamassisch/kamasinzisch

kamtschadalisch (itelmenisch)

kurilisch

lamutisch

lappländisch

lettisch

livisch

matorisch (modorisch)

mokschanisch

mongolisch

mordwinisch

ostjakisch

permisch

samojedisch

taiginzisch

tangutisch

tatarisch

tschuwaschisch

türkisch (usbekisch)

tungusisch